홀기총집

笏記叢集

副題
儀式叢書
의식총서

編著者 草庵 田桂賢

明文堂

서 언(序 言)

홀(笏)은 중국(中國)에서는 이미 주대(周代)에서 사용되었다는 기록이 있다. 처음에는 문관(文官)이 모양을 꾸미는 장식품(裝飾品)의 일종으로, 임금에게 보고(報告)할 사항이나 건의(建議)할 사항을 간단히 적어서 잊어버리지 않도록 기록(記錄)하는 수판(手板)이었다.

홀기(笏記)는 이 홀(笏)의 사용이 발달됨에 따라 생겨난 것으로, 문명(文明)이 발달(發達)될수록 생활(生活)의 방식도 복잡(複雜)해지고 그에 따라 생활을 통제(統制)하는 방법도 번잡(煩雜)해져 왔다.

인간(人間)을 자율적(自律的)으로 통제(統制)한다는 예(禮)는 점차 까다로워져서 자칫하면 착오(錯誤)를 범하기가 일쑤이고, 그 착오는 실수(失手)로 좋게 이해(理解)되는 것이 아니라 상대를 끌어 내리고 파멸(破滅)시키는 도구가 되었다. 따라서 실수를 저지르지 않기 위해서는 사전(事前) 준비(準備)와 보고(報告)를 행하는 절차가 필요했으며, 그 필요에 따라 발달한 것이 각종(各種) 예(禮)의 진행(進行) 홀기(笏記)다.

홀기(笏記)는 크게는 국가의 조참(朝參)과 상참(常參)에서부터 종묘(宗廟) 사직(社稷) 배릉(拜陵) 등의 의식에 이용되었고, 백성(百姓)에서는 서원(書院)의 유회(儒會), 향회(鄉會)를 비롯해 혼례(昏禮) 관례(冠禮) 상례(喪禮) 제례(祭禮) 등 사가(私家)의 행사(行事)나 의식(儀式)에 까지도 이용되었다.

홀기(笏記)는 절차(節次)를 미리 의정(議定)해 그대로 시행(施行)함으로써 절차(節次)의 오류(誤謬)를 막고 시비(是非)의 근원(根源)을 방지(防止)하는 장점(長點)이 있다. 이상이 홀기(笏記)의 발전사(發展史)다.

홀기(笏記)란 이와 같이 각종 의식(儀式)의 진행(進行) 순서(順序)와 절차(節次)를 미리 의정(議定)하여 놓은 기록(記錄)으로 행사(行事)의 진행(進行) 순서(順序)와 절차(節次)를 빠짐 없이 사전(事前)에 기록(記錄)하여 둔다는 점에서 홀기(笏記)란 일종(一種)의 연출(演出) 계획서(計劃書)라 할 수 있다.

현재 여러 갈래로 분류되어 있는 각종(各種) 홀기(笏記)와 의식(儀式)을 일처(一處)로 집합(集合) 일책(一冊)하여 각기(各其) 행(行)

코자 계획(計劃)한 행사(行事)에 편히 가려 사용케 일반행사적(一般行事的) 홀기(笏記)와 국가행사적(國家行事的) 홀기(笏記)에 덧붙여 서두(書頭)에 주자가례(朱子家禮)와 각종 의식으로 뒤를 받쳐 놓고 이를 홀기총서(笏記叢集) 부제(副題)로 의식총서(儀式叢書)란 제호(題號)를 붙였다.

인용(引用)함에 있어서 본문(本文)을 흘으리지 않기 위하여 편집(編輯)이나 덧붙임을 피하였으니 응용(應用)코자 하는 제위(諸位)께서는 사정에 옳도록 편집(編輯) 또는 덧붙여 이용하기 바란다.

우리 민족(民族)은 예(禮)로 다져진 동방예의지국(東方禮儀之國)이라는 부러움을 샀던 민족이다. "역사를 잊은 민족에게는 미래가 없다"(처칠)는 명언(名言)과 같이 아무리 현대화(現代化; 西歐化)의 물결이 거세다 하여도 우리 민족은 예를 가장 중시(重視)하였던 민족이다. 예(禮)란 사회생활(社會生活)에서 사람이 사람답게 사는 방식 중 하나다.

예(禮)란 만(萬)가지 법(法)이 함축(含蓄)된 사회질서(社會秩序) 법(法)이다. 홀기(笏記)는 만법(萬法)의 근본(根本)이 되는 예(禮)이다.

본 홀기총서(笏記叢書)로 하여금 모든 이들에게 품위 있고 법도 있는 의식(儀式) 행사(行事)가 이뤄 지는데 일조(一助)하게 되기를 바란다.

2022년 壬寅 2월 28일 壬子

草庵 田桂賢 謹序

범 예(凡例)

一. 가례도식(家禮圖式)과 주자가례(朱子家禮)를 서두(書頭)에 배치(配置)한 것은 사서인(士庶人)의 관혼상제(冠婚喪祭) 예법(禮法)이 이해(理解)된 연후라야 홀기(笏記)를 운용 이해함에 도움을 주기 위함이다.

一. 홀기(笏記)는 왜곡(歪曲)의 염려(念慮)를 피하기 위하여 변형(變形) 또는 해문(解文)의 덧붙임 없이 원문(原文)에 충실(充實)하였다.

一. 더러 주소문(註疏文)을 받혀 놓음은 혹 해당 홀기(笏記)의 난해문(難解文) 이해(理解)에 도움을 주기 위함이다.

一. 궁실(宮室) 예(禮)인 국조오례의(國朝五禮儀)를 같이한 까닭은 백성과 왕실(王室)의 예(禮)를 같이 이해함으로써 예도(禮度) 일상생활(日常生活)에 있어서 절도(節度)와 도덕적(道德的) 자기화를 높여 예(禮)의 근본(根本)을 이해(理解) 시키기 위함에서다.

一. 주자가례(朱子家禮)나 국조오례의(國朝五禮儀) 예순(禮順)은 원문(原文) 질서(秩序)를 따랐으며 그 외(外)는 채택(採擇)된 순(順)으로 무순(無順)이다.

一. 본 홀기(笏記)의 출처(出處)는 이에 일괄 표시로 개별 표시는 하지 않았다. 인용 출처는 석전축식홀기(釋奠祝式笏記) 사례홀기(四禮笏記; 柳麟錫撰). 사례홀기(四禮笏記). 육례홀기(六禮笏記). 홀기책력(笏記冊曆). 성균관(成均館). 국조오례의(國朝五禮儀). 육전조례(六典條例). 가례의절(家禮儀節) 다음(Daum). 네이버 (NAVER). 구글(Google) 등의 사이트(site) 홀기(笏記) 중에서 채택(採擇) 원형(原形)을 유지시키기 위하여 가능한 자구(字句) 변경이나 편집(編輯)을 회피하였으며 다만 개인 정보 보호를 위하여 인명(人名)은 00처리 하였다.

一. 부록(附錄)을 덧붙인 까닭은 유학(儒學)을 이해시키기 위하여서다.

一. 많은 정보(情報)를 제공(提供)하기 위하여 신속(迅速)을 기하기 위한 수단(手段)으로 음(音) 처리 과정을 컴퓨터에 의존(依存)

하였다.

一. 동일(同一)한 예(禮)에 구성(構成)이 다른 여러 형(形)의 홀기(笏記)가 존재(存在)함이 발견되면 있는 대로 발굴(發掘) 동일(同一)한 제목(題目)으로 이어 기록(記錄)하였다.

一. 동일한 지면(紙面)에 많은 정보(情報)를 제공(提供)하기 위하여 자형(字形)은 최하 7까지 채택하여 작은 글씨로 작성(作成)하게 되었으며 글자체는 주로 돋움체를 이용(利用)하였다.

홀기총집(笏記叢集)목차(目次)

⊙家禮及五禮儀圖式(가례급오례의도식)

◈통례도식(通禮圖式)

◈冠禮圖式(관례도식)

⊙주자가례(朱子家禮)

◆통례(通禮)

◆관례(冠禮)

◆혼례(昏禮)

◆상례(喪禮)

◆제례(祭禮)

◆주례춘관대축변구배(周禮春官大祝辨九拜)

◆육전조례(六典條例) 예전(禮典) 예조(禮曹)

◆오상(五常)과 사단(四端)

◆ 홀기총서(笏記叢書

오례의(五禮儀)

부 록(附錄)

홀기총집(笏記叢集)

◆家禮及五禮儀圖式(가례급오례의도식)

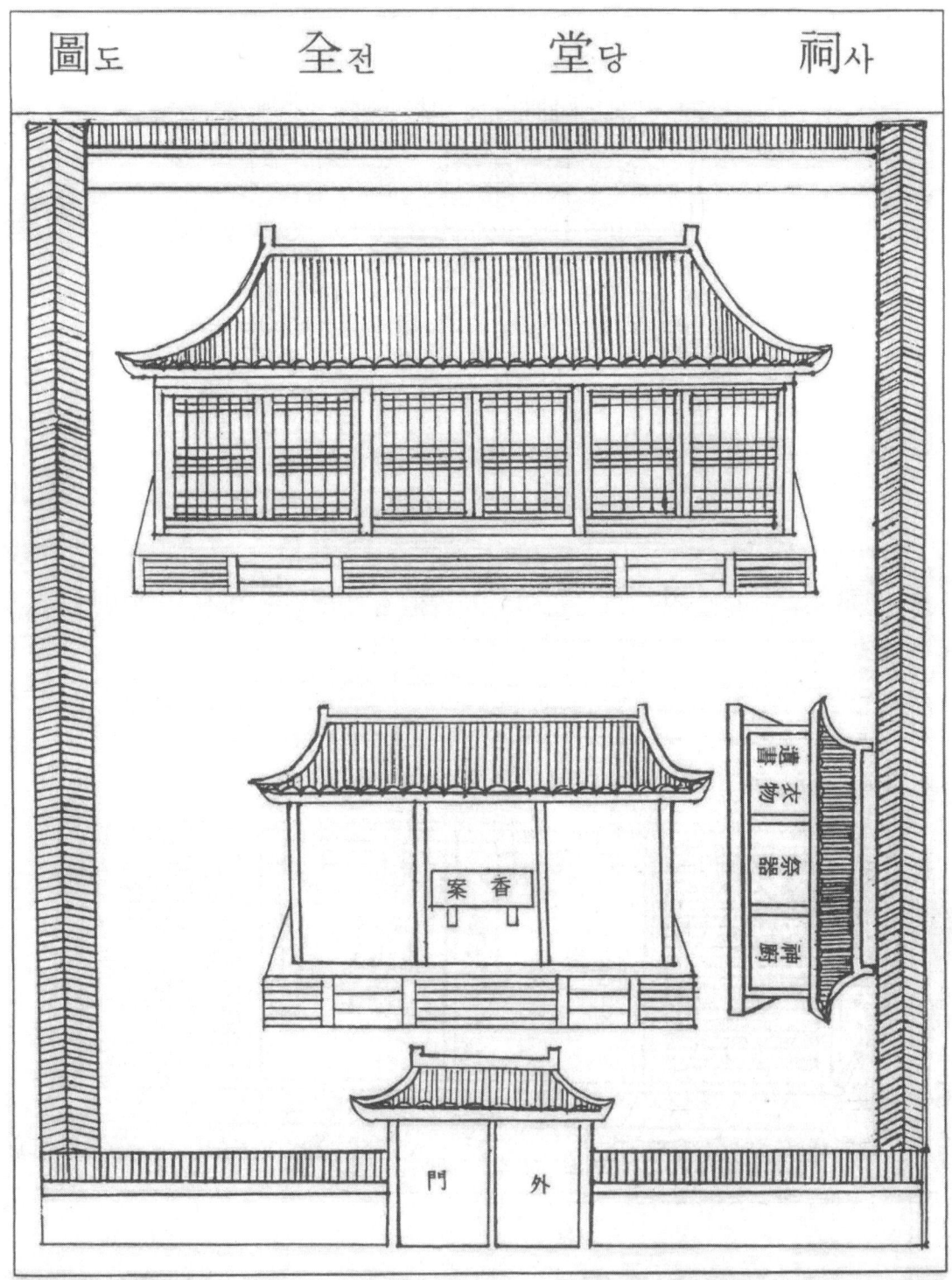

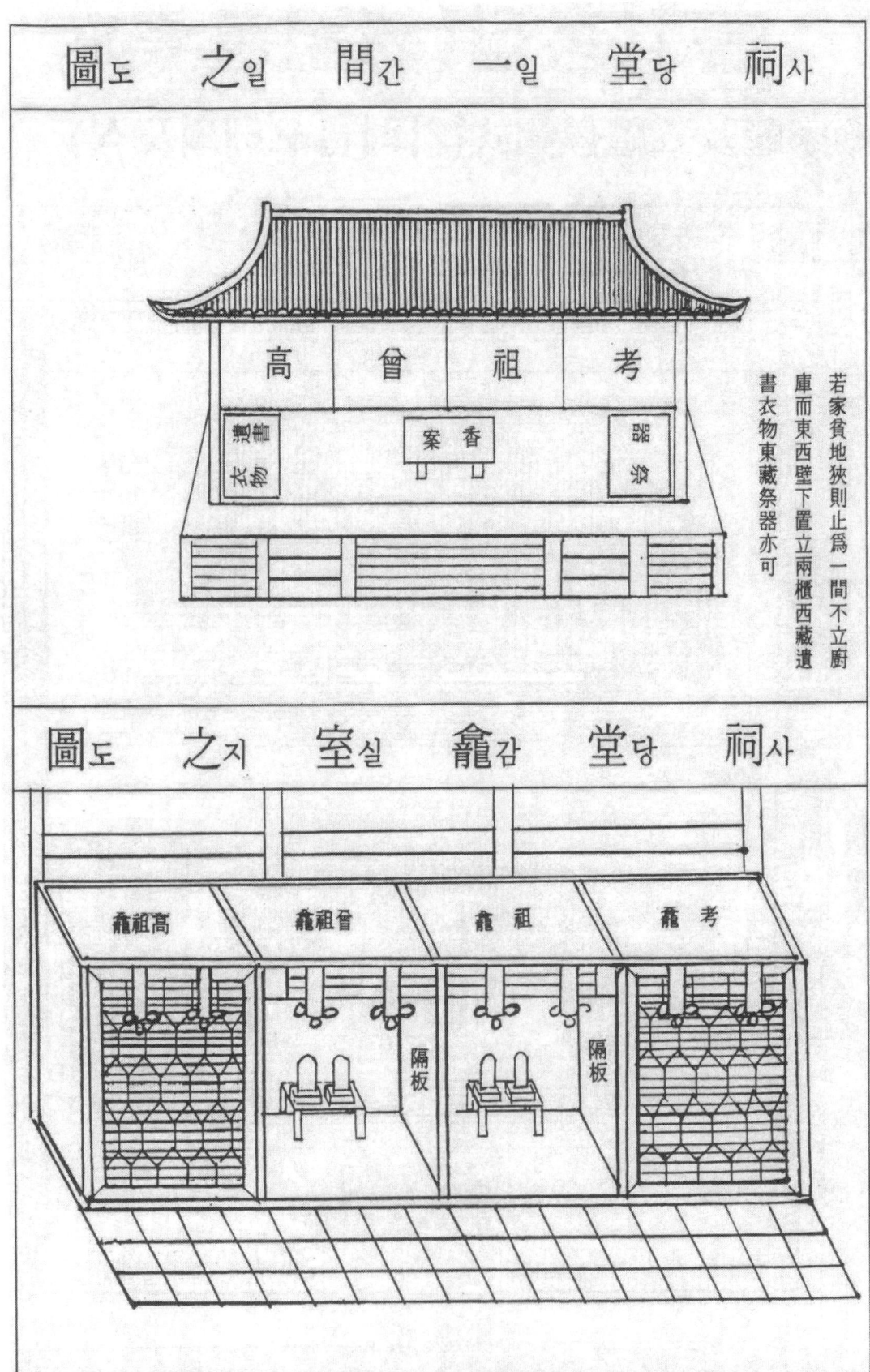

祠堂一間一之圖

高　曾　祖　考

遺書
衣物

香案

祭器

若家貧地狹則止爲一間不立廚
庫而東西壁下置立兩櫃西藏遺
書衣物東藏祭器亦可

祠堂龕室之圖

高祖龕　曾祖龕　祖龕　考龕

隔板

隔板

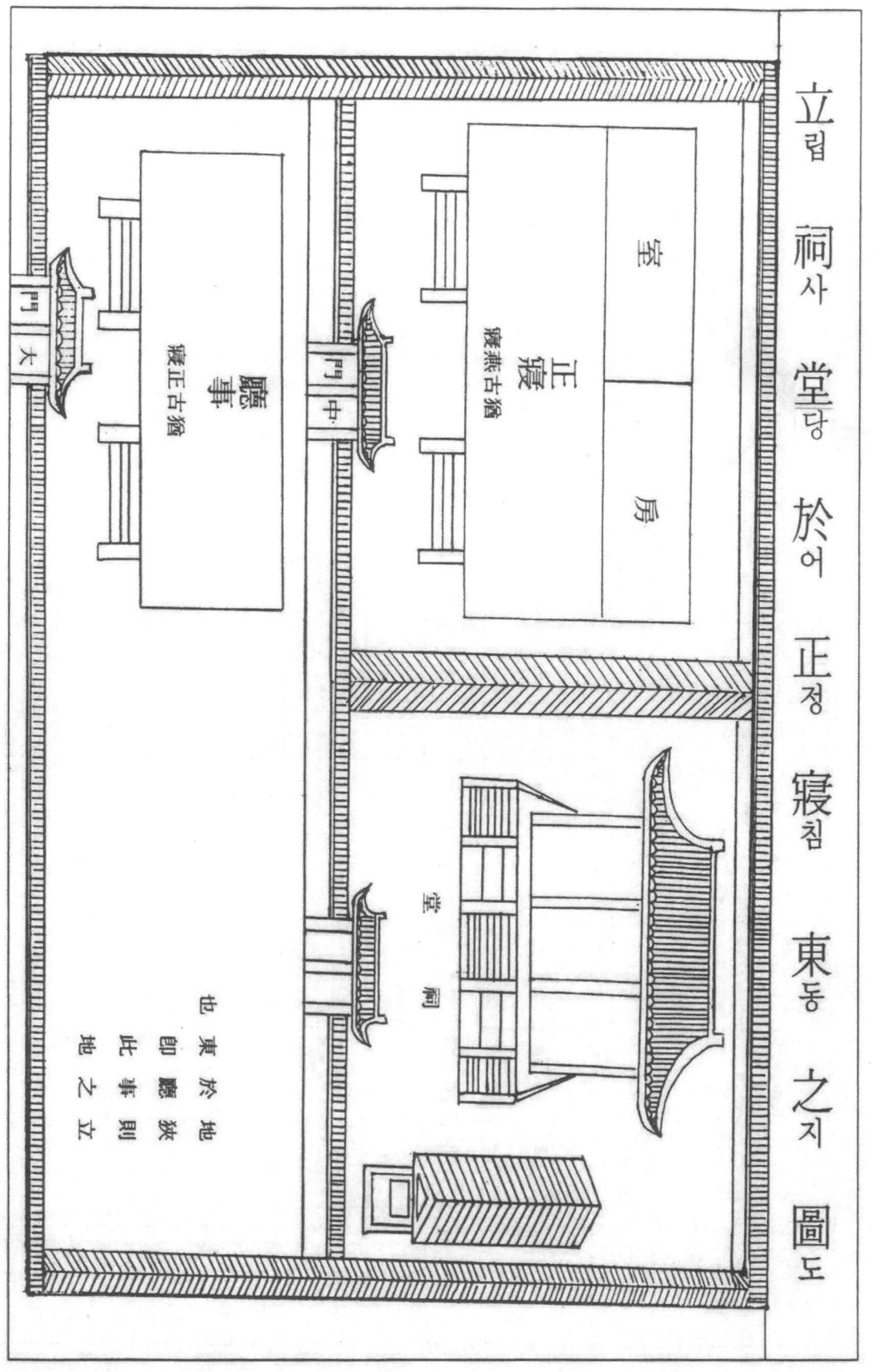

立립 祠사 堂당 於어 正정 寢침 東동 之지 圖도

圖도 之지 東동 寢침 正정 於어 廟묘 三삼 立립 夫부 大대

寢

室
堂

太祖廟

寢

室
房

前室

寢

室
堂

寢

室
堂

寢門

禰廟

祖廟

外門

卿대夫士廈屋五架棟宇圖

卿경 大대 夫부 士사 廈하 屋옥 五오 架가 棟동 宇우 圖도

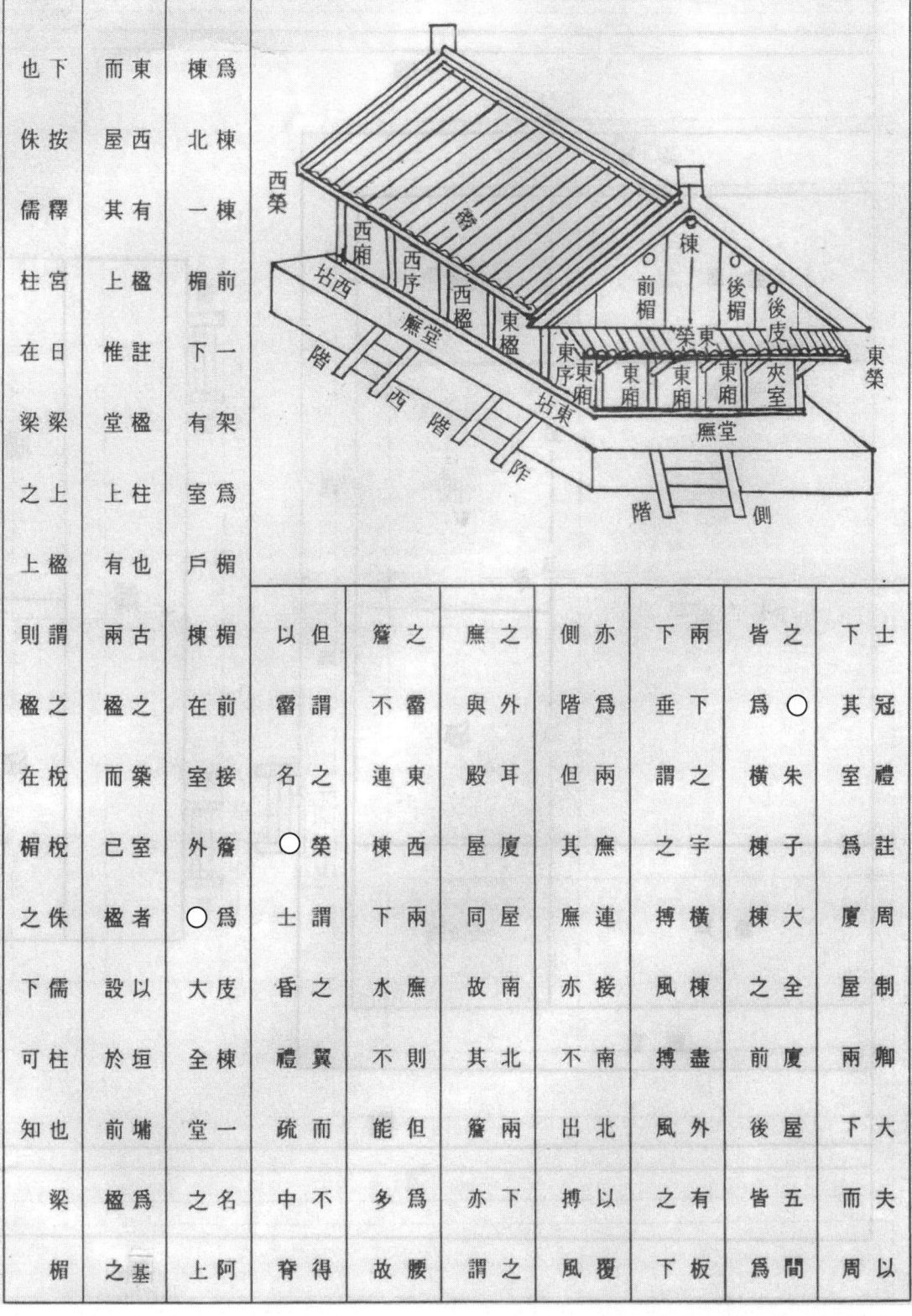

下士其冠室禮為註廈周制屋卿兩下大夫而周以

皆之為○橫朱子棟大棟之全廈前後屋皆五為間

下兩垂下謂之宇搏橫棟搏盡風外之有下板

側亦階為但兩其廉廉連亦接不南出北搏以風覆風

廉之與外殿耳屋廈同屋故南其北簷兩亦下謂之

簷之不霤連東棟西下兩水霤不則能但簷多為腰

以但霤謂名之○榮士謂之昏禮翼疏而不中上脊

棟為棟北一棟前楣註下一架為室戶楣棟在室接外楣為大庾全棟一名之上阿

東西屋其有上楹惟堂上柱有也古之築室楹之築已楹者設於垣墻前楹為之基

而屋其上惟堂上柱有也古之築室楹之設於垣墻前楹為之基

也侏儒柱在梁之上則楹之在梲梲之侏下可知也梁楣

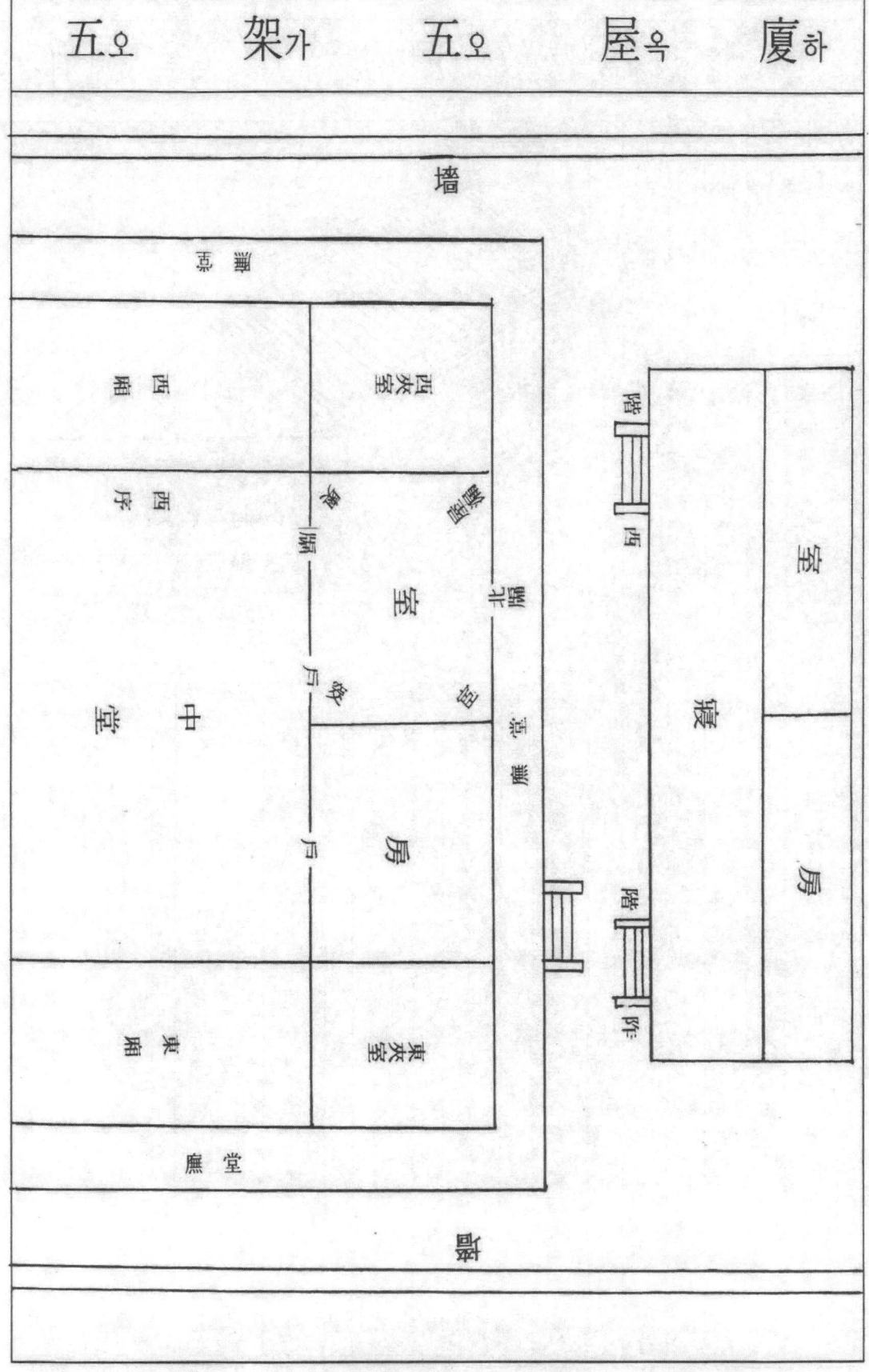

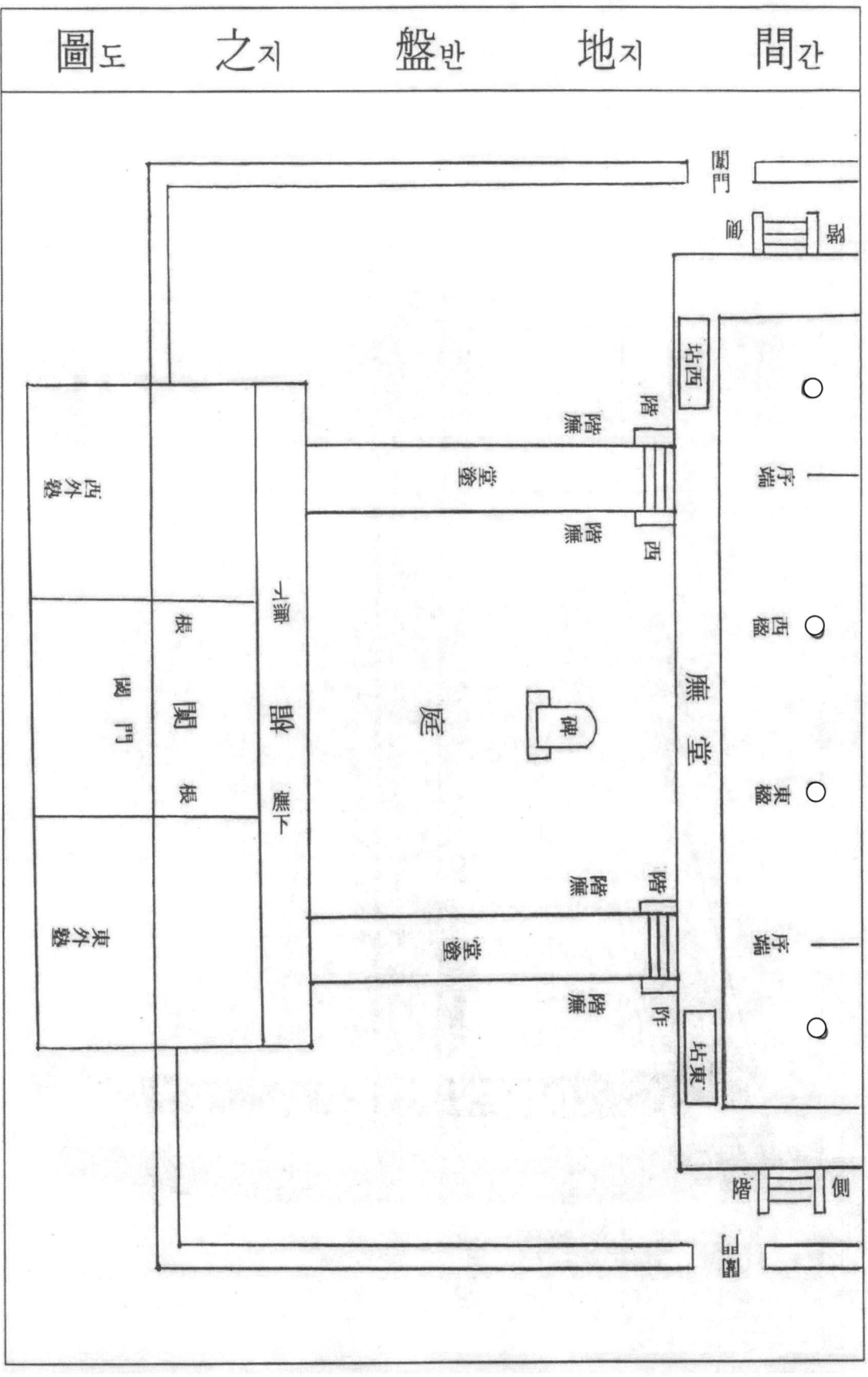

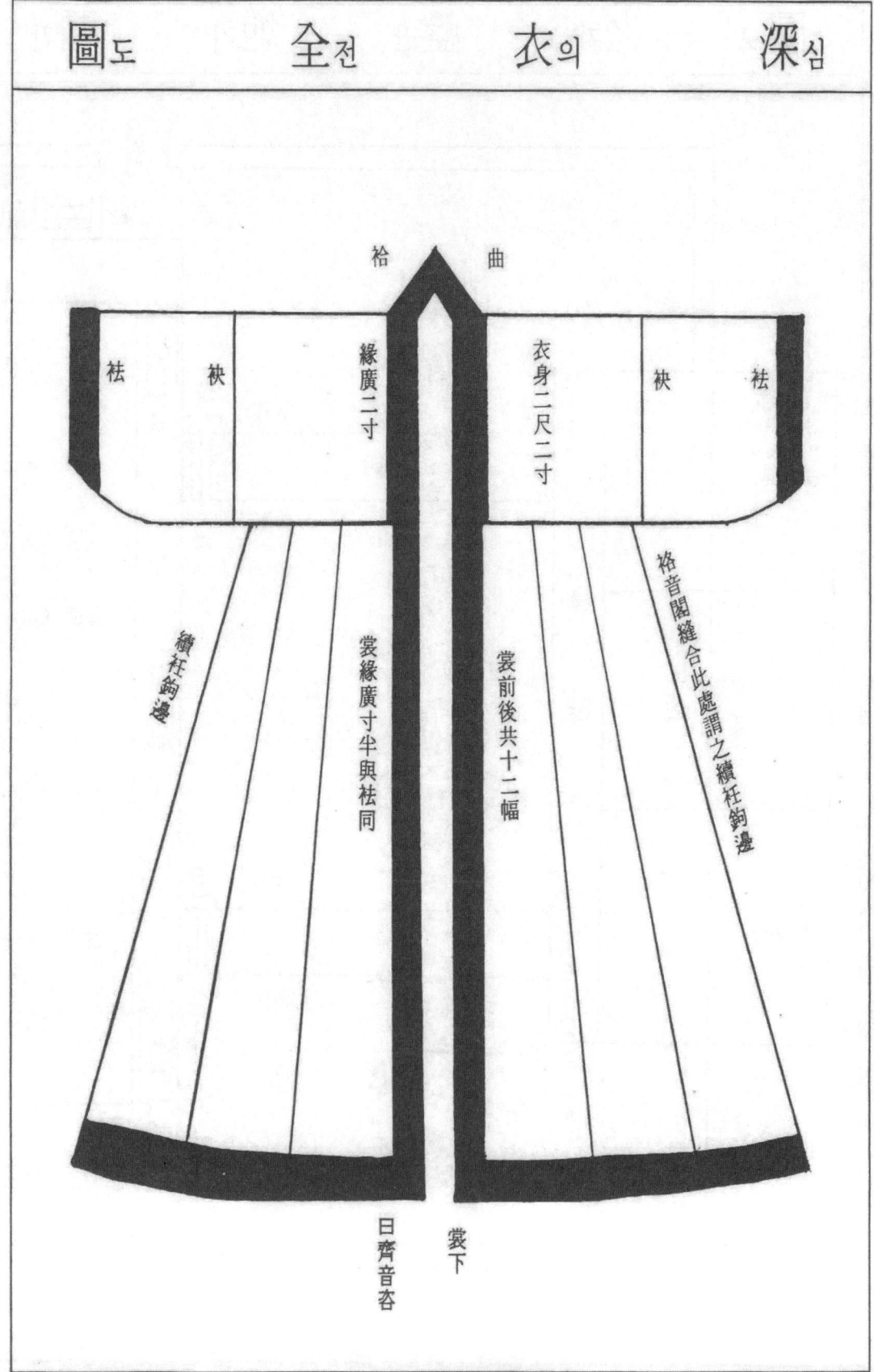

圖도　全전　衣의　深심

袼　曲

祛　袂　緣廣二寸　衣身二尺二寸　袂　祛

績衽鉤邊　裳緣廣寸半與祛同　裳前後共十二幅　袼音閣縫合此處謂之績衽鉤邊

日齊音咨　裳下

圖도　　　後후　　　衣의　　　深심

袷　曲

負繩謂衣裳背

後縫一直相當

袪　袂　　　　　袂　袪

此邊既合縫了再覆縫方便於着
以合縫者爲續袵覆縫爲鉤邊

此邊內外各用裁開斜處合縫

要中三倍於袪口之數

通前後爲七尺二寸

寸四尺四丈一爲後前通要倍齊下

深심衣의著착前전兩양襟금相상掩엄圖도

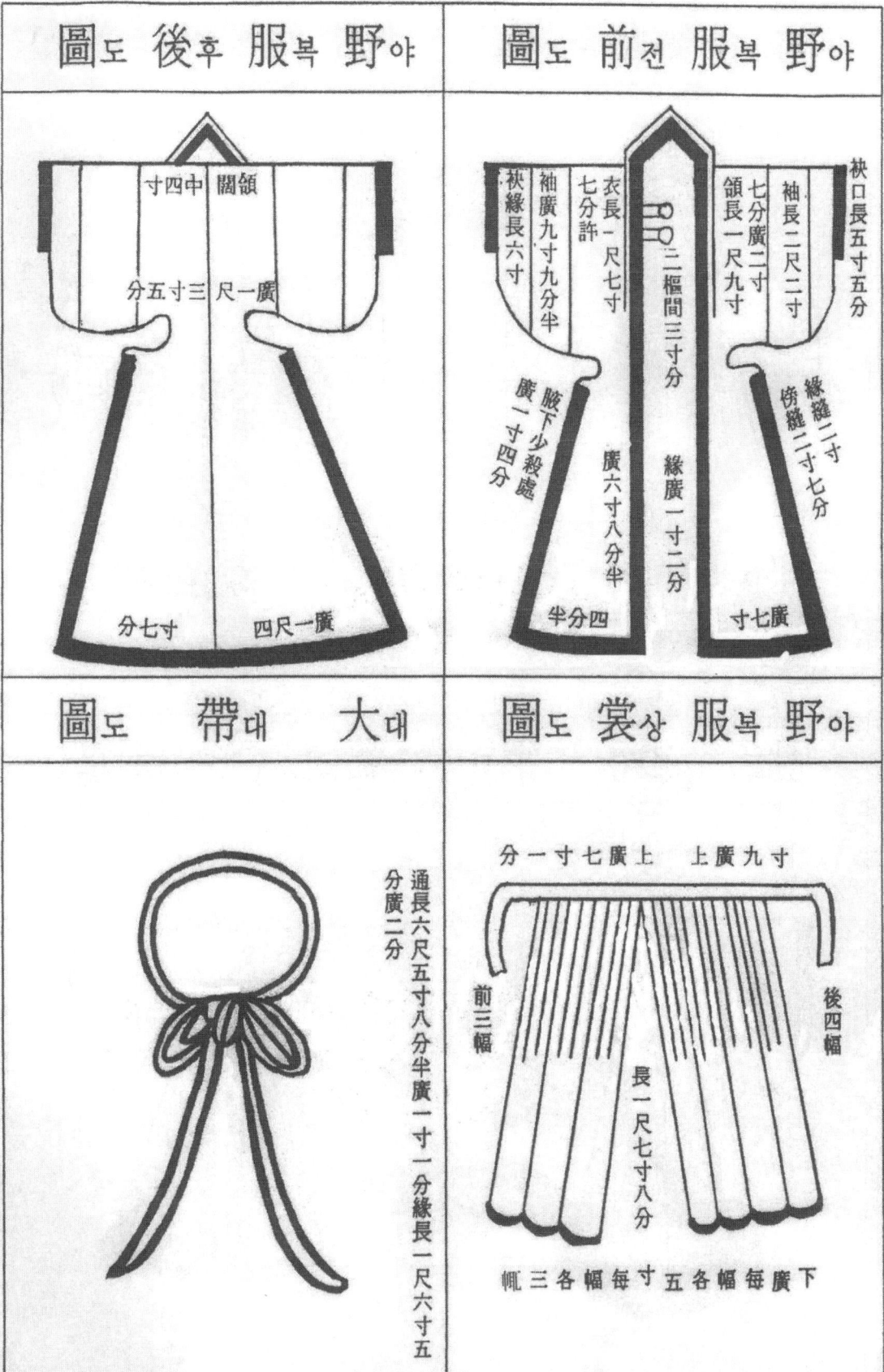

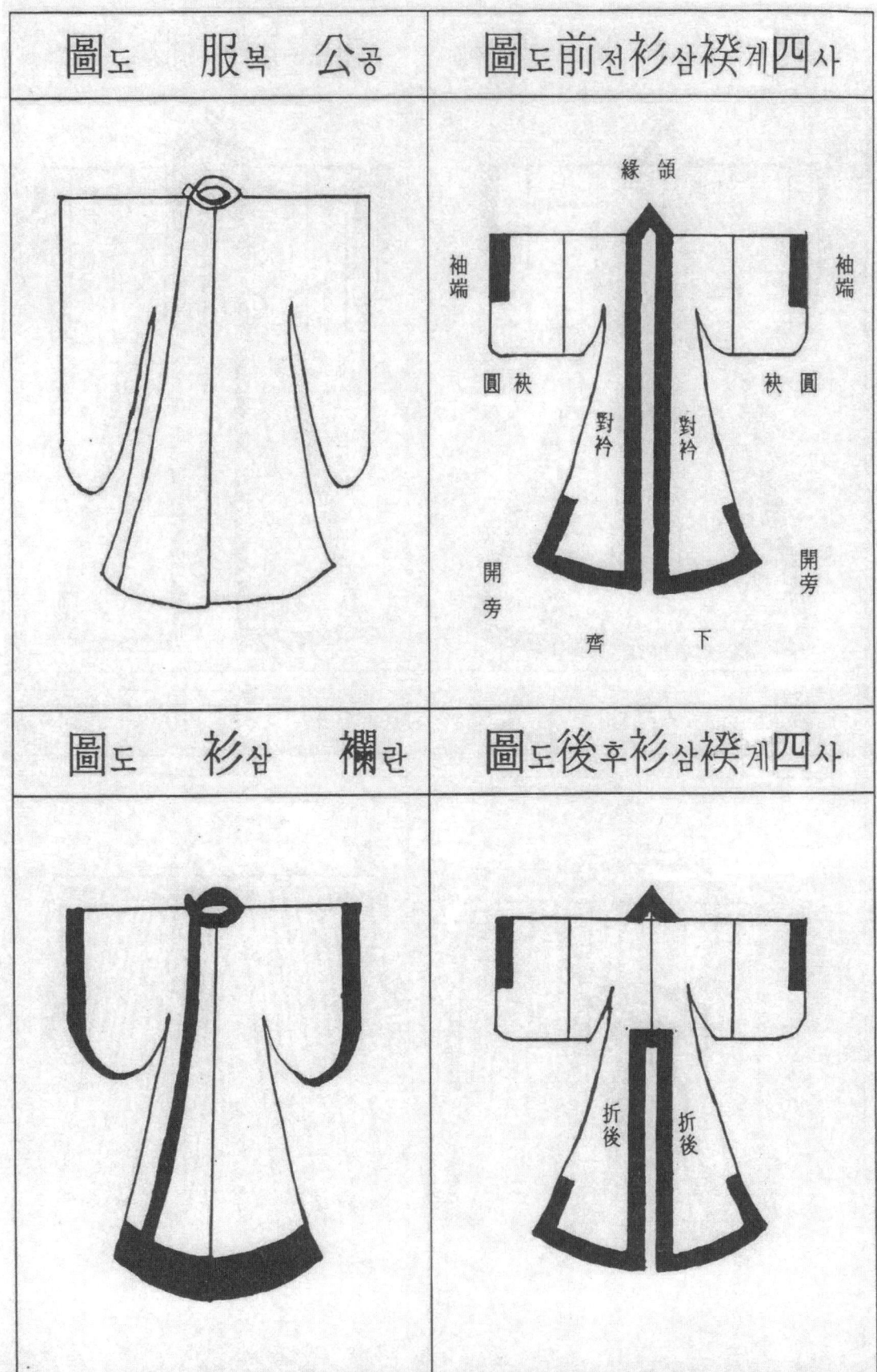

圖도　服복　公공

圖도前전衫삼襖계四사

領頷
緣

袖端　　　　　　　　　　袖端

圓袂　　　　　　　　　　袂圓

對衿　對衿

開旁　　　　　　　　　　開旁

齊　　　下

圖도　衫삼　襴란

圖도後후衫삼襖계四사

折後　折後

子자 　　　 背배 　　　 圖도 　　　 衫삼

裙군 　　　 長장 　　　 圖도　 衣의　 大대

大대 帶대 圖도

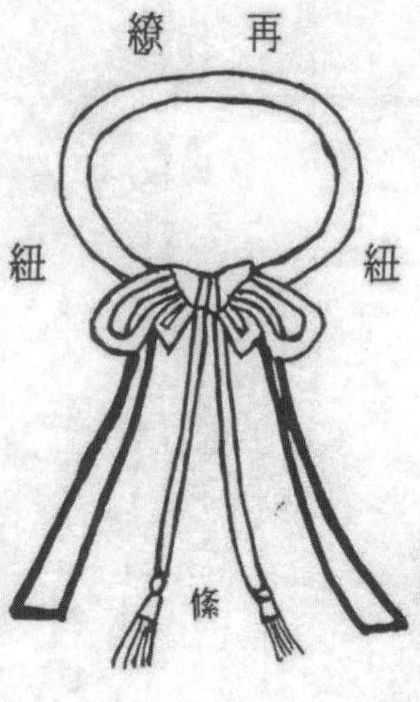

繚再

紐　　　　　紐

紳緣半寸　　條　　紳緣半寸

緇치 布포 冠관 圖도

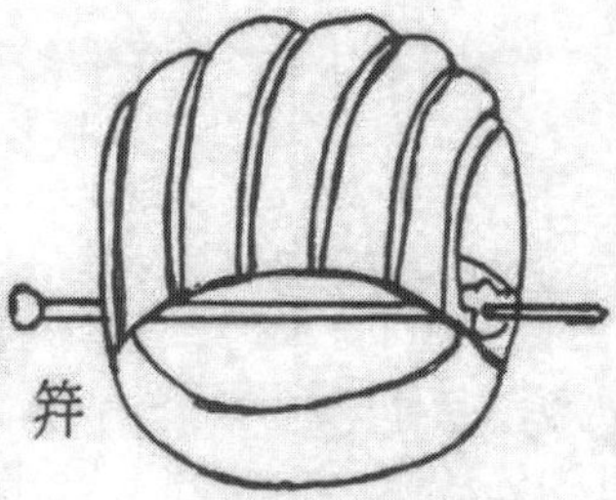

縫皆向左　笄　　三寸廣

許寸高武

（右 大帶圖 記文）

玉藻云天子素帶朱裏終辟辟大夫素帶辟垂註云諸侯素

帶終辟大夫素帶辟垂註云大夫辟

其紐及末充辟其末而已○按紳終充辟兩耳

也辟緣也充辟謂盡緣之也紐兩耳

至紳皆緣之也諸侯亦朱然但不朱裏後

也天子以素為帶以朱裏從腰後

也耳大夫惟緣其兩耳及紳腰及兩耳皆不緣也

也士惟緣其紳腰及兩耳皆不緣也

（右 緇布冠圖 記文）

上糊紙為五梁廣如武高寸許廣三寸袤而長八寸跨

頂前後下著於武屈其兩端各半寸

自外向內而黑漆之武之兩旁半寸

之上竅以受笄笄用齒骨凡白物○

王普制度云緇布冠用烏紗漆為之

不如紙尤堅硬

幅복巾건圖도

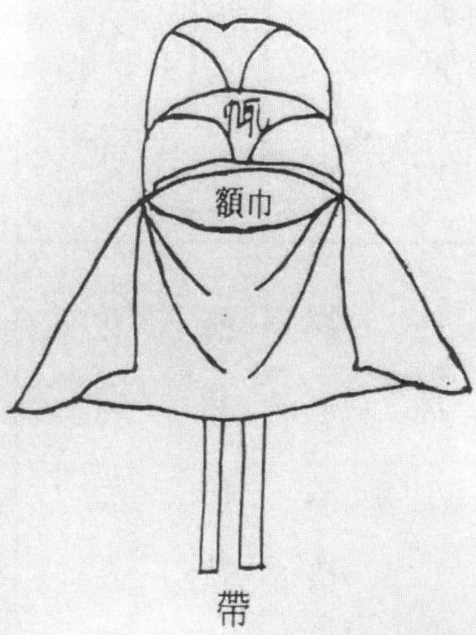

用黑繒六尺許中屈之右邊就屈處爲橫輒左邊反屈之自輒左四五寸間斜縫向左圓曲而下遂循左邊至于兩末復反所縫餘繒使之向裏以輒當額前裵之至兩耳旁各綴一帶廣二寸長二尺自巾外過頂復相結而垂之

黑흑履리圖도

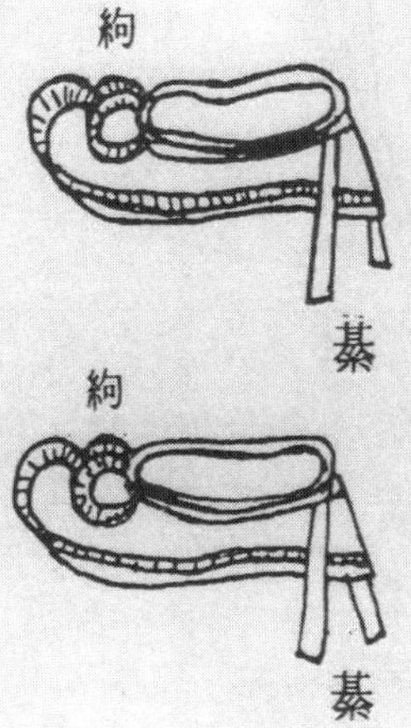

深衣用白屨狀如今之履絇音劬繶音益純音準綦音忌四者以緇絇者謂屨頭屈修或繒爲鼻繶者縫中紃音旬也純謂屨口緣也綦所以繫屨也或用黑屨白純禮亦宜然

玄현 端단 圖도

士服也端者取其
正也士之衣袂皆
二尺二寸而屬幅
是廣袤等也其袪
尺二寸

羔고 裘구 圖도

君純羔大夫豹
飾祛袖祛袖皆
袂也然袂祛大而
袪袖小袂大

中중 單단 圖도

正衣祭服其內明衣
加以中單以白繒爲
之青領標襈裾繪戴
十一於領用朱刺繡
文○以椸領丹者取
其赤心奉神也

縞호 衣의 圖도

婦人服

細繒爲之戰國策
強弩之餘不能穿
魚縞是薄繒也

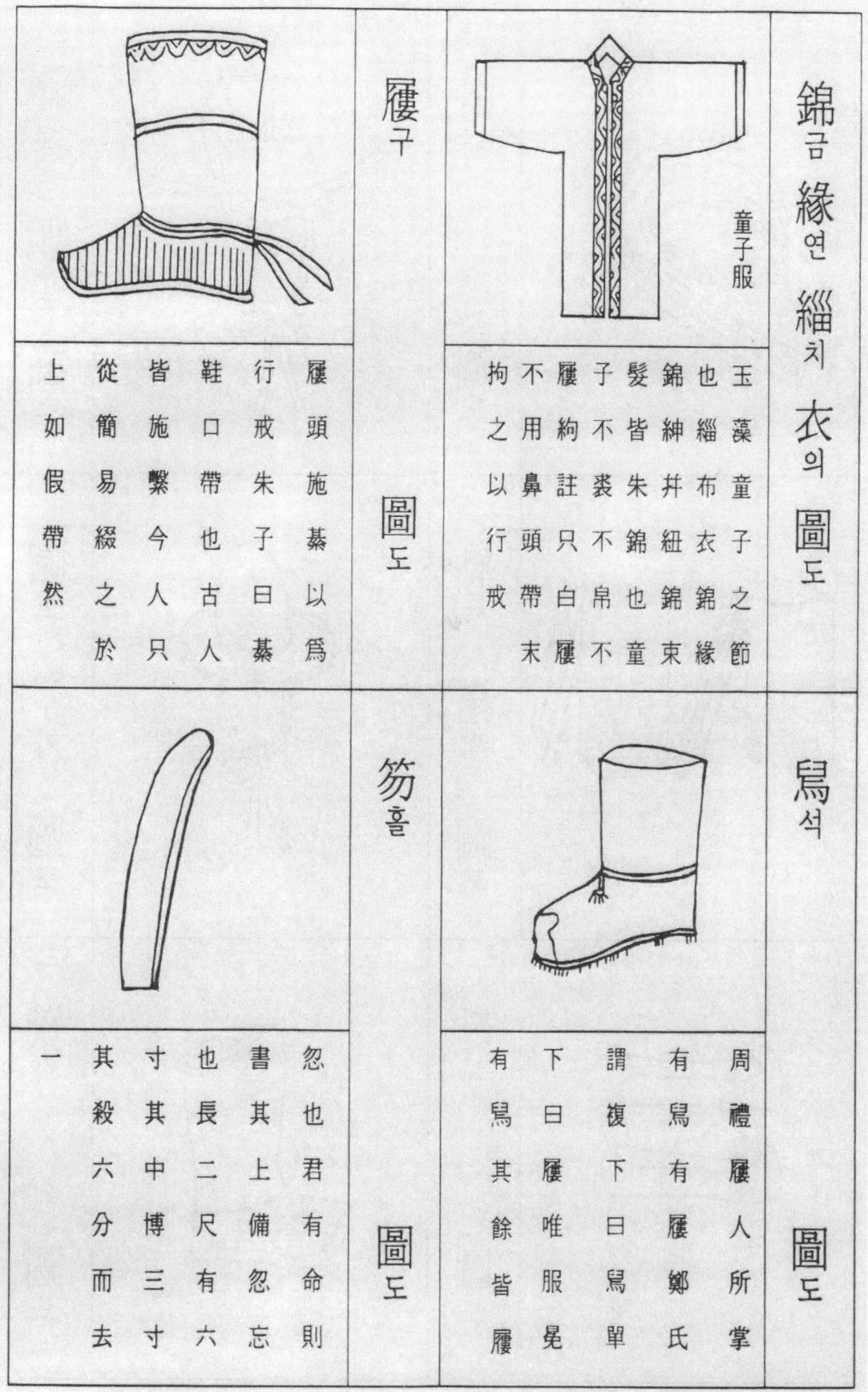

屨구 圖도

屨頭施慕以為行戒 朱子曰古人慕鞋口帶也 今人只皆施繫綴之 從簡易綴之 上如假帶然於

錦금 緣연 緇치 衣의 圖도

童子服

玉藻童子之節也 緇布幷紐也錦緣之節 髮紳皆朱不錦束 子不裘不錦童 屨約註只白履帛不 不用鼻頭帶 拘之以行戒末

笏홀 圖도

忽也君有命則書其上備忽忘也 其長二尺有六寸 其中博三寸 一殺六分而去

舃석 圖도

周禮屨人所掌 有舃有屨曰舃鄭氏 謂復下曰舃單下曰屨 唯舃服冕下有舃其餘皆履

幞복 頭두 圖도

帶대 圖도

帽모 子자 圖도

勒륵 帛백 圖도

靴화 圖도

鞋혜 圖도

展拜圖(전배도)

凡下拜之禮，一揖少退，再一揖，兩手齊按地，先跪左足，次右伸右，卽俯伏，以左畔稽首至地，卽起，先起右足，以足暑蟠還，按膝上，次起左足，連兩拜起，進前，以雙手齊少退，揖再兩拜，進前却敍間，進前敍寒暄。然初連四拜，却敍寒暄，亦得闊敍賀語不齊。

袛揖圖(저읍도)

事林廣記凡作揖時用稍闊其足立則穩，揖則須直其膝曲其身低其頭眼看自己鞋頭為準威儀方美，使手只可至膝畔不得入膝內，尊長前作揖手須過膝下，時方起而叉於胸前，畢則手不得只出一大叉手於胸前，拇指在胸指在袖外謂之鮮禮，非見尊長之禮也。

叉手圖(차수도)

凡叉手之法，以左手緊把右手大拇指，向其手小指則向右手腕，右手四指皆直，以左手大指向上，如以右手掩其胸，手不可大着胸，須令稍去胸二三寸許，方為叉手法也。

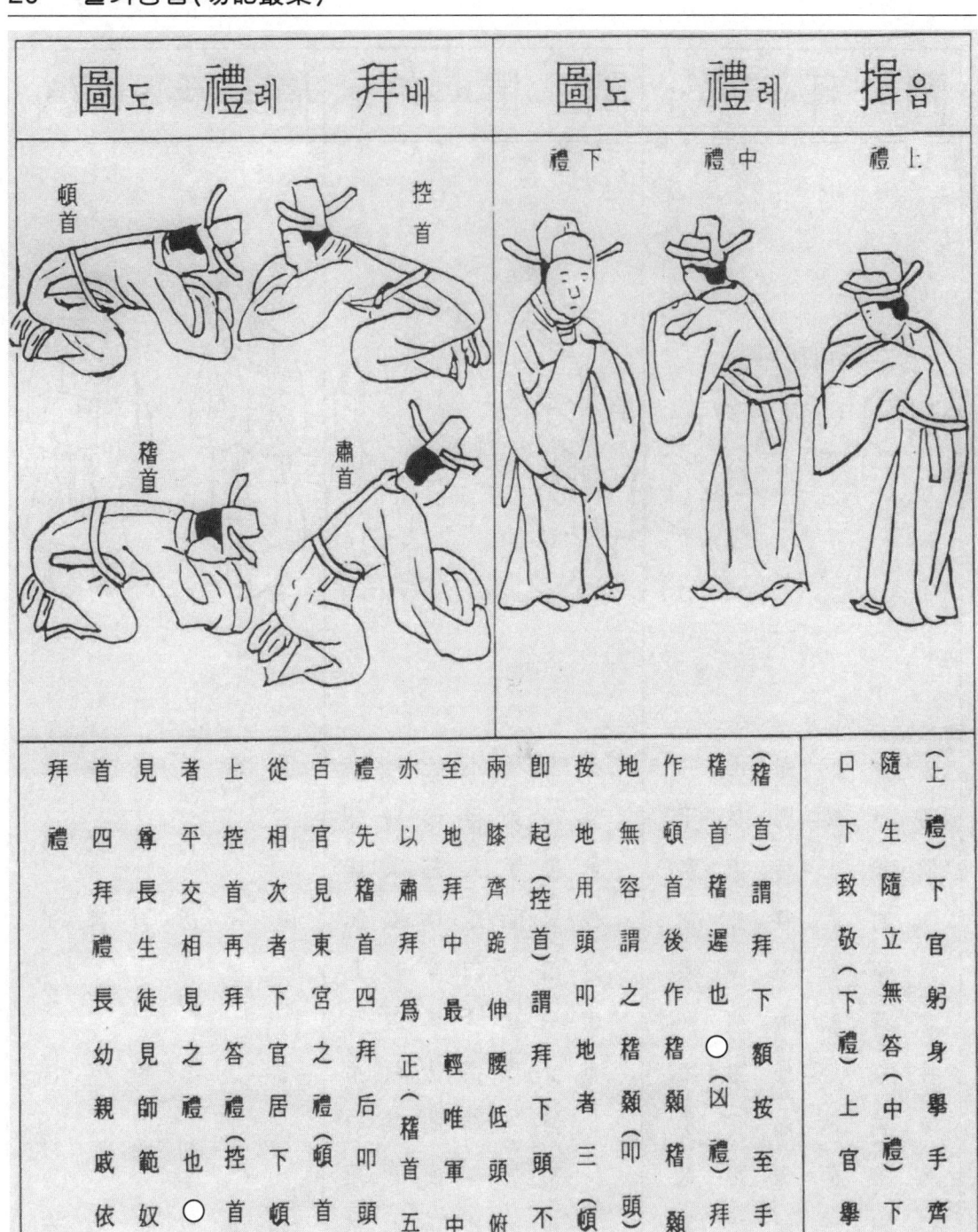

圖도 禮례 揖읍　　圖도 禮례 拜배

上禮　中禮　下禮

頓首　控首　稽首　肅首

（上禮）下官躬身舉手齊眼下致敬上官舉手齊心答禮

隨生隨立無答（中禮）下官躬身舉手齊

口下致敬（下禮）

（稽首）謂拜下額按至手伏久方起

稽首稽遲也　○（凶禮）拜而後稽顙謂先

作頓首後作稽顙還是頓首但觸

地無用頭叩地謂之稽顙（叩頭）謂分

按地起（控首）謂拜下頭不至手即起

即起（頓首）謂拜下以手至手

兩膝齊跪伸腰低頭俯引其手肅拜婦人

至地以肅拜中最輕唯軍中有此肅拜下見上之

亦以地拜中為正（稽首五拜）臣下見上拜

禮先官四稽首再拜后叩頭一拜（稽首四拜）文武官

百官先見東宮四拜（稽首四拜）文武官品

從相見次者下拜再拜禮（頓首再拜）拜官上相等居

者平交相見再答拜禮（控首）子孫弟姪甥婿

見尊長生徒見之答禮也　○（控首）子孫弟

拜首四拜禮長生長幼親戚依等次行頓首再

圖도　寸촌　爲위　節절　中중　指지　中중

尺指量寸法圖

伸指量寸法圖

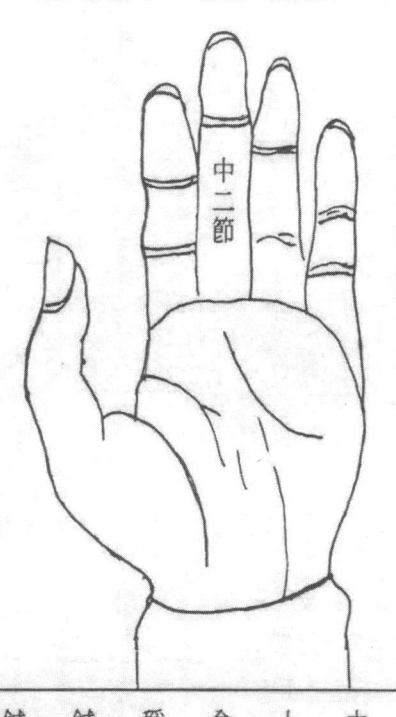

中二節

丘文莊濬曰家禮裁深衣及衰服皆用中指中節爲寸蓋以人身有長短指節與人身相爲長短鍼經以之定愈穴也無有差爽者況用以裁衣豈有不定稱禮圖也哉但世人往往以昧於取法之鍼經圖列于其上而以定法著之取法於下鍼經云中指第二節內度兩橫文相去爲一寸又云中指中節橫文相去長短爲一寸謂之同身寸註云若屈指即旁取指側伸中節上下兩文角相去近爲一寸若中指從上第二條橫文中自上去下橫文至中節中即正取指中橫文長短者相去遠近爲一寸與屈指之寸長短亦相合然人之身手指或有異者至於指文亦各不同更在詳度之也

式식	尺척	禮례	家가

右司馬公家石刻本

卽是省尺又名京尺當周尺一尺三寸四分當浙尺一尺一寸三分

神主用周尺亦見南軒家所刻本

三
司布
帛尺
半
比上
周尺
更加
三寸
四分

當三司布帛尺七寸五分弱當浙尺八寸四分

周尺

當今省尺五寸五分弱

古尺

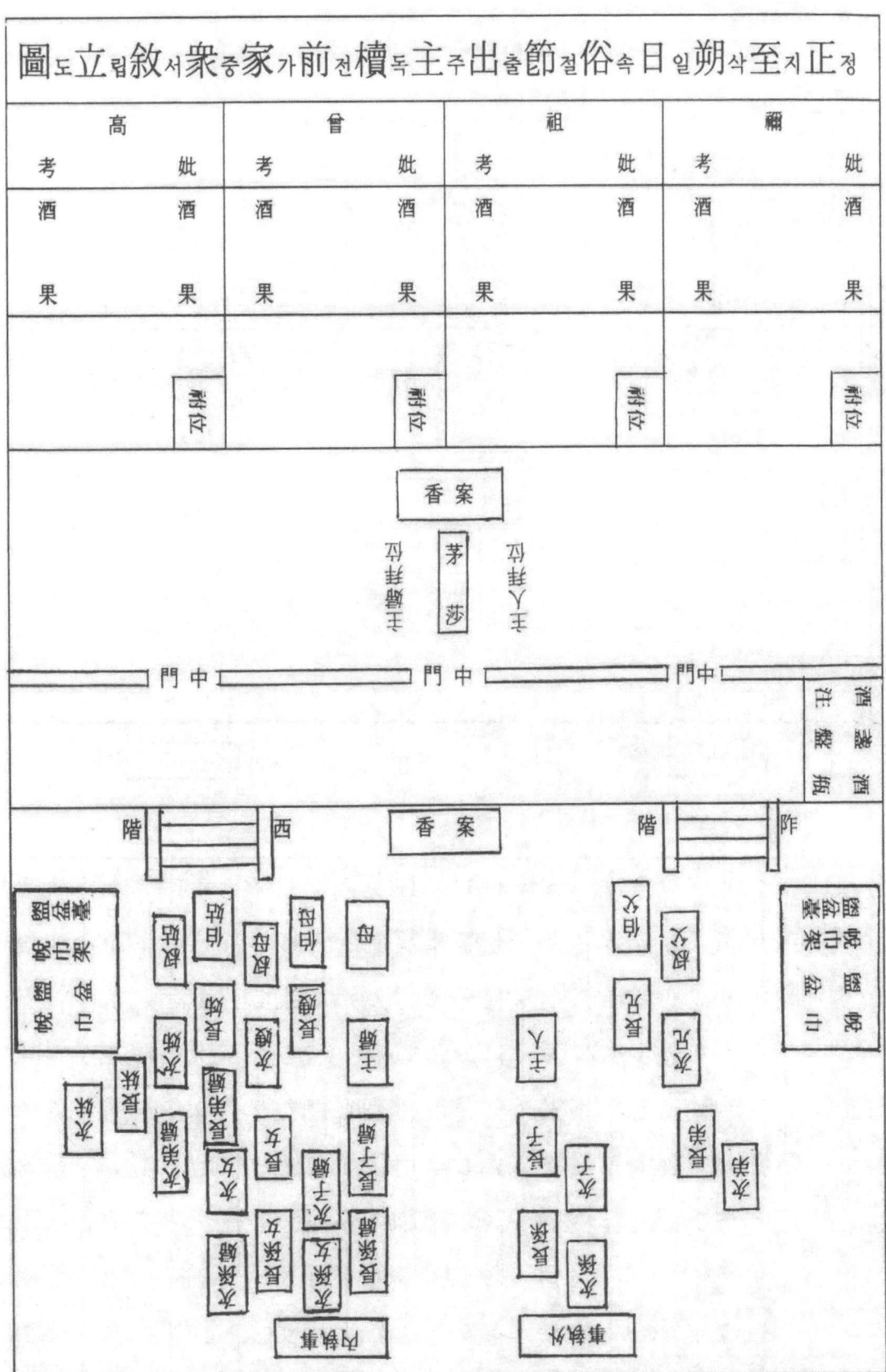

望日不出主圖

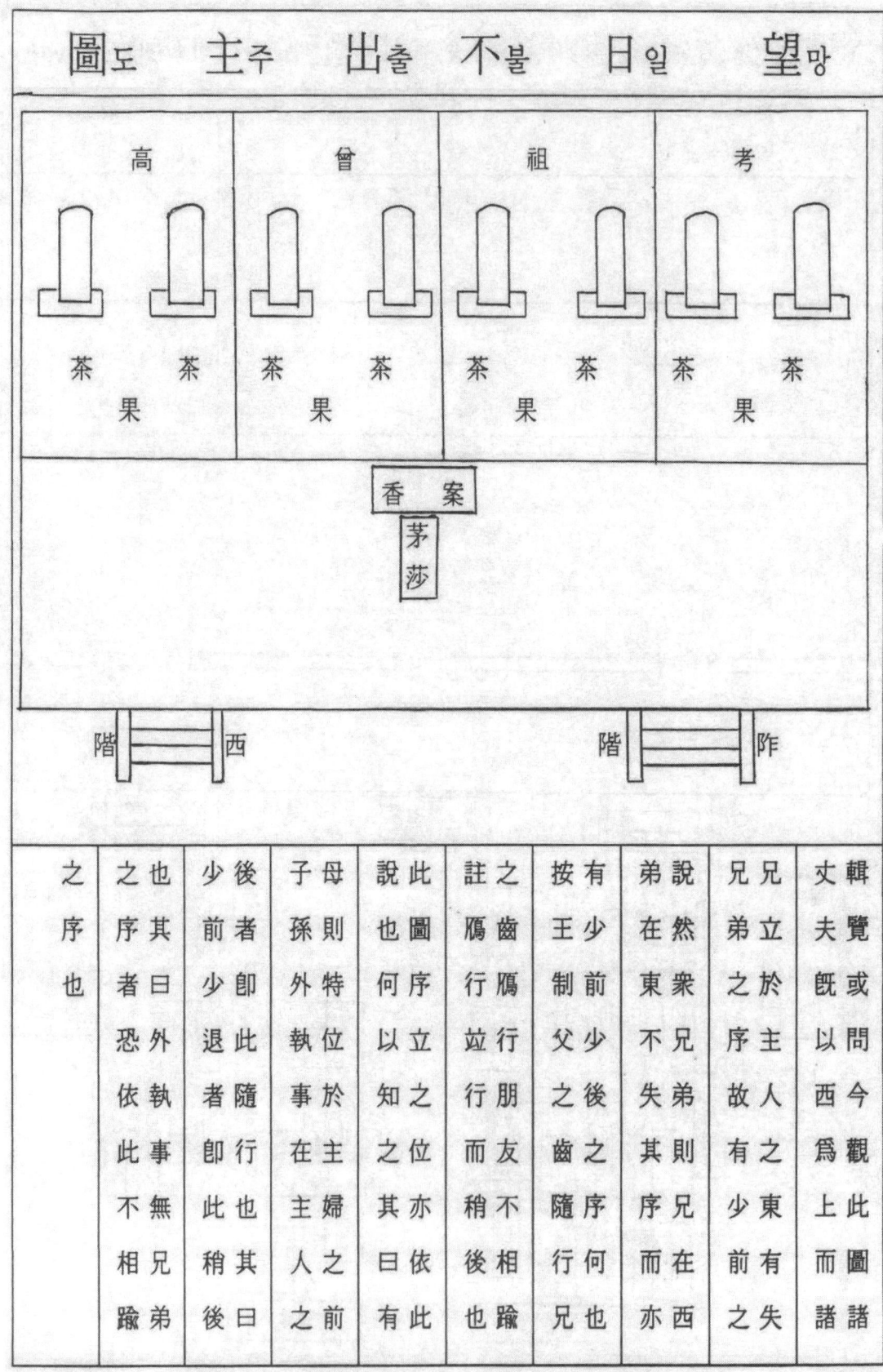

高　　　曾　　　祖　　　考

茶果　茶果　　茶果　茶果　　茶果　茶果　　茶果　茶果

香案
茅莎

西階　　　　　　　　阼階

丈夫既以西爲上而觀此圖諸諸

兄兄立於主人之東有少前之失

說然衆兄弟則兄序而在西

弟在東不失其序兄在西

按王制父之後齒隨行兄也

有少前少後之齒隨行何

註鴈行竝行朋友而稍後相蹌

之行鴈行

說此圖序以立之位其亦曰依此有

子孫外執事在主婦人之前

後者即此隨行也其後曰

少前少退者即此稍後

之也序者恐依此不相蹌

之序也

簠보 圖도

銅鑄造幷蓋重一十三斤二兩通高七寸深二寸闊八寸一分腹徑長一尺一分

邊변 圖도

竹爲之口徑四寸九分通足高五寸九分深一寸四分足徑五寸一分

簋궤 圖도

幷蓋重九斤通蓋高六寸七分深二寸八分闊五寸腹徑長七寸九分闊五寸六分

豆두 圖도

木爲之高下深淺口徑足徑並依邊制

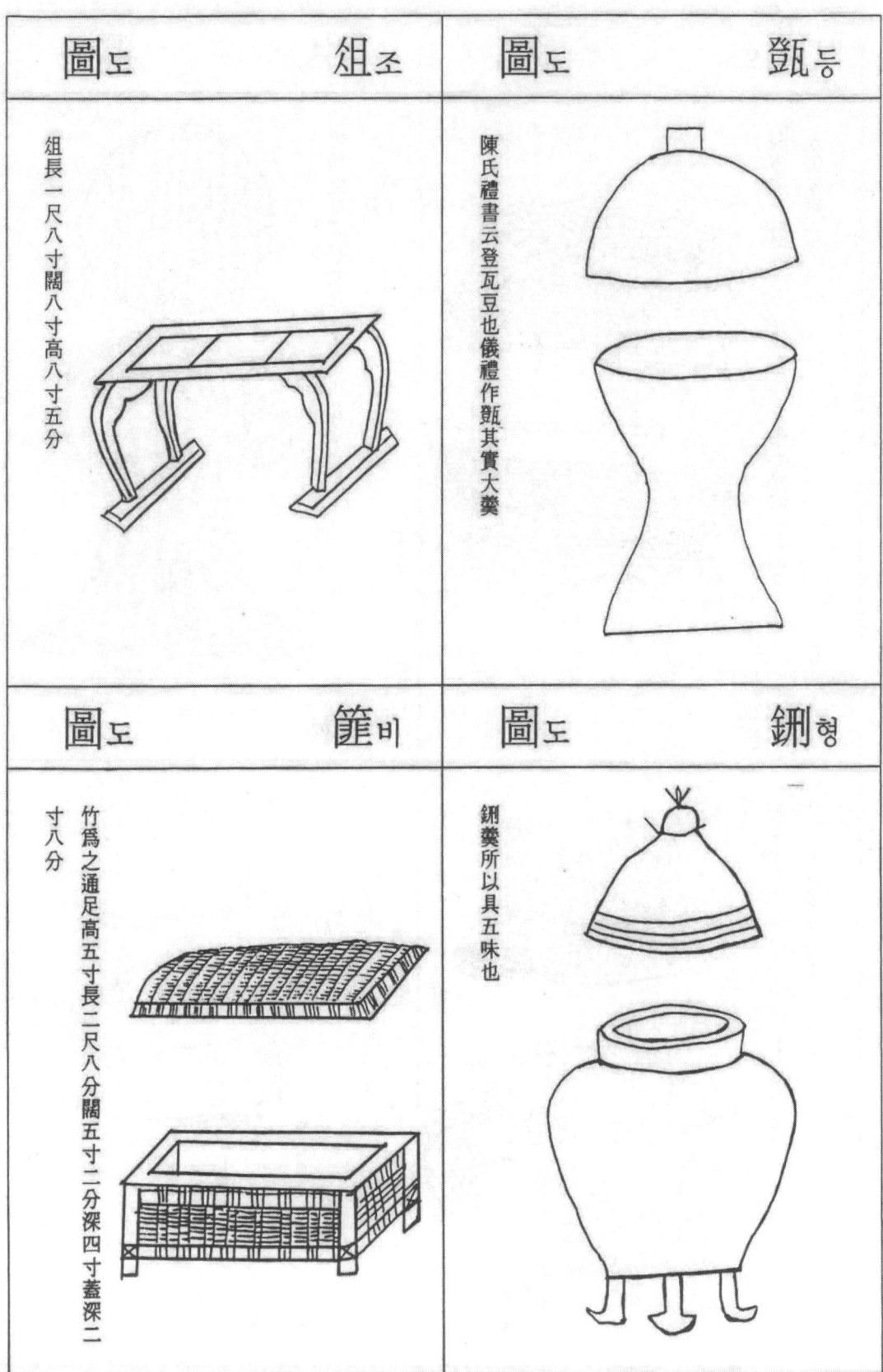

圖도　俎조

俎長一尺八寸闊八寸高八寸五分

圖도　甑등

陳氏禮書云登瓦豆也儀禮作甑其實大羹

圖도　篚비

竹爲之通足高五寸長二尺八分闊五寸二分深四寸蓋深二寸八分

圖도　鉶형

鉶羹所以具五味也

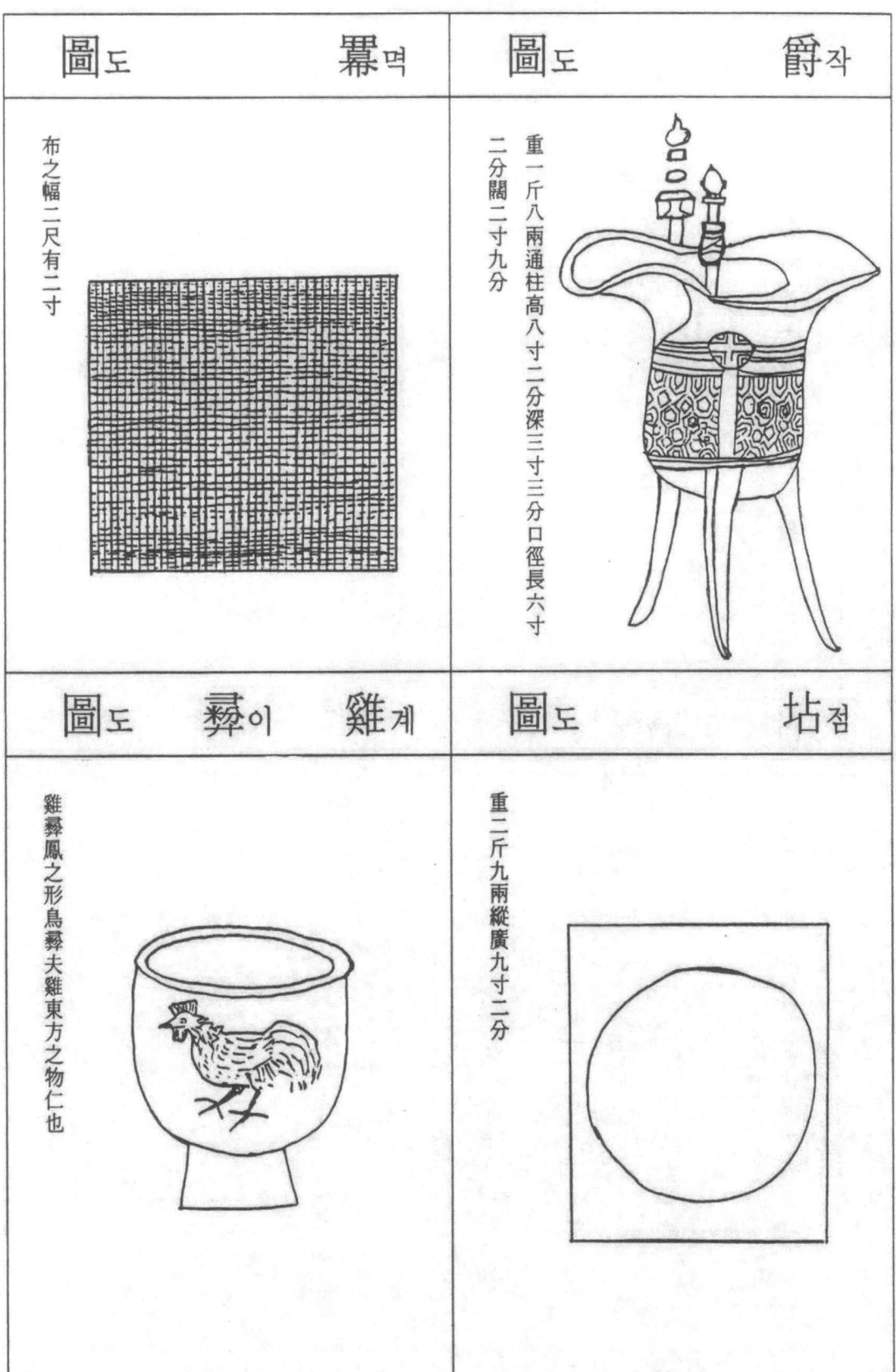

圖도　冪멱

布之幅二尺有二寸

圖도　爵작

重一斤八兩通柱高八寸二分深三寸三分口徑長六寸二分闊二寸九分

圖도　彛이　雞계

雞彛鳳之形鳥彛夫雞東方之物仁也

圖도　坫점

重二斤九兩縱廣九寸二分

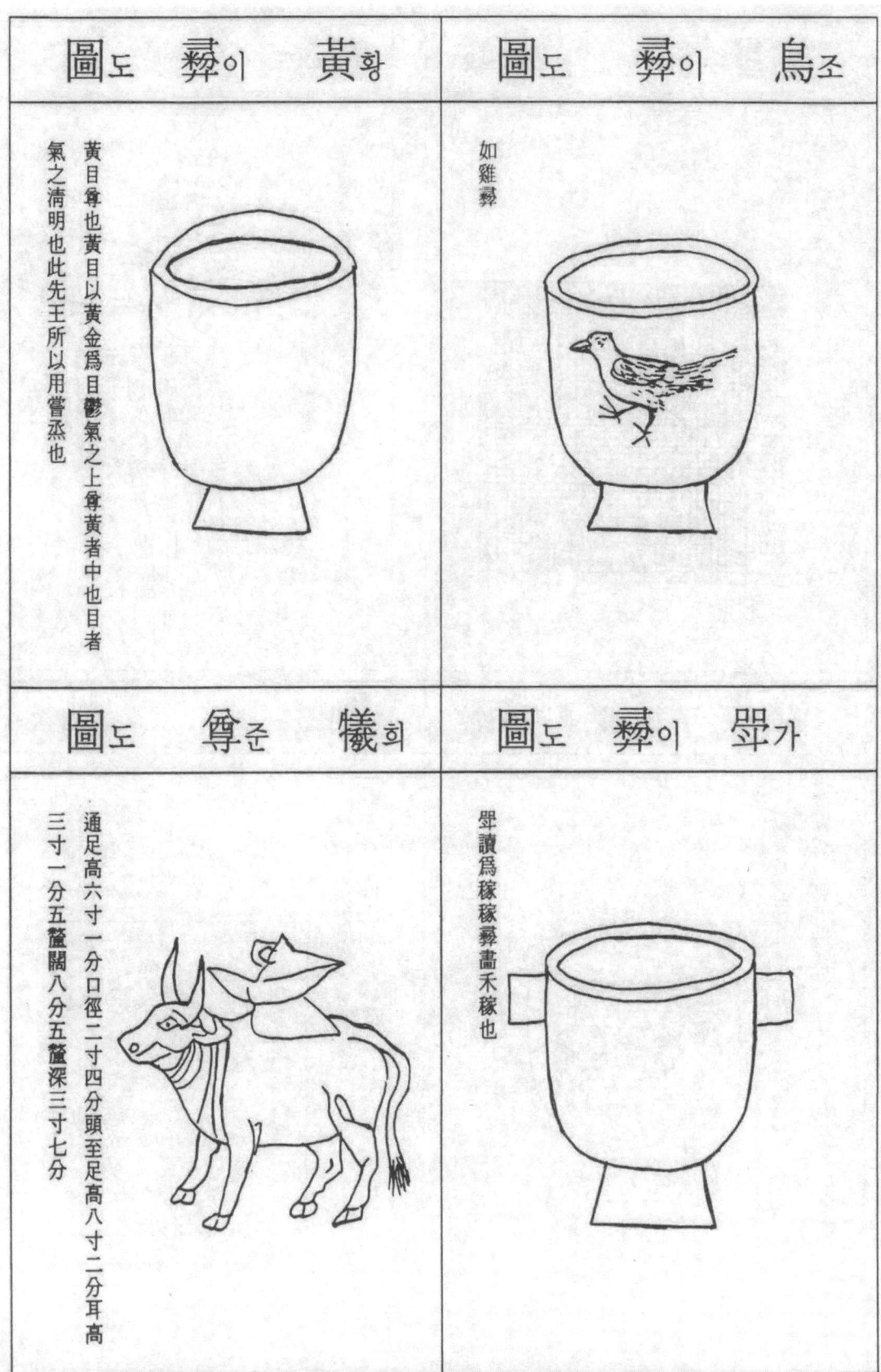

圖도　彝이　黃황

黃目尊也黃目以黃金爲目鬱氣之上尊黃者中也目者
氣之清明也此先王所以用嘗烝也

圖도　彝이　鳥조

如雞彝

圖도　尊준　犧희

通足高六寸一分口徑二寸四分頭至足高八寸二分耳高
三寸一分五簋闊八分五簋深三寸七分

圖도　彝이　斝가

斝讀爲稼稼彝畵禾稼也

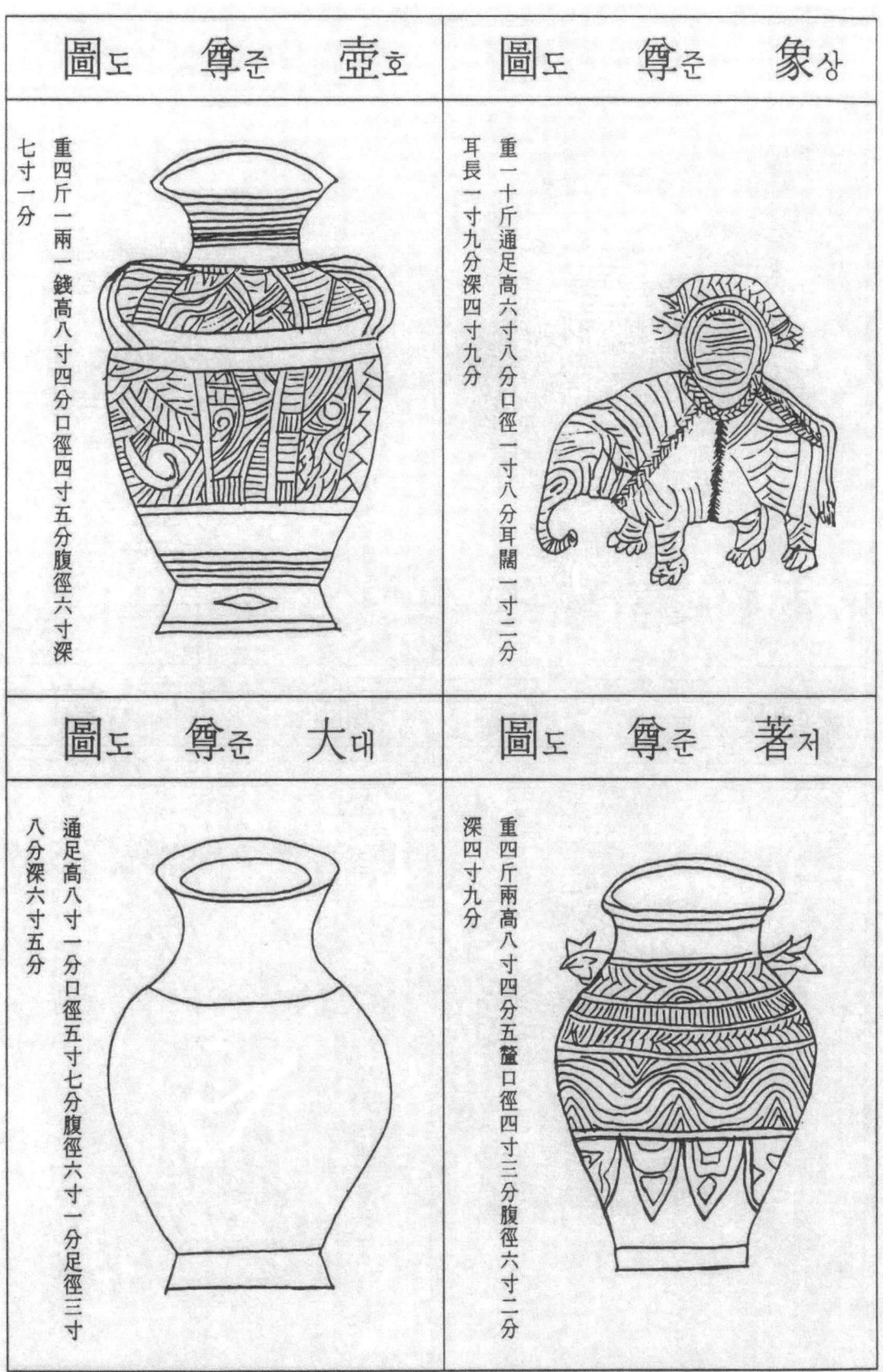

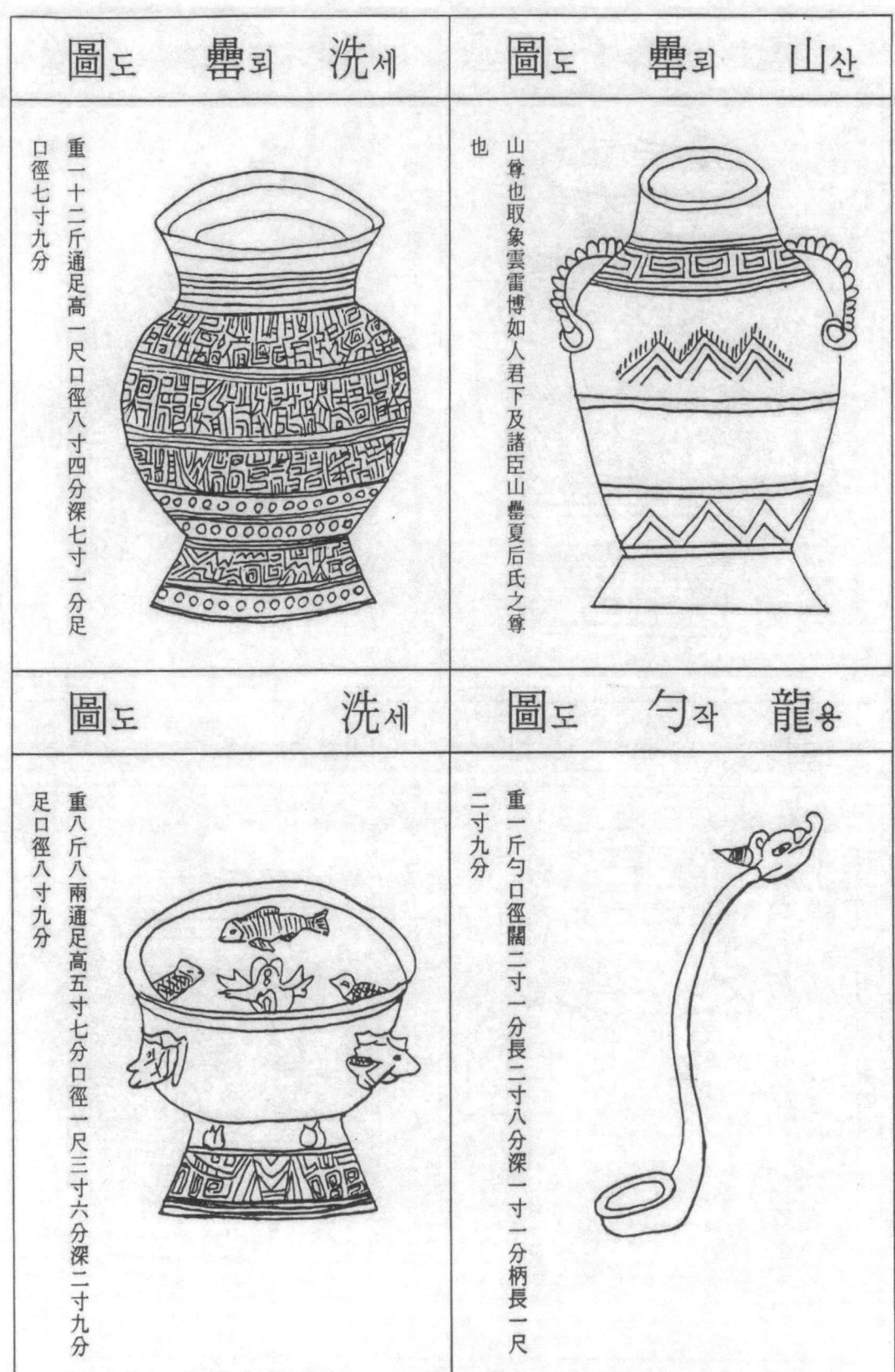

圖도 罍뢰 洗세

口徑七寸九分

重一十二斤通足高一尺口徑八寸四分深七寸一分足

圖도 罍뢰 山산

也

山尊也取象雲雷博如人君下及諸臣山罍夏后氏之尊

圖도 洗세

足口徑八寸九分

重八斤八兩通足高五寸七分口徑一尺三寸六分深二寸九分

圖도 勺작 龍용

二寸九分

重一斤勺口徑闊二寸一分長二寸八分深一寸一分柄長一尺

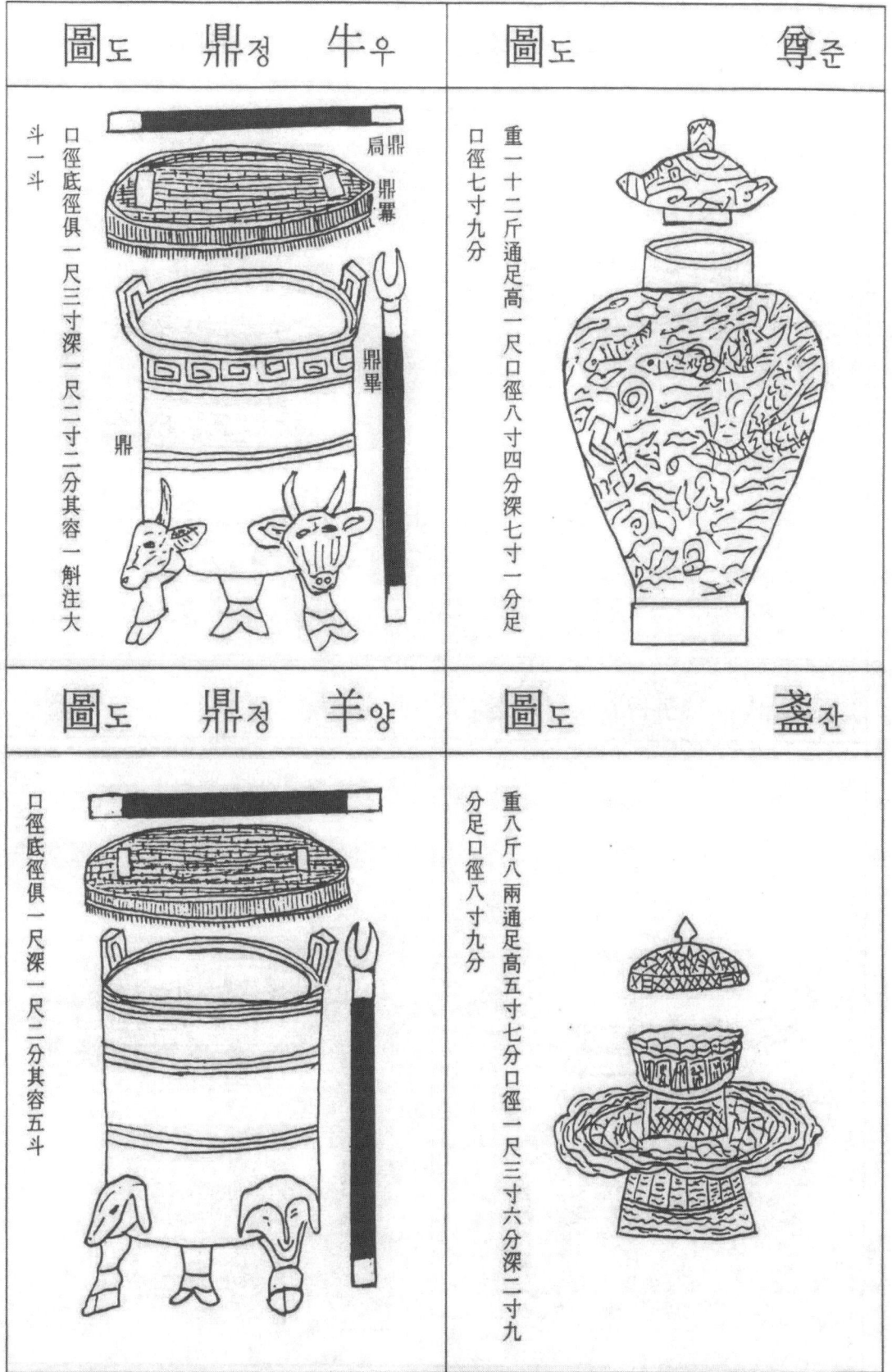

圖도　鼎정　牛우

局鼎

鼎羃

鼎畢

鼎

口徑底徑俱一尺三寸深一尺二寸二分其容一斛注大

斗一斗

尊준　圖도

重一十二斤通足高一尺口徑八寸四分深七寸一分足

口徑七寸九分

圖도　鼎정　羊양

口徑底徑俱一尺深一尺二分其容五斗

圖도　盞잔

重八斤八兩通足高五寸七分口徑一尺三寸六分深二寸九

分足口徑八寸九分

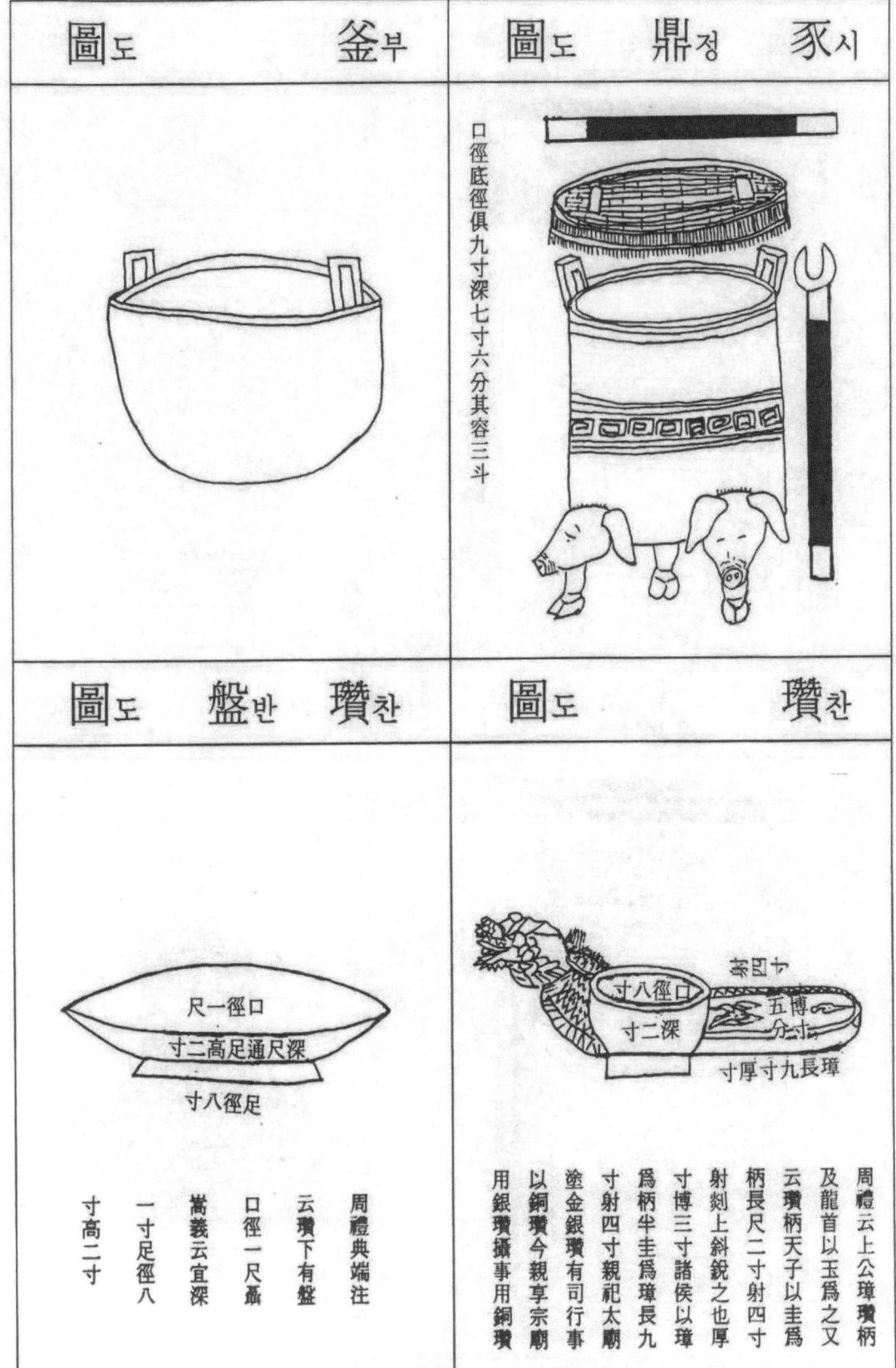

圖도　釜부

豕시　鼎정　圖도

口徑底徑俱九寸深七寸六分其容三斗

瓚찬　盤반　圖도

口徑一尺
深通足高二寸
足徑八寸

周禮典端注
云瓚下有盤
口徑一尺壘
嵩義云宜深
一寸足徑八
寸高二寸

瓚찬　圖도

口徑八寸
深二寸
長瓚九寸厚寸
博五寸分寸
中圖

周禮云上公瓚柄
及龍首以玉爲之又
云瓚柄天子以圭爲
柄長尺二寸射四寸
射剡上斜銳之也厚
寸博三寸諸侯以璋
爲柄半圭爲璋長九
寸射四寸親祀太廟
塗金銀瓚有司行事
以銅瓚今親享宗廟
用銀瓚攝事用銅瓚

圖도	錡기	圖도	匕비

以供祭
用煮蘋藻
足曰釜可
足曰錡無
周禮註有

匕三匕以棘
體之匕有疏
稷之匕有牲
或五尺有黍
禮書長三尺

圖도	鬲력	圖도	鑊확

氣
飪達水火之
亦用陶以烹
云曲脚鼎也
寸唇寸郭璞
實五穀厚半

魚腊之器
註鑊煮肉及
共大鑊鋗羹
火之齊祭祀
共鼎以給水
周禮亨人掌

筵연	圖도	玉옥 爵작 圖도

筵 圖:
司几筵祀先
王設莞繰次
三重之席皆
有純蒲筵長
二尺三寸舊
圖無純

玉爵 圖:
周禮太宰享
先王贊玉爵
○木爵制同
受一升見長
六寸漆赤中
畫雲氣

筐광 筥거 圖도	几궤 圖도

筥   筐

筐筥 圖:
筐筥皆以竹爲
之祭祀之器詩
註方曰筐圓曰
筥筐行幣帛及
盛物筥但可實
物而已

几 圖:
司几筵五几
左右玉彫漆
阮氏圖几長
五尺高二尺
廣二尺兩端
赤中央黑漆

圖도 椸이	圖도 篋협

橫竿 爲椸 卽衣 架也

長也 者狹而 篋則隋 隋方曰 鄭氏曰

圖도 楎휘	圖도 笥사

植者 曰楎

笥 簞方曰 註圓曰 器曲禮 及衣之 說文飯

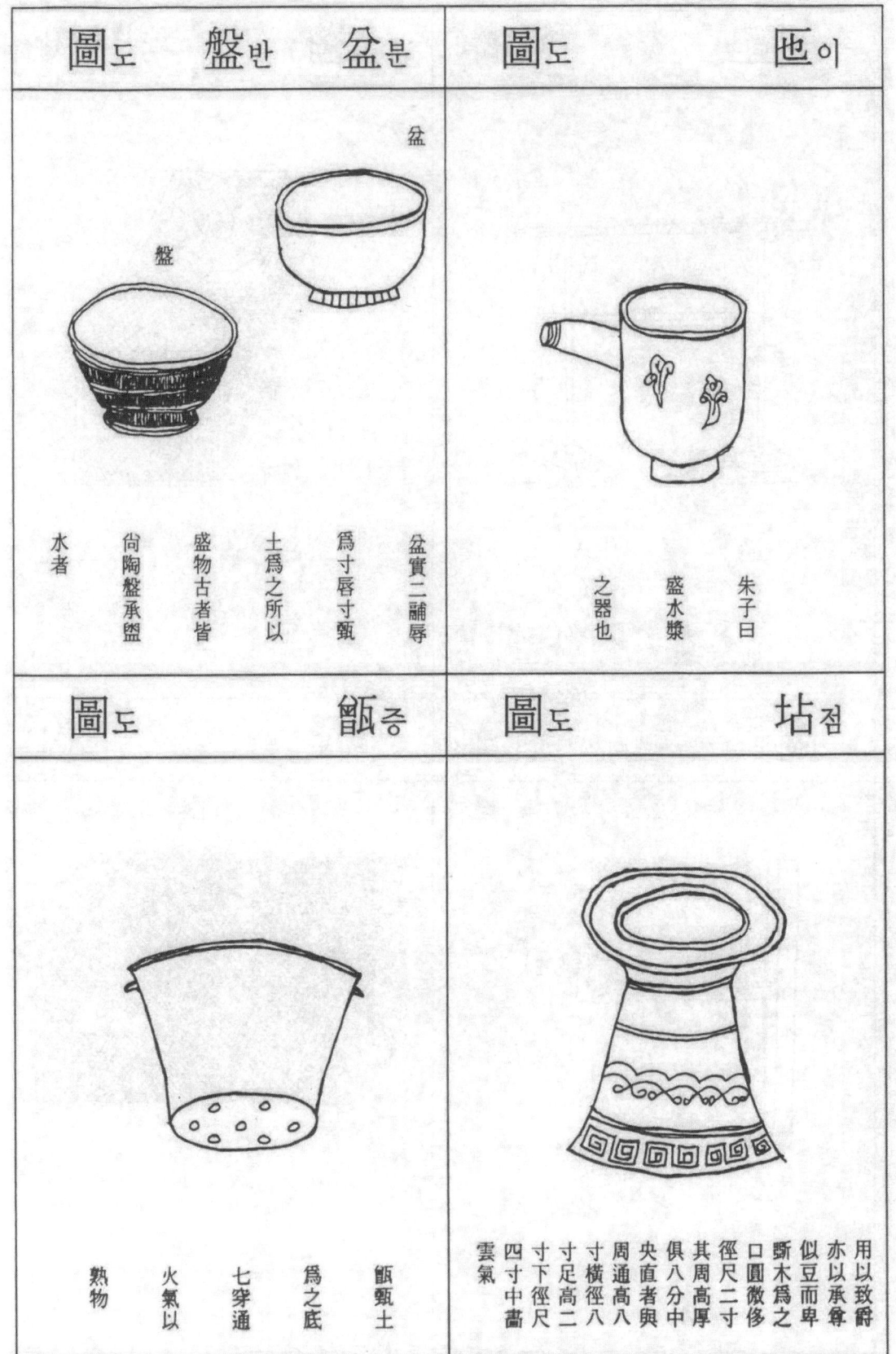

圖도　盤반　盆분

盆

盤

盆實二餔辱　爲寸唇寸甑　土爲之所以　盛物古者皆　尙陶盤承盌　水者

圖도　匜이

朱子曰　盛水漿　之器也

圖도　甑증

甑甄土　爲之底　七穿通　火氣以　熟物

圖도　坫점

用以致爵　亦以承弇　似豆而卑　斲木爲之　口圓微侈　俱八分中　其周高厚　徑尺二寸　周通高八　央直者與　寸足高二　寸橫徑八　寸下徑尺　四寸中畫　雲氣

圖도　　　簠보

外方內
圓盛稻
粱之器
口徑六
寸足高
二寸挫
其四角
有蓋象
龜其中
受十三
升

圖도　　　觚고

梓人爲
飲器觚
三升獻
以爵而
酬以觚
陳氏云
爻體八
觚鄭氏
引記作
斝

圖도　　　簋궤

內方外
圓盛黍
稷之器
所盛之
數及蓋
之形制
與簠同

圖도　　　壺호

方壺　　　圓壺

容一斛
舊圖云
飾禮書
無飾

圖도　　　　　卓탁	圖도　　　　　倚의

板판　　　　　祝축	圖도　　　　　牀상
高五寸 臨祭以祭書文粘 於其上而置酒注 卓上讀畢置香案 上香爐北	

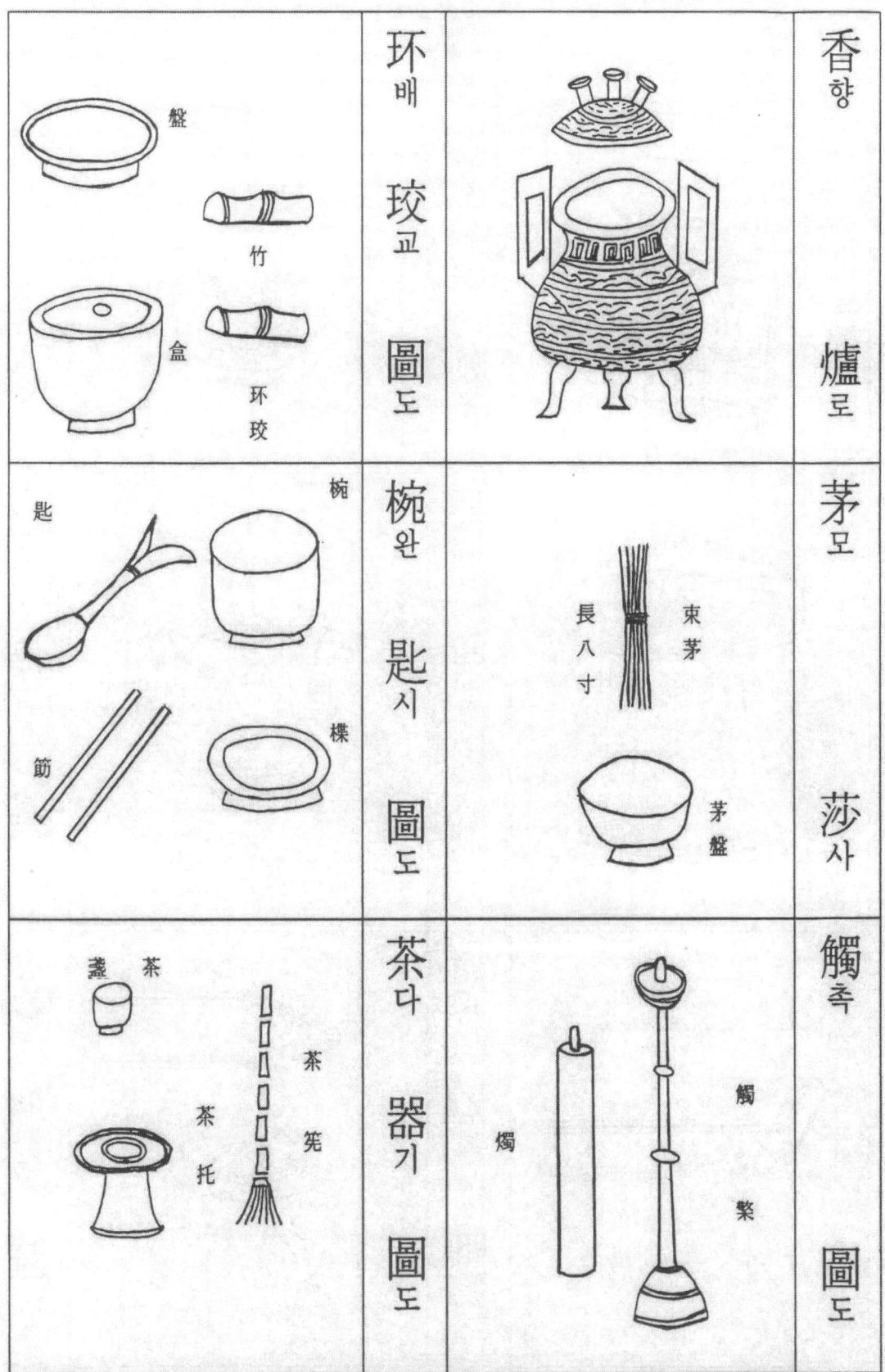

환배 玟교 圖도

香향 爐로

椀완 匙시 楪 圖도

茅모 莎사

茶다 器기 圖도

觸촉 圖도

盤
竹
盒
環玟

匙
箸
椀
楪

束茅
長八寸
茅盤

茶盞
茶筅
茶托

燭
觸檠

盥관 盆분 臺대 圖도	瓶병 圖도
果과 器기 圖도	酒주 注주 圖도
餠병 器기 圖도	火화 爐로 圖도

圖도　之지　彝이　卣유

彝

卣

畫飾惟此尊未詳何飾但圖形

升曾未裸也實卣其將裸則實彝矣尊皆有

中尊孫炎云尊彝爲上罍爲下卣居卣受五

扆의

圖도

士皆有依焉或畫或否不可考也

依士虞禮佐食無事出戶負依南面蓋諸侯至

文以絳帛爲質依制如屏風詩公劉曰旣登乃

禮書云扆司几筵設黼依斧謂之黼其繡白黑

⊙冠禮圖式(관례도식)

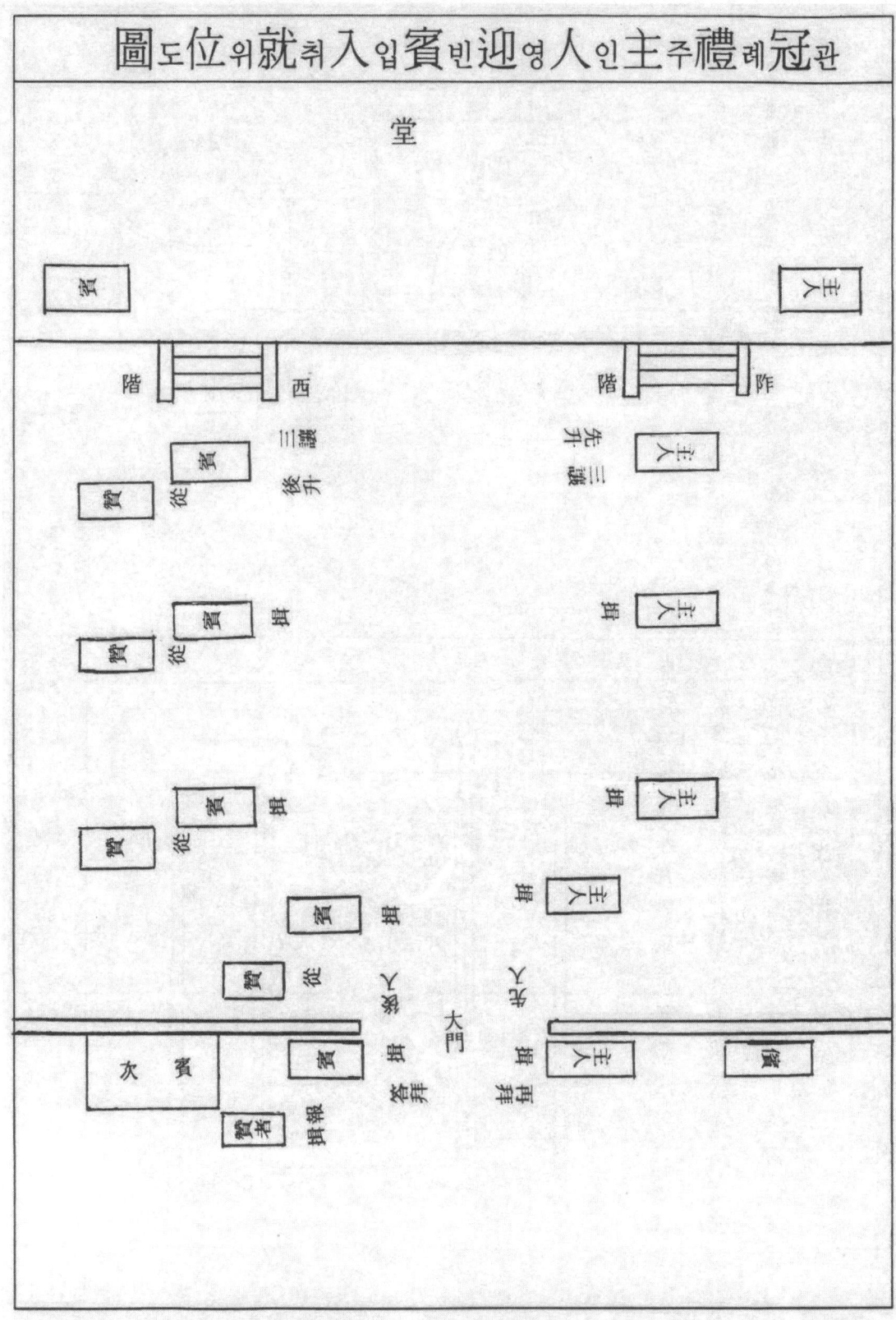

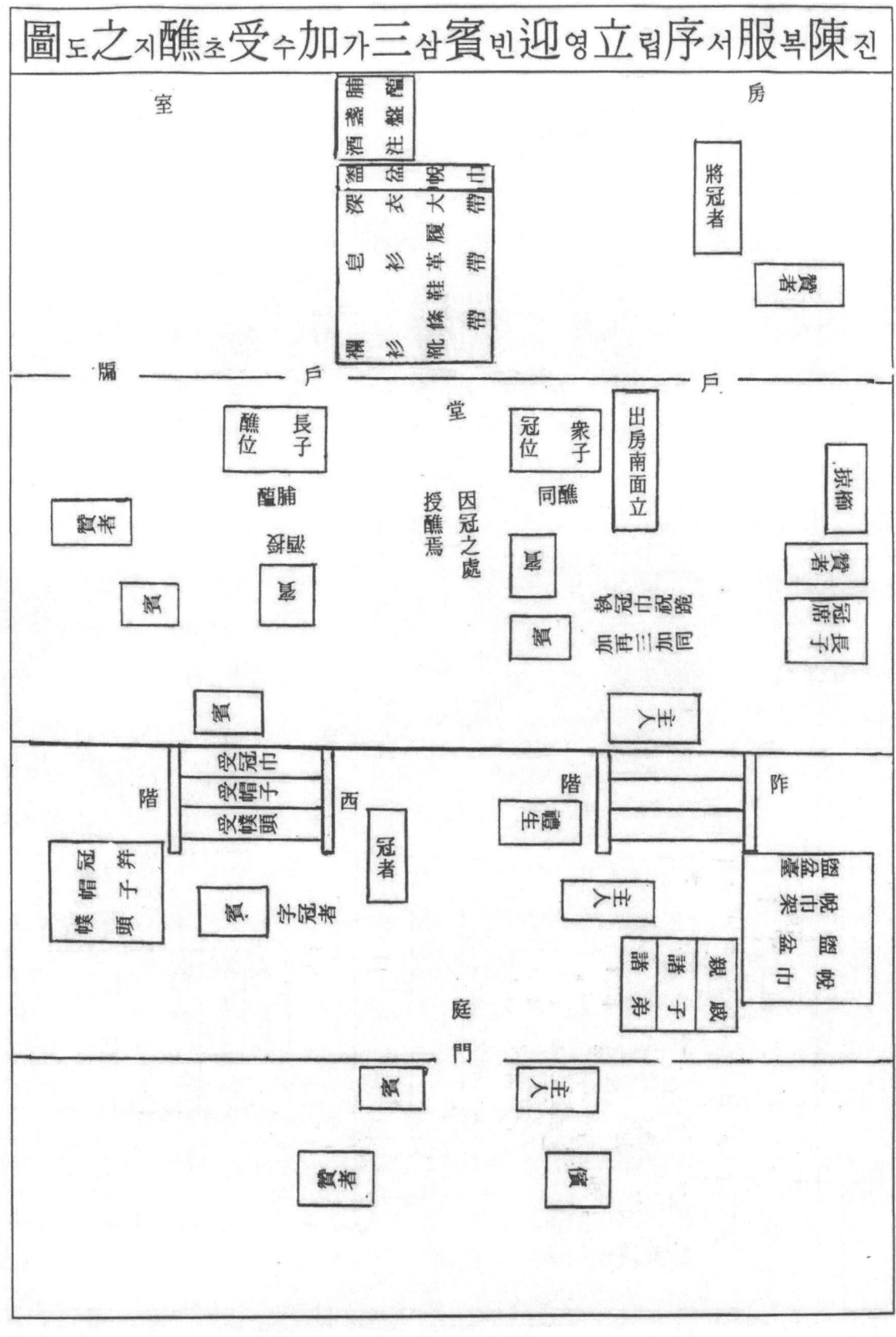

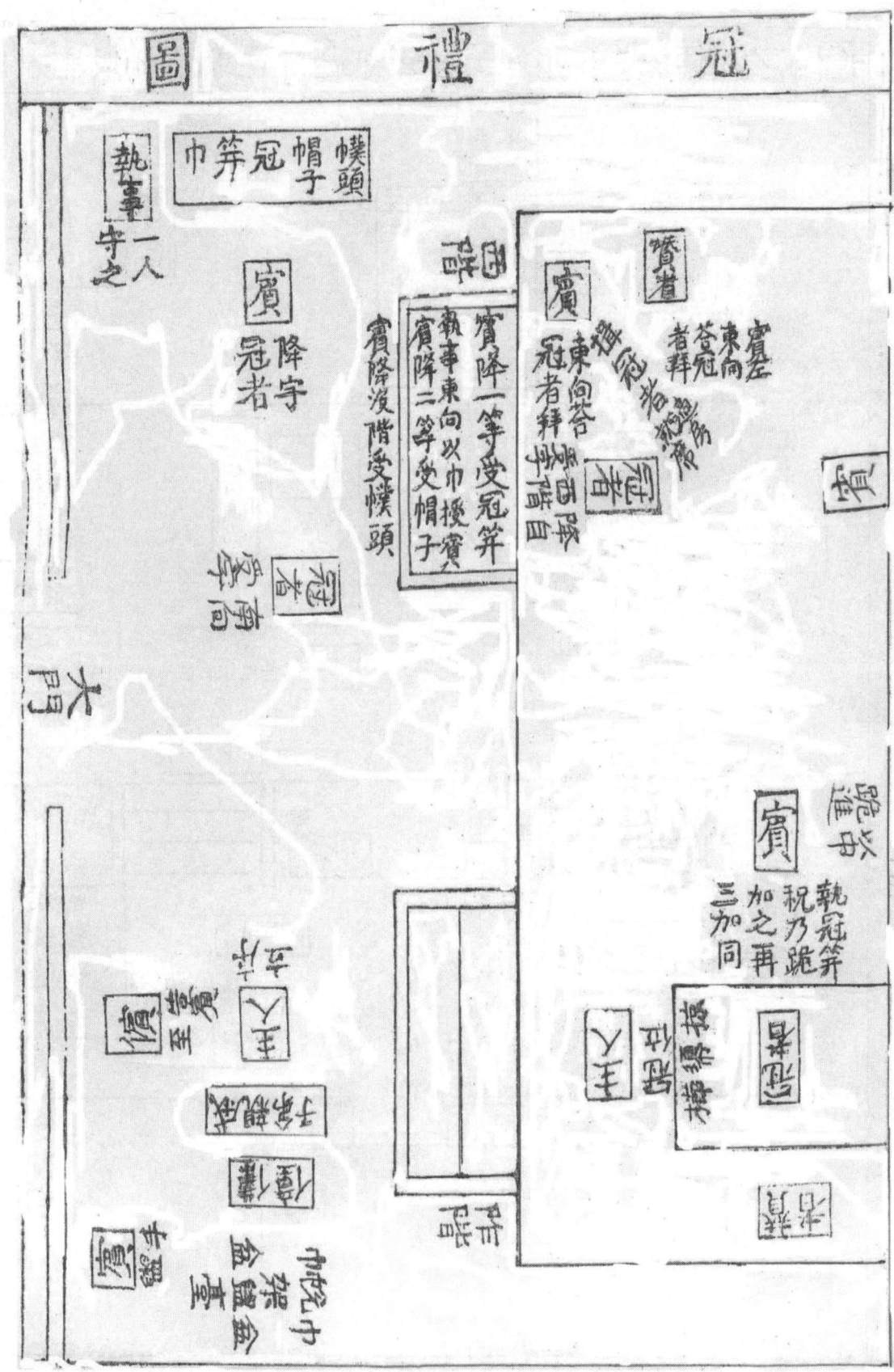

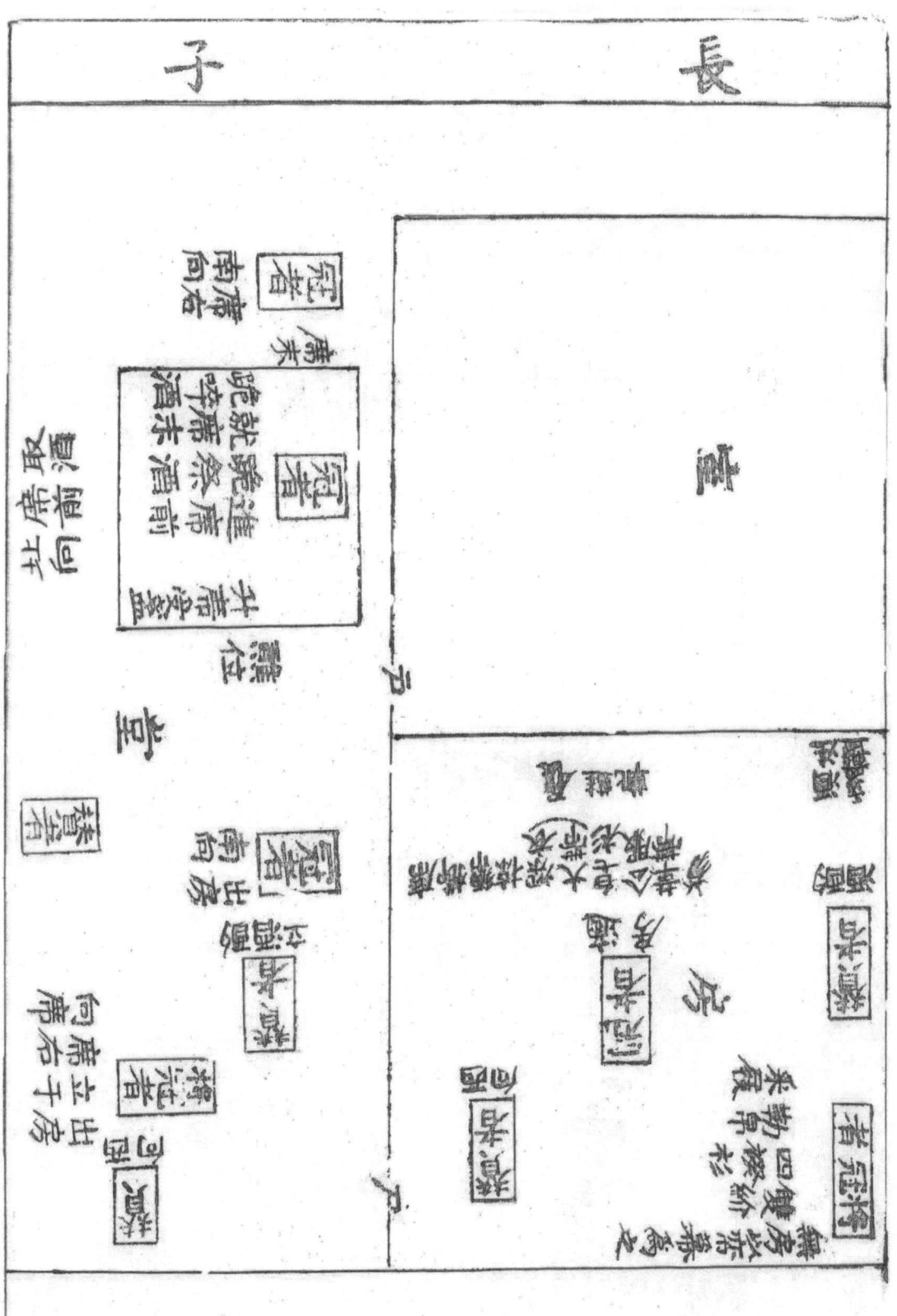

圖禮冠子衆

室　房

贊者

醮位仍此　冠者　冠位

醮堂

堂

西階　阼階

子冠禮餘井同長

門大

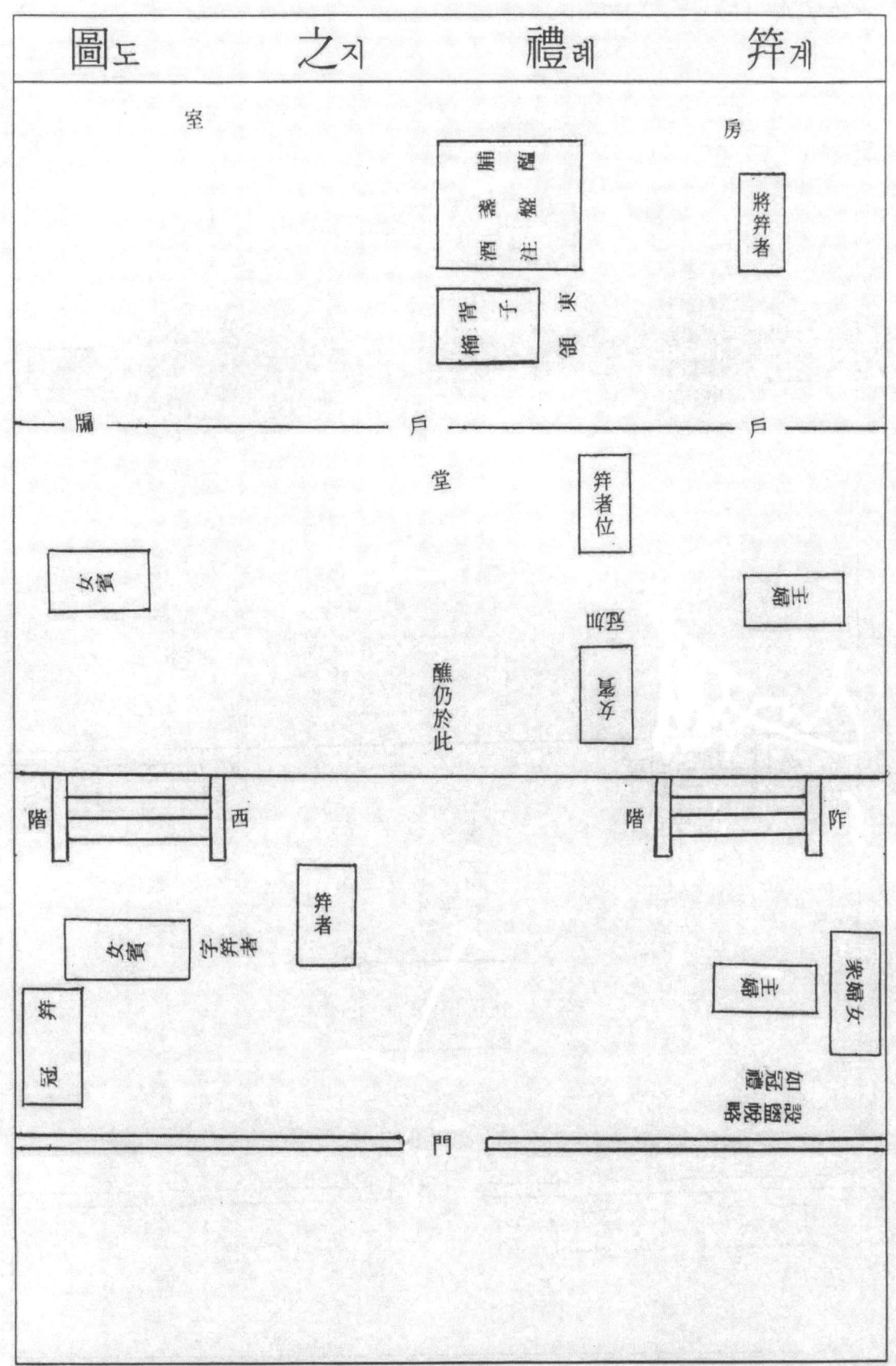

⊙昏禮圖式(혼례도식)

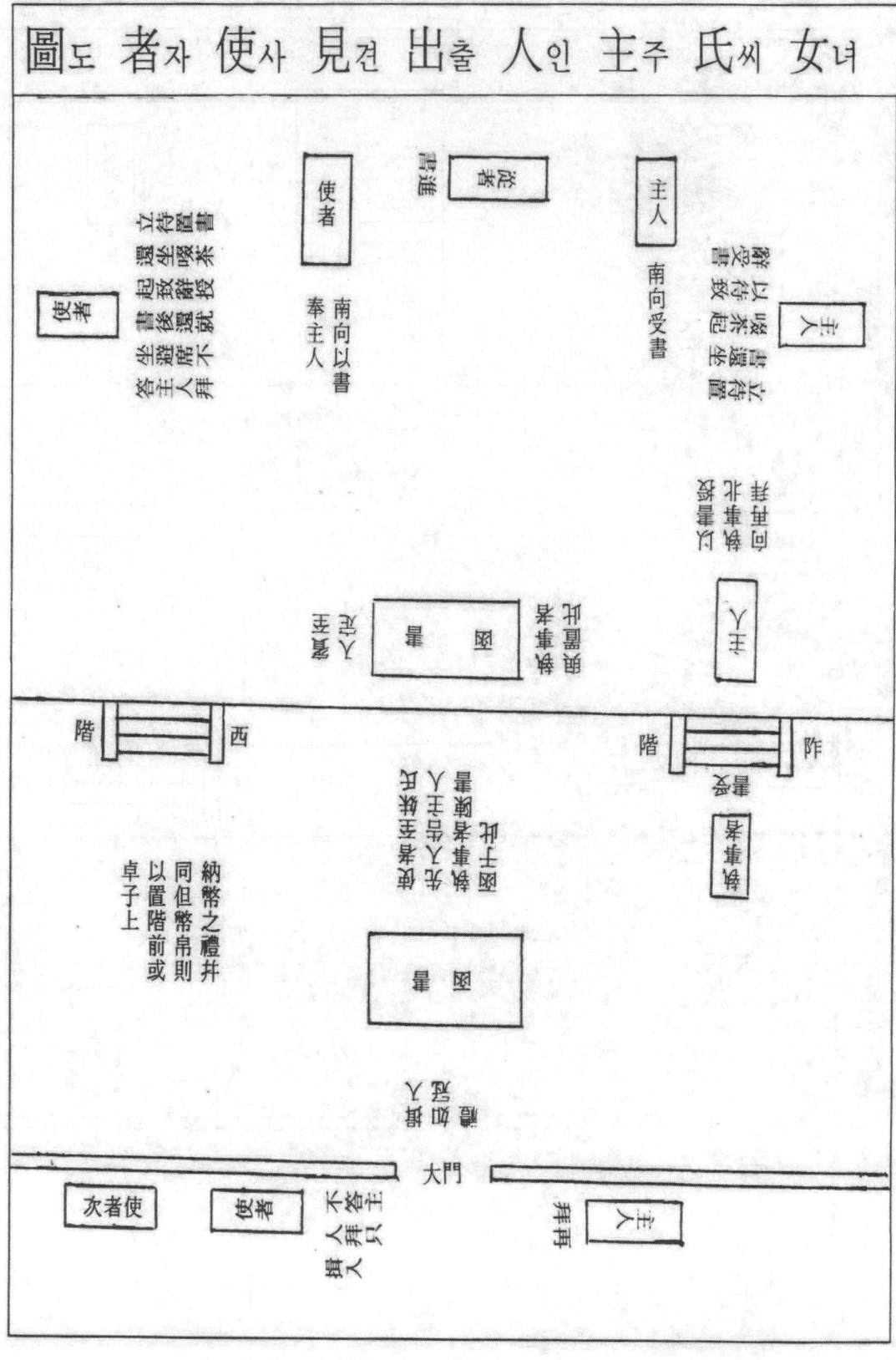

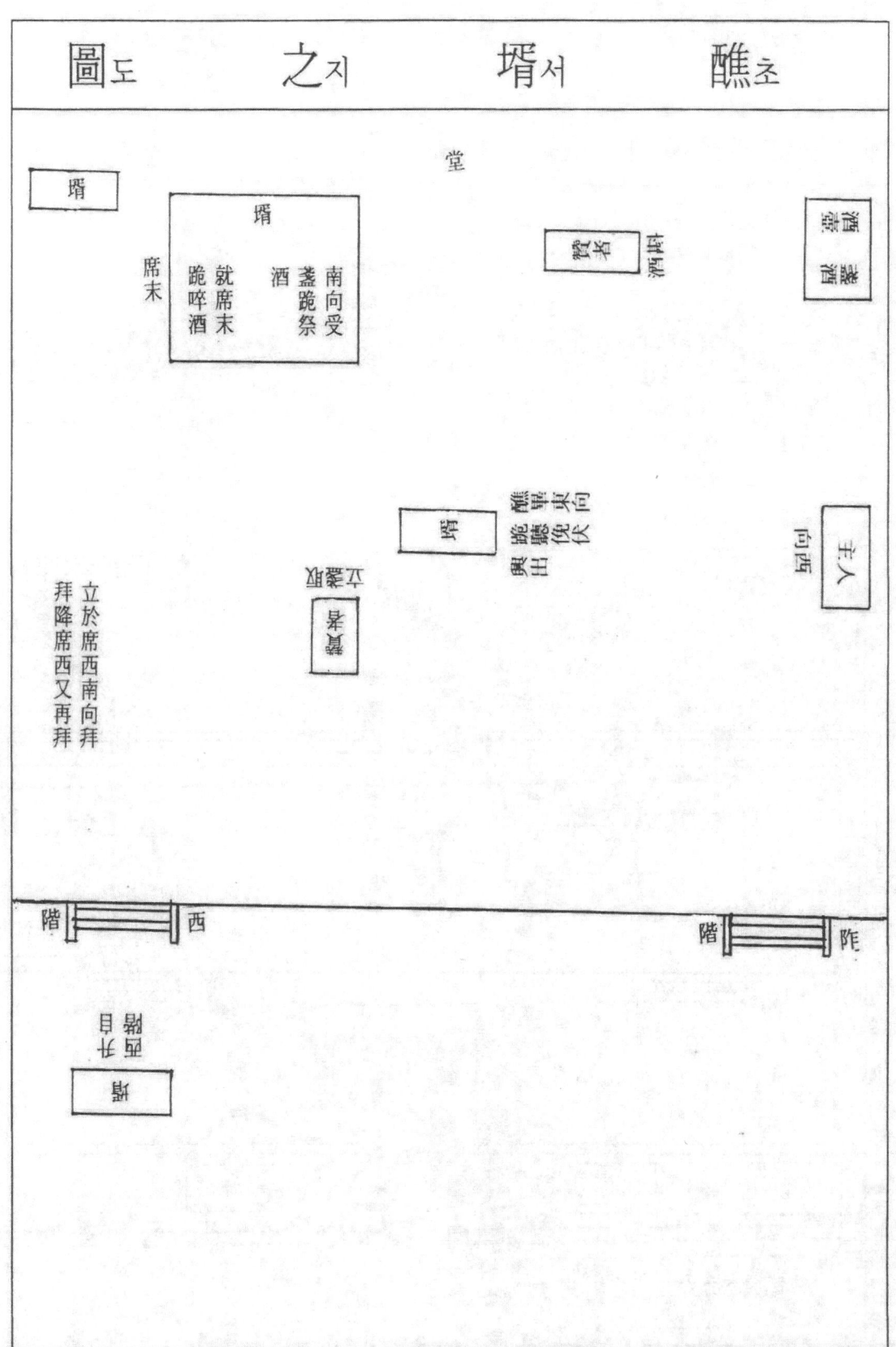

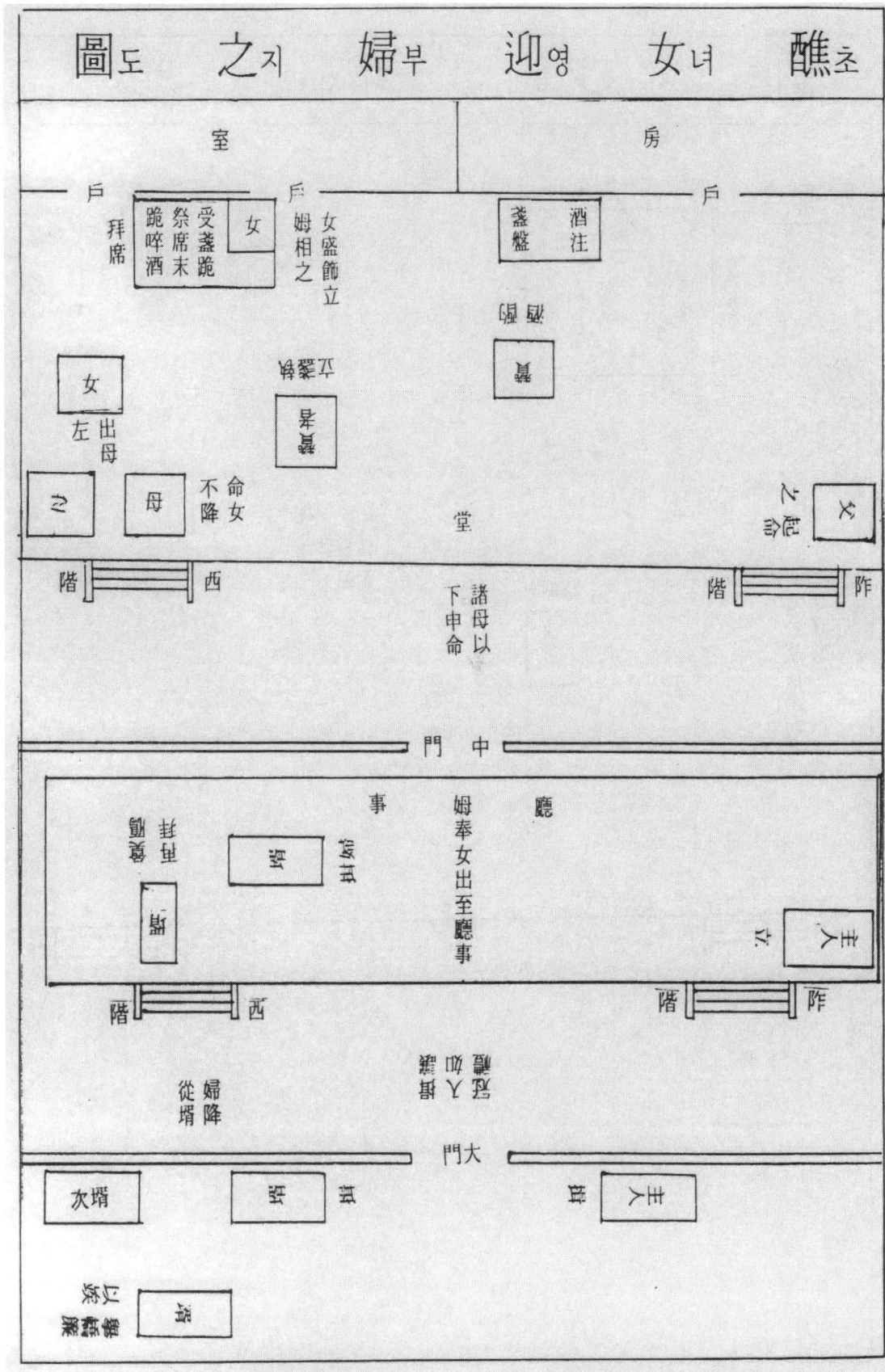

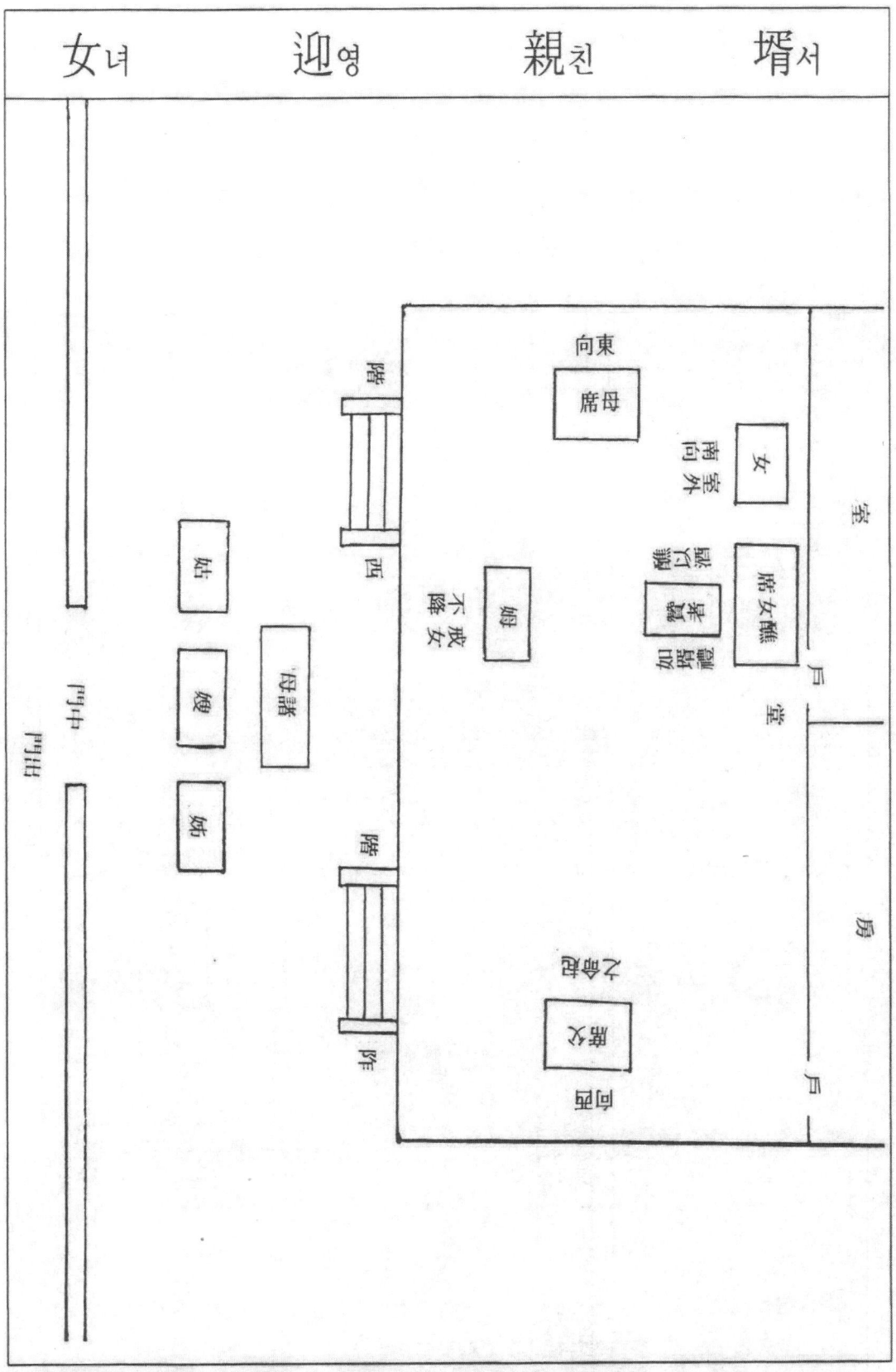

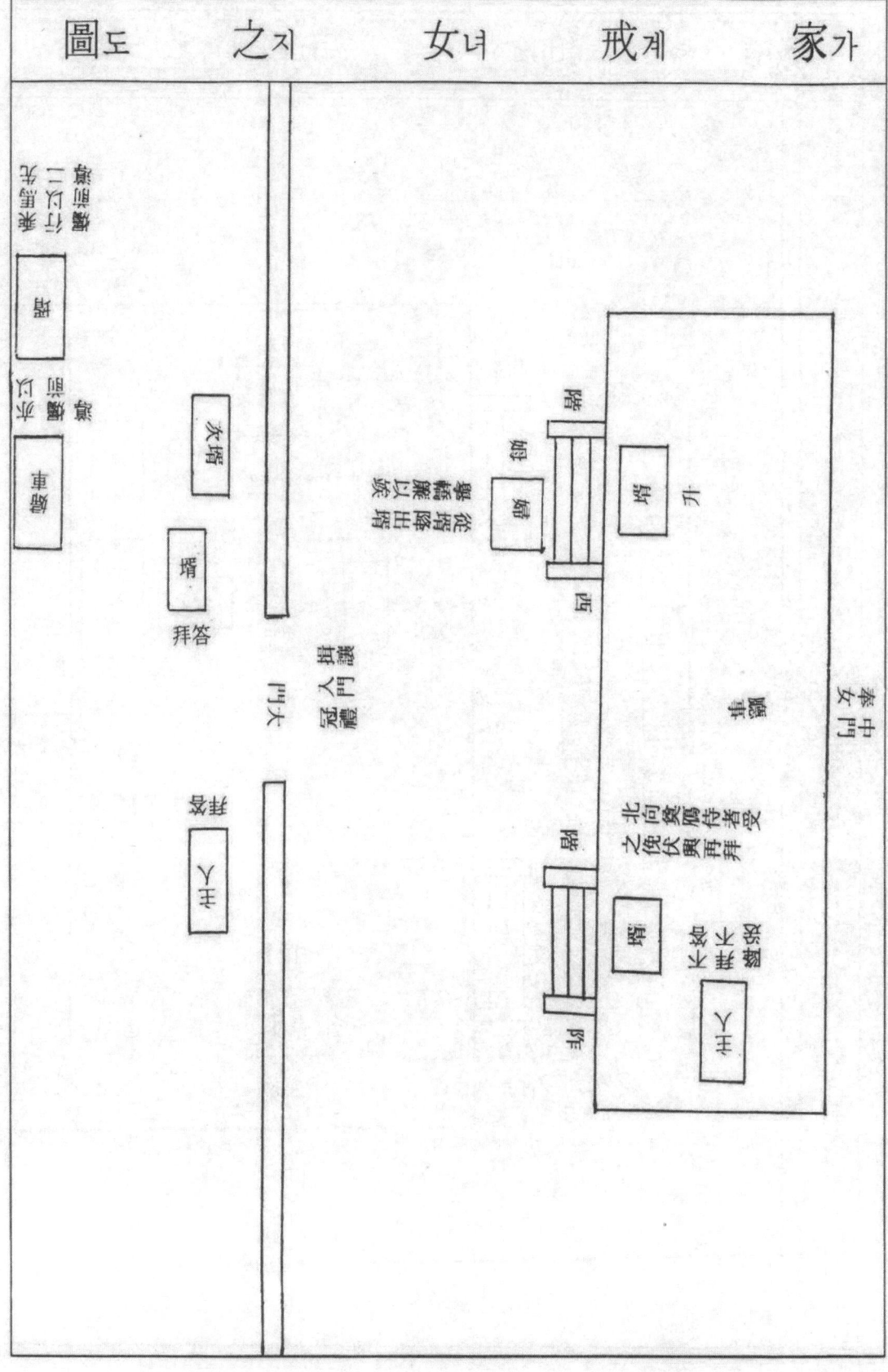

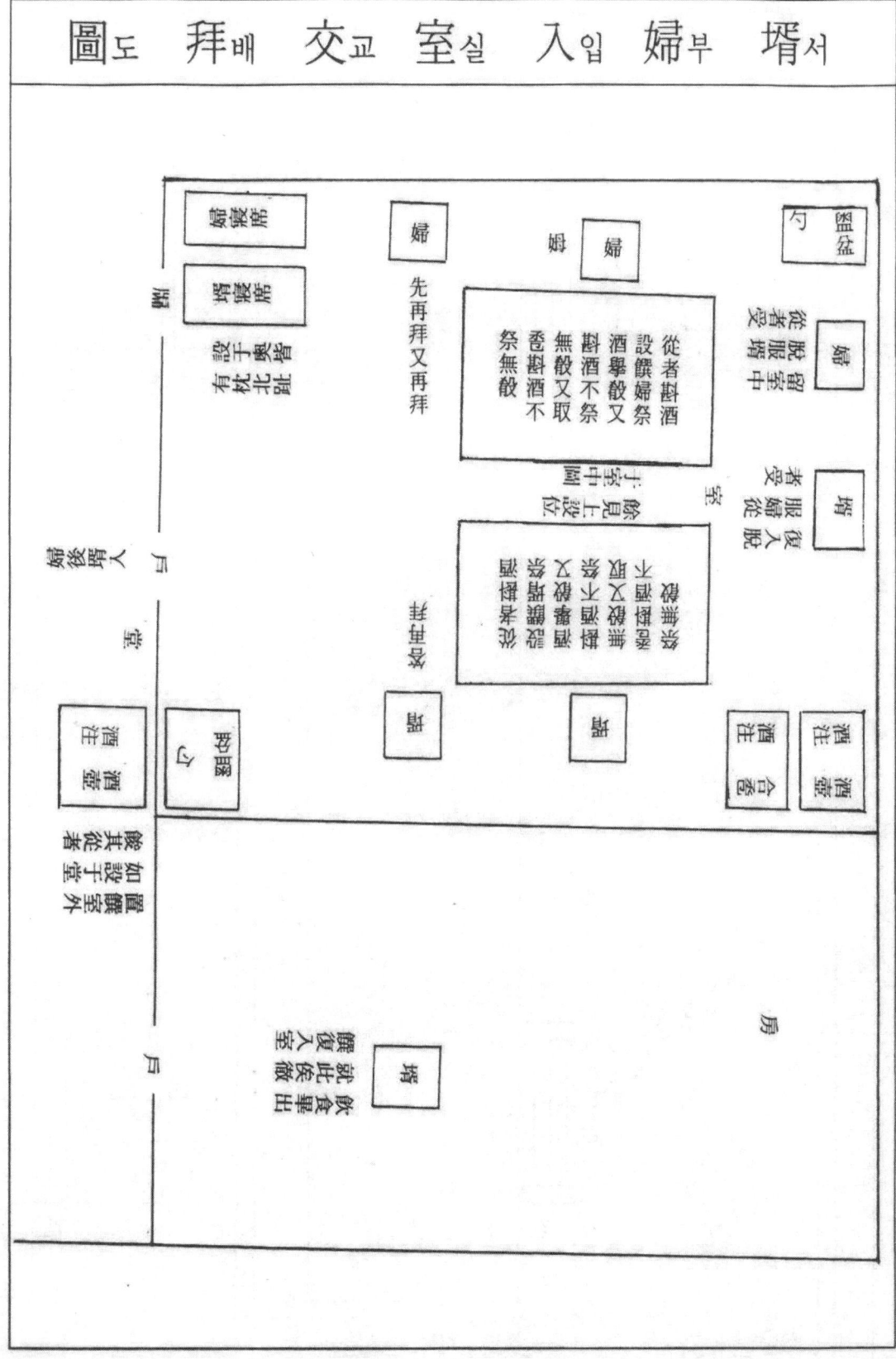

坐좌 飲음 食식 徹철 饌찬 之지 圖도

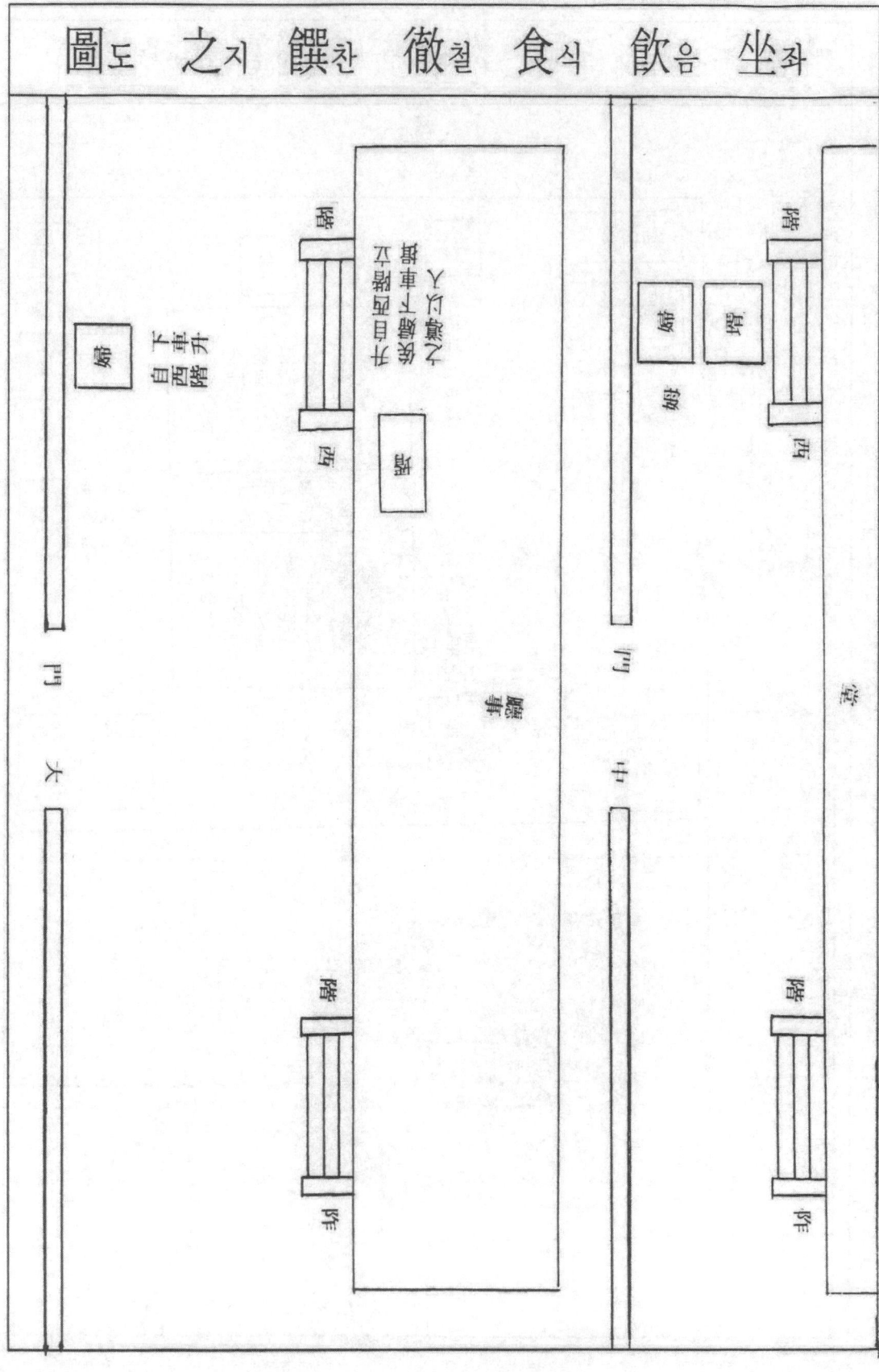

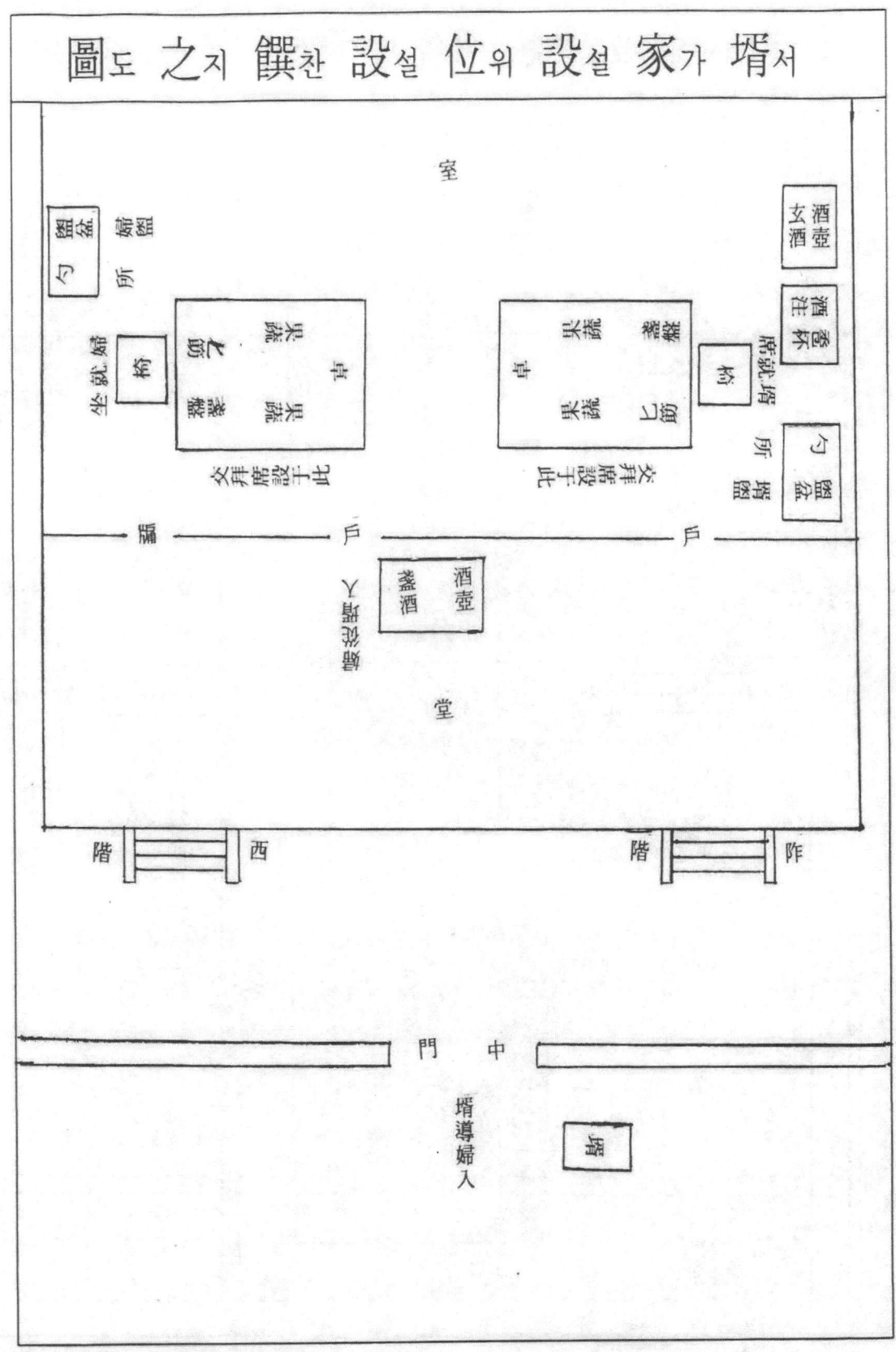

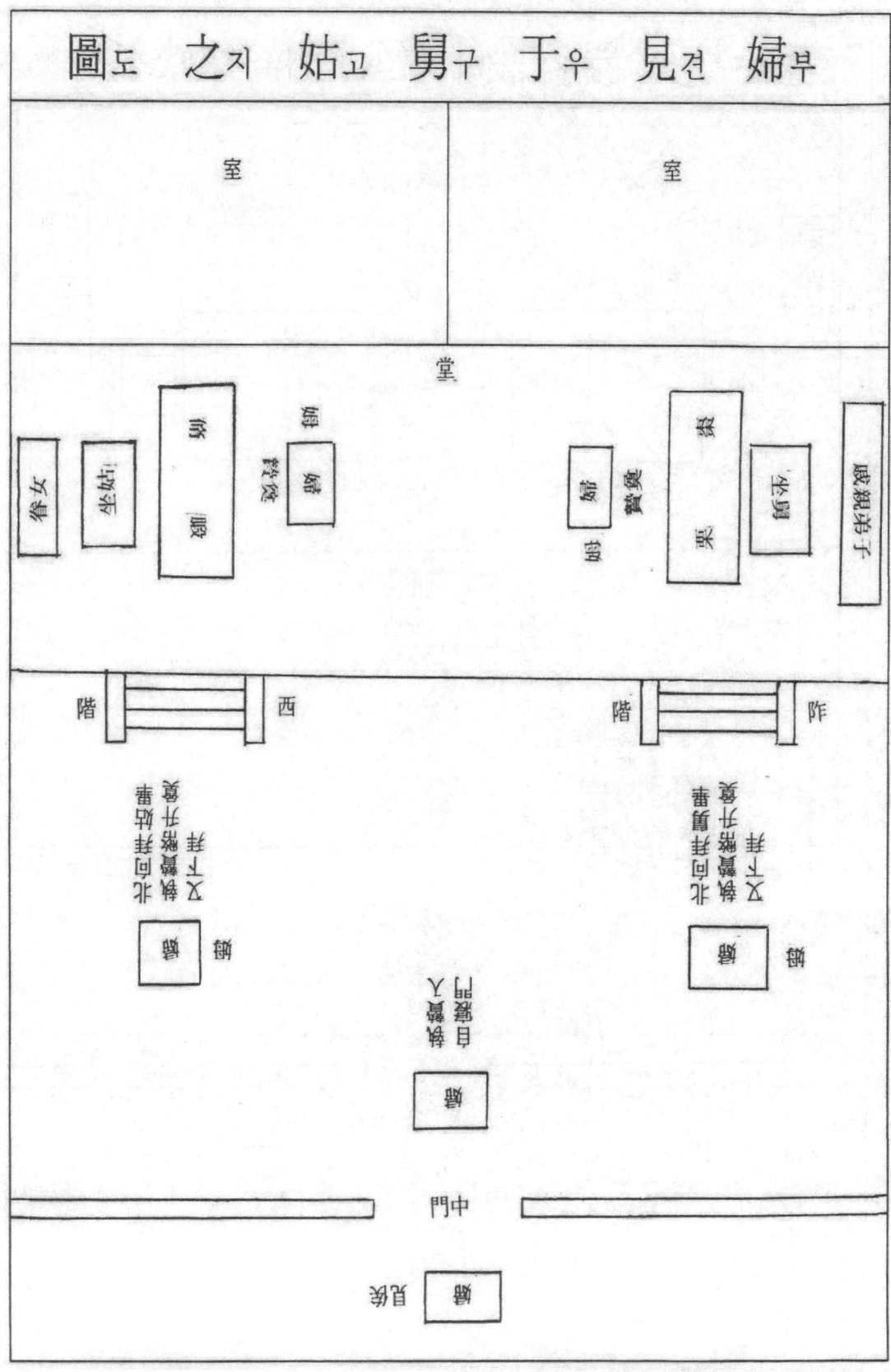

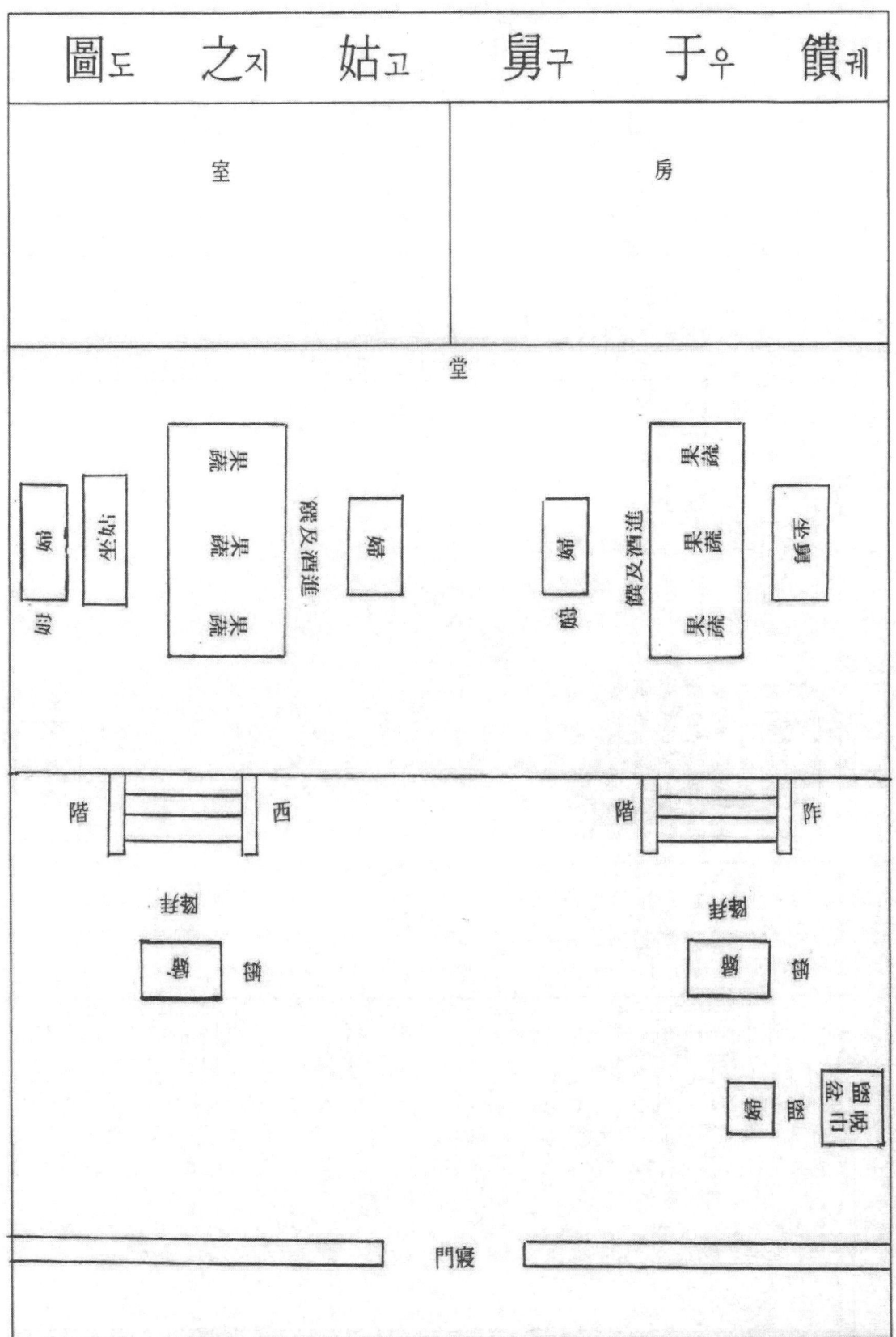

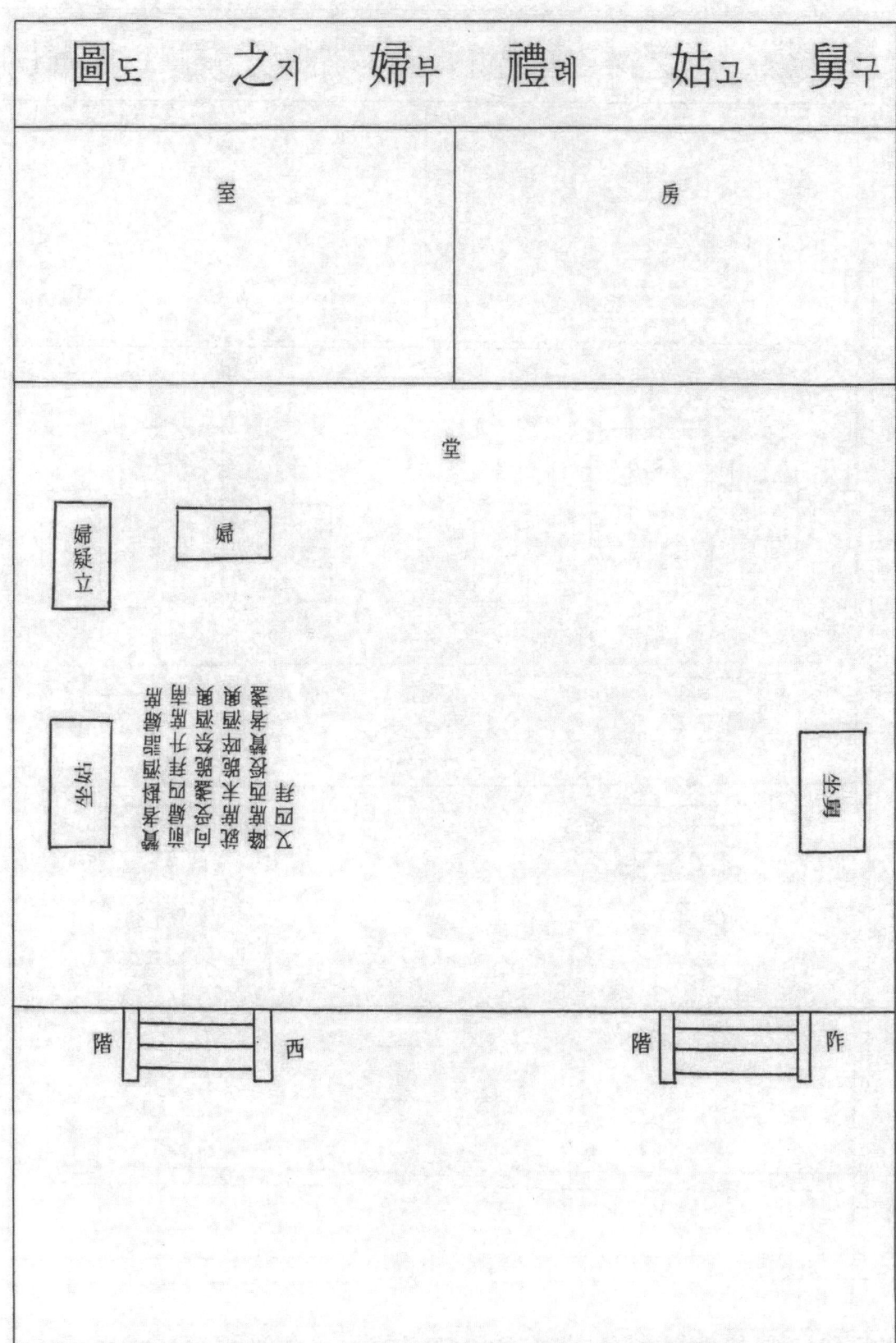

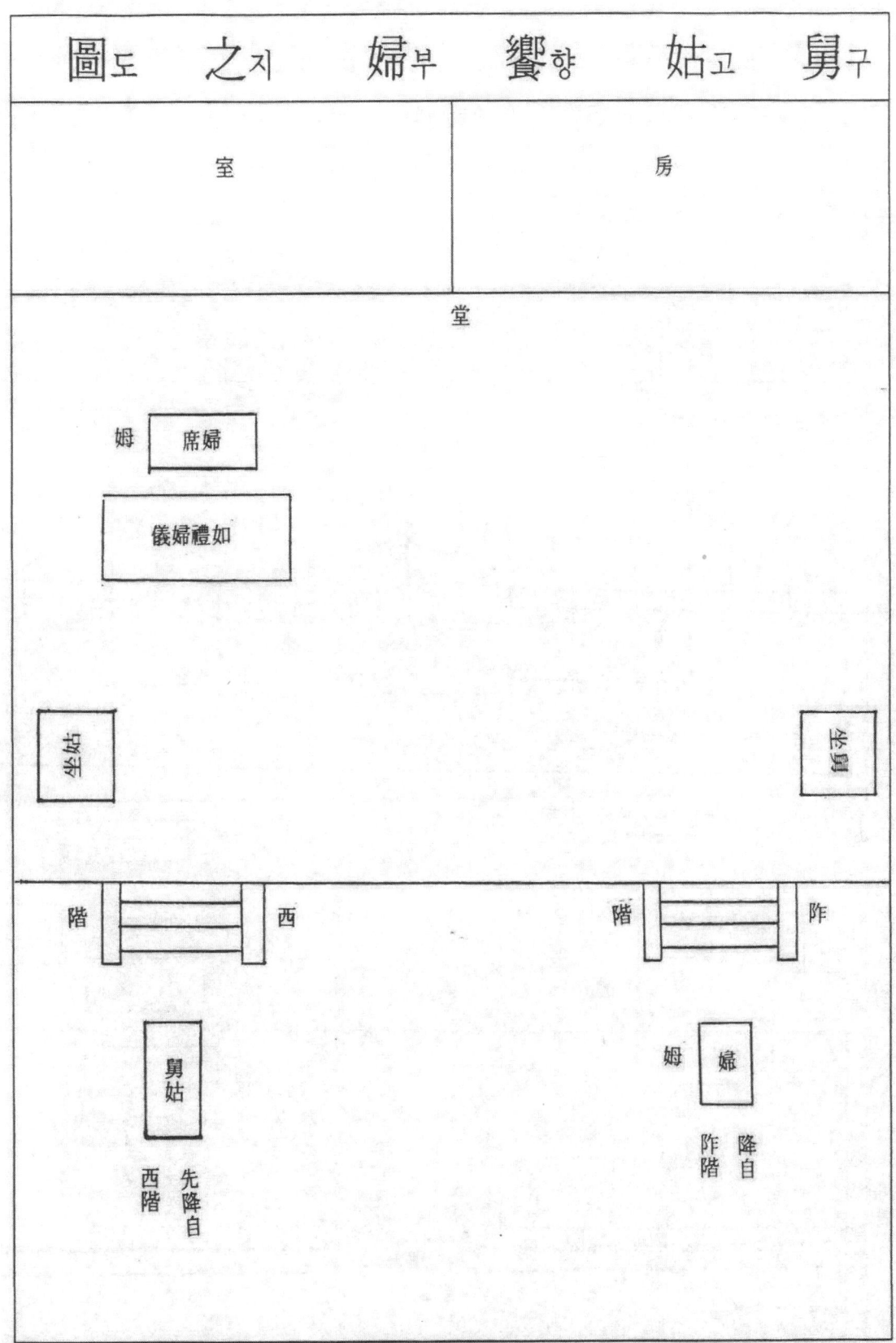

壻서 往왕 見견 婦부 之지 父부 母모 之지 圖도

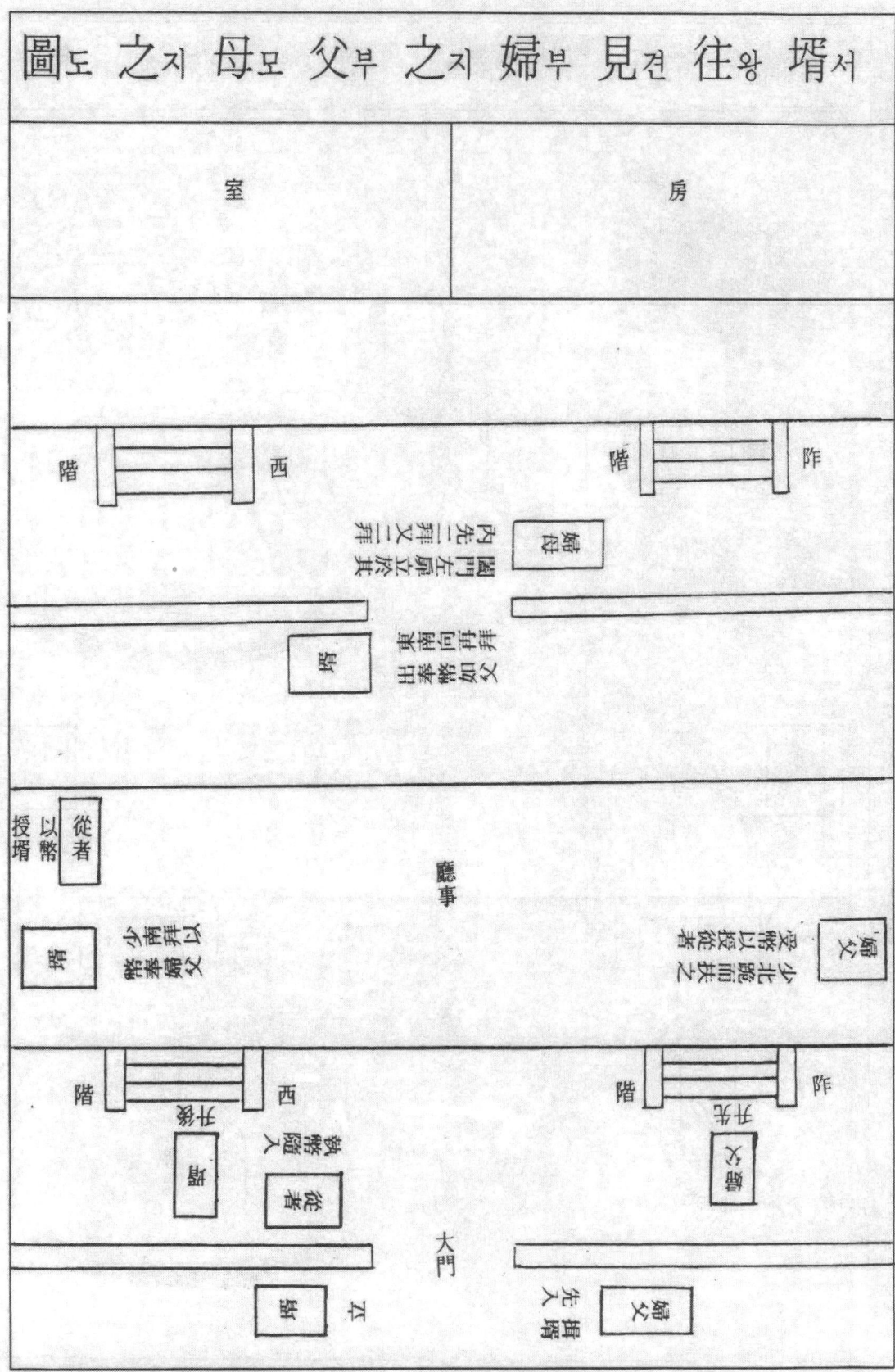

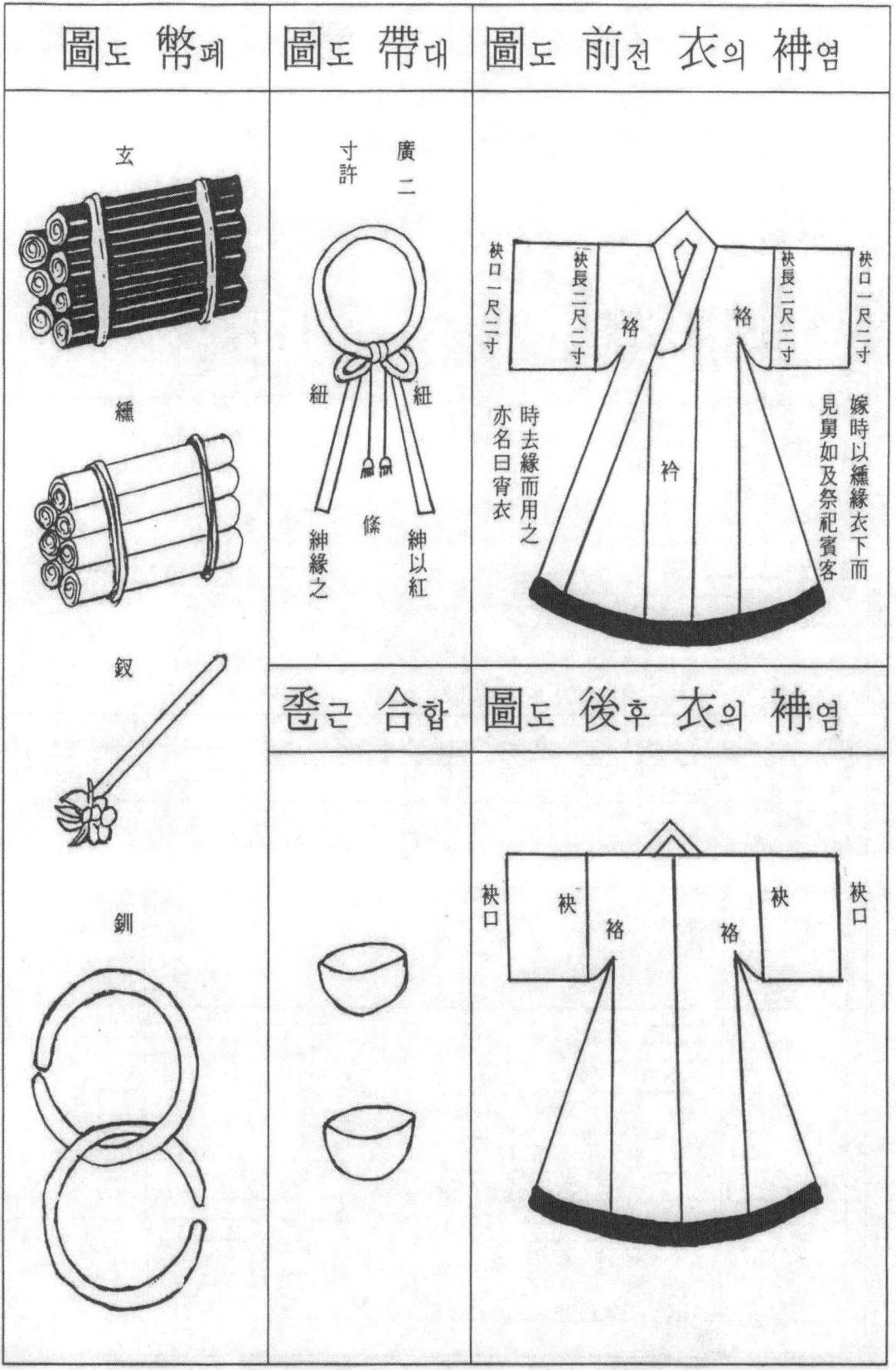

幣폐圖도

帶대圖도

袡염衣의前전圖도

合합졸근

袡염衣의後후圖도

士사 昏혼 禮례 同동 牢뢰 設설 饌찬 之지 圖도

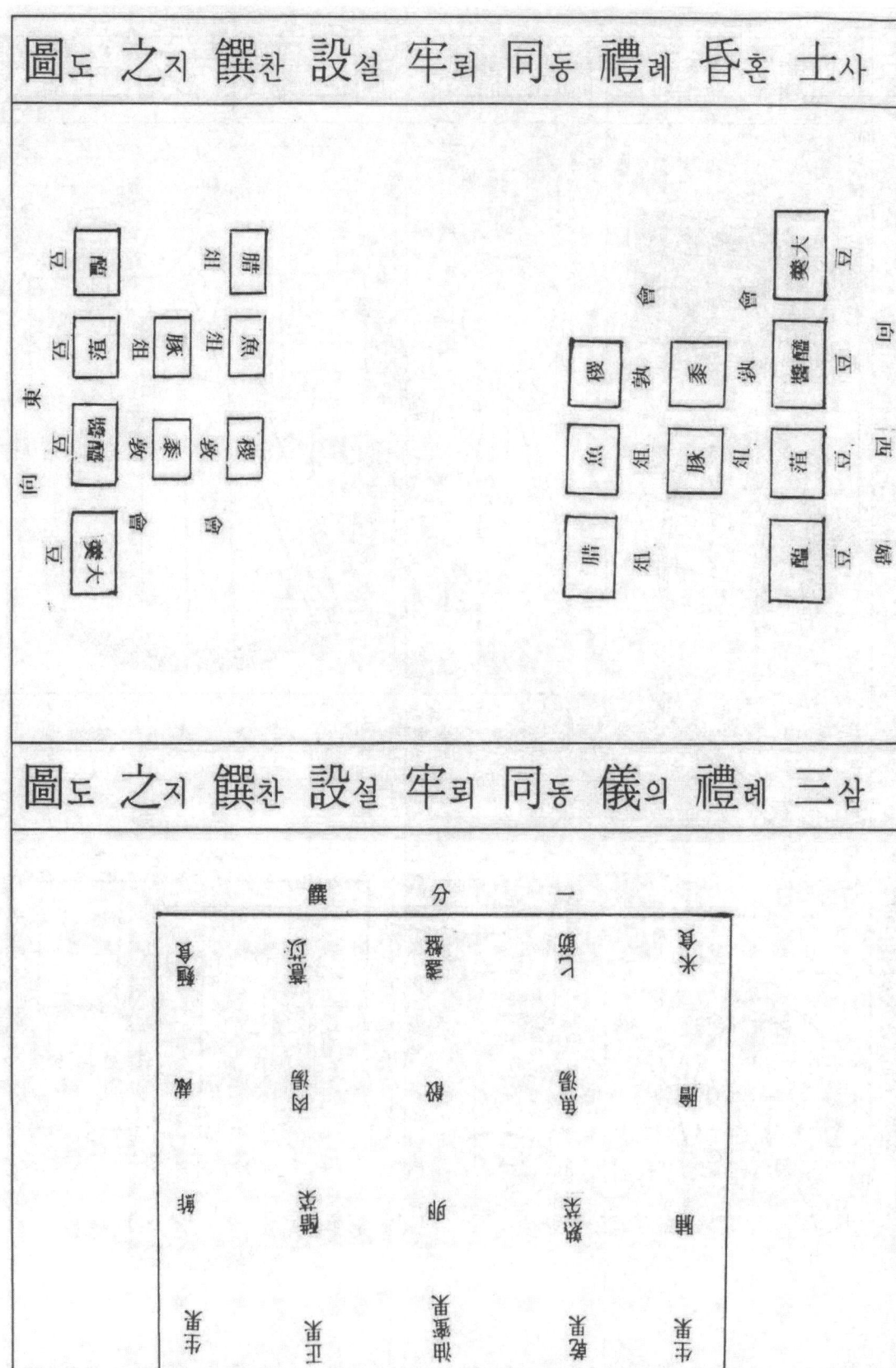

三삼 禮례 儀의 同동 牢뢰 設설 饌찬 之지 圖도

同牢設饌圖（동뢰설찬도）　壻卓西向（서탁서향）

[同牢設饌圖 — 壻卓東向]

定五	於禮	然世	則增
耳禮	禮儀	欲所	甚解
盖儀	儀意	從行	詳同
昏三	意則	古家	而牢
禮禮	故多	禮家	家設
設儀	今用	則不	家饌
饌諸	以俗	不禮	禮之
之書	士規	同則	饌式
從參	昏而	宜不	之不
祭互	禮恐	固式	然式
法撰	家禮	於爲	士故
	禮合	今可	昏今
	家不	三歟	禮

卽士昏之醮醴醬家禮饌之醋楪而述其者卽也如右者／士昏之醮醴本家文而祭家饌之所遵而述者卽

昏之羹在右爲少不同則尤爲疏家之明證而家禮／而羹在右爲少不同則尤爲疏家之明證而家禮

禮設饌卽本是與士特牲少牢等禮祭同而之但昏禮且有醮士醬昏／祭饌卽本與士特牲昏疏所謂牢禮祭法同之義也昏禮且有考士昏

蔛醢也大抵禮參用古禮今儀之而饌而沈大菜體一醢從則家士禮昏之之／蔬果也從家抵禮參與用五古禮今儀之而其饌而沈大菜體一醢從則家士禮昏之

禮南儀之意魚肉炙肝筋從盤盞昏從六者俱麵是食家米禮食之及祭脯饌從也三／儀之意魚肉炙匙肝筋從盤盞士昏從六者俱麵是食家米禮食之及祭脯饌從其三

飯昏左羹右卽古生人也進羹食飯之亦從而士昏設家湆禮而其醬卽醴／昏羹右卽便之古生人也食飯之亦規從而士昏與設家湆於而其醬其

士卽昏士之昏醮醴禮醬本家家文禮而祭家饌饌之之醋楪所而遵述而其者者即也卽／即士之昏醮醴禮醬本家文而祭家饌之之醋所楪遵而述述者其即者

式식　書서　柱주　四사　星성　四사

太歲幾月幾日某時生

時則干支

一尺二寸

式식　書서　紙지　日일　擇택

某官後人某

奠鴈太歲幾月幾日某時

月　日

時則干支

⊙初終圖式초종도식)

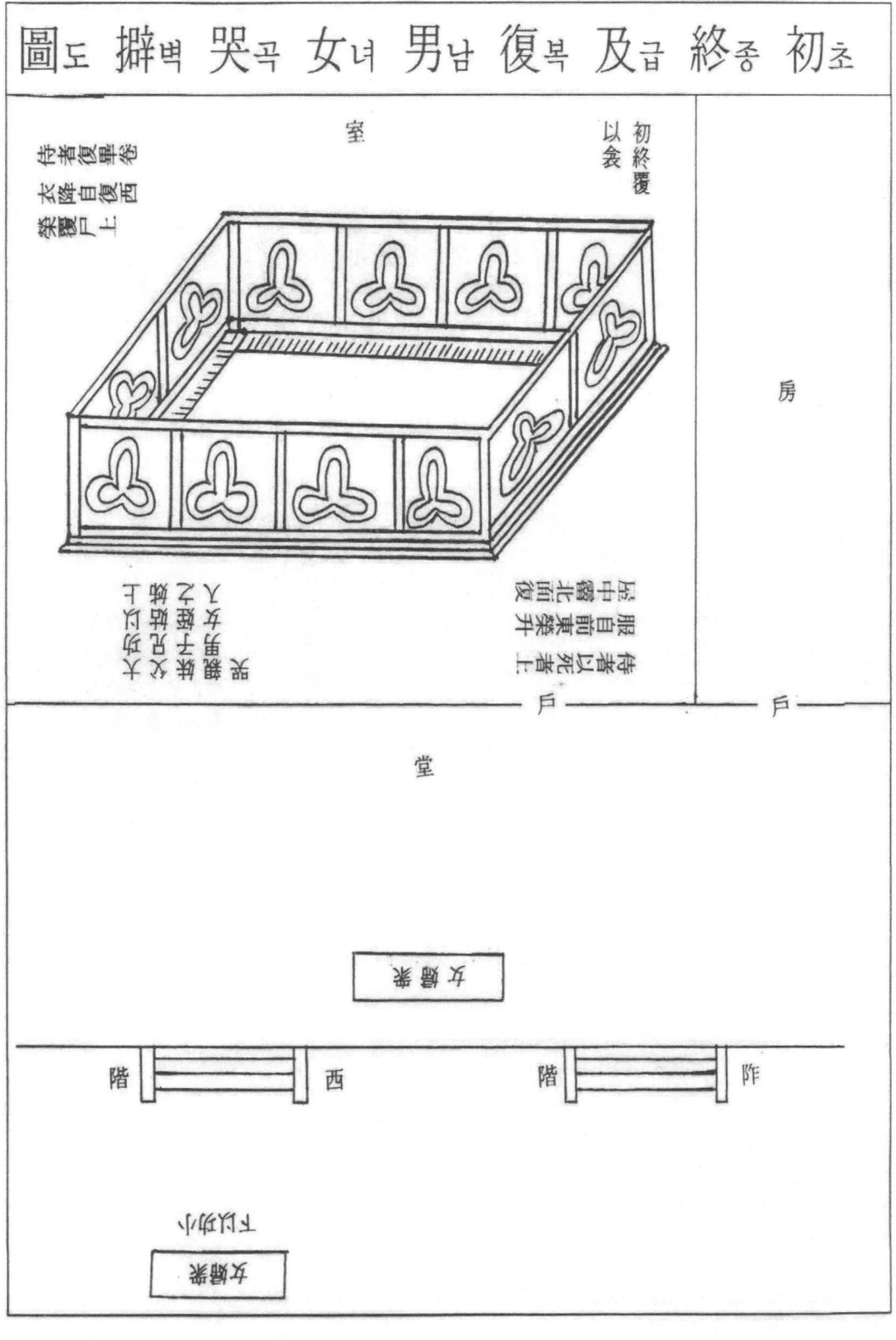

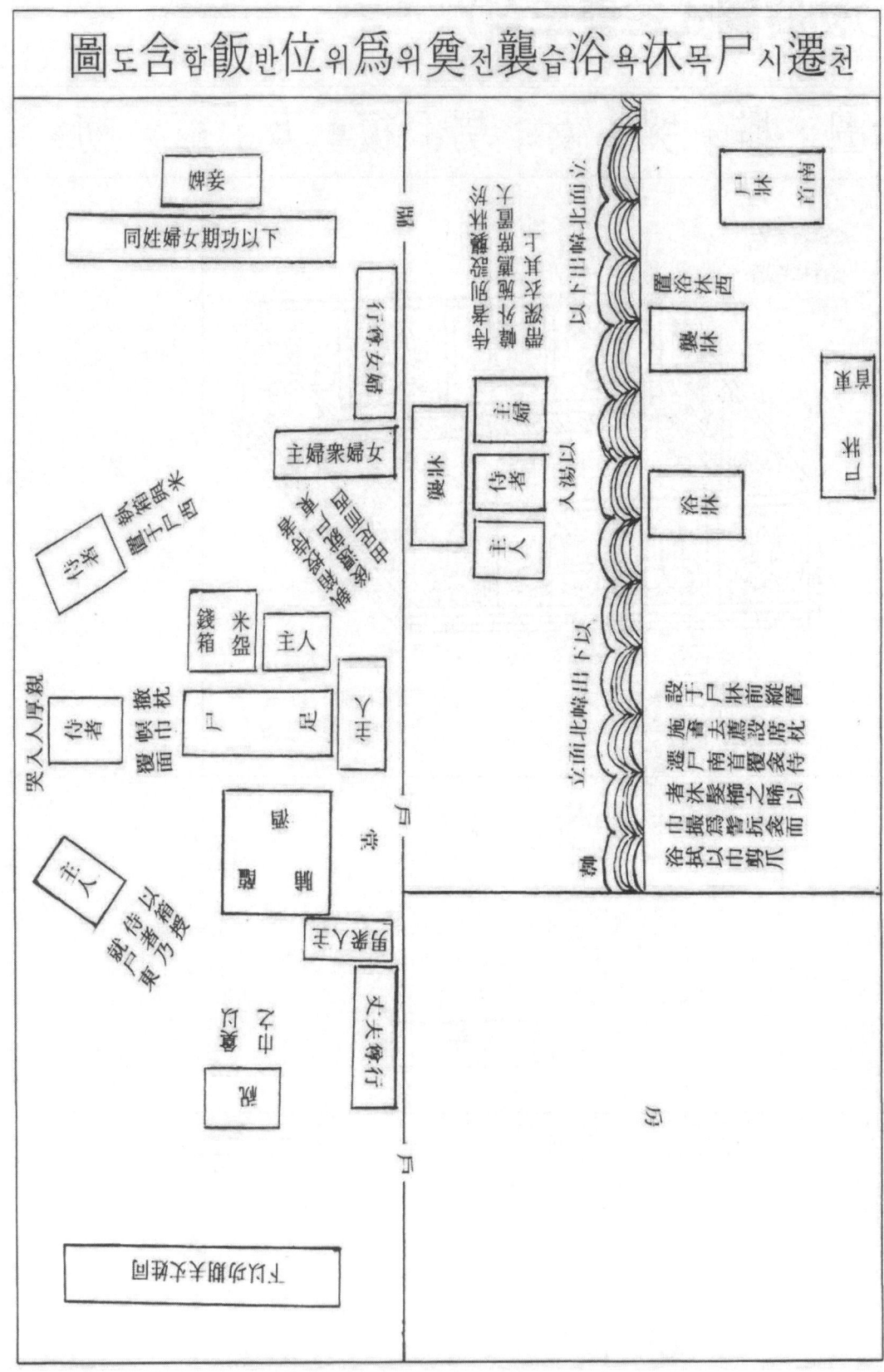

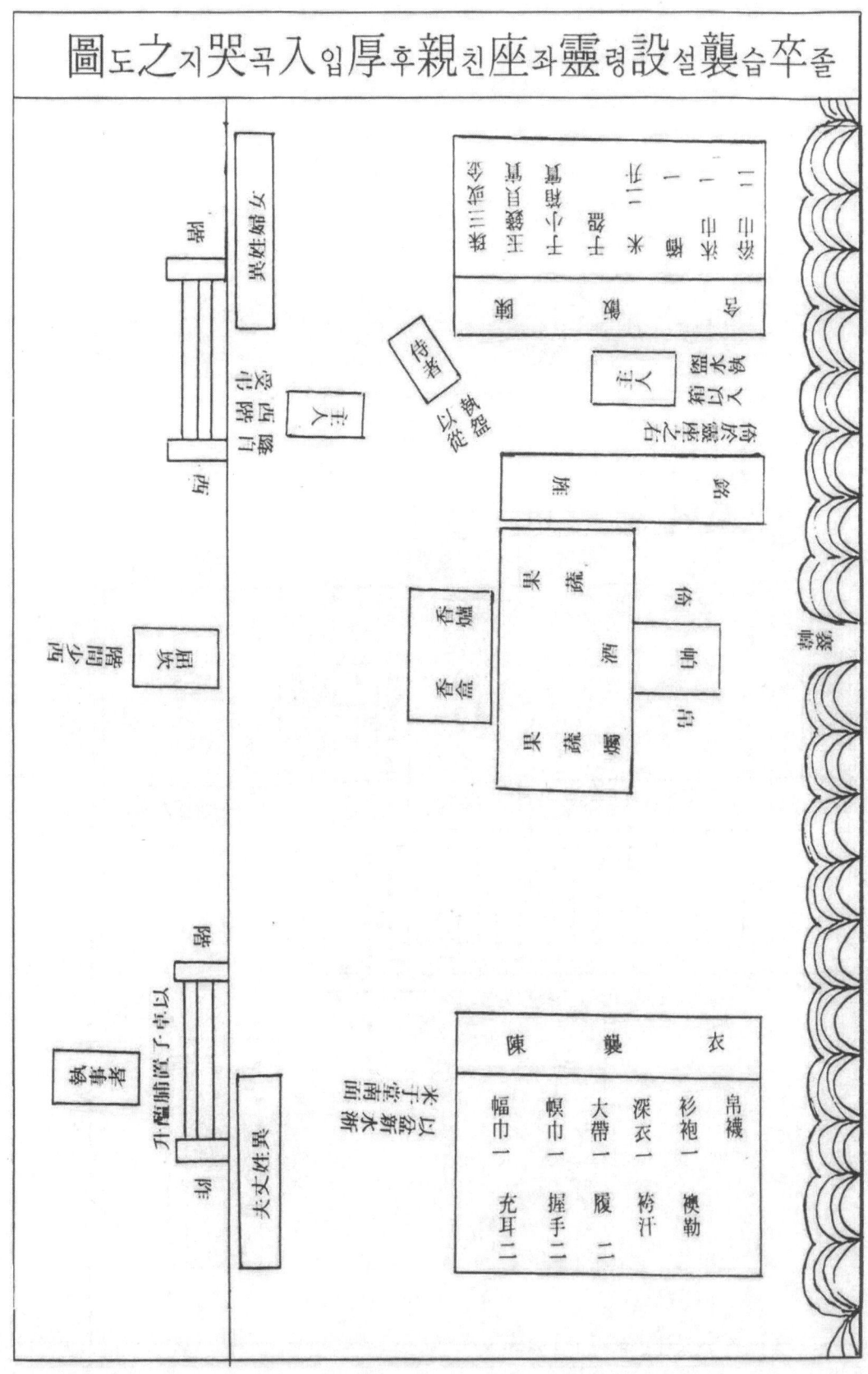

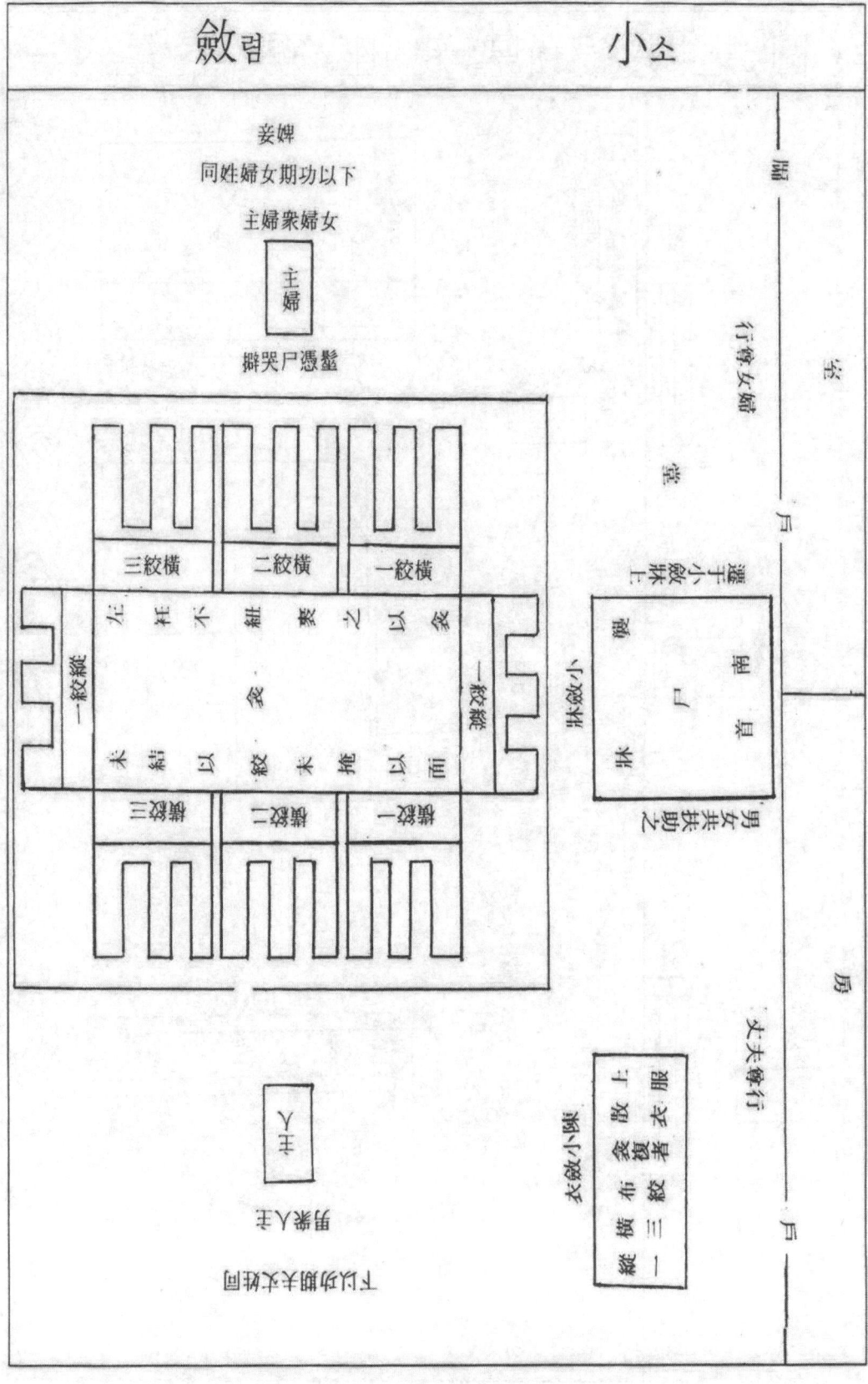

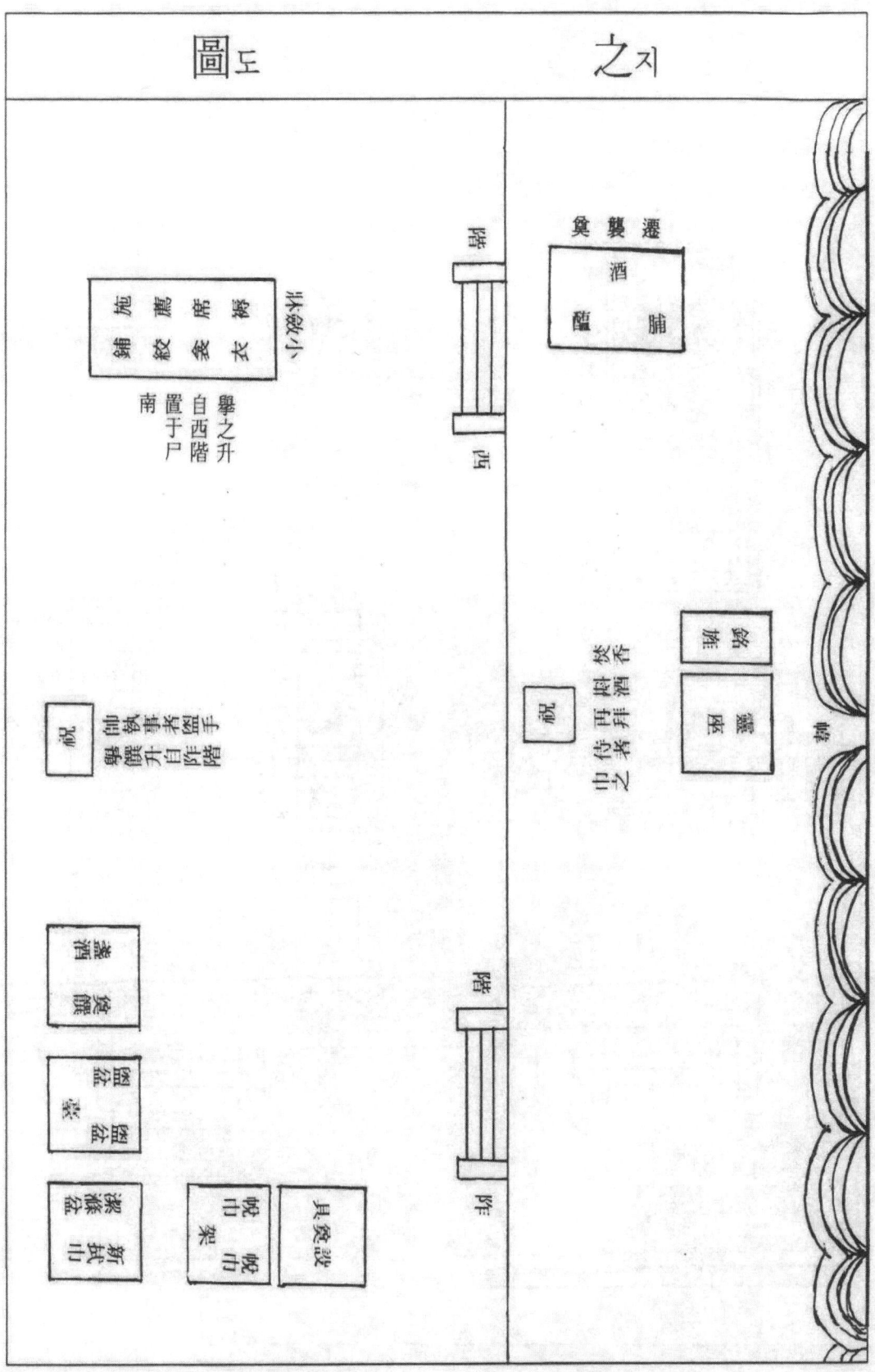

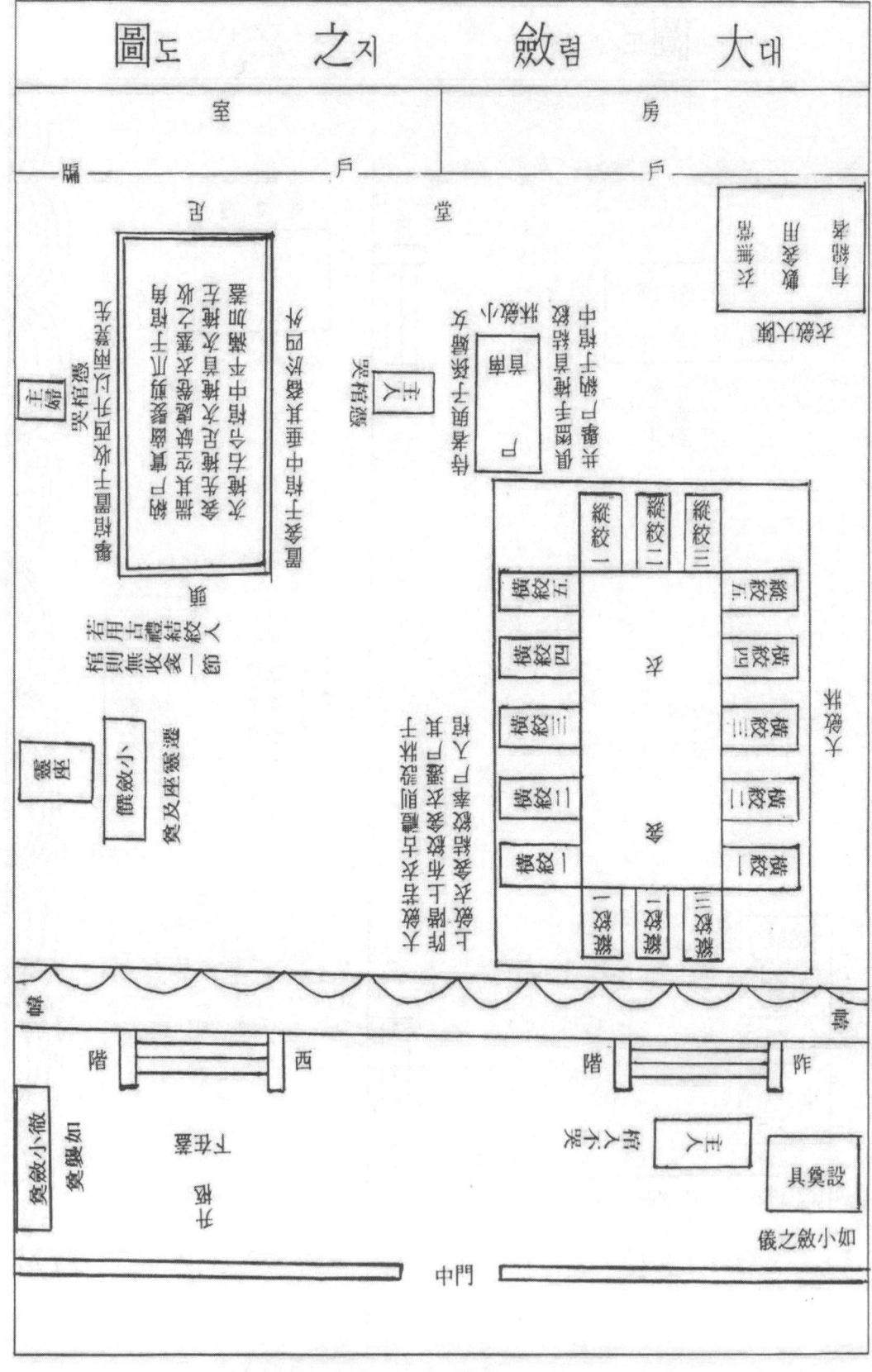

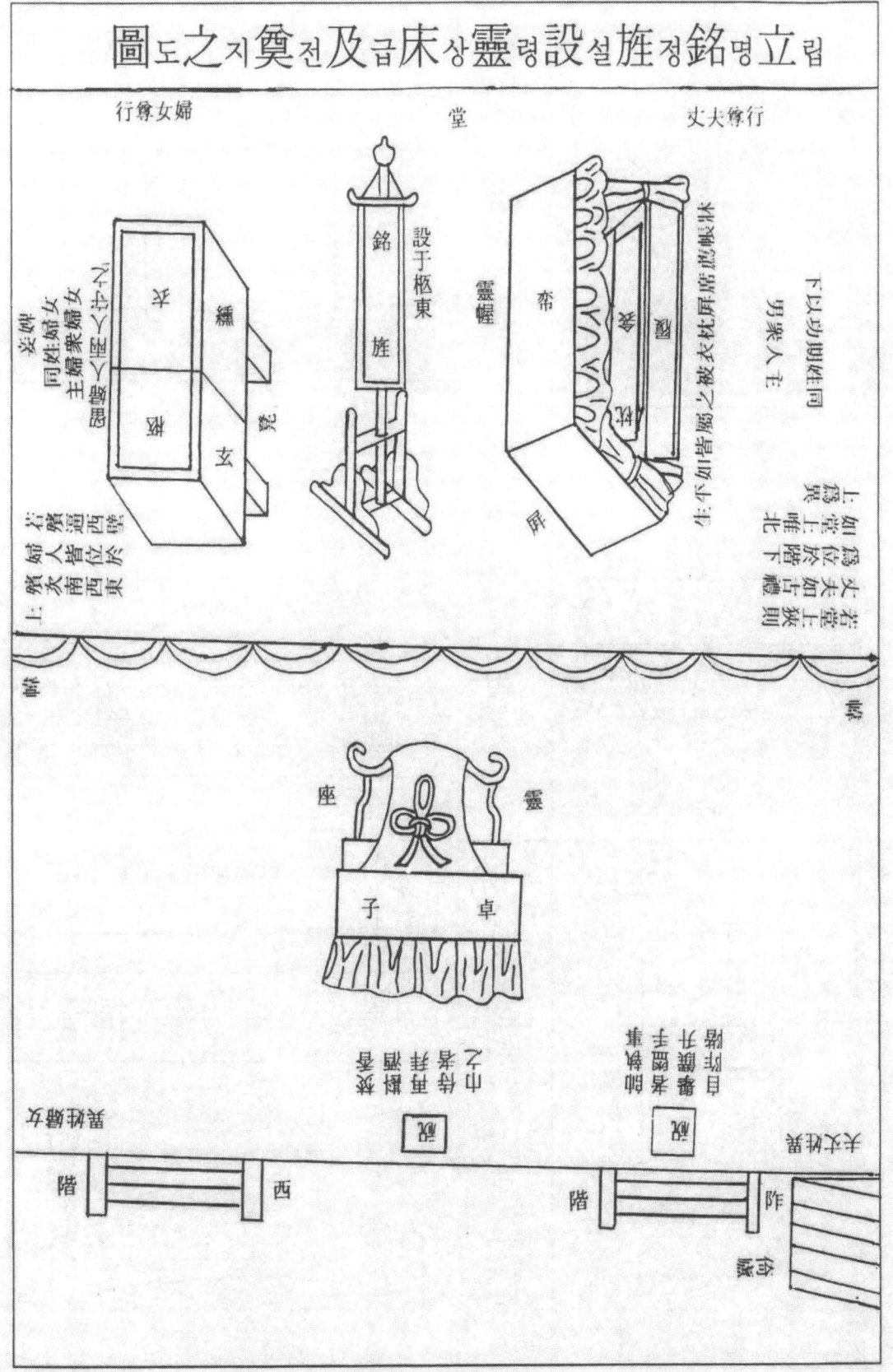

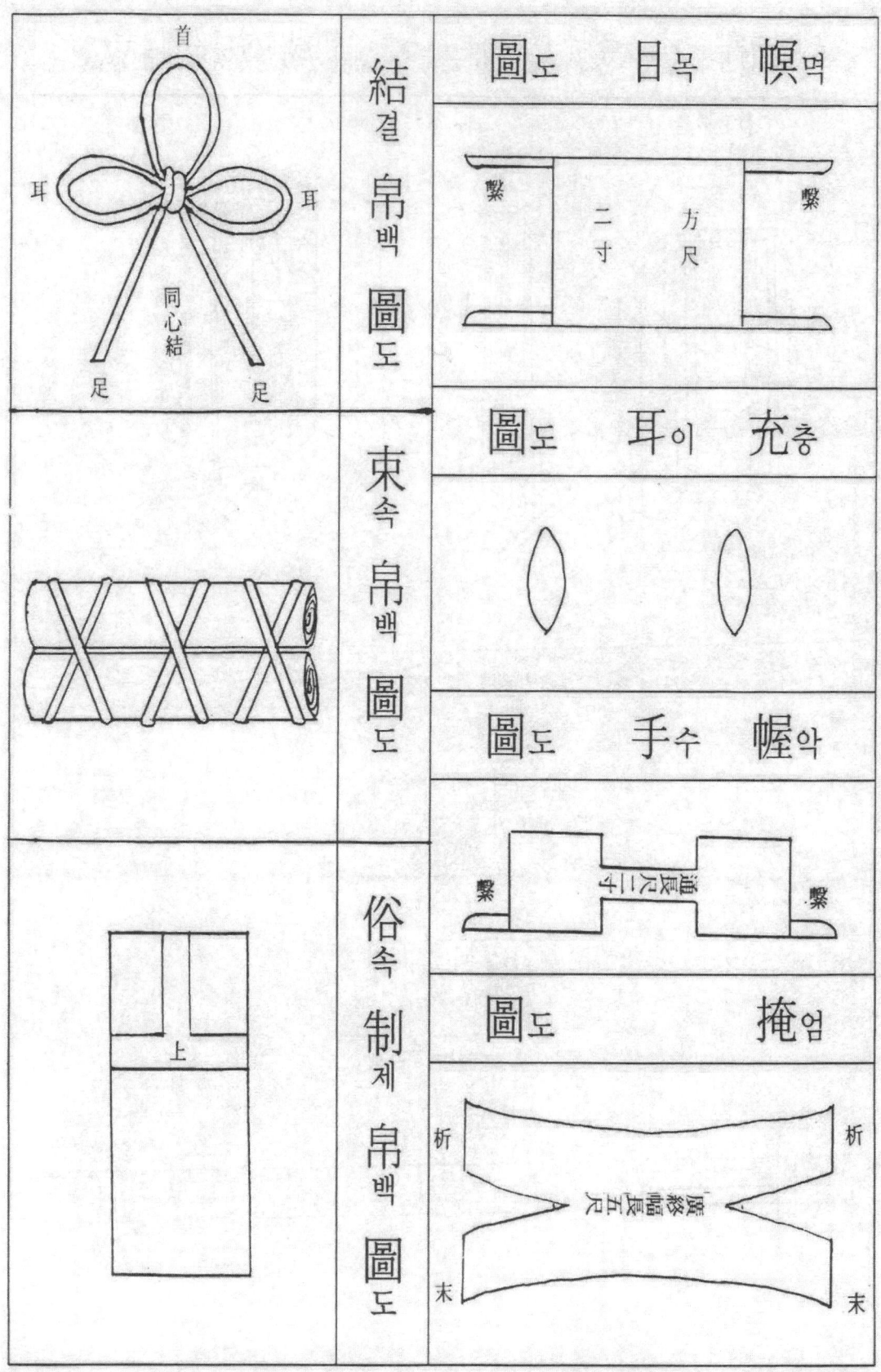

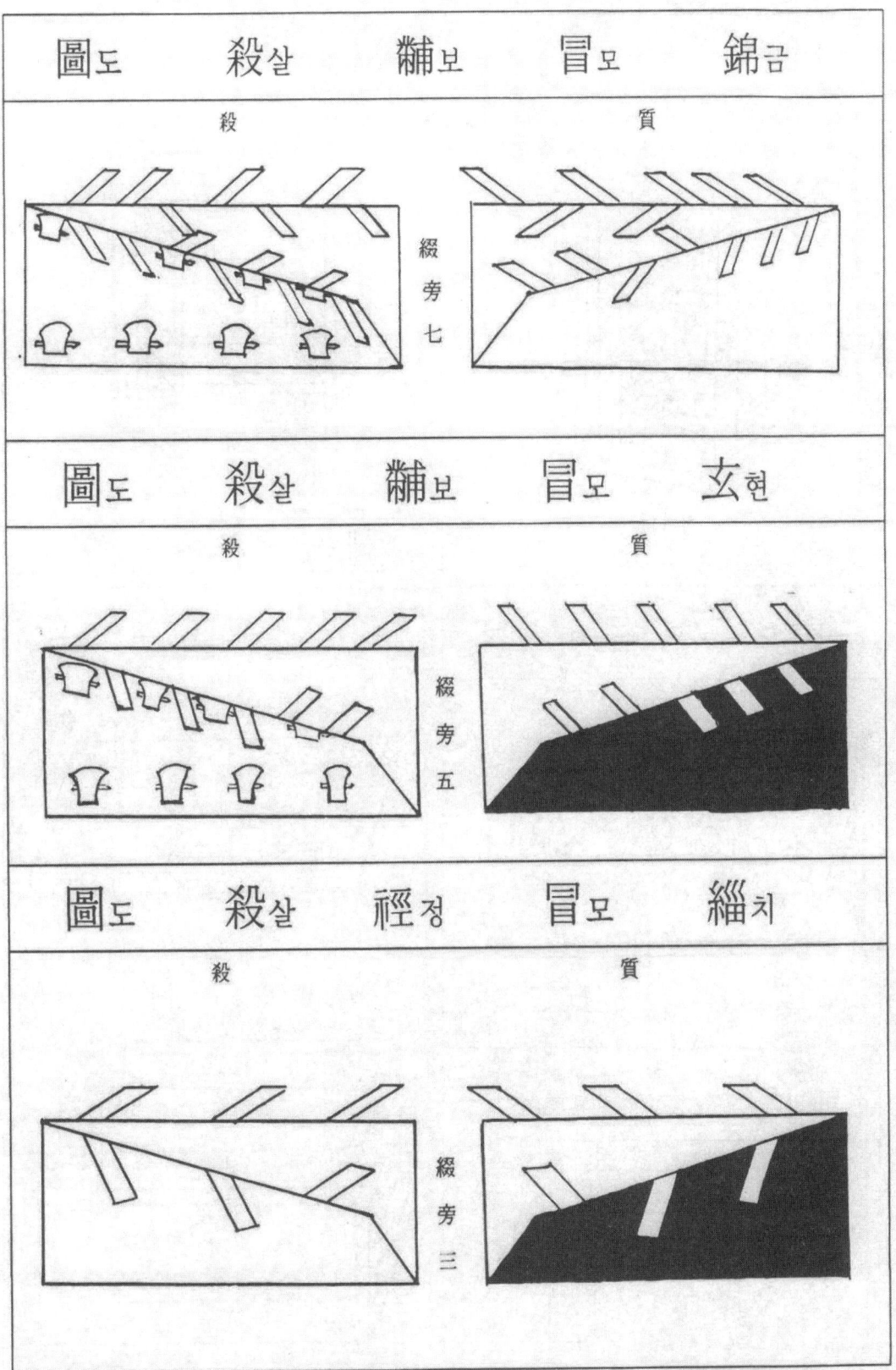

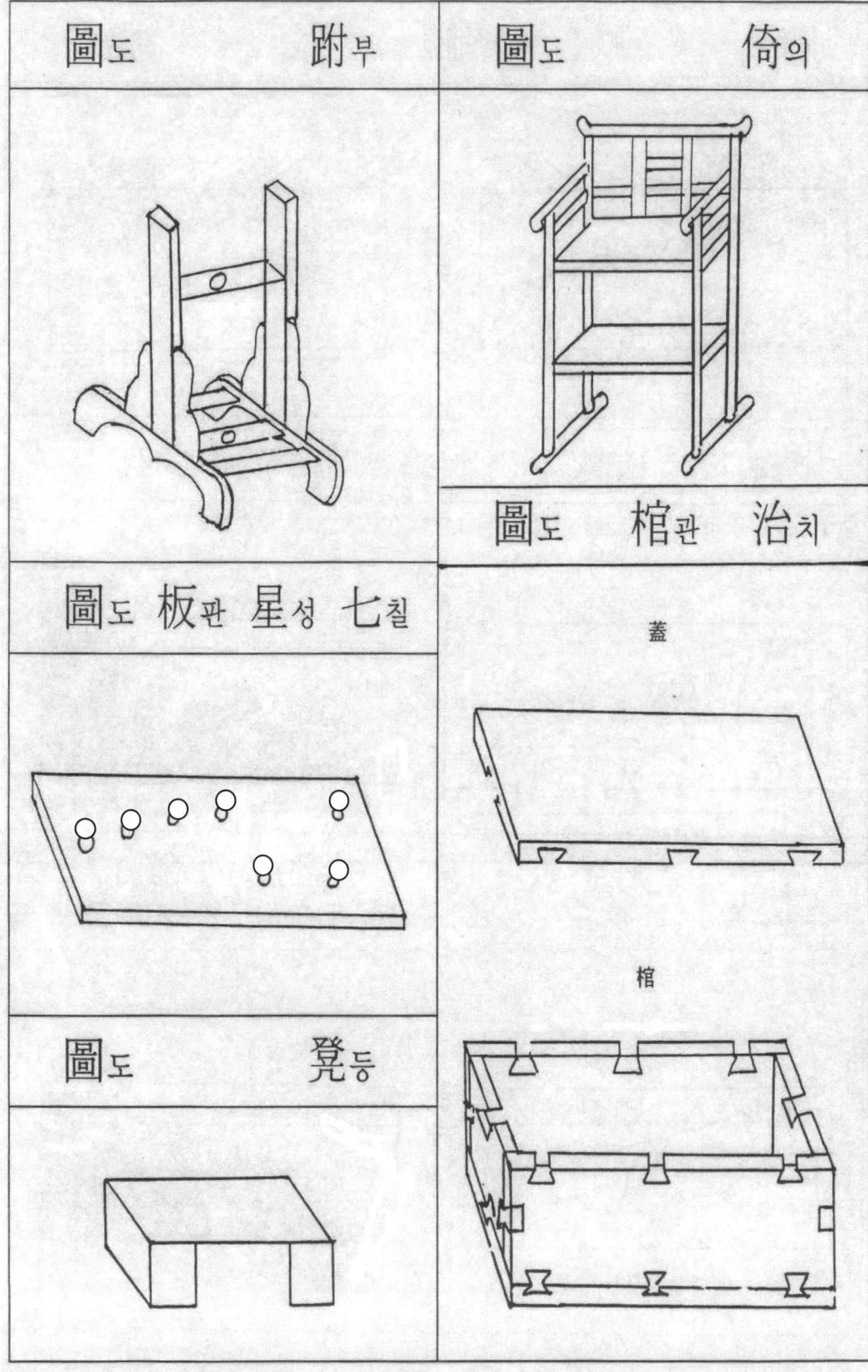

圖도　　　　跗부

圖도　　　　倚의

圖도　板관　星성　七칠

圖도　棺관　治치

蓋

棺

圖도　　　　凳등

法법　疊첩　摺접　帛백　魂혼

一 尺 三 寸

九	八	七	六	五	四	三	二	一

一 尺

혼 백 접 는 법

마포 한자 세치를 아홉 칸으로 접되 첫째칸 부터 여덟째 칸까지는 한치 오푼으로 하고 아홉째 칸은 한치로 한다

一　一번과 二번을 맞 닿게 접는다

二　三번을 이등분 하여 一번의 뒤로 가게 접는다

三　四번은 四번이 보이게 하여 二번 뒤로 가게 접는다

四　五번 중간을 五번이 속으로 가게 접어 一번의 뒷면에 가서

五　六번과 四번이 맞닿게 접으면 六번은 보이지 않는다

六　七번을 접어 六번 뒷 면에 붙이면 七번이 보이지 않는다

七　八번은 七번과 맞닿게 접는다

八　七번과 八번 사이를 벌리고 윗면을 한치 되게 접어서 四번과 六번에 붙게 접는다

九　七번과 八번 사이를 벌리고 아랫 변을 한치 되게 접어서 七번과 八번이 붙게 안으로 접는다

十　九번을 접어서 四번 아랫 변과 윗 변의 접은 것을 싸서 꽂는다

十一　八번이 앞으로 오게 한다

墻五尺，臥於地為楣，卽立五椽於上，斜倚東埤上，以草苫蓋之，其南北面亦以草屏之，向北開門。一孝一其盧，南為壑室，以墼壘三面，上至屋，如於墻下卽亦盧門廉，以繡布形如偏屋，其間容半席，盧間施苫塊幎。次中施蒲席，次南又為小室，緦麻次施室，并西戶，如偏屋，以瓦覆之，西向戶。室功薦木枕，室南為大功。同為繼母、慈母，不居盧，居壑室，如繼母有子，卽隨子如諸侯，始起盧門外，便有小屏，餘則否。其為母與父居盧為妻，准母其壘塊，幎次不必每致之，共處可也。婦次於西廊下，見於庭，障中以葦薄覆之，旣違古制，故引唐禮以規之。○增解：士虞記註疏及大記疏，倚盧說俱目上喪次。本註下○楊垂喪服圖說以一本去墻五尺，臥地為楣，立五椽於上，斜倚東埤上，以草苫蓋之，其南北面亦以草屏之，向北開門。盧南為堊室，以墼壘三面，以瓦覆之，西向戶。○按古禮父母喪居倚盧，齊衰期居堊室，異門大功以下各歸其家，而楊垂圖說，又有大小功緦幕次，而備要取之皆作倚盧之制，可疑。

丈장 夫부 喪상 次차

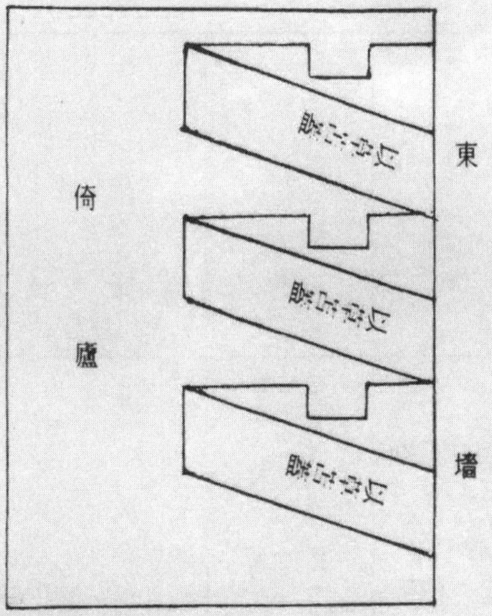

輯覽三禮圖倚廬者倚木爲廬在中門外東方北戶喪服

傳孝子居倚廬寢苫枕塊不脫絰帶居門外之廬哀親之

在外也寢苫枕塊者哀親之在草土也苫編藁塊墼也既

虞翦屛柱楣寢有席九虞五虞三虞之後故改舊廬西向

開戶翦去戶傍兩箱屛之餘草柱楣者楣謂之梁梁下兩

頭堅柱施梁乃夾戶傍之屛寢有蓆者間傳云既虞芐翦不納鄭云芐今之蒲萃卽此寢有席謂蒲席加

於苫上也既練舍外寢此寢謂中門外於屋下壘墼爲之不塗墼之堊室也屋下對廬偏知東壁而言也

初喪居廬堊室子爲父臣爲君各依親疏貴賤之序天官宮正云大喪授廬舍辨其親疏之居注云親者

貴者居廬疏者居堊室雜記云朝廷卿大夫士居廬都邑之士居堊室案唐大曆年中有楊垂撰喪服圖

說廬形制及堊室幕次敍列次第云設廬次於東廊下無廊於墻下北上凡起廬先以一木橫於墻下去

◉成服圖式(성복도식)

圖도			冠관
緦麻冠	小功冠	大功冠	斬衰冠 三辟積向右 審ば　繩纓　繩纓
功餘與齊衰同	漤纓辟積同小 餘與齊衰同	三辟積向左 业同齊衰	

孝巾 上合縫在裏藏 合縫在後之中 摺兩旁	齊衰冠 三辟積向右 審ば　布纓　布纓

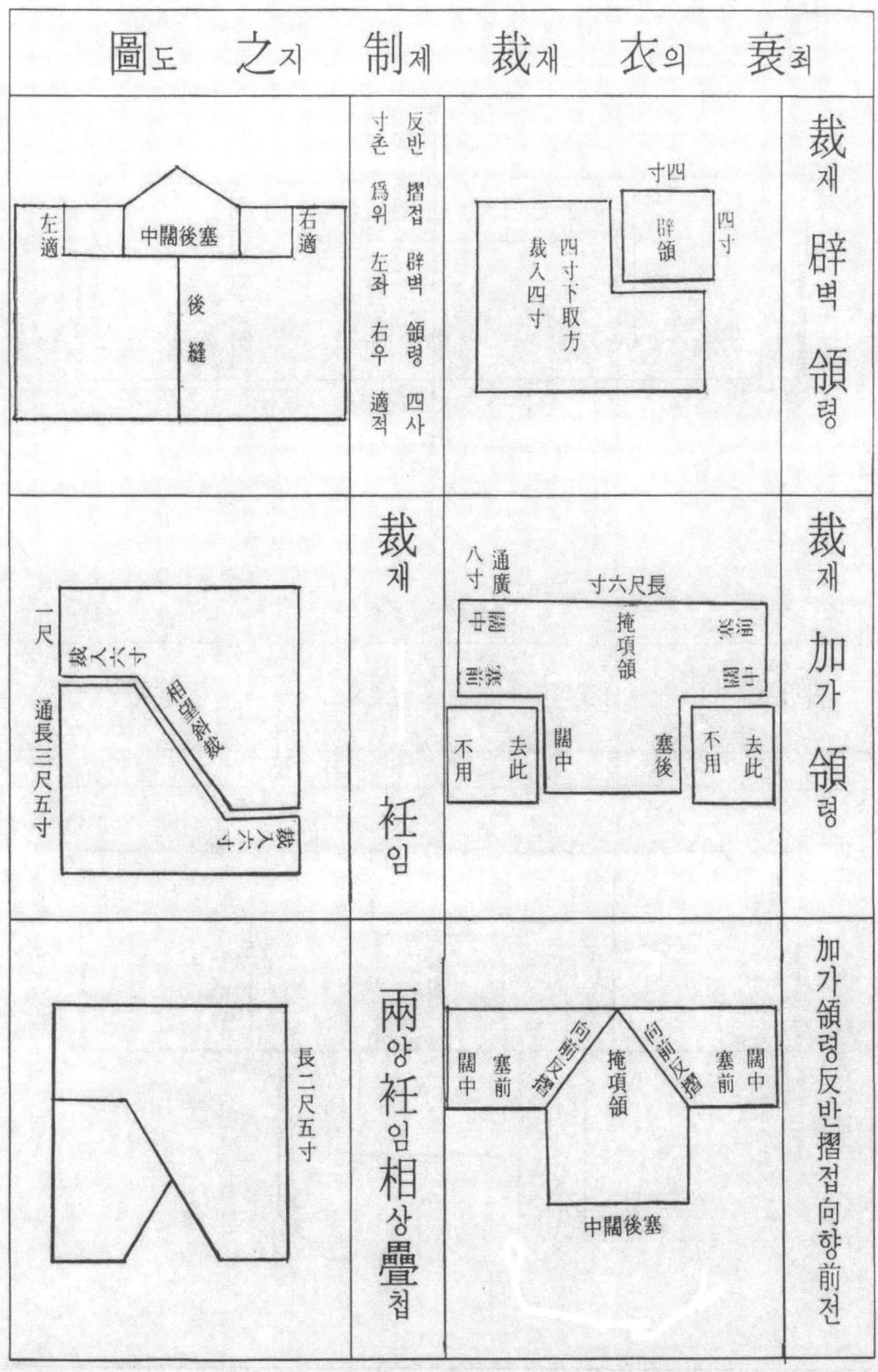

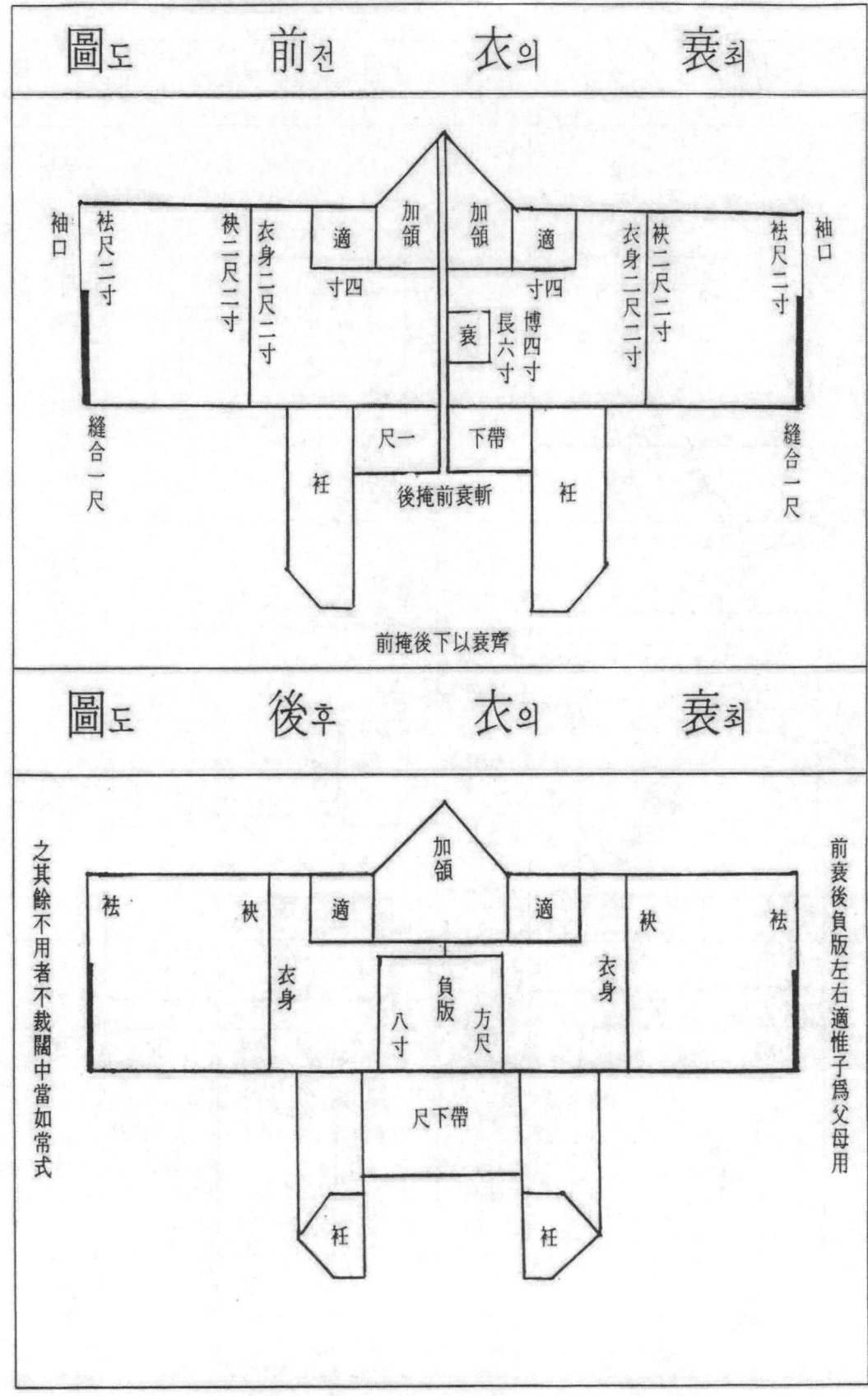

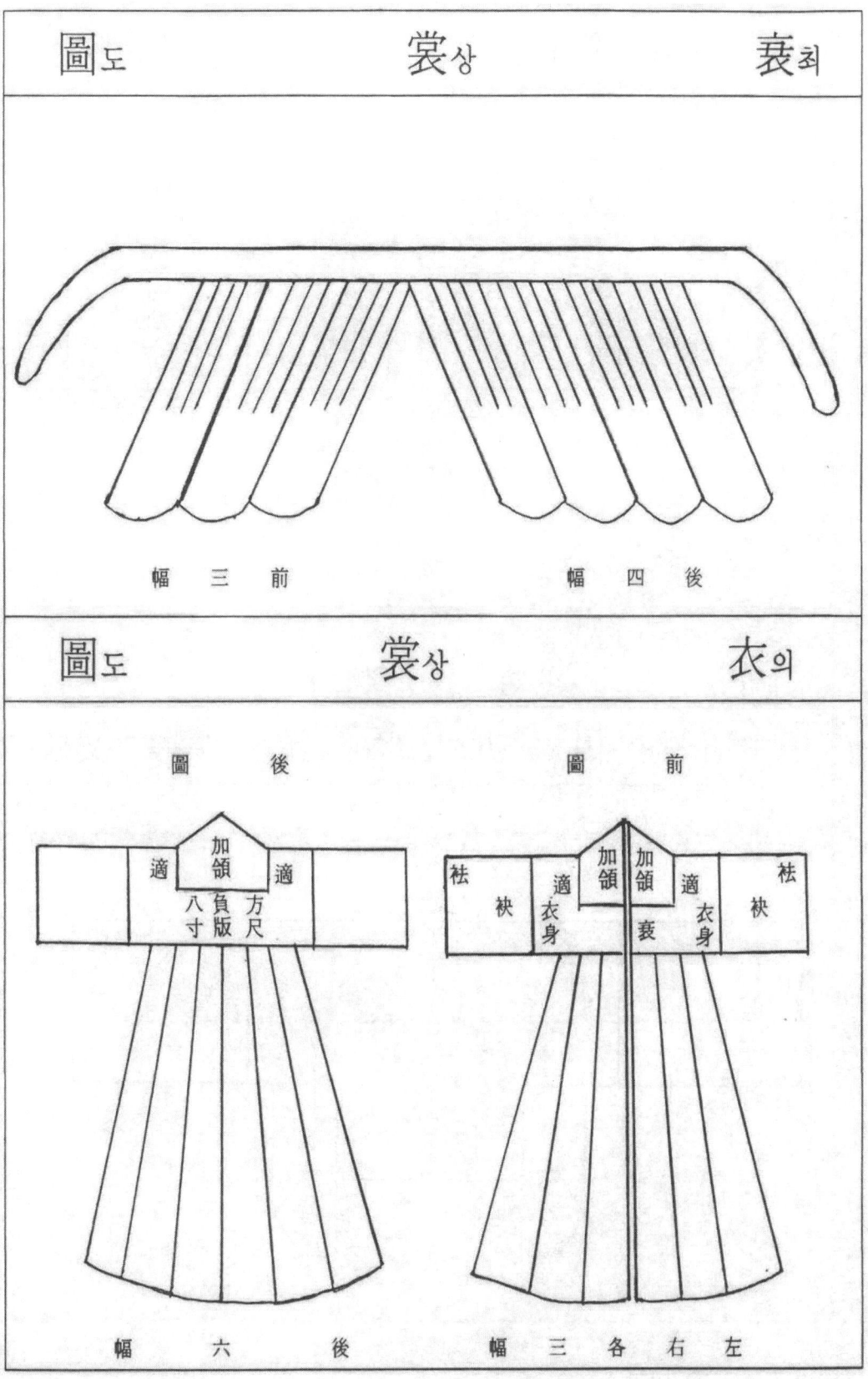

圖도　　　　裳상　　　　　　衰최

幅三前　　　　　　幅四後

圖도　　　　裳상　　　　　　衣의

圖後　　　　　　　圖前

幅六後　　　　幅三各右左

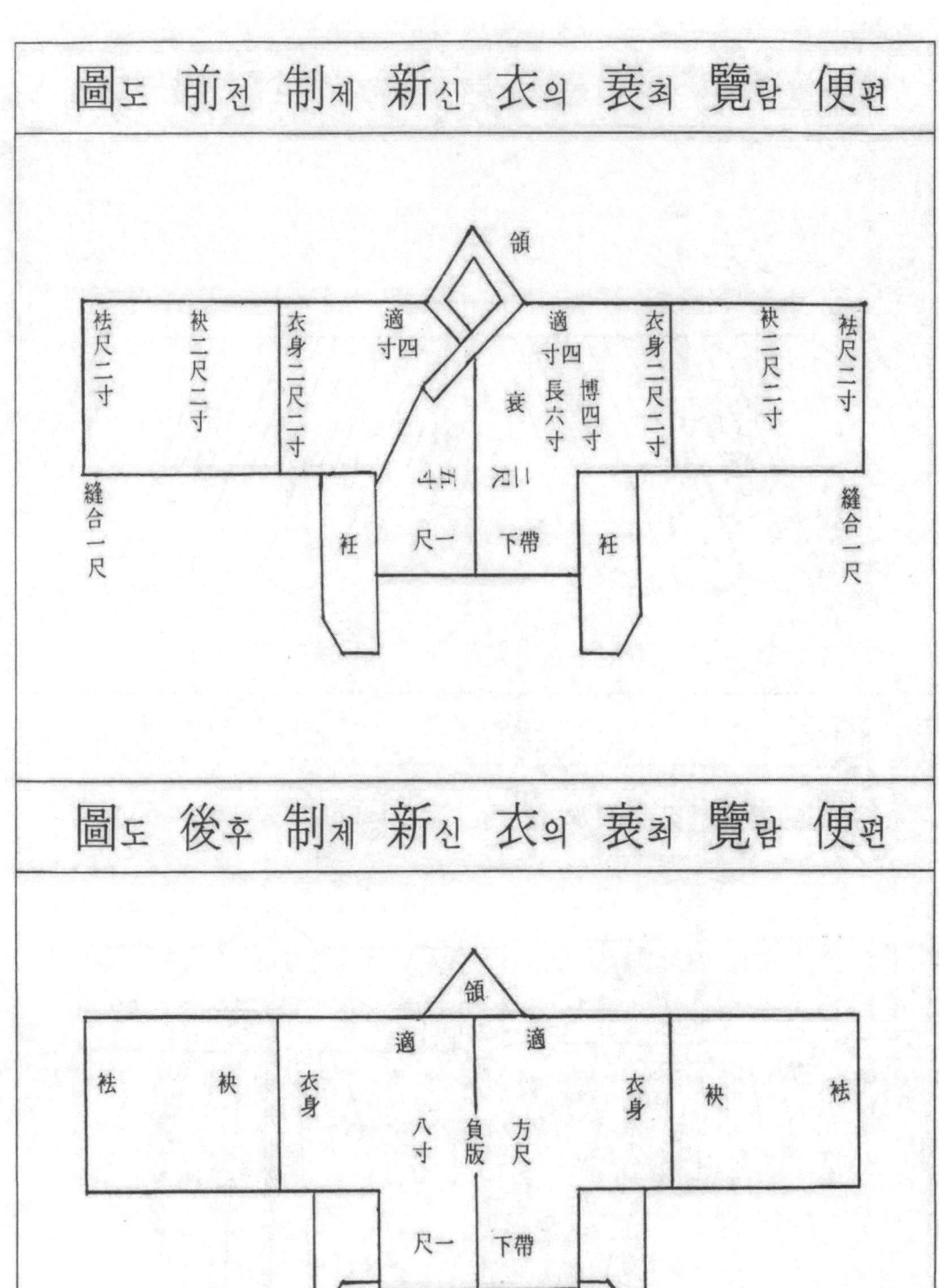

蓋개 頭두 圖도	婦부 人인 冠관 圖도

齊자 衰최 首수 經질 圖도	斬참 衰최 首수 經질 圖도

圍 七寸 二分

布纓

大功以下同小功以下及
中殤七月無纓

右本在下

下圍各以次五分去一

圍 九寸

繩纓

左本在下

圖도帶대絞교衰최斬참 | 圖도經질腰요衰최斬참

圍 七寸 二分

斬衰絞帶圖:

用疏

斬衰腰經圖:

五十以上及婦人初即
絞之齊衰以下同

齊衰以下圍各以
次五分去一

散垂

其絞　結處　兩旁　却綴　細繩　繫之

圖도帶대絞교下하以이衰최齊자 | 圖도經질腰요下하以이功공小소

用布

廣四寸

大功以下同
以次較狹

結本不散垂

斬衰杖屨圖

菅屨

苴杖高齊心本在下

齊衰杖屨圖

疏屨

削杖上圓下方高齊心

家禮士喪禮疏曰麻在首絰帶之制皆曰絰而言之

首曰絰腰曰帶○問絰帶帶之制朱先生曰首絰大

小於腰絰撦指與第二兩指一長垂腰絰下絞帶小象革帶又

一搵只是腰絰撦指象大帶兩頭一長垂腰絰下絞帶小象革帶

首絰右本在上者一齊衰絰之中制以束麻根○處朱先著頭右曰

一頭有彄子以一頭串絰而制以束之麻根處著先生日

邊而從額前向左圍向之頭後却就右邊在麻元尾之

相接以麻尾藏在麻根向下却根搭在麻元尾之上處

有纓者以其加於冠外頂著纓方不脫落也

五오		宗종					本본
高祖父 承重 斬衰三年	齊衰三月						嫡孫父卒為祖若 曾高祖承重者斬 衰三年為祖母曾 高祖母承重者齊 衰三年
曾祖父 承重 斬衰三年	齊衰五月	族曾祖父母 緦麻	曾祖之兄弟				
祖父 承重 斬衰三年	齊衰不杖期	從祖祖父母 不杖期	祖父之兄弟	族祖父母 緦麻	弟 祖父之從兄		
父	斬衰三年	伯叔父母 不杖期	從祖父母 小功	父之從兄弟 緦	族父母	弟 父之再從兄	
己		兄弟 妻小功 不杖期	從父兄弟 妻國制緦 大功	己之從兄弟	從祖兄弟 妻無 小功	弟 己之再從兄 緦	族兄弟 妻無 緦 / 弟 己之三從兄
子 衆不杖期 女嫁降	長斬衰三年	兄弟之子 婦大功 不杖期	從父兄弟之子 婦緦 小功	己之從姪	從祖兄弟之子 妻無 緦	己之再從姪	
孫 衆大功 女嫁降	適不杖期	兄弟之孫 婦小功	從父兄弟之孫 婦無 緦	己之從姪孫		己之再從孫	
曾孫 衆緦 女嫁降	適不杖期	兄弟之曾孫 婦無 緦					
玄孫 衆緦 女嫁無	適不杖期						凡男為人後者為 其私親皆降一 等惟本生父母降 服不杖期申心喪三 年其本生父母亦 為之降服不杖 期

服(복) 之(지) 圖(도)

(族)				直系	服制
				高祖母	齊衰三月 承重齊衰三年 承重祖在則不杖期
			族曾祖姑 曾祖之姊妹 緦 嫁無	曾祖母	齊衰五月 承重齊衰三年 承重祖在則不杖期
		族祖姑 祖父之從姊妹 緦 嫁無	從祖祖姑 祖父之姊妹 小功 嫁緦	祖母 父母	齊衰不杖期 承重齊衰三年 承重祖在則不杖期
	族姑 父之再從姊妹 緦 嫁無	從祖姑 父之從姊妹 小功 嫁緦	姑 不杖期 嫁大功	母	齊衰三年 父在則不杖期
族姊妹 己之三從姊 緦 嫁無	從祖姊妹 己之再從姊 小功 嫁緦	從父姊妹 己之從姊妹 大功 嫁小功	姊妹 不杖期 嫁大功	妻	齊衰杖期 父在則不杖期
	從祖兄弟之女 己之再從姪女 緦 嫁無	從父兄弟之女 己之從姪女 小功 嫁緦	兄弟之女 不杖期 嫁大功	婦	長不杖期 衆大功
		從父兄弟之孫女 己之再從孫女 緦 嫁無	兄弟之孫女 小功 嫁緦	孫婦	適小功 姑在則不 衆無
			兄弟之曾孫女 緦 嫁無	曾孫婦	適小功 姑在則不 衆無
				玄孫婦	適小功 姑在則不 衆無

上欄 左側 註記

> 姑姊妹女子子在
> 室服並與男子同
> 嫁反者亦與同適人
> 無夫與子者爲其
> 兄弟姊妹及兄弟
> 之子不杖期

下欄 左側 註記

> 凡女適人者爲其
> 私親皆降一等惟
> 祖及曾高祖不降
> 爲兄弟之爲父後
> 者不降爲兄弟姪
> 之妻不降

오		종		본
고조부 승중 참최삼년 / 자최삼월				
증조부 승중 참최삼년 / 자최오월	족증조부모 시마 / 증조의형제			
조부 승중 참최삼년 / 자최부장기	종조조부모 소공 / 조부의형제	족조부모 시마 / 제 조부의종형		
부 / 참최삼년	백숙부모 부장기	종조부모 소공	당숙부모 / 족부모 시마 / 재당숙	
본인	형제 부장기 처소공 / 제	종부형제 대공 처시마	종형제 / 종조형제 소공 처무 / 재종형제	족형제 시마 처무 / 삼종형제
자 장자 참최삼년 / 중자부장기 출가녀대공	형제의자 부장기 부대공 / 조카	종부형제의자 소공 부무 / 종질	종조형제의자 시마 처무 / 재종질	
손 자 적손 부장기 / 중손대공출 출가녀소공	형제의손 소공 부시마	종부형제의손 시마 부무 / 재종손		
증손 적증손 부장기 / 중시마 출가녀소공	형제의증손 시마 부무			
현손 적현손 부장기 / 중시마 출가녀무				

도　　　의　　　복

								복제
							고조모 승중참삼년 선망장기	차최삼월
						족증조고 시마 출가무	증조의자매	증조모 승중참삼년 선망장기	자최오월
					족조고 시마 출가무	조부의재종자매	증조고 소공 출가시마	조부의자매	조모 승중참삼년 선망장기	자최부장기
			부의재종자매 시마 출가무	족고	종조고 소공 출가시마	당고모	고모 부장기 출가대공	부의자매	모 선망장기	자최삼년
족자매 시마 출가무	삼종자매	종조자매 소공 출가시마	재종자매	조부자매 대공 출가소공	종자매	자매 부장기 출가대공	처 부재부장기	자최장기
	종조형제의녀 시마 출가무	재종질녀	종부형제의손 소공 출가시마	종질녀	형제의녀 부장기 출가대공	질녀	며느리 고재무 중부대공	장부부장기
			종부형제의손 시마 출가무		형제의손녀 소공 출가시마		손부 고재무 중시마	적소공
					형제의증손녀 시마 출가무		승손부 고재무 중무	적소공
							현손부 고재무 중무	적소공

| 母모 | | | | 八팔 | | | | 父부 | | | | 三삼 |

父 繼 居 同

父	繼	居	同	
不	親	大	父	同
杖	乃	功	子	居
期	義	以	皆	繼
	服	上	無	父

今 居 同 先

今	居	同	先
同	後	繼	先
居	異	父	隨
異	或	同	母
繼	雖	居	嫁

母　　　　嫡

死	妹	母	嫡	○	服	爲	亦	母	齊	嫡	父	妾
不	小	兄	母	庶	不	衆	報	與	衰	母	正	生
服	功	弟	之	子	杖	子	服	嫡	三	正	室	子
	母	姊	父	爲	期	則	○	子	年	服	日	謂

庶

之	之	服	姊	父	爲	其	父	○	父	衰	爲	士	服	子	有	謂
母	子	○	妹	母	其	母	後	庶	後	三	其	之	緦	爲	子	父
不	爲	庶	則	兄	母	後	緦	子	子	則	年	母	庶	麻	之	妾
杖	父	子	無	弟	之	而	爲	爲	降	爲	齊	子	○	義	衆	之

母　　　　慈

功	命	三	服	親	己	子	妾	父	無	謂
	則	年	齊	母	也	者	之	命	母	庶
	小	不	衰	義	同	慈	無	他	而	子

母　　　　出

女	服	爲	服	父	杖	爲	降	謂
亦	大	出	○	後	期	子	服	被
報	功	母	女	者	○	降	杖	父
服	母	乃	嫡	則	子	服	期	離
爲	降	人	不	爲	不	母	棄	

圖도　　之지　　制제　　服복

父繼異 / 元不同居繼父

父繼居同不元						父繼異			
小	姉	母	附	則	元	衰	上	有	父
功	妹	之	異	無	不	三	親	大	有
五	各	兄	父	服	同	月	服	功	子
月	服	弟	同		居		齊	己	已

繼母

繼									母					
弟	爲	杖	繼	之	母	○	母	不	爲	齊	爲	三	母	爲
姉	繼	期	母	乃	嫁	若	出	杖	衆	衰	長	年	義	父
妹	母	○	報	服	而	父	則	期	子	三	子	○	服	再
小	之	母	服	杖	己	卒	無	○	乃	年	報	繼	齊	娶
功	兄	出	不	期	從	繼	服	繼	服	○	服	母	衰	之

母

母																
小	己	自	慈	期	父	女	三	爲	三	長	○	衰	之	其	○	後	期
功	者	小	己	○	母	君	年	君	年	子	爲	不	衆	子	庶	則	而
義		乳	者	庶	不	爲	○	斬	○	齊	君	杖	子	爲	無	爲
服		養	謂	母	杖	其	爲	衰	妾	衰	之	期	齊	君	爲	祖

養母 / 乳母

養							母	乳			母
衰	正	親	子	遺	歲	宗	謂	緦	母	哺	謂
三	服	母	者	棄	以	及	養	麻	義	日	小
年	齊	同	與	之	下	三	同		服	乳	乳

者	之	不	子	爲	乃	子	不	母	嫁	謂
服	子	服	爲	女	服	己	杖	爲	降	父
不	從	○	父	報	大	適	期	子	服	亡
杖	己	前	後	服	功	人	○	乃	杖	母
期	嫁	夫	者	○	母	者	女	服	期	再

삼부팔모도

부가다른동모 형제자매 대공	처음부터부동거 계부 무복	대공이상무친족 처음은동거하다뒤부동거 계부 자최삼월	동거 계부 부장기
	계모 부망재가무 자최삼년	적모 자최삼년	
쫓겨난 출모 자최장기	개가한 가모 자최장기	자모 자최삼년	양모 자최삼년
	유모 시마	서모 시마	

三殤服之圖

	從祖祖姑 中從下 無服 / 長三月	從祖祖父 中從下 無服 / 長三月	

從祖姑 中從下 無服 / 長三月	姑 下五月 / 長九月 中七月	伯叔父 下五月 / 長九月 中七月	從祖姑 中從下 無服 / 長三月

從祖姊妹 中從下 無服 / 長三月　從父姊妹 中從上下 / 長五月 三月　姊妹 中七月 下五月 / 長九月　己　兄弟 中七月 下五月 / 長九月　從父兄弟 中從上下 / 長五月 三月　從祖兄弟 中從下 無服 / 長五月

從父兄弟之女 中從下 無服 / 長三月　兄弟之女 中七月 下五月 / 長九月　子 中五月 下七月 / 長九月　兄弟之子 中七月 下五月 / 長九月　從父兄弟之子 中從下 無服 / 長三月

兄弟之孫女 中從下 無服 / 長三月　孫 衆 下三月 中從上 / 長五月　適 下五月 中七月 / 長九月　兄弟之孫 中從下 無服 / 長三月

者服也　此妻爲夫黨殤　下小功之殤亦中從　大功之殤中從下　齊衰之殤中從上

適曾玄孫 下五月 中七月 / 長九月

服也　下此丈夫爲殤者　上小功之殤亦中從　齊衰之殤亦中從　大功之殤中從上

妻爲夫黨服之圖

(처위부당복지도)

[우상 상자] 夫爲祖曾高祖父母承重者及爲人後者並從夫服 爲本生舅姑服大功

[좌상 상자] 從夫服降一等夫外祖父母及舅從母並緦麻

[우하 상자] 凡婦服夫黨喪而出則除之

C1	C2	C3	C4 (己側)	C5 (夫側)	C6	C7	C8
			夫高祖母 緦麻	夫高祖父 緦麻			
			夫曾祖母 緦麻	夫曾祖父 緦麻			
		夫從祖祖姑 緦麻	夫祖母 大功	夫祖父 大功	夫從祖祖夫 緦麻（母）		
夫從祖祖姑 緦麻		夫姑 小功 適人不降	姑 齊衰三年	舅 斬衰三年	夫伯叔父母 大功	夫從祖祖父母 緦麻	
夫從父姊妹 小功 適人不降		夫姊妹 小功 適人不降	己	夫 斬衰三年	夫兄弟娣姒 小功	夫從父兄弟 緦麻 妻緦麻	夫從祖父母 緦麻
夫從祖兄弟之女 緦麻 嫁無	夫從父兄弟之女 小功 嫁大功	夫兄弟之女 不杖期 嫁大功	婦 適不杖期 / 衆大功	子 適齊衰三年 / 衆不杖期	夫兄弟之子 不杖期 / 婦大功	夫從父兄弟之子 小功 / 婦緦麻	夫從祖兄弟之子 緦麻 / 婦無
夫從祖兄弟之孫女 緦麻 嫁無	夫從父兄弟之孫女 緦麻 嫁緦麻	夫兄弟之孫女 小功 嫁緦麻	孫 適小功 / 衆小功	孫 適不杖期 / 衆大功	夫兄弟之孫 小功 / 婦緦麻	夫從父兄弟之孫 緦麻 / 婦無	
	夫從父兄弟之曾孫女 緦麻 家無	夫兄弟之曾孫女 緦麻	曾孫 適小功 / 衆緦麻	曾孫 適不杖期 / 衆緦麻	夫兄弟之曾孫 緦麻 / 婦無		
			玄孫 適小功 / 衆無	玄孫 適不杖期 / 衆緦麻			

시가복도(도복가시)

			시고조모 시마	시고조부 시마		
			시증조모 시마	시증조부 시마		
		시대고모 시마	시조모 대공	시조부 대공	모 시종조조부 시마	
	시당고모 시마	시고모 소공	시어머니 자최삼년	시아버지 참최삼년	시백숙부모 대공	시당숙부모 시마
	시종자매 시마	시자매 소공	본인	부 참최삼년 군	시형제 소공 동서소공	시종형제 시마 처시마
시재종질녀 출가무 시마	시종질녀 출가시마 소공	시질녀 출가대공 소공	며느리 중대공	적부장기 아들 중자부장기	시조카 부대공 부장기	시종질 소공 부시마
	시종형제의 손녀 출가시마 시마	시형제의손 손녀 출가시마 소공	손 중시마 부	적부장기 손 중손대공	적손자 중손대공 부장기	시형제의손 부시마 소공
		시형제의중 손녀 출가무 시마	증손 중시마 부 적소공	적부장기 손 중증손 중시마	시형제의중 손 부무 시마	시종형제의 손 부무 시마
			현손 중무 적소공 부	적부장기 손 현중시마 손		

圖도之지 服복降강宗종本본爲위女녀嫁가出출

(出嫁女爲本宗降服之圖)

[오른쪽 위 상자]
凡女適人者爲其私親皆
降一等惟於祖曾高祖父
母及兄弟之爲父後者及
兄弟姪之妻皆從本服

[왼쪽 위 상자]
姑姊妹女孫女嫁反者服與男
子同適人而無夫與子者亦同
適人而無夫與子者爲其兄弟
姊妹及兄弟之子皆不杖期

[왼쪽 아래 상자]
兩女各出
不再降

좌3	좌2	좌1	중앙	우1	우2	우3
			高祖父母 齊衰三年			
			曾祖父母 齊衰五月			
		從祖祖姑 緦麻	祖父母 不杖期	從祖祖父母 緦麻		
	從祖姑 緦麻	姑 大功	父母 不杖期	伯叔父母 大功	從祖父母 緦麻	
從祖姊妹 緦麻	從父姊妹 小功	姊妹 大功		兄 / 父爲父後者不降 / 弟 大功 妻小功	從父兄弟 小功 妻緦麻	從祖兄弟 緦麻 妻無
		姊妹之子 小功 夫緦麻		兄弟之子 大功 婦小功	從父兄弟之子 緦麻 婦無	
				兄弟之孫 緦麻 婦無		

출 가 녀 본 종 강 복 도

(표제는 우측에서 좌측으로 읽음: 출·가·녀·본·종·강·복·도)

재종	당·종	대·고·자매	본인	형제·백숙·종조	종·당숙·종형	재종형
			고조부모 자최오월			
			증조부모 자최오월			
		대고모 시마	조부모 부장기	종조부모 시마		
	당고모 시마	고모 대공	부모 부장기	백숙부모 대공	당숙부모 시마	
재종자매 시마	종자매 소공	자매 대공	본인	형제 대공 / 처소공	종형제 소공 / 처시마	재종형제 시마 / 처무
		자매의자 소공 / 부시마		질 대공 / 부소공	종질 대공 / 부무 시마	
				형제의손 시마 / 부무		

圖도 之지 服복 降강 生생 本본 爲위 者자 後후 人인 爲위

曾祖父母
緦麻

兩男各爲人後不再降男
出後女出嫁者再降

凡爲人後者爲其私親皆降
一等私親之爲之也亦然惟
其本生父母爲之不杖期

從祖祖姑　緦麻　嫁無

祖父母　大功

從祖祖父母　緦麻

從祖姑　緦麻　嫁無

姑　大功　嫁小功

父　不杖期　心喪三年

伯叔父母　大功

從祖父母　緦麻

從祖姑妹　緦麻　嫁無

從父姊妹　緦麻　嫁緦麻

姊　大功　妹　嫁小功

己

兄　大功　弟　妻緦麻

從父兄弟　大功　妻無

從祖兄弟　緦麻　妻無

從父兄弟之女　緦麻　嫁無

兄弟之女　大功　嫁小功

兄弟之子　大功　婦小功

從父兄弟之子　緦麻　婦無

兄弟之孫女　緦麻　嫁無

兄弟之孫　緦麻　婦無

양 자 된 자 본 생 강 복 도

				증조부모 / 시마				
			대고모 / 시마 / 출가무	조부모 / 대공	종조조부모 / 시마			
		당고모 / 시마 / 출가무	고모 / 대공 / 출가소공	부 / 부장기 · 심상삼년 / 모	백숙부모 / 대공	당숙부모 / 시마		
	재종자매 / 시마 / 출가무	종자매 / 소공 / 출가시마	자매 / 대공 / 출가소공 / 매질	본인	형제 / 대공 / 처시마 / 제질	종형제 / 소공 / 처무 / 종형제의자	재종형제 / 시마 / 처무	
		종형제의녀 / 시마 / 출가무	질녀 / 대공 / 출가소공	질 / 대공 / 婦小功	종형제의자 / 시마 / 부무			
			형제의손녀 / 시마 / 출가무	형제의손 / 시마 / 부무				

外黨妻黨服圖

母出則爲繼母之父母兄弟姊妹小功

君母之父母君母死則不服母之君母母死不服庶子爲後者爲其外祖無服

外祖父母 小功　婦人爲夫外

祖父母緦麻

妻父母 妻之親 妻亡別娶亦同 緦麻　母雖嫁出猶服

舅 母之兄弟婦人 爲夫之舅緦麻 小功

從母 母之姊妹婦人 小功 爲夫從母緦麻

舅姑之子 緦麻　姑之子曰外兄弟　舅之子曰內兄弟

兩姨兄弟姊妹謂從之子也　己身

從母之子 緦麻

甥 婦緦麻 姊妹之子曰甥 小功

壻 緦麻　姊妹之女曰甥女 小功 甥女

外孫 婦服並同 緦麻 女之子也

外親雖適人不降

도	복	당	처	당	외
		부군외조부모 시마	외조부모 소공		
	남편이모 시마	이모 소공	처부모 시마	부군외숙 시마	외숙부모 소공
	이종형제 시마		본인		외종형제 시마 / 고종형제 시마
	생질녀 소공		사위 시마	생질부 시마	생질 소공
			외손부 시마	외손 시마	

妾服圖 (첩복도)	君斬衰三年 卿大夫爲貴妾 士妾有子緦	君之父母 儀禮妾爲君之黨 服得與女君同	女君 齊衰不杖期 女君於妾 妻無服	妾爲其私親服與女子子適人有同	첩복도	부군 참최삼년	부군의 부모 복적처와 같다	적처 자최부장기 적처첩복무
	君之長子 齊衰三年	君之衆子 齊衰不杖期	其子 齊衰不杖期			부군의 장자 자최삼년	부군의 중자 자최부장기	그 지자 최부장기

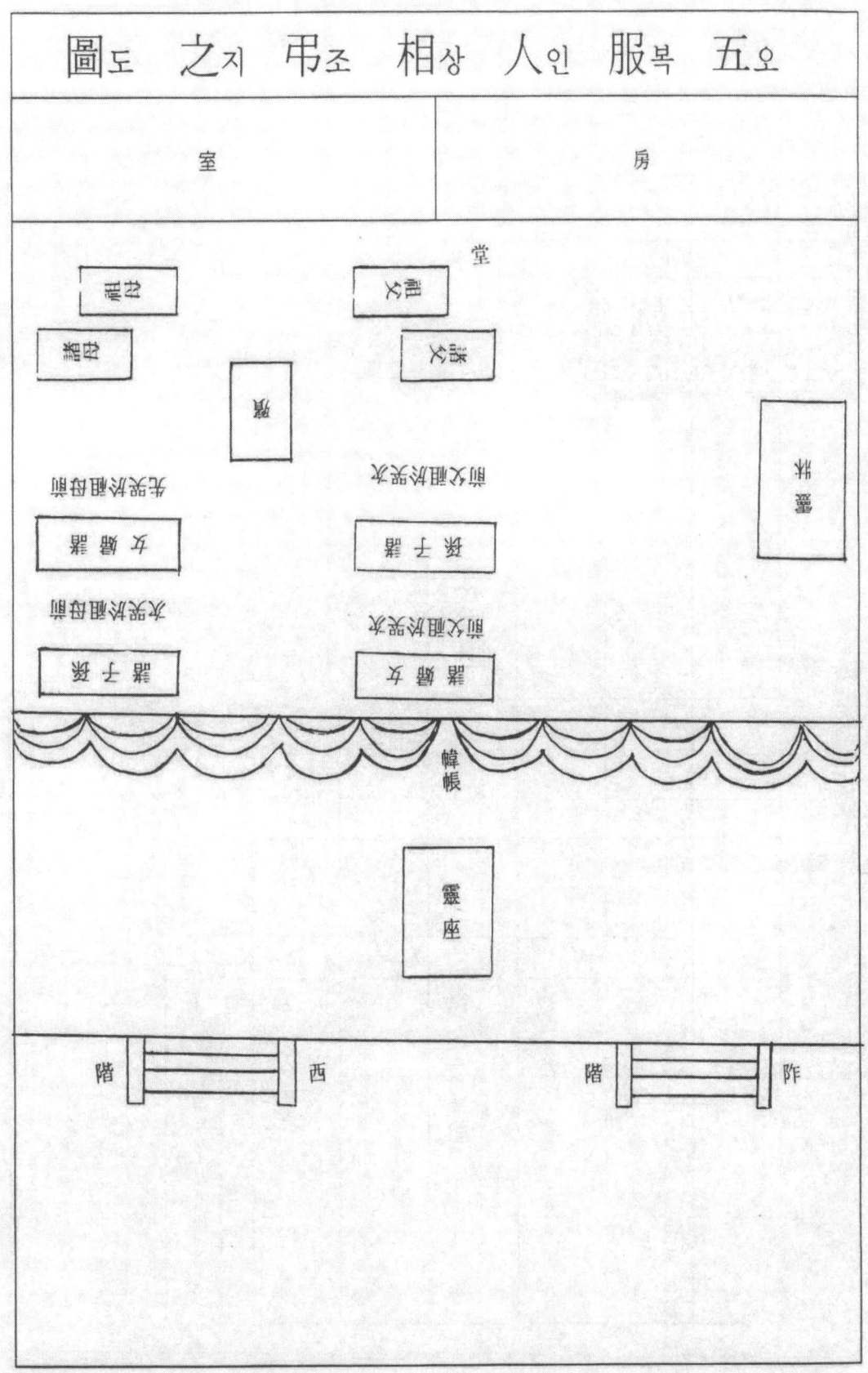

大대 宗종 小소 宗종 圖도

諸侯				
諸侯	別子 百世不遷			
百世爲諸侯		高祖		
			曾祖	
				祖
				禰
	繼別大宗	繼高祖小宗	繼曾祖小宗	繼祖小宗	繼禰小宗	身事五宗 無大宗則事四宗

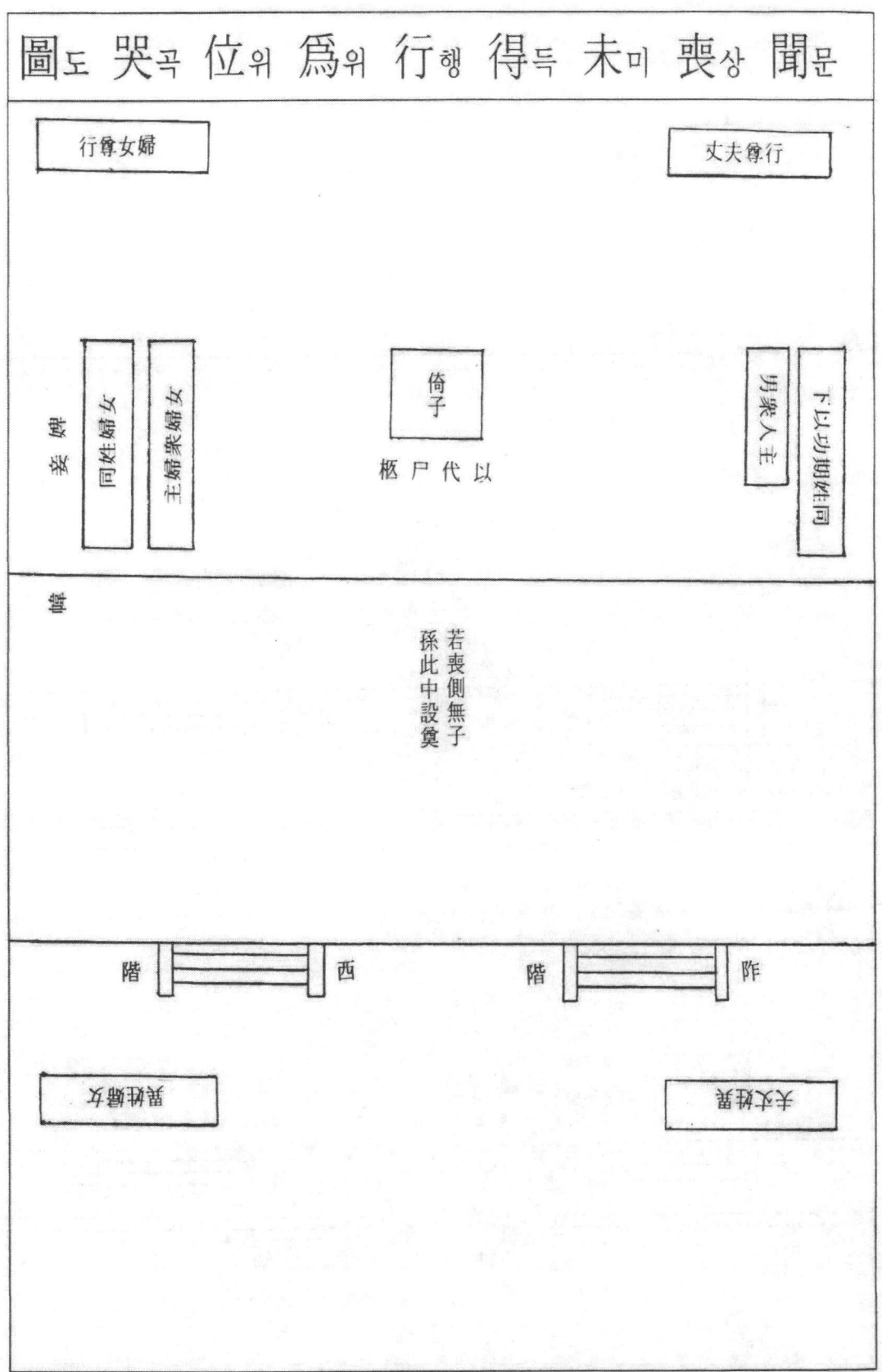

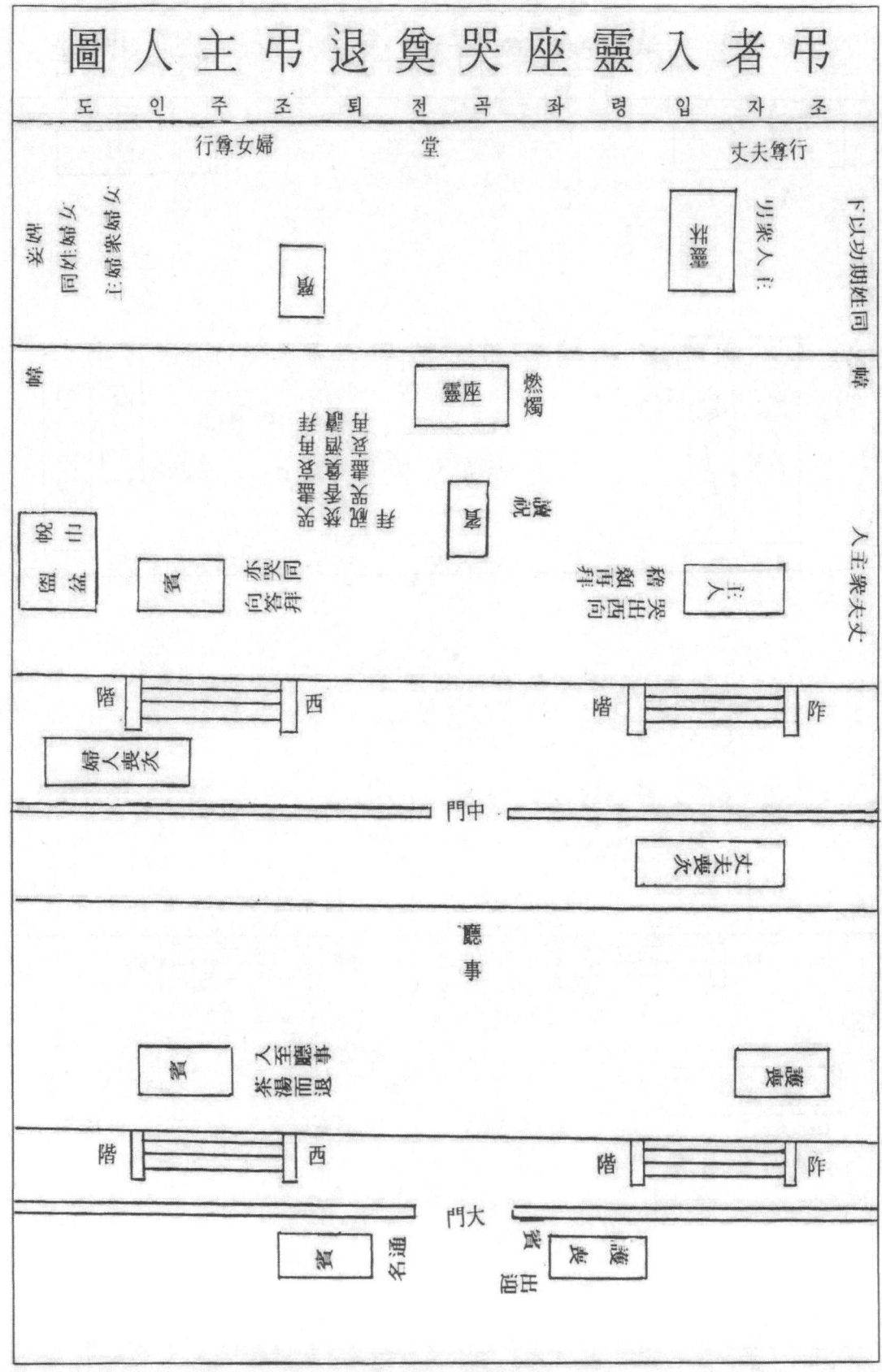

圖人主弔退奠哭座靈入者弔
도 인 주 조 퇴 전 곡 좌 령 입 자 조

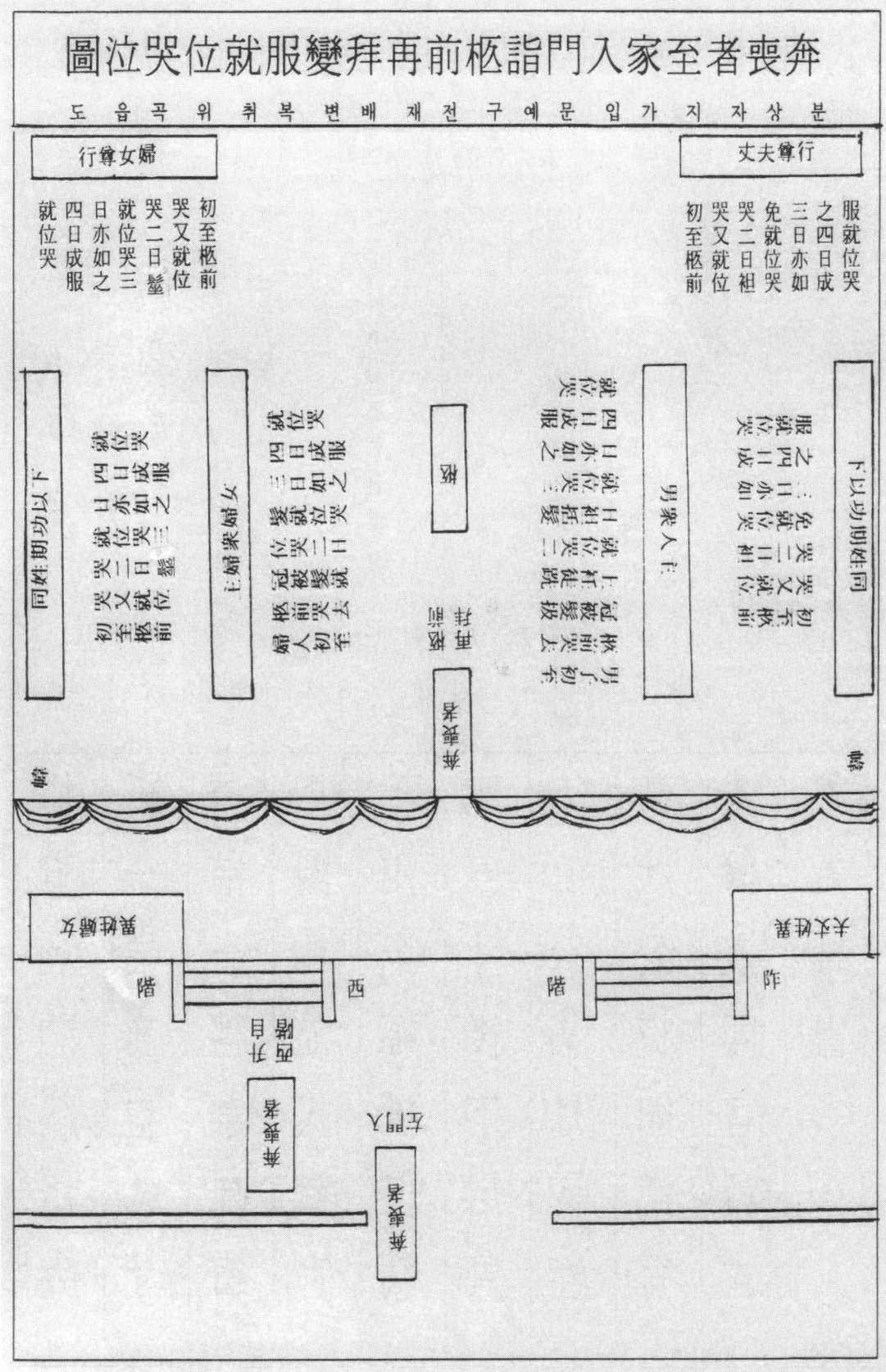

慰大官門狀式
위대관문장식

具位姓某
右某謹詣
門屛祗慰
某位伏聽
處分謹狀
年月日具位姓某狀

慰平交門狀式
위평교문장식

具位姓某
右某謹詣
某官謹狀
年月日具位姓某狀

輯覽凡門狀用大紙一幅前空二寸眞楷小書字疏密相對如前式武官不用全幅紙但闊四五寸後不用具年但云某月日姓某狀公吏同武官式僧道同官員式尤貴細書

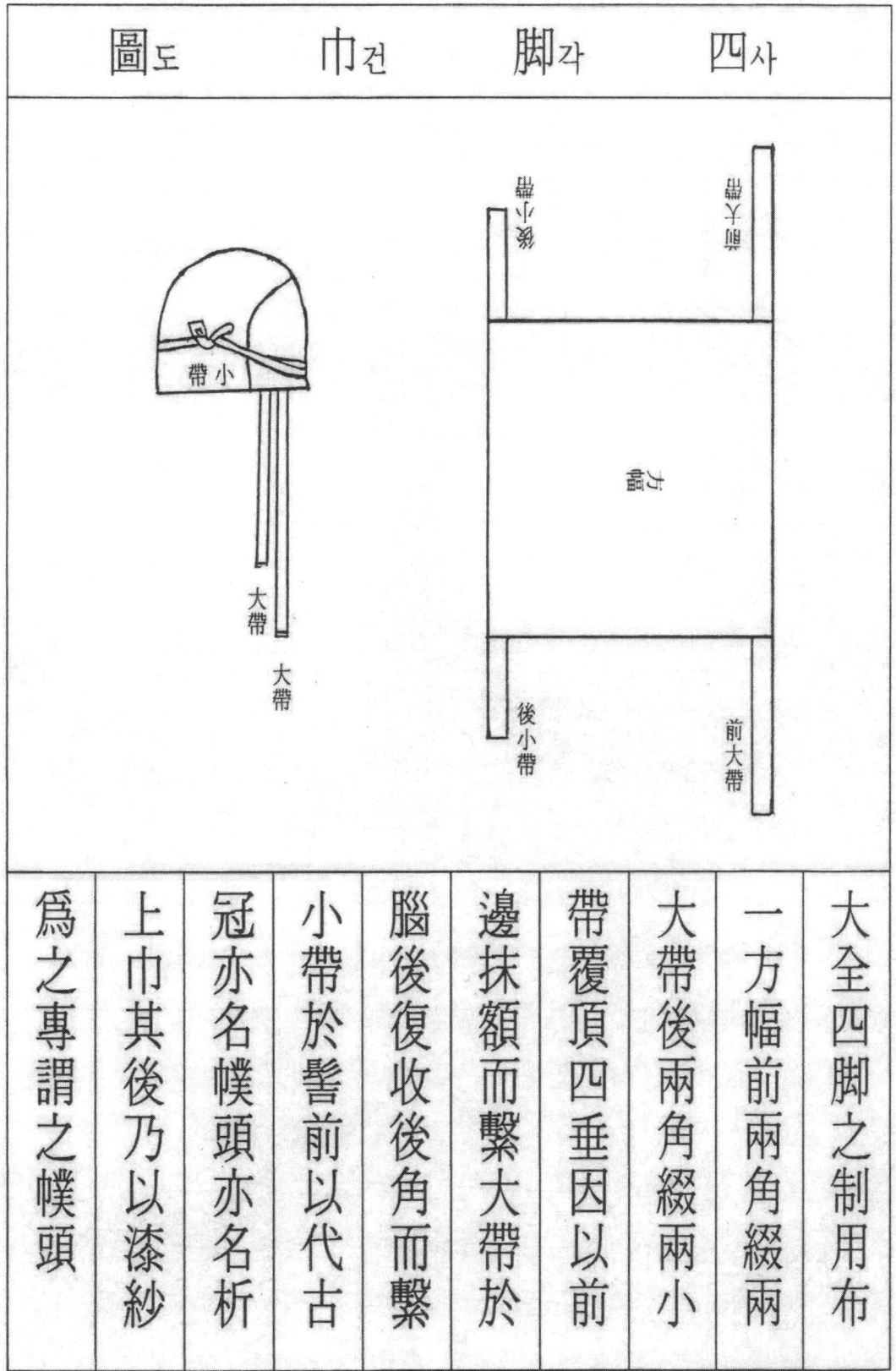

圖도　　　　　巾건　　　　脚각　　　四사									
爲之專謂之幞頭	上巾其後乃以漆紗	冠亦名幞頭亦名析	小帶於髻前以代古	腦後復收後角而繫	邊抹額而繫大帶於	帶覆頂四垂因以前	大帶後兩角綴兩小	一方幅前兩角綴兩	大全四脚之制用布

⊙ 治葬圖式(치장도식)

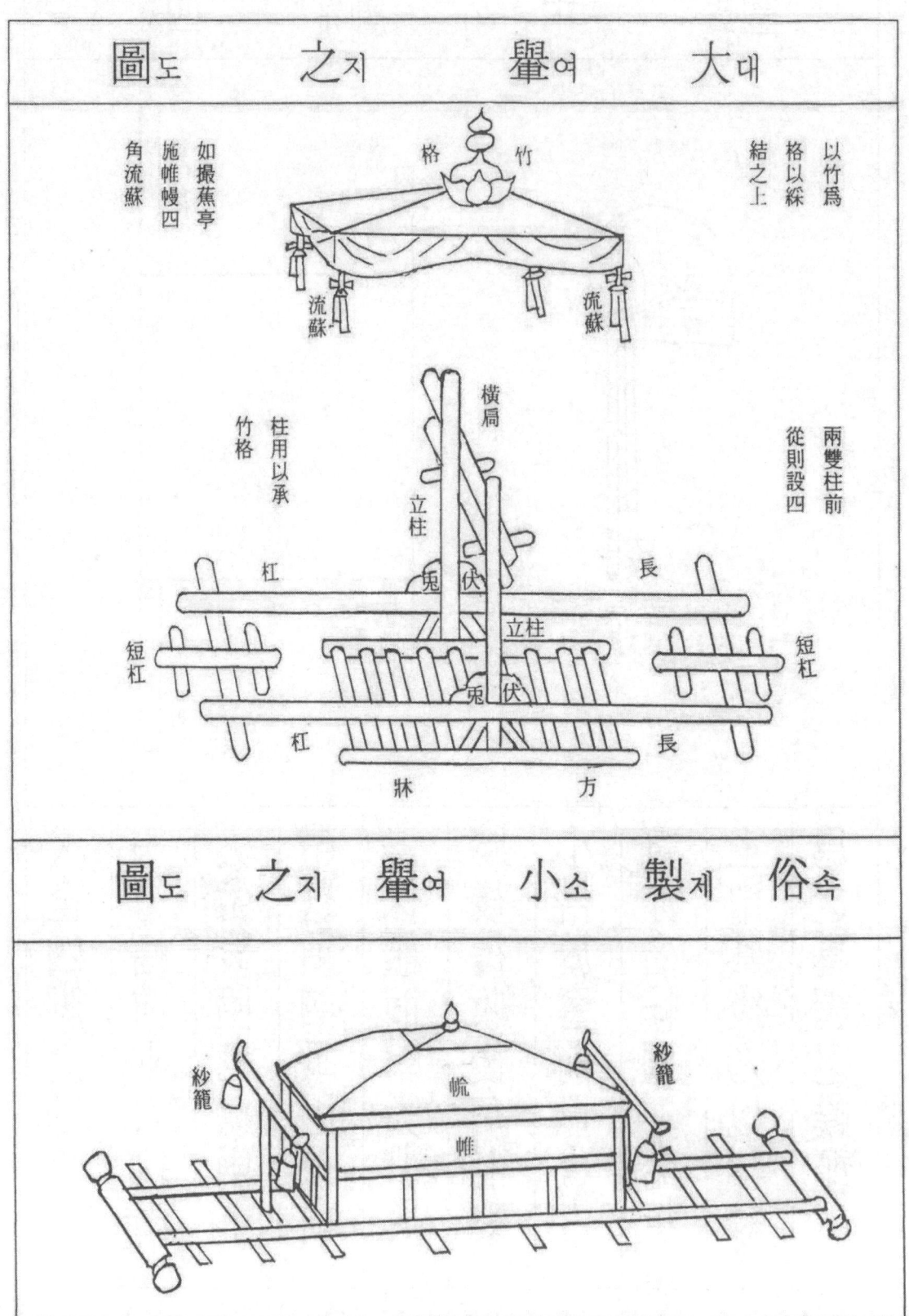

功공 布포 圖도

輓만 詞사 圖도

甖앵 圖도

筲소 圖도

苞포 圖도

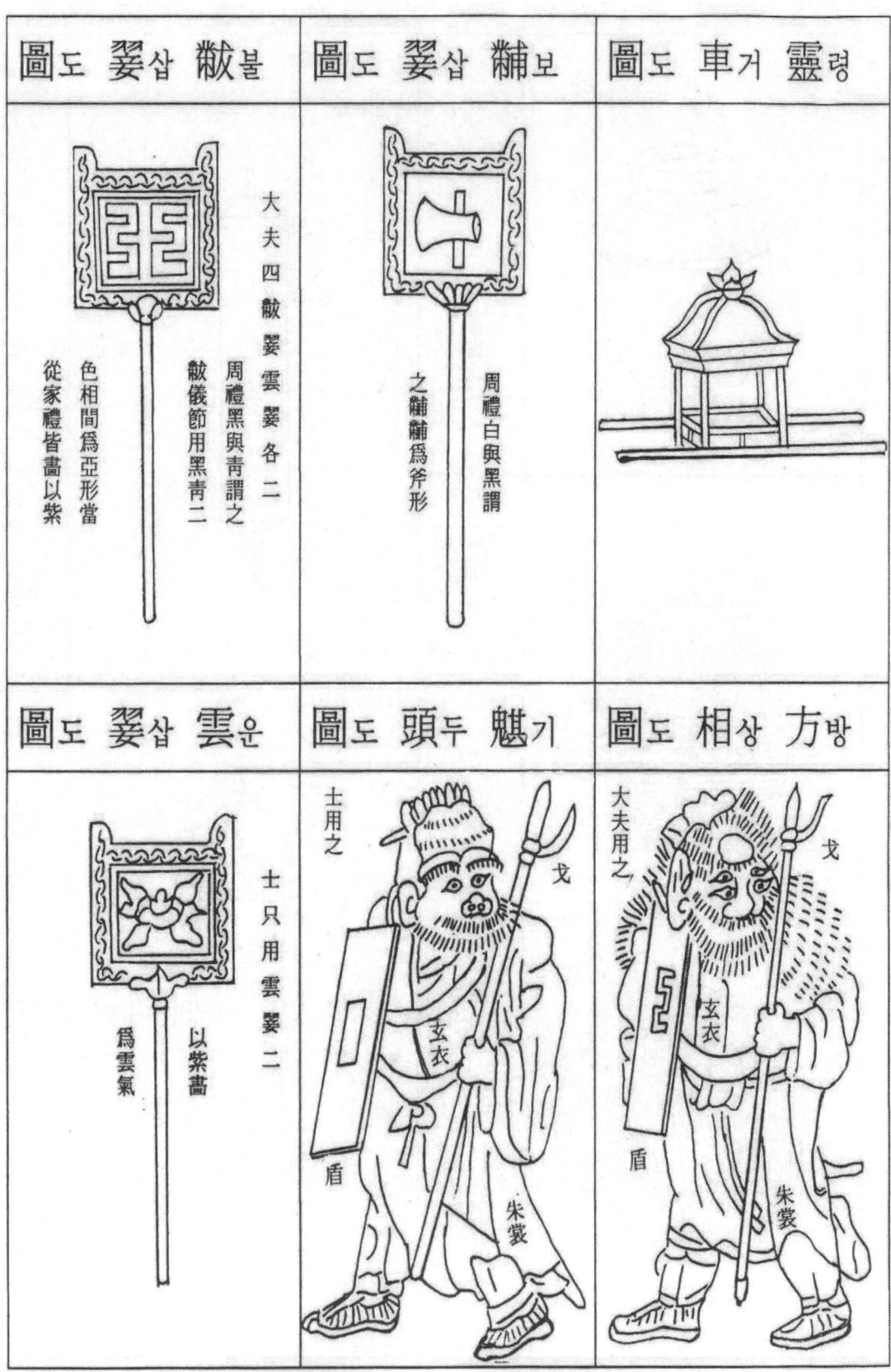

圖도 翣삽 黻불

大夫四翣翣雲翣各二
周禮黑與青謂之
黻儀節用黑青二
色相間爲亞形當
從家禮皆畫以紫

圖도 翣삽 黼보

周禮白與黑謂
之黼黼爲斧形

圖도 車거 靈령

圖도 翣삽 雲운

士只用雲翣二
以紫畫
爲雲氣

圖도 頭두 魌기

士用之
戈
玄衣
盾
朱裳

圖도 相상 方방

大夫用之
戈
玄衣
盾
朱裳

神주　主식　式

신　주　식

禮經及家禮舊本於高祖考上皆用皇字大德年間省部禁止回避字今用顯可也

首圓

全式

顯高祖考某官封諡府君神主
孝元孫某奉祀

前

顯高祖考某官封諡府君神主
孝元孫某奉祀

分式三分之一居前前

居後 前四分後八分 陷中以書	爲頷而判之一居前二	分爲圓首寸之下勒前	之辰 身趺皆厚一寸二分 剡上五	分象月之日 厚十二分象日	有二寸象十二月 身博三十	四寸象歲之四時高尺	取法於時日月辰趺方	伊川先生云作主用栗

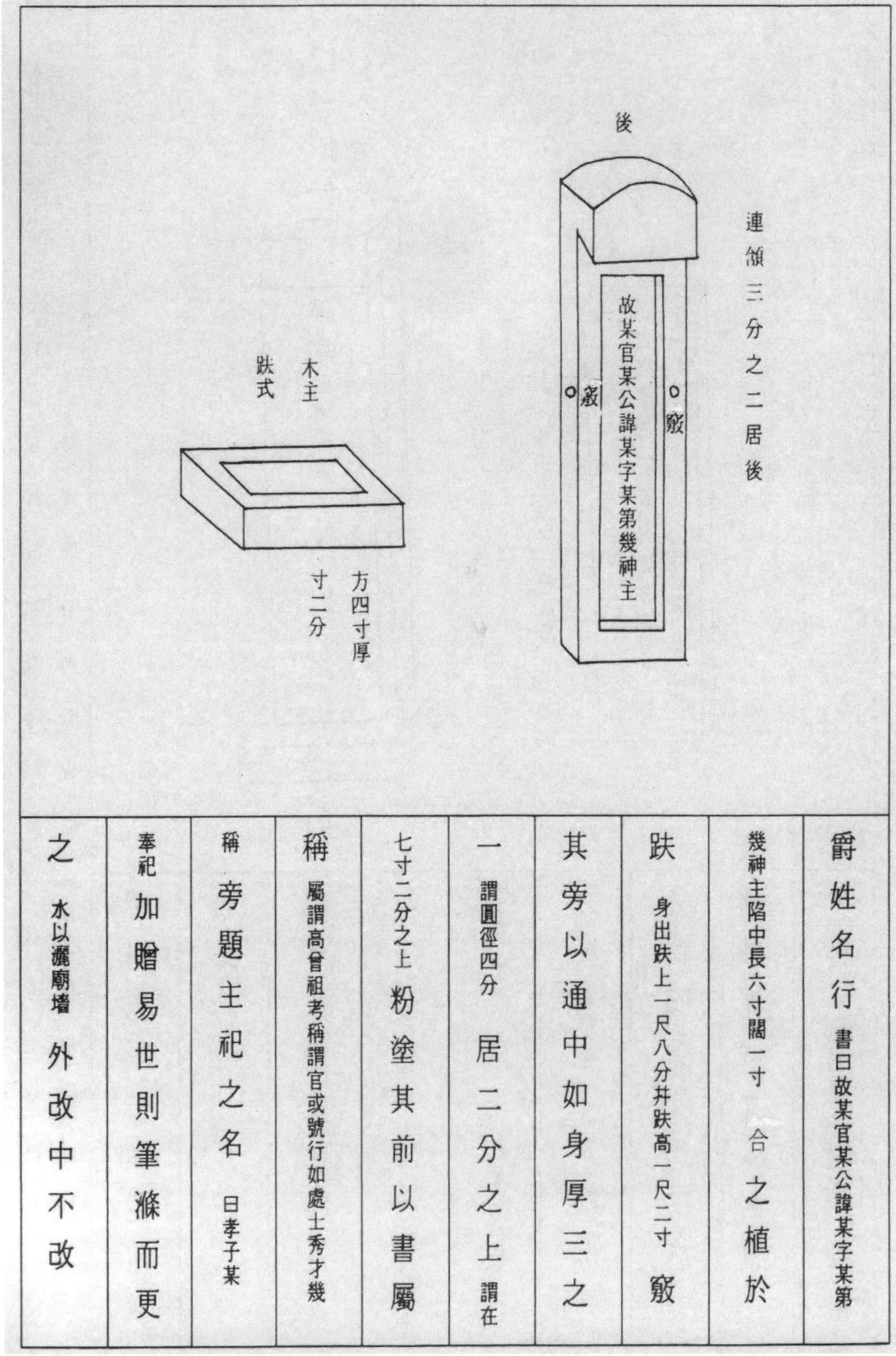

連領三分之二居後

後

故某官某公諱某字某第幾神主

僉　僉

跗式　木主

方四寸厚　寸二分

爵姓名行	幾神主陷中長六寸闊一寸	跗	其旁以通中如身厚三之	一謂圓徑四分	七寸二分之上	稱	稱旁題主祀之名	奉祀加贈易世則筆滌而更	之
書曰故某官某公諱某字某第	合之植於僉	身出跗上一尺八分并跗高一尺二寸		居二分之上謂在	粉塗其前以書屬	屬謂高曾祖考稱謂官或號行如處士秀才幾	曰孝子某		水以灑廟墻　外改中不改

櫝韜藉式

독도자식

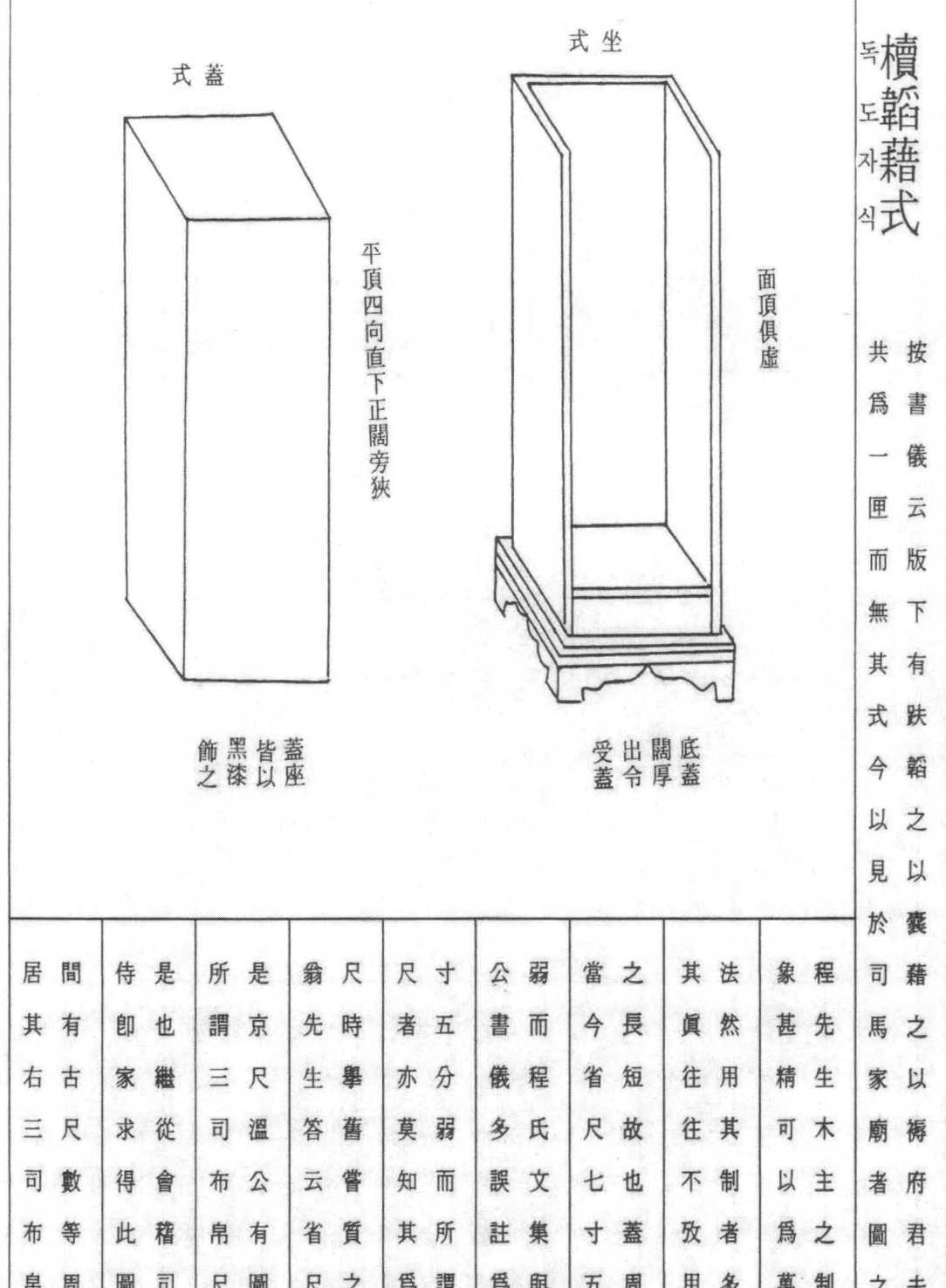

蓋式

坐式

平頂四向直下正闊旁狹

面頂俱虛

蓋座皆以黑漆飾之

底蓋闊厚出令受蓋

按書儀云版下有跌韜之以襃藉之以褥府君夫人
共為一匣而無其式今以見於司馬家廟者圖之

程先生木主之制取
象甚精可以為萬世
法然用其制者多失
其眞往往不攷用尺
之長短故也蓋周尺
當今省尺七寸五分
弱而程氏文集與溫
公書儀多誤註為五
尺者亦莫知其為何
寸五分弱而所謂省
尺時學舊嘗質之晦
翁先生答云省尺乃
是京尺溫公布帛尺
所謂三司布帛尺者
是也繼從會稽司馬
侍郎家求得此圖其
間有古尺數等周尺
居其右三司布帛尺

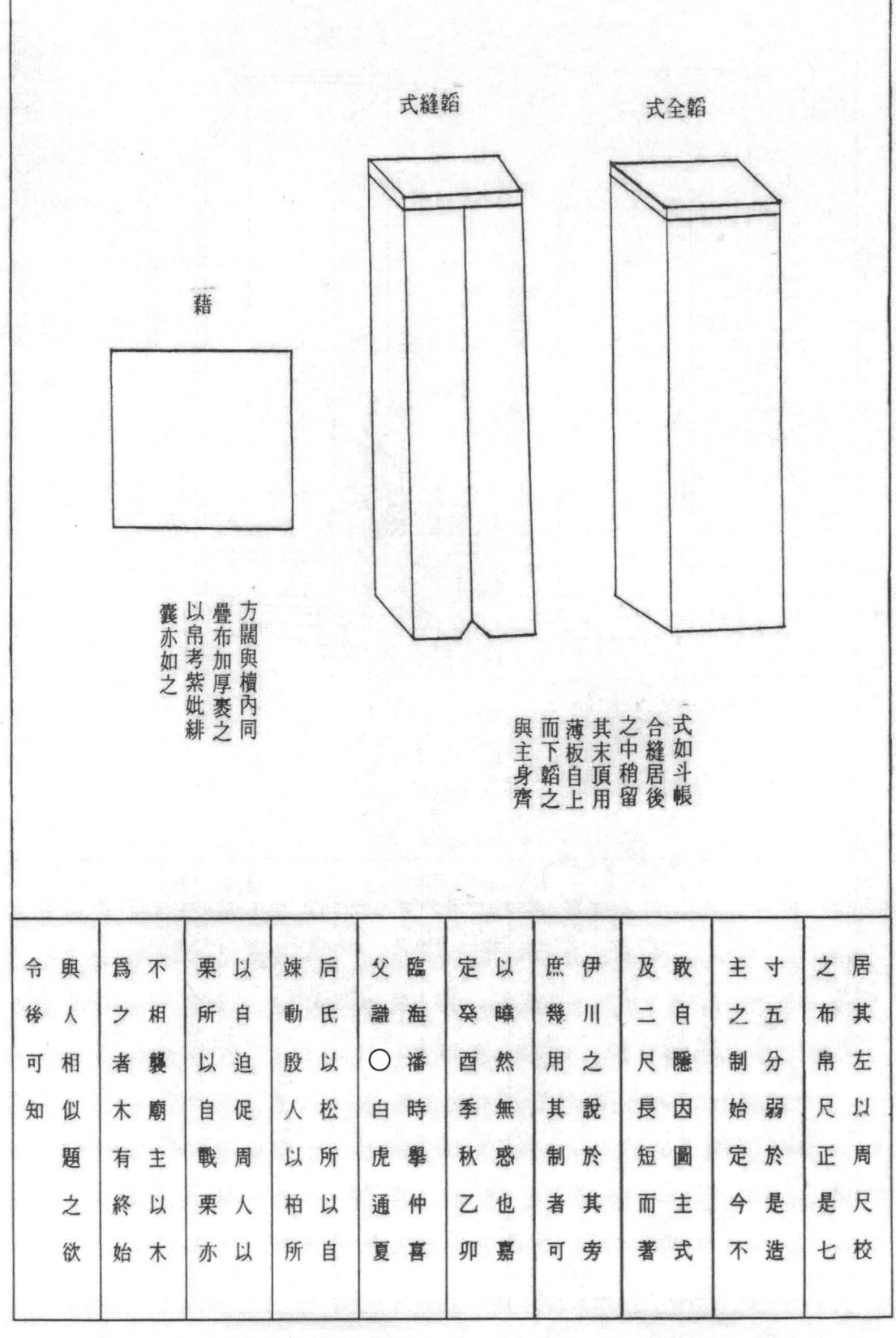

式縫韜　　式全韜

藉

方闊與櫝內同
疊布加厚裹之
以帛考紫姒緋
囊亦如之

式如斗帳
合縫居後
之中稍留
其末頂用
薄板自上
而下韜之
與主身齊

居其左以周尺校
之布帛尺正是七
寸五分弱於是造
主之制始定今不
及二尺長短而著
敢自隱因圖主式
庶幾用其制者可
伊川之說於其旁
以曠然無惑也嘉
定癸酉時季秋乙卯
臨海潘○
父譔　時學仲喜
白虎通夏
后氏以松所以自
竦動殷人以柏所
以自迫周人以
栗所以自戰栗亦
不相襲廟主以木
爲之者木有終始
與人相似題之欲
令後可知

式식　櫝독

平頂四直

下作平底臺座

前作兩窓啓閉

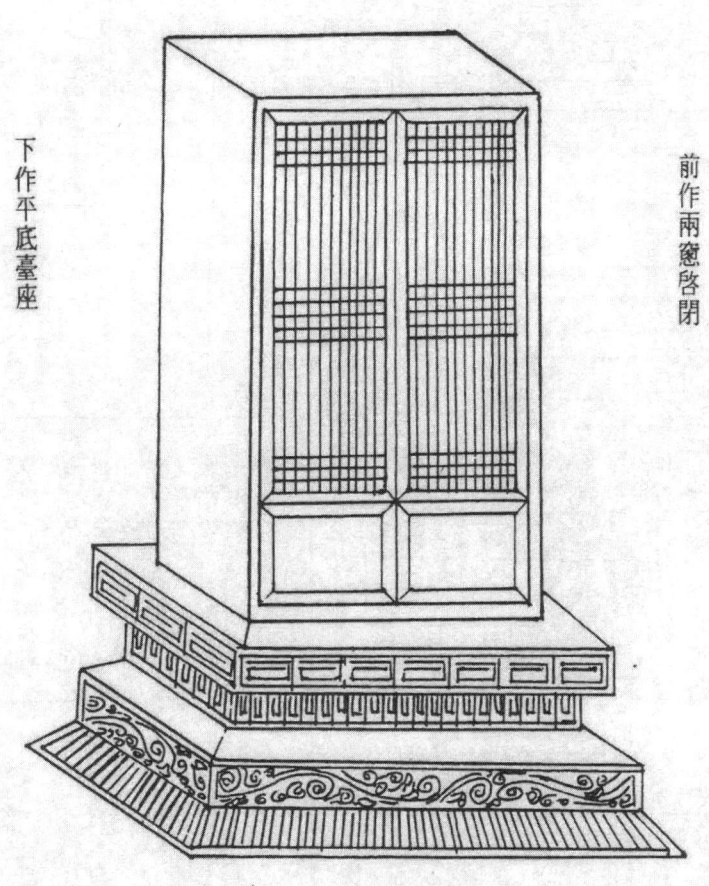

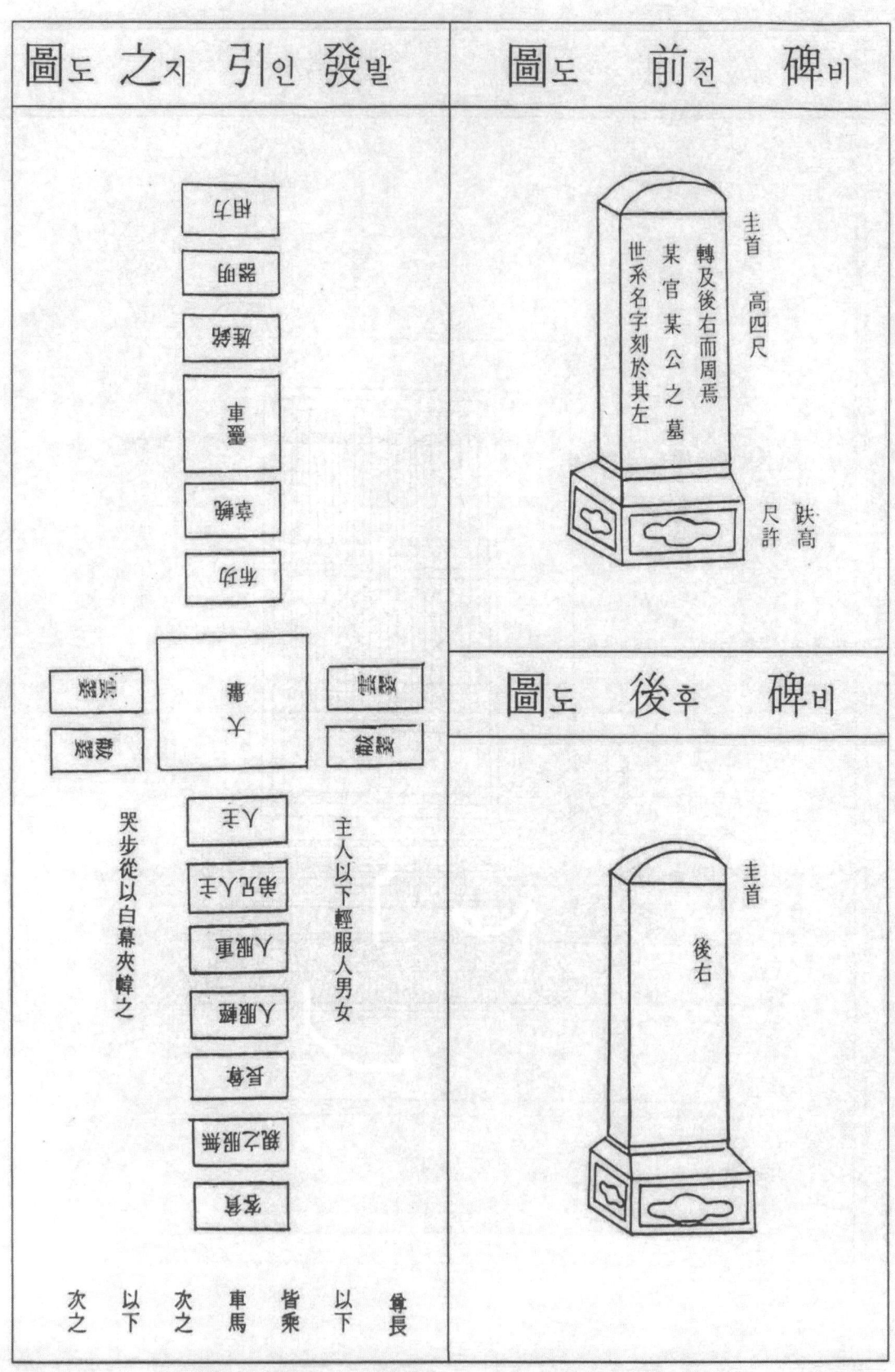

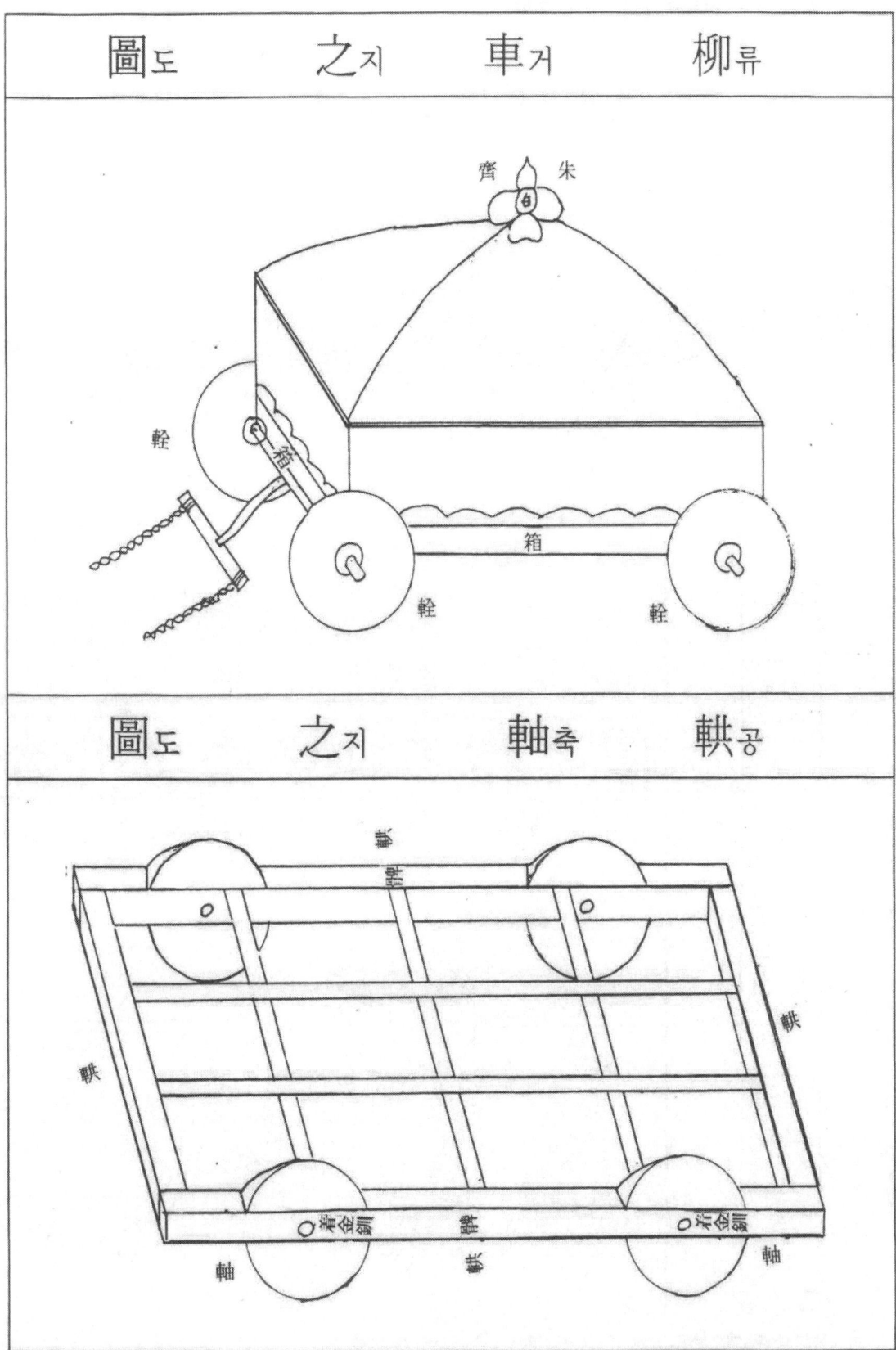

○편람치장도식(四禮便覽治葬圖式)(添補)

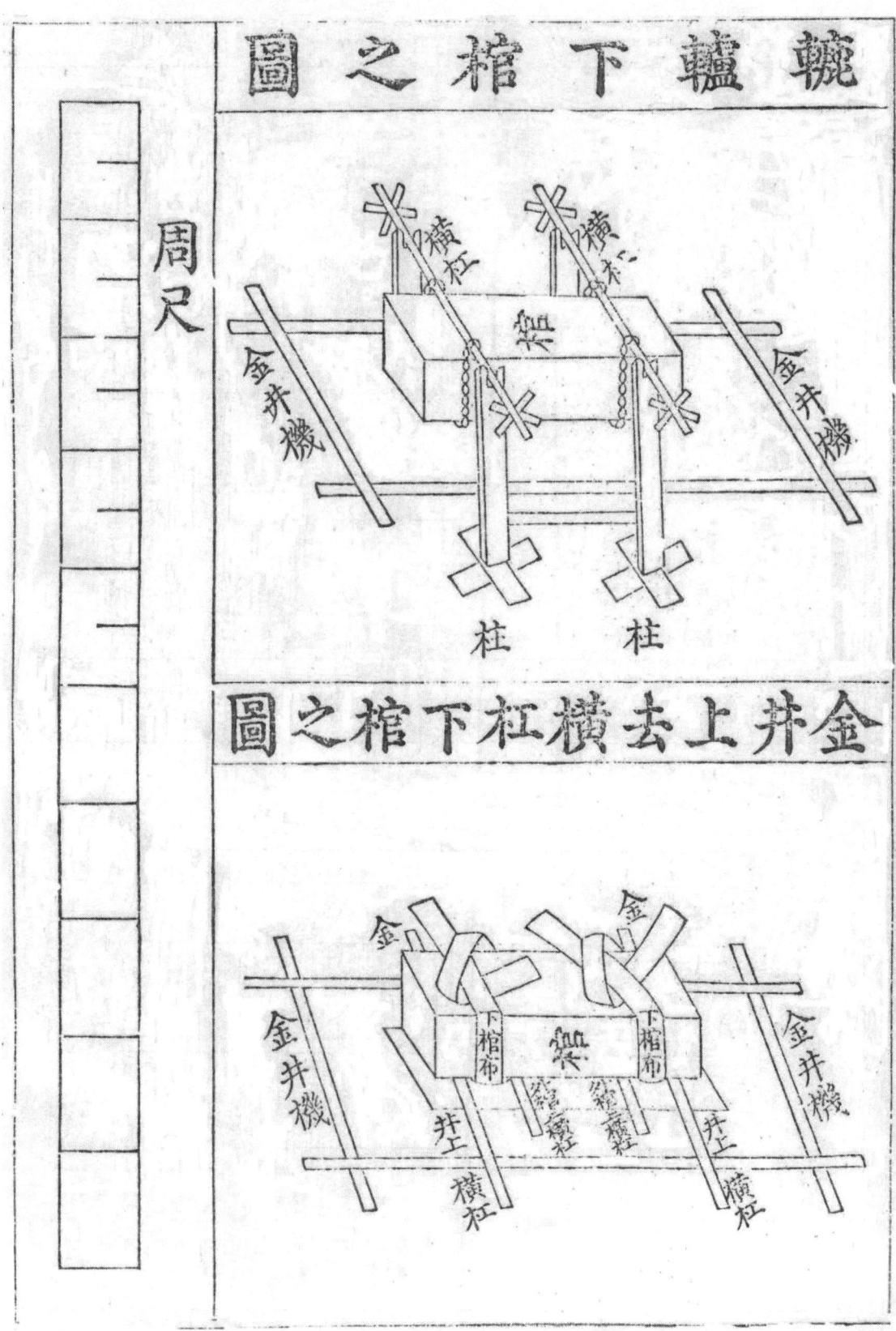

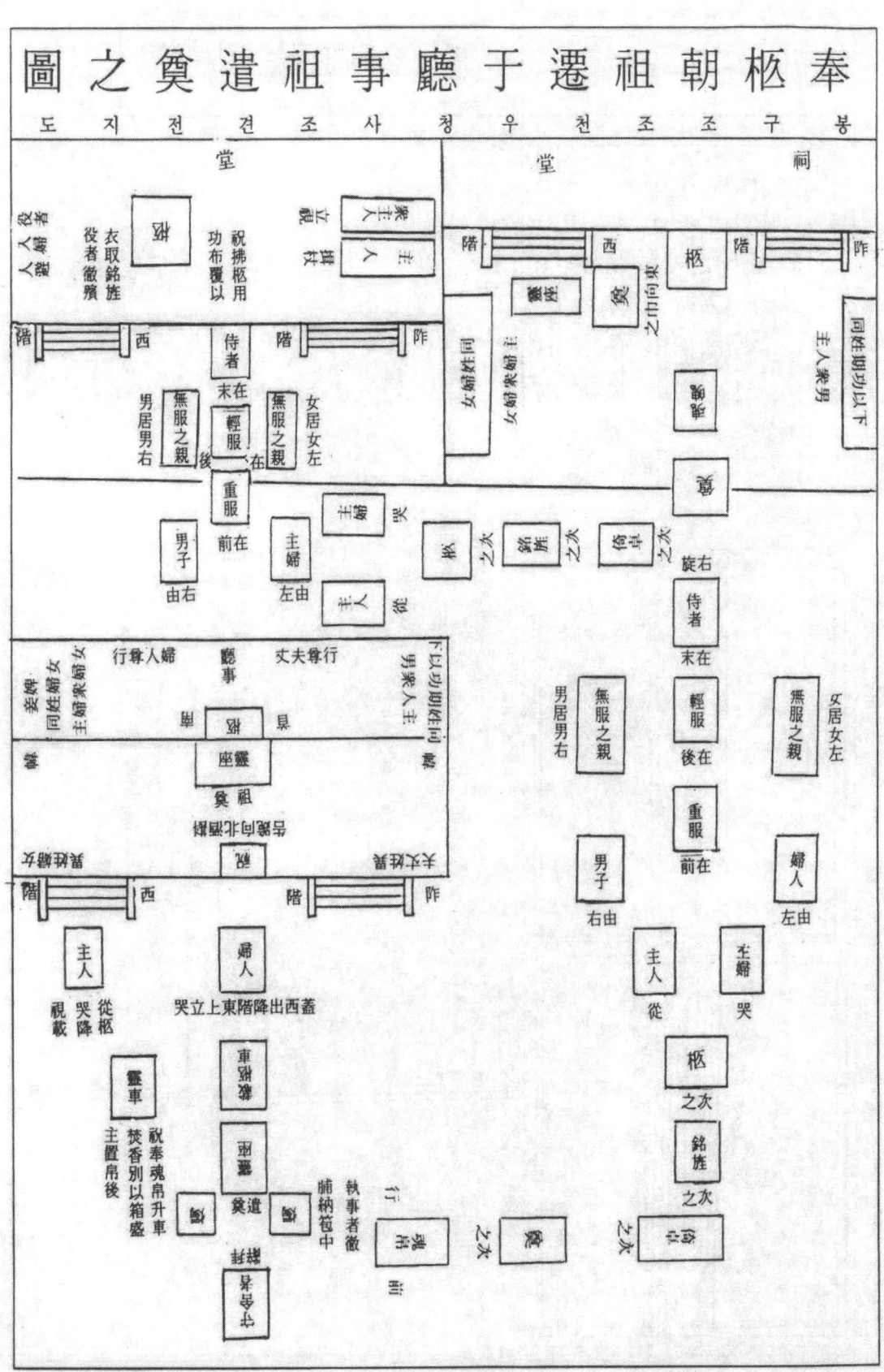

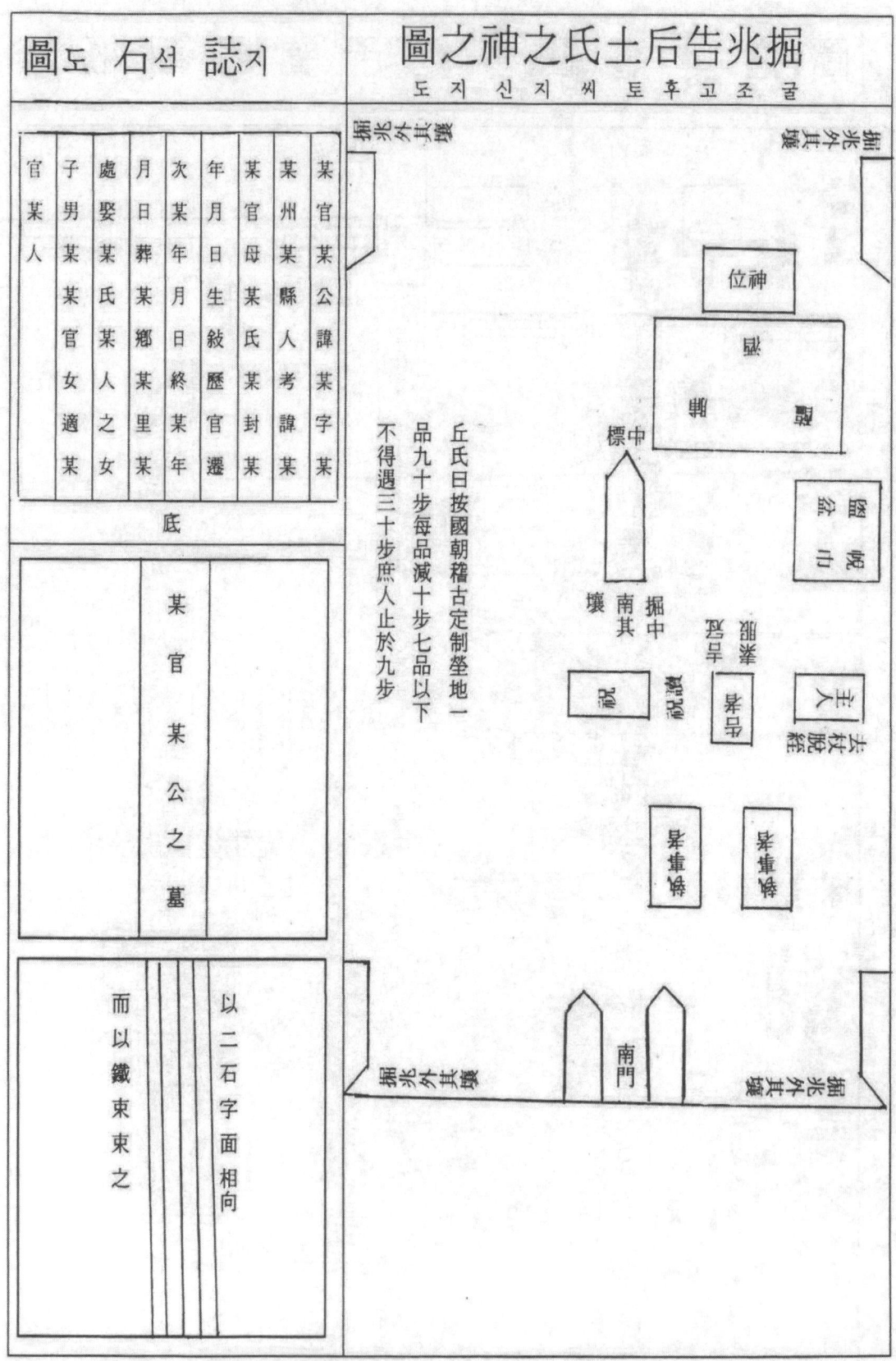

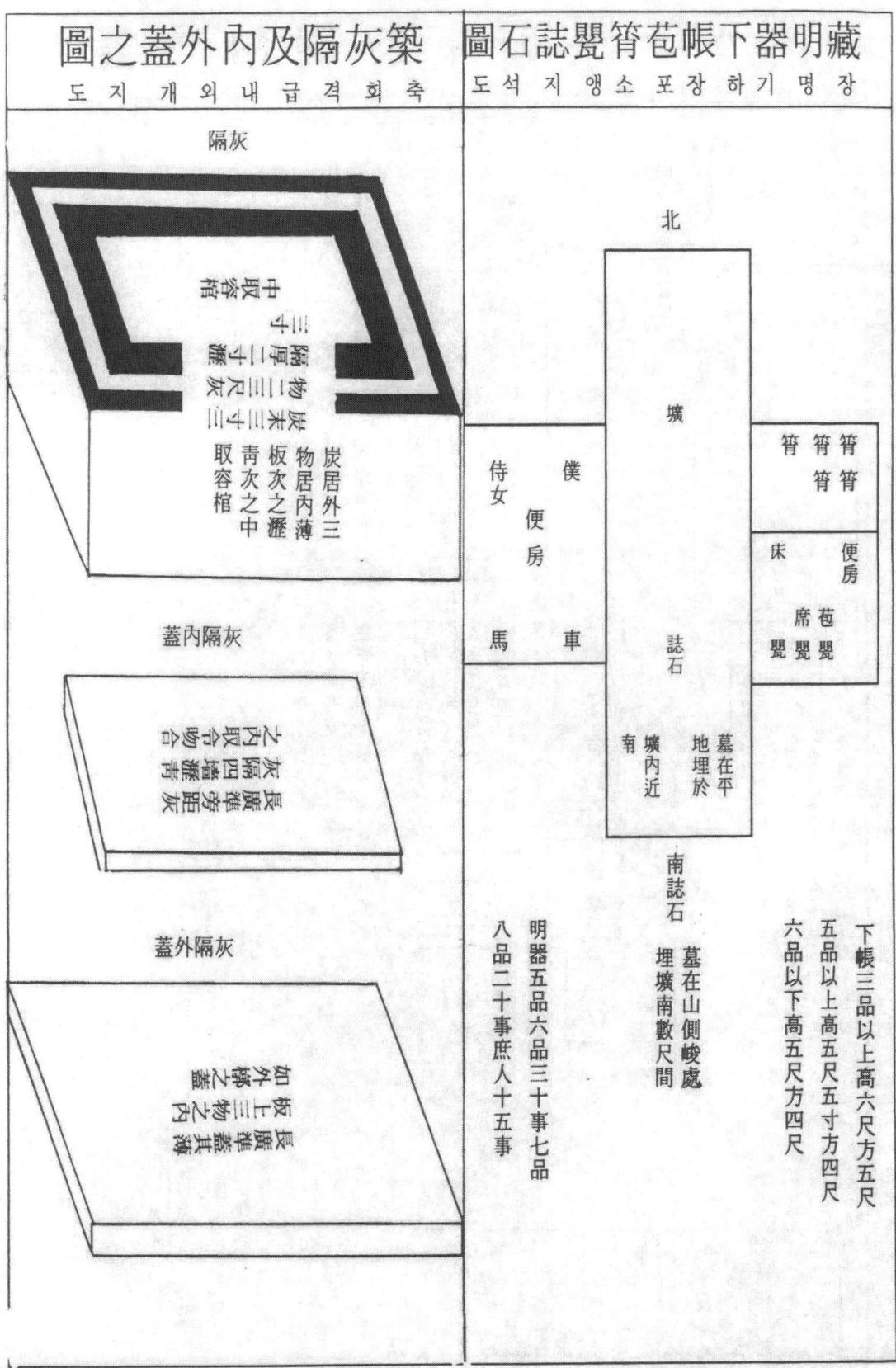

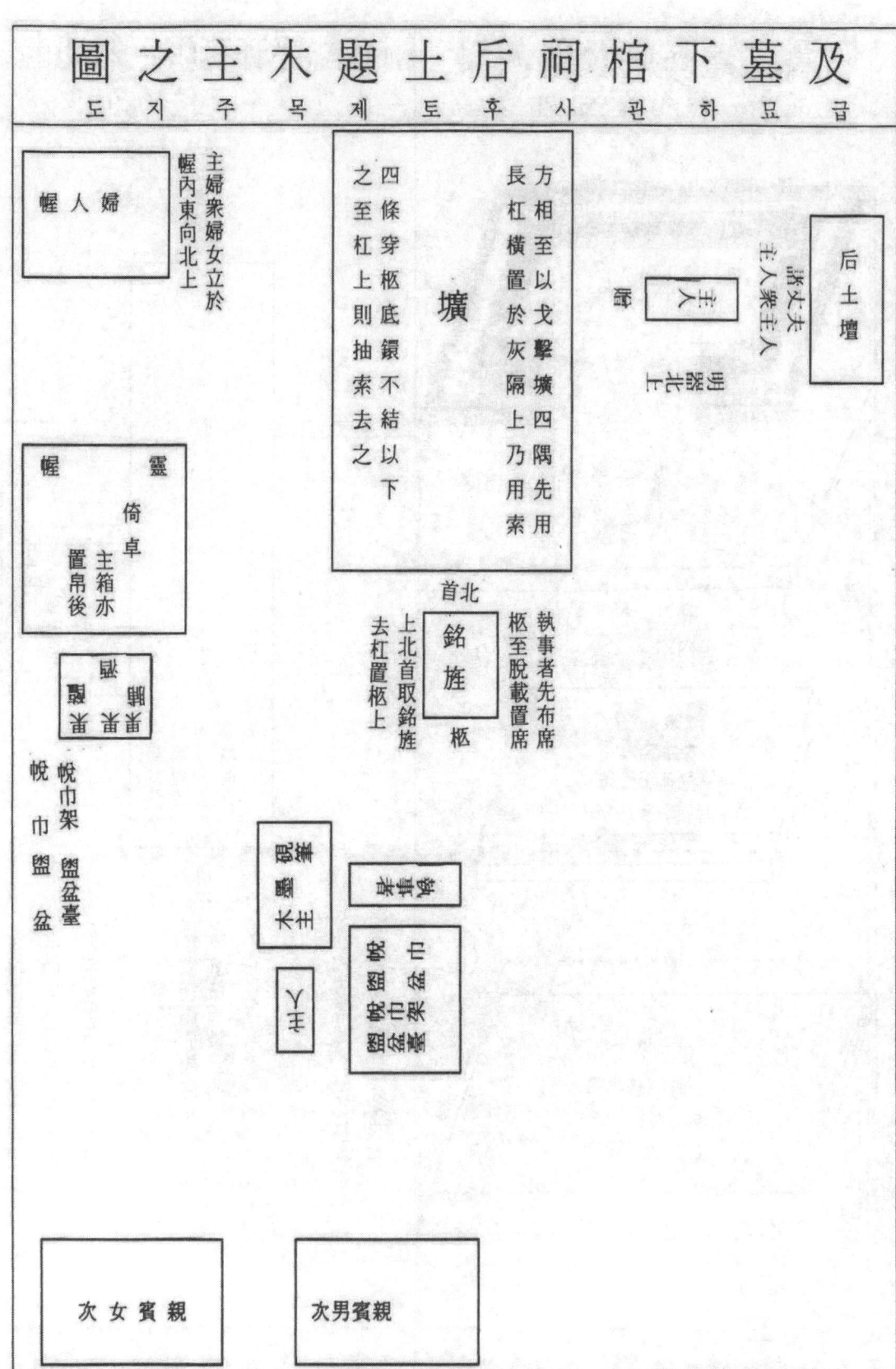

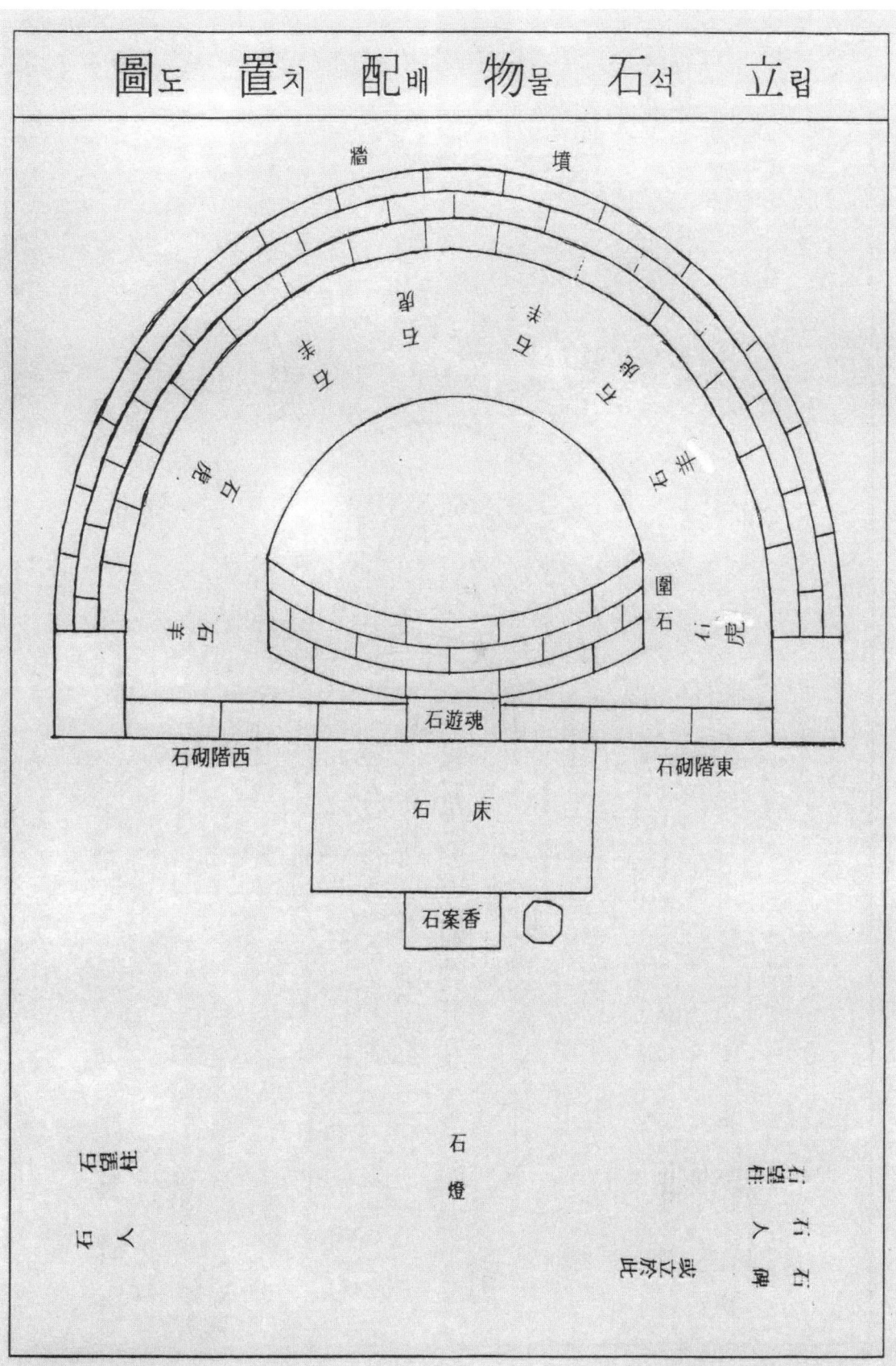

○집람분도(家禮輯覽墳圖)(添補)

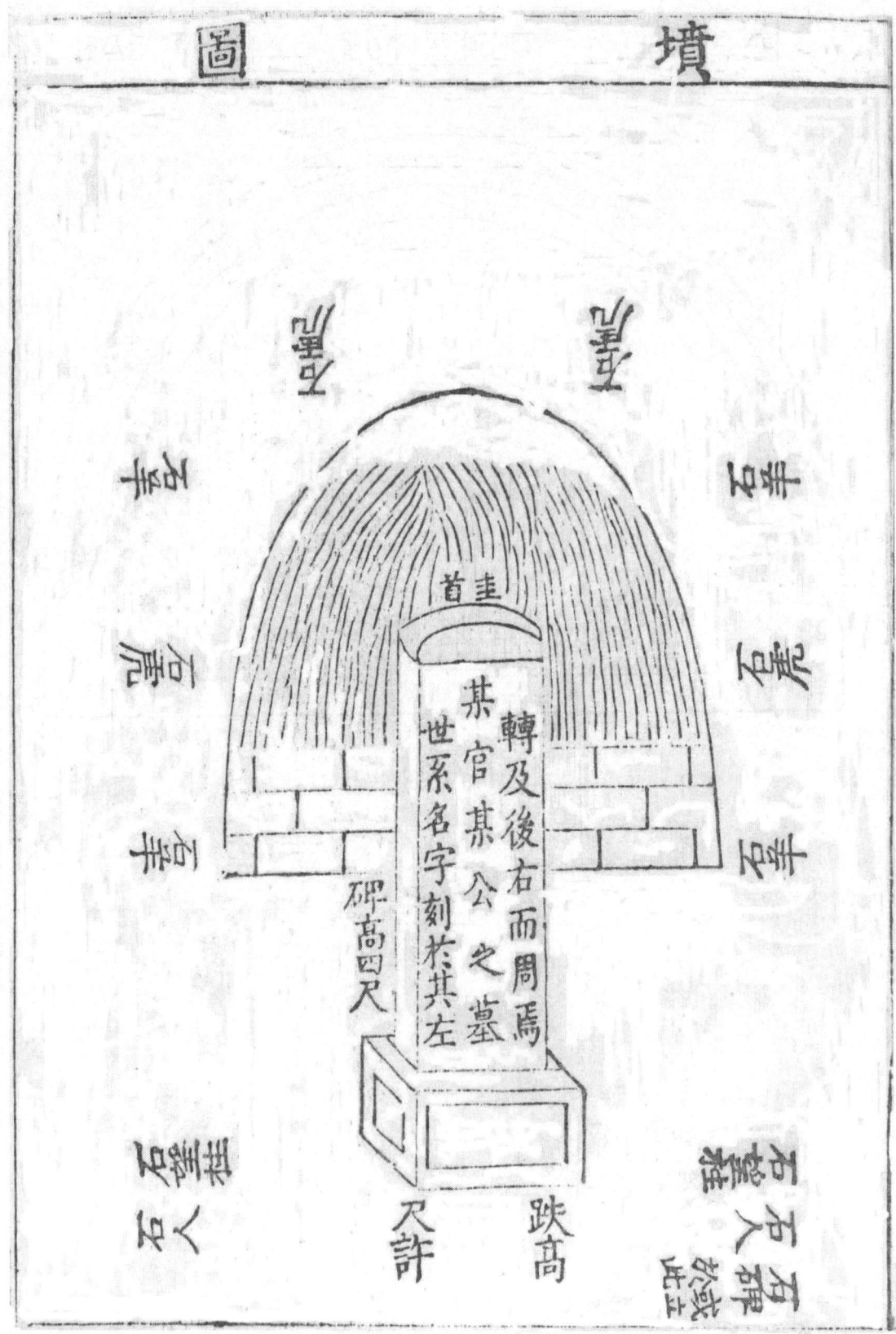

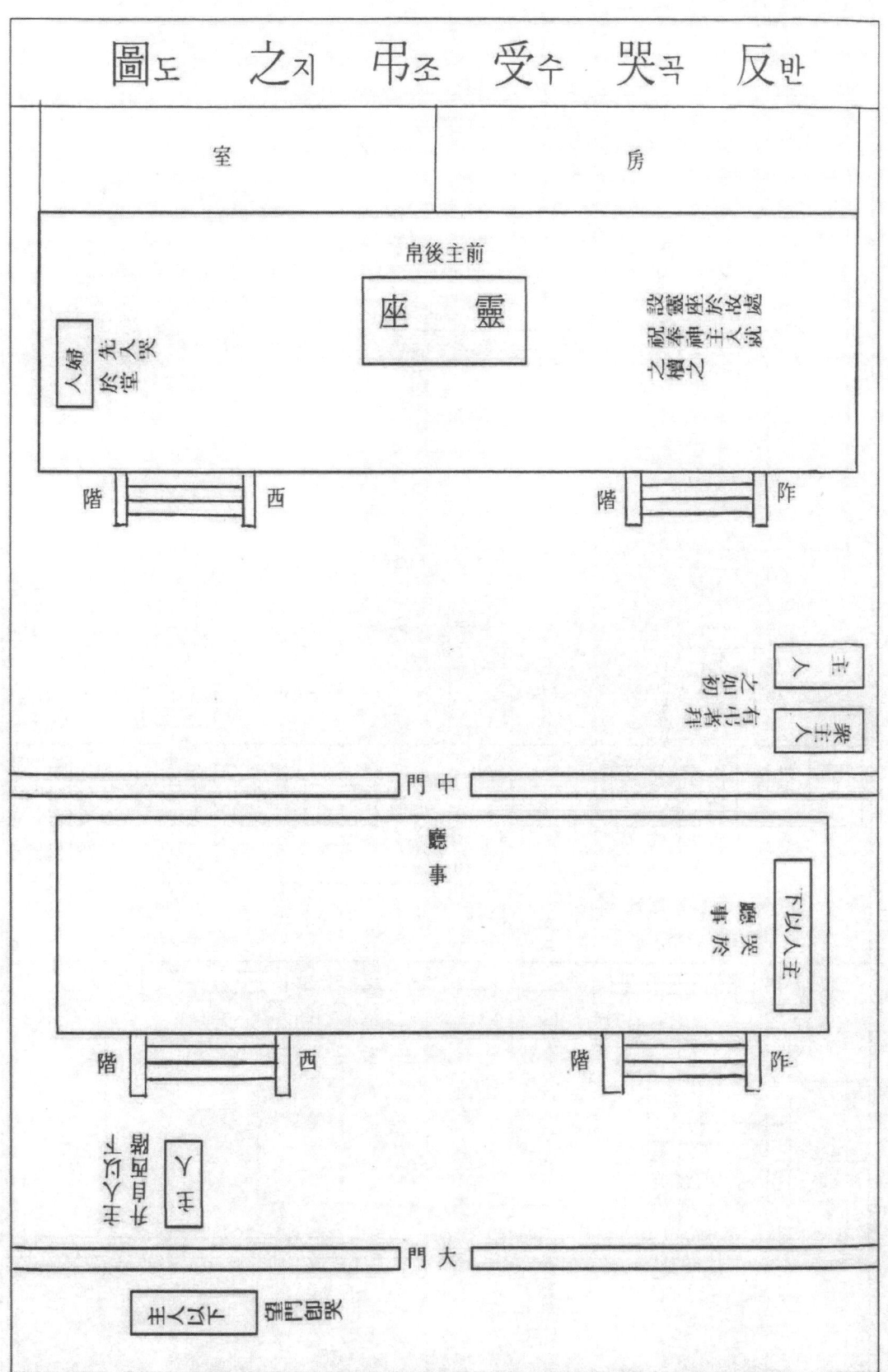

⊙虞祭圖式(우제도식)

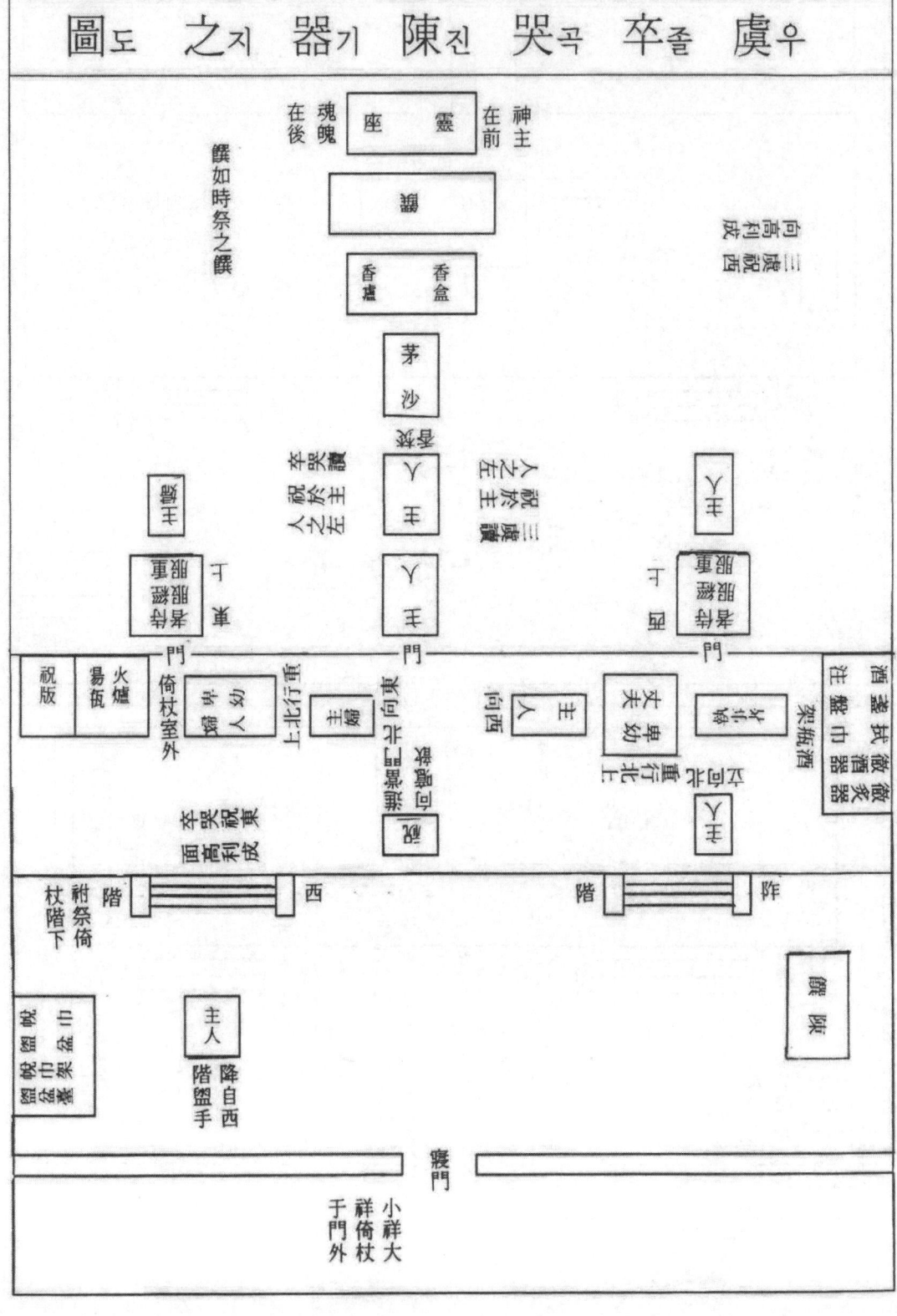

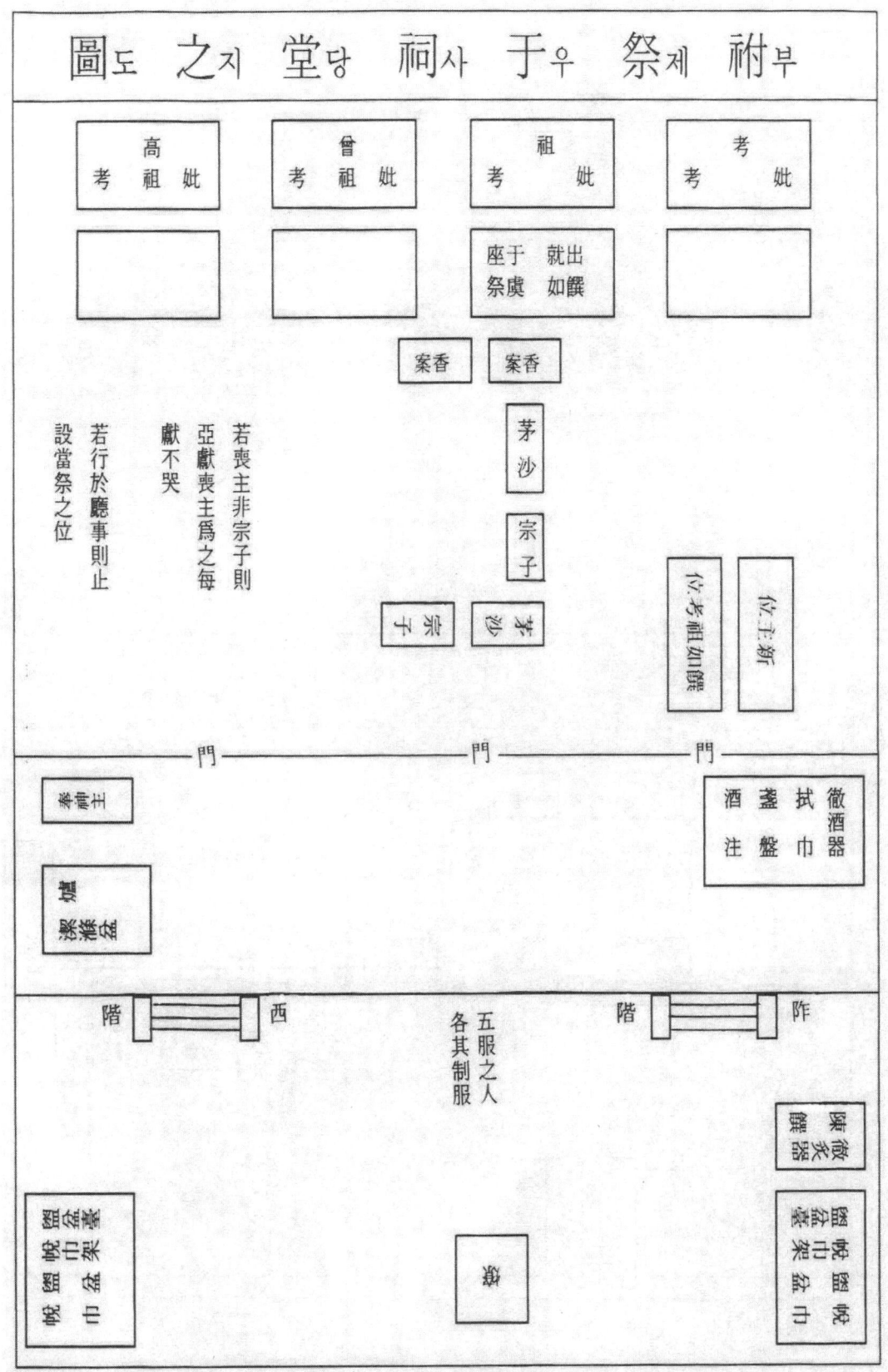

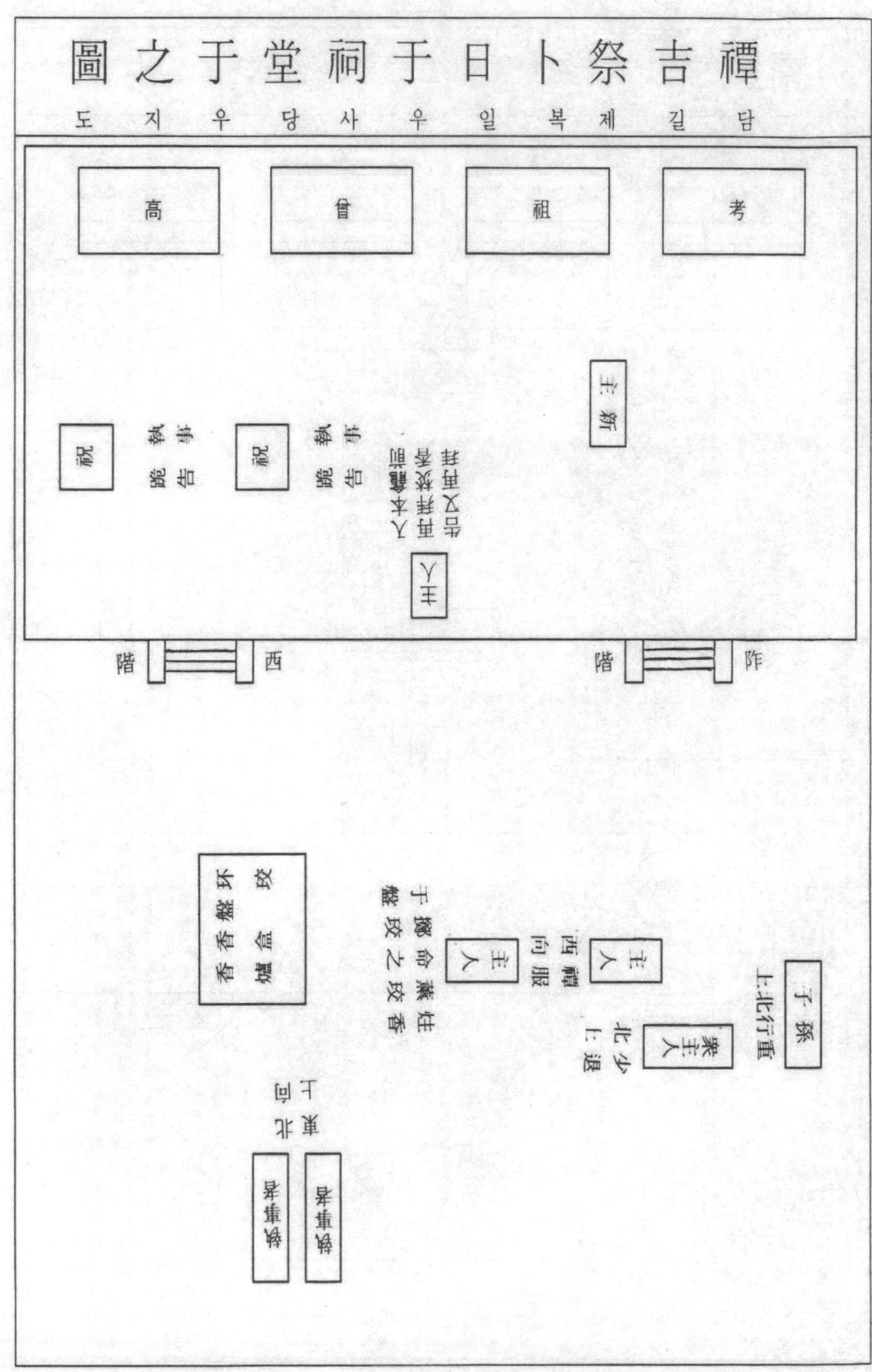

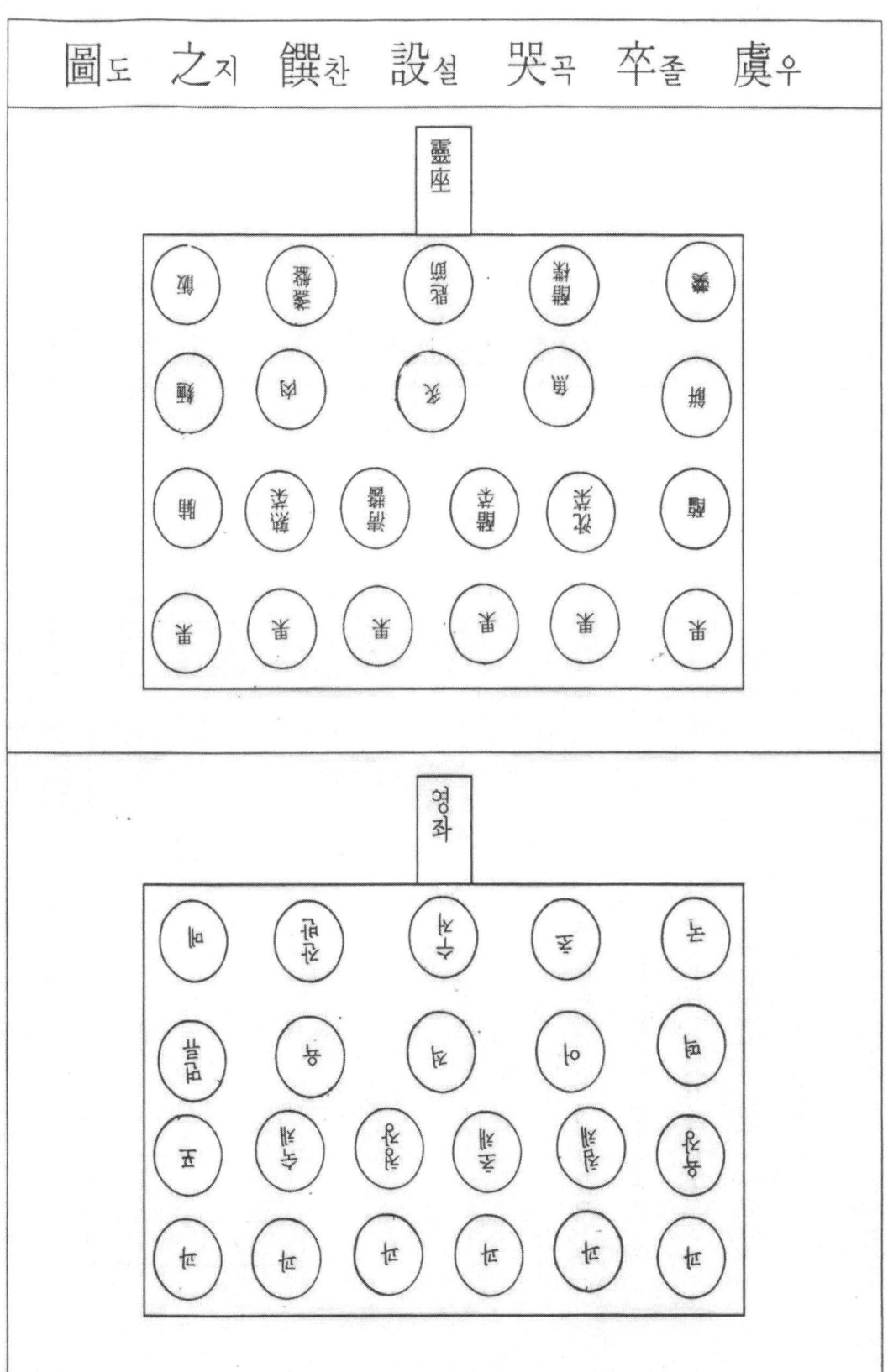

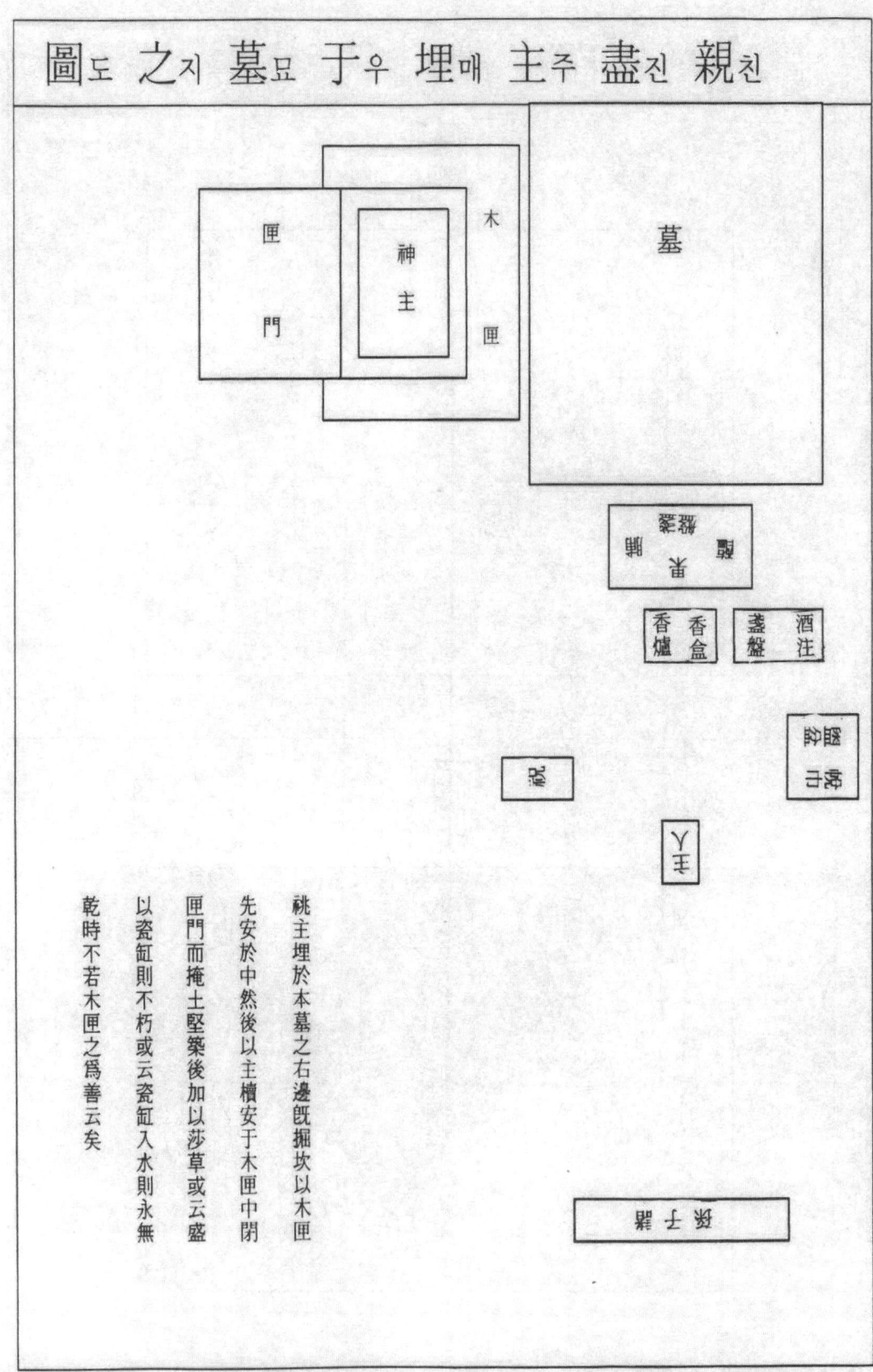

| 圖도 | 牓방 | 紙지 |

5 푼

5 푼

顯
考
某
官
府
君
神
位

顯
妣
某
封
某
氏
神
位

장
1
자
2
치

광　3　치

(주척 1 척 약 20cm)

신주규격 치수의 의미　○ 장(長) 세로　1 척 2 촌(12치)　1년 12월
　　　　　　　　　　　　○ 광(廣) 가로　　　3 촌(30푼)　1월 30일
　　　　　　　　　　　　○ 후(厚) 두께　1 촌 2 푼(12푼)　1일 12시

⊙祭禮圖式(제례도식)

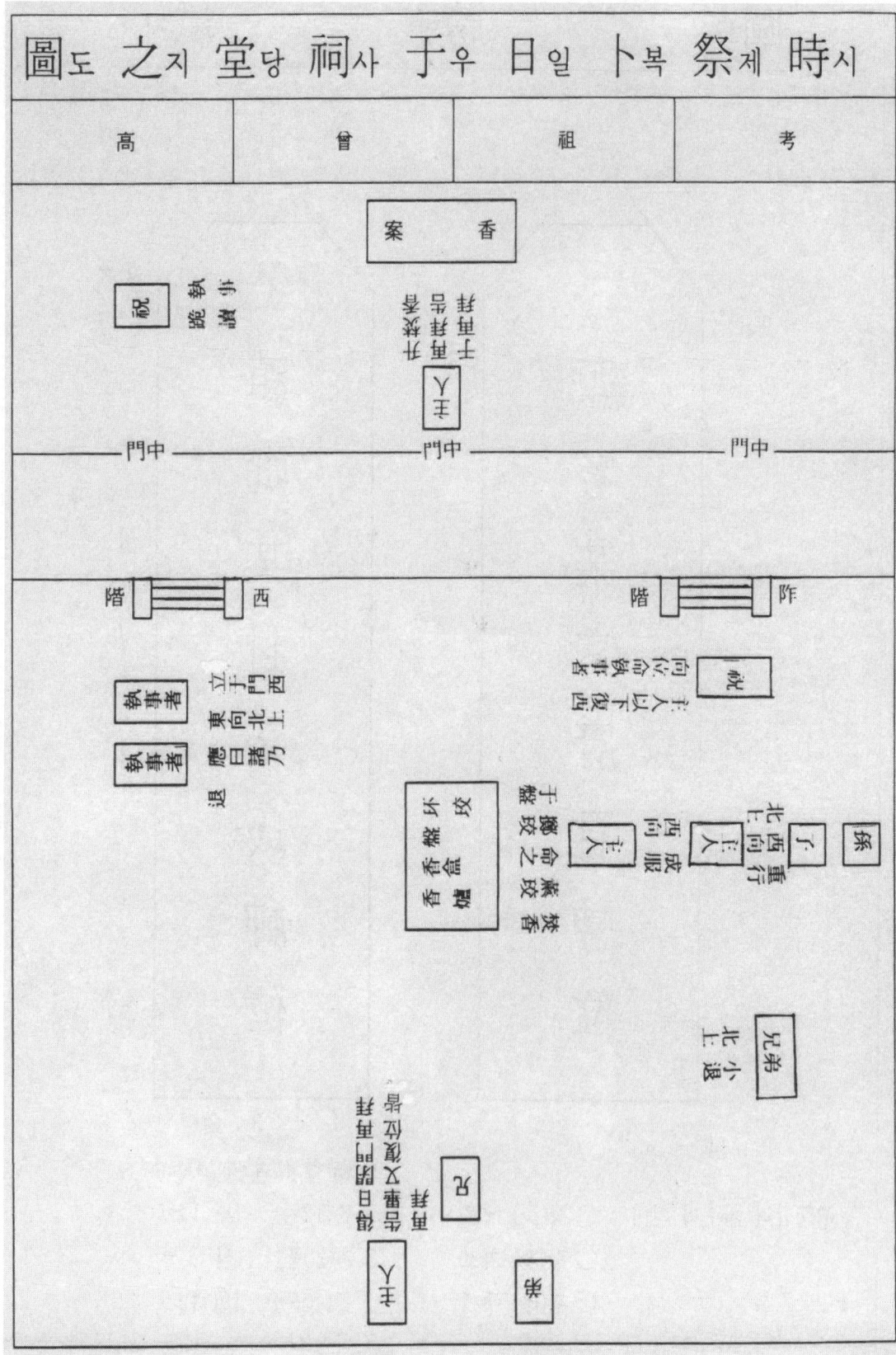

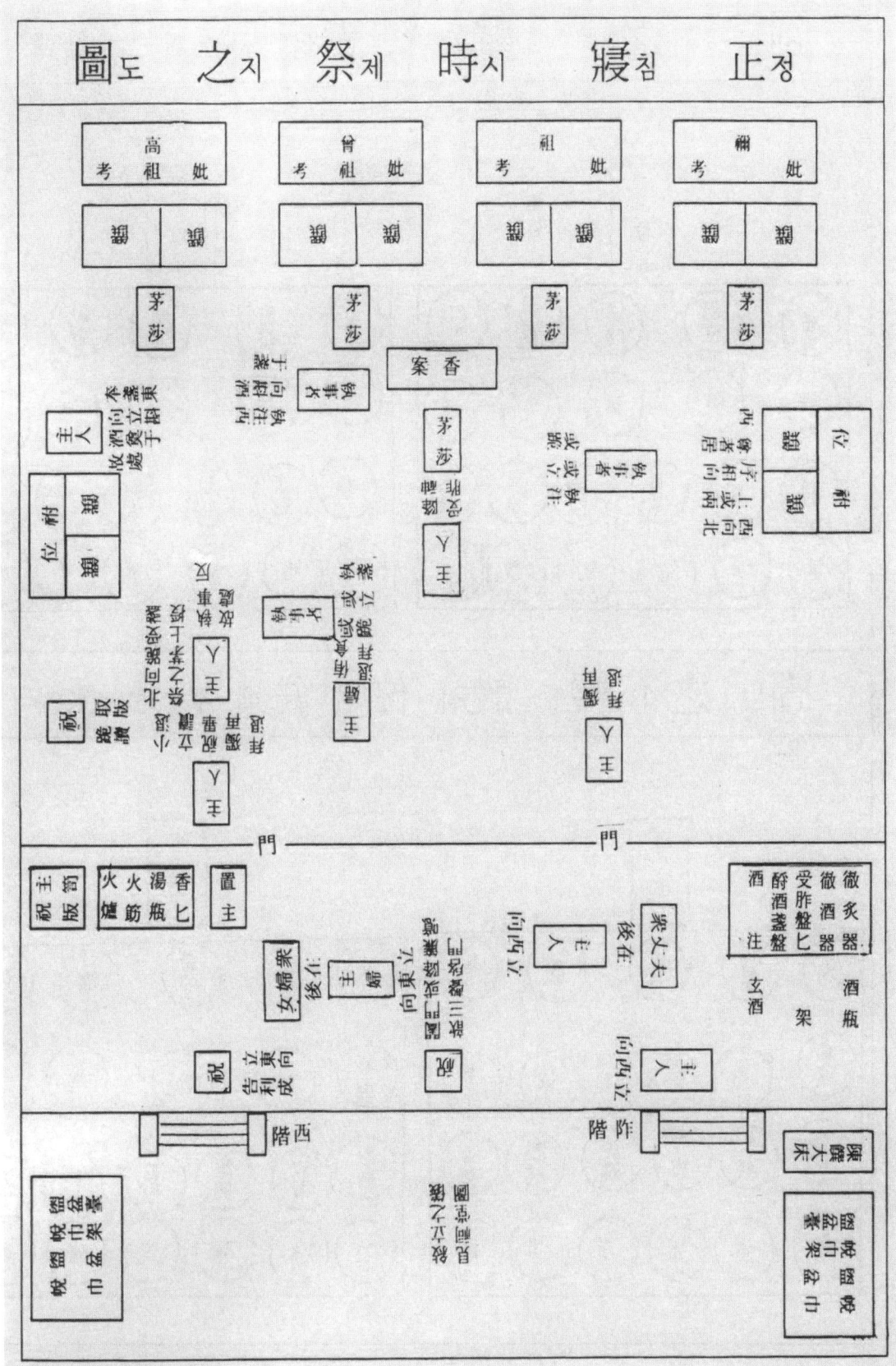

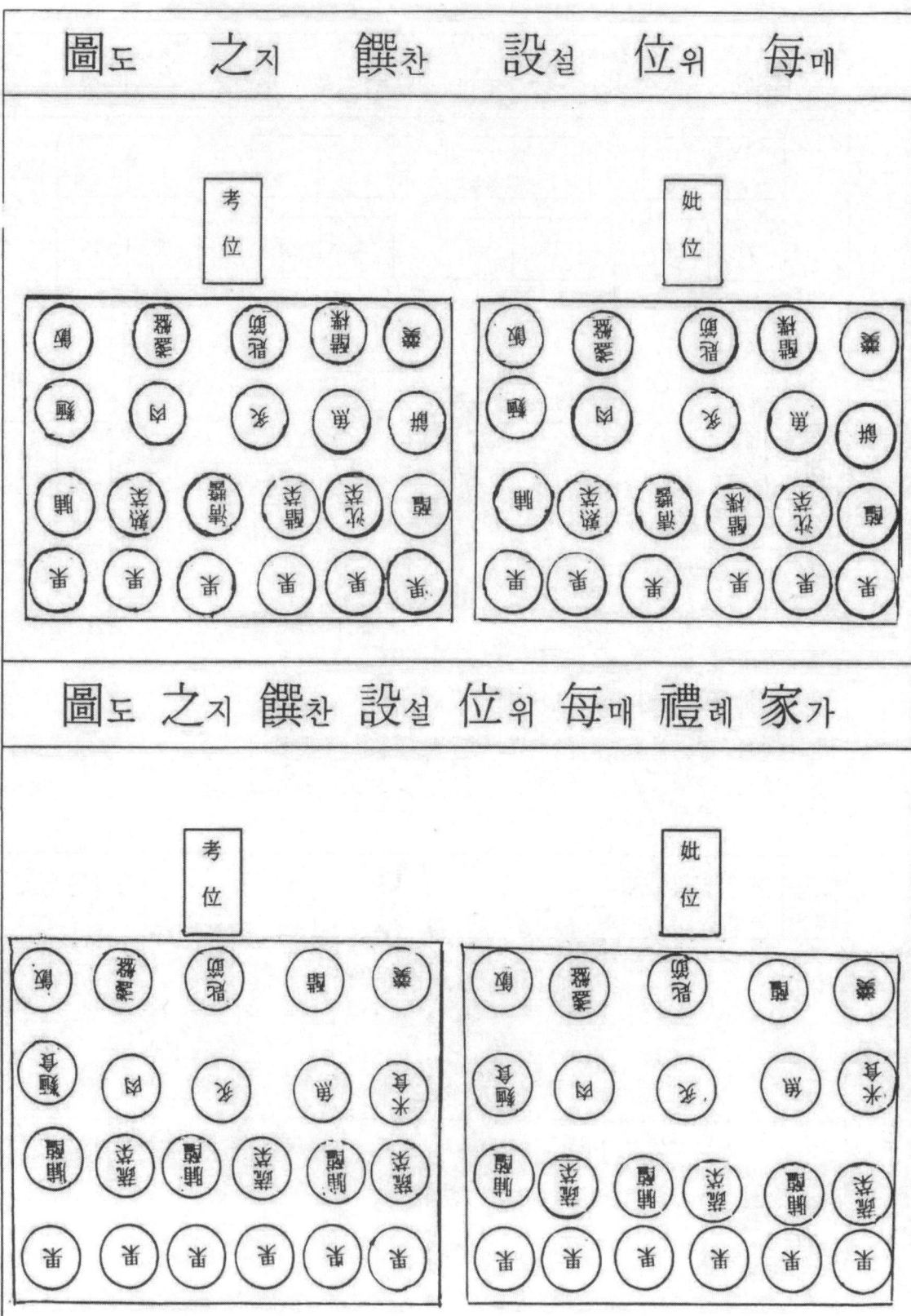

儀節兩位並設饌之圖

神位　　　　神位

茶食或麪或米隨宜

無爵用盞肉或脯或醢

按舊圖考妣每位

各設饌則四代該

八卓矣

今人家廳事多狹

隘恐不能容今擬

考妣兩位共一卓

設饌如世俗所謂

卓面者庶幾可行

若夫地寬可容者

自當如禮

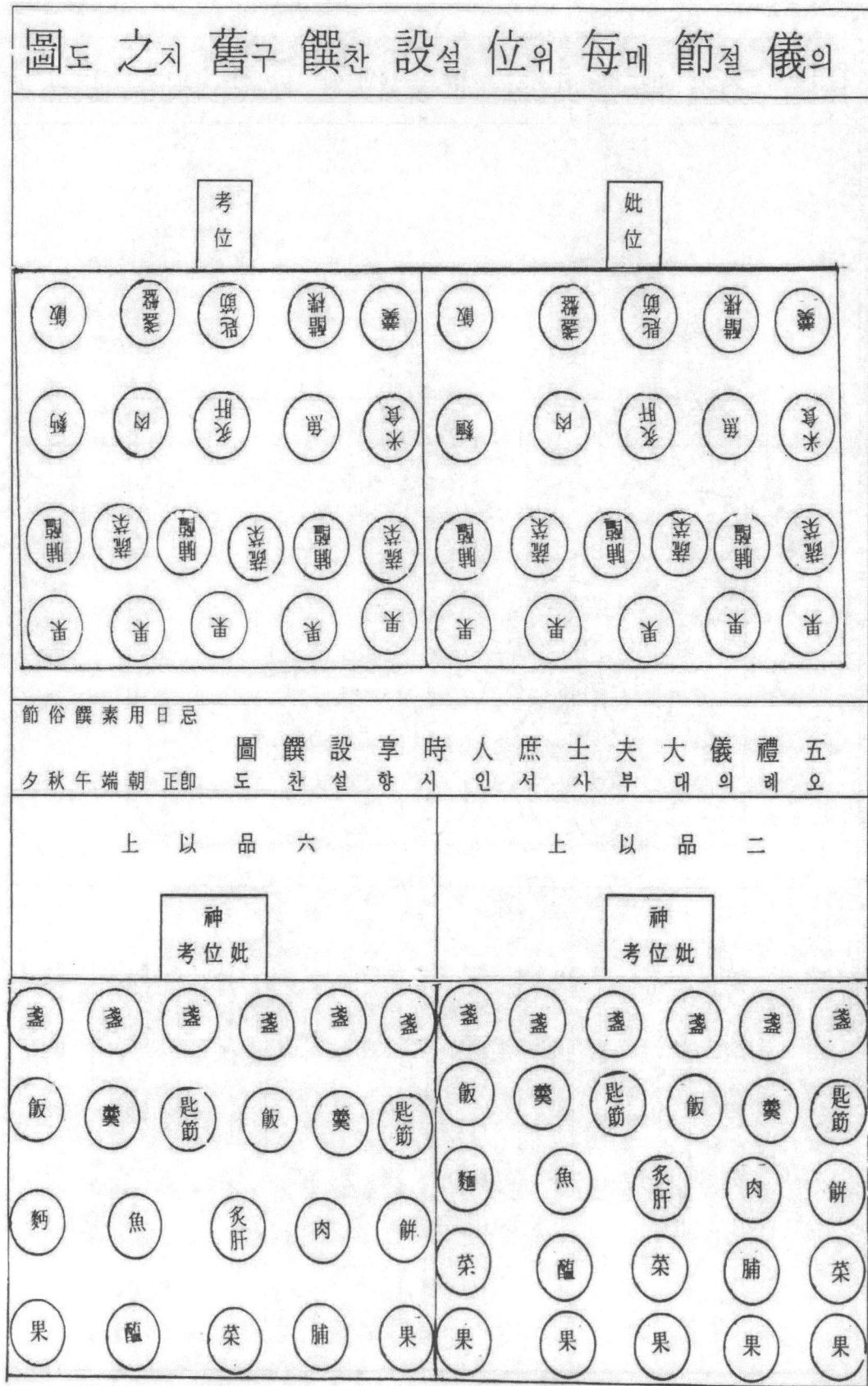

五오 禮례 儀의 設설 饌찬 圖도

九品以上		庶人

神 考位 妣   神 考位 妣

庶人(좌)

盞 盞 盞 盞 盞 盞

飯 羹 匙節 飯 羹 匙節

炙肝

菜　　果　　脯醢

九品以上(우)

盞 盞 盞 盞 盞 盞

飯 羹 匙節 飯 羹 匙節

魚　　炙肝　　肉

菜　　果　　脯醢

二品以上則第一行果五器第二行菜蔬三器脯醢各一器第三行炙肝各一器第四行飯羹䴵餅各一器第五行魚肉炙肝各一器第六行盞六匙節各二器

六品以上則第一行果二器第二行菜蔬各一器脯醢中一器第三行盞六匙節各二器第四行飯羹䴵餅魚肉炙肝各一器

九品以上則第一行果蔬菜各一器脯醢中一器餘如六品

庶人則第一行果菜蔬各一器脯醢中一器第二行炙肝各一器餘如九品飯羹䴵餅魚肉炙肝進饌時設之。

設酒尊於戶外之左并置盞盤

要訣每位設饌之圖

考位

醋菜	羹	盞盤	飯	匙楪
餅	魚	炙	肉	麪
湯	湯	湯	湯	湯
沈菜	醯	清醬	熟菜	佐飯
果	果	果	果	果

妣位

醋菜	羹	盞盤	飯	匙楪
餅	魚	炙	肉	麪
湯	湯	湯	湯	湯
沈菜	醯	清醬	熟菜	脯
果	果	果	果	果

忌祭墓祭則具果三色湯三色

備要每位設饌之圖

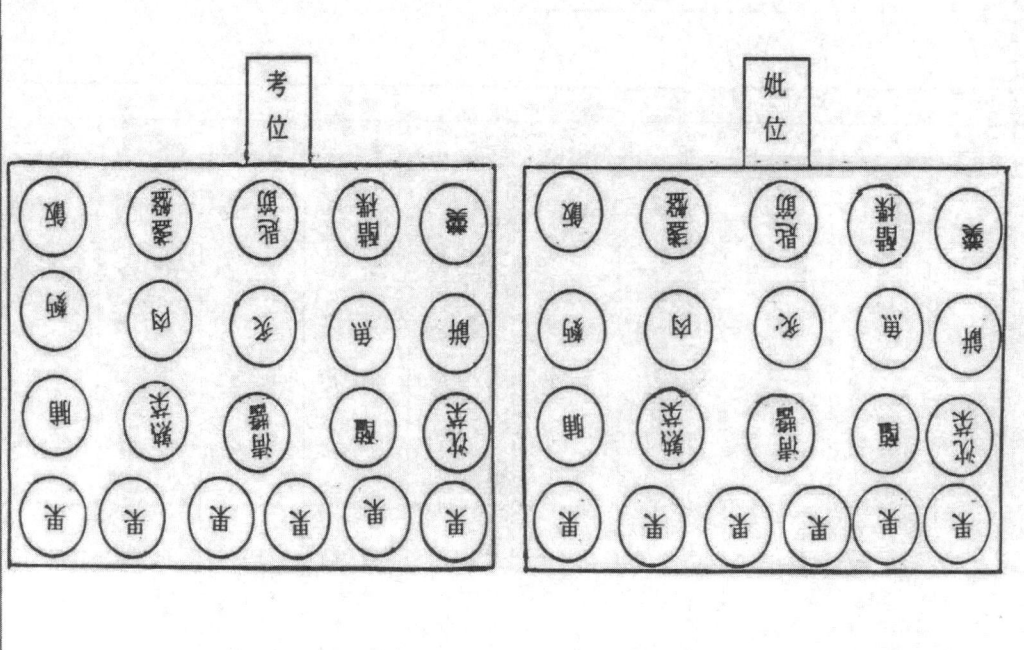

三삼 禮례 儀의 祭제 饌찬 酌작 定정 之지 圖도

神位

|||||||||| (상단 신위 아래 제수(祭需) 배열도 — 전서체 글자)

論 | 禮故玆不別 | 自當一遵家 | 例若其祭儀 | 分饌以見他 | 儀○只設一 | 共一卓出於 | 自有根據蓋 | 禮父同者亦 | 按俗饌之與

圖도 之지 饌찬 陳진 祭제 時시 覽람 便편

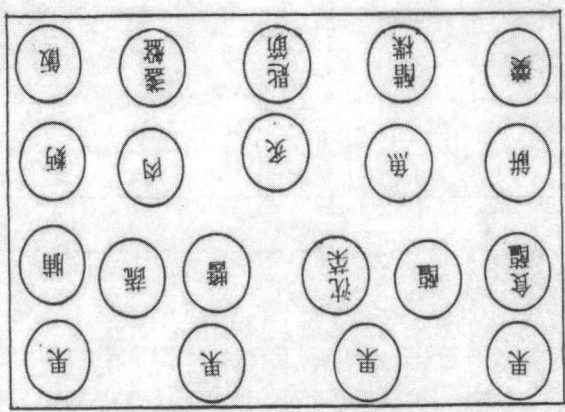

圖도之지饌찬設설位위每매祭제時시解해增증

考位			姙位	

增	圖	要	以	菜	以	菜	各	之	醋	醋	從	儀	菴
解	從	而	鮓	加	應	脯	三	文	醬	楪	三	及	之
按	備	但	醋	設	蔬	醢	品	以	當	皆	禮	尤	論

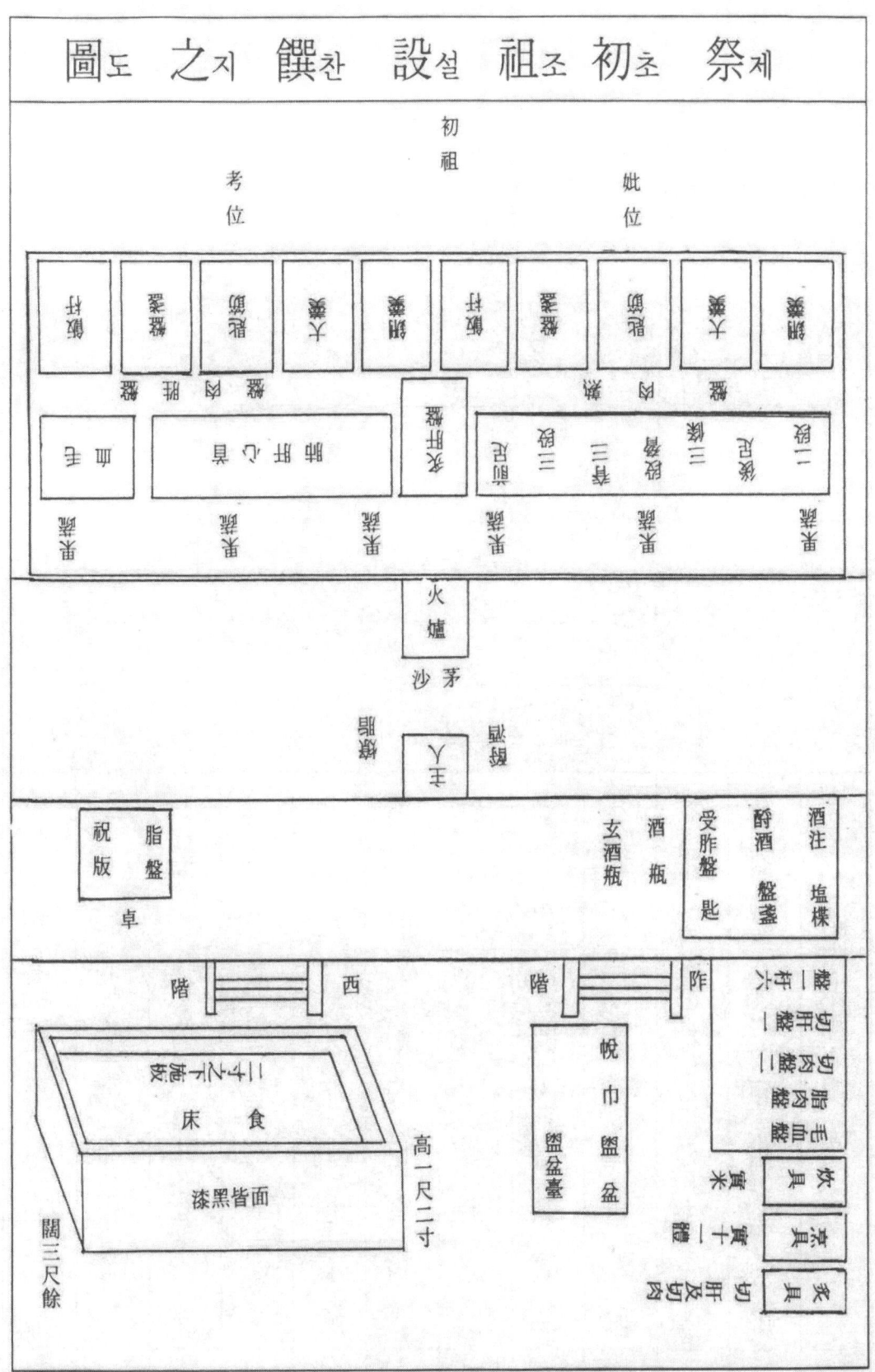

豕시　牲성　體체　解해　之지　圖도

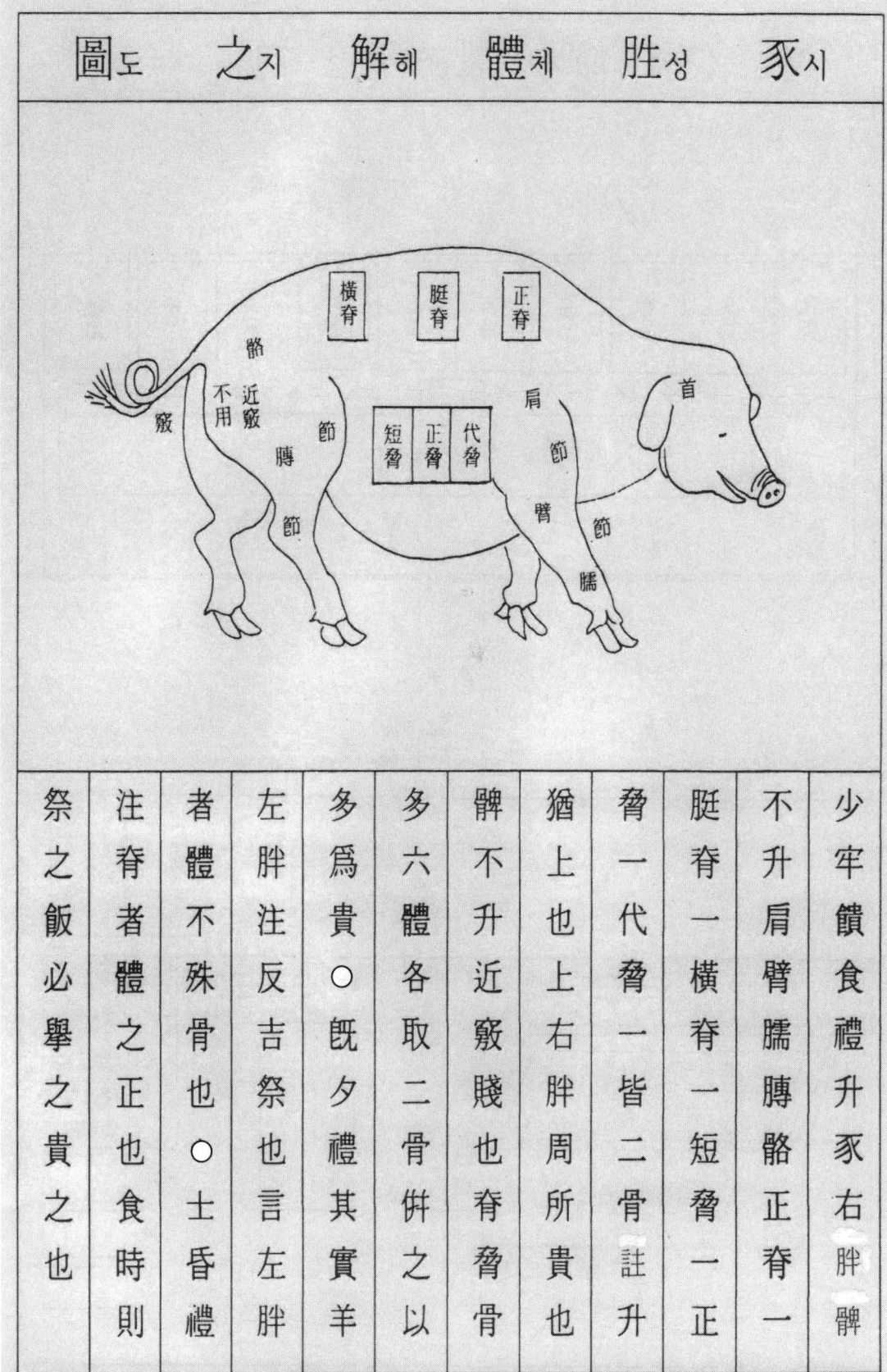

少牢饋食禮升豕右胖髀

不升肩臂臑膊骼正脊一

脡脊一橫脊一短脅一正

脅一代脅一皆二骨註升

猶上也上右胖周所貴也

髀不升近竅賤也脊脅骨

多六體各取二骨併之以

多爲貴○既夕禮其實羊

左胖注反吉祭也言左胖

者體不殊骨也○士昏禮

注脊者體之正也食時則

祭之飯必擧之貴之也

祭제 先선 祖조 設설 饌찬 之지 圖도

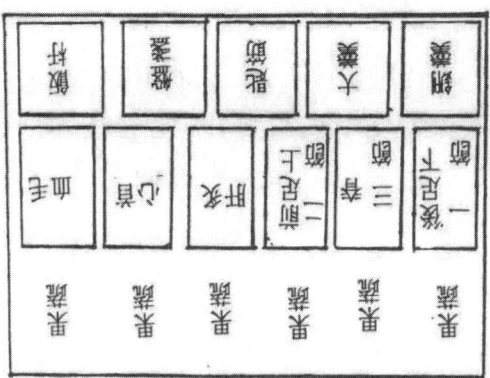

先祖考位　　　　　　　　　先祖妣位

祖祭之儀

餘並同上初

也祭	衆在	祖祭	於在	廟不	昭居	居祭	爲爲	右親	儀補
者世	多始	先始	一世	則在	而左	左始	穩一	女廟	在註
莫遠	故祖	祖祖	堂近	四內	右四	二祖	也列	在則	小按
非屬	女以	先先	自屬	親者	爲世	世先	在前	主男	宗家
自疏	不下	祖則	不親	之蓋	穩居	居祖	大爲	婦之	之衆
然又	得子	以自	爲則	子祭	也右	右則	宗昭	之主	家敍
之人	在孫	下始	嫌男	孫四	而左	而一	之而	左人	祭立
理數	內皆	子若	女會	皆親	女爲	三世	家後	世之	四之

考고　妣비　合합　設설　饌찬　之지　圖도

考位　　　　　　　　　　　　妣位

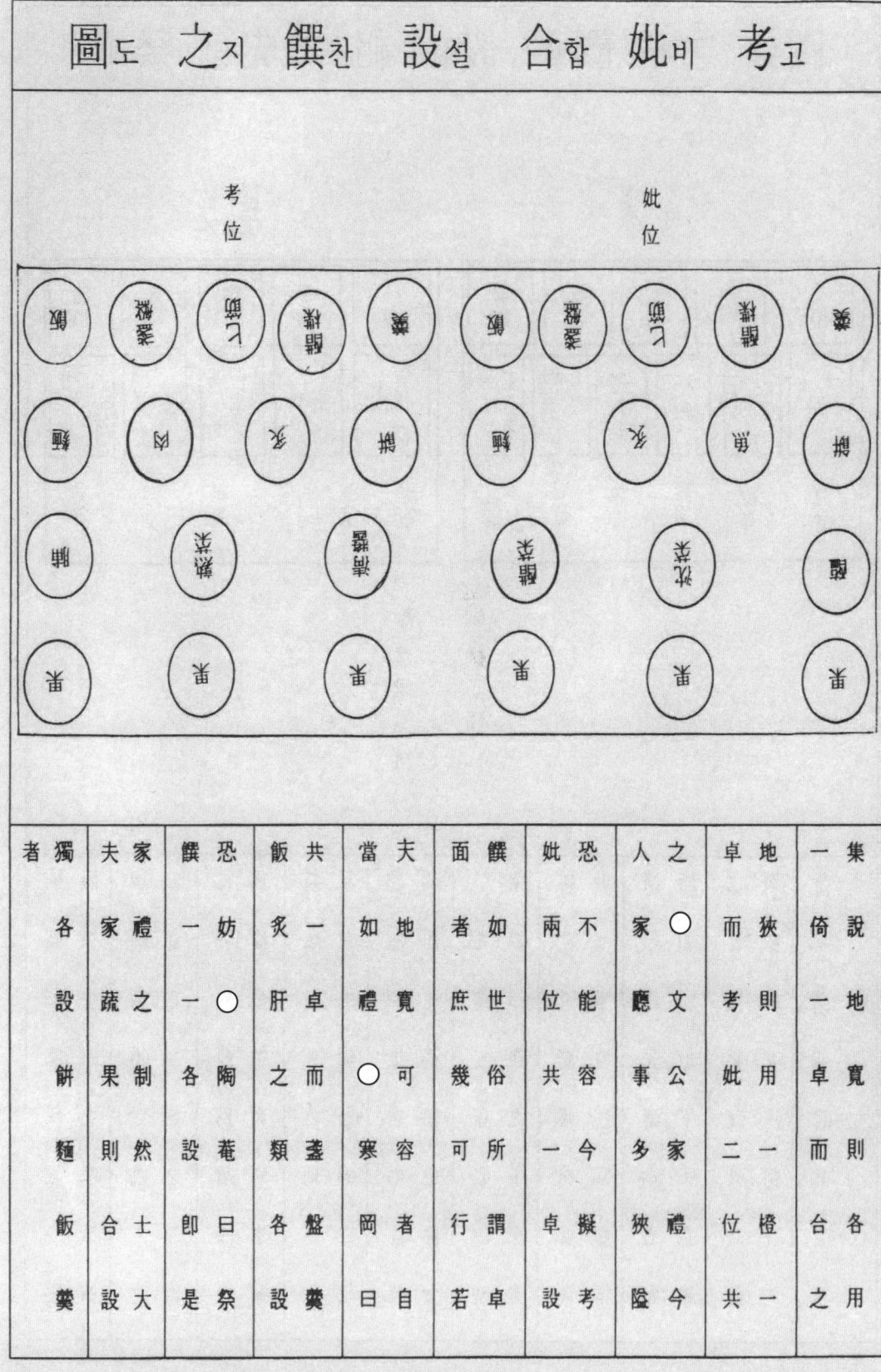

夫家　饌恐　飯共　當夫　面饌　妣恐　人之　卓地　一集
家禮　一妨　炙一　如地　者如　兩不　家○　而狹　倚說
蔬之　一○　肝卓　禮寬　庶世　位能　廳文　考則　一地
果制　各陶　之而　○可　幾俗　共容　事公　妣用　卓寬
則然　設菴　類盍　寒容　可所　一今　多家　二一　而則
合士　卽曰　各盤　岡者　可謂　卓擬　狹禮　位橙　台各
設大　是祭　設羹　曰自　行卓　設考　陰今　共一　之用

者獨
各設
設餠
麵飯
羹

文선宣王왕廟묘序서立립之지圖도

大　成　殿

飲福位

立位

登歌　登歌

執禮

贊者　贊引謁者

執禮

亞獻官配位終獻官

初獻官獻酒官

進幣爵酒官

分獻酒官　奠幣爵官

謁幣籩豆

省牲器位省事位

西廡　　　　　　　　　　　東廡

脩撰郎

門　　門　　門　　門

陪享宗親武官位　　　陪享文官位

監察　　　　監察

軒架　　　軒架

門

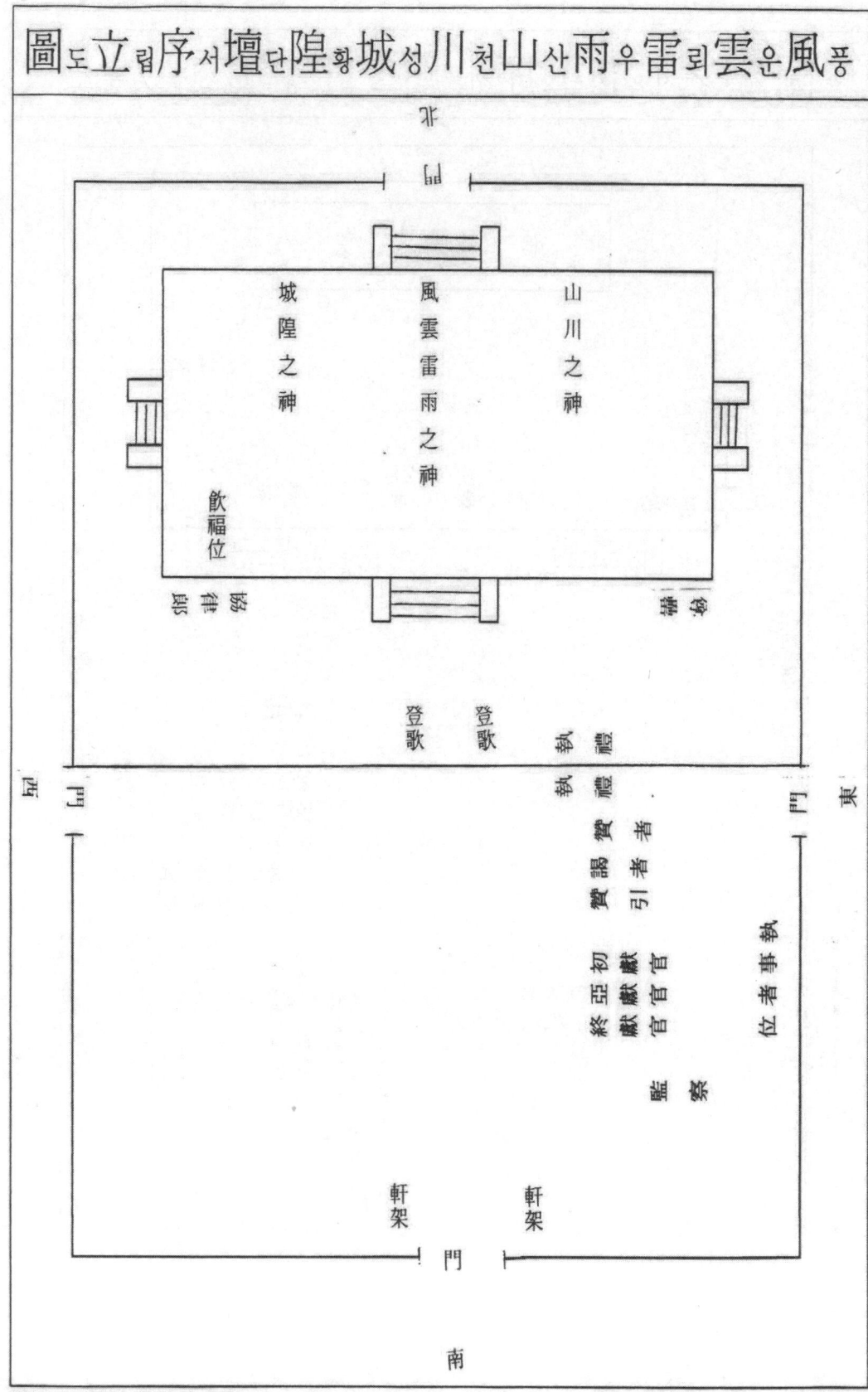

도립서설합위설절속제기

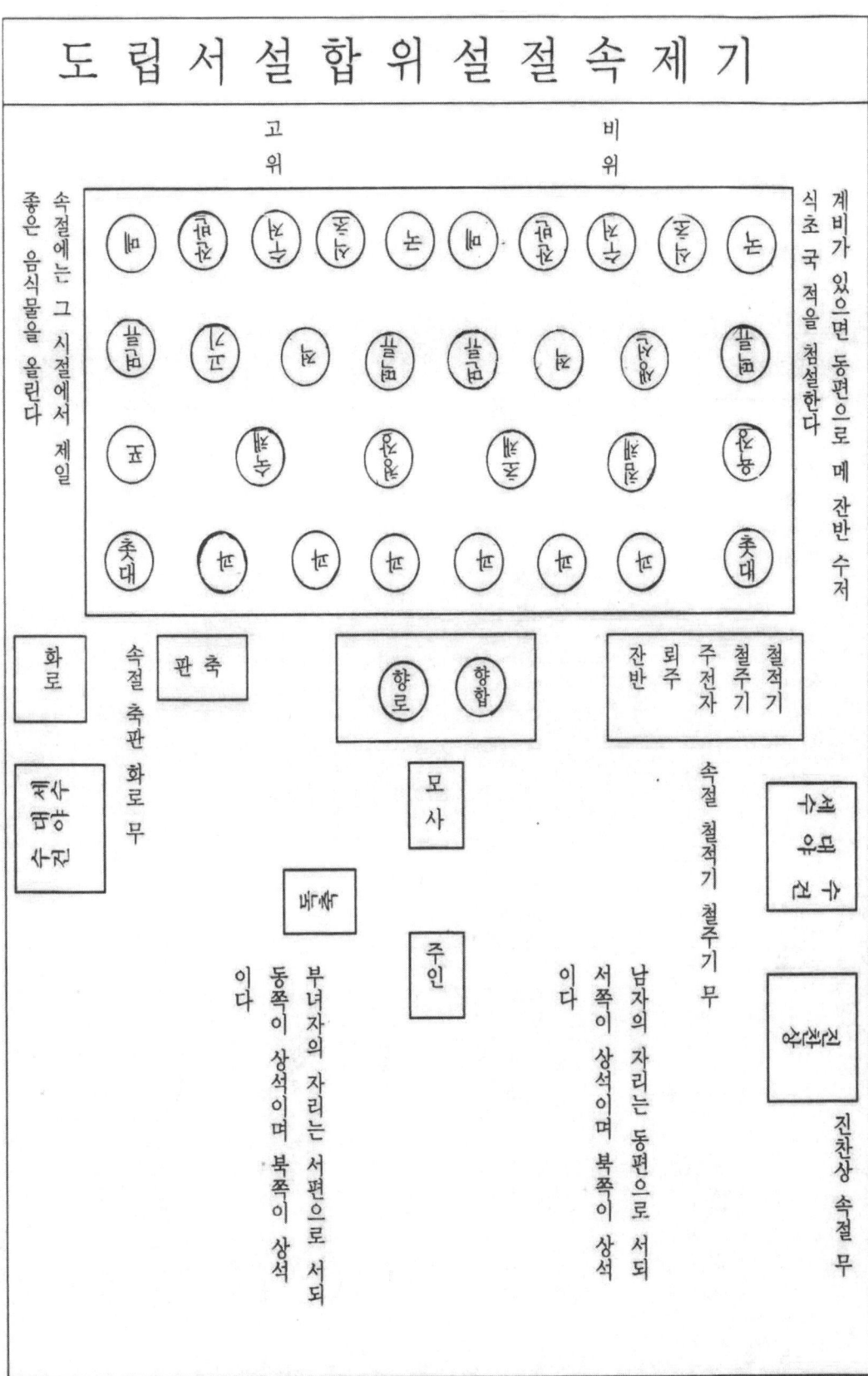

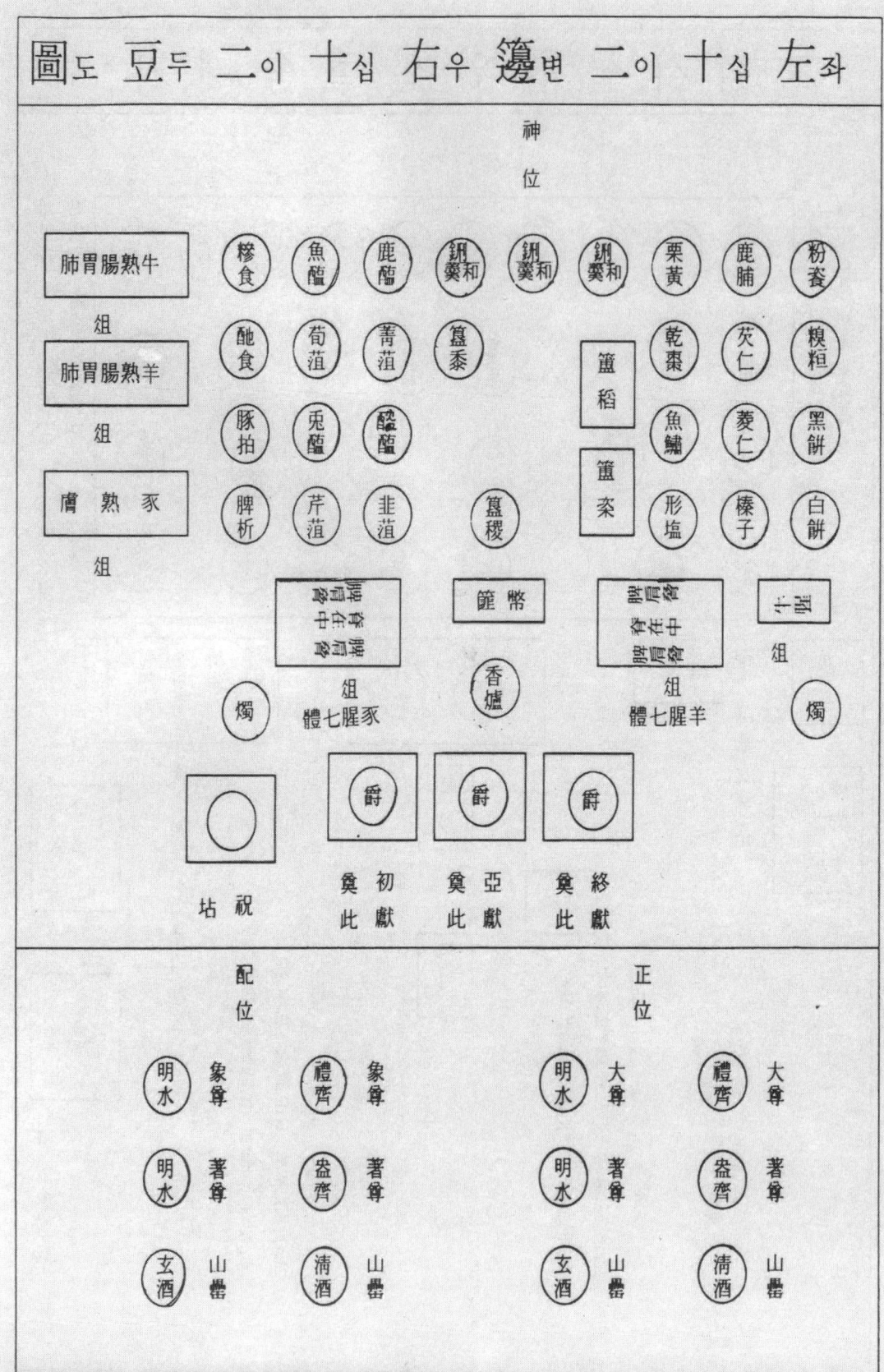

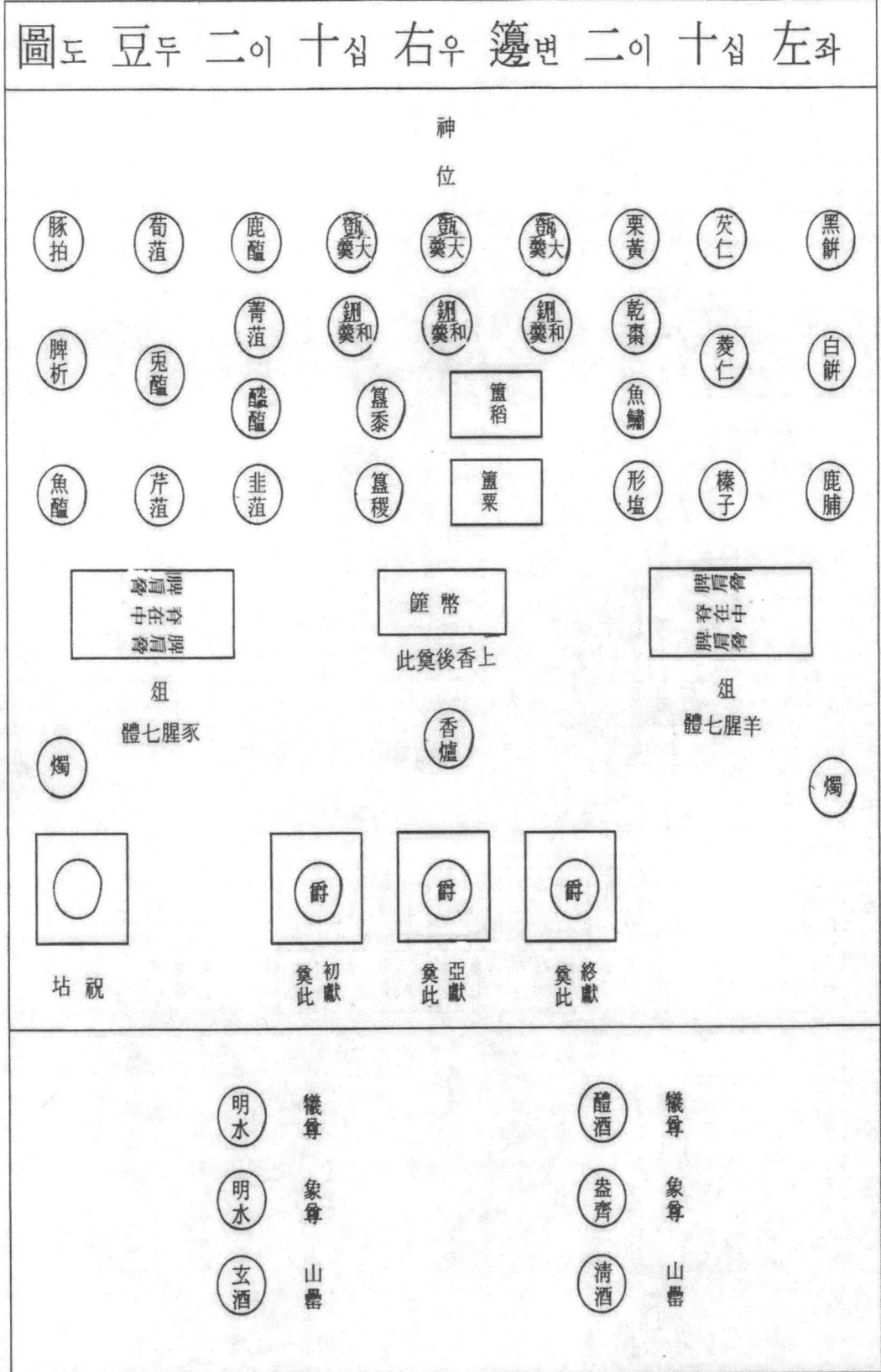

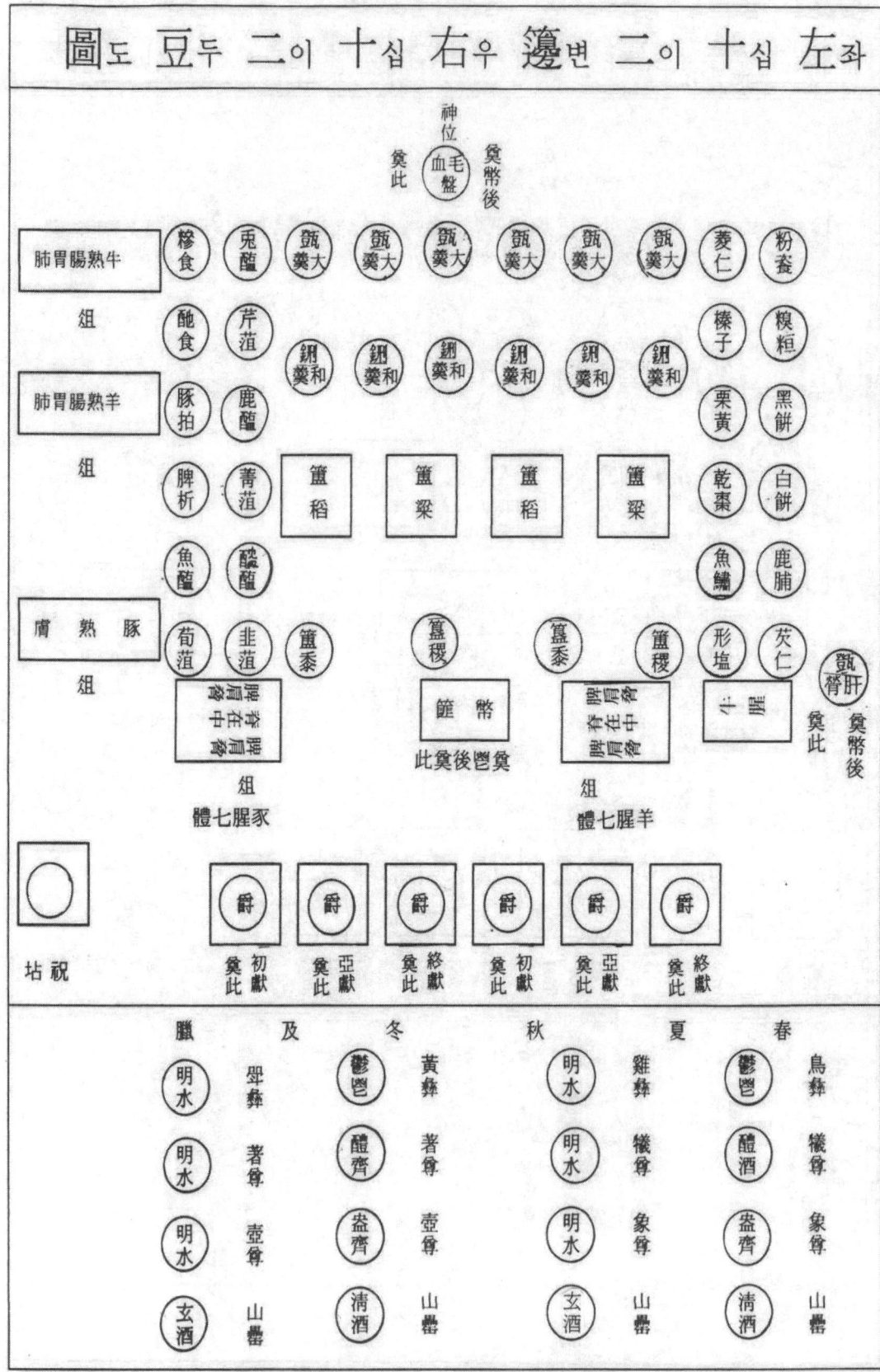

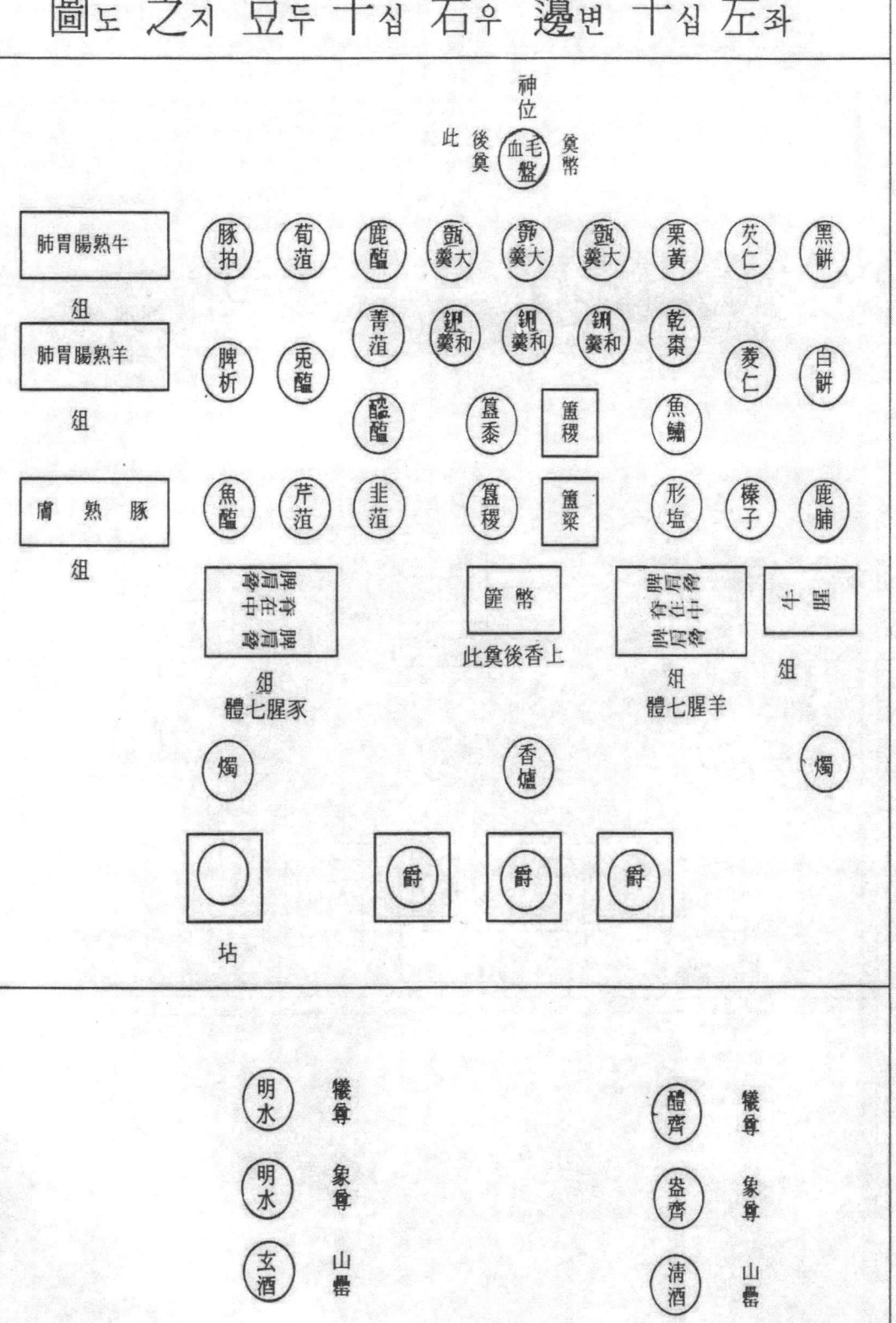

豆두 之지 圖도 　左좌 八팔 邊변 右우 八팔

神
位

魚醢　芹菹　醓醢　　　　魚鱐　榛子　鹿脯

筍菹　鹿醢　　簠黍　簠稻　　　栗黃　芡仁

兎醢　菁菹　韭菹　簠稷　簠粱　形塩　乾棗　菱仁

腥豕
俎
籃幣

燭　　　　　　香爐　　　　　　　燭

○　　爵　　爵　　爵

祝坫

玄酒　象尊　　清酒　象尊

| 圖도 | 設설 | 陳진 | 豆두 | 八팔 | 右우 | 籩변 | 八팔 | 左좌 |

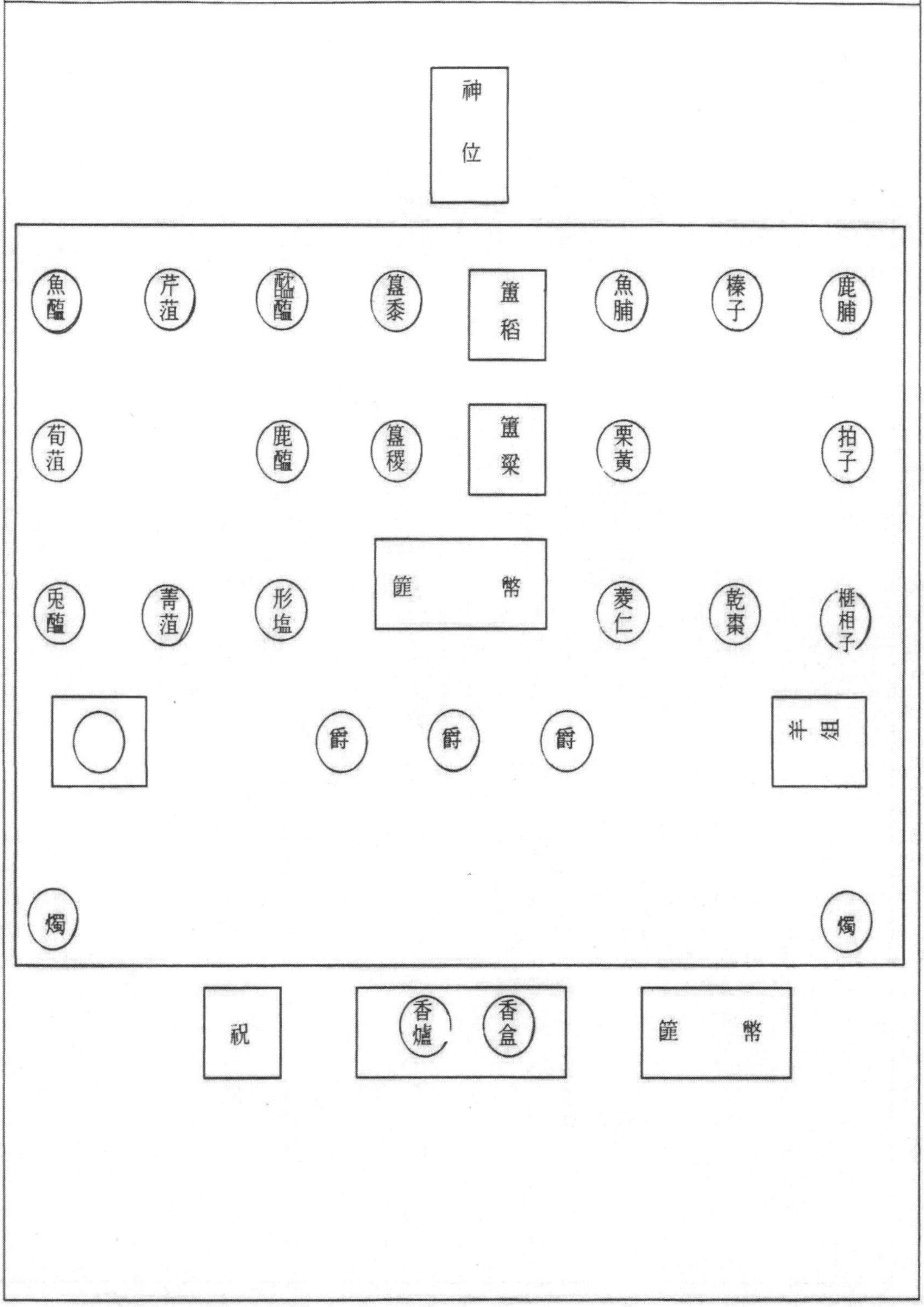

神位

魚醢　芹菹　祝醢　簋黍　簠稻　魚脯　榛子　鹿脯

荀菹　　　鹿醢　簋稷　簠粱　栗黄　　　拍子

兎醢　菁菹　形塩　篚　幣　菱仁　乾棗　�

兎醢　菁菹　形塩　篚　　幣　　菱仁　乾棗　榧相子

○　　爵　爵　爵　　羊俎

燭　　　　　　　　　　　　　　　　燭

祝　　香爐　香盒　　篚　　幣

左좌 四사 籩변 右우 四사 豆두 之지 圖도

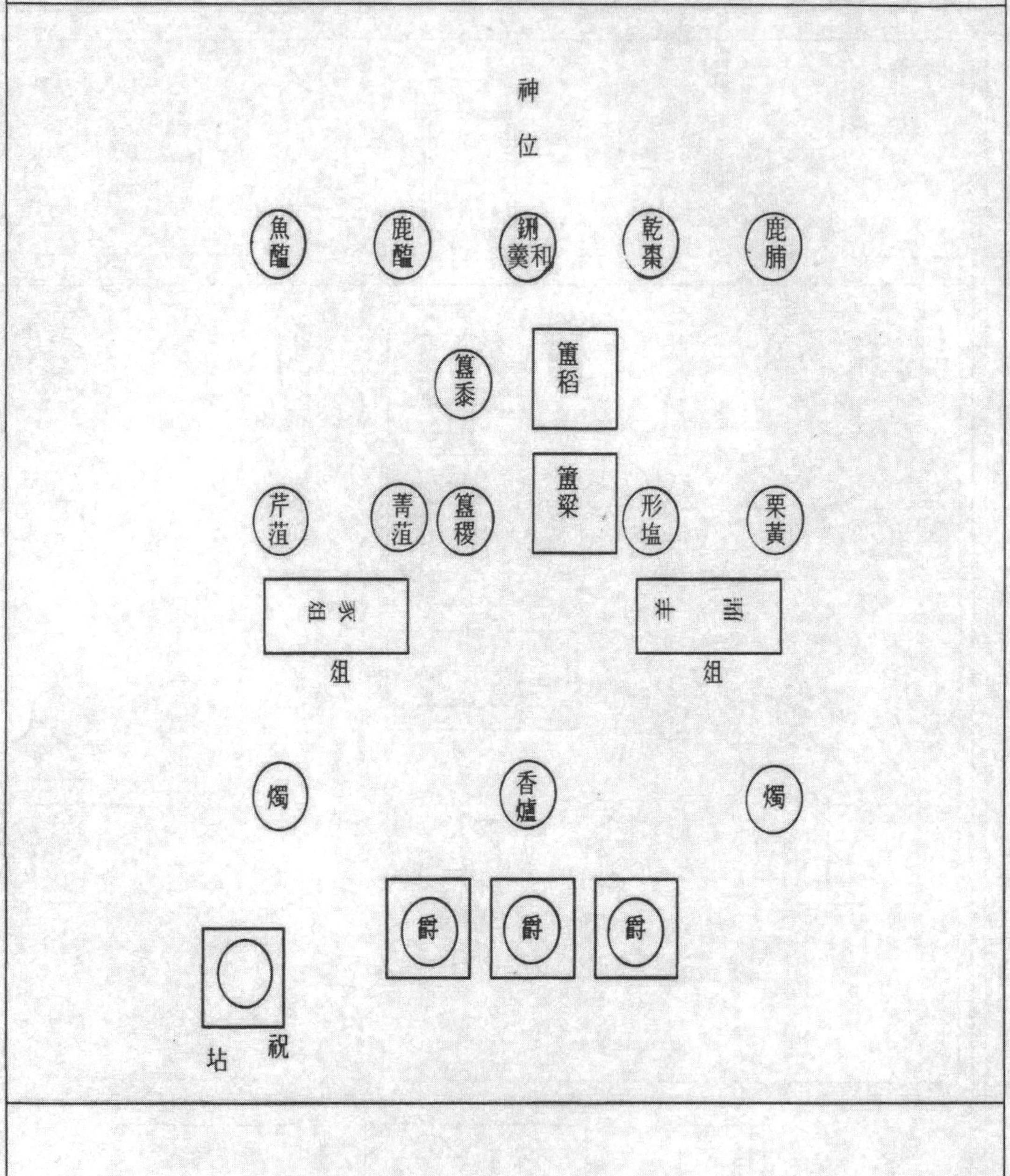

神位
魚醢
鹿醢
鉶羹和
乾棗
鹿脯
簋黍
簠稻
簠粱
芹菹
菁菹
簋稷
形塩
栗黃
豕俎
羊俎
俎
俎
燭
香爐
燭
爵
爵
爵
祝
坫
玄酒
象尊
淸酒
象尊

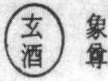

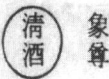

圖도　設설　陳진　豆두　四사　右우　籩변　四사　左좌

神位

鹿醢　　　簋黍　　　　簠稻　　　　　鹿脯

魚醢　　　　　牲　　俎　　　　　　魚脯

芹菹　　　　　篚　　幣　　　　　　拍子

菁菹　　　　爵　　爵　　爵　　　　乾棗
　　　　　　初　　亞　　終
　　　　　　獻　　獻　　獻

燭　　　　　　　　　　　　　　　　燭

板祝　　　　香　香　　　　篚幣
　　　　　　爐　盒

門　　　　　門　　　　　門

坫爵　　　尊

圖도　豆두　四사　右우　籩변　四사　左좌

神位

魚醢　鹿醢　簠黍　簋稻　乾棗　鹿脯

芹菹　菁菹　簠稷　簋粱　形塩　栗黃

腥　豕

俎

篚　幣

香爐

燭　燭

爵　爵　爵

○

坫　祝

玄酒　象尊　清酒　象尊

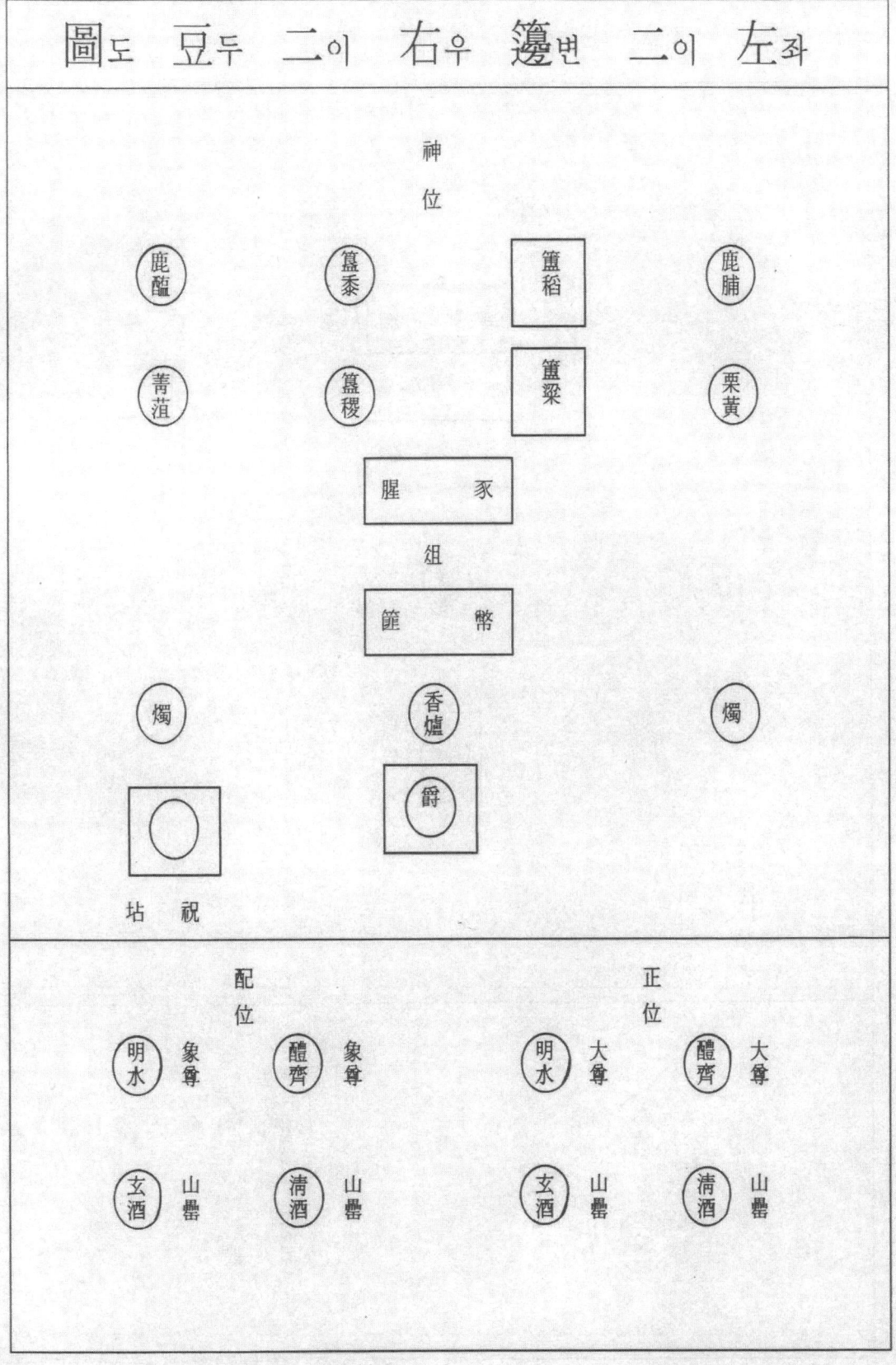

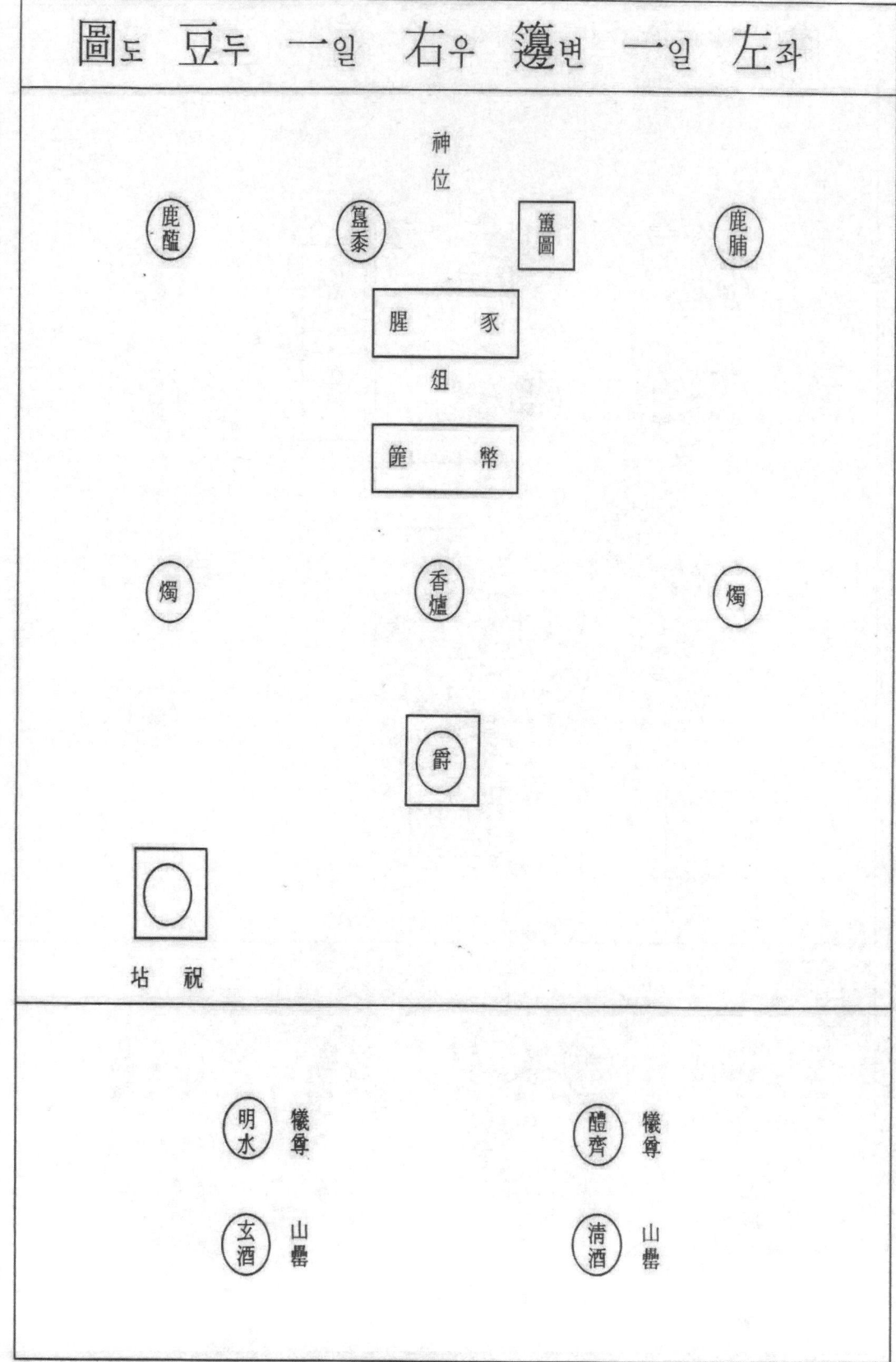

壇단   祭제   陳진   設설   圖도

神位

簠黍   匕筯   簠稻

鹿醢   魚醢   鹿脯   魚脯

菁菹   牲   芹菹

棗   栗   梨   柿

爵   爵   爵

燭   燭

板祝   香爐 香盒   尊

◎대보단도(大報壇圖)

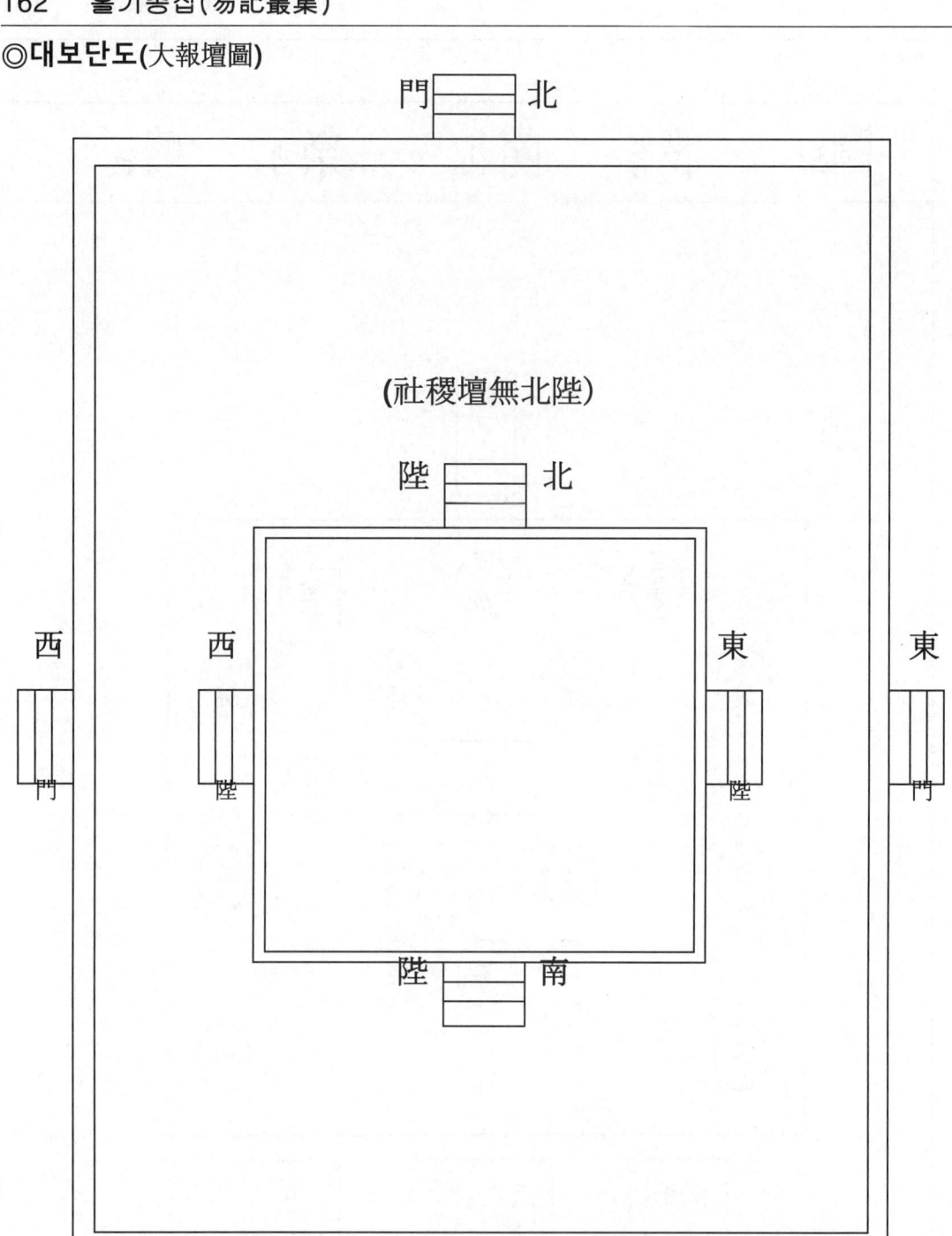

● 皇壇儀壇墻圖說; 壇在昌德宮禁花之西集成門外倣我國社稷之制壇高四尺比社壇加高
一尺方廣二十五尺甃以方甎四出陛各九級四面有墻繚以周垣墻內四面又各三十七尺垣外
又設三層橫陛以環之壇北設燎所爲石函稍西神室二間在中門外之西(註藏神榻神座及床卓等物)
其南有夾廊五間(註以爲享官所及內官守直之所)東有朝宗門(註肅宗甲申定號)南有拱北門(註今上乙
丑定號)門之東西各置翼廊五間(註設樓上樓下庫其中藏黃帳房遮帳祭器樂器等物)齊殿三間在朝宗門之
外(註神室今上已未改建齊殿乙丑始建)

진설도(陳設圖)

◆주자가례(朱子家禮)

●도략(圖略) 삼십개도(三十個圖) 도명여하(圖名如下)

가묘지도(家廟之圖) 사당지도(祠堂之圖) 심의전도(深衣前圖) 심의후도(深衣後圖) 착심의전량금상엄도(着深衣前兩襟相掩圖) 재의전법재의후법(裁衣前法裁衣後法) 심의관리지도(深衣冠履之圖) 행관례도(行冠禮圖) 혼례친영지도(昏禮親迎之圖) 금반(衿鞶) 협(篋) 사(笥) 휘(楎) 이도(椸圖) 소렴도(小斂圖) 습함곡위지도(襲含哭位之圖) 대렴도(大斂圖) 상복도식(喪服圖式) 관(冠) 질(絰) 교(絞) 대도식(帶圖式) 참쇠장구도(斬衰杖屨圖) 제쇠장구도(齊衰杖屨圖) 상제기구지도(喪祭器具之圖) 상여지도(喪轝之圖) 본종오복지도(本宗五服之圖) 삼부팔모복제지도(三父八母服制之圖) 처위부당복도(妻爲夫黨服圖) 외족모당처당복도(外族母黨妻黨服圖) 신주식(神主式) 독도자식(櫝韜藉式) 독식(櫝式) 척식(尺式) 대종소종도(大宗小宗圖) 정침시제지도(正寢時祭之圖) 매위설찬지도(每位設饌之圖)

유씨(劉氏) 해손(垓孫) 왈(曰) 려급공가제의왈(呂汲公家祭儀曰) 고자소종유사(古者小宗有四) 유계니지종(有繼禰之宗) 계조지종(繼祖之宗) 계증조지종(繼曾祖之宗) 계고조지종(繼高祖之宗) 소이주제사이통족인(所以主祭祀而統族人) 후세종법기폐산무소통(後世宗法旣廢散無所統) 제사지례가자행지(祭祀之禮家自行之) 지지부능부제(支子不能不祭) 제부필고어종자(祭不必告於宗子) 금종법수미역복(今宗法雖未易復) 이종자주제지의략가거행(而宗子主祭之義略可擧行) 종자위사(宗子爲士) 서자위대부이상(庶子爲大夫以上) 생제어종자지가(牲祭於宗子之家) 고금의(故今議) 가묘수인지자이립(家廟雖因支子而立) 역종자주기제(亦宗子主其祭) 이용기지자명수소득지례(而用其支子命數所得之禮) 가합례의(可合禮意) 선생왈(先生曰) 제사수시용종자법(祭祀須是用宗子法) 방부란(方不亂) 부연(不然) 전면필유부가처치자(前面必有不可處置者) 부재주제(父在主祭) 자출사환부득제(子出仕宦不得祭) 부몰(父没) 종자주제(宗子主祭) 서자출사환(庶子出仕宦) 제시기례역합감살(祭時其禮亦合減殺) 부득동종자(不得同宗子) 종자지득립적(宗子只得立適) 서장(雖庶長) 부득(立不得) 무적자(若無適子) 역립서자(則亦立庶子) 위(所謂) 자지동모제(世子之同母弟) 자시적(世子是適) 세자사(若世子死) 립세자지친제(則立世子之親弟) 시차적야(亦是次適也) 서자부득립야(是庶子不得立也) 종법기립부득(大宗法旣立不得) 당립소종법(亦當立小宗法) 자고조이하(祭自高祖以下) 진칙청출고조취백숙위(親盡則請出高祖就伯叔位) 미진자제지(服未盡者祭之) 칙별처(嫂則別處) 기자사제지(令其子私祭之) 세례전란료(今世禮全亂了)

◆가례서(家禮序)

회암주선생(晦庵朱先生)

범례유본유문(凡禮有本有文) 자기시어가자언지(自其施於家者言之) 칙명분지수(則名分之守) 애경지실(愛敬之實) 기본야(其本也) 관혼상제의장도수자(冠昏喪祭儀章度數者) 기문야(其文也) 기본자(其本者) 유가일용지상체(有家日用之常體) 고부가이일일이부수(固不可以一日而不修) 기문우개소이기강인도지시종(其文又皆所以紀綱人道之始終) 수기행지유시(雖其行之有時) 시지유소(施之有所) 연비강지소명습지소숙(然非講之素明習之素熟) 즉기림사지제(則其臨事之際) 역무이합의이응절(亦無以合宜而應節) 시역부가일일이부강차습언자야(是亦不可一日而不講且習焉者也) 삼대지제(三代之際) 예경비의(禮經備矣) 연기존어금자(然其存於今者) 궁려기복지제(宮廬器服之制) 출입기거지절(出入起居之節) 개이부의어세(皆已不宜於世) 세지군자(世之君子) 수혹작이고금지변(雖或酌以古今之變) 경위일시지법(更爲一時之法) 연역혹상혹략(然亦或詳或略) 무소절충(無所折衷) 지혹유기본이무기말완어실이급어문(至或遺其本而務其末緩於實而急於文) 자유지호례지사(自有志好禮之士) 유혹부능거기요(猶或不能擧其要) 이곤어번구자(而困於頒瞽) 우환기종부능유이급어례야(尤患其終不能有以及於禮也) 희지우(熹之愚) 개량병언(蓋兩病焉) 시이상독구관고금지적(是以嘗獨究觀古今之籍) 인기대체지부가변자(因其大體之不可變者) 이소가손익어기간(而少加損益於其間) 이위일가지서(以爲一家之書) 대저근명분숭애경(大抵謹名分崇愛敬) 이위지본(以爲之本) 지기시행지제(至其施行之際) 즉우략부문돈본실(則又略浮文敦本實) 이절자부어공자종선진지유의(以竊自附於孔子從先進之遺意)　성원득여동지지사(誠願得與同志之士)　숙강이면행지(熟講而勉行之)　서기고인소이수신제가지도(庶幾古人所以修身齊家之道)　근종추원지심(謹終追遠之心)　유가이복견(猶可以復見)　이국가소이숭화도민지의(而國家所以崇化導民之意)　역혹유소보운(亦或有小補云)

양씨복왈(楊氏復曰)　선생복모상(先生服母喪)　참작고금(參酌古今)　함진기변(咸盡其變)　인성상장제례(因成喪葬祭禮)　우추지어관혼(又推之於冠昏)　명왈가례(名曰家禮)　기성(旣成)　위일동행(爲一童行)　절지이도(竊之以逃)　선생역책(先生易簀)　기서시출행어세(其書始出行於世)　금안선생소정가향방국왕조례(今按先生所定家鄉邦國王朝禮)　전이의례위경(專以儀禮爲經)　급자술가례(及自述家禮)　칙우통지이고금지의(則又通之以古今之宜)　고관례칙다취사마씨(故冠禮則多取司馬氏)　혼례칙참제사마씨정씨(昏禮則參諸司馬氏程氏)　상례(喪禮)　본지사마씨(本之司馬氏)　후우이고씨위최선(後又以高氏爲最善)　급론부천(及論祔遷)　칙취횡거유명(則取橫渠遺命)　치상칙이서의소략(治喪則以書儀疏略)　이용의례(而用儀禮)　제례겸용사마씨정씨(祭禮兼用司馬氏程氏)　이선후소견(而先後所見)　우유부동(又有不同)　절사칙이한위공소행자위법(節祠則以韓魏公所行者爲法)　약부명대종소종지법(若夫明大宗小宗之法)　이우애례존양지의(以寓愛禮存羊之意)　차우가례지대의소계(此又家禮之大義所繫)　개제서소미가급(蓋諸書所未暇及)　이선생어차우권권야(而先生於此尤拳拳也)　석기서기망(惜其書旣亡)　지선생몰이후출(至先生歿而後出)　부급재수이행만세(不及再修以幸萬世)　어시(於是)　절취선생평일거취절충지언(竊取先生平日去就折衷之言)　유이발명가례지의자(有以發明家禮之意者)　약혼례친영(若昏禮親迎)　용온공(用溫公)　입문이후(入門以後)　칙종이천지류시야(則從伊川之類是也)　유후래의론시정(有後來議論始定)　약제례(若祭禮)　제시조선조(祭始祖先祖)　이후부제지류시야(而後不祭之類是也)　유부용소가지설(有不用疏家之說)　약심의속임구변시야(若深衣續衽鉤邊是也)　유용선유구의(有用先儒舊儀)　여경전부동(與經傳不同)　약상복피령부인부장지류시야(若喪服辟領婦人不杖之類也)　범차실부어축조지하운(凡此悉附於逐條之下云)

▶가례권제일(家禮卷第一)◀
◆통례(通禮)
차편소저(此篇所著)　개소위유가일용지상체(皆所謂有家日用之常體)　부가일일이불수자(不可一日而不修者)

◆사당(祠堂)
차장(此章)　본합재제례편(本合在祭禮篇)　금이보본반시지심(今以報本反始之心)　존조경종지의(尊祖敬宗之意)　실유가명분지수(實有家名分之守)　소이개업전세지본야(所以開業傳世之本也)　고특저차(故特著此)　관우편단(冠于篇端)　사람자지소이선립호기대자(使覽者知所以先立乎其大者)　이범후편소이주선승강출입향배지곡절(而凡後篇所以周旋升降出入向背之曲折)　역유소거이고언(亦有所據而考焉)　연고지묘제(然古之廟制)　부견어경(不見於經)　차금사서인지천(且今士庶人之賤)　역유소부득위자(亦有所不得爲者)　고특이사당명지(故特以祠堂名之)　이기제도(而其制度)　역다용속례운(亦多用俗禮云)

사마온공왈(司馬溫公曰)　송인종시(宋仁宗時)　상조청태자소부이상(嘗詔聽太子少傅以上)　개립가묘(皆立家廟)　이유사종부위지정제도(而有司終不爲之定制度)　유문로공립묘어서경(惟文潞公立廟於西京)　타인개막지립(他人皆莫之立)　고금단이영당언지(故今但以影堂言之)○주자왈(朱子曰)　고명사득립가묘(古命士得立家廟)　가묘지제(家廟之制)　내립침묘(內立寢廟)　중립정묘(中立正廟)　외립문(外立門)　사면장위지(四面牆圍之)　비명사(非命士)　지제어당상(止祭於堂上)　지제고비(只祭考妣)　이천위무귀천(伊川謂無貴賤)　개제자고조이하(皆祭自高祖而下)　단제유풍살소수부동(但祭有豐殺疏數不同)　묘향남(廟向南)　좌개동향(坐皆東向)　이천어차부심(伊川於此不審)　내운묘개동향(乃云廟皆東向)　조선위면동(祖先位面東)　기제비시(其制非是)　고인소이묘면동향좌자(古人所以廟面東向坐者)　개호재동유재서(蓋戶在東牖在西)　좌어일변(坐於一邊)　내시오처야(乃是奧處也)○상욕립일가묘(嘗欲立一家廟)　소오가옥(小五架屋)　이후가작일장감당(以後架作一長龕堂)　이판격절작사감당(以板隔截作四龕堂)　당치위패(堂置位牌)　당외용렴자소소제사시(堂外用簾子小小祭祀時)　역가지취기처(亦可只就其處)　대제사칙청출혹당혹청상(大祭祀則請出或堂或廳上)　개가(皆可)○당대신(唐大臣)　개립묘어경사(皆立廟於京師)　송조유문로공(宋朝惟文潞公)　법당두우제(法唐杜佑制)　립일묘재서경(立一廟在西京)　수여한사마가(雖如韓司馬家)　역부증립묘(亦不曾立廟)　두우묘(杜佑廟)　조종시(祖宗時)　상재장안(尚在長安)○류씨해손왈(劉氏垓孫曰)　이천선생운(伊川先生云)　고자(古者)　서인제어침(庶人祭於寢)　사대부제어묘(士大夫祭於廟)　서인무묘(庶人無廟)　가립영당(可立影堂)　금문공선생내왈사당자(今文公先生乃曰祠堂者)　개이이천선생위제시부가용영(蓋以伊川先生謂祭時不可用影)　고개영당왈사당운(故改影堂曰祠堂云)

●군자장영궁실선립사당어정침지동(君子將營宮室先立祠堂於正寢之東)
사당지제(祠堂之制)　삼간(三間)　외위중문(外爲中門)　중문외위량계(中門外爲兩階)　개삼급(皆三級)　동왈조계(東曰阼階)　서왈서계(西曰西階)　계하수지광협(階下隨地廣狹)　이옥복지(以屋覆之)　영가용가중서립(令可容家衆敍立)　우위유서의물제기고급신주어기동(又爲遺書衣物祭器庫及神廚於其東)　요이주원별위외문(繚以周垣別爲外門)　상가경폐(常加扃閉)　약가빈지협(若家貧地狹)　즉지립일간(則止立一間)　부립주고(不立廚庫)　이동서벽하(而東西壁下)　치립량궤(置立兩櫃)　서장유

서의물(西藏遺書衣物) 동장제기역가(東藏祭器亦可) 정침(正寢) 위전당야(謂前堂也) 지협칙어청
사지동역가(地狹則於廳事之東亦可) 범사당소재지댁(凡祠堂所在之宅)   종자세수지(宗子世守之)
부득분석(不得分析)○범옥지제(凡屋之制) 부문하향배(不問何向背)   단이전위남후위북좌위동우
위서(但以前爲南後爲北左爲東右爲西) 후개방차(後皆放此)

●위사감이봉선세신주(爲四龕以奉先世神主)

사당지내(祠堂之內) 이근북일가위사감(以近北一架爲四龕) 매감내(每龕內) 치일탁(置一卓) 대종
급계고조지소종(大宗及繼高祖之小宗) 즉고조거서(則高祖居西) 증조차지(曾祖次之) 조차지(祖次
之) 부차지(父次之) 계증조지소종(繼曾祖之小宗) 즉부감제고조이허기서감일(則不敢祭高祖而虛
其西龕一) 계조지소종(繼祖之小宗) 즉부감제증조이허기서감이(則不敢祭曾祖而虛其西龕二) 계
니지소종(繼禰之小宗) 즉부감제조이허기서감삼(則不敢祭祖而虛其西龕三) 약대종세수미만(若大
宗世數未滿) 즉역허기서감(則亦虛其西龕) 여소종지제(如小宗之制) 신주개장어독중(神主皆藏於
櫝中) 치어탁상남향(置於卓上南向) 감외각수소렴(龕外各垂小簾) 렴외설향탁어당중(簾外設香卓
於堂中) 치향로향합어기상(置香爐香盒於其上) 량계지간(兩階之間) 우설향탁역여지(又設香卓亦
如之) 비적장자(非嫡長子) 즉부감제기부(則不敢祭其父) 약여적장동거(若與嫡長同居) 칙사이후
(則死而後) 기자손위립사당어사실(其子孫爲立祠堂於私室) 차수소계세수위감(且隨所繼世數爲龕)
사기출이이거(俟其出而異居) 내비기제(乃備其制) 약생이이거(若生而異居) 칙예어기지(則預於其
地) 립재이거(立齋以居) 여사당지제(如祠堂之制) 사칙인이위사당(死則因以爲祠堂)○주식(主式)
견상례급치장장(見喪禮及治葬章)

정자왈(程子曰) 관섭천하인심(管攝天下人心) 수종족(收宗族) 후풍속(厚風俗) 사인부망본(使人不忘本) 수시명보계(須
是明譜系) 수세족(收世族) 립종자법(立宗子法) 종자법괴(宗子法壞) 칙인부지래처(則人不知來處) 이지류전사방(以至
流轉四方) 왕왕친미절(往往親未絶) 부상식(不相識) 우왈(又曰) 금무종자(今無宗子) 고조정무세신(故朝廷無世臣) 약
립종자법(若立宗子法) 칙인지존조중본(則人知尊祖重本) 인기중본(人旣重本) 칙조정지세자존(則朝廷之勢自尊) 고자자
제종부형(古者子弟從父兄) 금부형종자제(今父兄從子弟) 유부지본야(由不知本也)○종자법폐(宗子法廢) 후세보첩(後世
譜牒) 상유유풍(尚有遺風) 보첩우폐(譜牒又廢) 인가부지래처(人家不知來處) 무백년지가(無百年之家) 골육무통(骨肉
無統) 수지친(雖至親) 역은박(亦恩薄)○장자왈(張子曰) 종법약립(宗法若立) 칙인각지래처(則人各知來處) 조정대유소
익(朝廷大有所益) 혹문조정하소익(或問朝廷何所益) 왈공경각보기가(曰公卿各保其家) 충의기유부립(忠義豈有不立) 충
의기립(忠義旣立) 조정기유부고(朝廷豈有不固)○사마온왈(司馬溫曰) 소이서상자(所以西上者) 신도상우고야(神道尚右
故也)○혹문묘주자서이렬(或問廟主自西而列) 주자왈(朱子曰) 차야부시고례(此也不是古禮)○문제후묘제(問諸侯廟制)
태조거북이남향(太祖居北而南向) 소묘이(昭廟二) 재기동남(在其東南) 목묘이(穆廟二) 재기서남(在其西南) 개남북상
중(皆南北相重) 부지당시(不知當時) 매묘일실(每廟一室) 혹공일실각위위야(或共一室各爲位也) 왈(曰) 고묘제(古廟制)
자태조이하(自太祖以下) 각시일실(各是一室) 륙농사례(陸農師禮) 상도가고(象圖可考) 서한시(西漢時) 고조묘(高祖廟)
문제고성묘(文帝顧成廟) 각재일처(各在一處) 단무법도(但無法度) 부동일처(不同一處) 지동한명제(至東漢明帝) 겸폄
부감자당립묘(謙貶不敢自當立廟) 부어광무묘(祔於光武廟) 기후수이위례(其後遂以爲例) 지당(至唐) 태묘급군신가묘
(太廟及羣臣家廟) 실여금제(悉如今制) 이서위상야(以西爲上也) 지니처(至禰處) 위지동묘(謂之東廟) 금태묘지제역연
(今太廟之制亦然)○大傳云 別子爲祖 繼別爲宗 繼禰者爲小宗 有百世不遷之宗 有五世則遷之宗 何也 君適長爲世子 繼
先君正統 自母弟以下 皆不得宗 其次適爲別子 不後禰其父 又不可宗嗣君 又不可無統屬 故死後立爲大宗之祖 所謂別子
爲祖者也 其適子繼之 則爲大宗 直下相傳 百世不遷 別子若有庶子 又不敢繼別子 死後立爲小宗之祖 其長子繼之 則爲
小宗 五世則遷 別子者 謂諸侯之弟 別於正適 故稱別子也 爲祖者 自與後世爲始祖 謂此別子 子孫爲卿大夫 立此別子爲
始祖也 繼別爲宗 謂別子之世世長子 當繼別子 與族人爲不遷之宗也 繼禰者爲小宗禰 謂別子之庶子 以庶子所生長子 繼
此庶子 與兄弟爲小宗也 五世則遷者 上從高祖下至玄孫之子 高祖廟毀 不復相宗 又別立宗也 然別子之後 族人衆多 或
繼高祖者 與三從兄弟爲宗 至子五世 或繼曾祖者 與再從兄弟爲宗 至孫五世 或繼祖者 與同堂兄弟爲宗 至曾孫五世 或
繼禰者 與親兄弟爲宗 至玄孫五世 皆自小宗之祖以降而言也 魯季友 乃桓公別子 所自出 故爲一族之大宗 滕 文之昭 武
王爲天子 以次則周公爲長 故滕謂魯爲宗國 又有有大宗而無小宗者 皆適則不立小宗也 有有小宗而無大宗者 無適則不立
大宗也 今法 長子死則主父喪 용차자(用次子) 부용질(不用姪) 약종자법립(若宗子法立) 칙용장자지자(則用長子之子)○
양씨복왈(楊氏復曰) 선생운(先生云) 인가족중(人家族衆) 혹주제자부가이제급숙백부지류(或主祭者不可以祭及叔伯父
之類) 칙수령기사자별득제지(則須令其嗣子別得祭之) 금차설(今且說) 동거동출어증조(同居同出於曾祖) 편유종형제급
재종형제(便有從兄弟及再從兄弟) 제시주어주제자(祭時主於主祭者) 기타혹자부득제기부모(其他或子不得祭其父母) 약
임지(若恁地) 주일처제(做一處祭) 부득(不得) 요호(要好) 칙주제지적손당일일(則主祭之嫡孫當一日) 제기증조급조급
부(祭其曾祖及祖及父) 여자손여제(餘子孫與祭) 차일각령차위자손(次日却令次位子孫) 자제기조급부(自祭其祖及父) 우
차일(又次日) 각령차위자손자제기부(却令次位子孫自祭其父) 차각유고종법의(此却有古宗法意) 고금제례(古今祭禮) 저
반처개유지(這般處皆有之) 금요여종법제사지례(今要如宗法祭祀之禮) 수시재상지가(須是在上之家) 선취종실(先就宗
室) 급세족가행지(及世族家行之) 주개양자(做箇樣子) 방가사이하사대부행지(方可使以下士大夫行之)○배조선시(排祖
先時) 이객위서변위상(以客位西邊爲上) 고조제일(高祖第一) 고조모차지(高祖母次之) 지시정배간정면(只是正排看正面)
부증대배(不曾對排) 증조조부개연(曾祖祖父皆然) 기중유백숙백숙모형제수부무인주제이아위제자(其中有伯叔伯叔母兄
弟嫂婦無人主祭而我爲祭者) 각이소목론(各以昭穆論)○黃氏瑞節曰 神主位次 倣宗法也 今依本註 姑以小宗法明之 小
宗有四 繼高祖之小宗者 身爲玄孫 及祀小宗之祖爲高祖 而曾祖禰次次之 繼曾祖之小宗者 身爲曾孫 及祀小宗之祖爲曾
祖 而以上 吾不得祀矣 繼祖之小宗者 身爲孫 及祀小宗之祖爲祖 而以上 吾不得祀矣 繼禰之小宗者 身爲子 小宗之祖爲
禰 而以上 不得祀矣 不得祀者以上 爲大宗之祖 吾不得而祀之也 大宗亦然 先君世子 大宗而下 又不得而祀之也 朱子云

宗法須宗室及世族之家 先行之 方使以下士大夫行之 然家禮以宗法爲主 所謂非嫡長子 不敢祭其父皆是意也 지어관혼상제(至於冠昏喪祭) 막부이종법행기간운(莫不以宗法行其間云)

●방친지무후자이기반부(旁親之無後者以其班祔)

백숙조부모(伯叔祖父母) 부우고조(祔于高祖) 백숙부모(伯叔父母) 부우증조(祔于曾祖) 처약형제약형제지처(妻若兄弟若兄弟之妻) 부우조(祔于祖) 자질부우부(子姪祔于父) 개서향(皆西向) 주독병여정위(主櫝並如正位) 질지부자립사당(姪之父自立祠堂) 즉천이종지(則遷而從之)○정자왈(程子曰) 무복지상부제(無服之殤不祭) 하상지제(下殤之祭) 종부모지신(終父母之身) 중상지제(中殤之祭) 종형제지신(終兄弟之身) 장상지제(長殤之祭) 종형제지자지신(終兄弟之子之身) 성인이무후자(成人而無後者) 기제종형제지손지신(其祭終兄弟之孫之身) 차개이의기자야(此皆以義起者也) 양씨복왈(楊氏復曰) 안부위(按祔位) 위방친무후(謂旁親無後) 급비유선망자(及卑幼先亡者) 제례(祭禮) 재제고조필(纔祭高祖畢) 즉사인작헌부우고조자(卽使人酌獻祔于高祖者) 증조조고개연(曾祖祖考皆然) 고축문설이모인부식상향(故祝文說以某人祔食尙饗) 상견후제례편사시제조(詳見後祭禮篇四時條)○류씨해손왈(劉氏垓孫曰) 선생운(先生云) 여부제백숙(如祔祭伯叔) 칙부우증조지방일변(則祔于曾祖之旁一邊) 재위패서변안(在位牌西邊安) 백숙모칙부증조모(伯叔母則祔曾祖母) 동변안(東邊安) 형제수처부(兄弟嫂妻婦) 칙부우조모지방(則祔于祖母之傍) 이천운(伊川云) 증조형제무주자(曾祖兄弟無主者) 역부제(亦不祭) 부지하소거이운(不知何所據而云) 이천운(伊川云) 지시의기야(只是義起也)○우대시절(遇大時節) 청조선제우당혹청상(請祖先祭于堂或廳上) 좌차역여재묘시배정(坐次亦如在廟時排定) 부제방친자(祔祭旁親者) 우장부좌부녀(右丈夫左婦女) 좌이취리위대(坐以就裏爲大) 범부어차자(凡祔於此者) 부종소목료(不從昭穆了) 지이남녀좌우대소분배(只以男女左右大小分排) 재묘각각종소목부(在廟却各從昭穆祔)

●치제전(置祭田)

초립사당(初立祠堂) 칙계견전(則計見田) 매감취기이십지일(每龕取其二十之一) 이위제전(以爲祭田) 친진칙이위묘전(親盡則以爲墓田) 후범정위부위(後凡正位祔位) 개방차(皆放此) 종자주지(宗子主之) 이급제용(以給祭用) 상세초미치전(上世初未置田) 칙합묘하자손지전(則合墓下子孫之田) 계수이할지(計數而割之) 개립약문관(皆立約聞官) 부득전매(不得典賣)

●구제기(具祭器)

상(牀) 석(席) 의(倚) 탁(卓) 관(盥) 분(盆) 화로(火爐) 주식지기(酒食之器) 수기합용지수개구(隨其合用之數皆具) 저어고중이봉쇄지(貯於庫中而封鎖之) 부득타용(不得他用) 무고칙저어궤중(無庫則貯於櫃中) 부가저자(不可貯者) 열어외문지내(列於外門之內)

●주인신알어대문지내(主人晨謁於大門之內)

주인(主人) 위종자주차당지제자(謂宗子主此堂之祭者) 신알(晨謁) 심의분향재배(深衣焚香再拜)

◆출입필고(出入必告)

주인주부근출(主人主婦近出) 즉입대문(則入大門) 첨례이행(瞻禮而行) 귀역여지(歸亦如之) 경숙이귀(經宿而歸) 즉분향재배(則焚香再拜) 원출경순이상칙재배분향고운(遠出經旬以上則再拜焚香告云) 모장적모소감고(某將適某所敢告) 우재배이행(又再拜而行) 귀역여지(歸亦如之) 단고운(但告云) 모금일귀자모소감견(某今日歸自某所敢見) 경월이귀(經月而歸) 즉개중문(則開中門) 립어계하재배(立於階下再拜) 승자조계(升自阼階) 분향고필재배(焚香告畢再拜) 강복위재배(降復位再拜) 여인역연(餘人亦然) 단부개중문(但不開中門)○범주부(凡主婦) 위주인지처(謂主人之妻)○범승강(凡升降) 유주인유조계(惟主人由阼階) 주부급여인(主婦及餘人) 수존장역유서계(雖尊長亦由西階)○범배남자재배(凡拜男子再拜) 부인사배(婦人四拜) 위지협배(謂之俠拜) 기남녀상답배역연(其男女相答拜亦然)

◆정지삭망즉참(正至朔望則參)

정지삭망(正至朔望) 전일일(前一日) 쇄소제숙(灑掃齊宿) 궐명숙흥(厥明夙興) 개문축렴(開門軸簾) 매감설신과일대반어탁상(每龕設新果一大盤於卓上) 매위다잔탁(每位茶盞托) 주잔반(酒盞盤) 각일어신주독전(各一於神主櫝前) 설속모취사어향탁전(設束茅聚沙於香卓前) 별설일탁어조계상(別設一卓於阼階上) 치주주잔반일어기상(置酒注盞盤一於其上) 주일병어기서(酒一瓶於其西) 관분세건각이어조계하동남(盥盆帨巾各二於阼階下東南) 유대가자재서위주인친속소관(有臺架者在西爲主人親屬所盥) 무자재동(無者在東) 위집사자소관(爲執事者所盥) 건개재북(巾皆在北) 주인이하성복(主人以下盛服) 입문취위(入門就位) 주인북면어조계하(主人北面於阼階下) 주부북면어서계하(主婦北面於西階下) 주인유모(主人有母) 칙특위어주부지전(則特位於主婦之前) 주인유제부제형(主人有諸父諸兄) 즉특위어주인지우(則特位於主人之右) 소전(少前) 중행서상(重行西上) 유제모고수자(有諸母姑嫂姉) 칙특위주부지좌(則特位主婦之左) 소전(少前) 중행동상(重行東上) 제제(諸弟) 재주인지우(在主人之右) 소퇴(少退) 자손외집사자(子孫外執事者) 재주인지후(在主人之後) 중행서상(重行西上) 주인제지처급제매(主人弟之妻及諸妹) 재주부지좌(在主婦之左) 소퇴(少退) 자손부녀내집사자(子孫婦女內執事者) 재주부지후(在主婦之後) 중행동상(重行東上) 립정(立定) 주인관세승(主人盥帨升) 진홀계독(搢笏啓櫝) 봉제고신주(奉諸考神主) 치어독전(置於櫝前) 주부관세승(主婦盥帨升) 봉제비신주(奉諸妣神主) 치어고동(置於考東) 차출부주(次出祔主) 역여지(亦如之) 명장자장부혹장녀(命長子長婦或長女) 관세승(盥帨升) 분출제부주지비자(分出諸祔主之卑者) 역여지(亦如之) 개필(皆畢) 주부이하(主婦以下) 선강복위(先降復位) 주인예향탁전강신(主人詣香卓前焚神) 진홀분향재배소퇴(搢笏焚香再拜少退) 립집사자관세승(立執事者盥帨升) 개병실주우주(開瓶實酒于注) 일인봉주(一人奉注) 예주인지우(詣主人之右) 일인집잔반(一人執盞盤) 예주인지좌(詣主人之左) 주인궤(主人跪) 집사자개궤(執事者皆跪) 주인수주짐주반주(主人受注斟酒反注) 취잔반봉지(取盞盤奉之) 좌집반우집잔(左執盤右執盞) 뢰우모상(酹于茅上) 이잔반수집사자(以盞盤授執事者) 출홀면복흥소퇴재배(出笏俛伏興少退再拜) 강복위(降復位) 여재위자개재배(與在位者皆再拜) 주인승(主人升) 진홀집주짐주(搢笏執注斟酒) 선정위(先正位) 차부위(次祔位) 차명장자(次命長子) 짐제부위지비자(斟諸祔位之卑者) 주부승(主婦升) 집다선(執茶筅) 집사자집탕병수지(執事者執湯瓶隨之) 점다여전(點茶如前) 명장부혹장녀(命長婦或長女) 역여지(亦如之) 자부집사자(子婦執事者) 선강복위(先降復位) 주인출홀(主人出笏) 여주부분립어향탁지전동서재배(與主婦分立於香卓之前東西再拜) 강복위(降復位) 여재위자(與在位者) 개재배(皆再拜) 사신이퇴(辭神而退)○동지(冬至) 칙제시조필(則祭始祖畢) 행례여상의(行禮如上儀)○망일(望日) 부설주부출주(不設酒不出主) 주인점다(主人點茶) 장자좌지(長子佐之) 선강(先降) 주인립어향탁지남(主人立於香卓之南) 재배(再拜) 내강(乃降) 여여상의(餘如上儀)○준례(準禮) 구몰칙고로(舅沒則姑老) 부예어제(不預於祭) 우왈(又曰) 지자부제(支子不祭) 고금전이세적종자부위주인주부(故今專以世嫡宗子夫婦爲主人主婦) 기유모급제부모형수자(其有母及諸父母兄嫂者) 칙설특위어전여차(則設特位於前如此)○범언성복자(凡言盛服者) 유관칙(有官則) 업두공복대화홀(幞頭公服帶靴笏) 진사칙업두란삼대(進士則幞頭襴衫帶) 처사칙업두조삼대(處士則幞頭皁衫帶) 무관칙통용모자삼대(無官則通用帽子衫帶) 우부능구(又不能具) 칙혹심의혹량삼(則或深衣或涼衫) 유관자역통복모자이하(有官者亦通服帽子以下) 단부위성복(但不爲盛服) 부인칙가계대의장군(婦人則假髻大衣長裙) 녀재실자(女在室者) 관자배자(冠子背子) 중첩가계배자(衆妾假髻背子)

양씨복왈(楊氏復曰) 선생운(先生云) 원단칙재관자(元旦則在官者) 유조알지례(有朝謁之禮) 공부득전정어제사(恐不得專精於祭事) 모향리각지어제석전삼사일행사(某鄉里却止於除夕前三四日行事) 차역경재짐작야(此亦更在斟酌也)○류씨장왈(劉氏璋曰) 사마온공주영당잡의(司馬溫公註影堂雜儀) 범월삭칙집사자(凡月朔則執事者) 어영당장향구다주상식수품(於影堂裝香具茶酒常食數品) 주인이하(主人以下) 개성복(皆盛服) 남녀좌우서립여상의(男女左右叙立如常儀) 사인주부(事人主婦) 친출조고이하사판치어위(親出祖考以下祠版置於位) 분향(焚香) 주인이하(主人以下) 구재배(俱再拜) 집사자짐조고전다주이수주인(執事者斟祖考前茶酒以授主人) 주인진홀궤뢰다주(主人搢笏跪酹茶酒) 집홀면복흥(執笏俛伏興) 수남녀구재배(帥男女俱再拜) 차뢰조비이하개편(次酹祖妣以下皆徧) 납사판출철(納祠版出徹) 월망부설식부출사판(月望不設食不出祠版) 여여삭의(餘如朔儀) 영당문(影堂門) 무사상폐(無事常閉) 매단자손(每旦子孫) 예영당전창야(詣影堂前唱喏) 출외귀역연(出外歸亦然) 약출외재숙이상귀(若出外再宿以上歸) 칙입영당재배(則入影堂再拜) 장원적급천관범대사(將遠適及遷官凡大事) 칙관수분향(則盥手焚香) 이기사고(以其事告) 퇴각재배(退卻再拜) 유시신지물(有時新之物) 칙선천우영당(則先薦于影堂) 기일칙거화식지복(忌日則去華飾之服) 천주식여월삭(薦酒食如月朔) 부음주부식육(不飲酒不食肉) 사모여거상(思慕如居喪) 군자유종신지상(君子有終身之喪) 기일지위야(忌日之謂也) 구의부견객수조(舊儀不見客受弔) 어례무지(於禮無之) 금부취(今不取) 우수화도적(遇水火盜賊) 칙선구선공유문(則先救先公遺文) 차사판(次祠版) 차영(次影) 연후구가재(然後救家財)

◆속절즉헌이시식(俗節則獻以時食)

절(節) 여청명한식중오중원중양지류(如淸明寒食重午中元重陽之類) 범향속소상자(凡鄉俗所尙者) 식(食) 여각서(如角黍) 범기절지소상자(凡其節之所尙者) 천이대반(薦以大盤) 간이소과(間以蔬果) 예여정지삭일지의(禮如正至朔日之儀)

문속절지제여하(問俗節之祭如何) 주자왈(朱子曰) 한위공처득호(韓魏公處得好) 위지절사(謂之節祠) 살어정제(殺於正祭) 단칠월십오일(但七月十五日) 용부도(用浮屠) 설소찬제(設素饌祭) 모부용(某不用)○우답장남헌왈(又答張南軒曰) 금일속절(今日俗節) 고소무유(古所無有) 고고인수부제(故古人雖不祭) 이정역자안(而情亦自安) 금인기이차위중(今人旣以此爲重) 지어시일(至於是日) 필구효수상연악(必具殽羞相宴樂) 이기절물역각유의(而其節物亦各有宜) 고세속지정(故世俗之情) 지어시일(至於是日) 부능부사기조고(不能不思其祖考) 이복이기물향지(而復以其物享之) 수비례지정(雖非禮之正) 연역인정지부능이자(然亦人情之不能已者) 차고인부제(且古人不祭) 칙부감이연(則不敢以燕) 황금어차속절(況今於此俗節) 기이거경이폐제(旣已據經而廢祭) 이생자칙음식연악(而生者則飲食宴樂) 수속자여(隨俗自如) 비사사어(非祀事歟)

사생(非事死如事生) 사망여사존지의야(事亡如事存之意也) 우왈(又曰) 삭단(朔旦) 가묘(家廟) 용주과(用酒果) 망단(望旦) 용다(用茶) 중오중원구일지류(重午中元九日之類) 개명속절(皆名俗節) 대제시(大祭時) 매위용사미(每位用四味) 청출목주(請出木主) 속절소제(俗節小祭) 지취가묘(只就家廟) 지이미(止二味) 삭단속절(朔旦俗節) 주지일상(酒止一上) 짐일배(斟一盃)○양씨복왈(楊氏復曰) 시제지외(時祭之外) 각인향속구(各因鄕俗之舊) 이기소상지시(以其所尙之時) 소용지물(所用之物) 봉이대반진어묘중(奉以大盤陳於廟中) 이이고삭지례전언(而以告朔之禮奠焉) 칙서기합호륭살지절(則庶幾合乎隆殺之節) 이진호위곡지정(而盡乎委曲之情) 가행어구원이무의의(可行於久遠而無疑矣)

◆유사즉고(有事則告)

여정지삭일지의(如正至朔日之儀) 단헌다주재배흘(但獻茶酒再拜訖) 주부선강복위(主婦先降復位) 주인립어향탁지남(主人立於香卓之南) 축집판립어주인지좌궤독지필(祝執版立於主人之左跪讀之畢) 흥(興) 주인재배(主人再拜) 강복위(降復位) 여병동(餘並同)○고수관(告授官) 축판운(祝版云) 유년세월삭일효자모관모(維年歲月朔日孝子某官某) 감소고우고모친모관봉시부군(敢昭告于故某親某官封諡府君) 고모친모봉모씨(故某親某封某氏) 모이모월모일(某以某月某日) 몽은수모관(蒙恩授某官) 봉승선훈(奉承先訓) 획점록위(獲霑祿位) 여경소급(餘慶所及) 부승감모(不勝感慕) 근이주과(謹以酒果) 용신건고(用伸虔告) 근고(謹告) 폄강(貶降) 칙언폄모관(則言貶某官) 황추선훈(荒墜先訓) 황공무지(皇恐無地) 근이후동(謹以後同) 약제자칙언모지모(若弟子則言某之某) 모(某) 여동(餘同)○고추증(告追贈) 칙지고소증지감(則只告所贈之龕) 별설향탁어감전(別設香卓於龕前) 우설일탁어기동(又設一卓於其東) 치정수분잔쇄자연묵필어기상(置淨水粉盞刷子硯墨筆於其上) 여병동(餘並同) 단축판운(但祝版云) 봉모월모일제서(奉某月某日制書) 증고모친모관(贈故某親某官) 고모친모봉(故某親某封) 모봉승선훈(某奉承先訓) 절위우조(竊位于朝) 지봉은경(祗奉恩慶) 유차포증(有此褒贈) 록부급양(祿不及養) 최인난승(摧咽難勝) 근이후동(謹以後同) 약인사특증(若因事特贈) 칙별위문이서기의(則別爲文以叙其意) 고필(告畢) 재배(再拜) 주인진봉주치탁상(主人進奉主置卓上) 집사자세거구자(執事者洗去舊字) 별도이분(別塗以粉) 사건명선서자(俟乾命善書者) 개제소증관봉(改題所贈官封) 함중부개(陷中不改) 세수(洗水) 이쇄사당지사벽(以灑祠堂之四壁) 주인봉주치고처(主人奉主置故處) 내강복위(乃降復位) 후동(後同)○주인생적장자(主人生嫡長子) 칙만월이견(則滿月而見) 여상의(如上儀) 단부용축(但不用祝) 주인립어향탁지전(主人立於香卓之前) 고왈(告曰) 모지부모씨(某之婦某氏) 이모월모일(以某月某日) 생자명모감견(生子名某敢見) 고필(告畢) 립어향탁동남서향(立於香卓東南西向) 주부포자진립어량계지간(主婦抱子進立於兩階之間) 재배(再拜) 주인내강복위(主人乃降復位) 후동(後同)○관혼칙견본편(冠昏則見本篇)○범언축판자(凡言祝版者) 용판장일척(用版長一尺) 고오촌(高五寸) 이지서문(以紙書文) 점어기상(黏於其上) 필칙게이분지(畢則揭而焚之) 기수미개여전(其首尾皆如前) 단어고고조고(但於故高祖考) 고고조비(故高祖妣) 자칭효원손(自稱孝元孫) 어고증조고(於故曾祖考) 고증조비(故曾祖妣) 자칭효증손(自稱孝曾孫) 어고조고(於故祖考) 고조비(故祖妣) 자칭효손(自稱孝孫) 어고고고비(於故考故妣) 자칭효자(自稱孝子) 유관봉시칙개칭지(有官封諡則皆稱之) 무칙이생시행제칭호(無則以生時行第稱號) 가우부군지상(加于府君之上) 비왈모씨부인(妣曰某氏夫人) 범자칭(凡自稱) 비종자부언효(非宗子不言孝)○고사지축(告事之祝) 사대공위일판(四代共爲一版) 자칭이기최존자위주(自稱以其最尊者爲主) 지고정위(止告正位) 부고부위(不告祔位) 다주칙병설지(茶酒則並設之)

주자왈분황(朱子曰焚黃) 근세행지묘차(近世行之墓次) 부지어례하거(不知於禮何據) 장위공증시(張魏公贈諡) 지고우묘(只告于廟) 의위득체(疑爲得體) 단금세개고묘(但今世皆告墓) 공미면수속이(恐未免隨俗耳)○양씨복왈(楊氏復曰) 안선생문집(按先生文集) 유분황축문(有焚黃祝文) 운고우가묘(云告于家廟) 역부운고묘야(亦不云告墓也)

●혹유수화도적즉선구사당천신주유서차급제기연후급가재역세즉개제주이체천지(或有水火盜賊則先救祠堂遷神主遺書次及祭器然後及家財易世則改題主而遞遷之)

개제체천례(改題遞遷禮) 견상례대상장(見喪禮大祥章) 대종지가(大宗之家) 시조친진(始祖親盡) 즉장기주어묘소(則藏其主於墓所) 이대종유주기묘전이봉기묘제(而大宗猶主其墓田以奉其墓祭) 세솔종인(歲率宗人) 일제지(一祭之) 백세부개(百世不改) 기제이세이하조친진(其第二世以下祖親盡) 급소종지가고조친진(及小宗之家高祖親盡) 칙천기주이매지(則遷其主而埋之) 기묘전칙제위질장(其墓田則諸位迭掌) 이세솔기자손(而歲率其子孫) 일제지(一祭之) 역백세부개야(亦百世不改也)

혹문이금사서(或問以今士庶) 역유시기지조(亦有始基之祖) 막역지제득사대(莫亦只祭得四代) 단사대이상칙가부제부주자왈(但四代以上則可不祭否朱子曰) 이금제사대이위참(而今祭四代已爲僭) 고자(古者) 관사역지제득이대(官師亦只祭得二代) 약시시기지조상역지존득묘제(若是始基之祖想亦只存得墓祭)○양씨복왈(楊氏復曰) 차장운(此章云) 시조친진칙장기주어묘소상례대상장(始祖親盡則藏其主於墓所喪禮大祥章) 역운(亦云) 약유친진지조(若有親盡之祖) 이기별자야칙축판운운(而其別子也則祝版云云) 고필이천우묘소부매부장기주어묘소이부매(告畢而遷于墓所不埋夫藏其主於墓所而不埋) 칙묘소필유사당(則墓所必有祠堂) 이봉묘제(以奉墓祭)

◆심의제도(深衣制度)

차장본재관례지후(此章本在冠禮之後) 금이전장이유기문(今以前章已有其文) 우평일지상복(又平日之常服) 고차전장(故次前章)

주자왈(朱子曰) 거고익원(去古盆遠) 기관복제도(其冠服制度) 근존이가견자(僅存而可見者) 독유차이(獨有此耳) 연원방사자(然遠方士子) 역소한견(亦所罕見) 왕왕인자위제(往往人自爲制) 궤이부경(詭異不經) 근어복요(近於服妖) 심가탄야(甚可歎也)

●재용백세포도용지척(裁用白細布度用指尺)

중지중절위촌(中指中節爲寸)

사마온공왈(司馬溫公曰) 범척촌(凡尺寸) 개당용주척도지(皆當用周尺度之) 주척일척(周尺一尺) 당금성척오촌오분약(當今省尺五寸五分弱)○양씨복왈설문운(楊氏復曰說文云) 주제척촌지심(周制尺寸咫尋) 개이인지체위법(皆以人之體爲法)

●의전사폭기장과협하속어상(衣全四幅其長過脅下屬於裳)

용포이폭(用布二幅) 중굴하수(中屈下垂) 전후공위사폭(前後共爲四幅) 여금지직령삼(如今之直領衫) 단부재파액하(但不裁破腋下) 기하과협이속어상처약위칠척이촌(其下過脅而屬於裳處約圍七尺二寸) 매폭속상삼폭(每幅屬裳三幅)

●상교해십이폭상속어의기장급과(裳交解十二幅上屬於衣其長及踝)

용포륙폭(用布六幅) 매폭재위이폭(每幅裁爲二幅) 일두광(一頭廣) 일두협(一頭狹) 협두당광두지반(狹頭當廣頭之半) 이협두향상이련기봉(以狹頭向上而連其縫) 이속어의(以屬於衣) 기속의처(其屬衣處) 약위칠척이촌(約圍七尺二寸) 매삼폭속의일폭(每三幅屬衣一幅) 기하변급과처(其下邊及踝處) 약위장사척사촌(約圍丈四尺四寸)

●원메(圓袂)

용포이폭(用布二幅) 각중굴지(各中屈之) 여의지장(如衣之長) 속어의지좌우(屬於衣之左右) 이봉합기하(而縫合其下) 이위메(以爲袂) 기본지광(其本之廣) 여의지장(如衣之長) 이점원살지(而漸圓殺之) 이지메구칙기경일척이촌(以至袂口則其徑一尺二寸)

양씨복왈(楊氏復曰) 좌우메각용포일폭(左右袂各用布一幅) 속어의(屬於衣) 우안심의편운(又按深衣篇云) 메지장단(袂之長短) 반굴지급주(反屈之及肘) 부메지장단(夫袂之長短) 이반굴급주위준(以反屈及肘爲準) 칙부이일폭위구(則不以一幅爲拘)

●방령(方領)

양금상엄(兩襟相掩) 임재액하(衽在腋下) 칙량령지회자방(則兩領之會自方)

●곡거(曲裾)

용포일폭(用布一幅) 여상지장(如裳之長) 교해재지(交解裁之) 여상지제(如裳之制) 단이광두향상(但以廣頭向上) 포변향외(布邊向外) 좌변향외(左邊向外) 좌엄기우(左掩其右) 교영수지(交映垂之) 여연미상(如燕尾狀) 우초재기내방태반지하(又稍裁其內旁太半之下) 령점여어복이말위조훼내향(令漸如魚腹而末爲鳥喙內向) 철어상지우방(綴於裳之右旁) 례기(禮記) 심의속임구변(深衣續衽鉤邊) 정주(鄭註) 구변(鉤邊) 약금곡거(若今曲裾)

채씨연왈(蔡氏淵曰) 사마소재방령(司馬所載方領) 여속임구변지제(與續衽鉤邊之制) 인증수상(引證雖詳) 이득고의(而得古意) 선생병지(先生病之) 상이리완경문어신복지의이득기설(賞以理玩經文與身服之宜而得其說) 위방령자(謂方領者) 지시의령기교(只是衣領旣交) 자유여구지상(自有如矩之象) 위속임구변자(謂續衽鉤邊者) 지시련속상방(只是連續裳旁) 무전후폭지봉(無前後幅之縫) 좌우교구(左右交鉤) 즉위구변(卽爲鉤邊) 비유별포일(非有別布一) 폭재(幅裁) 여구(如矩) 이철우상방야(如鉤而綴於裳旁也) 방령지설(方領之說) 선생이수지가례의(先生已修之家禮矣) 이속임구변(而續衽鉤邊) 칙미급수언(則未及修焉)○양씨복왈(楊氏復曰) 심의제도(深衣制度) 유속임구변일절(惟續衽鉤邊一節) 난고(難考) 안례기옥조심의소(按禮記玉藻深衣疏) 황씨웅씨공씨삼설개부동(皇氏熊氏孔氏三說皆不同) 황씨이상복지임(皇氏以喪服之衽)ㅄ廣頭在上 深衣之衽 廣頭在下 喪服與深衣二者 相對爲衽 孔氏以衣下屬幅而 裳上屬幅而上 衣裳二者 相對爲衽 此其不同者 一也 皇氏以衽爲裳之兩旁皆有 孔氏以衽爲裳之一邊所有 此其不同者 二也 皇氏所謂廣頭在上 爲喪服之衽

者 熊氏又以此爲齊祭服之袩 一以爲吉服之袩 一以爲凶服之袩 此其不同者 三也 家禮以深衣續袩之制 兩廣頭向上 似與 皇氏喪服之袩 熊氏齊祭服之袩相類 此爲可疑 是以先生晚歲所疑深衣 去家禮舊說曲裾之制而不用 蓋有深意 恨未得聞其 說之詳也 及得祭淵所聞 齊知先생所以去舊說曲裾之意 復又取禮記深衣篇熟讀之 始知鄭康成註 續袩二字 文義甚明 特 疏家亂之耳 按鄭註曰 續猶屬也 袩在裳旁者也 屬連之 不殊裳前後也 鄭註之意 蓋謂凡裳前三幅 後四幅 夫旣分前後 則 其旁兩幅 分開而不相屬 惟深衣裳 十二幅 交裂裁之 以名爲袩 見玉藻袩當旁社 所謂續袩者 指在裳旁兩幅言之 謂屬連 裳旁兩幅 不殊裳前後也 疏家不詳考其文義 但見袩在裳旁一句 意謂別用布一幅裁之如鉤而垂於裳旁 妄生穿鑿 紛紛異同 愈多愈亂 自漢至今二千餘年 讀者皆求之於別用一幅布之中 而註之本義 爲其掩蓋而不可見 夫疏 所以釋註也 今推尋鄭 註本文 其義如此 이황씨웅씨등소석(而皇氏熊氏等所釋) 기류여피(其謬如彼) 개가이일소이거지의(皆可以一掃而去之矣) 선사만세(先師晚歲) 지소가지실(知疏家之失) 이미급수정(而未及修定) 우고저정주어가례심의곡거지하(愚故著鄭註於 家禮深衣曲裾之下) 이파소가지류(以破疏家之謬) 차이견선사만세이정지설운(且以見先師晚歲已定之說云)○劉氏璋曰 深衣之制 用白細布 鍛濯灰治 使之和熟 其人肥大 則布幅隨而闊 瘦細則幅隨而狹 不必拘於尺寸 裳十二幅 以應十有二 月 袂圓應規 袂袖口也 曲袷如矩 應方 曲袷者 交領也 負繩及踝 應直 負繩 謂背後縫 上下相當而取直如繩之正 非謂用 縫爲負繩也 踝足跟也 及踝者 裳止其足 取長無被土之義 下齊如權衡 應平 裳下曰齊 齊 緝也 取齊平若衡而無低仰參差 也 規矩繩權衡 五法已施 故聖人服之 先王貴之 可以爲文 可以爲武 可以擯相 可以治軍旅 自士以上 深衣爲之次 庶人 吉服 深衣而已 夫事尊者 蓋以多飾爲孝 구대부모(具大父母) 의순이궤(衣純以繢) 순연야(純緣也) 궤화야(繢畫也) 화오 채이위문(畫五彩以爲文) 상차이화(相次而畫) 구부모(具父母) 의순이청(衣純以靑) 고자(孤子) 순이소(純以素) 금용흑 증(今用黑繒) 이종간역야(以從簡易也)

●흑연(黑緣)

연용흑증(緣用黑繒) 령표리각이촌(領表裏各二寸) 메구상변(袂口裳邊) 표리각일촌반(表裏各一寸 半) 메구(袂口) 포외(布外) 별차연지광(別此緣之廣)

●대대(大帶)

대용백증(帶用白繒) 광사촌(廣四寸) 협봉지(夾縫之) 기장(其長) 위요이결어전(圍腰而結於前) 재료지(再繚之) 위량이(爲兩耳) 내수기여위신(乃垂其餘爲紳) 하여상제(下與裳齊) 이흑증식기신 (以黑繒飾其紳) 복이오채조광삼분(復以五采條廣三分) 약기상결지처(約其相結之處) 장여신제(長 與紳齊)

●치관(緇冠)

호지위지(糊紙爲之) 무고(武高) 촌허(寸許) 광삼촌(廣三寸) 무사촌(袤四寸) 상위오량(上爲五梁) 광여무지무이장팔촌(廣如武之袤而長八寸) 과정전후(跨頂前後) 하저어무(下著於武) 굴기량단각 반촌(屈其兩端各半寸) 자외향내(自外向內) 이흑칠지(而黑漆之) 무지량방반촌지상(武之兩旁半寸 之上) 규이수계(竅以受筓) 계용치골범백물(筓用齒骨凡白物)

●복건(幅巾)

용흑증륙척허(用黑繒六尺許) 중굴지(中屈之) 우변(右邊) 취굴처위횡첩(就屈處爲橫㡇) 좌변(左 邊) 반굴지(反屈之) 자첩(自㡇) 좌사오촌간사(左四五寸間斜) 좌사오촌간(左四五寸間) 사봉향좌 원(斜縫向左圓) 곡이하수순(曲而下遂循) 좌변지우양말(左邊至于兩末) 복반소봉여증(復反所縫餘 繒) 사지향이이첩(使之向裏以㡇) 당액전이지양빈방(當額前裏之兩鬢旁) 각철일대(各綴一帶) 광 이촌장이척(廣二寸長二尺) 자건외과정후(自巾外過頂後) 상결이수지(相結而垂之)

●흑리(黑履)

백구억순기(白絇繶純綦)

류씨해손왈(劉氏垓孫曰) 리지유구(履之有絇) 위리두(謂履頭) 이조위비(以條爲鼻) 혹용증일촌굴지위구(或用繒一寸屈 之爲絇) 소이수계천관자야(所以受繋穿貫者也) 억위리봉중순야(繶謂履縫中絍也) 이백사위하연(以白絲爲下緣) 고위지 억(故謂之繶) 순자(純者) 식야(飾也) 기속어근(綦屬於跟) 소이계리자야(所以繫履者也)

◆사마씨거가잡의(司馬氏居家雜儀)

차장(此章) 본재혼례지후(本在昏禮之後) 금안차내가거평일지사(今按此乃家居平日之事) 소이정 륜리독은애자(所以正倫理篤恩愛者) 기본개재어차(其本皆在於此) 필능행차(必能行此) 연후기의 장도수유가관언(然後其儀章度數有可觀焉) 부연칙절문수구(不然則節文雖具) 이본실무취(而本實 無取) 군자소부귀야(君子所不貴也) 고역렬어수편(故亦列於首篇) 사람자지지소선언(使覽者知所先 焉)

범위가장(凡爲家長) 필근수례법(必謹守禮法) 이어군자제급가중(以御羣子弟及家衆) 분지이직(分 之以職) 위사지장창름구고포주사업전원지류(謂使之掌倉廩廐庫庖廚舍業田園之類) 수지이사(授之以事)위조석소

간급비상지사(謂朝夕所幹及非常之事) 이책기성공(而責其成功) 제재용지절(制財用之節) 량입이위출(量入以爲出) 칭가지유무(稱家之有無) 이급상하지의식(以給上下之衣食) 급길흉지비(及吉凶之費) 개유품절이막부균일(皆有品節而莫不均壹) 재성용비(裁省冗費) 금지사화(禁止奢華) 상수초존영여(常須稍存贏餘) 이비부우(以備不虞)

범제비유(凡諸卑幼) 사무대소(事無大小) 무득전행(毋得專行) 필자품어가장(必咨稟於家長)역왈가인(易曰家人) 유엄군언(有嚴君焉) 부모지위야(父母之謂也) 안유엄군재상이기하(安有嚴君在上而其下) 감직행자자부고자호(敢直行自恣不顧者乎) 수비부모(雖非父母) 당시위가장자(當時爲家長者) 역당자품이행지(亦當咨稟而行之) 칙호령출어일인(則號令出於一人) 가정시가득이치의(家政始可得而治矣)

범위자위부자(凡爲子爲婦者) 무득축사재(毋得蓄私財) 봉록급전댁소입(俸祿及田宅所入) 진귀지부모구고(盡歸之父母舅姑) 당용칙청이용지(當用則請而用之) 부감사가(不敢私假) 부감사여(不敢私與)내칙왈(內則曰) 자부무사화(子婦無私貨) 무사축(無私蓄) 무사기(無私器) 부감사가(不敢私假) 부감사여(不敢私與) 부혹사지음식의복포백패세채란(婦或賜之飮食衣服布帛佩帨茝蘭) 칙수이헌제구고(則受而獻諸舅姑) 구고수지즉희(舅姑受之則喜) 역신수사(亦新受賜) 약반사칙사(若反賜之則辭) 부득명(不得命) 여경수사(如更受賜) 장지이대핍(藏之以待乏) 정강성왈(鄭康成曰) 대구고지핍야(待舅姑之乏也) 부득명자(不得命者) 부견허야(不見許也) 우왈(又曰) 부약유사친형제(婦若有私親兄弟) 장여지(將與之) 칙필복청기고(則必復請其故) 사이후여지(賜而後與之) 부인자지신(夫人子之身) 부모지신야(父母之身也) 신차부감자유(身且不敢自有) 황감유재백호(況敢有財帛乎) 약부자이재(若父子異財) 호상가차(互相假借) 칙시유자부이부모빈자(則是有子富而父母貧者) 부모기이자포자(父母飢而子飽者) 가의소위차부우서(賈誼所謂借父耰鉏) 려유덕색(慮有德色) 모취기추(母取箕箒) 립이수(立而誶)<음쇄(音碎)>어(語) 부효부의(不孝不義) 숙심어차(孰甚於此)

범자사부모(凡子事父母)손사조부모동(孫事祖父母同) 부사구고(婦事舅姑)손부역동(孫婦亦同) 천욕명(天欲明) 함기(咸起) 관(盥)음관(音管) 세수야(洗手也) 수즐(漱櫛)조슬절(阻瑟切) 소두야(梳頭也) 총(總)소이속발(所以束髮) 금지두(今之頭)須 구관대(具冠帶)장부(丈夫) 모자삼대(帽子衫帶) 부인(婦人) 관자배자(冠子背子) 매상(昧爽)위천명암상교지제(謂天明暗相交之際) 적부모구고지소(適父母舅姑之所) 성문(省問)장부(丈夫) 창야(唱喏) 부인(婦人) 도만복(道萬福) 잉문시자야래안부하여(仍問侍者夜來安否何如) 시자왈안(侍者曰安) 내퇴(乃退) 기혹부안절(其或不安節) 칙시자이고(則侍者以告) 차즉례지신성야(此卽禮之晨省也) 부모구고기(父母舅姑起) 자공약물(子供藥物)약물(藥物) 내관신지절무(乃關身之切務) 인자당친자검수조자공진(人子當親自檢數調煮供進) 부가단위비복(不可但委婢僕) 탈약유오(脫若有誤) 즉기화부측(卽其禍不測) 부구신수(婦具晨羞)속위점심(俗謂點心) 역왈(易曰) 재중궤(在中饋) 시운유주식시의(詩云維酒食是議) 범팽조음선(凡烹調飮饍) 부인지직야(婦人之職也) 근년부녀교거(近年婦女驕倨) 개부긍입포주(皆不肯入庖廚) 금종부친집도비(今縱不親執刀匕) 역당검교감시(亦當檢校監視) 무령정결(務令精潔) 공구필(供具畢) 내퇴(乃退) 각종기사(各從其事) 장식(將食) 부청소욕어가장(婦請所欲於家長) 위부모구고(謂父母舅姑) 혹당시가장야(或當時家長也) 비유(卑幼) 각부득자소욕(各不得恣所欲) 퇴구이공지(退具而供之) 존장거근(尊長擧筋) 자부내각퇴취식(子婦乃各退就食) 장부부인(丈夫婦人) 각설식어타소(各設食於他所)₩의장유이좌(依長幼而坐) 기음식필균일(其飮食必均壹) 유자우식어타소(幼子又食於他所) 역의장유(亦依長幼) 석지이좌(席地而坐) 남좌어좌(男坐於左) 녀좌어우(女坐於右) 급석식(及夕食) 역여지(亦如之) 기야(旣夜) 부모구고장침(父母舅姑將寢) 칙안치이퇴(則安置而退)장부창야(丈夫唱喏) 부녀도안치(婦女道安置) 차즉례지혼정야(此卽禮之昏定也) 거한무사(居閒無事) 칙시어부모구고지소(則侍於父母舅姑之所) 용모필공(容貌必恭) 집사필근(執事必謹) 언어응대(言語應對) 필하기이성(必下氣怡聲) 출입기거(出入起居) 필근부위지(必謹扶衛之) 부감체타훤호어부모구고지측(不敢涕唾喧呼於父母舅姑之側) 부모구고부명지좌(父母舅姑不命之坐) 부감좌(不敢坐) 부명지퇴(不命之退) 부감퇴(不敢退)

범자수부모지명(凡子受父母之命) 필적기이패지(必籍記而佩之) 시성이속행지(時省而速行之) 사필칙반명언(事畢則返命焉) 혹소명유부가행자(或所命有不可行者) 칙화색유성(則和色柔聲) 구시비리해이백지(具是非利害而白之) 대부모지허(待父母之許) 연후개지(然後改之) 약부허(若不許) 구어사(苟於事) 무대해자(無大害者) 역당곡종(亦當曲從) 약이부모지명위비이직행기지(若以父母之命爲非而直行己志) 수소집개시(雖所執皆是) 유위부순지자(猶爲不順之子) 황미필시호(況未必是乎)

범부모유과(凡父母有過) 하기이색유성이간(下氣怡色柔聲以諫) 간약부입(諫若不入) 기경기효(起敬起孝) 열칙복간(悅則復諫) 부설(不說) 여기득죄어향당주려(與其得罪於鄉黨州閭) 녕숙간(寧熟諫) 부모노부열이달지류혈(父母怒不悅而撻之流血) 부감질원(不敢疾怨) 기경기효(起敬起孝) 양씨복왈(楊氏復曰) 부모유과(父母有過) 하기이성이간(下氣怡聲以諫) 소위기간야(所謂幾諫也) 부모노이달지(父母怒而撻之) 유부감원(猶不敢怨) 황하어차자호(況下於此者乎) 간부무(諫不無) 기경기효(起敬起孝) 간이노(諫而怒) 역기경기효(亦起敬起孝) 경효지외(敬孝之外) 기용유타념재(豈容有他念哉) 시설야(是說也) 성인저지론어의(聖人著之論語矣)

범위인자제자(凡爲人子弟者) 부감이귀부가어부형종족(不敢以貴富加於父兄宗族)가위시기귀부(加謂恃其貴富) 부솔비유지례(不率卑幼之禮)

범위인자자(凡爲人子者) 출필고(出必告) 반필면(反必面) 유빈객(有賓客) 부감좌어정청(不敢坐於正廳)유빈객(有賓客) 좌어서원(坐於書院) 무서원칙좌어청지방측(無書院則坐於廳之旁側) 승강(升降) 부감유동계(不敢由東階) 상하마부감당청(上下馬不敢當廳) 범사부감자의어기부(凡事不敢自擬於其父) 양씨복왈(楊氏復曰) 고(告) 공독반(工篤反) 고여면동(告與面同) 반언면자(反言面者) 종외래(從外來) 의지친지안색안부(宜知親之顔色安否) 위인친자무일념이망기자(爲人親者無一念而忘其子) 고유의려의문지망(故有倚閭倚門之望) 위인자자(爲人子者) 무일념이망기친(無一念而忘其親) 고유출고반면지례(故有出告反面之禮) 생칙출고반면(生則出告反面) 몰칙고행음지(沒則告行飮至) 사망여사존야(事亡如事存也)

범부모구고유질(凡父母舅姑有疾) 자부무고(子婦無故) 부리측(不離側) 친조상약이공지(親調嘗藥而供之) 부모유질(父母有疾) 자색부만용(子色不滿容) 부희소(不戲笑) 부연유(不宴遊) 사치여사(舍置餘事) 전이영의검방합약위무(專以迎醫檢方合藥爲務) 질이(疾已) 복초(復初) 안반가훈왈(顔反家訓曰) 부모유질(父母有疾) 자배의이구약(子拜醫以求藥) 개이의자(蓋以醫者) 친지존망소계(親之存亡所繫) 기가오홀야(豈可傲忽也)

범자사부모(凡子事父母) 부모소애(父母所愛) 역당애지(亦當愛之) 소경역당경지(所敬亦當敬之) 지어견마진연(至於犬馬盡然) 이황어인호(而況於人乎) 양씨복왈(楊氏復曰) 효자애경지심(孝子愛敬之心) 무소부지(無所不至) 고부모지소애경자(故父母之所愛敬者) 수견마지천(雖犬馬之賤) 역애경지(亦愛敬之) 황인호재(況人乎哉) 고거기우자언지(故擧其尤者言之) 약형약제(若兄若弟) 오부모지소애야(吾父母之所愛也) 오기가이부애호(吾其可以不愛乎) 약박지(若薄之) 시박오부모야(是薄吾父母也) 약친약현(若親若賢) 오부모지소경야(吾父母之所敬也) 오기가부경지호(吾其可不敬之乎) 약만지(若慢之) 시만오부모야(是慢吾父母也) 추류이장(推類而長) 막부개연(莫不皆然) 약진무혹풍담지참(若晉武惑馮紞之讒) 부사태후지언이소제왕유(不思太后之言而疏齊王攸) 당고종닉무씨지총(唐高宗溺武氏之寵) 부념태종고탁지명이살장손무기(不念太宗顧託之命而殺長孫無忌) 개례경지죄인야(皆禮經之罪人也)

범자사부모(凡子事父母) 악기심(樂其心) 부위기지(不違其志) 악기이목(樂其耳目) 안기침처(安其寢處) 이기음식(以其飮食) 충양지(忠養之) 유사장(幼事長) 천사귀(賤事貴) 개방차(皆倣此) 류씨장왈(劉氏璋曰) 악기심자(樂其心者) 위좌우시양야(謂左右侍養也) 신혼정성야(晨昏定省也) 출입종유야(出入從游也) 기거봉시야(起居奉侍也) 필당색토기심지소호자소악자하재(必當賾討其心之所好者所惡者何在) 구비패호대의(苟非悖乎大義) 칙멸부가종(則蔑不可從) 소이안고로자지행이적기기야(所以安固老者之行以適其氣也) 악기이목자(樂其耳目者) 비성색지말야(非聲色之末也) 선언상입어친이(善言常入於親耳) 선행상열어친목(善行常悅於親目) 개소이악지야(皆所以樂之也) 안기침처자(安其寢處者) 위당실정제필완결(謂堂室庭除必完潔) 점석전욕금침장악(簟席氈褥衾枕帳幄) 필수치지류(必修治之類)

범자부미경미효(凡子婦未敬未孝) 부가거유증질(不可遽有憎疾) 고교지(姑敎之) 약부가교(若不可敎) 연후노지(然後怒之) 약부가노(若不可怒) 연후태지(然後笞之) 루태이종부개(屢笞而終不改) 자방부출(子放婦出) 연역부명언기범례야(然亦不明言其犯禮也) 자심의기처(子甚宜其妻) 부모부열(父母不悅) 출(出) 자부의기처(子不宜其妻) 부모왈(父母曰) 시선사아(是善事我) 자행부부지례언(子行夫婦之禮焉) 몰신부쇠(沒身不衰)

범위궁실(凡爲宮室) 필변내외(必辨內外) 심궁고문(深宮固門) 내외부공정(內外不共井) 부공욕당(不共浴堂) 부공측(不共廁) 남치외사(男治外事) 녀치내사(女治內事) 남자주무고(男子晝無故) 부처사실(不處私室) 부인무고(婦人無故) 부규중문(不窺中門) 남자야행이촉(男子夜行以燭) 부인유고출중문(婦人有故出中門) 필옹폐기면(必擁蔽其面)여개두면모지류(如蓋頭面帽之類) 남복비유선수급유대고(男僕非有繕修及有大故)위수화도적지류(謂水火盜賊之類) 부입중문(不入中門) 입중문(入中門) 부인필피지(婦人必避之) 부가피(不可避) 역위여수화도적지류(亦謂如水火盜賊之類) 역필이수차기면(亦必以袖遮其面) 녀복무고(女僕無故) 부출중문(不出中門) 유고출중문(有故出中門) 역필옹폐기면(亦必擁蔽其面)수소비(雖小婢) 역연(亦然) 령하창두(鈴下蒼頭) 단주통내외지언(但主通內外之言) 전치내외지물(傳致內外之物) 무득첩승당실입포주(毋得輒升堂室入庖廚)

범비유어존장(凡卑幼於尊長) 신역성문(晨亦省問) 야역안치(夜亦安置)장부(丈夫) 창야(唱喏) 부인(婦

人) 도만복안치(道萬福安置) 좌이존장과지(坐而尊長過之) 칙기(則起) 출우존장어도(出遇尊長於塗) 칙하마(則下馬) 부견존장재경숙이상(不見尊長再經宿以上) 칙재배(則再拜) 오숙이상(五宿以上) 칙사배(則四拜) 하동지정단(賀冬至正旦) 륙배(六拜) 삭망사배(朔望四拜) 범배수(凡拜數) 혹존장림시감이지지(或尊長臨時減而止之) 칙종존장지명(則從尊長之命) 오가동거종족중다(吾家同居宗族衆多) 동지삭망(冬至朔望) 취어당상(聚於堂上) 차가설남면지당(此假設南面之堂) 약댁사이제(若宅舍異制) 림시종의(臨時從宜) 장부처좌서상(丈夫處左西上) 부인처우동상(婦人處右東上) 좌우(左右) 위가장지좌우(謂家長之左右) 개북향공위일렬(皆北向共爲一列) 각이장유위서(各以長幼爲序) 부이부지장유위서(婦以夫之長幼爲序) 부이신지장유위서(不以身之長幼爲序) 공배가장필(共拜家長畢) 장형립어문지좌(長兄立於門之左) 장자립어문지우(長姊立於門之右) 개남향(皆南向) 제제매이차배흘(諸弟妹以次拜訖) 각취렬(各就列) 장부서상(丈夫西上) 부인동상(婦人東上) 공수비유배(共受卑幼拜) 이종족다(以宗族多) 약인인치배(若人人致拜) 칙부승번로(則不勝煩勞) 고동렬공수지(故同列共受之) 수배흘(受拜訖) 선퇴(先退) 후배립수배어문동서(後輩立受拜於門東西) 여전배지의(如前輩之儀) 약비유자원방지(若卑幼自遠方至) 견존장(見尊長) 우존장삼인이상동처자선공재배(遇尊長三人以上同處者先共再拜) 서한훤문기거흘(叙寒暄問起居訖) 우삼재배이지(又三再拜而止) 신야창야(晨夜唱喏) 만복안치(萬福安置) 약존장삼인이상동처(若尊長三人以上同處) 역삼이지(亦三而止) 소이피번야(所以避煩也)

범수녀(凡受女) 급외생배(及外甥拜) 립이부지(立而扶之) 부(扶) 위추책(謂捘策) 외손칙립이수지(外孫則立而受之) 가야(可也)

범절서급비시가연(凡節序及非時家宴) 상수어가장(上壽於家長) 비유성복(卑幼盛服) 서립여삭망지의(序立如朔望之儀) 선재배(先再拜) 자제지최장자일인(子弟之最長者一人) 진립어가장지전(進立於家長之前) 유자일인(幼者一人) 진홀집주잔(搢笏執酒盞) 립어기좌(立於其左) 일인진홀집주주(一人搢笏執酒注) 립어기우(立於其右) 장자진홀궤짐주(長者搢笏跪斟酒) 축왈(祝曰) 복원모관비응오복(伏願某官備膺五福) 보족의가(保族宜家) 존장음필(尊長飲畢) 수유자잔주(授幼者盞注) 반기고처(反其故處) 장자출홀(長者出笏) 면복흥(俛伏興) 퇴여비유개재배(退與卑幼皆再拜) 가장명제비유좌(家長命諸卑幼坐) 개재배이좌(皆再拜而坐) 가장명시자(家長命侍者) 편초제비유(徧酢諸卑幼) 제비유개기서립여전(諸卑幼皆起序立如前) 구재배(俱再拜) 취좌음흘(就坐飲訖) 가장명역복(家長命易服) 개퇴역편복(皆退易便服) 환복취좌(還復就坐)

범자시생(凡子始生) 약위지구유모(若爲之求乳母) 필택량가부인(必擇良家婦人) 초온근자(稍溫謹者) 유모부량(乳母不良) 비유패란가법(非惟敗亂家法) 겸령소사지자성행(兼令所飼之子性行) 역류지(亦類之) 자능식(子能食) 사지(飼之) 교이우수(敎以右手) 자능언(子能言) 교지자명급창야만복안치(敎之自名及唱喏萬福安置) 초유지(稍有知) 칙교지이공경존장(則敎之以恭敬尊長) 유부식존확장유자(有不識尊穜長幼者) 칙엄가금지(則嚴訶禁之) 고유태교(古有胎敎) 황어이생(況於已生) 자시생미유지(子始生未有知) 고거이례(固擧以禮) 황어이유지(況於已有知) 공자왈(孔子曰) 유성약천성(幼成若天性) 습관여자연(習慣如自然) 안씨가훈왈(顏氏家訓曰) 교부초래(敎婦初來) 교자영해(敎子嬰孩) 고어기시유지(故於其始有知) 부가부사지지존비장유지례(不可不使之知尊卑長幼之禮) 약모리부모(若侮詈父母) 구격형자(歐擊兄姊) 부모부가금(父母不加訶禁) 반소이장지(反笑而獎之) 피기미변호악(彼旣未辨好惡) 위례당연(謂禮當然) 급기장성(及其旣長) 습이성성(習以性成) 내노이금지(乃怒而禁之) 부가복제(不可復制) 어시부질기자(於是父疾其子) 자원기부(子怨其父) 잔인패역(殘忍悖逆) 무소부지(無所不至) 개부모무심식원려(蓋父母無深識遠慮) 부능방미두점(不能防微杜漸) 닉어소자(溺於小慈) 양성기악고야(養成其惡故也) 륙세(六歲) 교지수(敎之數) 위일십백천만(謂一十百千萬) 여방명(與方名) 위동서남북(謂東西南北) 남자시습서자(男子始習書字) 녀자시습녀공지소자(女子始習女工之小者) 칠세(七歲) 남녀부동석(男女不同席) 부공식(不共食) 시송효경론어(始誦孝經論語) 수녀자(雖女子) 역의송지(亦宜誦之) 자칠세이하(自七歲以下) 위지유자(謂之孺子) 조침안기(早寢晏起) 식무시(食無時) 팔세(八歲) 출입문호급즉석음식(出入門戶及卽席飲食) 필후장자(必後長者) 시교지이겸양(始敎之以謙讓) 남자(男子) 송상서(誦尙書) 녀자부출중문(女子不出中門) 구세(九歲) 남자송춘추급제사(男子誦春秋及諸史) 시위지강해(始爲之講解) 사효의리(使曉義理) 녀자역위지강해론어효경급렬녀전녀계지류(女子亦爲之講解論語孝經及列女傳女戒之類) 략효대의(略曉大義) 고지현녀(古之賢女) 무부관도사이자감(無不觀圖史以自鑒) 여조대가지도(如曹大家之徒) 개정통경술(皆精通經術) 의론명정(議論明正) 금인혹교녀자이작가시집속악(今人或敎女子以作歌詩執俗樂) 수비소의야(殊非所宜也) 십세(十歲) 남자출취외부(男子出就外傅) 거숙어외(居宿於外) 독시서(讀詩書) 부위지강해(傅爲之講解) 사지인의례지신(使知仁義禮智信) 자시이왕(自是以往) 가이독맹순양자(可以讀孟荀揚子) 박관군서(博觀羣書) 범소독서(凡所讀書) 필택기정요자이독지(必擇其精要者而讀之) 여례기학기대학중용악기지류(如禮記學記大學中庸樂記之類) 타서방차(他書倣此) 기이단비성현지서(其異端非聖賢之書) 전의금지(傳宜禁之) 물사망관이혹란기지

(勿使妄觀以惑亂其志) 관서개통(觀書皆通) 시가학문사(始可學文辭) 녀자칙교이완만(女子則教以婉娩)만(娩) 음만(音晚) 완만(婉娩) 유순모(柔順貌) 청종급녀공지대자(聽從及女工之大者)녀공(女工) 위잠상직적재봉급위음선(謂蠶桑織績裁縫及爲飮饍) 부유정시부인지직(不惟正是婦人之職) 겸욕사지지의식소래지간난(兼欲使之知衣食所來之艱難) 부감자위사려(不敢恣爲奢麗) 지어찬조화교지물(至於纂組華巧之物) 역부필습야(亦不必習也) 미관계자(未冠笄者) 질명이기(質明而起) 총각회(總角䤪)회(䤪) 음회(音悔) 세면야(洗面也) 면(面) 이견존장(以見尊長) 좌장자공양(佐長者供養) 제사칙좌집주식(祭祀則佐執酒食) 약기관계(若旣冠笄) 칙개책이성인지례(則皆責以成人之禮) 부득복언동유의(不得復言童幼矣)

범내외복첩계초명(凡內外僕妾雞初鳴) 함기(咸起) 즐총관수의복(櫛總盥漱衣服) 남복쇄소청사급정(男僕灑掃廳事及庭) 령하창두쇄소중정(鈴下蒼頭灑掃中庭) 녀복쇄소당실(女僕灑掃堂室) 설의탁(設倚卓) 진관수즐회지구(陳盥漱櫛靧之具) 주부주모(主父主母) 기기칙불상벽(旣起則拂床襞)벽(襞) 음벽(音壁) 첩의야(疊衣也) 금(衾) 시립좌우(侍立左右) 이비사령(以備使令) 퇴이구음식(退而具飮食) 득간칙완탁인봉(得間則浣濯紉縫) 선공후사(先公後私) 급야칙복불상전금(及夜則復拂床展衾) 당주(當晝) 내외복첩(內外僕妾) 유주인지명(惟主人之命) 각종기사(各從其事) 이공백역(以供百役)

범녀복동배(凡女僕同輩)위형제소사(謂兄弟所使) 위장자위자(謂長者爲姊) 후배(後輩)[위제자사소사(謂諸子舍所使)]위전배위이(謂前輩爲姨)[내칙운(內則云) 수비첩(雖婢妾) 의복음식필후장자(衣服飮食必後長者) 정강성왈(鄭康成曰) 인귀천부가이무례(人貴賤不可以無禮) 고사지서장유(故使之序長幼)] 무상옹목(務相雍睦) 기유투쟁자(其有鬪爭者) 주부주모문지(主父主母聞之) 즉가금지(卽訶禁之) 부지(不止) 즉장지(卽杖之) 리곡자(理曲者) 장다(杖多) 일지일부지(一止一不止) 독장부지자(獨杖不止者)

범남복(凡男僕) 유충신가임자(有忠信可任者) 중기록(重其祿) 능간가사(能幹家事) 차지(次之) 기전무기사(其專務欺詐) 배공순사(背公徇私) 루위도절(屢爲盜竊) 롱권범상자(弄權犯上者) 축지(逐之)

범녀복(凡女僕) 년만부원류자(年滿不願留者) 종지(縱之) 근구소과자(勤舊少過者) 자이가지(資而嫁之) 기량면이설(其兩面二舌) 식허조참(飾虛造讒) 리간골육자(離間骨肉者) 축지(逐之) 루위도절자(屢爲盜竊者) 축지(逐之) 방탕부근자(放蕩不謹者) 축지(逐之) 유리반지지자(有離叛之志者) 축지(逐之)

▶가례권제이(家禮卷第二)◀
◆관례(冠禮)
◆관(冠)

양씨복왈(楊氏復曰) 유언서의중관례(有言書儀中冠禮) 간역가행자(簡易可行者) 선생왈(先生曰) 부독서의(不獨書儀) 고관례역자간역(古冠禮亦自簡易)

●남자년십오지이십개가관(男子年十五至二十皆可冠)

사마온공왈(司馬溫公曰) 고자(古者) 이십이관(二十而冠) 개소이책성인지례(皆所以責成人之禮) 개장책위인자위인제위인신위인소자지행어기인(蓋將責爲人子爲人弟爲人臣爲人少者之行於其人) 고기례부가이부중야(故其禮不可以不重也) 근세이래(近世以來) 인정경박(人情輕薄) 과십세이총각자소의(過十歲而總角者少矣) 피책이사자지행(彼責以四者之行) 기지지재(豈知之哉) 왕왕자유지장(往往自幼至長) 우애약일(愚騃若一) 유부지성인지도고야(由不知成人之道故也) 금수미능거혁(今雖未能遽革) 차자십오이상(且自十五以上) 사기능통효경론어조지례의(俟其能通孝經論語粗知禮義) 연후관지(然後冠之) 기역가야(其亦可也)

●필부모무기이상상시가행지(必父母無期以上喪始可行之)

대공미장(大功未葬) 역부가행(亦不可行)

●전기삼일주인고우사당(前期三日主人告于祠堂)

고례(古禮) 서왈(筮曰) 금부능연(今不能然) 단정월내택일일(但正月內擇一日) 가야(可也) 주인

(主人) 위관자지조부자위계고조지종자자(謂冠者之祖父自爲繼高祖之宗子者) 약비종자(若非宗子) 즉필계고조지종자주지(則必繼高祖之宗子主之) 유고칙명기차종자약기부(有故則命其次宗子若其父) 자주지(自主之) 고례(告禮) 견사당장(見祠堂章) 축판(祝版) 전동(前同) 단운모지자모약모지모친지자모(但云某之子某若某之某親之子某) 년점장성(年漸長成) 장이모월모일(將以某月某日) 가관어기수(加冠於其首) 근이후동(謹以後同) 약족인이종자지명(若族人以宗子之命) 자관기자(自冠其子) 기축판역이종자위주왈(其祝版亦以宗子爲主曰) 사개자모(使介子某)〇약종자이고이자관(若宗子已孤而自冠) 칙역자위주인(則亦自爲主人) 축판(祝版) 전동(前同) 단운모장이모월모일(但云某將以某月某日) 가관어수(加冠於首) 근이후동(謹以後同)

●계빈(戒賓)

고례(古禮) 서빈(筮賓) 금부능연(今不能然) 단택붕우현이유례자일인(但擇朋友賢而有禮者一人) 가야(可也) 시일(是日) 주인심의예기문(主人深衣詣其門) 소계자출견여상의(所戒者出見如常儀) 철다필(啜茶畢) 계자기언왈(戒者起言曰) 모유자모(某有子某) 약모지모친유자모(若某之某親有子某) 장가관어기수(將加冠於其首) 원오자지교지야(願吾子之敎之也) 대왈(對曰) 모부민(某不敏) 공부능공사(恐不能供事) 이병오자(以病吾子) 감사(敢辭) 계자왈(戒者曰) 원오자지종교지야(願吾子之終敎之也) 대왈(對曰) 오자중유명(吾子重有命) 모감부종(某敢不從) 지원칙서초청지사위서(地遠則書初請之辭爲書) 견자제치지(遣子弟致之) 소계자사(所戒者辭) 사자고청(使者固請) 내허이복서왈(乃許而復書曰) 오자유명(吾子有命) 모감부종(某敢不從)〇약종자자관(若宗子自冠) 칙계사(則戒辭) 단왈(但曰) 모장가관어수(某將加冠於首) 후동(後同)

●전일일숙빈(前一日宿賓)

견자제(遣子弟) 이서치사왈(以書致辭曰) 래일(來日) 모장가관어자모(某將加冠於子某) 약모친모자모지수(若某親某子某之首) 오자장리지감숙(吾子將莅之敢宿) 모상모인(某上某人) 답서왈(答書曰) 모감부숙흥(某敢不夙興) 모상모인(某上某人)〇약종자자관(若宗子自冠) 칙사지소개여기계빈(則辭之所改如其戒賓)

●진설(陳設)

설관세어청사(設盥帨於廳事) 여사당지의(如祠堂之儀) 이역막위방어청사지동북(以帟幕爲房於廳事之東北) 혹청사무량계(或廳事無兩階) 칙이악화이분지후방차(則以堊畵而分之後放此)

사마온공왈(司馬溫公曰) 고례(古禮) 근엄지사(謹嚴之事) 개행지어묘(皆行之於廟) 금인기소가묘(今人旣少家廟) 기영당역편애(其影堂亦褊隘) 난이행례(難以行禮) 단관어외청(但冠於外廳) 계재중당(筓在中堂) 가야(可也) 사관례(士冠禮) 설세(設洗) 직어동영(直於東榮) 남북(南北) 이당심(以堂深) 수재세동(水在洗東) 금사가무뢰세(今私家無罍洗) 고단용관분세건이이(故但用盥盆帨巾而已)[관(盥) 탁수야(濯手也) 세(帨) 수건야(手巾也)] 청사무량계(廳事無兩階) 칙분기중앙(則分其中央) 이동자위조계(以東者爲阼階) 서자위빈계(西者爲賓階) 무실무방(無室無房) 칙잠이역막절기북위실(則暫以帟幕截其北爲室) 기동북위방(其東北爲房) 차개거청당남향자언지(此皆據廳堂南向者言之)〇류씨장왈(劉氏璋曰) 관의왈(冠義曰) 관례(冠禮) 서왈서빈(筮曰筮賓) 소이경관사(所以敬冠事) 관자(冠者) 례지시야(禮之始也) 가사지중자야(嘉事之重者也) 시고(是故) 고자중관(古者重冠) 중관고행지어묘자(重冠故行之於廟者) 소이존중사(所以尊重事) 존중사이감천중사(尊重事而敢擅重事) 소이자비이존선조야(所以自卑而尊先祖也)

●궐명숙흥진관복(厥明夙興陳冠服)

유관자(有官者) 공복대화홀(公服帶靴笏) 무관자(無官者) 란삼대화(襴衫帶靴) 통용조삼심의대대리즐(通用皂衫深衣大帶履櫛)렴략(捛) 개탁자제우방중(皆卓子除于房中) 동령북상(東領北上) 주주잔반(酒注盞盤) 역이탁자진우복북(亦以卓子陳于服北) 업두모자관계건(幞頭帽子冠笄巾) 각이일(各以一) 반성지(盤盛之) 몽이말(蒙以帕) 이탁자진우서계하(以卓子陳于西階下) 집사자일인수지(執事者一人守之) 장자칙포석우조계상지동소북서향(長子則布席于阼階上之東少北西向) 중자칙소서남향(衆子則少西南向)〇종자자관(宗子自冠) 칙여장자지석(則如長子之席) 소남(少南)

정자왈(程子曰) 금행관례(今行冠禮) 약제고복이관(若制古服而冠) 관료(冠了) 우부상저(又不常著) 각시위야(却是僞也) 필수용시지복(必須用時之服)

●주인이하서립(主人以下序立)

주인이하(主人以下) 성복취위(盛服就位) 주인조계하소동서향(主人阼階下少東西向) 자제친척동복(子弟親戚僮僕) 재기후(在其後) 중행서향(重行西向) 북상(北上) 택자제친척습례자일인위빈(擇子弟親戚習禮者一人爲儐) 립어문외서향(立於門外西向) 장관자(將冠者) 쌍계(雙紒) 사계삼(四揆衫) 륵백(勒帛) 채극(采屐) 재방중남면(在房中南面) 약비종자지자칙(若非宗子之子則) 기부립어주인지우(其父立於主人之右)　존칙소진(尊則少進)　비칙소퇴(卑則少退)○종자자관(宗子自冠)　칙복여장관자(則服如將冠者)　이취주인지위(而就主人之位)

●빈지주인영입승당(賓至主人迎入升堂)

빈자택기자제친척습례자위찬관자(賓自擇其子弟親戚習禮者爲贊冠者)　구성복(俱盛服)　지문외(至門外)　동면립(東面立)　찬자재우소퇴(贊者在右少退)　빈자입고주인(儐者入告主人)　주인출문좌(主人出門左)　서향재배(西向再拜)　빈답배(賓答拜)　주인읍찬자(主人揖贊者)　찬자보읍(贊者報揖)　주인수읍이행(主人遂揖而行)　빈찬종지(賓贊從之)　입문분정이행(入門分庭而行)　읍양이지계(揖讓而至階)　우읍양이승(又揖讓而升)　주인유조계선승(主人由阼階先升)　소동서향(少東西向)　빈유서계(賓由西階)　계승(繼升)　소서동향(少西東向)　찬자관세(贊者盥帨)　유서계승(由西階升)　립어방중(立於房中)　서향(西向)　빈자연우동서(儐者筵于東序)　소북서면(少北西面)　장관자출방남면(將冠者出房南面)○약비종자지자(若非宗子之子)　칙기부종출영빈입(則其父從出迎賓入)　종주인후빈이승(從主人後賓而升)　립어주인지우(立於主人之右)　여전(如前)

●빈읍장관자취석위가관건관자적방복심의납리출(賓揖將冠者就席爲加冠巾冠者適房服深衣納履出)

빈읍장관자(賓揖將冠者)　출방립우석우향석(出房立于席右向席)　찬자취즐수략(贊者取櫛𢁇掠)　치우석좌(置于席左)　흥립어장관자지좌(興立於將冠者之左)　빈읍장관자(賓揖將冠者)　즉석서향궤(卽席西向跪)　찬자즉석여기향궤(贊者卽席如其向跪)　위지즐합계시략(爲之櫛合紒施掠)　빈내강(賓乃降)　주인역강(主人亦降)　빈관필(賓盥畢)　주인읍승복위(主人揖升復位)　집사자이관건반진(執事者以冠巾盤進)　빈강일등수관계집지(賓降一等受冠笄執之)　정용서예장관자전(正容徐詣將冠者前)　향지축왈(向之祝曰)　길월령일(吉月令日)　시가원복(始加元服)　기이유지(棄爾幼志)　순이성덕(順爾成德)　수고유기(壽考維祺)　이개경복(以介景福)　내궤가지(乃跪加之)　찬자이건궤진(贊者以巾跪進)　빈수가지(賓受加之)　흥복위(興復位)　읍관자(揖冠者)　적방석사(適房釋四)A삼(衫)　복심의가대대납리(服深衣加大帶納履)　출방정용(出房正容)　남향립(南向立)　량구(良久)○약종자자관(若宗子自冠)　칙빈읍지취석빈강관필주인불강여병동(則賓揖之就席賓降盥畢主人不降餘並同)

양씨복왈(楊氏復曰) 서의시가이건(書儀始加以巾) 가례(家禮) 우선이관계(又先以冠笄) 내가건자(乃加巾者) 개관계(蓋冠笄) 정시고례(正是古禮)

●재가모자복조삼혁대계혜(再加帽子服皁衫革帶繫鞋)

빈읍관자(賓揖冠者)　즉석궤(卽席跪)　집사자이모자반진(執事者以帽子盤進)　빈강이등수지(賓降二等受之)　집이예관자전(執以詣冠者前)　축지왈(祝之曰)　길월령진(吉月令辰)　내신이복(乃申爾服)　근이위의(謹爾威儀)　숙신이덕(淑愼爾德)　미수영년(眉壽永年)　향수하복(享受遐福)　내궤가지(乃跪加之)　흥복위(興復位)　읍관자(揖冠者)　적방석심의(適房釋深衣)　복조삼혁대계혜(服皁衫革帶繫鞋)　출방립(出房立)

양씨복왈(楊氏復曰) 의례서의(儀禮書儀) 재가(再加) 빈관여초(賓盥如初)

●삼가업두공복혁대납화집홀약란삼납화(三加幞頭公服革帶納靴執笏若襴衫納靴)

예여재가(禮如再加)　유집사자(惟執事者)　이업두반진(以幞頭盤進)　빈강몰계수지(賓降沒階受之)　축사왈(祝辭曰)　이세지정(以歲之正)　이월지령(以月之令)　함가이복(咸加爾服)　형제구재(兄弟具在)　이성궐덕(以成厥德)　황구무강(黃耇無疆)　수천지경(受天之慶)　찬자철모(贊者徹帽)　빈내가업두(賓乃加幞頭)　집사자수모철즐(執事者受帽徹櫛)　입우방(入于房)　여병동(餘並同)

양씨복왈(楊氏復曰) 의례서의(儀禮書儀) 삼가(三加) 빈관여초(賓盥如初)

●내초(乃醮)

장자칙빈자개석우당중간(長子則儐者改席于堂中間)　소서남향(少西南向)　중자칙잉고석(衆子則仍故席)　찬자작주우방중(贊者酌酒于房中)　출방립우관자지좌(出房立于冠者之左)　빈읍관자(賓揖冠者)　취석우남향(就席右南向)　내취주취석전(乃取酒就席前)　북향축지왈(北向祝之曰)　지주기청(旨酒旣淸)　가천령방(嘉薦令芳)　배수제지(拜受祭之)　이정이상(以定爾祥)　승천지휴(承天之休)　수고부망(壽考不忘)　관자재배(冠者再拜)　승석남향수잔(升席南向受盞)　빈복위(賓復位)　동향답배(東向答拜)　관자진석전(冠者進席前)　궤제주(跪祭酒)　흥취석말(興就席末)　궤쵀주(跪啐酒)　흥강석

(興降席) 수찬자잔(授贊者盞) 남향재배(南向再拜) 빈동향답배(賓東向答拜) 관자수배찬자(冠者遂拜贊者) 찬자빈좌(贊者賓左) 동향소퇴답배(東向少退答拜)

사마온공왈(司馬溫公曰) 고자(古者) 관용례혹용주(冠用醴或用酒) 례칙일헌(醴則一獻) 주칙삼초(酒則三醮) 금사가무례(今私家無醴) 이주대지(以酒代之) 단개례사감례유후(但改醴辭甘醴惟厚) 위지주기청이(爲旨酒旣淸耳) 소이종간(所以從簡)○류씨해손왈(劉氏垓孫曰) 기왈초자(其曰醮者) 즉례기소위초어객위(卽禮記所謂醮於客位) 가유성야(加有成也)

●빈자관자(賓字冠者)

빈강계동향(賓降階東向) 주인강계서향(主人降階西向) 관자강자서계(冠者降自西階) 소동남향(少東南向) 빈자지왈(賓字之曰) 례의기비(禮儀旣備) 령월길일(令月吉日) 소고이자(昭告爾字) 원자공가(爰字孔嘉) 모사수의(髦士收宜) 의지우하(宜之于嘏) 영수보지(永受保之) 왈백모부(曰伯某父) 중숙계(仲叔季) 유소당(惟所當) 관자(冠者) 대왈(對曰) 모수부민(某雖不敏) 감부숙야지봉(敢不夙夜祗奉) 빈혹별작사(賓或別作辭) 명이자지지의(命以字之之意) 역가(亦可)

●출취차(出就次)

빈청퇴(賓請退) 주인청례빈(主人請禮賓) 빈출취차(賓出就次)

●주인이관자견우사당(主人以冠者見于祠堂)

여사당장내생자이견지의(如祠堂章內生子而見之儀) 단개고사일모지자모(但改告辭曰某之子某) 약모친모지자모(若某親某之子某) 금일관필(今日冠畢) 감견(敢見) 관자진립량계간재배(冠者進立兩階間再拜) 여병동(餘並同)○약종자자관(若宗子自冠) 칙개사왈(則改辭曰) 모금일관필(某今日冠畢) 감견(敢見) 수재배(遂再拜) 강복위(降復位) 여병동(餘並同)○약관자사실(若冠者私室) 유증조조이하사당(有曾祖祖以下祠堂) 칙각인기종자이견(則各因其宗子而見) 자위계증조이하지지종(自爲繼曾祖以下之之宗) 칙자견(則自見)

●관자견우존장(冠者見于尊長)

부모(父母) 당중남면좌(堂中南面坐) 제숙부형(諸叔父兄) 재동서(在東序) 제숙부(諸叔父) 남향(南向) 제형(諸兄) 서향(西向) 제부녀(諸婦女) 재서서(在西序) 제숙모고(諸叔母姑) 남향(南向) 제자수동향(諸姊嫂東向) 관자북향배부모(冠者北向拜父母) 부모위지기(父母爲之起) 동거유존장(同居有尊長) 칙부모이관자(則父母以冠者) 예기실배지(詣其室拜之) 존장위지기(尊長爲之起) 환취동서서(還就東西序) 매렬(每列) 재배(再拜) 응답배자답(應答拜者答) 약비종자지자(若非宗子之子) 칙선견종자급제존어부자어당(則先見宗子及諸尊於父者於堂) 내취사실(乃就私室) 견어부모급여친(見於父母及餘親)○약종자자관(若宗子自冠) 유모칙견우모(有母則見于母) 여의(如儀) 족인종지자(族人宗之者) 개래견어당상(皆來見於堂上) 종자서향배기존장(宗子西向拜其尊長) 매렬(每列) 재배(再拜) 수비유자배(受卑幼者拜)

사마온공왈(司馬溫公曰) 관의왈(冠義曰) 견어모(見於母) 모배지(母拜之) 견어형제(見於兄弟) 형제배지(兄弟拜之) 성인이여위례야(成人而與爲禮也) 금칙난행(今則難行) 단어배시(但於拜時) 모위지기립(母爲之起立) 가야(可也) 하견제부급형방차(下見諸父及兄放此)

●내례빈(乃禮賓)

주인이주찬연빈급빈찬자(主人以酒饌延賓及儐贊者) 수지이페이배사지페(酬之以幣而拜謝之幣) 다소수의(多少隨宜) 빈찬유차(賓贊有差)

사마온공왈(司馬溫公曰) 사관례(士冠禮) 내례빈이일헌지례(乃禮賓以一獻之禮) 주일헌자(註一獻者) 헌초수(獻酢酬) 빈주인(賓主人) 각량작이례성(各兩爵而禮成) 우왈주인(又曰主人) 수빈(酬賓) 속백려피(束帛儷皮) 주(註) 속백십단야(束帛十端也) 려피(儷皮) 량록피야(兩鹿皮也) 우왈(又曰) 찬자개여(贊者皆與) 찬관자위개(贊冠者爲介) 주(註) 개(介) 빈지보(賓之輔) 이찬위지(以贊爲之) 존지야(尊之也) 향음주례(鄕飮酒禮) 현자위빈(賢者爲賓) 기차위개(其次爲介) 우왈(又曰) 빈출(賓出) 주인송우문외재배(主人送于門外再拜) 귀빈조(歸賓俎) 주(註) 사인귀제빈가야(使人歸諸賓家也) 금려빈가부능판(今慮貧家不能辦) 고무종간역(故務從簡易)

●관자수출견우향선생급부지집우(冠者遂出見于鄕先生及父之執友)

관자배(冠者拜) 선생집우개답배(先生執友皆答拜) 약유회지(若有誨之) 칙대여대빈지사(則對如對賓之辭) 차배지(且拜之) 선생집우(先生執友) 부답배(不答拜)

◆계(筓)

●녀자허가계(女子許嫁笄)

년십오(年十五) 수미허가(雖未許嫁) 역계(亦笄)

●모위주(母爲主)

종자주부(宗子主婦) 칙어중당(則於中堂) 비종자이여종자동거(非宗子而與宗子同居) 칙어사실(則於私室) 여종자부동거(與宗子不同居) 칙여상의(則如上儀)

●전기삼일계빈일일숙빈(前期三日戒賓一日宿賓)

빈(賓) 역택친인부녀지현이유례자위지(亦擇親姻婦女之賢而有禮者爲之) 이전지서기사(以牋紙書其辭) 사인치지(使人致之) 사여관례(辭如冠禮) 단자작녀관작계(但子作女冠作笄) 오자작모친혹모봉(吾子作某親或某封)○범부인자칭(凡婦人自稱) 어기지존장칙왈아(於己之尊長則曰兒) 비유칙이속어부당존장칙왈신부(卑幼則以屬於夫黨尊長則曰新婦) 비유칙왈로부(卑幼則曰老婦) 비친척이왕래자(非親戚而往來者) 각이기당위칭(各以其黨爲稱) 후방차(後放此)

●진설(陳設)

여관례(如冠禮) 단어중당(但於中堂) 포석여중자지위(布席如衆子之位)

●궐명진복(厥明陳服)

여관례(如冠禮) 단용배자관계(但用背子冠笄)

●서립(序立)

주부(主婦) 여주인지위(如主人之位) 장계자(將笄者) 쌍계삼자(雙紒衫子) 방중남면(房中南面)

●빈지주부영입승당(賓至主婦迎入升堂)

여관례(如冠禮) 단부용찬자(但不用贊者) 주부승자조계(主婦升自阼階)

●빈위장계자가관계적방복배자(賓爲將笄者加冠笄適房服背子)

약여관례(略如冠禮) 단축용시가지사(但祝用始加之辭) 부능칙성(不能則省)

●내초(乃醮)

여관례(如冠禮) 사역동(辭亦同)

●내자(乃字)

여관례(如冠禮) 단개축사모사위녀사(但改祝辭髦士爲女士)

●내례빈개여관의(乃禮賓皆如冠儀)

정자왈(程子曰) 관례폐(冠禮廢) 천하무성인(天下無成人) 혹욕여로양공십이이관(或欲如魯襄公十二而冠) 차부가(此不可) 관소이책성인사(冠所以責成人事) 십이년비가책지시(十二年非可責之時) 기관의(旣冠矣) 차부책이성인사(且不責以成人事) 칙종기신부이성인망지야(則終其身不以成人望之也) 도행차절문(徒行此節文) 하익(何益) 수천자제후(雖天子諸侯) 역필이십이관(亦必二十而冠)○류씨장왈(劉氏璋曰) 계(笄) 금잠야(今簪也) 부인지수식야(婦人之首飾也) 녀자계칙당허가지시(女子笄則當許嫁之時) 연가지어이십(然嫁止於二十) 이기이십이부가칙위비례(以其二十而不嫁則爲非禮)

▶가례권제삼(家禮卷第三)◀
◆혼례(昏禮)

◆의혼(議昏)

●남자년십륙지삼십녀자년십사지이십(男子年十六至三十女子年十四至二十)

사마온공왈(司馬溫公曰) 고자(古者) 남삼십이취(男三十而娶) 녀이십이가(女二十而嫁) 금령문

(今令文) 남년십오(男年十五) 녀년십삼이상(女年十三以上) 병청혼가(並聽昏嫁) 금위차설(今爲此說) 소이참고금지도(所以參古今之道) 작례령지중(酌禮令之中) 순천지지리(順天地之理) 합인정지의야(合人情之宜也)

●신급주혼자무기이상상내가성혼(身及主昏者無期以上喪乃可成昏)

대공미장(大功未葬) 역부가주혼(亦不可主昏)○범주혼(凡主昏) 여관례주인지법(如冠禮主人之法) 단종자자혼(但宗子自昏) 칙이족인지장위주(則以族人之長爲主)

●필선사매씨왕래통언사녀씨허지연후납채(必先使媒氏往來通言俟女氏許之然後納采)

사마온공왈(司馬溫公曰) 범의혼인(凡議昏姻) 당선찰기(當先察其) 여부지성행(與婦之性行) 급가법하여(及家法何如) 물구모기부귀(勿苟慕其富貴) 구현의(苟賢矣) 금수빈천(今雖貧賤) 안지이시(安知異時) 부부귀호(不富貴乎) 구위부초(苟爲不肖) 금수부성(今雖富盛) 안지이시(安知異時) 부빈천호(不貧賤乎) 부자(婦者) 가지소유성쇠야(家之所由盛衰也) 구모기일시지부귀이취지(苟慕其一時之富貴而娶之) 피협기부귀(彼挾其富貴) 선유부경기부이오기구고(鮮有不輕其夫而傲其舅姑) 양성교투지성(養成驕妬之性) 이일위환(異日爲患) 용유극호(庸有極乎) 차사인부재이치부(借使因婦財以致富) 의부세이취귀(依婦勢以取貴) 구유장부지지기자(苟有丈夫之志氣者) 능무괴호(能無愧乎) 우세속호어강보동유지시(又世俗好於襁褓童幼之時) 경허위혼(輕許爲昏) 역유지복위혼자(亦有指腹爲昏者) 급기기장(及其旣長) 혹부초무뢰(或不肖無賴) 혹신유악질(或身有惡疾) 혹가빈동뇌(或家貧凍餒) 혹상복상잉(或喪服相仍) 혹종환원방(或從宦遠方) 수지기신부약(遂至棄信負約) 속옥치송자다의(速獄致訟者多矣) 시이(是以) 선조태위상왈(先祖太尉嘗曰) 오가남녀(吾家男女) 필사기장(必俟旣長) 연후의혼(然後議昏) 기통서(旣通書) 부수월(不數月) 필성혼(必成昏) 고종신무차회(故終身無此悔) 내자손소당법야(乃子孫所當法也)

◆납채(納采)

납기채택지례(納其采擇之禮) 즉금세속소위언정야(卽今世俗所謂言定也)

●주인구서(主人具書)

주인(主人) 즉주혼자(卽主昏者) 서용전지(書用牋紙) 여세속지례(如世俗之禮) 약족인지자(若族人之子) 칙기부구서(則其父具書) 고우종자(告于宗子)

●숙흥봉이고사당(夙興奉以告祠堂)

여고관의(如告冠儀) 기축판전동(其祝版前同) 단운모지자모(但云某之子某) 약모지모친지자모(若某之某親之子某) 년이장성(年已長成) 미유항려(未有伉儷) 이의취모관모군성명지녀(已議娶某官某郡姓名之女) 금일납채(今日納采) 부승감창(不勝感愴) 근이후동(謹以後同)○약종자자혼칙자고(若宗子自昏則自告)

●내사자제위사자여녀씨녀씨주인출견사자(乃使子弟爲使者如女氏女氏主人出見使者)

사자성복여녀씨(使者盛服如女氏) 녀씨역종자위주(女氏亦宗子爲主) 주인성복출견사자(主人盛服出見使者) 비종자지녀(非宗子之女) 칙기부위어주인지우(則其父位於主人之右) 존칙소진(尊則少進) 비칙소퇴(卑則少退) 철다필(啜茶畢) 사자기치사왈(使者起致辭曰) 오자유혜(吾子有惠) 황실모야(貺室某也) 모지모친모관(某之某親某官) 유선인지례(有先人之禮) 사모청납채(使某請納采) 종자이서진(從者以書進) 사자이서수주인(使者以書授主人) 주인대왈(主人對曰) 모지자(某之子) 약매질손용우(若妹姪孫春愚) 우부능교(又不能敎) 오자명지(吾子命之) 모부감사(某不敢辭) 북향재배(北向再拜) 사자피부답배(使者避不答拜) 사자청퇴사명(使者請退俟命) 출취차(出就次) 약허가자(若許嫁者) 어주인위고자(於主人爲姑姊) 칙부운용우우우부능교(則不云春愚又不能敎) 여사병동(餘辭並同)

●수봉서이고우사당(遂奉書以告于祠堂)

여(如) 가지의(家之儀) 축판전동(祝版前同) 단운모지제기녀(但云某之第幾女) 약모친모지제기(若某親某之第幾)

녀(若某親某之第幾女) 년점장성(年漸長成) 이허가모관모군성명지자(已許嫁某官某郡姓名之子)
약모친모(若某親某) 금일납채(今日納采) 부승감창(不勝感愴) 근이후동(謹以後同)

●출이복서수사자수례지(出以復書授使者遂禮之)

주인출연사자승당(主人出延使者升堂) 수이복서(授以復書) 사자수지(使者受之) 청퇴(請退) 주인
청례빈(主人請禮賓) 내이주찬례사자(乃以酒饌禮使者) 사자지시(使者至是) 시여주인교배읍(始與主
人交拜揖) 여상일빈객지례(如常日賓客之禮) 기종자역례지별실(其從者亦禮之別室) 개수이폐
(皆酬以幣)

●사자복명서씨주인복이고우사당(使者復命壻氏主人復以告于祠堂)
●부용축(不用祝)

◆납폐(納幣)

고례(古禮) 유문명납길(有問名納吉) 금부능진용(今不能盡用) 지용납채납폐(止用納采納幣) 이종
간편(以從簡便)

●납폐(納幣)

폐용색증(幣用色繒) 빈부수의(貧富隨宜) 소부과량(少不過兩) 다부유십(多不踰十) 금인경용채천
양주과실지속(今人更用釵釧羊酒果實之屬) 역가(亦可)

●구서견사여녀씨녀씨수서복서례빈사자복명병동납채지의(具書遣使如女氏女氏受書復書禮賓使者復命並同納采之儀)

예여납채(禮如納采) 단부고묘(但不告廟) 사자치사(使者致辭) 개채위폐(改采爲幣) 종자이서폐진
(從者以書幣進) 사자이서수주인(使者以書授主人) 주인대왈(主人對曰) 오자순선전(吾子順先典)
황모중례(貺某重禮) 모부감사(某不敢辭) 감부승명(敢不承命) 내수서(乃受書) 집사자수폐(執事
者受幣) 주인재배(主人再拜) 사자피지(使者避之) 복진청명(復進請命) 주인수이복서(主人授以復
書) 여병동(餘並同)

양씨복왈(楊氏復曰) 혼례(昏禮) 유납채문명납길납징청기친영륙례(有納采問名納吉納徵請期親迎六禮) 가례략거문명납
길(家禮略去問名納吉) 지용납채납폐(止用納采納幣) 이종간편(以從簡便) 단친영이전(但親迎以前) 경유청기일절(更有
請期一節) 유부가득이략자(有不可得而略者) 금이례추지(今以例推之) 청기(請期) 구서견사여녀씨(具書遣使如女氏) 녀
씨수서(女氏受書) 복서(復書) 례빈(禮賓) 사자복명(使者復命) 병동납채지의(並同納采之儀) 사자치사왈(使者致辭曰)
오자유사명(吾子有賜命) 모기신수명의(某旣申受命矣) 사모야(使某也) 청길일(請吉日) 주인왈(主人曰) 모기전수명의
(某旣前受命矣) 유명시청(惟命是聽) 빈왈(賓曰) 모명모청명어길자(某命某聽命於吉子) 주인왈(主人曰) 모고유명시청
(某固惟命是聽) 빈왈(賓曰) 모수명(某受命) 오자부허(吾子不許) 모감부고기(某敢不告期) 왈(曰) 모일(某日) 주인왈
(主人曰) 모감부근수(某敢不謹須) 병동(並同)

◆친영(親迎)

주자왈(朱子曰) 친영지례(親迎之禮) 공종이천지설(恐從伊川之說) 위시(爲是) 근칙영어기국(近則迎於其國) 원칙영어
기관(遠則迎於其館)○금처가원(今妻家遠) 요행례(要行禮) 일칙령처가취근처설일처(一則令妻家就近處設一處) 각취피
왕영(却取彼往迎) 귀관행례(歸館行禮) 일칙처가출지일처(一則妻家出至一處) 서즉취피영(壻卽就彼迎) 귀지가성례(歸
至家成禮)○유문혼례(有問昏禮) 금유사인대속인결인(今有士人對俗人結姻) 사인욕행혼례(士人欲行昏禮) 이피가부종
(而彼家不從) 여하(如何) 왈(曰) 저야지득완전사인거(這也只得宛轉使人去) 여타상량(與他商量) 단고례(但古禮) 야성
경(也省徑) 인하고부행(人何故不行)

●전기일일녀씨사인장진기서지실(前期一日女氏使人張陳其壻之室)

세속위지포방(世俗謂之鋪房) 연소장진자(然所張陳者) 단전욕장만유막응용지물(但氊褥帳幔帷幔
應用之物) 기의복쇄지협사(其衣服鎖之篋笥) 부필진야(不必陳也)○사마온공왈(司馬溫公曰) 문중
자왈(文中子曰) 혼취이론재(昏娶而論財) 이로지도야(夷虜之道也) 부혼인자(夫昏姻者) 소이합이
성지호(所以合二姓之好) 상이사종묘(上以事宗廟) 하이계후세야(下以繼後世也) 금세속지탐비자
장취부(今世俗之貪鄙者將娶婦) 선문자장지후박(先問資裝之厚薄) 장가녀(將嫁女) 선문빙재지다
소(先問聘財之多少) 지어립계약운모물약간모물약간(至於立契約云某物若干某物若干) 이구수기
녀자(以求售其女者) 역유기가이복기태부약자(亦有旣嫁而復欺紿負約者) 시내장쾌매비죽노지법
(是乃駔儈賣婢鬻奴之法) 기득위지사대부혼인재(豈得謂之士大夫昏姻哉) 기구고기피기태(其舅姑
旣被欺紿) 칙잔학기부(則殘虐其婦) 이터기분(以攄其忿) 유시애기녀자(由是愛其女者) 무후기자

장(務厚其資裝) 이열기구고자(以悅其舅姑者) 수부지피탐비지인(殊不知彼貪鄙之人) 부가영염(不可盈厭) 자장기갈(資裝旣竭) 칙안용여녀재(則安用汝女哉) 어시(於是) 질기녀이책화어녀씨(質其女以責貨於女氏) 화유진이책무궁(貨有盡而責無窮) 고혼인지가(故昏姻之家) 왕왕종위구수의(往往終爲仇讎矣) 시이(是以) 세속생남칙희(世俗生男則喜) 생녀칙척(生女則戚) 지유부거기녀자(至有不擧其女者) 용차고야(用此故也) 연칙의혼인(然則議昏姻) 유급어재자(有及於財者) 개물여위혼인가야(皆勿與爲昏姻可也)

●궐명서가설위우실중(厥明壻家設位于室中)
설의탁자량위(設倚卓子兩位) 동서상향(東西相向) 소과반잔비근(蔬果盤盞匕筋) 여빈객지례(如賓客之禮) 주호재동위지후(酒壺在東位之後) 우이탁자치합근일어기남(又以卓子置合巹一於其南) 우남북(又南北) 설이관분작어실동우(設二盥盆勺於室東隅) 우설주호잔주어실외(又設酒壺盞注於室外) 혹별실(或別室) 이음종자(以飲從者)○근(巹) 음근(音謹) 이소포일(以小匏一) 판이량지(判而兩之)

●녀가설차우외(女家設次于外)

●초혼서성복(初昏壻盛服)
세속(世俗) 신서(新壻) 대화승(帶花勝) 옹폐기면(擁蔽其面) 수실장부지용체(殊失丈夫之容體) 물용가야(勿用可也)

주자왈(朱子曰) 혼례용명복(昏禮用命服) 내시고례(乃是古禮) 여사승묵차이집안(如士乘墨車而執雁) 개대부지례야(皆大夫之禮也) 관대(冠帶) 지시연복(只是燕服) 비소이중정혼례(非所以重正昏禮) 부약종고지위정(不若從古之爲正)○황씨서절왈(黃氏瑞節曰) 사혼례(士昏禮) 위지섭성(謂之攝盛) 개이사이복대부지복승대부지차(蓋以士而服大夫之服乘大夫之車)칙당집대부지지야 (則當執大夫之贄也)

●주인고우사당(主人告于祠堂)
여납채의(如納采儀) 축판전동(祝版前同) 단운모지자모(但云某之子某) 약모친지자모(若某親之子某) 장이금일친영우모관모군모씨(將以今日親迎于某官某郡某氏) 부승감창(不勝感愴) 근이후동(謹以後同)○약종자자혼(若宗子自昏) 칙자고(則自告)

주자왈(朱子曰) 의례수무취처고묘지문(儀禮雖無娶妻告廟之文) 이좌전왈(而左傳曰) 위포궤연고어장공지묘(圍布几筵告於莊共之廟) 시고인역유고묘지례(是古人亦有告廟之禮) 문금부인입문(問今婦人入門) 즉묘견(卽廟見) 개거세행지(蓋擧世行之) 영견향리제현(迎見鄕里諸賢) 파신좌씨선배후조지설(頗信左氏先配後祖之說) 기후세분분지언(豈後世紛紛之言) 부족거(不足據) 막약종고위정부(莫若從古爲正否) 왈(曰) 좌씨고난진신(左氏固難盡信) 연기후설친영처(然其後說親迎處) 역유포궤연고묘이래지설(亦有布几筵告廟而來之說) 공소위후조자(恐所謂後祖者) 기기실차례이(譏其失此禮耳)

●수초기자이명지영(遂醮其子而命之迎)
선이탁자설주주반잔어당상(先以卓子設酒注盤盞於堂上) 주인성복(主人盛服) 좌어당지동서서향(坐於堂之東序西向) 설서석어기서북남향(設壻席於其西北南向) 서승자서계(壻升自西階) 립어석서(立於席西) 남향(南向) 찬자취잔짐주집지(贊者取盞斟酒執之) 예서석전(詣壻席前) 서재배(壻再拜) 승석남향(升席南向) 수잔궤제주(受盞跪祭酒) 흥취석말(興就席末) 궤쵀주(跪啐酒) 흥강석서(興降席西) 수찬자잔(授贊者盞) 우재배(又再拜) 진예부좌전(進詣父坐前) 동향궤(東向跪) 부명지(父命之) 왈왕영이상(曰往迎爾相) 승아종사(承我宗事) 면솔이경(勉率以敬) 약칙유상(若則有常) 서왈낙(壻曰諾) 유공부감(惟恐不堪) 부감망명(不敢忘命) 면복흥출(俛伏興出) 비종자지자(非宗子之子) 칙종자고우사당(則宗子告于祠堂) 이기부초우사실여의단개종사위가사(而其父醮于私室如儀但改宗事爲家事)○약종자이고이자혼(若宗子已孤而自昏) 칙부용차례(則不用此禮)

사마온공왈(司馬溫公曰) 찬자(贊者) 량가각택친척부인지습어례자위지(兩家各擇親戚婦人之習於禮者爲之) 범서급부인행례(凡壻及婦人行禮) 개찬자상도지(皆贊者相導之)

●서출승마(壻出乘馬)
이촉전도(以燭前導)

●지녀가사우차(至女家俟于次)
서하마우대문외(壻下馬于大門外) 입사우차(入俟于次)

●녀가주인고우사당(女家主人告于祠堂)

여납채의(如納采儀) 축판전동(祝版前同) 단운모지제기녀(但云某之第幾女) 약모친모지제기녀(若某親某之第幾女) 장이금일(將以今日) 귀우모관모군성명(歸于某官某郡姓名) 부승감창(不勝感愴) 근이후동(謹以後同)

●수초기녀이명지(遂醮其女而命之)

녀성식(女盛飾) 모상지(姆相之) 립어실외(立於室外) 남향(南向) 부좌동서(父坐東序) 서향(西向) 모좌서서(母坐西序) 동향(東向) 설녀석어모지동북남향(設女席於母之東北南向) 찬자초이주여서례(贊者醮以酒如壻禮) 모도녀출어모좌(姆導女出於母左) 부기명지왈(父起命之曰) 경지계지(敬之戒之) 숙야무위구고지명(夙夜無違舅姑之命) 모송지서계상(母送至西階上) 위지정관렴파(爲之整冠斂帔) 명지왈(命之曰) 면지경지(勉之敬之) 숙야무위이규문지례(夙夜無違爾閨門之禮) 제모고수자송지우중문지내(諸母姑嫂姊送至于中門之內) 위지정군삼(爲之整裙衫) 신이부모지명왈(申以父母之命曰) 근청이부모지언(謹聽爾父母之言) 숙야무건(夙夜無愆) 비종자지녀(非宗子之女) 칙종자고우사당(則宗子告于祠堂) 이기부초어사실여의(而其父醮於私室如儀)

●주인출영서입전안(主人出迎壻入奠雁)

주인영서우문외(主人迎壻于門外) 읍양이입서(揖讓以入壻) 집안이종(執雁以從) 지우청사(至于廳事) 주인승자조계립서향(主人升自阼階立西向) 서승자서계북향(壻升自西階北向) 궤치안어지(跪置雁於地) 주인시자수지(主人侍者受之) 서면복흥재배(壻俛伏興再拜) 주인부답배(主人不答拜) 약족인지녀(若族人之女) 칙기부종주인출영(則其父從主人出迎) 립어기우(立於其右) 존칙소진(尊則少進) 비칙소퇴(卑則少退)○범지(凡贄) 용생안(用生雁) 좌수(左首) 이생색증교락지(以生色繒交絡之) 무칙각목위지(無則刻木爲之) 취기순음양왕래지의(取其順陰陽往來之義) 정자왈(程子曰) 취기부재우야(取其不再偶也)

_{문주인읍(問主人揖) 서입(壻入) 서북면이배(壻北面而拜) 주인부답배(主人不答拜) 하야(何也) 주자왈(朱子曰) 내위전안이배(乃爲奠雁而拜) 주인자부응답배(主人自不應答拜)}

●모봉녀출등차(姆奉女出登車)

모봉녀출중문(姆奉女出中門) 서읍지(壻揖之) 강자서계(降自西階) 주인부강(主人不降) 서수출(壻遂出) 녀종지(女從之) 서거교렴이사(壻擧轎簾以俟) 모사왈(姆辭曰) 미교(未敎) 부족여위례야(不足與爲禮也) 녀내등차(女乃登車)

●서승마선부차(壻乘馬先婦車)*

부차역이이촉전도(婦車亦以二燭前導)

_{사마온공왈(司馬溫公曰) 남솔녀(男率女) 녀종남(女從男) 부부강유지의(夫婦剛柔之義) 자차시야(自此始也)}

●지기가도부이입(至其家導婦以入)

서지가(壻至家) 립우청사(立于廳事) 사부하차(俟婦下車) 읍지(揖之) 도이입(導以入)

●서부교배(壻婦交拜)

부종자(婦從者) 포서석어동방(布壻席於東方) 서종자포부석어서방(壻從者布婦席於西方) 서관우남(壻盥于南) 부종자옥지진세(婦從者沃之進帨) 부관우북(婦盥于北) 서종자옥지진세(壻從者沃之進帨) 서읍조취석(壻揖調就席) 부배(婦拜) 서답배(壻答拜)

_{사마온공왈(司馬溫公曰) 종자(從者) 개이기녀가녀복위지(皆以其女家女僕爲之) 녀종자옥(女從者沃) 서관어남(壻盥於南) 서종자옥녀관어북(壻從者沃女盥於北) 부부시접(夫婦始接) 정유렴치(情有廉恥) 종자교도기지(從者交導其志)○녀자여장부위례(女子與丈夫爲禮) 칙협(則俠)협음(夾音) 배(拜) 남자이재배위례(男子以再拜爲禮) 녀자이사배위례(女子以四拜爲禮) 고무(古無) 서부교배지의(壻婦交拜之儀) 금종속(今從俗)}

●취좌음식필서출(就坐飮食畢壻出)

서읍부취좌(壻揖婦就坐) 서동부서(壻東婦西) 종자짐주설찬(從者斟酒設饌) 서부제주거효(壻婦祭酒擧殽) 우짐주(又斟酒) 서읍부거음(壻揖婦擧飮) 부제무효(不祭無殽) 우취근분치(又取巹分置) 서부지전(壻婦之前) 짐주(斟酒) 서읍부거음(壻揖婦擧飮) 부제무효(不祭無殽) 서출취타실(壻出就他室) 모여부(姆與婦) 류실중(留室中) 철찬치실외(徹饌置室外) 설석(設席) 서종자(壻從者) 준부지여(餕婦之餘) 부종자(婦從者) 준서지여(餕壻之餘)

_{사마온공왈(司馬溫公曰) 고자동뢰지례(古者同牢之禮) 서재서동면(壻在西東面) 부재동서면(婦在東西面) 개고인상고}

(蓋古人尙古) 고(故) 재서존지야(在西尊之也) 금인기상좌(今人旣尙左) 차종속(且從俗)○류씨장왈(劉氏璋曰) 의례소운(儀禮疏云) 근위뢰표(巹謂牢瓢) 이일포분위량표위지근(以一匏分爲兩瓢謂之巹) 지여부각집일편이윤(之與婦各執一片以酳) 고운합근이윤(故云合巹而酳)○혼의왈(昏義曰) 부지(婦至) 읍부이입공뢰이식(揖婦以入共牢而食) 합근이윤(合巹而酳) 소이합체동존비이친지야(所以合體同尊卑以親之也)

●복입탈복촉출(復入脫服燭出)

서탈복(壻脫服) 부종자수지(婦從者受之) 부탈복(婦脫服) 서종자수지(壻從者受之)○사마온공왈(司馬溫公曰) 고시운(古詩云) 결발위부부(結髮爲夫婦) 언자소년속발(言自少年束髮) 즉위부부(卽爲夫婦) 유리광언결발여흉노전야(猶李廣言結髮與凶奴戰也) 금세속개인(今世俗皆姻) 내유결발지례(乃有結髮之禮) 류오가소(謬誤可笑) 물용가야(勿用可也)

●주인례빈(主人禮賓)

남빈(男賓) 어외청(於外廳) 녀빈(女賓) 어중당(於中堂) 고례명일향종자(古禮明日饗從者) 금종속(今從俗)

사마온공왈(司馬溫公曰) 부용악주(不用樂註) 운증자문(云曾子問) 취부지가(娶婦之家) 삼일부거악(三日不擧樂) 사사친야(思嗣親也) 금속혼례용악(今俗昏禮用樂) 수위비례(殊爲非禮)

◆부견구고(婦見舅姑)

●명일숙흥부견우구고(明日夙興婦見于舅姑)

부숙흥성복사견(婦夙興盛服俟見) 구고좌어당상(舅姑坐於堂上) 동서상향(東西相向) 각치탁자어전(各置卓子於前) 가인남녀소어구고자(家人男女少於舅姑者) 립어량서(立於兩序) 여관례지서(如冠禮之叙) 부진립어조계하(婦進立於阼階下) 북면배구(北面拜舅) 승전지폐우탁자상(升奠贄幣于卓子上) 구무지(舅撫之) 시자이입(侍者以入) 부강우배필(婦降又拜畢) 예서계하(詣西階下) 북면배고(北面拜姑) 승전지폐(升奠贄幣) 고거이수시자(姑擧以授侍者) 부강우배(婦降又拜)○약비종자지이여종자동거(若非宗子之而與宗子同居) 칙선행차례어구고지사실(則先行此禮於舅姑之私室) 여종자부동거칙여상의(與宗子不同居則如上儀)

사마온공왈(司馬溫公曰) 고자배우당상(古者拜于堂上) 금배우하(今拜于下) 공야(恭也) 가종중(可從衆)

●구고례지(舅姑禮之)

여부모초녀지의(如父母醮女之儀)

●부견우제존장(婦見于諸尊長)

부기수례(婦旣受禮) 강자서계(降自西階) 동거유존어구고자(同居有尊於舅姑者) 칙구고이부(則舅姑以婦) 견어기실(見於其室) 여견구고지례(如見舅姑之禮) 환배제존장우량서(還拜諸尊長于兩序) 여관례(如冠禮) 무지(無贄) 소랑소고(小郞小姑) 개상배(皆相拜) 비종자지자이여종자동거(非宗子之子而與宗子同居) 칙기수례(則旣受禮) 예기당상배지(詣其堂上拜之) 여구고례(如舅姑禮) 이환견우량서(而還見于兩序) 기종자급존장부동거(其宗子及尊長不同居) 칙묘견이후왕(則廟見而後往)

●약총부칙궤우구고(若冢婦則饋于舅姑)

시일식시(是日食時) 부가구성찬주호(婦家具盛饌酒壺) 부종자설소과탁자우당상구고지전(婦從者設疏果卓子于堂上舅姑之前) 설관분우조계동(設盥盆于阼階東) 남세가재동(南帨架在東) 구고취좌(舅姑就坐) 부관(婦盥) 승자서계(升自西階) 세잔짐주(洗盞斟酒) 치구탁자상(置舅卓子上) 강사구음필(降俟舅飮畢) 우배(又拜) 수헌고진주(遂獻姑進酒) 고수음필(姑受飮畢) 부강배(婦降拜) 수집찬승(遂執饌升) 천우구고지전(薦于舅姑之前) 시립고후(侍立姑後) 이사졸식(以俟卒食) 철반(徹飯) 시자(侍者) 철찬(徹饌) 분치별실(分置別室) 부취준고지여(婦就餕姑之餘) 부종자(婦從者) 준구지여(餕舅之餘) 서종자(壻從者) 우준부지여(又餕婦之餘) 비종자지자(非宗子之子) 칙어사실(則於私室) 여의(如儀)

사마온공왈(司馬溫公曰) 사혼례(士昏禮) 부관궤특돈(婦盥饋特豚) 합승측재(合升側載) 주측재자(註側載者) 우반(右胖) 재지구조(載之舅俎) 좌반(左胖) 재지고조(載之姑俎) 금공빈자(今恐貧者) 부판살특(不辦殺特) 고단구성찬이이(故但具盛饌而已)

●구고향지(舅姑饗之)

여례부지의(如禮婦之儀) 례필(禮畢) 구고선강자서계(舅姑先降自西階) 부강자조계(婦降自阼階)

◆묘견(廟見)

●삼일주인이부견우사당(三日主人以婦見于祠堂)

고자(古者) 삼월이묘견(三月而廟見) 금이기태원(今以其太遠) 개용삼일(改用三日) 여자관이견지의(如子冠而見之儀) 단고사왈(但告辭曰) 자모지부모씨(子某之婦某氏) 감견(敢見) 여병동(餘並同)

◆서견부지부모(壻見婦之父母)

●명일서왕견부지부모(明日壻往見婦之父母)

부부영송읍양(婦父迎送揖讓) 여객례(如客禮) 배(拜) 즉궤이부지(卽跪而扶之) 입자부모(入自婦母) 부모합문좌비(婦母闔門左扉) 립우문내(立于門內) 서배우문외(壻拜于門外) 개유폐(皆有幣) 부부비종자(婦父非宗子) 즉선견종자부부(卽先見宗子夫婦) 부용폐(不用幣) 여상의(如上儀) 연후견부지부모(然後見婦之父母)

●차견부당제친(次見婦黨諸親)

부용폐(不用幣) 부녀상견(婦女相見) 여상의(如上儀)

●부가례서여상의(婦家禮壻如常儀)

친영지석(親迎之夕) 부당견부모급제친(不當見婦母及諸親) 급설주찬(及設酒饌) 이부미견구고고야(以婦未見舅姑故也)

정자왈(程子曰) 혼례부용악(昏禮不用樂) 유음지의(幽陰之義) 차설비시(此說非是) 혼례기시유음(昏禮豈是幽陰) 단고인중차대례(但古人重此大禮) 엄숙기사(嚴肅其事) 부용악야(不用樂也) 혼례불하(昏禮不賀) 인지서야(人之序也) 차설각시(此說却是) 부질명이견구고(婦質明而見舅姑) 성부야(成婦也) 삼일이후연악(三日而後宴樂) 례필야(禮畢也) 연부이야(宴不以夜) 례야(禮也)○주자왈(朱子曰) 인저서(人著書) 지시자입사기의(只是自入些己意) 편주병(便做病) 사마여이천정혼례(司馬與伊川定昏禮) 도의의례(都依儀禮) 지략개일처(只略改一處) 편부시고인의(便不是古人意) 사마운(司馬云) 친영전안(親迎奠雁) 견주혼자즉출(見主昏者卽出) 이천각교배료(伊川却敎拜了) 우입당배대남소녀(又入堂拜大男小女) 이천비시(伊川非是) 이천운(伊川云) 부지차일견구고(婦至次日見舅姑) 삼월묘견(三月廟見) 사마각설(司馬却說) 부입문(婦入門) 즉배영당(卽拜影堂) 사마비시(司馬非是) 개친영부견처부모자(蓋親迎不見妻父母者) 부미견구고야(婦未見舅姑也) 입문부견구고자(入門不見舅姑者) 미성부야(未成婦也) 금친영용온공(今親迎用溫公) 입문이후(入門以後) 용이천(用伊川) 삼월묘견(三月廟見) 개위삼일운(改爲三日云)

▶가례권제사(家禮卷第四)◀
◆상례일(喪禮一)
◆초종(初終)

●질병천거정침(疾病遷居正寢)

범질병(凡疾病) 천거정침(遷居正寢) 내외안정(內外安靜) 이사기절(以俟氣絕) 남자부절어부인지수(男子不絕於婦人之手) 부인부절어남자지수(婦人不絕於男子之手)

●기절내곡(旣絕乃哭)

사마온공왈(司馬溫公曰) 질병(疾病) 위질심시야(謂疾甚時也) 근세손선공림훙(近世孫宣公臨薨) 천우외침(遷于外寢) 개군자근종부득불이야(蓋君子謹終不得不爾也)○고씨왈(高氏曰) 폐상침어지주(廢牀寢於地註) 인시생재지(人始生在地) 고폐상침어지(故廢牀寢於地) 서기생기지복야(庶其生氣之復也) 본출의례급례기상대기(本出儀禮及禮記喪大記)○류씨장왈(劉氏璋曰) 범인병위독(凡人病危篤) 기미난절(氣微難節) 내속광이사기절(乃屬纊以俟氣絕) 광내금지신면(纊乃今之新綿) 역위요동(易爲搖動) 치구비지상(置口鼻之上) 이위후야(以爲候也)

●복(復)

시자일인(侍者一人) 이사자지상복상경의자(以死者之上服嘗經衣者) 좌집령우집요(左執領右執要) 자전영승옥중류(自前榮升屋中霤) 북면초이의(北面招以衣) 삼호왈모인복(三呼曰某人復) 필(畢) 권의강(卷衣降) 복시상(覆尸上) 남녀곡벽무수(男女哭擗無數)○상복(上服) 위유관칙공복(謂有官則公服) 무관칙란삼조삼심의(無官則襴衫皂衫深衣) 부인(婦人) 대수배자(大袖背子) 호모인자(呼

某人者) 종생시지호(從生時之號)

사마온공왈(司馬溫公曰) 사상례(士喪禮) 복자일인(復者一人) 천자전동영(千自前東榮) 중옥북면(中屋北面) 초이의왈고모복(招以衣曰皋某復) 삼(三) 주(註) 고(皋) 장성야(長聲也) 금승옥이호(今升屋而號) 려기경중(慮其驚衆) 단취침정지남(但就寢庭之南) 남자칭명(男子稱名) 부인칭자(婦人稱字) 혹칭관봉(或稱官封) 혹의상시소칭(或依常時所稱)○고씨왈(高氏曰) 금회남풍속(今淮南風俗) 민유폭사(民有暴死) 칙사수인(則使數人) 승기거옥급어로방(升其居屋及於路傍) 편호지(遍呼之) 역유소활자(亦有蘇活者) 기복지여의여(豈復之餘意歟)○류씨장왈(劉氏璋曰) 상대기왈(喪大記曰) 범복(凡復) 남자칭명(男子稱名) 녀인칭자(女人稱字) 복성필삼자(復聲必三者) 례성어삼야(禮成於三也)

●입상주(立喪主)

범주인(凡主人) 위장자(謂長子) 무칙장손용중(無則長孫用重) 이봉궤전(以奉饋奠) 기여빈객위례(其與賓客爲禮) 칙동거지친차존자주지(則同居之親且尊者主之)

사마온공왈(司馬溫公曰) 분상왈(奔喪曰) 범상(凡喪) 부재(父在) 부위주(父爲主) 주(註) 여빈객위례(與賓客爲禮) 의사존자(宜使尊者) ○부몰형제동거(父沒兄弟同居) 각주기상(各主其喪) 주(註) 각위처자지상위주야(各爲妻子之喪爲主也) ○친동(親同) 장자주지(長者主之) 주(註) 곤제지상(昆弟之喪) 종자주지(宗子主之)○부동(不同) 친자주지(親者主之) 주(註) 종부곤제지상야(從父昆弟之喪也) 잡기왈(雜記曰) 고자매기부사이부당(姑姊妹其夫死而夫黨) 무형제(無兄弟) 사부지족인주상(使夫之族人主喪) 처지당(妻之黨) 수친부주(雖親不主) 부약무족의(夫若無族矣) 칙전후가동서가(則前後家東西家) 무유칙리윤주지(無有則里尹主之) 상대기왈(喪大記曰) 상유무후(喪有無後) 무무주(無無主) 약자손유상이조부주지(若子孫有喪而祖父主之) 자손집상(子孫執喪) 조부배빈(祖父拜賓)

●주부(主婦)

위망자지처(謂亡者之妻) 무칙주상자지처(無則主喪者之妻)

●호상(護喪)

이자제지례능간자위지(以子弟知禮能幹者爲之) 범상사개품지(凡喪事皆稟之)

●사서사화(司書司貨)

이자제혹리복위지(以子弟或吏僕爲之)

●내역복부식(乃易服不食)

처자부첩(妻子婦妾) 개거관급상복(皆去冠及上服) 피발(被髮) 남자급상임(男子扱上衽) 도선(徒跣) 여유복자(餘有服者) 개거화식(皆去華飾) 위인후자위본생부모(爲人後者爲本生父母) 급녀자이가자(及女子已嫁者) 개부피발도선(皆不被髮徒跣) 제자(諸子) 삼일부식(三日不食) 기구월지상(期九月之喪) 삼부식(三不食) 오월삼월지상(五月三月之喪) 재부식(再不食) 친척린리위미죽이식지(親戚鄰里爲糜粥以食之) 존장강지(尊長强之) 소식가야(少食可也)○급상임(扱上衽) 위삽의전금지대(謂揷衣前襟之帶) 화식(華飾) 위금수홍자김옥주취지류(謂錦繡紅紫金玉珠翠之類)

●치관(治棺)

호상명장(護喪命匠) 택목위관(擇木爲棺) 유삼위상(油杉爲上) 백차지(柏次之) 토삼위하(土杉爲下) 기제방직(其制方直) 두대족소(頭大足小) 근취용신(僅取容身) 물령고대급위허롱고족(勿令高大及爲虛籠高足) 내외개용회칠(內外皆用灰漆) 내잉용력청용사(內仍用瀝靑溶瀉) 후반촌이상(厚半寸以上) 이련숙출미회(以煉熟秫米灰) 포기저(鋪其底) 후사촌허(厚四寸許) 가칠성판(加七星板) 저사우(底四隅) 각정대철환(各釘大鐵環) 동칙이대색(動則以大索) 관이거지(貫而擧之)○사마온공왈(司馬溫公曰) 관욕후(棺欲厚) 연태후칙중이난이치원(然太厚則重而難以致遠) 우부필고대점지(又不必高大占地) 사광중관(使壙中寬) 역치최훼(易致摧毁) 의심계지(宜深戒之) 곽수성인소제(槨雖聖人所制) 자고용지(自古用之) 연판목세구(然板木歲久) 종귀부란(終歸腐爛) 도사광중관대(徒使壙中寬大) 부능뢰고(不能牢固) 부약부용지위유야(不若不用之爲愈也) 공자장리(孔子葬鯉) 유관이무(有棺而無) 우허빈자환장이무(又許貧者還葬而無) 금부욕용(今不欲用) 비위빈야(非爲貧也) 내욕보안망자이(乃欲保安亡者爾)○정자왈(程子曰) 잡서유송지입지(雜書有松脂入地) 천년위복령(千年爲茯苓) 만년위호박지설(萬年爲琥珀之說) 개물막구어차(蓋物莫久於此) 고이도관(故以塗棺) 고인이유용지자(古人已有用之者)

고씨왈(高氏曰) 이천선생위관지합봉(伊川先生謂棺之合縫) 이송지도지(以松脂塗之) 칙봉고이목견(則縫固而木堅) 주운송지여목성상입이우리수(註云松脂與木性相入而又利水) 개금인소위력청자시야(蓋今人所謂瀝靑者是也) 수이소방분황랍청유(須以少蚨粉黃蠟淸油) 합전지내가용(合煎之乃可用) 부연칙렬의(不然則裂矣) 기관(其棺) 지간(之間) 역의이차관지(亦宜以此灌之)○호씨영왈(胡氏泳曰) 송지도봉지설미연(松脂塗縫之說未然) 선생장시(先生葬時) 채씨형제주용송지(蔡氏兄弟主用松脂) 상문용황랍마유부(嘗問用黃蠟麻油否) 답운(答云) 용유랍칙송지부득전기성의(用油蠟則松脂不

得全其性矣） 차언유리(此言有理） 단팽지당(但彭之堂） 작훈몽운(作訓蒙云） 관이송지(灌以松脂） 의어북방(宜於北方） 강남용지적위의방(江南用之適爲蟻房） 팽필유고(彭必有考） 경상지(更詳之）○류씨장왈(劉氏璋曰） 범송사지도(凡送死之道） 유관여(唯棺與） 곽위친신지물(槨爲親身之物） 효자소의진지(孝子所宜盡之） 초상지일(初喪之日） 택목위관(擇木爲棺） 공창졸미득기목(恐倉卒未得其木） 회칠역미능견완(灰漆亦未能堅完） 혹치서월(或値暑月） 시난구류(尸難久留） 고자(古者） 국군즉위이위비(國君卽位而爲椑）[비력절(備力切）] 세일칠지(歲一漆之） 금인역유생시(今人亦有生時） 자위수기자(自爲壽器者） 차내유행기도(此乃猶行其道） 비예흉사야(非豫凶事也） 기목유삼백위상(其木油杉及柏爲上） 무사고대이도미관(毋事高大以圖美觀） 유관주어신(惟棺周於身） 곽주어관족의(槨周於棺足矣） 관내외(棺內外） 개용포과칠(皆用布裹漆） 무령견실(務令堅實） 여상견전인장묘(余嘗見前人葬墓） 엄광지후(掩壙之後） 즉이송지용화(卽以松脂溶化） 관어관외(灌於棺外） 기후척여(其厚尺餘） 후위인침굴(後爲人侵掘） 송지세구(松脂歲久） 응결유견(凝結愈堅） 부근불능가(斧斤不能加） 득면대환(得免大患） 금유장자용지(今有葬者用之） 가위의의(可謂宜矣）

●부고우친척료우(訃告于親戚僚友)

호상사서위지발서(護喪司書爲之發書） 약무칙주인자부친척(若無則主人自訃親戚） 부부료우(不訃僚友） 자여서문(自餘書問） 실정(悉停） 이서래조자(以書來弔者） 병수졸곡후답지(並須卒哭後答之）

◆목욕(沐浴) 습(襲) 전(奠) 위위(爲位) 반함(飯含)
●집사자설위급상천시굴감(執事者設幃及牀遷尸掘坎)

집사자이위장와내(執事者以幃障臥內） 시자설상어시상전(侍者設牀於尸牀前） 종치지(縱置之） 시책거천(施簀去薦） 설석침(設席枕） 천시기상남수(遷尸其上南首） 복이금(覆以衾） 굴감우병처결지(掘坎于屛處潔地)

●진습의(陳襲衣)

이탁자진우당전동벽하(以卓子陳于堂前東壁下） 서령남상(西領南上） 폭건일(幅巾一） 충이이(充耳二） 용백광(用白纊） 여조핵대(如棗核大） 소이새이자야(所以塞耳者也） 명목(瞑目） 백방척이촌(帛方尺二寸） 소이복면자야(所以覆面者也） 악수(握手） 용백장척이촌(用帛長尺二寸） 광오촌(廣五寸） 소이과수자야(所以裹手者也） 심의일(深衣一） 대대일(大帶一） 리이(履二） 포오한삼고말륵백과두지류(袍襖汗衫袴襪勒帛袾肚之類） 수소용지다소(隨所用之多少)

양씨복왈(楊氏復曰） 의례사상(儀禮士喪） 습삼칭(襲三稱)[의단복구왈칭(衣單複具曰稱)] 삼칭자(三稱者） 작변복피변복단의(爵弁服皮弁服褖衣） 설모고지주운(設冒槖之註云） 모(冒） 도시자(韜尸者） 제여직낭(制如直囊） 상왈질(上曰質） 하왈살(下曰殺） 기용지(其用之） 선이살(先以殺） 도족이상(韜足而上） 후이질(後以質） 도수이하(韜首而下） 제수(齊手） 군금모보살(君錦冒黼殺） 철방칠(綴旁七） 대부현모보살(大夫玄冒黼殺） 철방오(綴旁五） 사치모정살(士緇冒頳殺） 철방삼(綴旁三） 범모(凡冒） 질장여수제(質長與手齊） 살삼척(殺三尺)○류씨장왈(劉氏璋曰） 고자(古者） 인사부관(人死不冠） 단이백과수(但以帛裹首） 위지엄(謂之掩） 엄(掩） 련백(練帛） 광(廣） 종폭(終幅） 오척(五尺） 탁기말(柝其末） 주(註） 엄(掩） 과수야(裹首也） 탁기말(柝其末） 위장결어이하(爲將結於頤下） 우환결어항중(又還結於項中） 개이습렴(蓋以襲斂） 주어보비비체(主於保庇肥體） 귀어유연긴실(貴於柔軟緊實） 관칙뢰외난안(冠則磊嵬難安） 황금업두(況今幞頭） 이철위각(以鐵爲脚） 장삼사척(長三四尺） 모용칠사위지(帽用漆紗爲之） 상유허첨(上有虛簷） 치어관중(置於棺中） 하유안첩(何由安帖） 막약습이상복(莫若襲以常服） 상가폭건(上加幅巾） 심의대대급리(深衣大帶及履） 기합어고(旣合於古） 우편어사(又便於事） 폭건(幅巾） 신이당엄야(臣以當掩也） 기제여금지난모(其制如今之暖帽） 심의대리(深衣帶履） 자유제도(自有制度） 약무심의대리(若無深衣帶履） 지용삼척백혜(止用衫勒帛鞋） 역가(亦可） 기업두요대화홀(其幞頭腰帶靴笏） 사장시(俟葬時） 안어관상(安於棺上） 가야(可也）○명목(瞑目） 용치(用緇） 방척이촌(方尺二寸） 충지이서사각유계(充之以絮四角有繫） 어후결지(於後結之） 악수(握手） 용현훈(用玄纁） 장척이촌(長尺二寸） 광오촌(廣五寸） 령과친부(令裹親膚） 거종수내(據從手內） 치지장척이촌중(置之長尺二寸中） 엄지(掩之） 수재상대야(手緣相對也） 량단(兩端） 각유계(各有繫） 선이일단(先以一端） 요견일잡(繞掔一匝） 환종상자관(還從上自貫） 우이일단향상구중지(又以一端向上鉤中指） 반여요견자(反與繞掔者） 결어장후절야(結於掌後節也)

●목욕반함지구(沐浴飯含之具)

이탁자진우당전서벽하(以卓子陳于堂前西壁下） 남상(南上） 전삼(錢三） 실우소상(實于小箱） 미이승(米二升） 이신수절령정(以新水淅令精） 실우완즐일목건일(實于盌櫛一沐巾一） 욕건이(浴巾二） 상하체각용기일야(上下體各用其一也)

●내목욕(乃沐浴)

시자이탕입(侍者以湯入） 주인이하(主人以下） 개출유외(皆出帷外） 북면(北面） 시자목발즐지(侍者沐髮櫛之） 희이건(晞以巾） 촬위계(撮爲髻） 항금이욕(抗衾而浴） 식이건(拭以巾） 전조(剪爪） 기목욕여수(其沐浴餘水） 병건즐(並巾櫛） 기우감이매지(棄于坎而埋之)

●습(襲)

시자(侍者) 별설습상어위외(別設襲牀於幃外) 시천석욕침(施薦席褥枕) 선치대대심의포오한삼고말륵백과두지류어기상(先置大帶深衣袍襖汗衫袴襪勒帛裹肚之類於其上) 수거이입(遂擧以入) 치욕상지서(置浴牀之西) 천시어기상(遷尸於其上) 실거병시의급복의(悉去病時衣及復衣) 역이신의(易以新衣) 단미저폭건심의리(但未著幅巾深衣履)

●사시상치당중간(徙尸牀置堂中間)

비유칙각어실중간(卑幼則各於室中間) 여언재당자(餘言在堂者) 방차(放此)

●내설전(乃設奠)

집사자이탁자치포해(執事者以卓子置脯醢) 승자조계(升自阼階) 축관수세잔짐주(祝盥手洗盞斟酒) 전우시동(奠于尸東) 당견건지(當肩巾之)○축이친척위지(祝以親戚爲之)

류씨장왈(劉氏璋曰) 사상례(士喪禮) 복자강설치철족(復者降揳齒綴足) 즉전포해여주우시동(卽奠脯醢與酒于尸東) 정주(鄭註) 귀신무상(鬼神無象) 설전이빙의지(設奠以憑依之) 개원례(開元禮) 오품이상(五品以上) 여사상례(如士喪禮) 륙품이하(六品以下) 습이후전(襲而後奠) 금부이관품고하(今不以官品高下) 목욕정시연후(沐浴正尸然後) 설전어사(設奠於事) 위의(爲宜) 전위짐주봉지탁상이부뢰(奠謂斟酒奉至卓上而不酹) 주인우제(主人虞祭) 연후친전뢰(然後親奠酹) 건자(巾者) 이피진승야(以辟塵蠅也)

●주인이하위위이곡(主人以下爲位而哭)

주인좌어상동전북(主人坐於牀東奠北) 중남응복삼년자(衆男應服三年者) 좌기하(坐其下) 개자이고(皆藉以藁) 동성기공이하(同姓期功以下) 각이복차(各以服次) 좌우기후(坐于其後) 개서향남상(皆西向南上) 존행이장유좌우상동북벽하(尊行以長幼坐牀東北壁下) 남향서상(南向西上) 자이석천(藉以席薦) 주부급중부녀(主婦及衆婦女) 좌우상서(坐于牀西) 자이고(藉以藁) 동성부녀(同姓婦女) 이복위차(以服爲次) 좌우기후(坐于其後) 개동향남상(皆東向南上) 존행이장유좌우상서북벽하(尊行以長幼坐于牀西北壁下) 남향동상(南向東上) 자이석천(藉以席薦) 첩비립어부녀지후(妾婢立於婦女之後) 별설위이장내외(別設幃以障內外) 이성지친장부(異姓之親丈夫) 좌어위외지동(坐於幃外之東) 북향서상(北向西上) 부인좌어유외지서(婦人坐於帷外之西) 북향동상(北向東上) 개자이석(皆藉以席) 이복위행(以服爲行) 무복재후(無服在後)○약내상(若內喪) 칙동성장부(則同姓丈夫) 존비좌우위외지동(尊卑坐于幃外之東) 북향서상(北向西上) 이성장부(異姓丈夫) 좌우위외지서(坐于幃外之西) 북향동상(北向東上)○삼년지상(三年之喪) 야칙침어시방(夜則寢於尸旁) 자고침괴(藉藁枕塊) 리병자(羸病者) 자이초천(藉以草薦) 가야(可也) 기이하(期以下) 침어측근(寢於側近) 남녀이실(男女異室) 외친귀가가야(外親歸家可也)

●내반함(乃飯含)

주인곡진애(主人哭盡哀) 좌단(左袒) 자전급어요지우(自前扱於腰之右) 관수집상이입(盥手執箱以入) 시자일인삽시우완(侍者一人揷匙于盌) 집이종(執以從) 치우시서(置于尸西) 철침이명건입복면(徹枕以瞑巾入覆面) 주인취시동(主人就尸東) 유족이서(由足而西) 상상좌동면(牀上坐東面) 거건(擧巾) 이시초미(以匙抄米) 실우시구지우(實于尸口之右) 병실일전(並實一錢) 우어좌어중(又於左於中) 역여지(亦如之) 주인습소조의(主人襲所祖衣) 복위(復位)

●시자졸습복이금(侍者卒襲覆以衾)

가폭건(加幅巾) 충이설명목납리(充耳設瞑目納履) 내습심의(乃襲深衣) 결대대설악수(結大帶設握手) 내복이금(乃覆以衾)

사마온공왈(司馬溫公曰) 고자사지명일소렴(古者死之明日小斂) 우명일대렴(又明日大斂) 전도의상(顚倒衣裳) 사지정방(使之正方) 속이교금(束以絞紟) 도이금모(韜以衾冒) 개소이보기비체야(皆所以保其肥體也) 금세속유습이무대소렴(今世俗有襲而無大小斂) 소궐다의(所闕多矣) 연고자(然古者) 사습의삼칭(士襲衣三稱) 대부오칭(大夫五稱) 제후칠칭(諸侯七稱) 공구칭(公九稱) 소렴(小斂) 존비통용십구칭(尊卑通用十九稱) 대렴(大斂) 사삼십칭(士三十稱) 대부오십칭(大夫五十稱) 군백칭(君百稱) 차비빈자소판야(此非貧者所辦也) 금종간역(今從簡易) 습용의일칭(襲用衣一稱) 소대렴(小大斂) 칙거사자소유지의급친우소수지의(則據死者所有之衣及親友所襚之衣) 수의용지(隨宜用之) 약의다(若衣多) 부필진용야(不必盡用也)○고씨왈(高氏曰) 례사습의삼칭(禮士襲衣三稱) 이자고지습야(而子羔之襲也) 의삼칭(衣三稱) 공자지상(孔子之喪) 공서적장빈장언(公西赤掌殯葬焉) 습의십일(襲衣十一) 칭(稱) 가조복일(加朝服一) 잡기왈(雜記曰) 사습구칭(士襲九稱) 개습수지부동여차(蓋襲數之不同如此) 대저의금(大抵衣衾) 유욕기후이(惟欲其厚耳) 의금지소이후자(衣衾之所以厚者) 기도이설식재(豈徒以設飾哉) 개인사(蓋人死) 사악지의(斯惡之矣) 성인부인언야(聖人不忍言也) 단제위선례(但制爲典禮) 사후기의금이이(使厚其衣衾而已) 금세지습자(今世之襲者) 부지차의(不知此意) 혹지용단겁일칭(或止用單祫一稱) 수부귀지가(雖富貴之家) 의금필비(衣衾畢備) 개부이습렴(皆不以襲斂) 우부능근장(又不能謹藏) [고인유의상(古人遺衣裳) 필치어령좌(必置於靈座) 기이(旣而) 장어묘중(藏於廟中)] 내혹상여분지(乃或相與分之) 심지첩계직무역(甚至輒計直貿易) 이충상비(以充喪費) 도가공어무용(徒加功於無用) 빈재어무위(擯財於無謂) 이소이부기신자(以所以負其身者)

(而所以附其身者) 증부지려(曾不之慮) 오호(嗚呼) 우숙약용이습렴(又孰若用以襲斂) 이사망자(而使亡者) 획후비어구천지하재(獲厚芘於九泉之下哉)○양씨복왈(楊氏復曰) 안고씨(按高氏) 일용례경(一用禮經) 이습렴(而襲斂) 용의지다(用衣之多) 고습유모(故襲有冒) 소렴유포교(小斂有布絞) 대렴유포교포금(大斂有布絞布衿) 소이보기비체자(所以保其肥體者) 고의(固矣) 사마공욕종간역(司馬公欲從簡易) 이습렴(而襲斂) 용의지소(用衣之少) 고소렴수유포교(故小斂雖有布絞) 이습칙무모(而襲則無冒) 대렴칙무교금(大斂則無絞衿) 차위소략(此爲疏略) 선생초술가례(先生初述家禮) 개취사마공서의(皆取司馬公書儀) 후여학자론례(後與學者論禮) 이고씨상례위최선(以高氏喪禮爲最善) 유명치상(遺命治喪) 비용의례(俾用儀禮) 차가이견기거취절충지의황부고자(此可以見其去折衷之意矣況夫古者) 습렴용의지다(襲斂用衣之多) 고고유수례(故古有禭禮)[의복왈수(衣服曰禭)] 사상례(士喪禮) 친자수(親者禭) 서형제수(庶兄弟禭) 붕우수(朋友禭) 우군사인수(又君使人禭) 금세속유습이무대소렴(今世俗有襲而無大小斂) 고수례역종이폐(故禭禮亦從而廢) 석재(惜哉) 연욕실종고씨지설(然欲悉從高氏之說) 칙성비빈자소능판(則誠非貧者所能辦) 유여사마공지소려자(有如司馬公之所慮者) 단당량기력지소급(但當量其力之所及) 가야(可也) 우고어습소렴대렴지하(愚故於襲小斂大斂之下) 실술의례병고씨지설이비참고(悉述儀禮並高氏之說以備參攷)

◆영좌(靈座) 혼백(魂帛) 명정(銘旌)

●치령좌설혼백(置靈座設魂帛)

설이어시남(設椸於尸南) 복이말(覆以帕) 치의탁기전(置倚卓其前) 결백견위혼백(結白絹爲魂帛) 치의상(置倚上) 설향로합잔주주과어탁자상(設香爐合盞注酒果於卓子上) 시자조석(侍者朝夕) 설즐회봉양지구(設櫛頮奉養之具) 개여평생(皆如平生)○사마온공왈(司馬溫公曰) 고자착목위중(古者鑿木爲重) 이주기신(以主其神) 금령식역유지(今令式亦有之) 연사민지가미상식야(然士民之家未嘗識也) 고용속백의신(故用束帛依神) 위지혼백(謂之魂帛) 역고례지유의야(亦古禮之遺意也) 세속개화영(世俗皆畫影) 치어혼백지후(置於魂帛之後) 남자생시유화상(男子生時有畫像) 용지유무소위(用之猶無所謂) 지어부인(至於婦人) 생시심거규문(生時深居閨門) 출칙승치병(出則乘輜軿) 옹폐기면(擁蔽其面) 기사기가사화공직입심실(旣死豈可使畫工直入深室) 양엄면지백(揚掩面之帛) 집필자상(執筆皆相) 화기용모(畫其容貌) 차수위비례(此殊爲非禮) 우세속혹용관모의리(又世俗或用冠帽衣履) 장식여인상(裝飾如人狀) 차우비리부가종야(此尤鄙俚不可從也)

문중(問重) 주자왈(朱子曰) 삼례도유화상(三禮圖有畫像) 가고(可考) 연차여사마공지설(然且如司馬公之說) 역자합시지의(亦自合時之宜) 부필과니어고야(不必過泥於古也)○양씨복왈(楊氏復曰) 례대부무주자(禮大夫無主者) 속백의신(束帛依神) 사마공용혼백(司馬公用魂帛) 개취속백의신지의(蓋取束帛依神之意) 고씨왈(高氏曰) 고인유의상(古人遺衣裳) 필치어령좌(必置於靈座) 기이장어묘중(旣而藏於廟中) 공당종차설(恐當從此說) 이유의상치어령좌(以遺衣裳置於靈座) 이가혼백어기상(而加魂帛於其上) 가야(可也)

●입명정(立銘旌)

이강백위명정(以絳帛爲銘旌) 광종폭(廣終幅) 삼품이상구척(三品以上九尺) 오품이상팔척(五品以上八尺) 륙품이하칠척(六品以下七尺) 서왈(書曰) 모관모공지구(某官某公之柩) 무관(無官) 즉수기생시소칭(卽隨其生時所稱) 이죽위강(以竹爲杠) 여기장(如其長) 의어령좌지우(倚於靈座之右)

사마온공왈(司馬溫公曰) 명정(銘旌) 설부립어빈동(設跗立於殯東) 주(註) 부(跗) 강족야(杠足也) 기제여산가(其制如傘架)

●불작불사(不作佛事)

사마온공왈(司馬溫公曰) 세속신부도광유(世俗信浮屠誑誘) 어시사급칠칠일백일기년재기제상(於始死及七七日百日期年再期除喪) 반승설도장(飯僧設道場) 혹작수륙대회(或作水陸大會) 사경조상(寫經造像) 수건탑묘(修建塔廟) 운위사자(云爲死者) 멸미천죄악(滅彌天罪惡) 필생천당(必生天堂) 수종종쾌악부위자(受種種快樂不爲者) 필입지옥(必入地獄) 좌소용마(剉燒舂磨) 수무변파타지고(受無邊波吒之苦) 수부지인생함기혈(殊不知人生含氣血) 지통양(知痛癢) 혹전조체발(或剪爪剃髮) 종이소작지(從而燒斫之) 이부지고(已不知苦) 황어사자(況於死者) 형신상리(刑神相離) 형칙입어황양(刑則入於黃壤) 후부소멸(朽腐消滅) 여목석등(與木石等) 신칙표약풍화(神則飄若風火) 부지하지(不知何之) 차사좌소용마(借使剉燒舂磨) 기복지지(豈復知之) 차부도소위천당지옥자(且浮屠所謂天堂地獄者) 계역이권선이징악야(計亦以勸善而懲惡也) 구부이지공행지(苟不以至公行之) 수귀(雖鬼) 가득이치호(可得而治乎) 시이당려주자사리주(是以唐廬州刺史李舟) 여매서왈(與妹書曰) 천당무칙이(天堂無則已) 유칙군자등(有則君子登) 지옥무칙이(地獄無則已) 유칙소인입(有則小人入) 세인친사이도부도(世人親死而禱浮屠) 시부이기친위군자(是不以其親爲君子) 이위적악유죄지소인야(而爲積惡有罪之小人也) 하대기친지부후재(何待其親之不厚哉) 취사기친(就使其親) 실적악유죄(實積惡有罪) 기뢰부도소능면호(豈賴浮屠所能免乎) 차칙중지소공지(此則中智所共知) 이거세도도신봉지(而擧世滔滔信奉之) 하기역혹이난효야(何其易惑而難曉也) 심자

(甚者) 지유경가파산(至有傾家破産) 연후이(然後已) 여기여차(與其如此) 갈약조매전영묘이장지호(曷若早賣田營墓而葬之乎) 피천당지옥(彼天堂地獄) 약과유지(若果有之) 당여천지구생(當與天地俱生) 자불법미입중국지전(自佛法未入中國之前) 인사이복생자(人死而復生者) 역유지의(亦有之矣) 하고무일인오입지옥(何故無一人誤入地獄) 견염라등십왕야(見閻羅等十王耶) 부학자(不學者) 고부족여언(固不足與言) 독서지고자(讀書知古者) 역가이소오의(亦可以少悟矣)

●집우친후지인지시입곡가야(執友親厚之人至是入哭可也)

주인미성복이래곡자(主人未成服而來哭者) 당복심의(當服深衣) 림시곡진애(臨尸哭盡哀) 출배령좌(出拜靈座) 상향재배(上香再拜) 수조주인(遂弔主人) 상향곡진애(相向哭盡哀) 주인이곡대(主人以哭對) 무사(無辭)

◆소렴(小斂) 단(袒) 괄발(括髮) 면(免) 좌(髽) 전(奠) 대곡(代哭)

●궐명(厥明)

위사지명일(謂死之明日)

●집사자진소렴의금(執事者陳小斂衣衾)

이탁자진우당동벽하(以卓子陳于堂東壁下) 거사자소유지의(據死者所有之衣) 수의용지(隨宜用之) 약다칙부필진용야(若多則不必盡用也) 금용복자(衾用複者) 교횡자삼(絞橫者三) 종자일(縱者一) 개이세포혹채(皆以細布或綵) 일폭이탁기량단위삼(一幅而柝其兩端爲三) 횡자(橫者) 취족이주신상결(取足以周身相結) 종자(縱者) 취족이엄수지족이결어신중(取足以掩首至足而結於身中)

고씨왈(高氏曰) 습의(襲衣) 소이의시(所以衣尸) 렴의칙포지이이(斂衣則包之而已) 차습렴지변야(此襲斂之辨也)○소렴(小斂) 의상소(衣尚少) 단용전폭세포(但用全幅細布) 탁기말이용지(柝其末而用之) 범렴욕방(凡斂欲方) 반재시하(半在尸下) 반재시상(半在尸上) 고산의유도자(故散衣有倒者) 유제복부도(惟祭服不倒) 범포렴의(凡布斂衣) 개이교금위선(皆以絞衿爲先) 소렴미자재내(小斂美者在內) 고차포산의(故次布散衣) 후포제복(後布祭服) 대렴미자재외(大斂美者在外) 고차포제복(故次布祭服) 후포산의야(後布散衣也)○렴의이위주(斂以衣爲主) 소렴지의(小斂之衣) 필이십구칭(必以十九稱) 대렴지의(大斂之衣) 다지오십칭(多至五十稱) 부기습지후(夫旣襲之後) 이렴의약차다(而斂衣若此之多) 고비교이속지(故非絞以束之) 칙부능이견실의(則不能以堅實矣) 범물속렴긴급(凡物束斂緊急) 칙세소이견실(則細小而堅實) 부연(夫然) 고의금족이후육이형체심비(故衣衾足以朽肉而形體深秘) 가이사인지물악야(可以使人之勿惡也) 금지상자(今之喪者) 의렴기박(衣斂旣薄) 교모부시(絞冒不施) 구부형체지로야(懼夫形體之露也) 거납지어관(遽納之於棺) 내이입관위소렴(乃以入棺爲小斂) 개관위대렴(蓋棺爲大斂) 입관기재시습지시(入棺旣在始襲之時) 개관우재성복지일(蓋棺又在成服之日) 칙시소렴대렴지례(則是小斂大斂之禮) 개폐의(皆廢矣)○양씨복왈(楊氏復曰) 안의례(按儀禮) 사상소렴(士喪小斂) 의십구칭(衣十九稱) 교횡삼축일(絞橫三縮一) 광종폭(廣終幅) 탁기말(柝其末) 주운(註云) 교소이수속지복위견급야(絞所以收束尸服爲堅急也) 이포위지(以布爲之) 축(縮) 종야(縱也) 횡자삼폭(橫者三幅) 종자일폭(縱者一幅) 탁기말(柝其末) 령가결야(令可結也)

●설전(設奠)

설탁자우조계동남(設卓子于阼階東南) 치전찬급잔주우기상(置奠饌及盞注于其上) 건지(巾之) 설관분세건각이우찬동(設盥盆帨巾各二于饌東) 기동유대자(其東有臺者) 축소관야(祝所盥也) 기서무대자(其西無臺者) 집사자소관야(執事者所盥也) 별이탁자설결척분신식건어기동(別以卓子設潔滌盆新拭巾於其東) 소이세잔식잔야(所以洗盞拭盞也) 차일절(此一節) 지견병동(至遣並同)

●구괄발마면포좌마(具括髮麻免布髽麻)

괄발(括髮) 위마승촬계(謂麻繩撮髻) 우이포위두수야(又以布爲頭頸也) 면(免) 위렬포혹봉견광촌(謂裂布或縫絹廣寸) 자항향전(自項向前) 교어액상(交於額上) 각요계여저략두야(卻遶髻如著掠頭也) 좌(髽) 역용마승촬계(亦用麻繩撮髻) 죽목위잠야(竹木爲簪也) 설지(設之) 개우별실(皆于別室)

●설소렴상포교금의(設小斂牀布絞衾衣)

설소렴상(設小斂牀) 시천석욕우서계지서(施薦席褥于西階之西) 포교금의(鋪絞衾衣) 거지(擧之) 승자서계(升自西階) 치우시남(置于尸南) 선포교지횡자삼어하(先布絞之橫者三於下) 이비주신상결(以備周身相結) 내포종자일어상(乃布縱者一於上) 이비엄수급족야(以備掩首及足也) 의혹전혹도(衣或顚或倒) 단취정방(但取正方) 유상의부도(唯上衣不倒)

●내천습전(乃遷襲奠)

집사자천치령좌서남(執事者遷置靈座西南)　사설신전(俟設新奠)　내거지(乃去之)　후범전개방차(後凡奠皆放此)

●수소렴(遂小斂)

시자관수거시(侍者盥手擧尸)　남녀공부조지(男女共扶助之)　천우소렴상상(遷于小斂牀上)　선거침(先去枕)　이서견첩의이자기수(而舒絹疊衣以藉其首)　잉권량단이보량견공처(仍卷兩端以補兩肩空處)　우권의협기량경(又卷衣夾其兩脛)　취기정방(取其正方)　연후이여의엄시(然後以餘衣掩尸)　좌임부뉴(左衽不紐)　과지이금(裹之以衾)　이미결이교(而未結以絞)　미엄기면(未掩其面)　개효자유사기복생(蓋孝子猶俟其復生)　욕시견기면고야(欲時見其面故也)　렴필(斂畢)　별복이금(別覆以衾)

●주인주부빙시곡벽(主人主婦憑尸哭擗)

주인서향(主人西向)　빙시곡벽(憑尸哭擗)　주부동향(主婦東向)　역여지(亦如之)○범자어부모빙지(凡子於父母憑之)　부모어자부어처집지(父母於子夫於妻執之)　부어구고(婦於舅姑)　봉지(奉之)　구어부(舅於婦)　무지(撫之)　어곤제(於昆弟)　집지(執之)　범빙시(凡憑尸)　부모선처자후(父母先妻子後)

●단괄발면좌우별실(袒括髮免髽于別室)

남자참쇠자(男子斬衰者)　단괄발(袒括髮)　제쇠이하지동오세조자(齊衰以下至同五世祖者)　개단면우별실(皆袒免于別室)　부인좌우별실(婦人髽于別室)

사마온공왈(司馬溫公曰)　고례(古禮)　단자개당육단(袒者皆當肉袒)　면자개당로발(免者皆當露髮)　금단자지단상의(今袒者止袒上衣)　면자유주인부관(免者惟主人不冠)　제쇠이하(齊衰以下)　거모저두건가면어기상(去帽著頭巾加免於其上)　역가야(亦可也)　부인좌야(婦人髽也)　당거관소(當去冠梳)○양씨복왈(楊氏復曰)　소렴변복(小斂變服)　참쇠자단괄발(斬衰者袒括髮)　금인무단괄발일절(今人無祖括髮一節)　하야(何也)　연세속이습위소렴(緣世俗以襲爲小斂)　고실차변복일절(故失此變服一節)　재례(在禮)　문상분상(聞喪奔喪)　입문예구전(入門詣柩前)　재배곡진애(再拜哭盡哀)　내취동방(乃就東方)　거관급상복(去冠及上服)　피발도선(被髮徒跣)　여시상지의(如始喪之儀)　예빈(詣殯)　동면좌곡진애(東面坐哭盡哀)　내취동방(乃就東方)　단괄발(袒括髮)　우곡진애(又哭盡哀)　여소렴지의(如小斂之儀)　명일후일조석곡(明日後日朝夕哭)　유단괄발(猶袒括髮)　지가사일(至家四日)　내성복(乃成服)　부분상례(夫奔喪禮)　례지변야(禮之變也)　유근기서(猶謹其序)　이황처례지상(而況處禮之常)　가흠소렴일절(可欠小斂一節)　우무단괄발호(又無袒括髮乎)　차칙효자지례자(此則孝子知禮者)　소당근이부가홀야(所當謹而不可忽也)

●환천시상우당중(還遷尸牀于堂中)

집사자철습상(執事者徹襲牀)　천시기처(遷尸其處)　곡자복위(哭者復位)　존장좌(尊長坐)　비유립(卑幼立)

●내전(乃奠)

축수집사자(祝帥執事者)　관수거찬(盥手擧饌)　승자조계(升自阼階)　지령좌전(至靈座前)　축분향세잔짐주전지(祝焚香洗盞斟酒奠之)　비유자개재배(卑幼者皆再拜)　시자건지(侍者巾之)

●주인이하곡진애내대곡부절성(主人以下哭盡哀乃代哭不絶聲)

◆대렴(大斂)

●궐명(厥明)

소렴지명일(小斂之明日)　사지제삼일야(死之第三日也)○사마온공왈(司馬溫公曰)　예왈(禮曰)　삼일이렴자(三日而斂者)　사기복생야(俟其復生也)　삼일이부생칙역부생의(三日而不生則亦不生矣)　고이삼일위지례야(故以三日爲之禮也)　금빈자상구혹미판(今貧者喪具或未辦)　혹칠관미건(或漆棺未乾)　수과삼일(雖過三日)　역무상야(亦無傷也)　세속이음양구기(世俗以陰陽拘忌)　택일이렴(擇日而斂)　성서지제(盛暑之際)　지유즙출충류(至有汁出蟲流)　기부패재(豈不悖哉)

●집사자진대렴의금(執事者陳大斂衣衾)

이탁자진우당동벽하(以卓子陳于堂東壁下)　의무상수(衣無常數)　금용유면자(衾用有綿者)

고씨왈(高氏曰)　대렴지교축자삼(大斂之絞縮者三)　개취일폭포(蓋取一幅布)　렬위삼편야(裂爲三片也)　횡자삼(橫者三)　개취포이폭(蓋取布二幅)　렬위륙편이용오야(裂爲六片而用五也)　이대렴의다(以大斂衣多)　고매폭삼탁용지(故每幅三柝用之)

用之) 이위견지급야(以爲堅之急也) 금범이(衾凡二) 일복지(一覆之) 일적지(一籍之)○양씨왈(楊氏曰) 의례사상(儀禮士喪) 대렴의삼십칭(大斂衣三十稱) 금부재산(衾不在算) 부필진용(不必盡用) 주운(註云) 금단피야(衾單被也) 소렴의수(小斂衣數) 자천자달(自天子達) 대렴칙필의(大斂則畢矣) 대렴포교(大斂布絞) 축자삼(縮者三) 횡자오(橫者五)

●설전구(設奠具)
여소렴지의(如小斂之儀)

●거관입치우당중소서(擧棺入置于堂中少西)
집사자선천령좌급소렴전어방측(執事者先遷靈座及小斂奠於傍側)   역자거관이입(役者擧棺以入) 치우상서(置于牀西) 승이량등(承以兩凳) 개비유칙어별실(蓋卑幼則於別室) 역자출(役者出) 시자선치금우관중(侍者先置衾于棺中) 수기예어사외(垂其裔於四外)○사마온공왈(司馬溫公曰) 주인빈우서계지상(周人殯于西階之上) 금당실이제(今堂室異制) 혹협소(或狹小) 고단어당중소서이이(故但於堂中少西而已) 금세속다빈어승사(今世俗多殯於僧舍) 무인수시(無人守視) 왕왕이년월미리(往往以年月未利) 유수십년부장(踰數十年不葬) 혹위도적소발(或爲盜賊所發) 혹위승소기(或爲僧所棄) 부효지죄(不孝之罪) 숙대어차(孰大於此)

●내대렴(乃大斂)
시자여자손부녀(侍者與子孫婦女) 구관수(俱盥手) 엄수결교(掩首結絞) 공거시납우관중(共擧尸納于棺中) 실생시소락치발급소전조우관각(實生時所落齒髮及所剪爪于棺角) 우췌기공결처(又揣其空缺處) 권의새지(卷衣塞之) 무령충실(務令充實) 부가요동(不可搖動) 근물이김옥진완치관중(謹勿以金玉珍玩置棺中) 계도적심(啓盜賊心) 수금(收衾) 선엄족차엄수차엄좌차엄우(先掩足次掩首次掩左次掩右) 령관중평만(令棺中平滿) 주인주부(主人主婦) 빙곡진애(憑哭盡哀) 부인퇴입막중(婦人退入幕中) 내소장가개하정(乃召匠加蓋下釘) 철상복구이의(徹牀覆柩以衣) 축취명정(祝取銘旌) 설부우관동(設跗于棺東) 복설령좌어고처(復設靈座於故處) 류부인량인수지(留婦人兩人守之)○사마온공왈(司馬溫公曰) 범동시거관(凡動尸擧棺) 곡벽무산(哭擗無筭) 연빈렴지제(然殯斂之際) 역당철곡림시(亦當輟哭臨視) 무령안고(務令安固) 부가단곡이이(不可但哭而已)○안고자(按古者) 대렴이빈(大斂而殯) 기대렴칙루격도지(旣大斂則累墼塗之) 금혹칠관미건(今或漆棺未乾) 우남방토다루의(又南方土多螻蟻) 부가도빈(不可塗殯) 고종기편(故從其便)

●설령상어구동(設靈牀於柩東)
상장천석병침의피지속(牀帳薦席屛枕衣被之屬) 개여평생시(皆如平生時)

●내설전(乃設奠)
여소렴지의(如小斂之儀)

●주인이하각귀상차(主人以下各歸喪次)
중문지외(中門之外) 택박루지실(擇朴陋之室) 위장부상차(爲丈夫喪次) 참쇠(斬衰) 침점침괴(寢苫枕塊) 부탈질대(不脫絰帶) 부여인좌언(不與人坐焉) 비시견호모야(非時見乎母也) 부급중문(不及中門) 제쇠침석(齊衰寢席) 대공이하이거자(大功以下異居者) 기빈이귀(旣殯而歸) 거숙어외(居宿於外) 삼월이복침(三月而復寢) 부인차우중문지내별실(婦人次于中門之內別室) 혹거빈측(或居殯側) 거유장금욕지화려자(去帷帳衾褥之華麗者) 부득첩지남자상차(不得輒至男子喪次)

●지대곡자(止代哭者)

◆성복(成服)

●궐명(厥明)
대렴지명일(大斂之明日) 사지제사일야(死之第四日也)

●오복지인각복기복입취위연후조곡상조여의(五服之人各服其服入就位然後朝哭相弔如儀)
양씨복왈(楊氏復曰) 삼일대렴(三日大斂) 가이성복의(可以成服矣) 필사일이후성복(必四日而後成服) 하야(何也) 대렴

수필(大斂雖畢) 인자부인사기친(人子不忍死其親) 고부인거성복(故不忍遽成服) 필사일이후성복야(必四日而後成服也)
예생여래일(禮生與來日) 사여왕일(死與往日) 취차의야(取此義也)

●기복지제일왈참최삼년(其服之制一曰斬衰三年)

참부집야(斬不緝也) 의상개용극(衣裳皆用極) 생포(生布) 방급하제(旁及下際) 개부집야(皆不緝
也) 의봉향외(衣縫向外) 상전삼폭(裳前三幅) 후사폭봉내향(後四幅縫內向) 전후부련(前後不連)
매폭작삼첩(每幅作三帇) 첩위굴기량변(帇謂屈其兩邊) 상저이공기중야(相著而空其中也) 의장과
요쇄(衣長過腰衰) 용포장륙촌(用布長六寸) 광사촌(廣四寸) 철어좌금지전(綴於左衿之前) 좌우유
피령(左右有辟領) 각용포방팔촌(各用布方八寸) 굴기량두(屈其兩頭) 상저위광사촌(相著爲廣四寸)
철어령하(綴於領下) 재부판량방(在負版兩旁) 각참부판일촌(各攙負版一寸) 량액지하유임(兩腋之
下有衽) 각용포삼척오촌(各用布三尺五寸) 상하각류일척(上下各留一尺) 정방일척지외(正方一尺
之外) 상어좌방(上於左旁) 재입륙촌(裁入六寸) 하어우방(下於右旁) 재입륙촌(裁入六寸) 편어진
처(便於盡處) 상망사재(相望斜裁) 각이량방(却以兩旁) 좌우상답(左右相沓) 철어의량방(綴於衣
兩旁) 수지향하(垂之向下) 상여연미(狀如燕尾) 이엄상방제야(以掩裳旁際也) 관비의상(冠比衣裳)
용포초세(用布稍細) 지호위재(紙糊爲材) 광삼촌(廣三寸) 장족과정전후(長足跨頂前後) 과이포위
삼첩(裹以布爲三帇) 개향우(皆向右) 종봉지(縱縫之) 용마승일조(用麻繩一條) 종액상약지(從額
上約之) 지정후교과전각(至頂後交過前各) 영(纓) 결어이하(結於頤下) 수질이유자마위지(首絰以
有子麻爲之) 기위구촌(其圍九寸) 마본재좌(麻本在左) 종액전향우위지(從額前向右圍之) 종정과
후(從頂過後) 이기말가어본상(以其末加於本上) 우이승위영이고지(又以繩爲纓以固之) 여관지제
(如冠之制) 요질대칠촌유여(腰絰大七寸有餘) 량고상교(兩股相交) 량두결지(兩頭結之) 각존마본
(各存麻本) 산수삼척(散垂三尺) 기교결처량방(其交結處兩旁) 각철세승계지(各綴細繩繫之) 교대
(絞帶) 용유자마승일조(用有子麻繩一條) 태반요질(太半腰絰) 중굴지위량고(中屈之爲兩股) 각일
척여(各一尺餘) 내합지(乃合之) 기대여질(其大如絰) 위요(圍腰) 종좌과후지전(從左過後至前)
내이기우단(乃以其右端) 천량고간(穿兩股間) 이반삽어우(而反揷於右) 재질지하(在絰之下)○저
장용죽(苴杖用竹) 고제심본재하(高齊心本在下) 구역조마위지(屨亦粗麻爲之) 부인칙용극조생포
(婦人則用極粗生布) 위대수장군개두(爲大袖長裙蓋頭) 개부집(皆不緝) 포두(布頭)<code>둑</code>채마구(竹
釵麻屨) 중첩칙이배자대대수(衆妾則以背子代大袖) 범부인개부장(凡婦人皆不杖) 기정복칙자위
부야(其正服則子爲父也) 기가복태적손부졸(其加服太嫡孫父卒) 위조약증고조승중자야(爲祖若曾
高祖承重者也) 부위적자당위후자야(父爲嫡子當爲後者也) 기의복칙부위구야(其義服則婦爲舅也)
부승중칙종복야(夫承重則從服也) 위인후자위소후부야(爲人後者爲所後父也) 위소후조승중야(爲
所後祖承重也) 부위인후칙처종복야(夫爲人後則妻從服也) 처위부야(妻爲夫也) 첩위군야(妾爲君
也)

문주제(問周制) 유대종지례(有大宗之禮) 립적이위후(立嫡以爲後) 고부위장자삼년(故父爲長子三年) 금대종지례폐(今
大宗之禮廢) 무립적지법(無立嫡之法) 이자각득이위후(而子各得以爲後) 칙장자소자부이(則長子少子不異) 서자부득위
장자삼년(庶子不得爲長子三年) 부필연야(不必然也) 부위장자삼년(父爲長子三年) 역부가이적서론야(亦不可以嫡庶論
也) 주자왈(朱子曰) 종법수미능립(宗法雖未能立) 연복제(然服制) 자당종고(自當從古) 시역애례존양지의(是亦愛禮存
羊之意) 부가망유개역야(不可妄有改易也) 여한시(如漢時) 종자법이폐(宗子法已廢) 연기조령(然其詔令) 유운사민당위
부후작일급(猶云賜民當爲父後者爵一級) 시차례유재야(是此禮猶在也) 기가위종법폐이서자개득위부후자호(豈可謂宗
法廢而庶子皆得爲父後者乎)○양씨복왈(楊氏復曰) 상복제도(喪服制度) 유피령일절(惟辟領一節) 연습차오(沿襲差誤)
자통전시(自通典始) 안상복기운(按喪服記云) 의유이척이촌(衣有二尺二寸) 개지의신자령지요지장이언지야(蓋指衣身
自領至腰之長而言之也) 용포팔척팔촌(用布八尺八寸) 중단이분좌우(中斷以分左右) 위사척사촌자이(爲四尺四寸者二)
우취사척사촌자이(又取四尺四寸者二) 중접이분전후(中摺以分前後) 위이척이촌자사(爲二尺二寸者四) 차즉심상도의신
지상법야(此卽尋常度衣身之常法也) 합이척이촌자사(合二尺二寸者四) 첩위사중(疊爲四重) 종일각당령처사촌하(從一
角當領處四寸下) 취방재입사촌(取方裁入四寸) 내기소위적박사촌(乃記所謂適博四寸) 주소소위피령사촌시야(註疏所謂
辟領四寸是也) 안정주운(按鄭註云) 적피령야(適辟領也) 칙량물칙일(則兩物則一) 물야(物也) 금기왈(今記曰) 적주소
우왈(適註疏又曰) 피령(辟領) 하위이이기명야(何爲而異其名也) 피(辟) 유개야(猶開也) 종일각당령처(從一角當領處)
취방재개입사촌(取方裁開入四寸) 고왈피령(故曰辟領) 이차피령사촌(以此辟領四寸) 반접향외(反摺向外) 가량견상(加
兩肩上) 이위좌우적(以爲左右適) 고왈적(故曰適) 내소위량상향외각사촌시야(乃疏所謂兩相向外各四寸是也) 피령사
촌(辟領四寸) 기반접향외(旣反摺向外) 가량견상이위좌우적(加兩肩上以爲左右適) 고후지좌우(故後之左右) 각유사촌허
처(各有四寸虛處) 당척이상병(當脊而相並) 위지활중(謂之闊中) 전지좌우(前之左右) 각유사촌허처(各有四寸虛處) 당
견이상대(當肩而相對) 역위지활중(亦謂之闊中) 내소위중팔촌시야(乃疏所謂中八寸是也) 차칙의신소용포지처여재지
지법야(此則衣身所用布之處與裁之之法也) 주우운(註又云) 가피령팔촌이우배지자(加辟領八寸而又倍之者) 위별용포일
척륙촌(謂別用布一尺六寸) 이새전후지활중야(以塞前後之闊中也) 포일조(布一條) 종장일척륙촌(縱長一尺六寸) 횡활팔
촌(橫闊八寸) 우종접이중분지(又縱摺而中分之) 기하일반(其下一半) 재단좌우량단각사촌(裁斷左右兩端各四寸) 제거부
용(除去不用) 지류중간팔촌(只留中間八寸) 이가후지활중(以加後之闊中) 원재피령각사촌처(元裁辟領各四寸處) 이새기
결(而塞其缺) 당척지상병처(當脊之相並處) 차소위가피령팔촌시야(此所謂加辟領八寸是也) 기상일반(其上一半) 전일척

륙촌부재(全一尺六寸不裁) 이포지중간종항상(以布之中間從項上) 분좌우대접(分左右對摺) 향전수하(向前垂下) 이가어전지활중(以加於前之闊中) 여원재단처당견상대처상접(與元裁斷處當肩相對處相接) 이위좌우령야(以爲左右領也) 부하일반가어후지활중자(夫下一半加於後之闊中者) 용포팔촌(用布八寸) 이상일반(而上一半) 종항이하(從項而下) 이가전지활중자(以加前之闊中者) 우배지이위일척륙촌언(又倍之而爲一尺六寸焉) 차소위이우배지자시야(此所謂而又倍之者是也) 차칙의령소용지포여재지지법야(此則衣領所用之布與裁之之法也) 고자(古者) 의복길흉이제(衣服吉凶異制) 고쇠복령여길복령부동(故衰服領與吉服領不同) 이기제여차야(而其制如此也) 주우운(註又云) 범용포일장사촌자(凡用布一丈四寸者) 의신팔척팔촌(衣身八尺八寸) 의령일척륙촌(衣領一尺六寸) 합위일장사촌야(合爲一丈四寸也) 차시용포정수(此是用布正數) 우당소관기포(又當少寬未布) 이위침봉지용(以爲針縫之用) 연차즉의신여의령지수(然此卽衣身與衣領之數) 약부쇠대하급량임(若負衰帶下及兩衽) 우재차수지외의(又在此數之外矣) 단령필유겁(但領必有袷) 차포하종출호(此布何從出乎) 왈(曰) 의령용포(衣領用布) 활팔촌이장일척륙촌(闊八寸而長一尺六寸) 고자포폭활이척이촌(古者布幅闊二尺二寸) 제의령용포활팔촌지외(除衣領用布闊八寸之外) 경여활일척사촌이장일척륙촌(更餘闊一尺四寸而長一尺六寸) 가이분작삼조(可以分作三條) 시어겁이적즉무여흠야(施於袷而適足無餘欠也) 통전이피령위적(通典以辟領爲適) 본용주소(本用註疏) 우자위상복기문난효(又自謂喪服記文難曉) 이용억설이참지(而用臆說以參之) 기별용포이위피령(既別用布以爲辟領) 우부언제령소용하포(又不言制領所用何布) 우부계의신의령용포지수(又不計衣身衣領用布之數) 실지의(失之矣) 단지의신팔척팔촌지외(但知衣身八尺八寸之外) 우별용포일척륙촌이위령(又別用布一尺六寸以爲領) 범용포공일장사촌(凡用布共一丈四寸) 칙문의부대변이자명의(則文義不待辨而自明矣)○우안상복기급주운(又按喪服記及註云) 몌이척이촌(袂二尺二寸) 연의신이척이촌(緣衣身二尺二寸) 고좌우량몌(故左右兩袂) 역이척이촌(亦二尺二寸) 욕사종횡개정방야(欲使縱橫皆正方也) 상복기우운(喪服記又云) 거척이촌(袪尺二寸) 거자(袪者) 수구야(袖口也) 몌이척이촌(袂二尺二寸) 봉합기하일척(縫合其下一尺) 류상일척이촌(留上一尺二寸) 이위수구야(以爲袖口也)○우안상복기운(又按喪服記云) 의대하척(衣帶下尺) 연고자상의하상(緣古者上衣下裳) 분별상하(分別上下) 부상침월(不相侵越) 의신이척이촌(衣身二尺二寸) 근지요이지(僅至腰而止) 무이엄상상제(無以掩裳上際) 고어의대지하(故於衣帶之下) 용종포일척상속어의(用縱布一尺上屬於衣) 횡요요(橫繞於腰) 칙이요지활협위준(則以腰之闊狹爲準) 소이엄상상제이후(所以掩裳上際而後) 철량임어기방야(綴兩衽於其旁也)○도용지척(度用指尺) 중지중절위촌(中指中節爲寸) 수질요질위구촌칠촌지류(首経腰経圍九寸七寸之類) 역동(亦同)○관구(菅屨) 의례주(儀禮註) 관구(菅屨) 비구야(菲屨也) 가례운(家禮云) 구이조마위지(屨以粗麻爲之) 공당종의례위정(恐當從儀禮爲正)○의례(儀禮) 처위부(妻爲夫) 첩위군(妾爲君) 녀자자재실위부(女子子在室爲父) 포총전계좌(布總箭笄髽) 삼년(三年) 이가례참고지(以家禮參考之) 의례소렴(儀禮小斂) 부인좌우실(婦人髽于室) 이마위좌(以麻爲髽) 가례소렴(家禮小斂) 부인용마승촬계위좌(婦人用麻繩撮髻爲髽) 기제동(其制同) 의례부인성복(儀禮婦人成服) 포총륙촌(布總六寸) 위출계후소수자륙촌(謂出紒後所垂者六寸) 전계(箭笄) 장척(長尺) 가례부인성복(家禮婦人成服) 포두(布頭)須죽채(竹釵) 소위포두(所謂布頭)須 즉의례지포총야(卽儀禮之布總也) 소위죽채(所謂竹釵) 즉의례지전계야(卽儀禮之箭笄也) 범상복(凡喪服) 상왈쇠(上曰衰) 하왈상(下曰裳) 의례부인(儀禮婦人) 단언쇠(但言衰) 부언상자(不言裳者) 부인부수상(婦人不殊裳) 쇠(衰) 여남자쇠(如男子衰) 하여심의(下如深衣) 무대하척(無帶下尺) 무임(無衽) 부쇠여남자쇠(夫衰如男子衰) 미지비부판피(未知備負版辟) 령지제여부(領之制與否) 하여심의(下如深衣) 미지상용십이폭여부(未知裳用十二幅與否) 차수무문가명(此雖無文可明) 단의신필이척이촌(但衣身必二尺二寸) 몌필속폭(袂必屬幅) 상필상속어의(裳必上屬於衣) 상방량폭(裳旁兩幅) 필상련속(必相連屬) 차소이의부용대하척(此所以衣不用帶下尺) 상방부용임야(裳旁不用衽也) 금고가례(今从家禮) 칙부용차제(則不用此制) 부인용대수장군개두(婦人用大袖長裙蓋頭) 남자쇠복(男子衰服) 순용고제(純用古制) 이부인부용고제(而婦人不用古制) 차칙미상(此則未詳) 의례(儀禮) 부인유질대(婦人有経帶) 질수질야(経首経也) 대요대야(帶腰帶也) 위지대소(圍之大小) 무명문(無明文) 대약여남자동(大約與男子同) 졸곡(卒哭) 장부거마대복갈대(丈夫去麻帶服葛帶) 이수질부변(而首経不變) 부인이갈위수질(婦人以葛爲首経) 이마대부변(而麻帶不變) 기련(既練) 남자제질(男子除経) 부인제대(婦人除帶) 기근어질대변제지절약차(其謹於経帶變除之節若此) 가례(家禮) 부인병무질대지문(婦人並無経帶之文) 당이례경위정(當以禮經爲正)○상복참쇠전왈(喪服斬衰傳曰) 동자하이부장(童子何以不杖) 부능병야(不能病也) 부인하이부장(婦人何以不杖) 부능병야(不能病也) 소왈(疏曰) 동자부장(童子不杖) 차서동자야(此庶童子也) 문상운(問喪云) 동자당실(童子當室) 칙면이장의(則免而杖矣) 위적자야(謂適子也) 부인부장(婦人不杖) 역위동자부인(亦謂童子婦人) 약성인부인정배장(若成人婦人正杖) 상대기운(喪大記云) 삼왈자부인장(三曰子夫人杖) 오왈대부세부장(五曰大夫世婦杖) 제경개유부인장(諸經皆有婦人杖) 우여고재위부장(又如姑在爲夫杖) 모위장자장(母爲長子杖) 안상복소기운(按喪服小記云) 녀자자재실위부모(女子子在室爲父母) 기주상자부장(其主喪者不杖) 칙자일인장(則子一人杖) 정운(鄭云) 녀자자재실(女子子在室) 역동자야(亦童子也) 무남곤제(無男昆弟) 사동성위섭주(使同姓爲攝主) 부장칙자일인장(不杖則子一人杖) 위장녀야(謂長女也) 허가급이십이계위성인(許嫁及二十笄爲成人) 성인정장야(成人正杖也) 시기동녀위상주(是其童女爲喪主) 칙역장의(則亦杖矣) 우안가례(愚按家禮) 용서의복제(用書儀服制) 부인개부장(婦人皆不杖) 여문상상대기상복소기부동(與問喪喪大記喪服小記不同) 한미득질정(恨未得質正)○류씨장왈(劉氏璋曰) 쇠복지제(衰服之制) 전인이매(前人已昧) 유상제칙미지상(惟衰制則未之詳) 안사마온공왈(按司馬溫公曰) 고자(古者) 오복개용포(五服皆用布) 이승수위별(以升數爲別) 공이팔십루위일승(共八十縷爲一升) 우쇠상기왈(又衰裳記曰) 범쇠(凡衰) 외삭폭(外削幅) 상내삭폭(裳內削幅) 폭삼구(幅三袧) 소왈(疏曰) 쇠외삭폭자(衰外削幅者) 위봉지변폭향외(謂縫之邊幅向外) 상내삭폭자(裳內削幅者) 위봉지변폭향내(謂縫之邊幅向內) 유폭삼구자(有幅三袧者) 거상이언(據裳而言) 용포칠폭(用布七幅) 폭이척이촌(幅二尺二寸) 량반각거일촌위삭폭(兩畔各去一寸爲削幅) 칙이칠십사(則二七十四) 장사척(丈四尺) 약부벽적기요중(若不辟積其腰中) 칙속신부득취(則束身不得就) 고일폭포(故一幅布) 범삼처굴지(凡三處屈之) 우례(又禮) 유참쇠부집(惟斬衰不緝) 여쇠개집지(餘衰皆緝之) 집필외향(緝必外向) 소이별기길복야(所以別其吉服也)○우장자일절(又杖屨一節) 안삼가례운(按三家禮云) 참쇠저장(斬衰苴杖) 죽야(竹也) 위부(爲父) 소이장용죽자(所以杖用竹者) 부시자지천(父是子之天) 죽원(竹圓) 역상천(亦象天) 내외유절(內外有節) 상자위부(象子爲父) 역유내외지통(亦有內外之痛) 우관사시이부변(又貫四時而不變) 자지위부(子之爲父) 역경한온이부개(亦經寒溫而不改) 고용지야(故用之也) 관구(菅屨) 위이관초위구(謂以菅草爲屨) 모전운(毛傳云) 야관야(野菅也) 이구위관(已漚爲菅) 우운(又云) 관비외납(菅菲外納) 칙주공시(則周公時) 위지구(謂之屨) 자하시(子夏時) 위비(謂菲) 외납자(外納者) 외기식야(外其飾也) 향외편지야(向外編之也)○황씨서절왈(黃氏瑞節曰) 선생장숙졸(先生長塾卒) 이계체복참쇠(以繼體服斬衰) 례위지가복(禮謂之加服) 속위지보복야(俗謂之報服也)

●이왈자최삼년(二日齊衰三年)

자(齊) 집야(緝也) 기의상관제(其衣裳冠制) 병여참쇠(幷如斬衰) 단용차등(但用次等) 생포(生布) 집기방급하제(緝其旁及下際) 관이포위무급영수질(冠以布爲武及纓首経) 이무자마위지(以無子麻爲之) 대칠촌여(大七寸餘) 본재우(本在右) 말계본하(末繋本下) 포영(布纓) 요질(腰経) 대오촌여(大五寸餘) 교대이포위지(絞帶以布爲之) 이굴기우단척여(而屈其右端尺餘) 장이동위지(杖以桐爲之) 상원하방(上圓下方) 부인복(婦人服) 동참쇠(同斬衰) 단포용차등위이(但布用次等爲異) 후개방차(後皆倣此) 기정복칙자위모야(其正服則子爲母也) 사지서자(士之庶子) 위기모동(爲其母同) 이위부후칙강야(而爲父後則降也) 기가복칙적손부졸(其加服則嫡孫父卒) 위조모약증고조모승중자야(爲祖母若曾高祖母承重者也) 모위적자당위후자야(母爲適子當爲後者也) 기의복칙부위고야(其義服則婦爲姑也) 부승중칙종복야(夫承重則從服也) 위계모야(爲繼母也) 위자모(爲慈母) 위서자무모(謂庶子無母) 이부명타첩지무자자자기야(而父命他妾之無子者慈己也) 계모위장자야(繼母爲長子也) 첩위군지장자야(妾爲君之長子也)

양씨복왈(楊氏復曰) 안의례보복조(按儀禮補服條) 당증조부졸이후(當增祖父卒而後) 위조모후자야(爲祖母後者也) 위소후자지처(爲所後者之妻) 약자야(若子也)○류씨장왈(劉氏璋曰) 제쇠삭장(齊衰削杖) 동야(桐也) 위모(爲母) 안삼가례운(按三家禮云) 동자(桐者) 언동야(言同也) 취내심비통동어부야(取內心悲痛同於父也) 이외무절(以外無節) 상가무이존(象家無二尊) 외굴어부(外屈於父) 삭지사방자(削之使方者) 취모상어지야(取母象於地也) 소(疏) 구자(屨者) 조구야(粗屨也) 소(疏) 독여부숙지소(讀如不熟之疏) 초야(草也) 참쇠(斬衰) 중이언관(重而言菅) 이견초체(以見草體) 거기악모(擧其惡貌) 제쇠(齊衰) 경이언소(輕而言疏) 거초지총칭야(擧草之總稱也) 부장장(不杖章) 언마구(言麻屨) 제쇠삼월여대공(齊衰三月與大功) 동승구(同繩屨) 소공시마(小功緦麻) 경(輕) 우몰기구호(又沒其屨號) 마구주운(麻屨註云) 부용초(不用草)○범언장자(凡言杖者) 개하본(皆下本) 순기성야(順其性也) 고하각제기심(高下各齊其心) 기대소여요질(其大小如腰経)

●장기(杖期)

복제동상(服制同上) 단우용차등생포(但又用次等生布) 기정복칙적손부졸조재(其正服則嫡孫父卒祖在) 위조모야(爲祖母也) 기강복칙위가모출모야(其降服則爲嫁母出母也) 기의복칙부졸계모가이이(其義服則父卒繼母嫁而已) 종지자야(從之者也) 부위처야(夫爲妻也) 자위부후(子爲父後) 칙위출모가모무복(則爲出母嫁母無服) 계모출칙무복야(繼母出則無服也)

양씨복왈(楊氏復曰) 안제쇠장기(按齊衰杖期) 공당첨위소후자지처(恐當添爲所後者之妻) 약자야(若子也) 조부재(祖父在) 적손위조모야(嫡孫爲祖母也) 거선생의례경전보복조(據先生儀禮經傳補服條) 수수일조(修首一條) 이구제쇠삼년하(已具齊衰三年下)

●부장기(不杖期)

복제동상(服制同上) 단부장(但不杖) 우용차등생포(又用次等生布) 기정복칙위조부모(其正服則爲祖父母) 녀수적인(女雖適人) 부강야(不降也) 서자지자(庶子之子) 위부지모(爲父之母) 이위조후칙부복야(而爲祖後則不服也) 위백숙부야(爲伯叔父也) 위형제야(爲兄弟也) 위중자남녀야(爲衆子男女也) 위형제지자야(爲兄弟之子也) 위고자매녀재실(爲姑姉妹女在室) 급적인이무부여자자야(及適人而無夫與子者也) 부인무부여자자(婦人無夫與子者) 위기형제자말급형제지자야(爲其兄弟姉抺及兄弟之子也) 첩위기자야(妾爲其子也) 기가복칙위적손약증현손당위후자야(其加服則爲適孫若曾玄孫當爲後者也) 녀적인자(女適人者) 위형제지위부후자야(爲兄弟之爲父後者也) 기강복칙가모출모(其降服則嫁母出母) 위기자(爲其子) 자수위부후(子雖爲父後) 유복야(猶服也) 첩위기부모야(妾爲其父母也) 기의복칙계모가모위전부지자종기자야(其義服則繼母嫁母爲前夫之子從己者也) 위백숙모야(爲伯叔母也) 위부형제지자야(爲夫兄弟之子也) 계부동거(繼父同居) 부자개무대공지친자야(父子皆無大功之親者也) 첩위녀군야(妾爲女君也) 첩위군지중자야(妾爲君之衆子也) 구고위적부야(舅姑爲適婦也)

양씨복왈(楊氏復曰) 안부장기주(按不杖期註) 정복(正服) 당첨일조(當添一條) 자매기가(姉妹旣嫁) 상위복야(相爲服也)○기의복(其義服) 당첨일조(當添一條) 부모재칙위처부장야(父母在則爲妻不杖也)○안위인후자(按爲人後者) 위기부모(爲其父母) 보녀자자적인자(報女子子適人者) 위기부모(爲其父母) 차시부장기대절목(此是不杖期大節目) 하이부서야(何以不書也) 개차조재후범남위인후자(蓋此條在後凡男爲人後者) 여녀적인자(與女適人者) 위기사친개강일등중(爲其私親皆降一等中) 고부견어차(故不見於此)

●오월(五月)

복제동상(服制同上) 기정복칙위증조부모(其正服則爲曾祖父母) 녀적인자(女適人者) 부강야(不降也)

●삼월(三月)

복제동상(服制同上) 기정복칙위고조부모(其正服則爲高祖父母) 녀적인자부강야(女適人者不降也) 기의복칙계부부동거(其義服則繼父不同居) 위선동금이(謂先同今異) 혹수동거이계부유자(或雖同居而繼父有子) 기유대공이상친자야(己有大功以上親者也) 기원부동거자(其元不同居者) 칙부복(則不服)

양씨복왈(楊氏復曰) 안의례보복조(按儀禮補服條) 당증위소후자지조부모(當增爲所後者之祖父母) 약자야(若子也)

●삼왈대공구월(三日大功九月)

복제동상(服制同上) 단용초조숙포(但用稍粗熟布) 무부판쇠피령(無負版衰辟領) 수질오촌여(首経五寸餘) 요질사촌여(腰経四寸餘) 기정복칙위종부형제자매(其正服則爲從父兄弟姉妹) 위백숙부지자야(謂伯叔父之子也) 위중손남녀야(爲衆孫男女也) 기의복칙위중자부야(其義服則爲衆子婦也) 위형제자지부야(爲兄弟子之婦也) 위부지조부모백숙부모형제지부야(爲夫之祖父母伯叔父母兄弟之婦也) 부위인후자(夫爲人後者) 기처위본생구고야(其妻爲本生舅姑也)

양씨복왈(楊氏復曰) 의례주운(儀禮註云) 전유쇠(前有衰) 후유부판(後有負版) 좌우유피령(左右有辟領) 효자애척지심(孝子哀戚之心) 무소부재(無所不在) 소운(疏云) 쇠자(衰者) 효자유애최지지(孝子有哀摧之志) 부자(負者) 부기비애(負其悲哀) 적자(適者) 지적연어부모불념여사(指適緣於父母不念餘事)○우안주소(又按註疏) 석쇠부판령삼자지의(釋衰負版領三者之義) 유자위부모용지(惟子爲父母用之) 방친칙부용야(旁親則不用也) 가례(家禮) 지대공(至大功) 내무쇠부판피령자(乃無衰負版辟領者) 개가례(蓋家禮) 내초년본야(乃初年本也) 후선생지가소행지례(後先生之家所行之禮) 방친개무쇠부판피령(旁親皆無衰負版辟領) 약차지류(若此之類) 개종후래의론지정자위정(皆從後來議論之定者爲正)○대공구월(大功九月) 공당첨위동모이부지곤제야(恐當添爲同母異父之昆弟也) 혹왈(或曰) 위외조모야(爲外祖母也) 거선생의례경전보복조(據先生儀禮經傳補服條) 수동모이부지곤제(修同母異父之昆弟) 본자유답공숙목지문(本子游答公叔木之問) 이동부동모칙복기(以同父同母則服期) 금단동모(今但同母) 이시친자혈속(而是親者血屬) 고강일등(故降一等) 개은계어모(蓋恩繼於母) 부계어부(不繼於父) 약자하답적의(若子夏答狄儀) 이위제쇠칙과의(以爲齊衰則過矣) 고주소가이대공위시(故註疏家以大功爲是) 외조모(外祖母) 지거로장공위제왕희복대공(只據魯莊公爲齊王姬服大功) 단궁(檀弓) 혹왈외조모야(或曰外祖母也) 금가례(今家禮) 이외조부모위소공정복(以外祖父母爲小功正服) 칙당이가례이정(則當以家禮而正)○류씨해손왈(劉氏垓孫曰) 침존중설상복중증조제쇠복(沈存中說喪服中曾祖齊衰服) 증조이상(曾祖以上) 개위지증조(皆謂之曾祖) 공시여차(恐是如此) 여차칙개합유제삼월복(如此則皆合有齊衰三月服) 간래(看來) 고조사(高祖死) 기유부위복지례(豈有不爲服之禮) 수합행제쇠삼월야(須合行齊衰三月也) 이천경언(伊川頃言) 조부모상(祖父母喪) 수시부거(須是不赴擧) 후래부증행(後來不曾行) 금법령(今法令) 수무명문(雖無明文) 간래위사자위조부모기복내(看來爲士者爲祖父母期服內) 부당부거(不當赴擧) 금인제쇠(今人齊衰) 용포태세(用布太細) 우대공소공(又大功小功) 개용저포(皆用苧布) 공개비례(恐皆非禮) 대공수용시중소매화마포초세자(大功須用市中所賣火麻布稍細者) 혹숙마포역가(或熟麻布亦可) 소공수용건포지속(小功須用虔布之屬) 고자포백정조(古者布帛精粗) 개용승수(皆用升數) 소이설포백정조부부중수(所以說布帛精粗不中數) 부죽어시(不鬻於市) 금경무차제(今更無此制) 청민지소위(聽民之所爲) 소이창졸(所以倉卒) 난득중도자(難得中度者) 지득매래(只得買來) 자이의택제지이(自以意擇製之耳)

●사왈소공오월(四日小功五月)

복제동상(服制同上) 단용초숙세포(但用稍熟細布) 관좌봉(冠左縫) 수질사촌여(首経四寸餘) 요질삼촌여(腰経三寸餘) 기정복칙위종조조부종조조고(其正服則爲從祖祖父從祖祖姑) 위조지형제자매야(謂祖之兄弟姉妹也) 위형제지손(爲兄弟之孫) 위종조부종조고(爲從祖父從祖姑) 위종조조부지자(謂從祖祖父之子) 부지종부형제자매야(父之從父兄弟姉妹也) 위종부형제지자야(爲從父兄弟之子也) 위종조형제자매(爲從祖兄弟姉妹) 위종조부지자(謂從祖父之子) 소위재종형제자매자야(所謂再從兄弟姉妹者也) 위외조부모(爲外祖父母) 위모지부모야(謂母之父母也) 위구(爲舅) 위모지형제야(謂母之兄弟也) 위생야(爲甥也) 위자매지자야(謂姉妹之子也) 위종모(爲從母) 위모지자매야(謂母之姉妹也) 위동모이부지형제자매야(爲同母異父之兄弟姉妹也) 기의복칙위종조조모야(其義服則爲從祖祖母也) 위부형제지손야(爲夫兄弟之孫也) 위종조모야(爲從祖母也) 위부종형제지자야(爲夫從兄弟之子也) 위부지고자매(爲夫之姑姉妹) 적인자(適人者) 부강야(不降也) 녀위형제질지처(女爲兄弟姪之妻) 이적인(已適人) 역부강야(亦不降也) 위제사부(爲娣姒婦) 위형제지처(謂兄弟之妻) 상명(相名) 장부위차부왈제부(長婦謂次婦曰娣婦) 제부위장부왈사부야(娣婦謂長婦曰姒婦也) 서자위적모지부모형제자매(庶子爲適母之父母兄弟姉妹) 적모사(適母死) 칙부복(則不服) 모출칙위계모지부모형제자매야(母出則爲繼母之父母兄弟姉妹也) 위서모자기자(爲庶母慈己者) 위서모지유양기자야(謂庶母之乳養己者也) 위적손약증현손지당위후자지부(爲適孫若曾玄孫之當爲後者之婦) 기고재칙부야(其姑在則否也) 위형제지처야(爲兄弟之妻也) 위부지형제야(爲夫之兄弟也)

양씨복왈(楊氏復曰) 안의례보복조(按儀禮補服條) 당증위소후자처지부모약자야(當增爲所後者妻之父母若子也) 고위적부부위구후자야(姑爲適婦不爲舅後者也) 제후위적손지부야(諸侯爲適孫之婦也)

●오왈시마삼월(五日緦麻三月)

복제동상(服制同上) 단용극세숙포(但用極細熟布) 수질삼촌(首経三寸) 요질이촌(腰経二寸) 병용숙마(並用熟麻) 영역여지(纓亦如之) 기정복칙위족증조부족증조고(其正服則爲族曾祖父族曾祖姑) 위증조지형제자매야(謂曾祖之兄弟姉妹也) 위형제지증손야(爲兄弟之曾孫也) 위족조부족조고(爲族祖父族祖姑) 위족증조부지자야(謂族曾祖父之子也) 위종부형제지손야(爲從父兄弟之孫也) 위족부족고(爲族父族姑) 위족조부지자(謂族祖父之子) 야(也) 위종조형제지자야(爲從祖兄弟之子也) 위족형제자매(爲族兄弟姉妹) 위족부지자(謂族父之子) 소위삼종형제자매야(所謂三從兄弟姉妹也) 위증손현손야(爲曾孫玄孫也) 위외손야(爲外孫也) 위종모형제자매(爲從母兄弟姉妹) 위종모지자야(謂從母之子也) 위외형제(爲外兄弟) 위고지자야(謂姑之子也) 위내형제(爲內兄弟) 위구지자야(謂舅之子也) 기강복칙서자위부후자(其降服則庶子爲父後者) 위기모(爲其母) 이위기모지부모형제자매칙무복야(而爲其母之父母兄弟姉妹則無服也) 기의복칙위족증조모야(其義服則爲族曾祖母也) 위부형제지증손야(爲夫兄弟之曾孫也) 위족조모야(爲族祖母也) 위부종형제지손야(爲夫從兄弟之孫也) 위족모야(爲族母也) 위부종조형제지자야(爲夫從祖兄弟之子也) 위서손지부야(爲庶孫之婦也) 사위서모(士爲庶母) 위부첩지유자자야(謂父妾之有子者) 위유모야(爲乳母也) 위(爲)야(也) 위처지부모(爲妻之父母) 처망이별취역동(妻亡而別娶亦同) 즉처지친모(卽妻之親母) 수가출(雖嫁出) 유복야(猶服也) 위부지증고조조야(爲夫之曾祖高祖) 위부지종조조부모야(爲夫之從祖祖父母也) 위형제손지부야(爲兄弟孫之婦也) 위부형제손지부야(爲夫兄弟孫之婦也) 위부지종조부모야(爲夫之從祖父母也) 위종부형제자지부야(爲從父兄弟子之婦也) 위부종형제자지부야(爲夫從兄弟子之婦也) 위부종부형제지처야(爲夫從父兄弟之妻也) 위부지종부자매(爲夫之從父姉妹) 적인자부강야(適人者不降) 위부지외조부모야(爲夫之外祖父母也) 위부지종모급구야(爲夫之從母及舅也) 위외손부야(爲外孫婦也) 녀위자매지자부야(女爲姉妹之子婦也) 위생부야(爲甥婦也)

양씨복왈(楊氏復曰) 당증위동찬야(當增爲同爨也) 위붕우야(爲朋友也) 위개장야(爲改葬也) 대부위귀첩야(大夫爲貴妾也) 사위첩유자야(士爲妾有子也) 안통전(按通典) 한대덕운(漢戴德云) 이붕우유동도지은(以朋友有同道之恩) 고가마삼월(故加麻三月) 진조술초문(晉曹述初問) 유인인의사긍유(有仁人義士矜幼) 휴양적년(携養積年) 위지제복(爲之制服) 당무의야(當無疑耶) 서막답왈(徐邈答曰) 례(禮) 연정이(緣情耳) 동찬(同爨) 시(緦) 붕우마(朋友麻) 우안의례보복조(又按儀禮補服條) 동찬(同爨) 위이동거생(謂以同居生) 어례가허(於禮可許) 기동찬이식(旣同爨而食) 합유시마지친(合有緦麻之親) 개장(改葬) 위분묘이타(謂墳墓以他) 고붕괴(故崩壞) 장망실시구야(將亡失尸柩也) 언개장(言改葬) 명관물훼패(明棺物毀敗) 개설지(改設之) 여장시야(如葬時也) 차신위군야(此臣爲君也) 자위부야(子爲父也) 처위부야(妻爲夫也) 여무복(餘無服) 필복시자(必服緦者) 친견시구(親見尸柩) 불가이무복(不可以無服) 시삼월이제지(緦三月而除之) 위장시복지(謂葬時服之) 우안통전(又按通典) 대덕운(戴德云) 제시마(制緦麻) 구이장(具而葬) 장이제(葬而除) 위자부(謂子爲父) 처첩위부(妻妾爲夫) 신위신(臣爲臣) 손위조후자야(孫爲祖後者也) 기여칙복(其餘則) 개조복(皆弔服) 위왕숙운(魏王肅云) 비부모(非父母) 무복(無服) 무복칙복가마(無服則弔服加麻) 사첩유자칙위지시(士妾有子則爲之緦) 무자칙이(無子則已) 위사비(謂士卑) 첩무남녀칙부복(妾無男女則不服) 불별귀천야(不別貴賤也) 대부귀첩(大夫貴妾) 수무자(雖無子) 유복지(猶服之) 고대부위귀첩시(故大夫爲貴妾緦) 시별귀천야(是別貴賤也) ○류씨해손왈(劉氏垓孫曰) 사마공서의참쇠(司馬公書儀斬衰) 고제이공시(古制而功緦) 우부고제(又不古制) 차각가의(此却可疑) 개고자(蓋古者) 오복개용마(五服皆用麻) 단포유차등(但布有差等) 개용관질(皆用冠経) 단공시지질(但功緦之経) 소이(小耳) 금인길복부고(今人吉服不古) 이흉복고(而凶服古) 역무의사(亦無意思) 금속상복지제(今俗喪服之制) 하용횡포작란(下用橫布作襴) 유참쇠(惟斬衰) 용부득(用不得)

●범위상복이차강일등(凡爲殤服以次降一等)

범년십구지십륙위장상(凡年十九至十六爲長殤) 십오지십이위중상(十五至十二爲中殤) 십일지팔세위하상(十一至八歲爲下殤) 응복기자(應服期者) 장상강복(長殤降服) 대공구월(大功九月) 중상칠월(中殤七月) 하상소공오월(下殤小功五月) 응복대공이하(應服大功以下) 이차강등(以次降等) 부만팔세(不滿八歲) 위무복지상(爲無服之殤) 곡지(哭之) 이일역월(以日易月) 미삼월칙부곡야(未三月則不哭也) 남자이취(男子已娶) 녀자허가(女子許嫁) 개부위상(皆不爲殤)

●범남위인후녀적인자위기사친개강일등사친지위지야역연(凡男爲人後女適人者爲其私親皆降一等私親之爲之也亦然)

녀적인자(女適人者) 강복미만(降服未滿) 피출칙복기본복(被出則服其本服) 이제칙부복복야(已除則不復服也) ○범부복부당(凡婦服夫黨) 당상이출칙제지(當喪而出則除之) ○범첩위기사친칙여중인(凡妾爲其私親則如衆人)

사마온공왈(司馬溫公曰) 상복소기운(喪服小記云) 위부모상(爲父母喪) 미련이출칙삼년(未練而出則三年) 기련이출칙이(旣練而出則已) 미련이반칙기(未練而返則期) 기련이반칙수지(旣練而返則遂之)

●성복지일주인급형제시식죽(成服之日主人及兄弟始食粥)

제자식죽(諸子食粥) 처첩급기구월(妻妾及期九月) 소식수음(疏食水飲) 부식채과(不食菜果) 오월삼월자(五月三月者) 음주식육(飮酒食肉) 부여연악(不與宴樂) 자시무고부출(自是無故不出) 약이 상사급부득이이출입(若以喪事及不得已而出入) 칙승박마포안소교포렴(則乘樸馬布鞍素轎布簾)

●범중상미제이조경상(凡重喪未除而遭輕喪) 즉제기복이곡지(則制其服而哭之) 월삭설위(月朔設位) 복기복이곡지(服其服而哭之) 기필(旣畢) 반중복(返重服) 기제지야(其除之也) 역복경복(亦服輕服) 약제중복이경복미제(若除重服而輕服未除) 즉복경복(則服輕服) 이종기여일(以終其餘日)

문(問) 종모지부(從母之夫) 구지처(舅之妻) 개무복(皆無服) 하야(何也) 주자왈(朱子曰) 선왕제례(先王制禮) 부족사(父族四) 고유부이상(故由父而上) 위종증조(爲從曾祖) 복시마(服緦麻) 고지자(姑之子) 자매지자(姊妹之子) 녀자지자(女子之子) 개유복(皆有服) 개유부이추지고야(皆由父而推之故也) 모족삼(母族三) 모지부모지모(母之父母之母) 모지형제(母之兄弟) 은지어구(恩止於舅) 고종모지부(故從母之夫) 구지처(舅之妻) 개부위복(皆不爲服) 추부거고야(推不去故也) 처족이(妻族二) 처지부처지모(妻之父妻之母) 사간시(乍看時) 사호잡란무기(似乎雜亂無紀) 자세간칙개유의존언(子細看則皆有義存焉) 우언(又言) 려여숙집중(呂與叔集中) 일부인묘지(一婦人墓誌) 범우공시지상(凡遇功緦之喪) 개소식종기월(皆蔬食終其月) 차가위법(此可爲法)○문(問) 상례의복지류(喪禮衣服之類) 축시환거(逐時換去) 여장후환갈삼(如葬後換葛衫) 소상후최련포지류(小祥後練布之類) 금지묵최가편어출입(今之墨綾可便於出入) 이부합어례경(而不合於禮經) 여하(如何) 왈(曰) 약능부출(若能不出) 칙부복지역호(則不服之亦好) 단요출외치사(但要出外治事) 칙지득복지(則只得服之)○문(問) 거상(居喪) 위존상강지이주(爲尊長强之以酒) 당여하(當如何) 왈(曰) 약부득사칙면순기의(若不得辭則勉徇其意) 역무해(亦無害) 단부가지첨취(但不可至沾醉) 식이복초(食已復初) 가야(可也) 문(問) 좌객유가창자(坐客有歌唱者) 여지하(如之何) 왈(曰) 당기피(當起避)○양씨복왈(楊氏復曰) 심상삼년(心喪三年) 안의례부재위모기주(按儀禮父在爲母期註) 자어모(子於母) 수위부굴이기(雖爲父屈而期) 심상유삼년(心喪猶三年) 당전상원원년(唐前上元元年) 무후상표(武后上表) 청부재위모(請父在爲母) 종삼년지상(終三年之喪)○례기(禮記) 사심상삼년(師心喪三年)○금복제령(今服制令) 서자위후자위기모시(庶子爲後者爲其母緦) 역해관(亦解官) 신심상삼년(申心喪三年)○모출급가(母出及嫁) 위부후자(爲父後者) 수부복(雖不服) 신심상삼년(申心喪三年)○위인후자(爲人後者) 위기부모부장기(爲其父母不杖期) 역해관(亦解官) 신심상삼년(申心喪三年)○적손조재(適孫祖在) 위조모제쇠장기(爲祖母齊衰杖期) 수기제(雖期除) 잉심상삼년(仍心喪三年) 선생왈(先生曰) 상례수종의례위정(喪禮須從儀禮爲正) 여부재위모기(如父在爲母期) 비시박어모(非是薄於母) 지위존재기부(只爲尊在其父) 부가복존재모(不可復尊在母) 연역수심상삼년(然亦須心喪三年) 저반처개시대항사(這般處皆是大項事) 부시소절목(不是小節目) 후래도실료(後來都失了) 이금국가법(而今國家法) 위소생부모(爲所生父母) 개심상삼년(皆心喪三年) 차의심호(此意甚好)○우안선생차서(又按先生此書) 수자의례중출(雖自儀禮中出) 기어국가지법(其於國家之法) 미상유야(未嘗遺也) 전장소론위소생부모심상(前章所論爲所生父母心喪) 개가견의(槩可見矣) 오복년월지제(五服年月之制) 기이비재(旣已備載) 칙식가일조(則式假一條) 공역당보입(恐亦當補入) 금상장가녕격(今喪葬假寧格) 비재직조상(非在職遭喪) 기(期) 삼십일(三十日) 대공(大功) 이십일(二十日) 소공(小功) 십오일(十五日) 시마(緦麻) 칠일(七日) 강이절복(降而絶服) 삼일(三日) 무복지상(無服之殤) 기(期) 오일(五日) 대공(大功) 삼일(三日) 소공(小功) 이일(二日) 시마(緦麻) 일일(一日) 장(葬) 기(期) 오일(五日) 대공(大功) 삼일(三日) 소공(小功) 이일(二日) 시마(緦麻) 일일(一日) 제복(除服) 기(期) 삼일(三日) 대공(大功) 이일(二日) 소공(小功) 시마(緦麻) 일일(一日)○재직조상(在職遭喪) 기(期) 칠일(七日) 대공(大功) 오일(五日) 소공시마(小功緦麻) 이일(二日) 강이절복지상(降而絶服之殤) 일일(一日) 본종급동거거무복지친지상(本宗及同居無服之親之喪) 일일(一日) 개장(改葬) 기이하친(期以下親) 일일(一日) 사기(私忌) 재직비재직(在職非在職) 조부모부모(祖父母父母) 병일일(並一日) 체사고증동(逮事高曾同)

◆조석곡전(朝夕哭奠) 상식(上食)

●조전(朝奠)

매일신기(每日晨起) 주인이하(主人以下) 개복기복(皆服其服) 입취위(入就位) 존장좌곡(尊長坐哭) 비유립곡(卑幼立哭) 시자설관즐지구우령상측(侍者設盥櫛之具于靈牀側) 봉혼백(奉魂帛) 출취령좌(出就靈座) 연후조전(然後朝奠) 집사자설소과포해(執事者設蔬果脯醢) 축관수분향짐주(祝盥手焚香斟酒) 주인이하재배곡진애(主人以下再拜哭盡哀)

류씨장왈(劉氏璋曰) 범전용포해자(凡奠用脯醢者) 개고인가상유지(蓋古人家常有之) 여무(如無) 별구찬수기(別具饌數器) 역가(亦可) 부조석전자(夫朝夕奠者) 위음양교접지시(謂陰陽交接之時) 사기친야(思其親也) 조전장지(朝奠將至) 연후철석전(然後徹夕奠) 석전장지(夕奠將至) 연후철조전(然後徹朝奠) 각용조자(各用罩子) 약서월(若暑月) 공취패(恐臭敗) 칙설찬여식경(則設饌如食頃) 거지(去之) 지류다주과속(止留茶酒果屬) 잉조지(仍罩之)

●식시상식(食時上食)

여조전의(如朝奠儀)

●석전(夕奠)

여조전의(如朝奠儀) 필(畢) 주인이하(主人以下) 봉혼백(奉魂帛) 입취령좌(入就靈座) 곡진애(哭盡哀)

●곡무시(哭無時)

조석지간(朝夕之間) 애지칙곡어상차(哀至則哭於喪次)

●삭일즉어조전설찬(朔日則於朝奠設饌)

찬(饌) 용육어면미식갱반각일기(用肉魚麪米食羹飯各一器) 예여조전지의(禮如朝奠之儀)

문(問) 모상삭제(母喪朔祭) 자위주(子爲主) 주자왈(朱子曰) 범상부재(凡喪父在) 부위주(父爲主) 칙부재(則父在) 자무주상지례야(子無主喪之禮也) 우왈(又曰) 부몰형제동거(父沒兄弟同居) 각주기상주운(各主其喪註云) 각위처자지상위주야(各爲妻子之喪爲主也) 칙시범처지상(則是凡妻之喪) 부자위주야(夫自爲主也) 금이자위상주(今以子爲喪主) 사미안(似未安)○고씨왈(高氏曰) 약우삭망절서(若遇朔望節序) 칙구성찬(則具盛饌) 기품물비조석전(其品物比朝夕奠) 차중(差衆) 례소왈(禮疏曰) 사칙월망(士則月望) 부성전(不盛奠) 유삭전이이(唯朔奠而已)○양씨복왈(楊氏復曰) 안초상립상주조(按初喪立喪主條) 범주인(凡主人) 위장자(謂長子) 무칙장손승중(無則長孫承重) 이봉궤전(以奉饋奠) 금내위부재(今乃謂父在) 부위주(父爲主) 부재(父在) 자무주상지례(子無主喪之禮) 이설부동(二說不同) 하야(何也) 개장자주상(蓋長子主喪) 이봉궤전(以奉饋奠) 이자위모상(以子爲母喪) 은중복중고야(恩重服重故也) 삭전칙부위주자(朔奠則父爲主者) 삭(朔) 은전(殷奠) 이존자위주야(以尊者爲主也) 상복소기왈(喪服小記曰) 부지상우졸곡(婦之喪虞卒哭) 기부약자주지(其夫若子主之) 우졸곡개시은제(虞卒哭皆是殷祭) 고기부주지(故其夫主之) 역위부재부위주야(亦謂父在父爲主也) 삭제(朔祭) 부위주(父爲主) 의여우졸곡동(義與虞卒哭同)

●유신물즉천지(有新物則薦之)

여상식의(如上食儀)

류씨장왈(劉氏璋曰) 효자지심(孝子之心) 사사여사생(事死如事生) 사수부망기친야(斯須不妄其親也) 여우오곡백과일응신숙지물야(如遇五穀百果一應新熟之物也) 필이천지(必以薦之) 여상전의(如上奠儀) 범령좌지간(凡靈座之間) 제김은주기지외(除金銀酒器之外) 진용소기(盡用素器) 부용김은전식(不用金銀錢飾) 이주인유애소지심고야(以主人有哀素之心故也)

◆조(弔) 전(奠) 부(賻)

●범조개소복(凡弔皆素服)

복두삼대(幞頭衫帶) 개이백생견위지(皆以白生絹爲之)

문(問) 금조인(今弔人) 용횡오(用橫烏) 차례여하(此禮如何) 주자왈(朱子曰) 차시현관이조(此是玄冠以弔) 정여공자소위고구현관부이조자상반(正與孔子所謂羔裘玄冠不以弔者相反)

●전용향다촉주과(奠用香茶燭酒果)

유상(有狀) 혹용식물(或用食物) 즉별위문(卽別爲文)

●부용전백(賻用錢帛)

유상(有狀) 유친우분후자(惟親友分厚者) 유지(有之)

사마온공왈(司馬溫公曰) 동한서치(東漢徐穉) 매위제공소피(每爲諸公所辟) 수부취(雖不就) 유사상(有死喪) 부급부조(負笈赴弔) 상어가(嘗於家) 예자계일척(豫炙雞一隻) 이일량면서지주중(以一兩綿絮漬酒中) 폭건이과계(曝乾以裹雞) 경도소부총수외(徑到所赴冢隧外) 이수지서(以水漬絮) 사유주기즙(使有酒氣汁) 미반(米飯) 백모위자(白茅爲藉) 이계치전(以雞置前) 철주필(醊酒畢) 류알칙거(留謁則去) 부견상주(不見喪主) 연칙전귀애성(然則奠貴哀誠) 주식부필풍전야(酒食不必豐腆也)

●구자통명(具刺通名)

빈주개유관(賓主皆有官) 칙구문상(則具門狀) 부칙명지(否則名紙) 제기음면(題其陰面) 선사인통지(先使人通之) 여례물구입(與禮物俱入)

●입곡전흘내조이퇴(入哭奠訖乃弔而退)

기통명(旣通名) 상가주화연촉포석(喪家炷火燃燭布席) 개곡이사(皆哭以俟) 호상출영빈(護喪出迎賓) 빈입지청사(賓入至廳事) 진읍왈(進揖曰) 절문모인경배(竊聞某人傾背) 부승경달(不勝驚怛) 감청입뢰병신위례(敢請入酹並伸慰禮) 호상인빈입(護喪引賓入) 지령좌전(至靈座前) 곡진애(哭盡哀) 재배분향(再拜焚香) 궤뢰다주(跪酹茶酒) 면복흥(俛伏興) 호상지곡자(護喪止哭者) 축궤독제문전부상(祝跪讀祭文奠賻狀) 어빈지우(於賓之右) 필(畢) 흥(興) 빈주개곡진애(賓主皆哭盡哀) 빈재배(賓再拜) 주인곡출(主人哭出) 서향계상재배(西向稽顙再拜) 빈역곡동향답배(賓亦哭東向答拜) 진왈(進曰) 부의흉변(不意凶變) 모친모관(某親某官) 엄홀경배(奄忽傾背) 복유애모(伏惟哀慕) 하이감처(何以堪處) 주인대왈(主人對曰) 모죄역심중(某罪逆深重) 화연모친(禍延某親) 복몽전뢰(伏蒙奠酹) 병사림위(並賜臨慰) 부승애감(不勝哀感) 우재배(又再拜) 빈답배(賓答拜) 우상향곡진애빈(又相向哭盡哀賓) 빈선지(賓先止) 관비주인왈(寬譬主人曰) 수단유수(脩短有數) 통독내하(痛毒奈何) 원억효사(願抑孝思) 부종례제(俯從禮制) 내읍이출(乃揖而出) 주인곡이입(主人哭而入) 호상송지청사(護喪送至廳事) 다탕이퇴(茶湯而退) 주인이하지곡(主人以下止哭)○약망자(若亡者) 관존(官尊) 즉운훙(卽云薨) 서초존즉운(逝稍尊卽云) 연관(捐館) 생자관존(生者官尊) 칙운(則云) 엄기영양(奄棄榮養) 존망구무관(存亡俱無官) 즉운색양(卽云色養) 약존장배빈(若尊長拜賓) 례역동차(禮亦同此) 유기사각여계상지식(惟其辭各如啓狀之式) 견권말(見卷末) 사마온공왈(司馬溫公曰) 범조인자(凡弔人者) 필역거화성지복(必易去華盛之服) 유애척지용(有哀戚之容) 약빈여망자위집우(若賓與亡者爲執友) 칙입뢰(則入酹) 범조급송상자(凡弔及送喪者) 문기소핍(問其所乏) 분도영판(分導營辦) 빈자위지(貧者爲之) 집불부토지류(執紼負土之類) 무요급기음식재화(毋擾及其飲食財貨) 가야(可也)○고씨왈(高氏曰) 기위지전이내소향뢰주(旣謂之奠而乃燒香酹酒) 칙비전의(則非奠矣) 세속승습구의(世俗承習久矣) 비례야(非禮也)○우왈(又曰) 상례빈부답배(喪禮賓不答拜) 범비조상(凡非弔喪) 무부답배자(無不答拜者) 호선생서의왈(胡先生書儀曰) 약조인시평교칙락일슬전수책지(若弔人是平交則落一膝展手案之) 이표반답(以表半答) 약효자존(若孝子尊) 조인비칙측신피위(弔人卑則側身避位) 후효자복차(候孝子伏次) 비칙즉궤환(卑則卽蹜還) 수상완거취(須詳緩去就) 무령궤복(無令跪伏) 여효자제(與孝子齊)○양씨복왈(楊氏復曰) 안정자장자여주선생후래지설(按程子張子與朱先生後來之說) 전(奠) 위안치야(謂安置也) 전주칙안치어신좌전(奠酒則安置於神座前) 기헌칙철거(旣獻則徹去) 전이유뢰자(奠而有酹者) 초작주칙경소주우모(初酌酒則傾少酒于茅) 대신제야(代神祭也) 금인직이전위뢰이진경지어지(今人直以奠爲酹而盡傾之於地) 비야(非也) 고씨지설(高氏之說) 역연(亦然) 여차조소위입뢰궤뢰사상저오(與此條所謂入酹跪酹似相牴牾) 개가례(蓋家禮) 내초년본(乃初年本) 당이후래이정지설위정(當以後來已定之說爲正) 상견제례강신조(詳見祭禮降神條)○우왈(又曰) 안조례(按弔禮) 주인배빈(主人拜賓) 빈부답배(賓不答拜) 차하의야(此何義也) 개조인래(蓋弔賓來) 유곡배혹전례(有哭拜或奠禮) 주인배빈이사지(主人拜賓以謝之) 차빈소이부답배야(此賓所以不答拜也) 고고씨서유반답궤환지례(故高氏書有半答跪還之禮) 범례필유의(凡禮必有儀) 부가구야(不可苟也) 서의가례(書儀家禮) 종속유빈답배지문(從俗有賓答拜之文) 역시주인배빈(亦是主人拜賓) 빈부감당(賓不敢當) 내답배(乃答拜) 금세속조빈래견궤연곡배(今世俗弔賓來見几筵哭拜) 주인역배(主人亦拜) 위대망자답배(謂代亡者答拜) 비례야(非禮也) 기이빈조주인(旣而賓弔主人) 우상여교배(又相與交拜) 역비례야(亦非禮也)

◆문상(聞喪) 상곡(喪哭)

●시문친상곡(始聞親喪哭)
친(親) 위부모야(謂父母也) 이곡답사자(以哭答使者) 우곡진애(又哭盡哀) 문고(問故)

●역복(易服)
열포위사각(裂布爲四脚) 백포삼승대마구(白布衫繩帶麻屨)

●수행(遂行)
일행백리(日行百里) 부이야행(不以夜行) 수애척(雖哀戚) 유피해야(猶避害也)

●도중애지칙곡(道中哀至則哭)
곡피시읍훤번지처(哭避市邑喧繁之處)○사마온공왈(司馬溫公曰) 금인분상(今人奔喪) 급종구행자(及從柩行者) 우성읍칙곡(遇城邑則哭) 과칙지(過則止) 시식사지도야(是飾詐之道也)

●망기주경기현경기성기가개곡(望其州境其縣境其城其家皆哭)
가부재성(家不在城) 망기향곡(望其鄉哭)

●입문예구전재배재변복취위곡(入門詣柩前再拜再變服就位哭)
초변복(初變服) 여초상(如初喪) 구동(柩東) 서향좌곡진애(西向坐哭盡哀) 우변복(又變服) 여대소렴(如大小斂) 역여지(亦如之)

●후사일성복(後四日成服)
여가인상조(與家人相弔) 빈지(賓至) 배지여초(拜之如初)

●약미득행즉위위부전(若未得行則爲位不奠)
설의자일매(設倚子一枚) 이대시구(以代尸柩) 좌우전후설위곡여의(左右前後設位哭如儀) 단부설전(但不設奠) 약상측(若喪側) 무자손(無子孫) 칙차중설전여의(則此中設奠如儀)

●변복(變服)
역이문후지제사일(亦以聞後之第四日)

●재도지가개여상의(在道至家皆如上儀)

약상측(若喪側) 무자손칙재도(無子孫則在道) 조석위위설전(朝夕爲位設奠) 지가단부변복(至家但不變服) 기상조배빈여의(其相弔拜賓如儀)

●약기장즉선지묘곡배(若旣葬則先之墓哭拜)

지묘자(之墓者) 망묘곡(望墓哭) 지묘곡배(至墓哭拜) 여재가지의(如在家之儀) 미성복자(未成服者) 변복어묘(變服於墓) 귀가예령좌전곡배(歸家詣靈座前哭拜) 사일성복여의(四日成服如儀) 이성복자역연(已成服者亦然) 단부변복(但不變服)

●자최이하문상위위이곡(齊衰以下聞喪爲位而哭)

존장(尊長) 어정당(於正堂) 비유(卑幼) 어별실(於別室)○사마온공왈(司馬溫公曰) 금인개택일거애(今人皆擇日擧哀) 범비애지지(凡悲哀之至) 재초문상(在初聞喪) 즉당곡지(卽當哭之) 하가택일(何暇擇日) 단법령유부득어주현공해거애지문(但法令有不得於州縣公廨擧哀之文) 칙재관자당곡어승사(則在官者當哭於僧舍) 기타개곡어본가(其他皆哭於本家) 가야(可也)

●약분상즉지가성복(若奔喪則至家成服)

분상자(奔喪者) 석거화성지복(釋去華盛之服) 장판즉행(裝辦卽行) 기지(旣至) 제쇠(齊衰) 망향이곡(望鄕而哭) 대공(大功) 망문이곡(望門而哭) 소공이하(小功以下) 지문이곡(至門而哭) 입문예구전(入門詣柩前) 곡재배(哭再拜) 성복취위곡조여의(成服就位哭弔如儀)

●약불분상즉사일성복(若不奔喪則四日成服)

부분상자(不奔喪者) 자최(齊衰) 삼일중(三日中) 조석위위회곡(朝夕爲位會哭) 사일지조(四日之朝) 성복역여지(成服亦如之) 대공이하(大功以下) 시문상(始聞喪) 위위회곡(爲位會哭) 사일성복역여지(四日成服亦如之) 개매월삭(皆每月朔) 위위회곡(爲位會哭) 월수기만(月數旣滿) 차월지삭(次月之朔) 내위위회곡이제지(乃爲位會哭而除之) 기간애지칙곡(其間哀至則哭) 가야(可也)

▶가례권제오(家禮卷第五)◀
◆상례이(喪禮二)

◆치장(治葬)

●삼월이장전기택지지가장자(三月而葬前期擇地之可葬者)

사마온공왈(司馬溫公曰) 고자(古者) 천자칠월(天子七月) 제후오월(諸侯五月) 대부삼월(大夫三月) 사유월이장(士踰月而葬) 금오복년월(今五服年月) 칙왕공이하(敕王公以下) 개삼월이장(皆三月而葬) 연세속신장사지설(然世俗信葬師之說) 기택년월일시(旣擇年月日時) 우택산수형세(又擇山水形勢) 이위자손빈부귀천현우수요(以爲子孫貧富貴賤賢愚壽夭) 진계어차(盡繫於此) 이기위술(而其爲術) 우다부동(又多不同) 쟁론분운(爭論紛紜) 무시가결(無時可決) 지유종신부장(至有終身不葬) 혹루세부장(或累世不葬) 혹자손쇠체(或子孫衰替) 망실처소(忘失處所) 수기연부장자(遂棄捐不葬者) 정사빈장(正使殯葬) 실능치인화복(實能致人禍福) 위자손자(爲子孫者) 역기인사기친취부폭로(亦豈忍使其親臭腐暴露) 이자구기리야(而自求其利耶) 패례상의(悖禮傷義) 무과어차(無過於此) 연효자지심(然孝子之心) 려환심원(慮患深遠) 공천칙위인소골(恐淺則爲人所抇)[골음(骨音)] 심칙습윤속후(深則濕潤速朽) 고필구토후수심지지이장지(故必求土厚水深之地而葬之) 소이부가부택야(所以不可不擇也) 혹문(或問) 가빈향원(家貧鄕遠) 부능귀장(不能歸葬) 칙여지하(則如之何) 공왈(公曰) 자유문상구(子游問喪具) 부자왈(夫子曰) 칭가지유무(稱家之有無) 자유왈(子游曰) 유무악(有無惡)[오음(烏音)]호제(乎齊)[자세절(子細切)]부자왈(夫子曰) 유무과례(有毋過禮) 구무의(苟無矣) 렴수족형환장(斂手足形還葬) 현관이폄(懸棺而窆)[펌절(彼斂切)] 인기유비지자재(人豈有非之者哉) 석렴범천리부상(昔廉范千里負喪) 곽평자매영묘(郭平自賣營墓) 기대풍부(豈待豐富) 연후장기친재(然後葬其親哉) 재례미장(在禮未葬) 부변복(不變服) 식죽거려(食粥居廬) 침점침괴(寢苫枕塊) 개민친지미유소귀(蓋愍親之未有所歸) 고침식부안(故寢食不安) 내하사지출유(奈何舍之出遊) 식도의금(食稻衣錦) 부지기하이위심재(不知其何以爲心哉) 세인우유유환(世人又有遊宦) 몰어원방(沒於遠方) 자손화분기구(子孫火焚其柩) 수신귀장자(收燼歸葬者) 부효자애친지비체(夫孝子愛親之肥體) 고렴이장지(故斂而藏之) 잔훼타인지시(殘毀他人之尸) 재률유엄(在律猶嚴) 황자손내패류여차(況子孫乃悖謬如此) 기시개출어강호지속(其始蓋出於羌胡之俗) 침염중화(浸染中華) 행지기구(行之旣久) 습이위상(習以爲常) 견자념연(見者恬然) 증막지괴(曾莫之怪) 기부애재(豈不哀哉) 연릉계자적제(延陵季子適齊) 기자사(其子死) 장어영박지간(葬於嬴博之間) 공자이위합례(孔子以爲合禮) 필야불능귀장(必也不能歸葬) 장우기지(葬于其地) 가야(可也) 기부유유어분지재(豈不猶愈於焚之哉)○정자왈(程子曰) 복기댁조(卜其宅兆) 복기지지미악야(卜其地之美惡也) 비음양가소위화복자야(非陰陽家所謂禍福者也) 지지미칙기신령안(地之美則其神靈安) 기자손성(其子孫盛) 약배옹기근이지엽무(若培壅其根而枝葉茂) 리고연의(理固然矣) 지지악자칙반시(地之惡者則反是) 연칙갈위지지미자(然則曷謂地之美者) 토색지광윤(土色之光潤) 초목지무성(草木之茂盛) 내기험야(乃其驗也) 부조자손동기(父祖子孫同氣) 피안칙차안(彼安則此安) 피위칙차위(彼危則此危) 역기리야(亦其理也) 이구기자혹이택지지방위(而拘忌者惑以擇地之方位) 결일지길흉(決日之吉凶) 부역니호(不亦泥乎) 심자(甚者) 부이봉선위계(不以奉先爲計) 이전이리후위려(而專以利後爲慮) 우비효자안조지용심야(尤非孝子安厝之用心也) 유오환자(惟五患者) 부득부근(不得不謹) 수사타일부위도로(須使他日不爲道路) 부위성곽(不爲城郭) 부위구지(不爲溝池) 부위귀세소탈(不爲貴勢所奪) 부위경리소급야(不爲耕犁所及也) 일본운(一本云) 소위오환자(所謂五患者) 구거도로피촌락원정요(溝渠道路避村落遠井窯)○안고자(按古者) 장지장일(葬地葬日) 개결어복서(皆決於卜筮) 금인부효고법(今人不曉古法) 차종속택지(且從俗擇之) 가야(可也)

●택일개영역사후토(擇日開塋域祠后土)

주인기조곡(主人旣朝哭) 수집사자(帥執事者) 어소득지(於所得地) 굴혈사우외(掘穴四隅外) 기양굴중남(其壤掘中南) 기양각립일표(其壤各立一標) 당남문립량표(當南門立兩標) 택원친혹빈객일(擇遠親或賓客一) 고후토씨(告后土氏) 축수집사자(祝帥執事者) 설위어중표지좌(設位於中標之左) 남향설잔주주과포해어기전(南向設盞注酒果脯醢於其前) 우설관분세건이어기동남(又設盥盆帨巾二於其東南) 기동유대가(其東有臺架) 고자소관(告者所盥) 기서무자(其西無者) 집사자소관야(執事者所盥也) 고자길복입(告者吉服入) 립어신위지전북향(立於神位之前北向) 집사자재기후(執事者在其後) 동상개재배(東上皆再拜) 고자여집사자(告者與執事者) 개관세(皆盥帨) 집사자일인(執事者一人) 취주주서향궤(取酒注西向跪) 일인취잔동향궤(一人取盞東向跪) 고자짐주반주취잔(告者斟酒反注取盞) 뢰우신위전(酹于神位前) 면복흥소퇴립(俛伏興少退立) 축집판립어고자지좌(祝執版立於告者之左) 동향궤독지왈(東向跪讀之曰) 유모년세월삭일(維某年歲月朔日) 자모관성명(子某官姓名) 감고우후토씨지신(敢告于后土氏之神) 금위모관성명(今爲某官姓名) 영건댁조(營建宅兆) 신기보우(神其保佑) 비무후간(俾無後艱) 근이청작포해(謹以淸酌脯醢) 지천우신(祗薦于神) 상향(尙饗) 흘복위(訖復位) 고자재배(告者再拜) 축급집사자(祝及執事者) 개재배철출(皆再拜徹出) 주인약귀(主人若歸) 칙령좌전곡재배(則靈座前哭再拜) 후방차(後放此)

사마온공왈(司馬溫公曰) 리복혹명서자(茍卜或命筮者) 택원친혹빈객위지(擇遠親或賓客爲之) 급축집사자(及祝執事者) 개길관소복(皆吉冠素服) 주운(註云) 비순길(非純吉) 역비순흉(亦非純凶) 소복자(素服者) 단철거화채주김지식이이(但徹去華釆珠金之飾而已)

●수천광(遂穿壙)

사마온공왈(司馬溫公曰) 금인장유이법(今人葬有二法) 유천지직하위광(有穿地直下爲壙) 이현관이폄자(而懸棺以窆者) 유착수도(有鑿隧道) 방천토실(旁穿土室) 이찬구어기중자(而攢柩於其中者) 안고자(按古者) 유천자득위수도(惟天子得爲隧道) 기타개직하위광(其他皆直下爲壙) 이현관이폄(而懸棺以窆) 금당이차위법(今當以此爲法) 기천지의협이심(其穿地宜挾而深) 협칙부붕손(狹則不崩損) 심칙도난근야(深則盜難近也)

문(問) 합장부처지위(合葬夫妻之位) 주자왈(朱子曰) 모초장망실시(某初葬亡室時) 지존동반일위(只存東畔一位) 역부증고례시여하(亦不曾考禮是如何) 진안경운(陳安卿云) 지도이우위존(地道以右爲尊) 공남당거우(恐男當居右) 왈(曰) 제시이서위상(祭時以西爲上) 칙장시역당여차방시(則葬時亦當如此方是)○인가묘광관곽(人家墓壙棺槨) 절부가태대(切不可太大) 당사광차능용곽(當使壙僅能容槨) 곽근능용관내선(槨僅能容棺乃善) 거년차간(去年此間) 진가분묘(陳家墳墓) 조발굴자(遭發掘者) 개연광중태활(皆緣壙中太闊) 기부능발자(其不能發者) 개시광중협소(皆是壙中狹少) 무저각수처(無著脚手處) 차부가부지야(此不可不知也) 차간분묘(此間墳墓) 산각저저(山脚低卸) 고도역입(故盜易入) 문(問) 분여묘하별(墳與墓何別) 왈(曰) 묘상시영역(墓想是塋域) 분즉봉토륭기자(墳卽封土隆起者) 광무기운(光武紀云) 위분단취기초고(爲墳但取其稍高) 사변능주수(四邊能走水) 족의(足矣) 고인분극고대(古人墳極高大) 광중용득인행야(壙中容得

人行也) 몰의사(沒意思) 금법령일품이상분득고일장이척(今法令一品以上墳得高一丈二尺) 역자진고의(亦自儘高矣) 리수약운(李守約云) 분묘소이조발굴자(墳墓所以遭發掘者) 역음양가지설유이계지(亦陰陽家之說有以啓之) 개범발굴자(蓋凡發掘者) 개이장천지(皆以葬淺之) 고약심일이장(故若深一二丈) 자무차환(自無此患) 고례장역허심(古禮葬亦許深) 왈(曰) 부연(不然) 심장유수(深葬有水) 상견흥화장천간(嘗見興化漳泉間) 분묘심고(墳墓甚高) 문지칙왈(問之則曰) 관지부재토상(棺只浮在土上) 심근유일반입지반재지상(深僅有一半入地半在地上) 소이부득부고기봉(所以不得不高其封) 후래견복주인거이구묘(後來見福州人擧移舊墓) 초심자무부유수(稍深者無不有水) 방지흥화장천천장자(方知興化漳泉淺葬者) 개방수이(蓋防水爾) 북방지토심후(北方地土深厚) 심장부방(深葬不妨) 기가동야(豈可同也)

●작회격(作灰隔)

천광기필(穿壙旣畢) 선포탄말어광저(先布炭末於壙底) 축실후이삼촌(築實厚二三寸) 연후포석회세사황토반균자어기상(然後布石灰細沙黃土拌均者於其上) 회삼분이자(灰三分二者) 각일가야(各一可也) 축실후이삼척(築實厚二三尺) 별용박판위회격(別用薄板爲灰隔) 여곽지상(如槨之狀) 내이력청도지(內以瀝靑塗之) 후삼촌허(厚三寸許) 중취용관(中取容棺) 장고어관사촌허(牆高於棺四寸許) 치어회상(置於灰上) 내어사방선하사물(乃於四旁旋下四物) 역이박판격지(亦以薄板隔之) 탄말거외(炭末居外) 삼물거내(三物居內) 여저지후(如底之厚) 축지기실(築之旣實) 칙선추기판근상(則旋抽其板近上) 복하탄회등이축지(復下炭灰等而築之) 급장지평이지(及牆之平而止) 개기부용곽(蓋旣不用槨) 칙무이용력청(則無以容瀝靑) 고위차제(故爲此制) 우탄어목근피수의(又炭禦木根辟水蟻) 석회득사이실(石灰得沙而實) 득토이점(得土而黏) 세구결이위전석(歲久結而爲全石) 루의도적개부득진야(螻蟻盜賊皆不得進也)○정자왈(程子曰) 고인지장욕비화자(古人之葬欲比化者) 부사토친부(不使土親膚) 금기완지물(今奇玩之物) 상보장고밀(尙保藏固密) 이방손오(以防損汚) 황친지유골(況親之遺骨) 당여하재(當如何哉) 세속천식(世俗淺識) 유욕부견이이(惟欲不見而已) 우유구속화지설자(又有求速化之說者) 시기지필성필신지의(是豈知必誠必信之義) 차비욕구기부화야(且非欲求其不化也) 미화지간(未化之間) 보장당여시이(保藏當如是爾)

문(問) 곽외가용회잡사토부(槨外可用灰雜沙土否) 주자왈(朱子曰) 지순용탄말치지곽외(只純用炭末置之槨外) 곽내실이화사석회(槨內實以和沙石灰) 혹왈가순용회부(或曰可純用灰否) 왈(曰) 순회공부실(純灰恐不實) 수잡이사과세사(須雜以篩過細沙) 구지사회상유입(久之沙灰相乳入) 기견여석(其堅如石) 곽외사위상하(槨外四圍上下) 일절실이탄말(一切實以炭末) 약후칠팔촌허(約厚七八寸許) 기피습기면수환(旣辟濕氣免水患) 우절수근부입(又截樹根不入) 수근우탄(樹根遇炭) 개횡전거(皆橫轉去) 이차견탄회지묘(以此見炭灰之妙) 개시사물무정(蓋是死物無情) 고수근부입야(故樹根不入也) 포박자왈(抱朴子曰) 탄입지천년부변(炭入地千年不變) 문(問) 범가용황니반석회실곽외여하(范家用黃泥拌石灰實槨外如何) 왈(曰) 부가(不可) 황니구지(黃泥久之) 역능인수근(亦能引樹根) 우문(又問) 고인용력청(古人用瀝靑) 공지기증열(恐地氣蒸熱) 력청용화(瀝靑溶化) 관유편함(棺有偏陷) 각부편(却不便) 왈(曰) 부증친견용력청리해(不曾親見用瀝靑利害) 단서전간다언용자(但書傳間多言用者) 부지여하(不知如何)○례(禮) 광중용생체지속(壙中用牲體之屬) 구지필궤란(久之必潰爛) 각인충의(却引蟲蟻) 비소이위망자려구원야(非所以爲亡者慮久遠也) 고인광중치물심다(古人壙中置物甚多) 이모관지(以某觀之) 례문지의대비(禮文之意大備) 칙방환지의반부족(則防患之意反不足) 요지지당방려구원(要之只當防慮久遠) 무사토친부이이(毋使土親膚而已) 기타례문(其他禮文) 개가략야(皆可略也) 우여고자(又如古者) 관부정부용첨점(棺不釘不用添粘) 이금회첨여차견밀(而今灰添如此堅密) 유유의자입거(猶有蟻子入去) 하황부사정첨(何況不使釘添) 차개부가행(此皆不可行)○양씨복왈(楊氏復曰) 선생답료자회왈(先生答廖子晦曰) 소문장법(所問葬法) 후래강구(後來講究) 목곽력청(木槨瀝靑) 사역무익(似亦無益) 단어혈저선포탄설축지(但於穴底先鋪炭屑築之) 후일촌허(厚一寸許) 기상즉포사회사방(其上即鋪沙灰四傍) 즉용탄설(即用炭屑) 측후일촌허(側厚一寸許) 하여선소포자상접(下與先所鋪者相接) 축지기평(築之旣平) 연후안석곽어기상(然後安石槨於其上) 사방우하삼물여전(四傍又下三物如前) 곽저급관사방상면(槨底及棺四傍上面) 복하사회실지(復下沙灰實之) 사만내가(俟滿乃加) 복포사회이가탄설어기상(復布沙灰而加炭屑於其上) 연후이토축지(然後以土築之) 영감이지(盈坎而止) 개사회이격루의(蓋沙灰以隔螻蟻) 유후유가(愈厚愈佳) 경상견적계심생(頃嘗見籍溪先生) 설상용회장자(說嘗見用灰葬者) 후인천장(後因遷葬) 즉회회이화위석의(則見灰已化爲石矣) 탄설즉이격목근지자외지자(炭屑則以隔木根之自外至者) 역리인개장소친견(亦里人改葬所親見) 고수령상재사회지외(故須令常在沙灰之外) 사면주밀(四面周密) 도무봉하(都無縫罅) 연후가이위고(然後可以爲固) 단법중부허용석곽(但法中不許用石槨) 고차부감용전석(故此不敢用全石) 지이수편합성(只以數片合成) 서기부려법의이(庶幾不戾法意耳)

●각지석(刻誌石)

용석이편(用石二片) 계일위개(計一爲蓋) 각운모관모공지묘(刻云某官某公之墓) 무관칙서기자왈모군모보(無官則書其字曰某君某甫) 기일위저(其一爲底) 각운모관모공휘모자모모주모현인(刻云某官某公諱某字某某州某縣人) 고휘모모관(考諱某某官) 모씨모봉(母氏某封) 모년월일생(某年月日生) 서력관천차(敍歷官遷次) 모년월일종(某年月日終) 모년월일장우모향모리모처(某年月日葬于某鄕某里某處) 취모씨모인지녀(娶某氏某人之女) 자남모모관(子男某某官) 녀적모관모인(女適某官某人) 부인부재(婦人夫在) 칙개운모관성명모봉모씨지묘(則蓋云某官姓名某封某氏之墓) 무봉칙운처(無封則云妻) 부무관칙서부지성명(夫無官則書夫之姓名) 부망칙운모관모공모봉모씨(夫亡則云某官某公某封某氏) 부무관칙운모군모보처모씨(夫無官則云某君某甫妻某氏) 기저서년약간(其底敍年若干) 적모씨(適某氏) 인부자치봉호(因夫子致封號) 무칙부(無則否) 장지일(葬之日) 이이석자면상향(以二石字面相向) 이이철속속지(而以鐵束束之) 매지광전근지면삼사척간(埋之壙前近地面三四尺間) 개려이시(蓋慮異時) 릉곡변천(陵谷變遷) 혹오위인소동(或誤爲人所動) 이석선견(而石先見) 칙인유지기성명자(則人有知其姓名者) 서능위엄지야(庶能爲掩之也)

●조명기(造明器)

각목위차마(刻木爲車馬) 복종시녀(僕從侍女) 각집봉양지물(各執奉養之物) 상평생이소(象平生而小)　준령오품륙품삼십사(準令五品六品三十事)　칠품팔품이십사(七品八品二十事)　비승조관십오사(非陞朝官十五事)

●하장(下帳)

위상장인석의탁지류(謂牀帳茵席椅卓之類) 역상평생이소(亦象平生而小)

●포(苞)

죽엄일(竹掩一) 소이성견전여포(所以盛遣奠餘脯)

류씨장왈(劉氏璋曰) 기석례(旣夕禮) 포이(苞二) 소이과전양시지육(所以裹奠羊豕之肉) 주운(註云) 용편역자(用便易者) 위모장난용(謂茅長難用) 재취삼척일도편지(裁取三尺一道編之)

●소(筲)

죽기오(竹器五) 이성오곡(以盛五穀)

사마온공왈(司馬溫公曰) 금단이소옹저오곡(今但以小甕貯五穀) 각오승(各五升) 가야(可也)○류씨장왈(劉氏璋曰) 기석례(旣夕禮) 소삼(筲三) 용여궤동(容與簋同) 성서직맥(盛黍稷麥) 기실개약(其實皆瀹) 주운(註云) 개담지이탕(皆湛之以湯) 신지소향(神之所享) 부용식도(不用食道) 소이위경(所以爲敬)

●앵(甖)

자기삼(甆器三) 이성주혜해(以盛酒醯醢)○사마온공왈(司馬溫公曰) 자명기이하(自明器以下) 사실사급반(俟實士及半) 내어기방천(乃於其旁穿) 편방이저지(便房以貯之)○안(按) 차수고인(此雖古人) 불인사기친지의(不忍死其親之意) 연실비유용지물(然實非有用之物) 차포육부패(且脯肉腐敗) 생충취의(生蟲聚蟻) 우위비편(尤爲非便) 수부용(雖不用) 가야(可也)

●대여(大轝)

고자(古者) 류차제도심상(柳車制度甚詳) 금부능연(今不能然) 단종속위지(但從俗爲之) 취기뢰고평온이이(取其牢固平穩而已) 기법용량장강(其法用兩長杠) 강상가복면(杠上加伏免) 부강처위원착(附杠處爲圓鑿) 별작소방상이재구(別作小方床以載柩) 족고이촌(足高二寸) 방립량주(旁立兩柱) 주외시원예(柱外施圓枘) 령입착중(令入鑿中) 장출기외(長出其外) 예착지간(枘鑿之間) 수극원활(須極圓滑) 이고도지(以膏塗之) 사기상하지제(使其上下之際) 구상적평(柩常適平) 량주근상(兩柱近上) 경위방착(更爲方鑿) 가횡경(加橫扃) 경량두출주외자(扃兩頭出柱外者) 경가소경(更加小扃) 강량두시횡강(杠兩頭施橫杠) 횡강상시단강(橫杠上施短杠) 단강상혹경가소강(短杠上或更加小杠) 잉다작신마대색(仍多作新麻大索) 이비찰박(以備扎縛) 차개절요실용(此皆切要實用) 부가궐자(不可闕者) 단여차제(但如此制) 이이의복관(而以衣覆棺) 역족이소화(亦足以少華) 도로혹경욕가식(道路或更欲加飾) 칙이죽위지격(則以竹爲之格) 이채결지(以綵結之) 상여촬초정시유만(上如撮蕉亭施帷幔) 사각수류소이이(四角垂流蘇而已) 연역부가태고(然亦不可太高) 공다괘애(恐多罣礙) 부수태화도위관미(不須太華徒爲觀美) 약도로원(若道路遠) 결부가위차허식(決不可爲此虛飾) 단다용유단과구(但多用油單裹柩) 이방우수이이(以防雨水而已)

주자왈(朱子曰) 모구위선인식관(某舊爲先人飾棺) 고제도작유(考制度作帷) 황연평선생이위부절(幌延平先生以爲不切) 이금례문각번다(而今禮文覺繁多) 사인난행(使人難行) 후성유작(後聖有作) 필시재감료(必是裁減了) 방시행득(方是行得)

●삽(翣/婁)

이목위광(以木爲筐) 여선이방(如扇而方) 량각고(兩角高) 광이척고이척사촌(廣二尺高二尺四寸) 의이백포(衣以白布) 병장오척(柄長五尺) 보삽화보(黼翣畵黼) 불삽화불(黻翣畵黻) 화삽화운기(畫翣畵雲氣) 기연개위운기(其緣皆爲雲氣) 개화이자준격(皆畫以紫準格)

●작주(作主)

정자왈(程子曰) 작주용률(作主用栗) 부방사촌(趺方四寸) 후촌이분(厚寸二分) 착지동저(鑿之洞底) 이수주신(以受主身) 신고척이촌(身高尺二寸) 박삼촌(博三寸) 후촌이분(厚寸二分) 섬상오분위원(剡上五分爲圓) 수촌지하(首寸之下) 륵전위암이판지(勒前爲頷而判之) 사분거전(四分居前) 팔분거후(八分居後) 암하함중(頷下陷中) 장륙촌(長六寸) 광일촌(廣一寸) 심사분(深四分) 합지식어부하(合之植於趺下) 제규기방이통중(齊竅其旁以通中) 원경사분거삼촌륙분지하(圓徑四分居三寸六分之下) 하거부면칠촌이분(下距趺面七寸二分) 이분도기전면(以粉塗其前面)○사마온공왈(司馬溫公曰) 부군부인(府君夫人) 공위일독(共爲一櫝)○안고자(按古者) 우주용상(虞主用桑) 장련이후(將練而後) 역지이률(易之以栗) 금어차편작률주(今於此便作栗主) 이종간편(以從簡便) 혹무률(或無栗) 지용목지견자(止用木之堅者) 독용흑첨(櫝用黑添) 차용일주(且容一主) 부부구입사당(夫婦俱入祠堂) 내여사마씨지제(乃如司馬氏之制)

정자왈(程子曰) 서모역당위주(庶母亦當爲主) 단불가입묘(但不可入廟) 자당사어사실(子當祀於私室) 주지제도칙일(主之制度則一) 개유법상(蓋有法象) 부가익손(不可益損) 익손칙부성의(益損則不成矣)○주자왈(朱子曰) 이천제사서부용주(伊川制士庶不用主) 지용패자(只用牌子) 간래패자(看來牌子) 당여고제(當如古制) 지부소이편상합(只不消二片相合) 급규기방이통중(及竅其旁以通中) 차여금인미사(且如今人未仕) 지용패자(只用牌子) 도임후부중환료약시(到任後不中換了若是) 사인지용주(士人只用主) 역무대리해(亦無大利害) 주식내이천선생소제(主式乃伊川先生所制) 초비조정주법(初非朝廷主法) 고무관품지한(固無官品之限) 만일계세무관(萬一繼世無官) 역난거역(亦難遽易) 단계차부당작이(但繼此不當作耳) 패자역무정제(牌子亦無定制) 절의역수사주지대소고하(竊意亦須似主之大小高下) 단부위판합함중(但不爲判合陷中) 가야(可也) 범차개시후현의기지제(凡此皆是後賢義起之制) 금복이의짐작(今復以意斟酌) 어고례미유고야(於古禮未有考也) 금상이천주식서속칭(今詳伊川主式書屬稱) 본주속위고증조고칭위관혹호행(本註屬謂高曾祖考稱謂官或號行) 여처사수재기랑기공지류(如處士秀才幾郞幾公之類) 여차칙사서가통용(如此則士庶可通用) 주척당성척칠촌오분약(周尺當省尺七寸五分弱) 정집여서의(程集與書儀) 오주오촌오분약(誤註五寸五分弱) 온공도이위(溫公圖以謂) 삼사포천척(三司布泉尺) 즉성척(卽省尺) 정사수척즉포백척(程沙隨尺卽布帛尺) 금이주척교지포백척(今以周尺校之布帛尺) 정시칠촌오분약(正是七寸五分弱) 연비유성률고하지차(然非有聲律高下之差) 역부필설설연야(亦不必屑屑然也) 득일서위거(得一書爲據) 족의(足矣)

◆천구(遷柩) 조조(朝祖) 전(奠) 부(賻) 진기(陳器) 조전(祖奠)

●발인전일일인조전이천구고(發引前一日因朝奠以遷柩告)

설찬여조전축(設饌如朝奠祝) 축짐주흘(祝斟酒訖) 북면궤고왈(北面跪告曰) 금이길진천구감고(今以吉辰遷柩敢告) 면복흥(俛伏興) 주인이하곡진애재배(主人以下哭盡哀再拜) 개고유계빈지전(蓋古有啓殯之奠) 금기부도빈(今旣不塗殯) 칙기례무소시(則其禮無所施) 연우부가전무절문(然又不可全無節文) 고위차례야(故爲此禮也)

양씨복왈(楊氏復曰) 고례자계빈지질곡(古禮自啓殯至卒哭) 경유량변복지절(更有兩變服之節) 계빈(啓殯) 참쇠남자괄발(斬衰男子括髮) 부인좌(婦人髽) 개소렴괄발좌(蓋小斂括髮髽) 금계빈역견시구(今啓殯亦見尸柩) 고변동소렴지절야(故變同小斂之節也) 차시일절(此是一節) 금기부도빈(今旣不塗殯) 칙역부계(則亦不啓) 수부변복(雖不變服) 가야(可也) 고례계빈지후(古禮啓殯之後) 참쇠남자면(斬衰男子免) 지우졸곡(至虞卒哭) 개면(皆免) 차우시일절(此又是一節) 개원례(開元禮) 주인급제자개관질(主人及諸子皆去冠絰) 이사포건말두(以邪布巾帕頭) 역방고의(亦放古意) 가례금개부용(家禮今皆不用) 하야(何也) 사마공왈(司馬公曰) 자계빈지우졸곡(自啓殯至于卒哭) 일수심다(日數甚多) 약사오복지친(若使五服之親) 개부관이단면(皆不冠而祖免) 공기경속(恐其驚俗) 고단각복기복이이(故但各服其服而已)

●봉구조우조(奉柩朝于祖)

장천구(將遷柩) 역자입(役者入) 부인퇴피(婦人退避) 주인급중주인(主人及衆主人) 집장립시(輯杖立視) 축이상봉혼백전행(祝以箱奉魂帛前行) 예사묘전(詣祠廟前) 집사자봉전급의탁차지(執事者奉奠及倚卓次之) 명정차지(銘旌次之) 역자거구차지(役者擧柩次之) 주인이하종곡(主人以下從哭) 남자유우(男子由右) 부인유좌(婦人由左) 중복재전(重服在前) 경복재후(輕服在後) 복각위서(服各爲叙) 시자재말(侍者在末) 무복지친(無服之親) 남거남우(男居男右) 녀거녀좌(女居女左) 개차주인주부지후(皆次主人主婦之後) 부인개개두(婦人皆蓋頭) 지사당전(至祠堂前) 집사자선포석(執事者先布席) 역자치구어기상(役者致柩於其上) 북수이출(北首而出) 부인개두(婦人蓋頭) 축수집사자(祝帥執事者) 설령좌급전우구서동향(設靈座及奠于柩西東向) 주인이하취위립곡진애지(主人以下就位立哭盡哀止) 차례개상평생장출필사존자야(此禮蓋象平生將出必辭尊者也)

양씨복왈(楊氏復曰) 안의례(按儀禮) 조조정구지후(朝祖正柩之後) 수장시납재구지차우계간(遂匠始納載柩之車于階間) 즉가례소위대(卽家禮所謂大) 연야(輦也) 방기조묘시(方其朝廟時) 우별유공축(又別有輁軸) 주운(註云) 공축상여장상(輁軸狀如長牀) 부공상여장상(夫輁狀如牀) 칙근가승관(則僅可承棺) 전지이축(轉之以軸) 보지이인(輔之以人) 고득이조조(故得以朝祖) 기정구칙용이상(旣正柩則用夷牀) 개조조시(蓋朝祖時) 재구칙유공축(載柩則有輁軸) 정구칙유이상(正柩則有夷牀) 후세개궐지(後世皆闕之) 금단사역자거구(今但使役者擧柩) 구기중대(柩旣重大) 여하가거(如何可擧) 공비근지중지지의(恐非謹之重之之意) 약단혼백조우조(若但魂帛朝于祖) 역실천구조조지본의(亦失遷柩朝祖之本意) 공당종의례(恐當從儀禮) 별제공축이조조(別制輁軸以朝祖) 지사당전(至祠堂前) 정구용이상북수(正柩用夷牀北首) 축수집사자(祝帥執事者) 설령좌급전우구서동향(設靈座及奠于柩西東向) 주인이하취위립(主人以下就位立) 곡진애지(哭盡哀止)○집(輯) 렴야(斂也) 위거구지부이주지야(謂擧之不以柱地也)○기석례(旣夕禮) 천우조(遷于祖) 정구우량영간(正柩于兩楹間) 석승설우구서(席升設于柩西) 전설여초(奠設如初) 주(註) 전설여초(奠設如初) 동면야(東面也) 부통어구(不統於柩) 신

부서면야(神不西面也) 부설구동(不設柩東) 동비신위야(東非神位也)

●수천우청사(遂遷于廳事)

집사자설유어청사(執事者設帷於廳事) 역자입(役者入) 부인퇴피(婦人退避) 축봉혼백도구우선(祝奉魂帛導柩右旋) 주인이하남녀곡종여전(主人以下男女哭從如前) 예청사(詣廳事) 집사자포석(執事者布席) 역자치구우석상남수이출(役者置柩於席上南首而出) 축설령좌급전우구전남향(祝設靈座及奠于柩前南向) 주인이하취위좌곡(主人以下就位坐哭) 자이천석(藉以薦席)

●내대곡(乃代哭)

여미렴지전이지발인(如未斂之前以至發引)

●친빈치전부(親賓致奠賻)

여초상의(如初喪儀)

●진기(陳器)

방상재전(方相在前) 광부위지(狂夫爲之) 관복여도사(冠服如道士) 집과양순(執戈揚盾) 사품이상(四品以上) 사목위방상(四目爲方相) 이하량목위기두(以下兩目爲魌頭) 차명기하장포소앵(次明器下帳苞筲罌) 이상여지(以牀舁之) 차명정거부집지(次銘旌去跗執之) 차령차이봉혼백향화(次靈車以奉魂帛香火) 차대(次大)轝 轝방유삽(旁有翣) 사인집지(使人執之)

류씨장왈(劉氏璋曰) 사마온공상례진기편내(司馬溫公喪禮陳器篇內) 어하장지하(於下帳之下) 유왈상복이자(有曰上服二字) 주운(註云) 유관칙공복화홀업두(有官則公服靴笏幞頭) 무관칙란진혜리지류(無官則襴袗鞋履之類) 우대(又大)轝 방유삽(旁有翣) 귀천유수(貴賤有數) 서인무지(庶人無之) 금서수부증재(今書雖不曾載) 고부차(姑附此) 역비인용(亦備引用)

●일포시설조전(日哺時設祖奠)

찬여조전(饌如朝奠) 축짐주흘(祝斟酒訖) 북향궤고왈(北向跪告曰) 영천지례(永遷之禮) 령진부류(靈辰不留) 금봉구차(今奉柩車) 식준조도(式遵祖道) 면복흥(俛伏興) 여여조석전의(餘如朝夕奠儀)○사마온공왈(司馬溫公曰) 약구자타소귀장(若柩自他所歸葬) 칙행일단설조전곡이행(則行日但設朝奠哭而行) 지장내비차급하견전례(至葬乃備此及下遣奠禮)

◆견전(遣奠)

●궐명천구취여(厥明遷柩就轝)

여부납대여어중정(轝夫納大轝於中庭) 탈주상횡경(脫柱上橫扃) 집사자철조전(執事者徹祖奠) 축북향궤고왈(祝北向跪告曰) 금천구취(今遷柩就)轝감고(敢告) 수천령좌치방측(遂遷靈座置傍側) 부인퇴피(婦人退避) 소역부천구취(召役夫遷柩就)轝 내재시경가설(乃載施扃加楔) 이색유지(以索維之) 령극뢰실(令極牢實) 주인종구곡강시재(主人從柩哭降視載) 부인곡어유중(婦人哭於帷中) 재필(載畢) 축수집사자(祝帥執事者) 천령좌우구전남향(遷靈座于柩前南向)

사마온공왈(司馬溫公曰) 계빈지일(啓殯之日) 비포삼척이(備布三尺以) 관탁회치지포위지(盥濯灰治之布爲之) 축어구집차(祝御柩執此) 이지휘역자(以指麾役者)○류씨장왈(劉氏璋曰) 의례운(儀禮云) 상축불구(商祝拂柩) 용공포무(用功布幠)[화오절(火吳切)]용이금(用侇衾) 주왈(註曰) 상축(商祝) 축습상례자(祝習商禮者) 상인교지이경어접신(商人敎之以敬於接神) 공포(功布) 불거관상진토(拂去棺上塵土) 무(幠) 복지위기형로(覆之爲其形露) 이지언(侇之言) 시야(尸也) 이금(侇衾) 복시지금야(覆尸之衾也)

●내설견전(乃設遣奠)

찬여조전유포(饌如朝奠有脯) 유부인부재(惟婦人不在) 전필(奠畢) 집사자철포납포중(執事者徹脯納苞中) 치여상상(置轝牀上) 수철전(遂徹奠)

양씨복왈(楊氏復曰) 고씨례(高氏禮) 축궤고왈(祝跪告曰) 령이기가(靈輀旣駕) 왕즉유댁(往卽幽宅) 재진견례(載陳遣禮) 영결종천(永訣終天)○재위승구어(載謂升柩於)轝야(也) 이신조좌우속구어여(以新組左右束柩於轝) 내이횡목설구족량방(乃以橫木楔柩足兩旁) 사부동요(使不動搖)

●축봉혼백승차분향(祝奉魂帛升車焚香)

별이상성주(別以箱盛主) 치백후(置帛後) 지시(至是) 부인내개두출유(婦人乃蓋頭出帷) 강계립곡(降階立哭) 수사자곡사진애(守舍者哭辭盡哀) 재배이귀(再拜而歸) 존장칙부배(尊長則不拜)

◆발인(發引)

●구행(柩行)
방상등전도(方相等前導) 여진기지서(如陳器之叙)

●주인이하남녀곡보종(主人以下男女哭步從)
여조조지서(如朝祖之叙) 출문칙이백막협장지(出門則以白幕夾障之)

●존장차지무복지친우차지빈객우차지(尊長次之無服之親又次之賓客又次之)
개승차마(皆乘車馬) 친빈혹선대어묘소(親賓或先待於墓所) 혹출곽곡배사귀(或出郭哭拜辭歸)

●친빈설악어곽외도방주구이전(親賓設幄於郭外道旁駐柩而奠)
여재가지의(如在家之儀)

●도중우애칙곡(塗中遇哀則哭)
약묘원(若墓遠) 칙매사설령좌어구전(則每舍設靈座於柩前) 조석곡존(朝夕哭奠) 식시상식(食時上食) 야칙주인형제개숙구방(夜則主人兄弟皆宿柩旁) 친척공수위지(親戚共守衛之)

◆급묘(及墓) 하관(下棺) 사후토(祠后土) 제목주(題木主)성분(成墳)

●미지집사자선설령악(未至執事者先設靈幄)
재묘도서남향유의탁(在墓道西南向有倚卓)

●친빈차(親賓次)
재령악전십수보(在靈幄前十數步) 남동녀서(男東女西) 차북여령악상치(次北與靈幄相值) 개남향(皆南向)

●부인악(婦人幄)
재령악후광서(在靈幄後壙西)

●방상지(方相至)
이과격광사우(以戈擊壙四隅)

●명기등지(明器等至)
진어광동남북상(陳於壙東南北上)

●영거지(靈車至)
축봉혼백취악좌(祝奉魂帛就幄座) 주상역치백후(主箱亦置帛後)

●수설전이퇴(遂設奠而退)
주과포해(酒果脯醢)

●구지(柩至)
집사자선포석어광남(執事者先布席於壙南) 구지탈재치석상북수(柩至脫載置席上北首) 집사자취명정(執事者取銘旌) 거강치구상(去杠置柩上)

●주인남녀각취위곡(主人男女各就位哭)
주인제장부립어광동서향(主人諸丈夫立於壙東西向) 주부제부녀립어광서악내동향(主婦諸婦女立於壙西幄內東向) 개북상(皆北上) 여재도지의(如在塗之儀)

●빈객배사이귀(賓客拜辭而歸)

주인배지(主人拜之) 빈답배(賓答拜)

●내폄(乃窆)

선용목강(先用木杠) 횡어회격지상(橫於灰隔之上) 내용색사조천구저(乃用索四條穿柩底) 당부결이하지(闖不結而下之) 지강상칙추색거지(至杠上則抽索去之) 별접세포약생견두구저이하지(別摺細布若生絹兜柩底而下之) 경부추출(更不抽出) 단절기여기지(但截其餘棄之) 약구무당(若柩無闖) 즉용색두구저(卽用索兜柩底) 량두방하(兩頭放下) 지강상(至杠上) 내거색용포여전(乃去索用布如前) 대범하구최수상심용력(大凡下柩最須詳審用力) 부가오유경추동요(不可誤有傾墜動搖) 주인형제의철곡(主人兄弟宜輟哭) 친림시지(親臨視之) 이하재정구의명정(已下再整柩衣銘旌) 령평정(令平正)

●주인증(主人贈)

현륙훈사(玄六纁四) 각장장팔척(各長丈八尺) 주인봉치구방(主人奉置柩旁) 재배계상(再拜稽顙) 재위개곡진애(在位皆哭盡哀) 가빈혹부능구차수(家貧或不能具此數) 칙현훈각일(則玄纁各一) 가야(可也) 기여김옥보완(其餘金玉寶玩) 병부득입광이위망자지루(並不得入壙以爲亡者之累)

●가회격내외개(加灰隔內外蓋)

선도회격대소(先度灰隔大小) 제박판일편(制薄板一片) 방거사장(旁距四牆) 취령문합(取令脗合) 지시가어구상(至是加於柩上) 경이유회미지(更以油灰彌之) 연후선선소관력청어기상(然後旋旋少灌瀝靑於其上) 령기속응(令其速凝) 즉부투판약이후삼촌허(卽不透板約已厚三寸許) 내가외개(乃加外蓋)

●실이회(實以灰)

삼물(三物) 반내자거하(拌匀者居下) 탄말거상(炭末居上) 각배어저급사방지후(各倍於底及四旁之厚) 이주쇄이섭실지(以酒灑而躡實之) 공진구중(恐震柩中) 고미감축(故未敢築) 단다용지이사기실이(但多用之以俟其實耳)

●내실토이점축지(乃實土而漸築之)

하토매척허(下土每尺許) 즉경수축지(卽輕手築之) 물령진동구중(勿令震動柩中)

●사후토어묘좌(祠后土於墓左)

여전의(如前儀) 축판전동(祝板前同) 단운(但云) 금위모관봉시(今爲某官封諡) 폄자유댁(窆茲幽宅) 신기후동(神其後同) 류씨장왈(劉氏璋曰) 위부모형체재차(爲父母形體在此) 고례기신이안지(故禮其神以安之)

●장명기등(藏明器等)

실토급반(實土及半) 내장명기(乃藏明器) 하장포소앵어편방(下帳苞筲罌於便房) 이판새기문(以板塞其門)

●하지석(下誌石)

묘재평지(墓在平地) 칙어광내근남(則於壙內近南) 선포전일중(先布磚一重) 치석기상(置石其上) 우이전사위지(又以磚四圍之) 이복기상(而覆其上) 약묘재산측준처(若墓在山側峻處) 칙어광남수척간(則於壙南數尺間) 굴지심사오척(掘地深四五尺) 의차법매지(依此法埋之)

●복실이토이견축지(復實以土而堅築之)

하토역이척허위준(下土亦以尺許爲準) 수밀저견축(須密杵堅築)

●제주(題主)

집사자설탁자어령좌동남서향(執事者設卓子於靈座東南西向) 치연필묵대탁(置硯筆墨對卓) 치관분세건여전(置盥盆帨巾如前) 주인립어기전북향(主人立於其前北向) 축관수출주(祝盥手出主) 와치탁상(臥置卓上) 사선서자관수서향립(使善書者盥手西向立) 선제함중(先題陷中) 부칙왈(父則曰) 고모관모공휘모자모제기신주(故某官某公諱某字某第幾神主) 분면왈(粉面曰) 고모관봉시부군신주(考某官封謚府君神主) 기하좌방왈(其下左傍曰) 효자모봉사(孝子某奉祀) 모칙왈(母則曰) 고모봉모씨휘모자모제기신주(故某封某氏諱某字某第幾神主) 분면왈(粉面曰) 비모봉모씨신주(妣某封某氏神主) 방역여지(旁亦如之) 무관봉칙이생시소칭위호(無官封則以生時所稱爲號) 제필(題畢) 축봉치령좌(祝奉置靈座) 이장혼백어상중(而藏魂帛於箱中) 이치기후(以置其後) 주향짐주(炷香斟酒) 집판출어주인지우(執版出於主人之右) 게독지(跪讀之) 일자동전(日子同前) 단운(但云) 고자모감소고우고모관봉시부군(孤子某敢昭告于考某官封謚府君) 형귀둔석(形歸窀穸) 신반실당(神返室堂) 신주기성(神主旣成) 복유존령사구종신(伏惟尊靈舍舊從新) 시빙시의(是憑是依) 필회지흥복위(畢懷之興復位) 주인재배(主人再拜) 곡진애지(哭盡哀止) 모상칭애자(母喪稱哀子) 후방차(後放此) 범유봉시개칭지(凡有封謚皆稱之) 후개방차(後皆放此)

문(問) 부재(夫在) 처지신주(妻之神主) 의서하인봉사(宜書何人奉祀) 주자왈(朱子曰) 방주시어소존(旁註施於所尊) 이하칙부필서야(以下則不必書也)○고씨왈(高氏曰) 관목주지제(觀木主之制) 방제주사지명(旁題主祀之名) 이지종자지법부가폐야(而知宗子之法不可廢也) 종자용가주제(宗子用家主祭) 유군지도(有君之道) 제자부득이항언(諸子不得而抗焉) 고례지지부제(故禮支子不祭) 제필고어종자(祭必告於宗子) 종자위사(宗子爲士) 서자위대부(庶子爲大夫) 칙이상생제어종자지가(則以上牲祭於宗子之家) 기축사왈(其祝詞曰) 효자모위개자모(孝子某爲介子某) 천기상사(薦其常事) 약종자거우타국(若宗子居于他國) 서자무묘(庶子無廟) 칙망묘위단이제(則望墓爲壇以祭) 기축사왈(其祝詞曰) 효자모사개자모집기상사(孝子某使介子某執其常事) 약종자사(若宗子死) 칙칭명부칭효(則稱名不稱孝) 개인중종여차(蓋人重宗如此) 자종자지법괴(自宗子之法壞) 이인부지소자래(而人不知所自來) 이지류전사방(以至流轉四方) 왕왕친미절(往往親未絶) 이유부상식자(而有不相識者) 시기교인존조수족지도재(是豈敎人尊祖收族之道哉)

●축봉신주승차(祝奉神主升車)
혼백상재기후(魂帛箱在其後)

●집사자철령좌수행(執事者徹靈座遂行)
주인이하곡종여래의(主人以下哭從如來儀) 출묘문(出墓門) 존장승차마(尊長乘車馬) 거묘백보허(去墓百步許) 비유역승차마(卑幼亦乘車馬) 단류자제일인감시실토(但留子弟一人監視實土) 이지성분(以至成墳)

●분고사척립소석비어기전역고사척부고척허(墳高四尺立小石碑於其前亦高四尺趺高尺許)
사마온공왈(司馬溫公曰) 안령식(按令式) 분비석수(墳碑石獸) 대소다과(大小多寡) 수각유품수(雖各有品數) 연장자당위무궁지규(然葬者當爲無窮之規) 후세견차물(後世見此物) 안지기중부다장김옥야(安知其中不多藏金玉耶) 시개무익어망자(是皆無益於亡者) 이반유해(而反有害) 고령식우유귀득동천(故令式又有貴得同賤) 천부득동귀지문(賤不得同貴之文) 연칙부약부용지위유야(然則不若不用之爲愈也) 금안(今按) 안공자방묘지봉(按孔子防墓之封) 기숭사척(其崇四尺) 고취이위법(故取以爲法) 용사마공설(用司馬公說) 별립소비(別立小碑) 단석수활척이상(但石須闊尺以上) 기후거삼지이(其厚居三之二) 규수이각기면여지지개(圭首而刻其面如誌之蓋) 내락술기세계명자행실(乃略述其世系名字行實) 이각어기좌(而刻於其左) 전급후우이주언(轉及後右而周焉) 부인칙사부장내립(婦人則俟夫葬乃立) 면여부망지개지각운(面如夫亡誌蓋之刻云)

사마온공왈(司馬溫公曰) 고인유대훈덕(古人有大勳德) 륵명종정(勒名鍾鼎) 장지종묘(藏之宗廟) 기장칙유풍비이하관이(其葬則有豐碑以下棺耳) 진한이래(秦漢以來) 시명문사포찬공덕(始命文士褒贊功德) 각지어석(刻之於石) 역위지비(亦謂之碑) 강급남조(降及南朝) 복유명지매지묘중(復有銘誌埋之墓中) 사기인과대현야(使其人果大賢也) 칙명문소현(則名聞昭顯) 중소칭송(衆所稱頌) 류파종고(流播終古) 부가엄폐(不可掩蔽) 기대비지(豈待碑誌) 시위인지(始爲人知) 약기부현야(若其不賢也) 수이교언려사(雖以巧言麗詞) 강가채식(强加采飾) 공모려망(功侔呂望) 덕비중니(德比仲尼) 도취기소(徒取譏笑) 기수긍신(其誰肯信) 비유립어묘도(碑猶立於墓道) 인득견지(人得見之) 지내장어광중(誌乃藏於壙中) 자비개발(自非開發) 막지도야(莫之睹也) 수문제자진왕준훙(隋文帝子秦王俊薨) 부료청립비(府僚請立碑) 제왈(帝曰) 욕구명(欲求名) 일권사서족의(一卷史書足矣) 하용비위(何用碑爲) 도여인작진석이(徒與人作鎭石耳) 차실어야(此實語也) 금기부능면(今旣不能免) 의기지문(依其誌文) 단가직서향리세가관부시종이이(但可直敘鄕里世家官簿始終而已) 계찰묘전유석(季札墓前有石) 세칭공자소전운(世稱孔子所篆云) 오호유오연릉계자지묘(嗚乎有吳延陵季子之墓) 기재다언(豈在多言) 연후인지기현야(然後人知其賢也) 금단각성명어묘전(今但刻姓名於墓前) 인자지지이(人自知之耳)

◆반곡(反哭)

●주인이하봉령차재도서행곡(主人以下奉靈車在塗徐行哭)
기반여의위친재피(其反如疑爲親在彼) 애지칙곡(哀至則哭)

●지가곡(至家哭)
망문즉곡(望門卽哭)

●축봉신주입치우령좌(祝奉神主入置于靈座)

집사자선설령좌어고처(執事者先設靈座於故處) 축봉신주입(祝奉神主入) 취위독지(就位櫝之) 병출혼백상치주후(並出魂帛箱置主後)

●주인이하곡우청사(主人以下哭于廳事)

주인이하(主人以下) 급문곡입(及門哭入) 승자서계(升自西階) 곡우청사(哭于廳事) 부인선입곡어당(婦人先入哭於堂)

주자왈(朱子曰) 반곡승당(反哭升堂) 반제기소작야(反諸其所作也) 주부입우실(主婦入于室) 반제기소양야(反諸其所養也) 수지득저의사(須知得這意思) 칙소위천기위행기례등사(則所謂踐其位行其禮等事) 행지자안(行之自安) 방견득계지술사지사(方見得繼志述事之事)○양씨복왈(楊氏復曰) 안선생차언(按先生此言) 개위고자반곡우묘(蓋謂古者反哭于廟) 반제기소작(反諸其所作) 위친소행례지처(謂親所行禮之處) 반제기소양(反諸其所養) 위친소궤식지처(謂親所饋食之處) 개지반곡우묘이언야(皆指反哭于廟而言也) 선생가례(先生家禮) 반곡우청사(反哭于廳事) 부인선입곡우당(婦人先入哭于堂) 우여고이자(又與古異者) 후세묘제부립(後世廟制不立) 사당협애(祠堂狹隘) 소위청사자(所謂廳事者) 내제사지지(乃祭祀之地) 주부궤식(主婦饋食) 역재차당야(亦在此堂也)

●수예령좌전곡(遂詣靈座前哭)

진애지(盡哀止)

●유조자배지여초(有弔者拜之如初)

위빈객지친밀자기귀(謂賓客之親密者旣歸) 대반곡이복조(待反哭而復弔) 단궁왈(檀弓曰) 반곡지조야(反哭之弔也) 애지지야(哀之至也) 반이망언(反而亡焉) 실지의(失之矣) 어시위심(於是爲甚)

●기구월지상자음주식육부여연악소공이하대공이거자가이귀(期九月之喪者飲酒食肉不與宴樂小功以下大功異居者可以歸)

▶가례권제륙(家禮卷第六)◀
◈상례삼(喪禮三)

◆우제(虞祭)

장지일(葬之日) 일중이우(日中而虞) 혹묘원(或墓遠) 칙단부출시일(則但不出是日) 가야(可也) 약거가경숙이하(若去家經宿以下) 칙초우어소관행지(則初虞於所館行之) 정씨왈(鄭氏曰) 골육귀우토(骨肉歸于土) 혼기칙무소부지(魂氣則無所不之) 효자위기방황(孝子爲其彷徨) 삼제이안지(三祭以安之)

주자왈(朱子曰) 미장시(未葬時) 전이부제(奠而不祭) 단작주진찬재배(但酌酒陳饌再拜) 우시용제례(虞始用祭禮) 졸곡위지길제(卒哭謂之吉祭)

●주인이하개목속(主人以下皆沐俗)

혹이만부가(或已晚不暇) 즉략자조결(卽略自澡潔) 가야(可也)

●집사자진기구찬(執事者陳器具饌)

관분세건각이어서계서남(盥盆帨巾各二於西階西南) 상동(上東) 분유대건유가(盆有臺巾有架) 서자무지(西者無之) 범상례개방차(凡喪禮皆放此) 주병병가일어령좌동남(酒瓶並架一於靈座東南) 치탁자어기동(置卓子於其東) 설주자급반잔어기상(設注子及盤盞於其上) 화로탕병어령좌서남(火爐湯瓶於靈座西南) 치탁자어기서(置卓子於其西) 설축판어기상(設祝版於其上) 설소과반잔어령좌전탁자상(設蔬果盤盞於靈座前卓子上) 시저계내당중(匙筯皆內當中) 주잔재기서(酒盞在其西) 초접재기동(醋楪在其東) 과거외(果居外) 소거과내(蔬居果內) 실주우병(實酒于瓶) 설향안어당중(設香案於堂中) 주화어향로(炷火於香爐) 속모취사어향안전(束茅聚沙於香案前) 구찬여조전어당문외지동(具饌如朝奠於堂門外之東)

●축출신주우좌주인이하개입곡(祝出神主于座主人以下皆入哭)

주인급형제의장어실외(主人及兄弟倚杖於室外) 급여제자개입곡어령좌전(及與祭者皆入哭於靈座前) 기위개북면(其位皆北面) 이복위렬(以服爲列) 중자거전(重者居前) 경자거후(輕者居後) 존장좌비유립(尊長坐卑幼立)　장부처동(丈夫處東)　서상(西上)　부인처서(婦人處西)　동상(東上)　축행각이장유위서(逐行各以長幼爲序)　시자재후(侍者在後)

●강신(降神)

축지곡자(祝止哭者)　주인강자서계(主人降自西階)　관수세수(盥手帨手)　예령좌전(詣靈座前)　분향재배(焚香再拜)　집사자개관세(執事者皆盥帨)　일인개주실우주(一人開酒實于注)　서면궤이주수주인(西面跪以注授主人)　주인궤수(主人跪受)　일인봉탁상반잔동면(一人奉卓上盤盞東面)　궤어주인지좌(跪於主人之左)　주인짐주어잔이주(主人斟酒於盞以注)　수집사자(授執事者)　좌수취반(左手取盤)　우수집잔(右手執盞)　뢰지모상(酹之茅上)　이반잔수집사자(以盤盞授執事者)　면복흥(俛伏興)　소퇴재배복위(少退再拜復位)

●축진찬(祝進饌)

집사자좌지(執事者佐之)　기설지서여조전(其設之叙如朝奠)

●초헌(初獻)

주인진예주자탁전(主人進詣注子卓前)　집주북향립(執注北向立)　집사자일인(執事者一人)　취령좌전반잔(取靈座前盤盞)　립어주인지좌(立於主人之左)　주인짐주(主人斟酒)　반주어탁자상(反注於卓子上)　여집사자구예령좌전북향립(與執事者俱詣靈座前北向立)　주인궤(主人跪)　집사자역궤진반잔(執事者亦跪進盤盞)　주인수잔(主人受盞)　삼제어모속상(三祭於茅束上)　면복흥(俛伏興)　집사자수잔(執事者受盞)　봉예령좌전(奉詣靈座前)　전어고처(奠於故處)　축집판출어주인지우(祝執版出於主人之右)　서향궤독지전동(西向跪讀之前同)　운(云)　일월부거(日月不居)　엄급초우(奄及初虞)　숙흥야처(夙興夜處)　애모부녕(哀慕不寧)　근이결생유모(謹以潔牲柔毛)　자성례제(粢盛醴齊)　애천협사(哀薦祫事)　상향(尙饗)　축흥(祝興)　주인곡재배(主人哭再拜)　복위곡지(復位哭止)　생용시칙왈강렵(牲用豕則曰剛鬣)　부용생칙(不用牲則)　왈청작서수(曰淸酌庶羞)　협(祫)　합야(合也)　욕기합어선조야(欲其合於先祖也)

●아헌(亞獻)

주부위지(主婦爲之)　례여초(禮如初)　단부독축사배(但不讀祝四拜)

●종헌(終獻)

친빈일인(親賓一人)　혹남혹녀위지(或男或女爲之)　예여아헌(禮如亞獻)

●유식(侑食)

집사자집주취(執事者執注就)　첨잔중주(添盞中酒)

●주인이하개출축합문(主人以下皆出祝闔門)

주인립어문동서향(主人立於門東西向)　비유장부재기후(卑幼丈夫在其後)　중행북상(重行北上)　주부립어문서동향(主婦立於門西東向)　비유부녀역여지(卑幼婦女亦如之)　존장휴어타소(尊長休於他所)　여식간(如食間)

양씨복왈(楊氏復曰)　사우례무시자(士虞禮無尸者)　축합유호(祝闔牖戶)　여식간(如食間)　상견후사시제례(詳見後四時祭禮)

●축계문주인이하입곡사신(祝啓門主人以下入哭辭神)

축진당문(祝進當門)　북향희흠(北向噫歆)　고계문삼(告啓門三)　내계문(乃啓門)　주인이하입취위(主人以下入就位)　집사자점다(執事者點茶)　축립우주인지우(祝立于主人之右)　서향고리성(西向告利成)　렴주갑지치고처(斂主匣之置故處)　주인이하곡재배진애지(主人以下哭再拜盡哀止)　출취차(出就次)　집사자철(執事者徹)

●축매혼백(祝埋魂帛)

축취혼백(祝取魂帛)　수집사자(帥執事者)　매어병처결지(埋於屛處潔地)

●파조석전(罷朝夕奠)

조석곡(朝夕哭)　애지곡여초(哀至哭如初)

●우유일재우(遇柔日再虞)

을정사신계위유일(乙丁巳辛癸爲柔日) 기례여초우(其禮如初虞) 유전기일일(惟前期一日) 진기구찬(陳器具饌) 궐명숙흥(厥明夙興) 설소과주찬(設蔬果酒饌) 질명행사(質明行事) 축출신주우좌(祝出神主于座) 축사개초우위재우협사위우사(祝詞改初虞爲再虞祫事爲虞事) 위이(爲異) 약묘원(若墓遠) 도중우유일(途中遇柔日) 칙역어소관행지(則亦於所館行之)

●우강일칙삼우(遇剛日則三虞)

갑병무경임위강일(甲丙戊庚壬爲剛日) 기례여재우(其禮如再虞) 유개재우위삼우우사위성사(惟改再虞爲三虞虞事爲成事) 약묘원(若墓遠) 역도중우강일(亦途中遇剛日) 차궐지(且闕之) 수지가내가행차제(須至家乃可行此祭)

◆졸곡(卒哭)

단궁왈(檀弓曰) 졸곡왈성사(卒哭曰成事) 시일야(是日也) 이길제역상제(以吉祭易喪祭) 고차제점용길례(故此祭漸用吉禮)

●삼우후우강일졸곡전기일일진기구찬(三虞後遇剛日卒哭前期一日陳器具饌)

병동우제(並同虞祭) 유경설현주병일어주병지서(惟更設玄酒瓶一於酒瓶之西)

●궐명숙흥설소과주찬(厥明夙興設蔬果酒饌)

병동우제(並同虞祭) 유경취정화수충현주(惟更取井花水充玄酒)

●질명축출주(質明祝出主)

동재우(同再虞)

●주인이하개입곡강신(主人以下皆入哭降神)

병동우제(並同虞祭)

●주인주부진찬(主人主婦進饌)*

주인봉어육(主人奉魚肉) 주부관세봉면미식(主婦盥帨奉麪米食) 주인봉갱(主人奉羹) 주부봉반이진(主婦奉飯以進) 여우제지설(如虞祭之設)

●초헌(初獻)

병동우제(並同虞祭) 유축집판출어주인지좌(惟祝執版出於主人之左) 동향궤독(東向跪讀) 위이(爲異) 사병동우제(詞並同虞祭) 단개삼우위졸(但改三虞爲卒) 애천성사하운(哀薦成事下云) 래일제부우조고모관부군(來日隮祔于祖考某官府君) 상향(尙饗)○안차운조고(按此云祖考) 위망자지조고야(謂亡者之祖考也)

주자왈(朱子曰) 온공이우제독축어주인지우(溫公以虞祭讀祝於主人之右) 졸곡독축어주인지좌(卒哭讀祝於主人之左) 개득례의(蓋得禮意)○양씨복왈(楊氏復曰) 고씨례(高氏禮) 축진독축문왈(祝進讀祝文曰) 일월부거(日月不居) 엄급졸곡(奄及卒哭) 고지호천(叩地號天) 오정미궤(五情糜潰) 근이청작서수(謹以淸酌庶羞) 애천성사(哀薦成事) 상향(尙饗)

●아헌종헌유식합문계문사신(亞獻終獻侑食闔門啓門辭神)

병동우제(並同虞祭) 유축서계상동면고리성(唯祝西階上東面告利成)

●자시조석지간애지부곡(自是朝夕之間哀至不哭)

유조석곡(猶朝夕哭)

●주인형제소식수음부식채과침석침목(主人兄弟疏食水飮不食采果寢席枕木)

양씨복왈(楊氏復曰) 안고자(按古者) 기우졸곡유수복(旣虞卒哭有受服) 련상담개유성복(練祥禫皆有成服) 개복이표애(蓋服以表哀) 애점살(哀漸殺) 칙복점경(則服漸輕) 연수복수(然受服數) 경근어문번(更近於文繁) 금세속무수복(今世俗無受服) 자시사지대상(自始死至大祥) 기쇠무변(其衰無變) 비고야(非古也) 서의가례(書儀家禮) 종속이부니고(從俗而不泥古) 소이종간(所以從簡)

◆부(祔)

단궁왈(檀弓曰) 은기련이부(殷旣練而祔) 주졸곡이부(周卒哭而祔) 공자선은(孔子善殷) 주왈(註曰) 기이신지인정(期而神之人情) 은례기망(殷禮旣亡) 기본말부가고(其本末不可考) 금삼우졸곡(今三虞卒哭) 개용주례차제(皆用周禮次第) 칙차부득독종은례(則此不得獨從殷禮)

●졸곡명일이부졸곡지제기철즉진기구찬(卒哭明日而祔卒哭之祭旣徹卽陳器具饌)

기여졸곡(器如卒哭) 유진지어사당(唯陳之於祠堂) 당협즉어청사수편(堂狹卽於廳事隨便) 설망자조고비위어중(設亡者祖考妣位於中) 남향서상(南向西上) 설망자위어기동남(設亡者位於其東南) 서향(西向) 모상칙부설조고위(母喪則不設祖考位) 주병현주병어조계상(酒瓶玄酒瓶於阼階上) 화로탕병어서계상(火爐湯瓶於西階上) 구찬여졸곡이삼분(具饌如卒哭而三分) 모상칙량분(母喪則兩分) 조비이인이상(祖妣二人以上) 즉이친자(則以親者)○잡기왈(雜記曰) 남자부우왕부칙배(男子祔于王父則配) 녀자부우왕모즉부배(女子祔于王母則不配) 주(註) 유사어존자(有事於尊者) 가이급비(可以及卑) 유사어비자(有事於卑者) 부감원존야(不敢援尊也)

고씨왈(高氏曰) 약부비(若祔妣) 칙설조비급지위(則設祖妣及妣之位) 경부설조고위(更不設祖考位) 약부재이부비(若父在而祔妣) 칙부가거천조비(則不可遽遷祖妣) 의별립실(宜別立室) 이장기주(以藏其主) 대고동부(待考同祔) 약고비동부(若考妣同祔) 칙병설조고급조비지위(則並設祖考及祖妣之位)○호씨영왈(胡氏泳曰) 고씨별실장주지설(高氏別室藏主之說) 공미연(恐未然) 선생내자지상(先生內子之喪) 주지부재조비지방(主只祔在祖妣之傍) 차당위거(此當爲據) 양복왈(楊復曰) 부재부비(父在祔妣) 칙부위주내시(則父爲主乃是) 부부처어조비(夫祔妻於祖妣) 삼년상필미천(三年喪畢未遷) 상부어조비(尙祔於祖妣) 대부타일삼년상필체천조고비(待父他日三年喪畢遞遷祖考妣) 시고비동천야(始考妣同遷也) 고씨부재부가체천조비지설(高氏父在不可遞遷祖妣之說) 역시(亦是) 단별실장주지설칙비야(但別室藏主之說則非也)

●궐명숙흥설소과주찬(厥明夙興設蔬果酒饌)

병동졸곡(並同卒哭)

●질명주인이하곡어령좌전(質明主人以下哭於靈座前)

주인형제(主人兄弟) 개의장우계하(皆倚杖于階下) 입곡진애지(入哭盡哀止)○안차위계조종자지상(按此謂繼祖宗子之喪) 기세적당위후자주상(其世嫡當爲後者主喪) 내용차례(乃用此禮) 약상주비종자(若喪主非宗子) 칙개이망자계조지종(則皆以亡者繼祖之宗) 주차부제(主此祔祭)○례주운(禮註云) 부우조묘(祔于祖廟) 의사존자주지(宜使尊者主之)

●예사당봉신주출치우좌(詣祠堂奉神主出置于座)

축축렴계독(祝軸簾啓櫝) 봉소부조고지주(奉所祔祖考之主) 치우좌내(置于座內) 집사자봉조비지주(執事者奉祖妣之主) 치우좌서상(置于座西上) 약재타소(若在他所) 칙치우서계상탁자상(則置于西階上卓子上) 연후계독(然後啓櫝)○약상주비종자(若喪主非宗子) 이여계조지종이거(而與繼祖之宗異居) 칙종자위고우조(則宗子爲告于祖) 이설허위이제(而設虛位以祭) 제흘제지(祭訖除之)

●환봉신주입사당치우좌(還奉新主入祠堂置于座)

주인이하(主人以下) 환예령좌소곡(還詣靈座所哭) 축봉주독(祝奉主櫝) 예사당서계상탁자(詣祠堂西階上卓子) 주인이하(主人以下) 곡종여종구지서(哭從如從柩之叙) 지문지곡(至門止哭) 축계독출주여전의(祝啓櫝出主如前儀) 약상주비종자(若喪主非宗子) 칙유상주주부인이하환영(則唯喪主主婦人以下還迎)

●서립(叙立)

약종자자위상주(若宗子自爲喪主) 칙서립여우제지의(則叙立如虞祭之儀) 약상주비종자(若喪主非宗子) 칙종자주부분립량계지하(則宗子主婦分立兩階之下) 상주재종자지우(喪主在宗子之右) 상주부재종자부지좌(喪主婦在宗子婦之左) 장칙거전(長則居前) 소칙거후(少則居後) 여역여우제지의(餘亦如虞祭之儀)

●참신(參神)

재위자개재배(在位者皆再拜) 참조고비(參祖考妣)

●강신(降神)

약종자자위상사(若宗子自爲喪事) 칙상주행지(則喪主行之) 약상주비종자(若喪主非宗子) 즉종자행지(則宗子行之) 병동졸곡(並同卒哭)

●축진찬(祝進饌)
병동우제(並同虞祭)

●초헌(初獻)
약종자자위상주(若宗子自爲喪主) 즉상주행지(則喪主行之) 약상주비종자(若喪主非宗子) 칙종자행지(則宗子行之) 병동졸곡(並同卒哭) 단작헌(但酌獻) 선예조고비전(先詣祖考妣前) 일자전동졸곡(日子前同卒哭) 축판단운(祝版但云) 효자모(孝子某) 근이결생유모(謹以潔牲柔毛) 자성례제(粢盛醴齊) 적우모고모관부군제부(適于某考某官府君隮祔) 손모관(孫某官) 상향(尙饗) 개부곡(皆不哭) 내상칙운(內喪則云) 모비모봉모씨(某妣某封某氏) 제부손부모봉모씨(隮祔孫婦某封某氏) 차예망자전(次詣亡者前) 약종자자위상주(若宗子自爲喪主) 즉축판동전(則祝版同前) 단운(但云) 천부사우선고모관부군(薦祔事于先考某官府君) 적우모고모관부군(適于某考某官府君) 상향(尙饗) 약상주비종자(若喪主非宗子) 즉수종자소칭(則隨宗子所稱) 약망자어종자위비유(若亡者於宗子爲卑幼) 즉종자부배(則宗子不拜)

●아헌종헌(亞獻終獻)
약종자자위상주(若宗子自爲喪主) 즉주부위아헌(則主婦爲亞獻) 친빈위종헌(親賓爲終獻) 약상주비종자(若喪主非宗子) 즉상주위아헌(則喪主爲亞獻) 주부위종헌(主婦爲終獻) 병동졸곡급초헌의(並同卒哭及初獻儀) 유부독축(惟不讀祝)

●유식합문계문사신(侑食闔門啓門辭神)
병동졸곡(並同卒哭) 단부곡(但不哭)

●축봉주각환고처(祝奉主各還故處)
축선납조고비신주우감중갑지(祝先納祖考妣神主于龕中匣之) 차납망자신주서계탁자상갑지(次納亡者神主西階卓子上匣之) 봉지반우령좌출문주인이하(奉之反于靈座出門主人以下) 곡종여래의(哭從如來儀) 진애지(盡哀止) 약상주비종자(若喪主非宗子) 즉곡이선행(則哭而先行) 종자역곡송지(宗子亦哭送之) 진애지(盡哀止) 약제어타소(若祭於他所) 즉조고비지주(則祖考妣之主) 역여신주납지(亦如新主納之)

정자왈(程子曰) 상수삼년이부(喪須三年而祔) 약졸곡이부(若卒哭而祔) 즉삼년각도무사례(則三年却都無事禮) 졸곡유존조석곡(卒哭猶存朝夕哭) 무주재침곡어하처(無主在寢哭於何處)○주자왈(朱子曰) 고자(古者) 묘유소목지차(廟有昭穆之次) 소상위소(昭常爲昭) 목상위목(穆常爲穆) 고부신사자우기조부지묘(故祔新死者于其祖父之廟) 칙위고기조부(則爲告其祖父) 이당천타묘(以當遷他廟) 이고신사자이당입(而告新死者以當入) 차묘지점야(此廟之漸也) 금공사지묘(今公私之廟) 개위동당이실(皆爲同堂異室) 이서위상지제(以西爲上之制) 이무복좌소우목지차(而無復左昭右穆之次) 일유체천(一有遞遷) 칙군실개천(則羣室皆遷) 이신사자당입우기니지고실의(而新死者當入于其禰之故室矣) 차내례지대절(此乃禮之大節) 여고부동(與古不同) 이위례자유집(而爲禮者猶執) 부우조부지문(祔于祖父之文) 사무의의(似無意義) 연욕수변이부우니묘(然欲遂變而祔于禰廟) 칙우비애례존양의(則又非愛禮存羊意)○양씨복왈(楊氏復曰) 사마례가례(司馬禮家禮) 병시기부지후(並是旣祔之後) 주복우침(主復于寢) 소위봉주각환고처야(所謂奉主各還故處也)

◆소상(小祥)
정씨운(鄭氏云) 상(祥) 길야(吉也)

●기이소상(期而小祥)
자상지차(自喪至此) 부계윤(不計閏) 범십삼월(凡十三月) 고자(古者) 복일이제(卜日而祭) 금지용초기(今止用初忌) 이종간역(以從簡易) 대상방차(大祥放此)

●전기일일주인이하목욕진기구찬(前期一日主人以下沐浴陳器具饌)
주인솔중장부(主人率衆丈夫) 쇄소척탁(灑掃滌濯) 주부솔중부녀(主婦率衆婦女) 척부정(滌釜鼎) 구제찬(具祭饌) 타개여졸곡지례(他皆如卒哭之禮)

●설차진련복(設次陳練服)
장부부인(丈夫婦人) 각설차어별소(各設次於別所) 치련복어기중(置練服於其中) 남자이련복위관(男子以練服爲冠) 거수질부판피령쇄(去首絰負版辟領衰) 부인절장군(婦人截長裙) 부령예지(不令曳地) 응복기자개길복(應服期者改吉服) 연유진기월(然猶盡其月) 부복김주금수홍자(不服金珠錦繡紅紫) 유위처자유복담(唯爲妻者猶服禫) 진십오월이제(盡十五月而除)

양씨복왈(楊氏復曰) 안의례상복기(按儀禮喪服記) 재최부판피령지제(載衰負版辟領之制) 심상(甚詳) 단유궐문(但有闕文) 부언최부판피(不言衰負版辟) 령하시이제(領何時而除) 사마공서의운(司馬公書儀云) 기련(旣練) 남자거수질부판피령쇠(男子去首絰負版辟領衰) 고가례거서의운(故家禮據書儀云) 소상거수질부판피령쇠(小祥去首絰負版辟領衰) 단례경기련(但禮經旣練) 남자제수질(男子除首絰) 부인제요대(婦人除腰帶) 가례어부인성복시(家禮於婦人成服時) 병무부인질대지문(並無婦人絰帶之文) 차위소략(此爲疏略) 고기련역부언부인제대(故旣練亦不言婦人除帶) 당이례경위정(當以禮經爲正)

●궐명숙흥설소과주찬(厥明夙興設蔬果酒饌)
병동졸곡(並同卒哭)

●질명축출주주인이하입곡(質明祝出主主人以下入哭)
개여졸곡(皆如卒哭) 단주인의장어문외(但主人倚杖於門外) 여기친각복기복이입(與期親各服其服而入) 약이제복자래예제(若已除服者來預祭) 역석거화성지복(亦釋去華盛之服) 개곡진애지(皆哭盡哀止)

●내출취차역복복입곡(乃出就次易服復入哭)
축지지(祝止之)

●강신(降神)
여졸곡(如卒哭)

●삼헌(三獻)
여졸곡지의(如卒哭之儀) 축판동전(祝版同前) 단운(但云) 일월부거(日月不居) 엄급소상(奄及小祥) 숙흥야처(夙興夜處) 소심외기(小心畏忌) 부타기신(不惰其身) 애모기녕(哀慕其寧) 감용결생유모(敢用潔牲柔毛) 자성례제(粢盛醴齊) 천차상사(薦此常事) 상향(尙饗)

●유식합문계문사신(侑食闔門啓門辭神)
개여졸곡지의(皆如卒哭之儀)

●지조석곡(止朝夕哭)
유삭망미제복자회곡(惟朔望未除服者會哭) 기조상이래(其遭喪以來) 친척지미상상견자상견(親戚之未嘗相見者相見) 수이제복(雖已除服) 유곡진애연후서배(猶哭盡哀然後叙拜)

●시식채과(始食菜果)
문(問) 처상유기주제(妻喪踰期主祭) 주자왈(朱子曰) 차미유고(此未有考) 단사마씨대소상제(但司馬氏大小祥祭) 이제복자개여제(已除服者皆與祭) 즉주제자수이제복(則主祭者雖已除服) 역하해어여제호(亦何害於與祭乎) 단부가순용길복(但不可純用吉服) 수여조복급기일지복(須如弔服及忌日之服) 가야(可也)

◆대상(大祥)

●재기이대상(再期而大祥)
자상지차(自喪至此) 부계윤(不計閏) 범이십오월(凡二十五月) 역지용제이기일제(亦止用第二忌日祭)

●전기일일목욕진기구찬(前期一日沐浴陳器具饌)
개여소상(皆如小祥)

●설차진담복(設次陳禫服)
사마온공왈(司馬溫公曰) 장부수각참사업두참포삼포과각대(丈夫垂脚黲紗幞頭黲布衫布裹角帶) 미대상간(未大祥間) 가이출알자(假以出謁者) 부인관소가계(婦人冠梳假髻) 이아황청벽조백위의리(以鵝黃靑碧皂白爲衣履) 기김주홍수(其金珠紅繡) 개부가용(皆不可用)
문(問) 자위모대상급담(子爲母大祥及禫) 부이무복(夫已無服) 기제당여하(其祭當如何) 주자왈(朱子曰) 금례궤연(今禮几筵) 필삼년이제(必三年而除) 즉소상대상지제(則小祥大祥之祭) 개부주지(皆夫主之) 단소상지후(但小祥之後) 부즉제복(夫卽除服) 대상지제(大祥之祭) 부역공수소복여조복(夫亦恐須素服如弔服) 가야(可也) 단개기축사(但改其祝詞) 부필언위자이제야(不必言爲子而祭也)

●고천우사당(告遷于祠堂)

이주과고여삭일지의(以酒果告如朔日之儀) 약무친진지조(若無親盡之祖) 칙축판운운고필(則祝版云云告畢) 개제신주(改題神主) 여가증지의(如加贈之儀) 체천이서(遞遷而西) 허동일감(虛東一龕) 이사신주(以俟新主) 약유친진지조(若有親盡之祖) 이기별자야(而其別子也) 칙축판운운고필(則祝版云云告畢) 이천우묘소부매(而遷于墓所不埋) 기지자야(其支子也) 이족인유친미진자(而族人有親未盡者) 칙축판운운고필(則祝版云云告畢) 천우최장지방(遷于最長之房) 사주기제(使主其祭) 기여개제(其餘改題) 체천여전(遞遷如前) 약친개이진(若親皆已盡) 칙축판운운고필(則祝版云云告畢) 매우량계지간(埋于兩階之間) 기여개제(其餘改題) 체천여전(遞遷如前)

●궐명행사개여소상지의(厥明行事皆如小祥之儀)

유축판(惟祝版) 개소상왈대상(改小祥曰大祥) 상사왈상사(常事曰祥事)

●필축봉신주입우사당(畢祝奉神主入于祠堂)

주인이하(主人以下) 곡종여부제지서(哭從如祔祭之叙) 지사당전곡지(至祠堂前哭止)

●철령좌단장기지병처봉천주매우묘측시음주식육이복침(徹靈座斷杖棄之屏處奉遷主埋于墓側始飮酒食肉而復寢)

문(問) 조주(祧主) 주자왈(朱子曰) 천자제후유태묘협실(天子諸侯有太廟夾室) 칙조주장어기중(則祧主藏於其中) 금사인가(今士人家) 무차조주(無此祧主) 무가치처(無可置處) 예기설(禮記說) 장어량계간(藏於兩階間) 금부득이(今不得已) 지매어묘소(只埋於墓所)○리계선문왈(李繼善問曰) 납주지의(納主之儀) 례경미견(禮經未見) 서의단언천사판갑어영당(書儀但言遷神版匣於影堂) 별무제고지례(別無祭告之禮) 주순(周舜) 이위매연귀갑(以爲眜然爲匣) 공미위득(恐未爲得) 선생전운(先生前云) 제후삼년상필(諸侯三年喪畢) 개유제(皆有祭) 단기례망(但其禮亡) 이대부이하(而大夫以下) 우부가고(又不可考) 연즉금당하소거야(然則今當何所據耶) 왈(曰) 횡거설(橫渠說) 삼년후협제어태묘(三年後祫祭於太廟) 인기고제필환주지시(因其告祭畢還主之時) 수봉조주(遂奉祧主) 귀어협실(歸於夾室) 천주신주(遷主新主) 개귀우기묘(皆歸于其廟) 차사위득례(此似爲得禮) 정씨주례주(鄭氏周禮註) 대종백향선왕처(大宗伯享先王處) 사역유차의(似亦有此意) 이순(而舜) 소의(所疑) 여희소위삼년상필유제자(與熹所謂三年喪畢有祭者) 사역암여지합(似亦暗與之合) 단기상이철궤연(但旣祥而徹几筵) 기주차당부우조부지묘(其主且當祔于祖父之廟) 사협필연후천이(俟祫畢然後遷主)○양씨복왈(楊氏復曰) 가례부여천(家禮祔與遷) 개상제일시지사(皆祥祭一時之事) 전기일일(前期一日) 이주과고흘(以酒果告訖) 개제체천(改題遞遷) 이서허동일감(而西虛東一龕) 이사신주(以俟新主) 궐명상제필(厥明祥祭畢) 봉신주입우사당(奉神主入于祠堂) 우안선생여학자서(又按先生與學者書) 칙부여천(則祔與遷) 시량항사(是兩項事) 기상이철궤연(旣祥而徹几筵) 기주차당부우조부지묘(其主且當祔于祖父之廟) 사삼년상필(俟三年喪畢) 합제이후천(合祭而後遷) 개체차질천(蓋世次迭遷) 소목계서(昭穆繼序) 기사지중(其事至重) 기가무제고례(豈可無祭告禮) 단이주과고거행질천호(但以酒果告遽行迭遷乎) 재례상삼년부제(在禮喪三年不祭) 고횡거설(故橫渠說) 삼년상필협제어태묘(三年喪畢祫祭於太廟) 인기제필환주지시(因其祭畢還主之時) 질천신주(迭遷神主) 용의완전(用意婉轉) 차위득례(此爲得禮) 이선생종지(而先生從之) 혹자우이대상제상(或者又以大祥除喪) 이신주미득부묘위의(而新主未得祔廟爲疑) 절상사지(竊嘗思之) 신주소이미천묘자(新主所以未遷廟者) 정위체망자존경조고지의(正爲體亡者尊敬祖考之意) 조고미유제고(祖考未有祭告) 기감거천야(豈敢遽遷也) 황례변소목(況禮辨昭穆) 손필부조(孫必祔祖) 범합제시(凡合祭時) 손상부조(孫常祔祖) 금이신주(今以新主) 차부어조부지묘(且祔於祖父之廟) 유하소의(有何所疑) 당사길제전일석(當俟吉祭前一夕) 이천고(以薦告) 천주필(遷主畢) 내제신주(乃題神主) 궐명합제필(厥明合祭畢) 봉조주매어묘소(奉祧主埋於墓所) 봉천주신주(奉遷主新主) 각귀우묘(各歸于廟) 고병술기설(故並述其說) 이사참고(以俟參考)○고씨고부천축문왈(高氏告祔遷祝文曰) 년월일효증손모(年月日孝曾孫某) 죄적부멸(罪積不滅) 세급면상(歲及免喪) 세차질천(世次迭遷) 소목계서(昭穆繼序) 선왕제례(先王制禮) 부감부지(不敢不至)

◆담(禫)

정씨왈(鄭氏曰) 담담연평안지의(澹澹然平安之意)

●대상지후중월이담(大祥之後中月而禫)

간일월야(間一月也) 자상지차(自喪至此) 부계윤(不計閏) 범이십칠월(凡二十七月)

사마온공왈(司馬溫公曰) 사우례(士虞禮) 중월이담(中月而禫) 정주운(鄭註云) 중(中) 유간야(猶間也) 담(禫) 제명야(祭名也) 자상지차(自喪至此) 범이십칠월(凡二十七月) 안로인유조상이모가자(按魯人有朝祥而暮歌者) 자로소지(子路笑之) 부자왈(夫子曰) 유월칙기선야(踰月則其善也) 공자기상오일(孔子旣祥五日) 탄금이부성성(彈琴而不成聲) 십일이성생가(十日而成笙歌) 단궁왈(檀弓曰) 상이호(祥而縞) 주(註) 호(縞) 관소비야(冠素紕也) 우왈(又曰) 담(禫) 사월악(徙月樂) 삼년문왈(三年問曰) 삼년지상(三年之喪) 이십오월이필(二十五月而畢) 연칙소위중월이담자(然則所謂中月而禫者) 개담제(蓋禫祭) 재상월지중야(在祥月之中也) 력대다종정설(歷代多從鄭說) 금률래삼년지상(今律勅三年之喪) 개이십칠월이제(皆二十七月而除) 부가위야(不可違也)○주자왈(朱子曰) 이십오월상후편담(二十五月祥後便禫) 간래(看來) 당여왕숙지설(當如王肅之說) 어시월담사월악지설(於是月禫徙月樂之說) 위순이금종정씨지설(爲順而今從鄭氏之說) 수시례의종후(雖是禮宜從厚) 연미위당(然未爲當)

●전일월하순복일(前一月下旬卜日)

하순지수(下旬之首) 택래월삼순(擇來月三旬) 각일일(各一日) 혹정혹해(或丁或亥) 설탁자우사당문외(設卓子于祠堂門外) 치향로향합배교반자우기상서향(置香爐香合环珓盤子于其上西向) 주인담복서향(主人襜服西向) 중주인차지(衆主人次之) 소퇴북상(少退北上) 자손재기후(子孫在其後) 중행북상(重行北上) 집사자북향동상(執事者北向東上) 주인주향훈교(主人炷香薰珓) 명이상순지일왈(命以上旬之日曰) 모장이래월모일(某將以來月某日) 지천담사우선고모관부군(祗薦襜事于先考某官府君) 상향(尚饗) 즉이교척우반(卽以珓擲于盤) 이일부일앙위길부길(以一俯一仰爲吉不吉) 경명중순지일(更命中旬之日) 우부길칙용하순지일(又不吉則用下旬之日) 주인내입사당본감전재배(主人乃入祠堂本龕前再拜) 재위자개재배(在位者皆再拜) 주인분향(主人焚香) 축집사립어주인지좌궤고왈(祝執辭立於主人之左跪告曰) 효자모장이래월모일(孝子某將以來月某日) 지담사우선고모관부군(祗襜事于先考某官府君) 복기득길(卜旣得吉) 감고주인(敢告主人) 재배강(再拜降) 여재위자개재배(與在位者皆再拜) 축합문퇴(祝闔門退) 약부득길(若不得吉) 칙부용복기득길일구(則不用卜旣得吉一句)

●전기일일목욕설위진기구찬(前期一日沐浴設位陳器具饌)

설신위어령좌고처(設神位於靈座故處) 타여대상지의(他如大祥之儀)

●궐명행사개여대상지의(厥明行事皆如大祥之儀)

단주인이하예사당(但主人以下詣祠堂) 축봉주독치우서계탁자상(祝奉主櫝置于西階卓子上) 출주치우좌(出主置于座) 주인이하개곡진애(主人以下皆哭盡哀) 삼헌부곡(三獻不哭) 개축판대상위담제(改祝版大祥爲襜祭) 상사위담사(祥事爲襜事) 지사신내곡진애(至辭神乃哭盡哀) 송신주지사당부곡(送神主至祠堂不哭)

주자왈(朱子曰) 천신고삭(薦新告朔) 고흉상습(告凶相襲) 사부가행(似不可行) 미장가폐(未葬可廢) 기장칙사경복(旣葬則使輕服) 혹이제복자(或已除服者) 입묘행례(入廟行禮) 가야(可也) 사시대제(四時大祭) 기장역부가행(旣葬亦不可行) 여한위공소위(如韓魏公所謂) 절사자칙(節祠者則) 여천신행지가야(如薦新行之可也)○우왈(又曰) 가간경년거상(家間頃年居喪) 어사시정제(於四時正祭) 칙부감거(則不敢擧) 이속절천향(而俗節薦享) 칙이묵쇠행지(則以墨衰行之) 개정제삼헌수조(蓋正祭三獻受胙) 비거상소가행(非居喪所可行) 이속절유보동일헌(而俗節則惟普同一獻) 부독축(不讀祝) 부수조야(不受胙也)○우왈(又曰) 상삼년부제(喪三年不祭) 단고인거상(但古人居喪) 쇠마지의부석신(衰麻之衣不釋身) 곡읍지성(哭泣之聲) 부절어구(不絕於口) 기출입거처(其出入居處) 언어음식(言語飮食) 개여평일절이(皆與平日絕異) 고종묘지제(故宗廟之祭) 수폐이유명지간(雖廢而幽明之間) 량무감언(兩無憾焉) 금인거상(今人居喪) 여고인이(與古人異) 졸곡지후(卒哭之後) 수묵기쇠(遂墨其衰) 범출입거처(凡出入居處) 언어음식(言語飮食) 여평일지소위(與平日之所爲) 개부폐야(皆不廢也) 이독폐차일사(而獨廢此一事) 공역유소미안(恐亦有所未安) 절위(竊謂) 욕처차의자(欲處此義者) 단당자성소이거상지례(但當自省所以居喪之禮) 과능시졸일일합어고례(果能始卒一一合於古禮) 즉폐제무가의(卽廢祭無可疑) 약타시부면묵쇠출입(若他時不免墨衰出入) 혹기타유소미합자상다(或其他有所未合者尚多) 즉졸곡지전(卽卒哭之前) 부득이준례(不得已準禮) 차폐졸곡지후(且廢卒哭之後) 가이략방좌전두주지설(可以略倣左傳杜註之說) 우사시제일(遇四時祭日) 이쇠복특사어궤연(以衰服特祀於几筵) 용묵쇠상사어가묘(用墨衰常祀於家廟) 가야(可也)○양씨복왈(楊氏復曰) 선생이자상부거성제(先生以子喪不擧盛祭) 취사당내치천(就祠堂內致薦) 용심의폭건(用深衣幅巾) 제필반(祭畢反) 상복곡전자칙지통(喪服哭奠子則至慟)

◆거상잡의(居喪雜儀)

◆단궁왈(檀弓曰) 시사충충(始死充充) 여유궁(如有窮) 기빈구구(旣殯瞿瞿) 여유구이부득(如有求而不得) 기장황황(旣葬皇皇) 여유망이부지(如有望而不至) 연이개연(練而慨然) 상이곽연(祥而廓然)

◆안정선거상(顏丁善居喪) 시사황황(始死皇皇) 여유구이불득(如有求而弗得) 급빈망망언(及殯望望焉) 여유종이불급(如有從而弗及) 기장개연여부급(旣葬慨然如不及) 기반이식(其反而息)

◆잡기(雜記) 공자왈(孔子曰) 소련대련선거상(少連大連善居喪) 삼일부태(三日不怠) 삼월부해(三月不解) 기비애(期悲哀) 삼년우(三年憂)

◆상복사제왈(喪服四制曰) 인자가이관기애언(仁者可以觀其愛焉) 지자가이관기리언(知者可以觀其理焉) 강자가이관기지언(彊者可以觀其志焉) 례이치지(禮以治之) 의이정지(義以正之) 효자제제정부(孝子弟弟貞婦) 개가득이찰언(皆可得而察焉)

◆곡례왈(曲禮曰) 거상(居喪) 미장독상례(未葬讀喪禮) 기장독제례(旣葬讀祭禮) 상복상독악장(喪復常讀樂章)

◆단궁왈(檀弓曰) 대공폐업(大功廢業) 혹왈(或曰) 대공송가야(大功誦可也) [금거상(今居喪) 단물독악장(但勿讀樂章) 가야(可也)]

◆잡기(雜記) 삼년지상(三年之喪) 언이부어(言而不語) 대이부문(對而不問) [언(言) 언기사야(言己事也) 위인설위어(爲人說爲語)]

◆상대기(喪大記) 부모지상(父母之喪) 비상사부언(非喪事不言) 기장여인립(旣葬與人立) 군언왕사(君言王事) 부언국사(不言國事) 대부언공사(大夫言公事) 부언가사(不言家事)

◆단궁(檀弓) 고자고집친지상(高子皐執親之喪) 미상견치(未嘗見齒) [언소지미(言笑之微)]

◆잡기소(雜記疏) 쇠지상(衰之喪) 기장(旣葬) 인청견지칙견(人請見之則見) 부청견인(不請見人) 소공청견인(小功請見人) 가야(可也) 우범상(又凡喪) 소공이상(小功以上) 비우부련상(非虞祔練祥) 무목욕(無沐浴)

◆곡례(曲禮) 두유창칙목(頭有瘡則沐) 신유양칙욕(身有瘍則浴)

◆상복사제(喪服四制) 백관비백물구(百官備百物具) 부언이사행자(不言而事行者) 부이기(扶而起) 언이후사행자(言而後事行者) 장이기(杖而起) 신자집사이후행자(身自執事而後行者) 백구이이(百垢而已) 범차개고례(凡此皆古禮) 금지현효군자(今之賢孝君子) 필유능진지자(必有能盡之者) 자여상시량력이행지(自餘相時量力而行之) 가야(可也)

◆치부전장(致賻奠狀)

●구위성모(具位姓某)

모물약간(某物若干)

우근전송상(右謹專送上)　모인령연료비(某人靈筵聊備)　부의(賻儀)　향다주식운전의(香茶酒食云奠儀) 복유(伏惟)　흠납근상(歆納謹狀) 년월일구위성모상(年月日具位姓某狀) 봉피상상모관령연(封皮狀上某官靈筵) 구위성모근봉(具位姓某謹封)

류씨장왈(劉氏璋曰) 사마온공서의운(司馬溫公書儀云) 망자관존(亡者官尊) 기의내여차(其儀乃如此) 약평교급강등(若平交及降等) 즉상내무년(卽狀內無年) 봉피상용면첨제왈(封皮上用面簽題曰) 모인령연하운(某人靈筵下云) 상근봉(狀謹封)

◆사상(謝狀)

삼년지상미졸곡(三年之喪未卒哭) 지령자질발사서(只令子姪發謝書)

●구위성모(具位姓某)

모물약간(某物若干)우복몽(右伏蒙)　존자이모(尊慈以某)발서자명(發書者名)　모친위세(某親違世)[대관운훙몰(大官云薨沒)]　특사부의(特賜賻儀)수전수사(隨奠隨事)　하성(下誠)평교부용차이자(平交不用此二字) 불임애혹지지(不任哀惑之至)　근구상상사(謹具狀上謝)　근상(謹狀)여병동전(餘並同前)　단봉피부용령연이자(但封皮不用靈筵二字)

류씨장왈(劉氏璋曰) 사마공운(司馬公云) 차여소존경지의(此與所尊敬之儀) 여평교(如平交) 칙상내개존자위인사(則狀內改尊慈爲仁私) 사위황(賜爲貺) 거하성자(去下誠字) 후운(後云) 근봉상진사(謹奉狀陳謝) 근상(謹狀) 무년(無年) 봉피상용면첨제운(封皮上用面簽題云) 모인하운상근봉(某人下云狀謹封)

◆위인부모망소(慰人父母亡疏)

위적손승중자동(慰適孫承重者同)

모돈수재배언(某頓首再拜言)　강등지운돈수(降等止云頓首)　평교단운돈수언(平交但云頓首言)　부의흥변(不意凶變)　망자관존(亡者官尊) 즉운배국부행(卽云拜國不幸) 후개방차(後皆放此)　선모위(先某位)무관즉운선부군(無官卽云先府君)　유계즉가기장어모위부군지상(有契卽加幾丈於某位府君之上)○모운선모봉(母云先某封)　무봉즉운선부인(無封卽云先夫人)○승중칙운존조고모위존조비모봉(承重則云尊祖考某位尊祖妣某封)　여평동(餘並同)　엄기(奄棄)　영양(榮養)　망자관존(亡者官尊) 즉운엄연관사(卽云奄捐館舍) 혹운엄홀후서(或云奄忽薨逝) 모봉지부인자(母封至夫人者) 역운훙서(亦云薨逝) 약생자(若生者) 무관즉운엄위색양(無官卽云奄違色養)　승(承)　부경달(訃驚怛)　부능이이(不能已已)　복유(伏惟)　평교운공유(平交云恭惟) 강등운면유(降等云緬惟)　효심순지(孝心純至)　사모호절(思慕號絶)　하가감거(何可堪居)　일월류매(日月流邁)　거유순삭(遽踰旬朔)　경시즉운이홀경시(經時卽云已忽經時)　이장즉운거경양봉(已葬卽云遽經襄奉)　졸곡소상대상담제(卒哭小祥大祥禫除)　각수기시(各隨其時)　애통내하(哀痛奈何)　망극내하(罔極奈何)　부심(不審)　자리다독(自羅茶毒)　부재모망(父在母亡) 즉운우고(卽云憂苫)　기력하여(氣力何如)　평교운하사(平交云何似)　복걸(伏乞)[평교운복원(平交云伏願)　강등운유기(降等云惟冀)]　강가(强加)　죽(粥)이장칙운소식(已葬則云疏食)　부종례제(俯從禮制)　모역사소미(某役事所縻)재관즉운직업유수(在官卽云職業有守)　미유분위(未由奔慰)　기어우련(其於憂戀)　무임하성(無任

下誠) 평교이하(平交以下) 단운미유봉위비계증심(但云未由奉慰悲係增深) **근봉소(謹奉疏)** 평교운상(平交云狀)
복유(伏惟) 감찰(鑒察) 평교이하(平交以下) 거차사자(去此四字) **부비근소(不備謹疏)** 평교운부선근상(平交云不宜謹狀) **월일구위(月日具位)** 강등용군망(降等用郡望) **성모소상(姓某疏上)** 평교운상(平交云狀) **모관대효(某官大孝)** 점전모망(苫前母亡) 즉운지효(卽云至孝) 평교이하운점차(平交以下云苫次) **봉피소상모관대효(封皮疏上某官大孝)** 점전(苫前) **구위성모근봉(具位姓某謹封)** 강등즉용면첨운모관대효점차(降等卽用面簽云某官大孝苫次) 군망성명상근봉(郡望姓名狀謹封) 약위인모망(若慰人母亡) 즉운지효(卽云至孝)
류씨장왈(劉氏璋曰) 배의운(裵儀云) 부모망일월원운애전(父母亡日月遠云哀前) 평교이하운애차(平交已下云哀次) 류의운백일내운점차(劉儀云百日內云苫次) 백일외복차(百日外服次) 여존칙칭점전복전(如尊則稱苫前服前) 금종류의(今從劉儀)

●중봉소상(重封疏上) 평교운복(平交云伏) **모관구위성모근봉(某官具位姓某謹封)**

◆부모망답인위소(父母亡答人慰疏)
적손승중자동(嫡孫承重者同)
모계상재배언(某稽顙再拜言)강등운고수(降等云叩首) 거언자(去言字)
유씨장왈(劉氏璋曰) 류의모고두읍혈언(劉儀某叩頭泣血言) 안계상이후배(按稽顙而後拜) 이두촉지왈계상(以頭觸地曰稽顙) 삼년지례야(三年之禮也) 수어평교강등자(雖於平交降等者) 역여차(亦如此) 단거언자(但去言字) 하칙(何則) 고례수조필배지(古禮受弔必拜之) 부문유천고야(不問幼賤故也)

모죄역심중(某罪逆深重) 부자사멸(不自死滅) **화연선고(禍延先考)** 모운선비(母云先妣) 승중칙조부운선조고(承重則祖父云先祖考) 조모운선조비(祖母云先祖妣) **반호벽용(攀號擗踊)** 오내분붕(五內分崩) 고지규천(叩地叫天) 무소체급(無所逮及) 일월부거(日月不居) 엄유순삭(奄踰旬朔) 수시동전(隨時同前) **혹벌죄고(酷罰罪苦)** 부재모망(父在母亡) 즉운편벌죄심(卽云偏罰罪深) 부선망(父先亡) 칙모여부동(則母與父同) **무망생전(無望生全)** 즉일몽(卽日蒙) **은(恩)**[평교이하(平交以下) 거차사자(去此四字)] **지봉궤연(祗奉几筵)** 구존시식(苟存視息) **복몽(伏蒙)** 존자(尊慈) **부사위문(俯賜慰問)** 애감지(哀感之至) **무임하성(無任下誠)** 평교운(平交云) 앙승인은(仰承仁恩) 부수위문(俯垂慰問) 기위애감(其爲哀感) 단절하회(但切下懷) 강등운(降等云) 특승위문(特承慰問) 애감량심(哀感良深)○사마온공왈(司馬溫公曰) 범조부모상(凡遭父母喪) 지구부이서래조문(知舊不以書來弔問) 시무상휼지심(是無相恤之心) 어례부당(於禮不當) 선발서(先發書) 부득이수지선발(不得已須至先發) 즉산차사구(卽刪此四句) **미유호(未由號)** 소(訴) **부승운절(不勝隕絶)** **근봉소(謹奉疏)** 강등운상(降等云狀) **황미부차(荒迷不次)** **근소(謹疏)** 강등운상(降等云狀) **월일(月日)** **고자(孤子)** 모상칭애자(母喪稱哀子) 구망즉칭고애자(俱亡卽稱孤哀子) 승중자칭고손애손고애손(承重者稱孤孫哀孫孤哀孫) **성명(姓名)** **소상모위(疏上某位)** 좌전근공(座前謹空) ○평교이하(平交以下) 운차이자(云此二字)
주자왈(朱子曰) 부상칭고자(父喪稱孤子) 모상칭애자(母喪稱哀子) 온공소칭(溫公所稱) 개인금속이별부모(蓋因今俗以別父母) 부욕혼병지야(不欲混並之也) 차종지역무해(且從之亦無害)

봉피중봉병동전(封皮重封並同前) 단개구위위고자(但改具位爲孤子)

◆위인조부모망계장(慰人祖父母亡啓狀)
위비승중자(謂非承重者) 단숙부모고형자제매처자질손동(但叔父母姑兄姊弟妹妻子姪孫同)
모계(某啓) 부의흉변(不意凶變) 자손부용차구(子孫不用此句) **존조고모위(尊祖考某位)** 엄홀위세(奄忽違世) 조모왈(祖母曰) 존조비모위(尊祖妣某位) 무관봉유계이견상(無官封有契已見上)○백숙부모고(伯叔父母姑) 즉가존자(卽加尊字) 형자제매가령자(兄姊弟妹加令字) 강등개가현자(降等皆加賢字) 약피일등지친유수인(若彼一等之親有數人) 즉가행제운기모위(卽加行第幾某位) 무관운기부군(無官云幾府君) 유계즉가기장기형어모위부군지상(有契卽加幾丈幾兄於某位府君之上) 고자매칙칭이부성운(姑姊妹則稱以夫姓云) 모택존고령자매(某宅尊姑令姊妹)○처칙운현합모봉(妻則云賢閤某封) 무봉칙단운현합(無封則但云賢閤)○자즉운(子卽云) 복승령자기모위(伏承令子幾某位) 질손병동(姪孫並同) 강등칙왈현(降等則曰賢) 무관자칭수재승(無官者稱秀才) **승(承)** **부경달(訃驚怛)** 부능이이(不能已已) 처개달위악(妻改怛爲愕) 자손단운부승경달(子孫但云不勝驚怛) **복유(伏惟)** 공유면유견전(恭惟緬惟見前) **효심순지(孝心純至)** 애통최렬(哀慟摧裂) 하가승임(何可勝任) 백숙부모고운(伯叔父母姑云) 친애가륭(親愛加隆) 애통침통(哀慟沈痛) 하가감승(何可堪勝)○형자제매(兄姊弟妹) 칙운우애가륭(則云友愛加隆)○처칙운항려의중(妻則云伉儷義重) 비도침통(悲悼沈痛)○자질손칙운(子姪孫則云) 자애륭심(慈愛隆深) 비통항통(悲慟沈痛) 여여백숙부모고동(與與伯叔父母姑同) **맹춘유한(孟春猶寒)** 한온수시(寒溫緬隨時) **부심(不審)** 존체하사(尊體何似) 초존운동지하여(稍尊云動止何如) 강등운소리하사(降等云所履何似) **복걸(伏乞)** 평교이하여전(平交以下如前) **심자관억(深自寬抑)** 이위(以慰) **자념(慈念)** 기인무부모(其人無父母) 즉단운원(卽但云遠) 련서부상평(連書不上平)

모사역소미(某事役所縻) 재관여전(在官如前) 미유추위(未由趨慰) 기어우상(其於憂想) 무임하성(無任下誠) 평교이하여전(平交以下如前) 근봉상(謹奉狀) 복유감찰(伏惟鑒察) 평교여전(平交如前) 부비(不備) 평교여전(平交如前) 근상(謹狀) 월일구위성명(月日具位姓名) 상상모위(狀上某位) 복전평교운복차(服前平交云服次)

봉피중봉동전(封皮重封同前)

◆조부모망답인계장(祖父母亡答人啓狀)

위비승중자(謂非承重者) 백숙부모고형자제매처자질손동(伯叔父母姑兄姊弟妹妻子姪孫同)

모계가문흉화(某啓家門凶禍) 백숙부모고형자제매운(伯叔父母姑兄姊弟妹云) 가문불행(家門不幸)○처운사가불행(妻云私家不幸)○자질손운(子姪孫云) 사문불행(私門不幸) 선조고(先祖考) 조모운선조비(祖母云先祖妣) ○백숙부모운(伯叔父母云) 기백숙부모(幾伯叔父母)○고운기가고(姑云幾家姑)○형자운기가형기가자(兄姊云幾家兄幾家姊)○제매운기사제기사매(弟妹云幾舍弟幾舍妹)○처운실인(妻云室人)○자운소자모(子云小子某)○질운종자모(姪云從子某)○손왈유손모(孫曰幼孫某) 엄홀기배(奄忽棄背) 형제이하운상서(兄弟以下云喪逝)○자질손운거이요절(子姪孫云遽爾夭折) 통고최렬(痛苦摧裂) 부자승감(不自勝堪) 백숙부모고형자제매(伯叔父母姑兄姊弟妹) 운최통산고(云摧痛酸苦) 부자감인(不自堪忍)○처개최통위비도(妻改摧痛爲悲悼)○자질손개비도위비념(子姪孫改悲悼爲悲念) 복몽(伏蒙) 존자(尊慈) 특사위문(特賜慰問) 애감지지(哀感之至) 부임하성(不任下誠) 평교강등여전(平交降等如前) 맹춘유한(孟春猶寒) 한온수시(寒溫隨時) 복유(伏惟) 공유면유(恭惟緬惟) 여전(如前)

모위존체(某位尊體) 기거만복(起居萬福) 평교부용기거강등(平交不用起居降等) 단운동지만복(但云動止萬福) 모즉일시봉(某卽日侍奉) 무부모즉부용차구(無父母卽不用此句) 행면타고(幸免他苦) 미유면(未由面) 소(訴) 도증경새(徒增哽塞) 근봉상상(謹奉狀上) 평교운진(平交云陳) 사부비(謝不備) 평교여전(平交如前) 근상(謹狀) 월일모군성명(月日某郡姓名) 상상모위(狀上某位) 좌전근공(座前謹空) 평교여전(平交如前)

봉피중봉여전(封皮重封如前)

류씨장왈(劉氏璋曰) 사마공운(司馬公云) 자백숙부모이하(自伯叔父母以下) 금인다지용평시왕래계상(今人多只用平時往來啓狀) 지어소간중언지(止於小簡中言之) 수역가행(雖亦可行) 단배의(但裴儀) 구유차식(舊有此式) 고인풍의돈독당여차(古人風義敦篤當如此) 부감첩산(不敢輒刪)

▶가례권제칠(家禮卷第七)◀
◆제례(祭禮)
◆사시제(四時祭)

사마온공왈(司馬溫公曰) 왕제대부사(王制大夫士) 유전칙제(有田則祭) 무전칙천(無田則薦) 주제이수시(註祭以首時) 천이중월(薦以仲月)○고씨왈(高氏曰) 하휴운(何休云) 유생왈제(有牲曰祭) 무생왈천(無牲曰薦) 대부생용고(大夫牲用羔) 사생특돈(士牲特豚) 서인무상생(庶人無常牲) 춘천구하천맥추천서동천도(春薦韭夏薦麥秋薦黍冬薦稻) 구이란맥이어서이돈도이안(韭以卵麥以魚黍以豚稻以雁) 취기신물상의(取其新物相宜) 범서수부유생(凡庶羞不踰牲) 약제이양(若祭以羊) 칙부이우위수야(則不以牛爲羞也) 금인선용생(今人鮮用牲) 유설서수이이(唯設庶羞而已)

●시제용중월전순복일(時祭用仲月前旬卜日)

맹춘하순지수(孟春下旬之首) 택중월삼순각일일(擇仲月三旬各一日) 혹정혹해(或丁或亥) 주인성복립어사당중문외서향(主人盛服立於祠堂中門外西向) 형제립어주인지남(兄弟立於主人之南) 소퇴북상(少退北上) 자손립어주인지후중행(子孫立於主人之後重行) 서향북상(西向北上) 치탁자어주인지전(置卓子於主人之前) 설향로향합(設香爐香合) 교급반어기상(珓及盤於其上) 주인진홀(主人搢笏) 분향훈교(焚香薰珓) 이명이상순지일왈(而命以上旬之日曰) 모장이래월모일추차세사(某將以來月某日諏此歲事) 적기조고(適其祖考) 상향(尙饗) 즉이교척우반(卽以珓擲于盤) 이일부일앙위길부길(以一俯一仰爲吉不吉) 경복중순지일(更卜中旬之日) 우부길칙주인이하북향립여삭망지일(又不吉則主人以下北向立如朔望之日) 기득일(旣得日) 축개중문(祝開中門) 주인이하북향립여삭망지위(主人以下北向立如朔望之位) 개재배(皆再拜) 주인승분향재배(主人升焚香再拜) 축집사궤우주인지좌(祝執詞跪于主人之左) 독왈(讀曰) 효손모(孝孫某) 장이래월모일지천세사우조고(將以來月某日祗薦歲事于祖考) 복기득길감고(卜旣得吉敢告) 용하순일(用下旬日) 즉부언복기득길(則不言卜旣得吉)

수조 不言卜旣得吉) 주인재배강복위(主人再拜降復位) 여재위자개재배축합문(與在位者皆再拜祝闔門) 주인이하복서향위(主人以下復西向位) 집사자립우문서(執事者立于門西) 개동면북상(皆東面北上) 축립우주인지우명집사자왈(祝立于主人之右命執事者曰) 효손모장이래월모일(孝孫某將以來月某日) 지천세사우조고(祗薦歲事于祖考) 유사구수(有司具脩) 집사자응왈낙(執事者應曰諾) 내퇴(乃退)

사마온공왈(司馬溫公曰) 맹선가제의(孟詵家祭儀) 용이지이분(用二至二分) 연금사환자(然今仕宦者) 직업기번(職業旣繁) 단시지사가(但時至事暇) 가이제칙복서(可以祭則卜筮) 역부필해일(亦不必亥日) 급분지야(及分至也) 약부가복일(若不暇卜日) 즉지의맹의용분지(則止依家儀用分至) 어사역편야(於事亦便也)○문구상서수득선생일본제의(問舊嘗收得先生一本祭儀) 시제개용복일(時祭皆用卜日) 금문각용이지이분제시여하(今聞却用二至二分分祭是如何) 주자왈(朱子曰) 복일무정(卜日無定) 려유부건(慮有不虔) 사마공운(司馬公云) 지용분지역가(只用分至亦可)

●전기삼일제계(前期三日齊戒)

전기삼일(前期三日) 주인수중장부(主人帥衆丈夫) 치제우외(致齊于外) 주부수중부녀(主婦帥衆婦女) 치재우내(致齊于內) 목욕경의(沐浴更衣) 음주부득지란(飲酒不得至亂) 식육부득여훈(食肉不得茹葷) 부조상부청악(不弔喪不聽樂) 범흉예지사(凡凶穢之事) 개부득예(皆不得預)

사마온공왈(司馬溫公曰) 주부주인지처야(主婦主人之妻也) 례구몰칙고로(禮男沒則姑老) 부여어제(不與於祭) 주인주부(主人主婦) 필사장남장부위지(必使長男長婦爲之) 약혹자욕여제(若或自欲與祭) 즉특위어주부지전(則特位於主婦之前) 참신필승(參神畢升) 입어주호지북(立於酒壺之北) 감시례의(監視禮儀) 혹로질불능구립(或老疾不能久立) 즉휴어타소사(則休於他所俟受胙) 복래수조사신이이(復來受胙辭神而已)○유씨장왈(劉氏璋曰) 제의운(祭儀云) 제지일(齊之日) 사기거처(思其居處) 사기소어(思其笑語) 사기지의(思其志意) 사기소악(思其所樂) 사기소기(思其所嗜) 재삼일(齊三日) 내견기소이위제자(乃見其所以爲齊者) 전치사이제사야(專致思以祭祀也).

●전일일설위진기(前一日設位陳器)

주인수중장부심의급집사(主人帥衆丈夫深衣及執事) 세소정침(洒掃正寢) 세식의탁(洗拭倚卓) 무령견결(務令蠲潔) 설고조고비위어당서북벽하남향(設高祖考妣位於堂西北壁下南向) 고서비동(考西妣東) 각용일의일탁이합지(各用一倚一卓而合之) 증조고비조고비고비이차이동(曾祖考妣祖考妣考妣以次而東) 개여고조지위(皆如高祖之位) 세각위위부속(世各爲位不屬) 부위개어동서서향북상(祔位皆於東序西向北上) 혹량서상향(或兩序相向) 기존자거서(其尊者居西) 처이하(妻以下) 칙어계하설향안(則於階下設香案) 어당중치향로향합어기상(於堂中置香爐香合於其上) 속모취사어향안전급축위전(束茅聚沙於香案前及逐位前) 지상설주가어동계상(地上設酒架於東階上) 별치탁자어기동(別置卓子於其東) 설주주일뢰주잔일반일(設酒注一酹酒盞一盤一) 수조반일시일건일(受胙盤一匙一巾一) 다합다선다잔탁염접초병어기상(茶合茶筅茶盞托鹽楪醋瓶於其上) 화로탕병향시화저어서계상(火爐湯瓶香匙火筯於西階上) 별치탁자어기서(別置卓子於其西) 설축판어기상(設祝版於其上) 설관분세건각이어조계하지동(設盥盆帨巾各二於阼階下之東) 기서자유대가(其西者有臺架) 우설진찬대상우기동(又設陳饌大牀于其東)

문금인부제고조여하(問今人不祭高祖如何) 정자왈(程子曰) 고조자유복부제(高祖自有服不祭) 심비(甚非) 모가각제고조(某家却祭高祖) 우왈(又曰) 자천자지어서인(自天子至於庶人) 오복미상유이(五服未嘗有異) 개지고조(皆至高祖) 복기여시(服旣如是) 제사역수어시(祭祀亦須如是)○주자왈(朱子曰) 고제정자지언(考諸程子之言) 칙이위고조유복(則以爲高祖有服) 부가부제(不可不祭) 수칠묘오묘(雖七廟五廟) 역지어고조(亦止於高祖) 수삼묘일묘이지제침(雖三廟一廟以至祭寢) 역필급어고조(亦必及於高祖) 단유소수지부동이(但有疏數之不同耳) 의차최득제사지본의(疑此最得祭祀之本意) 금이제법고지(今以祭法考之) 수미견제필급고조지문(雖未見祭必及高祖之文) 연유월제향상지별(然有月祭享嘗之別) 칙고자제사이원근위소수(則古者祭祀以遠近爲疏數) 역가견의(亦可見矣) 례가우언(禮家又言) 대부유사(大夫有事) 성어기군간협급기고조(省於其君干祫及其高祖) 차즉가위립삼묘(此則可爲立三廟) 이제급고조지험(而祭及高祖之驗)○고인종자승가주제(古人宗子承家主祭) 사부출향(仕不出鄉) 고묘무허주(故廟無虛主) 이제필어묘(而祭必於廟) 유종자월재타국(惟宗子越在他國) 칙부득제(則不得祭) 이서자거자대지(而庶子居者代之) 축왈(祝曰) 효자모사개자모집기상사(孝子某使介子某執其常事) 연유부감입묘(然猶不敢入廟) 특망묘위단이제(特望墓爲壇以祭) 개기존조경종지엄여차(蓋其尊祖敬宗之嚴如此) 금인주제자(今人主祭者) 유환사방(遊宦四方) 혹귀사어조(或貴仕於朝) 우비고인월재타국지비(又非古人越在他國之比) 즉이기전록수기천향(則以其田祿脩其薦享) 우부가궐(尤不可闕) 부득이신거국(不得以身去國) 이사지자대지야(而使支子代之也) 니고칙활어사정(泥古則闊於事情) 순속칙무소품절(徇俗則無所品節) 필욕작기중제(必欲酌其中制) 적고금지의(適古今之宜) 칙종자소재(則宗子所在) 봉이주이종지(奉二主以從之) 어사위의(於事爲宜) 개상부실췌취조고정신지미(蓋上不失萃聚祖考精神之美)[이주상상종(二主常相從) 칙정신부분의(則精神不分矣)] 하사종자득이전록천향조종(下使宗子得以田祿薦享祖宗) 처례지변(處禮之變) 이실기중(而失其中) 소위례선왕(所謂禮先王) 미지유가이의기자개여차(未之有可以義起者蓋如此) 단지자소득자주지제(但支子所得自主之祭) 칙당류이봉사(則當留以奉祀) 부득수종자이사야(不得隨宗子而徙也) 혹위류영어가(或留影於家) 봉사판이행(奉祠版而行) 공정신부산(恐精神不散) 비귀신소안(非鬼神所安) 이지자사제(而支子私祭) 상급고증(上及高曾) 우비소이엄대종지정야(又非所以嚴大宗之正也)○형제이거(兄弟異居) 묘초부이(廟初不異) 지합제형제제여집사(只合祭而弟兄執事) 혹이물조지위의(或以物助之爲宜) 이상거원자(而相去遠者) 즉형가설주(則兄家設主) 제부립주(弟不立主) 지어제시선설위(只於祭時旋設位) 이지방표기축위(以紙榜標記逐位) 제필분지(祭畢焚之) 여차(如此) 사역득례지변야(似亦得禮之變也)

●성생척기구찬(省牲滌器具饌)

주인수중장부(主人帥衆丈夫) 심의성생리살(深衣省牲莅殺) 주부수중부녀(主婦帥衆婦女) 배자척탁제기(背子滌濯祭器) 결부정구제찬(潔釜鼎具祭饌) 매위과륙품(每位果六品) 소채급포해각삼품(蔬菜及脯醢各三品) 육어만두고각일반(肉魚饅頭糕各一盤) 갱반각일완(羹飯各一椀) 간각일곳(肝各一串) 육각이곳(肉各二串) 무령정결(務令精潔) 미제지전(未祭之前) 물령인선식(勿令人先食) 급위묘견충서소오(及爲猫犬蟲鼠所汚)

주자상서계자숙왈(朱子嘗書戒子塾曰) 오부효(吾不孝) 위선공기연(爲先公棄捐) 부급공양(不及供養) 사선비사십년(事先妣四十年) 연우무식지(然愚無識知) 소이승안순색(所以承顏順色) 심유괴려(甚有乖戾) 지금사지(至今思之) 상이위종천지통(常以爲終天之痛) 무이자속(無以自贖) 유유세시향사(惟有歲時享祀) 치기근결(致其謹潔) 유시가저력처(猶是可著力處) 여배급신부등(汝輩及新婦等) 절의존지(切宜存之) 물령잔예설만(勿令殘穢褻慢) 이중오부효(以重吾不孝)○류씨장왈(劉氏璋曰) 왕자사대부가부녀(往者士大夫家婦女) 개친척제기조제찬(皆親滌祭器造祭饌) 이공제사(以供祭祀) 근래부녀교거(近來婦女驕倨) 부긍친입포주(不肯親入庖廚) 수가유사령지인효역(雖家有使令之人效役) 역수신친감시(亦須身親監視) 무령정결(務令精潔) 안고례유성생진제기등의(按古禮有省牲陳祭器等儀) 금인제기선조(今人祭其先祖) 미필개살생(未必皆殺牲) 사마공제의(司馬公祭儀) 용시소시과각오품(用時蔬時果各五品) 회(膾)[생육(生肉)]자(炙)[건육(乾肉)]갱(羹)[초육(炒肉)]효(殽)[골두(骨頭)]헌(軒)[음헌(音獻) 백육(白肉)]포(脯)[건포(乾脯)]해(醢)[육장(肉醬)] 서수(庶羞)[진이지미(珍異之味)]면식(麪食)[병온두지류(餠餫頭之類)]미식(米食)[고지류(糕之類)] 공부과십오품(共不過十五品) 금선생품찬이동자(今先生品饌異同者) 개공일시부능판집(蓋恐一時不能辦集) 혹가빈칙수향토소유(或家貧則隨鄕土所有) 유소과육면미식수기역가(惟蔬果肉麪米食數器亦可) 제기보계변두정조희세지류(祭器籩簋邊豆鼎俎洗之類) 기사가소유(豈私家所有) 단용평일음식지기(但用平日飮食之器) 척탁엄결(滌濯嚴潔) 갈기효경지심(竭其孝敬之心) 역족의(亦足矣)

●궐명숙흥설소과주찬(厥明夙興設蔬果酒饌)

주인이하심의(主人以下深衣) 급집사자구예제소(及執事者俱詣祭所) 관수설과접어축위탁자남단(盥手設果楪於逐位卓子南端) 소채포해(蔬菜脯醢) 상간차지(相間次之) 설잔반초접우북단(設盞盤醋楪于北端) 잔서접동(盞西楪東) 시저거중(匙筯居中) 설현주급주각일병어가상(設玄酒及酒各一瓶於架上) 현주기일취정화수충재주지서(玄酒其日取井花水充在酒之西) 치탄우로(熾炭于爐) 실수우병(實水于瓶) 주부배자취난제찬(主婦背子炊煖祭饌) 개령극열(皆令極熱) 이합성출치동계하대상상(以合盛出置東階下大牀上)

●질명봉주취위(質明奉主就位)

주인이하(主人以下) 각성복관수세수(各盛服盥手帨手) 예사당전(詣祠堂前) 중장부서립(衆丈夫叙立) 여고일지의(如告日之儀) 주부서계하북향립(主婦西階下北向立) 주인유모(主人有母) 칙특위어주부지전(則特位於主婦之前) 제백숙모제고계지(諸伯叔母諸姑繼之) 수급제부자매(嫂及弟婦姊妹) 재주부지좌(在主婦之左) 기장어주모주부자개소진(其長於主母主婦者皆少進) 자손부녀내집사자(子孫婦女內執事者) 재주부지후(在主婦之後) 중행개북향동상립정(重行皆北向東上立定) 주인승자조계(主人升自阼階) 진홀분향(搢笏焚香) 출홀고왈(出笏告曰) 효손모(孝孫某) 금이중춘지월(今以仲春之月) 유사우고조고모관부군(有事于高祖考某官府君) 고조비모봉모씨(高祖妣某封某氏) 증조고모관부군(曾祖考某官府君) 증조비모봉모씨(曾祖妣某封某氏) 조고모관부군(祖考某官府君) 조비모봉모씨(祖妣某封某氏) 고모관부군(考某官府君) 비모봉모씨(妣某封某氏) 이모친모관부군모친모봉모씨부식(以某親某官府君某親某封某氏祔食) 감청신주(敢請神主) 출취정침(出就正寢) 공신전헌(恭伸奠獻) 고사(告辭) 중하추동각수기시(仲夏秋冬各隨其時) 조고유무관작봉시(祖考有無官爵封諡) 개여제주지문(皆如題主之文) 부식위방친무후자(祔食謂旁親無後者) 급조서선망자(及早逝先亡者) 무즉부언(無卽不言) 고흘진홀렴독(告訖搢笏斂櫝) 정위부위(正位祔位) 각치일사(各置一笥) 각이집사자일인봉지(各以執事者一人捧之) 주인출홀전도(主人出笏前導) 주부종후(主婦從後) 비유재후(卑幼在後) 지정침치우서계탁자상(至正寢置于西階卓子上) 주인진홀계독(主人搢笏啓櫝) 봉제고신주출취위(奉諸考神主出就位) 주부관세(主婦盥帨) 승봉제비신(升奉諸妣神) 역여지(亦如之) 기부위칙자제일인봉지(其祔位則子弟一人奉之) 기필(旣畢) 주인이하개강복위(主人以下皆降復位)

●참신(參神)

주인이하서립여사당지의(主人以下叙立如祠堂之儀) 립정재배(立定再拜) 약존장로질자(若尊長老疾者) 휴어타소(休於他所)

사마온공왈(司馬溫公曰) 고인제자(古人祭者) 부지신지소재(不知神之所在) 고관용울창취(故灌用鬱鬯臭) 음달우연천(陰達于淵泉) 소합서직취(蕭合黍稷臭) 양달우장옥(陽達于牆屋) 소이광구신야(所以廣求神也) 금차례기난행어사민지가(今此禮旣難行於士民之家) 고단분향뢰주이대지(故但焚香酹酒以代之)○북계진씨왈(北溪陳氏曰) 료자회광주소간본(廖子晦廣州所刊本) 강신재참신지전(降神在參神之前) 부약림장전본(不若臨漳傳本) 강신재참신지후위득지(降神在參神之

後爲得之) 개기봉주어기위(蓋旣奉主於其位) 즉부가허시기주(則不可虛視其主) 이필배이숙지(而必拜而肅之) 고참신의거어전(故參神宜居於前) 지관칙우소이위장헌(至灌則又所以爲將獻) 이친향기신지시야(而親饗其神之始也) 고강신의거어후(故降神宜居於後) 연시조선조지제(然始祖先祖之祭) 지설허위이무주(只設虛位而無主) 칙우당선강후참(則又當先降後參) 역부용이시위구(亦不容以是爲拘)

●강신(降神)

주인승(主人升) 진홀분향재배출홀소퇴립(搢笏焚香再拜出笏少退立) 집사자일인개주(執事者一人開酒) 취건식병구출(取巾拭甁口出) 실주우주(實酒于注) 일인취동계탁자상반잔(一人取東階卓子上盤盞) 립우주인지좌(立于主人之左) 일인집주립우주인지우(一人執注立于主人之右) 주인진홀궤(主人搢笏跪) 봉반잔자역궤진반잔(奉盤盞者亦跪進盤盞) 주인수지(主人受之) 집주자역궤짐주우잔(執注者亦跪斟酒于盞) 주인좌수집반(主人左手執盤) 우수집잔(右手執盞) 관우모상(灌于茅上) 이반잔수집사자(以盤盞授執事者) 출홀면복흥재배강복위(出笏俛伏興再拜降復位)

문(問) 기전지주(旣奠之酒) 하이치지(何以置之) 정자왈(程子曰) 고자관이강신(古者灌以降神) 고이모축작(故以茅縮酌) 위구신어음양유무지간(求神於陰陽有無之間) 고주필관어지(故酒必灌於地) 약위전주칙안치재차(若謂奠酒則安置在此) 금인이요재지상(今人以澆在地上) 심비야(甚非也) 기헌칙철거(旣獻則徹去) 가야(可也)○장자왈(張子曰) 전주(奠酒) 전(奠) 안치야(安置也) 약언전지(若言奠摯) 전침(奠枕) 시야(是也) 위주지어지(謂注之於地) 비야(非也) 주자왈(朱子曰) 뢰주유량설(酹酒有兩說) 일용울창(一用鬱鬯) 관지이강신(灌地以降神) 칙유천자제후유지(則惟天子諸侯有之) 일시제주(一是祭酒) 개고자음식필제(蓋故者飮食必祭) 금이귀신자부능제(今以鬼神自不能祭) 고대지제야(故代之祭也) 금인수존기례(今人雖存其禮) 이실기의(而失其義) 부가부지(不可不知)○문(問) 뢰주(酹酒) 시소경시진경(是少傾是盡傾) 삼헌전주(三獻奠酒) 부당요지어지(不當澆之於地) 가례(家禮) 초헌취고조고잔(初獻取高祖考盞) 제지모상자(祭之茅上者) 대신제야(代神祭也) 례제주소경어지(禮祭酒少傾於地) 제식어두간(祭食於豆間) 개대신제야(皆代神祭也)

●진찬(進饌)

주인승(主人升) 주부종지(主婦從之) 집사자일인이반봉어육(執事者一人以盤奉魚肉) 일인이반봉미면식(一人以盤奉米麪食) 일인이반봉갱반종승(一人以盤奉羹飯從升) 지고조위전(至高祖位前) 주인진홀(主人搢笏) 봉육전우반잔지남(奉肉奠于盤盞之南) 주부봉면식전우육서(主婦奉麪食奠于肉西) 주인봉어전우초접지남(主人奉魚奠于醋楪之南) 주부봉미식전우어동(主婦奉米食奠于魚東) 주인봉갱전우초접지동(主人奉羹奠于醋楪之東) 주부봉반전우반잔지서(主婦奉盤奠于飯盞之西) 주인출(主人出) 홀이차설제정위(笏以次設諸正位) 사제자제부녀(使諸子弟婦女) 각설부위개필(各設祔位皆畢) 주인이하개강복위(主人以下皆降復位)

●초헌(初獻)

주인승예고조위전(主人升詣高祖位前) 집사자일인집주주(執事者一人執酒注) 립우기우(立于其右) 동월(冬月) 즉선난지(卽先煖之) 주인진홀(主人搢笏) 봉고조고반잔위전(奉高祖考盤盞位前) 동향립(東向立) 집사자서향짐주우잔(執事者西向斟酒于盞) 주인봉지전우고처(主人奉之奠于故處) 차봉고조비반잔(次奉高祖妣盤盞) 역여지(亦如之) 출홀위전북향립(出笏位前北向立) 집사자이인봉고조고비반잔(執事者二人奉高祖考妣盤盞) 립우주인지좌우(立于主人之左右) 주인진홀궤(主人搢笏跪) 집사자역궤(執事者亦跪) 주인수고조고반잔(主人受高祖考盤盞) 우수취잔(右手取盞) 제지모상(祭之茅上) 이반잔수집사자(以盤盞授執事者) 반지고처(反之故處) 수고조비반잔(受高祖妣盤盞) 역여지(亦如之) 출홀면복흥소퇴립(出笏俛伏興少退立) 집사자자간우로(執事者炙肝于爐) 이접성지(以楪盛之) 형제지장일인봉지(兄弟之長一人奉之) 전우고조고비전시저지남(奠于高祖考妣前匙筯之南) 축취판립어주인지좌(祝取版立於主人之左) 궤독왈(跪讀曰) 유년세월삭일자(維年歲月朔日子) 효현손모관모(孝玄孫某官某) 감소고우고조고모관부군고조비모봉씨(敢昭告于高祖考某官府君高祖妣某封氏) 기서류역(氣序流易) 시유중춘(時維仲春) 추감세시(追感歲時) 부승영모(不勝永慕) 감이결생유모(敢以潔牲柔毛) 생용체(牲用豕) 칙왈강렵(則曰剛鬣) 자성례제(粢盛醴齊) 지천세사(祗薦歲事) 이모친모관부군모친모봉모씨부(以某親某官府君某親某封某氏祔) 식(食) 상향(尙饗) 필흥(畢興) 주인재배(主人再拜) 퇴예제위(退詣諸位) 헌축여초(獻祝如初) 매축위독축필(每逐位讀祝畢) 즉형제중남지부위아종헌자(卽兄弟衆男之不爲亞終獻者) 이차분예본위소부지위(以次分詣本位所祔之位) 작헌여의(酌獻如儀) 단부독축(但不讀祝) 헌필개강복위(獻畢皆降復位) 집사자이타기철주급간(執事者以他器徹酒及肝) 치잔고처(置盞故處)○증조전칭효증손(曾祖前稱孝曾孫) 고전칭효자(考前稱孝子) 개부승영모위호천망극(改不勝永慕爲昊天罔極)○범부자(凡祔者) 백숙조부부우고조(伯叔祖父祔于高祖) 백숙부부우증조(伯叔父祔于曾祖) 형제부우조(兄弟祔于祖) 자손부우고(子孫祔于考) 여개방차(餘皆放此) 여본위무(如本位無) 즉부언이모친부식(卽不言以某親祔食)○조고무관급개하추동자(祖考無官及改夏秋冬字) 개이견상(皆已見上)

양씨복왈(楊氏復曰) 사마공서의(司馬公書儀) 주인승자조계(主人升自阼階) 예주주소서향립(詣酒注所西向立) 집사일인(執事一人) 좌수봉증조고주잔(左手奉曾祖考酒盞) 우수봉증조비주잔(右手奉曾祖妣酒盞) 일인봉조고비주잔(一人奉祖考妣酒盞) 일인봉고비주잔(一人奉考妣酒盞) 개여고조고비지차(皆如高祖考妣之次) 취주인소(就主人所) 주인진홀집주(主人搢笏執注) 이차짐주(以次斟酒) 집사자봉지서행(執事者奉之徐行) 반치고처(反置故處) 주인출홀(主人出笏) 예증조고비신좌전북향(詣曾祖考妣神座前北向) 집사자일인(執事者一人) 봉증조고주잔(奉曾祖考酒盞) 위우주인지좌(位于主人之左) 일인봉증조비주잔(一人奉曾祖妣酒盞) 립우주인지우(立于主人之右) 주인진홀궤(主人搢笏跪) 취증조고비주뢰지(取曾祖考妣酒酹之) 수집사자잔반고처(授執事者盞反故處) 내독축(乃讀祝) 차기례여우례동(此其禮與虞禮同) 가례칙주인승예신위전(家禮則主人升詣神位前) 주인봉조고비반잔(主人奉祖考妣盤盞) 일인집주립우기우짐주(一人執注立于其右斟酒) 차칙여우례이(此則與虞禮異) 절상우례(竊詳虞禮) 신위유일(神位惟一) 시제칙신위다(時祭則神位多) 가례주인승예신위전(家禮主人升詣神位前) 봉반잔위전동향립(奉盤盞位前東向立) 집사자짐주(執事者斟酒) 주인봉지(主人奉之) 전우고처(奠于故處) 차봉조비반잔(次奉祖妣盤盞) 역여지(亦如之) 여차칙례엄이의전(如此則禮嚴而意專) 약서의즉시제여우제(若書儀則時祭與虞祭) 동주인예주주탁자전(同主人詣酒注卓子前) 집사자좌우수(執事者左右手) 봉량반잔(奉兩盤盞) 칙기례부엄(則其禮不嚴) 주인집주진짐예신위주(主人執注盡斟詣神位酒) 칙기의부전(則其意不專) 차가례소이부용서의지례(此家禮所以不用書儀之禮) 이우이의기지야(而又以義起之也)

●아헌(亞獻)

주부위지제부녀(主婦爲之諸婦女) 봉자육급분헌(奉炙肉及分獻) 여초헌의(如初獻儀) 단부독축(但不讀祝)

주자왈(朱子曰) 제례주인작초헌(祭禮主人作初獻) 미유주부(未有主婦) 즉제득위아헌(則弟得爲亞獻) 제부위종헌(弟婦爲終獻)○양씨복왈(楊氏復曰) 안아헌여초의(按亞獻如初儀) 조주소간가례운(潮州所刊家禮云) 유부제주우모(惟不祭酒于茅) 조본소운부제주우모시호(潮本所云不祭酒于茅是乎) 왈(曰) 소위제주우모자(所謂祭酒于茅者) 위신제야(爲神祭也) 고자음식필제(古者飮食必祭) 급제조고제외신(及祭祖考祭外神) 역위신제(亦爲神祭) 소뢰궤식(少牢饋食) 주인초헌시(主人初獻尸) 시제주이후쵀주졸작(尸祭酒而後啐酒卒爵) 주부아헌시(主婦亞獻尸) 시제주이후졸작(尸祭酒而後卒爵) 빈장삼헌시(賓長三獻尸) 시제주이후졸작(尸祭酒而後卒爵) 사우특생례역연(士虞特牲禮亦然) 범삼헌시개제주(凡三獻尸皆祭酒) 위신제야(爲神祭也) 향사대사(鄕射大射) 획자헌후(獲者獻侯) 선우개차중차좌개개제주(先右箇次中次左箇皆祭酒) 위후제야(爲侯祭也) 이차관지(以此觀之) 삼헌개당제주우모(三獻皆當祭酒于茅) 조본개혹자이의개지(潮本蓋或者以意改之) 고여타본부동실지의(故與他本不同失之矣)

●종헌(終獻)

형제지장(兄弟之長) 혹장혹친빈위지(或長或親賓爲之) 중자제봉자육급분헌(衆子弟奉炙肉及分獻) 여아헌의(如亞獻儀)

●유식(侑食)

주인승진홀(主人升搢笏) 집주취짐제위지주개만(執注就斟諸位之酒皆滿) 립어향안지동남(立於香案之東南) 주부승급시반중(主婦升扱匙飯中) 서병정저(西柄正筋) 립우향안지서남(立于香案之西南) 개향재배강복위(皆向再拜降復位)

●합문(闔門)

주인이하개출(主人以下皆出) 축합문(祝闔門) 무문처즉강렴가야(無門處卽降簾可也) 주인립어문동서(主人立於門東西) 중장부재기후(衆丈夫在其後) 주부립어문서동향(主婦立於門西東向) 중부녀재기후(衆婦女在其後) 여유존장(如有尊長) 칙소휴어타소(則少休於他所) 차소위염야(此所謂厭也)

양씨복왈(楊氏復曰) 사우례(士虞禮) 무시자축합유호여식간(無尸者祝闔牖戶如食間) 주여시일식구반지경야(註如尸一食九飯之頃也) 우왈(又曰) 축성삼계호(祝聲三啓戶) 주성자희흠야(註聲者噫歆也) 금제기무시(今祭旣無尸) 고수설차의(故須設此儀)

●계문(啓門)

축성삼희흠(祝聲三噫歆) 내계문(乃啓門) 주인이하개입(主人以下皆入) 기존장선휴우타소자(其尊長先休于他所者) 역입취위(亦入就位) 주인주부봉다분진우고비지전부위(主人主婦奉茶分進于考妣之前祔位) 사제자제부녀진지(使諸子弟婦女進之)

●수조(受胙)

집사자설석우향안전(執事者設席于香案前) 주인취석북면(主人就席北面) 축예고조고전거주반잔(祝詣高祖考前擧酒盤盞) 예주인지우(詣主人之右) 주인궤(主人跪) 축역궤(祝亦跪) 주인진홀수반잔(主人搢笏受盤盞) 제주쵀주(祭酒啐酒) 축취시병반(祝取匙並盤) 초취제위지반각소허(抄取諸位之飯各少許) 봉이예주인지좌(奉以詣主人之左) 하우주인왈(嘏于主人曰) 조고명공축승치다복우여(祖考命工祝承致多福于汝) 효손래여효손(孝孫來汝孝孫) 사여수록우천(使汝受祿于天) 의가우전(宜稼于田) 미수영년(眉壽永年) 물체인지(勿替引之) 주인치주우석전(主人置酒于席前) 출홀면복흥재배(出笏俛伏興再拜) 진홀궤수반상지(搢笏跪受飯嘗之) 실우좌메(實于左袂) 괘메우계지(掛袂于季指) 취주졸음(取酒卒飮) 집사자수잔자우치주방(執事者受盞自右置注旁) 수반자좌(受飯自左) 역여지(亦如之) 주인집홀면복흥(主人執笏俛伏興) 립어동계상서향(立於東階上西向) 축립어서계상동향(祝立於西階上東向) 고리성강복위(告利成降復位) 여재위자개재배(與在位者皆再拜) 주인부배강복위(主人不拜降復位) 류씨장왈(劉氏璋曰) 한위공가제운(韓魏公家祭云) 범제음복수조지례(凡祭飮福受胙之禮) 구이부행(久已不行) 금단이제여주찬(今但以祭餘酒饌) 명친속장유분음식지(命親屬長幼分飮食之) 가야(可也)

●사신(辭神)
주인이하개재배(主人以下皆再拜)

●납주(納主)
주인주부개승(主人主婦皆升) 각봉주납우독(各奉主納于櫝) 주인이사렴독(主人以笥斂櫝) 봉귀사당여래의(奉歸祠堂如來儀)

●철(徹)
주부환감철주지좌잔주타기중자(主婦還監徹酒之左盞注他器中者) 개입우병함봉지(皆入于瓶緘封之) 소위복주과소육식(所謂福酒果蔬肉食) 병전우연기(並傳于燕器) 주부감척제기이장지(主婦監滌祭器而藏之)

●준(餕)
시일주인감분제조품(是日主人監分祭胙品) 취소허치우합(取少許置于合) 병주개봉지(並酒皆封之) 견복집서귀조어친우(遣僕執書歸胙於親友) 수설석(遂設席) 남녀이처(男女異處) 존행자위일렬남면(尊行自爲一列南面) 자당중동서분수(自堂中東西分首) 약지일인(若止一人) 칙당중이좌(則當中而坐) 기여이차상대분동서향존자(其餘以次相對分東西向尊者) 일인선취좌(一人先就坐) 중남서립(衆男叙立) 세위일행(世爲一行) 이동위상(以東爲上) 개재배(皆再拜) 자제지장자일인소진립(子弟之長者一人少進立) 집사자일인집주립우기우(執事者一人執注立于其右) 일인집반잔립우기좌(一人執盤盞立于其左) 헌자진홀궤(獻者搢笏跪)[제헌칙존자기립(弟獻則尊者起立) 자질칙좌(子姪則坐)] 수주짐주(受注斟酒) 반주수잔(反注受盞) 축왈(祝曰) 사사기성(祀事旣成) 조고가향(祖考嘉饗) 복원모친(伏願某親) 비응오복(備膺五福) 보족의가(保族宜家) 수집잔자치우존자지전(授執盞者置于尊者之前) 장자출홀(長者出笏) 존자거주필(尊者擧酒畢) 장자면복흥퇴복위(長者俛伏興退復位) 여중남개재배(與衆男皆再拜) 존자명취주급장자지잔치우전자짐지(尊者命取注及長者之盞置于前自斟之) 축왈(祝曰) 사사기성(祀事旣成) 오복지경(五福之慶) 여여조공지(與汝曹共之) 명집사자이차취위짐주개편(命執事者以次就位斟酒皆徧) 장자진궤수음필(長者進跪受飮畢) 면복흥퇴립(俛伏興退立) 중남진읍퇴립음(衆男進揖退立飮) 장자여중남개재배(長者與衆男皆再拜) 제부녀헌녀존장어내(諸婦女獻女尊長於內) 여중남지의(如衆男之儀) 단부궤(但不跪) 기필(旣畢) 내취좌천육식(乃就坐薦肉食) 제부녀예당전(諸婦女詣堂前) 헌남존장수(獻男尊長壽) 남존장초지여의(男尊長酢之如儀) 중남예중당헌녀존장수(衆男詣中堂獻女尊長壽) 녀존장초지여의(女尊長酢之如儀) 내취좌천면식(乃就坐薦麪食) 내외집사자각헌내외존장수여의(內外執事者各獻內外尊長壽如儀) 이부초(而不酢) 수취짐재좌자편(遂就斟在坐者徧) 사개거(俟皆擧) 내재배퇴(乃再拜退) 수천미식(遂薦米食) 연후범행주간이제찬주찬(然後泛行酒間以祭饌酒饌) 부족칙이타주타찬익지(不足則以他酒他饌益之) 장파(將罷) 주인반조우외복(主人頒胙于外僕) 주부반조우내집사자(主婦頒胙于內執事者) 편급미천(徧及微賤) 기일개진(其日皆盡) 수자개재배(受者皆再拜) 내철석(乃徹席)
양씨복왈(楊氏復曰) 사마온공서의왈(司馬溫公書儀曰) 례제사기필(禮祭事旣畢) 형제급빈질상헌수(兄弟及賓迭相獻酬) 유무산작(有無筭爵) 소이인기접회(所以因其接會) 사지교은정호우권지(使之交恩定好優勸之) 금역취차의(今亦取此儀) 범제주어진애경지성이이(凡祭主於盡愛敬之誠而已) 빈칙칭가지유무(貧則稱家之有無) 질칙량근력이행지(疾則量筋力而行之) 재력가급자(財力可及者) 자당여의(自當如儀)

◆초조(初祖)
유계시조지종득제(惟繼始祖之宗得祭)
문시조지제(問始祖之祭) 주자왈(朱子曰) 고무차(古無此) 이천선생이의기(伊川先生以義起) 모당초야제(某當初也祭) 후래각득사참(後來覺得似僭) 금부감제(今不敢祭)○시조지제사체(始祖之祭似禘) 선조지제사협(先祖之祭似祫) 금개부

감제(今皆不敢祭)

●동지제시조(冬至祭始祖)

정자왈(程子曰) 차궐초생민지조야(此厥初生民之祖也) 동지일양지시(冬至一陽之始) 고상기류이제지(故象其類而祭之)

●전기삼일제계(前期三日齊戒)

여시제지의(如時祭之儀)

●전기일일설위(前期一日設位)

주인중장부심의수집사자(主人衆丈夫深衣帥執事者) 쇄소사당(灑掃祠堂) 척탁기구(滌濯器具) 설신위어당중간북벽하(設神位於堂中間北壁下) 설병풍어기후식상어기전(設屛風於其後食牀於其前)

●진기(陳器)

설화로어당중(設火爐於堂中) 설취팽지구우동계하(設炊烹之具于東階下) 관동자구재기남(盥東炙具在其南) 속모이하병동시제(束茅以下並同時祭) 주부중부녀배자수집사자(主婦衆婦女背子帥執事者) 척탁제기결부정(滌濯祭器潔釜鼎) 구소과접각륙(具蔬果楪各六) 반삼(盤三) 우륙(杅六) 소반삼(小盤三) 잔반시저각이(盞盤匙筯各二) 지반일(脂盤一) 주주뢰주반잔일(酒注酹酒盤盞一) 수조반시일(受胙盤匙一)○안차본합용고제(按此本合用古祭) 금공사가(今恐私家) 혹부능판(或不能辦) 차용금기이종간편(且用今器以從簡便) 신위용포천가초석개유연(神位用蒲薦加草席皆有緣) 혹용자욕(或用紫褥) 개장오척(皆長五尺) 활이척유반(闊二尺有半) 병풍여침병지제(屛風如枕屛之制) 족이위석삼면(足以圍席三面) 식상이판위면(食牀以版爲面) 장오척활삼척여(長五尺闊三尺餘) 사위역이판고일척이촌(四圍亦以版高一尺二寸) 이촌지하(二寸之下) 내시판면개흑칠(乃施版面皆黑漆)

●구찬(具饌)

포시살생(晡時殺牲) 주인친할(主人親割) 모혈위일반(毛血爲一盤) 수심간폐위일반(首心肝肺爲一盤) 지잡이호위일반(脂雜以蒿爲一盤) 개성지좌반(皆腥之左胖) 부용우반(不用右胖) 전족위삼단(前足爲三段) 척위삼단(脊爲三段) 협위삼조(脅爲三條) 후족위삼단(後足爲三段) 거근규일절부용(去近竅一節不用) 범십이체(凡十二體) 반미일우치우일반(飯米一杅置于一盤) 소과각륙품(蔬果各六品) 절간일당반(切肝一當盤) 절육일소반(切肉一小盤)

●궐명숙흥설소과주찬(厥明夙興設蔬果酒饌)

주인심의수집사자(主人深衣帥執事者) 설현주병급주병우가상(設玄酒瓶及酒瓶于架上) 주주뢰주반잔(酒注酹酒盤盞) 수조반시각일어동계탁자상(受胙盤匙各一於東階卓子上) 축판급지반우서계탁자상(祝版及脂盤于西階卓子上) 시저각일어식상북단지동서(匙筯各一於食牀北端之東西) 상거이척오촌(相去二尺五寸) 반잔각일어저서(盤盞各一於筯西) 과재식상남단(果在食牀南端) 소재기북(蔬在其北) 모혈성반절간육(毛血腥盤切肝肉) 개진어계하찬상상(皆陳於階下饌牀上) 미실계하취구중(米實階下炊具中) 십이체실팽구중(十二體實烹具中) 이화찬이숙지(以火爨而熟之) 반일우륙치찬상상(盤一杅六置饌牀上)

●질명성복취위(質明盛服就位)

여시제의(如時祭儀)

●강신참신(降神參神)

주인관승(主人盥升) 봉지반예당중로전(奉脂盤詣堂中爐前) 궤고왈(跪告曰) 효손모(孝孫某) 금이동지유사우시조비(今以冬至有事于始祖妣) 감청존령강거신위(敢請尊靈降居神位) 공신전헌(恭伸奠獻) 수료지우로탄상면복흥(遂燎脂于爐炭上俛伏興) 소퇴립재배(少退立再拜) 집사자개주(執事者開酒) 주인궤뢰주우모상(主人跪酹酒于茅上) 여시제지의(如時祭之儀)류씨장왈(劉氏璋曰) 모반용(茅盤用)B편우(區盂) 광일척여(廣一尺餘) 혹흑칠소반(或黑漆小盤) 절모팔촌여작속(截茅八寸餘作束) 속이홍(束以紅) 립(立)#

●진찬(進饌)

주인승예신위전(主人升詣神位前)　집사자봉모혈성육이진(執事者奉毛血腥肉以進)　주인수설지우소북서상(主人受設之于蔬北西上)　집사자출숙육치우반(執事者出熟肉置于盤)　봉이진(奉以進)　주인수설지성반지동(主人受設之腥盤之東)　집사자이우이성반(執事者以杆二盛飯)　우이성육읍부화자(杆二盛肉湇不和者)　우이우이성육읍이채자(又以杆二盛肉湇以菜者)　봉이진(奉以進)　주인수설지반재잔서(主人受設之飯在盞西)　대갱재잔동(大羹在盞東)　형갱재대갱동(鉶羹在大羹東)　개강복위(皆降復位)

●초헌(初獻)
여시제지의(如時祭之儀)　단주인기면복흥(但主人旣俛伏興)　형제자간가염(兄弟炙肝加鹽)　실우소반이종(實于小盤以從)　축사왈(祝詞曰)　유년세월삭일자효손성명(維年歲月朔日子孝孫姓名)　감소고우초조고초조비(敢昭告于初祖考初祖妣)　금이중동양지지시(今以仲冬陽至之始)　추유보본(追惟報本)　례부감망(禮不敢忘)　근이결생유모(謹以潔牲柔毛)　자성례제(粢盛醴齊)　지천세사(祗薦歲事)　상향(尙饗)

●아헌(亞獻)
여시제지의(如時祭之儀)　단중부자육가염이종(但衆婦炙肉加鹽以從)

●종헌(終獻)
여시제급상의(如時祭及上儀)

●유식합문계문수조사신철준(侑食闔門啓門受胙辭神徹餕)
병여시제지의(並如時祭之儀)

◆선조(先祖)
계시조고고조지종득제(繼始祖高祖之宗得祭)　계시조지종(繼始祖之宗)　칙자초조이하(則自初祖以下)　계고조지종(繼高祖之宗)　칙자선조이하(則自先祖而下)

●입춘제선조(立春祭先祖)*
정자왈(程子曰)　초조이하고조이상지조야(初祖以下高祖以上之祖也)　립춘생물지시(立春生物之始)　고상기류이제지(故象其類而祭之)

●전삼일제계(前三日齊戒)
여제시조지의(如祭始祖之儀)

●전일일설위진기(前一日設位陳器)
여제초조지의(如祭初祖之儀)　단설조고신위우당중지서(但設祖考神位于堂中之西)　조비신위우당중지동(祖妣神位于堂中之東)　소과접각십이대반구소반륙(蔬果楪各十二大盤九小盤六)　여병동(餘並同)

문제례립춘운(問祭禮立春云)　제고조이상(祭高祖而上)　지설이위(只設二位)　약고인협제(若古人祫祭)　수시축위제(須是逐位祭)　주자왈(朱子曰)　본시일기(本是一氣)　약사당중(若祠堂中)　각유패자칙불가(各有牌子則不可)○제후유사시지협(諸侯有四時之祫)　필경시제유부급처방여차(畢竟是祭有不及處方如此)　여춘추유사우태묘(如春秋有事于太廟)　태묘편시군조지주(太廟便是羣祧之主)　개재기중(皆在其中)

●구찬(具饌)
여제초조지의(如祭初祖之儀)　단모혈위일반(但毛血爲一盤)　수심위일반(首心爲一盤)　간폐위일반(肝肺爲一盤)　지호위일반(脂蒿爲一盤)　절간량소반(切肝兩小盤)　절육사소반(切肉四小盤)　여병동(餘並同)

●궐명숙흥설소과주찬(厥明夙興設蔬果酒饌)
여제초조지의(如祭初祖之儀)　단매위시저각일(但每位匙筯各一)　반잔각이(盤盞各二)　치계하찬상상(置階下饌牀上)　여병동(餘並同)

●질명성복취위강신참신(質明盛服就位降神參神)
여제시조지의(如祭始祖之儀)　단고사개시위선(但告詞改始爲先)　여병동(餘並同)

●진찬(進饌)

여제초조지의(如祭初祖之儀) 단선예조고위(但先詣祖考位) 예모혈봉수심전족상삼절척삼절후족상일절(瘞毛血奉首心前足上三節脊三節後足上一節) 차예조비위(次詣祖妣位) 봉간폐전족일절협삼절후족하일절(奉肝肺前足一節脅三節後足下一節) 여병동(餘並同)

●초헌(初獻)

여제초조지의(如祭初祖之儀) 단헌량위(但獻兩位) 각면복흥(各俛伏興) 당중소퇴립(當中少退立) 형제자간량소반이종(兄弟炙肝兩小盤以從) 축사개초위선(祝詞改初爲先) 중동양지위립춘생물(仲冬陽至爲立春生物) 여병동(餘並同)

●유식합문계문수조사신철준(侑食闔門啓門受胙辭神徹餕)

병여제초조의(並如祭初祖儀)

◆녜(禰)

계녜지종이상개득제(繼禰之宗以上皆得祭) 유지자부제(惟支子不祭)

●계추제녜(季秋祭禰)

정자왈(程子曰) 계추성물지시(季秋成物之始) 역상기류이제지(亦象其類而祭之)

●전일월하순복일(前一月下旬卜日)

여시제지의(如時祭之儀) 유고사개효손위효자(惟告辭改孝孫爲孝子) 우개조고비위고비(又改祖考妣爲考妣) 약모재칙지운고(若母在則止云考) 이고우본감지전(而告于本龕之前) 여병동(餘並同)

●前三日齊戒前一日設位陳器

여시제지의(如時祭之儀) 단지어정침(但止於正寢) 합설량위어당중서상향안(合設兩位於堂中西上香案) 이하병동(以下並同)

●구찬(具饌)

여시제지의이분(如時祭之儀二分)

●궐명숙흥설소과주찬(厥明夙興設蔬果酒饌)

여시제지의(如時祭之儀)

●질명성복예사당봉신주출취정침(質明盛服詣祠堂奉神主出就正寢)

여시제우정침지의(如時祭于正寢之儀) 단고사운(但告詞云) 효자모(孝子某) 금이계추성물지시(今以季秋成物之始) 유사우고(有事于考) 모관부군비모봉모씨(某官府君妣某封某氏)

●참신강신진찬초헌(參神降神進饌初獻)

여시제지의(如時祭之儀) 단축사운(但祝辭云) 효자모관모(孝子某官某) 감소고우고모관부군비모봉모씨(敢昭告于考某官府君妣某封某氏) 금이계추성물지시(今以季秋成物之始) 감시추모(感時追慕) 호천망극(昊天罔極) 여병동(餘並同)

●아헌종헌유식합문계문수조사신납주철준(亞獻終獻侑食闔門啓門受胙辭神納主徹餕)

병여시제지의(並如時祭之儀)

주자왈(朱子曰) 모가구시시제외(某家舊時時祭外) 유동지립춘계추삼제(有冬至立春季秋三祭) 후이동지립춘이제사참(後以冬至立春二祭似僭) 각득부안(覺得不安) 수이지(遂已之) 계추의구제녜(季秋依舊祭禰) 이용모생일제지(而用某生日祭之) 적치모생일재계추(適值某生日在季秋) [구월십오일야(九月十五日也)]

◆기일(忌日)

●전일일제계(前一日齊戒)

여제녜지의(如祭禰之儀)

●설위(設位)
여제녜지의(如祭禰之儀) 단지설일위(但止設一位)

●진기(陳器)
여제녜지의(如祭禰之儀)

●구찬(具饌)
여제녜지찬일분(如祭禰之饌一分)

●궐명숙흥설소과주찬(厥明夙興設蔬果酒饌)
여제녜지의(如祭禰之儀)

●질명주인이하변복(質明主人以下變服)
녜칙주인형제참사업두참포삼포과각대(禰則主人兄弟黲紗幞頭黲布衫布裹角帶)　조이상칙참사삼(祖以上則黲紗衫)　방친칙조사삼(旁親則皁紗衫)　주부특계거식백대의담황피(主婦特髻去飾白大衣淡黃帔)　여인개거화성지복(餘人皆去華盛之服)
문기일하복(問忌日何服) 주자왈(朱子曰)　모지저백견량삼참건(某只著白絹涼衫黲巾)　문참건이하위지(問黲巾以何爲之)　왈(曰) 사견개가(紗絹皆可)　모이사(某以紗)　우문참건지제(又問黲巾之制)　왈(曰) 여말복상사(如帕複相似)　유사척대(有四隻帶)　약당업두연(若當幞頭然)○양씨복왈(楊氏復曰)　선생모부인기일(先生母夫人忌日)　저참흑포삼(著黲黑布衫)　기건역연(其巾亦然)　문금일복색하위(問今日服色何謂)　왈(曰) 기부문군자유종신지상(豈不聞君子有終身之喪)

●예사당봉신주출취정침(詣祠堂奉神主出就正寢)

●구찬(具饌)
여제녜지의(如祭禰之儀)　단고사운(但告辭云)　금이모친모관부군원휘지진(今以某親某官府君遠諱之辰)　감청신주(敢請神主)　출취정침(出就正寢)　공신추모(恭伸追慕)　여병동(餘並同)

●참신강신진찬초헌(參神降神進饌初獻)
여제녜지의(如祭禰之儀)　단축사운(但祝辭云)　세서천역(歲序遷易)　휘일복림(諱日復臨)　추원감시(追遠感時)　부승영모(不勝永慕)　고비개부승영모위호천망극(考妣改不勝永慕爲昊天罔極)　방친운(旁親云)　휘일복림(諱日復臨)　부승감창(不勝感愴)　약고비칙축흥(若考妣則祝興)　주인이하곡진애(主人以下哭盡哀)　여병동(餘並同)

●아헌종헌유식합문계문(亞獻終獻侑食闔門啓門)
병여제녜지의(並如祭禰之儀)　단부수조(但不受胙)

●사신납주철(辭神納主徹)
병여제니지의(並如祭禰之儀)　단부준(但不餕)

●시일부음주부식육부청악(是日不飮酒不食肉不聽樂)　참건소복소대이거(黲巾素服素帶以居)　석침우외(夕寢于外)

◆묘제(墓祭)
●삼월상순택일전일일재계(三月上旬擇日前一日齋戒)
여가제지의(如家祭之儀)

●구찬(具饌)
묘상매분(墓上每分)　여시제지품(如時祭之品)　경설어육미면식각일대반이제후토(更設魚肉米麪食各一大盤以祭后土)

●궐명쇄소(厥明灑掃)

주인심의수집사자(主人深衣帥執事者) 예묘소재배(詣墓所再拜) 봉행영역(奉行塋域) 내외환요(內外環繞) 애성삼주(哀省三周) 기유초극(其有草棘) 즉용도부(卽用刀斧) 서참삼이(鉏斬芟夷) 쇄소흘(灑掃訖) 복위재배(復位再拜) 우제지어묘좌이제후토(又除地於墓左以祭后土)

●포석진찬(布席陳饌)

용신결석진어묘전(用新潔席陳於墓前) 설찬여가제지의(設饌如家祭之儀)

●참신강신초헌(參神降神初獻)

여가제지의(如家祭之儀) 단축사운(但祝辭云) 모친모관부군지묘(某親某官府君之墓) 기서류역(氣序流易) 우로기유(雨露旣濡) 첨소봉영(瞻掃封塋) 부승감모(不勝感慕) 여병동(餘並同)

●아헌종헌(亞獻終獻)

병이자제친붕천지(並以子弟親朋薦之)

●사신내철수제후토포석진찬(辭神乃徹遂祭后土布席陳饌)

사반우석남단(四盤于席南端) 설반잔시저우기북(設盤盞匙筯于其北) 여병동(餘並同)

●강신참신삼헌(降神參神三獻)

동상(同上) 단축사운(但祝辭云) 모관성명(某官姓名) 감소고우후토씨지신(敢昭告于后土氏之神) 모공수세사우모친모관부군지묘(某恭修歲事于某親某官府君之墓) 유시보우(惟時保佑) 실뢰신휴(實賴神休) 감이주찬(敢以酒饌) 경신전헌(敬伸奠獻) 상향(尙饗)

●사신내철이퇴(辭神乃徹而退)

주자왈(朱子曰) 제의이묘제절사위부가(祭儀以墓祭節祀爲不可) 연선정개언(然先正皆言) 묘제부해의리(墓祭不害義理) 우절물소상(又節物所尙) 고인미유고지어시제(古人未有故止於時祭) 금인시절수속연음(今人時節隨俗燕飮) 각이기물(各以其物) 조고생존지일(祖考生存之日) 개상용지(蓋嘗用之) 금자손부폐(今子孫不廢) 차이능괄연어조종호(此而能恝然於祖宗乎)○개장수고묘이후고묘(改葬須告廟而後告墓) 방계묘이장(方啓墓以葬) 장필전이귀(葬畢奠而歸) 우고묘곡이후필(又告廟哭而後畢) 사방온당(事方穩當) 행장경부필출주(行葬更不必出主) 제고시각출주어침(祭告時却出主於寢)○제사지례(祭祀之禮) 역지득의본자주(亦只得依本子做) 성경지외(誠敬之外) 별미유저력처야(別未有著力處也)○변두보궤기기(籩豆簠簋之器) 내고인소용(乃古人所用) 고당시제향(故當時祭享) 개용지(皆用之) 금이연기대제기(今以燕器代祭器) 상찬대조육(常饌代俎肉) 저전대폐백(楮錢代幣帛) 시역이평생소용시위종의야(是亦以平生所用是謂從宜也)○상서계자운(嘗書戒子云) 비견묘제토신지례(比見墓祭土神之禮) 전연멸렬(全然減裂) 오심구언(吾甚懼焉) 기위선공탁체산림(旣爲先公托體山林) 이사기주자(而祀其主者) 기가여차(豈可如此) 금후가여묘전일양(今後可與墓前一樣) 채과자포반다탕각일기(菜果鮓脯飯茶湯各一器) 이진오녕친사신지의(以盡吾寧親事神之意) 물령기유강살(勿令其有降殺)○류씨장왈(劉氏璋曰) 주원양제록왈(周元陽祭錄曰) 당개원래허한식상묘(唐開元勅許寒食上墓) 동배소례(同拜掃禮) 약배소비한식(若拜掃非寒食) 칙선기복일(則先期卜日) 고자종자거타국(古者宗子去他國) 서자무묘(庶子無廟) 공자허망묘위단(孔子許望墓爲壇) 이시제사(以時祭祀) 즉금지한식상묘의(卽今之寒食上墓義) 혹유빙의(或有憑依) 부복일이(不卜日耳) 금혹기환우어타방(今或羈宦寓於他邦) 부급차시배소송가(不及此時拜掃松檟) 칙한식재가(則寒食在家) 역가사제(亦可祀祭)○부인사지후(夫人死之後) 장형어원야지중(葬形於原野之中) 여세격절(與世隔絶) 효자추모지심(孝子追慕之心) 하유한극(何有限極) 당한서변이지제(當寒暑變移之際) 익용증감(益用增感) 시의성알분묘(是宜省謁墳墓) 이우시사지경(以寓時思之敬) 금한식상묘지제(今寒食上墓之祭) 수례경무문(雖禮經無文) 세대상전(世代相傳) 침이성속(浸以成俗) 상자만승유상릉지례(上自萬乘有上陵之禮) 하달서인유상묘지제(下達庶人有上墓之祭) 전야도로(田野道路) 사녀편만(士女徧滿) 조례용개지도(皂隷庸丐之徒) 개득이등부모구롱(皆得以登父母丘壟) 마의하휴지귀(馬醫夏畦之鬼) 무유부수자손추양자(無有不受子孫追養者) 범제사품미(凡祭祀品味) 역칭인가빈부(亦稱人家貧富) 부귀풍전(不貴豐腆) 귀재수결(貴在脩潔) 경극성각이이(罄極誠愨而已) 사망여사존(事亡如事存) 제사지시(祭祀之時) 차심치경(此心致敬) 상재호조종(常在乎祖宗) 이조종양양여재(而祖宗洋洋如在) 안득부격아지성(安得不格我之誠) 이흠아지사호(而歆我之祀乎)○황씨서절왈(黃氏瑞節曰) 남헌장씨차사마공장자정자삼가지서(南軒張氏次司馬公張子程子三家之書) 위관혼상제례오권(爲冠昏喪祭禮五卷) 가례개참삼가지설(家禮蓋參三家之說) 작고금지의(酌古今之宜) 이대의은연이종법위주(而大意隱然以宗法爲主) 부가이불강야(不可以弗講也) 연례서지비(然禮書之備) 유의례경전집해(有儀禮經傳集解) 역주자소집차운(亦朱子所輯次云)

▶가례권제칠(家禮卷第七) 기묘사월일(己卯四月日) 예각교인(藝閣校印)◀

⊙제례(祭禮)가례주(家禮註)

구봉선생집권지구(龜峯先生集卷之九) 가례주설삼(家禮註說三)

기왈(記曰)。제자(祭者)。소이추양계효야(所以追養繼孝也)。주왈(註曰)。추기부급지양(追其不及之養)。이계기미진지효야(而繼其未盡之孝也)。○주자왈(朱子曰)。고인성실(古人誠實)。직시견득유명일치(直是見得幽明一致)。여재기상하좌우(如在其上下左右)。비심지기부연(非心知其不然)。고위시언(姑爲是言)。이설교야(以設敎也)。○주자왈(朱子曰)。자조혼복백(自弔魂復魄)。립중설주(立重設主)。편시상요접속타사자정신재저리(便是常要接續他些子精神在這裡)。○우왈(又曰)。성인교인자손상상제사(聖人敎人子孫常常祭祀)。야요취득타(也要聚得他)。○문(問)。기왈(旣曰)왕위귀(往爲鬼)。하고위조고래격(何故謂祖考來格)。주자왈(朱子曰)。소위래격(所謂來格)。역략유신저의사(亦略有神底意思)。이아지정신(以我之精神)。감피지정신(感彼之精神)。개위차야(蓋謂此也)。○공자왈(孔子曰)。사천하지인(使天下之人)。제명성복(齊明盛服)。이승제사(以承祭祀)。양양호여재기상(洋洋乎如在其上)。여재기좌우(如在其左右)。문(問)。양양여재(洋洋如在)。주자왈(朱子曰)。역수자가유이감지(亦須自家有以感之)。시득(始得)。○기왈(記曰)。효자지제야(孝子之祭也)。진퇴필경(進退必敬)。여친청명(如親聽命)。주왈(註曰)。진퇴지간(進退之間)。여친령부모지명(如親聆父母之命)。약유사지자(若有使之者)。○문귀신지의(問鬼神之義)。래교운(來敎云)。지사상채조고정신(只思上蔡祖考精神)。편시자가정신일구(便是自家精神一句)。칙가견기묘맥의(則可見其苗脈矣)。모상독태극도의(某嘗讀太極圖義)。유운인물지시(有云人物之始)。이기화이생자야(以氣化而生者也)。기취성형(氣聚成形)。칙형교기감(則形交氣感)。수이형화(遂以形化)。인물생생(人物生生)。변화무궁(變化無窮)。시지인물재천지간(是知人物在天地間)。기생생부궁자고리야(其生生不窮者固理也)。기취이생(其聚而生)。산이사자칙기야(散而死者則氣也)。유시리칙유시기(有是理則有是氣)。기취어차(氣聚於此)。칙기리역명어차야(則其理亦命於此)。금소위기자(今所謂氣者)。기이화이무유의(旣已化而無有矣)。칙소위리자(則所謂理者)。억어하이우야(抑於何而寓耶)。연오지차신(然吾之此身)。즉조고지유체(卽祖考之遺體)。조고지소구이위조고자(祖考之所具以爲祖考者)。개구어아이미상망야(皆具於我而未嘗亡也)。시기혼승백강(是其魂陞魄降)。수이화이무유(雖已化而無有)。연리지근어피자(然理之根於彼者)。기무지식(旣無止息)。기지구어아자(氣之具於我者)。무복간단(無復間斷)。오능치정갈성이구지(吾能致精竭誠以求之)。차기기순일이무소잡(此氣旣純一而無所雜)。칙차리자소저이부가엄(則此理自昭著而不可掩)。차기묘맥지교연가도자야(此其苗脈之較然可覩者也)。상채운(上蔡云)。삼일재칠일계(三日齋七日戒)。구제음양상하(求諸陰陽上下)。지시요집자가정신(只是要集自家精神)。개아지정신(蓋我之精神)。즉조고지정신(卽祖考之精神)。재아자기신(在我者旣身)。즉시조고지래격야(卽是祖考之來格也)。주자왈(朱子曰)。소유귀신지설(所喩鬼神之說)。심정밀(甚精密)。○자사왈(子思曰)。부미지현(夫微之顯)。성지부가엄여차부(誠之不可掩如此夫)。연평리씨왈(延平李氏曰)。어승제사시(於承祭祀時)。귀신지리(鬼神之理)。소연역견(昭然易見)。○문(問)。방친급자시일기(旁親及子是一氣)。지어제처급외친(至於祭妻及外親)。기정신(其精神)。비친지정신의(非親之精神矣)。기어차단이심감지이부이기호(豈於此但以心感之而不以氣乎)。주자왈(朱子曰)。개본종일원중류출(蓋本從一源中流出)。초무간격(初無間隔)。수천지산천귀신(雖天地山川鬼神)。역연야(亦然也)。○기왈(記曰)。치인지도(治人之道)。막급어례(莫急於禮)。례유오경(禮有五經)。막중어제(莫重於祭)。주(註)。오례(五禮)。길흉군빈가(吉凶軍賓嘉)。○기왈(記曰)。제자(祭者)。교지본야(敎之本也)。○우왈(又曰)。제유십륜언(祭有十倫焉)。견사귀신지도언(見事鬼神之道焉)。견군신지의언(見君臣之義焉)。견부자지륜언(見父子之倫焉)。견귀천지등언(見貴賤之等焉)。견친소지살언(見親疏之殺焉)。견작상지시언(見爵賞之施焉)。견부부지별언(見夫婦之別焉)。견정사지균언(見政事之均焉)。견장유지서언(見長幼之序焉)。견상하지제언(見上下之際焉)。차지위십륜(此之謂十倫)。○기왈(記曰)。제부욕수(祭不欲數)。수칙번(數則煩)。번칙부경(煩則不敬)。제부욕소(祭不欲疏)。소칙태(疏則怠)。태칙망(怠則忘)。○상서대전(尙書大傳)。제지위언(祭之爲言)。찰야(察也)。찰자(察者)。지야(至也)。인사지결제(人事至缺祭)。○공자왈(孔子曰)。중생필사(衆生必死)。사필귀토(死必歸土)。차지위귀(此之謂鬼)。골육폐우하(骨肉斃于下)。음거성위야토(陰去聲爲野土)。기기발양우상(其氣發揚于上)。위소명훈호처창(爲昭明焄蒿悽愴)。차백물지정신저야(此百物之精神著也)。주자왈(朱子曰)。귀신지로광경(鬼神之露光景)。시소명(是昭明)。기기증상(其氣蒸上)。감촉인자(感觸人者)。시훈호(是焄蒿)。사인정신름연송연(使人精神凜然竦然). 시처창(是悽愴). ○문(問). 천지산천유개물사(天地山川有箇物事). 기신가치(其神可致). 인사기산(人死氣散). 여하치지(如何致之). 주자왈(朱子曰). 지시일기(只是一氣). 자손유개기재차(子孫有箇氣在此). 필경시인하유차(畢竟是因何有此). 기소자래(其所自來). 개자궐초생민(蓋自厥初生民). 기화지조상전도차(氣化之祖相傳到此). 지시차기(只是此氣). ○주자왈(朱子曰). 자천지언지(自天地言之). 지시일개기(只是一箇氣). 자일신언지(自一身言之). 아지기즉조선지기(我之氣卽祖先之氣). 역지시일개기(亦只是一箇氣). 소이재감필응(所以緣感必應). ○곡례(曲禮). 제사부언흉(祭事不言凶). 주(註). 제(祭). 길사야(吉事也). 길흉부상간(吉凶不相干). ○역지췌왈(易之萃曰). 왕가리백절유묘(王假吏白切有廟). 주자왈(朱子曰). 묘소이취조고지정신(廟所以聚祖考之精神). 인필능취기지정신(人必能聚己之精神). 가이지우묘이승조고야(可以至于廟而承祖考也). ○정자왈(程子曰). 천하췌합인심(天下萃合人心). 총섭중지지도(總攝衆志之道). 막과어종묘제사지보본어인심(莫過於宗廟祭祀之報本於人心). 성인제례(聖人制禮). 이성기덕이(以成其德耳). ○우역왈(又易曰). 췌부이정(萃不以正). 기능향호(其能享乎). ○곡례왈(曲禮曰). 비기소제이제지(非其所祭而祭之). 명왈음사(名曰淫祀). ○북계진씨왈(北溪陳氏曰). 금인어제자기조종(今人於祭自己祖宗). 각도로망(却都鹵莽). 외면사타귀신(外面祀他鬼神). 필극성경(必極誠敬). 부지타귀신어기(不知他鬼神於己). 하상간섭(何相干涉). 약시정신(若是正神). 부흠비류(不歆非類). 약시음사(若是淫邪). 절식이이(竊食而已). 필무강복지리(必無降福之理). ○문(問). 조선비사인(祖先非士人). 이자손욕변기가풍(而子孫欲變其家風). 이례제지(以禮祭之). 조선부효(祖先不曉). 각여하(却如何). 주자왈(朱子曰). 공효득(公曉得). 조선편효득(祖先便曉得). ○기왈(記曰). 유성인위능향제(惟聖人爲能饗帝). 효자위능향친(孝子爲能饗親). 향자(饗者). 향야(鄕也). 향지연후위능향언(鄕之然後爲能饗焉). 주왈(註曰). 지지소향연후능향(志之所鄕然後能饗). ○주자왈(朱子曰). 제사지감격(祭祀之感格). 비유일물적우공허지중(非有一物積于空虛之中). 이대자손지구야(以待子孫之求也). 진기성경감격지시(盡其誠敬感格之時). 차기고우차야(此氣固寓此也). ○정자왈(程子曰). 범사사지리(凡事死之理). 당후어봉생자(當厚於奉生者). 주자왈(朱子曰). 단이성경위주(但以誠敬爲主). 기타의칙(其他儀則). 수가풍약(隨家豐約). 여일갱일반(如一羹一飯). 개가자진기성(皆可自盡其誠). (안(按))가가사신(家家事神). 의후어봉생(宜厚於奉生). 역부필구차품수야(亦不必拘此品數也). ○증자문왈(曾子問曰). 종자위사(宗子爲士). 서자위대부(庶子爲大夫). 기제여지하(其祭如之何). 공자왈(孔子曰). 이상생제어종자지가(以上牲祭於宗子之家). 축왈효자모(祝曰孝子某). 위개자천기상사(爲介子薦其常事). ○기왈(記曰). 부제자(夫祭者). 비물자외지자야(非物自外至者也). 자중출생어심자야(自中出生於心者也). 주(註). 진기심자(盡其心者). 제지본(祭之本). 진기물자(盡其物者). 제지말야(祭之末也). ○공자왈(孔子曰). 부위대부(父爲大夫). 자위사(子爲士). 장이대부(葬以大夫). 제이사(祭以士). 부위사(父爲士). 자위대부(子爲大夫). 장이사(葬以士). 제이대부(祭以大夫). 주자왈(朱子曰). 제용생자지록(祭用生者之祿). (안(按))이사지록대부지록(以士之祿大夫之祿). 기득풍살우제(旣得豐殺于祭). 칙빈부역연(則貧富亦然). 부필구일례야(不必拘一例也). ○역지손왈(易之損曰). 갈지용이궤(曷之用二簋). 가용향(可用享). 정자왈(程子曰). 손자(損者). 손부말이취본실야(損浮末而就本實也). 향사지례(享祀之禮). 성경위본(誠敬爲本). 희과기성칙위위의(餙過其誠則爲僞矣). 고운이궤지약(故云二簋之約). 가용향제(可用享祭). 향제(享祭). 성위본야(誠爲本也). ○기왈(記曰). 외칙진물(外則盡物). 내칙진지(內則盡志). (안(按))물여성교진(物與誠交盡). 연후가이위제(然後可以爲祭). ○기왈(記曰). 효자장제(孝子將祭). 려사부가이부예(慮事不可以不預). 비시구물(比時具物). 부가이부비(不可以不備). 허중이치지(虛中以治之). 주왈(註曰). 비시(比時). 급시야(及時也). 허중(虛中). 심무잡념야(心無雜念也). ○역왈(易曰). 동린살우(東隣殺牛). 부여서린지약제(不如西隣之禴祭). 실수기복(實受其福). 주(註). 살우(殺牛). 성제야(盛祭也). 약제(禴祭). 박제야(薄祭也). ○경전왈(經傳曰). 서자부칙구이생(庶子富則具二牲). 헌기현자어종자(獻其賢者於宗子). 종사이후감사제(終事而後敢私祭). 현유선야소왈(賢猶善也疏曰). 대종소종개연(大宗小宗皆然). ○왕제왈(王制曰). 상제(喪祭). 용부족왈폭(用不足曰暴). 유여왈호(有餘曰浩). 제풍년부사(祭豐年不奢). 흉년부검(凶年不儉). 주(註). 폭(暴). 언부제정야(言不齊整也). 호(浩). 범람지의(泛濫之義). (안(按))례유정제(禮有定制). 역부가가손야(亦不可加損也).

◆사시제(四時祭)

공자왈(孔子曰). 춘추제사(春秋祭祀). 이시사지(以時思之). ○기왈(記曰). 제칙관기경이시야(祭則觀其敬以時也

(祭則觀其敬而時也)。주왈(註曰)。례시위대(禮時爲大)。○공양자왈(公羊子曰)。사부급자사자
(士不及玆四者)。칙동부구하부갈(則冬不裘夏不葛)。주(註)。사자(四者)。사시지제야(四時之祭
也)。

◆하휴(何休) <small>소주하삼조동(小註下三條同)</small>
한서(漢書)。하휴자각공(何休字卻公)。연정륙경(研精六經)。

◆특돈(特豚)
사혼례주(士婚禮註)。특유일야(特猶一也)。

◆춘천구<small>지</small>이안(春薦韭止以雁)
왕제본주(王制本註)。구지성온(韭之性溫)。칙양류야(則陽類也)。고이배석(故以配郊)。음물고야
(陰物故也)。맥여서(麥與黍)。개남방지곡(皆南方之穀)。역양류야(亦陽類也)。고배이어여돈(故
配以魚與豚)。개음류야(皆陰類也)。도위서방지곡(稻爲西方之穀)。칙음류야(則陰類也)。고배이
안(故配以雁)。안양물고야(雁陽物故也)。식물지양자(植物之陽者)。배이동물지음(配以動物之
陰)。식물지음자(植物之陰者)。배이동물지양(配以動物之陽)。역사양부승음(亦使陽不勝陰)。음
부승양이이(陰不勝陽而已)。

◆서수부유생(庶羞不踰牲)
왕제왈(王制曰)。서수부유생(庶羞不踰牲)。연의부유제복(燕衣不踰祭服)。침부유묘(寢不踰廟)。
주(註)。차삼자(此三者)。개언박어봉기(皆言薄於奉己)。후어사신야(厚於事神也)。(안(按))금간
본문(今看本文)。여고씨소인(與高氏所引)。의초이(義稍異)。

◆추차세사(諏此歲事) <small>대주하이조동(大註下二條同)</small>
추(諏)。취모야(聚謀也)。

◆적기조고(適其祖考)
적의소필종왈적(適意所必從曰適)。<small>개출운회(皆出韻會)</small>

◆내월모일지사우조고(來月某日止事于祖考)
[안(按)]녜제(禰祭)。칭개조고비위고비(稱改祖考妣爲考妣)。칙금어고하락비자(則今於考下落妣
字)。

◆맹선(孟詵) <small>소주하동(小註下同)</small>
맹선(孟詵)。당감(唐鑑)。등진사치사(登進士致仕)。소재춘추급양주(所在春秋給羊酒)。

◆이지이분(二至二分)
문(問)。시제용청명지류(時祭用淸明之類)。혹시기일(或是忌日)。칙여지하(則如之何)。주자왈

(朱子曰)。각부사량도차(却不思量到此)。고인소이귀어복일야(古人所以貴於卜日也)。[안(按)]주
자지언(朱子之言)。우여차(又如此)。이분이지(二分二至)。정부가위식야(定不可爲式也)。

◆재계(齋戒)
기왈(記曰)。재지위언(齋之爲言)。제야(齊也)。제부제(齊不齊)。이치재자야(以致齋者也)。○기
왈(記曰)。장제야(將齊也)。방기사물(防其邪物)。흘기기욕(訖其耆欲)。이부청악(耳不聽樂)。우
왈(又曰)。심부구려(心不苟慮)。필의어도(必依於道)。수족부구동(手足不苟動)。필의어례(必依
於禮)。○우왈(又曰)。산재칠일이정지(散齋七日以定之)。치재삼일이제지(致齋三日以齊之)。정
지지위제(定之之謂齊)。제자(齊者)。정명지지야(精明之至也)。연후가이교어신명(然後可以交於
神明)。○기왈(記曰)。치재어내(致齋於內)。산재어외(散齋於外)。○기왈(記曰)。제자(齊者)。부
악부조(不樂不弔)。주왈(註曰)。악칙산(樂則散)。애칙동(哀則動)。개유해어제야(皆有害於齊
也)。

◆부득여훈(不得茹葷) <small>대주(大註)</small>

훈(葷)。순자주(荀子註)。총해야(蔥薤也)。○이아익운(爾雅翼云)。대산소산흥거자총각총위오훈(大蒜小蒜興渠慈蔥茖蔥爲五葷)。

◆재지일(齋之日) °사기거처(思其居處) °소주하륙조동(小註下六條同)

정자왈(程子曰)。사기거처(思其居處)。사기소어(思其笑語)。차효자평일사친지심(此孝子平日思親之心)。비제야(非齊也)。제부용유사(齊不用有思)。유사즉비제(有思則非齊)。제삼일(齊三日)。필견기소위제자(必見其所爲齊者)。차비성인지어(此非聖人之語)。제자(齊者)。담연순일(湛然純一)。방능여귀신접(方能與鬼神接)。연능사귀신(然能事鬼神)。이시상일등인(已是上一等人)。(안(按))정자지설고(程子之說高)。이무하수처(而無下手處)。공혹미온(恐或未穩)。

◆수칠묘오묘(雖七廟五廟) °역지어고조(亦止於高祖) °

왕제(王制)。천자칠묘(天子七廟)。삼소삼목(三昭三穆)。여태조지묘(與太祖之廟)。제후오묘(諸侯五廟)。이소이목(二昭二穆)。여태조지묘(與太祖之廟)。대부삼묘(大夫三廟)。일소일목(一昭一穆)。여태조지묘(與太祖之廟)。사일묘(士一廟)。서인제어침(庶人祭於寢)。(안(按))개강살이량(皆降殺以兩)。○주자왈(朱子曰)。조유공이종유덕(祖有功而宗有德)。시위백세부천지묘(是爲百世不遷之廟)。○주자왈(朱子曰)。천자태조(天子太祖)。백세부천(百世不遷)。일소일목위종(一昭一穆爲宗)。역백세부천(亦百世不遷)。이소이목(二昭二穆)。위사친묘(爲四親廟)。친진즉체천(親盡則遞遷)。제후즉무이종(諸侯則無二宗)。대부우무이묘(大夫又無二廟)。기천훼지차(其遷毁之次)。즉여천자동(則與天子同)。○제법(祭法)。대부삼묘(大夫三廟)。무고조묘(無高祖廟)。○제법(祭法)。왕립칠묘(王立七廟)。제후립오묘(諸侯立五廟)。왕급제후월제지대부립삼묘(王及諸侯月祭之大夫立三廟)。향상내지의례경전전왈(享嘗乃止儀禮經傳傳曰)。주일제(周日祭)。주(註)。일제어조고(日祭於祖考)。위상식야(謂上食也)。한역연(漢亦然)。○주자왈(朱子曰)。태조태종인종(太祖太宗仁宗)。공덕무성(功德茂盛)。의준주지문무(宜準周之文武)。백세부천(百世不遷)。호위세실(號爲世室)。종역왈세실(宗亦曰世室)。(안(按))주자욕이희조위시조(朱子欲以僖祖爲始祖)。백세부천(百世不遷)。고이태조태종위세실(故以太祖太宗爲世室)。무상수(無常數)。구유공덕즉종지(苟有功德則宗之)。부가예위설수(不可預爲設數)。은유삼종(殷有三宗)。주공거지(周公擧之)。이권성왕(以勸成王)。유시언종무수야(由是言宗無數也)。어의출주자대전(語意出朱子大全)。○주자우이고종중흥고(朱子又以高宗中興故)。역욕위세실이부천지(亦欲爲世室而不遷之)。○주자왈(朱子曰)。주제(周制)。후직시봉(后稷始封)。문무수명이왕(文武受命而王)。고삼묘부훼(故三廟不毁)。여친묘사이칠자(與親廟四而七者)。제유지설야(諸儒之說也)。위삼소삼목여태조지묘이칠(謂三昭三穆與太祖之廟而七)。문무위종(文武爲宗)。부재수중자(不在數中者)。류흠지설야(劉歆之說也)。기수부동(其數不同)。류흠설교시(劉歆說較是)。

◆월제향상지별(月祭享嘗之別)

경전경왈선왕일제월향시류세사제후사일경대부사월서인사시주삼일제어조고월향어증조시류급이조세사어단선(經傳經曰先王日祭月享時類歲祀諸侯舍日卿大夫舍月庶人舍時註三日祭於祖考月享於曾祖時類及二祧歲祀於壇墠) 출국어(出國語)

◆대부유사(大夫有事)。성어기군(省於其君)。간협(干祫)。

대전(大傳)。대부사유대사(大夫士有大事)。성어기군(省於其君)。간협(干祫)。급기고조(及其高祖)。주(註)。대사(大事)。위협제야(謂祫祭也)。부감사자거행(不敢私自擧行)。성어기군(省於其君)。이군사지(而君賜之)。내득행언(乃得行焉)。이기협야상급고조(而其祫也上及高祖)。간자(干者)。자하간상지의(自下干上之義)。이비자이행존자지례(以卑者而行尊者之禮)。고위지간협(故謂之干祫)。

◆이주(二主)

(按)내하문영여사판야(乃下文影與祀板也)。

◆지자소득자주지제(支子所得自主之祭)

[안(按)]지자자주지제(支子自主之祭)。내계니계조등소종야(乃繼禰繼祖等小宗也)。즉사당장소위제지차일(卽祠堂章所謂祭之次日)。각령차위자손자제자야(却令次位子孫自祭者也)。

◆혹이물조지(或以物助之)

정자왈(程子曰)。지자수부제(支子雖不祭)。재계치성(齋戒致誠)。여주제자부이(與主祭者不異)。가여칙이신집사(可與則以身執事)。부가여칙이물조(不可與則以物助)。

◆성생(省牲)
의례경전왈(儀禮經傳曰)。생잉(牲孕)。제제부용(祭帝不用)。(안(按))부단제제(不但祭帝)。범제개의부용(凡祭皆宜不用)。

◆구찬(具饌)
[안(按)]사시구찬(四時具饌)。범언어육(泛言魚肉)。이수무용생명문(而雖無用生明文)。주자왈(朱子曰)。대저귀신(大抵鬼神)。용생물(用生物)。제자(祭者)。개시가생기위령(皆是假生氣爲靈)。고인흔종흔구(古人釁鐘釁龜)。개차의야(皆此意也)。사마공제의(司馬公祭儀)。역용생(亦用生)。가례(家禮)。시조역용생(始祖亦用生)。의용생무의의(宜用生無疑矣)。

◆만두(饅頭) 대주하이조동(大註下二條同)
운회(韻會)。만두(饅頭)。병야(餠也)。

◆고(糕)
혹작고(或作餻)。주례(周禮)。변인(籩人)。구이분자(糗餌粉餈)。주(註)。방언이(方言餌)。위지고자(謂之餻餈)。기주(記註)。도(稻)。병야(餠也)。취미도지(炊米搗之)。분자(粉餈)。이두위분(以豆爲粉)。 출내칙(出內則)

◆일곶(一串)
한시(韓詩)。여이육관곶(如以肉貫串)。곶(串)。초한절운회(初限切韻會)。작찬(作弗)。

◆회헌(膾軒) 소주하동(小註下同)
내칙(內則)。성식(腥食)。세절위회(細切爲膾)。대절위헌(大切爲軒)。

◆수향토소유(隨鄕土所有)°
예기운(禮器云)。천부생(天不生)。지부양(地不養)。군자부이위례(君子不以爲禮)。귀신부향야(鬼神不饗也)。거산이어별위례(居山以魚鼈爲禮)。거택이록시위례(居澤以鹿豕爲禮)。군자위지부지례(君子謂之不知禮)。주(註)。천부생(天不生)。위비시지물야(謂非時之物也)。지부양(地不養)。여산지어별(如山之魚鼈)。택지록시(澤之鹿豕)。

◆현주(玄酒) 대주하동(大註下同)
예운주(禮運註)。태고무주(太古無酒)。용수행례(用水行禮)。후왕중고(後王重古)。명위현주(名爲玄酒)。제칙설어실이근북야(祭則設於室而近北也)。○구씨역왈(丘氏亦曰)。실수이점다(實水以點茶)。

◆치탄우로(熾炭于爐)
구씨준왈(丘氏濬曰)。치탄자간육(熾炭炙肝肉)。(안(按))역용난주(亦用煖酒)。

◆질명(質明)
단궁왈(檀弓曰)。하후씨대사용혼(夏后氏大事用昏)。상인대사용일중(商人大事用日中)。주인대사용일출(周人大事用日出)。하상흑용혼(夏尙黑用昏)。고제기암(故祭其闇)。상상백용일중(商尙白用日中)。고제기양(故祭其陽)。주상적용일출(周尙赤用日出)。고제이조급암(故祭以朝及闇)。(안(按))자로제어계씨(子路祭於季氏)。질명이행사(質明而行事)。안조이퇴(晏朝而退)。공자취지(孔子取之)。차주례야(此周禮也)。연례여기실어안야(然禮與其失於晏也)。녕조(寧早)。

◆봉주취위(奉主就位)
곡례왈(曲禮曰)。범봉자당심(凡奉者當心)。제자당대(提者當帶)。○주자왈(朱子曰)。신주지위동향(神主之位東向)。시재신주지북(尸在神主之北)。우왈(又曰)。하립시(夏立尸)。상좌시(商坐尸)。주려수(周旅酬)。선왕의복(先王衣服)。장지묘중(藏之廟中)。림제의시(臨祭衣尸)。○자왈(子曰)。고자남위남시(古者男爲男尸)。녀위녀시(女爲女尸)。자주이래(自周以來)。녀무가이위시자(女無可以爲尸者)。고무녀시(故無女尸)。후세수무시(後世遂無尸)。능위시자(能爲尸者)。역비심상인(亦非尋常人)。○주자왈(朱子曰)。의례(儀禮)。주공제태산(周公祭泰山)。소공위시(召公爲尸)。○(우안(愚按))무가시이시례기폐(無可尸而尸禮旣廢)。무가제이제례장폐(無可祭而祭禮將廢)。시례폐이유주가제(尸禮廢而有主可祭)。제례폐이수가위제(祭禮廢而誰可爲祭)。주제자가부동념(主祭者可不動念)。

◆성복(盛服) <small>대주하동(大註下同)</small>

[보(補)]곡례(曲禮)。유전록자(有田祿者)。선위제복(先爲祭服)。제복폐칙분지(祭服弊則焚之)。제기폐칙매지(祭器弊則埋之)。생사칙매지(牲死則埋之)。주(註)。인소용칙분지(人所用則焚之)。양야(陽也)。귀신소용칙매지(鬼神所用則埋之)。음야(陰也)。

◆주부서계하(主婦西階下)

[안(按)]고일지의(告日之儀)。무서계위차(無西階位次)。고금우별록(故今又別錄)。개동삭망의(皆同朔望儀)。

◆관용울(灌用鬱) <small>소주(小註)</small>

교특생주(郊特牲註)。주인상기취(周人尙氣臭)。선구제음(先求諸陰)。고생지미살(故牲之未殺)。선작창주(先酌鬯酒)。관지이구신(灌地以求神)。이창지유방기야(以鬯之有芳氣也)。우도울김향초(又搗鬱金香草)。화합창주(和合鬯酒)。사향기자심(使香氣滋甚)。이취이구제음(以臭而求諸陰)。기취하달어연천의(其臭下達於淵泉矣)。소(蕭)。향호야(香蒿也)。취호급생지지료(取蒿及牲之脂膋)。합서직이소(合黍稷而燒)。사방달어장옥지간(使旁達於墻屋之間)。시이취이구제양야(是以臭而求諸陽也)。차천자제후지례(此天子諸侯之禮)。구씨준왈(丘氏濬曰)。창용거서위주야(鬯用秬黍爲酒也)。<small>료음료장간지야(膋音僚腸間脂也)</small>

◆분향(焚香) <small>대주하동(大註下同)</small>

[안(按)]사당장(祠堂章)。강신(降神)。분향재배(焚香再拜)。뢰주재배(酹酒再拜)。소이구제양재배(所以求諸陽再拜)。구제음재배야(求諸陰再拜也)。금궐분향재배(今闕焚香再拜)。부가부첨입(不可不添入)。○어류운(語類云)。온공서의(溫公書儀)。이향대설소(以香代爇蕭)。양자직부용(揚子直不用)。이위향지시불가용지(以爲香只是佛家用之)。○구준왈(丘濬曰)。안고무금세지향(按古無今世之香)。한이전(漢以前)。지시분란지소애지류(只是焚蘭芷蕭艾之類)。후백월입중국(後百越入中國)。시유지(始有之)。수무고례(雖無古禮)。연통용이구(然通用已久)。귀신역안지의(鬼神亦安之矣)。

◆면복흥재배(俛伏興再拜)

[안(按)]사당장(祠堂章)。뢰주(酹酒)。복흥소퇴이재배(伏興少退而再拜)。금궐의첨입(今闕宜添入)。

◆이모축작(以茅縮酌) <small>소주(小註)</small>

주례천관(周禮天官)。제사공소모(祭祀供蕭茅)。주(註)。소독위축(蕭讀爲縮)。속모립지(束茅立之)。옥주기상(沃酒其上)。주삼하거(酒滲下去)。약신음지(若神飮之)。고위지축(故謂之縮)。○우좌전(又左傳)。제환벌초왈(齊桓伐楚曰)。이공포모부입(爾貢包茅不入)。무이축주(無以縮酒)。

◆진찬(進饌)

곡례(曲禮)。진식지례(進食之禮)。식거인지좌(食居人之左)。갱거인지우(羹居人之右)。소왈(疏曰)。조거좌습거우(燥居左濕居右)。

◆주인승(主人陞) °주부종지(主婦從之) ° <small>대주하사조동(大註下四條同)</small>

[안(按)]기왈(記曰)。제야자(祭也者)。필부부친지(必夫婦親之)。소이비내외지관야(所以備內外之官也)。자한이래(自漢以來)。후무입묘지사(后無入廟之事)。상순지금(相循至今)。고자(古者)。종묘구헌(宗廟九獻)。왕급후각사신일지례수폐(王及后各四臣一之禮遂廢)。

◆제지모상(祭之茅上)

어왈(語曰)。군제선반(君祭先飯)。○호광왈(胡廣曰)。고자(古者)。빈득주인찬(賓得主人饌)。즉로자일인(則老者一人)。거주이제지(擧酒以祭地)。고범관명제주(故凡官名祭酒)。개일위지장(皆一位之長)。○[안(按)]준이고례(準以古禮)。칙의고조고독제(則宜高祖考獨祭)。이매위개제(而每位皆祭)。사미가지야(似未可知也)。연주자혼제각위(然朱子渾祭各位)。필유소견(必有所見)。금부가개(今不可改)。

◆자간우로(炙肝于爐)
[안(按)]자유이음(炙有二音)。육지방번입성(肉之方燔入聲)。이번거성(已燔去聲)。

◆자성(粢盛)
자(粢)。광운(廣韻)。제반(祭飯)。성(盛)。고금운회(古今韻會)。재기왈성(在器曰盛)。우곡례주(又曲禮註)。제사지반(祭祀之飯)。위지자성(謂之粢盛)。

◆유모강렵(柔毛剛鬣)
곡례(曲禮)。천자이희우(天子以犧牛)。제후이비우(諸侯以肥牛)。대부이색우(大夫以索牛)。사이양시(士以羊豕)。(안(按))주(註)。색순왈희(色純曰犧)。양어척자왈비(養於滌者曰肥)。구이용지왈색(求而用之曰索)。○범제우왈일원대무(凡祭牛曰一元大武)。주(註)。원(元)。두야(頭也)。무(武)。족적(足迹)。우비칙적대(牛肥則迹大)。○시왈강렵(豕曰剛鬣)。시비칙렵강(豕肥則鬣剛)。○돈왈돌(豚曰腯)。음돌비돌자(音突肥腯者)。충만지모(充滿之貌)。○양왈유모(羊曰柔毛)。양비칙모세이유(羊肥則毛細而柔)。○계왈한음(鷄曰翰音)。한(翰)。장야(長也)。계비칙성장(鷄肥則聲長)。○견왈갱헌(犬曰羹獻)。견비칙가위갱이헌(犬肥則可爲羹以獻)。○치왈소지(雉曰疏趾)。치비칙량족개장(雉肥則兩足開張)。고왈소지(故曰疏趾)。○토왈명시(兎曰明視)。토비칙시명(兎肥則視明)。○포왈윤제(脯曰尹祭)。윤(尹)。정야(正也)。포욕전할방정(脯欲剸割方正)。○고어왈상제(槀魚曰商祭)。고(槀)。건야(乾也)。상(商)。도야(度也)。도기조습지의(度其燥濕之宜)。○선어왈정제(鮮魚曰脡祭)。정(脡)。직야(直也)。어지선자직(魚之鮮者直)。○수왈청척(水曰淸滌)。현주야(玄酒也)。가탁고왈청척(可濯故曰淸滌)。○주왈청작(酒曰淸酌)。고지주례(古之酒醴)。유청유조(有淸有糟)。미제자위조(未泲者爲糟)。기제자위청(旣泲者爲淸)。

◆초헌(初獻)
[보(補)]우제헌잔(虞祭獻盞)。집사위지(執事爲之)。시제칙주인위지(時祭則主人爲之)。○[안(按)]우제(虞祭)。초용제례(初用祭禮)。상인곡읍지여(喪人哭泣之餘)。미감자전(未堪自奠)。하득여시제동(何得與時祭同)。부단우제(不但虞祭)。신위유일(神位惟一)。고이이이(故異而已)。

◆소뢰궤식(少牢饋食)○사우특생(士虞特牲)○향사대사(鄕射大射) 소주하동(小註下同)
병의례편명(幷儀禮篇名)。

◆획자헌후(獲者獻侯)
주(註)。획자(獲者)。이후위공(以侯爲功)。시이헌위획중야(是以獻爲獲中也)。향사(鄕射)。동방위지우개(東方謂之右箇)。주(註)。후이향당위서(侯以鄕堂爲西)。소(疏)。좌우개(左右箇)。부변동서(不辨東西)。고기인명지(故記人明之)。

◆급시반중(扱匙飯中) 대주하동(大註下同)
급(扱)。고금운회(古今韻會)。통작삽(通作插)。○(안(按))시삽반중이서병(匙插飯中而西柄)。근류접상이정지의(筋留楪上而正之矣)。

◆차소위염야(此所謂厭也)
운회(韻會)。염여염동(厭與壓同)。거성(去聲)。포야(飽也)。○례기주(禮記註)。염유음염양염(厭有陰厭陽厭)。부지신지소재(不知神之所在)。어피어차(於彼於此)。개서기기향지이염어야(皆庶幾其享之而厭飫也)。 출증자문(出曾子問)

◆일식구반지경(一食九飯之頃) 小註
곡례(曲禮)。삼반(三飯)。소(疏)。삼반위삼반이고포(三飯謂三飯而告飽)。권내경식(勸乃更食)。

고삼반경(故三飯竟)。주인내도객식자야(主人乃道客食哉也)。차내빈주지례(此乃賓主之禮)。○천자십오반(天子十五飯)。제후십삼반(諸侯十三飯)。구반(九飯)。사례야(士禮也)。삼반우삼반우삼반(三飯又三飯又三飯)。출소뢰궤식례소(出小牢饋食禮疏)○소뢰궤식례주(小牢饋食禮註)。식대명소수왈반(食大名小數曰飯)。○특생궤식례주(特牲饋食禮註)。삼반(三飯)。례일성야(禮一成也)。우삼반우삼반(又三飯又三飯)。례삼성야(禮三成也)。

◆수조(受胙)

조음조(胙音阼)。제여야(祭餘也)。

◆채주(啐酒) 대주하팔조동(大註下八條同)

예기주왈(禮記註曰)。입구위채(入口爲啐)。주지치위제(酒至齒爲嚌)。채칠내절(啐七內切)。

◆하(嘏)

예운주(禮運註)。하(嘏)。위시치복주인지사야(爲尸致福主人之辭也)。고아반(古雅反)○예운주(禮運註)。제례축어시(祭禮祝於始)。하어종례지성야(嘏於終禮之成也)。

◆공(工)

시초자주(詩楚茨註)。선기사왈공(善其事曰工)。

◆승(承)

시초자주(詩楚茨註)。승(承)。전야(傳也)。

◆치다복우(致多福于)

기왈(記曰)。현자지제야(賢者之祭也)。필수기복(必受其福)。비세소위복야(非世所謂福也)。복자비야(福者備也)。비자(備者)。백순지명야(百順之名也)。○기왈(記曰)。명천지이이의(明薦之而已矣)。부구기위(不求其爲)。주왈(註曰)。부구기위(不求其爲)。무구복지심(無求福之心)。소위제사부기야(所謂祭祀不祈也)。

◆내여(來汝)

시초자주(詩楚茨註)。래독왈리사야(來讀曰釐賜也)。

◆물체인지(勿替引之)

시초자주(詩楚茨註)。인(引)。장야(長也)。

◆실우좌메(實于左袂)

소뢰궤식례주(少牢饋食禮註)。실어좌메(實於左袂)。편우수야(便右手也)。계(季)。유소야(猶小也)。

◆고리성(告利成)

의례(儀禮)。특생궤식(特牲饋食)。주운(註云)。리(利)。유양야(猶養也)。공양지례성(供養之禮成)。부언례필(不言禮畢)。유견시지혐(有遣尸之嫌)。○[안(按)]주자기후한위공(朱子旣後韓魏公)。이저수조례어차(而著受胙禮於此)。의종주자행지무의(宜從朱子行之無疑)。

◆사신(辭神)

문(問)。조고정신기산(祖考精神旣散)。필수삼일재칠일계(必須三日齋七日戒)。구제양구제음(求諸陽求諸陰)。방득타취(方得他聚)。연기취야숙홀도득(然其聚也倏忽到得)。도사기필(禱祠旣畢)。성경기산(誠敬旣散)。칙우숙연이산(則又倏然而散)。주자왈연(朱子曰然)。

◆철(徹)

제의왈(祭儀曰)。급제지후(及祭之後)。도도수수(陶陶遂遂)。여장복입연(如將復入然)。부욕거거(不欲遽去)。애경지무이야(愛敬之無已也)。○시왈(詩曰)。피지기기(被之祁祁)。박언환귀(薄言還歸)。주자왈(朱子曰)。기기(祁祁)。서지모(舒遲貌)。거사유의야(去事有儀也)。기왈(記曰)。제지일(祭之日)。악여애반(樂與哀半)。향지필악(饗之必樂)。이지필애(已至必哀)。주(註)。필악(必樂)。영기래야(迎其來也)。례필왕의(禮畢往矣)。고애야(故哀也)。

◆준(餕)

기왈(記曰)。준자(餕者)。제지말야(祭之末也)。고인유언왈(古人有言曰)。선종자여시(善終者如是)。준기시이(餕其是已)。주왈(註曰)。근부준지례자(謹夫餕之禮者)。신종여시야(愼終如始也)。○기왈(記曰)。제자(祭者)。택지대자야(澤之大者也)。상유대택(上有大澤)。칙혜필급하(則惠必及下)。고왈가이관정(故曰可以觀政)。주(註)。유준견혜(由餕見惠)。고왈가이관정(故曰可以觀政)。○경전경왈(經傳經曰)。연사자(燕私者)。하야(何也)。제이이여족인음(祭已而與族人飲)。부취이출(不醉而出)。시부친야(是不親也)。취이부출(醉而不出)。시설종야(是渫宗也)。출부지(出不止)。시부충야(是不忠也)。친이심경(親而甚敬)。충이부권(忠而不倦)。약시칙형제지도비(若是則兄弟之道備)。

◆제부녀(諸婦女) 지(止) 헌남존수(獻男尊壽) 대주하동(大註下同)

방기자운(坊記子云)。례비제(禮非祭)。남녀부교작(男女不交爵)。주(註)。선유위동성칙친헌(先儒謂同姓則親獻)。이성칙사인섭(異姓則使人攝)。

◆기일개진(其日皆盡)

어운(語云)。제육부출삼일(祭肉不出三日)。주자왈(朱子曰)。과삼일칙육필패(過三日則肉必敗)。시설신지여야(是褻神之餘也)。

◆무산작(無算爵) 소주(小註)

유사철(有司徹)。주(註)。유기소욕(唯己所欲)。무유차제지수야(無有次第之數也)。○(보(補))기왈(記曰)。문왕지제례야(文王之祭禮也)。명발부매(明發不寐)。향이치지(饗而致之)。우종이사지(又從而思之)。주왈(註曰)。제지명일(祭之明日)。유차여차(猶且如此)。황제지정일호(況祭之正日乎)。○행오사(行五祀)。증자문천자미빈(曾子問天子未殯)。오사지제부행(五祀之祭不行)。사상례(士喪禮)。도우오사(禱于五祀)。○기주(記註)。자천자지사(自天子至士)。개제오사(皆祭五祀)。오사(五祀)。춘제호(春祭戶)。하제조(夏祭竈)。계하제중류(季夏祭中霤)。추제문(秋祭門)。동제행(冬祭行)。○(안(按))금세(今世)。오사기폐(五祀旣廢)。시제파(時祭罷)。방주자행제(倣朱子行祭)。공부득부위야(恐不得不爲也)。○기(記)。증자문공자왈(曾子問孔子曰)。과시부제(過時不祭)。례야(禮也)。주(註)。여춘제시(如春祭時)。혹이사고조폐(或以事故阻廢)。지하칙유행하지제(至夏則惟行夏之祭)。부복추보춘제의(不復追補春祭矣)。차지위사시상제(此止謂四時常祭)。체협부연(禘祫不然)。

◆초조(初祖)

상복전(喪服傳)。제후급기태조(諸侯及其太祖)。천자급기시조지소자출(天子及其始祖之所自出)。주(註)。태조(太祖)。시봉지군(始封之君)。시조자(始祖者)。감신령이생(感神靈而生)。약직계야(若稷契也)。자(自)。유야(由也)。시조지소유출(始祖之所由出)。위제천야(謂祭天也)。[안(按)]초조시조(初祖始祖)。이명이동일조야(異名而同一祖也)。○주자왈(朱子曰)。협제(祫祭)。지어태조(止於太祖)。체우제조지소자출(禘又祭祖之所自出)。○한유씨왈(韓愈氏曰)。협자(祫者)。합야(合也)。훼묘지주(毀廟之主)。개합식어태조지묘(皆合食於太祖之廟)。○조백순왈(趙伯循曰)。체자(禘者)。왕자지대제야(王者之大祭也)。우추시조지소자출(又推始祖之所自出)。사어시조지묘(祀於始祖之廟)。이시조배지야(以始祖配之也)。

◆사당(祠堂) 대주하칠조동(大註下七條同)

[안(按)]사당(祠堂)。미지하처(未知何處)。보주운(補註云)。설어묘소(設於墓所)。즉사당장소위시조친진(卽祠堂章所謂始祖親盡)。칙장주어묘소처야(則藏主於墓所處也)。양씨복소운필유사당(楊氏復所云必有祠堂)。이봉천주자야(以奉遷主者也)。연금소운사당미지정지차처야(然今所云祠堂未知定指此處也)。

◆속모지하(束茅之下)

[안(按)]지자(之字)。타본작이(他本作以)。

◆간륙(杅六)

간음간(杅音干)。 기석례주(旣夕禮註)。 성탕장(盛湯漿)。 우식기(又食器)。

◆모혈위일반(毛血爲一盤)

제의(祭儀)。 단이모우상이(袒而毛牛尙耳)。 주(註)。 단(袒)。 시유사야(示有事也)。 장살생(將殺牲)。 선취이방모이천신(先取耳旁毛以薦神)。 모이고전(毛以告全)。 이이주청(耳以主聽)。 욕신청지야(欲神聽之也)。 이이모위상(以耳毛爲上)。 고운상이(故云尙耳)。

◆수심간폐위일반(首心肝肺爲一盤)

교특생(郊特牲)。 혈제(血祭)。 성기야(盛氣也)。 제폐간심(祭肺肝心)。 귀기주야(貴氣主也)。 주(註)。 유혈유기(有血有氣)。 내위생물(乃爲生物)。 폐간심(肺肝心)。 개기지소사(皆氣之所舍)。 고운기주(故云氣主)。 주제폐(周祭肺)。 은제간(殷祭肝)。 하제심(夏祭心)。 수역양체(首亦陽體)。 혼귀천위양(魂歸天爲陽)。 차이양물(此以陽物)。 보양령야(報陽靈也)。 ○의례경전왈(儀禮經傳曰)。 유우씨제수(有虞氏祭首)。

◆좌반부용(左胖不用)

기석례(旣夕禮)。 승양좌반(升羊左胖)。 주(註)。 반길제야(反吉祭也)。 길제(吉祭)。 승우반(升右胖)。 용좌반(用左胖)。 반길제야(反吉祭也)。 ○소뢰궤식례(少牢饋食禮)。 승양우반(升羊右胖)。 비부승(脾不升)。 주(註)。 승(升)。 유상야(猶上也)。 상우반(上右胖)。 주소귀야(周所貴也)。 비부승(脾不升)。 근규천야(近竅賤也)。 반음판(胖音判)。

◆거근규일절부용(去近竅一節不用) °범십이체(凡十二體) °

[안(按)]후족근규일절부용(後足近竅一節不用)。 칙범십일체야(則凡十一體也)。 이자공오(二字恐誤)。 제선조(祭先祖)。 력언지체(歷言支體)。 이후족역용이단(而後足亦用二端)。 칙이자(則二字)。 내일자지오무의야(乃一字之誤無疑也)。

◆모혈성반(毛血腥盤)

예기왈(禮記曰)。 례지근인정자(禮之近人情者)。 비기지자야(非其至者也)。 주(註)。 근자위설(近者爲䙝)。 원자위경(遠者爲敬)。 교사개유성혈(郊祀皆有腥血)。 주(註)。 전호천자막여혈(全乎天者莫如血)。 고교특생왈(故郊特牲曰)。 지경부향미이귀기취야(至敬不饗味而貴氣臭也)。

◆편우(匾盂) 소주(小註)

편음편(匾音扁)。 상성(上聲)。 기지부우부원모(器之簿又不圓貌)。 우음우(盂音于)。 반기(飯器)。

◆형갱대갱(鉶羹大羹) 대주하삼조동(大註下三條同)

형음형(鉶音刑)。 성화갱기(盛和羹器)。 ○안(按)대갱(大羹)。 즉육읍부화자(卽肉湆不和者)。 형갱(鉶羹)。 즉육읍이채자(卽肉湆以菜者)。 대갱(大羹)。 태고지갱야(太古之羹也)。 육즙무염매지화(肉汁無鹽梅之和)。 역상현주지의(亦尙玄酒之意)。 형갱(鉶羹)。 형정소실자(鉶鼎所實者)。 구오미야(具五味也)。 읍음급(湆音急)。 거급반(去急反)。 자육즙야(煮肉汁也)。 금문읍개작즙(今文湆皆作汁)。

◆자간가염(炙肝加鹽)

특생궤식례주(特牲饋食禮註)。 간의염야(肝宜鹽也)。 ○안제무가염자(按祭無加鹽者)。 이서수등찬(以庶羞等饌)。 각조염매고야(各調鹽梅故也)。 차례칙다용고례(此禮則多用古禮)。 반본복고(反本復古)。 소이교어신자(所以交於神者)。 비식미지도야(非食味之道也)。 좌전왈(左傳曰)。 대갱부치(大羹不致)。 기왈(記曰)。 대갱부화(大羹不和)。 귀기질야(貴其質也)。 연칙가염하의(然則加鹽何義)。 차역고례야(此亦古禮也)。 염재간우(鹽在肝右)。 상재소뢰궤식례(詳在小牢饋食禮)。

◆반잔각이(盤盞各二)

[안(按)]잔일위용이(盞一位用二)。 미상기의(未詳其義)。 혹자선조통칭고조이상(或者先祖通稱高祖以上)。 이지설일위(而只設一位)。 고설이잔야(故設二盞耶)。

◆예모혈(瘞毛血)

[안(按)]구씨준례(丘氏濬禮)。이예자작진자(以瘞字作進字)。○례제필(禮祭畢)。예모혈(瘞毛血)。금어진찬언예(今於進饌言瘞)。미상(未詳)。

◆녜(禰)

집설(集說)。고왈니(考曰禰)。녜(禰)。근야(近也)。녜(禰)。내례반(乃禮反)。부묘왈녜(父廟曰禰)。

◆수조(受胙)

[안(按)]하사(嘏辭)。응개조고왈고(應改祖考曰考)。

◆기일(忌日)

예기주(禮記註)。기일(忌日)。친지사일야(親之死日也)。○기왈(記曰)。기일부용(忌日不用)。비부상야(非不祥也)。언부일(言夫日)。지유소지(志有所至)。이부감진기사야(而不敢盡其私也)。소(疏)。비위차일부선(非謂此日不善)。차심극어념친(此心極於念親)。부감진기사정이영타사야(不敢盡其私情而營他事也)。○주자왈고무기제근일제선생방고급차(朱子曰古無忌祭近日諸先生方考及此)○(안(按))기제(忌祭)。주자지설일위(朱子只設一位)。정자배고비(程子配考妣)。제일위(祭一位)。례지정야(禮之正也)。○(안(按))주자미제지전(朱子未祭之前)。부견객(不見客)。우모부인기일문복색(又母夫人忌日問服色)。연칙제지부견객(然則齊之不見客)。가지(可知)。기일제후견인(忌日祭後見人)。역가지의(亦可知矣)。○기왈(記曰)。문왕지제야(文王之祭也)。기일필애(忌日必哀)。○곡례(曲禮)。졸곡내휘(卒哭乃諱)。정현왈(鄭玄曰)。경귀신지명야(敬鬼神之名也)。휘(諱)。피야(避也)。생부상피(生不相避)。○좌전(左傳)。주인이휘사신(周人以諱事神)。○문(問)。기일당곡부(忌日當哭不)。주자왈(朱子曰)。애래시자당곡(哀來時自當哭)。○문(問)。재려우기(在旅遇忌)。어소사설탁주향가부(於所舍設卓炷香可否)。주자왈(朱子曰)。저반세미처(這般細微處)。고인부증설(古人不曾說)。약무대애의리(若無大礙義理)。행역무해(行亦無害)。○주자왈(朱子曰)。범치원휘(凡値遠諱)。일가고자소식(一家固自蔬食)。기제사식물(其祭祀食物)。이대빈객(以待賓客)。○횡거리굴운(橫渠理窟云)。기일변복(忌日變服)。위증조조고고비(爲曾祖祖考考妣)。포관대마의리각유차(布冠帶麻衣履各有差)。위백숙부모여형(爲伯叔父母與兄)。소의대유차(素衣帶有差)。부칙관역소(父則冠亦素)。위제질(爲第姪)。역갈부육(易褐不肉)。위서모급수(爲庶母及嫂)。일부육(一不肉)。

◆주부특고거희(主婦特髻去䯻) 대주(大註)

기원운(記原云)。수인시위고(燧人始爲髻)。순수희(舜首䯻)。문왕우가취교(文王又加翠翹)。○이의실록왈(二儀實錄曰)。고(髻)。계야(繼也)。언녀자유계우인야(言女子有繼于人也)。단이발상전이무물계견야(但以髮相纏而無物繫縛也)。

◆봉신주(奉神主) 출취정침(出就正寢)

주자왈(朱子曰)。기일(忌日)。제위부가독향(諸位不可獨享)。고영출(故迎出)。수존자지기(雖尊者之忌)。역영출(亦迎出)。수무고제(雖無古制)。가이의추(可以意推)。

◆묘제(墓祭)

정자왈(程子曰)。장지시장체백(葬只是藏體魄)。이신칙귀어묘(而神則歸於廟)。고인유전정제사어묘(古人惟專精祭祀於廟)。금역용배소지례(今亦用拜掃之禮)。단간어사시지제야(但簡於四時之祭也)。○[안(按)]금세정조한식단오추석(今世正朝寒食端午秋夕)。무이사시제(無異四時祭)。한식일절(寒食一節)。용의삼월상순례(用依三月上旬禮)。독축행제(讀祝行祭)。여용전례이살지(餘用奠禮以殺之)。사합고의금(似合古宜今)。행지기구(行之旣久)。기부가폐(旣不可廢)。이역부가행야(而亦不可行也)。○남헌왈(南軒曰)。묘제(墓祭)。비고야(非古也)。○보주(補註)。주례(周禮)。유총인지관(有冢人之官)。범제어묘위시(凡祭於墓爲尸)。칙성주성시(則成周盛時)。역유제어기묘자(亦有祭於其墓者)。○[보(補)][안(按)]무진찬일절(無進饌一節)。묘제종간야(墓祭從簡也)。○(안(按))례섭주부염묘(禮攝主不厭墓)。무유식(無侑食)。역종간야(亦從簡也)。○진다일절(進茶一節)。공부가궐야(恐不可闕也)。

◆ 저전(楮錢) 소주(小註)

[안(按)]주자어류(朱子語類). 선생가제향(先生家祭享). 부용지전운(不用紙錢云). 가례(家禮). 역무차례(亦無此禮). 부가용야(不可用也).

◆ 제변례(祭變禮)

기(記). 증자문왈(曾子問曰). 대부지제(大夫之祭). 정조기진(鼎俎旣陳). 변두기설(籩豆旣設). 부득성례(不得成禮). 폐자기(廢者幾). 공자왈구청문지(孔子曰九請問之). 왈천자붕(曰天子崩). 후지상(后之喪). 군훙(君薨). 부인지상(夫人之喪). 군지태묘화(君之太廟火). 일식(日食). 삼년지상(三年之喪). 제쇠(齊衰). 대공개폐(大功皆廢). 사지소이이자(士之所以異者). 시부제(緦不祭). 소제어사자무복칙제(所祭於死者無服則祭). 주(註). 사비어대부(士卑於大夫). 수시부제(雖緦不祭). ○무복(無服). 위여처지부모(謂如妻之父母). 모지형제자매(母之兄弟姊妹). 이수유복(已雖有服). 이소제자무복칙가제(而所祭者無服則可祭). ○위존칙이사폐자소(位尊則以事廢者少). 위비칙이사폐자다(位卑則以事廢者多). ○춘추경왈(春秋經曰). 유사우무궁(有事于武宮). 약입(籥入). 숙궁졸(叔弓卒). 거악졸사(去樂卒事). 호씨전왈(胡氏傳曰). 례막중어당제(禮莫重於當祭). 대부유변(大夫有變). 변위사상(變謂死喪)제이문부가(祭而聞不可). 내득진기성경지심어종묘(內得盡其誠敬之心於宗廟). 외전은휼지의어대신야(外全隱恤之意於大臣也). 연칙유사어종묘(然則有事於宗廟). 대신리사(大臣涖事). 약입이졸어기소(籥入而卒於其所). 거악졸사기가야(去樂卒事其可也). 연선조지심견대신지졸(緣先祖之心見大臣之卒). 필문악부악(必聞樂不樂). 연효자지심시이설지찬(緣孝子之心視已設之饌). 필불인경철(必不忍輕徹). 고거악졸사기가야(故去樂卒事其可也). 세서대서(細書大書). 개호씨설(皆胡氏說). ○기왈(記曰). 군자지제야(君子之祭也). 신친리지(身親莅之). 유고칙사인가야(有故則使人可也). 공자왈(孔子曰). 오부여제(吾不與祭). 여부제(如不祭). ○요경문형부유소생모재가간(堯卿問荊婦有所生母在家間). 양백세후(養百歲後). 지귀부어외씨지영(只歸祔於外氏之塋). 여하(如何). 주자왈역가(朱子曰亦可). 우문신주귀어부가(又問神主歸於婦家). 칙부가릉체(則婦家凌替). 욕사어가지별실(欲祀於家之別室). 여하(如何). 왈부편(曰不便). 북인풍속여차(北人風俗如此). ○이정전서(二程全書). 후부인병혁(侯夫人病革). 명이천왈(命伊川曰). 금일백오(今日百五). 위아사부모(爲我祀父母). 명년복부사의(明年復不祀矣). 주자왈(朱子曰). 시사기외가야(是祀其外家也). 연무례경(然無禮經). ○주자왈(朱子曰). 부제처(夫祭妻). 역당배(亦當拜). ○곡례왈(曲禮曰). 제복폐칙분지(祭服弊則焚之). 제기폐칙매지(祭器弊則埋之). 구협폐칙매지(龜筴弊則埋之). 생사칙매지(牲死則埋之). 주(註). 개부욕인지설지야(皆不欲人之褻之也).

◆ 척도(尺圖)

[안(按)]가례도본(家禮圖本). 비주자지작(非朱子之作). 부가위칙(不可爲則). 우지도기형이비도장단자야(又只圖其形而非圖長短者也). 판각부동(板各不同). 우구공의절칙태장(又丘公儀節則太長). 역난취신(亦難取信). 아국금작신주(我國今作神主). 주척전래수구(周尺傳來雖久). 상이위의(常以爲疑). 금고서거정필원잡기(今考徐居正筆苑雜記). 세종시허조득진우량자진리가묘신주척식(世宗時許稠得陳友諒子陳理家廟神主尺式). 우득의랑강천주가척본(又得議郞姜天霔家尺本). 내기부판삼사사강석제유원원사김강소장상아척소전야(乃其父判三司事姜碩弟有元院使金剛所藏象牙尺所傳也). 면서운신주척정식(面書云神主尺定式). 이금관척거이촌오분(以今官尺去二寸五分). 용칠촌오분(用七寸五分). 칙여가례부주반시화소운주척당금성척칠촌오분약지어동(則與家禮附註潘時華所云周尺當今省尺七寸五分弱之語同). 이본상교부차(二本相較不差). 어시시정척제(於是始定尺制). 범신주여천문루기(凡神主與天文漏器). 거차이위정식(據此以爲定式). 후부경인매득신조신주래(後赴京人買得新造神主來). 촌분상합(寸分相合). 금아국소용주척(今我國所用周尺). 여중국동무의의운(與中國同無疑矣云). 금고준세종조소정용금척(今姑遵世宗朝所定用今尺). 사합도리(似合道理).

주례춘관대축변구배
(周禮春官大祝辨九拜)

● 일왈계수(一日稽首)註拜頭至地疏先以兩手拱至地又引頭至地多時也拜中最重臣拜君之拜

●이왈돈수(二日頓首)註拜頭叩地疏先以兩手拱至地又引頭至地首頓地卽擧若以首叩物然此平敵相拜

●삼왈공수(三日空首)註拜頭至地所謂拜手疏先以兩手拱至地乃頭至手以其頭不至地故名空首君答臣拜

●사왈진동(四日振動)註戰栗變動之拜

●오왈길배(五日吉拜)

●육왈흉배(六日凶拜)註吉拜拜而后稽顙齊衰不杖期以下者凶拜稽顙而后拜三年服者疏稽顙是頓首但觸地無容

●칠왈기배(七日奇拜)

●팔왈포배(八日褒拜)註奇讀爲奇偶之奇謂一拜答臣下拜褒讀爲報報拜再拜拜神與尸

●구왈숙배(九日肅拜)註俯下手今揖撎是也疏肅拜拜中最輕惟軍中有此拜婦人亦以肅拜爲正推手曰揖引手曰撎九拜之中稽首頓首空首正拜也肅拜婦人之正拜也其餘五者附此四種逐事生名振動凶拜褒拜附稽首吉拜附頓首奇拜附空首

◆배법급대상(拜法及對象)

●일(一) 계수(稽首)

행례시(行禮時), 시례자굴슬궤지(施禮者屈膝跪地), 좌수안우수(左手按右手), 공수어지(拱手於地), 두야완완지어지(頭也緩緩至於地)。두지지수정류일단시간(頭至地須停留一段時間), 수재슬전(手在膝前), 두재수후(頭在手後)。저시구배중최륭중적배례(這是九拜中最隆重的拜禮), 상위신자배견군왕시소용(常爲臣子拜見君王時所用)。후래(後來), 자배부(子拜父), 배천배신(拜天拜神), 신혼부부배천지(新婚夫婦拜天地)、부모(父母), 배조배묘(拜祖拜廟), 배사(拜師), 배묘등(拜墓等), 야도용차대례(也都用此大禮)。

●이(二) 돈수(頓首)

취시고두(就是叩頭)。「돈(頓)」시초정적의사(是稍停的意思)。고인석지이좌(古人席地而座), 자세화궤차부다(姿勢和跪差不多)。행돈수례시(行頓首禮時), 취궤자(取跪姿), 선공수(先拱手), 하지어지(下至於地), 연후인두지지(然後引頭至地), 취립즉거기(就立即擧起), 시배례중차중자(是拜禮中次重者)。행례시(行禮時), 두팽지즉기(頭碰地卽起) 인기두접촉지면시간단잠(因其頭接觸地面時間短暫), 고칭돈수(故稱頓首)。행돈수례시(行頓首禮時), 기타화계수상동(其他和稽首相同), 부동적시(不同的是), 배시필수급고두(拜時必須急叩頭), 기액촉지이배(其額觸地而拜)。통상용어하급대상급급평배간적경례(通常用於下級對上級及平輩間的敬禮)。여관료간적배영(如官僚間的拜迎)、배송(拜送), 민간적배하(民間的拜賀)、배망(拜望)、배별등(拜別等)。야상용어서신적개두혹말미(也常用於書信的開頭或末尾)。여(如)「……구지돈수(丘遲頓首)」(《여진백지서(與陳伯之書)》) 등(等)。

●삼(三) 공수(空首)

양수공지(兩手拱地), 인두지수이부저지(引頭至手而不著地), 시배례중교경자(是拜禮中較輕者)。저삼배시정배(這三拜是正拜)。《주례(周禮)》위(謂)「두부지어지위공수(頭不至於地爲空手)。공수자(空手者), 대어계수(對於稽首)、돈수지두저지이언야(頓首之頭著地而言也)。배본전위공수지칭(拜本專爲空手之稱), 배지례(拜之禮), 즉공수지례(即空手之禮)。주지구배(周之九拜), 지왈공수(之曰空手), 유기타경왈배수(唯其他經曰拜手)。왈배(曰拜), 무왈공수자(無曰空首者), 고지공수즉배수야(故知空首即拜手也)。」 행공수례시(行空首禮時), 쌍슬저지(雙膝著地), 량수공합(兩手拱合), 부두도수(俯頭到手), 여심평이부도지(與心平而不到地), 고칭(故稱)「공수(空首)」, 우규(又叫)「배수(拜手)」。

●사(四) 진동(振動)

시량수상격(是兩手相擊), 진동기신이배(振動其身而拜)。부근요궤배(不僅要跪拜)、돈수(頓首), 배후환요(拜後還要)「용(踊)」, 즉도용(即跳踊), 일반도재상사시(一般都在喪事時), 배자왕왕추흉(拜者往往捶胸)、돈족(頓足), 도약이곡(跳躍而哭), 표시극도비애(表示極度悲哀)。

●오(五) 길배(吉拜)

선배이후계상(先拜而後稽顙), 즉장액두촉지(即將額頭觸地)。 「삼년지상(三年之喪), 이기상배(以其喪拜);비삼년지상(非三年之喪), 이길배(以吉拜)。」 례유(禮有)「길흉지분(吉凶之分), 길사위길배(吉事爲吉拜), 흉사위흉배(凶事爲凶拜), 지어기배(至於奇拜)、포배(褒拜), 기자독이무우(奇者獨而無偶), 즉일배야(即一拜也)。포자지의(褒字之義), 정대부운(鄭大夫云):『포독위보(褒讀爲報), 보배재배시야(報拜再拜是也)。』단옥재역운(段玉裁亦云):『포자(褒者), 대야(大也), 유소다대지사야(有所多大之辭也)。』대동소이(大同小異), 개계다배지의(皆系多拜之意)。」

●육(六) 흉배(凶拜)

선계상이후재배(先稽顙而後再拜), 두촉지시표정엄숙(頭觸地時表情嚴肅)。

●칠(七) 기배(奇拜)

선굴일슬이배(先屈一膝而拜), 우칭(又稱)「아배(雅拜)」。

●팔(八) 포배(褒拜)

시행배례후위회보타인행례적재배(是行拜禮後爲回報他人行禮的再拜), 야칭(也稱)「보배(報拜)」。

●구(九) 숙배(肅拜)

시공수례(是拱手禮), 병부하궤(並不下跪), 부신공신행례(俯身拱身行禮)。추수위읍(推手爲揖), 인수위숙(引手爲肅)。기실취시읍(其實就是揖)。저시군례(這是軍禮), 군인신피갑주(軍人身披甲胄), 부편궤배(不便跪拜), 소이용숙배(所以用肅拜)。기타기종배례도시정배적변통(其他幾種拜禮都是正拜的變通)。시구배중최경자(是九拜中最輕者)。《주자어류(朱子語類)》운(云):「량슬궤지(兩膝跪地), 수지지이두부하(手至地而頭不下)。」《주례(周禮)·춘관(春官)·대축(大祝)》소(疏):「숙배자(肅拜者), 배중최경(拜中最輕), 유군중유차숙배(唯軍中有此肅拜)。부인역이숙배위정(婦人亦以肅拜爲正)。」리유재어군사신피귀주중갑(理由在於軍士身披貴胄重甲), 부편어배(不便於拜)。(原文; 網址)

⊙육전조례(六典條例)
예전(禮典) 예조(禮曹)

◆제사(祭祀)

범대(凡大)·중(中)·소사급속제(小祀及俗祭), 기복일급유상일자(其卜日及有常日者), 관상감(觀象監), 전삼삭(前三朔), 보본조계문후(報本曹啓聞後), 산고중(散告中)·외유사(外攸司)。 ○매월삭일(每月朔日), 당삭응행각제향일자(當朔應行各祭享日子), 이소단자수계(以小單子修啓)。 ○대사(大祀), 사직(社稷)맹춘상신(孟春上辛), 기곡(祈穀), 춘(春)·추중월상무급랍(秋仲月上戊及臘)。 종묘(宗廟)사맹월상순복일급랍(四孟月上旬卜日及臘)。 ○삭망급고(朔望及祈告)·속절(俗節)·정조(正朝)·한식(寒食)·단오(端午)·추석(秋夕)·동지(冬至), 개소사(皆小祀)。, 영녕전(永寧殿)춘추맹월상순복일(春秋孟月上旬卜日)。 ○종묘친제(宗廟親祭), 칙견대신(則遣大臣), 섭행제(攝行祭)。 ○고유(告由), 소사(小祀)。。 친제(親祭), 전삼삭품지(前三朔稟旨), 섭행(攝行), 칙향축친전품지(則香祝親傳稟旨), 친행(親行), 즉성생(則省牲)·성기품지(省器稟旨)。 ○대사(大祀), 전칠일서계(前七日誓戒), 전사일이의(前四日肄儀), 산재사일(散齋四日), 치재삼일(致齋三日)。 ○중사(中祀), 경모궁(景慕宮)사중월상순복일급랍(四仲月上旬卜日及臘)。

○상순약구기(上旬若拘忌), 칙중순퇴복(則中旬退卜)。　○삭망(朔望)·속절급고유(俗節及告由), 개소사(皆小祀)。　○친제(親祭), 전삼삭품지(前三朔稟旨), 약섭행(若攝行), 칙향축친전품지(則香祝親傳稟旨), 약친제(若親祭), 칙산재사일(則散齋四日), 치재삼일(致齋三日), 여대사동(與大祀同)。**, 풍운뢰우(風雲雷雨)·산천(山川)·성황(城隍)** 춘추중월(春秋仲月)。　○기고(祈告)·보사(報謝), 소사(小祀)。　○전삼삭(前三朔), 향축친전품지(香祝親傳稟旨)。**, 미(尾)·기성(箕星)** 정월상인일(正月上寅日), 전삼삭(前三朔), 향축친전품지(香祝親傳稟旨)。**, 선농(先農)** 경칩후해일(驚蟄後亥日)。　○매세원조(每歲元朝), 친제(親祭)·친경(親耕), 동위품지(同爲稟旨)。 약섭행(若攝行), 칙향축친전품지(則香祝親傳稟旨)。**, 선잠(先蠶)** 계춘상사(季春上巳)。**, 우사(雩祀)** 맹하삭일(孟夏朔日)。**, 문선왕석전(文宣王釋奠)** 춘추중월상정(春秋仲月上丁)。　○전삼삭(前三朔), 향축친전품지(香祝親傳稟旨)。**동(東)·남관왕묘(南關王廟)** 경칩(驚蟄), 상강(霜降)。。　○**중사(中祀), 무서계(無誓戒), 전일일이의(前一日肄儀), 산재삼일(散齋三日), 치재이일(致齋二日)。**　○**소사(小祀), 삼각산(三角山)·목멱산(木覓山)·한강(漢江)** 정(正)·이(二)·팔월(八月)。**, 사한(司寒)** 장빙십이월(藏氷十二月), 개빙춘분(開氷春分)。, 중류계하토왕일(中霤季夏土旺日)。　○ 토왕(土旺), 약재오월(若在五月)·윤오월(閏五月), 칙이기일행(則以其日行)。**, 계성사(啓聖祠)** 춘(春)·추중월상정(秋仲月上丁)。**, 숭절사(崇節祠)** 춘(春)·추중월중정(秋仲月中丁)。　○유구(有拘), 칙이하정행(則以下丁行)。**, 선무사(宣武祠)** 춘(春)·추계월중정(秋季月中丁)。**, 독신(纛神)** 경칩(驚蟄), 상강(霜降)。**, 려(厲)** 청명일(淸明日), 칠월십오일(七月十五日), 십월삭일(十月朔日)。**, 성황발고(城隍發告)** 려제전삼일(厲祭前三日)。**, 마조(馬祖)** 하지후강일(夏至後剛日)。。　○**소사(小祀), 산재이일(散齋二日), 치재일일(致齋一日)。**　○**속제(俗祭), 영희전(永禧殿)** 속절급랍(俗節及臘)。**, 선원전(璿源殿)** 탄일(誕日)·정조(正朝)·동지(冬至)·랍(臘), 행다례(行茶禮)。　○친행작헌례(親行酌獻禮), 칙본조판서(則本曹判書), 위찬례(爲贊禮)。**, 각릉(各陵)·원(園)·묘(墓)** 기진급속절(忌辰及俗節)。　○ 조위(祧位), 지행한식(只行寒食)。　○ 원(園)·묘(墓), 무동지제(無冬至祭), 유현릉원행제(惟顯隆園行祭)。**, 저경궁(儲慶宮)** 춘(春)·추분(秋分)。**, 육상궁(毓祥宮)** 속절급춘(俗節及春)·추분(秋分), 동(冬)·하지(夏至)。**, 연호궁(延祜宮)** 춘(春)·추분(秋分)。**, 경우궁(景祐宮)** 속절급춘(俗節及春)·추분(秋分), 동(冬)·하지(夏至)。**, 의소묘(懿昭廟)** 속절급춘(俗節及春)·추분(秋分), 동(冬)·하지(夏至)。**, 문희묘(文禧廟)** 속절급춘(俗節及春)·추분(秋分), 동(冬)·하지(夏至)。。　○**묘(廟)·사(社)·전(殿)·궁(宮)·릉(陵)·원(園)·묘친제급작헌례(墓親祭及酌獻禮), 산(散)·치재품지(致齋稟旨)。 선원전작헌례(璿源殿酌獻禮), 무재품(無齋稟)** °범사림박명하(凡祀臨迫命下), 즉산(則散)·치재(致齋), 부득여례분일(不得如禮分日), 지이치재품지(只以致齋稟旨)。　○**친림서계(親臨誓戒), 치국기(值國忌), 칙정시진정(則正時進定)。 이의일(肄儀日), 치동가(值動駕)·전좌(殿座), 칙익일퇴행(則翌日退行), 치진하(值陳賀), 칙하의파후(則賀儀罷後), 행례(行禮)。**　○**랍일(臘日), 치국기(值國忌), 칙종묘(則宗廟)·경모궁친제(景慕宮親祭), 부득품지(不得稟旨), 사직친제(社稷親祭), 부구품지(不拘稟旨)。**　○**릉(陵)·원(園)·묘기진제(墓忌辰祭), 치속절(値俗節), 지행기진제(只行忌辰祭)。 종묘(宗廟)·경모궁삭망제(景慕宮朔望祭), 치기고제(值祈告祭), 지행기고제(只行祈告祭)。 각궁(各宮)·묘중월제(廟仲月祭), 치속절(值俗節), 겸행(兼行)。**　°○**릉(陵)·원(園)·묘재관(墓齋官), 림제유고(臨祭有故), 부득진참(不得進參), 칙보본조(則報本曹), 계품개차(啓稟改差)。** 수향시동(受香時同)。　○**덕릉(德陵)·안릉(安陵)·의릉(義陵)·순릉(純陵)·정릉(定陵)·화릉(和陵)** 함흥(咸興)。**지릉(智陵)** 안변(安邊)。**숙릉(淑陵)** 문천(文川)。**제릉(齊陵)·후릉(厚陵)** 개성(開城)。**영릉(英陵)·영릉(寧陵)** 려주(驪州)。**장릉(莊陵)** 녕월(寧越)。**건릉(健陵)·현릉원(顯隆園)** 수원(水原)。**, 각설분봉상사우해읍(各設分奉常寺于該邑), 봉진제물(封進祭物)。**　○**경기숭렬전(京畿崇烈殿)** 광주부(廣州府)。 춘(春)·추중월(秋仲月)。**, 숭의전(崇義殿)** 마전군(麻田郡)。 춘(春)·추중월(秋仲月)。**, 고려태조현릉(高麗太祖顯陵)** 개성부(開城府)。 춘(春)·추중월(秋仲月)。**, 궐리사(闕里祠)** 수원부(水原府)。 춘(春)·추계월(秋季月)。**송악산(松嶽山)** 개성부(開城府)。**오관산(五冠山)** 개성부(開城府)。**마니산(摩尼山)** 강화부(江華府)。**즉악산(紺嶽山)** 적성현(積城縣)。**덕진(德津)** 장단부(長湍府)。**양진(楊津)** 양주목(楊州牧)。 병정(並正)·이(二)·팔월(八月)。**, 충렬사(忠烈祠)** 강화부(江華府)。 춘(春)·추중월중정(秋仲月中丁)。**, 성신사수원부(城神祠水原府)** 수원부(水原府)。 춘(春)·추맹월(秋孟月)。**, 충청도계룡산(忠淸道鷄龍山)** 공주목(公州牧)。**죽령산(竹嶺山)** 단양군(丹陽郡)。**웅진(熊津)** 공주목(公州牧)。**양진명소(楊津溟所)** 충주목(忠州牧)。 병정(並正)·이(二)·팔

월(八月)。, **김라도조경묘(金羅道肇慶廟)**전주부(全州府)。 춘(春)·추중월상순(秋仲月上旬)。, 경기전전주부(慶基殿全州府)。 속절급랍(俗節及臘)。 **지리산(智異山)**남원부(南原府)。·**금성산(錦城山)**라주목(羅州牧)。·**한라산(漢拏山)**제주목(濟州牧)。 **남해(南海)**라주목(羅州牧)。 병정(竝正)·이(二)·팔월(八月)。, **풍운뢰우(風雲雷雨)**제주목(濟州牧)。 춘(春)·추사일(秋社日)。 **관왕묘(關王廟)**남원부(南原府), 우고금도(又古今島)。 경칩(驚蟄), 상강(霜降)。 **충민사(忠愍祠)**순천부(順天府)。 춘(春)·추계월(秋季月)。, **경상도숭덕전(慶尙道崇德殿)**경주부(慶州府)。 **수로왕릉(首露王陵)**김해부(金海府)。 병춘(竝春)·추중월(秋仲月)。, **가야진(伽倻津)**량산군(梁山郡)。 **주흘산(主屹山)**문경현(聞慶縣)。 **울불산(亐佛山)**울산부(蔚山府)。 병정(竝正)·이(二)·팔월(八月)。 **관왕묘(關王廟)**안동(安東), 성주(星州)。 경칩(驚蟄), 상강(霜降)。 **정충단(旌忠壇)**진주목(晉州牧)。 계춘(季春)。 **황해도우이산(黃海道牛耳山)**해주부(海州府)。·**장산곶(長山串)**장연현(長淵縣)。·**서해(西海)**풍천부(豊川府)。·**아사진송곶(阿斯津松串)**장연현(長淵縣)。 병정(竝正)·이(二)·팔월(八月)。 **삼성사(三聖祠)**문화현(文化縣)。 춘(春)·추중월(秋仲月)。 **평안도종인전(平安道宗仁殿)**평양부(平安道宗仁殿平壤府)。 **숭령전(崇靈殿)**평양부(平壤府)。 **고구려시조묘(高句麗始祖廟)**평양부(平壤府)。 병춘(幷春)·추중월(秋仲月)。, **평양강(平壤江)**평양부(平壤府)。·**압록강(鴨綠江)**의주부(義州府)。·**청천강(淸川江)**안주목(淸川江安州牧)。·**구진닉수(九津溺水)**평양부(平壤府)。 병춘(幷春)·추중월(秋仲月)。 **무렬사(武烈祠)**평양부(武烈祠平壤府)。 삼(三)·팔월중정(八月中丁), 유구(有拘), 칙이하정행(則以下丁行)。, **충의단(忠義壇)**정주목(定州牧)。 사월십구일(四月十九日)。 **강원도치악산(江原道雉嶽山)**원주목(江原道雉嶽山原州牧)。·**의관령(義館嶺)**회양부(淮陽府)。·**동해(東海)**양양부(襄陽府)。·**덕진명소(德津溟所)**회양부(淮陽府)。 병정(竝正)·이(二)·팔월(八月)。 **함경도준원전(咸鏡道濬源殿)**영흥부(永興府)。 속절급랍(俗節及臘)。, **비백산(鼻白山)**정평부(定平府)。·**백두산(白頭山)**갑산부(甲山府)。·**두만강(豆滿江)**경원부(慶源府)。·**비류수(沸流水)**영흥부(永興府)。 병정(幷正)·이(二)·팔월(八月)。, **각도(各道), 거행사전(擧行祀典), 자지방관(自地方官), 봉진제물(封進祭物)** 。 ○**팔도통행사전(八道通行祀典), 사직(社稷)**이(二)·팔월상무(八月上戊)。, **향교(鄕校)**이(二)·팔월상정(八月上丁)。, **사액원사(賜額院祠)**이(二)·팔월중정(八月中丁)。 **독신(纛神)**경칩(驚蟄), 상강(霜降)。, 려청명일(厲淸明日), 칠월십오일(七月十五日), 십월삭일(十月朔日)。, **성황발고(城隍發告)**려제전삼일(厲祭前三日)。。 ○**기우제(祈雨祭), 초차(初次)**삼각산(三角山)·목멱산(木覓山)·한강(漢江), 견당하삼품관(遣堂下三品官)。 **재차(再次)**룡산강(龍山江)·저자도(楮子島), 견종이품관(遣從二品官)。, **삼차(三次)**풍운뢰우(風雲雷雨)·산천(山川)·우사(雩祀), 견종이품관(遣從二品官)。 **사차(四次)**북교(北郊), 견종이품관(遣從二品官), 사직(社稷), 견정이품관(遣正二品官)。, **오차(五次)**종묘(宗廟), 견정이품관(遣正二品官)。 **육차(六次)**삼각산(三角山)·목멱산(木覓山)·한강(漢江), 침호두(沈虎頭), 견근시관(遣近侍官)。 **칠차(七次)**룡산강(龍山江)·저자도(楮子島), 견정이품관(遣正二品官)。 **팔차(八次)**풍운뢰우(風雲雷雨)·산천(山川)·우사(雩祀), 견정이품관(遣正二品官)。 **구차(九次)**북교(北郊), 견정이품(遣正二品), 모화관지변(慕華館池邊), 견무종이품(遣武從二品), 석척동자(蜥蜴童子), 기우련삼일(祈雨連三日)。, **십차(十次)**사직(社稷), 견의정(遣議政)。, **십일차(十一次)**종묘(宗廟), 견의정(遣議政)。, **십이차(十二次)**오방토룡제(五方土龍祭), 견당하삼품관(遣堂下三品官)。。 ○**하지후(夏至後), 품지(稟旨), 간삼일(間三日), 설행(設行)**。 특지혹묘계(特旨或廟啓), 수하지전(雖夏至前), 설행(設行)。 ○특지별기우(特旨別祈雨), 부입차수(不入次數)。 ○**친행기우(親行祈雨), 수미득우(雖未得雨), 래차기우(來次祈雨), 부득순례품지(不得循例稟旨)**。 기우제수향후(祈雨祭受香後), 득우(得雨), 칙청제문중조어(則請祭文中措語), 혹정지(或停止), 병자정원계품(竝自政院啓稟)。 ○**사문영제(四門禜祭)**립추후부제(立秋後不霽), 삼차간십일(三次間十日), 매차련삼일(每次連三日), 폐성문설행(閉城門設行)。, **립추재륙월내(立秋在六月內), 비특지급묘계(非特旨及廟啓), 부득품청(不得稟請)**。 ○**기설제(祈雪祭), 초차(初次)**종묘(宗廟)·사직(社稷)·북교(北郊), 견정이품관(遣正二品官)。 **재차(再次)**풍운뢰우(風雲雷雨)·산천(山川)·우사(雩祀), 견정이품관(遣正二品官), 삼각산(三角山)·목멱산(木覓山)·한강(漢江), 견근시관(遣近侍官)。。 ○**랍전무설(臘前無雪), 특지혹묘계(特旨或廟啓), 설행(設行), 역자본조품청(亦自本曹稟請)**。 ○**보사제(報謝祭), 기우(祈雨)**립추후택일(立秋後擇日), 령응처설행(靈應處設行)。 ○ 친행기우후보사(親行祈雨後報謝), 수시택일(隨時擇日), 부대립추(不待立秋)。 ○ 련차기우시(連次祈雨時), 간득과촌지우(間得過ㅓ之雨), 칙역행보사사(則亦行報謝事), 품지(稟旨)。, **영제(禜祭)**립추후택일(立秋後擇日), 행어사문(行於四門), 이물폐성문사(而勿閉城門事), 품지(稟旨)。, **기설(祈雪)**수즉택일(隨卽擇日), 행어령응처(行於靈應處)。。 ○**위안제(慰安**

祭), 묘(廟)·전(殿)·궁(宮)정전급대석급내장(正殿及臺石及內墻), 유퇴비처(有穨圮處), 정신문전퇴(正神門全頹), 칙계품설행(則啓稟設行)。 **릉(陵)·원(園)·묘(墓)**릉상사초준축급실화급곡장향내퇴비(陵上莎草蹲縮及失火及曲墻向內穨圮), 칙계품설행(則啓稟設行)。 ○ 대왕(大王)·왕비(王妃), 동릉이강(同陵異岡), 칙위안제(則慰安祭), 지행어당위(只行於當位), 수개고유제(修改告由祭), 칙동행(則同行), 이고안제(而告安祭), 지행어당위(只行於當位)。 ○**범정전급릉상지근지지(凡正殿及陵上至近之地), 유변(有變),칙수기경중설행(則隨其輕重設行)。** 소소결락급곡장향외퇴비(小小缺落及曲墻向外穨圮), 칙부설(則不設)。 ○위안제후(慰安祭後), 유긴중퇴비(有緊重穨圮), 재부다일내(在不多日內), 칙경부설행(則更不設行)。 ○**위안제(慰安祭), 부복일설행(不卜日設行), 치제향일(值祭享日), 칙겸행(則兼行)。 ○고유제(告由祭), 대경(大慶)·대례(大禮)**종묘(宗廟), 영녕전(永寧殿), 사직(社稷), 경모궁(景慕宮)。 **이어(移御)·행행(幸行)·경숙(經宿)**종묘(宗廟),**경모궁(景慕宮)。 ·국휼급천릉(國恤及遷陵)**종묘(宗廟)·영녕전(永寧殿)·사직(社稷)·경모궁(景慕宮),지고문(只告文)。 **천원묘(遷園墓)**종묘(遷園墓宗廟)·영녕전(永寧殿)·경모궁급본묘(景慕宮及本廟), 지고문(只告文)。·**수개(修改)**묘(廟)·사(社)·전(殿)·궁(宮)·각릉원(各陵園), 범유긴중수개(凡有緊重修改), 복일(卜日), 선행고유(先行告由)。 ○신위이안연후수개자(神位移安然後修改者), 사필후(事畢後), 설환안제(設還安祭)。 ○릉상사초수개(陵上莎草修改), 필후(畢後), 즉행고안제(卽行告安祭)。 ○렬읍사직이단(列邑社稷移壇), 혹위판개조(或位版改造), 도신상청(道臣狀請), 향축계품(香祝啓稟), 하송(下送)。 ○ 수개처(修改處), 부심긴중(不甚緊重), 차비공역호대자(且非工役浩大者), 부행고유(不行告由), 종편수개(從便修改)。 ○수개일자(修改日子), 치동가(值動駕), 칙퇴행(則退行)。·**준천(濬川)**백악산(白岳山)·목멱산(木覓山)·천거지신(川渠之神), 시역일행(始役日行)。 ○천거지신(川渠之神), 오간수문(五間水門), 지방행제(紙牓行祭)。 ○**고유제(告由祭), 치삭망급제향(值朔望及祭享), 격일(隔日), 칙겸행(則兼行)。 ○기도제(祈禱祭), 약원이직후(藥院移直後), 유특지(有特旨), 칙사직(則社稷)·종묘(宗廟)·영녕전(永寧殿)·경모궁(景慕宮)·삼각산(三角山)·목멱산(木覓山)·한강(漢江), 부복일설행(不卜日設行)。 ○별려제(別厲祭), 유대질역(有大疾疫)·대재환(大災患), 특지혹묘계(特旨或廟啓), 설행(設行)。** 기양제(祈禳祭)·별위제동(別慰祭同)。 ○각도수기완급상청(各道隨其緩急狀請), 향축하송(香祝下送)。 ○**치제유명(致祭有命), 칙지수일자(則祗受日子), 자본가택정(自本家擇定), 제문(祭文), 령예문관찬출(令藝文館撰出), 견본조랑관(遣本曹郎官), 행사(行事)。 ○치제재외읍(致祭在外邑), 칙제물급집사관(則祭物及執事官), 병령본도(幷令本道), 진배차정(進排差定)。** 조제동(弔祭同)。 ○**범사전(凡祀典), 전일일(前一日), 헌관수향축(獻官受香祝), 진예재소(進詣齋所)。 ○릉침(陵寢), 량기정도원근(量其程途遠近), 전기수향축(前期受香祝)。 ○ 북도제릉(北道諸陵)**향축(北道諸陵香祝), 전기일삭(前期一朔), 충의위배왕(忠義衛陪往)。·**준원전(濬源殿)**향축배왕(濬源殿香祝陪往), 동상(同上), 랍향(臘享)·정조(正朝), 겸수향축(兼受香祝)。·**조경묘(肇慶廟)**향축(肇慶廟香祝), 전기십오일(前期十五日), 본재관배왕(本齋官陪往)。·**경기전(慶基殿)**향축배왕(香祝陪往), 동상(同上), 랍향(臘享)·정조(正朝), 겸수향축(兼受香祝)。·**영릉(英陵)·영릉(寧陵)**기신여한식(寧陵忌辰與寒食), 박근(迫近), 칙품지(則稟旨), 겸수향축(兼受香祝)。·**장릉(莊陵)**향축(莊陵香祝), 전기십오일(前期十五日), 본릉관배왕(本陵官陪往)。·**각릉원묘(各陵園墓)**삭망향(各陵園墓朔望香), 분상하반년(分上下半年), 매륙월(每六月)·랍월(臘月), 도수륙삭향(都受六朔香), 본재관배왕(本齋官陪往), 조천칙부(桃遷則否)。 **약치행행(若值幸行), 출궁후수향처(出宮後受香處), 칙개진배왕지의(則開陣陪往之意), 예위품지(預爲稟旨)。 ○국휼시승하고유(國恤時昇遐告由), 사직(社稷)·종묘(宗廟)·영녕전(永寧殿)·경모궁(景慕宮), 제삼일행(第三日行)。 ○습전(襲奠)·소렴전(小斂奠)·대렴전(大斂奠)·성빈전(成殯奠), 봉상(奉常)·내섬(內贍)·내자삼사(內資三寺), 륜체거행(輪遞擧行)。 ○졸곡전(卒哭前), 정대(停大)·중(中)·소사(小祀)**내(內)·소상(小喪), 칙공제전정(則公除前停)。, **성빈후(成殯後), 사직행제(社稷行祭), 종묘(宗廟)·경모궁삭망(景慕宮朔望), 릉(陵)·원(園)·묘기진(墓忌辰), 지분향(只焚香)。 ○혼전삼년내공상급경기물선(魂殿三年內供上及京畿物膳), 탄일(誕日)·각절일물선(各節日物膳), 의상시봉진(依常時封進), 외도삭선(外道朔膳), 칙인산전봉진사(則因山前封進事), 지위경외(知委京外)。 ○자초상각제전(自初喪各祭奠), 지혼전산릉삭망(至魂殿山陵朔望)·속절(俗節)·사시대제(四時大祭)·랍향(臘享), 각제향시일(各祭享時日), 관상감(觀象監), 보본조(報本曹), 점련계문(粘連啓聞)。 ○성복전(成服奠)·조석전(朝夕奠)·주다례(晝茶禮), 매삼일(每三日), 삼사(三寺), 륜체거행(輪遞擧行)。 ○재궁가칠(梓宮加漆), 초차고**

유문중(初次告由文中), 조사(措辭), 겸고루차가칠(兼告屢次加漆)。 ○재궁서상자급결과시(梓宮書上字及結裹時), 지고문(只告文)。 ○천신물종(薦新物種)조곽(早藿)·수근(水芹)·반건치(半乾雉)·생합(生蛤)·생락제(生絡蹄)·작설(雀舌)·생눌어(生訥魚)·오적어(烏賊魚)·부어(鮒魚)·생안(生鴈)·산포도(山葡萄)·선후도(獮猴桃)·생과어(生瓜魚)·천아(天鵝)·수어(秀魚)·생토십륙종(生兎十六種), 수교제감(受敎除減)。 ○이월자해(二月紫蟹)·륙월아치(六月兒雉)·팔월소천어(八月小川魚)·십이월암순사종(十二月鵪鶉四種), 지혼전별천신(只魂殿別薦新)。, 의종묘례(依宗廟例), 빈전봉진(殯殿封進), 인산후(因山後), 칙혼전(則魂殿)·산릉(山陵), 동위봉진(同爲封進), 대상후(大祥後), 지혼전봉진(只魂殿封進), 부묘후(祔廟後), 종묘천신(宗廟薦新), 가정봉진사(加定封進事), 지위경외(知委京外)。 ○청시시(請諡時), 행고종묘제(行告宗廟祭), 영녕전고유제(永寧殿告由祭), 상시전일일행(上諡前一日行), 경모궁고유제(景慕宮告由祭), 상시일행(上諡日行)。 ○상시(上諡), 빈전(殯殿), 당일선행고유전(當日先行告由奠), 상시후(上諡後), 행개명정(行改銘旌)·고유전(告由奠)혹주다례(或晝茶禮), 겸행(兼行)。, 개명정후(改銘旌後), 행별전(行別奠)。 ○발인전(發引前), 종친부(宗親府)·의정부(議政府)솔백관(議政府率百官)。·의빈부(儀賓府)·돈녕부(敦寧府)·충훈부(忠勳府)·팔도관찰사(八道觀察使)·사도류수(四都留守), 진향(進香)。경기감사(京畿監司)·사도류수(四都留守), 상래진향(上來進香), 제도감사(諸道監司), 질고수령대행(秩高守令代行)。 ○종친부(宗親府)·의정부진향문(議政府進香文), 예문관찬진(藝文館撰進), 제상사급팔도(諸上司及八道)·사도진향문(四都進香文), 각본부급도(各本府及道)·수신찬진(守臣撰進)。 ○찬품(饌品), 봉상(奉常)·내섬(內贍)·내자(內資)·례빈사(禮賓寺), 륜회거행(輪回擧行)。 ○진향일시(進香日時), 관상감추택(觀象監推擇), 보본조계하(報本曹啓下), 지위경외(知委京外)。 ○규장각진향(奎章閣進香), 자본조택일(自本曹擇日)。진향문(進香文), 본각제진(本閣製進)。 ○찬품(饌品), 사사(四寺), 당차거행(當次擧行)。 ○산릉봉표(山陵封標), 재선릉국내(在先陵局內), 칙행선릉고유제(則行先陵告由祭)。 ○산릉참초파토(山陵斬草破土), 행사후토제(行祀后土祭)。 ○자발인지반우후(自發引至返虞後), 혼전(魂殿)·산릉각제전(山陵各祭奠), 참고계문(參攷啓聞), 반시유사(頒示攸司)。 ○계빈전삼일(啓殯前三日), 고유우사직(告由于社稷)·종묘(宗廟)·영녕전(永寧殿)·경모궁(景慕宮)。 ○사직기청제(社稷祈晴祭)발인전일일행(發引前一日行)。계빈전(啓殯奠)·계빈후별전(啓殯後別奠)·조전(祖奠)·견전(遣奠)·빈전해사제(殯殿解謝祭)·로제(路祭)·발인일주정전(發引日晝停奠)겸주다례(兼晝茶禮)。·산릉정자각성빈전(山陵丁字閣成殯奠)·천전(遷奠)·립주전(立主奠)·사후토제(謝后土祭)·안릉전(安陵奠)·반우일주정전(返虞日晝停奠)겸주다례(兼晝茶禮)。, 봉상(奉常)·내자(內資)·내섬사(內贍寺), 륜체거행(輪遞擧行), 로제(路祭), 례빈사거행(禮賓寺擧行)。 자초우지졸곡삼년내(自初虞至卒哭三年內), 혼전(魂殿)·산릉(山陵), 삭망(朔望)·절일(節日)·사시(四時)·랍향(臘享)·별제(別祭), 급발인시각처교량(及發引時各處橋梁)·명산(名山)·대천제(大川祭), 십리내(十里內), 봉상사(奉常寺), 십리외(十里外), 경기거행(京畿擧行)。 ○산릉재선릉동원(山陵在先陵同原), 칙발인일(則發引日), 고유(告由)。 ○봉릉사필후(封陵事畢後), 행고안전(行告安奠)。 ○자초우제(自初虞祭), 진용육선(進用肉膳)。 ○우(虞)·졸곡(卒哭)·련(練)·상(祥)·담(禫)·사시대제(四時大祭)·랍향(臘享), 용존뢰(用尊罍)·찬작(瓚爵)。 ○삼년내삭망(三年內朔望)·속절(俗節)·사시(四時)·랍향대제(臘享大祭)·우(虞)·졸곡(卒哭)·련(練)·상(祥)·담제(禫祭), 백관입참(百官入參)。수섭행시(雖攝行時), 역입참(亦入參)。 ○삼년내혼전(三年內魂殿)·산릉각제향축문(山陵各祭享祝文), 령예문관찬출(令藝文館撰出)。 ○행련제후(行練祭後), 우주매안시(虞主埋安時), 전삼일(前三日), 종묘(宗廟), 행고유제(行告由祭)。 ○행상제후(行祥祭後), 조석상식(朝夕上食)·주다례(晝茶禮), 병정지(幷停止魂殿)혼전향관입번(享官入番), 감하(減下)。, 삭망급대제(朔望及大祭), 여례설행(如禮設行)。상제후(祥祭後), 대제(大祭)·삭망친행(朔望親行), 칙림곡(則臨哭), 백관입참(百官入參)。 ○산릉삭망(山陵朔望), 지분향(只焚香)。 ○담제(禫祭), 전삼삭(前三朔), 관상감(觀象監), 택길일(擇吉日), 보본조계문(報本曹啓聞), 이여삭제상치(而與朔祭相値), 지행담제(只行禫祭)。 ○부묘(祔廟)·담월(禫月), 치사맹삭급랍월(値四孟朔及臘月), 칙겸행어오향(則兼行於五享), 계삭(季朔), 칙수유월(則雖

踰月), 대대향겸행(待大享兼行), 치중삭(値仲朔), 칙담월부묘사(則禫月祔廟事), 품지(稟旨)。　○전삼삭(前三朔), 관상감(觀象監), 택길일(擇吉日), 보본조계문(報本曹啓聞)。　○종묘(宗廟)·영녕전(永寧殿)·혼전(魂殿), 행예고제(行預告祭)향전삼일(享前三日)。, 혼전(魂殿), 행고동가제(行告動駕祭)。　○부묘시(祔廟時), 유조천지위(有祧遷之位), 칙선부후(則先祔後), 조(祧)·협향(祫享), 천봉후(遷奉後), 당부위급당승봉위(當祔位及當陞奉位), 병행안신제(竝行安神祭)。

◆천신(薦新)

종묘(宗廟), 정월(正月) 조곽(早藿)。, 이월(二月) 빙(氷), 수근(水芹), 생합(生蛤), 생락제(生絡蹄), 생복(生鰒), 생송어(生松魚), 작설(雀舌), 반건치(半乾雉)。 삼월(三月) 눌어(訥魚), 황석수어(黃石首魚), 궐채(蕨菜), 위어(葦魚), 청귤(靑橘), 신감채(辛甘菜), 생석수어(生石首魚)。, 사월(四月) 죽순(竹笋), 진어(眞魚), 오적어(烏賊魚)。 오월(五月) 앵도(櫻桃), 황행(黃杏), 고자(苽子), 대맥(大麥), 소맥(小麥)。 육월(六月) 속미(粟米), 서미(黍米), 직미(稷米), 도미(稻米), 림금(林檎), 리실(李實), 가자(茄子), 진고(眞苽), 서고(西苽), 동고(冬苽), 은구어(銀口魚)。, 칠월(七月) 련어(鰱魚), 련실(蓮實), 생리(生梨), 진자(榛子), 백자(柏子), 호도(胡桃), 청포도(靑葡萄)。, 팔월(八月) 홍시자(紅柿子), 대조(大棗), 생률(生栗), 례주(醴酒), 생해(生蟹), 송용(松茸), 부어(鮒魚)。 구월(九月) 석류(石榴), 산포도(山葡萄), 선후도(獼猴桃), 생안(生鴈)。 십월(十月) 감자(柑子), 당김귤(唐金橘), 건시자(乾柿子), 유자(柚子), 은어(銀魚), 대구어(大口魚), 문어(文魚), 서여(薯蕷), 은행(銀杏)。 십일월(十一月) 과어(瓜魚), 청어(靑魚), 천아(天鵝), 백어(白魚), 당감자(唐柑子)。 십이월(十二月) 수어(秀魚), 동정귤(洞庭橘), 유감(乳柑), 생토(生兔)。 경모궁(景慕宮), 정월(正月) 조곽(早藿)。, 이월(二月) 빙(氷)。, 삼월(三月) 생석수어(生石首魚), 위어(葦魚)。, 사월(四月) 진어(眞魚)。, 오월(五月) 앵도(櫻桃), 황행(黃杏), 고자(苽子), 대맥(大麥), 소맥(小麥)。 육월(六月) 속미(粟米), 서미(黍米), 직미(稷米), 도미(稻米), 림금(林檎), 진고(眞苽), 서고(西苽)。 칠월(七月) 백자(柏子), 생리(生梨)。, 팔월(八月) 홍시자(紅柿子), 대조(大棗), 생률(生栗)。, 구월(九月) 석류(石榴)。, 십월(十月) 감자(柑子), 당김귤(唐金橘), 유자(柚子), 은어(銀魚)。 십일월(十一月) 청어(靑魚), 당유자(唐柚子)。 십이월(十二月) 수어(秀魚), 생치(生雉), 유감(乳柑)。。　○ 천신(薦新), 수기시산(隨其時産), 월령내봉진(月令內封進), 약시산차만(若時産差晚), 각도칙관찰사상청퇴봉(各道則觀察使狀請退封), 경공칙자해사보본조(京貢則自該司報本曹), 계품퇴봉(啓稟退封)。 함경도(咸鏡道), 어물퇴봉(魚物退封), 지이문본조(只移文本曹), 제주천물(濟州薦物), 역제상청퇴봉(亦除狀請退封)。　○천신간품(薦新看品), 봉상제조(奉常提調), 유고(有故), 칙본조당상간품(則本曹堂上看品), 이익일천진(以翌日薦進), 치제향(値祭享), 칙겸천(則兼薦)。　○천신배진(薦新陪進), 혹치일모묘(或値日暮廟)·궁문하약(宮門下鑰), 칙류문천진(則留門薦進)。　○행행환궁전(幸行還宮前), 천신래도(薦新來到), 칙즉위천진(則卽爲薦進), 보우류도대신(報于留都大臣), 치계(馳啓)。 출궁전(出宮前), 예위품지(預爲稟旨)。

◆봉심(奉審)

종묘(宗廟)·영녕전(永寧殿)·영희전(永禧殿)·경모궁(景慕宮) 이(二)· 팔월택일품지(八月擇日稟旨), 본사제조(本司提調)·례호조판당랑관(禮戶曹判堂郎官), 봉심후(奉審後), 계문(啓聞)。　○수개시(修改時), 공조판당(工曹判堂), 역진(亦進)。　○경모궁(景慕宮), 삼조차당진거(三曹次堂進去)。　○영희전작헌례(永禧殿酌獻禮), 당차년(當次年), 칙봉심(則奉審), 정월품지(正月稟旨)。 사직(社稷)·문묘(文廟) 정(正)·칠월택일(七月擇日), 삼조랑관진거(三曹郎官進去)。 각릉(各陵)·원(園)·묘(墓) 경기관찰사(京畿觀察使), 춘(春)·추봉심후(秋奉審後), 상문(狀聞)。 기읍정순(畿邑停巡), 칙정부계품(則政府啓稟), 도내질고수령동(道內秩高守令東)·서각일원(西各一員), 분예체행(分詣替行)。 북도릉전(北道陵殿) 관찰사(觀察使), 춘(春)·추봉심후(秋奉審後), 상문(狀聞)。 정순(停巡), 칙각해지방관체행(則各該地方官替行), 오년일차(五年一次), 례당진거봉심(禮堂進去奉審)。, 장릉(莊陵) 강원도관찰사(江原道觀察使), 춘(春)·추봉심후(秋奉審後), 상문(狀聞)。 정순(停巡), 칙지방관체행(則地方官替行)。　○지방관(地方官), 사맹삭봉심후(四孟朔奉審後), 보순영상문(報巡營狀聞)。 오년일차(五年一次), 례당진거봉심(禮堂進去奉審)。 제릉(齊陵)·후릉(厚陵)·헌릉(獻陵)·선릉(宣陵)·정릉(靖陵)·인릉(仁陵)·화녕전(華寧殿)·건릉(健陵)·현륭원(顯隆園), 각해수신(各該守臣), 춘(春)·추봉심후(秋奉審後), 상문(狀聞)。 부시(不時),

유해수신별봉심상문(有該守臣別奉審狀聞), 칙자본조품처(則自本曹稟處), 이수개시(而修改時), 잉위감동(仍爲監董)。 **려조제릉(麗朝諸陵)** 매식년(每式年), 본조랑관진거간심(本曹郎官進去看審), 혹인송영이문본조(或因松移文本曹), 품지후(稟旨後), 지방관체행(地方官替行)。 **동(東)‧남관왕묘(南關王廟)** 춘(春)‧추수개시(秋修改時), 각기구관당상급례호삼조랑관(各其句管堂上及禮戶工三曹郎官)‧선공감관원(繕工監官員), 진거감동(進去監董)。 **교외각단(郊外各壇)** 사맹삭(四孟朔), 본조랑관진거간심후(本曹郎官進去看審後), 계품(啓稟)。 **선무사(宣武祠)** 삼황기진일(三皇忌辰日), 승지(承旨)‧본조당상(本曹堂上)‧호조랑관(戶曹郎官), 봉심(奉審)。 ○**묘(廟)‧사(社)‧전(殿)‧궁(宮), 각릉(各陵)‧원(園)‧묘긴중처(墓緊重處)**, 유손(有損), 본사관보본조(本司官報本曹), 칙계품(則啓稟), 행별봉심후(行別奉審後), 계문(啓聞)。 ○**종묘(宗廟)‧영녕전(永寧殿)‧영희전(永禧殿)** 본사제조(本司提調)‧본조판당진거(本曹判堂進去)。 ○수개시(修改時), 호(戶)‧공조당상(工曹堂上), 역진(亦進)。 ○영희전수개시(永禧殿修改時), 공조당상(工曹堂上), 부진(不進)。 **사직단(社稷壇)** 본사제조진거(本司提調進去)。 ○수개(修改), 본사제조(本司提調)‧례호공판당(禮戶工判堂), 감동(監董)。 **경모궁(景慕宮)** 본사제조진거(本司提調進去)。 ○수개(修改), 본사제조(本司提調)‧례호공당상(禮戶工堂上), 감동(監董)。 **각릉(各陵)** 릉상유사봉심시(陵上有事奉審時), 정부급본조판당(政府及本曹判堂)‧랑관(郎官), 관상감제조(觀象監提調)‧선공감제조급관원(繕工監提調及官員)‧상지관(相地官)‧화원(畵員), 진거(進去)。 ○수개시(修改時), 화원(畵員), 부진(不進)。 **원(園)‧묘(墓)** 본조당랑진거(本曹堂郎進去)。 ○수개시(修改時), 선공감관원(繕工監官員)‧상지관(相地官), 역진(亦進)。 ○실화시(失火時), 정부이하진거(政府以下進去), 여각릉봉심동(與各陵奉審同)。 ○각릉(各陵)‧원(園)‧묘곡장퇴비(墓曲墻頹圮), 본조당(本曹堂)‧랑진거(郎進去)。 ○수개동(修改同)。 ○정자각대량(丁字閣大樑)‧고주등수개시(高柱等修改時), 본조당랑(本曹堂郎)‧선공감관원(繕工監官員)‧호조랑관(戶曹郎官), 감동(監董)。 ○ 월대수축시(月臺修築時), 본조당랑(本曹堂郎)‧호조랑관(戶曹郎官)‧선공감관(繕工監官), 진거(進去)。 ○ **각릉별봉심(各陵別奉審), 치료창로조(値潦漲路阻), 소사통섭진거사(少俟通涉進去事), 품지(稟旨)。**

◆물선(物膳)

정조(正朝)‧단오(端午)‧추석(秋夕)‧동지(冬至)‧탄일급별진하(誕日及別陳賀), 의정부(議政府)‧육조(六曹), 봉진물선우대전(封進物膳于大殿)‧내각전(內各殿) 탄일(誕日), 지당전봉진(只當殿封進)。 **의정부급본조당상(議政府及本曹堂上), 전일일(前一日), 예빈청감진(詣賓廳監進)。** 진하시(陳賀時), 전정월랑감진(殿庭月廊監進)。 ○행행상치(幸行相值), 전일일(前一日), 감진품지(監進稟旨)。 **탄일(誕日)** 생리오십개(生梨五十介), 생률륙두(生栗六斗), 호도삼두(胡桃三斗), 백자사두(柏子四斗), 홍시자일백개(紅柹子一百介), 서고십이개(西苽十二介), 생치삼십수(生雉三十首), 생선삼십미(生鮮三十尾)。 **정조(正朝)** 생리오십개(生梨五十介), 생률삼두(生栗三斗), 홍시자일백개(紅柹子一百介), 생치삼십수(生雉三十首), 생선삼십미(生鮮三十尾)。 **단오(端午)** 앵도륙두(櫻桃六斗), 백자사두(柏子四斗), 생치삼십수(生雉三十首), 생선삼십미(生鮮三十尾)。 **추석(秋夕)** 생리오십개(生梨五十介), 생률삼두(生栗三斗), 백자이두(柏子二斗), 도실삼두(桃實三斗), 서고이십사개(西苽二十四介), 생치삼십수(生雉三十首)。 **동지(冬至)** 생리오십개(生梨五十介), 생률삼두(生栗三斗), 호도삼두(胡桃三斗), 백자사두(柏子四斗), 홍시자일백개(紅柹子一百介), 서고십이개(西苽十二介), 생치삼십수(生雉三十首), 생선삼십미(生鮮三十尾)。 **진하(陳賀)** 생리오십개(生梨五十介), 생률륙두(生栗六斗), 호도륙두(胡桃六斗), 백자사두(柏子四斗), 홍시자이백개(紅柹子二百介), 서고십이개(西苽十二介), 생치삼십수(生雉三十首), 생선삼십미(生鮮三十尾)。。 ○**물선중(物膳中), 혹유대봉자(或有代封者), 전기일일(前期一日), 계품(啓稟)。** ○**각도공상물선(各道供上物膳), 수시산봉진(隨時産封進)。** ○**국휼시(國恤時), 대전(大殿)‧내각전소봉공상급외도삭선(內各殿所封供上及外道朔膳)‧물선(物膳), 한졸곡(限卒哭), 이소선봉진(以素膳封進)。** **사친상(私親喪), 칙소선(則素膳), 역위품지(亦爲稟旨)。** **소(小)‧대상(大祥), 역동(亦同)** °**한만일(限滿日), 복선품지(復膳稟旨)。** ○**인재이(因災異), 혹유감선기일지명(或有減膳幾日之命), 칙한만일(則限滿日), 복선품지(復膳稟旨)。** ○**탄일급절일물선(誕日及節日物膳), 수치소선지시(雖値素膳之時), 물구(勿拘)。**

⊙오상(五常)과 사단(四端)

◆오상(五常)

●**인(仁)은 측은지심(惻隱之心);** 불쌍한 것을 보면 가엾게 여겨 정을 나누고자 하는 마음,

●의(義)는 수오지심(羞惡之心); 불의를 부끄러워하고 악한 것은 미워하는 마음,
●예(禮)는 사양지심(辭讓之心); 자신을 낮추고 겸손해야 하며 남을 위해 사양하고 배려할 줄 아는 마음,
●지(智)는 시비지심(是非之心); 옳고 그름을 가릴 줄 아는 마음,
●신(信)은 광명지심(光名之心); 중심을 잡고 항상 가운데 바르게 위치헤 밝은 빛을 냄으로씨 믿음을 주는 마음.

◆맹자사단(孟子四端)

●無惻隱之心 非人也(무측은지심 비인야); 불쌍히 여기는 마음이 없는 것은 사람이 아니다,
●無羞惡之心 非人也(무수오지심 비인야); 부끄러운 마음이 없으면 사람이 아니다,
●無辭讓之心 非人也(무사양지심 비인야); 사양하는 마음이 없으면 사람이 아니다,
●無是非之心 非人也(무시비지심 비인야); 옳고 그름을 아는 마음이 없으면 사람이 아니다.

○惻隱之心 仁之端也(측은지심 인지단야); 불쌍히 여기는 마음은 어짊의 극치이디,
○羞惡之心 義之端也(수오지심 의지단야); 부끄러움을 아는 마음은 옳음의 극치이다,
○辭讓之心 禮之端也(사양지심 예지단야); 사양하는 마음은 예절의 극치이다,
○是非之心 智之端也(시비지심 지지단야); 옳고 그름을 아는 마음은 지혜의 극치이다.

홀기총집(笏記叢集)

⊙축문(祝文) 독축(讀祝)
홀기(笏記) 창홀법(唱笏法)

(出處)成均館

1.독축성(讀祝聲): 퇴계왈(退溪曰)태고부가(太高不可),태저역부가(太低亦不可),요사재위자(要使在位者),득문가야(得聞可也).범제(凡祭),무집사칙(無執事則),축문자독지야(祝文自讀之耶).사계(沙溪)왈(曰)부방(不妨).축문(祝文)의 소리가 너무 크게 읽어도 안 되며, 너무 작게 읽어도 안 되고, 제사에 참여한 모든 사람이 알아들으면 된다. 독축(讀祝)할 집사가 없으면, 축문(祝文)을 주인이 읽어도 무방하다.

2.독축법(讀祝法): 독축중(讀祝中)에 咳해;웃고,기침唾타;침이튄다.咦이;웃다.噫희;한숨부가(不可)병자불가(病者不可),의복불결자(衣服不潔者),불가(不可)요.

3.가성(假聲) 으로 독축(讀祝)을 하여도 안 되며, 조상(祖上)을 생각하는 마음이
○여읍(如泣);돌아가신 조상을 기리는 애절한 마음으로 흐느끼며 읊조리듯.
○여소(如訴);조상에 대한 죄송스러움으로 하소연하듯,
○여원(如怨);돌아가신 조상에 대한 효도를 다하지 못한 내자신을 원망하듯,
○여모(如慕);조상을 사모하는 마음을 담아 參禮한 모든 사람이 들을 수 있는 정도의 크기로 읽으면 된다.
○축문(祝文) 내용(內容)을 잘 파악하여 적절하게 띄어 읽어야한다.
○내용(內容)의 문장(文章)과 글자 음(音)에 따라 장단음(長短音)을 적절하게 맞추어야 한다.
○高低長短에 부합하고 너무 길거나 조급하게 읽어도 안 된다.
○경기도의 광-주(廣州)와 전라도의 광주(光州), 장-관(長官)과 장단(長短).

성씨(姓氏)인 정-(鄭)과 정(丁),그리고 어-른, 임-금. 거-짓말, 까-치. 열-쇠.등.예를 들면
축문에口감(敢) 소(昭) 고(告) 우(于) 선사(先師) ○○ 공(公)○○선생(先生)…口라고 할 때

소(昭)는 평성(平聲)이니 낮고 짧게 창(唱)을 한다.축문(祝文)의 끝인 상향(尙饗)에 □향(饗)자(字)는 높고 길게 창(唱)한다.

4,축판(祝板)의 규격(規格)과 위치(位置)

규격(規格): 축판이판위지(祝板以板爲之).장일척(長一尺),고오촌(高五寸)(주척(周尺)1척(尺)=22.5cm)

축판은 판板으로 만드는데 길이가 1자이고 높이가 周나라의 자로 5치이다. 周나라의1자는 現22.5cm 임.

위치(位置): 임제(臨祭),이지서문(以紙書文),점어기상이(粘於其上而), 치주주탁상(置酒注卓上),독필(讀畢),치향안상향로북(置香案上香爐北). 제사를 행 할때에 축문(祝文)을 축판(祝板)위에 부쳐서 주가상위에 놓았다가 독축(讀祝)이 끝나면 향안(香案)상위 향로(香爐) 뒤에 놓는다.

축반(祝盤);용이봉교지자(用以奉敎旨者),무칙부구(無則不具) 교지(敎旨)를 받은 대부(大夫)의 제사(祭祀)에는 소반으로 바쳐 읽고 대부 이하는 쓰지 않는다.

5,사성(四聲)(平聲,上聲,去聲,入聲) 과 106운(韻)

◆평성(平聲); 처음부터 끝날 때 까지 낮은 소리.(평탄하고 짧다)예(例); 평(平), 문(文).
●(上平) . 동(東) 동(冬) 강(江) 지(支) 미(微) 어(魚) 우(虞) 제(齊) 가(佳) 회(灰) 진(眞) 문(文) 원(元) 한(寒) 산(刪)
● (下平). 선(先) 소(蕭) 효(肴) 호(豪) 가(歌) 마(麻) 양(陽) 경(庚) 청(靑) 증(蒸) 우(尤) 침(侵) 담(覃) 염(鹽) 함(咸) 30자(字)

◆상성(上聲); 처음은 낮고 뒤는 높은 소리.(길고 높다) 例;有....,麌우.,.賄회.吻문.阮완,潸산 ,篠조巧교,,哿가,,,,迥형,,,,琰염 豏함. 29字
去聲;처음부터끝까지높은소리.(장중하다)例;泰.去.ㄱ..絳강.寘치,,,,,,卦괘, ,,,,,,,嘯소,,箇개,,漾양.,,,,,豔염,, 30字

入聲;앞의 소리와 관계없이 끝이 닫히는 소리(촉급하고 짧다) 例; 沃.入. * 入聲은 한자의 받침이 ㄱ, ㄹ, ㅂ인 字 例; 屋, 物, 合. 維 는 平聲으로 支 字 韻에 해당함. * 支 는 평성으로 上聲15字中하나임.屋옥,沃옥,覺각質질物물月월,曷갈黠힐屑설藥약陌맥,錫석職직,緝집,合합,葉엽,洽흡 17字 合計 106 字韻平聲的 入聲 上聲的 入聲 去聲的 入聲 考證;明文大玉篇圖解說:경주윤정수원장

6 창홀법(唱笏法);

창홀(唱笏)은 집례자(執禮者) 위지(爲之)니 제관(祭官)을 총지휘(總指揮)하는 일대책임(一大責任)이라.

지휘(指揮)에 능승기임자(能勝其任者)를 선택(選擇)할지며, 문의부달자(文義不達者)도 부가(不可)하며, 희롱적행동자(戲弄的行動者)도 부가(不可)하며,주취자(酒醉者)도 부가(不可)하며,부착례복자(不着禮服者)도 부가야(不可也)니라. 고증(考證);륜감록(輪鑑錄) 149쪽 창홀법(唱笏法)

창홀(唱笏)에서 높고 긴(緊) 자(字)는 □위(位) . 강자(降自) . 인강복위(引降復位)□등이고, 낮고 짧은 자(字)는 □초(初) . 종(終) . 관(官) . 전(前) . 삼(三). 향(香). 동계(東階) . 서계(西階)□등이고, 낮으면서 길게 하는 字는 □身 . 皆 . 躬□등이다.
□拜 . 興 . 拜 . 興□은 여러 사람이 절을 할 때 절하는 動作이 統一되기 위하여 부르는 것이고, 俯 . 伏 . 興□은 엎드렸다가 일어날 때에 몸이 움직이는 律動을 形容하는 말이라서 한자 한자 띄어서 읽어야 한다.

오방지음유지질경중지부동(五方之音有遲疾輕重之不同) [중략(中略)] 기중기질칙위입위거위상(其重其疾則爲入爲去爲上) 기경기지칙위평(其輕其遲則爲平)오방의 소리에 느리고 빠르고 가볍고 무거움의 같지 않음이 있으니 (중략) 무겁고 빠르면 입성이 되고 거성이 되고 상성이 되며 가볍고 느리면 평성이 된다.
평성위양(平聲爲陽) 측성위음(仄聲爲陰) 평성음장(平聲音長) 측성음단(仄聲音短) 평성음공(平

聲音空) 측성음실(仄聲音實) 평성여격종고(平聲如擊鐘鼓) 측성여격목석(仄聲如擊木石)평성은 양이고 측성[2]은 음이고 평성은 소리가 길고 측성은 소리가 짧고 평성은 소리가 비고 측성은 소리가 알차고 평성은 <u>종</u>과 북을 치는 듯하고 측성은 나무와 돌을 치는 듯하다.

평상거삼성근호기지양(平上去三聲近乎氣之陽) 물지웅(物之雄) 의지표(衣之表) 입성근호기지음(入聲近乎氣之陰) 물지자(物之雌) 의지리(衣之裏)평성과 상성과 거성의 세 성조는 기의 양이고 물건의 수컷이고 옷의 겉감이며 입성은 기의 음이고 물건의 암컷이고 옷의 안감이다.

평성장언(平聲長言) 상성단언(上聲短言) 거성중언(去聲重言) 입성급언(入聲急言)평성은 긴 말이고 상성은 짧은 말이고 거성은 무거운 말이고 입성은 급한 말이다.

평성자(平聲者) 평위부편(平謂不偏) 애이안지성(哀而安之聲) 상성자(上聲者) 상위상승(上謂上升) 려이거지성(厲而擧之聲) 거성자(去聲者) 거위부편(去謂不偏) 청이원지성(清而遠之聲) 입성자(入聲者) 입위수입(入謂收入) 직이촉지성(直而促之聲)평성은 평탄해서 안 치우쳤다고 하니 슬프고 아늑한 소리고 상성은 위라서 위로 오른다고 하니 지르며 드는 소리고 거성은 가는 게 안 치우쳤다고 하니 맑고 먼 소리고 입성은 들어감이 거두어 들림을 이르니 곧고 재촉하는 소리다.

평성평도초저앙(平聲平道草低昂) 상성고호맹열강(上聲高呼猛烈强) 거성분명애원도(去聲分明哀遠道) 입성단촉급수장(入聲短促急收藏)평성은 평탄한 길이 처음에 낮다가 높고 상성은 높이 부르며 맹렬하게 세고 거성은 분명하게 슬프고 먼 길이고 입성은 짧고 재촉하며 급하게 거두어 들인다.

평성애이안(平聲哀而安) 상성려이거(上聲厲而擧) 거성청이원(去聲清而遠) 입성직이촉(入聲直而促) 위춘천기평화(謂春天氣平和) 하온기상등(夏溫氣上騰) 추과엽락거(秋菓葉落去) 동초목귀입(冬草木歸入) 잉약춘하추동명평상거입야(仍約春下秋冬名平上去入也) 평성중(平聲重) 초후구저(初後俱低) 평성경(平聲輕) 초앙후저(初昂後低) 상성중(上聲重) 초저후앙(初低後昂) 상성경(上聲輕) 초후구앙(初後俱昂) 거성중(去聲重) 초저후언(初低後偃) 거성경(去聲輕) 초앙후언(初昂後偃) 입성중(入聲重) 초후구저(初後俱低) 입성경(入聲輕) 초후구앙(初後俱昂)평성은 슬프고 아늑하고 상성은 지르며 들고 거성은 맑고 멀고 입성은 곧고 재촉한다. 이르건데 봄은 날씨가 평화롭고 여름은 따뜻한 기운이 위로 오르고 가을은 과일과 잎이 떨어지고 겨울은 풀과 나무고 돌아 들어간다. 춘하추동의 약속을 따라 평상거입의 이름이 있다. 평성이 무거우면 처음과 나중이 모두 낮고 평성이 가벼우면 처음이 높고 나중이 낮으며 상성이 무거우면 처음이 낮고 나중이 높고 상성이 가벼우면 처음과 나중이 모두 높고 거성이 무거우면 처음이 낮고 뒤고 쓰러지며 거성이 가벼우면 처음이 높고 뒤나 쓰러지며 입성이 무거우면 처음과 나중이 모두 낮고 입성이 가벼우면 처음과 나중이 모두 높다.

평성자애이안(平聲者哀而安) 상성자려이거(上聲者厲而擧) 거성자청이원(去聲者清而遠) 입성자직이촉(入聲者直而促)평성은 슬프고 아늑하며 상성은 지르며 들고 거성은 맑고 멀며 입성은 곧고 재촉한다.

평성애이안(平聲哀而安) 상성려이거(上聲厲而擧) 거성청이원(去聲清而遠) 입성직이촉(入聲直而促)평성은 슬프고 아늑하며 상성은 지르며 들고 거성은 맑고 멀며 입성은 곧고 재촉한다.

◆창홀(唱笏)의 기본(基本) 내용(內容)을 숙지(熟知)
(1) 홀기문구(笏記文句) 내용(內容) 이해(理解), (2) 글자간 띄어 읽기 實行 (3) 文章구절은 붙여 읽어야 진행에 이해가 쉽다.

◆재계(齋戒)
음식을 삼가고 마음과 몸가짐을 깨끗이 하여 부정을 타지 않도록 함.
○석전(釋奠); 산재(散齋) 3일(日)과 치재(致齋) 2일(日)로 오일(五日) 동안을 재계(齋戒) ○사시제(四時祭); 산재(散齋) 2일(日), 치재(致齋) 1일(日) 계(計)3일(日). ○묘제(墓祭) ;1일(日). ○기제(忌祭) ;1일(日).

(1)산재(散齋); 외부에서 자거나 술과 마늘을 먹지 않고, 문병과 조상을 삼가며, 음악을 듣지 않고, 형사 사무를 보지 않으며, 추하고 사나운 일을 행하지 않는다.

(2)치재(致齋); 내적인 면에서 마음을 정재(整齋)하여 제사할 神만을 생각한다. 근신하면서 행례에 임한다.

(3)재숙(齋宿); 齋家하면서 別居 잠자리를 한다.

7. 참례자의 복장(參禮者의 服裝)

남자(男子)-제복, 관복, 도포, 한복. <고례(古例)>관리(官吏) :조삼(皁衫), 복두(㡤頭), 대(帶), 홀(笏). 진사(進士) : 복두, 난삼,대. 서인(庶人): 모자(帽子), 삼(衫), 심의(深衣).
여자(女子)-옥색 한복 정장, 현란한 옷이나 화장 악세서리는 부가(不可). 대의(大衣), 군삼(裙衫), 배자(褙子).

8. 제관(祭官)의동작(動作) (한자를 쓰고 한글로 풀이하여 올것)

범봉자당심(凡奉者當心)하고 제자당대(提者當帶)라. 집천자지기칙상형(執天子之器則上衡)하고 국군칙평형(國君則平衡)하며 대부칙수지(大夫則綏之)하고 사칙제지(士則提之)라. 범집주기집경(凡執主器執輕)대 여부극(如不克) 조폐규벽칙(操幣圭璧則),상좌수(尙左手)하며行不擧足하여車輪曳예踵<례기(禮記) 곡례하(曲禮下)>

○**步行法(보행법)** 衣冠을 整齋한 제관은 공수(拱手)집홀(執笏)한 자세로 눈길은 45도 각도로 전방을 주시하고, 行할 때는 우족선발(右足先發)로 행하며, 方向을 바꿀 때는 멈추어 취족(取足)한 후 절도 있고 각지게 바꾸어 행한다.

○**進退(진퇴)** :禮를 행할 때는 굴신(屈身)자세로 前三步 나가고, 무릎꿇어 行禮하고, 마치면 부복흥(俯伏興)하며, 굴신자세로 後三步 물러난다.

○**昇降(승강)** :계단을 오를 때는 右足先發하고 左足을 취하며, 계단을 내릴 때에는 반대로 左足先, 右足取(合)한다.

○**拾級聚足(섭급취족)**;계단을 오를 때는 右足先發하고 左足을 취하며, 계단을 내릴 때에는 반대로 左足先, 右足取(合)한다.빈주(賓主)가 계단을 같이 오를때는 主東客西로 서서 相向相揖禮 後 상권(相勸)하면서 주인은 東쪽에서 右先足하고,賓은 西쪽에서 左先足하며, 내릴 때는 반대로 한다.

○**每門讓於客(매문양어객)** : 문이나 계를 통할 때는 읍하며 서로 辭讓(사양)하는 예를 표한다.

○**堂內不趨(당내불추)**;堂內(당내)에서는 빠른 걸음으로 걷지 않는다.

○**出入不踐**閾 :문에 들어가고 나올 때 문지방을 밟지 않는다.

○**東門入西門出(동문입서문출)** : 대성전 外三門(외삼문)으로 들어갈 때에는 동쪽 문으로 들어가고 행례를 마치고 나올 때에는 서쪽 문으로 나온다

○**中門出入禁(중문출입금)** :대성전 외삼문 중 가운데 문은 神門(신문)으로 헌관이하 모든 유생들의 출입을 금하고 있으며 神道(신도)를 건널 때에는 敬虔(경건)한 자세로 몸을 조아려 합보와 읍을 하고 鞠躬(국궁) 자세로 건너간다.

○**執玉不趨(집옥부추)** : 귀중한 것을 들었을 때는 빨리 걷지 아니하며 발을 지긋이 끌며 공손하게 걷는다.

○**堂上接武(당상접무)** : 당 안에서 걸을 때는 발자취를 붙게 한다.

○**堂下布武(당하포무)** : 당 아래 평지에서 걸을 때는 평상시와 같이 당당하고 의연하게 걷는다.

○**授立不跪不立(수립부궤부립)**:앉아있는 사람에게:서있는 사람에게 물건을 줄때는 무릎 꿇치 않고 서서준다,

○**授坐(수좌)**:물건을 줄때는 서지않는다.

홀기용어해설(笏記用語解說)

○ 초헌관(初獻官) : 신위(神位)에 첫잔을 드리는 제관(祭官,冠祭服-焚香 奠幣 飮福 望瘞 禮를 행함)
○ 아헌관(亞獻官) : 신위(神位)에 두 번째 잔을 드리는 제관(冠祭服)
○ 종헌관(終獻官) : 신위(神位)에 세 번째로 끝잔을 드리는 제관(冠祭服)
○ 분헌관(分獻官) : 동서종향위(東西從享位)에 분향하고 잔을 드리는 제관(冠祭服)
○ 당상집례(堂上執禮) : 홀기를 부르는 제관(冠祭服)
○ 당하집례(堂下執禮) : 동서무(東西廡)진행을 담당하는 제관(冠祭服,해설을 담당함)
○ 대축(大祝) : 축문을 읽는 제관(一梁冠祭服) 祝官)
○ 알자(謁者) : 헌관(獻官) 인도인
○ 찬인(贊引) : 분헌관(分獻官) 인도인
○ 봉향(奉香) : 향합을 받드는 집사(執事)
○ 봉로(奉爐) : 향로를 받드는 집사
○ 봉작(奉爵) ; 술잔을 받드는 집사
○ 전작(奠爵) : 술잔을 神位前에 올리는 집사
○ 사준(司尊) : 술동이를 맡은 집사, 司(사)尊(존) 존발음이나 준으로 독음
○ 집사(執事) : 절차에 따라 일을 진행시키는 사람 사회자, 진행자
○ 홀기(笏記) : 식순(式順)
○ 관세위(盥洗位) : 손 씻는 자리
○ 배위(拜位) : 절하는 자리
○ 복위(復位) : 제자리로 돌아옴
○ 진홀(搢笏) : 홀을(제복) 홀 꽂이에 꽂음
○ 집홀(執笏) : 홀을 손에 잡음
○ 국궁(鞠躬) : 존경의 뜻으로 몸을 굽힘
○ 준소(尊所) : 술 항아리 있는 곳
○ 예제(醴齊) : 담은 지 얼마 안 된 단술 (犧樽에 담으며 초헌관이 올린다)
○ 앙제(盎齊) : 중간정도 익어 푸른빛이 도는 술 (象樽에담으며 아헌관이 올린다.
○ 청주(淸酒) : 겨울에 빚어 여름에 익은 술 (山罍에 담으며 종헌관과 분헌관이 올린다)

★ 예제(醴齊)는 일일숙주(一日宿酒)요. 앙제(盎齊)는 삼일숙주(三日宿酒)요. 청주(淸酒)는 오일숙주(五日宿酒)라고도 한다.
○ 현주(玄酒) : 태고 때에는 술이 없어서 물로 행례(行禮)했는데 뒤의 왕이 옛것을 소중히 여기기 때문에 현주라고 했다.(물의 빛이 검게 보여 현이라고 함. 상준이나 산뢰에 담는다.)
○ 명수(明水) : 그늘진 곳에서 뜨는 것으로 달빛 아래의 물은 달에서 난다고 여겨 明이라 한다. (희준과 상준에 담는다)
○ 홀(笏) : 수판(手板-有位者 朝見時 有事則 書于以備遺志)
○ 점(坫) : 술잔이나 축을 올려놓는 받침대
○ 보(簠) : 제기이름 보(바깥은 네모지고 담는 안 부분은 둥근 제기, 수수나 보리쌀 등을 사용)
○ 궤(簋) : 제기이름 궤(쌀 찹쌀 등을 사용)
○ 탐(醓) : 육장 탐 (肉醬)
○ 세(帨) : 수건 세 (女子佩巾)
○ 조(俎) : 도마 조 (제향 때 희생을 얹는 도구)
○ 변(籩) : 제기이름 변 (竹器)

○ 두(豆) : 제기이름 두 (木器)
○ 작(爵) : 술잔
○ 뢰(罍) : 술잔(술독)
○ 작(酌) : 따르다 (액체를 퍼내다)
○ 멱(冪) : 덮개
○ 예(瘞) : 묻다
○ 감(坎) : 구덩이
○ 준(尊) : 樽과通用 (古來 原文에 준(尊)으로 사용)
○ 철(徹) : 撤과통용 (古來 原文에 徹로사용)

●제향순서(祭享 順序) 요약(要約)

1. 제례 입장(祭禮入場)
2. 행 분향례(行 焚香禮)
3. 행 강신례(行 降神禮)
4. 행 참신례(行 參神禮)
5. 행 초헌례(行 初獻禮)
6. 행 아헌례(行 亞獻禮)
7. 행 종헌례(行 終獻禮)
8. 행 사신례(行 辭神禮)

●헌관(獻官) 및 집사(執事)의 명칭(名稱)과 임무(任務)

(1)초헌관(初獻官) : 향을 사르고 첫 잔을 올리는 제관(祭官)으로 제사의 주인(主人)이다.
(2)아헌관(亞獻官) : 두 번째 잔을 올리는 제관(祭官)
(3)종헌관(終獻官) : 세 번째 잔을 올리는 제관(祭官)
(4)분헌관(分獻官) : 종향위(從享位)나 배향위(配享位)에 향을 사르고 술잔(淸酒)을 올리는 제관
5)집례(執禮) : 한문 홀기를 읽어 진행을 담당하는 제관
(6)찬창(贊唱) : 집례(執禮)를 보좌하는 제관
(7)대축(大祝) : 축문(祝文)을 읽는 제관
(8)알자(謁者) : 헌관(獻官)을 인도하는 제관
(9)찬인(贊人) : 집례(執禮). 대축(大祝). 제집사(諸執事)를 인도하는 제관
(10)봉향(奉香) : 향을 받드는 집사
(11)봉로(奉爐) : 향로를 받드는 집사
(12)봉작(奉爵) : 준소(樽所:술항아리를 놓아두는 곳)에서 사준(司樽)이 따른 술잔을 받아 헌관에게 건네주는 집사
(13)전작(奠爵) : 헌관으로부터 술잔을 받아 신위 앞에 올리는 집사
(14)사준(司樽) : 준소에서 술을 따르는 집사

○국궁(鞠躬) 상체를 숙이며 허리를 굽힌다.
○배(拜) 절하다
○흥(興) 일어나다
○배(拜) 절하다
○흥(興) 일어나다
○평신(平身) 몸을 바로한다

국향음주례(國鄕飮酒禮)

◆개설

향음주례(鄕飮酒禮)란 향촌의 선비나 유생들이 학덕과 연륜이 높은 이를 주빈(主賓)으로

모시고 술을 마시는 잔치이다. 그러나 단순히 술을 마시는 것에서 벗어나 술을 마시는 가운데 예를 세우고 서로의 화합을 도모하는 향촌의례의 하나이다. 주로 서원이나 향교 등지에서 서원행례·향약례·향사례(鄕射禮) 등의 각종 행례 절차 중의 하나로 시행했지만, 향음주례만을 별도로 시행하기도 했다.

술에 대해서는 예로부터 넘침을 경고했지만 도를 넘어선 경우가 허다했던가 보다. 오래전부터 '고주망태'니 '술 먹은 개'라는 표현이 통용되었음은 꽤나 부작용이 많았던 것으로 유추된다. 향음주례는 술로 인해서 발생할 폐해를 막고 예를 바로 세우기 위한 우리 선조의 대응 방안이라 할 수 있다.

◆연원 및 변천

향음주례는 『주례(周禮)』와 『의례(儀禮)』에 잘 나타나 있다. 『주례』에 따르면 관직에 등용된 사람을 위해 출향에 앞서 베푸는 송별연이 향음주례이다. 『의례』에는 나라 안의 덕유자(德有者)를 대접하는 의례로 기록되어 있다. 중국에서는 후한시대인 나라[國], 현(縣), 도(道)에서 향음주례를 행했다. 또한 당나라는 677년 「향음례」를 반포하여 매년 정기적으로 의례를 행하게 했다. 명나라 태조 때는 향음주례 조직을 상세히 규정하여 학교나 관청뿐만 아니라 민간에서도 주기적·조직적으로 향음주례가 이루어지도록 하였다.

우리나라에서 향음주례에 대한 기록은 고려시대에 등장하기 시작한다. 고려 인종 때인 1136년에 과거제를 정비하면서 여러 주의 공사(貢士)를 중앙에 보낼 때 향음주례를 행하도록 규정한 것이다. 향음주례는 특히 고려 말부터 조선 초에 이르기까지 크게 보급되었다. 조선 초기에 정도전이 지은 『조선경국전(朝鮮經國典)』에는, "정표(旌表)가 절의(節義)를 장려하는 것이라면 향음주는 예손(禮遜)을 가르치는 것이다."라고 기록되어 있다. 집현전에서 1474년(성종 5)에 편찬한 『국조오례의(國朝五禮儀)』에서도 향음주례를 찾아 볼 수 있다.

향음주례는 가례의 하나로 매년 10월에 한성부와 각 도, 그리고 모든 주·부·군·현 등에서 길일을 택해 치러졌다. 주인이 되는 수령의 주최 하에 고을에 나이 많고 덕이 있으며 재주와 행실이 고루 갖추어진 사람을 주빈으로 삼았다. 이 외에도 유생을 손님으로 하여 서로 모여 읍양(揖讓)하는 예절을 지키며 주연을 함께 했다. 향음주례에서는 특히 어진 이와 어른을 공경하고 덕유자를 높이며, 예법과 사양의 풍속을 일으키도록 했다. 이는 향음주례의 홀기(笏記)나 절차를 보면 잘 드러난다.

중국이나 우리나라에서 이토록 향음주례를 규제화한 것은 이것이 단순히 의례에 머물지 않고 사족 상호간의 관계를 돈독히 하고, 지방 사회의 결속을 강화하는 역할을 하기 때문이다. 그 예로 다음과 같은 사례를 들 수 있다. 성종 초에 등용된 김종직(金宗直) 등의 영남 출신 사류들은 훈신(勳臣)들의 장기 집권에 따른 비리로 인해 동요하는 지방 사회의 질서를 재편하고자 노력하였다. 이에 세조 말에 혁파된 유향소 제도를 부활하여 『주례』의 향사례·향음주례 등의 시행을 시도하였다. 이때 사당이란 명칭으로 향음주례를 행하였는데, 안동·예천·김해·성주 등의 네 곳에서 행해졌다고 보고되어 있다.

◆절차

향음주례는 집도자가 홀기를 부르며 이끄는 대로 진행된다. 홀기에 따라 진행되기 때문에 현재 시행되는 모든 향음주례가 대동소이하다. 오늘날에는 실제로 술을 마시며 흥을 내기보다는 그저 정해진 절차에 따라 의례를 진행하고 그친다. 아래의 절차는 2008년 5월 2일 서울의 남산한옥마을에서 향음주례에 불렀던 홀기를 바탕으로 서술한 것이다. 향음주례의 진행은 정해진 홀기에 따르는 것이므로 안동에서 행해지는 향음주례의 절차도 이와 크게 다르지 않다.

◆손님을 청(請)하는 의식

주인이 손님의 집에 가서 향음주례 연회를 알리고 큰손님으로 청한다.

◆손님을 주인집(향음주례청)으로 모시는 의식

주인은 향음주례 연회 준비가 다 되었으면 집사를 보내어 손님을 모셔 오도록 한다. 집사는 손님 집에 가 대문 서쪽에서 큰손님에게 인사하고 손님을 인도하여 주인집에 이르면 대문 서쪽에 서서 주인에게 "큰손님 오셨습니다."하고 고한다. 주인은 대문 동쪽에서 서향하여 큰손님에게 "어서 오시지요." 하며 읍례(揖禮)로 맞이한다. 큰손님도 주인에게 "향음례에 초대해 주셔서 감사합니다." 하며 답읍한다. 주인은 수행하여 온 여러 손님에게도 읍례로 인사하고 여러 손님도 읍(揖)으로 답한다.

주인은 동쪽 계단 아래에, 손님은 서쪽 계단 아래에서 각각 마주 보고 서서 서로 읍을 하고 "먼저 오르시지요." 하며 먼저 오르기를 권한다. 서로 오르기를 세 번 권하고 사양한 후, 주인이 먼저 오른다. 주인과 손님은 서로 마주 보고 주인은 오른발 먼저 왼발 합족, 손님은 주인보다 한 발 늦게 왼발 먼저 오른발 합족하며 오른다. 주인과 손님이 당(堂)에 오르면, 주인과 손님은 각자의 자리에 가서 앉는다. 주인이 먼저 북쪽을 향하여 재배(再拜)하면 큰손님도 북쪽을 향하여 재배한다.

◆ 헌작(獻爵)

헌작은 주인이 손님에게 술을 대접하는 의식이다. 집사는 준소(樽所)의 보자기를 걷고 작(爵)과 용작(龍勺)을 내어 놓는다. 주인이 준소에서 작을 받아 작세소(爵洗所)로 가면 큰손님도 주인의 뒤에서 한 발 늦게 따라간다. 주인이 손님에게 "그대로 앉아 계시지요."라고 인사하면, 손님은 "저 때문에 너무 수고가 많으시니 앉아 있기가 민망합니다."라고 한다.

주인이 술잔을 들고 작세소에 가서 손을 씻고 잔을 씻으려 할 때 손님은 다시 "저로 하여금 수고가 너무 많으십니다."라고 하면, 주인은 "안주 없는 술이지만 청결히 하고자 할 름입니다"라고 대답한다. 손님이 술상 앞으로 가서 서 있으면, 주인은 준소에 가서 술을 받아 들고 손님 앞으로 가 술잔을 준다. 손님이 술잔을 받아 상위에 놓고 주인에게 절을 하면, 주인도 답배(答拜)하고 자리로 돌아간다.

집사가 포(脯)와 해(醢)를 손님상에 갖다 놓으면 큰손님은 왼손으로 술잔을 잡고 오른손으로 포를 조금 앞으로 당겨 놓고 반제한 후, 술잔을 들어 한 모금 맛을 본 후 일어나 주인을 향하여 한 번 절하고 "술 맛이 참 좋습니다."라고 한다. 주인도 일어나 이에 답배한다. 큰손님이 자리에 앉아 잔을 다 비우면 집사는 잔을 남겨 두고 포와 해를 철상한다.

◆ 작례(酌禮)

작례는 손님이 주인을 대접하는 의식이다. 먼저 손님이 술잔을 들고 작세소로 가면 주인도 손님의 뒤를 한발 늦게 따라간다. 손님은 주인에게 "그대로 앉아 계시지요." 라고 인사한다. 집사는 손님이 손과 잔을 씻도록 돕는다. 손님이 술잔을 작세소에 가서 씻으려 하면 주인은 "송구스러워 앉아 있기가 민망합니다."라고 말한다. 주인이 상 앞으로 가서 서 있으면, 손님이 준소로 가서 술을 받아가지고 주인 앞으로 가 술잔을 준다.

주인이 잔을 받아 상에 놓고 한 번 절하면, 손님도 답배한다. 손님이 자리에 돌아가 앉으면 집사가 포와 해를 갖다 놓는다. 주인은 왼손으로 술잔을 잡고 오른손으로 포를 조금 앞으로 당겨 놓고 반제한 후, 술잔을 들어 한 모금 맛을 보고 자리에서 일어나 큰손님을 향하여 절을 한다. 큰손님이 일어나 답배하면 주인은 자리에 앉아 잔을 다 비운다.

◆ 수례(酬禮)

수례란 주인이 두 번째 손님에게 대접하는 의식을 말한다. 먼저 주인이 준소에 가서 치(觶: 향음주에 쓰이는 뿔로 만든 술잔)를 받아 작세소로 가면 두 번째 손님이 따라 가는데, 이때 역시 주인은 "그냥 앉아 계시지요."라고 말한다. 이에 두 번째 손님은 "너무 수고하시니 감히 앉아 있기가 민망합니다."라고 대답한다. 주인이 집사의 도움으로 손과 잔을 씻으며 "감히 깨끗이 아니할 수가 없습니다."라고 말하면 손님은 제자리로 돌아간다.

주인은 준소에 가서 술을 받아 들고 손님 앞으로 가 서서 술잔을 건넨다. 손님이 감사하다는 뜻으로 한 번 절하고 술잔을 받아 상에 놓으면 주인도 손님에게 답배하고 자리로 돌아가 앉는다. 손님도 자리에 앉으면 집사는 포와 해를 손님상에 갖다 놓는다. 손님은 왼손으로 치를 잡고 오른손으로 포와 해를 조금 당겨 놓고 반제한 후, 술을 조금 맛보고 일어나 한 번 절한다. 주인도 일어나 답배하면 손님은 자리에 앉아 잔을 다 비운다.

◆손님이 돌아가는 의식

거듭 권함에 취기가 도도하면 "대접 잘 받았습니다." 하고 큰손님이 먼저 일어나면 자리의 모든 손님도 따라 일어난다. 큰손님이 서쪽 계단으로 내려가면 다른 손님도 따라 내려가 대문 밖 서쪽에 차례대로 선다. 주인이 대문 밖 동쪽에서 서향하여 서서 손님에게 읍례로 작별 인사를 하면 큰손님 이하 여러 손님들도 "대접 잘 받았습니다." 하고 읍례로 답한다. 이에 주인은 "대접이 소홀하여 민망할 따름입니다."라고 말한다. 이로써 모든 의례가 끝난다.

◆생활민속적 관련사항

현재 안동시에서는 매년 가을마다 향음주례 시연을 하고 있다. 가을에 벌어지는 안동국제탈춤페스티벌 행사의 일환으로 경상북도 안동청년유도회의 주관 하에 이루어진다. 장소는 안동 시내에 있는 태사묘나 웅부공원 등지이다. 안동시 도산면에 있는 도산서원에서 도산별시를 치를 때에 향음주례를 행하기도 한다. 향음주례를 행할 때에는 전국적으로 이름 있고 학덕 있는 유학자를 초빙하여 의례를 집도하도록 하고 있다.

향음주례란 조선시대때 향촌의 유생들이 향교나 서원등에 모여 학문과 덕행이 높고 연륜이 높은 이를 주빈으로 모시고 술을 마시며 잔치를 하는 향촌 의례의 하나이다. 즉 어진이를 존중하고 노인을 봉양하는데 뜻이 있다.

또 다른 목적으로는 시골 학교에서 학업을 닦고 난 다음 제후와 향대부(鄕大夫)가 향촌(鄕村)에서 덕행과 도덕과 기예를 고찰해 인재를 뽑아 조정에 천거할 때 출향에 앞서 그들을 빈례로써 대우하는 일종의 송별 잔치를 베풀었던 의례이다.

향음주례는 전통의례 6 가지중의 하나로 관례, 혼례, 상례, 향음주례, 상견례가 있는데 이번에 1500 년 전통의 한산 소곡주 축제를 하면서 이를 통해서 선조님들이 음주례를 얼마나 중요시했음을 엿보기로 했다.

의례 절차에는 16 가지의 절차가 있으니 그 의식의 대강 중요한 절차로는 다음과 같다.

1, 주인 영빈(主人迎賓)~주인이 손임을 마지하는 의식
2, 주인헌빈(主人獻賓) ~주인이 손님에게 술을 권함
3, 빈작 주인(賓酌主人)~손님이 주인에게 술을 권함
4, 악빈(樂賓)~주인이 손님에게 음악과 시, 훈사를 들려주는 의식
5, 승좌(升坐)~모두가 술을 마시며 즐김
6, 빈출(賓出)~손님을 전송하는 의식

향음주례의 7 가지 중요한 의미

○첫째, 경건함~꿇어 앉고 절하고 읍하는 데에서 경건함을 배운다.
○둘째, 절제~ 술을 석잔 이상 마시지 않는다.
○셋째, 겸양~항상 상대를 배려해 사양한다.
○넷째, 청결~손을 씻고 잔을 씻는데 몸과 마음을 정결하게 함을 뜻한 다,
○다섯째, 협동정신~ 참여하는 많은 사람들이 협동하지 않으면 예를 이 룰수 없다.
○여섯째, 질서의식~ 집례의 홀기에 따라 움직이지 않으면 예가 되지 않는다.
○일곱째, 감사~농사를 지어 술을 담그게 해준 고마음과 천지 일월에 감 사한다.

오늘날 음주 문화는 우리의 전통과는 너무나 변질되어 예절을 찾아 볼수 없이 퇴속되어 무질서하게 변질되었다.

향음주례 축약본 홀기(鄕飮酒禮縮約本 笏記)시연 (축약본-간략하게 축소한 홀기)
○고(鼓)는 북을 크게한번 처 주십시오.

◆국민의례
○국민의례가 있겠습니다.
○전면에 있는 태극기를 향하여 서 주십시오.
○국기에 대하여 경례 바로

◆문묘를 향한 향배입니다.
○문묘를 향하여 배례 ○먼저 오늘 행례에 참여하신 분들을 소개하겠습니다.

도집례; 누구. 대빈; 누구. 중빈; 누구 주인; 누구. 독훈자; 누구. 집사자; 누구. 주인찬인; 누구. 대빈찬인; 누구. 북; 누구.

○상황에 따라 객석에 초청한 손님 한분 한분 소개
○주인은 손님을 영접하고, 집사자는 손님들이 자리에 앉도록 안내하십시오.
○지금부터는 주인이 손님을 맞이하여 대접하는 행례(6 단계)를 시작하겠습니다

◆주인 영빈 주인이 큰손님을 맞이하는 절차와 의식
○큰 손님의 찬인은 큰손님을 인도하여 천천히 들어오기 시작하여 주 십시오. ○지금 큰 손님이 들어오고 계십니다. ○주인 찬인은 주인 왼쪽에 나아가 "손님을 맞이하십시오"라고 말한 다. ○주인의 찬인은 주인을 인도하여 대문의 왼쪽에 나아가 서쪽을 향해 서십시오. ○주인과 손님은 서로 두 번 절하며 인사를 나누십시오. ○주인과 손님은 서로 읍을 하며 먼저 들어가기를 권유하십시오.(이렇게 세 번 반복하십시오.) ○주인의 찬인은 주인을 인도하여 먼저 들어가 동쪽 계단 아래에 서향 하여 서십시오. ○손님의 찬인은 손님을 인도하여 서쪽계단 아래에 동향하여 서주십시 오. ○주인은 손님에게 "먼저 오르십시오"라고 하면 손님은 "아닙니다"라 고 하고, 또 주인은 "아닙니다 먼저 오르시기 바랍니다"라고 하면 손님은 "이닙니다 먼저 오르십시오" 답하십시오. ○또 한번 주인이 "사양마시고 먼저 오르십시오"라고 하면 손님이 "아 닙니다 제발 먼저 오르십시 오"라고 서로 사양하면서 먼저 오르기를 권유하십시오. ○주인이 먼저 올라가십시오. ○손님이 뒤 따라 올라가십시오. ○주인은 동쪽 계단 위 마루위에서 북쪽을 향하여 두 번 절하십시오. ○손님은 서쪽 계단위 마루위에서 북쪽을 향해서 두 번 절하십시오. ○주인과 손님은 서로 마련된 자리에 나아가 마주 하십시오.

◆주인 헌빈 주인이 손님에게 술을 대접하는 절차와 의식.
○주인의 찬인이 주인을 인도하여 준소에 나아가 잔을 가지고 동쪽 계 단 아래 잔 씻는 곳으로 내려 가십시오. ○손님의 찬인이 손님을 인도하여 서쪽계단 아래에 내려와 서십시오. ○주인이 "내려오지 마십시오"라고 말하십시오. ○손님이 "아닙니다 괜찮습니다"라고 말하십시오. ○주인은 잔 씻는 곳으로 나아가십시오. ○주인은 남향하여 잔을 바구니 안에 내려 놓으십시오. ○주인은 손을 물로 씻고, 수건으로 닦으십시오. ○주인은 잔을 들어 옥세자에게 건너 주십시오. ○옥세자는 잔을 씻어 주인에게 건네주십시오. ○주인은 동쪽계단 아래에서 돌아와 손님을 향해 "먼저 오르십시오"라 고 읍을 하면, 손님은 읍하며 먼저 계단위로 오르고, 주인이 따라 마 루위에 올라가십시오. ○손님은 서쪽 마루 위에서 북향하여 절을 한번 하십시오.○주인은 잔을 소반위에 올려놓고 동쪽마루 위에서 북향하여 답하여 절을 한 번 하십시오. ○손님은 서쪽 마루위에서 주인을 향해 반듯이 서십시오. ○주인의 찬인은 주 인을 인도하여 준소에 나아가십시오. ○집사자는 술항아리 덮개를 여십시오. ○주인이 잔을 채워 손님의 자리에 나아가 잔을 들어 올려 주십시오. ○손님이 주인을 향해 절을 한번하면 주인은 잔을 들고 뒤로 조금 물 러서십시오. ○손님은 주인에게서 잔을 받아 손님의 자리로 돌아 오십시오. ○주인이 동쪽 마루위에 돌아와 손님을 향하여 한번 절하면 손님은 뒤로 조 금 물러서십시오. ○집사자는 육포와 땅콩을 손님의 자리 앞에 올려 놓으십시오. ○주인은 동쪽마루 위에서 손님을 향하여 반듯이서십시오. ○손님은 왼쪽에는 잔을 들고 오른쪽에는 육포를 드십시오. ○손님은 자리에 앉아 잔을 놓고, 손을 닦고 술잔을 잔 받침 위에 올 려 놓으시오. ○손님은 일어나 자리 끝으로 옮겨 앉아 술을 조금 마시십시오. ○손님은 자리에 도라와 잔을 놓고 주인을 향하여 잔을 놓고, 주인을 향해 절하고 앉아 "술맛이 아주 좋습니 다"라고 말하십시오. ○주인은 동쪽 마루위에서 답하여 절 하십시오.○손님은 서쪽 마루위

에 와서 북향하고 앉아 술을 모두 마시고 일어서 십시오. ○손님이 잔을 놓고 주인을 향해 절을 하면, 주인이 동쪽 마루 마루위 에서 답하여 절을 하십시오.

◆빈작 주인 손님이 주인에게 잔을 되돌려 권하는 절차와 의식.

○손님의 찬인이 손님의 왼쪽에 나아가 "주인에게 잔을 권하십시오."라 고 말하십시오. ○손님의 찬인은 손님을 인도하여 잔을 가지고 서쪽계단 아래에 내려 와 서십시오. ○주인의 찬인이 주인을 인도하여 동쪽계단 아래에 내려와 서십시오. ○손님은 "내려오지 마십시오" 라고 말하십시오. ○주인은 대답하여 "아닙니다 괜찮습니다"라고 말하십시오. ○손님은 잔 씻는 곳으로 나아가십시오. ○손님은 북향하여 광주리에 잔을 놓으시오. ○손님은 물로 손 을 씻고 수건으로 닦으십시오. ○손님은 잔을 들어 옥세자에게 건네주십시오. ○옥세자는 잔을 씻어 손님에게 건네 주십시오. ○손님은 잔을 들고 서쪽 계단 밑에서 주인에게 읍하여 먼저 오르기를 권하십시오. ○주인이 먼저 동쪽 마루 위에 올라가 북향하여 절을 하십시오. ○손님이 따라 서쪽 마루위에 올라가 북향하여 절을 한번 하십시오. ○주인은 동쪽 마루 위 에서 손님을 향해 반듯이 서십시오. ○손님의 찬인은 손님을 인도하여 술항아리 앞으로 나 아가십시오. ○집사자는 술항아리 덮개를 여십시오. ○손님은 잔을 채워 자리로 나아가 주 인에게 잔을 들어 올려 주십시오. ○주인이 손님을 향해 절을 하면, 손님은 뒤로 조금 물러 서십시오. ○주인은 잔을 받아 다시 주인의 자리에 돌아 오십시오. ○손님이 서쪽 마루 위 에서 절하면 주인은 뒤로 조금 물러서십시오. ○손님은 서쪽마루 위에서 주인을 향해 반듯 히 서십시오. ○집사자는 육포와 땅콩을 주인의 자리 앞에 올려주십시오. ○주인은 자리에 앉아 손을 닦고 술잔을 잔 받침 위에 올려놓으시오. ○주인은 자리 끝에 옮겨 앉아 술을 조 금 마시십시오.
○주인은 동쪽마루 위로 옮겨 앉아 북향하고 여러 손님에게 술을 마 시기를 권하고 함께 모두 술을 마시십시오. ○주인이 잔을 놓고 일어나 손님이게 절하면 손님은 답하여 절하십 시오. ○주인과 손님 모두 남향하여 앉으십시오.

◆악빈 주인이 손님에게 음악과 시, 훈사를 들려주는 의식.

○집사자는 서안을 마루에 갓다 놓으시오. ○송시자는 서안에 남향하여 앉으십시오.
○송시자는 시경의 소아녹명지 삼장을 노래하시오.

●송시자는 한문을 읽고 한글로 말하여 주십시오.

◆시경(詩經)의 소아녹명(小雅鹿鳴) 삼장(三章)

제 1 장, 상체지화(常棣之華)ㅣ여 악부위위(鄂不韡韡)아 범금지인(凡今之人)은 막여 형제 (莫如兄弟)니라 (상체지화ㅣ여 악불위위아 범금지인은 막여형제니라 흥야(興也)ㅣ라) 아가위 꽃이여, 환히 드러나 밝지 아니한가. 무릇 이제 사람들은 형제만 같지 못하니라.

제 2 장, 사상지위(死喪之威)애 형제공회(兄弟孔懷)하며 원습부의(原隰裒矣)애 형제구의 (兄弟求矣)하나니라 (사상지위애 형제공회하며 원습부의애 형제구의하나니라 부야(賦也)ㅣ라) 죽고 초상나는 두려움에 형제가 심히 생각하며, 언덕이나 진펄에 송장이 쌓임에 형제가 구 해주느니라.

제 3 장, 척영재원(脊令在原)하니 형제급난(兄弟急難)이로다 매유양붕(每有良朋)이나 황야 영탄(況也永歎)이니라 (척령재원하니 형제급난이로다 매유양붕이나 황야영탄이니라 흥야(興 也)ㅣ라) 할미새가 언덕에 있으니 형제가 급하고 어렵게 되었도다. 매양 좋은 벗이 있으나 무심코 길이 탄식만 하니라.

◆훈사(訓辭) 훈계의 말씀

○유아국가솔유구장(維我國家率由舊章)생각건대 우리나라가 옛법을 따라 ○숭상예교(崇尙禮敎)예의를 숭상하니 ○금자거행 향음(今兹擧行鄉音)이제 향음주례를 행하는 것은 ○비전위음식이이(非專爲飮食 而已)오로지 먹고 마시자는 것이아니라 ○범아장유각상(凡我長幼各相)우리 어른이나 아이 할것 없이 ○권면 효어가충어국(勸勉孝於家忠於國)가정에서는 효도하고 나라에는 충성하기를 권하고 ○내목어규문외비어

향당(內睦於閨門外比於鄕黨)안으로 가정이 화목하 기를 권하고, 직장이나 단체생활에 서로 화친과 단 합을 권하며 ○서훈고서교회(胥訓誥胥敎誨)서로가르치고 깨우쳐서 ○무혹건추이첨소생(無或愆墜以忝所生)혹시라도 잘못으로 흘러서 너의 조상에게 욕됨이 없게 하기 위함인 것이다.

○(훈사를 마치면) 참례자는 일어나 북향하여 두 번 절하십시오,
○모든 참례자는 자리에 앉으십시오.

◆승좌(升坐) 참례자가 술을 마시는 의식
○주인과 손님은 서로 읍하고 자리에 앉으십시오.
○집사자는 손님과 주인 앞에 여러 가지 음식을 모두 내어 놓으시오.
○주인은 자기잔에 술을 딸아 여러 손님에게 권해 주십시오.
○손님은 자기잔에 술을 딸아 여러 사람에게 권해 주십시오. 손님이 차례로 술을 좌중에 권 해주십시오.-서로술을 나눌 시간의 여유를 둔다.-
○술 마시는 시간을 마치겠습니다.
○모두 자리에서 일어나 서로 읍하십시오.

◆빈출(賓出) 손님을 전송하는 의식
○참례자는 모두 일어서십시오. 손님이 나가시려고 합니다.
○손님은 베푸신데 감사하고, 주인은 방문한데 감사의 뜻으로 서로 절 을 하십시오.
○손님의 찬인은 손님을 인도하여 서쪽 계단으로 내려와 나가십시오.
○주인의 찬인은 주인을 인도하여 문밖에 이르러 손님께 두 번 절하여 전송 하십시오.
○예필- 향음주례의 마무리
○손님이 잘 가셨습니다.
○이것으로 향음주례 공연을 모두 마칩니다.
○고(鼓)는 북을 크게 3 번 치십시오.

관례(冠禮) 홀기(笏記)

○관례 의식을 집행하는데 종사할 사람들을 정한다.
①주인(主人) : 관례 당사자의 친권자로서, 조부가 있으면 조부가 되고, 조부가 없으면 아버 지가 된다. 이들도 없으면 형이나 문중 어른이 된다.
②관자(冠者) : 관례를 행할 당사자
③빈(賓) : 관례를 주관하는 주례자. 주인의 친구나 관자의 스승 가운데 학문과덕망이 높고 예(禮)를 아는 사람
④빈상(빈相) : 빈을 인도하는 안내역
⑤찬자(贊者) : 빈의 수행자로서 예를 행할 때 보조하는 사람
⑥집사(執事) : 관례 절차의 진행을 도와주는 사람
⑦집례(執禮) : 관례의 순서를 적은 홀기(笏記)를 읽는 사람

○관례의 절차
①3 일 전에 사당(祠堂)에 고한다.
②빈(賓)을 청하는 글을 보내 승낙을 받는다.
③하루 전에 빈(賓)을 모셔다가 집에서 자게 한다.
④관례 장소를 설치한다.
*마당의 동쪽에 세수 대야와 수건을 준비한다.
*마당의 서쪽에 관, 갓, 유건(儒巾)을 놓을 상을 준비한다.
*대청의 동쪽에는 관례를 행할 장소로, 서쪽에는 술의 예식(초례-醮禮)을 행할 장소를 설치 한다.
*서쪽 계단 아래에 자(字)를 지어 줄 장소를 설치한다.
*방의 동쪽에는 관자의 대기 장소로 머리 모양을 바꿀 기구를 준비한다.
*방의 서쪽에는 관자가 입을 어른의 평상복, 출입복, 예복을 별려 놓을 장소를 설치한다.

○관례의 순(順)

①주인 이하 서립(序立) : 주인 이하 모두 설 자리에 선다.
②주인이 빈(賓)을 맞는다.
③시가(始加); 어른의 평상복을 입힌다.
④재가(再加); 어른의 외출복을 입힌다.
⑤삼가(三加); 어른의 예복을 입힌다
⑥초례(醮禮); 술 마시는 법을 가르친다.
⑦빈자 관자(賓字 冠者); 빈(賓)이 자(字)를 지어준다.

◆홀기(笏記)

◎주인이하(主人以下) 서립(序立)

◇참석자는 차례대로 선다.○주인이하(主人以下) 성복취위(成服就位)◇주인 이하 참석자는 옷을 갖춰 입고 제 자리에 서시오.○주인조계하(主人阼階下) 소동서면(少東西面)◇주인은 동쪽 층계 아래에서 서쪽을 향하시오○자제친척(子弟親戚) 동복(童僕)재기후중행(在其後重行)서향북상(西向北上)◇자제 친척들은 주인의 뒤에서 북쪽을 상석으로 하여 차례대로 서쪽을 향하여서시오○택자제친척습례자(擇子弟親戚習禮者)위빈상입어대문외(爲賓相立於大門外) 서향(西向)◇자제나 친척 중 예를 아는 사람이 빈상(賓相)이 되어 대문 밖에서 서쪽으로 향하여 서시오.○장관자(將冠者) 재방중(在房中) 남향립(南向立)◇관자는 방 가운데서 남쪽을 향해 서시오○집사(執事) 입어서계지남(立於西階之南) 수관건반(守冠巾盤)◇집사는 서쪽 계단의 남쪽에 서서 관과 수건 상을 지키시오

◎빈지(賓至) 주인영입승당(主人迎入升堂)

◇빈이 도착하면 주인은 환영하여 들어와 당으로 오르게 한다.○빈구성복(賓具成服) 지문외(至門外) 차동향립(次東向立)◇빈은 예복을 갖춰 입고 대문 밖에 이르러 동쪽으로 향하여 서시오.○찬자(贊者)재우소퇴(在右小退)◇빈을 수행한 찬자는 빈의 오른쪽에서 조금 물러나 서시오.○빈상(賓相) 입정중(入庭中) 읍고주인왈(揖告主人曰) 빈지청영(賓至請迎)◇빈상은 마당 안으로 들어가면 주인은 읍하고 이르기를 빈을 맞을 것을 청하시오.○주인출문(主人出門) 재북상서향립(在北上西向立)◇주인은 대문 밖으로 나아가 북쪽 상석에서 서쪽으로 향하여 서시오.○빈상수출(賓相隨出) 입어주인지좌소퇴(立於主人之左小退)◇빈상(賓相; 賓師 관자의 스승)은 주인을 따라 가 주인의 왼쪽에서 조금 물러나 서시오.○주인(主人) 향빈재배(向賓再拜) 빈답재배(賓答再拜)◇주인은 빈을 향하여 두 번 절하고, 빈은 답으로 두 번 절하시오.○주인(主人) 읍찬자(揖贊者) 찬자보읍(贊者報揖)◇주인은 찬자에게 읍하고 찬자는 주인에게 답으로 읍하시오.○주인(主人) 우향빈읍(又向賓揖) 빈답읍(賓答揖)◇주인은 빈을 향하여 읍하고 빈은 답으로 읍 하시오.○주인(主人) 선입문(先入門) 소동당진서향립(少東當陳西向立) 빈상종지(賓相從之)◇주인은 먼저 대문 안으로 들어가서 동쪽에서 서향쪽으로 향하여 서고 빈상을 따라가시오.○주인(主人) 여빈(與賓) 상읍(相揖)◇주인과 빈은 서로 마주하여 읍하시오○주인배빈(主人背賓) 행도진곡(行到陳曲) 서향립(西向立)◇주인은 빈을 등지고 걷다가 굽은 곳에 이르면 서쪽으로 향해서시오○빈역배주인(賓亦背主人) 행도진곡(行到進曲) 동향립(東向立)◇빈 역시 주인을 등지고 걷다가 굽은 곳에 이르면 동쪽으로 행해 서시오○주인(主人) 여빈상읍(與賓相揖)◇주인과 빈은 마주보고 읍하시오○주인(主人) 지조계하의립(至阼階下疑立) 빈상수지(賓相隨之)◇주인은 동쪽 층계 아래에 이르면 바르게 서고 빈상을 따라가시오.○빈지서계하의립(賓至西階下疑立) 찬자수지(贊者隨之)◇빈은 서쪽 층계 밑에 이르면 바르게 서고 찬자는 따라가시오.○주인여빈(主人與賓) 삼양(三讓)◇주인과 빈은 세 번 사양하시오.○주인유(主人由) 조계선승(阼階先升) 소동서향립(少東西向立)◇주인이 먼저 동쪽 층계로 올라가 조금 동쪽에서 서쪽으로 향해 서시오.○빈(賓) 유서계계승(由西階繼升) 소서동향립(少西東向立)◇빈은 이어서 서쪽 층계로 올라가 조금 서쪽에서 동쪽으,로 향해 서시오.○찬자(贊者) 취조계남관세필(就阼階南盥洗畢) 유서계승(由西階升) 입우방(入于房) 서향립(西向立)◇찬자는 동쪽 층계의 남쪽으로 가 손을 씻고, 서쪽 층계로 올라가 방으로 들어가서 동쪽에서 서쪽으로 향해 서시오.○빈상(賓相) 취북변(就北邊) 취일석(取一席) 우방중(于房中) 설우동서(設于東序) 소북서향(少北西向)◇빈상은 북쪽 끝으로 가서 자리하나를 들고 방으로 들어가 동쪽에 펴고 찬자의 북쪽에서 서쪽으로 향해 서시오.○장관자출호외(將冠者出戶外) 남향립(南向立)◇성년이 되는 관자는 방문 밖으로 나와 남쪽으로 향해 서시오.

◎어른의 평상복을 입히는 시가(始加)를 행한다.

○빈읍(賓揖) 장관자(將冠者)◇빈은 관례를 치를 관자에게 읍하시오○장관자(將冠者) 취립우석지북(就立于席之北)

남향(南向)◇관자는 자리의 북쪽으로 가서 남쪽으로 향해 서시오○찬자(贊者) 취방중즐(就房中櫛)수 약치우 관석지남(掠置于冠席之南)◇찬자는 방에서 빗과 댕기를 가져다가 관례할 자리 남쪽에 놓으시오○찬자(贊者) 입우장관자지좌(于將冠者之左)◇찬자는 관자의 외쪽으로 가 서시오○빈(賓) 복읍(復揖)◇빈은 다시 읍하시오○장관자(將冠者) 취석(就席) 서향궤(西向跪)◇관자는 자리에 가서 서쪽으로 향해 꿇어앉으시오○찬자(贊者) 취석재관자지후(就席在冠者之後) 여기향(如其向)궤◇찬자는 자리로 가서 관자의 뒤에 그와 같이 꿇어앉으시오○찬자(贊者) 위지즐합계시두(爲之櫛合繼頭) 포망건◇찬자는 관자의 머리를 올려 빗질하여 상투를 틀고 댕기로 묶고 망건을 씌우시오○찬자(贊者) 취진건위(就進巾位)◇찬자는 건이 있는 곳으로 가시오○빈내강(賓乃降) 주인역강(主人亦降)◇빈은 곧 내려가고 주인은 역시 내려 가시오○빈(賓) 취관세위(就盥洗位) 세필(洗畢)◇빈은 세수대야로 가서 손을 씻고 돌아가시오○주인여빈(主人與賓) 상읍이승(相揖而升) 개복위립(皆復位立)◇주인과 빈은 서로 읍하고 층계를 올라 먼저의 자리로 돌아가시오○집사(執事) 이관건반(以冠巾盤) 승이등서변(升二等西邊) 수빈(授賓)◇집사는 관건(冠巾) 소반을 들고 서쪽 층계 서쪽 끝에서 첫 층계에 올라와 빈에게 주시오○빈역강동변일등(賓亦降東邊一等) 수관건반(受冠巾盤) 정용서예(正容徐詣) 장관자지전(將冠者之前)◇빈은 서쪽 층계 동쪽 끝에서 한 계단만 내려가 관건 소반을 받아서 조용히 관자의 앞으로 가시오○집사자(執事者) 복위(復位)◇집사는 제자리로 돌아가시오○빈(賓) 치반우지(置盤于地) 우수집관지후(右手執冠之後) 좌수집관지전(左手執冠之前) 독축(讀祝)◇빈은 관건 소반을 바닥에 놓고, 오른손으로 관의 뒤를 잡고, 왼손으로 관의 앞을 잡아들고 서서 축하의 말씀을 알리시오

◆시가축사(始加祝詞)◇첫번째 축사

○길월영일(吉月令日) 시가원복(始加元復) 기이유지(棄爾幼志) 순이성덕(順爾成德) 수구유기(壽耇維祺) 이개경복(以介景福)◇좋은 달 좋은 날을 가려 비로소 어른의 옷을 입히나니 너는 이제 어린 마음을 버리고 어른으로서의 덕을 좇아 오래도록 장수하며 행복을 누릴지어다○빈(賓) 내궤가지(乃跪加之)◇빈은 이어 꿇어앉아 관을 씌우시오○찬자(贊者) 결건대(結巾帶)◇찬자는 관의 끈을 매어 주시오○빈(賓) 흥복위(興復位) 관자흥지(冠者興之)◇빈은 일어나 제자리로 가시고 관자는 일어나 가시오○빈읍(賓揖)◇빈은 관자에게 읍하시오○관자적방(冠者適房) 복성인지출입의(服成人之出入衣) 출방취석지북(出房就席之北) 정용남향립(正容南向立) 양구(良久)◇관자는 방으로 들어가 성인의 외출복으로 갈아 입고 원자리로 나와 남쪽으로 향해 서시오

◎어른의 출입복을 입히는 재가(再加)를 행한다.

○빈(賓) 읍관자(揖冠者)◇빈은 관자에게 읍하시오○관자(冠者) 즉석궤(卽席跪)◇관자는 그 자리에 꿇어 앉으시오○빈(賓) 내강(乃降) 주인역강(主人亦降)◇빈은 서쪽 층계으로 내려가고 주인 역시 동쪽 층계으로 내려가시오○빈(賓) 취관세위(就盥洗位) 세필(洗畢) 복계하위(復階下位)◇빈은 세수대야로 가서 손을 씻고 서쪽 계층계 아래 자리로 돌아가시오○주인여빈(主人與賓) 상읍이승(相揖而升)◇주인과 빈은 서로 읍하고 계층계 위로 오르시오○개복위립(皆復位立)◇모두 제 자리로 돌아가 서시오○집사자(執事者) 이모자반(以帽子盤) 승서변이등(升西邊一等) 수빈(授賓)◇집사자는 모자 소반을 들고 서쪽 층계 서쪽 끝으로 한 계단만 올라가 빈에게 주시오○빈역(賓亦) 강동변이등(降東邊二等) 수지모자(受之帽子) 예관자지전(詣冠者之前)◇빈도 서쪽 층계 동쪽 끝으로 두 계단만 내려가 모자를 받아 관자 앞으로 가시오○집사자(執事者) 지반복위(持盤復位)◇집사자는 소반을 갖고 제자리로 가시오○빈(賓) 집모자(執帽子) 독축(讀祝)◇빈은 모자를 잡고 서서 축사를 하시오

◆재가(再加) 축사(祝詞)◇두 번째 축사.

○길월영일(吉月令日) 내신이복(乃申爾服) 근이위의(謹爾威儀) 숙신이덕(淑愼爾德) 미수영년(眉壽永年) 향수하복(享受遐福)◇좋은달 좋은 때에 이어 너는 어른의 출입복을 입었으니 삼가서 너의 거동을 의젓하게 가질 것이며 너의 덕을 더욱 삼가 높여서 검은 머리가 파뿌리가 되도록 큰복을 누릴지어다.○내궤가지(乃跪加之)◇빈은 꿇어앉아 모자(갓)를 씌우시오○찬자(贊者) 결영(結纓)◇찬자는 모자 끈을 매어 주시오 ○빈흥복위(賓興復位) 관자흥(冠者興)◇빈은 일어나 제자리로 돌아가시고 관자는 일어나시오○빈읍지(賓揖之)◇빈은 관자에게 읍하고 돌아 가시오○관자적방(冠者適房)복성인지예복(服成人之禮服) 출방취석지북(出房就席之北) 남향립(南向立)◇관자는 방으로 들어가 어른의 예복을 입고 제자리로 나와 남쪽을 향해 서시오

◎어른의 예복을 입히는 삼가(三加)를 행한다.

○빈(賓) 읍관자(揖冠者)◇빈은 관자에게 읍을 하시오○관자(冠者) 즉석궤(卽席跪)◇관자는 그 자리에 무릎꿇고 앉으시오○빈(賓) 내강(乃降) 주인역강(主人亦降)◇빈은 서쪽 층계로 내려가고 주인도 동쪽 층계로 내려가시오○빈(賓) 취관세위(就盥洗位) 세필(洗畢) 복계하위(復階下位)◇빈은 세수대야로 가서 손을

씻고 다시 서쪽 층계 아래로 돌아가 서시오○주인여빈(主人與賓) 상읍이승(相揖而升)◇주인과 빈은 서로 읍하고 층계 위로 오르시오○개복위립(皆復位立)◇모두 원자리로 돌아가 서시오○집사자이복두반(執事者以幞頭(儒巾)盤) 진서변계하(進西邊階下) 수빈(授賓)◇집사는 복두(유건) 소반을 들고 서쪽 층계 아래의 서쪽 끝에 가서 빈에게 주시오○빈(賓) 강몰계동변(降沒階東邊) 수지집복두(受之執幞頭)(儒巾) 예관자지전(詣冠者之前)◇빈은 서쪽 층계를 다 내려가 동쪽 끝에서 복두(유건)을 받아들고 관자의 앞으로 가시오○빈(賓)집복두(執幞頭)(儒巾) 독축(讀祝)◇빈은 복두를 들고 축을 읽으시오

◆삼가(三加) 축사(祝詞)◇세 번째 축사

○성년지세(成年之歲) 길월영일(吉月令日) 함가이복(咸加爾福) 형제구재(兄弟俱在) 이성궐덕(以成厥德) 황구무강(黃耇無疆) 수천지경(受天之慶)◇성년이 되는 해 아름다운 날에 너는 이제 어른의 옷을다 갖추었다. 동기간에 우애하고 이 세상의 아름다운 덕을빠짐없이 이루어 건강하게 오래도록 수를 누려서 하늘이 주는 경사를 모두 받을지어다.○찬자철모(贊者徹帽)◇찬자는 관자의 모자를 벗기시오○빈(賓) 내궤(乃跪) 가지(加之)◇빈은 꿇어앉아 복두를 씌우시오○집사(執事) 수모철즐입우방(受帽撤櫛入于房)◇집사는 모자를 받고 빗을 거두어 갖이고 방으로 들어가시오○빈흥(賓興) 복위(復位) 관자흥(冠者興)◇빈은 일어나 제자리로 돌아가시고 관자는 일어나시오○빈읍지(賓揖之)◇빈은 관자에게 읍하시오○관자적방(冠者適房) 복성인지출입의(服成人之出入衣) 출방호외(出房戶外) 남향립(南向立)◇관자는 방으로 들어가 성인 출입복을 입고 방 밖으로 나와 문앞에서 남향해 서시오

◎내초(乃醮)◇술마시는 의식을 행한다.

○빈상취방중석(儐相取房中席) 설우당지서북(設于堂之西北) 남향퇴립우석지동(南向退立于席之東)◇빈상은 방안의 자리를 가져다가 대청의 서북쪽에 남쪽을 향해 펴고 동쪽에 서시오○찬자적방(贊者適房) 관우세잔(盥于洗盞) 짐주출방(斟酒出房) 입우관자지좌(立于冠者之左)◇찬자는 방에 들어가 술잔을 씻고 술을 따라 들고 방에서 나와 관자의 왼쪽에 서시오○빈읍관자(賓揖冠者)◇빈은 관자에게 읍하시오○관자(冠者) 취초석(就醮席) 남동향립(南東向立)◇관자는 초례 자리로 가서 남동쪽을 향하여 서시오○빈(賓) 취초석전(就醮席前)◇빈은 초례석 앞으로 가시오○찬자진주우빈(贊者進酒于賓) 퇴립(退立) 우빈지우(于賓之右)◇찬자는 빈에게 술잔을 드리고 물러나 빈의 오른쪽에 가시오○빈(賓) 취주북향(就酒北向) 독축(讀祝)◇빈은 술잔을 들고 북쪽을 향해 축하의 말씀을 하시오

◆내초축사(乃醮祝詞)◇초례 의식 축사.

○지주기청(旨主旣清) 가천영방(嘉薦令芳) 배수제지(拜受祭之) 이정이상(以定爾祥) 승천지휴(承天之休) 수고불망(壽考不忘)◇술은 맛이 좋고 맑으며 의식에 드리니 아름답고 향기로우니라. 절하고 받아서 좨주하고 마실지니라. 술을 마시는데는 너의 분수에 맞아야 하느니 지나쳐서 몸을 해쳐서는 아니 되느니라. 건강을 잊지말고 조신할 지어다.○관자(冠者) 재배승석(再拜升席) 남향수잔(南向受盞)◇관자는 두 번 절하고 자리로 올라가 남쪽으로 향해 잔을 받으시오○빈(賓) 복위(復位) 동향답배재배(東向答拜再拜)◇빈은 원자리로 돌아가 동향을 향해 두 번 답배하시오○찬자(贊者) 천포해우석전(薦脯醢于席前) 포동해서(脯東醢西) 퇴립우빈지우(退立于賓之右)◇찬자는 포와 젓갈을 자리 앞에 들고 가서 포는 서쪽, 육장은 동쪽에 놓고 물러나 빈의 오른쪽에 서시오○관자궤(冠者跪) 좌수집잔(左手執盞) 우수집포해(右手執脯醢) 이소허치우지(以小許置于地) 삼제우지(三除于地)◇관자는 꿇어앉아 왼손으로 잔대를 잡고 포와 육장을 받아 바닥에 놓고 술을 조금씩 세 번 바닥에 지우시오○관자(冠者) 흥취석석말(興就席席末)궤최酒 흥강석서(興降席西) 수찬자잔(授贊者盞)◇관자는 일어나 자리의 서쪽 끝으로 가서 꿇어앉아 남은 술을 마시고 일어나 자리 아래로 내려가 찬자에게 잔을주시오○찬자진수잔(贊者進受盞)◇찬자는 나아가서 잔을 받으시오○집사자(執事者) 철포해접(撤脯醢楪) 입우방(入于房)◇집사는 포와 젓갈 접시를 걷어 방으로 들어가시오○관자(冠者) 남향재배(南向再拜) 빈(賓) 동향답재배(東向答再拜)◇관자는 남쪽을 향해 재배하고, 빈은 동쪽 향해 재배하시오○찬자(贊者) 취빈지좌(就賓之左) 소퇴동향(小退東向)◇찬자는 빈의 왼쪽 뒤편으로 가 조금 물러나 동쪽을 향하시오○관자(冠者) 서향재배우찬자(西向再拜于贊者)◇관자는 서쪽으로 향해 찬자에게 재배하시오○찬자(贊者) 전작우지(奠爵于地) 답재배(答再拜)◇찬자는 술잔을 받들어 땅 위에 놓고 답으로 재배하시오

◎빈(賓) 자(字) 관자(冠者)◇빈이 관자에게 자(字)를 지어준다.

○빈(賓) 강계직서서동향(降階直西序東向)◇빈은 서쪽 층계로 내려가 서쪽 끝에서 동쪽으로 향해 서시오○찬자역강(贊者亦降) 빈지우소퇴(賓之右小退)◇찬자도 내려가서 빈의오른쪽 뒤에 조금 물러나 서시오○주인(主人) 강계직동서서향(降階直東序西向)◇주인은 동쪽 층계로 내려가 동쪽 끝에서 서쪽으로 향해 서시오○빈상역강(儐相亦降) 주인지좌소퇴(主人之左小退)◇빈상도 내려가 주인의 왼쪽 뒤에사 조금 물러나 서

시오○관자(冠者) 강자서계(降自西階) 소동남향(少東南向)◇관자는 서쪽 층계로 내려가 약간 동쪽에서 남향해 서시오○빈(賓) 자지(字之)◇빈은 자(字)를 지어 주시오

◆자사(字辭)◇자(字)를 내려주는 축사.

○예의기비(禮儀旣備) 영월길일(令月吉日) 소고이자(昭告爾字) 원자공가(爰字孔嘉) 모사유의(髦士攸宜) 의지우(宜之于)하 영수보지(永守保之) 왈(曰) ○자(字) ○자(字)◇관례의 모든절차를 이미 갖추었으므로 너의 자를 지어 주나니 아름다운 글자와 깊은 뜻에 맞도록 행세할 것이며 잘 간작해 길이 보존토록 하라. 너의 자는 ○자와 ○자니라.○관자대사(冠者對辭)◇관자는 감사의 말씀을 올리시오

◆대사(對辭)◇관자의 감사 말씀.

○불민(不敏) 감불숙야지봉(敢不夙夜祗奉)◇저는 부족함이 많사오나 감히 밤낮으로 오늘의 가르치심을 받들어 행하지 않겠나이까?○관자재배(冠者再拜)◇관자는 빈에게 재배하시오○빈(賓) 불답배(不答盃) 출(出)◇빈은 답배하지 말고 나아가시오○예필(禮畢)◇이상으로 관례 절차를 모두 마치겠습니다.

◎주인(主人) 관자(冠者) 견우사당(見于祠堂)◇주인과 관자가 사당에 뵙는다.
◎관자현우존장(冠者見于尊長)◇관자가 어른을 뵙는다.
◎진찬예빈(進饌禮賓)◇손님을 접대한다.
◎관자현우향선생(冠者見于鄕先生) 급(及) 부지집우(父之執友)◇관자는 이웃의 어른과 아버지의 친구를 찾아 뵙는다.

관계례홀기(冠笄禮笏記)

◆계빈(戒賓)

○주인심의예기문(主人深衣詣其門) 소계자출현여여상의(所戒者出見如常儀) ◇主人은 심의를입고 빈(賓)의집으로 가시오 主人은 大門西쪽기둥에서 東向하여서서(선생님계십니까?하고)빈을 부르시오 빈은 大門으로나와서 東쪽기둥에서 西向하여 서서 누구십니까?하고 主人을 맞으시오.○계자기언왈(戒者起言曰)모유자모(某有子某)장가관어기수(將加冠於其首)원오자교지야(願吾子敎之也).◇주인은 말하시오 저는 아들 모모가 있는데 장차 그머리에 관을 씌우고자 합니다. 원컨대 선생님께서 저의 자식을 가르침을 주십시오.○대왈(對曰)모부민(某不敏)공부능공사(恐不能供事)이병오자감사(以病吾子敢辭)◇빈은 대답하시오 제가 불민하여 일을 제대로 받들지 못할까 염려되어 감히 사양하겠습니다. ○계자왈(戒者曰)원오자지종교지야(願吾子之終敎之也)◇주인은 다시 말하시오 선생님의 덕망은 익히들어 아는 바이니 사양마시고 가르침을 주십시오. ○대왈오자(對曰吾子)중유명(重有命)모감부종(某敢不從)◇빈은대답하시오 그대가 거듭명하시니 제가 감히 따르지 않을 수 없겠습니다.○주인재배(主人再拜)빈답배(賓答拜)주인퇴(主人退)빈배송(賓拜送)◇주인은 재배하고, 빈도 답배하시오, 주인은 물러가고, 빈은 배웅하시오.

◆주인이하서립(主人以下序立)

○주인이하성복취위(主人以下盛服就位)주인조계하소동서향(主人阼階下少東西向)자제친척재기후(子弟親戚在其後)중행서향북상(重行西向北上)◇주인이하 모두옷을 갖추어 입고 주인은 동쪽에서 서향하시고 자제 친척들은 그 뒤에 두줄로 서향하여 북을 상석으로 서시오.○택자제친척(擇子弟親戚)습례자(習禮者)위빈입어외문외서향(爲儐立於外門外西向)◇자제 친척중 한사람은 대문 밖 동쪽 기둥에서 서향 하여서시오.○장관자(將冠者)쌍계(雙紒)사규삼록백채이재방중남면(四楔衫勒帛彩履在房中南面)◇장관자는 쌍상투를 하고 사규삼을 입고 행전치고 신을 신고 방안에서 남쪽을 향하여 서시오 .

◆빈지주인영입승당(賓至主人迎入升堂)

○빈자택기자제친척(賓自擇其子弟親戚)습례자위찬(習禮者爲贊)지문외(至門外)구성복(俱盛服)동면입(東面立).찬자재우소퇴(贊者在右少退)입고주인(儐入告主人)주인출문좌(主人出門左)서향재배(西向再拜)빈답배(賓答拜)◇빈은 예복을 갖추어입고 대문 서쪽에서 東向하여 서시오 찬자는 우측에서 조금 물러서있으시요 인도하는 이는 빈이 도착되었음을 주인에게 고하시오 주인은 대문좌측으로 나와 서향하여 빈에게 재배(읍례)하시오, 빈도(답배)읍례하시오. ○주인읍찬자(主人揖贊者)찬자보읍(贊者報揖)주인수읍이행(主人遂揖而行)빈찬종지입문(賓贊從

之入門)분정이행(分庭而行)읍양이지계(揖讓而至階)우읍양이승(又揖讓而升)주인유조계선승(主人由阼階先升)소동서향(少東西向)빈유서계계승(賓由西階繼升)소서동향(少西東向)◇주인은 찬자에게도 읍을하고 찬자도 답하여 읍하시오. 주인이 읍하면서 인도하여가면 빈과 찬자는 두줄로 나뉘어 들어가시오. 계단에 이르면 또읍하면서 주인은 동쪽계단에서 빈보다 한발 먼저올라가 서향하고, 빈은 서계로 올라가 조금 서쪽에서 동향하시오. ○찬자관세(贊者盥帨)유서계승(由西階升)입어방중서향(立於房中西向)장관자지동(將冠者之東)빈연우조계상지동(儐筵于阼階上之東)소북서향(少北西向)장관자출방남면(將冠者出房南面)◇찬자는 손을 씻고 서계로 올라가서 방으로 들어가 장관자의 동쪽에서 서향하여 서시오. 빈자(儐者)는 동북쪽 약간 서쪽에서 남향 하여 자리를 펴시오. 장관자는 방에서 나와 남향하시오

◆시가례(始加禮)

○빈읍장관자입우석우향석(賓揖將冠者立于席右向席)찬자취즐약(贊者取櫛掠)치우석좌(置于席左)흥입어장관자지좌(興立於將冠者之左)빈읍장관자(賓揖將冠者)즉석(卽席)서향궤(西向跪)찬자즉석(贊者卽席)여기향궤(如其向跪)위지즐(爲之櫛),합계(合紒)포망건흘(包網巾訖)찬자강(贊者降)◇빈은장관자에게읍을하면 장관자는빈에게 상읍례를 하고 무릎꿇어앉으시오. 찬자는 빗과망건을 들고나와 장관자를 향하여 꿇어앉아 빗질하여, 쌍상투를 합치고 망건을 씌우시오. 찬자는 내려가시오. ○빈내강(賓乃降)주인역강빈관필(主人亦降賓盥畢)주인읍승부위(主人揖升復位)◇빈은 내려가서 손을 씻으시오, 主人도 따라가 옆에서시오. 빈이 손을다씻었으면 主人은 읍하고 오르기를 권하면서 같이 오르시오. ○집사자(執事者)이관건반진(以冠巾盤進)동면수빈(東面授賓)◇집사자는 치포관(緇布冠)과 복건을소반에 받혀 빈에게 주시오.○빈강일등(賓降一等)수관계집지(受冠笄執之)우수집항좌수집전(右手執項左手執前)정용서예(正容徐詣)장관자전향지(將冠者前向之)축왈(祝曰) ◇빈은 한계단 내려가서 관을 받아서 오른손으로 관의 뒤를잡고 왼손으로 관의 앞을 잡고 장관자 앞으로 가서 시가 축하의 말씀을 하시오.○길월영일(吉月令日)에 시가원복(始加元服)하노니기이유지(棄爾幼志)하고 순이성덕(順爾成德)하면 수고유기(壽考維祺)하야 이개경복(以介景福)하리라 ◇길한달 좋은 날에 비로소 (원복)관을 씌으니 너의 어린 뜻을 버리고 성인의 덕성을 이루어라 그리하면 장수하면서, 큰복을 받으리라. ○내궤가지(乃跪加之)찬자이건궤진(贊者以巾跪進)빈수가지(賓受加之),흥부위(興復位)관자흥읍(冠者興揖)관자적방(冠者適房),석사규삼(釋四楑衫)복심의(服深衣)가대대납이출방(加大帶納履出房)정용남향입양구(正容南向立良久)◇찬자는 복건을 벗겨 집사자에게 주면 방으로 들어 가시요. 빈은 무릎을 꿇고 관을 씌우고 찬자가 비녀를 꽂으시오. 또 찬자가 복건을 빈에게 주면 관위에 씌우시요, 빈은 일나시오 관자도 일어나 빈에게 읍을 하고, 방으로 들어가 사규삼을 벗고, 심의를 입고 혁대를 띄고 치포관은 쓰고 방을 나와서 남향하시오.

◆재가례(再加禮)

○빈읍관자(賓揖冠者)즉석궤(卽席跪)빈내강(賓乃降)주인역강(主人亦降)빈관필(賓盥畢)주인읍승구부위(主人揖升俱復位)집사자이모자반진(執事者以帽子盤進)빈강이등수지(賓降二等受之)집이예관자전(執以詣冠者前)축왈(祝曰)◇빈이 관자에게 읍을 하면 관자도 상읍례를 하고 즉시 무릎꿇어 앉으시오. 빈은 내려가고 주인도 따라내려가 손을 다 씻으면 읍을하고 같이 올라 오시오. 집사자가 모자를 소반에 담아 갖어 오면 빈(賓)은 두계단 내려가 받아서 관자 앞으로 가서 재가 축사를 하시요, ○길월영신(吉月令辰)에 내신이복(乃申爾服)하노니 근이위의(謹爾威儀)하고 숙신이덕(淑愼爾德)하면 미수영년(眉壽永年)하야 향수하복(享受遐福)하리라.◇좋은 달 좋은 날에 거듭 네관과 옷을 입히니 너의 몸 갖임을 삼가하고 너의 덕을 맑게하여 오랜 수명을 누려 큰복을 누리게 하라. ○찬자철건관(贊者徹巾冠)집사자수관건입방(執事者受冠巾入房)내궤가지(乃跪加之)찬자결영(贊者結纓)흥부위(興復位)관자역흥(冠者亦興)◇찬자는 치포관을 벗겨 집사자에게 주어 방으로 들어가게 하시요.빈은 모자를 씌우고 찬자는 끈을 묶으시오 빈은 일어나 제자리에 돌아 가시고 관자도 일어나빈에게 읍을 하시오.○읍관자적방(揖冠者適房)석심의복조삼혁대계혜출방입(釋深衣服皁衫革帶繫鞋出房立) ◇관자는 방에 들어가 심의를 벗고 조삼을 입고 혁대를 띄고_모자는 쓰고_가죽신을 신고 방에서 나오시요.

◆삼가례(三加禮)

○예여재가(禮如再加)집사자(執事者)이복두반진(以幞頭盤進)빈강(賓降)몰계수지(沒階受之)축왈(祝曰)◇빈은 손을 씻고 올라와 관자에게 읍을 하시고 관자도 빈에게 상읍례를 하고 즉시 무릎 꿇어 앉으시오, 집사자는 복두를 소반에 담아 빈에게 주시오 빈은 층계를 모두 내려가 관을 받고 올라와서 삼가 축사를 하시오,

○이세지정(以歲之正)과 이월지령(以月之令)에 함가이복(咸加爾服)하노니 형제구재(兄弟具在)하야 이성궐덕(以成厥德)하면, 황구무강(黃耉無疆)하야, 수천지경(受天之慶)하리라 ◇좋은해 좋은 달에 너의 관과 옷을 모두 입혔으니 형제가 모두 있어서 그 덕을 이루고 검버섯이 필때까지 오래오래 살아서 하늘의 경사를 받어라

○찬자철모(贊者徹帽)집사자수모(執事者受帽)철즐입우방(徹櫛入于房)빈내궤가복두(賓乃跪加幞頭)찬자결영(贊者結纓)흥부위관자역흥

(興復位冠者亦興)읍관자적방(揖冠者適房)석조삼복란삼가대납화출방입(釋皂衫服襴衫加帶納靴出房立) ◇찬자는 모자를 거두고, 집사자에게 주어 방으로 보내시오, 빈은 무릎꿇고 복두를 씌우고 찬자는 끈을 묶으시오. 빈은 일어나고 관자도 일어나 빈에게 읍을하고 방으로 들어가 조삼을 벗고 난삼을 입고 혁대를 하고 신을 신고 방에서 나오시요.

◆초례(乃醮)

○빈개석우당중한(儐改席于堂中閒)소서남향(少西南向)찬자작주우방중(贊者酌酒于房中)출방입관자지좌(出房立冠者之左). ◇빈자(儐者)는 대청 가운데에서 조금 서쪽으로 옮겨 남족으로 향하여 자리를 펴시오. 찬자는 방에서 손과 술잔을 씻고 잔에 술을 따르고 방에서 나와 관자의 왼쪽에 서시요

○빈읍관자(儐揖冠者)취석우남향내취주(就席右南向乃取酒)찬자서향(贊者西向) 수빈(授儐)취석전(就席前)북향축왈(北向祝曰) ◇빈이 관자에게 읍을 하시오 관자는 상읍을 하고 자리 오른쪽에서 남향하여 서시오. 빈은 찬자로부터 술잔을 받아서 관자 앞으로 나가 북향하여 초례 축사를 하시요

○지주기청(旨酒旣淸)하여 가천영방(嘉薦令芳)하니 배수제지(拜受祭之)하야,이정이상(以定爾祥)하노니, 승천지휴(承天之休)하야 수고부망(壽考不忘)하라.◇좋은 술이 맑고 좋은 안가 향기로우니 절하고 받아서 고수례하여 너의 복을 받고 하늘의 기쁨을 받으며 오래오래 살면서 잊지 말아라.

○관자재배(冠者再拜)승석(升席)남향수잔(南向受盞)빈부위(儐復位)동향답배(東向答拜)관자진석전궤(冠者進席前跪)좌수집잔(左手執盞)우수집포해접(右手執脯醢楪)치우석전(置于席前)공지(空地),제주(祭酒),◇관자는 빈에게 재배하고 남쪽으로 향하여 잔을 받으시오, 빈은 동향하여 답배하시오, 찬자는 술상을 갖이고 방에서 나오시오.

○흥취석말궤(興就席末跪)채주(啐酒)흥강석(興降席)수찬자잔(授贊者盞)남향재배(南向再拜)빈동향답배(賓東向答拜)관자수배찬자(冠者遂拜贊者)찬자동향답배(贊者東向答拜)◇관자는 무릎을 꿇고 왼손으로 잔을 잡고 오른손으로 포접시를 잡아 당겨놓고 모사기에 제주하시오, 관자는 일어나 끝자리로 나가 무릎 꿇고 술을 마시고 찬자에게 잔을 주시요 찬자는 집사에게 잔을 주고 집사는 상을 철상하시요 찬자는 돌아와 빈의 좌측에서 조금 물러서시오 관자는 남향하여 빈에게 재배하고 빈도 동향하여 답배하시오. 관자는 찬자에게도 절하시오. 찬자는 동향하여 답배 하시오.

◆빈자관자(賓字冠者)

○빈강계동향(賓降階東向)주인강계서향(主人降階西向)관자강서계소동남향(冠者降自西階少東南向)빈자지(賓字之)왈(曰)관자대왈(冠者對曰)모수부민(某雖不敏)감부숙야(敢不夙夜)기봉관자배(祇奉冠者拜)빈부답(賓不答)◇빈은 계단으로 내려가 동쪽으로 향하시오, 주인도 내려가 서쪽으로 향하여 서시오. 관자는 서계로 내려가 남쪽으로 향하시오. 빈은 동쪽으로 향하여 명자축사를 하시오. ○예의기비(禮儀旣備)하야 영월길일(令月吉日)에 소고이자(昭告爾字)하노니 원자공가(爰字孔嘉)라 모사유의(髦士攸宜)니, 의지우하(宜之于嘏)하야 영수보지(永受保之)하라. ◇예의를 이미다 갖추어, 좋은달 길한날에 너에게 자를 밝혀준다 너의 자는 ○○ 이니라 란뜻이 있느니라. 자는매우 좋아서 선비에게 마땅하고 크게 어울리니 소중하게 지닐것이며. 길히 보존하여라.
○관자대사(冠者對辭)◇관자는 감사의 말씀을 올리시오.

◆대사(對辭)

○관자의 감사 말씀○ ○○불민(不敏) 감불숙야지봉(敢不夙夜祇奉)◇저 ○○는 부족함이 많사오나 감히 밤낮으로 오늘의 가르치심을 받들어 행하지 않겠나이까?○관자재배(冠者再拜)◇관자는 빈에게 재배하시오○빈(賓) 불답배(不答盃) 출(出)◇빈은 답배하지 말고 나아가시오.

◆주인관자현우사당(主人冠者見于祠堂)

◆관자견우존장(冠者見于尊長)

○부모당중남면좌(父母堂中面坐)제숙부형재동서(諸叔父兄在東序)제숙부남향(諸叔父南向)제형서향(諸兄西向)제부녀재서서(諸婦女在西序)제숙모고남향(諸叔母姑南向)제자수동향(諸姉嫂東向)◇부모는 당중에서 남쪽을 향하여 앉으시고, 제숙부는 남향하고 제형들은 서족을 항하여 앉으시오, 숙모, 고모는, 남향하고, 형수나 누님은 동쪽을 향햐여 앉으시요.○관자(冠者)계자(筓者)북향배부모(北向拜父母)부모위지기(父母爲之起)동거유존장칙(同居有尊長則)부모이관자(父母以冠者)예기실배지(詣其室拜之)존장위지기(尊長爲之起)환취동서서(還就東西序)매열재배(每列再拜)응답배자답(應答拜者答)◇관자, 게자는 부모에게 북향하여 재배하면 부모는 자식을 위하여 두번째 절할 때에

자리에서 일어서주시요. 동거하는 존장이게시면 부모는관자를 인도하여 어른이 게신방으로 찾아가서 절하면 존장어른도 관자를위하여 절할때에 일어서 준다. 다시돌아와 동서의 서열대로 절하고 응답배할 자는 서로 맞절한다.

계례(笄禮)

◆ 개론(槪論)

◆ 《예기(禮記)·곡례(曲禮)》 설(說)

「자허가(子許嫁), 계이자(笄而字)。」녀자시재허가지후거행계례(女子是在許嫁之後擧行笄禮)、취표자(取表字)。《예기(禮記)·잡기(雜記)》：「녀자십유오년허가(女子十有五年許嫁), 계이자(笄而字)。」여차(如此), 칙허가적년령시십오세(則許嫁的年齡是十五歲)。여과녀자지지몰유허가(如果女子遲遲沒有許嫁), 칙가이변통처리(則可以變通處理),《예기(禮記)·내칙(內則)》정현주(鄭玄注)：「기미허가(其未許嫁), 이십칙계(二十則笄)。」계례적의절(笄禮的儀節), 문헌몰유기재(文獻沒有記載),《통전(通典)·여계(女笄)》지설(只說), 「계녀례유관남야(笄女禮猶冠男也), 사주부(使主婦)、녀빈집기례(女賓執其禮)。」학자대다야인위응당여관례상사(學者大多也認為應當與冠禮相似)。

화하지구문명발육교조(華夏地區文明發育較早), 극중신체부발적완정(極重身體膚髮的完整), 인위타문(認為它們)「수지부모(受之父母)、부득훼상(不得毀傷)」, 소이(所以), 발제(拔除)、훼상형적성인례의재화하문화중몰유존재적토양(毀傷型的成人禮儀在華夏文化中沒有存在的土壤)。고험형적성인례의(考驗型的成人禮儀), 대어재자연조건저하이우간고(對於在自然條件低下而又艱苦)、위험적환경중생존적원씨족래설(危險的環境中生存的原始氏族來說), 비상필요(非常必要), 이한족거어중원지지(而漢族居於中原之地), 이창조출료온정풍유적농경생활형태(已創造出了穩定豐臾的農耕生活形態), 자연야부적합거행(自然也不適合擧行)「과관참장(過關斬將)」식적위험적고험의식(式的危險的考驗儀式)。한족선택료장성인사회최핵심적요소(漢族選擇了將成人社會最核心的要素)：화(華)（의관(衣冠)）여하(與夏)（례의(禮儀)）투사어장요성인적아동신상(投射於將要成人的兒童身上), 한족적성인례(漢族的成人禮), 시통과(是通過)「화하계몽지례(華夏啟蒙之禮)」、「화하교육지례(華夏教育之禮)」。통과독특적가관의식(通過獨特的加冠儀式), 급초성적성인상료일당(給初成的成人上了一堂)「화하지의(華夏之義)」적문화교육과(的文化教育課)。

남유관례(男有冠禮), 녀유계례(女有笄禮)。계례적년령비관례소(笄禮的年齡比冠禮小)。[3]고시(古時), 녀자이십오세위성인(女子以十五歲為成人)。십오세이후(十五歲以後), 취가이허가(就可以許嫁)、행계례료(行笄禮了)。허가지후(許嫁之後), 필행계례(必行笄禮)。저리설적허가(這裡說的許嫁), 시지완성료혼례륙례중적(是指完成了婚禮六禮中的)「납징(納徵)」례(禮)。허가후소행계례(許嫁後所行笄禮), 칭(稱)「허가계(許嫁笄)」。여과이경성인적녀해자지지미허가(如果已經成人的女孩子遲遲未許嫁), 나마도료이십세야필수행계례(那麼到了二十歲也必須行笄禮)。

야취시설(也就是說), 일개녀해자도료십오세(一個女孩子到了十五歲), 취수시가이허가(就隨時可以許嫁), 야수시가이행계례료(也隨時可以行笄禮了)。여과허가시이경행과계례(如果許嫁時已經行過笄禮), 칙무수재행(則無需再行)。여과환몰유행과(如果還沒有行過), 칙필수행계례재능구피부서가이(則必須行笄禮才能夠被夫婿家以)「친영(親迎)」지례접주(之禮接走)。미행계례적고낭(未行笄禮的姑娘), 부능가인(不能嫁人)。여과일개고낭장기대자규중(如果一個姑娘長期待字閨中)（기실야취설명료저환미행계례(其實也就說明了她還未行笄禮), 환재등대(還在等待)「명자(命字)」）, 나마최지도료이십세(那麼最遲到了二十歲), 부론유몰유허가(不論有沒有許嫁), 도요행계례이정식확인기성년(都要行笄禮以正式確認其成年)。야취시설(也就是說), 일개녀해자취산가부출거(一個女孩子就算嫁不出去), 야부능일배자처어총각(也不能一輩子處於總角)、무자적(無字的)「미성년(未成年)」상태(狀態), 필수이계례저종성년의식가이확인(必須以

笄禮這種成年儀式加以確認)。

계례적의절(笄禮的儀節), 문헌결소기재(文獻缺少記載)。성서어당대적(成書於唐代的)《통전(通典)》상지유요요수어(上只有寥寥數語):「주제(周制), 녀자허가(女子許嫁), 계이례지(笄而醴之), 칭자(稱字)。허가(許嫁), 이수납징례야(已受納徵禮也)。계녀례유관남야(笄女禮猶冠男也), 사주부(使主婦)、녀빈집기례(女賓執其禮)。조묘미훼(祖廟未毀), 교어공궁삼월(教於公宮三月);조묘이훼(祖廟已毀), 칙교어종실(則教於宗室)。조묘(祖廟), 녀고조위군자지묘(女高祖為君者之廟), 이유시마지친(以有緦麻之親), 취존자지궁교지야(就尊者之宮教之也)。교이부덕(教以婦德)、부언(婦言)、부용(婦容)、부공(婦功)。종실(宗室), 대종자지가(大宗子之家)。공양전(公羊傳):『부인허가(婦人許嫁), 계이자지(笄而字之), 사칙이성인지상매지(死則以成人之喪埋之)。』위부위상야(謂不爲殤也)。」「허가계(許嫁笄), 당사주부대녀빈집기례(當使主婦對女賓執其禮), 기의여관남야(其儀如冠男也)。우허가자용례례지(又許嫁者用醴禮之), 부허가자(不許嫁者), 당용주초지(當用酒醮之), 경기조득례(敬其早得禮)。」「연칙권수(燕則鬈首)。기계지후거지야(既笄之後去之也), 유약녀권야(猶若女鬈也)。」

도료송대(到了宋代), 일사학자위료추행유가문화(一些學者為了推行儒家文化), 구의설계료녀자적계례(構擬設計了女子的笄禮)。사마광적(司馬光的)《서의(書儀)》기재료전문적의식(記載了專門的儀式), 주자적(朱子的)《가례(家禮)》여기대체상동(與其大體相同)。

남자적관례중(男子的冠禮中), 제료사서(除了士庶), 환유천자(還有天子)、황태자(皇太子)、황자(皇子)、친왕(親王)、품관등계층적관례(品官等階層的冠禮)。재고대적통치결구하(在古代的統治結構下), 녀자결핍독립적사회지위(女子缺乏獨立的社會地位), 야부종정(也不從政), 수유명부(雖有命婦), 단명부적봉호종부지관작(但命婦的封號從夫之官爵), 기시녀자이가(其時女子已嫁), 계례무종담기(笄禮無從談起)。소이(所以), 유유공주유독특적계례(唯有公主有獨特的笄禮)。공주적계례(公主的笄禮), 문헌어언부상(文獻語焉不詳), 유(唯)《송사(宋史)》재유전의(載有專儀), 명대계례부견기재(明代笄禮不見記載)。

◆ 《주자가례(朱子家禮)》 계례(笄禮)

여자허가(女子許嫁), 즉가행계례(即可行笄禮)。여과년이십오(如果年已十五), 즉사몰유허가(即使沒有許嫁), 야가이행계례(也可以行笄禮)。계례유모친담임주인(笄禮由母親擔任主人)。계례전삼일계빈(笄禮前三日戒賓), 전일일숙빈(前一日宿賓), 빈선택친인부녀중현이유례자담임(賓選擇親姻婦女中賢而有禮者擔任)。계례관복(笄禮冠服), 용관계(用冠笄)、배자(褙子)。장계자초복(將笄者初服), 쌍계(雙紒)、삼자(衫子)。

전기삼일계빈(前期三日戒賓), 일일숙빈(一日宿賓):택친인부녀지현이유례자위정빈(擇親姻婦女之賢而有禮者為正賓)。이전지서사청사(以箋紙書寫請辭), 행례전삼일(行禮前三日), 파인송달(派人送達)。사여관례(辭如冠禮)(모유자모(某有子某), 약모지모친유자모(若某之某親有子某), 장가관어기수(將加冠於其首), 원오자지교지야(願吾子之教之也)。)。행례전일일재차공청정빈(行禮前一日再次恭請正賓)。견인이서치사(遣人以書致辭)。(내일모장가관어자모(來日某將加冠於子某), 약모친모자모지수(若某親某子某之首)。오자장리지(吾子將涖之), 감숙(敢宿)。모상모인(某上某人)。)정빈답서(正賓答書)。(모감부숙흥(某敢不夙興), 모상모인(某上某人)。)

단저리(但這裡), 자작녀(子作女), 관작계(冠作笄), 오자작모친혹모봉(吾子作某親或某封)。부인자칭(婦人自稱), 어기지존장(於己之尊長), 칙왈아(則曰兒), 비유칙이속어부(卑幼則以屬於夫)。존장칙왈신부(尊長則曰新婦), 비유칙왈로부(卑幼則曰老婦), 비친척이왕래자각이기당위칭(非親戚而往來者各以其黨為稱)。

진설(陳設):설관세(設盥洗)、세건어청(帨巾於廳), 여사당적포치(如祠堂的布置)。이역막(以帟幕)(유악(帷幄))위성방어청동북(圍成房於廳東北)。여과청무량계(如果廳無兩階), 칙화출계형(則畫出階形)。

궐명진복(厥明陳服):여관례단용배자관계(如冠禮但用背子冠笄)。배자(背子)、리(履)、즐

(櫛)、략(掠)，도용탁자진설어동방중동부(都用桌子陳設於東房中東部)，이북위상수(以北爲上首)。주주(酒注)、잔반역이탁자진어관복북면(盞盤亦以桌子陳於冠服北面)。관계이일반성지(冠笄以一盤盛之)，용말몽상(用帕蒙上)，이탁자진어서계하(以桌子陳於西階下)。일위집사수재방변(一位執事守在旁邊)，포석어조계상지서(布席於阼階上之西)，면향남(面向南)。

서립(序立)：주부급이하(主婦及以下)，저성복취위(著盛服就位)。주부재조계하(主婦在阼階下)，초편동적지방(稍偏東的地方)，면향서(面向西)。자제친척동복재기후면(子弟親戚童僕在其後面)，배성행(排成行)，면향서(面向西)，이북위상(以北爲上)。종자제친척습례자중선일인위빈(從子弟親戚習禮者中選一人爲儐)，참재대문외(站在大門外)，면향서(面向西)。장계자쌍계삼자(將笄者雙紒衫子)，재동방중(在東房中)，면향남(面向南)。

빈지(賓至)，주부영입승당(主婦迎入升堂)：여관례단부용찬자(如冠禮但不用贊者)，주부승자조계(主婦升自阼階)。정빈성복지대문외(正賓盛服至大門外)，면향동(面向東)。빈자입(儐者入)，통보주부(通報主婦)，주부출문(主婦出門)，면향서(面向西)，향정빈행재배지례(向正賓行再拜之禮)。연후주빈일읍입문(然後主賓一揖入門)。읍양도계하(揖讓到階下)，우읍양일차(又揖讓一次)，등계(登階)。주부유조계(主婦由阼階)，선등계(先登階)，재조계상편동적지방참립(在阼階上偏東的地方站立)，면향서(面向西)。정빈유서계후등계(正賓由西階後登階)，재서계상편서적지방참립(在西階上偏西的地方站立)，면향동(面向東)。빈자재동서포연석(儐者在東序布筵席)，초편북(稍偏北)，면향서(面向西)。장계자출방(將笄者出房)，면향남(面向南)。

빈위장계자가관계(賓爲將笄者加冠笄)，적방복배자(適房服背子)：략여관례(略如冠禮)，단축용시가지사(但祝用始加之辭)，부능칙성(不能則省)。정빈향장계자행읍례(正賓向將笄者行揖禮)。장계자출방립어석우(將笄者出房立於席右)，면향석(面向席)。정빈읍장계자(正賓揖將笄者)，즉석궤(即席跪)。합계(合紒)，시략(施掠)。빈하계(賓下階)，주부야하계(主婦也下階)，빈관세(賓盥洗)，주부읍빈(主婦揖賓)，등계복위(登階復位)。집사자이관계반진(執事者以冠笄盤進)，빈하일급태계(賓下一級台階)，접과관계(接過冠笄)，집지(執之)，정용(正容)，도장계자전(到將笄者前)，향장계자축왈(向將笄者祝曰)：“길월령일(吉月令日)，시가원복(始加元服)，기이유지(棄爾幼志)，순이성덕(順爾成德)，수고유기(壽考維祺)，이개필복(以介畢福)。”연후궤(然後跪)，가지(加之)，흥(興)，복위(復位)，읍계자(揖笄者)。계자도동방중(笄者到東房中)，탈거삼자(脫去衫子)，환상배자(換上褙子)，출방(出房)，정용(正容)，남향(南向)。

내초(乃醮)：빈자재당중간편서처설초석(儐者在堂中間偏西處設醮席)，면향남(面向南)。빈읍계자(賓揖笄者)，계자취석우(笄者就席右)，면향남(面向南)。정빈취주도석전면향북념축사왈(正賓取酒到席前面向北念祝辭曰)：“지주기청(旨酒既清)，가천령방(嘉薦令芳)，배수제지(拜受祭之)，이정이상(以定爾祥)，승천지휴(承天之休)，수고부망(壽考不忘)。”계자향정빈재배(笄者向正賓再拜)，직신(直身)，면향남(面向南)，접주잔(接酒盞)。빈복위(賓復位)，면향동답배(面向東答拜)。계자궤제주(笄者跪祭酒)，직신(直身)，취석말(就席末)，궤(跪)，음주(飮酒)，흥(興)。면향남(面向南)，재배(再拜)。빈향동(賓向東)，답배(答拜)。

내자(乃字)：빈종서계하계(賓從西階下階)，면향동(面向東)。주부종조계하계(主婦從阼階下階)，면향서(面向西)。계자종서계하계(笄者從西階下階)，립편동처(立偏東處)，면향남(面向南)。빈자계자(賓字笄者)，치사왈(致辭曰)：“례의기비(禮儀既備)，령월길일(令月吉日)，소고이자(昭告爾字)，원자공가(爰字孔嘉)，녀사유의(女士攸宜)，의지어하(宜之於嘏)，영수보지(永受保之)，왈백모녀(曰伯某女)。”（혹중숙계(或仲叔季)）。계자대왈(笄者對曰)：“모수부민(某雖不敏)，감부숙야지래(敢不夙夜祇來)。”빈야가이령외작축사(賓也可以另外作祝辭)。내례빈(乃禮賓)：주부이주찬례빈(主婦以酒饌禮賓)。이폐(以幣)（백(帛)）수사(酬謝)，배사(拜謝)。폐다소수의(幣多少隨宜)。

◆ 《송사(宋史)》계례(笄禮)

거(據)《송사(宋史)》기재(記載)（지제륙십팔례십팔가례륙(志第六十八禮十八嘉禮六)），송대공주적계례위삼가(宋代公主的笄禮爲三加)（관계(冠笄)、관타(冠朶)、구휘사봉관(九翬四鳳冠)）、삼례(三醴)，복군배(服裙背)、대수장군(大袖長裙)、유적지의(褕翟之衣)。제후친림계례

(帝后親臨笄禮), 공주계후수황제훈사(公主笄後受皇帝訓辭)。

공주계례(公主笄禮)。 년십오(年十五), 수미의하가(雖未議下嫁), 역계(亦笄)。 계지일(笄之日), 설향안어전정(設香案於殿庭) ; 설관석어동방외(設冠席於東房外), 좌동향서(坐東向西) ; 설례석어서계상(設醴席於西階上), 좌서향동(坐西向東) ; 설석위어관석남(設席位於冠席南), 서향(西向)。 기군배(其裙背)、 대수장군(大袖長裙)、 유적지의(褕翟之衣), 각설어이(各設於椸), 진하정(陳下庭) ; 관계(冠笄)、 관타(冠朶)、 구휘사봉관(九翬四鳳冠), 각치어반(各置於盤), 몽이말(蒙以帕)。 수식수지(首飾隨之)。 진어복이지남(陳於服椸之南)。 집사자삼인장지(執事者三人掌之)。 즐총치어동방(櫛總置於東房)。 내집사궁빈성복방립(內執事宮嬪盛服旁立), 사악작(俟樂作), 주청황제승어좌(奏請皇帝升御坐), 악지(樂止)。

제거관주왈(提擧官奏曰) : 「공주행계례(公主行笄禮)。」 악작(樂作), 찬자인공주입동방(贊者引公主入東房)。 차행존자위지총계필(次行尊者為之總髻畢), 출(出), 즉석서향좌(即席西向坐)。 차인장관자동방(次引掌冠者東房), 서향립(西向立), 집사봉관계이진(執事奉冠笄以進), 장관자진전일보수지(掌冠者進前一步受之), 진공주석전(進公主席前), 북향립(北向立), 악지(樂止), 축왈(祝曰) : 「령월길일(令月吉日), 시가원복(始加元服)。 기이유지(棄爾幼志), 순이성덕(順爾成德)。 수고면홍(壽考綿鴻), 이개경복(以介景福)。」 축필(祝畢), 악작(樂作), 동향관지(東向冠之), 관필(冠畢), 석남북향립(席南北向立) ; 찬관자위지정관(贊冠者為之正冠), 시수식필(施首飾畢), 읍공주적방(揖公主適房), 악지(樂止)。 집사자봉군배입(執事者奉裙背入), 복필(服畢), 악작(樂作), 공주취례석(公主就醴席), 장관자읍공주좌(掌冠者揖公主坐)。 찬관자집주기(贊冠者執酒器), 집사자작주(執事者酌酒), 수어장관자집주(授於掌冠者執酒), 북향립(北向立), 악지(樂止), 축왈(祝曰) : 「주례화지(酒醴和旨), 변두정가(籩豆靜嘉)。 수이원복(受爾元服), 형제구래(兄弟具來)。 여국동휴(與國同休), 강복공개(降福孔皆)。」 축필(祝畢), 악작(樂作), 진주(進酒), 공주음필(公主飲畢), 찬관자수주기(贊冠者受酒器), 집사자봉찬(執事者奉饌), 식흘(食訖), 철찬(徹饌)。

복인공주지관석좌(復引公主至冠席坐), 악지(樂止)。 찬관자지석전(贊冠者至席前), 찬관자탈관치어반(贊冠者脫冠置於盤), 집사자철거(執事者徹去), 악작(樂作)。 집사자봉관이진(執事者奉冠以進), 장관자진전이보수지(掌冠者進前二步受之), 진공주석전(進公主席前), 북향립(北向立), 악지(樂止), 축왈(祝曰) : 「길월령진(吉月令辰), 내신이복(乃申爾服), 식이위의(飾以威儀), 숙근이덕(淑謹爾德)。 미수영년(眉壽永年), 향수하복(享受遐福)。」 축필(祝畢), 악작(樂作), 동향관지(東向冠之), 관필(冠畢), 석남북향립(席南北向立)。 찬관자위지정관(贊冠者為之正冠), 시수식필(施首飾畢), 읍공주적방(揖公主適房), 악지(樂止)。 집사봉대수장군입(執事奉大袖長裙入), 복필(服畢), 악작(樂作)。 공주지례석(公主至醴席), 장관자읍공주좌(掌冠者揖公主坐)。 찬관자집주기(贊冠者執酒器), 집사자작주(執事者酌酒), 수어장관자집주(授於掌冠者執酒), 북향립(北向立), 악지(樂止), 축왈(祝曰) : 「빈찬기계(賓贊既戒), 효핵유려(肴核惟旅)。 신가이복(申加爾服), 례의유서(禮儀有序)。 윤관이성(允觀爾成), 영천지호(永天之祜)。」 축필(祝畢), 악작(樂作), 진주(進酒), 공주음필(公主飲畢), 찬관자수주기(贊冠者受酒器), 집사자봉찬식흘(執事者奉饌食訖), 철찬(徹饌)。

복인공주지관석좌(復引公主至冠席坐), 악작(樂作)。 찬관자지석전(贊冠者至席前), 찬관자탈관치어반(贊冠者脫冠置於盤), 집사자철거(執事者徹去), 악작(樂作)。 집사봉구휘사봉관이진(執事奉九翬四鳳冠以進), 장관자진전삼보수지(掌冠者進前三步受之), 진공주석전(進公主席前), 향북이립(向北而立), 악지(樂止), 축왈(祝曰) : 「이세지길(以歲之吉), 이월지령(以月之令), 삼가이복(三加爾服), 보자영명(保茲永命)。 이종궐덕(以終厥德), 수천지경(受天之慶)。」 축필(祝畢), 악작(樂作), 동향관지(東向冠之), 관필(冠畢), 석남북향립(席南北向立)。 찬관자위지정관(贊冠者為之正冠)、 시수식필(施首飾畢), 읍공주적방(揖公主適房), 악지(樂止)。 집사자봉유적지의입(執事者奉褕翟之衣入), 복필(服畢), 악작(樂作), 공주지례석(公主至醴席), 장관자읍공주좌(掌冠者揖公主坐)。 찬관자집주기(贊冠者執酒器), 집사자작주(執事者酌酒), 수어장관자집주(授於掌冠者執酒), 북향립(北向立), 악지(樂止), 축왈(祝曰) : 「지주가천(旨酒嘉薦), 유필기향(有飶其香)。 함가이복(鹹加爾服), 미수무강(眉壽無疆)。 영승천휴(永承天休), 비치이창(俾熾而昌)。」 축필(祝畢), 악작(樂作), 진주(進酒), 공주음필(公主飲畢), 찬관자수주기(贊

冠者受酒器). 집사자봉찬(執事者奉饌), 식흘(食訖), 철찬(徹饌).

복인공주지석위립(復引公主至席位立), 악지(樂止), 장관자예전상대(掌冠者詣前相對), 치사왈(致辭曰): 「세일구길(歲日具吉), 위의공시(威儀孔時). 소고궐자(昭告厥字), 령덕유의(令德攸宜). 표이숙미(表爾淑美), 영보수지(永保受之). 가자왈모(可字曰某). 」사흘(辭訖), 악작(樂作), 장관자퇴(掌冠者退). 인공주지군부지전(引公主至君父之前), 악지(樂止), 재배기거(再拜起居), 사은재배(謝恩再拜). 소사(少俟), 제거진어좌전승지흘(提擧進御坐前承旨訖), 공주재배(公主再拜). 제거내선훈사왈(提擧乃宣訓辭曰): 「사친이효(事親以孝), 접하이자(接下以慈). 화유정순(和柔正順), 공검겸의(恭儉謙儀). 부일부교(不溢不驕), 무피무기(毋诐毋欺). 고훈시식(古訓是式), 이기수지(爾其守之). 」선흘(宣訖), 공주재배(公主再拜), 전주왈(前奏曰): 「아수부민(兒雖不敏), 감부지승(敢不祗承)！」귀위재배(歸位再拜), 견후모지례여지(見后母之禮如之).

예필(禮畢), 공주복좌(公主復坐), 황후칭하(皇后稱賀), 차비빈칭하(次妃嬪稱賀), 차장관(次掌冠)、찬관자사은(贊冠者謝恩), 차제거중내신칭하(次提擧衆內臣稱賀), 기여반차칭하(其餘班次稱賀), 병의상식(並依常式). 례필(禮畢), 악작(樂作)；가흥(駕興), 악지(樂止).

<h1 style="text-align:center">계례(笄禮)홀기(笏記)</h1>

○여자(女子) 허가계(許嫁笄)여자는 출가(出嫁)를 할때에 계례를 한다 ○년십오수(年十五雖)미허가역계(未許嫁亦笄) 나이 15 세가 되면 정혼이 않되었을 지라도 계례를 한 후에 다시 머리를 쌍갈래로 내린다 ○모위주(母爲主)어머니가 주관한다. ○종자주부칙(宗子主婦則)어중당(於中堂)비종자이여(非宗子而與)종자동거칙(宗子同居則)어사실(於私室)여종자(與宗子)불동거칙(不同居則)여상의(如上儀) 종자주부즉 어중당 비종자이여 종자동거즉 어사실 여종자 부동거즉 여상의 종가(宗家)의 주부(主婦)면 중당에서 거행한다. 종가(宗家)의 딸이 아니고 종손(宗孫)과 같이 살면 자기 방(私室)에서 한다. 종손과 같이 살지 않으면 위에서 설명한 의식(儀式)대로 한다. ○전기삼일(前期三日)계빈(笄賓)일일숙빈(一日宿賓) 계례 날 3 일전에 계례하여 줄 손님을 정하고 하루 전에 와서 잠을 자게 한다.

◆진설(陳設)

○여관례(如冠禮)단어중당(但於中堂)포석여중자지위(布席如衆子之位)관례와 같이하되 중당에 돗자리를 깔아 중자(衆子)의 위치로 한다. 문 밖에 차리지 않는다 ○궐명진복(厥明陳服) 다음날 아침 복식을 진설하다. ○용배자(用背子) 관계(冠笄)배자(당의), 빗, 주전자, 술잔 등을 방안에 차리되 관례(冠禮) 때와 같이 한다. 관(冠)과 비녀를 소반에담아 서쪽 층계(層階)아래에 둔다.

◆서립(序立)

○주부(主婦)여주인지위(如主人之位)장계자(將笄者)쌍계(雙紒)삼자방중(衫子房中)남면(南面)주부여주인지위 장계자 쌍계 삼자방중 남면 주부(主婦)는주인(主人)의 자리(당의 동쪽)에서 서향하여 서시오. 장계자는 쌍갈래 머리로 삼자(衫子) (속칭 당의)를 입고 방중앙(中央)에 남향(南向)하여 서시요.○빈지(賓至)주부영입승당(主婦迎入升堂)손님이 오시면 주부는 맞아들여 당에 오르는 의식 ○주부승자조계(主婦升自阼階) 빈승자서계(賓升自西階) 각취위(各就位) 주부는 동쪽 층계로 오르시고, 빈은 서쪽 층계로 올라와 각각의 자리에 서시오. ○주부동빈서(主婦東賓西)시자포석우동계지동(侍者布席于東階之東)소서남향(少西南向)주부는 동쪽에서 서향하고, 빈은 서쪽에서 동향(東向)하여 서시오. 시자는 동계의동쪽에서 조금서쪽으로 남향(南向)하여 자리를 펴시오○빈위장계자(賓爲將笄者)가관계(加冠笄)적방(適房)복배자(服背子)손님은 계자에게 관(冠)을 씨우고 배자(背子)를 입는 의식. ○장계자(將笄者)출방(出房)시자전즐(侍者奠櫛)석좌(席左)빈이수도(賓以手導)장계자(將笄者)즉석서(卽席西)당작(當作)남향궤(南向跪)시자여(侍者如)기향궤(其向跪)장계자는 방에서 나오시오 시자는 빗을 자리 왼쪽에 놓으시오. 빈이 장계자를 손으로 유도하면 자리 서쪽에서 남향하여, 꿇어 앉으시오. 시자도 계자를 향하여 꿇어 앉으시오. ○해발소지(解髮梳之)위지(爲之)합발위발(合髮爲髮)빈강계(賓降階)주부역강(主婦亦降)세흘주부청빈(洗訖主婦請賓)부초위(復初位)시자이(侍者以)관계반진(冠笄盤進)머리를 풀어 빗질하여 합발하여 쪽을 지시오. 빈은 계단으로 내려가면 주부도 따라 내려가시오. 손을 다 씻었으면 주부는 오르기를 청하고 원래의 자리로 오시오. 시자는 관과 비녀를 소반에 받

쳐 빈에게 주시오. ○빈예(賓詣)장계자전(將笄者前)빈은 (관을 잡고)장계자 앞으로 나아가서 축사를 하시오.○길월영일(吉月令日)에 시가원복(始加元服)하노니 기이유지(棄爾幼志)하고 순이성덕(順爾成德)하면 수고유기(壽考維祺)하야 이개경복(以介景福)하리라 길한달 좋은 날에 어른의 관을 처음 씌우니 너의 어린 뜻을 버리고 순순이 너의 덕성을 이루어 장수와 길상으로 큰 복을 누리어라. ○궤가관계(跪加冠笄)기부위(起復位)계자흥적방(笄者興適房)역복철즐(易服徹櫛)시자철(侍者徹)계자복상의배자(笄者服上衣背子)출방(出房)빈은 무릎꿇고 관을 씌우고 일어나시오 계자는 방에 들어가 背子(배자)를 갈아 입고 나오시요.

◆내초(乃醮)

○시자작주(侍者酌酒)입우계자지좌(立于笄者之左)빈읍(賓揖)이수도지(以手導之) 시자는 술을 따라 계자의 왼쪽에 서시오. 빈(賓)은 계자에게 읍(揖)을 하고 손으로 인도하여 자리에 오르게 하시오.○계자즉석(笄者卽席)계자입석우남향(笄者立席右南向)빈수주예초석(賓受酒詣醮席)(축왈(祝曰)계자는 자리의 우측에서 남향(南向)하여 서시오. 빈은 술잔을 받아들고 초례석(醮禮席)에 나아가 축사(祝辭)를 하시요. ○지주기청(旨酒旣淸)하여 가천령방(嘉薦令芳)하니 배수제지(拜受祭之)하야이정이상(以定爾祥)하노니 승천지휴(承天之休)하야 수고부망(壽考不忘)하라좋은 술이 이미 맑게 익었으니 절하고 받아 제주 한후에 상서롭게 마시고 하늘의 아름다움을 이어받아 오랜 수명을 누리고 은혜를 잊지 말아라. ○계자사배(笄者四拜)빈답배(賓答拜)계자궤수주(笄者跪受酒)제주쵀주(祭酒啐酒) 흥사배(興四拜) 계자는 사배를 하시요, 빈은 (계자에게술잔을 주고)동향하여 답배를 하시요. 계자는 무릎을 꿇고 술을 쵀주하고 술을 마시고 일어나 사배를 하시오. ○빈(賓) 동향답배(東向答拜)빈은 동향하여 답배 하시요. (시자는 철상 하시오).

◆내자(乃字)

○빈주구강계(賓主俱降階)주동빈서(主東賓西)계자강자서계(笄者降自西階)소동남향(少東南向)빈축(賓祝) 빈과주부는 계단을 내려가서 주부는 동쪽 빈은서쪽에서 (마주보고) 서시오. 계자는 서계로 내려가 동쪽에서 남향하여 서시오. 빈은 축사하시고 당호를 내리시오.○예의기비(禮儀旣備)하야 영월길일(令月吉日)에 소고이자(昭告爾字)하노니 원자공가(爰字孔嘉)라 여사유의(女士攸宜)니 의지우하(宜之于嘏)하야 영수보지(永受保之)하라 이미 예의(禮儀)를 다 갖추어 좋은 달 길한 날에 너의 당호(堂號)를 지어준다 자(字)가 크게 아름다워 여사(女士)로서 수용하여 마땅히 복(福)을 이루어 길이 보존 하여라 ○계자사배(笄者四拜)빈불답배(賓不答拜)계자는 사배(四拜)를 하시오 빈은 답배(答拜)를 하지 않는다.

◆주인이계자(主人以笄者)현우사당(見于祠堂) 주인(主人)이 계자를 인도(引導)하여사당(祠堂)에 알현(謁見)한다.

◆내예빈(乃禮賓)

○이주찬연빈수지(以酒饌延賓酬之)이폐이배사지(以幣而拜謝之)여상일(如常日) 빈객지례(賓客之禮) 술과 음식(飮食)으로 손님을 맞아 대접(待接)하고 폐백(幣帛)으로써 절하며 감사히 여긴다. 평 상시 손님 대접하는 예(禮)대로 한다.

전통혼례홀기(傳統婚禮笏記)

○신랑(新郎) 출(出)신랑은 식장으로 나오시오. ○쌍촉전도(雙燭前導)화동은 화촉(청사초롱)을 들고 신랑을 인도해 들어오시오. ○집안자(執雁者) 수지(隨之)기러기를 든 사람은 신랑 뒤를 따르시오. ○주인(主人) 영서우문외(迎壻于門外)주인은 문밖에서 신랑을 맞이 하시오.

◆전안례(奠雁禮)신랑이 신부 부모께 기러기를 드리는 예로서 기러기는 다자(多子), 다복(多福), 일부일처(一夫一妻)를 의미함.

○신랑종자(新郎從者) 인신랑(引新郎) 입전안청(入奠雁廳)신랑 집사는 신랑을 전안청으로 인도하시오.

○신랑종자(新郎從者) 집안이종(執雁以從)신랑집사는 기러기를 들고 신랑을 따르시오.

○신랑종자(新郎從者) 수신랑좌수(授新郎左首)신랑집사는 기러기 머리를 왼쪽으로 하여 신랑에게 드리시오.

○신랑궤(新郎跪) 치안우(置雁于) 탁자상(卓子上)신랑은 무릎꿇고 기러기를 상위에 올리시오.

○신랑(新郎) 면복흥(俛伏興) 소퇴(少退) 재배(再排)신랑은 몸을 구부려 엎드렸다 일어나 물러서 재배하시오.

○신랑종자(新郎從者) 인신랑(引新郎) 입(入) 초례청(醮禮廳)신랑집사는 신랑을 초례청으로 인도하시오.

○신부(新婦) 출(出)신부는 식장으로 나와 서시오.
○신랑(新郎) 동향입(東向立)신랑은 동쪽을 향해 서시오.
○신랑(新郎) 신부정면(新婦正面)신랑과 신부는 정면을 보고 서시오.
○신랑(新郎) 읍(揖) 신부(新婦) 굴신답례(屈身答禮)신랑은 신부에게 읍하고 신부는 허리굽혀 답하시오.
○신랑종자(新郎從者) 진관세(進盥洗)집사는 신랑을 손씻는 곳으로 인도하시오.
○신랑(新郎) 관세(盥洗) 진세건(進洗巾)신랑은 손을 씻고 수건으로 닦은후 자리로 오시오.
○신부종자(新婦從者) 진관세(進盥洗)집사는 신부를 손씻는 곳으로 인도하시오.
○신부(新婦) 역관세(亦盥洗) 진세건(進洗巾)신부도 손을 씻고 닦은후 자리로 오시오.
○신랑(新郎) 읍신부(揖新婦) 취석(就席)신랑은 신부에게 읍하고 자리에 앉으시오.
○신부(新婦) 역(亦) 취석(就席)신부도 역시 신랑에게 몸을 굽혀 답례하고 자리에 앉으시오.

◆교배례(交拜禮)신랑과 신부가 처음 인사를 올리는 예.

○신부(新婦) 재배(再拜)신부는 먼저 두번 절하시오. ○신랑(新郎) 답일배(答一拜)신랑은 답례로 한번 절하시오. ○신랑(新郎) 읍신부(揖新婦) 취좌(就座)신랑은 신부에게 읍하고 자리에 앉으시오. ○신부(新婦) 역(亦) 취좌(就座)신부도 역시 신랑에게 몸을 굽혀 답례하고 자리에 앉으시오.

◆서(誓) 천지례(天地禮)(서합근례) 양과 음의 상징인 하늘과 땅위에서 부부가 될것을 서약하는 예.

○신랑종자(新郎從者) 작주(酌酒) 진(進) 신랑(新郎)신랑 집사는 술을 부어 신랑에게 드리시오. ○신랑(新郎) 제주(祭酒) 제효우지(除肴于地)신랑은 술잔을 받아 눈높이로 받들어 올려 하늘에 서약하고 잔을 내려 술과 안주를 모사그릇에 비우며 땅에 서약하시오. ○신부종자(新婦從者) 작주(酌酒) 진(進) 신부(新婦)신부 집사는 술을 부어 신부에게 드리시오. ○신부(新婦) 역(亦) 제주(祭酒) 제효우지(除肴于地)신부역시 신랑과 같이 서약하시오.

◆서(誓) 배우례(配偶禮)배우자에게 훌륭한 남편과 아내가 될것을 서약하는 예.

○신부종자(新婦從者) 작(酌) 주진(酒進) 신랑(新郎)신부의 집사는, 술을 부어 신랑에게 드리시오. ○신랑(新郎) 음(飮) 졸작(卒酌)신랑은 술잔을 받아 가슴높이로 받들어 배우자에게 서약하고 술을 반쯤 마신 다음 우집사에게 잔반을 주시오. 우집사는 받아들고 오른쪽으로 돌아, 상대편 집사의 옆에 가서, 잔반을 주시오. 집사는 잔반을 받아 신부에게 주시오.신부는 잔반을 받아 가슴높이로 받들어 배우자의 서약을 받아들이고 남은 술을 마신 다음 좌집사에게 주시오. ○신랑종자(新郎從者) 작주(酌酒) 진(進) 신부(新婦)신랑의 집사는 술을 부어 신부에게 주시오.○신부(新婦) 역(亦) 음(飮) 졸작(卒酌)신부역시 신랑과 같이 하시오.

◆근배례(졸杯禮)반으로 나뉘어진 표주박 잔으로 술을 마심으로 하나가 됨을 상징하는 예.

○신부종자(新婦從者) 작주(酌酒) 포배(匏盃) 진(進) 신랑(新郎)신부집사는 표주박잔에 술을 부어 신랑에게 드리시오. ○신랑종자(新郎從者) 작주(酌酒) 포배(匏盃) 진(進) 신부(新婦)신랑집사는 표주박잔에 술을 부어 신부에게 드리시오. ○신랑신부(新郎新婦) 음준(飮遵) 졸작(卒酌)신랑, 신부는 술잔을 가슴높이로 받들어 배우자에게 한번 더 서약하고 술을 마시세요.양측 우집사는 잔을 받아 원위치에 놓으시오. ○신랑신부(新郎新婦) 흥(興) 출취(出就) 타실(他室)신랑과 신부는 일어나 타실로 나가시오. ○예필(禮畢)예를 마치겠습니다.

전통혼인례홀기(傳統婚姻禮笏記)

1. 친영례(親迎禮)
여가설차우외(女家設次于外)신부 집 대문 서쪽에 신랑이 묵을 장막을 치고 친영 의식을 거행한다.

2. 행초자례(行醮子禮)
수초기자이(遂醮其子而) 명지영(命之迎)자식에게 초례를 하고 아내를 맞아오기를 명하는 의식.○선이탁설

(先以卓設) 주주잔반어당상(酒注盞盤於堂上) 먼저 당위에 상을 설치하고, 술 주전자와 잔반을 놓으시오. ○주인성복(主人盛服), 좌어당지동서서향(坐於堂之東序西向)(주인성복 좌어당지동서서향)주인은 옷을 갖추어 입고, 당의 동쪽에서 서향하여 앉으시오. ○설석석어(設席席於) 기서북남향(其席北南向)신랑의 자리는 서북쪽에서 남향하여 설치하시오. ○찬자취잔짐주(贊者取盞斟酒) 집지예서석전(執之詣壻席前)(찬자취잔짐주, 집지예서석전)찬자는 잔에 술을 따라 신랑의 앞으로 가시오. ○서재배(壻再拜) 승석남향(升席南向) 수잔궤제주(受盞跪祭酒)신랑은 두 번 절하고, 자리로 올라가 남향하여 잔을 받아서 무릎 꿇고 술을 좨주하시오. ○흥취석말(興就席末) 궤쵀주(跪啐酒)일어나 자리 끝으로 가서 무릎을 꿇고, 술을 마시시오. ○흥강석서(興降席西) 수찬자잔우재배(授贊者盞又再拜)일어나 자리 서쪽으로 내려가 찬자에게 잔을 주고, 또 두 번 절하시오. ○진예부좌전(進詣父坐前) 동향궤(東向跪)아버지 앞에 나아가 동향하여 무릎 꿇고 앉으시오. ○부명지왈(父命之曰) 왕영이상(往迎爾相) 승아종사(承我宗事)면수이경약칙유상(勉帥以敬若則有常)아버지가 명하시오. "가서 너의 아내를 맞이하여 우리 집 종사를 잇고, 공경하며 통솔하되 강상이 있도록 하여라." (종손이 아니면 私室에서 초례를 하고, 宗事라는 말을 家事로 바꾼다) ○서왈낙(壻曰諾) 유공불감(惟恐不堪)부감망명(不敢忘命) 면복흥재배출(俛伏興再拜出)"예, 알겠습니다. 오직 감당하지 못할까 두렵습니다. 감히 명을 잊을 수 없습니다." 라고 대답하고, 엎드렸다가 일어나 두 번 절하고 나오시오. (만약 종손 자신이 혼인하면 이 禮를 생략한다)

3. 서출승마(壻出乘馬)

○이촉전도(以燭前導)촛불로 앞에서 신랑을 인도하고, 기럭아비도 기러기를 안고 가시오. ○지여가사우차(至女家竢于次)여자의 집에 도착하였으면 다음 의식을 기다리시오. ○서하마우대문외(壻下馬于大門外) 입사우차(入竢于次)신랑은 말에서 내려 대문 밖에서 다음 차례를 기다리시오.○여가주인고우사당(女家主人告于祠堂)신부집 주인은 사당에 고하시오.

4. 행초녀례(行醮女禮)

○수초기녀이명지(遂醮其女而命之)딸에게 초녀례 할 것임을 명한다.

○여성식(女盛飾) 모상지(姆相之) 입어실외(立於室外) 남향(南向)신부는 복식을 갖추고, 보모의 도움을 받으며 방 밖에 나와 남향하여 서시오. ○부좌동서서향(父坐東序西向) 모좌서서동향(母坐西序東向)아버지는 동쪽에서 서향하고, 어머니는 서쪽에서 동향하여 앉으시오.○設女席於母之東北南向(설여석어모지동북남향)신부의 자리는 어머니의 동북쪽에서 남향하여 차려 놓으시오. 신부는 보모의 인도로 서계로 올라와 어머니의 동북쪽에서 남향하여 선다. 집사는 잔에 술을 부어 신부에게 주면, 신부는 4 배하고 꿇어앉아 좨주하고, 일어나 끝자리로 가서 꿇어앉아 술을 마시시오. 신부는 일어나 잔반을 찬자에게 주고 4 번 절하시오. 보모는 신부를 인도하여 어머니의 좌측에 앉히시오. ○부기명지왈(父起命之曰) 경지계지(敬之戒之) 숙야무위구고지명(夙夜無違舅姑之命)아버지는 일어나 명하시오. "공경하고 경계하여 밤낮으로 시부모의 명령을 어기지 말라." ○모송지서계상위지정관(母送至西階上爲之整冠) 염피(斂帔) 명지왈(命之曰)어머니는 서쪽 층계로 내려오며 관과 배자를 정돈하면서 명령하시오. ○면지경지(勉之敬之) 숙야무위(夙夜無違) 이규문지례(爾閨門之禮)"힘쓰고 공경하여 밤낮으로 너의 규문의 예절을 어기지 말라." ○제모고(諸母姑) 수자송지우중문지내위지(娵姊送之于中門之內爲之) 정군삼(整裙衫) 신이부모지명왈(申以父母之命曰)여러 고모와 자매들은 중문 안에서 전송하면서 군삼을 매만지며 부모님의 명하심을 거듭 주의시키면서 명하시오. ○근청(謹聽) 이부모지언(爾父母之言) 숙야무건(夙夜無愆)"너의 부모님의 말씀을 삼가며 들어서 밤낮으로 허물 됨이 없게 하라."

5. 행전안예(行奠鴈禮)

○주인출영(主人出迎) 서입전안(壻入奠鴈)<첨화(添花)> 청사초롱이 인도하며 기럭아비가 앞서 걸어오고, 사선(絲扇)을 들고 들어오는 신랑을 맞아들여 전안례를 올리겠습니다. ○서입(壻入)신랑 입장. ○주인영서우문외(主人迎壻于門外) 서출차동면(壻出次東面) 주인서면(主人西面)주인은 문밖에서 신랑을 맞이하시오. 신랑은 서쪽에서 동향하고, 주인은 동쪽에서 서향하시오. ○읍양이입(揖讓以入) 봉안자진안(捧鴈者進鴈) 서집안좌수(壻執鴈左首)서로 읍하면서 주인이 먼저 들어가시오. 신랑은 기러기의 머리를 좌로 하여 잡고 따라 들어가시오. ○이종지우청사(以從至于廳事) 주인승자조계입서향(主人升自阼階立西向) 서승자서계(壻升自西階) 취조계상(就阼階上) 북향궤(北向跪) 치안어지(置鴈於地)청사에 도착하여서 주인은 동쪽 층계로 올라가서 서향하여 서있고, 신랑은 기러기를 머리가 좌로하여 들고 서쪽계단으로 주인보다 한발 늦게 올라가서, 다시 전안청의 동쪽으로 나아가서 북향하여 바닥에(置鴈於地) 기러기 머리가 좌측으로 놓고 두번 절하는데, ○설병장포석(設屛帳鋪席) 우포홍보어지(又鋪紅褓於地) 위치안지소(爲置鴈之所) 동비이인자촉(童婢二人刺燭) 동서상향면입(東西相向面立)두아이가 청홍등을 동서에서 마주보고 서있을 때에 붉은 보자기위에 기러기를 놓으시오. ○주인시자수지(主人侍者受之) 서면복흥재배(壻俛伏興再拜), 주인부답배(主人不答拜)신랑이 두 번 절하면 시자는 기러기를 받아 가지

고 들어가시오. 주인은 답배하지 마시오.

6. 모봉여출(姆奉女出) 등거(登車)_{보모가 신부를 데리고 나와 수레에 오르는 의식임.}

○모봉여(姆奉女) 유말몽두(有帕蒙頭) 출중문(出中門) 서읍지(壻揖之). 강자서계(降自西階) 주인부강(主人不降), 서수출(壻遂出) 여종지(女從之)_{보모가 머리수건을 씌워서 신부를 인도하여 중문으로 나오면} 신랑은 읍하시오. 신랑은 서쪽 계단으로 내려오시오. 주인은 내려오지 않는다. 신부도 따라오시오. ○서거교렴이사(壻擧轎簾以竢)_{신랑은 가마의 발을 쳐들고 기다리시오.} ○모사왈(姆辭曰) 미교불족(未敎不足) 여위례야(與爲禮也)_{보모는 사양하여 말하시오. "가르침이 없어서 무례함이 많습니다."} ○여내등거(女乃登車) 하렴(下簾)_{신부가 수레에 오르면 발을 내린다.} ○서승마(壻乘馬) 선부거(先婦車)_{신랑은 말을 타고 신부의 수레 앞에서 간다.} ○부거역(婦車亦) 이촉전도(以燭前導)_{신부의 수레도 촛불로써 앞에서 인도한다.}

7. 지가도부이입(至家導婦以入)_{신부가 집에 도착하면 인도하여 맞아드리는 의식.}

○서지가(壻至家) 대문외하마(大門外下馬)_{신랑은 집에 이르러 대문 밖에서 말에서 내리시오.} ○입우청사(立于聽事) 사부하거(竢婦下車) 청전읍지(廳前揖之) 도이입(導以入) 침문읍입(寢門揖入) 승자서계(升自西階) 부종지(婦從之) 적기실(適其室)_{신랑은 대청에 서서 신부가 수레에서 내리기를 기다렸다가 읍을 하고 인도하여 맞아 드리시오. 침실 문 앞에서 읍하고 서쪽 계단으로 오르면 신부는 따라와서 방으로 들어가시오.} <첨화(添花)> 청사 초롱 신랑 신부 입장○량가부모(兩家父母) 입장(立場) 점촉(點燭) 상견례(相見禮)하객인사(賀客人事)

8. 서부(壻婦) 교배(交拜)_{신랑과 신부가 절을 교환하는 의식.}

○부종자(婦從者) 포서석어동방(布壻席於東方) 서종자포부석어서방(壻從者布婦席於西方) 개어실중(皆於室中) 탁지남(卓之南)_{신부의 집사는 동쪽에 신랑의 자리를 펴고, 신랑의 집사는 서쪽에 신부의 자리를 펴시오.} ○서관우남(壻盥于南) 부종자옥지진세(婦從者沃之進帨), 부관우북(婦盥于北) 서종자옥지진세(壻從者沃之進帨)_{신부의 집사는 신랑의 손을 닦아주고, 신랑의 집사는 신부의 손을 닦아주시오.} 〈첨가(添加)〉_{신랑 신부의 집사는 제자리로 돌아가시오.} ○서위부거몽두(壻爲婦擧蒙頭) 읍부취석(揖婦就席)_{신랑은 신부의 머리가리개를 걷어 주고, 신부에게 읍을 하고, 자리에 오르시오.} ○부선재배(婦先再拜) 서답일배(壻答一拜) 부우재배(婦又再拜) 서우답일배(壻又答一拜)_{신부는 먼저 두 번 절하시오. 신랑은 답배로 한 번 절하시오. 신부는 또 두 번 절하시오. 신랑은 또 답배로 한 번 절하시오.} ○취좌(就坐) 음식필(飮食畢) 서출(壻出)_{신랑 신부가 자리에 앉아 음식을 먹고 끝나면, 신랑이 나가는 의식. (식탁을 설치한다).} ○서읍부취좌(壻揖婦就坐) 서동부서(壻東婦西)_{신랑은 신부에게 읍을 하고 신부는 답례하고 신랑은 동쪽, 신부는 서쪽에 앉으시오.} ○종자짐주설찬(從者斟酒設饌) 서읍부제주(壻揖婦祭酒) 각경주소허(各傾酒少許) 거음거효(擧飮擧殽) 각이소허(各以少許) 치두간공처(置豆間空處) 식필(食畢)_{양 집사는 술을 따르고 음식을 차리시오. 신랑은 신부에게 읍을 하시오.}

9. 〈첨화(添花)〉 서천지례(誓天地禮)

각 좌집사는 잔반을 신랑 신부에게 주고, 각 우집사는 술을 따르시오. 신랑과 신부는 잔반을 높이 들어올려 하늘에 서약하고, 다시 잔반을 아래로 내려 좌주하여 땅에 서약하시오. 신랑 신부는 잔반을 집사에게 주고, 안주를 집어 빈 접시에 놓으시오.

10. 서배우례(誓配偶禮)_(배우자에게 서약하는 의식)

각 우집사는 일어나시오. 신랑의 우집사는 청실을 왼 손목에 한 번, 신부의 우집사는 홍실을 오른 손목에 두 번 감아 걸치시오. 돌아와 각각 술을 따르시오. 각 좌집사는 잔반을 신랑 신부에게 주시오. 신랑과 신부는 잔반을 들어올려 배우자에게 서약하고, 술을 반쯤 마시고, 우집사에게 주시오. 각 우집사는 잔반을 받고 일어나 상대편 좌집사의 왼쪽에 서서 잔반을 주시오. 각 좌집사는 잔반을 받아 신랑 신부에게 주시오. 신랑과 신부는 잔반을 받들어 올려 배우자의 서약을 받아들이고, 남은 술을 모두 마시시오. 각 좌집사는 잔반을 받아 상대편 우집사에게 주고, 각 우집사는 돌아가 잔반을 놓으시오.

○우짐주(又斟酒) 서읍부거음불제(壻揖婦擧飮不祭) 무효(無殽)_{양 집사는 또 술을 따르고, 신랑은 신부에게 읍을 하고 술을 마시시오.} ○[불제무효(不祭無殽)] <이상성균관(以上成均館) 발행(發行) 생활례절(生活禮節) 혼례(婚禮), 서천지례(誓天地禮), 서배우례(誓配偶禮)로 적용(適用)>

11. 합근례(合巹禮)

1) 서부각집일편이윤(壻婦各執一片以醋); 고운합근이윤(故云合巹而酳) 소이(所以) 합례동존비(合禮同尊卑) 이친지야(以親之也)

2) 합체동존비(合體同尊卑): _{합근유합체지의(合巹有合體之義).}
○우취근(又取巹), 분치(分置) 서부지전(壻婦之前)_{각 우집사는 표주박 잔을 주례로부터 받아 가시오. 돌아가}

신랑 신부의 잔을 내리고 잔대 위에 놓으시오. ○짐주(斟酒) 서읍부(壻揖婦) 거음(擧飮) 불제(不祭) 무효(無殽)각 좌집사는 잔반을 신랑 신부에게 주시오. 각 우집사는 술을 따르시오. 신랑은 신부에게 읍을 하고, 좨주하지 않고 신랑 신부는 술을 마시시오. <첨화(添花)> 각 우집사는 표주박 잔을 주례에게 주시오. 또 앞으로 나아가서 청.홍실을 합하여 송죽 분에 걸치시오.

12. 예필(禮畢) 축사(祝辭)

○서출취타실(壻出就佗室) 모흥부유실(姆興婦留室) 철찬(徹饌)신랑은 다른 방으로 나가고, 보모와 신부는 방안에 남아 있으시오. 철찬하시오. ○치실외설석(置室外設席) 욕금침지설우흥(褥衾枕只設于興) 북지(北趾) 서석재동(壻席在東) 부석재서(婦席在西) 서종자포부석(壻從者布婦席) 부종자포서석(婦從者布壻席)양 집사는 술상을 밖으로 내가고 잠자리를 편다. 요와 이불 베개를 발이 북으로 가도록 편다. 신랑의 자리는 동쪽에 신부의 집사가 펴고, 신부의 자리는 서쪽에 신랑의 집사가 펴시오. ○서종자준(壻從者餕) 부지여(婦之餘), 부종자준(婦從者餕) 서지여(壻之餘)신랑의 집사는 신부가 먹고 남긴 음식을 먹고, 신부의 집사는 신랑이 남긴 음식을 먹으시오.

13. 부입탈복(復入脫服) 촉출(燭出) 신랑이 다시 들어와 하는 合宮禮 의식.

○서탈복(壻脫服) 부종자수지(婦從者受之) 부탈복(婦脫服) 서종자수지(壻從者受之) 촉출능(燭出凌) 여종자시우호외(女從者侍于戶外)신랑이 옷을 벗으면 신부의 집사가 받고, 신부가 옷을 벗으면 신랑의 집사가 받는다. 촛불을 내놓으면 여자 종이 문밖에서 받고 있다.

14. 주인예빈(主人禮賓)(주인이 손님을 대접한다)

남자 손님은 대청에서, 여자 손님은 내당에서, 또한 종자(집사)들도 모두 대접하고 정중하게 전송하면서 폐백을 싸 주어 보낸다.

15. 명일숙흥(明日夙興) 부현우구고(婦見于舅姑)다음날 일찍 일어나 시부모를 알현함.

○부숙흥성복(婦夙興盛服)

소의사현(宵衣竢見) 구고좌어당상동서상향(舅姑坐於堂上東西相向) 구동고서(舅東姑西) 각치탁어전(各置卓於前)신부는 일찍 일어나 소의를 입고 기다리시오. 시아버지는 당상 동쪽에서 서향하여 앉으시고, 시어머니는 당상 서쪽에서 서향하여 앉으시오. 각각 그 앞에 탁자를 놓으시오. ○가인남녀소어구고자(家人男女少於舅姑者) 입어양서여관례지서(立於兩序如冠禮之序)집안 남녀는 시부모보다 낮은 자는 관례 때와 같이 양쪽에서 줄지어 서시오. ○모인부(姆引婦), 시녀이반성지폐종지(侍女以盤盛贄幣從之)보모는 신부를 인도하고, 시녀는 폐백(棗栗)을 들고 따르시오. ○부진입어조계하(婦進立於阼階下) 북면배구(北面拜舅)신부는 동쪽 계단 아래에 나아가서 북향하여 시아버지께 절하시오. ○관세수지폐승자서계전지조율(盥洗受贄幣升自西階奠贄棗栗) 폐우탁상(幣于卓上)손을 씻고 시녀로부터 폐백을 받아들고 서쪽계단으로 올라가 밤 대추 폐백을 탁상 위에 올리시오. ○구무지(舅撫之) 시자이입부강(侍者以入婦降) 우배필(又拜畢)시아버지는 폐백을 어루만지시오. 시녀는 들어와 신부를 인도하여 내려가시오. 신부는 또 재배하시오. ○예서계하(詣西階下) 북면배고(北面拜姑), 승전지단수폐(升奠贄股脩幣)신부는 서쪽 계단으로 가서 북향하여 시어머니께 절하고, 올라가서 폐백(股脩)를 올리시오. ○고거이수시자(姑擧以授侍者) 부강우배(婦降又拜)시어머니는 폐백을 거두어 시녀에게 주시오. 신부는 내려가서 또 절하시오. (종손의 아들이 아니면서 종가에서, 동거즉 시부모의 사실에서 행함.)

16. 구고예지(舅姑禮之)(시부모가 신부에게 예를 편다. 시부모초녀지의(媤父母醮女之儀)

신부는 옷을 갖추어 입고, 보모가 인도하여 실외에서 남향하여 서시오. 시아버지는 조계로 올라와 당의 동쪽에서 서향하여 앉고, 시어머니는 당의 서쪽에서 동향하여 앉으면, 신부는 보모의 인도로 서계로 올라와 시어머니의 동북쪽에서 남향하여 서시오. 집사는 잔에 술을 부어 신부에게 주면, 신부는 사배하고 꿇어앉아 제주하고 일어나 끝자리로 가서 꿇어앉아 술을 마시시오. 신부는 일어나 잔반을 집사에게 주고 네번 절하시오. 보모는 신부를 인도하여 시어머니의 좌측에 앉히시오. 시아버지와 시어머니는 교훈을 내리시고, 신부는 서약하며 대답하고 일어나 네번 절하시오.

17. 부현우제존장(婦見于諸尊長)

○부지조부모칙(夫之祖父母則) 구고이부(舅姑以婦) 현어기실(見於其室) 여현구고지례(如見舅姑之禮) 환배제존장우양서(還拜諸尊長于兩序) 여관례(如冠禮) 무지(無贄)현구고례(見舅姑禮)와 같이 하며, 양쪽 존장에게 돌려가면서 인사하는데, 폐백이 없이 관례 때와 같이 한다.

18. 약총부칙(若冢婦則) 궤우구고(饋于舅姑)(장자부(長子婦)때만 한다)

○시일식시(是日食時) 부가구성찬주호(婦家具盛饌酒壺) 부종자설소과탁우당상(婦從者設蔬果卓于堂上) 설관분우조계하동남(設盥盆于阼階下東南) 세가재동(帨架在東)이날 식사할 때에 며느리 집에서는 잘 차린 음식과 술병을 준비한다. 시녀들은 당상의 시부모 앞의 탁자에 과일과 채소를 차린다. 동쪽 계단의 동남쪽에 대야와 물그릇을 놓고, 동쪽에는 수건과 수건거리를 놓는다. ○구고취좌(舅姑就坐) 모인부(姆引婦) 부관승자서계(婦盥升自西階) 세잔짐주치구고탁상(洗盞斟酒置舅姑卓上) 강사구음필배(降竢舅飮畢拜) 부승계(復升階) 세잔짐주(洗盞斟酒) 수헌고(遂獻姑) 고음필(姑飮畢) 우강배(又降拜)시부모가 자리에 앉으면 손을 씻고, 서쪽 계단으로 올라가서 잔을 씻고, 술을 따라서 시부모의 탁자 위에 놓는다. 다시 내려와서 시아버지가 다 마시기를 기다려서 절을 한다. 다시 서계로 올라가서 잔을 씻고, 술을 따라서 시어머니에게 드리고, 시어머니가 다 마시면 또 내려가서 절한다. ○종자이반성탕성반지(從者以盤盛湯盛飯至) 수집찬(遂執饌) 부집찬야(婦執饌也) 승천우(升薦于) 구고지전(舅姑之前) 시립고후(侍立姑後) 이사졸식(以竢卒食) 철반(徹飯)시자철찬(侍者徹饌)시녀가 밥과 반찬을 가지고 오면 반찬을 챙겨 가지고 올라가서 시부모 전에 올린다. 시어머니의 뒤에 서서 다 먹기를 기다렸다가 밥을 치우고, 시녀는 철찬을 한다. ○분치별실(分置別室) 부취준(婦就餕) 고지여(姑之餘) 부종자준(婦從者餕) 구지여(舅之餘) 서종자(壻從者) 우준부지여(又餕婦之餘)별실에 나누어 치워놓은 시어머니 상의 남은 음식은 신부의 시녀가 먹고, 시아버지가 남긴 상은 신랑의 시녀가 먹고, 또 신부가 남긴 것도 먹는다.

19. 구고향지(舅姑饗之)시부모가 신부를 대접하며 주객이 바뀌는 의식.

○여구고예부지의(如舅姑禮婦之儀)신부는 옷을 갖추어 입고, 보모가 인도하여 실외에서 남향하여 서시오. 시아버지는 조계로 올라와 당의 동쪽에서 서향하여 앉고, 시어머니는 당의 서쪽에서 동향하여 앉으면, 신부는 보모의 인도로 서계로 올라와서 시어머니의 동북쪽에서 남향하여 서시오. 집사는 잔에 술을 부어 신부에게 주면, 신부는 사배하고 꿇어앉아 제주하고 일어나 끝자리로 가서 꿇어앉아 술을 마시시오. 신부는 일어나 잔반을 찬자에게 주고 네번 절하시오. ○구고선강(舅姑先降) 자서계(自西階) 부강자조계(婦降自阼階) 이저대야(以著代也)예필(禮畢) 후에 시부모가 서계(西階)(손님의 길)로 먼저 내려가고, 신부(新婦)는 조계(阼階)(동계이며 주인의 길)로 뒤이어 내려오는데 이는 子息에게 代를 이어 줌을 뜻한다.

20. 이부현우사당(以婦見于祠堂)

3일 후에 관례 때와 같은 의식으로 한다. 만약 부모가 모두 타계했으면 채식만 올린다. 축관이 손을 씻고 신부도 문 밖에서 손을 씻는다. 신부는 채식 상자를 들고 축관은 신부를 인도하여 들어가 축문을 읽는다. 독축이 끝났으면 신부는 채식 상자를 집사에게 주고 절한다. 다시 받아서 시아버지 신위 전에 올리고 절한다. 신부는 다시 내려와서 채식 상자를 들고 들어간다. 축관이 또 축문을 다 읽으면, 신부는 절하고 시어머니 신위 전에 올리고 또 절한다. 신부가 나오면 축관은 음식을 물리고 문을 닫는다.

○**축문(祝文) :** 자모(子某), 모지부(某之婦) 모씨(某氏), 감현(敢見) 황구(皇舅) 모관(某官) 부군(府君) 가채(嘉菜) 전례(奠禮), 자모(子某), 모지부(某之婦) 모씨(某氏), 감현(敢見) 황고모봉모씨(皇姑某封某氏) 가채(嘉菜) 전례(奠禮),

21. 명일(明日) 서왕현(壻往見) 부지부모(婦之父母)

부부영송읍양(婦父迎送揖讓), 여객예(如客禮) 종자집폐(從者執幣), 부부승입우(婦父升立于) 동소북(東少北), 서입우서(壻立于西) 소남(少南) 서배칙(壻拜則) 부궤야(父跪也). 종자수서폐(從者授壻幣), 서이봉(壻以奉), 부부수지(婦父受之), 이수종자(以授從者), 입현부모(入見婦母), 부모합문(婦母闔門) 동비입우문내(東扉立于門內), 서면(西面), 서동면(壻東面), 배우문외(拜于門外), 이폐봉(以幣奉), 부모종자수이입(婦母從者受以入), 부모답배(婦母答拜), 부부인서(婦父引壻), 지사당전재배(至祠堂前再拜), 상향(上香), 궤고(跪告), 부복흥(俯伏興), 서입양계간(壻立兩階間), 배필(拜畢), 부부배(婦父拜).

22. 제구(諸具)

1) **집례(執禮) :** 홀기, 도포, 갓, 유건, 행전, 사대, 신
2) **량가부(兩家父) :** 유건, 도포, 사대, 행전 각 2벌
3) **량가모(兩家母) :** 예복 대의(大衣), 장군(長裙), 연의(連衣)
4) **안부(鴈夫) :** 목안(木鴈), 중의(衆衣), 적삼, 죽립(竹笠), 짚신, 당의, 두루마기

5) 신랑(新郎) : 예복(禮服) 사모: 익선관이 아님, 관대, 관복: 청관복일때는 후수가 단학 또는 단호일것, 목화, 사선,
6) 신부(新婦) : 예복(禮服) 원삼(활옷), 족두리, 도투락댕기, 절수건, 용잠, 녹색저고리, 홍색치마.
7) 집사(執事);(수모)용 한복, 신랑, 신부 명패, 붓, 종이, 脣衣, 목단병풍(대례청용), 화조병풍(폐백용), 동뢰상(同牢牀), 소탁자 2, 청홍보(대 2, 소 2), 기러기 보, 방석 6. 돗자리 3(신랑, 신부, 전안례 용), 촛대 2, 양초 청홍, 성냥 2, 송죽분, 송죽, 청홍사, 모사기 2, 관세대야 2, 관세대 2, 수건 2, 근배(졸桮) 1 쌍, 주전자 2, 잔반 2 조, 시저 2, 모사기 2, 마이크 3. 과(果)(밤, 대추, 감), 쌀, 콩, 팥, 용떡 2, 전, 채소 각 2 조, 청홍등. 불끄기 제기 10개.

회혼례홀기(回婚禮笏記)

○**사회자(司會者)** 주례(主禮)선생님 입장(入場) 入場하는 동안 주례자를 소개하면서 박수로 환영 ○**사회자(司會者)** 회혼례 당사자어른 同時入場. 주례자 앞에서 男東女西로 北向하여 서시오. 청사초롱 인도하면서 동시 입장 박수 환영 ○**사회자(司會者)** 회혼례 어른 경력 소개. ○**사회자(司會者) 점촉(點燭) 장(長) 자부(子婦)**(양집사)는 촛불을 밝히시오. ○**사회자(司會者)** 거례선언(擧禮宣言) 이제부터 ○○○선생님과 ○○○여사의 回婚禮 儀式을 擧行 하겠습니다. ○**이하(以下) 주례자(主禮者) 창홀(唱笏) 행(行) 교배례(交拜禮)** 회혼례(回婚禮)하는 어른 부부(夫婦)가 맞절하는 儀式입니다 ○**장(長) 자부(子婦)**(양집사)는 자리를 깔아 드리고 내려오시오. ○**장(長) 자부(子婦)**(양집사)는 양 어른의 손을 씻어주시오. ○회혼례(回婚禮)하실 양(兩) 어른은 자리에 올라가서 서로 마주보고 서세요. 장(長) 자부(子婦)(양집사)는 따라가서 보좌 하시오. ○**부선재배(婦先再拜)** 회혼례 여사께서 먼저 두 번 절하시오. ○**서답일배(壻答一拜)** 회혼례 남자 어른께서 한 번 절하시오. ○**부우재배(婦又再拜)** 회혼례 여사께서 또다시 두 번 절하시오. ○**서우답일배(壻又答一拜)** 회혼례 남자 어른께서 또 한 번 절하시오.○**장(長) 자부(子婦)** (양집사) 는 술을 따라주시고 兩어른은 자리에 앉아서 술잔을 들어올려 천지신명(天地神明)께 술을 올리시오. ○**장(長) 자부(子婦)**(양집사)는 또 술을 따라주어 合歡酒하게 하시요. 반절만 마시게 하고 상대편 어른에게 傳하여 모두 마시게 하시요. ○長 子婦(양집사)는 잔반을 들고 제자리로 도라 오시오. ○長 子婦(양집사)는 표주박잔에 술을 따라주어 巹桮禮하시요. 표주박 잔에 술을 따라 마시면서 合巹禮를 하는 것. ○兩 어른은 자리에서 일어서고 주례자는 축사를 하시오. ○兩 어른은 자리에서 돌아 서시고 자손들은 화환과 예물을 올리시오. ○兩 어른은 하객에게 인사말씀을 하시오. ○**사회자예필(司會者禮畢)**예가 끝났음을 선언(宣言)하고 기념촬영(記念撮影)을 하시요.

◆상수의례절차(上壽儀禮節次)(丘儀)

시일행배하례흘자제수구필청가장부부병좌어중당제비유개성복(是日行拜賀禮訖子弟修具畢請家長夫婦並坐於中堂諸卑幼皆盛服)서립(序立)세위일행남좌녀우(世爲一行男左女右)○국궁배흥배흥평신(鞠躬拜興拜興平身)○장자예존좌전(長者詣尊座前)장자진립어가장지전여제칙운장제유자일인집잔립어기좌일인집주립어기우(長者進立於家長之前如弟則云長弟幼者一人執盞立於其左一人執注立於其右)○궤(跪)(장자급이유자구궤(長者及二幼者俱跪)○짐주(斟酒)장자수잔유자집주짐주흘이유기(長者受盞幼者執注斟酒訖二幼起))○축수(祝壽)[장자거수봉잔축왈(長者擧手奉盞祝曰)]복원존친리자장지(伏願尊親履玆長至)(정단칙개장지위세단생단칙개운대자위경(正旦則改長至爲歲端生旦則改云對玆爲慶)비응오복보족의가(備膺五福保族宜家)축필가장수잔음흘이잔수유자반기고처장자(祝畢家長受盞飮訖以盞授幼者反其故處長者)○부복흥평신(俯伏興平身)○복위(復位)여비유구배(與卑幼俱拜)○국궁배흥흥배흥배흥평신(鞠躬拜興拜興拜興拜興平身)○초주(酢酒)배흘시자주주어잔수가장가장명장자지전친이주수지(拜訖侍者注酒於盞授家長家長命長者至前親以酒授之)○수주(受酒)장자수주치어석단(長者受酒置於席端)○국궁배흥배흥평신(鞠躬拜興拜興平身)취주(取酒))○궤(跪)(음지필(飮之畢)○흥(興)장자명시자이차초제비유개출위궤음필집사자거식탁입파렬남렬어외녀렬어내부녀사배입내석(長者命侍者以次酢諸卑幼皆出位跪飮畢執事者擧食卓入擺列男列於外女列於內婦女辭拜入內席○명좌(命坐)(가장명제비유좌유미관급관이미혼자부득좌(家長命諸卑幼坐惟未冠及冠而未昏者不得坐))○국궁배흥배흥평신(鞠躬拜興拜興平身)제비유구배이후좌(諸卑幼俱拜而後坐)○각취석(各就席)내이차행주혹삼행혹오행자제질기권유수의필(乃以次行酒或三行或五行子弟迭起勸侑隨宜畢)○각출석(各出席)○국궁배흥배흥평신(鞠躬拜興拜興平身)○예필(禮畢)

◆상수홀기(上壽笏記)

설부석어당북벽하소동설소탁일어기전(設父席於堂北壁下少東設小卓一於其前)○부승석자서방남향좌(父升席自西方南向坐)○설모석어북벽하소서설소탁일어기전(設母席於北壁下少西設小卓一於其前)○모승석자서방남향좌(母升席自西方南向坐)○설탁어당동벽하근북치주주어잔반기상(設卓於堂東壁下近北置酒注於盞盤其上)(주동잔서(注東盞西))우설탁어당남단다치주잔어기상(又設卓於堂南端多置酒盞於其上)○장부성복립어부석전서상북향(丈夫盛服立於父席前西上北向)○부인성복립어모석전동상북향(婦人盛服立於母席前東上北向)○장부부인개재배(丈夫婦人皆再拜)(부인협배(婦人夾拜))○최장자일인진립어부석전유자일인집주잔립어기좌동향(最長者一人進立於父席前幼者一人執酒盞立於其左東向)○일인집주주어립기우서향(一人執酒注於立其右西向)○최장자수잔(最長者受盞)○집주자짐주반전우고처복위(執注者斟酒反奠于故處復位)○최장자궤치탁상축왈복원대인리자세단(最長者跪置卓上祝曰伏願大人履茲歲端)(남지일(南至日)+졸진수시칭지(卒辰隨時稱之))비응오복보족의가(備應五福保族宜家)○부음필수유자잔(父飲畢授幼子盞)○유자반전우주주탁상복초립위(幼子反奠于酒注卓上復初立位)○최장자진모석전유자일인집주잔립어기좌동면(最長者進母席前幼子一人執酒盞立於其左東面)○일인집주주립어기우서면(一人執酒注立於其右西面)○최장자수잔집주짐주자반전우고처복위(最長者受盞執注斟酒者反奠于故處復位)○최장자궤치탁상축왈복원모친리자세단비응오복보족의가(最長者跪置卓上祝曰伏願母親履茲歲端備應五福保族宜家)○모음필수유자잔(母飲畢授幼子盞)○유자반전우주주탁상복초립위(幼子反奠于酒注卓上復初立位)○최장자면복흥퇴여재위자개재배(最長者俛伏興退與在位者皆再拜)○부명제장유좌장유개재배이좌(父命諸長幼坐長幼皆再拜而坐)○부명제시자편수제장유(父命諸侍者偏酬諸長幼)○제장개기립(諸長皆起立)○시자실주수장자(侍者實酒授長者)○장자수주좌전우석북단흥재배취주좌졸음수시자잔흥재배(長者受酒坐奠于席北端興再拜取酒坐卒飲授侍者盞興再拜)○시자이잔실주예제장유전제장유개재배수(侍者以盞實酒詣諸長幼前諸長幼皆再拜受)○졸음주개재배이퇴(卒飲酒皆再拜而退)○시자철석급탁자(侍者徹席及卓子)

수연례(壽筵禮)

1. 수연례의 의미

수연이란 어른의 생신에 아랫사람들이 상을 차리고 술을 올리며, 오래 사시기를 비는 의식이다. 고례에는 수연례란말이 없고 헌수가장례(獻壽家長禮)라 했다.

2. 수연례의 종류

아랫사람이 태어난 날을 생일(生日)이라 하고 웃어른의생일은 생신(生辰)이라 한다. 웃어른의 생신에 자제(子弟)들이술을 올리며, 장수를 비는 의식이 수연이므로 아랫사람이있으면 누구든지 수연례를 행할 수 있을 것이다.

그러나 사회활동을 하는 아들이 부모를 위해 수연 의식을 행하려면 아무래도 어른의 나이가 60세는 되어야 할 것이므로이름 있는 생일은 60부터이고, 구태여 종류를 나누면 다음과같다.

①**순(六旬)** : 60세 때의 생신이다. 육순이란 열(旬)이여섯(六)이란 말이고, ○육갑자(六十甲子)를 모두 누리는마지막 나이이다.

②**회갑?환갑(回甲?還甲)** : 61세 때의 생신이다. 60갑자를다 지내고 다시 낳은 해의 간지가 돌아왔다는 의미이다.

③**진갑(陳?進甲)** : 다시 60 갑자가 펼쳐져 진행한다는 의미이다. 62세 때의 생신이다.

④**미수(美壽)** : 66세 때의 생신이다. 옛날에는 66세의미수를 별로 의식하지 않았으나 77세 88세 99세와 같이같은 숫자가 겹치는 생신을 이름 붙였으면서 66세를 지나칠수는 없는 것이다.

또한 현대 직장이 대부분 만 65세를 정년으로하기 때문에, 66세는 모든 사회활동이 성취되어

은퇴하는나이이면서도 아직은 여력이 있으니 참으로 아름다운 나이이므로 '美壽'라 하고, 또 '美'자는 六十 六을 뒤집어쓰고, 바로 쓴 자이어서 그렇게 이름 붙였다.

⑤**칠순 희수(七旬 稀壽)** : 70세 때의 생신이다. 옛글에 '사람이 70세까지 살기는 드물다〔人生七十古來稀〕'라는데에서 희수란 말이 생겼는데, 그런 뜻에서 희수라 한다면 '어른이 너무 오래 살았다'는 의미가 되어 자손으로서는 죄송한 표현이다. 열이 일곱이라는 뜻인 칠순(七旬)이 좋다.

⑥**희수(喜壽)** : 77세 때의 생신이다. '喜'자를 초서로쓰면 七十 七이 되는 데서 유래되었다.

⑦**팔순(八旬)** : 80세 때의 생신이다. 열이 여덟이라는말이다.

⑧**미수(米壽)** : 88세 때의 생신이다. '米'자가 八十八을 뒤집고 바르게 쓴 데서 유래되었다.

⑨**졸수?구순(卒壽?九旬)** : 90세 때의 생신이다. '卒'자를초서로 쓰면 九十이라 쓰여지는 데서 졸수라 하는데 '卒'이란끝나다 마치다의 뜻이므로 그만 살라는 의미가 되어 자손으로서는입에 담을 수 없다. 오히려 열이 아홉이라는 구순(九旬)이좋다.

⑩**백수(白壽)** : 99세 때의 생신이다. '白'자가 '百'자에서 '一〔하나〕'를 뺀 글자이기 때문에 99로 의제해서 말하는것이다.

3. 회혼례(回婚禮)

회혼례는 수연은 아니나 역시 나이가 많이 들어야 맞는경사이므로 여기에서 약술한다.

①**혼례의 명칭** : 혼인한 회갑이란 뜻에서 회혼이라한다.

② **회혼례의 절차** : 모든 절차와 방법은 수연과 같은데다만 다음 몇 가지가 다르다.- 부부가 모두 살아 있어야 한다.- 당사자의 복장은 혼례복으로 한다.

③**혼인례 기념일의 명칭** : 우리 나라는 혼인과 관계된 경사를 회혼례만 찾았는데 외국의 경우는 매우 다양하다. 그러나 수연이 자손이 마련하는 것이므로혼인기념도 자손이 차리려면 30주년 이상이어야 할 것이다. 그것을 약기하면 다음과 같다. - 30주년 → 진주혼(眞珠婚) - 35주년 → 산호혼(珊瑚婚) - 40주년 → 녹옥혼(綠玉婚) - 45주년 → 홍옥혼(紅玉婚) - 50주년 → 금혼(金婚) - 60주년 → 회혼(回婚)?금강석혼(金剛石婚)

4. 수연례 장소의 배설과 상차림

① 상좌〔북쪽〕에 병풍을 치고, 병풍의 중앙남쪽의동쪽에 남자어른 서쪽에 여자어른의 좌석을 마련하고, 어른앞 남쪽에 큰상을 차리고, 큰상의 남쪽중앙에 술상을 놓고, 술상의 동쪽에 어린 남자 서쪽에 어른여자가 서고, 술상의남쪽에 절하는 자리를 깔고, 자리의 동쪽에 남자자손, 서쪽에여자자손이 위치하고, 큰상의 서쪽에 집례〔사회〕가 자리잡고, 자손들의 남쪽에 동쪽은 남자손님 서쪽은 여자손님의 상을차린다.

만일 수연 당사자에게 웃어른이 계시면 큰상의 동쪽에 서향해서 따로 상을 차려 남자 웃어른이 위치하고, 서쪽에 동향해서 따로 상을 차려 여자 웃어른이 위치한다.

② 수연례의 큰상은 형편대로 차리는데 큰상을 예시하면다음과 같다.

5. 수연례의 절차

1) 헌수(獻壽) 절차

①수연례는 자손들이 어른에게 술을올리는 헌수 절차, 즉 가족행사와 외부손님을 대접하는 연회절차로 나뉘어서 행한다. 먼저 가족의 헌수 절차를 다음과 같이 진행한다.남녀자손들이 성장하고 정한 자리에 북향해 선다.

②수연 당사자에게 웃어른이 계시면 아들들이 남자웃어른을 인도해 동쪽의 자리에 서향해

앉게 하고, 며느리들이여자 웃어른을 인도해 서쪽의 자리에 동향 해 앉으시게한다.큰아들과 큰며느리가 수연 당사자 내외를 인도해큰 상 앞으로 와서 남자어른은 동쪽에서 서향해 서고 여자어른은서쪽에서 동향 해 마주선다.

④남자어른과 여자어른이 평절로 한 번 맞절을 한다. 〔만일주악이 있으면 이때부터 울린다. 회혼례에서는 여자는 4배, 남자는 재배의 큰절을 하는데 자손들이 부축한다.〕

⑤남녀어른은 큰아들 내외의 인도를 받아 동쪽의 남자웃어른 앞으로 가서 술을 한잔 씩 올리고 절을 한다. 답배해야할 경우 웃어른은 답배한다.

⑥다시 서쪽으로 가서 여자웃어른에게도 그렇게 한다.

⑦남자어른은 큰아들의 인도를 받아 큰상의 동쪽으로여자어른은 큰며느리의 인도를 받아 큰상의 서쪽으로 돌아가기 정한 자리에 앉는다.

⑧큰아들과 큰며느리는 물러나 정한 자리에 선다.

⑨모든 자손이 남자는 재배, 여자는 4배의 큰절을 한다.

⑩큰아들과 큰며느리가 술상 앞으로 나아가 아들은동쪽, 며느리는 서쪽에 북향해 꿇어앉는다.

⑪여자어린이가 잔반을 들어주면 큰아들 내외가 받고, 남자어린이가 큰아들 잔과 큰며느리 잔에 술을 따른다.

⑫큰아들은 일어나서 술잔을 받들어 남자어른에게 올리고, 큰며느리는 일어나서 여자어른에게 올린 다음, 공수하고서 있는다.

⑬어른이 술을 마시고 잔을 주시면 받아서 술상 위에놓고 큰아들은 재배, 큰며느리는 4배한다.

⑭큰아들 내외는 꿇어앉고, 큰아들이 축수(祝壽)한다.“아버지 어머니, 만수무강하시옵시고, 오복을 누리시며, 저희들을 보살펴 주옵소서.”

⑮남녀어른이 대답한다.“오냐, 고맙다. 너희들의 효성이 지극해우리가 즐겁구나.!”○만일 헌수할 자손이 많으면 큰아들 내외가 헌수할때 큰아들의 자손들은 그 뒤에 늘어서서 함께 절한다.○이어서 작은아들 딸 동생 조카 기타의 순으로 부부가나가서 큰아들 내외가 하듯이 헌수한다.○헌수가 끝나면 어른이 일하는 사람에게 명한다.“아이들에게 마실 것을 주어라.” ○일하는 사람들이 음료와 안주가 담긴 쟁반이나 작은상을 날라다 자손마다 한 상씩 준다. 〔자손이 많으면 아들며느리 딸 사위에게만 주어도 된다.〕○자손들은 두 손으로 주안상을 받아 바닥에 놓고, 모든남자는 재배, 여자는 4배한다.○모두 앉아서 음료를 마신다.○남녀어른이 교훈이나 소감을 말한다.○남녀 어른이 자손에게 말하다.○ “이제 나아가서 오신 손님을 정성껏 대접하라.”○남녀자손이 일어나서 남자는 재배, 여자는 4배하고각기 상을 들고 나간다.

2) 연회(宴會) 절차

사회자가 진행한다.

① **개회선언** : “지금부터 ○○○선생님(여사님)의 ○○회생신 수연회를 시작하겠습니다.여러분께서는 자리에서일어나 주시기 바랍니다.”
○남자자손은 큰상의 동쪽, 여자자손은 큰상의 서쪽에서차례대로 남향해 선다시작한당사자와 웃어른도 일어선다.

② **일동경례** : “모두 인사를 나누시겠습니다, 선 자리에서앞을 향해 경례하시겠습니다. 경례! 바로!”○어른과 손님께서는 자리에 앉으십시오.○자손을 제외한 다른 사람은 앉는다.

③ **약력소개** : “○○○씨가 ○○○선생님 〔여사님〕 의약력을 말씀드리겠습니다.○제자나 후배 중에서 미리 정한 사람이 사회석으로나가 약력을 소개한다.

④ **모시는 말씀** : “○○○선생님 〔여사님〕 의 큰아드님 ○○씨가 손님을 모시는 인사 사말씀을 하겠습니다.”○자손의 대표가 정중한 인사말을 한다.

⑤ **축사?송사** : “○○○선생께서 축사를 하시겠습니다.”○큰아들 내외가 축사할 손님을 정중히 맞이한다.○축시?송사?축전 등을 차례대로 소개한다.

⑥ **기념품?선물증정** : 사회자가 소개하는 대로 준비된기념물이나 선물을 증정한다. 자손들이 먼저하고 손님이다음에 한다.

⑦ **답사** : “○○○선생님 〔여사님〕 께서 감사하는 답사를하시겠습니다.”○수연 당사자가 인사한다.

⑧**송수건배(頌壽乾杯) :** "○○○선생님의 선창으로건배하시겠습니다."○미리 정한 손님이 앞으로 나와 잔을 높이 든다.○모두 잔을 높이 든다."○○○선생님 내외분의만수무강을 위하여 건배하겠습니다." "만수무강!" [선창] "지화자!" [합창]

⑨**여흥 :** "이어서 여흥이 있겠습니다. 감사합니다."○음식을 먹으며 즐긴다.

작명례(作名禮)

1.옛 가례의 작명 절차

옛 가례의 사당조(祠堂條) 유사 즉고(有事 則告, 집안의통상적 생활 이외의 일이 있으면 조상에게 아뢴다)에 보면 "아이를 낳았아옵니다. 이름은 무엇이옵니다(生子名某)"고 아뢴다고 했다.

아낙의 도리를 정한 內則에 보면 "아이를 낳은지 3달이되는 그믐에 날을 골라 아이의 어머니가 아이를 아버지에게뵙게하고, 아버지는 아이의 오른손을 잡고 큰 소리로 이름을지어 부른다[내칙(內則) 자생삼월지말(子生三月之末) 택일(擇日) 처이자견우부(妻以子見于父) 부집자지우수해이명지(父執子之右手咳而名之)]"고 했다.

이어서 "여기에서 아버지는 손자에 있어서는 할아버지께뵙고 할아버지 또한 이름을 짓는데 방법은 아이가 아버지에게뵙는 것과 같다.[범부(凡父) 재손견어조(在孫見於祖) 조역명지(祖亦名之) 예여자견부(禮如子見父)]고했다.

미루어 옛 가례에 작명례의 면모가 보이고 있는데 우리가알지 못해서 행하는 경우가 드물어 별로 볼 수 없었던 것이다.

2. 우리 나라 성명(姓名)의 특수성

우리 나라는 대개 성과 이름으로 성명이 지어지는데 성(姓)은 아버지의 성을 따르므로 따로 지을 필요가 없으나 이름은 사람마다 다르게 짓는다.

그 이름도 대개 2자로 되는데 그 중 1자는 성씨에 따라 정해진 항렬(行列)자를 따르므로 그 사람의 고유적인 이름은 1자이다. 성씨에 따라서는 1자로 이름을 짓는데 그 경우도 글자의 구성상 같은 글자로 된 변을 쓰게 된다. 그 같은 변이 항렬자가 되는 것이다.

항렬자만 보아도 어느 성씨의 몇세(世)인지 구분이 되고, 어떤 경우는 어느 성씨의 어느 파(派)에 속하는지를 구분할수도 있다.

그러므로 아이의 이름을 지을 때는 항렬자를 쓰는 것이그 뿌리를 밝히는 것이 된다. 항렬자를 이름에 쓰는 것이 우리 나라 이름의 특수한 부분이다.

1) 항렬자의 중요성

항렬은 같은 씨족간의 소목(昭穆), 즉 세대(世代)의 차례를 나타내는 것으로써 숙명적인 천륜이라 하겠다. 그러므로 항렬자로 세대를 구분하여 할아버지와 같은 세대는 조항(祖行)이라 하고, 아버지와 같은 세대는 숙항(叔行), 자기와 같은 동항(同行), 아들의 세대는 질항(姪行), 손자의 세대는 손항(孫行)이라한다.

그렇기 때문에 항렬자를 쓰는 것은 씨족제도 아래서질서와 화합을 기하는 방법이 되는 것이다.

2) 항렬자의 종류

항렬자는 성씨에 따라 다른데 대개 다음과 같은 종류가있다.

①**행상생법(五行相生法) :** 글자의 획에 금金), 목(木), 수(水), 화(火), 토(土)가 든 글

자를 차례대로 반복해서 쓴다. 금(金)→현(鉉), 수(水)→영(泳), 목(木)→수(洙), 화(火)→용(容), 토(土)→중(中), 금(金)→선(善), 수(水)→순(淳), 목(木)→동(東), 화(火)→환(煥)과같은 것이다.

②**십간법(十干法) :** 글자의 획에 갑(甲), 을(乙), 병(丙), 정(丁), 무(戊), 기(己), 경(庚), 신(辛), 임(壬), 계(癸)가 든 글자를 차례대로 반복해서쓴다.

③**십이지법(十二支法) :** 글자의 획에 자(子), 축(丑), 인(寅), 묘(卯), 진(辰),사(巳),오(午),미(未), 신(申), 유(酉), 술(戌), 해(亥)가 든 글자를 차례대로반복해서 쓴다.

④**수자법(數字法) :** 수의 차례대로 一→대(大), 이(二)→천(天), 삼(三)→태(泰), 사(四)→헌(憲), 오(五)→오(梧), 육(六)→기(奇), 칠(七)→순(純), 팔(八)→준(俊), 구(九)→욱(旭), 십(十)→남(南)과 같은 것이다.

3. 이름의 종류

우리 나라는 여러 가지의 이름이 쓰여지고 있다. 그이유는 이름을 중요시 해서이다. 그것을 어릴 때부터 죽은후까지 살펴보면 다음과 같다.

1) 아명(兒名)

어린아이의 이름이다. 상류층 즉 양반 사회에서는 성년례를하고 자(字)를 지어 부르게 될 때까지 부르는 게 일반적이고서민층에서는 천하게 불러야 오래 산다는 습속이 있어 '개똥''돼지' 등으로 부르기도 했다.

고려때의 호적에 보면 같은 집, 같은 부모의 자녀가 '巴只 7歲' '巴只 5歲' 등 여럿이 있고, 모두 巴只(아기)라한 것으로 보아 상류층에서는 아명을 별로 짓지 않았던것 같다.

여자의 경우는 어릴 때는 이름이 없이 '아기'로 부르다가 '아가씨', '작은아씨(쥅史)' 등으로 나이에 따라 높여부르고, 혼인을 하면 시댁의 성을 붙여 '박실(朴室)', '김집' 등으로 부르며 남편의 벼슬이 높아지면 '숙부인(淑夫人)', '정경부인(貞敬夫人)' 등으로 작호를 부르기 때문에 평생 이름이 없기도 했다.

2) 관명(官名?族譜名?戶籍名)

관명은 공식명이다. 요사이는 호적에 출생신고를 할때에 짓기 때문에 호적명이라 하고 옛날에는 족보에 올리기때문에 족보명이라고 하기도 했다.

이것을 공식명이라 하는 까닭은 사회활동이나 학적부, 이력서 등에 자리를 대표하는 이름으로 쓰이기 때문이다.

항렬자를 넣어 이름을 짓는 것도 관명의 경우이다. 현대이름이라 말하는 것은 이 관명을 말함이고 여기서 서술하는작명례도 관명을 지어 주는 의식이다.

3) 자(字)

자는 성년례(冠禮)를 할 때에 관자(冠字)라 해서 지어주는 별명이다. 공식적인 관명을 존중하기 위해서 어른이나친구들이 부르게 된다. 비록 별명이기는 하지만 아랫사람들은 웃어른의 자를부를 수 없었다.

이 자는 관례가 행해지지 않으면서 사실상 사라졌고 씨족 관계를 기록한 족보에서 흔히 볼 수 있다.

4) 호(號, 雅號)

호는 아랫사람도 부를 수 있는 별명이다. 어떤 사람이 유명해져서 아랫사람도 그 이름을 부르지 않을 수 없게되면 "남자는 정호가 있고(外有亭號), 여자는 당호가 있다(內有堂號)"고 해서 누구라도 부를 수 있는 별명을 갖게 된다.

연예인이 예명(藝名)이나 문인이 갖는 필명(筆名)여기에 속하고 저명인이 갖는 호가 이것이다. 여자의 경우도 시화(詩畵)를 잘하는 사임당(思任堂), 난설헌(蘭雪軒)과 같이 당호를 가졌었다.

호는 자기가 짓기도 하고, 남이 지어 주기도 하는데, 사는 집이나 고장의 이름으로 짓기도 하고, 자기를 경계하거나 희망을 나타내기도 한다.

5) 시호(諡號)

시호는 그 사람이 죽은 후에 생시의 공적이나 학덕을 기려 국왕이 내리는 것이 일반적이다. 대개 정 2 품(正二品) 이상이나 공신(功臣)에게 내렸다. 시호에 쓰이는 글자는 301자였으나 주로 쓰인 글자는 120자이고 이것을 2자씩 붙여서 지었다. 글자마다 심오한 뜻을 부여하였으므로 징계하는 의미의시호(諡號)를 내리는 경우도 있었다. 때문에 시호는 영광이 되는 것이 상식이었으나 더러는꺼려서 기피하는 대상이 되기도 했다.

4. 작명례의 방법
1) 작명례의 시기

옛날에는 영아 사망률이 높아서인지 생후 백일을 중요시했다. 그래서 백일(百日) 잔치를 한 것과 같이 이름을 짓고, 출생 사실을 조상에게 아뢰는 일도 생후 3개월이 되어야 했다. 그러나 현대는 생후 7일 이내에 출생 신고를 해야 하기 때문에 작명례도 생후 7일 이내에 하는 것이 합리적이다.

2) 명첩(名帖)의 작성
1) 용지(用紙)

말로 이름을 지어 주는 방법도 있지만 뜻깊게 하고 그 이름을 존중하게 하려면 일정한 서식에 의한 명첩을 작성하는것이 바람직하다. 명첩은 너비 30cm, 길이 40cm 정도의 백지를 7칸으로접어 붓으로 먹글씨를 쓰는 것이 좋다. 봉투를 만든다.

2) 명첩서식(名帖 書式)

①첫째칸 : 공란이다.
　　② 둘째칸 : 부모를 쓴다.
명첩(名帖)○부(父) 학위, 직급, 본관, 성명○모(母) 학위, 당호, 본관, 성명○서(序)(출생차례)○남(여)
③ 셋째칸 : 조상을 쓴다.
계원(系源) 본관 성씨 ○○세
○○○派 ○○○○○대손
○○○宅 ○○○○○대손

④ 넷째칸 : 생년월일을 쓴다.
○사주(四柱) 갑자(甲子) 을축병인(乙丑丙寅) 정묘(丁卯)
○原, ○○○○년 ○월 ○○일 ○○시 ○○분 生
○출생지 표시

⑤ 다섯째칸 : 이름을 쓴다.
○명왈(名曰) □○
○□字 : 글자의 뜻
○○字 : 글자의 뜻
○이름 전체의뜻 풀이

⑥여섯째칸 : 작명례 일자와지은이
○연호 ○○○○년 ○월 ○○일

○祖(父) 직급 호 名之

⑦일곱째칸 : 공란이다.

⑧ 봉투 서식 : 앞면에만 쓴다.
○名帖 본관 后人 성명

3) 작명례 준비물과 설치

작명례를 행하는 데는 다음과 같은 준비물이 있어야한다.
①병풍 1개 : 어른이 앉으실 뒤쪽(상좌)에 친다.
②명첩상 1개 : 아이가 아들이면 동쪽에, 아이가 딸이면서쪽에 놓는다.
③방석 청색, 홍색 각 1개 : 홍색방석은 어른이 앉을병풍의 남쪽 중앙에 펴고, 청색방석은 아이의 어머니가아이를 안고 앉을 위치에 편다.
④자리 1개 : 아이의 아버지가 상석을 향해 절하는위치에 편다.
⑤명첩상 : 명첩을 써서 봉투에 넣어 명첩상 위에 올려놓는다.
⑥장소의 설치 : 이상의 준비물을 다음 그림과 같이설치한다.

〈작명례장소의 배치도〉(생략)

4) 작명례의 절차

① 남자 가족들이 동쪽에서 서쪽을 향해 북쪽을 상석으로 해 차례대로 선다.
② 여자 가족들이 서쪽에서 동쪽을 향해 북쪽을 상석으로 해 차례대로 선다.
③ 남녀 손님이 있으면 남녀 가족의 뒤에 위치한다.
④ 아이의 어머니가 아이를 머리가 남쪽이 되게 안고아니가 남자이면 동쪽의 방석 위에서 서쪽을 향하고 아이가여자이면 서쪽의 방석 위에서 동족을 향해서 앉는다.
⑤ 아이의 아버지가 남쪽 중앙의 자리 위에 북쪽을 향해선다.
⑥ 아이의 이름을 지어 줄 어른(할아버지)이 북쪽 중앙의방석 위에 남쪽을 향해 앉는다. 이름을 지어 줄 어른이안 계시고 아이의 아버지가 이름을 지어 줄 때는 상석을 비워 놓는다. 이때 이름을 지어 줄 어른(할아버지)과 아이의아버지는 예복을 갖추는 것이 좋다. 아이의 어머니를 제외한모든 참석자는 평상시의 공수를 한다.
⑦ 동쪽과 서쪽의 손님이 앉는다.
⑧ 아이의 아버지가 상석을 향해 큰 절(겹절)을 한다.(상석이빈자리일 때도 한다)
⑨ 아이의 아버지가 꿇어 앉는다.
⑩ 아이의 아버지가 아이의 이름을 지어줄 때는 아이의아버지가 상석에 남쪽을 향해 편하게 앉는다.(아이의 아버지가절하는 중앙의 자리를 비워 놓는다.)
⑪ 어른이 명첩 봉투에서 명첩을 꺼내어 상위에 아이가보기에 편하게 펼쳐 놓는다.
⑫ 어른이 아이가 남자이면 왼손으로 아이의 왼손을 잡고 아이가 여자이면 오른손으로 아이의 오른손을 잡는다.
⑬ 어른이 명첩의 내용을 읽으며 설명한다.

1. "아가, 지금부터 할애비(애비)가너의 이름을 지어 주겠다."
2. "너의 애비(아버지)는 누구이고너의 에미는 누구이다."
3. "너는 몇째 아이로서 몇째 아들(딸)이다."
4. "너는 본관 성씨의 몇세이고, 무슨 파 누구의 몇 대손이다."
5. "너의 사주는 ○○○○년 ○월 ○일 ○○시인데 원래는 단군기원 ○○○○년 ○월 ○일 ○○시 ○○분에 어디에서 태어났다."
6. "너의 이름은 □자 ○자를 써서 □○이라 한다. □자는 무슨 뜻이고, ○자는 무슨 뜻의글자이기 때문에 너의 이름은 □○은 어떤뜻의 이름이다."
7. "아가 너의 이름은 □○이다."
8. "□○아, 이름자에 걸맞게 훌륭하게자라서 너의 이름을 부끄럽지 않게 살아라."
9. "얘들아, □○이를 이름자와같이 훌륭하게 키워라."

(아버지가 지을때는 □○를 이름자와 같이 훌륭하게 키울 것이다)

⑭ 어른이 아이의 어머니에게서 아이를 받아 안고 살펴보며 칭찬한다.
⑮ 아이의 어머니는 명첩을 접어서 봉투에 넣어 상위에 반듯하게 놓는다.
– 어른은 아이를 아이의 어머니에게 준다.
– 아이의 아버지가 일어나서 상석(어른)을 향해 큰절을 한다.
(아이의 아버지가 이름을 지어 줄때는상석에서 중앙의 자리로 내려와서 상석을 향해 절한다)
– 가족과 손님들이 아이의 이름을 칭송한다.
– 어른이 일어나서 다른 방으로 나간다.
– 작명례가 끝난다.

장례홀기(葬禮笏記)

◆고천(告遷)

○전일일조집사자진령좌철숙전설조전(前一日朝執事者進靈座徹宿奠設朝奠)○축예전궤분향짐주흘(祝詣前跪焚香斟酒訖)○서면고왈(西面告曰)금이길진천구감고(今以吉辰遷柩敢告)○면복흥(俛伏興)○주인이하구곡구배(主人以下具哭具拜)○진애지(盡哀止) ○식시상식여상의(食時上食如常儀)

◆계빈(啓殯)

○장계주인면주부좌병산대수(將啓主人免主婦髽並散帶垂)○대공이상개산대(大功以上皆散帶)오십자불산수(五十者不散垂)○주인배빈(主人拜賓)○빈답배(賓答拜)○주인입즉위단(主人入卽位袒)○중복인급제친병입즉위(衆服人及諸親幷入卽位)○부인즉위우내차(婦人卽位于內次)○不哭止喧囂○祝免袒執功布升自西階○當戶外三噫歆○啓戶入○立於柩前抗聲三言啓○내외개곡진애(內外皆哭盡哀)○곡지(哭止)○축취명치우서남(祝取銘置于西南)○역자입계빈(役者入啓殯)○주인집장립시(主人輯杖立視)○계필축이공포불구(啓畢祝以功布拂柩)○무용이금(毋用夷衾)○역자퇴(役者退)○주인이하곡진애지(主人以下哭盡哀止)

◆조조(朝祖)

○집사자선포석안등우사당지정당류(執事者先布席安凳于祠堂之庭當霤)금인사당협착영간난용봉구주선고고취정중운(今因祠堂狹窄楹間難容奉柩周旋故姑就庭中云)○축예구전궤고왈(祝詣柩前跪告曰)청조조(請朝祖)○역자입(役者入)○주인집장립시(主人輯杖立視)○축이반탁봉혼백전행(祝以盤卓奉魂帛前行)○집사자봉전(執事者奉奠)잉조전(仍朝奠)급의탁차지(及椅卓次之)○명정차지역자봉구차지(銘旌次之役者奉柩次之)○주인이하곡종(主人以下哭從)○남자유우부인개두유좌이복위서(男子由右婦人蓋頭由左以服爲序)○무복지친재후(無服之親在後)○시자재말(侍者在末)○지사당(至祠堂)○역자치구어등상북수이출(役者致柩於凳上北首而出)○부인거개두(婦人去蓋頭)○축솔집사자설영좌급전우구서동향(祝率執事者設靈座及奠于柩西東向)○명정치우구남(銘旌置于柩南)○주인위구동서면중장부차지(主人位柩東西面衆丈夫次之)○주부위구서동면중부인차지(主婦位柩西東面衆婦人次之)○병곡진애지(幷哭盡哀止)

◆천우청사(遷于廳事)

○집사자선설유우청사(執事者先設帷于廳事)○축예령좌전궤고왈(祝詣靈座前跪告曰)청천구우청사(請遷柩于廳事)○면복흥(俛伏興)○부인퇴피(婦人退避)○역자입(役者入)○축봉혼백도구우선(祝奉魂帛導柩右旋)○주인이하곡종여전(主人以下哭從如前)○예청사(詣廳事)○집사자포석안등(執事者捕席安凳)○역자치구우기상남수이출(役者致柩于其上南首而出)○주인내습질(主人乃襲絰)○축환설령좌급전우실중고처(祝還設靈座及奠于室中故處)안가례설령좌급전우구전남향연금인청사미필관대관구칙고당의례봉천이령좌환설고처공혹위시조지의이차부실고자신내시외이지의(按家禮設靈座及奠于柩前南向然今人廳事未必寬大棺柩則固當依禮奉遷而靈座則還設故處恐或爲時措之宜而且不失古者神內尸外之意)○주인이하취위좌 곡자이천석(主人以下就位

坐哭藉以薦席)

◆청조기(請祖期)

○축청조기(祝請祖期)○호상왈일측(護喪曰日側)

◆진기(陳器)

○축명진기(祝命陳器)○방상재전(方相在前)○명정차지(銘旌次之)○차여상(次舁床)○차령거(次靈車)○차승거(次乘車)금지혼교(今之魂轎)○차만장(次挽章)○차공포(次功布)○차대여(次大轝)○화삽재여방(畫翣在轝旁)야칙렴장(夜則斂藏)

◆조전(祖奠)

○일포진설자진령좌철조전(日晡陳設者進靈座徹朝奠)○설조전(設祖奠)○사변치변(司籩致籩)○사두치두(司豆致豆)○사조치조(司俎致俎)○사돈치반(司敦致飯)○사형치갱(司鉶致羹)○사존치주(司尊致酒)○봉로치로(奉爐致爐)○봉향치향(奉香致香)○축예전궤분향(祝詣前跪焚香)○사존집주향축궤재축지우(司尊執注向祝跪在祝之右)○봉작집잔향축궤재축지좌(奉爵執盞向祝跪在祝之左)○전작립우봉작지좌(奠爵立于奉爵之左)○축취주짐주우잔(祝取注斟酒于盞)○반주(反注)○봉작이잔수전작(奉爵以盞授奠爵)○전작수잔봉치영좌전궤(奠爵受盞奉置靈座前跪)○축서면고왈(祝西面告曰)영천지례령진불유금봉구거식준조도(永遷之禮靈辰不留今奉柩車式遵祖道)○면복흥복위(俛伏興復位)○주인이하차곡차배(主人以下且哭且拜)○진애곡지(盡哀哭止)○빈출(賓出)○주인배송(主人拜送)○빈답배(賓答拜)○축청장기(祝請葬期)○호상왈래일일중(護喪曰來日日中)○입복위(入復位)○내대곡(乃代哭)○소위료어문내지우(宵爲燎於門內之右)

◆친빈치전(親賓致奠)

○진설자설전품여의(陳設者設奠品如儀)○주인취위곡(主人就位哭)○호상인빈지령좌전(護喪引賓至靈座前)○빈궤분향재배(賓跪焚香再拜)○사존재우집주향빈궤(司尊在右執注向賓跪)○봉작재좌집잔향빈궤(奉爵在左執盞向賓跪)○전작우립우기좌(奠爵又立于其左)○빈취주짐주우잔(賓取注斟酒于盞)○반주(反注)○취잔소경우기(取盞少傾于器)○이잔수봉작(以盞授奉爵)○봉작수잔수전작(奉爵受盞授奠爵)○전작수잔봉치령좌전(奠爵受盞奉置靈座前)○축지곡자(祝止哭者)○독문자궤독제문어빈지우(讀文者跪讀祭文於賓之右)○독흘립(讀訖立)○빈부복흥복위재배(賓俯伏興復位再拜)○빈주개곡진애(賓主皆哭盡哀)○곡지(哭止)○빈퇴(賓退)○유계전자여초(有繼奠者如初)○전필사궤연설령침여상의(奠畢司几筵設靈寢如常儀)

◆취여(就轝)

○궐명축우명진기(厥明祝又命陳器)○사궤연입철령침(司几筵入徹靈寢)○납의금어승거(納衣衾於乘車)○여부납대여어중정(轝夫納大轝於中庭)○축예영좌전궤고왈(祝詣靈座前跪告曰)금천구취여감고(今遷柩就轝敢告)○면복흥(俛伏興)○역자입천구취여(役者入遷柩就轝)○주인이하종구곡강시재(主人以下從柩哭降視載)○부인곡어유중(婦人哭於帷中)

◆견전(遣奠)

○재필축동사궤연천영좌어구서남향(載畢祝同司几筵遷靈座於柩西南向)○진설자내설전여조전의(陳設者乃設奠如祖奠儀)겸상식(兼上食)○축예전궤(祝詣前跪)○분향짐주여상의흘(焚香斟酒如上儀訖)○북면고왈(北面告曰)령이기가왕즉유택재진견례영결종천(靈輀旣駕往即幽宅載陳遣禮永訣終天)○면복흥(俛伏興)○주인이하곡재배진애(主人以下哭再拜盡哀)○축철포납포중치여상상(祝徹晡納苞中置轝牀上)○수철전포재(遂徹奠包載)지산향정(至山鄕丁)

◆봉백승거(奉帛升車)

○축봉혼백승거분향(祝奉魂帛升車焚香)○별이상성주치백후(別以箱盛主置帛後)○부인내개두출유강계립곡진애재배사(婦人奈蓋頭出帷降階立哭盡哀再拜辭)존자불배(尊者不拜)

◆구행(柩行)

○방상재전(方相在前)○명정차지(銘旌次之)○차여상(次舁牀)○곡노비차지(哭奴婢次之)○령거차지(靈車次之)○영좌제구분행우좌우(靈座諸具分行于左右)○승거차지(乘車次之)○차만장(次挽章)○상축집공포거구전이도(商祝執功布居柩前以導)○대여수행(大轝隨行)○화삽분행우대여좌우(畫翣分行于大轝左右)

◆곡종(哭從)

○주인단(主人袒)○출궁습곡종(出宮襲哭從)○제장부이복위차곡보종(諸丈夫以服爲次哭步從)○급문수복자차지(及門受服者次之)○존장급무복지친차지(尊長及無服之親次之)○빈객재후이치위서(賓客在後以齒爲序)

◆설악(設幄)

○미지설영악우묘도서남향(未至設靈幄于墓道西南向)○설친빈차우악전십수보이대구지(設親賓次于幄前十數步以待柩至)

◆구지(柩至)

○방상지이과격광사우(方相至以戈擊壙四隅)○여상지(舁牀至)○사궤연출진제구우악내(司几筵出陳諸具于幄內)○령거지축봉혼백설령좌어악차(靈車至祝奉魂帛設靈座於幄次)○치주상우백후(置主箱于帛後)○진설자수설주과포해어령좌전(陳設者遂設酒果脯醢於靈座前)○축주향(祝炷香)○승거지정우악좌(乘車至停于幄左)○사궤연선포석어악후(司几筵先布席於幄後)○구지여부탈재(柩至舁夫脫載)○주인철곡임시(主人徹哭臨視)○안구우석승이등(按柩于席承以凳)○축취명정화삽병거강치구상급양방(祝取銘旌畫翣並去杠置柩上及兩旁)○주인이하곡진애(主人以下哭盡哀)○퇴시령좌(退侍靈座)

◆폄(窆)

○호상명시일(護喪命視日)○시폄자왈급시(視窆者曰及時)○사궤연포석우광남(司几筵布席于壙南)○역자운구어석상승이등북수(役者運柩於席上承以凳北首)○탈소리유단급삭자(脫所裏油單及索子)○축이공포식구(祝以功布拭柩)○주인빙구곡진애(主人憑柩哭盡哀)○제친급급문자재배사결(諸親及及門者再拜辭訣)주인불배(主人不拜)○주인단철곡임시하관(主人袒撤哭臨視下棺)○시폄자선용단목강이횡치외금정상(視窆者先用短木杠二橫置外金井上)○우횡치장강이우광구(又橫置長杠二于壙口)○축철명정구의치방측(祝撤銘旌柩衣置傍側)○시폄자용포이조두구저양두(視窆者用布二條兜柩底兩頭)○별용이강횡거우구상양두(別用二杠橫擧于柩上兩頭)○이포사단직상현어횡강지요(以布四端直上懸於橫杠之腰)○역부거강천구치장강상정기사방(役夫擧杠遷柩置長杠上正其四旁)○내미거계포지강이거광구양강(乃微擧繫布之杠而去壙口兩杠)○이점방구어단강상(以漸放柩於短杠上)○시폄자분립좌우상하이수안구사우령불편의(視窆者分立左右上下以手按柩四隅令不偏倚)○우미거계포지강이거단강(又微擧繫布之杠而去短杠)○이점하관우광저(以漸下棺于壙底)○시폄자심궐향배(視窆者審厥向背)혹유불정칙초인거포이정지혹이살리지입구방정지(或有不正則稍引擧布以正之或以鍤裏紙入柩旁正之)○기정구추출거포(旣正柩抽出擧布)○축용공포식구(祝用功布拭柩)○정구의(整柩衣)○포명정어구상(鋪銘旌於柩上)○의삽어양방(倚翣於兩旁)

◆증(贈)

○기폄주인곡용무산(旣窆主人哭踊無筭)○급습(及襲)○축이현훈수주인(祝以玄纁授主人)○주인봉이치구방(主人奉以置柩旁)좌상증현우하증훈(左上贈玄右下贈纁)○주인곡재배계상(主人哭再拜稽顙)○재위자개곡진애(在位者皆哭盡哀)

◆실토(實土)

○시폄자가견자하이상이차(視窆者加見自下而上以次)○경가유지우견상(更加油紙于見上)○주인단취토(主人袒取土)금속유주인취토지례공혹무방(今俗有主人取土之例恐或無妨)○수배빈(遂拜賓)○빈답배

(賓答拜)○주인습퇴시령좌(主人襲退侍靈座)○취점황토작니섭실우견상(取黏黃土作泥躡實于見上)역부포말축실단물령진구(役夫布襪築實但勿令震柩)○가니회우황토지상섭실(加泥灰于黃土之上躡實)○시폄자립표목어정중이준광상사방(視窆者立標木於正中以準壙上四旁)○차취결토매하척허즉경수축실(次取潔土每下尺許卽輕手築實)

◆사후토(祠后土)

○재증폐산축동집사자설위우묘좌결처남향(纔贈幣山祝同執事者設位于墓左潔處南向)○설잔주주과포해어위전(設盞注酒果脯醯於位前)○설관분세건각이어기동남(設盥盆帨巾各二於其東南)○시실토헌관길복입립어신좌전북향(始實土獻官吉服入立於神座前北向)○집사자재기후동상(執事者在其後東上)○개재배참신(皆再拜參神)○헌관관세예위(獻官盥帨詣位)○집사자관세종지(執事者盥帨從之)○헌관궤(獻官跪)○우집사취주서향궤(右執事取注西向跪)○좌집사취잔동향궤(左執事取盞東向跪)○헌관취주짐주우잔(獻官取注斟酒于盞)○반주(反注)○취잔뢰우지(取盞酹于地)○복취주짐주우잔(復取注斟酒于盞)○반주(反注)○이잔수집사자(以盞授執事者)○집사자수잔봉치신좌전(執事者受盞奉置神座前)○축집판궤헌관지좌동향독축왈(祝執版跪獻官之左東向讀祝曰)유세차간지기월간지삭기일간지모관성명감소고우후토씨지신금위모관모관모공폄자유택신기보우비무후간근이청작포해지천우신상향(維歲次干支幾月干支朔幾日干支某官姓名敢昭告于后土氏之神今爲某官貫某公窆玆幽宅神其保佑俾無後艱謹以淸酌脯醢祗薦于神尙饗)○독흘면복흥복위(讀訖俛伏興復位)○헌관재배(獻官再拜)○축집사개재배(祝執事皆再拜)○철(徹)

◆하지(下誌)

○광남수척허굴지심사오척(壙南數尺許掘地深四五尺)○내이니회축저급사방(乃以泥灰築底及四旁)○내치궤납지(乃置櫃納誌)○경가니회축지(更加泥灰築之)

◆제주(題主)

○재취토진설자편설전어령좌(纔取土陳設者便設奠於靈座)○사궤연설탁자우영좌동남서향(司几筵設卓子于靈座東南西向)○치연필묵우탁상(置硯筆墨于卓上)○대탁치관분세건각이(對卓置盥盆帨巾各二)○주인집장립어기전북향(主人輯杖立於其前北向)○축관세출주와치탁상(祝盥帨出主臥置卓上)○서자관세서향궤(書者盥帨西向跪)○선제함중(先題陷中)조선고모관모관모공휘모자모신주(朝鮮故某官某貫某公諱某字某神主)○차제분면(次題粉面)현고모관부군신주(顯考某官府君神主)○제필주인재배사서자(題畢主人再拜謝書者)○서자답배(書者答拜)○축봉치신주어령의(祝奉置神主於靈椅)○장혼백어상치제주후(藏魂帛於箱置諸主後)○취향안전궤(就香案前跪)○주향짐주(炷香斟酒)집사여상의(執事如常儀)○집판출어주인지우궤독왈(執辦出於主人之右跪讀曰)유세차간지기월간지삭기일간지애자모감소고우현고모관부군형귀둔석신반실당신주기성복유존령사구종신시빙시의(維歲次干支幾月干支朔幾日干支之哀子某敢昭告于顯考某官府君形歸窀穸神返室堂神主旣成伏惟尊靈舍舊從新是憑是依)○회축흥복위(懷祝興復位)○주인이하재배곡진애지(主人以下再拜哭盡哀止)

◆봉주승거(奉主升車)

○축예령좌봉주승거(祝詣靈座奉主升車)○치혼백상급도자독개우주후(置魂帛箱及韜藉櫝蓋于主後)○사궤연철령좌제구(司几筵徹靈座諸具)○수행(遂行)○주인이하곡종여래의(主人以下哭從如來儀)○류감분자동역저시실토이지성분(留監墳者董役著視實土以至成墳)

◆반곡(反哭)

○주인이하종령거불개로(主人以下從靈車不改路)○서행여의(徐行如疑)○망문곡(望門哭)○급문곡(及門哭)○부인영곡우당(婦人迎哭于堂)○지청사전정령거(至廳事前停靈車)○사궤연설석우청사남향(司几筵設席于廳事南向)○축봉신주잠안우석상(祝奉神主暫安于席上)○주인이하곡우서계하(主人以下哭于西階下)○부인곡우호내(婦人哭于戶內)○축봉주예사당(祝奉主詣祠堂)○혼백상수지(魂帛箱隨之)○주인이하곡종(主人以下哭從)○지묘(至廟)○축유서계승봉치신주우서계상위(祝由西階升奉置神主于西階上位)○혼백상재기서(魂帛箱在其西)○주인종승동면립(主人從升東面立)○부인승자조계서면립(婦人升自阼階西面立)○제장부이서립서계하(諸丈夫以序立西階

下)○병곡진애(並哭盡哀)○축봉주환(祝奉主還)○혼백상수지(魂帛箱隨之)○주인이하곡종여래의(主人以下哭從如來儀)

◆봉주령좌(奉主靈座)

○사궤연선설령좌어고처(司几筵先設靈座於故處)○축봉주입취위독지치백우후(祝奉主入就位櫝之置帛于後)○주인이하즉위(主人以下卽位)○부인즉위우방(婦人卽位于房)○병곡진애(並哭盡哀)○조자승자서계왈여지하(弔者升自西階曰如之何)○주인배계상(主人拜稽顙)○조자답배(弔者答拜)○조자강출(弔者降出)○주인배계상(主人拜稽顙)○제친출문곡지(諸親出門哭止)○합문(闔門)○주인취차잠식(主人就次暫息)○정돈제찬즉행우(整頓祭饌卽行虞)

우제홀기(虞祭笏記)

주인이하략자조결(主人以下畧自澡潔)

◆진기구찬(陳器具饌)

○집사자설관분세건어서계서남동분유대건유가(執事者設盥盆帨巾於西階西南東盆有臺巾有架)건재분북(巾在盆北)○주인친속소관(主人親屬所盥)西者無之執事者所盥○주병병가일어령좌동남치(酒瓶並架一於靈座東南置)○탁자어기동설주주급강신잔반퇴주기어기상(卓子於其東設酒注及降神盞盤退酒器於其上)○화로어영좌서남치(火爐於靈座西南置)○탁자어기서설축판어기상(卓子於其西設祝版於其上)○주화어향로동동(注火於香爐東東)○모취사이어향안전(茅聚沙二於香案前)서자강신(西者降神)동자제주(東者祭酒)○일혼칙설촉(日昏則設燭)○우설진찬대상어당문지외동(又設陳饌大牀於堂門之外東)

◆설소과(設蔬果)

○집사자관수(執事者盥手)○설소과잔반어령좌전탁상(設蔬果盞盤於靈座前卓上)○비접거중잔반재서초접재동(匕楪居中盞盤在西醋楪在東)○과거외소채포해거과내(果居外蔬菜脯醢居果內)○실주우병(實酒于瓶)○치탄우로(熾炭于爐)○취난주찬(炊煖酒饌)

◆축출주(祝出主)

○축관수승계독출신주우좌(祝盥手升啓櫝出神主于座)○주인형제의장어실외(主人兄弟倚杖於室外)금중문외지서(今中門外之西)○급여제자개입곡어영좌전북면중복거전경복거후(及與祭者皆入哭於靈座前北面重服居前輕服居後)○문인재기후축행각이장유위서서상개곡(門人在其後逐行各以長幼爲序西上皆哭)자우지담개재당상유부제시립어계하(自虞至禫皆在堂上惟附祭時立於階下)

◆강신(降神)

○축지곡자(祝止哭者)○주인강자서계관세(主人降自西階盥帨)○예영좌전분향재배(詣靈座前焚香再拜)○집사이인관세일인개주취건식병구실주우주서면립어주인지우일인취동계탁상잔반동향립어주인지좌(執事二人盥帨一人開酒取巾拭瓶口實酒于注西面立於主人之右一人取東階卓上盞盤東向立於主人之左)○주인급집사자개궤집주자수주(主人及執事者皆跪執注者授注)○주인짐주이주수집사자(主人斟酒以注授執事者)○집사자반주어탁상복위(執事者反注於卓上復位)○주인좌수취잔우수집잔뢰우모사이잔반수집사자(主人左手取盞右手執盞酹酹于茅沙以盞盤授執事者)○집사자반잔반어탁상복위(執事者反盞盤於卓上復位)○주인면복흥소퇴재배복위(主人俛伏興少退再拜復位)○축진찬(祝進饌)○집사자이반봉어육적간병면반갱지령좌전(執事者以盤奉魚肉炙肝餠麵飯羹至靈座前)○육전우잔반지남(肉奠于盞盤之南)○면전우육서(麵奠于肉西)○어전우초접지남(魚奠于醋楪之南)○병전우어동(餠奠于魚東)○갱전우초접지동(羹奠于醋楪之東)○반전우잔반지서(飯奠于盞盤之西)○축급집사자개복위(祝及執事者皆復位)우안거편람적간역전어차시(愚按據便覽炙肝亦奠於此時)

◆초헌(初獻)

○주인진예주주탁전집주북향립(主人進詣酒注卓前執注北向立)○집사자취영좌전잔반동향립어주인지좌(執事者取靈座前盞盤東向立於主人之左)○주인짐주반주어탁상예영좌전북향립(主人斟酒反注於卓上詣靈座前北向立)○주인궤(主人跪)○집사자궤진잔반(執事者跪進盞盤)○주인수잔삼제어모상이잔수집사자면복흥(主人受盞三祭於茅上以盞授執事者俛伏興)○집사자봉잔전어고처(執事者奉盞奠於故處)○계반개치기남복위(啓飯蓋置其南復位)○주인초퇴궤이하개궤(主人稍退跪以下皆跪)○축집판출어주인지우서향궤독흘반판어탁상복위(祝執版出於主人之右西向跪讀訖反版於卓上復位)○주인흥곡재배복위(主人興哭再拜復位)○주인이하개곡소경지(主人以下皆哭少傾止)○집사자철주치잔고처복위(執事者徹酒置盞故處復位)

◆아헌(亞獻)

○헌자예주탁전집주북향립(獻者詣注卓前執注北向立)○집사자취영좌전잔반동향립어헌자지좌(執事者取靈座前盞盤東向立於獻者之左)○헌자짐주반주어탁상예영좌전북향립(獻者斟酒反注於卓上詣靈座前北向立)○집사자봉잔수지동향립어헌자지좌(執事者奉盞隨之東向立於獻者之左)○헌자궤(獻者跪)○집사자궤진잔반(執事者跪進盞盤)○헌자수잔삼제어모상이잔수집사자면복흥(獻者受盞三祭於茅上以盞授執事者俛伏興)○집사봉잔전어고처복위(執事奉盞奠於故處復位)○헌자재배복위곡소경지여인곡(獻者再拜復位哭少傾止餘人哭)○집사자철주치잔고처복위(執事者徹酒置盞故處復位)

◆종헌(終獻)

○헌자예주탁전집주북향립(獻者詣注卓前執注北向立)○집사자취영좌전잔반동향립어헌자지좌(執事者取靈座前盞盤東向立於獻者之左)○헌자짐주반주어탁상예영좌전북향립(獻者斟酒反注於卓上詣靈座前北向立)○집사자봉잔수지동향립어헌자지좌(執事者奉盞隨之東向立於獻者之左)○헌자궤(獻者跪)○집사자궤진잔반(執事者跪進盞盤)○헌자수잔삼제어모상이잔수집사자면복흥(獻者受盞三祭於茅上以盞授執事者俛伏興)○집사봉잔전어고처복위(執事奉盞奠於故處復位)○헌자재배복위곡소경지여인곡(獻者再拜復位哭少傾止餘人哭)○不徹酒

◆유식(侑食)

○집사자집주취집잔중주이주수집사자반어탁상급시반중서병정저복위(執事者執注就斟盞中酒以注授執事者反於卓上扱匙飯中西柄正筯復位)

◆합문(闔門)

○주인이하개출(主人以下皆出)○축합문(祝闔門)○주인립어문동서향(主人立於門東西向)○비유장부재기후중행북상(卑幼丈夫在其後重行北上)○존장휴어타소여식간의절약어소관행례공불능비가략거합문계문희흠고리성사절(尊長休於他所如食間儀節若於所館行禮恐不能備可畧去闔門啓門噫歆告利成四節)○우안구의상사절공불필종(愚按丘儀上四節恐不必從)

◆啓門辭神

○祝進堂門北向聲三噫歆乃啓門主人以下入就位○執事者進熟水移羹置其傍復位○축립어주인지우서향고리성(祝立於主人之右西向告利成)○집사자하시우접중합반개복위(執事者下匙于楪中合飯蓋復位)○축감주갑지복위(祝歛主匣之復位)○주인이하곡재배진애지(主人以下哭再拜盡哀止)○축게축문병제주축분지주인이출취차(祝揭祝文並題主祝焚之主人以出就次)○집사자철찬(執事者徹饌)

중국전통상례지략탐
(中國傳統喪禮之略探)

중국소이례악저칭어세(中國素以禮樂著稱於世), 자희주지세(自姬周之世), 즉유문(即有文)、무(武)、주(周)、공제성(孔諸聖), 제례작악(制禮作樂), 수제재적(垂諸載籍)。거호적고증(據胡適考證), 공자출신춘추송국후예(孔子出身春秋宋國後裔)송국후예주요시전책종사제전(宋國後裔主要是專責從事祭典)、장례지직(葬禮之職)。후지량한(後之兩漢), 경학창명(經學昌明), 의례지문련편루독(議禮之文連篇累牘), 제견어(除見於)《사기(史記)》、《한서(漢書)》외(外), 경유반고지(更有班固之)《백호통(白虎通)》전문(專文)。위진륙조수정교폐이(魏晉六朝雖政教廢弛), 연상복지학부감부강(然喪服之學不敢不講)。리당이강(李唐以降), 력조개상본제(歷朝皆嘗本諸)《의례(儀禮)》이수정례서(而修訂禮書), 여당지(如唐之)《현경례(顯慶禮)》、《개원례(開元禮)》、송지(宋之)《정화례(政和禮)》、명지(明之)《명집례(明集禮)》、《명회전(明會典)》、청지(清之)《대청통례(大清通禮)》등(等), 개시관수지례전(皆是官修之禮典)。민간역유유자(民間亦有儒者), 위구실용이사수례서(為求實用而私修禮書), 전세자유송조사마광지(傳世者有宋朝司馬光之)《서의(書儀)》、주희지(朱熹之)《문공가례(文公家禮)》、명조구준지(明朝丘濬之)《가례의절(家禮儀節)》、황좌태지(黃佐泰之)《천향례(泉鄉禮)》、려곤지(呂坤之)《사례익(四禮翼)》、청조려자진지(清朝呂子振之)《가례대성(家禮大成)》등(等)。

무론관수혹사찬(無論官修或私撰), 개본어례경이손익지(皆本於禮經而損益之), 시이전국각지지풍속습관(是以全國各地之風俗習慣), 제지방특색외(除地方特色外), 경유기공통성(更有其共通性), 차일공통성자희주이흘어금(此一共通性自姬周以迄於今), 상승부추(相承不墜)。태만개발수만(台灣開發雖晚), 연태인지조선다래자민(然台人之祖先多來自閩)、월량성(粵兩省), 유차이민소구성지사회(由此移民所構成之社會), 기습속역부능자외어내지이부구기공통성(其習俗亦不能自外於內地而不具其共通性)。

《의례(儀禮)》십칠편(十七篇), 민서소상용자궐위관(民庶所常用者厥為冠)、혼(婚)、상(喪)、제사례(祭四禮), 《서의(書儀)》급(及)《문공가례(文公家禮)》등사수례서(等私修禮書), 역유차사례(亦唯此四禮)。사례지중(四禮之中), 관례고이탕연무존(冠禮固已蕩然無存), 혼례역다서화(婚禮亦多西化), 제례칙우식미(祭禮則尤式微), 근장례상존기대개(僅葬禮尚存其大概), 연역근구형식(然亦僅具形式), 기례의정신칙대다망연무지(其禮義精神則大多茫然無知)。금일태만민간상례중(今日台灣民間喪禮中), 허다황탄부경광괴륙리지현상(許多荒誕不經光怪陸離之現象), 조이배리(早已背離)《의례(儀禮)》지례의정신(之禮義精神), 령인부승희허(令人不勝唏噓)。맹자왈(孟子曰):「양생자부족이당대사(養生者不足以當大事), 유송사가이당대사(惟送死可以當大事)。」사생성대의재(死生誠大矣哉)!

수저사회지현대화발전(隨著社會之現代化發展), 경제번영(經濟繁榮), 공상망록(工商忙碌), 생활긴주(生活緊湊), 흔소유인원의료해전통장례적의의(很少有人願意了解傳統葬禮的意義), 심지흔소유인지도상례해여하진행(甚至很少有人知道喪禮該如何進行), 대가지시인운역운(大家只是人云亦云), 조저부동지건의행례여의(照著不同之建議行禮如儀)。인차(因此), 유지지인(有智之人), 응이장엄숙목(應以莊嚴肅穆)、간단륭중(簡單隆重)、합어시의(合於時宜), 병차부허영(並且不虛榮)、부포장(不鋪張)、부미신(不迷信), 취고례지교효정신(取古禮之教孝精神), 사허화지악습루규(捨虛華之惡習陋規), 주위상례지원칙(做爲喪禮之原則)。

하렬제다전통습속(下列諸多傳統習俗), 유사본제례서지연혁(有些本諸禮書之沿革), 역유만근지신창(亦有晚近之新創), 기중(其中), 혹호무의의(或毫無意義)、혹이오망자(或貽誤亡者)、혹상풍패속(或傷風敗俗)、혹도비전재(或徒費錢財).실재유간화개혁지필요(實在有簡化改革之必要):

一.차신(遮神)、평청(拼廳):당병자진입고황시(當病者進入膏肓時), 선행청리청당(先行清理廳堂), 준비홍포혹홍지(準備紅布或紅紙), 장정청사사지제신급조선패위차주(將正廳祀祠之諸神及祖先牌位遮住), 이방(以防)「견자(見刺)(속위신명견오기(俗謂

神明見汚氣)，신력장감퇴(神力將減退)) 급피충살(及避沖煞)，병장등량상지천등(並將燈樑上之天燈)、천공로일병천이(天公爐一併遷移)，속칭(俗稱)「차신(遮神)」。연후재청당방(然後在廳堂旁)，횡치장판등이조(橫置長板凳二條)(혹용전두점고(或用磚頭墊高))，상포목판혹죽편(上鋪木板或竹編)，기상재부개초석혹탑탑미(其上再敷蓋草蓆或榻榻米)，상가재포일백포(上可再鋪一白布)(방편입렴시반태(方便入殮時搬抬))，사일절취서(俟一切就緒)，즉장병자종방내천출(即將病者從房內遷出)，당와포상사폐(躺臥鋪上俟斃)，차위(此謂)「반포(搬鋪)」，속칭(俗稱)「평청(拼廳)」。태인전통관념좌존우비(台人傳統觀念左尊右卑)，청지좌측존어우측(廳之左側尊於右側)，병자약상무존장(病者若上無尊長)，칙포어좌측(則鋪於左側)，부인약상무공파(婦人若上無公婆)，수기부재(雖其夫在)，역포어좌(亦鋪於左)개태인유선사선대지관념(蓋台人有先死先大之觀念)，유상유조부모(唯上有祖父母)，약부모망고(若父母亡故)，내포어우측(乃鋪於右側)，약미성년자(若未成年者)，다부천지정청(多不遷至正廳)，지재편실중치포(只在偏室中置鋪)。

二、랭상부입장(冷喪不入莊)：태만습속(台灣習俗)，범사어외지자(凡死於外地者)함횡사급병사어의원자(含橫死及病死於醫院者)，제산촌교야지고호외(除山村郊野之孤戶外)，일반촌리개극기휘운시구입성내혹촌내(一般村里皆極忌諱運屍柩入城內或村內)，수재리문외탑붕정구치상(須在里門外搭棚停柩治喪)，차위(此謂)「랭상부입장(冷喪不入莊)」。재외지사료(在外地死了)，시수부능반회래(屍首不能搬回來)，부능입가문(不能入家門)，경부능정입정청(更不能停入正廳)，내인대가이경인위타시야귀료(乃因大家已經認為他是野鬼了)，인야귀능수인(因野鬼能祟人)，고랭상부입장(故冷喪不入莊)。고인혹신귀신(古人酷信鬼神)，고수차계(固守此戒)，부감촉범(不敢觸犯)，고유병주원(故有病住院)，일단위급(一旦危急)，가속즉각판리출원(家屬即刻辦理出院)이기능입가청수종정침(以期能入家廳壽終正寢)。

三、유촉(遺囑)：반포출청후(搬鋪出廳後)，자손수상시좌우이진효도(子孫須常侍左右以盡孝道)，원행재외자(遠行在外者)，역수성야분회(亦須星夜奔回)。병자차시자지부구인세(病者此時自知不久人世)，수소환자손혹족친등(遂召喚子孫或族親等)，촉부후사(囑咐後事)，차즉소위(此即所謂)「유촉(遺囑)」。기법시소집가인족친지탑방교대(其法是召集家人族親至榻旁交代)，부인지유촉내용대다유관재산계승지분배(富人之遺囑內容大多有關財產繼承之分配)，왕왕수청전문대필인서사(往往須請專門代筆人書寫)，병청수명유지위자주견증인(並請數名有地位者做見證人)；이상인지유촉내용다계향친인고별(而常人之遺囑內容多係向親人告別)，이급대자제지욱면여축복(以及對子弟之勗勉與祝福)。

四、분수미전(分手尾錢)：태어이(台語以)「수미(手尾)」범칭사자소유류지일절물품(泛稱死者所遺留之一切物品)，분수미전즉전지김전지분배(分手尾錢即專指金錢之分配)。병자위독(病者危篤)，자지부구인세(自知不久人世)，내소자손이분배기소유지김전(乃召子孫以分配其所有之金錢)，차위(此謂)「분수미전(分手尾錢)」。석일다이룡은위수미전분여자손(昔日多以龍銀為手尾錢分與子孫)，자손수지(子孫受之)，부인화용(不忍花用)，왕왕유영구보장이위기념(往往有永久保藏以爲紀念)。

五、사원(辭願)：태인신앙신귀(台人信仰神鬼)，범유소구첩향제신허원(凡有所求輒向諸神許願)，일후여원이상(日後如願以償)，내예묘환원(乃詣廟還願)，약미환원(若未還願)，림명종전(臨命終前)，병자위표시부실신급부타루자손(病者為表示不失信及不拖累子孫)，당기자지부기시(當其自知不起時)，즉명자손지향어호외당천도고(即命子孫持香於戶外當天禱告)，진술병자왕석증향하신구원(陳述病者往昔曾向何神求願)，금인양수장종(今因陽壽將終)，무법상원(無法償願)，복청소제(伏請消除)，차위(此謂)「사원(辭願)」。

六、사토(辭土)：병자약장사미사(病者若將死未死)，기기상하부득(其氣上下不得)，즉상징유심사(即象徵有心事)，공자손무법완성(恐子孫無法完成)혹표시유심사견괴(或

表示有心事牽掛), 주부득(走不得); 자손출어진효(子孫出於盡孝)유지친지장남건부부지기신(由至親之壯男健婦扶持其身), 사기량족천지(使其兩足踐地), 기류호출(氣流呼出), 명목이종(瞑目而終), 차위(此謂)「사토(辭土)」

七、역침(易枕)、개수피(蓋水被): 병인사망후(病人死亡後), 가속위재사자신변호도대곡(家屬圍在死者身邊號啕大哭), 병이석괴혹은지(並以石塊或銀紙), 작사자지침두(作死者之枕頭), 차위(此謂)「역침(易枕)」。역이지침혹석침(易以紙枕或石枕), 교일용지침고(較日用之枕高), 가사사자합취명목(可使死者合嘴瞑目)。역침지후(易枕之後), 재이백포차개사자전신(再以白布遮蓋死者全身), 백포지중앙봉상일소홍주포(白布之中央縫上一小紅綢布), 위지(謂之)「개수피(蓋水被)」。

八、소혼교(燒魂轎): 망자기절지시(亡者氣絕之時), 수즉향호지점구래지교일정(遂即向糊紙店購來紙轎一頂), 전후부유지교부이인(前後附有紙轎伕二人)교내전만명폐(轎內填滿冥幣), 재문전분화(在門前焚化), 이공망령승좌(以供亡靈乘坐)간부명계판리보도수속(趕赴冥界辦理報到手續), 등입명적(登入冥籍), 차위(此謂)「소혼교(燒魂轎)」。남상사용람색교(男喪使用藍色轎), 녀상칙용홍색교(女喪則用紅色轎), 금유점이지기차(今有漸以紙汽車)、비기취대지교자(飛機取代紙轎者)。

九、각미향(腳尾香)、각미화(腳尾火)、각미전(腳尾錢)、각미반(腳尾飯): 시족전단(屍足前端), 이립향(以立香)、화촉(火燭)、은지급백반상공(銀紙及白飯上供), 명왈(名曰)「각미향(腳尾香)」、「각미화(腳尾火)」、「각미전(腳尾錢)」「각미반(腳尾飯)」。망자기절(亡者氣絕), 수선분향제배망자(首先焚香祭拜亡者), 삽어각미로중(插於腳尾爐中), 각미로일반개이대완공성세사혹향회충대(腳尾爐一般皆以大碗公盛細沙或香灰充代)。각미화칙시재시족거리영척적지방(腳尾火則是在屍足距離盈尺的地方), 설치백촉일대혹매유등일잔(設置白燭一對或煤油燈一盞), 기용의제조량명로외(其用意除照亮冥路外), 병공소향급분각미전지용(並供燒香及焚腳尾錢之用)。각미전지은지(腳尾錢指銀紙), 신망다용소은(新亡多用小銀), 분어도완혹검분내(焚於陶碗或臉盆內), 자초종지입렴(自初終至入殮), 부가간단(不可間斷)기목지내공망령전왕지부통관과교지자(其目地乃供亡靈前往地府通關過橋之資)。각미반칙시재시족전공반일완(腳尾飯則是在屍足前供飯一碗), 삽죽쾌일쌍(插竹筷一雙), 중치숙압단일매(中置熟鴨蛋一枚), 차내가속위망자졸후수차지식물공양(此乃家屬為亡者卒後首次之食物供養), 이면재명로중기아수고(以免在冥路中饑餓受苦)。

十、시곡(始哭): 망자단기후(亡者斷氣後), 수장전약지약관혹기흘반지반완격쇄(須將煎藥之藥罐或其吃飯之飯碗擊碎), 자손시가방성비호(子孫始可放聲悲號), 위지(謂之)「시곡(始哭)」。격쇄약관(擊碎藥罐)、반완(飯碗), 표시기질병부유전자손(表示其疾病不遺傳子孫)。석일혹유남동녀서지곡례(昔日或有男東女西之哭禮)즉남자곡읍어시상지동(即男子哭泣於屍床之東), 녀자곡어상서(女子哭於床西)。곡사내용다비기부극장명(哭辭內容多悲其不克長命), 혹대사자지동정여희망(或對死者之同情與希望); 차수용창(且須用唱), 여과부창(如果不唱), 사자회대병지지부(死者會帶病至地府)。혹운가속방성비곡(或云家屬放聲悲哭), 구유향린리가방보상지공능(具有向鄰里街坊報喪之功能)。곡시루수부가적어시신(哭時淚水不可滴於屍身), 부칙일후시장부화이성강시(否則日後屍將不化而成僵屍), 혹령혼부역리체(或靈魂不易離體)。

十一、변복(變服): 망자초종(亡者初終), 자손상무효복(子孫尚無孝服), 유위선비지애(唯為宣悲誌哀), 의개변평상소저지의복(宜改變平常所著之衣服), 위지(謂之)「변복(變服)」。석일부모망고(昔日父母亡故), 효남(孝男)、효손수립즉체광두(孝孫須立即剃光頭)、괄호수(刮鬍鬚)、천초혜(穿草鞋), 백일내부능리용(百日內不能理容)。효남(孝男)、효녀칙제거신상식물(孝女則除去身上飾物), 소천의복(所穿衣服)수변길복위조포백의백고혹흑의흑고(須變吉服為粗布白衣白褲或黑衣黑褲), 효손칙위람의람고(孝孫則為藍衣藍褲), 무령(無領), 부집변(不緝邊), 차반천지리재외(且反穿之裡在外), 장필시가정천(葬畢始可正穿)。

十二、곡로두(哭路頭)：출가녀아접획낭가부문시(出嫁女兒接獲娘家訃聞時)수즉각소복분상(須即刻素服奔喪), 도료촌외혹가문항구(到了村外或家門巷口), 필수호곡궤배파진가문(必須號哭跪拜爬進家門), 방표효순(方表孝順), 속칭(俗稱)「곡로두(哭路頭)」。곡로두성조처절(哭路頭聲調淒絕), 차다유언사(且多有言辭), 자거부상지곡로두사왈(茲舉父喪之哭路頭辭曰)：「아호명적아파(我好命的阿爸), 니주득나마조(你走得那麼早), 주하아문(丟下我們), 양아문몰의몰고(讓我們沒依沒靠), 이전회래(以前回來), 유아아파소두소면(有我阿爸笑頭笑面), 금일회래(今日回來), 수무아파(搜無阿爸), 규자간요즘양(叫子看要怎樣)。」 (태어(台語))

十三、조구조(吊九條)：친인기절(親人氣絕), 효권곡필(孝眷哭畢), 즉이일필백포만구만(即以一匹白布彎九彎), 현괘어시상지주위(懸掛於屍床之周圍), 칭위(稱爲)「조구조(吊九條)」, 속칭(俗稱)「효렴(孝簾)」。조구조목적(吊九條目的), 재차일월광선조사(在遮日月光線照射), 이면사자변성강시(以免死者變成僵屍)。제위구조외(除圍九條外), 청문상수합일비(廳門尚須闔一扉), 시재청좌합좌비(屍在廳左闔左扉), 재우합우비(在右闔右扉) ; 우남상합좌비(又男喪闔左扉), 녀상합우비(女喪闔右扉), 구조여문비수위합지출빈위지(九條與門扉須圍闔至出殯爲止)。금자이황포대체백포(今者以黃布代替白布), 지재격리내외(旨在隔離內外), 방인악지(防人惡之)。

十四、멱상(覓喪)：인사미렴(人死未殮), 비지척친우부왕조(非至戚親友不往弔), 왕조지(往弔之), 칭위(稱爲)「멱상(覓喪)」, 혹칭(或稱)「탐포(探舖)」。조자입문(弔者入門), 수대상주치조사(須對喪主致弔詞), 급지시방령전(及至屍旁靈前), 분향궤배호곡(焚香跪拜號哭), 효남(孝男)、효녀등역배지궤배호곡이사조(孝女等亦陪之跪拜號哭以謝弔), 배필즉향효남(拜畢即向孝男), 효녀순문망자서세정형(孝女詢問亡者逝世情形)。

十五、택일택지(擇日擇地)：태인부분민(台人不分閩)、월(粵), 개독신시일지길흉(皆篤信時日之吉凶), 관호일가지흥쇠(關乎一家之興衰), 시이황력여통서(是以黃曆與通書), 기호가비호치(幾乎家備戶置), 평일소사혹자택언(平日小事或自擇焉), 약부대사여상량(若夫大事如上樑)、안신(安神)、혼가등(婚嫁等), 칙필예택일관(則必詣擇日館), 예청일사대택(禮請日師代擇)。상장위대사중지대사(喪葬爲大事中之大事), 습속함신(習俗咸信), 기중의절여입렴(其中儀節如入殮)、이구(移柩)、엄토등(掩土等), 약시진부리(若時辰不利), 필앙급자손(必殃及子孫)。시고(是故), 제극빈무력례청일사(除極貧無力禮請日師), 급정빈자수사수장(及停殯者隨死隨葬), 호칭흉장부기길흉외(號稱凶葬不忌吉凶外), 상인무부례청일사택지(常人無不禮請日師擇之), 개렬일과표(開列日課表), 첩재장상고백(貼在牆上告白)。일과내용위묘지방위(日課內容爲墓地方位)、선명생진팔자(仙命生辰八字)、효권생초(孝眷生肖)、입렴(入殮)、출구(出柩)、엄토지월일시진급기충극등(掩土之月日時辰及其沖剋等)。

十六、보백(報白)：약모상(若母喪), 효남필수향모씨지낭가장배보상(孝男必須向母氏之娘家長輩報喪), 거시수수지반편백포(去時須手持半片白布), 고왈(故曰)「보백(報白)」, 속칭(俗稱)「보외가(報外家)」。속언운(俗諺云)：「사부강거매(死父扛去埋), 사모등대후두래(死母等待後頭來)。」 [태어(台語)]보백유일명지례자령효남왕부(報白由一名知禮者領孝男往訃), 지모씨지낭가문전(至母氏之娘家門前), 효남부가입(孝男不可入), 궤어문외(跪於門外), 지례자입내통보(知禮者入內通報), 모구이개수령효남음(母舅以開水令孝男飲), 음필(飲畢), 재진보기모지사신(才陳報其母之死訊)。현금칙대다이전화고지(現今則大多以電話告知)。

十七、접외가(接外家)：모구문악모후(母舅聞惡耗後), 즉주장왕조(即柱杖往弔), 상가수어문전치일탁자(喪家須於門前置一桌子), 탁포반위(桌布反圍), 리재외(裏在外), 효남(孝男)、효녀등(孝女等), 수어차처궤영모구(須於此處跪迎母舅), 속칭(俗稱)「접외가(接外家)」, 혹칭(或稱)「접외조(接外祖)」。모구내수순망자사인(母舅乃垂詢亡者死因), 여유사인부명혹간호부주정사(如有死因不明或看護不周情事), 즉이소지수장(即以所持手杖), 구타효남(毆打孝男)。

十八、발부음(發訃音)：일반장대외발포망자지사신(一般將對外發佈亡者之死訊)，칭위(稱為)「발상(發喪)」。친인망고(親人亡故)，상가수통보근친(喪家須通報近親)、종족(宗族)、호우주지(好友週知)。고시망족채용서면부음통보(古時望族採用書面訃音通報)，상인칙다앙인구두고지(常人則多央人口頭告知)，차칭(此稱)「보백(報白)」，개석일상사제물실용백고(蓋昔日喪事諸物悉用白故)。금자부음(今者訃音)，부론빈부(不論貧富)，다채우기(多採郵寄)。

十九、괘효변문식(掛孝變門飾)：발상후(發喪後)，상가즉어홍색문련상첩장조백지(喪家即於紅色門聯上貼長條白紙)，이시거상(以示居喪)。태인과년유첩홍련지속(台人過年有貼紅聯之俗)，망족차이홍칠제성(望族且以紅漆製成)，가중부행조상(家中不幸遭喪)，이홍칠위련자부역괄제(以紅漆為聯者不易刮除)，즉경어련상첩백조(即逕於聯上貼白條)。괘효제첩백조외(掛孝除貼白條外)，복어문비첩(復於門扉貼)「엄(嚴)[자(慈)]제(制)」、「기중(忌中)」、「상중(喪中)」고지(告知)。

二十、괘홍(掛紅)：석자친인망고(昔者親人亡故)，상가필수위좌린우사지대문괘상홍채(喪家必須為左鄰右舍之大門掛上紅綵)，이시추길피흉(以示趨吉避凶)，병방지원도조자지오틈촉회(並防止遠道弔者之誤闖觸晦)，금자다개이홍지대체홍채(今者多改以紅紙代替紅綵)，출빈후즉서제(出殯後即撕除)。

廿一、적저육(吊豬肉)：민간습속인위(民間習俗認為)，농력칠월위귀월(農曆七月為鬼月)，허다고혼야귀(許多孤魂野鬼)，사처유탕(四處遊蕩)，이랍월저(而臘月底)，칙근년관(則近年關)。범어차이시거세자(凡於此二時去世者)，기가인필수어문외(其家人必須於門外)，적일괴저육(吊一塊豬肉)，이방사자조야귀예육(以防死者遭野鬼刈肉)。유어민지일개(由於民智日開)，차항풍속이경한견의(此項風俗已經罕見矣)。

廿二、성복(成服)：인사후제삼천(人死後第三天)，즉대렴지일(即大殮之日)，친족위망자초저상복(親族為亡者初著喪服)，시위(是謂)「성복(成服)」，상복의친소분위참최(喪服依親疏分爲斬衰)、자최(齊衰)、대공(大功)、소공(小功)、시마오복(緦麻五服)。태만습속대다어망자사후제칠일(台灣習俗大多於亡者死後第七日)，즉두칠거행성복(即頭七舉行成服)。태인거상제저효복외(台人居喪除著孝服外)，상유대(尚有戴)「효(孝)」，당입렴(當入殮)、개도(開悼)、출상(出喪)、주칠(做七)，친속균필천저상복조제(親屬均必穿著喪服弔祭)，차외부저효복(此外不著孝服)；「효(孝)」칙항대어신(則恆帶於身)。효복근유제무변(孝服僅有除無變)，이(而)「효(孝)」칙수일원애감유변제(則隨日遠哀減有變除)，유(由)「조효(粗孝)」이(而)「유효(幼孝)」이(而)「탈효(脫孝)」，금자대효지풍이일점식미(今者帶孝之風已日漸式微)。

廿三、매대조(買大厝)：친인망고후(親人亡故後)，관목수어입렴지전구지(棺木須於入殮之前購之)，태인부분민(台人不分閩)、월(粵)，일칙휘칭매관재(一則諱稱買棺材)，일칙욕구길리(一則欲求吉利)，시고매관재(是故買棺材)，칭위(稱爲)「매대조(買大厝)」，혹(或)「매대수(買大壽)」，혹(或)「매판(買板)」。약모상(若母喪)，매판시(買板時)，효자수청모구공왕선구(孝子須請母舅共往選購)；약부상(若父喪)，칙청백숙부해동선구(則請伯叔父偕同選購)。

廿四、접관(接棺)：관목매정운회(棺木買定運回)，접관시(接棺時)，상주수대일대미(喪主須帶一袋米)(내방동폐(內放銅幣)，금개용홍포(今改用紅包))、일지통고멸(一只桶箍蔑)、일지신소파(一支新掃把)。미여통고멸방재판상(米與桶箍蔑放在板上)，속칭(俗稱)「적관(磧棺)」，이압관살지의(以壓棺煞之意)，도사칙창언(道士則唱言)：「백미압대조(白米壓大厝)，자손년년부(子孫年年富)。」(태어(台語))신소파내용래소제관상회진(新掃把乃用來掃除棺上灰塵)，종천두향천미소출(從天頭向天尾掃出)，소후주기(掃後丟棄)，동시효권매인용효복의금(同時孝眷每人用孝服衣襟)，봉일사권호지은지(捧一些捲好之銀紙)，재관전분소(在棺前焚燒)，소완재장관목태진청당(燒完才將棺木抬進廳堂)，효자칙필수파입가문(孝子則必須爬入家門)。

廿五、걸수(乞水) : 석자인단기후(昔者人斷氣後), 가속수저효복봉자발(家屬須著孝服捧瓷缽), 지부근계변혹하빈(至附近溪邊或河濱), 걸수신후(乞水神後), 투폐어하(投幣於河), 이자발요수(以瓷缽舀水), 분소은지(焚燒銀紙), 거애이귀(舉哀而歸), 이공망친욕신지용(以供亡親浴身之用), 속칭(俗稱)「걸수(乞水)」。

廿六、목욕(沐浴) : 걸수후즉위시신목욕(乞水後即為屍身沐浴), 망자약남칙유자손위지(亡者若男則由子孫爲之), 부녀실출실외(婦女悉出室外) ; 약녀칙유식녀위지(若女則由媳女為之), 남자실출실외(男子悉出室外)。목욕시(沐浴時), 선식두면이후신체수족(先拭頭面而後身體手足), 수순식부득역식(須順拭不得逆拭)。역유부유가속목욕이위청(亦有不由家屬沐浴而委請)「호명인(好命人)」혹(或)「오공(仵工)」자(者), 오공이죽협백포침수(仵工以竹挾白布浸水), 연후주세시상(然後做洗屍狀), 실칙비화이이(實則比畫而已), 비진세(非真洗)。어목욕지동시(於沐浴之同時), 수점길상어(須唸吉祥語) :「근니세두면(跟你洗頭面), 자손대가복행(子孫大家福幸) ; 급니세취(給你洗嘴), 자손만년부귀(子孫萬年富貴) ; 목추세김김(目睭洗金金), 자손인인발만김(子孫人人發萬金) ; 근니세수(跟你洗手), 자손만년자유(子孫萬年自由) ; 일신세투투(一身洗透透), 자손대가도우효(子孫大家都友孝) ; 자두세도미(自頭洗到尾), 자손인인유대가화(子孫人人有大傢伙)。」 (태어(台語))

廿七、체두(剃頭)、소발(梳髮) : 목욕후내체두혹소발(沐浴後乃剃頭或梳髮), 석일남자찰변(昔日男子紮辮)、녀자관계(女子綰髻), 개시진실체소(皆是真實剃梳), 금자림위전즉체호(今者臨危前即剃好), 약미체이거종자(若未剃而遽終者), 칙입렴전체지(則入殮前剃之), 병비진체(並非真剃), 실칙비일비이이(實則比一比而已)。남시체두(男屍剃頭), 청리발사위지(請理髮師為之), 속칭(俗稱)「체사인두(剃死人頭)」, 가전초출생인십배이상(價錢超出生人十倍以上), 차수용홍포(且須用紅包), 이시리시지의(以示利市之意)。녀시소장(女屍梳妝), 칙유식녀위지(則由媳女為之), 식부소두(媳婦梳頭), 녀아과족(女兒裹足), 속언운(俗諺云) :「식부두(媳婦頭), 녀아각(女兒腳)。」 소지즉차(所指即此)。소장시응궤지상(梳妝時應跪地上), 련곡대호(連哭帶號), 공경소리(恭敬梳理), 차절기안루적재시상(且切忌眼淚滴在屍上)。

廿八、반함(飯含) : 청대본성상례계목욕정시후(清代本省喪禮係沐浴淨屍後), 즉거행반함(即舉行飯含), 습렴의식(襲殮儀式)。치물어시지구중왈(置物於屍之口中曰)「함(含)」, 소함지물(所含之物), 인인이이(因人而異), 혹함주(或含珠), 혹함옥(或含玉), 혹함김(或含金), 혹함은(或含銀), 혹함미(或含米), 인이내유(因而乃有)「함렴(含殮)」지칭(之稱)。기용의내재방범귀마지침신(其用意乃在防範鬼魔之侵身), 고이김옥보기호지(故以金玉寶氣護之)。금자대다이김박지대체김은혹전폐(今者大多以金箔紙代替金銀或錢幣)。

廿九、식시(飾屍) : 위시신천대식물(為屍身穿戴飾物), 위지(謂之)「식시(飾屍)」。시지두부(屍之頭部), 남위과피모(男為瓜皮帽), 녀칙방오건(女則綁烏巾)、삽김채(插金釵)。시지쌍수(屍之雙手), 혹이수투습지(或以手套襲之), 일수지수건(一手持手巾), 일수지접선(一手持摺扇), 기의내공망자행로시(其意乃供亡者行路時), 식한선량지용(拭汗搧涼之用)。혹유우수집일곡두은장(或有右手執一曲頭銀杖), 공망자왕지부도중구간악견지용(供亡者往地府途中驅趕惡犬之用)。시족소천(屍足所穿), 개용포혜(皆用布鞋), 기용피혜(忌用皮鞋)。식물로소유별(飾物老少有別), 청년녀자위잠(青年女子爲簪)、계지(戒指)、수탁(手鐲)、이환(耳環)、항련등(項鍊等) ; 로년인칙위계지(老年人則為戒指)、수탁(手鐲)、이환(耳環)、잠(簪)、관음수형잠(觀音手形簪)、장침(杖針)、흑두건(黑頭巾)。천대이환식물지의(穿戴耳環飾物之意), 내시위피면망친지지부주비녀(乃是為避免亡親至地府做婢女)。김식품(金飾品), 위방도묘겁관(為防盜墓劫棺), 봉관전즉역이동질대용품(封棺前即易以銅質代用品)。

三十、투삼(套衫) : 석일상사대다어망자졸후재천의(昔日喪事大多於亡者卒後才穿衣), 차수경(且須經)「투수의(套壽衣)」혹(或)「투삼(套衫)」의식(儀式), 즉효남대죽립(即孝男戴竹笠(

孝男戴竹笠), 립어죽의상(立於竹椅上), 취수의전후상반(取壽衣前後相反), 투제효남신상(套諸孝男身上), 일차탈제이편천어시신(一次脫除以便穿於屍身), 차위지(此謂之)「투수의(套壽衣)」。하이수두대죽립족도죽의(何以須頭戴竹笠足蹈竹椅)차인유한족체조지명조(此因由漢族締造之明朝), 피만족소창지청조멸망후(被滿族所創之清朝滅亡後), 명조유민비수압박(明朝遺民備受壓迫), 수산생대립등의지투삼의식(遂產生戴笠登椅之套衫儀式), 비사완성령혼상부견청조천(俾使完成靈魂上不見清朝天)、하부답청조지지의원(下不踏清朝地之意願), 이시미수만인지모욕(以示未受滿人之侮辱)。금자흔소유차의식(今者很少有此儀式), 대다어미류지제(大多於彌留之際)、단기지전(斷氣之前), 즉위기천저수의(即為其穿著壽衣)。민간상전(民間相傳), 수의필수어미단기전천상(壽衣必須於未斷氣前穿上), 사자방능득지(死者方能得之);약사후재천(若死後才穿), 칙자손재몽중소견망친천저의복(則子孫在夢中所見亡親穿著衣服), 필위병중의이비수의(必爲病中衣而非壽衣)。수의지형제(壽衣之形制), 최조채용명식(最早採用明式), 거칭오삼계강청조건지일위(據稱吳三桂降清條件之一爲):「생시천청복(生時穿清服), 사후저명복(死後著明服)。」어시명복수성렴의지형식(於是明服遂成殮衣之形式)。금자다용장삼마괘혹서식복장(今者多用長衫馬褂或西式服裝), 로년인대다천저장삼마괘(老年人大多穿著長衫馬褂), 년소자대다천서장(年少者大多穿西裝)。수의론층부론건(壽衣論層不論件), 범일층포즉계일층(凡一層布即計一層), 시이유리지겹의즉계량층(是以有裏之袷衣即計兩層)。식종지복(飾終之服), 고수자의십일층(高壽者衣十一層), 중년자칠층(中年者七層), 년경자삼층(年輕者三層)。

卅一、제혼백(製魂帛)、혼번(魂幡)、성배(聖杯):습렴후즉장입렴(襲殮後即將入殮), 기입렴칙형부가견의(既入殮則形不可見矣), 시이민적다어입렴전제혼백이박기혼(是以閩籍多於入殮前製魂帛以泊其魂), 제혼번이소기혼(製魂幡以召其魂), 제성배비통인신(製聖杯俾通人神);월적다어입렴후시설령(粤籍多於入殮後始設靈)。「혼백(魂帛)」계용포복개지가패위(係用布覆蓋之假牌位), 사용지(使用至)「신주(神主)」(정식패위(正式牌位))제성위지(製成爲止), 석일초종즉립혼백(昔日初終即立魂帛), 하장시매혼백립신주(下葬時埋魂帛立神主), 차목질신주즉작장구봉사지패위(此木質神主即作長久奉祀之牌位)。「혼번(魂幡)」유도사소제(由道士所製), 출빈시유상주지지(出殯時由喪主持之), 이삼(以三)、사척장백포위지(四尺長白布爲之), 상서사자성명급사망년월일(上書死者姓名及死亡年月日), 현어대청엽지죽지상(懸於帶青葉之竹枝上)。차번이기용위도인망인지령혼(此幡以其用爲導引亡人之靈魂), 고우명(故又名)「초혼번(招魂幡)」, 제령시소화지(除靈時燒化之)。「성배(聖杯)」일반이백선곶이매동폐위지(一般以白線串二枚銅幣爲之), 비어작공덕(俾於作功德)、봉반시(捧飯時), 청문망령흠부(請問亡靈歆否)、식필부(食畢否)。

卅二、개혼로(開魂路):민간습속인위(民間習俗認爲), 인사후필부음조지부(人死後必赴陰曹地府), 이령혼초리인체(而靈魂初離人體), 일시지간조부도통왕음간지로(一時之間找不到通往陰間之路), 어시가속위망친입렴전(於是家屬爲亡親入殮前), 연청승도송경주법(延請僧道誦經做法), 위망령개명로(爲亡靈開冥路), 이편사자순리도달음간(以便死者順利到達陰間), 차위사후소작제일단공덕(此爲死後所作第一壇功德), 칭위(稱爲)「개혼로(開魂路)」, 속칭(俗稱)「념각미경(念脚尾經)」。송경완(誦經完), 시행입렴가개(始行入殮加蓋)。

卅三、소고전(燒庫錢):고전(庫錢), 우칭(又稱)「수신고(隨身庫)」, 내민간습속중인위(乃民間習俗中認爲), 범인자명사전륜투태출세(凡人自冥司轉輪投胎出世), 향기생초지고조차고전(向其生肖之庫曹借庫錢), 당주출생지반비(當做出生之盤費), 사후칙수격고(死後則須繳庫)。고전계접관후어문정중분소지(庫錢係接棺後於門庭中焚燒之), 분소시자손요수견수위성권(焚燒時子孫要手牽手圍成圈), 이방범야귀창탈(以防範野鬼搶奪), 고소고전우칭위(故燒庫錢又稱爲)「위고전(圍庫錢)」。분소성회적고전(焚燒成灰的庫錢), 대일락후매입묘중(待日落後埋入墓中)。분소고전지다과(焚燒庫錢之多寡), 시망자지생초이정(視亡者之生肖而定)。

卅四、걸반(乞飯):세속인위(世俗認爲), 망자약어만찬후사거(亡者若於晚餐後死去), 즉표삼찬개피기흘진(即表三餐皆被其吃盡), 자손장회궁곤(子孫將會窮困), 고수행(故須行)「걸반(乞飯)」。걸반즉입렴전(乞飯即入殮前), 가속비일과반(家屬備一鍋飯)、

일완미(一碗米)、일완수(一碗水)、일파완쾌(一把碗筷)，반내삽춘화(飯內插春花)[차상징유여지의(此象徵有餘之意)]，향망자제배기도왈(向亡者祭拜祈禱曰)：「삼돈구이돈(三頓求二頓)，급자손흘부귀(給子孫吃富貴)。」걸반필(乞飯畢)，수주입수항(水注入水缸)，미도입미옹(米倒入米甕)，반칙가인공식(飯則家人共食)，부허외인식(不許外人食)。

卅五、인혼(引魂)：언운(諺云)：「일양생(一樣生)，백양사(百樣死)。」이로이수종정침자위순종(以老而壽終正寢者為順終)，부칙즉위부순종(否則即為不順終)，부순종지졸조재액(不順終之猝遭災厄)，여닉폐(如溺斃)、차화(車禍)、공난등이졸어외자(空難等而卒於外者)，칙위흉사(則為凶死)。범흉사재외자(凡凶死在外者)，입렴지제개수지혼번(入殮之際皆須持魂幡)，연청승도지출사지점송경(延請僧道至出事地點誦經)，인도망혼회가(引導亡魂回家)，속칭(俗稱)「인혼(引魂)」。제인혼외(除引魂外)，범닉폐자(凡溺斃者)，수주(須做)「견수분(牽水盆)」；난산이사자(難產而死者)，수주(須做)「견혈분(牽血盆)」；상적이사자(上吊而死者)，수주(須做)「방색(放索)」；복독이사자(服毒而死者)，수주(須做)「해약(解藥)」；피살이사자(被殺而死者)，수주(須做)「해도법(解刀法)」등법사(等法事)。

卅六、사생(辭生)：차계자손위망친작일생최후지봉식(此係子孫為亡親作一生最後之奉食)，위지(謂之)「사생(辭生)」。위망자대렴시(為亡者大殮時)，가속준비십이도채효(家屬準備十二道菜餚)，계륙훈륙소(係六葷六素)，여두(如豆)、두간(豆干)、어환(魚丸)……등공향(等供饗)，유도사변작위식상(由道士邊作餵食狀)、변축도왈(邊祝禱曰)：「흘일구첨두(吃一口甜豆)，자손활도로로로(子孫活到老老老)；흘일구두간(吃一口豆干)，자손주대관(子孫做大官)；흘일구어환(吃一口魚丸)，자손중상원(子孫中狀元)；흘일구저육(吃一口豬肉)，자손전원매만갑(子孫田園買萬甲)；흘일구계두(吃一口雞頭)，자손개개대출두(子孫個個大出頭)。」（태어(台語)）。

卅七、방수미전(放手尾錢)：사생후입렴전(辭生後入殮前)，파예방재망자수중혹의내지전취출(把預放在亡者手中或衣內之錢取出)，방입미두내(放入米斗內)，분급자손매인일사(分給子孫每人一些)，칭위(稱爲)「방수미전(放手尾錢)」。차상징류하재산분급자손(此象徵留下財產分給子孫)，야대표책임지전승(也代表責任之傳承)。속언운(俗諺云)：「방수미전(放手尾錢)，부만년(富萬年)。」（태어(台語)）의위망자사후유전류여자손(意謂亡者死後有錢留與子孫)，장사자손영원부귀(將使子孫永遠富貴)。망친수미지전초(亡親手尾之錢鈔)，필수형제동액(必須兄弟同額)，축리동마(妯娌同碼)，녀아동수(女兒同數)，손배동량재가(孫輩同量才可)，차표공평대대지의(此表公平對待之意)。

卅八、입렴(入殮)：소위입렴(所謂入殮)，즉장시체부입관목(即將屍體扶入棺木)，가개봉정(加蓋封釘)，역위(亦謂)「대렴(大殮)」，기시진수청일사선정(其時辰須請日師選定)，소수고려인소유삼(所需考慮因素有三)：일위사자여효권지생진팔자(一爲死者與孝眷之生辰八字)，이위자녀시부유재외지유미귀자(二爲子女是否有在外地猶未歸者)，삼위하천혹동천(三爲夏天或冬天)。약일반인칙다어사후일대시내렴지(若一般人則多於死後一對時內殮之)。입렴전자손수제집(入殮前子孫須齊集)，소청좌사자급도사등인도장(召請佐事者及道士等人到場)，약계모상(若係母喪)，인석일수경외가검시(因昔日須經外家檢視)，무이의후시능입관(無異議後始能入棺)병유기봉정(並由其封釘)，고입렴전수선(故入殮前須先)「접외가(接外家)」。외가지(外家至)，효권수궤영(孝眷須跪迎)，연후포복입옥(然後匍匐入屋)，준비수렴(準備收殮)。유근래대렴시외가한지(唯近來大殮時外家罕至)，다유도사경자봉정(多由道士逕自封釘)。

卅九、타통(打桶)：소위타통(所謂打桶)，계어관내판극상칠(係於棺內板隙上漆)、점포(黏布)，구기주밀여수통(求其周密如水桶)，이방지시즙혹취기외일(以防止屍汁或臭氣外溢)。빈기장자수타전통(殯期長者須打全桶)，다상칠(多上漆)、포(布)。타통내시용열동유여석회반균(打桶乃是用熱桐油與石灰拌勻)，선이하포용생칠멱관저(先以下布用生漆冪棺底)

以夏布用生漆幕棺底), 재이포조용생칠교관내지봉극(再以布條用生漆膠棺內之縫隙), 이유회가이분쇄후(以油灰加以粉刷後), 상면일층재이유포첩(上面一層再以油鋪貼), 규주(叫做)「타단통(打單桶)」, 여과시재관개이하유쇄적(如果是在棺蓋以下油刷的), 규주(叫做)「타반통(打半桶)」; 단통타호지후(單桶打好之後), 유지상면재쇄유회(油紙上面再刷油灰), 가첩백포적(加貼白布的), 취규주(就叫做)「타쌍통(打雙桶)」。

四十、봉정(封釘): 봉정(封釘), 모상유모구위지(母喪由母舅為之), 부상유족장위지(父喪由族長為之), 약무장배혹동배이청사자지만배봉정시(若無長輩或同輩而請死者之晚輩封釘時), 칙수점의자봉지(則須墊椅子封之)。례청봉정(禮請封釘), 수비일목제장방형통반(須備一木製長方形桶盤), 장홍포(將紅包)、부두(斧頭)、관정(棺釘)、자손정급백포혹모건등(子孫釘及白布或毛巾等), 진렬어반중(陳列於盤中), 유장남정어두상(由長男頂於頭上), 궤청족장혹모구봉지(跪請族長或母舅封之)。봉정시(封釘時), 매봉일정수강일구길상어(每封一釘須講一句吉祥語):「일점동방갑을목(一點東方甲乙木), 자손대대거복록(子孫代代居福祿); 이점남방병정화(二點南方丙丁火), 자손대대발가화(子孫代代發傢伙); 삼점서방경신김(三點西方庚辛金), 자손대대발만김(子孫代代發萬金); 사점북방임계수(四點北方壬癸水), 자손대대대부귀(子孫代代大富貴); 오점중앙무기토(五點中央戊己土), 자손수원여팽조(子孫壽元如彭祖)。장자교기자손정(長子咬起子孫釘), 자손대대흥(子孫代代興)、대대출귀정(代代出貴丁)。」봉정례(封釘禮), 남몰유망자좌견점기(男歿由亡者左肩點起), 녀몰유망자우견점기(女歿由亡者右肩點起), 부득요행구두(不得繞行柩頭); 봉정자점성일(封釘者點成一)「출(出)」자(字), 즉표출정지의(即表出丁之意)。의식중(儀式中), 효권렬궤재관목량방(孝眷列跪在棺木兩旁), 목시봉정(目視封釘)。

四一、수령(豎靈): 기빈(既殯), 위구조(圍九條), 내수령(乃豎靈)。소위수령(所謂豎靈), 즉위사자설림시령위(即為死者設臨時靈位), 어정청일우설일탁(於正廳一隅設一桌), 탁상진혼백급지복(桌上陳魂帛及紙僕)(지제인형동복비녀(紙製人形僮僕婢女), 시립어혼백지좌우(侍立於魂帛之左右)), 병치유등(並置油燈)、향로등(香爐等), 탁하방죽등(桌下放竹凳), 등상방치사자의복혜말(凳上放置死者衣服鞋襪), 탁전이(桌前以)「전(奠)」자지백포위탁위(字之白布為桌圍), 차탁즉명(此桌即名)「령탁(靈桌)」。약사후즉장자(若死後即葬者), 사반주후(俟返主後), 시능설령(始能設靈); 약대렴후정빈자(若大殮後停殯者), 즉어렴후설지(即於殮後設之)。

四二、효등(孝燈): 설치령위후(設置靈位後), 괘상량잔고조등어청전(掛上兩盞高照燈於廳前), 차등즉송상등(此燈即送喪燈), 명위(名為)「효등(孝燈)」。차등내이죽골백지호성(此燈乃以竹骨白紙糊成), 상서천황색자(上書淺黃色字), 약부상(若父喪), 칙서(則書)「대(大)(부(父)) 삼대(三代)」, 약모상(若母喪), 칙서(則書)「대(大)(모(母)) 삼대(三代)」。등상약서삼대칙전마포(燈上若書三代則纏麻布), 사대천황포(四代淺黃布), 오대황포(五代黃布), 정오대홍포(正五代紅布)。정오대용홍포자(正五代用紅布者), 이기오대동당이종(以其五代同堂而終), 계복수전귀(係福壽全歸), 출빈시유효남(出殯時由孝男)、효손지지(孝孫持之)。

四三、봉반(捧飯): 입렴수령지후(入殮豎靈之後), 매일삼찬개수비반채이전사자(每日三餐皆須備飯菜以奠死者), 명위(名為)「봉반(捧飯)」, 혹명(或名)「효반(孝飯)」。차즉고지조석전제례(此即古之朝夕奠祭禮), 태속조전칭규기(台俗朝奠稱叫起), 석전칭규곤(夕奠稱叫睏)。효권동시수어매신비사자세검수(孝眷同時須於每晨備死者洗臉水), 매만중효자위령전호도대곡(每晚眾孝子圍靈前號啕大哭), 직지주완칠제후(直至做完七祭後), 개위매일조만량찬공반(改為每日早晚兩餐供飯)。

四四、간산(看山): 대렴후(大殮後), 효남여지리사지산구멱지(孝男與地理師至山區覓地), 지기정(地既定), 방가택출빈안장일과(方可擇出殯安葬日課)。태인파신풍수지설(台人頗信風水之說), 무론양댁(無論陽宅)、음댁개필례청감여사정택(陰宅皆必禮請堪輿師精擇), 감여사태어칭(堪輿師台語稱)「지리사(地理師)」。

四五、개조(開兆)：빈장지선(殯葬之先), 효남선여감여사택정묘지(孝男先與堪輿師擇定墓地), 공삼생(供三牲), 분향(焚香)、점촉(點燭)、소김지(燒金紙)（봉신자위김지(奉神者為金紙), 사귀자위은지(祀鬼者為銀紙)） 이제토신(以祭土神)（상전구룡치토유공(相傳勾龍治土有功), 피봉위후토지신(被封為后土之神)）, 기도비호사자지령(祈禱庇護死者之靈), 위지(謂之)「개조(開兆)」。개조지후(開兆之後), 굴혈축굴(掘穴築堀), 칭위(稱爲)「개광(開礦)」。

四六、저경(楮敬)：상가지친우어출빈전(喪家之親友於出殯前), 이례김혹물품(以禮金或物品), 증송상가(贈送喪家), 통상기종류계유(通常其種類計有)：전의(奠儀)（속칭저경(俗稱楮敬)）、은지(銀紙)、랍촉(蠟燭)、고자(糕仔)、만련(輓聯)、적축(吊軸)、화권(花圈)、화차(花車)、관두산(罐頭山)。태인지속(台人之俗), 범유친우부증(凡有親友賻贈), 제어령전제고외(除於靈前祭告外), 병이부책등록기성명급재물다과(並以簿冊登錄其姓名及財物多寡), 칭위(稱爲)「은지분(銀紙分)」。

四七、출산(出山)：출빈(出殯), 속칭(俗稱)「출산(出山)」, 석일(昔日), 유칠순이내출빈자(有七旬以內出殯者), 유칠순이외출빈자(有七旬以外出殯者), 전빙택일이정(全憑擇日而定)；근년(近年), 대렴완필후기천내즉가출빈(大殮完畢後幾天內即可出殯), 의례이간화다료(儀禮已簡化多了)。상사작공덕(喪事作功德), 초종대렴소작왈(初終大殮所作曰)「입목공덕(入木功德)」, 장전일일소작왈(葬前一日所作曰)「출산공덕(出山功德)」, 즉령빈자역무부작지(即令貧者亦無不作之)。

四八、소지조(燒紙厝)、지복(紙僕)：위망자주법사시(為亡者做法事時), 가속준비지조(家屬準備紙厝)、지복(紙僕), 기방식내용지방조구식대댁혹현대화적화원루방호성(其方式乃用紙仿照舊式大宅或現代化的花園樓房糊成), 부근강구외형화려(不僅講求外型華麗), 내부환유가구지진설(內部還有家具之陳設), 지조량방수유일대남녀지복(紙厝兩旁須有一對男女紙僕), 분배좌우(分排左右), 이공망자차견(以供亡者差遣)。연습지금(沿習至今), 수저시대연변(隨著時代演變), 심지사용지호적교차(甚至使用紙糊的轎車)、비기(飛機)、현대화전기산품(現代化電器產品)、미김(美金)、신용잡등(信用卡等), 이위망자재음간자용(以爲亡者在陰間資用)。

四九、살매로전(撒買路錢)：상가재출빈전왕분지지로상(喪家在出殯前往墳地之路上), 연도수변주변살은지(沿途須邊走邊撒銀紙), 과교시칙살김지(過橋時則撒金紙), 기용의위향토지교두장군매로이과(其用意為向土地橋頭將軍買路而過), 칭위(稱為)「살매로전(撒買路錢)」。차거재매판후(此舉在買板後), 관목운회(棺木運回), 연도살은지(沿途撒銀紙), 의식상동(儀式相同), 단후자칭위(但後者稱爲)「방지(放紙)」。

五十、청진두(請陣頭)：장례지진두형식흔다(葬禮之陣頭形式很多), 통상시장의사의상가요구이주(通常是葬儀社依喪家要求而做), 대략계유(大略計有)：대고취(大鼓吹)：청고악대재전방개도(請鼓樂隊在前方開道), 연로취주상례진행곡(沿路吹奏喪禮進行曲), 분위중서악량종(分為中西樂兩種)。효녀백금(孝女白琴)：청효녀백금이곡상곡조연로연창(請孝女白琴以哭喪曲調沿路演唱), 경유심자(更有甚者), 청천저폭로지묘령녀랑(請穿著暴露之妙齡女郎), 재전자금화차상재가재무(在電子琴花車上載歌載舞)。오자곡묘(五子哭墓)：청오위녀자천저마의(請五位女子穿著麻衣), 두계두백(頭繫頭帛), 재령전대체효자곡상(在靈前代替孝子哭喪), 저달묘지후(抵達墓地後), 재하광전(在下壙前), 연지오자등과시(演至五子登科時), 즉개저관복(即改著官服)。팔가장(八家將)：장신롱진(裝神弄陣), 소위백롱진(所謂白龍陣)、백사진(白獅陣), 동첩수십인(動輒數十人), 연로연방편포(沿路燃放鞭炮)。견망가자단(牽亡歌仔團)：기주요도구위일상약소교지신단(其主要道具為一狀若小轎之神壇)、확음기(擴音器), 성원약유오혹륙인(成員約有五或六人), 립어단후두개홍건대회갑지홍두장군일인(立於壇後頭蓋紅巾戴盔甲之紅頭將軍一人), 수집우각제지령각(手執牛角製之靈角)、동령(銅鈴), 요위백건(腰圍白巾), 발호사령(發號司令), 기좌우각유일탄월금급랍대관현악사(其左右各有一彈月琴及拉大管弦樂師), 단전좌우각유일녀자분축각(壇前

左右各有一女子扮丑角）。홍두장군우각일취(紅頭將軍牛角一吹), 악성제작(樂聲齊作)삼녀자즉수무족도(三女子即手舞足蹈), 시이표연연골공(時而表演軟骨功), 자시지종(自始至終), 창사부단(唱詞不斷), 혹륜창(或輪唱), 혹제창(或齊唱), 사의다위유옥(詞意多為遊獄)、권망(勸亡)、기복지류(祈福之類)。

五一、이구(移柩) : 장례시진지(葬禮時辰至), 즉장령구선이출정외(即將靈柩先移出庭外), 위지(謂之)「이구(移柩)」, 혹칭(或稱)「전구(轉柩)」。혼백(魂帛)、향로역수청지제단상수제(香爐亦須請至祭壇上受祭), 이구전자손선위곡(移柩前子孫先圍哭), 곡필도사독경작법(哭畢道士讀經作法), 살염미거사(撒鹽米祛邪), 대발성향기(待鈸聲響起), 시가이지문외(始可移至門外), 효권칙포복이출(孝眷則匍匐而出), 장손혹장남칙거번(長孫或長男則舉幡)、봉신주수출(捧神主隨出)。

五二、압관위(壓棺位) : 령구이출청당후(靈柩移出廳堂後), 가속즉척도승방관구지이장목의(家屬即踢倒承放棺柩之二張木椅), 병발수어지상(並潑水於地上), 연후청일복수쌍전지부인청소(然後請一福壽雙全之婦人清掃), 청소시요점길상어(清掃時要唸吉祥語) :「소추소출문(掃帚掃出門), 천재만화진소제(千災萬禍盡消除) ; 소추소진래(掃帚掃進來), 방방첨정우발재(房房添丁又發財)。」청소완필(清掃完畢), 어정방령구지처(於停放靈柩之處), 치일화로급대죽람(置一火爐及大竹籃), 람내방치발고(籃內放置發糕)、홍원등물(紅圓等物) ; 령방치수통이개(另放置水桶二個), 일통내방일파완(一桶內放一把碗)、일파쾌자(一把筷子), 령일통내장수급경폐(另一桶內裝水及硬幣), 표시전수활락(表示錢水活絡), 이구길상(以求吉祥), 차칭(此稱)「압관위(壓棺位)」。

五三、제기마(祭起馬) : 출빈전(出殯前), 즉거행가제여공제(即舉行家祭與公祭), 속칭(俗稱)「조제(弔祭)」, 가제시선유자배위지(家祭時先由子輩爲之), 연후안조여사자지친소관계선후제전(然後按照與死者之親疏關係先後祭奠), 재유사자우인혹린인제전(再由死者友人或鄰人祭奠)。출가지녀아(出嫁之女兒), 필수비저두오생전래제배(必須備豬頭五牲前來祭拜)。무론가제혹공제(無論家祭或公祭), 균수비유제문(均須備有祭文), 독완제문(讀完祭文), 즉행화화(即行火化)。효권등소향궤배후(孝眷等燒香跪拜後), 수궤재방생례지탁하(須跪在放牲醴之桌下), 차유친족붕우궤배(次由親族朋友跪拜), 제배완필(祭拜完畢), 주법지승도소지백(主法之僧道燒紙帛), 독경후인구(讀經後引柩), 속칭위(俗稱爲)「제기마(祭起馬)」, 우칭(又稱)「기시두(起柴頭)」。

五四、선관(旋棺)、점주(點主) : 봉관후(封棺後), 도사명뇨발(道士鳴鐃鈸), 인효남(引孝男)、효부요관삼잡(孝婦繞棺三匝), 왈(曰)「선관(旋棺)」。차즉청유관위자(次即請有官位者), 이주필재패위상(以硃筆在牌位上)「점주(點主)」。

五五、공관(槓棺) : 약망자지부모재당(若亡者之父母在堂), 의속례어이구시(依俗例於移柩時), 기부모이목장고타구두삼하(其父母以木杖敲打柩頭三下), 역유재계령시행지(亦有在啟靈時行之), 이우책기선망부진효양책임지의(以寓責其先亡不盡孝養責任之意), 차위(此謂)「공관(槓棺)」。유위행차의식(有謂行此儀式), 칙망령입명(則亡靈入冥), 당염왕책이선망부효(倘閻王責以先亡不孝), 즉가회답계부모편달치사(即可回答係父母鞭撻致死), 병비부효(並非不孝)。유위행차의식후(有謂行此儀式後), 망자이조양세생신부모편장(亡者已遭陽世生身父母鞭杖), 음간즉부재문이선망부효지죄(陰間即不再問以先亡不孝之罪)。

五六、과관(過棺) : 의조풍속(依照風俗), 대인처상출관시(臺人妻喪出棺時), 기부부가림구(其夫不可臨柩), 수등유족(須等遺族)、외척(外戚)、친우제전후(親友祭奠後), 즉장발인시(即將發引時), 방가림구(方可臨柩), 칭위(稱為)「과번(過番)」, 우칭(又稱)「과관(過棺)」。기법위배일포복(其法為背一包袱), 좌액협일우산(左腋夾一雨傘), 저장통화(著長統靴), 양장출문원양(佯裝出門遠颺), 자처구월과(自妻柩越過)。차계상처자일후유의속현(此係喪妻者日後有意續絃), 공기망처령혼원한이작수(恐其亡妻靈魂怨恨而作祟), 시이양장출국(是以佯裝出國), 차각의령기망처령혼지실(且刻意令其亡妻靈魂之失

其亡妻靈魂知悉）；일후약재취처(日後若再娶妻), 망처인신기부이출국(亡妻因信其夫已出國), 부지행적(不知行跡), 즉부치작수(即不致作崇)。인차(因此), 범결의부속현자(凡決意不續絃者), 칙부행차과번의식(則不行此過番儀式)。

註：본문계근거(本文係根據)《태만민간전통상장의절연구(台灣民間傳統喪葬儀節研究)》일서개사(一書改寫), 근향원작자치의(謹向原作者致意)。

상례(喪禮), 시아국고유문화중최정밀적괴보(是我國固有文化中最精密的瑰寶), 자고이래(自古以來), 일직수도지식빈자적중시(一直受到知識份子的重視)。종(從)《례기(禮記)》이하(以下), 력대유관례학적저술중(歷代有關禮學的著述中), 도시이상례(都是以喪禮)、상복소점적편권위최다(喪服所占的篇卷為最多)。근사년래(近些年來), 유어경제번영(由於經濟繁榮), 공상발달(工商發達), 일반인생활적절주변득긴장이쾌속(一般人生活的節奏變得緊張而快速), 대어과거적허다구례속(對於過去的許多舊禮俗), 왕왕회산생보벌완만(往往會產生步伐緩慢), 이부합시대적감각(而不合時代的感覺)。특별시상례(特別是喪禮), 일칙시유어번쇄비시(一則是由於繁瑣費時), 재칙시허다인부료해저사의식적의의(再則是許多人不瞭解這些儀式的意義), 완전청인파포거주(完全聽人擺佈去做), 자회인나사사호부필요적형식이감도무내(自會因那些似乎不必要的形式而感到無奈)。재저양부내우무내적정형하(在這樣不耐又無奈的情形下), 흔용역산생배척항거적심리(很容易產生排斥抗拒的心理), 진이제출간화개혁적요구(進而提出簡化改革的要求)。

소이(所以), 문제적관건출재현대인대(問題的關鍵出在現代人對)‘례(禮)’적부료해(的不瞭解)。소위(所謂)‘례(禮)’병부시지나사의절적형식(並不是指那些儀節的形式), 이시기탁어저사형식지상(而是寄託於這些形式之上), 최초설계적용의(最初設計的用意)。임하일종례제적형성(任何一種禮制的形成), 일정유기설계적구상(一定有其設計的構想)；이저종례제지득이류전(而這種禮制之得以流傳), 야필연유기확실적합생활적공능(也必然有其確實適合生活的功能)。

아국전통상례연원류장(我國傳統喪禮淵源流長), 현존최조적자료당시(現存最早的資料當是)《의례(儀禮)》리적(裏的)〈사상례(士喪禮)〉、〈기석례(既夕禮)〉화(和)〈사우례(士虞禮)〉삼편(三篇), 저시주대적례제(這是周代的禮制)；후세유여당유(後世有如唐有)〈현경례(顯慶禮)〉화(和)〈개원례(開元禮)〉적제정(的制定), 송유주희(宋有朱熹)〈문공가례(文公家禮)〉적류전(的流傳), 단시대가도시상호연습(但是大家都是相互沿襲), 략작경개이이(略作更改而已), 저족이설명고대적례(這足以說明古代的禮), 필연구유기합리적적용성(必然具有其合理的適用性)소이재회경력천백년이잉통행무애(所以才會經歷千百年而仍通行無礙)。

목전대만민간통행적전통상례(目前臺灣民間通行的傳統喪禮), 환시종(還是從)〈문공가례(文公家禮)〉류전하래적(流傳下來的), 가석적시여금소보존적지시일사의식이이(可惜的是如今所保存的只是一些儀式而已), 대가지지맹목근종찬례인적지휘거준례행의(大家只知盲目跟從贊禮人的指揮去遵禮行儀), 지어저사의식배후소온함적용의(至於這些儀式背後所蘊含的用意), 공파흔소유인거관심(恐怕很少有人去關心)。

일(壹)、 초혼적(招魂的)‘복례(複禮)’—혼혜귀래(魂兮歸來)

이(貳)、 습여반함(襲與飯含)—대망자적존중여괘념(對亡者的尊重與掛念)

삼(參)、 오등상복(五等喪服)—친소관계적확정(親疏關係的確定)

사(肆)、 삼일이렴(三日而殮)—일사묘망적기반(一絲渺茫的企盼)

오(伍)、 빈(殯)—조적신심적완충기(調適身心的緩衝期)

육(陸)、 장(葬)—유세적진석엄장(遺蛻的珍惜掩藏)

칠(柒)、 우(虞)—안돈부유표박적정혼(安頓浮游漂泊的精魂)

팔(捌)、 대곡적원의(代哭的原意)—상가곡성상속부단(喪家哭聲相續不斷)

제례홀기(祭禮笏記)

○초헌관이하(初獻官以下) 서립우제전(序立于祭前)초헌관 이하 모든 참례자는 신위 앞에 줄을 맞춰 서시오.○축관(祝官)점시진설(點視陳設)축관은 진설한 제수를 점검하시오.○초헌관이하(初獻官以下)제(諸)집사자(執事者)예(詣)관세위(盥洗位)관수세수(盥水洗手)각취기위(各就其位)초헌관 이하 제집사자는 대야에 나아가 대야에 손을 씻고 제 위치에 서시오.

◆행강신례(行降神禮)강신례를 행합니다.

○초헌관(初獻官)진(進)향탁전궤(香卓前跪)초헌관은 향탁 전에 나아가 끓어 앉으시오.○분향(焚香)삼상향(三上香)재배(再拜)복궤(復跪)향을 세 번 피워 올리고 재배하고 다시 끓어앉으시오.○좌집사(左執事)봉취(奉取)강신잔반(降神盞盤)립우헌관지좌(立于獻官之左)좌 집사는 강신 잔반을 들고 헌관 왼쪽에 서시오.○우집사(右執事)집주(執注)궤우헌관지우(跪于獻官之右)우 집사는 술병(주전자)을 들고 헌관 오른쪽에 서시오.○집잔반자궤(執盞盤者跪)잔반을 든 좌 집사는 끓어앉으시오.○집주자(執注者)역궤(亦跪)짐주우잔(斟酒于盞)술병(주전자)을 든 우 집사는 끓어 앉아 잔에 술을 따르시오.○진우헌관(進于獻官)헌관봉지(獻官奉之)좌 집사는 헌관에게 잔반을 드리고 초헌관은 받으시오.○좌수집반(左手執盤)우수집잔(右手執盞)헌관은 왼손으로 잔반을 잡고 오른손으로 잔을 잡으시오.○관(灌)진경우모상(盡傾于茅上)헌관은 모사위에 술을 지우시오.○이잔반(以盞盤)이수집사(以授執事)헌관은 잔반을 집사에게 주십시오.○집사수지(執事受之)반우고처(反于故處)집사는 잔반을 받아 신위 앞 제자리에놓으시오.○초헌관(初獻官)면복(俛伏)흥(興)소퇴(少退)초헌관은 부복했다 일어나 조금 물러서시오○강신재배(降神再拜)강(降)복위(復位)초헌관은 강신재배를 하고 제자리로 돌아가시오.

◆행참신례(行參神禮)참신례를 행합니다.

○초헌관이하(初獻官以下)재위자(在位者)개(皆)참신재배(參神再拜)초헌관이하 모든 참례자는 참신재배를 하시오

◆행초헌례(行初獻禮)초헌례를 행합니다.

○초헌관(初獻官)진(進)향탁전궤(香卓前跪)초헌관은 향탁 전에 나아가 끓어 앉으시오.○집사(執事)집주(執注)궤우헌관지우(跪于獻官之右)집사는 술병(주전자)을 들고 헌관오른쪽에 서시오.○좌집사(左執事)봉취(奉取)조고위전잔반궤(祖考位前盞盤跪)좌 집사는 조 고위 앞의 잔반을 들고 꿇고 앉으시오.○집주자(執注者)짐주우잔(斟酒于盞)진우헌관(進于獻官)술병(주전자)을 든 집사는 잔에 술을 따르고 좌 집사는 잔반을 헌관에게 드리시오.○헌관봉지(獻官奉之)이수좌집사(以授左執事)헌관은 잔반을 받들어 례를 올리고 잔반을 다시 좌 집사에게 주시오.○좌집사(左執事)봉전우조고위전(奉奠于祖考位前)좌 집사는 조 고위 앞에 잔반을 놓으시오.○우집사(右執事)봉취(奉取)조비위전잔반궤(祖妣位前盞盤跪)우집사는 조비위 앞의 잔반을 들고 꿇고 앉으시오.○집주자(執注者)짐주우잔(斟酒于盞)진우헌관(進于獻官)술병(주전자)을 든 집사는 잔에 술을 따르고 우 집사는 잔반을 헌관에게 드리시오.○헌관봉지(獻官奉之)이수우집사(以授右執事)헌관은 잔반을 받들어 례를 올리고 잔반을 다시 우집사에게 주시오.○우집사(右執事)봉전우(奉奠于)조비위(祖妣位)전(前)우집사는 조비 위 앞에 잔반을놓으시오.○좌집사(左執事)봉취(奉取)조고(祖考)위전잔반궤(位前盞盤跪)좌집사는 조고 위 앞의 잔반을 들고 꿇고 앉으시오.○진우헌관(進于獻官)헌관봉지(獻官奉之)좌 집사는 잔반을 헌관에게 드리고 헌관은 받으시오.○우수집잔(右手執盞)삼제우모상(三除于茅上)헌관은 오른손으로 잔을 잡고 모사위에 술을 세 번 지우시오.○이(以)잔반(盞盤)수좌집사(授左執事)헌관은 잔반을 좌 집사에게 주시오.○좌(左)집사(執事)봉전우고처(奉奠于故處)좌 집사는 조고 위 앞에 잔반을 놓으시오.○우집사(右執事)봉취(奉取)조비(祖妣)위(位)전(前)잔반궤(盞盤跪)우 집사는 조비 위 앞의 잔반을 들고 꿇고 앉으시오.○진우헌관(進于獻官)헌관봉지(獻官奉之)우 집사는 잔반을 헌관에게 드리고 헌관은 례를 올리시오.○우수(右手)집잔(執盞)삼제(三除)우모(于茅)상(上)헌관은 오른손으로 잔을 잡고 모사위에 술을 세 번 지우시오.○이(以)잔반(盞盤)수우집사(授右執事)헌관은 잔반을 우 집사에게 주시오.○우(右)집사(執事)봉전우고(奉奠于故)처(處)우 집사는 조비 위 앞에 잔반을 놓으시오.○집사(執事)진(進)육적(肉炙)집사는 육적을 내어 오시오.○이(以)접성지(楪盛之)진우헌관(進于獻官)집사는 육적을 접시에 담아 헌관에게 드리시오.○헌관봉지(獻官奉之)이수(以授)좌집사(左執事)헌관은 육적을 받들어 례를 올리고 좌 집사에게 주시오.○집사(執事)봉(奉)전우(奠于)잔반(盞盤)지(之)남(南)집사는 육적을 받들어 잔반의 남쪽에 놓으시오.○계반개(啓飯蓋)삽시(插匙)정저(正箸)집사는 반개를 열고 숟가락을 꽂고 젓가락을 나물위에 놓으

시오.○축관(祝官)립우(立于)헌관지(獻官之)좌(左)동향(東向)궤(跪)_{축관은 헌관의 왼쪽으로 가서 동쪽을}향해 꿇어 앉으시오.○초헌관이하(初獻官以下)재위(在位)자(者)개(皆)면복(俛伏)_{초헌관이하 참례자는 모두}부복하시오.○축관(祝官)독축문(讀祝文)_{축관은 축문을 읽으시오.}○면복흥(俛復興)_{모두 일어나시오}○초헌관(初獻官)면복(俛伏)흥(興)소퇴(少退)재배강복위(再拜降復位)_{초헌관은 면복하였다 일어나 조금 물러서서 재배를 한후 제자리로 가시오.}○집사자(執事者)이인(二人)봉취(奉取)조고(祖考)비위(妣位)전(前)잔반(盞盤)_{집사 두사람은 조고비위 앞의 잔반을 받들어 오시오.}○관주우타기(灌酒于他器)세잔(洗盞)봉(奉)반우고처(反于故處)_{집사는 술잔을 빈 그릇에 지우고 잔을 씻은후 조고비위 앞에 놓으시오.}

◆행아헌례(行亞獻禮)_{아헌례를 행합니다}

○아헌관(亞獻官)진(進)향탁전궤(香卓前跪)_{아헌관은 향탁 전에 나아가 끓어 앉으시오}○집사(執事)집주(執注)궤우헌관지우(跪于獻官之右)_{집사는 술병(주전자)을 들고 헌관 오른쪽에 서시오.}○좌집사(左執事)봉취(奉取)조고(祖考)위전(位前)잔반궤(盞盤跪)_{좌 집사는 조고 위 앞의 잔반을 들고 꿇고 앉으시오.}○집주자(執注者)짐주우잔(斟酒于盞)진우헌관(進于獻官)_{술병(주전자)을 든 집사는 잔에 술을 따르고 좌 집사는 잔반을 헌관에게 드리시오.}○헌관봉지(獻官奉之)이수(以授)좌집사(左執事)_{헌관은 잔반을 받들어 례를 올리고 잔반을 다시 좌 집사에게 주시오.}○좌(左)집사(執事)봉전(奉奠)우(于)조고(祖考)위(位)전(前)_{좌 집사는 조고 위 앞에 잔반을 놓으시오.}○우(右)집사(執事)봉취(奉取)조비(祖妣)위(位)전(前)잔반궤(盞盤跪)_{우 집사는 조비 위 앞의 잔반을 들고 꿇고 앉으시오.}○집주자(執注者)짐주우잔(斟酒于盞)진우(進于)헌관(獻官)_{술병(주전자)을 든 집사는 잔에 술을 따르고 우 집사는 잔반을 헌관에게 드리시오.}○헌관(獻官)봉지(奉之)이수(以授)우집사(右執事)_{헌관은 잔반을 받들어 례를 올리고 잔반을 다시 우 집사에게주시오.}○우(右)집사(執事)봉전(奉奠)우(于)조비(祖妣)위전(位前)_{우 집사는 조비 위 앞에 잔반을 놓으시오.}○우(右)집사(執事)진(進)어적(魚炙)_{집사는 어적을 내어오시오.}○이(以)접성지진우(接盛之進于)헌관(獻官)_{집사는 육적을 접시에 담아 헌관에게 드리시오.}○헌관(獻官)봉지(奉之)이수(以授)좌집사(左執事)_{헌관은 육적을 받들어 례를 올리고 좌 집사에게 주시오.}○집사(執事)봉(奉)전우(奠于)잔반지남(盞盤之南)_{집사는 육적을 받들어 잔반의 남쪽에 놓으시오.}○아헌관(亞獻官)면복(俛伏)흥(興)소퇴(少退)재배(再拜)강(降)복위(復位)_{아헌관은 면복하였다 일어나 조금 물러서서 재배를 한후 제자리로 가시오.}○집사자(執事者)이인(二人)봉취(奉取)조고(祖考)비(妣)위전(位前) 잔반(盞盤)_{집사 두 사람은 조고비위 앞의 잔반을 받들어 오시오.}○관주우타기(灌酒于他器)세잔(洗盞)봉(奉)반우고처(反于故處)_{집사는 술잔을 빈그릇에 지우고 잔을 씻은후 조고비위 앞에 놓으시오.}

◆행종헌례(行終獻禮)_{종헌례를 행합니다}

○종헌관(終獻官)진(進)향탁전궤(香卓前跪)_{종헌관은 향탁 전에 나아가 끓어 앉으시오.}○집사(執事)집주(執注)궤우(跪于)헌관지우(獻官之右)_{집사는 술병(주전자)을 들고 헌관 오른쪽에 서시오.}○좌(左)집사(執事)봉취(奉取)조고(祖考)위(位)전(前)잔반궤(盞盤跪)_{좌집사는 조고 위 앞의 잔반을 들고 꿇고 앉으시오.}○집주자(執注者)짐주우잔(斟酒于盞)진우(進于)헌관(獻官)_{술병(주전자)을 든 집사는 잔에 술을 따르고 좌 집사는 잔반을 헌관에게 드리시오.}○헌관(獻官)봉지(奉之)이수(以授)좌집사(左執事)_{헌관은 잔반을 받들어 례를 올리고 잔반을 다시 좌 집사에게 주시오.}○좌집사(左執事)봉(奉)전우(奠于)조고위전(祖考位前)_{좌집사는 조고위 앞에 잔반을 놓으시오.}○우집사(右執事)봉취(奉取)조비(祖妣)위전(位前)잔반궤(盞盤跪) 우 집사는 조비 위 앞의 잔반을 들고 꿇고 앉으시오○집주자(執注者)짐주우잔(斟酒于盞)진우(進于)헌관(獻官)_{술병(주전자)을 든 집사는 잔에 술을 따르고 우집사는 잔반을 헌관에게 드리시오.}○헌관봉지(獻官奉之)이수(以授)우집사(右執事)_{헌관은 잔반을 받들어 례를 올리고 잔반을 다시 우집사에게 주시오.}○우집사(右執事)봉전우(奉奠于)조비(祖妣)위전(位前)_{우 집사는 조비 위 앞에 잔반을 놓으시오.}○우집사(右執事)진치자(進稚炙)_{집사는 치적을 내어 오시오.}○이접성지(以楪盛之)진우헌관(進于獻官)_{집사는 육적을 접시에 담아 헌관에게 드리시오.}○헌관(獻官)봉지(奉之)이수(以授)좌집사(左執事)_{헌관은 육적을 받들어 례를 올리고 좌 집사에게 주시오.}○집사(執事)봉전우(奉奠于)잔반지남(盞盤之南)_{집사는 육적을 받들어 잔반의 남쪽에 놓으시오.}○종헌관(終獻官)면복흥소퇴(俛伏興少退)재배(再拜)강복위(降復位)_{종헌관은 면복 하였다 일어나 조금 물러서서 재배를 한 후 제자리로 가시오.}

◆행유식례(行侑食禮)_{유식례를 행합니다.}

○초헌관(初獻官)진향탁전궤(進香卓前跪)_{초헌관은 향탁 전에 나아가 끓어 앉으시오.}○좌집사(左執事)봉타잔반(奉他盞盤)궤(跪)_{좌 집사는 다른 잔반을 들고 꿇고 앉으시오.}○집주자(執注者)짐주우잔(斟酒于盞)진우헌관(進于獻官)_{술병(주전자)을 든 집사는 잔에 술을 따르고 좌 집사는 잔반을 헌관에게드리시오.}○헌관(獻官)봉지이수(奉之以授)좌집사(左執事)_{헌관은 잔반을 받들어 례를 올리고 잔반을 다시 좌 우 집사에게 주시오.}○집사자이

인(執事者二人)봉전첨작우(奉奠添酌于)조고비위전잔(祖考妣位前盞)집사 두 사람은 조고비위 앞의 잔에 첨작을 올리시오.○초헌관(初獻官)면복흥(俛伏興)소퇴(少退)재배(再拜)강복위(降復位)초헌관은 면복 하였다 일어나 조금 물러서서 재배를 한후 제자리로 가시오.○집사자(執事者)철갱진다(撤羹進茶)집사는 국그릇을 내리고 차(숭늉)를 올리시오.○점다(點茶)삼초반(三抄飯)집사는 숭늉에 밥 세 수저를 떠서 물에 마시오.(저도 옮겨 놓으시오.○초헌관이하(初獻官以下)재위자(在位者)국궁숙사(鞠躬肅謝)소경(少傾)평신(平身)헌관이하 참례자는 모두 손을 모으고 국궁숙사-소경-평신 하시오.○합문(闔門)계문(啓門)헌관이하 참례자는 모두 부복했다가 헛기침 소리 세번한후일어나시오.○집사자(執事者)진(進)합반개(闔飯蓋)하시저(下匕箸)우접중(于楪中)복위(復位)집사는 나가 반개를 덮고 수저를 접시에 내려놓고 제자리로 가시오.

◆행수조례(行受胙禮) 음복례를 행합니다.

○초헌관(初獻官) 진향탁전궤(進香卓前跪)초헌관은 향탁 전에 나아가 끓어 앉으시오.○축관(祝官)봉취(奉取)조고위전잔반(祖考位前盞盤)립우헌관지우(立于獻官之右)축관은 조고 위 앞의 잔반을 들고 헌관 오른쪽에 서시오.○진우헌관(進于獻官)헌관수지(獻官受之)제주(祭酒)졸음(軟飮)축관은 헌관에게 잔반을 드리고 초헌관은 받아 제주를 쭉~ 드시오.○진자상지(進炙嘗之)초헌관(初獻官)면복흥(俛復興)강복위(降復位)집사는 적을 헌관에 드리고 헌관은 이를 받아 맛 본후 면복 하였다 일어나 제자리로 가시오.

◆행사신례(行辭神禮) 사신례를 행합니다.

○초헌관(初獻官)립우동계상서향(立于東階上西向)초헌관은 동계 상으로 나아가 서쪽을 향해서시오.○축관(祝官)립우서계상동향(立于西階上東向)축관은 서계 상으로 나아가 동쪽을 향해서시오.○읍(揖)고리성(告利成)축관은 성례함을 고하고 읍하시오.○초헌관(初獻官)답읍(答揖)복위(復位)초헌관도 답으로 읍하고 제자리로 가시오.○초헌관이하(初獻官以下)재위자(在位者)개사신재배(皆辭神再拜)초헌관이하 모든 참례자는 사신 재배를 하시오.○축관(祝官)분축문우향탁전(焚祝文于香卓前)축관은 향탁 전에 나아가 축문을 사르시오.

제례(祭禮)홀기(笏記)

○궐명쇄소(厥明灑掃) 포석진찬(布席陳饌)이른 아침 깨끗하게 청소를 하고 자리를 편 뒤 제수를 차린다.

◆행참신례(行祭神禮) 참신례를 행하겠습니다.
○초헌관이하(初獻官以下) 개재배(皆再拜)초헌관 이하 모든 참제원은 두 번 절 하십시오.

◆행강신례(行降神禮) 강신례를 행하겠습니다.
○초헌관(初獻官) 관세(盥洗) 초헌관은 관세위에 나아가 손을 씻으십시오.○분향(焚香) 삼상향(三上香)헌관은 향안 앞에 꿇어앉아 향을 세 번 사르십시오.○소퇴립(少退立)일어서서 조금 물러서십시오. ○뢰주(酹酒)술을 땅에 부어 강신하는 의식입니다. ○집사자일인(執事者一人) 취반잔(取盤盞) 입우헌관지좌(立于獻官之左) 집사자 한 사람 반잔을 들고 헌관의 왼쪽에 서시오.○일인집주주(一人執酒注) 입우헌관지우(立于獻官之右)한사람은 주전자를 들고 헌관의 오른쪽에 서시오.○헌관수반잔(獻官受盤盞) 동향립(東向立)헌관은 잔을 받아 동쪽으로 향해 서시오.○집사자서향(執事者西向) 짐주우잔(斟酒于盞)사준은 서쪽으로 향해 잔에 술을 따르시오.○헌관궤(獻官跪)헌관은 꿇어앉으십시오.○좌집반(左執盤) 우집잔(右執盞) 관우지(灌于地)왼손으로 잔받침을 들고 술을 땅에 세 번에 나누어 모두 부으십시오.○이반잔(以盤盞) 수집사자(授執事者)반지고처(反之故處) 반잔을 집사에게 주고 집사자는 원래자리에 놓으시오.○면복흥(俛伏興)헌관은 고개 숙여 엎드렸다가 일어나십시오.○재배(再拜)두 번 절 하십시오.○강복위(降復位)물러나 원래 자리로 돌아가십시오.

◆행초헌례(行初獻禮) 초헌례를 행하겠습니다.
○초헌관예(初獻官詣) 신위전(神位前)초헌관은 신위 앞으로 나아가십시오.○집사자일인집주주(執事者一人執酒注) 입우헌관지우(立于獻官之右) 사준은 헌관의 오른쪽에 서시오.○헌관봉고위전반잔(獻官奉考位前盤盞) 동향립(東向立) 헌관은 고위전의 반잔을 받들어 동쪽을 향하여 서십시오.○집사자서향(執事者西向)짐주우잔(斟酒于盞)사준은 서쪽으로 향해 잔에 술을 따르시오.○헌관봉지(獻官奉之) 전우고처(奠于故處)헌

관은 양손으로 받들어 읍하고, 신위전에 올리게 하시오.○봉비위전반잔(奉妣位前盤盞) 동향립(東向立)헌관은 비위전의 반잔을 받들고 동쪽을 향하여 서십시오.○집사자서향(執事者西向) 짐주우잔(斟酒于盞)사준은 서쪽을 향하여 잔에 술을 따르시오.○헌관봉지(獻官奉之) 전우고처(奠于故處) 북향립(北向立)헌관은 양손으로 받들어 읍하고, 신위전에 올리게 하고 북쪽을 향해 서십시오.○제주(祭酒)술을 땅에 붓는 의식입니다.○집사자이인(執事者二人) 봉고비위전반잔(奉考妣位前盤盞) 입우헌관지좌우(立于獻官之左右) 집사자 두 사람은 각기 고위와 비위전의 반잔을 받들고 헌관 좌우에 서시오.○헌관(獻官) 궤(跪)헌관은 꿇어앉으십시오.○집사자(執事者) 역궤(亦跪)집사자도 꿇어앉으시오.○헌관수(獻官受) 고위전반잔(考位前盤盞) ○우수취잔(右手取盞) 제주우지(祭酒于地)헌관은 고위전 잔반을 받아 오른손으로 잔을 잡아 절반을 땅에 세 번에 나누어 부으십시오.○이반잔수집사자(以盤盞授執事者) 반지고처(反之故處)반잔을 집사자에게 주어 원래 자리에 올리게 하시오.○수비위전반잔(受妣位前盤盞) 우수취잔(右手取盞) 제주우지(祭酒于地)비위전 반잔을 받아 오른손으로 잔을 잡아 절반을 땅에 세 번에 나누어 부으십시오.○이반잔수집사자(以盤盞授執事者) 반지고처(反之故處)반잔을 집사자에게 주어 원래 자리에 올리게 하시오.○면복흥(俛伏興)헌관은 고개 숙여 엎드렸다가 일어나십시오.○소퇴립(少退立)조금 물러나 서십시오.○집사자(執事者) 진적(進炙)집사자는 육적을 올리고 끈을 풀어 사지를 빼시오○집사자이인분진정저(執事者二人分進正筋)집사 두 사람이 나누어 수저를 바르게 놓으시오.○계반개(啓飯蓋)밥그릇과 모든 뚜껑을 열고 편의 한지를 벗기시오.○독축(讀祝)축을 읽겠습니다. ○헌관급(獻官及) 재위자개궤(在位者皆跪)헌관 및 모든 참제원은 꿇어 앉으십시오.○축집판(祝執版) 입어헌관지좌(立於獻官之左)축관은 축판을 들고 헌관의 왼쪽에 서시오.○궤(跪)꿇어앉으시오.○독축(讀祝)축문을 읽으시오.○개흥(皆興)모든 참제원은 일어서십시오 ○헌관재배(獻官再拜)헌관은 두 번 절하십시오.○강복위(降復位)물러나 원래 자리로 돌아가십시오.○집사자(執事者) 철주급적(撤酒及炙)집사자는 술과 육적을 내리시오.

◆행아헌례(行亞獻禮)아헌례를 행하겠습니다.

○아헌관(亞獻官) 관세(盥洗)아헌관은 관세위에 나아가 손을 씻으십시오. ○예신위전(詣神位前)헌관은 신위 앞으로 나가십시오.○집사자(執事者) 일인집주주(一人執酒注) 입어헌관지우(立於獻官之右)사준은 헌관의 오른쪽에 서시오.○헌관(獻官) 봉고위전반잔(奉考位前盤盞) 동향립(東向立) 헌관은 고위전 반잔을 받들어 동쪽을 향해 서십시오.○집사자서향(執事者西向) 짐주우잔(斟酒于盞)사준은 서쪽으로 향해 잔에 술을 따르시오.○헌관(獻官) 봉지전우고처(奉之奠于故處)헌관은 양손으로 받들어 읍하고, 신위전에 올리게 하시오. ○봉비위전반잔(奉妣位前盤盞) 동향립(東向立)헌관은 비위전의 반잔을 받들고 동쪽을 향하여서십시오.○집사자서향(執事者西向) 짐주우잔(斟酒于盞)집사자는 서쪽을 향하여 잔에 술을 따르시오.○헌관봉지전우고처(獻官奉之奠于故處) 북향립(北向立) 헌관은 양손으로 받들어 읍하고, 신위전에 올리게 하시오. 북쪽을 향해서십시오.○제주(祭酒)술을 땅에 붓는 의식입니다. ○집사자이인(執事者二人) 봉고비위전반잔(奉考妣位前盤盞) 입어헌관지좌우(立於獻官之左右) 집사자 두 사람은 각기 고위와 비위전의 반잔을 받들고 헌관 좌우에서시오.○헌관궤(獻官跪)헌관은 꿇어앉으십시오.○집사자(執事者) 역궤(亦跪)집사자도 꿇어앉으시오.○헌관수고위전반잔(獻官受考位前盤盞) 우수취잔(右手取盞) 제주우지(祭酒于地)헌관은 고위전 반잔을 받아 오른손으로 잔을 잡아 절반을 땅에 세 번에 나누어 부으시오. ○이반잔수집사자(以盤盞授執事者)반지고처(反之故處)반잔을 집사자에게 주어 원래 자리에 올리게 하시오.○수비위전반잔(受妣位前盤盞) 우수취잔(右手取盞) 제주우지(祭酒于地)비위전 반잔을 받아 오른손으로 잔을 잡고 절반을 땅에 세 번에 나누어 부으십시오. ○이반잔수집사자(以盤盞授執事者) 반지고처(反之故處)반잔을 집사자에게 주어 원래 자리에 올리게 하시오.○면복흥(俛伏興)헌관은 고개 숙여 엎드렸다가 일어나십시오.○소퇴립(少退立)조금 물러나 서십시오. ○집사자진적(執事者進炙)집사자는 어적을 올리고 끈을 풀고 사지를 빼시오.○헌관재배(獻官再拜)헌관은 두 번 절하십시오○강복위(降復位)물러나 원래 자리로돌아가십시오.○집사자(執事者) 철주급적(撤酒及炙)집사자는 술과 어적을 내리시오.

◆행종헌례(行終獻禮)종헌례를 행하겠습니다.

○종헌관관세(終獻官盥洗) 종헌관은 관세위에 나아가 손을 씻으십시오.○詣神位前(예신위전) 헌관은 신위 앞으로 나가십시오.○집사자일인집주주(執事者一人執酒注) 입우헌관지우(立于獻官之右) 사준은 헌관의 오른쪽에 서시오.○헌관봉(獻官奉) 고위전반잔(考位前盤盞) 동향립(東向立)고위전반잔을 받들고 동쪽을 향하여 서십시오.○집사자서향(執事者西向) 짐주우잔(斟酒于盞)사준은 서쪽을 향해 잔에 술을 따르시오.○헌관(獻官) 봉지전우고처(奉之奠于故處)헌관은 양손으로 받들어 읍하고, 신위전에 올리게 하시오. ○봉(奉) 비위전반잔(妣位前盤盞) 동향립(東向立)헌관은 비위전의 반잔을 받들고 동쪽을 향하여 서십시오.○집사자서향(執事者西向) 짐주우잔(斟酒于盞)사준은 서쪽을 향하여 잔에 술을 따르시오.○헌관봉(獻官奉) 지전우고처(之奠于故處) 북향립(北向立)헌관은 양손으로 받들어 읍

하고, 신위전에 올리게 하시오. 북쪽을 향해 서십시오. ○제주(祭酒)술을 땅에 붓는 의식입니다. ○집사자이인(執事者二人) 봉고비위전반잔(奉考妣位前盤盞) 입어헌관지좌우(立於獻官之左右)집사자 두 사람은 각기 고위와 비위전의 반잔을 받들고 헌관 좌우에 서시오. ○헌관궤(獻官跪) 헌관은 꿇어 앉으십시오. ○집사자역궤(執事者亦跪) 집사자도 꿇어앉으시오. ○헌관수(獻官受) 고위전반잔(考位前盤盞) 우수취잔(右手取盞) 제주우지(祭酒于地)헌관은 고위전 반잔을 받아 오른손으로 잔을 잡아 절반을 땅에 세 번에 나누어 부으십시오. ○이반잔수집사자(以盤盞授執事者) 반지고처(反之故處)반잔을 집사자에게 주어 원래 자리에 올리게 하시오. ○수비위전반잔(受妣位前盤盞) 우수취잔(右受取盞) 제주우지(祭酒于地)비위전의 반잔을 받아 오른손으로 잔을 잡아 절반을 땅에 세 번에 나누어 부으십시오. ○이반잔수집사자(以盤盞授執事者) 반지고처(反之故處)반잔을 집사자에게 주어 원래 자리에 올리게 하시오. ○면복흥(俛伏興)헌관은 고개 숙여 엎드렸다가 일어나십시오. ○소퇴립(少退立)조금 물러나 서십시오. ○집사자(執事者) 진적(進炙)집사자는 계적을 올리고 끈을 풀고 사지를 빼시오. ○헌관(獻官) 재배(再拜)헌관은 두 번 절하십시오. ○강부위(降復位)물러나 원래 자리로 돌아가십시오. ○집사자이인(執事者二人) 분진신위전(分進神位前)집사자 두사람이 나누어 신위 앞으로 나아가시오. ○삽시정저(扱匙正筯) 숟가락을 밥그릇에 꽂고 젓가락을 바르게 놓으시오. ○재위자(在位者) 개부복식경(皆俯伏食頃)모든 참제원은 부복하여 9식경동안 기다리십시오. ○축삼희흠(祝三噫歆)축관은 먼저 일어나 으흠 세 번 하시오. ○재위자(在位者) 개흥(皆興) 참제원은 모두 일어서십시오. ○진다(進茶)숭늉을 올리는 의식입니다. ○집사자이인(執事者二人) 분진다탕우(分進茶湯于) 고비위전(考妣位前)집사자 두 사람은 나누어 고위와 비위전에 숭늉을 올리시오. ○점다(點茶) 밥을 조금 떠서 마시오. ○국궁(鞠躬)참제원 모두 잠시 허리를 숙이십시오. ○평신(平身)허리를 펴 바로 서십시오. ○집사자(執事者) 하시저(下匙筯)합반개(闔飯蓋)집사자는 수저를 내리고 모든 제수 뚜껑을 모두 덮으시오.

◆행사신례(行辭神禮) 사신례를 올리겠습니다.

○헌관이하(獻官以下) 개재배(皆再拜)헌관 이하 모든 참제원은 두 번 절하십시오. ○축분축(祝焚祝) 축관은 축문을 사르십시오. ○집사자(執事者) 철찬(撤饌)집사자는 철상 하시오. ○예필(禮畢) 예를 모두 마칩니다.

불천위기제홀기(不遷位忌祭笏記)

◆행출주례(行出主禮)신주를 모셔오는 예.

○주인(主人)이하(以下)서립우묘정(序立于廟庭)주인이하 사당 앞 뜰에 차례로 서시오 ○집사자(執事者)계묘문(啓廟門)집사는 사당 문을 여시오 ○개재배(皆再拜) 모두 두 번 절하시오. ○주인예신주전궤(主人詣神主前跪)주인은 신주 앞에 나아가 꿇어앉으시오. ○축예주인좌고사(祝詣主人左告辭)축관은 주인의 왼쪽에 나아가 고사를 하시오.○금이(今以)현(顯)XX대조고(代祖考)증(贈)XXXXXX대부(XXXXXX大夫)의정부(議政府)영의정(領議政)겸(兼)영경연(領經筵)홍문관(弘文館)예문관(藝文館)춘추관(春秋館)관상감사(觀象監事)세자사(世子師)시(諡)XX공(公)행(行)자헌대부(資憲大夫)의정부(議政府)우참찬(右參贊)부군(府君)원휘지진(遠諱之辰)감청신주(敢請神主)출취정침(出就正寢)공신추모(恭伸追慕)이(以)정경부인(貞敬夫人)XXX씨(氏)정경부인(貞敬夫人) XXX씨(氏)배식(配食)-금이 현 XX대조고 보국숭록대부 의정부영의정 겸 영경연홍문관......원휘지신 감청신주 출취정침 공신추모 이 정경부인 XXX씨 정경부인 XXX씨 배식: 이제 현 XX대 조고 증 대광보국숭록대부 의정부 영의정 겸 영경연홍문관예문관춘추관관상감사 세자사 시XX공 행 자헌대부 의정부 우참찬 부군을 추원(追遠)하는 제사 날이옵니다. 신주께옵서 정침에 나가실 것을 감히 청하오며 공손히 추모의 뜻을 펴나이다. 그리고 현XX대 조비 증정경부인 XXX씨와 정경부인 XXX씨께서도 함께 드시도록 하옵소서. ○축봉신주출(祝奉神主出) 축관은 신주를 받 들고 나가시오.

○봉촉집촉전도(奉燭執燭前導) 봉촉은 촛불을 잡고 앞길을인도하십시오.○주인이하개종(主人以下皆從)주인 이하 모두 뒤따르시오 ○봉신주(奉神主) 안우탁자상(安于卓子上) 받든 신주를 탁자(교의) 위에 안치하시오 .○계독(啓櫝)신주를 모신 독을 여시오. ○주인(主人) 이하서립(以下序立) 주인이하 차례로 서시오.

◆ **참신재배(參神再拜)**참신하는 절을 두 번 하시오.

◆ **행강신례(行降神禮)**신위의 강림을 비는 예
○주인(主人) 예향안전궤(詣香案前跪) 주인은 향상 앞으로 나가 끓어 앉으시오. ○봉향(奉香) 봉향합(奉香盒)봉향은 향합을 받들고 ○봉로봉향로(奉爐奉香爐)봉로는 향로를 받들어서 ○전우탁자상(奠于卓子上)탁자(香床) 위에 놓으시오. ○헌관분향(獻官焚香) 헌관은 향을 사르시오.○봉작취주인우(奉酌就主人右) 실주궤진(實酒跪進)봉작은 주인 오른쪽에서 술을 쳐서 끓어 앉아 드리시오. ○주인수지읍(主人受之揖) 관우모상(灌于茅上)주인은 받아서 읍하고 모사 위에 부으시오. ○면복흥(俛伏興) 소퇴재배(少退再拜)엎드렸다가 일어서서 조금 물러서서 두 번 절하시오. ○강복위(降復位) 내려가서 제자리로 돌아 가시오. ○집사자진찬(執事者進饌)집사는 음식을 올리시오. ○주인승(主人升) 축종지(祝從之)주인은 올라오고 축관도 따르시오. ○주인(主人) 봉육전우(奉肉奠于) 잔반지남(盞盤之南) 주인은 육물(대육)을 받들어 잔대 남쪽에 놓으시오. ○축(祝) 봉면식(奉麵食) 전우육서(奠于肉西)축관은 국수를 받들어 대육 서쪽에 놓으시오. ○주인(主人) 봉어전우(奉魚奠于) 염접지남(鹽楪之南) 주인은 어물(대어)을 받들어 소금 접시 남쪽에 놓으시오.○축봉미식(祝奉米食) 전우어동(奠于魚東)축관은 떡을 받들어 대육 동쪽에 놓으시오. ○주인(主人) 봉육탕(奉肉湯) 전우육내(奠于肉內) 육탕을 받들어 대육 안쪽에 놓으시오. ○축(祝) 우전육탕우기남(又奠肉湯于其南)축관은 또 육탕을 받들어 앞서 놓은 육탕 남쪽에 놓으시오. ○주인(主人) 봉어탕(奉魚湯) 전우육내(奠于肉內) 주인은 어탕을 받들어 대어 안쪽에 놓으시오. ○축(祝) 우전어탕우기남(又奠魚湯于其南)축관은 또 어탕을 받들어 앞서 놓은 어탕 남쪽에 놓으시오. ○주인봉갱(主人奉羹) 전우염접지동(奠于鹽楪之東)주인은 탕국을 받들어 소금 접시를 동쪽에 놓으시오 ○축봉반(祝奉飯) 전우잔반지서(奠于盞盤之西) 축관은 메밥을 받들어 술잔의 서쪽에 놓으시오 ○개강복위(皆降復位)모두 내려가서 본래의 위치로 돌아가시오.

◆ **행초헌례(行初獻禮)** 초헌을 행하는 예
○주인승예(主人升詣) 향안전궤(香案前跪)주인은 올라와서 향상 앞으로 나가 끓어 앉으시오. ○봉작실주(奉爵實酒) 궤진(跪進)봉작은 술을 쳐서 끓어 앉아 드리시오. ○주인(主人) 수지읍(受之揖) 제우모상(祭于茅上)주인은 받아서 읍하고 모사에 제주(술을 조금 지움)하고, ○이수전작(以授奠爵)전작(술잔을 올리는 이)에게 주시오. ○전작수(奠爵受) 전우고위전(奠于考位前)전작은 받아서 고위 앞에 드리시오 ○봉작(奉爵) 우실주궤진(又實酒跪進) 봉작은 또 술을 쳐서 끓어 앉아 드리시오. ○主人受之揖祭于茅上)-주인 수지 읍 제우 모상: 주인은 받아서 읍하고 모사에 제주(술을 조금 지움)하고, ○이수전작(以授奠爵)전작(술잔을 올리는 이)에게 주시오. ○전작수(奠爵受) 전우비위전(奠于妣位前)전작은 받아서 비위 앞에 드리시오. ○축진육찬(祝進肉饌) 계반개(啓飯盖)축관은 육찬을 나수고 메밥 뚜껑을 여시오. ○축 취(祝就) 주인지좌동향궤(主人之左東向跪)축관은 주인의 왼쪽에

나아가 동쪽을 향해 끊어 앉아, ○**독축문(讀祝文)**축문을 읽으시오. ○**주인면복흥(主人俛伏興) 소퇴재배(少退再拜)** 주인은 엎드렸다가 일어나서 조금 물러서서 두 번 절하시오. ○**강복위(降復位)**내려가서 제자리로 돌아가시오 ○**축퇴작(祝退爵)**축관은 잔을 물리시오.○**집사자(執事者) 세작(洗爵)**집사는 잔을 씻으시오.

◆행아헌례(行亞獻禮) 아헌을 행하는 예

○**헌관(獻官) 승예향안전궤(升詣香案前跪)**헌관은 올라와서 향상 앞으로 나가 끊어 앉으시오. ○**봉작(奉爵) 실주궤진(實酒跪進)**봉작은 술을 쳐서 끊어 앉아 드리시오. ○**헌관수지읍(獻官受之揖) 제우모상(祭于茅上)**헌관은 받아서 읍하고 모사에 제주(술을 조금 지움)하고, ○**이수전작(以授奠爵)** 전작(술잔을 올리는 이)에게 주시오. ○**전작수(奠爵受) 전우고위전(奠于考位前)**전작은 받아서 고위 앞에 드리시오. ○**봉작(奉爵) 우실주궤진(又實酒跪進)**봉작은 또 술을 쳐서 끊어 앉아 드리시오. ○**헌관수지읍(獻官受之揖) 제우모상(祭于茅上)** 헌관은 받아서 읍하고 모사에 제주(술을 조금 지움)하고, ○**이수(以授) 전작(奠爵)**전작(술잔을 올리는 이)에게 주시오. ○**전작수(奠爵受) 전우비위전(奠于妣位前)**전작은 받아서 비위 앞에 드리시오. ○**축진어찬(祝進魚饌)**축관은 어찬을 나수시오. ○**헌관(獻官) 면복흥소퇴재배(俛伏興少退再拜)** 헌관은 엎드렸다가 일어나서 조금 물러서서 두 번 절하시오. ○**강복위(降復位)**내려가서 제자리로 돌아가시오. ○**축퇴작(祝退爵)**축관은 잔을 물리시오. ○**집사자(執事者) 세작(洗爵)**집사는 잔을 씻으시오.

◆행종헌례(行終獻禮) 종헌을 행하는 예.

○**헌관승예(獻官升詣) 향안전궤(香案前跪)**헌관은 올라와서 향상 앞으로 나가 끊어 앉으시오. ○**봉작(奉爵) 실주궤진(實酒跪進)**봉작은 술을 쳐서 끊어 앉아 드리시오. ○**헌관수지읍(獻官受之揖) 제우모상(祭于茅上)** 헌관은 받아서 읍하고 모사에 제주(술을 조금 지움)하고, ○**이수전작(以授奠爵)**전작(술잔을 올리는 이)에게 주시오. ○**전작수(奠爵受) 전우고위전(奠于考位前)**전작은 받아서 고위 앞에 드리시오. ○**봉작(奉爵) 우실주궤진(又實酒跪進)**봉작은 또 술을 쳐서 끊어 앉아 드리시오. ○**헌관수지읍(獻官受之揖) 제우모상(祭于茅上)** 헌관은 받아서 읍하고 모사에 제주(술을 조금 지움)하고, ○**이수전작(以授奠爵)**전작(술잔을 올리는 이)에게 주시오. ○**전작수(奠爵受) 전우비위전(奠于妣位前)**전작은 받아서 비위 앞에 드리시오. ○**축진첨치찬(祝進添雉饌)**축관은 나아가 치찬(꿩고기)을 첨가하시오. ○**헌관면복흥(獻官俛伏興) 소퇴재배(少退再拜)**헌관은 엎드렸다가 일어나서 조금 물러서서 두 번 절하시오. ○**강복위(降復位)**내려가서 제자리로 돌아가시오.

◆행유식례(行侑食禮) 신위에게 음식을 권하는 예.

○**주인승예(主人升詣) 신위전(神位前)**주인은 올라와서 신위 앞에 나아가시오. ○**봉작집주이진(奉爵執注以進)**봉작은 주자를 잡고 술을 떠서 드리시오. ○**주인(主人) 취첨주개만(就添酒皆滿)**주인은 나아가 첨주하여 잔마다 가득하게 하시오. ○**축승(祝升) 삽시정저(挿匙正著)**축관은 올라와서 숟가락을 꽂고 젓가락을 바로 놓으시오. ○**주인여축(主人與祝) 퇴예향안전(退詣香案前)** 주인과 축관은 물러나서 향상 앞으로 나아가시오. ○**주서축동(主西祝東) 합재배(合再拜)**주인은 서쪽에 축관은 동쪽에 서서 함께 두 번 절하시오. ○**개강복위(皆降復位)**모두 내려가서 본래의 위치로 돌아가

시오. ○집사자(執事者) 합문(闔門)집사는 문을 닫으시오. ○주인이하(主人以下) 부복여식경(俯伏如食頃)주인이하 한참 동안 엎드리시오.(식경: 9 숟가락 떠먹는 정도의 시간)

◆행사신례(行辭神禮)신위를 작별하는 예.

○축진(祝進) 삼희흠(三噫歆) 계문(啓門)축관은 나아가 세 번 기침하고 문을 여시오. ○주인여축승(主人與祝升)주인과 축관은 올라오시오. ○축퇴갱(祝退羹) 진숙수(進熟水)축관은 탕국을 물리고 숭늉을 나수시오. ○주인이시수(主人以匙授) 축치숙수(祝置熟水) 주인은 숟가락을 축관에게 주어 숭늉에 담구게 하시오. ○합반개(闔飯盖)메밥 뚜껑을 덮으시오. ○재위자(在位者) 개국궁숙사(皆鞠躬肅俟) 제관은 모두 몸을 굽히고 정숙하게 기다리시오 ○축철시(祝撤匙)축관은 숟가락을 거두시오. ○주인립어동계상서향(主人立於東階上西向)주인은 동쪽 계단위에 서서 서쪽을 향하고, ○축립어서계상동향(祝立於西階上東向)축관은 서쪽계다위에 서서 동쪽을 향한다. ○읍고리성(揖告利成)읍하면서 "이성"이라고 고하시오 *이성:"예가 원만히 이루어져 끝마쳤습니다"의 뜻 ○개강복위(皆降復位)모두 내려가서 제자리에 서시오. ○재위자(在位者) 개재배사신(皆再拜辭神)제관은 모두 두 번 절하고 신을 전송하십시오.○축승렴독(祝升斂櫝)축관은 올라와서 독을 덮어씌우시오. ○집사자퇴작(執事者退爵)집사는 잔을 물리시오. ○축분축문(祝焚祝文)축관은 축문을 불사르시오. ○축봉신주입묘(祝奉神主入廟)축관은 신주를 받들어 사당에 모십시오. ○봉촉집촉전도(奉燭執燭前導)봉촉은 촛불을 들고 앞길을 인도하시오. ○주인이하개종(主人以下皆從)주인 이하 모두 따르시오.

단향홀기(壇享笏記)

○제(諸) 자손(子孫) 예(詣) 단소전(壇所前) 서립(序立)모든 자손들은 단소 앞으로 차례로 서시오. ○대축(大祝) 이하(以下) 제(諸) 집사(執事) 예(詣) 관세위(盥洗位) 관세(盥帨)축관 이하 모든 집사는 관세위로 나아가 손을 씻으시오. ○잉(仍) 각(各) 취위(就位)각각 자기의 자리로 가시오.

◆행(行) 진설례(陳設禮)제사상을 차리는 의례입니다.

○선봉(先奉) 과접전지(果楪奠之)과일을 올려놓으시오. ○차봉(次奉) 어육포혜급(魚肉脯醯及) 채접(菜楪) 전지(奠之)어육 포와 채접을 올려놓으시오. ○차봉(次奉) 시저급(匙箸及) 반잔전지(盤盞奠之)시저와 반잔을 올리시오.

◆행(行) 강신례(降神禮)조상님을 맞이하는 의례입니다.

○봉향(奉香) 봉로(奉爐) 예(詣) 시중공신위전(侍中公神位前) 상향립(相向立)봉향과 봉로는 신위 앞으로 나와서 좌우로 서시오. ○초헌관(初獻官) 예(詣) 관세위(盥洗位) 관세(盥帨)초헌관은 세수 대야에 손을 씻으시오. ○잉예(仍詣) 모공(某公)신위전(神位前) 궤(跪)모공 신위 앞에 꿇어앉으시오. ○봉향(奉香) 봉향합(奉香盒)서향(西向) 궤(跪)봉향은 서쪽을 향하여 꿇어 앉아 향합을 받드시오. (봉향은 향합을 받들고 서향하여 무릅 꿇고 앉으시오.) ○봉로(奉爐) 봉향로(奉香爐) 동향(東向) 궤(跪)봉로는 동쪽을 향하여 꿇어 앉아 향로를 받드시오. ○초헌관(初獻官) 삼상향(三上香)초헌관은 향을 세 번 피우시오. ○초헌관(初獻官) 부복흥(俯伏興) 소퇴(少退) 재배(再拜)초헌관은 잠간 업드렸다가 일어나 재배 하시오. ○초헌관(初獻官) 부복흥(俯伏興) 소퇴(少退) 궤(跪)초헌관은 잠간 업드렸다가 일어나 조금 뒤로 물러서 궤하시오.

○봉작(奉爵) 봉(奉) 뢰주잔(醽酒盞) 궤수(跪授) 초헌관(初獻官)좌집사는 강신 잔반을 받들어서 초헌관에게 주시오. ○초헌관집잔(初獻官執盞) 사준(司樽) 짐주우잔(斟酒于盞)초헌관은 잔반을 받드시고 사준은 술을 따르시오. ○초헌관(初獻官) 삼관우(三灌于) 지상(地上)초헌관은 강신 잔반의 술을 땅위에 세 번으로 나누어 부우시오. ○봉작로수잔(奉爵爐受盞) 반지고처(返之故處)좌집사는 잔반을 받들어서 본래의 제자리에 놓으시오. ○초헌관(初獻官) 부복(俯伏) 흥(興) 소퇴(少退) 재배(再拜)초헌관은 엎드렸다가 일어나 재배 하시오. ○잉예(仍詣) 좌찬성공(左贊成公) 신위전(神位前) 강신(降神) 여(如) 전의(前儀)이어서 좌찬성공 신위전에 강신의 예를 올리시오. ○잉예(仍詣) 대사헌공(大司憲公) 신위전(神位前) 강신(降神) 여(如) 전의(前儀)이어서 대사헌공 신위전에 강신의 예를 올리시오. ○잉예(仍詣) 판서공(判書公) 신위전(神位前) 강신(降神) 여(如) 전의(前儀)이어서 판서공 신위전에 강신의 예를 올리시오. ○잉예(仍詣) 응교공(應敎公) 신위전(神位前) 강신(降神) 여(如) 전의(前儀)이어서 응교공 신위전에 강신의 예를 올리시오. ○제(諸) 집사(執事) 개(皆) 강(降) 복위(復位)모두 내려와서 본래의 제자리로 가시오.

◆행(行) 참신례(參神禮)참신례를 행하시오.

○삼헌이하(三獻以下) 제(諸) 집사급(執事及) 제(諸) 자손(子孫) 개(皆) 재배(再拜)삼헌관과 집사 및 자손은 다 같이 재배 하시오. < 배(拜) 흥(興) 배(拜) 흥(興) 평신(平身)>허리를 굽히시오, 절하시오, 일어나시오, 절하시오, 일어나시오, 바로 서시오.

◆행(行) 초헌례(初獻禮)초헌례를 행하시오.

○봉작전작(奉爵奠爵) 예(詣) 모공(某公) 신위전(神位前) 상향립(相向立)봉작 전작은 시중공 신위 앞으로 나와서 좌우로 서시오. ○초헌관(初獻官) 예(詣) 모공(某公) 신위전(神位前) 궤(跪)초헌관은 모공 신위 전에 나가 꿇어앉으시오. ○봉작 짐주우잔(奉爵斟酒于盞) 궤(跪) 수초헌관(授初獻官)봉작은 술을 잔에 따라 꿇고 초헌관에게 드리시오. ○초헌관(初獻官) 수잔(受盞) 헌지(獻之) 전작수지전우(奠爵受之奠于) 신위전(神位前)초헌관은 잔을 받들고 전작은 잔을 받아 신위전에 올리시오. ○강기잔반(降其盞盤) 수(授) 초헌관(初獻官)잔반을 내려서 헌관에게 주시오. ○삼제(三祭) 소경우지(少傾于地)헌관은 술을 세 번 나누어 땅위에 지우고. [천신(天神),지신(地神),조신(祖神)] ○반우고처(返于故處)집사는 잔반을 받아 신위 앞 자리에 놓으시오. ○집사궤(執事跪) 진육적(進肉炙)집사는 육적을 올리시오. ○잉예(仍詣) 모공(某公) 신위전(神位前) 헌작(獻爵) 여(如) 전의(前儀)이어서 모공 신위전에 초헌례를 올리시오. ○잉예(仍詣) 모공(모공) 신위전(神位前) 헌작(獻爵) 여(如) 전의(前儀)이어서 모공 신위전에 초헌례를 올리시오. ○잉예(仍詣) 모공(某公) 신위전(神位前) 헌작(獻爵) 여(如) 전의(前儀)이어서 모공 신위전에 초헌례를 올리시오. ○잉예(仍詣) 모공(某公) 신위전(神位前) 헌작(獻爵) 여(如) 전의(前儀)이어서 모공 신위전에 초헌례를 올리시오. ○초헌관(初獻官) 부복흥(俯伏興) 환예(還詣) 모공신위전(某公神位前) 궤(跪)초헌관은 부복하고 모공 신위전으로 돌아와 꿇어앉으시오. ○제(諸) 자손(子孫) 개(皆) 궤(跪)모두 꿇어앉으시오. ○대축궤우(大祝跪于) 초헌관지(初獻官之) 동향(東向) 독축문(讀祝文)축관은 무릎을 꿇고 동향하여 축문을 읽으시오. ○삼헌관(三獻官) 이하(以下) 제(諸) 자손(子孫) 개(皆) 흥(興)헌관 이하 제 자손은 일어서시오. ○초헌관(初獻官) 소퇴(少退) 재배(再拜)초헌

관은 조금 물러나 재배 하시오. ○잉(仍) 강복위(降復位)모두 제 자리로 내려가시오. ○집사(執事) 철주(徹酒).철적(徹炙) 치잔고처(置盞故處)집사는 술잔을 내려 비우고 본 자리에 올려놓으시오.

◆행(行) 아헌례(亞獻禮)아헌례를 행하시오.

○봉작(奉爵) 전작(奠爵) 예(詣) 시중공(侍中公) 신위전(神位前) 상향립(相向立)봉작 전작은 시중공 신위 앞으로 나와서 좌우로 서시오. ○아헌관(亞獻官) 예(詣) 관세위(盥洗位) 관세(盥帨)아헌관은 세수 대야에 손을 씻으시오. ○잉예(仍詣) 모공 신위전(某公神位前) 궤(跪)모공 신위전에 꿇어앉으시오. ○봉작(奉爵) 짐주우잔(斟酒于盞) 궤수아헌관(跪授亞獻官)봉작은 술을 잔에 따라 꿇고 아헌관에게 드리시오. ○아헌관(亞獻官) 수잔(受盞) 헌지(獻之) 전작수지전우(奠爵受之奠于) 신위전(神位前)아헌관은 잔을 받들고 전작은 잔을 받아 신위전에 올리시오. ○집사궤(執事跪) 진어적(進魚炙)집사는 육적을 올리시오. ○아헌관(亞獻官) 소퇴(少退) 재배(再拜)아헌관은 조금 물러나 재배 하시오. ○잉예(仍詣) 모공신위전(某公神位前) 헌작(獻爵) 여(如) 전의(前儀)이어서 모공 신위전에 아헌례를 올리시오. ○잉예(仍詣) 모공(某公) 신위전(神位前) 헌작(獻爵) 여(如) 전의(前儀)이어서 모공 신위전에 아헌례를 올리시오. ○잉예(仍詣) 모공(某公) 신위전(神位前) 헌작(獻爵) 여(如) 전의(前儀)이어서 모공 신위전에 아헌례를 올리시오○잉예(仍詣) 모공(某公) 신위전(神位前) 헌작(獻爵) 여(如) 전의(前儀) 이어서 모공 신위전에 아헌례를 올리시오. ○잉(仍) 강복위(降復位)모두 제 자리로 내려가시오.

◆행(行) 종헌례(終獻禮)종헌례를 행하시오.

○봉작전작(奉爵奠爵) 예(詣) 시중공신위전(侍中公神位前) 상향립(相向立)봉작 전작은 시중공 신위 앞으로 나와서 좌우로 서시오. ○종헌관(終獻官) 예(詣) 관세위(盥洗位) 관세(盥帨)종헌관은 세수 대야에 손을 씻으시오. ○잉(仍) 예(詣) 모공(모공) 신위전(神位前) 궤(跪)모공 신위전에 꿇어앉으시오. ○봉작(奉爵) 짐주우잔(斟酒于盞) 궤수종헌관(跪授終獻官)봉작은 술을 잔에 따라 꿇고 종헌관에게 드리시오. ○종헌관수잔(終獻官受盞) 헌지(獻之) 전작수지전우신위전(奠爵受之奠于神位前)종헌관은 잔을 받들고 전작은 잔을 받아 신위전에 올리시오. ○집사궤(執事跪) 진계적(進鷄炙)집사는 계육적을 올리시오. ○종헌관(終獻官) 소퇴(少退) 재배(再拜)종헌관은 조금 물러서 재배하시오. ○잉예(仍詣) 모공(某公) 신위전(神位前) 헌작(獻爵) 여(如) 전의(前儀)이어서 모공 신위전에 종헌례를 올리시오. ○잉예(仍詣) 모공(某公) 신위전(神位前) 헌작(獻爵) 여(如) 전의(前儀)이어서 모공 신위전에 종헌례를 올리시오. ○잉예(仍詣) 모공(某公) 신위전(神位前) 헌작(獻爵) 여(如) 전의(前儀)이어서 모공 신위전에 종헌례를 올리시오. ○잉예(仍詣) 모공(某公) 신위전(神位前) 헌작(獻爵) 여(如) 전의(前儀)이어서 모공 신위전에 종헌례를 올리시오. ○잉(仍) 강복위(降復位)모두 제 자리로 내려가시오.

◆행(行) 사신례(辭神禮)사신례를 행하시오.

○초헌관(初獻官) 예(詣) 음복위(飲福位) 서북향(西北向) 립(立)초헌관은 조위 앞에 나아가 서북향해 서시요. ○대축(大祝) 거주일잔(擧酒一盞) 포일조립수우초헌관지전(脯一條立授于初獻官之前)대축은 술과 포를 들어 초헌관 앞에 놓으시오. ○초헌관(初獻官) 궤(跪) 수이쵀주(受以啐酒)초헌관은 꿇어앉아 술을 음복하세요. ○

대축봉잔급(大祝奉盞及) 포치우(脯置于) 단하서변(壇下西邊)축관은 술잔과 포를 받아 젯상 아래 서편에 놓으시오. ○초헌관(初獻官) 립어조계상(立於阼階上) 서향(西向)초헌관은 동쪽 계단에서 서향하여 서시오. ○대축(大祝) 입어(立於) 서계상(西階上) 동향(東向)축관은 서쪽 계단에서 동향하고 서시오. ○고리성(告利成)축관은 헌관에게 잘 마쳤음을 고하시오. ○초헌관(初獻官) 답읍(答揖)초헌관은 답례 하시오. ○잉예 망료위 (仍詣 望燎位) (잉예 망료위) 이어서 축문을 사르는 곳으로 가시오○대축(大祝) 취축문(取祝文) 가료(可燎) 치어감(置於坎)축문을 불사르고 흙에 묻으시오. ○초헌관(初獻官) 급(及) 대축(大祝) 개강부위(皆降復位)초헌관과 대축은 제자리로 내려가시오. ○삼헌관급(三獻官及) 대예축관(大禮祝官) 제(諸) 집사(執事) 제자손(諸子孫) 개(皆) 재배(再拜)삼헌관 축관 집사 제 자손 모두 재배하시오. < 국궁(鞠躬) 배(拜) 흥(興) 국궁(鞠躬) 배(拜) 흥(興) 평신(平身)>허리를 굽히시오, 절하시오, 일어나시오, 절하시오, 일어나시오. 바로 서시오. ○제(諸) 집사(執事) 철상(撤床) 출(出)제 집사는 철상하고 나가시오.

◆예(禮) 필(畢)이로써 제례를 모두 마칩니다,

서제홀기(序祭 笏記)

○헌관급재위자(獻官及在位者) 헌관과 제례참석자는 모두 제례복을 입고 차례로 줄을 서세요,○집사자(執事者) 각취위(各就位)분정을 명 받은 각각 집사는 제위치에 나가 서시오,○알자진(謁者進) 초헌관지좌(初獻官之左)알자는 초헌관 왼편에 가서 읍을 하며,○청행사(請行事)청 행사라고 고 하시오,

◆행강신례(行降神禮)강신례를 행합니다.
○알자인초헌관(謁者引初獻官) 예관세위(詣盥洗位)알자는 초헌관을 인도하여 관세위로 나아가세요,○세수(洗手)손을 씻고 수건으로 손을 닦으세요,○인예(引詣) 향안전궤(香案前跪)향로 앞으로 나아가 꿇어 앉으시오,○분향(焚香) 향에 불을 붙이시오,○삼상향(三上香) 세번 향을 향로에 넣으시오,○집사자(執事者) 봉반잔(奉盤盞) 수헌관(授獻官)집사자는 반위의 잔을 들어 헌관에게 드리시오,○주인(主人) 집주(執注)제주 주전자를 잡으시오,○짐주(斟酒)집사자는 잔에 제주를 따르시오,○헌관(獻官) 뢰우모상(酹于茅上)헌관은 강신한 술잔의 술을 모상에 뇌주 하시오,○집사자(執事者) 수반잔(受盤盞) 전우고처(奠于故處) 집사자는 잔을 받아 반위의 처음 자리에 올리시오,○소퇴(小退) 재배(再拜) 헌관은 조금 뒤로 물러나 2배 하시오,○배례(拜禮) 배(拜) 흥(興) 배(拜) 흥(興) 평신(平身)○인강복위(引降復位)알자는 헌관을 모시고 제자리로 돌아가시오,

◆행참신례(行參神禮)
○헌관이하(獻官以下) 재위자개재배(在位者皆再拜)헌관을 합하여 모든 참례자들은 두번 절하시오, ○국궁(鞠躬) 배(拜) 흥(興) 배(拜) 흥(興) 평신(平身)

◆행초헌례(行初獻禮)
○알자인초헌관(謁者引初獻官) 예향안전궤(詣香案前跪)알자는 초헌관을 인도하여

향로 앞에 꿇어 앉도록 모시 시오,○**집사자(執事者) 봉반잔(奉盤盞) 수헌관(授獻官)** 집사자는 반위의 잔을 들어 헌관에게 드리시오,○**집사자(執事者) 집주(執注)**집사자는 제주 주전자를 잡으시오,○**짐주(斟酒)**잔에 제주를 따르시오,○**전주(奠酒)**집사자는 잔을 받아 신위 전에 올리시오,○**부복흥(俯伏興)** 부복하였다 일어서시오.○**소퇴궤(少退跪)** 헌관은 뒤로 조금 물러나 꿇어 앉으시오,○**독축(讀祝)** 축을 읽도록 하겠습니다,○**재위자(在位者) 개부복(皆俯伏)** 모든 참례자는 몸을 구부려 엎드리시오,○**축집판(祝執板) 헌관지좌(獻官之左) 동향궤(東向跪)** 축관은 축문을 가지고 헌관 좌측 동향으로 꿇어 앉으시오,○**독지(讀之)** 축문을 읽어 시오,○**흥평신(興平身)**축관은 일어나 평신 하시오, ○**헌관(獻官) 재배(再拜)** 헌관은 뒤로 조금 물러나 2번 절하시오,○**배(拜) 흥(興) 배(拜) 흥(興)**○**인강복위(引降復位)**알자는 헌관을 모시고 제자리로 돌아가시오,

◆행아헌례(行亞獻禮)

○**찬인인(贊引引) 아헌관(亞獻官) 예관세위(詣盥洗位)** 찬인은 아헌관을 인도 하여 관세위로 나가시오,○**관수(盥手) 세수(洗手)**손을 씻고 닦으시오,○**인예(引詣) 향안전궤(香案前跪)** 아헌관은 향로 앞으로 나가 꿇어 앉으시오,○**집사자(執事者) 봉반잔(奉盤盞) 수헌관(授獻官)** 집사자는 반위의 잔을 들어 헌관에게 드리시오,○**짐주(斟酒)** 집사자는 잔에 제주를 따르시오,○**전주(奠酒)** 집사자는 술잔을 받아 신위 전에 올리시오,○**부(俯) 복(伏) 흥(興)** 엎드렸다 일어서시오.○**소퇴(小退) 재배(再拜)** 헌관은 뒤로 조금물러나 2번 절하시오,○**배(拜) 흥(興) 배(拜) 흥(興) 평신(平身)** ○**인강(引降) 복위(復位)** 찬인은 헌관을 모시고 제자리에 돌아가시오,

◆행종헌례(行終獻禮)

○**찬인인(贊引引) 종헌관(終獻官) 예관세위(詣盥洗位)** 집사자는 헌관을 모시고 관세위로 나가시오,○**관수(盥手) 세수(洗手)** 헌관은 손씻고 닦으시오,○**인예(引詣) 향안전궤(香案前跪)** 향로 앞으로 나가 禮를 갖추시오,○**집사자(執事者) 집주(執注)** 집사자는 술주전자를 잡으시오,○**짐주(斟酒)** 잔에 술을 따르시오, ○**전주(奠酒)** 집사자는 술잔을 받아 신위 전에 올리시오,○**소퇴(小退) 재배(再拜)** 배(拜) 흥(興) 배(拜) 흥(興) ○**인강(引降) 복위(復位)**

◆행사신례(行辭神禮)

○**헌관이하(獻官以下) 재위자(在位者) 개재배(皆再拜)**모든 참례자는 두번 절을 올립니다,○**국궁(鞠躬)** 몸을 구부리시오,○**배(拜) 흥(興) 배(拜) 흥(興)** ○**평신(平身)** 바로 서시오,○**알자진(謁者進) 초헌관지좌(初獻官之左)** 알자는 초헌관 왼쪽에 가서 읍을 하고,○**고(告) 례필(禮畢)** 예필(예를 마침을 알림) 이라고 고하시오, ○**축(祝) 분축(焚祝)** 축관은 축문을 불사르시오,(신을 돌려 보내는 의식)○**철찬(撤饌)** 제례 상에 차려진 음식을 철거 하시오,○**예필(禮畢)** 이상으로 모든 제례를 마칩니다, 라고 하는 절차,

대제(大祭)홀기(笏記)

○**헌관급 제집사(獻官及諸執事)**제관 및 제사를 받드는 분 ○**구취계간배위(俱就階間拜位)**헌관 및 제 집사는 뜰 아래 절할 위치로 나아 가시오. ○**알자(謁者)**제관을 안내

하는 분 ○인제관(引祭官) 입취위(入就位) 알자는 제관들을 안내하여 들어가시오 ○알자(謁者) 인대축급 제집사(引大祝及諸執事)알자는 대축 및 제집사를 안내하여 ○계간배위(階間拜位) 입정(入定)뜰 아래 절할 자리에 가 서시오 ○대축급제집사（大祝及諸執事) 개사배 (皆四拜) 대축과 집사들은 네 번 절을 하시오 ○대축급제집사(大祝及諸執事) 예관세위(詣관洗位)대축과 집사들은 관수대로 나아가시오 ○관수세수(관手세手)손을 씻고 닦으시오 ○각취위(各就位)각각 제 위치로 나아가시오 ○대축급 제집사승 (大祝及諸執事升)대축 및 집사들은 사당으로 올라가시오 ○개비계독(開扉啓독)문을 열고 신위를 모신 독 뚜껑을 여시오 ○대축급제집사강복위(大祝及諸執事降復位)대축과 집사들은 제자리로 다시 내려 가시오 ○알자(謁者) 인초헌관(引初獻官) 승입묘내(升入廟內)알자는 초헌관을 안내하여 묘내로 들어 가시오 ○점시진설(點視陣設)제수품을 보시오 ○홀(訖) 환출(還出) 마치고 도로 나오시오 ○알자 (謁者) 진초헌관지좌(進初獻官之左) 알자는 초헌관의 왼쪽에 나아가 ○백근구청행사(白謹俱請行事) 제사 준비가 다 되었으니 행사하기를 고한다

◆행전폐례(行奠幣禮)폐백을 드리는예

○알자(謁者) 인초헌관(引初獻官) 알자는 초헌관을 안내하여○예관세위(詣관洗位)관세 자리로 나아 가시오○진홀(搢笏) 홀을 옷깃 속에 꽂으시오 ○관수(관手)세수(세手) 손을 씻고 손을 닦으시오 집홀(執笏) 홀을 손에 잡으시오 ○알자 (謁者) 인초헌관(引初獻官) 알자는 초헌관을 안내하여 ○예신위전(詣神位前) 궤(궤) 신위 앞에 나아가 꿇어 앉으시오 ○진홀(搢笏) 홀을 꽂으시오 ○봉향봉로승(奉香奉爐升)향합과 향노를 받는 분은 올라 가시오 ○삼상향(三上香) 향을 세 번 향노에 올리시오 ○대축승(大祝升) 대축은 올라 오시오 ○집폐(執幣) 폐백지를 받드시오 ○헌폐(獻幣)헌관에게 폐백을 드리시오 ○전폐(奠幣)신위 앞에 폐백을 드리시오

◆강신(降神) 신이 오시게

○관주(灌酒) 모상(茅上)술잔에 술을 모사기에 부어 신을 맞는 행사 ○집홀 (執笏)홀을 잡으시오 ○부복(俯伏) 흥(興)꿇어 앉은 데서 일어 나시오 ○평신(平身)몸을 편히 가지시오 ○알자(謁者) 인초헌관(引初獻官)알자는 초헌관을 안내하여○강복위(降復位) 있던 자리로 다시 내려 가시오

◆참신(參神)신을 맞이 하는 예

○헌관급재위자(獻官及在位者) 헌관과 모든 제관들은○개사배(皆四拜)모두 네 번 절하시오

◆행초헌례(行初獻禮)초헌관이 행하는 예의

○알자(謁者) 인초헌관(引初獻官) 알자는 초헌관을 안내하여○예준소(詣樽所)제주가 있는 곳으로 나아가○서향입(西向立)서쪽을 향해 서시오 ○사준승(司樽升)제주를 받는 분은 올라가시오 ○사준(司樽) 사준은 ○거멱(擧冪)작주(酌酒)보자기를 걷고 제주를 부으시오 ○알자(謁者) 인초헌관 (引初獻官)알자는 초헌관을 안내하여 ○예신위전(詣神位前) 궤(跪) 신위전에 나아가 꿇어 앉으시오 ○진홀(搢笏) 홀을 꽂으시오 ○봉작 전작승(奉爵 奠爵升) 잔을 받드는 분과 잔을 드리는 분은 올라 가시오 ○집작(執爵) 잔을 잡으시오 ○헌작(獻爵) 잔을 헌관에게 드리시오 ○전작(奠爵) 잔을 신전에 올리시오 ○계반개(啓飯盖) 메(밥) 그릇 (뚜껑)을 여시오 ○삽시(揷

匙) 숟가락을 메그릇에 꽂으시오 ○정저(正箸) 젖가락을 바로 꽂으시오 ○집홀(執笏) 홀을 잡으시오 ○부복(俯伏) 흥(興) 평신(平身) 꿇어 앉은 데서 일어나 몸을 편히 하시오 ○소퇴(少退) 궤(跪) 조금 물러서 꿇어 앉으시오 ○재위자(在位者) 개부복(皆俯伏) 제관은 다 꿇어앉으시오○대축승(大祝升)대축은올라가시오○집축판(執祝板) 축판을 잡고 ○초헌관지좌(初獻官之左) 초헌관은 왼쪽에 ○동향(東向)궤(跪)동쪽을 향해꿇어앉으시오○독축문(讀祝文)축문을읽으시오○부복(俯伏)흥(興)평신(平身)헌관 은 부복에서 일어나 몸을 편히 하시오 ○재위자(在位者) 개흥(皆興)모든 제관은 일어 나시오 ○알자(謁者) 인초헌관급제집사 (引初獻官及諸執事)알자는 초헌관 및 제집사를 안내하여○강복위(降復位)제자리로다시내려가시오○봉작전작승(奉爵奠爵升) 봉작전작은올라가 ○철작(撤爵)잔을물리시오○봉작전작(奉爵奠爵)봉작전작은○강복 위(降復位)제위치로 다시 내려 가시오

◆행아헌례(行亞獻禮)두 번째 잔 올릴 예를 행하시오

○알자(謁者) 인아헌관(引亞獻官)알자는 아헌관을 안내하여 ○예관세위(詣管洗位) 관수대로 나아 가시오○진홀(搢笏)홀을 꽂으시오 관수 세수 손을 씻고 손을 닦으시오 ○집홀(執笏)홀을잡으시오○인예준소(引詣樽所)준소로 나아가 ○서향립(西向立) 서쪽을 향해 서시오 ○사준승(司樽升)사준은 올라 가시오 ○사준(司樽) 거멱(擧冪) 작주(酌酒)사준은 보자기를 걷고 제주를 부으시오 ○알자(謁者) 인아헌관(引亞獻官) 알자는 아헌관을 안내하여 ○예신위전(詣神位前)궤(跪)신위전에 나아가 꿇어 앉으시오 ○진홀(搢笏)홀을 곶으시오 ○봉작전작승(奉爵奠爵升)봉작 전작은 올라 가시오 ○ 집작(執爵)잔을 잡아서 ○헌작(獻爵)헌관에게 드리시오 ○전작(奠爵)잔을 신위에게 드 리시오 ○집홀(執笏)홀을 잡으시오 ○부복(俯伏) 흥(興) 평신(平身)부복에서 일어나 몸을 편히 하시오 ○알자(謁者) 인아헌관급제집사(引初獻官及諸執事) 강복위(降 復位)알자는 아헌관 제집사를 안내하여 제자리로 다시 내려 가시오 봉작전작승(奉爵奠 爵升) 철작(撤爵)봉작 전작은 올라가 잔을 물리시오 ○봉작전작(奉爵奠爵) 강복위 (降復位)봉작 전작은 제위치로 다시 내려 가시오

◆행종헌례(行終獻禮) 세 번째 잔을 올리는 예를 행합니다

○알자(謁者) 인종헌관(引終獻官)알자는 종헌관을 안내하여 ○예관세위(詣管洗位) 관세위로 나아 가시오 ○진홀(搢笏)홀을 꽂으시오 관수 세수 손을 씻고 손을 닦으시오 ○집홀(執笏)홀을 잡으시오 ○인예준소(引詣樽所) 준소로 나아가 ○서향립(西向 立)서쪽을 향해 서시오 ○사준승(司樽升)사준은 올라가시오 ○사준(司樽) 거멱(擧冪) 작주(酌酒)사준은 보자기를 걷고 제주를 부으시오 ○알자(謁者) 인종헌관(引終獻官) 알자는 종헌관을 안내하여 ○예신위전(詣神位前) 궤(跪)신위전에 나아가 꿇어 앉으시오 ○진홀(搢笏)홀을 꽂으시오 ○봉작전작승(奉爵奠爵升)봉작 전작은 올라가 시오 ○집작(執爵)잔을 들고 ○헌작(獻爵)헌관에게 잔을 드리시오 ○전작(奠爵) 잔 을 신위에게 드리시오 ○집홀(執笏)홀을 잡으시고 ○부복(俯伏)흥(興) 평신(平身)부 복에서 일어나 몸을 편히 하시오 ○알자(謁者) 인종헌관급제집사(引初獻官及諸執 事)알자는 종헌관 및 제집사를 안내하여 ○강복위(降復位) 제 위치로 다시 내려 가시오 ○헌관(獻官) 개사배(皆四拜) 헌관 과 모두 사배 하시오 ○대축승(大祝升) 합문 (闔門) 대축은 올라가 장막을 닫으시오 ○헌관급재위자(獻官及在位者) 헌관과 모든 제관은 ○개부복(皆俯伏) 숙사(肅俟) 다 꿇어 앉아 엄숙히 기다리시오 ○대축(大祝) 대축이 ○희험삼성(희歆三聲)기침소리를 세 번 내면서 ○내입계문(乃入啓門)

들어가 장막을 연다 ○**봉작전작승(奉爵奠爵升)** 봉작 전작이 들어가 ○**철갱(撤羹)** 갱기를 물리고 ○**진다(進茶)** 점다(點茶)다수를 들이고 메밥을 조금씩 다수에 들인다 ○**철다(撤茶)**다수 그릇을 물리고 ○**반개(合飯盖)**메그릇 뚜껑을 덮고 ○**하시저(下匙箸)**수저를 내리고 ○**철작(撤爵)**잔을 내리고 ○**대축급봉작전작(大祝及奉爵奠爵升)** **강복위(降復位)**대축 및 봉작 전작은 제자리로 다시 내려 가시오 ○**헌관이하(獻官以下) 개흥(皆興)** 헌관 이하 다 일어 나시오

◆행음복례(行飮福禮) 복주를 마시는 예를 행합니다.

○**대축전작승(大祝奠爵升)**대축 전작은 올라가 ○**이작(以爵) 작복주(酌福酒)** 잔에다 복주를 따르고 ○**대축(大祝) 진감조육(進減俎肉)**대축은 나아가 조육을 조금 들고 ○**성우반상(盛于盤上)**반위에 차리고 ○**알자(謁者) 인초헌관(引初獻官)** 알자는 초헌관을 안내하여 ○**예음복위(詣飮福位)** 음복위로 나아가 ○**서향(西向) 궤(跪)**서쪽을 향해 앉으시오 ○**진홀(搢笏)**홀을 꽂으시오 ○**대축전작(大祝奠爵)**대축 전작은 ○**이취성반(以取盛盤)**차린 반을 들고 ○**예헌관지좌동북향(詣獻官之左東北向) 궤(跪)** 헌관의 좌편에서 대축은 북향을 향하여 궤하고 전작은 헌관과 마주 동향 궤하여 ○**전작(奠爵) 이작수초헌관(以爵授初獻官)**전작은 잔을 초헌관에게 드리고 ○**초헌관수작(初獻官受爵)**초헌관은 잔을 받아 ○**음졸작(飮卒爵)**술을 조금 마신다 ○**전작(奠爵) 수허작복어반(受虛爵復於盤)** 전작은 잔을 받아 반에 놓고 ○**대축(大祝)이조육수초헌관(以俎肉授初獻官)**대축은 조육을 초헌관에게 드리고○**초헌관수조(初獻官受俎)**초헌관은 조육을 받고 ○**환수대축(還授大祝)**대축에게 되 돌려줌 ○**대축수조복어반(大祝受俎 復於盤)** 대축은 조육을 받아 반에 다시 놓는다 ○**집홀(執笏)**홀을 잡으시오 ○**부복(俯伏) 흥(興) 평신(平身)** 부복에서 일어나 몸을 편히 하시오 ○**알자(謁者) 인초헌관급제집사(引初獻官及諸執事) 강복위(降復位)**알자는 초헌관 및 제집사를 안내하여 제 위치로 다시 내려 가시오 ○**대축승(大祝升)**대축은 올라가 ○**철변두(撤변豆)**변두를 내리시오 ○**대축(大祝) 강복위(降復位)** 대축은 제 자리로 내려 가시오

◆사신(辭神) 신위를 작별하는 인사

○**헌관급재위자(獻官及在位者)**헌관 및 모든 제관은 ○**개사배(皆四拜)**모두 네 번 절하시오

◆행망료례(行望燎禮) 축지 및 폐백지를 타우는 예

○**알자(謁者) 인초헌관(引初獻官)**알자는 초헌관을 안내하여 ○**예망료위(行望燎位)**망료위로 나아가 ○**서향위(西向位)**서쪽을 향해 서시오 ○**대축승(大祝升)**대축은 올라가 ○**이비취축급폐(以匣取祝及幣)**축지 폐지를 상자에 담아 ○**강자서계(降自西階)**서쪽계단으로 가서 ○**치어감(置於坎)**돌함에 놓고 ○**가료(可燎)**불사르시오 ○**알자(謁者) 인초헌관(引初獻官) 강복위(降復位)** 알자는 초헌관을 안내하여 제 자리로 내려 가시오 ○**알자(謁者) 진초헌관지좌(進初獻官之左)**알자는 초헌관의 왼편에 나아가

◆백예필(白禮畢) 예의를 마침을 고함

○**알자(謁者) 인초헌관급재위자(引初獻官及在位者)**알자는 헌관 및 제관을 안내하여 ○**이차출(以次出)**차례로 나가시 ○**대축급제집사 大祝及諸執事) 강복위(降復位)**대축 및 제집사는 제 위치로 내려 가시오 ○**알자(謁者) 인례축급제집사(引禮祝及**

諸執事)알자는 예축 및 제집사를 안내하여 ○예구복계간배위(詣俱復階間拜位)뜰앞 절할 위치로 나아 가시오 ○사배(四拜) 네 번 절하시오 ○이차출(以次出)아래로 나가시오.

시제홀기(時祭笏記)

○근감(謹敢) 청(請) 행사(行祀)삼가 재물을 갖추어 제사를 봉행합니다. ○헌관이하(獻官以下) 제자손(諸子孫) 입취체하배위(入就砌下拜位)헌관 이하 제자손은 섬돌 아래 절할 위치에 서시오. ○제(諸) 집사입(執事入) 관수(盥手)세手 재위서립(在位敍立)제집사자 들어와 대야에 손을 씻어 닦고 위치에 서시오.

◆행(行) 강신례(降神禮)강신례를 행합니다.

○헌관(獻官) 예(詣) 관세위(盥洗位) 세흘(洗訖)헌관은 관세위로 나아가 손을 씻으시오. ○헌관(獻官) 예(詣) 향안전(香案前) 궤(跪)헌관은 향안전에 나아가 무릎을 꿇고 앉으시오. ○삼상향(三上香) 부복(俯伏) 흥(興) 평신(平身) 소퇴(小退) 재배(再拜) 궤(跪)향을 세번 피워올리고 부복했다일어나 물러서 재배하고 꿇어앉으시오. ○집사(執事) 취(取) 고위(高位) 잔반(盞盤) 진초헌관(進初獻官)집사는 고위 잔반을 들어 초헌관에게 나아가 드리시오. ○헌관(獻官) 수(受) 잔반(盞盤) 집사(執事)짐주(斟酒)헌관이 잔을 받으면 집사는 술을 따르시오. ○헌관(獻官) 관우모상(灌于茅上) 집사(執事) 수(受) 잔반(盞盤) 전우고처(奠于故處)헌관이 모사위에 술을지우거든 집사는 잔반을받아 전의 자리에 놓으시오. ○헌관(獻官) 부복(俯伏) 흥 평신(興平身) 소퇴(小退) 재배(再拜)헌관은 부복했다 일어나 조금 물러서 재배 하시오. ○헌관(獻官) 인(因) 강복위(降復位)헌관은 전의 자리로 물러가시오.

◆행(行) 참신례(參神禮)참신례를 행합니다.

○헌관(獻官) 이하(以下) 개서립(皆敍立) 재배(再拜)헌관이하 모두 나란히 서 재배하시오.

◆행(行) 초헌례(初獻禮)초헌례를 행합니다.

○헌관(獻官) 예(詣) 향안전(香案前) 궤(跪)헌관은 향안전에 나아가 꿇어 앉으시오. ○집사이인(執事二人) 예(詣) 신위전(神位前) 취봉고비위(取奉考妣位) 잔반(盞盤)두집사는 신위 앞에 나아가 고비위 잔반을 받들고 오시오. ○헌신선수(獻身先受) 고위(考位) 잔반(盞盤) 짐주전작(斟酒奠酌)초헌관은 먼저 고위 잔반을 받아 술을 따르면 올리시오. ○차수(次受) 비위잔반(妣位盞盤) 집사(執事) 짐주전작(斟酒奠酌)다음에는 비위잔반을 받아들고 집사가 술을 따르면 올리시오. ○헌관이하(獻官以下) 개부복(皆俯復)헌관 이하 모두 부복하시오. ○축진(祝進) 헌관지좌(獻官之左) 독축(讀祝)축관은 헌관의 왼쪽으로 나아가 축문을 읽으시오. ○축관인(祝官因) 강복위(降復位)축관은 이어 먼저 자리로 가시오. ○흥(興) 평신(平身) 헌관(獻官) 소퇴(小退) 재배(再拜)모두 일어서 헌관은 조금 물러나 재배하시오. ○헌관(獻官) 인강(因降) 복위(復位)헌관은 이어 먼저 자리로 물러가시오.

◆행(行) 아헌례(亞獻禮)아헌례를 행합니다.

○아헌관(亞獻官) 예(詣) 관세위(盥洗位) 세흘(洗訖)아헌관은 관세위로 나아가 손을 씻으시오. ○헌관(獻官) 인예(因詣) 향안전(香案前) 궤(跪)헌관은 이어 향안전에 나아가 끓어 앉으시오. ○집사이인(執事二人) 예(詣) 신위전(神位前) 취봉고비위(取奉考妣位) 잔반(盞盤)두집사는 신위 앞에 나아가 고비위 잔반을 받들고 오시오. ○헌신선수(獻身先受) 고위(考位) 잔반(盞盤) 짐주(斟酒) 전작(奠酌)헌관은 먼저 고위 잔반을 받아 술을 따르면 올리시오. ○차수(次受) 비위잔반(妣位盞盤) 집사(執事) 짐주(斟酒) 전작(奠酌)다음에는 비위잔반을 받아들고 집사가 술을 따르면 올리시오. ○집사(執事) 진찬(進饌) 서병정저(西炳正著)집사는 나아가 진찬에.저를 옮겨 가지런히 놓으시오. ○헌관부복(獻官俯伏) 흥평신(興平身) 소퇴(小退) 재배(再拜)헌관은 부복하고 일어나 조금 물러서 재배하시오. ○헌관(獻官) 인강복위(因降復位)헌관은 이어 먼저 자리로 가시오.

◆행(行) 종헌례(終獻禮)종헌례를 행합니다.

○종헌관(終獻官) 예관세위(詣盥洗位) 세흘(洗訖)종헌관은 관세위로 나아가 손을 씻으시오. ○헌관(獻官) 인예(因詣) 향안전궤(香案前跪)헌관은 이어 향안전에 나아가 끓어 앉으시오. ○집사이인(執事二人) 예(詣) 신위전(神位前) 취봉(取奉) 고(考)비위(妣位) 잔반(盞盤)두집사는 신위 앞에 나아가 고비위 잔반을 받들고 오시오. ○헌신선수(獻身先受) 고위(考位) 잔반(盞盤) 짐주전작(斟酒奠酌)헌관은 먼저 고위 잔반을 받아 술을 따르면 올리시오. ○차수(次受) 비위잔반(妣位盞盤) 집사(執事) 짐주전작(斟酒奠酌)다음에는 비위잔반을 받아들고 집사가 술을 따르면 올리시오. ○집사(執事) 진찬(進饌) 서병정저(西炳正著)집사는 나아가 진찬에.저를 옮겨 가지런히 놓으시오. ○헌관(獻官) 부복흥평신(俯伏興平身) 소퇴(小退) 재배(再拜)헌관은 부복 후 일어나 조금 물러서 재배하시오. ○헌관(獻官) 인강복위(因降復位)헌관은 이어 먼저 자리로 가시오.

◆행(行) 첨작(添酌) 유식례(有息禮)첨작및 유식례를 행합니다.

○초헌관(初獻官) 입취(入就) 삼짐첨작(三斟添酌)초헌관이 들어와 술을따라 종헌자의 잔에 세번에 나누어 술잔을 체우시오. ○집사(執事) 계반개(啓飯盖) 삽시(揷匙) 진찬(進饌) 서병정저(西炳正著)집사는 뚜껑을 열고 수저 꼽고 진찬에.저를 옮겨 가지런히 놓으시오. ○헌관이하(獻官以下) 개부복(皆俯復) 작희음성(作噫音聲) 삼잉(三仍) 경이흥(頃而興)헌관이하 모두 부복했다(약3분) 기침소리 세번한후 일어나시오. ○집사(執事) 철갱(撤羹)집사는 국 그릇을 내리시오. ○진숙수(進熟水) 점다삼초반(點茶三抄飯)숭늉을 올리고 밥 세수저를 떠서 물에 마시오. ○합반개(闔飯盖) 하시저(下匙著)개를 덮고 수저와 저를 내려 놓으시오.

◆행(行) 사신례(辭神禮)사신례를 행합니다.

○초헌관예동체상서향립(初獻官詣東砌上西向立) 축예서체상동향립(祝詣西砌上東向立)초헌관 동체상으로 나아가 서향해 서고 축관은 서체상으로 올라 동쪽을 향해서 서시오. ○축(祝) 고리성이읍(告利成而揖) 헌관답읍(獻官答揖)축관은 성례함을 고하고 읍하며 헌관도 답으로 읍하시오. ○초헌관이하(初獻官以下) 개재배(皆再拜)사신(辭神)초헌관 이하 참반원 모두 두번 절하고 사신하시오. ○대축(大祝) 분축(焚祝)대축은 축문을 사르시오.

◆고필례(告畢禮)제례가 모두 끝났습니다.

시조묘제홀기(始祖墓祭笏記)

○헌관(獻官) 제집사급제손(諸執事及諸孫) 개위행차(皆爲行次) 서립우묘정(序立于墓庭)헌관과 모든 집사와 후손들은 산소 앞으로 오셔서 차례로 서시오 ○제집사(諸執事) 예관세위(詣盥洗位) 관수세수(盥水洗手) 식건잉복위(拭巾仍復位)모든 집사들은 세숫대야에 가서 손을 씻고 수건에 닦고 자리로 돌아가시오. ○진찬자(陳饌者) 진설흘환출(陳設訖還出)진설을 맡으신 분은 진설을 마쳤으면 돌아가시오

◆강신(降神)

○초헌관(初獻官) 점시(點視) 진설(陳設)초헌관은 진설한 것을 점검해 보시오 ○잉예관세위(仍詣盥洗位) 관수세수식건(盥水洗手拭巾)이어 씻을 물 놓은 자리에 가서 손 씻고 수건에 닦으시오○잉예(仍詣) 신위전(神位前) 궤(跪)이어 신위 앞에 나가 꿇어 앉으시오 ○삼상향(三上香)향을 세 번 넣어 피우시오 좌집사(左執事) 진작(進爵) 수(授) 초헌관(初獻官)좌집사는 술잔을 가져와 초헌관에게 주시오 ○우집사(右執事) (겸사준(兼司樽)) 궤(跪) 주주실작(注酒實爵)우집사는 꿇어앉아 술을 잔에 가득히 따르시오○초헌관(初獻官) 헌작(獻爵) 잉(仍) 삼제우지(三祭于地)초헌관은 술잔을 받든 후 잔디위에 세 번 지우시오 ○잉(仍) 수작(授爵) 좌집사(左執事)빈 잔을 좌집사에게 주시오 ○좌집사(左執事) 수작(受爵) 전우(奠于) 신위전(神位前)좌집사는 술잔을 받아 신위 앞에 올리시오○초헌관(初獻官) 면복흥(俛伏興) 소퇴재배(少退再拜)초헌관은 엎드렸다 일어나 조금 물러나서 두번 절 하시오. ○잉(仍) 강(降) 복위(復位)원래 자리로 돌아가시오.

◆참신(參神)

○헌관(獻官) 제집사급제손(諸執事及諸孫) 개위(皆位) 재배(再拜)헌관과 모든 집사와 후손들은 모두 신위께 두 번 절하시오.

◆행초헌예(行初獻禮)

○초헌관(初獻官) 예신위전(詣神位前) 궤(跪)초헌관은 신위 앞에 나가 꿇어 앉으시오 ○좌집사(左執事) 진작(進爵) 수(授) 초헌관(初獻官)좌집사는 술잔을 가져와 초헌관에게 주시오 ○우집사(右執事) 궤(跪) 짐주(斟酒) 실작(實爵)집사는 나가서 술을 잔에 가득 따르시오 ○초헌관(初獻官) 헌작(獻爵) 잉수(仍授) 좌집사(左執事)초헌관은 술잔을 받아서 올리고 이어 좌집사에게 주시오 ○좌집사(左執事) 수작(受爵) 전우(奠于) 신위전(神位前)집사는 술잔을 받아서 신위 앞에 올리시오 ○좌집사(左執事) 진적(進炙)(황육적(黃肉炙)) 수(授) 초헌관(初獻官)집사는 소고기적을 가져와 초헌관에게 주시오○초헌관(初獻官) 수적(受炙) 헌우(獻于) 신위전(神位前)초헌관은 적을 신위 앞에 올리시오 ○잉(仍) 수적(授炙) 좌집사(左執事)이어 좌집사에게 주시오 ○좌집사(左執事) 수적(受炙) 전우(奠于) 신위전(神位前)좌집사는 적을 받아 신위전에 올려 놓으시오. ○잉계반개(仍啓飯蓋) 정저(正著)이어 밥 그릇 뚜껑을 열어 놓고 정저하시오 ○축관(祝官) 취축(取祝) 진우(進于) 초헌관지좌(初獻官之左) 궤(跪)축관은 축문을 가지고 초헌관 왼쪽에 나아가시오. 꿇어 앉으시오 ○제손(諸孫) 개위(皆爲) 부복(俯伏)모든 후손들은 다 엎드리시오○독축(讀祝)축관은 축문을 읽으시오 ○제손(諸孫) 개(皆) 흥(興) 평신(平身)모든 후손들

은 다 일어나서 몸을 편히 하시오 ○초헌관(初獻官) 급(及) 축관(祝官) 소퇴(少退) 재배(再拜) 잉(仍) 강(降) 복위(復位)초헌관과 축관은 조금 물러나서 두번 절 하시오. 원래 자리로 돌아가시오

◆행아헌예(行亞獻禮)

○아헌관(亞獻官) 예관세위(詣盥洗位) 관수세수식건(盥水洗手拭巾)아헌관은 세수대야로 가서 손을 씻고 수건에 닦으시오○좌집사(左執事) 철(撤) 신위전(神位前) 작(爵) 사지타기(瀉之他器)좌집사는 신위 앞의 잔을 거두어 술을 다른 그릇에 부으시오 ○아헌관(亞獻官) 예(詣) 신위전(神位前) 궤(跪)아헌관은 신위 앞에 가서 꿇어 앉으시오 ○좌집사(左執事) 진작(進爵) 수수(授受) 아헌관(亞獻官)좌집사는 술잔을 가져와 아헌관에게 주시오 ○우집사(右執事) 궤(跪) 짐주(斟酒) 실작(實爵)우집사는 꿇어앉아 잔에 술을 가득 따르시오○아헌관(亞獻官) 헌작(獻爵) 잉(仍) 수(授) 좌집사(左執事)아헌관은 술잔을 받아서 올리시오. 이어 좌집사에게 주시오○좌집사(左執事) 수작(受爵) 전우(奠于) 신위전(神位前)집사는 술잔을 받아서 신위 앞에 올리시오 ○잉(仍) 봉적(奉炙)(계적(鷄炙)) 수(授) 아헌관(亞獻官)이어서 鷄炙(닭고기)을 받들어 아헌관에게 드리시오 ○아헌관(亞獻官) 헌적우(獻炙于) 신위전(神位前), 잉(仍) 수(授) 좌집사(左執事)아헌관은 신위전에 받든 후 좌집사에게 주시오 ○좌집사(左執事) 수적(受炙) 전우신위전(奠于神位前) 잉(仍) 정저(正箸)좌집사는 적을 받아 신위전에 높고 정저하시오 ○아헌관(亞獻官) 면복(俛伏) 흥(興) 소퇴(少退) 재배(再拜).   잉(仍) 강(降) 복위(復位)아헌관은 엎드렸다 일어나, 조금 물러나서 두번 절 하시오.   원래 자라로 돌아가시오

◆행종헌예(行終獻禮)

○종헌관(終獻官) 예(詣) 관세위(盥洗位) 관수(盥水) 세수식건(洗手拭巾)종헌관은 세숫대야에 가서 손을 씻고 수건으로 닦으시오○좌집사(左執事) 철(撤) 신위전(神位前) 작(爵) 사지타기(瀉之他器)좌집사는 신위 앞의 잔을 거두어 술을 다른 그릇에 부으시오 ○종헌관(終獻官) 예(詣) 신위전(神位前) 궤(跪)종헌관은 신위 앞에 가서 꿇어 앉으시오 ○좌집사(左執事) 진작(進爵) 수수(授受) 종헌관(終獻官)좌집사는 술잔을 가져와 종헌관에게 주시오 ○우집사(右執事) 궤(跪) 짐작(斟爵) 소허(少許)우집사는 꿇어앉아 술을 잔에 7할 정도만 따르시오○종헌관(終獻官) 헌작(獻爵) 잉(仍) 수(授) 좌집사(左執事)종헌관은 잔을 받든 후 좌집사에게 주시오○좌집사(左執事) 수작(受爵) 전우(奠于) 신위전(神位前)집사는 잔을 받아 신위 앞에 올리시오 ○잉(仍) 봉적(奉炙)(수어이미(水魚二尾)) 수(授) 종헌관(終獻官)이어서 어적을 받들어 종헌관에게 드리시오○종헌관(終獻官) 헌적우(獻炙于) 신위(神位) 잉(仍) 수(授) 좌집사(左執事)종헌관은 적을 신위에 받든 후 좌집사에게 주시오○좌집사(左執事) 수적(受炙) 전우(奠于) 신위전(神位前) 잉(仍) 정저(正箸)좌집사는 적을 받아 신위전에 높고 정저하시오○종헌관(終獻官) 면(俛) 복(伏) 흥(興) 소퇴(少退) 재배(再拜) 잉(仍) 강(降) 복위(復位)종헌관은 엎드렸다 일어나 조금 물러나서 두번 절 하시오.   원래 자리로 돌아가시오

◆첨작(添酌)

○초헌관(初獻官) 갱예(更詣) 신위전(神位前) 궤(跪)초헌관은 다시 신위 앞에 꿇어 앉으시오○좌집사(左執事) 이타작(以他爵) 수(授) 초헌관(初獻官)집사자는 다

른 빈잔을 초헌관에게 주시오〇우집사(右執事) 궤(跪) 짐주(斟酒) 소허(少許)우집
사는 꿇어앉아 술을 조금 따르시오〇초헌관(初獻官) 헌작(獻爵) 잉(仍) 수(授)
좌집사(左執事)초헌관은 잔을 받든 후 좌집사에게 주시오 〇좌집사(左執事) 수작(受
爵) 예(詣) 첨작(添酌)집사는 술잔을 받아 신위 앞 잔에 첨작을 하시오〇잉(仍) 삽시
(揷匙) 정저(正著)이어서 숟가락을 밥 그릇에 꽂고 정저하시오〇초헌관(初獻官) 면
복(俛伏) 흥(興) 잉(仍) 강(降) 복위(復位)초헌관은 엎드렸다가 일어나 원래 자리로
돌아가시요〇헌관(獻管) 제집사(諸執事) 급(及) 제손(諸孫) 개위(皆爲) 부복(俯伏)
유식(侑食)헌관과 모든 집사와 후손들은 모두 업드리시오, 식사를 권합니다.
〇(구반시경(九飯匙經))축관(祝官) 삼희흠(三噫歆), 참사자(參祀者) 흥(興)
평신(平身)축관이 흠, 흠, 흠 세번 신호음을 하시면 모두 일어나서 몸을 편히 하시오〇헌
다(獻茶)차를 올리시요〇초헌관(初獻官) 갱예(更詣) 신위전(神位前) 궤(跪)초헌
관은 다시 신위 앞으로 나가 꿇어 앉으시오〇좌집사(左執事) 철갱(撤羹), 헌(獻)
다(茶) 삼초반(三抄飯)집사는 국을 거두고 차를 올리고 밥을 세번 떠서 물에 마르시오
〇헌관(獻官) 이하(以下) 국궁(鞠躬) 숙사(肅俟) 평신(平身)헌관과 모든 후손
들은 가지런히 서서 엄숙히 조금 구부린채 기다리시오. 몸을 펴고 편히 하시오 〇좌집사
(左執事) 하시저(下匙箸) 합반개(盒飯蓋) 소퇴작(少退爵)좌집사는 수저를 내리고
밥그릇을 덮고 술잔을 조금 물리시오

◆행사신례(行辭神禮)사신례를 행합니다.
〇헌관(獻官) 제집사(諸執事) 급(及) 제손(諸孫) 개위(皆爲) 재배(再拜)헌관
과 모든 집사와 후손들은 두번 절 하시오〇삼헌관(三獻官) 취(就) 음복위(飮福位)
음쵀작(飮啐爵)세 분 헌관은 제상 앞으로 나가 음복하시오〇제집사(諸執事) 급(及)
집예(執禮) 재배(再拜)모든 집사와 집례는 두 번 절하시오 〇축관(祝官) 철(撤)
변두(籩豆). 집사자(執事者) 철찬(撤饌) 내퇴(乃退)축관은 신위 앞에 제기를
거두시오. 집사자들은 모든 음식을 치우고 물러나시오〇헌관(獻官) 제집사(諸執事)
급(及) 제손(諸孫) 차출(次出) 헌관과 모든 집사와 후손들은 차례로 나가시오. 〇예
필(禮畢)제례를 마칩니다.

시조묘춘추향홀기(始祖墓春秋享笏記)

〇궐명쇄소(厥明灑掃) 포석진찬(布席陳饌)이른 아침 깨끗하게 청소를 하고 자리를 편
뒤 제수를 차린다.

◆행참신례(行參神禮)참신례를 행하겠습니다.
〇초헌관이하(初獻官以下) 개재배(皆再拜)초헌관 이하 모든 참제원은 두 번 절
하십시오.

◆행강신례(行降神禮)강신례를 행하겠습니다.
〇초헌관관세(初獻官盥洗)초헌관은 관세위에 나아가 손을 씻으십시오. 〇분향(焚香)
삼상향(三上香)헌관은 향안 앞에 꿇어앉아 향을 세 번 사르십시오. 〇소퇴립(少退立)
일어서서 조금 물러서십시오. 〇뇌주(酹酒)술을 땅에 부어 강신하는 의식입니다. 〇집사
자일인(執事者一人) 취반잔(取盤盞) 입우헌관지좌(立于獻官之左)집사자 한 사람
반잔을 들고 헌관의 왼쪽에 서시오. 〇일인집주주(一人執酒注) 입우헌관지우

(立于獻官之右)사준은 헌관의 오른쪽에 서시오. ○헌관수반잔(獻官受盤盞) 동향립(東向立)헌관은 잔을 받아 동쪽으로 향해 서십시오. ○집사자서향(執事者西向) 짐주우잔(斟酒于盞)사준은 서쪽으로 향해 잔에 술을 따르시오. ○헌관궤(獻官跪)헌관은 꿇어앉으십시오.○좌집반(左執盤) 우집잔(右執盞) 관우지(灌于地)잔받침을 들고 술을 땅에 세 번에 나누어 모두 부으십시오.○이반잔(以盤盞) 수집사자(授執事者) 반지고처(反之故處)반잔을 집사에게 주고 집사자는 원래자리에 놓으시오.○면복흥(俛伏興)헌관은 고개 숙여 엎드렸다가 일어나십시오.○재배(再拜)두 번 절 하십시오.○강복위(降復位)물러나 원래 자리로 돌아가십시오.

◆행초헌례(行初獻禮)초헌례를 행하겠습니다.

○초헌관예(初獻官詣) 신위전(神位前)초헌관은 신위 앞으로 나아가십시오. ○집사자일인집주주(執事者一人執酒注) 입우헌관지우(立于獻官之右)사준은 헌관의 오른쪽에 서시오. ○헌관봉고위전반잔(獻官奉考位前盤盞) 동향립(東向立)헌관은 고위전의 반잔을 받들어 동쪽을 향하여 서시오. ○집사자서향(執事者西向) 짐주우잔(斟酒于盞)사준은 서쪽으로 향해 잔에 술을 따르시오. ○헌관봉지(獻官奉之) 전우고처(奠于故處)헌관은 양손으로 받들어 읍하고, 신위전에 올리게 하시오. ○봉비위전반잔(奉妣位前盤盞) 동향립(東向立)헌관은 비위전의 반잔을 받들고 동쪽을 향하여 서십시오. ○집사자서향(執事者西向) 짐주우잔(斟酒于盞)사준은 서쪽을 향하여 잔에 술을 따르시오. ○헌관봉지(獻官奉之) 전우고처(奠于故處) 북향립(北向立) 양손으로 받들어 읍하고, 신위전에 올리게 하고 북쪽을 향해 서십시오. ○제주(祭酒)술을 땅에 붓는 의식입니다. ○집사자이인(執事者二人) 봉고비위전반잔(奉考妣位前盤盞) 입우헌관지좌우(立于獻官之左右)집사자 두 사람은 각기 고위와 비위전의 반잔을 받들고 헌관 좌우에 서시오. ○헌관(獻官) 궤(跪)헌관은 꿇어앉으십시오. ○집사자역궤(執事者亦跪)집사자도 꿇어앉으시오. ○헌관수(獻官受) 고위전반잔(考位前盤盞) 우수취잔(右手取盞) 제주우지(祭酒于地)헌관은 고위전 잔반을 받아 오른손으로 잔을 잡아 절반을 땅에 세 번에 나누어 부으십시오. ○이반잔수집사자(以盤盞授執事者) 반지고처(反之故處)반잔을 집사자에게 주어 원래 자리에 올리게 하시오 ○수비위전반잔(受妣位前盤盞) 우수취잔(右手取盞) 제주우지(祭酒于地)비위전 반잔을 받아 오른손으로 잔을 잡아 절반을 땅에 세 번에 나누어 부으십시오. ○이반잔수집사자(以盤盞授執事者) 반지고처(反之故處)반잔을 집사자에게 주어 원래 자리에 올리게 하시오. ○면복흥(俛伏興)헌관은 고개 숙여 엎드렸다가 일어나십시오. ○소퇴립(少退立)조금 물러나 서십시오. ○집사자진적(執事者進炙)집사자는 육적을 올리고 끈을 풀어 사지를 빼시오. ○집사자이인분진정저(執事者二人分進正筯)집사 두 사람이 나누어 수저를 바르게 놓으시오. ○계반개(啓飯蓋)밥그릇과 모든 뚜껑을 열고 편의 한지도 벗기시오. ○독축(讀祝)축을 읽겠습니다. ○헌관급(獻官及) 재위자개궤(在位者皆跪)헌관 및 모든 참제원은 꿇어 앉으십시오 ○축집판(祝執版) 입어헌관지좌(立於獻官之左)축관은 축판을 들고 헌관의 왼쪽에 서시오. ○궤(跪)꿇어앉으시오. ○독축(讀祝)축문을 읽으시오. ○개흥(皆興)모든 참제원은 일어서십시오. ○헌관재배(獻官再拜)헌관은 두 번 절하십시오. ○강복위(降復位)물러나 원래 자리로 돌아가십시오. ○집사자철주급적(執事者撤酒及炙)집사자는 술과 육적을 내리시오.

◆행아헌례(行亞獻禮)아헌례를 행하겠습니다.

○아헌관관세(亞獻官盥洗)아헌관은 관세위에 나아가 손을 씻으십시오. ○예신위전

(詣神位前)헌관은 신위 앞으로 나가십시오. ○집사자일인집주주(執事者一人執酒注) 입어헌관지우(立於獻官之右)사준은 헌관의 오른쪽에 서시오. ○헌관(獻官) 봉고위전반잔(奉考位前盤盞) 동향립(東向立)고위전 반잔을 받들어 동쪽을 향해 서십시오. ○집사자서향(執事者西向) 짐주우잔(斟酒于盞)사준은 서쪽으로 향해 잔에 술을 따르시오. ○헌관봉지전우고처(獻官奉之奠于故處)헌관은 양손으로 받들어 읍하고, 신위전에 올리게 하시오. ○봉비위전반잔동향립(奉妣位前盤盞東向立)헌관은 비위전의 반잔을 받들고 동쪽을 향하여 서십시오. ○집사자서향(執事者西向) 짐주우잔(斟酒于盞)집사자는 서쪽을 향하여 잔에 술을 따르시오. ○헌관봉지전우고처(獻官奉之奠于故處) 북향립(北向立)헌관은 양손으로 받들어 읍하고, 신위전에 올리게 하시오. 북쪽을 향해 서십시오. ○제주(祭酒)술을 땅에 붓는 의식입니다. ○집사자이인(執事者二人) 봉고비위전반잔(奉考妣位前盤盞) 입어헌관지좌우(立於獻官之左右)집사자 두 사람은 각기 고위와 비위전의 반잔을 받들고 헌관 좌우에 서시오○헌관궤(獻官跪)헌관은 꿇어앉으십시오. ○집사자역궤(執事者亦跪)집사자도 꿇어앉으시오. ○헌관수고위전반잔(獻官受考位前盤盞) 우수취잔(右手取盞) 제주우지(祭酒于地)헌관은 고위전 반잔을 받아 오른손으로 잔을 잡아 절반을 땅에 세 번에 나누어 부으십시오. ○이반잔수집사자(以盤盞授執事者) 반지고처(反之故處)반잔을 집사자에게 주어 원래 자리에 올리게 하시오. ○수비위전반잔(受妣位前盤盞) 우수취잔(右手取盞) 제주우지(祭酒于地)비위전 반잔을 받아 오른손으로 잔을 잡고 절반을 땅에 세 번에 나누어 부으십시오. ○이반잔수집사자(以盤盞授執事者) 반지고처(反之故處)반잔을 집사자에게 주어 원래 자리에 올리게 하시오. ○면복흥(俛伏興)헌관은 고개 숙여 엎드렸다가 일어나십시오. ○소퇴립(少退立)조금 물러나 서십시오. ○집사자진적(執事者進炙)집사자는 어적을 올리고 끈을 풀고 사지를 빼시오. ○헌관재배(獻官再拜)헌관은 두 번 절하십시오. ○강복위(降復位)물러나 원래 자리로 돌아가십시오. ○집사자(執事者) 철주급적(撤酒及炙)집사자는 술과 어적을 내리시오.

◆행종헌례(行終獻禮)종헌례를 행하겠습니다.

○종헌관관세(終獻官盥洗)종헌관은 관세위에 나아가 손을 씻으십시오. ○예신위전(詣神位前)헌관은 신위 앞으로 나가십시오. ○집사자일인집주주(執事者一人執酒注) 입우헌관지우(立于獻官之右)사준은 헌관의 오른쪽에 서시오. ○헌관봉(獻官奉) 고위전반잔(考位前盤盞) 동향립(東向立)헌관은 고위전반잔을 받들고 동쪽을 향하여 서십시오. ○집사자서향(執事者西向) 짐주우잔(斟酒于盞)사준은 서쪽을 향해 잔에 술을 따르시오. ○헌관봉지전우고처(獻官奉之奠于故處)헌관은 양손으로 받들어 읍하고, 신위전에 올리게 하시오. ○봉(奉) 비위전반잔(妣位前盤盞) 동향립(東向立)헌관은 비위전의 반잔을 받들고 동쪽을 향하여 서십시오. ○집사자서향(執事者西向) 짐주우잔(斟酒于盞)사준은 서쪽을 향하여 잔에 술을 따르시오. ○헌관봉(獻官奉) 지전우고처(之奠于故處) 북향립(北向立)헌관은 양손으로 받들어 읍하고, 신위전에 올리게 하시오. 북쪽을 향해 서십시오. ○제주(祭酒)술을 땅에 붓는 의식입니다. ○집사자이인(執事者二人) 봉고비위전반잔(奉考妣位前盤盞) 입어헌관지좌우(立於獻官之左右)집사자 두 사람은 각기 고위와 비위전의 반잔을 받들고 헌관 좌우에 서시오. ○헌관궤(獻官跪)헌관은 꿇어 앉으십시오. ○집사자역궤(執事者亦跪)집사자도 꿇어앉으시오. ○헌관수(獻官受) 고위전반잔(考位前盤盞) 우수취잔(右手取盞) 제주우지(祭酒于地)헌관은 고위전 반잔을 받아 오른손으로 잔을 잡아 절반을 땅에 세 번에 나누어 부으십시오. ○이반잔수집사자(以盤盞授執事者) 반지고처(反之故處)반잔

을 집사자에게 주어 원래 자리에 올리게 하시오. ○수비위전반잔(受妣位前盤盞) 우수취잔(右受取盞) 제주우지(祭酒于地)비위전의 반잔을 받아 오른손으로 잔을 잡아 절반을 땅에 세 번에 나누어 부으십시오. ○이반잔수집사자(以盤盞授執事者) 반지고처(反之故處)반잔을 집사자에게 주어 원래 자리에 올리게 하시오. ○면복흥(俛伏興)헌관은 고개 숙여 엎드렸다가 일어나십시오. ○소퇴립(少退立)조금 물러나 서십시오. ○집사자진적(執事者進炙)집사자는 계적을 올리시오. ○헌관재배(獻官再拜)헌관은 두 번 절하십시오. ○강복위(降復位)물러나 원래 자리로 돌아가십시오. ○집사자이인(執事者二人) 분진신위전(分進神位前)집사자 두사람이 나누어 신위 앞으로 나아가시오 ○급시정저(扱匙正筯)숟가락을 밥그릇에 꽂고 젓가락을 바르게 놓으시오. ○재위자개부복식경(在位者皆俯伏食頃)모든 참제원은 부복하여 9식경동안 기다리십시오. ○축삼희흠(祝三噫歆)축관은 먼저 일어나 으흠 세 번 하시오. ○재위자개흥(在位者皆興)참제원은 모두 일어서십시오. ○진다(進茶)숭늉을 올리는 의식입니다. ○집사자이인분진다탕우(執事者二人分進茶湯于) 고비위전(考妣位前)집사자 두 사람은 나누어 고위와 비위전에 숭늉을 올리시오 ○점다(點茶)밥을 조금 떠서 마시오. ○국궁(鞠躬)참제원 모두 잠시 허리를 숙이십시오. ○평신(平身)허리를 펴 바로 서십시오. ○집사자하시저(執事者下匙筯) 합반개(闔飯蓋)집사자는 수저를 내리고 모든 제수 뚜껑을 모두 덮으시오.

◆행사신례(行辭神禮)사신례를 올리겠습니다.
○헌관이하(獻官以下) 개재배(皆再拜)헌관 이하 모든 참제원은 두 번 절하십시오. ○축분축(祝焚祝)축관은 축문을 사르십시오. ○집사자(執事者) 철찬(撤饌)집사자는 철상 하시오. ○예필(禮畢)예를 모두 마칩니다. ○찬자급(贊者及) 유사(有司) 예(詣)신위전(神位前) 개재배(皆再拜)찬자와 유사 모두 신위전에 나아가 재배한다.

양위향례(兩位享禮)

○초헌이하제후손서립(初獻以下諸後孫叙立)초헌이하 제 후손은 서립 하시오.○초헌잉예위전점시진설(初獻仍詣位前點視陳設)초헌은 위전에 진설한 제물을 점검하시오.○환강복위(還降復位)제자리로 가시오.

◆행참신례(行꼌神禮)참신례를 행합니다.
○초헌이하제후손개재배(初獻以下諸後孫皆再拜)초헌이하 제 후손은 재배하시오.○집사자관세수(執事者盥洗手)집사자는 손을 씻으시오.

◆행분향례(行焚香禮)분향례를 행합니다.
○초헌관세수(初獻盥洗手)초헌은 손을 씻으시오.○예향안전궤(詣香案前跪)향 안전에 나아가 무릎 꿇어 앉으시오.○삼상향(三上香)향을 세 번 올리시오○초헌소퇴재배(初獻少退再拜)초헌은 조금 물러나 재배하시오.

◆행강신례(行降神禮)강신례를 행합니다.
○초헌예향안전궤(初獻詣香案前跪)초헌은 향안전 앞에 나아가 무릎 꿇어 앉으시오.○집사자취봉잔반궤진우초헌(執事者取奉盞盤跪進于初獻)집사자는 잔반을 받들고 꿇

어 앉아 초헌에 드리시오.○**짐주우잔(斟酒于盞)**술잔에 술을 따르시오.○**초헌수지삼관우모상(初獻受之三灌于茅上)**초헌은 잔을 받아 잔디 위에 세 번에 다 지우시오.○**이잔반환수집사자반지고처(以盞盤還授執事者反之故處)**집사자는 잔반을 받아 먼저 자리에 놓으시오.○**초헌소퇴재배(初獻少退再拜)**초헌은 조금 물러나 재배하시오.○**강복위(降復位)**제자리로 가시오.

◆행초헌례(行初獻禮)초헌례를 행합니다.

○**초헌향안전동향립(初獻香案前東向立)**초헌은 향 안전에 나아가 동향으로 서시오.○**집사자취봉고위전잔반서향립(執事者取奉考位前盞盤西向立)**집사자는 할아버님 앞에 잔반을 받들고 서향으로 서시오.○**잔반이수초헌(盞盤以授初獻)**잔반을 초헌에 드리시오.○**짐주우잔(斟酒于盞)**잔에 술을 따르시오.○**초헌봉지전우위전(初獻奉之奠于位前)**초헌은 잔을 받들고 위전에 올리시오.○**환예향안전동향립(還詣香案前東向立)**돌아와 향 안전 동향으로 서시오.○**집사자취봉고위전잔반서향립(執事者取奉考位前盞盤西向立)**집사자는 할머님 앞에 잔반을 받들고 서향으로 서시오.○**잔반이수초헌(盞盤以授初獻)**잔반을 초헌에 드리시오.○**짐주우잔(斟酒于盞)**잔에 술을 따르시오.○**초헌봉지전우위전(初獻奉之奠于位前)**초헌은 잔을 받들고 위전에 올리시오.○**환예향안전궤(還詣香案前跪)**돌아와 향 안전에 무릎 꿇어 앉으시오.○**집사자취봉고위전잔반궤진우초헌(執事者取奉考位前盞盤跪進于初獻)** 집사자는 할아버님 잔반을 받들고 무릎 꿇고 초헌에 드리시오.○**초헌수지삼제우모상(初獻受之三除于茅上)**초헌은 잔을 받아 잔디 위에 세 번 지우시오. (술이 반 이상 남게)○**이잔반환수집사(以盞盤還授執事)**잔반을 집사에 주시오.○**집사봉지전우고처(執事奉之奠于故處)**집사는 잔을 받들고 먼저 자리에 놓으시오.○**집사자취봉비위전잔반궤진우초헌(執事者取奉妣位前盞盤跪進于初獻)**집사자는 할머님 앞에 잔반을 받들고 무릎 꿇고 초헌에 드리시오.○**초헌수지삼제우모상(初獻受之三除于茅上)**초헌은 잔을 받아 잔디 위에 세 번 지우시오. (술이 반이상 남게)○**이잔반환수집사(以盞盤還授執事)**잔반을 집사에 주시오.○**집사봉지전우고처(執事奉之奠于故處)**집사는 잔을 받들고 먼저 자리에 놓으시오.○**집사취봉육자전우잔반지남(執事取奉肉炙奠于盞盤之南)**집사는 육적을 받들고(초헌을 거쳐) 잔반의 남쪽에 올리시오.○**잉예위전개반갱개정시저(仍詣位前開飯羹皆正匙箸)**이어서 위전에 나아가 반, 갱의 뚜껑을 열고 시저를 가지런히 놓으시오.○**초헌이하개면복(初獻以下皆俛伏)**초헌 이하 제후손은 부복하시오.○**축취축판궤독우초헌지좌(祝取祝板跪讀于初獻之左)**축관은 축판을 받들고 초헌의 왼편에 무릎 꿇고 앉아 준비하시오.○**독축문(讀祝文)**축문을 읽으시오.○**독흘강복위(讀訖降復位)**축관은 제자리로 가시오.○**초헌이하개평신기(初獻以下皆平身起)**초헌 이하 제후손은 일어나시오.○**초헌소퇴재배(初獻少退再拜)**초헌은 조금 물러나 재배하시오.○**강복위(降復位)**초헌은 제자리로 가시오.○**집사자퇴주(執事者退酒)**집사자는 술잔을 비우시오.

◆행아헌례(行亞獻禮)아헌례를 행합니다.

○**아헌관세수(亞獻盥洗手)**아헌은 손을 씻으시오.○**아헌예향안전동향립(亞獻詣香案前東向立)**아헌은 향 안전에 나아가 동향으로 서시오.○**집사자취봉고위전잔반서향립(執事者取奉考位前盞盤西向立)**집사자는 할아버님 앞에 잔반을 받들고 서향으로 서시오.○**잔반이수아헌(盞盤以授亞獻)**잔반을 아헌에 드리시오.○**짐주우잔(斟酒于盞)**잔에 술을 따르시오.○**아헌봉지전우위전(亞獻奉之奠于位前)**아헌은 술잔을 받들고 위

전에 올리시오.○**환예향안전전동향립(還詣香案前東向立)**돌아와 향 안전에 나아가 동향으로 서시오.○**집사자취봉비위전잔반서향립(執事者取奉妣位前盞盤西向立)**집사자는 할머님 앞에 잔반을 받들고 서향으로 서시오.○**잔반이수아헌(盞盤以授亞獻)**잔반을 아헌에 드리시오.○**짐주우잔(斟酒于盞)**잔에 술을 따르시오.○**아헌봉지전우위전(亞獻奉之奠于位前)**아헌은 술잔을 받들고 위전에 올리시오.○**환예향안전궤(還詣香案前跪)**돌아와서 향 안전에 무릎 꿇고 앉으시오.○**집사자취봉고위전잔반궤진우아헌(執事者取奉考位前盞盤跪進于亞獻)**집사자는 할아버님 앞에 잔반을 받들고 무릎 꿇고 아헌에 드리시오.○**아헌수지삼제우모상(亞獻受之三除于茅上)**아헌은 잔을 받아 잔디 위에 세 번 지우시오. (술이 반 이상 남게)○**이잔반환수집사(以盞盤還授執事)**잔반을 집사에게 주시오.○**집사봉지전우고처(執事奉之奠于故處)**집사는 잔을 받들고 먼저 자리에 놓으시오.○**집사자취봉비위전잔반궤진우아헌(執事者取奉妣位前盞盤跪進于亞獻)**집사는 할머님 앞에 잔반을 받들고 무릎 꿇고 아헌에 드리시오.○**아헌수지삼제우모상(亞獻受之三除于茅上)**아헌은 잔을 받아 잔디 위에 세 번 지우시오. (술이 반 이상 남게)○**이잔반환수집사(以盞盤還授執事)**잔반을 집사에게 주시오.○**집사봉지전우고처(執事奉之奠于故處)**집사는 잔을 받들고 먼저 자리에 놓으시오.○**집사취봉계자전우원자상(執事取奉鷄炙奠于原炙上)**집사는 계적을 받들어(아헌을 거쳐) 육적 위에 올리시오.○**아헌소퇴재배(亞獻少退再拜)**아헌은 조금 물러나 재배하시오.○**강복위(降復位)**제자리로 가시오.○**집사자퇴주(執事者退酒)**집사자는 술잔을 비우시오.

◆**행종헌례(行終獻禮)**종헌례를 행합니다.

○**終獻盥洗手(종헌관세수)**종헌은 손을 씻으시오.○**終獻詣香案前東向立(종헌예향안전동향립)**종헌은 향 안전에 나아가 동향으로 서시오.○**집사자취봉고위전잔반서향립(執事者取奉考位前盞盤西向立)**집사자는 할아버님 앞에 잔반을 받들고 서향으로 서시오.○**盞盤以授終獻(잔반이수종헌)**잔반을 종헌에 드리시오.○**斟酒于盞(짐주우잔)**잔에 술을 따르시오.○**終獻奉之奠于位前(종헌봉지전우위전)**종헌은 잔을 받들어 위전에 올리시오.○**還詣香案前東向立(환예향안전동향립)**돌아와 향 안전 동향으로 서시오.○**執事者取奉妣位前盞盤西向立(집사자취봉비위전잔반서향립)**집사자는 할머님 앞에 잔반을 받들고 서향으로 서시오.○**盞盤以授終獻(잔반이수종헌)**잔반을 종헌에게 드리시오.○**斟酒于盞(짐주우잔)**잔에 술을 따르시오.○**終獻奉之奠于位前(종헌봉지전우위전)**종헌은 잔을 받들어 위전에 올리시오.○**還詣香案前跪(환예향안전궤)**돌아와서 향 안전에 무릎 꿇어 앉으시오.○**집사자취봉고위전잔반궤진우종헌(執事者取奉考位前盞盤跪進于終獻)**집사자는 할아버님 앞에 잔반을 받들고 무릎 꿇고 종헌에 드리시오.○**終獻受之三除于茅上(종헌수지삼제우모상)**종헌은 술잔을 받아 잔디 위에 세 번 지우시오. (술이 반 이상 남게)○**以盞盤還授執事(이잔반환수집사)**잔반을 집사에게 주시오.○**執事奉之奠于故處(집사봉지전우고처)**집사는 잔을 받들어 먼저 자리에 놓으시오.○**執事取奉妣位前盞盤跪進于終獻(집사취봉비위전잔반궤진우종헌)**집사는 할머님 앞에 잔반을 받들고 무릎 꿇고 종헌에 드리시오.○**終獻受之三除于茅上(종헌수지삼제우모상)**종헌은 잔을 받아 잔디 위에 세 번 지우시오. (술이 반 이상 남게)○**以盞盤還授執事(이잔반환수집사)**잔반을 집사에 주시오.○**執事奉之奠于故處(집사봉지전우고처)**집사는 잔을 받들어 먼저 자리에 놓으시오.○**執事取奉魚炙奠于原炙上(집사취봉어자전우원자상)**집사는 어적을 받들어(종헌을 거쳐) 계적 위에 올리시오.○**終獻少退再拜(종헌소퇴재배)**종헌은 조금 물러나 재배하시오.○**降復位(강복위)**제자리로 가시오.

◆**행유식례(行侑食禮)**유식례를 행합니다.
○**초헌예향안전립집준(初獻詣香案前立執樽)(주(注))예량위전첨주우잔(詣兩位前添酒于盞)**초헌은 향안전에 나아가 술병을 받들고 양 위전에 첨작하시오.○**잉삽시우반기중(仍插匙于飯器中)**이어서 메(진지)그릇에 수저를 꽂으시오.○**초헌소퇴재배(初獻少退再拜)**초헌은 조금 물러나 재배하시오. ○**강복위(降復位)** 제자리로 가시오.

◆**의합문례(依閤門禮)**합문례를 행합니다.
○**초헌이하개면복(初獻以下皆俛伏)**초헌 이하 제자손은 부복하시오.○**축희흠삼성(祝噫歆三聲)**축관은 기침을 세 번 하시오.○**초헌이하개평신기(初獻以下皆平身起)**초헌 이하 제후손은 일어나시오.

◆**행진다례(行進茶禮)**진다례를 행합니다.
○**집사자진철량위전갱기잉진다(執事者進撤兩位前羹器仍進茶)**집사는 양위 앞에 나아가 국그릇을 물리고 이어 숭늉을 올리시오.○**취봉반기중소삽시삼유반우다기중(取奉飯器中所插匙三侑飯于茶器中)**메그릇에 꽂은 수저로 숭늉 그릇에 세 번 마르시오.○**소서립숙사소경(少叙立肅竢小頃)**잠깐 서서 묵념하시오.○**祝噫歆(축희흠)**축관은 한 번 기침하시오.○**평신기(平身起)**몸을 일으키시오.○**초헌예향안전동향립(初獻詣香案前東向立)**초헌은 향 안전에 나아가서 동향으로 서시오.○**축서향립(祝西向立)**축관은 서향으로 마주 서시오○**고리성(告利成)**이성을 고하시오.○**집사자진철시저합반개(執事者進撤匙箸合飯盖)** 집사자는 나아가서 시저를 거두고 메 뚜껑을 덮으시오.

◆**행사신례(行辭神禮)**사신례를 행합니다.
○**초헌이하개재배(初獻以下皆再拜)**초헌 이하 제후손은 재배하시오.○**축분축(祝焚祝)**축관은 축문을 불사르시오. ○**집사자철찬(執事者撤饌)**집사자는 철상 하시오.

망제홀기(望祭笏記)

◆**서립(叙立)**
○제자손(諸子孫) 예(詣) 제단대하평지(祭壇臺下平地) ○공예(共詣) 상석전(床石前) 서립(叙立) ○집례(執禮) 지(持) 홀기(笏記) 입어(立於) 내계상(內階上) 서변(西邊)

◆**진찬(陳饌)**
○진설사인(陳設四人) 관수(盥手) ○각봉제수(各奉祭需) 전우상석(奠于床石)○차봉(次奉) 시저접(匙箸楪) 급(及) 반잔전지(盤盞奠之) ○설(設) 제주병(祭酒瓶) 급(及) 뢰주잔반(酹酒盞盤) 급(及) 주주(酒注) ○퇴주기(退酒器) 이어(二於) 내계상(內階上) 동변(東邊) ○향로향합(香爐香盒) 설어(設於) 향로석상(香爐石上) 노서합동(爐西盒東) ○축판치우(祝板置于) 향로석방(香爐石傍) ○진설사인(陣設四人) 개(皆) 퇴부위(退復位) ○초헌자(初獻者) 점시(點視) 강부위(降復位)

◆**행(行) 강신(降神)**
○초헌자(初獻者) 급(及) 집사이인(執事二人) 관수(盥手) ○초헌자(初獻者) 예(詣) 향로석전(香爐石前) 궤(跪) ○분향재배(焚香再拜) 소퇴립(少退立) ○집사일인(執事一人) 취계상(取階上) 주병(酒瓶) 경주우주주중(傾酒于酒注中) ○우집주주립우(右

執酒注立于) 초헌자지우(初獻者之右) ○좌집사일인(左執事一人) 취계상(取階上) 뢰주잔반입우(酹酒盞盤立于) 초헌지좌(初獻之左) 잔반입우(盞盤立于) 초헌지좌(初獻之左) ○초헌자궤(初獻者跪) ○봉반잔자이(奉盤盞者以) 잔반수(盞盤授) 초헌자(初獻者) ○초헌자(初獻者) 수지(受之) 집(執) 주자(酒者) 짐주우잔(斟酒于盞) ○초헌자(初獻者) 좌수집반(左手執盤) 우수집잔(右手執盞) 삼관우지상(三灌于地上) ○이잔반(以盞盤) 수집사(授執事) 반지고처(反之故處) ○집사이인(執事二人) 개(皆) 퇴부위(退復位) ○초헌자(初獻者) 면복흥(俛伏興) 재배(再拜) 퇴부위(退復位)

◆행(行) 참신(參神)

○삼헌자(三獻者) 급(及) 제집사(諸執事) 여(與) 대하(臺下) 제자손(諸子孫) 개(皆) 재배(再拜)

◆행(行) 초헌(初獻)

○초헌자(初獻者) 관수(盥手) 예(詣) 향로석전립(香爐石前立) ○집사일인(執事一人) 집주(執酒) 주입우(注立于) 초헌자지우(初獻者之右) ○초헌자(初獻者) 부복흥(俯伏興) 자좌예위전(自左詣位前) ○봉선조고위(奉先祖考位) 반잔(盤盞) ○퇴예(退詣) 향로석전(香爐石前) 동향립(東向立) ○집주자(執酒者) 서향립(西向立) 짐주우잔(斟酒于盞) ○초헌자(初獻者) 봉지전우(奉之奠于) 고처(故處) ○차봉(次奉) 선조비위(先祖妣位) 반잔(盤盞) ○퇴예(退詣) 향로석전(香爐石前) 동향립(東向立) ○집주자(執酒者) 서향립(西向立) 짐주우잔(斟酒于盞) ○초헌자(初獻者) 봉지전우고처(奉之奠于故處) ○퇴예(退詣) 향로석전(香爐石前) 북향립(北向立) ○집사이인(執事二人) 분(分) 좌우(左右) 진봉(進奉) ○선조고비위반잔(先祖考妣位盤盞) 퇴입어(退立於) 초헌자지좌우(初獻者之左右) ○초헌자궤(初獻者跪) ○집사이인(執事二人) 개궤(皆跪) ○초헌자(初獻者) 수(受) 선조고위(先祖考位) 반잔(盤盞) 우수취잔(右手取盞) 삼제우지상(三祭于地上) ○이잔반수(以盞盤授) 집사(執事) 반지고처(反之故處) 이잔반수(以 盞盤授) 집사(執事) ○차봉(次奉) 선조비위(先祖妣位) 반잔(盤盞) ○우수취잔(右手取盞) 삼제우지상(三祭于地上) ○이반잔수(以盤盞授) 집사(執事) 반지고처(反之故處) ○초헌자(初獻者) 면복흥(俛伏興) 소퇴립(少退立) ○집사(執事) 봉육적전지(奉肉炙奠之) ○정저접상(正箸楪上) ○집사이인(執事二人) 개퇴부위(皆退復位) ○축(祝) 진취(進取) 축판(祝板) 입우(立于) 초헌자지좌(初獻者之左) ○초헌자(初獻者) 이하(以下) 제집사급(諸執事及) 제자손(諸子孫) 개부복(皆俯伏) ○축역궤어(祝亦跪於) 초헌자지좌(初獻者之左) ○독축(讀祝) ○독필(讀畢) 퇴부위(退復位) ○초헌자이하(初獻者以下) 제집사(諸執事) 여(與) 제자손(諸子孫) 개흥(皆興) ○초헌자(初獻者) 재배(再拜) 퇴부위(退復位) ○집사이인(執事二人) 분좌우(分左右) 진취(進取) ○선조고비위(先祖考妣位) 반잔(盤盞) 예(詣) 동계상(東階上) 경주우(傾酒于) 퇴주기(退酒器) ○각반(各反) 반잔우(盤盞于) 고처(故處) ○철적접치우(撤炙楪置于) 동계상(東階上) ○집사이인(執事二人) 개퇴(皆退) 복위(復位)

◆행(行) 아헌(亞獻)

○아헌자(亞獻者) 관수(盥手) 예향로석전립(詣香爐石前立) 향로석전입(香爐石前立) ○집사일인(執事一人) 집주주(執酒注) 입우(立于) 아헌자지우(亞獻者之右) ○아헌자(亞獻者) 부복흥(俯伏興) 자좌예위전(自左詣位前) ○봉선조고위(奉先祖考位) 반잔(盤盞) ○퇴예(退詣) 향로석전(香爐石前) 동향립(東向立) ○집주자(執酒者) 서향립(西向立) 짐주우잔(斟酒于盞) ○아헌자(亞獻者) 봉지전우고처(奉之奠于故處) ○차봉선조비위(次奉先祖妣位) 반잔(盤盞) ○퇴예(退詣) 향로석전(香爐石前) 동향립(東向立) ○집주자(執酒者) 서향립(西向立) 짐주우잔(斟酒于盞) ○아헌자(亞獻者) 봉지전우고처

(奉之奠于故處) ○퇴예(退詣) 향로석전(香爐石前) 북향립(北向立) ○집사이인(執事二人) 분좌우(分左右) 진봉(進奉) ○선조고비위(先祖考妣位) 반잔(盤盞) ○퇴입어(退立於) 아헌자지좌우(亞獻者之左右) ○아헌자궤(亞獻者跪) 집사이인(執事二人) 개궤(皆跪) ○아헌자(亞獻者) 수선조고위(受先祖考位) 반잔(盤盞) 우수취잔(右手取盞) 삼제우지상(三祭于地上) ○이잔반(以盞盤) 수집사(授執事) 반지고처(反之故處) ○차봉(次奉) 선조비위(先祖妣位) 반잔(盤盞) ○우수취잔(右手取盞) 삼제우지상(三祭于地上) ○이반잔(以盤盞) 수집사(授執事) 반지고처(反之故處) ○아헌자(亞獻者) 면복흥(俛伏興) 소퇴립(少退立) ○집사(執事) 봉어적전지(奉魚炙奠之) ○집사이인(執事二人) 개퇴부위(皆退復位) ○아헌자(亞獻者) 재배(再拜) 퇴부위(退復位) ○집사이인(執事二人) 분좌우(分左右) 진취(進取) ○선조고비위(先祖考妣位) 반잔(盤盞) 예동계상(詣東階上) 경주우(傾酒于) 퇴주기(退酒器) 퇴주기(退酒器) ○각반(各反) 반잔우고처(盤盞于故處) ○철적접치우(撤炙楪置于) 동계상(東階上) ○집사이인(執事二人) 개퇴(皆退) 복위(復位)

◆행(行) 종헌(終獻)

○종헌자(終獻者) 관수(盥手) 예향로석(詣香爐石) 전립(前立) ○집사일인(執事一人) 집주주(執酒注) 입우종헌자지우(立于終獻者之右) ○종헌자(終獻者) 부복흥(俯伏興) 자좌예위전(自左詣位前) ○봉선조고위(奉先祖考位) 반잔(盤盞) ○퇴예(退詣) 향로석전(香爐石前) 동향립(東向立) ○집주자(執酒者) 서향립(西向立) 짐주우잔(斟酒于盞) ○종헌자(終獻者) 봉지전우고처(奉之奠于故處) ○차봉선조비위(次奉先祖妣位) 반잔(盤盞) ○퇴예(退詣) 향로석전(香爐石前) 동향립(東向立) ○집주자(執酒者) 서향립(西向立) 짐주우잔(斟酒于盞) ○종헌자(終獻者) 봉지전우고처(奉之奠于故處) ○퇴예(退詣) 향로석전(香爐石前) 북향립(北向立) ○집사이인(執事二人) 분좌우(分左右) 진봉(進奉) ○선조고비위(先祖考妣位) 반잔(盤盞) ○퇴입어(退立於) 종헌자지좌우(終獻者之左右) ○종헌자(終獻者) 궤(跪) ○집사이인(執事二人) 개궤(皆跪) ○종헌자(終獻者) 수선조고위(受先祖考位) 반잔(盤盞) 우수취잔(右手取盞) 삼제우지상(三祭于地上) ○이잔반(以盞盤) 수집사(授執事) 반지고처(反之故處) ○차봉(次奉) 선조비위(先祖妣位) 반잔(盤盞) ○우수취잔(右手取盞) 삼제우지상(三祭于地上) ○이반잔(以盤盞) 수집사(授執事) 반지고처(反之故處) ○종헌자(終獻者) 면복흥(俛伏興) 소퇴립(少退立) ○집사(執事) 봉계적전지(奉鷄炙奠之) ○집사이인(執事二人) 개퇴부위(皆退復位) ○종헌자(終獻者) 재배(再拜) 퇴복위(退復位) ○숙사소경(肅俟少頃)

◆행(行) 사신(辭神)

○집사(執事) 진철시저(進撤匙箸) 퇴부위(退復位) ○삼헌자이하(三獻者以下) 제집사급(諸執事及) 제자손(諸子孫) 개재배(皆再拜)

◆철상(撤床)

○집사이인(執事二人) 여진설사인(與陳設四人) 진철찬(進撤饌) ○축(祝) 분축문(焚祝文)

◆행(行) 음복례(飮福禮)

묘제홀기(墓祭笏記)

○지금으로부터 000선조님의 묘제를 봉행하겠습니다.

○헌관이하(獻官以下) 제(諸) 자손(子孫) 개(皆) 서립(序立)헌관 이하 모든 자손은 차례로 서시오 ○집례(執禮) 찬창(贊唱) 선취(先就) 재배(再拜) 취위(就位)집례와 찬창은 먼저 나가서 재배하고 제 자리로 가시오. ○삼헌관(三獻官) 급(及) 제집사(諸執事) 관세(盥洗) 취위(就位)삼헌관과 모든 집사는 손을 씻고 제 자리로 가시오.

◆행참신례(行參神禮)참신례를 행하겠습니다.

○헌관이하(獻官以下) 제(諸) 자손(子孫) 개(皆) 재배(再拜)(鞠躬, 拜,興,拜,興,平身)헌관 이하 모든 자손은 재배하시오 국궁,배,흥,배,흥,평신

◆행강신례(行降神禮)강신례를 행하겠습니다.

○초헌관(初獻官) 신위전(神位前) 궤(跪)초헌관은 신위 앞에 꿇어 앉으시오 ○봉로(奉爐) 봉(奉) 향로(香爐) 헌관지좌(獻官之佐) 궤(跪)봉로는 향로를 받들고 헌관 좌측에 꿇어 앉으시오 ○봉향(奉香) 봉(奉) 향합(香盒) 헌관지우(獻官之右) 궤(跪)봉향은 향합을 받들고 헌관 우측에 꿇어 앉으시오 ○헌관(獻官) 삼(三) 상향(上香)헌관은 향을 세 번 피우시오 ○봉로(奉爐) 봉향(奉香) 퇴(退) 부위(復位)봉로 봉향은 제 자리로 돌아가시오 ○헌관(獻官) 부복(俯伏) 흥(興) 재배(再拜)헌관은 일어나 재배하시오 ○헌관(獻官) 신위전(神位前) 궤(跪)헌관은 신위 앞에 꿇어 앉으시오 ○집사(執事) 봉(奉) 고위전(考位前) 잔반(盞盤),사존(司尊) 작주(酌酒) 수헌관(授獻官)집사가 고위 전 잔반을 내리면 사준은 술을 따라 헌관에게 드리시오 ○헌관수지(獻官受之) 삼(三) 관우지(灌于地)헌관은 잔반을 받아 세 번 나누어 땅위(제실에서는 모사)에 모두 붓고 ○이잔반(以盞盤) 환수집사(還授執事) 집사수지(執事受之) 전우고처(奠于故處)잔반을 집사에게 주고 집사는 잔반을 받아 신위 전에 올리시오 ○제집사(諸執事) 계강(階降) 복위(復位)집사는 모두 제 자리로 가시오 ○헌관(獻官) 부복(俯伏) 흥(興) 재배(再拜) 퇴(退) 부위(復位)헌관은 일어나 재배하고 제 자리로 가시오

◆행초헌례(行初獻禮)초헌례를 행하겠습니다

○초헌관(初獻官) 신위전(神位前) 궤(跪)헌관은 신위 앞에 꿇어 앉으시오 ○집사(執事) 봉(奉) 고위전(考位前) 잔반(盞盤) 사존(司尊) 작주(酌酒) 수헌관(授獻官)집사가 고위 전 잔반을 내리면 사준은 술을 따라 헌관에게 드리시오 ○헌관수지(獻官受之) 수(授) 집사(執事) 집사수지(執事受之) 전우고처(奠于故處)헌관은 잔반을 받아 집사에게 주고 집사는 잔반을 받아 신위 전에 올리시오 ○집사(執事) 봉(奉) 비위전(妣位前) 잔반(盞盤) 사존(司尊) 작주(酌酒) 수헌관(授獻官)집사가 비위 전 잔반을 내리면 사준은 술을 따라 헌관에게 드리시오 ○헌관수지(獻官受之) 수(授) 집사(執事) 집사수지(執事受之) 전우고처(奠于故處)헌관은 잔반을 받아 집사에게 주고 집사는 잔반을 받아 신위 전에 올리시오 ○집사(執事) 봉(奉) 고위전(考位前) 잔반(盞盤) 수(授) 헌관(獻官)집사는 고위 전 잔반을 내려 헌관에게 드리시오 ○헌관수지(獻官受之) 삼제(三祭) 소경우지(小傾于地)헌관은 잔반을 받아 세 번 땅 위(제실에서는 모사)에 조금씩 기울인 다음 ○이잔반(以盞盤) 수(授) 집사(執事), 집사수지(執事受之) 전우고처(奠于故處)잔반을 집사에게 주고 집사는 잔반을 받아 신위 전에 올리시오 ○집사(執事) 봉(奉) 비위전(妣位前) 잔반(盞盤) 수(授) 헌관(獻官)집사는 비위 전 잔반을 내려 헌관에게 드리시오

○헌관수지(獻官受之) 삼제(三祭) 소경우지(小傾于地)헌관은 잔반을 받아 세 번 땅 위(제실에서는 모사)에 조금씩 기울인 다음 ○이잔반(以盞盤) 수(授) 집사(執事) 집사수지(執事受之) 전우고처(奠于故處)잔반을 집사에게 주고 집사는 잔반을 받아 신위 전에 올리시오 ○집사(執事) 봉(奉) 육적(肉炙) 수(授) 헌관(獻官)집사는 육적을 받들어 헌관에게 드리시오 ○헌관수지(獻官受之) 환수(還授) 집사(執事)헌관은 육적을 받은 다음, 다시 집사에게 주고 ○집사수지(執事受之) 전우(奠于) 신위전(神位前)집사는 육적을 받아 신위 전에 올리시오 ○계반개(啓飯蓋) 삽시(揷匙) 정저(正箸)반개를 열어 숟가락을 꽂고 젓가락은 바르게 놓으시오 ○제집사(諸執事) 계강(階降) 부위(復位)집사는 모두 제 자리로 돌아가시오 ○헌관이하(獻官以下) 제(諸) 자손(子孫) 궤(跪)헌관 이하 모든 자손은 꿇어 앉으시오 ○축(祝) 예(詣) 헌관지좌(獻官之左) 동향궤(東向跪) 독축(讀祝)축관은 헌관 좌측으로 나아가 동쪽을 향하여 꿇어 앉아 축문을 읽으시오 ○헌관이하(獻官以下) 제(諸) 자손(子孫) 개(皆) 흥(興) 평신(平身)헌관 이하 모든 자손은 일어나시오 ○헌관(獻官) 부부(俯復) 흥(興) 재배(再拜) 퇴(退) 부위(復位)헌관은 재배하고 제 자리로 돌아가시오 ○제집사(諸執事) 승(升) 철주(撤酒) 치(置) 잔반우(盞盤于) 고처(故處)집사는 모두 올라와 철주하고 잔반을 신위 전에 올리시오 ○제집사(諸執事) 계강(階降) 복위(復位)집사는 모두 제 자리로 가시오

◆행아헌례(行亞獻禮)아헌례를 행하겠습니다

○아헌관(亞獻官) 신위전(神位前) 궤(跪)아헌관은 신위 앞에 꿇어 앉으시오 ○집사(執事) 봉(奉) 고위전(考位前) 잔반(盞盤) 사존(司尊) 작주(酌酒) 수헌관(授獻官)집사가 고위 전 잔반을 내리면 사준은 술을 따라 헌관에게 드리시오 ○헌관수지(獻官受之) 수(授) 집사(執事) 집사수지(執事受之) 전우고처(奠于故處)헌관은 잔반을 받아 집사에게 주고 집사는 잔반을 받아 신위 전에 올리시오 ○집사(執事) 봉(奉) 비위전(妣位前) 잔반(盞盤) 사존(司尊) 작주(酌酒) 수헌관(授獻官)집사가 비위 전 잔반을 내리면 사준을 술을 따라 헌관에게 드리시오 ○헌관수지(獻官受之) 수(授) 집사(執事) 집사수지(執事受之) 전우고처(奠于故處)헌관은 잔반을 받아 집사에게 주고 집사는 잔반을 받아 비위 전에 올리시오 ○집사(執事) 봉(奉) 고위전(考位前) 잔반(盞盤) 수(授) 헌관(獻官)집사는 고위 전 잔반을 내려 헌관에게 드리시오 ○헌관수지(獻官受之) 삼제(三祭) 소경우지(小傾于地)헌관은 잔반을 받아 세 번 땅 위(제실에서는 모사)에 조금씩 기울인 다음 ○이잔반(以盞盤) 수(授) 집사(執事) 집사수지(執事受之) 전우고처(奠于故處)잔반을 집사에게 주고 집사는 잔반을 받아 신위 전에 올리시오 ○집사(執事) 봉(奉) 비위전(妣位前) 잔반(盞盤) 수(授) 헌관(獻官)집사는 비위 전 잔반을 내려 헌관레게 드리시오 ○헌관수지(獻官受之) 삼제(三祭) 소경우지(小傾于地)헌관은 잔반을 받아 세 번 땅 위(제실에서는 모사)에 조금씩 기울인 다음 ○이잔반(以盞盤) 수(授) 집사(執事) 집사수지(執事受之) 전우고처(奠于故處)잔반을 집사에게 주고 집사는 잔반을 받아 신위 전에 올리시오 ○집사(執事) 봉(奉) 계적(鷄炙) 수(授) 헌관(獻官)집사는 계적을 받들어 헌관에게 드리시오 ○헌관수지(獻官受之) 환수집사(還授執事)헌관은 계적을 받아 다시 집사에게 주고 ○집사수지(執事受之) 전우(奠于) 신위전(神位前)집사는 계적을 받아 신위 전에 올리시오 ○제집사(諸執事) 계강(階降) 부위(復位)집사는 모두 제 자리로 가시오 ○헌관(獻官) 부부(俯復) 흥(興) 재배(再拜) 퇴(退) 부위(復位)헌관은 재배하고 제 자리로 가시오 ○제집사(諸執事) 승(升) 철주(撤酒) 치(置)

잔반우(盞盤于) 고처(故處)집사는 모두 올라와 철주하고 잔반을 신위 전에 올리시오 ○제집사(諸執事) 계강(階降) 복위(復位)집사는 모두 제 자리로 가시오

◆행종헌례(行終獻禮)종헌례를 행하겠습니다

○종헌관(終獻官) 신위전(神位前) 궤(跪)종헌관은 신위 앞에 꿇어 앉으시오 ○집사(執事) 봉(奉) 고위전(考位前) 잔반(盞盤) 사존(司尊) 작주(酌酒) 수헌관(授獻官)집사가 고위 전 잔반을 내리면 사준은 술을 따라 헌관에게 드리시오 ○헌관수지(獻官受之) 수(授) 집사(執事) 집사수지(執事受之) 전우고처(奠于故處)헌관은 잔반을 받아 집사에게 주고 집사는 잔반을 받아 신위 전에 올리시오 ○집사(執事) 봉(奉) 비위전(妣位前) 잔반(盞盤) 사존(司尊) 작주(酌酒) 수헌관(授獻官)집사가 비위 전 잔반을 내리면 사준은 술을 따라 헌관에게 드리시오 ○헌관수지(獻官受之) 수(授) 집사(執事) 집사수지(執事受之) 전우고처(奠于故處)헌관은 잔반을 받아 집사에게 주고 집사는 잔반을 받아 신위 전에 올리시오 ○집사(執事) 봉(奉) 고위전(考位前) 잔반(盞盤) 수(授) 헌관(獻官)집사는 고위 전 잔반을 내려 헌관에게 드리시오 ○헌관수지(獻官受之) 삼제(三祭) 소경우지(小傾于地)헌관은 잔반을 받아 세 번 땅 위(제실에서는 모사)에 조금씩 기울인 다음 ○이잔반(以盞盤) 수(授) 집사(執事) 집사수지(執事受之) 전우고처(奠于故處)잔반을 집사에게 주고 집사는 잔반을 받아 신위 전에 올리시오 ○집사(執事) 봉(奉) 비위전(妣位前) 잔반(盞盤) 수(授) 헌관(獻官)집사는 비위 전 잔반을 내려 헌관에게 드리시오 ○헌관수지(獻官受之) 삼제(三祭) 소경우지(小傾于地)헌관은 잔반을 받아 세 번 땅 위(제실에서는 모사)에 조금씩 기울인 다음 ○이잔반(以盞盤) 수(授) 집사(執事) 집사수지(執事受之) 전우고처(奠于故處)잔반을 집사에게 주고 집사는 잔반을 받아 신위 전에 올리시오 ○집사(執事) 봉(奉) 어적(魚炙) 수(授) 헌관(獻官)집사는 어적을 받들어 헌관에게 드리시오 ○헌관수지(獻官受之) 환수집사(還授執事)헌관은 어적을 받아 다시 집사에게 주고 ○집사수지(執事受之) 전우(奠于) 신위전(神位前)집사는 어적을 받아 신위 전에 올리시오 ○제집사(諸執事) 계강(階降) 부위(復位)집사는 모두 제 자리로 가시오 ○헌관(獻官) 부부(俯復) 흥(興) 재배(再拜) 퇴(退) 부위(復位)헌관은 재배하고 제 자리로 가시오 ○헌관이하(獻官以下) 제(諸) 자손(子孫) 개(皆) 부복(俯復) 숙사(肅俟) 소경(小傾)헌관 이하 모든 자손은 엎드려 잠시 정숙하시오 ○헌관이하(獻官以下) 제(諸) 자손(子孫) 개(皆) 흥(興) 평신(平身)헌관 이하 모든 자손은 일어나시오

◆행진다례(行進茶禮)진다례를 행하겠습니다

○집사(執事) 철(撤) 갱(羹) 전(奠) 숙수(熟水)집사는 갱을 내리고 숭늉을 올리시오 ○집사(執事) 하시저(下匙箸) 합반개(闔飯蓋)집사는 숟가락과 젓가락을 내리고 반개를 덮으시오 ○제집사(諸執事) 계강(階降) 복위(復位)집사는 모두 제 자리로 가시오

◆행사신례(行辭神禮)사신례를 행하겠습니다

○헌관이하(獻官以下) 제(諸) 자손(子孫) 개(皆) 재배(再拜)(鞠躬,拜,興,拜,興,平身)헌관 이하 모든 자손은 재배하시오국궁,배,흥,배,흥,평신

◆행음복례(行音福禮)음복례를 행하겠습니다

○초헌관(初獻官) 예(詣) 음부위(飮復位) 서향(西向) 궤(跪)헌관은 음복할 곳에 나아가 서쪽을 향하여 꿇어 앉으시오 ○축진(祝進) 잔반취조(盞盤取胙) 수헌관(授獻官)축관은 나아가 잔반과 안주를 내려 헌관에게 드리면 ○이수헌관(以受獻官) 쵀작(啐酌) 수조(受胙) 퇴(退) 복위(復位)헌관은 술과 안주를 받아 드시고 제 자리로 가시오 ○축고(祝告) 헌관지좌(獻官之左) 백(白) 예필(禮畢) 분축(焚祝) 철(撤)축관은 헌관의 왼편에 서서 제례가 끝났음을 알리고 축문을 사르시오 ○집례(執禮) 찬창(贊唱) 재배(再拜) 이퇴(以退)집례 찬창은 재배하고 제 자리로 가시오 ○이차(以此) 이출(以出)차례대로 일어나시오

◆**행산신례(行山神禮)**이어서 산신제를 모시겠습니다

묘전향례홀기(墓前享禮笏記)

◆단위향례(單位享禮)
○초헌이하제후손서립(初獻以下諸後孫叙立)초헌이하제후손은서시오○**초헌잉예위전점시진설(初獻仍詣位前點視陳設)**초헌은 위전에 진설한 제물을 점검하시오.○**還降復位(환강부위)**제자리로 가시오.

◆행참신례(行叅神禮)참신례를 행합니다.
○초헌이하제후손개재배(初獻以下諸後孫皆再拜)초헌 이하 모든 후손은 재배를 하시오.○**집사자관세수(執事者盥洗手)**집사자는 손을 씻으시오.

◆행분향례(行焚香禮)분향례를 행합니다.
○초헌관세수(初獻盥洗手)초헌관은 손을 씻으시오. ○**예향안전궤(詣香案前跪)**향안전에 나아가 무릎을 꿇어 앉으시오. ○**삼상향(三上香)**향을 세 번 올리시오.○**초헌소퇴재배(初獻少退再拜)**초헌관은 조금 물러나 재배하시오.

◆행강신례(行降神禮)강신례를 행합니다.
○초헌예향안전궤(初獻詣香案前跪)초헌관은 향안전에 나아가 무릎을 꿇어 앉으시오. ○집사자취봉잔반궤진우초헌(執事者取奉盞盤跪進于初獻)집사는 잔반을 받들어 무릎 꿇고 초헌에 드리시오.○**짐주우잔(斟酒于盞)**술을 따르시오.○**초헌수지삼관우모상(初獻受之三灌于茅上)**초헌은 잔을 받아서 잔디 위에 세 번에 다 지우시오.○**이잔반환수집사자반지고처(以盞盤還授執事者反之故處)**집사자는 잔반을 받아서 제자리에 놓으시오.○**초헌소퇴재배(初獻少退再拜)**초헌은 조금 물러나 재배하시오.○**강복위(降復位)**제자리로 가시오.

◆행초헌례(行初獻禮)초헌례를 행합니다.
○초헌예향안전동향립(初獻詣香案前東向立)초헌은 향 안전에 나아가 동향으로 서시오.○**집사자취봉위전잔반서향립(執事者取奉位前盞盤西向立)**집사자는 위전에 잔반을 받들고 서향으로 서시오.○**잔반이수초헌(盞盤以授初獻)**잔반을 초헌에 드리시오.○**짐주우잔(斟酒于盞)**잔에 술을 따르시오.○**초헌봉지전우위전(初獻奉之奠于**

位前)초헌은 잔을 받들어 위전에 올리시오.〇환예향안전궤(還詣香案前跪)돌아와 향안전에 무릎을 꿇어 앉으시오.〇집사취봉위전잔반궤진우초헌(執事取奉位前盞盤跪進于初獻)집사는 위전에 잔반을 받들고 무릎 꿇고 초헌에 드리시오.〇초헌수지삼제우모상(初獻受之三除于茅上)초헌은 잔반을 받아 잔디 위에 세 번 지우시오.(술이 반이상 남게)〇이잔반환수집사(以盞盤還授執事)잔반을 집사에 주시오.〇집사봉지전우고처(執事奉之奠于故處)집사는 잔을 받들어 먼저 자리에 놓으시오.〇집사취봉육자전우잔반지남(執事取奉肉炙奠于盞盤之南) 집사자는 육적을 받들어(초헌을 거쳐) 잔반의 남쪽에 놓으시오.〇잉예위전개반갱개정시저(仍詣位前開飯羹皆正匙箸)이어서 위전에 나아가 반, 갱의 뚜껑을 열고 시저를 가지런히 놓으시오〇초헌이하개면복(初獻以下皆俛伏)초헌이하 제후손은 부복하시오.〇축취축판궤초헌지좌(祝取祝板跪初獻之左)축관은 축판을 받들고 초헌의 왼편에 꿇어앉아 준비하시오.〇독축문(讀祝文) 축문을 읽으시오.〇독흘강복위(讀訖降復位) 마쳤으면 축관은 제자리로 가시오.〇초헌이하개평신기(初獻以下皆平身起)초헌 이하 모두 일어나시오.〇초헌소퇴재배(初獻少退再拜)초헌은 조금 물러나 재배하시오.〇강복위(降復位)초헌은 제자리로 가시오.〇집사자퇴주(執事者退酒)집사자는 술잔을 비우시오.

◆행아헌례(行亞獻禮)아헌례를 행합니다.

〇아헌관세수(亞獻盥洗手)아헌은 손을 씻으시오.〇아헌예향안전동향립(亞獻詣香案前東向立) 아헌은 향 안전에 나아가 동향으로 서시오.〇집사자취봉위전잔반서향립(執事者取奉位前盞盤西向立)집사자는 위전에 잔반을 받들고 서향으로 서시오.〇잔반이수아헌(盞盤以授亞獻)잔반을 아헌에 드리시오.〇짐주우잔(斟酒于盞)잔에 술을 따르시오.〇아헌봉지전우위전(亞獻奉之奠于位前)아헌은 잔을 받들고 위전에 올리시오.〇환예향안전궤(還詣香案前跪)돌아와 향 안전에 꿇어 앉으시오.〇집사취봉위전잔반궤진우아헌(執事取奉位前盞盤跪進于亞獻)집사는 위전에 잔반을 받들고 무릎 꿇고 아헌에 드리시오.〇아헌수지삼제우모상(亞獻受之三除于茅上)아헌은 잔을 받아 잔디 위에 세 번 지우시오. (술이 반이상 남게)〇이잔반환수집사(以盞盤還授執事)잔반을 집사에게 주시오.〇집사봉지전우고처(執事奉之奠于故處)집사는 잔을 받들고 먼저 자리에 놓으시오.〇집사취봉계자전우원자상(執事取奉鷄炙奠于原炙上) 집사는 계적을 받들어(아헌을 거쳐) 육적위에 올리시오.〇아헌소퇴재배(亞獻少退再拜)아헌은 조금 물러나 재배하시오.〇강복위(降復位)제자리로 가시오.〇집사자퇴주(執事者退酒)집사자는 술잔을 비우시오.

◆행종헌례(行終獻禮)종헌례를 행합니다.

〇종헌관세수(終獻盥洗手)종헌은 손을 씻으시오.〇종헌예향안전동향립(終獻詣香案前東向立)종헌은 향 안전에 나아가 동향으로 서시오.〇집사자취봉위전잔반서향립(執事者取奉位前盞盤西向立)집사자는 위전에 잔반을 받들고 서향으로 서시오.〇잔반이수종헌(盞盤以授終獻)잔반을 종헌에 드리시오.〇짐주우잔(斟酒于盞) 잔에 술을 따르시오.〇종헌봉지전우위전(終獻奉之奠于位前)종헌은 잔을 받들고 위전에 올리시오.〇환예향안전궤(還詣香案前跪)돌아와 향 안전에 무릎 꿇어 앉으시오.〇집사취봉위전잔반궤진우종헌(執事取奉位前盞盤跪進于終獻) 집사는 위전에 잔반을 받들고 무릎 꿇고 종헌에 드리시오.〇종헌수지삼제우모상(終獻受之三除于茅上) 종헌은 잔을 받아 잔디 위에 세 번 지우시오. (술이 반이상 남게)〇이잔반환수집사(以盞盤還授執事)잔반을 집사에 주시오.〇집사봉지전우고처(執事奉之奠于故處) 집사는 잔을 받들어 먼저 자리에 놓으시오.○집사취봉어자전우원자상(執事取奉魚炙奠于原炙上)집사는 어적을 받들어(종헌을 거쳐) 계적 위에 올리시오.○종헌소퇴재배(終獻少退再拜)종헌은 조금 물러나 재배하시오.○강복위(降復位)제자리로 가시오.

◆행유식례(行侑食禮)유식례를 행합니다.

○초헌예향안전립집준(初獻詣香案前立執樽)주(注)예위전첨주우잔(詣位前添酒于盞) 초헌은 향 안전에 나아가 술병을 받들고 위전에 첨작하시오.○잉삽시우반기중(仍揷匙于飯器中)이어서 메(진지)그릇에 수저를 꽂으시오.○초헌소퇴재배(初獻少退再拜)초헌은 조금 물러나 재배하시오.○강복위(降復位)제자리로 가시오.

◆의합문례(依闔門禮)합문례를 행합니다.

○초헌이하개면복(初獻以下皆俛伏)초헌 이하 제후손은 부복하시오. (食頃)○축희흠삼성(祝噫歆三聲)축관은 기침을 세 번 하시오.○초헌이하개평신기(初獻以下皆平身起)초헌 이하 제후손은 일어나시오.

◆행진다례(行進茶禮)진다례를 행합니다.

○집사자진철위전갱기잉진다(執事者進撤位前羹器仍進茶)집사자는 위전에 나아가 국그릇을 물리고 이어 숭늉을 올리시오.○취봉반기중소삽시삼유반우다기중(取奉飯器中所揷匙三侑飯于茶器中)메 그릇에 꽂은 수저로 숭늉에 세 번 마르시오.○소서립숙사소경(少叙立肅竢小頃)잠깐 서서 묵념하시오.○축희흠(祝噫歆)축관은 한번 기침하시오.○평신기(平身起) 몸을 일으키시오.○초헌예향안전동향립(初獻詣香案前東向立)초헌은 향 안전에 나아가 동향으로 서시오.○축서향립(祝西向立)축관은 서쪽을 향하여 마주 서시오.○고리성(告利成)이성을고하시오.○집사자진철시저합반개(執事者進撤匙箸合飯盖) 집사자는 나아가서 시저를 거두고 메 뚜껑을 덮으시오.

◆행사신례(行辭神禮)사신례를 행합니다.

○초헌이하개재배(初獻以下皆再拜)초헌 이하 제후손은 재배하시오.○축분축(祝焚祝) 축관은 축문을 불사르시오.○집사자철찬(執事者撤饌)집사자는 철상 하시오.

묘사재실봉행홀기(墓祀齋室奉行笏記)

◆초혼예(招魂禮)

헌관또는 대관은 축관을 거느리고 묘소에 가서 분향후 재실봉사를 아뢴다 (고유축문 창)

금일즉시(今日卽時) 원모재청(遠慕齋廳) 망제봉행(望祭奉行) 감고근고(敢告謹告)

◆행명촉예(行明燭禮)

○축관(祝官) 예(詣) 축문지방봉안(祝文紙榜奉安) 전우고처(奠于故處) 좌우명촉(左右明燭) 강부위(降復位)축관은 축문과 지방을 제자리에 두고 좌우에 촛불을 켜시오그리고 제자리로 가시오 ○집례(執禮) 감제(監祭) 선취(先就) 향안전(香案前) 배위(拜位) 재배(再拜) (부창(不唱))집례 감제는 먼저 향안 앞에서 재배하시오

◆면신례(面身禮)(相揖禮)상호 인사

○초헌관(初獻官) 아헌관(亞獻官) 종헌관(終獻官) 동계북향(東階北向) 상서립(上序立)○집례(執禮) 축관(祝官) 좌집사(左執事) 봉향(奉香) 서계동향(西階東向) 서립(序立)○ 봉로(奉爐) 우집사(右執事) 동계서향(東階西向) 서립(序立)○찬인(贊引) 서계북향입(西階北向立)○헌관급(獻官及) 제집사(諸執事) 참사원(參祀員) 이차서립(以次序立)헌관과 모든 집사 참배객은 적당히 서시오

◆행진설예(行陳設禮)(진설례)

○초헌관(初獻官) 예(詣) 점시(點視) 진설(陳設) ○강복위(降復位)초헌관은 나아가서 진설을 살펴보고 제자리로 돌아가세요

◆행강신예(行降神禮)(강신례)

○제(諸) 집사(執事) 예(詣) 관세위(盥洗位) 세흘(洗訖) ○각취위(各就位)모든 집사는 나아가서 손을 씻고 각자 위치에 서세요○초헌관(初獻官) 예(詣) 관세위(盥洗位) 세흘(洗訖)초헌관은 손 씻는 곳으로 나아가 손을 씻어시오○잉예(仍詣) 향안전(香案前) 궤(跪)향안 앞에 꿇어 앉어시오○우집사(右執事) 서향궤(西向跪) 봉(奉) 향합(香盒)우집사는 서쪽을 향해 꿇어 앉아 향합을 드리시오○좌집사(左執事) 동향궤(東向跪) 봉(奉) 향로(香爐)좌집사는 동쪽을 향해 꿇어 앉아 향로를 드리시오○초헌관(初獻官) 삼상향(三上香)초헌관은 향을 세번 꽂어시오○좌집사(左執事) 봉(奉) 조고위(祖考位) 잔반(盞盤) 수(授) 초헌관(初獻官)좌집사는 조고님 잔반을 초헌관에게 드리시오)○초헌관(初獻官) 봉(奉) 잔반(盞盤)초헌관은 잔반을 받어시오○우집사(右執事) 서향궤(西向跪) 짐주(斟酒)우집사는 서쪽으로 꿇어 앉아 제주를 따러시오○초헌관(初獻官) 삼관우(三灌于) 모사기(茅沙器)초헌관은 세 번으로 나누어 모사기 부어시오○이잔반(以盞盤) 수(授) 좌집사(左執事)그리고 잔반은 좌집사에게 주시오○좌집사(左執事) 봉(奉) 잔반(盞盤) 전우고처(奠于故處)좌집사는 잔반을 받아 제 위치에 놓으시오○우집사(右執事) 봉(奉) 조비위(祖妣位) 잔반(盞盤) 수(授) 초헌관(初獻官)우집사는 조비위 잔반을 받들어 초헌관에게 드리세요○초헌관(初獻官) 봉(奉) 조비잔반(祖妣盞盤)초헌관은 조비 잔반을 받으시오○우집사(右執事) 서향궤(西向跪) 짐주(斟酒)우집사는 서쪽으로 꿇어 앉아 술을 따르시오○초헌관(初獻官) 삼관우(三灌于) 모사기(茅沙器)초헌관은 모사기에 세 번으로 나뉘어 부어세요○이잔반(以盞盤) 수(授) 우집사(右執事)잔반을 우집사에게 주시오○우집사(右執事) 봉(奉) 잔반(盞盤) 전우고처(奠于故處)우집사는 잔반을 받아 제자리에 올려 놓으세요(합제시(合祭時)○이하(以下) 계대(系代) 조고비(祖考妣) 잔반(盞盤) 서차여의(序次如儀) 봉행후(奉行後) 전우고처(奠于故處)이하 조비 잔반을 순서에 따라 봉행한 뒤에 제자리에 놓으시오○초헌관(初獻官) 면복흥(俛伏興) 재배(再拜) ○흥평신(興平身)초헌관은 굽혔다 일어나 재배하고 일어나시오

◆행참신예(行參神禮)(행 참신례)

○헌관급(獻官及) 제집사(諸執事) 참사원(參祀員) 개재배(皆再拜) 배(拜) 흥(興) 배(拜) 흥(興) 평신(平身)(헌관및 모든 집사 참배객 다같이 재배)

◆행초헌예(行初獻禮)초헌례

○초헌관예(初獻官詣)　향안전(香案前)　궤(跪)초헌관은 나아가 향안 앞에 꿇어 앉어시오○좌집사(左執事)　봉(奉)　조고위(祖考位)　잔반(盞盤)　수(授)　초헌관(初獻官)좌집사는 조고님 잔반을 초헌관에게 드리시오○초헌관(初憲官)　봉(奉)　잔반(盞盤)초헌관은 잔반을 받으시오○우집사(右執事)　서향궤(西向跪)　짐주(斟酒)우집사는 서쪽으로 향해 꿇어 앉아 제주를 따러시오○초헌관(初獻官)　삼제우(三祭于)　퇴주기(退酒器)초헌관은 세 번으로 나누어 조금씩 잔을 지우시오○이잔반(以盞盤)　수(授)　좌집사(左執事)그리고써 잔반을 좌집사에게 주시오○좌집사(左執事)　봉(奉)　잔반(盞盤)　전우(奠于)　조고위전(祖考位前)좌집사는 잔반을 받아 조고님앞 정위치에 놓어시오○우집사(右執事)　봉(奉)　조비위(祖妣位)　잔반(盞盤)　수(授)　초헌관(初獻官)우집사는 조비님 잔반을 초헌관에게 드리시오○초헌관(初獻官)　봉(奉)　잔반(盞盤)초헌관은 잔반을 받어시오○우집사(右執事)　서향궤(西向跪)　짐주(斟酒)우집사는 서쪽을 향해 꿇어 앉아 제주를 가득 따러시오○초헌관(初獻官)　삼제우(三祭于)　퇴주기(退酒器)초헌관은 조금씩 세번 지우시오○이잔반(以盞盤)　수(授)　우집사(右執事)그리고써 우집사에게 잔반을 주시오○우집사(右執事)　봉(奉)　잔반(盞盤)　전우(奠于)　조비위전(祖妣位前)우집사는 잔반을 받아 조비님 앞 정위치에 놓어시오(합제시(合祭時)○이하(以下)　계대(系代)　조고비(祖考妣)　잔반(盞盤)　서차여의(序次如儀)　봉행후(奉行後)　전우고처(奠于故處)이하 조비 잔반을 순서에 따라 봉행한 뒤에 제자리에 놓으시오○좌집사(左執事)　봉(奉)　육적(肉炙)　수(授)　초헌관(初獻官)좌집사는 육적을 초헌관에게 주시오○초헌관(初獻官)　봉육적(奉肉炙)헌관은 육적을 받으시오○이육적(以肉炙)　수(授)　좌집사(左執事)육적을 좌집사에게 주시오○좌집사(左執事)　봉(奉)　육적(肉炙)　전우처(奠于處)좌집사는 육적을 받아 정위치에 놓어시오○서병정저(西柄正箸)손잡이가 서쪽으로 가도록 저를 고르시오○초헌관(初獻官)　면복흥소퇴(俛伏興少退)초헌관은 굽혔다가 일어나 조금 물러 서시오○헌관급(獻官及)　제집사(諸執事)　참사원(參祀員)　개부복(皆俯伏)헌관급 제집사 참사원 모두 부복하시오○축관(祝官)　진(進)　초헌관지좌(初獻官之左)축관은 초헌관 좌측에 나아가시오○동향궤(東向跪)　독(讀)　축문(祝文)동쪽으로 향해 꿇어 앉아 축문을 읽어시오○헌관급(獻官及)　축관(祝官)　제집사(諸執事)　참사원(參祀員)　개(皆)　면복흥(俛伏興)　평신(平身)헌관및축관 모든 집사 참사원 모두 굽혔다 일어나시오○초헌관(初獻官)　재배(再拜)　강복위(降復位)헌관 재배 제자리로 돌아 가시오

◆행아헌예(行亞獻禮)아헌례

○아헌관(亞獻官)　예(詣)　관세위(盥洗位)　세흘(洗訖)아헌관은 손씻는 곳으로 나아가서 손을 씻어시오○잉예(仍詣)　향안전(香案前)　궤(跪)향안 앞에 나아가 꿇어 앉어시오○좌집사(左執事)　봉(奉)　조고위잔반(祖考位盞盤)　타기철주(他器撤酒)좌집사는 조고님 잔반을 퇴주기에 술을 비우시오○이잔반(以盞盤)　수(授)　아헌관(亞獻官)그리고 잔반을 아헌관에게 주시오○아헌관(亞獻官)　봉(奉)　잔반(盞盤)아헌관은 잔반을 받어시오○우집사(右執事)　서향궤(西向跪)　짐주(斟酒)우집사는 서쪽으로 꿇어 앉아 제주를 가득 따르시오○아헌관(亞獻官)　삼제우(三祭于)　퇴주기(退酒器)아헌관은 퇴주기에 세 번 지우시오○이잔반(以盞盤)　수(授)　좌집사(左執事)　좌집사봉(左執事奉)　잔반(盞盤)　전우(奠于)　조고위전(祖考位前)잔반을 좌집사에게 주면 좌집사는 잔반을조고님전에 올림○우집사(右執事)　봉(奉)　조비위(祖妣位)　잔반(盞盤)　타기철주(他器撤酒)우집사 조비님 잔반을 퇴주 그릇에 비우시오.○이잔반

(以盞盤) 수(授) 아헌관(亞獻官)잔반을 아헌관에게 주시오○아헌관(亞獻官) 봉(奉) 잔반(盞盤)아헌관은 잔반을 받어시오○우집사(右執事) 서향궤(西向跪) 짐주(斟酒)우집사 서쪽을 향해 끓어 앉아 제주를 가득 채우시오○아헌관(亞獻官) 삼제우(三祭于) 퇴주기(退酒器) 아헌관은 퇴주기에 세 번 조금만 지우시오○이잔반(以盞盤) 수(授) 우집사(右執事) 우집사(右執事) 봉(奉) 잔반(盞盤) 전우(奠于) 조비위전(祖妣位前)잔반을 우집사에게 주고 우집사는 잔반을조비님 전에 올림(합제시(合祭時)○이하(以下) 계대(系代) 조고비(祖考妣) 잔반(盞盤) 서차여의(序次如儀) 봉행후(奉行後) 전우고처(奠于故處)이하 조비 잔반을 순서에 따라 봉행후 제자리에 ○좌집사(左執事) 봉(奉) 계적(鷄炙) 수(授) 아헌관(亞獻官)좌집사 계적을 아헌관에게 주시오○아헌관(亞獻官) 봉(奉) 계적(鷄炙)아헌관은 계적을 받어시오○좌집사(左執事) 봉(奉) 계적(鷄炙) 전우(奠于) 접상(楪上)좌집사 계적을 받아 올려 놓어시오○아헌관(亞獻官) 면복흥(俛伏興) 재배(再拜) 강복위(降復位)아헌관은 조금 굽혔다가 일어나 재배 후 제자리로 가시오

◆행종헌예(行終獻禮)종헌례

○종헌관(終獻官) 예(詣) 관세위(盥洗位) 세흘(洗訖)종헌관은 손 씻는 곳으로 나아가서 손을 씻어세요○잉예(仍詣) 향안전(香案前) 궤(跪)나아가 향안 앞에 끓어 앉는다○좌집사(左執事) 봉(奉) 조고위(祖考位) 잔반(盞盤) 타기철주(他器撤酒)좌집사 조고님 잔반 타기철주○이잔반(以盞盤) 수(授) 종헌관(終獻官) 종헌관(終獻官) 봉(奉) 잔반(盞盤)잔반을 종헌관에게 주시오, 종헌관은 잔반을 받는다○우집사(右執事) 서향궤(西向跪) 짐주(斟酒)우집사는 서향으로 끓어 앉아 제주를 가득 채운다○종헌관(終獻官) 삼제우(三祭于) 퇴주기(退酒器)종헌관은 퇴주기에 세 번에 걸쳐 조금 지운다○이잔반(以盞盤) 수(授) 좌집사(左執事) 잔반을 좌집사에게 준다○봉(奉) 잔반(盞盤) 전우(奠于) 조고위전(祖考位前)잔반을 받아 조고님 전에 올린다○우집사(右執事) 봉(奉) 조비위(祖妣位) 잔반(盞盤) 타기철주(他器撤酒)우집사 조비님 잔반을 타기철주○이잔반(以盞盤) 수(授) 종헌관(終獻官)잔반을 종헌관에게 드린다○우집사(右執事) 서향궤(西向跪) 짐주(斟酒)우집사 서쪽을 향해 끓어앉아 제주를 가득 채운다○종헌관(終獻官) 삼제우(三祭于) 퇴주기(退酒器)종헌관은 퇴주기에 세 번에 걸쳐 조금 지운다○이잔반(以盞盤) 수(授) 우집사(右執事)잔반을 우집사에게 준다○우집사(右執事) 봉(奉) 잔반(盞盤) 전우(奠于) 조비위전(祖妣位前)우집사는 잔반을 조비님 전에 올린다(합제시(合祭時)○이하(以下) 계대(系代) 조고비(祖考妣) 잔반(盞盤) 서차여의(序次如儀) 봉행후(奉行後) 전우고처(奠于故處)이하 조비 잔반을 순서에 따라 봉행후 제자리에○좌집사(左執事) 봉(奉) 어적(魚炙) 수(授) 헌관(獻官)좌집사 어적을 헌관에게 준다○헌관(獻官) 봉(奉) 어적(魚炙)헌관은 어적을 받는다○좌집사(左執事) 봉어적(奉魚炙) 전우접상(奠于楪上)좌집사 어적을 받아 접상에 올린다○종헌관(終獻官) 면복흥(俛伏興) 재배(再拜) 강복위(降復位)종헌관은 허리를 굽혔다가 일어나 재배 하고 제자리로

◆행유식예(行侑食禮)유식례

○초헌관(初獻官) 향안전(香案前) 궤(跪)초헌관은 향안 앞에 끓어 앉는다○집사(執事) 정저(正箸) 병상(餠上) 강부위(降復位)집사는 떡 위에 저를 고르고 제자리로 간다○헌관급(獻官及) 제집사(諸執事) 참사원(參祀員) 개(皆) 부복(俯伏)헌관및 모든 집사 참사원 모두 부복○흥평신(興平身)모두 일어 나시오

◆행사신예(行辭神禮)_{사신례}

〇집사자(執事者) 예(詣) 하저퇴(下箸退)집사자는 나아가 저를 내려 놓으시오〇헌관급(獻官及) 제집사(諸執事) 참사원(參祀員) 개(皆) 재배(再拜)헌관및 모든 집사 참배객 모두 재배〇배(拜) 흥(興) 배(拜) 흥(興) 평신(平身)배 흥 배 흥 서시오〇초헌관(初獻官) 향안전(香案前) 궤(跪)초헌관 향안 앞에 꿇어 앉어시오〇축관(祝官) 진(進) 초헌관지좌(初獻官之左)축관은 초헌관 좌측에 나아가시오〇분(焚) 축문(祝文) (축문을 태우시오)〇강부위(降復位) 축관(祝官) 초헌관지좌(初獻官之左) 고(告) 이성(利成)제자리로 축관은 초헌관 좌측에서 이성이라고함〇집예(執禮) 감제 구취 향안전(監祭俱就香案前) 배위(拜位) 재배(再拜)집례 감제 향안 앞에 나아가 재배〇집사자(執事者) 철찬이퇴(撤饌而退)집사자 철찬하고 물러남〇예필(禮畢) 종(終)

묘제후산신제(墓祭後山神祭)

◆포석진찬(布席陳饌)_{포석우묘좌(布席于墓左) 찬각용대반(饌各用大盤) 설반잔시저여의(設盤盞匙筋如儀)}

◆강신(降神) 참신(參神) 삼헌(三獻) 사신(辭神) 내철이퇴(乃徹而退)

◆의절(儀節)

취위(就位) 강신(降神) 관세(盥洗) 예향석전(詣香席前) 궤(跪) 상향(上香) 뢰주(酹酒) 부복흥(俯伏興) 복위(復位) 참신(參神) 국궁배흥배흥평신(鞠躬拜興拜興平身) (주인집주(主人執注)) 초헌주(初獻酒) 궤(跪) 독축(讀祝)(축궤(祝跪) 주인지좌(主人之左) 독지(讀之)) 부복흥평신(俯伏興平身) 복위(復位) 아헌주(亞獻酒) 삼헌주(三獻酒) 사신(辭神) 국궁배흥배흥평신(鞠躬拜興拜興平身) 분축문(焚祝文) 예필(禮畢)

단향사홀기(壇享祀笏記)

◆행전의(行奠儀)

〇헌관이하함취묘전서립재배(獻官以下咸就墓前序立再拜)헌관 이하 모두 묘 앞에서 재배하시오. 〇헌관이하제집사취관세위관수복위(獻官以下諸執事就盥洗位盥手復位)헌관 이하 제집사는 관세위에 손을 씻고 닦으시고 제자리로 가시오. 〇집사진설(執事陳設)집사는 진설하시오. 〇초헌관점시진설(初獻官點視陳說)초헌관은 진설을 확인하시오. 〇흘환복위(訖還復位)끝내고 제자리로 가시오.

◆강신례(降神禮)

〇초헌관예향안전궤(初獻官詣香案前跪)초헌관은 향안 전에 꿇어앉으시오. 〇삼상향재배(三上香再拜)향을 세 개 피우고 재배하시오. ○집사궤초헌관지좌진잔반(執事跪初獻官之左進盞盤)집사는 초헌관 좌측에 꿇어 잔을 주시오. ○헌관수지(獻官受之)헌관은 잔을 받으시오. ○집주자궤우짐주(執注者跪右斟酒)집주자는 우측에 꿇어 술을 따르시오. ○헌관진경우지(獻官盡傾于地)헌관은 땅에 비우시오. ○수잔반집사(授盞盤執事)집사에게 잔을 주시오. ○집사수허잔전우묘위전(執事受虛盞奠于墓位前)집사는 빈 잔을 묘위전에 놓으시오. ○헌관부복흥재배(獻官俯伏興再拜)헌관은 엎드려 일어나 재배하시오. ○복위(復位) 제자리로 가시오.

◆참신례(參神禮)

○헌관이하재위자개재배(獻官以下在位者皆再拜)헌관 이하 모두 재배하시오.

◆초헌례(初獻禮)

○초헌관예향안전궤(初獻官詣香案前跪)초헌관은 향안 전에 꿇으시오. ○집사봉고위잔반(執事奉考位盞盤)집사는 고위의 잔을 받드시오. ○진헌관(進獻官)헌관에게 나아가시오. ○헌관수지(獻官受之)헌관은 잔을 받으시오. ○집주자궤우짐주(執注者跪右斟酒)집주자는 우측에 꿇어 술을 따르시오. ○헌관봉잔반소경우지(獻官奉盞盤少傾于地)헌관은잔을 받들어 기울어 땅에 비우시오. ○헌관수잔반집사(獻官授盞盤執事)헌관은 잔을 집사에게 주시오. ○집사수잔반전우고위전(執事受盞盤奠于考位前)집사는 잔을 받아 고위 전에 두시오. ○집사봉비위잔반(執事奉妣位盞盤)집사는 비위 전에 잔을 받드시오. ○進진獻헌官관 헌관에게 나아가시오. ○헌관수지(獻官受之)헌관은 잔을 받으시오. ○집주자짐주(執注者斟酒)집주자는 술을 따르시오. ○헌관봉잔반소경우지(獻官奉盞盤少傾于地)헌관은 잔을 받들어 기울어 땅에 비우시오. ○헌관수잔반집사(獻官授盞盤執事)헌관은 잔을 집사에게 주시오. ○집사수잔반전우비위전(執事受盞盤奠于妣位前)집사는 잔을 받아 비위 전에 두시오. ○집사자진간접우헌관(執事者進肝楪于獻官)집사는 간을 접시에 담아 헌관에게 주시오. ○헌관수지(獻官受之)헌관은 받으시오. ○헌관봉간접수집사(獻官奉肝楪授執事)헌관은 간을 받들어 집사에게 주시오. ○집사수간접전우묘위전(執事受肝楪奠于墓位前)집사자는 간을 받아 묘위전에 두시오. ○계반개(啓飯蓋)메뚜껑을 여시오. 正정箸저 수저를 바르게 하시오. ○헌관이하개부복(獻官以下皆俯伏)헌관 이하 엎드리시오. ○축취헌관지좌동향궤(祝就獻官之左東向跪)축은 헌관의 좌측 동향으로 꿇으시오. ○독축(讀祝)축문을 읽으시오. ○부복자개흥(俯伏者皆興)모두 일어서시오. ○헌관재배(獻官再拜)헌관은 두 번 절하시오. ○복위(腹位)제자리로 돌아가시오. ○집사철잔중주(執事撤盞中酒)집사자는 잔을 비우고 술을 준비하시오. ○치허잔우고처(置虛盞于姑處)빈 잔을 처음처럼 두시오.

◆아헌례(亞獻禮)

○아헌관예향안전궤(亞獻官詣香案前跪)아헌관은 향안 전에 꿇으시오. ○집사봉고위잔반(執事奉考位盞盤)집사는 고위의 잔을 받드시오. ○진헌관(進獻官)헌관에게 나아가시오. ○헌관수지(獻官受之)헌관은 받으시오. ○집주자궤우짐주(執注者跪右斟酒)집주자는 우측에 꿇어 술을 따르시오. ○헌관봉잔반소경우지(獻官奉盞盤少傾于地)헌관은잔을 받들어 기울어 땅에 비우시오. ○헌관수잔반집사(獻官授盞盤執事)헌관은 잔을 집사에게 주시오. ○집사수잔반전우고위전(執事受盞盤奠于考位前)집사는 잔을 받아 고위 전에 두시오. ○집사봉비위잔반(執事奉妣位盞盤) 집사는 비위 전에 잔을 받드시오. 進진獻헌官관 헌관에게 나아가시오. ○헌관수지(獻官受之) 헌관은 받

으시오. ○집주자궤우짐주(執注者跪右斟酒)집주자는 우측에 꿇어 술을 따르시오. ○헌관봉잔반소경우지(獻官奉盞盤少傾于地)헌관은 잔을 받들어 땅에 비우시오. ○헌관수잔반집사(獻官授盞盤執事)헌관은 잔을 집사에게 주시오. ○집사수잔반전우비위전(執事受盞盤奠于妣位前)집사는 잔을 받아 비위 전에 두시오. ○집사자진육접우헌관(執事者進肉楪于獻官)집사는 육을 접시에 담아 헌관에게 주시오. ○헌관수지(獻官受之)헌관은 받으시오. ○헌관봉육접수집사(獻官奉肉楪授執事)헌관은 육을 받들어 집사에게 주시오. ○집사수육접전우묘위전(執事受肉楪奠于墓位前)집사자는 육을 받아 묘위 전에 올리시오. ○정저(正箸)수저를 바르게 고르시오. ○헌관재배(獻官再拜)헌관은 두 번 절하시오. ○복위(腹位)제자리로 돌아가시오. ○집사철잔중주(執事撤盞中酒)집사자는 잔을 비우고 술을 준비하시오. ○치허잔우고처(置虛盞于姑處)빈 잔을 처음처럼 두시오.

◆종헌례(終獻禮)

○종헌관예향안전궤(終獻官詣香案前跪)종헌관은 향안 전에 꿇으시오. ○집사봉고위잔반(執事奉考位盞盤)집사는 고위의 잔을 받드시오. ○진헌관(進獻官)헌관에게 나아가시오. ○헌관수지(獻官受之)헌관은 받으시오.○집주자궤우짐주(執注者跪右斟酒)집주자는 우측에 꿇어 술을 따르시오. ○헌관봉잔반소경우지(獻官奉盞盤少傾于地)헌관은 잔을 받들어 기울어 땅에 비우시오. ○헌관수잔반집사(獻官授盞盤執事)헌관은 잔을 집사에게 주시오. ○집사수잔반전우고위전(執事受盞盤奠于考位前)집사는 잔을 받아 고위 전에 두시오. ○집사봉비위잔반(執事奉妣位盞盤)집사는 비위 전에 잔을 받드시오. ○진헌관(進獻官)헌관에게 나아가시오. ○헌관수지(獻官受之)헌관은 받으시오. ○집주자궤우짐주(執注者跪右斟酒)집주자는 우측에 꿇어 술을 따르시오. ○헌관봉잔반소경우지(獻官奉盞盤少傾于地)헌관은 잔을 받들어 기울어 땅에 비우시오. ○헌관수잔반집사(獻官授盞盤執事)헌관은 잔을 집사에게 주시오. ○집사수잔반전우비위전(執事受盞盤奠于妣位前)집사는 잔을 받아 비위 전에 두시오. ○집사자진어접우헌관(執事者進魚楪于獻官)집사는 육을 접시에 담아 헌관에게 주시오. ○헌관수지(獻官受之)헌관은 받으시오. ○헌관봉어접수집사(獻官奉魚楪授執事)헌관은 어를 받들어 집사에게 주시오. ○집사수어접전우묘위전(執事受魚楪奠于墓位前)집사자는 어를 받아 묘위 전에 올리시오. ○정저(正箸)저를 바르게 하시오. ○헌관재배(獻官再拜)헌관은 두 번 절하시오.○복위(腹位)제자리로 돌아가시오.

◆유식(侑食)

○초헌관예향안전궤(初獻官詣香案前跪)초헌관은 향안 전에 꿇으시오. ○집주자진주(執注者進酒)집주자는 술을 가지고 오시오. ○헌관수지(獻官受之)헌관은 받으시오. ○헌관봉잔반수집사(獻官奉盞盤授執事)헌관은 잔을 받들고 집사에게 주시오. ○집사수잔반(執事受盞盤)집사는 잔을 받으시오. ○진묘위전(進墓位前)묘위전에 나아가시오. ○첨작우고비위잔만(添酌于考妣位盞滿)고위 비위 잔에 첨작 하시오. ○삽시정저(揷匙正箸)숟가락을 뫼에 꽂고 젓가락을 바로 하시오. ○초헌관재배(初獻官再拜)초헌관은 재배 하시오. ○복위(腹位) 제자리로 돌아가시오. ○여재위자개부복(與在位者皆俯伏)재위자 모두 부복하시오. ○식경(食傾) 식사할 시간 (예··九번 숨 쉴 동안) ○축예향안전(祝詣香案前)축은 향안 전에 이르시오. ○희흠삼성(噫歆三聲) 흠 소리를 三번 하시오. ○헌관이하재위자개흥(獻官以下在位者皆興) 헌관이하 재위자 일어서시오. ○집사철갱(執事撤羹)집사자는 국그릇을 치우고 ○진숙수(進熟水)물그릇을 올리

시오. 〇삼점다(三點茶)세번 말으시오. 〇서병정저(西柄正著)손잡이를 서쪽으로 정저 하시오. 〇헌관이하재위자개국궁(獻官以下在位者皆鞠躬)헌관이하 재위자 국궁하시 오. 〇축희흠삼성(祝噫歆三聲)축은 三번 흠 흠 흠 하시오. 〇헌관이하개평신(獻官以 下皆平身)헌관이하 모두 평신하시오. 〇초헌관동계하립(初獻官東階下立)초헌관은 동 계 밑에 서시고 〇축예서계하향헌관립(祝詣西階下向獻官立)축은 서계로 헌관을 향해 서시오. 〇축고례필이읍(祝告禮畢而揖)축은 예필을 고하시오. 〇헌관급축함복위(獻 官及祝咸復位)헌관 축은 제자리로 가시오. 〇집사하시저합반개(執事下匙箸闔飯盖) 집사는 수저를 지우고 반을 덮으시오. 〇집사복위(執事復位)집사는 제자리로 오시 오. 〇헌관이하개재배(獻官以下皆再拜)헌관이하 모두 재배 하시오.

◆음복례(飮福禮)

〇초헌관예향안전궤(初獻官詣香案前跪)초헌관은 향안 전에 꿇으시오. 〇집사진철잔 반(執事進撤盞盤)집사자는 잔을 가지고 〇축진감묘위전조육(祝進減墓位前胙肉)축 은 묘위전 제 지낸 고기를 덜어 담으시오. 〇축급집사궤우헌관지좌우(祝及執事跪于 獻官之左右)축 및 집사는 헌관 좌우에 꿇으시오. 〇헌관수지음복(獻官受之飮福)헌관 은 받아 음복을 하시오. 〇축강자서계분축(祝降自西階焚祝)축 축은 서계로 가서 축문을 사르시오. 〇축급집사철찬(祝及執事撤饌)축 및 집사는 찬을 거두시오

고유제홀기(告由祭笏記)

◆청행사(請行事)

〇알자인축관급집사입취배위(謁者引祝官及執事入就配位) 재배(再拜)알자는 축 관과 집사에게 제 위치(마당 가운데 북향립)로 나와 알자의 창에 따라 축관과 집사는 배-흥- 한다. 〇알자인집사예관세위(謁者引執事詣盥洗位) 관수(盥手) 입취위(入就 位)알자는 집사가 관세위에 나아가 손을 씻고 제 자리(제상 앞)로 가도록 인도하시오. 〇알 자수집사승점등촉개독계개개비예복위(謁者帥執事升點燈燭開櫝啓蓋開扉詣復位) 알자는 집사를 인솔하여 사당내에 들어가 불을 켜고 주독과 제기의 덮개를 열고 문을 열고 정한 자리로 가시오.〇헌관급제삼제원개재배(獻官及諸參祭員皆再拜)헌관과 모 든 참제원은 재배하시오. 〇알자인초헌관(謁者引初獻官) 입취위(入就位) 알자는 초 헌관을 제 자리로 인도하시오. 〇알자진초헌관지좌(謁者進初獻官之左)알자는 초헌관 의 좌측으로 가시오.〇알자근구청행사(謁者謹具請行事)알자는 초헌관에게 삼가 예를 갖춰 행사를 청한다.

◆행전폐례(行奠幣禮)

〇행전폐례(行奠幣禮) 전폐례를 거행하겠습니다. 전폐례는 화성 신위에게 폐백을 올리 는 례로써 제사를 봉행하는 사람의 순수함을 상징하는 모시를 올리게 되게 됩니다. 〇알자인 초헌관예관세위(謁者引初獻官詣盥洗位) 관수(盥手) 알자는 초헌관을 관세위에 나아가 손을 씻도록 인도하시오. 〇알자인헌관예신위전(謁者引獻官詣神位前) 북향립(北向立) 궤(跪)알자는 헌관을 신위전에 인도하고 북향립하여 꿇어앉도록 하시오.〇초헌관삼상향(初獻官三上香)초헌관은 3번 향을 피우시오. 〇축관예초헌관 지우이폐비수초헌관(祝官詣初獻官之右以幣篚授初獻官)축관은 초헌관의 좌우에 나 아가 폐백을 초헌관에게 드린다. 〇축관집헌폐이폐수초헌관(祝官執獻幣以幣授初獻

官) 축관전우신위전(祝官奠于神位前)축관은 폐백을 받아 초헌관에게 건네고 알자는 신위전에 올린다. ○초헌관부복흥평신(初獻官俯伏興平身) 강복위(降復位) 초헌관은 허리를 굽혀 예를 한 후 제 자리에 돌아간다.

◆행작헌례(行酌獻禮)

○행초헌례(行初獻禮) 초헌관에 술을 올리는 초헌례를 봉행하겠습니다.○알자인초헌관예신위전(謁者引初獻官詣神位前) 북향립(北向立) 궤(跪) 알자는 초헌관이 신위전으로 나가 북향립하고 끓어앉도록 인도하시오. ○봉작전작승초헌관지좌우(奉酌奠爵升初獻官之左右) 궤(跪)봉작 전작은 올라가서 초헌관의 좌우에 무릎을 꿇으시오.○봉작짐주초헌관작수전작전우신위전(奉爵斟酒初獻官爵授奠爵奠于神位前)봉작은 술을 따르고 초헌관은 그 잔을 전작에게 건네고 전작은 신위전에 올리시오.○초헌관부복흥(初獻官俯伏興) 소퇴(少退) 북향궤(北向跪)초헌관은 부복흥하고 뒤로 조금 물러나 북향으로 무릎 꿇으시오. ○축관진초헌관지좌동향궤(祝官進初獻官之左東向跪)축관은 초헌관의 좌동향에서 무릎을 꿇으시오.○참제원부복(參祭員俯伏)참제원도 엎드리시오.○독축문(讀祝文)축문을 읽으시오. ○독축필(讀祝畢)독축을 마쳤습니다.○초헌관부복흥평신(初獻官俯伏興平身) 강복위(降復位) 초헌관은 부복흥하고 평신한 후 제 자리고 돌아가시오.

◆행아헌례(行亞獻禮)아헌관이 술을 올리는 아헌례를 봉행하겠습니다.

○알자인아헌관(謁者引亞獻官) 예(詣) 관세위(盥洗位) 관수(盥手) 알자는 아헌관이 관세위에 나아가 손 씻게 인도하시오.○알자인아헌관(謁者引亞獻官) 예(詣) 신위전(神位前) 북향립(北向立) 궤(跪)알자는 아헌관이 신위전으로 나아가 북향립하여 무릎을 꿇도록 인도하시오.○봉작전작승아헌관지좌우(奉酌奠爵升亞獻官之左右) 궤(跪)봉작 전작은 (올라)가서 아헌관의 좌우에 무릎을 꿇으시오.○봉작짐주초헌관작수전작전우신위전(奉爵斟酒初獻官爵授奠爵奠于神位前)봉작은 술을 따르고 초헌관은 그 잔을 전작에게 건네고 전작은 신위전에 올리시오.○아헌관(亞獻官) 부복(俯伏) 흥(興) 평신(平身) 강복위(降復位) 아헌관은 부복흥하고 평신 후 제자리로 돌아가시오.○알자인종헌관(謁者引終獻官) 예(詣) 관세위(盥洗位) 관수(盥手) 알자는 종헌관이 관세위에 나아가도록 인도하시고, 종헌관은 손 씻으시오.○알자인종헌관(謁者引終獻官) 예(詣) 신위전(神位前) 북향립(北向立) 궤(跪)알자는 아헌관이 신위전으로 나아가 북향립하여 무릎을 꿇도록 인도하시오.

◆행종헌례(行終獻禮)종헌관이 술을 올리는 종헌례를 봉행하겠습니다.

○봉작전작승아헌관지좌우(奉酌奠爵升亞獻官之左右) 궤(跪)봉작 전작은 올라가서 아헌관의 좌우에 무릎을 꿇으시오.○봉작짐주(奉爵斟酒) 초헌관작(初獻官爵) 수전작(授奠爵) 전우신위전(奠于神位前)봉작은 술을 따르고 초헌관은 그 잔을 전작에게 건네고 전작은 신위전에 올리시오.○종헌관(終獻官) 부복(俯伏) 흥(興) 평신(平身) 강복위(降復位)종헌관은 부복흥하고 평신 후 제자리로 돌아가시오.○헌관이하참제원개재배(獻官以下參祭員皆再拜)헌관이하 참제원 모두 재배하시오.○축관봉축판수지가료(祝官奉祝板隨之可燎)축관은 축판을 가지고 나가 축을 불사르시오.

◆예필(禮畢)

○알자진초헌관지좌(謁者進初獻官之左) 백례필(白禮畢)알자는 초헌관이 좌측으로 나아가 예를 마쳤음을 고하시오.

망제홀기(望祭笏記)

◆서립(叙立)

○제자손(諸子孫) 예(詣) 제단대하평지(祭壇臺下平地) ○공예(共詣) 상석전(床石前) 서립(叙立) ○집례(執禮) 지(持) 홀기(笏記) 입어(立於) 내계상(內階上) 서변(西邊)

◆진찬(陳饌)

○진설사인(陳設四人) 관수(盥手) ○각봉제수(各奉祭需) 전우상석(奠于床石) ○차봉(次奉) 시저접(匙箸楪) 급(及) 반잔전지(盤盞奠之) ○설(設) 제주병(祭酒瓶) 급(及) 뢰주잔반(酹酒盞盤) 급(及) 주주(酒注) ○퇴주기(退酒器) 이어(二於) 내계상(內階上) 동변(東邊) ○향로향합(香爐香盒) 설어(設於) 향로석상(香爐石上)(노서합동(爐西盒東)) ○축판치우(祝板置于) 향로석방(香爐石傍) ○진설사인(陣設四人) 개(皆) 퇴부위(退復位) ○초헌자(初獻者) 점시(點視) 강복위(降復位)

◆강신(降神)

○초헌자(初獻者) 급(及) 집사이인(執事二人) 관수(盥手) ○초헌자(初獻者) 예(詣) 향로석전(香爐石前) 궤(跪)○분향재배(焚香再拜) 소퇴립(少退立) ○집사일인(執事一人) 취계상(取階上) 주병(酒瓶) 경주우주주중(傾酒于酒注中) ○우집주주립우(右執酒注立于) 초헌자지우(初獻者之右) ○좌집사일(左執事一)인(人) 취계상(取階上) 뢰주잔반입우(酹酒盞盤立于)초헌지좌(初獻之左) 잔반입우(盞盤立于) 초헌지좌(初獻之左) ○초헌자궤(初獻者跪) ○봉반잔(奉盤盞)자이(者以) 잔반수(盞盤授) 초헌자(初獻者) ○초헌자(初獻者) 수지(受之) 집(執) 주자(酒者) 짐주우잔(斟酒于盞) ○초헌자(初獻者) 좌수집반(左手執盤) 우수집잔(右手執盞) 삼관우지상(三灌于地上) ○이(以) 잔반(盞盤) 수(授) 집사(執事) 반지고처(反之故處) ○집사이인(執事二人) 개(皆) 퇴복위(退復位) ○초헌자(初獻者) 면(俛) 복흥(伏興) 재배(再拜) 퇴복위(退復位)

◆참신(參神)

○삼헌자(三獻者) 급(及) 제집사(諸執事) 여(與) 대하(臺下) 제자손(諸子孫) 개(皆) 재배(再拜)

◆初獻 (초헌)

○초헌자(初獻者) 관수(盥手) 예(詣) 향로석전립(香爐石前立) ○집사일인(執事一人) 집주(執酒) 주입우(注立于) 초헌자지우(初獻者之右) ○초헌자(初獻者) 부복흥(俯伏興) 자좌예위전(自左詣位前) ○봉선조고위(奉先祖考位) 반잔(盤盞) ○퇴예(退詣) 향로석전(香爐石前) 동향립(東向立) ○집주자(執酒者) 서향립(西向立) 짐주우잔(斟酒于盞) ○초헌자(初獻者) 봉지전우(奉之奠于) 고처(故處) ○차봉(次奉) 선조비위(先祖妣位) 반잔(盤盞) ○퇴예(退詣) 향로석전(香爐石前) 동향립(東向立) ○집주자(執酒者) 서향립(西向立) 짐주우잔(斟酒于盞) ○초헌자(初獻者) 봉지전우고처(奉之奠于故處) ○퇴예(退詣) 향로석전(香爐石前) 북향립(北向立) ○집사이인(執事二人) 분(分) 좌우(左右) 진봉(進奉) ○선조고비위반잔(先祖考妣位盤盞) 퇴입어(退立於) 초헌자지좌우(初獻者之左右) ○초헌자궤(初獻者跪) ○집사이인(執事二人) 개궤(皆跪) ○초헌자(初

獻者) 수(受) 선조고위(先祖考位) 반잔(盤盞) 우수취잔(右手取盞) 삼제우지상(三祭于地上) ○이(以) 잔반수(盞盤授) 집사(執事) 반지고처(反之故處) 이(以) 잔반수(盞盤授) 집사(執事) ○차봉(次奉) 선조비위(先祖妣位) 반잔(盤盞) ○우수취잔(右手取盞) 삼제우지상(三祭于地上) ○이(以) 반잔수(盤盞授) 집사(執事) 반지고처(反之故處) ○초헌자(初獻者) 면복흥(俛伏興) 소퇴립(少退立) ○집사(執事) 봉(奉) 육적전지(肉炙奠之) ○정저접상(正箸楪上) ○집사이인(執事二人) 개(皆) 퇴부위(退復位) ○축(祝) 진취(進取) 축판(祝板) 입우(立于) 초헌자지좌(初獻者之左) ○초헌자(初獻者) 이하(以下) 제(諸) 집사급(執事及) 제(諸) 자손(子孫) 개(皆) 부복(俯伏)○축역궤어(祝亦跪於) 초헌자지좌(初獻者之左) ○독축(讀祝) ○독필(讀畢) 퇴(退) 부위(復位) ○초헌자(初獻者) 이하(以下) 제(諸) 집사(執事) 여(與) 제(諸) 자손(子孫) 개(皆) 흥(興) ○초헌자(初獻者) 재배(再拜) 퇴복위(退復位) ○집사이인(執事二人) 분(分) 좌우(左右) 진취(進取) ○선조고비위(先祖考妣位) 반잔(盤盞) 예(詣) 동계상(東階上) 경주우(傾酒于) 퇴주기(退酒器) ○각반(各反) 반잔우(盤盞于) 고처(故處) ○철(撤) 적접치우(炙楪置于) 동계상(東階上) ○집사이인(執事二人) 개(皆) 퇴(退) 복위(復位)

◆아헌(亞獻)

○아헌자(亞獻者) 관수(盥手) 예(詣) 향로석(香爐石) 전립(前立) 향로석전입(香爐石前立) ○집사일인(執事一人) 집주(執酒) 주(注) 입우(立于) 아헌자지우(亞獻者之右) ○아헌자(亞獻者) 부복흥(俯伏興) 자좌예위전(自左詣位前) ○봉선조고위(奉先祖考位) 반잔(盤盞) ○퇴예(退詣) 향로석전(香爐石前) 동향립(東向立) ○집(執) 주자(酒者) 서향립(西向立) 짐주우잔(斟酒于盞) 집(執) ○아헌자(亞獻者) 봉지전우(奉之奠于) 고처(故處) ○차봉선조비위(次奉先祖妣位) 반잔(盤盞) ○퇴예(退詣) 향로석전(香爐石前) 동향립(東向立) ○집주자(執酒者) 서향립(西向立) 짐주우잔(斟酒于盞) ○아헌자(亞獻者) 봉지전우고처(奉之奠于故處) ○퇴예(退詣) 향로석전(香爐石前) 북향립(北向立) ○집사이인(執事二人) 분(分) 좌우(左右) 진봉(進奉) ○선조고비위반잔(先祖考妣位盤盞) ○퇴입어(退立於) 아헌자지좌우(亞獻者之左右) ○아헌자궤(亞獻者跪) 집사이인(執事二人) 개궤(皆跪) ○아헌자(亞獻者) 수(受) 선조고위(先祖考位) 반잔(盤盞)우수취잔(右手取盞) 삼제우지상(三祭于地上) ○이(以) 잔반(盞盤) 수(授) 집사(執事) 반지고처(反之故處) ○차봉(次奉) 선조비위(先祖妣位) 반잔(盤盞) ○우수취잔(右手取盞) 삼제우지상(三祭于地上) ○이(以) 반잔수(盤盞授) 집사(執事) 반지고처(反之故處) ○아헌자(亞獻者) 면복흥(俛伏興) 소퇴립(少退立) ○집사(執事) 봉(奉) 어적전지(魚炙奠之) ○집사이인(執事二人) 개(皆) 퇴부위(退復位) ○아헌자(亞獻者) 재배(再拜) 퇴부위(退復位) ○집사이인(執事二人) 분(分) 좌우(左右) 진취(進取) ○선조고비위(先祖考妣位) 반잔(盤盞) 예(詣) 동계상(東階上) 경주우(傾酒于) 퇴주기(退酒器) 퇴주기(退酒器) ○각반(各反) 반잔우(盤盞于) 고처(故處) ○철적접치우(撤炙楪置于) 동계상(東階上) ○집사이인(執事二人) 개(皆) 퇴(退) 복위(復位)

◆종헌(終獻)

○종헌자(終獻者) 관수(盥手) 예(詣) 향로석(香爐石) 전립(前立) ○집사일인(執事一人) 집주(執酒) 주(注) 입우(立于) 종헌자지우(終獻者之右) ○종헌자(終獻者) 부복흥(俯伏興) 자좌예위전(自左詣位前) ○봉선조고위(奉先祖考位) 반잔(盤盞) ○퇴예(退詣) 향로석전(香爐石前) 동향립(東向立)○집(執) 주자(酒者) 서향립(西向立) 짐주우잔(斟酒于盞) ○종헌자(終獻者) 봉지전우(奉之奠于) 고처(故處) ○차봉선조비위(次奉先祖妣位) 반잔(盤盞) ○퇴예(退詣) 향로석전(香爐石前) 동향립(東向立) ○집주자(執酒者) 서향립(西向立) 짐주우잔(斟酒于盞) ○종헌자(終獻者) 봉지전우고처(奉之奠于故處) ○퇴예(退詣) 향로석전(香爐石前) 북향립(北向立) ○집사이인(執事二人) 분(分) 좌우(左右) 진봉(進

奉) ○선조고비위반잔(先祖考妣位盤盞) ○퇴입어(退立於) 종헌자지좌우(終獻者之左右) ○종헌자궤(終獻者跪) ○집사이인(執事二人) 개궤(皆跪) ○종헌자(終獻者) 수(受) 선조고위(先祖考位) 반잔(盤盞) 우수취잔(右手取盞) 삼제우지상(三祭于地上) ○이(以) 잔반(盞盤) 수(授) 집사(執事) 반지고처(反之故處) ○차봉(次奉) 선조비위(先祖妣位) 반잔(盤盞) ○우수취잔(右手取盞) 삼제우지상(三祭于地上) ○이(以) 반잔수(盤盞授) 집사(執事) 반지고처(反之故處) ○종헌자(終獻者) 면복흥(俛伏興) 소퇴립(少退立) ○집사(執事) 봉(奉) 계적전지(鷄炙奠之) ○집사이인(執事二人) 개(皆) 퇴부위(退復位) ○종헌자(終獻者) 재배(再拜) 퇴복위(退復位) ○숙사소경(肅俟少頃)

◆사신(辭神)
○집사(執事) 진철(進撤) 시저(匙箸) 퇴부위(退復位) ○삼헌자(三獻者) 이하(以下) 제(諸) 집사급(執事及) 제(諸) 자손(子孫) 개(皆) 재배(再拜)

◆철상(撤床)
○집사이인(執事二人) 여(與) 진설사인(陳設四人) 진(進) 철찬(撤饌) ○축(祝) 분(焚)축문(祝文) ○행음복례(行飮福禮)

●망제축(望祭祝)
維　歲次 甲午八月戊辰朔 初七日甲戌 後孫秀植

　　敢昭告于
顯　先祖考妣 諸位
　　氣序流易 時維仲秋 追感歲時 不勝追慕
　　荒凉宿草 孰能守護　怵惕感時　如履霜露
　　謹以　淸酌脯醢　祗薦歲事　尙
饗

추원단홀기(追遠壇笏記)

○제참자(諸參者) 서립(序立)지금부터 입도조 선전관공 종산 묘제에 앞서 선조님들을 모신 추원단 제를 봉행하겠습니다. 제관과 자손 여러분은 정숙하고 경건한 마음으 로 바로 서 주십시오.

○알자(謁者) 인(引) 대축(大祝) 급(及) 제집사(諸執事) 입취(入就) 배위(拜位) 재배(再拜)알자는 앞으로 나가서 대축과 모든 집사자들을 절할 위치로 안내 하시오. 두 번 절하시오. ○예(詣) 관세위(盥洗位) 관수(盥水) 각(各) 취위(就位)대축과 모 든 집사자들은 관수자리로 가서 관수한 후 각자 제자리로 돌아가서 서시오. ○알자인(謁者引) 삼헌관(三獻官) 예(詣) 관세위(盥洗位) 관수(盥水) 현선조고비(顯先祖考妣) 신위전(神位前) 서립(序立)알자는 삼헌관을 안내하여 관수자리로 가서 관수한 뒤 선조님의 신위 앞으로 모셔 오시오.

◆강신례(降神禮)강신례를 올리겠습니다.
○삼헌관(三獻官) 궤(跪)삼헌관은 꿇어앉으시오.○봉로(奉爐) 봉향(奉香) 예(詣)

헌관지(獻官之)　좌우(左右)　궤(跪)　봉(奉)　향로(香爐)　향합(香盒)봉로와 봉향은 헌관에게 나아가 헌관 좌우에 꿇어 앉아 향로 향합을 받드시오.

◆강신례(降神禮)

○초헌관(初獻官)　삼상향(三上香)초헌관은 향로에 향을 세 번 올려놓으시오. ○봉작(奉爵)　봉(奉)　강신(降神)　잔반(盞盤)　사준(司罇)　작주(酌酒)봉작은 강신 잔반을 받들고 사준은 술을 따르시오.○초헌관(初獻官)　수잔(受盞)　삼제우(三除于)　지상(地上)초헌관은 술잔을 받고 향 위를 좌우로 세 번 두른 후 땅위에 세 번 부으시오. ○이잔반(以盞盤)　수(授)　봉작(奉爵)　반우고처(返于故處)빈 잔을 봉작에게 주고 봉작은 제자리에 갖다 놓으시오.

◆참신례(參神禮)(참사원 일동은 모두 일어서 주십시오)

○참사원(參祀員)　일동(一同)　참신(參神)　재배(再拜)헌관 및 참례자 모두는 두 번 절하시오. ○국궁(鞠躬)　배(拜)　흥(興)　배(拜)　흥(興)　평신(平身) 절하시오. 일어서시오. 절하시오. 일어서서 바르게 서시오.

◆초헌례(初獻禮)

○행(行)　초헌례(初獻禮)초헌례를 올리겠습니다. ○초헌관(初獻官)　현(顯)　선조고비(先祖考妣)　신위전(神位前)　궤(跪)초헌관은 선조님의 신위 전에 꿇어앉으시오. ○현감공(縣監公)　의인(宜人)　모씨(某氏)　양위(兩位)　신위전(神位前)봉작(奉爵)　철(撤)　잔반(盞盤)　퇴주(退酒)현감공과 의인 죽산박씨 양위 신위 전에 올려져 있는 잔을 봉작은 내려 퇴주하시오. ○사준(司罇)　짐주우잔(斟酒于盞)사준은 잔에 술을 따르시오. ○초헌관(初獻官)　수(受)　잔반(盞盤)　신위전(神位前)　읍거(揖擧)초헌관은 잔을 신위 전에 공손히 받들어 올리시오. ○전작(奠爵)　전우(奠于)　신위전(神位前)　정저(正箸)전작은 잔을 신위 전에 올리고 젓가락을 제 위치에 올려놓으시오. ○차예(次詣)　부원군공(府院君公)　정경부인(貞敬夫人)　모씨(某氏)　양위(兩位)　신위전(神位前)　봉작(奉爵)　철(撤)　잔반(盞盤)　퇴주(退酒)다음은 부원군공과 정경부인 충주최씨 양위 신위 전에 올려져 있는 잔을 봉 작은 내려 퇴주하시오. ○사준(司罇)　짐주우잔(斟酒于盞)사준은 잔에 술을 따르시오. ○헌관(獻官)　수(受)　잔반(盞盤)　신위전(神位前)　읍거(揖擧)헌관은 잔을 신위 전에 공손히 받들어 올리시오.○전작(奠爵)　전우(奠于)　신위전(神位前)　정저(正箸)전작은 잔을 신위 전에 올리고 젓가락을 제 위치에 올려놓으시오. ○차예(次詣)　현령공(縣令公)　공인(恭人)　모씨(某氏)　공인(恭人)　모씨(某氏)　삼위(三位)　신위전(神位前) 차예 현령공 공인 전주이씨 공인 청주한씨 삼위 신위전 ○봉작(奉爵)　철(撤)　잔반(盞盤)　퇴주(退酒)다음은 현령공과 공인 전주이씨와 공인 청주한씨 삼위 신위 전에 올려져 있는 잔을 봉작은 내려 퇴주 하시오. ○사준(司罇)　짐주우잔(斟酒于盞)사준은 잔에 술을 따르시오. ○헌관(獻官)　수(受)　잔반(盞盤)　신위전(神位前)　읍거(揖擧)헌관은 잔을 신위 전에 공손히 받들어 올리시오. ○전작(奠爵)　전우(奠于)　신위전(神位前)　정저(正箸)전작은 잔을 신위 전에 올리고 젓가락을 제 위치에 올려놓으시오. ○차예(次詣)　판관공(判官公)　공인(恭人)　모씨(某氏)　양위(兩位)　신위전(神位前)봉작(奉爵)　철(撤)　잔반(盞盤)　퇴주(退酒)다음은 판관공과 공인 청주한씨 양위 신위 전에 올려져 있는 잔을 봉작은 내 려 퇴주 하시오. ○사준(司罇)　짐주우잔(斟酒于盞)사준은 잔에 술을 따르시오. ○헌관(獻官)　수(受)　잔반(盞盤)　신위전(神位前)　추

읍거(揖擧)헌관은 잔을 신위 전에 공손히 받들어 올리시오. ○전작(奠爵) 전우(奠于) 신위전(神位前) 정저(正箸)전작은 잔을 신위 전에 올리고 젓가락을 제 위치에 올려놓으시오. ○차예(次詣) 공성공(恭成公) 숙부인(淑夫人) 모씨(某氏) 양위(兩位) 신위전(神位前) 봉작(奉爵) 철(撤) 잔반(盞盤) 퇴주(退酒)다음은 공성공과 숙부인 전주이씨 양위 신위 전에 올려져 있는 잔을 봉작은 내려 퇴주 하시오. ○사준(司罇) 짐주우잔(斟酒于盞)사준은 잔에 술을 따르시오.○헌관(獻官) 수(受) 잔반(盞盤) 신위전(神位前) 읍거(揖擧)헌관은 잔을 신위 전에 공손히 받들어 올리시오. ○전작(奠爵) 전우(奠于) 신위전(神位前) 정저(正箸)전작은 잔을 신위 전에 올리고 젓가락을 제 위치에 올려놓으시오.○차예(次詣) 부윤공(府尹公) 정부인(貞夫人) 모씨(某氏) 양위(兩位) 신위전(神位前) 봉작(奉爵) 철(撤) 잔반(盞盤) 퇴주(退酒)다음은 부윤공과 정부인 광산김씨 양위 신위 전에 올려져 있는 잔을 봉작은 내려 퇴주하시오. ○사준(司罇) 짐주우잔(斟酒于盞)사준은 잔에 술을 따르시오. ○헌관(獻官) 수(受) 잔반(盞盤) 신위전(神位前) 읍거(揖擧)헌관은 잔을 신위 전에 공손히 받들어 올리시오. ○전작(奠爵) 전우(奠于) 신위전(神位前) 정저(正箸)전작은 잔을 신위 전에 올리고 젓가락을 제 위치에 올려놓으시오. ○대축(大祝) 취(取) 축판(祝板) 진(進) 헌관(獻官) 수(授) 축판(祝板)대축은 축판을 들고 헌관에게 나아가 축판을 드리시오. ○헌관(獻官) 헌축(獻祝) 소거(少擧)헌관은 축판을 공손히 받들어 올리시오. ○대축(大祝) 수(受) 축판(祝板) 헌관지좌(獻官之左) 궤(跪)대축은 축판을 받고 헌관의 좌측에 꿇어앉으시오. (참사원 일동은 모두 일어서 주십시오) ○참사원(參祀員) 일동(一同) 부복(俯伏)모든 참례자는 부복하시오. ○독축(讀祝)축문을 읽으시오. ○흥(興) 평신(平身)모든 참례자는 일어나서 바르게 서시오. ○헌관(獻官) 소퇴(少退) 재배(再拜) 강복위(降復位)헌관은 조금 물러나서 두 번 절하고 제 위치로 돌아가시오.

◆아헌례(亞獻禮)

○행(行) 아헌례(亞獻禮)아헌례를 올리겠습니다. ○아헌관(亞獻官) 현(顯) 선조고비(先祖考妣) 신위전(神位前) 궤(跪)아헌관은 선조님의 신위 전에 꿇어앉으시오. ○현감공(縣監公) 의인(宜人) 모씨(某氏) 양위(兩位) 신위전(神位前) 봉작(奉爵) 철(撤) 잔반(盞盤) 퇴주(退酒)현감공과 의인 죽산박씨 양위 신위 전에 올려져 있는 잔을 봉작은 내려 퇴주하시오.○사준(司罇) 짐주우잔(斟酒于盞)사준은 잔에 술을 따르시오. ○헌관(獻官) 수(受) 잔반(盞盤) 신위전(神位前) 읍거(揖擧)헌관은 잔을 신위 전에 공손히 받들어 올리시오. ○전작(奠爵) 전우(奠于) 신위전(神位前) 정저이(正箸移)전작은 잔을 신위 전에 올리고 젓가락을 옮겨 놓으시오. ○차예(次詣) 부원군공(府院君公) 정경부인(貞敬夫人) 모씨(某氏) 양위(兩位) 신위전(神位前) 봉작(奉爵) 철(撤) 잔반(盞盤) 퇴주(退酒)다음은 부원군공과 정경부인 충주최씨 양위 신위전에 올려져 있는 잔을 봉작은 내려 퇴주 하시오. ○사준(司罇) 짐주우잔(斟酒于盞)사준은 잔에 술을 따르시오. ○헌관(獻官) 수(受) 잔반(盞盤) 신위전(神位前) 읍거(揖擧)헌관은 잔을 신위 전에 공손히 받들어 올리시오. ○전작(奠爵) 전우(奠于) 신위전(神位前) 정저이(正箸移)전작은 잔을 신위 전에 올리고 젓가락을 옮겨 놓으시오. ○차예(次詣) 현령공(縣令公) 공인(恭人) 모씨(某氏) 공인(恭人) 청주한씨(淸州韓氏) 삼위(三位) 신위전(神位前) 봉작(奉爵) 철(撤) 잔반(盞盤) 퇴주(退酒)다음은 현령공과 공인 전주이씨와 공인 청주한씨 삼위 신위 전에 올려져 있 는 잔을 봉작은 내려 퇴주 하시오. ○사준(司罇) 짐주우잔(斟酒

于盞)사준은 잔에 술을 따르시오. ○헌관(獻官) 수(受) 잔반(盞盤) 신위전(神位前)
읍거(揖擧)헌관은 잔을 신위 전에 공손히 받들어 올리시오. ○전작(奠爵) 전우(奠于)
신위전(神位前) 정저이(正箸移)전작은 잔을 신위 전에 올리고 젓가락을 옮겨 놓으시오.
○차예(次詣) 판관공(判官公) 공인(恭人) 모씨(某氏) 양위(兩位) 신위전(神
位前) 봉작(奉爵) 철(撤) 잔반(盞盤) 퇴주(退酒)다음은 판관공과 공인 청주한씨 양위
신위 전에 올려져 있는 잔을 봉작은 내려 퇴주 하시오. ○사준(司罇) 짐주우잔
(斟酒于盞)사준은 잔에 술을 따르시오. ○헌관(獻官) 수(受) 잔반(盞盤) 신위전
(神位前) 읍거(揖擧)헌관은 잔을 신위 전에 공손히 받들어 올리시오. ○전작(奠爵)
전우(奠于) 신위전(神位前) 정저이(正箸移)전작은 잔을 신위 전에 올리고 젓가락을
옮겨 놓으시오. ○차예(次詣) 공성공(恭成公) 숙부인(淑夫人) 모씨(某氏)
양위(兩位) 신위전(神位前) 봉작(奉爵) 철(撤) 잔반(盞盤) 퇴주(退酒)다음은
공성공과 숙부인 전주이씨 양위 신위 전에 올려져 있는 잔을 봉작은 내려 퇴주 하시오. ○
사준(司罇) 짐주우잔(斟酒于盞)사준은 잔에 술을 따르시오. ○헌관(獻官) 수(受)
잔반(盞盤) 신위전(神位前) 읍거(揖擧)헌관은 잔을 신위 전에 공손히 받들어 올리시오.
○전작(奠爵) 전우(奠于) 신위전(神位前) 정저이(正箸移)전작은 잔을 신위 전에
올리고 젓가락을 옮겨 놓으시오. ○차예(次詣) 부윤공(府尹公) 정부인(貞夫人)
모씨(某氏) 양위(兩位) 신위전(神位前) 봉작(奉爵) 철(撤) 잔반(盞盤)
퇴주(退酒)다음은 부윤공과 정부인 광산김씨 양위 신위 전에 올려져 있는 잔을 봉작은
내려 퇴주 하시오. ○사준(司罇) 짐주우잔(斟酒于盞)사준은 잔에 술을 따르시오.
○헌관(獻官) 수(受) 잔반(盞盤) 신위전(神位前) 읍거(揖擧)헌관은 잔을 신위 전에
공손히 받들어 올리시오. ○전작(奠爵) 전우(奠于) 신위전(神位前)
정저이(正箸移)전작은 잔을 신위 전에 올리고 젓가락을 옮겨 놓으시오. ○헌관(獻官)
소퇴(少退) 재배(再拜) 강복위(降復位)헌관은 조금 물러나서 두 번 절하고 제 위치로
돌아가시오.

◆종헌례(終獻禮)

○행(行) 종헌례(終獻禮)종헌례를 올리겠습니다. ○종헌관(終獻官) 현(顯)
선조고비(先祖考妣) 신위전(神位前) 궤(跪)종헌관은 선조님의 신위 전에 꿇어앉으
시오. ○현감공(縣監公) 의인(宜人) 모씨(某氏) 양위(兩位) 신위전(神位前)
봉작(奉爵) 철(撤) 잔반(盞盤) 퇴주(退酒)현감공과 의인 죽산박씨 양위 신위 전에
올려져 있는 잔을 봉작은 내려 퇴주하시오. ○사준(司罇) 짐주우잔(斟酒于盞)사준은
잔에 술을 따르시오. ○헌관(獻官) 수(受) 잔반(盞盤) 신위전(神位前) 읍거(揖
擧)헌관은 잔을 신위 전에 공손히 받들어 올리시오. ○전작(奠爵) 전우(奠于)
신위전(神位前) 정저이(正箸移)전작은 잔을 신위 전에 올리고 젓가락을 옮겨 놓으시오.
○차예(次詣) 부원군공(府院君公) 정경부인(貞敬夫人) 모씨(某氏) 양위(兩位)
신위전(神位前) 봉작(奉爵) 철(撤) 잔반(盞盤) 퇴주(退酒)다음은 부원군공과
정경부인 충주최씨 양위 신위 전에 올려져 있는 잔을 봉 작은 내려 퇴주 하시오. ○사준
(司罇) 짐주우잔(斟酒于盞)사준은 잔에 술을 따르시오. ○헌관(獻官) 수(受)
잔반(盞盤) 신위전(神位前) 읍거(揖擧)헌관은 잔을 신위 전에 공손히 받들어 올리
시오. ○전작(奠爵) 전우(奠于) 신위전(神位前) 정저이(正箸移)전작은 잔을 신위
전에 올리고 젓가락을 옮겨 놓으시오. ○차예(次詣) 현령공(縣令公) 공인(恭人)
모씨(某氏) 공인(恭人) 청주한씨(淸州韓氏) 삼위(三位) 신위전(神位前)
봉작(奉爵) 철(撤) 잔반(盞盤) 퇴주(退酒)다음은 현령공과 공인 전주이씨와 공인

청주한씨 삼위 신위 전에 올려져 있 는 잔을 봉작은 내려 퇴주 하시오. ○사준(司罇) 짐주우잔(斟酒于盞)사준은 잔에 술을 따르시오. ○헌관(獻官) 수(受) 잔반(盞盤) 신위전(神位前) 읍거(揖擧)헌관은 잔을 신위 전에 공손히 받들어 올리시오. ○전작(奠爵) 전우(奠于) 신위전(神位前) 정저이(正箸移)전작은 잔을 신위 전에 올리고 젓가락을 옮겨 놓으시오. ○차예(次詣) 판관공(判官公) 공인(恭人) 모씨(某氏) 양위(兩位) 신위전(神位前) 봉작(奉爵) 철(撤) 잔반(盞盤) 퇴주(退酒)다음은 판관공과 공인 청주한씨 양위 신위 전에 올려져 있는 잔을 봉작은 내 려 퇴주 하시오. ○사준(司罇) 짐주우잔(斟酒于盞)사준은 잔에 술을 따르시오. ○헌관(獻官) 수(受) 잔반(盞盤) 신위전(神位前) 읍거(揖擧)헌관은 잔을 신위 전에 공손히 받들어 올리시오. ○전작(奠爵) 전우(奠于) 신위전(神位前) 정저이(正箸移)전작은 잔을 신위 전에 올리고 젓가락을 옮겨 놓으시오. ○차예(次詣) 공성공(恭成公) 숙부인(淑夫人) 모씨(某氏) 양위(兩位) 신위전(神位前) 봉작(奉爵) 철(撤) 잔반(盞盤) 퇴주(退酒)다음은 공성공과 숙부인 전주이씨 양위 신위 전에 올려져 있는 잔을 봉작은 내려 퇴주 하시오. ○사준(司罇) 짐주우잔(斟酒于盞)사준은 잔에 술을 따르시오. ○헌관(獻官) 수(受) 잔반(盞盤) 신위전(神位前) 읍거(揖擧)헌관은 잔을 신위 전에 공손히 받들어 올리시오. ○전작(奠爵) 전우(奠于) 신위전(神位前) 정저이(正箸移)전작은 잔을 신위 전에 올리고 젓가락을 옮겨 놓으시오. ○차예(次詣) 부윤공(府尹公) 정부인(貞夫人) 모씨(某氏) 양위(兩位) 신위전(神位前) 봉작(奉爵) 철(撤) 잔반(盞盤) 퇴주(退酒)다음은 부윤공과 정부인 광산김씨 양위 신위전에 올려져 있는 잔을 봉작은 내려 퇴주 하시오. ○사준(司罇) 짐주우잔(斟酒于盞)사준은 잔에 술을 따르시오. ○헌관(獻官) 수(受) 잔반(盞盤) 신위전(神位前) 읍거(揖擧)헌관은 잔을 신위 전에 공손히 받들어 올리시오. ○전작(奠爵) 전우(奠于) 신위전(神位前) 정저이(正箸移)전작은 잔을 신위 전에 올리고 젓가락을 옮겨 놓으시오. ○헌관(獻官) 소퇴(少退) 재배(再拜) 강복위(降復位)헌관은 조금 물러나서 두 번 절하고 제 위치로 돌아가시오.

◆유식례(侑食禮)

○행(行) 유식례(侑食禮)유식례를 올리겠습니다. ○삼헌관(三獻官) 궤(跪)삼헌관은 꿇어앉으시오. ○봉작(奉爵) 봉(奉) 첨작(添酌) 잔반(盞盤)봉작은 첨작 잔을 받드시오. ○사준(司罇) 작주(酌酒)사준은 잔에 술을 따르시오. ○초헌관(初獻官) 수(受) 잔반(盞盤) 신위전(神位前) 읍거(揖擧)초헌관은 잔을 신위 전에 공손히 받들어 올리시오. ○전작(奠爵) 각(各) 신위전(神位前) 첨작(添酌) 계반개(啓飯蓋) 삽시(插匙)전작은 각 신위 전에 첨작하고 메의 뚜껑을 열고 숟가락을 꽂으시오. ○삼헌관(三獻官) 개재배(皆再拜)삼헌관은 두 번 절하시오

◆진다(進茶)

○전작(奠爵) 봉작(奉爵) 철갱(撤羹) 진다(進茶) 삼초반(三抄飯)전작과 봉작은 갱을 물리고 숭늉을 올린 다음 메를 세 번 마르시오. (참사원 일동은 모두 일어서 주십시오) ○참사원(參祀員) 일동(一同) 부복(俯伏)모든 참례자는 부복하시오. ○흥(興) 평신(平身)참례자들은 일어나서 바르게 서시오.

◆사신례(辭神禮)

○행(行) 사신례(辭神禮)사신례를 올리겠습니다. ○삼헌관(三獻官) 궤(跪)삼헌관은 신위 전에 꿇어앉으시오. ○전작(奠爵) 봉작(奉爵) 철시(撤匙) 복반개(覆飯盖) 하시저(下匙箸)전작과 봉작은 수저와 젓가락을 거두어 원위치에 놓고 갱그릇을 원상태로 놓 으시고 메의 뚜껑을 닫으시오. (참사원 일동은 모두 일어서 주십시오)○삼헌관(三獻官) 급(及) 참사원(參祀員) 일동(一同) 사신(辭神) 재배(再拜)삼헌관과 모든 참례자들은 함께 두 번 절을 하시오. ○국궁(鞠躬) 배(拜) 흥(興) 배(拜) 흥(興) 평신(平身)절하시오. 일어서시오. 절하시오. 일어서서 바르게 서시오. ○초헌관(初獻官) 궤(跪)초헌관은 신위 전에 꿇어앉으시오. ○대축(大祝) 봉(奉) 축판(祝板) 분축(焚祝) 노상(爐上)대축은 축판을 받들고 나아가 향로 위에서 축문을 태우시오. ○례필(禮畢) 헌관(獻官) 이하(以下) 출(出)이상 추원단 제를 마치겠습니다. 헌관과 참례자들은 물러서십시오. 다음은 종 합제단에서 묘제를 올리겠습니다. 감사합니다.

종합제단홀기(綜合祭壇笏記)

○제참자(諸參者) 서립(序立)지금부터 입도조 선전관공 종산 묘제를 봉행 하겠습니다. 제관과 자손 여러분은 정숙하고 경건한 마음으로 바로 서 주십시오.○알자(謁者) 인(引) 대축(大祝) 급(及) 제집사(諸執事) 입취(入就) 배위(拜位) 재배(再拜)알자는 앞으로 나가서 대축과 모든 집사자들을 절할 위치로 안내 하시오.두 번 절하시오. ○예(詣) 관세위(盥洗位) 관수(盥水) 각(各) 취위(就位)대축과 모든 집사자들은 관수자리로 가서 관수한 후 각자 제 위치로 돌아가서 서시오.○알자인(謁者引) 삼헌관(三獻官) 예(詣) 관세위(盥洗位) 관수(盥水) 현선조고비(顯先祖考妣) 신위전(神位前) 서립(序立)알자는 삼헌관을 안내하여 관수자리로 가서 관수한 뒤 선조님의 신위 앞으로 모셔 오시오.

◆강신례(降神禮)

○행(行) 강신례(降神禮)강신례를 올리겠습니다.○삼헌관(三獻官) 궤(跪)삼헌관은 꿇어앉으시오.○봉로(奉爐) 봉향(奉香) 예(詣) 헌관지(獻官之) 좌우(左右) 궤(跪) 봉(奉) 향로(香爐) 향합(香盒)봉로와 봉향은 헌관에게 나아가 헌관 좌우에 꿇어 앉아 향로 향합을 받드시오.○초헌관(初獻官) 삼상향(三上香)초헌관은 향을 세 번 올려 놓으시오.○봉작(奉爵) 봉(奉) 강신(降神) 잔반(盞盤) 사준(司罇) 작주(酌酒)봉작은 강신 잔반을 받들고 사준은 술을 따르시오.○초헌관(初獻官) 수잔(受盞) 삼제우(三除于) 지상(地上)초헌관은 술잔을 받고 향 위를 좌우로 세 번 두른 후 땅위에 세 번 부으시오.○이잔반(以盞盤) 수(授) 봉작(奉爵) 반우고처(返于故處)빈 잔을 봉작에게 주고 봉작은 제자리에 갖다 놓으시오.

◆참신례(參神禮)(참사원 일동은 모두 일어서 주십시오)

○참사원(參祀員) 일동(一同) 참신(參神) 재배(再拜)헌관 및 참례자 모두는 두 번 절하시오.○국궁(鞠躬) 배(拜) 흥(興) 배(拜) 흥(興) 평신(平身) 절하시오. 일어서시오. 절하시오. 일어서서 바르게 서시오.

◆초헌례(初獻禮)

○행(行) 초헌례(初獻禮)초헌례를 올리겠습니다.○초헌관(初獻官) 현(顯) 선조고

비(先祖考妣) 신위전(神位前) 궤(跪)초헌관은 선조님의 신위 전에 꿇어앉으시오.○
선전관공(宣傳官公) 정부인(貞夫人) 남양홍씨(南陽洪氏) 양위(兩位) 신위
전(神位前) 봉작(奉爵) 철(撤) 잔반(盞盤) 퇴주(退酒)선전관공과 정부인 남양홍씨
양위 신위 전에 올려져 있는 잔을 내려 퇴주하시오. ○사준(司罇) 짐주우잔(斟酒于盞)
사준은 잔에 술을 따르시오.○초헌관(初獻官) 수(受) 잔반(盞盤) 신위전(神位前)
읍거(揖擧)초헌관은 잔을 신위 전에 공손히 받들어 올리시오.○전작(奠爵) 전우(奠于)
신위전(神位前) 정저(正箸)전작은 잔을 신위 전에 올리고 젓가락을 제 위치에
올려놓으시오.○차예(次詣) 가선대부공(嘉善大夫公) 정부인(貞夫人) 금해금씨
(金海金氏) 양위(兩位) 신위전(神位前) 봉작(奉爵) 철(撤) 잔반(盞盤)
퇴주(退酒)다음은 가선대부공과 정부인 김해김씨 양위 신위 전에 올려져 있는 잔을 봉
작은 내려 퇴주하시오.○사준(司罇) 짐주우잔(斟酒于盞)사준은 잔에 술을 따르시오.
○헌관(獻官) 수(受) 잔반(盞盤) 신위전(神位前) 읍거(揖擧)헌관은 잔을 신위 전에
공손히 받들어 올리시오.○전작(奠爵) 전우(奠于) 신위전(神位前) 정저(正箸)
전작은 잔을 신위 전에 올리고 젓가락을 제 위치에 올려놓으시오.○차예(次詣)
가선대부공(嘉善大夫公) 정부인(貞夫人) 전주이씨(全州李氏) 정부인(貞夫人)
제주고씨(濟州高氏) 삼위(三位) 신위전(神位前) 봉작(奉爵) 철(撤) 잔반(盞
盤) 퇴주(退酒)다음은 가선대부공과 정부인 전주이씨와 정부인 제주고씨 삼위 신위 전에
올려져 있는 잔을 봉작은 내려 퇴주 하시오.○사준(司罇) 짐주우잔(斟酒于盞)사준은
잔에 술을 따르시오.○헌관(獻官) 수(受) 잔반(盞盤) 신위전(神位前) 읍거(揖擧)
헌관은 잔을 신위 전에 공손히 받들어 올리시오.○전작(奠爵) 전우(奠于) 신위전(神
位前) 정저(正箸)전작은 잔을 신위 전에 올리고 젓가락을 제 위치에 올려놓으시오.○
차예(次詣) 통정대부공(通政大夫公) 숙부인(淑夫人) 진주정씨(晉州鄭氏)
양위(兩位) 신위전(神位前) 봉작(奉爵) 철(撤) 잔반(盞盤) 퇴주(退酒)다음은
통정대부공 숙부인 진주정씨 양위 신위 전에 올려져 있는 잔을 봉작은 내려 퇴주 하시오.
○사준(司罇) 짐주우잔(斟酒于盞)사준은 잔에 술을 따르시오.○헌관(獻官) 수(受)
잔반(盞盤) 신위전(神位前) 읍거(揖擧)헌관은 잔을 신위 전에 공손히 받들어
올리시오.○전작(奠爵) 전우(奠于) 신위전(神位前) 정저(正箸)전작은 잔을 신위
전에 올리고 젓가락을 제 위치에 올려놓으시오.○대축(大祝) 취(取) 축판(祝板) 진(進)
헌관(獻官) 수(授) 축판(祝板)대축은 축판을 들고 헌관에게 나아가 축판을
드리시오.○헌관(獻官) 헌축(獻祝) 소거(少擧)헌관은 축판을 공손히 받들어 올리시오.
○대축(大祝) 수(受) 축판(祝板) 헌관지좌(獻官之左) 궤(跪)대축은 축판을 받고
헌관의 좌측에 꿇어앉으시오.(참사원 일동은 모두 일어서 주십시오)○참사원(參祀員)
일동(一同) 부복(俯伏)모든 참례자는 부복하시오.○독축(讀祝)축문을 읽으시오.○흥
(興) 평신(平身)모든 참례자는 일어나서 바르게 서시오.○헌관(獻官) 소퇴(少退)
재배(再拜) 강복위(降復位)헌관은 조금 물러나서 두 번 절하고 제 위치로 돌아가시오.

◆아헌례(亞獻禮)

○행(行) 아헌례(亞獻禮)아헌례를 올리겠습니다.○아헌관(亞獻官) 현(顯) 선조고
비(先祖考妣) 신위전(神位前) 궤(跪)아헌관은 선조님의 신위 전에 꿇어앉으시오.○
선전관공(宣傳官公) 정부인(貞夫人) 남양홍씨(南陽洪氏) 양위(兩位)
신위전(神位前) 봉작(奉爵) 철(撤) 잔반(盞盤) 퇴주(退酒)선전관공과 정부인
남양홍씨 양위 신위 전에 올려져 있는 잔을 내려 퇴주하시오.○사준(司罇) 짐주우잔(斟
酒于盞)사준은 잔에 술을 따르시오.○헌관(獻官) 수(受) 잔반(盞盤) 신위전(神位

前) 읍거(揖擧)헌관은 잔을 신위 전에 공손히 받들어 올리시오.○전작(奠爵) 전우(奠于) 신위전(神位前) 정저이(正箸移)전작은 잔을 신위 전에 올리고 젓가락을 옮겨 놓으시오.○차예(次詣) 가선대부공(嘉善大夫公) 정부인(貞夫人) 금해금씨(金海金氏) 양위(兩位) 신위전(神位前) 봉작(奉爵) 철(撤) 잔반(盞盤) 퇴주(退酒) 다음은 가선대부공과 정부인 김해김씨 양위 신위 전에 올려져 있는 잔을 봉 작은 내려 퇴주하시오.○사준(司罇) 짐주우잔(斟酒于盞)사준은 잔에 술을 따르시오.○헌관(獻官) 수(受) 잔반(盞盤) 신위전(神位前) 읍거(揖擧)헌관은 잔을 신위 전에 공손히 받들어 올리시오.○전작(奠爵) 전우(奠于) 신위전(神位前) 정저이(正箸移)전작은 잔을 신위 전에 올리고 젓가락을 옮겨 놓으시오.○차예(次詣) 가선대부공(嘉善大夫公) 정부인(貞夫人) 전주이씨(全州李氏) 정부인(貞夫人) 제주고씨(濟州高氏) 삼위(三位) 신위전(神位前) 봉작(奉爵) 철(撤) 잔반(盞盤) 퇴주(退酒)다음은 가선대부공과 정부인 전주이씨와 정부인 제주고씨 삼위 신위 전에 올 려져 있는 잔을 봉작은 내려 퇴주 하시오.○사준(司罇) 짐주우잔(斟酒于盞)사준은 잔에 술을 따르시오.○헌관(獻官) 수(受) 잔반(盞盤) 신위전(神位前) 읍거(揖擧)헌관은 잔을 신위 전에 공손히 받들어 올리시오.○전작(奠爵) 전우(奠于) 신위전(神位前) 정저이(正箸移) 전작은 잔을 신위 전에 올리고 젓가락을 옮겨 놓으시오.○차예(次詣) 통정대부공(通政大夫公) 숙부인(淑夫人) 진주정씨(晉州鄭氏) 양위(兩位) 신위전(神位前) 봉작(奉爵) 철(撤) 잔반(盞盤) 퇴주(退酒)다음은 통정대부공 숙부인 진주정씨 양위 신위 전에 올려져 있는 잔을 봉작 은 내려 퇴주 하시오.○사준(司罇) 짐주우잔(斟酒于盞)사준은 잔에 술을 따르시오.○헌관(獻官) 수(受) 잔반(盞盤) 신위전(神位前) 읍거(揖擧)헌관은 잔을 신위 전에 공손히 받들어 올리시오.○전작(奠爵) 전우(奠于) 신위전(神位前) 정저이(正箸移)전작은 잔을 신위 전에 올리고 젓가락을 옮겨 놓으시오. ○헌관(獻官) 소퇴(少退) 재배(再拜) 헌관을 조금 물러나 재배히시오.○강복위(降復位)제 위치로 돌아가시오.

◆종헌례(終獻禮)

○행(行) 종헌례(終獻禮)종헌례를 올리겠습니다.○종헌관(終獻官) 현(顯) 선조고비(先祖考妣) 신위전(神位前) 궤(跪)종헌관은 선조님의 신위 전에 꿇어앉으시오. ○선전관공(宣傳官公) 정부인(貞夫人) 남양홍씨(南陽洪氏) 양위(兩位) 신위전(神位前) 봉작(奉爵) 철(撤) 잔반(盞盤) 퇴주(退酒)선전관공과 정부인 남양홍씨 양위 신위 전에 올려져 있는 잔을 내려 퇴주하시오.○사준(司罇) 짐주우잔(斟酒于盞)사준은 잔에 술을 따르시오.○헌관(獻官) 수(受) 잔반(盞盤) 신위전(神位前) 읍거(揖擧)헌관은 잔을 신위 전에 공손히 받들어 올리시오.○전작(奠爵) 전우(奠于) 신위전(神位前) 정저이(正箸移)전작은 잔을 신위 전에 올리고 젓가락을 옮겨 놓으시오.○차예(次詣) 가선대부공(嘉善大夫公) 정부인(貞夫人) 금해금씨(金海金氏) 양위(兩位) 신위전(神位前) 봉작(奉爵) 철(撤) 잔반(盞盤) 퇴주(退酒)다음은 가선대부공과 정부인 김해김씨 양위 신위 전에 올려져 있는 잔을 봉 작은 내려 퇴주하시오.○사준(司罇) 짐주우잔(斟酒于盞)사준은 잔에 술을 따르시오.○헌관(獻官) 수(受) 잔반(盞盤) 신위전(神位前) 읍거(揖擧)헌관은 잔을 신위 전에 공손히 받들어 올리시오.○전작(奠爵) 전우(奠于) 신위전(神位前) 정저이(正箸移)전작은 잔을 신위 전에 올리고 젓가락을 옮겨 놓으시오.○차예(次詣) 가선대부공(嘉善大夫公) 정부인(貞夫人) 전주이씨(全州李氏) 정부인(貞夫人) 제주고씨(濟州高氏) 삼위(三位) 신위전(神位前) 봉작(奉爵) 철(撤) 잔반(盞

盤) 퇴주(退酒)다음은 가선대부공과 정부인 전주이씨와 정부인 제주고씨 삼위 신위 전에 올려져 있는 잔을 봉작은 내려 퇴주 하시오.○사준(司罇) 짐주우잔(斟酒于盞)사준은 잔에 술을 따르시오.○헌관(獻官) 수(受) 잔반(盞盤) 신위전(神位前) 읍거(揖擧)헌관은 잔을 신위 전에 공손히 받들어 올리시오.○전작(奠爵) 전우(奠于) 신위전(神位前) 정저이(正箸移)전작은 잔을 신위 전에 올리고 젓가락을 옮겨 놓으시오.○차예(次詣) 통정대부공(通政大夫公) 숙부인(淑夫人) 진주정씨(晉州鄭氏) 양위(兩位) 신위전(神位前) 봉작(奉爵) 철(撤) 잔반(盞盤) 퇴주(退酒)다음은 통정대부공 숙부인 진주정씨 양위 신위 전에 올려져 있는 잔을 봉작 은 내려 퇴주 하시오. ○사준(司罇) 짐주우잔(斟酒于盞)사준은 잔에 술을 따르시오.○헌관(獻官) 수(受) 잔반(盞盤) 신위전(神位前) 읍거(揖擧)헌관은 잔을 신위 전에 공손히 받들어 올리시오.○전작(奠爵) 전우(奠于) 신위전(神位前) 정저이(正箸移)전작은 잔을 신위 전에 올리고 젓가락을 옮겨 놓으시오.○헌관(獻官) 소퇴(少退) 재배(再拜) 헌관은 조금 물러나서 두 번 절하고○강복위(降復位)제 위치로 돌아가시오.

◆유식례(侑食禮)

○행(行) 유식례(侑食禮)유식례를 올리겠습니다.○삼헌관(三獻官) 궤(跪)삼헌관은 끓어앉으시오.○봉작(奉爵) 봉(奉) 첨작(添酌) 잔반(盞盤)봉작은 첨작 잔을 받드시오.○사준(司罇) 작주(酌酒)사준은 잔에 술을 따르시오.○초헌관(初獻官) 수(受) 잔반(盞盤) 신위전(神位前) 읍거(揖擧)초헌관은 잔을 신위 전에 공손히 받들어 올리시오. ○전작(奠爵) 각(各) 신위전(神位前) 첨작(添酌) 계반개(啓飯蓋) 삽시(揷匙)전작은 각 신위 전에 첨작하고 메의 뚜껑을 열고 숟가락을 꽂으시오.○삼헌관(三獻官) 개재배(皆再拜)삼헌관은 두 번 절하시오.○진다(進茶)○전작(奠爵) 봉작(奉爵) 철갱(撤羹) 진다(進茶) 삼초반(三抄飯)전작과 봉작은 갱을 물리고 숭늉을 올린다음 메를 세 번 마르시오.(참사원 일동은 모두 일어서 주십시오)○참사원(參祀員) 일동(一同) 부복(俯伏)모든 참례자는 부복하시오.○흥(興) 평신(平身)참례자들은 일어나서 바르게 서시오.

◆사신례(辭神禮)

○행(行) 사신례(辭神禮)사신례를 올리겠습니다.○삼헌관(三獻官) 궤(跪)삼헌관은 신위 전에 끓어앉으시오.○전작(奠爵) 봉작(奉爵) 철시(撤匙) 복반개(覆飯盖) 하시저(下匙箸)전작과 봉작은 수저와 젓가락을 거두어 원위치에 놓고 갱그릇을 원상태로 놓 으시고 메의 뚜껑을 닫으시오.(참사원 일동은 모두 일어서 주십시오)○삼헌관(三獻官) 급(及) 참사원(參祀員) 일동(一同) 사신(辭神) 재배(再拜)삼헌관과 모든 참례자들은 함께 두 번 절을 하시오.○국궁(鞠躬) 배(拜) 흥(興) 배(拜) 흥(興) 평신(平身)절하시오. 일어서시오. 절하시오. 일어서서 바르게 서시오.○초헌관(初獻官) 궤(跪)초헌관은 신위 전에 끓어앉으시오.○대축(大祝) 봉(奉) 축판(祝板) 분축(焚祝) 노상(爐上)대축은 축판을 받들고 나아가 향로 위에서 축문을 태우시오.○례필(禮畢) 헌관(獻官) 이하(以下) 출(出)이상 종합제단 묘제를 모두 마치겠습니다. 감사합니다.

○홀기(笏記)란; 혼인의례(婚姻儀禮)나 제사(祭祀)의 순서(順序)를 적은 글을 말함.

○분정(分定)이란; 제사(祭祀)를 올리는 절차에 따라 제관(祭官) 중(中)에서 각각(各各) 책임(責任)을 분담(分擔)하는 것으로 제사(祭祀) 올리기 전(前)에 미리 분담(分擔)한다.

○초헌관(初獻官) : 분향(焚香)과 첫 번째 잔(盞)을 드리는 제관(祭官)

○**아헌관(亞獻官)** : 두 번째 잔(盞)을 드리는 祭官
○**종헌관(終獻官)** : 세 번째 잔(盞)을 드리는 祭官
○**집례(執禮)** : 제사(祭祀) 올리는 순서(順序)를 집행(執行)하며, 홀기(笏記)를 부르는 사람
○**판진(判陣)** : 제사상(祭祀床)이 제대로 차려졌는지 점검(點檢)하는 사람
○**大祝** : 祝文을 읽는 사람, 獻官 左側에서 執事者를 內助함
○**알자(謁者)** : 헌관(獻官)을 인도하고 안내(案內)하는 사람
○**찬자(贊者)** : 홀기(笏記)중 흥(興)을 부르는 사람
○**봉작(奉爵)** : 우집사(右執事)로 술잔을 받드는 사람
○**전작(奠爵)** : 좌집사(左執事)로 신위(神位) 전(前)에 술잔을 올리는 사람
○**사준(司罇)** : 제주(祭酒)를 따르는 사람
○**봉로(奉爐)** : 향로(香爐)를 받드는 사람
○**봉향(奉香)** : 향(香)을 받드는 사람
○**관세(盥洗)** : 헌관(獻官)이 손 씻는 대야를 받드는 사람

삭망분향홀기(朔望焚香笏記)

○**집례선취계간배위(執禮先就階間拜位)**　　**사배 홀(四拜訖)**　　**관수취위(盥手就位)**
집례는 먼저 계간 배위에 나아가 4배를 마치고 세수하고 제자리로 나간다.

◆**창홀(唱笏)**홀기를 부른다.
○**헌관이하입취배위(獻官以下入就拜位)**헌관이하 집사와 유생들은 들어와 제자리에
서시오

○**알자인헌관예관세위(謁者引獻官詣盥洗位)**헌관은 관세위에 나아가 세수하시오. ○
진홀(搢笏) 관수세수(盥手帨手) 집홀(執笏)홀을 옷깃에 꽂고, 손을 씻고 수건에 닦고,
홀을 잡으시오. ○**알자인헌관예신위전입(謁者引獻官詣神位前入)**대성지성문선
왕 신위전에 나아가시오○**궤(跪) 진홀궤(搢笏 跪)**신위 앞에 무릎 꿇고 앉으시오. ○**삼
상향(三上香)**세 번 향을 피우시오. ○**부복(俯伏) 흥(興) 평신(平身) 집홀(執笏)**엎드
렸다가 자리에서 일어나시오. ○**인강부위(引降復位)**제자리로 돌아가시오. ○**사배(四拜)
헌관이하개사배(獻官以下皆四拜)**사배하시오.헌관이하 집사및 참가자 전원은 4배하시오
국궁(鞠躬) 배(拜) 흥(興) 배(拜) 흥(興) 배(拜) 흥(興) 배(拜) 흥(興) 평신(平身)
○**헌관이하이차출(獻官以下以次出)**헌관이하 집사 및 모든 참가자는 차례로 나가시오.
○**집례출(執禮出)**집례도 나간다.

알묘홀기(謁廟笏記)

○**알자(謁者) 인헌관(引獻官) 취문외위(就門外位)**알자1)는 헌관을 인도하여 문밖
에 위치하여 주시기 바랍니다. ○**인입묘정(引入廟庭) 제집사(諸執事) 각취위(各就
位)**사당마당으로 인도하십시오. 모든 집사는 제 위치에 서 주십시오. ○**알자(謁者) 인헌
관예관세위(引獻官詣盥洗位) 관세(盥洗)**알자는 헌관을 관세위2)로 인도하십시오.
손을 씻으십시오. ○**인예신위전(引詣神位前) 궤(跪) 삼상향(三上香) 부(俯) 복
(伏) 흥(興) 인강복위(引降復位)**신위 앞으로 인도하십시오. 꿇어앉으십시오. 삼상향

(향3개)하십시오. 부복(업드림)하십시오. 일어나십시오. 본디 자리로 돌아가십시오. ○헌관이하(獻官以下) 개재배(皆再拜) 국궁(鞠躬) 배(拜) 흥(興) 배(拜) 흥(興) 평신(平身)헌관이하 모두 두 번 절 하십시오~ 경건히 몸을 굽혀 절 하십시오. 일어나십시오. 다시 절 하십시오. 일어나십시오. 몸을 바로 하십시오. ○예필(禮畢) 출(出)예를 마쳤습니다. 밖으로 나가십시오.

알묘홀기(謁廟笏記)

○헌관급제생입취배위(獻官及諸生入就配位) 북면서상립(北面西上立)헌관과 모든 분들은 사당 앞으로 오셔서 자리 하십시오. 북쪽을 바라보고 서쪽을 상석으로 합니다. ○헌관예관세위(獻官詣盥洗位) 관수(盥手) 세수(帨手)헌관은 관세위로 가셔서 손을 씻고 닦으십시오. ○승예향안전궤(升詣香案前跪) 삼상향(三上香) 강부위(降復位)향안전 앞으로 가셔서 꿇어앉아 삼상향 하십시오. 내려 오셔서 본래 자리로 가십시오. ○여재위자개재배(與在位者皆再拜) 국궁(鞠躬) 배(拜) 흥(興) 배(拜) 흥(興) 평신(平身) 이차출(以次出)자리에 계신분과 더불어 두 번 절 하십시오. 경건히 하십시오. 절하십시오. 일어 나십시오. 다시 절 하십시오. 일어나십시오. 몸을 바로하십시오. 모두 밖으로 나가십시오.

알묘급행공홀기(謁廟及行公笏記)

사당을 배알하는 홀기

○참례자개배위헌서립북향서상(參禮者皆拜位獻序立北向西上)참례자는 모두 절할 위치에서 북쪽을 보고 서쪽을 상석으로 서시오. ○대표일인예관세위관수세수(代表一人詣盥洗位盥手帨手)대표자 한사람은 관세위로 오셔서 손을 씻고 닦으시오. ○선예회암추선생향안전궤(先詣悔庵秋先生香案前跪)먼저 회암 추선생 향안전 앞에 굻어 앉으시오. ○삼상향(三上香)향을 3개 피워 올리시오. ○부복흥(俯伏興)부복하시오(엎드리시오). 일어나시오. ○차예노당추선생향안전궤(次詣露堂秋先生香案前跪)다음 노당 추선생 향안전 앞에 굻어 앉으시오. ○삼상향(三上香)향을 3개 피워 올리시오. ○부복흥(俯伏興)부복하시오(엎드리시오). 일어나시오. ○차예운심재추선생향안전궤(次詣雲心齋秋先生香案前跪)다음 운심재 추선생 향안전 앞에 굻어 앉으시오. ○삼상향(三上香)향을 3개 피워 올리시오. ○부복흥(俯伏興)부복하시오(엎드리시오). 일어나시오. ○차예세심당추선생향안전궤(次詣洗心堂秋先生香案前跪)다음 세심당 추선생 향안전 앞에 굻어 앉으시오. ○삼상향(三上香)향을 3개 피워 올리시오. ○부복흥(俯伏興)부복하시오(엎드리시오). 일어나시오. ○강부위(降復位)사당 밖 본디 자리로 내려가시오. ○재위자개재배(在位者皆再拜)자리에 있는 모든 사람은 두 번 절하시오. ○국궁(鞠躬) 배(拜) 흥(興) 배(拜) 흥(興) 평신(平身)몸을 공손히 하시오. 절하시오. 일어나시오. 절하시오. 일어나시오. 몸을 바로 하시오. ○예필(禮畢)예를 마쳤습니다. ○이차출(以次出)차례대로 사당 밖으로 나가시오.

향음주례홀기(鄕飮酒禮笏記)

◆모(謀) 빈(賓) 개(介)

○주인모빈개(主人謀賓介)주인이 빈과 계를 생각한다 ○향대부주자사위주인(鄕大夫州刺史爲主人) 혹상궁장석위주인(或庠宮長席爲主人)지방의 대부나 주의 자사가 주인이 된다. 혹은 학교의 어른이 주인이 되기도 한다. ○擇道藝處士爲賓(택도예처사위빈)도에 밝은 처사를 택해 빈으로 삼는다. ○기차위개(其次爲介) 음계(音界)그 다음은 계로 삼는다 음은 계이다. ○향인년로자위삼빈장(鄕人年老者爲三賓長)고을 사람으로 나이 많은 사람을 삼빈장으로 삼는다. ○기차위중빈(其次爲衆賓)그 다음은 중빈으로 삼는다. ○택치위가준법자위준(擇齒位可遵法者爲僎) 음준혹일인(音僎或一人), 혹이인이상(或二人以上)나이와 지위가 법을 지킬만한 사람을 택하여 준으로 삼는다. 음은 준이다. 혹 한사람이거나, 혹 두사람이상이다. ○도집례일인찬례이인일상빈주일독의절개택사지용모(都執禮一人贊禮二人一相賓主一讀儀節皆擇士之容貌)안상습어예의자위지(安詳習於禮儀者爲之)도집례는 한 사람, 찬례는 두 사람인데 한 사람은 빈과 주인을 돕고 한 사람은 의절을 읽는다. 모두 선비중에서 용모가 편안하고 서기가 있으며 예의를 익힌 사람을 택하여 이를 삼는다. ○택중소추복자일인위사정(擇衆所推服者一人爲司正)여러 사람이 추앙하고 복종케 할 사람을 택하여 사정을 삼는다. ○악정일인(樂正一人)악정 한 사람. ○거치삼인(擧觶三人)거치 세 사람. ○천조사인(薦俎四人) 혹별유천포사인(或別有薦脯四人)도마(적틀) 네 사람 혹은 따로 천포 네 사람을 두기도 한다. ○집존일인(執尊一人)집준 한 사람 ○송시육인(誦詩六人)송시 여섯 사람 ○독률일인(讀律一人)독률 한 사람. ○독훈사일인(讀訓辭一人)독훈사 한 사람. ○독약사인(讀約四人)독약 네 사람 ○찬인삼인(贊引三人)찬인 세 사람.

◆설석(設席)

○내설석(乃設席) 이제 자리를 설치한다. ○빈석유전남향(賓席牖前南向)빈의 자리는 창문 앞 남향이다. ○주인석조계상서향(主人席阼階上西向) 동영북소동(東楹北少東)주인의 자리는 동쪽 계단 위 서향이다. 동쪽 기동의 북쪽에서 약간 동쪽이다. ○介석서계상동향(席西階上東向) 서영북소서(西楹北少西)계의 자리는 서쪽 계단 위 동향이다. 서쪽 기동의 북쪽에서 약간 서쪽이다. ○선석존동남향(僎席尊東南向) 시빈석제열(視賓席齊列)준의 자리는 술항아리의 동남향이다. 빈의 자리가 가지런히 보이는 곳이다. ○삼빈석빈석지서소북남향동상(三賓席賓席之西少北南向東上)삼빈의 자리는 빈의 서쪽에서 약간 북쪽 남향으로 동 쪽이 위이다. ○중빈석서서동향북상(衆賓席西序東向北上)이빈현능지예언지삼빈장지하차삼인당상위기여당하위이정치위지예언지육십이상좌당상위오십이하입당하위(以賓賢能之禮言之三賓長之下次三人堂上位其餘堂下位以正齒位之禮言之六十以上坐堂上位五十以下立堂下位)중빈의 자리는 서서에서 동향으로 북쪽이 위이다. 현능한 이를 빈으로 삼는다는 예로 말하자면 삼빈장의 아래 세 사람은 당장위이고 그 나머지는 당하위이다. 나이 차례를 바로 잡는다는 예로 말하자면 육십 이상은 당상위에 앉고 오십 이하는 당 하위에 선다. ○도집례석우동영서(都執禮席于東楹西)도집례의 자리는 동쪽기동의 서쪽이다. ○찬례석우양계간(贊禮席于兩階間)찬례의 자리는 양계단 사이다. ○악정석서영동(樂正席西楹東)악정의 자리는 서쪽기동의 동쪽이다. ○사정석계남중정(司正席階南中庭)사정의 자리는 계단의 남쪽 뜰가운데이다. ○거치이하제집사석조계남서향북상(擧觶以下諸執事席阼階南西向北上)거치 이하 제집사의 자리는 동쪽 계단남쪽에서 서향이다. 북쪽이 위이다. ○중빈입자석서계남동향북상(衆賓立者席西階南東向北上)중빈은 서쪽 계단의남쪽에서 동향으로 선다. 북쪽이 위이다. ○옥세자세동서북향(沃洗者洗東西北向) 옥세자의 자

리는 세의 동쪽에서 서북향이다.

◆진기(陳器)

○존양호우유남(尊兩壺于牖南) 방호간(房戶間) 상유멱하유금(上有冪下有禁) 서존빈짐동존주인짐(西尊賓斟東尊主人斟)두 항아리의 술을 창문 남쪽에 둔다. 방과 방 사이에. 위에는 멱이있고 아래에는 금이 있다. 서쪽 항아리는 빈이 붓 고 동쪽항아리는 주인이 붓는다. ○현주재존서(玄酒在尊西)현주는 항아리의 서쪽에 둔다. ○설비우금남(設篚于禁南) 동사(東肆) 작삼(爵三) 일헌빈개급중빈일헌선일헌(一獻賓介及衆賓一獻僎一獻) 이삼빈급선유삼인칙병용삼작(二三賓及僎有三人則竝用三爵) 치일(觶一) 빈주상수(賓主相酬) 세건사(帨巾四) 빈주선개각일(賓主僎介各一)대광주리는 금의 남쪽에둔다. 동상으로 베푼다. 잔은 셋이다. 하나는 빈과 계 및 중빈에게 드리고 하나는 준에게 드리고 하나는 공과 삼빈에게 드리는데 준이 세 사람이면 삼작을 함께 쓴다. 치는 하나이다. 빈과 주인이 서로 주고 받는다. 수건은 넷이다. 빈 주 준 계 각각 하나이다. ○이작각가우존상(二勺各加于尊上) 빈주용짐주(賓主用斟酒)두 개의 국자를 각각 항아리 위에 얹는다. 빈과 주인이 술 을 따르는데 쓴다. ○탁사일동서단빈수주인시주인존작우차장이헌개일서영하개수주인시주인존작우차일조계남일양영간사정양치시존우차독훈사(卓四一東序端賓酬主人時主人尊爵于此將以獻介一西楹下介酬主人時主人尊爵于此一阼階南一兩楹間司正揚觶時尊于此讀訓辭)탁자는 넷이다. 하나는 동서의 끝에 있는데 빈이 주인에게 술을 따를 때 주인이 술잔을 여기에 놓고 이것을 장차 계에게 드린다. 하나는 서쪽 기둥 아래에 있는데 계가 주인에게 술을 따를 때 주인이 술잔을 여기에 놓는다. 하나는 동쪽　계단 남쪽에 하나는 두 기둥 사이에 있는데 사정이 잔을 받들 때 잔을 여기에 놓고 훈사를 읽는다. ○설세우조계동남(設洗于阼階東南) 작세소(爵洗所) 수재세동(水在洗東) 관세위(盥洗位) 남북이당심동서당동영(南北以堂深東西當東榮)세는 동쪽계단 동남에 설치한다. 잔을 씻는 곳이다. 물은 세의 동쪽에 있다. 손을 씻는 곳이다. 남북은 당이 깊으므로　동서로는 동영에 해당한다. ○비재세서(篚在洗西) 남사(南肆) 치사(觶四) 일일인거치일사정거치이이인거치(一一人擧觶一司正擧觶二二人擧觶)광주리는 세의 서쪽에 있다. 남으로 베풀어 놓는다. 치는 넷이다. 하나는 한 사람이 거치하고 하나는 사정이 거치하고 둘은 두 사람이 거치한다. 수건은 둘이다. 빈 주 하나씩이다. ○경당하양계간축류(磬堂下兩階間縮霤) 북향고지(北向鼓之)경은 당 아래 낙수받이(물길도랑)바로 앞이다. 북향하여 연주한다. ○고조계서(鼓阼階西) 남향고지(南向鼓之)북은 동쪽 계단의 서쪽이다. 남향하여 연주한다. ○설비우경남(設錍于磬南) 삼분정일재북(三分庭一在北)비를 경의 남쪽에 설치한다. 뜰의 삼분의 일중에 북쪽이다.

◆구찬(具饌)

○구생팽구우당동북(狗牲烹狗于堂東北)개를 잡아 당의 동북에서 삶는다. ○천포혜장우동방(薦脯醢藏于東房)포오직직장척이촌좌구우말우반직횡우기상장제(脯五臠臠長尺二寸左胊右末又半臠橫于其上將祭)천은 포와 혜를 동쪽 방에 갈무리한다. 다섯 직을 포로 만든다. 직은 길이 한자 두치로 하고 왼쪽을 포 뜨고 오른 쪽을끝으로 한다. 또 반직은 위에 가로 놓아서 장차 제사하게 한다. ○절조유동벽승서계(折俎由東壁升西階)절조는 서계로 올라서 동쪽 벽 밑에 진설한다. ○빈조척협견폐(賓俎脊脅肩肺)빈의 조는 등뼈와 갈빗대와 어깨와 허파이다. ○주인조척협비폐(主人俎脊脅臂肺)주인의 조는 등뼈 와 갈빗대와 앞다리와 허파이다. ○개조척협각폐(介俎脊脅胳肺)계의 조는 등뼈와 갈빗대와 목뼈와 허파이다. ○선조노폐선이인칙(僎俎臑肺僎二人則) 일조순

폐(一俎肵肺)준의 조는 앞다리와 폐이다. 준이 두 사람이면 광대뼈와 허파이다.

◆입반(立班)

○시일질명주인차동랑제집사종지(是日質明主人次東廊諸執事從之)이날 새벽에 주인은 동쪽 회랑에 나오고 여러 집사들이 이에 따른다. ○빈개차문외우중빈개종(賓介次門外右衆賓皆從)빈과 계가 대문밖 오른쪽에 나오고 중빈이 모두 이에 따른다. ○도집례찬례선입취위(都執禮贊禮先入就位)도집례입동영서찬례입양계간악정입서영동(都執禮立東楹西贊禮立兩階間樂正立西楹東)도집례와 찬례가 먼저 들어가 자리에 나아간다. 도집례 는 동영의 서쪽에 서고 찬례는 두 계단 사이에 서고 악정은 서영의 동쪽에 선다.　○선거차부출(僎居次不出)준은 따라나오지 않는다.

一. 영빈(迎賓) ※여기부터 홀기를 읽는다.

○주인영빈(主人迎賓)주인이 빈을 맞이한다. ○찬인진주인지좌왈청영빈(贊引進主人之左曰請迎賓)주인과 찬인은 조계하에 서서 주인의 하인은 '청영빈'하십시오 ○내도주인출문지좌서향입(乃導主人出門之左西向立)이어 주인을 인도하여 대문의 왼쪽으로 나가 서쪽을 향하여 선다. ○주인재배빈(主人再拜賓)주인은 빈에게 두 번 절한다. ○빈답재배(賓答再拜)빈은 답하여 두 번 절한다. ○주인재배개(主人再拜介)주인은 계에게 두 번 절한다. ○개답재배(介答再拜)계는 답하여 두 번 절한다. ○주인읍삼빈(主人揖三賓)주인은 삼빈에게 읍한다. ○삼빈보읍(三賓報揖)삼빈은 답읍하다. ○주인읍빈입(主人揖賓入)주인은 빈에게 들어갈 것을 청하는 읍을 하십시오. ○빈답읍입(賓答揖入)빈은 답하여 들어갈 것을 답읍한다. ○주인찬인도주인선입문우서향입북상(主人贊引導主人先入門右西向立北上)주인의 찬인은 주인을 인도하여 먼저 문의 오른쪽으로 들어가 서향하여 선다. 북쪽이 위이다. ○빈찬인도빈입빈염개개염삼빈입문좌동향북상(賓贊引導賓入賓厭介介厭三賓入門左東向北上) 여문외삼서(如門外三序)빈의 찬인은 빈을 인도하여 들어간다. 빈은 계에게 사양하고 계는 삼빈에게 사양하며 삼빈은 문의 왼쪽으로 들어가 동향하여 선다.북쪽을 위로한다. 문밖에서의 셋의 차례와 같다. ○주인당류읍(主人當霤揖)주인은 류에 이르면 읍한다. ○빈답읍(賓答揖)빈은 읍으로 답한다. ○당진우읍(當陳又揖)진에 이르면 또 읍한다. ○빈답읍(賓答揖)빈은 읍으로 답한다. ○당비우읍(當碑又揖)비에 이르면 또 읍한다. ○빈답읍수지계(賓答揖遂至階)빈은 답하여 읍하면서 마침내 계단에 이른다. ○주인조계하서향입(主人阼階下西向立)주인은 동쪽 계단 아래서 서쪽을 향해 선다.○빈개서계하동향입(賓介西階下東向立) 여문외위(如門外位)빈과 계는 서쪽 계단 아래에서 동향 하여 선다. 문 밖 자리와 같다.

◆삼양(三讓) (마주보고)

세 번 사양한다. (※삼양의 내용은 主人이 賓에게 "請先升"(청컨대 먼저 오르십시오) 하면 賓이 辭讓하여 "某不敢"(모는 감히 하지 못 하겠습니다)한다. 主人이 再次 사양하여 "敢固以請"(감히 굳이 청합니다)한다. 賓이 또 사양하여 "某不敢聞命"(모 는 감히 命을듣지 못 하겠습니다)한다. 主人이 세 번 사양하여 "願勿固辭"(원컨대 고사하지 마소서)하면 賓이 마지막으로 사양하여 "某終不敢聞命"(모는 마침내 감히 명을 듣지 못하겠습니다)라　한다.

○주인선승(主人先升)주인이 먼저 올라간다.※다른 홀기에는 이때 '오른발을 먼저한다'고 되어있다. ○빈후승(賓後升)빈은 뒤에 올라간다. ※다른 홀기에는 이때 ·오른발을 먼저한다'고 되어있다.○개여중빈취당하위동면북상서립(介與衆賓就堂下位東面北上

序立)계와 중빈은 당 아래 자리에 나아가 동면하여 북쪽을 위쪽으로 하여 차례대로 선다. ○주인조계상당미북향재배(主人阼階上當楣北向再拜)주인은 동쪽 계단 위에서 문미에 이르면 북쪽을 향하여 두 번 절한다. ○빈서계상당미북향답재배(賓西階上當楣北向答再拜)빈은 서쪽 계단 위에서 문미에 이르면 북쪽을 향하여 답하여 두 번 절한다.

二. 헌빈(獻賓)

○주인헌빈(主人獻賓)주인이 빈에게 잔을 드린다. ○찬인인주인예존소취작강세(贊引引主人詣尊所取爵降洗)찬인이 주인을 인도하여 준소에 나아가 잔을 가지고 세가 있는 곳으로 내려간다. ○빈찬인인빈강립서계하(賓贊引引賓降立西階下)빈의 찬인이 빈을 인도하여 서쪽 계단 아래 내려와 선다. ○주인왈감사(主人曰敢辭)주인이 감히 사양한다고 말한다. ○賓對曰不敢(빈대왈불감)빈이 감히 하지 못 하겠다고 말한다. ○주인적세(主人適洗) 음선(音饍)주인이 세에 간다. ○남향존작우비하(南向尊爵于篚下)남향하여 잔을 광주리 아래에 놓는다. ○관수(盥手)손을 씻는다. (이 때 집사사자가 세건을 드린다) ○세작(洗爵)잔을 씻는다. ○옥세자서북향졸세(沃洗者西北向卒洗)옥세는 서쪽을 향하여 다 쓴 물을 버리시오. ○주인여빈읍양승(主人與賓揖讓升)주인과 빈이 읍하고 사양하며 올라간다.○빈서계상북향배세(賓西階上北向拜洗)빈이 서쪽 계단 위에서 북향하여 절하고 씻는다. ○주인좌존작조계상북향답배(主人坐尊爵阼階上北向答拜)주인이 앉아서 잔을 놓고 동쪽 계단 위에서 북향하여 답배한다. ○빈서계상의립(賓西階上疑立)빈이 서쪽 계단 위에 조심스럽게 선다. ○주인찬인인주인예존소(主人贊引引主人詣尊所)주인의 찬인이 주인을 인도하여 준소에 나아간다. ○집사자거멱(執事者擧冪)집사는 술항아리 덮개를 벗긴다. ○主人實爵就賓席前西北向獻賓(人實爵就賓席前西北向獻賓)주인이 잔을 채워 빈의 자리에 나아가 서북향 하여 잔을 들고 있으시오. ○빈서계상배(賓西階上拜)빈이 서쪽 계단 위에서 절한다. ○주인소퇴(主人少退)주인이 조금 물러선다. ○빈진수작부서계상위(賓進受爵復西階上位)빈은 나아가 잔을 받아 다시 서쪽 계단위로 돌아온다.○주인조계상배송(主人阼階上拜送)주인은 동쪽 계단위에서 절하여 보낸다. ○빈소퇴(賓少退)빈은 조금 물러선다. ○집사자(執事者) 칙천조자(則薦俎者) 천포혜우빈석전(薦脯醢于賓席前) 출자동방(出自東房)집사자 (즉천조)는 포와 혜를 빈의 자리 앞에 드린다. 동쪽 방에서 나온다. ○빈승석자서방집사자설절조우천남(賓升席自西方執事者設折俎于薦南)빈은 자리에 올라가 서쪽으로 앉는다. 집사자 천의 남쪽에 절조를 설치한다. ○주인조계동의립(主人阼階東疑立)주인은 동쪽 계단의 동쪽에 조심스럽게 선다. ○빈좌좌집작우제포혜(賓坐左執爵右祭脯醢)빈은 앉아서 왼손에 잔을 잡고 오른손으로 포와 혜를 제한다. ○전작우천서(奠爵于薦西)천의 서쪽에서 잔을 올린다. ○우수천폐좌수집본(右手薦肺左手執本)오른손으로는 폐를 올리고 왼손으로는 몸통을 잡는다. ○우절말이제좌수제지가우조(右絶末以祭左手嚌之加于俎)오른손으로 끝을 끊어서 제하고 왼손으로 이를 약간 맛보고 조에 얹는다. ○세음세수수제주(挩音洗手遂祭酒)집사자는 수건을 준비 손을 닦고 곧 술을 제한다. ○흥석말좌쵀주(興席末坐啐酒)일어나 끝자리에 앉아 술을 맛본다. ○강석좌전작배고지(降席坐奠爵拜告旨)내려와 자리에 앉아 잔을 놓고 절하며 술맛이 아주좋습니다 라고 말한다. ○집작흥(執爵興)잔을 들고 일어난다. ○주인조계상답배(主人阼階上答拜)주인은 동쪽 계단위에서 답하여 절한다. ○빈서계상북향좌졸작흥(賓西階上北向坐卒爵興)빈은 서쪽 계단 위에서 북향하고 앉아 잔을 다 마시고 일어선다. ○좌전작수배(坐奠爵遂拜)앉아서 자을 올리고 이어 절한다. ○주인조계상답배(主人阼階上答拜)주인은 동쪽 계단 위에서 답하여 절한다.

三. 빈초주인(賓酢主人)

○빈초주인(賓酢主人)빈이 주인에게 술을 드린다. ○빈찬인진빈지좌왈청초주인(賓贊引進賓之左曰請酢主人)빈의 찬인이 빈의 왼쪽에 나아가 "청작주인"이라 한다. ○인빈취작강세(引賓取爵降洗)빈을 인도하여 잔을 가지고 세에 내려간다. ○주인찬인인주인강립조계하(主人贊引引主人降立阼階下)주인의 찬인이 주인을 인도하여 동쪽 계단 아래에 내려와 선다. ○빈왈감사(賓曰敢辭)빈이 "감사" ※ 敢辭-'감히 사양합니다'라고 말한다. ○주인대왈부감(主人對曰不敢)주인이 대답하여 "불감" ※不敢-'감히 할 수 없습니다.'라고 말한다. ○빈적세(賓適洗)빈이 세에 간다. ○북향전작우비(北向奠爵于篚)북향하여 광주리에 잔을 놓는다.○관수(盥水)손을 씻는다. ○세작(洗爵)잔을 씻는다. ○옥세자졸세(沃洗者卒洗)옥세는 다 쓴 물을 동이에 버리시오. ○이주인읍양승(以主人揖讓升)주인에게 읍하여 오르기를 양보한다. ○주인조계상북향배(主人阼階上北向拜)주인은 동쪽 계단 위에서 북향하여 절한다. ○빈서계상북향답배(賓西階上北向答拜)빈은 서쪽 계단 위에서 북향하여 답배한다.○주인조계상의립(主人阼階上疑立)주인은 동쪽 계단 위에 조심스럽게 선다. ○빈찬인인빈예존소(賓贊引引賓詣尊所)빈의 찬인이 빈을 인도하여 준소에 나아간다. ○집사자거멱(執事者擧冪)집사자가 멱을 벗긴다. ○빈실작취주인석전동남향초주인(賓實爵就主人席前東南向酢主人)빈은 잔을 채워 주인 자리로 나아가 동남향하여 잔을 들고 서 있으시오. ○주인조계상북향배(主人阼階上北向拜)주인은 동쪽 계단 위에서 북향하여 절한다. ○빈소퇴(賓少退)빈은 조금 물러선다. ○주인진수작부위(主人進受爵復位)주인은 나아가 잔을 받고 자리에 돌아온다. ○빈서계상배송(賓西階上拜送)빈은 서쪽 계단 위에서 절하여 보낸다. ○주인소퇴(主人少退)주인은 조금 물러선다. ○집사자천포혜우주인석전(執事者薦脯醢于主人席前)집사자가 포와 혜를 주인의 자리앞에 올린다. ○주인승석자북방(主人升席自北方)주인은 북쪽으로부터 자리에 오른다. ○집사자설절조우천서(執事者設折俎于薦西)집사자가 절조를 천의 서쪽에 설치한다. ○빈서계상의립(賓西階上疑立)빈은 서쪽 계단 위에 조심스럽게 선다. ○주인좌좌집작우제포혜(主人坐左執爵右祭脯醢)주인은앉아서 왼손으로 잔을 잡고 오른손으로 포와 혜를 제한다. ○전작우천우(奠爵于薦右)잔을 천의 오른쪽에 올린다. ○우수취폐좌수집본(右手取肺左手執本)오른손으로 폐를 잡고 왼손으로 몸통을 잡는다. ○우절말이제좌수제지가우조(右絶末以祭左手嚌之加于俎)오른손으로 끝을 끊어서 제하고 왼손으로 이를 약간 맛보고 조에 얹는다. ○세수수제주(挩水遂祭酒)손을 씻고 이어서 술을 제한다. ○흥석말좌쵀주(興席末坐啐酒) 일어나 끝자리에 앉아 술을 맛본다. ○자석전적조계상북향좌졸작(自席前適阼階上北向坐卒爵)자리 앞으로부터 동쪽 계단 위로 가 북향하여 앉아서 술을 다 마신다. ○흥수작수배(興授爵遂拜)일어나 잔을 주고 이어서 절한다. ○빈서계상답배(賓西階上答拜)빈은 서쪽 계단 위에서 답배한다. ○주인전작우동서단부조계(主人奠爵于東序端復阼階)주인은 동서의 끝에 잔을 올리고 동쪽 계단으로 돌아 온다. ※수빈(酬賓) 주인헌개(主人獻介) 개작주인(介爵主人) 주인헌중빈(主人獻衆賓) 일인거치(一人擧觶) 주인영선(主人迎僎) 헌선(獻僎) 선작주인(僎爵主人)은 헌빈(獻賓) 및 빈작주인(賓爵主人)의 절차와 같으므로 시간관계상(時間關係上) 생략(省略)합니다.

四. 수빈(酬賓)

○주인수빈(主人酬賓)주인이 빈에게 술을 거듭 권한다. ○찬인진주인지좌왈청수빈(贊人進主人之左曰請酬賓)찬인이 주인의 왼쪽에 나아가 "청수빈"이라 한다. ○인주인예존소취치강세(引主人詣尊所取觶降洗) 당상비치(堂上篚觶)주인을 인도하여

준소에 나아가 치를 가지고 세에 내려 간다. 당상의 광주리에 있는 치이다. ○빈찬인인빈강(賓贊引引賓降)빈의 찬인이 빈을 인도하여 내려온다. ○주인왈감사(主人曰敢辭)주인이 "감사" ※'감히 사양합니다.' 라고 말한다. ○빈대왈부감(賓對曰不敢)빈이 대답하기를 "불감" ※'감히 할 수 없습니다.' 이라 한다. ○주인적세(主人適洗)주인이 세에 간다. ○옥세자졸세(沃洗者卒洗)옥세가 씻기를 마친다. ○주인이빈읍양승(主人以賓揖讓升)주인이 빈에게 읍하며 사양하다가 오른다. ○빈서계상의립(賓西階上疑立)빈은 서쪽 계단 위에 조심스럽게 선다. ○찬인인주인실치부조계상북면배(贊引引主人實觶復阼階上北面拜)찬인은 주인을 인도하여 치를 채워 동쪽 계단 위로 돌아와 북쪽을 향해 절한다. ○빈서계상답배(賓西階上答拜)빈은 서쪽 계단 위에서 답배한다. ○주인좌제수음졸치(主人坐祭遂飲卒觶) 선자차(先自次) 흥(興)주인은 앉아서 제하고 이어서 치를 다 비운다. 먼저 차례대로 한다. 일어선다. ○좌전치배(坐奠觶拜)앉아서 치를 올려놓고 절한다. ○빈서계상답배(賓西階上答拜)빈은 서쪽 계단 위에서 답배한다. ○찬인인주인강세(贊引引主人降洗)찬인은 주인을 인도하여 세에 내려온다. ○빈찬인인빈강(賓贊引引賓降)찬인이 빈을 인도하여 내려온다. ○주인왈감사(主人曰敢辭)주인이 "감사" ※감히 사양합니다 라고 말한다. ○빈왈불감(賓曰不敢)빈이 "불감" ※감히 할 수 없습니다.라고 말한다.○주인적세(主人適洗)주인이 세에 간다. ○옥세자졸세(沃洗者卒洗)옥세는 물 붓기를 마친다. ○읍양승(揖讓升) 빈부배세(賓不拜洗)읍을 하고 올라가기를 양보한다. 빈은 절하지 않고 씻는다.○빈서계상의립(賓西階上疑立)빈은 서쪽 계단 위에 조심스럽게 선다. ○찬인인주인실치예빈석전북향(贊引引主人實觶詣賓席前北向)찬인이 주인을 인도하여 치를 채워 빈의 자리 앞에 나아 가 북향한다. ○빈서계상배(賓西階上拜)빈은 서쪽 계단 위에서 절한다. ○주인소퇴(主人少退)주인은 조금 물러선다. ○빈졸배주인진좌전치우천서(賓卒拜主人進坐奠觶于薦西)빈이 절하기를 마치면 주인은 나아가 앉아 천의 서쪽에 치를 올린다. ○빈좌취치부위서계상(賓坐取觶復位西階上)빈이 앉아서 치를 가지고 서쪽 계단 위 자리로 돌아간다. ○주인조계상북향배송(主人阼階上北向拜送)주인이 동쪽 계단 위에서 북향하여 절하고 보낸다. ○빈북향좌전치우천동부위(賓北向坐奠觶于薦東復位)빈은 북향하여 앉아서 치를 천의 동쪽에 올리고 자리로 돌아간다. ○주인읍강(主人揖降)주인이 읍하고 내려간다. ○빈강립우서계당서동향(賓降立于西階當序東向)빈은 서쪽 계단으로 내려가서 서에 이르러 동향으로 선다.

五. 주인헌개(主人獻介)

○주인헌개(主人獻介)주인이 계에게 술을 드린다. ○찬인진주인지좌왈청헌개(贊引進主人之左曰請獻介)찬인이 주인의 왼쪽에 나아가 "청헌계" (계에게 술을 드리십시오)라고 말한다. ○주인이개읍양승조계상당미북향재배(主人以介揖讓升阼階上當楣北向再拜)주인이 계에게 읍하고 사양하며 동쪽 계단 위로 올라가 미에 이르면 북향하여 재배한다. ○개서계상북향답재배(介西階上北向答再拜)계는 서쪽 계단 위에서 북향하여 답 재배한다. ○찬인인주인취작우동서단(贊引引主人取爵于東序端)빈수주인시주인전작우차(賓酬主人時主人奠爵于此) 강(降)찬인이 주인을인도하여 동서의 끝에서 잔을 취하여 내려온다. 빈이 주인에게 술을 권했을 때 주인이 잔을 여기 놓았다. ○개강(介降)계가 내려온다. ○주인왈감사(主人曰敢辭)주인이 "감사" ※ '감히 사양합니다.'라고 말한다. ○개대왈부감(介對曰不敢)계는 "불감" ※ '감히 하지 못하겠습니다.'라고 말한다.○찬인인주인적세(贊引引主人適洗)찬인은 주인을 인도하여 세에 간다. ○옥세자졸세(沃洗者卒洗)옥세는 물 붓기를 마친다. ○이개읍양승(以介

揖讓升) 개부배세(介不拜洗)계에게 읍하며 올라가기를 사양한다. 계는 절하지 않고 씻는다○**개서계상의립(介西階上疑立)**계는 서쪽 계단 위에 조심스럽게 선다. ○**찬인 인주인실작취개석전서남향헌개(贊引引主人實爵就介席前西南向獻介)**찬인이 주인을 인도하여 잔을 채워 계의 자리 앞 서쪽에 나아가 남향하여 계에게 드린다. ○**개서 계상북향배(介西階上北向拜)**계는 서쪽계단 위에서 북향하여 절한다. ○**주인소퇴(主人少退)**주인은 조금 물러 선다. ○**개진북향수작부위(介進北向受爵復位)**계는 나아가 북향하여 잔을 받아 자리에 돌아온다. ○**주인취서계상개우북향배(主人就西階上介于北向拜)**주인은 서쪽 계단 위로 나아가 계의 오른쪽에서 북향하여 절한다. ○**개소퇴(介少退)**계는 조금 물러 선다. ○**주인입우서계동(主人立于西階東)**주인은 서쪽 계단 동쪽에 선다. ○**집사자천포혜(執事者薦脯醢)**집사가 포와 혜를 올린다. ○**개승석자북방(介升席自北方)**계는 북쪽으로부터 자리에 올라간다. ○**집사자설절조(執事者設折俎)**집사자는 절조를 설치한다.○**개좌좌집작우제포혜(介坐左執爵右祭脯醢)**계는 앉아서 왼손으로 잔을 잡고 오른손으로 포와 혜를 제한다. ○**우수취폐좌수집본우절말이제(右手取肺左手執本右絶末以祭) 불제폐(不嚌肺)**오른손으로 폐를 잡고 왼손으로 몸통을 잡는다. 오른쪽 끝을 잘라 제한다. 폐를 맛보지 않는다. ○**제주(祭酒) 부쵀주부고지(不啐酒不告旨)**술을 제한다. 술맛을 보지 않는다. 맛있다고 말하지 않는다. ○**강석 자남방(降席自南方)**자리에서 남쪽으로 내려간다. ○**취서계상북향좌졸작(就西階上北向坐卒爵)**서쪽 계단 위에 나아가 북향으로 앉아 잔을 다 마신다. ○**흥수작배(興授爵拜)**일어나 잔을 주고 절한다. ○**주인개우답배(主人介右答拜)**주인은 계의 오른쪽에서 답한다.

六. 개초주인(介酢主人)

○**개초주인(介酢主人)**계가 주인에게 잔을 드린다. ○**찬인진개지좌왈청초주인(贊引 進介之左曰請酢主人)**찬인이 계의 왼쪽에 나아가 "청작주인"리라 한다. ○**인개취작강 세(引介取爵降洗)**계를 인도하여 잔을 가지고 세에 내려간다. ○**주인부조계강(主人復 阼階降)**주인은 동쪽 계단에 돌아왔다가 내려간다. ○**개왈감사(介曰敢辭)**계가 "감사" (감히 사양합니다.)라고 말한다. ○**주인왈부감(主人曰不敢)**주인이 "불감"(감히 하지못하 겠습니다.) 이라 말한다. ○**개적세동북향(介適洗東北向)**계가 세의 동쪽으로 가서 북향한다. ○**옥세자졸세(沃洗者卒洗)**옥세가 물 붓기를 마친다 ○**주인관(主人盥)**주 인이 씻는다. ○**개이주인읍양승(介以主人揖讓升)**계는 주인에게 읍하고 올라가기를 사양한다. (함께오른다.) ○**개수주인작우양영지간(介授主人爵于兩楹之間)**계가 주인 에게 두 기둥의 사이에서 잔을 드린다. ○**개서계상의립(介西階上疑立)**계는 서쪽 계단 위에 조심스럽게 선다. ○**주인찬인인주인실작(主人贊引引主人實爵) 초우서계상 개우(酢于西階上介右) 좌전작배(坐奠爵拜)**주인의 찬인은 주인을 인도하여 잔을 채워 서쪽 계단 위 오른쪽에서 잔을 주고 앉아서 절한다.○**주인좌제음졸주(主人坐祭飮卒酒)** 주인이 앉아서 제하고 잔을 다 마신다. ○**좌전작배(坐奠爵拜)**앉아서 잔을 올리고 절한다. ○**집작흥(執爵興)**잔을 잡고 일어선다. ○**개답배(介答拜)**개가 답배한다. ○**주인좌전 작우서영남(主人坐奠爵于西楹南) 이장헌중빈(以將獻眾賓)**주인이 앉아서 서쪽 기둥의 남쪽에 잔을 올린다. 장차중빈에게 드리려는 것이다. ○**부조계읍강(復阼階揖降)** 동쪽 계단으로 돌아와 읍하고 내려간다. ○**개강립우빈남(介降立于賓南)**계는 빈의 남 쪽에 내려가 선다.

七. 주인헌중빈(主人獻眾賓)

○주인헌중빈(主人獻衆賓)주인이 중빈에게 술을 드린다. ○찬인진주인지좌왈청헌중빈(贊引進主人之左曰請獻衆賓)찬인은 주인의 왼쪽에 나아가 "청헌중빈"이라 한다. ○주인조계하서남향삼배중빈(主人阼階下西南向三拜衆賓)주인이 동쪽 계단 아래 내려와서 서남향하여 중빈에게 세 번 절한다. ○중빈개답일배(衆賓皆答一拜)중빈이 모두 한 번씩답배한다. ○주인읍(主人揖)주인이 읍한다. ○빈장삼인승(賓長三人升)빈장 세 사람이 올라간다. ○찬인인주인취작우서영하부조계강세(贊引引主人取爵于西楹下復阼階降洗)찬인이 주인을 인도하여 서쪽 기둥 아래에서 잔을 취하여 동쪽 계단으로 돌아와 세에 내려간다. ○빈장일인강(賓長一人降)빈장 한 사람이 내려간다. ○주인왈감사(主人曰敢辭)주인이 "감사"(감히 사양합니다.) 라고 한다. ○빈장왈부감(賓長曰不敢)빈장이 "불감"(감히 하지못하겠습니다.) 라고 한다. ○주인적세(主人適洗)주인이 세에 나아간다.○옥세자졸세(沃洗者卒洗)옥세가 물 붓기를 마친다. ○승실작(升實爵)올라와 잔을 채운다. ○취서계상헌중빈일작주인봉이작집사봉수(就西階上獻衆賓一爵主人奉二爵執事奉隨)서쪽 계단에 나아가 중빈에게 드린다. 잔 하나는 주인이 받들고 잔 둘은 집사가 받들고 따른다. ○빈장삼인승배수(賓長三人升拜受) 주인이차전작(主人以次傳爵)빈장 세 사람이 올라가서 절하고 받는다. 주인은 차례대로 잔을 전한다. ○주인빈우배송(主人賓右拜送) 여헌개(如獻介)주인이 빈의 오른쪽에서 절하고 보낸다. 계에게 드릴 때와 같다. ○집사자각천포혜(執事者各薦脯醢)집사가 각각 포와 혜를 드린다. ○빈장승석좌제입음(賓長升席坐祭立飮) 부배졸작(不拜卒爵)빈장이 자리에 올라 앉아서 제하고 서서 마신다. 절하 않고 모두 마신다. ○수주인작(授主人爵) 주인이차전작집사수(主人二次傳爵執事受)주인에게 잔을 준다. 주인은 차례대로 잔을 집사에게 전해 주고 집사는 받는다. ○강부위(降復位) 개남(介南)제자리로 내려간다. 계의 남쪽이다. ○주인부강세실작취서계상헌차빈(主人不降洗實爵就西階上獻次賓)주인은 세에 내려가지 않고 잔을 채워 서쪽 계단 위로 나아가 차빈에게 드린다.○차빈삼인승부배수작좌제입음(次賓三人升不拜受爵坐祭立飮)차빈 세 사람이 올라와 절하지 않고 잔을 받고 앉아 제하고 서서 마신다. ○집사각천포혜(執事各薦脯醢)집사가 각각 포와 혜를 드린다. ○수주인작(授主人爵)주인에게 잔을 준다. ○개강부위(皆降復位)모두 내려와 제자리에 돌아간다. ○주인부강세실작취서계상헌당하중빈(主人不降洗實爵就西階上獻堂下衆賓)주인은 세에 내려가기지 않고 잔을채워 서쪽계단 위로 나아가 당 아래의 중빈에게 드린다. ○중빈매삼인승수작좌제입음(衆賓每三人升受爵坐祭立飮)중빈은 매번 세 사람씩 올라와 잔을 받고 앉아 제하고 서서 마신다. ○수주인작(授主人爵)주인에게 잔을 준다. ○개강부위(皆降復位)모두 내려가 제자리에 간다. ○집사취천포혜우당하위(執事就薦脯醢于堂下位)집사가 나아가 당 아래의 자리에서 포와 혜를 드린다. ○주인이작강전우비(主人以爵降奠于篚)집사이이이작수(執事以二爵隨)주인이 잔을 가지고 내려가 광주리에 놓는다. 집사는 두 잔을 가지고 따른다.

八. 일인거치위여수시(一人擧觶爲旅酬始)

○주인향빈읍양승(主人向賓揖讓升)주인이 빈을 향해 읍하고 사양하다가 올라간다. ○빈염개개염(賓厭介介厭) 음엽(音葉) 중빈중빈서승(衆賓衆賓序升)빈은 계에게 사양하고 계는 중빈에게 사양하고 중빈은 차례대로 올라간다. 厭의 음은 엽이다. ○개즉석좌(皆卽席坐)모두 자리에 나아가 앉는다.○거치일인세승(擧觶一人洗升)거치 한사람이 세에서 올라간다. ○실치(實觶)치를 채운다. ○서계상북향좌전치배(西階上北向坐奠觶拜)서쪽 계단 위에서 북향하여 앉아 치를 놓고 절한다.○집치흥(執觶興)치를 들

고 일어선다. ○**빈석말답배(賓席末答拜)** 석상근서위말이무석상배법(席上近西爲末以無席上拜法) 빈이 자리 끝에서 답배한다. 자리 위에서는 서쪽에 가까운 쪽이 끝이다. 자리 위에서는 절하는 법이 없기 때문이다. ○**거치자좌제입음졸치(擧觶者坐祭立飮卒觶)** 거치자가 앉아 제하고 서서 다 마신다. ○**좌전치배(坐奠觶拜)** 앉아서 치를 놓고 절한다. ○**집치흥(執觶興)** 치를 들고 일어선다. ○**빈답배(賓答拜)** 빈이 답배한다. ○**거치자강세승(擧觶者降洗升)** 거치자가 세에 내려가 잔을 씻고 올라온다. ○**실치립우서계상북향(實觶立于西階上北向)** 치를 채워 서쪽계단 위에 북향하여 선다. ○**빈배(賓拜)** 빈이 절한다. ○**거치자진좌전치우천서(擧觶者進坐奠觶于薦西)** 거치자가 나가 앉아 치를 천의 서쪽에 놓는다. ○**빈좌수이흥(賓坐受以興)** 빈이 앉아서 받고 일어선다. ○**거치자서계상배송(擧觶者西階上拜送)** 거치자가 서쪽 계단 위에서 절하고 보낸다. ○**빈좌전치우기소(賓坐奠觶于其所)** 빈이 앉아서 치를 그 자리에 놓는다. ○**거치자강(擧觶者降)** 거치자가 내려온다.

九. 주인영선(主人迎僎)

○**주인영선(主人迎僎)** 주인이 준을 맞이한다. ○**찬인진주인지좌왈청영선(贊引進主人之左曰請迎僎)** 찬인은 주인의 왼쪽 앞에 나아가 "청 영준"이라 한다. ○**빈찬인인선입문좌립사(賓贊引引僎入門左立俟)** 향사부출문별어빈(鄕射不出門別於賓) 빈의 찬인이 준을 인도하여 문의 왼쪽에 서서 기다린다. ○**주인찬인인주인강(主人贊引引主人降)** 주인의 찬인이 주인을 인도하여 내려온다. ○**빈급중빈개강부계하위(賓及衆賓皆降復階下位)** 빈과 중빈이 모두 계단 아래의 자리에 다시 내려온다. ○**주인영선재배(主人迎僎再拜)** 주인이 준을 맞이하여 재배한다. ○**선답재배(僎答再拜)** 준이 답해여 재배한다. ○**당류읍(當霤揖)** 류에 이르면 읍한다. ○**당진읍(當陳揖)** 진에 이르면 읍한다. ○**당비읍(當碑揖)** 비에 이르면 읍한다. ○**지계읍양승(至階揖讓升)** 계단에 이르면 읍하고 사양하다가 올라간다. ○**(주인선승조계(主人先升阼階)** 내선승서계(乃僎升西階) 주인이 동쪽계단으로 먼저 올라간다. 이에 준이 서쪽계단으로 올라간다. ○**主人조계상당미북향재배(人阼階上當楣北向再拜)** 주인이 동쪽 계단 위에서 미에 이르면 북향하여 재배한다. ○**선서계상당미북향답재배(僎西階上當楣北向答再拜)** 준은 서쪽 계단 위에서 미에 이르면 북향하여 답 재배한다. ○**집사가석(執事加席)** 집사가 자리를 함께한다. ○**준사(僎辭)** 준이 사양한다. ※다른 홀기에는 請去加席(청컨대 자리에 오지 않아도 됩니다.) ○**주인대불거가석(主人對不去加席)** 주인이 가석한 것을 취소하지 않겠다고 한다. ※다른 홀기에는 願勿辭(원컨대 사양하지 마소서)라고 있다.

十. 헌준(獻僎)

○**주인헌준(主人獻僎)** 주인이 준에게 잔을 드린다. ○**찬인인주인예존소취작우비강세(贊引引主人詣尊所取爵于篚降洗)** 찬인은 주인을 인도하여 준소에 나아가 광주리에서 잔을 가지고 세에 내려온다. ○**빈찬인인준강(賓贊引引僎降)** 빈의 찬인이 준을 인도하여 세에 내려온다. ○**주인왈감사(主人曰敢辭)** 주인이 감히 사양한다고 한다. ※다른 홀기에는 某行事不敢煩吾子 '제가 일을 행함에 있어서 불감하게도 손님을 번거롭게 합니다.'라고 되어있다. ○**준왈부감(僎曰不敢)** 준이 감히 하지 못하겠다고 한다. ※ 다른 홀기에는 ○**오자(吾子) 욕유(辱有) 사모말감재당(事某末敢在堂)** 주인계서 일을 베푸시니 모가 감히 당에 있지 못하겠습니다'라고 되어있다. 감사(敢辭)와 불감(不敢)의 뜻이 分明하다. ○**주인적세(主人適洗)** 주인이 세에 내려온다. ※다른 홀기에는 오자모자욕언(吾子母自辱焉) '주인께서는 스스로 수고롭게 하지 마소서'라고하면 주인은 모장행(某將行)

예부감부치결(禮不敢不致潔) '제가 장차 예를 행하려하매 감히 깨끗이 하지 않을 수 없습니다.' 라고 되어있다. ○옥세자졸세(沃洗者卒洗)옥세가 물 붓기를 마친. ※다른 홀기에는 이 때 지사 두사람이 나아가 한 사람은 관을 받들고 한 사람은 관에 물을 붓는다.또 한 사람은 세를 받들고 한 사람은 세에 물을 붓는다. 관에서는 손을 씻고 세에서 잔을 씻는다. 또 집사 한 사람이 수건을 드리면 잔을 닦고 세를 닦는다. 그런데 우리 어른들을 상식이기 때문에 일일이 적지 않았지만 이해를 돕기 위해 몇마디 삽입하였다. ○주인이준읍양승(主人以僎揖讓升)주인이 준에게 읍하고 사양하다가 올라간다. ※읍양의 내용은 앞에 상양(세 번 사양하는 법)을 설명하였다. 여기서도 주인이 먼저 오르고 준도 곧 오른다. ○준서계상북면배(僎西階上北面拜)준이 서쪽 계단 위에서 북면하여 절한다. ○주인조계상수작답배(主人阼階上授爵答拜)주인은 동쪽 계단 위에서 잔을 주고(찬인에게) 답배한다. ○준서계상의립(僎西階上疑立)준은 서쪽 계단 위에 조심스럽게 선다. ○찬인인주인실작(贊引引主人實爵)찬인은 주인을 인도하여 잔을 채운다. ○취준석전동북향헌준(就僎席前東北向獻僎) 집사이작수여헌빈(執事以爵隨如獻賓)준의 자리 앞 동쪽으로 나아가 북향하여 준에게 드린다. 집사는 잔을 가지고 빈에게 드릴 때처럼 따른다. ○준서계상북향배(僎西階上北向拜)준은 서쪽 계단위에서 북향하여 절한다. ○주인소퇴(主人少退)주인은 조금 물러선다. ○준진수작우석전부위(僎進受爵于席前復位)주인(主人)이차진작여헌빈(以次進爵如獻賓)준은 자리 앞으로 나아가 잔을 받고 자리로 돌아온다. 주인은 차례대로 빈에게 드릴 때 처럼 잔을 드린다. ○주인취준우배송(主人就僎右拜送) 동계배여배개례쇄(同階拜如拜介禮殺)주인은 준의 오른쪽에 나아가 절하며 보낸다. 같은 계단에서 절하는 것은 계에게 절하는 예를 줄이는 것이다. ○준소퇴(僎少退)준은 조금 물러선다. ○執사천포혜(事薦脯醢)집사가 포와 혜를 드린다. ○준승석자서방(僎升席自西方)준은 서쪽으로부터 자리에 올라간다. ○집사설절조우천남(執事設折俎于薦南)집사가 천의 남쪽에 절조를 설치한다. ○주인조계상의립(主人阼階上疑立)주인은 동쪽 계단 위에 조심스럽게 선다. ○준좌좌집작우제포혜(僎坐左執爵右祭脯醢)주은 앉아서 왼쪽으로 잔을 잡고 오른쪽으로 포와 혜를 제한다. ○전작우천서(奠爵于薦西)잔을 천의 서쪽에 올린다. ○우수취폐좌수집본우절말이제(右手取肺左手執本右折末以祭) 불제폐(不嚌肺)오른손으로 폐를 잡고 왼손으로 몸통을 잡고 오른쪽 끝을 잘라 제한다. 폐를 맛보지 않는다. ○제주(祭酒) 불쵀주부고지(不啐酒不告旨)술을 제한다. 술의 맛을 보지 않으며 술이 맛있다고 말하지 않는다. ○취서계상좌졸작배(就西階上坐卒爵拜)서쪽 계단 위로 나아가 앉아 술을 다 마시고 절한다. ○주인답배(主人答拜)주인은 답배한다.

十一. 준초주인(僎酢主人)

○준초주인(僎酢主人)준이 주인에게 잔을 드린다.○빈찬인진준지좌왈청초주인(賓贊引進僎之左曰請酢主人)빈의 찬인이 준의 왼쪽으로 나아가 "청작주인" (청컨대 주에인게 잔을 드리소서) 라고 한다. ○인준취작강세(引僎取爵降洗) 병강이준지장자세작(竝降而僎之長者洗爵)준을 인도하여 잔을 가지고 세에 내려간다. 함께 내려가는데 준의 연장자가 잔을 씻는다. ○주인강(主人降)주인이 내려간다. ○준왈감사(僎曰敢辭)준이 "감사"(감히 사양 합니다) 라고 말한다. ○주인왈부감(主人曰不敢)주인이 "불감"(감히 하지 못하겠습니다)이라 말한다. ○준적세(僎適洗)준이 세에 간다. ○沃洗者卒洗(옥세자졸세) 옥세가 물붓기를 마친다. ○준이주인읍양승(僎以主人揖讓升)준이 주인에게 올라가기를 사양한다. ※다른 홀기에는 遂與僎俱升(주인과 준이 각각 동서계로 함께 올라간다)이라고 기록되어 있다. ○주인조계상북향배(主人阼階上北向

拜)주인은 동쪽 계단 위에서 북향하여 절한다. ○준서계상답배(僎西階上答拜)준은 서쪽 계단 위에서 답배한다. ○수주인작우양영간(授主人爵于兩楹間)두 기둥 사이에서 주인에게 잔을 준다. ○준서계상의립(僎西階上疑立)준은 서쪽 계단 위에 조심스럽게 선다. ○찬인인주인실작(贊引引主人實爵)찬인이 주인을 인도하여 잔을 채운다. ○초우서계상준우수작배(酢于西階上僎右授爵拜)서쪽 계단 위 준의 오른쪽에서 잔을 주고 받으며 절한다. ○준병답배(僎竝答拜)준은 함께 답배한다. ○주인좌제졸작배(主人坐祭卒爵拜)주인은 앉아서 제하고 잔을 다 마시고 절한다. ○준병답배(僎竝答拜)준이 함께 절한다. ○주인좌전작우서영남(主人坐奠爵于西楹南)주인은 앉아서 서쪽 기둥의 남쪽(탁자)에 잔을 놓는다. ○부조계읍강(復阼階揖降)다시 동쪽 계단에 내려와 읍하고 내려간다. ○준강립우빈남(僎降立于賓南)준은 빈의 남쪽에 내려와 선다. ○주인이빈개읍양승(主人以賓介揖讓升)주인은 빈과 개에게 읍하고 사양하다가 올라간다. ○준급중빈개승취석좌(僎及衆賓皆升就席坐)준과 중빈은 모두 올라가 자리에 나아가 앉는다.

十二. 악빈(樂賓)

○설석우당렴동상(設席于堂廉東上) 악정공위(樂正工位)자리를 당옆의 동쪽위에 설치한다. 악정공의 자리이다. ○악정승입우서영동(樂正升立于西楹東) 북향(北向)악정은 서쪽 기둥의 동쪽에 올라가 선다. 북향이다. ○송시자서승좌양영간(誦詩者序升坐兩楹間) 북향(北向)시를 외우는 사람은 두 기둥 사이에 차례로 올라가 앉는다. 북향이다. ○악작(樂作)음악이 시작된다. ○송시자가녹명사모황황자화(誦詩者歌鹿鳴四牡皇皇者華)시를 외는 사람은 녹명, 사모, 황황자화를 노래한다. ※옛날 어른들은 누구나 위의 시를 외울 수 있었지만 지금은 사정이 달라져 아는 이가 거의 없기 때문에 여기 세 편 노래의 원문과 풀이를 적는다.

녹명(鹿鳴)사슴이 우네
(군주가 신하들을 향응하는 노래)

一   章)

식야지평(食野之苹)이로다. 들에서 햇쑥을 뜯고 있구나.
유유녹명(呦呦鹿鳴)이여 저기서 우는 것은 사슴의 무리
아유가빈(我有嘉賓)하야 나에게 반가운 손님이 오셨으니
고슬취생(鼓瑟吹笙)호리라. 비파를 치고 생도 불리라
취생고황(吹笙鼓簧)하야 생을 불고 황을 뜯으니
승광시장(承筐是將)호니 바치는 이 폐백을 받아주시고
인지호아(人之好我)아 나의 덕 모자람을 어여삐 여기시어
시아주행(示我周行)이었다. 크나큰 도리를 드리우소서.

二   章

유유녹명(呦呦鹿鳴)이여 저기서 우는 것은 사슴의 무리
식야지호(食野之蒿)로다. 들에서 다부쑥을 뜯고 있구나
아유가빈(我有嘉賓)호니 나에게 좋은 손님이 오셨으니
덕음공소(德音孔昭)하야 자자한 그 덕망 숨길 길 없고
시민불조(視民不恌)이니 백성들 가볍게 아니 하시며
군자시칙시효(君子是則是傚)로다. 군자가 우러어 본받을 어른
아유지주(我有旨酒)하니 나에게 맛있는 술이 있으니

가빈식연이오(嘉賓式燕以敖)로다. 손님에게 잔치 열어 함께 즐기리

三   章

유유녹명(呦呦鹿鳴)이여 저기서 우는 것은 사슴의 무리
식야지금(食野之芩)이로다. 들에서 금풀을 뜯고 있구
아유가빈(我有嘉賓)하야 나에게 좋은 손님이 오셨으니
고슬고금(鼓瑟鼓琴)호니 비파를 치고 검은고도 뜯으리
고슬고금(鼓瑟鼓琴)이여 술과 금을 뜯으니
화락차담(和樂且湛)이로다 오늘이 즐거움 끝이 없어라.
아유지주(我有旨酒)하야 나에게 좋은 술이 있으니
이연락가빈지심(以燕樂嘉賓之心)이로다. 손님의 그 마음 즐겁게 하리.
사모(四牡) 네 마리의 숫말 (외국 사신을 임금이 반기는 노래)

一   章

사모비비(四牡騑騑)하니 숫말 넷이 쉬지 않고 달려가건만
주도왜지(周道倭遲)로다. 주로 가는 길 끝없이 멀기만 하네
기부회귀(豈不懷歸)리오마는 돌아갈 생각이야 왜 없으리만
왕사미고(王事靡鹽)라 나랏일 함부로 할 수 없기에
아심상비(我心傷悲)호라 마음 이리 찔린 듯 아파 오도다.

二   章

사모비비(四牡騑騑)하니 숫말 넷이 쉬지 않고 달려가는 길
탄탄낙마(嘽嘽駱馬)로다. 헐떡이는 그 숨결 애처로 와라.
기부회귀(豈不懷歸)리오마는 돌아갈 생각이야 왜 없으리만
왕사미고(王事靡鹽)라 나랏일 함부로 할 수 없기에
부황계처(不遑啓處)호라. 잠시를 쉬어 가지 못하는도다.

三   章

편편자추(翩翩者鵻)여   하늘에는 훨훨 작은 비둘기
재비재하(載飛載下)하야 높고 얕게 날며 꾹꾹대더니
집우포후(集于苞栩)로다 상수리나무 숲에 모여 앉아
왕사미고(王事靡鹽)라 나랏일 함부로 할 수 없기에
부황장부(不遑將父)호라.   아버님 봉양할 틈도 없도다.

四   章

편편자추(翩翩者鵻)여 하늘에는 훨훨작은 비둘기
재비재지(載飛載止)하여 날았다 멈추었다 꾹꾹대더니
집우포기(集于苞杞)로다 구기자나무 밑에 모여 앉아라
왕사미고(王事靡鹽)라 나랏일 함부로 할 수 없기에
부황장모(不遑將母)호라.   어머님 봉양할 틈도 없도다.

五   章

가피사락(駕彼四駱)하야 내 수레 끌고 가는 네필의 말은
재취침침(載驟駸駸)호니 쉬지 않고 달리어 쏜살같아라
기부회귀(豈不懷歸)리오마는 돌아갈 생각이야 왜 없으리만
시용작가(是用作歌)하야 맘대로 못하는 몸 노래로 엮어

장모내심(將母來諗)하노라. 어머님 봉양할 뜻 읊어 보도다.

○졸가(卒歌)노래를 마친다. ○주인취작실지헌악정(主人取爵實之獻樂正)주인은 잔을 가지고 채워서 악정에게 드린다. ○악정배수작(樂正拜受爵)악정은 절하고 잔을 받는다. ○주인배송작(主人拜送爵)주인은 절하여 잔을 보낸다. ○집사천포혜(執事薦脯醢)집사가 포와 혜를 드린다. ○악정립음(樂正立飮) 부배졸작(不拜卒爵)악정은 서서 마신다. 절하지 않고 다 마신다. ○생입당하경남(笙入堂下磬南) 북향(北向)생이 당의 아래 경의 남쪽에 들어와 북쪽으로 향한다.○생주남해백화화서(笙奏南陔白華華黍)생은 남해, 백화, 화서(술을 마신 뒤에 연주하는 곡조)를 연주한다.(有曲無詞) ○집사자취작음생(執事者取爵飮笙) 변유포혜(辯有脯醢)집사가 잔을 가지고 생에게 술을 마시게 한다. 포와혜에 분별이 있다. (脯東醢西) ○내간가어려(乃間歌魚麗)이에 어리장을 노래한다.

◆어려(魚麗)풍성한 연회의 노래

一　章
어려우류(魚麗于罶)하니 통발에 걸린 것은
상사(鱨鯊)로다. 자가사리 모래무지
군자유주(君子有酒)하니 군자에게 술이 있으니
지차다(旨且多)로다. 맛좋고 많기도 하다.

二　章
어려우류(魚麗于罶)하니 통발에 걸린 것은
방례(魴鱧)로다. 방어 가물
군자유주(君子有酒)하니 군자에게 술이 있으니
다차지(多且旨)로다. 많기도 하고 맛도 좋도다.

三　章
어려우류(魚麗于罶)하니 통발에 걸린 것은
언리(鰋鯉)로다 메기와 잉어
군자유주(君子有酒)하니 군자에게 술이 있으니
지차유(旨且有)로다. 맛이 있어라.

四　章
물기다의(物其多矣)니 음식은 풍성하고
유기가의(維其嘉矣)로다. 좋기도 해라.

五　章
물기지의(物其旨矣)니 음식은 맛도 좋으니
유기해의(維其偕矣)로다. 다 함께 즐기리로다.

六　章
물기유의(物其有矣)니 음식은 푸짐하니
유기시의(維其時矣)로다. 마침 좋은 시절이로다.

○**생유경(笙由庚)생황으로 유경곡을 분다.** (歌辭가 없는 笙曲. 毛時序에서는 萬物

이 그 道로 말미암게 되었다는 뜻을 지니고 있다고 한다.)

가남유가어(歌南有嘉魚) 남유가어를 노래한다.
손님을 대접하는 노래) ※ 歌詞를 添記한다.

一　章

남유가어(南有嘉魚)하니 남녘에 있는 고기 떼
증연조조(烝然罩罩)로다. 꼬리치고 즐기네
군자유주(君子有酒)하니 나에게 술 있으니
가빈식연이락(嘉賓式燕以樂)로다. 대접하여 즐기리

二　章

남유가어(南有嘉魚)하니 남녘에 있는 고기떼
증연산산(烝然汕汕)이로다 넘실넘실 노니네
군자유주(君子有酒)하니 나에게 술 있으니
가빈식연이간(嘉賓式燕以衎) 대접하여 취하리

三　章

남유규목(南有樛木)하니 남녘에 드리운 가지
감호류지(甘瓠纍之)로다 단박 넝쿨 엉켰네
군자유주(君子有酒)하니 나에게 술 있으니
가빈식연수지(嘉賓式然綏之)로다. 대접하여 노닐라.

四　章

편편자추(翩翩者雛)여 훨훨 나는 비둘기
증연래사(烝然來思)로다. 떼 지어 모여드네
군자유주(君子有酒)하니 나에게 술 있으니
가빈식연우사(嘉賓式然又思)로다. 거듭 잔을 권하리.

○樂正告樂備于賓(악정고악비우빈)악정이 빈에게 "악비"(음악이 갖추어졌습니다.)라고 한다. ○내강립서계동남향(乃降立西階東南向)이어 서쪽 계단으로 내려와서 동쪽으로 남향한다. ○집사전작우하비(執事奠爵于下篚)집사가 잔을 아래 광주리에 놓는다. ○공생퇴사(工笙退竢)악공과 생이 물러나 기다린다.

十三. 입사정(立司正)

○사정거치(司正擧觶)사정은 치를 든다. ○찬인진주인지좌왈청입사정(贊引進主人之左曰請立司正)찬인이 주인의 왼쪽에 나아가 "청입사정" ※'사정을 세울 것을 청합니다.'라고 한다. ○인주인측강(引主人側降) **특야(特也)**찬인은 주인을 인도하여 옆으로 내려간다. 특이하다. ○**작상위사정(作相爲司正)**사정을 뽑아 살피게 한다. (청모보위사정(請某甫爲司正) "청컨대 모께서 사정 이 되어 주십시오" 한다.) ○**사정예 사허락(司正禮辭許諾)**사정은 예로써 사양하고 허락한다. (모불감(某不敢)"모는 감히 하지 못합니다" 라고 사양하면 주인은 다시 청하여 "모고이청(某固以請)(모는 꼭 청을 합니다) 하면 사정은 오자중유명(吾子重有命) 모부감부종(某不敢不從) 오자(주인)께서 거듭 명하시니 감히 따르지 않을 수 없습니다. 라고 한다. ○**주인배(主人拜)**주인이 절한다. ○**사정답 배(司正答拜)**사정이 답배한다. ○**주인승부석(主人升復席)**주인은 올라가 자리에 돌아간다. ○**사정북향세치(司正北向洗觶)**사정은 북향하여 치를 씻는다. ○**승자서계**

(升自西階)서쪽 계단으로 올라간다. ○취조계상북향수명우주인(就阼階上北向受命于主人)동쪽 계단 위에서 북향하여 주인에게 명을 받는다. ○주인왈청안우빈(主人曰請安于賓) 유야(留也)주인이 빈에게 편안히 하시라고 말한다. 류이다. ○사정고우빈부우주인(司正告于賓復于主人)사정은 빈에게 고하고 주인에게 돌아온다. ○주인조계상재배(主人阼階上再拜)주인은 동쪽 계단 위에서 절한다. ○빈서계상답재배(賓西階上答再拜)빈은 서쪽 계단 위에서 답하여 재배한다. ○사정입영간이상배(司正立楹間以相拜)사정은 두 기둥 사이에 서서 서로 절한다. ○빈주인개읍부석(賓主人皆揖復席)빈과 주인이 모두 읍하고 자리에 돌아간다. ○사정실치강자서계(司正實觶降自西階)사정이 치를 채우고 서쪽 계단으로 내려간다. ○계간북향좌전치퇴공소립(階間北向坐奠觶退拱少立)계단 사이에서 북향하고 앉아 치를 놓고 물러나 팔을 끼고 잠시 선다. ○좌취치수음졸치흥(坐取觶遂飲卒觶興)앉아서 치를 받아 다 마시고 일어선다. ○좌전치수배집치흥(坐奠觶遂拜執觶興)앉아서 치를 놓고 절하고 치를 들고 일어선다. ○세치좌전치우기소입우치남(洗觶坐奠觶于其所立于觶南)치를 씻고 앉아서 치를 그 자리에 올리고 치의 남쪽에 선다.

十四. 여수(旅酬)

○여수(旅酬)여럿이 술자리를 같이한다. ○贊인청여수(引請旅酬)찬인이 "청여수"(여수할 것을 청합니다.)라고 한다. ○빈취천서지치(賓取薦西之觶)빈이 천의 서쪽에 있는 치를 잡는다. ○취조계상북향수주인(就阼階上北向酬主人) 여수동계(旅酬同階)동쪽 계단위로 나아가 북향하여 주인에게 술을 권한다. 여수는 같은 계단이다. ○빈수치배(賓授觶拜)빈이 치를 주면서 절한다. ○주인답배(主人答拜)주인이 답배한다. ○빈불제(賓不祭) 여수부세불제(旅酬不洗不祭) 입음졸치(立飮卒觶) 부배부세(不拜不洗)빈은 제하지 않는다. 여수에는 씻지 않고 제하지 않는다. 서서 다 마신다. 절하지 않고 씻지 않는다. ○예존소실치동남향수주인(詣尊所實觶東南向授主人)준소에 나아가 치를 채워 동남향으로 주인에게 준다. ○주인조계상배(主人阼階上拜)주인은 동쪽 계단 위에서 절한다. ○빈소퇴(賓少退)빈은 조금 물러선다. ○주인수치(主人受觶)주인이 치를 받는다. ○빈배송주인지서(賓拜送主人之西) 동계예쇄(同階禮殺)빈은 주인의 서쪽에서 절하고 보낸다. 같은 계단에서 예를 줄인다 ○빈읍부석(賓揖復席)빈은 읍하고 자리에 돌아간다. ○주인취존소실치(主人就尊所實觶)주인은 준소에 나아가 치를 채운다 ○서계상수개(西階上酬介)서쪽 계단 위에서 개에게 잔을 권한다. ○개강석자남입우방주인지서(介降席自南立于方主人之西) 북향(北向)개는 자리를 내려와 남쪽으로 주인의 서쪽에 선다. 북향이다. ○주인좌전치수배(主人坐奠觶遂拜)주인은 앉아서 치를 올리고 절한다. ○집치흥(執觶興)치를 들고 일어선다. ○개답배(介答拜)개는 답배한다. ○주인입음졸치(主人立飮卒觶)주인은 서서 다 마신다. ○실치서남향수개(實觶西南向授介)치를 채워 서남향으로 개에게 준다. ○개배수치(介拜受觶)개는 절하고 치를 받는다. ○주인배송우개동(主人拜送于介東)주인은 절하고 개의 동쪽에서 보낸다. ○주인읍부석(主人揖復席) 주인은 읍하고 자리로 돌아온다.

十五. 사정상여(司正相旅)

○사정승서계(司正升西階) 북향(北向)사정이 서쪽 계단에 올라간다. 북향이다. ○퇴립우서서단(退立于西序端) 동향(東向)물러나 서서의 끝에선다. ○빈장수수자자개우중빈수수자자개좌(賓長受酬者自介右眾賓受酬者自介左)빈장(급)수수자는 개의 오른 쪽에 중빈(급)수수자는 개의 왼쪽으로 나온다. ○개전치배(介奠觶拜)개가 치를 올

리고 절한다. ○빈장답배(賓長答拜)빈장이 답배한다. ○개불제입음졸치(介不祭立飮卒觶)계는 제하지 않고 서서 다 마신다. ○실치수빈장(實觶授賓長) 동계고부언향(同階故不言向)치를 채워서 빈장에게 준다. 같은 계단이므로 향이라고 하지 않는다. ○빈장수자북향배(賓長受者北向拜)받은 빈장은 북향하여 절한다. ○개소퇴(介少退)계는 조금 물러선다. ○빈장수치개배우빈장지서(賓長受觶介拜于賓長之西)빈장이 치를 받으면 계는 빈장의 서쪽에서 절한다. ○개소퇴(介少退)계는 조금 물러선다. ○개읍부석(介揖復席)개가 읍하고 자리에 돌아간다. ○빈장서계상수차빈(賓長西階上酬次賓)빈장은 서쪽 계단 위에서 차빈에게 잔을 드린다. ○차빈강석입우빈장지좌(次賓降席立于賓長之左)차빈은 자리에서 내려와 빈장의 왼쪽에 선다. ○빈장좌전치배(賓長坐奠觶拜)빈장은 앉아서 치를 올리고 절한다. ○집치흥(執觶興)치를 들고 일어선다. ○차빈답배빈장입음졸치(次賓答拜賓長立飮卒觶)차빈은 빈장에게 답배하고 서서 다 마신다. ○실치(實觶)치를 채운다. ○서남면수차빈(西南面授次賓)서남면하여 차빈에게 준다. ○차빈서계상배(次賓西階上拜)차빈은 서쪽 계단 위에서 절한다. ○빈장소퇴(賓長少退)빈장은 조금 물러선다. ○차빈수치(次賓受觶)차빈은 치를 받는다. ○빈장배송우차빈지우(賓長拜送于次賓之右)빈장은 차빈의 오른쪽에서 절하고 보낸다. ○읍부석(揖復席)읍하고 자리에 돌아온다. ○次빈서계상수삼빈(賓西階上酬三賓)차빈은 서쪽 계단 위에서 삼빈에게 잔을 드린다. ○삼빈강석입차빈지좌(三賓降席立次賓之左)삼빈은 자리에서 내려와 차빈의 왼쪽에 선다. ○차빈좌전치수배(次賓坐奠觶遂拜)차빈은 앉아서 치를 올리고 절한다. ○집치흥(執觶興)치를 들고 일어선다. ○삼빈답배(三賓答拜)삼빈은 답배한다. ○차빈입음졸치(次賓立飮卒觶)차빈이 서서 다 마신다. ○실치서남면수삼빈(實觶西南面授三賓)치를 채워 서남면하여 삼빈에게 준다. ○삼빈서계상배(三賓西階上拜)삼빈은 서쪽 계단 위에서 절한다. ○차빈소퇴(次賓少退)차빈은 조금 물러선다. ○삼빈수치(三賓受觶)삼빈이 치를 받는다. ○차빈배송우삼빈지우(次賓拜送于三賓之右)차빈은 삼빈의 오른쪽에서 절하고 나간다.. ○차빈읍부석(次賓揖復席)차빈은 읍하고 자리에 돌아간다. ○중빈이차전치여상의(衆賓以次傳觶如上儀)중빈은 차례대로 위의 의식과 같이 치를 전한다. ○변졸수자이치강좌전우비(辯卒受者以觶降坐奠于籬)마지막 받는 사람을 가려 치를 가지고 내려와 앉아 광주리에 놓는다. ○사정강부위(司正降復位)사정은 제자리로 내려간다.

十六. 이인거치(二人擧觶)(贊者 二人)

○이인거치(二人擧觶)두 사람이 치를 든다. ○이인세치승실치(二人洗觶升實觶)두 사람이 세에 내려가 치를 씻고 올라와 치를 채운다. ○서계상병좌전치배(西階上竝坐奠觶拜)서쪽 계단 위에서 나란히 앉아 치를 올리고 절한다. ○집치흥(執觶興)치를 들고 일어선다. ○빈선석말(賓僎席末) 석서(席西) 답배(答拜)빈과 준은 자리의 끝에서 자리의 서쪽 답배한다. ○거치자병좌제음졸치배(擧觶者竝坐祭飮卒觶拜)치를 든 사람은 나란히 앉아서 제하고 다 마시고 절한다. ○집치흥(執觶興)치를 들고 일어선다. ○빈선석말답배(賓僎席末答拜)빈과 준은 자리의 끝에서 답배한다. ○이인수강세(二人遂降洗)두 사람은 세에 내려가 손과 잔을 씻는다. ○승실치병립서계상빈선개배(升實觶竝立西階上賓僎皆拜)올라가 치를 채우고 서쪽 계단 위에 나란히 서면 빈과 준은 모두 절한다. ○이인병진일인전치우빈천서일인전치우선천서(二人竝進一人奠觶于賓薦西一人奠觶于僎薦西)두 사람이 나란히 나아가 한 사람은 빈의 천 서쪽에 치를 올리고 한 사람은 준의 천 서쪽에 치를 놓는다. ○빈선좌취치흥개배(賓僎坐取觶興皆拜)빈과 준은 앉아서 모두 절하고 치를 들고 일어난다.○이인퇴서계상배송(二人退西

階上拜送)두 사람은 물러나 서쪽 계단 위에서 절하고 보낸다. ○빈선좌전치우기소(賓僎坐奠觶于其所)빈과 준은 앉아서 치를 본래 자리에 올린다. ○흥(興)일어난다. ○이인강부위(二人降復位)두사람은 내려가 자리에 돌아간다.

十七. 독률(讀律)

○대명집례왈우(大明集禮曰右) 독률약빈능부용차금궐지역가(讀律若賓陵不用此今闕之亦可)차조당산대명집례에는 이 독률은 만약 빈이 능히 쓸수 없으면 지금은 빠져도 좋다고 했다. 이 조항은 마땅히 지워야한다.○일인독률자관(一人讀律者盥)한 사람의 독률자가 손을 씻는다. ○승자서계(升者西階)서쪽 계단으로 올라간다. ○양영북향립(兩楹北向立)양쪽 기둥 사이에서 북향하여 선다. ○취률우안(取律于案)책상에서 율을 든다. ○재위자개공립(在位者皆拱立)자리에 있는 사람은 모두 팔짱을끼고 선다. ○독률(讀律)법률을 읽는다. ○독필읍재위자개답읍(讀畢揖在位者皆答揖)읽기를 마치면 읍하고 자리에 있는 사람은 다 답하여 읍한다. ○독률자강부위(讀律者降復位) 조계하(阼階下)독률자는 내려가 자리에 돌아간다.동쪽 계단 아래

十八. 철조(撤俎)

○철조(撤俎)조(적틀)를 걷운다. ○사정승진주인석전동향수명(司正升進主人席前東向受命)사정이 올라가 주인 자리 앞에서 동향하여 명을 받는다. ○主人왈청좌우빈(人曰請坐于賓)주인은 '빈께서는 앉으시오'라고 한다. ○사정진빈전왈청좌(司正進賓前曰請坐)사정이 빈앞에 나아가 '앉으시오'라고 말한다.○빈사이조(賓辭以俎)빈이 조를 둔 것에 사례한다(有俎敢辭 유조감사).○사정주인전왈유조감사(司正主人前曰有俎敢辭)사정이 주인앞에 나아가 '유조감사'라고 말한다.○주인청철조(主人請徹俎) 청철조우빈(請徹俎于賓)주인이 조를 치울 것을 청한다. 빈에게 조를 치울 것을 청한다. ○司正진빈전왈청철조(正進賓前曰請撤俎)사정이 빈앞에 나아가 철조할 것을 청합니다. ○빈허(賓許)빈이 허락한다. (謹聞命 근문명). 삼가 명을 듣겠습니다. ○사정주인전왈빈허(司正主人前曰賓許)사정이 주인앞에 나아가 빈께서 철조할 것을 허락하셨습니다. ○사정강립우서계전(司正降立于西階前)사정은 내려와 서쪽 계단 앞에 선다. ○賓찬자철조(贊者徹俎)빈의 찬자가 조를 치운다. ○사정승립우서서단(司正升立于西序端)사정이 올라가 서서의 끝에 선다. ○주인빈개강석북향선강석남향(主人賓介降席北向僎降席南向)주인과 빈과, 계는 자리에서 내려와 북향하고 준은 자리에서 내려와 남향한다. ○빈취조환수사정(賓取俎還授司正)빈이 조를 취하여 사정에게 돌려준다. ○주인선개취조환수제자(主人僎介取俎還授弟子)주인과 준, 계는 조를 취하여 제자에게 돌려준다. ○사정적존소실치입우시탁전양치(司正適尊所實觶立于詩卓前揚觶)사정은 준소에 가서 치를 채워 시탁자 앞에 서서 뿔잔을 들고 있으시오.
○일인집훈사독지(一人執訓辭讀之)한 사람이 훈사를 잡고 읽는다.

◆훈사(訓辭)

유아국가솔유구장(維我國家率由舊章) 숭상예교금자거행향음(崇尚禮敎今玆擧行鄕飮) 비전위음식이이(非專爲飮食而已) 범아장유각상권면(凡我長幼各相勸勉) 효어가(孝於家).충어국(忠於國) 내목어규문(內睦於閨門) 외비어향당(外比於鄕黨) 서훈고(胥訓誥) 서교회(胥敎誨) 무혹건추이첨소생(無或愆墜以忝所生)유야국가솔유구장,숭상예교금자거행향음,비전위음식이이,범아장유각상권면,효어가,충어국,내목어규문,외비어향당,서훈고,서교회,무혹건추이첨소생.) 생각건대 우리나라가 옛법을

따 라 행하여 예교를 숭상하니 이제 향음주례를 행하는 것은 오로지 마시고 먹자는 것이 아니라 무릇 우리 어른이나 어린이들이 가정에서는 효도를 서로 권면하고 나라에 충성함을 권면하고 안으로 규문이 화목함을 권면하고 밖으로 향당이 화친함을 권면하여 서로 훈고하고 교회를 기다려 혹시라도 잘못에 떨어져 너의 조상을 욕됨이 없게하라.〇독필재위자개재배(讀畢在位者皆再拜)읽기를 마치면 자리에 있는 사람이 다 재배한다. 〇사정독훈자강자서계전치우하비(司正讀訓者降自西階奠觶于下篚)사정과 독훈자는 서쪽 계단으로 내려와 광주리에 치를 놓는다.〇독약자관승자서계독약(讀約者盥升自西階讀約)독약자는 손을 씻고 서쪽 계단으로 올라가 향약을 읽는다. 〇재위자숙청(在位者肅聽)재위자는 엄숙히 들으시오.

◆향약(鄉 約)

덕업상권(德業相勸)좋은 일은 서로 권하고
과실상규(過失相規)허물은 서로 규제하고
예속상교(禮俗相交)예의 바르게 서로 사귀고
환난상구(患難相救)어려움은 서로 구제한다.
우(右) 남전(藍田) 여씨(呂氏) 향약(鄉約)위는 남전 여씨의 향약이다.

부모부순자(父母不順者)부모에게 순종하지 않는 자.
형제상혁자(兄弟相鬩者)형제간에 서로 다투는 자.
가도패란자(家道悖亂者)집안의 도리를 어기고 어지럽히는 자.
사섭관부유관향풍자(事涉官府有關鄉風者)관청의 일에 간섭하고 아름다운 풍속을 해치는자.
망작위세요관행사자(妄作威勢擾官行私者)허세를 만들어 관리를 움직여 사리를 행하는 자.
향장능욕자(鄉長凌辱者)마을 어른을 업신여기고 욕하는 자.
수신상부유협오간자(守身孀婦誘脅汚奸者)수절하는 과부를 꾀어 을러 욕보이는 자.
이상극벌(已上極罰)이상의 각항에 해당하는 자는 극벌에 처한다.

친척부목자(親戚不睦者)친척간에 화목하지 않는 자.
정처소박자(正妻疎薄者)정식으로 결혼한 아내를 박대하는 자.
인리부화자(隣里不和者)이웃간에 화목하지 못한 자.
제배상구매자(儕輩相毆罵者)친구간에 서로 두들기고 욕하는 자.
부고염치오괴사풍자(不顧廉恥汚壞士風者)염치를 돌보지 않고 선비의 풍도를 파괴하는 자
시강능약침탈기쟁자(恃强凌弱侵奪起爭者)강한 것을 믿고 약한 자를 능멸하며 함부로 싸움을 일으키는 자.
무뢰결당다행광패자(無賴結黨多行狂悖者)일없이 작당하여 인륜에 어긋나는 일을 자주하는 자.
공사취회시비관정자(公私聚會是非官政者)공사의 회의에서 관리와 정치의 시비를 따지는 자.
조언구허함인죄루자(造言構虛陷人罪累者)함부로 거짓말을 만들어 남을 죄에 빠뜨리게 하는 자.
환난역급좌시부구자(患難力及坐視不救者)남의 어려움을 구할 수 있는데도 도와 주지 않는 자.
수관차임빙공작폐자(受官差任憑公作弊者)관직에 취임하여 공직을 빙자하여 민폐를

끼치는 자.

혼인상제무고과시자(婚姻喪祭無故過時者)남의 혼인과 초상 제사에 일이 없으면서 묻지 않는 자.

부유집강불종향령자(不有執綱不從鄕令者)기강을 잡지않고 향령에 복종하지 않는 자.

부복향론반회구원자(不服鄕論反懷仇怨者)향론에 복종하지 않고 도리어 원망하고 원수같이 생각하는 자.

집강순사모입향참자(執綱徇私冒入鄕參者)기강을 잡아야 할 사람이 사정에 끌려 향론에 참견하는 자.

구관전정무고부참자(舊官餞亭無故不參者)구관을 전하는 자리에 연고 없이 참석하지 않는 자.

이상중벌(已上中罰)이상의 자는 중간 벌에 처한다.

공회만도자(公會晩到者)공식 회의에 늦게 도착하는 자.

문좌실의자(紊座失儀者)좌중을 어지럽히며 품의를 잃는 자.

좌중훤쟁자(座中喧爭者)모임에서 떠들고 다투는 자.

공좌퇴편자(空座退便者)빈자리라 하여 자기 편리만 취하는 자.

무고선출자(無故先出者)이유 없이 먼저 나가는 자.

이상하벌(已上下罰)이상 각 항에 해당하는 자는 하벌에 처한다.

우퇴계선생(右退溪先生) 향약(鄕約)위는 퇴계 선생이 만드신 향약이다.

○**독필읍강(讀畢揖降)**읽기를 마치면 읍하고 내려간다. ○**빈선개유서계강(賓僎介由西階降)**빈과 준과 계는 서쪽 계단으로 내려간다. ○**주인유조계강(主人由阼階降)**주인은 동쪽 계단으로 내려간다.○**사정부위(司正復位) 조장우동방주인유사주지천칙사집사철지(俎藏于東房主人有司主之薦則使執事撤之)**사정은 자리로 돌아간다. 조는 동쪽 방에 보관하여 주인과 유사가 주관하고 천은 집사로 하여금 치우게 한다.

十九. 승좌(升坐)

○**주인읍빈설구승석좌(主人揖賓說屨升席坐) 빈염개여초(賓厭介如初)**주인과 빈이 서로 읍양하고 신을 벗고 자리에 올라간다. 빈은 계에게 엽하고 처음 들어 올 때 처럼한다. ○**내수(乃羞)**이제 여러 가지 음식을 내어온다. ○**무산작(無筭爵)**세지 않고 술을 권한다. ○ **무산악(無筭樂)** 쉬지않고 음악을 연주한다. ○ **거치이인세치승실치(舉觶二人洗觶升實觶)**치를 든 두 사람이 치를 씻어 올라와 치를 채운다. ○**분진빈급선음졸치부배(分進賓及僎飮卒觶不拜) 하개동(下皆同)**빈과 준에게 나아가 나누어 드리면 다 마시고 절하지 않는다. 이하 모두 같다.○**실빈지치진주인(實賓之觶進主人)**빈의 치를 채워 주인에게 드린다. ○**실대부지치진개(實大夫之觶進介)**대부의 치를 채워 계에게 드린다. ○**실주인지치진빈장(實主人之觶進賓長)**주인의 치를 채워 빈장에게 드린다. ○**실개지치진차선(實介之觶進次僎)**계의 치를 채워 차준에게 드린다. ○**실차선지치진차빈장(實次僎之觶進次賓長)**차준의 치를 채워 차빈장에게 드린다. ○**실빈장지치진삼선(實賓長之觶進三僎)**빈장의 치를 채워 삼준에게 드린다. ○**실차빈지치진사선(實次賓之觶進四僎)**차빈의 치를 채워 사준에게 드린다. ○**실삼선지치진삼빈장(實三僎之觶進三賓長)**삼준의 치를 채워 삼빈장에게 드린다. ○**실삼빈지치진중빈(實三賓之觶進衆賓)**삼빈의 치를 채워 중빈에게 드린다. ○**실사선지치진중빈(實四僎之觶進衆賓)**사준의 치를 채워 중빈에게 드린다. ○**당상중빈지말실치수당하중빈급제집사간차교착종어옥세자(堂上衆賓之末實觶酬堂下衆賓及諸執事間次交錯終**

於沃洗者)당상 중빈의 말석은 치를 채워 당하의 중빈 및 여러 집사에게 엇갈리게 차례대로 권하여 옥세에 이르러 마친다.○졸수자전작우비(卒酬者奠爵于篚)마지막 마시는 사람이 잔을 광주리에 놓는다.

二十. 빈출(賓出)

○빈출(賓出) 고인격고(鼓人擊鼓)빈이 나간다. 북치는 사람은 북을 친다. ○찬인인주인송빈우문외재배(贊引引主人送賓于門外再拜) 주자개정의빈개답재배(朱子改定儀賓介答再拜)찬인이 주인을 인도하여 문 밖에서 두 번 절하여 빈을 전송한다. 주자의 개정의에는 빈과 계도 다 재배한다.

二十一. 빈배사주인배욕(賓拜賜主人拜辱)

○명일빈복향복이배사(明日賓服鄕服以拜賜)이튿날 빈은 향복으로 입고 베푸신데 감사한다. ○주인여빈복이배욕(主人如賓服以拜辱)주인은 빈의 옷과 같이 입고 방문한데 감사한다. ○내석복(乃釋服)이에 옷을 벗는다.

二十二. 식사정(息 司 正)

○주인석복내식사정(主人釋服乃息司正)주인은 옷을 벗고 이에 사정을 쉬게 한다. ○무개부살수유소유징유소욕(無介不殺羞唯所有徵唯所欲)계가 없어도 예를 낮추지 않고 음식은 있는 대로 쓰며 가져오는 대로 모은다. ○이고우선생군자가야(以告于先生君子可也)이를 선생과 군자에게 고하는 것이 옳다. ○빈개부여(賓介不與)빈과 계는 간여하지 않는다. ○향악유욕(鄕樂唯欲)향악도 하고자 하는 대로한다.

향음주례(鄕飮酒禮)

[정의]경상북도 안동의 서원 등에서 유생들이 술을 마시며 잔치를 하던 의식.

◆개설

향음주례(鄕飮酒禮)란 향촌의 선비나 유생들이 학덕과 연륜이 높은 이를 주빈(主賓)으로 모시고 술을 마시는 잔치이다. 그러나 단순히 술을 마시는 것에서 벗어나 술을 마시는 가운데 예를 세우고 서로의 화합을 도모하는 향촌의례의 하나이다. 주로 서원이나 향교 등지에서 서원행례·향약례·향사례(鄕射禮) 등의 각종 행례 절차 중의 하나로 시행했지만, 향음주례만을 별도로 시행하기도 했다.

술에 대해서는 예로부터 넘침을 경고했지만 도를 넘어선 경우가 허다했던가 보다. 오래 전부터 '고주망태'니 '술 먹은 개'라는 표현이 통용되었음은 꽤나 부작용이 많았던 것으로 유추된다. 향음주례는 술로 인해서 발생할 폐해를 막고 예를 바로 세우기 위한 우리 선조의 대응 방안이라 할 수 있다.

◆연원 및 변천

향음주례는 『주례(周禮)』와 『의례(儀禮)』에 잘 나타나 있다. 『주례』에 따르면 관직에 등용된 사람을 위해 출향에 앞서 베푸는 송별연이 향음주례이다. 『의례』에는 나라 안의 덕유자(德有者)를 대접하는 의례로 기록되어 있다. 중국에서는 후한시대인 나라[國], 현(縣), 도(道)에서 향음주례를 행했다. 또한 당나라는 677년 「향음례」를 반포하여 매년 정기적으로 의례를 행하게 했다. 명나라 태조 때는 향음주례 조직을 상세히 규정하여 학교나 관청뿐만 아니라 민간에서도 주기적·조직적으로 향음주례가 이루어지도록 하였다.

우리나라에서 향음주례에 대한 기록은 고려시대에 등장하기 시작한다. 고려 인종 때인 1136년에 과거제를 정비하면서 여러 주의 공사(貢士)를 중앙에 보낼 때 향음주례를 행하도록 규정한 것이다. 향음주례는 특히 고려 말부터 조선 초에 이르기까지 크게 보급되었다. 조선 초기에 정도전이 지은 『조선경국전(朝鮮經國典)』에는, "정표(旌表)가 절의(節義)를 장려하는 것이라면 향음주는 예손(禮遜)을 가르치는 것이다."라고 기록되어 있다. 집현전에서 1474년(성종 5)에 편찬한 『국조오례의(國朝五禮儀)』에서도 향음주례를 찾아 볼 수 있다.

향음주례는 가례의 하나로 매년 10월에 한성부와 각 도, 그리고 모든 주·부·군·현 등에서 길일을 택해 치러졌다. 주인이 되는 수령의 주최 하에 고을에 나이 많고 덕이 있으며 재주와 행실이 고루 갖추어진 사람을 주빈으로 삼았다. 이 외에도 유생을 손님으로 하여 서로 모여 읍양(揖讓)하는 예절을 지키며 주연을 함께 했다. 향음주례에서는 특히 어진 이와 어른을 공경하고 덕유자를 높이며, 예법과 사양의 풍속을 일으키도록 했다. 이는 향음주례의 홀기(笏記)나 절차를 보면 잘 드러난다.

중국이나 우리나라에서 이토록 향음주례를 규제화한 것은 이것이 단순히 의례에 머물지 않고 사족 상호간의 관계를 돈독히 하고, 지방 사회의 결속을 강화하는 역할을 하기 때문이다. 그 예로 다음과 같은 사례를 들 수 있다. 성종 초에 등용된 김종직(金宗直) 등의 영남 출신 사류들은 훈신(勳臣)들의 장기 집권에 따른 비리로 인해 동요하는 지방 사회의 질서를 재편하고자 노력하였다. 이에 세조 말에 혁파된 유향소 제도를 부활하여 『주례』의 향사례·향음주례 등의 시행을 시도하였다. 이때 사당이란 명칭으로 향음주례를 행하였는데, 안동·예천·김해·성주 등의 네 곳에서 행해졌다고 보고되어 있다.

◆절차

향음주례는 집도자가 홀기를 부르며 이끄는 대로 진행된다. 홀기에 따라 진행되기 때문에 현재 시행되는 모든 향음주례가 대동소이하다. 오늘날에는 실제로 술을 마시며 흥을 내기보다는 그저 정해진 절차에 따라 의례를 진행하고 그친다. 아래의 절차는 2008년 5월 2일 서울의 남산한옥마을에서 향음주례에 불렀던 홀기를 바탕으로 서술한 것이다. 향음주례의 진행은 정해진 홀기에 따르는 것이므로 안동에서 행해지는 향음주례의 절차도 이와 크게 다르지 않다.

1. 손님을 청(請)하는 의식

주인이 손님의 집에 가서 향음주례 연회를 알리고 큰손님으로 청한다.

2. 손님을 주인집(향음주례청)으로 모시는 의식

주인은 향음주례 연회 준비가 다 되었으면 집사를 보내어 손님을 모셔 오도록 한다. 집사는 손님 집에 가 대문 서쪽에서 큰손님에게 인사하고 손님을 인도하여 주인집에 이르면 대문 서쪽에 서서 주인에게 "큰손님 오셨습니다."하고 고한다. 주인은 대문 동쪽에서 서향하여 큰손님에게 "어서 오시지요." 하며 읍례(揖禮)로 맞이한다. 큰손님도 주인에게 "향음례에 초대해 주셔서 감사합니다." 하며 답읍한다. 주인은 수행하여 온 여러 손님에게도 읍례로 인사하고 여러 손님도 읍(揖)으로 답한다.

주인은 동쪽 계단 아래에, 손님은 서쪽 계단 아래에서 각각 마주 보고 서서 서로 읍을 하고 "먼저 오르시지요." 하며 먼저 오르기를 권한다. 서로 오르기를 세 번 권하고 사양한 후, 주인이 먼저 오른다. 주인과 손님은 서로 마주 보고 주인은 오른발 먼저 왼발 합족, 손님은 주인보다 한 발 늦게 왼발 먼저 오른발 합족하며 오른다. 주인과 손님이 당(堂)에 오르면, 주인과 손님은 각자의 자리에 가서 앉는다. 주인이 먼저 북쪽을 향하여 재배(再拜)하면 큰손님도 북쪽을 향하여 재배한다.

3. 헌작(獻爵)

헌작은 주인이 손님에게 술을 대접하는 의식이다. 집사는 준소(樽所)의 보자기를 걷고 작(爵)과 용작(龍勺)을 내어 놓는다. 주인이 준소에서 작을 받아 작세소(爵洗所)로 가면 큰손님도 주인의 뒤에서 한 발 늦게 따라간다. 주인이 손님에게 "그대로 앉아 계시지요."라고 인사하면, 손님은 "저 때문에 너무 수고가 많으시니 앉아 있기가 민망합니다."라고 한다.

주인이 술잔을 들고 작세소에 가서 손을 씻고 잔을 씻으려 할 때 손님은 다시 "저로 하여금 수고가 너무 많으십니다."라고 하면, 주인은 "안주 없는 술이지만 청결히 하고자 할 따름 입니다"라고 대답한다. 손님이 술상 앞으로 가서 서 있으면, 주인은 준소에 가서 술을 받아들고 손님 앞으로 가 술잔을 준다. 손님이 술잔을 받아 상위에 놓고 주인에게 절을 하면, 주인도 답배(答拜)하고 자리로 돌아간다.

집사가 포(脯)와 해(醢)를 손님상에 갖다 놓으면 큰손님은 왼손으로 술잔을 잡고 오른손으로 포를 조금 앞으로 당겨 놓고 반제한 후, 술잔을 들어 한 모금 맛을 본 후 일어나 주인을 향하여 한 번 절하고 "술 맛이 참 좋습니다."라고 한다. 주인도 일어나 이에 답배한다. 큰손님이 자리에 앉아 잔을 다 비우면 집사는 잔을 남겨 두고 포와 해를 철상한다.

4. 작례(酌禮)

작례는 손님이 주인을 대접하는 의식이다. 먼저 손님이 술잔을 들고 작세소로 가면 주인도 손님의 뒤를 한발 늦게 따라간다. 손님은 주인에게 "그대로 앉아 계시지요." 라고 인사한다. 집사는 손님이 손과 잔을 씻도록 돕는다. 손님이 술잔을 작세소에 가서 씻으려 하면 주인은 "송구스러워 앉아 있기가 민망합니다."라고 말한다. 주인이 상 앞으로 가서 서 있으면, 손님이 준소로 가서 술을 받아가지고 주인 앞으로 가 술잔을 준다.

주인이 잔을 받아 상에 놓고 한 번 절하면, 손님도 답배한다. 손님이 자리에 돌아가 앉으면 집사가 포와 해를 갖다 놓는다. 주인은 왼손으로 술잔을 잡고 오른손으로 포를 조금 앞으로 당겨 놓고 반제한 후, 술잔을 들어 한 모금 맛을 보고 자리에서 일어나 큰손님을 향하여 절을 한다. 큰손님이 일어나 답배하면 주인은 자리에 앉아 잔을 다 비운다.

5. 수례(酬禮)

수례란 주인이 두 번째 손님에게 대접하는 의식을 말한다. 먼저 주인이 준소에 가서 치(觶: 향음주에 쓰이는 뿔로 만든 술잔)를 받아 작세소로 가면 두 번째 손님이 따라 가는데, 이때 역시 주인은 "그냥 앉아 계시지요."라고 말한다. 이에 두 번째 손님은 "너무 수고하시니 감히 앉아 있기가 민망합니다."라고 대답한다. 주인이 집사의 도움으로 손과 잔을 씻으며 "감히 깨끗이 아니할 수가 없습니다."라고 말하면 손님은 제자리로 돌아간다.

주인은 준소에 가서 술을 받아 들고 손님 앞으로 가 서서 술잔을 건넨다. 손님이 감사하다는 뜻으로 한 번 절하고 술잔을 받아 상에 놓으면 주인도 손님에게 답배하고 자리로 돌아가 앉는다. 손님도 자리에 앉으면 집사는 포와 해를 손님상에 갖다 놓는다. 손님은 왼손으로 치를 잡고 오른손으로 포와 해를 조금 당겨 놓고 반제한 후, 술을 조금 맛보고 일어나 한 번 절한다. 주인도 일어나 답배하면 손님은 자리에 앉아 잔을 다 비운다.

6. 손님이 돌아가는 의식

거듭 권함에 취기가 도도하면 "대접 잘 받았습니다." 하고 큰손님이 먼저 일어나면 자리의 모든 손님도 따라 일어난다. 큰손님이 서쪽 계단으로 내려가면 다른 손님도 따라 내려가 대문 밖 서쪽에 차례대로 선다. 주인이 대문 밖 동쪽에서 서향하여 서서 손님에게 읍례로 작별 인사를 하면 큰손님 이하 여러 손님들도 "대접 잘 받았습니다." 하고 읍례로 답한다. 이에 주인은 "대접이 소홀하여 민망할 따름입니다."라고 말한다. 이로써 모든 의례가 끝난다.

◆생활민속적 관련사항

현재 안동시에서는 매년 가을마다 향음주례 시연을 하고 있다. 가을에 벌어지는 안동국제탈춤페스티벌 행사의 일환으로 경상북도 안동청년유도회의 주관 하에 이루어진다. 장소는 안동 시내에 있는 태사묘나 웅부공원 등지이다. 안동시 도산면에 있는 도산서원에서 도산별시를 치를 때에 향음주례를 행하기도 한다. 향음주례를 행할 때에는 전국적으로 이름 있고 학덕 있는 유학자를 초빙하여 의례를 집도하도록 하고 있다.

향음주례란 조선시대때 향촌의 유생들이 향교나 서원등에 모여 학문과 덕행이 높고 연륜이 높은 이를 주빈으로 모시고 술을 마시며 잔치를 하는 향촌 의례의 하나이다. 즉 어진이를 존중하고 노인을 봉양하는데 뜻이 있다.

또 다른 목적으로는 시골 학교에서 학업을 닦고 난 다음 제후와 향대부(鄕大夫)가 향촌(鄕村)에서 덕행과 도덕과 기예를 고찰해 인재를 뽑아 조정에 천거할 때 출향에 앞서 그들을 빈례로써 대우하는 일종의 송별 잔치를 베풀었던 의례이다.

향음주례는 전통의례 6가지중의 하나로 관례, 혼례, 상례, 향음주례, 상견례가 있는데 이번에 1500년 전통의 한산 소곡주 축제를 하면서 이를 통해서 선조님들이 음주례를 얼마나 중요시했음을 엿보기로 했다.

의례 절차에는 16가지의 절차가 있으니 그 의식의 대강 중요한 절차로는 다음과 같다.

1, 주인 영빈(主人迎賓)~주인이 손임을 마지하는 의식
2, 주인헌빈(主人獻賓)~주인이 손님에게 술을 권함
3, 빈작 주인(賓酌主人)~손님이 주인에게 술을 권함
4, 악빈(樂賓)~주인이 손님에게 음악과 시, 훈사를 들려주는 의식
5, 승좌(升坐)~모두가 술을 마시며 즐김
6, 빈출(賓出)~손님을 전송하는 의식

◆향음주례의 7가지 중요한 의미
첫째, 경건함~꿇어 앉고 절하고 읍하는 데에서 경건함을 배운다.
둘째, 절제~ 술을 석잔 이상 마시지 않는다.
셋째, 겸양~항상 상대를 배려해 사양한다.
넷째, 청결~손을 씻고 잔을 씻는데 몸과 마음을 정결하게 함을 뜻한다,
다섯째, 협동정신~ 참여하는 많은 사람들이 협동하지 않으면 예를 이 룰수 없다.
여섯째, 질서의식~ 집례의 홀기에 따라 움직이지 않으면 예가 되지 않는다.
일곱째, 감사~농사를 지어 술을 담그게 해준 고마음과 천지 일월에 감사한다.

○고(鼓)는 북을 크게한번 처 주십시오.

◆국민의례
국민의례가 있겠습니다.
전면에 있는 태극기를 향하여 서 주십시오.
국기에 대하여 경례 바로

⊙문묘를 향한 향배입니다.

◆문묘를 향하여 배례
주인은 손님을 영접하고, 집사자는 손님들이 자리에 앉도록 안내 하십시오.○지금부터는 주인이 손님을 맞이하여 한산 소곡주를 대접하는 행례(6 단계)를 시작하겠습니다

1, 주인 영빈=주인이 큰손님을 맞이하는 절차와 의식
○큰 손님의 찬인은 큰손님을 인도하여 천천히 들어오기 시작하여 주 십시오
○지금 큰 손님이 들어오고 계십니다.

○주인 찬인은 주인 왼쪽에 나아가 "손님을 맞이하십시오"라고 말한 다.
○주인의 찬인은 주인을 인도하여 대문의 왼쪽에 나아가 서쪽을 향해 서십시오.
○주인과 손님은 서로 두 번 절하며 인사를 나누십시오.
○주인과 손님은 서로 읍을 하며 먼저 들어가기를 권유하십시오.
○이렇게 세 번 반복하십시오.
○주인의 찬인은 주인을 인도하여 먼저 들어가 동쪽 계단 아래에 서향 하여 서십시오.
○손님의 찬인은 손님을 인도하여 서쪽계단 아래에 동향하여 서주십시 오.
○주인은 손님에게 "먼저 오르십시오"라고 하면 손님은 "아닙니다"라 고 하고, 또 주인은 "아닙니 다   먼저 오르시기 바랍니다"라고 하면 손님은 "이닙니다 먼저 오르십시오" 답 하십시오.
○또 한번 주인이 "사양마시고 먼저 오르십시오"라고 하면 손님이"아닙니다 제발 먼저 오르 십시 오"라고 서로 사양하면서 먼저 오르기를 권유하십시오.
○주인이 먼저 올라가십시오.
○손님이 뒤 따라 올라가십시오.
○주인은 동쪽 계단 위 마루위에서 북쪽을 향하여 두 번 절하십시오.
○손님은 서쪽 계단위 마루위에서 북쪽을 향해서 두 번 절하십시오.
○주인과 손님은 서로 마련된 자리에 나아가 마주 하십시오.

2, 주인 헌빈=주인이 손님에게 술을 대접하는 절차와 의식

○주인의 찬인이 주인을 인도하여 준소에 나아가 잔을 가지고 동쪽 계 단 아래 잔 씻는 곳으로 내려 가십시오
○손님의 찬인이 손님을 인도하여 서쪽계단 아래에 내려와 서십시오.
○주인이 "내려오지 마십시오"라고 말하십시오.
○손님이 "아닙니다 괜찮습니다"라고 말하십시오.
○주인은 잔 씻는 곳으로 나아가십시오.
○주인은 남향하여 잔을 바구니 안에 내려놓으십시오.
○주인은 손을 물로 씻고, 수건으로 닦으십시오.
○주인은 잔을 들어 옥세자에게 건너 주십시오.
○옥세자는 잔을 씻어 주인에게 건네주십시오.
○주인은 동쪽계단 아래에서 돌아와 손님을 향해 "먼저 오르십시오"라 고 읍을 하면, 손님은 읍하며 먼저 계단위로 오르고, 주인이 따라 마 루위에 올라가십시오.
○손님은 서쪽 마루 위에서 북향하여 절을 한번 하십시오.
○주인은 잔을 소반위에 올려놓고 동쪽마루 위에서 북향하여 답하여 절을 한번 하십시오.
○손님은 서쪽 마루위에서 주인을 향해 반듯이 서십시오.
○주인의 찬인은 주인을 인도하여 준소에 나아가십시오.
○집사자는 술항아리 덥개를 여십시오.
○주인이 잔을 채워 손님의 자리에 나아가 잔을 들어 올려 주십시오.
○손님이 주인을 향해 절을 한번하면 주인은 잔을 들고 뒤로 조금 물 러서십시오.
○손님은 주인에게서 잔을 받아 손님의 자리로 돌아 오십시오.
○주인이 동쪽 마루위에 돌아와 손님을 향하여 한번 절하면 손님은 뒤 로 조금 물러서십시오.
○집사자는 육포와 땅콩을 손님의 자리 앞에 올려 놓으십시오.
○주인은 동쪽마루 위에서 손님을 향하여 반듯이 서십시오.
손님은 왼쪽에는 잔을 들고 오른쪽에는 육포를 드십시오.
손님은 자리에 앉아 잔을 놓고, 손을 닦고 술잔을 잔 받침 위에 올 려 놓으시오.
○손님은 일어나 자리 끝으로 옮겨 앉아 술을 조금 마시십시오.
○손님은 자리에 도라와 잔을 놓고 주인을 향하여 잔을 놓고, 주인을 향해 절하고 앉아 "술 맛이 아주 좋습니다"라고 말하십시오.
○주인은 동쪽 마루위에서 답하여 절 하십시오.
○손님은 서쪽 마루위에 와서 북향하고 앉아 술을 모두 마시고 일어서 십시오.
○손님이 잔을 놓고 주인을 향해 절을 하면, 주인이 동쪽 마루 마루위 에서 답하여 절을 하 십시오.

3, 빈작 주인=손님이 주인에게 잔을 되돌려 권하는 절차와 의식

○손님의 찬인이 손님의 왼쪽에 나아가 "주인에게 잔을 권하십시오."라 고 말하십시오.
○손님의 찬인은 손님을 인도하여 잔을 가지고 서쪽계단 아래에 내려 와 서십시오.
○주인의 찬인이 주인을 인도하여 동쪽계단 아래에 내려와 서십시오.
○손님은 "내려오지 마십시오"라고 말하십시오.
○주인은 대답하여 "아닙니다 괜찮습니다"라고 말하십시오.
○손님은 잔 씻는 곳으로 나아가십시오.
○손님은 북향하여 광주리에 잔을 놓으시오.
○손님은 물로 손을 씻고 수건으로 닦으십시오.
○손님은 잔을 들어 옥세자에게 건네주십시오.
○옥세자는 잔을 씻어 손님에게 건네 주십시오.
○손님은 잔을 들고 서쪽 계단 밑에서 주인에게 읍하여 먼저 오르기를 권하십시오.
○주인이 먼저 동쪽 마루 위에 올라가 북향하여 절을 하십시오.
○손님이 따라 서쪽 마루위에 올라가 북향하여 절을 한번 하십시오.
○주인은 동쪽 마루 위에서 손님을 향해 반듯이 서십시오.
○손님의 찬인은 손님을 인도하여 술항아리 앞으로 나아가십시오.
○집사자는 술항아리 덮개를 여십시오.
○손님은 잔을 채워 자리로 나아가 주인에게 잔을 들어 올려 주십시오.
○주인이 손님을 향해 절을 하면, 손님은 뒤로 조금 물러서십시오.
○주인은 잔을 받아 다시 주인의 자리에 돌아 오십시오.
○손님이 서쪽 마루 위에서 절하면 주인은 뒤로 조금 물러서십시오.
○손님은 서쪽마루 위에서 주인을 향해 반듯히 서십시오.
○집사자는 육포와 땅콩을 주인의 자리 앞에 올려주십시오.
○주인은 자리에 앉아 손을 닦고 술잔을 잔 받침 위에 올려놓으시오.
○주인은 자리 끝에 옮겨 앉아 술을 조금 마시십시오.
○주인은 동쪽마루 위로 옮겨 앉아 북향하고 여러 손님에게 술을 마 시기를 권하고 함께 모두 술을 마시십시오.
○주인이 잔을 놓고 일어나 손님에게 절하면 손님은 답하여 절하십시오.
○주인과 손님 모두 남향하여 앉으십시오.

4, 악빈=주인이 손님에게 음악과 시, 훈사를 들려주는 의식

○집사자는 서안을 마루에 갖다 놓으시오.
○송시자는 서안에 남향하여 앉으십시오.
○송시자는 시경의 소아녹명지 삼장을 노래하시오.
○송시자는 한문을 읽고 한글로 말하여 주십시오

2, 훈사(訓辭) 훈계의 말씀

유아국가솔유구장(維我國家率由舊章) 생각건대 우리나라가 옛법을 따라
숭상예교(崇尙禮敎) 예의를 숭상하니
금자거행향음(今玆擧行鄕音) 이제 향음주례를 행하는 것은
비전위음식이이(非專爲飮食而已) 오로지 먹고 마시자는 것이 아니라
범아장유각상(凡我長幼各相) 우리 어른이나 아이 할것 없이
권면효어가충어국(勸勉孝於家忠於國) 가정에서는 효도하고 나라에는 충성하기를 권하고
내목어규문외비어향당(內睦於閨門外比於鄉黨) 안으로 가정이 화목하 기를 권하고, 직장이나 단체생활에 서로 화친과 단 합을 권하며
서훈고서교회(胥訓誥胥敎誨) 서로가르치고 깨우쳐서
무혹건추이첨소생(無或愆墜以忝所生) 혹시라도 잘못으로 흘러서 너의 조상에게 욕됨이

없게 하기 위함인 것이다.
○(훈사를 마치면) 참례자는 일어나 북향하여 두 번 절하십시오,
○모든 참례자는 자리에 앉으십시오.

5, 승좌(升坐)참례자가 술을 마시는 의식

○주인과 손님은 서로 읍하고 자리에 앉으십시오.
○집사자는 손님과 주인 앞에 여러 가지 음식을 모두 내어 놓으시오.
○주인은 자기잔에 술을 딸아 여러 손님에게 권해 주십시오.
손님은 자기잔에 술을 딸아 여러 사람에게 권해 주십시오. 손님이 차례로 술을 좌중에 권해
주십시오.
-서로술을 나눌 시간의 여유를 둔다.-
○술 마시는 시간을 마치겠습니다.
○모두 자리에서 일어나 서로 읍하십시오.

6, 빈출(賓出) 손님을 전송하는 의식

○참례자는 모두 일어서십시오. 손님이 나가시려고 합니다.
○손님은 베푸신데 감사하고, 주인은 방문한데 감사의 뜻으로 서로 절을 하십시오.
○손님의 찬인은 손님을 인도하여 서쪽 계단으로 내려와 나가십시오.
○주인의 찬인은 주인을 인도하여 문밖에 이르러 손님께 두 번 절하여 전송 하십시오.
○예필- 향음주례의 마무리
○손님이 잘 가셨습니다.
○이것으로 한산향교 제2회 향음주례 공연을 모두 마칩니다.
○고(鼓)는 북을 크게 3번 치십시오. (出處; 풍악서당 남해)

서원향례홀기(書院香禮笏記)

○제일축전(祭日丑前) 오각(五刻) 장찬자(掌饌者) 선입실찬(先入實饌) 구필
(具畢)향사일(享祀日) 축시오각전(丑時五刻前)에 진설소임(陳設所任)이 사당(祠堂)에 들어
가서 제수(祭需)를 챙겨 진설도에 의하여 진설한다. ○제집사(諸執事) 선예(先詣)
문외위(門外位) 모든집사(執事)는 먼저 경덕사(景德祠) 삼문(三門) 밖의 자리로 나아가세
요. ○알자급(謁者及) 찬인각인(贊人各引) 헌관예(獻官詣) 문외위(門外位)알자
와 찬인은 각각 헌관을 인도하여 삼문 밖의 정석으로 나아가세요. ○찬자인(贊者引)
초헌관(初獻官) 승자동계(昇自東階) 점시진설(點視陳設)찬자(집례)는 초헌관을
인도하여 경덕사의 동쪽계단으로 올라가 제수 진설한 것을 점검하세요. ○축개독(祝開櫝)
축관이 경덕사에 나아가서 위폐의 독을 여세요. ○흘강예(訖降詣) 문외위(門外位)헌관
과 축관은 원위치인 삼문 밖으로 내려오세요. ○찬자(贊者) 알자(謁者) 찬인(贊引)
입취배위(入就拜位)찬자와 알자 그리고 찬인은 절하는 위치에 나아가세요. ○재배(再
拜)두 번 절을 하세요. ○각취위(各就位)각자 맡은 위치로 가세요. ○찬인인(贊引引)
학생(學生) 입취배위(入就拜位)찬인은 학생을 인도하여 절하는 위치로 가세요. ○재
배(再拜)두 번 절하세요. ○국궁(鞠躬)몸을 굽히세요. ○배(拜)절을 하세요. ○흥(興)
일어나세요. ○배(拜)절을 하세요. ○흥(興)일어나세요. ○평신(平身)몸을 바르게
하세요. ○찬인인(贊引引) 축급(祝及) 제집사(諸執事) 입취배위(入就拜位)찬인
은 축과 모든 집사를 인도하여 절하는 자리로 나아가세요. ○재배(再拜)두 번 절하세요.
○국궁(鞠躬)몸을 굽히세요. ○배(拜)절을 하세요. ○흥(興)일어나세요. ○배(拜)절을
하세요. ○흥(興)일어나세요. ○평신(平身)몸을 바르게 하세요. ○예(詣) 관세위(盥

洗位)찬인은 대축 및 여러 집사를 모시고 손 씻는 자리로 나아가시요. ○**관수세수(**盥**手 洗手)**손을 씻고 닦으세요.○**각취위(各就位)**각자 맡은 위치로 가세요. ○**알자급(謁者 及) 찬인각인(贊引各引) 헌관(獻官) 입취배위(入就拜位)**알자 및 찬인은 각각 헌관을 모시고 들어가 절하는 자리에 나아가세요. ○**재배(再拜)**두 번 절하세요. ○**국궁 (鞠躬)**몸을 굽히세요. ○**배(拜)**절을 하세요. ○**흥(興)**일어나세요. ○**배(拜)**절을 하세요. ○**흥(興)**일어나세요. ○**평신(平身)**몸을 바르게 하세요. ○**알자진(謁者進) 초헌관지 좌(初獻官之左) 백유사(白有事) 근구(謹具) 청행사(請行事)**알자는 초헌관 왼쪽에 나아가 동향하여 모든 유사들이 제수를 경허이 진설 하였기에 행사(行事)하기를 청하세요. (즉 "謹具請行事" 라고 헌관에게 고한다) ○**퇴(退) 복위(復位)**다시 제자리로 돌아가세요. ○**헌관급(獻官及) 학생개(學生皆) 재배(再拜)**헌관 및 학생은 모두 두 번 절 하세요. ○**국궁(鞠躬)**몸을 굽히세요. ○**배(拜)**절을 하세요. ○**흥(興)**일어나세요. ○**배(拜)**절을 하세요. ○**흥(興)**일어나세요. ○**평신(平身)**몸을 바르게 하세요.

◆**행전폐례(行奠幣禮)**폐백을 드리는 례를 행하세요.
○**알자인(謁者引) 초헌관(初獻官) 예(詣) 관세위(**盥**洗位)**알자는 초헌관을 모시고 손 씻는 자리에 나아가세요. ○**북향립(北向立)**북쪽으로 향하여 서세요. ○**관수세수(**盥 **手洗手)**손을 씻고 닦으세요. ○**인예(引詣) 모선생(某先生) 신위전(神位前)**모선생 신위 앞으로 인도하여 나아가세요. ○**궤(跪)**꿇어앉으세요. ○**삼상향(三上香)**세 번 향을 올리세요. ○**축이(祝以) 폐비(幣篚) 수(授) 헌관(獻官)**축관이 폐비를 초헌관에게 드리세요. ○**헌관집폐(獻官執幣)**헌관이 폐비를 받으세요. ○**이수축(以授祝)**헌관이 다시 축관에게 주세요. ○**축(祝) 전우(奠于) 신위전(神位前)**축관은 받은 폐비를 신위 앞에 드리세요. ○**헌관(獻官) 부복(俯復) 흥(興)**헌관은 몸을 굽혔다가 일어나세요. ○ **차예(次詣) 죽림공(竹林公) 신위전(神位前)**다음은 죽림공 신위 전으로 인도하여 나아가세요. ○**궤(跪)**꿇어앉으세요. ○ **삼상향(三上香)**세 번 향을 올리세요. ○**축이폐 비(祝以幣篚) 수헌관(授獻官)**축관이 폐비를 초헌관에게 드리세요. ○**헌관집폐(獻官 執幣)**헌관이 폐비를 받으세요. ○**이수(以授) 축(祝)**헌관이 다시 축관에게 주세요. ○**축 (祝) 전우(奠于) 신위전(神位前)**축관은 받은 폐비를 신위 앞에 드리세요 ○**헌관(獻 官) 부복흥(俯復興)**헌관은 몸을 굽혔다가 일어나세요 ○**차예(次詣) 구봉공(龜峰公) 신위전(神位前)**다음은 귀봉공 신위 전으로 인도하여 나아가세요 ○**궤(跪)**꿇어앉으세요. ○**삼상향(三上香)**세 번 향을 올리세요. ○**축이폐비(祝以幣篚) 수헌관(授獻官)**축관 이 폐비를 초헌관에게 드리세요. ○**헌관집폐(獻官執幣)**헌관이 폐비를 받으세요. ○**이수 (以授) 축(祝)**헌관이 다시 축관에게 주세요. ○**축(祝) 전우(奠于) 신위전(神位前)** 축관은 받은 폐비를 신위 앞에 드리세요. ○**헌관(獻官) 부복흥(俯復興)**헌관은 몸을 굽 혔다가 일어나세요. ○**인강복위(引降復位)**헌관은 인도를 받아 제자리로 되돌아가세요.

◆**행(行) 초헌례(初獻禮)**초헌의 례를 행하세요.
○**알자인(謁者引) 초헌관(初獻官) 예(詣) 태사선생(太師先生) 존소(尊所)**알자 는 초헌관을 모시고 태사선생의 제주를 담아 놓은 자리 준소(尊所)로 나아가세요. ○**서향립 (西向立)**서쪽을 향해 서세요. ○**사준(司尊) 거멱작주(擧幂酌酒)**마개를 걷고 술을 잔 에 따르세요. ○**인예(引詣) 신위전(神位前)**초헌관을 신위 앞으로 인도하세요. ○**궤(跪)** 꿇어앉으세요. ○**집사역궤(執事亦跪)**봉작도 같이 꿇어앉으세요. ○**이작수(以爵授) 헌관(獻官)**봉작은 술잔을 헌관에게 드리세요. ○**헌관집작(獻官執爵)**헌관은 술잔을 받

으세요. ○**집사수작(執事受爵)**헌관은 받은 술잔을 다시 전작에게 주세요. ○**전우(奠于)
신위전(神位前)**전작은 술잔을 신위 앞에 드리세요. ○**개궤궤개(開簋簋盖)**보와 궤의
덮개를 여세요. ○**헌관(獻官) 부복(俯伏) 흥(興)**헌관은 몸을 굽혀 업 드렸다가
일어나세요. ○**소퇴(少退) 궤(跪)**조금 물러나 꿇어앉으세요. ○**축(祝) 진(進) 헌관
지좌(獻官之左) 동향궤(東向跪)**축관은 헌관의 왼편으로 나아가 동쪽으로 향하여
꿇어앉으세요. ○**독축(讀祝)**축관이 축문을 낭독하세요. ○**부복(俯伏) 흥(興)**헌관이 몸
을 굽혀 업 드렸다가 일어나세요. ○**차예(次詣) 죽림공(竹林公) 준소(尊所)**다음은
헌관이 죽림공의 술 따르는 자리로 나아가세요. ○**서향립(西向立)**서쪽을 향해 서세요. ○
사준(司尊) 거멱작주(擧冪酌酒)마개를 걷고 술을 잔에 따르세요. ○**인예(引詣) 신
위전(神位前)**초헌관을 신위 앞으로 인도하세요. ○**궤(跪)**꿇어앉으세요. ○**집사역궤(執
事亦跪)**집사도 같이 꿇어앉으세요. ○**이작수(以爵授) 헌관(獻官)**봉작은 술잔을 헌관
에게 드리세요. ○**헌관집작(獻官執爵)**헌관은 술잔을 받으세요. ○**집사수작(執事受爵)**
헌관은 받은 술잔을 다시 전작에게 주세요. ○**전우(奠于) 신위전(神位前)**전작은 술잔을
신위 앞에 드리세요. ○**부복(俯伏) 흥(興)**헌관이 몸을 굽혀 업 드렸다가 일어나세요. ○
차예(次詣) 구봉공(龜峰公) 존소(尊所)다음은 헌관이 귀봉공의 술 따르는 자리로
나아가세요. ○**서향립(西向立)**서쪽을 향해 서세요. ○**사존(司尊) 거멱작주(擧冪酌
酒)**마개을 걷고 술을 잔에 따르세요. ○**인예(引詣) 신위전(神位前)**초헌관을 신위
앞으로 인도하세요. ○**궤(跪)**꿇어앉으세요. ○**집사역궤(執事亦跪)**봉작도 같이 꿇어앉으
세요. ○**이작수(以爵授) 헌관(獻官)**봉작은 술잔을 헌관에게 드리세요. ○**헌관집작
(獻官執爵)**헌관은 술잔을 받으세요. ○**집사수작(執事受爵)**헌관은 받은 술잔을 다시
전작에게 주세요. ○**전우(奠于) 신위전(神位前)**전작은 술잔을 신위 앞에 드리세요. ○
부복(俯伏) 흥(興)헌관이 몸을 굽혀 업 드렸다가 일어나세요. ○**인강복위(引降復位)**
헌관은 인도를 받아 제자리로 되돌아가세요.

◆행(行) 아헌례(亞獻禮)아헌의 례를 행하세요.

○**알자인(謁者引) 아헌관(亞獻官) 예(詣) 관세위(盥洗位)**아헌관을 모시고 손
씻는 자리에 나아가세요. ○**북향립(北向立)**북쪽으로 향하여 서세요. ○**관수세수(盥手
洗手)**손을 씻고 닦으세요. ○**인예(引詣) 태사선생(太師先生) 준소(尊所)**알자는
아헌관을 모시고 태사선생의 제주를 담아놓은 준소로 나아가세요. ○**서향립(西向立)**서쪽
을 향해 서세요. ○**사준(司尊) 거멱작주(擧冪酌酒)**마개를 걷고 술을 잔에 따르세요.
○**인예(引詣) 신위전(神位前)**초헌관을 신위 앞으로 인도하세요. ○**궤(跪)**꿇어앉으세
요. ○**집사역궤(執事亦跪)**봉작도 같이 꿇어앉으세요. ○**이작수(以爵授) 헌관(獻官)**
봉작은 술잔을 헌관에게 드리세요. ○**헌관집작(獻官執爵)**헌관은 술잔을 받으세요. ○**집
사수작(執事受爵)(집사수작)**헌관은 받은 술잔을 다시 전작에게 주세요. ○**전우(奠于)
신위전(神位前)**전작은 술잔을 신위 앞에 드리세요. ○**부복(俯伏) 흥(興)**헌관이 몸을
굽혀 업 드렸다가 일어나세요. ○**차예(次詣) 죽림공(竹林公) 준소(尊所)**다음은
헌관이 죽림공의 술 따르는 자리로 나아가세요. ○**서향립(西向立)**서쪽을 향해 서세요. ○
사준(司尊) 거멱작주(擧冪酌酒)마개를 걷고 술을 잔에 따르세요. ○**인예(引詣) 신
위전(神位前)**초헌관을 신위 앞으로 인도하세요. ○**궤(跪)**꿇어앉으세요. ○**집사(執事)
역궤(亦跪)**봉작도 같이 꿇어앉으세요. ○**이작수(以爵授) 헌관(獻官)**봉작은 술잔을
헌관에게 드리세요. ○**헌관집작(獻官執爵)**헌관은 술잔을 받으세요. ○**집사수작(執事
受爵)**헌관은 받은 술잔을 다시 전작에게 주세요. ○**전우(奠于) 신위전(神位前)**전작은
술잔을 신위 앞에 드리세요. ○**부복(俯伏) 흥(興)**헌관이 몸을 굽혀 업 드렸다가 일어나

세요. ○**차예(次詣) 구봉공(龜峰公) 준소(尊所)**다음은 헌관이 귀봉공의 술 따르는 자리로 나아가세요. ○**서향립(西向立)**서쪽을 향해 서세요. ○**사존(司尊) 거멱작주(擧冪酌酒)**마개를 걷고 술을 잔에 따르세요. ○**인예(引詣) 신위전(神位前)**초헌관을 신위 앞으로 인도하세요. ○**궤(跪)**꿇어앉으세요. ○**집사역궤(執事亦跪)**봉작도 같이 꿇어앉으세요. ○**이작수(以爵授) 헌관(獻官)**봉작은 술잔을 헌관에게 드리세요. ○**헌관집작(獻官執爵)**헌관은 술잔을 받으세요. ○**집사수작(執事受爵)**헌관은 받은 술잔을 다시 전작에게 주세요. ○**전우(奠于) 신위전(神位前)**전작은 술잔을 신위 앞에 드리세요. ○**부복(俯伏) 흥(興)**헌관이 몸을 굽혀 업 드렸다가 일어나세요. ○**인강복위(引降復位)**헌관은 인도를 받아 제자리로 되돌아가세요.

◆**행(行) 종헌례(終獻禮)**종헌의 례를 행하세요.

○**알자인(謁者引) 종헌관예(終獻官詣) 관세위(盥洗位)**알자는 종헌관을 모시고 손 씻는 자리에 나아가세요. ○**북향립(北向立)**북쪽으로 향하여 서세요. ○**관수세수(盥手洗手)**손을 씻고 닦으세요. ○**인예(引詣) 태사선생(太師先生) 준소(尊所)**알자는 아헌관을 모시고 태사선생의 제주를 담아놓은 준소로 나아 가세오. ○**서향립(西向立)**서쪽을 향해 서세요. ○**사준(司尊) 거멱작주(擧冪酌酒)**마개를 걷고 술을 잔에 따르세요. ○**인예(引詣) 신위전(神位前)**초헌관을 신위 앞으로 인도하세요. ○**궤(跪)**꿇어앉으세요. ○**집사역궤(執事亦跪)**봉작도 같이 꿇어앉으세요. ○**이작수(以爵授) 헌관(獻官)**봉작은 술잔을 헌관에게 드리세요. ○**헌관집작(獻官執爵)**헌관은 술잔을 받으세요. ○**집사수작(執事受爵)**헌관은 받은 술잔을 다시 전작에게 주세요. ○**전우(奠于) 신위전(神位前)**전작은 술잔을 신위 앞에 드리세요. ○**부복(俯伏) 흥(興)**헌관이 몸을 굽혀 업 드렸다가 일어나세요. ○**차예(次詣) 죽림공(竹林公) 준소(尊所)**다음은 헌관이 죽림공의 술 따르는 자리로 나아가세요. ○**서향립(西向立)**서쪽을 향해 서세요. ○**사준(司尊) 거멱작주(擧冪酌酒)**마개를 걷고 술을 잔에 따르세요. ○**인예(引詣) 신위전(神位前)**초헌관을 신위 앞으로 인도하세요. ○**궤(跪)**꿇어앉으세요. ○**집사역궤(執事亦跪)**봉작도 같이 꿇어앉으세요. ○**이작수(以爵授) 헌관(獻官)**봉작은 술잔을 헌관에게 드리세요. ○**헌관집작(獻官執爵)**헌관은 술잔을 받으세요. ○**집사수작(執事受爵)**헌관은 받은 술잔을 다시 전작에게 주세요. ○**전우(奠于) 신위전(神位前)**전작은 술잔을 신위 앞에 드리세요. ○**부복(俯伏) 흥(興)**헌관이 몸을 굽혀 업 드렸다가 일어나세요. ○**차예(次詣) 구봉공(龜峰公) 준소(尊所)**다음은 헌관이 귀봉공의 술 따르는 자리로 나아가세요. ○**서향립(西向立)**서쪽을 향해 서세요. ○**사준(司尊) 거멱작주(擧冪酌酒)**마개를 걷고 술을 잔에 따르세요. ○**인예(引詣) 신위전(神位前)**초헌관을 신위 앞으로 인도하세요. ○**궤(跪)**꿇어앉으세요. ○**집사역궤(執事亦跪)**봉작도 같이 꿇어앉으세요. ○**이작수(以爵授) 헌관(獻官)**봉작은 술잔을 헌관에게 드리세요. ○**헌관집작(獻官執爵)**헌관은 술잔을 받으세요. ○**집사수작(執事受爵)**헌관은 받은 술잔을 다시 전작에게 주세요. ○**전우(奠于) 신위전(神位前)**전작은 술잔을 신위 앞에 드리세요. ○**부복(俯伏) 흥(興)**헌관이 몸을 굽혀 업 드렸다가 일어나세요. ○**인강복위(引降復位)**헌관은 인도를 받아 제자리로 되돌아가세요.

◆**음복수조(飮福授胙)**

○**알자인(謁者引) 초헌관(初獻官) 예음복위(詣飮福位)**알자가 초헌관을 인도하여 음복하는 자리로 나아가세요. ○**북향(北向) 궤(跪)**북쪽을 향하여 꿇어앉으세요. ○**축예준소(祝詣尊所) 이작작(以爵酌) 복주(福酒)**축관이 준소로 나아가 복주를 술잔에

떠오세요. ○**진(進) 헌관지좌(獻官之左)**축관은 헌관의 왼편에 나아가 꿇어앉으세요. ○**이작수(以爵授) 헌관(獻官)**헌관에게 술잔을 주세요. ○**헌관음(獻官飮) 졸작(卒酌)**헌관은 받은 술을 다 마시세요. ○**집사수(執事受) 허작(虛爵) 복어점(復於坫)**축관이 빈 잔을 받아 음복상위에 놓으세요. ○**축(祝) 진감(進減) 신위전(神位前) 조육**(胙肉)축관이 제상위에 나아가서 조육을 덜어오세요. ○**수(授) 헌관(獻官)**축관은 조육을 헌관에게 주세요. ○**헌관수**조(獻官受胙)헌관은 조육을 받으세요. ○**이수집사(以授執事)**헌관은 받은 조육을 다시 축관에게 주세요. ○**집사(執事) 강자동계(降自東階)**집사는 조육을 받고 동계로 나가세요.(이것은 상을 물린다는 뜻이다.) ○**인강복위(引降復位)**헌관은 인도를 받아 제자리로 되돌아가세요. ○**헌관개(獻官皆) 재배(再拜)**헌관은 모두 두 번 절 하세요. ○**국궁(鞠躬)**몸을 굽히세요. ○**배(拜)**절을 하세요. ○**흥(興)**일어나세요. ○**배(拜)**절을 하세요. ○**흥(興)**일어나세요. ○**평신(平身)**몸을 바르게 하세요. ○**축(祝) 입철변두(入撤邊豆)**축관이 사당에 들어가 변두를 조금 식 틀어놓으세요. ○**헌관급(獻官及) 학생개(學生皆) 재배(再拜)**헌관과 학생은 무두 두 번 절 하세요. ○**국궁(鞠躬)**몸을 굽히세요. ○**배(拜)**절을 하세요. ○**흥(興)**일어나세요. ○**배(拜)**절을 하세요. ○**흥(興)**일어나세요. ○**평신(平身)**몸을 바르게 하세요.

◆**행(行) 망료례(望燎禮)**망요례를 행하세요.

○**알자인(謁者引) 초헌관(初獻官) 예(詣) 망료위(望燎位)**알자가 초헌관을 인도하여 망요자리로 나아간다. 이때 헌관은 동계로 올라가 서계로 내려오는데 축관도 같이 내려가세요. ○**축취(祝取) 축급폐(祝及幣) 강자서계(降自西階)**축관이 축문과 폐비를 가지고 서계로 헌관과 내려가세요. ○**요어감(燎於坎)**구덩이에서 태우세요. ○**인강복위(引降復位)**초헌관은 서계로 올라가 동계로 내려와 제자리로 되돌아가세요. ○**알자진(謁者進) 초헌관지좌(初獻官之左) 백례필(白禮畢)**알자가 초헌관의 좌편에 나아가 예필이라고 고하세요. ○**수인(遂引) 초헌관출(初獻官出)**알자가 초헌관을 인도하여 차래로 삼문 밖으로 나아가세요. ○**찬인각인(贊引各引) 헌관출(獻官出)**찬인이 헌관을 인도하여 차례로 삼문 밖으로 나아가세요. ○**학생이(學生以) 차출(次出)**학생도 뒤따라 나가세요. ○**알자찬인(謁者贊引) 환(還) 복위(復位)**알자찬인은 삼문까지 인도하고 다시 제자리로 들어오세요. ○**축급(祝及) 제집사(諸執事) 개복배위(皆復拜位)**축관과 모든 집사는 다시 절하는 자리로 나아가세요. ○**재배(再拜)**두 번 절하세요. ○**국궁(鞠躬)**몸을 굽히세요. ○**배(拜)**절을 하세요. ○**흥(興)**일어나세요. ○**배(拜)**절을 하세요. ○**흥(興)**일어나세요. ○**평신(平身)**몸을 바르게 하세요. ○**출(出)**나아가세요. ○**찬자(贊者) 알자(謁者) 찬인(贊引) 구복배위(俱復拜位)**찬자 알자 찬인은 절하는 배석으로 가세요. ○**재배출(再拜出)**두 번 절하고 삼문 밖으로 나아가세요, ○**축(祝) 합독(闔櫝)**축관은 주독을 닫으세요. ○**장찬자(掌饌者) 솔기속(率其屬) 철찬합문(撤饌闔門)**장찬자가 이에 속한 집사를 대리고 철찬하고 문을 닫으세요.

원사(院祠)향례(享禮)

(1)향례(享禮)

원사당(院祠堂)에서는 예년(例年) 향사를 올리고 있다. 거의가 정일(定日)로 세일향(歲一享) 또는 세이향(歲二享)이 있으나 형편에 따라 격년 또는 삼년식 간격으로 석채(釋菜)를 드리는 곳도 있다. 이 향례는 향중행사가 위주로 지엄한 가운데 정해진 절차에 따라 행해져야 한다.

1)회문(回文)

회문(回文)이란 향례일을 알리는 통문(通文)이니, 유사(有司:齋任) 명의로 늦어도 십일 전까지는 향중(鄕中) 각 문중(門中)에 발송되어야 한다.

2)초집(抄執)

원사당(院祠堂)에서는 향례시(享禮時)의 오집사(五執事)(헌관3인, 축, 집례)를 천망하기 위하여 약 이십일(二十日) 전쯤 향유사(鄕有司)와 성손대표(姓孫代表)가 인선(人選)을 하는 모임을 초집(抄執)이라 하고 이 초집에서 인선된 오집사에게 망지(望紙)를 써서 보낸다.

3)향례(享禮)의 절차

원사당의 향례 행사는 밤 축시(丑時:夜半1時)에 행사하는 원사도 있고, 질명(質明:日出前) 행사를 하는 원사도 있다. 단 전(全) 행사를 주간행사를 원칙으로 하고 있다.

①입소(入所)

회문(回文)에 따라 입소한다. 보통 향례전일 오전(11시경)에 입소하되 원전(院前)에서 구복(具服)을 하고 들어가서 상당(上堂)에 인사를 드리고 물러나와 자리를 정한다. 배상(配床)을 받고 오식(午食)을 마친다.

②파록개좌(爬錄開座)

오후 2시부터 3시 사이에 재임의 돈청(頓請)으로 원장의 지시에 따라 구진(口陳)으로 개좌를 알린다. 재임 전원이 각 위치에 서립하고 구진에 따라 상읍(上揖)을 하고 모두 좌정(坐定)하여 집사분정(執事分定:爬錄이라고도 하며 행사업무의 분장(分掌)이다)을 한다.

③조사(曹司)천망(薦望)

조사(曹司)란 벼슬아치가 집무하는 방이라고 해석 되나 이 파록(爬錄)에서의 조사는 원장을 보좌하여 사서(司書)를 담당하는 사람을 말한다. 가급적이면 젊은 재인중에서 글씨를 잘쓰는 사람을 선출(選出)한다. 먼저 재임의 기초에 원장의 천거로 조사망으로서 조사(曹司)를 천거하는데 조사망 집필(執筆)은 가급적이면 성손중에서 하는 것이 옳다. 이 파록(爬錄)때의 망은 조사와 공사원에게 내리는데 용지는 한지전지를 6절로 똑같이 접어서 상하 절지하여 2장을 재임이 미리 준비해 두어야 한다.

④공사원(公事員) 천망

관청이나 공공단체의 일을 공사(公事)라고 하나 이 파록(爬錄)에서의 공사는 수의(遂意)하는 일로 해석된다. 따라서 공사원은 제집사분정(諸執事分定)을 의논(議論)하여 결정하는 소임(所任)이다.

⑤집사분정(執事分定:爬錄)

조사가 이미 준비된 파록지에다 「모서원 춘(추)향집사분정」이라 서두에 쓰고 원장(院長)의 인선(人選)(사전에 재임이 예비인선분정을 해 놓아야 함)대로 집사(執事)를 분정(分定)한다.

⑥감생(監牲)절차

감생(監牲)이란 생(牲)을 보고 감정(鑑定)하는 절차이다. 장찬자가 원사당의 측문 바깥이나 고사 옆마당 등을 택하여 설석(設席)하고 재임 전원이 임석한 가운데 감생개좌를 고한다. 삼헌관(三獻官)은 반드시 북향(北向)으로 설석하고 생(牲)의 머리가 묘우(廟宇)쪽으로 향(向)하게 하고 재임이 좌(左)에서 우(右)로 세 바퀴 천지신에 고(告)하여 돌고나서 원장앞에 나아가 정립(定立)하고 읍(揖)하여 세번 「충(充)」 하면 원장(院長:初獻者))은 답(答)으로 「돌(腏)」 하고 행사를 마치고 삼헌관과 전재원은 강당(講堂)으로 돌아간다.

⑦ 사축(寫祝)

사축이란 축문을 배껴쓰는 절차이다. 이 축은 원사에 따라 그 내용이 각각 다르다. 재임(齋任)은 묘우전에 설석(設席)하고 삼헌관을 알자 찬인이 인도하여 좌정하면 축관(祝官)은 궤좌(跪坐)하여 정성껏 사축한다. 사축된 것을 초헌관에게 드리고 초헌관은 이상 유무를 확인한 다음 재임에게 넘겨주면 재임(齋任)은 정문으로 들어가서 향탁(香卓)에 얹어두고 동문으로 나온다. 알자 찬인은 헌관을 인도하여 강당으로 돌아간다.

⑧ 간식(間食)

감생(監牲)과 사축(寫祝)이 끝나면 간식(間食)으로 술상이 배상(拜上)된다.

⑨ 석식개좌(夕食開座)

석식은 강당에서 재원 전원이 한자리에서 구진개좌에 따라 상읍을 하고 정좌하여 함께 식사를 한다. 파록(爬錄)에 등재되지 않은 재원은 석상개좌에 동참 할 수 없다.

⑩ 야하상(夜下床)

밤 10시경 야하상을 마치고 재임이하 축관 집례 및 재원이 상당(헌관실)에 가서 인사를 드리고 난 후 제복(除服)한다.

⑪ 진설(陳設)

행사전에 재임 판진설 장찬자 장생이 관수세수하고 구복(具服)하여 제수를 진설한다.

⑫ 행사(行事)

행사 직전(直前)에 잣죽이나 우유 등이 준비된 것을 마시고 집례의 창홀에 따라 행사를 한다. 행사전 들어오는 음식을 조반(祖飯)이라고 한다.

⑬ 음복개좌(飮福開座)

행사 종료 후 강당에 전 재원이 되돌아 와서 향례제수주로서 구진(口陳)에 따라 상읍(上揖) 개좌하여 음복한다.

⑭ 조찬(朝餐)

전재원이 제복(除服)차림으로 자연스럽게 조찬을 한다.

⑮ 생음복(牲飮福)

제사에 쓴 생(牲)으로서 익혀 골고루 개좌 없이 음복을 하고 난 뒤 재원이 되돌아가도록 주선(周旋)을 한다.

⑯ 치봉(致封) 및 행자(行資)

향례에 쓴 생으로서 생성 그대로 삼헌관 축관 집례 재임(육집사)에게 균등히 치봉을 하고 행자는 육집사는 물론 그 외의 타성 재임에게는 모두 정해진 행자(行資)를 드리는 것이 의당한 일이다.

향례홀기(享禮笏記)

○제집사선예외위(諸執事先詣外位)○알자인초헌관점시진설(謁者引初獻官點視陳設)○집사개독(執事開櫝)○개개(開蓋)○알자급찬인각인헌(謁者及贊人各引獻)○관취외위(官就外位)○찬인인축급제집사입취배위(贊人引祝及諸執事入就拜位)○재배(再拜)○국궁(鞠躬)○배(拜)○흥(興)○배(拜)○흥(興)○평신(平身)○찬인인축급제집사예관세위(贊人引

祝及諸執事詣盥洗位)○관세(盥洗)○각취위(各就位)○알자급찬인각인헌관입취배위(謁者及贊人各引獻官入就拜位)○재배(再拜)○국궁(鞠躬)○배(拜)○흥(興)○배(拜)○흥(興)○평신(平身)○알자인초헌관예관세위(謁者引初獻官詣盥洗位)○관세(盥洗)○인예신위전(引詣神位前)○궤(跪)○삼상향(三上香)○부복흥(俯伏興)○인강복위(引降復位)

◆행(行) 초헌례(初獻禮)

○알자인초헌관예준소(謁者引初獻官詣樽所)○인예신위전(引詣神位前)○궤(跪)○전작(奠爵)○부복흥(俯伏興)○소퇴궤(小退跪)○독축(讀祝)○부복흥(俯伏興)○인강복위(引降復位)

◆행(行) 아헌례(亞獻禮)

○찬인인아헌관예관세위(贊人引亞獻官詣盥洗位)○관세(盥洗)○인예준소(引詣樽所)○인예신위전(引詣神位前)○궤(跪)○전작(奠爵)○부복흥(俯伏興)○인(引)○강복위(降復位)

◆행(行) 종헌례(終獻禮)

○찬인각인종헌관분헌관예관세위(贊人各引終獻官分獻官詣盥洗位)○관세(盥洗)○각인예준소(各引詣樽所)○각인예신위전(各引詣神位前)○궤(跪)○전작(奠爵)○부복흥(俯伏興)○인강복위(引降復位)

◆음복(飮福) 수조(受胙)

○집사예준소(執事詣樽所)○이작작복주(以爵酌福酒)○집사진감신위전조육(執事進減神位前胙肉)○알자인초헌관예음복위(謁者引初獻官詣飮福位)○북향(北向)○궤(跪)○집사진헌관지좌(執事進獻官之左)○이작수헌관(以爵授獻官)○헌관음졸작(獻官飮卒爵)○집사수허작(執事受虛爵)○집사북향이조수헌관(執事北向以胙授獻官)○헌관수조(獻官受胙)○수집사(授執事)○부복흥(俯伏興)○인강복위(引降復位)○재배(再拜)○헌관개재배(獻官皆再拜)○국궁(鞠躬)○배(拜)○흥(興)○배(拜)○흥(興)○평신(平身)

◆철변두(徹籩豆)

○축입철변두(祝入徹籩豆)○재위자개재배(在位者皆再拜)○국궁(鞠躬)○배(拜)○흥(興)○배(拜)○흥(興)○평신(平身)

◆망예(望瘞)

○알자인초헌관예망예위(謁者引初獻官詣望瘞位)○북향립(北向立)○축취판강자서계(祝取板降自西階)○예감(瘞坎)○인강부위(引降復位)○알자인초헌관찬인인헌관이차출(謁者引初獻官贊人引獻官以次出)○축급제집사개부배위(祝及諸執事皆復拜位)○재배(再拜)○배(拜)○흥(興)○배(拜)○흥(興)○평신(平身)○이차출(以次出)

서원(書院)향사례(享祀禮)

1. 교궁(校宮), 전(殿), 원사당(院祠堂)

(1)교궁(校宮)

각 고을에 있는 문묘(文廟) 즉 향교(鄕校)를 말한다. 이 교궁(校宮)에는 공부자(孔夫子)를 주벽(主壁)으로 사성(四聖)과 송조(宋朝)2현, 신라조(新羅朝)2현, 고려조(高麗

朝)2현, 조선조(朝鮮朝)14현 등(等) 25위의 위패(位牌)를 대성전(大成殿)에 모시고 춘.추(2.8월)로 향례(享禮)를 올리고 있다.

주벽(主壁)은 공부자로 대성지성문성왕이요, 사성(四聖)은 복성공안자 종성공증자 술성공자사 아성공맹자이며, 송조2현은 정자와 주자이고, 신라조2현은 홍유후설총 문창후최치원이며, 고려조2현은 문성공안향과 문충공정몽주이다. 조선조14현은 문경공김굉필, 문헌공정여창, 문정공조광조, 문원공이언적, 문순공이황, 문정공김인후, 문성공이이, 문간공성혼, 문원공김장생, 문열공조헌, 문경공김집, 문정공송시열, 문정공송준길, 문순공박세채이다.

이 교궁(校宮)의 기능(機能)은 두 가지인데 첫째는 양사(養士)로써 즉 교육(敎育)의 기능이요 둘째는 제향(祭享)의 기능이다.

참고(參考)로 경주향교의 내력(來歷)을 보면 신라신문왕 2년(서기682년)에 국학(國學:國立大學)을 창설한데서 시작(始作)되었다.

성덕왕16년(서기717년)에 태감인 수충이 당(唐)으로부터 공자와 10철(공자의 제자)과 육예(예악사어서수)에 능통한 72제자의 화상(畵像)을 갖고 돌아와서 봉안(奉安)하였다. 고려 태조18년(서기935년)에 신라가 손국(損國)하자 국도(國都)를 경주(慶州)로 개칭하고 국학(國學)을 향학(鄕學)으로 개편하였다. 조선성종23년(서기1942년)에 이때의 부윤인 최응현이 모든 제도를 성균관(成均館)에 준하여 중신(重新)하였다.

(2)전(殿)

전(殿)이란 천자(天子)나 임금이 거처하는 집이거나 또는 신령(神靈)이나 부처님이나 왕위(王位)를 모셔 놓은 집을 말한다. 경주(慶州)에는 신라조의 제왕신위를 봉안하는 삼전(三殿)이 있으니 숭덕전(崇德殿:朴氏) 숭혜전(崇惠殿:金氏) 숭신전(崇信殿:昔氏)이다. 이 전에서는 춘추(春秋)로 향례를 올리고 있다.

(3)서원(書院)

당(唐)나라 제도로는 학교를 일컬었음이니 우리나라에서는 조선조에 선비들이 모여서 학문(學問)을 강론(講論)하고 석학(碩學) 또는 충절(忠節)로 순국(殉國)한 어른분을 제사지내는 곳이니 곧 서원(書院)은 그 기능이 선비들의 학문 강론(講論)의 기능과 제향(祭享)을 받드는 기능의 두 가지가 있다.

(4)서당(書堂)

서당이란 글방 또는 학당(學堂) 학방(學房)이라고도 하며 사숙(私塾)에 속하나 그 기능은 서원(書院)과 같다.

(5)정사(精舍)

정사(精舍)란 선비들이 모여 학문을 가르치려고 베푼 집으로 학교 학사(學舍) 정려(精廬)와도 통하며 한 정성이 깃들며 도사들이 운집하는 곳이다. 그 기능은 서원(書院)과도 같다.

(6)서사(書社)

서사(書社)란 주대(周代)의 제도로써 25가(家)를 1리(里)로 하고 이 리(里)에 한 사(社)를 세워서 그 지역의 호구(戶口)와 면적 등을 기록한 장부를 그 사에 보관하였는데 이것을 서사(書社)라고 주대(周代)에서는 일컬었으나, 우리나라에서는 보편적으로 서당에 접근된 용어로 그 기능은 서원(書院)과 같다.

(7)사(祠)

사(祠)는 제향을 지내는 곳이라고 해석할 수 있으나 그 기능(機能)은 서원(書院)과 같다.

2. 헌관(獻官) 및 집사(執事)의 명칭(名稱)과 임무(任務)

(1)초헌관(初獻官) : 향을 사르고 첫 잔을 올리는 제관(祭官)으로 제사 의 주인(主人)이다.

(2)아헌관(亞獻官) : 두 번째 잔을 올리는 제관(祭官)

(3)종헌관(終獻官) : 세 번째 잔을 올리는 제관(祭官)

(4)분헌관(分獻官) : 종향위(從享位)나 배향위(配享位)에 향을 사르고 술잔(淸酒)을 올리는 제관

(5)집례(執禮) : 한문 홀기를 읽어 진행을 담당하는 제관

(6)찬창(贊唱) : 집례(執禮)를 보좌하는 제관

(7)대축(大祝) : 축문(祝文)을 읽는 제관

(8)알자(謁者) : 헌관(獻官)을 인도하는 제관

(9)찬인(贊人) : 집례(執禮). 대축(大祝). 제집사(諸執事)를 인도하는 제관

(10)봉향(奉香) : 향을 받드는 집사

(11)봉로(奉爐) : 향로를 받드는 집사

(12)봉작(奉爵) : 준소(樽所:술항아리를 놓아두는 곳)에서 사준(司樽)이 따른 술잔을 받아 헌관에게 건네주는 집사

(13)전작(奠爵) : 헌관으로부터 술잔을 받아 신위 앞에 올리는 집사

(14)사준(司樽) : 준소에서 술을 따르는 집사

3. 유림문묘(儒林文廟) 배례의식(拜禮儀式)

(1)복장(服裝)

1)석전(釋奠)에는 남녀 모두 소정의 제복(祭服)을 착용한다.
2)석전의 제복이 없는 경우에는 남자(男子)는 도포. 유건, 여자(女子)는 당의. 첩지로 된 예복을 착용한다.
3)전항의 예복(禮服)을 갖추지 못할 경우는 평상 정장(正裝)을 착용한다.

(2)위치 서차(位置序次)

1)남녀 공히 직임(職任)이 있는 자는 소정 위치에 서립(序立)한다.
2)전항의 계하위치는 남자는 동정(東庭). 여자는 서정(西庭)에 북(北)과 중앙(中央) 배석(신도)을 상석(上席)으로 해 서립(序立)한다.

(3)공수(拱手)

남녀 공히 평상시(平常時)의 공수를 한다.

(4)읍례(揖禮)

남자는 상읍례(上揖禮)를 하고, 여자는 굴신례(屈身禮)를 한다.

(5)남자 배례(男子拜禮)

남자는 양무릎을 꿇은 후에 4회 수분안지(手分按地)하고 용두고지(用頭叩地)하는 일 궤(一跪) 4고두배(叩頭拜)를 한다.

(6)여자배례(女子拜禮)

여자는 공수한 손을 어깨높이로 올려 이마를 손등에 닿게 하여 양무릎을 가지런히 꿇은 후에 4회 상체 굴신하되 머리를 땅에 닿지 않게 하는 한번 꿇어 네번 굴신배 (屈身拜)를 한다.

(7)찬창(贊唱)

남녀의 배례는 찬창(贊唱)의 '궤(跪)'에 궤하고, '배(拜)'에 굴신(屈身)고두(叩頭)하고, '흥(興)'에 직신(直身)하고, '평신(平身)'에 기(起)한다.

(8)예외(例外)

1)노지(露地)상이나 유림이 아닌 평상복 참반자는 의식경례 또는 남자 계수사배나 여자는 숙배사배를 해도 무방하다.
2)대성전내 배. 종향위에 대한 배례는 남자는 계수4배, 여자는 숙배4배를 한다.

4. 거동의례(擧動儀禮)

(1)대성전(大成殿)배례

1)제관 : 곡(曲)4배
2)일반 : 직(直)4배 또는 국궁(鞠躬)4배

(2)선현(先賢)서원(書院)

재배(再拜) 또는 국궁(鞠躬)재배(再拜)

(3)읍(揖)

공수한 손을 얼굴 앞으로 들어 올리며 굴신자세로 예를 표한 후 손을 내려 원위치로 하면서 몸을 세움

1)상읍(上揖) : 거수제안(擧手擠按)
2)중읍(中揖) : 거수제구(擧手擠口)
3)하읍(下揖) : 거수제심(擧手擠心)

(4)부복(俯伏)

양손을 땅에 짚으며 허리를 굽혀 엎드림

(5)궤(跪)

무릎을 꿇고 앉음

(6)굴신(屈身)

상체의 몸을 앞으로 굽힘

(7)국궁(鞠躬)

상체를 숙이며 허리를 굽힘

(8)진퇴(進退)

예를 행할 장소 앞에 서서 세 발걸음으로 나가 궤좌하여 예를 마치면 평신한 후 세 발 걸음 뒤로 물러났다가 돌아서서 나온다.

(9)습급취족(拾級聚足)
계단을 오를 때는 오른발이 먼저 나가고 왼발이 따라 모으며 오른다.

(10)매문양어객(每門讓於客)
문이나 계단을 통할 때에는 읍(揖)하며 서로 사양하는 예를 표한다.

(11)조계승강(阼階升降)
제관은 동쪽 계단으로 오르고 내린다.

(12)대성전(大成殿)출입
동문입(東門入) 서문출(西門出)(중문출입금:中門出入禁)

(13)당상불추(堂上不趨)
당내에서는 빠른 걸음으로 걷지 않는다.

(14)집옥불추(執玉不趨)
귀중한 것을 들었을 때는 뛰지 않는다.

(15)당상접무(堂上接武)
당내에서 걸을 때는 발자취를 서로 붙게 한다.

(16)당하보무(堂下步武)
평지 걸음은 당당하게 걷는다.

(17)수립불궤(授立不跪)
서 있는 사람에게 줄 때는 앉아서 주지 않는다.

(18)수좌불립(授坐不立)
앉아 있는 사람에게 줄 때는 서서 주지 않는다.

5. 향사(享祀)시 헌관(獻官)의 동작
의관(衣冠)을 정제(整齊)한 헌관은 공수(拱手) 집홀(執笏)한 자세로 눈길을 45°각도로 전방을 주시하고, 행(行)할 때는 우족(右足) 선발(先發)로 행하며 방향을 바꿀 때는 멈추어 취족(聚足)한 후 상읍(上揖)하고 절도 있고 각지게 바꾸어 행하고, 예를 행할 때는 굴신자세로 앞으로 삼보 나가고 무릎 꿇어 행례(行禮)하고, 마치면 부복흥(俯伏興)하며 굴신 자세로 뒤로 삼보 물러난다.

계단을 오를 때는 알자(謁者)가 먼저 헌관에게 읍하면 헌관도 답읍(答揖)하고 우족 선발하고 좌족을 취한다. 계단을 내릴 때는 반대로 좌족선 우족취한다.

빈주(賓主)가 계단을 같이 오를 때는 주동객서(主東客西)로 서서 상향(相向) 상읍례 후 상권(相勸)하면서 주인은 동쪽에서 우족선하고 빈(賓)은 서쪽에서 좌족선하며 내릴 때는 반대로 한다.

6. 제복(祭服)입는 방법

(1)한복(韓服)을 두루마기까지 입는다.
(2)중단(中單)을 입는다.(버선과 행전은 미리 두른다.)
(3)상(裳)을 두른다.(붉은색 치마가 앞뒤로 가게 두른다.)
(4)의(흑삼:黑衫)을 입는다.
(5)수(후수: 後綏)를 흑삼 입은 위에 가도록하여 두른다. 현재는 수에 대대(大帶)가 연결되어 있어 수가 뒤로 가도록 하고 앞에서 대를 묶는다.
(6)혁대(革帶)에 패옥을 끼고(패옥을 양 옆으로 가게 한다.) 흑삼위에 착용한다. 이때 흑삼 양 겨드랑이에 혁대를 낄 수 있는 고리가 있으니 혁대를 고리 사이에 끼어 착용한다.
(7)금관을 머리에 쓴다. 이때 비녀를 걸친 다음 내려진 수를 묶어준다. 금관이 벗겨지는 것을 방지하기 위해서이다.
(8)제화(祭靴)를 신는다. 제화끈을 발 등에 묶는다.
(9)홀(笏)을 잡고 의식(儀式)을 거행한다.
(10)유건(儒巾): 수암(遂庵)선생께서 말씀하시기를 연(燕)나라에서 가져왔는데 그 모양은 니구산(尼丘山)을 상징하여 제작하였다 하였고 사계(沙溪)선생께서 말씀하시기를 유건은 삼가례에 쓴다고 하였으니 이는 성인만이 쓰는 것을 의미하는 것이다.
(11)도포(道袍): 도복(道服)이러고도 하며 의식이 있을 때는 물론 평상시 의복으로서 남색(藍色) 사대(紗帶:술띠)를 띄고 행전(行纏)을 친다. 유생으로서 유교의식에 참여할 때는 반드시 갖추어야 할 복식(服飾)이다.
(12)목화(木靴): 도포를 입을 때 신은 목이 긴 신발이다. 관복을 입을 때도 목화를 신는다.
(13)사대(紗帶): 도포를 입을 때 허리에 묶은 끈으로 정3품 이상은 홍사대를, 정4품 이하는 남색사대를 하였다.
(14)행전(行纏): 바지. 저고리를 입고 정강이에 감아 무릎아래에 묶는다. 도포를 입을 때도 반드시 행전을 한다.

7. 향교(鄉校)의 제기(祭器)설명 및 용도(用途)

(1)변(邊): 대나무로 만든 제기로 마른 제수를 담는다.
(2)두(豆): 나무를 깍아 만든 제기로 젖은 제수를 담는다.
(3)보(簠): 유기(鍮器)로 만든 제기로 모양은 네모지며 도(稻:쌀)와 량(粱:기장)을 담는다.
(4)궤(簋): 유기로 만든 제기로 모양은 둥글며 서(黍:수수)와 직(稷:피)을 담는다.
(5)조(俎): 나무로 만든 희생을 담는 제기로 도마 모양이다.
(6)갑(匣): 희생(犧牲)을 담는 나무로 만든 상자(갑(匣)을 조(俎)위에 올려놓음)
(7)비(篚): 대나무로 만든 폐백(幣帛)을 담는 바구니
(8)작(爵): 유기로 만든 술잔
(9)점(坫): 유기로 만든 술잔 받침
(10)희준(犧罇): 유기로 만든 예제(醴齊)를 담는 술항아리
(11)상준(象樽): 유기로 만든 앙제(盎齊)를 담는 술항아리
(12)산뢰(山罍): 유기로 만든 청주(清酒)를 담는 술항아리

8.제주(祭酒)

(1)예제(醴齊): 술이 다 되어 찌꺼기가 서로 어우러진 술. 희준(犧樽)에 담으며 초

헌관이 올린다.

(2)앙제(盎齊) : 술이 다 되어 총백색이 된 술. 상준(象樽)에 담으며 아헌관이 올린다.

(3)청주(淸酒) : 겨울에 빚어 여름에 익은 술. 산뢰(山罍)에 담으며 종헌관과 분헌관이 올린다. (제(齊)와 주(酒)는 모두 찹쌀과 누룩으로 만드는데 주(酒)는 맛이 진한 것으로 사람이 마시는 것이고 제(齊)는 맛이 엷기 때문에 제사에 쓰는 것이다.)

(4)명수(明水) : 그늘진 곳에서 뜨는 것으로 달빛 아래의 물은 달에서 나기 때문에 명(明)이라 하는 것이며 희준과 상준에 담는다.

(5)현주(玄酒) : 태고(太古)때에는 술이 없어서 물을 가지고 행례(行禮)했는데 뒤의 왕이 옛것을 소중히 여겼기 때문에 높혀 현주(玄酒)라 했다. (물의 빛이 검게 보여 현(玄)이라 함). 산뢰(山罍)에 담는다.

9. 문묘(文廟)에서의 여성(女性) 배례법

(1)공수(拱手)를 하고 제자리에 선다.
(2)공수한 손을 어깨 높이까지 올리고(拱手引上肩高)
(3)머리를 숙여 이마를 손에 댄다.(俯額着手上)
(4)양 무릎을 꿇어 자리에 앉은 다음(兩膝齊跪後) 상체를 굽혀 절을 한다.(上體屈身) 이때 머리가 땅에 닿지 않도록 한다.(頭不至地)
(5)여성도 남성과 마찬가지로 4배를 한다.(一跪四屈身禮)

10. 원사(院祠)향례(享禮)

(1)향례(享禮)

원사당(院祠堂)에서는 예년(例年) 향사를 올리고 있다. 거의가 정일(定日)로 세일향(歲一享) 또는 세이향(歲二享)이 있으나 형편에 따라 격년 또는 삼년식 간격으로 석채(釋菜)를 드리는 곳도 있다. 이 향례는 향중행사가 위주로 지엄한 가운데 정해진 절차에 따라 행해져야 한다.

1)회문(回文)

회문(回文)이란 향례일을 알리는 통문(通文)이니, 유사(有司:齋任) 명의로 늦어도 십일 전까지는 향중(鄕中) 각 문중(門中)에 발송되어야 한다.

2)초집(抄執)

원사당(院祠堂)에서는 향례시(享禮時)의 오집사(五執事)(헌관3인, 축, 집례)를 천망하기 위하여 약 이십일(二十日) 전쯤 향유사(鄕有司)와 성손대표(姓孫代表)가 인선(人選)을 하는 모임을 초집(抄執)이라 하고 이 초집에서 인선된 오집사에게 망지(望紙)를 써서 보낸다.

3)향례(享禮)의 절차

원사당의 향례 행사는 밤 축시(丑時:夜半1時)에 행사하는 원사도 있고, 질명(質明:日出前) 행사를 하는 원사도 있다. 단 전(소) 행사를 주간행사를 원칙으로 하고 있다.

①입소(入所)

회문(回文)에 따라 입소한다. 보통 향례전일 오전(11시경)에 입소하되 원전(院前)에서 구복(具服)을 하고 들어가서 상당(上堂)에 인사를 드리고 물러나와 자리를 정한다. 배상(配床)을 받고 오식(午食)을 마친다.

②파록개좌(爬錄開座)

오후 2시부터 3시 사이에 재임의 돈청(頓請)으로 원장의 지시에 따라 구진(口陳)으로 개좌를 알린다. 재임 전원이 각 위치에 서립하고 구진에 따라 상읍(上揖)을 하고 모두 좌정(坐定)하여 집사분정(執事分定:爬錄이라고도 하며 행사업무의 분장(分掌)이다)을 한다.

③조사(曹司)천망(薦望)

조사(曹司)란 벼슬아치가 집무하는 방이라고 해석 되나 이 파록(爬錄)에서의 조사는 원장을 보좌하여 사서(司書)를 담당하는 사람을 말한다. 가급적이면 젊은 재인중에서 글씨를 잘쓰는 사람을 선출(選出)한다. 먼저 재임의 기초에 원장의 천거로 조사망으로서 조사(曹司)를 천거 하는데 조사망 집필(執筆)은 가급적이면 성손중에서 하는 것이 옳다. 이 파록(爬錄)때의 망은 조사와 공사원에게 내리는데 용지는 한지전지를 6절로 똑같이 접어서 상하 절지하여 2장을 재임이 미리 준비해 두어야 한다.

④공사원(公事員) 천망

관청이나 공공단체의 일을 공사(公事)라고 하나 이 파록(爬錄)에서의 공사는 수의(遂意)하는 일로 해석된다. 따라서 공사원은 제집사분정(諸執事分定)을 의논(議論)하여 결정하는 소임(所任)이다.

⑤집사분정(執事分定:爬錄)

조사가 이미 준비된 파록지에다 「모서원 춘(추)향집사분정」이라 서두에 쓰고 원장(院長)의 인선(人選)(사전에 재임이 예비인선분정을 해 놓아야 함)대로 집사(執事)를 분정(分定)한다.

⑥감생(監牲)절차

감생(監牲)이란 생(牲)을 보고 감정(鑑定)하는 절차이다. 장찬자가 원사당의 측문 바깥이나 고사 옆마당 등을 택하여 설석(設席)하고 재임 전원이 임석한 가운데 감생개좌를 고한다. 삼헌관(三獻官)은 반드시 북향(北向)으로 설석하고 생(牲)의 머리가 묘우(廟宇)쪽으로 향(向)하게 하고 재임이 좌(左)에서 우(右)로 세 바퀴 천지신에 고(告)하여 돌고나서 원장앞에 나아가 정립(定立)하고 읍(揖)하여 세번 「충(充)」하면 원장(院長:初獻者))은 답(答)으로 「돌(腯)」하고 행사를 마치고 삼헌관과 전재원은 강당(講堂)으로 돌아간다.

⑦사축(寫祝)

사축이란 축문을 배껴쓰는 절차이다. 이 축은 원사에 따라 그 내용이 각각 다르다. 재임(齋任)은 묘우전에 설석(設席)하고 삼헌관을 알자 찬인이 인도하여 좌정하면 축관(祝官)은 궤좌(跪坐)하여 정성껏 사축한다. 사축된 것을 초헌관에게 드리고 초헌관은 이상 유무를 확인한 다음 재임에게 넘겨주면 재임(齋任)은 정문으로 들어가서 향탁(香卓)에 얹어두고 동문으로 나온다. 알자 찬인은 헌관을 인도하여 강당으로 돌아간다.

⑧간식(間食)

감생(監牲)과 사축(寫祝)이 끝나면 간식(間食)으로 술상이 배상(拜上)된다.

⑨석식개좌(夕食開座)

석식은 강당에서 재원 전원이 한자리에서 구진개좌에 따라 상읍을 하고 정좌하여 함께 식사를 한다. 파록(爬錄)에 등재되지 않은 재원은 석상개좌에 동참 할 수 없다.

⑩ 야하상(夜下床)

밤 10시경 야하상을 마치고 재임이하 축관 집례 및 재원이 상당(헌관실)에 가서 인사를 드리고 난 후 제복(除服)한다.

⑪ 진설(陳設)

행사전에 재임 판진설 장찬자 장생이 관수세수하고 구복(具服)하여 제수를진설한다.

⑫ 행사(行事)

행사 직전(直前)에 잣죽이나 우유 등이 준비된 것을 마시고 집례의 창홀에 따라 행사를 한다. 행사전 들어오는 음식을 조반(祖飯)이라고 한다.

⑬ 음복개좌(飮福開座)

행사 종료 후 강당에 전 재원이 되돌아 와서 향례제수주로서 구진(口陳)에 따라 상읍(上揖) 개좌하여 음복한다.

⑭ 조찬(朝餐)

전재원이 제복(除服)차림으로 자연스럽게 조찬을 한다.

⑮ 생음복(牲飮福)

제사에 쓴 생(牲)으로서 익혀 골고루 개좌 없이 음복을 하고 난 뒤 재원이 되돌아가도록 주선(周旋)을 한다.

⑯ 치봉(致封) 및 행자(行資)

향례에 쓴 생으로서 생성 그대로 삼헌관 축관 집례 재임(육집사)에게 균등히 치봉을 하고 행자는 육집사는 물론 그 외의 타성 재임에게는 모두 정해진 행자(行資)를 드리는 것이 의당한 일이다.

향사례홀기(鄕射禮笏記)

선행향음주례(先行鄕飮酒禮)

○설위석빈어당서영간근북남향(設位席賓於堂西楹間近北南向)○석주인어조계상서향(席主人於阼階上西向)○석개어서계상동향(席介於西階上東向)○금궐(今闕)○석삼빈어빈석지서남향(席三賓於賓席之西南向)○개부속(皆不屬)○금궐(今闕)○석중빈어당하서계서남(席眾賓於堂下西階西南)○동향북상(東向北上)○부진칙종문좌북향동상(不盡則從門左北向東上)○석찬자어조계동(席贊者於阼階東)○서향북상(西向北上)○금궐(今闕)○전량호어빈석지동소북(奠兩壺於賓席之東少北)○현주재서(玄酒在西)○가작멱(加勻冪)○치비어호남동사(置篚於壺南東肆)○실이작치(實以爵觶)○개이탁자안치(皆以卓子安置)○설세어조계동남(設洗於阼階東南)○수재세동(水在洗東)○비재세서남사(篚在洗西南肆)○역이탁자안치(亦以卓子安置)○상비작삼치일(上篚爵三觶一)○금용일작(今用一爵)○하비치사(下篚觶四)○금용일(今用一)○팽구우당동북(烹狗于堂東北)○포해재주인지북(脯醢在主人之北)○금대상찬(今代常饌)○조재당동벽(俎在堂東壁)○조대목접(俎代木楪)○빈개외개이치위차(賓介外皆以

齒爲次)○장후(張侯)○하강부급지무(下綱不及地武)○후도오십보(侯道五十步)○부계좌하강(不繫左下綱)○중엄속지(中掩束之)○획자위재후서북우유정(獲者位在侯西北隅有旌)○사위례재당중(射位禮在堂中)○금이계전(今移階前)○사위우간용궁(射位耦間容弓)○칭좌물우물(稱左物右物)○상사거우(上射居右)○하사거좌(下射居左)○전기계빈(前期戒賓)○지시속빈(至是速賓)○빈급문(賓及門)○계속이절(戒速二節)○략부록(略不錄)○찬례자창빈지(贊禮者唱賓至)○주인출영(主人出迎)○빈문서동향립(賓門西東向立)○중빈차지(衆賓次之)。주인출문동서향립(主人出門東西向立)。읍빈(揖賓)。빈답읍(賓答揖)。금이읍대배(今以揖代拜)。읍중빈(揖衆賓)。중빈답읍(衆賓答揖)。주인읍빈이입(主人揖賓以入)。빈답읍양(賓答揖讓)。주인입문이우(主人入門而右)。빈입문이좌(賓入門而左)。중빈종지(衆賓從之)。주인읍빈선행(主人揖賓先行)。빈답읍양(賓答揖讓)。주인급빈분동서이행(主人及賓分東西而行)。지계(至階)。주읍빈(主揖賓)。빈읍주(賓揖主)。삼읍삼양(三揖三讓)。주인선승(主人先升)。립어조계동서면(立於阼階東西面)。빈수승(賓隨升)。립어서계상동면(立於西階上東面)。중빈치립우서계전북상(衆賓齒立于西階前北上)。주인북면재배(主人北面再拜)。빈북면답재배(賓北面答再拜)。찬례자창주인헌빈(贊禮者唱主人獻賓)。주인취작상비이강(主人取爵上篚以降)。빈강(賓降)。주인적세남면(主人適洗南面)。전작우비(奠爵于篚)。관세(盥洗)。주인읍양이빈승(主人揖讓以賓升)。빈서계상북면배세(賓西階上北面拜洗)。주인조계상북면전작(主人阼階上北面奠爵)。수답배(遂答拜)。주인궤취작흥(主人跪取爵興)。적존실지(適尊實之)。진빈석전헌빈(進賓席前獻賓)。빈서계상북면배(賓西階上北面拜)。진석전수작(進席前受爵)。퇴복서계상북면립(退復西階上北面立)。주인퇴조계상(主人退阼階上)。집사천포해어빈석전(執事薦脯醢於賓席前)。빈북면배수제주(賓北面拜受祭酒)。하동(下仝)。흥립음(興立飮)。우헌례(右獻禮)。찬례자창빈초주인(贊禮者唱賓酢主人)。빈강세(賓降洗)。주인강(主人降)。빈관수세작(賓盥手洗爵)。읍양승배(揖讓升拜)。개여상의(皆如上儀)。우초례(右酢禮)。찬례자창주인수빈(贊禮者唱主人酬賓)。주인음필(主人飮畢)。우자작자음(又自爵自飮)。전작우동서단(奠爵于東序端)。주인적비궤(主人適篚跪)。취치강세(取觶降洗)。빈강(賓降)。주인관세(主人盥洗)。읍양승배(揖讓升拜)。개여상의(皆如上儀)。이빈북향배수(而賓北向拜受)。부음이치우석전(不飮而置于席前)。우수례(右酬禮)。찬례자창헌중빈(贊禮者唱獻衆賓)。주인어조계전서(主人於阼階前西)。남면삼배(南面三拜)。중빈개답일배(衆賓皆答一拜)。주인취작우서단(主人取爵于序端)。강관세(降盥洗)。개여상의(皆如上儀)。중빈지장수작배(衆賓之長受爵拜)。주인배송(主人拜送)。중빈지장좌제립음(衆賓之長坐祭立飮)。부배기작(不拜旣爵)。수주인작(授主人爵)。복위(復位)。계중빈개부배(繼衆賓皆不拜)。수작좌제립음(受爵坐祭立飮)。매일인헌(每一人獻)。개천포해(皆薦脯醢)。악빈(樂賓)。차절(此節)。금무악궐(今無樂闕)。찬례자창빈주각취위(贊禮者唱賓主各就位)。빈주취위여의(賓主就位如儀)。찬례자창립사정(贊禮者唱立司正)。주인택립사정(主人擇立司正)。사정중당북향립(司正中堂北向立)。집사작치헌사정(執事酌觶獻司正)。자차이하(自此以下)。금이집사대작(今以執事代酌)。사정거치(司正擧觶)。찬례자창재좌개기상읍(贊禮者唱在坐皆起相揖)。빈주이하(賓主以下)。개기공립(皆起拱立)。사정읍(司正揖)。빈주이하개읍(賓主以下皆揖)。찬례자창사정독약(贊禮者唱司正讀約)。사정내양치고성랑독왈(司正乃揚觶高聲朗讀曰)。공유국가솔유구장(恭惟國家率由舊章)。돈숭례교(敦崇禮教)。거행향음향사부사칙거차이자(擧行鄉飲鄉射不射則去此二字)。지례(之禮)。비위음식(非爲飮食)。비위유희(非爲遊戲)。욕기정풍속이관덕행(欲其正風俗以觀德行)。금일소장함집(今日少長咸集)。각상권면(各相勸勉)。위자진효(爲子盡孝)。위국진충(爲國盡忠)。형제우공(兄弟友恭)。부부화순(夫婦和順)。장유유서(長幼有序)。붕우유신(朋友有信)。내목종족(內睦宗族)。외화향리(外和鄉里)。무혹폐타(無或廢墮)。이첨소생(以忝所生)。독필(讀畢)。

찬례자창사정음주상읍(贊禮者唱司正飮酒相揖)。개좌(皆坐)。사정음필(司正飮畢)。이치수집사(以觶授執事)。집사천포(執事薦脯)。사정읍(司正揖)。빈주이하개보읍(賓主以下皆報揖)。사정복위(司正復位)。빈주이하개좌(賓主以下皆坐)。찬례자창청행사례(贊禮者唱請行射禮)。주인택립사사(主人擇立司射)。사사구결습집궁지승시(司射具決習執弓持乘矢

습집궁지승시). 사시(四矢). 북면고우빈왈(北面告于賓曰). 음례기필(飲禮旣畢). 궁시기구(弓矢旣具). 청행사례(請行射禮). 빈허(賓許). 우고우주인(又告于主人). 찬례자창사사비우(贊禮者唱司射比耦). 사사강자서계(司射降自西階). 비중우년장자위상사(比衆耦年長者爲上射). 년소자위하사(年少者爲下射). 차차비우(次次比耦). 개정상동서상향북상(皆庭上東西相向北上). 상사거서동향(上射居西東向). 하사거동서향(下射居東西向). 중우개의차서립(衆耦皆依次序立). 개단(皆袒). 결습집궁(決拾執弓). 진삼시우요대(搢三矢于腰帶). 이일시협어이지간(以一矢挾於二指間). 집사계후좌하강(執事繫侯左下綱). 획금칭감전(獲今稱監箭). 집정(執旌). 거후서북이사(居侯西北以俟). 찬례자창사사유사(贊禮者唱司射誘射). 사사진삼협일(司射搢三挾一). 상사유서계(上射由西階). 하사유동계(下射由東階). 상읍이승(相揖以升). 당사위읍(當射位揖). 개향곡립발시(皆向鵠立發矢). 사필(射畢). 개취일시협지(改取一矢挾之). 강자서계반위(降自西階反位). 획자고전시과칙거기지천(獲者告箭時過則擧旗指天). 부급칙언기지지(不及則偃旗指地). 좌칙휘좌(左則揮左). 우칙휘우(右則揮右). 중칙격고(中則擊鼓). 사정지화지(司正持畫紙). 이고중부중(以考中不中). 차의금속(此依今俗). 찬례자창개이차사(贊禮者唱皆以次射). 사사집궁협일(司射執弓挾一). 승자서계(升自西階). 지중당(至中堂). 읍고빈주사(揖告賓主射). 주인선기읍(主人先起揖). 빈답기(賓答起). 개구결습집궁(皆具決拾執弓). 진삼협일(搢三挾一). 빈서주동(賓西主東). 상읍이지사위사여의흘(相揖而至射位射如儀訖). 구복위립(具復位立). 사사청중우이차읍승(司射請衆耦以次揖升). 당위사(當位射). 개여의(皆如儀). 사필(射畢). 강복위(降復位). 읍차사자이승여의(揖次射者以升如儀). 개사필(皆射畢). 사정계화(司正計畫). 정승부승(定勝不勝). 찬례자창승자읍(贊禮者唱勝者揖). 부승자승음(不勝者升飲). 집사설주탁우당서(執事設酒卓于堂西). 작치전우기상(酌觶奠於其上). 승자단결습집장궁(勝者袒決拾執張弓). 부승자습탈결습가이궁(不勝者襲脫決拾加弛弓). 승자읍(勝者揖). 부승자승계(不勝者升階). 당계읍(當階揖). 승자선승(勝者先升). 기승상향읍(旣升相向揖). 승자승당(勝者升堂). 북면소우립(北面少右立). 부승자승당(不勝者升堂). 북향궤(北向跪). 집사령부승자취치(執事令不勝者取觶). 부승자진좌취치립음(不勝者進坐取觶立飲). 좌전치우탁(坐奠觶于卓). 흥읍(興揖). 부승자선강(不勝者先降). 여승음자읍(與升飲者揖). 집사작치전탁상(執事酌觶奠卓上). 승음자여초(升飲者如初). 약빈주인부승(若賓主人不勝). 칙부집궁(則不執弓). 집사작치이수(執事酌觶以授). 빈어위수치(賓於位受觶). 적서계상(適西階上). 북면립음(北面立飲). 수치집사(授觶執事). 반취석(反就席). 주인역연(主人亦然). 찬례자창빈주개읍취좌(贊禮者唱賓主皆揖就坐). 찬례자창복사악빈(贊禮者唱復射樂賓). 금무악궐(今無樂闕). 사사협일개이진(司射挾一介以進). 사상사여초(使上射如初). 일우읍승여초(一耦揖升如初). 매발시(每發矢). 개악작(皆樂作). 사필중절(射必中節). 금부용(今不用). 빈주인중빈여초졸사(賓主人衆賓如初卒射). 찬례자창승자읍(贊禮者唱勝者揖). 부승자승음(不勝者升飲). 시산여초(視筭如初). 승자집장궁(勝者執張弓). 부승자집이궁(不勝者執弛弓). 승음여초(升飲如初). 음편철치(飲遍撤觶). 각수궁시(各收弓矢). 찬례자창개복위좌(贊禮者唱皆復位坐). 행려수례(行旅酬禮). 빈주중빈각복본위(賓主衆賓各復本位). 주인작치읍헌빈(主人酌觶揖獻賓). 빈읍수(賓揖受). 집사천포(執事薦脯). 졸치(卒觶). 빈초주인여의읍(賓酢主人如儀揖). 사정수중빈지장(司正酬衆賓之長). 중빈장수음(衆賓長受飲). 집사천포(執事薦脯). 하병동(下並同). 차차권수(次次勸酬). 지우옥관자이지(至于沃盥者而止). 빈다칙량두권기(賓多則兩頭勸起). 예필철(禮畢撤).

찬례자창행연례(贊禮者唱行燕禮). 집사진찬안행주(執事進饌案行酒). 개이치(皆以齒). 혹삼행오행(或三行五行). 소위무산작(所謂無筭爵). 개부배(皆不拜). 식필철찬(食畢撤饌). 찬례자창례필(贊禮者唱禮畢). 주인조계상서향립(主人阼階上西向立). 빈서계상동향립(賓西階上東向立)。 주인재배(主人再拜)。 빈답재배(賓答再拜)。 주인향중빈상읍(主人向衆賓相揖)。 빈강출(賓降出)。 중빈종지(衆賓從之)。 주인송우문외(主人送于門外)。 동서상읍(東西相揖)。 내퇴(乃退)。

◆합용지인(合用之人)

주인(主人)。 주현관혹동리장(州縣官或洞里長)。 빈(賓)。 현자(賢者)。 개(介)。 차어빈(次於賓)。 무칙궐(無則闕)。 사례무(射禮無)。 준(遵)。 향중치사자(鄕中致仕者)。 혹궐(或闕)。 찬자(贊者)。 좌주인자(佐主人者)。 삼빈(三賓)。 중빈중추년덕(衆賓中推年德)。 부칙궐(否則闕)。 중빈(衆賓)。 집사자(執事者)。 주인하속집역(主人下屬執役)。 사정(司正)。 추문학사(推文學士)。 장규검실의독약(掌糾檢失儀讀約)。 사칙위사마계화(射則爲司馬計畫)。 악공사인(樂工四人)。 관현(管絃)。 무궐(無闕)。 사사(司射)。 장사사유사(掌射事誘射)。 사사기(司射器)。 장궁시결습(掌弓矢決拾)。 사시분급(射時分給)。 획자(獲者)。 금칭감전관(今稱監箭官)。 집정고시(執旌告矢)。 삼우(三耦)。 택덕행도예자(擇德行道藝者)。 무궐(無闕)。 중빈(衆賓)。 중빈추년장자위장(衆賓推年長者爲長)。 찬례자(贊禮者)。 찬자겸(贊者兼)。

◆합용지기(合用之器)

구정일(狗鼎一)。 조삼(俎三)。 포오정해(脯五脡醢)。 주호이(酒壺二)。 개가(皆加)。 작멱(勺冪)。 현주일곤(玄酒一壺)。 삼호병안반상(三壺並安盤上)。 비일(篚一)。 혹대반탁(或代盤卓)。 작삼(爵三)。 치일(觶一)。 병전상비중(並奠上篚中)。 세일(洗一)。 수일(水一)。 치사(觶四)。 병전하비(並奠下篚)。 혹반탁(或盤卓)。 후(侯)。 정일(旌一)。 획자소집(獲者所執)。 궁(弓)。 승시(乘矢)。 사개(四介)。 결(決)。 습(拾)。 사자사자개구(四者射者皆具)。 복(福)(복(福))。 승시자(承矢者)。 혹궐(或闕)。 풍(豐)。 주호(酒壺)。 음부승자(飮不勝者)。 혹궐(或闕)。

●향사례 홀기(鄕射禮笏記) 먼저 향음주례(鄕飮酒禮)를 행함

설위(設位) 당(堂) 서쪽 기둥 사이의 북쪽으로 가까운 곳에 빈(賓)의 자리를 마련하되, 남쪽으로 향하게 한다. 조계(阼階) 위에 주인의 자리를 마련하되, 서쪽으로 향하게 한다. 서계(西階) 위에 개(介)의 자리를 마련하되, 동쪽으로 향하게 한다. -지금은 뺀다. -빈석(賓席)의 서쪽에 삼빈(三賓)의 자리를 마련하되, 남쪽으로 향하게 하며 모두 붙이지 않는다. -지금은 뺀다. -당(堂) 아래의 서계(西階) 서남쪽에 중빈(衆賓)의 자리를 마련하되, 동쪽으로 향하게 하며, 북쪽을 상석(上席)으로 한다. 다 앉을 수 없으면 문의 왼쪽을 따라 하되, 북쪽으로 향하게 하여, 동쪽을 상석으로 한다. 조계 동쪽에 찬자(贊者)의 자리를 마련하되, 서쪽으로 향하게 하며, 북쪽을 상석으로 한다. -지금은 뺀다. -빈석(賓席) 동쪽의 조금 북쪽에 술항아리 둘을 준비한다. 현주(玄酒)는 서쪽에 놓아두되, 구기와 뚜껑을 함께 준비한다. 광주리를 술항아리 남쪽의 동쪽 자리에 놓아두고 작(爵)술잔과 치(觶)술잔을 담아 두는데, 모두 탁자를 마련하여 안치(安置)한다. 물받이그릇을 조계의 동남쪽에 놓아둔다. 물을 물받이그릇 동쪽에 두고 광주리를 물받이그릇 서쪽의 남쪽 자리에 놓아두되, 역시 탁자를 준비하여 안치한다. -상비(上篚)에는 작 술잔 세 개와 치 술잔 한 개를 두는데 지금은 작 술잔 하나만 사용하고, 하비(下篚)에는 치 술잔 네 개를 두는데 지금은 하나만 사용한다. -당(堂)의 동북쪽에서 개를 삶는다. 포(脯)와 육장은 주인의 북쪽에 둔다. -지금은 통상적인 반찬으로 대신한다. -조(俎)는 당의 동쪽 벽 아래에 둔다. -도마는 목접(木楪)으로 대신한다. - 빈과 개 이외에는 모두 나이에 따라 차례로 앉는다. 과녁[侯]을 설치하고 강(綱 과녁을 펴서 다는 벼릿줄)을 매어서 늘어뜨리되 땅에까지 닿지 않게한다. 후도(侯道)는 50보(步)로 한다. 매지 않은 왼쪽의 아래 강은 중간에 감아서 묶어둔다. 획자(獲者 깃발을 흔들어서 화살의 명중 여부를 알리는 자)는 과녁의 서북쪽 모퉁이에 위치하며, 깃발이 있다. 사위(射位) 예(禮)에는 당 안에서 하는 것으로 되어 있는데, 지금 계단 앞으로 옮긴다. 사위(射位)의 두 사람 사이는 활을 용납할 만한 간격으로 하며, 좌물(左物)과 우물(右物)로 칭한다. 상사(上射)는 오른쪽 자리에 있고 하사(下射)는 왼쪽 자리에 있다. 미리 빈(賓)에게 알려주고 이때에 이르러 빈을 청한다. 빈이 문에 도착한다. 알려주고 청하는 두 절차는 생략하고 기록하지 않는다. 찬례자(贊禮者)가 빈이 도착하였다고 창(唱)하면 주인이 나가서 맞는다. 빈이 문의 서쪽에서 동쪽을 향해서 서고, 중빈(衆賓)이 그 다음에 차례로 선다. 주인이 나와서 문 동쪽에서 서쪽을 향해서 선다. 빈에게 읍(揖)하면 빈이 답하여 읍한다. ―지금은 읍 대신 절을 한다.― 중빈(衆賓)에게 읍하면 중빈이 답하여 읍한다. 주인이 빈에게 읍하고 문으로 들어가기를 청하면 빈이 답하여 읍하고 사양한다. 주인이 문으로 들어가서 오른쪽에 선다. 빈이 문으로 들어가서 왼쪽에 서면 중빈이 이를 따른다. 주인이 빈에게 읍하고 먼저 나아갈 것을 청하면 빈이 답하여 읍하고 사양한다. 주인과 빈이 동서로 나뉘어 가서 섬돌에 이른다. 주인이 빈에게 읍하면 빈이 주인에게 읍하는데, 세 번 읍하고 세 번 사양한다. 주인이 먼저 올라가 조계의 동쪽에 서서 서쪽을 향한다. 빈이 따라 올라가 서계 위에 서서 동쪽을 향한다. 중빈이 나이 순서에 따라 서계 앞에 서되 북쪽을 상석으로 한다. 주인이 북쪽을 향하여 재배하면 빈이 북쪽을 향해서 답하여 재배한다. 찬례자(贊禮者)가 주인이 빈에게 헌례(獻禮)할 것을 창한다. 주인이 상비(上篚)에서 작 술잔을 가지고 내려온다. 빈이 내려온다. 주인이 물받이그릇이 있는 곳으로 가서 남쪽을 향해서 작 술잔을 광주리에 놓고 잔과 손을 씻는다. 주인이 읍하여 사양하면서 빈에게 올라가라고 한다. 빈이 서계 위에서 북쪽을 향하여 배세(拜洗)한다. 주인이 조계 위에서 북쪽을 향하여 전작(奠爵)하고 마침내 답배(答拜)한다. 주인이 꿇어앉아 잔을 집은 다음 일어나 술항아리로 와서 술을 따라 빈석(賓席) 앞으로 가서 빈에게 올린다. 빈이 서계 위에서 북쪽을 향하여 절하고 자리 앞으로 가서 잔을 받은 다음에 물러나 서계 위로 돌아가서 북쪽을 향하여 선다. 주인이 조계 위로 물러간다. 집사(執事)가 포와 육장을 빈석(賓席) 앞으로 올린다. 빈이 북쪽을 향하여 절하고 받아서 제주(祭酒)한 다음에―아래도 같다.―일어나 서서 마신다. ―이상이 헌례이다.― 찬례자가 빈이 주인에게 답잔(答盞)을 올릴 것을 창한다. 빈이 물받이그릇 있는 곳으로 내려온다. 주인이 내려온다. 빈이 손을 씻는다. 세작(洗爵)·읍양(揖讓)·승배(升拜) 등의 절차는 모두 위의 의식과 같다. ―이상이 작례(酢禮)이다.― 찬례자가 주인이 빈에게 다시 술을 올릴 것을 창한다. 주인이 다 마시고는 또 자신이 술을 부어서 마신다. 잔을 동서(東序)의 끝에다 놓는다. 주인이 광주리 있는 곳으로 가서 꿇어앉아 치(觶)술잔을 집어 가지고 물받이그릇 있는 곳으로 내려온다. 빈이 내려온다. 주인이 손을 씻는다. 읍양·승배 등 절차는 모두 위의 의식과 같다. 그러면 빈이 북쪽을 향하여 절하고 받은 다음 마시지 않고 자리 앞에 놓는다. ―이상은 수례(酬禮)이다.― 찬례자가 중빈에게 헌례할 것을 창한다. 주인이 조계 앞 서쪽에서 남쪽을 향하여 세 번 절한다. 중빈이 다 같이 답하여 한 번 절한다. 주인이 동서(東序) 끝에서 작 술잔을 취하여 가지고 내려와서 씻는데, 모두 위의 의식과 같다. 중빈의 장(長)이 작 술잔을 받고 절한다. 주인이 배송(拜送)한다. 중빈의 장이 앉아서 제주(祭酒)한 다음에 서서 마시고 절은 하지 않는다. 다 마시면 잔을 주인에게 주고 자리로 돌아간다. 중빈이 이어서 계속하는데, 모두 절은 하지 않고 잔을 받은 다음 앉아서 제주(祭酒)하고 서서 마신다. 한 사람씩 잔을 올릴 때마다 모두 포와 육장을 올린다. 빈에게 풍악을 올린다. 이 대목은 지금 풍악이 없으므로 뺀다. 찬례자가 빈과 주인이 각각 자리에 나아갈 것을 창한다. 빈과 주인이 자리에 나아가기를 의식대로 한다. 찬례자가 사정(司正)을 세울 것을 창한다.

주인이 사정을 뽑아서 세운다. 사정이 중당(中堂)에 북쪽으로 향하여 선다. 집사가 치 술잔에 술을 따라 사정에게 드린다. -여기서부터는 지금은 집사가 대신 따른다. 사정이 치 술잔을 든다.- 찬례자가 자리에 앉은 자들이 모두 일어나서 서로 읍할 것을 창한다. 빈과 주인 이하가 모두 일어나서 공수(拱手)하고 선다. 사정이 읍한다. 빈과 주인 이하가 모두 읍한다. 찬례자가 사정이 독약(讀約)할 것을 창한다. 사정이 치 술잔을 높이 들며 큰 소리로 낭독하기를, "생각건대, 나라에서 옛 법도를 따라 예교(禮敎)를 돈독히 숭상하므로, 이에 향음주례와 향사례를-향사례를 하지 않은 경우에는 '향사(鄕射)'라는 두 글자는 삭제한다.- 거행하는바, 음식을 먹기 위한 것도 아니고 놀고 즐기기 위한 것도 아니며, 풍속을 바로잡아서 아름다운 덕행(德行)을 보기 위한 것이다. 오늘 어른과 젊은이가 모두 모였으니, 각자 서로 권면하여 자식 된 자는 효도를 다하고 나라에는 충성을 다하며, 형제간에 우애하고 부부간에 화순(和順)하며, 어른과 어린이 사이의 질서를 지키고 친구 사이의 신의를 지키며, 안으로는 종족(宗族)간에 화목하고 밖으로는 이웃 간에 화목하여야 할 것이다. 그리하여 혹시라도 잘못을 저질러서 낳아준 부모를 욕되게 하는 일이 없어야 할 것이다." 한다. 읽기를 마친다.

찬례자가 사정(司正)이 술을 마실 것과 서로 읍하고 모두 자리에 앉을 것을 창한다. 사정이 마시기를 마치고 치 술잔을 집사에게 준다. 집사가 포(脯)를 올린다. 사정이 읍하면 빈과 주인 이하가 모두 보답하여 읍한다. 사정이 자리로 돌아간다. 빈과 주인 이하가 모두 앉는다. 찬례자가 사례(射禮)를 행하도록 청할 것을 창한다. 주인이 사사(司射)를 선택하여 세운다. 사사가 깍지와 팔찌를 갖추고 활을 들고 승시(乘矢)-네 개의 화살-를 지니고서 북쪽을 향하여 빈에게 고하기를, "음례(飮禮)를 이미 마쳤고, 활과 화살이 준비되었으니, 사례를 행하고자 합니다." 한다. 빈이 허락하면 다시 주인에게 고한다. 찬례자가 사사(司射)가 사례(射禮)할 자의 짝을 맞출 것을 창한다. 사사가 서계(西階)로 내려와서 사람들의 짝을 맞추는데, 나이가 많은 자가 상사(上射)가 되고 젊은 자가 하사(下射)가 된다. 차례차례 짝을 맞추어서 모두 뜰에서 서로 마주보고 서는데, 북쪽을 상석(上席)으로 한다. 상사는 서쪽에서 동쪽을 향하고 하사는 동쪽에서 서쪽을 향한다. 뭇 짝들이 모두 차례에 따라서 순서대로 선다. 모두 어깨를 벗고 깍지와 팔찌를 끼고 활을 잡고 화살 세 개를 허리띠에 꽂고 한 개는 두 손가락으로 잡는다. 집사가 과녁의 왼쪽 아래 강(綱)을 맨다. 획(獲)-지금은 감전(監箭)이라 일컫는다. -이 깃발을 들고 과녁의 서북쪽에 서서 기다린다. 찬례자가 사사가 유도하여 쏘게 할 것을 창한다. 사사가 화살 세 개를 허리띠에 꽂고 한 개를 두 손가락으로 잡는다. 상사는 서계로, 하사는 동계(東階)로 서로 읍하면서 오른 다음 사위(射位)에 가서 읍한다. 모두 과녁을 향하여 서서 활을 쏜다. 쏘기를 마치면 다시 화살 한 개를 뽑아서 잡고 서계로 내려와서 자리로 돌아간다. 획자(獲者)가 결과를 신호할 때, 화살이 과녁이 있는 곳을 지나갔으면 깃발을 들어 하늘을 가리키고, 미치지 못했으면 깃발을 거꾸로 세워 땅을 가리키며, 왼쪽으로 갔으면 왼쪽으로 흔들고, 오른쪽으로 갔으면 오른쪽으로 흔들며, 명중하였으면 북을 친다. 사정이 획지(畫紙)를 들고 맞힌 것과 맞히지 못한 것의 성적을 매긴다.-이것은 지금의 시속을 따른다.- 찬례자가 모두 차례로 쏠 것을 창한다. 사사가 활을 들고 화살 한 개를 가지고 서계로 올라가서 중당(中堂)에 이르러 빈과 주인에게 읍하고 쏠 것을 고한다. 주인이 먼저 일어나서 읍하면 빈이 답하여 일어난다. 모두 깍지와 팔찌를 끼고 활을 들고 화살 세 개를 허리띠에 꽂고 한 개를 손가락으로 잡는다. 빈은 서쪽, 주인은 동쪽에 서서 서로 읍하고 사위(射位)로 가서 쏘기를 의식대로 한 다음 함께 자리로 돌아와서 선다. 사사가 뭇 짝들에게 쏘기를 청하면 차례로 읍하고 올라가서 사위에 이르러 활을 쏘기를 의식대로 하고, 쏘기를 마치면 내려와서 자리로 돌아가 읍한다. 그러면 다음에 쏠 사람이 올라가기를 의식대로 한다. 모두 쏘기를 마치면 사정이 기록한 점수를 계산하여 승부를 판정한다.

찬례자가 이긴 자는 읍하고 진 자는 올라가서 벌주를 마실 것을 창한다. 집사가 당의 서쪽에 주탁(酒卓)을 마련하고 치 술잔에 술을 따라서 그 위에 놓는다. 이긴 자가 어깨를 벗고 깍지와 팔찌를 하고 시위를 매운 활[張弓]을 잡는다. 진 자가 옷을 입고 깍지와 팔찌를 벗고 시위를 지운 활[弛弓]을 얹는다. 이긴 자가 읍하면 진 자가 계단을 오른다. 계단에 이르러 읍한다. 이긴 자가 먼저 오른다. 올라간 다음에 서로 마주보고 읍한다. 이긴 자가 당에 올라가서 북쪽을 향하여 조금 오른쪽에 선다. 진 자가 당에 올라가서 북쪽을 향하여 꿇어앉는다. 집사가 진 자로 하여금 치 술잔을 잡게 한다. 진 자가 나아가서 앉아 치술잔을 들고는 서서 마신 뒤에 앉아서 탁자 위에 치 술잔을 놓고 일어나서 읍한다. 진 자가 먼저 내려와서 올라가 마실 자와 읍한다. 집사가 치 술잔에 술을 따라서 탁자 위에 놓는다. 올라가서 마실 자가 처음과 같이 한다. 만일 빈이나 주인이 졌을 경우에는 활을 잡지 않고, 집사가 치 술잔에 술을 따라서 주면 빈이 자리에서 이를 받은 다음 서계 위로 가서 북쪽을 향하여 서서 마신 뒤에 집사에게 잔을 주고는 다시 자리로 간다. 주인도 마찬가지로 한다. 찬례자가 빈과 주인이 모두 읍하고 자리에 앉을 것을 창한다. 찬례자가 다시 활을 쏘고 빈에게 풍악을 올릴 것을 창한다. -지금은 풍악이 없으므로 생략한다.- 사사가 화살 한 개를 가지고 나아간다. 상사로 하여금 처음과 같이 하게 한다. 한 짝[耦]이 읍하고 올라가서 처음과 같이 한다. -화살을 쏠 때마다 풍악을 울려서 반드시 명중하도록 하는 절차는 지금 사용하지 않는다.- 빈과 주인과 중빈이 처음처럼 하고 활쏘기를 마친다. 찬례자가 이긴 자는 읍하고 진 자는 올라가서 마실 것을 창한다. 점수의 계산은 처음과 같이 한다. 이긴 자는 시위를 매운 활을 잡고 진 자는 시위를 지운 활을 잡고 올라가서 마시기를 처음과 같이 한다. 모두 마시고 나면 잔을 치운다. -각자 활과 화살을 거둔다.- 찬례자가 모두 자리로 돌아가서 앉아 여수(旅酬)의 예(禮)를 행할 것을 창한다. 빈과 주인과 중빈이 각각 본래의 자리로 돌아간다. 주인이 치 술잔에 술을 따라서 읍하고 빈에게 올리면 빈이 읍하고 받는다. 집사가 포(脯)를 올린다. 잔을 비운다. 빈이 주인에게 답배(答盃)를 의식대로 올리고 읍한다. 사정이 중빈(衆賓)의 장에게 잔을 올리면 중빈의 장이 받아서 마신다. 집사가 포를 올린다. 이하 모두 같다. 차례차례 술을 부어 권하여 손 씻을 때 물 부어 주는 자[沃盥者]에게 이르러서 그친다. 빈이 많으면 양쪽에서 권하여 올린다. 예를 마치고 거둔다.

찬례자가 연례(燕禮)를 행할 것을 창한다. 집사가 안주상을 올리고 술을 돌리되 모두 나이 순서로 한다. 세 순배 또는 다섯 순배로 하는데, 이것이 이른바 술잔 수에 제한이 없음[無算爵]이다. 모두 절하지 않는다. 다 먹고 나면 음식을 거둔다. 찬례자가 예가 끝났음을 창한다. 주인이 조계 위에 서쪽을 향하여 선다. 빈이 서계 위에 동쪽을 향하여 선다. 주인이 재배하면 빈이 답하여 재배한다. 주인이 중빈을 향하여 서로 읍한다. 빈이 내려와서 나가면 중빈이 이를 따른다. 주인이 문밖에서 전송하는데, 동쪽과 서쪽에서 서로 읍하고 물러간다.

●행사에 필요한 사람들
○**주인**; 고을의 관장(官長)이나 동리(洞里)의 장(長)이 한다.
○**빈(賓)**; 어진 자로 한다.
○**개(介)**; 빈 다음가는 사람이다. 없으면 뺀다. 사례(射禮)에는 없다.
○**준(遵)**; 향중(鄕中)의 치사자(致仕者)로 하며, 빼기도 한다.
○**찬자(贊者)**; 주인을 돕는 자이다.
○**삼빈(三賓)**; 중빈(衆賓) 중에서 나이가 많고 덕망이 있는 자를 추천하고, 없으면 뺀다.
○**중빈(衆賓)** 많은 손님.

○**집사자(執事者)**; 주인의 하속(下屬)이 하며 일을 집행한다.

○**사정(司正)**; 문학(文學)이 있는 선비를 추천해서 한다. 위의를 잃은 자를 조사 단속하는 일을 관장하고, 약문(約文)을 읽는다. 활을 쏠 때는 사마(司馬)가 되어 점수를 계산한다.

○**악공(樂工)**; 4인 관현(管絃)이 없으므로 뺀다.

○**사사(司射)**; 활쏘기와 관련된 일을 관장하며, 유도하여 쏘게 한다.

○**사사기(司射器)**; 활·화살·깍지·팔찌 등을 관장하며, 활을 쏠 때 이것들을 나누어 준다.

○**획자(獲者)**; 지금 감전관(監箭官)이라고 일컫는 자로서, 깃발을 흔들어 화살의 명중 여부를 알린다.

○**삼우(三耦)**; 덕망·행실·도의·기예가 있는 자를 뽑아서 하며, 없으면 뺀다.

○**중빈(衆賓)**; 중빈 중에서 나이가 많은 자를 추천하여 장(長)으로 한다.

○**찬례자(贊禮者)**; 찬자(贊者)가 겸한다.

●**행사에 필요한 물건들**

○개 삶는 솥 1개

○도마[俎] 3개

○포(脯) 5마리와 육장[醢]

○술항아리 2통 모두 구기와 덮개를 갖춘다.

○현주(玄酒) 1병 3병을 함께 반위에 놓는다.

○광주리 1개 반탁(盤卓)으로 대신하기도 한다.

○작(爵)술잔 3개

○치(觶)술잔 1개 술잔은 모두 상비(上篚)에 담는다.

○물받이 그릇[洗] 1개

○물 1통

○치(觶)술잔 4개 모두 하비(下篚)에 담거나 반탁(盤卓)을 사용한다.

○과녁[侯]

○깃발[旗] 1개 획자(獲者)가 잡는 것이다.

○승시(乘矢) 화살 4개이다.

○깍지[決]

○팔찌[拾] 이 네 가지를 활 쏘는 자가 모두 갖춘다.

○복(福) 화살을 담은 것이다. 빼기도 한다.

○풍(豐) 술병인데, 진 사람에게 먹이는 것이다. 빼기도 한다.

◇ **향사례도(鄉射禮圖)**

◇ 활쏘기를 마친 후 이긴 자는 읍하고 진 자는 올라가서 술을 마시는 그림

사상견례의절(士相見禮儀節)

◆청견(請見)

빈구지(賓具贄)[주(註):용치(用雉)]예주인지문주인립어조계하직동서서향중집사재기좌소동북상장명자출문좌외서향립빈봉지좌두동향립청왈(詣主人之門主人立於阼階下直東序西向衆執事在其左少東北上將命者出門左外西向立賓奉贄左頭東向立請曰)[주(註):원견무유달모자(願見無由達某子)(장명자(將命者))이명모견(以命某見)(음현이하동(音現以下同))]장명자입예조계하북면고주인왈(將命者入詣阼階下北面告主人曰)[주(註):모자사모청견(某子使某請見)]주인왈(主人曰)[주(註):

모자(某子)(장명자(將命者))명모견오자유욕청오자지취가야모장주견(命某見吾子有辱請吾子之就家也某將走見)]
장명자이(將命者以)고빈(告賓)[주(註):자차이하개전사이고지(自此以下皆傳辭以告之)]빈대왈(賓對曰)
[주(註):모부족이욕명청종사견(某不足以辱命請終賜見)]장명자이고주인주인대왈(將命者以告主人主人
對曰)[주(註):모부감위의(某不敢爲儀)(외식지의(外飾之意))고청오자지취가야모장주견(固請吾子之就家也某將走見)]
장명자이고빈빈대왈(將命者以告賓賓對曰)[주(註):모부감위의고이청(某不敢爲儀固以請)]장명자이고
주인주인대왈(將命者以告主人主人對曰)[주(註):모야부득명장주견문오자칭지감사지(某也不得命將走見聞
吾子稱贄敢辭贄)]장명자이고빈빈대왈(將命者以告賓賓對曰)[주(註):모부이지부감견(某不以贄不敢見)]
장명자이고주인주인대왈(將命者以告主人主人對曰)[주(註):모부족습례감고사(某不足習禮敢固辭)]장
명자이고빈빈대왈(將命者以告賓賓對曰)[주(註):모야부의어지부감견고이청(某也不依於贄不敢見固以請)]
장명자이고주인(將命者以告主人)주인대왈(主人對曰)[주(註):모야고사부득명감부경종(某也固辭不得
命敢不敬從)]장명자이고빈수입취집사자위(將命者以告賓遂入就執事者位)

◆전지(傳贄)

주인지집사자설석우정중주인출문좌서향재배빈동향좌전지우지재배집지흥(主人之執事
者設席于庭中主人出門左西向再拜賓東向坐奠贄于地再拜執贄興)[주(註):빈약강등칙빈선배범존자
배비자피위(賓若降等則賓先拜凡尊者拜卑者避位)]주인양입우빈왈(主人讓入于賓曰)[주(註):청선입(請先入)]
빈대왈(賓對曰)[주(註):모부감(某不敢)]주인재양왈(主人再讓曰)[주(註):모고이청(某固以請)]빈대왈
(賓對曰)[주(註):모부감(某不敢)]주인삼양왈(主人三讓曰)[주(註):원물고사(願勿固辭)]빈대왈(賓對曰)
[주(註):모부감종명(某不敢從命)]주인읍빈답읍주인선입지문내서면빈봉지정용서행지문내동면상
향읍수상배각향당도기곡읍북향지비남빈동절취정중소서남향립주인서절취빈좌남향립주
인재배수지빈송지재배빈퇴출대문외복위주인이지적조계하수집(主人揖賓答揖主人先入
至門內西面賓奉贄正容徐行至門內東面相向揖遂相背各向堂塗旣曲揖北向至碑南賓東折就
庭中少西南向立主人西折就賓左南向立主人再拜受贄賓送贄再拜賓退出大門外復位主人以
贄適阼階下授執)사장우동벽수복위(事藏于東壁遂復位)

◆반견(反見)

장명자예주인지좌북향수명주인명청견우빈왈(將命者詣主人之左北向受命主人命請見于
賓曰)[주(註):청견우빈(見見于賓)]장명자이고우빈왈(將命者以告于賓曰)[주(註):주인청견(主人請見)]
빈대왈(賓對曰)[주(註):감부경종(敢不敬從)]장명자반명우주인왈(將命者反命于主人曰)[주(註):청견
우빈빈허(請見于賓賓許)]수복위집사설빈석우유전남향서상우설주인석우조계남상구찬동벽(遂
復位執事設賓席于牖前南向西上又設主人席于阼階南上具饌東壁)[주(註):효자반갱회자혜장총채장
각일품주빈각구미필충수지설효자반갱장일수(殽胾飯羹膾炙醢醬葱菜醬各一品主賓各具未必充數只設殽胾飯羹醬一水)]
하설세우조계하동남수재세동강복위주인출문좌양입우빈왈(下設洗于阼階下東南水在洗
東降復位主人出門左讓入于賓曰)[주(註):청선입(請先入)]빈대왈(賓對曰)[주(註):모부감(某不敢)]주인
재양왈(主人再讓曰)[주(註):모고이청(某固以請)]빈대왈(賓對曰)[주(註):모부감(某不敢)]주인삼양왈
(主人三讓曰)[주(註):원물고사(願勿固辭)]빈대왈(賓對曰)[주(註):모부감종명(某不敢從命)]주인읍빈답읍
주인선지문내서면빈종문내동면주인청위석왈(主人揖賓答揖主人先至門內西面賓從門內
東面主人請爲席曰)[주(註):청승당위석연후강영(請升堂爲席然後降迎)]빈대왈(賓對曰)[주(註):오자무자욕언
(吾子毋自辱焉)]주인대왈(主人對曰)[주(註):모부위석부감영(某不爲席不敢迎)]빈고사왈(賓固辭曰)[주(註)
:감고사(敢固辭)]◇안기영빈지내문외유청입위석지절이금용사일문지례고이계우차(按記迎賓至內門外有請入爲席之節而
금용사일문지례고이계우차(今用士一門之禮故移係于此)]주인수여빈상향읍상배각향당도(主人遂與賓相向揖相背各向堂塗)
[주(註):객약강등칙종주인취동도주인사왈청취서계빈대왈모부감당객례주인고청왈모고이청빈대왈오자중유명감부경종
내취서도(客若降等則從主人就東塗主人辭曰請就西階賓對曰某不敢當客禮賓固請曰某固以請賓對曰吾子重有命敢不敬
從乃就西塗)]기곡우읍당비우읍급계주인양등왈(旣曲又揖當碑又揖及階主人讓登曰)[주(註):청선
등(請先登)]빈대왈(賓對曰)[주(註):모부감(某不敢)]주인재양왈(主人再讓曰)[주(註):모고이청(某固以請)]
빈대왈(賓對曰)[주(註):모부감(某不敢)]주인삼양왈(主人三讓曰)[주(註):원물고사(願勿固辭)]빈대왈
(賓對曰)[주(註):모부감종명(某不敢從命)]주인선우족승일등빈선좌족승일등개섭급취족련보이상

기승개당미북면주인재배빈답재배주인취빈석전궤정석빈취주인지좌궤무석이사왈(主人先右足陞一等賓先左足陞一等皆涉級聚足連步以上旣陞皆當楣北面主人再拜賓答再拜主人就賓席前跪正席賓就主人之左跪撫席而辭曰)[주(註)]:오자무자욕언(吾子毋自辱焉)]주인대왈(主人對曰)[주(註)]:모야위석부감부치경(某也爲席不敢不致敬)]개흥주인읍도빈구취석빈기천석주인내좌빈역좌(皆興主人揖導賓俱就席賓旣踐席主人乃坐賓亦坐)

◆전언(傳言)

좌기타내전언(坐旣妥乃傳言)[주(註)]:범전언수수의명사금권설가식여좌(凡傳言須隨意命辭今權說假式如左)]주인선거약왈(主人先擧若曰)[주(註)]:절문오자지명원견부가득금오자외자왕굴사모득친덕의모지우부승영감(竊聞吾子之名願見不可得今吾子猥自枉屈使某得親德義某之愚不勝榮感)]빈대왈(賓對曰)[주(註)]:모절문오자덕지의성원공쇄소어문하위일구의금득시부승위희원오자물고기소이래지의이유이교지야(某竊聞吾子德義之盛願供灑掃於門下爲日久矣今得侍不勝慰喜願吾子勿孤其所以來之意而有以敎之也)]주인대왈(主人對曰)[주(註)]:모지우무사부위오자과청전자지어치유근교내성황축강지조궁지소(某至愚無似不謂吾子過聽傳者之語致有勤敎內省皇蹙罔知措躬之所)]빈고청왈(賓固請曰)[주(註)]:원오자부이비비행교이일언(願吾子不以卑鄙幸敎以一言)]주인대왈(主人對曰)[주(註)]:모야학부지방부족이감명연하문지성의유부가이허욕석자절문지모자유언운모지우개유의어차이력막능여야감이위헌원오자가지의언(某也學不知方不足以堪然下問之盛意有不可以虛辱昔者竊聞之某子有言云某之愚蓋有意於此而力莫能與也敢以爲獻願吾子加之意焉)]빈기배사왈(賓起拜辭曰)[주(註)]:모수부민청감종사어사어이(某雖不敏請敢從事於斯語耳)]주(主)인기배욕구복좌(人起拜辱俱復坐)

◆찬식(饌食)

집사자이찬승진우동영외부동방남면고주인왈(執事者以饌陞陳于東楹外負東方南面告主人曰)[주(註)]:식구감이고(食具敢以告)]강복위주인강자조계빈강자서계직서서동향립주인서면사왈(降復位主人降自阼階賓降自西階直西序東向立主人西面辭曰)[주(註)]:모야행사부감번오자(某也行事不敢煩吾子)]빈대왈(賓對曰)[주(註)]:오자욕유사모부감재당(吾子辱有事某不敢在堂)]주인적세북남면립집사자이인진세동서일인봉세일인봉수옥관빈진세남북면사세왈(主人適洗北南面立執事者二人進洗東西一人奉洗一人奉水沃盥賓進洗南北面辭洗曰)[주(註)]:오자무자욕언(吾子無自辱焉)]주인대왈(主人對曰)[주(註)]:모유부전지수장이행례부감부치결(某有不腆之需將以行禮不敢不致潔)]빈복서계하위주인졸세급계여빈일읍주인양등왈(賓復西階下位主人卒洗及階與賓一揖主人讓登曰)[주(註)]:청선등(請先登)]빈대왈(賓對曰)[주(註)]:모부감(某不敢)]구승주인읍도빈즉취좌집사자상궤자관승주인취빈석전궤진식집사자상지선전효우석전근남소동차전자우근남소서차전반우근북소동차전갱우근북소서치장우중수재갱우궤흘빈봉식흥주인흥사왈(俱陞主人揖導賓卽就坐執事者相饌者盥陞主人就賓席前跪進食執事者相之先奠殽于席前近南少東次奠蔌于近南少西次奠飯于近北少東次奠羹于近北少西置醬于中水在羹右饌訖賓奉食興主人興辭曰)[주(註)]:청좌이수지(請坐而受之)]빈복좌전식우고처주인복석좌집사자취주인석전설찬여빈의빈거효제우조(賓復坐奠食于故處主人復席坐執事者就主人席前設饌如賓儀賓擧殽祭于俎)[주(註)]:빈강등즉칙주인선제이도빈(賓降等則主人先祭而導賓)]주인사부족제왈(主人辭不足祭曰)[주(註)]:물박이부족이제(物薄而不足以祭)]빈수편찰제품어두간이소진지서유수장부제주인제식여빈의주인시반빈종반주인사이소왈(賓遂徧察諸品於豆間以所進之序惟水醬不祭主人祭食如賓儀主人始飰賓從飰主人辭以疏曰)[주(註)]:반소부족이식(飯疏不足以食)]일반흘집사자진아반아반흘집사자진삼반삼반흘주인선식제이도빈빈종식제변제효빈내윤(一飯訖執事者進亞飯亞飯訖執事者進三飯三飯訖主人先食蔌以導賓賓從食蔌辨諸殽賓乃酳)[주(註)]:이수탕구(以水蕩口)]주인역윤빈흥철조주인흥사왈(主人亦酳賓興徹俎主人興辭曰)[주(註)]:오자무자욕언(吾子毋自辱焉)]빈복석좌주인내좌집사(賓復席坐主人乃坐執事)철강복위(撤降復位)

◆빈출(賓出)

빈흥주인역흥빈청출왈(賓興主人亦興賓請出曰)[주(註)]:청퇴(請退)]내강주인역강빈출문주인출문좌재배송지빈부답배이환(乃降主人亦降賓出門主人出門左再拜送之賓不答拜而還)

◆환지(還贄)

주인이소수지지예송지자지문장명자출문좌서향빈봉지좌두청환지왈(主人以所受之贄詣送贄者之門將命者出門左西向賓奉贄左頭請還贄曰)[주(註):향자오자욕사모견청환지어장명자(鄉者吾子辱使某見請還贄於將命者)]장명자이고주인주인대왈(將命者以告主人主人對曰)[주(註):모야기득견의감사(某也既得見矣敢辭)]장명자이고빈빈대왈(將命者以告賓賓對曰)[주(註):모야비감구견청환지어장명자(某也非敢求見請還贄於將命者)]장명자이고주인주인대왈(將命者以告主人主人對曰)[주(註):모야기득견의감고사(某也既得見矣敢固辭)]장명자이고빈빈대왈(將命者以告賓賓對曰)[주(註):모부감이문고이청어장명자(某不敢以聞固以請於將命者)]장명자이고주인주인대왈(將命者以告主人主人對曰)[주(註):모야고사부득명감부종(某也固辭不得命敢不從)]장명자이고빈수복위집사자설석우정중복위빈봉지입문이좌취석남면립주인취빈좌남면재배진수지빈송지재배출문주인이지(將命者以告賓遂復位執事者設席于庭中復位賓奉贄入門而左就席南面立主人就賓左南面再拜進受贄賓送贄再拜出門主人以贄)수집사자출문좌재배송지빈부답배이환(授執事者出門左再拜送之賓不答拜而還)

의례주소사상견례(儀禮註疏士相見禮)

사상견지례(士相見之禮)。 지(贄), 동용치(冬用雉), 하용거(夏用腒)。 좌두봉지(左頭奉之), 왈(曰):「모야원견(某也願見), 무유달(無由達), 모자이명명모견(某子以命命某見)」

지(贄), 소집이지자(所執以至者), 군자견어소존경(君子見於所尊敬), 필집지이장기후의야(必執贄以將其厚意也)。 사지용치자(士贄用雉者), 취기경개(取其耿介), 교유시(交有時), 별유륜야(別有倫也)。 치필용사자(雉必用死者), 위기부가생복야(為其不可生服也)。 하용거(夏用腒), 비부취야(備腐臭也)。 좌두(左頭), 두(頭), 양야(陽也)。 무유달(無由達), 언구무인연이자달야(言久無因緣以自達也)。 모자(某子), 금소인연지성명야(今所因緣之姓名也)。 이명자(以命者), 칭술주인지의(稱述主人之意)。 금문두위두(今文頭為脰)。

◆소(疏)

「사상견(士相見)」지(至)「모견(某見)」。 ○석왈(釋曰):자차지(自此至)「송우문외재배(送于門外再拜)」, 론사여사상견지사야(論士與士相見之事也)。 운(云)「모야원견(某也原見), 무유달(無由達)」자(者), 위신승위사(謂新升為士), 욕견구위사자(欲見舊為士者), 위구무소개중간지인달피차지의(謂久無紹介中間之人達彼此之意), 수원견(雖原見), 무유득여주인통달상견야(無由得與主人通達相見也)。 운(云)「모자이명명모견(某子以命命某見)」자(者), 모자시소개중간지인성명(某子是紹介中間之人姓名), 이주인지명명모(以主人之命命某), 시빈지명명모래견주인야(是賓之名命某來見主人也)。 안(案)《소의(少儀)》「시견군자자(始見君子者), 사왈(辭曰):모고원문명어장명(某固原聞名於將命)」자(者), 위이비존법(謂以卑尊法)。 피우운(彼又云)「적자왈(敵者曰):모고원견(某固願見)」어장명자(於將命者), 차량사상견(此兩士相見), 역시적자(亦是敵者)。 부언원견어장명자자(不言原見於將命者者), 차기언원견(此既言願見), 무유달견적자시욕상견(無由達見敵者始欲相見)。 안하문급환지자(案下文及還贄者), 개운어장명자(皆云於將命者), 명차역유원견어장명자(明此亦有原見於將命者), 부언자(不言者), 문부구야(文不具也)。 ○주석왈(注釋曰):운(云)「지(贄), 소집이지(所執以至)」자(者), 지득훈위지(贄得訓為至), 승위사자원결일자피인상견(升為士者元缺一字彼人相見), 욕상존경(欲相尊敬), 필집금조시득지(必執禽鳥始得至), 고운지소집이지자야(故云贄所執以至者也)。 운(云)「사지용치(士贄用雉)」자(者), 대대부이상소집고(對大夫已上所執羔)、 안부동야(雁不同也)。 운(云)「취기경개(取其耿介), 교유시(交有時), 별유륜야(別有倫也)」자(者), 륜(倫), 류야(類也)。 교접유시(交接有時), 지어별후(至於別后), 칙웅자부잡(則雌雄不雜), 위춘교추별야(謂春交秋別也)。 사지의역연(士之義亦然), 의취경개부범어상야(義取耿介不犯於上也)。 운(云)「치필용사자(雉必用死者), 위기부가생복야(為其不可生服也)」자(者), 경직운동용치(經直云冬用雉), 지용사치자(知用死雉者), 《상서(尚書)》운(云):「삼백(三帛)、 이생(二牲)、 일사지(一死贄)。」 칙치(則雉), 의취경개(義取耿介), 위군치사야(為君致死也)。 운(云)「하용거(夏用腒), 비부취야(備腐臭也)」자(者), 안(案)《주례(周禮)·포인(庖人)》운(云):「춘행고돈(春行羔豚), 하행거(夏行腒)。」 정운(鄭云):「거(腒), 건치(乾雉)。 숙건어(鱐乾魚)。」 거숙한열이건(腒鱐暵熱而乾), 건칙부부취(乾則不腐臭), 고차취부부취야(故此取不腐臭也)。 동시수사(冬時雖死), 형체부이(形體不異), 고존본명(故存本

名), 칭왈치(稱曰雉). 하위건거(夏爲乾腒), 형체이(形體異), 고변본명칭왈거야(故變本名稱曰腒也). 운(云)「좌두(左頭), 두(頭), 양야(陽也)」자(者), 《곡례(曲禮)》운(云)「집금자좌수(執禽者左首)」, 치여고(雉與羔)、안동시합생집지물(雁同是合生執之物), 이부가생복(以不可生服), 고살지수사(故殺之雖死), 유상좌이종양야(猶尙左以從陽也). 운(云)「모자(某子), 금소인연지성명야(今所因緣之姓名也)」자(者), 위소개지성명(謂紹介之姓名). 운(云)「이명자(以命者), 칭술주인지의(稱述主人之意)」자(者), 언소개지인칭술주인지사의전래빈야(言紹介之人稱述主人之辭意傳來賓也). 운(云)「금문두위두(今文頭爲脰)」자(者), 정부종금문자(鄭不從今文者), 이기두(以其脰), 항야(項也), 항부득위두(項不得爲頭), 고부종야(故不從也). 단차운모자이명명모견(但此云某子以命命某見), 위구미상견(謂舊未相見), 금시래견주인(今始來見主人), 고수모자전(故須某子傳), 통유비욕견공자(通儒悲欲見孔子), 부유소개(不由紹介), 고공자사이질(故孔子辭以疾). 차경운모자(且經云某子), 정운모자(鄭云某子), 금소인연지성명(今所因緣之姓名). 안(案)《향음주(鄕飮酒)》운(云)「모자수수(某子受酬)」, 주운(注云):「모자(某者), 중빈성(衆賓姓)。」우(又)《향사(鄕射)》운(云)「모수모자(某酬某子)」, 주운(注云):「모자자(某子者), 씨야(氏也)。」여차주모자위성명부동자(與此注某子爲姓名不同者). 피려수하위상(彼旅酬下爲上), 존경재상(尊敬在上), 이(以)《공양전(公羊傳)》:「명부약자(名不若字), 자부약자(字不若子)。」고하자칭성(故下者稱姓), 이배자(以配子), 피대면어(彼對面語), 고부언명(故不言名). 차비대면지언(此非對面之言), 어피요칭소개지의(於彼遙稱紹介之意), 약부언명(若不言名), 직칭성시하인(直稱姓是何人), 고정이성명해지야(故鄭以姓名解之也). 약연(若然), 《특생(特牲)》운(云)「황조모자(皇祖某子)」, 주위백자(注爲伯子)、중자자(仲子者), 이손부의운부조성(以孫不宜云父祖姓), 고이백자(故以伯子)、중자언지(仲子言之), 망경위의(望經爲義), 고주유수(故注有殊). 약연(若然), 주의유명(注宜有名), 무자오야(無者誤也).

주인대왈(主人對曰):「모자명모견(某子命某見), 오자유욕(吾子有辱)。청오자지취가야(請吾子之就家也), 모장주견(某將走見)。」

유(有), 우야(又也). 모자명모왕견(某子命某往見), 금오자우자욕래(今吾子又自辱來), 서기의야(序其意也). 주(走), 유왕야(猶往也). 금문무주(今文無走).

◆소(疏)

「주인(主人)」지(至)「주견(走見)」。○석왈(釋曰):운(云)「모자명모견(某子命某見)」자(者), 모자칙시소개성명(某子則是紹介姓名), 이모자시중간지인(以某子是中間之人), 고빈주공칭지야(故賓主共稱之也). 차상하개언청(此上下皆言請), 부언사(不言辭). 사이부수(辭而不受), 수상견(須相見), 고언청이이(故言請而已)。○주(注)「유우(有又)」지(至)「무주(無走)」。○석왈(釋曰):정전유위우자(鄭轉有爲又者), 이언모자이명명모(以言某子以命命某), 왕취피견오자(往就彼見吾子), 우자욕래(又自辱來), 어의위편(於義爲便), 고종우(故從又), 부종유야(不從有也). 운(云)「주(走), 유왕야(猶往也)」자(者), 이언주(以言走), 직취급왕상견지의(直取急往相見之意), 비주취지의(非走驟之義), 고석종왕야(故釋從往也). 운(云)「금문무주(今文無走)」자자(字者), 무주(無走), 어문의(於文義)부족(不足), 고부종금문종고문야(故不從今文從古文也).

빈대왈(賓對曰):「모부족이욕명(某不足以辱命), 청종사견(請終賜見)。」

명(命), 위청오자지취가(謂請吾子之就家).

주인대왈(主人對曰):「모부감위의(某不敢爲儀), 고청오자지취가야(固請吾子之就家也), 모장주견(某將走見)。」

부감위의(不敢爲儀), 언부감외모위위의(言不敢外貌爲威儀), 충성욕왕야(忠誠欲往也). 고(固), 여고야(如故也). 금문부위비(今文不爲非), 고문운(古文云)「고이청(固以請)」.

◆소(疏)

주(注)「부감(不敢)」지(至)「이청(以請)」。○석왈(釋曰):고여고야자(固如故也者), 고위견고(固爲堅固), 견고칙여고(堅固則如故), 이재청여전(以再請如前), 고운고여고야(故云固如故也). 운(云)「금문부위비(今文不爲非)」자(者), 운비감어의부편(云非敢於義不便), 고부종금문비야(故不從今文非也). 운(云)「고문운(古文云)'고이청(固以請)'」자(者), 고청어문종편(固請於文從便), 약유이자어문사완(若有以字於文賖緩), 고부종고문(故不從古文)「고이청(固以請)」야(也).

빈대왈(賓對曰):「모부감위의(某不敢爲儀), 고이청(固以請)。」

언여고청종사견야(言如故請終賜見也). 금문부위비(今文不爲非).

주인대왈(主人對曰):「모야고사(某也固辭), 부득명(不得命), 장주견(將走見)。문오자

칭지(聞吾子稱贄), 감사지(敢辭贄)。」

부득명자(不得命者), 부득견허지명야(不得見許之命也)。주(走), 유출야(猶出也)。칭(稱), 거야(舉也)。사기지(辭其贄), 위기대숭야(為其大崇也)。고문왈(古文曰)「모장주견(某將走見)」。

◆소(疏)

주(注)「부득(不得)」지(至)「주견(走見)」。○석왈(釋曰): 운(云)「주유출야(走猶出也)」자(者), 역여상지주왕(亦如上之走往), 피거구빈가(披據句賓家), 고주위왕(故走為往), 차거출문(此據出門), 고운주유출야(故云走猶出也)。운(云)「사기지(辭其贄), 위기대숭야(為其大崇也)」자(者), 범빈주상견(凡賓主相見), 유차신승위사유지(唯此新升為士有贄), 우초부상식(又初不相識), 고유지위중(故有贄為重)。대중상견(對重相見), 칙무지위경(則無贄為輕)。시이시상견(是以始相見), 사지위대숭(辭之為大崇), 고야(故也)。운(云)「고문왈(古文曰)'모장주견(某將走見)'」자(者), 상재번개운(上再番皆云)「모장주견(某將走見)」, 금차삼자역운(今此三者亦云)「모장주견(某將走見)」, 여전동(與前同), 차첩고문부종자(此疊古文不從者), 이상제일번청빈주개무(以上第一番請賓主皆無)「부감위의(不敢為儀)」, 제이번빈급주인개운(第二番賓及主人皆云)「부감위의(不敢為儀)」, 문구기이(文句既異), 약부운모(若不云某), 어문부편(於文不便), 고수운모야(故須云某也)。차삼번어상이운모야(此三番於上已云某也), 고사부득명(固辭不得命), 어하부수운모(於下不須云某), 어문편(於文便), 고문경운(古文更云)「모장주견(某將走見)」, 문첩(文疊), 고부종야(故不從也)。

빈대왈(賓對曰): 「모부이지부감견(某不以贄不敢見)。」

견어소존경이무지(見於所尊敬而無贄), 혐대간(嫌大簡)。

◆소(疏)

주(注)「견어(見於)」지(至)「대간(大簡)」。○석왈(釋曰): 차사상견유시평적상항(此士相見唯是平敵相伉), 안(案)《곡례(曲禮)》운(云): 「주인경객칙선배객(主人敬客則先拜客), 객경주인칙선배주인(客敬主人則先拜主人)。」병부문작지대소(並不問爵之大小), 유이상존경위선후(唯以相尊敬為先后), 고수량사(故雖兩士), 역득운상존경(亦得云相尊敬), 부감공수(不敢空手), 수이지상견(須以贄相見)。약무지상견(若無贄相見), 시칙대간략야(是則大簡略也)。

주인대왈(主人對曰): 「모부족이습례(某不足以習禮), 감고사(敢固辭)。」

언부족습례자(言不足習禮者), 부감당기숭례래견기(不敢當其崇禮來見己)。

◆소(疏)

주(注)「언부(言不)」지(至)「견기(見己)」。○석왈(釋曰): 안상경빈운모부이지부감견(案上經賓云某不以贄不敢見), 시빈이숭례래견주인(是賓以崇禮來見主人)。금주인부감당기숭례래견기(今主人不敢當其崇禮來見己), 고변문언(故變文言)「부족이습례(不足以習禮)」, 고정운언부족습례자(故鄭云言不足習禮者), 부감당기숭례래견이야(不敢當其崇禮來見已也)。

빈대왈(賓對曰): 「모야부의어지부감견(某也不依於贄不敢見), 고이청(固以請)。」

언의어지(言依於贄), 겸자비야(謙自卑也)。

◆소(疏)

주(注)「언의(言依)」지(至)「비야(卑也)」。○석왈(釋曰): 범상견지례(凡相見之禮), 이비견존필의지(以卑見尊必依贄)。《례기(禮記)·단궁(檀弓)》운(云)「로인유주풍야자(魯人有周豊也者), 애공집지청견지(哀公執贄請見之)」자(者), 시하현(是下賢), 비정법(非正法)。금(今)《사상견(士相見)》운(云)「부의어지부감견(不依於贄不敢見)」, 겸자비야(謙自卑也)。

주인대왈(主人對曰): 「모야고사(某也固辭), 부득명(不得命), 감부경종(敢不敬從)」출영어문외(出迎於門外), 재배(再拜)。빈답재배(賓答再拜)。주인읍(主人揖), 입문우(入門右)。빈봉지(賓奉贄), 입문좌(入門左)。주인재배수(主人再拜受)。빈재배송지(賓再拜送贄), 출(出)。

우(右), 취우야(就右也)。좌(左), 취좌야(就左也)。수지어정(受贄於庭), 기배수(既拜受), 송칙출의(送則出矣)。부수지어당(不受贄於堂), 하인군야(下人君也)。금문무야(今文無也)。

◆소(疏)

주(注)「우취(右就)」지(至)「무문(無文)」。○석왈(釋曰) : 범문출(凡門出), 칙이서위우(則以西為右), 이동위좌(以東為左) ; 입문칙이동위우(入門則以東為右), 이서위좌(以西為左), 의빈서주동지위야(依賓西主東之位也). 지(知)「수지어정(受贄於庭)」자(者), 이기입문좌우(以其入門左右), 부언읍양이승지사(不言揖讓而升之事), 고지재정야(故知在庭也). 운(云)「기배(既拜), 송칙출의(送則出矣)」자(者), 욕견빈배송지흘이언출(欲見賓拜送贄訖而言出), 칙거환가(則去還家), 무의득대주인류기야(無意得待主人留己也). 운(云)「부수지어당(不受贄於堂), 하인군야(下人君也)」자(者), 《빙례(聘禮)》빈승당치명수옥(賓升堂致命授玉), 우하운군재당승견무방계(又下云君在堂升見無方階), 역시승당견군법(亦是升堂見君法), 고운부승당하인군야(故云不升堂下人君也).

주인청견(主人請見), 빈반견(賓反見), 퇴(退)。주인송우문외(主人送于門外), 재배(再拜)。

청견자(請見者), 위빈숭례래(為賓崇禮來), 상접이긍장(相接以矜莊), 환심미교야(歡心未交也). 빈반견(賓反見), 칙연의(則燕矣). 하운(下云)「범연견어군(凡燕見於君)」지(至)「범시좌어군자(凡侍坐於君子)」, 박기반견지연의(博記反見之燕義), 신초견어군(臣初見於君), 재배(再拜), 전지이출(奠贄而出).

◆소(疏)

「주인청견(主人請見)」지(至)「재배(再拜)」。○주(注)「청견(請見)」지(至)「이출(而出)」。○석왈(釋曰) : 정해주인류빈지의(鄭解主人留賓之意). 운(云)「청견(請見)」자(者), 위빈숭례래상접(為賓崇禮來相接), 칙집지래시야(則執贄來是也). 운(云)「이긍장(以矜莊), 환심미교야(歡心未交也)」자(者), 정위입문배수(正謂入門拜受), 배송시빈주구긍장상경(拜送時賓主俱矜莊相敬), 환심미교야(歡心未交也). 운(云)「빈반견(賓反見), 칙연의(則燕矣)」자(者), 상(上)《사관(士冠)》례빈(禮賓)、《사혼(士昏)》납채지등(納采之等), 《례기(禮記)》개유례빈(皆有禮賓)、향빈지사(饗賓之事), 명차행례(明此行禮), 주인류필부허(主人留必不虛), 의유환연(宜有歡燕), 고운칙연의(故云則燕矣). 이지상견(以贄相見), 비빙문지례(非聘問之禮). 연기재침(燕既在寢), 명전상견역재침지정의(明前相見亦在寢之庭矣). 약제문유류빈자(若諸文有留賓者), 다시례빈지사(多是禮賓之事), 지차불행례빈이운연자(知此不行禮賓而云燕者), 피제문개시위여사상견(彼諸文皆是為餘事相見), 이기사중(以其事重), 고위례빈(故為禮賓). 차직당신상견(此直當身相見), 기사경(其事輕), 고직유연의(故直有燕矣). 시이제문례빈(是以諸文禮賓), 차연빈(此燕賓), 고직운(故直云)「청견(請見)」야(也). 운(云)「'범연견어군(凡燕見於君)'지(至)'반견지연의(反見之燕義)'」자(者), 범연견(凡燕見), 혹반견(或反見), 혹본래시좌(或本來侍坐), 비반견(非反見), 하주운(下注云)「차위특견도사(此謂特見圖事), 비립빈주지연(非立賓主之燕)」시야(是也). 시좌어군자지하(侍坐於君子之下), 내유시좌(乃有侍坐)、문야(問夜)、선훈(膳葷)、사식작지등(賜食爵之等), 부인증연견자(不引證燕見者), 피직시시좌법(彼直是侍坐法), 비연견지례고야(非燕見之禮故也). 운(云)「신초견어군(臣初見於君), 재배(再拜), 전지이출(奠贄而出)」자(者), 정욕견자(鄭欲見自)「연견우군(燕見于君)」하지(下至)「범시좌어군자(凡侍坐於君子)」개반견연법(皆反見燕法), 기중잉유신견우군법(其中仍有臣見于君法), 신시사견우군법(臣始事見于君法), 례필(禮畢), 전지이출(奠贄而出), 군역당견인류지연야(君亦當遣人留之燕也). 약연(若然), 하유타방지인칙환지(下有他邦之人則還贄), 수부견반연(雖不見反燕), 신상연타방(臣尚燕他邦), 유연가지(有燕可知), 단문부구야(但文不具也).

주인복견지(主人復見之), 이기지(以其贄), 왈(曰) : 「향자오자욕(曩者吾子辱), 사모견(使某見)。청환지어장명자(請還贄於將命者)。」

복견지자(復見之者), 례상왕래야(禮尚往來也). 이기지(以其贄), 위향시소집래자야(謂曩時所執來者也). 향(曩), 낭야(曩也). 장유전야(將猶傳也). 전명자(傳命者), 위빈상자(謂擯相者).

◆소(疏)

「주인(主人)」지(至)「명자(命者)」。○석왈(釋曰) : 자차지(自此至)「빈퇴송재배(賓退送再拜)」론주인환우빈지사(論主人還于賓之事). ○주(注)「복견(復見)」지(至)「상자(相者)」。○석왈(釋曰) : 운(云)「복견지자(復見之者), 례상왕래야(禮尚往來也)」자(者), 정해주인환지지의(鄭解主人還贄之意), 운(云)「례상왕래(禮尚往來)」, 《곡례(曲禮)》문(文). 오등제후(五等諸侯), 신자출조급견신출빙(身自出朝及遣臣出聘), 이기규장중(以其圭璋重), 부가요복(不可遙復), 조빙흘(朝聘訖), 즉환지(即還之), 벽종재경(璧琮財輕), 고부환(故不還). 피조빙용옥(彼朝聘用玉), 자위일례(自為一禮), 유부환지의(有不還之義), 기재국지신(其在國之臣), 자집지상견(自執贄相見), 수금지개환지(雖禽贄皆還之). 신견어군(臣見於君), 즉부환(則不還). 의여조빙이(義與朝聘異), 부가상결야(不可相決也). 운(云)「장유전야(將猶傳也). 전명자(傳命者), 위빈상자(謂擯相者)」자(者), 위출접빈왈빈(謂出接賓曰擯), 입조례왈상(入詔禮曰相), 일야(一也). 고(故)《빙례(聘禮)》여(與)《관의(冠義)》개운매일문지일상(皆云每一門止一相), 시위빈개위상야(是謂擯介爲相也).

주인대왈(主人對曰)：「모야기득견의(某也旣得見矣), 감사(敢辭)。」

양기래답기야(讓其來答己也)。

◆소(疏)

「주인(主人)」지(至)「감사(敢辭)」。○석왈(釋曰)：상언주인(上言主人), 차역언주인자(此亦言主人者), 상언주인자거전위주인이언(上言主人者據前為主人而言)。차운주인자(此云主人者), 위전빈금재기가이설야(謂前賓今在己家而說也)。

빈대왈(賓對曰)：「모야비감구견(某也非敢求見), 청환지어장명자(請還贄於將命者)。」

언부감구견(言不敢求見), 혐설주인(嫌褻主人), 부감당야(不敢當也)。

◆소(疏)

주(注)「언부(言不)」지(至)「당야(當也)」。○석왈(釋曰)：운(云)「혐설주인(嫌褻主人), 부감당야(不敢當也)」자(者), 향자주인견기(鄉者主人見己), 금즉래견주인(今即來見主人), 빈주빈견(賓主頻見), 시설야(是褻也)。금운(今云)「비감구견(非敢求見)」, 혐설주인(嫌褻主人), 부감경상견야(不敢更相見也), 고부감당상견지법(故不敢當相見之法), 직운(直云)「환지(還贄)」이이(而已)。

주인대왈(主人對曰)：「모야기득견의(某也旣得見矣), 감고사(敢固辭)。」

고(固), 여고야(如故也)。

빈대왈(賓對曰)：「모부감이문(某不敢以聞), 고이청어장명자(固以請於將命者)。」

언부감이문(言不敢以聞), 우익부감당(又益不敢當)。

◆소(疏)

주(注)「언부감(言不敢)」지(至)「감당(敢當)」。○석왈(釋曰)：상운(上云)「비감구견(非敢求見)」, 이시부감당(已是不敢當), 차운(此云)「부감이문(不敢以聞)」, 이문소어목견(耳聞疏於目見), 고운(故云)「우익부감당(又益不敢當)」야(也)。

주인대왈(主人對曰)：「모야고사(某也固辭), 부득명(不得命), 감부종(敢不從)。」

허수지야(許受之也)。이일칙출영(異日則出迎), 동일칙부(同日則否)。

◆소(疏)

주(注)「이일(異日)」지(至)「칙부(則否)」。○석왈(釋曰)：하운(下云)「빈봉지입(賓奉贄入)」, 부언주인출영(不言主人出迎), 우부언궐명(又不言厥明), 시여전상견동일(是與前相見同日)。지이일출영자(知異日出迎者), 《향음주례(鄉飲酒禮)》운(云)：명일(明日), 내식사정(乃息司正), 주인출영지(主人出迎之)。사정유영지(司正猶迎之), 황동료호(況同僚乎), 시지이일출영야(是知異日出迎也)。약연(若然), 《빙례(聘禮)》공영우대문내(公迎于大門內), 지례빈우출영자(至禮賓又出迎者), 피초시공영(彼初是公迎), 피초지명부위영빈신(彼初之命不為迎賓身), 고지례빈신(故至醴賓身), 수동일역출영지(雖同日亦出迎之), 고정주운공출영자(故鄭注云公出迎者), 이지례경단시야(已之禮更端是也)。《혼례(昏禮)》빈위남가사(賓為男家使), 초시출영(初時出迎), 지례빈신(至醴賓身), 수동일역출영야(雖同日亦出迎也)。《유사철(有司徹)》전위시(前為尸), 후위빈(后為賓), 소위이(所為異), 고운수동일역출영(故云雖同日亦出迎)。차이자역시경단지의야(此二者亦是更端之義也)。안(案)《향음주(鄉飲酒)》급(及)《공식대부(公食大夫)》개어계빈지시(皆於戒賓之時), 미행빈주지례(未行賓主之禮), 시이빈지내영지(是以賓至乃迎之), 고수동일(故雖同日), 역영빈(亦迎賓), 비경단지의야(非更端之義也)。

빈봉지입(賓奉贄入), 주인재배수(主人再拜受)。빈재배송지(賓再拜送贄), 출(出)。주인송우문외(主人送于門外), 재배(再拜)。○사견어대부(士見於大夫), 종사기지(終辭其贄)。어기입야(於其入也), 일배기욕야(一拜其辱也)。빈퇴(賓退), 송(送), 재배(再拜)。

종사기지(終辭其贄), 이장부친답야(以將不親答也)。범부답이수기지(凡不答而受其贄), 유군어신이(唯君於臣耳)。대부어사(大夫於士), 부출영(不出迎)。입일배(入一拜), 정례야(正禮也)。송재배(送再拜), 존빈(尊賓)。

◆소(疏)

「사견어대부(士見於大夫)」지(至)「재배(再拜)」。○주(注)「종사(終辭)」지(至)「존빈(尊賓)」。○석왈(釋曰)：운(云)「이장부친답야(以將不親答也)」자(者)，사미지위지장(事未至謂之將)，여상(如上)《사상견(士相見)》빈래견사(賓來見士)，후장친답취사가(后將親答就士家)，즉사이수기지(則辭而受其贄)。차즉이장부친답(此則以將不親答)，종부수야(終不受也)。약연(若然)，경직운(經直云)「종사기지(終辭其贄)」，부언일사(不言一辭)、재사(再辭)，역유가지(亦有可知)，단략이부언야(但略而不言也)。우(又)《소의(少儀)》운시견군자왈(云始見君子曰)「원문명(願聞名)」차부언원문(此不言願聞)，역문부구야(亦文不具也)。운(云)「범부답이수기지(凡不答而受其贄)，유군어신이(唯君於臣耳)」자(者)，견하문(見下文)「타방지인칙사빈자환기지(他邦之人則使擯者還其贄)」，견기군부언환지(見己君不言還贄)。우문유삼사(又文有三辭)：초사(初辭)、중사(中辭)、종사(終辭)。초사지시(初辭之時)，칙운(則云)「사모(使某)」，중사운(中辭云)「명모(命某)」，이사재중자(以辭在中者)，전언이이(傳言而已)，고운(故云)「명모(命某)」。연사모자시존군비신지의(然使某者是尊君卑臣之義)，기심중(其心重)。약운(若云)「명모(命某)」자(者)，존군비신(尊君卑臣)，초천점경지의(稍淺漸輕之義)，고정운혹언명모전언이(故鄭云或言命某傳言耳)。필지유차의자(必知有此義者)，안희구년(案僖九年)《좌전(左傳)》왈(曰)：「천자유사어문무(天子有事於文武)，사공사백구조(使孔賜伯舅胙)。」이백구질로(以伯舅耊老)，가로사일급(加勞賜一級)，무하배(無下拜)，시존군(是尊君)。칭사전언(稱使傳言)，운명유경중지의야(云命有輕重之義也)。

약상위신자(若常爲臣者)，칙례사기지(則禮辭其贄)，왈(曰)：「모야사(某也辭)，부득명(不得命)，부감고사(不敢固辭)。」
예사(禮辭)，일사기지이허야(一辭其贄而許也)。장부답이청기이지입(將不答而聽其以贄入)，유신도야(有臣道也)。

빈입(賓入)，전지(奠贄)，재배(再拜)。주인답일배(主人答壹拜)。
전지(奠贄)，존비이(尊卑異)，부친수야(不親授也)。고문일위일(古文壹爲一)。

빈출(賓出)，사빈자환기지우문외(使擯者還其贄于門外)，왈(曰)：「모야사모환지(某也使某還贄)。」
환기지자(還其贄者)，피정군야(辟正君也)。

빈대왈(賓對曰)：「모야기득견의(某也旣得見矣)，감사(敢辭)。」
사군환기지야(辭君還其贄也)。금문무야(今文無也)。

빈자대왈(擯者對曰)：「모야명모(某也命某)，모비감위의야(某非敢爲儀也)。감이청(敢以請)。」
환지자청사수지(還贄者請使受之)。

빈대왈(賓對曰)：「모야부자지천사(某也夫子之賤私)，부족이천례(不足以踐禮)，감고사(敢固辭)。」
가신칭사(家臣稱私)。천(踐)，행야(行也)。언모신야(言某臣也)，부족이행빈객례(不足以行賓客禮)。빈객소부답자(賓客所不答者)，부수지(不受贄)。

빈자대왈(擯者對曰)：「모야사모(某也使某)，부감위의야(不敢爲儀也)。고이청(固以請)。」
언사모(言使某)，존군야(尊君也)。혹언명모(或言命某)，전언이(傳言耳)。

빈대왈(賓對曰)：「모고사(某固辭)，부득명(不得命)，감부종(敢不從)」재배수(再拜受)。
수기지이거지(受其贄而去之)。

◆소(疏)

주(注)「수기지이거지(受其贄而去之)」。○석왈(釋曰)：운(云)「수기지이거(受其贄而去)」자(者)，이기상위신위경(以其嘗爲臣爲輕)，기부수기지(旣不受其贄)，우상견무향연지례(又相見無饗燕之禮)，고정운이거이절지야(故鄭云而去以絶之也)。

하대부상견(下大夫相見)，이안(以雁)，식지이포(飾之以布)，유지이색(維之以索)，여집치(如執雉)。

안(雁), 취지시(取知時), 비상유행렬야(飛翔有行列也)。 식지이포(飾之以布), 위재봉의기신야(謂裁縫衣其身也)。 유(維), 위계련기족(謂繫聯其足)。

◆소(疏)

「하대부(下大夫)」지(至)「집치(執雉)」。○석왈(釋曰) : 언(言)「하대부(下大夫)」자(者), 국개유삼경오대부(國皆有三卿五大夫)。 언상대부(言上大夫), 거삼경(據三卿), 칙차하시오대부야(則此下是五大夫也)。 이십칠사여오대부전상부이(二十七士與五大夫轉相副貳), 칙삼경의유륙대부(則三卿宜有六大夫), 이오자(而五者), 하휴운(何休云) : 사마사성(司馬事省), 궐일대부(闕一大夫)。○주(注)「안취(雁取)」지(至)「기족(其足)」。○석왈(釋曰) : 운(云)「안(雁), 취지시(取知時)」자(者), 이기목락남상(以其木落南翔), 빙반북조(冰泮北徂), 수양남북(隨陽南北), 의취대부능종군정교이시지(義取大夫能從君政教而施之)。 운(云)「비상유행렬야(飛翔有行列也)」자(者), 의취대부능의기위차(義取大夫能依其位次), 존비유서야(尊卑有敍也)。 상사집치(上士執雉), 좌두봉지(左頭奉之), 차운(此云)「여집치(如執雉)」, 명집안자역좌두봉지야(明執雁者亦左頭奉之也)。 안(案)《곡례(曲禮)》운(云) : 「식고안자이궤(飾羔雁者以繢)。」 피천자경대부(彼天子卿大夫), 비직이포(非直以布), 상우화지(上又畫之), 차제후경대부집지(此諸侯卿大夫執贄), 수여천자지신동식고안자(雖與天子之臣同飾羔雁者), 직용포위식(直用布為飾), 무궤(無繢)。 피부언사(彼不言士), 칙천자지사여제후지사동(則天子之士與諸侯之士同), 역무식(亦無飾)。 사천(士賤), 고무별야(故無別也)。

상대부상견(上大夫相見), 이고(以羔), 식지이포(飾之以布), 사유지(四維之), 결우면(結于面), 좌두(左頭), 여미집지(如麛執之)。

상대부(上大夫), 경야(卿也)。 고취기종수(羔取其從帥), 군이부당야(群而不黨也)。 면(面), 전야(前也)。 계련사족(繫聯四足), 교출배상(交出背上), 어흉전결지야(於胸前結之也)。 여미집지자(如麛執之者), 추헌미(秋獻麛), 유성례(有成禮), 여지(如之)。 혹왈미(或曰麛), 고지지야(孤之贄也)。 기례개위좌집전족(其禮蓋謂左執前足), 우집후족(右執後足)。 금문두위두(今文頭為脰)。

◆소(疏)

「상대부(上大夫)」지(至)「집지(執之)」。○주석왈(注釋曰) : 운(云)「상대부(上大夫), 경야(卿也)」자(者), 즉삼경야(即三卿也)。 운(云)「고취기종수(羔取其從帥)」자(者), 범고양군개유인수(凡羔羊群皆有引帥), 약경지종군지명자야(若卿之從君之命者也)。 운(云)「군이부당야(群而不黨也)」자(者), 양고군이부당(羊羔群而不黨), 의취삼경역개정직(義取三卿亦皆正直), 수군거부아당야(雖群居不阿黨也)。 운(云)「계련사족(系聯四足), 교출배상(交出背上), 어흉전결지(於胸前結之)」자(者), 위선이승쌍계전량족(謂先以繩雙系前兩足), 복이승계후량족(復以繩系后兩足), 내이쌍승어좌우종복하향배상교과(乃以雙繩於左右從腹下向背上交過), 어흉전결지야(於胸前結之也)。 운(云)「여미집지자(如麛執之者), 추헌미(秋獻麛), 유성례(有成禮), 여지(如之)」자(者), 안(案)《주례(周禮)·수인(獸人)》운(云) : 「동헌야랑(冬獻野狼), 하헌미(夏獻麛), 춘추헌수물(春秋獻獸物)。」 록(鹿)、시(豕)、군수급호리가야(群獸及狐狸可也)。 미시록자(麛是鹿子), 여록동시헌지(與鹿同時獻之), 우(又)《포인(庖人)》운(云)「추행독미(秋行犢麛)」, 즉헌당재추시(則獻當在秋時), 고운추헌미야(故云秋獻麛也)。 우안(又案)《례기(禮器)》「곡례삼천(曲禮三千)」, 정운(鄭云) : 「곡유사야(曲猶事也)。 사례위금례야(事禮謂今禮也), 기중사의삼천(其中事儀三千)。」 즉례미망지시(則禮未亡之時), 삼천조내유차헌미지법(三千條內有此獻麛之法), 시유성례가의(是有成禮可依), 고차경득여지야(故此經得如之也)。 운(云)「혹왈미(或曰麛), 고지지야(孤之贄也)」자(者), 안(案)《대종백(大宗伯)》급(及)《대행인(大行人)》여(與)《빙례(聘禮)》개운고집피백(皆云孤執皮帛), 위천자지고여제후지고집피백(謂天子之孤與諸侯之孤執皮帛)。 금차집미자(今此執麛者), 위신승위고(謂新升為孤), 견기군법(見己君法), 지여사칙개피백야(至餘事則皆皮帛也)。 운(云)「기례개위좌집전족(其禮蓋謂左執前足), 우집후족(右執后足)」자(者), 안경운좌두칙여치(案經云左頭則與雉)、안동(雁同), 시이(是以)《곡례(曲禮)》운(云)「집금자좌수(執禽者左首)」。 차정우운집지(此鄭又云執之), 개위좌집전족(蓋謂左執前足), 우집후족자(右執后足者)。 원결기차차석경미집지(元缺起此此釋經麛執之), 거사족이언지(據四足而言之)。 범이지상견지법(凡以贄相見之法), 유유신승위신(唯有新升為臣), 급빙조(及聘朝), 급타국군래(及他國君來), 주국지신견(主國之臣見), 개집지상견(皆執贄相見)。 상조급여회취개집홀(常朝及餘會聚皆執笏), 무집지지례(無執贄之禮)。 우집지자(又執贄者), 혹평적(或平敵), 혹이비견존(或以卑見尊), 개용지(皆用贄)。 존무집지견비지법(尊無執贄見卑之法)。《단궁(檀弓)》운애공집지견기신주풍자(云哀公執贄見己臣周豐者), 피위하현(彼謂下賢), 비정법야(非正法也)。

여사상견지례(如士相見之禮)。

대부수지이(大夫雖贄異), 기의유여사(其儀猶如士)。

◆소(疏)

「여사상견지례(如士相見之禮)」。○석왈(釋曰)：차하대부급경(此下大夫及卿), 기지수유고(其贄雖有羔)、안지이(雁之異), 기상견지의칙개여사야(其相見之儀則皆如士也)。○주(注)「대부(大夫)」지(至)「여사(如士)」。○석왈(釋曰)：운(云)「의유여사(儀猶如士)」자(者), 혹량대부(或兩大夫), 혹량경상견(或兩卿相見), 개여상문(皆如上文)「모야원견무유달기(某也原見無由達己)」하지(下至)「주인배송우문외(主人拜送于門外)」야(也)。

시견우군(始見于君), 집지(執贄), 지하(至下), 용미축(容彌蹙)。

하(下), 위군소야(謂君所也)。축유촉야(蹙猶促也), 촉(促), 공각모야(恭慤貌也)。기위공(其爲恭), 사(士)、대부일야(大夫一也)。

◆소(疏)

주(注)「하위(下謂)」지(至)「일야(一也)」。○석왈(釋曰)：직운(直云)「견우군(見于君)」, 부변신지귀천(不辨臣之貴賤), 즉신지귀천개동(則臣之貴賤皆同)。고정운(故鄭云)「기위공(其爲恭), 사대부일야(士大夫一也)」。부언소이언(不言所而言)「하(下)」자(者), 범신시겁이하(凡臣視袷已下), 고부언소(故不言所)、언하야(言下也)。

서인견어군(庶人見於君), 부위용(不爲容), 진퇴주(進退走)。

용(容), 위추상(謂趨翔)。

◆소(疏)

주(注)「용위추상(容謂趨翔)」。○석왈(釋曰)：차부언민이언서인(此不言民而言庶人), 칙시서인재관(則是庶人在官), 위약(謂若)《왕제(王製)》운(云)：「서인재관자(庶人在官者), 기록이시위차(其祿以是爲差)。」즉부사서도시야(即府史胥徒是也)。안정주(按鄭注)《곡례(曲禮)》운(云)：「행이장족왈추(行而張足曰趨), 행이장공왈상(行而張拱曰翔)。」개시서인모야(皆是庶人貌也)。차서인견군부추상(此庶人見君不趨翔), 위시상법(謂是常法)。《론어(論語)》시공자행사(是孔子行事), 이운(而云)「추진익여(趨進翼如)」자(者), 피위공자여군도사어당(彼謂孔子與君圖事於堂), 도사흘(圖事訖), 강당(降堂), 향시읍처지군전횡과(向時揖處至君前橫過), 향문(向門), 특가숙경(特加肅敬), 여서인동야(與庶人同也)。

사대부칙전지(士大夫則奠贄), 재배계수(再拜稽首), 군답일배(君答壹拜)。

언군답사대부일배(言君答士大夫一拜), 칙어서인부답지(則於庶人不答之)。서인지지목(庶人之贄鶩)。고문일작일(古文壹作一)。

◆소(疏)

주(注)「언군(言君)」지(至)「작일(作一)」。○석왈(釋曰)：신배군운재배계수(臣拜君云再拜稽首), 칙군답일배자(則君答一拜者), 당작공수(當作空首), 칙구배중기배시야(則九拜中奇拜是也)。운(云)「언군답사대부일배칙어서인부답지(言君答士大夫一拜則於庶人不答之)」자(者), 안(案)《곡례(曲禮)》「군어사부답배(君於士不答拜)」, 위기사(謂己士)。차득여대부동답일배자(此得與大夫同答一拜者), 사천(士賤), 군부답배(君不答拜)。차이신승위사(此以新升爲士), 고답배(故答拜)。《빙례(聘禮)》문로운답사배자(問勞云答士拜者), 역이신사반(亦以新使反), 고배지야(故拜之也)。운(云)「서인지지목(庶人之贄鶩)」자(者), 안(案)《대종백(大宗伯)》운(云)「이금작륙지(以禽作六贄), 서인집목(庶人執鶩)」, 주운(注云)：「목취기부비천(鶩取其不飛遷)。」상서인안토중천시야(象庶人安土重遷是也)。

약타방지인(若他邦之人), 칙사빈자환기지(則使擯者還其贄), 왈(曰)：「과군사모환지(寡君使某還贄)。」빈대왈(賓對曰)：「군부유기외신(君不有其外臣), 신부감사(臣不敢辭)。」재배계수(再拜稽首), 수(受)。

◆소(疏)

석왈(釋曰)：빈부사즉수지(賓不辭即受贄), 이군소부신(以君所不臣), 례무수타신지법(禮無受他臣贄法), 빈여차법(賓如此法), 고부감항례어타군(故不敢亢禮於他君), 고부사즉수지야(故不辭即受之也)。범신무경외지교(凡臣無境外之交), 금득이지집견타방군자(今得以贄執見他邦君者), 위타국지군래조(謂他國之君來朝), 차국지신인견지(此國之臣因見之), 위약(謂若)《장객(掌客)》「경개견이고(卿皆見以羔)」지류시야(之類是也)。《춘추(春秋)》경(卿)、대부여타국지군상견자(大夫與他國之君相見者), 개인빙회내견지

(皆因聘會乃見之), 비특행야(非特行也)。

범연견우군(凡燕見于君), 필변군지남면(必辯君之南面)。약부득(若不得), 칙정방(則正方), 부의군(不疑君)。

변유정야(辯猶正也)。군남면(君南面), 즉신견정북면(則臣見正北面)。군혹시부연(君或時不然), 당정동면(當正東面), 약정서면(若正西面), 부득의군소처사향지(不得疑君所處邪鄉之)。차위특견도사(此謂特見圖事), 비립빈주지연야(非立賓主之燕也)。의(疑), 도지(度之)。

◆소(疏)

석왈(釋曰) : 안상문주이차위박기반견지연의(案上文注以此為博記反見之燕義), 즉차여연의(則此與燕義)、연례립빈주지연(燕禮立賓主之燕), 별이기차경군지면위정남(別以其此經君之面位正南), 신북면향지(臣北面向之)。약부득남면(若不得南面), 혹군동(或君東)、서면(西面), 칙신역정방향지(則臣亦正方向之), 부가예도군지면위(不可預度君之面位), 사립향지(邪立向之), 개여(皆與)《연례(燕禮)》군재조계서면위정이(君在阼階西面為正異), 고지차경시특견(故知此經是特見), 개도사(皆圖事), 병여빈반견지연의야(並與賓反見之燕義也)。지유(知有)「도사(圖事)」자(者), 《론어(論語)‧향당(鄉黨)》운공자여군도사우정(云孔子與君圖事于庭)、도사우당(圖事于堂), 《연례(燕禮)》역운군여경동사지시(亦云君與卿同事之時), 유차면위무상지법야(有此面位無常之法也)。

군재당(君在堂), 승견무방계(升見無方階), 변군소재(辯君所在)。

승견(升見), 승당견어군야(升堂見於君也)。군근동(君近東), 즉승동계(則升東階)。군근서(君近西), 즉승서계(則升西階)。

◆소(疏)

주(注)「승견(升見)」지원결지차(至元缺止此)「서계(西階)」。○석왈(釋曰) : 차문거군소재(此文據君所在), 수편승계(隨便升階), 무상지사(無常之事), 역위반연급도사지법(亦謂反燕及圖事之法)。약립빈주(若立賓主), 군승자조계(君升自阼階), 빈급주인승자서계(賓及主人升自西階), 《연례(燕禮)》소운시야(所云是也)。

범언(凡言), 비대야(非對也), 타이후전언(妥而後傳言)。

범언(凡言), 위기위군언사야(謂己為君言事也)。타(妥), 안좌야(安坐也)。전언(傳言), 유출언야(猶出言也)。약군문(若君問), 가대칙대(可對則對), 부대안좌야(不待安坐也)。고문타위수(古文妥為綏)。

◆소(疏)

「범언(凡言)」지(至)「전언(傳言)」。○주(注)「범언(凡言)」지(至)「위수(為綏)」。○석왈(釋曰) : 차거신여군언지법야(此據臣與君言之法也)。운(云)「범언(凡言), 위기위군언사야(謂己為君言事也)」자(者), 위신유도(謂臣有圖), 위군언야(為君言也)。《예기(禮記)‧소의(少儀)》운(云) : 「양이후입(量而后入), 부입이후량(不入而后量)。」시신유사장입견군(是臣有事將入見君), 수량기소언(須量己所言), 역당량군안좌(亦當量君安坐), 내가득입(乃可得入), 이후전출기언(而后傳出己言), 향군도지(向君道之)。운(云)「타(妥), 안좌야(安坐也)」자(者), 《이아(爾雅)‧석고(釋詁)》문(文)。

여군언(與君言), 언사신(言使臣)。여대인언(與大人言), 언사군(言事君)。여로자언(與老者言), 언사제자(言使弟子)。여유자언(與幼者言), 언효제어부형(言孝弟於父兄)。여중언(與眾言), 언충신자상(言忠信慈祥)。여거관자언(與居官者言), 언충신(言忠信)。

박진연견언어지의야(博陳燕見言語之儀也)。언사신자(言使臣者), 사신지례야(使臣之禮也)。대인(大人), 경대부야(卿大夫也)。언사군자(言事君者), 신사군이충야(臣事君以忠也)。상(祥), 선야(善也)。거관(居官), 위사이하(謂士以下)。

◆소(疏)

「여군(與君)」지(至)「충신(忠信)」。○석왈(釋曰) : 상문거여군언(上文據與君言), 차문칙총설존비언어지별(此文則總說尊卑言語之別)。운(云)「여군언(與君言), 언사신(言使臣)。여대인언(與大人言), 언사군(言事君)」자(者), 단군신상대(但君臣相對), 유사즉언(有事即言), 부필여군언항언사신(不必與君言恆言使臣), 여신언항언사군(與臣言恆言事君)。금유언사신(今唯言使臣)、사군자(事君者), 하공상명(下供上命), 례법당연(禮法當然), 고군이사신위주(故君以使臣為主), 신이사군위정(臣以事君為正), 무방경언(無妨更言)。여사이하(餘事已下), 개수사위주가야(皆隨事為主可也)。운(云)「여로자언(與老者言), 언사제(言使弟)

자(言使弟子) 자(者), 위칠십치사지인(謂七十致仕之人), 의(依)《서(書)》전(傳) : 대부치사위부사(大夫致仕為父師), 사치사위소사(士致仕為少師), 교향간자제(教鄉間子弟). 뢰차종운(雷次宗云) : 학생사사(學生事師), 수무복(雖無服), 유부형지은(有父兄之恩), 고칭제자야(故稱弟子也). 운(云)「여유자언(與幼者言), 언효제어부형(言孝弟於父兄)」자(者), 유기여로자상대(幼既與老者相對), 차유즉제자지류(此幼即弟子之類), 효제사부형지명(孝弟事父兄之名), 시인행지본(是人行之本), 고운언효제우부형(故云言孝弟于父兄).「여중언(與眾言), 언충신자상(言忠信慈祥)」자(者), 차문승로유지하(此文承老幼之下), 역비조정지신(亦非朝廷之臣), 단시향려장유공취지처(但是鄉閭長幼共聚之處), 사지행충신자선지사야(使之行忠信慈善之事也). 운(云)「여거관자언(與居官者言), 언충신(言忠信)」자(者), 차여재조지사(此與在朝之士), 언이충신위주야(言以忠信為主也). ○주(注)「박진(博陳)」지(至)「이하(以下)」. ○석왈(釋曰) : 운(云)「박진연견언어지의야(博陳燕見言語之儀也)」자(者), 거이상박진여군연견거동언어(據已上博陳與君燕見舉動言語), 지차박진야(知此博陳也). 운(云)「언사신자(言使臣者), 사신지례야(使臣之禮也)」자(者), 병사군이충(並事君以忠), 병시(並是)《론어(論語)》공자대정공지문(孔子對定公之文). 운(云)「대인(大人), 경대부야(卿大夫也)」자(者), 차운(此云)「언사군(言事君)」, 명비천자제후(明非天子諸侯), 우비사(又非士), 시경대부가지(是卿大夫可知). 우안하문운(又案下文云)「범여대인언(凡與大人言), 시시면(始視面), 중시포(中視抱), 졸시면(卒視面)」, 병시신시군지법(並是臣視君之法), 칙대인거군야(則大人據君也). 우(又)《예운(禮運)》운(云) :「대인세급이위례(大人世及以為禮).」정해위제후자(鄭解為諸侯者), 이피상문운(以彼上文云)「천하위가(天下為家)」, 이거천자(以據天子), 명하운대인시제후가지(明下云大人是諸侯可知).《역(易) · 혁괘(革卦)》운(云)「군자표변(君子豹變)」거제후(據諸侯), 칙대인호변시천자가지(則大人虎變是天子可知). 우안(又案)《론어(論語)》운(云)「압대인(狎大人)」, 주위천자제후위정교자(注為天子諸侯為政教者), 피거소인부재조정(彼據小人不在朝廷), 고이대인위천자제후정교해지(故以大人為天子諸侯政教解之). 정개망문위의(鄭皆望文為義), 고해대인부동(故解大人不同). 운(云)「거관(居官), 위사이하(謂士以下)」자(者), 이상대부운사군(以上大夫云事君), 이거거관(已據居官), 경대부기거관지내(卿大夫其居官之內), 유유이십칠사병부사서도(唯有二十七士並府史胥徒), 고운사이하야(故云士以下也).

범여대인언(凡與大人言), 시시면(始視面), 중시포(中視抱), 졸시면(卒視面), 무개(毋改). 중개약시(眾皆若是).

시시면(始視面), 위관기안색가전언미야(謂觀其顏色可傳言未也). 중시포(中視抱), 용기사지(容其思之), 차위경야(且為敬也). 졸시면(卒視面), 찰기납기언부야(察其納己言否也). 무개(毋改), 위전언답응지간(謂傳言答應之間), 당정용체이대지(當正容體以待之), 무자변동(毋自變動), 위혐해타부허심야(為嫌解惰不虛心也). 중(眾), 위제경대부동재차자(謂諸卿大夫同在此者). 개약시(皆若是), 기시지의무이야(其視之儀無異也). 고문무작무(古文毋作無), 금문중위종(今文眾為終).

◆소(疏)

「범여(凡與)」지(至)「약시(若是)」. ○주(注)「시시(始視)」지(至)「위종(為終)」. ○석왈(釋曰) : 운(云)「중시포(中視抱), 용기사지(容其思之), 차위경(且為敬)」자(者), 안(案)《곡례(曲禮)》:「천자시부상어겁(天子視不上於袷).」겁(袷), 교령야(交領也).「부하어대(不下於帶)」, 상어겁칙오(上於袷則敖), 하어대칙우(下於帶則憂). 시대부득시면(視大夫得視面). 차시군득시면자(此視君得視面者), 피거심상시군법(彼據尋常視君法), 차거여군언시(此據與君言時), 고부동야(故不同也). 운(云)「차위경(且為敬)」자(者), 차언포즉면상겁(此言抱即面相袷), 부시겁시경군지상례(不視袷是敬君之常禮), 고운차위경야(故云且為敬也). 운(云)「위혐해타부허심야(為嫌解惰不虛心也)」자(者),《예기(禮記)》운(云)「허중이치지(虛中以治之)」, 정주운(鄭注云) :「허중(虛中), 언부겸념여사(言不兼念餘事).」시허심지의야(是虛心之意也). 운(云)「중(眾), 위제경대부동재차(謂諸卿大夫同在此)」자(者), 언어군시지고하여차(言於君視之高下如此), 기경대부시군지의여언자무이야(其卿大夫視君之儀與言者無異也). 운(云)「고문무작무(古文毋作無)」, 부종자(不從者),《설문(說文)》운무개역금사(云毋蓋亦禁辭), 고부종유무지무야(故不從有無之無也). 운(云)「금문중위종(今文眾為終)」, 부종자(不從者), 이상이유졸(以上已有卒), 졸위종(卒為終), 고종고위중야(故從古為眾也).

약부(若父), 즉유목(則遊目), 무상어면(毋上於面), 무하어대(毋下於帶).

자어부(子於父), 주효부주경(主孝不主敬), 소시광야(所視廣也), 인관안부하여야(因觀安否何如也). 금문부위보(今文父為甫), 고문무작무(古文毋作無).

◆소(疏)

「약부(若父)」지(至)「어대(於帶)」. ○주(注)「자어(子於)」지(至)「작무(作無)」. ○석왈(釋曰) : 안(案)《곡례(曲禮)》대부지신시대부득시면부득유목(大夫之臣視大夫得視面不得游目), 사지신시사득방유(士之臣視士得旁游

목(士之臣視士得旁游目)。 금자시부(今子視父), 응여시군동(應與視君同), 부상어겁(不上於袷)。 여사대부동자(與士大夫同者), 이자어부주효부주경(以子於父主孝不主敬), 소시광자(所視廣者), 인시안부하여야(因視安否何如也)。

약부언(若不言), 립즉시족(立則視足), 좌즉시슬(坐則視膝)。
부언즉사기행기이이(不言則伺其行起而已)。

◆소(疏)

「약부(若不)」지(至)「시슬(視膝)」。○주(注)「부언(不言)」지(至)「이이(而已)」。○석왈(釋曰) : 이상개거신자여군부언어지시(已上皆據臣子與君父言語之時), 차거부언지시(此據不言之時), 정언(鄭言)「사기행기(伺其行起)」자(者), 행해경립(行解經立), 행유립시(行由立始), 고이행해립(故以行解立)。시이(是以)《론어(論語)》운(云)「립부중문(立不中門)」, 정운(鄭云)「립행부당정얼지중앙(立行不當棖闑之中央)」, 시역이행해립(是亦以行解立), 일야(一也)。우이기해좌(又以起解坐), 이기기유좌시고야(以其起由坐始故也)。

범시좌어군자(凡侍坐於君子), 군자흠신(君子欠伸), 문일지조안(問日之早晏), 이식구고(以食具告)。 개거(改居), 칙청퇴가야(則請退可也)。
군자(君子), 위경대부급국중현자야(謂卿大夫及國中賢者也)。지권칙흠(志倦則欠), 체권칙신(體倦則伸), 문일안(問日晏), 근어구야(近於久也)。구유변야(具猶辯也)。개거(改居), 위자변동야(謂自變動也)。고문신작신(古文伸作信), 조작조(早作蚤)。

◆소(疏)

「범시(凡侍)」지(至)「가야(可也)」。○주(注)「군자(君子)」지(至)「작조(作蚤)」。○석왈(釋曰) : 차진시좌어군자지법(此陳侍坐於君子之法)。정운군자경대부자(鄭云君子卿大夫者), 례지통례(禮之通例), 대부득칭군자(大夫得稱君子), 역득칭귀인(亦得稱貴人), 이사천(而士賤), 부득야(不得也)。지(知)「급국중현자(及國中賢者)」자(者), 《향사례(鄕射禮)》운(云) : 「정유소욕(征唯所欲), 이고어향선생군자(以告於鄕先生君子), 가야(可也)。」정운(鄭云) : 「향선생(鄕先生), 향대부치사자(鄕大夫致仕者)。군자(君子), 유대덕행부사자(有大德行不仕者)。」칙(則)《곡례(曲禮)》운(云)「박문강식이양(博聞強識而讓), 돈선행이부태(敦善行而不怠), 위지군자(謂之君子)」시야(是也)。운(云)「지권칙흠(志倦則欠), 체권칙신(體倦則伸)」, 정주(鄭注)《곡례(曲禮)》역연(亦然)。운(云)「고문신작신(古文伸作信), 조작조(早作蚤)」자(者), 차이자고통용(此二字古通用), 고(故)《대종백(大宗伯)》운(云)「후집신규(侯執身圭)」, 위신자(爲信字)。《시(詩)》운(云) : 「사지일기조(四之日其蚤), 헌고제구(獻羔祭韭)。」위조자기통용(爲蚤字旣通用), 첩고문자(疊古文者), 거자체비직(據字體非直), 종금위정(從今爲正), 역득통용지의야(亦得通用之義也)。

야시좌(夜侍坐), 문야(問夜), 선훈(膳葷), 청퇴가야(請退可也)。
문야(問夜), 문기시수야(問其時數也)。선훈(膳葷), 위식지(謂食之)。훈(葷), 신물(辛物), 총해지속(蔥薤之屬), 식지이지와(食之以止臥)。고문훈작훈(古文葷作薰)。

◆소(疏)

「야시(夜侍)」지(至)「가야(可也)」。○주(注)「문야(問夜)」지(至)「작훈(作薰)」。○석왈(釋曰) : 운(云)「문야(問夜), 문기시수야(問其時數也)」자(者), 위약종고루각지수야(謂若鍾鼓漏刻之數也)。운(云)「고문훈작훈(古文葷作薰)」자(者), 《옥조(玉藻)》운(云)「선어군(膳於君), 유훈도렬(有葷桃茢)」, 작차훈(作此葷)。정주(鄭注)《론어(論語)》작훈(作焄), 의역통(義亦通)。약작훈(若作薰), 칙(則)《춘추(春秋)》「일훈일유(一薰一蕕)」, 훈(薰), 향초야(香草也), 비훈신지자(非葷辛之字), 고첩고문부종야(故疊古文不從也)。

약군사지식(若君賜之食), 칙군제선반(則君祭先飯), 편상선(徧嘗膳), 음이사(飮而俟)。
군명지식(君命之食), 연후식(然後食)。군제선반(君祭先飯), 식기제식(食其祭食), 신선반(臣先飯), 시위군상식야(示爲君嘗食也)。차위군여지례식(此謂君與之禮食)。선(膳), 위진서수(謂進庶羞), 기상서수(旣嘗庶羞), 즉음(則飮), 사군지편상야(俟君之徧嘗也)。금문첩상선(今文呫嘗膳)。

◆소(疏)

「약군(若君)」지(至)「후식(後食)」。○주(注)「군제(君祭)」지(至)「상선(嘗膳)」。○석왈(釋曰) : 차경급하경론신시군좌득사식지법(此經及下經論臣侍君坐得賜食之法). 정운(鄭云)「선반(先飯), 시위군상식야(示爲君嘗食也)」자(者), 범군장식(凡君將食), 필유선재진식(必有膳宰進食), 즉선재상군전지식(則膳宰嘗君前之食), 비화제부득(備火齊不得), 하문시야(下文是也). 금차문위선재부재(今此文謂膳宰不在), 즉시식자자상자기전식(則侍食者自嘗自己前食), 기부상군전식(既不嘗君前食), 즉부정상식(則不正嘗食), 고운시위군상식야(故云示爲君嘗食也). 운(云)「차위군여지례식(此謂君與之禮食)」자(者), 위군여신소소례식법(謂君與臣小小禮食法), 잉비정례식(仍非正禮食), 정례식칙(正禮食則)《공식대부(公食大夫)》시야(是也). 피군전무식(彼君前無食), 차군신구유식(此君臣俱有食), 고지소소례식(故知小小禮食). 차즉(此即)《옥조(玉藻)》운(云) : 「약사지식(若賜之食), 이군객지(而君客之), 칙명지제(則命之祭), 연후제(然後祭)。」피운객지(彼云客之), 즉차주례식역부득제(則此注禮食亦不得祭), 고일야(故一也). 단차문부운객지명지제연후제(但此文不云客之命之祭然後祭), 문부구야(文不具也). 약신상식(若臣嘗食), 부득운례식(不得云禮食), 역부득제(亦不得祭), 고정주(故鄭注)《옥조(玉藻)》운(云)「시식즉정부제(侍食則正不祭)」시야(是也).

약유장식자(若有將食者), 칙사군지식(則俟君之食), 연후식(然後食)。
장식유진식(將食猶進食), 위선재야(謂膳宰也). 선재진식(膳宰進食), 즉신부상식(則臣不嘗食)。《주례(周禮)·선부(膳夫)》 : 「수제품상식(授祭品嘗食), 왕내식(王乃食)。」

◆소(疏)
「약유(若有)」지(至)「후식(后食)」。○주(注)「장식(將食)」지(至)「내식(乃食)」。○석왈(釋曰) : 운(云)「선재진식(膳宰進食), 칙신부상식(則臣不嘗食)」자(者), 신위군상식(臣爲君嘗食), 본위선재부재(本爲膳宰不在), 금선재기재(今膳宰既在), 명신부상식야(明臣不嘗食也). 시이(是以)《옥조(玉藻)》운(云) : 「약유상수자(若有嘗羞者), 칙사군지식(則俟君之食), 연후식(然後食), 반음이사(飯飲而俟)。」주운(注云)「부제시식(不祭侍食), 부감비례야(不敢備禮也). 부상수(不嘗羞), 선재존야(膳宰存也)」시야(是也). 운(云)「선부(膳夫)」자(者), 천자선부(天子膳夫), 칙제후지선재(則諸侯之膳宰). 인지자(引之者), 정경장식지인시선재(証經將食之人是膳宰), 인장선여군품상식(因將膳與君品嘗食). 범군식(凡君食), 신유시식지시(臣有侍食之時), 유자부시식(唯子不侍食). 시이(是以)《문왕세자(文王世子)》운(云) : 「명선재왈(命膳宰曰), 말유원(末有原). 응왈낙(應曰諾), 연후퇴(然後退)。」시대자부시식(是大子不侍食). 약경대부이하(若卿大夫已下), 칙유시식법(則有侍食法), 고(故)《내칙(內則)》운(云)「부몰모존(父沒母存), 총자어식(塚子御食), 군자부좌준(群子婦佐餕)」시야(是也).

약군사지작(若君賜之爵), 칙하석(則下席), 재배계수(再拜稽首), 수작(受爵), 승석제(升席祭), 졸작이사(卒爵而俟), 군졸작(君卒爵), 연후수허작(然後授虛爵)。
수작자어존소(受爵者於尊所), 지어수작(至於授爵), 좌수인이(坐授人耳). 필사군졸작자(必俟君卒爵者), 약욕기조연야(若欲其醮然也). 금문왈(今文曰)「약사지작(若賜之爵)」, 무군야(無君也).

◆소(疏)
「약군(若君)」지(至)「허작(虛爵)」。○주(注)「수작(受爵)」지(至)「군야(君也)」。○석왈(釋曰) : 운(云)「수작자어존소(受爵者於尊所)」자(者),《곡례(曲禮)》역시사작법(亦是賜爵法), 이운(而云)「주진칙기(酒進則起), 배수어존소(拜受於尊所)」시야(是也). 운(云)「지어수작(至於授爵), 좌수인이(坐授人耳)」자(者), 견(見)《곡례(曲禮)》여(與)《옥조(玉藻)》병차문(並此文), 병무립수지문(並無立授之文), 고지좌수야(故知坐授也). 운(云)「필사군졸작자(必俟君卒爵者), 약욕기조연야(若欲其醮然也)」자(者), 차경문여(此經文與)《옥조(玉藻)》문동(文同), 개연이군객지사작법(皆燕而君客之賜爵法). 고신선음이주(故臣先飲以酒), 시감미(是甘味), 욕미군지미(欲美君之味), 고선음(故先飲). 필대군졸작이후수허작자(必待君卒爵而后授虛爵者), 신의약욕군진작연야(臣意若欲君盡爵然也). 안(案)《곡례(曲禮)》운(云) : 「시음어장자(侍飲於長者), 주진칙기(酒進則起), 배수어존소(拜受於尊所), 장자사(長者辭), 소자반석이음(少者反席而飲). 장자거미조(長者舉未醮), 소자부감음(少者不敢飲)。」피시대연음례(彼是大燕飲禮), 고정주인(故鄭注引)《연례(燕禮)》왈(曰)「공졸작이후음(公卒爵而后飲)」. 안(案)《연례(燕禮)》당무존작(當無尊爵), 후득군사작(後得君賜爵), 대군졸작내음시야(待君卒爵乃飲是也).

퇴(退), 좌취구(坐取屨), 은피이후구(隱辟而後屨)。군위지흥(君爲之興), 칙왈(則曰) : 「군무위흥(君無爲興), 신부감사(臣不敢辭)。」군약강송지(君若降送之), 칙부감고사(則不敢顧辭), 수출(遂出)。
위군약사지음지이퇴야(謂君若食之飲之而退也). 은피(隱辟), 문이준둔(悗而逡遁). 흥(興), 기야(起也). 사군흥이부감사기강(辭君興而不敢辭其降), 어이대숭(於已大崇), 부감당야(不敢當也).

◆소(疏)

「퇴좌(退坐)」지(至)「수출(遂出)」。○주(注)「위군(謂君)」지(至)「당야(當也)」。○석왈(釋曰)：운(云)「위군약식지음지이퇴야(謂君若食之飮之而退也)」자(者)，이상운(以上云)「약군사지식(若君賜之食)」、「약군사지작(若君賜之爵)」，하이운퇴자(下而云退者)，명위차이자이퇴야(明爲此二者而退也)。운(云)「은피(隱辟)，●이준순(而逡巡)」자(者)，안(案)《곡례(曲禮)》운(云)「향장자이구(鄕長者而屨)」，차역당연(此亦當然)。운(云)「부감사기강(不敢辭其降)」자(者)，위군강송시(謂君降送時)，명유부강법(明有不降法)，고(故)《곡례(曲禮)》운(云)「취구궤이거지(就屨跪而擧之)」，병어측(屛於側)，주운(注云)「위독퇴야(謂獨退也)」。운(云)「약(若)」자(者)，부정지사야(不定之辭也)。

대부칙사(大夫則辭)，퇴하(退下)，비급문(比及門)，삼사(三辭)。하역강야(下亦降也)。

◆소(疏)

「대부(大夫)」지(至)「삼사(三辭)」。○석왈(釋曰)：운(云)「대부칙사퇴하(大夫則辭退下)」자(者)，대상부감사(對上不敢辭)，시사(是士)，사비부감사강(士卑不敢辭降)。대부지내겸삼경(大夫之內兼三卿)、오대부(五大夫)，신중존자(臣中尊者)，고득사강야(故得辭降也)。

약선생(若先生)、이작자청견지(異爵者請見之)，칙사(則辭)。사부득명(辭不得命)，칙왈(則曰)：「모무이견(某無以見)，사부득명(辭不得命)，장주견(將走見)。」선견지(先見之)。

선생(先生)，치사자야(致仕者也)。이작(異爵)，위경대부야(謂卿大夫也)。사(辭)，사기자강이래(辭其自降而來)。주유출야(走猶出也)。선견지자(先見之者)，출선배야(出先拜也)。《곡례(曲禮)》왈(曰)：「주인경빈(主人敬賓)，칙선배빈(則先拜賓)。」

◆소(疏)

「약선(若先)」지(至)「견지(見之)」。○주(注)「선생(先生)」지(至)「배빈(拜賓)」。○석왈(釋曰)：차선생즉(此先生即)《향음주(鄕飮酒)》운(云)「취선생이모빈개(就先生而謀賓介)」，역일야(亦一也)。고피주여차주개운(故彼注與此注皆云)「치사자(致仕者)」야(也)。운(云)「이작(異爵)，위경대부야(謂卿大夫也)」자(者)，차(此)《사상견(士相見)》본문시사(本文是士)，고이경대부위이작야(故以卿大夫爲異爵也)。훈주위출자(訓走爲出者)，역위사견이작(亦謂士見異爵)，취급의이언주(取急意而言走)，기실비주(其實非走)，직출야(直出也)。인(引)《곡례(曲禮)》자(者)，욕견언경(欲見言敬)，객선배야(客先拜也)。피운객(彼云客)，차운빈자(此云賓者)，대문(對文)，빈객이(賓客異)；산문(散文)，빈객통(賓客通)；고변문운빈야(故變文云賓也)。

비이군명사(非以君命使)，칙부칭과(則不稱寡)。대부사(大夫士)，칙왈(則曰)「과군지로(寡君之老)」。

위빈찬자사야(謂擯贊者辭也)。부칭과자(不稱寡者)，부언과군지모(不言寡君之某)，언성명이이(言姓名而已)。대부(大夫)、경(卿)、사(士)，기사칙개왈과군지모(其使則皆曰寡君之某)。《단궁(檀弓)》왈(曰)：「사이미유록자(士而未有祿者)，군유궤언왈헌(君有饋焉曰獻)。사언왈과군지로(使焉曰寡君之老)。」

◆소(疏)

「비이(非以)」지(至)「지로(之老)」。○주(注)「위빈(謂擯)」지(至)「지로(之老)」。○석왈(釋曰)：운(云)「비이군명사(非以君命使)，즉부칭과(則不稱寡)」자(者)，차즉(此則)《옥조(玉藻)》운(云)「대부사사사(大夫私事使)，사인빈(私人擯)，즉칭명(則稱名)」。이기비빙문지례(以其非聘問之禮)，즉위사사사(則爲私事使)，사인빈야(私人擯也)。《빙례(聘禮)》운(云)：「약유언(若有言)，즉이속백(則以束帛)，여향례(如享禮)。」인(引)《춘추(春秋)》진후사한천래언문양지전귀어제(晉侯使韓穿來言汶陽之田歸於齊)，《옥조(玉藻)》주역인지시야(注亦引之是也)。정운(鄭云)「위빈찬자사야(謂擯贊者辭也)」자(者)，이(以)《옥조(玉藻)》자제후지어천자이하지대부(自諸侯之於天子以下至大夫)，개운(皆云)「빈자왈(擯者曰)」，고지부자칭(故知不自稱)，시빈찬지사야(是擯贊之辭也)。운(云)「기사칙개왈과군지모(其使則皆曰寡君之某)」자(者)，석경(釋經)「대부사칙왈과군지로(大夫士則曰寡君之老)」，위공사사자야(爲公事使者也)。차칙(此則)《옥조(玉藻)》운(云)「공사빈(公士擯)，칙왈과대부(則曰寡大夫)、과군지로(寡君之老)。대부유소왕(大夫有所往)，필여공사위빈(必與公士爲擯)」，역일야(亦一也)。피주운(彼注云)：「위빙야(謂聘也)。대빙사상대부(大聘使上大夫)，소빙사하대부(小聘使下大夫)。」칙왈과군지모(則曰寡君之某)，고정총운(故鄭總云)「모(某)」야(也)。약연(若然)，경직운대부(經直云大夫)，정겸운사자(鄭兼云士者)，경본문시사(經本文是士)，칙운비이군명사(則云非以君命使)，가이겸사야(可以兼士也)。단사무특빙문(但士無特聘問

特聘問), 혹작개(或作介), 왕타국역유칭위(往他國亦有稱謂), 이운과군지사모야(而云寡君之士某也)。운(云)「《단궁(檀弓)》왈사이미유록(曰仕而未有祿)」자(者), 위시위대부(謂試為大夫), 사직유시공지록(士直有試功之祿), 미유정록(未有正祿)。운(云)「군유궤언왈헌(君有饋焉曰獻)」자(者), 위유궤물우군(謂有饋物於君), 역여정록자동칭헌(亦與正祿者同稱獻)。운(云)「사언운과군지로(使焉云寡君之老)」자(者), 어타국군변자칭과군지모(於他國君邊自稱寡君之某), 차문역겸사대부(此文亦兼士大夫)。인지자(引之者), 정공사사칭과군지모야(証公事使稱寡君之某也)。

범집폐자(凡執幣者), 부추(不趨), 용미축이위의(容彌蹙以爲儀)。

부추(不趨), 주신야(主慎也)。이진이익공위위의이(以進而益恭為威儀耳)。금문무용(今文無容)。

◆소(疏)

「범집(凡執)」지(至)「위의(為儀)」。○석왈(釋曰)：안(案)《소행인(小行人)》합륙폐(合六幣)：옥(玉)、마(馬)、피(皮)、규(圭)、벽(璧)、백(帛), 개칭폐(皆稱幣)。하문별운(下文別云)「집옥(執玉)」, 칙차폐위피마향폐급금지개시(則此幣謂皮馬享幣及禽贄皆是)。○주(注)「부추(不趨)」지(至)「무용(無容)」。○석왈(釋曰)：범추유이종(凡趨有二種)：유질추(有疾趨), 「행이장족왈추(行而張足曰趨)」시야(是也)；유서추(有徐趨), 칙하문(則下文)「서무거전예종(舒武舉前曳踵)」시야(是也)。금차경운(今此經云)「부추(不趨)」자(者), 부위질추(不為疾趨), 고운(故云)「주신야(主慎也)」。기부운질추(既不云疾趨), 우부위하문서추(又不爲下文徐趨), 단서질지간위지(但徐疾之間爲之), 고(故)「이진이익공위위의(以進而益恭爲威儀)」야(也)。

집옥자(執玉者), 칙유서무(則唯舒武), 거전예종(舉前曳踵)。

유서자(唯舒者), 중옥기(重玉器), 우신야(尤慎也)。무(武), 적야(迹也)。거전예종(舉前曳踵), 비(備)<족체(足憊)>겁야(跲也)。금문무자(今文無者), 고문예작설(古文曳作抴)。

◆소(疏)

「집옥(執玉)」지(至)「예종(曳踵)」。○석왈(釋曰)：차편직견재국이금지상견지례(此篇直見在國以禽贄相見之禮), 무집옥조빙린국지사(無執玉朝聘鄰國之事)。이운(而云)「집옥(執玉)」자(者), 인집지상견(因執贄相見), 고겸견조빙집옥지례야(故兼見朝聘執玉之禮也)。안(案)《옥조(玉藻)》기서추지절운(記徐趨之節云)「권돈행(圈豚行)」, 우여차부동자(又與此不同者), 문유상략(文有詳略), 구시서추야(俱是徐趨也)。○주석왈(注釋曰)：운(云)「유서자(唯舒者), 중옥기(重玉器), 우신야(尤慎也)」자(者), 안(案)《옥조(玉藻)》운(云)「집구옥부추(執龜玉不趨)」, 부추자(不趨者), 부위질추(不為疾趨)。우(又)《곡례(曲禮)》운(云)：「범집주기(凡執主器), 집경여부극(執輕如不克)。」고위중옥기(故為重玉器), 우신야(尤慎也)。운(云)「비비(備備)<족체(足憊)>겁야(跲也)」자(者), <족체(足憊)>겁(跲), 칙전도공손옥(則顛倒恐損玉), 고서추야(故徐趨也)。

범자칭어군(凡自稱於君), 사대부칙왈(士大夫則曰)「하신(下臣)」。댁자재방(宅者在邦), 칙왈(則曰)「시정지신(市井之臣)」；재야(在野), 즉왈(則曰)「초모지신(草茅之臣)」；서인칙왈(庶人則曰)「랄초지신(剌草之臣)」。타국지인칙왈(他國之人則曰)「외신(外臣)」。

댁자(宅者), 위치사자(謂致仕者), 거관이거댁(去官而居宅), 혹재국중(或在國中), 혹재야(或在野)。《주례(周禮)·재사(載師)》지직(之職)「이댁전임근교지지(以宅田任近郊之地)」。금문댁혹위탁(今文宅或爲託), 고문모작묘(古文茅作苗)。랄유잔제야(剌猶剗除也)。

◆소(疏)

「범자(凡自)」지(至)「외신(外臣)」。○석왈(釋曰)：운(云)「범자칭어군(凡自稱於君), 사대부칙왈하신(士大夫則曰下臣)」자(者), 차여군언지시(此與君言之時)。안(案)《옥조(玉藻)》운(云)「상대부왈하신(上大夫曰下臣)」, 여차동야(與此同也)。○주(注)「댁자(宅者)」지(至)「작묘(作苗)」。○석왈(釋曰)：차역자칭어군(此亦自稱於君), 이기치사부재(以其致仕不在), 고지댁이언(故指宅而言), 고왈(故曰)「댁자(宅者), 위치사자(謂致仕者)」야(也)。운(云)「혹재국중(或在國中), 혹재야(或在野)」자(者), 안(案)《이아(爾雅)》「교외왈야(郊外曰野)」, 즉자교지기오백리내개명야(則自郊至畿五百裡內皆名野)。우안(又案)《향대부직(鄉大夫職)》「국중칠척(國中七尺), 야자륙척(野自六尺)」, 차역운재국재야(此亦云在國在野), 상대기언(相對其言), 국외칙운야(國外則云野), 즉운댁재야자(則云宅在野者), 성외기내개시야(城外畿內皆是也)。운(云)「《재사(載師)》지직(之職)」자(者), 피정주운(彼鄭注云)：「댁전(宅田), 치사자지가소수전야(致仕者之家所受田也)」。인지(引之), 정피언댁전거지(証彼言宅田據地), 차언댁거소거(此言宅據所居

宅據所居), 일야(一也)。 운(云)「랄유잔제야(剌猶剗除也)」 자(者), 안(案)《시(詩)》 유(有)「기박사조(其鎛斯趙)」, 주운(注云) : 「조(趙), 랄야(剌也)」, 고이랄위잔제초목자야(故以剌爲剗除草木者也)。

사상견례(士相見禮)

◆청견(請見)

빈(賓)빈다칙운이하지문외동면서립(賓多則云以下至門外東面序立)

사상견례해설(士相見禮解說)

《정목록(鄭目錄)》: 사(士)는 직위로 서로 친하니, 처음에 폐백을 받들고 상견한다. 〈잡기(雜記)〉 '회장례(會葬禮)'에 "상견한 사이라면 반곡(反哭) 뒤에 물러나고, 붕우 사이라면 우(虞)·부(祔) 뒤에 물러난다"고 했다. 소(疏): 이를 인용한 것은 폐백을 받들고 상견하는 뜻이 있음을 증명함이다. 사상견례(士相見禮)는 오례(五禮) 중 빈례(賓禮)에 속한다. ○《백호통(白虎通)》: 사사로이 상견함에 예물을 갖춤은 어째서인가? 서로를존경하고 화목한 관계를 신장시키기 위해서이다. 붕우의 교제에는 오륜의 도리에 있어서 재물을 융통하는 의리와 곤궁함을 보살피고 다급함을 구제하는 마음이 있으며, 마음 속으로 좋아하면 음식을 먹이고 싶어 한다. 그러므로 재물과 폐백을 갖추는 것은 지극한 뜻에 부응하기 위함이다. ○ 유창(劉敞)이 말했다. "사상견례에서 반드시 소개(紹介)에 의거함은 구차하게 영합하지 않음을 말함이요, 반드시 예물에 의거함은 그 도가 친할 만함을 말함이다. 구차하게 영합함은 오직 부끄러움이 없는 소인이라야 가능하다. 군자는 볼 수는 있되 굽힐 수는 없으며, 가까이할 수는 있되 친압할 수는 없으며, 멀리할 수는 있되 소원하게 할 수는 없다. 빈(賓)이 문에 이르면 주인은 세 번 사양하고 보며, 빈이 예물을 들면 주인이 세 번 예물을 사양함은, 지극히 존엄하게 함이다. 대부(大夫)는 예로써 서로 접하며, 사(士)는 예로써 서로 깨우치며, 서인(庶人)은 예로써 서로 함께 하니, 그러면서도 끝에 가서 다툼을 일으키는 사람은 없다. 구차스레 좋아한다고 서로에게 고하는 사람은 끝에 가서는 반드시 다투며, 구차스레 간결하게 대하여 서로 가까이하는 사람은 끝에 가서는 반드시 원망한다. 이 때문에 사상견례란 사람의 도리 중에서 큰 것이니, 사람들에게 그 몸을 신중하게 하여 욕됨을 가까이하지 말도록 하며, 사람들에게 그 사귐을 신중하게 하여 재앙을 가까이하지 말도록 하는 것이다."

[주-D001] 오례(五禮): 길례(吉禮), 흉례(凶禮), 군례(軍禮), 빈례(賓禮), 가례(嘉禮)를 말한다.
[주-D002]사사로이 …… 위함이다:《백호통》〈서지(瑞贄)〉 '현군지지(見君之贄)' 조 참조.

◆사상견례원문(士相見禮原文)

《정목록(鄭目錄)》: 사이직위상친(士以職位相親), 시승지상견(始承摯相見)。〈잡기(雜記)〉 회장례왈(會葬禮曰), "상견야(相見也), 반곡이퇴(反哭而退), 붕우우부이퇴(朋友虞祔而退)。" 소(疏) : 인지자(引之者), 증유집지상견지의(證有執摯相見之義)。 사상견어오례속빈례(士相見於五禮屬賓禮)。○《백호통(白虎通)》 : 사상견(私相見), 유지(有贄), 하(何)？ 소이상존경장화목야(所以相尊敬長和睦也)。붕우지제(朋友之際), 오상지도(五常之道), 유통재지의(有通財之義)。 진궁구급지의(賑窮救急之意)。 중심호지

(中心好之), 욕음식지(欲飲食之). 고재폐자소이부지의야(故財幣者所以副至意也). ○ 류씨창왈(劉氏敞曰): "사상견지례(士相見之禮), 필의어개소(必依於介紹), 이언기부구합자야(以言其不苟合者也), 필의어지(必依於摯), 이언기도가친야(以言其道可親也). 구이합(苟而合), 유소인무치자능지(惟小人無恥者能之). 군자가견야(君子可見也), 부가굴야(不可屈也), 가친야(可親也), 부가압야(不可狎也), 가원야(可遠也), 부가소야(不可疎也). 빈지문(賓至門), 주인삼사견(主人三辭見), 빈칭지(賓稱摯), 주인삼사지(主人三辭摯), 소이치존엄야(所以致尊嚴也). 대부이례상접(大夫以禮相接), 사이례상유(士以禮相諭), 서인이례상동(庶人以禮相同), 연이쟁탈흥어말자(然而爭奪興於末者), 미지유야(未之有也). 인구열이상고자(人苟悅而相告者), 말필쟁(末必爭), 구간이상친자(苟簡而相親者), 말필원(末必怨). 시고(是故), 사상견례자(士相見禮者), 인도지대야(人道之大也), 소이사인중기신이무이어욕야(所以使人重其身而毋邇於辱也), 소이사인신기교이무이어화야(所以使人愼其交而毋邇於禍也)."

◆뵙기를 청함 [請見]

【본경(本經)】 예물은 겨울에는 치(雉)를 사용하고, 여름에는 거(腒)를 사용한다. 머리를 왼쪽으로 하여 받들고서 말한다. "모(某)가 뵙고자 했으나 통할 만한 연고가 없었습니다. 모자(某子)가 (주인이) 명하셨다고 [以命] 모(某)로 하여금 뵙도록 명했습니다." 주 : 예물은 받들고 가는 것이니, 군자가 존경하는 대상을 뵐 때 반드시 예물을 받들고 가서 그 두터운 마음을 드러낸다. 사(士)가 예물로 치(稚)를 사용하는 것은 그것이 절개가 굳어서 교접함에 때가 있고 분별함에 무리가 있음을 취하기 때문이다. 반드시 죽은 것을 사용하는 이유는 산 것은 먹을 수 없기 때문이다. 여름에 거(腒)를 사용함은 썩어서 냄새가 나는 것에 대비함이다. 머리를 왼쪽으로 함은 머리가 양(陽)이기 때문이다. '통할 만한 연고가 없었다 [無由達]'는 것은 오래도록 자신의 의사를 전달할 인연이 없었음을 말한다. '모자(某子)'는 지금 만나도록 인연을 맺어 준 이의 성명이다. '명하셨다고 [以命]' 한 것은 주인의 뜻을 진술함이다. 주인이 대답한다. "모자(某子)가 모(某)에게 (그대를) 뵙도록 명하였는데, 그대가 또한 [有] 왕림하셨습니다. 청컨대 그대는 집으로 가 계십시오. 모(某)가 장차 가서 [走] 뵙도록 하겠습니다." 주 : '유(有)'는 '또 [又]'의 뜻이다. 모자(某子)가 모(某)에게 가서 (그대를) 뵙도록 명하였는데, 이제 그대가 또한 스스로 왕림했으므로 자기 마음을 서술하였다. '주(走)'는 '왕(往)'과 같다. 빈(賓)이 대답한다. "모(某)가 명(命)을 받들기 어렵습니다. 청컨대 뵐 수 있게 허락해 주십시오." 주 : 명(命)은 '청컨대 그대는 집으로 가 계십시오'라고 한 것을 이른다. 주인이 대답한다. "모(某)가 위의(威儀) 있는 거동을 감당치 못하겠으니, 거듭 청컨대 그대는 집으로 가 계십시오. 모(某)가 장차 가서 뵈도록 하겠습니다." 주 : '위의(威儀) 있는 거동을 감당하지 못한다'고 함은 '겉으로만 위의를 삼음을 감당하지 못한다'는 말이니, 충실한 마음으로 찾아가고자 함이다. 빈이 대답한다. "모(某)가 위의 있는 거동을 감당하지 못하겠으니, 거듭 청합니다." 주인이 대답한다. "모(某)가 거듭 사양했으나 허락하신다는 명(命)을 받지 못했으니, 장차 나가서 [走] 뵙겠습니다. 들으니, 예물을 들고 [稱] 오셨다고 하는데, 예물은 감히 사양하겠습니다." 주 : '주(走)'는 '출(出)'과 같다. '칭(稱)'은 '들다 [擧]'의 뜻이다. 그 예물을 사양함은 크고 융숭하게 여기기 때문이다. 빈이 대답한다. "모(某)가 예물을 갖추지 않고서는 감히 뵙지 못하겠습니다." 주 : 존경하는 이를 뵙는 데 예물이 없으면, 너무 간략하다는 혐의가 있다.주인이 대답한다. "모(某)가 예법에 익숙하지 못하여, 감히 거듭 사양합니다." 주 : 융숭한 예를 갖추어 자기를 만나러 온 것을 감당할 수 없다는 말이다. 빈이 대답한다. "모(某)가 예물에 의지하지 않고서는 감히 뵐 수가 없으니, 거듭 청합니다." 주 : '예물에 의지한다'고 함은 겸손하게 자기를 낮춤이다. 주

인이 대답한다. "모(某)가 거듭 사양했으나 허락하신다는 명을 받지 못했으니, 감히 공경히 따르지 않겠습니까!" 주인은 문밖에 나가서 맞이하고 재배한다. 빈은 재배하여 답한다. 주인이 읍하고 문 오른편을 통해 들어간다. 빈이 예물을 받들고 문 왼편을 통해 들어간다. 주인이 재배하고 예물을 받는다. 빈이 재배하고 예물을 건넨 뒤, 문을 나온다. 주 : 당(堂)에서 예물을 받지 않음은 군주의 예보다 낮춤이다. 소 : 무릇 문을 나갈 때는 서쪽이 오른편이고 동쪽이 왼편이며, 문을 들어올 때는 동쪽이 오른편이고, 서쪽이 왼편이다. (당에) 오른다고 말하지 않았으니, 뜰에 있음이다. 주인이 뵙기를 청하면, 빈은 돌아와서 보고는 물러난다. 주인은 문밖에서 배웅하며 재배한다. 주 : 뵙기를 청하는 것은 빈이 융숭한 예를 갖추어 왔기에 서로 근엄하고 장중하게 교제하여 아직 반갑게 맞이하는 마음을 나누지 못해서이다. 빈이 돌아와서 보면 주인이 대접한다. ○ 기(記) : 무릇 예물을 받든 자는 빠르게 걷지〔趨〕 않으니, 용모를 더욱 공손하게 함을 위의(威儀)로 삼는다. 주 : 빠르게 걷지 않음은 삼감을 위주로 한다. 나아가되 더욱 공손하게 함을 위의로 삼을 따름이다. 소 : '추(趨)'에는 두 종류가 있다. 질추(疾趨)가 있으니, 보폭을 넓게 벌려서 가는 게 이것이다. 서추(徐趨)가 있으니, 앞꿈치를 들고 뒤꿈치를 끄는 게 이것이다. 여기에서 '빠르게 걷지 않는다'고 한 것은 질추하지도 서추하지도 않게 나아가되 더욱 공손하게 함을 위의로 삼음이다.○ 〈소의(少儀)〉: 군자(君子)를 처음 뵙는 자는 겸사(謙辭)해 말하기를 "모(某)는 오래 전부터〔固〕 장명자(將命者)를 통해 이름이 전달되기를 원했습니다"고 하고, 주 : 군자는 경대부와 덕이 뛰어난 자이다. '고(固)'는 '고(故)'와 같다. 소 : 만일 처음 겸사하는 것이면 '고(固)'라고 말하지 않는다. 주인에게 바로 올라가서는〔階〕 안 된다. 주 : '계(階)'는 위로 나아가는 것이니, 빈의 말이 주인을 바로 지적해서는 안 됨을 말함이다. 신분이 대등한 사람일 경우에는 "모(某)는 오래 전부터 뵙기를 원했습니다"고 한다. 주 : 장명자를 통해 뵙기를 원함이다. 소 : 윗글에 이미 있으므로 여기서는 생략하였다. 오랜만에 만나는 경우에는 '이름이 전달되기를'이라 말하고, 주 : 오랜만에 서로 만나 볼 때는 비록 신분이 대등한 사람이라도 오히려 주인을 높이는 겸사를 하는데, 군자에게 하듯이 한다. 자주 만나는 경우에는 '아침저녁으로'라고 말한다. 주 : 군자에게는 "아침저녁으로 장명자를 통해 이름이 전달되기를 원했습니다"고 하고, 신분이 대등한 사람에게는 "아침저녁으로 장명자를 통해 뵙기를 원했습니다"고 한다. 소경인 경우에는 '이름이 전달되기를'이라 말한다. 주 : 볼 수 없으므로, 겸사에 '뵙는다'는 말을 하지 않는다. ○ 〈곡례(曲禮)〉: 무릇 객(客)과 함께 들어가는 자는 매 문(門)마다 객에게 사양한다. 소 : 대부(大夫)에게는 두 문이 있다. 객에게 사양함은 자신을 겸손히 낮추어 빈을 공경함이다. 객이 침문(寢門)에 이르면, 주인이 '들어가서 자리를 펴겠다'고 객에게 청한다. 그런 다음 나와서 객을 맞이하는데, 객이 거듭 사양하면 주인이 객을 인도하여〔肅〕 들어간다. 주 : '숙(肅)'은 '나아감〔進〕'이다. 객에게 나아가도록 인도함을 말한다. 주인은 문을 들어가 오른편으로 가고, 객은 문을 들어가 왼편으로 간다. 주인은 동계(東階)로 나아가고, 객은 서계(西階)로 나아간다. 객의 신분이 낮으면 주인의 계단으로 나아간다. 주 : 감히 곧바로 자기 계단〔서계〕으로 가지 않음은 낮은 이가 높은 이에게 통솔됨이다. 주인이 거듭 사양한 뒤에 객은 돌아가서 서계로 나아간다. 주 : 그 바른 자리로 돌아감이다. 주인은 객과 사양하며 오르는데, 주인이 먼저 오르고 객이 따라서 오르니, 한 층계를 오를 때마다 발을 모으면서〔拾級聚足〕 주 : '습(拾)'은 '섭(涉)'이 되어야 마땅하니, 소리에서 생긴 착오이다. '급(級)'은 '층계〔等〕'이다. '한 층계를 오를 때마다 발을 모은다〔涉等聚足〕'는 것은 앞발이 한 층계를 오르면 뒷발이 따라와서 나란해짐을 이른다. 걸음을 이어서 오른다. 주 : 발이 서로 따르며, 서로 지나치지 않음을 말한다. 동계를 오를 때는 오른발을 먼저 올리고, 서계를 오를 때는 왼발을 먼저 올린다. 주 : 서로 향하며 공경한다. ○ 자리가 남향이나 북향이면 서방을 상석〔上〕으로 삼고, 동향이나 서향이면 남방을 상석으로 삼는다. 주 : 상석은 자리 끝을 말한다. 양의 방위〔東·南〕에 앉으면 왼쪽을 상석으로 하고, 음의 방위〔西·北〕에 앉으면 오른쪽을 상석으로 한다. 소 : 남쪽 자리는 양이므로 그 왼쪽은 서쪽에 있고, 북쪽 자리는 음이므로 그 오른쪽도 서쪽에 있다. 동쪽 자리는 양이므로 그 왼쪽은 남쪽에 있고, 서쪽 자리는 음이므로 그 오른쪽도 남쪽에 있다. 그러나 이는 평상시 자리를 이처럼 까는 것에 근거한 것이고, 예를 행할 때 자리의 경우에는 혹 이렇게 하지 않기도 한다. 만일 음식을 대접하기 위한 객이 아닐 경우에는 자리를 펼 때 자리와 자리 사이를 한 길〔丈〕 정도 간격을 둔다〔函〕. 주 : 강설(講說)하고 문의하는 객을 말한다. '함(函)'은 '용(容)'과 같다. 강설하고 문의할 때는 자리를 서로 마주 보게 펴야 손가락으로 그려 보이기에 족하다. 음식을 대접하기 위한 객일 경우에는 바라지〔牖〕 앞에 자리를 편다. '장(丈)'은 '장(杖)'이라고도 한다. 소 : 왕숙(王肅)은 '옛사람들이 강설할 때는 지팡이로 그려 보였기 때문에 지팡이 길이만큼 간격을 두게 하였다'고 했다. 주인이 꿇어앉아 자리를 바로잡으면, 주 : 비록 강설하고 문의하기 위하여 왔지만 그래도 객의 예로써 대하고 제자와는 달리 대한다. 객이 꿇어앉아 자리를 어루만지며 사양한다. 주 : 어루만짐은 주인이 직접 자리를 바잡아 줌에 대한 답례이다. 객이 두 겹으로 된 자리〔重席〕를 치우려 하면 주인이 거듭 사양한다〔固辭〕. 주 : 거듭 사양함을 '고(固)'라고 한다. 소 : 대부의 자리는 두 겹이다. 객이 자리를 밟고 앉아야 주인도 앉는다. 소 : 객이 두 겹으로 된 자리를 치우려 하자 주인이 말렸으므로, 객은 다시 자리를 밟고 앉으려 한다. 주인은 그제야 앉는다. 주인이 묻기 전에는 객이 먼저 거론하지〔擧〕 않는다. 주 : 객이 외부에서왔으므로, 주인이 그의 안부 및 오게 된 연유를 물음이 마땅하다.

[주-D001] 본경(本經) : 《의례》〈사상견례(士相見禮)〉 본문의 경(經)을 말한다.

[주-D002] 치(稚) : 예물로 쓰는 꿩인데, 죽은 것을 쓴다.

[주-D003] 거(腒) : 꿩을 말린 포이다.

[주-D004] 모(某) : '제가'라고 번역하지 않는 것은 실제로 '제가'라고 하지 않고 자신의 이름을 말하기 때문이다. 예컨대 '홍길동이' 하는 식이다.

[주-D005] 모자(某子) : 주인과 빈 사이에서 연통을 놓아 소개해 준 사람의 성명을 말한다.

[주-D006] 모(某)가 …… 명했습니다 : 예컨대, 빈(賓)이 홍길동이고 소개하는 사람이 장철수라고 한다면 이렇게 말한다. "저 길동이 뵙고자 했으나 인연이 없던 차에 장철수 씨가 그대의 명을 받고 저 길동에게 그대를 뵙도록 명했습니다."

[주-D007] 사(士)가 …… 것 : 소(疏)에 "대부 이상은 새끼양〔羔〕이나 기러기〔鴈〕를 사용한다"고 했다.

[주-D008] 절개가 …… 때문이다 : 소(疏)에 "교접함에 때가 있고, 분별한 뒤에 이르러서는 암수가 뒤섞이지 않으니, 봄에는 교접하되 가을에는 분별함을 말한다. 사(士)의 의리가 또한 그러해서 지조를 지켜 윗사람을 범하지 않는 의리를 취한 것이다"고 했다.

[주-D009] 죽은 …… 이유는 : 소(疏)에 "《상서(尙書)》에 '세 종류의 비단, 두 종류의 생물(生物), 한 종류의 죽은 폐백을 쓴다'고 했다. 치(稚)를 씀은 절개가 굳어서 군주를 위하여 목숨을 바친다는 의리를 취함이다"고 했다.

[주-D010] 머리를 …… 때문이다 : 소(疏)에 "《예기》〈곡례(曲禮)〉에 '날짐승을 잡는 경우 머리를 왼편으로 한다'고 했으니, 꿩은 새끼양·기러기와 함께 모두 산 채로 가지고 가야 하는 생물이지만, 산 것은 먹을 수가 없기 때문에 죽은 것을 가지고 간다. 비록 죽었지만 여전히 왼쪽을 숭상함은 양(陽)을 따름이다"고 했다. 즉 죽은 것이지만 산 것으로 여긴다는 뜻이다.

[주-D011] 명하셨다고 … 진술함이다 : 소(疏)에 "소개하는 사람이 주인의 말뜻을

진술하여, 빈을 오시도록 했다고 전달함”이라 했다.

[주-D012] 모자(某子) : 소(疏)에 “소개하는 사람의 성명”이라 했다. 앞서 빈(賓)이 말한 모자(某子)와 같은 사람이다.

[주-D013] 모(某) : 주인(主人)이다.

[주-D014] 모(某)가 …… 못하겠으니 : 《의례집설(儀禮集說)》의 주(註)에 “위의(爲儀)는 다만 사양하는 의식을 행함이다〔爲儀 徒爲辭讓之儀也〕”고 했다. 주소(註疏)의 내용과 함께 참고해 보면 ‘불감위의(不敢爲儀)’는 상대방이 정중히 사양하는 행동에 위의(威儀)가 있어, 이를 감당할 수 없다는 의미로 볼 수 있다.

[주-D015] 모(某)가 거듭 사양했으나 : 《의례》〈사관례(士冠禮)〉 주(註)에 “예사(禮辭)는 한 번 사양하고서 허락하는 것이요, 고사(固辭)는 두 번 사양하고서 허락하는 것이요, 종사(終辭)는 세 번 사양함이니 허락하지 않음이다”고 했다.

[주-D016] 당(堂)에서 …… 낮춤이다 : 소(疏)에 “당에 올라 폐백을 드림은 군주의 법도”라고 했다. 그러므로 사(士)가 서로 만날 때는 뜰에서 폐백을 드린다.

[주-D017] 뵙기를 …… 대접한다 : 소(疏)에 “〈사관례〉 등에 있는 예빈(禮賓) 또는 향빈(饗賓)의 일”이라 했다.

[주-D018] 장명자(將命者) : 소(疏)에 “출입하며 말을 전하여 주객(主客)의 언어(言語)를 통하게 하는 자”라고 했다. 주(註)에 “장(將)은 받듦〔奉〕이다”고 했다.

[주-D019] 대부(大夫)에게는 …… 있다 : 소(疏)에 “천자(天子)는 오문(五門), 제후(諸侯)는 삼문(三門), 대부는 이문(二門)이다”고 했다.

[주-D020] 침문(寢門) : 소(疏)에 “가장 안쪽에 있는 문”이라 했다.

[주-D021] 남향 : 자리를 북쪽에 깔면, 남향하여 앉는다.

[주-D022] 북향 : 자리를 남쪽에 깔면, 북향하여 앉는다.

[주-D023] 동향 : 자리를 서쪽에 깔면, 동향하여 앉는다.

[주-D024] 서향 : 자리를 동쪽에 깔면, 서향하여 앉는다.

[주-D025] 자리를 …… 삼는다 : 소(疏)에 “무릇 앉을 때는 음양을 따르는데, 만일 양의 방위에 앉을 경우는 왼쪽을 귀하게 여기며, 음의 방위에 앉을 때는 오른쪽을 귀하게 여긴다”고 했다.

[주-D026] 상석은 …… 한다 : 소(疏)에 “〈향음주례(鄕飮酒禮)〉의 주(注)에 이르기를 ‘빈의 자리는 바라지〔牖〕 앞에 남향하여 깔고, 주인의 자리는 조계(阼階) 위에 서향으로 깔며, 개(介)의 자리는 서계 위에 동향으로 깐다’고 했으니, 이와는 같지 않다”고 했다.

[주-D027] 대부의 …… 겹이다 : 《예기》〈예기(禮器)〉에 “천자의 자리는 다섯 겹이요, 제후의 자리는 세 겹이요, 대부의 자리는 두 겹이다”고 했고, 《의례》〈향음주례(鄕飮酒禮)〉에 “공(公)은 세 겹이요, 대부는 두 겹이다”고 했다.

[주-D028] 주인이 …… 않는다 : 소(疏)에 “거(擧) 역시 묻는 것”이라 했다.

◆청견(請見)

【본경(本經)】지(摯), 동용치(冬用雉), 하용거(夏用腒). 좌두봉지왈(左頭奉之曰), “모야원견(某也願見), 무유달(無由達). 모자이명명모견(某子以命命某見).” 주(註) : 지(摯), 소집이지자(所執以至者), 군자견어소존경(君子見於所尊敬), 필집지이장기후의야(必執摯以將其厚意也). 사지용치(士摯用雉), 취기경개(取其耿介), 교유시(交有時), 별유륜야(別有倫也). 필용사(必用死), 부가생복야(不可生服也). 하용거(夏用腒), 비부취야(備腐臭也). 좌두(左頭), 두(頭), 양야(陽也). 무유달(無由達), 언구무인연이자달야(言久無因緣以自達也). 모자(某子), 금소인연지성명(今所因緣之姓名). 이명자(以命者), 칭술주인지의(稱述主人之意). 주인대왈(主人對曰), “모자명모견(某子命某見), 오자유욕(吾子有辱). 청오자지취가야(請吾子之就家也). 모장주견(某將走

見)。" 주(註): 유(有), 우야(又也)。 모자명모왕견(某子命某往見), 금오자우자욕래(今吾子又自辱來), 서기의야(序其意也)。 주(走), 유왕야(猶往也)。 빈대왈(賓對曰), "모부족이욕명(某不足以辱命)。 청종사견(請終賜見)。" 주(註): 명(命), 위(謂)'청오자지취가(請吾子之就家)'。 주인대왈(主人對曰), "모부감위의(某不敢爲儀), 고청오자지취가야(固請吾子之就家也)。 모장주견(某將走見)。" 주(註): 부감위의(不敢爲儀), 언부감외모위위의(言不敢外貌爲威儀), 충성욕왕야(忠誠欲往也)。 빈대왈(賓對曰), "모부감위의(某不敢爲儀), 고이청(固以請)。" 주인대왈(主人對曰), "모야고사(某也固辭), 부득명(不得命), 장주견(將走見)。 문오자칭지(聞吾子稱摯), 감사지(敢辭摯)。" 주(註): 주(走), 유출야(猶出也)。 칭(稱), 거야(擧也)。 사기지(辭其摯), 위기대숭야(爲其大崇也)。 빈대왈(賓對曰), "모부이지(某不以摯), 부감견(不敢見)。" 주(註): 견어소존경이무지(見於所尊敬而無摯), 혐태간(嫌太簡)。 주인대왈(主人對曰), "모부족이습례(某不足以習禮), 감고사(敢固辭)。" 주(註): 언부감당기숭례래견기(言不敢當其崇禮來見己)。 빈대왈(賓對曰), "모야부의어지(某也不依於摯), 부감견(不敢見), 고이청(固以請)。" 주(註): 언의어지(言依於摯), 겸자비야(謙自卑也)。 주인대왈(主人對曰), "모야고사(某也固辭), 부득명(不得命), 감부경종(敢不敬從)!" 출영우문외(出迎于門外), 재배(再拜)。 빈답재배(賓答再拜)。 주인읍(主人揖), 입문우(入門右)。 빈봉지(賓奉摯), 입문좌(入門左)。 주인재배수(主人再拜受)。 빈재배송지(賓再拜送摯), 출(出)。 주(註): 부수지어당(不受摯於堂), 하인군야(下人君也)。 소(疏): 범문출(凡門出), 이서위우(以西爲右), 이동위좌(以東爲左), 입(入), 이동위우(以東爲右), 이서위좌(以西爲左)。 부언승(不言升), 재정야(在庭也)。 주인청견(主人請見), 빈반견(賓反見), 퇴(退)。 주인송우문외(主人送于門外), 재배(再拜)。 주(註): 청견자(請見者), 위빈숭례래(爲賓崇禮來), 상접이긍장(相接以矜莊), 환심미교야(歡心未交也)。 빈반견(賓反見), 칙연의(則燕矣)。 ○기(記): 범집폐자(凡執幣者), 부추(不趨), 용미축이위의(容彌蹙以爲儀)。 주(註): 부추(不趨), 주신야(主愼也)。 이진이익공위위의이(以進而益恭爲威儀耳)。 소(疏): 추유이종(趨有二種)。 유질추(有疾趨), 행이장족(行而張足), 시야(是也)。 유서추(有徐趨), 거전예종(擧前曳踵), 시야(是也)。 차운부추자(此云不趨者), 부질부서(不疾不徐), 이진이익공위위의야(以進而益恭爲威儀也)。 ○〈소의(少儀)〉: 시견군자자(始見君子者), 사왈(辭曰), "모고원문명어장명자(某固願聞名於將命者)。" 주(註): 군자(君子), 경대부약유이덕자(卿大夫若有異德者)。 고(固), 여고야(如故也)。 소(疏): 약초사칙부운고(若初辭則不云固)。 부득계주(不得階主)。 주(註): 계(階), 상진자(上進者), 언빈지사부득지척주인(言賓之辭不得指斥主人)。 적자왈(敵者曰), "모고원견(某固願見)。" 주(註): 원견어장명자(願見於將命者)。 소(疏): 인상이유(因上已有), 고차략지(故此略之)。 한견왈(罕見曰)'문명(聞名)', 주(註): 희상견(希相見), 수적자(雖敵者), 유위존주지사(猶爲尊主之辭), 여군자(如君子)。 극견왈(亟見曰)'조석(朝夕)'。 주(註): 어군자칙왈(於君子則曰)"조석문명어장명자(朝夕聞命於將命者)", 어적자칙왈(於敵者則曰)"조석견어장명자(朝夕見於將命者)。" 고왈(瞽曰)'문명(聞名)'。 주(註): 이무목(以無目), 사부칭견(辭不稱見)。 ○〈곡례(曲禮)〉: 범여객입자(凡與客入者), 매문양어객(每門讓於客)。 소(疏): 대부이문(大夫二門)。 양어객(讓於客), 자겸하(自謙下), 경어빈야(敬於賓也)。 객지어침문(客至於寢門), 칙주인청(則主人請)'입위석(入爲席)'。 연후출영객(然後出迎客), 객고사(客固辭), 주인숙객이입(主人肅客而入)。 주(註): 숙(肅), 진야(進也)。 진객위도지(進客謂導之)。 주인입문이우(主人入門而右), 객입문이좌(客入門而左)。 주인취동계(主人就東階), 객취서계(客就西階)。 객약강등(客若降等), 칙취주인지계(則就主人之階)。 주(註): 부감첩유기계(不敢輒由其階), 비통어존(卑統於尊)。 주인고사(主人固辭), 연후객복취서계(然後客復就西階)。 주(註): 복기정(復其正)。 주인여객양등(主人與客讓登), 주인선등(主人先登), 객종지(客從之), 습급취족(拾級聚足), 주(註): 습당위섭(拾當爲涉), 성지오야(聲之誤也)。

급(級), 등야(等也)。 섭등취족(涉等聚足), 위전족섭일등(謂前足躡一等), 후족종지병(後足從之倂)。 련보이상(連步以上)。 주(註) : 위족상수부상과야(謂足相隨不相過也)。 상어동계(上於東階), 칙선우족(則先右足)。 상어서계(上於西階), 칙선좌족(則先左足)。 주(註) : 상향경(相鄕敬)。 ○석남향북향(席南鄕北鄕), 이서방위상(以西方爲上), 동향서향(東鄕西鄕), 이남방위상(以南方爲上)。 주(註) : 상(上), 위석단야(謂席端也)。 좌재양칙상좌(坐在陽則上左), 좌재음칙상우(坐在陰則上右)。 소(疏) : 남좌시양(南坐是陽), 기좌재서(其左在西), 북좌시음(北坐是陰), 기우재서(其右在西)。 동좌시양(東坐是陽), 기좌재남(其左在南), 서좌시음(西坐是陰), 기우역재남(其右亦在南)。 연차거평상포석여차(然此據平常布席如此), 약례석칙혹부연야(若禮席則或不然也)。 약비음식지객(若非飮食之客), 칙포석(則布席), 석간함장(席間函丈)。 주(註) : 위강문지객야(謂講問之客也)。 함(函), 유용야(猶容也)。 강문의상대(講問宜相對), 족이지화야(足以指畫也)。 음식지객(飮食之客), 포석어유전(布席於牖前)。 장혹위장(丈或爲杖)。 소(疏) : 왕숙이위(王肅以爲)‘고인강설(古人講說), 용장지화(用杖指畫), 고사용장(故使容杖)’。 주인궤정석(主人跪正席), 주(註) : 수래강문(雖來講問), 유이객례대지(猶以客禮待之), 이어제자(異於弟子)。 객궤무석이사(客跪撫席而辭)。 주(註) : 무지자(撫之者), 답주인지친정석(答主人之親正席)。 객철중석(客徹重席), 주인고사(主人固辭)。 주(註) : 재사왈고(再辭曰固)。 소(疏) : 대부재중(大夫再重)。 객천석(客踐席), 내좌(乃坐)。 소(疏) : 객철중석(客徹重席), 주인지지(主人止之), 고객환리석장좌(故客還履席將坐)。 주인내좌야(主人乃坐也)。 주인부문(主人不問), 객부선거(客不先擧)。 주(註) : 객자외래(客自外來), 의문기안부급소위래고(宜問其安否及所爲來故)。

◆복견(復見) 다시 뵘

【본경】주인이 다시 뵙는데, 그 예물을 가지고 가서 말한다. “지난번에 그대께서 왕림하셔서 모(某)가 뵐 수 있게 하셨습니다. 청컨대 예물을 장명자에게 돌려드리겠습니다.” 주 : 다시 뵘은 예는 오고감을 숭상하기 때문이다. 예물은 지난번에 가져왔던 것이다. 주인이 대답한다. “모(某)가 이미 뵈었기에, 감히 사양합니다.” 주 : 와서 자기에게 답례함을 사양함이다. 빈이 대답한다. “모(某)가 감히 뵙기를 구함이 아니라, 청컨대 예물을 장명자에게 돌려드리겠습니다.” 주 : ‘감히 뵙기를 구함이 아니라’는 말은 주인을 업신여긴다는 혐의를 감당할 수 없기 때문이다. 주인이 대답한다. “모(某)가 이미 뵈었기에, 감히 거듭 사양합니다.” 빈이 대답한다. “모(某)가 감히 들으려 함이 아니라, 예물을 장명자에게 돌려드리기를 거듭 청하고자 함입니다.” 주 : ‘감히 들으려 함이 아니라’는 말은 또한 더욱 감당할 수 없음이다. 소 : 위에서는 ‘감히 뵙기를 구함이 아니라’고 하고, 여기서는 ‘감히 들으려 함이 아니라’고 한 것은 귀로 듣는 것이 눈으로 보는 것보다 성근 관계이기 때문에 ‘또한 더욱 감당할 수 없다’고 한 것이다. 주인이 대답한다. “모(某)가 거듭 사양하였으나 허락하신다는 명을 받지 못했으니, 감히 따르지 않겠습니까!” 주 : 허락하여 받음이다. 다른 날이면 나가서 맞이하고, 같은 날이면 나가서 맞이하지 않는다. 빈이 예물을 받들고 들어오면, 주인이 재배하고 받는다. 빈이 재배하고 예물을 건네고, 문을 나온다. 주인이 문밖에서 배웅하고, 재배한다.

[주-D001] 주인 : 앞서 빈이 찾아뵈었던 사람이다.
[주-D002] 예물은 …… 것이다 : 지난번에 빈(賓)이 들고 왔던 폐백을 말한다.
[주-D003] 주인 : 앞서 빈으로 찾아갔던 사람이다. 이번에는 자신의 집에 있으므로 주인이다.
[주-D004] 감히 …… 때문이다 : 소(疏)에 “지난번에는 주인이 자기를 찾아

왔고 지금은 곧 자기가 주인을 찾아왔으니, 이는 빈과 주인이 자주 보는 것이므로 업신여긴다는 것이다"고 했다. 따라서 상견하는 예법을 감당할 수 없으므로 다만 폐백을 돌려준다고 말하는 것이다.

[주-D005] 다른 …… 않는다 : 다른 날에 찾아왔으면 나가서 맞이할 것인데, 폐백을 드린 당일에 다시 찾아왔기에 나가서 맞이하지 않는다는 의미이다.

◆복견(復見)

【본경(本經)】 주인복견지(主人復見之), 이기지왈(以其摯曰), "향자오자욕(嚮者吾子辱), 사모견(使某見). 청환지어장명자(請還摯於將命者)."

주(註) : 복견지자(復見之者), 례상왕래야(禮尙往來也). 지위향시소집래자(摯謂嚮時所執來者). 주인대왈(主人對曰), "모야기득견의(某也旣得見矣), 감사(敢辭)."

주(註) : 양기래답기(讓其來答己). 빈대왈(賓對曰), "모야비감구견(某也非敢求見), 청환지우장명자(請還摯于將命者)."

주(註) : 언부감구견(言不敢求見), 혐설주인(嫌褻主人), 부감당야(不敢當也). 주인대왈(主人對曰), "모야기득견의(某也旣得見矣), 감고사(敢固辭)." 빈대왈(賓對曰), "모부감이문(某不敢以聞), 고이청어장명자(固以請於將命者)."

주(註) : 언부감이문(言不敢以聞), 우익부감당(又益不敢當). 소(疏) : 상운(上云)'비감구견(非敢求見)', 차운(此云)'부감이문(不敢以聞)', 이문소어목견(耳聞疎於目見), 고(故)'우익부감당(又益不敢當)'야(也).

주인대왈(主人對曰), "모야고사(某也固辭), 부득명(不得命), 감부종(敢不從)!"

주(註) : 허수지야(許受之也). 이일칙출영(異日則出迎), 동일칙부(同日則否). 빈봉지입(賓奉摯入), 주인재배수(主人再拜受). 빈재배송지(賓再拜送摯), 출(出). 주인송우문외(主人送于門外), 재배(再拜).

◆사가 대부를 뵙는 경우 [사견대부(士見大夫)]

【본경】 사(士)가 대부(大夫)를 뵐 때는 그 예물을 끝내 사양한다. 빈이 들어오면, 왕림함에 대해 일배(一拜)한다. 빈이 물러나면 배웅하고 재배한다. 주 : 그 예물을 끝내 사양함은 장차 몸소 답례하지 않으려 함이다. 대부는 사(士)에 대하여 문을 나가서 맞이하지 않는다. 들어올 때 절함은 정례(正禮)이다. 배웅하고 재배함은 빈을 높임이다.

◆사견대부(士見大夫)

【본경(本經)】 사견어대부(士見於大夫), 종사기지(終辭其摯). 어기입야(於其入也), 일배기욕야(一拜其辱也). 빈퇴(賓退), 송(送), 재배(再拜). 주(註) : 종사기지(終辭其摯), 이장부친답야(以將不親答也). 대부어사(大夫於士), 부출영(不出迎). 입배(入拜), 정례야(正禮也). 송재배(送再拜), 존빈(尊賓).

◆신하가 되었던 경우 [상위신(嘗爲臣)]

【본경】 만약 일찍이 신하가 되었던 자가 뵐 때는, 주인이 그 예물을 예의상 사양하며 말한다. "모(某)가 사양하였으나 허락하신다는 명을 받지 못했으니, 감히 거듭 사양하지 못하겠습니다." 주 : 예의상 사양함은 그 예물을 한 번 사양하고는 받기를 허락함이다. 장차 답례하지 않을 것인데도 예물을 가지고 들어오게 허락함은 (빈에게) 신하 된 도리가 있음이다. 빈이 들어가서 예물을 바치고 재배한다. 주인이 답례로 일배(一拜)한다. 주 : 예물을 바칠 때, 신분의 고하가 다르면 직접 드리지 않는다. 빈이 나가면, (주인이) 빈자(擯者)에게 문밖에서 (빈에게) 그 예물을 되돌려 주게 하며 말한다. "모(某 주인)께서 모(某 빈자)로 하여금 예물을 되돌려 주게

했습니다.” 주 : 그 예물을 되돌려 줌은 정군(正君)과의 혐의를 피함이다. 빈이 대답한다. “모(某)가 이미 뵈었기에, 감히 사양합니다.” 빈자가 대답한다. “모(某 주인)께서 모(某 빈자)에게 명했기에, 모(某 빈자)는 감히 위의(威儀) 있는 행동을 감당하지 못합니다. 감히 청합니다.” 주자(朱子)가 말했다. “‘모〔某也〕’는 대개 주인의 이름이다” 빈이 대답한다. “모(某)는 부자(夫子 주인)의 미천한 가신(家臣)으로, 예를 행하기에〔踐〕 부족하오니, 감히 거듭 사양합니다.” 주 : 가신(家臣)을 사(私)라고 칭한다. ‘천(踐)’은 ‘행함〔行〕’이다. 빈객의 예를 행하기에 부족함이다. 빈자가 대답한다. “모(某)께서 모(某)에게 명했기에, 감히 위의 있는 행동을 감당하지 못합니다. 거듭 청합니다.” 빈이 대답하기를 “모(某)가 거듭 사양하였으나 허락하신다는 명을 받지 못했으니, 감히 따르지 않겠습니까?”라고 하고, 재배하고 받는다. 주 : 그 폐백을 받고서는 떠난다. 소 : 일찍이 신하가 되었던 적이 있는 자를 가볍게 여겨 이미 그 예물을 받지 않았으니, 상견함에 대접하는 예(禮)도 없다.

[주-D001] 빈자(擯者) :
《의례》〈사관례(士冠禮)〉주에 “유사(有司)로서 행례(行禮)를 돕는 사람이다. 주인에게 있으면 빈(擯), 객에게 있으면 개(介)라고 지칭한다”고 했다.

[주-D002] 그 …… 피함이다 :
앞의 ‘사(士)가 대부를 뵐 때’의 항목에서, 주에 “답례를 하지 않으면서 그 예물을 받을 수 있는 경우에는 군주와 신하와의 관계뿐이다”고 했다. 자기가 모시던 주군(主君)은 한 나라를 통치하는 군주(君主)가 아니므로, 답례를 하지 않을 경우에는 되돌려 주어야 한다.

[주-D003] 모(某)가 …… 사양합니다 :
주(註)에 “자기가 모시던 상관〔君〕이 그 예물을 되돌려 주는 것에 대해 사양함이다”고 했다.

[주-D004] 모〔某也〕는 …… 이름이다 :
위의 빈자(擯者)의 언급 중에 나오는 세 가지 ‘모〔某也〕’를 말한다. 주자의 이 말은 《의례경전통해(儀禮經傳通解)》 권6 〈사상견례(士相見禮)〉에 나온다.

◆상위신(嘗爲臣)

【본경(本經)】 약상위신자(若嘗爲臣者), 칙례사기지왈(則禮辭其摯曰), “모야사(某也辭), 부득명(不得命), 부감고사(不敢固辭).”
주(註) : 례사(禮辭), 일사기지이허야(一辭其摯而許也). 장부답이청기이지입(將不答而聽其以摯入), 유신도야(有臣道也).
빈입(賓入), 전지(奠摯), 재배(再拜). 주인답일배(主人答一拜). 주(註) : 전지(奠摯) 존비이(尊卑異), 부친수야(不親授也).
빈출(賓出), 사빈자환기지우문외왈(使擯者還其摯于門外曰), “모야사모환지(某也使某還摯).”
주(註) : 환기지(還其摯), 피정군야(辟正君也). 빈대왈(賓對曰), “모야기득견의(某也旣得見矣), 감사(敢辭).”
빈자대왈(擯者對曰), “모야명모(某也命某), 모비감위의야(某非敢爲儀也). 감이청(敢以請).” 주자왈(朱子曰) : “모야(某也), 개주인지명(蓋主人之名).”
빈대왈(賓對曰), “모야(某也), 부자지천사(夫子之賤私), 부족이천례(不足以踐禮), 감고사(敢固辭).”
주(註) : 가신칭사(家臣稱私). 천(踐), 행야(行也). 부족이행빈객례(不足以行賓客禮).
빈자대왈(擯者對曰), “모야사모(某也使某), 부감위의야(不敢爲儀也). 고이청(固以請).” 빈대왈(賓對曰), “모고사(某固辭), 부득명(不得命), 감부종(敢不從)！”

재배수(再拜受). 주(註) : 수기지이거지(受其摯而去之). 소(疏) : 이기상위신위경(以其嘗爲臣爲輕), 기부수기지(旣不受其摯), 우상견무향연지례(又相見無饗燕之禮).

◆대부가 상견하는 경우 [대부상견(大夫相見)]

【본경】하대부(下大夫)가 상견할 때는 큰 기러기〔鴈〕를 사용하는 데, 베로 장식하고 새끼로 묶어서〔維〕, 꿩〔雉〕을 받들 때처럼 한다. 주 : 큰 기러기를 사용하는 이유는 '때를 알고, 날아갈 때 줄지어 간다'는 뜻을 취하기 위함이다. '베로 장식한다'는 것은 재봉하여 그 몸에 입힘을 말한다. '묶는다〔維〕'는 것은 그 발을 매어 연결함을 말한다. 상대부(上大夫)가 상견할 때는 새끼 양〔羔〕을 사용하는 데, 베로 장식하고, 네 발을 매어 앞쪽에서 묶고〔結于面〕, 머리를 왼쪽으로 하여, 새끼 사슴〔麛〕을 받들 때처럼 한다. 주 : 상대부는 경(卿)이다. 새끼 양을 사용하는 이유는 '그 우두머리를 따르고, 무리를 짓되 편을 가르지 않는다'는 뜻을 취하기 위함이다. '면(面)'은 '앞〔前〕'이다. 네 발을 매어 연결하고 등 위로 교차시켜 내어 가슴 앞에서 결박한다. '새끼 사슴'은 고(孤)의 예물이다. 그것을 받드는 예법은 대개 왼손으로 앞발을 잡고 오른손으로 뒷발을 잡는다. (나머지는) 〈사상견례(士相見禮)〉와 같다.

[주-D001] 하대부(下大夫) : 소(疏)에 "나라에는 모두 삼경(三卿)과 오대부(五大夫)가 있다. 상대부(上大夫)라는 말은 삼경에 근거한 것이니, 여기에서 하(下)라는 것은 오대부이다"고 했고, 《예기》〈왕제(王制)〉에 "제후에게는 상대부(上大夫)인 경(卿), 하대부(下大夫), 상사(上士), 중사(中士), 하사(下士)의 다섯 등급의 신하가 있다"고 했다.
[주-D002] 꿩〔雉〕을 …… 한다 : 사상견례(士相見禮)에서 "꿩의 머리를 왼쪽으로 받든다"고 했다.
[주-D003] 새끼 …… 예물이다 : 소(疏)에 "혹자는 '새끼사슴은 고(孤)의 폐백'이라 했는데, 〈대종백(大宗伯)〉·〈대행인(大行人)〉·〈빙례(聘禮)〉를 살펴보면, 모두 '고는 피백(皮帛)을 받든다'고 했으니, 천자의 고와 제후의 고는 피백을 받듦을 말한다. 여기에서 새끼사슴을 받든다고 한 것은 새로 고(孤)로 승진하여 군주를 뵙는 예법을 말함이니, 나머지 일에 있어서는 모두 피백을 사용한다"고 했다. 여기에서의 고(孤)는 삼공(三公)의 다음 가는 벼슬 이름이다.
[주-D004] 그것을 …… 잡는다 : 소(疏)에 "머리를 왼쪽으로 하여 받드는 것은 꿩이나 큰 기러기의 경우와 동일하다"고 했다.
[주-D005] 사상견례(士相見禮)와 같다 : 소(疏)에 "두 대부(大夫)나 두 경(卿)이 상견할 때도 모두 윗글의 '모(某)가 뵙고자 했으나 통할 만한 연고가 없었다'에서, 아래의 '주인이 문밖에서 절하고 배웅한다'까지의 내용과 같게 한다"고 했다.

◆대부상견(大夫相見)

【본경(本經)】하대부상견(下大夫相見), 이안(以鴈), 식지이포(飾之以布), 유지이색(維之以索), 여집치(如執雉). 주(註) : 안(鴈), 취지시(取知時), 비상유행렬야(飛翔有行列也). 식지이포(飾之以布), 위재봉의기신야(謂裁縫衣其身也). 유(維), 위계련기족(謂繫聯其足). 상대부상견(上大夫相見), 이고(以羔), 식지이포(飾之以布), 사유지(四維之), 결우면(結于面), 좌두(左頭), 여미집지(如麛執之). 주(註) : 상대부(上大夫), 경야(卿也). 고(羔), 취기종수(取其從帥), 군이부당야(羣而不黨也). 면(面), 전야(前也). 계련사족(繫聯四足), 교출배상(交出背上), 어흉전결지야(於胸前結之也). 미(麛), 고지지야(孤之贄也). 기례개위좌집전족(其禮蓋謂左執前足), 우집후족(右執後足). 여사상견지례(如士相見之禮).

◆말하기 〔언(言)〕

【본경】 모든 말〔凡言〕은 대답하는 경우가 아니면, 편히 앉은〔妥〕 다음에 말을 전한다〔傳言〕. 주 : ‘모든 말’이란 자기가 군주를 위해서 일에 대해 말함을 이름이다. ‘타(妥)’는 편안히 앉음이다. ‘말을 전한다’는 것은 ‘말을 냄〔出言〕’과 같다. 만약 군주가 질문을 해서 대답할 수 있는 사안이라면, (바로 대답하고 군주가) 편히 앉기를 기다리지 않는다. 군주와 말할 때는 신하를 부리는 일에 대해 말한다. 대인(大人)과 말할 때는 군주를 섬기는 일에 대해 말한다. 노인〔老者〕과 말할 때는 자제(子弟)를 부리는 일에 대해 말한다. 어린이〔幼者〕와 말할 때는 부형에게 효제(孝悌)함에 대해 말한다. 여러 사람과 말할 때는 충성·신의·자애·상서〔祥〕에 대해 말한다. 관직에 있는 자와 말할 때는 충성·신의에 대해 말한다. 주 : 대인은 경대부(卿大夫)이다. ‘상서〔祥〕’는 ‘선함〔善〕’이다. 관직에 있는 자는 사(士)이하를 이른다. ○ 〈옥조(玉藻)〉 : 사(士)가 군주의 처소에서 대부에 대하여 말할 때는, 대부가 몰(殁)했으면 그의 시호(諡號)나 자(字)를 일컫고, 사(士)에 대해서는 이름을 일컫는다. 사(士)가 대부와 말할 때, 사(士)에 대해서는 이름을 일컫고 대부에 대해서는 자(字)를 일컫는다. 주 : 군주의 처소에서는 대부가 살아 있으면 역시 이름을 일컫는다. 대부의 처소에서는, 공휘(公諱)는 있어도 사휘(私諱)는 없다. 주 : ‘공휘’란 선군(先君)의 이름과 같은 것이다.

[주-D001] 모든 …… 전한다〔傳言〕 : 군주가 질문하여 대답하는 경우라면, 군주의 상황과 관계없이 그 질문에 대답하되, 그런 경우가 아니라면, 군주가 편안히 앉기를 기다렸다가 자신의 말을 전한다는 의미이다.
[주-D002] 노인 : 소(疏)에 “70세가 되어 치사(致仕)한 사람을 말한다”고 했다.
[주-D003] 사(士)가 …… 일컫고 : 소에 “시호가 없을 경우에 자(字)를 일컬으니, 그 이름을 부르지 아니함은 귀한 이를 존경하기 때문”이라 했다.
[주-D004] 사(士)에 …… 일컫는다 : 소(疏)에 “사(士)는 천하기 때문에 비록 이미 죽었다 해도, 살아 있는 사(士)가 군주와 말할 때는 죽은 사(士)의 이름을 호명한다”고 했다.
[주-D005] 사(士)가 …… 일컫는다 : 소(疏)에 “만약 대부와 사(士)가 죽은 경우라면, 대부에 대해서는 시호를 일컫고 사에 대해서는 자를 일컫는다”고 했다.
[주-D006] 대부의 …… 없다 : 소(疏)에 “사와 대부가 말할 때는, 단지 군주의 집안에 대해서만 휘(諱)할 뿐, 스스로 사가(私家)의 부모에 대해서는 휘하지 않는다”고 했다.

◆언(言)

【본경(本經)】 범언(凡言), 비대야(非對也), 타이후전언(妥而後傳言). 주(註) : 범언(凡言), 위기위군언사야(謂己爲君言事也). 타(妥), 안좌야(安坐也). 전언(傳言), 유출언야(猶出言也). 약군문(若君問), 가대칙부대안좌야(可對則不待安坐也). 어군언(與君言), 언사신(言使臣). 여대인언(與大人言), 언사군(言事君). 여로자언(與老者言), 언사제자(言使弟子). 여유자언(與幼者言), 언효제우부형(言孝弟于父兄). 여중언(與衆言), 언충신자상(言忠信慈祥). 여거관자언(與居官者言), 언충신(言忠信). 주(註) : 대인(大人), 경대부야(卿大夫也). 상(祥), 선야(善也). 거관(居官), 위사이하(謂士以下). ○ 〈옥조(玉藻)〉 : 사어군소언대부(士於君所言大夫), 몰의(殁矣), 칙칭시약자(則稱諡若字), 명사(名士). 여대부언(與大夫言), 명사(名士), 자대부(字大夫). 주(註) : 군소(君所), 대부존역명(大夫存亦名). 어대부소유공휘(於大夫所有公諱), 무사휘(無私諱). 주(註) : 공휘(公諱), 약선군지명(若先君之名).

◆시선 〔시(視)〕

【본경】무릇 대인(大人)과 말할 때, 처음 말을 꺼낼 때는 얼굴을 보며, 말하는 중간에는 가슴을 보며, 말을 마친 뒤에는 얼굴을 보아, 바꾸지 않는다. 여러 사람〔衆〕에게도 모두 이처럼 한다. 주 : '처음 말을 꺼낼 때는 얼굴을 본다'고 함은 말을 전해도 되는지 그의 안색을 살핌을 이른다. '가슴을 본다'고 함은 그가 생각할 시간을 갖게 함이며 또한 공경하기 때문이다. '말을 마친 뒤에는 얼굴을 본다'고 함은 그가 자기 말을 받아들였는지를 살핌이다. '바꾸지 않는다'고 함은 얼굴과 몸을 바르게 하여 기다림이 마땅하지, 스스로 변동하지말라는 말이다. '여러 사람'은 여러 경대부(卿大夫)를 이른다. 아버지와 말할 때는, 눈길을 두되 얼굴 위쪽을 보지 말며 허리띠 아래쪽을 보지 않는다. 주 : 자식은 아버지에 대해서 효를 주장하지 공경함을 주장하지 않으니, 보는 시야를 넓게 해서 그로써 안부가 어떠하신지 살핀다. 만약 말씀하지 않으시거든, 서 있다면 아버지 발을 보고, 앉아 있다면 아버지 무릎을 본다. 주 : 말을 하지 않으시면 가거나 일어나심〔行起〕을 기다릴 뿐이다.

[주-D001] 말을 …… 뿐이다 : 소(疏)에 "감〔行〕은 서는〔立〕 것으로 말미암아 시작되고, 일어남〔起〕은 앉음〔坐〕으로 말미암아 시작되기 때문에, 경문(經文)의 입(立)과 좌(坐)를 주에서 행(行)과 기(起)로 해석하였다"고 했다.

◆시(視)

【본경(本經)】범여대인언(凡與大人言), 시시면(始視面), 중시포(中視抱), 졸시면(卒視面), 무개(毋改). 중개약시(衆皆若是). 주(註) : 시시면(始視面), 위관기안색가전언미야(謂觀其顔色可傳言未也). 시포(視抱), 용기사지(容其思之), 차위경야(且爲敬也). 졸시면(卒視面), 찰기납기언부야(察其納己言否也). 무개(毋改), 위당정용체이대지(謂當正容體以待之), 무자변동야(毋自變動也). 중(衆), 위제경대부(謂諸卿大夫) 약부(若父), 칙유목(則遊目), 무상어면(毋上於面), 무하어대(毋下於帶). 주(註) : 자어부(子於父), 주효부주경(主孝不主敬), 소시광야(所視廣也), 인관안부여하야(因觀安否如何也). 약부언(若不言), 립칙시족(立則視足), 좌칙시슬(坐則視膝). 주(註) : 부언칙사기행기이이(不言則俟其行起而已).

◆물러나기를 청함 [청퇴(請退)]

【본경】무릇 군자를 모시고 앉아 있을 때, 군자가 하품을 하고 기지개를 켜거나, 시간이 얼마나 되었는지 묻거나, 음식이 차려졌다고〔食具〕 고하거나, 거처를 바꾸거나 하면, 물러나기를 청함이 옳다. 주 : 군자는 경대부(卿大夫) 및 나라 안의 어진 사람을 이른다. 생각이 지치면 하품을 하고, 몸이 피로하면 기지개를 켠다. '시간이 얼마나 되었는지 물음'은 오랜 시간에 가까움이다. '구(具)'는 '판(辦)'과 같다. 거처를 바꿈은 스스로 변동함을 이른다. 밤에 군자를 모시고 앉았을 때, 시간을 묻거나 훈채(葷菜)를 차리게〔膳〕 하면, 물러나기를 청함이 옳다. 주 : '묻는다'고 함은 그 시간〔時數〕을 물음을 이른다. '차림〔膳〕'은 그것을 먹음을 이른다. '훈(葷)'은 매운 식물로, 파나 염교〔薤〕의 등속이니, 그것을 먹어 눕고 싶은 마음을 떨쳐 버린다. 소 : 시수(時數)는 종고(鐘鼓)나 물시계〔刻漏〕의 수(數)이다.

◆청퇴(請退)

【본경(本經)】범시좌어군자(凡侍坐於君子), 군자흠신(君子欠伸), 문일지조안(問日之早晏), 이식구고(以食具告), 개거(改居), 칙청퇴가야(則請退可也). 주(註) : 군자(君子), 위경대부급국중현자야(謂卿大夫及國中賢者也). 지권칙흠(志倦則欠), 체권칙신(體倦則伸). 문일안(問日晏), 근어구야(近於久也). 구(具), 유판야(猶辦也). 개거(改居), 위자변동야(謂自變動也). 야시좌(夜侍坐), 문야(問夜), 선훈(膳葷), 청퇴가야(請退可也). 주(註) : 문(問), 위문기시수야(謂問其時數也). 선(膳), 위식지(謂食之). 훈(葷), 신물(辛物), 총해지속(蔥薤之屬), 식지이지와(食之以止臥). 소(疏) : 시수(時數), 종고각루지수야(鐘鼓刻漏之數也).

◆장자가 보기를 청함 [장자청견(長者請見)]

【본경】선생(先生)이나 작위가 특별한〔異爵〕사람이 보기를 청하면 사양한다. 사양했지만 허락한다는 명을 받지 못하면, "모(某)가 뵈올 수가 없사오나, 사양해도 허락하신다는 명을 받지 못했으니, 장차 나가서 뵙겠습니다"고 하고, 먼저 뵙는다. 주 : '선생'은 치사(致仕)한 사람이다. '이작(異爵)'은 경대부(卿大夫)를 이른다. '사양한다'고 함은 그가 스스로 낮추어서 온 것에 대한 사양함이다. '먼저 뵙는다'는 것은 나가서 먼저 절함이다. 〈곡례〉에 '주인이 빈(賓)을 존경하면 빈에게 먼저 절한다'고 했다. ○〈곡례〉: 대부와 사(士)가 상견할 때는 그들의 신분의 귀천이 대등하지 않지만 주인이 객을 존경하면 객에게 먼저 절하고, 객이 주인을 존경하면 주인에게 먼저 절한다. 무릇 조상(弔喪)할 때나 국군(國君)을 뵐 때가 아니면 모두 답배한다. 주 : 예는 오고감을 숭상한다. 소 : 조문할 때에 빈이 답배하지 않는 것은, 자기가 상사(喪事)를 돕기 위해 왔기에 빈주(賓主)의 예를 행하지 않음이다. 그러므로 〈사상례(士喪禮)〉에 '빈이 있으면 (주인이) 절하고, 빈은 답배하지 않는다'고 함이 이것이다. 군주가 사(士)에게 답배하지 않는 이유는, 군주는 존귀하여 답배하지 않기 때문이다. 대부가 국군(國君)을 뵈면 국군은 그가 왕림함에 대해 절한다. 소 : 군(君)은 다른 나라의 군주를 말한다. 동등한 나라의 대부가 자기를 뵘에 있어서, 군주가 그가 왕림함에 대해 절하는 것은 그가 처음 대부가 되었기 때문에 그를 공경함이다. 사(士)가 대부를 뵐 때, 대부는 사에게 그가 왕림함에 대해 절한다. 소 : 평상시처럼 서로 답배하고 공경을 더하지 않음을 말한다. 동등한 나라에서 처음으로 상견할 때는 주인이 그가 왕림함에 대해 절한다. 소 : 주인이 반드시 먼저 왕림함에 대해 절하는데, 덕이 있는지는 논하지 않는다. 군주는 사(士)에 대해 답배하지 않는데, 자기 신하가 아니면 답배한다. 주 : 남의 신하를 신하로 여기지 않음이다. 대부는 자기 신하에 대해 비록 천하더라도 반드시 답배한다. 주 : 정군(正君)과의 혐의를 피함이다. ○〈옥조〉: 사(士)는 대부에 대해 감히 절하며 마중하지는 못하지만, 절하여 배웅한다〔而拜送〕. 주 : 예(禮)가 대등하지 못하니 처음 와서 절하면 사(士)는 피한다. 소 : 사(士)는 감히 마중하며 먼저 절하지 못하고, 대부가 비록 절하더라도 피한다. '그러나 절하여 배웅한다'고 함은 〈향음주례(鄉飲酒禮)〉에 "주인이 빈을 배웅하며 재배하면, 빈은 답배하지 않는다"고 했고, 정현(鄭玄)의 주에 "답배하지 않는 것은 예에 마침이 있음"이라 했다. 사(士)는 존자(尊者)에 대해 먼저 절하고, 나아가 얼굴을 뵈니, 그에게 답배하면 자리를 피한다. 주 : 사(士)가 경대부(卿大夫)를 찾아가 뵐 적에, 경대부가 나와서 마중하며 답배하면 역시 피한다. 소 : 사(士)가 경대부에게 가서는 즉시 먼저 문밖에서 절함을 말한다. 절을 마친 뒤에 이에 나아가 얼굴을 뵙고 친히 상견한다. 만약 대부가 나와서 마중하고, 문밖에서 절함에 대해 답배하면 사(士)는 자리를 피한다. ○ 남녀는 서로 답배한다. 소 : 남녀는 분별함이 마땅한데, 혹 서로 답배하지 않는다고 혐의하기 때문에, 비록 분별하더라도 반드시 답배함이 마땅함을 밝혔다.

◆장자청견(長者請見)

【본경(本經)】약선생이작자청견지(若先生異爵者請見之), 즉사(則辭). 사부득명(辭不得命), 칙왈(則曰), "모무이견(某無以見), 사부득명(辭不得命), 장주(將走)견(見)."선견지(先見之). 주(註) : 선생(先生), 치사자야(致仕者也). 이작(異爵), 위경대부야(謂卿大夫也). 사(辭), 사기자강이래(辭其自降而來). 선견지(先見之)자(者), 출선배야(出先拜也). 〈곡례(曲禮)〉, '주인경빈(主人敬賓), 칙선배빈(則先拜賓)'. ○〈곡례(曲禮)〉: 대부사상견(大夫士相見), 수귀천부적(雖貴賤不敵), 주인경객(主人敬客), 칙선배객(則先拜客), 객경주인(客敬主人), 칙선배주인(則先拜主人). 범비조상(凡非弔喪), 비견국군(非見國君), 무부답배자(無不答拜者). 주(註) : 예상왕래(禮尙往來). 소(疏) : 조빈부답배자(弔賓不答拜者), 기위조집상사(己爲助執喪事), 비행

빈주지례(非行賓主之禮). 고(故)〈사상례(士喪禮)〉'유빈칙배지(有賓則拜之), 빈부답배(賓不答拜)', 시야(是也). 군부답사자(君不答士者), 군존부답야(君尊不答也). 대부견어국군(大夫見於國君), 국군배기욕(國君拜其辱). 소(疏) : 군(君), 위타국군야(謂他國君也). 동국대부견(同國大夫見), 기군배기욕자(己君拜其辱者), 이기초위대부(以其初爲大夫), 경지야(敬之也). 사견어대부(士見於大夫), 대부배기욕(大夫拜其辱). 소(疏) : 위평상상답배(謂平常相答拜), 비가경(非加敬). 동국시상견(同國始相見), 주인배기욕(主人拜其辱). 소(疏) : 주인필선배(主人必先拜)욕(辱), 부론유덕야(不論有德也). 군어사(君於士), 부답배야(不答拜也), 비기신칙답배지(非其臣則答拜之). 주(註) : 부신인지신(不臣人之臣). 대부어기(大夫於其)신(臣), 수천(雖賤), 필답배지(必答拜之). 주(註) : 피정군(辟正君). ○〈옥조(玉藻)〉: 사어대부(士於大夫), 부감배영(不敢拜迎), 이배송(而拜送). 주(註) : 예부적(禮不敵), 시래배(始來拜), 즉사피야(則士辟也). 소(疏) : 사부감영이선배(士不敢迎而先拜), 대부수배(大夫雖拜), 피지(辟之). '이배송(而拜送)'자(者), 〈향음주(鄕飲酒)〉, "주인송빈재배(主人送賓再拜), 빈부답배(賓不答拜)", 정주운(鄭註云), "부답배자(不答拜者), 예유종야(禮有終也)." 사어존자선배(士於尊者先拜), 진면(進面), 답지배칙주(答之拜則走). 주(註) : 사왕견경대부(士往見卿大夫), 경대부출영답배(卿大夫出迎答拜), 역피야(亦辟也). 소(疏) : 위사왕예경대부(謂士往詣卿大夫), 즉선어문외배지(卽先於門外拜之). 배경내진면(拜竟乃進面), 친상견(親相見). 약대부출영이답기문외지배(若大夫出迎而答其門外之拜), 칙사주피지(則士走辟之). ○남(男)녀상답배야(女相答拜也). 소(疏) : 남녀의별(男女宜別), 혹혐기부상답(或嫌其不相答), 고명수별(故明雖別), 필의답야(必宜答也).

○의례(儀禮)

기술유관관(記述有關冠)、혼(婚)、상(喪)、제(祭)、향(鄕)、사(射)、조(朝)、빙등례의제도(聘等禮儀制度). 재종교의식부심발달적고대중국(在宗敎意識不甚發達的古代中國), 중화민족적제사등원시종교의식병미상기타일사민족나양발전성위정식적종교(中華民族的祭祀等原始宗敎儀式並未象其他一些民族那樣發展成爲正式的宗敎), 이시흔쾌전화위례의(而是很快轉化爲禮儀)、제도형식래약속세도인심(制度形式來約束世道人心), 공유일백다권적(共有一百多卷的)《의례(儀禮)》편시일부상세적례의제도장정(便是一部詳細的禮儀制度章程), 고소인문재하종장합하응해천하종의복(告訴人們在何種場合下應該穿何種衣服)、참혹좌재나개방향혹위치(站或坐在哪個方向或位置)、제일제이제삼(第一第二第三)……매일보해여하여하거주등등(每一步該如何如何去做等等).

거(據)《의례(儀禮)》재(載), 천자(天子)、제후(諸侯)、대부(大夫)、사일상소천행적례유(士日常所踐行的禮有) : 사관례(士冠禮)、사혼례(士昏禮)、사상견례(士相見禮)、향음주례(鄕飲酒禮)、향사례(鄕射禮)、연례(燕禮)、대사례(大射禮)、빙례(聘禮)、공식대부례(公食大夫禮)、근례(覲禮)、사상례(士喪禮)、상복(喪服)、기석례등등(既夕禮等等). 문자간삽(文字艱澁), 치사자대타망이생외(治史者對它望而生畏), 이차시(而且是)"삼례(三禮)"중성서교조적일부(中成書較早的一部). 거고고재료급고문헌소지(據考古材料及古文獻所知), 상(商)、주통치자유명목번다적전례(周統治者有名目繁多的典禮), 기의절일익번욕복잡(其儀節日益繁縟複雜), 비유전문직업훈련병경상배련연습자(非有專門職業訓練並經常排練演習者), 부능경판저사전례(不能經辦這些典禮).

유생장악적가능창행어서주병재춘추이후경가통용적각종의절단(儒生掌握的可能創行於西周並在春秋以後更加通用的各種儀節單), 경부단배련보충(經不斷排練補充), 정제리정(整齊釐訂), 성위직업수책(成爲職業手冊). 타문요위천자(他們要爲天子)、제후(諸侯)、사대부거행각종부동적례(士大夫擧行各種不同的禮), 인차저존적의절흔다(因此

儲存的儀節單很多), 증유(曾有)"례의삼백(禮儀三百), 위의삼천(威儀三千)"적기재(的記載)。단전도한대지잉료십칠편(但傳到漢代只剩了十七篇), 포괄관(包括冠)、혼(婚)、상제(喪祭)、조빙(朝聘)、사향오항전례의절(射鄕五項典禮儀節), 유고당생작위전공사대부계층시행적(由高堂生作為專供士大夫階層施行的)"사례(士禮)"전수(傳授), 칭작(稱作)《예경(禮經)》, 위(爲)"오경(五經)"지일(之一)。

사상견례도(士相見禮圖)

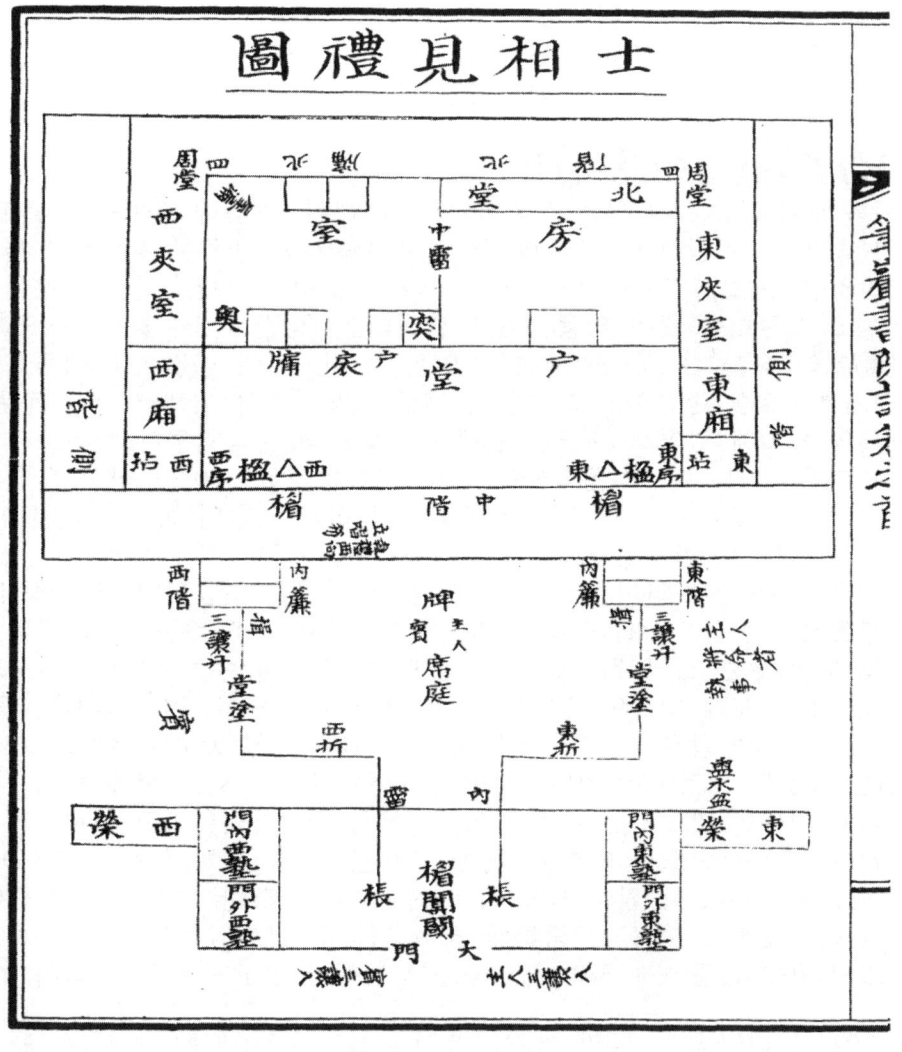

그림속 텍스트 : 측계(側階)

그림속 텍스트 : 주당사북계북유사주당(周堂四北階北牖四周堂)
그림속 텍스트 : 북당옥루(北堂屋漏)
그림속 텍스트 : 동협실방중류실서협실(東夾室房中霤室西夾室)
그림속 텍스트 : 돌오(突奧)
그림속 텍스트 : 동상호당호의유서상(東廂戶堂戶辰牖西廂)
그림속 텍스트 : 동점동서동영서영서서서점(東坫東序東楹西楹西序西坫)
그림속 텍스트 : 측계(側階)
그림속 텍스트 : 미중계미(楣中階楣)
그림속 텍스트 : 집례서향립창홀(執禮西向立唱笏)
그림속 텍스트 : 동계내렴내렴서계(東階內簾內簾西階)
그림속 텍스트 : 주인장명자집사삼양(主人將命者執事三讓)당도읍패주인빈석정읍당도삼양(堂塗揖牌主人賓席庭揖堂塗三讓)▣빈(賓)
그림속 텍스트 : 동절서절(東折西折)
그림속 텍스트 : 관수분내류(盥水盆內霤)
그림속 텍스트 : 동영문내동숙문내서숙서영(東榮門內東塾門內西塾西榮)
그림속 텍스트 : 문외동숙정미얼역정문외서숙(門外東塾棖楣闑閾棖門外西塾)
그림속 텍스트 : 대문(大門)
그림속 텍스트 : 주인삼양입빈삼양입(主人三讓入賓三讓入)

◆사상견례(士相見禮)]

《정목록(鄭目錄)》 : 사(士)는 직위로 서로 친하니, 처음에 폐백을 받들고 상견한다. 〈잡기(雜記)〉 '회장례(會葬禮)'에 "상견한 사이라면 반곡(反哭) 뒤에 물러나고, 붕우 사이라면 우(虞)·부(祔) 뒤에 물러난다"고 했다. 소(疏): 이를 인용한 것은 폐백을 받들고 상견하는 뜻이 있음을 증명함이다. 사상견례(士相見禮)는 오례(五禮) 중 빈례(賓禮)에 속한다. ○ 《백호통(白虎通)》 : 사사로이 상견함에 예물을 갖춤은 어째서인가? 서로를 존경하고 화목한 관계를 신장시키기 위해서이다. 붕우의 교제에는 오륜의 도리에 있어서 재물을 융통하는 의리와 곤궁함을 보살피고 다급함을 구제하는 마음이 있으며, 마음속으로 좋아하면 음식을 먹이고 싶어 한다. 그러므로 재물과 폐백을 갖추는 것은 지극한 뜻에 부응하기 위함이다. ○ 유창(劉敞)이 말했다. "사상견례에서 반드시 소개(紹介)에 의거함은 구차하게 영합하지 않음을 말함이요, 반드시 예물에 의거함은 그 도가 친할 만함을 말함이다. 구차하게 영합함은 오직 부끄러움이 없는 소인이라야 가능하다. 군자는 볼 수는 있되 굽힐 수는 없으며, 가까이할 수는 있되 친압할 수는 없으며, 멀리할 수는 있되 소원하게 할 수는 없다. 빈(賓)이 문에 이르면 주인은 세 번 사양하고 보며, 빈이 예물을 들면 주인이 세 번 예물을 사양함은, 지극히 존엄하게 함이다. 대부(大夫)는 예로써 서로 접하며, 사(士)는 예로써 서로 깨우치며, 서인(庶人)은 예로써 서로 함께 하니, 그러면서도 끝에 가서 다툼을 일으키는 사람은 없다. 구차스레 좋아한다고 서로에게 고하는 사람은 끝에 가서는 반드시 다투며, 구차스레 간결하게 대하여 서로 가까이하는 사람은 끝에 가서는 반드시 원망한다. 이 때문에 사상견례란 사람의 도리 중에서 큰 것이니, 사람들에게 그 몸을 신중하게 하여 욕됨을 가까이하지 말도록 하며, 사람들에게 그 사귐을 신중하게 하여 재앙을 가까이하지 말도록 하는 것이다."

[주-D001] 오례(五禮) : 길례(吉禮), 흉례(凶禮), 군례(軍禮), 빈례(賓禮), 가례(嘉禮)를 말한다.
[주-D002]   사사로이   ……   위함이다 :   백호통》   〈서지(瑞贄)〉 '현군지지(見君之贄)'조 참조.

◆[사상견례(士相見禮)]

《정목록(鄭目錄)》 : 사이직위상친(士以職位相親), 시승지상견(始承摯相見)。〈잡기(雜記)〉회장례왈(會葬禮曰), "상견야(相見也), 반곡이퇴(反哭而退), 붕우우부이퇴(朋友虞祔而退)。"소(疏) : 인지자(引之者), 증유집지상견지의(證有執摯相見之義)。사상견어오례속빈례(士相見於五禮屬賓禮)。○《백호통(白虎通)》 : 사상견(私相見), 유지(有贄), 하(何)？소이상존경장화목야(所以相尊敬長和睦也)。붕우지제(朋友之際), 오상지도(五常之道), 유통재지의(有通財之義)。진궁구급지의(賑窮救急之意)。중심호지(中心好之), 욕음식지(欲飲食之)。고재폐자소이부지의야(故財幣者所以副至意也)。○류씨창왈(劉氏敞曰) : "사상견지례(士相見之禮), 필의어개소(必依於介紹), 이언기부구합자야(以言其不苟合者也), 필의어지(必依於摯), 이언기도가친야(以言其道可親也)。구이합(苟而合), 유소인무치자능지(惟小人無恥者能之)。군자가견야(君子可見也), 부가굴야(不可屈也), 가친야(可親也), 부가압야(不可狎也), 가원야(可遠也), 부가소야(不可疎也)。빈지문(賓至門), 주인삼사견(主人三辭見), 빈칭지(賓稱摯), 주인삼사지(主人三辭摯), 소이치존엄야(所以致尊嚴也)。대부이례상접(大夫以禮相接), 사이례상유(士以禮相諭), 서인이례상동(庶人以禮相同), 연이쟁탈흥어말자(然而爭奪興於末者), 미지유야(未之有也)。인구열이상고자(人苟悅而相告者), 말필쟁(末必爭), 구간이상친자(苟簡而相親者), 말필원(末必怨)。시고(是故), 사상견례자(士相見禮者), 인도지대야(人道之大也), 소이사인중기신이무이어욕야(所以使人重其身而毋邇於辱也), 소이사인신기교이무이어화야(所以使人愼其交而毋邇於禍也)。"

대부견어국군(大夫見於國君), 국군배기욕(國君拜其辱)。소(疏) : 군(君), 위타국군야(謂他國君也)。동국대부견(同國大夫見), 기군배기욕자(己君拜其辱者), 이기초위대부(以其初爲大夫), 경지야(敬之也)。사견어대부(士見於大夫), 대부배기욕(大夫拜其辱)。소(疏) : 위평상상답배(謂平常相答拜), 비가경(非加敬)。동국시상견(同國始相見), 주인배기욕(主人拜其辱)。소(疏) : 주인필선배욕(主人必先拜辱), 부론유덕야(不論有德也)。군어사(君於士), 부답배야(不答拜也), 비기신칙답배지(非其臣則答拜之)。주(註) : 부신인지신(不臣人之臣)。대부어기신(大夫於其臣), 수천(雖賤), 필답배지(必答拜之)。주(註) : 피정군(辟正君)。○〈옥조(玉藻)〉 : 사어대부(士於大夫), 부감배영(不敢拜迎), 이배송(而拜送)。주(註) : 례부적(禮不敵), 시래배(始來拜), 칙사피야(則士辟也)。소(疏) : 사부감영이선배(士不敢迎而先拜), 대부수배(大夫雖拜), 피지(辟之)。'이배송(而拜送)'자(者), 〈향음주(鄕飲酒)〉, "주인송빈재배(主人送賓再拜), 빈부답배(賓不答拜)", 정주운(鄭註云), "부답배자(不答拜者), 례유종야(禮有終也)。"사어존자선배(士於尊者先拜), 진면(進面), 답지배칙주(答之拜則走)。주(註) : 사왕견경대부(士往見卿大夫), 경대부출영답배(卿大夫出迎答拜), 역피야(亦辟也)。소(疏) : 위사왕예경대부(謂士往詣卿大夫), 즉선어문외배지(卽先於門外拜之)。배경내진면(拜竟乃進面), 친상견(親相見)。약대부출영이답기문외지배(若大夫出迎而答其門外之拜), 칙사주피지(則士走辟之)。○남녀상답배야(男女相答拜也)。소(疏) : 남녀의별(男女宜別), 혹혐기부상답(或嫌其不相答), 고명수별(故明雖別), 필의답야(必宜答也)。

1. 석전대제(釋奠大祭)

1)釋奠의 意義(석전의 의의)

석전대제는 성균관과 향교의 대성전에서 공자를 비롯한 선성과 선현들에게 제사를 지내는 의식으로 유교적 제사의식의 본보기이며 규모가 가장 큰 제사로 1986년

중요무형문화재제85호로 지정되었다. 석전대제에는 문묘제례악과 팔일무, 제관이 입는 전통적인 의상과 고전적 의식절차가 모두 화려하고 장중해 종합예술적 가치가 클 뿐 아니라 세계적으로도 유일하게그 원형이 잘 보존되어 있다.

※팔일무는 8명이 8줄(64명)로 서서 추는 춤, 제후는 육일무(36명.

2)釋奠의 由來(석전의 유래)

석전(釋奠)은 선성 선사의 사당에 올리는 제례를 말한다. 선성(先聖)이란 주대에는 요, 순, 우, 탕, 문왕, 무왕, 주공(堯, 舜, 禹, 湯, 文王, 武王, 周公)을말하며, 선사(先師)란 앞서간 전대의 훌륭했던 스승들을 일컫는 말이다. 한(漢)나라 이후 유교를 국교로 받아들이게 되자 공자를 점차 선성선사의 자리로 올려 문묘의 주향으로모시는 동시에 석전으로 우러르는 관계가 정착되었다. 후산 명제(後漢 明帝)는 주공(周公)을 선성, 공자를 선사로 삼아 공자의 고택을 찾아가서 석전을 올리기도 했다. 당태종(唐太宗) 정관(貞觀) 4년(628)에는 각주의 현마다 공자묘를 세웠고, 당 현종(唐玄宗) 개원(開元) 27년(738)에 공자를 문선왕(文宣王)으로 추봉하였다. 명나라(明)에 와서 태학의 문묘를 대성전(大成殿)이라 일컬어 석전을 올리는 사당으로 확립되었다. 우리나라에 유교가 전래된 기록은 확실하지 않으나 최초의 태학(太學)을 설립한 것은 고구려 소수림왕 2년(372)으로 이때 석전도 함께 봉행했을 것으로 추측된다. 백제는국립학교 설립의 기록은 전하지 않으나 오경박사(五經博士) 등의 명칭이 삼국사기에 나오고 일본에 논어와 천자문을 전한 박사 아직기(阿直岐), 왕인(王仁)의 기록이 있는 것을보아 국립학교와 같은 기관에서 석전의식을 봉행했을 가능성이 있다. 신라에서는 진덕여왕 2년(648)에 김춘추(金春秋)가 당나라에 건너가 국학을 찾아 석전의 의식을 참관하고돌아온 후 국학설립을 추진했고, 신문왕 2년에 그 제도가 확립되었다. 성덕왕 16년(717)에는 태감 김수충(金守忠)이 당으로부터 공자와 그 제자 중 학덕이 뛰어난 10인의철인(哲人) 및 72제자의 영정을 가져와서 국학에 안치했다는 기록이 있어 석전의식이 국학에서 봉행되고 있음을 알 려 주 고 있 다 .

3)학교(성균관, 향교)에서 석전이 봉행된 이유

先聖先賢에 대한 제사의식인 석전이 예부터 학교에서 봉행되어 내려온 것은 유학의 독특한 聖人觀에 기초한 것이라 할 수 있다. 그것은 곧 누구든지 배워서 성인이 될 수 있다는의식이다. 인간은 누구나 성인이 될 수 있는 자질을 지니고 태어난다. 이는 인간의 무한한 가능성에 대한 깊은 신뢰를 표현하는 것일 뿐 아니라 인간의 주체적이고 도덕적실천능력에 대한 확고한 믿음을 드러내 주는 것으로서 유학의 중요한 전통으로 성립되어 장구한 세월에 걸쳐 변함없이 이어져 내려왔다. 그리고 바로 이 같은 유학의 독특한성인관으로 인하여 배움의 장소인 학교에서 석전을 봉행하는 의식이 지속될 수 있었던 것이다. 性理學이 정착된 조선시대에 들어와서는 국가에서 주관하는 五禮(五禮 ; 吉, 凶, 賓, 軍, 嘉-冠婚禮)중에서 吉禮편에 속하는 국가적 대사로서 봉행되었는데 당시 인재양성의유일한 기관이었던 성균관의 문묘에서 봉행되는 석전을 국가적 대사로 규정한 것은 석전이 지니고 있는 교육적 의미에 대한 인식에 바탕한 것이다.

4)釋奠을 仲春(2월), 仲秋(8월) 上丁日에 봉행하는 이유

(1) 봄은 소생하는 절기요, 가을은 성숙하는 절기로 上古 때부터 내려왔다.

(2) 丁日을 택한 이유는 정장성취(丁壯成就)의 뜻을 취함이다.(배우는 사람으로 하여금 학업을 이루도록 한 것)

① 예기 곡례(禮記曲禮)에 外事는 以剛日(이강일)하고 內事는 以柔日(이유일)이라

하였는데, 유일(柔日의 으뜸일인 乙日이 혐오(嫌惡)스런 날이라고그 다음 柔日인 丁日을 택하였다.

② 역(易)의 산풍고궤(山風蠱卦)에 '先甲三日 後甲三日 終則有始 天行也', 중풍손괘(重風巽卦)에 '先庚三日 後庚三日 吉'이라는 괘사(卦辭)가있다. 따라서 先庚三日과 後甲三日이 丁日에 해당하므로 丁日제향을 봉행함. 즉 丁日의 의미는 易의 손괘의 先庚三日, 고괘(蠱卦)의 後甲三日과 관련하여정녕반복(丁寧反覆)하여 만민을 유(柔)하게 교화하고 이로써 문덕을 빛내려는 것이라 하였다.

5) 석전의식(釋奠儀式)의 절차(節次)

석전(釋奠)은 오례 중 길례이기 때문에 악과 무가 있다. 음악은 세종(世宗)때에 고제(古制)에 가깝도록 정비된 아악을 계승하고 있다. 절차에 따른 악곡과 일무를 보면 영신에서는 헌가(軒架)에서응안지악(凝安之樂)을 연주하며, 일무(佾舞)는 열문지무(列文之舞) 즉 문무를 춘다. 전폐례(奠幣禮)에서는 등가에서 남려궁(南呂宮)의 명안지악(明安之樂)을 연주하고, 열문지무(烈文之舞)를 춘다. 초헌례(初獻禮)에는 문무(文舞)가 물러나고 무무(武舞)가 나올 때 헌가에서 고선궁(姑洗宮)의 서안지악(舒安之樂)을 연주하며, 아헌(亞獻)과 종헌(終獻)에서는 헌가에서고선궁(姑洗宮)의 성안지악(成案之樂)을 연주하고 소무지무(昭舞之舞)를 춘다. 음복(飮福)에서는 아헌(亞獻), 종헌(終獻)과 같으며, 일무가 없고, 철변두(撤籩豆)에서는 등가에서 남려궁의오안지악(誤安之樂)을 연주하며, 일무는 없다. 송신에서는 헌가에서 송신황종궁(送神黃鍾宮)의 응안지악(凝安之樂)을 연주하며 일무는 없다. 망료(望燎)에서는 음악도 연주하지 않고일무도 추지 않는다. 악기(樂器)는 八音 즉 金(편종, 특종), 石(편경, 특경), 絲(금슬), 竹(지, 적, 약, 소), 土(훈, 부), 革(절고, 진고, 노고, 노도), 木(축, 어, 박) 등 여덟 가지 재료로 만든 아악기로 연주된다. 따라서 아악을 연주하는 문묘제례에서도 주악을 담당하는 당상(堂上)의 등가(登架)와 당하(堂下)의 헌가(軒架)의 편성이 아악기만으로이루어지나, 이 두 악대의 규모와 편성에 포함된 악기의 종류는 시대별로 차이가 있다.

2. 향교(鄕校)석전대제(釋奠大祭)

석전대제의식(釋奠大祭儀式)의 진행은 홀기에 의해 진행하되 국조오례의(朝鮮初 申叔舟 등이 엮은 國家禮典)를 원형으로 한다.

1) 석전대제(釋奠大祭) 의식(儀式)의 진행과정(進行過程)

(1) 분정(分定)

초헌관(初獻官) – 00광역시장 또는 부시장
아헌관(亞獻官) – 00대학교에서 추천
종헌관(終獻官), 분헌관(分獻官) – 유림 중에서 추대
그 외 제집사 – 장의(掌議) 중에서 추천
※아헌관(亞獻官)을 00대학교에서 추천하는 이유는 광복 후 농지개혁조치에 따라 대구향교가 보유한 농지의 지가상환증권을 처분한 상환금 一百萬원(當時 米穀 1俵;한가마니 구매가(購買價)는 1960원)을 영남대학교(당시 대구대학) 재단 창설에 기부한 인연으로 아헌관을 00대학교에서 추천하게 되었다.

(2) 망첩(望帖)

규격 – 창호지 전지규격(가로 70cm, 세로 100cm

접는 방법 – 오등분(主幅)
내용 – 세로로 적음

석전대제춘(釋奠大祭春)(추(秋))향(享) 초헌관(初獻官)
　　　　망(望)
　　　00광역시장(00廣域市長) 0 0 0
　　　공기이천오백칠십년(孔紀二千五百七十年) 월(月) 일(日)
　　　0 0 鄕 校 印

(3)망첩전달 방법(望帖 傳達 方法)
의관정제(衣冠整齊)(道袍,儒巾,洋服正裝 도포 유건 양복 정장) 후 자리를 펴고, 상위에 망첩(望帖)을 올려놓고, 상읍 인사 후 전달

(4)절차(節次)
00향교(00鄕校)의 석전대제(釋奠大祭) 봉행에는 악무가 없다. 다만 행사 중 문묘제례악이 배경음악으로 은은히 흘러나온다.
① **봉행준비(奉行準備)**
② **창홀(唱笏)** ; 집례(執禮)가 홀기(笏記)를 읽어 제의(祭儀)를 진행(進行)하는 예
③ **전폐례(奠幣禮)** ; 초헌관(初獻官)이 오성위에 향을 피우고 폐백을 올리는 예.
④ **초헌례(初獻禮)** ; 초헌관(初獻官)이 오성위에 첫 술잔을 올리고 대축이 축문을 읽는 예
⑤ **아헌례(亞獻禮)** ; 아헌관(亞獻官)이 오성위에 두 번째 술잔을 올리는 예
⑥ **종헌례(終獻禮)** ; 종헌관(終獻官)이 오성위에 마지막 술잔을 올리는 예
⑦ **분헌례(分獻禮)** ; 분헌관(分獻官)이 동·서종향위에 향을 피우고 술잔을 올리는 예
⑧ **음복례(飮福禮)** ; 초헌관(初獻官)이 제전에서 음복하는 예
⑨ **망료례(望燎禮)** ; 축문과 폐백을 불사르고 감소(坎所)에 묻는 예

(5)재계(齊戒) 의식(儀式)
석전대제(釋奠大祭)에 참례하는 제관들은 반드시 산재(散齊) 3日, 치재(致齊) 2日로 5日동안 재계(齊戒)한다.
①**산재(散齊)** ; 신변 외적인 것을 삼가는 일로, 목욕(沐浴)한 후 깨끗한 옷으로 갈아입고, 제계하는 처소에서 기식하되, 술과 마늘 등 향신료를 먹지아니하고, 문병이나 조문을 하지 않으며, 가무나 혐오스러운 일들을 멀리 한다.
②**치재(致齊)** ; 내적인 일을 삼가는 일로, 마음을 오직 제례에 전신하여 근신하고, 제례를 올리는 성현만을 경모하는 자세로 열중하면 보일 듯, 들릴 듯형적이 나타나는 경지에 까지 이른다고 한다.

(6)석전대제(釋奠大祭) 축문(祝文)
維
檀君紀元四千三百五十二年歲己亥二月癸卯朔初五日丁未
　　大邱廣域市長 0 0 0 敢昭告于
大成至聖文宣王 伏以維王 道冠百王 萬世宗師 玆値上丁 精禋是宜
　　謹以 牲幣醴齊 粢盛庶品 式陳明薦 以先師 兗國復聖公, 郕國宗聖公
　　沂國述聖公 鄒國亞聖公 配享 宋朝二賢 我國十八賢 從 尙

饗

※석전(釋奠) 축문(祝文) 년호에 단군기원을 사용하는 이유는 광복 후 1949年 전국유림대회에서 그때까지 사용해 오던 중국, 일본, 대한제국의 년호를 폐지하고 대한민국년호인 단군기원으로 확정함에 따라 단군기원을 사용해 왔으나 00향교에서는 2020년 상무장의회의 협의를 거쳐 2020년 추향(秋享)부터 공기(孔紀)를 사용하고 있다.

(7) 석전(釋奠) 복식(服飾)

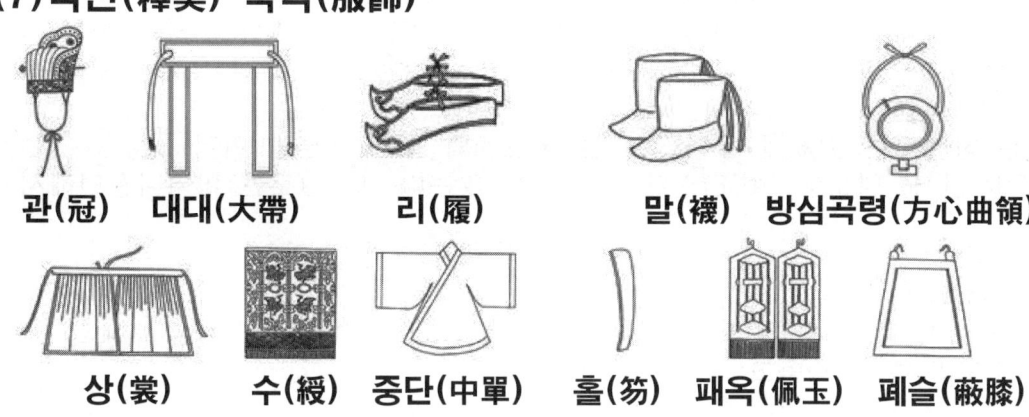

관(冠)　대대(大帶)　리(履)　말(襪)　방심곡령(方心曲領)

상(裳)　수(綬)　중단(中單)　홀(笏)　패옥(佩玉)　폐슬(蔽膝)

혁대(革帶)

석전(釋奠) 복식에는 금관제복과 유건, 도포가 있다. 금관제복에는 금관, 홀, 수, 중단, 상, 패, 방심곡령, 흑각대, 襪(버선), 履(신), 蔽膝(무릎가리개), 大帶(큰띠), 衣(겉에 입는 옷)이며, 유건 도포에는 유건, 도포, 목화(목이 긴 신발), 사대(도포 끈), 행전 등이다. 관복은 품계에 따라 金冠 梁의 수와 제복의 색상과 문양 등이 다르다.

品 階	祭官	分定金冠梁의數綬의	配色綬의	紋樣參	考
三品官	初獻官	5 梁	黃,綠,赤,紫(4色)	雲鶴(운학)	大邱鄕校
四品冠	亞獻官	4 梁	同	同	同
五品冠	終獻,分獻,執禮 3 梁		同	鷂(반조)	同
六品冠	廟司, 大祝	2 梁	黃,綠,赤 (3色)	練鵲(연작)	同
七品冠	堂下 執禮	2 梁	同	練鵲(연작)	同
八品冠	執事	1 梁	黃,綠 (2色)	鸂鷘(계칙)	同
九品冠		1 梁 黃,綠 (2色)	鸂鷘(계칙)	同	

※성균관(成均館)의 경우는 일품관(一品官)인 초헌관(初獻官)은 7량(梁), 황(黃),록(綠),적자(赤紫),(4色),운학문양고, 이품관(二品官)인 아헌관(亞獻官)은 6량(梁), 품관(三品官)인 종헌관(終獻官)은 5량(梁)이며, 수의색상이나 문양은 초헌관과 같다.

석전대제(釋奠大祭)는 정숙하고 장엄한 분위기 속에 제례악(祭禮樂)이 연주되고 일무(佾舞)가 추어지는 종합예술적 성격을 갖추고 있다.

2) 문묘(文廟) 배례(拜禮) 의식(儀式)
(1) 복장(服裝)
소정의 제복 착용. 일반 참례자는 남자는 도포(道袍)와 유건(儒巾), 여자는 당의(唐

衣)와 첩지(帖紙)를 착용한다. 이런 예복을 갖추지 못한 경우에는 평상정장이나 한복을 착용한다.

※첩지(帖紙)와 첩지(牒紙)와 교지(敎旨) ; 첩지(帖紙)는 체지라 하며 왕조 때 관아에서 이례(吏隷)를 고용하던 서면, 곧 사령장. 교지는 四品官이상, 첩지는 오품관(五品官) 이하에게 내리는사령장

첩지 ; 조선(朝鮮) 때 부녀자가 예장할 때 머리위에 꾸미던 장식품

(2)위차(位次) 질서(秩序)(위치서차(位置序次))

①남녀 모두 소임을 맡은 사람은 소정의 위치에 서립한다. 계하(階下) 위치는 남자는 동정(東庭), 여자는 서정(西庭)에 서립하되신도(神道)쪽을 상석(上席)으로 북향(北向) 서립한다.

②모든 참례자는 文廟에 들어갈 때는 內三門의 東門(오른발 먼저), 나올 때는 西門(왼발 먼저) 나오며, 中正門 出入을 하지 않는다. 또 신도는 밟거나횡단해서는 아니 다.

(3)읍(揖)

읍은 모은다. 즉 취(聚)의 뜻이다. 양손을 마주잡고 마음을 모아 하늘을 생각[敬天]하는 절도라 했다. 받들고 포용하는 자세이다.

(4)궤(跪)

궤는 꿇어앉아 자기를 낮추는 자세이다. 이는 순(順)하는 자세로 氣를 낮추어 땅의 순리에 응한다는 뜻이다.

(5)배(拜)

배는 절을 드린다는 의미이다. 자신의 몸과 마음을 모으고 머리를 조아려 공경의 뜻을 동작으로 나타내는 진중함이 가장 중요하다.

(6)고두(叩頭)

고두는 머리를 조아리고 이마를 땅에 대어 최고의 경의를 표하는 절로 왕에게만 행한다.

(7)공수(拱手)

남녀 모두 평상시에 양손을 마주잡아 수평으로 하여 배앞에 둔다. 남자는 왼손이 위로, 여자는 오른손이 위로 한다.

(8)읍례(揖禮)

두 발을 편한 자세로 하여 고개를 숙여 자기 발을 본다. 공수한 손을 얼굴 앞으로 올리며, 굴신자세로 예를 표한 후 손을 내려 원위치로 하면서 몸을 바로세운다.

○**상읍(上揖)** ; 거수제안(擧手齊眼)-눈높이까지(답례를 하지 않아도 될 높은 어른께나 의식행사(儀式行事) 때).

○**중읍(中揖)** ; 거수제구(擧手齊口)-입 높이까지(答禮를 해야 하는 어른께 올리는 례(禮)

○**하읍(下揖)** ; 거수제심(擧手齊心)-가슴 높이까지(어른이 아랫사람들의 읍례에 답례(答禮)

※절로서 예(禮)를 행(行)할 수 없는 상황일 때 남자는 읍례, 여자는 굴신례를 행한다.(屈身禮는 上,中,下가 없고, 허리를 약간 앞으로 굽히면서 예를 표한다.)

(9)배례(拜禮)

○**남자(男子)** ; 양슬제궤(兩膝齊跪) 후에 일궤(一跪) 사회(四回) 수분안지(手分按地) 고두배(叩頭拜)한다. – '양 무릎을 가지런히 꿇은 뒤에 양손을 나누어 바닥에 짚은 후 네 번 배(拜), 흥(興)을 반복' 한 후, 平身을 합니다.

○**여자(女子)** ; 공수인상견고(拱手引上肩高)하고 부액착수상(俯額着手上)하여 양슬제궤(兩膝齊跪) 후에 상읍굴신(上體屈身)하되 두불지지(頭不至地) 하는 일궤사굴신배(一跪四屈身拜)한다. – 여자는 공수한 손을 어깨 높이로 올려서 이마를 구부려 손등에 대고 양 무릎을 가지런히 꿇은 다음 네 번 윗몸을 앞으로 굽히되 머리는 바닥에 닿지 않게 하고 한 번 무릎을 꿇고 네 번 몸을 굽히어 예를 드린다.

※남녀 배례는 찬창의 궤(跪)에 꿇어앉고, 배(拜)에 굴신고두(屈身叩頭)하고, 흥(興)에 직신하고, 평신에 일어선다.

(10)문묘배례(文廟拜禮)

헌관은 곡사배, 일반 참례자는 직사배, 일반 서원(先賢廟宇)에서는 재배 또는 국궁재배를 행한다.

(11)부복(俯伏)

양손을 모아 허리를 굽혀 무릎을 꿇고 땅을 짚으며 엎드린다.

(12)굴신(屈身)

몸의 상체를 앞으로 굽힌다.

(13)국궁(鞠躬)

상체를 숙이며 허리를 굽힌다.

(14)진퇴(進退)

예(禮)를 행할 장소 앞에 서서 세 발걸음 나아가 궤좌(跪坐)하여 예를 마치면 평신한 후에 세 발걸음 뒤로 물러났다가 돌아서 나온다.

(15)문묘출입(文廟出入)

동문입하고 서문출하며, 들어갈 때는 오른발을 먼저, 나올 때는 왼발을 먼저 옮긴다.○습급취족(拾級聚足), 취족합족(聚足合足)-계단을 오를 때 오른발이 먼저 나아가고 왼발을 따라 모으며, 내려올 때는 반대로 한다. 그 이유는 묘역(廟域)은 신위의 영역이므로 생시와 반대로 오른발을 먼저 나아가게 하고 왼발은 뒤에 나간다. 내려올 때는 신위의 영역에서 인간의 영역으로 나오기 때문에 왼발을 먼저하고 오른발은 뒤에 한다.

(16)당상불추(堂上不趨)

월대나 대성전 안에서는 뛰지 않는다.

(17)당상접무(堂上接武)

당 내에서 걸을 때는 발자취를 서로 붙게 한다.

(18)당하보무(堂下步武)

평지 걸음엔 당당하게 걷는다.

(19)집옥불추(執玉不趨)

귀중한 것을 들었을 때에는 뛰지 않는다.

(20)수립불궤(授立不跪)
서 있는 사람에게 줄 때는 앉아서 주지 않는다.

(21)수좌불립(授坐不立)
앉아 있는 사람에게 줄 때는 서서 주지 않는다.

(22)홀(笏)
예기에 임금 앞에서 손짓을 해야 할 때 笏을 사용하고, 명령을 받으면 기록하는 수판이다. 처음에는 대나무 조각을 사용하다가 후대에 옥이나 상아로 만들어 사품대부(四品大夫) 이상은 상아(象牙), 五品 이하는 목재를 썼다.

(23)홀기(笏記)와 창홀(唱笏)
홀기란 의식의 절차를 차례로 적은 글이다. 唱笏은 홀기를 소리 내어 읽는 것으로 고저장단의 독법에 맞추어 읽어야 한다. 고래로 모든 의례에는 반드시 집례자가 창홀(唱笏)하여 진행하였는데, 창홀 소리와 내용이 절도에 맞으면 참례자는 물론이고 그 의례 자체의 분위기가 고조되어 장중하게 되었다. 그래서 집례는 예를 잘 아는 덕이 있는 사람(知禮有德者)이 소임을 맡아왔다. 의식의 성불성(成不成)이 집례의 창홀에 의해 좌우되므로 추호의 실수도 용납되지 아니함으로 집례의 책무가 막중한것이다. 지금도 역시 각종 전통의례에는 집례의 창홀이 중요시 되고 있다.

3)제수(祭需)
석전제수(釋奠祭需)는 생식(生食)을 원칙으로 한다. 인공이 가미되지 않은 자연상태의 순수한 정성을 상징한다

(1)변(籩)에 담는 8가지
榛子(진자) - 개암(잣으로 대용)
菱仁(능인) - 마름(은행으로 대용)
芡仁(검인) - 가시연밥 열매(호두로 대용)
鹿脯(녹포) - 사슴고기 포(쇠고기포로 대용)
栗黃(율황) - 광택 나는 생밤
乾棗(건조) - 마른 대추
魚鱐(어숙) - 말린 물고기(대구포로 대용)
形鹽(형염) - 마른 소금

(2)두(豆)에 담는 8가지
芹菹(근저) - 미나리 줄기를 4치 길이로 잘라 붉은 실로 묶어 사용
兔醢(토해) - 토끼 고기를 소금에 저린 것(닭고기로 대용)
筍菹(순저) - 죽순을 4치 크기로 잘라 붉은 실로 묶어 사용(도라지로 대용)
魚醢(어해) - 물고기 젓갈(조기로 대용)
醓醢(탐해) - 쇠고기 국물(생 돼지고기로 대용)
韭菹(구저) - 부추를 4치 길이로 잘라 붉은 실로 묶어 사용
靑菹(청저) - 순무를 4치로 잘라 진설함
鹿醢(녹해) - 사슴고기(생 쇠고기로 대용)

(3)보(簠)와 궤(簋)에 담는 2가지

보(簠) - 稻(쌀)와 粱(기장)
궤()簋 - 黍(수수)와 稷(피)

(4) 조(俎)에 담는 2가지

대뢰(大牢 생 소머리-主璧)와
소뢰(小牢 생 돼지고기-配享 ; 4聖位)

(5)祭酒 3가지

예제(醴齊) - 초헌관(初獻官)이 올리는 술, 희준(犧罇)에 담는다.
앙제(盎齊) - 아헌관(亞獻官)이 올리는 술, 상준(象罇)에 담는다.
청주(淸酒) - 종헌관(終獻官) 분헌관(分獻官)이 올리는 술. 산뢰(山罍)에 담는다.
명수(明水) - 달빛 아래의 물에서 나오기 때문에明이라 불인다.
현주(玄酒) - 고대에는 술이 없어 물로 행례(行禮)하였기 때문에 후대(後代) 의
왕(王)들이 옛것을 소중(所重)히 여겨 현주(玄酒)라고 하였다. 물색이 검게 보였다
고 한다.

4)제기(祭器)

변(籩)　　두(豆)　　보(簠)　　궤(簋)　　조(俎)　　비(篚)　　작(爵)　　희준(犧罇)

상준(象罇)　산뢰(山罍)　용작(龍勺)　관세(盥洗)　향로(香爐)　香盒

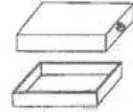 

갑(匣)　　점(坫)　　멱(羃)

○변(籩) : 마른 음식이나 과일 등을 담아 놓는 대나무로 만든 제기(祭器)
○두(豆) : 고기, 젓갈 등 젖은 제수(祭需)를 담아 놓는 나무로 만든 제기(祭器)
○보(簠) : 도(稻)와 량(粱)을 담아놓는 제기로 궤(簋)와 합쳐 한 벌이 되며, 유기
로 만드는데 내원외방형(內圓外方型)이다.
○궤(簋) : 서(黍)와 직(稷)을 담아놓은 제기(祭器)로 보(簠)와 한 벌이 되며, 유기
로 만드는데 외원내방형(外圓內方型)이다.
○조(俎) : 소, 돼지, 양 등의 희생(犧牲)을 담는 제기로 나무로 만드는데 도마모
영이다.
○비(篚) : 신위(神位)에 드리는 폐백을 담는 제기로 대나무로 만든 광주리 형이다.
○작(爵) : 유기로 만든 술잔으로 두 기둥과 세 발이 있다.
○희준(犧罇) : 술 항아리로 예제(醴齊)와 명수를 담는 제기로 유기로 만들며 소의
모양이다.

○**상준(象罇) :** 술 항아리로 앙제(盎齊)와 명수를 담는 제기로 유기로 만들며 코끼리 모양이다.

○**산뢰(山罍) :** 산과 구름 모양을 겉에 새긴 유기로 만든 술 항아리로 청주와 현주를 담는 제기다.

○**용작(龍勺) :** 손잡이에 龍머리를 조각한 국자 같은 제기로 유기로 만들며 작헌과 관세에 작으로 쓴다.

○**향로(香爐) :** 유기로 만든 향을 사르는 제기로 세 발과 두 기둥이 있다.

○**향합(香盒) :** 유기로 만든 목향을 담는 제기.

○**갑(匣) :** 희생(犧牲)을 담는 나무로 만든 상자(匣을 俎 위에 올려놓음).

○**점(坫) :** 유기로 만든 축판이나 술잔 받침.

○**멱(冪) :** 술 항아리를 덮는 덮개로 가는 칡배로 만들어 구름과 우뢰를 크게 그림.

성균관석전홀기(成均館釋奠笏記)

●성균관석전홀기(成均館碩奠笏記) 대서집례창(大書執禮唱) 소서알자구창(小書謁者口唱)(소서불창(小書不唱)집례급묘사선취계간배위사배 흘(執禮及廟司先就階間拜位四拜訖)○수취위(手就位)알자찬인구취계간배위사배흘취위(謁者贊引俱就階間拜位四拜訖就位)

◆창홀(唱笏)

전낙수락생이무입취위(典樂帥樂生二舞入就位) 찬인(贊引) 인대축급제집사입계간배위(引大祝及諸執事入階間拜位) 사배(四拜) 대축이하개사배(大築以下皆四拜)대축급제집사예(大祝及諸執事詣)○세위(洗位) ○수(手) 각취위(各就位) 묘사급봉향봉로승(廟司及奉香奉爐升) 개비(開扉) 개(開)○ 계개(啓蓋) 봉향봉로능복위(奉香奉爐陵復位) 찬인(贊引) 인대축전향문전봉축판향궤(引大祝傳香門前奉祝板香櫃) 인예향소(引詣香所) 강복위(降復位) 알자(謁者) 찬인각인헌관입취위(贊引各引獻官入就位) 알자청행사(謁者請行事) 알자초헌관지좌백(謁者初獻官之左白) 유사근구청행사(有司謹具請行事) 헌가작응안지낙열문지무작(軒架作凝安之樂烈文之舞作)삼성(三成) 사배(四拜) 헌관이하(獻官以下) 유생좌위자(儒生左位者) 개사배(皆四拜) 일반국(一般鞠) 낙지(樂止)

◆행전폐례(行奠幣禮)

알자(謁者) 인초헌관예(引初獻官詣)○세위(洗位) 진홀(搢笏)○수(手) ○수집홀(手執笏) 인예(引詣) 대성지성문선왕(大成至聖文宣王) 신위전북향립(神位前北向立) 등가작(登架作) 명안지락열문지무작(明安之樂烈文之舞作) 대축급봉향봉로승(大祝及奉香奉爐升) 헌관(獻官)○이진홀(而瑨笏) 삼상향(三上香) 대축이폐(大祝以幣)○수초헌관(授初獻官) 초(初)헌관집폐헌폐이폐수대축전우신위전(獻官執幣獻幣以幣授大祝奠于神位前) 집홀부복(執笏俯伏) 흥평신(興平身) 차예복성공신위전(次詣復聖公神位前)○이진홀(而搢笏) 삼상향(三上香) 대축(大祝)이폐(以幣)○수초헌관여의(授初獻官如儀) 집홀부복(執笏俯伏) 흥평신(興平身) 차예종성공신위전(次詣宗聖公神位前) ○이진홀(而搢笏) 삼상향(三上香) 대축(大祝) 이폐(以幣)○수초헌(授初獻) 관여의(官如儀) 집홀부복(執笏俯伏) 흥평신(興平身) 차예술성공신위전(次詣述聖公神位前) ○이진홀(而搢笏) 삼상향(三上香) 대축(大祝) 이폐(以幣)○수초헌관(授初獻官) 여의(如儀) 집홀부복흥평신(執笏俯伏興平身)차예아성공신위전(次詣亞聖公神位前) ○이진홀(而搢笏) 삼상향(三上香) 대축(大祝) 이폐(以幣)○수초헌관(授初獻官) 여의(如儀) 집홀부복(執

笏俯伏)　흥평신(興平身)　낙지(樂止)　헌관이하(獻官以下)　강복위(降復位)

◆행초헌례(行初獻禮)

알자인초헌관(謁者引初獻官)　예대성지성문선왕전소(詣大成至聖文宣王專所)　등가작성
안지락열문지무작인예신위전북(登架作成安之樂烈文之舞作引詣神位前北)향립(向立)
○이진홀(而搢笏)　봉작전작승(奉爵奠爵升)　사존거멱작예제이작수봉작(司尊擧冪酌醴
齊以爵授奉爵)　봉작수초헌관(奉爵授初獻官)　초헌관집작(初獻官執爵)　헌작수전작(獻
爵授奠爵)　전작전우신위(奠爵奠于神位)　집홀부복흥평신소퇴(執笏俯伏興平身小退)
○낙지대축승(樂止大祝升)　독축(讀祝)　대축예헌관지좌동향(大祝詣獻官之左東向)　○
진홀(搢笏)　독축필(讀祝畢)　낙작(樂作)　대축강복위(大祝降復位)　알자인초헌관예복성
공신위전(謁者引初獻官詣復聖公神位前)　○이진홀(而搢笏)　사존거멱작예(司尊擧冪酌
醴)제이작수봉작여의(齊以爵授奉爵如儀)　차예종성공신위전(次詣宗聖公神位前)○이진
홀(而搢笏)사존거멱작예제이작수봉작여의(司尊擧冪酌醴齊以爵授奉爵如儀)차예술(次
詣述)성공신위전(聖公神位前)○이진홀(而搢笏)사존거멱작예제이작수봉여의(司尊擧冪
酌醴齊以爵授奉如儀)　차예아성공신위전(次詣亞聖公神位前)　○이진홀(而搢笏)　사존거
멱(司尊擧冪)작예제이작수봉작여의(酌醴齊以爵授奉爵如儀)　낙지(樂止).　알자인초헌
관강복위(謁者引初獻官降復位)문무퇴무진헌가작서안지낙이성(文舞退武進軒架作舒安
之樂二成)　낙지(樂止)

◆행아헌례(行亞獻禮)

알자인아헌관예(謁者引亞獻官詣)○세위(洗位)　진홀(搢笏)○수(手)　인예(引詣)　대성지
성문선왕존소(大成至聖文宣王尊所)헌가작성 안지낙소무(軒架作成安之樂昭武)지무작
(之舞作)　인예신위전(引詣神位前)○이진홀(而搢笏)　사존거멱작(司尊擧冪酌)○제이작
수봉작봉작수아헌관(齊以爵授奉爵奉爵授亞獻官)　아헌관집작(亞獻官執爵)헌작수전작
전우신위전(獻爵授奠爵奠于神位前)　차예복성공신위전(次詣復聖公神位前)　○이진홀
(而搢笏)사존거멱작(司尊擧冪酌)○제이작수봉작(齊以爵授奉爵)봉작수아헌관(奉爵授
亞獻官)　아헌관(亞獻官)　집작헌작수전작(執爵獻爵授奠爵)　전작전우신위전(奠爵奠于
神位前)　차예종성공신위전(次詣宗聖公神位前)○이(而)진홀(搢笏)　사존거멱작(司尊擧
冪酌)○제이작수봉작여의(齊以爵授奉爵如儀)차예술성공신위전(次詣述聖公神位前)○
이진홀(而搢笏)　사존거멱작(司尊擧冪酌)○제이작수(齊以爵授)　봉작여의(奉爵如儀)　차
예아성공신위전(次詣亞聖公神位前)○이진홀(而搢笏)　사존거멱작(司尊擧冪酌)○제이
작수봉작여의(齊以爵授奉爵如儀)알자인아헌관강복위(謁者引亞獻官降復位)　낙지(樂止)

◆행종헌례(行終獻禮)

알자인종헌관예(謁者引終獻官詣)○세위(洗位)　진홀(搢笏)○수(手)　○수집홀(手執笏)
인예(引詣)　대성지성문선왕존소(大成至聖文宣王尊所)　헌가작성 안지낙소무(軒架作
成安之樂昭武)　지무작(之舞作)　인예신위전(引詣神位前)○이진홀(而搢笏)　사존거멱
작주(司尊擧冪酌酒)　이작수봉작봉작수종헌관(以爵授奉爵奉爵授終獻官)　종헌관집작
(終獻官執爵)헌작수전작(獻爵授奠爵)　전작전우신위전(奠爵奠于神位前)　차예복성공신
위전(次詣復聖公神位前)○이진홀(而搢笏)　사존거멱작주이작수봉작여의(司尊擧冪酌酒
以爵授奉爵如儀)　차예종성공신위전(次詣宗聖公神位前)○이진홀(而搢笏)사존거멱적주
이작수봉작여의(司尊擧冪的酒以爵授奉爵如儀)차예술성공신위전(次詣述聖公神位前)○
이진홀(而搢笏)　사존(司尊)거멱작주이작수봉작여의(擧冪酌酒以爵授奉爵如儀)　차예아
성공신위전(次詣亞聖公神位前)○이진홀(而搢笏)사존거멱작주이작수봉작여의(司尊擧
冪酌酒以爵授奉爵如儀)　알(謁)자인종헌관봉작전작강복위(者引終獻官奉爵奠爵降復位)
낙지(樂止)

◆행분헌례(行分獻禮)

알자찬인각인분헌관예(謁者贊引各引分獻官詣)○세위(洗位) 진홀(搢笏)○수(手) ○수집홀(手執笏) 인예종향위전(引詣從享位前)○이진홀(而搢笏) 각봉향봉로승(各奉香奉爐升) 삼상향(三上香)봉작전작승(奉爵奠爵升) 각사존거멱작주이작수봉작봉작수분헌관(各司尊擧冪酌酒以爵授奉爵奉爵授分獻官) 분헌관집작헌작수전작(分獻官執爵獻爵授奠爵)전작전우신위전(奠爵奠于神位前)동서각십칠위여의부복흥(東西各十七位如儀俯伏興) 평신(平身) 인강복위(引降復位)

◆행음복례(行飲福禮)

알자인초헌관예음복위서향(謁者引初獻官詣飲福位西向) ○대축예음복위헌관지좌북향(大祝詣飲福位獻官之左北向) ○ 전작승작이복주수(奠爵升爵以福酒授)대축(大祝)대축수초헌관(大祝授初獻官) 초헌관수작음흘(初獻官受爵飲訖)대축수허작복어(大祝受虛爵復於)○ 대축이(大祝以)○수초헌관(授初獻官)초헌관수(初獻官受)○이수전작수(以授奠爵受)○강자동계출(降自東階出) 부복흥(俯伏興) 평(平) 신(身) 인강복위(引降復位) 사배헌관사배(四拜獻官四拜)철(徹)○두(豆)등가작오안지낙대축승철(登架作娛安之樂大祝升徹)○두각일소이(豆各一少移) 낙지(樂止) 헌가작응안지락(軒架作凝安之樂) 사배(四拜) 헌관이하유(獻官以下儒)생재위자개사배(生在位者皆四拜) 일반국궁(一般鞠躬) 낙지(樂止)

◆행망료례(行望燎禮)

알자인초헌관예망료위북향립집례율찬자예망료위서향립(謁者引初獻官詣望燎位北向立執禮率贊者詣望燎位西向立) 대축이(大祝以)○취축판급폐강자서계치어감(取祝板及幣降自西階置於坎) 가(可)료치토반감알자진초헌관지좌백례필(燎置土半坎謁者進初獻官之左白禮畢) 알자인초헌관복위(謁者引初獻官復位) 찬인인대축복위(贊引引大祝復位) 봉향봉로승(奉香奉爐升) 폐(閉)○폐(閉)비(扉) 제집사구복계간배위사배(諸執事俱復階間拜位四拜) 헌관집사이하차출(獻官執事以下次出) 집례전락개사배출(執禮典樂皆四拜出)

성균관 석전대제 홀기 명칭

1986년 11월 1일 중요무형문화재 제85호로 지정되었다. 석전제·석채(釋菜)·상정제(上丁祭)·정제(丁祭)라고도 한다.

석전이란 채(菜)를 놓고(釋) 폐(幣)를 올린다(奠)는 데에서 나온 이름이다.

원래는 산천(山川), 묘사(廟祀), 선성(先聖:공자. 739년에 문선왕으로 추존됨) 등 여러 제향에서 이 말이 사용되었으나, 다른 제사는 모두 사라지고 오직 문묘의 석전만 남아 있기 때문에 지금은 문묘제향을 뜻하는 것으로 굳어졌다.

성균관 대성전(大成殿)에서 공자를 중심으로 그 제자들과 한국의 유학자 설총(薛聰)·최치원(崔致遠) 등 명현 16위의 위패를 모셔놓고, 매년 두 차례 기념석전을 행하며, 지방에서는 향교에서 주관한다.

제를 지내는 날짜는 여러 차례 변경을 거듭하다 1953년부터는 음력 2월과 8월의 첫째 정일(丁日)에 행하였고, 2007년부터 공자의 기신일(忌辰日)을 양력(陽歷)으로 환산한 5 월 11 일에 춘기석전(春期釋奠), 탄강일(誕降日)을 양력으로 환산한 9 월 28 일에 추기석전(秋期釋奠)을 봉행하고 있다.

◆절차

영신례(迎神禮)·전폐례(奠幣禮)·초헌례(初獻禮)·공악(空樂)·아헌례(亞獻禮)·종헌례(終獻禮)·음복례(飮福禮)·철변두(徹籩豆)·송신례(送神禮)·망료(望燎)의 순서로 진행된다.

이 대제는 문묘제례악과 그 의식을 보존하고자 하는 의미에서 1986 년 성균관 석전대제보존회를 관리자로 하여 중요무형문화재로 지정하였다. 현재 예능보유자는 권오흥 (權五興)이다.

◆정의

문묘, 곧 성균관의 대성전에서 공자를 비롯한 선성(先聖)과 선현(先賢)들에게 제사지내는 의식. 모든 유교적 제사 의식의 전범(典範)이며, 가장 규모가 큰 제사이다. 이 때문에 석전을 가장 큰 제사라는 의미로 석전대제(釋奠大祭)라고 부르기도 한다.

1986 년 중요무형문화재 제 85 호로 지정되었다. 석전과 유사한 제례 의식으로는 석채(釋菜)가 있다. 이는 나물 종류만을 차려 올리는 단조로운 차림으로서 음악이 연주되지 않는 조촐한 의식이다. 이에 비해 석전은 희생(犧牲)과 폐백(幣帛) 그리고 합악(合樂)과 헌수(獻酬)가 있는 성대한 제사 의식이다.

◆어원

석전의 석(釋)은 놓다[舍] 또는 두다[置]라는 뜻을 지닌 글자로서 베풀다 또는 차려놓다라는 뜻이다. 전(奠)은 상형문자로서 추(酋)는 술병에 술을 담아놓고 덮개를 덮어놓은 형상으로 빚은 지 오래된 술을 의미하며, 대(大)는 물건을 얹어두는 받침대의 모습을 상징한다. 따라서 이는 정성스레 빚어 잘 익은 술을 받들어 올린다는 뜻이다. 석전은 정제(丁祭), 또는 상정제(上丁祭)라는 별칭으로도 불렀는데, 이는 석전을 매년 봄과 가을에 걸쳐 두 차례 음력 2 월과 8 월의 상정일(上丁日)을 택하여 봉행해 온 데서 비롯된 것이다.

◆유래

우리나라에서 석전이 시작된 정확한 기록은 찾아볼 수 없다. 그러나 고구려 소수림왕 2 년(372)에 최초로 태학이 설립된 것으로 미루어, 이때 석전도 함께 봉행되기 시작하였을 것으로 추측된다. 백제의 경우 국립학교 설립 기록은 전하지 않으나, 오경박사(五經博士) 같은 명칭이 『삼국사기(三國史記)』에 나오고 일본에 논어와 천자문을 전한 박사 아직기(阿直岐), 왕인(王仁)의 기록이 남아있는 것으로 보아 국립학교에 해당하는 기관에서 석전 의식을 봉행했을 가능성이 있다.

한편 신라에서는 진덕여왕 2 년(648)에 김춘추가 당나라에 건너가 국학(國學)을 찾아 석전 의식을 참관하고 돌아온 후 국학 설립을 추진하였고,

신문왕 2 년(648)에 그 제도가 확립되었다. 특히 성덕왕 16 년(717)에는 태감(太監) 김수충(金守忠)이 당나라에서 공자와 10 대 제자 및 72 제자의 영정을 가져와 국학에 안치하였다는 기록이 있어 석전 의식이 국학에서 봉행되고 있었음을 알려주고 있다. 한편 『고려사(高麗史)』의 기록에 따르면 고려시대 역시 국립학교인 국자감에서 석전을 봉행하였으며, 현종 11 년(1019) 8 월에는 최치원을 선성묘에 종향(從享)하고, 현종 13 년에 다시 설총을 종향함으로써 우리나라의 성현을 문묘에 배향하는

전통이 시작되었다.

성리학이 정착된 조선조에는 석전이 국가에서 주관하는 오례(五禮) 중 길례(吉禮)에 속하는 국가적 대사로서 봉행되어 왔다.

오늘날 석전이 봉행되고 있는 한국의 문묘인 성균관은 고려 충렬왕 30 년(1303) 6 월에 고려의 수도 개경에 있던 국자감을 개칭한 것이며, 조선조 건국 이후 태조 7 년(1398)에 현재의 위치에 자리잡게 되었다. 당시 성균관의 정전인 대성전에는 공자를 비롯하여 4 성(聖), 10 철(哲)과 송조 6 현(賢) 등 21 위(位)를 봉안했고, 동무(東廡)와 서무(西廡)에는 우리나라의 명현(名賢) 18 위와 중국의 유학자 94 위 등 112 위를 봉안하여 매년 춘추에 두 차례 석전을 봉행하였다.

그러나 일제강점기인 1937 년부터는 양력 4 월 15 일과 10 월 15 일로 변경하여 실시하다가 해방 후인 1949 년에 전국 유림대회의 결의로 5 성위와 송조 2 현만 봉안하고 그 외 중국 유현 108 위를 매안(埋安)하였다.

이와 동시에 우리나라 18 현을 대성전으로 올려 종향하고 춘추 석전 대신 공자 탄일인 음력 8 월 27 일에 기념 석전을 봉행하는 변화를 가졌다. 그 3 년 뒤인 1953 년에 공문 10 철과 송조 6 현을 복위하고 석전도 봄과 가을 두 차례, 곧 음력 2 월과 8 월의 상정일로 환원하여 현재까지 봉행하고 있다. 성균관뿐만 아니라 전국의 232 개 향교에서도 정해진 절차에 따라 매년 같은 날 석전을 봉행하고 있다.

◆내용
석전대제에는 다섯 명의 헌관(獻官: 위패 앞에 잔을 올리는 제관)과 집례(執禮: 진행을 담당하는 제관), 대축(大祝: 제사의 축문을 읽는 제관)을 포함한 27 명의 집사가 참여하며, 이와 더불어 문묘제례악(文廟祭禮樂)을 연주하는 41 명의 악사, 팔일무(八佾舞)를 추는 64 명, 모두 137 명의 대규모 인원이 동원된다.

석전의 봉행은 초헌관(初獻官)이 분향하고 폐백을 올리는 전폐례(奠幣禮)로 시작되며 다음은 초헌관이 첫 잔을 올리고 대축이 축문을 읽는 초헌례(初獻禮), 아헌관(亞獻官)이 두 번째 잔을 올리는 아헌례(亞獻禮), 종헌관(終獻官)이 세 번째 잔을 올리는 종헌례(終獻禮), 분헌관(分獻官)이 종향위에 분향을 하고 잔을 올리는 분헌례(分獻禮)와 같은 헌작례(獻酌禮)가 차례로 진행된다.

이어 초헌관이 음복위(飮福位)에서 음복 잔을 마시는 음복례(飮福禮)가 끝나면 제기와 희생을 치우고 난 뒤, 초헌관이 폐백과 축문을 불사르고 땅에 묻는 망료례(望燎禮)를 끝으로 석전의 모든 의식 절차가 완료된다. 석전의 모든 절차는 종합 시나리오라고 할 수 있는 홀기(笏記)에 의거하여 진행되며, 국조오례의의 규격을 그 원형으로 한다.

◆의의
우리나라의 석전대제는 중국이나 일본에도 남아있지 않는 옛 악기와 제기를 보유하여 사용하고 있다. 또한 고전 음악인 문묘제례악과 팔일무, 제관이 입는 전통적인 의상과 고전적 의식 절차가 모두 화려하고 장중하여 예술적 가치가 클 뿐 아니라, 세계적으로도 유일하게 그 원형이 잘 보존되어 있다.

◆석전대제란?
석전이란 원래 산천(山川)이나 사당(祠堂), 그리고 학교에서 조상을 추모하기 위해 드리던 제사의식을 말합니다. 하지만 산천이나 사당에서 드리는 제사는 여러가지 형태가 있지만 학교에서 드리는 것은 석전 하나뿐이었으므로 점차 학교의 제사의식만을 말하게 되었습니다.

석전대제는 매년 봄, 가을 음력 2 월과 8 월 상정일(上丁日. 초순 갑,을,병,정,무,기,경,신,임,계의 丁자가 들어가는 날)에 성균관을 위시한 전국 234 개의 향교에서 일제히 경건하게 드리고 있습니다. 제 85 호로 지정되어 있습니다.

◆석전대제 제관목록
1)초헌관 : 대제를 드릴 때 5 성(유교 5 명의 성인 공자,안자,증자,자사,맹자)께 술을 세번 드리는데 그 중 첫 번째로 드리는 제관입니다. 보통   지방의 수령이 드리고 성균관의 경우 왕이나 왕세자, 정승 등이 초헌관을 드렸습니다.
2)아헌관 : 두 번째로 술을 드리는 제관입니다.
3)종헌관 : 세 번째로 술을 드리는 제관으로 보통 전교(교장)가 종헌관을 합니다.
4)분헌관 : 공자, 안자, 증자, 자사, 맹자 이외의 분들께 술을 드리는 제관입니다.
5)집례 : 홀기(행사순서)를 불러서 행사를 진행하는 제관입니다.
6)대축 : 축문(기도문)을 읽는 제관입니다.
7)진설 : 제수, 즉 제사음식을 배치하는 제관입니다.
8)봉향 : 향을 드는 제관으로 봉향과 함께 입장합니다.
9)봉로 : 향로를 드는 제관으로 봉향과 함께 입장합니다.
10)사준 : 술잔에 술을 따르는 제관으로 술을 따른 후 봉작에게 넘겨줍니다.
11)봉작 : 술잔을 사준에게 받아 초헌관, 아헌관, 종헌과에게 드리는 제관입니다.
12)전작 : 초, 아, 종헌관에게 술을 받아서 5 성 신위에 술을 놓는 제관입니다.
13)알자 : 헌관을 도와 길을 인도하는 제관으로 도우미라고 할 수 있습니다.
14)찬인 : 축문을 읽는 대축을 인도하는 제관입니다.
15)묘사 : 위패를 담당하는 제관입니다.

◆헌관(獻官) 및 집사(執事)의 명칭(名稱)과 임무(任務)
○초헌관(初獻官) : 향을 사르고 첫 잔을 올리는 제관으로 제사의 주인이다.
○아헌관(亞獻官) : 두 번째 잔을 올리는 제관.
○종헌관(終獻官) : 세 번째 잔을 올리는 제관.
○당상집례(堂上執禮) : 한문 홀기를 읽어 진행을 담당하는 제관.
○당하집례(堂下執禮) : 밑에 서서 해설을 담당하는 제관.
○전사관(典祀官) : 제사에 제수를 준비하고 제상을 차리는 일을맡은 제관,
○대축(大祝) : 축문을 읽는 제관.
○알자(謁者) : 초헌관을 안내하는 집사.
○찬인(贊引) : 헌관과 대축을 안내하는 집사.
○봉향(奉香) : 향(香)을 받드는 집사.
○봉로(奉爐) : 향로를 받드는 집사.
○봉작(奉爵) : 준소(樽所 : 술항아리를 놓아두는 곳)에서 사준이 따른 술잔을 받아 헌관에게 건네주는 집사.
○전작(奠爵) : 헌관에게서 술잔을 받아 신위 앞에 올리는 집사.
○사준(司樽) : 준소에서 술을 잔에 따르는 집사.

◆석전대제 순서
1)창홀 : 집례가 홀기를 읽으며 행사시작을 알리는 순서입니다.
2)전폐례 : 향을 피우고 행사를 준비하는 순서입니다.

3)초헌례 : 초헌관이 첫 번째로 5성께 술을 드리는 순서입니다.
4)아헌례 : 아헌관이 두 번째로 5성께 술을 드리는 순서입니다.
5)종헌례 : 종헌관이 세 번째로 5성께 술을 드리는 순서입니다.
6)분헌례 : 분헌관들이 5성을 제외한 성인들께 술을 드리는 순서입니다.
7)음복례 : 제수음식을 시식하는 순서입니다.
8)망료례 : 축문을 불사르고 행사를 마무리하는 순서입니다.

◆춘향(추향)대제 헌집분정(春享(秋享)大祭 獻執分定)

1. 초헌관(初獻官)
2. 아헌관(亞獻官)
3. 종헌관(終獻官)
4. 대축관(大祝官)
5. 집례관(執禮官)
6. 전사관(典祀官)
7. 찬자(贊者)
8. 알자(謁者)
9. 찬인(贊引)
10. 판진설(判陳設)
11 사준(司尊)
12 봉향(奉香)
13. 봉작(奉爵)
14. 전작(奠爵)
15. 직일(直日)

◆석전의홀기(釋奠儀笏記) 용어해설(用語解說)

○초헌관(初獻官) : 五聖位(오성위)에 첫잔을 드리는 제관(祭官,五梁冠祭服-焚香 奠幣 飲福 望瘞 禮를 행함)
(제관,오량관제복– 분향 전폐 음복 망예 예를 행함)향을 사르고 첫 잔을 올리는 제관으로 제사의 주인이다.
○아헌관(亞獻官) : 오성위에 두 번째 잔을 드리는 제관(四梁冠祭服 사량관제복)
○종헌관(終獻官) : 오성위에 세 번째로 끝잔을 드리는 제관(三梁冠祭服)
○분헌관(分獻官) : 東西從享位(동서종향위)에 분향하고 잔을 드리는 제관(三梁冠祭服삼량관제복)
○대축(大祝) : 축문을 읽는 제관(一梁冠祭服일량관제복)
○당상집례(堂上執禮) : 홀기를 부르는 제관(二梁冠祭服이량관제복)한문 홀기를 읽어 진행을 담당하는 제관.
○당하집례(堂下執禮) : 東西廡(동서무)진행을 담당하는 제관(二梁冠祭服(이량관제복), 현재는 동서무에 위폐를 모시지 않아 대성전 월대(月臺)밑에서 해설을 담당함) / 밑에 서서 해설을 담당하는 제관.
○전사관(典祀官) : 제상을 차리는 일을 맡은 제관. 제사에 제수를 준비하고 제상을 차리는 일을 맡은 제관
○찬자(贊者) : 제사 때 의식의 순서를 읽는 사람
○알자(謁者) : 獻官(헌관) 인도인 / 초헌관을 안내하는 집사.
○찬인(贊引) : 分獻官(분헌관) 인도인, 의식 진행을 돕는 사람 헌관과 대축을 안내하는 집사.
○판진설(判陳設) : 제사 음식의 진설을 감독하고 지시하는 사람,

○사준(司尊) : 술동이를 맡은 집사
○봉향(奉香) : 향합을 받드는 집사(執事)
○봉로(奉爐) : 향로를 받드는 집사
○봉작(奉爵) : 술잔을 받드는 집사
○전작(奠爵) : 술잔을 神位前(신위전)에 올리는 집사
헌관에게서 술잔을 받아 신위 앞에 올리는 집사
○직일(直日) : 제례 전반에 대하여 자문을 하는 사람
○사준(司樽) : 준소에서 술을 잔에 따르는 집사

◆서원춘향 집사파록(書院春享 執事爬錄)

- 초헌관(初獻官) : *원장. 첫잔드리기*
- 아헌관(亞獻官) : 두 번째 잔
- 종헌관(終獻官) : 마지막 세 번째 잔
- 집례(執禮) : 홀기를 맡아 부른다
- 대축(大祝) : 축을 쓰고 읽는다.
- 전사관(典祀官) : 제수를 진설할 때까지 담당
- 알자(謁者) : 초헌관 제례 봉행 도운다
- 찬인(贊引) : 아헌관, 종헌관을 도운다.
- 판진설(判陳設) : 제수를 법도에 맞게 진설한다.
- 봉향(奉香) : 향합을 받들어 헌관 우측에 간다.
- 봉로(奉爐) : 향로를 받들어 헌관 좌측에 간다.
- 봉작(奉爵) : 술잔을 헌관에 드린다.
- 전작(奠爵) : 헌관으로부터 잔을 받아 신위전에 드린다.
- 사준(司尊) : 술을 맡아 잔을 부어준다.
- 통갈(通喝) : 집사 파록을 낭독한다.
- 학생(學生) : 원로로서 제례 전반에 대해 고문에 응한다.
- 원(原)

○집사(執事) : 절차에 따라 일을 진행시키는 사람
○홀기(笏記) : 식순(式順)
○관세위(盥洗位) : 손 씻는 자리
○배위(拜位) : 절하는 자리
○복위(復位) : 제자리로 돌아옴
○진홀(搢笏) : 홀을(제복) 홀 꽂이에 꽂음
○집홀(執笏) : 홀을 손에 잡음
○국궁(鞠躬) : 존경의 뜻으로 몸을 굽힘
○준소(尊所) : 술 항아리 있는 곳
○예제(醴齊) : 담은 지 얼마 안 된 단술 (犧樽(희준)에 담으며 초헌관이 올린다)
○앙제(盎齊) : 중간정도 익어 푸른빛이 도는 술 (象樽(상준)에담으며 아헌관이 올린다.
○청주(清酒) : 겨울에 빚어 여름에 익은 술 (山罍(산뢰)에 담으며 종헌관과 분헌관이 올린다)
★ 醴齊는 一日宿酒요. 盎齊는 三日宿酒요. 清酒는 五日宿酒라고도한다.
(예제는 일일숙주요. 앙제는 삼일숙주요. 청주는 오일숙주라고도한다.)
○현주(玄酒) : 태고 때에는 술이 없어서 물로 행례(行禮)했는데 뒤의 왕이 옛것을 소중히 여기기 때문에 현주라고 했다.(물의 빛이 검게 보여 현이라고 함. 상준이나 산

뢰에 담는다.)

○명수(明水) : 그늘진 곳에서 뜨는 것으로 달빛 아래의 물은 달에서 난다고 여겨 明(명)이라 한다. (희준과 상준에 담는다)

○홀(笏) : 수판(手板-有位者 朝見時 有事則 書于以備遺志)

○점((坫) : 술잔이나 축을 올려놓는 받침대

○보(簠) : 제기이름 보 (바깥은 네모지고 담는 안 부분은 둥근 제기, 수수나 보리 쌀 등을 사용)

○궤(簋) : 제기이름 궤(쌀 찹쌀 등을 사용)

○탐(醓) : 육장 탐 (肉醬)

○세(帨) : 수건 세 (女子佩巾)

○조(俎) : 도마 조 (제향 때 희생을 얹는 도구)

제기이름 변 (竹器)

○변(籩) : ○두(豆) : 제기이름 두 (木器)

○작(爵) : 술잔

○뢰(罍) : 술잔(술독)

○작(酌) : 따르다 (액체를 퍼내다)

○멱(冪) : 덮개

○예(瘞) : 묻다

○감(坎) : 구덩이

○준(尊) : 樽과通用 (古來 原文에 준(尊)으로 사용)준과통용 (고래 원문에 준(尊)으로 사용)

○철(徹) : 撤과통용 (古來 原文에 徹로사용) 撤(철)과 통용 (고래 원문에 철로사용)

○예차헌관(預差獻官) : 석전즉후 교중회의를 통하여 차기 석전의 제관을 정해야 하는데 이것을 祭官分定(제관분정)이라 한다. 천망(薦望) 망첩(望帖)을 보내면 망첩을 받은 후보자는 함부로 사퇴하지 못하는 불문율(不文律)이 있다. 부득이한 경우 사유를 갖춘 사단(辭單)을 교중에 제출하여야 한다. 대성전에 모시어진 위패(총 25 位)

◆대성전에 모시어진 위패(총 25 位)

대성지성문선왕		
大成至聖文宣王		
공 자(孔 子)		
성국종성공		연국복성공
증자(曾子)	5 聖	안자(顔子)
추국아성공		기국술성공
맹자(孟子)		자사(子思)
고운 최치원	신라 2 현	빙월당 설 총
주자 주 희	송조 2 현	명 도 정 호
포은 정몽주	고려 2 현	회 헌 안 향
일두 정여창	조선 14 현	한훤당 김굉필
회재 이언적		정 암 조광조
하서 김인후		퇴 계 이 황
우계 성 혼		율 곡 이 이
중봉 조 헌		사 계 김장생
우암 송시열		신독재 김 집
현석 박세채		동춘당 송준길

◆석전홀기 (순서)

창홀(행사 시작을 알림)

1)찬인인 초헌관 입자동 소문 승동계
2)찬인인 초헌관 예전 내저시 축문급 진설필환출 강복위
3)헌관이하 제집사 급유생 감취문외위
4)찬인인 유생 입취계간 배위 복향립
5)찬인인 집례급 제집사입취 계간 배위 개사배
6)잉예 관세위 관세 각취정위 조사개독 봉향봉로 개독
7)찬인인 각헌관 입자 동소문각취배위
8)찬인진 초헌관지 좌백유사 근구청행사
9)헌관급 유생재위자 개사배
10)제진설 사준봉작전작 강복위
①찬인(도우미)은 초헌관을 인도해서 오른쪽 작은 문을 통해 동쪽 계단에 오르세요.
②찬인은 초헌관을 인도해서 대성전에 나와 축문(기도문)과 제수등을 점검하고 돌아와 제자리에 서세요
③헌관이하 모든 집사와 유생은 문 바깥에 서세요
④찬인은 유생을 인도해서 계단아래 절하는 위치로 와서 북쪽을 바라보고 서세요
⑤찬인은 집례 및 모든 집사들을 인도해서 절하는 위치로 와서 함께 4번 절하세요
⑥그 다음 대야로 와서 손을 씻고 각각 정해진 자리로 와서 독(위패를 덮은 관)을 열고 봉향(향을 담는 그릇), 봉로(향을 태우는 항아리)를 열어놓으세요
⑦찬인은 각 헌관을 인도해서 오른쪽 작은 문을 통해 들어와 절하는 위치로 와서 서세요
⑧찬인은 초헌관의 왼쪽에 서서 행사시작을 선포하세요
⑨헌관과 유생모두 4번 절하세요
⑩모든 진실과 사준, 봉작은 내려와서 자기자리로 돌아가세요.

◆행전폐례(향을 피우고 바구니를 올리는 순서)

1)찬인인 초헌관예 관세위 진홀 관세 집홀
2)찬인인 초헌관예 대성지성문선왕 신위전 궤진홀
3)봉향봉 향합 궤우 봉로봉 향로 궤좌
4)초헌관 삼상향 향합향로 전우 고처소퇴
5)대축봉 폐비 궤우진우 초헌관
6)초헌관 집폐수 대축 대축이비 선좌 수지 전우 신위전
7)초헌관 집홀 부복흥평신
①찬인은 초헌관을 대야로 인도해서 홀 (막대기)를 꽂고 손을 씻은 후 홀을 잡으세요
②찬인은 초헌관을 인도해서 공자님 신위 앞으로 꿇어앉아 홀을 꽂으세요
③봉향은 향합(향이 든 상자)을 들어 초헌관 오른쪽에 꿇어앉고 봉로는 향로(향을 태우는 그릇)를 들어 초헌관 왼쪽에 꿇어앉으세요
④초헌관은 세 번 향을 올린 후 향합과 향로를 제자리에 두고 조금 물러나 앉으세요
⑤대축은 폐비(바구니)를 들어 초헌관 오른쪽에 꿇어앉아 초헌관계 드리세요
⑥초헌관은 폐비를 받아 대축에게 주고 대축은 폐비를 왼쪽으로 돌아가서 받아 신위 앞에 올리세요
⑦초헌관은 홀을 잡고 손을 배에 댄 채로 일어나세요.

1)차예 연국복성공 신위전 궤진홀
2)봉향봉 향합 궤우 봉로봉 향로 궤좌
3)초헌관 삼상향 향합향로 준우 고처소퇴
4)대축봉 폐비 궤우 진우 초헌관 초헌관 집폐수 대축
5)대축이비 선좌수지 전우 신위전

6)초헌관 집홀 부복흥평신
①다음은 안자 신위 앞으로 나와 꿇어앉아 홀을 꽂으세요
②봉향은 향합을 들어 초헌관 오른쪽에 꿇어앉고 봉로는 왼쪽에 꿇어앉으세요
③초헌관은 세 번 향을 올린 후 향합과 향로를 제자리에 두고 조금 물러나 앉으세요
④대축이 폐비를 들어 초헌관 오른쪽에 꿇어앉아 드리면 초헌관은 폐비를 받아 대축
에게 주세요
⑤대축은 폐비를 왼쪽으로 돌아가서 받아 신위 앞에 올리세요
⑥초헌관은 홀을 잡고 손을 배에 댄 채로 일어나세요

1)차예 성국종성공 신위전 궤진홀
2)봉향봉 향합 계우 봉로봉 향로 궤좌
3)초헌관 삼상향 향합향로 전우 고처소퇴
4)대축봉 폐비궤우 진우 초헌관
5)초헌관 집폐수 대축 대축이비 선좌 수지 준우 신위전
6)초헌관 집홀 부복흥평신
①다음은 증자 신위 앞으로 나와 꿇어앉아 홀을 꽂으세요 (이하 앞과 같음)

1)차예 기국술성공 신위전 궤진홀
2)봉향봉 향합 계우 봉로봉 향로 궤좌
3)초헌관 심상향 향합향로 준우 고처소퇴
4)대축봉 폐비 궤우 진우 초헌관
5)초헌관 집폐수 대축 대축이비 선좌 수지 준우 신위전
6)초헌관 집홀 부복흥평신
①다음은 자사 신위 앞으로 나와 꿇어앉아 홀을 꽂으세요 (이하 앞과 같음)

1)차예 추국아성공 신위전 궤진홀
2)봉향봉 향합 계우 봉로봉 향로 궤좌
3)초헌관 심상향 향합향로 준우 고처소퇴
4)대축봉 폐비 궤우 진우 초헌관
5)초헌관 집폐수 대축 대축이비 선좌 수지 준우 신위전
6)초헌관 집홀 부복흥평신
①다음은 맹자 신위 앞으로 나와 꿇어앉아 홀을 꽂으세요 (이하 앞과 같음)

1)초헌관 대축 봉향 봉로 잉 강복위
①초헌관, 대축, 봉향, 봉로는 일어나 제자리에 서세요

◆**행초헌례**(초헌관이 첫 번째로 술을 드리는 순서입니다.)
1)사준봉작전작 승 각취정위 찬인인 초헌관 승자동계
2)찬인인 초헌관예 대성지성문선왕준소 서향립
3)사준 거멱작 예제 봉작수주
4)찬인인 초헌관예 대성지성문선왕 신위전 궤진홀
5)봉작 궤우 전작 궤좌 봉작이작수 초헌관
6)초헌관 집작수 전작전우 신위전 제일점
7)초헌관 부복흥소퇴 북향궤
①사준, 봉작, 전작은 올라와 서 있고 찬인은 초헌관을 인도해서 동쪽 계단으로
오르세요
②찬인은초헌관을 인도해서 공자님 계신 곳으로 와서 서쪽을 보며 서세요

③사준이 덮개를 열어 예제(첫 번째 드리는 술)를 따라주면 봉작은 술을 받으세요
④찬인은 초헌관을 인도해서 공자 신위 앞으로 나와 꿇어앉아 홀을 꽂으세요
⑤봉작은 초헌관의 오른쪽, 전작은 왼쪽에 꿇어앉고 봉작은 잔을 초헌관에게 주세요
⑥초헌관이 잔을 받아 전작에게 주면 전작은 신위 앞에 첫 번째 자리에 놓으세요
⑦초헌관은 배에 손을 댄 채로 일어나서 조금 물러서 북쪽을 바라보며 꿇어앉으세요

1)대축승 취축판 진우 동향궤 부복 독축필
2)대축환 치축판 우 고처 강복위 초헌관 집홀 부복흥평신
3)찬인인 초헌관예 배위 준소 서향립
4)사준 거멱 각작 예제 봉작 각 수주

①대축은 올라와 축판(기도문이 놓여있는 판)을 갖고 초헌관의 왼쪽으로 와서 동쪽을 보고
꿇어앉아 엎드려 축문(기도문)을 읽으세요
②대축은 축판을 제자리에 놓고 자리에 돌아가고 초헌관은 홀을 잡고 배에 손을 댄 채로
일어나세요
③찬인은 초헌관을 인도해서 배위(안자, 증자, 자사, 맹자 위패가 모셔진 곳)로 와서 서쪽을
보고 서세요
④사준이 덮개를 열어 각각 예제를 따라주면 봉작은 각각 술을 받으세요

1)찬인인 초헌관예 연국복성공 신위전 동향궤 진홀
2)봉작 궤우 전작 궤좌 봉작이작수 초헌관
3)초헌관 집작수 전작전우 신위전 제일점
4)초헌관 집홀 부복흥평신
①찬인은 초헌관을 인도해서 안자 신위 앞에 나와 동쪽을 바라보고 꿇어앉아 홀을 꽂으세요
②봉작은 초헌관의 오른쪽, 전작은 왼쪽에 꿇어앉고 봉작은 잔을 초헌관에게 주세요
③초헌관이 잔을 받아 전작에게 주면 전작은 신위 앞 첫 번째 자리에 놓으세요
④초헌관은 홀을 잡고 배에 손을 댄 채로 일어나세요

1)차예 성국종성공 신위전 서향궤 진홀
2)봉작 궤우 전작 궤좌 봉작이작수 초헌관
3)초헌관 집작수 전작전우 신위제 제일점
4)초헌관 집홀 부복흥평신
①다음은 증자 신위 앞에 나와 서쪽을 바라보며 꿇어앉아 홀을 꽂으세요 (이하 앞과 같음)

1)차예 기국술성공 신위전 동향궤 진홀
2)봉작 궤우 전작 궤좌 봉작이작수 초헌관
3)초헌관 집작수 전작전우 신위제 제일점
4)초헌관 집홀 부복흥평신
①다음은 자사 신위 앞에 나와 동쪽을 바라보며 꿇어앉아 홀을 꽂으세요 (이하 앞과 같음)

1)차예 추국술성공 신위전 서향궤 진홀
2)봉작 궤우 전작 궤좌 봉작이작수 초헌관

3)초헌관 집작수 전작전우 신위제 제일점
4)초헌관 집홀 부복흥평신 잉 강복위
①다음은 맹자 신위 앞에 나와 서쪽을 바라보며 꿇어앉아 홀을 꽂으세요 (이하 앞과 같음)

◆행아헌례(아헌관이 두 번째로 술을 드리는 순서입니다. 순서는 초헌례와 거의 같습니다.)

1)찬인인 아헌관예 관세위 진홀 관세 집홀
2)찬인인 아헌관예 대성지성문선왕 준소 서향립
3)사준 거멱작 앙제 봉작 수주
4)찬인인 아헌관예 대성지성문선왕 신위전 궤진홀
5)봉작 궤우 전작 궤좌 봉작이작수 아헌관
6)아헌관 집작수 전작전우 신위전 제이점
7)아헌관 집홀 부복흥평신 아헌관 예 배위준소 서향립
①찬인은 아헌관을 인도하여 대야 앞으로 나와 홀을 꽂고 손을 씻고 나서 홀을 잡으세요
②찬인은 아헌관을 인도하여 공자님 계신 곳으로 나와 서쪽을 보며 서세요
③사준이 덮개를 열고 앙제 (두 번째 술)를 따라주면 봉작은 술을 받으세요
④찬인은 아헌관을 인도해서 공자 신위 앞에 나와 꿇어앉아 홀을 꽂으세요
⑤봉작은 아헌관의 오른쪽, 전작은 왼쪽에 꿇어앉고 봉작은 잔을 아헌관에게 주세요
⑥아헌관은 잔을 받아 전작에게 주고 전작은 신위 앞 두 번째 자리에 놓으세요
⑦아헌관은 홀을 잡고 손에 배에 댄 채로 일어서세요. 그 후 아헌관은 배위(4 성이 모셔진 곳)로 나와 서쪽을 바라보며 서세요

1)사준 거멱각자 앙제 봉작 각 제주
2)찬인인 아헌관예 연국복성공 신위전 동향궤 진홀
3)봉작 궤우 전작 궤좌 봉작 이작수 아헌관
4)아헌관 집작수 전작전우 신위전 제 이점
5)아헌관 집홀 부복흥평신
①사준은 덮개를 열고 각각 앙제를 따라주면 봉작은 각각 술을 받으세요
②찬인은 아헌관을 인도해서 안자 신위 앞에 나와 동쪽으로 꿇어앉아 홀을 꽂으세요
③봉작은 아헌관의 오른쪽, 전작은 왼쪽에 꿇어앉고 봉작은 잔을 아헌관에게 주세요
④아헌관은 잔을 받아 전작에게 주고 전작은 신위 앞 두 번째 자리에 놓으세요
⑤아헌관은 홀을 잡고 손을 배에 댄 채로 일어서세요

1) 차예 성국종성공 신위전 서향궤 진홀
2) 봉작 궤우 전작 궤좌 봉작이작수 아헌관
3) 아헌관 집작수 전작전우 신위제 제 이점
4) 아헌관 집홀 부복흥평신
①다음은 증자 신위 앞에 나와 서쪽으로 꿇어앉아 홀을 꽂으세요 (이하 앞과 같음)

1)차예 기국술성공 신위전 동향궤 진홀
2)봉작 궤우 전작 궤좌 봉작이작수 아헌관
3)아헌관 집작수 전작전우 신위제 제 이점
4)아헌관 집홀 부복흥평신
①다음은 자사 신위 앞에 나와 동쪽으로 꿇어앉아 홀을 꽂으세요 (이하 앞과 같음)

1)차예 추국아성공 신위전 서향궤 진홀
2)봉작 궤우 전작 궤좌 봉작이작수 아헌관

3)아헌관 집작수 전작전우 신위제 제 이점
4)아헌관 집홀 부복흥평신
①다음은 맹자 신위 앞에 나와 동쪽으로 꿇어앉아 홀을 꽂으세요 (이하 앞과 같음)

1)잉 강복위
①내려와 제자리에 서세요

◆행종헌례 (종헌관이 세 번째로 술을 드리는 순서입니다. 아헌례와 거의 같습니다.)
1)찬인인 종헌관예 관세위 진홀 관세 집홀
2)찬인인 종헌관예 대성지성문선왕 준소 서향립
3)사준 거멱작 청주 봉작 수주
4)찬인인 종헌관예 대성지성문선왕 신위전 궤진홀
5)봉작 궤우 전작 궤좌 봉작이작수 종헌관
6)종헌관 집작수 전작 전우 신위전 제 삼점
7)종헌관 집홀 부복흥평신 종헌관예 배위준소 서향립
①찬인은 종헌관을 인도해서 대야 앞으로 나와 홀을 꽂고 손을 씻은 후 홀을 잡으세요
②찬인은 종헌관을 인도해서 공자님 계신 곳으로 나와 서쪽을 향해 서세요
③사준이 덮개를 열고 청주(세 번째 술)를 따라주면 봉작은 술을 받으세요
④찬인은 종헌관을 인도해서 공자 신위 앞에 나와 꿇어앉아 홀을 꽂으세요
⑤봉작은 종헌관의 오른쪽, 전작은 왼쪽에 꿇어앉고 봉작은 잔을 종헌관에게 주세요
⑥종헌관이 잔을 받아 전작에게 주고 전작은 신위 앞 세 번째 자리에 놓으세요
⑦종헌관은 홀을 잡고 손에 배에 댄 채로 일어나 배위 준소(안자, 증자, 자사, 맹자 위패가 모셔진 곳)에 나와 서쪽을 향하여 서세요

1)사준 거멱각자 청주 봉작각 수주
2)찬인인 종헌관예 연국복성공 신위전 동향궤 진홀
3)봉작 궤우 전작 궤좌 봉작이작수 종헌관
4)종헌관 집작수 전작전우 신위전 제 삼점
5)종헌관 집홀 부복흥평신
①사준은 덮개를 열고 각각 청주를 따라주면 봉작은 각각 술을 받으세요
②찬인은 종헌관을 인도해서 안자 신위 앞에 나와 동쪽을 향해 꿇어앉아 홀을 꽂으세요
③봉작은 종헌관의 오른쪽, 전작은 왼쪽에 꿇어앉고 봉작은 잔을 종헌관에게 주세요
④종헌관은 잔을 받아 전작에게 주고 전작은 신위 앞 세 번째 자리에 놓으세요
⑤종헌관은 홀을 잡고 손을 배에 댄 채로 일어서세요

1)차예 성국종성공 신위전 서향궤 진홀
2)봉작 궤우 전작 궤좌 봉작이작수 종헌관
3)종헌관 집작수 전작전우 신위전 제 삼점
4)종헌관 집홀 부복흥평신
①다음은 증자 신위 앞에 나와 서쪽을 향해 꿇어앉아 홀을 꽂으세요 (이하 앞과 같음)

1)차예 기국술성공 신위전 동향궤 진홀
2)봉작 궤우 전작 궤좌 봉작이작수 종헌관
3)종헌관 집작수 전작전우 신위전 제 삼점

4)종헌관 집홀 부복흥평신
①다음은 자사 신위 앞에 나와 동쪽을 향해 끊어앉아 홀을 꽂으세요 (이하 앞과 같음)

1)차예 추국아성공 신위전 서향궤 진홀
2)봉작 궤우 전작 궤좌 봉작이작수 종헌관
3)종헌관 집작수 전작전우 신위전 제 삼점
4)종헌관 집홀 부복흥평신
①다음은 맹자 신위 앞에 나와 동쪽을 향해 끊어앉아 홀을 꽂으세요 (이하 앞과 같음)

1) 잉 강복위
①내려와 제자리에 서세요

◆**행분헌례**(우리나라 18현자, 중국 송나라 2현자께 술을 드리는 순서입니다.)
1)봉향봉로승 각취정위
2)찬인인 동서분헌관예 관세위 진홀 관세 집홀
3)찬인인 분헌관예 동서종향위 신위전 궤진홀
4)봉향봉 향합 봉로봉 향로 헌관 삼상향
5)집홀 부복흥평신 차역여지 봉향봉 잉 강복위
6)찬인인 동서분헌관 각예 동서 준소 서향립
7)사준 거멱작 청주 봉작각 제주
8)찬인인 동서분헌관 각예 동서 종향 신위전 궤진홀
9)봉작 이작수 헌관 헌관 집작수 전작 준우 신위전
10)헌관 집홀 부복흥평신 차역여지
11)헌관이하 제집사 잉 강복위
①봉향과 봉로는 올라와서 정해진 자리로 가세요
②찬인은 동서분헌관을 인도해서 대야 앞으로 나와 홀을 꽂고 손을 씻은 후 홀을 잡으세요
③찬인은 분헌관을 인도해서 동, 서쪽 종향 (5성을 제외한 우리나라 18현자, 송나라 2현자)신위 앞에 나와 끊어앉아 홀을 꽂으세요
④봉향은 향이 든 상자를 들고 봉로는 향로(향 피우는 항아리)를 들고 분헌관은 세 번 향을 올리세요
⑤홀을 잡고 손을 배에 댄 채로 일어나고 다음은 위와 같습니다. 봉향과 봉로는 제자리로 가세요
⑥찬인은 동서분헌관을 인도해서 각각 동, 서쪽 위패 모신 곳으로 가서 서쪽을 향해 서세요
⑦사준은 덮개를 열고 각각 청주를 따라주세요. 봉작은 각각 술을 받으세요
⑧찬인은 동서분헌관을 인도해서 각각 동, 서쪽 위패 모신 곳으로 가서 끊어앉아 홀을 꽂으세요
⑨봉작이 잔을 헌관에게 주면 헌관은 잔을 받아 전작에게 주고 전작은 신위(위패)앞에 올리세요
⑩분헌관은 홀을 잡고 손을 배에 댄 채로 일어나세요. 다음은 앞과 같습니다.
⑪헌관이하 모든 집사들은 내려와 자기자리에 서세요

◆**행음복례**(음식을 시식하는 순서입니다.)
1)봉작예 대성지성문선왕 신위전 준소

2)이작작 뇌복주 대축진감 신위전 조육
3)찬인인 초헌관 승자동계
4)찬인인예 음복위 서향궤 진홀
5)대축 북향궤우 봉작이작수 초헌관
6)초헌관 수음졸작 봉작 궤수허작 복우점
7)대축이 조육수 초헌관 초헌관 수조이조수 대축
8)초헌관 집홀 부복흥평신 헌관이하 제집사 강복위
9)헌관 개사배 대축승 철변두
10)헌관급 유생 재위자 개사배
①봉작은 공자님 위패를 모신 곳으로 오세요
②잔에 뇌복주를 따르고 대축은 신위 (공자님 위패) 앞 육포를 잘라오세요
③찬인은 초헌관을 인도해서 동쪽 계단으로 올라오세요
④찬인은 초헌관을 인도해서 음복(시식)하는 자리에 나와 서쪽을 향해 꿇어앉아 홀을 꽂으세요
⑤대축은 북쪽을 향하고 초헌관의 왼쪽에 꿇어앉으세요. 봉작은 잔을 초헌관에게 주세요
⑥초헌관이 받아서 마시면 봉작은 꿇어앉아 빈 잔을 받아 술잔을 올리는 곳에 놓으세요
⑦대축이 육포를 초헌관에게 주면 초헌관은 그것을 받고 도마(육포가 올려진 도마)를 대축에게 주세요
⑧초헌관은 홀을 잡고 손을 배에 댄 채로 일어나세요. 헌관이하 모든 집사들은 동쪽 계단으로 내려와 제자리에 서세요
⑨모든 현관은 4 번 절하고 대축은 올라와 변두(나무로 만든 제사용 그릇)을 거두세요
⑩현관, 유생과 이 자리에 계신 모든 분들은 4 번 절하세요

◆**행망료례**(축문을 불사르고 행사를 마무리하는 순서입니다.)
1)찬인인 초헌관예 망료위 초헌관 북향립
2)대축 이비취 축급폐 강자서계 치우가요 강복위
3)찬인인 초헌관지좌 백예필
4)찬인인 초헌관 집례 대축강복위
5)봉향봉로승 각폐독
6)헌관 개출
7)대축급 제집사 구취 개간 배위 사배
8)헌관 대축이하 집사 출 유생차 출
9)집례 묘사 찬인 구취 계간배위 사배
①찬인은 초헌관을 인도해서 망료례하는 자리로 나오고 초헌관은 북쪽을 바라보고 서세요
②대축은 폐비(대나무 바구니)와 축판(축문이 놓인 판)을 가지고 서쪽 계단으로 내려와 구덩이에 축문을 넣어 불사르고 내려와 제자리에 서세요
③찬인은 초헌관의 왼쪽으로 와서 행사가 끝났음을 알리세요
④찬인은 초헌관, 집례, 대축을 인도해서 내려와 제자리에 서세요
⑤봉향과 봉로는 올라와 각각 독을 닫으세요
⑥헌관은 차례로 모두 나오세요
⑦대축과 모든 집사들은 절하는 곳으로 와서 함께 4 번 절하세요
⑧헌관, 대축이하 모든 집사는 나가고 유생들도 따라 나오세요

⑨집례, 묘사(위패를 담당하는 사람), 찬인은 함께 절하는 곳으로 나와 4 번 절하세요.

◆제향기능으로서의 역할
1)공부자 탄강기념행사
매년 음력 8 월 27 일 공자님 탄신을 기념하여 전국에서 일제히 드리는 행사로서 모든 유림 및 시민들이 작헌례로 드립니다. 이 날 행사 후 효행자. 선행자 표창과 기로연 및 기념행사를 갖고 있습니다.

2)삭망 분향례
대달 음력 1 일과 15 일 향교의 유림들이 모여 경건하게 드리는 조촐한 기념행사입니다. 공자님을 위시한 선현들께 4 배 하면서 그 분들의 덕과 가르침을 추모하며 기억하는 행사합니다.(出處 구미 청년 유림회)

금성균관석전(今成均館釋奠)

◆석전의 의의
석전이라 함은 문묘에서 공부자(孔夫子)에게 제사지내는 의식을 일컫는다. 즉 만세종사(萬世宗師)이신 공부자께서 남기신 인의도덕의 이상을 근본삼아 사람으로서 마땅히 행하여야 할 효제충신(孝悌忠信)의 실천과 수제치평(修齊治平)의 도리를 천명함에 있어 배사모성(拜師慕聖)의 예로서 생폐예제(牲幣醴齊)를 헌설(獻設)하고 공부자께서 자리에 앉아 계신 듯이 엄숙하고 경건하게 전례(奠禮)를 봉행하는 것을 석전이라고 한다.

그러나 원래는 문묘에서 선성(先聖), 선사(先師)에게 제사지내는 의식으로서 석(釋)과 전(奠)은 다 차려놓다는 뜻으로, 석채(釋菜)라 하면 빈번지류(蘋蘩之類)로 단조로운 차림이고, 석전은 생폐(牲幣)와 합악(合樂)과 헌수(獻酬)가 있는 성대한 제전(祭典)이다. 이러한 석전은 선성과 선현들의 학문과 인격과 덕행과 사상을 단순한 이론으로만 배우는 것이 아니라 이를 숭모하고 존중히 여기며 스승을 높이고 진리를 소중히 여기는 기풍을 체득하기 위하여 문묘에서 거행하는 의식이다.

본래 문묘는 고구려 소수림왕 2년(372년)에 설립한 태학(太學), 신라시대의 국학(國學), 고려시대의 국자감(國子監), 조선시대의 성균관(成均館) 등의 국립대학 구내에 건립하여 국조(國朝)에서 주관하는 오례(五禮) 중에서 길례(吉禮)편에 속하는 국가적 중사인 석전을 지내는 장소로 사용되어 왔다. 이러한 태학이나 국학, 국자감, 성균관은 우리 나라의 유일한 전통적 민족대학으로서 유교를 근본이념으로 하여 인재를양성해 온 교육기관이다.

◆석전의 유래(由來)
석전이란 학교에서 선성(先聖), 선사(先師)에게 제사지내는 의식이라 하였는데 여기서 선사(先師)란 앞서간 전대(前代)의 훌륭했던 스승들을 일컫는 말이고, 선성(先聖)이란 주대(周代)에는 요(堯)·순(舜)·우(禹)·탕(湯)·문왕(文王)·무왕(武王)·주공(周公)을 일컫는 것이 고대 중국의 관례이고, 한(漢) 이후 유교를 국교로 받들게 되자 공부자를 점차 선성, 선사의 자리로 올려 문묘의 주향(主享)으로 모시는 동시에 석전으로 우러르는 관례가 정착이 되었다. 후한(後漢) 명제(明帝) 같은 제왕은 주공(周公)

을 선성, 공부자를 선사로 삼아 공부자의 고택(古宅)을 찾아가서 석전을 올리기도 하였다. 위(魏), 수(隋), 당(唐) 이후로는 대체로 공부자를 선성, 안회(顔回)를 선사로 받들어 석전을 올렸다.

특히, 당 태종 정관(貞觀) 4년(630년)에는 각 주(州)의 현(縣)마다 공부자묘(孔夫子廟)를 세웠는데 당 현종(玄宗)이 개원 27년(736년)에 공부자를 문선왕(文宣王)으로 추봉하였다. 공부자께서 돌아가신 후 그의 옛집 곡부(曲阜)에 묘(廟)를 세우고 후제(後齊)에 이르러 태학의 가운데에 공안(孔顔)의 묘(廟)를 두었다. 명(明)에 와서 태학의 문묘를 대성전이라 일컬어 석전을 올리는 사당으로 확립되었다.

우리 나라에 유교가 전래한 기록은 없지만 최초로 태학을 설립한 것은 고구려 소수림왕 2년인 서기 372년으로 이때 석전도 함께 봉행했을 것으로 추측이 된다. 백제는 국립 중앙학교 설립의 기록은 전하지 않으나 오경박사(五經博士) 등의 명칭이 『삼국사기(三國史記)』에 나오고, 일본에 『논어』와 『천자문』을 전한 박사 아직기(阿直岐), 왕인(王仁)의 기록이 있는 것으로 보아 국립 중앙학교도 석전의식을 봉행했던 것으로 보아야 할 것 같다. 신라에서는 진덕여왕(眞德女王) 2년인 서기 648년에 김춘추가 당나라에 건너가 그곳의 국학(國學)을 찾아 석전의 의식을 참관하고 돌아온 후 국학설립을 추진했고 신문왕(神文王) 2년에 그 제도가 확립되었다. 성덕왕(聖德王) 16년(717년)에는 태감(太監) 김수충(金守忠)이 당으로부터 공부자와 10철 및 72제자의 영정을 가져와서 국학에 안치했다는 기록이 있어 석전의식이 국학에서 봉행되고 있었음을 알려주고 있다.

고려에서는 『고려사(高麗史)』에 보면 국자감에서 석전례를 행한 것을 볼 수 있으며 성종(成宗) 2년(983년) 박사 임성로(任成老)가 송으로부터 공부자묘도(孔夫子廟圖) 한 폭과 제기도(祭器圖) 1권, 72현찬기(賢贊記) 1권을 각각 가져와 성종에게 올렸으며 현종(顯宗) 11년(1020년) 8월, 최치원을 선성묘에 배향하고 같은 13년(1022년)에는 설총을 또한 이 묘에 배향하였다. 예종(睿宗) 9년(1114년) 6월에 사신 안직승이 귀국할 때 송휘종(宋徽宗)이 신악기와 악보 및 지결도(指訣圖)를 보내 주었다. 이 때 보내준 악기는 속악기와 아악기가 혼합하여 있었다. 이 악기를 받을 하례사(賀禮使)로 추밀원(樞密院) 지주(知奏) 왕자지(王字之)와 호부(戶部) 미중(微中) 문공미(文公美)를 파견하였다.

예종 11년(1116년) 6월에 송에 하례사로 가 있던 왕자지, 문공미에게 휘종이 조서(詔書)와 함께 대성아악(大成雅樂)을 보내 주었다. 이 때에 들어온 대성아악은 순수한 아악기에 속하며 이와 함께 아악 연주에 필요한 무구(舞具), 무복(舞服) 장식 일습을 구비하여 보내온 것이다. 이 때 들어온 대성아악은 원구(圓丘)·사직(社稷)·태묘(太廟)·선농(先農)·선잠(先蠶)·문선왕묘 등의 제사와 그밖의 연향에 쓰이게 되었다. 충렬왕 30년(1304년) 6월에 고려의 국도 개경에 있던 국자감을 성균관으로 개칭하였는데 성균관이라고 하는 이름은 "一掌成均之法典 以治建國之學政"이라는 『주례(周禮)』의 성균에서 연원된 것이다.

조선시대에 이르러서는 태조(太祖) 7년(1398년), 숭교방(崇敎坊)에 성균관을 설치해 국립 최고학부의 기능을 다하게 했으며, 정전(正殿)인 대성전에는 공부자를 비롯해서 4성, 10철과 송조6현 등 21위를 봉안했고, 동·서무에 우리 나라 명현 18위와 중국 유현 94위 등을 봉안하여 매년 춘추 두 차례 석전을 받들어 행하였다.

그러나 일제치하인 1937년부터는 양력 4월과 10월의 15일로 변경하여 실시하다가 해방 후인 1949년에 전국 유림대회의 결의로 5성위(五聖位)와 송조2현(宋朝二賢)만

봉안하고 그 외 중국 유현을 매안(埋安)하고 우리 나라 18현을 대성전에 승봉종향(陞奉從享)하고 춘추석전을 폐하고 탄일(誕日)인 음력 8월 27일에 기념석전을 봉행하다가 2007년부터 공부자(孔夫子)의 기신일(忌辰日)을 양력(陽歷)으로 환산한 5월 11일에 춘기석전(春期釋奠)을 봉행하고, 탄강일(誕降日)을 양력으로 환산한 9월 28일에 추기석전(秋期釋奠)을 봉행하였다. 그러나 2014년부터 석전대제에 관하여 문화재청의 "1986년 중요무형문화재 제85호 지정 당시의 모습으로 복원하라"는 공문에 따라 성균관은 2014년 추기 석전대제부터 일무와 아악을 1986년 중요무형문화재 제85호 지정 당시의 모습으로 복원하며, 예법에 따라 2•8 상정(上丁) 석전으로 모시기로 결정하고 2014년 추기석전부터 시행하였다.

그 자세한 내용을 살펴보면, 첫째, 석전대제의 일자를 변경하였다. 고래로 석전은 중춘(仲春), 중추(仲秋) 상정(上丁) 일에 변함없이 꾸준히 모셔져 왔으나, 근래에 성균관의 몇몇 임원들의 잘못된 인식으로 인하여 2007년부터 석전(釋奠)을 공자님 돌아가신 날(양력 5.11)과 탄강일(양력 9.28)로 진행되었다. 석전은 춘(春)에 관(官)이 석전우기선사(釋奠于其先師)한다고 <예기(禮記)>에 기록되어 있고, 조선왕조실록에도 세종대왕 시대에 국법으로 춘추이중상정(春秋二仲上丁)으로 시일을 확정하였으며, <태학지(太學志)>에도 석전은 중춘추상순정일(仲春秋上旬丁日)이라고 분명히 밝혀져 있는 오래된 태학(太學) 전통의 헌장이었다. 이에 2•8 상정(上丁) 석전으로 모시게 되었다.

둘째, 석전대제의 음악(아악) 연행의 변경하였다. 문묘석전의 아악은 만세종사이신 공부자를 존숭하고 숭모하는 지극히 고아(高雅)한 음악이며, 나아가 인간 본연의 마음을 담은 음악을 갖추기란 고도의 숙련된 음악적 학습이 없이는 도저히 이룰 수 없는 것이기에, 2014년 추기석전부터 1986년 중요무형문화재 제85호 지정 당시 연주한 국립국악원 악사들을 모시고 연행하기로 하였다.

셋째, 석전대제의 춤(일무) 연행을 변경하였다. 문묘석전의 춤은 공부자의 문덕(文德)과 무덕(武德)을 몸동작으로 형용한 것인데, 그 춤사위가 1986년 석전대제의 중요무형문화재 제85호 지정 당시의 것에 비해 큰 변화가 있어, 이것 역시 문화재청이 요청한 중요무형문화재 지정 당시의 것으로 환원하여 모시기로 결정하였다.

◆오늘날의 석전(釋奠)

우리나라의 석전대제에는 중국이나 일본에도 남아 있지 않는 고래(古來)의 악기와 제기를 보유하여 사용하고 있으며, 고전음악인 문묘제례악(文廟祭禮樂)과 고무(古舞)인 팔일무(八佾舞), 제관(祭官)이 입는 전통적이고 권위있는 의상과 고전적 의식 절차 등이 화려하고 장중하여 예술적 가치가 클 뿐만 아니라 전세계적으로도 유일하게 그 원형이 잘 보존되어 있어 문화재적 가치가 커서 중요무형문화재 제85호로 지정되어 있다. 이러한 석전은 동양의 철학과 학문과 그 인습에 깊이 뿌리를 둔 종합적이고 복합적인 문화의 양식으로 오늘날까지 동양문화의 주류를 이루고 있는 본질적인 맥락이다.

◆석전순(釋奠順)

1) 전악(典樂)이 악사(樂士)와 무생(舞生)을 인솔(引率)하여 소정(所定)의 위치(位置)에 들어감.
2) 찬인(贊引)이 대축(大祝)과 제 집사(執事)를 인도(引導)하여 소정(所定)의 위치(位置)에 들어감.대축(大祝)과 제 집사(執事)가 사배(四拜)함. 대축(大祝)과 제 집사(執事)가 관세위(관洗位)에 나아가 세수(洗手)하고 대성전(大成殿) 계상(階上)에 정열

(整列)함.

3) 알자(謁者)와 찬인(贊引)이 초헌관(初獻官), 아헌관(亞獻官), 종헌관(終獻官), 분헌관(分獻官)을 인도하여 소정의 위치에 들어감. 알자(謁者)가 초헌관(初獻官)에게 행사(行事)를 청함. 당하악(堂下樂)과 문무(文舞)를 시작함. 헌관(獻官)과 참례자(參禮者) 일동(一同)이 사배(四拜)함.

4) 전폐례(奠幣禮) : 알자가 초헌관을 인도하여 관세위에 나아가 세수하고 공부자대성위 앞에 나아감. 당상악과 문무를 시작함. 초헌관이 공부자대성위 앞에 꿇어 앉아 세 번 분향하고 폐백(幣帛)을 드리고, 차례로 안자성위(顏子聖位)와 증자성위(曾子聖位), 자사성위(子思聖位), 맹자성위(孟子聖位)에 나아가 분향하고 폐백을 드리고 소정의 위치로 돌아감.

5) 초헌례(初獻禮) : 알자가 초헌관을 인도하여 공부자대성위에 올릴 술상 앞에 나아감. 당상악과 문무를 시작함. 공부자대성위 앞에 나아가 술잔을 올리고 조금 물러서서 꿇어 앉음. 대축이 축문(祝文)을 읽음. 초헌관이 안자성위, 증자성위, 자사성위, 맹자성위 순으로 나아가 각각 술잔을 올리고 소정의 위치로 돌아감.

6) 아헌례(亞獻禮) : 알자가 아헌관을 인도하여 관세위에 나아가 세수하고 공부자대성위 앞에 나아감. 당하악(堂下樂)과 무무(武舞)를 시작함. 공부자대성위 앞에 술잔을 올리고 다음 사성위(四聖位) 순으로 각각 술잔을 올리고 소정의 위치로 돌아감.

7) 종헌례(終獻禮) : 알자가 종헌관을 인도하여 관세위에 나아가 세수하고 공부자대성위 앞에 나아감. 당하악(堂下樂)과 무무를 시작함. 공부자대성위 앞에 나아가 술잔을 올리고 다음 사성위 순으로 각각 술잔을 올리고 소정의 위치로 돌아감.

8) 분헌례(分獻禮) : 종헌관이 행례를 위해 장차 전에 오르려고 하면 찬인이 동종향 분헌관과 서종향 분헌관을 인도하여 관세위에 나아가 세수하고 동종향 분헌관은 동종향 십칠위(十七位)에 분향하고 술잔을 올리고 서종향분헌관은 서종향 십칠위(十七位)에 분향하고 술잔을 올리고 소정의 위치로 돌아감.

9) 음복례(飮福禮) : 알자가 초헌관을 인도하여 음복하는 곳에 나아가 석전에 드린 술과 포(脯)를 받아 음복함. 헌관이 사배함. 대축이 철상(撤床)함. 당상악을 하다가 그치고 다시 시작함. 헌관과 참례자 일동이 사배함.

10) 망예례(望瘞禮) : 알자가 초헌관을 인도하여 분축(焚祝)하는 곳에 나아감. 악을 그침. 대축이 분축함. 알자가 초헌관에게 예필(禮畢)을 고함. 알자와 찬인이 헌관을 인도하여 퇴출함.

◆헌관 및 집사의 명칭과 임무

○**초헌관(初獻官)** 5성위에 향을 사르고 첫 잔을 올리는 제관으로 제사의 주인이다

○**아헌관(亞獻官)** 5성위에 두 번째 잔을 올리는 제관

○**종헌관(終獻官)** 5성위에 세 번째 잔을 올리는 제관

○**분헌관(分獻官)** 종향위(從享位)에 향을 사르고 잔을 올리는 제관

○**당상집례(堂上執禮)** 한문 홀기를 읽어 진행을 담당하는 제관

○**당하집례(堂下執禮)** 원래는 동서무 진행을 담당하는 집례였으나 현재는 동서무에 위패를 모시지 않아 대성전 월대밑에 서서 해설을 담당하는 제관

○**전사관(典祀官)** 나라의 제사에 제수를 준비하고 제상을 차리는 일을 맡은 제관

○**대축(大祝)** 축문을 읽는 제관

○**알자(謁者)** 초헌관을 안내하는 집사

○**찬인(贊引)** 헌관과 대축을 안내하는 집사
○**봉향(奉香)** 향(香)을 받드는 집사
○**봉로(奉爐)** 향로를 받드는 집사
○**봉작(奉爵)** 준소(樽所: 술항아리를 놓아두는 곳)에서 사준이 따른 술잔을 받아 헌관에게 건네주는 집사
○**전작(奠爵)** 헌관에게서 술잔을 받아 신위 앞에 올리는 집사
○**사준(司樽)** 준소에서 술을 잔에 따르는 집사

●국조오례의(國朝五禮儀) 석전행례(釋奠行禮) 홀기(笏記)
◆음복례(飲福禮)
○대축예정위존소이작작복주치점상(大祝詣正位尊所以爵酌福酒寘坫上) ○대축지조급도진감신위전조육성조상출치존소(大祝持俎及刀進減神位前俎肉盛俎上出寘尊所) ○알자인초헌관예음복위(謁者引初獻官詣飲福位) ○서향립(西向立) ○궤진홀(跪搢笏) ○대축예존소집작취초헌관지좌북향궤수초헌관(大祝詣尊所執爵就初獻官之左北向跪授初獻官) ○초헌관음졸작(初獻官飲卒爵) ○대축이작반우점(大祝以爵反于坫)○대축취조육북향궤수초헌관(大祝取胙肉北向跪授初獻官) ○초헌관수조(初獻官受胙) ○대축이조조강자동계출(大祝以胙俎降自東階出) ○초헌관집홀(初獻官執笏) ○부복흥평신(俯伏興平身) ○알자인초헌관강복위(謁者引初獻官降復位) ○사배(四拜) ○헌관개사배(獻官皆四拜) ○동서창호창(東西唱呼唱)○국궁배흥배흥배흥배흥평신(鞠躬拜興拜興拜興拜興平身)

●국조오례의(國朝五禮儀) 주현(州縣) 석전행례(釋奠行禮) 홀기(笏記)
◆음복례(飲福禮)
○알자왈음복수조(謁者曰飲福受胙) ○집사자예문선왕존소이작작뢰복주(執事者詣文宣王尊所以爵酌罍福酒) ○우집사자지조진감신위전조육(又執事者持俎進減神位前胙肉) ○알자인초헌관승예음복위서향립(謁者引初獻官升詣飲福位西向立) ○찬궤진홀(贊跪搢笏) ○집사자진초헌관지좌북향이작수초헌관(執事者進初獻官之左北向以爵授初獻官) ○초헌관수작음졸작(初獻官受爵飲卒爵) ○집사자수허작복어점(執事者受虛爵復於坫) ○집사자북향이조수초헌관(執事者北向以俎授初獻官)○초헌관수조이수집사자(初獻官受俎以授執事者) ○집사자수조강자동계출문(執事者受俎降自東階出門) ○알자찬집홀부복흥평신인강복위(謁者贊執笏俯伏興平身引降復位) ○찬자왈사배(贊者曰四拜) ○재위자급학생개사배(在位者及學生皆四拜)

●수문요초(隨聞要抄) 석전대제(釋奠大祭) 향교(鄕校) 제향식조(祭享式條) 향교(鄕校) 석전대제(釋奠大祭) 홀기(笏記)
◆음복례(飲福禮)
○알자인초헌관음복위(謁者引初獻官飲福位) ○북향궤(北向跪) ○진홀(搢笏) ○이작수

헌관(以爵授獻官) ○헌관수작음졸작(獻官受爵飮卒爵) ○집사수허작복어점(執事受虛爵復於站) ○축진감조육수헌관(祝進減胙肉授獻官) ○헌관수조이수집사(獻官受胙以授執事) ○집사출문(執事出門) ○부복(俯伏)흥(興) ○인강복위(引降復位) ○사배헌관이하개사배(四拜獻官以下皆四拜)

◆석전대제(釋奠大祭) 제관목록(祭官目錄)

(一) 초헌관(初獻官) : 대제를 드릴 때 강신을 행하고 5성 (유교 5명의 성인 공자, 안자,증자,자사,맹자)께 술을 세번 드리는데 그 중 첫 번째로 드리는 제관으로 그 제사의 주인이라하며 지방은 그 지방수령이 행하고 성균관의 경우 왕이나 왕세자, 정승 등이 초헌관이 됨.

(二) 아헌관(亞獻官) : 두 번째로 술을 드리는 제관.

(三) 종헌관(終獻官) : 세 번째로 술을 드리는 제관으로 보통 전교(교장)가 종헌관이 됨.

(四) 분헌관(分獻官) : 공자, 안자, 증자, 자사, 맹자 오성(五聖) 이외 성현(聖賢) 분들께 술을 올리는 제관.

(五) 집례(執禮) : 홀기(행사순서)를 불러서 행사를 진행하는 제관으로 당상집례(堂上執禮)와 당하집례(堂下執禮)로 나뉨.

(六) 전사관(典祀官) : 제수를 준비하고 제상을 차리는 제관

(七) 대축(大祝) : 독축(讀祝)하는 제관.

(八) 진설(陳設) : 제수를 법도대로 배치하는 제관.

(九) 봉향(奉香) : 향을 드는 제관.

(十) 봉로(奉爐) : 향로를 드는 제관.

(十一) 사준(司樽) : 술잔에 술을 따르는 제관.

(十二) 봉작(奉爵) : 술잔을 사준에게서 받아 초헌관, 아헌관, 종헌관에게 드리는 제관.

(十三) 준작(尊爵) : 초, 아, 종헌관에게 술잔을 받아서 5성 신위에 드리는 제관.

(十四) 알자(謁者) : 헌관을 도와 길을 인도하는 제관. **(十五) 찬인(贊引)** : 축문을 읽는 대축을 인도하는 제관. **(十六) 묘사(廟司)** : 위패를 담당하는 제관.

◆석전대제(釋奠大祭) 순서(順序)

1) **창홀** : 집례가 홀기를 읽으며 행사시작을 알리는 순서.

2) **전폐례** : 향을 피우고 행사를 준비하는 순서.

3) **초헌례** : 초헌관이 첫 번째로 5성께 술을 드리는 순서.

4) **아헌례** : 아헌관이 두 번째로 5성께 술을 드리는 순서.

5) **종헌례** : 종헌관이 세 번째로 5성께 술을 드리는 순서.

6) **분헌례** : 분헌관들이 5성을 제외한 성인들께 술을 드리는 순서.

7) **음복례** : 제수음식을 시식하는 순서.

8) **망료례** : 축문을 불사르고 행사를 마무리하는 순서.

◆춘향(春享)추향(秋享)대제(大祭) 헌집분정(獻執分定)

1. 初獻官(초헌관).	2. 亞獻官(아헌관).
3. 終獻官(종헌관).	4. 大祝官(대축관).
5. 執禮官(집례관).	6. 典祀官(전사관).
7. 贊者(찬자).	8. 謁者(알자).
9. 贊引(찬인).	10. 判陳設(판진설).

11. 司尊(사존).　　12. 奉香(봉향).
13. 奉爵(봉작).　　14. 奠爵(전작).
15. 直日(직일).　　16. 司樽(사준).

◆석전의홀기용어해설(釋奠儀笏記用語解說)

1. **초헌관(初獻官)** : 五聖位(오성위)에 첫잔을 드리는 제관. 오량관제복(五梁冠祭服)-분향(焚香) 전폐(奠幣) 음복(飲福) 망예(望瘞) 례(禮)를 행함○향을 사르고 첫 잔을 올리는 제관으로 그 제사의 주인임.

2. **아헌관(亞獻官)** : 오성위에 두 번째 잔을 드리는 제관사량관제복(四梁冠祭服)

3. **종헌관(終獻官)** : 오성위에 세 번째로 끝 잔을 드리는 제관. 삼량관제복(三梁冠祭服)

4. **분헌관(分獻官)** : 동서종향위(東西從享位)에 분향하고 잔을 드리는 제관. 삼량관제복(三梁冠祭服)

5. **대축(大祝)** : 축문을 읽는 제관. 일량관제복(一梁冠祭服)

6. **당상집례(堂上執禮)** : 홀기(笏記)를 부르는 제관. 이량관제복(二梁冠祭服)

7. **당하집례(堂下執禮)** : 동서무(東西廡)진행을 담당하는 제관. 이량관제복(二梁冠祭服)

8. **전사관(典祀官)** : 제수를 준비하고 제상을 차리는 일을 맡은 제관.

9. **찬자(贊者)** : 제사 때 의식 순서를 읽는 사람.

10. **알자(謁者)** : 獻官(헌관) 인도인. 초헌관을 안내하는 집사.

12. **찬인(贊引)** : 分獻官(분헌관) 인도인, 의식 진행을 돕고, 헌관과 대축을 안내하는 집사.

13. **판진설(判陳設)** : 제사 음식의 진설을 감독하고 지시하는 사람, 학생(學生)이라고 함.

14. **사준(司尊)** : 술동이를 맡은 집사(執事).

15. **봉향(奉香)** : 향합(香盒)을 받드는 집사(執事).

16. **봉로(奉爐)** : 향로(香爐)를 받드는 집사(執事).

17. **봉작(奉爵)** : 술잔을 받드는 집사(執事).

18. **전작(奠爵)** : 술잔을 神位前(신위전)에 올리는 집사(執事)

19. **직일(直日)** : 제례 전반에 대하여 자문을 하는 사람.

20. **사준(司樽)** : 준소(尊所)에서 술을 잔에 따르는 집사(執事).

◆서원춘향 집사파록(書院春享 執事爬錄)

- **초헌관(初獻官)** : 원장. 첫잔드리기.
- **아헌관(亞獻官)** : 두 번째 잔.
- **종헌관(終獻官)** : 마지막 세 번째 잔.
- **집례(執禮)** : 홀기를 맡아 부른다.
- **대축(大祝)** : 축을 쓰고 읽는다.
- **전사관(典祀官)** : 제수를 진설할 때까지 담당.
- **알자(謁者)** : 초헌관 제례 봉행 도운다.
- **찬인(贊引)** : 아헌관, 종헌관을 도운다.
- **판진설(判陳設)** : 제수를 법도에 맞게 진설한다.
- **봉향(奉香)** : 향합을 받들어 헌관 우측에 간다.

- **봉로(奉爐)** : 향로를 받들어 헌관 좌측에 간다.
- **봉작(奉爵)** : 술잔을 헌관에 드린다.
- **전작(奠爵)** : 헌관으로부터 잔을 받아 신위전에 드린다.
- **사준(司尊)** : 술을 맡아 잔을 부어준다.
- **통갈(通喝)** : 집사 파록을 낭독한다.
- **학생(學生)** : 원로로서 제례 전반에 대해 고문에 응한다.

○ **집사(執事)** : 절차에 따라 일을 진행시키는 사람.
○ **홀기(笏記)** : 식순(式順).
○ **관세위(盥洗位)** : 손 씻는 자리.
○ **배위(拜位)** : 절하는 자리.
○ **복위(復位)** : 제자리로 돌아옴.
○ **진홀(搢笏)** : 홀을(제복) 홀 꽂이에 꽂음.
○ **집홀(執笏)** : 홀을 손에 잡음.
○ **국궁(鞠躬)** : 존경의 뜻으로 몸을 굽힘.
○ **준소(尊所)** : 술 항아리 있는 곳.
○ **예제(醴齊)** : 담은 지 얼마 안 된 단술. 일일숙주(一日宿酒)
○ **앙제(盎齊)** : 중간정도 익어 푸른빛이 도는 술. 삼일숙주(三日宿酒)
○ **청주(淸酒)** : 겨울에 빚어 여름에 익은 술. 오일숙주(五日宿酒)
○ **현주(玄酒)** : 태고 때에는 술이 없어서 물로 행례(行禮)했는데 뒤의 왕이 옛
것을 소중히 여기기 때문에 현주라고 했다.(물의 빛이 검게 보여 현이라고 함.
○ **명수(明水)** : 그늘진 곳에서 뜨는 것으로 달빛 아래의 물은 달에서 난다고 여겨
明(명)이라 함.
○ **홀(笏)** : 수판(手板) 유위자(有位者) 조견시(朝見時) 유사칙(有事則) 서우이비유지
(書于以備遺志)
○ **점((坫)** : 술잔이나 축을 올려놓는 받침대.
○ **보(簠)** : 제기이름 보 (바깥은 네모지고 담는 안 부분은 둥근 제기, 수수나 보
리쌀 등을 사용)
○ **궤(簋)** : 제기이름 궤(쌀 찹쌀 등을 사용)
○ **탐(醓)** : 육장(肉醬).
○ **세(帨)** : 수건. [여자패건(女子佩巾)]
○ **조(俎)** : 도마. (제향 때 희생을 얹는 도구)
○ **변(籩)** : 제기이름. 죽기(竹器)
○ **두(豆)** : 제기이름. 목기(木器)
○ **작(爵)** : 술잔.
○ **뢰(罍)** : 술잔(술독)
○ **작(酌)** : 따르다 (액체를 퍼내다)
○ **멱(冪)** : 덮개.
○ **예(瘞)** : 묻다.
○ **감(坎)** : 구덩이.
○ **준(尊)** : 준(樽)과통용(通用) (古來 原文에 준(尊)으로 사용)
○ **철(徹)** : 치우다. 撤과통용 (古來 原文에 徹로사용)
○ **예차헌관(預差獻官)** : 석전즉후 교중회의를 통하여 차기 석전의 제관을 정해야

하는데 이것을 祭官分定(제관분정)이라 한다. 천망(薦望) 망첩(望帖)을 보내면 망첩을 받은 후보자는 함부로 사퇴하지 못하는 불문율(不文律)이 있다. 부득이한 경우 사유를 갖춘 사단(辭單)을 교중에 제출하여야 함.

석전대제홀기(釋奠大祭笏記)

(1)집례(執禮) 급(及) 묘사(廟司) 선취(先就) 계간배위(階間拜位) 개사배(皆四拜)[무창(無唱)]집례와 묘사가 계간배위로 올라가 4배를 함으로써 석전대제가시작되고 있습니다.

(2)흘(訖) 취(就) 관세위(盥洗位) 관수세수(盥手帨手)4배를 마치고 집례와 묘사는 관세위로 나아가 물로 손을 씻고 수건으로 닦고 있습니다.

(3)집례(執禮) 전중정문외북향서상립(殿中正門外北向西上立) 묘사입취위(廟司入就位)집례는 대성전 문외에서 북향 서상립하고 묘사는 입취위 합니다.

●창홀(唱 笏)이제부터 집례가 창홀을 합니다.

(4)알자(謁者) 인초헌관(引初獻官) 승자동계(升自東階)알자는 초헌관을 인도하여 동계로 오릅니다.

(5)초헌관입(初獻官入) 점시진설(點視陳設)초헌관은 대성전에 들어가 오성위와 종향위의 진설을 점검하고 계십니다.

(6)흘(訖) 환출(還出) 알자(謁者) 인초헌관(引初獻官) 구취문외위북향립(俱就門外位北向立)점시진설을 마치면 알자는 초헌관을 인도하여 문 밖으로 나와 북향립 합니다.

(7)찬인(贊引) 인대축급(引大祝及) 제집사(諸執事) 승자동계(升自東階)찬인은 대축과 제 집사들을 인도하여 동계로 올라갑니다.

(8)대축급(大祝及) 제집사(諸執事) 입(入) 연촉(燃燭), 개독(開櫝), 계보궤(啓簠簋)대축과 집사들은 대성전에 들어가 촛불을 켜고, 신위의 독을 열고, 보궤를 열고 있습니다.

(9)흘(訖) 환출(還出) 강복위(降復位)다 끝나고 모든 집사들은 밖으로 나옵니다.

(10)찬인(贊引) 인대축급제집사(引大祝及諸執事) 계간배위(階間拜位) 개사배(皆四拜)찬인이하 제 집사들은 계간배위에서 4배를 합니다.

국궁(鞠躬) 궤(跪) 배(拜),흥(興), 배(拜),흥(興), 배(拜),흥(興), 배(拜),흥(興) 평신(平身)

(11)흘(訖) 찬인(贊引) 인(引) 대축급제집사(大祝及諸執事) 예관세위(詣盥洗位) 북향립(北向立) 관수세수(盥手帨手)절이 다 끝나면 제집사들은 관세위에 나아가 관수세수를 합니다.

(12)흘(訖) 각취위(各就位) 사존세작성사(司尊洗酌省事)제집사들은 관수세수를 마치고 자리로 나아가고 사준은 술잔을씻고 잘 되었는가 살펴보게 됩니다.

(13)알자급(謁者及) 찬인(贊引) 인제헌관(引諸獻官) 승자동계입(升自東階入) 계간배위(階間拜位)알자와 찬인은 내삼문 밖에 있는 모든 헌관을 모시고, 계간배위로 오르십시오.

(14)알자(謁者) 진(進) 초헌관지좌(初獻官之左) 백유사(白有司) 근구청행사(謹具請行事)알자는 초헌관 좌측에 가서 행사를 청합니다.

(15)찬인(贊引) 인(引) 제제관계간배위(諸祭官階間拜位) 잉예(仍詣) 헌관이

하(獻官以下) 제제관급(諸祭官及) 일반(一般) 삼제원(參祭員) 개사배(皆四拜)
헌관이하 제 제관과 일반 참제원이 함께 참신 4배를 하시겠습니다. 참제원 여러분께서는
자리에서 일어나 배례를 하여 주십시오.
○진홀(搢笏) 국궁(鞠躬) 궤(跪) 배(拜),흥(興),배(拜),흥(興),배(拜),흥(興),
배(拜),흥(興), 집홀(執笏) 평신(平身) 각취위(各就位)절이 다 끝났으면 각기
자리로 돌아갑니다. 일반참제원은 자리에 앉아 주십시오.

◆행(行) 전폐례(奠幣禮)이제 전폐례를 행합니다.

(16)알자(謁者) 인(引) 초헌관(初獻官) 예관세위북향립(詣盥洗位北向立)
진홀(搢笏) 관수세수(盥手洗手)알자는 초헌관을 인도하여 관세위에 나아가 손을 씻게
하십시오.
(17)홀(訖) 집홀(執笏) 인예대성지성문선왕신위전(引詣大成至聖文宣王神位
前) 중앙궤(中央跪) 진홀(搢笏)마쳤으면 홀을 잡고 대성지성문선왕 중앙에 꿇어 앉으
시고 홀을 꽂으십시오.
(18)찬인(贊引) 인(引) 대축(大祝) 급(及) 봉향봉로입(奉香奉爐入) 봉향(奉
香) 봉향합(奉香盒) 진초헌관지우궤(進初獻官之右跪) 봉로(奉爐) 봉향로(奉
香爐) 진초헌관지좌궤(進初獻官之左跪)찬인은 대축과 봉향 봉로를 인도하여 봉향은
향합을 받들고 초헌관의 우측에 꿇어앉고, 봉로는 향로를 받들고 초헌관의 좌측에 꿇어
앉으십시오.
(19)초헌관(初獻官) 삼상향(三上香) 차예사성위(次詣四聖位) 순차삼상향(循
次三上香)초헌관은 삼상향 하시고 이어서 연국 복성공 안자, 성국 종성공 증자, 기국 술성
공 자사자, 추국 아성공 맹자님의 사성위에 차례로 삼상향 하십시오.
　(20)차예대축봉폐비(次詣大祝奉幣篚) 진우(進于) 초헌관지우궤(初獻官之右
跪) 수초헌관(授初獻官) 초헌관(初獻官) 집폐(執幣) 헌폐(獻幣) 이폐(以幣)
수대축(授大祝) 자좌수지전우신위전(自左受之奠于神位前)대축은 폐비를 받들고
나아가 초헌관의 우측에 꿇어 앉아 초헌관 에게 드리고 초헌관은 폐를 받아 헌폐하시고 이
폐를 대축에게 주시고 대축은 좌측에서 받아 신위전에 올리시오.
(21)초헌관집홀(初獻官執笏) 부복(俯伏) 흥평신(興平身) 차예배위순차헌폐
(次詣配位循次獻幣) 홀(訖) 알자(謁者) 인초헌관(引初獻官) 강복위(降復位).
초헌관은 홀을 잡고 일어나 다음 배위로 나아가 연국 복성공 안자, 성국 종성공 증자, 기국
술성공 자사자, 추국 아성공 맹자님의 배위에 차례로 헌폐 하십니다. 다 끝나면 알자는 초
헌관을 인도하여 제 자리로 돌아오십니다.

◆행(行) 초헌례(初獻禮)초헌례를 행합니다.

(22)알자(謁者) 인초헌관(引初獻官) 예대성지성문선왕존소서향립(詣大成至
聖文宣王尊所西向立)알자는 초헌관을 인도하여 대성지성문선왕 준소위로 나아가 서향립
하십니다.
(23)사존(司尊) 거멱작례제(擧羃酌醴齊) 봉작이작수주(奉酌以爵受酒)사준은
멱을 열고 예제를 술잔에 따르시오. 봉작은 작에 술을 받으시오.
(24)알자(謁者) 인초헌관예대성지성문선왕신위전북향립(引初獻官詣大成至聖
文宣王神位前北向立)알자는 초헌관을 인도하여 대성지성문선왕신위전에 나아가 북향 입
하시오.
(25)헌관진홀(獻官搢笏) 궤(跪) 봉작전작궤(奉爵奠爵跪) 진우헌관지좌우(進
于獻官之左右) 봉작이작(奉爵以爵) 수헌관(授獻官) 헌관(獻官) 집작(執爵)
헌작(獻爵) 이작수전작(以爵授奠爵) 전우신위전(奠于神位前) 서단제일점(西

端第一坫)헌관은 홀을 꽂고 꿇어 앉으시오. 봉작과 전작은 나아가 헌관의 좌우에 꿇어앉으시오. 봉작은 작을 헌관에게 드리고 헌관은 이 작을 받아 헌작하고 전작에게 주시오. 전작은 신위전의 서쪽에 작을 올리시오. 이것이 첫 번째 잔입니다.

(26)초헌관집홀(初獻官執笏) 부복흥소퇴궤(俯伏興小退跪)초헌관은 홀을 잡고, 엎드렸다가 일어서 조금 뒤로 물러나 꿇어 앉으시오.

(27)찬인(贊引) 인대축(引大祝) 예초헌관지좌동향궤(詣初獻官之左東向跪)찬인은 대축을 인도하여 초헌관의 좌측에 가서 동쪽을 향해 꿇어 앉도록 하시오.

(28)제헌관급제제관개궤(諸獻官及諸祭官皆跪) 일반삼제원(一般參祭員) 흥(興) 국궁(鞠躬)모든 헌관과 제관들은 함께 꿇어앉으시고, 일반 참제원들도 일어나국궁하십시오.

(29)독축(讀祝)

(30)흘(訖) 초헌관이하(初獻官以下) 제제관개부복흥평신(諸祭官皆俯伏興平身) 일반삼제원(一般參祭員) 평신(平身)초헌관이하 모든 제관들은 엎드렸다가 일어나 몸을 바르게 하시고, 일반 참제원도 몸을 바르게 하고 자리에 앉으시오.

(31)찬인(贊引) 인대축강복위(引大祝降復位)찬인은 대축을 인도하여 자리로 돌아가시오.

(32)차예알자(次詣謁者) 인초헌관배위존소서향립(引初獻官配位尊所西向立)음알자는 초헌관을 인도하여 배위 준소에 나아가 서향 입하시오.

(33)사존거멱작례제(司尊擧冪酌醴齊) 봉작이작수주(奉爵以爵受酒)사준은 멱을 열고 예제를 따르시고, 봉작은 술을 받으시오.

(34)알자(謁者) 인초헌관(引初獻官) 예사성위신위전(詣四聖位神位前) 중앙궤(中央跪) 진홀(搢笏) 순차헌작(循次獻爵)알자는 초헌관을 인도하여 나아가 사성위 신위전 중앙에 꿇어앉게 하시고, 홀을 꽂고 순차적으로 연국 복성공 안자, 성국 종성공 증자, 기국 술성공 자사자, 추국 아성공 맹자님의 사성위에 차례로 헌작하시오.

(35)집홀(執笏) 부복흥평신(俯伏興平身) 인(引) 강복위(降復位)홀을 잡고 엎드렸다가 일어나 몸을 바르게 하시고, 밖으로 나오시오.

◆행(行) 아헌례(亞獻禮)아헌례를 행합니다.

(36)찬인(贊引) 인아헌관예관세위북향립(引亞獻官詣盥洗位北向立) 진홀(搢笏) 관수세수(盥手帨手)찬인은 아헌관을 관세위에 인도하여 나아가 북쪽을 향해 서시오. 아헌관은 홀을 꽂고 손을 씻은 다음 수건으로 닦으시오.

(37)흘(訖) 집홀(執笏) 오성위찬인(五聖位贊引) 인아헌관대성지성문선왕존소(引亞獻官大成至聖文宣王尊所) 서향립(西向立)마치면 홀을 잡으시오. 오성위 찬인은 아헌관을 인도하여 대성지성문선왕준소에 나아가 서향 입하시오.

(38)사존거멱작앙제(司尊擧冪酌盎齊) 봉작이작수주(奉爵以爵受酒)사준은 멱을 열고 앙제를 따르시고, 봉작은 술을 받으시오.

(39)찬인(贊引) 인아헌관(引亞獻官) 예대성지성문선왕신위전(詣大成至聖文宣王神位前) 북향궤(北向跪)찬인은 아헌관을 인도하여 대성지성문선왕 신위전에 나아가 북쪽을 향하여 꿇어앉으시오.

(40)진홀(搢笏) 봉작전작궤진우헌관지좌우(奉爵奠爵跪進于獻官之左右) 봉작이작수헌관(奉爵以爵授獻官) 헌관(獻官) 집작(執爵) 헌작(獻爵) 이작수전작(以爵授奠爵) 전우신위전(奠于神位前) 제이점(第二坫)헌관은 홀을 꽂으시고, 봉작과 전작은 나아가 헌관의 좌우에 꿇어 앉으시오. 봉작은 작을 헌관에게 드리고 헌관은 이 작을 받아 헌작하고 전작에게 주시오. 전작은 신위전에 작을 올리시오. 이것이 두 번째 잔입니다.

(41)집홀(執笏) 부복(俯伏) 흥평신(興平身) 인아헌관예배위존소(引亞獻官詣

配位尊所) 서향립(西向立)홀을 잡고 엎드렸다가 일어나 몸을 바르게 하시오. 찬인은 아헌관을 인도하여 배위 준소에 나아가 서향 입하시오.

(42)사존거멱작앙제(司尊擧羃酌盎齊) 봉작이작수주(奉爵以爵受酒)사준은 멱을 열고 앙제를 따르시고, 봉작은 술을 받으시오.

(43)찬인인아헌관(贊引引亞獻官) 예사성위신위전중앙궤(詣四聖位神位前中央跪) 진홀(搢笏) 순차헌작(循次獻爵)찬인은 아헌관을 인도하여 나아가 사성위 신위전 중앙에 꿇어 앉게 하시고, 홀을 꽂고 순차적으로 헌작하시오.

(44)집홀(執笏) 부복흥평신(俯伏興平身) 인강복위(引降復位)홀을 잡고 엎드렸다가 일어나 몸을 바르게 하시고, 밖으로 나오시오.

◆행(行) 종헌례(終獻禮)종헌례를 행합니다.
(45)찬인(贊引) 인종헌관예관세위북향립(引終獻官詣盥洗位北向立) 진홀(搢笏) 관수세수(盥手帨手)찬인은 종헌관을 관세위에 인도하여 나아가 북쪽을 향해 서시오. 종헌관은 홀을 꽂고 손을 씻은 다음 수건으로 닦으시오.

(46)흘(訖) 집홀(執笏) 찬인인종헌관대성지성문선왕존소(贊引引終獻官大成至聖文宣王尊所) 서향립(西向立)마치면 홀을 잡으시오. 오성위 찬인은 종헌관을 인도하여 대성지성 문선왕 준소에 나아가 서향 입하시오.

(47)사존거멱작청주(司尊擧羃酌清酒) 봉작이작수주(奉爵以爵受酒)사준은 멱을 열고 청주를 따르시고, 봉작은 술을 받으시오.

(48)찬인(贊引) 인종헌관(引終獻官) 예대성지성문선왕신위전(詣大成至聖文宣王神位前) 북향궤(北向跪)찬인은 종헌관을 인도하여 대성지성문선왕 신위전에 나아가 북쪽을 향하여 꿇어앉으시오.

(49)진홀(搢笏) 봉작전작궤(奉爵奠爵跪) 진우헌관지좌우(進于獻官之左右) 봉작이작수헌관헌관집작(奉爵以爵授獻官獻官執爵) 헌작(獻爵) 이작수전작(以爵授奠爵) 전우신위전(奠于神位前) 제삼점(第三坫)헌관은 홀을 꽂으시고, 봉작과 전작은 나아가 헌관의 좌우에 꿇어 앉으시오. 봉작은 작을 헌관에게 드리고 헌관은 이작을 받아 헌작하고 전작에게 주시오. 전작은 신위전에 작을 올리시오. 이것이 세 번째 잔입니다.

(50)집홀(執笏) 부복흥(俯伏興) 평신(平身) 찬인인종헌관예배위존소(贊引引終獻官詣配位尊所) 서향립(西向立)홀을 잡고 엎드렸다가 일어나 몸을 바르게 하시오. 찬인은 종헌관을 인도하여 배위 준소에 나아가 서향 입하시오.

(51)사존거멱작청주(司尊擧羃酌清酒) 봉작이작수주(奉爵以爵受酒)사준은 멱을 열고 청주를 따르시고, 봉작은 술을 받으시오.

(52)찬인(贊引) 인종헌관예사성위신위전(引終獻官詣四聖位神位前) 중앙궤(中央跪) 진홀(搢笏) 순차헌작(循次獻爵)찬인은 종헌관을 인도하여 나아가 사성위 신위전 중앙에 꿇어 앉게 하시고, 홀을 꽂고 순차적으로 헌작하시오.

(53)부복(俯伏) 흥(興) 평신(平身) 인강복위(引降復位)홀을 잡고 엎드렸다가 일어나 몸을 바르게 하시고, 밖으로 나오시오.

◆행(行) 분헌례(分獻禮)분헌례를 행 합니다.
(54)종향위각위찬인(從享位各位贊引) 인분헌관예관세위(引分獻官詣盥洗位) 북향립(北向立)종향위 각위 찬인은 분헌관을 관세위에 인도하여 나아가 북쪽을 향해 서시오.

(55)진홀(搢笏) 관수세수(盥手帨手) 집홀(執笏)종헌관은 홀을 꽂고 손을 씻은 다음 수건으로 닦으시오.

(56)각위찬인(各位贊引) 인분헌관예동서종향위신위전(引分獻官詣東西從享位神位前) 중앙궤(中央跪)찬인은 분헌관을 인도하여 동서종향위 신위전에 나아가 북쪽을 향하여 꿇어앉으시오.

(57)진홀(搢笏) 동서각위봉향봉로승분헌관지좌우궤(東西各位奉香奉爐升分獻官之左右跪)홀을 꽂으시오. 동서종향위 봉향 봉로는 올라와 분헌관의 좌우에 꿇어 앉으시오.

(58)분헌관삼상향(分獻官三上香)분헌관은 삼상향 하시오.

(60)집홀(執笏) 차예동서각위봉작전작승(次詣東西各位奉爵奠爵升)홀을 잡으시오. 다음은 동서 각위 봉작 전작은 오르시오.

(61)각위찬인(各位贊引) 인분헌관종향위존소(引分獻官從享位尊所) 서향립(西向立)각위 찬인은 분헌관을 인도하여 종향위 준소에 서향 립하시오.

(62)각위사존(各位司尊) 거멱작청주(擧冪酌淸酒) 각위봉작(各位奉酌) 이작수주(以爵受酒)각위 사준은 멱을 열고 청주를 따르시고, 봉작은 술을 받으시오.

(63)동서각위찬인(東西各位贊引) 인분헌관동서종향위신위전(引分獻官東西從享位神位前) 중앙궤(中央跪)각위 찬인은 분헌관을 인도하여 동서종향위 신위전에 나아가 북쪽을 향하여 꿇어앉으시오.

(64)진홀(搢笏) 차예동서종향각위봉작전작(次詣東西從享各位奉爵奠爵) 진우분헌관지좌우궤(進于分獻官之左右跪)홀을 꽂으시오. 다음은 동서종향위 봉작 전작은 나아가 분헌관의 좌우에 꿇어 앉으시오.

(65)동서각위(東西各位) 봉작(奉爵) 이작(以爵) 수분헌관(授分獻官) 집작(執爵) 헌작(獻爵) 이작(以爵) 수전작전우신위전(授奠爵奠于神位前)동서각위 봉작은 작을 분헌관에게 드리시오. 분헌관은 작을 잡아 헌작 하고 이 작을 전작에게 주시오. 전작은 작을 받아 신위전에 올리시오.

(66)이하(以下) 동서(東西) 각(各) 구위(九位) 역여의(亦如儀)이하 동서종향위에 모셔져 있는 9위를 똑 같은 예의에 따라 헌작하시오.

동 종향위에는
홍유후 설총선생, 예국공 정자선생, 문성공 안향선생,
문경공 김굉필선생, 문정공 조광조선생, 문순공 이황선생,
문성공 이이선생, 문원공 김장생선생, 문경공 김집선생,
문정공 송준길선생이 모셔져 있고,

서 종향위에는
문창후 최치원선생, 휘국공 주자선생, 문충공 정몽주선생,
문헌공 정여창선생, 문원공 이언적선생, 문정공 김인후선생,
문간공 성혼선생, 문열공 조헌선생, 문정공 송시열선생,
문순공 박세채선생이 모셔져 있습니다.

(67)흘(訖) 분헌관(分獻官) 집홀(執笏) 부복(俯伏) 흥(興) 평신(平身)모두 마쳤으면 분헌관은 홀을 잡고 엎드렸다가 몸을 바르게 하시오.

(68)각위찬인(各位贊引) 인분헌관급(引分獻官及) 봉작(奉爵) 전작(奠爵) 봉향(奉香) 봉로(奉爐) 강복위(降復位)각위 찬인은 분헌관과 봉작, 전작, 봉향, 봉로는 밖으로 나오시오.

◆행(行) 음복례(飮福禮)음복례를 행 합니다.

(69)봉작(奉爵)　예대성지성문선왕존소(詣大成至聖文宣王尊所)　이작(以爵)
작복주(酌福酒)오성위 봉작은 대성지성문선왕 준소에 나아가 복주를 받으시오.

(70)대축(大祝)　조도(俎刀)　진감(進減)　신위전(神位前)　조육(胙肉)대축은 도마
와 칼을 가지고 신위전에 있는 고기를 조금 덜어 오시오.

(71)알자(謁者)　인초헌관승(引初獻官升)　음복위(飮福位)　서향궤(西向跪)알자
는 초헌관을 인도하여 음복위에 올라가 서쪽을 향해 꿇어앉게 하시오.

(72)진홀(搢笏)　봉작(奉爵)　예초헌관지좌(詣初獻官之左)　북향궤(北向跪)홀을
꽂으시오. 봉작은 초헌관의 좌측에 나아가 북쪽을 향해 꿇으시오.

(73)이작(以爵)　수초헌관(授初獻官)　초헌관(初獻官)　수작음졸작(受爵飮卒爵)
이 작을 초헌관에게 주면 초헌관은 받아서 모두 드십시오.

(74)봉작(奉爵)　궤(跪)　수허작반어점상(受虛爵反於坫上)봉작은 꿇고 앉아 빈 술
잔을 받아서 점상에 갖다 놓으시오.

(75)대축(大祝)　초헌관지좌(初獻官之左)　북향궤(北向跪)　이조(以胙)　수초헌
관(授初獻官)대축은 초헌관의 왼쪽에 북향 궤하고 고기를 드리시오.

(76)초헌관(初獻官)　이조수대축(以胙授大祝)　대축(大祝)　수조반어조상(受胙
反於俎上)　강립동계(降立東階)초헌관은 고기를 받아 다시 대축에게 드리고, 대축은 받
아 도마 위에 올려 놓으시고 동계로 내려오십시오.

(77)초헌관(初獻官)　집홀(執笏)　부복(俯伏)　흥(興)　평신(平身)　인강복위(引
降復位)초헌관은 홀을 잡고 엎드렸다가 일어나 강복위 하시오.

(78)대축급(大祝及)　제집사입(諸執事入)　소이변두고처(少移籩豆故處)대축과
제집사는 들어 가 변두를 옮겼다가 다시 자리에 놓으시오.

(79)헌관이하(獻官以下)　제제관급(諸祭官及)　일반참제원(一般參祭員)　취위
(就位)　개사배(皆四拜)헌관이하 제 제관과 일반 참제원이 사신 4배를 하시겠습니다.
참제원 여러분께서는 자리에서 일어나 배례를 하여 주십시오.

(80)국궁(鞠躬)　궤(跪)　배(拜),흥(興),　배(拜),흥(興),　배(拜),흥(興),　배(拜),
흥(興)　평신(平身)　인강복위(引降復位)배례를 마치면 밖으로 나오도록 인도하시오.

(81)대축급(大祝及)　제집사(諸執事)　예신위전(詣神位前)　폐독(閉櫝)　폐보궤
(閉簠簋)　소촉(消燭)대축과 모든 집사는 신위전에 나아가 독과 보궤를 닫고 촛불을 끄
십시오.

(82)홀(訖)　환출(還出)마쳤으면 모두 나오십시오.

◆행(行)　망예례(望瘞禮)끝으로 망예례를 행하겠습니다.

(83)알자(謁者)　인초헌관(引初獻官)　예망예위(詣望瘞位)　서향립(西向立)알자
는 초헌관을 인도하여 망예위에 나아가 서쪽을 향하여 서시오.

(84)대축급(大祝及)　제집사(諸執事)　이비취(以篚取)　축급폐(祝及幣)　강자서
계(降自西階)　치어감(置於坎)대축과 제집사는 축과 폐를 취하여 서계로 가지고 가 구
덩이에 묻으시오.

(85)헌관(獻官)　강복위(降復位)헌관은 강복위하시오.

(86)알자(謁者)　진우초헌관지좌(進于初獻官之左)　백예필(白禮畢)알자는 초헌의
좌측에서 예를 마쳤음을 고하시오.

(87)수인제헌관(遂引諸獻官)　이차이출(以次而出)　인강복위(引降復位)　알자는
제헌관을 인도하여 차례대로 밖으로 나아갑니다.

(88)대축급(大祝及)　제집사(諸執事)　구취(俱就)　계간배위(階間拜位)　사배(四
拜)대축과 제집사는 함께 계간배위로 나아가 4배 합니다.

(89)국궁(鞠躬)　궤(跪)　배(拜),흥(興),　배(拜),흥(興),　배(拜),흥(興),　배(拜),

흥(興) 평신(平身) 이차이출(以次而出)대축과 제집사는 밖으로 나오시오.
(90)집례솔(執禮率) 묘사급찬인(廟司及贊引) 구취(俱就) 계간배위(階間拜位) 사배(四拜)(무창(無唱)) 이차이출(以次以出)집례는 묘사와 찬인을 인솔하여 계간배위에 나아가 창을 하지 않고4배를 하고 밖으로 나갑니다.

석전대제(釋奠大祭)

●분정기(分定記)

○초헌관(初獻官)○아헌관(亞獻官)○종헌관(終獻官)○동종향분헌관(東從享分獻官)○서종향분헌관(西從享分獻官)○당상집례(堂上執禮)○당하집례(堂下執禮)○대축(大祝)○전사관(典祀官)○묘사(廟司)○봉향(奉香)○봉로(奉爐)○봉작(封爵)○전작(奠爵)○사존(司尊)○알자(謁者)○찬인(贊引)

●홀기(笏記)

전사관묘사입실찬구필(典祀官廟司入實饌俱畢)○찬인인감찰승자동계안시당지상하규찰(贊人引監察升自東階按視堂之上下糾察)○집례급묘사선취계간배위(執禮及廟司先就階間拜位)○북향서상사배흘(北向西上四拜訖)○관세위관수취위(盥洗位盥手就位)○알자찬인구취계간배위(謁者贊人俱就階間拜位) 사배흘(四拜訖) 관세위관수취위(盥洗位盥手就位)

●창홀(唱笏)

전악수악생이무입취위(典樂帥樂生二舞入就位)○찬인인대축급제집사입계간배위북향서상립(贊引引大祝及諸執事入階間拜位北向西上立)○사배대축이하개사배(四拜大祝以下皆四拜)○대축급제집사예관세위관수각취위(大祝及諸執事詣盥洗位盥手各就位)○묘사급봉향봉로승점등개비개독계개(廟司及奉香奉爐升點燈開扉開櫝啓蓋)○봉향봉로강부위(奉香奉爐降復位)○찬인인대축예전향문전봉축판향궤인예향소(贊引引大祝詣前香門前奉祝板香櫃引詣香所)○사존예작세위세작식작흘치어비봉예존소치어점상(司尊詣爵洗位洗爵拭爵訖置於篚奉詣尊所置於坫上)○강부위(降復位)○알자찬인각인헌관입취위(謁者贊人各引獻官入就位)○알자청행사(謁者請行事)(알자진초헌관지좌백유사근구청행사(謁者進初獻官之左白有司謹俱請行事))○헌가작응안지악열문지무작(軒架作凝安之樂烈文之舞作)(삼성(三成))거휘(擧麾)○사배헌관이하유생재위자개사배(四拜獻官以下儒生在位者皆四拜)○일반국궁(一般鞠躬)[국궁궤배흥배흥배흥(鞠躬跪拜興拜興拜興)배흥평신(拜興平身)]○악지언휘(樂止偃麾)

◆행전폐례(行奠幣禮)

알자인초헌관예관세위관수(謁者引初獻官詣盥洗位盥手)(진홀관수세수집홀(搢笏盥手帨手執笏))○인예대성지성문선왕신위전북향립(引詣大成至聖文宣王神位前北向立)○등가작명안지악열문지무작거휘(登歌作明安之樂烈文之舞作擧麾)○대축급봉향봉로승(大祝及奉香奉爐升)(헌관궤이진홀(獻官跪而搢笏))삼상향(三上香)○대축이폐비수초헌관(大祝以幣篚授初獻官)○초헌관집폐헌폐이폐수대축(初獻官執幣獻幣以幣授大祝)○대축전우신위전(大祝奠于神位前)(부복흥평신헌관집홀(俯伏興平身獻官執笏))○차예부성공신위전(次詣復聖公神位前)(헌관궤이진홀(獻官跪而搢笏))삼상향(三上香)○대축이폐비수초헌관(大祝以幣篚授初獻官)○초헌관집폐헌폐이폐수대축(初獻官執幣獻幣以幣授大祝)○대축전우신위전(大祝奠于神位前)(부복흥평신헌관집홀(俯伏興平身獻官執笏))○차예종성공신위전(次詣宗聖公神位前)(헌관궤이진홀(獻官跪而搢笏))삼상향(三上香)○대축이폐비수초헌관(大祝以幣篚授初獻官)○초헌관집폐헌폐이폐수대축(初獻官執幣獻幣以幣授大祝)○대축　전우신위전(大祝奠于神位前)(부복흥평신헌관집홀(俯伏興平身獻官執笏))○차예술성공신위전(次詣述聖公神位前)(헌관궤이진홀(獻官跪而搢笏))삼상향(三上香)○대축이폐비수초헌관(大祝以幣篚授初獻官)○초헌관집폐헌폐이폐수대축(初獻官執幣獻幣以幣授大祝)○대축전우신위전(大祝奠于神位前)(부복흥평신헌관집홀(俯伏興平身獻官執笏))○차예아성공신위전(次詣亞聖公神位前)(헌관궤이진홀(獻官跪而搢笏))삼상향(三上香)○대축이폐비수초헌관(大祝以幣篚授初獻官)○초헌관집폐헌폐이폐수대축(初獻官執幣獻幣以幣授大祝)○대축전우신위전(大祝奠于神位前)(부복흥평신헌관집홀(俯伏興平身獻官執笏))○악지언휘(樂止偃麾)○초헌관이하강복위(初獻官以下降復位)

◆ 행초헌례(行初獻禮)

알자인초헌관예대성지성문선왕존소서향립(謁者引初獻官詣大成至聖文宣王尊所西向立)○등가작성안지악열문지무작거휘(登歌作成安之樂烈文之舞作擧麾)○봉작전작사존승(奉爵奠爵司尊升)○사존거멱작예제봉작이작수주(司尊擧羃酌醴齊奉爵以爵受酒)○인예대성지성문선왕신위전북향립(引詣大成至聖文宣王神位前北向立)(헌관궤이진홀(獻官跪而搢笏))○봉작이작수초헌관(奉爵以爵授初獻官)○초헌관집작헌작이작수전작(初獻官執爵獻爵以爵授奠爵)○전작전우신위전(奠爵奠于神位前)(부복흥평신헌관집홀소퇴궤(俯伏興平身獻官執笏小退跪))○악지언휘(樂止偃麾)○대축승(大祝升)○대축예헌관지좌동향궤(大祝詣獻官之左東向跪)(진홀(搢笏))○헌관이하제집사부복참사자제위국궁(獻官以下諸執事俯伏參祀者諸位鞠躬)○독축문독축필(讀祝文讀祝畢)(흥평신(興平身))○악작거휘(樂作擧麾)○대축강부위(大祝降復位)○알자인초헌관예배위존소서향립(謁者引初獻官詣配位尊所西向立)○사존거멱작예제봉작이작수주(司尊擧羃酌醴齊奉爵以爵受酒)○인예부성공신위전(引詣復聖公神位前)(헌관궤이진홀(獻官跪而搢笏))○봉작이작수초헌관(奉爵以爵授初獻官)○초헌관집작헌작이작수전작(初獻官執爵獻爵以爵授奠爵)○전작전우신위전(奠爵奠于神位前)(부복흥평신헌관집홀(俯伏興平身獻官執笏))○차예종성공신위전(次詣宗聖公神位前)(헌관궤이진홀(獻官跪而搢笏))○사존거멱작예제봉작이작수주(司尊擧羃酌醴齊奉爵以爵受酒)○봉작이작수초헌관(奉爵以爵授初獻官)○초헌관집작헌작이작수전작(初獻官執爵獻爵以爵授奠爵)○전작전우신위전(奠爵奠于神位前)(부복흥평신헌관집홀(俯伏興平身獻官執笏))○차예술성공신위전(次詣述聖公神位前)[헌관궤이진홀(獻官跪而搢笏)]○사존거멱작예제봉작이작수주(司尊擧羃酌醴齊奉爵以爵受酒)○봉작이작수초헌관(奉爵以爵授初獻官)○초헌관집작헌작이작수전작(初獻官執爵獻爵以爵授奠爵)○전작전우신위전(奠爵奠于神位前)(부복흥평신헌관집홀(俯伏興平身獻官執笏))○차예아성공신위전(次詣亞聖公神位前)(헌관궤이진홀(獻官跪而搢笏))○사존거멱작예제봉작이작수주(司尊擧羃酌醴齊奉爵以爵受酒)○봉작이작수초헌관(奉爵以爵授初獻官)○초헌관집작헌작이작수전작(初獻官執爵獻爵以爵授奠爵)○전작전우신위전(奠爵奠于神位前)(부복흥평신헌관집홀(俯伏興平身獻官執笏))○악지언휘(樂止偃麾)○알자인초헌관강복위(謁者引初獻官降復位)○문무퇴무무진헌가작서안지악(文舞退武舞進軒架作舒安之樂)[이성(二成)]거휘(擧麾)○악지언휘(樂止偃麾)

◆ 행아헌례(行亞獻禮)

알자인아헌관예관세위관수(謁者引亞獻官詣盥洗位盥手)(진홀관수세수집홀(搢笏盥手帨手執笏))○인예대성지성문선왕존소서향립(引詣大成至聖文宣王尊所西向立)○헌가작성안지악소무지무작거휘(軒架作成安之樂昭武之舞作擧麾)○사존거멱작앙제봉작이작수주(司尊擧羃酌盎齊奉爵以爵受酒)○인예대성지성문선왕신위전북향립(引詣大成至聖文宣王神位前北向立)(헌관궤이진홀(獻官跪而搢笏))○봉작이작수아헌관(奉爵以爵授亞獻官)○아헌관집작헌작이작수전작(亞獻官執爵獻爵以爵授奠爵)○전작전우신위전(奠爵奠

于神位前)(부복흥평신헌관집홀(俯伏興平身獻官執笏))○알자인아헌관예배위존소(謁者引亞獻官詣配位尊所)서향립(西向立)○사존거멱작앙제봉작이작수주(司尊擧羃酌盎齊奉爵以爵受酒)○인예부성공신위전북향립(引詣復聖公神位前北向立)[헌관궤이진홀(獻官跪而搢笏)]○봉작이작수아헌관(奉爵以爵授亞獻官)○아헌관집작헌작이작수전작(亞獻官執爵獻爵以爵授奠爵)○전작전우신위전(奠爵奠于神位前)[부복흥평신헌관집홀(俯伏興平身獻官執笏)]○차예종성공신위전(次詣宗聖公神位前)(헌관궤이진홀(獻官跪而搢笏))○사존거멱작앙제봉작이작수주(司尊擧羃酌盎齊奉爵以爵受酒)○봉작이작수아헌관(奉爵以爵授亞獻官)○아헌관집작헌작이작수전작(亞獻官執爵獻爵以爵授奠爵)○전작전우신위전(奠爵奠于神位前)(부복흥평신헌관집홀(俯伏興平身獻官執笏))○차예술성공신위전(次詣述聖公神位前)(헌관궤이진홀(獻官跪而搢笏))○사존거멱작앙제봉작이작수주(司尊擧羃酌盎齊奉爵以爵受酒)○봉작이작수아헌관(奉爵以爵授亞獻官)○아헌관집작헌작이작수전작(亞獻官執爵獻爵以爵授奠爵)○전작전우신위전(奠爵奠于神位前)(부복흥평신헌관집홀(俯伏興平身獻官執笏))○차예아성공신위전(次詣亞聖公神位前)(헌관궤이진홀(獻官跪而搢笏))○사존거멱작앙제봉작이작수주(司尊擧羃酌盎齊奉爵以爵受酒)○봉작이작수아헌관(奉爵以爵授亞獻官)○아헌관집작헌작이작수전작(亞獻官執爵獻爵以爵授奠爵)○전작전우신위전(奠爵奠于神位前)(부복흥평신헌관집홀(俯伏興平身獻官執笏))○알자인아헌관강복위(謁者引亞獻官降復位)○악지언휘(樂止偃麾)

◆행종헌례겸분헌례(行終獻禮兼分獻禮)

알자인종헌관예관세위관수(謁者引終獻官詣盥洗位盥手)(진홀관수세수집홀(搢笏盥手帨手執笏))○찬인각인분헌관예관세위관수(贊引各引分獻官詣盥洗位盥手)(진홀관수세수집홀(搢笏盥手帨手執笏))○인예대성지성문선왕존소서향립(引詣大成至聖文宣王尊所西向立)○인예각인분헌관종향위존소서향립(引詣各引分獻官從享位尊所西向立)○각종향위봉작전작사존승예정취위(各從享位奉爵奠爵司尊升詣定就位)○헌가작성안지악소무지무작거휘(軒架作成安之樂昭武之舞作擧麾)○각사존거멱작주봉작이작수주(各司尊擧羃酌酒奉爵以爵受酒)○인예대성지성문선왕신위전북향립(引詣大成至聖文宣王神位前北向立)(헌관궤이진홀(獻官跪而搢笏))○인예각인분헌관종향위신위전북향립(引詣各引分獻官從享位神位前北向立)(헌관궤이진홀(獻官跪而搢笏))○각봉작이작수아헌관(各奉爵以爵授亞獻官)○헌관집작헌작이작수전작(獻官執爵獻爵以爵授奠爵)○전작전우신위전(奠爵奠于神位前)(부복흥평신헌관집홀(俯伏興平身獻官執笏))분헌관작헌종향여상의(分獻官酌獻從享如上儀)○알자인종헌관예배위존소서향립(謁者引終獻官詣配位尊所西向立)○사존거멱작주봉작이작수주(司尊擧羃酌酒奉爵以爵受酒)○인예부성공신위전(引詣復聖公神位前)(헌관궤이진홀(獻官跪而搢笏))○봉작이작수종헌관(奉爵以爵授終獻官)○종헌관집작헌작이작수전작(終獻官執爵獻爵以爵受奠爵)○전작전우신위전(奠爵奠于神位前)(부복흥평신(俯伏興平身)헌관집홀(獻官執笏))○차예종성공신위전(次詣宗聖公神位前)(헌관궤이진홀(獻官跪而搢笏))○사존거멱작주봉작이작수주(司尊擧羃酌酒奉爵以爵受酒)○봉작이작수종헌관(奉爵以爵授終獻官)○종헌관집작헌작이작수전작(終獻官執爵獻爵以爵授奠爵)○전작전우신위전(奠爵奠于神位前)(부복흥평신헌관집홀(俯伏興平身獻官執笏))○차예술성공신위전(次詣述聖公神位前)(헌관궤이진홀(獻官跪而搢笏))○사존거멱작주봉작이작수주(司尊擧羃酌酒奉爵以爵受酒)○봉작이작수종헌관(奉爵以爵授終獻官)○종헌관집작헌작이작수전작(終獻官執爵獻爵以爵授奠爵)○전작전우신위전(奠爵奠于神位前)(부복흥평신헌관집홀(俯伏興平身獻官執笏))○차예아성공신위전(次詣亞聖公神位前)(헌관궤이진홀(獻官跪而搢笏))○사존거멱작주봉작이작수주(司尊擧羃酌酒奉爵以爵受酒)○봉작이작수종헌관(奉爵以爵授終獻官)○종헌관집작헌작이작수전작(終獻官執爵獻爵以爵授奠爵)○전작전우신위전(奠爵奠于神位前)(부복흥평신헌관집홀(俯伏興平身獻官執笏))○알자찬인각인종헌관분헌관봉작전작사존강복위(謁者

贊引各引終獻官分獻官奉爵奠爵司尊降復位)○악지언휘(樂止偃麾)

◆행음복례(行飮福禮)

대축예문선왕존소이작작뢰복주(大祝詣文宣王尊所以爵酌罍福酒)○우대축지조진감신위전조육(又大祝持俎進減神位前胙肉)○알자인초헌관승예음복위(謁者引初獻官升詣飮福位)서향립(西向立)(알자찬궤진홀(謁者贊跪搢笏))○대축진초헌관지좌북향이작수초헌관(大祝進初獻官之左北向以爵授初獻官)○초헌관수작음졸작대축수허작부어점(初獻官受爵飮卒爵大祝受虛爵復於坫)○대축이조수초헌관초헌관수조이조수집사(大祝以俎授初獻官初獻官受俎以俎授執事)○집사수조강자동계출문(執事受俎降自東階出門)(알자찬집홀(謁者贊執笏))○부복흥평신(俯伏興平身)○알자인초헌관강복위(謁者引初獻官降復位)○사배헌관사배(四拜獻官四拜)

◆철변두(撤籩豆)

등가작오안지악거휘(登歌作娛安之樂擧麾)○대축승철변두(大祝升撤籩豆)(각일소이(各一少移))○악지언휘(樂止偃麾)○헌가작응안지악거휘(軒架作凝安之樂擧麾)○사배헌관이하유생재위자개사배(四拜獻官以下儒生在位者皆四拜)(일반국궁(一般鞠躬))악지언휘(樂止偃麾)[국궁궤배흥배흥배흥배흥평신(鞠躬跪拜興拜興拜興拜興平身)]

◆행망료례(行望燎禮)

알자인초헌관예망료위북향립(謁者引初獻官詣望燎位北向立)(집례수찬자예망료위북향립(執禮帥贊者詣望燎位北向立))○대축이비취축판급폐강자서계치어감(大祝以篚取祝板及幣降自西階置於坎)○가료치토반감(可燎置土半坎)○알자인초헌관부위(謁者引初獻官復位)○대축부위(大祝復位)○알자고예필(謁者告禮畢)알자진초헌관지좌백고예필(謁者進初獻官之左白告禮畢)○알자찬인각인헌관출(謁者贊引各引獻官出)○집례수찬자환본위(執禮帥贊者還本位)○찬인인대축급제집사구부계간배위사배(贊引引大祝及諸執事俱復階間拜位四拜)(국궁궤배흥배흥배흥배흥평신(鞠躬跪拜興拜興拜興拜興平身)])○찬인인대축급제집사이차출(贊引引大祝及諸執事以次出)○집례수찬자알자찬인구부계간배위사배흘이차출(執禮帥贊者謁者贊引俱復階間拜位四拜訖以次出)○전사관묘사각수기속철예찬폐독폐비소등이강사배출(典祀官廟司各帥其屬撤禮饌閉櫝閉扉消燈以降四拜出)

문묘향사기일(文廟享事其一)

●분정기(分定記)

초헌관(初獻官)○아헌관(亞獻官)○종헌관(終獻官)○례축(禮祝)○도집사(都執事)○창집례(唱執禮)○찬자(贊者)○찬인(贊引)○진설(陳設)○봉향(奉香)○봉로(奉爐)○사존(司尊)○봉작(奉爵)○존작(尊爵)

◆행향사례(行享事禮)

춘계(春季)(수시(隨時)행사헌관집사학생구취문외위(行事獻官執事學生俱就門外位)○헌관이하각복기복(獻官以下各服其服)○알자인헌관입취위(謁者引獻官入就位)○찬자인축급제집사입취배위무성재배(贊者引祝及諸執事入就拜位無聲再拜)○알자인제집사관세위세수각취위(謁者引諸執事盥洗位帨手各就位)○찬자인학생입취위(贊者引學生入就位)○알자인초헌관승자동계점시진설흘강복위(謁者引初獻官升自東階點視陳設訖降復位)○축솔제집사개독잉계보궤변두명촉(祝率諸執事開櫝仍啓簠簋籩豆明燭)○축인강복위(祝引降復位)○헌관급학생개재배국궁배흥배흥평신(獻官及學生皆再拜鞠躬拜興拜興平身)○알자진초헌관지좌(謁者進初獻官之左)○백유사근구청행사(白有司謹具請行事)

◆ 행전폐례(行奠幣禮)

축급봉향봉로승(祝及奉香奉爐升)○알자인초헌관예관세위세수(謁者引初獻官詣盥洗位帨手)○인예(引詣)○모선생신위전궤(某先生神位前跪)○봉향봉향합진헌관지우(奉香奉香盒進獻官之右)○봉로봉향로진헌관지좌궤(奉爐奉香爐進獻官之左跪)○헌관삼상향(獻官三上香)○축봉폐비예헌관지우이수헌관(祝奉幣篚詣獻官之右以授獻官)○헌관집폐헌폐(獻官執幣獻幣)○축자좌수지전우신위전(築自左受之奠于神位前)○헌관부복흥(獻官俯伏興)○차예(次詣)○모선생신위전궤(某先生神位前跪)○봉향봉로예헌관지좌우궤(奉香奉爐詣獻官之左右跪)○헌관삼상향(獻官三上香)○축봉폐비예헌관지우이수헌관(祝奉幣篚詣獻官之右以授獻官)○헌관집폐헌폐(獻官執幣獻幣)○축자좌수지전우신위전(祝自左受之奠于神位前)○헌관부복흥(獻官俯伏興)○차예(次詣)(수배 향위(隨配享位))헌관부복흥평신잉개강복위(獻官俯伏興平身仍皆降復位)

◆ 행초헌례(行初獻禮)

알자인초헌관예(謁者引初獻官詣)○모선생준소서향립(某先生罇所西向立)○봉작전작승(奉爵奠爵升)○사준거멱작주(司樽擧羃酌酒)○봉작이작수주(奉爵以酌受酒)○알자인헌관예(謁者引獻官詣)○모선생신위전궤(某先生神位前跪)○봉작이작수헌관(奉爵以酌授獻官)○헌관집작헌작(獻官執酌獻酌)○전작수지전우신위전서단제일점(奠爵受之奠于神位前西端第一坫)○헌관부복흥소퇴궤(獻官俯伏興少退跪)○축진헌관지좌동향궤독축문(祝進獻官之左東向跪讀祝文)○축판환치고처강복위(祝版還置故處降復位)○헌관부복흥(獻官俯伏興)○차예(次詣)○모선생신위전궤(某先生神位前跪)○봉작이작수헌관(奉爵以爵授獻官)○헌관집작헌작(獻官執爵獻爵)○전작수지전우신위전서단제일점(奠爵受之奠于神位前西端第一坫)○헌관부복흥(獻官俯伏興)○차예(次詣)(수배 향위(隨配享位))헌관부복흥평신(獻官俯伏興平身)○잉개강복위(仍皆降復位)

◆ 행아헌례(行亞獻禮)

알자인아헌관예관세위세수잉예(謁者引亞獻官詣盥洗位帨手仍詣)○모선생준소서향립(某先生罇所西向立)○봉작전작승(奉爵奠爵升)○사준거멱작주(司樽擧羃酌酒)○봉작이작수주(奉爵以酌受酒)○알자인헌관예(謁者引獻官詣)○모선생신위전궤(某先生神位前跪)○봉작이작수헌관(奉爵以酌授獻官)○헌관집작헌작(獻官執酌獻酌)○전작수지전우신위전제이점(奠爵受之奠于神位前第二坫)○헌관부복흥(獻官俯伏興)○차예(次詣)○모선생신위전궤(某先生神位前跪)○봉작이작수헌관(奉爵以酌授獻官)○헌관집작헌작(獻官執酌獻酌)○전작수지전우신위전제이점(奠爵受之奠于神位前第二坫)○헌관부복흥(獻官俯伏興)○차예(次詣)○(수배 향위(隨配享位))헌관부복흥평신(獻官俯伏興平身)○잉개강복위(仍皆降復位)

◆ 행종헌례(行終獻禮)

알자인종헌관예관세위세수잉예(謁者引終獻官詣盥洗位帨手仍詣)○모선생준소서향립(某先生罇所西向立)○봉작전작승(奉爵奠爵升)○사준거멱작주(司樽擧羃酌酒)○봉작이작수주(奉爵以酌受酒)○알자인헌관예(謁者引獻官詣)○모선생신위전궤(某先生神位前跪)○봉작이작수헌관(奉爵以酌授獻官)○헌관집작헌작(獻官執酌獻酌)○전작수지전우신위전제삼점(奠爵受之奠于神位前第三坫)○헌관부복흥(獻官俯伏興)○차예(次詣)○모선생신위전궤(某先生神位前跪)○봉작이작수헌관(奉爵以酌授獻官)○헌관집작헌작(獻官執酌獻酌)○전작수지전우신위전제삼점(奠爵受之奠于神位前第三坫)○헌관부복흥(獻

官俯伏興)○차예(次詣)○(수배향위(隨配享位))헌관부복흥평신(獻官俯伏興平身)○잉개 강복위(仍皆降復位)

◆행음복례(行飮福禮)

축예(祝詣)○모선생준소이작작복주치점상지조급도진감정위전포육성우조상(某先生罇所以爵酌福酒置坫上持俎及刀進減正位前脯肉盛于俎上)○알자인헌관예음복위서향궤(謁者引獻官詣飮福位西向跪)○축예존소집작헌관지좌북향궤이수헌관(祝詣尊所執酌獻官之左北向跪以授獻官)○헌관수지음쵀작(獻官受之飮啐酌)○축수허작반우점상(祝受虛酌反于坫上)○취조육수헌관(取胙肉授獻官)○헌관수조이수축(獻官受胙以授祝)○축수지강자동계출(祝受之降自東階出)○헌관부복흥평신잉강복위(獻官俯伏興平身仍降復位)○헌관개재배(獻官皆再拜)

◆철변두(撤籩豆)

축입취정위전합보궤변두소이고처환출(祝入就正位前闔簠簋籩豆小移故處還出)○헌관급학생개재배(獻官及學生皆再拜)○축솔집사예신위전합독(祝率執事詣神位前闔櫝)○필잉강복위(畢仍降復位)

◆행망예례(行望瘞禮)

축입봉축판급폐비강자서계선도(祝入奉祝板及幣篚降自西階先導)○알자인초헌관예망예위(謁者引初獻官詣望瘞位)○축소축문(祝燒祝文)○예폐잉강복위(瘞幣仍降復位)○알자진헌관지좌(謁者進獻官之左)○백례필(白禮畢)○알자인헌관출(謁者引獻官出)

◆철찬(撤饌)

축급제집사입취위서상북향국궁재배이차출집례알자찬자찬인재배이출집사철찬합이퇴출(祝及諸執事入就位西上北向鞠躬再拜以次出執禮謁者贊者贊引再拜以出執事撤饌闔以退出)

문묘향사기이(文廟享事其二)

●분정기(分定記)

초헌관(初獻官)○아헌관(亞獻官)○종헌관(終獻官)○례축(禮祝)○도집사(都執事)○창집례(唱執禮)○찬창(贊唱)○찬인(贊引)○진설(陳設)○봉향(奉香)○봉로(奉爐)○사존(司尊)○봉작(奉爵)○존작(尊爵)

●홀기(笏記)

집례찬인알자선입취위각재배(執禮贊引謁者先入就位各再拜)○찬인퇴출(贊引退出)○인축급제집사학생취문외위(引祝及諸執事學生就門外位)○답창취문외위이하답창동(答唱就門外位以下答唱同)○찬인인헌관구취위(贊引引獻官俱就位)○찬인인초헌관점시진설(贊引引初獻官點視陳設)○인강복위(引降復位)

◆행참신(行參神)

헌관이하제집사학생개재배국궁배이흥배이흥평신(獻官以下諸執事學生皆再拜鞠躬拜而興拜而興平身)○알자진초헌관지좌근구청행사(謁者進初獻官之左謹具請行事)○행전폐례(行奠幣禮)○찬인인초헌관예관세위관세(贊引引初獻官詣盥洗位盥洗)○잉예(仍詣)

모관모공혹모호선생신위전(某官某公或某號先生神位前)○축급봉향봉로승(祝及奉香奉爐升)○축개독급영정문점촉(祝開櫝及影幀門點燭)○봉향봉로각진향로(奉香奉爐各進香爐)○헌관궤진홀삼상향(獻官跪搢笏三上香)○축진폐비(祝進幣篚)○헌관집폐헌폐(獻官執幣獻幣)○축자좌수지전우신위전(祝自左受之奠于神位前)○헌관집홀면복흥평신(獻官執笏俛伏興平身)○차예(次詣)(모관모공혹모호모공(某官某公或某號某公))신위전(神位前)○궤진홀삼상향(跪搢笏三上香)○집폐헌폐(執幣獻幣)○전우신위전(奠于神位前)○헌관집홀평신(獻官執笏平身)○(여배 향위여개차위(餘配享位如皆次位))○인강복위(引降復位)○축급봉향봉로강복위(祝及奉香奉爐降復位)

◆ 행초헌례(行初獻禮)

찬인인초헌관예존소서향립(贊引引初獻官詣尊所西向立)○사존봉작전작승(司尊奉爵奠爵升)○사존거멱작주(司尊擧冪酌酒)○찬인인초헌관예(贊引引初獻官詣)(모관모공혹모호선생(某官某公或某號先生))신위전(神位前)○궤진홀(跪搢笏)○봉작이작수헌관(奉爵以爵授獻官)○헌관집작헌작(獻官執爵獻爵)○전작자좌수지전우위전제일점(奠爵自左受之奠于位前第一坫)○헌관부복흥소퇴궤(獻官俯伏興少退跪)○축진예헌관지좌(祝進詣獻官之左)○축궤독축(祝跪讀祝)○(독필(讀畢))○헌관집홀평신(獻官執笏平身)○축강복위(祝降復位)○찬인인헌관예배위존소서향립(贊引引獻官詣配位尊所西向立)○사존거멱작주(司尊擧冪酌酒)○인예(引詣)(모관모공혹모호모공(某官某公或某號某公))신위전(神位前)○궤집작헌작(跪執爵獻爵)○전작전우위전제일점(奠爵奠于位前第一坫)○헌관평신(獻官平身)○[여배 향여개차위(餘配享如皆次位)]○인강복위(引降復位)

◆ 행아헌례(行亞獻禮)

찬인인아헌관예관세위관세(贊引引亞獻官詣盥洗位盥洗)○인예존소서향립(引詣尊所西向立)○사존작주(司尊酌酒)○잉예(仍詣)(모관모공혹모호선생(某官某公或某號先生))신위전(神位前)○궤집작헌작(跪執爵獻爵)○전작전우위전제이점(奠爵奠于位前第二坫)○헌관평신(獻官平身)○인예배위존소서향립(引詣配位尊所西向立)○사존작주(司尊酌酒)○잉예(仍詣)(모관모공혹모호모공(某官某公或某號某公)신위전(神位前)○궤집작헌작(跪執爵獻爵)○전우위전제이점(奠于位前第二坫)○헌관평신(獻官平身)○(여배 향위여개차위(餘配享位如皆次位))○인강복위(引降復位)

◆ 행종헌례(行終獻禮)

찬인인종헌관예관세위관세(贊引引終獻官詣盥洗位盥洗)○잉예존소서향립(仍詣尊所西向立)○사존작주(司尊酌酒)○인예(引詣)(모관모공혹모호선생(某官某公或某號先生))신위전(神位前)○궤집작헌작(跪執爵獻爵)○전우위전제삼점(奠于位前第三坫)○헌관평신(獻官平身)○인예배위존소서향립(引詣配位尊所西向立)○사존작주(司尊酌酒)○잉예(仍詣)(모관모공혹모호모공(某官某公或某號某公))신위전(神位前)○궤집작헌작(跪執爵獻爵)○전우위전제삼점(奠于位前第三坫)○헌관평신(獻官平身)○(여배 향위여개차위(餘配享位如皆次位))○인강복위(引降復位)○전작봉작강복위(奠爵奉爵降復位)○삼헌관재배국궁배이흥배이흥개평신(三獻官再拜鞠躬拜而興拜而興皆平身)

◆ 행음복례(行飮福禮)

알자인초헌관예음복위(謁者引初獻官詣飮福位)○서향궤(西向跪)○봉작예존소(奉爵詣尊所)○사존작복주(司尊酌福酒)○봉작진헌관(奉爵進獻官)○헌관음졸작(獻官飮卒爵)○축승진감신위전조육이수헌관(祝升進減神位前胙肉以授獻官)○헌관수조(獻官受胙)○헌관이하강복위(獻官以下降復位)○초헌관재배국궁배이흥배이흥평신(初獻官再拜鞠躬拜而興拜而興平身)

◆행사신(行辭神)

헌관이하제집사급학생재위자개재배(獻官以下諸執事及學生在位者皆再拜)○국궁배이흥배이흥평신(鞠躬拜而興拜而興平身)

◆행망예례(行望瘞禮)

알자인초헌관예망예위서향립(謁者引初獻官詣望瘞位西向立)○축승분축(祝升焚祝)○헌관강복위(獻官降復位)○알자진초헌관지좌백례필(謁者進初獻官之左白禮畢)○축폐독폐영정문식촉(祝閉櫝閉影幀門熄燭)○헌관이하제집사학생개출(獻官以下諸執事學生皆出)

석채례(釋菜禮)의절(儀節)홀기(笏記)

○前期 獻官以下 皆盛服　앞서서 헌관이하 모두 성복한다.
○掌儀 設 神座 南向　장의가 신좌를 남향으로 차린다.
○設 祝版 於 神座前之 右　신좌의 우측에 축판을 놓는다.
○設 香爐 香案 香盒 於 堂中 神座前　당중 신좌전에 향로, 향안, 향합을 설치한다.
○ 設 祭器 於 神座前 左 二籩(脯果) 右 二豆(笋菜)　제기를 좌는 이변(포, 과일), 우는 이두(죽순,채소)를 둔다
○設 鐏一 於 堂上 東南隅 加 勺冪(작멱)　술두루미를 당상 동남모퉁이에 뚜껑을 덮어서 둔다.
○設 燭二 於 神座 左右　신좌 좌우에 촛대를 놓는다.
○設 洗二 於 東階之 東(盥洗 在東, 爵洗 在西)　동계의 동에 세반(洗盤) 둘을 설치한다.(관세는 동, 작세는 서에 둔다)
○卓一 於 東 卓上 箱二(巾 東, 爵 西)　탁자를 두고 탁상에 두개 상자를 놓는다.(수건은 동, 잔은 서에 둔다.)
○設 獻官位 於 堂下 北面　당하에 북쪽을 향해 헌관석을 설한다.
○諸生次之 皆 北面 西上　모든 생도는 이에 따르되 북향 서쪽을 윗자리로 한다.
○及期 獻官以下 序立 於 東廊下　행사에 즈음하여 동랑하에 헌관이하 서립한다.
○掌儀 帥 左右執事者 昇堂　장의가 이끌고 좌우 집사자와 당에 오른다.
○實 酒饌　주찬을 제기에 담는다.
○降 就 堂下位　이어 본위치로 내려간다.
○贊者 引 獻官 昇堂　찬자가 헌관을 인도하여 당에 오른다.
○點視 陳設　진설물을 점시한다.
○降 就 堂下位　이어 본위치로 내려간다.
○贊者 離位 少前 再拜　찬자가 한발 앞에 나가 재배한다.
○訖 進立 於 獻官之 右　이어 헌관의 우편으로 간다.
○西向 曰 再拜　서향으로 서서 "헌관재배" 하고 창한다
○在位者 皆 再拜　재위는 모두 재배한다.
○掌儀 祝 司鐏 及 諸執事 俱詣 盥洗位　장의, 축, 사준, 좌우집사 모두 관세위로 간다.
○盥水 洗手　관수에 손을 씻고 닦는다.
○掌儀 神座前 左右 序立 於 東西向　장의가 신좌전에 좌우 마주보고 서립한다.
○祝 立於 阼階上 東向　축은 조계로 올라 동향으로 선다.
○司鐏 立於 鐏南 北向　사준은 준남에 북향으로 선다.
○奉爵 立於 爵洗 北　봉작은 작세위의 북쪽에 선다.

○奠爵 立於 神座 右   전작은 신좌의 우편에 선다.
○左右執事 立於 神座前   좌우집사가 신좌전에 선다.
○贊者 引 獻官 詣 盥洗 南 北向立   찬자는 헌관을 안내하여 관세위 남쪽 북향으로 세운다.
○盥水 洗手   관수에 손을 씻고 닦는다.
○仍詣 神位前 北向 跪   신위전으로 가서 북향으로 꿇어 앉는다.
○左右 執事 奉香 奉爐 香盒 跪 進   좌우 집사 봉향 봉호 향합을 꿇어 앉아 드린다.
○獻官 三上香   헌관이 세번 향을 피운다.
○俛 伏興 再拜   일어나 재배한다.
○降 復位   내려가서 복위한다.
○ 獻官 更詣 盥洗 如初   헌관은 먼저처럼 관세한다.
○仍詣 爵洗 南 北向 立   이어 작세위 남쪽에 북향으로 선다.
○洗爵 以授 奉爵   세작하여 봉작에게 준다.
○俱詣 樽所 西向 立   함께 준소로 가서 서향으로 선다.
○奉爵 以爵 授 獻官   봉작이 헌관에게 잔을 건넨다.
○司樽 擧羃 酌酒   사준이 거품을 거두고 잔에 따른다.
○獻官 以爵 授 奉爵   헌관이 잔을 봉작에게 건넨다.
○俱詣 神位前   함께 산위전으로 간다.
○獻官 北向 跪   헌관은 북향으로 꿇어 앉는다.
○奉爵 跪 授 獻官   봉작이 꿇어 앉아 헌관에게 잔을 드린다.
○獻官 執爵 三祭 以授 奠爵   헌관은 잡을 잡고 삼좨주를 기울이고 전작에게 준다.
○奠爵 於 籩豆之間   전작은 변과 두 사이 중간에 놓는다.
○俛 伏興 少立   헌관은 일어나서 잠시 서서 기다린다.
○祝 詣 獻官之 左 東向 跪 讀祝   축은 헌관의 완편 동향으로 꿇어 앉아 축문을 읽는다.
○訖 復位   마치고 복위한다.
○獻官 俛 伏興 再拜   헌관은 일어나 재배한다.
○引降 復位   이어서 복위한다.
○掌儀 帥 諸執事 皆 降 復位   장의는 제집사와 함께 내려가 복위한다.
○獻官以下 在位者 皆 再拜   헌관이하 재위자 모두 재배한다
○祝 祝文 焚之   축은 축문을 불사른다.
○禮畢   예가 끝났음을 알린다.

◆집사분정(執事分定)

헌관, 집례, 축, 장의, 찬자, 좌집사, 우집사, 사준, 봉작, 전작

◆진설(陳設)

○설(設) 신좌(神座) 남향(南向) 교의(交椅)
○설(設) 제상(祭床)
○설(設) 축판(祝版)
○설(設) 향로(香爐), 향안(香案), 향합(香盒), 작(爵), 모사기(茅沙器)
○설(設) 제기(祭器) 이변(二籩) (포(脯) 실과(實果)) 이두(二豆)(순(筍) 채(菜)
○설(設) 촉(燭) 이(二) 좌(左), 우(于)
○설(設) 준(樽) 일(一)
○설(設) 세(洗) 이(二) 세작(世爵), 세수(世守) 설(設) 탁(卓) 일(一) (관세(冠歲)위)

○설(設) 상(箱) 이(二) 수건(手巾), 잔(盞)
○상향축문(常享祝文)

향교석전진설홀기(鄕校釋奠陳設笏記)

○묘사급제집사구취계간배위(廟司及諸執事俱就階間拜位) 북향서상입(北向西上立)묘사와 여러 집사들은 계간 배위로 나아가 서쪽을 상위로 북향하여 서시오. ○사배(四拜) 묘사이하제집사개사배(廟司以下諸執事皆四拜)4배하시오 묘사이하 여러 집사들은 다 4배하시오. ○국궁(鞠躬) 배(拜) 흥(興) 배(拜) 흥(興) 배(拜) 흥(興) 배(拜) 흥(興) 평신(平身)국궁 배 흥 배 흥 배 흥 배 흥 평신. ○묘사급제집사예관세위(廟司及諸執事詣盥洗位) 관수(盥水) 인예대성위(引詣大成位)묘사와 여러 집사들은 관세위로 나아가 손을 씻고 대성위로 나아가시오. ○대성위동편묘사급동종향묘사집사서립우대성전동편(大成位東便廟司及東從享廟司執事序立于大成前東便) 대성위 동편묘사와 동종향 묘사 및 집사들은 대성위 앞 동편에 서시오. ○대성위서편묘사급서종향묘사집사서립우대성전서편(大成位西便廟司及西從享廟司執事序立于大成前西便)대성위 서편묘사와 서종향 묘사 및 집사들은 대성위 앞 서편에 서시오.

◆행대성위진설례(行大成位陳設禮)(左八邊 右八豆)대성위 진설을 하시오 (좌팔변 우팔두)

○진설자좌팔변(陳設自左八邊) 제일행(第一行) 형염재전(形鹽在前) 어숙차지(魚鷫次之)진설은 좌측 8변부터 시작하여 제1행 맨 앞에 형염을 놓고, 그 뒤에 어수를 놓으시오. ○제이행(第二行) 건조재전(乾棗在前) 율황차지(栗黃次之) 진자차지(榛子次之)제2행 맨앞에 건조를 놓고, 그 뒤에 능인을 놓고, 그 뒤에 진자를 놓으시오. ○제삼행(第三行) 능인재전(菱仁在前) 검인차지(芡仁次之) 녹포차지(鹿脯次之)제3행 맨앞에 능인을 놓고, 그 뒤에 검인을 놓고, 그 뒤에 녹포를 놓으시오 ○기차지우팔두(其次至右八豆) 제일행(第一行) 구저재전(韭菹在前) 탐해차지(醓醢次之)그 다음 우측팔두를 진설하는데 제1행 맨앞에 구저를 놓고, 그 뒤에 탐해를 놓으시오○제이행(第二行) 청저재전(菁菹在前) 녹해차지(鹿醢次之) 근저차지(芹菹次之)제2행 맨앞에 청저를 놓고, 그 뒤에 녹해를 놓고, 그 뒤에 어해를 놓으시오. ○제삼행(第三行) 토해지전(兎醢之前) 순저차지(筍菹次之) 어해차지(魚醢次之)제3행 맨 앞에 토해를 놓고, 그 뒤에 순저를 놓고 , 그 두에 어해를 놓으시오. ○기차지중앙(其次之中央) 보양좌전(簠粱左前) 보도차지(簠稻次之)그 다음 중앙에 보에 담은 양을 좌측에 놓고, 보에 담은 도를 그 뒤에 놓으시오. ○궤직우전(簋稷右前) 궤서차지(簋黍次之)궤에 담은 직을 우측에 놓고, 궤에 담은 서를 그 뒤에 놓으시오. ○기차지동서종향위진설(其次之東西從享位陳設) 자좌이변(自左二邊) 율황재전(栗黃在前) 녹포차지(鹿脯次之)그 다음 동서종향위 진설을 하는데 먼저 좌측 2변부터 시작하여 좌측 맨 앞에 율황을 놓고 그 뒤에 녹포를 놓으시오. ○기차우이두(其次右二豆) 청저재전(菁菹在前) 녹해차지(鹿醢次之)그 자음 우측2두로 우측 맨 앞에 청저를 놓고, 그 뒤에 녹해를 놓으시오. ○기차중앙(其次中央) 보도재전(簠稻在前) 궤서재우(簋黍在右)그 다음 중앙에 보에 담은 도를 좌측에 놓고 궤에 담은서 를 우측에 놓으시오.(진설이 끝난 후에 검수를 한다.) ○점시(點視)하나하나 더듬어 검수를 한다. ○찬인인헌관예대성위전(贊引引獻官詣大成位前)찬인은 헌관을 대성위전으로 인도하여 검수케 하시오.

○차예사성위전(次詣四聖位前)다음은 4성위전으로 인도하여 검수케 하시오. ○차예동종향위전(次詣東從享位前)다음은 동종향으로 인도하여 검수케 하시오. ○차예서종향위전(次詣西從享位前)다음은 서종향으로 인도하여 검수케 하시오. ○차복예대성위전(次復詣大成位前)다음은 다시 대성위 앞으로 인도하시오. ○인강출취(引降出就)밖으로 인도하여 제자리오 가시오. ○수묘사급제집사출(遂廟司及諸執事出) 폐비(閉扉)묘사와 모든 집사들도 그 뒤를 따라 나가고 대성전 문을 닫으시오.

향교석전홀기(鄕校釋奠笏記)

○장찬자(掌饌者) 묘사(廟司) 입(入) 실찬구필(實饌具畢)○집례급(執禮及) 찬자(贊者) 묘사(廟司) 악장(樂掌) 선취(先就) 계간배위(階間拜位) 북향(北向) 서상립(西上立) 사배(四拜) 흘(訖) 관세위(盥洗位) 관수(盥手) 취위(就位)

◆창홀(唱笏)

○악작(樂作) 헌가작(軒架作) 응안지악(凝安之樂) 거휘(擧麾) ○찬인인(贊引引) 대축예(大祝詣) 전향문전(傳香門前) 봉(奉) 축판향궤(祝板香櫃) 인예향소(引詣香所) 치어점상(置於坫上) 강부위(降復位) ○재위자(在位者) 국궁(鞠躬) ○재위자(在位者) 평신(平身) ○알자인(謁者引) 초헌관(初獻官) 승자동계(升自東階) 점시진설(點視陳設) 흘(訖) 환출(還出) ○악지(樂止) 언휘(偃麾) ○알자찬인(謁者贊引) 구취계간(俱就階間) 배위(拜位) 사배(四拜) 흘(訖) 관세위(盥洗位) 관수(盥手) 취위(就位) ○찬인(贊引)(대축찬인)인(引) 대축급(大祝及) 제집사(諸執事) 입취(入就) 계간배위(階間拜位) 북향(北向) 서상립(西上立) ○사배(四拜), 대축이하(大祝以下) 개사배(皆四拜) ○진홀(搢笏) 국궁(鞠躬) 궤(跪) 배(拜)-흥(興), 배(拜)-흥(興), 배(拜)-흥(興),배(拜)-흥(興) 평신(平身) 집홀(執笏) ○찬인인(贊引引) 대축급(大祝及) 제집사예(諸執事詣) 관세위(盥洗位) 관수(盥手) 각(各) 취위(就位) ○묘사수(廟司帥) 봉향봉로(奉香奉爐) 점등촉(點燈燭) 개독(開櫝) 계개(啓蓋) 개비(開扉) 흘(訖) 부위(復位) ○찬인인(贊引引) 대축(大祝) 승(昇) 모혈예감(毛血瘞坎) 흘(訖) 부위(復位) ○시보격고(時報擊鼓) ○알자찬인(謁者贊引) 각인(各引) 헌관급(獻官及) 분헌관(分獻官) 입취위(入就位) ○국민의례(國民儀禮)(국기(國旗)에 대(對)한 경례(敬禮) …) ○악작(樂作) 헌가작(軒架作) 응안지악(凝安之樂) 거휘(擧麾) ○알자(謁者) 청(請) 행사(行事)(알자진(謁者進) 초헌관지좌(初獻官之左) 백(白) 유사(有司) 근구(謹具) 청행사(請行事) ○사배(四拜). 헌관이하(獻官以下) 재위자(在位者) 개(皆) 사배(四拜) ○진홀(搢笏) 국궁(鞠躬) 궤(跪) 배(拜)-흥(興), 배(拜)-흥(興), 배(拜)-흥(興), 배(拜)-흥(興) 평신(平身) 집홀(執笏) ○악지(樂止) 언휘(偃麾)

◆행(行) 전폐례(奠幣禮)

○알자인(謁者引) 초헌관(初獻官) 예(詣) 관세위(盥洗位) 관수(盥手)(진홀(搢笏) 관수(盥手) 세수(帨手) 집홀(執笏)) ○악작(樂作) 등가작(登歌作) 명안지악(明安之樂) 거휘(擧麾) ○인예(引詣) 대성지성문선왕(大成至聖文宣○헌관(獻官) 진홀(搢笏) 궤(跪) ○찬인인(贊引引) 대축급(大祝及) 봉향봉로(奉香奉爐) 진(進) 헌관지좌우(獻官之左右) 북향립(北向立) ○삼상향(三上香) ○봉향(奉香) 봉로(奉爐) 흥(興) 소퇴(少退) ○대축(大祝) 이폐비(以幣篚) 수(授) 초헌관(初獻官) ○초헌관(初獻官) 집폐헌폐(執幣獻幣) 이폐수(以幣授) 대축(大祝) ○대축(大祝) 전우(奠于) 신위전(神位前) ○헌관(獻官) 부복(俯伏) 흥(興) 평신(平身) 집홀(執笏) ○차예(次詣) 부성공(復聖公) 신위전(神位前)

(헌관(獻官) 진홀(搢笏) 궤(跪) ○삼상향(三上香) ○대축(大祝) 이폐비(以幣篚) 수(授) 초헌관(初獻官) ○초헌관(初獻官) 집폐헌폐(執幣獻幣) 이폐수(以幣授) 대축(大祝) ○대축(大祝) 전우(奠于) 신위전(神位前) ○헌관(獻官) 부복(俯伏) 흥(興) 평신(平身) 집홀(執笏) ○차예(次詣) 종성공(宗聖公) 신위전(神位前) 헌관(獻官) 진홀(搢笏) 궤(跪) ○삼상향(三上香) ○대축(大祝) 이폐비(以幣篚) 수(授) 초헌관(初獻官) ○초헌관(初獻官) 집폐헌폐(執幣獻幣) 이폐수(以幣授) 대축(大祝) ○대축(大祝) 전우(奠于) 신위전(神位前) ○헌관(獻官) 부복(俯伏) 흥(興) 평신(平身) 집홀(執笏) ○차예(次詣) 술성공(述聖公) 신위전(神位前) 헌관(獻官) 진홀(搢笏) 궤(跪) ○삼상향(三上香) ○대축(大祝) 이폐비(以幣篚) 수(授) 초헌관(初獻官) ○초헌관(初獻官) 집폐헌폐(執幣獻幣) 이폐수(以幣授) 대축(大祝) ○대축(大祝) 전우(奠于) 신위전(神位前) ○헌관(獻官) 부복(俯伏) 흥(興) 평신(平身) 집홀(執笏) ○차예(次詣) 아성공(亞聖公) 신위전(神位前) 헌관(獻官) 진홀(搢笏) 궤(跪) ○삼상향(三上香) ○대축(大祝) 이폐비(以幣篚) 수(授) 초헌관(初獻官) ○초헌관(初獻官) 집폐헌폐(執幣獻幣) 이폐수(以幣授) 대축(大祝) ○대축(大祝) 전우(奠于) 신위전(神位前) ○헌관(獻官) 부복(俯伏) 흥(興) 평신(平身) 집홀(執笏) ○악지(樂止) 언휘(偃麾) ○알자찬인(謁者贊引) 각인(各引) 초헌관급(初獻官及) 대축이하(大祝以下) 강복위(降復位)

◎등가작 명안지악 악장, 백성이 생겨난 이래, 누가 그 성대함에 이르랴. 문선왕의 신명함은, 옛 성인보다 탁월 하시도다. 제물과 폐백이 다 갖추어지고, 예의와 용모가 맞았도다. 예찬이 향기롭지 못하오나, 신께서는 흠향하오소서

◆행(行) 초헌례(初獻禮)

○알자인(謁者引) 초헌관(初獻官) 예(詣) 대성지성문선왕(大成至聖文宣王) 준소(樽所) 서향립(西向立) ○악작(樂作) 등가작(登歌作) 성안지악(成安之樂) 거휘(擧麾) ○사준(司樽) 거멱(擧冪) 작(酌) 예제(醴齊) ○인예(引詣) 대성지성문선왕(大成至聖文宣王) 신위전(神位前) 북향립(北向立) 헌관(獻官) 진홀(搢笏) 궤(跪) ○사준(司樽) 이작수(以爵授) 봉작(奉爵), 봉작(奉爵) 이작수(以爵授) 초헌관(初獻官) ○초헌관(初獻官) 집작헌작(執爵獻爵) 이작수(以爵授) 전작(奠爵) ○전작(奠爵) 전우(奠于) 신위전(神位前) ○헌관(獻官) 부복(俯伏) 흥(興) 평신(平身) 소퇴(少退) 궤(跪) ○찬인인(贊引引) 대축예(大祝詣) 헌관지좌(獻官之左) 동향립(東向立) ○헌관급(獻官及) 제집사(諸執事) 부복(俯伏), 재위자(在位者) 국궁(鞠躬) ○악지(樂止) 언휘(偃麾) ○독(讀) 축문(祝文) ○독축(讀祝) 필(畢) ○악작(樂作) 거휘(擧麾) ○헌관(獻官) 부복(俯伏) 흥(興) 평신(平身) 집홀(執笏) ○찬인인(贊引引) 대축(大祝) 강복위(降復位) ○알자인(謁者引) 초헌관예(初獻官詣) 배향위(配享位) 준소(樽所) 서향립(西向立) ○사준(司樽), 거멱(擧冪) 작(酌) 예제(醴齊) ○인예(引詣) 부성공(復聖公) 신위전(神位前) 헌관(獻官) 진홀(搢笏) 궤(跪) ○봉작(奉爵) 이작(以爵) 수(授) 초헌관(初獻官) ○초헌관(初獻官) 집작헌작(執爵獻爵) 이작수(以爵授) 전작(奠爵) ○전작(奠爵) 전우(奠于) 신위전(神位前) ○헌관(獻官) 부복(俯伏) 흥(興) 평신(平身) 집홀(執笏) ○차예(次詣) 종성공(宗聖公) 신위전(神位前) 헌관(獻官) 진홀(搢笏) 궤(跪) ○봉작(奉爵) 이작수(以爵授) 초헌관(初獻官) ○초헌관(初獻官) 집작헌작(執爵獻爵) 이작수(以爵授) 전작(奠爵) ○전작(奠爵) 전우(奠于) 신위전(神位前) ○헌관(獻官) 부복(俯伏) 흥(興) 평신(平身) 집홀(執笏) ○차예(次詣) 술성공(述聖公) 신위전(神位前) 헌관(獻官) 진홀(搢笏) 궤(跪) ○봉작(奉爵) 이작수(以爵授) 초헌관(初獻官) ○초헌관(初獻官) 집작헌작(執爵獻爵) 이작수(以爵授) 전작(奠爵) ○전작(奠爵) 전우(奠于) 신위전(神位前) ○헌관(獻官) 부복(俯伏) 흥(興) 평신(平身) 집홀(執笏) ○차예(次詣) 아성공(亞聖公) 신위전(神位前) (헌관(獻官) 진홀(搢笏) 궤(跪)) ○봉작(奉爵) 이작수(以爵授) 초헌관(初獻官) ○초헌관(初獻官) 집작헌작(執爵獻爵) 이작수(以爵授) 전작(奠爵) ○전작

(奠爵) 전우(奠于) 신위전(神位前) ○헌관(獻官) 부복(俯伏) 흥(興) 평신(平身) 집홀(執笏) ○악지(樂止)(음악을끈다) 언휘(偃麾) ○알자인(謁者引) 초헌관(初獻官) 강복위(降復位)

◎등가작 성안지악 악장, 위대하신 성왕이시여 진실로 하늘이 내신 덕이십니다. 음악을 연주하여 숭모하고 때맞추어 제사지내니 즐겁도다. 맑은 술은 향기롭고, 아름다운 희생은 매우 크옵니다. 제물을 신명께 드리오니 부디 임하시기를 비옵니다.

◆행(行) 아헌례(亞獻禮)

○알자인(謁者引) 아헌관예(亞獻官詣) 관세위(盥洗位) 관수(盥手) 진홀(搢笏) 관수(盥手) 세수(帨手) 집홀(執笏) ○악작(樂作) 헌가작(軒架作) 성안지악(成安之樂) 거휘(擧麾) ○알자인(謁者引) 아헌관(亞獻官) 예(詣) 대성지성문선왕(大成至聖文宣王) 준소(樽所) 서향립(西向立) ○사준(司樽) 거멱(擧冪) 작(酌) 앙제(醠齊) ○인예(引詣) 대성지성문선왕(大成至聖文宣王) 신위전(神位前) 북향립(北向立) 헌관(獻官) 진홀(搢笏) 궤(跪) ○사준(司樽) 이작수(以爵授) 봉작(奉爵), 봉작(奉爵) 이작수(以爵授) 아헌관(亞獻官) ○아헌관(亞獻官) 집작헌작(執爵獻爵) 이작수(以爵授) 전작(奠爵) ○전작(奠爵) 전우(奠于) 신위전(神位前) ○헌관(獻官) 부복(俯伏) 흥(興) 평신(平身) 집홀(執笏) ○알자인(謁者引) 아헌관예(亞獻官詣) 배향위(配享位) 준소(樽所) 서향립(西向立) ○사준(司樽), 거멱(擧冪) 작(酌) 앙제(醠齊) ○차예(次詣) 부성공(復聖公) 신위전(神位前) 헌관(獻官) 진홀(搢笏) 궤(跪) ○봉작(奉爵) 이작수(以爵授) 아헌관(亞獻官)○아헌관(亞獻官) 집작헌작(執爵獻爵) 이작수(以爵授) 전작(奠爵) ○전작(奠爵) 전우(奠于) 신위전(神位前) ○헌관(獻官) 부복(俯伏) 흥(興) 평신(平身) 집홀(執笏) ○차예(次詣) 종성공(宗聖公) 신위전(神位前) 헌관(獻官) 진홀(搢笏) 궤(跪) ○봉작(奉爵) 이작수(以爵授) 아헌관(亞獻官)○아헌관(亞獻官) 집작헌작(執爵獻爵) 이작수(以爵授) 전작(奠爵) ○전작(奠爵) 전우(奠于) 신위전(神位前) ○헌관(獻官) 부복(俯伏) 흥(興) 평신(平身) 집홀(執笏) ○차예(次詣) 술성공(述聖公) 신위전(神位前)헌관(獻官) 진홀(搢笏) 궤(跪) ○봉작(奉爵) 이작수(以爵授) 아헌관(亞獻官) ○아헌관(亞獻官) 집작헌작(執爵獻爵) 이작수(以爵授) 전작(奠爵) ○전작(奠爵) 전우(奠于) 신위전(神位前) ○헌관(獻官) 부복(俯伏) 흥(興) 평신(平身) 집홀(執笏)○차예(次詣) 아성공(亞聖公) 신위전(神位前) 헌관(獻官) 진홀(搢笏) 궤(跪) ○봉작(奉爵) 이작수(以爵授) 아헌관(亞獻官) 봉작 ○아헌관(亞獻官) 집작헌작(執爵獻爵) 이작수(以爵授) 전작(奠爵) ○전작(奠爵) 전우(奠于) 신위전(神位前)○헌관(獻官) 부복(俯伏) 흥(興) 평신(平身) 집홀(執笏) ○악지(樂止) 언휘(偃麾) ○알자인(謁者引) 아헌관(亞獻官) 강복위(降復位)

◉헌가작 성안지악 악장, 백왕의 으뜸이시며, 백성들의 법도이시다. 우러러 사모함이 끝이 없으니 신령께서는 편안 하시도다. 금 술잔에 따른 술은 맑고도 감미롭도다. 세 번 술잔을 올리는 예를 즐겁게 받으소서.

◆행(行) 종헌례(終獻禮)

○알자인(謁者引) 종헌관(終獻官) 예(詣) 관세위(盥洗位) 관수(盥手) 진홀(搢笏) 관수(盥手) 세수(帨手) 집홀(執笏) ○악작(樂作) 헌가작(軒架作) 성안지악(成安之樂) 거휘(擧麾) ○알자인(謁者引) 종헌관(終獻官) 예(詣) 대성지성문선왕(大成至聖文宣王) 준소(樽所) 서향립(西向立) ○사준(司樽) 거멱(擧冪) 작(酌) 청주(淸酒) ○인예(引詣) 대성지성문선왕(大成至聖文宣王) 신위전(神位前) 북향립(北向立) 헌관(獻官) 진홀(搢笏) 궤(跪) ○사준(司樽), 이작수(以爵授) 봉작(奉爵), 봉작(奉爵) 이작수(以爵授) 종헌관(終獻官) ○종헌관(終獻官) 집작헌작(執爵獻爵) 이작수(以爵授) 전작(奠爵) ○전작(奠爵) 전우(奠于) 신위전(神位前) ○헌관(獻官) 부복(俯伏) 흥(興) 평신(平身) 집홀(執笏) ○알자인(謁者引) 종헌관예(終獻官詣) 배위준소(配位樽所) 서향립(西向立)

○사준(司樽) 거멱(擧冪) 작(酌) 청주(淸酒) ○차예(次詣) 부성공(復聖公) 신위전(神位前) 헌관(獻官) 진홀(搢笏) 궤(跪) ○봉작(奉爵) 이작수(以爵授) 종헌관(終獻官) ○종헌관(終獻官) 집작헌작(執爵獻爵) 이작수(以爵授) 전작(奠爵) ○전작(奠爵) 전우(奠于) 신위전(神位前) ○헌관(獻官) 부복(俯伏) 흥(興) 평신(平身) 집홀(執笏) ○차예(次詣) 종성공(宗聖公) 신위전(神位前) 헌관(獻官) 진홀(搢笏) 궤(跪) ○봉작(奉爵) 이작수(以爵授) 종헌관(終獻官) ○종헌관(終獻官) 집작헌작(執爵獻爵) 이작수(以爵授) 전작(奠爵) ○전작(奠爵) 전우(奠于) 신위전(神位前) ○헌관(獻官) 부복(俯伏) 흥(興) 평신(平身) 집홀(執笏) ○차예(次詣) 술성공(述聖公) 신위전(神位前) 헌관(獻官) 진홀(搢笏) 궤(跪) ○봉작(奉爵) 이작수(以爵授) 종헌관(終獻官) ○종헌관(終獻官) 집작헌작(執爵獻爵) 이작수(以爵授) 전작(奠爵) ○전작(奠爵) 전우(奠于) 신위전(神位前) 헌관(獻官) 부복(俯伏) 흥(興) 평신(平身) 집홀(執笏) ○차예(次詣) 아성공(亞聖公) 신위전(神位前) 헌관(獻官) 진홀 (搢笏) 궤(跪) ○봉작(奉爵) 이작수(以爵授) 종헌관(終獻官) ○종헌관(終獻官) 집작헌작(執爵獻爵) 이작수(以爵授) 전작(奠爵)○전작(奠爵) 전우(奠于) 신위전(神位前) ○헌관(獻官) 부복(俯伏) 흥(興) 평신(平身) 집홀(執笏) ○악지(樂止) 언휘(偃麾) ○알자인(謁者引) 종헌관(終獻官) 강복위(降復位)

석전은 왕조시대에 성균관과 향교에서 새 학기를 맞이하면 학생들이 새 마음 새 뜻으로 학업에 임한다는 정신을 성현들께 다짐하고, 백을 드리던 의식입니다.

◆행(行) 분헌례(分獻禮)

○찬인인(贊引引) 분헌관(分獻官) 예(詣) 관세위(盥洗位) 관수(盥手)(진홀(搢笏) 관수(盥手) 세수(帨手) 집홀(執笏)) ○악작(樂作) 거휘(擧麾) ○찬인인(贊引引) 분헌관예(分獻官詣) 각(各) 종향위(從享位) 준소(樽所) 서향립(西向立) ○각(各) 사준(司樽) 거멱(擧冪) 작(酌) 청주(淸酒) ○인예(引詣) 종향위(從享位) 신위전(神位前) 각(各) 향립(向立)(헌관(獻官) 진홀(搢笏) 궤(跪)) ○각(各) 봉향봉로(奉香奉爐) 봉작전작(奉爵奠爵) 승(昇) ○삼상향(三上香) ○사준(司樽) 이작수(以爵授) 각(各) 봉작(奉爵) ○각(各) 봉작(奉爵) 이작수(以爵授) 분헌관(分獻官) ○분헌관(分獻官) 집작헌작(執爵獻爵) 이작수(以爵授) 전작(奠爵) ○전작(奠爵) 전우(奠于) 신위전(神位前) ○분헌관(分獻官) 부복(俯伏) 흥(興) 평신(平身) 집홀(執笏) ○분헌관(分獻官) 동서(東西) 종향위(從享位) 헌작(獻爵) 여상의(如上儀)

※석전해설(釋奠解說)[당하집례(堂下執禮)=찬자(贊者)]
※집례(執禮) : (분헌관(分獻官)이 마지막 작(爵)을 드리고 해설(解說)이 끝나면)

○분헌관(分獻官) 부복(俯伏) 흥(興) 평신(平身) 집홀(執笏) ○찬인인(贊引引) 분헌관급(分獻官及) 봉향봉로(奉香奉爐), 봉작전작(奉爵奠爵) 강복위(降復位) ○악지(樂止) 거휘(擧麾)

◆행(行) 음복수조례(飮福受胙禮)

○대축(大祝) 전작(奠爵) 승(升), 문선왕준소(文宣王樽所) 이작작(以爵酌) 뢰복주(罍福酒), 대축(大祝) 지조진감(持俎進減) 신위전(神位前) 조육(胙肉) ○알자인(謁者引) 초헌관예(初獻官詣) 음복위(飮福位) 서향립(西向立) 헌관(獻官) 진홀(搢笏) 궤(跪) ○대축진(大祝進) 초헌관지좌(初獻官之左) 북향궤(北向跪) ○대축(大祝) 복주(福酒) 이작(以爵) 수(授) 초헌관(初獻官) ○초헌관(初獻官) 수작(受爵) 음졸작(飮卒爵) ○대축(大祝) 수(受) 허작(虛爵) 부어점(復於坫) ○대축(大祝) 이조수(以俎授) 초헌관(初獻官)○초헌관(初獻官) 수조이수(受俎以授) 전작(奠爵) ○전작(奠爵) 수조(受俎) 강자동계(降自東階) 출문(出門) ○헌관(獻官) 부복(俯伏) 흥(興) 평신(平身) 집홀(執笏)

○알자인 (謁者引) 초헌관급(初獻官及) 대축(大祝) 강부위(降復位) ○악작(樂作) 등가작(登歌作) 오안지악(娛安之樂) 거휘(擧麾) ○사배(四拜), 헌관(獻官) 개(皆) 사배(四拜) ○[진홀(搢笏) 국궁(鞠躬) 궤(跪) 배(拜)-흥(興), 배(拜)-흥(興), 배(拜)-흥(興), 배(拜)-흥(興) 평신(平身) 집홀(執笏)]

◆철변두(撤籩豆)

○대축(大祝) 승(升) 철변두(撤籩豆)(각일소이(各一少移)) ○대축(大祝) 강부위(降復位) ○악지(樂止) (음악을 끄고 곧 응안지악 연주)○악작(樂作) 헌가작(軒架作) 응안지악(凝安之樂) ○사배(四拜), 헌관이하(獻官以下) 재위자(在位者) 개(皆) 사배(四拜) (참례자 모두 일어서 주십시오.) ○[진홀(搢笏) 국궁(鞠躬) 궤(跪) 배(拜)-흥(興), 배(拜)-흥(興), 배(拜)-흥(興), 배(拜)-흥(興) 평신(平身) 집홀(執笏)] ○악지(樂止) 언휘(偃麾) (음악을 모두 끈다.)

◆행(行) 망예례(望瘞禮)

○알자인(謁者引) 초헌관(初獻官) 예(詣) 망예위(望瘞位) 북향립(北向立)○대축(大祝) 승(升) 이비취(以篚取) 축판급폐백(祝板及幣帛) 강자서계(降自西階) 치어감(置於坎) (집례(執禮) : 망예위(望瘞位) 서향립(西向立))○가료(可燎) 치토(置土) 반감(半坎)

엄숙한 학궁을 사방에서 와서 존숭하도다. 정성과 공경으로 받드니 위의가 온화하도다. 향기로운 제물 흠향하시고, 신의 수레가 되돌아가도다. 깨끗한 제사를 마쳤으니 모두 많은 복을 받으리로다.

○ 알자인(謁者引) 초헌관급(初獻官及) 대축(大祝) 부위(復位)○ 알자(謁者) 고(告) 예필(禮畢)(알자진(謁者進) 초헌관지좌(初獻官之左) 백(白) 예필(禮畢))○ 알자(謁者) 찬인(贊引) 각인(各引) 헌관급(獻官及) 분헌관(分獻官) 출(出)○ 찬인인(贊引引) 대축급(大祝及) 제집사(諸執事) 구부계간(俱復階間) 배위(拜位) 사배(四拜)○ (진홀(搢笏) 국궁(鞠躬) 궤(跪) 배(拜)-흥(興), 배(拜)-흥(興), 배(拜)-흥(興), 배(拜)-흥(興) 평신(平身) 집홀(執笏))○ 대축급(大祝及) 제집사(諸執事) 이차출(以次出)○ 집례(執禮) 찬자(贊者) 구부계간(俱復階間) 배위(拜位) 사배(四拜) 흘(訖) 이차출(以次出)○ 장찬자(掌饌者) 묘사(廟司), 각수(各帥) 기속(其屬) 철(撤) 예찬(禮讚)○ 폐독(閉櫝) 소등(消燈) 폐비(閉扉) 이강(以降) 사배(四拜) 흘출(訖出)

대성전진설홀기(大成殿陳設笏記)

○집례급(執禮及) 찬자(贊者) 찬인(贊引) 구취계간(俱就階間) 배위(拜位) 북향(北向) 서상립(西上立) 사배(四拜) 흘(訖) 관수(盥手) 각(各) 취위(就位)○찬인인(贊引引) 묘사급(廟司及) 대축(大祝) 제집사(諸執事) 구취계간(俱就階間) 배위(拜位) 북향(北向) 서상립(西上立)○사배(四拜) 묘사급(廟司及) 대축(大祝) 제집사(諸執事) 개(皆) 사배(四拜)○국궁(鞠躬) 궤(跪) 배(拜)-흥(興), 배(拜)-흥(興), 배(拜)-흥(興), 배(拜)-흥(興). 평신(平身)○인예(引詣) 관세위(盥洗位) 관수(盥手)○인예(引詣) 대성지성문선왕(大成至聖文宣王) 신위전(神位前) 서립(序立)○전사관(典祀官), 대축(大祝), 서찬인(西贊引), 봉로(奉爐), 전작(奠爵), 사준(司樽), 도예차(都豫差) 신위전(神位前) 서편서립(西便序立)○묘사(廟司), 알자(謁者), 동찬인(東贊引), 봉향(奉香), 봉작(奉爵), 사준(司樽)찬자(贊者) 신위전(神位前) 동편서립(東便序立)

◆행(行) 진설례(陳設禮)

○대성지성문선왕(大成至聖文宣王) 신위전(神位前) 진설(陳設), 예(詣) 사성위전(四聖位前) 여상의(如上儀)○동편집사(東便執事), 중앙(中央)

제일행(第一行) 시성조갑(豕腥俎匣) 중앙(中央)

제이행(第二行) 보량좌전(簠粱左前), 보도차지(簠稻次之)

○서편집사(西便執事), 중앙(中央) 제이행(第二行) 궤직우전(簋稷右前), 궤서차지(簋黍次之)○동편집사(東便執事), 기차지(其次之) 좌팔변(左八籩),

제일행(第一行) 형염재전(形鹽在前), 어숙차지(魚鱐次之)

제이행(第二行) 대조재전(大棗在前), 율황차지(栗黃次之), 비자차지(榧子次之)

제삼행(第三行) 유자재전(柚子在前), 림귤차지(林橘次之), 육포차지(肉脯次之)

○서편집사(西便執事), 기차지(其次之) 우팔두(右八豆),

제일행(第一行) 감곽재전(甘藿在前), 탐해차지(醓醢次之)

제이행(第二行) 청저재전(靑菹在前), 산미차지(山薇次之), 녹해차지(鹿醢次之)

제삼행(第三行) 근저재전(芹菹在前), 토해차지(兎醢次之), 어해차지(魚醢次之)

○동편집사(東便執事), 동종향위(東從享位) 순차진설(順次陳設). 서편집사(西便執事), 서종향위(西從享位) 순차진설(順次陳設). 중앙(中央)

제일행(第一行) 시성조갑(豕腥俎匣),

제이행(第二行) 보도좌전(簠稻左前), 궤서차지(簋黍次之)기차지(其次之) 좌이변(左二籩) 제일행(第一行) 황율재전(黃栗在前), 육포차지(肉脯次之)기차지(其次之) 우이두(右二豆) 제일행(第一行) 청저재전(靑菹在前), 탐해차지(醓醢次之)

◆점시(點視)

○인강출취(引降出就)○수(邃) 묘사급(廟司及) 대축(大祝) 제집사(諸執事) 출(出)폐비(閉扉)

수문요초석전대제향교제향식조향교석전대제홀기(隨聞要抄釋奠大祭鄕校祭享式條鄕校釋奠大祭笏記)

축전삼각찬자알자선취배위(丑前三刻贊者謁者先就拜位)○사배(四拜)○각취위(各就位)○알자인헌관이하구취문외위(謁者引獻官以下俱就門外位)○알자인축급제집사입취배위(謁者引祝及諸執事入就拜位)○축이하개사배(祝以下皆四拜)○관흘(盥訖)○각취위(各就位)○알자찬인인초헌관이하입취배위(謁者贊引引初獻官以下入就拜位)○알자진초헌관지좌백유사근구청행사(謁者進初獻官之左白有司謹具請行事)○사배헌관급학생개사배(四拜獻官及學生皆四拜)○행전폐례(行奠幣禮)○알자인초헌관예관세위(謁者引初獻官詣盥洗位)○관흘(盥訖)○인예대성지성문선왕신위전(引詣大成至聖文宣王神位前)○궤(跪)○진홀(搢笏)○삼상향(三上香)○헌폐(獻幣)○집홀(執笏)○부복(俯伏)○흥평신(興平身)○차예연국복성공신위전(次詣兗國復聖公神位前)○궤(跪)○진홀(搢笏)○삼상향(三上香)○헌폐(獻幣)○집홀(執笏)○부복(俯伏)○흥평신(興平身)○차예(次詣)○성국종성공신위전(郕國宗聖公神位前)○궤(跪)○진홀(搢笏)○삼상향(三上香)○헌폐(獻幣)○집홀(執笏)○부복(俯伏)○흥평신(興平身)○차예(次詣)○기국술성공신위전(沂國述聖公神位前)○궤(跪)○진홀(搢笏)○삼상향(三上香)○헌폐(獻幣)○집홀(執笏)○부복(俯伏)○흥평신(興平身)○차예(次詣)○추국아성공신위전(鄒國亞聖公神位前)○궤(跪)○진

香)○헌폐(獻幣)○집홀(執笏)○부복(俯伏)○흥평신(興平身)○인강복위(引降復位)○행초헌례(行初獻禮)○알자인초헌관예문선왕준전(謁者引初獻官詣文宣王尊前)○작흘(酌訖)○인예신위전(引詣神位前)○궤(跪)○진홀(搢笏)○헌작(獻酌)○집홀(執笏)○부복(俯伏)○흥소퇴북향궤(興少退北向跪)○축진신위지좌동향궤(祝進神位之左東向跪)○독축문(讀祝文)○부복(俯伏)○흥평신(興平身)○인예배위준소(引詣配位尊所)○작흘(酌訖)○인예복성공신위전(引詣復聖公神位前)○궤(跪)○진홀(搢笏)○헌작(獻爵)○집홀(執笏)○부복(俯伏)○흥평신(興平身)○차예종성공신위전(次詣宗聖公神位前)○궤(跪)○진홀(搢笏)○헌작(獻爵)○집홀(執笏)○부복(俯伏)○흥평신(興平身)○차예술성공신위전(次詣述聖公神位前)○궤(跪)○진홀(搢笏)○헌작(獻爵)○집홀(執笏)○부복(俯伏)○흥평신(興平身)○차예아성공신위전(次詣亞聖公神位前)○궤(跪)○진홀(搢笏)○헌작(獻爵)○집홀(執笏)○부복(俯伏)○흥평신(興平身)○인강복위(引降復位)○행아헌례(行亞獻禮)○알자인아헌관예관세위(謁者引亞獻官詣盥洗位)○관흘(盥訖)○인예문선왕준소(引詣文宣王尊所)○작흘(酌訖)○인예신위전(引詣神位前)○궤(跪)○진홀(搢笏)○헌작(獻酌)○집홀(執笏)○부복(俯伏)○흥소퇴북향궤(興少退北向跪)○인예배위준소(引詣配位尊所)○작흘(酌訖)○인예복성공신위전(引詣復聖公神位前)○궤(跪)○진홀(搢笏)○헌작(獻爵)○집홀(執笏)○부복(俯伏)○흥평신(興平身)○차예종성공신위전(次詣宗聖公神位前)○궤(跪)○진홀(搢笏)○헌작(獻爵)○집홀(執笏)○부복(俯伏)○흥평신(興平身)○차예술성공신위전(次詣述聖公神位前)○궤(跪)○진홀(搢笏)○헌작(獻爵)○집홀(執笏)○부복(俯伏)○흥평신(興平身)○차예아성공신위전(次詣亞聖公神位前)○궤(跪)○진홀(搢笏)○헌작(獻爵)○집홀(執笏)○부복(俯伏)○흥평신(興平身)○인강복위(引降復位)○행종헌례(行終獻禮)○알자인종헌관인각인분헌관예관세위(謁者引終獻官引各引分獻官詣盥洗位)○관흘(盥訖)○인종헌관예문선왕준소각인분헌관예동서종향양무준소(引終獻官詣文宣王尊所各引分獻官詣東西從享兩廡尊所)○작흘(酌訖)○각인예신위전(各引詣神位前)○궤(跪)○진홀(搢笏)○내외종향집사개삼상향(內外從享執事皆三上香)○헌작(獻酌)○집홀(執笏)○부복(俯伏)○흥평신(興平身)○인예배위준소(引詣配位尊所)○작흘인예복성공신위전(酌訖引詣復聖公神位前)○궤(跪)○진홀(搢笏)○헌작(獻爵)○집홀(執笏)○부복(俯伏)○흥평신(興平身)○차예종성공신위전(次詣宗聖公神位前)○궤(跪)○진홀(搢笏)○헌작(獻爵)○집홀(執笏)○부복(俯伏)○흥평신(興平身)○차예술성공신위전(次詣述聖公神位前)○궤(跪)○진홀(搢笏)○헌작(獻爵)○집홀(執笏)○부복(俯伏)○흥평신(興平身)○차예아성공신위전(次詣亞聖公神位前)○궤(跪)○진홀(搢笏)○헌작(獻爵)○내외종향개헌(內外從享皆獻)○집홀(執笏)○부복(俯伏)○흥평신(興平身)○인강복위(引降復位)○찬인각인분헌관강복위(贊引各引分獻官降復位)○알자인초헌관음복위(謁者引初獻官飮福位)○북향궤(北向跪)○진홀(搢笏)○이작수헌관(以爵授獻官)○헌관수작음졸작(獻官受爵飮卒爵)○집사수허작복어점(執事受虛爵復於坫)○축진감조육수헌관(祝進減胙肉授獻官)○헌관수조이수집사(獻官受胙以授執事)○집사출문(執事出門)○부복(俯伏)○흥(興)○인강복위(引降復位)○사배헌관이하개사배(四拜獻官以下皆四拜)○축입철변두(祝入撤邊豆)○사배헌관급학생개사배(四拜獻官及學生皆四拜)○알자인초헌관예망예위북향립(謁者引初獻官詣望瘞位北向立)○축취축판급폐강자서계치어감(祝取祝板及幣降自西堦置於坎)○치토반감(置土半坎)○인강복위(引降復位)○알자진헌관지좌백례필(謁者進獻官之左白禮畢)○인초헌관이하이차출(引初獻官以下以次出)○축급제집사구복배위(祝及諸執事俱復拜位)○축이하개사배(祝以下皆四拜)○이강출(以降出)○찬자알자찬인구취위(贊者謁者贊引俱就位)○사배(四拜)○이강출(以降出)

祝文式
維歲次干支幾月干支朔幾日干支行郡守姓名敢昭告于
先聖大成至聖文宣王伏以

道冠百王萬世之師兹值上丁精禋是宜謹以牲幣醴齊粢盛庶品式陳明薦

以　先師

兗國復聖公顏氏

郕國宗聖公曾氏

沂國述聖公孔氏

鄒國亞聖公孟氏　配尙

饗

자운서원홀기(紫雲書院笏記)

(栗谷 李珥先生, 沙溪 金長生 先生, 玄石 朴世采先生)

○집례이거안(執禮以擧案) 헌관급제집사(獻官及諸執事) 제생선취외위(諸生先就外位)집례자가 제관과 제집사를 호명하고 개식 안내를 한다. 헌관과 제집사 그리고 제유생은 밖에서 열지어 세운다.

○찬자인(贊者引) 초헌관(初獻官) 승자동계(陞自東階) 점시진설흘(點視陳設訖) 환출(還出)찬자는 초헌관을 동쪽 계단으로 인도하여 올라와 진설된 것을 점검하고 돌아 나가시오. ○대축입(大祝入) 개독계개(開櫝啓蓋)대축은 들어가서 신주를 열고, 모든 뚜껑을 열고 添 : 점촉하고 중문과 바깥 중문을 여시오. ○집례찬자사세(執禮贊者司稅), 선취배위(先就拜位), 개재배(皆再拜) 각취위(各就位) 집례, 찬자, 사세는 먼저 올라가서 재배하고 손을 씻고 자기 위치로 가서 서시오.

◆창홀(唱笏)

○찬자인(贊者引) 대축급제집사(大祝及諸執事) 입취배위(入就拜位), 개재배(皆再拜) 개예(皆詣) 관세위(盥洗位) 관수세수(盥手帨手) 각취위(各就位)찬자는 대축과 제집사를 인도하여 절하는 자리로 들어오게 하시오. 전부 재배를 시킨 후, 손 씻는 자리로 인도하여 손을 씻게 하고 각자의 자리로 서게 하시오. ○찬자(贊者)(알자○ (謁者))진(進) 초헌관지좌(初獻官之左) 청행사(請行事) 찬자는 초헌관의 앞 좌측에서 행사를 청하시오. 添: 有司 謹具請行事(유사 근구청행사) ○찬자인(贊者引) 헌관급○제생(獻官及諸生), 입취배위(入就拜位) 개재배(皆再拜)찬자는 헌관과 제유생을 인도하여 들어와 모두 재배 시키시오.

◆행(行) 전폐례(奠幣禮)폐백을 올리는 의식

○찬자인(贊者引) 초헌관(初獻官) 예관세위(詣盥洗位) 진홀(搢笏) 관수(盥手)세수(帨手) 집홀(執笏)찬자는 초헌관을 손 씻는 곳으로 인도하여 홀을 꽂고 손을 씻게 하고 홀을 잡도록 하시오. ○인예(引詣) 율곡선생(栗谷先生) 신위전(神位前)궤(跪)율곡 선생 신위전으로 인도하여 무릎 꿇어앉게 하시오. ○봉향(奉香)헌관지우(獻官之右) 서향궤(西向跪), 봉로헌관지좌(奉爐獻官之左) 동향궤(東向跪)봉향은 헌관의 우측에서 서향하여 무릎 꿇어 앉고, 봉로는 헌관의 좌측에서 동향하여 무릎 꿇어앉아 향과 향로를 받드시오. ○진홀(搢笏) 삼상향(三上香)초헌관은 홀을 꽂고 향을 세 번 사르시오. ○봉향(奉香), 봉로(奉爐) 소퇴입(少退立)봉향 봉로는 조금 물러 나 서시오. ○대축(大祝) 헌관지우(獻官之右) 서향궤(西向跪) 봉폐수헌관(奉幣授獻官) 헌관집폐(獻官執幣) 헌폐(獻幣) 이폐수대축(以幣授大祝)대축은 헌관의 우측에서 서향하여 무릎꿇어 앉으시오. 폐백을 받들어 헌관에게 주시오. 헌관은

폐백을 받아 헌폐하고 대축에게 주시오. ○**대축(大祝) 헌관지좌(獻官之左) 동향궤(東向跪) 수폐전우(受幣奠于) 신위전(神位前)** 대축은 헌관의 좌측에서 꿇어앉아 폐백을 받아 신위전에 올리시오. ○**집홀(執笏) 부복(俯伏) 흥(興)**헌관은 홀을 잡고 엎드렸다가 일어나시오. ○**차예(次詣) 사계(沙溪) 김선생(金先生) 신위전(神位前) 궤(跪)**다음에는 사계 김선생 신위전에 무릎 꿇어 앉으시오. ○**봉향(奉香) 헌관지우(獻官之右) 서향궤(西向跪), 봉로헌관지좌(奉爐獻官之左) 동향궤(東向跪)**봉향은 헌관의 우측에서 서향하여 무릎 꿇어 앉고, 봉로는 헌관의 좌측에서 동향하여 무릎 꿇어앉아 향과 향로를 받드시오. ○**진홀(搢笏) 삼상향(三上香)**초헌관은 홀을 꽂고 향을 세 번 사르시오. ○**봉향(奉香), 봉로(奉爐) 소퇴입(少退立)**봉향 봉로는 조금 물러 나 서시오. ○**대축(大祝) 헌관지우(獻官之右) 서향궤(西向跪), 봉폐수(奉幣授) 헌관(獻官)** 대축은 헌관의 우측에서 서향하여 무릎 꿇어 앉아서, 폐백을 받들어 헌관에게 주시오. ○**헌관집폐(獻官執幣) 헌폐(獻幣) 이폐수대축(以幣授大祝), 대축(大祝) 헌관지좌(獻官之左) 동향궤(東向跪) 수폐전우(受幣奠于) 신위전(神位前)**헌관은 폐백을 받아 헌폐하고 대축에게 주시오. 대축은 헌관의 좌측에서 꿇어앉아 폐백을 받아 신위전에 올리시오. ○**집홀(執笏) 부복(俯伏) 흥(興)**헌관은 홀을 잡고 엎드렸다가 일어나시오. ○**차예(次詣) 현석(玄石) 박선생(朴先生) 신위전(神位前) 궤(跪)**다음에는 현석 박선생 신위전에 무릎 꿇어 앉으시오. ○**봉향(奉香) 헌관지우(獻官之右) 서향궤(西向跪) 봉로(奉爐) 헌관지좌(獻官之左) 동향궤(東向跪)**봉향은 헌관의 우측에서 서향하여 무릎 꿇어 앉고, 봉로는 헌관의 좌측에서 동향하여 무릎 꿇어앉아 향과 향로를 받드시오. ○**진홀(搢笏) 삼상향(三上香)**초헌관은 홀을 꽂고 향을 세 번 사르시오. ○**봉향봉로(奉香奉爐) 소퇴입(少退立)**봉향 봉로는 조금 물러 나 서시오. ○**대축(大祝) 헌관지우(獻官之右) 서향궤(西向跪) 봉폐수(奉幣授) 헌관(獻官)**대축은 헌관의 우측에서 서향하여 무릎 꿇어 앉아 폐백을 받들어 헌관에게 주시오. ○**헌관집폐(獻官執幣) 헌폐(獻幣) 이폐수대축(以幣授大祝), 대축(大祝) 헌관지좌(獻官之左) 동향궤(東向跪) 수폐전우(受幣奠于) 신위전(神位前)**헌관은 폐백을 받아 헌폐하고 대축에게 주시오. 대축은 헌관의 좌측에서 꿇어앉아 폐백을 받아 신위전에 올리시오. ○**집홀(執笏) 부복(俯伏) 흥(興)**헌관은 홀을 잡고 엎드렸다가 일어나시오. ○**인강복위(引降復位)**헌관을 제자리로 인도하여 내려 가시오.

◆행(行) 초헌례(初獻禮)초헌관이 첫 번째 술을 올리고 축을 읽는 의식

○**찬자인(贊者引) 초헌관예(初獻官詣) 율곡선생(栗谷先生) 준소(罇所) 서향입(西向立), 봉작(奉爵), 전작(奠爵), 사준승(司罇升) 유사준(由司罇) 거멱작주(擧幂酌酒)**찬자는 초헌관을 인도하여 율곡선생의 술항아리 앞에서 서향하여 서시오. 봉작, 전작, 사준은 올라와서 사준은 보자기를 거두고 잔에 술을 따르시오. ○**인예(引詣) 율곡선생(栗谷先生) 신위전(神位前) 궤(跪) 진홀(搢笏)**율곡선생 신위전에 인도하여 꿇어앉게 하시오. 홀을 꽂으시오. ○**봉작(奉爵) 수작(受爵) 헌관지우(獻官之右) 서향궤(西向跪) 이작수헌관(以爵授獻官)**봉작은 잔을 받아 헌관의 우측에서 서향하여 꿇어앉아 헌관에게 잔을 주시오. ○**헌관집작(獻官執爵) 헌작(獻爵) 수전작(授奠爵) 전작이작수(奠爵以爵受) 전우신위전(奠于神位前)**헌관은 잔을 받아 헌작하고 전작에게 주면 전작은 잔을 받아 신위전에 올리시오. ○**집홀(執笏) 부복(俯伏) 흥(興)**홀을 잡고 구부렸다가 일어나시오.

○**차예(次詣) 배위준소(配位罇所) 서향입(西向立)**다음은 배위 술독에 가서 서향하

여 서시오. ○거멱작주(擧冪酌酒)보자기를 거두고 술을 따르시오. ○인예(引詣) 사계(沙溪) 김선생(金先生) 신위전(神位前) 궤(跪) 진홀(搢笏)사계선생 신위전에서 꿇어앉고 홀을 꽂으시오. ○봉작(奉爵) 수작(受爵) 헌관지우(獻官之右) 서향궤(西向跪) 이작수헌관(以爵授獻官)봉작은 잔을 받아 헌관의 우측에서 서향하여 꿇어앉아 헌관에게 잔을 주시오. ○헌관집작(獻官執爵) 헌작(獻爵) 수전작(授奠爵) 전작이작수(奠爵以爵受) 전우신위전(奠于神位前)헌관은 잔을 받아 헌작하고 전작에게 주면 전작은 잔을 받아 신위전에 올리시오. ○집홀(執笏) 부복(俯伏) 흥(興)홀을 잡고 구부렸다가 일어나시오.

○차예(次詣) 현석선생(玄石先生) 신위전(神位前) 궤(跪) 진홀(搢笏)다음은 현석선생 신위전에서 꿇어앉고 홀을 꽂으시오. ○봉작(奉爵) 수작(受爵) 헌관지우(獻官之右) 서향궤(西向跪) 이작수헌관(以爵授獻官)봉작은 잔을 받아 헌관의 우측에서 서향하여 꿇어앉아 헌관에게 잔을 주시오. ○헌관집작(獻官執爵) 헌작(獻爵) 수전작(授奠爵) 전작이작수(奠爵以爵受) 전우신위전(奠于神位前)헌관은 잔을 받아 헌작하고 전작에게 주면 전작은 잔을 받아 신위전에 올리시오. ○집홀(執笏) 부복(俯伏) 흥(興)홀을 잡고 구부렸다가 일어나시오. ○봉작(奉爵), 전작(奠爵), 사준(司罇) 강부위(降復位)봉작, 전작, 사준은 내려가시오. ○인예(引詣) 율곡선생(栗谷先生) 신위전(神位前) 궤(跪) 진홀(搢笏)헌관은 율곡선생 신위전에 꿇어앉고 홀을 꽂게 하시오. ○대축(大祝) 헌관지좌(獻官之左) 동향궤(東向跪) 부복(俯伏) 헌관(獻官) 이하(以下) 개(皆) 부복(俯伏) 독축(讀祝)대축은 헌관의 좌측에서 동향하여 꿇어앉아 독축하고 헌관 이하 모두 부복하시오. ○집홀(執笏) 부복(俯伏) 흥(興) 인강복위(引降復位)홀을 잡고 일어나 제자리로 내려 가시오.

◆행(行) 아헌례(亞獻禮)아헌관이 두 번째 술을 올리는 의식

○찬자인(贊者引) 아헌관예(亞獻官詣) 관세위(盥洗位) 진홀(搢笏) 관수세수(盥手帨手) 집홀(執笏)찬자는 아헌관을 인도하여 관세위로 가서 홀을 꽂고 손을 씻고 홀을 잡으시오. ○인예(引詣) 율곡선생(栗谷先生) 준소(罇所) 서향입(西向立), 봉작(奉爵), 전작(奠爵), 사준승(司罇升) 유사준(由司罇) 거멱작주(擧冪酌酒)율곡선생의 술독에서 서향하여 서시오. 봉작, 전작, 사준은 올라와서 사준은 보자기를 거두고 잔에 술을 따르시오. ○인예(引詣) 율곡선생(栗谷先生) 신위전(神位前) 궤(跪) 진홀(搢笏)율곡선생 신위전에 인도하여 꿇어앉고 홀을 꽂으시오. ○봉작(奉爵) 수작(受爵) 헌관지우(獻官之右) 서향궤(西向跪) 이작수헌관(以爵授獻官)봉작은 술잔을 받아 헌관의 우측에서 서향하여 꿇어앉아 헌관에게 주시오. ○헌관집작(獻官執爵) 헌작(獻爵) 수전작(授奠爵) 전작전우신위전(奠爵奠于神位前)헌관은 잔을 잡아 전작에게 주면 전작은 신위전에 올리시오. ○집홀(執笏) 부복(俯伏) 흥(興)홀을 잡고 구부렸다가 일어나시오.

○차예(次詣) 배위준소서향입(配位罇所西向立) 거멱작주(擧冪酌酒) 다음은 배위 준소에 가서 서향입하시오. 보자기를 거두고 술을 따르시오. ○인예(引詣) 사계(沙溪) 금선생(金先生) 신위전(神位前) 궤(跪) 진홀(搢笏)사계선생 신위전에서 꿇어앉고 홀을 꽂으시오. ○봉작(奉爵) 수작(受爵) 헌관지우(獻官之右) 서향궤(西向跪) 이작수헌관(以爵授獻官)봉작은 잔을 받아 헌관의 우측에서 서향하여 꿇어앉아 헌관에게 잔을 주시오. ○헌관집작(獻官執爵) 헌작(獻爵) 수전작(授奠爵) 전작이작수(奠爵以爵受) 전우신위전(奠于神位前)헌관은 잔을 받아 헌작하고 전작에게 주면 전작은

잔을 받아 신위전에 올리시오. ○집홀(執笏) 부복(俯伏) 흥(興)홀을 잡고 구부렸다가 일어나시오.

○차예(次詣) 현석선생(玄石先生) 신위전(神位前) 궤(跪) 진홀(搢笏) 다음은 현석선생 신위전에서 꿇어앉고 홀을 꽂으시오. ○봉작(奉爵) 수작(受爵) 헌관지우(獻官之右) 서향궤(西向跪) 이작수헌관(以爵授獻官)봉작은 잔을 받아 헌관의 우측에서 서향하여 꿇어앉아 헌관에게 잔을 주시오. ○헌관집작(獻官執爵) 헌작(獻爵) 수전작(授奠爵) 전작이작수(奠爵以爵受) 전우신위전(奠于神位前)헌관은 잔을 받아 헌작하고 전작에게 주면 전작은 잔을 받아 신위전에 올리시오. ○집홀(執笏) 부복(俯伏) 흥(興) 인강복위(引降復位)홀을 잡고 구부렸다가 일어나서 제자리로 돌아가시오.

◆행(行) 종헌례(終獻禮)종헌관이 마지막 술을 올리는 의식

○찬자인(贊者引) 종헌관예(終獻官詣) 관세위(盥洗位) 진홀(搢笏) 관수세수(盥手帨手) 집홀(執笏)찬자는 종헌관을 관세위에 인도하고 홀을 꽂고 손을 씻고 홀을 잡으시오. ○인예(引詣) 율곡선생(栗谷先生) 준소(罇所) 서향입(西向立)율곡선생의 준소에 인도하여 서향입하시오. ○봉작(奉爵), 전작(奠爵), 사준승(司罇升) 유사준(由司罇) 거멱작주(擧冪酌酒)봉작, 전작, 사준은 올라와서 사준은 보자기를 거두고 잔에 술을 따르시오. ○인예(引詣) 율곡선생(栗谷先生) 신위전(神位前) 궤(跪) 진홀(搢笏)율곡선생 신위전에 인도하여 꿇어앉게 하시오. 홀을 꽂으시오. ○봉작(奉爵) 수작(受爵) 헌관지우(獻官之右) 서향궤(西向跪) 이작수헌관(以爵授獻官)봉작은 잔을 받아 헌관의 우측에서 서향하여 꿇어앉아 헌관에게 잔을 주시오. ○헌관집작(獻官執爵) 헌작(獻爵) 수전작(授奠爵) 전작이작수(奠爵以爵受) 전우신위전(奠于神位前)헌관은 잔을 받아 헌작하고 전작에게 주면 전작은 잔을 받아 신위전에 올리시오. ○집홀(執笏) 부복(俯伏) 흥(興)홀을 잡고 구부렸다가 일어나시오.

○차예(次詣) 배위준소(配位罇所) 서향입(西向立) 거멱작주(擧冪酌酒) 다음은 배위 준소에 가서 서향입하시오. 보자기를 거두고 술을 따르시오. ○인예(引詣) 사계(沙溪) 금선생(金先生) 신위전(神位前) 궤(跪) 진홀(搢笏)사계선생 신위전에 인도하여 꿇어앉아 홀을 꽂으시오. ○봉작(奉爵) 수작(受爵) 헌관지우(獻官之右) 서향궤(西向跪) 이작수헌관(以爵授獻官)봉작은 잔을 받아 헌관의 우측에서 서향하여 꿇어앉아 헌관에게 잔을 주시오. ○헌관집작(獻官執爵) 헌작(獻爵) 수전작(授奠爵) 전작이작수(奠爵以爵受) 전우신위전(奠于神位前)헌관은 잔을 받아 헌작하고 전작에게 주면 전작은 잔을 받아 신위전에 올리시오. ○집홀(執笏) 부복(俯伏) 흥(興)홀을 잡고 구부렸다가 일어나시오.

○차예(次詣) 현석선생(玄石先生) 신위전(神位前) 궤(跪) 진홀(搢笏) 다음은 현석선생 신위전에 꿇어앉아 홀을 꽂으시오. ○봉작(奉爵) 수작(受爵) 헌관지우(獻官之右) 서향궤(西向跪) 이작수헌관(以爵授獻官)봉작은 잔을 받아 헌관의 우측에서 서향하여 꿇어앉아 헌관에게 잔을 주시오. ○헌관집작(獻官執爵) 헌작(獻爵) 수전작(授奠爵) 전작이작수(奠爵以爵受) 전우신위전(奠于神位前)헌관은 잔을 받아 헌작하고 전작에게 주면 전작은 잔을 받아 신위전에 올리시오. ○집홀(執笏) 부복(俯伏) 흥(興) 인강복위(引降復位)홀을 잡고 구부렸다가 일어나서 제자리로 내려가시오. ○헌관(獻官) 개재배(皆再拜)헌관 모두 재배하시오.

◆행(行) 음복례(飮福禮)제사한 술을 마셔 복을 받는 의식

○찬자인(贊者引) 초헌관예(初獻官詣) 음복위(飮福位) 서향궤(西向跪)찬자는 초헌관을 음복위(壇上 東南 西向)로 인도하여 서향하여 꿇어 앉으시오. ○대축(大祝) 제일작(第一爵) 급포철(及脯徹) 수헌관(授獻官) 헌관수작(獻官受爵) 작(爵) 수조(受胙)대축은 제일 첫 번째 술과 포를 거두어 와서 헌관에게 주면 잔을 받아 술을 마시고 도마에 고기를 어루만지시오. ○집홀(執笏) 부복(俯伏) 흥(興) 인강부위(引降復位)홀을 잡고 구부렸다가 일어나시오. 제자리로 내려가시오 ○대축입(大祝入) 철변두(徹籩豆)대축은 들어가서 변 하나와 두 하나를 조금씩 옮기시오 ○헌관(獻官) 급(及) 제생(諸生) 개재배(皆再拜) 헌관과 제유생은 모두 재배하시오. ○합독(闔櫝)독을 덮으시오.

◆행(行) 망료례(望燎禮)축문과 폐백을 태워 땅에 묻는 의식

○찬자인(贊者引) 초헌관예(初獻官詣) 망료위(望燎位) 북향입(北向立) 찬자는 초헌관을 망료(壇下 西北, 北向)에 인도하여 북향하여 서시오

○대축입(大祝入) 이비취축급폐(以篚取祝及幣) 강자서계(降自西階) 가료(可燎)치우감(置于坎) 대축은 들어가서 축과 폐백을 소쿠리에 담아 서쪽 계단으로 내려와 태워 땅에 묻으시오. ○인강부위(引降復位)인도하여 제자리로 내려가시오. ○찬자진(贊者進) 초헌관지전(初獻官之前) 고(告) 예필(禮畢)찬자는 초헌관의 좌측 앞에서 예필을 고하시오. ○찬자인(贊者引) 헌관(獻官) 급(及) 제생(諸生) 이출(以出)찬자는 헌관과 제유생을 인도하여 나가시오. ○대축(大祝) 급(及) 제집사(諸執事) 개재배(皆再拜) 차출(次出)대축과 제집사는 모두 재배하고 나가시오. ○집례(執禮) 찬자입취배위(贊者入就拜位) 개재배이출(皆再拜而出)집례와 찬자는(촛불을 끄고 문을 닫고) 자리에 나와 재배하고 나가시오.

●祝文(축문)

維歲次 干支 幾月 干支朔 幾日干支 幼學 某 取昭告于 栗谷 李先生 伏以 道全禮用 工存繼開 於萬斯年 亭此腥攝 以 沙溪 金先生 玄石 朴先生 配 尙 饗.

삼강서원홀기(三江書院笏記)

○알자(謁者) 인(引) 초헌관(初獻官) 이하(以下) 입(入) 취위(就位) 알자는 초헌관이하 헌관을 모시고 자리해 주십시오.○찬자(贊者) 인(引) 축(祝) 급(及) 제(諸) 집사(執事) 입(入) 취위(就位)찬자는 축 및 제집사를 인도하여 자리해 주십시오.○제(諸) 유생(儒生) 입(入) 취위(就位)제유생은 자리해 주십시오.○입정(立定)바르게 서십시오.○알자(謁者) 인(引) 초헌관(初獻官) 승(升) 자(自) 동계(東階)알자는 초헌관을 모시고 동쪽 계단으로 올라오십시오.○점시(點視) 진설(陳設)진설된 재물을 살펴보십시오.○인(引) 강(降) 부위(復位)모시고 내려가서 제 자리로 돌아가십시오.○축(祝) 승입(升入) 연촉(燃燭) 개(開) 독(櫝) 계(啓) 개(蓋) 축은 올라와서 촛불을 켜고, 위패함을 여십시오.○환(還) 취(就) 위(位)자리로 돌아가십시오.○알자(謁者) 진(進) 초헌관(初獻官) 지(之) 좌(左) 백청(白請) 행사(行事)알자는 초헌관의 왼쪽으로 가서 행사하기를 아뢰시오.○환(還) 취(就) 위(位)다시 제 자리로 돌아가십시오.○헌관(獻官) 이하(以下) 제(諸) 유생(儒生) 개(皆) 재배(再拜)헌관 이하 제 유생은 모두 두 번 절하

세요.[배(拜), 흥(興), 배(拜), 흥(興), 평신(平身)]○알자(謁者) 인(引) 초헌관(初獻官) 예(詣) 관세(盥洗) 위(位)알자는 초헌관을 모시고 세수할 곳으로 나아가세요.○예(詣) 이를 예, 나아갈 예. 관(盥) 대야 관. ○관수(盥手) 세수(帨手)세수하고 손을 닦으세요. 帨수건세○승(升) 자(自) 동계(東階)동쪽 계단으로 올라가십시오.○인(引) 예(詣) 욱재(勖齋) 민선생(閔先生) 신위(神位) 전(前) 욱재민선생 신위 앞으로 모시고 가세요.○축(祝) 급(及) 봉폐(奉幣) 봉향(奉香) 봉로(奉爐) 승(升) 입(入)축과 봉폐, 봉향, 봉로는 올라오십시오.○헌관(獻官) 북향(北向) 궤(跪)헌관은 북향으로 꿇어 앉으세요. 跪:꿇어 앉을 궤○봉향(奉香) 봉(奉) 향합(香盒) 예(詣) 헌관(獻官) 지(之) 우(右) 궤(跪) 진(進)봉향은 향합을 받들어 헌관의 오른쪽을 나아가 꿇어앉아 드리세요○봉로(奉爐) 봉(奉) 향로(香爐) 예(詣) 헌관(獻官) 지(之) 좌(左) 궤(跪) 진(進)봉로는 향로를 받들어 헌관의 왼쪽으로 나아가 꿇어앉아 드리세요○헌관(獻官) 삼(三) 상향(上香)헌관은 향을 세 번 분향하십시오.○봉폐(奉幣) 이(以) 폐비(幣篚) 수(授) 초헌(初獻)봉폐는 폐백바구니를 초헌에게 드리세요. (篚: 대바구니 비)○초헌(初獻) 집(執) 폐(幣) 헌폐(獻幣)초헌관은 폐백을 받아 헌폐하십시오.○이(以) 폐(幣) 수(授) 축(祝)폐백을 축관에게 건네세요.○전(奠) 우(于) 신위(神位) 전(前)신위 전에 올리세요.○면복(俛伏) 흥(興) 면복하고 일어나세요. (俛: 구부릴 면 머리를 숙이다.)○개(皆) 강(降) 복위(復位)모두 내려가 자리에 돌아가십시오.

◆行 初獻禮(행 초헌례)초헌례를 행합니다.

○알자(謁者) 인(引) 초헌관(初獻官) 예(詣) 욱재(勖齋) 민선생(閔先生) 존소(尊所) 서향(西向) 립(立)알자는 초헌관을 모시고 욱재민선생 신위 앞에 나아가 서향하십시요○사존(司尊) 급(及) 봉작(奉爵) 전작(奠爵) 승(升) 입(入)사준과 봉작, 전작은 올라오세요.○사존(司尊) 거(擧) 멱(冪) 작주(酌酒) 사준은 덮개를 벗기고 술잔에 술을 따르세요. (冪:덮을 멱)

○奉爵 以 爵 受酒(봉작 이 작 수주)봉작은 잔에 술을 받으세요.○引 詣 勖齋 閔先生 神位 前(인 예 욱재 민선생 신위 전)욱재민선생 신위전에 나아가십시오.○北向 跪(북향 궤)북향하여 꿇어앉으세요. (跪꿇어앉을 궤)○奉爵 以 爵 授 初獻(봉작 이 작 수 초헌)봉작은 잔을 초헌관에게 드리세요.○初獻 執 爵 獻爵(초헌 집 작 헌작)초헌관은 잔을 들어 헌작하세요.○以 爵 授 奠爵(이 작 수 전작)잔을 전작에게 드리세요.○奠 于 神位 前(전 우 신위 전)신위전에 올리세요.○俛伏 興(면복 흥)면복하고 일어나세요.○次 詣 敬齋 閔先生 神位 前(차예 경재 민선생 신위 전)다음에는 경재민선생 신위전으로 나아가세요.○北向 跪(북향 궤)북향하여 꿇어 앉으세요.○奉爵 以 爵 受酒(봉작 이작 수주)봉작은 잔에 술을 받으세요.○以 爵 授 初獻(이 작 수 초헌)잔을 초헌관에게 드리세요.○初獻 執 爵 獻爵(초헌 집 작 헌작)초헌관은 잔을 들어 헌작하세요.○以 爵 授 奠爵(이작 수 전작)잔을 전작에세 건네세요.○奠 于 神位 前(전 우 신위 전)신위전에 올리십시오.○俛伏 興(면복 흥)면복하고 일어나십시오.○次 詣 友于亭 閔先生 神位 前(차예 우우정 민선생 신위 전)다음 우우정민선생 신위전으로 나아가십시오.○北向 跪(북향 궤)북향하여 꿇어 앉으세요.○奉爵 以 爵 受酒(봉작 이 작 수주)봉작은 잔에 술을 받으세요○以 爵 授 初獻(이 작 수 초헌)잔을 초헌관에게 드리세요.○初獻 執 爵 獻爵(초헌 집 작 헌작)초헌관은 잔을 들어 헌작하세요.○以 爵 授 奠爵(이 작 수 전작)잔을 전작에게 건네세요.○奠 于 神位 前(전 우 신위전)신위전에 올리세요.○俛伏 興(면복 흥)면복하고 일어서세요.○次 詣 無名堂 閔先生 神位 前(차예 무명당 민선생 신위 전)다음 무명당민선생 신위전으로 나아가세요.○北向 跪(북향 궤)북향하여 꿇어 앉으세요.○奉爵 以 爵 受酒(봉작 이 작 수주)봉작은 잔에 술을 받으세요○以 爵 授 初獻(이 작 수 초헌)잔을 초헌관에게 드리세요.○初獻 執 爵 獻爵(초헌 집 작 헌작)초헌관은 잔을 들어 헌작하세요.○以 爵 授 奠爵(이 작 수 전작)잔을 전작에게 건네세요.○奠 于 神位 前(전 우 신위 전)신위전에 올리세요.○俛伏 興(면 복흥)면복하고 일어서세요.○次 詣 三梅堂 閔先生 神位 前(차예 삼매당 민선생 신위 전)다음

삼매당민선생 신위전으로 나아가세요.○北向 跪(북향 궤)북향하여 꿇어 앉으세요.○奉爵 以 爵 受酒(봉작 이 작 수주)봉작은 잔에 술을 받으세요.○以 爵 授 初獻(이 작 수 초헌)잔을 초헌관에게 드리세요.○初獻 執 爵 獻爵(초헌 집 작 헌작)초헌관은 잔을 들어 헌작하세요○以 爵 授 奠爵(이 작 수 전작)잔을 전작에게 건네세요.○奠 于 神位 前(전 우 신위 전)위전에 올리세요.○俛伏 興(면 복흥)면복하고 일어서세요.○還 詣 勗齋 閔先生 神位 前(환예 욱재 민선생 신위 전)욱재민선생 신위전으로 돌아가세요.○北向 跪(북향 궤)북향하여 꿇어 앉으세요. ○祝 升 入(축 승 입)축관은 올라오십시오.○奉 祝板 詣 初獻官 之 左(봉 축판 예 초헌관 지 좌)축판을 받들어 초헌관의 왼쪽으로 나아가십시오.○東向 跪(동향 궤)동향하여 꿇어 앉으세요.○讀 祝文(독 축문)축문을 읽으세요.○訖置 祝板 於 故處(흘치 축판 어 고처)축판을 있던 곳에 두십시오. (訖: 이를 흘)○獻官 及 祝 引 降 復位(헌관 급 축 인 강 복위)헌관과 축관은 내려가서 자리로 돌아가십시오.

◆行 亞獻禮(행 아헌례)아헌례를 행합니다.

○贊者 引 亞獻官 詣 盥洗位(찬자 인 아헌관 예 관세위)찬자는 아헌관을 세수할 자리로 모시고 가세요.○盥手 帨手(관수 세수)손을 씻고 닦으세요.○引 詣 勗齋 閔先生 尊所 西向 立(인예 욱제님선생 존소 서향 립)욱재민선생 존소에 나아가서 서향하여 서세요.○司尊 擧 羃 酌酒(사준 거멱 작주)사준은 덮개를 벗기고 술을 따르세요.○奉爵 以 爵 受酒(봉작 이작 수주)봉작은 잔에 술을 받으세요.○引 詣 勗齋 閔先生 神位 前(인예 욱제민선생 신위전)욱재민선생 신위전으로 나아가세요.○北向 跪(북향 궤)북향하여 꿇어 앉으세요.○奉爵 以 爵 授 亞獻(봉작 이 작 수 아헌)봉작은 잔을 아헌관에게 드리세요.○亞獻 執 爵 獻爵(아헌 집 작 헌작)아헌은 잔을 들어 헌작하세요.○以 爵 授 奠爵(이 작 수 전작)잔을 전작에게 건네세요○奠 于 神位 前(전 우 신위전)신위전에 올리세요.○俛伏 興(면 복흥)면복하고 일어서세요.○次 詣 敬齋 閔先生 神位 前(차예 경재 민선생 신위 전)다음 경재민선생 신위전으로 나아가세요.○北向 跪(북향 궤)북향하여 꿇어 앉으세요.○奉爵 以 爵 受酒(봉작 이 작 수주)봉작은 잔에 술을 받으세요.○以 爵 授 亞獻(이 작 수 아헌)잔을 아헌관에게 드리세요.○亞獻 執 爵 獻爵(아헌 집 작 헌작)아헌관은 잔을 들어 헌작하세요.○以 爵 授 奠爵(이 작 수 전작)잔을 전작에게 건네세요.○奠 于 神位 前(전 우 신위전)신위전에 올리세요.○俛伏 興(면 복흥)면복하고 일으세요.○次 詣 友于亭 閔先生 神位 前(차 예 우우정 민선생 신위 전)다음 우우정민선생 신위전으로 나아가세요.○北向 跪(북향 궤)북향하여 꿇어 앉으세요.○奉爵 以 爵 受酒(봉작 이 작 수주)봉작은 잔에 술을 받으세요.○以 爵 授 亞獻(이 작 수 아헌)잔을 아헌관에게 드리세요.○亞獻 執 爵 獻爵(아헌 집 작 헌작)아헌관은 잔을 들어 헌작에게 건네세요.○以 爵 授 奠爵(이 작 수 전작)잔을 전작에게 건네세요.○奠 于 神位 前(전 우 신위전)신위전에 올리세요.○俛伏 興(면 복흥)면복하고 일으세요.○次 詣 無名堂 閔先生 神位 前(차 예 무명당 민선생 신위 전)다음 무명당민선생 신위전에 나아가세요.○北向 跪(북향 궤)북향하여 꿇어 앉으세요.○奉爵 以 爵 受酒(봉작 이 작 수주)봉작은 잔에 술을 받으세요.○以 爵 授 亞獻(이 작 수 아헌)잔을 아헌관에게 드리세요.○亞獻 執 爵 獻爵(아헌 집 작 헌작)아헌관은 잔을 들어 헌작하세요.○以 爵 授 奠爵(이 작 수 전작)잔을 전작에게 건네세요.○奠 于 神位 前(전 우 신위 전)신위전에 올리세요.○俛伏 興(면 복흥)면복하고 일으세요.○次 詣 三梅堂 閔先生 神位 前(차예 삼매당 민선생 신위 전)다음 삼매당민선생 신위전에 나아가십시오.○北向 跪(북향 궤)북향하여 꿇어 앉으세요.○奉爵 以 爵 受酒(봉작 이 작 수주)봉작은 잔에 술을 받으세요.○以 爵 授 亞獻(이 작 수 아헌)잔을 아헌관에게 드리세요.○亞獻 執 爵 獻爵(아헌 집 작 헌작)아헌관은 잔을 들어 헌작에게 건네세요.○以 爵 授 奠爵(이작 수 전작)잔을 전작에게 건네세요.○奠 于 神位 前(전 우 신위 전)신위전에 올리세요.○俛伏 興(면 복흥)면복하고 일으세요.○獻官 引 降 復位(헌관 인 강 복위)헌관을 모시고 내려와서 자리로 돌아가세요.

◆行 終獻禮(행 종헌례)종헌례를 행합니다.

○贊者 引 終獻官 詣 盥洗位(찬자 인 종헌관 예 관세위)찬자는 종헌관을 모시고 세수할 곳으로 나아가십시오.○盥手 帨手(관수 세수)손을 씻고 닦으세요.○引 詣 勗齋 閔先生 尊所 西向 立(인 예 욱제 민선생 존소 서향 립)욱재민선생 존소로 나아가서 서향하고 서십시오.○司尊 擧 冪 酌酒(사준 거 멱 작주)사준은 덮개를 열고 술을 따르세요.○奉爵 以 爵 受酒(봉작 이 작 수주)봉작은 잔에 술을 받으세요.○引 詣 勗齋 閔先生 神位 前(인 예 욱재민선생 신위전)욱재민선생 신위전으로 모시고 나아가세요. ○北向 跪(북향 궤)북향하여 꿇어 앉으세요.○奉爵 以 爵 授 終獻(봉작 이 작 수 종헌)봉작은 잔을 종헌관에게 드리세요.○終獻 執 爵 獻爵(종헌 집작 헌작)종헌관은 잔을 들어 헌작하세요.○以 爵 授 奠爵(이 작 수 전작)잔을 전작에게 건네세요.○奠 于 神位 前(전 우 신위 전)신위전에 올리세요.○俛伏 興(면 복흥)면복하고 일으서세요.○次 詣 敬齋 閔先生 神位 前(차예 경재민선생 신위전)다음 경재민선생 신위전으로 나아가세요○北向 跪(북향 궤)북향하여 꿇어 앉으세요.○奉 爵 以 爵 受酒(봉작 이 작 수주)봉작은 잔에 술을 받으세요.○以 爵 授 終獻(이 작 수 종헌)잔을 종헌관에게 드리세요.○終獻 執 爵 獻爵(종헌 집 작 헌작)종헌관은 잔을 들어 헌작하세요.○以 爵 授 奠爵(이 작 수 전작)잔을 전작에게 건네세요.○奠 于 神位 前(전 우 신위 전)신위전에 올리세요.○俛伏 興(면 복흥)면복하고 일어서세요.○次 詣 友于亭 閔先生 神位 前(차예 우우정 민선생 신위 전)다은 우우정 민선생 신위전으로 나아가세요.○北向 跪(북향 궤)북향으로 꿇어 앉으세요.○奉爵 以 爵 受酒(봉작 이 작 수주)봉작은 잔에 술을 받으세요.○以 爵 授 終獻(이 작 수 종헌)잔을 종헌관에게 올리세요.○終獻 執 爵 獻爵(종헌 집 작 헌작)종헌관은 잔을 들어 헌작하세요.○以 爵 授 奠爵(이 작 수 전작)잔을 전작에세 건네세요.○奠 于 神位 前(전우 신위 전)신위전에 올리세요.○俛伏 興(면 복흥)면복하고 일으세요.○次 詣 無名堂 閔先生 神位 前(차예 무명당 신선생 신위 전)다음 무명당민선생 신위전으로 나아가세요.○北向 跪(북향 궤)북향으로 꿇어 앉으세요.○奉爵 以 爵 受酒(봉작 이 작 수주)봉작은 잔에 술을 받으세요.○以 爵 授 終獻(이 작 수 종헌)잔을 종헌관에게 드리십시오.○終獻 執 爵 獻爵(종헌 집 작 헌작)종헌관은 잔을 들어 헌작하세요.○以 爵 授 奠爵(이 작 수 전작)잔을 전작에게 건네십시오.○奠 于 神位 前(전 우 신위 전)신위 앞에 올리십시요.○俛伏 興(면 복흥)면복하고 일으세요.○次 詣 三梅堂 閔先生 神位 前(차예 삼매당 민선생 신위 전)다음 삼매당민선생 신위전으로 나아가세요.○北向 跪(북향 궤)북향으로 꿇어 앉으세요.○奉爵 以 爵 受酒(봉작 이작 수주)봉작은 잔에 술을 받으세요.○以 爵 授 終獻(이작 수 종헌)잔을 종헌관에게 드리십시오.○終獻 執 爵 獻爵(종헌 집 작 헌작)종헌관은 잔을 들어 헌작하세요.○以 爵 授 奠爵(이 작 수 전작)잔을 전작에게 건네세요.○奠 于 神位 前(전 우 신위 전)신위전에 잔을 올리세요.○俛伏 興(면 복흥)면복하게 일어서세요.○獻官 引 降 復位(헌관 인 강 복위)헌관을 원래 자리로 모시고 가십시오.○諸 執事 降 復位(제 집사 강 복위)제 집사는 원래 자리로 내려가세요.

◆行 飲福禮(행 음복례)음복례를 행합니다.

○奠爵 詣 尊所(전작 예 존소)전작은 존소로 나아가십시오.○謁者 引 初獻官 升 自 東階 詣 飲福 位(알자 인 초헌관 승 자 동계 예 음복 위)알자는 초헌관을 모시고 동쪽 계단으로 올라와서 음복할 자리로 나아 가십시오.○西向 跪(서향 궤)서향으로 꿇어 앉으세요.○祝 進 初獻官 之 左 北向 跪(축 진 초헌관 지 좌 북향 궤)축관은 초헌관의 왼쪽으로 나아가 북향으로 꿇어 앉으세요.○奠爵 以 爵福酒 授 祝(전작 이 작복주 수 축)전작은 복주잔을 축관에게 전하세요.○祝 受 爵福酒(축 수 작복주)축관은 복주잔을 받으세요.○祝 以 爵 授 初獻(축 이 작 수 초헌)축관은 잔을 초헌관에게 드리십시오.○初獻 受 爵 飲卒爵(초헌 수 작 음졸작)초헌관은 잔을 받아 술을 마시세요.○祝 受 虛爵 復於坫(축 수 허작 복어점)축관은 빈잔을 받아 있던 자리에 놓으세요.○祝 進 減 胙肉(축 진 감 조육)축관은 나아가 조육을 들어오세요.○祝 以 胙 授 初獻(축 이 조 수 초헌)축관은 조육을 초헌관에게

드리십시요.○初獻 受 胙(초헌 수조)초헌관은 조육을 받아,○以 授 祝 (이 수 축)축관에게 건네세요.○祝 受 胙(축 수 조)축관은 조육을 받아○以 授 奠爵(이 수 전작)전작에게 전하세요.○奠爵 受 胙 置 于 虛爵之 傍(전작 수 조 치 우 허작지 방)전작은 조육을 받아 빈잔의 옆에 두세요.○初獻 俛伏 興(초헌 면 복흥)초헌관은 면복하고 일어나십시오.○引 降 復位(인 강 복위)초헌관을 모시고 자리에 돌아가십시오.○獻官 及 諸 執事 皆 再拜(헌관 급 제집사 개재배) 초헌관 및 제집사는 모두 재배하세요.(배,흥,배,흥,평신)○祝 入 撤 籩豆 各 一 少移 故處(축입 철 변두 각 일 소이 고처)축관은 들어와서 변두(제기) 하나씩을 조금 옮겼다가 도로 제자리 에 두십시오. (籩豆: 제기이름변, 제기 두)○獻官 以下 皆 再拜(헌관이하 개 재배)헌관이하 모두 재배하십시오. (배, 흥, 배, 흥, 평신)

◆行 望瘞禮(행 망예례) 망예례를 행합니다. (瘞: 묻을 예)

○謁者 引 初獻官 詣 望瘞 位(알자 인 초헌관 예 망예위)알자는 초헌관을 모시고 망례 자리로 가십시오.○北向 立(북향 입)북향하고 서십시오.○祝 以籩 取 祝板 及 幣 自 西階 置於坎 焚祝(축 이비 취 축판 급 폐 자 서계 치어감 분축)축관은 광주리에 축판과 패백을 담아 서쪽 계단의 구덩이에서 분 축하십시오. (籩:대광주리 비 幣: 비단폐 坎:구덩이감)○謁者 引 初獻官 復位(알자 인 초헌관 복위)알자는 초헌관을 모시고 자리에 돌아 가십시오.○謁者 進 初獻官 之 左 白 禮畢(알자 진 초헌관 지 좌 백 예필)알자는 초헌관의 왼쪽으로 나아가 예를 마쳤음을 아뢰십시오.○獻官 以下 諸 儒生 出(헌관 이하 제유생 출)헌관이하 제 유생은 나가십시오.

◆낱말 풀이)

○홀기(笏記): 의식의 순서를 적은 글
○입정(立定): 정숙하게 바로 선다.예를 올리기 위해 자세를 바로함. 차려와 같은 뜻.
○헌작(獻爵): 술잔을 드림
○고처(故處): 본디 있던 곳
○좌변우두(左籩右豆): 좌측에는 죽기, 우측에는 목기
○尊(준): 높임을 뜻할 때는 '존'으로, 술독을 뜻할 떄는 '준'으로 읽음
○點視(점시): 하나하나 검사하여 봄
○櫝(독): 신패를 모신 궤(궤)
○開櫝(개독): 제사를 지낵 때 신주를 모신 궤를 엶
○白請(백청): 할 일을 위사람에게 알리고 행하기를 청함
○詣(예): 나아 감
○跪(궤): 꿇어 앉음.
○籩(비): 광주리, 대로 만든 제기
○俛伏(면복): 구부려 업드림
○冪(멱): 보자기, 덮개
○坫(점): 잔 돌려 놓은 자리
○胙肉(조육): 제사지낸 고기(안주)
○胙(조) : 제사 지낸 포(육포)
○籩豆(변두): 둥근 대광주리 제기와 나무 제기
○望瘞(망예): 제사를 마치고 축문과 폐면은 파문을 때 헌관과 집례가 이를 지켜보는 일.

분축 절차
○**幣帛(폐백):** 신위에게 바치는 예물

◆三江書院(삼강서원) 執事(집사) 分定記(분정기)

○贊(찬) ○唱(창) ○陳(진) ○設(설) ○司尊(사존) ○奠爵(전작) ○奉爵(봉작) ○奉爐(봉로) ○奉香(봉향) ○奠幣(전폐) ○奉幣(봉폐) ○贊引(찬인) ○謁者(알자) ○祝禮(축예) ○終獻(종헌) ○亞獻(아헌) ○初獻(초헌)

◆獻官 및 執事가 하는 일

○**初獻官(초헌관):** 降神禮(강신례), 焚香(분향)과 첫잔을 올리는 분
○**亞獻官(아헌관):** 두 번째 잔을 올리는 분
○**終獻官(종헌관):** 세번째 잔을 올리는 분
○**執禮(집예):** 홀을 부르고, 예(예)의 집행을 주관하는 분
○**祝官(축관):** 축을 읽고 행사를 돕는 분
○**謁者(알자):** 초헌관을 모시고 안내하는 분
○**贊引(찬인):** 아헌관, 종헌관을 인도하고 돕는 분
○**奉幣(봉폐):** 폐면을 받드는 분
○**奠幣(전폐):** 폐면을 올리는 분
○**奉香(봉향):** 향합을 받드는 분
○**奉爐(봉로):** 향로를 받드는 분
○**奉爵(봉작):** 술잔을 받드는 분
○**奠爵(전작):** 술잔을 올리는 분
○**司尊(사준):** 술동이를 맡은 분
○**陳設(진설):** 제상에 재물을 차리는 분
○**贊唱(찬창):** 唱笏(창홀)을 받아서 재창하고 행사를 돕는 분

인흥서원알묘홀기(仁興書院謁廟笏記)

○**알자(謁者) 인헌관(引獻官) 취문외위(就門外位)** 알자1)는 헌관을 인도하여 문밖에 위치하여 주시기 바랍니다.○**인입묘정(引入廟庭) 제집사(諸執事) 각취위(各就位)** 사당 마당으로 인도하십시오. 모든 집사는 제 위치에 서 주십시오. ○**알자(謁者) 인헌관예관세위(引獻官詣盥洗位) 관세(盥洗)**알자는 헌관을 관세위2)로 인도하십시오. 손을 씻으십시오. ○**인예신위전(引詣神位前) 궤(跪) 삼상향(三上香) 부(俯) 복(伏) 흥(興) 인강부위(引降復位)** 신위 앞으로 인도하십시오. 꿇어앉으십시오. 삼상향(향3개)하십시오. 부복(업드림)하십시오. 일어나십시오. 본디 자리로 돌아가십시오. ○**헌관이하(獻官以下) 개재배(皆再拜) 국궁(鞠躬) 배(拜) 흥(興) 배(拜) 흥(興) 평신(平身)** 헌관이하 모두 두 번 절 하십시오~ 경건히 몸을 굽혀 절 하십시오. 일어나십시오. 다시 절 하십시오. 일어나십시오. 몸을 바로 하십시오. ○**예필(禮畢) 출(出)** 예를 마쳤습니다. 밖으로 나가십시오.

인흥서원알묘홀기(仁興書院謁廟笏記)

(凡例2-임천서원 준례)

○**大邱市儒道會長 ○○○外 ○○名 仁興書院 文顯祠 謁廟禮 奉行(대구시유도회장 ○○○외 ○○名 인흥서원 문현사 알묘례 봉행)** 대구시유도회장 ○○○외 ○○명이 인흥서원 문현사 사당에 참례합니다. ○**獻官及諸生入就配位 北面西上立(헌관급제생입취배위 북면서상립)** 헌관과 모든 분들은 사당 앞으로 오셔서 자리 하십시오. 북쪽을 바라보고 서쪽을 상석으로 합니다. ○**獻官詣盥洗位 盥手 帨手(헌관예관세위 관수 세수)** 헌관은 관세위로 가셔서 손을 씻고 닦으십시오. ○**升詣香案前跪 三上香 降復位(승예향안전궤 삼상향 강복위)** 향안전 앞으로 가셔서 꿇어앉아 삼상향 하십시오. 내려 오셔서 본래 자리로 가십시오. ○**與在位者皆再拜 鞠躬 拜 興 拜 興 平身 以次出(여재위자개재배 국궁 배 흥 배 흥 평신 이차출)** 자리에 계신분과 더불어 두 번 절 하십시오. 경건히 하십시오. 절하십시오. 일어나십시오. 다시 절 하십시오. 일어나십시오. 몸을 바로하십시오. 모두 밖으로 나가십시오.

인흥서원알묘홀기(仁興書院謁廟笏記)

○**謁廟及行公笏記(알묘급행공홀기)** 사당을 배알하는 홀기 ○**參禮者皆拜位獻序立北向西上(참례자개배위헌서립북향서상)** 참례자는 모두 절할 위치에서 북쪽을 보고 서쪽을 상석으로 서시오. ○**代表一人詣盥洗位盥手帨手(대표일인예관세위관수세수)** 대표자 한사람은 관세위로 오셔서 손을 씻고 닦으시오. ○**先詣悔庵秋先生香案前跪(선예회암추선생향안전궤)** 먼저 회암 추선생 향안전 앞에 굻어 앉으시오. ○**三上香(삼상향)** 향을 3개 피워 올리시오. ○**俯伏興(부복흥)** 부복하시오(엎드리시오). 일어나시오. ○**次詣露堂秋先生香案前跪(차예노당추선생향안전궤)** 다음 노당 추선생 향안전 앞에 굻어 앉으시오. ○**三上香(삼상향)** 향을 3개 피워 올리시오. ○**俯伏興(부복흥)** 부복하시오(엎드리시오). 일어나시오. ○**次詣雲心齋秋先生香案前跪(차예운심재추선생향안전궤)** 다음 운심재 추선생 향안전 앞에 굻어 앉으시오. ○**三上香(삼상향)** 향을 3개 피워 올리시오. ○**俯伏興(부복흥)** 부복하시오(엎드리시오). 일어나시오. ○**次詣洗心堂秋先生香案前跪(차예세심당추선생향안전궤)** 다음 세심당 추선생 향안전 앞에 굻어 앉으시오. ○**三上香(삼상향)** 향을 3개 피워 올리시오. ○**俯伏興(부복흥)** 부복하시오(엎드리시오). 일어나시오. ○**降復位(강복위)** 사당 밖 본디 자리로 내려가시오. ○**在位者皆再拜(재위자개재배)** 자리에 있는 모든 사람은 두 번 절하시오. ○**鞠躬 拜 興 拜 興 平身(국궁 배 흥 배 흥 평신)** 몸을 공손히 하시오. 절하시오. 일어나시오. 절하시오. 일어나시오. 몸을 바로 하시오. ○**禮畢(예필)** 예를 마쳤습니다. ○**以次出(이차출)** 차례대로 사당 밖으로 나가시오.

고유의홀기(告由儀笏記)

[出處; 儒教와 釋奠大祭 成均館 刊]

※ (주(註))유천헌시(有薦獻時) 축관이천물수헌관(祝官以薦物授獻官) 헌관집천물이천물수축관(獻官執薦物以薦物授祝官) 축관전우신위전(祝官奠于神位前)(분향전(焚香前)에 행(行)함)

○행례전일일(行禮前一日) 대성전내소제(大成殿內掃除) 설위(設位) ○향유사향재가공작봉지(香有司香材加工作封紙) 대축수축문작축판(大祝修祝文作祝版) 성균관장(成均館長)(전교(典校))재흘(裁訖) 작궤황보향소(作櫃黃褓香所) 봉안재숙(奉安齋宿)○행례당일(行禮當日)정시헌관급집사(定時獻官及執事)각복기복립정(各服其服立定)○봉향(奉香)봉향궤수헌관(奉香櫃授獻官)헌관우수봉향(獻官又授奉香)○시보격고(時報擊鼓)○알자(謁者)진헌관지좌(進獻官之左)백청행사고유례(白請行事告由禮)○알자(謁者)찬자인헌관급집사(贊者引獻官及執事)문외위립정(門外位立定)○찬자(贊者)인집사예배위사배(引執事詣拜位四拜)흘(訖)세관수취위(洗盥手就位)

◆창홀(唱笏)

○ 알자(謁者) 인대축예전향문전(引大祝詣傳香門前) 봉축판향궤인예향소복위(奉祝版香櫃引詣香所復位)○알자(謁者)인헌관급집사입취위(引獻官及執事入就位)○사배(四拜)헌관급재위자개사배(獻官及在位者皆四拜) ○알자(謁者) 인헌관급집사예관세위(引獻官及執事詣盥洗位) 관수세수(盥手帨手) ○인예(引詣)대성지성문선왕신위전북향궤(大成至聖文宣王神位前北向跪) ○봉향봉로(奉香奉爐)헌관좌우진궤(獻官左右進跪)○삼상향(三上香)○봉로(奉爐)전로우향탁(奠爐于香卓)○대축(大祝)진헌관지좌동향궤(進獻官之左東向跪)○부복(俯伏)재위자(在位者)개부복(皆俯伏)○독축문(讀祝文)흘(訖)○알자(謁者)인헌관급제집사(引獻官及諸執事)강부위(降復位)○사배(四拜)헌관급재위자(獻官及在位者) 개사배(皆四拜)○알자(謁者)진헌관지좌(進獻官之左)백고예필(白告禮畢)○알자(謁者)인헌관급재위자출(引獻官及在位者出)○대축(大祝)취축판료어감(取祝板燎於坎)이강사배(以降四拜)흘출(訖出)○집사(執事)수집사합호(帥執事闔戶)이강사배(以降四拜)흘출(訖出)

분향의홀기(焚香儀笏記)
(朔望焚香 笏記)

○행례전일일(行禮前一日) 유사경내소제(有司境內掃除) 설위(設位) ○분향유사역향재가공(焚香有司亦香材加工) 작봉지작향궤(作封紙作香櫃) 성균관장(成均館長)(전교(典校))재흘(裁訖) 작황보향소(作黃褓香所) 봉안재숙(奉安齋宿) ○봉향(奉香) 봉향궤수헌관(奉香櫃授獻官) 헌관우수봉향(獻官又授奉香) ○시보격고(時報擊鼓) ○알자(謁者) 진헌관지좌(進獻官之左) 백청행사분향례(白請行事焚香禮) ○알자(謁者) 찬자인헌관급집사문외위립정(贊者引獻官及執事門外位立定) ○찬자(贊者) 인집례흘(引執禮訖) 배위사배(拜位四拜) 흘관수취위(訖盥手就位) ○찬자(贊者) 인집례(引執禮) 흘(訖) 전향문전(傳香門前) 봉향궤인예향소(奉香櫃引詣香所) 복위(復位)

◆창홀(唱笏)

○알자(謁者) 인헌관급집사(引獻官及執事) 입취위(入就位) ○알자(謁者) 인헌관급집사예관세위(引獻官及執事詣盥洗位) 관수세수(盥手帨手) ○인예(引詣)대성지성문선왕신위전북향립궤(大成至聖文宣王神位前北向立跪) ○봉향봉로(奉

香奉爐) 헌관지좌우진궤(獻官之左右進跪) ○삼상향(三上香) ○봉로(奉爐) 전로우향탁(奠爐于香卓) ○알자(謁者) 인헌관급집사강부위(引獻官及執事降復位) ○사배(四拜) 헌관급재위자개사배(獻官及在位者皆四拜) ○알자(謁者) 진헌관지좌고예필(進獻官之左告禮畢) ○알자(謁者) 인헌관급재위자개출(引獻官及在位者皆出) ○ 집사(執事) 수집사합호이강출(授執事闔戶以降出)

삭망분향홀기(朔望焚香笏記)

○집례선취계간배위(執禮先就階間拜位) 사배흘(四拜訖) 관수취위(盥手就位)
집례는 먼저 계간 배위에 나아가 4배를 마치고 세수하고 제자리로 나간다.

◆창홀(唱笏)(홀기를 부른다)
○헌관이하(獻官以下) 입취배위(入就拜位)헌관이하 집사와 유생들은 들어와 제자리에 서시오. ○알자인헌관(謁者引獻官) 예관세위(詣盥洗位)헌관은 관세위에 나아가 세수하시오.

◆진홀(搢笏)
관수세수(盥手帨手) 집홀(執笏)홀을 옷깃에 꼽고, 손을 씻고 수건에 닦고, 홀을 잡으시오. ○알자인(謁者引) 헌관(獻官) 예신위전입(詣神位前入)대성지성문선왕신위전에 나아가시오. ○궤(跪)[진홀(搢笏) 궤(跪)]신위 앞에 무릎 꿇고 앉으시오. ○삼상향(三上香)세 번 향을 피우시오. ○부복(俯伏) 흥(興) 평신(平身)집홀(執笏)엎드렸다가 자리에서 일어나시오. ○인강부위(引降復位)제자리로 돌아가시오. ○사배(四拜) 헌관이하개사배(獻官以下皆四拜)사배하시오. 헌관이하 집사및 참가자 전원은 4배하시오. ○국궁(鞠躬) 배(拜) 흥(興) 배(拜) 흥(興) 배(拜) 흥(興) 배(拜) 흥(興) 평신(平身)(국궁 배 흥 배 흥 배 흥 배 흥 평신) ○헌관이하이차출(獻官以下以次出)헌관이하 집사 및 모든 참가자는 차례로 나가시오. ○집례출(執禮出)집례도 나간다

숭덕사제향홀기(崇德祠祭享笏記)

○헌관급(獻官及) 제집사(諸執事) 각취위(各就位)헌관급(초헌,아헌 종헌)아하 모든 집사는 각자 맡은 제자리에 서주세요. ○진설집사(陳設執事) 설(設) 향로향합(香爐香盒) 설찬(設饌)진설집사는 향로 및 향합을 깆다 놓으세요. ○축(祝) 입실(入室) 명촉(明燭) 개독(開槽)축관은 입실해서 촛불을 점화하고 신위함을 여시오. ○찬인(贊引) 인(引) 초헌관(初獻官) 관수열수(盥手帨手)찬인은 초헌관을 세숫대야로 인도하여 손을 씻고 닦게 하세요 ○인예(引詣) 각신위전(各神位前) 점시(點視)인도를 받아 축관은 신위전을 둘러보고 확인하세요. ○인강복위(引降復位)인도를 받아 다시 본 자리로 돌아가세요. ○찬인(贊引) 인(引) 헌관(獻官) 예(詣) 성주왕자순부군(星主王子舜府君) 신위전(神位前) 궤부복(跪俯伏)찬인은 헌관을 성주왕자 순부군신위 앞으로 인도하고 헌관은 굴어 엎드리세요. ○제집사(諸執事) 봉향봉로우(奉香奉爐于) 헌관전(獻官前)모든 집사는 향로로 가서 헌관앞에 서시오. ○헌관(獻官) 궤삼상향

(跪三上香) 전로우(奠爐于) 탁상재배(卓上再拜)헌관은 굻어 앉아 향로에 향을 피워 세 번 올리고 두 번 절하세요. ○흘(訖) 궤부복(跪俯伏)마쳤으면 굻어 엎드리세요. ○집사자(執事者) 봉잔(奉盞) 짐주(斟酒) 수헌관(授獻官) 헌관수잔(獻官受盞) 삼제우(三祭于) 모사(茅砂)좌집사는 헌관에게 잔을 건네고 우집사는 술을 5부정도 따르고 헌관은 모사기에 3번 나누어 붓고 두 번 절을 한다. ○부복(俯伏) 흥(興)헌관은 꾸부려 엎드린 것을 일어나시오. ○인강(引降) 복위(復位)인도를 받아 다시 본자리로 돌아 가세요. ○헌관급(獻官及) 제집사(諸執事) 개(皆) 참신재배(叅神再拜) 북향립(北向立)헌관급 및 모든집사 참사자는 위전을 향해 두 번 절하고 북쪽을 향해 서시오.

◆행(行) 초헌례(初獻禮)

○찬인(贊引) 인(引) 초헌관(初獻官) 예(詣) 성주왕자(星主王子) 순부군(舜府君) 신위전(神位前) 궤부복(跪俯伏)초헌예를 올리기 위해 찬인은 초헌관을 인도하고 초헌관은 성주왕자 순부군신위전에 굻어 엎드리세요. ○집사자(執事者) 봉잔(奉盞) 짐주(斟酒) 수헌관(授獻官) 집사자(執事者) 수잔전우(受盞奠于) 탁상(卓上)좌집사는 술잔을 초헌관에 건네고 우집사는 술을 가득 따르면 좌집사는 다시 술잔을 받아 신위전에 올린다. ○각(各) 신위전(神位前) 역복여시(亦復如是)집사들은 모든 신위전에 술을 따르세요. ○제집사(諸執事) 개부복(皆俯伏)모든 집사 참사자는 꾸부려 엎드리세요. ○축취(祝就) 헌관지(獻官之) 좌궤(左跪) 독축문(讀祝文) 부복(俯伏) 흥(興)축관은 헌관 좌측에 굻어 앉아 축문을 읽고 일어나세요. ○헌관재배(獻官再拜)헌관은 두 번 절하세요. ○인강복위(引降復位)초헌관은 인도를 받아 다시 본자리로 내려가세요. ○제집사(諸執事) 개(皆) 부복(俯伏) 흥(興)모든 집사 참사지는 굻어 엎드린 것을 일어 나세요.

◆행(行) 아헌관례(亞獻官禮)

○찬인(贊引) 인(引) 아헌관(亞獻官) 관수열수(盥手悅手)찬인은 두 번째 예를 올리기 위해 아헌관을 세수대야로 모셔 손을 씻고 닦으세요. ○예(詣) 성주왕자순부군(星主王子舜府君) 신위전(神位前) 궤부복(跪俯伏)아헌관은 성주왕자 순부군 신위 앞에 굻어 엎드리세요. ○집사자(執事者) 봉잔(奉盞) 짐주(斟酒) 수헌관(授獻官) 집사자(執事者) 수잔전우(受盞奠于) 탁상(卓上)집사는 술잔을 아헌관에 건네고 술을 따르고 다시 술잔을 받아 신위전에 술을 올린다. ○각(各) 신위전(神位前) 역복여시(亦復如是)집사들은 모든 신위 전에 술을 따르시오. ○헌관재배(獻官再拜)헌관은 두 번 절하세요. ○인강복위(引降復位)찬인의 인도를 받아 다시 본자리로 내려가세요.

◆행(行) 종헌관례(終獻官禮)

○찬인(贊引) 인(引) 종헌관(終獻官) 관수열수(盥手悅手)찬인은 두 번째 예를 올리기 위해 아헌관을 세수대야로 모셔 손을 씻고 말리세요.○예(詣) 성주왕자순부군(星主王子舜府君) 신위전(神位前) 궤부복(跪俯伏)종헌관은 성주왕자 순부군 신위 앞에 굻어 엎드리세요. ○집사자(執事者) 봉잔(奉盞) 짐주(斟酒) 수헌관(授獻官) 집사자(執事者) 수잔전우(受盞奠于) 탁상(卓上)집사는 술잔을 종헌관에 건네고 술을 따르고 다시 수잔을 받아 신위전에 술을 올린다. ○각(各) 신위전(神位前) 역복여시(亦復如是)집사들은 모든 신위전에 술을 따르세요. ○헌관재배(獻官再拜)헌관은 두 번 절하세요. ○인강복위(引降復位)찬인의 인도를 받아 다시 본자리로 내려가세요.

○헌관급(獻官及) 제집사(諸執事) 개(皆) 북향립(北向立)헌관급 및 모든 집사 참사자는 북쪽을 향해 서시오. ○찬인(贊引) 인(引) 초헌관初獻官) 취(就) 동계상(東階上) 서향립(西向立)찬인은 초헌관을 인도하여 동쪽계단위에서 초헌관은 서쪽향해 서시오. ○찬인(贊引) 취(就) 서계상(西階上) 동향립(東向立)찬인은 서쪽계단위에서 동쪽을 향해 서시오. ○거수(擧手) 읍고순성(揖告順成)서로 엎드려 인사를 하세요. ○인강복위(引降復位)찬인의 인도를 받아 다시 본자리로 내려가세요. ○헌관급(獻官及) 제집사(諸執事) 개(皆) 사신재배(辭神再拜)헌관급 및 모든 집사 참사지는 사신 두 번 절 하세요. ○축(祝) 입실(入室) 합독(閤櫝)축관은 입실하여 신위함을 닫으세요. ○집사자(執事者) 퇴주(退酒) 수헌관(授獻官) 헌관(獻官) 궤(跪) 수잔음복(受盞飮福)집사는 퇴주를 헌관에게 주고 헌관은 꿇어앉아 잔을 받아 음복한다. ○집사자(執事者) 진(進) 철찬(徹饌)집사자는 모든 입실을 치우고 밖으로 나간가. ○헌관급(獻官及) 제집사(諸執事) 개(皆) 예(禮) 필퇴(畢退)헌관급 및 모든 집사 참사자는 祭享(제향)의 제례(祭禮)를 마칩니다.

향교강규향교강회홀기(鄕校講規鄕校講會笏記)

◆향교강규(鄕校講規)

一。 분정학직(分定學職)。 도약정(都約正) 혹칭약정(或稱約正)。 혹칭도정(或稱都正)。 일인(一人)。 장교훈(掌敎訓)。 ○본관위지(本官爲之)。 부정이인(副正二人)。 장도솔(掌導率)。 ○택향중극망자위지(擇鄕中極望者爲之)。 비유고칙부체(非有故則不遞)。 직월이인(直月二人)。 장검섭제생(掌檢攝諸生)。 총령강사(摠領講事)。 ○택향중망사위지(擇鄕中望士爲之)。 매회륜체(每會輪遞)。 직일이인(直日二人)。 택년소중능문한유학식자(擇年少中能文翰有學識者)。 주수정강설(主修正講說)。 강집사삼인(講執事三人)。 택제생중년소총명자(擇諸生中年少聰明者)。 일주창홀기(一主唱笏記)。 일주찬인(一主贊引)。 일주필연등역(一主筆硯等役)。 재임(齋任)。 역주검섭제생(亦主檢攝諸生)。 이겸주설제구(而兼主設諸具)。 급다사공궤(及多士供饋)。

一。 독서차제(讀書次第)。 선소학(先小學)。 차대학겸혹문(次大學兼或問)。 차론어(次論語)。 차맹자(次孟子)。 차중용(次中庸)。 차시경(次詩經)。 차례경(次禮經)。 차서경(次書經)。 차역경(次易經)。 차춘추(次春秋)。 이심경(而心經), 근사록(近思錄), 가례(家禮), 주자대전제서(朱子大全諸書)。 칙혹선혹후(則或先或後)。 순환겸독(循環兼讀)。 과거급초학지사난어병치칙부(科擧及初學之士難於幷治則否)。

一매년십이월강회시(每年十二月講會時)。 분배래세축삭소당강지서(分排來歲逐朔所當講之書)。 여정월강립교(如正月講立敎)。 이월강명륜지류(二月講明倫之類)。 기지다소(起止多少)。 종일기관착배정(從日期寬窄排定)。 겸강역동(兼講亦同)。

一。 매월강시(每月講時)。 취소당강지편(就所當講之篇)。 이인추생(以人抽栍)。 상계강송(相繼講誦)。 이일장위솔(以一章爲率)。 이인다장소(而人多章少)。 칙편진후(則篇盡後)。 우추생미강지인(又抽栍未講之人)。 복자제일장(復自第一章)。 순환강송(循環講誦)。 필강이지(畢講而止)。 인소장다(人少章多)。 칙필강후(則畢講後)。 우추생이강지인(又抽栍已講之人)。 계강기하(繼講其下)。 진편이지(盡篇而止)。

一。삼십이상림강(三十以上臨講)。삼십이하배강(三十以下背講)。이주칙림강(而註則臨講)。림강자정문여주동연(臨講者正文與註同然)。수삼십이상(雖三十以上)。자원배강자(自願背講者)。청강흘(聽講訖)。우취겸간서론변의의(又取兼看書論辨疑義)。

一。장로수부강(長老雖不講)。이욕여도자청(而欲與覩者聽)。도기명하(到記名下)。서이청강(書以聽講)。좌차서립승강배읍지절(坐次序立升降拜揖之節)。여제생동지(與諸生同之)。

一。별이백록동규급률곡선생은병정사학규급약속(別以白鹿洞規及栗谷先生隱屛精舍學規及約束)。서지책자(書之冊子)。장강(將講)。직월항성독지(直月抗聲讀之)。제생송연청지(諸生竦然聽之)。은병정사학규급약속부득(隱屛精舍學規及約束不得)。고지서백록동규독지(姑只書白鹿洞規讀之)。

一。강시도정좌당중북벽하(講時都正坐堂中北壁下)。부정직월재임급유친척방위차자좌동벽(副正直月齋任及有親戚妨位次者坐東壁)。이북위상(以北爲上)。제생좌서벽(諸生坐西壁)。역이북위상(亦以北爲上)。상향이좌(相向而坐)。제일직월예도정서안전(第一直月詣都正書案前)。선독제일장(先讀第一章)。제이직월급재임(第二直月及齋任)。이차계강이후(以次繼講而後)。급어제생(及於諸生)。제생칙일이추생위선후(諸生則一以抽栍爲先後)。

一。량직월혹유고부참(兩直月或有故不參)。칙직일대행기직(則直日代行其職)。

一。매강시(每講時)。렬서회중인성명하(列書會中人姓名下)。록기소강기지(錄其所講起止)。

一。일삭내소정장구(一朔內所定章句)。필수부다부과(必須不多不寡)。요이숙독정구위주(要以熟讀精究爲主)。강시무도령일장송과(講時無徒令一場誦過)。취문의상반복토론(就文義上反復討論)。

一。매월삭일분향후(每月朔日焚香後)。재임류숙(齋任留宿)。참강지인(參講之人)。역진시석래숙(亦趁是夕來宿)。익조개강(翌朝開講)。정월칙퇴이초십일(正月則退以初十日)。당어초구일회숙(當於初九日會宿)。익조개강(翌朝開講)。이팔월(二八月)。칙향사흘개강(則享事訖開講)。약유고퇴행(若有故退行)。칙직월전기발통고어응강제생(則直月前期發通告於應講諸生)。

一。유고부능래참강회자(有故不能來參講會者)。칙구유정단(則具由呈單)。우어당월소독편내(又於當月所讀篇內)。록기의목(錄其疑目)。송우회중(送于會中)。도정여부정(都正與副正)。상의조답(相議條答)。

一。강회중인대단사고(講會中人大段事故)。중소공지외(衆所共知外)。무감공연부참(毋敢公然不參)。부참자(不參者)。직월찰기무고유고(直月察其無故有故)。책벌지(責罰之)

一。수원방인미증참강자(雖遠方人未曾參講者)。약어강회일(若於講會日)。적지교중(適至校中)。원참강사칙청(願參講事則聽)。

一。시강급파강시(始講及罷講時)。개유배읍지례(皆有拜揖之禮)。이홀기비록지(而笏記備錄之)。

一。설강초도(設講初度)。전기일일(前期一日)。부정직월(副正直月)。조입교중(早入校中)。교도제생습의(敎導諸生習儀)。재도이후(再度以後)。칙재임대행(則齋任代行)。

一。다사공궤(多士供饋)。용사교재곡물(用四敎齋穀物)。

향교강회홀기(鄕校講會笏記)

강집사일인창도(講執事一人唱導)。

시일조식후강(是日早食後講)。집사일인(執事一人)。사재직설도정위어명륜당북벽하량영간남향(使齋直設都正位於明倫堂北壁下兩楹間南向)。○설서안일어석남(設書案一於席南)。안상치당강지책급백록동규등(案上置當講之冊及白鹿洞規等)。생통역치우안좌(桂筒亦置于案左)。○설부정직월위어동벽하(設副正直月位於東壁下)。서향북상(西向北上)。부정위전(副正位前)。역치서안(亦置書案)。안상치당강책(案上置當講册)。○설재임위어기남(設齋任位於其南)。서향북상(西向北上)。간기위부속(間其位不屬)。○유친척방위차자(有親戚妨位次者)。역설석어재임지남(亦設席於齋任之南)。서향북상(西向北上)。역간기위부속(亦間其位不屬)。○설제생위어서벽하(設諸生位於西壁下)。동향북상(東向北上)。서벽혹부족(西壁或不足)。칙계설어남(則繼設於南)。북향서상(北向西上)。○설유자위어당남(設幼者位於堂南)。북향서상(北向西上)。○내사재직편고우각방왈(乃使齋直徧告于各房曰)。설위이필(設位已畢)。○부정직월재임급제생(副正直月齋任及諸生)。일제지정하(一齊至庭下)。○부정직월(副正直月)。이차립어동계하(以次立於東階下)。○재임이치서립어기하(齋任以齒序立於其下)。간기위부속(間其位不屬)。○유친척방위차자(有親戚妨位次者)。역이치서립어기하(亦以齒序立於其下)。역간기위부속(亦間其位不屬)。○제생이치서립서계하(諸生以齒序立西階下)。서립(序立)。필수정제(必須整齊)。무혹참차(無或參差)。○부정여제생지장자읍양승(副正與諸生之長者揖讓升)。직월재임급제생개종승(直月齋任及諸生皆從升)。부정직월재임급유친척방위차자(副正直月齋任及有親戚妨位次者)。취동벽위석동(就東壁位席東)。서향립(西向立)。부승석(不升席)。제생취서벽위석서동향립(諸生就西壁位席西東向立)。부승석(不升席)。유자취당남위석남(幼者就堂南位席南)。북향립(北向立)。부승석(不升席)。○부정직월여제생지적자(副正直月與諸生之敵者)。여부정년상하부만십세자(與副正年上下不滿十歲者)。상향재배(相向再拜)。회중유존자(會中有尊者)이십세이상(二十歲以上)。장자(長者)。십세이상(十歲以上)。칙부정직월선배존자(則副正直月先拜尊者)。존자답지(尊者答之)。차배장자(次拜長者)。장자답지(長者答之)。연후시급적자(然後始及敵者)。이금무존자장자(而今無尊者長者)。고선여적자위례(故先與敵者爲禮)。○흘(訖)。재임급제생지소자(齋任及諸生之少者)。소어부정십세이하자(少於副正十歲以下者)。예부정직월지전북상(詣副正直月之前北上)。동향재배(東向再拜)。○부정직월답일배(副正直月答一拜)。고례소자배(古禮少者拜)。칙장자궤이반배이답지(則長者跪而半拜以答之)。금대이일배(今代以一拜)。○직월지여소자위등배자(直月之與少者爲等輩者)。답재배(答再拜)。○재임급제생지소자(齋任及諸生之少者)。예제생중장자지전(詣諸生中長者之前)。북상서향재배(北上西向再拜)。장자(長者)。여부정위등배자(與副正爲等輩者)。○장자답일배(長者答一拜)。○재임급제생지소자(齋任及諸生之少者)。퇴복기위(退復其位)。상재배(相再拜)。차소자상배(此少者相拜)。○제생지유자(諸生之幼者)。소어부정이십세이하자(少於副正二十歲以下者)。예부정직월지전북상(詣副正直月之前北上)。동향재배(東向再拜)。○부정직월답배(副正直月答拜)。고례유자배(古禮幼者拜)。칙존자궤이미부수(則尊者跪而微俯首)。금대이읍(今代以揖)。직월어유자(直月於幼者)。미위존행칙답일배(未爲尊行則答一拜)。○유자예제생중존자지전북상(幼者詣諸生中尊者之前北上)。서향재배(西向再拜)。존자(尊者)。여부정위등배자(與副正爲等輩者)。○존자답읍(尊者答揖)。○유자예재임중장자지전북상(幼者詣齋任中長者之前北上)。동향재배(東向再拜)。차장자(此長者)。어부정위소자(於副正爲少者)。하방차(下倣此)。○장자답일배(長者答一拜)。○유자예제생중장자지전(幼者詣諸生中長者之前)。재배(再拜)。○장자답일배(長者答一拜)。○유자퇴복기위(幼者退復其位)。개북향재배(皆北向再拜)。차유자상배(此幼者相拜)。○흘(訖)。부정이하여제생(副正以下與諸生)。일제상읍이취좌(一齊相揖而就座)。이사도정지지(以俟都正之至)。범읍(凡揖)。소유자개공읍(少幼者皆恭揖)。○고례(古禮)。유서얼위차급배례재유자하(有庶孽位次及拜禮在幼者下)。이금무서얼참강(而今無庶孽參講)。고궐지(故闕之)。도정장지(都正將至)。부정이하여제생개기(副正以下與諸生皆起)。일제상읍(一齊相揖)。이차서완강계(以次徐緩降階)。부정직월재임급유친척방위차자(副正直月齋任及有親戚妨位次者)。동계하서립여전(東階下序立如前)。제생이치서계하서립역여전(諸生以齒西階下序立亦如前)。서립(序立)。필수정제(必須整齊)。무혹참차(無或參差)。이개공수정립(而皆拱手正立)。○도정지정(都正至庭)。부정직월재임급제생(副正直月齋任及諸生)。일제국궁(一齊鞠躬)。○도정지중계하(都正至中階下)。여부정읍양(與副正揖讓)。○도정선승(都正先升)。취북벽량영간위석북(就北壁兩楹間位席北)。남향립(南向立)。부승석(不升席)。○부정(副正),직월(直月),재임급유친척방위차자(齋任及有親戚妨位次者)。이차승(以次升)。취동벽위석동(就東壁位席東)。서향립(西向立)。부승석(不升席)。○제생이차승취서벽위석서(諸生以次升就西壁位席西)。동향립(東向立)。부승석(不升席)。○유자취당남위석남(幼者就堂南位席南)。북향립(北向立)。부승석(不升席)。○립정(立定)。부정(副正),직월솔제생지년과오십자(直月率諸生之年過五十者)。중행진립어도정서안지남(重行進立於都正書案之南)。부정(副正),직월거전(直月居前)。제생거후(諸生居後)。동상북향(東上北向)。중행지간(重行之間)。필수초활령배시(必須稍闊令拜時)。부상애핍(不相碍逼)。○재배(再拜)。○도정답재배(都正答再拜)。답배존현경로야(答拜尊賢敬老也)○부정이하(副正以下)。추이퇴복위(趨而退復位)。국궁이립(鞠躬而立)。사도정배필(俟都正拜畢)내정신(乃正身)。○추피(趨避)。부감당존현자지례야(不敢當尊賢者之禮也)。○재임솔제생지년오십이하자(齋任率諸生之年五十以下者)。진립어서안지남중행(進立於書案之南重行)。재배여상의(再拜如上儀)。○도정립이부지(都正立而扶之)。차주문사제삭망지의(此朱門師弟朔望之儀)。○재임급제생퇴복위(齋任及諸生退復位)。○도정읍(都正揖)。○부정이하(副正以下)。일제공읍(一齊恭揖)。○도정승석좌(都正升席坐)。○부정(副正),직월승석좌(直月升席坐)。○재임승석좌(齋任升席坐)。○제생지장자승석좌(諸生之長者升席坐)。○제생지유자승석좌(諸生之幼者升席坐)。○좌정(坐定)。집사사재직지지필(執事使齋直持紙筆)。예각위전수도기(詣各位前受到記)。전치우직월좌전(展置于直月座前)。우치필묵어기전(又置筆墨於其前)。○우사재직(又使齋直)。치강석일어도정서안전(置講席一於都正書案前)。리안일장허북향(離案一丈許北向)。○강(講)。집사일인(執事一人)。치당강책일어강석지북단(置當講冊一於講席之北端)。○직월일인(直月一人)。제도정서안전궤좌(諸都正書案前跪坐)。취백록동규(取白鹿洞規)。부복흥(俯伏興)。○퇴승강석(退升講席)。북향정좌(北向正坐)。○거동규(擧洞規)。고좌우이언왈경공청(顧左右而言曰敬恭聽)。○잉항성독과(仍抗聲讀過)。제생송연청지(諸生竦然聽之)。○부정추설기의(副正推說其意)。미달자허기질문(未達者許其質問)。○흘(訖)。직월취동규(直月取洞規)。복치원소(復置元所)。부복흥(俯伏興)。퇴복기위(退復其位)。○직월지장자(直月之長者)。예강석(詣講席)。개권독편일장(開卷讀篇一章)。삼십이상림강(三十以上臨講)。이하배송(以下背誦)。주칙배송자(註則背誦者)。역림강(亦臨講)。○도정문기문의(都正問其文義)。유소미달(有所未達)。문좌중제인(問座中諸人)。혹개부통(或皆不通)。칙도정교지(則都正敎之)。혹사부정(或使副正)。위지부창기지(爲之敷暢其旨)。○부정복문도정미진문지의(副正復問都正未盡問之義)。여전(如前)。○강자유의처(講者有疑處)。허령질문(許令質問)。○흘(訖)。직월부복흥복위(直月俯伏興復位)。서기지어명하(書起止於名下)。○제이직월(第二直月)。예강석(詣講席)。독제이장여상례(讀第二章如上例)。○흘(訖)。부복흥복위(俯伏興復位)。서기지어명하(書起止於名下)。○재임이차예독(齋任以次詣讀)。개여상례(皆如上例)。단복위후

(但復位後)。직월서기지어명하(直月書起止於名下)。○재임진후(齋任盡後)。집사예도정서안전궤(執事詣都正書案前跪)。취생통(取栍筒)。치직월좌전(置直月座前)。○직월(直月)。추생거시서벽당강인왈기(抽栍擧示西壁當講人曰幾)。여제일칙왈제일(如第一則曰第一)。제이칙왈제이지위(第二則曰第二之謂)。○당강인(當講人)。예독여상례(詣讀如上例)。○흘(訖)。직월서기기지어명하(直月書其起止於名下)。○강자퇴복위(講者退復位)。○직월(直月)。우추생거시(又抽栍擧示)。당강인예독(當講人詣讀)。직월서기지(直月書起止)。개여상례(皆如上例)。○약편진이인미진(若篇盡而人未盡)。칙우추생미강지인(則又抽栍未講之人)。복자제일장(復自第一章)。순환강송(循環講誦)。필강이지(畢講而止)。약인진이편미진(若人盡而篇未盡)。칙우추생이강지인(則又抽栍已講之人)。계강기하(繼講其下)。진편이지(盡篇而止)。○강미파시(講未罷時)。제위개공수단좌(諸位皆拱手端坐)。장색정시(莊色正視)。부득경의회고(不得傾倚回顧)。사어자소(私語恣笑)。위자직월규지(違者直月糾之)。○좌미파전(坐未罷前)。여인사기출(如因事起出)。칙당부복이흥(則當俯伏而興)。기입야(其入也)。미읍승석(微揖升席)。혹도정기동(或都正起動)。칙재위자개부복이기(則在位者皆俯伏而起)。부정직월급제생지장자출입(副正直月及諸生之長者出入)。칙소자유자부복위례(則少者幼者俯伏爲禮)。부기압어도정부감야(不起壓於都正不敢也)。○강흘(講訖)。우취겸간서론변의의(又取兼看書論辨疑義)。약도정유소교계(若都正有所敎戒)。재좌자개부수청명(在座者皆俯首聽命)。○장파(將罷)。도정흥강석립(都正興降席立)。○부정이하개강석립(副正以下皆降席立)。○재임솔제생지년오십이하자(齋任率諸生之年五十以下者)。중행진립재배(重行進立再拜)。여강전의(如講前儀)○창홀집사여제생(唱笏執事與諸生)。공배후퇴립(共拜後退立)。복창홀(復唱笏)。○도정답례(都正答禮)。역여강전의(亦如講前儀)。○재임급유친척방위차자(齋任及有親戚妨位次者)。강자동계하고위(降自東階下故位)。이차서립(以次序立)。○제생지이배자(諸生之已拜者)。강자서계(降自西階)。역복계하고위(亦復階下故位)。이차서립(以次序立)。○부정직월(副正直月)。솔제생지년과오십자(率諸生之年過五十者)。중행진립일배(重行進立一拜)。강전행례(講前行禮)。도정답이적자지례(都正答以敵者之禮)。부가복사존귀자행재배(不可復使尊貴者行再拜)。고위지성례야(故爲之省禮也)。○즉퇴(卽退)。각향동서계(各向東西階)。○도정답일배(都正答一拜)。○부정직월(副正直月)。강자동계(降自東階)。복립계하위(復立階下位)。○제생강자서계(諸生降自西階)。이차복립계하위(以次復立階下位)。서립(序立)。필수정제(必須整齊)。무혹참차(無或參差)。정립공수(正立拱手)。○도정출강중계(都正出降中階)。○부정이하급제생(副正以下及諸生)。개국궁(皆鞠躬)。○도정좌우고이읍(都正左右顧而揖)。○부정이하급제생(副正以下及諸生)。일제공읍이송지(一齊恭揖以送之)。○도정부고이출(都正不顧而出)。○도정기출문승마(都正旣出門乘馬)。부정이하급제생일제상읍이파(副正以下及諸生一齊相揖而罷)。○재임취당상(齋任就堂上)。수회적동규생통등물(收會籍洞規栍筒等物)。장지궤중(藏之櫃中)。사재직철서안급석(使齋直撤書案及席)。○직일록출강설(直日錄出講說)。취정직월(取正直月)。직월우이기소수윤자(直月又以其所修潤者)。취정우도부정(就正于都副正)。연후부록우회적지말(然後附錄于會籍之末)。

투호(投壺)

1. ○投壺之禮(투호지례) : 투호의 예는 ○主人奉矢(주인봉시) : 주인이 화살을 받들고 ○司射奉中(사사봉중) : 사사는 중을 받들고 ○使人執壺(사인집호) : 사람으로 하여금 항아리를 잡게 하고 ○主人請曰(주인청왈) : 주인을 청하여 말하기를 ○某有枉矢哨壺(모유왕시초호) : '아무에게 구부러진 화살과 입이 비뚤어진 항아리가 있으니 ○請以樂賓(청이락빈) : 청컨대 손님을 즐겁게 하렵니다.'하니 ○賓曰(빈왈) : 손님이 말하기를 ○子有旨酒嘉肴(자유지주가효) : '그대

에게 맛있는 술과 아름다운 안주가 있어 ○某旣賜矣(모기사의) : 이미 주셨으며 ○又重以樂(우중이락) : 또 거듭 풍류를 베푸시니 ○敢辭(감사) : 감히 사양하겠습니다.'한다 ○主人曰(주인왈) : 주인이 말하기를 ○枉矢哨壺不足辭也(왕시초호불족사야) : '구부러진 화살과 비뚤어진 항아리를 사양할 것이 못되니 ○敢固以請(감고이청) : 감히 꼭 청합니다.'한다 ○賓曰(빈왈) : 손이 말하기를 ○某旣賜矣(모기사의) : '아무에게 이미 주셨으며 ○又重以樂(우중이락) : 또 풍류를 거듭하셨는데 ○敢固辭(감고사) : 감히 굳게 사양합니다.'한다 ○主人曰(주인왈) : 주인이 말하기를 ○枉矢哨壺不足辭也(왕시초호불족사야) : '구부러진 화살과 입 비뚤어진 항아리를 사양할 것이 못되니 ○敢固以請(감고이청) : 꼭 청합니다.'한다 ○賓曰(빈왈) : 손님이 말한다 ○某固辭不得命(모고사불득명) : '아무가 굳게 사양하여도 명하심을 못 얻었으니 ○敢不敬從(감불경종) : 감히 공경히 좇지 않겠습니까?'한다

2. ○賓再拜受(빈재배수) : 손님이 재배하고 화살을 받으매 ○主人般還曰辟(주인반환왈벽) : 주인이 반선하면서 말하기를 '피라.' 하며 ○主人阼階上拜送(주인조계상배송) : 주인이 동편 섬돌 계단 위에 돌아와서 절하며 보낸다 ○賓盤還曰辟(빈반환왈벽) : 손은 반선하여 그 절을 사양하면서 피라고 한다

3. ○已拜(이배) : 주인이 화살을 배송한 후에 ○受矢(수시) : 화살을 받아 ○進卽兩楹間(진즉양영간) : 기둥 사이로 가서 ○退反位(퇴반위) : 다시 물러가 동편 위로 간 다음 ○揖賓就筵(읍빈취연) : 손님에게 읍하므로 투호의 자리에 나아가게 한 것이다 .

4. ○司射進度壺(사사진도호) : 사사는 항아리를 가진 사람 처소에서 항아리에 나가니 ○間以二矢半(간이이시반) : 주빈의 자리 거리가 각 두 화살 반이다 ○反位設中(반위설중) : 재어 보고나서 중을 가져다가 중을 설비하고서 ○東面執八算興(동면집팔산흥) : 동면하여 손에 산 8개를 들고 일어선다.

5. ○請賓曰(청빈왈) : 손님에게 말한다 ○順投爲入(순투위입) : '순투는 들어간 것으로 하고 ○比投不釋(비투불석) : 비투는 무효로 합니다 ○勝飮不勝者(승음불승자) : 이는 이기지 못한 이에게 술잔을 마시게 하여 ○正爵旣行(정작기행) : 정작 을 이미 행하며 ○請爲勝者立馬(청위승자립마) : 청하되 이긴 자를 위하여 말을 세우니 ○一馬從二馬(일마종이마) : 일마는 이마에 좇고 ○三馬旣立(삼마기립) : 삼마가 이미 섰으면 ○請慶多馬(청경다마) : 청컨대 말이 많은 것을 칭찬합니다.'○請主人亦如之(청주인역여지) : 주인에게 청하니 또한 이와 같으니라

6. ○命弦者曰(명현자왈) : 사사가 악공에게 명하여 말한다 ○請奏貍首(청주리수) : '청컨대 이수의 시장을 주악하여 ○間若一(간약일) : 시간을 균일하게 하라.' ○大師曰諾(대사왈락) : 이에 악사의 장이 허락한다.

7. ○左右告矢具(좌우고시구) : 사사는 좌우에 화살을 갖추었음을 고하고 ○請拾投(청습투) : 또 주변이 번갈아 던질 것을 청한다 ○有入者則司射坐(유입자즉사사좌) : 항아리에 들어간 것이 있으면 사사는 앉아서 ○而釋一算焉(이석일산언) : 산 하나를 땅에 세운다 ○賓黨於右(빈당어우) : 손님의 무리는 우편에 있고 ○主黨於左(주당어좌) : 주인의 무리는 좌편에 있다

8. ○卒投(졸투) : 던지기를 마치면 ○司射執算曰(사사집산왈) : 사사는 산을 잡고 말하기를 ○左右卒投(좌우졸투) : '좌우 던지기를 마치었습니다 ○請數(청수) : 세어 보시오.'라고 한다 ○二算爲純(이산위순) : 2산을 순이라 하며 ○一純以取(일순이취) : 1순씩 따로 취해 ○一算爲奇(일산위기) : 두며 1산을 기라 하는데 ○遂以奇算告(수이기산고) : 기산으로 말해서 아무는 아무에게 고하기를 ○某賢於某若干純(모현어모약간순) : '모가 보다 모가 현명하면 약간 순이라고 하며 ○奇則曰奇(기즉왈기) : 기이면 기라고 하며 ○均則曰左右鈞(균즉왈좌우균) :

같으면 좌우 군이라고 한다.'

9. ○命酌曰(명작왈) : 잔 붓는 사람에게 명하여 이르기를 ○請行觴(청행상) : '벌작을 권하는 것을 행하라.'하면 ○酌者曰諾(작자왈락) : 잔을 붓는 사람이 '그리하겠습니다.'하며 ○當飮者皆跪奉觴曰(당음자개궤봉상왈) : 마시기에 당한 사람은 다 꿇어 앉아 술잔을 받들고 이르기를 ○賜灌(사관) : '사관이라.' 이르매 ○勝者跪曰敬養(승자궤왈경양) : 이긴 자도 꿇어앉아 봉양이라 말한다.

10. ○正爵旣行(정작기행) : 정작을 이미 행하여 ○請立馬(청립마) : 그 말을 세우자고 청하는데 ○馬各直其算(마각직기산) : 말은 각각 그 처음 산을 둔 곳 앞에 세운다 ○一馬從二馬以慶(일마종이마이경) : 1마는 2마에 좇아서 승리를 축하한다 ○慶禮曰(경례왈) : 사사 경례에 의하여 이르기를 ○三馬旣備(삼마기비) : '3마를 이미 갖추었으니 ○請慶多馬(청경다마) : 다마를 경축하기를 청합니다.'한다 ○賓主皆曰諾(빈주개왈락) : 빈주가 이르기를 '그리하라.'과 하면 ○正爵旣行(정작기행) : 정작을 이미 행하매 ○請徹馬(청철마) : 말을 걷기를 청한다

11. ○算多少視其坐(산다소시기좌) : 산의 수의 다소는 그 좌상의 사람이 수를 보아서 한다 ○籌室中五扶(주실중오부) : 화살은 실중에서는 5부 ○堂上七扶(당상칠부) : 당상에서는 7부 ○庭中九扶(정중구부) : 뜰 가운데에서는 9부이며 ○算長尺二寸(산장척이촌) : 산의 길이는 1척 2촌이요 ○壺頸修七寸(호경수칠촌) : 항아리 목의 길이는 7촌이요 ○腹修五寸(복수오촌) : 배 길이는 5촌이며 ○口徑二寸半(구경이촌반) : 입의 직경은 2촌 반이며 ○容斗五升(용두오승) : 콩 닷 되를 넣으며 ○壺中實小豆焉(호중실소두언) : 항아리 속은 팥으로 채웠으나 ○爲其矢之躍而出也(위기시지약이출야) : 그 화살이 튀어나오기 때문이다. ○壺去席二矢半(호거석이시반) : 항아리는 자리에서 떨어지기를 두 화살 반이요 ○矢以柘若棘(시이자약극) : 화살은 산뽕나무나 가시나무로 하는데 ○毋去其皮(무거기피) : 그 껍질을 벗기지 않는다

12. ○魯令弟子辭曰(노령제자사왈) : 노의 제자에게 명령하는 말에 이르기를 ○毋憮(무무) : '거만하지 말려 ○毋敖(무오) : 업신여기지 말며 ○毋偝立(무해립) : 어른 앞에 등 돌려 서지 말며 ○毋踰言(무유언) : 넘어서 멀리서 말하지 말아라 ○偝立踰言有常爵(해립유언유상작) : 어른 앞에 등 돌려 소며 멀리서 말할 때에는 늘 있는 벌재가 있을 것이다 ○薛令弟子辭曰(설령제자사왈) : 설의 제사에게 명령한 말에도 ○毋憮(무무) : 거만하지 말지며 ○毋敖(무오) : 업신여기지 말며 ○毋偝立(무해립) : 어른 앞에 등 돌려 서지 말라 ○毋踰言(무유언) : 멀리서 말하지 말아야 한다 ○若是者浮(약시자부) : 이와 같은 자는 벌배 있을 것이다 ○鼓(고) ○半(반) ○魯鼓(노고) ○半(반) ○薛鼓(설고) : 설고○取半以下爲投壺禮(취반이하위투호례) : 반 이하를 취하여 투호의 예로 삼고 ○盡用之爲射禮(진용지위사례) : 모두 사용하여 사의 예로 삼는다○司射庭長及冠士立者(사사정장급관사립자) : 사사·정장·관사로 섰던 사람은 ○皆屬賓黨(개속빈당) : 다 빈당에 속하며

13. ○樂人及使者童子皆屬主黨(락인급사자동자개속주당) : 악인 및 주인이 쓰던 사람 동자는 다 주인의 당에 붙인다 ○魯鼓(노고) ○半(반) ○薛鼓(설고) ○半(반)

투호례홀기(投壺禮笏記)

●**참례자** : 주인, 손님, 심판(사사), 집사(집사) 2명, 집례(집례)
●**준비물** : 화살(시), 호, 중, 산가지, 술 . 술잔 . 안주

◆**행(行) 투호례(投壺禮)** 투호례를 행하기를 청합니다.

○주인이하제집사(主人以下諸執事) 동계하서향(東階下西向) 입취위(入就位) 주인 이하 제 집사자(執事者)는 동쪽 섬돌 아래 제자리로 나아가 서향(西向)하시오. ○빈이하(賓以下) 사사(司射) 서계하(西階下) 동향립(東向立) 손님 이하 司射는 서쪽 섬돌 아래 자리로 나아가 동향하여 서시오. ○양집사(兩執事) 집호(執壺) 집시(執矢) 계상(階上) 전진립(前進立) 집사 두 사람은 각각 항아리와 화살(8개)을 들고 섬돌 위에 나아가서 서시오. ○사사(司射) 봉중(奉中) 계상(階上) 전진립(前進立) 사사는 中을 들고 섬돌 위 가운데로 나아가서 서시오. ○집사(執事) 송시(送矢) 주인(主人) 집사는 주인 앞으로 가서 화살(4개)을 주고 제 자리로 가시오. ○주인(主人) 청(請) 빈(賓) 투호(投壺) 주인은 손님을 향해 "저에게 구부러진 화살과 항아리가 있으니 청컨대 손님을 즐겁게 하렵 니다" 라고 하시오. ○빈(賓) 사양(辭讓) 손님이 "이미 맛있는 술과 안주를 주셨는데 거듭 풍류를 베푸시니 감히 사양하겠습니다." 라고 하시오. ○주인(主人) 재청(再請) 주인이 재차 "구부러진 화살과 비뚤어진 항아리를 사양할 것이 못되니 감히 다시 청합니다." 라고 하시오. ○빈(賓) 고사(固辭) 손님이 "이미 술과 안주를 주셨는데 풍류를 거듭 청하시니 감히 사양합니다." 라고 하시오. ○주인(主人) 삼청(三請) 주인이 다시 "구부러진 화살과 비뚤어진 항아리를 사양할 것이 못되니 꼭 청합니다." 라고 하시오. ○빈(賓) 낙(諾) 손님이 "아무리 사양해도 거듭 명하시니 어찌 따르지 않겠습니까"라고 하시오. ○주인읍(主人揖) 선승조계상(先升阼階上) 빈읍(賓揖) 승서계상(升西階上) 주인이 읍하고 동쪽계단을 오르면 손님도 읍하고 서쪽계단을 오르시오. ○빈서계상(賓西階上) 북면재배(北面再拜) 주인반환왈피(主人般還曰辟) 손님이 섬돌 위에서 北面하여 再拜하면 주인이 사양하듯 조금 물러나시오. ○주인이배수시(主人已拜受矢) 북면재배(北面再拜) 빈반환왈피(賓般還曰辟) 주인은 손님 옆으로 다가가 화살을 주고 제자리로 와서 북면하여 답례로 재배하시오. 손님 은 조금 물러나시오. ○집사(執事) 송시(送矢) 주인(主人) 집사는 주인 앞으로 가서 화살(4개)을 주고 제 자리로 가시오. ○주인진즉양영간(主人進卽兩楹間) 퇴반위서향읍빈(退反位西向揖賓) 취연(就筵) 주인은 마루로 올라가 기둥 사이에 투호 위치를 확인하시오. 주인은 다시 손님에게 다가가 서향하여 읍(揖)을 하고 손님을 이끌고 투호위치로 가서 남면(南面)하여 나란히 서시오 ○사사(司射) 진도(進度) 호(壺) 간이이시반(間以二矢半) 사사는 섬돌 위에서 집사로부터 항아리를 받아 마루 위로 가서 투호를 설치하시오. 사사는 주인과 손님 앞에서 두 화살 반 거리에 항아리를 놓으시오. ○사사(司射) 반위설중(反位設中) 사사는 제자리로 돌아가 算이 담긴 中을 항아리 뒤편에 놓으시오. ○사사(司射) 동면(東面) 집팔산흥(執八算興) 사사는 中의 서편에서 동면하여 算 여덟 개를 잡고 일어나시오. ○사사(司射) 청주빈(請主賓) 왈순투위인(曰順投爲人) 비투부석(比投不釋) 사사는 주인과 손님에게 청하여 말하시오. "順投는 들어간 것이고, 比投는 무효로 합니다." 라고 말하시오. ○승자입마(勝者立馬) 승음부승자(勝飮不勝者) "이긴 사람은 말[馬]을 세워서 표시하고 진 사람은 벌주를 받습니다." 라고 말하시오. ○사사(司射) 청습투(請拾投) 사사는 주인과 손님에게 "화살을 차례로 던지시오." 라고 말하시오. ○주인(主人) 청빈선투(請賓先投) 주인이 먼저 "청컨대, 손님이 먼저 하십시오." 라고 합니다. ○빈(賓) 감사(甘辭) 손님은 "감히 못합니다." 라고 합니다. ○주인(主人) 재청선투(再請先投) 주인이 재차 "괜찮습니다. 먼저 던지시지요." 라고 합니다. ○빈(賓) 고사(固辭) 손님은 "진실로 사양합니다."라고 대답합니다. ○주인(主人) 삼청(三請) 주인이 "청컨대, 먼저 던지시지요." 라고 합니다. ○빈청(賓請) 주인선투(主人先投) 손님은 "주인께서 먼저 하시면 따르겠습니다." 라고 합니다. ○주인선투(主人先投) 빈후투(賓後投) 주인이 먼저 화살을 던지면 손님도 던지시오. ○사사(司射) 석산(釋算) 사사는 항아리에 들어간 화살이 있으면 算 하나씩을 따로 세우시오. ○사사(司射) 위승자(爲勝者) 입마(立馬) 사사는 이긴 쪽에 말[馬]을 세우시오. ○사사(司射) 좌우졸투(左右卒投) 집산(執

算) 사사는 좌우 던지기를 마쳤으니 판정하겠습니다. 라고 하시오. ○사사(司射) 승자호명(勝者呼名) 사사는 이긴 쪽을 호명하시오. ※ (큰소리로) "○○ 쪽이 이겼습니다." ○사사(司射) 명(命) 집사(執事) 청행상(請行觴) 사사는 집사에 명하여 正爵(벌주)을 권하는 의식을 행하시오. ○집사낙(執事諾) 집사는 큰소리로 "그리 하겠습니다"라고 답하고 술잔을 전하시오. ○승자계궤(勝者階跪) 봉상왈사관(奉觴曰賜灌) 진 사람은 제 자리에서 무릎을 꿇고 앉아 술잔을 받들고 이긴 사람을 향해 "주신 술을 달   게 마시겠습니다."라고 하시오. ○승자궤왈(勝者跪曰) 경양(敬養) 이긴 사람도 자리에 앉아 진 사람을 보며 "기운 내십시오"라고 답하시오. ○사사(司射) 패자정작(敗者正爵) 사사는 진 사람에게 "正爵을 마십시오". 라고 큰소리로 말하시오. ※진 사람은 바른 자세로 술잔을 깨끗이 비운다. ○주인(主人) 진즉양(進卽兩)잉 간퇴반위(間退反位) 읍빈취연(揖賓就筵) 주인은 다시 손님에게 다가가 서향하여 읍을 하고 손님을 이끌고 투호위치로 가서 남면하여 나란히 서시오. ○집사(執事) 송시주인(送矢主人) 집사는 주인에게 가서 화살(8개)을 주고 제자리로 가시오. ○주인(主人) 송시빈(送矢賓) 주인은 손님 옆으로 다가가 화살(4개)을 주고 제자리로 오시오. ○사사(司射) 집팔산흥(執八算興) 사사는 산 여덟 개를 들고 일어나시오. ○사사(司射) 청습투(請拾投) 사사는 주인과 손님에게 "화살을 차례로 던지시오." 라고 말하시오. ○주인선투(主人先投) 빈후투(賓後投) 주인이 먼저 화살을 던지면 손님도 던지시오. ○사사(司射) 석산(釋算) 사사는 항아리에 들어간 화살이 있으면 算 하나씩을 따로 세우시오. ○사사(司射) 위승자입마(爲勝者立馬) 사사는 이긴 쪽에 말[馬]을 세우시오. ○사사(司射) 좌우졸투집산(左右卒投執算) 사사는 "좌우 던지기를 마쳤으니 판정하겠습니다." 라고 하시오. ○사사(司射) 승자호명(勝者呼名) 사사는 이긴 쪽을 호명하시오. ※ (큰소리로) "○○ 쪽이 이겼습니다." ○사사(司射) 명집사청행상(命執事請行觴) 사사는 집사에 명하여 正爵(벌주)을 권하는 의식을 행하시오. ○집사(執事) 낙(諾) 집사는 큰소리로 "그리 하겠습니다"라고 답시오. ○승자계궤(勝者階跪) 봉상왈사관(奉觴曰賜灌) 진 사람은 제 자리에서 무릎을 꿇고 앉아 술잔을 받고 이긴 사람을 향해 "주신 술을 달게   마시겠습니다."라고 하시오. ○승자궤왈경양(勝者跪曰敬養) 이긴 사람도 자리에 앉아 진 사람을 향해 "기운 내십시오"라고 답하시오. ○사사(司射) 패자정작(敗者正爵) 사사는 진 사람에게 "正爵을 마십시오". 라고 큰소리로 말하시오. ※진 사람은 바른 자세로 술잔을 깨끗이 비운다. ○주인(主人) 진즉양(進卽兩)잉 간퇴반위(間退反位) 읍빈취연(揖賓就筵) 주인은 다시 손님에게 다가가 서향하여 읍을 하고 손님을 이끌고 투호위치로 가서 남면하여 나란히 서시오. ○집사(執事) 송시주인(宋矢主人) 집사는 주인에게 가서 화살(8개)을 주고 제자리로 가시오. ○주인(主人) 송시빈(送矢賓) 주인은 손님 옆으로 다가가 화살(4개)을 주고 제자리로 오시오. ○사사(司射) 집팔산흥(執八算興) 사사는 산 여덟개를 들고 일어나시오. ○사사(司射) 청습투(請拾投) 사사는 주인과 손님에게 "화살을 차례로 던지시오." 라고 말하시오. ○주인선투(主人先投) 빈후투(賓後投) 주인이 먼저 화살을 던지면 손님도 던지시오. ○사사(司射) 석산(釋算) 사사는 항아리에 들어간 화살이 있으면 算 하나씩을 따로 세우시오. ○사사(司射) 위승자입마(爲勝者立馬) 사사는 이긴 쪽에 말[馬]을 세우시오. ○사사(司射) 좌우졸투(左右卒投) 집산(執算) 사사는 "좌우 던지기를 마쳤으니 판정하겠습니다." 라고 하시오. ○사사(司射) 승자호명(勝者呼名) 사사는 이긴 쪽을 호명하시오. ※ (큰소리로) "○○ 쪽이 이겼습니다." ○사사(司射) 명집사청행상(命執事請行觴) 사사는 집사에 명하여 正爵(벌주)을 권하는 의식을 행하시오. ○집사(執事) 낙(諾) 집사는 큰소리로 "그리 하겠습니다"라고 답시오. ○승자계궤(勝者階跪) 봉상왈사관(奉觴曰賜灌) 진 사람은 제 자리에서 무릎을 꿇고 앉아 술잔을 받고 이긴 사람을 향해 "주신 술을 달게   마시겠습니다."라고 하시오. ○승자궤왈경양(勝者跪曰敬養) 이긴 사람도 자리에 앉아 진 사람을 향해 "기운 내십시오"라고 답하시오. ○사사(司射)

패자정작(敗者正爵) 사사는 진 사람에게 "正爵을 마십시오". 라고 큰소리로 말하시오. ※진 사람은 바른 자세로 술잔을 깨끗이 비운다. ○사사(司射) 삼마기비(三馬旣備) 청경다마(請慶多馬) 사사는 주인과 손님에게 "3마(馬)를 이미 갖추었으니 승자를 경축하기를 청하시오."라고 이르 시오. 진 쪽은 이긴 쪽을 향해 "잘하셨습니다."라 하시오,

대제홀기해석(大祭忽記解釋)

○헌관급 제집사(獻官及諸執事) 제관 및 제사를 받드는 분 ○구취계간배위(俱就階間拜位) 헌관 및 제 집사는 뜰 아래 절할 위치로 나아 가시오 ○알자(謁者) 제관을 안내하는 분 ○인제관(引祭官) ○입취위(入就位) 알자는 제관들을 안내하여 들어가시오 ○알자(謁者) ○인대축급제집사(引大祝及諸執事)알자는 대축 및 제집사를 안내하여 ○계간배위(階間拜位) 입정(入定) 뜰 아래 절할 자리에 가 서시오 ○대축급제집사(大祝及諸執事) ○개사배(皆四拜) 대축과 집사들은 네 번 절을 하시오 ○대축급제집사(大祝及諸執事) ○예관세위(詣관洗位) 대축 및 집사들은 관수대로 나아가시오 ○관수세수(관手세手) 손을 씻고 닦으시오 ○각취위(各就位) 각각 제 위치로 나아가시오 ○대축급제집사승(大祝及諸執事升) 대축 및 집사들은 사당으로 올라가시오 ○개비계독(開扉啓독) 문을 열고 신위를 모신 독 뚜껑을 여시오 ○대축급제집사강복위(大祝及諸執事降復位)대축과 집사들은 제자리로 다시 내려 가시오 ○알자(謁者)○인초헌관(引初獻官) ○승입묘내(升入廟內) 알자는 초헌관을 안내하여 묘내로 들어 가시오 ○점시진설(點視陣設) 제수품을 보시오 ○흘(訖) ○환출(還出) 마치고 도로 나오시오 ○알자 (謁者) ○진초헌관지좌(進初獻官之左) 알자는 초헌관의 왼쪽에 나아가 ○백근구청행사(白謹俱請行事) 제사 준비가 다 되었으니 행사하기를 고한다

◆행전폐례(行奠幣禮) 폐백을 드리는예
○알자(謁者) ○인초헌관(引初獻官) 알자는 초헌관을 안내하여 예관세위(詣관洗位)관세 자리로 나아 가시오 ○진홀(搢笏) 홀을 옷깃 속에 꽂으시오 ○관수(관手)세수(세手) 손을 씻고 손을 닦으시오 ○집홀(執笏) 홀을 손에 잡으시오 ○알자 (謁者) ○인초헌관 (引初獻官) 알자는 초헌관을 안내하여 ○예신위전(詣神位前) ○궤(跪) 신위 앞에 나아가 꿇어 앉으시오 ○진홀(搢笏) 홀을 꽂으시오 ○봉향봉로승(奉香奉爐升)향합과 향노를 받는 분은 올라 가시오 ○삼상향(三上香) 향을 세 번 향노에 올리시오 ○대축승(大祝升) 대축은 올라 오시오 ○집폐(執幣) 폐백지를 받드시오 ○헌폐(獻幣) 헌관에게 폐백을 드리시오 ○전폐(奠幣)신위 앞에 폐백을 드리시오 ○강신(降神) 신이 오시게 ○관주(灌酒) ○모상(茅上) 술잔에 술을 모사기에 부어 신을 맞는 행사 ○집홀 (執笏) 홀을 잡으시오 ○부복(俯伏) ○흥(興) 꿇어 앉은 데서 일어 나시오 ○평신(平身) 몸을 편히 가지시오 ○알자(謁者) ○인초헌관(引初獻官) 알자는 초헌관을 안내하여 강복위(降復位) 있던 자리로 다시 내려 가시오

◆참신(參神)신을 맞이 하는 예
○헌관급재위자(獻官及在位者) 헌관과 모든 제관들은 ○개사배(皆四拜) 모두 네 번 절하시오

◆행초헌례(行初獻禮) 초헌관이 행하는 예의
○알자(謁者) 인초헌관(引初獻官) 알자는 초헌관을 안내하여 예준소(詣樽所) 제주가

있는 곳으로 나아가 **서향입 (西向立)** 서쪽을 향해 서시오 ○**사준승(司樽升)** 제주를 받는 분은 올라가시오 ○**사준(司樽)** 사준은 거멱(擧冪) 작주(酌酒) 보자기를 걷고 제주를 부으시오 ○**알자(謁者) 인초헌관 (引初獻官)** 알자는 초헌관을 안내하여 ○**예신위전(詣神位前) 궤(궤)** 신위전에 나아가 꿇어 앉으시오 ○**진홀(搢笏)** 홀을 꽂으시오 ○**봉작 전작승(奉爵 奠爵升)** 잔을 받드는 분과 잔을 드리는 분은 올라 가시오 ○**집작(執爵)** 잔을 잡으시오 ○**헌작(獻爵)** 잔을 헌관에게 드리시오 ○**전작(奠爵)** 잔을 신전에 올리시오 ○**계반개(啓飯盖)** 메(밥) 그릇 (뚜껑)을 여시오 ○**삽시(揷匙)** 숟가락을 메그릇에 꽂으시오 ○**정저(正箸)** 젖가락을 바로 꽂으시오 ○**집홀(執笏)** 홀을 잡으시오 ○**부복(俯伏) 흥(興) 평신(平身)** 꿇어 앉은 데서 일어나 몸을 편히 하시오 ○**소퇴 (少退) 궤(跪)** 조금 물러서 꿇어 앉으시오 ○**재위자(在位者)** ○**개부복 (皆俯伏)** 제관은 다 꿇어 앉으시오 ○**대축승(大祝升)** 대축은 올라 가시오 **집축판(執祝板)** 축판을 잡고 **초헌관지좌(初獻官之左)** 초헌관은 왼쪽에 ○**동향(東向) 궤(跪)** 동쪽을 향해 꿇어 앉으시오 ○**독축문(讀祝文)** 축문을 읽으시오 ○**부복(俯伏) 흥(興) 평신(平身)** 헌관은 부복에서 일어나 몸을 편히 하시오 ○**재위자(在位者) 개흥(皆興)** 모든 제관은 일어 나시오 ○**알자(謁者) 인초헌관급제집사 (引初獻官及諸執事)** 알자는 초헌관 및 제집사를 안내하여 ○**강복위(降復位)** 제자리로 다시 내려 가시오 ○**봉작전작승(奉爵奠爵升)** 봉작 전작은 올라가 ○**철작(撤爵)** 잔을 물리시오 ○**봉작전작(奉爵奠爵)** 봉작전작은 ○**강복위(降復位)** 제위치로 다시 내려 가시오

◆**행아헌례(行亞獻禮)** 두 번째 잔 올릴 예를 행하시오

○**알자(謁者) 인아헌관(引亞獻官)** 알자는 아헌관을 안내하여 ○**예관세위(詣官洗位)** 관시오수대로 나아 가 ○**진홀(搢笏)** 홀을 꽂으시오 **관수(盥手) 세수(洗手)** 손을 씻고 손을 닦으시오 ○**집홀(執笏)** 홀을 잡으시오 ○**인예준소(引詣樽所)** 준소로 나아가 ○**서향립(西向立)** 서쪽을 향해 서시오 ○**사준승(司樽升)** 사준은 올라 가시오 ○**사준(司樽) 거멱(擧冪) 작주(酌酒)** 사준은 보자기를 걷고 제주를 부으시오 ○**알자(謁者) 인아헌관(引亞獻官)** 알자는 아헌관을 안내하여 ○**예신위전(詣神位前) 궤(跪)** 신위전에 나아가 꿇어 앉으시오 ○**진홀(搢笏)** 홀을 곶으시오 ○**봉작전작승(奉爵奠爵升)** 봉작 전작은 올라 가시오 ○**집작(執爵)** 잔을 잡아서 ○**헌작(獻爵)** 헌관에게 드리시오 ○**전작(奠爵)** 잔을 신위에게 드리시오 ○**집홀(執笏)** 홀을 잡으시오 ○**부복(俯伏) 흥(興) 평신(平身)** 부복에서 일어나 몸을 편히 하시오 ○**알자(謁者) ○인아헌관급제집사(引初獻官及諸執事) 강복위(降復位)** 알자는 아헌관 제집사를 안내하여 제자리로 다시 내려 가시오 ○**봉작전작승(奉爵奠爵升) 철작(撤爵)** 봉작 전작은 올라가 잔을 물리시오 ○**봉작전작(奉爵奠爵) 강복위(降復位)** 봉작 전작은 제위치로 다시 내려 가시오

◆**행종헌례(行終獻禮)** 세 번째 잔을 올리는 예를 행합니다

○**알자(謁者) 인종헌관(引終獻官)** 알자는 종헌관을 안내하여 ○**예관세위(詣官洗位)** 관세위로 나아 가시오 ○**진홀(搢笏)** 홀을 꽂으시오 **관수(盥手) 세수(洗手)** 손을 씻고 손을 닦으시오 ○**집홀(執笏)** 홀을 잡으시오 ○**인예준소(引詣樽所)** 준소로 나아가 ○**서향립(西向立)** 서쪽을 향해 서시오 ○**사준승(司樽升)** 사준은 올라가시오 ○**사준(司樽) 거멱(擧冪) 작주(酌酒)** 사준은 보자기를 걷고 제주를 부으시오 ○**알자(謁者) 인종헌관(引終獻官)** 알자는 종헌관을 안내하여 ○**예신위전(詣神位前) 궤(跪)** 신위전에 나아가 꿇어 앉으시오 ○**진홀(搢笏)** 홀을 꽂으시오 ○**봉작전작승(奉爵奠爵升)** 봉작 전작은 올라가시오 ○**집작(執爵)** 잔을 들고 ○**헌작(獻爵)** 헌관에게 잔을 드리시오 ○**전작(奠爵)**

잔을 신위에게 드리시오 ○집홀(執笏) 홀을 잡으시고 ○부복(俯伏)흥(興) 평신(平身) 부복에서 일어나 몸을 편히 하시오 ○알자(謁者) 인종헌관급제집사(引初獻官及諸執事) 알자는 종헌관 및 제집사를 안내하여 강복위(降復位) 제 위치로 다시 내려 가시오 ○헌관(獻官) 개사배(皆四拜) 헌관 만 사배 하시오 ○대축승(大祝升) 합문(闔門) 대축은 올라가 장막을 닫으시오 ○헌관급재위자(獻官及在位者) 헌관과 모든 제관은 ○개부복(皆俯伏) 숙사(肅俟) 다 꿇어 앉아 엄숙히 기다리시오 ○대축(大祝) 대축이 희험삼성(희歆三聲) 기침소리를 세 번 내면서 ○내입계문(乃入啓門) 들어가 장막을 연다 ○봉작전작승(奉爵奠爵升) 봉작 전작이 들어가 ○철갱(撤羹) 갱기를 물리고 ○진다(進茶) 점다(點茶) 다수를 들이고 메밥을 조금씩 다수에 들인다 ○철다(撤茶) 다수 그릇을 물리고 ○반개(合飯盖) 메그릇 뚜껑을 덮고 ○하시저(下匙箸) 수저를 내리고 ○철작(撤爵) 잔을 내리고 ○대축급봉작전작(大祝及奉爵奠爵升) ○강복위(降復位) 대축 및 봉작 전작은 제자리로 다시 내려 가시오 ○헌관이하 (獻官以下) 개흥(皆興) 헌관 이하 다 일어나시오

◆행음복례(行飮福禮) 복주를 마시는 예를 행합니다.
○대축전작승(大祝奠爵升) 대축 전작은 올라가 ○이작(以爵) 작복주(酌福酒) 잔에다 복주를 따르고 ○대축(大祝) 진감조육(進減조肉) 대축은 나아가 조육을 조금들고 ○성우반상(盛于盤上) 반위에 차리고 ○알자(謁者) 인초헌관(引初獻官) 알자는 초헌관을 안내하여 ○예음복위(詣飮福位) 음복위로 나아가 ○서향(西向)궤(跪) 서쪽을 향해 앉으시오 ○진홀(搢笏) 홀을 꽂으시오 ○대축전작(大祝奠爵) 대축 전작은 ○이취성반(以取盛盤) 차린 반을 들고 ○예헌관지좌동북향(詣獻官之左東北向) 궤(跪) 헌관의 좌편에서 대축은 북향을 궤하고 전작은 헌관과 마주 동향 궤하여 ○전작(奠爵) 이작수초헌관(以爵授初獻官) 전작은 잔을 초헌관에게 드리고 ○초헌관수작(初獻官受爵) 초헌관은 잔을 받아 ○음쵀작(飮쵀爵) 술을 조금 마신다 ○전작(奠爵) 수허작복어반(受虛爵復於盤) 전작은 잔을 받아 반에 놓고 ○대축(大祝) 이조육수초헌관(以조肉授初獻官) 대축은 조육을 초헌관에게 드리고 ○초헌관수조(初獻官受조) 초헌관은 조육을 받고 ○환수대축(還授大祝) 대축에게 되 돌려줌 ○대축수조복어반(大祝受조 復於盤) 대축은 조육을 받아 반에 다시 놓는다 ○집홀 (執笏) 홀을 잡으시오 ○부복(俯伏) 흥(興) 평신(平身) 부복에서 일어나 몸을 편히 하시오 ○알자(謁者) 인초헌관급제집사(引初獻官及諸執事) 강복위(降復位) 알자는 초헌관 및 제집사를 안내하여 제 위치로 다시 내려 가시오 ○대축승(大祝升) 대축은 올라가 ○철변두(撤변豆) 변두를 내리시오 ○대축(大祝) 강복위(降復位) 대축은 제 자리로 내려 가시오

◆사신(辭神) 신위를 작별하는 인사
○헌관급재위자(獻官及在位者) 헌관 및 모든 제관은 ○개사배(皆四拜) 모두 네 번 절하시오

◆행망료례(行望燎禮) 축지 및 폐백지를 타우는 예.
○알자(謁者) 인초헌관(引初獻官) 알자는 초헌관을 안내하여 ○예망료위(行望燎位) 망료위로 나아가 ○서향위(西向位) 서쪽을 향해 서시오 ○대축승(大祝升) 대축은 올라가 ○이비취축급폐(以匪取祝及幣) 축지 폐지를 상자에 담아 ○강자서계(降自西階) 서쪽계단으로 가서 ○치어감(置於坎) 돌함에 놓고 ○가료(可燎) 불사르시오 ○알자(謁者) 인초헌관(引初獻官) ○강복위(降復位) 알자는 초헌관을 안내하여 제 자리로 내려 가시오 ○알자 (謁者) 진초헌관지좌(進初獻官之左) 알자는 초헌관의 왼편에 나아가

◆**백례필(白禮畢)** 예의를 마침을 고함
○**알자(謁者) 인초헌관급재위자(引初獻官及在位者)** 알자는 헌관 및 제관을 안내하여
○**이차출(以次出)** 차례로 나가시오 ○**대축급제집사 大祝及諸執事)** 강복위(降復位) 대축 및 제집사는 제 위치로 내려 가시오 ○**알자(謁者) 인례축급제집사(引禮祝及諸執事)** 알자는 예축 및 제집사를 안내하여 ○**예구복계간배위(詣俱復階間拜位)** 뜰앞 절할 위치로 나아 가시오 ○**사배(四拜)** 네 번 절하시오 ○**이차출(以次出)** 아래로 나가시오.

상량제 홀기

(성균관유도회 효가원 원장이신 우봉 백낙신원장작)

01.봉주취위(奉主就位)

고사의 시작을 알리는 첫 순서이다. 집례관과 집사는 관세대(물을 담은 대야) 에서 손을 씻은 후 상견례 후 행사인원에 예를 드린다. 후에 교의에 신위를 올리고 촛대에 점촉(촛불을 밝힘)을 한다.

02.분향강신(焚香降神)

촛대에 점촉이 끝나면 초헌관(보통 대표자)이 향을 올려 신을 부르는 의식(강신)을 행한다. 이때 모사기에 술을 붓는 의식은 땅에 있는 신을 부르는 의식이다.

* 먼저 분향강신례를 봉행하겠습니다.
* 헌관은 좌집사의 안내로 관세대 앞에 이르십시오.
* 헌관은 우집사의 안내로 손을 닦으십시오.
* 좌집사는 헌관을 제단앞에 안내하여 궤좌하십시오.(궤좌:무릎꿇어 앉은 자세)
* 좌집사는 향합을 들어 헌관에게 드리십시오. 우집사는 향로를 받드시오. 헌관은 향을 세번 집어 향로에 피우십시오(삼상향)
* 좌집사는 술잔을 들어 헌관에게 드리십시오. 헌관은 술잔을 들고 우집사는 술병을 들어 헌관의 술잔에 술을 따르십시오
* 헌관은 술잔을 모사기에 세 번에 걸쳐 부으십시오.
* 헌관은 두 번 절을 하십시오. 배~ (절시작) 흥~ (일어나고) – 2번
* 헌관은 다시 앉으십시오.

03.참신(參神)

이 순서는 하늘과 땅에 계신 신명이 강림하셨으므로 다같이 인사 하는 순서이다. 헌관이 재배할 때 행사인원 모두 재배하여야 하나 장소가 불편하고 인원이 많으면 정중하게 허리를 깊숙히 굽혀 경례를 두번 한다.

* 헌관이하 모두 재배하십시오(2배 절)
* 헌관은 다시 앉으십시오.

04.초헌(初獻)

처음으로 초헌관이 술을 올리는 순서이다. 초헌은 천지신명께 올리는 첫잔으로 중요한 순서중의 하나이다.

* 좌집사는 술잔을 들어 헌관에게 드리십시오.
* 헌관은 술잔을 들고 우집사는 술을 헌관의 잔에 따르십시오.
* 헌관은 술잔을 머리높이로 올려 신위전에 올린 후 좌집사에게 잔을 주십시오. 좌집사는 술잔을 신위전에 올리십시오.

* 헌관은 재배하십시오.
* 헌관은 다시 앉으십시오.

05.독축(讀祝)

축문을 낭독하는 순서로 축문은 흔히 기원문의 형식을 띠고 있으며 신명께 안전과 무사를 기원하는 글이다. 독축자가 낭독을 한 뒤 축문을 신위전에 올려 놓으며, 고사가 끝나면 지방과 함께 불사른다.

* 축문은 집례가 낭독하겠습니다.
* (축문 낭독이 끝난 뒤) 헌관 재배!
* 헌관은 신위전에 폐백을 올리십시오.
(幣帛:상량이 잘 올라가도록 드리는 물목으로 상량식에는 관례적으로 상량대에 돈이나 물목을 걸어 올리는 관습이 있으며 이는 공사에 수고한 편수,목수를 격려하기 위함이다.)
* 헌관은 자리로 돌아가십시오.

06.아헌례(亞獻禮)

두번째 헌주 재배를 올리는 순서이다. 아헌관은 보통 대표자 다음 서열이나 공사책임자 등이 맡으며, 초헌과 같은 방식으로 재배를 한다.

* 아헌관은 좌우집사의 안내로 제단앞으로 나오십시오.
* 궤좌하여 술을 올리십시오.
* 아헌관 재배!(초헌관과 같은 방식으로..)
* 준비한 폐백이 있으면 신위전에 올리고, 자리로 돌아가십시오.

07.종헌례(終獻禮)

마지막 헌주재배를 올리는 순서로, 미리 정해진 순서에 따라 시공사 임원및 협력업체 내빈등이 집사의 안내로 술을 올리고 재배를 한다. 주최측 사회자가 호명하면 좌우집사가 안내 봉행을 하며 초헌,종헌과 같은 방식으로 진행한다.

08.상량(上樑)

상량제의 가장 중요한 순서로, 상량을 하는 의식이다. 상량대를 옥양목카바로 둘러 쌓아 놓고 제막줄을 연결해 놓는다. 제막줄을 잡을 내빈,대표자,시공자등이 상량줄을 잡고 있다가 사회자의 신호와 함께 줄을 잡아당기면 크레인이 상량대를 올리게 된다. 이때 제막을 벗김과 동시에 참석자들이 "상량이오,상량이오,상량이오"를 크게 외친다.

09.망요례(望燎禮)

마지막 순서로 신위전의 지방과 축문을 불살라 올리는 의식이다. 지방과 축문에 불을 붙여 하늘로 높이 던져 올리며 안전을 기원한다.

* 헌관(시공책임자)은 제단앞으로 나와 재배하십시오.
* 집사는 지방과 축문을 걷어 헌관에게 주고 헌관은 향로에서 불을 붙여 하늘로 올리십시오.
* 헌관은 소각이 끝나면 제사술을 잔에 부어, 정한수 위에 놓인 버드나무가지에 술을 묻히고, 주변의 주요 네 기둥에 뿌리며 성조신께 무사형통을 기원하십시오.

* 상량제에 쓰인 지방

顯天地神明 神位 (현천지신명 신위)

높고 높으신 하늘과 땅을 주재 하실 밝은 신위자리라는 의미로 상량식을 포함한 고유제에 사용하는 방식이다.지방규격은 30cm-10cm로 접어서 만든만든다.

* 상량제에 쓰인 축문 예.

유(維)

단기 0000년 세차 9월9일 정유일 000건설주식회사 분당00000건축현장 소장 ＿＿＿은 영명하신 천지신명께 아룁니다. 대한민국 수원시 분당에 00000건축사업을 시작하여, 오늘날 기둥을 세우고 상량을 올림에 있어서 맑은 술과 과포를 진설하고, 간절히 기원하오니 공정이 순조롭고 사고없이 완공되고, 대 성황리에 분양될 수 있도록 보우하여 주시옵소서.

상향(尙饗)

채화홀기(採火笏記)

헌관이하개서립(獻官以下皆序立)헌관이하 모두 바르세 서주시오

알자진헌관지좌백근구청행사(謁者進獻官之左伯謹求請行事)

○산신청(山神請)

지심정례공양(至心頂禮供養) 만덕고승(萬德高勝) 성개한적(性皆閑寂) 산왕대신(山王大神)

지심정례공양(至心頂禮供養) 차산국내(此山局內) 항주대성(恒住大聖) 산왕대신(山王大神)

지심정례공양(至心頂禮供養) 십방법계(十方法界) 지령지성(至靈至聖) 산왕대신(山王大神)

유원산신(唯願山神) 애강도장(哀降道場) 수차공양(受此供養) 실개수공발보제(悉皆受供發菩提) 시작불사(施作佛事) 도중생(度衆生)

○산왕경(山王經) ~ 산왕대신 봉청문(山王大神 奉請文)

대산소산(大山小山) 산왕대신(山王大神) 대악소악(大岳小岳) 산왕대신(山王大神) 대각소각(大覺小覺) 산왕대신(山王大神) 대축소축(大丑小丑) 산왕대신(山王大神)

미산재처(尾山在處) 산왕대신(山王大神) 이십육정(二十六丁) 산왕대신(山王大神) 외악명산(外岳明山) 산왕대신(山王大神) 사해피발(四海被髮) 산왕대신(山王大神)

명당토산(明堂土山) 산왕대신(山王大神) 금귀대덕(金貴大德) 산왕대신(山王大神) 청룡백호(靑龍白虎) 산왕대신(山王大神) 현무주작(玄武朱雀) 산왕대신(山王大神)

동서남북(東西南北) 산왕대신(山王大神) 상방하방(上方下方) 산왕대신(山王大神) 원산근산(遠山近山) 산왕대신(山王大神) 흉산길산(兇山吉山) 산왕대신(山王大神)

○산신경(山神經)

범천지만(梵天持滿) 태백산신(太白山神) 신후대길(神厚大吉) 삼각산신(三角山神) 치가행군(治家行軍) 무군산신(武軍山神) 병가대군(兵家大軍) 관악산신(冠岳山神)

영군대용(領軍大用) 구월산신(九月山神) 선인부동(仙人不動) 천태산신(天台山神) 사시부정(四時不淨) 추납산신(推納山神) 석린대경(石鱗大鯨) 불적산신(佛積山神)

도군지만(道群持滿) 계룡산신(鷄龍山神) 신마장양(神馬長養) 덕유산신(德裕山神) 대주박정(大舟泊艇) 대룡산신(大龍山神) 만세궁달(萬世窮達) 수양산신(修養山神)

궁사대발(弓司大發) 지리산신(智異山神) 류명천추(流明泉秋) 임중산신(臨中山神) 역적불입(逆賊不入) 용문산신(龍門山神) 대장총군(大將總軍) 군검산신(軍儉山神)

오복선수(五福仙守) 봉래산신(蓬來山神) 팔도명산(八道明山) 금강산신(金剛山神) 호군지로(護軍支路) 경정산신(敬呈山神) 모자불상(母子不詳) 역효산신(逆孝山神)

오월불양(五月佛糧) 설악산신(雪嶽山神) 수성부동(隨省不動) 오악산신(五岳山神) 천지박착(天地博着) 무획산신(武獲山神) 해겁무미(害劫無微) 해염산신(海鹽山神)

불사기양(佛事祈禳) 태양산신(太陽山神) 이마부정(離魔不淨) 불곡산신(佛曲山神) 세상불영(世上不寧) 무호산신(武護山神) 기마불통(騎馬不通) 오대산신(五臺山神)

겁인취요(劫人取饒) 반길산신(半吉山神) 방물수명(方物壽命) 천리산신(千里山神) 임성주마(任城走馬) 행마산신(行馬山神) 세상부중(世上副中) 축흉산신(逐凶山神)

영운취적(嶺雲就籍) 청유산신(淸幽山神) 음양무상(陰陽無上) 자양산신(自養山神) 천지음양(天地陰陽) 대하산신(大河山神) 납수중양(衲受中兩) 관수산신(官需山神)

대사길신(大事吉神) 분조산신(汾造山神) 세상전령(世上傳令) 대한산신(大限山神) 천년불객(千年不客) 치악산신(稚岳山神) 일체산신(一切山神) 산왕대신(山王大神)

○산신경 원주(山神經 原呪)

원지원(元志原) 천신지기(天神地氣) 일월신명(日月信明) 오악신령(五嶽信靈) 북악신령(北嶽信靈) 남악신령(南嶽信靈) 서악신령(西嶽信靈) 동악신령(東嶽信靈) 항산신령(恒山信靈) 본산신령(本山信靈) 사해신령(四海信靈)

구천뇌공장군(九天雷公將軍) 팔방운뇌장군(八方雲雷將軍) 옥부이십사방신장(玉膚二十四方神將) 오방오제신장(五方五帝神將) 육정육갑신장(六丁六甲神將)

天德天德合 歲德歲德合 月德月德合 日德日德合 時德時德合천덕천덕합 세덕세덕합 월덕월덕합 일덕일덕합 시덕시덕합

문곡귀인(文曲貴人) 태을귀인(太乙貴人) 문창귀인(文昌貴人) 천을귀인(天乙貴人) 년가존제(年家尊帝) 월가존제(月家尊帝) 일가존제(日家尊帝) 북진대제(北辰大帝)

일백이흑(一白二黑) 삼벽사록(三碧四綠) 오황(五黃) 육백칠적(六白七赤) 팔백구자(八白九紫) 삼태육성(三台六星) 북두칠성(北斗七星) 이십팔숙(二十八宿) 주천열요(周天列曜)

사명(司命) 청룡주작(靑龍朱雀) 구진등사(句陳螣蛇) 백호현무(白虎玄武) 제명길상령(諸明吉祥靈) 육갑육을(六甲六乙) 육병육정(六丙六丁) 육무육기(六戊六己) 육경육신(六庚六申) 육임육계(六壬六癸)

십이월장(十二月將) 건감간이(乾坎艮離) 진손곤태(震巽坤兌) 제대신명(諸大神明) 물위인비(勿爲人鄙) 감응래임(感應來臨) 초패왕(楚覇王) 조화신(造化神) 내조아(來助我)

접기초신통신(接氣招神通神) 입오형조오기(入吾形助吾氣) 선인오명(仙人吾命) 시이진병(施以進兵) 천령지령(天靈地靈) 장령묘령(將令妙令) 즉즉래현(卽卽來現) 청오분부(聽吾分付) 무득유지(務得維持)

급급여율령(急急余律令)

○산신경 원주(山神經 原呪) 2

선도성모(仙桃聖母) 노고마마(老姑嬤嬤) 선도성모(仙桃聖母) 노고마마(老姑嬤嬤) 선도성모(仙桃聖母) 노고마마(老姑嬤嬤) 선도성모(仙桃聖母) 노고마마(老姑嬤嬤) 선도성모(仙桃聖母) 노고마마(老姑嬤嬤) 선도성모(仙桃聖母) 노고마마(老姑嬤嬤)

선도성모(仙桃聖母) 노고마마(老姑嬤嬤) 선도성모(仙桃聖母) 노고마마(老姑嬤嬤) 선도성모(仙桃聖母) 노고마마(老姑嬤嬤) 원지원야(願之願也) 천신지기(天神之祈) 일월신명(日月神明) 오악신령(五岳神靈) 남악신령(南岳神靈) 북악신령(北岳神靈)

동악신령(東岳神靈) 서악신령(西岳神靈) 항산신령(恒山神靈) 본산신령(本山神靈) 사해신령(四海神靈) 구천뇌공장군(九天雷公將軍) 사방팔방(四方八方) 뇌운장군(雷雲將軍) 옥부이십(玉府二十) 사방신장(四方神將) 오방오제(五方五帝) 신장신령천하(神將神靈天下)

육정육무(六丁六戊) 신장신령(神將神靈) 천덕천덕합(天德天德合) 세덕세덕합(歲德歲德合) 월덕월덕합(月德月德合) 일덕일덕합(日德日德合) 시덕시덕합(時德時德合) 문곡귀인(文曲貴人) 태을귀인(太乙貴人) 문창귀인(文昌貴人) 천을귀인(天乙貴人) 년가존제(年家尊帝)

월가존제(月家尊帝) 일가존제(日家尊帝) 북진대제(北辰大帝) 일백이흑(一白二黑) 삼벽사록(三碧四綠) 오황육백(五黃六白) 칠적팔백구자(七赤八白九紫) 삼태육경(三台六經) 북두칠성(北斗七星) 이십팔숙(二十八宿) 주천열요(周天列曜)

사명청룡주작(司命靑龍朱雀) 구진등사(勾陳騰蛇) 백호현무(白虎玄武) 제명길상령(諸明吉祥靈) 육갑육을(六甲六乙) 육병육정(六丙六丁) 육무육기(六戊六己) 육경육신(六庚六辛) 육임육계(六壬六癸) 십이월장(拾二月將) 건감간진(乾坎艮震)

손이곤태(巽離坤兌) 제대신명(諸大神明) 물위인비(勿爲人鄙) 감응내림(感應來臨) 초폐왕(楚幣王) 조화신(造化神) 내조아(來助我) 접기초신통신(接氣超神通神) 입오형조오기(入吾形助吾氣) 선인오명(仙人吾命) 시이진병(施以進兵) 천광개설(天光開設)

장령모령(將令毛令) 즉즉내현(卽卽來現) 청오분부(聽吾分付) 무득유지(無得留遲) 급급여율령(急急如律令) 칙(勅)

○산령주(山靈呪)

법천지만 태백산령 신후대길 삼각산령 치군행도 무군산령 병가대인 관악산령 마군대령 구월산령

신미자야 덕유산령 대주백병 대용상령 만세궁달 수양상령 궁지대방 지리산령 역적불입 용문산령

유명중군 궁급산령 유명천충 임중산령 장청불제 속리산령 대장중군 궁급산령 오복성주 봉네산령

충신유공 계명산령 후궁길흉 경주산령 팔도명산 금강산령 해금무강 해렴산령 석사비강 태명산령

수성부동 오악산령 세세불명 무휙산령 청마수성 불공산령 오열불열 설악산령 기미불통 오대산령

급인취후 반길산령 박물수명 천마산령 천지음양 대제산령 중대산 대령산 하대산 대산령 팔도명산

도산령 차산국내 좌산령 동개골 남지리 서구월 북묘행 지대산령 황토산 금무신장님은

속주오령 속부오신 자동강림하시여 신통신통 하시고 조화통령하옵소서...

팔도는 명산 산신님네 좌우조상 본산으로 합심하야

불사의 신명님은 천상옥경 올라가서 천기대요 골라내고 지하로 나리시여 주역팔괘 날을가려

일상생기 이중천의 삼하절제 사중유혼 오상화해 육중복덕 칠하절명 팔중귀혼 일일내로 절명절체

골라내고 생기복덕 덕을주어 자손성불하옵소서....

송경법사 신장경문에 신장님은 가택도량 하시고 슬하자손 몸수도량 하옵소사...

○산왕예참법(山王禮懺法)

동악대령창광사명진군(東岳大靈蒼光司命眞君)　남악경화자광주생진군(南岳慶華紫光注生眞君) 서악소원요백대명진군(西岳素元耀魄大明眞君)　북악울미동연무극진군(北岳鬱微洞淵無極眞君) 중악황원대광사진진군(中岳黃元大光舍鎭眞君)　울울청송리(鬱鬱靑松裡)

층층백석간(層層白石間)　소요성모신(逍遙聖母神)　암반보굴심(巖泮寶窟心)　만학천봉정(萬壑千 峰頂)　보덕대진군(保德大眞君)　위진단하색(位鎭丹霞色)　잠형녹수성(潛形綠水聲)　조화제대산 왕(造化諸大山王)　차산국내항주대성(此山局內恒住大聖)　산왕대성존(山王大聖尊)

○십산왕성호(十山王聖號)

만덕고승(萬德高勝)　성개한적(聖皆閑寂)　지령지상지령성(至靈至上至靈聖)　곤륜대계(崑崙大界) 통제만국(統諸萬國)　산왕신위(山王神位)　익성보덕진군(益聖普德眞君)　영보천존(永寶天尊)

만덕고승(萬德高勝)　성개한적(聖皆閑寂)　지령지상지령성(至靈至上至靈聖)　곤륜대계(崑崙大界) 통제만국(統諸萬國)　산왕신위(山王神位)　익성보덕진군(益聖普德眞君)　영보천존(永寶天尊)

만덕고승(萬德高勝)　성개한적(聖皆閑寂)　지령지상지령성(至靈至上至靈聖)　곤륜대계(崑崙大界) 통제만국(統諸萬國)　산왕신위(山王神位)　익성보덕진군(益聖普德眞君)　영보천존(永寶天尊)

보봉개화주산신(普蜂開華主山神)　화림묘계주산신(華林妙髻主山神)　고당보소주산신(高幢普照 主山神)　이진정계주산(離塵淨髻主山)　이진정계주산신(離塵淨髻主山神)　광조십방주산신(光照 十方主山神)　대력광명주산신(大力光名主山神)　미밀광륜주산신(微密光輪主山神)　보안현견주산 신(普眼現見主山神)　김강밀안주산신(金剛密眼主山神)

내비천관지대덕(內秘天官之大德)　외현산신지위맹(外現山神之威猛)　신통자재(神通自在)　묘력 난사(妙力難思)　허철십방(虛徹十方)　광통삼제(廣通三際)　산하석벽(山河石壁)　부능장애(不能障 礙)　순목지간(瞬目之間)　청칙편도(請則便到)　후토성모(后土聖母)　오악제군(五嶽諸君)

직전외아(直典嵬我)　팔대산왕(八代山王)　금기오온(禁忌五蘊)　안제부인(安濟夫人)　차산국내(此 山局內)　항주대성(恒住大聖)　십방법계(十方法界)　지령지성(至靈至聖)　제대산왕(諸大山王)　병 종권속(幷從眷屬)　수차공양(受此供養)　산왕예참법(山王禮懺法)

○불설산왕예참법(佛說山王禮懺法)

남무(南無)　동악대령창광사명진군(東岳大靈蒼光司命眞君)　남악경화자광주생진군(南岳慶華紫 光注生眞君)　서악소원요백대명진군(西岳素元耀魄大明眞君)북악울미동연무극진군(北岳鬱微洞 淵無極眞君)　중악황원대광사진진군(中岳黃元大光舍鎭眞君)

울울청송리(鬱鬱靑松裡)　층층백석간(層層白石間)　소요성모신(逍遙聖母神)　암반보굴심(巖泮寶 窟心)　만학천봉정(萬壑千峰頂)　보덕대진군(保德大眞君)　위진단하색(位鎭丹霞色)　잠형녹수성 (潛形綠水聲)　조화제대산왕(造化諸大山王)　차산국내항주대성(此山局內恒住大聖)

산왕대성존(山王大聖尊)　십산왕성호(十山王聖號)

남무(南無)　만덕고승(萬德高勝)　성개한적(聖皆閑寂)　지령지상지령성(至靈至上至靈聖)　곤륜대 계(崑崙大界)　통제만국(統諸萬國)　산왕신위(山王神位)　익성보덕진군(益聖普德眞君)영보천존 (永寶天尊)

남무(南無)　만덕고승(萬德高勝)　성개한적(聖皆閑寂)　지령지상지령성(至靈至上至靈聖)　곤륜대 계(崑崙大界)　통제만국(統諸萬國)　산왕신위(山王神位)　익성보덕진군(益聖普德眞君)영보천존 (永寶天尊)

남무(南無)　만덕고승(萬德高勝)　성개한적(聖皆閑寂)　지령지상지령성(至靈至上至靈聖)　곤륜대계

(崑崙大界) 통제만국(統諸萬國) 산왕신위(山王神位) 익성보덕진군(益聖普德眞君) 영보천존(永寶天尊)

보봉개화주산신(普蜂開華主山神) 화림묘계주산신(華林妙髻主山神) 고당보소주산신(高幢普昭主山神) 이진정계주산(離塵淨髻主山) 이진정계주산신(離塵淨髻主山神) 광조십방주산신(光照十方主山神) 대력광명주산신(大力光名主山神) 위광보승주산신(威光普勝主山神)

미밀광륜주산신(微密光輪主山神) 보안현견주산신(普眼現見主山神) 김강밀안주산신(金剛密眼主山神)

남무(南無) 내밀보살지자비(內密菩薩之慈悲) 외현산신지위맹(外現山神之威猛)신통자재(神通自在) 묘력난사(妙力難思) 허철십방광통삼제(虛徹十方廣通三際) 산하석벽(山河石壁) 부능장애(不能障礙) 순목지간(瞬目之間) 청칙편도(請則便到) 후토성모(后土聖母)

오악제군(五嶽諸君) 직전외아(直典嵬我) 팔대산왕(八代山王) 금기오온(禁忌五蘊) 안제부인(安濟夫人) 차산국내(此山局內) 항주대성(恒住大聖) 십방법계(十方法界) 지령지성(至靈至聖) 제대산왕(諸大山王) 오종권속(咔從眷屬) 수차공양(受此供養).

○산신제축(山神祭祝)

維 歲次 ○○年 ○○月 ○○(朔/望) ○○日 ○○ ○○○○(住所)
유 세차 ○○년 ○○월 ○○(삭/망) ○○일 ○○ ○○○○(주소)

금일지밀(今日地密) 지주청향(地主請響) 이일백백(二日白百) 감소고우(敢昭告于) 백두산(白頭山) 산령대권왕(山靈大權往) 복이천지령(伏以天地靈) 일월성진(日月星辰) 산악강하(山岳降下) 문어천지(問於天地) 유인시령(有人時靈) 이령고령(以靈高靈)

귀의대도(歸依大道) 원형리정(元亨利貞) 복원산령(伏願山靈) 감아지성(感我至誠) 허아령위(許我靈衛) 권아지경(權我指警) 우아성취(友我成就) 호아설단(護我說團) 원피요마(元皮妖魔) 수정령단(受貞靈團) 복유상향(伏有尙響)

○산왕대신정근(山王大神精勤)

대산소산 산왕대신	산왕대신	대악소악	산왕대신	대각소각	산왕대신	대축소축
미산재처 산왕대신	산왕대신	이십육정	산왕대신	외악명산	산왕대신	사해피발
명당토산 산왕대신	산왕대신	금귀대덕	산왕대신	청룡백호	산왕대신	현무주작
동서남북 산왕대신	산왕대신	상방하방	산왕대신	원산근산	산왕대신	흉산길산
천불산공 산왕대신	산왕대신	도솔불산	산왕대신	천하명산	산왕대신	팔도명산
오악명산 산왕대신	산왕대신	천명공덕	산왕대신	수미천축	산왕대신	명산지주
천명도주 산왕대신	산왕대신	소구자득	산왕대신	만덕소수	산왕대신	병득수성

황포수령 산왕대신 황후천명 산왕대신 소양성공 산왕대신 동악산신 산왕대신
남악산신 산왕대신 서악산신 산왕대신 북악산신 산왕대신　　　　영주산 산왕대신

대관령산신제홀기(大關嶺山神祭笏記)

○獻官及諸執事 俱就門外位 (헌관급제집사 구취문외위) 헌관과 모든 집사는 문밖 제자리에 서시요. ○贊引 引祝及諸執事 入就拜位 (찬인 인축급제집사 입취배위) 찬인은 축관과 제집사를 인도하여 절하는 자리에 서시요. ○皆再拜 (개재배) : 모든 집사는 두 번 절을 하시요. ○詣盥洗位 (예관세위) : 모든 집사는 세수하는 자리에 나아가 서시요. ○盥手 (관수) : 손을 씻으시요. ○帨手 (세수) : 수건으로 손을 닦으시요. ○各復位 (각복위) : 각각 제자리에 돌아가시요.

◆行參神禮 (행참신례) : 헌관과 제관들이 신에게 절을 하고, 신을 뵙는 의례이다.
○贊引 引獻官及諸生 入就拜位 (찬인 인헌관급제생 입취배위) 찬인은 헌관과 모든 제관을 인도하여 절하는 자리에 섬. ○皆再拜 (개재배) : 모두 두 번 절을 하시요. ○鞠躬 (국궁) : 허리를 구부리시요. ○拜 (배) : 절을 하시요. ○興 (흥) : 일어나시요. ○拜 (배) : 절을 하시요. ○興 (흥) : 일어나시요. ○平身 (평신) : 몸을 바로함. ○贊引 進獻官之左 白謹具請行事 (찬인 진헌관지좌 백근구청행사) 찬인은 헌관의 왼편에 나아가 행사를 봉행할 것을 알림)

◆行奠幣禮 (행전폐례) : 초헌관이 신 앞에서 향을 피우고 폐백을 드리는 의례이다.
○贊引 引初獻官 詣盥洗位 (찬인 인초헌관 예관세위) : 찬인은 초헌관을 인도하여 세수하는 자리에 나아가 서시요. ○搢笏 (진홀) : 홀을 띠에 꽂으시요. ○盥手 (관수) : 손을 씻으시요. ○帨手 (세수) : 수건으로 손을 닦으시요. ○執笏 (집홀) : 홀을 손에 드시요. ○因詣山神 神位前 (인예산신 신위전) : 산신 신위 앞에 나아가 서시요. ○北向立 (북향입) : 북쪽을 향해 서시요. ○陳饌 (진찬) : 제수를 진설하시요. ○跪(궤) : 꿇어 앉으시요. ○搢笏 (진홀) : 홀을 띠에 꽂으시요. ○奉香奉爐陞 (봉향봉로승) : 봉향과 봉로가 신위 앞에 나아가 서시요. ○三上香 (삼상향) : 향을 세 번 올리시요. ○獻幣 (헌폐) : 폐백을 초헌관에게 전하시요. ○執幣 (집폐) : 초헌관이 폐백을 받으시요. ○奠幣 (전폐) : 헌관이 신위앞에 폐백을 올리시요. ○執笏 (집홀) : 홀을 손에 드시요. ○俯伏 (부복) : 엎드리시요. ○興 (흥) : 일어나시요. ○平身 (평신) : 몸을 바로서시요. ○引降復位 (인강복위) : 제자리로 돌아가시요.

◆行初獻禮 (행초헌례) : 초헌관이 신에게 잔을 올린 후 축문을 읽는 의례이다.
○贊引 引初獻官 (찬인 인초헌관) : 찬인은 초헌관을 인도하시요. ○因詣山神 神位前 (인예산신 신위전) : 산신 신위 앞에 나아가 서시요. ○跪 (궤) : 꿇어 앉으시요. ○搢笏 (진홀) : 홀을 띠에 꽂으시요. ○司樽擧冪酌酒 (사준거멱작주) : 사준이 보자기를 열고 술을 부으시요. ○奉爵奠爵陞 (봉작전작승) : 봉작과 전작을 맡은 집사가 술 붓는 곳에 나아가시요. ○獻爵 (헌작) : 술잔을 초헌관에게 드리시요. ○獻爵 (헌작) : 술잔을 초헌관에게 드리시요. ○執爵 (집작) : 헌관은 술잔을 받으시요. ○奠爵 (전작) : 술잔을 신위 앞에 드리시요. ○啓蓋 (계개) : 덮개를 여시요. ○正箸 (정저) : 수저를 신위 앞에 올리시요. ○祝 進初獻官之左 東向跪 讀祝 (축 진초헌관지좌 동향궤 독축) 관은 초헌관의 왼쪽에 나아가 동쪽을 향하여 꿇어앉아 축문을 읽으시요. ○執笏 (집홀) : 홀을 손에 드시요. ○俯伏 (부복) : 엎드리시요. ○興 (흥) : 일어나시요. ○平身 (평신) : 몸을 바로 서시요. ○引降復位 (인강복위) :

제자리로 돌아오시요. ○撤爵 (철작) : 술잔을 물리시요. ※ 아헌례(亞獻禮)와 종헌례(終獻禮)은 초헌례(初獻禮)의 절차와 동 일함. 다만, ○독축(讀祝)이 없음. ○獻官 皆再拜 (헌관 개재배) : 헌관은 두 번 절을 하시요. ○鞠躬 (국궁) : 허리를 구부리시요. ○拜 (배) : 절을 하시요. ○興 (흥) : 일어나시요. ○平身 (평신) : 몸을 바로 하시오.

◆行望燎禮 (행망료례) : 폐백과 축문을 소각하는 의례이다.
○贊引 引初獻官 詣望燎位 (찬인 인초헌관 예망료위) 찬인은 초헌관을 인도하여 불태우는(소각하는) 자리에 나아가시요. 축관은 광주리에 축문과 폐백을 담아 서쪽 계단으로 나아가시요. ○置於坎 (치어감) : 소각하는(불태우는) 자리에 놓아 두시요. ○可燎 (가료) : 축문과 폐백을 불태우시요. ○引降復位 (인강복위) : 초헌관과 축관이 제자리로 돌아가시오.

◆行辭神禮 (행사신례) : 모든 제사를 마치는 의례이다.
○下匙箸 (하시저) : 수저를 물리시요. ○闔蓋 (합개) : 제수의 뚜껑을 덮으시요. ○祝 撤饌 (축 철찬) : 축관은 찬을 물리시요. ○贊引 進獻官之左 白禮畢 (찬인진 헌관지좌 백례필) : 찬인은 헌관의 왼쪽에 나아가 예가 끝난 것을 고하시요. ○獻官及諸生 皆再拜 (헌관급제생 개재배) : 헌관과 모든 제관은 두 번 절을 하시요. ○鞠躬 (국궁) : 허리를 구부리시요. ○拜 (배) : 절을 하시요. ○興 (흥) : 일어나시요. ○拜 (배) : 절을 하시요. ○興 (흥) : 일어나시요. ○平身 (평신) : 몸을 바로 하시요. ○贊引 引獻官及諸生 以次出 (찬인 인헌관급제생 이차출) : 찬인은 헌관과 모든 제관을 인도하여 물러가시요. ○祝及諸執事 皆再拜 (축급제집사 개재배) : 축관과 제집사는 두 번 절을 하시요. ○闔門而退 (합문이퇴) : 사우문을 닫고 물러가시요.

종산제 제례 홀기(笏記)

1.제물을 진설한 후 집사(깜상)가 촛불을 밝히고 향을 피운 후 "종산제 행사를 시작합니다"를 세번 반복한다.

2.초혼(招魂): 초혼관(청량제)은 아래와 같이 山神님을 부른다.
오늘 고암나루에 이르기까지 모든 회원들이 무사하게 山行을 할 수 있게 도와주신 山神靈님께 조그마한 精誠으로 祭物을 마련 하였사오니 산신령님께서는 우리 인간 세상에 내려 오셔서 參席하여 주시옵소서...

3.참신: 헌관(청량제)이하 모든 제관(회원일동) 은 신발을 벗고 두 번 절한다. 절 할때는 왼손을 오른손 위에 올려 놓는다. 재배 후에는 반절을 해야하며, 무릎은 항상 붙여야 한다.

4.초헌: 집사는 헌관(청량제)이 들고 있는 잔에 술을 채운다 헌관은 잔을 향 위에 세 번 돌린 후 집사에게 준다. 집사는 제상 위에 잔을 놓는다. 집사는 포나 떡 위에 젓가락을 걸쳐 놓는다.
헌관은 꿇어 앉음 축관(은 축문을 읽는다. (축문 낭독시 축관은 물론,전 산악회원이 꿇어 앉는다.) (축문 낭독이 끝난 뒤 헌관(청량제)은 두번 절한다.

5.아헌: 아헌관(달구지)이 무릎을 꿇은 다음 집사는 초헌관이 올렸던 잔을 집어서 아헌관에게 준다. 아헌관은 이를 받아서 퇴주그릇에 세 번 나누어 잔을 비운다. 집사는 아헌관(달구지)에게 초헌과 같이 술잔을 채우고 받아 제상 위에 놓고 젓가락을 딴 음식 위로 옮긴다. 아헌관(달구지)은 두번 절한다.

6.종헌: 종헌관(독대) --- 아헌과 똑 같이 진행 한다.

7.첨작: 집사는 놓인 잔에 술을 조금씩 더 따른다. 이는 신령께 술을 더 권하는 의미다. (집사가 술을 채운 후 헌관 청량제가 두번 절한다)

8.헌작: 원하는 각 회원들이 초헌과 같이 진행한다.

9.감모: 모든 산악회원이 경건한 마음으로 조금 오랫동안 가만히 엎드린 후 축관(해사)이 세 번 헛기침을 하면 그것을 신호로 모든 회원이 몸을 일으킨다.

10.철시: 젓가락을 내려놓고 헌관 및 모든 회원들 사신 재배를 한다.(신과 이별하는 의식이다.)

11.음복: 집사가 제상 위의 술잔을 헌관(청량제)에게 주면 헌관이 음복 한다.

12.소지: 축관(해사)이 축문을 불에 태운다.

13. 집사가 "종산제 행사를 마쳤습니다."를 3회 반복하여 외친뒤 "고시레!"를 한 다음 술과 음식을 전 회원이 나눈다. (出處. 산하로산악회)

시산제 홀기(笏記)

◆준비물.

돼지머리 1개, 양초2개. 막걸리 약간, 소주 약간. 대추, 밤, 배 5개, 감 5개, 사과 5개, 떡 약간, 북어포 1개, 그 외는 자유로이 제물을 올려 놓는다.(초코렛, 과자, 사탕등)

"지금부터 모년 시산제를 거행 하겠습니다.""모든 회원은 복장을 단정하게 하시고 핸드폰은 진동으로 하여 경건한 마음으로 제에 임하시기 바랍니다."

◆우선.

"순국선열 및 먼저 가신 선배 산악인들을 위한 묵념을 하겠습니다."
일동 묵념.~~~ 바로!

"제례에 앞서 회장님의 인사말씀이 있겠습니다."

*이어서 산악인 선서를 하겠습니다.
 (선서를 외치면 모두 오른손을 들어주십시오.)

◆선서;

산악인은 무궁한 세계를 탐색한다. 목적지에 이르기까지 정열과 협동으로 온갖 고난을 극복할 뿐 언제나 절망도 포기도 없다. 산악인은 대자연에 동화되어야 한다. 아무런 속임도 꾸밈도 없이 다만 자유, 평화, 사랑의 참 세계를 향한 행진이 있을 따름이다.] (노산 이은상님 글)

◆제례의식

○**분향** : 분향의 예를 올립니다. 회장님께서는 제대에 앞에 향을 피우십시오.

○**강신** : 초헌관이 하늘을 향해 두 팔을 벌린 후(산신을 부르는 행위) 향을 피우고 ("청계산 산신령님, 인간세상으로 내려오시어 저희 월월산산과 함께 하소서.")잔에 술을 조금 받아 땅에 세 번 나누어 붓고 빈 잔을 올린 후 홀로 절합니다.

○**참신** : 다시 잔을 채워 올리고 참가자 모두가 절을 합니다.

○**초헌** : 회장님 부부가 먼저 첫 잔을 올리고 절을 한 후 다시 꿇어앉습니다.

○**독축** ; 독축을 하겠습니다. 모두 부복[俯伏] 하여 주십시오.

○**아헌** : 영원님 부부께서 잔을 올리고 절합니다.

○**종헌** : 직전회장님 부부께서 잔을 올리고 절합니다.

○**헌작** : (개인적인 소망 등을 빌며...) 모두가 차례대로 잔을 올리고 절합니다.
○**소지** : (산불예방 차원에서 생략)
○**음복** : 음식을 나누며 서로 복을 기원합니다. (出處: 월월산산)

의례주소상복(儀禮注疏喪服)

◆상복(喪服)

◆소(疏)

○석왈(釋曰) : 제차이자어상자(題此二字於上者), 여차일편위총목(與此一篇爲總目)。

참쇠상(斬衰裳), 저질(苴絰)、장(杖)、교대(絞帶), 관승영(冠繩纓), 관구자(菅屨者)

자자(者者), 명위하출야(明爲下出也)。범복(凡服), 상왈최(上曰衰), 하왈상(下曰裳), 마재수(麻在首)、재요개왈질(在要皆曰絰)。질지언실야(絰之言實也), 명효자유충실지심(明孝子有忠實之心), [고위제차복언(故爲製此服焉)] 。수질상치포관지결항(首絰象緇布冠之缺項), 요질상대대(要絰象大帶), 우유교대(又有絞帶), 상혁대(象革帶)。자최이하용포(齊衰以下用布)。

◆소(疏)

○석왈(釋曰) : 언(言)「참최상(斬衰裳)」자(者), 위참삼승포이위최상(謂斬三升布以爲衰裳)。부언재할이언(不言裁割而言)「참(斬)」자(者), 취통심지의(取痛甚之意)。지자(知者), 안(案)《삼년문(三年問)》운(云) : 「창거자(創鉅者), 기일구(其日久) ; 통심자(痛甚者), 기유지(其愈遲)。」《잡기(雜記)》 : 「현자운(縣子云) : 삼년지상여참(三年之喪如斬), 기지상여섬(期之喪如剡)。」위애유심천(謂哀有深淺), 시참자통심지의(是斬者痛深之義), 고운참야(故云斬也)。약연(若然), 참최선언참(斬衰先言斬), 하소최후언제자(下疏衰後言齊者), 이참최선참포(以斬衰先斬布), 후작지(後作之), 고선언참(故先言斬) ; 소최(疏衰), 선작지(先作之), 후제지(後齊之), 고후운제(故後云齊)。참자기유선후(斬齊既有先後), 시이작문유이야(是以作文有異也)。운(云)「저질(苴絰)、장(杖)、교대(絞帶)」자(者), 이일저목차삼사(以一苴目此三事), 위저마위수질(謂苴麻爲首絰)、요질(要絰), 우이저죽위장(又以苴竹爲杖), 우이저마위교대(又以苴麻爲絞帶)。지차삼물개동저자(知此三物皆同苴者), 이기관승영부득용저(以其冠繩纓不得用苴), 명차삼자개용저(明此三者皆用苴)。우(又)《상복소기(喪服小記)》운(云)「저장(苴杖), 죽야(竹也)」, 기인해차장시저죽야(記人解此杖是苴竹也)。우교대여요질상대대여혁대(又絞帶與要絰象大帶與革帶), 이자동재요(二者同在要)。요질기저(要絰既苴), 명교대여요질동용저가지(明絞帶與要絰同用苴可知)。우(又)《상복사제(喪服四製)》운(云)「저최부보(苴衰不補)」, 즉최상역동저의(則衰裳亦同苴矣)。운(云)「관승영(冠繩纓)」자(者), 이륙승포위관(以六升布爲冠), 우굴일조승위무(又屈一條繩爲武), 수하위영(垂下爲纓)。관재수(冠在首), 퇴재대하자(退在帶下者), 이기최용포삼승(以其衰用布三升), 관륙승(冠六升)。관기가식(冠既加飾), 고퇴재대하(故退在帶下)。우제최관영용포(又齊衰冠纓用布), 즉지차승영부용저마(則知此繩纓不用苴麻), 용시마(用枲麻), 고퇴관재하(故退冠在下), 경견참의야(更見斬義也)。운(云)「관구(菅屨)」자(者), 위이관초위구(謂以菅草爲屨), 《시(詩)》 : 「운백화관혜(云白華菅兮), 백모속혜(白茅束兮)。」정운(鄭云) : 「백화이구명지위관(白華已漚名之爲菅), 유인중용(濡刃中用)。」즉차관역시이구자야(則此菅亦是已漚者也)。이하제장병견년월(已下諸章並見年月), 유차참장부언삼년자(唯此斬章不言三年者), 이기상지통극(以其喪之痛極), 막심어참(莫甚於斬), 고부언년월(故不言年月), 표창거이이(表創鉅而已)。시이최설인공지소(是以衰設人功之疏), 질우언마지형체(絰又言麻之形體), 지어자최이하(至於齊衰已下), 비직견인공지소(非直見人功之疏), 우견질거마지상모(又見絰去麻之狀貌)。거자최운삼년(舉齊衰云三年), 명상참최삼년가지(明上斬衰三年可知)。연차일경위차약차자(然此一經爲次若此者), 이선상이후복(以先喪而後服), 고복재상하(故服在喪下)。우선참(又先斬), 후내위최상(後乃爲衰裳), 고참문재최상지상(故斬文在衰裳之上)。질(絰)、장(杖)、교대구몽어저(絞帶俱蒙於苴), 고저우재전(故苴又在前)。경중질유이사(經中絰有二事), 잉이수질위주(仍以首絰爲主), 고질문재상(故絰文在上)。장자각제기심(杖者各齊其心), 고재교대지전(故在絞帶之前)。관영수가어수(冠纓雖加於首), 이기부몽어저(以其不蒙於苴), 고퇴문재하(故退文在下)。구내복중지천(屨乃服中之賤), 최후위의(最後爲宜), 성인작문륜차연(聖人作文倫次然)。○주(注)「자자(者者)」지(至)「용포(用布)」。○석왈(釋曰) : 운(云)「자자(者者), 명위하출야(明爲

下出也)」자(者), 주공설경(周公設經), 상진기복(上陳其服), 하렬기인(下列其人)。차경소진복자(此經所陳服者), 명위하인소출(明爲下人所出), 고복하출자(故服下出者), 명신자위군부등소출야(明臣子爲君父等所出也)。안하제장개언(案下諸章皆言)「자(者)」, 정지일해(鄭止一解), 여개부석(餘皆不釋), 의개여차야(義皆如此也)。운(云)「범복(凡服), 상왈최(上曰衰), 하왈상(下曰裳)」자(者), 언(言)「범(凡)」자(者), 정욕겸해오복(鄭欲兼解五服)。안하기운(案下記云):최광사촌(衰廣四寸), 장륙촌(長六寸)。철지어심(綴之於心), 총호위최(總號爲衰)。비정당심이이(非正當心而已), 고제언최개여상상대(故諸言衰皆與裳相對)。지어적복삼자(至於弔服三者), 역위지위최야(亦謂之爲衰也)。운(云)「마재수(麻在首), 재요개왈질(在要皆曰経)」, 지일질이겸이자(知一経而兼二者), 이자하(以子夏)《전(傳)》요(要)、수이질구해(首二経俱解), 《예기(禮記)》제문역수(諸文亦首)、요병진(要並陳), 고(故)《사상례(士喪禮)》운(云)「요질소언(要経小焉)」, 고지일질이겸이문야(故知一経而兼二文也)。운(云)「질지언실야(経之言實也), 명효자유충실지심(明孝子有忠實之心), 고위제차복언(故爲製此服焉)」, 《단궁(檀弓)》운(云)「질야자실야(経也者實也)」, 명효자유충실지심(明孝子有忠實之心), 고위제차복언(故為製此服焉)。안(案)《문상(問喪)》운(云)「참최모약저(斬衰貌若苴), 자최모약질(齊衰貌若経)」지등(之等), 개시심내저악(皆是心內苴惡), 모역저악(貌亦苴惡), 복역저악(服亦苴惡), 시복이상모(是服以象貌), 모이상심(貌以象心), 시효자유충실지심(是孝子有忠實之心)。약복저이모미(若服苴而貌美), 심부저악자(心不苴惡者), 시중외부상칭(是中外不相稱), 무충실지심자야(無忠實之心者也)。운(云)「수질상치포관지결항(首経象緇布冠之缺項)」자(者), 안(案)《사관례(士冠禮)》:치포관(緇布冠), 「청조영(青組纓), 속어결(屬於缺)」, 정주운(鄭注云):「결(缺), 독여(讀如)『유규자변(有頍者弁)』지규(之頍), 치포관지무계자(緇布冠之無笄者), 저질위발제(著経圍發際), 결항중우위사철(結項中隅爲四綴), 이고관야(以固冠也)。」차소상무정문(此所象無正文), 단상복법길복이위지(但喪服法吉服而爲之), 길시유이대(吉時有二帶), 흉시유이질(凶時有二経), 이요질상대대(以要経象大帶), 명수경상해항가지(明首経象頍項可知)。이피피항위길시(以彼頍項爲吉時), 치포관무계(緇布冠無笄), 고용해항이고지(故用頍項以固之)。금상지수질여관승영(今喪之首経與冠繩纓), 별재이부상철(別材而不相綴), 금언상지자(今言象之者), 직취질법상해항이위지(直取経法象頍項而爲之)。지어상관(至於喪冠), 역무계(亦無笄), 직용륙승포위관(直用六升布爲冠), 일조승위영(一條繩爲纓), 여차전이야(與此全異也)。운(云)「요질상대대(要経象大帶)」자(者), 안(案)《옥조(玉藻)》운(云), 대부이하대대용소(大夫以下大帶用素), 천자주리(天子朱裡), 종비이현황(終裨以玄黃), 사칙련대(士則練帶), 비하말삼적(裨下末三赤), 용치(用緇), 시대대지제(是大帶之製)。금차요질(今此要経), 하전명위대(下傳名爲帶), 명상길시대대야(明象吉時大帶也)。운(云)「우유교대(又有絞帶), 상혁대(象革帶)」자(者), 안(案)《옥조(玉藻)》필지형제(韠之形製), 운(云)「견혁대박이촌(肩革帶博二寸)」, 길비이대(吉備二帶), 대대신속의(大帶申束衣), 혁대이패옥패급사패지등(革帶以佩玉佩及事佩之等)。금어요질지외(今於要経之外), 별유교대(別有絞帶), 명교대상혁대가지(明絞帶象革帶可知)。안(案)《사상례(士喪禮)》운(云):「저질대격(苴経大鬲), 요질소언(要経小焉)。」우운(又云):「부인지대모마(婦人之帶牡麻), 결본(結本)。」주운(注云):「부인역유수질(婦人亦有首経), 단언대자(但言帶者), 기기이(記其異)。차자최부인(此齊衰婦人), 참최부인역유저질(斬衰婦人亦有苴経)。」이차이언(以此而言), 즉부인길시(則婦人吉時), 수운녀반사(雖云女鞶絲), 이사위대(以絲爲帶), 이무규항(而無頍項)。금어상례애통심(今於喪禮哀痛甚), 역유이질여교대(亦有二経與絞帶), 이비상례(以備喪禮)。고차질구진어상(故此経具陳於上), 남녀구언어하(男女俱言於下), 명남녀공유차복야(明男女共有此服也)。운(云)「제쇠이하용포(齊衰已下用布)」자(者), 즉하(即下)《자최장(齊衰章)》운(云)「삭장포대(削杖布帶)」시야(是也)。약연(若然), 안차경(案此經), 흉복개의구명(凶服皆依舊名), 유최여질특제별명자(唯衰與経特製別名者), 안(案)《예기(禮記)·단궁(檀弓)》운(云)「유이고흥물자(有以故興物者)」, 정운(鄭云):「최질지제(衰経之制)。」이질표효자충실지심(以経表孝子忠實之心), 최명효자유애최지의(衰明孝子有哀摧之義), 고제차이자이이명(故製此二者而異名), 견기애통지심고야(見其哀痛之甚故也)。

전왈(傳曰):참자하(斬者何) 부집야(不緝也)。저질자(苴経者), 마지유분자야(麻之有蕡者也)。저질대격(苴経大鬲), 좌본재하(左本在下), 거오분일이위대(去五分一以爲帶)。제최지질(齊衰之経), 참최지대야(斬衰之帶也), 거오분일이위대(去五分一以為帶)。대공지질(大功之経), 자최지대야(齊衰之帶也), 거오분일이위대(去五分一以爲帶)。소공지질(小功之経), 대공지대야(大功之帶也), 거오분일이위대(去五分一以爲帶)。시마지질(緦麻之経), 소공지대야(小功之帶也), 거오분일이위대(去五分一以爲帶)。저장(苴杖), 죽야(竹也)。삭장(削杖), 동야(桐也)。장각자기심(杖各齊其心), 개하본(皆下本)。장자하(杖者何) 작야(爵也)。무작이장자하(無爵而杖者何)? 담주야(擔主也)。비주이장자하(非主而杖者何)? 보병야(輔病也)。동자하이부장(童子何以不杖)? 부능병야(不能病也)。부인하이부장(婦人何以不杖)? 역부능병야(亦不能病也)。

영수왈격(盈手曰搹)。격(搹), 액야(扼也)。중인지액위구촌(中人之扼圍九寸), 이오분일위살자(以五分一爲殺者), 상오복지수야(象五服之數也)。작(爵), 위천자제후경대부사야(謂天子諸侯卿大夫士也)。무작(無爵), 위서인야

(謂庶人也)。 담유가야(擔猶假也)。 무작자가지이장(無爵者假之以杖), 존기위주야(尊其爲主也)。 비주(非主), 위중자야(謂衆子也)。

◆소(疏)

「전왈(傳曰)」지(至)「무시(無時)」。○석왈(釋曰): 운(云)「참자하(斬者何)」, 문사(問辭), 이집소부지(以執所不知), 고운자하(故云者何)。운(云)「부집야(不緝也)」자(者), 답사(答辭), 차대하소최상제(此對下疏衰裳齊), 자시집(齊是緝), 차즉부집야(此則不緝也)。운(云)「저질자(苴絰者), 마지유분자야(麻之有蕡者也)」, 안(案)《이아(爾雅)·석초(釋草)》운(云)「분(蕡), 시실(枲實)」, 손씨주운(孫氏注云):「분(蕡), 마자야(麻子也)。」이색언지위지저(以色言之謂之苴), 이실언지위지분(以實言之謂之蕡)。하언모자(下言牡者), 대분위명(對蕡爲名); 언시자(言枲者), 대저생칭야(對苴生稱也), 시이운(是以云)「참최모약저(斬衰貌若苴), 자최모약시(齊衰貌若枲)」야(也)。약연(若然), 시시웅마(枲是雄麻), 분시자마(蕡是子麻), 《이아(爾雅)》운(云)「분(蕡), 시실(枲實)」자(者), 거류이언(舉類而言), 약원왈단(若圓曰簞), 방왈사(方曰笥)。정주(鄭注)《론어(論語)》운(云):「단(簞)、사(笥), 역거기류야(亦舉其類也)。」하전운(下傳云):「모마자(牡麻者), 시마야(枲麻也)。」부련언질(不連言絰), 차저련언질자(此苴連言絰者), 욕견저질별어저장(欲見苴絰別於苴杖)。고하전별운저장(故下傳別云苴杖), 후전모마부련언질(後傳牡麻不連言絰), 차저련언질자(此苴連言絰者), 피무타물지혐(彼無他物之嫌), 독유질(獨有絰), 고부수련언질야(故不須連言絰也)。운(云)「저질대격(苴絰大搹), 좌본재하(左本在下)」자(者), 《사상례(士喪禮)》문여차동(文與此同), 피차개운(彼此皆云)「저질대격(苴絰大搹)」, 련언저자(連言苴者), 단경련언저질(但經連言苴絰), 질중유차이(絰中有此二), 언대격(言大搹), 선거수질이언야(先據首絰而言也)。뇌씨이격(雷氏以搹), 액부언촌수(搹不言寸數), 칙각종기인대소위액(則各從其人大小爲搹), 비정의(非鄭義)。거정주(據鄭注): 무문인지대소(無問人之大小), 개이구촌위지위정(皆以九寸圍之爲正)。약중인지적(若中人之跡), 척이촌야(尺二寸也)。운좌본재하자(云左本在下者), 본위마근(本謂麻根), 안(案)《사상례(士喪禮)》정주운(鄭注云):「하본재좌(下本在左), 중복통어내(重服統於內), 이본양야(而本陽也)。」이기부시양(以其父是陽), 좌역양(左亦陽), 언하시내(言下是內), 고운중복통어내(故云重服統於內), 이언통종심내발고야(以言痛從心內發故也)。차대위모우본재상(此對爲母右本在上), 경복통어외(輕服統於外), 이본음야(而本陰也)。운(云)「거오분일이위대(去五分一以爲帶)」자(者), 이기수질위구촌(以其首絰圍九寸), 취오촌(取五寸), 거일촌(去一寸), 득사촌(得四寸); 여사촌(餘四寸), 촌위오분(寸爲五分), 총이십분(總二十分), 거사분(去四分), 여십륙분(餘十六分), 취십오분(取十五分), 오분위촌(五分爲寸), 위삼촌(爲三寸); 첨전사촌(添前四寸), 위칠촌(爲七寸), 병일분(並一分), 총칠촌오분촌지일야(總七寸五分寸之一也)。운(云)「자최지질(齊衰之絰), 참최지대야(斬衰之帶也)」자(者), 이기대소동(以其大小同), 고첩이동지야(故疊而同之也)。운(云)「거오분일이위대(去五分一以爲帶)」자(者), 위칠촌오분촌지일야(謂七寸五分寸之一也), 중오분거일(中五分去一), 위자최지대(爲齊衰之帶), 금계지이칠촌중취오촌(今計之以七寸中取五寸), 거일촌(去一寸), 득사촌(得四寸); 여이촌(餘二寸), 촌분위이십오분(寸分爲二十五分), 이촌합위오십분(二寸合爲五十分), 여일분자(餘一分者), 우파위오분(又破爲五分); 첨전위오십오분(添前爲五十五分), 역오분거일(亦五分去一), 총거일십일분(總去一十一分), 여사십사분재(餘四十四分在); 우이십오분위일촌(又二十五分爲一寸), 여십구분재(餘十九分在), 자최지대(齊衰之帶), 총오촌이십오분촌지십구야(總五寸二十五分寸之十九也)。운(云)「대공지질(大功之絰), 자최지대야(齊衰之帶也), 거오분일이위대(去五分一以爲帶)」자(者), 취오촌중거일촌(就五寸中去一寸), 득사촌(得四寸); 전이십오분파촌(前二十五分破寸), 금대공백이십오분파촌(今大功百二十五分破寸), 즉이십구분자각분파위오분(則以十九分者各分破爲五分), 십구분총파위구십오(十九分總破爲九十五), 여백이십오분파촌상당(與百二十五分破寸相當), 취구십오분중오분거일(就九十五分中五分去一), 거십구여칠십륙(去十九餘七十六), 즉대공지질오촌이십오분촌지십구(則大功之絰五寸二十五分寸之十九), 대칙사촌백이십오분촌지칠십륙(帶則四寸百二十五分寸之七十六)。우운(又云)「소공지질(小功之絰), 대공지대야(大功之帶也), 거오분일이위대(去五分一以爲帶)」자(者), 우취사촌백이십오분촌지칠십륙중(又就四寸百二十五分寸之七十六中), 오분거일(五分去一), 전백이십오분파촌(前百二十五分破寸), 금역사배가지(今亦四倍加之), 이륙백이십오분파촌(以六百二十五分破寸), 연후오분거일(然後五分去一), 위소공대(爲小功帶)。우운(又云)「시마지질(緦麻之絰), 소공지대(小功之帶), 거오분일이위대(去五分一以爲帶)」, 즉역사배가지(則亦四倍加之), 전륙백이십오분파촌(前六百二十五分破寸), 금칙삼천일백이십오분파촌(今則三千一百二十五分破寸), 오분거일취사(五分去一取四), 이위시마지대(以爲緦麻之帶)。질대지등개이오분파촌(絰帶之等皆以五分破寸), 기유성법(既有成法), 하가진언(何假盡言)。연참최유이(然斬衰有二), 자최유사(齊衰有四), 대공(大功)、소공성인여상각유이등(小功成人與殤各有二等), 시마상여성인장우부별(緦麻殤與成人章又不別), 약사질대각의승수(若使絰帶各依升數), 즉참차난등(則參差難等)。시이자하작전(是以子夏作傳), 오복각위일절계지(五服各爲一節計之)。사(似)《주례(周禮)·장객(掌客)》운군개행인재사(云群介行人宰史), 각이작등위뢰례지수(各以爵等爲牢禮之數)。정운(鄭云):「이명수칙참차난등(以命數則參差難等), 략어신(略於臣), 용작이이(用爵而已)。」차질역연야(此絰亦然也)。《사상례(士喪禮)》운(云):「저질대격(苴絰大搹), 하본재좌(下本在左

左), 요질소언(要経小焉)。」정주운(鄭注云) : 「질대지차(経帯之差), 자차출언(自此出焉)。」위자하언질대지차(謂子夏言経帯之差), 출어(出於)《사상(士喪)》지질(之経), 고정지이언지야(故鄭指而言之也). 단참최지질위구촌자(但斬衰之経圍九寸者), 수시양(首是陽), 고욕취양수극어구(故欲取陽數極於九), 자자최이하(自齊衰以下), 자취강살지의(自取降殺之義), 무소법상야(無所法象也). 운(云)「저장(苴杖), 죽야(竹也)。삭장(削杖), 동야(桐也)」자(者), 《전(傳)》의견경유운저장(意見經唯云苴杖), 부출장체소용(不出杖體所用), 고언저장자죽야(故言苴杖者竹也). 하장직운삭죽(下章直云削竹), 역부변목명(亦不辨木名), 고인석지운(故因釋之云) : 「삭죽자(削竹者), 동야(桐也)。」약연(若然), 경언저장(經言苴杖), 인석삭장(因釋削杖), 유상하이장부통어하(唯上下二章不通於下), 시이겸석지(是以兼釋之). 지어질대(至於経帯), 오복자명(五服自明), 고부겸석(故不兼釋). 연위부소이장죽자(然為父所以杖竹者), 부자자지천(父者子之天), 죽원역상천(竹圓亦象天), 죽우외내유절(竹又外內有節), 상자위부(象子為父), 역유외내지통(亦有外內之痛). 우죽능관사시이부변(又竹能貫四時而不變), 자지위부애통역경한온이부개(子之爲父哀痛亦經寒溫而不改), 고용죽야(故用竹也). 위모장동자(為母杖桐者), 욕취동지언동(欲取桐之言同), 내심동지어부(內心同之於父), 외무절(外無節), 상가무이존(象家無二尊), 굴어부(屈於父). 위지자최(爲之齊衰), 경시이유변(經時而有變). 우안변제삭지사방자(又案變除削之使方者), 취모상어지고야(取母象於地故也). 차수부언장지조세(此雖不言杖之粗細), 안(案)《상복소기(喪服小記)》운(云) : 「질살오분이거일(経殺五分而去一), 장대여질(杖大如経)。」정주운(鄭注云) : 「여요질야(如要経也)。」정지여요질자(鄭知如要経者), 이기선운질오분위살(以其先云経五分為殺), 위요질(爲要経), 기하즉운장대여질(其下即云杖大如経), 명여요질야(明如要経也). 여요질자(如要経者), 이장종심이하(以杖從心已下), 여요질동처(與要経同處), 고여요질야(故如要経也). 운(云)「장각제기심(杖各齊其心)」자(者), 장소이부병(杖所以扶病), 병종심기(病從心起), 고장지고하이심위단야(故杖之高下以心爲斷也). 운(云)「개하본(皆下本)」자(者), 본(本), 근야(根也), 안(案)《사상례(士喪禮)》「하본(下本)」, 주운순기성야(注云順其性也). 운(云)「장자하작야(杖者何爵也)」자(者), 자차이하(自此已下), 유오문오답(有五問五答), 개위장기문(皆為杖起文). 운(云)「자하(者何)」자(者), 역시집소부지(亦是執所不知), 이기길시(以其吉時), 오십이후내장(五十已後乃杖), 소이부로(所以扶老). 금위부모지상(今為父母之喪), 유장유부장(有杖有不杖), 부지(不知), 고집이문지(故執而問之). 운(云)「작(爵)」, 이작답지(以爵答之), 이기유작지인필유덕(以其有爵之人必有德), 유덕칙능위부모치병심(有德則能為父母致病深), 고허기이장부병(故許其以杖扶病). 운(云)「무작이장자하(無爵而杖者何)」, 문사야(問辭也), 서인무작(庶人無爵), 역득장(亦得杖). 운(云)「첨주야(檐主也)」자(者), 답사야(答辭也), 이기수무작무덕(以其雖無爵無德), 연이적자(然以適子), 고가취유작지장위지(故假取有爵之杖爲之), 상주배빈(喪主拜賓), 송빈(送賓), 성상주지의야(成喪主之義也). 운(云)「비주이장자하(非主而杖者何)」, 문사야(問辭也) ; 「보병야(輔病也)」, 답사야(答辭也). 정운위중자수비위주(鄭云謂眾子雖非爲主), 자위부모치병시동(子爲父母致病是同), 역위보병야(亦為輔病也). 운(云)「동자하이부장(童子何以不杖)」자(者), 안차자하지문사(案此子夏之問辭), 유부동(有不同), 혹운(或云)「자하(者何)」, 혹운(或云)「하이(何以)」, 혹운(或云)「하여(何如)」, 혹운(或云)「숙후(孰後)」, 혹운(或云)「숙위(孰謂)」, 혹운(或云)「하대부(何大夫)」, 혹운(或云)「갈위(曷爲)」, 유차칠자(有此七者). 답유의의(答有義意), 범언자하(凡言者何), 개위집소부지(皆謂執所不知), 고은원년(故隱元年)《공양전(公羊傳)》운(云) : 「원년자하(元年者何)?」하휴운(何休云) : 「제거의문소부지(諸據疑問所不知), 고왈자하(故曰者何)。」즉차문(即此問)「장자하(杖者何)」시야(是也). 칭하이자(稱何以者), 개거피결차(皆據彼決此), 즉하운(即下云) : 부위장자(父爲長子), 「하이삼년(何以三年)」, 거기장위중자기(據期章爲眾子期), 적서개자(適庶皆子), 장자독삼년(長子獨三年), 시거피결차야(是據彼決此也). 차즉(此即)《공양전(公羊傳)》운(云)「하이부언즉위(何以不言即位)」, 하휴운(何休云) : 「거문공언즉위(據文公言即位)。」은부칭즉위시야(隱不稱即位是也). 운하여자(云何如者), 문비류지사(問比類之辭), 즉하전운(即下傳云)「하위이가위인후(何爲而可爲人後)」자(者), 「동종칙가위인후(同宗則可為人後)」, 시기문비류야(是其問比類也). 운숙후자(云孰後者), 부문비류(不問比類), 의(依)《부장장(不杖章)》, 자하전운(子夏傳云) : 숙후(孰後)? 후대종(後大宗). 예유대종(禮有大宗)、소종(小宗), 고문수위후(故問誰為後). 운숙위자(云孰謂者), 역시문비류(亦是問比類), 단구군유이등(但舊君有二等), 일시대방지신(一是待放之臣), 이시치사지신(二是致仕之臣), 구위구군(俱爲舊君). 시이(是以)《자최삼월장(齊衰三月章)》운(云)「구군(舊君)」, 전왈(傳曰) : 「위구군자(爲舊君者), 숙위야(孰謂也), 사언이이자야(仕焉而已者也)。」유기유이등(由其有二等), 고문비류야(故問比類也). 즉(即)《공양전(公羊傳)》운(云)「왕자숙위(王者孰謂)? 위문왕(謂文王)」시야(是也). 운하대부자(云何大夫者), 역시거피결차(亦是據彼決此), 즉(即)《자최삼월장(齊衰三月章)》운(云)「대부위구군(大夫爲舊君)」, 《전(傳)》왈(曰) : 「하대부지위호(何大夫之謂乎)? 언기이도거군(言其以道去君), 이유미절야(而猶未絕也)。」유기대부유치사자(由其大夫有致仕者), 유대방자(有待放者), 부동(不同), 고거하대부지문야(故舉何大夫之問也). 언갈위자(言曷爲者), 역시거피결차(亦是據彼決此), 고(故)《부장장(不杖章)》운(云) : 「대부갈위부강(大夫曷爲不降), 명부야(命婦也)。」운위거대부어고자매출가(云謂據大夫於姑姊妹出嫁), 의강부강(宜降不降), 고거갈위지문야(故舉曷爲之問也). 금운동자하이부장(今云童子何以不杖), 문사야(問辭也), 부능병야(不能病也), 답사야(答辭也). 차서동자(此庶童子), 비직부장(非直不杖), 이기미관수가면이이(以其未冠首加免而已). 고(故)《문상(問

喪)》운(云):「면자이하위야(免者以何爲也)왈(曰):부관자지소복야(不冠者之所服也)。」언하이자(言何以者)、거당실동자급성인개장(據當室童子及成人皆杖)、유차서동자부장(唯此庶童子不杖)、고운하이결지야(故云何以決之也)。지당실동자장자(知當室童子杖者)、안(案)《문상(問喪)》운(云):「《예(禮)》왈(曰):동자부시(童子不緦)、유당실시(唯當室緦)。시자(緦者)、기면야(其免也)。당실칙면이장의(當室則免而杖矣)。」위적자야(謂適子也)。안(案)《잡기(雜記)》운(云):「동자곡부의(童子哭不偯)、부용(不踊)、부장(不杖)、부비(不菲)、부려(不廬)。」주운(注云):「미성인자(未成人者)、부능비례야(不能備禮也)。」차독운부장(此獨云不杖)、여부언자(餘不言者)、차상개석장(此上下皆釋杖)、고언장(故言杖)、부운여자(不云餘者)。기실개무(其實皆無)、직유최상질대이이(直有衰裳絰帶而已)。우운(又云)「부인하이부장(婦人何以不杖)？역부능병야(亦不能病也)」자(者)、차역위동자부인(此亦謂童子婦人)、약성인부인정장(若成人婦人正杖)、지자(知者)、차(此)《상복(喪服)》상진기복(上陳其服)、하진기인(下陳其人)。상복지하(喪服之下)、남자부인구렬(男子婦人俱列)、남자부인동유저장(男子婦人同有苴杖)。우(又)《상대기(喪大記)》운(云):「삼일(三日)、자(子)、부인장(夫人杖)；오일(五日)、대부세부장(大夫世婦杖)。」제경개유부인장문(諸經皆有婦人杖文)、고지성인부인정장야(故知成人婦人正杖也)。명차동자부인(明此童子婦人)、안(案)《상복소기(喪服小記)》운(云):「여자자재실위부모(女子子在室爲父母)、기주상자부장(其主喪者不杖)、칙자일인장(則子一人杖)。」정주운(鄭注云):「여자자재실(女子子在室)、역동자야(亦童子也)。무남곤제(無男昆弟)、사동성위섭주부장(使同姓爲攝主不杖)、칙자일인장(則子一人杖)、위장녀야(謂長女也)。허가급이십이계(許嫁及二十而笄)、계위성인(笄爲成人)、성인정장야(成人正杖也)。」시기동녀위상주(是其童女爲喪主)、즉역위장의(則亦杖矣)。약연(若然)、동자득칭부인자(童子得稱婦人者)、안(案)《소공장(小功章)》운(云):「위질(爲姪)、서손장부(庶孫丈夫)、부인지장상(婦人之長殤)。」시미성인칭부인야(是未成人稱婦人也)。뢰씨이위차(雷氏以爲此)《상복(喪服)》처위부(妻爲夫)、첩위군(妾爲君)、녀자자재실위부(女子子在室爲父)、녀자자가급재부지실위부삼년(女子子嫁及在父之室爲父三年)、여전소운부인자개부장(如傳所云婦人者皆不杖)、《상복소기(喪服小記)》부인부위주이장자(婦人不爲主而杖者)、유저차일조(唯著此一條)、명기여부위주자개부장(明其餘不爲主者皆不杖)。차설비(此說非)、하자(何者)차사등부인개재장과지내(此四等婦人皆在杖科之內)、하득부장(何得不杖)？우(又)《예기(禮記)》기문설부인장자심중(記文說婦人杖者甚衆)、하언무장야(何言無杖也)。

주석왈(注釋曰):운(云)「이오분일위살자(以五分一爲殺者)、상오복지수야(象五服之數也)」자(者)、정오복지내(鄭五服之內)、승수지다(升數至多)、약질대상승수(若絰帶象升數)、강살참차난등(降殺參差難等)。약오복(若五服)、복위일절(服爲一節)、즉강살역명(則降殺易明)、고정운상오복지수야(故鄭云象五服之數也)。운(云)「작(爵)、위천자제후경대부사야(謂天子諸侯卿大夫士也)」자(者)、안(案)《백호통(白虎通)》운(云):「천자작호(天子爵號)。」우하은지사무작(又夏殷之士無爵)、주지도(周之道)、작급명사통대부자연개작야(爵及命士通大夫自然皆爵也)。시천자이하(是天子以下)、개왈작야(皆曰爵也)。

교대자(絞帶者)、승대야(繩帶也)。관승영(冠繩纓)、조속(條屬)、우봉(右縫)、관륙승(冠六升)、외필(外畢)、단이물회(鍛而勿灰)。최삼승(衰三升)、관구자(菅屨者)、관비야(菅菲也)、외납(外納)。

속유저야(屬猶著也)。통굴일조승위무(通屈一條繩爲武)、수하위영(垂下爲纓)、저지관야(著之冠也)。포팔십루위승(布八十縷爲升)、승자당위등(升字當爲登)。등(登)、성야(成也)。금지(今之)《예(禮)》개이등위승(皆以登爲升)、속오이행구의(俗誤已行久矣)。《잡기(雜記)》왈(曰):「상관조속(喪冠條屬)、이별길흉(以別吉凶)。삼년지련관(三年之練冠)、역조속(亦條屬)、우봉(右縫)、소공이하좌봉(小功以下左縫)。」외필자(外畢者)、관전후굴이출(冠前後屈而出)、봉어무야(縫於武也)。

◆소(疏)

전석왈(傳釋曰):운(云)「교대자(絞帶者)、승대야(繩帶也)」자(者)、이교마위승작대(以絞麻爲繩作帶)、고운교대야(故云絞帶也)。왕숙이위교대여요질(王肅以爲絞帶如要絰)、마(馬)、정부언(鄭不言)、당의왕의(當依王義)。뢰씨이위교대재요질지하언지(雷氏以爲絞帶在要絰之下言之)、즉요질오분거일위대(則要絰五分去一爲帶)。단수질상규항지포(但首絰象頍項之布)、우재수(又在首)、요질상대대(要絰象大帶)、용증(用繒)、우재요(又在要)、고수오분거일이위대(故須五分去一以爲帶)。금교대상혁대(今絞帶象革帶)、여요질동재요(與要絰同在要)、일즉무상하지차(一則無上下之差)、이즉무조세가상(二則無粗細可象)、이운거요질오분일위교대(而云去要絰五分一爲絞帶)、실기의야(失其義也)。단질대지우후(但絰帶至虞後)、변마복갈(變麻服葛)。교대우후수부언소변(絞帶虞後雖不言所變)、안공사(案公士)、중신위군복포대(眾臣爲君服布帶)、우제쇠이하역포대(又齊衰已下亦布帶)、즉교대우후변마복포(則絞帶虞後變麻服布)、어의가야(於義可也)。운(云)「관승영(冠繩纓)、조속(條屬)」자(者)、상용승(喪用繩)、위영속(爲纓屬)、저야(著也)、저지관(著之冠)、수지위영야(垂之爲纓也)。운(云)「외필(外畢)」자(者)、전후량필지미이향외섭지야(前後兩畢之未而向外攝之也)。운(云)「단이물회(鍛而勿灰)」자(者)、이관위수식(以冠爲首飾)、포배최상이용(布倍衰裳而用)

륙승(布倍衰裳而用六升), 우가이수탁(又加以水濯), 물용회이이(勿用灰而已)。 관륙승물회(冠六升勿灰), 즉칠승사상고회의(則七升巳上故灰矣)。 고(故)《대공장(大功章)》정주운(鄭注云): 「대공포자(大功布者), 기단치지공조고지(其鍛治之功粗沽之)。」 칙칠승이상개용회야(則七升已上皆用灰也)。 운(云)「최삼승(衰三升)」자(者), 부언상(不言裳), 상여쇠동(裳與衰同), 고거쇠이견상(故舉衰以見裳)。 위군의복최삼승반(爲君義服衰三升半), 부언자(不言者), 이루여삼승반(以縷如三升半), 성포삼승(成布三升), 고직언삼승(故直言三升), 거정이포의야(舉正以包義也)。 운(云)「관구자(菅屨者), 관비야(菅菲也), 외납(外納)。 거의려(居倚廬)」자(者), 주공시위지구(周公時謂之屨), 자하시위지비(子夏時謂之菲)。 안(案)《사상례(士喪禮)》「구외납(屨外納)」, 정주운(鄭注云): 「납(納), 수여야(收餘也)。」 왕위정향외편지(王謂正向外編之)。

주석왈(注釋曰): 운(云)「속유저야(屬猶著也)。 통굴일조승위무(通屈一條繩爲武), 수하위영(垂下爲纓), 저지관야(著之冠也)」자(者), 안(案)《예기(禮記)》운(云): 「상관조속(喪冠條屬), 이별길흉(以別吉凶)。」 약연(若然), 길관칙영(吉冠則纓)、무별재(武別材), 흉관칙영(凶冠則纓)、무동재(武同材), 시이정운통굴일조승위무(是以鄭云通屈一條繩爲武), 위장일조승종액상약지(謂將一條繩從額上約之), 지항후교과(至項後交過), 양상각지이(兩相各至耳), 어무철지(於武綴之), 각수어이하결지(各垂於頤下結之)。 운(云)「저지관(著之冠)」자(者), 무영개상속저관(武纓皆上屬著冠), 관륙승(冠六升), 외필시야(外畢是也)。 운(云)「포팔십루위승(布八十縷爲升)」자(者), 차무정문(此無正文), 사사상전언지(師師相傳言之), 시이금역운팔십루위지종(是以今亦云八十縷謂之宗), 종즉고지승야(宗即古之升也)。 운(云)「금지(今之)《예(禮)》개이등위승(皆以登爲升), 속오이행구의(俗誤已行久矣)」자(者), 안정주(案鄭注)《의례(儀禮)》지시(之時), 고금이례병관(古今二禮竝觀), 첩고문자(疊古文者), 칙종경금문(則從經今文), 약첩금문자(若疊今文者), 칙종경고문(則從經古文)。 금차주이운금지례개이등위승(今此注而云今之禮皆以登爲升), 여제주부동(與諸注不同), 즉금고례개작승자(則今古禮皆作升字), 속오이행구의야(俗誤已行久矣也)。 약연(若然), 《론어(論語)》운(云)「신곡기승(新穀既升)」, 승역훈위성(升亦訓爲成), 금종등부종승자(今從登不從升者), 범직임지법(凡織絍之法), 개루루상등(皆縷縷相登), 상내성증포(上乃成繒布), 등의강어승(登義強於升), 고종등야(故從登也)。 인(引)《잡기(雜記)》자(者), 정조속시상관(証條屬是喪冠), 약길관칙영(若吉冠則纓)、무이재(武異材)。 운(云)「삼년지련관(三年之練冠), 역조속(亦條屬)」자(者), 욕견조속이지대상(欲見條屬以至大祥), 제쇠장(除衰杖), 대상제상지제(大祥除喪之際), 조복호관(朝服縞冠), 당영(當纓)、무이재(武異材), 종길법야(從吉法也)。 운(云)「우봉(右縫), 소공이하좌(小功以下左)」자(者), 안(案)《대대례(大戴禮)》운(云): 「대공이상유유(大功已上唯唯), 소공이하액액(小功已下額額)。」 연효자조석곡재조계지하(然孝子朝夕哭在阼階之下), 서면적(西面吊), 빈종외입문(賓從外入門), 북면견지(北面見之)。 대공이상(大功以上), 애중기관(哀重其冠), 삼피적(三辟積), 향우위지(鄉右爲之), 종음(從陰), 음(陰), 유유연순(唯唯然順)。 소공시마(小功緦麻), 애경(哀輕), 기관역삼피적(其冠亦三辟積), 향좌위지(鄉左爲之), 종양(從陽), 적빈입문(吊賓入門), 북향망지(北鄉望之), 액액연역(額額然逆)。 향빈이자개조속(鄉賓二者皆條屬), 단종길종흉부동야(但從吉從凶不同也)。 운(云)「외필자(外畢者), 관전후굴이출(冠前後屈而出), 봉어무야(縫於武也)」자(者), 관광이촌(冠廣二寸), 락정(落頂), 전후량두개재무하(前後兩頭皆在武下), 향외출(鄉外出), 반굴지(反屈之), 봉어무이위지(縫於武而爲之), 량두봉(兩頭縫), 필향외(畢鄉外), 고운외필(故云外畢)。 안(案)《곡례(曲禮)》운(云)「염관부입공문(厭冠不入公門)」, 정주운(鄭注云): 「염유복야(厭猶伏也)。 상관염복(喪冠厭伏)。」 시오복동명(是五服同名)。 유재무하(由在武下), 출반굴지(出反屈之), 고득염복지명(故得厭伏之名)。

거의려(居倚廬), 침점침괴(寢苫枕塊), 곡주야무시(哭晝夜無時)。 철죽(歠粥), 조일일미(朝一溢米), 석일일미(夕一溢米)。 침부설질대(寢不說経帶)。 기우(既虞), 전병주미(翦屛柱楣), 침유석(寢有席), 식소식(食疏食), 수음(水飲), 조일곡(朝一哭)、석일곡이이(夕一哭而已)。 기련(既練), 사외침(舍外寢), 시식채과(始食菜果), 반소식(飯素食), 곡무시(哭無時)。

이십량왈일(二十兩曰溢), 위미일승이십사분승지일(爲米一升二十四分升之一)。 미위지량(楣謂之梁), 주미소위량암(柱楣所謂梁闇)。 소유추야(疏猶麤也)。 사외침(舍外寢), 어중문지외(於中門之外), 옥하루격위지(屋下壘墼爲之)。 부도기(不塗墍), 소위악실야(所謂堊室也)。 소유고야(素猶故也), 위복평생시식야(謂復平生時食也)。 참최부서수월자(斬衰不書受月者), 천자제후경대부사(天子諸侯卿大夫士), 우졸곡이수(虞卒哭異數)。

◆소(疏)

전석왈(傳釋曰): 운거의려자(云居倚廬者), 효자소거재문외동벽(孝子所居在門外東壁), 의목위려(倚木爲廬), 고(故)《기석(既夕)》기운(記云)「거의려(居倚廬)」, 정주운(鄭注云): 「의목위려(倚木爲廬), 재중문외동방(在中門外東方), 북호(北戶)。」 우(又)《상대기(喪大記)》운(云): 「범비적자자(凡非適子者)

자미장(自未葬), 이어은자위려(以於隱者爲廬)。」주운(注云): 「부욕인속목(不欲人屬目), 개려어동남각(蓋廬於東南角)。」약연적자칙려어기북현처위지(若然適子則廬於其北顯處爲之), 이기적자당응접적빈(以其適子當應接吊賓), 고부어은자(故不於隱者)。약연(若然), 차하유신위군(此下有臣爲君), 칙역거려(則亦居廬)。안(案)《주례(周禮)·궁정(宮正)》운대상(云大喪), 「수려사(授廬舍), 변기친소귀천지거(辨其親疏貴賤之居)」, 주운(注云): 「친자(親者)、귀자거의려(貴者居倚廬), 소자(疏者)、천자거악실(賤者居堊室)。」우(又)《잡기(雜記)》조정경대부사거려(朝廷卿大夫士居廬), 도읍지사거악실(都邑之士居堊室), 견제후지신위기군지례(見諸侯之臣爲其君之禮)。안(案)《상대기(喪大記)》운(云): 「부인부거려(婦人不居廬)。」약연(若然), 차경운거의려(此經云居倚廬), 전거남자생문(專據男子生文)。운(云)「침점침괴(寢苫枕塊)」, 《기석(既夕)》문여차동(文與此同), 피주운(彼注云): 「점(苫), 편고(編藁)。괴(塊), 복야(堛也)」피우운(彼又云)「부설질대(不說絰帶)」, 정주운(鄭注云): 「애척부재어안(哀戚不在於安)。」약연(若然), 재중문외자(在中門外者), 애친지재외(哀親之在外); 침점자(寢苫者), 애친지재초고야(哀親之在草故也)。차지최삼승침괴(此之衰三升枕塊), 거대부이상(據大夫已上)。약사(若士), 즉대부적자위사자득행대부례(則大夫適子爲士者得行大夫禮)。약정사즉침초(若正士則枕草), 최즉루삼승반(衰則縷三升半), 성포삼승(成布三升), 《잡기(雜記)》소운(所云)「제안평중위기부조최참침초(齊晏平仲爲其父粗衰斬枕草)」시야(是也), 단평중겸위부복사복이(但平仲謙爲父服士服耳)。운(云)「곡주야무시(哭晝夜無時)」자(者), 곡유삼무시(哭有三無時): 시사미빈이전(始死未殯已前), 곡부절성(哭不絶聲), 일무시(一無時); 기빈이후(既殯已後), 졸곡제이전(卒哭祭已前), 조계지하위조석곡(阼階之下爲朝夕哭), 재려중사억칙곡(在廬中思憶則哭), 이무시(二無時); 기련지후(既練之後), 무조석곡(無朝夕哭), 유유려중혹십일(唯有廬中或十日), 혹오일(或五日), 사억칙곡(思憶則哭), 삼무시야(三無時也)。졸곡지후(卒哭之後), 미련지전(未練之前), 유유조석곡(唯有朝夕哭), 시일유시야(是一有時也)。운(云)「철죽(歠粥), 조일미(朝一溢米), 석일일미(夕一溢米)」자(者), 효자조부모지상(孝子遭父母之喪), 당위부모치병(當爲父母致病), 고(故)《상대기(喪大記)》운(云)「수장부입구(水漿不入口)」, 삼일지후내시식(三日之後乃始食)。필삼일허식자(必三日許食者), 성인제법(聖人製法), 부이사상생(不以死傷生), 공지멸성(恐至滅性), 고례허지식(故禮許之食)。수식유절지(雖食猶節之), 사조석각일일미이이야(使朝夕各一溢米而已也)。증자유모지상(曾子有母之喪), 수장부입구칠일자(水漿不入口七日者), 실례지법(失禮之法), 고자사비지(故子思非之), 운(云)「선왕제례(先王製禮), 과지자부이취지(過之者俯而就之), 부지자기이급지(不至者企而及之), 고군자집친지상(故君子執親之喪), 수장부입어구자삼일(水漿不入於口者三日), 장이후능기(杖而後能起)」, 시례지상법야(是禮之常法也)。운(云)「침부설질대(寢不說絰帶)」자(者), 안(案)《잡기(雜記)》: 「공자운(孔子云), 소련(少連)、대련선거상(大連善居喪), 삼월부해(三月不解)。」정주운(鄭注云): 「부해권야(不解倦也)。」우안(又案)《기석(既夕)》문여차동(文與此同), 정주운(鄭注云): 「애척부재어안(哀戚不在於安)。」질대재최상지상(絰帶在衰裳之上), 이운부설(而云不說), 즉최상재내(則衰裳在內), 부설가지(不說可知)。차거미장전(此據未葬前), 고문재우상(故文在虞上), 기우후(既虞後), 침유석(寢有席), 최질설가지야(衰絰說可知也)。운(云)「기우(既虞), 전병주미(翦屏柱楣)」자(者), 안(案)《왕제(王製)》운천자칠월이장(云天子七月而葬), 제후오월이장(諸侯五月而葬), 대부사삼월이장(大夫士三月而葬)。우안(又案)《사우례(士虞禮)》기장(既葬), 반(反), 일중이우(日中而虞), 정주(鄭注)《사상(士喪)》「삼우(三虞)」운(云): 「우(虞), 안야(安也)。」장시송형이왕(葬時送形而往), 영혼이반(迎魂而反), 반곡지시(反哭之時), 입묘중(入廟中), 상당부견(上堂不見), 입실우부견(入室又不見), 내지적침지중(乃至適寢之中), 구빈지처(舊殯之處), 위우제(爲虞祭), 이안지(以安之)。《예기(禮記)·단궁(檀弓)》운(云)「장일우(葬日虞), 부인일일리야(不忍一日離也)。시일야(是日也), 이우역전(以虞易奠)」시야(是也)。의(依)《공양전(公羊傳)》운(云): 천자구우(天子九虞), 제후칠우(諸侯七虞), 대부오우(大夫五虞), 사삼우(士三虞)。금전언기우(今傳言既虞), 위구우(謂九虞)、칠우(七虞)、오우(五虞)、삼우지후(三虞之後), 내개구려(乃改舊廬), 서향개호(西鄕開戶), 전거호방량상병지여초(翦去戶傍兩廂屏之餘草)。주미자(柱楣者), 전량위지미(前梁謂之楣), 미하량두수주(楣下兩頭竪柱), 시량내협호방지병야(施梁乃夾戶傍之屏也)。운(云)「침유석(寢有席)」자(者), 안(案)《간전(間傳)》운(云)「기우(既虞), 졸곡(卒哭), 주미전병(柱楣翦屏), 하전부납(苄翦不納)」, 정운(鄭云): 「하(苄), 금지포빈(今之蒲蘋)。」즉차침유석(即此寢有席), 위포조가어점상야(謂蒲蘋加於苫上也)。운(云)「식소식(食疏食), 수음(水飮)」자(者), 미우이전(未虞以前), 조일일미(朝一溢米), 석일일미이위죽(夕一溢米而爲粥)。금기우지후(今既虞之後), 용조소미위반이식지(用粗疏米爲飯而食之), 명부지조일일석일일이이(明不止朝一溢夕一溢而已), 당이족위도(當以足爲度)。운음수자(云飮水者), 미우이전(未虞以前), 갈역음수(渴亦飮水), 이재기우후(而在既虞後), 여소식동(與疏食同)。언수음자(言水飮者), 공우후음장락지등(恐虞後飮漿酪之等), 고운음수이이야(故云飮水而已也)。운(云)「조일곡석일곡이이(朝一哭夕一哭而已)」자(者), 차당(此當)《사우례(士虞禮)》졸곡지후(卒哭之後)。피운졸곡자(彼云卒哭者), 위졸거려중무시지곡(謂卒去廬中無時之哭), 유유조석어조계하유시지곡(唯有朝夕於阼階下有時之哭)。《상복(喪服)》지중(之中), 삼무시곡외(三無時哭外), 유차졸곡지후(唯此卒哭之後), 미련지전일절지간시유시지곡(未練之前一節之間是有時之哭), 고운이이(故云而已), 언기부족지의(言其不足之意)。운(云)「기련(既練), 사외침(舍外寢)」자(者), 위십삼월복칠승관(謂十三月服七升冠), 남자제수질이대독존(男子除首経而帶獨存), 부인제어대이질독존(婦人除於帶而経獨存)。우련포위관(又練布爲冠), 저승(著繩), 구지사외침지중(屨止舍外寢之中), 부복거려야(不復居廬也)。운(云)「시식채과(始食菜果), 반소식(飯疏食)」자(者), 안(案)《상대기(喪大記)》「상이식육(祥而食肉)」,《간전(間傳)》운(云)「대상유혜장(大祥有醯醬), 중월이담(中月而禫), 이음례주(而飲醴酒), 시음주자(始飲酒者)」선음례주(先飲醴酒), 시식육자(始食肉者), 선식건육(先食乾肉)」,《곡례(曲禮)》운부모지상(云父母之喪), 「유질음주식육(有疾飲酒食肉), 질지복초(疾止復初)」, 개위부이사상생야(皆爲不以死傷生也)。운(云)「곡무시(哭無時)」자(者), 차삼무시곡중(此三無時哭中), 위련후졸실지중(謂練後堊室之中), 혹십일(或十日), 혹오일(或五日), 사억칙곡(思憶則哭)。《대기(大記)》운(云)「상이외무곡자(祥而外無哭者), 담이내무곡자(禫而內無哭者)」, 개재곡무시지한야(皆在哭無時之限也)。

《단궁(檀弓)》운(云):「고자관축봉(古者冠縮縫), 금야형봉(今也衡縫)。고상관지반길(故喪冠之反吉), 비고야(非古也)。」시길관즉피적무살(是吉冠則辟積無殺), 횡봉(橫縫), 역량두개재무상(亦兩頭皆在武上), 향내(鄉內), 반굴이봉지(反屈而縫之), 부득염복지명(不得厭伏之名)。운(云)「이십량왈일(二十兩曰溢), 위미일승이십사분승지일(爲米一升二十四分升之一)」자(者), 의산법(依算法), 백이십근왈석(百二十斤曰石), 즉시일곡(則是一斛)。약연(若然), 즉십이근위일두(則十二斤爲一斗), 취십근분지(取十斤分之), 승득일근(升得一斤);여이근(餘二斤), 근위십륙량(斤爲十六兩), 이근위삼십이량(二斤爲三十二兩), 승취삼십량십승(升取三十兩十升), 승득삼량(升得三兩), 첨전일근십륙량(添前一斤十六兩), 위십구량(爲十九兩)。여이량(餘二兩), 량위이십사수(兩爲二十四銖), 이량위사십팔수(二兩爲四十八銖), 취사십수십승(取四十銖十升), 승득사수(升得四銖), 여팔수(餘八銖)。일수위십루(一銖爲十累), 팔수위팔십루(八銖爲八十累), 십승(十升), 승득팔루(升得八累)。첨전즉시일승득십구량사수팔루(添前則是一升得十九兩四銖八累)。어이십량(於二十兩), 잉소십구수이루(仍少十九銖二累)。즉별취일승파위십구량사수팔루(則別取一升破爲十九兩四銖八累), 분십량(分十兩), 량위이십사수(兩爲二十四銖), 즉위이백사십수(則爲二百四十銖), 우분구량(又分九兩), 량위이십사수(兩爲二十四銖), 즉구량자이백일십륙수(則九兩者二百一十六銖), 병사수팔루(並四銖八累), 첨전사백륙십수팔루(添前四百六十銖八累), 총위이십사분(總爲二十四分)。즉취이백사십수(直取二百四十銖), 여이백이십수팔루재(餘二百二十銖八累在), 우취이백일십륙수이십사분(又取二百一十六銖二十四分), 분득구수(分得九銖), 첨전분득십구수(添前分得十九銖), 유사수팔루(有四銖八累)。사수(四銖), 수위십루(銖爲十累), 총위사십루(總爲四十累), 통팔루위사십팔루(通八累爲四十八累), 이십사분(二十四分), 분득이루(分得二累), 시일승위이십사분(是一升爲二十四分), 분득십구수(分得十九銖), 첨전사수위이십삼수(添前四銖爲二十三銖), 장이루첨전팔루칙위십루(將二累添前八累則爲十累), 즉십참위일수(則十參爲一銖), 이차일수첨전이십삼수(以此一銖添前二十三銖), 즉위이십사수(則爲二十四銖), 위일량(爲一兩), 일량첨십구량(一兩添十九兩), 외이십량왈일(外二十兩曰溢)。운(云)「미위지량(楣謂之梁), 소위량암(所謂梁闇)」자(者), 소위(所謂)《서전(書傳)》문(文)。안(案)《상복사제(喪服四製)》운(云)「고종량음삼년(高宗諒陰三年)」, 정주운(鄭注云):「량(諒), 고작량(古作梁), 미위지량(楣謂之梁)。암(闇), 독여순암지암(讀如鶉鵪之鵪), 암위려야(闇謂廬也)。려유량자(廬有梁者), 소위주미야(所謂柱楣也)。」즉차주미자야(即此柱楣者也)。운(云)「사외침(舍外寢), 어중문지외(於中門之外), 옥하루격위지(屋下壘墼爲之)。부도기(不塗墍), 소위악실야(所謂堊室也)」자(者), 금지련후부거구려(今至練後不居舊廬), 환어려처위옥(還於廬處爲屋)。단천자오문(但天子五門), 제후삼문(諸侯三門), 득유중문(得有中門), 대부사유유대문(大夫士唯有大門)、내문량문이이(內門兩門而已)。무중문이운중문외자(無中門而云中門外者), 안(案)《사상례(士喪禮)》급(及)《기석(既夕)》, 외위유재침문외(外位唯在寢門外), 기동벽유려(其東壁有廬), 악실(堊室)。약연(若然), 칙이문위중문(則以門爲中門), 거내외개유곡위(據內外皆有哭位), 기문재외(其門在外), 내위중(內位中), 고위중문(故爲中門), 비위재외문(非謂在外門)、내문지중위중문야(內門之中爲中門也)。언옥하루격위지자(言屋下壘墼爲之者), 동벽지소(東壁之所), 구본무옥(舊本無屋), 이운옥하위지자(而云屋下爲之者), 위량하위옥(謂兩下爲屋), 위지옥하(謂之屋下)。대려편가동벽(對廬偏加東壁), 비량하위지려야(非兩下謂之廬也)。운부도기자(云不塗墍者), 위전병이이(謂翦屏而已), 부니도기식야(不泥塗墍飾也)。운소위악실자(云所謂堊室者),《간전(間傳)》운부모지상(云父母之喪), 기우(既虞), 전병(翦屏), 기이소상(期而小祥), 거악실(居堊室)。피련후거악실(彼練後居堊室), 즉차외침(即此外寢), 고정운소위악실야(故鄭云所謂堊室也)。운(云)「위복평생시식야(謂復平生時食也)」자(者), 차식위사독지(此食爲飼讀之), 부득위식독지(不得爲食讀之), 지자(知者), 천자이하(天子已下), 평상지식개유생뢰(平常之食皆有牲牢)、어랍(魚臘)。연후시식채과(練後始食菜果), 미득식육음주(未得食肉飲酒), 하득평상시식(何得平常時食), 명전거미반이언야(明專據米飯而言也)。이기초거일일미이언(以其初據一溢米而言), 기우(既虞), 반소식(飯疏食), 식역미반야(食亦米飯也)。차기련후(此既練後), 복평생시식(復平生時食), 식역거미반이언(食亦據米飯而言)。이기고자명반위식(以其古者名飯爲食), 여(與)《공식대부(公食大夫)》자동음야(者同音也)。운(云)「참최부서수월자(斬衰不書受月者)」운운(云云), 범상복(凡喪服), 소이표애(所以表哀), 애유성시(哀有盛時)、살시(殺時), 복내수애이강살(服乃隨哀以降殺)。고초복조(故初服粗), 지장후련(至葬後練), 후대상(後大祥), 후점세가식(後漸細加飾), 시이관위수(是以冠爲受), 참최상삼승관륙승(斬衰裳三升冠六升), 기장후(既葬後), 이기관위수(以其冠爲受), 최상륙승관칠승(衰裳六升冠七升), 소상우이기관위수(小祥又以其冠爲受), 최상칠승관팔승(衰裳七升冠八

升). 자여자최이하(自餘齊衰以下), 수복지시(受服之時), 차강가지(差降可知). 연장후유수복(然葬後有受服), 유부수복(有不受服), 안하(案下)《자최삼월장(齊衰三月章)》급(及)《상대공장(殤大功章)》, 개운무수(皆云無受), 《정대공장(正大功章)》즉운삼월수(即云三月受), 이소공최즉갈구월자(以小功衰即葛九月者), 금차(今此)《참최장(斬衰章)》급(及)《자최장(齊衰章)》응언수월(應言受月), 이부언(而不言), 고정군특해지(故鄭君特解之). 안(案)《잡기(雜記)》운(云)：천자칠월이장(天子七月而葬), 구월이졸곡(九月而卒哭)；제후오월이장(諸侯五月而葬), 칠월이졸곡(七月而卒哭)；대부삼월이장(大夫三月而葬), 오월이졸곡(五月而卒哭)；사삼월이장(士三月而葬), 시월이졸곡(是月而卒哭). 시천자이하(是天子已下), 우(虞)、졸곡이수(卒哭異數), 존비개장흘반일중이우(尊卑皆葬訖反日中而虞). 천자구우(天子九虞), 제후칠우(諸侯七虞), 대부오우(大夫五虞), 우흘즉수복(虞訖即受服). 사삼우(士三虞), 대졸곡내수복(待卒哭乃受服). 필연자(必然者), 이기대부이상(以其大夫已上), 졸곡재후월(卒哭在後月), 우재전월(虞在前月), 일이다(日已多), 시이우즉수복(是以虞即受服), 부득지졸곡(不得至卒哭). 사장월(士葬月), 졸곡여우동월(卒哭與虞同月), 고수복대졸곡후야(故受服待卒哭後也). 금부언수월자(今不言受月者), 《상복(喪服)》총포천자이하(總包天子以下), 약언칠월(若言七月), 유거천자(唯據天子), 약언오월(若言五月), 유거제후(唯據諸侯), 개부해상하(皆不該上下), 고주공설경(故周公設經), 몰거수복지문(沒去受服之文), 욕견상하구함고야(欲見上下俱含故也).

부(父),

◆소(疏)

「부(父)」。○석왈(釋曰)：주공설경(周公設經), 상진기복(上陳其服), 하렬기인(下列其人), 즉차문(即此文). 부이하시위기인복상지복자야(父已下是爲其人服上之服者也). 선진부자(先陳父者), 차장은의병설(此章恩義並設), 충신출효자지문(忠臣出孝子之門), 의유은출(義由恩出), 고선언부야(故先言父也). 우하문제후위천자(又下文諸侯爲天子)、처위부(妻爲夫)、첩위군지등(妾爲君之等), 개겸거저복지인어상(皆兼舉著服之人於上), 내언소위지인어하(乃言所爲之人於下). 약연(若然), 차부여군직단거소위지인자(此父與君直單舉所爲之人者), 여자약직언천자(餘者若直言天子), 신개위천자(臣皆爲天子), 고거제후야(故舉諸侯也). 약직언부(若直言夫), 칙첩어군체적(則妾於君體敵), 역유부의(亦有夫義). 첩위군(妾爲君), 약직언군(若直言君), 여전신위군문부수(與前臣爲君文不殊), 이외역개혐의(已外亦皆嫌疑), 고겸거저복지인(故兼舉著服之人). 자위부(子爲父)、신위군(臣爲君), 이자무혐의(二者無嫌疑), 고단거소위지인이이(故單舉所爲之人而已).

전왈(傳曰)：위부하이참최야(爲父何以斬衰也) 부지존야(父至尊也).

◆소(疏)

전석왈(傳釋曰)：「전왈(傳曰)：위부하이참최야(爲父何以斬衰也)？부지존야(父至尊也)」자(者), 언하이자(言何以者), 문비례(問比例), 이부모은애등(以父母恩愛等), 모칙재자최(母則在齊衰), 부즉입어참(父則入於斬), 비병부례(比並不例), 고문하이참(故問何以斬), 부자최(不齊衰). 답운부지존자(答云父至尊者), 천무이일(天無二日), 가무이존(家無二尊), 부시일가지존(父是一家之尊), 존중지극(尊中至極), 고위지참야(故爲之斬也).

제후위천자(諸侯爲天子),

◆소(疏)

「제후위천자(諸侯為天子)」。○석왈(釋曰)：차문재부하군상자(此文在父下君上者), 이하문군중수언천자(以下文君中雖言天子), 겸유제후급대부(兼有諸侯及大夫), 차천자부겸여군(此天子不兼餘君), 군중최존상(君中最尊上), 고특저문어상야(故特著文於上也).

전왈(傳曰)：천자지존야(天子至尊也).

◆소(疏)

「전왈천자지존야(傳曰天子至尊也)」。○석왈(釋曰)：부발문이직답지자(不發問而直答之者), 의가지(義可知), 고직답이운(故直答而云)「천자지존(天子至尊)」, 동어부야(同於父也).

군(君),

◆소(疏)

「군(君)」。○석왈(釋曰):신위지복(臣爲之服)。차군내겸유제후급대부(此君內兼有諸侯及大夫), 고문재천자하(故文在天子下)。정주(鄭注)《곡례(曲禮)》운(云):「신무군유무천(臣無君猶無天)。」즉군자(則君者), 신지천(臣之天)。고역동지어부위지존(故亦同之於父爲至尊), 단의고(但義故), 환저의복야(還著義服也)。

전왈(傳曰):군지존야(君至尊也)。

천자제후급경대부유지자(天子諸侯及卿大夫有地者), 개왈군(皆曰君)。

◆소(疏)

주(注)「천자(天子)」지(至)「왈군(曰君)」。○석왈(釋曰):경대부승천자제후(卿大夫承天子諸侯), 즉천자제후지하(則天子諸侯之下), 경대부유지자개왈군(卿大夫有地者皆曰君)。안(案)《주례(周禮)·재사(載師)》운(云):가읍임초지(家邑任稍地), 소도임현지(小都任縣地), 대도임강지(大都任疆地)。시천자경대부유지자(是天子卿大夫有地者), 약로국계손씨유비읍(若魯國季孫氏有費邑), 숙손씨유후읍(叔孫氏有郈邑), 맹손씨유성읍(孟孫氏有郕邑), 진국삼가역개유한(晉國三家亦皆有韓)、조(趙)、위지읍(魏之邑), 시제후지경대부유지자개왈군(是諸侯之卿大夫有地者皆曰君), 이기유지칙유신고야(以其有地則有臣故也)。천자부언공여고(天子不言公與孤), 제후대국역유고(諸侯大國亦有孤), 정부언자(鄭不言者), 《시(詩)》운(云)「삼사대부(三事大夫)」, 위삼공(謂三公), 즉대부중함지야(則大夫中含之也)。단사무신(但士無臣), 수유지부득군칭(雖有地不得君稱), 고부례등위기장(故仆隷等爲其長), 적복가마(吊服加麻), 부복참야(不服斬也)。

부위장자(父爲長子),

부언적자(不言嫡子), 통상하야(通上下也)。역언립적이장(亦言立嫡以長)。

◆소(疏)

「부위장자(父爲長子)」。○석왈(釋曰):군(君)、부존외(父尊外), 차장자지중(次長子之重), 고기문재차(故其文在此)。○주(注)「부언(不言)」지(至)「이장(以長)」。○석왈(釋曰):언장자통상하(言長子通上下), 칙적자지호(則適子之號), 유거대부사(唯據大夫士), 부통천자제후(不通天子諸侯)。약언대자(若言大子), 역부통상하(亦不通上下)。안(案)《복문(服問)》운(云):「군소주부인처(君所主夫人妻)、대자(大子)、적부(適婦)。」정주운(鄭注云):「언처(言妻), 견대부이하(見大夫已下), 역위차삼인위상주야(亦爲此三人爲喪主也)。」즉대자하급대부지자부통사(則大子下及大夫之子不通士), 약언세자(若言世子), 역부통상하(亦不通上下), 유거천자제후지자(唯據天子諸侯之子)。시이정운(是以鄭云)「부언적자(不言嫡子), 통상하(通上下)」, 비직장자득통상하(非直長子得通上下), 총자역통상하(冢子亦通上下)。고(故)《내칙(內則)》운(云)「총자즉대뢰(冢子則大牢)」, 주운(注云):「총자유언장자(冢子猶言長子), 통어하야(通於下也)。」시총자역통상하야(是冢子亦通上下也)。운(云)「역언립적이장(亦言立嫡以長)」자(者), 욕견적처소생(欲見適妻所生), 개명적자(皆名適子), 제일자사야(第一子死也), 즉취적처소생제이장자립지(則取嫡妻所生第二長者立之), 역명장자(亦名長子)。약언적자(若言適子), 유거제일자(唯據第一者), 약운장자(若云長子), 통립적이장(通立適以長), 고야(故也)。

전왈(傳曰):하이삼년야(何以三年也) 정체어상(正體於上), 우내장소전중야(又乃將所傳重也)。서자부득위장자삼년(庶子不得爲長子三年), 부계조야(不繼祖也)。

차언위부후자(此言爲父後者), 연후위장자삼년(然後爲長子三年), 중기당선조지정체(重其當先祖之正體), 우이기장대기위종묘주야(又以其將代己爲宗廟主也)。서자자(庶子者), 위부후자지제야(爲父後者之弟也), 언서자(言庶者), 원별지야(遠別之也)。《소기(小記)》왈(曰):「부계조여니(不繼祖與禰)。」차단언조부언니(此但言祖不言禰), 용조(容祖)、니공묘(禰共廟)。

◆소(疏)

「전왈하(傳曰何)」지(至)「조야(祖也)」。○석왈(釋曰):운(云)「하이(何以)」자(者), 역시문(亦是問), 비례(比例), 이기구시자(以其俱是子), 《부장장(不杖章)》부위중자기(父爲衆子期), 차장장자칙위지삼년(此章長子則爲之三年), 고발하이지전야(故發何以之傳也)。부문참이문삼년자(不問斬而問三年者), 참중이삼년경(斬重而三年輕), 장자비존극(長子非尊極), 고거경이문지(故舉輕以問之)。경자상문(輕者尚問),

명중자가지(明重者可知), 고거경이명중야(故舉輕以明重也). 운(云)「정체어상(正體於上), 우내장소전중야(又乃將所傳重也)」자(者), 차시답사야(此是答辭也). 이기부조적적상승(以其父祖適適相承), 위상이우시적승지어후(爲上已又是適承之於後), 고운정체어상(故云正體於上). 운우내장소전중자(云又乃將所傳重者), 위종묘주시유차이사(爲宗廟主是有此二事), 내득삼년(乃得三年). 운(云)「서자부득위장자삼년(庶子不得爲長子三年), 부계조야(不繼祖也)」자(者), 차명적적상승(此明適適相承), 고수계조내득위장자삼년야(故須繼祖乃得爲長子三年也). ○주(注)「차언(此言)」지(至)「공묘(共廟)」. ○석왈(釋曰): 운(云)「차언위부후자(此言爲父後者), 연후위장자삼년(然後爲長子三年)」자(者), 경운(經云)「계조(繼祖)」, 즉시위조후내득위장자삼년(即是爲祖後乃得爲長子三年). 정운위부후자연후위장자삼년(鄭云爲父後者然後爲長子三年), 부동자(不同者), 주지도유적자(周之道有適子), 무적손(無適孫), 적손유동서손지례(適孫猶同庶孫之例), 요적자사후내립적손(要適子死後乃立適孫), 내득위장자삼년(乃得爲長子三年). 시위부후자연후위장자삼년야(是爲父後者然後爲長子三年也). 운(云)「중기당선조지정체(重其當先祖之正體)」자(者), 해경정체어상(解經正體於上). 우운(又云)「우이기장대사위종묘주야(又以其將代已爲宗廟主也)」자(者), 석경전중야(釋經傳重也). 운(云)「서자자(庶子者), 위부후자지제야(爲父後者之弟也)」자(者), 위형득위부후자시적자(謂兄得爲父後者是適子), 기제즉시서자(其弟則是庶子), 시위부후자지제(是爲父後者之弟), 부득위장자삼년(不得爲長子三年). 차정거초이언(此鄭據初而言), 기실계부조신삼세(其實繼父祖身三世), 장자사세내득삼년야(長子四世乃得三年也). 운(云)「언서자(言庶者), 원별지야(遠別之也)」자(者), 서자(庶子), 첩자지호(妾子之號), 적처소생제이자시중자(適妻所生第二者是眾), 금동명서자(今同名庶子), 원별어장자(遠別於長子), 고여첩자동호야(故與妾子同號也). 운(云)「《소기(小記)》왈부계조여니(曰不繼祖與禰), 차단언조부언니(此但言祖不言禰), 용조니공묘(容祖禰共廟)」자(者), 안(案)《제법(祭法)》운(云): 적사이묘(適士二廟), 관사일묘(官師一廟). 정주운(鄭注云):「관사(官師), 중하지사(中下之士), 조니공묘(祖禰共廟)。」즉차용조(則此容祖)、니공묘(禰共廟), 거관사이언(據官師而言). 약연(若然), 《소기(小記)》소운조니병언자(所云祖禰並言者), 시적사이묘자야(是適士二廟者也). 조(祖)、니공묘(禰共廟), 부언니직언조(不言禰直言祖), 거존이언야(舉尊而言也). 정주(鄭注)《소기(小記)》운(云)「언부계조(言不繼祖)、니(禰), 즉장자부필오세(則長子不必五世)」자(者), 정전유마융지등(鄭前有馬融之等), 해위장자오세(解爲長子五世), 정이의추지(鄭以義推之), 기신계조여니(己身繼祖與禰), 통이삼세(通已三世), 즉득위장자참(即得爲長子斬), 장자유사세(長子唯四世), 부대오세야(不待五世也), 차미파선사마융지의야(此微破先師馬融之義也). 이융시선사(以融是先師), 고부정언(故不正言), 이운부필이이야(而云不必而已也). 약연(若然), 수승중부득삼년유사종(雖承重不得三年有四種): 일칙정체부득전중(一則正體不得傳重), 위적자유폐질(謂適子有廢疾), 부감주종묘야(不堪主宗廟也); 이즉전중비정체(二則傳重非正體), 서손위후시야(庶孫爲後是也); 삼즉체이부정(三則體而不正), 립서자위후시야(立庶子爲後是也); 사즉정이부체(四則正而不體), 립적손위후시야(立適孫爲後是也). 안(案)《상복소기(喪服小記)》운(云):「적부부위구후자(適婦不爲舅後者), 즉고위지소공(則姑爲之小功)。」정주운(鄭注云):「위부유폐질타고(謂夫有廢疾他故), 약사이무자(若死而無子), 부수중자(不受重者)。」부기소공부대공(婦既小功不大功), 즉부사역부삼년기가지야(則夫死亦不三年期可知也).

위인후자(爲人後者),

◆소(疏)

○석왈(釋曰): 차출후대종(此出後大宗), 기정본소(其情本疏), 고설문차재장자지하야(故設文次在長子之下也). 안(案)《상복소기(喪服小記)》운(云):「계별위대종(繼別爲大宗), 계니위소종(繼禰爲小宗)。」대종즉하문위종자자최삼월(大宗即下文爲宗子齊衰三月), 피운후대종자(彼云後大宗者), 즉차소후(則此所後), 역후대종자야(亦後大宗者也).

전왈(傳曰): 하이삼년야(何以三年也)? 수중자(受重者), 필이존복복지(必以尊服服之). 하여이가위지후(何如而可爲之後)? 동종칙가위지후(同宗則可爲之後). 하여이가이위인후(何如而可以爲人後)? 지자가야(支子可也). 위소후자지조부모(爲所後者之祖父母)、처(妻)、처지부모(妻之父母)、곤제(昆弟)、곤제지자(昆弟之子), 약자(若子).

약자자(若子者), 위소위후지친(爲所爲後之親), 여친자(如親子)。

◆소(疏)

「전왈(傳曰)」지(至)「약자(若子)」. ○석왈(釋曰): 운(云)「하이삼년(何以三年)」자(者), 이생기부모삼년(以生己父母三年), 피부생기역위지삼년(彼不生己亦爲之三年), 고발문(故發問), 비례지전야(比例之傳也). 운(云)「수중자필이존복복지(受重者必以尊服服之)」자(者), 답사야(答辭也). 뢰씨운(雷氏云): 차문당운위인후자(此文當云爲人後者), 「위소후지부(爲所後之父)」, 궐차오자자(闕此五字者), 이기소후지부혹조졸(以其所後之父或早卒), 금소후기인부정(今所後其人不定), 혹후조부(或後祖父), 혹후증고조(或後曾高祖)

(或後曾高祖), 고궐지(故闕之), 견소후부정고야(見所後不定故也). 운(云)「하여이가위지후(何如而可爲之後)」, 문사(問辭). 「동종칙가위지후(同宗則可爲之後)」, 답사(答辭). 차문역문비류(此問亦問比類), 이기취후취하인위지(以其取後取何人爲之), 답이동종칙가위지후(答以同宗則可爲之後), 이기대종자당수취족인(以其大宗子當收聚族人), 비동종칙부가(非同宗則不可). 위동승별자지후(謂同承別子之後), 일종지내(一宗之內), 약별종동성(若別宗同姓), 역부가이기수족고야(亦不可以其收族故也). 우운(又云)「하여이가이위인후(何如而可以爲人後)」, 문사(問辭). 운(云)「지자가야(支子可也)」, 답사(答辭). 이기타가적자당가(以其他家適子當家), 자위소종(自爲小宗), 소종당수렴(小宗當收斂), 오복지내역부가궐(五服之內亦不可闕), 즉적자부득후타(則適子不得後他), 고취지자(故取支子), 지자즉제이이하(支子則第二已下), 서자야(庶也). 부언서자(不言庶子), 운지자자(云支子者), 약언서자(若言庶子), 첩자지칭(妾子之稱), 언위첩자득후인(言謂妾子得後人), 적처제이사하자부득후인(適妻第二已下子不得後人), 시이변서언지(是以變庶言支), 지자(支者), 취지조지의(取支條之義), 부한첩자이이(不限妾子而已). 약연(若然), 적자부득후인(適子不得後人), 무후역당유립후지의야(無後亦當有立後之義也). 운(云)「위소후자지조부모(爲所後者之祖父母)」이하지친지(已下之親至)「약자(若子)」, 위여사자지친자(謂如死者之親子), 즉사자조부모(則死者祖父母), 즉당기증조부모(則當己曾祖父母), 자최삼월야(齊衰三月也). 처위사자지처(妻謂死者之妻), 즉후인지모야(即後人之母也). 처지부모(妻之父母)、곤제(昆弟)、곤제지자(昆弟之子), 병거사자처지부모(並據死者妻之父母)、처지곤제(妻之昆弟)、처지곤제지자(妻之昆弟之子), 어후인위외조부모급구여내형제(於後人爲外祖父母及舅與內兄弟), 개어친자위지저복야(皆如親子爲之著服也). 약연(若然), 상경직언위인후(上經直言爲人後), 부언위부(不言爲父), 차경직언위소후자지조부모급처급사자외친지등(此經直言爲所後者之祖父母及妻及死者外親之等), 부언사자시마(不言死者總麻)、소공(小功)、대공급기지골육친자(大功及期之骨肉親者), 자하작전(子夏作傳), 거소이견친(舉疏以見親), 언외이포내(言外以包內), 골육친자(骨肉親者), 여친자가지(如親子可知).

처위부(妻爲夫)

전왈(傳曰) : 부지존야(夫至尊也).

◆소(疏)

「처위부전왈부지존야(妻爲夫傳曰夫至尊也)」. ○석왈(釋曰) : 자차이하론부인복야(自此已下論婦人服也). 부인비어남자(婦人卑於男子), 고차지(故次之). 안(案)《곡례(曲禮)》운(云) : 「천자왈후(天子曰后), 제후왈부인(諸侯曰夫人), 대부왈유인(大夫曰孺人), 사왈부인(士曰婦人), 서인왈처(庶人曰妻).」후이하개이의칭사(后以下皆以義稱士), 서인득기총명처자(庶人得其總名妻者), 자야(齊也). 부인무작(婦人無爵), 종부지작(從夫之爵), 좌이부지치(坐以夫之齒), 시언처지존비(是言妻之尊卑), 여부제자야(與夫齊者也). 약연(若然), 차경운처위부자(此經云妻爲夫者), 상종천자(上從天子), 하지서인(下至庶人), 개동위부참쇠야(皆同爲夫斬衰也). 전언(傳言)「부지존(夫至尊)」자(者), 수시체적(雖是體敵), 제등부자(齊等夫者), 유시처지존경(猶是妻之尊敬). 이기재가천부(以其在家天父), 출즉천부(出則天夫). 우부인유삼종지의(又婦人有三從之義) : 재가종부(在家從父), 출가종부(出嫁從夫), 부사종자(夫死從子). 시기남존녀비지의(是其男尊女卑之義), 고운부지존(故云夫至尊), 동지어군부야(同之於君父也).

첩위군(妾爲君).

전왈(傳曰) : 군지존야(君至尊也).

첩위부위군자(妾謂夫爲君者), 부득체지(不得體之), 가존지야(加尊之也), 수사역연(雖士亦然)。

◆소(疏)

○석왈(釋曰) : 첩천어처(妾賤於妻), 고차처후(故次妻後). 안(案)《내칙(內則)》운(云) : 「빙즉위처(聘則爲妻), 분즉위첩(奔則爲妾).」정주운(鄭注云) : 「첩지언접(妾之言接), 문피유례(聞彼有禮), 주이왕언(走而往焉), 이득접견어군자(以得接見於君子).」시명첩지의(是名妾之義). 단기병후필적(但其並后匹適), 즉국망가절지본(則國亡家絕之本), 고심억지(故深抑之), 별명위첩야(別名爲妾也). 기명위첩(既名爲妾), 고부득명서위부(故不得名婿爲夫), 고가기존명(故加其尊名), 명지위군야(名之爲君也). 역득접어부(亦得接於夫), 우유존사지칭(又有尊事之稱), 고역복참최야(故亦服斬衰也). 운(云)「군지존야(君至尊也)」자(者), 기명부위군(既名夫爲君), 고동어인군지지존야(故同於人君之至尊也). ○주(注)「첩위(妾謂)」지(至)「역연(亦然)」. ○석왈(釋曰) : 운(云)「부득체지(不得體之), 가존지야(加尊之也)」자(者), 이처득체지득명위부(以妻得體之得名爲夫), 첩수접견어부(妾雖接見於夫), 부득체적(不得體敵), 고가존지이명부위군(故加尊之而名夫爲君), 시이복참야(是以服斬也). 운(云)「수사역연(雖士亦然)」자(者), 안(案)《효경(孝經)》사언쟁우(士言爭友), 즉속례부득위신(則屬隸不得爲臣), 즉사신부합명군(則士身不合

名君), 지어첩지존부(至於妾之尊夫), 여신위이(與臣爲異), 시이수사첩득칭부위군(是以雖士妾得稱夫爲君), 고운수사역연야(故云雖士亦然也)。

여자자재실위부(女子子在室爲父),

여자자자(女子子者), 자녀야(子女也), 별어남자야(別於男子也)。언재실자(言在室者), 관이허가(關已許嫁)。

◆소(疏)

「여자(女子)」지(至)「위부(爲父)」。○주(注)「여자(女子)」지(至)「허가(許嫁)」。○석왈(釋曰):자차진(自此盡)「위부삼년(爲父三年)」, 론녀자자위부출급재실지사(論女子子爲父出及在室之事)。제복우여남자부동(製服又與男子不同)。운(云)「녀자자자(女子子者), 자녀야(子女也), 별어남자야(別於男子也)」자(者), 남자(男子)、녀자(女子), 각단칭자(各單稱子), 시대부모생칭(是對父母生稱)。금어녀자별가일자(今於女子別加一字), 고쌍언이자(故雙言二子), 이별어남일자자(以別於男一子者)。운(云)「언재실자(言在室者), 관이허가(關已許嫁)」자(者), 정의경직운녀자자위부득의(鄭意經直云女子子爲父得矣), 이별가재실자(而別加在室者), 관이허가(關已許嫁)。관(關), 통야(通也), 통이허가(通已許嫁)。《내칙(內則)》「여자십년부출(女子十年不出)」, 우운(又云)「십유오년이계(十有五年而笄)」, 여자자십오허가이계(女子子十五許嫁而笄), 위여자자년십오계(謂女子子年十五笄), 사덕이비(四德已備), 허가여인(許嫁與人), 즉가계(即加笄), 여장부이십이관동(與丈夫二十而冠同)。사이부상(死而不殤), 즉동성인의(則同成人矣)。신기성인(身既成人), 역득위부복참야(亦得爲父服斬也)。수허가위성인(雖許嫁爲成人), 급가(及嫁), 요지이십내가어부가야(要至二十乃嫁於夫家也)。

포총(布總), 전계(箭笄), 좌(髽), 쇠(衰), 삼년(三年)。

차처첩녀자자상복지이어남자자(此妻妾女子子喪服之異於男子者)。총(總), 속발(束髮)。위지총자(謂之總者), 기속기본(既束其本), 우총기말(又總其末)。전계(箭笄), 소죽야(篠竹也)。좌(髽), 로계야(露紒也), 유남자지괄발(猶男子之括髮)。참최괄발이마(斬衰括髮以麻), 즉좌역용마야(則髽亦用麻也)。이마자자항이전(以麻者自項而前), 교어액상(交於額上), 각요계(卻繞紒), 여저삼두언(如著幓頭焉)。《소기(小記)》왈(曰):「남자관이부인계(男子冠而婦人笄), 남자면이부인좌(男子免而婦人髽)。」범복(凡服), 상왈최(上曰衰), 하왈상(下曰裳)。차단언최부언상(此但言衰不言裳), 부인부수상(婦人不殊裳), 최여남자최(衰如男子衰), 하여심의(下如深衣), 심의즉최무대(深衣則衰無帶), 하우무임(下又無衽)。

◆소(疏)

「포총(布總)」지(至)「삼년(三年)」。○주(注)「차처(此妻)」지(至)「무임(無衽)」。○석왈(釋曰):상문부언포(上文不言布), 부언삼년(不言三年), 지차언지자(至此言之者), 상이애극(上以哀極), 고몰기포명여년월(故沒其布名與年月), 지차수언지고야(至此須言之故也)。이기계기용전(以其笄既用箭), 즉총부가부언용포(則總不可不言用布)。우상문질지련유제자(又上文経至練有除者), 차경삼자기여남자유수(此經三者既與男子有殊), 병종삼년내시제지의(並終三年乃始除之矣)。안(案)《상복소기(喪服小記)》운부인대(云婦人帶)「악계이종상(惡笄以終喪)」, 피위부인기복자(彼謂婦人期服者), 대여계종상(帶與笄終喪)。차참최(此斬衰), 대역련이제계(帶亦練而除笄), 역종삼년의(亦終三年矣), 고이삼년언지(故以三年言之)。운(云)「차처첩녀자자상복지이어남자(此妻妾女子子喪服之異於男子)」자(者), 정거경상하부인복참자이언(鄭據經上下婦人服斬者而言)。약연(若然), 주공작경(周公作經), 월처첩이재녀자자지하언지자(越妻妾而在女子子之下言之者), 뢰씨운(雷氏云):복자본위지정(服者本爲至情), 고재녀자자지하위문야(故在女子子之下爲文也)。약연(若然), 경지체례개상진복(經之體例皆上陳服), 하진인(下陳人), 차복지이재하언지자(此服之異在下言之者), 욕견여남자동자여전(欲見與男子同者如前), 여남자이자여후(與男子異者如後), 고설문여상부례야(故設文與常不例也)。이상진복하진인(以上陳服下陳人), 즉상복지중역유녀자자(則上服之中亦有女子子), 금경언녀자자(今更言女子子), 시언기이자(是言其異者)。약연(若然), 상문렬복지중(上文列服之中), 관승영비녀자소복(冠繩纓非女子所服), 차포총계좌등(此布總笄髽等), 역비남자소복(亦非男子所服), 시이위문이역지야(是以爲文以易之也)。운(云)「위지총자(謂之總者), 기속기본(既束其本), 우총기말(又總其末)」자(者), 정해차경운포총자(鄭解此經云布總者), 지위출계후수위식자(只爲出紒後垂爲飾者), 이언이기포총륙승(而言以其布總六升), 여남자관륙승상대(與男子冠六升相對), 고지거출견자이언(故知據出見者而言), 시이정운위지총자(是以鄭云謂之總者), 기속기본우총기말야(既束其本又總其末也)。운(云)「전계(箭笄), 소죽야(篠竹也)」자(者), 안(案)《상서(尚書)·우공(禹貢)》운(云)「소탕기부(篠簜既敷)」, 공운(孔云):「소(篠), 죽전(竹箭)。」시전소위일야(是箭篠爲一也)。우운(又云)「좌(髽), 로계야(露紒也), 유남자지괄발(猶男子之括髮)」자(者), 좌유이종(髽有二種), 안(案)《사상례(士喪禮)》왈(曰)「부인좌어실(婦人髽於室)」, 주운(注云):「시사(始死), 부인장참최자(婦人將斬衰者), 거계이리(去笄而纚)。장자최자(將齊衰者), 골계이리(骨笄而纚)。금언좌자(今言髽者), 역거계리이계야(亦去笄纚而髽也

笄纚而紒也)。 자최이상지계유좌(齊衰以上至笄猶髽), 좌지이어괄발자(髽之異於括髮者), 기거리이이발위대계(既去纚而以髮爲大紒), 여금부인로계기상야(如今婦人露紒其象也)。」기용마포(其用麻布), 역여저삼두(亦如著縓頭), 연시부인좌지제야(然是婦人髽之制也)。 이종자(二種者) : 일시미성복지좌(一是未成服之髽), 즉(即)《사상례(士喪禮)》소운자시야(所云者是也), 장참최자용마(將斬衰者用麻), 장자최자용포(將齊衰者用布) ; 이자성복지후로계지좌(二者成服之後露紒之髽), 즉차경주시야(即此經注是也)。 운(云)「참최괄발이마(斬衰括髮以麻), 즉좌역용마(則髽亦用麻)」자(者), 안(案)《상복소기(喪服小記)》운참최(云斬衰)「괄발이마(括髮以麻), 면이이포(免而以布)」, 남자계발여면용포(男子髻髮與免用布), 유문(有文) ; 부인좌용마포(婦人髽用麻布), 무문(無文)。 정이남자계발(鄭以男子髻髮), 부인좌(婦人髽), 동재소렴지절(同在小斂之節), 명용물여제도역응부수(明用物與制度亦應不殊)。 단남자양(但男子陽), 이외물위명(以外物爲名), 명위괄발(名爲括髮)。 부인음(婦人陰), 이내물위칭(以內物爲稱), 칭위좌(稱爲髽), 위이이(爲異耳)。 정인한법삼두황자(鄭引漢法縓頭況者), 고지괄발(古之括髮), 기좌지상역여차(其髽之狀亦如此), 고정주(故鄭注)《사상례(士喪禮)》운(云) : 「기용마포역여저삼두야(其用麻布亦如著縓頭也)。」인(引)《상복소기(喪服小記)》자(者), 피거남자관(彼居男子冠), 부인계(婦人笄), 상대유이시(相對有二時) : 일자남자이십이관(一者男子二十而冠), 부인허가이계(婦人許嫁而笄), 길시상대야(吉時相對也) ; 일자성복후(一者成服後), 남자상복(男子喪服), 부인전계(婦人箭笄), 상중상대야(喪中相對也)。 금차(今此)《소기(小記)》소운(所云), 참상하문(參上下文), 시거상중계상대이언(是據喪中笄相對而言)。 인지자(引之者), 정경전계시여남관상대지물야(証經箭笄是與男冠相對之物也)。 운(云)「남자면이부인좌(男子免而婦人髽)」자(者), 역(亦)《소기(小記)》지문(之文)。 차면기자최이하(此免既齊衰以下), 용포위면(用布爲免), 즉좌시자최이하(則髽是齊衰以下), 역동용포위좌(亦同用布爲髽), 상대이언야(相對而言也)。 단남자양다변(但男子陽多變), 참최명괄발(斬衰名括髮), 자최이하명면이(齊衰以下名免耳) ; 부인음소변(婦人陰少變), 고제(故齊)、참부인동명좌(斬婦人同名髽)。 안(案)《사상례(士喪禮)》정주운(鄭注云) : 「중주인면자(衆主人免者), 자최장단(齊衰將袒), 이면대관(以免代冠)。 면지제미문(免之制未聞), 구설이위여관상(舊說以爲如冠狀), 광일촌(廣一寸)」, 역인(亦引)《소기(小記)》괄발급한삼두위설(括髮及漢縓頭爲說)。 즉급발급면여좌(則及髮及免與髽), 삼자수용마포부동(三者雖用麻布不同), 개여저삼두부별(皆如著縓頭不別)。 약연(若然), 성복이후(成服以後), 참최지시마개관여삼두(斬衰至緦麻皆冠如縓頭), 부인개로계이좌야(婦人皆露紒而髽也)。 운(云)「범복(凡服), 상왈쇠(上曰衰), 하왈상(下曰裳)。 차단언쇠부언상(此但言衰不言裳), 부인부수상(婦人不殊裳)」자(者), 이기남자수의상(以其男子殊衣裳), 시이최철어의(是以衰綴於衣), 의통명위최(衣統名爲衰), 고최상병견(故衰裳並見)。 안(案)《주례(周禮)·내사복(內司服)》왕후륙복(王后六服), 개단언의부언상(皆單言衣不言裳), 이련의상(以連衣裳), 부별견상(不別見裳)。 칙차(則此)《상복(喪服)》역련상어의(亦連裳於衣), 최역철어의이명쇠(衰亦綴於衣而名衰), 고직명최(故直名衰), 무상지별칭야(無裳之別稱也)。 운(云)「최여남자쇠(衰如男子衰)」자(者), 부인최역여하기소운(婦人衰亦如下記所云)「범최외삭폭(凡衰外削幅)」, 이하지제여남자쇠야(以下之製如男子衰也)。 운(云)「하여심의(下如深衣)」자(者), 여심의륙폭(如深衣六幅), 파위십이(破爲十二), 활두항하(闊頭鄕下), 협두향상(狹頭鄕上), 봉제배요야(縫齊倍要也)。 운(云)「심의즉최무대(深衣則衰無帶), 하(下)」자(者), 안하기운(案下記云)「의대하척(衣帶下尺)」, 주운(注云) : 「의대하척자(衣帶下尺者), 요야(要也)。 광척(廣尺), 족이엄상상제야(足以掩裳上際也)。」금차상기봉저의(今此裳既縫著衣), 부견리의(不見裡衣), 고부수요이엄상상제(故不須要以掩裳上際), 고지무요야(故知無要也)。 운(云)「우무임(又無衽)」자(者), 우안하기운(又案下記云)「임이척오촌(衽二尺有五寸)」, 주운(注云) : 「임(衽), 소이엄상제야(所以掩裳際也)。」피거남자양다변(彼據男子陽多變), 고의상별제(故衣裳別製)。 상우전삼폭(裳又前三幅), 후사폭(后四幅), 개량변(開兩邊), 로리의(露裡衣), 시이수임(是以須衽)。 속의량방수지(屬衣兩旁垂之), 이엄교제지지처(以掩交際之處)。 차기하여심의(此既下如深衣), 봉지이합전후(縫之以合前後), 량변부개(兩邊不開), 고부수임이엄지야(故不須衽以掩之也)。 안(案)《심의(深衣)》운(云)「속임구변(續衽鉤邊)」, 주운(注云) : 「속유속야(續猶屬也)。 임(衽), 재상방자야(在裳旁者也)。 속련지(屬連之), 부수상전후야(不殊裳前後也)。 구변(鉤邊), 여금곡거야(如今曲裾也)。」피길복심의(彼吉服深衣), 수유곡거지임(須有曲裾之衽)。 차부인흉복지최(此婦人凶服之衰), 하련상(下連裳), 수여심의(雖如深衣), 부득진여심의병유임(不得盡如深衣並有衽), 고정총운하무임(故鄭總云下無衽), 즉비직무상복지임(則非直無喪服之衽), 역무길복심의지임야(亦無吉服深衣之衽也)。

전왈(傳曰) : 총륙승(總六升), 장륙촌(長六寸), 전계장척(箭笄長尺), 길계척이촌(吉笄尺二寸)。

총륙승자(總六升者), 수식상관수(首飾象冠數)。 장륙촌(長六寸), 위출계후소수위식야(謂出紒後所垂爲飾也)。

◆소(疏)

「전왈총(傳曰總)」지(至)「이촌(二寸)」。 ○석왈(釋曰) : 운(云)「전계장척(箭笄長尺), 길계척이촌(吉笄尺二寸)」자(者), 차참지계용전(此斬之笄用箭), 하기운(下記云) : 여자자적인위부모(女子子適人爲父

母), 부위구고(婦爲舅姑), 용악계(用惡笄)。 정이위진목위계(鄭以爲榛木爲笄), 즉(則)《단궁(檀弓)》「남궁도지처지고지상(南宮縚之妻之姑之喪)」, 운(云)「개진이위계(蓋榛以爲笄)」, 시야(是也)。 길시(吉時), 대부사여처용상(大夫士與妻用象), 천자제후지후(天子諸侯之后), 부인용옥위계(夫人用玉爲笄)。 금어상중(今於喪中), 유유차전계급진이자(唯有此箭笄及榛二者)。 약언촌수(若言寸數), 역부과차이등(亦不過此二等)。 이기참최척(以其斬衰尺), 길계척이촌(吉笄尺二寸)。《단궁(檀弓)》남궁도지처위고(南宮縚之妻爲姑), 진이위계(榛以爲笄), 역운일척(亦云一尺), 칙대공이하(則大功以下), 부득경용차강(不得更容差降)。 정주(鄭注)《소기(小記)》운(云):「계소이권발(笄所以捲髮)。」기재동권발(既在同捲髮), 고오복략위일절(故五服略爲一節), 개용일척이이(皆用一尺而已)。 시이녀자자위부모기용진계(是以女子子爲父母既用榛笄), 졸곡지후(卒哭之後), 절길계지수귀어부가(折吉笄之首歸於夫家)。 이진계지외(以榛笄之外), 무가차강(無可差降), 고용길계야(故用吉笄也)。 약연(若然), 총부언길(總不言吉), 이계언지자(而笄言之者), 이기상중유용길계지법(以其喪中有用吉笄之法), 고(故)《소기(小記)》무절계지법당기문(無折笄之法當記文), 고(故)《소기(小記)》절길계지수시야(折吉笄之首是也)。○주(注)「총륙(總六)」지(至)「식야(飾也)」。○석왈(釋曰):운(云)「총륙승자(總六升者), 수식상관수(首飾象冠數)」야(也), 상운남자관륙승(上云男子冠六升), 차녀자자총용포(此女子子總用布), 당남자관용포지처(當男子冠用布之處), 고동륙승(故同六升), 이동수식고야(以同首飾故也)。 십오승수식존(十五升首飾尊), 고길복지면삼십승(故吉服之冕三十升), 역배어조복십오승야(亦倍於朝服十五升也)。 운(云)「장륙촌(長六寸), 위출계후소수위식(謂出紒後所垂爲飾)」야(也), 정지자(鄭知者), 약거기속본(若據其束本), 입소부견(入所不見), 하촌수지유호(何寸數之有乎)? 고정이륙촌거수지자(故鄭以六寸據垂之者), 차참최륙촌(此斬衰六寸)。 남궁도처위고총팔촌(南宮縚妻爲姑總八寸), 이하수무문(以下雖無文), 대공당여제동팔촌(大功當與齊同八寸), 시마(緦麻)、소공동일척(小功同一尺), 길총당척이촌(吉總當尺二寸), 여계동야(與笄同也)。

자가(子嫁), 반재부지실(反在父之室), 위부삼년(爲父三年)。

위조상후이출자(謂遭喪後而出者), 시복자최기(始服齊衰期), 출이우(出而虞), 즉수이삼년지상수(則受以三年之喪受), 기우이출(既虞而出), 즉소상역여지(則小祥亦如之), 기제상이출(既除喪而出), 즉이(則已)。 범녀행어대부이상왈가(凡女行於大夫以上曰嫁), 행어사서인왈적인(行於士庶人曰適人)。

◆소(疏)

「자가(子嫁)」지(至)「삼년(三年)」。○석왈(釋曰):부언녀자자(不言女子子), 직운(直云)「자가(子嫁)」자(者), 상문이운녀자자(上文已云女子子), 별어남자(別於男子), 차승상(此承上), 고부수구언(故不須具言), 직운자가(直云子嫁), 시녀자자가지(是女子子可知)。 직운반위부족의(直云反爲父足矣), 이운(而云)「반재부지실(反在父之室)」자(者), 이기출시(以其出時), 부이사(父已死), 초복자최(初服齊衰), 부여재실동(不與在室同)。 기복자최(既服齊衰), 후반피출(後反被出), 경복참최(更服斬衰), 즉여재실동(即與在室同), 고수언재실야(故須言在室也)。 언(言)「삼년(三年)」자(者), 역유사수언(亦有事須言), 이기초사복기복(以其初死服期服), 사후피출향부가(死後被出向父家), 경복참최삼년(更服斬衰三年), 여상재실자동(與上在室者同), 고수언삼년야(故須言三年也)。○주(注)「위조상(謂遭喪)」지(至)「적인(適人)」。○석왈(釋曰):정지조상후피출자(鄭知遭喪後被出者), 약부미사피출(若父未死被出), 자연시재실(自然是在室), 여상문동(與上文同), 하수설차경(何須設此經)。 명시조상후(明是遭喪後), 피칠출자(被七出者)。 운(云)「시복자최(始服齊衰)」자(者), 이기조부상시미출(以其遭父喪時未出), 즉부장기(即不杖期), 《마구장(麻屨章)》운녀자자가위부모시야(云女子子嫁爲父母是也)。 운(云)「출이우(出而虞), 칙수이삼년지상수(則受以三年之喪受)」자(者), 약부피출(若不被出), 칙우후이기관위수(則虞後以其冠爲受), 가녀재실(嫁女在室), 위부오승최상(爲父五升衰裳), 팔승총(八升總)。 금미우이출(今未虞而出), 시출이내우(是出而乃虞), 우후수복여재가형제동수참최(虞後受服與在家兄弟同受斬衰)。 참최(斬衰), 초사삼승최상(初死三升衰裳), 륙승관(六升冠)。 기장(既葬), 이기관위수(以其冠爲受), 최륙승(衰六升), 관칠승(冠七升)。 차피출지녀(此被出之女), 역수최상륙승(亦受衰裳六升), 총칠승(總七升), 여재실지녀동(與在室之女同), 고운수이삼년지상수야(故云受以三年之喪受也)。 운(云)「기우이출(既虞而出), 칙소상역여지(則小祥亦如之)」자(者), 미우이전미피출(未虞已前未被出), 지수후(至受後), 수이출가지수(受以出嫁之受), 이팔승최상(以八升衰裳), 구승총(九升總)。 금기우후(今既虞後), 내피출지가(乃被出至家), 우여재실녀동(又與在室女同)。 지소상련제(至小祥練祭), 재실지녀수최칠승(在室之女受衰七升), 총팔승(總八升), 차피출지녀여지동(此被出之女與之同), 고운기우이출소상역여지(故云既虞而出小祥亦如之)。 운(云)「기제상이출(既除喪而出), 즉이(則已)」자(者), 차위기소상이출자(此謂既小祥而出者), 이기가녀위부모기(以其嫁女爲父母期), 지소상이제의(至小祥已除矣), 제복후내피출(除服後乃被出), 부복위부저복(不復爲父著服), 고운기제이출즉이야(故云既除而出則已也)。 운(云)「범녀행어대부이상왈가(凡女行於大夫已上曰嫁), 행어사서인자왈적인(行於士庶人者曰適人)」, 안(案)《자최삼월장(齊衰三月章)》운(云):「녀자자가자(女子子嫁者)、미가자위증조부모(未嫁者爲曾祖父母)。」전왈(傳曰):가자(嫁者), 가어대부(嫁於大夫);미가자(未嫁者), 성인이미가자(成人而未嫁者)。 시행어대부왈가(是行於大夫曰嫁)。《부장장(不杖章)》운(云):「녀자자적인자위기부모(女子子適人者爲其父母)、곤제지위부후자(昆弟之爲父後者)。」전수부해상복(傳雖不解喪服), 본문시사(本文是士), 고지행어사서인왈적인(故知行於士庶人曰適人)。 서인위서인재관자(庶人謂庶人在官者), 부사(府史)、서도명왈서인(胥徒名曰庶人)。 지어민서(至於民庶), 역동행사례(亦同行士禮), 이례궁칙동지(以禮窮則同之)。 행대부이상왈가(行大夫以上曰嫁), 약천자지녀가어제후(若天子之女嫁於諸侯), 제후지녀가어대부(諸侯之女嫁於大夫)。 출가위부참(出嫁爲夫斬), 잉위부모부강(仍爲父母不降)。 지자(知者), 이기외종(以其外宗)、내종급여제후위형제자위군개참(內宗及與諸侯爲兄弟者爲君皆斬)。 명지녀수출가(明知女雖出嫁), 반(反), 위군부강(爲君不降)。 약연(若然), 하전운(下傳云): 「부인불이참(婦人不二斬), 유왈부이천(猶曰不二天)。」 금약위부참(今若爲夫斬), 우위부참(又爲父斬), 즉시이천(則是二天), 여전위자(與傳違者), 피부이천자(彼不二天者), 이부인유삼종지의(以婦人有三從之義), 무자전지도(無自專之道), 욕사일심어기천(欲使一心於其天), 차내존군의참(此乃尊君宜斬), 부가이경복복지(不可以輕服服之), 부득이피결차(不得以彼決此)。 약연(若然), 외종(外宗)、내종여제후위형제복참자(內宗與諸侯爲兄弟服斬者), 기부위부복참호(豈不爲夫服斬乎)? 명위군참(明爲君斬), 위부역참의(爲夫亦斬矣)。

공사(公士)、대부지중신(大夫之衆臣), 위기군포대(爲其君布帶)、승구(繩屨)

사(士), 경사야(卿士也)。 공경대부염어천자제후(公卿大夫厭於天子諸侯), 고강기중신포대승구(故降其衆臣布帶繩屨), 귀신득신(貴臣得伸), 부탈기정(不奪其正)。

◆소(疏)

「공사(公士)」지(至)「승구(繩屨)」。 ○주(注)「사경(士卿)」지(至)「기정(其正)」。 ○석왈(釋曰): 운(云)「사(士), 경사야(卿士也)」자(者), 이기재공지하(以其在公之下), 대부지상(大夫之上), 존비당경지위(尊卑當卿之位), 고지시경사야(故知是卿士也)。 부언공경언사자(不言公卿言士者), 욕견공무정직(欲見公無正職), 대부우승부어경사지언사(大夫又承副於卿士之言事), 경유직사지중(卿有職事之重), 고변언사(故變言士), 견사의야(見斯義也)。 운(云)「공경대부염어천자제후(公卿大夫厭於天子諸侯), 고강기중신포대승구(故降其衆臣布帶繩屨)」자(者), 정해공경대부(鄭解公卿大夫)、천자제후병언지자(天子諸侯並言之者), 욕견천자제후하개유공경대부(欲見天子諸侯下皆有公卿大夫), 공경대부하개유귀신중신(公卿大夫下皆有貴臣衆臣)。 약연(若然), 천자제후하공경대부(天子諸侯下公卿大夫), 《주례(周禮)•전명(典命)》급(及)《대재(大宰)》구유기문(具有其文), 차제후하공경(此諸侯下公卿), 《전명(典命)》대국립고일인시야(大國立孤一人是也)。 이기제후무공(以其諸侯無公), 고이고위공경(故以孤爲公卿)。 《연례(燕禮)》운(云): 「약유제공(若有諸公), 즉선경헌지(則先卿獻之)。」 정주운(鄭注云): 「제공자(諸公者), 대국지고야(大國之孤也)。 고일인(孤一人), 언제자(言諸者), 용목유삼감(容牧有三監)。」 시이기고위공(是以其孤爲公), 언염어천자제후(言厭於天子諸侯), 고제기중신포대(故除其衆臣布帶)、승구이사(繩屨二事), 기여복장(其餘服杖)、관(冠)、질칙여상야(経則如常也)。 기포대칙여자최동(其布帶則與齊衰同), 기승구칙여대공등야(其繩屨則與大功等也)。 운(云)「귀신득신(貴臣得伸), 부탈기정(不奪其正)」자(者), 하전운(下傳云)「실로사귀신(室老士貴臣)」, 고운귀신득신(故云貴臣得伸)。 득신자(得伸者), 의상문교대(依上文絞帶)、관구(菅屨), 고운부탈기정야(故云不奪其正也)。

전왈(傳曰): 공경대부실로(公卿大夫室老)、사(士), 귀신(貴臣), 기여개중신야(其餘皆衆臣也)。 군(君), 위유지자야(謂有地者也)。 중신장(衆臣杖), 부이즉위(不以卽位)。 근신(近臣), 군복사복의(君服斯服矣)。 승구자(繩屨者), 승비야(繩菲也)。

실노(室老), 가상야(家相也)。 사(士), 읍재야(邑宰也)。 근신(近臣), 혼사지속(閽寺之屬)。 군(君), 사군야(嗣君也)。 사(斯), 차야(此也)。 근신종군상복무소강야(近臣從君喪服無所降也)。 승비(繩菲), 금시부차야(今時不借也)。

◆소(疏)

「전왈공(傳曰公)」지(至)「비야(菲也)」。 ○석왈(釋曰): 운(云)「실로(室老)、사(士), 귀신(貴臣), 기여개중신야(其餘皆衆臣也)」자(者), 전이경직운중신(傳以經直云衆臣), 부분별상하귀천(不分別上下貴賤), 고운실로(故云室老)、사이자시귀신(士二者是貴臣), 기여개중신야(其餘皆衆臣也)。 운(云)「유지자(有地者)。 중신(衆臣), 장부이즉위(杖不以卽位)」, 욕견공경대부(欲見公卿大夫), 혹유지혹무지(或有地或無地), 중신위지개유장(衆臣爲之皆有杖)。 단무지공경대부기군비(但無地公卿大夫其君卑), 중신위지개득이장(衆臣爲之皆得以杖), 여사군동즉조계하조석곡위(與嗣君同卽阼階下朝夕哭位)。 약유지공경대부(若有地公卿大夫), 기군존(其君尊), 중신수장(衆臣雖杖), 부득여사군동즉조계하조석곡위(不得與嗣君同卽阼階下朝夕哭位), 하군고야(下君故也)。 ○주(注)「실로(室老)」지(至)「차야(借也)」。 ○석왈(釋曰): 운(云)「실로(室老), 가상야(家相也)」자(者), 《좌씨전(左氏傳)》운(云)「장씨로(臧氏老)」, 《논어(論語)》운(云)「조위로(趙魏老)」, 시가신칭로(是家臣稱老)。 운가상자(云家相者), 안(案)《곡례(曲禮)》운대부부명(云大夫不名), 가상장첩(家相長妾). 이대부칭가(以大夫稱家), 시실로상가사자야(是室老相家事者也). 운(云)「사(士), 읍재야(邑宰也)」자(者), 《잡기(雜記)》운(云):「대부거려(大夫居廬), 사거악실(士居堊室).」정주운(鄭注云):「사거악실(士居堊室), 역위읍재야(亦謂邑宰也).」여차동(與此同), 개위읍재사야(皆謂邑宰爲士也). 약연(若然), 고경대부유채읍자(孤卿大夫有菜邑者), 기읍기유읍재(其邑既有邑宰), 우유가상(又有家相), 약로삼경(若魯三卿), 공산불요위계씨비재(公山弗擾爲季氏費宰), 자고위맹씨지성재지류(子羔爲孟氏之郕宰之類), 개위읍재야(皆爲邑宰也). 양화(陽貨)、염유(冉有)、자로지등위계씨가상(子路之等爲季氏家相), 역명가재(亦名家宰). 약무지(若無地), 경대부즉무읍재(卿大夫則無邑宰), 직유가재(直有家宰). 칙공자위로대부(則孔子爲魯大夫), 이원사위지재(而原思爲之宰), 시직유가상자야(是直有家相者也). 차등제후지신(此等諸侯之臣), 이유귀신(而有貴臣)、중신지사(眾臣之事). 안(案)《주례(周禮)·재사(載師)》운(云):가읍임초지(家邑任稍地), 소도임현지(小都任縣地), 대도임강지(大都任疆地). 시천자공경대부유채지자야(是天子公卿大夫有菜地者也). 안(案)《정지(鄭志)》답운(答云):천자지경(天子之卿), 기지견사내유(其地見賜乃有), 하유제후지신정유차지(何由諸侯之臣正有此地), 즉천자하유무지자야(則天子下有無地者也). 유채지자유읍재(有菜地者有邑宰), 복유가상(復有家相), 무지자(無地者), 직유가상가지(直有家相可知). 운(云)「근신(近臣), 혼사지속(閽寺之屬)」자(者), 《주례(周禮)》천자궁유혼인(天子宮有閽人), 사인(寺人). 혼인장수중문지금(閽人掌守中門之禁), 신야개폐(晨夜開閉), 묵자사수문자야(墨者使守門者也). 사인장외내지통령(寺人掌外內之通令), 엄인사수후지궁문자야(奄人使守后之宮門者也). 시개근군지소신(是皆近君之小臣), 우여중신부동(又與眾臣不同), 무소강기복(無所降其服), 우득여귀신등부혐상핍통야(又得與貴臣等不嫌相逼通也). 시이(是以)《상복소기(喪服小記)》운(云):「근신(近臣), 군복사복의(君服斯服矣), 기여종이복(其餘從而服), 부종이세(不從而稅).」피역시근군소신(彼亦是近君小臣), 여대신이야(與大臣異也). 운(云)「군(君), 사군야(嗣君也)」자(者), 석전운(釋傳云):군복단기군이사의(君服但其君以死矣), 경유군위사군지복(更有君爲死君之服), 고지시사군(故知是嗣君). 약연(若然), 안(案)《왕제(王製)》기내제후부세작이세록(畿內諸侯不世爵而世祿), 피즉천자공경대부미작명(彼則天子公卿大夫未爵命), 득유사군자(得有嗣君者), 이세록강미득작(以世祿降未得爵), 역득위사군(亦得爲嗣君), 황기중겸기외제후하경대부야(況其中兼畿外諸侯下卿大夫也). 차(且)《시(詩)》운(云):「유주지사(維周之士), 부현역세(不顯亦世).」《좌씨전(左氏傳)》운(云):「관유세공(官有世功), 즉유관족(則有官族).」개시신유세공(皆是臣有世功), 자손득습작(子孫得襲爵), 고수기내공경대부유사군야(故雖畿內公卿大夫有嗣君也). 운승비금시부차야자(云繩菲今時不借也者), 주시인위지구(周時人謂之屨), 자하시인위지비(子夏時人謂之菲), 한시위지부차자(漢時謂之不借者), 차흉도구(此凶荼屨), 부득종인차(不得從人借), 역부득차인(亦不得借人), 개시이시이별명야(皆是異時而別名也).

소최상제(疏衰裳齊)、모마질(牡麻経)、관포영(冠布纓)、삭장(削杖)、포대(布帶)、소구삼년자(疏屨三年者)。

소유조야(疏猶粗也)。

◆소(疏)

「소최(疏衰)」지(至)「년자(年者)」。○주(注)「소유조야(疏猶粗也)」。○석왈(釋曰):차(此)《자최삼년장(齊衰三年章)》, 이경어참(以輕於斬), 고차참후(故次斬后). 소유조야(疏猶粗也), 조최자(粗衰者), 안상(案上)《참쇠장(斬衰章)》중위군삼승반조쇠(中爲君三升半粗衰), 정주(鄭注)《잡기(雜記)》운미세언(云微細焉), 즉속어조(則屬於粗), 즉삼승정복참부득조명(則三升正服斬不得粗名), 삼승반성포삼승미세칙득조칭(三升半成布三升微細則得粗稱). 조최위재삼승참내(粗衰爲在三升斬內), 이참위정(以斬爲正), 고몰의복지조(故沒義服之粗). 지차사승(至此四升), 시견조야(始見粗也). 약연(若然), 위부애극(爲父哀極), 직견심통지참(直見深痛之斬), 부몰인공지조(不沒人功之粗). 지어의복참최지등(至於義服斬衰之等), 내견조칭(乃見粗稱), 지어대공(至於大功)、소공(小功), 경견인공지현(更見人功之顯), 시마극경(緦麻極輕), 우표세밀지사(又表細密之事), 개위애유심천(皆爲哀有深淺), 고작문부동야(故作文不同也). 참최선언참자(斬衰先言斬者), 일즉견선참기포(一則見先斬其布), 내작최상(乃作衰裳);이칙견위부극애(二則見爲父極哀), 선표참지심중(先表斬之深重). 차자최초경(此齊衰稍輕), 직견조의지법(直見造衣之法). 최상기취(衰裳既就), 내시집지(乃始緝之), 시이참최(是以斬衰), 참재상(斬在上), 자최(齊衰), 자재하(齊在下). 「모마질(牡麻経)」자(者), 참최질부언마(斬衰経不言麻), 차자최질견마자(此齊衰経見麻者), 피유장(彼有杖), 장역저(杖亦苴), 고부득언마(故不得言麻). 차질문고부겸장(此経文孤不兼杖), 고득언마야(故得言麻也). 운(云)「관포영(冠布纓)」자(者), 안참최관승영(案斬衰冠繩纓), 퇴재교대하(退在絞帶下), 사부몽저제(使不蒙苴齊), 관포영(冠布纓), 무차의(無此義), 고진지사여질동처(故進之使與経同處). 차포영역여상승영(此布纓亦如上繩纓), 이일조위무(以一條爲武), 수하위영야(垂下爲纓也). 운(云)「삭장포대(削杖布帶)」자(者), 병부취몽저지의(並不取蒙苴之義), 고재상처(故在常處). 단장실시동(但杖實是桐), 부언동자(不言桐者), 이참최장부언죽(以斬衰杖不言竹), 사몽저고궐죽자(使蒙苴故闕竹字). 차기부취몽저(此既不取蒙苴), 역부언동자(亦不言桐者), 욕견모비부삭살지의(欲見母比父削殺之義), 고역몰동문야(故亦沒桐文也). 포대자(布帶者), 역상혁대(亦象革帶), 이칠승포위지(以七升布爲之), 차즉하장대연각시기관시야(此即下章帶緣各視其冠是也)。자참부언포(齊斬不言布), 차영대언포자(此纓帶言布者), 이대참최영대용승(以對斬衰纓帶用繩), 고차수언용포지사야(故此須言用布之事也)。「소구(疏屨)」자(者), 소취용초지의(疏取用草之義), 즉(即)《이아(爾雅)》운(云)「소부숙(疏不熟)」지소(之疏)。약연(若然), 주운소유조자(注云疏猶粗者), 직석경소최이이(直釋經疏衰而已), 부석소구지소(不釋疏屨之疏)。약연(若然), 《참최장(斬衰章)》언(言)「관구(菅屨), 견초체자(見草體者), 이기중(以其重), 고견초체(故見草體), 거기악모(舉其惡貌)。차언소이기초경(此言疏以其稍輕), 고거초지총칭(故舉草之總稱)。자차이하(自此以下), 각거차강지의(各據差降之宜), 고(故)《부장장(不杖章)》언(言)「마구(麻屨), 《자최삼월(齊衰三月)》여(與)《대공(大功)》동(同)「승구(繩屨), 《소공(小功)》시마경(緦麻輕), 우몰기구호(又沒其屨號)。언(言)「삼년(三年)」자(者), 이기위모초경(以其為母稍輕), 고표기년월(故表其年月)。약연(若然), 부재위염강지기(父在為厭降至期), 금기부졸(今既父卒), 직신삼년지최(直申三年之衰), 유부신참자(猶不申斬者), 이천무이일(以天無二日), 가무이존야(家無二尊也)。시이부수졸후(是以父雖卒后), 잉이여존소염(仍以餘尊所厭), 직신삼년(直申三年), 부득신참야(不得申斬也)。운(云)「자(者)」자(者), 역여(亦如)《참최장(斬衰章)》문(文), 명자위하출야(明者為下出也)。

《전(傳)》왈(曰) : 제자하(齊者何) 집야(緝也)。모마자(牡麻者), 시마야(枲麻也)。모마질(牡麻絰), 우본재상(右本在上), 관자고공야(冠者沽功也)。소구자(疏屨者), 표괴지비야(藨蒯之菲也)。

고유조야(沽猶粗也)。관존(冠尊), 가기조(加其粗)。조공(粗功), 대공야(大功也)。자최부서수월자(齊衰不書受月者), 역천자제후경대부사우졸곡이수(亦天子諸侯卿大夫士虞卒哭異數)。

◆소(疏)

「전왈(傳曰)」지(至)「비야(菲也)」。○주(注)「고유(沽猶)」지(至)「이수(異數)」。○석왈(釋曰) : 집칙금인위지위편야(緝則今人謂之為繯也)。상장전선운(上章傳先云)「참자하부집야(斬者何不緝也)」, 차장언제대참(此章言齊對斬), 고역선언(故亦先言)「자자하집야(齊者何緝也)」。운모마자시마야자(云牡麻者枲麻也者), 차시대상장저(此枲對上章苴), 저시악색(苴是惡色), 즉시시호색(則枲是好色)。고(故)《간전(間傳)》운(云)「참최모약저(斬衰貌若苴), 자최모약시(齊衰貌若枲)」야(也)。운(云)「모마질우본재상(牡麻絰右本在上)」자(者), 상장위부(上章為父), 좌본재하자(左本在下者), 양통어내(陽統於內) ; 즉차위모(則此為母), 음통어외(陰統於外), 고우본재상야(故右本在上也)。운(云)「소구자편괴지비야(疏屨者藨蒯之菲也)」자(者), 표시초명(藨是草名), 안(案)《옥조(玉藻)》운(云)「구괴석(屨蒯席)」, 칙괴역초류(則蒯亦草類)。운(云)「관존가기조(冠尊加其粗), 조공대공야(粗功大功也)」자(者), 차정수거자최삼년이언(此鄭雖據齊衰三年而言), 관존가복개동(冠尊加服皆同), 시이최상승수항소(是以衰裳升數恆少), 관지승수항다(冠之升數恆多)。관재수존(冠在首尊), 기관종수존(既冠從首尊), 고가식이승수항다야(故加飾而升數恆多也)。참관륙승(斬冠六升), 부언공자(不言功者), 륙승수시제지말(六升雖是齊之末), 미득고칭(未得沽稱), 고부견인공(故不見人功)。차삼년자관칠승(此三年齊冠七升), 초입대공지경(初入大功之境), 고언고공(故言沽功), 시견인공(始見人功)。고(沽), 조지의(粗之義), 고운조공(故云粗功), 견인공조대부정자야(見人功粗大不精者也)。운(云)「자최부서수월자(齊衰不書受月者), 역천자제후경대부사우졸곡이수(亦天子諸侯卿大夫士虞卒哭異數)」자(者), 기의설여(其義說與)《참장(斬章)》동(同), 고운(故云)「역(亦)」야(也)。

부졸즉위모(父卒則爲母)。

존득신야(尊得伸也)。

◆소(疏)

「부졸칙위모(父卒則為母)」。○주(注)「존득신야(尊得伸也)」。○석왈(釋曰) : 차장전위모삼년(此章專為母三年), 중어기(重於期), 고재전야(故在前也)。직운부졸위모족의(直云父卒為母足矣), 이운(而云)「즉(則)」자(者), 욕견부졸삼년지내이모졸(欲見父卒三年之內而母卒), 잉복기(仍服期), 요부복제후(要父服除後), 이모사내득신삼년(而母死乃得伸三年), 고운즉이차기의야(故云則以差其義也)。필지의여차자(必知義如此者), 안(案)《내칙(內則)》운(云) : 「여자십유오이계(女子十有五而笄), 이십이가(二十而嫁)。유고(有故), 이십삼년이가(二十三年而嫁)。」주운(注云) : 「고(故), 위부모지상(謂父母之喪)。」언이십삼이가(言二十三而嫁), 부지일상이이(不止一喪而已), 고정병운부모상야(故鄭並云父母喪也)。약전조모상(若前遭母喪), 후조부상(后遭父喪), 자연위모기위부삼년(自然為母期為父三年), 이십삼이가가지(二十三而嫁可知)。약전조부복미결(若前遭父服未闋), 즉득위모삼년(即得為母三年), 칙시유고(則是有故), 이십사이가(二十四而嫁), 부지이십삼야(不止二十三也)。지자(知者), 가령녀년이십(假令女年二十), 이월가취지월(二月嫁娶之月), 장가(將嫁), 정월이조부상(正月而遭父喪), 병후년정월위십삼월소상(並后年正月為十三月小祥), 우지후년정월대상(又至后年正月大祥), 녀년이십이(女年二十二), 욕이이월(欲以二月

장가(欲以二月將嫁), 우조모상(又遭母喪), 지후년정월십삼월대상(至后年正月十三月大祥), 녀년이십삼장가(女年二十三將嫁)。차시부복장제(此是父服將除), 조모상(遭母喪), 유부득위신삼년(猶不得爲申三年)。황조부상(況遭父喪), 재소상지전(在小祥之前), 하득즉신삼년야(何得即申三年也)。시부복미제(是父服未除), 부득위모삼년지험(不得爲母三年之驗), 일야(一也)。우(又)《복문(服問)》주왈(注曰):「위모기장(爲母既葬), 최팔승(衰八升)。」역거부졸위모(亦據父卒爲母), 여부재위모동오승최상(與父在爲母同五升衰裳), 팔승관(八升冠)。기장(既葬), 이기관위지수최팔승(以其冠爲之受衰八升), 시부졸위모(是父卒爲母), 미득신삼년지험(未得申三年之驗), 이야(二也)。《간전(間傳)》운위모기우졸곡(云爲母既虞卒哭), 최칠승자(衰七升者), 내시부복제후(乃是父服除後), 내위모신삼년(乃爲母申三年)。초사(初死), 최사승(衰四升), 관칠승(冠七升);기장(既葬), 이기관위지수쇠칠승(以其冠爲之受衰七升), 여차경동시부복제후위모(與此經同是父服除後爲母), 내신삼년지험(乃申三年之驗), 시삼야(是三也)。제해자전부득사차의(諸解者全不得思此義), 망해칙문(妄解則文), 설의다도(說義多涂), 개위류야(皆爲謬也)。존득신자(尊得伸者), 득신삼년(得伸三年), 유미신참(猶未伸斬)。

계모여모(繼母如母)。

◆소(疏)

「계모여모(繼母如母)」。○석왈(釋曰):계모본비골육(繼母本非骨肉), 고차친모후(故次親母後)。위기모조졸(謂己母早卒), 혹피출지후(或被出之後), 계속기모(繼續己母), 상지여친모(喪之如親母), 고운(故云)「여모(如母)」。단부졸지후여모(但父卒之後如母), 명부재여모가지(明父在如母可知)。하(下)《기장(期章)》부언자(不言者), 거부몰후(舉父沒後), 명부재여모(明父在如母), 가지자모지의역연(可知慈母之義亦然), 개성문야(皆省文也), 고개거후이명전야(故皆舉後以明前也)。약연(若然), 직언계모재재(直言繼母載在)《삼년장(三年章)》내(內), 자연여모가지(自然如母可知), 이언여모자(而言如母者), 욕견생사(欲見生事), 사사일개여기모야(死事一皆如己母也)。

전왈(傳曰):계모하이여모(繼母何以如母) 계모지배부여인모동(繼母之配父與因母同), 고효자부감수야(故孝子不敢殊也)。

인유친야(因猶親也)。

◆소(疏)

「전왈(傳曰)」지(至)「수야(殊也)」。○석왈(釋曰):전발문자(傳發問者), 이계모본시로인(以繼母本是路人), 금래배부(今來配父), 첩여기모(輒如己母), 고발사문(故發斯問)。답운계모배부(答云繼母配父), 즉시편합지의(即是片合之義), 기여기모무별(既與己母無別), 고효자부감수이지야(故孝子不敢殊異之也)。

자모여모(慈母如母)。

◆소(疏)

「자모여모(慈母如母)」。○석왈(釋曰):자모비부편합(慈母非父片合), 고차후야(故次後也)。운여모자(云如母者), 역생례(亦生禮)、사사개여기모(死事皆如己母)。

전왈(傳曰):자모자하야(慈母者何也) 전왈(傳曰):「첩지무자자(妾之無子者), 첩자지무모자(妾子之無母者), 부명첩왈(父命妾曰):『녀이위자(女以爲子)。』명자왈(命子曰):『녀이위모(女以爲母)。』」약시(若是), 칙생양지(則生養之), 종기신여모(終其身如母)。사칙상지삼년여모(死則喪之三年如母), 귀부지명야(貴父之命也)。

차주위대부사지첩야(此主謂大夫士之妾也), [첩자지무모(妾子之無母), 부명위모자자(父命爲母子者)。기사양지(其使養之),] 부명(不命) [위모자(爲母子),] 즉역복서모자기지복가야(則亦服庶母慈己之服可也)。대부지첩자(大夫之妾子), 부재위모대공(父在爲母大功), 즉사지첩자위모기의(則士之妾子爲母期矣)。부졸칙개득신야(父卒則皆得伸也)。

◆소(疏)

「전왈(傳曰)」지(至)「명야(命也)」。○석왈(釋曰):전별거(傳別舉)「전(傳)」자(者), 시자하인구전정성기의고야(是子夏引舊傳証成己義故也)。욕견자모지의(欲見慈母之義), 구이여차(舊已如此), 고수중지여기모야(故須重之如己母也)。운(云)「첩지무자(妾之無子)」자(者), 위구유자(謂舊有子), 금무자(今無

者), 실자지첩(失子之妾), 유은자심(有恩慈深), 즉능양타자이위기자자야(則能養他子以爲己子者也). 약미경유자(若未經有子), 은자천(恩慈淺), 즉부득립후이양타(則不得立后而養他). 부운(不云)「군명첩왈(君命妾曰)」, 이운(而云)「부(父)」자(者), 대자이언부(對子而言父), 고언부야(故言父也). 필선명모자(必先命母者), 용자소(容子小), 미유소식(未有所識), 내명지혹양자시연(乃命之或養子是然), 고선명모야(故先命母也). 운(云)「약시즉생양지종기신(若是則生養之終其身)」자(者), 안(案)《내칙(內則)》운(云):「효자지신종(孝子之身終), 종신야자(終身也者), 비종부모지신(非終父母之身), 종기신야(終其身也)。」피종기신위종효자지신(彼終其身謂終孝子之身), 차종기신하내운여모(此終其身下乃云如母), 사즉상지삼년(死則喪之三年), 즉이자모경어계모(則以慈母輕於繼母), 언종기신(言終其身), 유거종자모지신이이(唯據終慈母之身而已). 명삼년지후부부복여시(明三年之后不復如是), 이(以)《소기(小記)》운자모(云慈母)「부세제(不世祭)」, 역견경지의야(亦見輕之義也). 운(云)「여모(如母), 귀부지명야(貴父之命也)」자(者), 일비골혈지속(一非骨血之屬), 이비배부지존(二非配父之尊), 단유귀부지명고야(但唯貴父之命故也). 전소인유언첩지자여첩상사자(傳所引唯言妾之子與妾相事者), 안(案)《상복소기(喪服小記)》운(云):「위자모후자(爲慈母后者), 위서모가야(爲庶母可也), 위조서모가야(爲祖庶母可也)。」정운(鄭云):「연위자모후지의(緣爲慈母后之義), 부지첩무자자(父之妾無子者), 역가명이서자위후(亦可命已庶子爲后)。」우운즉서자위후(又云即庶子爲后), 차개자야(此皆子也), 전중이이부선명지(傳重而已不先命之), 여적처사위모자야(與適妻使爲母子也). 약연(若然), 차부명첩지문(此父命妾之文), 겸유서모(兼有庶母)、조서모(祖庶母), 단부명녀군여첩자위모자이이(但不命女君與妾子爲母子而已). ○주(注)「차위(此謂)」지(至)「신야(伸也)」. ○석왈(釋曰):정지(鄭知)「차주위대부사지첩(此主謂大夫士之妾), 첩자지무모(妾子之無母), 부명위모자자(父命爲母子者)」, 지비천자제후지첩여첩자자(知非天子諸侯之妾與妾子者), 안하기운(案下記云):「공자위기모(公子爲其母), 련관(練冠), 마의전연(麻衣緣緣)。」기장제지(既葬除之), 부몰내대공(父沒乃大功). 명천자서자역연(明天子庶子亦然), 하유명위모자위지삼년호(何有命爲母子爲之三年乎)? 고지주위대부사지첩여첩자야(故知主謂大夫士之妾與妾子也). 운(云)「기사양지(其使養之), 부명위모자(不命爲母子), 칙역복서모자기지복가야(則亦服庶母慈己之服可也)」자(者), 《소공장(小功章)》운(云):「군자자위서모지자기자(君子子爲庶母之慈己者)」. 주운(注云):「군자자자(君子子者), 대부급공자지적처자(大夫及公子之適妻子)。」피위적처(彼謂適妻), 자비삼모(子備三母):유사모(有師母)、자모(慈母)、보모(保母). 자거중(慈居中), 복지칙사모(服之則師母)、보모복(保母服), 가지시서모위자모복(可知是庶母爲慈母服), 《소공(小功)》하운기부자기칙시가야(下云其不慈己則緦可也), 시대부지적처자부명(是大夫之適妻子不命), 위모자자기가복소공(爲母子慈己加服小功). 약첩자위부지첩(若妾子爲父之妾), 자기가복소공가지(慈己加服小功可知). 약부자기(若不慈己), 즉시마의(則緦麻矣). 사위서모(士爲庶母), 《시마장(緦麻章)》운(云):「사위서모(士爲庶母)。」전왈(傳曰):「이명복야(以名服也)。」고차운부명위모자칙역복서모자기자지복가야(故此云不命爲母子則亦服庶母慈己者之服可也). 운(云)「대부지첩자(大夫之妾子), 부재위기모대공(父在爲其母大功)」자(者), 《대공장(大功章)》운(云)「대부지서자위기모(大夫之庶子爲其母)」, 시대공야(是大功也). 운(云)「사지첩자위기모기의(士之妾子爲其母期矣)」자(者), 《기장(期章)》운(云):「부재위모(父在爲母)」, 부가언사지첩자위기모(不可言士之妾子爲其母), 정지자(鄭知者), 추구기리(推究其理), 대부첩자염강(大夫妾子厭降), 위모대공(爲母大功). 사무염강(士無厭降), 명여중인복기야(明如眾人服期也). 운(云)「부졸칙개득신야(父卒則皆得伸也)」자(者), 사부재이신의(士父在已伸矣), 단대부첩자부재대공자(但大夫妾子父在大功者), 부졸칙여사개득신삼년야(父卒則與士皆得伸三年也).

모위장자(母爲長子)。

◆소(疏)

「모위장자(母爲長子)」。○석왈(釋曰):장자비(長子卑), 고재모하(故在母下). 단부위장자재(但父爲長子在)《참장(斬章)》, 모위장자재제쇠(母爲長子在齊衰), 이자위모복제쇠(以子爲母服齊衰), 모위지부득과어자위기(母爲之不得過於子爲己), 고역자최야(故亦齊衰也). 약연(若然), 장자여중자위모(長子與眾子爲母), 부재기(父在期), 약부재위장자(若夫在爲長子), 기역부득과어자위기복기호(豈亦不得過於子爲己服期乎)? 연자자위모유강굴지의(然者子爲母有降屈之義), 부모위장자본위선조지정체(父母爲長子本爲先祖之正體), 무염강지의(無厭降之義), 고부득이부재굴지기(故不得以父在屈至期), 명모위장자부문부지재부야(明母爲長子不問夫之在否也).

전왈(傳曰):하이삼년야(何以三年也) 부지소부강(父之所不降), 모역부감강야(母亦不敢降也)。

부감강자(不敢降者), 부감이기존강조니지정체(不敢以己尊降祖禰之正體).

◆소(疏)

「전왈(傳曰)」지(至)「강야(降也)」。○석왈(釋曰)：운(云)「하이삼년(何以三年)」자(者)，차역문(此亦問)，비례(比例)，부모위중자기등시자(父母爲眾子期等是子)，차하이독삼년(此何以獨三年)？운(云)「부지소부강모역부감강야(父之所不降母亦不敢降也)」자(者)，《참장(斬章)》우운(又云)「하이삼년(何以三年)」，답운(答云)「정체어상(正體於上)，장소전중(將所傳重)」，부강(不降)，고어모역운부감강(故於母亦云不敢降)，고답운부지소부강모역부감강(故答云父之所不降母亦不敢降)。약연(若然)，부부감강(夫不敢降)，처역부감강(妻亦不敢降)，이운부모자(而云父母者)，이기부모각자위자(以其父母各自爲子)，고부모각운(故父母各云)「하이삼년(何以三年)」이문지(而問之)，시이답각거부모위자이언(是以答各據父母爲子而言)，부거부처야(不據夫妻也)。○주(注)「부감(不敢)」지(至)「정체(正體)」。○석왈(釋曰)：운(云)「부감이기존강조니지정체(不敢以己尊降祖禰之正體)」자(者)，상전어부이답운(上傳於父已答云)「정체어상(正體於上)」，시이정해모부강(是以鄭解母不降)，역여부동(亦與父同)，이부부일체(以夫婦一體)，고부강지의역등(故不降之義亦等)。

소최상제(疏衰裳齊)、모마질(牡麻絰)、관포영(冠布纓)、삭장(削杖)、포대(布帶)、소구기자(疏屨期者)。

◆소(疏)

「소최(疏衰)」지(至)「기자(期者)」。○석왈(釋曰)：안하장부언소최이하자(案下章不言疏衰已下者)，환의차경소진(還依此經所陳)，유언부장급마구이어상자(唯言不杖及麻屨異於上者)，차장(此章)「소쇠(疏衰)」이하(已下)，여전장부수(與前章不殊)，유(唯)「기(期)」일자여전삼년유이(一字與前三年有異)。금부직언기이(今不直言其異)，이환구렬지자(而還具列之者)，이기차일기여전삼년현절(以其此一期與前三年懸絕)，공복제역다부동(恐服製亦多不同)，고수중렬칠복자야(故須重列七服者也)。단차장수지일기(但此章雖止一期)，이담장구유(而禫杖具有)。안하(案下)《잡기(雜記)》운(云)：「기지상(期之喪)，십일월이련(十一月而練)，십삼월이상(十三月而祥)，십오월이담(十五月而禫)。」주운(注云)：「차위부재위모(此謂父在爲母)。」즉시차장자야(即是此章者也)。모지여부(母之與父)，은애본동(恩愛本同)，위부소염굴이지기(爲父所厭屈而至期)，시이수굴유신담장야(是以雖屈猶申禫杖也)。위처역신(爲妻亦申)，처수의합(妻雖義合)，처내천부(妻乃天夫)，위부참최(爲夫斬衰)，위처보이담장(爲妻報以禫杖)，단이부존처비(但以夫尊妻卑)，고제참유이(故齊斬有異)。

전왈(傳曰)：문자왈(問者曰)：하관야(何冠也) 왈(曰)：자최(齊衰)、대공(大功)，관기수야(冠其受也)。시마(緦麻)、소공(小功)，관기최야(冠其衰也)。대연각시기관(帶緣各視其冠)。

문지자(問之者)，견참최유이(見斬衰有二)，기관동(其冠同)。금자최유사장(今齊衰有四章)，부지기관지이동이(不知其冠之異同爾)。연(緣)，여심의지연(如深衣之緣)。금문무관포영(今文無冠布纓)。

◆소(疏)

「전왈(傳曰)」지(至)「기관(其冠)」。○석왈(釋曰)：운(云)「문자왈하관야(問者曰何冠也)」자(者)，차환자하지문답이언(此還子夏之問答而言)。문자왈자(問者曰者)，자하욕기발전인사지개오(子夏欲起發前人使之開悟)，고가타문답기지언야(故假他問答己之言也)。운(云)「왈자최대공(曰齊衰大功)，관기수야(冠其受也)」자(者)，강복(降服)，자최사승(齊衰四升)，관칠승(冠七升)；기장(既葬)，이기관위수(以其冠爲受)，최칠승(衰七升)，관팔승(冠八升)。정복(正服)，자최오승(齊衰五升)，관팔승(冠八升)；기장(既葬)，이기관위수(以其冠爲受)，최팔승(衰八升)，관구승(冠九升)。의복(義服)，자최륙승(齊衰六升)，관구승(冠九升)；기장(既葬)，이기관위수(以其冠爲受)，수복최구승(受服衰九升)，관십승(冠十升)。강복(降服)，대공최칠승(大功衰七升)，관십승(冠十升)；기장(既葬)，이기관위수(以其冠爲受)，수최십승(受衰十升)，관십일승(冠十一升)。정복(正服)，대공최팔승(大功衰八升)，관십승(冠十升)；기장(既葬)，이기관위수(以其冠爲受)，수최십승(受衰十升)，관십일승(冠十一升)。의복(義服)，대공최구승(大功衰九升)，관십일승(冠十一升)；기장(既葬)，이기관위수(以其冠爲受)，수최십일승(受衰十一升)，관십이승(冠十二升)。이기초사(以其初死)，관승개여기장최승수동(冠升皆與既葬衰升數同)，고운관기수야(故云冠其受也)。대공역연(大功亦然)。운(云)「시마소공(緦麻小功)，관기최야(冠其衰也)」자(者)，이기강복(以其降服)，소공최십승(小功衰十升)；정복(正服)，소공최십일승(小功衰十一升)；의복(義服)，소공최십이승(小功衰十二升)，시마십오승(緦麻十五升)，추기반칠승반(抽其半七升半)，관개여최승수동(冠皆與衰升數同)，고운관기최야(故云冠其衰也)。의소비어하기야(義疏備於下記也)。운(云)「대연각시기관(帶緣各視其冠)」자(者)，대위포대(帶謂布帶)，상혁대자(象革帶者)，연위상복지내(緣謂喪服之內)，중의연용포(中衣緣用布)，연지이자지포승수다소(緣之二者之布升數多少)，시유비야(視猶比也)，각비의기관야(各比擬其冠也)。연본문자쇠지관(然本文齊衰之冠)，인답대공여시마(因答大功與緦麻)，소공병답대연자(小功並答帶緣者)，자하욕인문박진기의(子夏欲因問博陳其義)，시이가문답이상례야(是以假問答異常例也)。○주(注)「문지(問之)」

지(至)「포영(布纓)」。○석왈(釋曰)：운(云)「문지자견참최유이(問之者見斬衰有二)，기관동(其冠同)」자(者)，하기운(下記云)「참최삼승(斬衰三升)，삼승유반(三升有半)，관륙승(冠六升)」，시기관동야(是其冠同也)。운(云)「금자최유사장부지기관지이동이(今齊衰有四章不知其冠之異同爾)」자(者)，하기운(下記云)「자최사승(齊衰四升)，기관칠승(其冠七升)」，기장(旣葬)，「이기관위수(以其冠爲受)，수최칠승(受衰七升)，관팔승(冠八升)」，유견차강복제쇠(唯見此降服齊衰)，부견정복(不見正服)、의복(義服)，급삼월자최일장부견(及三月齊衰一章不見)，이부지기관지이동(以不知其冠之異同)，고치차문야(故致此問也)。운(云)「연여심의지연(緣如深衣之緣)」자(者)，안심의(案深衣)《목록(目錄)》운(云)：「심의(深衣)，련의상이순지(連衣裳而純之)，이채소순왈장의(以采素純曰長衣)，유표칙위지중의(有表則謂之中衣)。」차기재상복지내(此旣在喪服之內)，칙시중의의(則是中衣矣)。이운심의(而云深衣)，이기중의여심의동시련의상(以其中衣與深衣同是連衣裳)，기제대동(其製大同)，고취심의유편목자이언지(故就深衣有篇目者而言之)。안(案)《옥조(玉藻)》운기위(云其爲)「장중계엄척(長中繼揜尺)」，주운(注云)：「기위장의(其爲長衣)、중의즉계몌엄일척(中衣則繼袂揜一尺)，약금포의(若今褒矣)。심의칙연이이(深衣則緣而已)。」약연(若然)，중의여장의몌개수외장일척(中衣與長衣袂皆手外長一尺)。안(案)《단궁(檀弓)》운련시(云練時)「록구형장거(鹿裘衡長袪)」，주운(注云)「거위포연몌구야(袪謂褒緣袂口也)」。연이위구(練而爲裘)，횡광지우장지(橫廣之又長之)，우위거(又爲袪)，즉선시협단(則先時狹短)，무거가지(無袪可知)。약연(若然)，차초상지중의연역협단(此初喪之中衣緣亦狹短)，부득여(不得如)《옥조(玉藻)》중의계몌엄일척자야(中衣繼袂揜一尺者也)。단길시미구(但吉時麛裘)，즉흉시록구(即凶時鹿裘)，길시중의(吉時中衣)，심의(深衣)。《목록(目錄)》운대부이상용소(云大夫以上用素)，사중의부용포(士中衣不用布)，연개용채(緣皆用采)，황상중연용포(況喪中緣用布)，명중의역용포야(明中衣亦用布也)。기중의용포(其中衣用布)，수무명문(雖無明文)，역당시관(亦當視冠)。약연(若然)，직언연시관(直言緣視冠)，부언중의연용채(不言中衣緣用采)，고특언연용포(故特言緣用布)，하방상시중의역용포호(何妨喪時中衣亦用布乎)？운(云)「금문무관포영(今文無冠布纓)」자(者)，정주(鄭注)《의례(儀禮)》종경금문자(從經今文者)，주내첩출고문(注內疊出古文)，부종고문(不從古文)。약종경고문자(若從經古文者)，주내첩출금문(注內疊出今文)，부종금문(不從今文)。차주기첩출금문(此注旣疊出今文)，명부종금문(明不從今文)，종경고문(從經古文)，유관포영위정야(有冠布纓爲正也)。

부재위모(父在爲母)。

◆소(疏)

「부재위모(父在爲母)」。○석왈(釋曰)：《참장(斬章)》직언부(直言父)，즉지자위지가지(即知子爲之可知)。금차언모(今此言母)，역지자위지(亦知子爲之)，이언부재위모자(而言父在爲母者)，욕명부모은애등(欲明父母恩愛等)，위모기자(爲母期者)，유부재염(由父在厭)，고위모굴지기(故爲母屈至期)，고수언부재위모야(故須言父在爲母也)。

전왈(傳曰)：하이기야(何以期也) 굴야(屈也)。지존재(至尊在)，부감신기사존야(不敢伸其私尊也)。부필삼년연후취(父必三年然後娶)，달자지지야(達子之志也)。

◆소(疏)

「전왈(傳曰)」지(至)「지지야(之志也)」。○석왈(釋曰)：상장이론참최부동흘(上章已論斬衰不同訖)，고전직언(故傳直言)「하이기(何以期)」이부삼년결지야(而不三年決之也)。「굴야(屈也)」자(者)，답사(答辭)，이가무이존(以家無二尊)，고어모굴이위기(故於母屈而爲期)，시이운(是以云)「지존재(至尊在)，부감신기사존야(不敢伸其私尊也)」，해부재모굴지의야(解父在母屈之意也)。언부감신기사존(言不敢伸其私尊)，명자어부모본존(明子於父母本尊)。약연(若然)，부직언존이언사존자(不直言尊而言私尊者)，기부비직어자위지존(其父非直於子爲至尊)，처어부역지존(妻於夫亦至尊)。모칙어자위존(母則於子爲尊)，부부존지(夫不尊之)，직거자이언(直據子而言)，고언사존야(故言私尊也)。약연(若然)，부처적체이언굴(夫妻敵體而言屈)，공자위모련관재오복지외(公子爲母練冠在五服之外)，부언굴자(不言屈者)，거존이견비(舉尊以見卑)，굴가지(屈可知)。대부첩자위모대공(大夫妾子爲母大功)，역사류야(亦斯類也)。운(云)「부필삼년연후취달자지지야(父必三年然後娶達子之志也)」자(者)，자어모굴이기(子於母屈而期)，심상유삼년(心喪猶三年)，고부수위처기(故父雖爲妻期)，이제삼년내취자(而除三年乃娶者)，통달자지심상지지고야(通達子之心喪之志故也)。부운(不云)「심(心)」이언(而言)「지(志)」자(者)，심자(心者)，만려지총(萬慮之總)，희노애악호악륙정개시정(喜怒哀樂好惡六情皆是情)，칙위지모수일기(則爲志母雖一期)，애유미절(哀猶未絕)，시륙정지중이애편재(是六情之中而哀偏在)，고운지야(故云志也)，부운심야(不云心也)。《좌씨전(左氏傳)》진숙향운일세왕(晉叔向云一歲王)「유삼년지상이(有三年之喪二)」，거대자여목후(據大子與穆后)，천자위후역기(天子爲后亦期)，이운삼년상자(而云三年喪者)，거달자지지이언삼년야(據達子之

志而言三年也)。

처(妻)。전왈(傳曰)：위처하이기야(爲妻何以期也) 처지친야(妻至親也)。

적자부재칙위처부장(適子父在則爲妻不杖), 이부위지주야(以父爲之主也)。《복문(服問)》왈(曰)：「군소주(君所主), 부인(夫人)、처(妻)、대자적부(大子適婦)。」부재(父在), 자위처이장즉위(子爲妻以杖即位), 위서자(謂庶子)。

◆소(疏)

「처전왈(妻傳曰)」지(至)「친야(親也)」。○석왈(釋曰)：처비어모(妻卑於母), 고차지(故次之)。부위처(夫爲妻), 년월담장역여모동(年月禫杖亦與母同), 고동장야(故同章也)。이기출가천부(以其出嫁天夫), 위부참(爲夫斬), 고부위지(故夫爲之), 역여부재위모동(亦與父在爲母同)。전왈(傳曰)「하이기야(何以期也)」자(者), 전의이처의모(傳意以妻擬母), 모시혈속득기(母是血屬得期), 괴처의합역기(怪妻義合亦期), 고발차지전야(故發此之傳也)。차문이어상례(此問異於常例), 상문모직운(上問母直云)「하이기(何以期)」, 금운(今云)「위처(爲妻)」, 내운(乃云)「하이기(何以期)」자(者), 뢰씨운(雷氏云)：「처비(妻卑), 이의동어모(以擬同於母), 고문심어상야(故問深於常也)。」운(云)「처지친야(妻至親也)」, 답이처지친(答以妻至親), 고동어모(故同於母)。언처지친자(言妻至親者), 처기이천제체(妻既移天齊體), 여기동봉종묘(與己同奉宗廟), 위만세지주(爲萬世之主), 고운지친야(故云至親也)。○주(注)「적자(適子)」지(至)「서자(庶子)」。○석왈(釋曰)：운(云)「적자부재즉위처부장(適子父在則爲妻不杖), 이부위지주야(以父爲之主也)」자(者), 《부장장(不杖章)》지문야(之文也)。우인(又引)《복문(服問)》자(者), 정피주운(鄭彼注云)：「언처견대부이하(言妻見大夫已下), 역위차삼인위상주야(亦爲此三人爲喪主也)。」약사비(若士卑), 위차삼인위상주가지(爲此三人爲喪主可知)。약연(若然), 지차경위처(至此經爲妻), 비직시서자위처(非直是庶子爲妻), 욕견겸유적자부몰위처재기중(欲見兼有適子父沒爲妻在其中)。운(云)「부재자위처이장즉위위서자(父在子爲妻以杖即位謂庶子)」자(者), 안(案)《상복소기(喪服小記)》운(云)「부재(父在), 자위처이장즉위가(子爲妻以杖即位可)」시야(是也)。인지자(引之者), 정경운시천자이하지사서인(証經云是天子以下至士庶人), 부개부위서자지처위상주(父皆不爲庶子之妻爲喪主), 고부개위처장(故夫皆爲妻杖), 득신야(得伸也)。

출처지자위모(出妻之子爲母)。

출유거야(出猶去也)。

◆소(疏)

「출처지자위모(出妻之子爲母)」。○석왈(釋曰)：차위모범칠출(此謂母犯七出)。거(去), 위거부씨혹적타족(謂去夫氏或適他族), 혹지본가자종이위복자야(或之本家子從而爲服者也)。칠출자(七出者)：무자일야(無子一也), 음일이야(淫泆二也), 부사구고삼야(不事舅姑三也), 구설사야(口舌四也), 도절오야(盜竊五也), 투기륙야(妒忌六也), 악질칠야(惡疾七也)。천자제후지처(天子諸侯之妻), 무자부출(無子不出), 유유륙출이(唯有六出耳)。뢰씨운(雷氏云)：자무출모지의(子無出母之義), 고계부이언출처지자야(故繼夫而言出妻之子也)。

전왈(傳曰)：출처지자위모기(出妻之子爲母期), 즉위외조부모무복(則爲外祖父母無服)。전왈(傳曰)：「절족무시복(絕族無施服), 친자속(親者屬)。」

재방이급왈시, 친자속, 모자지친, 무절도。

◆소(疏)

「전왈(傳曰)」지(至)「사친야(私親也)」。○석왈(釋曰)：운(云)「출처지자위모기(出妻之子爲母期), 즉위외조부모무복(則爲外祖父母無服)」자(者), 전의사언출처즉시절족(傳意似言出妻即是絕族), 고어외조가이무복(故於外祖可以無服), 공인의위지복(恐人疑爲之服), 고전명언지야(故傳明言之也)。우운(又云)「전왈(傳曰)」자(者), 자하인타구전(子夏引他舊傳), 정성기의(証成己義)。운(云)「절족(絕族)」자(者), 가래승봉종묘(嫁來承奉宗廟), 여족상련철(與族相連綴), 금출칙여족절(今出則與族絕), 고운절족야(故云絕族也)。「무시복(無施服)」자(者), 방급위시(傍及爲施), 이모위족절(以母爲族絕), 즉무방급지복야(即無傍及之服也)。운(云)「친자속(親者屬)」자(者), 구전해모피출(舊傳解母被出), 유위지복야(猶爲之服也)。

○석왈(釋曰)：운(云)「재방이급왈시(在旁而及曰施)」자(者), 《시(詩)》운(云)「막막갈함(莫莫葛藟), 시우조매(施于條枚)」, 「조여녀라(蔦與女蘿),

시우송상(施于松上)」, 개시재방이급왈시(皆是在旁而及曰施)。차이모위주(此以母爲主), 방급외조(旁及外祖), 금모이절족(今母已絕族), 부복급재방(不復及在旁), 고운무시복야(故云無施服也)。운(云)「친자속모자지친무절도(親者屬母子至親無絕道)」자(者), 속유속야(屬猶續也), 《효경(孝經)》운(云)「부모주지(父母主之), 속막대언(續莫大焉)」, 고위모자위속(故謂母子爲屬), 대부여모의합유절도(對父與母義合有絕道), 고운모자지친무절도(故云母子至親無絕道)。

출처지자위부후자(出妻之子爲父後者), 즉위출모무복(則爲出母無服)。전왈(傳曰):「여존자위일체(與尊者爲一體), 부감복기사친야(不敢服其私親也)。」

◆소(疏)

운(云)「출처지자위부후자칙위출모무복(出妻之子爲父後者則爲出母無服)」자(者), 구전석위부후자(舊傳釋爲父後者), 위부몰적자승중(謂父沒適子承重), 부합위출모복의(不合爲出母服意)。운(云)「전(傳)」왈자(曰者), 자하석구전의운여존자위일체자(子夏釋舊傳意云與尊者爲一體者), 부언여부위체(不言與父爲體), 이언여존자(而言與尊者), 상(上)《참쇠장(斬衰章)》이유(已有)《전(傳)》운(云)「정체어상(正體於上), 장소전중(將所傳重)」, 석상승부조이상개시존자(釋相承父祖已上皆是尊者), 고부언부야(故不言父也)。단사종묘제사자(但事宗廟祭祀者), 부욕문견흉인(不欲聞見凶人), 고(故)《잡기(雜記)》운유사어궁중삼월부제(云有死於宮中三月不祭), 황유고가득제호(況有故可得祭乎)? 시이부감복기사친야(是以不敢服其私親也)。부이여모무친(父已與母無親), 자독친지(子獨親之), 고운(故云)「사친(私親)」야(也)。

부졸(父卒), 계모가(繼母嫁), 종(從), 위지복(爲之服), 보(報)。

◆소(疏)

「부졸계모가종위지복보(父卒繼母嫁從爲之服報)」。○석왈(釋曰):운(云)「부졸계모가(父卒繼母嫁)」자(者), 욕견차모위부이복참최삼년(欲見此母爲父已服斬衰三年), 은의지극(恩義之極), 고자위지일기(故子爲之一期), 득신담장(得伸禫杖)。단이부생기(但以不生己), 부졸개가(父卒改嫁), 고강어이모(故降於已母)。수부졸후(雖父卒后), 부신삼년(不伸三年), 일기이이(一期而已)。운(云)「종위지복(從爲之服)」자(者), 역위본시로인(亦爲本是路人), 잠시지여부편합(暫時之與父片合), 부졸(父卒), 환가(還嫁), 편시로인(便是路人), 자잉저복(子仍著服), 고생종위지문야(故生從爲之文也)。「보(報)」자(者), 《상복상(喪服上)、하(下)》병기운보자십유이(並記云報者十有二), 무강살지차(無降殺之差)。감은자개칭보(感恩者皆稱報)。약차자념계모은(若此子念繼母恩), 종종이위복(終從而爲服), 모이자은(母以子恩), 부가강살(不可降殺), 즉생보문(即生報文), 여개방차(餘皆放此)。

전왈(傳曰): 하이기야(何以期也) 귀종야(貴終也)。

상위모자(嘗爲母子), 귀종기은(貴終其恩)。

부장(不杖)、마구자(麻屨者),

차역자최(此亦齊衰), 언기이어상(言其異於上)。

◆소(疏)

「부장마구자(不杖麻屨者)」。○주(注)「차역(此亦)」지(至)「어상(於上)」。○석왈(釋曰):안상(案上)《참장(斬章)》포총전계역시이어상(布總箭笄亦是異於上), 정부언지(鄭不言之), 지차내주자(至此乃注者), 피역시이어상(彼亦是異於上), 부언자(不言者), 이하문경유공사대부지중신(以下文更有公士大夫之衆臣), 위기군포대승구(爲其君布帶繩屨), 역시이어상(亦是異於上)。동시참쇠(同是斬衰), 이유이문개이(而有二文皆異), 고부득언이어상(故不得言異於上), 직주운(直注云):「차처첩녀자자이어남자이이(此妻妾女子子異於男子而已)。차칙수시별장(此則雖是別章), 유차이사이어상(唯此二事異於上), 고득언지야(故得言之也)。차(此)《부장장(不杖章)》경어상담장(輕於上禫杖), 고차지(故次之)。우운차장여상장수장여부장부동(又云此章與上章雖杖與不杖不同), 기정복자최상개동오승이관팔승칙부이야(其正服齊衰裳皆同五升而冠八升則不異也)。필지부재위모부최사승(必知父在爲母不衰四升), 관칠승(冠七升), 여상삼년자최동자(與上三年齊衰同者), 견정주(見鄭注)《잡기(雜記)》운(云):「사이신종군복지제쇠(士以臣從君服之齊衰), 위기모여형제(爲其母與兄弟)。」시부재(是父在), 위모여형제동정복오승(爲母與兄弟同正服五升), 팔승지험야(八升之驗也)。우정주(又鄭注)《복문(服問)》운(云)「위모기장최팔승(爲母既葬衰八升)」, 시초사최오승(是初死衰五升), 관팔승(冠八升)。기장(既葬), 이기관위수(以其冠爲受), 수최팔승

(수최팔승(受衰八升), 관구승(冠九升), 시역위모동정복최오승지험야(是亦爲母同正服衰五升之驗也)。우안차장운(又案此章云)「부장마구(不杖麻屨)」, 정운(鄭云)「언기이어상(言其異於上)」, 칙상장하소최지등역동(則上章下疏衰之等亦同), 우시위모동정복오승지험야(又是爲母同正服五升之驗也)。안하기운자최사승관칠승(案下記云齊衰四升冠七升), 급(及)《간전(間傳)》운위모기우(云爲母既虞), 수최칠승자(受衰七升者), 유거상장부졸위모자최삼년자야(唯據上章父卒爲母齊衰三年者也)。

조부모(祖父母)

◆소(疏)

「조부모(祖父母)」。○석왈(釋曰) : 손위지복상복조례(孫爲之服喪服條例), 개친이존자재선(皆親而尊者在先), 고(故)《참장(斬章)》선부삼년(先父三年), 자최선모(齊衰先母), 차부장기선조(此不杖期先祖), 역시기차(亦是其次)。약연(若然), 차장유강(此章有降)、유정(有正)、유의복지본제(有義服之本製), 약위부기(若爲父期), 조합대공(祖合大功), 위부모가륭지삼년(爲父母加隆至三年), 조역가륭지기(祖亦加隆至期), 시이조재어장(是以祖在於章), 수득기의야(首得其宜也)。

전왈(傳曰) : 하이기야(何以期也) 지존야(至尊也)。

◆소(疏)

「전왈(傳曰)」지(至)「존야(尊也)」。○석왈(釋曰) : 운(云)「하이기야지존야(何以期也至尊也)」자(者), 차거모이문(此據母而問), 소생지모지친(所生之母至親), 유기이이(唯期而已), 조위손지대공(祖爲孫止大功), 손위조기소(孫爲祖既疏), 하이역기(何以亦期)。답운(答云)「지존야(至尊也)」자(者), 조위손강지대공(祖爲孫降至大功), 사부모어자강지기(似父母於子降至期), 조수비지친(祖雖非至親), 시지존(是至尊), 고기(故期)。약연(若然), 부운(不云)「조지존(祖至尊)」, 이직운(而直云)「지존(至尊)」자(者), 이시부지지존(以是父之至尊), 비손지지존(非孫之至尊), 고직운지지존야(故直云至尊也)。

세부모(世父母)、숙부모(叔父母)。

◆소(疏)

「세부모숙부모(世父母叔父母)」。○석왈(釋曰) : 세숙기비어조(世叔既卑於祖), 고차지(故次之)。백언세자(伯言世者), 욕견계세위곤제지자(欲見繼世爲昆弟之子), 역기(亦期)。부언보자(不言報者), 이곤제지자유자(以昆弟之子猶子), 약언보위소(若言報爲疏), 고부언보야(故不言報也)。

전왈(傳曰) : 세부(世父)、숙부하이기야(叔父何以期也) 여존자일체야(與尊者一體也)。연칙곤제지자하이역기야(然則昆弟之子何以亦期也) 방존야(旁尊也)。부족이가존언(不足以加尊焉), 고보지야(故報之也)。부자일체야(父子一體也), 부처일체야(夫妻一體也), 곤제일체야(昆弟一體也)。고부자(故父子), 수족야(首足也) ; 부처(夫妻), 반합야(牉合也) ; 곤제(昆弟), 사체야(四體也)。고곤제지의무분(故昆弟之義無分), 연이유분자(然而有分者), 칙피자지사야(則辟子之私也)。자부사기부(子不私其父), 칙부성위자(則不成爲子)。고유동궁(故有東宮), 유서궁(有西宮), 유남궁(有南宮), 유북궁(有北宮), 이거이동재(異居而同財), 유여칙귀지종(有餘則歸之宗), 부족칙자지종(不足則資之宗)。세모(世母)、숙모(叔母), 하이역기야(何以亦期也) 이명복야(以名服也)。

종자(宗者), 세부위소종전종사자야(世父爲小宗典宗事者也)。자(資), 취야(取也)。위고자매재실(爲姑姊妹在室), 역여지(亦如之)。

◆소(疏)

「전왈(傳曰)」지(至)「명복야(名服也)」。○석왈(釋曰) : 전발(傳發)「하이기(何以期)」문비례자(問比例者), 뢰씨운(雷氏云) : 「비부지소존(非父之所尊), 혐복중(嫌服重), 고문야(故問也)。」부직운(不直云)「하이언세부숙부(何以言世父叔父)」자(者), 이경총언이전리석(以經總言而傳離釋), 고이문욕별문야(故二文欲別問也)。운(云)「여존자일체야(與尊者一體也)」자(者), 수비지존(雖非至尊), 기여존자위일체(既與尊者爲一體), 고복기(故服期)。부언여부위일체자(不言與父爲一體者), 직언존자(直言尊者), 명부위일체야(明父爲一體也), 위여일존(爲與一尊), 고가기야(故加期也)。운(云)「연칙곤제지지자하이역기야(然則昆弟之子何以亦期也)」자(者), 이세숙부여이존위체(以世叔父與二尊爲體), 고가기(故加期)。곤제지자무차의(昆弟之子無此義), 하이역기(何以亦期)? 고괴이치문야(故怪而致問也)。운(云)「방존야(旁尊也), 부족이가존언(不足以加尊焉), 고보지야(故報之也)」자(者), 범득강자(凡得降者), 개유이존야(皆由已尊也), 고강지(故降之)。세숙비정존(世叔非正尊), 고생보야(故生報也)。운(云)「부자일체(父子一體)」이하운운(已下云云), 전운차자(傳云此者), 상기운일체(上既云一體), 고전우광명일체지의(故傳又廣明一體之義), 범언(凡言)「체(體)」자(者), 약인지사체(若人之四體), 고전해부자(故傳解父子)、부처(夫妻)、형제(兄弟), 환비인사체이언야(還比人四體而言也)。운(云)「부자일체야(父子一體也)」자(者), 위자여부골혈시동위체(謂子與父骨血是同為體), 인기부여조역위일체(因其父與祖亦為一體), 우견세숙여조역위일체야(又見世叔與祖亦爲一體)。운(云)「부처일체야(夫妻一體也)」자(者), 역견세숙모여세숙부위일체야(亦見世叔母與世叔父爲一體也)。운(云)「곤제일체야(昆弟一體也)」자(者), 우견세숙여부역위일체야(又見世叔與父亦爲一體也)。고마운(故馬云): 언일체자(言一體者), 환시지친(還是至親), 인부가어세숙(因父加於世叔), 고운곤제일체(故云昆弟一體)。인세숙가어세숙모(因世叔加於世叔母), 고이부처일체야(故以夫妻一體也)。인상세숙시방존(因上世叔是旁尊), 고이하광명존유정유방지의야(故以下廣明尊有正有旁之義也)。인신수족위상하(人身首足為上下), 부자역시존비지상하(父子亦是尊卑之上下), 고부자비어수족(故父子比於首足)。인부자겸견조손(因父子兼見祖孫), 고마운수족자(故馬云首足者), 부존약수(父尊若首), 가조재기(加祖在期), 자비약족(子卑若足), 증손재시야(曾孫在緦也)。운(云)「부부반합야(夫婦牉合也)」자(者), 《교특생(郊特牲)》운(云)「천지합이후만물흥언(天地合而后萬物興焉)」, 시부부반합(是夫婦半合), 자윤생언(子胤生焉), 시반합위일체야(是半合爲一體也)。운(云)「곤제사체야(昆弟四體也)」자(者), 사체위이수(四體謂二手), 이족(二足), 재신지방(在身之旁), 곤제역재부지방(昆弟亦在父之旁), 고운사체야(故云四體也)。운(云)「고곤제지의무분(故昆弟之義無分)」자(者), 차전형제유합리지의(此傳兄弟有合離之義), 이수족사체본재일신(以手足四體本在一身), 부가분별(不可分別)。약곤제공성부신(若昆弟共成父身), 역부가분별(亦不可分別), 시곤제지의부합분야(是昆弟之義不合分也)。운(云)「연이유분자(然而有分者), 즉피자지사야(則辟子之私也)」자(者), 곤제리부합분(昆弟理不合分), 연이분자(然而分者), 즉피자지사야(則辟子之私也), 사곤제지자각자사조기부(使昆弟之子各自私朝其父), 고수분야(故須分也)。운(云)「자부사기부(子不私其父), 즉부성위자(則不成爲子)」자(者), 《내칙(內則)》운(云): 「자사부모(子事父母), 계초명(雞初鳴), 함관수(咸盥漱), 즐쇄계총(櫛縰笄總)。」조사부모(朝事父母), 약형제동재일궁(若兄弟同在一宮), 즉존숭제부지장자(則尊崇諸父之長者)。제이이하(第二已下), 기자부득사기부(其子不得私其父), 부성위인인지자지법야(不成為人人之子之法也)。운(云)「고유동궁유서궁(故有東宮有西宮)」운운(云云), 안(案)《내칙(內則)》운(云):「명사이상(命士以上), 부자이궁(父子異宮)。」부명지사(不命之士), 부자동궁(父子同宮), 종동궁역유격별(縱同宮亦有隔別), 역위사방지궁야(亦爲四方之宮也)。운(云)「세모(世母)、숙모(叔母), 하이역기야(何以亦期也), 이명복야(以名服也)」자(者), 이모시로인(二母是路人), 이래배세숙부(以來配世叔父), 즉생모명(則生母名), 기유모명(既有母名), 즉당수세숙이복지(則當隨世叔而服之), 고운이명복야(故云以名服也)。○주(注)「종자(宗者)」지(至)「여지(如之)」。○석왈(釋曰): 안(案)《상복소기(喪服小記)》운(云): 「계별위대종(繼別爲大宗), 계니위소종(繼禰爲小宗)。」대종계별자지후(大宗繼別子之后), 백세부천지종(百世不遷之宗), 재오복지중자(在五服之中者), 족인위지월산여방인(族人爲之月筭如邦人), 여위자최(如爲齊衰), 《자최삼월장(齊衰三月章)》종자시야(宗子是也)。소종유사(小宗有四), 개거오복지내(皆據五服之內), 의상저복(依常著服)。오세별고조(五世別高祖), 즉별사친자(則別事親者)。금종자재(今宗子在)《기장(期章)》지내(之內), 명비대종자(明非大宗子), 시세부위소종전종사자야(是世父爲小宗典宗事者也)。운(云)「위고자매재실역여지(為姑姊妹在室亦如之)」자(者), 《대공장(大功章)》운(云)「위고가대공(為姑嫁大功)」, 명미가재차(明未嫁在此)《기장(期章)》。약연(若然), 부견고자(不見姑者), 뢰운(雷云): 부견고자(不見姑者), 욕견시조출지의(欲見時早出之義)。

대부지적자위처(大夫之適子爲妻)。

◆소(疏)

○석왈(釋曰): 운(云)「대부지적자위처(大夫之適子爲妻)」, 재차(在此)《부장(不杖章)》, 즉상(則上)《장장(杖章)》위처자시서자위처(爲妻者是庶子爲妻), 부몰후적자역위처장(父沒後適子亦爲妻杖), 역재피장야(亦在彼章也)。

전왈(傳曰): 하이기야(何以期也)? 부지소부강(父之所不降), 자역부감강야(子亦不敢降也)。하이부장야(何以不杖也)? 부재즉위처부장(父在則爲妻不杖)。

대부부이존강적부자(大夫不以尊降適婦者), 중적야(重適也)。범부강자(凡不降

者), 위여기친복복지(謂如其親服服之)。 강유사품(降有四品) : 군(君)、 대부이존강(大夫以尊降), 공자(公子)、 대부지자이염강(大夫之子以厭降), 공지곤제이방존강(公之昆弟以旁尊降), 위인후자(爲人後者)、 녀자자가자이출강(女子子嫁者以出降)。

◆소(疏)

「전왈(傳曰)」지(至)「부장(不杖)」。 ○석왈(釋曰) : 괴소이기(怪所以期), 발비례이문자(發比例而問者)。 대부중자위처개대공(大夫眾子爲妻皆大功), 금령적자위처기(今令適子爲妻期), 고발문야(故發問也)。 운(云)「부지소부강자역부감강야(父之所不降子亦不敢降也)」자(者), 《대공장(大功章)》유적부(有適婦), 주운(注云) : 「적자지처(適子之妻)。」시부부강적부야(是父不降適婦也)。 운자역부감강자(云子亦不敢降者), 위부감강지대공(謂不敢降至大功), 여서자동야(與庶子同也)。 운(云)「하이부장야(何以不杖也)」자(者), 기부강(既不降), 괴부장(怪不杖), 고발문야(故發問也)。 「부재위처부장(父在爲妻不杖)」자(者), 부위적자지부위상주(父爲適子之婦爲喪主), 고적자부감신이장야(故適子不敢伸而杖也)。 《복문(服問)》운(云) : 「군소주(君所主), 부인(夫人)、 처(妻)、 대자적부(大子適婦)。」시대부위적부위상주야(是大夫爲適婦爲喪主也), 고자부장야(故子不杖也)。 약연(若然), 차적자위처통귀천(此適子爲妻通貴賤), 금부운(今不云)「장자(長子)」통상하이운(通上下而云)「적자(適子)」, 유거대부자(唯據大夫者), 이오십시작(以五十始爵), 위강복지시(爲降服之始), 혐강적부(嫌降適婦), 기자역강기처(其子亦降其妻), 고명(故明)。 거대부부강(舉大夫不降), 천자제후수존(天子諸侯雖尊), 부강가지(不降可知)。 ○주(注)「대부(大夫)」지(至)「출강(出降)」。 ○석왈(釋曰) : 운(云)「대부부이존강적부자(大夫不以尊降適婦者), 중적야(重適也)」자(者), 차해경문소부강적자지부(此解經文所不降適子之婦), 대대부위서자지부소공(對大夫為庶子之婦小功), 시존강야(是尊降也)。 운(云)「범부강자위여기친복복지(凡不降者謂如其親服服之)」자(者), 위의오복상법복지(謂依五服常法服之)。 운(云)「강유사품(降有四品)」자(者), 정인전유강(鄭因傳有降)、 부강지문(不降之文), 수총해(遂總解)《상복(喪服)》상하강복지의(上下降服之義)。 운(云)「군대부이존강(君大夫以尊降)」자(者), 천자제후위정통지친(天子諸侯爲正統之親), 후부인여장자(后夫人與長子)、 장자지처등부강(長子之妻等不降), 여친칙절(餘親則絕)。 천자제후절자(天子諸侯絕者), 대부강일등(大夫降一等), 즉대부위중자대공지등시야(即大夫爲眾子大功之等是也)。 운(云)「공자대부지자이염강(公子大夫之子以厭降)」자(者), 차비신자존(此非身自尊), 수부지염굴이강(受父之厭屈以降), 무존지처(無尊之妻)。 하기운(下記云)「공자위기모련관마마의전연(公子爲其母練冠麻麻衣縓緣), 위기처전관갈질대마의(爲其妻縓冠葛経帶麻衣)」, 부졸내대공시야(父卒乃大功是也)。 대부지자즉(大夫之子即)《소공장(小功章)》운(云)「대부지자위종부곤제재소공(大夫之子爲從父昆弟在小功)」개시야(皆是也)。 운(云)「공지곤제이방존강(公之昆弟以旁尊降)」자(者), 차역비기존방급곤제(此亦非己尊旁及昆弟), 고역강기제친(故亦降其諸親), 즉(即)《소공장(小功章)》운(云)「공지곤제위종부모곤제(公之昆弟爲從父母昆弟)」시야(是也)。 안(案)《대공장(大功章)》운(云)「공지서곤제위모처곤제(公之庶昆弟為母妻昆弟)」, 전왈(傳曰) : 「선군여존지소염(先君餘尊之所厭), 부득과대공(不得過大功)。」약연(若然), 공지곤제유량의(公之昆弟有兩義), 기이방존(既以旁尊), 우위여존염야(又爲餘尊厭也)。 운(云)「위인후자(爲人後者)、 여자자가자이출강(女子子嫁者以出降)」자(者), 위약하문운(謂若下文云)「위인후자위기부모보(爲人後者爲其父母報)」, 우하문운(又下文云)「녀자자적인자위기부모(女子子適人者為其父母)、 곤제위부후자(昆弟爲父後者)」, 차이자시출야(此二者是出也)。 범대부지복(凡大夫之服), 례재정복후(例在正服後), 금재곤제상자(今在昆弟上者), 이기처본재장기(以其妻本在杖期), 직이부위주(直以父爲主), 고강입(故降入)《부장장(不杖章)》, 시이진지재곤제상야(是以進之在昆弟上也)。

곤제(昆弟)。

곤(昆), 형야(兄也)。 위자매재실역여지(爲姊妹在室亦如之)。

◆소(疏)

「곤제(昆弟)」。 ○주(注)「곤형(昆兄)」지(至)「여지(如之)」。 ○석왈(釋曰) : 곤제비어세숙(昆弟卑於世叔), 고차지(故次之), 차역지친이기단(此亦至親以期斷)。 운(云)「곤(昆), 형야(兄也)」자(者), 곤(昆), 명야(明也), 이기차장(以其次長), 고이명위칭제(故以明爲稱弟)。 제야(弟也), 이기소(以其小), 고이차제위명(故以次弟爲名)。 운(云)「위자매재실역여지(爲姊妹在室亦如之)」자(者), 의동어상(義同於上), 고재실야(姑在室也)。

위중자(爲眾子)。

중자자(眾子者), 장자지제급첩자(長子之弟及妾子), 여자(女子) (자재실(子在室)) 역여지(亦如之)。 사위지중자(士謂之眾子), 미능원별야(未能遠別也), 대부칙위지서자(大夫則謂之庶子), 강지위대공(降之爲大功)。 천자(天子)、 국군부복지(國君不服之)。 《내칙(內則)》왈(曰) : 「총자미식이견(塚子未食而見), 필집(必執)

기우수(必執其右手)。적자(適子)、서자이식이견(庶子已食而見)，필순기수(必循其首)。」

◆소(疏)

「위중자(爲衆子)」。○주(注)「중자(衆子)」지(至)「기수(其首)」。○석왈(釋曰)：중자비어곤제(衆子卑於昆弟)，고차지(故次之)，주겸운녀자지의(注兼云女子之義)，여상고자매(如上姑姊妹)。단상주정운(但上注鄭云)「재실(在室)」，차부운재실가지(此不云在室可知)，고략부언야(故略不言也)。곤제중자급하곤제지자자(昆弟衆子及下昆弟之子者)，개부발전자(皆不發傳者)，이기동시일체(以其同是一體)，고무이문(故無異問)。자매녀자자재실부견자(姊妹女子子在室不見者)，역여상고부견(亦如上姑不見)。뢰씨운(雷氏云)：「욕견출당급시(欲見出當及時)」，우(又)《대공장(大功章)》견고자매녀자자가대공(見姑姊妹女子子嫁大功)，명차재실가지(明此在室可知)，고략지야(故略之也)。운(云)「사위지중자미능원별야(士謂之衆子未能遠別也)」자(者)，경부운사(經不云士)，정운사자(鄭云士者)，《상복(喪服)》평문시사(平文是士)，고언사가지야(故言士可知也)。운(云)「대부칙위지서자(大夫則謂之庶子)，강지위대공(降之爲大功)」자(者)，하문대부지자개운서자(下文大夫之子皆云庶子)，강일등(降一等)，고대공(故大功)。운(云)「천자국군부복지(天子國君不服之)」자(者)，이기절방친(以其絶旁親)，고지부복(故知不服)。약연(若然)，경소운유거사야(經所云唯據士也)。인(引)《내칙(內則)》자(者)，안피운자생삼월지말(案彼云子生三月之末)，석일전발위추(釋日翦發爲鬌)，이견어부(以見於父)。약총자(若冢子)，생칙견어정침(生則見於正寢)，기일부처공식(其日夫妻共食)，구시삭식(具視朔食)，천자칙대뢰(天子則大牢)，제후칙소뢰(諸侯則少牢)，대부특생(大夫特牲)，사특돈(士特豚)。총자미식이견(冢子未食而見)，필집기우수(必執其右手)，해이명지(咳而名之)。집우명수지실사(執右明授之室事)，퇴입부지연침내식(退入夫之燕寢乃食)，하운기비총자개강일등(下云其非冢子皆降一等)。운(云)「적자서자사식이견필순기수(適子庶子巳食而見必循其首)」자(者)，부수실사고야(不授室事故也)，이정주미식이식(而鄭注未食已食)，급정완서지의(急正緩庶之義)。언총자유장자(言冢子猶長子)，통어하야(通於下也)，피언적자(彼言適子)，위적처소생제이이하(謂適妻所生第二巳下)，서자위첩자야(庶子謂妾子也)。인지자(引之者)，증언서자시별어적장자야(證言庶子是別於適長者也)。

곤제지자(昆弟之子)。

전왈(傳曰)：하이기야(何以期也)？보지야(報之也)。

《단궁(檀弓)》왈(曰)：「상복(喪服)，형제지자유자야(兄弟之子猶子也)。」개인이진지(蓋引而進之)。

◆소(疏)

「곤제지자(昆弟之子)」。○주(注)「단궁(檀弓)」지(至)「진지(進之)」。○석왈(釋曰)：곤제자소어친자(昆弟子疏於親子)，고차지(故次之)。세숙부위지(世叔父爲之)，차량상위복(此兩相爲服)，부언보자(不言報者)，인동기자(引同己子)，여친자동(與親子同)，고부언보(故不言報)，시이(是以)《단궁(檀弓)》위정(爲証)，언(言)「진(進)」자(者)，진동기자고야(進同己子故也)。

대부지서자위적곤제(大夫之庶子爲適昆弟)。

양언지자(兩言之者)，적자혹위형(適子或爲兄)，혹위제(或爲弟)。

◆소(疏)

「대부(大夫)」지(至)「곤제(昆弟)」。○주(注)「량언(兩言)」지(至)「위제(爲弟)」。○석왈(釋曰)：차대부지첩자(此大夫之妾子)，고언서(故言庶)，약적처소생제이이하(若適妻所生第二巳下)，당직운곤제(當直云昆弟)，부언서야(不言庶也)。운(云)「양언지(兩言之)」자(者)，이기적처소생적자(以其適妻所生適子)，혹장어첩자(或長於妾子)，혹소어첩자(或小於妾子)，고운량언지(故云兩言之)。적자혹위형(適子或爲兄)，혹위제(或爲弟)，시이경곤제병언지(是以經昆弟並言之)。

《전(傳)》왈(曰)：하이기야(何以期也) 부지소부강(父之所不降)，자역부감강야(子亦不敢降也)。

대부수존(大夫雖尊)，부감강기적(不敢降其適)，중지야(重之也)。적자위서곤제(適子爲庶昆弟)，서곤제상위(庶昆弟相爲)，역여대부위지(亦如大夫爲之)。

◆소(疏)

「전왈(傳曰)」지(至)「강야(降也)」。○석왈(釋曰)：운(云)「부지소부강(父之所不降)」자(者)，즉(即)

《참장(斬章)》부위장자시야(父爲長子是也)。운(云)「자역부감강(子亦不敢降)」자(者), 어차복기시야(於此服期是也)。발(發)「하이(何以)」전자(傳者), 여형제상위개대공(餘兄弟相爲皆大功), 독위적복기(獨爲適服期), 고발문비례지전야(故發問比例之傳也)。○주(注)「대부(大夫)」지(至)「위지(爲之)」。○석왈(釋曰) : 운(云)「대부수존(大夫雖尊), 부감강기적(不敢降其適), 중지야(重之也)」자(者), 석전부지소부강(釋傳父之所不降)。운(云)「적자위서곤제(適子爲庶昆弟)」이하(已下), 정광명대부여적자소강자(鄭廣明大夫與適子所降者), 이대부적자득행대부례(以大夫適子得行大夫禮), 고부자구강서(故父子俱降庶), 서우자상강야(庶又自相降也)。여대부위지개대공야(如大夫爲之皆大功也)。

적손(適孫)。

◆소(疏)

○석왈(釋曰) : 손비어곤제(孫卑於昆弟), 고차지(故次之)。차위적자사(此謂適子死), 기적손승중자(其適孫承重者), 조위지기(祖爲之期)。

전왈(傳曰) : 하이기야(何以期也) 부감강기적야(不敢降其適也)。유적자자무적손(有適子者無適孫), 손부역여지(孫婦亦如之)。

주지도(周之道), 적자사칙립적손(適子死則立適孫), 시적손장상위조후자야(是適孫將上爲祖後者也)。장자재(長子在), 즉개위서손이(則皆爲庶孫耳), 손부역여지(孫婦亦如之)。적부재(適婦在), 역위서손지부(亦爲庶孫之婦)。범부어장위후자(凡父於將爲後者), 비장자(非長子), 개기야(皆期也)。

◆소(疏)

「전왈(傳曰)」지(至)「여지(如之)」。○석왈(釋曰) : 전운(傳云)「하이(何以)」문비례자(問比例者), 역위중손대공(亦爲衆孫大功), 차독기(此獨期), 고발문야(故發問也)。운(云)「유적자자무적손(有適子者無適孫)」자(者), 위적자재(謂適子在), 부득립적손위후야(不得立適孫爲後也)。운(云)「손부역여지(孫婦亦如之)」, 역위부립지(亦謂不立之), 고운역여지야(故云亦如之也)。○주(注)「주지(周之)」지(至)「기야(期也)」。○석왈(釋曰) : 운(云)「주지도(周之道), 적자사칙립적손(適子死則立適孫), 시적손장상위조후자야(是適孫將上爲祖後者也)」자(者), 차석조위손복중지의(此釋祖爲孫服重之義)。언주지도(言周之道), 대은도칙부연(對殷道則不然), 이기은도(以其殷道), 적자사(適子死), 제내당선립(弟乃當先立), 고언주지도야(故言周之道也)。운(云)「장자재칙위서손이(長子在則爲庶孫耳)」자(者), 기적자재부득립손(既適子在不得立孫), 명동서손지례(明同庶孫之例)。운(云)「범부어장위후자(凡父於將爲後者), 비장자개기야(非長子皆期也)」자(者), 안(案)《상복소기(喪服小記)》운(云) : 「적부부위구후자(適婦不爲舅後者), 칙고위지소공(則姑爲之小功)。」주운(注云) : 「위부유폐질타고(謂夫有廢疾他故), 약사이무자부수중자(若死而無子不受重者), 소공서부지복야(小功庶婦之服也)。범부모어자(凡父母於子), 구고어부(舅姑於婦), 장부전중어적(將不傳重於適)。급장전중자비적(及將傳重者非適), 복지개여중자서부야(服之皆如衆子庶婦也)。」시이정운범부모어자(是以鄭云凡父母於子), 구고어부(舅姑於婦), 비장자개기(非長子皆期)。명비장자부급어비적손전중(明非長子婦及於非適孫傳重), 동어서손(同於庶孫), 대공가지야(大功可知也)。약연(若然), 장자위부참(長子爲父斬), 부역위참(父亦爲斬), 적손승중위조참(適孫承重爲祖斬), 조위지기(祖爲之期), 부보지참자(不報之斬者), 부자일체(父子一體), 본유삼년지정(本有三年之情), 고특위조참(故特爲祖斬)。조위손본비일체(祖爲孫本非一體), 단이보기(但以報期), 고기부득참야(故期不得斬也)。

위인후자위기부모(爲人後者爲其父母), 보(報)。

◆소(疏)

「위인후자위기부모보(爲人後者爲其父母報)」。○석왈(釋曰) : 차위기자후인반래위부모재자(此謂其子後人反來爲父母在者), 욕기농어소후(欲其濃於所後), 박어본친(薄於本親), 억지(抑之), 고차재손후야(故次在孫後也)。약연(若然), 기위본생부강참(既爲本生不降斬), 지(至)《담장장(禫杖章)》자(者), 역시심억농어대종야(亦是深抑濃於大宗也)。언보자(言報者), 기심억지(既深抑之), 사동본소왕래상보지법고야(使同本疏往來相報之法故也)。

전왈(傳曰) : 하이기야(何以期也) 부이참야(不貳斬也)。하이부이참야(何以不貳斬也) 지중어대종자(持重於大宗者), 강기소종야(降其小宗也)。위인후자숙후(爲人後者孰後) 후대종야(後大宗也)。갈위후대종(曷爲後大宗)대종자(大宗者), 존지통야(尊之統也)。금수지모이부지부(禽獸知母而不知父)。야인왈(野人曰) : 부모하산언(父母何算焉) 도읍지사(都邑之士), 즉지존니의(則知尊

禰矣)。대부급학사(大夫及學士), 칙지존조의(則知尊祖矣)。제후급기대조(諸侯及其大祖), 천자급기시조지소자출(天子及其始祖之所自出), 존자존통상(尊者尊統上), 비자존통하(卑者尊統下)。대종자(大宗者), 존지통야(尊之統也)。대종자(大宗者), 수족자야(收族者也), 부가이절(不可以絶)。고족인이지자후대종야(故族人以支子後大宗也)。적자부득후대종(適子不得後大宗)。

도읍지사(都邑之士), 즉지존미(則知尊彌), 근정화야(近政化也)。대조(大祖), 시봉지군(始封之君)。시조자(始祖者), 감신령이생(感神靈而生), 약직(若稷)、계야(契也)。자(自), 유야(由也)。급시조지소유출(及始祖之所由出), 위제천야(謂祭天也)。상유원야(上猶遠也)。하유근야(下猶近也)。수족자(收族者), 위별친소(謂別親疏), 서소목(序昭穆)。《대전(大傳)》왈(曰)：계지이성이불별(繫之以姓而弗別), 철지이식이불수(綴之以食而弗殊), 수백세혼인부통자(雖百世昏姻不通者), 주도연야(周道然也)。

◆소(疏)

「전왈(傳曰)」지(至)「대종(大宗)」。○석왈(釋曰)：문자(問者), 본생부모응참급삼년(本生父母應斬及三年), 금내부장기(今乃不杖期), 고문비례야(故問比例也)。운(云)「부이참(不貳斬)」자(者), 답사(答辭)。우부이참자(又不貳斬者), 지중어대종자(持重於大宗者), 강기소종(降其小宗), 차해부이참지의야(此解不貳斬之意也)。차문답수겸모(此問答雖兼母), 전거부(專據父), 고답이참이언(故答以斬而言)。안(案)《상복소기(喪服小記)》운(云)：「별자위조(別子爲祖), 계별위대종(繼別爲大宗)。」위약로환공적부인문강생대자(謂若魯桓公適夫人文姜生大子), 명동(名同), 후위군(後爲君), 차자경부(次子慶父)、숙아(叔牙)、계우(季友), 차삼자위지별자(此三子謂之別子)。별자자(別子者), 개이신도사군(皆以臣道事君), 무형제상종지법(無兄弟相宗之法), 여대자유별(與大子有別), 우여후세위시(又與後世爲始), 고칭별자야(故稱別子也)。대종유일(大宗有一), 소종유사(小宗有四)。대종일자(大宗一者), 별자지자(別子之子), 적자위제제래종지(適者爲諸弟來宗之), 즉위지대종(即謂之大宗)。자차이하(自此以下), 적적상승(適適相承), 위지백세부천지종(謂之百世不遷之宗)。오복지내(五服之內), 친자월산여방인(親者月算如邦人), 오복지외(五服之外), 개래종지(皆來宗之), 위지자최(爲之齊衰), 《자최삼월장(齊衰三月章)》「위종자지모처(爲宗子之母妻)」시야(是也)。소종유사자(小宗有四者), 위대종지후생자(謂大宗之後生者), 위별자지제(謂別子之弟)。《소기(小記)》주운(注云)：「별자지세장자형제종지(別子之世長子兄弟宗之)。」제이이하(第二已下), 장자친제래종지(長者親弟來宗之), 위계니소종(爲繼禰小宗)。경일세장자(更一世長者), 비직친형제(非直親兄弟), 우종부곤제역래종지(又從父昆弟亦來宗之), 위계조소종(爲繼祖小宗)。경일세장자(更一世長者), 비직친곤제(非直親昆弟), 종부곤제(從父昆弟), 우유종조곤제래종지(又有從祖昆弟來宗之), 위계증조소종(爲繼曾祖小宗)。경일세장자(更一世長者), 비직유친곤제(非直有親昆弟), 종부곤제(從父昆弟), 종조곤제래종지(從祖昆弟來宗之), 우유종증조곤제래종지(又有從曾祖昆弟來宗之), 위계고조소종야(爲繼高祖小宗也)。경일세절복(更一世絶服), 부복래사(不復來事), 이피자사(以彼自事), 오복내계고조사하자야(五服內繼高祖已下者也)。사자개시소종(四者皆是小宗), 즉가가개유형제상사장자지소종(則家家皆有兄弟相事長者之小宗)。수가가진유소종(雖家家盡有小宗), 잉세사계고조이하소종야(仍世事繼高祖已下之小宗也)。시이상전운(是以上傳云)「유여즉귀지종(有餘則歸之宗)」, 역위당가지장위소종자야(亦謂當家之長爲小宗者也)。운(云)「위인후자숙후(爲人後者孰後), 후대종야(後大宗也)」자(者), 차문소종(此問小宗)、대종이자여하자위후(大宗二者與何者爲後), 후대종야(後大宗也)。안하휴운(案何休云)「소종무후당절(小宗無後當絶)」, 여차의동야(與此義同也)。우운(又云)「후대종자강기소종(後大宗者降其小宗)」, 차칙계위인후위부모(此則繼爲人後爲父母), 부모상강(父母尚降), 명여개강야(明餘皆降也)。고(故)《대공장(大功章)》운(云)「위인후자위기곤제(爲人後者爲其昆弟)」, 시강소종지류야(是降小宗之類也)。운(云)「갈위후대종(曷爲後大宗), 대종자(大宗者), 존지통(尊之統)」자(者), 차문필후대종(此問必後大宗), 하의야(何意也)？명종자존통령(明宗子尊統領), 시이(是以)《서전(書傳)》운(云)：「종자연족인어당(宗子燕族人於堂), 종부연족인어방(宗婦燕族人於房), 서지이소목(序之以昭穆)」, 기유족식(既有族食)、족연치서족인지사(族燕齒序族人之事), 시이수후부가절야(是以須後不可絶也), 고운존지통야(故云尊之統也)。운(云)「금수(禽獸)」이하자(已下者), 인지존종자(因之尊宗子), 수광신존조(遂廣申尊祖), 종자지사야(宗子之事也)。운(云)「금수지모부지부(禽獸知母不知父)」자(者), 《이아(爾雅)》운(云)：「량족이우위지금(兩足而羽謂之禽), 사족이모위지수(四足而毛謂之獸)。」피대문이언지야(彼對文而言之也)。약산문언지(若散文言之), 수역명금(獸亦名禽)。금수소생(禽獸所生), 유지수모(唯知隨母), 부지수부(不知隨父), 시지모부지부(是知母不知父)。운(云)「야인왈부모하산언(野人曰父母何算焉)」자(者), 야인위약(野人謂若)《론어(論語)》정주운(鄭注云)「야인조략(野人粗略)」, 여도읍지사상대(與都邑之士相對)。역위국외위야인(亦謂國外爲野人), 야인초원정화(野人稍遠政化), 도읍지사위근정화(都邑之士爲近政化)。《주례(周禮)》운(云)「야자륙척(野自六尺)」지류자(之類者), 부지분별부모존비야(不知分別父母尊卑也)。운(云)「도읍지사칙지존니(都邑之士則知尊禰)」자(者), 사하대야인(士下對野人), 상대대부(上對大夫), 칙차사소위재조지사병재성곽사(則此士所謂在朝之士並在城郭士), 민지의례자(民之義禮者), 총위지위사야(總謂之爲士也)。운(云)「대부급학사즉지존조(大夫及學士則知尊祖)」자(者), 차학위향상서급국지대학(此學謂鄉庠序及國之大學

鄕庠序及國之大學)、국소지학사(國小之學士)、문왕지세자역운(文王之世子亦云)「학사(學士)」、수미유관작(雖未有官爵)、이기습지사술(以其習知四術)、한지륙예(閑知六藝)、지조의부인지례(知祖義父仁之禮)、고경부수존조(故敬父逐尊祖)、득여대부지귀동야(得與大夫之貴同也)。제후급기대조(諸侯及其大祖)、천자급기시조(天子及其始祖)、개시작존자(皆是爵尊者)、기덕소급원지의야(其德所及遠之義也)。운대종(云大宗)「수족(收族)」이하(已下)、위론대종립후지의야(謂論大宗立後之意也)。운(云)「적자부득후대종(適子不得後大宗)」자(者)、이기자당주가사병승중제사지사고야(以其自當主家事並承重祭祀之事故也)。○주(注)「도읍(都邑)」지(至)「도연야(道然也)」。○석왈(釋曰):도읍지사자(都邑之士者)、대천자제후왈국채지(對天子諸侯曰國采地)、대부왈도읍(大夫曰都邑)。고(故)《주례(周禮)‧재사(載師)》유가읍(有家邑)、소도(小都)、대도(大都)、《춘추좌씨(春秋左氏)》제후하대부채지(諸侯下大夫采地)、역운읍왈축(亦云邑曰築)、도왈성(都曰城)。산문천자이하개명도읍(散文天子已下皆名都邑)、도읍지내자(都邑之內者)、기민근정화(其民近政化)。약연(若然)、천자제후시정화(天子諸侯施政化)、민무이원근위이(民無以遠近爲異)、단근자역화(但近者易化)、원자난감(遠者難感)、고민근정화자식심(故民近政化者識深)、칙지존부(則知尊父)、원정화자식천(遠政化者識淺)、부지부모유존비지별야(不知父母有尊卑之別也)。대조시봉지군자(大祖始封之君者)、안(案)《주례(周禮)‧전명(典命)》운삼공팔명(云三公八命)、경륙명(卿六命)、대부사명(大夫四命)、기작개가일등(其爵皆加一等)。가일등자(加一等者)、팔명위상공구명(八命爲上公九命)、위목팔명(爲牧八命)、위후백칠명(爲侯伯七命)、위자남오명(爲子男五命)、차개위대조(此皆爲大祖)、후세부훼기묘(後世不毀其廟)。약로지주공(若魯之周公)、제지대공(齊之大公)、위지강숙(衛之康叔)、정지환공지류(鄭之桓公之類)、개시대조자야(皆是大祖者也)。운(云)「시조감신령이생(始祖感神靈而生)、약후직계야(若后稷契也)。자(自)、유야(由也)。급시조소유출위제천(及始祖所由出謂祭天)」자(者)、위제소감제(謂祭所感帝)、환이시조배지(還以始祖配之)。안(案)《대전(大傳)》운(云):「왕자체기조지소자출(王者禘其祖之所自出)、이기조배지(以其祖配之)。」시후직감동방청제령위앙소생(是后稷感東方青帝靈威仰所生)、계감북방흑제즙광기소생(契感北方黑帝汁光紀所生)。《역위(易緯)》운(云)「삼왕지교(三王之郊)、일용하정(一用夏正)」。《교특생(郊特牲)》운(云)「조일어남교(兆日於南郊)、취양위(就陽位)」、칙왕자건인지월사소감제어남교(則王者建寅之月祀所感帝於南郊)、환이감생조배제(還以感生祖配祭)、주이후직(周以後稷)、은이계배지(殷以契配之)、고정운위조배제천야(故鄭云謂祖配祭天也)。우정주(又鄭注)《대전(大傳)》운왕자지선조(云王者之先祖)、개감대미오제지정이생(皆感大微五帝之精以生)、칙부지후직여계이이(則不止后稷與契而已)。단후직감청제소생(但后稷感青帝所生)、즉(即)《생민(生民)》시운(詩云)「리제무민흠(履帝武敏歆)」、거정의(據鄭義)、제곡후세비강원리청제대인적이생후직(帝嚳後世妃姜原履青帝大人跡而生后稷)、은지선모유융씨지녀간적탄연란이생계(殷之先母有娀氏之女簡狄吞燕卵而生契)、차이자문저(此二者文著)、고정거이언지(故鄭據而言之)、기실제왕개유소감이생야(其實帝王皆有所感而生也)。운(云)「상유원야(上猶遠也)、하유근(下猶近)」자(者)、천자시조(天子始祖)、제후급대조(諸侯及大祖)、병어친묘외제지(並於親廟外祭之)、시존통원(是尊統遠)。대부삼묘(大夫三廟)、적사이묘(適士二廟)、중하사일묘(中下士一廟)、시비자존통근야(是卑者尊統近也)。약연(若然)、차론대종자(此論大宗子)、이언천자제후(而言天子諸侯)、대부사지등자(大夫士之等者)、욕견대종자통령백세이부천(欲見大宗子統領百世而不遷)、우상제별조자대조이부역(又上祭別祖子大祖而不易)、역시존통원(亦是尊統遠)。소종자유통오복지내(小宗子唯統五服之內)、시존통근(是尊統近)、고전언존통원근이운대종자(故傳言尊統遠近而云大宗者)、존지통야(尊之統也)。우운대종자(又云大宗者)、수족(收族)、시대종통원지사야(是大宗統遠之事也)。인(引)《대전(大傳)》자(者)、안피칭성위정성(案彼稱姓謂正姓)、약은우(若殷于)、주희지류(周姬之類)、철지이식자(綴之以食者)、이식례상련철(以食禮相連綴)、사부상소(使不相疏)、약종자어족인행족식(若宗子於族人行族食)、족연자야(族燕者也)。운(云)「백세혼인부통주도연(百世婚姻不通周道然)」자(者)、대은도칙부연(對殷道則不然)、위은가부계지이정성(謂殷家不系之以正姓)、단오세절복(但五世絕服)、이후서성별어상(以後庶姓別於上)、이척단어하(而戚單於下)、하혼인통야(下婚姻通也)。인지자(引之者)、정주지대종자통령족인(証周之大宗子統領族人)、서이소목(序以昭穆)、백세부란지사야(百世不亂之事也)。

여자자적인자(女子子適人者), 위기부모(爲其父母)、곤제지위부후자(昆弟之爲父後者)。

◆소(疏)

「여자자」지「부후자」。○석왈:여자비어남자, 고차남자후.

전왈(傳曰):위부하이기야(爲父何以期也) 부인부이참야(婦人不貳斬也) 爲부인부이참자하야(婦人不貳斬者何也) 부인유삼종지의(婦人有三從之義), 무전용지도(無專用之道), 고미가종부(故未嫁從父), 기가종부(既嫁從夫), 부사종자(夫死從子)。고부자(故父者), 자지천야(子之天也)。부자(夫者), 처지천야(妻之

天也)。 부인부이참자(婦人不貳斬者), 유왈부이천야(猶曰不貳天也)。 부인부능이존야(婦人不能貳尊也)。 위곤제지위부후자하이역기야(爲昆弟之爲父後者何以亦期也) 부인수재외(婦人雖在外), 필유귀종(必有歸宗), 왈소종(曰小宗), 고복기야(故服期也)。

종자(從者), 종기교령(從其敎令)。 귀종자(歸宗者), 부수졸(父雖卒), 유자귀종(猶自歸宗), 기위부후지중자(其爲父後持重者), 부자절어기족류야(不自絕於其族類也)。 왈소종자(曰小宗者), 언시내소종야(言是乃小宗也), 소종명비일야(小宗明非一也), 소종유사(小宗有四)。 장부부인지위소종(丈夫婦人之爲小宗), 각여기친지복(各如其親之服), 피대종(辟大宗)。

◆소(疏)

「전왈(傳曰)」지(至)「복기야(服期也)」。 ○석왈(釋曰): 경겸언부모(經兼言父母), 전특문부부문모자(傳特問父不問母者), 가무이존(家無二尊), 고부재위모기(故父在爲母期), 금출가잉기(今出嫁仍期), 단부장담이이(但不杖禫而已)。 미다현절(未多懸絕), 고부문녀자자재실참최삼년(故不問女子子在室斬衰三年)。 금출가여모동재부장마구현절(今出嫁與母同在不杖麻屨懸絕), 고문운(故問云)「위부하이기야(爲父何以期也)」。 「부인부이참야(婦人不貳斬也)」, 답사(答辭)。 운(云)「부인부이참자하(婦人不貳斬者何)」, 경문부이참지의야(更問不貳斬之意也)。 운(云)「부인유삼종지의(婦人有三從之義)」이하(已下), 답사(答辭)。 전(前)《참장(斬章)》운위인후(云爲人后), 부운장부부이참(不云丈夫不貳斬), 지차녀자자운부인부이참자(至此女子子云婦人不貳斬者), 즉장부용유이참(則丈夫容有貳斬), 고유위장자개참(故有爲長子皆斬)。 우(又)《상복사제(喪服四製)》운(云): 「문내지치(門內之治), 은엄의(恩掩義), 문외지치(門外之治), 의단은(義斷恩)。」 지어군부별시이상(至於君父別時而喪), 잉득위부신참(仍得爲父申斬), 즉장부유이참(則丈夫有二斬)。 지어녀자자재가위부(至於女子子在家爲父), 출가위부(出嫁爲夫), 유일무이(唯一無二), 고특언부인(故特言婦人), 시이어남자고야(是異於男子故也)。 약연(若然), 안(案)《잡기(雜記)》운(云): 「여제후위형제자복참(與諸侯爲兄弟者服斬)。」 시부인위부병위군득이참자(是婦人爲夫並爲君得二斬者), 연칙차부인부이참자(然則此婦人不貳斬者), 재가위부참(在家爲父斬), 출가위부참(出嫁爲夫斬), 위부기(爲父期), 차기상사(此其常事)。 피위군부가이경복(彼爲君不可以輕服), 복군비상지사(服君非常之事), 부득결차야(不得決此也)。 언부인유삼종지의자(言婦人有三從之義者), 욕언부이참지의(欲言不貳斬之意), 부인종인소종(婦人從人所從), 즉위지참(即爲之斬)。 약연(若然), 부사종자(夫死從子), 부위자참자(不爲子斬者), 자위모제쇠(子爲母齊衰), 모위자부득과자최(母爲子不得過齊衰), 고역부참야(故亦不斬也)。 운(云)「부인부능이존(婦人不能貳尊)」자(者), 욕견부이참지의(欲見不貳斬之義)。 운왈(云曰)「소종고복기(小宗故服期)」자(者), 욕견대종자백세부천(欲見大宗子百世不遷), 부인소귀(婦人所歸), 수부귀대종(雖不歸大宗), 종내장부(宗內丈夫), 부인위지자최삼월(婦人爲之齊衰三月)。 소종종내형제부지적장자위지(小宗宗內兄弟父之適長者爲之), 부인지소귀종자(婦人之所歸宗者), 귀차소종(歸此小宗), 수지기(遂之期), 여대종별(與大宗別)。 전공인의위대종(傳恐人疑爲大宗), 고변지왈소종고복기야(故辨之曰小宗故服期也)。 ○주(注)「종자(從者)」지(至)「대종(大宗)」。 ○석왈(釋曰): 귀종자부수졸유자귀종(歸宗者父雖卒猶自歸宗), 지의연자(知義然者), 약부모재(若父母在), 가녀자당귀녕부모(嫁女自當歸寧父母), 하수귀종자(何須歸宗子)。 전언(傳言)「부인수재외필귀종(婦人雖在外必歸宗)」, 명시거부모졸자(明是據父母卒者), 고정거부모졸이언(故鄭據父母卒而言)。 약연(若然), 천자제후부인부모졸(天子諸侯夫人父母卒), 부득귀종(不得歸宗), 이기인군절종(以其人君絕宗), 고허목부인(故許穆夫人)、위후지녀(衛侯之女), 부사부득귀(父死不得歸), 부(賦)《재치(載馳)》시시야(詩是也)。 운(云)「소종자언시내소종야(小宗者言是乃小宗也)」자(者), 정해전의언(鄭解傳意言)「왈소종(曰小宗)」자(者), 전중석귀종(傳重釋歸宗), 시내소종야(是乃小宗也)。 운(云)「명비일(明非一)」자(者), 욕견가가개유야(欲見家家皆有也)。 운(云)「소종유사(小宗有四)」자(者), 이어상석(已於上釋)。 운(云)「장부부인위소종각여기친지복(丈夫婦人爲小宗各如其親之服)」자(者), 위각여오복존비(謂各如五服尊卑), 복지무소가감(服之無所加減)。 운(云)「피대종(避大宗)」자(者), 대종즉자최삼월(大宗則齊衰三月), 운장부부인오복외(云丈夫婦人五服外), 개자최삼월(皆齊衰三月)。 오복내(五服內), 월산여방인(月算如邦人), 역개자최(亦皆齊衰), 무대공(無大功)、소공(小功)、시마(緦麻), 고운피대종야(故云避大宗也)。

계부동거자(繼父同居者)。

◆소(疏)

「계부동거자(繼父同居者)」。 ○석왈(釋曰): 계부본비골육(繼父本非骨肉), 고차재녀자자지하(故次在女子子之下)。 안(案)《교특생(郊特牲)》운(云): 부사부가(夫死不嫁), 종신부개(終身不改)。 시공강자서부허재귀(詩恭姜自誓不許再歸), 차득유부인장자가이유계부자(此得有婦人將子嫁而有繼父者), 피부가자(彼不嫁者), 자시정녀수지(自是貞女守志), 이유가자(而有嫁者), 수부여부가(雖不如不嫁), 성인허지(聖人許之), 고(故)《자최삼년장(齊衰三年章)》유계모(有繼母), 차우유계부지문야(此又有繼父之文也)。

전왈(傳曰)：하이기야(何以期也)　　《전(傳)》왈(曰)：「부사(夫死)，처치(妻穉)，자유(子幼)，자무대공지친(子無大功之親)，여지적인(與之適人)。이소적자(而所適者)，역무대공지친(亦無大功之親)，소적자이기화재위지축궁묘(所適者以其貨財爲之築宮廟)。세시사지사언(歲時使之祀焉)，처부감여언(妻不敢與焉)。」약시(若是)，칙계부지도야(則繼父之道也)。동거칙복자최기(同居則服齊衰期)，이거즉복자최삼월(異居則服齊衰三月)。필상동거(必嘗同居)，연후위이거(然後爲異居)，미상동거(未嘗同居)，즉부위이거(則不爲異居)。

처치(妻穉)，위년미만오십(謂年未滿五十)。자유(子幼)，위년십오이하(謂年十五已下)。자무대공지친(子無大功之親)，위동재자야(謂同財者也)。위지축궁묘어가문지외(爲之築宮廟於家門之外)，신부흠비족(神不歆非族)。처부감여언(妻不敢與焉)，은수지친(恩雖至親)，족이절의(族已絕矣)。부부가이(夫不可二)，차이은복이(此以恩服爾)。미상동거(未嘗同居)，즉부복지(則不服之)。

◆소(疏)

「전왈(傳曰)」지(至)「이거(異居)」。○석왈(釋曰)：「하이기야(何以期也)」자(者)，이본비골육(以本非骨肉)，고치문야(故致問也)。「전왈(傳曰)」이하(已下)，병시인구전위문답(並是引舊傳為問答)。자차지자최기(自此至齊衰期)，위자가무대공지내친(謂子家無大功之內親)，계부가역무대공지내친(繼父家亦無大功之內親)，계부이재화위차자축궁묘(繼父以財貨爲此子築宮廟)，사차자사시제사부절(使此子四時祭祀不絕)，삼자개구(三者皆具)，즉위동거(即爲同居)，자위지기(子爲之期)，이계부은심고야(以繼父恩深故也)。언처부언모자(言妻不言母者)，이적타족(已適他族)，여기절(與己絕)，고언처(故言妻)，욕견여타위처(欲見與他為妻)，부합제기지부고야(不合祭己之父故也)。운(云)「이거즉복자최삼월(異居則服齊衰三月)。필상동거(必嘗同居)，연후위이거(然後爲異居)」자(者)，차일절론이거(此一節論異居)，계부언이자(繼父言異者)，석동금이(昔同今異)，위상삼자약궐일사(謂上三者若闕一事)，즉위이거(則爲異居)。가령전삼자잉시구(假令前三者仍是具)，후혹계부유자(后或繼父有子)，즉시계부유대공지내친(即是繼父有大功之內親)，역위이거의(亦爲異居矣)。여차(如此)，부사위지자최삼월(父死爲之齊衰三月)，입하문(入下文)《자최삼월장(齊衰三月章)》계부시야(繼父是也)。운필상동거연후위이거자(云必嘗同居然後爲異居者)，욕견전시삼자구(欲見前時三者具)，위동거(爲同居)，후삼자일사궐(后三者一事闕)，즉위이거지의(即爲異居之意)。운(云)「미상동거(未嘗同居)，즉부위이거(則不爲異居)」，위자초여모왕계부가시(謂子初與母往繼父家時)，혹계부유대공내친(或繼父有大功內親)，혹이유대공내친(或已有大功內親)，혹계부부위이축궁묘(或繼父不爲已築宮廟)，삼자일사궐(三者一事闕)，수동재계부가(雖同在繼父家)，역명부동거(亦名不同居)，계부전부복지의(繼父全不服之矣)。○주(注)「처치(妻穉)」지(至)「복지(服之)」。○석왈(釋曰)：정지(鄭知)「처치위년미만오십(妻穉謂年未滿五十)」자(者)，안(案)《내칙(內則)》첩년오십폐방(妾年五十閉房)，부복어(不復御)，하득경가(何得更嫁)？고미만오십야(故未滿五十也)。운(云)「자유위년십오이하(子幼謂年十五已下)」자(者)，안(案)《론어(論語)》운(云)「가이탁륙척지고(可以託六尺之孤)」，정역운(鄭亦云)「십오이하(十五已下)」，지자(知者)，견(見)《주례(周禮)·향대부직(鄉大夫職)》운(云)：「국중자칠척이급륙십(國中自七尺以及六十)，야자륙척이급륙십유오(野自六尺以及六十有五)，개정지(皆征之)。」칠척위년이십(七尺謂年二十)，륙척위년십오(六尺謂年十五)。십오칙수정역(十五則受征役)，하득수모(何得隨母)，즉지자유십오이하(則知子幼十五已下)。언(言)「이하(已下)」즉부통십오(則不通十五)，이기십오수정(以其十五受征)，명거십사지년일세이상야(明據十四至年一歲已上也)。운(云)「대공지친위동재(大功之親謂同財)」자(者)，하기운(下記云)「소공사하위형제(小功已下爲兄弟)」，즉소공이하소(則小功已下疏)，고득형제지칭(故得兄弟之稱)。즉대공지친용동재공활가지(則大功之親容同財共活可知)。운(云)「위지축궁묘어가문지외(爲之築宮廟於家門之外)」자(者)，이기중문외유기종묘(以其中門外有己宗廟)，즉지차재대문외축지야(則知此在大門外築之也)。필재대문외축지자(必在大門外築之者)，신부흠비족고야(神不歆非族故也)。약재문내(若在門內)，어귀신위비족(於鬼神為非族)，공부흠지(恐不歆之)，시이대문외위지(是以大門外爲之)。수모가득유묘자(隨母嫁得有廟者)，비필정묘(非必正廟)，단시귀신소거왈묘(但是鬼神所居曰廟)，약(若)《제법(祭法)》운(云)「서인제어침야(庶人祭於寢也)」，신부흠비족(神不歆非族)，《대대례(大戴禮)》문(文)。운(云)「부부가이(夫不可二)」자(者)，거전운처(據傳云妻)，명거계부이언(明據繼父而言)，이기여계부위처(以其與繼父爲妻)，부가경어전부위처이제(不可更於前夫為妻而祭)，고운부부가이야(故云夫不可二也)。운(云)「차이은복이(此以恩服爾)」자(者)，병해위계부기여삼월(並解爲繼父期與三月)。운(云)「미상동거즉부복지(未嘗同居則不服之)」자(者)，이기동거여이거유복(以其同居與異居有服)，명미상동거부복가지(明未嘗同居不服可知)。

위부지군(爲夫之君)。전왈(傳曰)：하이기야(何以期也)　종복야(從服也)

◆소(疏)

「위부지군전왈(爲夫之君傳曰)」지(至)「종복야(從服也)」。○석왈(釋曰)：차이종복(此以從服), 고차계부하(故次繼父下)。단신지처개품명어군지부인(但臣之妻皆稟命於君之夫人), 부종복소군자(不從服小君者), 욕명부인명역유군래(欲明夫人命亦由君來), 고신처어부인무복야(故臣妻於夫人無服也)。부직언부지군이언위자(不直言夫之君而言爲者), 이부지군이언위자(以夫之君而言爲者), 이부지군종복경(以夫之君從服輕), 고특언위부지군야(故特言爲夫之君也)。전왈(傳曰)「하이기(何以期)」자(者), 문비례자(問比例者), 괴인소이동친자(怪人疏而同親者), 고발문(故發問)。운(云)「종복야(從服也)」, 이부위군참(以夫爲君斬), 고처종복기야(故妻從服期也)。

고(姑)、자매(姊妹)、여자자적인무주자(女子子適人無主者), 고(姑)、자매보(姊妹報)。

◆소(疏)

「고자(姑姊)」지(至)「자매보(姊妹報)」。○석왈(釋曰)：차등친출적(此等親出適), 이강재대공(已降在大功), 수긍지복기(雖矜之服期), 부절어부씨(不絕於夫氏), 고차의복지하(故次義服之下)。여자자간재상(女子子間在上), 부언보자(不言報者), 여자자출적대공(女子子出適大功), 반위부모(反爲父母), 자연유기(自然猶期), 부수언보(不須言報), 고부언야(故不言也)。고대질(姑對侄), 자매대형제출적(姊妹對兄弟出適), 반위질여형제대공(反爲侄與兄弟大功), 질여형제위지강지대공(侄與兄弟爲之降至大功), 금환상위기(今還相爲期), 고수언보야(故須言報也)。

전왈(傳曰)：무주자(無主者), 위기무제주자야(謂其無祭主者也)。하이기야(何以期也) 위기무제주고야(爲其無祭主故也)。

무주후자(無主後者), 인지소애련(人之所哀憐), 부인강지(不忍降之)。

◆소(疏)

「전왈(傳曰)」지(至)「주자야(主者也)」。○석왈(釋曰)：운(云)「무주자위기무제주(無主者謂其無祭主)」자(者), 무주유이(無主有二)：위상주(謂喪主)、제주(祭主)。전부언상주자(傳不言喪主者), 상유무후(喪有無後), 무무주자(無無主者), 약당가무상주(若當家無喪主), 혹취오복지내친(或取五服之內親), 우무오복친(又無五服親), 즉취동서가(則取東西家), 약무칙리윤주지(若無則裡尹主之)。금무주자(今無主者), 위무제주야(謂無祭主也), 고가애련이부강야(故可哀憐而不降也)。○주(注)「무주(無主)」지(至)「강지(降之)」。○석왈(釋曰)：운(云)「인지소애련(人之所哀憐)」자(者), 위행로지인(謂行路之人), 견차무부복무자이부가(見此無夫復無子而不嫁), 유생애(猶生哀){민심(敏心)}, 황질여형제급부모(況侄與兄弟及父母), 고부인강지야(故不忍降之也)。약연(若然), 제차지외(除此之外), 여인위지복자(餘人爲之服者), 잉의출강지복(仍依出降之服), 이부복가(而不服加), 이기여인은소고야(以其餘人恩疏故也)。부언가이운적인자(不言嫁而云適人者), 약언적인(若言適人), 즉위사야(即謂士也)；약언가지(若言嫁之), 가지내가어대부(嫁之乃嫁於大夫), 어본친우이존강(於本親又以尊降), 부득언보(不得言報), 고운적인부언가(故云適人不言嫁)。

위군지부모(爲君之父母)、처(妻)、장자(長子)、조부모(祖父母)。

◆소(疏)

「위군지부모처장자조부모(爲君之父母妻長子祖父母)」。○석왈(釋曰)：차역종복경(此亦從服輕), 어부지군급고자매녀자자무주(於夫之君及姑姊妹女子子無主), 고차지(故次之)。언(言)「위(爲)」자(者), 역여위부지군야(亦如爲夫之君也)。

전왈(傳曰)：하이기야(何以期也) 종복야(從服也)。부모(父母)、장자(長子), 군복참(君服斬)。처(妻), 칙소군야(則小君也)。부졸(父卒), 연후위조후자복참(然後爲祖後者服斬)。차위군의(此爲君矣), 이유부약조지상자(而有父若祖之喪者), 위시봉지군야(謂始封之君也)。약시계체(若是繼體), 칙기부약조유폐질부립(則其父若祖有廢疾不立)。부졸자(父卒者), 부위군지손(父爲君之孫), 의사위이조졸(宜嗣位而早卒), 금군수국어증조(今君受國於曾祖)。

◆소(疏)

「전왈(傳曰)」지(至)「자복참(者服斬)」。○석왈(釋曰)：운(云)「부모장자군복참(父母長子君服斬)」자

(者), 욕견신종군복기(欲見臣從君服期)。약연(若然), 군지모당재자최(君之母當在齊衰), 여군부동재참자(與君父同在斬者), 이모역유삼년지복(以母亦有三年之服), 고병언지(故並言之)。운(云)「처칙소군야(妻則小君也)」자(者), 욕견신위소군(欲見臣爲小君), 기시상(期是常), 비종복지례(非從服之例)。운(云)「부졸연후위조후자복참(父卒然後爲祖後者斬)」자(者), 전해경신위군지조부모복기(傳解經臣爲君之祖父母服期), 약군재(若君在), 즉위군조부모종복기(則爲君祖父母從服期)。○주(注)「차위(此爲)」지(至)「존조(尊祖)」。○석왈(釋曰):운(云)「차위군의(此爲君矣), 이유부약조지상자(而有父若祖之喪者), 위시봉지군야(謂始封之君也)」자(者), 약(若)《주례(周禮)·전명(典命)》삼공팔명(三公八命), 기경륙명(其卿六命), 대부사명(大夫四命), 출봉개가일등(出封皆加一等), 시오등제후위시봉지군비계체(是五等諸侯爲始封之君非繼體), 용유조부부위군이사(容有祖父不爲君而死), 군위지참(君爲之斬), 신역종복기야(臣亦從服期也)。운(云)「약시계체(若是繼體), 즉기부약조유폐질부립(則其父若祖有廢疾不立)」자(者), 차조여부합립(此祖與父合立), 위폐질부립(爲廢疾不立), 기당립(己當立), 시수국어증조(是受國於曾祖)。약연(若然), 차이자자시부립(此二者自是不立), 금군립부관부조(今君立不關父祖)。우운(又云)「부졸자(父卒者), 부위군지손의사위이조졸(父爲君之孫宜嗣位而早卒), 금군수국어증조(今君受國於曾祖)」자(者), 차해전지(此解傳之)「부졸(父卒)」이(耳)。정의이부조유폐질(鄭意以父祖有廢疾), 필이금군수국어증조(必以今君受國於曾祖), 부취수국어조자(不取受國於祖者)。약금군수국어조(若今君受國於祖), 조훙(祖薨), 칙군신위지참(則群臣爲之斬), 하득종복기(何得從服期)?고정이신군수국어증조(故鄭以新君受國於曾祖)。약연(若然), 증조위군훙(曾祖爲君薨), 군신자당복참(群臣自當服斬), 약군지조훙(若君之祖薨), 군위지복참(君爲之服斬), 신종복기야(臣從服期也)。약연(若然), 부졸자(父卒者), 부위군지손(父爲君之孫), 의사위이조졸(宜嗣位而早卒), 즉군지조역시폐질(則君之祖亦是廢疾), 혹조사부립(或早死不立), 시이군지부수국어조(是以君之父受國於祖), 복조졸(復早卒), 금군내수국어증조야(今君乃受國於曾祖也)。조상문(趙商問):「기위제후(己爲諸侯), 부유폐질(父有廢疾), 부임국정(不任國政), 부임상사(不任喪事), 이위기조복(而爲其祖服), 제도지의(制度之宜), 년월지단운하(年月之斷云何)?」답운(答云):「부졸위조후자삼년참(父卒爲祖後者三年斬), 하의(何疑)」조상우문(趙商又問):「부졸위조후자삼년(父卒爲祖後者三年), 이문명의(已聞命矣)。소문자(所問者), 부재위조여하(父在爲祖如何)?욕언삼년칙부재(欲言三年則父在), 욕언기(欲言期), 복무주(復無主), 참장지의(斬杖之宜), 주상지제(主喪之製), 미지소정(未知所定)。」답왈(答曰):「천자제후지상(天子諸侯之喪), 개참최(皆斬衰), 무기(無期)。」피지여차주상겸내구야(彼志與此注相兼乃具也)。

첩위녀군(妾爲女君)。

◆소(疏)

「첩위녀군(妾爲女君)」。○석왈(釋曰):첩사녀군(妾事女君), 사(使), 여신사군동(與臣事君同), 고차지야(故次之也)。이기처기여부체적(以其妻旣與夫體敵), 첩부득체부(妾不得體夫), 고명첩(故名妾)。첩(妾), 접야(接也), 접사적처(接事適妻), 고첩칭적처위녀군야(故妾稱適妻爲女君也)。

전왈(傳曰):하이기야(何以期也)첩지사녀군(妾之事女君), 여부지사구고등(與婦之事舅姑等)。

여군(女君), 군적처야(君適妻也)。여군어첩무복(女君於妾無服), 보지즉중(報之則重), 강지즉혐(降之則嫌)。

◆소(疏)

「전왈(傳曰)」지(至)「고등(姑等)」。○석왈(釋曰):전의위첩혹시처지질제동사일인(傳意謂妾或是妻之侄娣同事一人), 홀위지중복(忽爲之重服), 고발문야(故發問也)。답왈(答曰)「첩지사녀군여부지사구고등(妾之事女君與婦之事舅姑等)」자(者), 부지사구고역기(婦之事舅姑亦期), 고운(故云)「등(等)」。단병후필적(但並后匹適), 경복지계(傾覆之階), 고억지(故抑之), 수혹질제(雖或侄娣), 사여자지처(使如子之妻), 여부사구고동야(與婦事舅姑同也)。○주(注)「여군(女君)」지(至)「즉혐(則嫌)」。○석왈(釋曰):운(云)「녀군어첩무복(女君於妾無服)」자(者), 제경전무녀군복첩지문(諸經傳無女君服妾之文), 고운무복(故云無服)。필무복자(必無服者), 정해기부복지의(鄭解其不服之意), 시이운(是以云)「보지즉중(報之則重)」。환보이기(還報以期), 무존비강살(無尊卑降殺), 대중야(大重也)。운(云)「강지즉혐(降之則嫌)」자(者), 약강지대공(若降之大功)、소공(小功), 즉사구고위적부서부지혐(則似舅姑爲適婦庶婦之嫌), 고사녀군위첩무복야(故使女君爲妾無服也)。

부위구고(婦爲舅姑)。

◆소(疏)

「부위구고(婦爲舅姑)」。○석왈(釋曰)：문재차자(文在此者), 기욕억첩사녀군(既欲抑妾事女君), 사여사구고(使如事舅姑), 고부사구고재하(故婦事舅姑在下), 욕사첩정선어부(欲使妾情先於婦), 고부문재후야(故婦文在后也)。

전왈(傳曰)：하이기야(何以期也)? 종복야(從服也)。

◆소(疏)

「전왈(傳曰)」지(至)「종복야(從服也)」。○석왈(釋曰)：문지자(問之者), 본시로인(本是路人), 여자판합(與子判合), 즉위중복(則爲重服), 복부지부모(服夫之父母), 고문야(故問也)。운(云)「종복야(從服也)」자(者), 답사기득체(答辭既得體), 기자위친(其子爲親), 고중복(故重服), 위기구고야(爲其舅姑也)。

부지곤제지자(夫之昆弟之子)。남녀개시(男女皆是)。

◆소(疏)

「부지곤제지자(夫之昆弟之子)」。○주(注)「남녀개시(男女皆是)」。○석왈(釋曰)：《단궁(檀弓)》운(云)：「형제지자유자야(兄弟之子猶子也)。」개인이진지(蓋引而進之), 진동기자(進同己子), 고이모위지(故二母爲之), 역여이자복기야(亦如己子服期也)。운(云)「남녀개시(男女皆是)」자(者), 거녀재실여출가(據女在室與出嫁), 여이모상위복동기여대공(與二母相爲服同期與大功), 고자중겸남녀(故子中兼男女), 단이의복정경(但以義服情輕), 동부사구고(同婦事舅姑), 고차재하야(故次在下也)。

전왈(傳曰)：하이기야(何以期也) 보지야(報之也)。

◆소(疏)

「전왈하이기야보지야(傳曰何以期也報之也)」。○석왈(釋曰)：「보지(報之)」자(者), 이모여자본시로인(二母與子本是路人), 위배이부(爲配二父), 이유모명(而有母名), 위지복기(爲之服期), 고이모보자환복기(故二母報子還服期)。약연(若然), 상세숙지하부언보(上世叔之下不言報), 지차언지자(至此言之者), 이부본시부지일체(二父本是父之一體), 우인동기자(又引同己子), 부득언보(不得言報), 지차본소(至此本疏), 고언보야(故言報也)。

공첩(公妾)、대부지첩위기자(大夫之妾爲其子)。

◆소(疏)

「공첩대부지첩위기자(公妾大夫之妾爲其子)」。○석왈(釋曰)：이첩위기자(二妾爲其子), 응강이부강(應降而不降), 중출차문(重出此文), 고차지(故次之)。

전왈(傳曰)：하이기야(何以期也) 첩부득체군(妾不得體君), 위기자득수야(爲其子得遂也)。

차언이첩부득종어녀군존강기자야(此言二妾不得從於女君尊降其子也)。여군여군일체(女君與君一體), 유위장자삼년(唯爲長子三年), 기여이존강지(其餘以尊降之), 여첩자동야(與妾子同也)。

◆소(疏)

「전왈(傳曰)」지(至)「수야(遂也)」。○석왈(釋曰)：전혐이첩승존응강(傳嫌二妾承尊應降), 금부강(今不降), 고발문(故發問)。답운(答云)「첩부득체군위기자득수야(妾不得體君爲其子得遂也)」자(者), 제후절방기(諸侯絶旁期), 위중자무복(爲眾子無服), 대부강일등(大夫降一等), 위중자대공(爲眾子大功)。기처체군(其妻體君), 개종부이강지(皆從夫而降之), 지어이첩천(至於二妾賤), 개부득체군(皆不得體君), 군부염첩(君不厭妾), 고자위기자득신(故自爲其子得伸), 수이복기야(遂而服期也)。○주(注)「차언(此言)」지(至)「동야(同也)」。○석왈(釋曰)：운(云)「유위장자삼년(唯爲長子三年)」, 경운(更云)「기여(其餘)」, 위기소생제이이하(謂己所生第二已下), 이존강(以尊降), 여첩자동(與妾子同), 제후부인무복(諸侯夫人無服), 대부처위지대공야(大夫妻爲之大功也)。

여자자위조부모(女子子爲祖父母)。

◆소(疏)

「여자자위조부모(女子子爲祖父母)」。○석왈(釋曰)：장수이언(章首已言)「위조부모(爲祖父母)」, 겸남녀(兼男女), 피녀거성인지녀(彼女據成人之女), 차언(此言)「녀자자(女子子)」, 위십오허가자(謂十五許嫁者), 역이중출기문(亦以重出其文), 고차재차야(故次在此也)。

전왈(傳曰)：하이기야(何以期也) 부감강기조야(不敢降其祖也)。

경사재실(經似在室), 전사이가(傳似已嫁)。명수유출도(明雖有出道), 유부강(猶不降)。

◆소(疏)

「전왈(傳曰)」지(至)「조야(祖也)」。○석왈(釋曰)：조부모정기야(祖父母正期也)。이가지녀(已嫁之女), 가강방친(可降旁親), 조부모정기(祖父母正期), 고부강야(故不降也), 고운(故云)「부감강기조야(不敢降其祖也)」。○주(注)「경사(經似)」지(至)「부강(不降)」。○석왈(釋曰)：지경사재실자(知經似在室者), 이기직운(以其直云)「여자자(女子子)」, 무가문(無嫁文), 고운(故云)「사재실(似在室)」。운(云)「전사이가(傳似已嫁)」자(者), 이기언(以其言)「부감(不敢)」, 즉유감자(則有敢者), 감위출가(敢謂出嫁), 강방친(降旁親), 시이가지문(是已嫁之文)。차언부감(此言不敢), 시수가이부감강조(是雖嫁而不敢降祖), 고운(故云)「전사이가(傳似已嫁)」야(也)。경전호언지(經傳互言之), 욕견재실(欲見在室)、출가동부강(出嫁同不降), 고정운(故鄭云)「명수유출도유부강(明雖有出道猶不降)」야(也)。운(云)「출도(出道)」자(者), 녀자자수십오허가(女子子雖十五許嫁), 시행납채(始行納采)、문명(問名)、납길(納吉)、납징사례(納徵四禮), 즉저계위성인(即著笄爲成人), 득강방친(得降旁親)。요지이십내행(要至二十乃行), 위청기(謂請期)、친영지례(親迎之禮), 이기계이미출(以其笄而未出), 고운명수유출도(故云明雖有出道), 유부강(猶不降)。부직언출이언도자(不直言出而言道者), 실미출(實未出), 고운출도(故云出道), 유여정주(猶如鄭注)《론어(論語)》운(云)：「수부득록(雖不得祿), 역득록지도(亦得祿之道)。」시역미득록이운지도(是亦未得祿而云之道), 역차류야(亦此類也)。

대부지자위세부모(大夫之子爲世父母)、숙부모(叔父母)、자(子)、곤제(昆弟)、곤제지자(昆弟之子)、고자매녀자자무주자위대부명부자(姑姊妹女子子無主者爲大夫命婦者), 유자부보(唯子不報)。

명자(命者), 가작복지명(加爵服之名)。자사지상공(自士至上公), 범구등(凡九等)。군명기부(君命其夫), 즉후부인역명기처의(則后夫人亦命其妻矣)。차소위자(此所爲者), 범륙명부(凡六命夫)、육명부(六命婦)。

◆소(疏)

「대부지자(大夫之子)」지(至)「어실의(於室矣)」。○석왈(釋曰)：차언대부지자위차륙대부(此言大夫之子爲此六大夫)、륙명부복기부강지사(六命婦服期不降之事)。기중수유자녀중출기문(其中雖有子女重出其文), 기여병시응강이부강(其餘並是應降而不降), 고차재녀자자위조하(故次在女子爲祖下)。단대부존(但大夫尊), 강방친일등(降旁親一等), 차남녀개합강지대공(此男女皆合降至大功), 위작대부여기존동(爲作大夫與己尊同), 고부강(故不降), 환복기(還服期)。약고자매녀자자(若姑姊妹女子子), 약출가(若出嫁), 대공(大功), 적사우강지소공(適士又降至小功)。금가대부수강지대공(今嫁大夫雖降至大功), 위무제주(爲無祭主), 애련지부인강(哀憐之不忍降), 환복기야(還服期也)。전운(傳云)「무주자명부지무제주자야(無主者命婦之無祭主者也)」자(者), 정겸언명부(鄭兼言命婦), 욕견기위명부부강(欲見既爲命婦不降), 우무제주(又無祭主), 경부강복기지의야(更不降服期之意也)。전운(傳云)「하이언유자부보야(何以言唯子不報也)」, 정운자중겸남녀(鄭云子中兼男女), 전유거녀자자(傳唯據女子子), 정부종야(鄭不從也)。운(云)「하이기야(何以期也), 부지소부강(父之所不降), 자역부감강야(子亦不敢降也)」자(者), 욕견차경운대부지자득행대부례(欲見此經云大夫之子得行大夫禮), 강여부강(降與不降), 일여부동(一與父同), 고전거부위대부위본(故傳據父爲大夫爲本), 이자역지야(以子亦之也)。운(云)「대부갈위부강명부야(大夫曷爲不降命婦也)」이하(已下), 욕견대부시존동(欲見大夫是尊同), 대부처시부인(大夫妻是婦人), 비존동(非尊同), 역부강자(亦不降者), 전해처역여부동존비지의(傳解妻亦與夫同尊卑之意), 시이운(是以云)「부존어조(夫尊於朝)」、「처귀어실(妻貴於室)」, 이기대부이상귀(以其大夫以上貴), 사이하천(士以下賤), 차중무사여사처(此中無士與士妻), 고이귀언지야(故以貴言之也)。○주(注)「명자(命者)」지(至)「부작야(夫爵也)」。○석왈(釋曰)：운(云)「명자가작복지명(命者加爵服之名)」자(者), 견(見)《공양전(公羊傳)》운(云)：「석자하(錫者何)？사야(賜也)。명자하(命者何)？가아복야(加我服也)。」우안(又案)《근례(覲禮)》「제공봉협복(諸公奉篋服), 가명서어기상(加命書於其上)」, 이명후씨(以命侯氏), 시명자가작복지명야(是命者加爵服之名也)。운(云)「자사지상공범구등(自士至上公凡九等)」자(者), 부거작(不據爵), 개거명이언(皆據命而言), 고(故)《대종백(大宗伯)》운(云)：「이구의지명(以九儀之命), 정방국지위(正邦國之位)。일명수작(壹命受爵), 재명수복(再命受服), 삼명수위(三命受位), 사명수기(四命受器), 오명사칙(五命賜則), 륙명사관(六命賜官), 칠명사국(七命賜國), 팔명작목(八命作牧), 구명작백(九命作伯)。」백칙분섬상공자(伯則分陝上公者), 시구등자야(是九等者也)。이기(以其)《전명(典命)》상공구명(上公九命), 후백칠명(侯伯七命), 자남오명(子男五命)；대국고사명(大國孤四命), 공후백경삼명(公侯伯卿三

命), 대부재명(大夫再命), 사일명(士一命) ; 자남경이명(子男卿二命), 대부일명(大夫一命), 사부명(士不命). 천자삼공팔명(天子三公八命), 기경륙명(其卿六命), 대부사명(大夫四命), 상사삼명(上士三命), 중사이명(中士二命), 하사일명(下士一命). 차경수무사(此經雖無士), 정총해천자제후명신(鄭總解天子諸侯命臣)、후부인명처지사(后夫人命妻之事), 고겸언사야(故兼言士也). 운(云)「군명기부(君命其夫)」자(者), 군중총천자제후(君中總天子諸侯). 운(云)「후부인역명기처의(后夫人亦命其妻矣)」자(者), 안(案)《례기(禮記)》운(云) : 「부인부명어천자(夫人不命於天子), 자로소공시야(自魯昭公始也)。」유소공취동성부고천자(由昭公娶同姓不告天子), 천자역부명(天子亦不命), 명신처개득후부인명야(明臣妻皆得后夫人命也). 정언차자(鄭言此者), 경운명부명부(經云命夫命婦), 부변천자제후지신(不辨天子諸侯之臣), 즉천자제후하단시대부(則天子諸侯下但是大夫)、대부처개시명부(大夫妻皆是命夫)、명부야(命婦也). 운(云)「차소위자범륙대부륙명부(此所爲者凡六大夫六命婦)」자(者), 륙대부(六大夫), 위세부일야(謂世父一也)、숙부이야(叔父二也)、자삼야(子三也)、곤사야(昆四也)、제오야(弟五也)、곤제지자륙야(昆弟之子六也) ; 육명부자(六命婦者), 세모일야(世母一也)、숙모이야(叔母二也)、고삼야(姑三也)、자사야(姊四也)、매오야(妹五也)、녀자자륙야(女子子六也).

전왈(傳曰) : 대부자(大夫者), 기남자지위대부자야(其男子之爲大夫者也)。명부자(命婦者), 기부인지위대부처자야(其婦人之爲大夫妻者也)。무주자(無主者), 명부지무제주자야(命婦之無祭主者也)。하이언유자부보야(何以言唯子不報也)녀자자적인자위기부모기(女子子適人者爲其父母期), 고언부보야(故言不報也)。언기여개보야(言其餘皆報也)。하이기야(何以期也) 부지소부강(父之所不降), 자역부감강야(子亦不敢降也)。대부갈위부강명부야(大夫曷爲不降命婦也) 부존어조(夫尊於朝), 처귀어실의(妻貴於室矣)。

무주자(無主者), 명부지무제주(命婦之無祭主), 위고자매녀자자야(謂姑姊妹女子子也). 기유제주자(其有祭主者), 여중인(如眾人). 유자부보(唯子不報), 남녀동부보이(男女同不報爾). 전유거녀자자(傳唯據女子子), 사실지의(似失之矣). 대부갈위부강명부(大夫曷為不降命婦), 거대부어고자매녀자자(據大夫於姑姊妹女子子), 기이출강재대공(既以出降在大功), 기적사자우이존강재소공야(其適士者又以尊降在小功也). 부존어조(夫尊於朝), 여기동(與己同), 처귀어실(妻貴於室), 종부작야(從夫爵也).

◆소(疏)

전석왈(傳釋曰) : 운(云)「무주자(無主者), 명부지무제주(命婦之無祭主), 위고자매녀자자야(謂姑姊妹女子子也)」, 정언차자(鄭言此者), 경륙명부중유세모(經六命婦中有世母)、숙모(叔母), 고정변지(故鄭辨之), 이기세모(以其世母)、숙모무주유주개위지기(叔母無主有主皆為之期), 고지유거차사인이이언야(故知唯據此四人而言也). 운(云)「기유제주자여중인(其有祭主者如眾人)」자(者), 자위대공의(自爲大功矣). 운(云)「유자부보(唯子不報), 남녀동부보이(男女同不報爾)」자(者), 이기남녀구위부모삼년(以其男女俱爲父母三年), 부모유위장자참(父母唯爲長子斬), 기여강(其餘降), 하득언보(何得言報), 고지자중겸남녀(故知子中兼男女), 시지전유거녀자자실지의(是知傳唯據女子子失之矣). 운(云)「대부갈위부강명부자(大夫曷為不降命婦者), 거대부어고자매녀자자(據大夫於姑姊妹女子子), 기이출강(既以出降), 기적사자(其適士者), 우이존강재소공야(又以尊降在小功也)」자(者), 차역륙명부중유이모(此亦六命婦中有二母), 고정변지야(故鄭辨之也). 운(云)「부존어조(夫尊於朝)」이하(已下), 정역해고자매녀자자지부(鄭亦解姑姊妹女子子之夫), 귀여이동지의(貴與己同之義). 약연(若然), 안(案)《곡례(曲禮)》운(云) : 「사십강(四十強), 이사(而仕), 오십애(五十艾), 복관정(服官政), 위대부(爲大夫)。」하득대부자우위대부(何得大夫子又爲大夫)? 우하득위제지자위대부자(又何得爲弟之子爲大夫者)? 오십명위대부(五十命爲大夫), 자시상법(自是常法), 대부지자유덕행무성자(大夫之子有德行茂盛者), 기대오십내명지호(豈待五十乃命之乎)? 시이(是以)《상소공(殤小功)》유대부위기곤제지장상(有大夫爲其昆弟之長殤), 대부기위형제상(大夫既爲兄弟殤), 명시유위대부(明是幼爲大夫). 거차일우(舉此一隅), 부득이상법상난야(不得以常法相難也).

대부위조부모(大夫爲祖父母)、적손위사자(適孫爲士者),

◆소(疏)

「대부(大夫)」지(至)「위사자(爲士者)」。○석왈(釋曰) : 조여손위사비(祖與孫爲士卑), 고차재차야(故次在此也).

전왈(傳曰) : 하이기야(何以期也) 대부부감강기조여적야(大夫不敢降其祖與適也)。

부감강기조여적(不敢降其祖與適), 즉가강기방친야(則可降其旁親也)。

◆소(疏)

주(注)「부감(不敢)」지(至)「친야(親也)」。○석왈(釋曰)：대부이존강기방친(大夫以尊降其旁親), 수유차약(雖有差約), 부현저(不顯著), 고어차경명지(故於此更明之)。경운부강조여적(經云不降祖與適), 명어여친강가지(明於餘親降可知), 대부강방친명의(大夫降旁親明矣)。

공첩이급사첩위기부모(公妾以及士妾爲其父母)。

◆소(疏)

「공첩(公妾)」지(至)「부모(父母)」。○석왈(釋曰)：이출가위기부모(以出嫁爲其父母), 역중출기문(亦重出其文), 고차재차(故次在此)。운(云)「공(公)」, 위오등제후개유팔첩(謂五等諸侯皆有八妾), 사위일처일첩(士謂一妻一妾), 중간유유고(中間猶有孤), 유유경대부처(猶有卿大夫妻), 부언지자(不言之者), 거기극존비(舉其極尊卑), 기중유첩(其中有妾), 위부모가지(爲父母可知)。

전왈(傳曰)：하이기야(何以期也) 첩부득체군(妾不得體君), 득위기부모수야(得爲其父母遂也)。

연칙녀군유이존강기부모자여(然則女君有以尊降其父母者與)？《춘추(春秋)》지의(之義), 「수위천왕후(雖為天王后), 유왈오계강(猶曰吾季姜)」。시언자존부가어부모(是言子尊不加於父母), 차전사오의(此傳似誤矣)。례(禮), 첩종녀군이복기당복(妾從女君而服其黨服), 시혐부자복기부모(是嫌不自服期父母), 고이명지(故以明之)。

◆소(疏)

「전왈(傳曰)」지(至)「수야(遂也)」。○석왈(釋曰)：전왈(傳曰)「하이기야(何以期也)」, 문자(問者), 이공자위군염(以公子爲君厭), 위기모부재오복(爲己母不在五服), 우위기모당무복(又為己母黨無服)。공첩기부득체군(公妾既不得體君), 군부염(君不厭), 고첩위부모득신(故妾爲父母得伸), 수이복기야(遂而服期也)。○주(注)「연칙(然則)」지(至)「명지(明之)」。○석왈(釋曰)：정욕파전의(鄭欲破傳義), 고거전운(故據傳云)「첩부득체군득위기부모수야(妾不得體君得爲其父母遂也)」, 연즉녀군체군자(然則女君體君者), 유이존강기부모자여(有以尊降其父母者與), 언(言)「여(與)」, 유부정집지사야(猶不正執之辭也)。운(云)「《춘추(春秋)》지의(之義)」자(者), 안환구년(案桓九年)《좌전(左傳)》운(云)「기계강귀우경사(紀季姜歸于京師)」, 두운(杜云)：「계강(季姜), 환왕후야(桓王后也)。계(季), 자강(字姜)。기(紀), 성야(姓也)。서자자(書字者), 신부모지존(伸父母之尊)。」시왕후유부대강부모(是王后猶不待降父母), 시자존부가부모(是子尊不加父母)。전하운첩부득체군호(傳何云妾不得體君乎)？기가녀군강기부모(豈可女君降其父母), 시이운(是以云)「전사오의(傳似誤矣)」。언(言)「사(似)」, 역시부정집(亦是不正執), 고운사(故云似), 기실오야(其實誤也)。운(云)「례첩종녀군이복기당복(禮妾從女君而服其黨服)」자(者), 《잡기(雜記)》문야(文也)。운(云)「시혐부자복기부모(是嫌不自服其父母), 고이명지(故以明之)」자(者), 정기이정위오(鄭既以鄭為誤), 고자해지(故自解之)。정필부종전자(鄭必不從傳者), 일즉이녀군부가강부모(一則以女君不可降父母), 이즉경문겸유경대부사(二則經文兼有卿大夫士), 하득전거공자이결부모호(何得專據公子以決父母乎)？시이전위오야(是以傳爲誤也)。

소최상제(疏衰裳齊)、모마질(牡麻絰), 무수자(無受者)。무수자(無受者), 복시복이제(服是服而除), 부이경복수지(不以輕服受之)。부저월수자(不著月數者), 천자제후장이월야(天子諸侯葬異月也)。《소기(小記)》왈(曰)：「자최삼월(齊衰三月), 여대공동자승리(與大功同者繩履)。」

◆소(疏)

「소최(疏衰)」지(至)「수자(受者)」。○석왈(釋曰)：차(此)《자최삼월장(齊衰三月章)》이기의복(以其義服), 일월우소(日月又少), 고재(故在)《부장장(不杖章)》하(下)。상개언관대(上皆言冠帶), 차급하전대공개부언관대자(此及下傳大功皆不言冠帶者), 이기경(以其輕), 고략지(故略之)。지정대공언관(至正大功言冠), 견기정유부언대(見其正猶不言帶), 시마우직언시마(緦麻又直言緦麻), 여우략지(餘又略之)。약연(若然), 《례기(禮記)》운자최거악실자(云齊衰居堊室者), 거기(據期), 고초주역운(故誚周亦云)：「자최삼월(齊衰三月), 부거악실(不居堊室)。」○주(注)「무수(無受)」지(至)「승리(繩履)」。○석왈(釋曰)：운(云)「무수자(無受者), 복시복이제(服是服而除), 부이경복수지(不以輕服受之)」자(者), 범변제(凡變

除), 개인장련상내행(皆因葬練祥乃行)。단차복지장즉제(但此服至葬即除), 무변복지리(無變服之理), 고운복시복이제(故云服是服而除)。약대공이상(若大功已上), 지장후이경복수지(至葬后以輕服受之)。약참최삼승(若斬衰三升), 관륙승(冠六升), 장후수최륙승(葬后受衰六升), 시경이경복수지야(是更以輕服受之也)。운(云)「부저월수자(不著月數者), 천자제후장이월야(天子諸侯葬異月也)」자(者), 대부사삼월장(大夫士三月葬), 차장개삼월장후제지(此章皆三月葬后除之), 고이삼월위주(故以三月爲主)。삼월자(三月者), 법일시천기변(法一時天氣變), 가이제지(可以除之)。단차경중유기공위소우(但此經中有寄公爲所寓), 우유구군(又有舊君), 구군중겸천자제후(舊君中兼天子諸侯), 우유(又有)「서인위국군(庶人爲國君)」, 정운(鄭云)：「천자기내지민복(天子畿內之民服), 천자역여지야(天子亦如之也)。」단천자칠월장(但天子七月葬), 제후오월장(諸侯五月葬), 위지제쇠자(爲之齊衰者), 개삼월(皆三月), 장기복지장경복지(藏其服至葬更服之), 장후내제(葬后乃除), 시이부득언소이포다(是以不得言少以包多), 역부득언다이포소(亦不得言多以包少), 시이부저월수자(是以不著月數者), 천자제후장이월고야(天子諸侯葬異月故也)。운(云)「《소기(小記)》」자(者), 피기인견차상복자최삼월(彼記人見此喪服齊衰三月), 여대공개부언구(與大功皆不言屨), 고해차이장동승구(故解此二章同繩屨)。시이정환인지(是以鄭還引之), 정차장저승구야(証此章著繩屨也)。

기공위소우(寄公爲所寓)。

우(寓), 역기야(亦寄也)。위소기지국군복(爲所寄之國君服)。

◆소(疏)

「기공위소우(寄公爲所寓)」。○주(注)「우역(寓亦)」지(至)「군복(君服)」。○석왈(釋曰)：차장론의복(此章論義服), 고이소자위수(故以疏者爲首), 고기공재전(故寄公在前)。언우역기자(言寓亦寄者), 《시(詩)·식미(式微)》운(云)：「려후우어위(黎侯寓於衛)。」우즉기(寓即寄), 기의동(其義同), 고운(故云)「우역기야(寓亦寄也)」。작문지세(作文之勢), 부가중언(不可重言), 기공위소기(寄公爲所寄), 고운우야(故云寓也)。

전왈(傳曰)：기공자하야(寄公者何也) 실지지군야(失地之君也)。하이위소우복자최삼월야(何以爲所寓服齊衰三月也) 언여민동야(言與民同也)。

제후오월이장(諸侯五月而葬), 이복자최삼월자(而服齊衰三月者), 삼월이장기복(三月而藏其服), 지장우반복지(至葬又反服之), 기장이제지(既葬而除之)。

◆소(疏)

「전왈(傳曰)」지(至)「동야(同也)」。○석왈(釋曰)：전의상례(傳依上例), 집소부지칭자하(執所不知稱者何), 문비례자등(問比例者等), 시제후각유국토(是諸侯各有國土), 이기재타국(而寄在他國), 고발문야(故發問也)。「실지지군야(失地之君也)」, 답사야(答辭也)。실지군자(失地君者), 위약(謂若)《예기(禮記)·사의(射義)》공사부득기인수유양(貢士不得其人數有讓), 수유양(數有讓), 출작삭지(黜爵削地), 삭지진(削地盡), 군칙기재타국(君則寄在他國)。《시(詩)·식미(式微)》「려후우어위(黎侯寓於衛)」, 피위적인소박축(彼爲狄人所迫逐), 기재위(寄在衛), 려지신자권이귀(黎之臣子勸以歸), 시실지지군(是失地之君), 위위후복자최삼월(爲衛侯服齊衰三月), 장기복(藏其服), 지장경복(至葬更服), 장흘(葬訖), 내제야(乃除也)。운(云)「언여민동야(言與民同也)」자(者), 이객재주국(以客在主國), 득주군지은(得主君之恩), 고보주군여민동(故報主君與民同)。즉민역복지삼월(則民亦服之三月), 장기복(藏其服), 지장우반복지(至葬又反服之), 기장흘(既葬訖), 내제야(乃除也)。○주(注)「제후(諸侯)」지(至)「제지(除之)」。○석왈(釋曰)：상이석변제요대장후(上已釋變除要待葬后), 제후오월장(諸侯五月葬), 이언삼월(而言三月), 고지삼월장복(故知三月藏服), 지장경복(至葬更服), 장후내제가지(葬后乃除可知)。부어장수언지(不於章首言之), 욕취삼월지하해지고야(欲就三月之下解之故也)。

장부(丈夫)、부인위종자(婦人爲宗子), 종자지모(宗子之母)、처(妻)。

부인(婦人), 여자자재실급가귀종자야(女子子在室及嫁歸宗者也)。종자(宗子), 계별지후(繼別之後), 백세부천(百世不遷), 소위대종야(所謂大宗也)。

◆소(疏)

「장부(丈夫)」지(至)「모처(母妻)」。○석왈(釋曰)：차여대종동종(此與大宗同宗), 친여기공위소우(親如寄公爲所寓), 고차재차(故次在此)。언장부(言丈夫)、부인자(婦人者), 위동종남자(謂同宗男子)、녀자개위대종자(女子皆爲大宗子), 병종자모(並宗子母)、처자최삼월야(妻齊衰三月也)。○주(注)「부인(婦人)」지(至)「대종야(大宗也)」。○석왈(釋曰)：차경위종자(此經爲宗子), 위여대종별(謂與大宗別), 고조지인개복삼월야(高祖之人皆服三月也)。안(案)《참장(斬章)》녀자자재실(女子子在室), 급녀반재부실자(及女

反在父室者)。우(又)《부장장(不杖章)》중귀종부인(中歸宗婦人), 위당가소종친자기(為當家小宗親者期), 위대종소자삼월야(為大宗疏者三月也)。운(云)「종자계별지후(宗子繼別之後)」자(者), 안(案)《상복소기(喪服小記)》급(及)《대전(大傳)》운(云)「계별위대종(繼別為大宗)」, 우운(又云)「유오세즉천지종(有五世則遷之宗)」, 소종유사시야(小宗有四是也)。유백세부천지종(有百世不遷之宗), 계별위대종시야(繼別為大宗是也)。운(云)「소위대종야(所謂大宗也)」자(者), 즉상문대종자존지통시야(即上文大宗者尊之統是也)。

전왈(傳曰)：하이복자최삼월야(何以服齊衰三月也) 존조야(尊祖也)。존조고경종(尊祖故敬宗)。경종자(敬宗者), 존조지의야(尊祖之義也)。종자지모재(宗子之母在), 칙부위종자지처복야(則不為宗子之妻服也)。

◆소(疏)

「전왈(傳曰)」지(至)「처복야(妻服也)」。○석왈(釋曰)：전이장부부인여종자복절(傳以丈夫婦人與宗子服絕), 이월대공(而越大功)、소공여증조동(小功與曾祖同), 괴기대중(怪其大重), 고문비례(故問比例), 하이복제최삼월(何以服齊衰三月)？운(云)「존조야(尊祖也)」, 지지의야(至之義也), 답사야(答辭也)。조위별자위조(祖謂別子為祖), 백세부천지조(百世不遷之祖)。당제지일(當祭之日), 동종개래배위급조제(同宗皆來陪位及助祭), 고운존조야(故云尊祖也)。운(云)「존조고경종(尊祖故敬宗)」자(者), 시백세부천지종(是百世不遷之宗), 대종자존지통(大宗者尊之統), 고동종경지(故同宗敬之)。운(云)「경종자존조지의야(敬宗者尊祖之義也)」자(者), 이종자봉사별자지조(以宗子奉事別子之祖), 시존조지의야(是尊祖之義也)。종자지모재칙부위종자지처복야자(宗子之母在則不為宗子之妻服也者), 위종자부이졸(謂宗子父已卒), 종자주기제(宗子主其祭)。《왕제(王製)》운(云)：「팔십자상지사부여(八十齊喪之事不與)。」즉모칠십역부여(則母七十亦不與)。금종자모재(今宗子母在), 미년칠십(未年七十), 모자여제(母自與祭), 모사(母死), 종인위지복(宗人為之服)。종자모칠십이상(宗子母七十已上), 즉종자처득여제(則宗子妻得與祭), 종인내위종자처복(宗人乃為宗子妻服), 고운연야(故云然也)。필위종자모(必為宗子母)、처복자(妻服者), 이종자연식족인어당(以宗子燕食族人於堂), 기모(其母)、처역연식족인지부어방(妻亦燕食族人之婦於房), 개서이소목(皆序以昭穆), 고족인위지복야(故族人為之服也)。

위구군(為舊君)、군지모(君之母)、처(妻)。

◆소(疏)

「위구군군지모처(為舊君君之母妻)」。○석왈(釋曰)：구군(舊君), 구몽은심(舊蒙恩深), 이대어부(以對於父), 금수퇴귀전야(今雖退歸田野), 부망구덕(不忘舊德), 고차재종자지하야(故次在宗子之下也)。단위구군유이(但為舊君有二)：일즉치사(一則致仕), 이즉대방미거(二則待放未去)。차즉치사자야(此則致仕者也)。부운(不云)「구신(舊臣)」, 이운(而云)「구군(舊君)」자(者), 약운구신(若云舊臣), 언위구군위지(言謂舊君為之), 비(非)《상복(喪服)》체례(體例), 고운구군(故云舊君)。약(若)《참장(斬章)》운부군자칙신자위지(云父君者則臣子為之)。차부복언신법(此不復言臣法), 여군야(如君也)。

전왈(傳曰)：위구군자(為舊君者), 숙위야(孰謂也) 사언이이자야(仕焉而已者也)。하이복자최삼월야(何以服齊衰三月也) 언여민동야(言與民同也)。군지모(君之母)、처(妻), 즉소군야(則小君也)。

사언이이자(仕焉而已者), 위로약유폐질이치사자야(謂老若有廢疾而致仕者也)。위소군복자(為小君服者), 은심어민(恩深於民)。

◆소(疏)

「전왈(傳曰)」지(至)「소군야(小君也)」。○석왈(釋曰)：운(云)「위구군자숙위야(為舊君者孰謂也)」자(者), 차경상하신위구군유이(此經上下臣為舊君有二), 고발문운숙위야(故發問云孰謂也)。운(云)「사언이이자야(仕焉而已者也)」자(者), 답사야(答辭也)。전의이하위구군(傳意以下為舊君), 시대방지신(是待放之臣), 이차위치사지신야(以此為致仕之臣也)。운(云)「하이복자최삼월(何以服齊衰三月)」자(者), 괴기구복참최(怪其舊服斬衰), 금복삼월야(今服三月也)。운(云)「언여민동야(言與民同也)」자(者), 이본의합(以本義合), 차금의이단(且今義已斷), 고억지사여민동야(故抑之使與民同也)。운(云)「군지모처칙소군야(君之母妻則小君也)」자(者), 수전후부득동시(雖前后不得同時), 개시소군(皆是小君), 고자최삼월(故齊衰三月), 은심어인고야(恩深於人故也)。○주(注)「사언(仕焉)」지(至)「어민(於民)」。○석왈(釋曰)：운(云)「사언이이(仕焉而已)」자(者), 위로약유폐질이치사자야자(謂老若有廢疾而致仕者也者), 차해사언이이(此解仕焉而已)。유사이로자(有仕已老者), 《곡례(曲禮)》운(云)「대부칠십이치사(大夫七十而致

仕)」, 운유폐질자(云有廢疾者), 위미칠십이유폐질(謂未七十而有廢疾), 역치사(亦致仕), 시치사지중유이야(是致仕之中有二也). 운(云)「위소군복자(爲小君服者), 은심어민야(恩深於民也)」자(者), 하문서인위국군(下文庶人爲國君), 무소군(無小君), 시은천(是恩淺) ; 차위소군(此爲小君), 시은심어민야(是恩深於民也)。

서인위국군(庶人爲國君)。

부언민이언서인(不言民而言庶人), 서인혹유재관자(庶人或有在官者)。천자기내지민(天子畿內之民), 복천자역여지(服天子亦如之)。

◆소(疏)

「서인위국군(庶人爲國君)」。○주(注)「부언(不言)」지(至)「여지(如之)」。○석왈(釋曰) : 안(案)《론어(論語)》운(云) : 「민가사유지(民可使由之), 부가사지지(不可使知之)。」주운(注云) : 「민자(民者), 명야(冥也)。기견인도원(其見人道遠)。」안(案)《왕제(王製)》운(云) : 「서인재관자(庶人在官者), 기록이시위차야(其祿以是爲差也)。」서인위부사서도(庶人謂府史胥徒)。경부언민이언서인(經不言民而言庶人), 서인혹유재관자(庶人或有在官者), 거재관자이언지(據在官者而言之)。《단궁(檀弓)》운(云) : 「군지상(君之喪), 제달관지장장(諸達官之長杖)。」위사대부위군장(謂士大夫爲君杖), 즉서인부위군장(則庶人不爲君杖), 참즉하동어민삼월야(斬則下同於民三月也)。운(云)「천자기내지민역여지(天子畿內之民亦如之)」자(者), 이기기외상공오백리(以其畿外上公五百裡), 후사백리이하(侯四百裡已下), 기민개복군삼월(其民皆服君三月), 즉기내천리(則畿內千裡), 시전속천자(是專屬天子), 고지위천자역여제후지경내야(故知爲天子亦如諸侯之境內也)。

대부재외(大夫在外), 기처(其妻)、장자위구국군(長子爲舊國君)。

재외(在外), 대방이거자(待放已去者)。

◆소(疏)

「대부(大夫)」지(至)「국군(國君)」。○주(注)「재외대방이거자(在外待放已去者)」。○석왈(釋曰) : 차대부재외(此大夫在外), 부언위본군복여부복자(不言爲本君服與不服者), 안(案)《잡기(雜記)》운(云) : 「위제후지대부부반복(違諸侯之大夫不反服), 위대부지제후부반복(違大夫之諸侯不反服)。」이기존비부적(以其尊卑不敵)。약연(若然), 기군존비적(其君尊卑敵), 내반복구군복(乃反服舊君服)。즉차대부이거타국(則此大夫已去他國), 부언복자(不言服者), 시기군존비부적(是其君尊卑不敵), 부반복자야(不反服者也), 시이직언기처장자위구국군(是以直言其妻長子爲舊國君), 주운(注云)「재외대방이거자(在外待放已去者)」。지시대방이거자(知是待放已去者), 대상하문이지(對上下文而知)。이기상전이위사언(以其上傳以爲仕焉), 이이하전운이유미절(而已下傳云而猶未絕), 차전운(此傳云)「장자언미거(長子言未去)」, 명신시이거타국(明身是已去他國), 여본국절자(與本國絕者), 고정운대방이거자야(故鄭云待放已去者也)。

전왈(傳曰) : 하이복자최삼월야(何以服齊衰三月也) 처(妻), 언여민동야(言與民同也)。장자(長子), 언미거야(言未去也)。

처수종부이출(妻雖從夫而出), 고자대부부외취(古者大夫不外娶), 부인귀종(婦人歸宗), 왕래유민야(往來猶民也)。《춘추전(春秋傳)》왈(曰) : 「대부월경역녀(大夫越竟逆女), 비례(非禮)。」군신유합리지의(君臣有合離之義), 장자거(長子去), 가이무복(可以無服)。

◆소(疏)

「전왈(傳曰)」지(至)「미거야(未去也)」。○석왈(釋曰) : 병복이문자(並服而問者), 괴기중(怪其重), 하자(何者), 처본종부복군(妻本從夫服君), 금부이절(今夫已絕), 처부합복이복지(妻不合服而服之) ; 장자본위군참자(長子本爲君斬者), 역대부지자득행대부례(亦大夫之子得行大夫禮), 종부이복지(從父而服之), 금부이절어군(今父已絕於君), 역당부복의(亦當不服矣), 이개복최삼월(而皆服衰三月), 고발문야(故發問也)。○주(注)「처수(妻雖)」지(至)「무복(無服)」。○석왈(釋曰) : 운(云)「처수종부이출(妻雖從夫而出), 고자대부부외취(古者大夫不外娶)」자(者), 정욕해전운(鄭欲解傳云)「처언여민동(妻言與民同)」지의(之意)。이고자부외취(以古者不外娶), 시당국취부(是當國娶婦), 부시당국지녀(婦是當國之女), 금신여처구출타국(今身與妻俱出他國), 대부수절이처귀종(大夫雖絕而妻歸宗), 왕래유시본국지민(往來猶是本國之民)。기귀자(其歸者), 칙(則)《기장(期章)》운(云)「위곤제지위부후자(爲昆弟之爲父后者)」, 왈소종자시야(曰小宗子是也)。운(云)「《춘추(春秋)》」자(者), 안(案)《춘추공양전(春秋公羊傳)》장이십칠년(莊二十七年)「거경래역숙희(莒慶來逆叔姬)」, 《전(傳)》왈(曰) : 「대부월경역녀(大夫越竟逆女), 비례(非禮)。」피운부(彼云婦), 차운녀(此云女), 정이의언지(鄭以義言之), 이기미지부가(以其未至夫家), 고운녀(故云女)。인지자(引之者), 정고자대부부외취지사(証古者大夫不外娶之事)。운(云)「군신유합리지의(君臣有合離之義)

(君臣有合離之義)」자(者), 위간쟁종신(謂諫爭從臣), 시유의칙합삼간(是有義則合三諫), 부종시무의(不從是無義), 칙리자기수부(則離子既隨父), 고거가이무복의(故去可以無服矣)。

계부부동거자(繼父不同居者)。

상동거(嘗同居), 금부동(今不同)。

◆소(疏)

「계부부동거자(繼父不同居者)」。○주(注)「상동거금부동(嘗同居今不同)」。○석왈(釋曰):차즉(此則)《기장(期章)》운(云)「필상동거(必嘗同居), 연후위이거(然後爲異居)」자야(者也)。단장개유전(但章皆有傳), 유서인위국군(唯庶人爲國君), 급차계부부전자(及此繼父不傳者), 이기서인이어기공여상하구군석흘(以其庶人已於寄公與上下舊君釋訖), 계부이어(繼父已於)《기장(期章)》석료(釋了), 시이개부언야(是以皆不言也)。

증조부모(曾祖父母)。

◆소(疏)

「증조부모(曾祖父母)」。○석왈(釋曰):증(曾)、고본합소공(高本合小功), 가지자최(加至齊衰), 고차계부지하(故次繼父之下)。차경직운증조(此經直云曾祖), 부언고조(不言高祖), 안하(案下)《시마장(緦麻章)》정주운(鄭注云):「족조부자(族祖父者), 역고조지손(亦高祖之孫)。」칙고조유복명의(則高祖有服明矣)。시이차주역겸증(是以此注亦兼曾)、고이설야(高而說也)。약연(若然), 차증조지내합유고조가지(此曾祖之內合有高祖可知)。부언자(不言者), 견기동복고야(見其同服故也)。

전왈(傳曰):하이자최삼월야(何以齊衰三月也) 소공자(小功者), 형제지복야(兄弟之服也), 부감이형제지복복지존야(不敢以兄弟之服服至尊也)。

정언소공자(正言小功者), 복지수진어오(服之數盡於五), 즉고조의시마(則高祖宜緦麻), 증조의소공야(曾祖宜小功也)。거조기(據祖期), 즉증조의대공(則曾祖宜大功), 고조의소공야(高祖宜小功也)。고조(高祖)、증조(曾祖), 개유소공지차(皆有小功之差), 즉증손(則曾孫)、현손(玄孫), 위지복동야(爲之服同也)。중기최마(重其衰麻), 존존야(尊尊也)。감기일월(減其日月), 은살야(恩殺也)。

◆소(疏)

○「전왈(傳曰)」지(至)「존야(尊也)」。○석왈(釋曰):운(云)「하이제쇠삼월야(何以齊衰三月也)」자(者), 문자(問者), 괴기삼월대경(怪其三月大輕), 자최우중(齊衰又重), 고발문야(故發問也)。운(云)「소공자형제지복야(小功者兄弟之服也)」, 안하기전운범(案下記傳云凡)「소공이하위형제(小功已下爲兄弟)」, 시이운소공자형제지복야(是以云小功者兄弟之服也)。운(云)「부감이형제지복복지존야(不敢以兄弟之服服至尊也)」자(者), 전석복자최지의야(傳釋服齊衰之意也)。○주(注)「정언(正言)」지(至)「은살야(恩殺也)」。○석왈(釋曰):운(云)「정언소공자(正言小功者), 복지수진어오(服之數盡於五)」자(者), 자참지시시야(自斬至緦是也)。운(云)「즉고조의시마(則高祖宜緦麻), 증조의소공야(曾祖宜小功也)」, 거위부기이언(據爲父期而言), 고삼년(故三年)。문운(問云)「하이지기야(何以至期也)」, 왈(曰)「지친이기단(至親以期斷)」。「시하야(是何也)」, 왈(曰)「천지칙이역의(天地則已易矣), 사시즉이변의(四時則已變矣), 기재천지지중막부경시언(其在天地之中莫不更始焉), 이시상지야(以是象之也)」。피우운(彼又云)「연칙하이삼년야(然則何以三年也)」, 왈(曰)「가륭언이야(加隆焉爾也), 언사배지(焉使倍之), 고재기야(故再期也)」。시본위부모가륭지삼년(是本爲父母加隆至三年), 고이부위본이상살하살야(故以父爲本而上殺下殺也)。시고언위고조시마자(是故言爲高祖緦麻者), 위위부기(謂爲父期), 위조의대공(爲祖宜大功), 증조의소공(曾祖宜小功), 고조의시마(高祖宜緦麻)。우운(又云)「거조기(據祖期)」, 시위부가륭삼년(是爲父加隆三年), 위조의기(爲祖宜期), 증조의대공(曾祖宜大功), 고조의소공(高祖宜小功), 고정운고조(故鄭云高祖)、증조개유소공지차(曾祖皆有小功之差)。차정총석전운(此鄭總釋傳云)「소공자형제지복(小功者兄弟之服)」, 기중함유증(其中含有曾)、고이조이언지야(高二祖而言之也)。우운(又云)「칙증손현손위지복동야(則曾孫玄孫爲之服同也)」자(者), 증조중기겸유고조(曾祖中既兼有高祖), 시이운증손(是以云曾孫)、현손각위지자최삼월야(玄孫各爲之齊衰三月也)。운(云)「중기최마존존야(重其衰麻尊尊也)」자(者), 기부이형제지복복지존(既不以兄弟之服服至尊), 고운중기최마(故云重其衰麻), 위이의복(謂以義服), 륙승최(六升衰), 구승관(九升冠), 차존존자야(此尊尊者也)。운(云)「감기일월(減其日月), 은살야(恩殺也)」자(者), 위감오월위삼월자(謂減五月爲三月者), 인증(因曾)、고어기비일체(高於己非一體), 은살고야(恩殺故也)。

대부위종자(大夫爲宗子)。

◆소(疏)

「대부위종자(大夫為宗子)」。○석왈(釋曰) : 대부존(大夫尊), 강방친개일등(降旁親皆一等), 존조고경종(尊祖故敬宗), 시이대부수존부강(是以大夫雖尊不降), 종자위지삼월(宗子為之三月)。종자기부강(宗子既不降), 모(母)、처부강가지(妻不降可知)。

전왈(傳曰) : 하이복자최삼월야(何以服齊衰三月也) 대부부감강기종야(大夫不敢降其宗也)。

◆소(疏)

「전왈(傳曰)」지(至)「기종야(其宗也)」。○석왈(釋曰) : 이대부어여친개강(以大夫於餘親皆降), 독부강종자(獨不降宗子), 고병복이문(故並服而問)。답운(答云)「부감강기종야(不敢降其宗也)」자(者), 어여친칙강야(於餘親則降也)。

구군(舊君)。

대부대방미거자(大夫待放未去者)。

◆소(疏)

「구군(舊君)」。○주(注)「대부대방미거자(大夫待放未去者)」。○석왈(釋曰) : 차구군이중출(此舊君以重出), 고차재차야(故次在此也)。정지차구군시대방미거지대부자(鄭知此舊君是待放未去之大夫者), 정거전이언야(鄭據傳而言也)。안상하사경개위구군(案上下四經皆為舊君), 부언국(不言國)。서인위국군언국(庶人爲國君言國), 기처(其妻)、장자위구국군언국(長子爲舊國君言國), 차구군우부언국자(此舊君又不言國者), 거계재토지(據繼在土地), 이위지복(而爲之服), 정여위구군지(正如爲舊君止), 시부감진동신례(是不敢進同臣例), 고복지삼월(故服之三月), 비위토지(非爲土地), 고부언국(故不言國)。서인본계토지(庶人本繼土地), 고언국야(故言國也)。기처(其妻)、장자본위계토지(長子本爲繼土地), 고언국(故言國)。차대방미거(此待放未去), 본위군소기종묘위복부계토지(本爲君埽其宗廟爲服不繼土地), 고부언국야(故不言國也)。

전왈(傳曰) : 대부위구군(大夫爲舊君), 하이복자최삼월야(何以服齊衰三月也)대부거(大夫去), 군소기종묘(君埽其宗廟), 고복자최삼월야(故服齊衰三月也), 언여민동야(言與民同也), 하대부지위호(何大夫之謂乎) 언기이도거군이유미절야(言其以道去君而猶未絕也)。

이도거군(以道去君), 위삼간부종(爲三諫不從), 대방어교(待放於郊)。미절자(未絕者), 언작록상유렬어조(言爵祿尚有列於朝), 출입유조어국(出入有詔於國), 처자자약민야(妻子自若民也)。

◆소(疏)

「전왈(傳曰)」지(至)「절야(絕也)」。○석왈(釋曰) : 차위구군복(此爲舊君服), 대전이거(對前已去), 부복구군(不服舊君)。차수미거(此雖未去), 이재경이위복(已在境而爲服), 고괴기중(故怪其重), 소이병복이문야(所以並服而問也)。우여개부병인문(又餘皆不並人問), 직운하이제최(直云何以齊衰), 유차여기공병인이문자(唯此與寄公並人而問者), 소괴심중자(所怪深重者), 병인이언(並人而言)。지여기공(至如寄公), 본시체적(本是體敵), 일조중복(一朝重服), 고병언기공(故並言寄公)。차대방지신(此待放之臣), 이재국경(已在國境), 가이부복이복지(可以不服而服之), 고병언대부야(故並言大夫也)。○주(注)「이도(以道)」지(至)「약민야(若民也)」。○석왈(釋曰) : 운(云)「이도거군(以道去君), 위삼간부종대방(謂三諫不從待放)」자(者), 차이도거군(此以道去君), 거삼간부종(據三諫不從), 재경대방(在境待放), 득환즉환(得環則還), 득결즉거(得玦則去)。여차자(如此者), 위지이도거군(謂之以道去君)。유죄방축(有罪放逐), 약진방서갑부어위지등(若晉放胥甲父於衛之等), 위비도거군(爲非道去君)。운(云)「미절자언작록유렬어조(未絕者言爵祿有列於朝), 출입유조어국(出入有詔於國)」자(者), 《하곡례(下曲禮)》문(文)。작록유렬(爵祿有列), 위대방대부구위내재(謂待放大夫舊位乃在)。출입유조어국자(出入有詔於國者), 위형제종족유존(謂兄弟宗族猶存), 길흉지사(吉凶之事), 서신왕래상고부절(書信往來相告不絕)。인지자(引之者), 정대부거군(証大夫去君), 소기종묘(埽其宗廟), 조사종족제사(詔使宗族祭祀), 위차대부수거(爲此大夫雖去), 유위구군복(猶爲舊君服)。약연(若然), 군부사소종묘(君不使埽宗廟), 작록이절(爵祿已絕), 칙시득결이거(則是得玦而去), 칙역부복의(則亦不服矣)。운(云)「처자자약민야(妻子自若民也)」자(者), 차정환약상대부재외(此鄭還約上大夫在外), 기처(其妻)、장자위구국군야(長子爲舊國君也)。상하구군개부언사자(上下舊君皆不言士者), 상사언자(上仕焉者), 유사가지(有士可知)。시이전역부언대부(是以傳亦不言大夫), 차운(次云)

대부재외(次云大夫在外), 언대부자(言大夫者), 이기사처역귀종(以其士妻亦歸宗), 여대부동(與大夫同). 기대부장자(其大夫長子), 부재조(父在朝), 장자득행대부례(長子得行大夫禮), 미거(未去), 위군복참(爲君服斬). 약사지장자여중자동(若士之長子與衆子同), 부거(父去), 자수미거(子雖未去), 즉무복의(即無服矣), 여대부장자이(與大夫長子異), 고특언대부야(故特言大夫也). 차부언사자(此不言士者), 차주위대방미절(此主爲待放未絕), 대부유차법(大夫有此法). 사수유삼간부종(士雖有三諫不從), 출국지시(出國之時), 안(案)《곡례(曲禮)》유경(逾竟), 소복(素服), 승모마(乘髦馬), 부조전(不蚤鬋), 부어부인(不御婦人), 삼월이후(三月而后), 즉향타국(即向他國). 무대방지법(無待放之法), 시출국즉부복구군의(是出國即不服舊君矣). 시이차구군유유대부야(是以此舊君唯有大夫也). 약연(若然), 부언공경급고자(不言公卿及孤者), 《시(詩)》운(云)「삼사대부(三事大夫)」, 즉삼공역호대부(則三公亦號大夫), 즉대부중총겸지의(則大夫中總兼之矣).

증조부모위사자(曾祖父母爲士者), 여중인(如衆人). 전왈(傳曰)：하이자최삼월야(何以齊衰三月也) 대부부감강기조야(大夫不敢降其祖也).

◆소(疏)

「증조부모위사자여중인(曾祖父母爲士者如衆人)」. ○「전왈(傳曰)」지(至)「기조야(其祖也)」. ○석왈(釋曰)：문자(問者), 이대부존(以大夫尊), 개강방친(皆降旁親), 금괴기복(今怪其服), 고발문(故發問). 경운언대부(經不言大夫), 전위대부해지자(傳爲大夫解之者), 이기언증조위사자(以其言曾祖爲士者), 고지대대부하위지복(故知對大夫下爲之服), 명지증손시대부(明知曾孫是大夫).

여자자가자(女子子嫁者)、미가자위증조부모(未嫁者爲曾祖父母).

◆소(疏)

「여자자(女子子)」지(至)「미가(未嫁)」. ○석왈(釋曰)：차역중출(此亦重出), 고차재남자증손하야(故次在男子曾孫下也). 단미가자동어전고증조부모(但未嫁者同於前故曾祖父母), 금병언자(今並言者), 여자자유가역강지리(女子子有嫁逆降之理), 고인이가(故因已嫁), 병언미가(並言未嫁).

전왈(傳曰)：가자(嫁者), 기가어대부자야(其嫁於大夫者也). 미가자(未嫁者), 기성인이미가자야(其成人而未嫁者也). 하이복자최삼월(何以服齊衰三月) 부감강기조야(不敢降其祖也).

언가어대부자(言嫁於大夫者), 명수존유부강야(明雖尊猶不降也). 성인위년이십이계례자야(成人謂年二十已笄醴者也). 차자부강(此者不降), 명유소강(明有所降).

◆소(疏)

주(注)「언가(言嫁)」지(至)「소강(所降)」. ○석왈(釋曰)：운(云)「언가어대부자(言嫁於大夫者), 명수존유부강야(明雖尊猶不降也)」자(者), 이거존이견비(以舉尊以見卑), 욕명적사자이하부강가지야(欲明適士者以下不降可知也). 운(云)「성인위년이십이계례자야(成人謂年二十已笄醴者也)」자(者), 이기운(以其云)「성인(成人)」, 명거이십이계이례례지(明據二十已笄以醴禮之). 약십오허가(若十五許嫁), 역계위성인(亦笄爲成人), 역득강(亦得降), 여출가동(與出嫁同). 단정거이십부허가자이언지(但鄭據二十不許嫁者而言之), 안상장위조부모(案上章爲祖父母), 본무강리(本無降理), 부수언부감(不須言不敢). 우녀자자위조부모(又女子子爲祖父母), 전역부감언강기조부모(傳亦不敢言降其祖父母), 전부언부감강기조자(傳不言不敢降其祖者), 지차내언자(至此乃言者), 위증조경(謂曾祖輕), 상부강(尚不降), 황조부모중자(況祖父母重者), 부강가지(不降可知). 시거경이견중야(是舉輕以見重也). 운(云)「차저부강(此著不降), 명유소강(明有所降)」자(者), 안(案)《대공장(大功章)》녀자자가자(女子子嫁者)、미가자위세숙부모(未嫁者爲世叔父母), 여차류시유소강야(如此類是有所降也), 여자개부차(餘子皆不次).

대공포최상(大功布衰裳)、모마질(牡麻経), 무수자(無受者).

대공포자(大功布者), 기단치지공조고지(其鍛治之功粗沽之).

◆소(疏)

「대공(大功)」지(至)「수자(受者)」. ○석왈(釋曰)：장차차자(章次此者), 이기본복자최참(以其本服齊衰斬), 위상사(爲殤死), 강재대공(降在大功), 고재정대공지상(故在正大功之上), 의자최지하야(義齊衰之下也). 부운월수자(不云月數者), 하문유영질(下文有縷経)、무영질(無縷経), 수언칠월(須言七月)、구월(九月), 피이견월(彼已見月), 고어차략지(故於此略之). 차차경여전부동(且此經與前不同), 전(前)《기장(期

章)》구문(具文), 어전(於前)《장장(杖章)》하(下)《부장장(不杖章)》직언기이자(直言其異者), 차상(此殤)《대공장(大功章)》수위문략(首爲文略), 어정구문자(於正具文者), 욕견상부성인고(欲見殤不成人故), 고전략후구(故前略后具), 역견상참취의(亦見相參取義). 운(云)「무수(無受)」자(者), 이전운상문부욕(以傳云殤文不縟), 부이경복수지(不以輕服受之). ○주(注)「대공(大功)」지(至)「고지(沽之)」. ○석왈(釋曰): 운(云)「대공포자(大功布者), 기단치지공조고지(其鍛治之功粗沽之)」자(者), 참조개부언포여공(斬粗皆不言布與功), 이기애통극(以其哀痛極), 미가언포체여인공(未可言布體與人功), 지차경(至此輕), 가이견지(可以見之). 언대공자(言大功者), 《참최장(斬衰章)》전운관륙승부가회(傳云冠六升不加灰), 즉차칠승언단치(則此七升言鍛治), 가이가회의(可以加灰矣), 단조고이이(但粗沽而已). 약연(若然), 언대공자(言大功者), 용공조대(用功粗大), 고고소(故沽疏), 기언소자(其言小者), 대대공시용공세소(對大功是用功細小).

자(子)、여자자지장상(女子子之長殤)、중상(中殤)。

상자(殤者), 남녀미관계이사(男女未冠笄而死), 가상자(可殤者). 여자자허가(女子子許嫁), 부위상야(不爲殤也).

◆소(疏)

「자녀자자지장상중상(子女子子之長殤中殤)」。○주(注)「상자(殤者)」지(至)「상야(殤也)」。○석왈(釋曰): 「자(子)、여자자(女子子)」재장수자(在章首者), 이기부모어자(以其父母於子), 애통정심(哀痛情深), 고재전(故在前). 운(云)「상자(殤者), 남녀미관계(男女未冠笄)」자(者), 안(案)《예기(禮記)•상복소기(喪服小記)》운(云): 「남자관이부위상(男子冠而不爲殤), 여자계이부위상(女子笄而不爲殤)。」고지남녀미관계이사가애상자(故知男女未冠笄而死可哀殤者). 여자자허가부위상자(女子子許嫁不爲殤者), 여자계여남자관동(女子笄與男子冠同), 명허가계(明許嫁笄), 수미출(雖未出), 역위성인(亦爲成人), 부위상가지(不爲殤可知). 형제지자역동차(兄弟之子亦同此), 이부별언자(而不別言者), 이기형제지자유자(以其兄弟之子猶子), 명동어자(明同於子), 고부언(故不言). 차중상혹종상(且中殤或從上), 혹종하(或從下), 시칙상유삼등(是則殤有三等), 제복유유이등자(製服唯有二等者), 욕사대공하상유복고야(欲使大功下殤有服故也). 약복(若服), 역삼등(亦三等), 즉대공하상무복(則大功下殤無服), 고성인지의연야(故聖人之意然也).

전왈(傳曰): 하이대공야(何以大功也)　미성인야(未成人也)。하이무수야(何以無受也)　상성인자기문욕(喪成人者其文縟), 상미성인자기문부욕(喪未成人者其文不縟), 고상지질부규수(故殤之絰不摎垂), 개미성인야(蓋未成人也)。연십구지십륙위장상(年十九至十六爲長殤), 십오지십이위중상(十五至十二爲中殤), 십일지팔세위하상(十一至八歲爲下殤), 부만팔세이하개위무복지상(不滿八歲以下皆爲無服之殤)。무복지상이일역월(無服之殤以日易月), 이일역월지상(以日易月之殤), 상이무복(殤而無服)。고자생삼월칙부명지(故子生三月則父名之), 사칙곡지(死則哭之), 미명칙부곡야(未名則不哭也)。

욕유수야(縟猶數也). 기문수자(其文數者), 위변제지절야(謂變除之節也). 부규수자(不摎垂者), 부교기대지수자(不絞其帶之垂者). 《잡기(雜記)》왈(曰): 「대공이상산대(大功以上散帶)。」이일역월(以日易月), 위생일월자곡지일일야(謂生一月者哭之一日也). 상이무복자(殤而無服者), 곡지이이(哭之而已). 위곤제지자(爲昆弟之子)、여자자역여지(女子子亦如之). 범언자자(凡言子者), 가이겸남녀(可以兼男女). 우운녀자자자(又云女子子者), 수지이자(殊之以子), 관적서야(關適庶也).

◆소(疏)

「전왈(傳曰)」지(至)「부곡야(不哭也)」。○석왈(釋曰): 운(云)「하이대공야(何以大功也)」, 문자(問者), 이성인개기(以成人皆期), 금내대공(今乃大功), 고발문야(故發問也). 운(云)「미성인야(未成人也)」자(者), 답사(答辭). 이기미성인(以其未成人), 고강지대공(故降至大功). 운(云)「하이무수야(何以無受也)」, 문자(問者), 이기성인지장후개이경복수지(以其成人至葬后皆以輕服受之), 금상미성인(今喪未成人), 즉무수(即無受), 고발문야(故發問也). 운(云)「상성인자기문욕(喪成人者其文縟)」이하(已下), 답사(答辭). 수인광해사등지상(遂因廣解四等之殤), 년수지별(年數之別), 병곡여부곡(並哭與不哭), 구렬기문(具列其文). 단차상차성인(但此殤次成人), 시이종장이급하(是以從長以及下), 여무복지상우삼등상(與無服之殤又三等殤), 개이사년위차(皆以四年爲差), 취법사시곡물변역고야(取法四時穀物變易故也). 우이팔세사상위유복(又以八歲巳上爲有服), 칠세이하위무복자(七歲已下爲無服者), 안(案)《가어(家語)•본명(本命)》운(云): 「남자팔월생치(男子八月生齒), 팔세친치(八歲齓齒), 여자칠월생치(女子七月生齒), 칠세친치(七歲齔齒)。」금전거남자이언(今傳據男子而言), 고팔세이상위유복지상야(故八歲已上爲有服之殤也)。전필이삼월조명(傳必以三月造名), 시곡지자(始哭之者), 이기삼월일시천기변(以其三月一時天氣變), 유소식면(有所識眄), 인소가련(人所加憐), 고거명위한야(故據名爲限也)。운(云)「미명칙부곡야(未名則不哭也)」자(者), 부지의이일역월이곡(不止依以日易月而哭), 초사역당유곡이이(初死亦當有哭而已)。○주(注)「욕유(縟猶)」지(至)「서야(庶也)」。○석왈(釋曰) : 운(云)「기문수자위변제지절야(其文數者謂變除之節也)」자(者), 성인지상(成人之喪), 기장(既葬), 이경복수지(以輕服受之), 우변마복갈(又變麻服葛), 시마자제지(總麻者除之), 지소상(至小祥), 우이경복수지(又以輕服受之), 남자제어수(男子除於首), 부인제어대(婦人除於帶), 시유변제지수야(是有變除之數也)。금어상인상(今於殤人喪), 상물부성(象物不成), 즉무차변제지절수(則無此變除之節數), 월만칙제지(月滿則除之)。우운(又云)「부규수자(不樛垂者), 부교대지수(不絞帶之垂)」자(者), 범상지소렴개복(凡喪至小斂皆服), 미성복지마(未成服之麻), 마질(麻絰)、마대(麻帶), 대공이상산대지수자(大功以上散帶之垂者), 지성복내교지(至成服乃絞之), 소공이하(小功以下), 초이교지(初而絞之)。금상대공(今殤大功), 역어소렴복마(亦於小斂服麻), 산수(散垂), 지성복후(至成服后), 역산부교(亦散不絞), 이시미성인(以示未成人), 고여성인이(故與成人異), 역무수지류(亦無受之類), 고전운개부성야(故傳云蓋不成也)。인(引)《잡기(雜記)》자(者), 정차상대공유산대(証此殤大功有散帶), 요지성복칙여성인이야(要至成服則與成人異也)。운(云)「이일역월(以日易月)」, 위생일월자곡지일일야(謂生一月者哭之一日也), 약지칠세(若至七歲), 세유십이월(歲有十二月), 칙팔십사일곡지(則八十四日哭之)。차기어자(此既於子)、여자자하발전(女子子下發傳), 즉유거부모어자(則唯據父母於子), 부관여친(不關餘親)。운(云)「상이무복(殤而無服), 곡지이이(哭之而已)」자(者), 차정총해무복지상(此鄭總解無服之殤), 이일역월곡지사야(以日易月哭之事也)。운(云)「곤제지자(昆弟之子)、녀자자역여지(女子子亦如之)」자(者), 이기성인동시기(以其成人同是期), 여중자동(與眾子同)。금경전부언자(今經傳不言者), 이기역유자고야(以其亦猶子故也)。운(云)「범언자자(凡言子者), 가이겸남녀(可以兼男女)」자(者), 위약(謂若)《기장(期章)》운(云)「자(子)」, 우운(又云)「곤제지자(昆弟之子)」, 시자중겸남녀야(是子中兼男女也)。우운(又云)「녀자자자(女子子者), 수지이자(殊之以子), 관적서(關適庶)」, 관(關), 통야(通也), 위자중통유장지적(爲子中通有長之適)。약연(若然), 성인위지참최삼년(成人爲之斬衰三年), 금상사(今殤死), 여중자동자(與眾子同者), 이기상부성인(以其殤不成人), 여곡물미숙(與穀物未熟), 고동입상대공야(故同入殤大功也), 고별언자견사의야(故別言子見斯義也)。왕숙(王肅)、마융이위일역월자(馬融以爲日易月者), 이곡지일역복지월(以哭之日易服之月), 상지기친(殤之期親), 칙이순유삼일곡(則以旬有三日哭), 시마지친자(總麻之親者), 즉이삼일위제(則以三日爲製)。약연(若然), 곡시마삼월(哭總麻三月), 상여칠세동(喪與七歲同)。우차전승부모자지하(又此傳承父母子之下), 이곡시마해자(而哭總麻孩子), 소실지심야(疏失之甚也)。

숙부지장상(叔父之長殤)、중상(中殤), 고자매지장상(姑姊妹之長殤)、중상(中殤), 곤제지장상(昆弟之長殤)、중상(中殤), 부지곤제지자(夫之昆弟之子)、녀자자지장상(女子子之長殤)、중상(中殤), 적손지장상(適孫之長殤)、중상(中殤), 대부지서자위적곤제지장상(大夫之庶子爲適昆弟之長殤)、중상(中殤), 공위적자지장상(公爲適子之長殤)、중상(中殤), 대부위적자지장상(大夫爲適子之長殤)、중상(中殤)。

공(公), 군야(君也)。제후대부부강적상자(諸侯大夫不降適殤者), 중적야(重適也)。천자역여지(天子亦如之)。

◆소(疏)

「숙부(叔父)」지(至)「중상(中殤)」。○석왈(釋曰) : 자차진(自此盡)「대부서자위적곤제지장상중상(大夫庶子爲適昆弟之長殤中殤)」, 개시성인제쇠기(皆是成人齊衰期)。장상(長殤)、중상(中殤), 상강일등재공(殤降一等在功), 고어차총견지(故於此總見之)。우개존비우전후차제(又皆尊卑又前后次第), 작문야(作文也)。운공위적자(云公爲適子), 대부위적자(大夫爲適子), 개시정통(皆是正統), 성인참최(成人斬衰)。금위상사(今爲殤死), 부득저대(不得著代), 고입대공(故入大功)。특언적자자(特言適子者), 천자제후어서자(天子諸侯於庶子), 즉절이무복(則絕而無服), 대부어서자강일등(大夫於庶子降一等), 고어차부언(故於此不言), 유언적자야(唯言適子也)。약연(若然), 이적재하자(二適在下者), 역위중출기문고야(亦爲重出其文故也)。○주(注)「공군(公君)」지(至)「여지(如之)」。○석왈(釋曰) : 운(云)「공(公), 군야(君也)」자(者), 직언공공시공사지공(直言公恐是公士之公), 급삼공여고개호공(及三公與孤皆號公), 고훈위군(故訓爲君), 견시오등지군(見是五等之君), 고언제후(故言諸侯)。언(言)「천자역여지(天子亦如之)」자(者), 이기천자여제후동절종고야(以其天子與諸侯同絕宗故也)。

기장상개구월(其長殤皆九月), 영질(纓絰)。기중상칠월(其中殤七月), 부영질(不

纓経）。

질유영자(経有纓者), 위기중야(爲其重也). 자대공이상질유영(自大功以上経有纓), 이일조승위지(以一條繩爲之), 소공사하질무영야(小功已下経無纓也).

◆소(疏)

「기장상(其長殤)」지(至)「영질(纓経)」. ○주(注)「질유(経有)」지(至)「무영야(無纓也)」. ○석왈(釋曰): 질지유영(経之有纓), 소이고질(所以固経), 유여관지유영(猶如冠之有纓), 이고관(以固冠), 역결어이하야(亦結於頤下也). 오복지정(五服之正), 무칠월지복(無七月之服), 유차대공중상유지(唯此大功中殤有之), 고(故)《예기(禮記)》운(云):「구월(九月)、칠월지상(七月之喪), 삼시시야(三時是也).」운(云)「질유영자위기중야(経有纓者爲其重也)」자(者), 이경운구월영질(以經云九月纓経), 칠월부영질(七月不纓経), 고지질유영(故知経有纓), 위기정중고야(爲其情重故也).「자대공이상질유영(自大功已上経有纓)」, 차정광해오복유영(此鄭廣解五服有纓)、무영지사(無纓之事), 단제문유유관영(但諸文唯有冠纓), 부견질유영지문(不見経有纓之文). 정검차경장상유영법(鄭檢此經長殤有纓法), 즉지성인대공이상질유영명의(則知成人大功已上経有纓明矣). 정지(鄭知)「일조승위지(一條繩爲之)」자(者), 견참최관승(見斬衰冠繩), 영통굴일조승(纓通屈一條繩), 굴지무수하위(屈之武垂下爲), 고지차질지영(故知此経之纓), 역통굴일조속지(亦通屈一條屬之), 질수하위영가지(経垂下爲纓可知).「소공이하질무영야(小功已下経無纓也)」자(者), 역이차경중상칠월질무영(亦以此經中殤七月経無纓), 명소공오월이하(明小功五月已下), 질무영가지(経無纓可知).

대공포쇠상(大功布衰裳)、모마질영(牡麻経纓)、포대삼월(布帶三月), 수이소공최(受以小功衰), 즉갈구월자(即葛九月者)。

수유승야(受猶承也). 범천자제후경대부기우(凡天子諸侯卿大夫既虞), 사졸곡이수복(士卒哭而受服). 정언삼월자(正言三月者), 천자제후무대공(天子諸侯無大功), 주어대부사야(主於大夫士也). 차수유군위고자매녀자자가어국군자(此雖有君為姑姊妹女子子嫁於國君者), 비내상야(非內喪也).

◆소(疏)

○석왈(釋曰): 차성인(此成人)《대공장(大功章)》, 경어전(輕於前)《상장(殤章)》, 기략(既略), 어차구언(於此具言). 주석왈(注釋曰): 운(云)「범천자제후경대부기우(凡天子諸侯卿大夫既虞), 사졸곡이수복(士卒哭而受服)」자(者), 이어(已於)《참장(斬章)》석흘(釋訖), 언차자(言此者), 욕견천자칠월이장(欲見天子七月而葬), 제후오월이장(諸侯五月而葬), 우이수복(虞而受服). 약연(若然), 경정삼월자(經正三月者), 이기천자제후절방기(以其天子諸侯絕旁期), 무차대공상(無此大功喪), 이차이언(以此而言), 경언삼월자(經言三月者), 주어대부사삼월장자(主於大夫士三月葬者). 약연(若然), 대부제사월수(大夫除死月數), 역득위삼월야(亦得為三月也). 운(云)「차수유군위고자매녀자자가어국군자(此雖有君為姑姊妹女子子嫁於國君者), 비내상야(非內喪也)」자(者), 피국자이오월장후복(彼國自以五月葬后服), 차제후위지(此諸侯爲之), 자이삼월수복(自以三月受服), 동어대부사(同於大夫士), 고운(故云)「주어대부사야(主於大夫士也)」.

전왈(傳曰): 대공포(大功布), 구승(九升)。소공포(小功布), 십일승(十一升)。

차수지하야(此受之下也), 이발전자(以發傳者), 명수진어차야(明受盡於此也). 우수마질이갈질(又受麻経以葛経).《간전(間傳)》왈(曰):「대공지갈(大功之葛), 여소공지마동(與小功之麻同).」

◆소(疏)

○석왈(釋曰): 운(云)「대공포구승(大功布九升), 소공포십일승(小功布十一升)」자(者), 차장유강(此章有降)、유정(有正)、유의(有義). 강즉최칠승(降則衰七升), 관십승(冠十升); 정즉최팔승(正則衰八升), 관역십승(冠亦十升); 의즉최구승(義則衰九升), 관십일승(冠十一升). 십승자(十升者), 강소공(降小功). 십일승자(十一升者), 정소공(正小功). 전이수복부언강대공여정대공(傳以受服不言降大功與正大功), 직운의대공지수자(直云義大功之受者), 정운차수지하(鄭云此受之下), 정거수지하발전자(正據受之下發傳者), 명수진어차(明受盡於此). 의복대공(義服大功), 이기소공지장(以其小功至葬), 유유변마복갈(唯有變麻服葛), 인고최무수복지법(因故衰無受服之法), 고전거의대공이언야(故傳據義大功而言也). 운(云)「우수마질이갈질(又受麻経以葛経)」자(者), 언수(言受), 최마구수(衰麻俱受), 이전유발최(而傳唯發衰), 부언수마이갈(不言受麻以葛), 고정해지운우수마이갈질(故鄭解之云又受麻以葛経). 인(引)《간전(間傳)》자(者), 정경대공기장(証經大功既葬), 기마질수이소공갈자(其麻経受以小功葛者), 이기대공기장(以其大功既葬), 변마위갈(變麻爲葛), 오분거일(五分去一), 대소여소공초사동(大小與小功初死同). 즉(即)《간전

(間傳)》운대공지갈소공지마동(云大功之葛小功之麻同)，일야(一也)，고인지위증이(故引之爲證耳)。

고(姑)、자매(姊妹)、녀자자적인자(女子子適人者)。

◆소(疏)

「고자(姑姊)」지(至)「인자(人者)」。○석왈(釋曰)：차등병시본기(此等並是本期)，출(出)，강대공(降大功)，고차재차(故次在此)。

전왈(傳曰)：하이대공야(何以大功也)，출야(出也)。

출필강지자(出必降之者)，개유수아이후지자(蓋有受我而厚之者)。

◆소(疏)

「전왈(傳曰)」지(至)「출야(出也)」。○석왈(釋曰)：문지자(問之者)，이본기(以本期)，금대공(今大功)，고발문야(故發問也)。○주(注)「출필(出必)」지(至)「지자(之者)」。○석왈(釋曰)：안(案)《단궁(檀弓)》운(云)：「고자매지박야(姑姊妹之薄也)，개유수아이농지자야(蓋有受我而濃之者也)。」정취이위설(鄭取以爲說)。약연(若然)，녀자자출강(女子子出降)，역동수아이농지(亦同受我而濃之)，개시어피농(皆是於彼濃)，부자위지담장기(夫自爲之禫杖期)，고어차박(故於此薄)，위지대공(爲之大功)。

종부곤제(從父昆弟)。

세부(世父)、숙부지자야(叔父之子也)，기자매재실역여지(其姊妹在室亦如之)。

◆소(疏)

「종부곤제(從父昆弟)」。○주(注)「세부(世父)」지(至)「여지(如之)」。○석왈(釋曰)：곤제친위지기(昆弟親爲之期)，차종부곤제(此從父昆弟)，강일등(降一等)，고차고자매지하(故次姑姊妹之下)。운(云)「기자매재실역여지(其姊妹在室亦如之)」자(者)，의당연야(義當然也)。위지종부곤제(謂之從父昆弟)，세숙부여조위일체(世叔父與祖爲一體)，우여기부위일체(又與己父爲一體)，연친이치복(緣親以致服)，고운(故云)「종(從)」야(也)。강어친형제일등시기상(降於親兄弟一等是其常)，고부전문(故不傳問)。

위인후자위기곤제(爲人後者爲其昆弟)。

◆소(疏)

「위인(爲人)」지(至)「곤제(昆弟)」。○석왈(釋曰)：재차자(在此者)，이기소종지후대종(以其小宗之後大宗)，욕사농어대종지친(欲使濃於大宗之親)，고억지(故抑之)，재종부곤제지하(在從父昆弟之下)。

전왈(傳曰)：하이대공야(何以大功也) 위인후자(爲人後者)，강기곤제야(降其昆弟也)。

◆소(疏)

「전왈(傳曰)」지(至)「곤제야(昆弟也)」。○석왈(釋曰)：안하기운(案下記云)「위인후자어형제강일등(爲人後者於兄弟降一等)」자(者)，고대공야(故大功也)。약연(若然)，어본종여친(於本宗餘親)，개강일등야(皆降一等也)。

서손(庶孫)。

남녀개시하상(男女皆是下殤)。《소공장(小功章)》왈위질서손(曰爲姪庶孫)，장부부인동(丈夫婦人同)。

◆소(疏)

「서손(庶孫)」。○주(注)「남녀(男女)」지(至)「부인동(婦人同)」。○석왈(釋曰)：비어곤제(卑於昆弟)，고차지(故次之)。서손종부이복조기(庶孫從父而服祖期)，고조종자이복손대공(故祖從子而服孫大功)，강일등(降一等)，역시기상(亦是其常)，고전역부문야(故傳亦不問也)。운(云)「남녀개시(男女皆是)」자(者)，여손재실(女孫在室)，여남손동(與男孫同)，기의연야(其義然也)。인상소공자(引殤小功者)，욕견피상기남녀동(欲見彼殤既男女同)，증차성인동(證此成人同)，부이야(不異也)。

적부(適婦)。

적부(適婦)，적자지처(適子之妻)。

◆소(疏)

○석왈(釋曰)：소어손(疏於孫), 고차지(故次之)。기부종부(其婦從夫), 이복기구고기(而服其舅姑期), 기구고종자(其舅姑從子), 이복기부대공(而服其婦大功), 강일등자야(降一等者也)。

전왈(傳曰)：하이대공야(何以大功也) 부강기적야(不降其適也)。

부언적자(婦言適者), 종부명(從夫名)。

◆소(疏)

석왈(釋曰)：차전문자(此傳問者), 이기적서지자(以其適庶之子), 기처등시부이위서부소공(其妻等是婦而爲庶婦小功), 특위적부복대공(特爲適婦服大功), 고발문야(故發問也), 답(答)「부강기적(不降其適)」고야(故也)。약연(若然), 부모위적장삼년(父母爲適長三年), 금위적부부강일등복기자(今爲適婦不降一等服期者), 장자본위정체어상(長子本爲正體於上), 고가지삼년(故加至三年)。부직시적자지처(婦直是適子之妻), 무정체지의(無正體之義), 고직가어서부일등(故直加於庶婦一等), 대공이이(大功而已)。

여자자적인자위중곤제(女子子適人者爲衆昆弟)。

부재칙동(父在則同), 부몰(父沒), 내위부후자복기야(乃爲父後者服期也)。

◆소(疏)

석왈(釋曰)：전운고자매녀자자출적(前云姑姊妹女子子出適), 재장수자(在章首者), 정중고(情重故)。지차(至此), 녀자자반위곤제재차자(女子子反爲昆弟在此者), 억지(抑之), 욕사농어부씨(欲使濃於夫氏), 고차재차야(故次在此也)。위본친(爲本親), 강일등시기상(降一等是其常), 고무전야(故無傳也)。운(云)「부몰내위부후자복기야(父沒乃爲父後者服期也)」자(者), 《부장장(不杖章)》소운시야(所云是也)。

질장부부인(姪丈夫婦人), 보(報)。

위질남녀복동(爲姪男女服同)。

◆소(疏)

주(注)「위질남녀복동(爲姪男女服同)」。○석왈(釋曰)：질비어곤제(姪卑於昆弟), 고차지(故次之)。부언남자(不言男子), 녀자(女子), 이언장부(而言丈夫), 부인자(婦人者), 고여질재실가동이질녀언남인(姑與姪在室出嫁同以姪女言男人), 견가출(見嫁出), 인차위질남위장부(因此謂姪男爲丈夫), 역견장대지칭(亦見長大之稱), 시이정환이남녀해지(是以鄭還以男女解之)。

전왈(傳曰)：질자하야(姪者何也) 위오고자오위지질(謂吾姑者吾謂之姪)。

◆소(疏)

석왈(釋曰)：운(云)「위오고자오위지질(謂吾姑者吾謂之姪)」자(者), 명유대고생칭(名唯對姑生稱)。약대세숙(若對世叔), 유득언곤제지자(唯得言昆弟之子), 부득질명야(不得姪名也)。

부지조부모(夫之祖父母)、세부모(世父母)、숙부모(叔父母)。

◆소(疏)

석왈(釋曰)：이기의복(以其義服), 고차재차(故次在此)。기운위부지형제강일등(記云爲夫之兄弟降一等), 차개부지기(此皆夫之期), 고처위지대공야(故妻爲之大功也)。

전왈(傳曰)：하이대공야(何以大功也) 종복야(從服也)。부지곤제하이무복야(夫之昆弟何以無服也) 기부속호부도자(其夫屬乎父道者), 처개모도야(妻皆母道也)。기부속호자도자(其夫屬乎子道者), 처개부도야(妻皆婦道也)。위제지처부자(謂弟之妻婦者), 시수역가위지모호(是嫂亦可謂之母乎) 고명자(故名者), 인치지대자야(人治之大者也), 가무신호(可無愼乎)。

도유행야(道猶行也)。 (언부인기성(言婦人棄姓), 무상질(無常秩), 가어부행(嫁於父行), 칙위모행(則爲母行), 가어자행(嫁於子行), 칙위부행(則爲婦行)。) 위제지처위부자(謂弟之妻爲婦者), 비원지(卑遠之), 고위지부(故謂之婦)。수자(嫂者), 존엄지칭(尊嚴之稱), (시수역가위지모호(是嫂亦可謂之母乎)

언부가(言不可)。） 수유수야(嫂猶叟也), 수(叟), 로인칭야(老人稱也)。 시위서남녀지별이(是爲序男女之別爾)。 약기이모부지복복형제지처(若己以母婦之服服兄弟之妻), 형제지처이구자지복복기(兄弟之妻以舅子之服服己), 즉시란소목지서야(則是亂昭穆之序也)。 치유리야(治猶理也)。 부모형제부부지리(父母兄弟夫婦之理), 인륜지대자(人倫之大者), 가부신호(可不慎乎)？《대전(大傳)》왈(曰)：동성종종합족속(同姓從宗合族屬), 이성주명치제회(異姓主名治際會)。 명저이남녀유별(名著而男女有別)。

◆소(疏)

「전왈(傳曰)」지(至)「신호(慎乎)」。○석왈(釋曰)：문자(問者), 괴무골육지친이중복대공(怪無骨肉之親而重服大功), 고치문야(故致問也)。 답(答)「종복야(從服也)」, 종부이복(從夫而服), 고대공야(故大功也)。 약연(若然), 부지조부모(夫之祖父母)、세부모위차처저하복야(世父母爲此妻著何服也)。 안하(案下)《시마장(緦麻章)》운부위(云婦爲)「부지제조부모보(夫之諸祖父母報)」, 정주위(鄭注謂)「부소복소공(夫所服小功)」자(者), 칙차부소복기(則此夫所服期), 부보한(不報限)。 왕숙이위부위중자기(王肅以爲父爲眾子期), 처소공(妻小功), 위형제지자기(爲兄弟之子期), 기처역소공(其妻亦小功), 이기형제지자유자(以其兄弟之子猶子)。 인이진지(引而進之), 진동기자(進同己子), 명처동가지(明妻同可知)。 「부지곤제하이무복(夫之昆弟何以無服)」이하(已下), 총론형제지처부위부지형제복(總論兄弟之妻不爲夫之兄弟服), 부지형제부위형제처복지사(夫之兄弟不爲兄弟妻服之事)。 운(云)「기부속호부도자(其夫屬乎父道者), 처개모도야(妻皆母道也)。 기부속호자도자(其夫屬乎子道者), 처개부도야(妻皆婦道也)」, 차이자존비지서(此二者尊卑之敘), 병의소목상위복(並依昭穆相爲服), 즉차경(即此經)「위부지세숙부모복(爲夫之世叔父母服)」시야(是也)。 운(云)「위제지처부자(謂弟之妻婦者), 시수역가위지모호(是嫂亦可謂之母乎)」자(者), 차이자욕론부저복지사(此二者欲論不著服之事)。 약저복(若著服), 즉상친(則相親), 근우음란(近于淫亂), 고부저복(故不著服)。 추이원지(推而遠之), 원호음란(遠乎淫亂), 고무복야(故無服也)。 우운(又云)「명자(名者), 인치지대자야(人治之大者也), 가무신호(可無慎乎)」자(者), 욕명모지여부본시로인(欲明母之與婦本是路人), 금래가우부자지행(今來嫁于父子之行), 즉생모부지명(則生母婦之名), 기명모부(既名母婦), 즉유복(即有服), 유복즉상존경(有服則相尊敬), 원우음란자야(遠于淫亂者也)。 시모부지명(是母婦之名), 인리지대(人理之大), 가부신호(可不慎乎)？당신지(當慎之)。 약연(若然), 형제지처(兄弟之妻), 본무모부지명(本無母婦之名), 명형처위수자(名兄妻爲嫂者), 존엄지칭(尊嚴之稱), 명제처위부(名弟妻爲婦), 여자처동호자(與子妻同號者), 추이원지(推而遠之), 하동자처야(下同子妻也)。 시형제처기무모부지명(是兄弟妻既無母婦之名), 금명위수부자(今名爲嫂婦者), 가작차호(假作此號), 사원우음란(使遠于淫亂), 고부상위복야(故不相爲服也)。○주(注)「도유(道猶)」지(至)「유별(有別)」。○석왈(釋曰)：운(云)「위제지처위부자(謂弟之妻爲婦者), 비원지(卑遠之), 고위지부(故謂之婦)」자(者), 사하동자처(使下同子妻), 칙본무부명(則本無婦名), 가여자처동원지야(假與子妻同遠之也)。 운(云)「수자존엄지칭(嫂者尊嚴之稱), 시수역가위지모호(是嫂亦可謂之母乎)」자(者), 차인제처명위부(此因弟妻名爲婦), 이치사문(以致斯問), 언부가야(言不可也)。 운(云)「수유수야(嫂猶叟也), 수(叟), 로인칭야(老人稱也)」자(者), 수유량호(叟有兩號)：약공주(若孔注)《상서(尚書)》「서촉수(西蜀叟)」, 수시완우지악칭(叟是頑愚之惡稱)；약(若)《좌씨전(左氏傳)》운(云)「조수재후(趙叟在後)」, 수시로인지선명(叟是老人之善名)。 시이명위수(是以名爲嫂), 수부인지로(嫂婦人之老), 칭고운로인지칭(稱故云老人之稱)。 운(云)「시위서남녀지별이(是爲序男女之別爾)」자(者), 위부명형처위모(謂不名兄妻爲母), 시차서소목지별야(是次序昭穆之別也)。 운(云)「약기이모부지복복형제지처(若己以母婦之服服兄弟之妻), 형제지처이구자지복복기(兄弟之妻以舅子之服服己), 칙시란소목지서야(則是亂昭穆之序也)」자(者), 차해부득지의(此解不得之意), 하자(何者) 이제처위부(以弟妻爲婦), 즉이형처위모(即以兄妻爲母), 이이모복복형처(而以母服服兄妻), 우이부복복제처(又以婦服服弟妻), 우사처이구복복부지형(又使妻以舅服服夫之兄), 우사형처이자복복기부지제(又使兄妻以子服服己夫之弟), 즉형제반위부자(則兄弟反爲父子), 란소목지차서(亂昭穆之次序), 고부득이형처위모자야(故不得以兄妻爲母者也)。 고성인심새란원(故聖人深塞亂源), 사형제지처본무모부지명(使兄弟之妻本無母婦之名), 부상위복야(不相爲服也)。 인(引)《대전(大傳)》자(者), 운(云)「동성종종합족속(同姓從宗合族屬)」자(者), 위대종자동시정성(謂大宗子同是正姓), 희강지류속취야(姬姜之類屬聚也), 합취족인어종자지가(合聚族人於宗子之家), 재당상행식연지례(在堂上行燕之禮), 즉계지이성이불별(即系之以姓而弗別), 철지이식이불수시야(綴之以食而弗殊是也)。 우운(又云)「이성주명치제회(異姓主名治際會)」자(者), 주명위모여부지명(主名謂母與婦之名)。 치(治), 정야(正也)。 제(際), 접야(接也)。 이모부정접지회취(以母婦正接之會聚), 즉종자지처식연족인지부어방시야(則宗子之妻食燕族人之婦於房是也)。 운(云)「명저이남녀유별(名著而男女有別)」자(者), 위모부지명명저(謂母婦之名明著), 즉남녀각유분별이무음란야(則男女各有分別而無淫亂也)。

대부위세부모(大夫爲世父母)、숙부모(叔父母)、자(子)、곤제(昆弟)、곤제지자위사자(昆弟之子爲士者)。

자(子), 위서자(謂庶子)。

◆소(疏)

주(注)「자위서자(子謂庶子)」. ○석왈(釋曰) : 대부위차팔자본기(大夫爲此八者本期), 금이위사(今以爲士), 고강지대공(故降至大功), 역위중출차문(亦爲重出此文), 고차재차야(故次在此也). 운(云)「자위서자(子謂庶子)」자(者), 약장자재(若長子在)《참장(斬章)》, 고위서자야(故謂庶子也).

전왈(傳曰) : 하이대공야(何以大功也) 존부동야(尊不同也). 존동(尊同), 칙득복기친복(則得服其親服).

존동(尊同), 위역위대부자(謂亦爲大夫者). 친복(親服), 기(期).

◆소(疏)

주(注)「존동(尊同)」지(至)「복기(服期)」. ○석왈(釋曰) : 존동위역위대부자(尊同謂亦爲大夫者), 경언대부위지(經言大夫爲之), 명존동(明尊同), 시역위대부야(是亦爲大夫也). 운(云)「친복기(親服期)」자(者), 차팔자병견(此八者並見)《기장(期章)》시야(是也).

공지서곤제(公之庶昆弟)、대부지서자위모(大夫之庶子爲母)、처(妻)、곤제(昆弟).

공지서곤제(公之庶昆弟), 즉부졸야(則父卒也). 대부지서자(大夫之庶子), 즉부재야(則父在也). 기혹위모(其或爲母), 위첩자야(謂妾子也).

◆소(疏)

석왈(釋曰) : 운(云)「공지서곤제대부지서자(公之庶昆弟大夫之庶子)」자(者), 차이인각자위모(此二人各自爲母)、처(妻), 위곤제복대공(爲昆弟服大功). 차병수염강(此並受厭降), 비어자강(卑於自降), 고차재자강인지하(故次在自降人之下). ○주(注)「공지(公之)」지(至)「자야(子也)」. ○석왈(釋曰) : 약운공자(若云公子), 시부재(是父在). 금계형이언곤제(今繼兄而言昆弟), 고지부졸야(故知父卒也). 우공자부재위모(又公子父在爲母)、처(妻), 재오복지외(在五服之外), 금복대공(今服大功), 고지부졸야(故知父卒也). 운(云)「대부지서자칙부재야(大夫之庶子則父在也)」자(者), 이기계부이언(以其繼父而言). 우대부졸(又大夫卒), 자위모(子爲母)、처득신(妻得伸), 금단대공(今但大功), 고지부재야(故知父在也). 운(云)「기혹위모(其或爲母), 위첩자야(謂妾子也)」자(者), 이기위처(以其爲妻)、곤제(昆弟), 기례병동(其禮並同), 우어적처(又於適妻), 개대부자부강(皆大夫自不降), 기자개득신(其子皆得伸), 금재대공(今在大功), 명첩자자위기모야(明妾子自爲己母也).

전왈(傳曰) : 하이대공야(何以大功也) 선군여존지소염(先君餘尊之所厭), 부득과대공야(不得過大功也). 대부지서자(大夫之庶子), 칙종호대부이강야(則從乎大夫而降也). 부지소부강(父之所不降), 자역부감강야(子亦不敢降也).

언종호대부이강(言從乎大夫而降), 즉어부졸여국인야(則於父卒如國人也). 곤제(昆弟), 서곤제야(庶昆弟也). 구독곤제재하(舊讀昆弟在下), 기어염강지의(其於厭降之義), 의몽차전야(宜蒙此傳也), 시이상이동지(是以上而同之). 부소부강(父所不降), 위적야(謂適也).

◆소(疏)

「전왈(傳曰)」지(至)「강야(降也)」. ○석왈(釋曰) : 문자(問者), 괴차등개합중복기(怪此等皆合重服期), 금대공(今大功), 고발문야(故發問也). 답운(答云)「선군여존지소염부득과대공야(先君餘尊之所厭不得過大功也)」자(者), 차직답공지서곤제(此直答公之庶昆弟), 이기공재위모(以其公在爲母)、처염(妻厭), 재오복외(在五服外), 공졸유위여존지소염(公卒猶爲餘尊之所厭), 부득과대공(不得過大功). 기대부지자(其大夫之子), 거부재유염(據父在有厭), 종어대부(從於大夫), 강일등(降一等), 대부약졸(大夫若卒), 즉득신(則得伸), 무여존지염야(無餘尊之厭也). 운(云)「부지소부강(父之所不降), 자역부감강야(子亦不敢降也)」자(者), 차전운이강(此傳云而降), 수언부강자야(遂言不降者也), 차전수문승대부하(此傳雖文承大夫下), 역겸해공지곤제(亦兼解公之昆弟), 미실공위하인(未悉公爲何人). 부강제(不降弟), 공부강(公不降), 자역부강(子亦不降), 여대부동야(與大夫同也). ○석왈(釋曰) : 이대부존(以大夫尊), 소신재강일등(少身在降一等), 신몰기서자칙득신(身沒其庶子則得伸), 여국인야(如國人也). 운(云)「곤제(昆弟), 서곤제야(庶昆弟也)」자(者), 약적(若適), 즉재부지소부강지중(則在父之所不降之中), 고지서곤제야(故知庶昆弟也). 운(云)「구독곤제재하(舊讀昆弟在下), 기어염강지의(其於厭降之義), 의몽차전야(宜蒙此傳也), 시이상이동지(是以上而同之)」자(者), 언구독(言舊讀), 위정군이전마융지등(謂鄭君以前馬融之等), 이(以)「곤제(昆弟)」이자추지재전하(二字抽之在傳下), 금개역지재상(今皆易之在上). 정검경의(鄭檢經義), 곤제내시공지서곤제(昆弟乃是公之庶昆弟), 대부지서자소위자(大夫之庶子所爲者), 부이존강서자(父以尊降庶子)， 즉서자역염이위곤제대공(則庶子亦厭而爲昆弟大功)。 시지의몽차전(是知蒙此傳)， 즉곤제이자당재전상(則昆弟二字當在傳上)， 여모처의몽차전(與母妻宜蒙此傳)， 동위염강지문(同爲厭降之文)， 부득여구독야(不得如舊讀也)。 운(云)「부소부강위적야(父所不降謂適也)」자(者)， 부지부강지인(不指不降之人)， 이운위적자(而云謂適者)， 욕견적중비일(欲見適中非一)， 위부위적처(謂父爲適妻)、 적자지등개시야(適子之等皆是也)。

개위기종부곤제지위대부자(皆爲其從父昆弟之爲大夫者)。

개자(皆者)， 언기호상위복(言其互相爲服)， 존동칙부상강(尊同則不相降)。 기위사자(其爲士者)， 강재소공(降在小功)， 적자위지(適子爲之)， 역여지(亦如之)。

◆소(疏)

주(注)「개자(皆者)」지(至)「여지(如之)」。 ○석왈(釋曰)：차문승상공지서곤제(此文承上公之庶昆弟)， 대부지서자지하(大夫之庶子之下)， 즉시상이인위차종부곤제지위대부자(則是上二人爲此從父昆弟之爲大夫者)， 이기이인위부소염강친(以其二人爲父所厭降親)， 금차종부곤제위대부(今此從父昆弟爲大夫)， 고차이인부강(故此二人不降)， 이복대공(而服大功)， 의본복야(依本服也)。 언(言)「개(皆)」자(者)， 정운(鄭云)「호상위복(互相爲服)」자(者)， 이피차상위동(以彼此相爲同)， 시종부곤제상위저복(是從父昆弟相爲著服)， 고운개(故云皆)， 호상견지의고야(互相見之義故也)。 운(云)「기위사자강재소공(其爲士者降在小功)」자(者)， 강역등고야(降亦等故也)。 운(云)「적자위지역여지(適子爲之亦如之)」자(者)， 수적부강(雖適不降)， 동고야(同故也)。

위부지곤제지부인자적인자(爲夫之昆弟之婦人子適人者)。

부인자자(婦人子者)， 녀자자야(女子子也)。 부언녀자자자(不言女子子者)， 인출(因出)， 견은소(見恩疏)。

◆소(疏)

주(注)「부인(婦人)」지(至)「은소(恩疏)」。 ○석왈(釋曰)：차역중출(此亦重出)， 고차종부곤제하(故次從父昆弟下)。 차위세숙모위지복(此謂世叔母爲之服)， 재가기(在家期)， 출가대공(出嫁大功)。 운(云)「부언녀자자자(不言女子子者)， 인출(因出)， 견은소(見恩疏)」자(者)， 녀재가실지명(女在家室之名)， 시친야(是親也)， 부자사인지칭(婦者事人之稱)， 시견소야(是見疏也)。 금부언녀여모(今不言女與母)， 이언부지곤제여부인자자(而言夫之昆弟與婦人子者)， 시인출(是因出)， 견은소고야(見恩疏故也)。

대부지첩위군지서자(大夫之妾爲君之庶子)。

하전왈(下傳曰)：「하이대공야(何以大功也)，첩위군지당복(妾爲君之黨服)， 득여녀군동(得與女君同)。」 지위차야(指爲此也)。 첩위군지장자역삼년(妾爲君之長子亦三年)， 자위기자기(自爲其子期)， 이어녀군야(異於女君也)。 사지첩(士之妾)， 위군지중자역기(爲君之衆子亦期)。

◆소(疏)

주(注)「하전(下傳)」지(至)「역기(亦期)」。 ○석왈(釋曰)：첩위군지서자(妾爲君之庶子)， 경어위부지곤제지녀(輕於爲夫之昆弟之女)， 고차지(故次之)。 인하전왈(引下傳曰)「하이대공야(何以大功也)？첩위군지당복득여녀군동(妾爲君之黨服得與女君同)， 지위차야(指爲此也)」자(者)， 피전위차경이작(彼傳爲此經而作)， 고운지위차(故云指爲此)。 재하자(在下者)， 정피운문란재하이고야(鄭彼云文爛在下爾故也)。 운(云)「첩위군지장자역삼년(妾爲君之長子亦三年)」자(者)， 첩종녀군복(妾從女君服)， 득여녀군동(得與女君同)， 고역동녀군삼년(故亦同女君三年)。 우운(又云)「자위기자기(自爲其子期)， 이어녀군야(異於女君也)」자(者)， 이기녀군종부강(以其女君從夫降)， 기서자대공(其庶子大功)， 부부염첩(夫不厭妾)， 고자복기자기(故自服其子期)， 시이어녀군야(是異於女君也)。 운(云)「사지첩위군지중자역기(士之妾爲君之衆子亦期)」， 위역득여녀군기자(謂亦得與女君期者)， 역시여기자동고야(亦是與己子同故也)。

여자자가자(女子子嫁者)、 미가자위세부모(未嫁者爲世父母)、 숙부모(叔父母)、 고(姑)、 자매(姉妹)。

구독합대부지첩위군지서자(舊讀合大夫之妾爲君之庶子)、 녀자자가자(女子子嫁者)、 미가자(未嫁者)， 언대부지첩위차삼인지복야(言大夫之妾爲此三人之服也)。

◆소(疏)

주(注)「구독(舊讀)」지(至)「복야(服也)」。 ○석왈(釋曰)：차시녀자자역강방친(此是女子子逆降旁親)， 우시중출(又是重出)， 고차지어차(故次之於此)。 지역강자(知逆降者)， 차경운가자위세부이하출강대공(此經云嫁者爲世父已下出降大功)， 자시상법(自是常法)。 경언미가자(更言未嫁者)， 역위세부이하(亦爲世父以下)

已下), 비미가역강(非未嫁逆降), 여하(如何)？운(云)「구독합대부지첩위군지서자(舊讀合大夫之妾爲君之庶子)、녀자자가자미가자(女子子嫁者未嫁者), 언대부지첩위차삼인지복야(言大夫之妾爲此三人之服也)」자(者), 차마융지배구독여차(此馬融之輩舊讀如此), 정이차위비(鄭以此爲非), 고차하주파지야(故此下注破之也)。

전왈(傳曰)：가자(嫁者), 기가어대부자야(其嫁於大夫者也)。미가자(未嫁者), 성인이미가자야(成人而未嫁者也)。하이대공야(何以大功也) 첩위군지당복(妾爲君之黨服), 득여녀군동(得與女君同)。하언위세부모(下言爲世父母)、숙부모(叔父母)、고(姑)、자매자(姊妹者), 위첩자복기사친야(謂妾自服其私親也)。

차부사(此不辭), 즉실위첩수자복기사친(即實爲妾遂自服其私親), 당언기이견지(當言其以見之)。《자최삼월장(齊衰三月章)》왈(曰)：「여자자가자(女子子嫁者)、미가자위증조부모(未嫁者爲曾祖父母)。」경여차동(經與此同), 족이명지의(足以明之矣)。전소운(傳所云)「하이대공야(何以大功也)？첩위군지당복득여녀군동(妾爲君之黨服得與女君同)」, 문란재하이(文爛在下爾)。여자자성인자(女子子成人者), 유출도(有出道), 강방친(降旁親), 급장출자(及將出者), 명당급시야(明當及時也)。

◆소(疏)

석왈(釋曰)：운(云)「가자(嫁者), 기가어대부자야(其嫁於大夫者也)。미가자(未嫁者), 성인이미가자야(成人而未嫁者也)」, 차이자(此二者), 의정위세부사하칠인본복개기(依鄭爲世父已下七人本服皆期), 미가자역강지(未嫁者逆降之), 복대공야(服大功也)。운(云)「하이대공야(何以大功也), 첩위군지당복득여녀군동(妾爲君之黨服得與女君同)」자(者), 차전당재상(此傳當在上), 「대부지첩위군지서자(大夫之妾為君之庶子)」하(下), 란탈(爛脫), 오재차(誤在此)。단(但)「하언(下言)」이자급(二字及)「자위첩자복기사친야(者謂妾自服其私親也)」구자총십일자(九字總十一字), 기비자하자저(既非子夏自著), 우비구독자자안(又非舊讀者自安), 시수치지야(是誰置之也).금이의(今以義), 필시정군치지(必是鄭君置之)。정군욕분별구독자(鄭君欲分別舊讀者), 여차의취(如此意趣), 연후이주파지(然後以注破之)。운(云)「차부사(此不辭)」자(者), 위차분별문구(謂此分別文句), 부시해의언사야(不是解義言辭也)。운(云)「즉실위첩수자복기사친(即實爲妾遂自服其私親), 당언기이명지(當言其以名之)」자(者), 차정욕취구장독파지(此鄭欲就舊章讀破之)。안(案)《부장기장(不杖期章)》운(云)「녀자자적인자(女子子適人者), 위기부모곤제지위부후자(爲其父母昆弟之爲父後者)」야(也), 우운(又云)「공첩이급사첩위기부모자위기친(公妾以及士妾為其父母自爲其親)」, 개언기이명첩위사친(皆言其以明妾爲私親)。금차부언(今此不言), 기명비첩위사친(其明非妾爲私親), 일인역강(一人逆降), 일인합강(一人合降), 부득합운이인(不得合云二人), 시이인위차칠인등역강자(是二人爲此七人等逆降者)。우인(又引)《자최삼월장(齊衰三月章)》왈(曰)「여자자가자미가자위증조부모(女子子嫁者未嫁者爲曾祖父母), 경여차동(經與此同), 족이견지의(足以見之矣)」자(者), 피이인위증조시정존(彼二人爲曾祖是正尊), 수출가(雖出嫁), 역부강(亦不降)。차즉위방친(此則爲旁親), 수미가(雖未嫁), 역역강(亦逆降)。성인작문(聖人作文), 시동족이명지(是同足以明之), 명시이인위차칠인부득이가자(明是二人爲此七人不得以嫁者)、미가자상동군지서자(未嫁者上同君之庶子), 하문위세부이하(下文爲世父以下), 위첩자복사친야(為妾自服私親也)。운(云)「전소운하이대공야(傳所云何以大功也), 첩위군지당복득여녀군동(妾爲君之黨服得與女君同), 문란재하이(文爛在下爾)」자(者), 차전위대부지첩위군지서자이발(此傳為大夫之妾爲君之庶子而發), 응재(應在)「녀자자(女子子)」지상(之上), 「군지서자(君之庶子)」지하(之下), 이간찰위편란단(以簡札韋編爛斷), 후인착치어하(後人錯置於下), 시이구독장위본재어차(是以舊讀將爲本在於此), 시이수오야(是以遂誤也)。운(云)「여자자성인자(女子子成人者), 유출도(有出道), 강방친(降旁親)」자(者), 차정의경정해지(此鄭依經正解之), 이기가자강방친시기상(以其嫁者降旁親是其常), 이운미가자(而云未嫁者), 성인미가(成人未嫁), 역강방친자(亦降旁親者), 위녀자자십오이후허가계(謂女子子十五已後許嫁笄), 위성인(為成人), 유출가지도(有出嫁之道), 시이수미출(是以雖未出), 즉역강세부이하방친야(即逆降世父已下旁親也)。운(云)「급장출자(及將出者), 명당급시야(明當及時也)」자(者), 위녀자자년십구(謂女子子年十九), 후년이월(後年二月), 관우취처지월(冠于娶妻之月), 기녀당가(其女當嫁), 금년조차세부이하지상(今年遭此世父已下之喪), 약의본복기자(若依本服期者), 과후이월(過後二月), 부득급시역강대공(不得及時逆降大功), 대공지말가이가자(大功之末可以嫁子), 칙어이월득급시이가(則於二月得及時而嫁), 시이운명당급시야(是以云明當及時也)。

대부(大夫)、대부지처(大夫之妻)、대부지자(大夫之子)、공지곤제위고(公之昆弟爲姑)、자매(姊妹)、여자자가어대부자(女子子嫁於大夫者)。군위고(君爲姑)、자매(姊妹)、여자자가어국군자(女子子嫁於國君者)。

◆소(疏)

석왈(釋曰)：차등고자이하(此等姑姊已下), 응강이부강(應降而不降), 우겸중출기문(又兼重出其文), 고차재차야(故次在此也)。차대부(此大夫)、대부처(大夫妻)、대부지자(大夫之子)、공지곤제(公之昆弟), 사등인존비동(四等人尊卑同), 개강방친(皆降旁親)。고자이하일등(姑姊已下一等), 대공(大功), 우이출강(又以出降), 당소공(當小功)。단가어대부(但嫁於大夫), 존동(尊同), 무존강(無尊降), 직유출강(直有出降), 고개대공야(故皆大功也)。단대부처위명부(但大夫妻爲命婦), 약부지고(若夫之姑)、자매재실급가(姊妹在室及嫁), 개소공(皆小功)。약부위대부처(若不爲大夫妻), 우강재시마(又降在緦麻)。가령피고(假令彼姑)、자매역위명부(姊妹亦爲命婦), 유소공이(唯小功耳)。금득재대부과중자(今得在大夫科中者), 차위명부위본친(此謂命婦爲本親), 고자매이지녀자자(姑姊妹已之女子子), 인대부(因大夫), 대부지자위고자매녀자자(大夫之子爲姑姊妹女子子), 기문어부여자고자매지중(寄文於夫與子姑姊妹之中), 부번별견야(不煩別見也)。운(云)「군위고자매녀자자가어국군자(君爲姑姊妹女子子嫁於國君者)」, 국군절기이하(國君絕期已下), 금위존동(今爲尊同), 고역부강(故亦不降), 의가복대공(依嫁服大功)。

전왈(傳曰)：하이대공야(何以大功也)　존동야(尊同也)。존동칙득복기친복(尊同則得服其親服)。제후지자칭공자(諸侯之子稱公子), 공자부득니선군(公子不得禰先君)。공자지자칭공손(公子之子稱公孫), 공손부득조제후(公孫不得祖諸侯)。차자비별어존자야(此自卑別於尊者也)。약공자지자손유봉위국군자(若公子之子孫有封爲國君者), 칙세세조시인야(則世世祖是人也), 부조공자(不祖公子), 차자존별어비자야(此自尊別於卑者也)。시고시봉지군부신제부곤제(是故始封之君不臣諸父昆弟), 봉군지자부신제부이신곤제(封君之子不臣諸父而臣昆弟)。봉군지손진신제부곤제(封君之孫盡臣諸父昆弟)。고군지소위복(故君之所爲服), 자역부감부복야(子亦不敢不服也)。군지소부복(君之所不服), 자역부감복야(子亦不敢服也)。

부득니(不得禰)、부득조자(不得祖者), 부득립기묘이제지야(不得立其廟而祭之也)。경대부이하(卿大夫已下), 제기조니(祭其祖禰), 즉세세조시인(則世世祖是人), 부득조공자자(不得祖公子者), 후세위군자(後世爲君者), 조차수봉지군(祖此受封之君), 부득사별자야(不得祀別子也)。공자약재고조이하(公子若在高祖以下), 즉여기친복(則如其親服), 후세천지(後世遷之), 내훼기묘이(乃毀其廟爾)。인국군이존강기친(因國君以尊降其親), 고종설차의운(故終說此義云)。

◆소(疏)

「전왈(傳曰)」지(至)「부감복야(不敢服也)」。○석왈(釋曰)：운(云)「하이대공야(何以大功也)」, 문자(問者), 이제후절방복(以諸侯絕旁服), 칙대부강일등(則大夫降一等), 금차대공(今此大功), 고발문야(故發問也)。답왈운(答曰云)「존동야(尊同也), 존동즉득복기친복(尊同則得服其親服)」자(者), 대부여제후소이역위복자(大夫與諸侯所以亦爲服者), 각자이위존동(各自以爲尊同), 고복지야(故服之也)。약연(若然), 대부지하칙운명부(大夫之下則云命婦)、대부지자(大夫之子), 국군지하부운부인(國君之下不云夫人), 세자역동국군(世子亦同國君), 부강가지(不降可知)。운(云)「제후지자칭공자(諸侯之子稱公子)」이하(已下), 인존동(因尊同), 수광설존부동지의야(遂廣說尊不同之義也)。단제후지자(但諸侯之子), 적적상승상현(適適相承象賢), 이방지서이하(而旁支庶已下), 병위제후(並爲諸侯), 소절부득칭제후자(所絕不得稱諸侯子), 변명공자(變名公子)。안(案)《단궁(檀弓)》주운(注云)：「서자언공(庶子言公), 비원지(卑遠之)。」시이자여손개언공(是以子與孫皆言公), 견소원지의고야(見疏遠之義故也)。운(云)「차자비별어존자야(此自卑別於尊者也)」자(者), 위적기립묘(謂適既立廟), 지서자손부립묘(支庶子孫不立廟), 시자비별어존자야(是自卑別於尊者也)。운(云)「약공자지자손유봉위국군자(若公子之子孫有封爲國君者)」, 위약(謂若)《주례(周禮)·전명(典命)》운공팔명(云公八命), 경륙명(卿六命), 대부사명(大夫四命), 기출봉개여일등(其出封皆如一等)。시공지자손(是公之子孫), 혹위천자신(或爲天子臣), 출봉위오등제후(出封爲五等諸侯), 시공자유봉위국군지사(是公子有封爲國君之事)。운(云)「칙세세조시인야(則世世祖是人也), 부조공자(不祖公子), 차자존별어비자야(此自尊別於卑者也)」자(者), 위후세장차시봉지군(謂後世將此始封之君), 세세조시인야(世世祖是人也), 부조공자(不祖公子), 위부복사별자야(謂不復祀別子也)。운(云)「시고시봉지군부신제부곤제(是故始封之君不臣諸父昆弟)」자(者), 이기초승위군(以其初升爲君), 제부시조지일체(諸父是祖之一體), 우시부지일체(又是父之一體), 기곤제기시부지일체(其昆弟既是父之一體), 우시기지일체(又是己之一體), 고부신차이자(故不臣此二者), 잉위지저복야(仍爲之著服也)。운(云)「봉군지자부신제부이신곤제(封君之子不臣諸父而臣昆弟)」자(者), 이기제부존(以其諸父尊), 고미득신(故未得臣), 잉위지복(仍爲之服)。곤제비(昆弟卑), 고신지부위지복(故臣之不爲之服), 역기부신(亦既不臣), 당복본복기(當服本服期)。기부신자(其不臣者), 위군소복당복참(爲君所服當服斬), 이기여제후위형제자(以其與諸侯爲兄弟者), 수재외국(雖在外國), 유위군참(猶爲君斬), 부감이경복복지존(不敢以輕服服至尊)。

명제부곤제수부신(明諸父昆弟雖不臣), 역부득이경복복군(亦不得以輕服服君), 위지참최가지(爲之斬衰可知)。운(云)「봉군지손진신제부곤제(封君之孫盡臣諸父昆弟)」자(者), 계세지손(繼世至孫), 점위귀중(漸爲貴重), 고진신지(故盡臣之)。부언부강(不言不降), 이언부신(而言不臣), 군시절종지인(君是絕宗之人), 친소개유신도(親疏皆有臣道), 고수미신(故雖未臣), 자손종시위신(子孫終是爲臣), 고이신언지(故以臣言之)。운(云)「고군지소위복(故君之所爲服), 자역부감부복야(子亦不敢不服也)」자(者), 차욕석신여부신(此欲釋臣與不臣), 군지자여군동지의(君之子與君同之義)。운(云)「군지소위복(君之所爲服)」자(者), 위군지소부신자(謂君之所不臣者), 군위지복자(君爲之服者), 자역복지(子亦服之), 고운(故云)「자역부감부복야(子亦不敢不服也)」。운군지소부복자역부감복야자(云君之所不服者亦不敢服也者), 연차위군소신지자(然此謂君所臣之者), 군부위지복(君不爲之服), 자역부감복지(子亦不敢服之), 이기자종부승강고야(以其子從父升降故也)。○주(注)「부득(不得)」지(至)「의운(義云)」。○석왈(釋曰)：운(云)「부득니부득조자(不得禰不得祖者), 부득립기묘이제지야(不得立其廟而祭之也)」자(者), 정공인이전운부득니부득조(鄭恐人以傳云不得禰不得祖), 령비별지(令卑別之), 부득장위니조(不得將爲禰祖), 고운부득자(故云不得者), 부득립기묘이제지(不得立其廟而祭之), 명위부득야(名爲不得也)。이기묘이재(以其廟已在), 적자위군자립지(適子爲君者立之), 방지서부득병립묘(旁支庶不得並立廟), 고운부득야(故云不得也)。운경대부이하제기조니(云卿大夫以下祭其祖禰), 정언차자(鄭言此者), 욕견공자(欲見公子)、공손약립위경대부(公孫若立爲卿大夫), 득립삼묘(得立三廟)；약작상사(若作上士), 득립이묘(得立二廟)；약작중사(若作中士), 득립일묘(得立一廟), 병득제기조니(並得祭其祖禰)。기부조니선군(既不祖禰先君), 당립별자이하(當立別子已下), 이기공자(以其公子)、공손병시별자(公孫並是別子), 약로환공생세자명동자(若魯桓公生世子名同者), 후위군경부(後爲君慶父), 숙아(叔牙)、계우등위지공자(季友等謂之公子), 공자병위별자(公子並為別子), 부득니선군환공지묘(不得禰先君桓公之廟), 경부등수위경대부(慶父等雖爲卿大夫), 미유묘(未有廟)。지자손이후(至子孫已後), 내득립별자위대조(乃得立別子爲大祖), 부훼묘(不毁廟)。이하이묘(已下二廟), 조니지외(祖禰之外), 차제칙천지야(次第則遷之也), 고운(故云)「경대부사하제기조니(卿大夫已下祭其祖禰)」야(也)。수득제조니(雖得祭祖禰), 단부득니조선군야(但不得禰祖先君也)。운(云)「즉세세조시인(則世世祖是人), 부득조공자(不得祖公子)」자(者), 차위정첩전문야(此謂鄭疊傳文也)。운(云)「후세위군자(後世爲君者), 조차수봉지군(祖此受封之君), 부득사별자야(不得祀別子也)」자(者), 차정해의어(此鄭解義語), 이기후세위군(以其後世爲君), 조차수봉군(祖此受封君), 해세세조시인(解世世祖是人), 부득사별자(不得祀別子)。해부조공자자야(解不祖公子者也), 이기별자비(以其別子卑), 시봉군존(始封君尊), 시위자존별어비자야(是爲自尊別於卑者也)。운(云)「공자약재고조이하(公子若在高祖以下), 칙여기친복(則如其親服)」자(者), 차해시봉군득립오묘(此解始封君得立五廟), 오묘자(五廟者), 대조여고조사하사묘(大祖與高祖巳下四廟)。금시봉군(今始封君), 후세내부훼기묘(後世乃不毁其廟), 위대조어차(爲大祖於此)。시봉군미유대조묘(始封君未有大祖廟), 유유고조이하사묘(唯有高祖以下四廟), 칙공자위별자자(則公子爲別子者), 득입사묘지한(得入四廟之限), 고운공자약재고조이하칙여기친(故云公子若在高祖以下則如其親)。여기친(如其親), 위자니이상(謂自禰已上), 지고조이차립사묘(至高祖以次立四廟)。운(云)「후세천지(後世遷之), 내훼기묘이(乃毁其廟爾)」자(者), 위시봉군사(謂始封君死), 기자립(其子立), 즉이부위니묘(即以父爲禰廟), 전고조자위고조지부(前高祖者爲高祖之父), 당천지(當遷之), 우지사세지후(又至四世之後), 시봉군위고조(始封君爲高祖), 부당천지시(父當遷之時), 전위대조(轉爲大祖), 통사묘위오묘(通四廟爲五廟), 정제야(定制也)。고운후세천지(故云後世遷之), 내훼기묘야(乃毁其廟也)。운(云)「인국군이존강기친(因國君以尊降其親), 고종설차의운(故終說此義云)」자(者), 자제신지자이하(自諸臣之子已下), 기비경어(既非經語), 이전범설강여공자지의(而傳汎說降與公子之義), 고운종설야(故云終說也)。

세최상(繐衰裳)、모마질(牡麻絰), 기장제지자(既葬除之者)。

◆소(疏)

석왈(釋曰)：차세최시제후지신위천자(此繐衰是諸侯之臣爲天子), 재대공하(在大功下), 소공상자(小功上者), 이기천자칠월장(以其天子七月葬), 기장제(既葬除), 고재대공구월하(故在大功九月下), 소공오월상(小功五月上)。우루수여소공승수(又繐雖如小功升數), 우소(又少), 고재소공상야(故在小功上也)。차부언대구자(此不言帶屨者), 이기전운(以其傳云)「소공지세야(小功之繐也)」, 즉대구역동소공가지(則帶屨亦同小功可知)。

전왈(傳曰)：세최자하(繐衰者何) 이소공지세야(以小功之繐也)。

치기루여소공(治其縷如小功), 이성포존사승반(而成布尊四升半)。세기루자(細其縷者), 이은경야(以恩輕也)。승수소자(升數少者), 이복지야(以服至也)。범포세이소자위지세(凡布細而疏者謂之繐), 금남양유등세(今南陽有鄧繐)。

◆소(疏)

주(注)「치기(治其)」지(至)「등세(鄧緦)」。○석왈(釋曰):전문자(傳問者), 정문루지조세(正問縷之粗細), 부문승수다소(不問升數多少), 고답운(故答云)「소공지세(小功之緦)」야(也)。약연(若然), 소공세지거루조세(小功緦知據縷粗細), 비승수자(非升數者), 하기인기출승수(下記人記出升數), 이(而)「세최사승유반(緦衰四升有半)」, 정피주운(鄭彼注云):「복재소공지상자(服在小功之上者), 욕저기루지정조야(欲著其縷之精粗也)。」고운주역운(故云注亦云)「치기루여소공이성포사승반야(治其縷如小功而成布四升半也)」。운(云)「세기루자이은경야(細其縷者以恩輕也)」자(者), 이기제후대부시제후(以其諸侯大夫是諸侯), 신어천자위배신(臣於天子爲陪臣), 유유빙문접견천자(唯有聘問接見天子), 천자례지이이(天子禮之而已), 고복차복(故服此服), 시은경야(是恩輕也)。운(云)「승수소자이복지존야(升數少者以服至尊也)」자(者), 제후위천자복지존(諸侯爲天子服至尊), 의복참(義服斬), 루가삼승반(縷加三升半), 배신강군(陪臣降君), 개복지존가일승(改服至尊加一升), 사승반야(四升半也)。운(云)「범포세이소자위지세(凡布細而疏者謂之緦)」자(者), 차상복위지세(此喪服謂之緦), 유세이소(由緦而疏), 약비상복(若非喪服), 세이소역위지세(細而疏亦謂之緦), 고운(故云)「범(凡)」이총지(以總之)。운(云)「금남양유등세(今南陽有鄧緦)」자(者), 위한시남양군등씨조포(謂漢時南陽郡鄧氏造布), 유명세(有名緦), 언차자(言此者), 정범포세이소(証凡布細而疏), 즉시세지의(即是緦之義)。

제후지대부위천자(諸侯之大夫爲天子)。

◆소(疏)

석왈(釋曰):차경직운(此經直云)「대부(大夫)」, 즉대부중유고경(則大夫中有孤卿), 이기소빙사하대부(以其小聘使下大夫), 대빙혹사고(大聘或使孤), 혹사경야(或使卿也)。고(故)《대행인(大行人)》운(云):제후지고(諸侯之孤), 이피백계자남(以皮帛繼子男)。고지대부중겸고경(故知大夫中兼孤卿)。

전왈(傳曰):하이세최야(何以緦衰也) 제후지대부(諸侯之大夫), 이시접견호천자(以時接見乎天子)。

접유회야(接猶會也)。제후지대부(諸侯之大夫), 이시회견어천자이복지(以時會見於天子而服之), 즉기사서민부복가지(則其士庶民不服可知)。

◆소(疏)

○주(注)「접유(接猶)」지(至)「가지(可知)」。○석왈(釋曰):전문자(傳問者), 괴기중(怪其重), 차기배신(此既陪臣), 하의복사승반포(何意服四升半布), 칠월내제(七月乃除)。답운(答云)「이시접견호천자(以時接見乎天子)」자(者), 위유은(爲有恩), 고복지(故服之)。운(云)「접유회야(接猶會也), 제후지대부이시회견어천자이복지(諸侯之大夫以時會見於天子而服之)」자(者), 안(案)《주례(周禮)·대종백(大宗伯)》유(有)「시견왈회(時見曰會)」, 피제후빙시견왈회(彼諸侯聘時見曰會), 무상기왈시회(無常期曰時會)。차정운이시회견자(此鄭云以時會見者), 직거제후대부(直據諸侯大夫), 시복회기문조천자례(時復會其問覜天子禮), 차즉(此即)《주례(周禮)·대종백(大宗伯)》운(云):「시빙왈문(時聘曰問), 은조왈시(殷覜曰視)。」정주운(鄭注云):「시빙자(時聘者), 역무상기(亦無常期)。천자유사(天子有事), 내빙지언(乃聘之焉)。경외지신(竟外之臣), 기비조세(既非朝歲), 부감독위소례(不敢瀆爲小禮)。」시천자유사내견대부래빙(是天子有事乃遣大夫來聘)。피우주운(彼又注云):「은조위일복조지세(殷覜謂一服朝之歲), 이조자소(以朝者少), 제후내사경이대례중빙언(諸侯乃使卿以大禮眾聘焉)。일복조재원년(一服朝在元年)、칠년(七年)、십일년(十一年)。」차시유유후복일복조(此時唯有侯服一服朝), 고여오복병사경래견천자(故餘五服並使卿來見天子)。차병시이시회견천자(此並是以時會見天子)。천자대지이례(天子待之以禮), 개유위적(皆有委積)、손옹(飧饔)、향식연여시사(饗食燕與時賜), 가은기심(加恩既深), 고제후대부보이복지야(故諸侯大夫報而服之也)。운(云)「즉기사서민부복가지(則其士庶民不服可知)」자(者), 상문운(上文云)「서인위국군(庶人爲國君)」, 주운(注云):「천자기내지민복(天子畿內之民服), 천자역여지(天子亦如之)。」즉지기외지민부복가지(即知畿外之民不服可知)。금우언지자(今又言之者), 이기외내민서(以畿外內民庶), 어천자유복무복(於天子有服無服), 무명문(無明文), 금인기외제후대부접견천자자(今因畿外諸侯大夫接見天子者), 내유복(乃有服), 부빙천자자(不聘天子者), 즉무복(即無服)。명민서부위천자복가지(明民庶不爲天子服可知), 고중명지(故重明之)。약연(若然), 제후지사약대부(諸侯之士約大夫), 부접견천자칙무복(不接見天子則無服), 명사부접견역무복가지(明士不接見亦無服可知)。기유사여경대부빙시작개자(其有士與卿大夫聘時作介者), 수역득례(雖亦得禮), 개본부사(介本副使), 부득천자접견역부복가지(不得天子接見亦不服可知)。

소공포쇄상(小功布衰裳)、조마대(澡麻帶) 질오월자(経五月者)。

조자(澡者), 치거부구(治去莩垢), 부절기본야(不絕其本也)。《소기(小記)》왈(曰):「하상소공(下殤小功), 대조마(帶澡麻), 부절기본(不絕其本), 굴이반이보지(屈而反以報之)。」

◆소(疏)

「소공(小功)」지(至)「월자(月者)」。○석왈(釋曰) : 차(此)《상소공장(殤小功章)》재차자(在此者), 본자최대공지친(本齊衰大功之親), 위상강재소공(爲殤降在小功), 고재성인소공지상야(故在成人小功之上也). 단언소공자(但言小功者), 대대공시용공조대(對大功是用功粗大), 칙소공시용공세소정밀자야(則小功是用功細小精密者也). 자상이래(自上以來), 개대재질하(皆帶在経下), 금차대재질상자(今此帶在経上者), 이대공이상(以大功已上), 질(経)、대유본(帶有本), 소공이하(小功以下), 단본(斷本). 차상소공중(此殤小功中), 유하상(有下殤), 소공대부절본(小功帶不絶本), 여대공동(與大功同), 고진대어질상(故進帶於経上), 도문이견중(倒文以見重), 고여상례부동야(故與常例不同也). 차상문다직견일질포이(且上文多直見一経包二), 차별언대자(此別言帶者), 역욕견대부절본(亦欲見帶不絶本), 여질부동(與経不同), 고량견지야(故兩見之也). 우상대공직언무수(又殤大功直言無受), 부언월수(不言月數), 차직언월(此直言月), 부언무수자(不言無受者), 성인작경(聖人作經), 욕호견위의(欲互見爲義). 대공언무수(大功言無受), 차역무수(此亦無受), 차언오월(此言五月), 피칙구월(彼則九月)、칠월가지(七月可知). 우차하장언(又且下章言)「즉갈(即葛)」, 차장부언즉갈(此章不言即葛), 역시겸견(亦是兼見), 무수지의야(無受之義也). 우부언포대여관(又不言布帶與冠), 문략야(文略也). 부언구자(不言屨者), 당여하장동길구무질야(當與下章同吉屨無経也). ○주(注)「조자(澡者)」지(至)「보지(報之)」。○석왈(釋曰) : 운(云)「조자(澡者), 치거부구(治去莩垢)」자(者), 위이시마(謂以緦麻), 우치거부구(又治去莩垢), 사지활정(使之滑淨), 이기입경경고야(以其入輕経故也). 인(引)《소기(小記)》자(者), 욕견하상소공중유본(欲見下殤小功中有本), 시제쇠지상(是齊衰之喪), 고특언하상(故特言下殤). 약대공하상(若大功下殤), 칙입시마(則入緦麻), 시이특거하상(是以特據下殤). 운(云)「굴이반이보지(屈而反以報之)」자(者), 위선이일고마부절본자위일조(謂先以一股麻不絶本者爲一條), 전지위승(展之爲繩). 보(報), 합야(合也). 이일두굴이반(以一頭屈而反), 향상합지(郷上合之), 내교수필굴이반이합자(乃絞垂必屈而反以合者), 견기중고야(見其重故也). 인지자(引之者), 정차대역부절본(証此帶亦不絶本), 굴이반이보지야(屈而反以報之也). 약연(若然), 차장역유대공장상(此章亦有大功長殤), 재소공자(在小功者), 미지대득여참쇠하상소공동(未知帶得與斬衰下殤小功同), 부절본부(不絶本不). 안(案)《복문(服問)》운(云)「소공무변야(小功無變也)」, 우운(又云)「마지유목자(麻之有木者), 변삼년지갈(變三年之葛)」, 피운소공무변(彼云小功無變), 거성인소공무변(據成人小功無變), 삼년지갈유본(三年之葛有本), 득변지(得變之), 칙지대공상장중재소공자(則知大功殤長中在小功者), 경대무본야(輕帶無本也). 이차이언(以此而言), 경주전거거참하상소공중자이언(經注專據齊斬下殤小功重者而言), 기중무유대공지상재소공대마절본자(其中無有大功之殤在小功帶麻絶本者), 사약(似若)《참최장(斬衰章)》겸유의복(兼有義服), 전직언쇠삼승(傳直言衰三升), 관륙승(冠六升), 부언의복최삼승반자야(不言義服衰三升半者也). 약연(若然), 고(姑)、자매출적강재소공자(姊妹出適降在小功者), 이기성인비소애통(以其成人非所哀痛), 대여대공지상동(帶與大功之殤同), 역무본야(亦無本也).

숙부지하상(叔父之下殤), 적손지하상(適孫之下殤), 곤제지하상(昆弟之下殤), 대부서자위적곤제지하상(大夫庶子爲適昆弟之下殤), 위고(爲姑)、자매(姊妹)、녀자자지하상(女子子之下殤), 위인후자위기곤제(爲人後者爲其昆弟)、종부곤제지장상(從父昆弟之長殤).

◆소(疏)

석왈(釋曰) : 차경자(此經自)「숙부(叔父)」이하(已下), 지(至)「녀자자지하상(女子子之下殤)」팔인(八人), 개시성인기(皆是成人期). 장상(長殤)、중상대공(中殤大功), 이재상(已在上)《상대공장(殤大功章)》; 이차하상소공(以此下殤小功), 고재차장야(故在此章也). 잉이존자재전(仍以尊者在前), 비자거후(卑者居後). 운(云)「위인후자위기곤제지장상(爲人後者爲其昆弟之長殤), 종부곤제지장상(從父昆弟之長殤)」, 차이자이본복대공(此二者以本服大功), 금장상(今長殤)、중상소공(中殤小功), 고재차장(故在此章). 종부곤제정본경(從父昆弟情本輕), 고재출강곤제후야(故在出降昆弟後也).

전왈(傳曰) : 문자왈(問者曰) : 중상하이부견야(中殤何以不見也) 대공지상(大功之殤), 중종상(中從上), 소공지상(小功之殤), 중종하(中從下).

문자(問者), 거종부곤제지하상재시마야(據從父昆弟之下殤在緦麻也). 대공(大功)、소공(小功), 개위복기성인야(皆謂服其成人也). 대공지상중종상(大功之殤中從上), 칙자최지상역중종상야(則齊衰之殤亦中從上也). 차주위장부지위상자복야(此主謂丈夫之爲殤者服也). 범부견자(凡不見者), 이차구지야(以此求之也).

◆소(疏)

주(注)「문자(問者)」지(至)「구지야(求之也)」。○석왈(釋曰) : 부직운(不直云)「하이(何以)」이운(而云)「문자왈(問者曰)」자(者), 이기전총문대공(以其傳總問大功), 소공(小功), 소문비일(所問非一), 고운문자왈(故云問者曰), 여상례부동(與常例不同)。정운(鄭云)「문자(問者), 거종부곤제지하상재시마야(據從父昆弟之下殤在緦麻也)」자(者), 이기(以其)《시마장(緦麻章)》견종부곤제지하상(見從父昆弟之下殤), 차장견종부곤제지장상(此章見從父昆弟之長殤), 유중상부견(唯中殤不見), 고치문(故致問), 시이거종부곤제야(是以據從父昆弟)。운(云)「대공소공(大功小功), 개위복기성인야(皆謂服其成人也)」자(者), 이기(以其)《시마장(緦麻章)》전운(傳云) : 「자최지장중종상(齊衰之長中從上), 대공지상중종하(大功之殤中從下)。」거차이전언지(據此二傳言之), 예무상재자최(禮無殤在齊衰), 즉하자최지상여대공지상거성인(則下齊衰之殤與大功之殤據成人), 명차대공여소공지상거복기성인가야(明此大功與小功之殤據服其成人可知也)。약연(若然), 차경대공지상유유위인후자(此經大功之殤唯有爲人後者), 위곤제급종부곤제이자(爲昆弟及從父昆弟二者), 장상(長殤)、중상재차소공(中殤在此小功), 공성인소공지상중종하(共成人小功之殤中從下), 자재시마(自在緦麻), 어차언지자(於此言之者), 욕사소공여대공상대(欲使小功與大功相對), 고겸언지야(故兼言之也)。운(云)「대공지상중종상(大功之殤中從上), 칙자최지상역중종상야(則齊衰之殤亦中從上也)」자(者), 이차전운대공지상중종상(以此傳云大功之殤中從上), 소공지상중종하이언(小功之殤中從下而言), 칙대공중자중종상(則大功重者中從上), 자최중어대공(齊衰重於大功), 명종상가지(明從上可知), 고위거경이명중야(故謂舉輕以明重也)。우운(又云)「차주위장부지위상자복야(此主謂丈夫之爲殤者服也)」자(者), 정이차운대공지상중종상(鄭以此云大功之殤中從上), 소공지상중종하(小功之殤中從下)。《시마장(緦麻章)》운(云) : 「자최지상중종상(齊衰之殤中從上), 대공지상중종하(大功之殤中從下)。」양문상반(兩文相反), 고정이피위부인위부지족류(故鄭以彼謂婦人爲夫之族類), 차위장부위상자복야(此謂丈夫爲殤者服也)。정필지의연자(鄭必知義然者), 이기차전발재종부곤제장부하(以其此傳發在從父昆弟丈夫下), 하문발전재부인위부지친하(下文發傳在婦人爲夫之親下), 고지의연야(故知義然也)。운(云)「범부견자(凡不見者), 이차구지야(以此求之也)」자(者), 주공작경(周公作經), 부가구출(不可具出), 략거이명의(略舉以明義), 고운부견자이차구지야(故云不見者以此求之也)。

위부지숙부지장상(爲夫之叔父之長殤)。

부견중상자(不見中殤者), 중종하야(中從下也)。

◆소(疏)

주(注)「부견(不見)」지(至)「하야(下也)」。○석왈(釋曰) : 부지숙부의복(夫之叔父義服), 고차재차(故次在此)。성인대공(成人大功), 고장상강일등(故長殤降一等), 재소공(在小功)。운부견중상자중종하야자(云不見中殤者中從下也者), 하(下)《전(傳)》운(云)「대공지상중종하(大功之殤中從下)」, 주위차부인위부지당류(主謂此婦人爲夫之黨類), 고지중종하(故知中從下), 재시마야(在緦麻也)。

곤제지자녀자자(昆弟之子女子子)、부지곤제지자녀자자지하상(夫之昆弟之子女子子之下殤)。위질(爲姪)、서손장부부인지장상(庶孫丈夫婦人之長殤)。

◆소(疏)

석왈(釋曰) : 운(云)「곤제지자(昆弟之子), 녀자자(女子子), 부지곤제지자녀자자지하상(夫之昆弟之子女子子之下殤)」자(者), 차개성인위지자최기(此皆成人爲之齊衰期)。장(長)、중상재대공(中殤在大功), 고하상재차소공야(故下殤在此小功也)。운(云)「위질서손장부부인지장상(爲姪庶孫丈夫婦人之長殤)」자(者), 위고위질성인대공(謂姑爲姪成人大功), 장상재차소공(長殤在此小功)。부언중상(不言中殤), 중종상(中從上)。부언남자(不言男子)、여자이언장부(女子而言丈夫)、부인(婦人), 역시견은소지의(亦是見恩疏之義)。서손자(庶孫者), 조위지대공(祖爲之大功), 장상(長殤)、중상역재차소공(中殤亦在此小功)。언장부(言丈夫)、부인(婦人), 역시견은소야(亦是見恩疏也)。

대부(大夫)、공지곤제(公之昆弟)、대부지자위기곤제(大夫之子爲其昆弟)、서자(庶子)、고(姑)、자매(姊妹)、여자자지장상(女子子之長殤)。

대부위곤제지장상소공(大夫爲昆弟之長殤小功), 위위사약부사자야(謂爲士若不仕者也), 이차지위대부상복야(以此知爲大夫無殤服也)。공지곤제부언서자(公之昆弟不言庶者), 차무복(此無服), 무소견야(無所見也)。대부지자부언서자(大夫之子不言庶者), 관적자역복차상야(關適子亦服此殤也)。운공지곤제위서자지장상(云公之昆弟爲庶子之長殤), 즉지공지곤제유대부(則知公之昆弟猶大夫)。

◆소(疏)

석왈(釋曰) : 운(云)「대부(大夫)、공지곤제대부지자위기곤제(公之昆弟大夫之子爲其昆弟)、서자(庶子)、고자매(姑姊妹)、여자자지장상(女子子之長殤)」자(者), 위차삼인위차륙종인(謂此三人爲此六種人), 성인이존(成人以尊), 강지대공(降至大功), 고장상소공중역종상(故長殤小功中亦從上)。 차일경역존비위차서야(此一經亦尊卑爲次序也)。 ○주(注)「대부(大夫)」지(至)「대부(大夫)」。 ○석왈(釋曰) : 운(云)「대부위곤제지장상소공(大夫爲昆弟之長殤小功), 위위사자약부사자야(謂爲士者若不仕者也)」자(者), 범위곤제(凡爲昆弟), 성인기(成人期), 장상재대공(長殤在大功), 금대부위곤제장상소공(今大夫爲昆弟長殤小功), 명대부위곤제강일등(明大夫爲昆弟降一等), 성인대공장상(成人大功長殤), 중상재소공(中殤在小功), 약곤제역위대부동등(若昆弟亦爲大夫同等), 즉부강(則不降), 금언강재소공(今言降在小功), 명시곤제위사(明是昆弟爲士), 약부사자야(若不仕也)。 운(云)「이차지위대부무상복야(以此知爲大夫無殤服也)」자(者), 이위대부(已爲大夫), 즉관의(則冠矣), 장부관이부위상(丈夫冠而不爲殤), 시이지대부무상복의(是以知大夫無殤服矣)。 약연(若然), 대부신용사례(大夫身用士禮), 이이십이관(已二十而冠), 이유형자상자(而有兄姊殤者), 이여형자동십구(已與兄姊同十九), 이형자어년종사(而兄姊於年終死), 이지명년초이십(已至明年初二十), 인상이관(因喪而冠), 시이관성인이유형자상야(是已冠成人而有兄姊殤也)。 차오십내작명(且五十乃爵命), 금미이십이득위대부자(今未二十已得爲大夫者), 오십내작명(五十乃爵命), 자시례지상법(自是禮之常法), 혹유대부지자유성덕(或有大夫之子有盛德), 위약감라십이상진지등(謂若甘羅十二相秦之等), 미필요지오십(未必要至五十), 시이득유유위대부자야(是以得有幼爲大夫者也)。 약연(若然), 《곡례(曲禮)》운(云)「사십강이사(四十強而仕), 「즉사십연후위사(則四十然後爲士)。 금운상사자위사(今云殤死者爲士), 약부사칙위사이상사(若不仕則爲士而殤死), 역시미이십득위사자(亦是未二十得爲士者)。 위약(謂若)《사관례(士冠禮)》정(鄭)《목록(目錄)》운(云) : 「사지자임사직(士之子任士職), 거사위(居士位), 이십이관(二十而冠)。」 즉역시유덕미이십위사(則亦是有德未二十爲士), 지이십내관(至二十乃冠)。 고정인(故鄭引)《관자(管子)》서사민지업(書四民之業), 사역세언시야(士亦世焉是也)。 운(云)「공지곤제부언서자(公之昆弟不言庶者), 차무복(此無服), 무소견야(無所見也)」자(者), 경운공지곤제(經云公之昆弟), 다겸언서(多兼言庶), 차특부운공지서곤제(此特不云公之庶昆弟), 직운공지곤제자(直云公之昆弟者), 약위모칙겸운서(若爲母則兼云庶), 이기적모적서지자(以其適母適庶之子), 개동복(皆同服)。 첩자위모(妾子爲母), 견염부신(見厭不申), 금차경부위모복(今此經不爲母服), 위곤제이하(爲昆弟已下), 병동장상(並同長殤), 고부언서야(故不言庶也)。 운(云)「대부지자부언서자(大夫之子不言庶者), 관적자역복차상야(關適子亦服此殤也)」자(者), 약언대부서자위곤제(若言大夫庶子爲昆弟), 위언적자부복지(謂言適子不服之), 약부언서자(若不言庶子), 칙겸적서(則兼適庶), 시이정운부언서자자관적자(是以鄭云不言庶子者關適子), 관(關), 통야(通也), 통적자역복차복야(通適子亦服此服也)。 운(云)「공지곤제위서자지장상(公之昆弟爲庶子之長殤), 칙지공지곤제유대부(則知公之昆弟猶大夫)」자(者), 구의대부여공지곤제존비이(舊疑大夫與公之昆弟尊卑異), 금안차경운공지곤제여대부동강(今案此經云公之昆弟與大夫同降), 곤제이하성인대공(昆弟已下成人大功), 장상동소공(長殤同小功), 칙지차이인존비동(則知此二人尊卑同), 고운유대부야(故云猶大夫也)。

대부지첩위서자지장상(大夫之妾爲庶子之長殤)。

군지서자(君之庶子)。

◆소(疏)

주(注)「군지서자(君之庶子)」。 ○석왈(釋曰) : 첩위군지서자(妾爲君之庶子), 성인재대공(成人在大功), 이견상장(已見上章)。 금장상강일등(今長殤降一等), 재차소공(在此小功)。 운(云)「군지서자(君之庶子)」자(者), 약적장(若適長), 즉성인수녀군삼년(則成人隨女君三年), 장상재대공(長殤在大功), 여차이(與此異), 고언군지서자이별지야(故言君之庶子以別之也)。

소공포최상(小功布衰裳)、 모마질(牡麻絰)、 즉갈오월자(即葛五月者)。

즉(即), 취야(就也)。 소공경(小功輕), 삼월변마(三月變麻), 인고최이취갈질대(因故衰以就葛絰帶), 이오월야(而五月也)。 《간전(間傳)》왈(曰) : 「소공지갈여시지마동(小功之葛與緦之麻同)。」 구설소공이하(舊說小功以下), 길구무구야(吉屨無絇也)。

◆소(疏)

○석왈(釋曰) : 차시(此是)《소공성인장(小功成人章)》, 경어상소공(輕於殤小功), 고차지(故次之)。 차장유삼등(此章有三等) : 정(正)、 강(降)、 의(義)。 기최상지제(其衰裳之制), 조질등여전동(澡絰等與前同), 고략야(故略也)。 운(云)「즉갈오월자(即葛五月者)」, 이차성인문욕(以此成人文縟), 고유변마종갈(故有變麻從葛), 고운즉갈(故云即葛)。 단이일월위족(但以日月爲足), 고부변최야(故不變衰也), 부렬관구(不列冠屨), 승상대공문략(承上大功文略), 소공우경(小功又輕), 고역부언야(故亦不言也)。 언일월자(言日月者), 성인문욕(成人文縟), 고구언야(故具言也)。 운(云)「즉취야(即就也)」자(者), 위거마취갈야(謂去麻就葛也)。 인(引)《간전(間傳)》, 욕견소공유변마복갈법(欲見小功有變麻服葛法), 기장(旣葬), 대소동(大小同), 고변동지야(故變同之也)。 인구설운(引舊說云)「소공이하길구무구야(小功以下吉屨無絇也)」자(者), 이소공경(以小功輕), 비직상복부견구(非直喪服不見絇), 제경역부견기구(諸經亦不見其絇), 이경략(而經略)

지(以輕略之)， 시이인구설위증구자(是以引舊說爲證絢者)。안(案)《주례(周禮)‧구인직(屨人職)》구석개유구(屨舃皆有絢)、억(繶)、순(純)。순자(純者)， 어구구연(於屨口緣)。억자(繶者)， 아저접처봉중유조(牙底接處縫中有條)。구자(絢者)， 구비두유식(屨鼻頭有飾)， 위행계(爲行戒)， 길시유행계(吉時有行戒)， 고유구(故有絢)。상중무행계(喪中無行戒)， 고무구(故無絢)。이기소공경(以其小功輕)， 고종길구위기대식(故從吉屨爲其大飾)， 고무구야(故無絢也)。

종조조부모(從祖祖父母)、종조부모(從祖父母)，보(報)。
조부지곤제지친(祖父之昆弟之親)。

◆소(疏)
주(注)「조부(祖父)」지(至)「지친(之親)」。○석왈(釋曰)：차역종존향비(此亦從尊向卑)， 고선언종조조부모(故先言從祖祖父母)， 이상장이선언부(已上章已先言父)， 차언조(次言祖)， 차언증(次言曾)。차종조조부모(此從祖祖父母)， 시증조지자(是曾祖之子)， 조지형제(祖之兄弟)， 고차지(故次之)。시이정언조부지곤제지친자(是以鄭言祖父之昆弟之親者)， 운종조부모자(云從祖父母者)， 시종조조부지자(是從祖祖父之子)， 시부지종부곤제지친(是父之從父昆弟之親)， 고정병언조부지곤제지친(故鄭並言祖父之昆弟之親)。운(云)「보(報)」자(者)， 은경(恩輕)， 욕견량상위복(欲見兩相爲服)， 고운보야(故云報也)。

종조곤제(從祖昆弟)。
부지종부곤제지자(父之從父昆弟之子)。

◆소(疏)
주(注)「부지(父之)」지(至)「지자(之子)」。○석왈(釋曰)：차시종조부지자(此是從祖父之子)， 고정운(故鄭云)「부지종부곤제지자(父之從父昆弟之子)」， 이지재종형제(已之再從兄弟)。이상삼자위삼소공야(以上三者爲三小功也)。

종부자매(從父姊妹)，
부지곤제지녀(父之昆弟之女)。

◆소(疏)
주(注)「부지곤제지녀(父之昆弟之女)」。○석왈(釋曰)：차위종부자매재가대공(此謂從父姊妹在家大功)， 출적소공(出適小功)。부언출적(不言出適)， 여재실자매기역강(與在室姊妹既逆降)， 종족역역강보지(宗族亦逆降報之)， 고부변재실급출가야(故不辨在室及出嫁也)。

손적인자(孫適人者)。
손자(孫者)， 자지자(子之子)， 여손재실(女孫在室)， 역대공야(亦大功也)。

◆소(疏)
주(注)「손자(孫者)」지(至)「공야(功也)」。○석왈(釋曰)：이녀손재실(以女孫在室)， 여남손동대공(與男孫同大功)， 고출적소공야(故出適小功也)。

위인후자(爲人後者)，위기자매적인자(爲其姊妹適人者)。
부언고자(不言姑者)， 거기친자(舉其親者)， 이은경자강가지(而恩輕者降可知)。

◆소(疏)
주(注)「부언(不言)」지(至)「가지(可知)」。○석왈(釋曰)：운(云)「부언고자(不言姑者)， 거기친자(舉其親者)， 이은경자강가지(而恩輕者降可知)」， 안(案)《시(詩)》운(云)：「문아제고(問我諸姑)， 수급백자(遂及伯姊)。」주운(注云)：「선고후자(先姑後姊)， 존고야(尊姑也)。」시고존이부친(是姑尊而不親)， 자매친이부존(姊妹親而不尊)， 고운부언고(故云不言姑)， 거자매친자야(舉姊妹親者也)。

위외조부모(爲外祖父母)。전왈(傳曰)：하이소공야(何以小功也) 이존가야(以尊加也)。

◆소(疏)
석왈(釋曰)：발문자(發問者)， 시전지부득결차(是傳之不得決此)， 이운외친지복부과시마(以云外親之服不過緦

過緦麻), 금내소공(今乃小功), 고발문(故發問)。운(云)「이존가야(以尊加也)」자(者), 이언조자(以言祖者), 조시존명(祖是尊名), 고가지소공(故加至小功)。언(言)「위(爲)」자(者), 이기모지소생정중(以其母之所生情重), 고언위(故言爲)。유약중자은애(猶若衆子恩愛), 여장자동퇴입기(與長子同退入期), 고특언위중자야(故特言爲衆子也)。

종모(從母), 장부부인(丈夫婦人), 보(報)。

종모(從母), 모지자매(母之姉妹)。

◆소(疏)

주(注)「종모모지자매(從母母之姉妹)」。○석왈(釋曰):모지자매여모일체(母之姉妹與母一體), 종어기모이유차명(從於己母而有此名), 고왈종모(故曰從母)。언(言)「장부부인(丈夫婦人)」자(者), 모지자매지남녀(母之姉妹之男女), 여종모량상위복(與從母兩相爲服), 고왈보(故曰報)。운장부부인자(云丈夫婦人者), 마씨운(馬氏云):종모보자매지자(從母報姉妹之子), 남녀야(男女也)。장부부인자(丈夫婦人者), 이성무출입강(異姓無出入降)。약연(若然), 시개성인장대위호(是皆成人長大爲號)。

전왈(傳曰):하이소공야(何以小功也) 이명가야(以名加也)。외친지복개시야(外親之服皆緦也)。

외친이성(外親異姓), 정복부과시(正服不過緦)。장부부인(丈夫婦人), 자매지자(姉妹之子), 남녀동(男女同)。

◆소(疏)

주(注)「외친(外親)」지(至)「녀동(女同)」。○석왈(釋曰):운(云)「이명가야(以名加也)」자(者), 이유모명(以有母名), 고가지소공(故加至小功)。운(云)「외친지복개시야(外親之服皆緦也)」자(者), 이기이성(以其異姓), 고운외친(故云外親), 이본비골육(以本非骨肉), 정소(情疏), 고성인제례무과시야(故聖人制禮無過緦也)。언차자(言此者), 견유친여모명(見有親與母名), 즉가복지의이(即加服之意耳)。주운(注云)「외친이성(外親異姓)」자(者), 종모여자매(從母與姉妹), 자구여외조부모개이성(子舅與外祖父母皆異姓), 고총언외친야(故總言外親也)。

부지고(夫之姑)、자매(姉妹), 제사부(娣姒婦), 보(報)。

부지고자매(夫之姑姉妹), 부수재실급가자(不殊在室及嫁者), 인은경(因恩輕), 략종강(略從降)。

◆소(疏)

주(注)「대부(大夫)」지(至)「종강(從降)」。○석왈(釋曰):부지고자매(夫之姑姉妹), 부위지기(夫爲之期), 처강일등(妻降一等), 출가소공(出嫁小功)。인은소(因恩疏), 략종강(略從降), 고재실급가동소공(故在室及嫁同小功)。약차석(若此釋), 공위미당보(恐謂未當報), 연문부위제사설(然文不爲娣姒設), 이기제사부량견(以其娣姒婦兩見), 경상위복자명(更相爲服自明), 하언보야(何言報也)?기보자부위제사(既報字不爲娣姒), 기보어제사상자(其報於娣姒上者), 이기어부지형제사지원별(以其於夫之兄弟使之遠別), 고무명(故無名), 사부상위복(使不相爲服)。요제사부상위복(要娣姒婦相爲服), 역인부이유고제사부(亦因夫而有姑娣姒婦), 하운보(下云報), 사제사상몽부자이관지야(使娣姒上蒙夫字以冠之也)。

전왈(傳曰):제사부자(娣姒婦者), 제장야(弟長也), 하이소공야(何以小功也) 이위상여거실중(以爲相與居室中), 즉생소공지친언(則生小功之親焉)。

제사부자(娣姒婦者), 형제지처상명야(兄弟之妻相名也)。장부위치부위제부(長婦謂稺婦爲娣婦), 제부위장부위사부(娣婦謂長婦爲姒婦)。

◆소(疏)

주(注)「제사(娣姒)」지(至)「사부(姒婦)」。○석왈(釋曰):전운제사부자제장야자(傳云娣姒婦者弟長也者), 차이자개이녀위형(此二字皆以女爲形), 이제위성(以弟爲聲), 즉거이부립칭(則據二婦立稱), 위년소자위제(謂年小者爲娣), 고운제(故云弟), 제시기년유야(弟是其年幼也);년대자위사(年大者爲姒), 고운사(故云姒)。장시기년장(長是其年長), 가령제처년대(假令弟妻年大), 칭지왈사(稱之曰姒), 형처년소(兄妻年小), 위지왈제(謂之曰娣), 시이(是以)《좌씨전(左氏傳)》목강시선공부인(穆姜是宣公夫人), 대부야(大婦也)。성백지모시선공제숙힐지처(聲伯之母是宣公弟叔肸之妻), 소부야(小婦也)。성백지모불빙(聲伯之母不聘), 목강운(穆姜云):「오부이첩위사(吾不以妾爲姒)。」시거이부년대소위제사(是據二婦年大小爲娣姒), 부거부년위소대지사야(不據夫年爲小大之事也)。

대부(大夫)、대부지자(大夫之子)、공지곤제위종부곤제(公之昆弟爲從父昆弟)、서손(庶孫)、고자매녀자자적사자(姑姊妹女子子適士者)。

종부곤제급서손(從父昆弟及庶孫), 역위위사자(亦謂爲士者)。

◆소(疏)

주(注)「종부(從父)」지(至)「사자(士者)」。○석왈(釋曰)：종부곤제(從父昆弟)、서손본대공(庶孫本大功), 차삼등이존강입소공(此三等以尊降入小功), 고(姑)、자매(姊妹)、녀자자본기(女子子本期), 차삼등출강입대공(此三等出降入大功)。약적사우강일등(若適士又降一等), 입소공야(入小功也)。차등이중출기문(此等以重出其文), 고자매우이재강(姑姊妹又以再降), 고재차(故在此)。정운(鄭云)「위부곤제급서손역위위사(爲父昆弟及庶孫亦謂爲士)」자(者), 이경녀자자하총운(以經女子子下總云)「적사(適士)」, 정공인의(鄭恐人疑), 고정별언지(故鄭別言之), 이기종부곤제급서손이견어(以其從父昆弟及庶孫已見於)《대공장(大功章)》, 금재차(今在此), 고삼등인강친일등(故三等人降親一等), 고지차문역위위사자야(故知此文亦謂爲士者也)。

대부지첩위서자적인자(大夫之妾爲庶子適人者)。

군지서자(君之庶子), 여자자야(女子子也)。서녀자자재실대공(庶女子子在室大功), 기가어대부역대공(其嫁於大夫亦大功)。

◆소(疏)

주(注)「군지(君之)」지(至)「대공(大功)」。○석왈(釋曰)：차운(此云)「적인(適人)」자(者), 위사(謂士), 시이본재실대공(是以本在室大功), 출강(出降), 고소공(故小功)。정운(鄭云)「가어대부역대공(嫁於大夫亦大功)」자(者), 직유출강(直有出降), 무존강고야(無尊降故也)。

서부(庶婦)。

부장부수중자(夫將不受重者)。

◆소(疏)

주(注)「부장부수중자(夫將不受重者)」。○석왈(釋曰)：경운어지서구고위기부소공(經云於支庶舅姑爲其婦小功)。정운(鄭云)「부장부수중(夫將不受重)」, 즉약(則若)《상복소기(喪服小記)》주운(注云)：「세자유폐질불가립(世子有廢疾不可立), 이서자립(而庶子立)」, 기구고개위기부소공(其舅姑皆爲其婦小功), 칙역겸차부야(則亦兼此婦也)。

군모지부모종모(君母之父母從母)。

군모(君母), 부지적처야(父之適妻也)。종모(從母), 군모지자매(君母之姊妹)。

◆소(疏)

주(注)「군모(君母)」지(至)「자매(姊妹)」。○석왈(釋曰)：차역위첩자위적처지부모(此亦謂妾子爲適妻之父母), 급군모자매(及君母姊妹), 지적처자위지동야(知適妻子爲之同也)。

전왈(傳曰)：하이소공야(何以小功也) 군모재칙부감부종복(君母在則不敢不從服), 군모부재칙부복(君母不在則不服)。

부감부복자(不敢不服者), 은실경야(恩實輕也)。범서자(凡庶子), 위군모(爲君母), 여적자(如適子)。

◆소(疏)

주(注)「부감(不敢)」지(至)「적자(適子)」。○석왈(釋曰)：하이발문자(何以發問者), 이기부생기모(以既不生己母), 우비골육(又非骨肉), 괴위소공(怪爲小功), 고발문야(故發問也)。답운(答云)「부감부종복(不敢不從服)」자(者), 언무정(言無情), 실단외경(實但畏敬), 고운부감부종복야(故云不敢不從服也)。운군모부재자(云君母不在者), 혹출혹사(或出或死), 고직운부재(故直云不在), 용유수사부재야(容有數事不在也)。정운(鄭云)「부감부복자(不敢不服者), 은실경야(恩實輕也)」자(者), 이해부감의야(以解不敢意也)。운(云)「여적자(如適子)」자(者), 칙여적처지자(則如適妻之子), 비정적장(非正適長), 이거군모재(而據君母在), 이운여(而云如), 약군모부재(若君母不在), 즉부여(則不如)。약연군모재(若然君母在), 기위군모부모(既爲君母父母), 기기모지모모혹역겸복지(其己母之母母或亦兼服之)。약마씨의(若馬氏義), 군모부재(君母不在), 내가신의(乃可申矣)。

군자자위서모자기자(君子子爲庶母慈己者)。

군자자자(君子子者), 대부급공자지적처자(大夫及公子之適妻子)。

◆소(疏)

주(注)「군자(君子)」지(至)「처자(妻子)」。○석왈(釋曰)：정운(鄭云)「군자자자(君子子者), 대부급공자지적처자(大夫及公子之適妻子)」자(者), 례지통례(禮之通例)。운군자여귀인개거대부이상(云君子與貴人皆據大夫已上), 공자존비비대부(公子尊卑比大夫), 고정거이언언(故鄭據而言焉)。우국군지자위자모무복(又國君之子爲慈母無服), 사우부득칭군자(士又不得稱君子), 역복자양자무삼모구(亦復自養子無三母具), 고지차이인이이(故知此二人而已)。필지적처자자자(必知適妻子者), 첩자천(妾子賤), 역부합유삼모고야(亦不合有三母故也)。

전왈(傳曰)：군자자자(君子子者), 귀인지자야(貴人之子也), 위서모하이소공야(爲庶母何以小功也) 이자기가야(以慈己加也)。

운군자자자(云君子子者), 칙부재야(則父在也)。부몰(父沒), 즉부복지의(則不服之矣)。이자기가(以慈己加), 칙군자역이사례위서모시야(則君子亦以士禮爲庶母緦也)。《내칙(內則)》왈(曰)：「이위유자실어궁중(異爲孺子室於宮中), 택어제모여가자(擇於諸母與可者), 필구기관유자혜(必求其寬裕慈惠), 온량공경(溫良恭敬), 신이과언자(慎而寡言者), 사위자사(使爲子師)。기차위자모(其次爲慈母), 기차위보모(其次爲保母), 개거자실(皆居子室)。타인무사부왕(他人無事不往)。」우왈(又曰)：「대부지자유식모(大夫之子有食母)。」서모자기자(庶母慈己者), 차지위야(此之謂也)。 [기가자천어제모(其可者賤於諸母),] 위부모지속야(謂傅姆之屬也)。기부자기(其不慈己), 즉시가의(則緦可矣)。부언사(不言師)、보(保), 자모거중(慈母居中), 복지가지야(服之可知也)。국군세자생(國君世子生), 복사지처(卜士之妻), 대부지첩(大夫之妾), 사식자(使食子), 삼년이출(三年而出), 견어공궁(見於公宮), 즉구비자모야(則劬非慈母也)。사지처자양기자(士之妻自養其子)。

◆소(疏)

주(注)「운군(云君)」지(至)「기자(其子)」。○석왈(釋曰)：운(云)「위서모하이소공야(爲庶母何以小功也)」, 발문자(發問者), 이제후여사지자개무차복(以諸侯與士之子皆無此服), 유차귀인대부여공자지자유유차복(唯此貴人大夫與公子之子猶有此服), 고발문야(故發問也)。답운(答云)「자기가야(慈己加也)」, 고이시마상가지소공야(故以緦麻上加至小功也)。운(云)「군자자자(君子子者), 즉부재야(則父在也)」자(者), 이기언자계어부(以其言子繼於父), 고운부재(故云父在)。차대부공자부계세(且大夫公子不繼世), 신사즉무여존지염(身死則無餘尊之厭), 여범인(如凡人), 즉무삼모자기지의(則無三母慈己之義), 고지부재야(故知父在也)。운(云)「부몰칙부복지의(父沒則不服之矣)」자(者), 이기무여존(以其無餘尊), 수부복소공(雖不服小功), 잉복서모시마야(仍服庶母緦麻也), 여사례(如士禮), 고정우운(故鄭又云)「이자기가(以慈己加), 즉군자이사례위서모시야(則君子以士禮爲庶母緦也)」, 시기본위서모시마야(是其本爲庶母緦麻也)。「《내칙(內則)》」이하(已下), 지(至)「비자모야(非慈母也)」, 개(皆)《내칙(內則)》문(文)。피문승국군여대부사지자생지하(彼文承國君與大夫士之子生之下), 정피주운(鄭彼注云)：「위군양자지례(爲君養子之禮)。」금차정소인(今此鄭所引), 정대부공자양자지법(証大夫公子養子之法), 이기대부공자적처역득립삼모고야(以其大夫公子適妻亦得立三母故也)。운(云)「이위유자실어궁중(異爲孺子室於宮中)」자(者), 정주운(鄭注云)：「특소일처이처지(特埽一處以處之), 경부별실(更不別室)。」환어측실생자지처야(還於側室生子之處也)。운(云)「택어제모여가자(擇於諸母與可者)」, 제모위부지첩(諸母謂父之妾), 즉차경서모자야(即此經庶母者也)。운(云)「가(可)」자(者), 피주운(彼注云)：「가자(可者), 부어지속야(傅御之屬也)。」위모지외별유부모어첩지등유덕행자(謂母之外別有傅母御妾之等有德行者), 가이충삼모야(可以充三母也)。운(云)「필구기관유자혜(必求其寬裕慈惠), 온량공경(溫良恭敬), 신이과언자(慎而寡言者)」, 관위관홍(寬謂寬弘), 유위용유(裕謂容裕), 자위은자(慈謂恩慈), 혜위혜애(惠謂惠愛), 온위온윤(溫謂溫潤), 량위량선(良謂良善), 공위공각(恭謂恭恪), 경위경숙(敬謂敬肅), 신위능근신(慎謂能謹愼), 과언위심사어(寡言謂審詞語), 유차십행자(有此十行者), 득위자사(得爲子師), 시종여자위모범(始終與子爲模範), 고취덕행고자위지야(故取德行高者爲之也)。고피주운(故彼注云)：「자사(子師), 교시이선도자(教示以善道者)。」운(云)「기차위자모(其次爲慈母)」, 피주운(彼注云)：「자모지기기욕자(慈母知其嗜欲者), 덕행초렬자위자모(德行稍劣者爲慈母)。」즉차경자모시야(即此經慈母是也)。우운(又云)「기차위보모자(其次爲保母者), 덕행우렬전자위보모(德行又劣前者爲保母), 피주운(彼注云)：「보모(保母), 안기거처자(安其居處者)。」운(云)「개거자실(皆居子室)」자(者), 이개시자모(以皆是子母), 시이거자지실야(是以居子之室也)。운(云)「타인무사부왕(他人無事不往)」자(者), 피주운(彼注云)：「위아정기미약(爲兒精氣微弱), 장경동야(將驚動也)。」우운(又云)「대부지자유식모(大夫之子有食母)」자(者), 피주운(彼注云)：「선어부어지중(選於傅御之中)。《상복(喪服)》소위유모야(所謂乳母也)。」안하장운유모(案下章云乳母), 주운(注云)：「위양자자(謂養子者), 유타고(有他故), 천자대지자기자(賤者代之慈己)

之慈己者)。」약연(若然), 대부삼모지내(大夫三母之內), 자모유타고(慈母有他故), 사천자대자모양자(使賤者代慈母養子), 위지유모(謂之乳母)。사칙복지삼월(死則服之三月), 여자모복이(與慈母服異)。인지자(引之者), 정삼모중우유차모야(証三母中又有此母也)。군여사개무차사(君與士皆無此事)。운(云)「서모자기자(庶母慈己者), 차지위야(此之謂也)」자(者), 위차경서모자기(謂此經庶母慈己), 즉(則)《내칙(內則)》소운지위야(所云之謂也)。운(云)「기가자천어제모(其可者賤於諸母), 위부모지속야(謂傅姆之屬也)」자(者), 부모위녀사(傅姆謂女師), 정주(鄭注)《혼례(昏禮)》운(云):「모부인년오십무자(姆婦人年五十無子), 출이불복가(出而不復嫁), 능이부도교인자(能以婦道教人者)。약금시유모의(若今時乳母矣)。」정주(鄭注)《내칙(內則)》운(云):「가자(可者), 부어지속(傅御之屬)。」여차주부동자(與此注不同者), 무정문(無正文), 고주유이(故注有異), 상겸내구(相兼乃구)。운(云)「기부자기(其不慈己), 즉시가의(則緦可矣)」자(者), 복해자위삼모지복(覆解自爲三母之服), 위제모야(謂諸母也)。전운(傳云)「이자기가(以慈己加)」, 약부자기(若不慈己), 칙부가(則不加), 명본당시야(明本當緦也)。운(云)「부언사보(不言師保), 자모거중(慈母居中), 복지가지야(服之可知也)」자(者), 주공작경(周公作經), 거중이견상하(舉中以見上下), 고지개복지의(故知皆服之矣)。운(云)「국군세자생(國君世子生), 복사지처대부지첩(卜士之妻大夫之妾), 사식자삼년이출(使食子三年而出), 견어공궁(見於公宮), 칙구비자모(則勼非慈母)」자(者)인차자(引此者), 피기총거국군여경대부사양자법(彼既總據國君與卿大夫士養子法), 향래소인(向來所引)유거대부여공자양자법(唯據大夫與公子養子法), 고경견국군양자지례(故更見國君養子之禮)。단국군자지삼모구(但國君子之三母具), 여전설삼모지외(如前說三母之外), 별유식자자(別有食子者), 이자지중(二者之中), 선취사처무감자(先取士妻無堪者), 내취대부첩(乃取大夫妾), 부병취지(不並取之)。안피주위선유자자(案彼注謂先有子者), 이기수유고야(以其須乳故也)。구로삼년(勼勞三年), 자대출견공궁(子大出見公宮), 칙로지이속백(則勞之以束帛), 차경자모이기무복고야(此經慈母以其無服故也)。지국군자어삼모무복자(知國君子於三母無服者), 안(案)《증자문(曾子問)》공자왈(孔子曰):「고자남자외유부(古者男子外有傅), 내유자모(內有慈母), 군명소사교자야(君命所使教子也), 하복지유(何服之有)」이차이언(以此而言), 칙지천자제후지자(則知天子諸侯之子), 어삼모개무복야(於三母皆無服也)。운(云)「사지처자양기자(士之妻自養其子)」자(者), 차역(此亦)《내칙(內則)》문(文)。취지자(取之者), 이기군대부양자이구(以其君大夫養子已具), 고인론사지양자법(故因論士之養子法)。피주운(彼注云):「천부감사인야(賤不敢使人也)」

시마삼월자(緦麻三月者)。

시마(緦麻), 포최상이마질대야(布衰裳而麻絰帶也)。부언최질(不言衰絰), 약경복(略輕服), 성문(省文)。

◆소(疏)

주(注)「시마(緦麻)」지(至)「성문(省文)」。○석왈(釋曰):차장오복지내(此章五服之內), 경지극자(輕之極者), 고이시여사자위최상(故以緦如絲者爲衰裳)。우이조치모구지마위질대(又以澡治枲垢之麻爲絰帶), 고왈(故曰)「시마(緦麻)」야(也)。「삼월(三月)」자(者), 범상복변제(凡喪服變除), 개법천도(皆法天道), 고차복지경자(故此服之輕者), 법삼월(法三月), 일시천기변(一時天氣變), 가이제지(可以除之), 고삼월야(故三月也)。운(云)「시마포최상(緦麻布衰裳)」자(者), 시칙사야(緦則絲也), 단고지시마자통용(但古之緦麻字通用), 고작시자(故作緦字)。직운(直云)「이마질대(而麻絰帶)」야(也), 안상(案上)《상소공장(殤小功章)》운(云)「조마질대(澡麻絰帶)」, 황시복경(況緦服輕), 명역조마가지(明亦澡麻可知)。운(云)「부언최질(不言衰絰), 약경복(略輕服), 성문(省文)」자(者), 거상상소공언질대(據上殤小功言絰帶), 고성인소공여차시마유질대가지(故成人小功與此緦麻有絰帶可知), 고운략경복성문야(故云略輕服省文也)。

전왈(傳曰):시자(緦者), 십오승추기반(十五升抽其半), 유사기루(有事其縷), 무사기포(無事其布), 왈시(曰緦)。

위지시자(謂之緦者), 치기루(治其縷), 세여사야(細如絲也)。혹왈유사(或曰有絲), 조복용포(朝服用布), 하최용사호(何衰用絲乎)？추유거야(抽猶去也)。《잡기(雜記)》왈(曰):「시관조영(緦冠繰纓)。」

◆소(疏)

○석왈(釋曰):운(云)「시자십오승추기반(緦者十五升抽其半)」자(者), 이팔십루위승(以八十縷爲升), 십오승천이백루(十五升千二百縷), 추기반륙백루(抽其半六百縷), 루조세여조복(縷粗細如朝服), 수칙반지(數則半之), 가위시이소(可謂緦而疏), 복최경고야(服最輕故也)。운(云)「유사기루(有事其縷), 무사기포왈시(無事其布曰緦)」자(者), 안하기운(案下記云)「대부조어명부석최(大夫弔於命婦錫衰), 전왈(傳曰):석자십오승추기반(錫者十五升抽其半), 무사기루(無事其縷), 유사기포왈석(有事其布曰錫)」, 정주운(鄭注云):「위지석자(謂之錫者), 치기포사지활역야(治其布使之滑易也)。부석자(不錫者), 부치기루(不治其縷), 애재내야(哀在內也)。시자(緦者), 부치기포(不治其布), 애재외(哀在外)。」약연(若然), 즉이쇠개동승수(則二衰皆同升數), 단석최중(但錫衰重), 고치포부치루(故治布不治縷), 애재내고야(哀在內故也)。차시마최(此緦麻衰), 치루부치포(治縷不治布), 애재외고야(哀在外故也)。운(云)「위지시자(謂之緦者), 치

기루세여사야(治其縷細如絲也)「자(者), 이기조세여조복십오승동(以其粗細與朝服十五升同), 고세여사야(故細如絲也)。운(云)「혹왈유사(或曰有絲)」자(者), 유인해유용사위지(有人解有用絲爲之), 고운시(故云緦)。우왈(又曰)「조복용포(朝服用布), 하최용사호(何衰用絲乎)」자(者), 차정이의파(此鄭以義破), 혹해조복(或解朝服), 위제후조복치포의(謂諸侯朝服緇布衣), 급천자조복피변복백포의(及天子朝服皮弁服白布衣), 개용포(皆用布), 지어상최(至於喪衰), 하득반사호(何得反絲乎), 고부가야(故不可也)。인(引)《잡기(雜記)》「시관조영(緦冠繰纓)」자(者), 이기참최영(以其斬衰纓), 영중어관(纓重於冠), 자최이하영(齊衰已下纓), 영여관등(纓與冠等)。상전왈(上傳曰):「자최대공(齊衰大功), 관기수야(冠其受也)。시마소공(緦麻小功), 관기최야(冠其衰也)。」칙차운시관자(則此云緦冠者), 관여최동용시포(冠與衰同用緦布), 단조영자(但繰纓者), 이회조치포위영(以灰繰治布爲纓), 여관별(與冠別), 이기관여최개부치포영(以其冠與衰皆不治布繰), 즉조치이기경(則澡治以其輕), 고특이어상야(故特異於上也)。

족증조부모(族曾祖父母), 족조부모(族祖父母), 족부모(族父母), 족곤제(族昆弟)。

족증조부자(族曾祖父者), 증조곤제지친야(曾祖昆弟之親也)。족조부자(族祖父者), 역고조지손(亦高祖之孫), 조부지종부(祖父之從父), 곤제지친야(昆弟之親也), 칙고조유복명의(則高祖有服明矣)。

◆소(疏)

주(注)「족증(族曾)」지(至)「명의(明矣)」。○석왈(釋曰):차즉(此即)《예기(禮記)·대전(大傳)》운(云):「사세이시(四世而緦), 복지궁야(服之窮也)。」명위사(名爲四), 시마자야(緦麻者也)。운(云)「족증조부모(族曾祖父母)」자(者), 기지증조친형제야(己之曾祖親兄弟也)。운(云)「족조부모(族祖父母)」자(者), 이지조부(已之祖父), 종부곤제야(從父昆弟也)。운(云)「족부모(族父母)」자(者), 이지부종조곤제야(已之父從祖昆弟也)。운(云)「족곤제(族昆弟)」자(者), 이지삼종형제개명위족(已之三從兄弟皆名爲族)。족(族), 속야(屬也), 골육상련속(骨肉相連屬), 이기친진(以其親盡), 공상소(恐相疏), 고이족언이지이(故以族言之耳)。운(云)「조부지종부곤제지친(祖父之從父昆弟之親)」자(者), 욕추출고조유복지의야(欲推出高祖有服之意也)。이기지조부여족조부상여위종곤제(以己之祖父與族祖父相與爲從昆弟), 족조부여이지조구시고조지손(族祖父與已之祖俱是高祖之孫), 차사시마우여기동출고조(此四緦麻又與己同出高祖), 이상지고조위사세(已上至高祖爲四世), 방역사세(旁亦四世), 방사세기유복(旁四世旣有服), 어고조유복명의(於高祖有服明矣)。정언차자(鄭言此者), 구유인해(舊有人解), 견(見)《제쇠삼월장(齊衰三月章)》직견증조부모(直見曾祖父母), 부언고조(不言高祖), 이위무복(以爲無服), 고정종하향상추지(故鄭從下鄕上推之), 고조유복가지(高祖有服可知)。상장부언자(上章不言者), 정피주고조(鄭彼注高祖)、증조개유소공지차(曾祖皆有小功之差), 복동(服同), 고거일이견이야(故擧一以見二也)。연칙우운족조부자(然則又云族祖父者), 정의이족조부자(鄭意以族祖父者), 상련조부지종부곤제위의구야(上連祖父之從父昆弟爲義句也), 고하역고조지손야(故下亦高祖之孫也), 명기지조부(明己之祖父), 즉고조지정손(即高祖之正孫), 족조부(族祖父), 고조지방손야(高祖之旁孫也)。

서손지부(庶孫之婦), 서손지중상(庶孫之中殤)。

서손자(庶孫者), 성인대공(成人大功), 기상(其殤), 중종상(中從上)。차당위하상(此當爲下殤), 언중상자(言中殤者), 자지오이(字之誤爾)。우제언중자(又諸言中者), 개련상하야(皆連上下也)。

◆소(疏)

주(注)「서손(庶孫)」지(至)「하야(下也)」。○석왈(釋曰):서손지부시자(庶孫之婦緦者), 이기적자지부대공(以其適子之婦大功), 서자지부소공(庶子之婦小功), 적손지부소공(適孫之婦小功), 서손지부시(庶孫之婦緦), 시기차야(是其差也)。운(云)「서손지중상(庶孫之中殤)」, 주운서손자성인대공기상중종상자(注云庶孫者成人大功其殤中從上者), 즉장(則長)、중상개입(中殤皆入)《소공장(小功章)》중(中), 고운차당위하상언중상자자지오이(故云此當爲下殤言中殤者字之誤爾)。우제언중자개련상하야자(又諸言中者皆連上下也者), 위대공지상(謂大功之殤), 중종상(中從上), 소공시마지상(小功緦麻之殤), 중종하(中從下)。위상지내무단언중상자(謂殤之內無單言中殤者), 차경단언중상(此經單言中殤), 고지오(故知誤), 의위하야(宜爲下也)。

종조고자매적인자(從祖姑姊妹適人者), 보(報)。종조부(從祖父)、종조곤제지장상(從祖昆弟之長殤)。

부견중상자(不見中殤者), 중종하(中從下)。

◆소(疏)

주(注)「부견(不見)」지(至)「종하(從下)」。○석왈(釋曰):차일경개본복소공(此一經皆本服小功), 시이(是以)

차경혹출적(是以此經或出適), 혹장상(或長殤), 강일등개시마(降一等皆緦麻)。운부견중상자중종하자(云不見中殤者中從下者), 이기소공지상(以其小功之殤), 중종하고야(中從下故也)。기운종조부장상(其云從祖父長殤), 위숙부자야(謂叔父者也)。

외손(外孫)。
여자자지자(女子子之子)。

◆소(疏)
주(注)「여자자지자(女子子之子)」。○석왈(釋曰):운외손자(云外孫者), 이녀출외적이생(以女出外適而生), 고운외손(故云外孫)。

종부곤제질지하상(從父昆弟侄之下殤), 부지숙부지중상(夫之叔父之中殤)、하상(下殤)。
언중상자(言中殤者), 중종하(中從下)。

◆소(疏)
주(注)「언중(言中)」지(至)「종하(從下)」。○석왈(釋曰):종부곤제(從父昆弟), 성인대공(成人大功), 장(長)、중상재소공(中殤在小功), 고하상재차장야(故下殤在此章也)。질자위고지출(侄者爲姑之出), 강대공(降大功), 장(長)、중상소공(中殤小功), 고하상재차야(故下殤在此也)。부지숙부(夫之叔父), 성인대공(成人大功), 장상재소공(長殤在小功), 고중하상재차(故中下殤在此)。이하(以下)《전(傳)》언지(言之), 부인위부지족류(婦人爲夫之族類), 대공지상중종하(大功之殤中從下), 고정거이언지야(故鄭據而言之也)。

종모지장상(從母之長殤), 보(報)。

◆소(疏)
석왈(釋曰):종모자(從母者), 모지자매(母之姉妹), 성인소공(成人小功), 고장상재차(故長殤在此)。중(中)、하지상칙무복(下之殤則無服), 고부언(故不言)。운보자(云報者), 이기소역량상위복야(以其疏亦兩相爲服也)。안(案)《소공장(小功章)》이견종모보복(已見從母報服), 차상우운보자(此殤又云報者), 이전장견량(以前章見兩), 구성인이소공상보(俱成人以小功相報)。차장견종모여자매자(此章見從母與姉妹子), 역구재상사(亦俱在殤死), 상위보복(相爲報服), 고이장병언보야(故二章並言報也)。

서자위부후자위기모(庶子爲父後者爲其母)。

◆소(疏)
석왈(釋曰):차위무총적(此爲無塚適), 유유첩자(惟有妾子), 부사(父死), 서자승후(庶子承後), 위기모시야(爲其母緦也)。

전왈(傳曰):하이시야(何以緦也)《전(傳)》왈(曰):「여존자위일체(與尊者爲一體), 부감복기사친야(不敢服其私親也)。」연칙하이복시야(然則何以服緦也)유사어궁중자(有死於宮中者), 즉위지삼월부거제(則爲之三月不擧祭), 인시이복시야(因是以服緦也)。
군졸(君卒), 서자위모대공(庶子爲母大功)。대부졸(大夫卒), 서자위모삼년(庶子爲母三年)。사수재(士雖在), 서자위모개여중인(庶子爲母皆如衆人)。

◆소(疏)
○석왈(釋曰):전발문자(傳發問者), 괴기친중이복경(怪其親重而服輕), 고문(故問)。인구전자(引舊傳者), 자하견유성문(子夏見有成文), 인이위정(引以爲証)。운(云)「여존자위일체(與尊者爲一體)」자(者), 부자일체(父子一體), 여유수족자야(如有首足者也)。운(云)「부감복기사친야(不敢服其私親也)」자(者), 첩모부득체군(妾母不得體君), 부득위정친(不得爲正親), 고언사친야(故言私親也)。운(云)「연칙하이복시야(然則何以服緦也)」, 우발차문자(又發此問者), 전답기운부감복기사친(前答既云不敢服其私親), 즉응전부복(即應全不服), 이우복시(而又服緦), 하야(何也)?답왈(答曰)「유사어궁중자(有死於宮中者), 즉위지삼월부거제(則爲之三月不擧祭), 인시이복시야(因是以服緦也)」자(者), 운유사궁중자(云有死宮中者),

종시신부사어궁중(縱是臣仆死於宮中), 역삼월부거제(亦三月不擧祭), 고차서자인시위모복시야(故此庶子因是爲母服緦也). 유사즉폐제자(有死即廢祭者), 부욕문흉인고야(不欲聞凶人故也). ○주(注) 「군졸(君卒)」지(至) 「중인(眾人)」. ○석왈(釋曰) : 운(云)「군졸(君卒), 서자위모대공(庶子爲母大功)」자(者), 《대공장(大功章)》운(云)「공지서곤제위기모(公之庶昆弟爲其母)」시야(是也). 이기선군재(以其先君在), 공자위모재오복외(公子爲母在五服外), 기소운시야(記所云是也). 선군졸(先君卒), 즉시금군(則是今君), 서곤제위기모대공(庶昆弟爲其母大功). 선군여존지소염(先君餘尊之所厭), 부득과대공(不得過大功), 금서자승중(今庶子承重), 고시(故緦). 운(云)「대부졸(大夫卒), 서자위모삼년야(庶子爲母三年也)」자(者), 이기모재대공(以其母在大功), 부졸무여존소염(父卒無餘尊所厭), 고신삼년(故伸三年). 사수재서자위모개여중인자(士雖在庶子爲母皆如眾人者), 사비무염고야(士卑無厭故也). 정병언대부사지서자자(鄭並言大夫士之庶子者), 욕견부승후자(欲見不承後者), 여차복약승후(如此服若承後), 칙개시(則皆緦), 고병언지야(故並言之也). 향래경전소운자(向來經傳所云者), 거대부사지서자승후법(據大夫士之庶子承後法). 약천자제후서자승후(若天子諸侯庶子承後), 위기모소복운하(爲其母所服云何)? 안(案)《증자문(曾子問)》운(云) : 「고자천자련관이연거(古者天子練冠以燕居).」 정운(鄭云)「위서자왕위기모(謂庶子王爲其母)」무복(無服). 안(案)《복문(服問)》운(云) : 「군지모비부인(君之母非夫人), 즉군신무복(則群臣無服), 유근신급부참승종복(唯近臣及仆驂乘從服), 유군소복복야(唯君所服服也).」 주운(注云) : 「첩선군소부복야(妾先君所不服也). 예서자위후(禮庶子爲後), 위기모시(爲其母緦). 언유군소복(言唯君所服), 신군야(申君也).《춘추(春秋)》지의(之義), 유이소군복지자(有以小君服之者), 시약소군재(時若小君在), 즉익부가(則益不可).」 거피이문이언(據彼二文而言).《증자문(曾子問)》소운거소군재(所云據小君在), 즉련관오복외(則練冠五服外).《복문(服問)》소운(所云), 거소군몰후(據小君沒後), 기서자위득신(其庶子爲得申), 고정운신군(故鄭云申君), 시이인(是以引)《춘추(春秋)》지의(之義). 모이자귀(母以子貴). 약연(若然), 천자제후례동(天子諸侯禮同), 여대부사례유이야(與大夫士禮有異也).

사위서모(士爲庶母).

◆소(疏)
석왈(釋曰) : 상하체례(上下體例), 평문개사(平文皆士). 약비사(若非士), 즉현기명위(則顯其名位). 전운(傳云)「대부이상위서모무복(大夫已上爲庶母無服)」, 즉위서모시사가지(則爲庶母是士可知). 이경운(而經云)「사(士)」자(者), 당운대부이상(當云大夫已上), 부복서모(不服庶母), 서인우무서모(庶人又無庶母), 위서모복자(爲庶母服者), 유사이이(唯士而已), 고궤례언사야(故詭例言士也).

전왈(傳曰) : 하이시야(何以緦也) 이명복야(以名服也). 대부이상위서모무복(大夫以上爲庶母無服).

◆소(疏)
석왈(釋曰) : 발문자(發問者), 제사이외(除士以外), 개무복서모복(皆無服庶母服). 독사유복(獨士有服), 고발문(故發問). 답운(答云)「이명복야(以名服也)」, 이유모명(以有母名), 고유복(故有服). 운(云)「대부이상위서모무복(大夫以上爲庶母無服)」자(者), 이기강(以其降), 고무복(故無服), 차전해특칭사지의야(此傳解特稱士之意也).

귀신(貴臣)、귀첩(貴妾).

차위공사대부지군야(此謂公士大夫之君也). 수기신첩귀천이위지복(殊其臣妾貴賤而爲之服). 귀신(貴臣), 실로사야(室老士也). 귀첩(貴妾), 질제야(姪娣也). 천자제후강기신첩(天子諸侯降其臣妾), 무복(無服). 사비무신(士卑無臣), 즉사첩우천(則士妾又賤), 부족수(不足殊), 유자칙위지시(有子則爲之緦), 무자칙이(無子則已).

◆소(疏)
「귀신귀첩(貴臣貴妾)」. ○석왈(釋曰) : 차귀신(此貴臣)、귀첩위공사대부위지복시이등(貴妾謂公士大夫爲之服緦以等). 비남면(非南面). 고복지야(故服之也). 주석왈(注釋曰) : 운(云)「차위공사대부지군야(此謂公士大夫之君也)」자(者), 약사칙무신(若士則無臣), 우부득간첩귀천(又不得簡妾貴賤), 천자제후우이차이자무복(天子諸侯又以此二者無服), 즉지위차복자(則知爲此服者), 시공경대부지군(是公卿大夫之君), 득(得)「수기신첩귀천이위지복(殊其臣妾貴賤而爲之服)」야(也). 운(云)「귀신(貴臣), 실로사야(室老士也)」자(者), 상(上)《참장(斬章)》정이주운(鄭已注云) : 「실로(室老), 가상야(家相也). 사(士), 읍재야(邑宰也).」 운(云)「귀첩(貴妾), 질제야(姪娣也)」자(者), 안(案)《곡례(曲禮)》운(云)「대부부명가상(大夫不名家相)、장첩(長妾)」, 《사혼(士昏)》운(云)「수무제(雖無娣), 잉선(媵先)」, 시상질제부구(是上姪娣不具), 경대부유질제위장첩가지(卿大夫有姪娣爲長妾可知), 고이귀첩질제야(故以貴妾姪娣也

也)。운(云)「천자제후강기신첩무복(天子諸侯降其臣妾無服)」자(者), 이기절기이하고야(以其絶期已下故也)。운(云)「사비무신(士卑無臣)」자(者), 《효경(孝經)》이제후천자대부개운(以諸侯天子大夫皆云)「쟁신(爭臣)」, 「사유쟁우(士有爭友)」, 시사무신야(是士無臣也)。운(云)「첩우천(妾又賤), 부족수(不足殊)」자(者), 이대부이상신귀(以大夫已上身貴), 첩역유귀(妾亦有貴), 사신천(士身賤), 첩역수지천자(妾亦隨之賤者), 고운첩우천부족수야(故云妾又賤不足殊也)。운(云)「유자즉위지시(有子則爲之緦), 무자즉이(無子則已)」자(者), 《상복소기(喪服小記)》문(文)。

전왈(傳曰)：하이시야(何以緦也) 이기귀야(以其貴也)。

◆소(疏)

석왈(釋曰)：발문자(發問者), 이신첩언부응복(以臣妾言不應服), 고발문지야(故發問之也)。답운(答云)「이기귀야(以其貴也)」, 이비남면(以非南面), 고간귀자복지야(故簡貴者服之也)。

유모(乳母)。

위양자자유타고(謂養子者有他故), 천자대지자기(賤者代之慈己)。

◆소(疏)

주(注)「위양(謂養)」지(至)「자기(慈己)」。○석왈(釋曰)：안(案)《내칙(內則)》운(云)：「대부지자유식모(大夫之子有食母)。」피주역인차운(彼注亦引此云)「《상복(喪服)》소위유모(所謂乳母)」。이천자제후기자유삼모구(以天子諸侯其子有三母具), 개부위지복(皆不爲之服), 사우자양기자(士又自養其子)。약연(若然), 자외개무차법(自外皆無此法), 유유대부지자유차식모위유모(唯有大夫之子有此食母爲乳母), 기자위지시야(其子爲之緦也)。운(云)「위양자자유타고(爲養子者有他故)」자(者), 위삼모지내(謂三母之內), 자모유질병혹사(慈母有疾病或死), 즉사차천자대지양자(則使此賤者代之養子), 고운유모야(故云乳母也)。

전왈(傳曰)：하이시야(何以緦也) 이명복야(以名服也)。

◆소(疏)

석왈(釋曰)：괴기여인지자개무차유모(怪其餘人之子皆無此乳母), 독대부지자유지(獨大夫之子有之), 고발문야(故發問也)。답(答)「이명복(以名服)」, 유모명(有母名), 즉위지복시야(即爲之服緦也)。

종조곤제지자(從祖昆弟之子)。

족부모위지복(族父母爲之服)。

◆소(疏)

주(注)「족부모위지복(族父母爲之服)」。○석왈(釋曰)：운(云)「종조곤제지자(從祖昆弟之子)」자(者), 거기어피위재종형제지자(據己於彼爲再從兄弟之子)。운(云)「족부모위지복(族父母爲之服)」자(者), 거피래호기위족부모(據彼來呼己爲族父母), 위지복시야(爲之服緦也)。

증손(曾孫)。

손지자(孫之子)。

◆소(疏)

주(注)「손지자(孫之子)」。○석왈(釋曰)：거증조위지시(據曾祖爲之緦), 부언현손자(不言玄孫者), 차역여(此亦如)《자최삼월장(齊衰三月章)》직견증조(直見曾祖), 부언고조(不言高祖), 이기증손(以其曾孫)、현손위증(玄孫爲曾)、고동(高同), 증(曾)、고역위증손(高亦爲曾孫)、현손동(玄孫同), 고이장개략부언고조현손야(故二章皆略不言高祖玄孫也)。

부지고(父之姑)。

귀손위조부지자매(歸孫為祖父之姊妹)。

◆소(疏)

주(注)「귀손(歸孫)」지(至)「자매(姊妹)」。○석왈(釋曰)：안(案)《이아(爾雅)》운(云)：「녀자위곤제지자위질(女子謂昆弟之子爲姪), 위질지자위귀손(謂姪之子爲歸孫)」, 시이정거이언언(是以鄭據而言焉)。

종모곤제(從母昆弟)。전왈(傳曰)：하이시야(何以總也) 이명복야(以名服也)。

◆소(疏)
석왈(釋曰)：전문자(傳問者)，괴외친경이유복자(怪外親輕而有服者)。답운(答云)「이명복(以名服)」자(者)，인종모유모명(因從母有母名)，이복기자(而服其子)，고운이명복야(故云以名服也)。필지부인형제명(必知不因兄弟名)，이기곤제비존친지호(以其昆弟非尊親之號)，시이상(是以上)《소공장(小功章)》운위종모소공(云爲從母小功)，운(云)「이명가야(以名加也)」；위외조부모(爲外祖父母)，「이존가야(以尊加也)」。지차이명자(知此以名者)，역인종모지명(亦因從母之名)，이복기자위의(而服其子爲義)。

생(甥)。
자매지자(姊妹之子)。

◆소(疏)
주(注)「자매지자(姊妹之子)」。○석왈(釋曰)：운생자(云甥者)，구위자매지자(舅爲姊妹之子)。

전왈(傳曰)：생자하야(甥者何也) 위오구자오위지생(謂吾舅者吾謂之甥)。하이시야(何以總也) 보지야(報之也)。

◆소(疏)
석왈(釋曰)：발문자(發問者)，오복미유차명(五服未有此名)，고문지(故問之)。답운(答云)「위오구자오위지생(謂吾舅者吾謂之甥)」，이기부지곤제(以其父之昆弟)，유세숙지명(有世叔之名)，모지곤제(母之昆弟)，부가복위지세숙(不可復謂之世叔)，고명위구(故名爲舅)。구기득별명(舅既得別名)，고위자매지자위생(故謂姊妹之子爲甥)，역위별칭야(亦爲別稱也)。운(云)「하이시야(何以總也)，보지야(報之也)」자(者)，차괴기외친이유복(此怪其外親而有服)，고발문야(故發問也)。답왈보지자(答曰報之者)，생기복구이시(甥既服舅以總)，구역위생이시야(舅亦爲甥以總也)。

서(婿)。
여자자지부야(女子子之夫也)。

전왈(傳曰)：하이시(何以總) 보지야(報之也)。

◆소(疏)
석왈(釋曰)：발문지자(發問之者)，괴녀지부모위외친녀부복(怪女之父母爲外親女夫服)。답운(答云)「보지(報之)」자(者)，서기종처이복처지부모(婿既從妻而服妻之父母)，처지부모수보지복(妻之父母遂報之服)。전의질급생지명이발문(前疑侄及甥之名而發問)，차부의서이발문자(此不疑婿而發問者)，질생본친이의이칭(侄甥本親而疑異稱)，고발문(故發問)。이서본시소인(而婿本是疏人)，의유이칭(宜有異稱)，고부의이문지야(故不疑而問之也)。

처지부모(妻之父母)。전왈(傳曰)：하이시(何以總) 종복야(從服也)。
종어처이복지(從於妻而服之)。

◆소(疏)
주(注)「종어처이복지(從於妻而服之)」。○석왈(釋曰)：전발문자(傳發問者)，역괴외친이유복(亦怪外親而有服)。답운(答云)「종복(從服)」，고유차복(故有此服)。약연(若然)，상언생부차언구(上言甥不次言舅)，차언서차즉언처지부모자(此言婿次即言妻之父母者)，구생본친(舅甥本親)，부상보(不相報)，고재후별언구(故在後別言舅)。차서본소(此婿本疏)，공부시종복(恐不是從服)，고즉언처지부모야(故即言妻之父母也)。

고지자(姑之子)。
외형제야(外兄弟也)。

전왈(傳曰)：하이시(何以總) 보지야(報之也)。

◆소(疏)

석왈(釋曰)：운(云)「외형제(外兄弟)」자(者)，고시내인(姑是內人)，이출외이생(以出外而生)，고왈외형제(故曰外兄弟)。전발문자(傳發問者)，역의외친이복지(亦疑外親而服之)，고문야(故問也)。답운(答云)「보지(報之)」자(者)，고지자기위구지자복(姑之子既爲舅之子服)，구지자복위고지자량상위복(舅之子復爲姑之子兩相爲服)，고운보지야(故云報之也)。

구(舅)。

모지곤제(母之昆弟)。

전왈(傳曰)：하이시(何以緦) 종복야(從服也)。

종어모이복지(從於母而服之)。

◆소(疏)

주(注)「종어모이복지(從於母而服之)」。○석왈(釋曰)：전발문자(傳發問者)，역의어외친이유복(亦疑於外親而有服)。답(答)「종복(從服)」자(者)，종어모이복지(從於母而服之)。부언보자(不言報者)，기시모지회포지친(既是母之懷抱之親)，부득언보야(不得言報也)。

구지자(舅之子)。

내형제야(內兄弟也)。

전왈(傳曰)：하이시(何以緦) 종복야(從服也)。

◆소(疏)

석왈(釋曰)：운(云)「내형제(內兄弟)」자(者)，대고지자(對姑之子)。운(云)「구지자(舅之子)」，본재내부출(本在內不出)，고득내명야(故得內名也)。전발문자(傳發問者)，역이외친복지(亦以外親服之)，고문야(故問也)。답운(答云)「종복(從服)」자(者)，역시종어모이복지(亦是從於母而服之)。부언보자(不言報者)，위구기언종복(爲舅既言從服)，기자상어역부득언보야(其子相於亦不得言報也)。

부지고자매지장상(夫之姑姊妹之長殤)。

◆소(疏)

○석왈(釋曰)：부지고자매(夫之姑姊妹)，성인부위지소공(成人婦爲之小功)，장상강일등(長殤降一等)，고시마야(故緦麻也)。

부지제조부모(夫之諸祖父母)，보(報)。

제조부자(諸祖父者)，부지소위소공(夫之所爲小功)，종조조부모(從祖祖父母)，외조부모(外祖父母)。혹왈증조부모(或曰曾祖父母)。증조어증손지부무복(曾祖於曾孫之婦無服)，이운보호(而云報乎)？증조부모정복소공(曾祖父母正服小功)，처종복시(妻從服緦)。

◆소(疏)

○석왈(釋曰)：부지소위소공자(夫之所爲小功者)，처강지강일등(妻降之降一等)，고시마야(故緦麻也)。이기본소(以其本疏)，양상위복(兩相爲服)，즉생보명(則生報名)。운(云)「종조조부모(從祖祖父母)，외조부모(外祖父母)」자(者)，차의(此依)《소공장(小功章)》，부위지소공자야(夫爲之小功者也)。운(云)「혹왈증조부모(或曰曾祖父母)」자(者)，혹인해제조지중겸유부지증조부모(或人解諸祖之中兼有夫之曾祖父母)，범언(凡言)「보(報)」자(者)，량상위복(兩相爲服)。증조위증손지부무복(曾祖爲曾孫之婦無服)，하득운보호(何得云報乎)？정파혹해야(鄭破或解也)。운(云)「증조부모정복소공(曾祖父母正服小功)，처종복시(妻從服緦)」자(者)，차정기파혹해(此鄭既破或解)，경위혹인이언(更爲或人而言)。약금본부위증조자최삼월(若今本不爲曾祖齊衰三月)，이의차강복소공(而依差降服小功)，기처강일등(其妻降一等)，득유시복(得有緦服)。금기자최삼월(今既齊衰三月)，명위증손처무복(明爲曾孫妻無服)。

군모지곤제(君母之昆弟)。

◆소(疏)

석왈(釋曰)：전장부운군모자매(前章不云君母姊妹)，이운종모자(而云從母者)，이기상련군지부모고야(以

其上連君之父母故也)。차곤제단출(此昆弟單出)，부득직운구(不得直云舅)，고운(故云)「군모지곤제(君母之昆弟)」야(也)。

전왈(傳曰)：하이시(何以緦) 종복야(從服也)。

종어군모이복시야(從於君母而服緦也)。군모재즉부감부종복(君母在則不敢不從服)。군모졸(君母卒)，즉부복야(則不服也)。

◆소(疏)

주(注)「종어(從於)」지(至)「복야(服也)」。○석왈(釋曰)：전발문자(傳發問者)，괴비이모이복지(怪非己母而服之)。답운(答云)「종복(從服)」자(者)，수본비기친(雖本非己親)，경군지모(敬君之母)，고종어군모이복시야(故從於君母而服緦也)。운(云)「군모재칙부감부종복(君母在則不敢不從服)，군모졸칙부복야(君母卒則不服也)」자(者)，군모지곤제종복여군모지부모고역동(君母之昆弟從服與君母之父母故亦同)，취어상전해지야(取於上傳解之也)，개도종(皆徒從)，고소종망칙이야(故所從亡則已也)。

종부곤제지자지장상(從父昆弟之子之長殤)，곤제지손지장상(昆弟之孫之長殤)，위부지종부곤제지처(爲夫之從父昆弟之妻)。

◆소(疏)

석왈(釋曰)：종부곤제지자지장상(從父昆弟之子之長殤)，곤제지손지장상(昆弟之孫之長殤)，차이인본개소공(此二人本皆小功)，고장상재시마(故長殤在緦麻)，중상종하상(中殤從下殤)，무복(無服)。부지종부곤제지처(夫之從父昆弟之妻)，동당제사강어친제사(同堂娣姒降於親娣姒)，고시마야(故緦麻也)。

전왈(傳曰)：하이시야(何以緦也) 이위상여동실(以 之慈已相與同室)，칙생시지친언(則生緦之親焉)。장상(長殤)、중상강일등(中殤降一等)，하상강이등(下殤降二等)。자최지상중종상(齊衰之殤中從上) 대공지상중종하(大功之殤中從下)

동실자(同室者)，부여거실지친야(不如居室之親也)。자최(齊衰)、대공(大功)，개복기성인야(皆服其成人也)。대공지상중종하(大功之殤中從下)，즉소공지상역중종하야(則小功之殤亦中從下也)。차주위처위부지친복야(此主謂妻爲夫之親服也)。범부견자(凡不見者)，이차구지(以此求之)。

◆소(疏)

「전왈(傳曰)」지(至)「종하(從下)」。○석왈(釋曰)：「하이시(何以緦)」，발문자(發問者)，이본로인(以本路人)，부우부복지(夫又不服之)，금상위복(今相爲服)，고문지(故問之)。답운(答云)「이위상여동실칙생시지친언(以爲相與同室則生緦之親焉)」자(者)，이대공유동실동재지의(以大功有同室同財之義)，고운(故云)상여동실즉생시지친언(相與同室則生緦之親焉)。운(云)「장상중상강일등(長殤中殤降一等)，하상강이등(下殤降二等)」자(者)，즉운(即云)「자최지상중종상(齊衰之殤中從上)」，내시부인위부지족저상법(乃是婦人爲夫之族著殤法)，칙차일등(則此一等)、이등지전(二等之傳)，수문승상남자위상지하(雖文承上男子爲殤之下)，요차전위하부인저상복이발지(要此傳爲下婦人著殤服而發之)。약운장상중상강일등자(若云長殤中殤降一等者)，거하자최중상종상(據下齊衰中殤從上)，재대공야(在大功也)。하상강이등자(下殤降二等者)，역시자최하상재소공자야(亦是齊衰下殤在小功者也)。○주(注)「동실(同室)」지(至)「구지(求之)」。○석왈(釋曰)：운(云)「동실자(同室者)，부여거실지친야(不如居室之親也)」자(者)，언동실자(言同室者)，직시사동(直是舍同)，미필안좌(未必安坐)。언거자(言居者)，비직사동(非直舍同)，우시안좌(又是安坐)，이상(以上)《소공장(小功章)》친제사부발전이운(親娣姒婦發傳而云)「상여거실(相與居室)」，차종부곤제지처상위(此從父昆弟之妻相爲)，즉운(即云)「상여동실(相與同室)」，시친소상병(是親疏相並)。동실부여거실중(同室不如居室中)，고경중부등야(故輕重不等也)。운(云)「자최대공개복기성인야(齊衰大功皆服其成人也)」자(者)，이기무상재자최지복(以其無殤在齊衰之服)，명거성인(明據成人)。자최기시성인(齊衰既是成人)，명대공역시성인가지야(明大功亦是成人可知也)。운(云)「대공지상중종하(大功之殤中從下)，즉소공지상역중종하(則小功之殤亦中從下)」자(者)，즉거상이명하(則舉上以明下)。상(上)《상소공(殤小功)》주운(注云)「대공지상중종상(大功之殤中從上)」，즉자최지상역중종상(則齊衰之殤亦中從上)。피주거하이명상(彼注舉下以明上)，개시성문지의(皆是省文之義)，고언일이포이야(故言一以包二也)。운(云)「차주위처위부지친복야(此主謂妻爲夫之親服也)」자(者)，차전우승부인재부가(此傳又承婦人在夫家)，상위저복지하(相爲著服之下)。우상문(又上文)《상소공(殤小功)》장이발전(章已發傳)，거대공(據大功)、소공부거자최(小功不據齊衰)，이기중(以其重)，고거남자위상복이언(故據男子爲殤服而言)。차부언소공(此不言小功)，상취제쇠(上取齊衰)，대대공이기경(對大功以其輕)，고지부인의복(故知婦人義服)，위부지친이발야(爲夫之親而發也)。운(云)「범부견자(凡不見者)，이차구지(以此求之)」자(者)，이기부인위부지친(以其婦人爲夫之親), 종부복이강일등(從夫服而降一等), 이경전부견자(而經傳不見者), 이차구야(以此求也). 사의진가지(事意盡可知). 전장주위장부이언(前章注爲丈夫而言), 차장경위부인출(此章更爲婦人出), 고량처병견야(故兩處並見也).

기(記)。

◆소(疏)

석왈(釋曰)：《의례(儀禮)》제편유(諸篇有)「기(記)」자(者), 개시기경부비자야(皆是記經不備者也). 작기지인(作記之人), 기소이재(其疏已在)《사관편(士冠篇)》.

공자위기모(公子爲其母), 연관(練冠)、마(麻), 마의전연(麻衣縓緣) ; 위기처(爲其妻), 전관(縓冠)、갈질대(葛絰帶)、마의전연(麻衣縓緣). 개기장제지(皆旣葬除之).

공자(公子), 군지서자야(君之庶子也). 기혹위모(其或爲母), 위첩자야(謂妾子也). 마자(麻者), 시마지질대야(緦麻之絰帶也). 차마의자(此麻衣者), 여소공포(如小功布), 심의(深衣), 위부자최상변야(爲不制衰裳變也). 《시(詩)》운(云)：「마의여설(麻衣如雪). 」전(縓), 천강야(淺絳也), 일염위지전(一染謂之縓). 련관이마의전연(練冠而麻衣縓緣), 삼년련지수식야(三年練之受飾也). 《단궁(檀弓)》왈(曰)：「련(練), 연의황리(練衣黃裏)、전연(縓緣). 」제후지첩자염어부(諸侯之妾子厭於父), 위모부득신(爲母不得伸), 권위제차복(權爲制此服), 부탈기은야(不奪其恩也). 위처전관갈질대(爲妻縓冠葛絰帶), 처경(妻輕).

◆소(疏)

주(注)「공자(公子)」지(至)「처경(妻輕)」. ○석왈(釋曰)：운(云)「련관마(練冠麻), 마의전연(麻衣縓緣)」자(者), 이련포위관(以練布爲冠), 마자(麻者), 이마위질대(以麻爲絰帶). 우운마의자(又云麻衣者), 위백포심의(謂白布深衣). 운전연자(云縓緣者), 이증위전색(以繒爲縓色), 여심의위령연(與深衣爲領緣). 「위기처전관(爲其妻縓冠)」자(者), 이포위전색(以布爲縓色), 위관(爲冠). 「갈질대(葛絰帶)」자(者), 우이갈위질대(又以葛爲絰帶). 운(云)「마의전연(麻衣縓緣)」자(者), 여위모동(與爲母同). 개기장제지자(皆旣葬除之者), 여시마소제동야(與緦麻所除同). 운(云)「공자군지서자야(公子君之庶子也)」자(者), 즉군지적부인제이이하(則君之適夫人第二已下), 급팔첩자개명서자(及八妾子皆名庶子). 운(云)「기혹위모(其或爲母), 위첩자야(謂妾子也)」자(者), 이기적부인소생제이이하(以其適夫人所生第二已下), 위모자여정자동(爲母自與正子同), 고지위모첩자야(故知爲母妾子也). 운(云)「마자시마지질대야(麻者緦麻之絰帶也)」자(者), 이경유이마(以經有二麻), 상마위수질(上麻爲首絰)、요질(腰絰), 지일마이함이질자(知一麻而含二絰者), 《참쇠(斬衰)》운(云)「저질(苴絰)」, 정운(鄭云)：「마재수재요개왈질(麻在首在要皆曰絰). 」고지차경역연(故知此經亦然). 지여시지마자(知如緦之麻者), 이기차언마(以其此言麻), 시마역운마(緦麻亦云麻), 우견(又見)《사복(司服)》「조복환질(弔服環絰)」, 정운(鄭云)：「대여시지질(大如緦之絰). 」즉차운자위모(則此云子爲母), 수재오복외(雖在五服外), 질역당여시지질(絰亦當如緦之絰), 고정이차마겸시언지야(故鄭以此麻兼緦言之也). 운(云)「차마의자(此麻衣者), 여소공포심의(如小功布深衣)」, 지자(知者), 안사지첩자(案士之妾子), 부재위모기(父在爲母期), 대부지첩자(大夫之妾子), 부재위모대공(父在爲母大功), 즉제후첩자(則諸侯妾子), 부재소공(父在小功), 시기차차(是其差次), 고지차당소공포야(故知此當小功布也). 운(云)「위부제최상변야(爲不制衰裳變也)」자(者), 차기부언최(此記不言衰), 명부제최상변자(明不制衰裳變者), 이기위심의(以其爲深衣), 부여상복동(不與喪服同), 고운(故云)「변(變)」야(也). 《시(詩)》운(云)「마의여설(麻衣如雪)」자(者), 피마의급(彼麻衣及)《예기(禮記)·단궁(檀弓)》운(云)「자유마의(子游麻衣)」, 병(並)《간전(間傳)》운(云)「대상소호마의(大祥素縞麻衣)」, 주개운(注皆云)「십오승포(十五升布)」, 심의여차소공포심의이(深衣與此小功布深衣異). 인지자(引之者), 정마의지명동(証麻衣之名同), 취승수즉이(取升數則異). 예지통례(禮之通例), 마의여심의제동(麻衣與深衣制同), 단이포연지칙왈마의(但以布緣之則曰麻衣) ; 이채연지칙왈심의(以采緣之則曰深衣) ; 이소연지수장재외(以素緣之袖長在外), 즉왈장의(則曰長衣) ; 우이채연지수장재의내(又以采緣之袖長在衣內), 칙왈중의(則曰中衣) ; 우이차위이야(又以此爲異也), 개이륙폭파위십이폭(皆以六幅破爲十二幅), 련의상칙동야(連衣裳則同也). 운(云)「전(縓), 천강야(淺絳也)」자(者), 대삼입위전위천강(對三入爲縓爲淺絳). 운(云)「일염위지전(一染謂之縓)」자(者), 《이아(爾雅)》문(文). 안피운(案彼云)「일염위지전(一染謂之縓), 재염위지정(再染謂之赬), 삼염위지훈(三染謂之纁)」야(也). 운(云)「전연(縓緣), 삼년련지수식야(三年練之受飾也)」, 지자(知者), 인(引)《단궁(檀弓)》운(云)「연의황리전연(練衣黃裡縓緣)」, 주운(注云)：「련중의(練中衣), 이황위내전위식(以黃爲內縓爲飾). 」위중의지식(爲中衣之飾), 거중복삼년변복후위중의지식야(據重服三年變服後爲中衣之飾也). 차공자위모(此公子爲母), 재오복외경(在五服外輕), 고장위인초사(故將爲人初死), 심의지식(深衣之飾), 경중유이(輕重有異), 고부동야(故不同也). 운(云)

(云)「제후지첩자염어부(諸侯之妾子厭於父), 위모부득신(爲母不得申), 권위제차복(權爲制此服), 부탈기은야(不奪其恩也)」자(者), 제후존(諸侯尊), 절기이하무복(絶期已下無服), 공자피염(公子被厭), 부합위모복(不合爲母服)。부탈기모자지은(不奪其母子之恩), 고오복외권위제차복(故五服外權爲制此服)。필복마의연연자(必服麻衣緣緣者), 마의대상수복(麻衣大祥受服), 전연련지수식(緣緣練之受飾), 수피억(雖被抑), 유용유삼년지애고야(猶容有三年之哀故也)。운(云)「위처전관갈질대(爲妻緣冠葛絰帶), 처경(妻輕)」자(者), 이전포위관(以緣布爲冠), 대모용련관(對母用練冠), 이갈시장후수복(以葛是葬後受服), 이위질대(而爲絰帶), 대모용마(對母用麻), 개시위처경고야(皆是爲妻輕故也)。

전왈(傳曰) : 하이부재오복지중야(何以不在五服之中也) 군지소부복(君之所不服), 자역부감복야(子亦不敢服也)。군지소위복(君之所爲服), 자역부감부복야(子亦不敢不服也)。

군지소부복(君之所不服), 위첩여서부야(謂妾與庶婦也)。군지소위복(君之所爲服), 위부인여적부야(謂夫人與適婦也)。제후지첩(諸侯之妾), 귀자시경(貴者視卿), 천자시대부(賤者視大夫), 개삼월이장(皆三月而葬)。

◆소(疏)

주(注)「군지(君之)」지(至)「이장(而葬)」。○기왈(既曰) : 전발문자(傳發問者), 괴친모여처기복대경(怪親母與妻其服大輕), 고문지답운(故問之答云)「군지소부복(君之所不服)」자(者), 이존강제후(以尊降諸侯), 절방기이하(絶旁期已下), 고부복첩여서부야(故不服妾與庶婦也)。공자이염강(公子以厭降), 역부감사복모여처(亦不敢私服母與妻)。우운(又云)「군지소위복(君之所爲服), 자역부감부복야(子亦不敢不服也)」자(者), 위군지정통자야(謂君之正統者也), 주운(注云)「군지소부복(君之所不服), 위첩여서부야(謂妾與庶婦也)」자(者), 해전의(解傳意), 환석상공자위모여처자야(還釋上公子爲母與妻者也)。운(云)「군지소위복(君之所爲服), 위부인여적부야(謂夫人與適婦也)」자(者), 정통고부강야(正統故不降也)。운(云)「제후지첩(諸侯之妾), 귀자시경(貴者視卿), 천자시대부(賤者視大夫), 개삼월이장(皆三月而葬)」자(者), 《대대례(大戴禮)》문(文)。정부어상경(鄭不於上經)「장지(葬之)」하주지(下注之), 지어차전하내인지자(至於此傳下乃引之者), 정의주전운(鄭意注傳云)「군지소부복(君之所不服)」, 위첩여서부야(謂妾與庶婦也), 하내해첩유귀천(下乃解妾有貴賤), 장유조만(葬有早晚), 고지차인지(故至此引之), 견차의야(見此意也)。운첩귀자(云妾貴者), 위제후일취구녀(謂諸侯一娶九女), 부인여좌우잉각유질제(夫人與左右媵各有侄娣), 이잉여부인지제삼인위귀첩(二媵與夫人之娣三人爲貴妾), 여오자위천첩야(餘五者爲賤妾也)。경대부삼월이장(卿大夫三月而葬), 《왕제(王制)》문(文)。

대부(大夫)、공지곤제(公之昆弟)、대부지자(大夫之子), 어형제강일등(於兄弟降一等)。

형제(兄弟), 유언족친야(猶言族親也)。범부견자(凡不見者), 이차구지(以此求之)。

◆소(疏)

주(注)「형제(兄弟)」지(至)「구지(求之)」。○석왈(釋曰) : 차삼인소이강자(此三人所以降者), 대부이존강(大夫以尊降), 곤제이방존강(昆弟以旁尊降), 대부지자이염강(大夫之子以厭降), 시이총운(是以總云)「강일등(降一等)」。상경당이언흘(上經當已言訖), 금우언지자(今又言之者), 상수언지(上雖言之), 공유부진(恐猶不盡), 기인총결지(記人總結之), 시이정운(是以鄭云)「범부견자(凡不見者), 이차구지(以此求之)」。운(云)「형제유언족친야(兄弟猶言族親也)」자(者), 이하운(以下云)「소공(小功)」이하위형제(已下爲兄弟), 공차형제역거소공이하득강(恐此兄弟亦據小功已下得降), 고왈유족친야(故曰猶族親也)。칙차형제급하문위인후자(則此兄弟及下文爲人後者), 위형제개비소공이하(爲兄弟皆非小功已下), 유족친소용광야(猶族親所容廣也)。

위인후자(爲人後者), 어형제강일등(於兄弟降一等), 보(報)。어소위후지형제지자(於所爲後之兄弟之子), 약자(若子)。

언보자(言報者), 혐기위종자부강(嫌其爲宗子不降)。

◆소(疏)

주(注)「언보(言報)」지(至)「부강(不降)」。○석왈(釋曰) : 위지자위대종자(謂支子爲大宗子), 후반래위족친형제지류(後反來爲族親兄弟之類), 강일등(降一等)。운(云)「어소위후지형제지자약자(於所爲後之兄弟之子若子)」자(者), 차등복기의이견어(此等服其義已見於)《참장(斬章)》。운(云)「언보자(言報者), 혐기위종자부강(嫌其爲宗子不降)」자(者), 이기출강본친(以其出降本親), 우종자존중(又宗子尊重), 공본친위종자유부감강복지혐(恐本親爲宗子有不敢降服之嫌), 고운(故云)「보(報)」이명지(以明之), 언보시량상위복자야(言報是兩相爲服者也)。

형제개재타방(兄弟皆在他邦), 가일등(加一等)。부급지부모(不及知父母), 여형제거(與兄弟居), 가일등(加一等)。

개재타방(皆在他邦), 위행사출유(謂行仕出遊), 약피수(若辟讎)。부급지부모(不及知父母), 부모조졸(父母早卒)。

◆소(疏)

주(注)「개재(皆在)」지(至)「조졸(早卒)」。○석왈(釋曰):운(云)「재타방가일등(在他邦加一等)」자(者), 이인공재타국(二人共在他國), 일사일부사(一死一不死), 상민부득사어친권(相愍不得辭於親眷), 고가일등야(故加一等也)。운(云)「부급지부모여형제거가일등(不及知父母與兄弟居加一等)」자(者), 위각유부모(謂各有父母), 혹부모유조졸자(或父母有早卒者), 여형제공거(與兄弟共居), 이사역당민기고유상육(而死亦當愍其孤幼相育), 특가일등(特加一等)。운(云)「개재타방위행사(皆在他邦謂行仕)」자(者), 공자신행칠십이국(孔子身行七十二國), 부견사자(不見仕者), 이고자유출타국지법(以古者有出他國之法), 고운행사야(故云行仕也)。우운(又云)「출유(出游)」자(者), 위약공자제자붕우동주유타국(謂若孔子弟子朋友同周游他國), 형제용유사자(兄弟容有死者)。우운(又云)「약피구(若辟仇)」자(者), 《주례(周禮)•조인(調人)》운(云):「종부형제지구(從父兄弟之仇), 부동국(不同國)。형제지구(兄弟之仇), 피제천리지외(辟諸千裡之外)。」개유형제공행지법야(皆有兄弟共行之法也)。운(云)「부급지부모(不及知父母), 부모조졸(父母早卒)」자(者), 혹유복자(或遺腹子), 혹유소미유지식(或幼小未有知識), 이부모조사자야(而父母早死者也)。

전왈(傳曰):하여칙가위지형제(何如則可謂之兄弟) 전왈(傳曰):「소공이하위형제(小功以下爲兄弟)。」

어차발형제전자(於此發兄弟傳者), 혐대공이상우가야(嫌大功已上又加也)。대공이상(大功以上), 약개재타국(若皆在他國), 즉친자친의(則親自親矣)。약부급지부모(若不及知父母), 즉고동재의(則固同財矣)。

◆소(疏)

주(注)「어차(於此)」지(至)「재의(財矣)」。○석왈(釋曰):발문자(發問者), 상경급기이유형제(上經及記已有兄弟), 개시강등(皆是降等), 유차형제가일등(唯此兄弟加一等), 고괴이치문(故怪而致問)。인구전자(引舊傳者), 이유성문(以有成文), 고인지(故引之)。운(云)「소공이하위형제(小功已下爲兄弟)」자(者), 이기가일등고야(以其加一等故也)。정운(鄭云)「어차발형제전자(於此發兄弟傳者), 혐대공이상우가야(嫌大功已上又加也)」자(者), 정역거어차형제가일등발전자(鄭亦據於此兄弟加一等發傳者), 혐대공이상친즉친의(嫌大功已上親則親矣), 우가지(又加之), 고어소공발전야(故於小功發傳也)。운(云)「대공이상약개재타국(大功以上若皆在他國), 즉친자친의(則親自親矣)」자(者), 부가복가자야(不可復加者也)。운(云)「약부급지부모즉고동재의(若不及知父母則固同財矣)」자(者), 거경부급지부모(據經不及知父母), 여형제거(與兄弟居), 기친중(既親重), 즉재식시동(則財食是同), 수무부모(雖無父母), 은자륭중(恩自隆重), 부가복가야(不可復加也)。

붕우개재타방(朋友皆在他邦), 단면(袒免), 귀칙이(歸則已)。

위복무친자(謂服無親者), 당위지주(當爲之主), 매지단시즉단(每至袒時則袒), 단즉거관(袒則去冠), 대지이면(代之以免)。구설운(舊說云), 이위면(以爲免), 상관(象冠), 광일촌(廣一寸)。이유지야(已猶止也)。귀유주(歸有主), 즉지야(則止也)。주약유소(主若幼少), 즉미지(則未止)。《소기(小記)》왈(曰):「대공자주인지상(大功者主人之喪), 유삼년자(有三年者), 즉필위지재제(則必爲之再祭), 붕우우부이이(朋友虞祔而已)。」

◆소(疏)

○주(注)「위복(謂服)」지(至)「이이(而已)」。○석왈(釋曰):위동문왈붕(謂同門曰朋), 동지왈우(同志曰友)。혹기유학(或其游學), 개재타국이사자(皆在他國而死者), 매지가단지절(每至可袒之節), 즉위지단이면(則爲之袒而免), 여종족오세단면동(與宗族五世袒免同)。운(云)「귀칙이(歸則已)」자(者), 위재타국단면(謂在他國袒免), 위사자무주(爲死者無主), 귀지가(歸至家), 자유주(自有主), 즉지(則止), 부위단면야(不爲袒免也)。정운(鄭云)「위복무친자당위지주(謂服無親者當爲之主)」자(者), 이기유친입오복(以其有親入五服), 금언붕우(今言朋友), 고지시의합오경(故知是義合之輕), 무친자야(無親者也)。기고재외(既孤在外), 명위지작주가지(明爲之作主可知)。운(云)「매지단시즉단(每至袒時則袒)」자(者), 범상지소렴절(凡喪至小斂節), 주인소관환질이시(主人素冠環経以視), 렴흘(斂訖), 투관괄발(投冠括發), 장괄발(將括

發), 선단(先祖), 내괄발(乃括發), 괄발거정(括發據正)。주인자최이하(主人齊衰已下), 개이면대관(皆以免代冠), 이관부거(以冠不居), 육단지(肉袒之), 례고야(禮故也)。운(云)「구설운이위면(舊說云以爲免), 상관(象冠), 광일촌(廣一寸)」자(者), 정주(鄭注)《사상례(士喪禮)》운(云)「면지제미문(免之制未聞)」, 구설이위여관상(舊說以爲如冠狀), 광일촌(廣一寸)。인(引)《상복소기(喪服小記)》왈자최괄발이마(曰齊衰括髮以麻), 면이이포(免而以布), 차용마포위지(此用麻布爲之), 상여금지저삼두의(狀如今之著幓頭矣)。자항중이전(自項中而前), 반어항상(反於項上), 각요계야(卻繞紒也), 시저면지의야(是著免之義也)。운(云)「귀유주칙지야(歸有主則止也), 주약유소칙미지(主若幼少則未止)」자(者), 본이재외위무주(本以在外爲無主), 여지위주(與之爲主), 금지가(今至家), 주약유소(主若幼少), 부능위주(不能爲主), 즉붕우유위지주(則朋友猶爲之主), 미지(未止)。인(引)《소기(小記)》자(者), 정주유소부능주상(証主幼少不能主喪), 붕우위주지의(朋友爲主之義)。이수유자(以雖有子), 시삼년지인(是三年之人), 소부능위주(小不能爲主), 대공위주자(大功爲主者), 위지재제(爲之再祭), 위련상(謂練祥)。붕우경(朋友輕), 위지우부이이(爲之虞祔而已)。이기우무대공이하지친(以其又無大功已下之親), 차붕우자외래급재가(此朋友自外來及在家), 붕우개득위주(朋友皆得爲主), 우부내거(虞祔乃去), 피정주이의추지(彼鄭注以義推之)。우운소공시마(又云小功緦麻), 위지련제가야(爲之練祭可也)。시친소차강지법야(是親疏差降之法也)。

붕우(朋友), 마(麻)。

붕우수무친(朋友雖無親), 유동도지은(有同道之恩), 상위복시지질대(相爲服緦之経帶)。《단궁(檀弓)》왈(曰):「군거칙질(群居則経), 출칙부(出則否)。」기복(其服), 조복야(弔服也)。《주례(周禮)》왈(曰): 범조(凡弔), 당사칙변질(當事則弁経)。복변질자(服弁経者), 여작변이소(如爵弁而素), 가환질야(加環経也)。기복유삼(其服有三): 석최야(錫衰也), 시최야(緦衰也), 의쇠야(疑衰也)。왕위삼공륙경석최(王爲三公六卿錫衰), 위제후시쇠(爲諸侯緦衰), 위대부사의최(爲大夫士疑衰)。제후경급대부역이석최위조복(諸侯卿及大夫亦以錫衰爲弔服), 당사칙변질(當事則弁経), 부즉피변(否則皮弁), 피천자야(辟天子也)。사이시최위상복(士以緦衰爲喪服), 기조복즉의최야(其弔服則疑衰也)。구설이위사조복포상소하(舊說以爲士弔服布上素下), 혹왈소위모관가조복(或曰素委貌冠加朝服)。《론어(論語)》왈(曰):「치의고구(緇衣羔裘)。」우왈(又曰):「고구현관부이조(羔裘玄冠不以弔)。」하조복지유호(何朝服之有乎)? 연즉이자개유사야(然則二者皆有似也)。차실의최야(此實疑衰也), 기변질피변지시(其弁経皮弁之時), 즉여경대부연(則如卿大夫然)。우개기상이소(又改其裳以素), 피제후야(辟諸侯也)。붕우지상위복(朋友之相爲服), 즉사조복의최소상(即士弔服疑衰素裳)。관즉피변가질(冠則皮弁加経), 서인부작변(庶人不爵弁), 즉기조복소관위모(則其弔服素冠委貌)。

◆소(疏)

○주(注)「붕우(朋友)」지(至)「위모(委貌)」。○석왈(釋曰): 운(云)「붕우마(朋友麻)」자(者), 상문거재타국(上文據在他國), 가단면(加袒免), 금차재국(今此在國), 상위조복(相爲弔服), 마질대이이(麻経帶而已)。주운(注云)「붕우수무친(朋友雖無親), 유동도지은(有同道之恩), 상위복시지질대(相爲服緦之経帶)」자(者), 안(案)《예기(禮記)·례운(禮運)》운(云)「인기부생이사교지(人其父生而師教之)」, 붕우성지(朋友成之)。우(又)《학기(學記)》운(云):「독학이무우(獨學而無友), 즉고루이과문(則孤陋而寡聞)。」《논어(論語)》운(云):「이문회우(以文會友), 이우보인(以友輔仁)。」이차이언(以此而言), 인수붕우이성야(人須朋友而成也)。고운붕우수무친(故云朋友雖無親), 유동도지은(有同道之恩), 고위지복(故爲之服)。지시지질대자(知緦之経帶者), 이기시시오복지경(以其緦是五服之輕), 위붕우지질대약여지등(爲朋友之経帶約與之等), 고운시지질대야(故云緦之経帶也)。운(云)「《단궁(檀弓)》왈군거즉질(曰群居則経), 출칙부(出則否)」자(者), 피주군(彼注群), 위칠십이제자상위붕우(謂七十二弟子相爲朋友)。피역시붕우상위지법(彼亦是朋友相爲之法)。운거즉질(云居則経), 질위재가거지즉위지질(経謂在家居止則爲之経), 출가행도즉부(出家行道則否)。인지자(引之者), 정차역연야(証此亦然也)。피우운(彼又云):「공자지상(孔子之喪), 이삼자개질이출(二三子皆経而出)。」시위사출행역질야(是爲師出行亦経也)。운(云)「기복(其服), 조복야(弔服也)」자(者), 이기부재오복(以其不在五服), 오복지외유유조복(五服之外唯有弔服), 고즉인(故即引)《주례(周禮)》조복지등야(弔服之等也)。《주례(周禮)》자(者), 《사복직(司服職)》문(文)。피운(彼云):「범조사(凡弔事), 변질복(弁経服)。」정주역운(鄭注亦云)「변질자(弁経者), 여작변이소가환질(如爵弁而素加環経)」야(也)。언작변자(言爵弁者), 제여면(制如冕), 이목위중간(以木爲中幹), 광팔촌(廣八寸), 장척륙촌(長尺六寸), 전저일촌이분(前低一寸二分), 이삼승포(以三升布), 상현하훈(上玄下纁)。작변지체(爵弁之體), 광장역연(廣長亦然), 역이삼승포(亦以三升布), 단염작작두색(但染作爵頭色), 적다흑소지색(赤多黑少之色), 치지어판상(置之於版上), 금즉이소위지(今則以素爲之)。우가환질자(又加環経者), 일고마위골(一股麻爲骨), 우이일고마위승(又以一股麻爲繩), 전지여환연(纏之如環然), 위지환질가어소변지상(謂之環経加於素弁之上)。피주운(彼注云)「질대여시(経大如緦)」지질(之経), 시조복지질(是弔服之経)。단차문운(但此文云)「붕우마(朋友麻)」, 정인(鄭引)《주례(周禮)》왕조제신지질급삼최정차자(王弔諸臣之経及三衰証此者), 이기왕어제신(以其王於諸臣), 제후어제신(諸侯於諸臣), 개유붕우지의(皆有朋友之義), 고(故)《태서(泰誓)》무왕위제후운아(武王謂諸侯云我)「우방총군(友

邦塚君)」, 시위제후위우(是謂諸侯爲友)。《락고(洛誥)》 주공위무왕운(周公謂武王云)「유자기붕(孺子其朋)」, 시왕이제신위붕(是王以諸臣爲朋)。제후어신역유붕우지의가지(諸侯於臣亦有朋友之義可知)。고인(故引)《주례(周禮)》변질여삼최증차붕우마야(弁絰與三衰證此朋友麻也)。약연(若然), 변질유일최즉유삼(弁絰唯一衰則有三), 칙일변관삼최야(則一弁冠三衰也)。운(云)「기복유삼(其服有三), 석최야(錫衰也), 시마야(緦麻也), 의최야(疑衰也)」자(者), 안피운(案彼云):「왕위삼공륙경석최(王爲三公六卿錫衰), 위제후세최(爲諸侯緦衰), 위대부사의최(爲大夫士疑衰)。」정사농운(鄭司農云):「석(錫), 마지활역자야(麻之滑易者也)。십오승거기반(十五升去其半), 유사기포(有事其布), 무사기루(無事其縷)。시역십오승거기반(緦亦十五升去其半), 유사기루(有事其縷), 무사기포(無事其布)。의최십사승(疑衰十四升), 현위무사기루(玄謂無事其縷), 애재내(哀在內);무사기포(無事其布), 애재외(哀在外)。의지언의야(疑之言擬也), 의어길(擬於吉)」자야(者也)。운(云)「제후급경대부역이석최위조복(諸侯及卿大夫亦以錫衰爲弔服), 당사내변질(當事乃弁絰), 부칙피변(否則皮弁), 피천자야(辟天子也)」자(者), 안(案)《예기(禮記)·복문(服問)》운(云):「공위경대부석쇠이거(公爲卿大夫錫衰以居), 출역여지(出亦如之), 당사즉변질(當事則弁絰)。대부상위역연(大夫相爲亦然)。위기처(爲其妻), 왕즉복지(往則服之), 출칙부(出則否)。」주운(注云):「출(出), 위이타사부지상소(謂以他事不至喪所)。」시제후급경대부역이석최위조복야(是諸侯及卿大夫亦以錫衰爲弔服也)。천자상변질(天子常弁絰), 제후경대부당사대렴(諸侯卿大夫當事大斂)、소렴급빈시(小斂及殯時), 내변질(乃弁絰), 비차시즉피변(非此時則皮弁), 시피천자야(是辟天子也)。운(云)「사이세최위상복(士以緦衰爲喪服)」자(者), 사비(士卑), 무강복(無降服), 시이시위상복(是以緦爲喪服)。기이시위상복(既以緦爲喪服), 부득복장시위조복(不得復將緦爲弔服), 고향하취의최위조복야(故向下取疑衰爲弔服也)。구설자이사조복무문(舊說者以士弔服無文), 고구설운(故舊說云)「이위사조복포상소하(以爲士弔服布上素下)」, 운혹왈(云或曰)「소위모관가조복(素委貌冠加朝服)」자(者), 전유차이종해자(前有此二種解者), 고정인(故鄭引)《론어(論語)》파지(破之)。운(云)「《논어(論語)》왈치의고구(曰緇衣羔裘)」, 언차자(言此者), 욕해치의고구여하고구현관위일물(欲解緇衣羔裘與下羔裘玄冠爲一物), 병시조복(並是朝服)。시이운우왈(是以云又曰)「고구현관부이조(羔裘玄冠不以弔)」, 하조복지유호(何朝服之有乎)?차파구이언조복(此破舊以言朝服), 부합수가소위모(不合首加素委貌), 우포상소하(又布上素下), 근시천자지조복(近是天子之朝服), 우부언수소가(又不言首所加), 고비지야(故非之也)。운(云)「연칙이자개유사야(然則二者皆有似也)」자(者), 이기미소렴이전(以其未小斂已前), 용유저조복복조법(容有著朝服弔法), 칙자유(則子游)、증자조시야(曾子弔是也), 단비정조법지복(但非正弔法之服)。우포상소하(又布上素下), 근사지조복소하(近士之弔服素下), 고운이자개유사야(故云二者皆有似也)。운(云)「차실의쇠야(此實疑衰也)」자(者), 총파이자야(總破二者也)。운(云)「변질피변지시(弁絰皮弁之時), 즉여경대부연(則如卿大夫然)」자(者), 이기삼쇠공유변질(以其三衰共有弁絰), 당사저피변역동(當事著皮弁亦同), 고지이자여경대부연야(故知二者如卿大夫然也)。운(云)「우개기상(又改其裳), 이소피제후야(以素辟諸侯也)」자(者), 제후급경대부부칙피변(諸侯及卿大夫否則皮弁), 피천자(辟天子), 차제후지사부저의상이용소(此諸侯之士不著疑裳而用素), 우피제후야(又辟諸侯也)。운(云)「붕우지상위복(朋友之相爲服), 즉사조복의최소상(即士弔服疑衰素裳)」자(者), 시정정해사지조복(是鄭正解士之弔服)。운(云)「서인부작변(庶人不爵弁)」자(者), 칙기관소위모(則其冠素委貌), 부언기복(不言其服), 칙백포심의(則白布深衣), 이백포심의(以白布深衣), 서인지상복(庶人之常服), 우존비시사(又尊卑始死), 미성복이전복지(未成服已前服之), 고서인득위조복야(故庶人得爲弔服也)。향래소석(向來所釋), 개거정군소인이언(皆據鄭君所引而言), 안(案)《사복(司服)》제후여왕지복언지(諸侯如王之服言之), 정즉제후개여왕(鄭則諸侯皆如王), 역유삼최복(亦有三衰服), 문직운군조용석최(問直云君弔用錫衰), 미변세최(未辨緦衰)、의최소시용(疑衰所施用)。안(案)《문왕세자(文王世子)》주운(注云):「군수부복신(君雖不服臣), 경대부사칙피변석최이거왕조(卿大夫死則皮弁錫衰以居往弔), 당사칙변질(當事則弁絰), 어사개의최(於士蓋疑衰), 동성즉세최(同姓則緦衰)。」약연(若然), 안(案)《사상례(士喪禮)》:「군약유사언칙시렴(君若有賜焉則視斂)。」주운(注云):「사(賜), 은혜야(恩惠也)。렴(斂), 대렴(大斂)。군시대렴(君視大斂), 피변복(皮弁服), 습구(襲裘), 주인성복지후왕(主人成服之後往), 즉석최(則錫衰)。」차주우여(此注又與)《문왕세자(文王世子)》위자(違者), 《사상례(士喪禮)》기언유은혜(既言有恩惠), 즉군여차사유사우지은(則君與此士有師友之恩), 특가여경대부동(特加與卿大夫同), 기제후경대부칙유석최(其諸侯卿大夫則有錫衰), 사유의최(士唯疑衰)。기천자경대부사기집지여제후지신동(其天子卿大夫士既執摯與諸侯之臣同), 즉조복역동야(則弔服亦同也)。천자고여경동륙명(天子孤與卿同六命), 우역명위경(又亦名爲卿), 제후고수사명(諸侯孤雖四命), 여경이(與卿異), 급기빙지개수(及其聘之介數), 여경강군이등등동(與卿降君二等等同), 즉고조복개여경동야(則孤弔服皆與卿同也)。천자삼공여왕자모제득칭제후(天子三公與王子母弟得稱諸侯), 기조복역여기외제후동삼최야(其弔服亦與繼外諸侯同三衰也)。범조복직운소변환질(凡弔服直云素弁環絰), 부언대(不言帶), 혹유해운유질유대(或有解云有絰有帶)。단조복기저최(但弔服既著衰), 수유질(首有絰), 부가저길시지대대(不可著吉時之大帶), 길시지대대기유채의(吉時之大帶既有采矣)。마기부가우채(麻既不加于采), 채가득가어흉복호(采可得加於凶服乎).명부가야(明不可也)。안차경주복시질대(案此經注服緦之絰帶), 칙삼최질대동유가지(則三衰絰帶同有可知)。기이삼최소용(其以三衰所用), 개시붕우(皆是朋友), 고지범조개유대의(故知凡弔皆有帶矣)。수언환질(首言環絰), 즉기대미필여환(則其帶未必如環), 단역오분거일위대(但亦五分去一爲

帶), 규지의(糾之矣), 기조복제지(其弔服除之)。안(案)《잡기(雜記)》운(云) : 「군어경대부(君於卿大夫), 비장부식육(比葬不食肉), 비졸곡부거악(比卒哭不擧樂)。」시지미길(是知未吉), 즉범조복역당의기절이제(則凡弔服亦當依氣節而除), 병여시마동삼월제지의(並與緦麻同三月除之矣)。위사수비빈부거악(爲士雖比殯不擧樂), 기복역당기장제의(其服亦當既葬除矣)。

군지소위형제복(君之所爲兄弟服), 실로강일등(室老降一等)。

공사대부지군(公士大夫之君)。

◆소(疏)

○주(注)「공사(公士)」지(至)「지군(之君)」。○석왈(釋曰) : 천자제후절기(天子諸侯絕期), 금언위형제복(今言爲兄弟服), 명시공사대부지군(明是公士大夫之君)。어방친강일등자(於旁親降一等者), 실로가상강일등(室老家相降一等), 부언사(不言士), 사읍재원신(士邑宰遠臣), 부종복(不從服)。약연(若然), 실로사정군근신(室老似正君近臣), 고종군소복야(故從君所服也)。

부지소위형제복(夫之所爲兄弟服), 처강일등(妻降一等)。

◆소(疏)

○석왈(釋曰) : 처종부복기족친(妻從夫服其族親), 즉상경부지제조부모(即上經夫之諸祖父母), 견어(見於)《시마장(緦麻章)》。부지세숙견어(夫之世叔見於)《대공장(大功章)》, 부지곤제지자부강수숙(夫之昆弟之子不降嫂叔), 우무복(又無服)。금언종부강일등(今言從夫降一等), 기기부견자(記其不見者), 당시부지종모지류호(當是夫之從母之類乎)？

서자위후자(庶子爲後者), 위기외조부모(爲其外祖父母)、종모(從母)、구무복(舅無服)。부위후(不爲後), 여방인(如邦人)。

◆소(疏)

○석왈(釋曰) : 운(云)「서자위후자(庶子爲後者), 위기외조부모종모구무복(爲其外祖父母從母舅無服)」자(者), 이기여존자위일체(以其與尊者爲一體), 기부득복소출모(既不得服所出母), 시이모당개부복지(是以母黨皆不服之), 부언형제이현존친지명자(不言兄弟而顯尊親之名者)。뢰씨운(雷氏云) : 「위부후자복기본족(爲父後者服其本族)。」약언형제(若言兄弟), 공본족역무복(恐本族亦無服), 고화범저기존친지호(故火汎著其尊親之號), 이별어족인야(以別於族人也)。

종자고위상(宗子孤爲殤), 대공최(大功衰)、소공최개삼월(小功衰皆三月)。친즉월산여방인(親則月算如邦人)。

언고(言孤), 유부고자(有不孤者)。부고(不孤), 즉족인부위상복복지야(則族人不爲殤服服之也)。부고(不孤), 위부유폐질(謂父有廢疾), 약년칠십이로(若年七十而老), 자대주종사자야(子代主宗事者也)。고위상(孤爲殤), 장상(長殤)、중상대공최(中殤大功衰), 하상소공최(下殤小功衰), 개여상복이삼월(皆如殤服而三月), 위여종자절속자야(謂與宗子絕屬者也)。친(親), 위재오속지내(謂在五屬之內)。산(算), 수야(數也)。월수여방인자(月數如邦人者), 여종자유기지친자(與宗子有期之親者), 성인복지자최기(成人服之齊衰期), 장상(長殤), 대공최구월(大功衰九月), 중상(中殤), 대공최칠월(大功衰七月), 하상(下殤), 소공최오월(小功衰五月)。유대공지친자(有大功之親者), 성인복지자최삼월(成人服之齊衰三月)。졸곡(卒哭), 수이대공최구월(受以大功衰九月)。기장상(其長殤)、중상(中殤), 대공최오월(大功衰五月)；하상(下殤), 소공최삼월(小功衰三月)。유소공지친자(有小功之親者), 성인복지자최삼월(成人服之齊衰三月)。졸곡(卒哭), 수이소공최오월(受以小功衰五月)。기상여절속자동(其殤與絕屬者同)。유시마지친자(有緦麻之親者), 성인급상(成人及殤), 개여절속자동(皆與絕屬者同)。

◆소(疏)

주(注)「언고(言孤)」지(至)「자동(者同)」。○석왈(釋曰) : 종자(宗子), 위계별위대종(謂繼別爲大宗), 백세부천(百世不遷), 수족자야(收族者也)。운(云)「고위상(孤爲殤)」자(者), 위무부미관이사자야(謂無父未冠而死者也)。운(云)「대공최(大功衰)、소공최(小功衰)」자(者), 이기성인자최(以其成人齊衰), 고장상(故長殤)、중상개재대공최(中殤皆在大功衰), 하상재소공최야(下殤在小功衰也)。운(云)「개삼월(皆三月)」자(者), 이기쇠수강월(以其衰雖降月), 본삼월법(本三月法), 일시부가경복(一時不可更服), 고환의본삼월야(故還依本三月也)。운(云)「친즉월산여방인(親則月算如邦人)」자(者), 상삼월자(上三月者), 시절속자(是絕屬者), 약재오속지내친자(若在五屬之內親者), 월수당의본친위한(月數當依本親爲限), 고운(故云)

여방인야(故云如邦人也)。주운(注云)「언고유부고(言孤有不孤)」자(者), 정이기문운고(鄭以記文云孤), 명대부고자(明對不孤者), 고(故)《곡례(曲禮)》주운(注云)：「시위종자부고(是謂宗子不孤)。」피부고대차고야(彼不孤對此孤也)。운(云)「부고즉족인부위상복복지야(不孤則族人不爲殤服服之也)」자(者), 이부재(以父在), 유여주지도유적자무적손(猶如周之道有適子無適孫), 이기부재(以其父在), 위적자즉부위적손복(爲適子則不爲適孫服), 동어서손(同於庶孫), 명차본무복(明此本無服), 부재역부위지복상가지야(父在亦不爲之服殤可知也)。운(云)「부고위부유폐질(不孤謂父有廢疾)」자(者), 안(案)《상복소기(喪服小記)》운(云)：「적부부위구후자(適婦不爲舅後者), 즉고위지소공(則姑爲之小功)。」주운(注云)：「위부유폐질타고(謂夫有廢疾他故), 약사이무자(若死而無子), 부수중자(不受重者)。」시자부고(是子不孤)。위부유폐질부립(謂父有廢疾不立), 기자대부주종사(其子代父主宗事)。운(云)「약년칠십이로(若年七十而老), 자대주종사(子代主宗事)」자(者), 안(案)《곡례(曲禮)》운(云)：「칠십왈로(七十曰老), 이전(而傳)。」주운(注云)：「전가사임자손(傳家事任子孫)。」시위종자부고(是謂宗子不孤), 시부년칠십(是父年七十), 자대주종사자(子代主宗事者)。운(云)「여종자유기지친자(與宗子有期之親者), 성인복지자최기(成人服之齊衰期)」자(者), 위종자친곤제급백숙곤제지자(謂宗子親昆弟及伯叔昆弟之子), 고자매재실지등개시야(姑姊妹在室之等皆是也)。자대공친이하(自大功親以下), 진소공친이상(盡小功親以上), 성인월수수의본개복자최자(成人月數雖依本皆服齊衰者), 이기절속자(以其絶屬者), 유자최삼월(猶齊衰三月)。명친자무문대공(明親者無問大功)、소공(小功)、시마(緦麻), 개자최자야(皆齊衰者也)。기개자최(既皆齊衰), 고삼월기장(故三月既葬), 수복내시수이대공(受服乃始受以大功)、소공(小功)、자최야(齊衰也)。지어소공친이하(至於小功親已下), 상여절속자동자(殤與絶屬者同者), 이기성인소공오월(以其成人小功五月), 상즉입삼월(殤即入三月), 시이여절속자동개대공최(是以與絶屬者同皆大功衰)、소공최삼월(小功衰三月), 고여절속자동야(故與絶屬者同也)。운(云)「유시마지친자(有緦麻之親者), 성인급상개여절속자동(成人及殤皆與絶屬者同)」자(者), 이기절속자위종자자최삼월(以其絶屬者爲宗子齊衰三月), 시마친역삼월(緦麻親亦三月), 시이성인급상사개여절속자동야(是以成人及殤死皆與絶屬者同也)。

개장(改葬), 시(緦)。

위분묘이타고붕괴(謂墳墓以他故崩壞), 장망실시구야(將亡失尸柩也)。언개장자(言改葬者), 명관물훼패(明棺物毀敗), 개설지(改設之), 여장시야(如葬時也)。기전여대렴(其奠如大斂), 종묘지묘(從廟之廟), 종묘지묘(從墓之墓), 례의동야(禮宜同也)。복시자(服緦者), 신위군야(臣爲君也), 자위부야(子爲父也), 처위부야(妻爲夫也)。필복시자(必服緦者), 친견시구(親見尸柩), 부가이무복(不可以無服), 시삼월이제지(緦三月而除之)。

◆소(疏)

주(注)「위분(謂墳)」지(至)「제지(除之)」。○석왈(釋曰)：운(云)「위분묘이타고붕괴(謂墳墓以他故崩壞), 장망실시구자야(將亡失尸柩者也)」자(者), 정해개장지의(鄭解改葬之意)。운타고자(云他故者), 위약조수료표탕지등(謂若遭水潦漂蕩之等), 분묘붕괴(墳墓崩壞), 장망실시구(將亡失尸柩), 고수별처개장야(故須別處改葬也)。운(云)「개장자(改葬者), 명관물훼패(明棺物毀敗), 개설지(改設之), 여장시야(如葬時也)」자(者), 직언관물훼패이개설(直言棺物毀敗而改設), 부언의복(不言依服), 즉소설자(則所設者), 유차관여장시야(唯此棺如葬時也)。운(云)「기전여대렴(其奠如大斂)」자(者), 안(案)《기석(既夕)》기조묘지묘중경설천조전운(記朝廟至廟中更設遷祖奠云)「여대렴전(如大斂奠)」, 즉차이구향신장지처소설지전역여대렴지전(即此移柩向新葬之處所設之奠亦如大斂之奠), 사용순삼정(士用肫三鼎), 즉대부이상경가생뢰(則大夫已上更加牲牢)。대부용특생(大夫用特牲), 제후용소뢰(諸侯用少牢), 천자용대뢰가지(天子用大牢可知)。운(云)「종묘지묘(從廟之廟), 종묘지묘(從墓之墓), 례의동야(禮宜同也)」자(者), 즉설전지례(即設奠之禮), 조묘시야(朝廟是也)。우조묘재구지시(又朝廟載柩之時), 사용공축(士用輁軸), 대부이상용순(大夫已上用輴), 부용신차(不用蜃車), 식이유황(飾以帷荒), 즉차종묘지묘역여조묘동가지(則此從墓之墓亦與朝廟同可知), 고운례의동야(故云禮宜同也)。운(云)「복시자(服緦者), 신위군야(臣爲君也), 자위부야(子爲父也), 처위부야(妻爲夫也)」, 지자(知者), 약경언여복(若更言餘服), 무방경급자최이하(無妨更及齊衰已下), 금직언시지경복(今直言緦之輕服), 명지유거극중이언(明知唯據極重而言), 고이삼등야(故以三等也)。부언첩위군(不言妾爲君), 이부득체군(以不得體君), 차경고야(差輕故也)。부언녀자자(不言女子子), 부인외성(婦人外成), 재가우비상(在家又非常), 고역부언(故亦不言)。제후위천자(諸侯爲天子), 제후재기외차원(諸侯在畿外差遠), 개장부래(改葬不來), 고역부언야(故亦不言也)。운(云)「필복시자(必服緦者), 친견시구(親見尸柩), 부가이무복(不可以無服)」자(者), 군친사이다시(君親死已多時), 애살이구(哀殺已久), 가이무복(可以無服), 단친견군부시구(但親見君父尸柩), 잠시지통(暫時之痛), 부가부제복이표애(不可不制服以表哀), 고개복시야(故皆服緦也)。고운(故云)「삼월이제(三月而除)」자(者), 위장시복지(謂葬時服之), 급기제야(及其除也), 역법천도일시(亦法天道一時), 고역삼월제야(故亦三月除也)。약연(若然), 정언삼등(鄭言三等), 거통극자이언(擧痛極者而言), 부위장자(父爲長子), 자위모(子爲母), 역여차동야(亦與此同也)。

동자(童子), 유당실시(唯當室緦)。

동자(童子), 미관지칭야(未冠之稱也)。당실자(當室者), 위부후(爲父後), 승가사자(承家事者), 위가주(爲家主), 여족인위례(與族人爲禮)。어유친자(於有親者), 수은부지(雖恩不至), 부가이무복야(不可以無服也)。

◆소(疏)

주(注)「동자(童子)」지(至)「복야(服也)」。○석왈(釋曰) : 차운(此云)「당실(當室)」자(者), 《주례(周禮)》위지(謂之)「문자(門子)」, 여종실왕래(與宗室往來), 고위족인유시복(故爲族人有緦服)。운(云)「동자(童子), 미관지칭(未冠之稱)」자(者), 위십구이하(謂十九已下)。안(案)《내칙(內則)》년이십(年二十)「돈행효제(敦行孝弟)」, 십구이하(十九已下), 미능돈행효제(未能敦行孝弟), 비당실칙무시마(非當室則無緦麻), 이당실고복시야(以當室故服緦也)。운(云)「당실자(當室者), 위부후(爲父後), 승가사자(承家事者)」, 이기언당실(以其言當室), 시대부당가사(是代父當家事), 고운(故云)「위가주(爲家主), 여족인위례(與族人爲禮)」。「어유친자(於有親者)」, 즉족내사시마이래개시야(則族內四緦麻以來皆是也)。운(云)「수은부지(雖恩不至), 부가이무복야(不可以無服也)」자(者), 이기동자미능돈행효제(以其童子未能敦行孝弟), 고운은부지(故云恩不至), 여족위례이위복(與族爲禮而爲服), 고복지야(故服之也)。약연(若然), 부재(不在)《시장(緦章)》자(者), 약재(若在)《시장(緦章)》칙외내구보(則外內俱報), 차당실동자(此當室童子), 직여족인위례(直與族人爲禮), 유차복부급외친(有此服不及外親), 고부재(故不在)《시장(緦章)》이재차기야(而在此記也)。

전왈(傳曰) : 부당실칙무시복야(不當室則無緦服也)。

◆소(疏)

석왈(釋曰) : 기자운(記自云)「유당실시(唯當室緦)」, 자연부당실즉무시복(自然不當室則無緦服)。이전언지자(而傳言之者), 안(案)《곡례(曲禮)》운(云) : 「고자당실(孤子當室), 관의부순채(冠衣不純采)。」단시고자(但是孤子), 개부순이채(皆不純以采)。《곡례(曲禮)》언지자(言之者), 혐당실여부당실이(嫌當室與不當室異), 고언지(故言之)。차전공부당실여당실자동(此傳恐不當室與當室者同), 고명지야(故明之也)。

범첩위사형제(凡妾爲私兄弟), 여방인(如邦人)。

혐염강지야(嫌厭降之也)。사형제(私兄弟), 목기족친야(目其族親也)。녀군유이존강기형제자(女君有以尊降其兄弟者), 위사지녀위대부처(謂士之女爲大夫妻), 여대부지녀위제후부인(與大夫之女爲諸侯夫人), 제후지녀위천왕후자(諸侯之女爲天王后者)。부졸(父卒), 곤제지위부후자종자(昆弟之爲父後者宗子), 역부감강야(亦不敢降也)。

◆소(疏)

주(注)「혐염(嫌厭)」지(至)「강야(降也)」。○석왈(釋曰) : 첩언(妾言)「범(凡)」자(者), 총천자이하지사(總天子以下至士), 고범이해지야(故凡以該之也)。운(云)「혐염강지야(嫌厭降之也)」자(者), 해기차지의(解記此之意), 군여녀군부염첩(君與女君不厭妾), 고운혐염지(故云嫌厭之), 기실부염(其實不厭), 고기인명지(故記人明之)。운(云)「사형제자기족친야(私兄弟自其族親也)」자(者), 이기형제총외내지칭(以其兄弟總外內之稱), 약언사형제(若言私兄弟), 칙첩가족친야(則妾家族親也)。운(云)「연즉녀군유이존강기형제자(然則女君有以尊降其兄弟者)」, 이기녀군여군체적(以其女君與君體敵), 고득강기형제방친지등(故得降其兄弟旁親之等)。자존부가부모(子尊不加父母), 유부강부모(唯不降父母), 칙가강기형제방친(則可降其兄弟旁親)。운(云)「위사지녀위대부처(謂士之女爲大夫妻), 대부지녀위제후부인(大夫之女爲諸侯夫人), 제후지녀위천왕후(諸侯之女爲天王後)」자(者), 차등개득강기형제방친야(此等皆得降其兄弟旁親也)。운(云)「부졸(父卒), 곤제지위부후자종자(昆弟之爲父後者宗子), 역부감강야(亦不敢降也)」자(者), 수득강기형제(雖得降其兄弟), 차위부후자(此爲父後者), 부득강(不得降), 용유귀종지의(容有歸宗之義), 귀어차가(歸於此家), 고부강(故不降)。

대부조어명부(大夫弔於命婦), 석최(錫衰)。명부조어대부(命婦弔於大夫), 역석최(亦錫衰)。

조어명부(弔於命婦), 명부사야(命婦死也)。조어대부(弔於大夫), 대부사야(大夫死也)。《소기(小記)》왈(曰) : 「제후조(諸侯弔), 필피변석최(必皮弁錫衰)。」《복문(服問)》왈(曰) : 「공위경대부석최이거(公爲卿大夫錫衰以居), 출역여지(出亦如之), 당사즉변질(當事則弁絰)。대부상위역연(大夫相爲亦然)。위기처(爲其妻), 왕즉복지(往則服之), 출즉부(出則否)。」

◆소(疏)

주(注)「조어(弔於)」지(至)「즉부(則否)」。○석왈(釋曰)：운(云)「조어명부(弔於命婦), 명부사야(命婦死也)」자(者), 정공이기운대부조명부자(鄭恐以記云大夫弔命婦者), 이위대부사(以爲大夫死), 기처수조어명부(其妻受弔於命婦), 고운명부사야(故云命婦死也)。지부조명부(知不弔命婦), 위명부부사자(爲命婦夫死者), 이기기인작문(以其記人作文), 의선조대부신(宜先弔大夫身), 연후조기부(然後弔其婦), 고이명부사조기부해지야(故以命婦死弔其夫解之也)。인(引)《소기(小記)》자(者), 이기인직언신상최(以記人直言身上衰), 부언수복(不言首服), 고인(故引)《소기(小記)》야(也)。언(言)「제후조(諸侯弔), 필피변(必皮弁)」자(者), 언제후불언군(言諸侯不言君), 위제후인조조이국지신(謂諸侯因朝弔異國之臣), 저피변석쇠(著皮弁錫衰), 수성복후(雖成服後), 역부변질야(亦不弁絰也)。인(引)《복문(服問)》자(者), 유기군병유경대부여명부상조법(有己君並有卿大夫與命婦相弔法)。운(云)「이거(以居)」자(者), 군재가복지(君在家服之), 출역여지(出亦如之), 출행부지상소(出行不至喪所), 역복지(亦服之)。운(云)「당사즉변질(當事則弁絰)」자(者), 위당대(謂當大)、소렴급빈(小斂及殯), 개변질야(皆弁絰也)。운(云)「대부상위역연(大夫相爲亦然)」자(者), 일여군위경대부동(一與君爲卿大夫同), 위기처강우대부(爲其妻降于大夫), 출즉부(出則否)。인지자(引之者), 정대부여명부상조복석최동야(証大夫與命婦相弔服錫衰同也)。

전왈(傳曰)：석자하야(錫者何也) 마지유석자야(麻之有錫者也)。석자(錫者), 십오승추기반(十五升抽其半), 무사기루(無事其縷), 유사기포(有事其布), 왈석(曰錫)。

위지석자(謂之錫者), 치기포(治其布), 사지활역야(使之滑易也)。석자(錫者), 부치기루(不治其縷), 애재내야(哀在內也)。시자부치기포(緦者不治其布), 애재외야(哀在外也)。군급경대부조사(君及卿大夫弔士), 수당사(雖當事), 피변석최이이(皮弁錫衰而已)。사지상조(士之相弔), 즉여붕우복의(則如朋友服矣), 의최소상(疑衰素裳), 범부인상조(凡婦人相弔), 길계무수(吉筓無首), 소총(素總)。

◆소(疏)

주(注)「위지(謂之)」지(至)「소총(素總)」。○석왈(釋曰)：문자선문기명(問者先問其名), 답운(答云)「마지유석자야(麻之有錫者也)」, 답이명(答以名)「석(錫)」지의(之意)。단언마자(但言麻者), 이마표포지루야(以麻表布之縷也), 우운(又云)「석자(錫者), 십오승추기반(十五升抽其半)」자(者), 이기루지다소여시동(以其縷之多少與緦同)。운(云)「무사기루(無事其縷), 유사기포(有事其布)」자(者), 사유치야(事猶治也), 위부치기루(謂不治其縷), 치기포(治其布), 이애재내(以哀在內), 고야(故也)。시즉치루(緦則治縷), 부치포(不治布), 애재외(哀在外), 이기왕위삼공륙경(以其王爲三公六卿), 중어기외제후고야(重於畿外諸侯也)。정운위지석자(鄭云謂之錫者), 치기포사지활역(治其布使之滑易), 이치해사(以治解事), 이활역해석(以滑易解錫), 위사석석연활역야(謂使錫錫然滑易也)。운(云)「군급경대부조사(君及卿大夫弔士), 수당사(雖當事), 피변석최이이(皮弁錫衰而已)」자(者), 시사경(是士輕), 무복변질지례(無服弁絰之禮), 유사무사개피변최이이(有事無事皆皮弁衰而已), 견기부족지의야(見其不足之意也)。약연(若然), 《문왕세자(文王世子)》주(注)：「제후위이성지사의최(諸侯爲異姓之士疑衰), 동성지사세최(同姓之士繐衰)。」금언사여대부우동석최자(今言士與大夫又同錫衰者), 차언여(此言與)《사상례(士喪禮)》주동(注同), 역시군어차사유사우지은자야(亦是君於此士有師友之恩者也)。운(云)「사지상조(士之相弔), 즉여붕우복의(則如朋友服矣)」자(者), 붕우마(朋友麻), 시붕우복야(是朋友服也)。상주사조복용의최소상(上注士弔服用疑衰素裳), 요수복마조(腰首服麻弔), 역붕우복야(亦朋友服也)。운(云)「범부인상조(凡婦人相弔), 길계무수(吉筓無首), 소총(素總)」자(者), 상문명부조어대부석최(上文命婦弔於大夫錫衰), 미해수복(未解首服), 지차내해지자(至此乃解之者), 부인조지수복무문(婦人弔之首服無文), 고특전석석최후(故特傳釋錫衰後), 하근(下近)「부인길계무수포총(婦人吉筓無首布總)」내해지(乃解之)。필지용길계무수소총자(必知用吉筓無首素總者), 하문녀자자위부모졸곡(下文女子子爲父母卒哭), 절길계지수(折吉筓之首), 포총(布總), 차조복용길계무수(此弔服用吉筓無首), 소총(素總)。우남자관(又男子冠), 부인계(婦人筓), 상대(相對), 부인상복(婦人喪服), 우계총상대(又筓總相對), 상주남자조용소관(上注男子弔用素冠), 고지부인조역길계무수(故知婦人弔亦吉筓無首), 소총야(素總也)。

여자자적인자위기부모(女子子適人者爲其父母), 부위구고(婦爲舅姑), 악계유수이좌(惡筓有首以髽)。졸곡(卒哭), 자절계수이계(子折筓首以筓), 포총(布總)。

언이좌(言以髽), 즉좌유저계자명의(則髽有著筓者明矣)。

◆소(疏)

주(注)「언이(言以)」지(至)「명의(明矣)」。○석왈(釋曰)：차이자개기복(此二者皆期服), 단부인이식사인(但婦人以飾事人), 시이수거상내(是以雖居喪內), 부가돈거수용(不可頓去修容), 고사악계이유수(故使惡笄而有首). 지졸곡(至卒哭), 녀자자애살귀어부씨(女子子哀殺歸於夫氏), 고절길계지수이저포총야(故折吉笄之首而著布總也). 안(案)《참최장(斬衰章)》「길계척이촌(吉笄尺二寸)」, 참최이전(斬衰以箭), 계장척(笄長尺). 《단궁(檀弓)》자최계역운척(齊衰笄亦云尺), 즉자최이하개여참동일척(則齊衰已下皆與斬同一尺), 부가경변(不可更變), 고절길계수이이(故折吉笄首而已). 기총(其總), 참최이륙승(斬衰已六升), 장륙촌(長六寸), 정주(鄭注) : 총륙승(總六升), 상관수(象冠數). 즉자최총역상관수(則齊衰總亦象冠數). 정복(正服), 자최관팔승(齊衰冠八升), 즉정자최총역팔승(則正齊衰總亦八升), 시이총장팔촌(是以總長八寸). 계총여참최장단위차(笄總與斬衰長短為差), 단계부가경변(但笄不可更變), 절기수총가경변(折其首總可更變), 의종대공총십승지포총야(宜從大功總十升之布總也). 언이좌칙좌유저계명의(言以髽則髽有著笄明矣), 정언차자(鄭言此者), 구유인해(舊有人解)《상복소기(喪服小記)》운(云)「남자면이부인좌(男子免而婦人髽), 면이무계(免而無笄), 칙좌역무계의(則髽亦無笄矣). 단면(但免)、좌자상대(髽自相對), 부득이부인여남자유계무계상대(不得以婦人與男子有笄無笄相對), 고정이경운(故鄭以經云)「악계(惡笄)」유수이좌(有首以髽), 좌계련언(髽笄連言), 즉좌유저계명의(則髽有著笄明矣).

전왈(傳曰) : 계유수자(笄有首者), 악계지유수야(惡笄之有首也). 악계자(惡笄者), 즐계야(櫛笄也). 절계수자(折笄首者), 절길계지수야(折吉笄之首也). 길계자(吉笄者), 상계야(象笄也). 하이언자절계수이불언부(何以言子折笄首而不言婦)종지야(終之也).

즐계자(櫛笄者), 이즐지목위계(以櫛之木為笄), 혹왈진계(或曰榛笄). 유수자(有首者), 약금시각루적두의(若今時刻鏤摘頭矣). 졸곡이상지대사필(卒哭而喪之大事畢), 녀자자가이귀어부가이저길계(女子子可以歸於夫家而著吉笄). 절기수자(折其首者), 위기대식야(為其大飾也). 길계존(吉笄尊), 변기존자(變其尊者), 부인지의야(婦人之義也). 거재부가(據在夫家), 의언부(宜言婦). 종지자(終之者), 종자도어부모지은(終子道於父母之恩).

◆소(疏)

주(注)「즐계(櫛笄)」지(至)「지은(之恩)」. ○석왈(釋曰) : 안기자운(案記自云)「악계지유수야(惡笄之有首也)」, 즉악계자유수명의(即惡笄自有首明矣). 이전경운(而傳更云)「계유수(笄有首)」, 중언지자(重言之者), 단악자(但惡者), 직목리조악(直木理粗惡), 비목지명(非木之名). 약연(若然), 참쇠계용전(斬衰笄用箭), 자최용즐(齊衰用櫛), 구시악(俱是惡). 전공명통어전(傳恐名通於箭), 고중첩언지(故重疊言之), 명부통어전(名不通於箭), 직위차자최즐목위악목야(直謂此齊衰櫛木為惡木也). 우운(又云)「악계자(惡笄者), 즐계야(櫛笄也)」자(者), 기첩부통전(既疊不通箭), 내석목명(乃釋木名), 고운즐목지계야(故云櫛木之笄也). 운(云)「절계수자(折笄首者), 절길계지수야(折吉笄之首也)」자(者), 이기절계수(以記折笄首), 문승악계지하(文承惡笄之下), 공절악계지수(恐折惡笄之首), 고전변지(故傳辨之). 이절수거식(以折首為飾), 부가이초상중시유수(不可以初喪重時有首), 지졸곡애살지후(至卒哭哀殺之後), 내경거수(乃更去首), 응경경중(應輕更重), 어의부가(於義不可). 고전이위초사악계유수(故傳以為初死惡笄有首), 지졸곡경저길계(至卒哭更著吉笄), 혐기대식(嫌其大飾), 내절거수이저지야(乃折去首而著之也). 우운(又云)「길계자(吉笄者), 상계야(象笄也)」자(者), 전명길시지계이상골위지(傳明吉時之笄以象骨為之), 거대부사이언(據大夫士而言). 안(案)《변사(弁師)》천자제후계개옥야(天子諸侯笄皆玉也). 정운(鄭云)「즐계자(櫛笄者), 이즐지목위계(以櫛之木為笄)」자(者), 차즐역비목명(此櫛亦非木名). 안(案)《옥조(玉藻)》운목(云沐)「즐용전즐(櫛用樿櫛), 발희용상즐(髮晞用象櫛)」, 정운(鄭云) :「전(樿), 백리목위즐(白理木為櫛).」즐즉소야(櫛即梳也), 이백리목위소즐야(以白理木為梳櫛也). 피전목여상즐상대(彼樿木與象櫛相對), 차즐계여상계상대(此櫛笄與象笄相對), 고정운즐계자이즐지목위계(故鄭云櫛笄者以櫛之木為笄). 운(云)「혹왈진계(或曰榛笄)」자(者), 안(案)《단궁(檀弓)》운(云) :「남궁도지처지고지상(南宮縚之妻之姑之喪), 부자회지좌(夫子誨之髽), 왈(曰) : 이무종종이(爾毋從從爾), 이무호호이(爾毋扈扈爾). 개진이위계(蓋榛以為笄), 장척이총팔촌(長尺而總八寸).」피위고용진목위계(彼為姑用榛木為笄), 차역부인위고(此亦婦人為姑), 여피동(與彼同). 단차용전목(但此用樿木), 피용즐목(彼用櫛木), 부동이(不同耳). 개이목구용(蓋二木俱用), 고정량존지야(故鄭兩存之也). 운(云)「계유수자(笄有首者), 약금각루적두의(若今刻鏤摘頭矣)」, 정시적두지물각루위지(鄭時摘頭之物刻鏤為之), 차계역재두(此笄亦在頭), 이거수위대식(而去首為大飾), 명수역각루지(明首亦刻鏤之), 고거한법황지야(故舉漢法況之也). 운(云)「졸곡이상지대사필(卒哭而喪之大事畢), 녀자자가이귀어부가(女子子可以歸於夫家)」자(者), 단이출적녀자여재가부구저악계(但以出適女子與在家婦俱著惡笄), 부부언졸곡절길계수(婦不言卒哭折吉笄首), 녀자자즉언절길계지수(女子子即言折吉笄之首), 명녀자자유소위(明女子子有所為), 고독절계수이(故獨折笄首耳). 소위자(所為者), 이녀자외성(以女子外成), 기이애살사인(既以哀殺事人), 가이가용(可以加容), 고저길계(故著吉笄), 잉위대식(仍為大飾), 절거기수(折去其首), 고이귀어부가해지(故以歸於夫家解之). 약연(若然), 《상대기(喪大記)》운녀자자(云女子子)「기련이귀(既練而歸)」, 여차주위자(與此注違者), 피소상(彼小

祥), 귀시기정법(歸是其正法), 차귀자(此歸者), 용유고허지귀(容有故許之歸), 고운(故云)「가이(可以)」, 권허지이(權許之耳)。운(云)「길계존(吉筓尊), 변기존자부인지의야(變其尊者婦人之義也)」, 부인지사인(婦人之事人), 부가돈흉거상(不可頓凶居喪), 부가진식(不可盡飾), 고저길계(故著吉筓), 우절계수(又折筓首), 시부인사인지의(是婦人事人之義), 이어남자야(異於男子也)。약연(若然), 안(案)《복문(服問)》운(云):「남자중수(男子重首), 부인중요(婦人重要)。」차운계존자(此云筓尊者), 피남녀상대(彼男女相對), 고운부인중요(故云婦人重要)。약부인부동(若婦人不同), 대남자(對男子), 연역시상체존어하체(然亦是上體尊於下體)。고운계존야(故云筓尊也)。운(云)「거재부가(據在夫家), 의언부(宜言婦)」자(者), 전해기문녀자적인유운(傳解記文女子適人猶云)「자절계수(子折筓首)」。운(云)「종지자(終之者), 종자도어부모지은(終子道於父母之恩)」자(者), 자대부모생칭부대구고립명(子對父母生稱父對舅姑立名), 출적응칭부(出適應稱婦), 고수출적유칭자(故雖出適猶稱子), 종초미출적지은야(終初未出適之恩也)。

첩위녀군(妾爲女君)、군지장자(君之長子), 악계유수(惡筓有首), 포총(布總)。

◆소(疏)

석왈(釋曰):첩위녀군지복(妾爲女君之服), 득여녀군동(得與女君同), 위장자역삼년(爲長子亦三年)。단위정경(但爲情輕), 고여상문부사구고자최동(故與上文婦事舅姑齊衰同), 악계유수(惡筓有首), 포총야(布總也)。

범최(凡衰), 외삭폭(外削幅)。상(裳), 내삭폭(內削幅), 폭삼구(幅三袧)。

삭유살야(削猶殺也)。대고관포의포(大古冠布衣布), 선지위상(先知爲上), 외살기폭(外殺其幅), 이편체야(以便體也)。후지위하(後知爲下), 내살기폭(內殺其幅), 초유식야(稍有飾也)。후세성인역지(後世聖人易之), 이차위상복(以此爲喪服)。구자(袧者), 위피량측(謂辟兩側), 공중앙야(空中央也)。제복조복(祭服朝服), 피적무수(辟積無數)。범상(凡裳), 전삼폭(前三幅), 후사폭야(後四幅也)。

◆소(疏)

○석왈(釋曰):자차이하진(自此已下盡)「거척이촌(袪尺二寸)」, 기인기최상지제(記人記衰裳之制), 용포다소(用布多少), 척촌지수야(尺寸之數也)。운(云)「범(凡)」자(者), 총오복이언(總五服而言), 고운범이해지(故云凡以該之)。운(云)「최외삭폭(衰外削幅)」자(者), 위봉지변폭향외(謂縫之邊幅向外)。「상내삭폭(裳內削幅)」자(者), 역위봉지변폭향내(亦謂縫之邊幅向內)。운(云)「폭삼구(幅三袧)」자(者), 거상이언(據裳而言), 위상지법(爲裳之法), 전삼폭후사폭(前三幅後四幅), 폭개삼피(幅皆三辟), 섭지이기칠폭(攝之以其七幅), 포폭이척이촌(布幅二尺二寸), 폭개량반각거일촌(幅皆兩畔各去一寸), 위삭폭칙이칠십사척(爲削幅則二七十四尺)。약부피적(若不辟積), 기요중즉속신부득취(其腰中則束身不得就), 고수피적기요중야(故須辟積其腰中也)。요중광협(腰中廣狹), 재인조세(在人粗細), 고구지(故袧之)。피섭역부언촌수다소(辟攝亦不言寸數多少), 단폭별이삼위한이(但幅別以三爲限耳)。정운(鄭云)「대고관포의포(大古冠布衣布)」자(者), 안(案)《예기(禮記)·교특생(郊特牲)》운(云):「대고관포(大古冠布), 자칙치지(齊則緇之)。」정주운(鄭注云):「당우이상왈대고야(唐虞以上曰大古也)。」시대고관포의포야(是大古冠布衣布也)。운(云)「선지위상(先知爲上), 외살기폭(外殺其幅), 이편체야(以便體也)。후지위하(後知爲下), 내살기폭(內殺其幅), 초유식야(稍有飾也)」자(者), 차역당우이상(此亦唐虞已上), 황제이하(黃帝已下), 고(故)《예운(禮運)》운(云):「미유마사(未有麻絲), 의기우피(衣其羽皮)。」위황제이전(謂黃帝已前)。하문운후성유작(下文云後聖有作), 「치기사마(治其絲麻), 이위포백(以爲布帛)」。후성위황제(後聖謂黃帝), 시황제시유포백(是黃帝始有布帛), 시시선지위상(是時先知爲上), 후지위하(後知爲下), 편체자(便體者), 변폭향외(邊幅向外), 어체편유식자(於體便有飾者), 변폭향내(邊幅向內), 관지미야(觀之美也)。운(云)「후세성인역지(後世聖人易之), 이차위상복(以此爲喪服)」자(者), 우안(又案)《교특생(郊特牲)》운치포관(云緇布冠), 「관이폐지가야(冠而敝之可也)」, 주(注):「차중고이관지이(此重古而冠之耳)。삼대개제(三代改制), 제관부복용야(齊冠不復用也)。이백포관질(以白布冠質), 이위상관야(以爲喪冠也)。」이차언지(以此言之), 당우이하(唐虞以下), 관의개백포(冠衣皆白布), 길흉동(吉凶同), 제즉치지(齊則緇之), 귀신상유암(鬼神尚幽闇)。삼대개제자(三代改制者), 경제모추(更制牟追)、장보(章甫)、위모(委貌), 위행도조복지관(爲行道朝服之冠)。치포관(緇布冠), 삼대장위시관지관(三代將爲始冠之冠), 백포관질(白布冠質), 삼대위상관야(三代爲喪冠也)。약연(若然), 차후세성인지하우신야(此後世聖人指夏禹身也), 이기삼대최선고야(以其三代最先故也)。운(云)「구자위피량측(袧者謂辟兩側), 공중앙야(空中央也)」자(者), 안(案)《곡례(曲禮)》「이포수치자(以脯脩置者), 좌구우미(左朐右末)」, 정운(鄭云):「굴중운구(屈中云朐)。」즉차언구자(則此言袧者), 역시굴중지칭(亦是屈中之稱)。일폭범삼처출지(一幅凡三處出之), 피량변상저(辟兩邊相著), 자연중앙공의(自然中央空矣), 폭별개연야(幅別皆然也)。운(云)「제복조(祭服朝

복(祭服朝服), 피적무수(辟積無數)」자(者), 조복위제후여기신이현관복위조복(朝服謂諸侯與其臣以玄冠服爲朝服), 천자여기신이피변복위조복(天子與其臣以皮弁服爲朝服). 제복자(祭服者), 륙면여작변위제복(六冕與爵弁爲祭服). 부운현단(不云玄端), 역시사가제복중겸지(亦是士家祭服中兼之). 범복유심의(凡服唯深衣), 장의지등(長衣之等), 륙폭파위십이폭(六幅破爲十二幅), 협두향상(狹頭向上), 부수피적(不須辟積). 기실요간이외(其實腰間已外), 개피적무수(皆辟積無數), 사상관삼피적(似喪冠三辟積), 길관피적무수야(吉冠辟積無數也). 연(然)「범상(凡裳), 전삼폭(前三幅), 후사폭(後四幅)」자(者), 전위양(前爲陽), 후위음(後爲陰), 고전삼후사(故前三後四), 각상음양야(各象陰陽也). 유심의지등(唯深衣之等), 련의상십이폭(連衣裳十二幅), 이상십이월야(以象十二月也).

약재(若齊), 상내최외(裳內衰外).

재(齊), 집야(緝也). 범오복지최(凡五服之衰), 일참사집(一斬四緝). 집상자(緝裳者), 내전지(內展之). 집최자(緝衰者), 외전지(外展之).

◆소(疏)

주(注)「자집(齊緝)」지(至)「전지(展之)」. ○석왈(釋曰) : 거상제참오장(據上齊斬五章), 유일참사제(有一斬四齊). 차거사제이언(此據四齊而言), 부일참자(不一斬者), 상문이론오복최상(上文已論五服衰裳), 봉지외내(縫之外內), 참최상역재기중(斬衰裳亦在其中). 차거최상지하(此據衰裳之下), 집지용침공자(緝之用針功者), 참최부제(斬衰不齊), 무침공(無針功), 고부언야(故不言也). 「약(若)」언자(言者), 부정사(不定辭), 이기상유참(以其上有斬), 부자(不齊), 고운약야(故云若也). 언(言)「상내최외(裳內衰外)」자(者), 상언최외삭폭(上言衰外削幅), 차자환향외전지(此齊還向外展之), 상언상내삭폭(上言裳內削幅), 차제환향내전지(此齊還向內展之), 병순상외내이집지(並順上外內而緝之). 차선언상자(此先言裳者), 범자거하상이집지(凡齊據下裳而緝之), 상재하(裳在下), 고선언상(故先言裳), 순상하야(順上下也). 정운(鄭云)「제(齊), 집야(緝也)」자(者), 거상전이언지야(據上傳而言之也). 운(云)「범오복지최(凡五服之衰), 일참사집(一斬四緝)」자(者), 위자최지총마병자(謂齊衰至總麻並齊), 제기유침공(齊既有針功), 시지명즉몰(緦之名則沒), 거제명(去齊名), 역자가지야(亦齊可知也). 언(言)「전지(展之)」자(者), 약금역선전흘(若今亦先展訖), 내행침공자야(乃行針功者也).

부(負), 광출어적촌(廣出於適寸).

부(負), 재배상자야(在背上者也). 적(適), 피령야(辟領也). 부출어피령외방일촌(負出於辟領外旁一寸).

◆소(疏)

주(注)「부재(負在)」지(至)「일촌(一寸)」. ○석왈(釋曰) : 이일방포치어배상(以一方佈置於背上), 상반봉저령(上畔縫著領), 하반수방지(下畔垂放之), 이재배상(以在背上), 고득부명(故得負名). 적피령(適辟領), 즉하문적야(即下文適也), 출어피령외방일촌(出於辟領外旁一寸), 총척팔촌야(總尺八寸也).

적(適), 박사촌(博四寸), 출어최(出於衰).

박(博), 광야(廣也). 피령광사촌(辟領廣四寸), 즉여활중팔촌야(則與闊中八寸也). 량지위척륙촌야(兩之爲尺六寸也). 출어최자(出於衰者), 방출최외(旁出衰外), 부저촌수자(不著寸數者), 가지야(可知也).

◆소(疏)

주(注)「박광(博廣)」지(至)「지야(知也)」. ○석왈(釋曰) : 차피령광사촌(此辟領廣四寸), 거량상이언(據兩相而言). 운(云)「출어최(出於衰)」자(者), 위비흉전최이언출야(謂比胸前衰而言出也). 운(云)「박(博), 광야(廣也)」자(者), 약언박(若言博), 박시관협지칭(博是寬狹之稱), 상하량방구명위박(上下兩旁俱名爲博). 약언광(若言廣), 즉유거회활이언(則唯據橫闊而言). 금차적사촌거횡(今此適四寸據橫), 고박위광(故博爲廣), 견차의언(見此義焉). 운(云)「피령(辟領), 광사촌(廣四寸)」자(者), 거항지량상향외각광사촌(據項之兩相向外各廣四寸). 운(云)「즉여활중팔촌야(則與闊中八寸也)」자(者), 위량신당봉(謂兩身當縫), 중앙총활팔촌(中央總闊八寸), 일변유사촌(一邊有四寸), 병피령사촌(並辟領四寸), 위팔촌(爲八寸). 운(云)「량지위척륙촌야(兩之爲尺六寸也)」자(者), 일상활여피령팔촌(一相闊與辟領八寸), 고량지총일척륙촌(故兩之總一尺六寸). 운(云)「출어최자(出於衰者), 방출최외(旁出衰外)」자(者), 이량방피령(以兩旁辟領), 향전망최지외야(向前望衰之外也). 운(云)「부저촌수자가지야(不著寸數者可知也)」자(者), 이최광사촌(以衰廣四寸), 피령횡광총척륙촌(辟領橫廣總尺六寸), 제중앙사촌당최(除中央四寸當衰), 최외량방각출최륙촌(衰外兩旁各出衰六寸), 고운부저촌수가지야(故云不著寸數可知也).

최(衰), 장륙촌(長六寸), 박사촌(博四寸).

광무당심야(廣袤當心也), 전유최(前有衰), 후유부판(後有負版), 좌우유피령(左右有辟領), 효자애척무소부재(孝子哀戚無所不在)。

◆소(疏)

주(注)「광무(廣袤)」지(至)「부재(不在)」。○석왈(釋曰)：무(袤), 장야(長也), 거상하이언야(據上下而言也)。철어외금지상(綴於外衿之上), 고득광장당심(故得廣長當心)。운(云)「전유최(前有衰), 후유부판(後有負版)」자(者), 위부광출어적촌(謂負廣出於適寸), 급쇠장륙촌(及衰長六寸), 박사촌(博四寸)。운(云)「좌우유피령(左右有辟領)」자(者), 위좌우각사촌(謂左右各四寸)。운(云)「효자애척무소부재(孝子哀戚無所不在)」자(者), 이최지언최(以衰之言摧), 효자유애최지지(孝子有哀摧之志), 부재배상자(負在背上者), 하부기비애재배야(荷負其悲哀在背也)。운(云)「적(適)」자(者), 이애척지정(以哀戚之情), 지적연어부모(指適緣於父母), 부겸념여사(不兼念餘事), 시기사처개유비통(是其四處皆有悲痛), 시무소부재야(是無所不在也)。

의대(衣帶), 하척(下尺)。

의대하척자(衣帶下尺者), 요야(要也)。광척(廣尺), 족이엄상상제야(足以掩裳上際也)。

◆소(疏)

주(注)「의대(衣帶)」지(至)「제야(際也)」。○석왈(釋曰)：위의요야(謂衣腰也)。운(云)「의(衣)」자(者), 즉최야(即衰也), 단최시당심광사촌자(但衰是當心廣四寸者), 취기애최재어편체(取其哀摧在於偏體), 고의일명위최(故衣一名為衰)。금차운거재상왈의(今此云據在上曰衣), 거기실칭(舉其實稱)。운(云)「대(帶)」자(者), 차위대의지대(此謂帶衣之帶), 비대대(非大帶)、혁대자야(革帶者也)。운(云)「의대하척자(衣帶下尺者)」, 거상하활일척(據上下闊一尺), 약횡이언지(若橫而言之), 부저척촌자(不著尺寸者), 인유조세(人有粗細), 취족위한야(取足為限也)。운(云)「족이엄상상제야(足以掩裳上際也)」자(者), 약무요(若無腰), 즉의여상지교제지간(則衣與裳之交際之間), 로견표의(露見表衣), 유요즉부로견(有腰則不露見), 고운엄상상제야(故云掩裳上際也)。언상제자(言上際者), 대량방유임(對兩旁有衽), 엄방량상하제야(掩旁兩廂下際也)。

임(衽), 이척유오촌(二尺有五寸)。

임(衽), 소이엄상제야(所以掩裳際也)。이척오촌(二尺五寸), 여유사신제야(與有司紳齊也)。상정일척(上正一尺), 연미이척오촌(燕尾二尺五寸), 범용포삼척오촌(凡用布三尺五寸)。

◆소(疏)

주(注)「임소(衽所)」지(至)「오촌(五寸)」。○석왈(釋曰)：운(云)「엄상제야(掩裳際也)」자(者), 대상요이언(對上腰而言), 차엄상량상하제부합처야(此掩裳兩廂下際不合處也)。운(云)「이척오촌(二尺五寸), 여유사신자야(與有司紳齊也)」자(者), 《옥조(玉藻)》문(文)。안피사이상(案彼士已上), 대대수지개삼척(大帶垂之皆三尺), 우운유사이척유오촌(又云有司二尺有五寸), 위부사신즉대대야(謂府史紳即大帶也)。신(紳), 중야(重也), 굴이중(屈而重), 고왈신(故曰紳)。차단수지이척오촌(此但垂之二尺五寸), 고왈여유사신제야(故曰與有司紳齊也)。운(云)「상정일척(上正一尺)」자(者), 취포삼척오촌(取布三尺五寸), 광일폭(廣一幅), 류상일척위정(留上一尺為正)。정자(正者), 정방부파지언야(正方不破之言也)。일척지하(一尺之下), 종일반방입륙촌(從一畔旁入六寸), 내향하(乃向下), 사향하일반일척오촌(邪向下一畔一尺五寸), 거하반역륙촌(去下畔亦六寸), 횡단지(橫斷之), 유하일척위정(留下一尺為正)。여시(如是), 칙용포삼척오촌(則用布三尺五寸), 득량조임(得兩條衽), 임각이척오촌(衽各二尺五寸), 량조공용포삼척오촌야(兩條共用布三尺五寸也)。연후량방개철어의(然後兩旁皆綴於衣), 수지향하엄상제(垂之向下掩裳際), 차위남자지복(此謂男子之服)。부인칙무(婦人則無), 이기부인지복련의상(以其婦人之服連衣裳), 고정상(故鄭上)《참장(斬章)》주운부인지복(注云婦人之服)「여심의칙쇠무대(如深衣則衰無帶), 하우무임(下又無衽)」시야(是也)。

메(袂), 속폭(屬幅)。

속유련야(屬猶連也)。연폭(連幅), 위부삭(謂不削)。

◆소(疏)

주(注)「속유(屬猶)」지(至)「부삭(不削)」。○석왈(釋曰)：속폭자(屬幅者), 위정폭이척이촌(謂整幅二尺二寸), 범용포위의물급사후(凡用布為衣物及射侯), 개거변폭일촌(皆去邊幅一寸), 위봉살(為縫殺), 금차속련기폭(今此屬連其幅), 즉부삭거기변폭(則不削去其邊幅), 취정폭위메(取整幅為袂)。필부삭폭자(必不削幅者), 욕취여하문의이척이촌동(欲取與下文衣二尺二寸同), 종횡개이척이촌(縱橫皆二尺二寸), 정방자야(正方者也)。고(故)《심의(深衣)》운(云)「메중가이운주(袂中可以運肘)」, 이척이촌역족이운주야(二尺二寸亦足以運肘)

二寸亦足以運肘也)。

의(衣), 이척유이촌(二尺有二寸)。

차위몌중야(此謂袂中也)。언의자(言衣者), 명여신참자(明與身參齊)。이척이촌(二尺二寸), 기수족이용중인지굉야(其袖足以容中人之肱也)。의자령지요이척이촌(衣自領至要二尺二寸), 배지사척사촌(倍之四尺四寸), 가활중팔촌(加闊中八寸), 이우배지(而又倍之), 범의용포일장사촌(凡衣用布一丈四寸)。

◆소(疏)

주(注)「차위(此謂)」지(至)「사촌(四寸)」。○석왈(釋曰): 운(云)「차위몌중야(此謂袂中也)」자(者), 상운몌(上云袂), 거종신향거이언(據從身向袪而言), 차의거종상향액하이언(此衣據從上向掖下而言)。운(云)「언의자(言衣者), 명여신참자(明與身參齊)」자(者), 몌소이련의위지(袂所以連衣爲之), 의즉신야(衣即身也), 량방몌여중앙신총삼사(兩旁袂與中央身總三事), 하여반개등(下與畔皆等), 고변몌언의(故變袂言衣), 욕견몌여의자참야(欲見袂與衣者參也), 고운여신참제(故云與身參齊)。운(云)「이척이촌(二尺二寸), 기수족이용중인지굉야(其袖足以容中人之肱也)」자(者), 안(案)《심의(深衣)》운몌중(云袂中)「가이운주(可以運肘)」, 정주운(鄭注云): 「주부능부출입(肘不能不出入)。」피운주(彼云肘), 차운굉야(此云肱也)。범수족지도(凡手足之度), 정개거중인위법(鄭皆據中人爲法), 고운중인야(故云中人也)。운(云)「의자령이하(衣自領已下)」운운자(云云者), 정욕계의지용포다소지수(鄭欲計衣之用布多少之數), 자령지요개이척이촌자(自領至腰皆二尺二寸者), 의신유전후(衣身有前後), 금차거일상이언(今且據一相而言), 고운의이척이촌(故云衣二尺二寸), 배지위사척사촌(倍之爲四尺四寸), 총전후계지(總前後計之), 고운(故云)「배지위사척사촌(倍之爲四尺四寸)」야(也)。운(云)「가궐중팔촌(加闊中八寸)」자(者), 궐중위궐거중앙안항처(闊中謂闊去中央安項處), 당봉량상총궐거팔촌(當縫兩相總闊去八寸), 약거일상(若去一相), 정거사촌(正去四寸), 약전후거장이언(若前後據長而言), 즉일상각장팔촌(則一相各長八寸), 통전량신사척사촌(通前兩身四尺四寸), 총오척이촌야(總五尺二寸也)。운(云)「이우배지(而又倍之)」자(者), 경이일상오척이촌(更以一相五尺二寸), 병계지(並計之), 고운우배지(故云又倍之)。운(云)「범의용포일장사촌(凡衣用布一丈四寸)」자(者), 차유계신(此唯計身), 부계몌여거(不計袂與袪), 급부임지등자(及負衽之等者), 피당장척촌자견(彼當丈尺寸自見), 우유부전폭자(又有不全幅者), 고개부언야(故皆不言也)。

거(袪), 척이촌(尺二寸)。

거(袪), 수구야(袖口也)。척이촌(尺二寸), 족이용중인지병량수야(足以容中人之併兩手也)。길시공상좌수(吉時拱尚左手), 상시공상우수(喪時拱尚右手)。

◆소(疏)

○석왈(釋曰): 운(云)「거(袪), 수구야(袖口也)」자(者), 즉몌말접거자야(則袂末接袪者也)。운(云)「척이촌(尺二寸)」자(者), 거복섭이언(據複攝而言), 위지즉이척사촌(圍之則二尺四寸), 여심의지거동(與深衣之袪同), 고운(故云)「척이촌(尺二寸), 족이용중인지병량수(足以容中人之并兩手)」야(也)。「길시공상좌수(吉時拱尚左手), 상시공상우수(喪時拱尚右手)」자(者), 안(案)《단궁(檀弓)》운(云): 「공자극갑인립(孔子極閵人立), 공이상우(拱而尚右)。이삼자역개상우(二三子亦皆尚右)。공자왈(孔子曰): 아칙유자지상고야(我則有姊之喪故也)。이삼자개상좌(二三子皆尚左)。」정운(鄭云): 「복(復), 정야(正也)。상상우(喪尚右), 우(右), 음야(陰也)。길상좌(吉尚左), 좌(左), 양야(陽也)。」시기길시공상좌(是其吉時拱尚左), 상시공상우야(喪時拱尚右也)。부언연지심천(不言緣之深淺)、척촌자(尺寸者), 거거횡이언(袪據橫而言), 거횡기여심의지척이촌(袪橫既與深衣尺二寸), 동연구심천(同緣口深淺), 역여심의동촌반가지(亦與深衣同寸半可知), 고기인략부언야(故記人略不言也)。

최삼승(衰三升), 삼승유반(三升有半)。기관륙승(其冠六升)。이기관위수(以其冠爲受), 수관칠승(受冠七升)。

최(衰), 참최야(斬衰也)。혹왈삼승반자(或曰三升半者), 의복야(義服也)。기관륙승(其冠六升), 자최지하야(齊衰之下也)。참최정복(斬衰正服), 변이수지차복야(變而受之此服也)。삼승(三升), 삼승반(三升半), 기수관개동(其受冠皆同), 이복지존(以服至尊), 의소차야(宜少差也)。

◆소(疏)

주(注)「최참(衰斬)」지(至)「차야(差也)」。○석왈(釋曰): 자차지편말(自此至篇末), 개론최관승수다소야(皆論衰冠升數多少也)。이기정경언참여자최(以其正經言斬與齊衰), 급대공(及大功)、소공(小功)、시마지등(緦麻之等), 병부언포지승수다소(並不言布之升數多少), 고기지야(故記之也)。운(云)「최삼승(衰三升), 삼승유반(三升有半), 기관륙승(其冠六升)」자(者), 최이관동자(衰異冠同者), 이기삼승반(以其三升半), 위루여삼승반(謂縷如三升半), 성포환삼승(成布還三升), 고기관동륙승야(故其冠同六升也)。운(云)

「이기관위수(以其冠爲受), 수관칠승(受冠七升)」자(者), 거지우변마복갈시(據至虞變麻服葛時), 경이초사지관륙승포위최(更以初死之冠六升布爲衰), 경이칠승포위관(更以七升布爲冠), 이기장후애살(以其葬後哀殺), 최관역수이변경고야(衰冠亦隨而變輕殺也). 운(云)「최(衰), 참최야(斬衰也)」자(者), 총이최개재(總二衰皆在)《참최장(斬衰章)》야(也). 운(云)「혹왈삼승반자(或曰三升半者), 의복야(義服也)」자(者), 이기(以其)《참장(斬章)》유정(有正)、의(義), 자위부(子爲父), 부위장자(父爲長子), 처위부지등(妻爲夫之等), 시정참(是正斬). 운제후위천자(云諸侯爲天子), 신위군지등(臣爲君之等), 시의참(是義斬). 차삼승반실시의복(此三升半實是義服), 단무정문(但無正文), 고인혹인소해위정야(故引或人所解爲証也). 상장자하전역직운최삼승관륙승(上章子夏傳亦直云衰三升冠六升), 역거정참이언(亦據正斬而言). 부언의복자(不言義服者), 욕견의복성포동삼승고야(欲見義服成布同三升故也). 운(云)「륙승(六升), 자최지하야(齊衰之下也)」자(者), 자최지강복사승(齊衰之降服四升), 정복오승(正服五升), 의복륙승(義服六升), 이기륙승시의복(以其六升是義服), 고운(故云)「하(下)」야(也). 운(云)「참최정복(斬衰正服), 변이수지차복야(變而受之此服也)」자(者), 하주운(下注云)「중자경지고야(重者輕之故也)」. 운(云)「삼승(三升), 삼승반(三升半), 기수관자동(其受冠者同), 이복지존(以服至尊), 의소차야(宜少差也)」자(者), 이부여군존등(以父與君尊等), 은정칙별(恩情則別), 고은심자삼승(故恩深者三升), 은천자삼승반(恩淺者三升半), 성포환삼승(成布還三升), 고운소차야(故云少差也).

자최사승(齊衰四升), 기관칠승(其冠七升)。이기관위수(以其冠爲受), 수관팔승(受冠八升)。

언수이대공지상야(言受以大功之上也). 차위위모복야(此謂爲母服也). 자최정복오승(齊衰正服五升), 기관팔승(其冠八升). 의복륙승(義服六升), 기관구승(其冠九升). 역이기관위수(亦以其冠爲受). 범부저지자(凡不著之者), 복지수주어부모(服之首主於父母).

◆소(疏)

주(注)「언수(言受)」지(至)「부모(父母)」. ○석왈(釋曰) : 차거부졸위모자최삼년이언야(此據父卒爲母齊衰三年而言也). 운(云)「언수이대공지상야(言受以大功之上也)」자(者), 이기강복(以其降服), 대공최칠승(大功衰七升) ; 정복(正服), 대공최팔승(大功衰八升), 고운대공지상(故云大功之上). 운(云)「차위위모복야(此謂爲母服也)」자(者), 거부졸위모이언(據父卒爲母而言), 약부재위모(若父在爲母), 재정복자최전이해흘(在正服齊衰前已解訖). 운(云)「자최정복오승(齊衰正服五升), 기관팔승(其冠八升), 의복륙승(義服六升), 기관구승(其冠九升), 역이기관위수(亦以其冠爲受), 범부저지자(凡不著之者), 복지수주어부모(服之首主於父母)」자(者), 상참언삼승주어부(上斬言三升主於父), 차언사승주어모(此言四升主於母), 정복이하경(正服以下輕), 고부언종가지야(故不言從可知也).

세최사승유반(繐衰四升有半), 기관팔승(其冠八升)。

차위제후지대부위천자세최야(此謂諸侯之大夫爲天子繐衰也). 복재소공지상자(服在小功之上者), 욕저기루지정조야(欲著其繐之精粗也). 승수재자최지중자(升數在齊衰之中者), 부감이형제지복복지존야(不敢以兄弟之服服至尊也).

◆소(疏)

주(注)「차위(此謂)」지(至)「존야(尊也)」. ○석왈(釋曰) : 운(云)「제후지대부위천자세최야(諸侯之大夫爲天子繐衰也)」자(者), 시정경문야(是正經文也). 운(云)「복재소공지상자(服在小功之上者), 욕저기루지정조야(欲著其繐之精粗也)」자(者), 거승수합재장기상(據升數合在杖期上), 이기승수수소(以其升數雖少), 이루정조여소공동(以繐精粗與小功同), 부득재장기상(不得在杖期上), 고재소공지상야(故在小功之上也). 운(云)「승수재자최지중자(升數在齊衰之中者), 부감이형제지복복지존야(不敢以兄弟之服服至尊也)」자(者), 거루여소공(據繐如小功), 소공이하내시형제(小功已下乃是兄弟), 고운부감이형제지복복지존(故云不敢以兄弟之服服至尊). 지존(至尊), 즉천자시야(則天子是也).

대공팔승(大功八升), 약구승(若九升)。소공십승(小功十升), 약십일승(若十一升)。

차이소공수대공지차야(此以小功受大功之差也). 부언칠승자(不言七升者), 주어수복(主於受服), 욕기문상치(欲其文相値), 언복강이재대공자최칠승(言服降而在大功者衰七升), 정복최팔승(正服衰八升), 기관개십승(其冠皆十升). 의복구승(義服九升), 기관십일승(其冠十一升). 역개이기관위수야(亦皆以其冠爲受也). 참최수지이하대공(斬衰受之以下大功), 수지이정자(受之以正者), 중자경지(重者輕之), 경자종례(輕者從禮), 성인지의연야(聖人之意然也). 기강이재소공자(其降而在小功者), 최십승(衰十升), 정복최십일승(正服衰十一升), 의복최십이승(義服衰十二升), 개이즉갈급시마무수야(皆以即葛及緦麻無受也). 차대공부언수자(此大功不言受者), 기장기저지(其章既著之)

著之)。

◆소(疏)

주(注)「차이(此以)」지(至)「저지(著之)」。○석왈(釋曰) : 운(云)「차이소공수대공지차야(此以小功受大功之差也)」자(者), 이기소공(以其小功)、대공구유삼등(大功俱有三等), 차유각언이등(此唯各言二等), 고운차이소공수대공지차야(故云此以小功受大功之差也)。이차이소공최(以此二小功衰), 최수이대공지관(衰受二大功之冠), 위최이대공(爲衰二大功), 초사(初死), 관환용이소공지최(冠還用二小功之衰), 고전상수야(故轉相受也)。운(云)「부언칠승자(不言七升者), 주어수복(主於受服), 욕기문상치(欲其文相値)」자(者), 이기칠승내시상대공(以其七升乃是殤大功), 《상대공장(殤大功章)》운(云)「무수(無受)」, 차주어수(此主於受), 고부언칠승자야(故不言七升者也)。운욕기문상치(云欲其文相値), 치자(値者), 당야(當也), 이기정대공최팔승(以其正大功衰八升), 관십승(冠十升), 여강복소공최십승동(與降服小功衰十升同);기장(既葬), 수최십승(受衰十升), 관십일승(冠十一升), 의복(義服), 대공최구승(大功衰九升), 기관십일승(其冠十一升), 여정복소공최동(與正服小功衰同);기장(既葬), 이기관위수(以其冠爲受), 수최십일승(受衰十一升), 관십이승(冠十二升), 초사(初死), 관개여소공최상당(冠皆與小功衰相當), 고운문상치야(故云文相値也)。시관최지문상치(是冠衰之文相値)。운(云)「언복강이재대공자최칠승(言服降而在大功者衰七升), 정복최팔승(正服衰八升), 기관개십승(其冠皆十升), 의복구승(義服九升), 기관십일승(其冠十一升), 역개이기관위수야(亦皆以其冠爲受也)」, 정언차자(鄭言此者), 기해위문상치(既解爲文相値), 우복해문상치지사(又覆解文相値之事)。약연(若然), 강복기무수(降服既無受), 이역복언지자(而亦覆言之者), 욕견대공정복여강복관승수동지의(欲見大功正服與降服冠升數同之意)。필관동자(必冠同者), 이기자일참급사제(以其自一斬及四齊), 최여강대공관개교최삼등(衰與降大功冠皆校衰三等), 급지정대공최팔승(及至正大功衰八升), 관십승(冠十升), 관여강대공동상교이등자(冠與降大功同上校二等者), 약부진정대공관여강동(若不進正大功冠與降同), 칙관의십일승(則冠宜十一升)。의대공최구승자(義大功衰九升者), 관의십이승(冠宜十二升), 즉소공시마관최동(則小功總麻冠衰同), 즉강소공최관당십이승(則降小功衰冠當十二升), 정복소공관최동십삼승(正服小功冠衰同十三升), 의복소공당관최십사승(義服小功當冠衰十四升), 시마관최당십오승(總麻冠衰當十五升), 십오승즉여조복십오승동(十五升即與朝服十五升同), 여길무별(與吉無別)。고성인지의(故聖人之意), 진정대공관여강대공동(進正大功冠與降大功同), 즉시마부지십오승(則總麻不至十五升)。약연(若然), 정복대공부진지(正服大功不進之), 사의복소공지십사승(使義服小功至十四升), 시마십오승추기반(總麻十五升抽其半), 기부득위시호(豈不得爲總乎),연자(然者), 약사의복소공십사승(若使義服小功十四升), 즉여의쇠동(則與疑衰同), 비오복지차고야(非五服之差故也)。우운(又云)「참최수지이하대공(斬衰受之以下大功), 수지이정자(受之以正者), 중자경지(重者輕之), 경자종례(輕者從禮), 성인지의연야(聖人之意然也)」자(者), 성인지의(聖人之意), 중자공지멸성(重者恐至滅性), 고억지(故抑之), 수지이경복(受之以輕服)、의복(義服), 자최륙승시야(齊衰六升是也)。경자종례자(輕者從禮者), 정대공팔승(正大功八升), 관십승(冠十升), 기장(既葬), 최십승(衰十升), 수이강복소공의복(受以降服小功義服), 대공최구승(大功衰九升), 관십일승(冠十一升)。기장(既葬), 최십일승(衰十一升), 수이정복소공이등(受以正服小功二等), 대공개부수(大功皆不受), 이의복소공시종례야(以義服小功是從禮也), 시성인유차억양지의야(是聖人有此抑揚之義也)。운(云)「기강이재소공자(其降而在小功者), 최십승(衰十升), 정복최십일승(正服衰十一升), 의복최십이승(義服衰十二升), 개이즉갈급시마무수(皆以即葛及總麻無受)」자(者), 차정운개이즉갈급무수(此鄭云皆以即葛及無受), 문출(文出)《소공시마장(小功總麻章)》。이기소공인고최(以其小功因故衰), 유변마복갈위이야(唯變麻服葛爲異也)。기강복(其降服), 소공이하승수(小功已下升數), 문출(文出)《간전(間傳)》, 고피운(故彼云) : 「참최삼승(斬衰三升), 자최사승(齊衰四升)、오승(五升)、륙승(六升), 대공칠승(大功七升)、팔승(八升)、구승(九升), 소공십승(小功十升)、십일승(十一升)、십이승(十二升), 시마십오승거기반(總麻十五升去其半), 유사기루(有事其縷), 무사기포왈시(無事其布曰總), 차애지발어의복자야(此哀之發於衣服者也)。」정주운(鄭注云) : 「차자최다이등(此齊衰多二等), 대공(大功)、소공다일등(小功多一等), 복주어수(服主於受), 시극렬의복지차야(是極列衣服之差也)。」정피주고차문교다소이언(鄭彼注顧此文校多少而言)。운(云)「복주어수(服主於受)」, 거차문부언강복대공(據此文不言降服大功)、소공(小功)、시마지수(總麻之受), 이기무수(以其無受), 우부언정복(又不言正服)、의복(義服), 자최자이자수유수(齊衰者二者雖有受), 자참지수주어부모(齊斬之受主於父母), 고역부언(故亦不言)。약연(若然), 차언십승(此言十升)、십일승소공자(十一升小功者), 위대공지수(爲大功之受), 이언비소공유수(而言非小功有受), 피주운시극렬의복지차자(彼注云是極列衣服之差者), 거피경총언(據彼經總言), 시극진진렬어복지차강(是極盡陳列於服之差降), 고기언지여차이야(故其言之與此異也)。

정재무도홀기(呈才舞蹈笏記)

時用儀(시용의)(다섯 처용은 각각 그 방위의 색을 따른다-방위의 색이 같지 않다.)

음악이 시작되면 집박執拍 악사는 오방처용을 인도하여 들어와 회선回旋(좌로 돈다.)을 세 번하고 차례로 그림과 같이 서면 음악이 그친다. 음악이 영산회상을 연주하고

①박을 치면 다섯 처용은 모두 허리를 숙이고 양 소매를 모두 들었다가 무릎 위에 놓는다. 청과 홍의 처용은 서로 돌아보아 마주하고 황 처용은 돌아 동편을 보고 흑과 백 처용은 돌아 서로 바라본다. 여기까지 마치면 돌아서 북향하고

②박을 치면 모두 양 소매를 들었다가 떨어뜨린다.(무릅집피춤이다. 손을 따라 발을 든다. 모든 춤을 마칠 때마다 북쪽을 향한다).

③박을 치면 양 소매를 들었다가 떨어뜨린다. 악학궤범에서는 이부분에 안족 즉 내족에 대한 설명이 곁들여 졌다.

④박을 치면 청과 홍의 처용은 돌아보며 서로 등을 마주한다. 황 처용은 돌아 서쪽을 보고 흑과 백 처용은 돌아 등을 마주한다. 마치고

⑤박을 치면 위의 절차와 같이 춤을 춘다(서로 낯을 보기를 두 번, 등을 마주하기를 두 번한다.). - 악학에서는 청홍흑백은 외족을 먼저들고 황은 왼발을 먼저든다. 모두 네 번을 한다.

⑥ 박을 치면 청·홍·흑·백 처용은 손으로 춤추며 안으로 끼고 황 처용은 손춤을 추며 오른쪽으로 낀다.(여기에서 황은 짝이 없어 왼쪽 오른쪽이라 한다) 모두 춤추며 바꾸어 끼기를 다하면(홍정紅程 도돔)

⑦박을 치고 춤추며 나아간다(　바딧춤). - 청홍흑백은 내족으로 나가고 황은 오른발부터 나간다. 전정殿庭 한가운데 나아가 북향하고 서면

⑧박을 치고 황처용은 동쪽으로 향해 춤춘다(인무人舞이다. 왼손을 먼저 들되 왼손 오른손을 다 두 번씩 한다.). 청.홍.흑.백 처용은 모두 서편을 향하여 춤춘다(오른손을 먼저 들고 왼손·오른손을 모두 두 번씩 한다.). 마치고

⑨박을 치면황처용은 서편을 향하여 춤춘다(위와 같으나 오른손을 먼저 든다.).청·홍·흑·백 처용은 모두 동쪽을 향하여 춤춘다(위와 같으나 왼손이 먼저이다.).이를 마치면

⑩박을 치고 홍처용은 춤추며 물러나 남쪽에 서고-오른발부터 물러난다, 흑처용은 춤추며 북쪽에 나아가 선다-왼발부터 나아간다. 청·황·백 처용은 춤추며 자기 방위로 나아가서면 마친다(발바디 작대作隊).

⑪박을 치면 황처용이 북향하여 춤추고-오른손 먼저들고 왼손, 오른손 다 두 번씩 든다(수양수 무릅디피춤). 청·홍·흑·백 처용은 중앙을 향하여 대무對舞하고

⑫박을 치면 청·홍·흑·백 처용은 중앙을 등지고 각자 그 방위로 향하여 춤춘다-왼손 먼저들고 오른손 왼손 다 두 번씩 든다.

⑬박을 치면 황처용은 북향하고 (오른손을 먼저 들고 왼손·오른손을 다 두 번씩 들고 다른 방향을 향할 때에도 이와 같다.-수양수오방무 사방이 같다) 흑처용은 중앙을 향하여 대무對舞한다(왼손을 먼저 드나 좌·우수를 모두 두 차례 든다. 네

번째 손을 들 때 첫박을 치면 청의 처용이 춤을 추고 뒷박을 치면 흑 처용은 손을 떨어뜨린다. 다른 방위의 처용도 이와 같다.). 창사 우편-산하천리국에~~~세 방위에 선 처용은 악절에 따라 소매를 들었다가 떨어뜨린다-손을 따라 모두 발을 든다. 다른 방위의 사람도 이와 같이 한다. 황처용이 동향하여 춤추면 청처용은 중앙을 향해 마주하여 춤추고, 황처용이 남향하여 춤추면 홍처용은 중앙을 향하여 마주하여 추고, 황처용이 서향하여 춤추면 백처용은 중앙을 향하여 마주하여 춤을 춘다.

⑭박을 치면 황처용은 나가지 않고 그 자리에서 맴돌면서 춤추며(좌로 돈다.-오른손 먼저 들고 왼손 오른손을 다 두 번씩 든다) 청·홍·흑·백 처용은 모두 제 방위에서 일시에 중앙을 향하여 춤추고 또 제자리에서 돌며 춤춘다(오른쪽으로 돌고, 좌우의 손을 모두 두 차례 든다.). 이 동작이 끝나면 회무하는데(왼쪽으로 돈다. 흑 처용이 먼저 나간다.) 세 차례 돌고 각각 자기 방위로 돌아가서 북향하여 춤춘다.

⑮박을 치면 흑처용은 춤을 추며 뒤로 물러나고-왼발부터 물러간다. 홍처용은 춤추며 나아간다-오른발부터 나아간다. 다섯 처용이 나란히 서서 춤춘다. 음악이 점점 빨라지고-봉황음 급기를 연주한다. 그리고 삼잔작을 연주하고 여기는 창사를 한다.

⑯박을 치면 황처용은 그대로 서서 춤추고 청·홍·흑·백 처용은 춤추며 뒤로 물러가 나란히 서서 춤춘다(좌·우 손을 모두 두 번씩 든다.). 황처용은 춤추며 물러나고 청·백 처용은 춤추며 나아갔다 춤추며 물러난다. 홍·흑 처용은 춤추며 나아갔다 춤추며 물러난다. 끝나면 다섯 처용은 나란히 서서 춤춘다(음악이 정읍급기急機를 연주하면 여기女妓는 노래를 부른다.). 다섯 처용이 변무變舞한다-정읍무(이에 북전北殿)급기急機을 연주하면 여기女妓는 노래를 부른다.).

⑰박을 치면 오방의 처용이 춤추며 나간다 -환장무 (여기까지가 악학궤범의 전도이다.) 다시 처음의 배열대로 돌아가 서면 음악이 그친다. ⑱박을 치면 음악이 시작한다(두 명의 여기女妓는 창사를 인도하고 나머지 여기는 화답한다.). 전과 같이 회선回旋한다(본사本師·관음찬觀音讚에 이르면 모두 위와 같이 창을 인도하고 화답한다.). 차례로 나가면 음악이 멎고 모두 마친다.

고비합설기제사홀기 (考妣合設忌祭祀笏記)

○질명(質明),봉주취위사례(奉主就位四禮) 날이 밝을 때 신주를 모셔서 자리에 내오시오.○주인(主人),주부이하(主婦以下),각성복(各盛服),관수세수(盥手帨手),예사당전서립(詣祠堂前序立). 주인과 주부이하 각각 성복을 하고 손을 씻고 사당앞에차례로 서시오.○주인승자조계(主人升自阼階),분향궤고(焚香跪告),부복흥(俯伏興). 각치일사(各置一笥).주인이 동쪽 계단으로 올라가서 분향을 하고 꿇어앉아 고하시요 부복하고 일어나서 주독을 거두어 한 상자에 담아서○각이집사자일인봉지(各以執事者一人奉之),주인전도(主人前導),주부(主婦)종후(從後).비유재후지정침(卑幼在後至正寢).치우서계탁상(置于西階卓上)각각 집사자 한사람으로 받들게 하고 주인이 앞에서 인도하고 주부는 뒤에 따르고 어린이도 뒤에따른다.정침에 와서 서쪽 뜰 탁자위에 두시오.○주인계독(主人啓櫝),봉고위신주 출 취위(奉考位神主出就位).주부승봉비위신주(主婦升奉妣位神主).역여지(亦如之).주인이하(主人以下)-개강부위(皆降復位).주인은 독을 열어서 아버지의 신주를 받들어서 자리에 모시고 주부도 올라가서 어머니의 신주를 받들어 모신다. 주인이하 모두 내려와 제자리로 가시오.

◆참신(參神)

○주인이하서립(主人以下序立),재배(再拜),주부재서북향사배(主婦在西北向四拜).
주인이하 차례로 서서 남자는 재배, 주부는 서쪽에서 북향하여 4배를 하시오.

◆지방설위(紙榜設位) (위의 儀式은 祠堂에서 神主를 모셔내와 지내는 儀式)]
○ 주인(主人),주부(主婦)는 지방을 교의(交椅)에 설위 하시오.(지방:前, 사진:後)

◆ 강신(降神)
○주인승(主人升),분향재배(焚香再拜).소퇴립(少退立).주인은 올라가서 (三上香)분향 한후 재배를 하고 조금 물러 서시오.○집사자일인(執事者一人) 개주취건식병구실주우주(開酒取巾拭瓶口實酒于注),집사자 한사람은 술병을 열고 수건으로 병 입구를 닦고 주전자에 술을 붓고 ○집사자일인(執事者一人) 취조계탁상잔반(取阼階卓上盞盤),입우주인지좌(立于主人之左),한사람은 동쪽 뜰 탁상에 잔대를 가져와서 주인 왼편에 서있고○집사자일인(執事者一人) 집주입우(執注立于),주인지우서향입(主人之右西向立). 한사람은 주전자를 들고 주인의 우측에서 서향하여 서시오. ○주인궤(主人跪),봉잔반자(奉盞盤者)-역궤(亦跪),진잔반주인수지(進盞盤主人受之),집주자(執注者)-역궤(亦跪),짐주우잔(斟酒于盞),주인이 꿇어 앉으면 잔반을 든 자도 꿇어앉아 잔반을 주인에게 주면 주인이 받고, 주전자를 가진 자도 꿇어 앉아서 잔에 술을 따르시오. ○주인좌수집반우수집잔(主人左手執盤右手執盞),관진경우모상(灌盡傾于茅上).이잔반수집사자(以盞盤授執事者).주인이 왼손으로 잔대를 잡고 오른손으로 잔을 잡아서 띠 위에 세 번을 기우려 술을 다 부어 강신을 하고 잔반을 집사자에게 주시오. ○집사자(執事者)-반주급잔반어고처(反注及盞盤於故處).선강부위(先降復位).집사자는 잔대와 주전자를 그전 자리에 다시 놓고 먼저 자리로 돌아가시오.○주인면복흥재배(主人俛伏興再拜).강복위(降復位)주인은 엎드렸다 일어나서 재배를 하고 제자리로 돌아가시오.

◆ 참신(參神)
○주인이하서립(主人以下序立),재배(再拜),주부재서북향사배(主婦在西北向四拜).주인이하 동쪽에서 차례로 서서 남자는 재배, 주부는 서쪽에서 북향하여 4배를 하시오

◆ 진찬(進饌)
○주인승주부종지(主人升主婦從之).집사자일인(執事者一人),이반봉어육(以盤奉魚肉).주인이 올라가면 주부가 따른다. 집사 한사람은 소반에 어전과 육전을 받고, ○일인이반봉미면식(一人以盤奉米麵食).집사자일인이반봉갱반(執事者一人以盤奉羹飯)한사람은 소반에다 떡과 국수를 받고 따라 올라가며 또 한사람은 소반에다 국과 밥을 받고 따라 올라가시오.○주인봉육(主人奉肉),전우잔반지남(奠于盞盤之南).주인은 육전을 받들어 잔반의 남쪽에 올려 놓으시오,○주부봉면식전우육서(主婦奉麵食奠于肉西).[비위(妣位):어동(魚東)]주부는 면을 받들어 육전의 서쪽 끝에 놓으시오.妣位의 면은 어전의 동쪽에 놓으시오.○주인봉어(主人奉魚),전우초접지남(奠于醋楪之南).주인은 어전을 받들어 초 접시의 남쪽에 놓으시오. ○주부봉미식(主婦奉米食)(병(餠)),고위(考位):전우육서(奠于肉西).[비위(妣位):면동(麵東)]즉(卽):면병(麵餠).면병(麵餠)주부는 고위의 떡을 받들어 육전의 서쪽에 놓고, 妣位의떡은 麵면의 동쪽에 놓으시오. ○주인봉갱전우잔반지서(主人奉羹奠于盞盤之西).[비위갱(妣位羹),전우초장지동(奠于醋醬之東)]주인은 고위국을 받들어 잔반의 서쪽에 놓고, 妣位의국은 초 접시 東쪽맨끝에 놓으시오. ○주부봉반전우갱지서(主婦奉飯奠于羹之西). [비위반(妣位飯),전우갱지서(奠于羹之西)]주부는 고위메를 받들어 고위(考位)국의 서쪽에 놓고.비위(妣位) 메는 비위(妣位) 국의 서(西)쪽에 놓으시오. ○주인이하(主人以下)-개강부위(皆降復位).주인이하 모두 제자리로 내려시오.○집사자사인이반봉탕(執事者四人以盤奉湯),육탕재서(肉湯在西),어탕재동(魚湯在東). 집사는 모든 탕을 소반에 들어 육(肉)탕은 서(西)쪽, 어(魚)탕은 동(東)쪽에 진설 하고 제자리로 가시오.

◆ 초헌(初獻)
○주인승예고비위전(主人升詣考妣位前).주인이 올라가서 신위 앞에 나가시오. ○집사자일인집주주(執事者一人執酒注),입우기우(立于其右).주인봉고위잔반(主人奉考位盞盤),위전동향입(位前東向立).집사 한사람이 술 주전자를 들고 향안상 우측에서 西向하여 서있고,주인은 考位잔반을 받들어 나와 향안상 앞에서 동향하여 서시오.○집사자(執事者)-서향짐주우잔(西向斟酒于盞).주인봉지전우고처(主人奉之奠于故處).집사는 서향하여 술을 잔에 따르시오. 주인은 받들어서 신위전에 올리시오.○차봉비위잔반(次奉妣位盞盤),역여지(亦如之).집사자반주고처(執事者反注故

處). 다음에는 비위의 잔반을 받들어서 그와 같이 하면 집사자는 주전자를 제자리에 두시오.○**주인신위전북향립(主人神位前北向立)**.주인은 신위 앞에 북향하여 서시오.○**집사자이인봉(執事者二人奉)**. 고비잔반입우주인지좌우(考妣盞盤立于主人之左右).주인궤(主人跪),집사자(執事者)-역궤(亦跪).집사자 두 사람이 고위잔과 비위의 잔반을 받들고 주인의 좌우로 선면. 주인이 굻어 앉고 집사도 꿇어 앉으시오.○**주인수고위잔반(主人受考位盞盤)**,좌수집반우수취잔(左手執盤右手取盞). 제(祭),삼제소경지모상(三祭少傾之茅上). 以盞盤,授執事者反之故處.주인이 고위의 잔반을 받아 왼손으로 잔대를 잡고 오른손으로 잔을 잡고서 모사기 띠위에 조금씩 세 번 따라 (祭酒)좨주하고 잔반을 집사자에게 주면 잔반을 고위전에 올리시오.○**수비위잔반(受妣位盞盤)**,역여지(亦如之). 면복흥소퇴립(俛伏興少退立).비위의 잔반도 받아서 또한 같이하고 구부렸다 일어나서 조금 물러나 서시오.○**집사자(執事者)-적간형제지장일인(炙肝兄弟之長一人)**.봉지전우고비전(奉之奠于考妣前),비저지남(匕筯之南)집사자가 간을 화로에 구어서 접시에 담고 형제들 중에 장자 한사람이 받들어서 고비위 앞 시저의 남쪽에올리시오.(肉炙<육적>을 올리시요)○**(계반개(啓飯蓋),치기남(置其南))강부위(降復位)**.모든 뚜껑을 열어서 그 남쪽에 두고 제자리로 돌아가시오.○**축(祝),취판입어주인지좌(取板立於主人之左),동향궤(東向跪)(주인이하(主人以下),개궤(皆跪))**축이 축판을 받들고 주인 왼편에서 동향하여 꿇어 앉으면 주인 이하 다 꿇어앉으시오.○**讀云云畢, 置板於香案卓上,興,降復位.主人以下皆興**.축읽기를마치면 축판은 향탁위에 두고, 모두 이러나서 제자리로 가시오.○**주인재배(主人再拜).강부위(降復位)**.주인은 재배하고 물러 가시오.○**집사자(執事者)-이타기(以佗器) 철주급간(徹酒及肝).치잔고처(置盞故處) 강복위(降復位)**집사자가 퇴주 그릇에 술을 거두고 肝炙은 걷어서 동쪽의 대상에 놓고. 잔반을 제자리에 놓고 제자리로 가시오.

◆아헌(亞獻)

○**주부위지(主婦爲之),제부녀(諸婦女)-봉적육(奉炙肉),여초헌의(如初獻儀).단부독축(但不讀祝)**주부가 행하되 모든 부녀들(內執事)이 적육(炙肉) 올림을 초헌에 의절과 같이하되 다만 축은 읽지 않고 4 배한다.

◆종헌(終獻)

○**형제지장(兄弟之長),혹장남(或長男),혹친빈위지(或親賓爲之).중자제봉적육(衆子弟奉炙肉).여아헌의(如亞獻儀)**.종헌 형제 중 장남이나 친빈이 한다.여러 자제들이 고기 적을올리며 술 올림을 아헌의 의식과 같이하고 다만 술과 적은 물리지 않는다.

◆유식(侑食)

○**주인승(主人升),집주취짐고비위지주(執注就斟考妣位之酒),개만(皆滿),반주고처(反注故處).입어향안지동남(立於香案之東南)** 주인이 주전자를 들고 올라가서 모든 신위의 술잔에 술을 가득하게 붓고.주전자를 제자리에 놓고 향안 동남에 서시오.○**주부승(主婦升).급비반중(扱匕飯中),서병정저(西柄正筯),정지어접중(正之於楪中).입우향안지서남(立于香案之西南).개주인주부(皆主人主婦),북향재배(北向再拜),주부사배(主婦四拜)**.주부가 올라가서 밥에 숟가락을 꽂고 젓까락은 자루가 서쪽으로 가게 접시 가운데에 올려놓고 향안 서남에 서서 주인과 주부가 북향하여 주인은 재배하고 주부는 사배를 하시오.○**강복위(降復位)**. 제자리로 돌아온다.

◆합문(闔門)

○ **축합문(祝闔門)**(무문처강염(無門處降簾) 혹병위(或屛幃))**주인이하개승계(主人以下皆升階) 입어문동(立於門東),서향(西向).중장부(衆丈夫)-재기후(在其後)**.축이 문을 닫고 나오는데 문이 없는 곳은 발이나 병풍, 휘장을 치고 주인이하 모두 뜰에 올라가서 문의 동쪽에서 서향하고 여러 장부들은 그 뒤에 있고.○**주부(主婦)-입어문서(立於門西),동향(東向). 중부녀(衆婦女)-재기후(在其後). 존장칙소휴어타소(尊長則少休於佗所)**. 주부는 문 서쪽에서 동향하고 여러부녀들은 그 뒤에 서시오.존장이면 다른곳에서쉬시오

◆계문(啓門)

○**축(祝) 성삼희흠(聲三噫歆),내계문(乃啓門).주인이하개강부위(主人以下皆降復位). 개입취위(皆入就位)**. 축이 세 번 기침소리를 하고 문을 열면 주인이하 제자리로가고 다른 곳에서 쉬었든 존장들도 모두 제자리로 들어오시오.○**주인주부승철갱봉다(主人主婦升徹羹奉茶),대이수(代以水). 고비지전(考妣之前) 전우철갱처(奠于徹羹處).주부이하선강복위(主婦以下先降復位)**주인과 주부는 올라가서 국을 내리고 그 자리에 (茶)숙수를 올리

시오. 주부가 먼저 제자리로 돌아가시오.

◆사신(辭神)

○ 주인이하(主人以下)-개재배(皆再拜)[의절(儀節)]분축문(焚祝文)주인이하 모두 재배(主婦四拜)를 하고 축문을 태운다.

◆납주(納主)

○ 주인주부개승(主人主婦皆升), 각봉주납우독(各奉主納于櫝), 주인이사감독(主人以笥歛櫝), 봉귀사당(奉歸祠堂), 여래의(如來儀) 각안우고처(各安于故處), 강염합문이퇴(降簾闔門而退). 주인과 주부가 모두 올라가서 각각 신주를 주독에 담고 주인이 상자에 독을 담아서 사당에 모셔 가되 내어오는 의식과 같이한다. 제자리에 편안히모시고 발을내리고 문을닫고 내려온다.

◆철(徹)

○ 주부환감철(主婦還監徹), 주지재잔주타기중자(酒之在盞注佗器中者), 개입우병(皆入于瓶), 함봉지(緘封之). 주부는 돌아와 철상 하는 것을 감독하고 잔과 주전자와 퇴주기에 있는 술을 거두어 모두 병에 넣어 봉한다. ○ 과소육식(果蔬肉食), 병전우연기(並傳于燕器), 척제기이장지(滌祭器而藏之). 과일과 채소와 육식을 다 그릇에 옮기고 주부는 제기를 씻어서 보관한다.

고비합설기제홀기(考妣合設忌祭笏記)

1.주인(主人) 이하 서립(序立) 주인과 주부는 손을 씻고, 주인은 향안 상 東쪽에서 北향하여 서고, 주부는 향안 상 西쪽에서 北향하여 서시오.

○.종 헌자와 축자, 그리고 여러 남자 참사 자와 남자 동서집사도 차례대로 손을 씻고, 향안 상 東쪽에서 北향하여 서시오. ○.여자 참사 자와 여자 東西 집사도 손을 씻고, 향안 상 西쪽에서北향하여 차례대로 서시오.

2.점 촉이 있겠습니다.

서(西) 집사는 고위(考位) 전에 먼저 점 촉하고, 동(東) 집사는 비위(妣位) 전에 점 촉하시오.

3.<奉主就位>부모님 신위를 받들겠습니다.

주인은 고위 신위를, 주부는 비위 신위를 받들러 신주를 여시오.(신주 : 紙榜으로 대체)
○.제자리로 돌아오시오.

4.강신(降神) 신을 청하는 강 신례가 있겠습니다.

○.주인은 향안 상 앞에 나와 읍례를 하고 무릎을 꿇고, 왼손으로 향로 뚜껑을 열고, 오른손으로 향합 뚜껑을 열어 향을 세 번 불사르시오. 일어나서 두 번 절하시오.

○.주인은 조금 물러 나 서시오. 東 집사는 술병을 열어 수건으로 병 입 구을 닦고 술을 주전자에 부어 주전자를 들고, 주인의 우측에서 西向하여 서 있고, 西집사는 동쪽 계단 주가 상에 있는 뇌주 (降神)잔반을 들고, 주인의 좌측에서 동향 하여 서 있으시오. 주인이 무릎을 꿇고 앉으면, 東西 집사도 꿇어앉으시오. ○.주인은 뇌주(降神)잔반을 받아 잔에 東 집사의 술을 따라 받아서 왼손으로 잔대를 잡고, 오른손으로 잔을 잡아, 모사기 위에 세 번에 나누어 모두 다 따르시오. ○.주인은 뇌주(降神) 잔반을 西 집사에게 주어 원 자리에 놓고, 집사자는 먼저 제자리로 돌아 오시오.○.주인은 일어나 두 번 절하고 제자리로 돌아가시오.

5.참신(參神) 참신 례가 있겠습니다. 남자는 두 번, 여자는 네 번 절하시오.

6.<進饌> 식어서는 안 되는 음식을 올리는 진찬이 있겠습니다.

○.주인은 외집사의 도움을 받아, 육전과 초장을 잔반의 南쪽에 놓고, 주부는 내 집사의 도움을 받아, 考位 면과 妣位 면을 육전의 西쪽에 놓으시오. ○.주인은 또 외집사의 도움을 받아 어전과 겨자를 초 첩의 南쪽에 놓으시오. 주부는 또 내 집사의 도움을 받아 고위 떡과 비위 떡과 꿀을 각각 어전의 東쪽에 놓으시오. ○.주인은 또 외집사의 도움을 받아 고위 국을 서쪽에, 비위 국을 초 첩의 동쪽에 놓으시오. 주부는 또 내 집사의 도움을 받아 고위 밥(메) 을 잔반의 서쪽에, 비위 밥을 동쪽에 놓으시오.○.집사들은 肉탕을 西쪽에, 蔬탕을 중앙에, 魚탕을 東쪽에 놓으시오.

7.초헌(初獻)초헌례가 있겠습니다.

○.주인은 향안 상 앞에서 북향하여 읍례를 하고, 서쪽의 고위 잔반을 받들어 향안 상 앞으로 와서 동향하여 서 있고, 남자 東 집사는 주전자 를 들고 西向하여 고위 잔에 술을 따르시오. ○.주인은 고위 잔반을 받들어 원래의 자리에 놓으시오. 주인은 또 동쪽의 비위 잔반을 받들어 와서 향안 상 앞에서 동향하여 서고, 東 집사는 또 西向하여 비위 잔에 술을 따르시오. ○.주인은 비위 잔반을 받들어 원래의 자리에 놓으시오. ○.주인은 향안 상 앞에서 북향하여 서시오. ○.東西執事는 고위 잔반 과 비위 잔반을 순서대로 받들어와 초헌자의 앞에서 서로 마주 보고 서시오. ○.주인은 무릎을 꿇고 앉고, 동서 집사도 따라 앉으시오.○.주인은 왼손으로 西 執事의 잔대를 잡고, 오른손으로 잔을 잡아 茅沙器 위에 세 번 조금씩 술을 따르고, 西 執事에게 잔반을 주시오. ○.西 執事는 받아서 원래의 자리에 놓으시오.○.주인은 東 執事의 잔반을 받아서 세 번 모사기에 조금씩 따르고, 잔반을 東 執事에게 주어 원래의 자리에 올리도록 하시오. ○.주인은 일어서시오.

8.전적(奠炙)
○.동서집사는 육적과 소금을 시접의 남쪽에 올리고 물러서시오.

9.계반개(啓飯蓋)
○.서집사(西執事)는 고위 메와 국, 그리고 양위(兩位)의 면(麵)덮개를 열어 그 남쪽에 놓으시오. ○.동집사(東執事)는 비위 메와 국과 탕의 덮개를 열어 그 남쪽에 놓으시오.

10.독축(讀祝)
○.축자가 축판을 들고 주인의 왼쪽에서 동향 하여 무릎을 꿇으면, ○.주인 이하 모두 꿇어앉으시오. ○.축자는 축문을 축판에 받쳐 들고 독축하시오. ○.독축이 끝나면 모두 일어서고 주인은 제일 늦게 부복한 후에 일어나 두 번 절하시오.

11.철주(徹酒)
○.외집사(外執事)는 퇴주기를 들고 고위 잔과 비위 잔의 술을 철주하시오.

12.철적(徹炙)
○.또 철적하고, 원래의 자리에 돌아가시오.

13.아헌례(亞獻禮) 아헌례가 있겠습니다
○. 주부는 향안 상 앞에 나와 굴신 례를 하고 서쪽의 고위 잔반을 받들어 와서 향안 상 앞에서 동향하여 서고, ○.여자 동 집사는 주전자를 들고 마주보고 술을 따르시오. ○.주부는 잔반을 받들어 원래의 자리에 놓으시오.○.동쪽의 비위 잔반을 받들어 와서, 향안 상 앞에서 동향하여 서고, ○.동 집사로 부터 술을 받아서 잔반을 원래의 자리에 놓으시오. ○.주부는 향안 상 앞에 나와 북향하여 서 있고, ○.동서집사는 잔반을 받들어 와서 서로 마주 보고서시오. ○.주부가 무릎 꿇어앉으면 다 같이 앉으시오. ○.주부는 왼손으로 고위 잔대를 잡고, 오른손으로 잔을 잡아 모사기 위에 조금씩 세 번 따르고, 西 집사에게 주면 원래의 자리에 올리시오.○.주부는 東 집사의 잔반을 받아 세 번 따르고, 東 집사에게 주어 잔반을 원래의 자리에 올리시오. ○.西 집사는 어적을 올리시오. ○.주부는 네 번 절하시오.○.동서집사는 퇴주기에 고위 잔과 비위 잔을 비우시오. ○.西 執事는 어적을 내리시오. ○.주부는 굴신 례를 하고 물러나시오.

13.종헌례(終獻禮) 종헌례가 있겠습니다.
○.종 헌자는 향안 상 앞에 나와 읍례를 하고, 서쪽의 고위 잔반을 받들어 향안 상 앞에서 東向하고, 東 執事는 주전자를 들고 마주서서 술을 따르시오. ○.終獻 者는 잔반을 받들어 원래의 자리에 놓으시오.○.또 종헌 자는 동쪽으로 나아가 비위 잔반을 받들고 나와 향안 상 앞에서 東向하여 동 집사로부터 술을 따라 받고, 잔반을 원래의 자리에 올리시오. ○.종헌자는 향안 상 앞에 나와 북향하여 서고, ○.동 서 집사는 잔반을 받들어 와서 향안 상 앞에서 마주보고 서시오. ○.종헌자가 무릎을 꿇어앉으면, 동서 집사도 같이 앉으시오.○.종헌자는 왼손으로 고위 잔대를 잡고 오른손으로 잔을 잡아 모 사기 위에 조금씩 세 번 따르고, 西집사에게 주어 고위 잔반을 원 자리에 놓게 하시오. ○.또 東집사의 잔반을 받아 조금씩 따르고, 비위 잔반을 원래의 자 리에 올리게 하시오. ○.西 집사는 계적을 올리시오. ○.종헌 자는 두 번 절하시고 물러나시오.

14.유식(侑食)
○.음식을 더 권하는 유식이 있겠습니다. ○.주인과 주부는 향안 상 앞에 나와 주인은 읍례, 주부는 굴신 례를 하고, ○.주인은 주전자를 들고 고위 잔과 비위 잔에 술을 더 따르시오.○.주부는 고위 메에 수저를 동향하여 꽂고, 젓가락은 시접기 위에 자루가 서 쪽으로 하여 똑바로 놓으시고, ○.또 동쪽의 비위 메에 수저를 동향하여 꽂고, 비위젓가락을 바로 놓고 나오시오. ○.주인은 두 번, 주부는 네 번 절하시오.

15.합문(闔門) 합문이 있겠습니다.
○.참사 자 모두 나가시고, 축자가 문(병풍, 발)을 닫고 늦게 나오시오. ○.주인과 남자들은 문 동쪽에서 서향하여 서 있고, 주부들은 문 서쪽에서 동향하여 서 있고, 노인은 나가서 쉬시오. ○.<일식구반지경(一食九飯之頃)>

16.계문(啓門)

○.축자가 문 앞에서 으흠 소리를 세 번 내고, 문을 열고 들어가시오. ~ <숙수(熟水) 준비(準備)> ~○.주인과 주부는 국을 내리고, 숙수를 올리시오. ○.집사자들은 하시(下匙)를 하고 뚜껑을 다 덮으시오.

17.사신(辭神)

○.주인 이하 모두. 주인은 두 번, 주부는 네 번 절하고, ○.축문과 지방을 불사르시오.

18.납주(納主) 신주가 없고 지방이면 생략함.

○.주인과 주부는 신주를 받들어 사당에 모시오.

19.철찬(徹饌)

○.주부는 철찬을 감독하면서 잔에 있는 술과 퇴주기에 있는 술을 병에 넣어 봉함하고, 과일과 채소 고기 등은 그릇에 담고 각종 제기 들은 잘 닦아서 보관하시오.

◆시연(試演) 준비사항(準備事項)

○.인원(人員): 집례(執禮), 초헌(初獻), 아헌(亞獻), 종헌(終獻), 축관(祝官), 외집사(外執事) 2 내집사(內執事)2, 찬자(贊者)1 남녀(男女)꼬마 2,

○.제기(祭器) 및 비품(備品) : 병풍 1, 신주, 교의, 제상 1, 향안 상, 주가, 소탁, 돗자리, 쟁반 2, 대기 상, 축, 축판, 축문, 화로, 향로, 향합, 향, 퇴 주기, 모사기, 모속, 주전자, 술, 술병, 성냥 3, 휴지, 행주 2. 시접 2 벌, 시접기, 잔반 3 조, 반 갱기 2 벌, 숙수 대접 2, 종지 7(꿀 2, 초첩, 겨자, 소금, 초장, 청장), 접시 4, 면기 2, 탕기 3, 병 2, 적 틀 3, 전 접시 3, 회 접시 2, 채 접기 3, 포 접기 2, 어해 1, 식혜 1, 과 접기 10, 조기 접기, 젓가락, 관수대 2, 수건 2, 촛대 2, 양초 2, 성냥 3 개, 笏記, 마이크 2 개, 카메라 음료수, 컵, 油印物. 백지, 테-푸, 붓, 매직, 服裝 - 도포, 두루마기 6 착(행전. 사대, 유건, 갓, 제화), 당의-옥색 한복, 버선, 흰 양말, 옷핀, 바늘.

◆참례자의 복장(參禮者의 服裝)

○.남자-제복, 관복, 도포, 한복.

<古例>官吏 :조衫,복頭,帶, 笏.

進士 : 복두, 난삼, 대..

庶人 : 帽子, 衫, 深衣.

○.여자-옥색 한복 정장,大衣, 裙衫, 背子.

현란한 옷이나 화장 악세사리 不可.

◆재계(齋戒)

시향(時享) ; 산재(散齋)2 일, 치재(致齋)1 일 계 3 일.

묘제(墓祭) ; 1 일.

기제(忌祭) ; 1 일.

(1)산재(散齋);

외부에서 자거나 술과 마늘을 먹지 않고, 문병과 조상을 삼가며,음악을 듣지 않고, 형사 사무를 보지 않으며, 추하고 사나운 일을 행하지 않는다.

(2)치재(致齋);

내적인 면에서 마음을 정재(整齋)하여 제사할 神만을 생각한다. 근신하면서 행례에 임한다.

(3)재숙(齋宿);

재가(齋家)하면서 별거(別居) 잠자리를 한다.재계서문(齋戒誓文)

(出處;韓國典禮院)

묘제홀기(墓祭笏記)(出處;成均館)

◆執禮及諸執事先就墓前再拜盥手定就位(집례급제집사선취묘전재배관수정취위) 집례 및 제집사는 먼저 산소 앞에 나아가 두 번 절하고 대야에 손을 씻은 후 각각 정한 자리에 나아간다.

◆唱笏(창홀) : 홀기를 부른다.

○獻官以下皆序立(헌관이하개 서립)헌관 이하 모든 제관은 재배 할 정도의 간격으로 서 주십시오.○謁者引獻官及諸執事詣盥洗位盥手(알자인헌관급제집사예관세위관세)알자는 헌관과 제집사를 인도하여 관세위로 나아가 손을 씻고 닦으시오.○謁者引初獻官詣墓位前點視陳設降復位(알자인초헌관예묘위전점시진설 강복위)알자는 초헌관을 인도하여 묘 앞으로 나아가 제수 진설을 점검하고 본래 자리로 가시오.

◆行降神禮(행강신례) 강신례를 행하겠습니다.
○奉香奉爐及司尊升墓位前再拜各就位(봉향봉로봉작사준승묘위전재배각취위)봉향, 봉로 및 사준은 묘위전으로 나아가 재배 후 각자의 자리로 가시오.○謁者引初獻官詣墓位前跪(알자인초헌관예묘위전궤)알자는 초헌관을 인도하여 묘 앞으로 나아가 꿇어앉으시오.○執事升奉香盒及香爐詣獻官之左右(집사승봉향합급향로예헌관지좌우) 좌집사는 향합을 우집사는 향로를 받들어 헌관의 좌우에 앉으시오.○獻官三上香(헌관삼상향) 헌관은 향을 세 번 사르시오.○執事斟酒跪授獻官(집사짐주궤수헌관)집사는 술을 따라서 헌관에게 주시오.○獻官受之茅上三傾至盡以授執事(헌관수지모상삼경지진이수집사)헌관은 받아서 모사에 세 번 나누어 비우고(酹酒)빈 잔을 집사에게 주시오.○執事以盞盤受獻官而奠于神位前(집사이잔반수헌관이전우신위전)집사는 헌관으로부터 잔을 받아서 신위前에 놓으시오.○獻官再拜降復位(헌관재배강복위)헌관은 두 번 절하고 본래 자리로 가시오.

◆行參神禮(행참신례)참신례를 행하겠습니다.
○獻官以下皆再拜(헌관이하개재배)헌관이하 모든 참사자는 두 번 절하시오.

◆行初獻禮(행초헌례)첫번째 술잔을 드리는 예를 행합니다.
○謁者引初獻官詣墓位前跪(알자인초헌관예묘위전궤)알자는 초헌관을 인도하여 묘 앞으로 나아가 꿇어앉으시오.○執事斟酒跪授獻官(집사짐주궤수헌관)집사(봉작)는 술을 따라서 꿇어앉아 헌관에게 주시오.○獻官受之以授執事執事受之奠于考位前(헌관수지이수집사집사수지전 우고위전)헌관은 받아서 집사에게 주고 집사(전작)는 받아서 선조고 신위 앞에 놓는다.○執事斟酒跪授獻官(집사짐주궤수헌관)집사(봉작)는 술을 따라서 꿇어앉아 헌관에게 주시오.○獻官受之以授執事執事受之奠于妣位前(헌관수지이수집사집사수지전 우비위전)헌관은 받아서 집사에게 주고 집사(전작)는 받아서 선조비 신위 앞에 놓는다.○因啓飯盖揷匙正著(인계반개삽시정저)집사는 밥그릇의 덮개를 열고 숟가락을 꽂고 젓가락을 세 번 정돈하여 자반 이나 고기(육) 위에 놓는다.○禮祝升跪獻官之左東向(예축승궤헌관지좌동향)축관은 나아가서 헌관의 왼쪽에 동향하여 꿇어앉으시오.○獻官以下皆俯伏讀祝降復位(헌관이하개부복독축강복위)헌관이하 모두 부복하고 독축을 마치면 본래자리로 가시오.○獻官以下皆興獻官再拜降復位(헌관이하개흥헌관재배강복위)헌관이하 모두 일어나서시고 헌관은 두 번 절하고 본래의 자리로 가시오.

◆行亞獻禮(행아헌례)두 번째 술잔을 드리는 예를 행합니다.
○謁者引亞獻官詣墓位前跪(알자인아헌관예묘위전궤)알자는 아헌관을 인도하여 묘 앞으로 나아가 꿇어앉으시오.○執事進考位前盞盤灌酒他器(집사진고위전잔반관주타기)집사는 선조고 술잔을 내려 퇴주하시오.○斟酒跪授獻官(집사짐주궤수헌관)집사(봉작)는 술을 따라서 꿇어앉아 헌관에게 주시오.○獻官受之以授執事執事受之奠于考位前(헌관수지이수집사집사수지전 우고위전)헌관은 받아서 집사에게 주고 집사(전작)는 받아서 선조고 신위 앞에 놓는다.○執事進妣位前盞盤灌酒他器(집사진비위전잔반관주타기)집사는 선조비 술잔을 내려 퇴주하시오.○斟酒跪授獻官(집사짐주궤수헌관)집사(봉작)는 술을 따라서 꿇어앉아 헌관에게 주시오.○獻官受之以授執事執事受之奠于妣位前(헌관수지이수집사집사수지전 우비위전)헌관은 받아서 집사에게 주고 집사(전작)는 받아서 선조비 신위 앞에 놓는다.○獻官再拜降復位(헌관재배강복위)헌관은 두 번 절하고 본래의 자리로 가시오.

◆行終獻禮(행종헌례)마지막 술잔을 드리는 예를 행합니다.
○謁者引終獻官詣墓位前跪(알자인종헌관예묘위전궤)알자는 종헌관을 인도하여 묘 앞으로 나아가 꿇어앉으시오.○執事進考位前盞盤灌酒他器(집사진고위전잔반관주타기)집사는 선조고 술잔을 내려 퇴주하시오.○斟酒跪授獻官(집사짐주궤수헌관)집사(봉작)는 술을 따라서 꿇어앉아 헌관에게 주시오.○獻官受之以授執事執事受之奠于考位前(헌관수지이수집사집사수지전 우고위전)헌관은 받아서 집사에게 주고 집사(전작)는 받아서 선조고 신위 앞에 놓는다.○執事進妣位前盞盤灌酒他器(집사진비위전잔반관주타기)집사는 선조비 술잔을 내려 퇴주하시오.○斟酒跪授獻官(집사짐주궤수헌관)집사(봉작)는 술을 따라서 꿇어앉아 헌관에게 주시오.○獻官受之

以授執事執事受之奠于妣位前(헌관수지이수집사집사수지전 우비위전)헌관은 받아서 집사에게 주고 집사(전작)는 받아서 선조비 신위 앞에 놓는다.○獻官再拜降復位(헌관재배강복위)헌관은 두 번 절하고 본래의 자리로 가시오.○執事撤羹進熟水三抄飯(집사철갱진숙수삼초반)집사는 국을 거두고 물을 올리며 밥 세 숟가락을 물에 말으시오.○獻官以下皆肅竢少頃(헌관이하개숙사소경)헌관이하 모두 머리를 조금 숙여 기다리다가 평신하시오.○執事下匙箸合飯盖降復位(집사하시저합반개강복위)집사는 숟가락과 젓가락을 내리고 밥뚜껑을 닫고 본래 자리로 가시오.

◆行辭神禮(행사신례)신과 이별하는 예를 행하겠습니다.
○獻官以下皆再拜(헌관이하개재배)헌관이하 모두 두 번 절하시오.

◆行飮福禮(행음복례)음복례를 행합니다.
○初獻官詣飮福位跪(초헌관예음복위궤)초헌관은 음복하는 자리로 나아가 꿇어앉으시오.○禮祝進飮福酒授獻官(예축진음복주수헌관)예축은 고위 술잔과 적을 내려 헌관에게 주시오 ○獻官受之飮卒爵降復位(헌관수지음졸작강복위)헌관은 잔을 받아서 마시고 본래의 자리로 가시오.○禮祝焚祝文降復位(예축분축문강복위)예축은 축문을 불사르고 본래의 자리로 가시오.○禮畢(예필)이것으로 모든 예를 마칩니다. ○執禮及諸執事墓位前再拜降復位(집례급제집사묘위전재배강복위)

속절의례절차(俗節儀禮節次)

(주인이하각구성복(主人以下各具盛服))○서립(序立)(남렬어좌녀렬어우매일세렬위일행(男列於左女列於右每一世爲一行))○관세(盥洗)(립정주인주부급자부장출주자개세식흘(立定主人主婦及子婦將出主者皆洗拭訖))○계독(啓櫝)○출주(出主)(주인출고주주부출비주기여자부출부주각치정위지좌개필(主人出考主主婦出妣主其餘子婦出祔主各置正位之左皆畢))○복위(復位)(주부이하선강복위(主婦以下先降復位))○강신(降神)(집사자세수상계개병실주어주일인봉주예주인우일인집잔반예주인좌(執事者洗手上階開瓶實酒於注一人奉注詣主人右一人執盞盤詣主人左))○주인예향안전(主人詣香案前)○궤(跪)○분향(焚香)(주인분향필우집사자궤진주주좌집사자궤이잔반향주인주인수주짐주어잔반주어우집사자취반잔자봉지이집사자개기(主人焚香畢右執事者跪進酒注左執事者跪以盞盤向主人主人受酒斟酒於盞反注於右執事者取盤盞自捧之二執事者皆起))○뢰주(酹酒)(주인좌수집잔진뢰모사상필치잔향안상(主人左手執盞盡酹茅沙上畢置盞香案上))○부복흥(俯伏興)(소퇴(少退))○국궁배흥배흥평신(鞠躬拜興拜興平身)○복위(復位)○참신(參神)(주인이하범재위자개배(主人以下凡在位者皆拜))○국궁배흥배흥배흥배흥평신(鞠躬拜興拜興拜興拜興平身)○주인짐주(主人斟酒)(주인승자집주주짐주어축위신주전공잔중선정위차부위차명장자짐제부위지비자필주인초후립(主人升自執酒注斟酒於逐位神主前空盞中先正位次祔位次命長子斟諸祔位之卑者畢主人稍後立))○주부점다(主婦點茶)(주부집병짐다어각정부혹명자(主婦執瓶斟茶於各正祔或命子)제봉다탁주부위전공잔중명장부장녀짐제부봉잔축위이헌역가위지비자필주부퇴여주인병립배혹명자제봉다탁주부봉잔축위이헌역가(弟捧茶托主婦位前空盞中命長婦長女斟諸祔捧盞逐位以獻亦可位之卑者畢主婦退與主人並立拜或命子弟奉茶托主婦奉盞逐位以獻亦可))○국궁배흥배흥평신(鞠躬拜興拜興平身)○복위(復位)(주인주부각복기위(主人主婦各復其位))○사신(辭神)(중배(衆拜))○국궁배흥배흥배흥배흥평신(鞠躬拜興拜興拜興拜興平身)○봉주입독(奉主入櫝)○예필(禮畢)

정지삭망칙참(正至朔望則參)

의절주인이하각구성복서립(儀節主人以下各具成服序立)
전일일(前一日)○쇄소제숙(灑掃齊宿)○궐명숙흥(厥明夙興)○개문축렴(開門軸簾)○매감설신과일대반어탁상(每龕設新果一大盤於卓上)○매위다잔탁(每位茶盞托)○주잔반(酒盞盤)○각일어신주독전(各一於神主櫝前)○설속모취사어향탁전(設束茅聚沙於香卓前)○별설일탁어조계상(別設一卓於阼階上)○치주주잔반일어기상(置酒注盞盤一於其上)○주일병어기서(酒一瓶於其西)○관분세건각이어조계하동남(盥盆帨巾各二於阼階下東南)○유대가자재서위주인친속소관(有臺架者在西爲主人親屬所盥)○무자재동(無者在東)○위집사자소관(爲執事者所盥)○건개재북(巾皆在北)○주인이하성복(主人以下盛服)○입문취위(入門就位)○주인북면어조계하(主人北面於阼階下)○주부북면어서계하(主婦北面於西階下)○주인유모(主人有母)○칙특위어주부지전(則特位於主婦之前)○주인유제부제형(主人有諸父諸兄)○칙특위어주인지우(則特位於主人之右)○소전(少前)○중행서상(重行西上)○유제모고수자(有諸母姑嫂姊)○칙특위주부지좌(則特位主婦之左)○소전(少前)○중행동상(重行東上)○제제(諸弟)○재주인지우(在主人之右)○소퇴(少退)○자손외집사자(子孫外執事者)○재주인지후(在主人之後)○중행서상(重行西上)○주인제지처급제매(主人弟之妻及諸妹)○재주부지좌(在主婦之左)○소퇴(少退) 자손부녀내집사자(子孫婦女內執事者) 재주부지후(在主婦之後)○중행동상(重行東上)○립정(立定)○주인관세승(主人盥帨升)○진홀계독(搢笏啓櫝)○봉제고신주(奉諸考神主)○치어독전(置於櫝前)○주부관세승(主婦盥帨升)○봉제비신주(奉諸妣神主)○치어고동(置於考東)○차출부주(次出祔主)○역여지(亦如之)○명장자장부혹장녀(命長子長婦或長女)○관세승(盥帨升)○분출제부주지비자(分出諸祔主之卑者)○역여지(亦如之)○개필(皆畢)○주부이하(主婦以下)○선강복위(先降復位)○주인예향탁전강신(主人詣香卓前降神)○진홀분향재배소퇴(搢笏焚香再拜少退)○립집사자관세승(立執事者盥帨升)○개병실주우주(開瓶實酒于注)○일인봉주(一人奉注)○예주인지우(詣主人之右)○일인집잔반(一人執盞盤)○예주인지좌(詣主人之左)○주인궤(主人跪)○집사자개궤(執事者皆跪)○주인수주짐주반주(主人受注斟酒反注)○취잔반봉지(取盞盤奉之)○좌집반우집잔(左執盤右執盞)○뢰우모상(酹于茅上)○이잔반수집사자(以盞盤授執事者)○출홀면복흥소퇴재배(出笏俛伏興少退再拜)○강복위(降復位)○여재위자개재배(與在位者皆再拜)○주인승(主人升)○진홀집주짐주(搢笏執注斟酒)○선정위(先正位)○차부위(次祔位)○차명장자(次命長子)○짐제부위지비자(斟諸祔位之卑者)○주부승(主婦升)○집다선(執茶筅)○집사자집탕병수지(執事者執湯瓶隨之)○점다여전(點茶如前)○명장부혹장녀(命長婦或長女)○역여지(亦如之)○자부집사자(子婦執事者)○선강복위(先降復位)○주인출홀(主人出笏)○여주부분립어향탁지전동서재배(與主婦分立於香卓之前東西再拜)○강복위(降復位)○여재위자(與在位者)○개재배(皆再拜)○사신이퇴(辭神而退)

정지삭망칙참(正至朔望則參)

正至(考證卽正朝冬至也)朔望前一日灑掃齋宿厥明夙興開門軸簾每龕設新果(增解程子日月朔必薦新又曰嘗新必薦享後方可薦數則瀆必曰告朔而薦○張子曰朔望用一獻之禮取時之新物曰薦○家禮會通朱子宗法朔望薦新俗節時祭以時物○東萊宗法薦新以朔望)一大盤於卓上每位茶盞托酒盞盤各一於神主櫝前設束茅聚沙於香卓前別設一卓於阼階上置酒注盞盤一於其上酒一瓶於其西盥盆帨巾各二於阼階下東南有臺架者在西爲主人親屬所盥無者在東爲執事者所盥巾皆在北(又設主婦內執事盥盆帨巾於西階下西南凡祭同)主人以下盛服入門就位主人北面於阼階下主婦北面於西階下主人有母則特位於主婦之前(栗谷曰奉祀妾子之母固不當立於主婦之前矣亦豈可立於主婦之後乎當立於主婦之西稍前)主人有諸父諸兄則特位於主人之右少前重行(增解輯覽按重行者主人前伯叔父爲一行主人兄弟爲次行主人子姪又爲次下主人之孫又爲次下是爲重行○沙溪曰諸父異行兄弟則有少前少退之異非重行也)西上有諸母姑嫂姊則特位主婦之左少前重行東上諸弟在主人之右少退子孫外執事者在主人之後重行西上主人弟之妻及諸妹在主婦之左少退子孫婦女內執事者在主婦之後重行東上立定主人盥帨(帨一作洗)升搢笏啓櫝(便覽櫝蓋置於櫝坐東近北)奉諸考神主置於櫝前主婦盥帨升奉諸妣神主置于考東次出祔主亦如之命長子長婦或長女盥帨升分出諸祔主之卑者亦如之皆畢主婦以下先降復位主人詣香卓前降神搢笏焚香再拜少退立執事者盥帨升開瓶實酒于注一人奉注詣主人之右一人執盞盤詣主人之左主人跪執事者皆跪主人受注斟酒反注取盞盤奉之左執盤右執盞酹于茅上以盞盤授執事者(便覽執事者皆降復位)出笏俛伏興少退再拜降伏位與在位者皆再拜參神主人升搢笏執注斟酒先正位次祔位次命長子斟諸祔位之卑者主婦升執茶筅執事者執湯瓶隨之點茶如前命長婦或長女亦如之子婦執事者先降(便覽謂長子降)復位主人出笏與主婦分立於香卓之前東西再拜降復位少頃與在位者皆再拜辭神(便覽主人主婦升斂主櫝之如啓櫝儀降復位執事者升徹酒果降簾闔門降)而退○冬至則祭始祖畢行禮如上儀○準禮舅沒則姑老不預於祭又曰支子不祭故今專以世嫡宗子夫婦爲主人主婦其有母及諸父母兄嫂者則設特位於前如此此○望日不設酒不出主(儀節啓櫝)主人點茶(要訣今國俗無用茶之禮當於望日只啓櫝不酹酒只焚香使有差等)長子佐之先降主人立於香卓之南再拜乃降餘如上儀(栗谷日不出主只啓櫝不酹酒只焚香)○凡言盛服者有官則幞頭公服帶靴笏進士則幞頭襴衫帶處士則幞頭皂衫帶無官者通用帽子衫帶又不能具則或深衣或凉衫有官者亦通服帽子以下但不爲盛服婦人則假髻大衣長裙女在室者冠子背子衆妾假髻背子

楊氏復曰先生云元旦則在官者有朝謁之禮恐不得專精於祭事某鄉里却止於除夕前三四日行事此亦更在斟酌也○劉氏璋

日司馬溫公註影堂雜儀凡月朔則執事者於影堂裝香具茶酒常食數品主人以下皆盛服男女左右叙立於常儀主人主婦親出祖考以下祠堂置於位焚香主人以下俱再拜執事者斟祖考前茶酒以授主人主人搢笏跪酹茶酒執笏俛伏興帥男女俱再拜次酹祖妣以下皆徧納祠版出徹月望不設食不出祠版餘如朔儀影堂門無事常閉每旦子孫詣影堂前唱喏出外歸亦然若出外再宿以上歸則入影堂再拜將遠適及遷官凡大事則盥手焚香以其事告退各再拜有時新之物則先薦于影堂忌日則去華飾之服薦酒食如月朔不飲酒不食肉思慕如居喪禮君子有終身之喪忌日之謂也舊儀不見客受弔於禮無之今不取遇水火盜賊則先救先公遺文次祠版次影然後救家財

○정월 초하루, 동지(冬至) 그리고 매월 초하루 보름이면 참배(參拜)한다.

정월 초하루, 동짓날과 그리고 초하루 보름에는 하루 전날 사당을 깨끗이 청소를 하고 재숙(齋宿) 다음날 일찍 일어나 사당 문을 열고 발을 걷은 후 매 감실(龕室)마다 새로운 과실(果實) 한 대반(大盤)씩을 진설(陳設)하고 신주독(神主櫝) 앞에는 찻잔과 술잔을 각각 놓고는 향탁(香卓) 앞에 모반(茅盤)에 모래를 담아 놓고 그 위에 모속(茅束)을 꽂아 놓는다. 동쪽 층계 위에 별도로 탁자를 놓고 그 위에 주전자와 강신(降神) 잔반 하나를 둔다. 그 서쪽에는 술병을 놓아둔다. 세수대야와 수건을 각각 둘씩을 동쪽층계아래 동남쪽으로 놓되 대야받침에 대야를 받치고 수건거리에 수건을 걸어서 서쪽으로 놓아 주인과 친속(親屬)의 손 씻는 곳으로 하고 세수대야 받침과 수건거리 없이 그 동쪽으로 놓아 집사자(執事者)가 이용케 한다. 주부와 내집사(內執事) 손 씻는 곳은 서쪽층계 아래서 남쪽에 그와 같게 하여 주부용은 동쪽이며 집사용은 서쪽으로 놓아둔다. 주인 이하 모두 성복(成服)을 하되 유관자(有官者)는 복두(幞頭)에 공복(公服)을 입고 띠를 두르고 가죽신을 신으며 진사(進士)는 복두(幞頭)를 쓰고 란삼(襴衫)에 띠를 두르고 처사(處士)는 복두에 조삼(皁衫)을 입고 띠를 두르며 무관자(無官者)는 통용 모자를 쓰고 통용 옷에 띠이며 또 이렇게도 갖출 수 없으면 심의(深衣)나 량삼(凉衫)을 입고 유관자(有官者) 역시 통상복(通常服式)으로 하나 다만 성복하였다 할 수는 없다. 부인은 관(冠)을 쓰고 치마를 입되 대의(大衣)에 긴치마며 출가하지 않은 여식들은 관자(冠子)에 배자를 입으며 소실(小室)은 자식이 있으면 관을 쓰고 배자(背子)를 입는다. 여러 첩들은 머리를 틀어 올리고 배자를 입는다. 모두 성복 후 사당 문을 열고 들어가 자리에 서되 주인은 동쪽층계 아래에서 북쪽으로 향하여 서고 주부는 서쪽 층계 아래에서 북쪽으로 향하여 선다. 주인의 모친이 계시면 특별한 자리로 하여 주부 앞이며 주인의 백숙부(伯叔父)나 여러 형들은 특별히 주인의 오른편에서 조금 앞으로 나와 항렬대로 겹쳐 서되 북쪽이 상석이며 서쪽이 상석이다. 주인의 백숙모, 형수, 누이가 있으면 특별한 자리로 주부의 왼편에서 조금 앞으로 나와 항렬대로 겹쳐 서되 북쪽이 상석이며 동쪽이 상석이다. 주인의 여러 동생은 주인 오른편에서 조금 물러나 서되 서쪽이 상석이며 주인의 장자와 장손은 주인의 뒤에 항렬대로 북쪽을 상석으로 겹으로 서고 주인의 여러 아들과 여러 손자들은 주인의 동생 뒤에 항렬대로 겹으로 서되 서쪽이 상석이며 외집사(外執事)는 주인의 장손 뒤에 선다. 주인의 장자부(長子婦)와 장손부는 주부의 뒤에 항렬대로 겹으로 서며 주인의 동생 처들과 여러 여동생은 주부의 왼편에서 항렬대로 겹으로 서되 동쪽이 상석이며 주인의 여러 자부와 여러 손부들은 주부의 왼편에서 주인의 여동생들의 뒤에 항렬대로 겹으로 서되 동쪽이 상석이며 북쪽이 상석이다. 내집사(內執事)는 장손부(長孫婦) 뒤에 선다. 정하여 진 자리에 모두 서면 주인은 손을 씻고 사당으로 올라가 홀(笏)을 관복 띠에 꽂고 고조고위부터 여러 남자들의 신주 주독(主櫝)을 열고 신주를 모셔내어 주독 앞에 모시고 주부는 손을 씻고 사당으로 올라가 고조비(高祖妣)부터 여러 여자 신주들을 주독을 열고 모셔내어 남자신주 동편으로 모신다. 다음으로 부위(祔位) 신주 내모시기를 그와 같게 한다. 또 장자와 장자부 또는 장녀로 하여금 손을 씻고 사당으로 올라와 나뉘어 낮은 신주 내모시기를 그와 같게 한다. 모두 마쳤으면 주부 이하는 먼저 내려와 제 자리에 서고 주인은 향탁 앞으로 나아가 강신한다. 홀을 관복 띠에 꽂고 분향 재배한 후 조금 물러나 서면 집사자가 손을 씻고 올라와 한 사람은 병을 열어 식건(拭巾)으로 병 입을 닦고 술을 주전자에 따라 들고 주인의 오른쪽으로 나아가 서고 또 한 사람은 손을 씻고 강신 잔반을 들고 주인의 왼쪽으로 나아가 선다. 주인이 무릎을 꿇고 앉으면 집사들도 모두 무릎을 꿇고 앉는다. 주인은 우(右)집사로부터 주전자를 받아 좌(左)집사자의 빈 잔에 술을 따른 뒤 주전자는 되돌려 주고 잔반을 받아 들고 왼손으로 반을 잡고 오른손으로 잔을 잡아 모사(茅莎) 위에 술을 따르고 빈 잔반을 좌집사자에게 준다. 집사자들은 잔반과 주전자를 제자리에 두고 먼저 내려와 제자리에 서고 주인은 홀을 빼어 들고 부복하고 있다 일어나 조금 뒤로 물러나 재배를 하고 제자리로 내려오면 모두 참신(參神) 재배한다. 주인이 사당으로 올라가 홀을 관복 띠에 꽂고 주전자로 술을 따르되 먼저 고조고비부터 정위(正位)에 따르고 다음으로 부위(祔位)에 따른다. 장자에게 명하여 낮은 여러 부위 잔에 따르게 한다. 주부가 사당으로 올라가 찻잔을 들면 여자 집사는 손을 씻고 찻병(茶瓶)을 들고 따라 올라가 찻잔에 차를 따르면 주부는 찻잔을 제자리에 놓는다. 정위부터 부위 앞에 차 올리기를 마쳤으면 낮은 부위는 큰 며느리나 장녀에게 명하여 차 따르기를 그와 같게 하고 장부와 집사들은 먼저 내려와 제자리에 선다. 주인은 홀을 빼어 들고 향탁 앞에서 동쪽으로 서고 주부는 주인의 서쪽으로 나뉘어 서서 재배하고 내려와 제자리에서면 주인 이하 참례자 모두 사신(辭神) 재배한다. 주인과 주부는 올라가 신주를 주독에 다시 모시기를 내 모실 때의 의식과 같게 하고 내려와 제자리에 서면 집사자가 올라가 술과 과실을 물리고 발을 내린 후 중문을 닫고 내려오면 모두 물러난다. ○동지(冬至)에는 시조(始祖) 제사를 마치고 위와 같은 의식으로 예를 행한다. ○보름날 참배 때는 술을 올리지 않고 신주도 내모시지 않으며 주인이 차만 올리되 장자가 돕고 먼저 내려가면 주인은 향탁 남쪽에서 재배하고 내려온다. 이후는 모두 위의 의식(儀式)과 같다.

사관례(士冠禮)

사관례(士冠禮), 고한지지인이십이관(古漢地之人二十而冠), 원복지례야(元服之禮也)。 수관자기행차례(受冠者既行此禮), 호위약관(呼爲弱冠), 이기수관유약고야(以其雖冠猶弱故也)。 선서기일어묘문(先筮其日於廟門), 길(吉), 칙여기기(則如其期), 부길(不吉), 칙령택타일(則另擇它

日). 서(筮), 고지위점복야(古之謂占卜也). 수계빈객(遂戒賓客). 고지친우야(告知親友也). 수숙정빈(遂宿正賓), 차빈주례자야(此賓主禮者也), 고숙지(故宿之). 익석(翌夕), 중인회어묘문(眾人會於廟門), 주례자왈(主禮者曰) : 「질명행사(質明行事)。」 정행례시진(定行禮時辰). 익일단(翌日旦), 중인조기(眾人早起), 치제기물이비례(置諸器物以備禮). 주인(主人)、빈객취위(賓客就位), 주인영빈(主人迎賓), 수행례(遂行禮). 행지당전계하(行至堂前階下), 주인삼양빈객(主人三讓賓客), 빈객삼사(賓客三辭), 주인수등당(主人遂登堂). 시시(是時), 수관자출(受冠者出), 즉석쌍슬궤좌(即席雙膝跪坐). 찬자리수관자발(贊者理受冠者髮). 소리흘(梳理迄), 이리속발(以纚束髮). 장가관(將加冠), 주인왈(主人曰) : 「모유자모(某有子某). 장가포어기수(將加佈於其首), 원오자지교지야(願吾子之教之也)。」 빈대왈(賓對曰) : 「모부민(某不敏), 공부능공사(恐不能共事), 이병오자(以病吾子), 감사(敢辭)。」 주인왈(主人曰) : 「모유원오자지종교지야(某猶願吾子之終教之也)!」 빈대왈(賓對曰) : 「오자중유명(吾子重有命), 모감부종(某敢不從)」 숙(宿), 왈(曰) : 「모장가포어모지수(某將加佈於某之首), 오자장리지(吾子將莅之), 감숙(敢宿)。」 빈대왈(賓對曰) : 「모감부숙흥(某敢不夙興)?」 가삼관시(加三冠時), 축사유삼(祝辭有三), 시가치포관(始加緇布冠), 왈(曰) 「령월길일(令月吉日), 시가원복(始加元服). 기이유지(棄爾幼志), 순이성덕(順爾成德). 수고유기(壽考惟祺), 개이경복(介爾景福)。」 재가피변왈(再加皮弁曰) 「길월령진(吉月令辰), 내신이복(乃申爾服). 경이위의(敬爾威儀), 숙신이덕(淑慎爾德). 미수만년(眉壽萬年), 영수호복(永受胡福)。」 삼가작변왈(三加爵弁曰) 「이세지정(以歲之正), 이월지령(以月之令), 함가이복(咸加爾服). 형제구재(兄弟具在), 이성궐덕(以成厥德). 황구무강(黃耉無疆), 수천지경(受天之慶)。」 기가관(既加冠), 견모(見母). 이후빈객자지(爾後賓客字之), 축사왈(祝辭曰) 「례의기비(禮儀既備), 령월길일(令月吉日), 소고이자(昭告爾字). 원자공가(爰字孔嘉), 모사유의(髦士攸宜). 의지어가(宜之於假), 영수보지(永受保之), 왈백모보(曰伯某甫)。」 빈출(賓出), 주인송지(主人送之). 고제(古制), 관자약서출(冠者若庶出), 칙관어방외(則冠於房外). 상고초관가포관(上古初冠加布冠), 제인시용치(齊人始用緇). 관자(冠者), 재주왈위모(在周曰委貌), 재은왈장보(在殷曰章甫), 재하왈무추(在夏曰毋追). 추(追), 음두(音杜), 위퇴야(謂堆也)

사관례(士冠禮)

사관례(士冠禮), 《의례(儀禮)》적편명(的篇名). 의례적작자(儀禮的作者), 실제상거시측(實際上據猜測), 인(因)《의례(儀禮)》작자부상(作者不詳), 후인내이기중적제일편편명(後人乃以其中的第一篇篇名)"사관례(士冠禮)"명명(命名)

◆원문(原文)

사관례(士冠禮). 서우묘문(筮于廟門). 주인현관(主人玄冠), 조복(朝服), 치대(緇帶), 소(素), 즉위우문동(即位于門東), 서면(西面). 유사여주인복(有司如主人服), 즉위우서방(即位于西方), 동면(東面), 북상(北上). 서여석(筮與席)、소괘자(所卦者), 구찬우서숙(具饌于西塾). 포석우문중(布席于門中), 얼서역외(闑西閾外), 서면(西面). 서인집책(筮人執策), 추상독(抽上櫝), 겸집지(兼執之), 진수명우주인(進受命于主人). 재자우소퇴(宰自右少退), 찬명(贊命). 서인허낙(筮人許諾), 우환(右還), 즉석좌(即席坐), 서면(西面). 괘자재좌(卦者在左). 졸서(卒筮), 서괘(書卦), 집이시주인(執以示主人). 주인수(主人受)□, 반지(反之). 서인환(筮人還), 동면(東面), 려점(旅佔), 졸(卒), 진(進), 고길(告吉). 약부길(若不吉), 칙서원일(則筮遠日), 여초의(如初儀). 철서석(徹筮席). 종인고사필(宗人告事畢).

주인계빈(主人戒賓). 빈례사(賓禮辭), 허(許). 주인재배(主人再拜), 빈답배(賓答拜). 주인퇴(主人退), 빈배송(賓拜送).

전기삼일(前期三日), 서빈(筮賓), 여구일지의(如求日之儀).

내숙빈(乃宿賓). 빈여주인복(賓如主人服), 출문좌(出門左), 서면재배(西面再拜). 주인동면답배(主人東面答拜), 내숙빈(乃宿賓). 빈허(賓許), 주인재배(主人再拜), 빈답배(賓答拜). 주인퇴(主人退), 빈배송(賓拜送). 숙찬관자일인(宿贊冠者一人), 역여지(亦如之).

궐명석(厥明夕), 위기우묘문지외(爲期于廟門之外)。 주인립우문동(主人立于門東), 형제재기남(兄弟在其南), 소퇴(少退), 서면(西面), 북상(北上)。 유사개여숙복(有司皆如宿服), 립우서방(立于西方), 동면(東面), 북상(北上)。 빈자청기(擯者請期), 재고왈(宰告曰):「질명행사(質明行事)。」고형제급유사(告兄弟及有司)。 고사필(告事畢)。 빈자고기우빈지가(擯者告期于賓之家)。

숙흥(夙興), 설세(設洗), 직우동영(直于東榮), 남북이당심(南北以堂深), 수재세동(水在洗東)。 진복우방중서용하(陳服于房中西墉下), 동령(東領), 북상(北上)。 작변복(爵弁服), 훈상(纁裳), 순의(純衣), 치대(緇帶), 매갑(韎韐)。 피변복(皮弁服):소적(素積), 치대(緇帶), 소(素)□。 현단(玄端), 현상(玄裳), 황상(黃裳)、 잡상가야(雜裳可也), 치대(緇帶), 작(爵)□。 치포관(緇布冠), 결항(缺項), 청조영(青組纓), 속우결(屬于缺);치리(緇纚), 광종폭(廣終幅), 장륙척(長六尺)。 피변계(皮弁笄), 작변계(爵弁笄), 치조굉(緇組紘), 훈변(纁邊), 동협(同篋)。 즐실우단(櫛實于簞)。 포연이(蒲筵二), 재남(在南)。 측존일무례(側尊一甒醴), 재복북(在服北)。 유비실작(有篚實勺)、 치(觶)、 각사(角柶)。 포해(脯醢), 남상(南上)。 작변(爵弁)、 피변(皮弁)、 치포관각일산(緇布冠各一匴), 집이대우서점남(執以待于西坫南), 남면(南面), 동상(東上)。 빈승칙동면(賓升則東面)。

주인현단작(主人玄端爵), 립우조계하(立于阼階下), 직동서(直東序), 서면(西面)。 형제필진현(兄弟畢袗玄), 립우세동(立于洗東), 서면(西面), 북상(北上)。 빈자현단(擯者玄端), 부동숙(負東塾)。 장관자채의(將冠者采衣), 계(紒), 재방중(在房中), 남면(南面)。 빈여주인복(賓如主人服), 찬자현단종지(贊者玄端從之), 립우외문지외(立于外門之外)。

빈자고(擯者告)。 주인영(主人迎), 출문좌(出門左), 서면(西面), 재배(再拜)。 빈답배(賓答拜)。 주인읍찬자(主人揖贊者), 여빈읍(與賓揖), 선입(先入)。 매곡읍(每曲揖)。 지우묘문(至于廟門), 읍입(揖入)。 삼읍(三揖), 지우계(至于階), 삼양(三讓)。 주인승(主人升), 립우서단(立于序端), 서면(西面)。 빈서서(賓西序), 동면(東面)。 찬자관우세서(贊者盥于洗西), 승(升), 립우방중(立于房中), 서면(西面), 남상(南上)。

주인지찬자연우동서(主人之贊者筵于東序), 소북(少北), 서면(西面)。 장관자출방(將冠者出房), 남면(南面)。 찬자전리(贊者奠纚)、 계(笄)、 즐우연남단(櫛于筵南端)。 빈읍장관자(賓揖將冠者), 장관자즉연좌(將冠者即筵坐)。 찬자좌(贊者坐), 즐(櫛), 설리(設纚)。 빈강(賓降), 주인강(主人降)。 빈사(賓辭), 주인대(主人對)。 빈관(賓盥), 졸(卒), 일읍(壹揖), 일양(壹讓), 승(升)。 주인승(主人升), 복초위(復初位)。 빈연전좌(賓筵前坐), 정리(正纚), 흥(興), 강서계일등(降西階一等)。 집관자승일등(執冠者升一等), 동면수빈(東面授賓)。 빈우수집항(賓右手執項), 좌수집전(左手執前), 진용(進容), 내축(乃祝), 좌여초(坐如初), 내관(乃冠), 흥(興), 복위(復位)。 찬자졸(贊者卒)。 관자흥(冠者興), 빈읍지(賓揖之)。 적방(適房), 복현단작(服玄端爵), 출방(出房), 남면(南面)。

빈읍지(賓揖之), 즉연좌(即筵坐)。 즐(櫛), 설계(設笄)。 빈관(賓盥)、 정리여초(正纚如初), 강이등(降二等), 수피변(受皮弁), 우집항(右執項), 좌집전(左執前), 진(進)、 축(祝)、 가지여초(加之如初), 복위(復位)。 찬자졸굉(贊者卒紘)。 흥(興), 빈읍지(賓揖之)。 적방(適房), 복소적소(服素積素)□, 용(容), 출방(出房), 남면(南面)。

빈강삼등(賓降三等), 수작변(受爵弁), 가지(加之), 복훈상매갑(服纁裳韎韐), 기타여가피변지의(其他如加皮弁之儀)。

철피변(徹皮弁)、 관(冠)、 즐(櫛)、 연입우방(筵入于房)。 연우호서(筵于戶西), 남면(南面)。 찬자세우방중(贊者洗于房中), 측작례(側酌醴);가사(加柶), 복지(覆之), 면엽(面葉)。 빈읍(賓揖), 관자취연(冠者就筵), 연서(筵西), 남면(南面)。 빈수례우호동(賓授醴于戶東), 가사(加柶), 면방(面枋), 연전북면(筵前北面)。 관자연서배수치(冠者筵西拜受觶), 빈동면답배(賓東面答拜)。 천포해(薦脯醢)。 관자즉연좌(冠者即筵坐), 좌집치(左執觶), 우제포해(右祭脯醢), 이사제례삼(以柶祭醴三), 흥(興);연말좌(筵末坐), 쵀례(啐醴), 건사(建柶), 흥(興);강연(降筵), 좌전치(坐奠觶)배(拜);집치흥(執觶興)。 빈답배(賓答拜)。

관자전치우천동(冠者奠觶于薦東), 강연(降筵);북면좌취포(北面坐取脯);강자서계(降自西階), 적동벽(適東壁), 북면견우모(北面見于母)。 모배수(母拜受), 자배송(子拜送), 모우배(母又拜)。

빈강(賓降), 직서서(直西序), 동면(東面)。 주인강(主人降), 복초위(復初位)。 관자립우서계동(冠者立于西階東), 남면(南面)。 빈자지(賓字之), 관자대(冠者對)。

빈출주인송우묘문외(賓出主人送于廟門外)。 청례빈(請醴賓), 빈례사(賓禮辭), 허(許)。 빈취차(賓就次)。 관자견우형제(冠者見于兄弟), 형제재배(兄弟再拜), 관자답배(冠者答拜)。 견찬자(見贊者), 서면배(西面拜), 역여지(亦如之)。 입견고(入見姑)、자(姊), 여견모(如見母)。

내역복(乃易服), 복현관(服玄冠)、현단(玄端)、작(爵)□, 전지견우군(奠摯見于君)。 수이지견우향대부(遂以摯見于鄕大夫)、향선생(鄕先生)。

내례빈(乃醴賓), 이일헌지례(以一獻之禮)。 주인수빈(主人酬賓), 속백(束帛)、려피(儷皮)。 찬자개여(贊者皆與)。 찬관자위개(贊冠者爲介)。

빈출(賓出), 주인송우외문외(主人送于外門外), 재배(再拜);귀빈조(歸賓俎)。

약부례(若不醴), 칙초용주(則醮用酒)。 존우방호지간(尊于房戶之間), 량무(兩甒), 유금(有禁), 현주재서(玄酒在西), 가작(加勺), 남방(南枋)。 세(洗), 유비재서(有篚在西), 남순(南順)。 시가(始加), 초용포해(醮用脯醢);빈강(賓降), 취작우비(取爵于篚), 사강여초(辭降如初);졸세(卒洗), 승작(升酌)。 관자배수(冠者拜受), 빈답배여초(賓答拜如初)。 관자승연(冠者升筵), 좌(坐);좌집작(左執爵), 우제포해(右祭脯醢), 제주(祭酒), 흥(興);연말좌(筵末坐), 쵀주(啐酒);강연(降筵), 배(拜)。 빈답배(賓答拜)。 관자전작우천동(冠者奠爵于薦東), 립우연서(立于筵西)。 철천(徹薦)、작(爵), 연존부철(筵尊不徹)。 가피변(加皮弁), 여초의(如初儀);재초(再醮), 섭주(攝酒), 기타개여초(其他皆如初)。 가작변(加爵弁), 여초의(如初儀);삼초(三醮), 유건육절조(有乾肉折俎), 제지(嚌之), 기타여초(其他如初)。 북면취포(北面取脯), 견우모(見于母)。 약살(若殺), 칙특돈(則特豚), 재합승(載合升), 리폐실우정(離肺實于鼎), 설경멱(設局鼏)。 시초(始醮), 여초(如初)。 재초(再醮), 량두(兩豆), 규저(葵菹)、라해(臝醢);량변(兩籩), 률(㮚)、포(脯)。 삼초(三醮), 섭주여재초(攝酒如再醮), 가조(加俎), 제지(嚌之), 개여초(皆如初), 제폐(嚌肺)。 졸초(卒醮), 취변포이강(取籩脯以降), 여초(如初)。

약고자(若孤子), 칙부형계(則父兄戒)、숙(宿)。 관지일(冠之日), 주인계이영빈(主人紒而迎賓), 배(拜), 읍(揖), 양(讓), 립우서단(立于序端), 개여관주(皆如冠主);례우조(禮于阼)。 범배(凡拜), 북면우조계상(北面于阼階上), 빈역북면우서계상답배(賓亦北面于西階上答拜)。 약살(若殺), 칙거정진우문외(則擧鼎陳于門外), 직동숙(直東塾), 북면(北面)。

약서자(若庶子), 칙관우방외(則冠于房外), 남면(南面), 수초언(遂醮焉)。

관자모부재(冠者母不在), 칙사인수포우서계하(則使人受脯于西階下)。

계빈(戒賓), 왈(曰):「모유자모(某有子某)。 장가포우기수(將加布于其首), 원오자지교지야(願吾子之敎之也)。」빈대왈(賓對曰):「모부민(某不敏), 공부능공사(恐不能共事), 이병오자(以病吾子), 감사(敢辭)。」주인왈(主人曰):「모유원오자지종교지야(某猶願吾子之終敎之也)!」빈대왈(賓對曰):「오자중유명(吾子重有命), 모감부종(某敢不從)?」숙(宿), 왈(曰):「모장가포우모지수(某將加布于某之首), 오자장리지(吾子將莅之), 감숙(敢宿)。」빈대왈(賓對曰):「모감부숙흥(某敢不夙興)?」

시가(始加), 축왈(祝曰):「령월길일(令月吉日), 시가원복(始加元服)。 기이유지(棄爾幼志), 순이성덕(順爾成德)。 수고유기(壽考惟祺), 개이경복(介爾景福)。」재가(再加), 왈(曰):「길월령진(吉月令辰), 내신이복(乃申爾服)。 경이위의(敬爾威儀), 숙신이덕(淑愼爾德)。 미수만년(眉壽萬年), 영수호복(永受胡福)。」삼가(三加), 왈(曰):「이세지정(以歲之正), 이월지령(以月之令), 함가이복(鹹加爾服)。 형제구재(兄弟具在), 이성궐덕(以成厥德)。 황구무강(黃耇無疆), 수천지경(受天之慶)。」

예사왈(醴辭曰):「감례유후(甘醴惟厚), 가천령방(嘉薦令芳)。 배수제지(拜受祭之), 이정이상

(以定爾祥)。 승천지휴(承天之休), 수고부망(壽考不忘)。」

초사왈(醮辭曰):「지주기청(旨酒既淸), 가천단시(嘉薦亶時)。 시가원복(始加元服), 형제구래(兄弟具來)。 효우시격(孝友時格), 영내보지(永乃保之)。」 재초(再醮), 왈(曰):「지주기서(旨酒既湑), 가천이포(嘉薦伊脯)。 내신이복(乃申爾服), 례의유서(禮儀有序)。 제차가작(祭此嘉爵), 승천지호(承天之祜)。」 삼초(三醮), 왈(曰):「지주령방(旨酒令芳), 변두유초(籩豆有楚)。 함가이복(鹹加爾服), 효승절조(餚升折俎)。 승천지경(承天之慶), 수복무강(受福無疆)。」

자사왈(字辭曰):「예의기비(禮儀既備), 영월길일(令月吉日), 소고이자(昭告爾字)。 원자공가(爰字孔嘉), 모사유의(髦士攸宜)。 의지우가(宜之于假), 영수보지(永受保之), 왈백모보(曰伯某甫)。」 중(仲)、 숙(叔)、 위(委), 유기소당(唯其所當)。

구(屨), 하용갈(夏用葛)。 현단흑구(玄端黑屨), 청구억순(青絢繶純), 순박촌(純博寸)。 소적백구(素積白屨), 이괴부지(以魁柎之), 치구억순(緇絢繶純), 순박촌(純博寸)。 작변훈구(爵弁纁屨) 흑구억순(黑絢繶純), 순박촌(純博寸)。 동(冬), 피구가야(皮屨可也)。 부구세구(不屨繐屨)。

기(記)。 관의(冠義):시관(始冠), 치포지관야(緇布之冠也)。 태고관포(太古冠布), 제칙치지(齊則緇之)。 기유야(其緌也), 공자왈(孔子曰):「오미지문야(吾未之聞也), 관이폐지가야(冠而敝之可也)。」 적자관우조(適子冠于阼), 이저대야(以著代也)。 초우객위(醮于客位), 가유성야(加有成也)。 삼가미존(三加彌尊), 유기지야(諭其志也)。 관이자지(冠而字之), 경기명야(敬其名也)。 위모(委貌), 주도야(周道也)。 장보(章甫), 은도야(殷道也)。 무추(毋追), 하후씨지도야(夏後氏之道也)。 주변(周弁)。 은후(殷冔)。 하수(夏收)。 삼왕공피변소적(三王共皮弁素積)。 무대부관례(無大夫冠禮), 이유기혼례(而有其昏禮)。 고자오십이후작(古者五十而後爵), 하대부관례지유(何大夫冠禮之有)?공후지유관례야(公侯之有冠禮也), 하지말조야(夏之末造也)。 천자지원자(天子之元子), 유사야(猶士也), 천하무생이귀자야(天下無生而貴者也)。 계세이립제후(繼世以立諸侯), 상현야(像賢也)。 이관작인(以官爵人), 덕지살야(德之殺也)。 사이익(死而諡), 금야(今也)。 고자생무작(古者生無爵), 사무익(死無諡)。

◆관례(冠禮)
관자례지시야(冠者禮之始也):관례(冠禮)

원고씨족사회시대(遠古氏族社會時代), 증류행과일종(曾流行過一種)"성정례(成丁禮)"。 씨족중적미성년자(氏族中的未成年者), 가이부참가생산(可以不參加生産)、 수렵활동(狩獵活動), 야부필참가전쟁(也不必參加戰爭), 씨족대타문유포육화보호적책임(氏族對他們有哺育和保護的責任)。 단재타문도달성인적년령후(但在他們到達成人的年齡後), 씨족칙요용각종방식측험기체질여생산(氏族則要用各種方式測驗其體質與生産)、 전쟁기능(戰爭技能), 이확정기능부취득씨족정식성원적자격(以確定其能否取得氏族正式成員的資格)。 수저사회적발전(隨著社會的發展), 성정례재절대다수지구도소실료(成丁禮在絶大多數地區都消失了), 이중국적유가간도료타적합리핵심(而中國的儒家看到了它的合理核心), 장타가공개조위(將它加工改造爲)"관례(冠禮)", 작위인생례의적중요조성부분지일(作爲人生禮儀的重要組成部分之一)。 《의례(儀禮)》 유(有)《사관례(士冠禮)》 일편(一篇), 상세기재사지자거행관례적상세의절(詳細記載士之子擧行冠禮的詳細儀節)。 《례기(禮記)》 유(有)《관의(冠義)》 일편(一篇), 설해관례적함의(說解冠禮的含義)。

●조지과정(操持過程)
사관례분위량대례정(士冠禮分爲兩大禮程), 제일정시예례(第一程是預禮), 제이정시정례(第二程是正禮)。

예례즉정식가관전이례의규정적정식주호준비사무(預禮即正式加冠前以禮儀規定的程式做好準備事務), 대요환절위(大要環節爲):

서일(筮日):이점복확정관례일기(以佔卜確定冠禮日期)。

서빈(筮賓):재참례빈객중점복확정일인위정빈(在參禮賓客中佔卜確定一人爲正賓)。

약기(約期):상정관례개시적구체시진(商定冠禮開始的具體時辰)。

계빈(戒賓):요청정빈여소유찬관빈객(邀請正賓與所有贊冠賓客)。

설세(設洗):가관자례전목욕여당일특정소세(加冠者禮前沐浴與當日特定梳洗)。

제이정시정례(第二程是正禮), 즉가관지일적례의정식(即加冠之日的禮儀程式), 완정적차서시십항(完整的次序是十項):

진복기(陳服器):청신개시진설례기(清晨開始陳設禮器)、제물여상응복식(祭物與相應服飾)。

영찬자입묘(迎贊者入廟):가관자가장영빈객진입가묘(加冠者家長迎賓客進入家廟)。

삼가관(三加冠):시가포관(始加布冠), 의위관자구비의식지능(意爲冠者具備衣食之能);이가피관(二加皮冠), 피관역칭무관(皮冠亦稱武冠), 의위관자구비기본무기(意爲冠者具備基本武技);삼가작관(三加爵冠), 작관역칭문관(爵冠亦稱文冠), 의위관자기본구비지서달례지능(意爲冠者基本具備知書達禮之能);삼관련가적례의재우격려관자유비이존부단진취(三冠連加的禮意在于激勵冠者由卑而尊不斷進取), 시위(是謂)"삼가미존(三加彌尊), 유기지야(諭其志也)"

빈례관자(賓醴冠者):정빈위가관자사주축하(正賓為加冠者賜酒祝賀)。

관자견모(冠者見母):가관자정식배견례의확정적모친(加冠者正式拜見禮儀確定的母親), 미필시생모(未必是生母)。

빈사표자(賓賜表字):정빈위가관자사이본명지외공심상칭호적칭위(正賓爲加冠者賜以本名之外供尋常稱呼的稱謂), 저개칭위규주(這個稱謂叫做)"표자(表字)", 이여부모소취명자구별(以與父母所取名字區別)。가관지후(加冠之後)"표자(表字)"대(代)"명(名)", 척유부모국군가호기본명(隻有父母國君可呼其本名), 례의재우숭경부모위관자소취지명(禮意在于崇敬父母爲冠者所取之名)。시위(是謂)"관이자지(冠而字之), 경기명야(敬其名也)!"저일정식도춘추시이경소견(這一程式到春秋時已經少見), 전국이지진(戰國以至秦)、서한(西漢), 세사풍뢰격탕(世事風雷激蕩), 저종일인량칭적번쇄정식이경대체소실혹이변통형식취대(這種一人兩稱的繁瑣程式已經大體消失或以變通形式取代), 인다이본명현세(人多以本名現世)。제여소진인시락양인이승습주례(諸如蘇秦因是洛陽人而承襲周禮), 가관시취표자(加冠時取表字)"계자(季子)"자(者), 이경흔시한견(已經很是罕見)。동한이시(東漢伊始), 사신귀주복적존유례지풍점성(士紳貴冑復的尊儒禮之風漸盛), 본명외취자적고례중신회복(本名外取字的古禮重新恢復), 일시울위풍습(一時蔚為風習)。저시후화(這是後話)。

견가인(見家人):가관자이성인신빈정식례견소유장유가인(加冠者以成人身份正式禮見所有長幼家人)。

견존장(見尊長):가관자이성인신빈정식배견향로족장대부혹국군(加冠者以成人身份正式拜見鄉老族長大夫或國君)。

예빈(醴賓):주가연청참례빈객(主家宴請參禮賓客)。

●성인지자(成人之者)

행관례지년(行冠禮之年), 야취시진입성년적년령(也就是進入成年的年齡), 유일정강구(有一定講究)。유가인위(儒家認為), 인적성장리부개학습(人的成長離不開學習), 부동적년령단유부동적학습내용(不同的年齡段有不同的學習內容)。《례기(禮記)·내칙(內則)》설(說), 륙세(六歲), 교이수목여사방지명(教以數目與四方之名);팔세(八歲), 교이례양(教以禮讓), 시이렴치(示以廉恥);구세(九歲), 교이삭망화륙십갑자(教以朔望和六十甲子);십세(十歲), 리개가정(離開家庭), 주숙재외(住宿在外), 향로사학습(向老師學習)"서계(書計)""문자(文字))、"유의(幼儀)"(봉시장자적례의(奉侍長者的禮儀)), 이급유관적례편장화일상응대적사령(以及有關的禮的篇章和日常應對的辭令);십삼세(十三歲), 학습음악(學習音樂)、송독(誦讀)《시경(詩經)》, 련습칭위(練習稱爲)《작(勺)》적무도(的舞蹈)(문무(文舞));십오세지후칭위(十五歲之後稱為)"성동(成童)", 련습칭위(練習稱為)《상(象)》적무도(的舞蹈)(이간과위도구적무무(以幹戈爲道具的武舞)), 이급사전화어차(以及射箭和御車)。경과칠년적학습(經過七年的學習), 야취시도료이십세(也就是到了二十歲), 이경구비료일정적문화지식적기초(已經具備了一定的文化知識的基礎), 이차혈기강성(而且血氣強盛), 신체 발육성숙(身體發育成熟), 능구독립면대사회(能夠獨立面對社會), 《예기(禮記)·곡례(曲禮)》설(說)"남자이십관이자(男子二十冠而字)", 차시가이위지거행성년례(此時可以爲之擧行成年禮). 성년이후(成年以後), 환요진입경고층차적학습(還要進入更高層次的學習), 학습적내용(學習的內容), 《례기(禮記)·내칙(內則)》유구체적기재(有具體的記載).

인기성년(人既成年), 위십마요거행의식(爲什麼要擧行儀式)?타구경암함료즘양적의의(它究竟暗含了怎樣的意義)?《례기(禮記)·관의(冠義)》설(說):"성인지자(成人之者), 장책성인례언야(將責成人禮焉也). 책성인례언자(責成人禮焉者), 장책위인자(將責爲人子)、위인제(爲人弟)、위인신(爲人臣)、위인소자지례행언(爲人少者之禮行焉). 장책사자지행우인(將責四者之行于人), 기례가부중여(其禮可不重歟)?"가지(可知), 거행저일의식(擧行這一儀式), 시요제시행관례자(是要提示行冠禮者):종차장유가정중호무책임적(從此將由家庭中毫無責任的)"유자(孺子)"전변위정식과입사회적성년인(轉變爲正式跨入社會的成年人), 척유능리천효(隻有能履踐孝)、제(悌)、충(忠)、순적덕행(順的德行), 재능성위합격적아자(才能成爲合格的兒子)、합격적제제(合格的弟弟)、합격적신하(合格的臣下)、합격적만배(合格的晚輩), 성위각종합격적사회각색(成爲各種合格的社會角色). 유기여차(惟其如此), 재가이칭득상시인(才可以稱得上是人), 야재유자격거치리별인(也才有資格去治理別人). 인차(因此), 관례취시(冠禮就是)"이성인지례래요구인적례의(以成人之禮來求人的禮儀)".

●서일(筮日) `서빈(筮賓)

관례기시여차중요(冠禮既是如此重要), 재의식중취회유특별적체현(在儀式中就會有特別的體現). 수선(首先), 거행관례적일자요통과점서적형식래선택(擧行冠禮的日子要通過佔筮的形式來選擇), 부득수의결정(不得隨意決定). 선택길일적의절칭위(選擇吉日的儀節稱爲)"서일(筮日)". 관례지소이요선길일(冠禮之所以要選吉日), 《관의(冠義)》설시위료(說是爲了)"구기영길(求其永吉)", 희망관자종차유일개량호적개단(希望冠者從此有一個良好的開端).

관례시가정계승인적성년례의(冠禮是家庭繼承人的成年禮儀), 시관계도가족적전승화발전적대사(是關系到家族的傳承和發展的大事). 고시여차정중적의식(古時如此鄭重的儀式), 필수재가묘진행(必須在家廟進行). 《관의(冠義)》해석설(解釋說):"행지우묘자소이존중사(行之于廟者所以尊重事), 존중사이부감천중사(尊重事而不敢擅重事), 부감천중사소이자비이존선조야(不敢擅重事所以自卑而尊先祖也)."유저이조선적명의행례적함의(有著以祖先的名義行禮的含義), 야취시(也就是)《례기(禮記)·문왕세자(文王世子)》소설적(所說的)"관(冠)、취처필고(取妻必告)[고묘(告廟)]"적의사(的意思).

일기확정후(日期確定後), 작위관례적주인(作爲冠禮的主人)(장관자적부친(將冠者的父親)), 요제전삼천통지각위동료(要提前三天通知各位同僚)、붕우(朋友), 요청타문계시전래관례(邀請他們屆時前來觀禮). 저일의절칭위(這一儀節稱爲)"계빈(戒賓)", 계시고지(戒是告知)、통보적의사(通報的意思).

주인재차통과점서적방법(主人再次通過佔筮的方法), 종소통보적료우중선택일위덕고망중적담임가관적정빈(從所通報的僚友中選擇一位德高望重的人擔任加冠的正賓), 저일의절칭위(這一儀節稱爲)"서빈(筮賓)". 관례지일(冠禮之日), 정빈필수도장(正賓必須到場), 부칙부능성례(否則不能成禮), 소이(所以), 인선일경확정(人選一經確定), 주인요제전일천전왕정빈가중작특별요청(主人要提前一天前往正賓家中作特別邀請). 제차지외(除此之外), 환요특요일위(還要特邀一位)"찬자(贊者)", 즉협조정빈가관적조수(即協助正賓加冠的助手). 통과점서래확정관일이급정빈적인선(通過佔筮來確定冠日以及正賓的人選), 도시정중기사적표현(都是鄭重其事的表現), 소이(所以)《관의(冠義)》설(說):"고자(古者), 관례서일(冠禮筮日)、서빈(筮賓), 소이경관사(所以敬冠事). 경관사소이중례(敬冠事所以重禮), 중례소이위국본야(重禮所以爲國本也)."

●삼가미존(三加彌尊)

관례적주체부분(冠禮的主體部分), 시유정빈의차장치포관(是由正賓依次將緇布冠)、피변(皮弁)、작변등삼종관가우장관자지수(爵弁等三種冠加于將冠者之首). 치포관실제상시일괴흑포(緇布冠實際上是一塊黑布), 상전태고시대이백포위관(相傳太古時代以白布爲冠), 약봉제사(若逢祭祀), 취파타염성흑색(就把它染成黑色), 소이칭위치포관(所以稱爲緇布冠), 저시최초적관(這是最初的冠). 관례선가치포관(冠禮先加緇布冠), 시위료교육청년인부망선배창업적간신(是爲了敎育靑年人不忘先輩創業的艱辛). 주대귀족생활중이경부대치포관(周代貴族生活中已經不

戴緇布冠), 소이관례지후취각치부용(所以冠禮之後就擱置不用). 기차시가피변(其次是加皮弁), 피변적형제류사우후세적과피모(皮弁的形製類似于後世的瓜皮帽), 용백색적록피봉제이성(用白色的鹿皮縫製而成), 여조복배투천대(與朝服配套穿戴), 지위요비치포관존(地位要比緇布冠尊). 최후가작변(最後加爵弁), "작(爵)"통(通)"작(雀)", 작변소용질료여작두적안색(爵弁所用質料與雀頭的顏色)(적이미홍(赤而微紅)상사(相似), 고명(故名). 작변시협조국군제사등장중적장합대적(爵弁是協組國君祭祀等庄重的場合戴的), 지위최존(地位最尊). 삼차가관(三次加冠), 장지위최비적치포관방재최전(將地位最卑的緇布冠放在最前), 지위초존적피변재기차(地位稍尊的皮弁在其次), 이장작변방재최후(而將爵弁放在最後), 매가유존(每加愈尊), 시은유관자적덕행능여일구증(是隱喻冠者的德行能與日俱增), 소이(所以)《관의(冠義)》설(說):"삼가미존(三加彌尊), 가유성야(加有成也)."

가관지전(加冠之前), 삼종관분방재삼개죽기중(三種冠放在三個竹器中), 유삼위유사봉저(由三位有司捧著), 종서계적제이개태계의차왕하참립(從西階的第二個台階依次往下站立). 가관자재당상유전문적석위(加冠者在堂上有專門的席位), 기위치인신빈적부동이부동(其位置因身份的不同而不同). 적장자적석위설재조계지상(嫡長子的席位設在阼階之上), 서자(庶子)(적장자적동모제화이모형제(嫡長子的同母弟和異母兄弟))적석위재당북편동적지방(的席位在堂北偏東的地方). 당적면향도조남(堂的面向都朝南), 당전유동(堂前有東)、서이계(西二階), 동계공주인상하당전용(東階供主人上下堂專用), 소이칭위주계(所以稱爲主階), 야규조계(也叫阼階);서계공래빈상하당(西階供來賓上下堂), 소이칭위빈계(所以稱爲賓階).《의례(儀禮)·사관례(士冠禮)》설(說):"적자관우조(嫡子冠于阼), 이저대야(以著代也).""저(著)"시창현적의사(是彰顯的意思), "대(代)"시체대(是替代), 조계지상시주인지위(阼階之上是主人之位), 양적장자재차가관(讓嫡長子在此加冠)의재돌출타장래유자격취대부친재가중적지위(意在突出他將來有資格取代父親在家中的地位).

가관지전(加冠之前), 선유찬자위관자소두(先由贊者爲冠者梳頭), 재용백장두발포호(再用帛將頭發包好), 주호일절준비(做好一切準備). 위료표시결정(爲了表示潔淨), 정빈도요선도서계하세수(正賓都要先到西階下洗手), 연후상당도장관자적석전좌하(然後上堂到將冠者的席前坐下), 친수장관자두상포발적백부정(親手將冠者頭上包發的帛扶正), 연후기신(然後起身), 종서계주하일급태계(從西階走下一級台階), 종유사수중접과치포관(從有司手中接過緇布冠), 주도장관자석전(走到將冠者席前), 선단정기용의(先端正其容儀), 연후치축사설(然後致祝辭說):"월빈화시일도흔길상(月份和時日都很吉祥), 현재개시위니가관(現在開始爲你加冠). 포기니적동치지심(拋棄你的童稚之心), 신양니적성인지덕(慎養你的成人之德). 원니장수길상(願你長壽吉祥), 광증홍복(廣增洪福)."축필(祝畢), 친수위타대상치포관(親手爲他戴上緇布冠). 접저유조수위관자계호관영(接著由助手爲冠者系好冠纓). 관자진방(冠者進房), 탈거채의(脫去採衣), 환상여치포관배투적현단복출방(換上與緇布冠配套的玄端服出房), 면조남(面朝南), 향래빈전시(向來賓展示).

이가(二加)、삼가지례적의절여차기본상동(三加之禮的儀節與此基本相同), 척시제이차가관시(隻是第二次加冠時), 정빈요종서계주하량급태계(正賓要從西階走下兩級台階);제삼차가관시요주하삼급태계(第三次加冠時要走下三級台階), 인위봉지피변화작변적유사참재부동적위치(因爲捧持皮弁和爵弁的有司站在不同的位置). 차외(此外), 매차가관적축사략유변화(每次加冠的祝辭略有變化), 단의사상동(但意思相同), 무비시면려가관자포기유소희희타만지심(無非是勉勵加冠者拋棄幼小嬉戲惰慢之心), 이수립진덕수업지지(而樹立進德修業之志). 저시전배대관자적충심축원(這是前輩對冠者的衷心祝願), 시성년교육적중요내용(是成年教育的重要內容). 축사지후(祝辭之後), 관자도응답(冠者都要應答). 매차가관지후(每次加冠之後), 관자도요진방환상상응적복장(冠者都要進房換上相應的服裝), 연후출방(然後出房), 향래빈전시(向來賓展示).

부난발현(不難發現), 관례적중요내용지일(冠禮的重要內容之一), 시진행용체(是進行容體)、안색(顏色)、사령적교육(辭令的教育), 내중유흔심적함의(內中有很深的含義).《관의(冠義)》설(說):"례의지시(禮義之始), 재우정용체(在于正容體), 제안색(齊顏色), 순사령(順辭令). 용체정(容體正)、안색제(顏色齊)、사령순이후례의비(辭令順而後禮義備), 이정군신(以正君臣), 친부자(親父子), 화장유(和長幼). 군신정(君臣正)、부자친(父子親)、장유화이후례의립(長幼和而後禮義立)."인지소이구별우금수(人之所以區別于禽獸), 시인위인동득례의(是因為人懂得禮儀), 이례의시이용모단정(而禮儀是以容貌端正)、신색장경(神色庄敬)、사령공순위기초적(辭令恭順爲基礎的). 요책이성인지례(要責以成人之禮), 수선요종용체(首先要從容體)、안색(顏色)、

사령적교육개시(辭令的教育開始), 유기여차(惟其如此), 찬자(贊者)、정빈재부염기번지위지소리두발(正賓才不厭其煩地爲之梳理頭髮)、부정백건(扶正帛巾), 병차양타전시체모(並且讓他展示體貌)。《관의(冠義)》설(說)"관자(冠者), 례지시야(禮之始也)", 정시저개의사(正是這個意思)。류향재(劉向在)《설원(說苑)》중설(中說), 관례적의의재우(冠禮的意義在于)"내심수덕(內心修德), 외피례문(外被禮文)", 시(是)"기이수덕(既以修德), 우이정용(又以正容)", 우인공자적화설(又引孔子的話說):"정기의관(正其衣冠), 존기첨시(尊其瞻視), 엄연인망이외지(儼然人望而畏之), 사부역위이부맹호(斯不亦威而不猛乎)?"가위심득기지(可謂深得其旨)。

삼가지례완성후(三加之禮完成後), 거행례관자적의식(舉行醴冠者的儀式)。관자적석위재당상적실문지서(冠者的席位在堂上的室門之西), 정빈향관자경례주(正賓向冠者敬醴酒), 병치축사(並致祝辭):"감미적례주순후(甘美的醴酒醇厚), 상호적포해방향(上好的脯醢芳香)。청하배수치(請下拜受觶), 제헌포해화례주(祭獻脯醢和醴酒), 이전정니적복상(以奠定你的福祥)。승수나상천적미복(承受那上天的美福), 장수지년유부망회(長壽之年猶不忘懷)。"관자안조규정적례절음주(冠者按照規定的禮節飲酒), 연후기신리석(然後起身離席), 위관례원만완성이배사정빈(為冠禮圓滿完成而拜謝正賓), 정빈답배환례(正賓答拜還禮)。

●이관이자지(已冠而字之)

고인유성(古人有姓)、유명(有名), 환유자(還有字), 여두보성두(如杜甫姓杜)、명보(名甫), 자자미(字子美)。제갈량복성제갈(諸葛亮復姓諸葛)、명량(名亮), 자공명(字孔明)。거(據)《례기(禮記)·내칙(內則)》기재(記載), 상고시대(上古時代), 자해생하래삼개월(子孩生下來三個月), 유모친포저거견부친(由母親抱著去見父親), 부친(父親)"해(咳)(hai)이명지(而名之)", 의사시랍저해자적우수(意思是拉著孩子的右手), 용식지경요타적하파(用食指輕撓他的下巴), 위지취명(為之取名)。이십년지후(二十年之後), 당해자장대성인(當孩子長大成人), 칙요재관례상유정빈재위타취일개표자(則要在冠禮上由正賓再爲他取一個表字)。

재성명지외취표자(在姓名之外取表字), 위료표시대부친소기지명적경중(爲了表示對父親所起之名的敬重)。재고대적사회교왕중(在古代的社會交往中), 척유장배대만배혹자존자대비자가이직호기명(隻有長輩對晚輩或者尊者對卑者可以直呼其名)。평배지간(平輩之間)、만배대장배칙요이자상칭(晚輩對長輩則要以字相稱), 이시존경(以示尊敬), 부칙취시실례(否則就是失禮)。야취시설(也就是說), "자(字)"시성인교제시사용적(是成人交際時使用的), 소이(所以)《관의(冠義)》설(說):"사관이자지(已冠而字之), 성인지도야(成人之道也)。"

정빈위관자취자유엄격적의식(正賓爲冠者取字有嚴格的儀式)。정빈종서계하당(正賓從西階下堂), 참재정대서서지처(站在正對西序之處), 면조동(面朝東)。주인종동계하당(主人從東階下堂), 참재정대동서지처(站在正對東序之處), 면조동(面朝東)。관자참재서계하적동측(冠者站在西階下的東側), 면조남(面朝南)。정빈위관자취표자(正賓為冠者取表字), 병치축사(並致祝辭):"례의이경제비(禮儀已經齊備), 재차량월길일(在此良月吉日), 선포니적표자(宣布你的表字)。니적표자무비미호(你的表字無比美好), 의위영준적남사소유(宜為英俊的男士所有)。적의취유복우(適宜就有福佑), 원니영원보유(願你永遠保有)。니적표자취규(你的表字就叫)'백모보(伯某甫)'。"주대적표자(周代的表字), 수자표시배행(首字表示排行), 용백(用伯)、중(仲)、숙(叔)、계표시(季表示), 시정황이정(視情況而定);말자(末字)"보(甫)", 혹작(或作)"부(父)", 시대남자적존칭(是對男子的尊稱);중간적(中間的)"자(字)", 일반여명적자의유련계(一般與名的字義有聯系), 여공구(如孔丘), 자중니부(字仲尼父), 중시배행(仲是排行), 니여구대응(尼與丘對應), 구시산구(丘是山丘), 니시니산(尼是尼山), 시공자출생적지방(是孔子出生的地方)。말일자가이성략(末一字可以省略), 소이공자적자통상가이칭중니(所以孔子的字通常可以稱仲尼)。

목전아국대륙지구적민중이경흔소유인재취자(目前我國大陸地區的民眾已經很少有人再取字), 단재해외화인구(但在海外華人區), 이급한국(以及韓國)、일본등한문화권적문화인중(日本等漢文化圈的文化人中), 의연류행취자적풍기(依然流行取字的風氣)。

●五、이성인지례견존자(以成人之禮見尊者)、장자(長者)

관례완필(冠禮完畢), 관자요배견유관적존장(冠者要拜見有關的尊長)。선종서계하당(先從西階下堂), 절이동행(折而東行), 출정원적동장(出廷院的東牆), 면조북(面朝北), 배견재저리등후적모친(拜見在這裏等候的母親), 병헌상간육(並獻上幹肉), 이표경의(以表敬意)。모친배수후준비리거(母親拜受後準備離去), 관자배송(冠者拜送), 모친우배(母親又拜). 저일과정중(這一過程中), 작위아자적관자척대모친배일차(作爲兒子的冠者隻對母親拜一次), 이모친각배료량차(而母親卻拜了兩次), 저시상고시대부인대성년남자적배법(這是上古時代婦人對成年男子的拜法), 칭위(稱爲)"협배(俠拜)", 저일례절여금재아국이경실전(這一禮節如今在我國已經失傳)단재한국의연보류저(但在韓國依然保留著).

관자우거견참재당하적친척(冠者又去見站在堂下的親戚). 친척향관자행재배지례(親戚向冠者行再拜之禮), 관자답배환례(冠者答拜還禮). 연후출묘문(然後出廟門)、진침문(進寢門), 거견고고화저저(去見姑姑和姐姐), 의절여견모친일양(儀節與見母親一樣). 관자배견모친(冠者拜見母親)、형제등(兄弟等), 시표시재가중종차이성인지례상견(是表示在家中從此以成人之禮相見), 소이(所以)《관의(冠義)》설(說):"견우모(見于母), 모배지(母拜之);견우형제(見于兄弟), 형제배지(兄弟拜之);성인이여위례야(成人而與爲禮也)。"

관자회가탈거작변복(冠者回家脫去爵弁服), 환상현관(換上玄冠)、현단화작색적폐슬(玄端和雀色的蔽膝), 수집일척치(手執一隻雉), 전왕배견국군(前往拜見國君). 견면시(見面時), 요장치방재지상(要將雉放在地上), 부능친수교급국군(不能親手交給國君), 인위친수수수시존자여존자지간적례절(因爲親手授受是尊者與尊者之間的禮節). 예필(禮畢), 재집치분별거배견경대부화향선생(再執雉分別去拜見卿大夫和鄕先生). 소위(所謂)"향선생(鄕先生)", 시지퇴휴환향적경대부(是指退休還鄕的卿大夫). 저시관자수차이성인적신빈배견국군(這是冠者首次以成人的身份拜見國君)、향대부(鄕大夫)、향선생(鄕先生), 소이(所以)《관의(冠義)》설(說):"현관(玄冠)、현단(玄端), 전지우군(奠摯于君), 수이지견우향대부(遂以摯見于鄕大夫)、향선생(鄕先生), 이성인견야(以成人見也)。"

관자배회존장완필(冠者拜會尊長完畢), 주인용례주수사정빈(主人用醴酒酬謝正賓), 용적시일헌지례(用的是一獻之禮). 소위(所謂)"일헌지례(一獻之禮)", 포괄헌(包括獻)、초(酢)、수(酬), 즉주인선향빈경주(即主人先向賓敬酒)(헌(獻)), 빈용주회경주인(賓用酒回敬主人)(초(酢)), 주인선자음(主人先自飮)、연후짐주재경주인(然後斟酒再敬主人)(수(酬)). 위료표시대정빈적감사(爲了表示對正賓的感謝), 주인이오필백화량장록피상증(主人以五匹帛和兩張鹿皮相贈). 관례지차결속(冠禮至此結束), 정빈고사(正賓告辭), 주인송도문외(主人送到門外), 재배(再拜), 병파인장성유생육적례조송도정빈적가중(並派人將盛有牲肉的禮俎送到正賓的家中).

향대부(鄕大夫)、향선생접견관자시(鄕先生接見冠者時), 요대관자유소교회(要對冠者有所教誨). 여하교회(如何教誨), 《사관례(士冠禮)》미증제급(未曾提及). 소행자(所幸者), 《국어(國語)·진어(晉語)》대조문자행관례후왕견제경적정황유상세적기재(對趙文子行冠禮後往見諸卿的情況有詳細的記載), 가이미보(可以彌補)《사관례(士冠禮)》적궐실(的闕失). 조문자선거견란무자(趙文子先去見欒武子)(란서(欒書)), 무자설(武子說):"아증여니적부친조삭공과사(我曾與你的父親趙朔共過事), 타저인유사화이부실(他這人有些華而不實), 희망니금후주중무실(希望你今後註重務實)。"우거견범문자(又去見範文子)(범섭(範燮)), 문자설(文子說):"종금이후니요동득계구(從今以後你要懂得戒懼). 유현덕적인(有賢德的人), 재은총가신시총시경가근신(在恩寵加身時總是更加謹愼), 척유덕행부족적인재회인은총이교사(隻有德行不足的人才會因恩寵而驕奢)。"우거견한헌자(又去見韓獻子)(한궐(韓厥)), 헌자설(獻子說):"기주(記住)!니성년지초취응해향선(你成年之初就應該向善), 요부단지유선진입경선적경계(要不斷地由善進入更善的境界), 저양(這樣), 부선취무법고근니료(不善就無法靠近你了). 여과니일개시취부능향선(如果你一開始就不能向善), 부단유부선진입도경가부선적지보(不斷由不善進入到更加不善的地步), 나마(那麽), 선취여니무연료(善就與你無緣了). 유여초목적생장(猶如草木的生長), 사물총시의류상종적(事物總是依類相從的). 인지유관(人之有冠), 호비궁실지유장옥(好比宮室之有牆屋), 요근가수정(要勤加修整). 제차지외(除此之外), 아환유십마가설적니(我還有什麽可說的呢)?"우거견지무자(又去見智武子)(순앵(荀罃)), 무자설(武子說):"해자요기주(孩子要記住):니증조조성자적문채(你曾祖趙成子的文採), 조부조선자적충성(祖父趙宣子的忠誠), 난도가이망회마(難道可以忘懷嗎)!해자요기주(孩子要記住):유조선자적충성(有趙宣子的忠誠), 재가상조성자적문채(再加上趙成子的文採), 시봉국군취몰유부성공적(侍奉國君就沒有不成功的)。"최후거견장맹(最後去見張孟), 선파전면기위적교도서설료일편(先把前面幾位的教導敘說了一遍), 장맹설(張孟說):"타문설득태호료(他們說得太好了)여과니청종란서적화(如果你聽從欒書的話), 취가이달도범섭소교도적경계(就可以達到範燮所教導的境界), 취가이홍양한궐적고계(就可以弘揚韓厥的告

誠), 장래취가이성취원만(將來就可以成就圓滿). 여과니뢰기지앵설적도리취호료(如果你牢記智螢說的道理就好了). 저도시선왕적음덕재자윤니아(這都是先王的陰德在滋潤你啊)!"관례여교육적밀절관계(冠禮與教育的密切關系), 우차가견(于此可見).

●六、고대사회중적관례(古代社會中的冠禮)

주대실행이적장자계승제위핵심적종법제도(周代實行以嫡長子繼承製為核心的宗法製度), 재위적제왕거세(在位的帝王去世), 적장자무론년기장유(嫡長子無論年紀長幼), 도가이즉위(都可以即位). 단시(但是), 척요즉위적신왕몰유성년(隻要即位的新王沒有成年), 취부능집장조강(就不能執掌朝綱). 예여(例如), 주무왕거세시(周武王去世時), 성왕상재강보지중(成王尚在襁褓之中), 수연입승대통(雖然入承大統), 단부구비친정적능력(但不具備親政的能力), 척능유주공섭정(隻能由周公攝政). 직도성왕성년지후(直到成王成年之後), 주공재반정우성왕(周公才返政于成王). 원인흔간단(原因很簡單), 미성년자부구비남면지자(未成年者不具備南面之資). 우어영정십삼세취즉진왕지위(又如嬴政十三歲就即秦王之位), 거(據)《사기(史記)·진시황본기(秦始皇本紀)》, 직도구년후적사월사유(直到九年後的四月巳酉), 야취시이십이세시(也就是二十二歲時), 재(才)"관(冠), 대검(帶劍)", 개시친정(開始親政). 가견(可見), 대우제왕이언(對于帝王而言), 관례구유특수적의의(冠禮具有特殊的意義). 부근여차(不僅如此), 일반적사인여과몰유행관례(一般的士人如果沒有行冠禮), 야부득담임중요관직(也不得擔任重要官職). 거(據)《후한서(後漢書)·주방전(周防傳)》, 주방십륙세사군소리(周防十六歲仕郡小吏). 세조순수여남(世祖巡狩汝南), 소연사시경(召掾史試經), 견주방(見周防)"우능송독(尤能誦讀)", 욕배위수승(欲拜爲守丞). 주방인상미행관례(周防因尚未行冠禮), 부능종명(不能從命).

서한왕조대우제왕적관례비상중시(西漢王朝對于帝王的冠禮非常重視). 거(據)《한서(漢書)·혜제본기(惠帝本紀)》, 한혜제행관례시(漢惠帝行冠禮時), 증경선포(曾經宣布)"사천하(赦天下)", 저시력사상인제왕행관례이대사천하적개시(這是歷史上因帝王行冠禮而大赦天下的開始). 기후(其後), 우유인태자행관례이사민이작위적(又有因太子行冠禮而賜民以爵位的), 거(據)《한서(漢書)·경제본기(景帝本紀)》, 경제후삼년정월(景帝後三年正月), "황태자관(皇太子冠), 사민위부후자작일급(賜民為父後者爵一級)". 우거(又據)《한서(漢書)·소제본기(昭帝本紀)》, 원봉사년(元鳳四年), 소제가관(昭帝加冠), "사제후왕(賜諸侯王)、승상(丞相)、대장군(大將軍)、렬후(列侯)、종실(宗室), 하지리민(下至吏民), 김백(金帛)、우주각유차(牛酒各有差). 사중이천석이하급천하민작(賜中二千石以下及天下民爵). 무수사년(毋收四年)、오년구부(五年口賦). 삼년이전포경부미입자(三年以前逋更賦未入者), 개물수(皆勿收). 령천하포오일(令天下酺五日)". 파사보천동경적절일(頗似普天同慶的節日).

위료여신하적관례상구별(為了與臣下的冠禮相區別), 한소제적관례환전문찬작료관사(漢昭帝的冠禮還專門操作了冠辭). 거(據)《박물기(博物記)》(《속한서(續漢書)·례의지(禮儀志)》주인(註引))소기(所記), 기관사위(其冠辭為):"폐하리현선제지광요(陛下摛顯先帝之光耀), 이승황천지가록(以承皇天之嘉祿), 흠봉중춘지길진(欽奉仲春之吉辰), 보존대도지방역(普尊大道之邦域), 병솔백복지휴령(秉率百福之休靈), 시가소명지원복(始加昭明之元服), 추원충유지유지(推遠沖孺之幼志), 온적문무지취덕(蘊積文武之就德), 숙근고조지청묘(肅勤高祖之清廟), 륙합지내(六合之內), 미부몽덕(靡不蒙德), 영영여천무극(永永與天無極)."저시후세제왕령찬관사지시(這是後世帝王另撰冠辭之始).

동한복파장군마원적차자마방(東漢伏波將軍馬援的次子馬防), 재숙종시담임과위위(在肅宗時擔任過衛尉), 기자마거상근종좌우(其子馬鉅常跟從左右). 거(據)《후한서(後漢書)·마방전(馬防傳)》, 숙종륙년정월(肅宗六年正月), 마거년급관령(馬鉅年及冠齡), 특배위황문시랑(特拜為黃門侍郎). 숙종친지장태하전(肅宗親至章台下殿), "진정조(陳鼎俎), 자림관지(自臨冠之)". 가석(可惜), 사서중황제친림신자관례적기재근차일견(史書中皇帝親臨臣子冠禮的記載僅此一見).

종남북조도수당(從南北朝到隋唐), 관례일도폐이부행(冠禮一度廢而不行). 류종원재답위중립적서신중담도(柳宗元在答韋中立的書信中談到), "관례(冠禮), 수백년래인부복행(數百年來人不復行)", 설당시유일위명규손창인적인(說當時有一位名叫孫昌引的人), "독발분행지(獨發憤行之)", 관례필(冠禮畢), 방당년조문자견란서등적고사(仿當年趙文子見欒書等的故事), 차일상조(次日上朝)

(次日上朝), 희망중경사능대타유소교도(希望眾卿士能對他有所教導)。도외정후(到外廷後), 손씨천홀대경사설(孫氏薦笏對卿士說):"모자관필(某子冠畢)。"부료중경사막명기묘(不料眾卿士莫名其妙), 경조윤정숙칙불연예홀각립설(京兆尹鄭叔則怫然曳笏卻立說):"저여아유하상간(這與我有何相幹)"문무대신홍연대소(文武大臣哄然大笑)。가견(可見), 조정적대신이부지관례위하물(朝廷的大臣已不知冠禮爲何物)。

종당도송(從唐到宋), "품관관례실방사례이증익(品官冠禮悉仿士禮而增益), 지우관제(至于冠製), 칙일품지오품(則一品至五品), 삼가일률용면(三加一律用冕)。륙품이하(六品而下), 삼가용작변(三加用爵弁)"。(《명집례(明集禮)》)가지당송시대증재품관중실행과관례(可知唐宋時代曾在品官中實行過冠禮), 안조품계고하(按照品階高下), 가부동적관(加不同的冠)。

송대적일사사대부통감불교문화시대대중층면적강렬충격(宋代的一些士大夫痛感佛教文化是對大眾層面的強烈沖擊), 조성고유문화적신속류실(造成固有文化的迅速流失), 주장요재전사회추행관(主張要在全社會推行冠)、혼(婚)、상(喪)、제등례의(祭等禮儀), 이차홍양유가문화전통(以此弘揚儒家文化傳統)。사마광통심질수지설(司馬光痛心疾首地說):"관례지폐구의(冠禮之廢久矣)。근세이래(近世以來), 인정우위경박(人情尤為輕薄), 생자유음유(生子猶飲乳)。사가건모(已加巾帽), 유관자혹위지제공복이롱지(有官者或為之製公服而弄之)。과십세유총각자개선의(過十歲猶總角者蓋鮮矣)。피책이사자지행(彼責以四者之行), 기능지지(豈能知之)?고왕왕자유지장(故往往自幼至長), 우매여일(愚呆如一), 유부지성인지도고야(由不知成人之道故也)。"(《주자가례(朱子家禮)》인(引))인위폐제관례(認為廢除冠禮), 사득인정경박(使得人情輕薄), 자유지장부지성인지도(自幼至長不知成人之道), 종이조성엄중적사회문제(從而造成嚴重的社會問題)。소이(所以), 사마광재타적(司馬光在他的)《서의(書儀)》중(中), 제정료관례적의식(製訂了冠禮的儀式), 규정(規定):남자년십이지이십세(男子年十二至二十歲), 척요부모몰유기이상지상(隻要父母沒有期以上之喪), 취가이행관례(就可以行冠禮)。위료순응시변(為了順應時變), 사마광장(司馬光將)《의례(儀禮)》적(的)《사관례(士冠禮)》가이간화(加以簡化), 사지역우위대중장악(使之易于為大眾掌握)。차외(此外), 환근거당시적생활습속(還根據當時的生活習俗), 장삼가지관작료변통(將三加之冠作了變通):초가건(初加巾), 차가모(次加帽), 삼가복두(三加襆頭)。《주자가례(朱子家禮)》연용료사마광(沿用了司馬光)《서의(書儀)》적주요의절(的主要儀節), 단장관년규정위남자년십오지이십(但將冠年規定為男子年十五至二十), 병종학식방면제출료상응적요구(並從學識方面提出了相應的要求), "약돈후호고지군자(若敦厚好古之君子), 사기자년십오이상(俟其子年十五以上), 능통(能通)《효경(孝經)》、《론어(論語)》, 조지례의지방(粗知禮義之方), 연후관지(然後冠之), 사기미의(斯其美矣)"。

정이야극력창도관례(程頤也極力倡導冠禮), 인위(認為)"관례폐(冠禮廢), 칙천하무성인(則天下無成人)"。《좌전(左傳)·양공구년(襄公九年)》재(載), 진도공연청로양공시(晉悼公宴請魯襄公時), 문급로양공적년령(問及魯襄公的年齡), 계무자설척유십이세(季武子說隻有十二歲)。유인원인차례(有人援引此例), 주장장관령제전도십이세(主張將冠齡提前到十二歲), 조도정이적견결반대(遭到程頤的堅決反對), 설(說):"차부가(此不可)。관소이책성인(冠所以責成人), 십이년비가책지시(十二年非可責之時)。"인위(認為), 기행관의(既行冠矣), 취필수책이성인지사(就必須責以成人之事), 부칙취성료허례(否則就成了虛禮);여과관례지후부능책이성인지사(如果冠禮之後不能責以成人之事), 칙종기일신도부능기망타성인(則終其一身都不能期望他成人), 인차(因此), "수천자제후(雖天子諸侯), 역필이십이관(亦必二十而冠)。"(《이정유서(二程遺書)·이천선생어일(伊川先生語一)》)

거(據)《명사(明史)》, 명홍무원년조정관례(明洪武元年詔定冠禮), 종황제(從皇帝)、황태자(皇太子)、황자(皇子)、품관(品官), 하급서인(下及庶人), 도제정료관례적의문(都製訂了冠禮的儀文), 《명사(明史)》중유관황제(中有關皇帝)、황태자(皇太子)、황자행관례적기재흔다(皇子行冠禮的記載很多), 설명재황실성원중의연보지저행관례적전통(說明在皇室成員中依然保持著行冠禮的傳統), "연자품관이강(然自品官而降), 선유능행지자(鮮有能行之者), 재지례관(載之禮官), 비고사이이(備故事而已)"。(《명사(明史)·례지팔(禮志八)》)가견재관원화민간이경흔소유인행관례료(可見在官員和民間已經很少有人行冠禮了)。청인입주중원후(清人入主中原後), 정부반정적례의제도발생흔대변화(政府頒定的禮儀製度發生很大變化), 수연환유오례적명목(雖然還有五禮的名目

還有五禮的名目), 단장기작위(但長期作爲)"가례지중자(嘉禮之重者)"적관례부재출현재(的冠禮不再出現在)"가례(嘉禮)"적세목지중(的細目之中)。

●여자적계례(女子的笄禮)

還有五禮的名目), 단장기작위(但長期作爲)"가례지중자(嘉禮之重者)"적관례부재출현재(的冠禮不再出現在)"가례(嘉禮)"적세목지중(的細目之中)。고대남자유관례(古代男子有冠禮), 녀자칙유계례(女子則有笄禮)。《예기(禮記)·곡례(曲禮)》설(說):"녀자허가(女子許嫁), 계이자(笄而字)。"가견녀자시재허가지후거행계례(可見女子是在許嫁之後擧行笄禮)、취표자(取表字)。계례적년령소우관례(笄禮的年齡小于冠禮), 《예기(禮記)·잡기(雜記)》설(說):"녀자십유오년허가(女子十有五年許嫁), 계이자(笄而字)。"여차(如此), 칙허가적년령시십오세(則許嫁的年齡是十五歲)。여과녀자지지몰유허가(如果女子遲遲沒有許嫁), 칙가이변통처리(則可以變通處理), 《예기(禮記)·내칙(內則)》정현주설(鄭玄註說):"기미허가(其未許嫁), 이십칙계(二十則笄)。"계례적의절(笄禮的儀節), 문헌몰유기재(文獻沒有記載), 학자대다인위응당여관례상사(學者大多認爲應當與冠禮相似)。

도료송대(到了宋代), 일사학자위료추행유가문화(一些學者爲了推行儒家文化), 구의료사서녀자적계례(構擬了士庶女子的笄禮), 사마광적(司馬光的)《서의(書儀)》이급(以及)《주자가례(朱子家禮)》도유전문적의식(都有專門的儀式)。《서의(書儀)》, 녀자허가(女子許嫁), 계(笄)。주부녀빈집기례(主婦女賓執其禮)。계례행지우중당(笄禮行之于中堂), 집사자용가내적부녀비첩충임(執事者用家內的婦女婢妾充任)。석이배설이즐총수식치탁자상(席以背設櫛總首飾置卓子上), 관계성우반중(冠笄盛于盤中), 상면몽이말(上面蒙以帕), 유집사자집지(由執事者執之)。주인우중문내영빈(主人于中門內迎賓)。빈치축사후위지가관(賓致祝詞後爲之加冠)、계(笄), 찬자위지시수식(贊者爲之施首飾), 빈읍계자(賓揖笄者), 적방(適房), 개복배자(改服背子)。기계(旣笄), 소배견자근한우부급제모(所拜見者僅限于父及諸母)、제고(諸姑)、형자(兄姊)。기여의절도여남자관례상동(其餘儀節都與男子冠禮相同)。《주자가례(朱子家禮)》적계례여(的笄禮與)《서의(書儀)》대체상동(大體相同)。녀자허가(女子許嫁), 즉가행행계례(卽可行行笄禮)。여과년이십오(如果年已十五), 즉사몰유허가(卽使沒有許嫁), 야가이행계례(也可以行笄禮)。계례유모친담임주인(笄禮由母親擔任主人)。계례전삼일계빈(笄禮前三日戒賓), 전일일숙빈(前一日宿賓), 빈선택친인부녀중현이유례자담임(賓選擇親姻婦女中賢而有禮者擔任)。진설(陳設), 재중당포석(在中堂布席)。궐명(厥明), 진복(陳服), 여관례(如冠禮)。서립(序立), 주부여주인지위(主婦如主人之位)。빈지(賓至), 주부영입(主婦迎入), 승당(升堂)。빈위장계자가관계(賓爲將笄者加冠笄), 적방(適房), 복배자(服背子)。위계자취자(爲笄者取字)。계자견존장(笄者見尊長), 최후례빈(最後禮賓), 의절여관례상동(儀節與冠禮相同)。

공주적계례(公主的笄禮), 문헌어언부상(文獻語焉不詳), 《정화오례신의(政和五禮新儀)》적(的)《관례(冠禮)》몰유제급(沒有提及), 이(而)《송사(宋史)》유지(有之), 황제친림우내전(皇帝親臨于內殿), 고계시방조서자관례제작적(估計是仿照庶子冠禮製作的)。명대계례부견우기재(明代笄禮不見于記載)

사관례(士冠禮)

사관례(士冠禮)。서어묘문(筮於廟門)。주인현관(主人玄冠), 조복(朝服), 치대(緇帶), 소(素)□, 즉위어문동(卽位於門東), 서면(西面)。유사여주인복(有司如主人服), 즉위어서방(卽位於西方), 동면(東面), 북상(北上)。서여석(筮與席)、소괘자(所卦者), 구찬어서숙(具饌於西塾)。포석어문중(布席於門中), 얼서역외(闑西閾外), 서면(西面)。서인집책(筮人執策), 추상독(抽上韇), 겸집지(兼執之), 진수명어주인(進受命於主人)。재자우소퇴(宰自右少退), 찬명(贊命)。서인허낙(筮人許諾), 우환(右還), 즉석좌(卽席坐), 서면(西面)。괘자재좌(卦者在左)。졸서(卒筮), 서괘(書卦), 집이시주인(執以示主人)。주인수(主人受)□, 반지(反之)。서인환(筮人還), 동면(東面), 려점(旅占), 졸(卒), 진(進), 고길(告吉)。약부길(若不吉), 칙서원일(則筮遠日), 여초의(如初儀)。철서석(徹筮席)。종인고사필(宗人告事畢)。

주인계빈(主人戒賓)。빈례사(賓禮辭), 허(許)。주인재배(主人再拜), 빈답배(賓答拜)。주인퇴

(主人退), 빈배송(賓拜送)。 전기삼일(前期三日), 서빈(筮賓), 여구일지의(如求日之儀)。

내숙빈(乃宿賓)。빈여주인복(賓如主人服), 출문좌(出門左), 서면재배(西面再拜)。주인동면답배(主人東面答拜), 내숙빈(乃宿賓)。빈허(賓許), 주인재배(主人再拜), 빈답배(賓答拜)。주인퇴(主人退), 빈배송(賓拜送)。숙찬관자일인(宿贊冠者一人), 역여지(亦如之)。

궐명석(厥明夕), 위기어묘문지외(爲期於廟門之外)。주인립어문동(主人立於門東), 형제재기남(兄弟在其南), 소퇴(少退), 서면(西面), 북상(北上)。유사개여숙복(有司皆如宿服), 립어서방(立於西方), 동면(東面), 북상(北上), 빈자청기(擯者請期), 재고왈(宰告曰):「질명행사(質明行事)。」고형제급유사(告兄弟及有司)。고사필(告事畢)。빈자고기어빈지가(擯者告期於賓之家)。

숙흥(夙興), 설세(設洗), 직어동영(直於東榮), 남북이당심(南北以堂深), 수재세동(水在洗東)。진복어방중서용하(陳服於房中西墉下), 동령(東領), 북상(北上)。작변복(爵弁服), 훈상(纁裳), 순의(純衣), 치대(緇帶), 매갑(韎韐)。피변복(皮弁服):소적(素積), 치대(緇帶), 소(素)。현단(玄端), 현상(玄裳), 황상(黃裳)、잡상가야(雜裳可也), 치대(緇帶), 작(爵)□。치포관(緇布冠), 결항(缺項), 청조영(青組纓), 속어결(屬於缺);치리(緇纚), 광종폭(廣終幅), 장륙척(長六尺)。피변계(皮弁笄), 작변계(爵弁笄), 치조굉(緇組紘), 훈변(纁邊), 동협(同篋)。즐실어단(櫛實於簞)。포연이(蒲筵二), 재남(在南)。측존일무례(側尊一甒醴), 재복북(在服北)。유비실작(有篚實勺)、치(觶)、각사(角柶)。포해(脯醢), 남상(南上)。작변(爵弁)、피변(皮弁)、치포관각일사(緇布冠各一匴), 집이대어서점남(執以待於西坫南), 남면(南面), 동상(東上)。빈승칙동면(賓升則東面)。

주인현단작(主人玄端爵)□, 립어조계하(立於阼階下), 직동서(直東序), 서면(西面)。형제필진현(兄弟畢袗玄), 립어세동(立於洗東), 서면(西面), 북상(北上)。빈자현단(擯者玄端), 부동숙(負東塾)。장관자채의(將冠者采衣), 계(紒), 재방중(在房中), 남면(南面)。빈여주인복(賓如主人服), 찬자현단종지(贊者玄端從之), 립어외문지외(立於外門之外)。

빈자고(擯者告)。주인영(主人迎), 출문좌(出門左), 서면(西面), 재배(再拜)。빈답배(賓答拜)。주인읍찬자(主人揖贊者), 여빈읍(與賓揖), 선입(先入)。매곡읍(每曲揖)。지어묘문(至於廟門), 읍입(揖入)。삼읍(三揖), 지어계(至於階), 삼양(三讓)。주인승(主人升), 립어서단(立於序端), 서면(西面)。빈서서(賓西序), 동면(東面)。찬자관어세서(贊者盥於洗西), 승(升), 립어방중(立於房中), 서면(西面), 남상(南上)。

주인지찬자연어동서(主人之贊者筵於東序), 소북(少北), 서면(西面)。장관자출방(將冠者出房), 남면(南面)。찬자전리(贊者奠纚)、계(笄)、즐어연남단(櫛於筵南端)。빈읍장관자(賓揖將冠者), 장관자즉연좌(將冠者即筵坐)。찬자좌(贊者坐), 즐(櫛), 설리(設纚)。빈강(賓降), 주인강(主人降)。빈사(賓辭), 주인대(主人對)。빈관(賓盥), 졸(卒), 일읍(壹揖), 일양(壹讓), 승(升)。주인승(主人升), 복초위(復初位)。빈연전좌(賓筵前坐), 정리(正纚), 흥(興), 강서계일등(降西階一等)。집관자승일등(執冠者升一等), 동면수빈(東面授賓)。빈우수집항(賓右手執項), 좌수집전(左手執前), 진용(進容), 내축(乃祝), 좌여초(坐如初), 내관(乃冠), 흥(興), 복위(復位)。찬자졸(贊者卒)。관자흥(冠者興), 빈읍지(賓揖之)。적방(適房), 복현단작(服玄端爵), 출방(出房), 남면(南面)。

빈읍지(賓揖之), 즉연좌(即筵坐)。즐(櫛), 설계(設笄)。빈관(賓盥)、정리여초(正纚如初), 강이등(降二等), 수피변(受皮弁), 우집항(右執項), 좌집전(左執前), 진(進)、축(祝)、가지여초(加之如初), 복위(復位)。찬자졸굉(贊者卒紘)。흥(興), 빈읍지(賓揖之)。적방(適房), 복소적소(服素積素)□, 용(容), 출방(出房), 남면(南面)。

빈강삼등(賓降三等), 수작변(受爵弁), 가지(加之), 복훈상매갑(服纁裳韎韐), 기타여가피변지의(其他如加皮弁之儀)。

철피변(徹皮弁)、관(冠)、즐(櫛)、연입어방(筵入於房)。연어호서(筵於戶西), 남면(南面)。찬자세어방중(贊者洗於房中), 측작례(側酌醴);가사(加柶), 복지(覆之), 면엽(面葉)。빈읍(賓揖), 관자취연(冠者就筵), 연서(筵西), 남면(南面)。빈수례어호동(賓授醴於戶東), 가사(加

柶), 면방(面枋), 연전북면(筵前北面)。관자연서배수치(冠者筵西拜受觶), 빈동면답배(賓東面答拜)。천포해(薦脯醢)。관자즉연좌(冠者即筵坐), 좌집치(左執觶), 우제포해(右祭脯醢), 이사제례삼(以柶祭醴三), 흥(興) ; 연말좌(筵末坐), 쵀례(啐醴), 건사(建柶), 흥(興) ; 강연(降筵), 좌전치(坐奠觶), 배(拜) ; 집치흥(執觶興)。빈답배(賓答拜)。

관자전치어천동(冠者奠觶於薦東), 강연(降筵) ; 북면좌취포(北面坐取脯) ; 강자서계(降自西階), 적동벽(適東壁), 북면견어모(北面見於母)。모배수(母拜受), 자배송(子拜送), 모우배(母又拜)。빈강(賓降), 직서서(直西序), 동면(東面)。주인강(主人降), 복초위(復初位)。관자립어서계동(冠者立於西階東), 남면(南面)。빈자지(賓字之), 관자대(冠者對)。

빈출주인송어묘문외(賓出主人送於廟門外)。청례빈(請醴賓), 빈례사(賓禮辭), 허(許)。빈취차(賓就次)。관자견어형제(冠者見於兄弟), 형제재배(兄弟再拜), 관자답배(冠者答拜)。견찬자(見贊者), 서면배(西面拜), 역여지(亦如之)。입견고(入見姑)、자(姊), 여견모(如見母)。

내역복(乃易服), 복현관(服玄冠)、현단(玄端)、작(爵)□, 전지견어군(奠摯見於君)。수이지견어향대부(遂以摯見於鄉大夫)、향선생(鄉先生)。

내례빈(乃醴賓), 이일헌지례(以一獻之禮)。주인수빈(主人酬賓), 속백(束帛)、려피(儷皮)。찬자개여(贊者皆與)。찬관자위개(贊冠者爲介)。 빈출(賓出), 주인송어외문외(主人送於外門外), 재배(再拜) ; 귀빈조(歸賓俎)。

약부례(若不醴), 칙초용주(則醮用酒)。존어방호지간(尊於房戶之間), 량무(兩甒), 유금(有禁), 현주재서(玄酒在西), 가작(加勺), 남방(南枋)。세(洗), 유비재서(有篚在西), 남순(南順)。시가(始加), 초용포해(醮用脯醢) ; 빈강(賓降), 취작어비(取爵於篚), 사강여초(辭降如初) ; 졸세(卒洗), 승작(升酌)。관자배수(冠者拜受), 빈답배여초(賓答拜如初)。관자승연(冠者升筵), 좌(坐) ; 좌집작(左執爵), 우제포해(右祭脯醢), 제주(祭酒), 흥(興) ; 연말좌(筵末坐), 쵀주(啐酒) ; 강연(降筵), 배(拜)。빈답배(賓答拜)。관자전작어천동(冠者奠爵於薦東), 립어연서(立於筵西)。철천(徹薦)、작(爵), 연존부철(筵尊不徹)。가피변(加皮弁), 여초의(如初儀) ; 재초(再醮), 섭주(攝酒), 기타개여초(其他皆如初)。가작변(加爵弁), 여초의(如初儀) ; 삼초(三醮), 유건육절조(有乾肉折俎), 제지(嚌之), 기타여초(其他如初)。북면취포(北面取脯), 견어모(見於母)。약살(若殺), 칙특돈(則特豚), 재합승(載合升), 리폐실어정(離肺實於鼎), 설경멱(設扃鼏)。시초(始醮), 여초(如初)。재초(再醮), 량두(兩豆), 규저(葵菹)、라해(蠃醢) ; 량변(兩籩), 률(栗)、포(脯)。삼초(三醮), 섭주여재초(攝酒如再醮), 가조(加俎), 제지(嚌之), 개여초(皆如初), 제폐(嚌肺)。졸초(卒醮), 취변포이강(取籩脯以降), 여초(如初)。

약고자(若孤子), 칙부형계(則父兄戒)、숙(宿)。관지일(冠之日), 주인계이영빈(主人紒而迎賓), 배(拜), 읍(揖), 양(讓), 립어서단(立於序端), 개여관주(皆如冠主) ; 예어조(禮於阼)。범배(凡拜), 북면어조계상(北面於阼階上), 빈역북면어서계상답배(賓亦北面於西階上答拜)。약살(若殺), 칙거정진어문외(則舉鼎陳於門外), 직동숙(直東塾), 북면(北面)。

약서자(若庶子), 칙관어방외(則冠於房外), 남면(南面), 수초언(遂醮焉)。 관자모부재(冠者母不在), 칙사인수포어서계하(則使人受脯於西階下)。

계빈(戒賓), 왈(曰) : 「모유자모(某有子某)。장가포어기수(將加布於其首), 원오자지교지야(願吾子之教之也)。」빈대왈(賓對曰) : 「모부민(某不敏), 공부능공사(恐不能共事), 이병오자(以病吾子), 감사(敢辭)。」주인왈(主人曰) : 「모유원오자지종교지야(某猶願吾子之終教之也)」빈대왈(賓對曰) : 「오자중유명(吾子重有命), 모감부종(某敢不從)」숙(宿), 왈(曰) : 「모장가포어모지수(某將加布於某之首), 오자장리지(吾子將蒞之), 감숙(敢宿)。」빈대왈(賓對曰) : 「모감부숙흥(某敢不夙興)」

시가(始加), 축왈(祝曰) : 「령월길일(令月吉日), 시가원복(始加元服)。기이유지(棄爾幼志), 순이성덕(順爾成德)。수고유기(壽考惟祺), 개이경복(介爾景福)。」재가(再加), 왈(曰) : 「길월령

진(吉月令辰), 내신이복(乃申爾服)。경이위의(敬爾威儀), 숙신이덕(淑慎爾德)。미수만년(眉壽萬年), 영수호복(永受胡福)。」삼가(三加), 왈(曰):「이세지정(以歲之正), 이월지령(以月之令), 함가이복(鹹加爾服)。형제구재(兄弟具在), 이성궐덕(以成厥德)。황구무강(黃耇無疆), 수천지경(受天之慶)。」

례사왈(醴辭曰):「감례유후(甘醴惟厚), 가천령방(嘉薦令芳)。배수제지(拜受祭之), 이정이상(以定爾祥)。승천지휴(承天之休), 수고부망(壽考不忘)。」

초사왈(醮辭曰):「지주기청(旨酒既清), 가천단시(嘉薦亶時)。시가원복(始加元服), 형제구래(兄弟具來)。효우시격(孝友時格), 영내보지(永乃保之)。」재초(再醮), 왈(曰):「지주기서(旨酒既湑), 가천이포(嘉薦伊脯)。내신이복(乃申爾服), 례의유서(禮儀有序)。제차가작(祭此嘉爵), 승천지호(承天之祜)。」삼초(三醮), 왈(曰):「지주령방(旨酒令芳), 변두유초(邊豆有楚)。함가이복(鹹加爾服), 효승절조(餚升折俎)。승천지경(承天之慶), 수복무강(受福無疆)。」

자사왈(字辭曰):「예의기비(禮儀既備), 령월길일(令月吉日), 소고이자(昭告爾字)。원자공가(爰字孔嘉), 모사유의(髦士攸宜)。의지어가(宜之於假), 영수보지(永受保之), 왈백모보(曰伯某甫)。」중(仲)、숙(叔)、위(委), 유기소당(唯其所當)。

구(屨), 하용갈(夏用葛)。현단흑구(玄端黑屨), 청구억순(青絇繶純), 순박촌(純博寸)。소적백구(素積白屨), 이괴부지(以魁柎之), 치구억순(緇絇繶純), 순박촌(純博寸)。작변훈구(爵弁纁屨), 흑구억순(黑絇繶純), 순박촌(純博寸)。동(冬), 피구가야(皮屨可也)。부구세구(不屨繐屨)。기(記)。관의(冠義):시관(始冠), 치포지관야(緇布之冠也)。태고관포(太古冠布), 제칙치지(齊則緇之)。기유야(其緌也), 공자왈(孔子曰):「오미지문야(吾未之聞也), 관이폐지가야(冠而敝之可也)。」적자관어조(適子冠於阼), 이저대야(以著代也)。초어객위(醮於客位), 가유성야(加有成也)。삼가미존(三加彌尊), 유기지야(諭其志也)。관이자지(冠而字之), 경기명야(敬其名也)。위모(委貌), 주도야(周道也)。장보(章甫), 은도야(殷道也)。무추(毋追), 하후씨지도야(夏後氏之道也)。주변(周弁)。은후(殷冔)。하수(夏收)。삼왕공피변소적(三王共皮弁素積)。무대부관례(無大夫冠禮), 이유기혼례(而有其昏禮)。고자오십이후작(古者五十而後爵), 하대부관례지유(何大夫冠禮之有)?공후지유관례야(公侯之有冠禮也), 하지말조야(夏之末造也)。천자지원자(天子之元子), 유사야(猶士也), 천하무생이귀자야(天下無生而貴者也)。계세이립제후(繼世以立諸侯), 상현야(像賢也)。이관작인(以官爵人), 덕지살야(德之殺也)。사이익(死而謚), 금야(今也)。고자생무작(古者生無爵), 사무익(死無謚)。

◆역문(譯文)

사가관적례의(士加冠的禮儀):재니묘문전점서가관적길일(在禰廟門前占筮加冠的吉日)。주인두대현관(主人頭戴玄冠), 신천조복(身穿朝服), 요속흑색대대(腰束黑色大帶), 식백색폐슬(飾白色蔽膝), 재묘문적동변취위(在廟門的東邊就位), 면조서방(面朝西方);주인적속리신저여주인상동적례복(主人的屬吏身著與主人相同的禮服), 재묘문적서변취위(在廟門的西邊就位), 면조동방(面朝東方)。이북위상수(以北為上首)。시초(蓍草)、포석화기효(蒲蓆和記爻)、기괘소용적복구(記卦所用的卜具), 도진방재묘문외적서숙중(都陳放在廟門外的西塾中)。약재문외적중부(約在門外的中部), 즉문함외(即門檻外), 문중소수단목(門中所豎短木)[얼(闑)] 편서적지방포설서석(偏西的地方布設筮蓆), 서석면조서방(筮蓆面朝西方)。서인수지시초(筮人手持蓍草)추개장저시초적시통개(抽開裝著蓍草的蓍筒蓋), 일수지개(一手持蓋), 일수지시통하부(一手持蓍筒下部), 진전접수주인적분부(進前接受主人的吩咐)。재재주인우방초고후적지방좌주인발포점서지명(宰在主人右方稍靠後的地方佐主人發布占筮之命)。서인응답후우전만회도서석(筮人應答後右轉彎回到筮蓆), 취석좌하(就蓆坐下), 면조서방(面朝西方)。괘자적위치재서인적좌변(卦者的位置在筮人的左邊)。점서완료(占筮完了), 서인장서득적괘사재판상(筮人將筮得的卦寫在版上), 나거급주인간(拿去給主人看)。주인접과거간필(主人接過去看畢), 환급서인(還給筮人)。서인회지서석(筮人回至筮蓆), 면향동방(面向東方), 여타적속하공동점서(與他的屬下共同占筮), 점서완필(占筮完畢), 진전보고주인서득길괘(進前報告主人筮得吉卦)。여과점서결과부길(如果占筮結果不吉), 취점서이후적일기(就占筮以後的日期), 기의식여전상동(其儀式與前相同)。점서결속(占筮結束), 철거서석(撤去筮蓆), 종인선포서일(宗人宣布筮日)지사결속(之事結束)。

주인지중빈가문고이(主人至眾賓家門告以)"관례(冠禮)"일기(日期), 병청참가(並請參加), 타문사사일차편응허료(他們辭謝一次便應許了)。주인량배빈(主人兩拜賓), 빈답배(賓答拜)。주인회(主人回), 빈배송주인(賓拜送主人)。재장행가관례지전삼일(在將行加冠禮之前三日), 거행점서정빈적의식(舉行占筮正賓的儀式), 여점서일기적의식상동(與占筮日期的儀式相同)。어시(於是), 주인재차전왕요청정빈(主人再次前往邀請正賓)。정빈신천여주인상동적례복(正賓身穿與主人相同的禮服), 영출대문외동방(迎出大門外東方), 면조서방량배주인(面朝西方兩拜主人), 주인면조동답배정빈(主人面朝東答拜正賓)。연후주인(然後主人)(치사(致辭)) 요청정빈(邀請正賓), 정빈응허(正賓應許)。주인대정빈량배(主人對正賓兩拜), 정빈답배(正賓答拜)。주인퇴하(主人退下), 정빈배송(正賓拜送)。요청찬관자일명(邀請贊冠者一名), 의식여요청정빈상동(儀式與邀請正賓相同)

제이천(第二天), 즉행가관례전일천적방만(即行加冠禮前一天的傍晚), 거행약정행관례시진적의식(舉行約定行冠禮時辰的儀式), 지점재묘문외(地點在廟門外)。주인참립재문외동변(主人站立在門外東邊), 중친척참재주인남변초고후일사적지방(眾親戚站在主人南邊稍靠後一些的地方), 면조서방(面朝西方), 이북위상수(以北爲上首)。주인적속리도신천조복(主人的屬吏都身穿朝服), 참재묘문외서변(站在廟門外西邊), 면조동방(面朝東方), 이북위상수(以北爲上首)。빈자청문가관례적시진(擯者請問加冠禮的時辰)。재고지설(宰告知說): "명신정천명시거행(明晨正天明時舉行)。"빈자전고친척화중속리(擯者轉告親戚和眾屬吏)。종인선포약기적의식결속(宗人宣布約期的儀式結束)。빈자도중빈가통고행가관례적시진(擯者到眾賓家通告行加冠禮的時辰)。

청신조기(清晨早起), 재정대동옥익적지방설정세(在正對東屋翼的地方設定洗), 세여당지간적거리여당심상등(洗與堂之間的距離與堂深相等)。수설정재세적동변(水設定在洗的東邊)。례복진설재동방내서장하(禮服陳設在東房內西牆下), 의령조동방(衣領朝東方), 이북위상수(以北爲上首)。선시작변복(先是爵弁服):천강색군(淺絳色裙)、사질흑색상의(絲質黑色上衣)、흑색대대(黑色大帶)、적황색폐슬(赤黃色蔽膝)。기차시피변복(其次是皮弁服):백색군(白色裙)、흑색대대(黑色大帶)、백색폐슬(白色蔽膝)。재차시현단복(再次是玄端服):흑군(黑裙)、황군(黃裙)、잡색군도가이(雜色裙都可以)、흑색대대(黑色大帶)、적흑색폐슬(赤黑色蔽膝)。연후시가치포관소용적규항(然後是加緇布冠所用的頍項)、계결재규상적청색관영(繫結在頍上的青色冠纓)、륙척장정폭관적흑색속발건(六尺長整幅寬的黑色束髮巾)、가피변소용적잠자(加皮弁所用的簪子)、가작변소용적잠자(加爵弁所用的簪子)、양저천홍색변식적흑색사질관대(鑲著淺紅色邊飾的黑色絲質冠帶), 이상물품동장어일척상자리(以上物品同裝於一隻箱子裡)。소자방재단중(梳子放在篅中)。포위석량장(蒲葦席兩張), 방치재(放置在)[례복(禮服)、상(箱)、단적(篅的)]남변(南邊)。재례안적북변(在禮眼的北邊), 단독설정일무례(單獨設定一瓿醴)。우유작(又有勺)、치(觶)、각제적소시(角制的小匙), 성재광비중(盛在筐篚中), 환유건육화육장(還有乾肉和肉醬)(성어변두중(盛於籩豆中)), 이남위상수(以南爲上首)。작변(爵弁)、피변(皮弁)、치포관(緇布冠), 각성재일개관상리(各盛在一個冠箱裡), 주인적속리(主人的屬吏)(삼인(三人)) 각지일척관상(各持一隻冠箱), 등후재서점적남변(等候在西坫的南邊), 면조남(面朝南), 이동방위상수(以東方爲上首), 정빈등당후칙전이면조동방(正賓登堂後則轉而面朝東方)。

주인신저현단(主人身著玄端), 적흑색폐슬(赤黑色蔽膝), 참립재동계하변정대동서적지방(站立在東階下邊正對東序的地方), 면조서방(面朝西方)。중친척전도신저흑색적의상(眾親戚全都身著黑色的衣裳), 참재세적동변(站在洗的東邊), 면조서방(面朝西方), 이북위상수(以北爲上首)。빈자신천현단(擯者身穿玄端), 배조동숙참립(背朝東塾站立)。장관자신천채의(將冠者身穿采衣), 두소발계(頭梳髮髻), 참재방중(站在房中), 면조남방(面朝南方)。정빈신천여주인상동적례복(正賓身穿與主人相同的禮服), 찬관인신저현단상수(贊冠人身著玄端相隨), 참립재대문외변(站立在大門外邊)。

빈자출문청빈입내(擯者出門請賓入內), 병통보주인(並通報主人)。주인출지대문동변영접(主人出至大門東邊迎接), 면조서량배(面朝西兩拜), 정빈답배(正賓答拜)。주인향찬관인작읍행례(主人向贊冠人作揖行禮), 우여정빈상대일읍(又與正賓相對一揖), 연후선진입대문(然後先進入大門)。매도전만적지방(每到轉彎的地方), 주인필여빈상대일읍(主人必與賓相對一揖)。지묘문전(至廟門前), 주인읍청정빈진입묘문(主人揖請正賓進入廟門)。여차상대삼읍(如此相對三揖), 도달당전계하(到達堂前階下), 상호겸양삼차(相互謙讓三次), 주인상당(主人上堂), 참립재동서남단(站立在東序南端), 면조서방(面朝西方). 빈적위치재서서(賓的位置在西序)(남단(南端)), 면조동방(面朝東方). 찬관인재세적서변세수후(贊冠人在洗的西邊洗手後), 등당참립재방중(登堂站立在房中), 면조서(面朝西), 이남변위상수(以南邊爲上首).

좌조주인적인재동서변초고북적지방포설연석(佐助主人的人在東序邊稍靠北的地方布設筵席), 면조서방(面朝西方). 장관자종방내출지당상(將冠者從房內出至堂上), 면조남방(面朝南方). 찬관인파속두건(贊冠人把束頭巾)、잠자(簪子)、소자등물방치재석적남단(梳子等物放置在席的南端). 정빈대장관자공수일읍(正賓對將冠者拱手一揖). 장관자즉석좌하(將冠者即席坐下). 찬관인야좌하(贊冠人也坐下), 위장관자소리두발(爲將冠者梳理頭髮), 병용두건속발(並用頭巾束髮). 정빈하당(正賓下堂), 주인야하당(主人也下堂), 빈사사(賓辭謝), 주인응답(主人應答). 정빈세수완필(正賓洗手完畢), 여주인상대일읍(與主人相對一揖), 상호겸양일번(相互謙讓一番), 연후상당(然後上堂). 주인야상당(主人也上堂), 회도원위(回到原位). 정빈재연석전좌하(正賓在筵席前坐下), 위장관자정리속발건(爲將冠者整理束髮巾). 연후참기(然後站起), 유서계하일급태계(由西階下一級台階), 지관적인승상일급태계(持冠的人升上一級台階), 면향동파치포관교급정빈(面向東把緇布冠交給正賓). 정빈우수지관적후단(正賓右手持冠的後端), 좌수지관적전단(左手持冠的前端), 의용서양지전행지석전(儀容舒揚地前行至席前), 연후치축사(然後致祝辭), 여선전일양좌하(如先前一樣坐下), 위장관자가치포관(爲將冠者加緇布冠). 연후기립(然後起立), 회도원래적위치(回到原來的位置). 찬관인위관자가규항(贊冠人爲冠者加頍項), 계호관영(系好冠纓), 완필(完畢). 관자참기(冠者站起), 정빈대타작읍행례(正賓對他作揖行禮). 관자진입방내(冠者進入房內), 천상현단복(穿上玄端服)、적흑색폐슬(赤黑色蔽膝), 종방중출래(從房中出來), 면조남방(面朝南方). 정빈대관자행읍례(正賓對冠者行揖禮), 관자즉석좌하(冠者即席坐下). 찬관인위타소리두발(贊冠人爲他梳理頭髮), 삽상잠자(插上簪子), 정빈하당세수(正賓下堂洗手), 연후위타정리속발건(然後爲他整理束髮巾), 도여초가관적의식상동(都與初加冠的儀式相同). 정빈유서계하량급태계(正賓由西階下兩級台階), 접과피변(接過皮弁), 우수지관후단(右手持冠後端), 좌수지전단(左手持前端), 진전치축사(進前致祝辭), 위관자대상(爲冠者戴上), 의식여초가관상동(儀式與初加冠相同). 정빈회도원위(正賓回到原位).

찬관인위관자결호피변관적뉴대(贊冠人爲冠者結好皮弁冠的紐帶). 관자참기(冠者站起), 정빈대타공수작읍(正賓對他拱手作揖). 관자진방내(冠者進房內), 천상백색상(穿上白色裳)、백색폐슬(白色蔽膝), 의용단정(儀容端正), 종방중출래(從房中出來), 면조남방참립(面朝南方站立). 정빈유서계하삼급태계(正賓由西階下三級台階), 접과작변위관자대상(接過爵弁爲冠者戴上). 관자천상천홍색군(冠者穿上淺紅色裙)、적황색폐슬(赤黃色蔽膝). 기타여가피변관적의식상동(其他與加皮弁冠的儀式相同).

철거피변관(撤去皮弁冠)、치포관(緇布冠)、소자(梳子)、연석등물(筵席等物), 진입방중(進入房中). 좌조주인적인재실문서변당상포설연석(佐助主人的人在室門西邊堂上布設筵席), 면조남방(面朝南方). 찬관인재방중세치(贊冠人在房中洗觶), 독자짐례(獨自斟醴), 파소시구조하방재치상(把小匙口朝下放在觶上), 시두조전(匙頭朝前). 정빈대관자작읍행례(正賓對冠者作揖行禮), 관자즉석(冠者即席), 재석서단(在席西端), 면조남방(面朝南方). 정빈재실문적동변접치재수(正賓在室門的東邊接觶在手), 파소시방재치상(把小匙放在觶上), 시병조전(匙柄朝前), 진지연석전면(進至筵席前面), 면조북방(面朝北方). 관자재석서변행배례(冠者在席西邊行拜禮), 접치재수(接觶在手), 정빈면조동답배(正賓面朝東答拜). 찬관인파건육화육장진치어석전(贊冠人把乾肉和肉醬進置於席前). 관자즉석좌하(冠者即席坐下), 좌수지치(左手持觶), 우수제건육화육장(右手祭乾肉和肉醬). 연후용각질적소시제례삼번(然後用角質的小匙祭醴三番), 참기(站起). 재석적서두좌하(在席的西頭坐下), 상례(嘗醴). 파소시삽치치중(把小匙插置觶中), 기립(起立). 연후주하연석(然後走下筵席), 좌하(坐下), 파치방재지상(把觶放在地上), 대정빈행배례(對正賓行拜禮), 수지례치기립(手持醴觶起立). 정빈답배(正賓答拜).

관자파치방재변두동변지상(冠者把觶放在邊豆東邊地上), 주하연석(走下筵席), 면조북좌하취건육(面朝北坐下取乾肉). 연후종서계하당(然後從西階下堂), 행지동장위문외(行至東牆闈門外), 면조북배견모친(面朝北拜見母親). 모친배수건육(母親拜受乾肉), 관자배송(冠者拜送),

모친재차배관자(母親再次拜冠者)。정빈하당(正賓下堂)，재여서서상대적지방참정(在與西序相對的地方站定)，면조서방(面朝西方)。주인하당(主人下堂)，회지원래상태계전적위치(回至原來上台階前的位置)。관자참립재서계동변(冠者站立在西階東邊)，면조남방(面朝南方)。정빈위관자명자(正賓為冠者命字)，관자응답(冠者應答)。

정빈퇴출(正賓退出)，주인송출묘문외(主人送出廟門外)，청이례례수정빈(請以醴禮酬正賓)。정빈사양일차후응허(正賓辭讓一次後應許)，지경의처등후(至更衣處等候)。관자배견중친척(冠者拜見眾親戚)，친척향관자량배(親戚向冠者兩拜)，관자답배(冠者答拜)。연후배견찬관인(然後拜見贊冠人)。관자면조서행배례(冠者面朝西行拜禮)，의식여배견친척상동(儀式與拜見親戚相同)。우진침궁배견고모(又進寢宮拜見姑母)、자자(姊姊)，의식여배견모친시상동(儀式與拜見母親時相同)。

연후경환례복(然後更換禮服)，대현관(戴玄冠)，천현단복(穿玄端服)，식적흑색폐슬(飾赤黑色蔽膝)。진헌례물(進獻禮物)，조견국군(朝見國君)。접저휴례물진견향대부(接著攜禮物晉見鄉大夫)、향선생(鄉先生)。

주인이일헌지례연청정빈(主人以壹獻之禮宴請正賓)。주인이일속금(主人以一束錦)、량장록피수사정빈(兩張鹿皮酬謝正賓)。중빈야도참가연음(眾賓也都參加宴飲)。찬관인담임정빈개(贊冠人擔任正賓介)。정빈퇴출(正賓退出)，주인송도대문외변(主人送到大門外邊)，량배정빈(兩拜正賓)。병견인파생송지빈가(並遣人把牲送至賓家)。

여과부용례법(如果不用醴法)，칙가용주행초례(則可用酒行醮禮)。재방화실문지간설정량척주무(在房和室門之間設定兩隻酒甒)，무하설유주금(甒下設有酒禁)，현주(玄酒)(수(水))방재서변(放在西邊)，상변방치작자(上邊放置勺子)，작병조남(勺柄朝南)。재세적서변설정광비(在洗的西邊設定筐篚)，이북위상수(以北為上首)。초차가치포관(初次加緇布冠)，행초례용건육화육장(行醮禮用乾肉和肉醬)。

정빈하당종비중취작(正賓下堂從篚中取爵)；주인야하당(主人也下堂)，정빈사양(正賓辭讓)，여전술의식상동(與前述儀式相同)。정빈세작완필(正賓洗爵完畢)，상당짐주(上堂斟酒)。관자배접주작(冠者拜接酒爵)，정빈답배(正賓答拜)，의식여전상동(儀式與前相同)。관자즉석좌하(冠者即席坐下)，좌수지작(左手持爵)，우수제건육화육장(右手祭乾肉和肉醬)，연후제주(然後祭酒)。관자기립(冠者起立)，재석서단좌하상주(在席西端坐下嘗酒)。하연석향정빈행배례(下筵席向正賓行拜禮)，정빈답배(正賓答拜)。관자재변두적동변방하주작(冠者在籩豆的東邊放下酒爵)，참립재연석적서변(站立在筵席的西邊)。철거변두화주작(撤去籩豆和酒爵)，연석화주존부철(筵席和酒尊不撤)。이가피변(二加皮弁)，의식여초차가관상동(儀式與初次加冠相同)。제이차행초례(第二次行醮禮)，요대주가이정리(要對酒加以整理)、첨익(添益)。

기타의식여전술상동(其他儀式與前述相同)。가작변적의식야여전상동(加爵弁的儀式也與前相同)。삼행초례(三行醮禮)，유건육(有乾肉)、절절성어조적생체(折節盛於俎的牲體)，품상타(品嘗它)，기타의식야여전변상동(其他儀式也與前邊相同)。관자면향북취건육배견모친(冠者面向北取乾肉拜見母親)。여과살생적화(如果殺牲的話)，칙용일척소저(則用一隻小豬)。파타방입확중팽숙(把它放入鑊中烹熟)，연후합좌우생체파타성어정중(然後合左右牲體把它盛於鼎中)。파폐할리개야방재정중(把肺割離開也放在鼎中)。정상설정횡공화정개(鼎上設定橫槓和鼎蓋)。초차행초례(初次行醮禮)，의식여전술상동(儀式與前述相同)。제이차행초례(第二次行醮禮)，용량척두(用兩隻豆)，성엄채화와우육장(盛醃菜和蝸牛肉醬)；량척변(兩隻籩)，성률포(盛栗脯)。삼행초례(三行醮禮)，정리(整理)、첨주여제이차상동(添酒與第二次相同)，유생체(有牲體)，상생(嘗牲)，도여전술의식상동(都與前述儀式相同)。병상폐(並嘗肺)。행초례완필(行醮禮完畢)，관자취출변중적건육하당등의식(冠者取出籩中的乾肉下堂等儀式)，야도여전술상동(也都與前述相同)。

여과장관자시고아(如果將冠者是孤兒)，칙유타적백부숙부혹당형대위통지화소청빈객(則由他的伯父叔父或堂兄代為通知和召請賓客)。가관나천(加冠那天)，장관자속발계영빈(將冠者束髮髻迎賓)。배(拜)、읍(揖)、양(讓)，참립재동서남단(站立在東序南端)，도여관자부친소행적의식상동

(都與冠者父親所行的儀式相同)。재조계상행례(在阼階上行禮)。범행배례(凡行拜禮), 도재조계상(都在阼階上), 면조북방(面朝北方)。정빈야동양재서계상답배(正賓也同樣在西階上答拜)。여과시살생(如果是殺牲), 칙태정진방재묘문외변(則抬鼎陳放在廟門外邊), 정대저동숙(正對著東塾), 면조북(面朝北)。여과관자시서자(如果冠者是庶子), 칙재방외가관(則在房外加冠), 면조남방(面朝南方), 연후행초례(然後行醮禮)。여과관자모친인고부재가(如果冠者母親因故不在家), 칙사인재서계하대모친접수관자소헌상적건육(則使人在西階下代母親接受冠者所獻上的乾肉)。

고빈시치사설(告賓時致辭說):"모인유아자명모모(某人有兒子名某某), 장요위타가치포관(將要爲他加緇布冠), 희망선생능전왕교도(希望先生能前往教導)。"빈치답사설(賓致答辭說):"모인부재(某人不才), 공파부능승임차사(恐怕不能勝任此事), 유욕선생(有辱先生), 소이모매추사(所以冒昧推辭)。"주인설(主人說):"모인잉연기망선생종능전거지교(某人仍然期望先生終能前去指教)。"빈회답설(賓回答說):"선생재차분부(先生再次吩咐), 모인즘감부준종(某人怎敢不遵從)"소청정빈시치사설(召請正賓時致辭說):"모인장위모모가치포관(某人將爲某某加緇布冠), 선생장광림(先生將光臨), 모매전래공청(冒昧前來恭請)。"정빈회답설(正賓回答說):"모인부감부조기전왕(某人不敢不早起前往)!"초차가치포관(初次加緇布冠), 치축사설(致祝辭說):"선택선월길일(選擇善月吉日), 위니대상치포관(爲你戴上緇布冠), 거도니적동치지심(去掉你的童稚之心), 신수니성인적미덕(慎修你成人的美德), 속니고수길상(屬你高壽吉祥), 호천강여대복(昊天降予大福)。"이가피변치사설(二加皮弁致辭說):"선택길월량진(選擇吉月良辰), 위니재대피변관(爲你再戴皮弁冠), 단정니적용모위의(端正你的容貌威儀), 경신니내심적덕성(敬慎你內心的德性), 원니장수만년(願你長壽萬年), 천영원강니복지(天永遠降你福祉)。"삼가작변치사설(三加爵弁致辭說):"재저길상적년월(在這吉祥的年月), 위니완성가관적성년례(爲你完成加冠的成年禮), 친척도래축하(親戚都來祝賀), 성취니적미덕(成就你的美德)。원니장수무강(願你長壽無疆), 승수상천적사복(承受上天的賜福)。"례례적치사설(醴禮的致辭說):"례주미미순후(醴酒味美醇厚), 건육육해방향(乾肉肉醢芳香), 배수례천제선조(拜受醴薦祭先祖), 성경이정길상(誠敬以定吉祥)。탁비황천복우(託庇皇天福佑), 영보미명부망(永保美名不忘)。"초례적치사설(醮禮的致辭說):"미주청렬(美酒清洌), 방향적포해진헌급시(芳香的脯醢進獻及時)。초가치포관(初加緇布冠), 친척도래찬례(親戚都來贊禮)。극진효우지도(極盡孝友之道), 정가영구안보(定可永久安保)。"제이차행초례치사설(第二次行醮禮致辭說):"미주청결(美酒清潔), 포해방향(脯醢芳香), 재가피변관(再加皮弁冠), 례의정연유질서(禮儀井然有秩序)。집차미주래제축(執此美酒來祭祝), 공승호천강대복(恭承昊天降大福)。"

제삼차행초례치사설(第三次行醮禮致辭說):"미주감순분방(美酒甘醇芬芳), 변두진렬형향(籩豆陳列馨香), 위니완성성년례(爲你完成成年禮), 가효구진유절조(佳肴具陳有折俎)。공승호천지경(恭承昊天之慶), 병수무강복록(秉受無疆福祿)。"명자치사설(命字致辭說):"예의이행제비(禮儀已行齊備), 재저선월길일(在這善月吉日), 선고니적표자(宣告你的表字)。표자십분미호(表字十分美好), 정여준사상배(正與俊士相配)。취자이적의위대(取字以適宜爲大), 품수영원보유타(稟受永遠保有它), 칭호백모보(稱呼伯某甫)、중모보(仲某甫)、숙모(叔某)보(甫)、계모보(季某甫), 유기적당위미칭(唯其適當爲美稱)。"

혜자(鞋子), 하천천갈제적(夏天穿葛制的)。천현단복(穿玄端服), 배이흑혜(配以黑鞋), 청색적혜두장식(青色的鞋頭裝飾)、하변화혜양변(下邊和鞋鑲邊), 혜양변관일촌(鞋鑲邊寬一寸);백색하의배이백혜(白色下衣配以白鞋), 용대합회도주증백(用大蛤灰塗注增白), 치색적혜두장식(緇色的鞋頭裝飾)、하변화혜양변(下邊和鞋鑲邊), 혜적양변관일촌(鞋的鑲邊寬一寸);작변복(爵弁服), 배이천홍색혜(配以淺紅色鞋), 흑색적혜두장식(黑色的鞋頭裝飾)、하변화혜양변(下邊和鞋鑲邊), 혜적양변관일촌(鞋的鑲邊寬一寸)。동천천(冬天穿)피제적혜즉가(皮製的鞋即可)。부천선루세소적포소제적혜자(不穿線縷細疏的布所制的鞋子)。

[기(記)] 관례적의의(冠禮的意義):제일차가관용치포관(第一次加冠用緇布冠)。태고시대백포관(太古時戴白布冠), 제사재계(祭祀齋戒), 칙염성흑색(則染成黑色)。관어저종관영하적유식(關於這種冠纓下的緌飾), 공자설(孔子說):"아몰유청설과저종관유유식저종사(我沒有聽說過這種冠有緌飾這種事)。"행가관례지후(行加冠禮之後), 치포관취가이기치부용료(緇布冠就可以棄置不用了)。적자재조계상행가관례(嫡子在阼階上行加冠禮), 시요표명자장대부적의의(是要表

明子將代父的意義)。재객위상행초례(在客位上行醮禮)，칙현시시재위유성인지덕적인가관(則顯示是在為有成人之德的人加冠)。삼차소가적관(三次所加的冠)，후래적도비전일차경귀중(後來的都比前一次更貴重)，시요교유관자확립원대적지(是要教喻冠者確立遠大的志)향(向)。가관지후우명이표자(加冠之後又命以表字)，시요현시대소수어부모지명적경중(是要顯示對所受於父母之名的敬重)。위모(委貌)，시주대상대적관(是周代常戴的冠)；장보(章甫)，시은대상대적관(是殷代常戴的冠)；무추(毋追)，시하대상대적관(是夏代常戴的冠)。제삼차소가적관(第三次所加的冠)，주대시(周代是)"변(弁)"，은대시(殷代是)"후(冔)"，하대시(夏代是)"수(收)"。제이차가관적복장(第二次加冠的服裝)，하(夏)、상(商)、주삼대도용피변(周三代都用皮弁)、백색적의(白色的衣)、상(裳)。몰유대부적가관례(沒有大夫的加冠禮)，단유대부혼례(但有大夫婚禮)。고대인오십세재능수여작위(古代人五十歲才能授予爵位)，즘요환회령유대부적가관례니(怎么還會另有大夫的加冠禮呢)？공후령유가관례(公侯另有加冠禮)，나시하말적사정(那是夏末的事情)。천자적적자(天子的嫡子)，용적야지시(用的也只是)"사(士)"예(禮)，저취시설(這就是說)，천하몰유생하래취존귀적인(天下沒有生下來就尊貴的人)。제후세습(諸侯世襲)，시인위세자능취법선조적현덕(是因為世子能取法先祖的賢德)。수인관작(授人官爵)，도이덕행적고하등차위표준(都以德行的高下等差為標準)。사사이후추가시호(士死以後追加諡號)，시현재적사(是現在的事)。고대사생부위작(古代士生不為爵)，사역부추가시호(死亦不追加諡號)。

사관례(士冠禮)

사관례(士冠禮)。서우묘문(筮于廟門)。

서자(筮者)，이시문일길흉어(以蓍問日吉凶於)《역(易)》야(也)。관필서일어묘문자(冠必筮日於廟門者)，중이성인지례성자손야(重以成人之禮成子孫也)。묘(廟)，위니묘(謂禰廟)。부어당자(不於堂者)，혐시지령유묘신(嫌蓍之靈由廟神)。

◆소(疏)

「사관(士冠)」지(至)「묘문(廟門)」。○석왈(釋曰)：자차지(自此至)「종인고사필(宗人告事畢)」일절(一節)，론장행관례(論將行冠禮)，선서취일지사(先筮取日之事)。안하문운(案下文云)「포석우문중(布席于門中)，얼서역외(闑西閾外)」자(者)，역위문한(闑為門限)，즉시문외(即是門外)。고(故)《특생례(特牲禮)》서일(筮日)，주인즉위어문외서면(主人即位於門外西面)。차부언문외자(此不言門外者)，역외지문가참(闑外之文可參)，고성문야(故省文也)。○주(注)「서자(筮者)」지(至)「묘신(廟神)」。○석왈(釋曰)：정지서이시자(鄭知筮以蓍者)，《곡례(曲禮)》운(云)「구왈복(龜曰卜)，시왈서(蓍曰筮)」，고지서이시야(故知筮以蓍也)。운(云)「문일길흉어(問日吉凶於)《역(易)》야(也)」자(者)，하운(下云)「약부길(若不吉)，칙서원일(則筮遠日)，여초의(如初儀)」；우안(又案)《주례(周禮)》대복장(大卜掌)《삼역(三易)》，일왈(一曰)《련산(連山)》，이왈(二曰)《귀장(歸藏)》，삼왈(三曰)《주역(周易)》；서득괘(筮得卦)，이(以)《역(易)》사점길흉(辭占吉凶)，고운문일길흉어(故云問日吉凶於)《역(易)》야(也)。부서월자(不筮月者)，《하소정(夏小正)》운(云)：「이월수다사녀(二月綏多士女)，관자취처시야(冠子取妻時也)。」기유상월(既有常月)，고부서야(故不筮也)。운(云)「관필서일어묘문자(冠必筮日於廟門者)，중이성인지례성자손야(重以成人之禮成子孫也)」자(者)，안(案)《관의(冠義)》운(云)：「서일서빈(筮日筮賓)，소이경관사(所以敬冠事)。경관사(敬冠事)，소이중례(所以重禮)。」시서일위중례지사야(是筮日為重禮之事也)。《관의(冠義)》우운(又云)：「고자중관(古者重冠)。중관(重冠)，고행지어묘(故行之於廟)。행지어묘자(行之於廟者)，소이존중사(所以尊重事)。존중사(尊重事)，이부감천중사(而不敢擅重事)。부감천중사(不敢擅重事)，소이자비이존선조야(所以自卑而尊先祖也)。」시성인지례성자손야(是成人之禮成子孫也)。차경유론부자(此經唯論父子)、형제(兄弟)，부언조손(不言祖孫)。정겸언손자(鄭兼言孫者)，가사통어존(家事統於尊)，약조재칙위관주(若祖在則為冠主)，고겸손야(故兼孫也)。운(云)「묘위니묘(廟謂禰廟)」자(者)，안(案)《혼례(昏禮)》행사개직운묘(行事皆直云廟)，《기(記)》운(云)「범행사(凡行事)，수제니묘(受諸禰廟)」，차경역직운묘(此經亦直云廟)，고지역어니묘야(故知亦於禰廟也)。연(然)《의례(儀禮)》

지내단언묘자(之內單言廟者), 개시니묘(皆是禰廟), 약비니묘(若非禰廟), 칙이묘명별지(則以廟名別之). 고(故)《빙례(聘禮)》운(云):「빈조복문경(賓朝服問卿), 경수우조묘(卿受于祖廟)。」우수빙재시조묘(又受聘在始祖廟), 즉운(即云)「부전선군지조(不腆先君之祧)」, 시부언어묘(是不言於廟), 거조조이별지야(擧祖祧以別之也). 사어묘(士於廟), 약천자(若天子)、제후관(諸侯冠), 재시조지묘(在始祖之廟). 시이양구년계무자운(是以襄九年季武子云)「이선군지조처지(以先君之祧處之)」, 조칙여(祧則與)《빙례(聘禮)》선군지조위천주소장시조동야(先君之祧謂遷主所藏始祖同也). 약연(若然), 복건주이조위증조자(服虔注以祧爲曾祖者), 이기공환급위(以其公還及衛), 관어위성공지묘(冠於衛成公之廟). 복주(服注):「성공(成公), 위증조(衛曾祖)。」고이조위증조묘(故以祧爲曾祖廟). 시부관어위지시조(時不冠於衛之始祖), 이비이묘고야(以非已廟故也). 무대부관례(無大夫冠禮), 약유이관자(若幼而冠者), 여사동재니묘야(與士同在禰廟也). 운(云)「부어당자(不於堂者), 혐시구지령유묘신(嫌蓍龜之靈由廟神)」자(者), 차거경관재묘당(此據經冠在廟堂), 차시서재문외(此著筮在門外), 부동처(不同處), 고이묘결당(故以廟決堂). 이시자유령(以著自有靈), 지길흉부가묘신(知吉凶不假廟神), 고운혐시구지령유묘신야(故云嫌蓍龜之靈由廟神也). 안(案)《천부직(天府職)》운(云):「계동(季冬), 진옥(陳玉), 이정래세지미악(以貞來歲之美惡)。」주운(注云):「문세지미악(問歲之美惡), 위문어구(謂問於龜)。」범복서자(凡卜筮者), 실문어귀신(實問於鬼神), 구서능출기괘조지점이(龜筮能出其卦兆之占耳). 약연(若然), 복서실문칠팔구륙지귀신(卜筮實問七八九六之鬼神), 고이륙옥례이(故以六玉禮耳). 이구서직능출기괘조지점(而龜筮直能出其卦兆之占), 사무령자(似無靈者), 각유소대(各有所對). 약이시구대생수(若以蓍龜對生數)、성수지귀신(成數之鬼神), 칙시구직능출괘조(則蓍龜直能出卦兆), 부득유신(不得有神). 약이괘대생성지귀신(若以卦對生成之鬼神), 칙시구역자유신(則蓍龜亦自有神). 시이(是以)《역(易)·계사(繫辭)》운(云)「시지덕원이신(著之德圓而神)」, 우운(又云)「정천하지길흉(定天下之吉凶), 성천하지미미자(成天下之亹亹者), 막선어시구(莫善於著龜)。」우곽박운(又郭璞云):「상유음총시(上有蔭叢著), 하유천령채(下有千齡蔡)。」범훼지지(凡虫之智), 막선어구(莫善於龜);범초지령(凡草之靈), 막선어시(莫善於著). 시(著)、구자유령야(龜自有靈也). 약시자유신(若著自有神), 부가묘신야(不假廟神也). 부어침문서자(不於寢門筮者), 일취성인지례성자손(一取成人之禮成子孫), 이겸취귀신지모(二兼取鬼神之謀). 고(故)《역(易)·계사(繫辭)》운(云)「인모귀모(人謀鬼謀)」, 정주운(鄭注云):「귀모(鬼謀), 위모복서어묘문(謂謀卜筮於廟門)。」시야(是也).

주인현관(主人玄冠), 조복(朝服), 치대(緇帶), 소필(素韠), 즉위우문동(即位于門東), 서면(西面).

주인(主人), 장관자지부형야(將冠者之父兄也). 현관(玄冠), 위모야(委貌也). 조복자(朝服者), 십오승포의이소상야(十五升布衣而素裳也). 의부언색자(衣不言色者), 의여관동야(衣與冠同也). 서필조복자(筮必朝服者), 존시구지도(尊著龜之道). 치대(緇帶), 흑증대(黑繒帶). 사대박이촌(士帶博二寸), 재료사촌(再繚四寸), 굴수삼척(屈垂三尺). 소필(素韠), 백위필(白韋韠), 장삼척(長三尺), 상광일척(上廣一尺), 하광이척(下廣二尺), 기경오촌(其頸五寸), 견혁대박이촌(肩革帶博二寸). 천자여기신(天子與其臣), 현면이시삭(玄冕以視朔), 피변이일시조(皮弁以日視朝). 제후여기신(諸侯與其臣), 피변이시삭(皮弁以視朔), 조복이일시조(朝服以日視朝). 범염흑(凡染黑), 오입위추(五入爲緅), 칠입위치(七入爲緇), 현칙륙입여(玄則六入與)

◆소(疏)

「주인(主人)」지(至)「서면(西面)」。○석왈(釋曰):차주인장욕모일지시(此主人將欲謀日之時), 선복(先服), 즉위어니묘문외(即位於禰廟門外), 동서이립(東西而立), 이대서사야(以待筮事也). ○주(注)「주인(主人)」지(至)「팔여(八與)」。○석왈(釋曰):경직운주인(經直云主人), 당시부형가관지례(當是父兄加冠之禮). 지겸유형자(知兼有兄者), 《론어(論語)》운(云):「출칙사공경(出則事公卿), 입칙사부형(入則事父兄)。」부형자(父兄者), 일가지통(一家之統), 부부재칙형위주가지(父不在則兄爲主可知), 고겸기형야(故兼其兄也). 우안하문(又案下文)「약고자(若孤子), 칙부형계숙(則父兄戒宿). 관지일(冠之日), 주인계이영빈(主人紒而迎賓)」, 칙무친부친형(則無親父親兄), 고피주운(故彼注云)「부(父)、형(兄)、제부(諸父)、제형(諸兄)」, 칙지차주인영빈시친부(則知此主人迎賓是親父)、친형야(親兄也). 운(云)「현관(玄

冠), 위모(委貌)」자(者), 차운현관(此云玄冠), 하기운위모(下記云委貌), 피운위모(彼云委貌), 견기안정용체(見其3安正容體) ; 차운현관(此云玄冠), 견기색(見其色) ; 실일물야(實一物也). 운(云)「조복자(朝服者), 십오승포의(十五升布衣)」자(者), 《잡기(雜記)》운(云)「조복십오승(朝服十五升)」, 포야(布也). 운(云)「소상(素裳)」자(者), 수경부언상(雖經不言裳), 상여필동색(裳與韠同色), 운소필자(云素韠者), 고지상역적백소견위지야(故知裳亦積白素絹爲之也). 운(云)「의부언색자(衣不言色者), 의여관동야(衣與冠同也)」자(者), 례지통례(禮之通例), 의여관동색(衣與冠同色), 고(故)《교특생(郊特牲)》운(云)「황의황관(黃衣黃冠)」시야(是也). 상여필동색(裳與韠同色), 고하작변복(故下爵弁服)、훈상(纁裳)、매갑(韎韐), 매갑즉훈지류시야(韎韐即纁之類是也). 경직운조복부언색(經直云朝服不言色), 여관동가지야(與冠同可知也). 약연(若然), 정부언상여필동색자(鄭不言裳與韠同色者), 거의여관동(舉衣與冠同), 상여필동(裳與韠同), 역명지(亦明知), 고부언야(故不言). 기의관색이(其衣冠色異), 경즉별언지(經即別言之). 시이하운작변복순의시야(是以下云爵弁服純衣是也). 운(云)「서필조복자(筮必朝服者), 존시구지도(尊蓍龜之道)」자(者), 차결정관시(此決正冠時), 주인복현단작필(主人服玄端爵韠), 부복차복(不服此服), 조복시존시구지도야(朝服是尊蓍龜之道也). 약연(若然), 하문운유사여주인복(下文云有司如主人服), 우숙빈(又宿賓), 빈여주인복(賓如主人服), 우숙찬관자(又宿贊冠者), 급석위기(及夕爲期), 개조복(皆朝服). 운존시구자(云尊蓍龜者), 안(案)《향음주(鄕飮酒)》주인조복(主人朝服), 칙차유사(則此有司)、빈주조복(賓主朝服), 자시심상상견소복(自是尋常相見所服), 비특상존경지례(非特相尊敬之禮). 차서이조복(此筮而朝服), 결정관시여(決正冠時與). 사지제례(士之祭禮), 입묘상복현단(入廟常服玄端). 금차서역재묘(今此筮亦在廟), 부복현단(不服玄端), 고운존시구지도(故云尊蓍龜之道). 차서유유시초(此筮唯有蓍草), 언구자(言龜者), 안(按)《주례(周禮)》소사도서이이(小事徒筮而已) ; 약대사(若大事), 선서이후복(先筮而後卜). 구서시상장지물(龜筮是相將之物), 동저조복(同著朝服), 고겸언구(故兼言龜), 시이(是以)《잡기(雜記)》복서개조복야(卜筮皆朝服也). 안(案)《특생례(特牲禮)》서일여제동복현단(筮日與祭同服玄端), 《소뢰(少牢)》서일여제동복조복(筮日與祭同服朝服), 부특존시구자(不特尊蓍龜者). 피위제사(彼爲祭事), 구부가존어선조(龜不可尊於先祖), 고동복(故同服). 차위관사(此爲冠事), 관사구가존어자손(冠事龜可尊於子孫), 고복이야(故服異也). 운(云)「치대(緇帶), 흑증대(黑繒帶)」자(者), 안(案)《옥조(玉藻)》운(云)「군소대(君素帶), 종비(終裨). 대부소대(大夫素帶), 비수(裨垂). 사련대(士練帶), 솔하비(率下裨)」. 주운(注云) : 「대부비기뉴급말(大夫裨其紐及末), 사비기말이이(士裨其末而已).」우운(又云)「잡대(雜帶), 군주록(君朱綠), 대부현화(大夫玄華), 사치비(士緇裨)」. 정운(鄭云) : 「군비대상이주(君裨帶上以朱), 하이록종지(下以綠終之). 대부비수외이현(大夫裨垂外以玄), 내이화(內以華). 사비수지하(士裨垂之下), 외내개이치(外內皆以緇), 시위치대(是謂緇帶).」정피운(鄭彼云)「시위(是謂)」자(者), 지차문야(指此文也). 약연(若然), 천자(天子)、제후대요요급수자(諸侯帶繞腰及垂者), 개비지(皆裨之). 대부칙부비기요요자(大夫則不裨其繞腰者), 직비수지삼척굴이수자(直裨垂之三尺屈而垂者). 사칙비기말요삼척(士則裨其末繞三尺), 소수자부비(所垂者不裨), 재자약연(在者若然). 대대소용물(大帶所用物) : 대부이상용소(大夫已上用素) ; 사련증위대체(士練繒爲帶體), 소비자용치(所裨者用緇). 칙차언치(則此言緇), 거비자이언야(據裨者而言也). 운(云)「사대박이촌(士帶博二寸), 재료사촌(再繚四寸), 굴수삼척(屈垂三尺)」자(者), 차역(此亦)《옥조(玉藻)》문(文). 대부이상대대박사촌(大夫已上大帶博四寸). 차사비강어대부이상(此士卑降於大夫已上), 박이촌(博二寸), 재료공위사촌(再繚共爲四寸), 굴수삼척(屈垂三尺). 칙대부이상역굴수삼척동의(則大夫已上亦屈垂三尺同矣). 운(云)「소필(素韠), 백위필(白韋韠)」자(者), 안(案)《옥조(玉藻)》운(云) : 「필(韠), 군주(君朱), 대부소(大夫素), 사작위(士爵韋).」피이필위총목(彼以韠爲總目), 이운군주(而云君朱), 대부소(大夫素), 사작위(士爵韋), 시필색부동(是韠色不同). 하운위자(下云韋者), 시군(是君)、대부동용위야(大夫同用韋也). 단피시현단복지필(但彼是玄端服之韠), 차사용소위위지(此士用素韋爲之), 고정운백위필야(故鄭云白韋韠也). 우운(又云)「필(韠), 장삼척(長三尺)」지(至)「박이촌(博二寸)」, 역개(亦皆)《옥조(玉藻)》문(文). 정피주운(鄭彼注云) : 「경오촌(頸五寸), 역위광야(亦謂廣也). 경중앙(頸中央)、견량각개상접혁대(肩兩角皆上接革帶), 견여혁대광동(肩與革帶廣同).」차필즉불야(此韠即韍也). 제복위지불(祭服謂之韍), 조복위지필야(朝服謂之韠也). 운(云)「천자여기신(天子與其臣), 현면이시삭(玄冕以視朔), 피변이일시조(皮弁以日視朝)」자(者), 차약(此約)《옥조(玉藻)》이지(而知). 안피운천자현단(案彼云天子玄端),

「청삭어남문지외(聽朔於南門之外)」, 「피변이일시조(皮弁以日視朝)」. 우운제후(又云諸侯)「피변이청삭어대묘(皮弁以聽朔於大廟), 조복이일시조어내조(朝服以日視朝於內朝)」, 피주운(彼注云) : 「단당위면(端當為冕).」위천자이현면청삭어남문지외(謂天子以玄冕聽朔於南門之外)、명당지중(明堂之中). 피개부언신(彼皆不言臣), 차정겸언신자(此鄭兼言臣者), 욕견재조군신동복(欲見在朝君臣同服). 인지자(引之者), 정차현면조복이서자시제후지사(証此玄冕朝服而筮者是諸侯之士). 칙제후여기신여자가관(則諸侯與其臣與子加冠), 동복피변이서일(同服皮弁以筮日). 천자여기신여자가관(天子與其臣與子加冠), 동복현면이서일의(同服玄冕以筮日矣). 지천자복현면(知天子服玄冕)、제후복피변이서일자(諸侯服皮弁以筮日者), 정기취군신동복(鄭既取君臣同服), 명서시환군신동복(明筮時還君臣同服). 약운천자용현면(若云天子用玄冕)、제후용피변(諸侯用皮弁), 기신부득상동우군(其臣不得上同于君), 군하취신동조복야(君下就臣同朝服也). 운(云)「범염흑(凡染黑), 오입위추(五入爲緅), 칠입위치(七入爲緇), 현칙륙입여(玄則六入與)」자(者), 안(案)《이아(爾雅)》일염위지전(一染謂之縓), 재염위지정(再染謂之䞓), 삼염위지훈(三染謂之纁). 」차삼자개시염적법(此三者皆是染赤法). 《주례(周禮)•종씨(鍾氏)》염조우운(染鳥羽云) : 「삼입위훈(三入爲纁), 오입위추(五入爲緅), 칠입위치(七入爲緇).」차시염흑법(此是染黑法), 고운범염흑야(故云凡染黑也). 단(但)《이아(爾雅)》급(及)《주례(周禮)》무사입여륙입지문(無四入與六入之文),《예(禮)》유색주현지색(有色朱玄之色), 고주차현칙륙입(故注此玄則六入), 하경주운주칙사입(下經注云朱則四入), 무정문(無正文), 고개운(故皆云)「여(與)」이의지(以疑之). 단(但)《논어(論語)》유감추련문(有紺緅連文), 감우재추상(紺又在緅上), 칙이훈입적위주(則以纁入赤爲朱), 약이훈입흑칙위감(若以纁入黑則爲紺). 고(故)《회남자(淮南子)》운(云) : 「이열염추칙흑우열(以涅染緅則黑于涅). 」우이감입흑즙칙위추(又以紺入黑汁則爲緅), 고감추련언야(故紺緅連言也). 약연(若然), 현위륙입(玄爲六入), 치위칠입(緇爲七入), 심천부동(深淺不同). 이정이의여관동(而鄭以衣與冠同), 이치여현동색자(以緇與玄同色者), 대동소이(大同小異), 개시흑색(皆是黑色), 고운동야(故云同也).

유사여주인복(有司如主人服), 즉위우서방(卽位于西方), 동면(東面), 북상(北上).

유사(有司), 군리유사자(群吏有事者), 위주인지리(謂主人之吏), 소자피제(所自辟除), 부사이하(府史以下), 금시졸리급가리시야(今時卒吏及假吏是也).

◆소(疏)

「유사(有司)」지(至)「북상(北上)」. ○석왈(釋曰) : 차론주인유사종주인유사(此論主人有司從主人有事), 고립위우묘문외서방(故立位于廟門外西方), 동면이대사(東面以待事)야(也). ○주(注)「유사(有司)」지(至)「시야(是也)」. ○석왈(釋曰) : 사수무신(士雖無臣), 개유속리(皆有屬吏)、서도급부례(胥徒及仆隸), 고운(故云)「유사(有司), 군리유사자(群吏有事者)」야(也). 운(云)「위주인지리(謂主人之吏), 소자피제(所自辟除), 부사이하(府史以下)」자(者), 안(案)《주례(周禮)》삼백륙십관지하(三百六十官之下), 개유부사서도(皆有府史胥徒), 부득군명(不得君命), 주인자피제(主人自辟除), 거역부(去役賦), 보치지(補置之), 시야(是也). 우안(又案)《주례(周禮)》개운부사(皆云府史), 차운군리(此云群吏), 리(吏)、사역일야(史亦一也). 고거한법위정(故舉漢法爲証). 우(又)《주례(周禮)》정주운(鄭注云) : 「관장소자피제(官長所自辟除). 」차운주인자(此云主人者), 이차경운주인(以此經云主人), 고의경이직운주인(故依經而直云主人), 주역위장자야(主亦爲長者也). 우차주이유사위군리(又此注以有司爲群吏), 안(案)《특생(特牲)》이유사위사속리(以有司爲士屬吏), 부동자(不同者), 언군리칙위부리서도야(言群吏則爲府吏胥徒也) ; 언속리칙위군명지사(言屬吏則謂君命之士). 시이하문(是以下文)「숙찬관자(宿賛冠者)」주운(注云) : 「위빈약타관지속(謂賓若他官之屬), 중사약하사야(中士若下士也). 」우주인찬자(又主人賛者), 역운(亦云)「기속중사약하사(其屬中士若下士)」, 시언속자존지의(是言屬者尊之義). 《특(特)생(牲)》지(之)「유사(有司), 사지속리(士之屬吏)」역친류야(亦親類也). 《특생(特牲)》유사지상유자성(有司之上有子姓), 차문무자(此文無者), 피제사사중(彼祭祀事重), 고자(故子)성개래(姓皆來) ; 차관사초경(此冠事稍輕), 고용유부지(故容有不至), 고부언(故不言).

서여석(筮與席)、소괘자(所卦者), 구찬우서숙(具饌于西塾).

서(筮), 소이문길흉(所以問吉凶), 위시야(謂蓍也). 소괘자(所卦者), 소이화지기효(所以畫地記

효), 《역(易)》왈(曰) : 「륙화이성괘(六畫而成卦)。」 찬(饌), 진야(陳也)。 구(具), 구야(俱也)。 서숙(西塾), 문외서당야(門外西堂也)。

◆소(疏)

「서여(筮與)」 지(至) 「서숙(西塾)」。 ○석왈(釋曰) : 하운(下云) 「포석우문중얼서역외(布席于門中闑西閾外)」, 피거거(彼據筮)。 차운서숙(此云西塾), 거진처(據陳處)。 ○주(注) 「서소(筮所)」 지(至) 「당야(堂也)」。 ○석왈(釋曰) : 「서(筮), 소이문길흉(所以問吉凶), 위시야(謂蓍也)」 자(者), 안(案) 《곡례(曲禮)》 운(云) : 「구위복(龜為卜), 책위서(策為筮)。」 고지문길흉위시(故知問吉凶謂蓍)。 안(案) 《역(易)》 서법용사십구시(筮法用四十九蓍), 「분지위이이상량(分之為二以象兩), 괘일이상삼(卦一以象三), 설지이사이상사시(揲之以四以象四時)。 귀기우륵이상윤(歸奇于扐以象閏)」, 「십유팔변이성괘(十有八變而成卦)」 시야(是也)。 운(云) 「소괘자(所卦者), 소이화지기효(所以畫地記爻)」 자(者), 서법(筮法), 의칠팔구륙지효이기지(依七八九六之爻而記之), 단고용목화지(但古用木畫地), 금칙용전(今則用錢)。 이삼소위중전(以三少為重錢), 중전칙구야(重錢則九也)。 삼다위교전(三多為交錢), 교전칙륙야(交錢則六也)。 량다일소위단전(兩多一少為單錢), 단전칙칠야(單錢則七也)。 량소일다위탁전(兩少一多為拆錢), 탁전칙팔야(拆錢則八也)。 안(案) 《소뢰(少牢)》 운(云) : 「괘자재좌좌(卦者在左坐), 괘이목(卦以木)。」 고지고자화괘이목야(故知古者畫卦以木也)。 운(云) 「《역(易)》 왈륙화이성괘(曰六畫而成卦)」 자(者), 《설괘(說卦)》 문(文), 피운(彼云) : 「석자성인지작(昔者聖人之作) 《역(易)》 야(也), 장이순성명지리(將以順性命之理), 시이립천지도왈음여양(是以立天之道曰陰與陽), 립지지도왈유여강(立地之道曰柔與剛), 립인지도왈인여의(立人之道曰仁與義)。 겸삼재이량지(兼三才而兩之), 고(故) 《역(易)》 륙화성괘(六畫成卦)。」 주운(注云) : 삼재(三才), 천(天)、지(地)、인지도(人之道), 륙화(六畫), 화륙효(畫六爻)。 인지자(引之者), 정화지식효지법(証畫地識爻之法)。 운(云) 「서숙(西塾), 문외서당야(門外西堂也)」 자(者), 안(案) 《이아(爾雅)》 운(云) : 「문측지당위지숙(門側之堂謂之塾)。」 즉(即) 《사우례(士虞禮)》 운(云) 「수번조재내서숙상(羞燔俎在內西塾上), 남순(南順)」 시야(是也)。 서재문외(筮在門外), 고지차경(故知此經) 서숙문외서당야(西塾門外西堂也)。

포석우문중(布席于門中), 얼서역외(闑西閾外), 서면(西面)。

얼(闑), 문궐(門橛)。 역(閾), 곤야(閫也)。 고문얼위얼(古文闑為槷), 역위축(閾為蹙)。

◆소(疏)

「포석(布席)」 지(至) 「서면(西面)」。 ○석왈(釋曰) : 차소포지석의복서지사(此所布之席擬卜筮之事)。 언재(言在) 「문중(門中)」 자(者), 이대분언지(以大分言之)。 운(云) 「얼서역외(闑西閾外)」 자(者), 지진석처야(指陳席處也)。 ○주(注) 「얼문(闑門)」 지(至) 「위축(為蹙)」。 ○석왈(釋曰) : 운(云) 「얼(闑), 문궐(門橛)」 자(者), 얼(闑), 일명궐야(一名橛也)。 운(云) 「역(閾), 곤야(閫也)」 자(者), 《곡례(曲禮)》 운(云) 「외언부입우곤(外言不入于閫)」, 곤(閫), 문한(門限), 여역위일야(與閾為一也)。 운(云) 「고문얼위얼(古文闑為槷), 역위축(閾為蹙)」 자(者), 조우폭진(遭于暴秦), 번멸전적(燔滅典籍), 한흥(漢興), 구록유문지후(求錄遺文之後), 유고서(有古書)、금문(今文)。 《한서(漢書)》 운(云) : 로인고당생위한박사(魯人高堂生為漢博士), 전(傳) 《의례(儀禮)》 십칠편(十七篇)。 시금문야(是今文也)。 지무제지말(至武帝之末), 로공왕괴공자댁(魯恭王壞孔子宅), 득고(得古) 《의(儀)례(禮)》 오십륙편(五十六篇), 기자개이전서(其字皆以篆書), 시위고문야(是為古文也)。 고문십칠편여고당생소전자동(古文十七篇與高堂生所傳者同), 이자다부동(而字多不同), 기여삼십구편절무사설(其餘三十九篇絕無師說), 비재어관(秘在於館)。 정주(鄭注) 《례(禮)》 지시(之時), 이금(以今)、고이자병지(古二字並之)。 약종금문부종고문(若從今文不從古文), 즉금문재경(即今文在經), 얼역지등시야(闑閾之等是也), 어주내첩출고문(於注內疊出古文), 얼축지속시야(槷蹙之屬是也)。 약종고문부종금문(若從古文不從今文), 칙고문재경(則古文在經), 주내첩출금문(注內疊出今文), 즉하문(即下文) 「효우시격(孝友時格)」, 정주운(鄭注云) : 「금문격위하(今文格為嘏)。」 우(又) 《상복(喪服)》 주(注) 「금문무관포영(今文無冠布纓)」 지등시야(之等是也)。 차주부종고문얼축자(此注不從古文槷蹙者), 이얼축비문한지의(以槷蹙非門限之義), 고종금부종고야(故從今不從古也)。 《의례(儀禮)》 지내(之內), 혹종(或從)금(今), 혹종고(或從古), 개축의강자종지(皆逐義強者從之)。 약이자구합의자

(若二字俱合義者), 칙호만견지(則互挽見之), 즉하문운(即下文云)「일읍일양승(壹揖壹讓升)」, 주(注)운(云) : 「고문일개작일 (古文壹皆作一)。」《공식대부(公食大夫)》「삼생지폐부리찬자변취지일이수빈(三牲之肺不離贊者辯取之一以授賓), 주운(注云) : 「고문일위일(古文一為壹)。」시대소주개첩(是大小注皆疊)。금고문이자구합의(今古文二者俱合義), 고량종지(故兩從之)。우정첩고금지문자(又鄭疊古今之文者), 개석경의진내언(皆釋經義盡乃言)지(之)。약첩금고지문설(若疊今古之文說), 수별석여의자(須別釋餘義者), 칙재후내언지(則在後乃言之), 즉하문(即下文)「효우시격(孝友時格)」주운(注云)「금문격위(今文格為)하(嘏)」, 우운(又云)「범초부축(凡醮不祝)」지류시야(之類是也)。약연(若然), 하기운(下記云)「장보은도(章甫殷道)」, 정운(鄭云) : 「장(章), 명야(明也)。은질(殷質), 언(言)이표명장부야(以表明丈夫也)。보(甫), 혹위부(或為父), 금문위부(今文爲斧)。」사상위(事相違), 고인첩출금문야(故因疊出今文也)。

서인집협(筮人執筴), 추상독(抽上韇), 겸집지(兼執之), 진수명어주인(進受命於主人)。

서인(筮人), 유사주삼역자(有司主三易者)。독(韇), 장협지기(藏筴之器)。금시장궁시자위지독환야(今時藏弓矢者謂之韇丸也)。겸(兼), 병야(并也)。진(進), 전야(前也), 자서방(自西方)이전(而前)。수명자당지소서야(受命者當知所筮也)。

◆소(疏)

「서인(筮人)」지(至)「주인(主人)」。○석왈(釋曰) : 차경소진(此經所陳), 거서시지사(據筮時之事)。안(案)《소뢰(少牢)》운(云) : 사(史)「좌집서(左執筮), 우추상(右抽上)독(韇)、겸여서집지(兼與筮執之), 동면수명우주인(東面受命于主人)」。득주인명흘(得主人命訖), 「사왈(史曰) : 낙(諾)。서면우문서(西面于門西), 추하독(抽下韇), 좌집서(左執筮), 우겸집독이격서(右兼執韇以擊筮)」。내립서(乃立筮)。차운협(此云筴), 피운서(彼云筮), 일야(一也)。단서법부수(但筮法不殊), 차역응부이(此亦應不異)。《소뢰(少牢)》구진(具陳), 차부언자(此不言者), 문부구(文不具), 당여피동(當與彼同)。안(案)《삼정기(三正記)》, 대부시오척(大夫蓍五尺), 고립서(故立筮);사지시삼척(士之蓍三尺), 당좌서(當坐筮)。여피이야(與彼異也)。○주(注)「서인(筮人)」지(至)「서야(筮也)」。○석왈(釋曰) : 안(案)《주례(周禮)•춘관(春官)》 : 「서인장(筮人掌)《삼역(三易)》 : 일왈(一曰)《련산(連山)》, 이왈(二曰)《귀장(歸藏)》, 삼왈(三曰)《주역(周易)》。」주운(注云) : 「문시왈서(問蓍曰筮), 기점역(其占易)。시서인주삼역자야(是筮人主三易者也)。운(云)「독(韇), 장협지기(藏筴之器)」자(者), 독유이(韇有二), 기일종하향상승지(其一從下向上承之), 기일종상향하도지야(其一從上向下韜之也)。운(云)「금시장궁(今時藏弓)시자위지(矢者謂之)독환야(韇丸也)」자(者), 차거한법위황(此舉漢法為況), 역욕견도궁시자이피위지(亦欲見韜弓矢者以皮為之), 고(故)《시(詩)》운(云)」상미어복(象弭魚服)「, 시이어피위시복(是以魚皮為矢服), 칙차독역용피야(則此韇亦用皮也)。지(知)「자서방이전(自西方而前)」자(者), 상운(上云)「즉위우서방(即位于西方)」, 고지전향동방수명야(故知前向東方受命也)。운(云)「수명자(受命者), 당지소서야(當知所筮也)」자(者), 위집지부지이청서하사(謂執之不知以請筮何事), 재수명지야(宰遂命之也)。범복서지(凡卜筮之)법(法), 안(案)《홍범(洪範)》운(云) : 「칠계의(七稽疑), 택건립복서인(擇建立卜筮人)。삼인점(三人占), 종이인지언(從二人之言)」。우안(又案)《상서(尚書)•김등(金縢)》운(云) : 「내복삼구(乃卜三龜), 일습길(一習吉)。」칙천자(則天子)、제후복시삼구병용(諸侯卜時三龜並用), 우옥(于玉)、와(瓦)、원삼인각점일조야(原三人各占一兆也)。서시(筮時), 《연산(連山)》、《귀장(歸藏)》、《주역(周易)》역(亦)《삼역(三易)》병용(並用)。하은이부변위점(夏殷以不變為占), 《주역(周易)》이변자위점(以變者為占), 역삼인각점일(亦三人各占一)《역(易)》, 복서개삼점종이(卜筮皆三占從二)。삼자(三者), 삼길위대길(三吉為大吉), 일흉위소길(一凶為小吉), 삼흉위대흉(三凶爲大凶), 일길위소(一吉為小)흉(凶)。안(案)《사상례(士喪禮)》서댁(筮宅)「졸서(卒筮), 집괘이시명서자(執卦以示命筮者), 명서자수시(命筮者受視), 반지(反之), 동면(東面), 려점(旅占)」, 주운(注云) : 「려(旅), 중야(眾也)。반여기속공점지(反與其屬共占之), 위장(謂掌)《련산(連山)》、《귀장(歸藏)》、《주역(周易)》자(者)。」우복장일운(又卜葬日云)「점자삼인재기남(占者三人在其南)」주운(注云) : 「점자삼인(占者三人), 장옥조(掌玉兆)、와조(瓦兆)、원조자야(原兆者也)。」《소뢰(少牢)》대부례역운삼인점(大夫禮亦云三人占)。정기운반여기속점지(鄭既云反與

其屬占之)，칙정의대부복서동용일구(則鄭意大夫卜筮同用一龜)、일역(一易)，삼인공점지의(三人共占之矣)。기용일구(其用一龜)、일역(一易)，칙삼대류용(則三代類用)，부전일대(不專一代)。고(故)《춘추위연공도(春秋緯演孔圖)》운(云)：「공자수(孔子修)《춘추(春秋)》，구월이성(九月而成)。복지(卜之)，득(得)《양예(陽豫)》지(之)괘(卦)。」송균주운(宋均注云)：「《양예(陽豫)》，하은지괘명(夏殷之卦名)。」고금(故今)주역(周易)》무문(無文)。시공자용이대지서(是孔子用二代之筮)。칙대부(則大夫) 복서(卜筮)，개부상거일대자야(皆不常據一代者也)。

재자우소퇴(宰自右少退)，찬명(贊命)。

재(宰)，유사주정교자야(有司主政教者也)。자(自)，유야(由也)。찬(贊)，좌야(佐也)。명(命)，고야(告也)。좌주인고소이서야(佐主人告所以筮也)。《소의(少儀)》왈(曰)：「찬폐자좌(贊幣自左)，조사자우(詔辭自右)。」

◆소(疏)

「재자(宰自)」지(至)「찬명(贊命)」。○주(注)「재유(宰有)」지(至)「자우(自右)」。○석왈(釋曰)：지재시유사주정교자(知宰是有司主政教者)，사수무신(士雖無臣)，이속리위재(以屬吏爲宰)，약제후사사도겸총재이출정교지류(若諸侯使司徒兼塚宰以出政教之類)，고운(故云)「주정교자(主政教者)」。인(引)《소의(少儀)》자(者)，취정찬명재우지의(取証贊命在右之義)，이기지도존우(以其地道尊右)，고찬명개재우(故贊命皆在右)。시이(是以)《사상례(士喪禮)》역운(亦云)：「명서자재주인지우(命筮者在主人之右)。」주운(注云)：「명존자의유우출(命尊者宜由右出)。」《특생(特牲)》운(云)：「재자주인지좌찬명(宰自主人之左贊命)。」부유우자(不由右者)，위신구길변고야(爲神求吉變故也)。《사상(士喪)》재우부재좌자(在右不在左者)，이기시사(以其始死)，미인이우생(未忍異于生)，고재우야(故在右也)。《소뢰(少牢)》재부찬명(宰不贊命)，대부존굴(大夫尊屈)，사비부(士卑不) 혐(嫌)，고사인찬명야(故使人贊命也)。

서인허낙(筮人許諾)，우환(右還)，즉석좌(即席坐)，서면(西面)，괘자재좌(卦者在左)。

즉(即)，취야(就也)。동면수명(東面受命)，우환북행취석(右還北行就席)。괘자(卦者)，유사주화지식효자야(有司主畫地識爻者也)。

◆소(疏)

「서인(筮人)」지(至)「재좌(在左)」。○석왈(釋曰)：차언서인어주인수명흘(此言筮人於主人受命訖)，행서사야(行筮事也)。단즉석좌서면자(但即席坐西面者)，주인위서인이언작좌(主人爲筮人而言作坐)，문의재서면하(文宜在西面下)。금퇴서면우하자(今退西面于下者)，욕서면지문하취화괘자(欲西面之文下就畫卦者)，역서향고야(亦西向故也)。○주(注)「즉취(即就)」지(至)「효자(爻者)」。○석왈(釋曰)：정지(鄭知)「동면수명(東面受命)」자(者)，이기상문유사재서방동면(以其上文有司在西方東面)，주인재문동서면(主人在門東西面)，금종문서동면(今從門西東面)，주인지재명지(主人之宰命之)，고동면수명가지야(故東面受命可知也)。지(知)「우환북행취석(右還北行就席)」자(者)，이기주인재문외지동남(以其主人在門外之東南)，석재문중(席在門中)，고지우환북행(故知右還北行)，내득서면취석좌야(乃得西面就席坐也)。운(云)「괘자(卦者)，유사주화지식효자(有司主畫地識爻者)」，상운소(上云所)괘자(卦者)，위어차운괘자(謂於此云卦者)，거인이장화지(據人以杖畫地)，기식효지칠팔구륙자야(記識爻之七八九六者也)。

졸서(卒筮)，서괘(書卦)，집이시주인(執以示主人)。

졸(卒)，이야(已也)。서괘자(書卦者)，서인이방사소득지괘야(筮人以方寫所得之卦也)。

◆소(疏)

「졸서(卒筮)」지(至)「주인(主人)」。○석왈(釋曰)：차언소서륙효구료(此言所筮六爻俱了)，괘체득성(卦體得成)，경이방판화체시주인지사야(更以方版畫體示主人之事也)。○주(注)「졸이(卒已)」지(至)「지괘(之卦)」。○석왈(釋曰)：운(云)「서괘자서인(書卦者筮人)」자(者)，하문

운(下文云)「서인환동면려점(筮人還東面旅占)」, 명차서괘시서인야(明此書卦是筮人也). 부사타인서괘자(不使他人書卦者), 서인존괘(筮人尊卦), 역시존시구지도야(亦是尊蓍龜之道也). 안(案)《특생(特牲)》운(云) : 「졸서(卒筮), 사괘(寫卦), 서자집이시주인(筮者執以示主人).」 주운(注云) : 「괘자주화지식효(卦者主畫地識爻), 륙효비(六爻備), 내이방판사지(乃以方版寫之).」 칙피사괘역시괘자(則彼寫卦亦是卦者). 고정운괘자화효자(故鄭云卦者畫爻者). 피위제례(彼爲祭禮), 길사상제제(吉事尚提提), 고괘자사괘(故卦者寫卦), 서인집괘이시주인(筮人執卦以示主人).《사상례(士喪禮)》주운(注云) : 「괘자사괘시주인(卦者寫卦示主人).」 경무사괘지문(經無寫卦之文), 시괘자자화시주인(是卦者自畫示主人). 이기상례거우사(以其喪禮遽于事), 고괘자자화자시주(故卦者自畫自示主)인야(人也). 차관례(此冠禮), 서자자위자시주인(筮者自爲自示主人), 관례이우제례(冠禮異于祭禮)、상례고야(喪禮故也).

주인수(主人受), 저반지(眂反之)。

반(反), 환야(還也).

◆소(疏)

「주인수저반지(主人受眂反之)」. ○석왈(釋曰) : 차서흘(此筮訖), 사소득괘시주인(寫所得卦示主人). 주인수득성시(主人受得省視), 수미변길흉(雖未辨吉凶), 주인존(主人尊), 선수시이지괘체이이(先受視以知卦體而已). 주인기지괘체(主人既知卦體), 반환여서인(反還與筮人), 사인지기점길흉야(使人知其占吉凶也).

서인환(筮人還), 동면려점(東面旅占), 졸(卒), 진고길(進告吉)。

려(旅), 중야(眾也). 환여기속공점지(還與其屬共占之). 고문려작려(古文旅作臚).

◆소(疏)

「서인(筮人)」지(至)「고길(告吉)」. ○석왈(釋曰) : 차언서인기어주인수득괘체(此言筮人既於主人受得卦體), 환우문서동면(還于門西東面), 려공점지(旅共占之), 시길(是吉)괘(卦). 내진향문동(乃進向門東), 동면고주인운(東面告主人云) : 길야(吉也).

약부길(若不吉), 칙서원일(則筮遠日), 여초의(如初儀)。원일(遠日), 순지외(旬之外)。

◆소(疏)

「약부(若不)」지(至)「초의(初儀)」. ○석왈(釋曰) : 《곡례(曲禮)》「길사선근일(吉事先近日)」, 차(此)《관례(冠禮)》시길사(是吉事), 고선서근일(故先筮近日). 부길(不吉), 내경서원일(乃更筮遠日). 시상순부길(是上旬不吉), 내경서중순(乃更筮中旬) ; 우부길(又不吉), 내경서하순(乃更筮下旬). 운(云)「여초의(如初儀)」자(者), 자(自)「서우묘문(筮于廟門)」이하지(已下至)「고길(告吉)」시야(是也). ○주(注)「원일순지외(遠日旬之外)」. ○석왈(釋曰) : 《곡례(曲禮)》운(云) : 「순지내왈근모일(旬之內曰近某日), 순지외왈원모일(旬之外曰遠某日).」 피거길례이언(彼據吉禮而言). 순지내왈근모일(旬之內曰近某日), 거사례순내서(據士禮旬內筮), 고운근모일(故云近某日), 시이(是以)《특생(特牲)》순내서일시야(旬內筮日是也). 순지외왈원모일자(旬之外曰遠某日者), 거대부이상례순외서(據大夫以上禮旬外筮), 고언원모일(故言遠某日), 시이(是以)《소뢰(少牢)》서순유일일시야(筮旬有一日是也). 안(案)《소뢰(少牢)》운(云) : 「약부길(若不吉), 칙급원일(則及遠日), 우서일여초(又筮日如初).」 정주운(鄭注云) : 「급(及), 지야(至也). 원일후정약후기(遠日後丁若後己).」 언지원일(言至遠日), 우서일여초(又筮日如初), 명부병서(明不並筮), 칙전월복래월지상순(則前月卜來月之上旬), 상순부길(上旬不吉) ; 지상순(至上旬), 우서중순(又筮中旬), 중순부길(中旬不吉) ; 지중순(至中旬), 우서하순(又筮下旬) ; 하순부길칙지(下旬不吉則止), 부제사야(不祭祀也). 약연(若然), 《특생(特牲)》부언급(不言及), 칙가상순지내서(則可上旬之內筮), 부길칙예서중순(不吉則預筮中旬), 중순부길(中旬不吉), 우예서하순(又預筮下旬), 우부길칙지(又不吉則止). 약차관례역선근일(若此冠禮亦先近日), 《사관례(士冠禮)》역우상순지내예서삼순(亦于上旬之內預筮三旬), 부길칙경서후월지상순(不吉則更筮後月之上旬). 이기제사용맹월(以其祭祀用孟月), 부용입타월(不容入他月). 약관자(若冠子), 칙

년이이십부가지(則年已二十不可止), 연수관(然須冠), 고용입후월야(故容入後月也)。약연(若然), 대부이상서순외(大夫已上筮旬外), 사서순내(士筮旬內)。차사(此士)례(禮), 이주운(而注云)「원일(遠日), 순지외(旬之外)」자(者), 차원일순지외(此遠日旬之外), 자시당월상순지내서부길(自是當月上旬之內筮不吉), 경서중순(更筮中旬)。운원(云遠)일(日), 비위(非謂)《곡례(曲禮)》문(文)。대부이상(大夫以上), 전월예서래월상순위원모일자(前月預筮來月上旬爲遠某日者), 피자유원일(彼自有遠日), 여차별야(與此別也)。

철서석(徹筮席)。

철(徹), 거야(去也), 렴야(斂也)。

◆소(疏)

「철서석(徹筮席)」。○주(注)「철거야렴야(徹去也斂也)」。○석왈(釋曰) : 거석즉철거지(據席則徹去之), 서칙렴장지(筮則斂藏之), 고량훈지야(故兩訓之也)。

종인고사필(宗人告事畢)。

종인(宗人), 유사주례자야(有司主禮者也)。

◆소(疏)

「종인고사필(宗人告事畢)」。○주(注)「종인(宗人)」지(至)「례자(禮者)」。○석왈(釋曰) : 사수무신(士雖無臣), 역유종인장례(亦有宗人掌禮), 비우종백(比于宗伯), 고(故)운(云)「유사주례자(有司主禮者)」。

주인계빈(主人戒賓), 빈례사(賓禮辭), 허(許)。

계(戒), 경야(警也), 고야(告也)。빈(賓), 주인지료우(主人之僚友)。고자유길사칙악여현자환성지(古者有吉事則樂與賢者歡成之), 유흉사칙욕여현자애척지(有凶事則欲與賢者哀戚之)。금장관자(今將冠子), 고취고료우사래(故就告僚友使來)。예사(禮辭), 일사이허(一辭而許)。재사이허왈고사(再辭而許曰固辭)。삼사왈종사(三辭曰終辭), 부허야(不許也)。

◆소(疏)

「주인(主人)」지(至)「사허(辭許)」。○석왈(釋曰) : 자차이하지(自此以下至)「빈배송(賓拜送)」일절(一節), 론주인서일흘삼일지전(論主人筮日訖三日之前), 광계료우(廣戒僚友), 사래관례지사야(使來觀禮之事也)。운(云)「주인계빈(主人戒賓)」자(者), 위주인친지빈대문외지서(謂主人親至賓大門外之西)、동면(東面), 빈출대문외지동(賓出大門外之東)、서면계지(西面戒之)。운(云)「빈례사허(賓禮辭許)」자(者), 즉하운(即下云) : 「계빈왈(戒賓曰) : '모유자모(某有子某), 장가포우기수(將加布于其首), 원오자지교지야(愿吾子之教之也)。'빈대왈(賓對曰) : '모부민(某不敏), 공부능공사(恐不能共事), 이병오자(以病吾子), 감사(敢辭)。'주인왈(主人曰) : '모유원오자지종교지야(某猶原吾子之終教之也)。'빈대(賓對)왈(曰) : '오자중유명(吾子重有命), 모감부종(某敢不從)。'」시일도사(是一度辭), 후내허지(后乃許之), 시빈례사허자야(是賓禮辭許者也)。○주(注)「계경(戒警)」지(至)「허야(許也)」。○석왈(釋曰) : 동관위료(同官爲僚), 동지위우(同志爲友)。차빈여주인동시관(此賓與主人同是官), 여위동지(與爲同志), 고이(故以)「료우(僚友)」해지(解之)。차위상(此謂上)、중(中)、하사상집지상견자야(下士嘗執摯相見者也)。약미상상견(若未嘗相見), 칙부필계(則不必戒), 고정이료우언지시야(故鄭以僚友言之是也)。운(云)「고자유길사칙악여현자환성지(古者有吉事則樂與賢者歡成之)」자(者), 칙차경계빈사래자시야(則此經戒賓使來者是也)。운(云)「유흉사칙욕여현자애척지(有凶事則欲與賢者哀戚之)」자(者), 칙(則)《사상례(士喪禮)》시사명부자사고군급동료지등시야(始死命赴者使告君及同僚之等是也)。운(云)「례사(禮辭), 일사이허(一辭而許)」자(者), 즉차문시야(即此文是也)。운(云)「재사이허왈고사(再辭而許曰固辭)」자(者), 칙(則)《사상견(士相見)》운(云) : 「모야원견(某也原見), 무유달(無由達), 모자이명명모견(某子以命命某見)。'주인대왈(主人對曰) : '모자명모견(某子命某見), 오자유욕(吾子有辱), 청오자지취가야(請吾子之就家也), 모장주견(某將走見). '빈대왈(賓對曰) : '모부족이욕명(某不足以辱命), 청종사견(請終賜見). '주인대왈(主人對曰) : '모부감위의(某不敢爲儀), 고청오자지취가야(固請吾子之就家也), 모장주견(某將走見). '빈대왈(賓對曰) : '모부감위의(某不敢為儀), 고이청(固以請). '주인대왈(主人對曰) : '모야고사(某也固辭), 부득명(不得命), 장주견(將走見). 」시기재사이허(是其再辭而許), 명위고사지의야(名爲固辭之義也). 운(云)「삼사왈종사부허야(三辭曰終辭不許也)」자(者), 우(又)《사상견(士相見)》운(云) : 「사견우대부(士見于大夫), 종사기지(終辭其摯). 」시삼사부허위종사지의야(是三辭不許為終辭之義也). 약일사부허(若一辭不許), 후사상허(后辭上許), 칙위례사허(則爲禮辭許). 약재사부허(若再辭不許), 후삼사상허(后三辭上許), 즉위재사이허지왈고(則爲再辭而許之日固). 사약부허지어삼사(辭若不許至於三辭), 우부허(又不許), 칙위삼사왈종사부허야(則為三辭曰終辭不許也). 우삼사이허칙왈삼사(又三辭而許則曰三辭), 약삼사부허내왈종사(若三辭不許乃曰終辭). 시이(是以)《공식대부(公食大夫)》계빈(戒賓), 「상개출청(上介出請), 입고(入告), 삼사(三辭)」. 우(又)《사의(司儀)》운(云) : 「제공상위빈(諸公相為賓), 주군교로(主君郊勞), 교빈(交擯), 삼사(三辭), 차역(車逆), 배욕(拜辱), 삼읍(三揖), 삼사(三辭). 」주운(注云) : 「선사(先辭), 사기이례래우외(辭其以禮來于外). 후사(后辭), 사승당(辭升堂). 」개시삼사이허칭삼사(皆是三辭而許稱三辭). 약연(若然), 차계빈(此戒賓), 빈례사허(賓禮辭許), 부고사(不固辭). 안(案)《향음주(鄉飲酒)》주인(主人)「청빈(請賓), 빈례사(賓禮辭), 허(許)」. 주운(注云) : 「부고사자(不固辭者), 소소유지(素所有志). 」시빈습도예(是賓習道藝), 본망빈거(本望賓舉), 시소소유지(是素所有志), 고부고사(故不固辭). 차역소유지(此亦素有志), 악여주인환성(樂與主人歡成)관례(冠禮), 고부고사(故不固辭). 제경운례사허자(諸經云禮辭許者), 시소유지지류야(是素有志之類也).

주인재배(主人再拜), 빈답배(賓答拜). 주인퇴(主人退), 빈배송(賓拜送).

퇴(退), 거야(去也), 귀야(歸也).

◆소(疏)
안(案)《향음주(鄉飲酒)》 : 「주인계빈(主人戒賓), 빈배욕(賓拜辱), 주인답배(主人答拜). 내청빈(乃請賓), 빈례사(賓禮辭), 허(許), 주인재배(主人再拜), 빈답배(賓答拜). 주인퇴(主人退), 빈배욕(賓拜辱). 」《향사(鄉射)》역연(亦然), 개여차문부동(皆與此文不同). 차경문부구(此經文不具), 당의피문위정(當依彼文為正). 단차부언배욕자(但此不言拜辱者), 역시부위빈이고야(亦是不爲賓已故也).

전기삼일(前期三日), 서빈(筮賓), 여구일지의(如求日之儀).

전기삼일(前期三日), 공이일야(空二日也). 서빈(筮賓), 서기가사관자자(筮其可使冠子者), 현자항길(賢者恆吉). 《관의(冠義)》왈(曰) : 「고자관례서일서빈(古者冠禮筮日筮賓), 소이경관사(所以敬冠事). 경관사소이중례(敬冠事所以重禮), 중례소이위국본(重禮所以爲國本). 」

◆소(疏)
「전기(前期)」지(至)「지의(之儀)」. ○석왈(釋曰) : 차문하진(此文下盡)「숙찬관자역여지(宿贊冠者亦如之)」, 론서빈약찬관자지절(論筮賓若贊冠者之節). 운(云)「전기삼일(前期三日)」자(者), 가일위기(加日爲期), 기전삼일야(期前三日也). 서빈자(筮賓者), 위어료우중사지중(謂於僚友眾士之中), 서취길자위가관지빈야(筮取吉者爲加冠之賓也). 운(云)「여구일지의(如求日之儀)」자(者), 역우묘문외(亦于廟門外), 하지고사필(下至告事畢), 유명서별(唯命筮別), 기여위의병동(其餘威儀並同), 고운여구일지의야(故云如求日之儀也). 명서수무문(命筮雖無文), 재(宰)、찬개운(贊蓋云) : 주인모위적자모가관(主人某爲適子某加冠), 서모위빈(筮某爲賓), 서기종지(庶幾從之). 약서자(若庶子), 칙개(則改)「적(適)」자위(字為)「서(庶)」자(字), 기여역동(其餘亦同). 차경부운명서(此經不云命筮), 병상서일역부운명서자(並上筮日亦不云命筮者), 개문부구야(皆文不具也). ○주(注)「전기(前期)」지(至)「국본(國本)」. ○석왈(釋曰) : 운(云)「전기삼일(前期三日), 공이일야(空二日也)」자(者), 위정가관일시기일(謂正加冠日是期日), 관일지전공이일(冠日之前空二日), 외위전기삼일(外為前期三日), 고운공이일야(故云空二日也). 이일지중(二日之中), 수유숙빈(雖有宿賓)、숙찬관자(宿贊冠者), 급석위기(及夕爲期), 단비가관지사(但非加冠之事), 고운공야(故云空也). 운(云)」서빈(筮賓), 서기가사관자자(筮其可

使冠子者)」, 즉하문삼가(即下文三加), 개빈친가관우수자시야(皆賓親加冠于首者是也). 운(云)「현자항길(賢者恆吉)」자(者), 해경선계후서지의(解經先戒后筮之意). 범취인지법(凡取人之法), 선서후계(先筮后戒). 금이차빈시현자(今以此賓是賢者), 필지길(必知吉), 고선계빈(故先戒賓), 빈이허(賓已許), 방시서지(方始筮之). 이기현항자길(以其賢恆自吉), 고선계후서지야(故先戒后筮之也). 약현항길(若賢恆吉), 필서지자(必筮之者), 취기심신중관례지사(取其審慎重冠禮之事), 고정인(故鄭引)《관의(冠義)》위정야(為証也). 운(云)「중례소이위국본(重禮所以為國本)」자(者), 《시(詩)》운(云):「인이무례(人而無禮), 호부천사(胡不遄死)。」《예운(禮運)》운(云):「치국부이례(治國不以禮), 유무사이경야(猶無耜而耕也)。」고운중례소이위국본야(故云重禮所以爲國本也). 연관기서빈(然冠既筮賓), 《특생(特牲)》、《소뢰(少牢)》부서빈자(不筮賓者), 피이제사지사(彼以祭祀之事), 주인자위헌주(主人自爲獻主), 군신조제이이(群臣助祭而已). 천자제후지제(天子諸侯之祭), 제전이사(祭前已射), 우사궁택취가예제자(于射宮擇取可預祭者), 고부서지야(故不筮之也).

내숙빈(乃宿賓). 빈여주인복(賓如主人服), 출문좌(出門左), 서면재배(西面再拜). 주인동면답배(主人東面答拜).

숙(宿), 진야(進也). 숙자필선계(宿者必先戒), 계부필숙(戒不必宿). 기부숙자위중빈(其不宿者爲眾賓), 혹실래혹부(或悉來或否). 주인조복(主人朝服).

◆소(疏)

「내숙(乃宿)」지(至)「답배(答拜)」。○석왈(釋曰):차경위숙빈(此經為宿賓), 빈자전주인사(擯者傳主人辭), 입내고빈(入內告賓), 빈여주인복(賓如主人服), 출문여주인상견지의야(出門與主人相見之儀也). ○주(注)「숙진(宿進)」지(至)「조복(朝服)」。○석왈(釋曰):정훈숙위진자(鄭訓宿爲進者), 위진지사지관일당래(謂進之使知冠日當來), 고하문(故下文)「숙왈(宿曰):'모장가포우모지수(某將加布于某之首), 오자장리지(吾子將蒞之), 감숙(敢宿)。'빈대왈(賓對曰):'모감부숙흥(某敢不夙興)。'」시숙지사진지의야(是宿之使進之義也). 운(云)「숙자필선계(宿者必先戒)」자(者), 위약빈급찬관동재상계빈지내이계지의(謂若賓及贊冠同在上戒賓之內已戒之矣), 금우숙(今又宿), 시숙자필선계야(是宿者必先戒也). 운(云)「계부필숙(戒不必宿)」자(者), 즉상문계빈지중(即上文戒賓之中), 제정빈급찬관자(除正賓及贊冠者), 단시료우욕관례자(但是僚友欲觀禮者), 개계지(皆戒之). 사지이이(使知而已), 후경부숙(后更不宿), 시계부필숙자야(是戒不必宿者也). 운(云)「부숙자위중빈(不宿者為眾賓), 혹실래혹부(或悉來或否)」자(者), 차결빈여찬관자계이우숙(此決賓與贊冠者戒而又宿), 부득부래(不得不來), 중빈주래관례(眾賓主來觀禮), 비요수래(非要須來), 용유부래자(容有不來者), 고직계부숙야(故直戒不宿也). 운(云)「주인조복(主人朝服)」자(者), 시상문서일시조복(是上文筮日時朝服), 지차무개복지문(至此無改服之文), 즉지개조복(則知皆朝服). 범유계무숙자(凡有戒無宿者), 비지어차(非止於此). 안(案)《향음주(鄉飲酒)》、《향사(鄉射)》주인계빈급(主人戒賓及)《공식대부(公食大夫)》각이기작(各以其爵), 개시당일지계(皆是當日之戒), 리무숙야(理無宿也). 우(又)《대사(大射)》「재계백관유사우사자(宰戒百官有事于射者), 사인계제공경대부사(射人戒諸公卿大夫射), 사사계사사여찬자(司士戒士射與贊者). 전사삼일(前射三日), 재부계재급사마(宰夫戒宰及司馬)」, 개유계이무숙시야(皆有戒而無宿是也).「사인숙시척(射人宿視滌)」, 차언숙자(此言宿者), 위장사지전(謂將射之前), 어숙예시척탁(於宿預視滌濯), 비계숙지의야(非戒宿之意也). 약연(若然),《특생례(特牲禮)》운전기삼일숙시(云前期三日宿尸), 전무계이직유숙자(前無戒而直有宿者),《특생(特牲)》문부구(文不具), 기실역유계야(其實亦有戒也). 우(又)《예기(禮記)·제통(祭統)》운(云):「선기순유일일(先期旬有一日), 궁재숙부인(宮宰宿夫人), 부인역산제칠일(夫人亦散齊七日), 치제삼일(致齊三日)。」주운(注云):「숙(宿), 독위숙(讀為肅). 숙(肅), 유계야(猶戒也). 계경(戒輕)、숙중야자(肅重也者), 피이부인존(彼以夫人尊), 고부득언계(故不得言戒), 이변언숙(而變言宿). 독위숙자(讀為肅者), 숙역계지의(肅亦戒之意)。」피이숙당계처(彼以宿當戒處), 비위제전삼일지숙야(非謂祭前三日之宿也).《대재(大宰)》운(云)「사오제칙장백관지서계(祀五帝則掌百官之誓戒)」자(者), 위계백관사지산제(謂戒百官使之散齊), 지제전삼일(至祭前三日), 당치제야(當致齊也). 범숙빈지법(凡宿賓之法), 안(案)《특생(特牲)》운전기삼일서시(云前期三日筮尸), 내숙시(乃宿尸), 궐명석(厥明夕), 진정(陳鼎). 즉전기이일숙지야(則前期二日宿之也).《소뢰(少牢)》「서길(筮吉)」하운(下云)「숙(宿)」, 정주운(鄭注云)：「대부존(大夫尊), 의익다(儀益多), 서월기계(筮月旣戒), 제관이제계의(諸官以齊戒矣)。지전제일일(至前祭一日), 우계이진지(又戒以進之), 사지제일당래(使知祭日當來)。」우운(又云)：「전숙일일(前宿一日), 숙계시(宿戒尸)。」주운(注云)：「선숙시자(先宿尸者), 중소용위시자(重所用爲尸者), 우위장서(又爲將筮)。」길즉내수숙시(吉則乃遂宿尸)。시전제이일서시흘숙시(是前祭二日筮尸訖宿尸), 지전제일일우숙시(至前祭一日又宿尸)。천자(天子)、제후제전삼일숙지(諸侯祭前三日宿之), 사치제야(使致齊也)。

내숙빈(乃宿賓)。빈허(賓許), 주인재배(主人再拜), 빈답배(賓答拜)。주인퇴(主人退), 빈배송(賓拜送)。

내숙빈자(乃宿賓者), 친상견(親相見), 치기사(致其辭)。

◆소(疏)

「내숙(乃宿)」지(至)「배송(拜送)」。○석왈(釋曰)：상거빈자전사(上據擯者傳辭), 빈출여주인상견(賓出與主人相見)。차경거주인자치사(此經據主人自致辭), 고재거숙빈지문야(故再擧宿賓之文也)。

숙찬관자일인(宿贊冠者一人), 역여지(亦如之)。

찬관자(贊冠者), 좌빈위관사자(佐賓爲冠事者), 위빈약타관지속(謂賓若他官之屬), 중사약하사야(中士若下士也)。숙지이서빈지명일(宿之以筮賓之明日)。

◆소(疏)

「숙찬(宿贊)」지(至)「여지(如之)」。○주(注)「찬관(贊冠)」지(至)「명일(明日)」。○석왈(釋曰)：안하문관자지시(案下文冠子之時), 찬자좌즐(贊者坐櫛)、설리(設纚)、졸굉지류(卒紘之類), 시찬관자좌빈위관사자(是贊冠者佐賓爲冠事者)。이기좌빈위경(以其佐賓爲輕), 고부서야(故不筮也)。운(云)「위빈약타관지속(謂賓若他官之屬)」자(者), 차소취본유주인지의(此所取本由主人之意), 혹취빈지속(或取賓之屬), 혹취타관지속(或取他官之屬), 고정량언지(故鄭兩言之)。안(案)《주례(周禮)》삼백륙십관(三百六十官), 매관지하개유속관(每官之下皆有屬官)。가령상사위관수(假令上士爲官首), 기하유중사(其下有中士)、하사위지속(下士爲之屬)。약중사위관수(若中士爲官首), 기하즉유하사위지속야(其下卽有下士爲之屬也)。운(云)「중사약하사야(中士若下士也)」자(者), 차거주인시상사이언지(此據主人是上士而言之)。찬관자개강일등(贊冠者皆降一等)。가령주인시상사(假令主人是上士), 빈역시상사(賓亦是上士), 즉취중사위지찬(則取中士爲之贊)。가령주인시하사(假令主人是下士), 빈역시하사(賓亦是下士), 즉역취하사위지찬(則亦取下士爲之贊)。예궁즉동(禮窮則同), 고야(故也)。운(云)「숙지이서빈지명일(宿之以筮賓之明日)」자(者), 이하유(以下有)「궐명석위기(厥明夕爲期)」, 시관전일일숙빈(是冠前一日宿賓)。숙찬재궐명지상(宿贊在厥明之上), 즉거관전이일의(則去冠前二日矣)。서빈시전기삼일(筮賓是前期三日), 즉지숙빈찬관자시서빈지명일(則知宿賓贊冠者是筮賓之明日), 가지부재숙빈하(可知不在宿賓下)。이재숙찬관지하언지자(而在宿贊冠之下言之者), 욕취위궐명상근고야(欲取爲厥明相近故也)。

궐명석(厥明夕), 위기우묘문지외(爲期于廟門之外)。주인립우문동(主人立于門東), 형제재기남(兄弟在其南), 소퇴(少退), 서면(西面), 북상(北上)。유사개여숙복(有司皆如宿服), 립우서방(立于西方), 동면(東面), 북상(北上)。

궐(厥), 기야(其也)。숙복(宿服), 조복(朝服)。

◆소(疏)

「궐명(厥明)」지(至)「북상(北上)」。○석왈(釋曰)：자차지(自此至)「빈지가(賓之家)」, 론관전일일지석위명일가관지기고빈지사야(論冠前一日之夕爲明日加冠之期告賓之事也)。운(云)「궐명석위기(厥明夕爲期)」자(者), 위숙빈여찬관명일향모위가관지기(謂宿賓與贊冠明日向暮爲加冠之期)。필어묘문자(必於廟門者), 이관재묘(以冠在廟), 지역재묘위기야(知亦在廟爲期也)。주인지류재문동(主人之類在門東), 빈지류재문서자(賓之類在門西者), 각의빈주지위(各依

빈주지위(賓主之位), 협처동서야(夾處東西也)。○주(注)「궐기(厥其)」지(至)「조복(朝服)」。○석왈(釋曰)：지(知)「숙복(宿服), 조복(朝服)」자(者), 이기숙복여서일지복(以其宿服如筮日之服), 서일조복(筮日朝服), 전상여(轉相如), 고지시조복야(故知是朝服也)。

빈자청기(擯者請期), 재고왈(宰告曰)：「질명행사(質明行事)。」

빈자(擯者), 유사좌례자(有司佐禮者), 재주인왈빈(在主人曰擯), 재객왈개(在客曰介)。질(質), 정야(正也)。재고왈(宰告曰), 단일정명행관사(旦日正明行冠事)。

◆소(疏)

「빈자(擯者)」지(至)「행사(行事)」。○석왈(釋曰)：상경포위이흘(上經布位已訖), 고차경견위기지사(故此經見爲期之事)。언청기자(言請期者), 위청주인가관지기(謂請主人加冠之期)。언고왈자(言告曰者), 즉시재찬명고지야(即是宰贊命告之也)。○주(注)「빈자(擯者)」지(至)「관사(冠事)」。○석왈(釋曰)：상운유사(上云有司), 차언빈자(此言擯者), 고지빈자시유사좌주인행관례자야(故知擯者是有司佐主人行冠禮者也)。운(云)「재주인왈빈(在主人曰擯), 재객왈개(在客曰介)」자(者), 안(案)《빙례(聘禮)》급(及)《대행인(大行人)》개이재주인왈빈(皆以在主人曰擯), 재객칭개(在客稱介), 역왈상(亦曰相), 《사의(司儀)》운(云)「매문지일상(每門止一相)」시야(是也)。운(云)「단일정명행관사(旦日正明行冠事)」자(者), 안(案)《특생(特牲)》「청기왈갱임(請期曰羹飪)」, 정주운(鄭注云)：「육위지갱(肉謂之羹)。임(飪), 숙야(熟也)。위명일질명시이왈육숙(謂明日質明時而曰肉熟), 중예로빈(重豫勞賓)。」차무갱임(此無羹飪), 고운질명(故云質明)。《소뢰(少牢)》운(云)「단명행사(旦明行事)」, 고차주취피이언단일정명행관사야(故此注取彼而言旦日正明行冠事也)。

고형제급유사(告兄弟及有司),

빈자고야(擯者告也)。

◆소(疏)

「고형제급유사(告兄弟及有司)」。○주(注)「빈자고야(擯者告也)」。○석왈(釋曰)：상문진형제급유사위차(上文陳兄弟及有司位次), 차고흘(此告訖), 하내운고사필(下乃云告事畢), 칙형제급유사역묘문지외의(則兄弟及有司亦廟門之外矣)。필고지자(必告之者), 예취심신지의(禮取審慎之義), 고야(故也)。필지빈자고자(必知擯者告者), 상빈자청기(上擯者請期), 차즉운고(此即云告), 명환시빈자고가지(明還是擯者告可知)。

고사필(告事畢)。

종인고야(宗人告也)。

◆소(疏)

「고사필(告事畢)」。○주(注)「종인고야(宗人告也)」。○석왈(釋曰)：지종인고자(知宗人告者), 역약상문서일시종인고사득지야(亦約上文筮日時宗人告事得知也)。

빈자고기우빈지가(擯者告期于賓之家)。

◆소(疏)

「빈자(擯者)」지(至)「지가(之家)」。○석왈(釋曰)：유사시가지속리자(有司是家之屬吏者), 즉고기개득재위(則告期皆得在位)。빈시동료지등(賓是同僚之等), 위기시부재(爲期時不在), 고취가고지(故就家告之)。어석위기(於夕爲期), 당모즉득고지자(當暮即得告之者), 이기공사어군(以其共仕於君), 기가필재성곽지내상근(其家必在城郭之內相近), 고득고야(故得告也)。

숙흥(夙興), 설세(設洗), 직우동영(直于東榮), 남북이당심(南北以堂深)。수재세동(水在洗東)。

숙(夙), 조야(早也)。흥(興), 기야(起也)。세(洗), 승관(承盥)。세자기수기야(洗者棄水器也)사용철(士用鐵)。영(榮), 옥익야(屋翼也)。주제(周制), 자경대부이하(自卿大夫以下), 기실위하

옥 (其室為夏屋)。수기(水器), 존비개용김뢰(尊卑皆用金罍), 급대소이(及大小異)。

◆소(疏)

「숙흥(夙興)」지(至)「세동(洗東)」。○석왈(釋曰)：자차지(自此至)「빈승칙동면(賓升則東面)」, 논장관자예진설관여복(論將冠子豫陳設冠與服)、기물지사야(器物之事也)。○주(注)「숙조(夙早)」지(至)「소이(小異)」。○석왈(釋曰)：운(云)「세(洗), 승관세자기수기야(承盥洗者棄水器也)」자(者), 위관수세작지시(謂盥手洗爵之時), 공수예지(恐水穢地), 이세승관세수이기지(以洗承盥洗水而棄之), 고운기수기야(故云棄水器也)。운(云)「사용철(士用鐵)」자(者), 안(案)《한례기제도(漢禮器制度)》, 세지소용(洗之所用), 사용철(士用鐵), 대부용동(大夫用銅), 제후용백은(諸侯用白銀), 천자용황김야(天子用黃金也)。운(云)「영옥익야(榮屋翼也)」자(者), 즉금지박풍(即今之博風)。운영자(云榮者), 여옥위영식(與屋爲榮飾)；언익자(言翼者), 여옥위시익야(與屋爲翅翼也)。운(云)「주제자경대부이하(周製自卿大夫以下), 기실위하옥(其室爲夏屋)」자(者), 언주제자(言周製者), 하(夏)、은경대부이하옥무문(殷卿大夫以下屋無文), 고차경시주법(故此經是周法), 즉이주제이언야(即以周製而言也)。안차경시사례이운영(案此經是士禮而云榮), 《향음주(鄉飲酒)》경대부례(卿大夫禮), 《향사(鄉射)》、《상대기(喪大記)》대부사례(大夫士禮), 개운영(皆云榮)。우안(又案)《장인(匠人)》운(云)：「하후씨세실(夏后氏世室), 당수이칠(堂修二七), 광사수일(廣四修一), 오실(五室)。」차위종묘(此謂宗廟)。로침동제(路寢同製), 즉로침역연(則路寢亦然)。수부운량하위지(雖不云兩下爲之), 피하문운은인중옥(彼下文云殷人重屋)、사아(四阿), 정운(鄭云)：사아(四阿), 사주옥(四注屋)。중옥위로침(重屋謂路寢)。은지로침사아(殷之路寢四阿), 즉하지로침부사아의(則夏之路寢不四阿矣), 당량하위지(當兩下爲之)。시이(是以)《단궁(檀弓)》공자운(孔子云)：「견약복하옥자의(見若覆夏屋者矣)。」정주운(鄭注云)：「하옥(夏屋), 금지문무(今之門廡)。」한시문무야(漢時門廡也), 량하위지(兩下爲之), 고거한법이황(故舉漢法以況)。하옥량하위지(夏屋兩下爲之), 혹명량하옥위하옥(或名兩下屋爲夏屋)。하후씨지옥역위하옥(夏后氏之屋亦爲夏屋)。정운경대부이하기실위하옥량하(鄭云卿大夫以下其室爲夏屋兩下), 이주지천자제후개사주(而周之天子諸侯皆四注)。고(故)《상대기(喪大記)》운(云)「승자옥동영(升自屋東榮)」, 정이위경대부사(鄭以爲卿大夫士), 기천자제후당언동류야(其天子諸侯當言東霤也)。주천자로침(周天子路寢), 제사명당오실십이당(制似明堂五室十二堂), 상원하방(上圓下方), 명사주야(明四注也)。제후역연(諸侯亦然)。고(故)《연례(燕禮)》운(云)「세당동류(洗當東霤)」, 정운(鄭云)：「인군위전옥야(人君爲殿屋也)。」운(云)「수기(水器), 존비개용김뢰(尊卑皆用金罍), 급대소이(及大小異)」자(者), 차역안(此亦案)《한례기제도(漢禮器制度)》, 존비개용김뢰(尊卑皆用金罍), 급기대소이(及其大小異)。차편여(此篇與)《혼례(昏禮)》、《향음주(鄉飲酒)》、《향사(鄉射)》、《특생(特牲)》개직언수(皆直言水), 부언뢰(不言罍)。《대사(大射)》유운뢰수(唯云罍水), 부운두(不云枓)。《소뢰(少牢)》운(云)：「사궁설뢰수어세동(司宮設罍水於洗東), 유두(有枓)。」정주운(鄭注云)：「설수용뢰(設水用罍), 옥관용두(沃盥用枓), 례재차야(禮在此也)。」욕견뢰두구유(欲見罍枓俱有), 여문무자(餘文無者), 부구지의야(不具之意也)。《의례(儀禮)》지내(之內), 설세여설존(設洗與設尊), 혹선혹후(或先或后), 부동자(不同者), 약선설세칙겸여사(若先設洗則兼餘事)。차사관(此士冠), 빈여찬공세(賓與贊共洗), 《혼례(昏禮)》유부부여어잉지등(有夫婦與御媵之等), 《소뢰(少牢)》、《특생(特牲)》겸거정(兼舉鼎), 부전위주(不專爲酒), 이시개선설세(以是皆先設洗)。《향음주(鄉飲酒)》、《향사(鄉射)》선설존자(先設尊者), 이기전위주(以其專爲酒)。《연례(燕禮)》、《대사(大射)》자상대(自相對), 《대사(大射)》변존비(辨尊卑), 고선설존(故先設尊)；《연례(燕禮)》부변존비(不辨尊卑), 고선설세(故先設洗)。우(又)《의례(儀禮)》지내혹유존무세(之內或有尊無洗), 혹존(或尊)、세개유(洗皆有), 문부언설지자(文不言設之者), 시부구야(是不具也)。

진복우방중서용하(陳服于房中西墉下), 동령북상(東領北上)。

용(墉), 장(墻)。

◆소(疏)

○석왈(釋曰)：자차지(自此至)「동면(東面)」, 론진설의복기물지등(論陳設衣服器物之等), 이대관자(以待冠者)。《상대기(喪大記)》여(與)《사상례(士喪禮)》복혹서령(服或西領), 혹남령

(或南領), 차동령자(此東領者), 차가례이어흉례(此嘉禮異於兇禮), 고사지관특선용비복(故士之冠特先用卑服). 북상(北上), 편야(便也).

작변복(爵弁服), 훈상(纁裳), 순의(純衣), 치대(緇帶), 매갑(韎韐).

차여군제지복(此與君祭之服). 《잡기(雜記)》왈(曰) : 「사변이제어공(士弁而祭於公).」 작변자(爵弁者), 면지차(冕之次), 기색적이미흑(其色赤而微黑), 여작두연(如爵頭然), 혹위지추(或謂之緅). 기포삼십승(其布三十升). 훈상(纁裳), 천강상(淺絳裳). 범염강(凡染絳), 일입위지전(一入謂之緅), 재입위지정(再入謂之赬), 삼입위지훈(三入謂之纁), 주칙사입여(朱則四入與)? 순의(純衣), 사의야(絲衣也). 여의개용포(餘衣皆用布), 유면여작변복용사이(唯冕與爵弁服用絲耳). 선상후의자(先裳後衣者), 욕령하근치(欲令下近緇), 명의여대동색(明衣與帶同色). 매갑(韎韐), 온불야(縕韍也). 사온불이유형(士縕韍而幽衡), 합위지(合韋爲之). 사염이모수(士染以茅蒐), 인이명언(因以名焉). 금제인명천위매갑(今齊人名蒨爲韎韐). 불지제사필(韍之制似韠). 관변자부여의진이언어상(冠弁者不與衣陳而言於上), 이관명복이(以冠名服耳). 금문훈개작훈(今文纁皆作熏).

◆소(疏)

「작변(爵弁)」 지(至) 「매갑(韎韐)」. ○석왈(釋曰) : 차소진종북이남(此所陳從北而南), 고선진작변복(故先陳爵弁服). ○주(注) 「차여(此與)」 지(至) 「작훈(作熏)」. ○석왈(釋曰) : 사례혼관(士禮昏冠), 자제이작변복조군제(自祭以爵弁服助君祭), 고운(故云) 「여군제지복(與君祭之服)」 야(也). 운(云) 「작변자(爵弁者), 면지차(冕之次)」 자(者), 범면이목위체(凡冕以木爲體), 장척륙촌(長尺六寸), 광팔촌(廣八寸), 적마삼십승포(績麻三十升布), 상이현(上以玄), 하이훈(下以纁), 전후유류(前後有旒). 기작변제대동(其爵弁制大同), 유무류(唯無旒), 우위작색위이(又爲爵色爲異).

우명면자(又名冕者), 면야(俛也), 저전일촌이분(低前一寸二分), 고득면칭(故得冕稱)。 기작변칙전후평(其爵弁則前後平), 고부득면명(故不得冕名)。

이기존비차어면(以其尊卑次於冕), 고운작변면지차야(故云爵弁冕之次也). 운(云) 「기색적이미흑(其色赤而微黑), 여작두연(如爵頭然), 혹위지추(或謂之緅)」 자(者), 칠입위치(七入爲緇), 약이훈입흑칙위감(若以纁入黑則爲紺), 이감입흑즉위추(以紺入黑則爲緅), 시삼입적(是三入赤), 재입흑(再入黑), 고운기색적이미흑야(故云其色赤而微黑也). 운(云) 「여작두연(如爵頭然)」 자(者), 이목험작두(以目驗爵頭), 적다흑소(赤多黑少), 고이작두위유야(故以爵頭爲喻也). 이추재입흑즙(以緅再入黑汁), 여작동(與爵同), 고취(故取) 《종씨(鍾氏)》 추색해지(緅色解之). 고정주(故鄭注) 《종씨(鍾氏)》 운(云) : 「금(今) 《례(禮)》 속문작작(俗文作爵), 언여작두색야(言如爵頭色也).」 현차언적자(玄此言赤者), 대문위적(對文爲赤). 약장추비훈(若將緅比纁), 칙우흑다의(則又黑多矣). 고(故) 《회남자(淮南子)》 운(云) : 「이열염감즉흑어열(以涅染紺則黑於涅).」 황경일입흑위추호(況更一入黑爲緅乎)! 고(故) 《건차(巾車)》 운(云) 「작식(雀飾)」, 정주운(鄭注云) 「작(雀), 흑다적소지색(黑多赤少之色)」 시야(是也). 운(云) 「기포삼십승(其布三十升)」 자(者), 취관배지의(取冠倍之義). 시이(是以) 《상복(喪服)》 최삼승(衰三升)、 관륙승(冠六升)、 조복십오승(朝服十五升), 고면삼십승야(故冕三十升也). 운(云) 「훈상(纁裳), 천강상(淺絳裳)」 자(者), 강칙일염지삼염(絳則一染至三染), 동운천강(同云淺絳). 《시(詩)》 운(云) : 「아주공양(我朱孔陽).」 모전운(毛傳云) : 「주(朱), 심훈야(深纁也).」 고종일염지삼염개위지천강야(故從一染至三染皆謂之淺絳也). 운(云) 「주칙사입여(朱則四入與)」 자(者), 《이아(爾雅)》 급(及) 《종씨(鍾氏)》 개무사입지문(皆無四入之文). 경유주색(經有朱色), 고정약지(故鄭約之), 약이훈입흑칙위감(若以纁入黑則爲紺), 약이훈입적칙위주(若以纁入赤則爲朱), 무정문(無正文), 고운(故云) 「여(與)」 이의지야(以疑之也). 연상주이해현치(然上注以解玄緇), 고인(故引) 《종씨(鍾氏)》 염흑법(染黑法) ; 차주해훈(此注解纁), 고인(故引) 《이아(爾雅)》 염적법야(染赤法也). 운(云) 「순의(純衣), 사의야(絲衣也)」 자(者), 안정해순자혹위사(案鄭解純字或爲絲), 혹위색(或爲色), 량해부동자(兩解不同者), 개망경위주(皆望經爲注). 약색리명자(若色理明者), 이사해지(以絲解之) ; 약사리명자(若絲理明者), 이색해지(以色解之). 차경현의여훈상상대(此經玄衣與纁裳相對), 상현하훈(上玄下纁), 색리자명(色理自明). 사리부명(絲理不明), 즉이사해지(則以絲解之). 《혼례(昏禮)》 「여차순의(女次純

衣)」, 주운(注云)「사의(絲衣)」, 이하문유녀종자필진현(以下文有女從者畢袗玄), 색리자명(色理自明), 즉역사리부명(則亦絲理不明), 고역이사리해지(故亦以絲理解之). 《주례(周禮). 매씨(媒氏)》운(云) : 「순백무과오량(純帛無過五兩).」주운(注云) : 「순(純), 실치자야(實緇字也). 고치이재위성(古緇以才爲聲), 납폐용치(納幣用緇), 부인음야(婦人陰也).」이경운순백(以經云純帛), 사리자명(絲理自明), 고위색해지(故爲色解之). 《제통(祭統)》운(云) : 「잠어북교(蠶於北郊), 이공순복(以共純服).」사리자명(絲理自明), 고정역이색해야(故鄭亦以色解也). 《론어(論語)》운(云) : 「마면(麻冕), 예야(禮也). 금야순(今也純), 검(儉).」

이순대마(以純對麻), 사리자명(絲理自明), 고정역이색해지(故鄭亦以色解之). 시황유부동지사(是況有不同之事), 단고치(但古緇)、치이자병행(紂二字幷行). 약거포위색자(若據布爲色者), 칙위치자(則爲緇字). 약거백위색자(若據帛爲色者), 즉위치자(則爲紂字). 단치포지치다재(但緇布之緇多在), 본자부오(本字不誤), 치백지치(紂帛之紂), 칙다오위순(則多誤爲純). 운(云)「여의개용포(餘衣皆用布)」자(者), 차거조복(此據朝服)、피변복(皮弁服)、현단복급심의(玄端服及深衣)、장의지등(長衣之等), 개이포위지(皆以布爲之), 시이(是以)《잡기(雜記)》운조복십오승포(云朝服十五升布). 현단역복지류(玄端亦服之類), 칙피변역시천자조복(則皮弁亦是天子朝服). 심의혹명마의(深衣或名麻衣), 고지용포야(故知用布也). 운(云)「유면여작변복용사이(唯冕與爵弁服用絲耳)」자(者), 《제통(祭統)》운(云) : 「왕후잠어북교(王后蠶於北郊), 이공순복(以供純服).」작변복시면복지차(爵弁服是冕服之次), 고지역용사야(故知亦用絲也). 운(云)「선상후의자(先裳後衣者), 욕령하근치(欲令下近緇), 명의여대동색(明衣與帶同色)」자(者), 의재상(衣在上), 의여관상근(宜與冠相近), 응선언의(應先言衣). 금퇴의재상하자(今退衣在裳下者), 약의여관동색자(若衣與冠同色者), 선언의(先言衣), 후언상(後言裳).

금작변여의이(今爵弁與衣異), 고퇴순의어하(故退純衣於下), 사여대동색야(使與帶同色也). 운(云)「매갑(韎韐), 온불야(縕韍也)」자(者), 차경운매갑(此經云韎韐), 이자일물(二者一物), 고정합위일물해지야(故鄭合爲一物解之也). 운(云)」사온불이유형(士縕韍而幽衡)「자(者), 《옥조(玉藻)》문(文).

언유형자(言幽衡者), 동계어혁대(同繫於革帶), 고련인지야(故連引之也). 운합위위지자(云合韋爲之者), 정즉인해명온불지사(鄭即因解名縕韍之事), 언갑자위방저합(言韐者韋旁著合), 위합위위지고명갑야(謂合韋爲之故名韐也). 운사염이모수(云士染以茅蒐), 인이명언자(因以名焉者), 안(案)《이아(爾雅)》운(云) : 「여려(茹藘), 모수(茅蒐).」손씨주(孫氏注) : 「일명천(一名蒨), 가이염강(可以染絳).」약연(若然), 즉일초유차삼명의(則一草有此三名矣). 단주공시명천초위매초(但周公時名蒨草爲韎草), 이차매염위합지위갑(以此韎染韋合之爲韐), 인명불위매갑야(因名韍爲韎韐也). 운(云)「불지제사필(韍之制似韠)」자(者), 안상주이석필제(案上注已釋韠制), 기불지제역여지(其韍之制亦如之), 단유식무식위이이(但有飾無飾爲異耳). 제복위지불(祭服謂之韍), 기타복위지필(其他服謂之韠). 《역(易). 곤괘(困卦)》 : 「구이(九二), 곤어주식(困於酒食), 주불방래(朱韍方來), 리용향사(利用享祀).」시제복지불야(是祭服之韍也). 우안(又案)《명당위(明堂位)》운(云) : 「유우씨복불(有虞氏服韍), 하후씨산(夏后氏山), 은화(殷火), 주룡장(周龍章).」정운(鄭云) : 「후왕미식(後王彌飾), 천자비언(天子備焉). 제후화이하(諸侯火而下), 경대부산(卿大夫山), 사매위이이(士韎韋而已).」시사무식칙부득단명불(是士無飾則不得單名韍), 일명매갑(一名韎韐), 일명온불이이(一名縕韍而已). 시불유여필이(是韍有與韠異), 이제동식이(以制同飾異). 고정운불지제사필야(故鄭云韍之制似韠也). 단염위위불지체(但染韋爲韍之體), 천자여기신급제후여기신유이(天子與其臣及諸侯與其臣有異). 《시(詩)》운(云) : 「주비사황(朱芾斯黃).」정운(鄭云) : 「천자순주(天子純朱), 제후황주(諸侯黃朱).」《시(詩)》우운(又云)「적비재고(赤芾在股)」, 시제후용황주(是諸侯用黃朱). 《옥조(玉藻)》재명(再命)、삼명개운적불(三命皆云赤韍), 시제후지신역용적불(是諸侯之臣亦用赤韍). 《역(易). 곤괘(困卦)》구이운(九二云) : 「곤어주식(困於酒食), 주불방래(朱韍方來), 리용향사(利用享祀).」정주운(鄭注云) : 이거초(二據初), 진재미(辰在未), 미위토(未爲土), 차이위대부유지지상(此二爲大夫有地之象). 미상치천주주식(未上值天廚酒食), 상곤어주식자(象困於酒食者), 채지박(采地薄), 부족기용야(不足己用也). 이여일위체(二與日爲體), 리위진곽효(離爲鎭霍爻). 사위제후유명덕(四爲諸侯有明德), 수명당왕자(受命當王者),

리위화(離爲火), 화색적(火色赤)。사효진재오시(四爻辰在午時), 리기적(離氣赤), 우주시야(又朱是也)。문왕장왕(文王將王), 천자제용주불(天子制用朱韍), 고(故)《역(易)。건착도(乾鑿度)》운(云) : 「공자왈(孔子曰), 천자(天子)、삼공(三公)、제후동색(諸侯同色)。」《곤괘(困卦)》 : 「곤우주식(困于酒食), 주불방래(朱韍方來)。」우운천자(又云天子)、삼공(三公)、대부부주불(大夫不朱韍)。제후역동색자(諸侯亦同色者), 기염지법(其染之法), 동이천강위명(同以淺絳爲名), 시천자여기신순주(是天子與其臣純朱), 제후여기신황주(諸侯與其臣黃朱), 위이야(爲異也)。운(云)「관변부여의진이언어상(冠弁不與衣陳而言於上), 이관명복이(以冠名服耳)」자(者), 안차문상하진복(案此文上下陳服), 즉어방치포관급피변(則於房緇布冠及皮弁), 재당하시관변(在堂下是冠弁), 부여복동진(不與服同陳)。금이변재복상병언지자(今以弁在服上并言之者), 이관변표명기복이(以冠弁表明其服耳), 부위동진지야(不謂同陳之也)。운(云)「금문훈개작훈(今文繡皆作熏)」자(者), 훈시색(繡是色), 당종사방위지(當從絲旁爲之), 고첩금문부종훈(故疊今文不從熏), 종경문고훈야(從經文古繡也)。

피변복(皮弁服), 소적(素積), 치대(緇帶), 소필(素韠)。

차여군시삭지복야(此與君視朔之服也)。피변자(皮弁者), 이백록피위관(以白鹿皮爲冠), 상상고야(象上古也)。적유피야(積猶辟也), 이소위상(以素爲裳), 피축기요중(辟蹙其要中)。피변지의용포역십오승(皮弁之衣用布亦十五升), 기색상언(其色象焉)。

◆소(疏)

「피변(皮弁)」지(至)「소필(素韠)」。○석왈(釋曰) : 차피변복비어작변(此皮弁服卑於爵弁), 고진지차재작변지남(故陳之次在爵弁之南)。상작변복(上爵弁服)、하현단복개언의(下玄端服皆言衣), 차독부언의자(此獨不言衣者), 이기상작변복여작변이(以其上爵弁服與爵弁異), 고언의(故言衣) ; 하현단복복단관시용치포관(下玄端服服但冠時用緇布冠), 부용현관(不用玄冠), 기부언관(既不言冠), 고언의야(故言衣也)。금차피변지복용백포(今此皮弁之服用白布), 의여관동색(衣與冠同色), 고부언의야(故不言衣也)。○주(注)「차여(此與)」지(至)「상언(象焉)」。○석왈(釋曰) : 안(案)《옥조(玉藻)》운(云) : 「제후피변(諸侯皮弁), 청삭어대묘(聽朔於大廟)。」우안(又案)《향당(鄕黨)》설공자지복운(說孔子之服云)「소의(素衣), 구(裘)」。정운(鄭云)「시삭지복(視朔之服)」。시삭지시(視朔之時), 군신동복야(君臣同服也)。운(云)「피변자(皮弁者), 이백록피위관(以白鹿皮爲冠), 상상고야(象上古也)」자(者), 위삼황시모복두(謂三皇時冒覆頭), 구암요항(句頷繞項), 지황제칙유면(至黃帝則有冕), 고(故)《세본(世本)》운(云)「황제작류면(黃帝作旒冕)」。《예운(禮運)》운(云)「선왕미유궁실(先王未有宮室)」, 우운(又云)「식초목지실(食草木之實), 조수지육(鳥獸之肉)」, 「미유마사(未有麻絲), 의기우피(衣其羽皮)」, 정운(鄭云) : 「차상고지시(此上古之時)。」즉차상상고위상삼황시(則此象上古謂象三皇時)。이오제위대고(以五帝爲大古), 이삼황위상고야(以三皇爲上古也)。약연(若然), 황제수유사마(黃帝雖有絲麻)、포백(布帛)、피변(皮弁), 지삼왕부변(至三王不變), 시이하기운(是以下記云)「삼왕공피변(三王共皮弁)」, 정주운(鄭注云) : 「질부변(質不變)。」정주(鄭注)《교특생(郊特牲)》운(云) : 「소부역어선대(所不易於先代)。」고(故)《효경위(孝經緯)》운(云)「백왕동지부개역(百王同之不改易)」야(也)。안(案)《례도(禮圖)》잉이백록피위관(仍以白鹿皮爲冠), 고운(故云) : 「이백록피위관(以白鹿皮爲冠), 상상고야(象上古也)。」운(云)「적(積), 유피야(猶辟也), 이소위상(以素爲裳), 피축기요중(辟蹙其要中)」자(者), 경전운소자유삼의(經典云素者有三義) : 약이의상언소자(若以衣裳言素者), 위백증야(謂白繒也), 즉차문지등시야(即此文之等是也) ; 화궤언소자(畫繢言素者), 위백색(謂白色), 즉(即)《론(論)어(語)》운(云)「궤사후소(繢事後素)」지등시야(之等是也) ; 기물무식역왈소(器物無飾亦曰素), 칙(則)《단궁(檀弓)》운(云)「전이소기(奠以素器)」지등시야(之等是也)。시이정운이소위상피축기요중야(是以鄭云以素爲裳辟蹙其要中也)。지(知)「피변지의역용십오승포(皮弁之衣亦用十五升布)」자(者),《잡기(雜記)》운(云)「조복십오승(朝服十五升)」, 차피변역천자지조복(此皮弁亦天子之朝服), 고역십오승포야(故亦十五升布也)。연(然)《상복(喪服)》주운제복(注云祭服)、조복(朝服), 피적무수(辟積無數)。칙제복(則祭服)、피변(皮弁), 개피적무수(皆辟積無數)。여부운자(餘不云者), 거피변가지(舉皮弁可知), 부병언야(不并言也)。유상복상폭삼의구유수이(唯喪服裳幅三衤句有數耳)。운(云)「기색상언(其色象焉)」자(者), 위상피변지색용백포야(謂象皮弁之色用白布也)。이차언지(以此言之),《논어(論語)》주운소용증자(注云素用繒者), 피상복석의용소야(彼上服褐衣用素也)。

현단(玄端), 현상(玄裳)、황상(黃裳)、잡상가야(雜裳可也)。치대(緇帶), 작필(爵韠)。

차막석어조지복(此莫夕於朝之服)。현단즉조복지의(玄端即朝服之衣), 역기상이(易其裳耳)。상사현상(上士玄裳), 중사황상(中士黃裳), 하사잡상(下士雜裳)。잡상자(雜裳者), 전현후황(前玄後黃)。《역(易)》왈(曰)：「부현황자(夫玄黃者), 천지지잡색(天地之雜色), 천현이지황(天玄而地黃)。」사개작위위필(士皆爵韋爲韠), 기작동(其爵同)。부이현관(不以玄冠)명복자(名服者), 시위치포관진지(是爲緇布冠陳之)。《옥조(玉藻)》왈(曰)：「필(韠), 군주(君朱), 대부소(大夫素), 사작위(士爵韋)。」

◆소(疏)

「현단(玄端)」지(至)「작필(爵韠)」。○석왈(釋曰)：차현단복(此玄端服), 복지하(服之下), 고후진어피변지남(故後陳於皮弁之南)。

진삼등상자(陳三等裳者), 범제후지하개유이십칠사(凡諸侯之下皆有二十七士), 공후백지사일명(公侯伯之士一命), 자남지사부명(子男之士不命), 부동일명(不同一命)、부명개분위삼등(不命皆分爲三等), 고복분위삼등지상이당지(故服分為三等之裳以當之)。상하경삼등지복동용치대자(上下經三等之服同用緇帶者), 이기사유유일폭비지대(以其士唯有一幅裨之帶), 고삼복공용지(故三服共用之)。대대(大帶), 소이속의(所以束衣)。혁대(革帶), 소이패필급패옥지등(所以佩韠及佩玉之等)。부언혁자(不言革者), 거필유혁대가지(舉韠有革帶可知), 고략부언이(故略不言耳)。삼상지하운(三裳之下云)「가야(可也)」자(者), 욕견삼등지사각유소당(欲見三等之士各有所當)。당자즉복지(當者即服之), 고언가이허지야(故言可以許之也)。○주(注)「차막(此莫)」지(至)「작위(爵韋)」。

○석왈(釋曰)：운(云)「차막석어조지복(此莫夕於朝之服)」자(者), 당시막석어군지조복야(當是莫夕於君之朝服也)。안(案)《옥조(玉藻)》운(云)：「군조복이일시조우내조(君朝服以日視朝于內朝)。」「석심의(夕深衣), 제뢰육(祭牢肉)。」시군조복(是君朝服), 조복(朝服)、석복(夕服), 심의의(深衣矣)。하우운(下又云)「조현단(朝玄端), 석심의(夕深衣)」。조시부복(朝時不服), 여군부동(與君不同), 고정주운위대부사야(故鄭注云謂大夫士也)。

즉피조현단(則彼朝玄端)、석심의(夕深衣), 시대부(是大夫)、사가사조야(士家私朝也)。약연(若然), 대부(大夫)、사기복현단(士既服玄端)、심의이청사조의(深衣以聽私朝矣)。차복주운막석어조지복(此服注云莫夕於朝之服), 시사향막지시석군지복(是士向莫之時夕君之服)。필이막위석자(必以莫爲夕者), 조례비(朝禮備), 석례간(夕禮簡), 고이석언지야(故以夕言之也)。약경대부막석어군(若卿大夫莫夕於君), 당역조복의(當亦朝服矣)。안(案)《춘추좌씨전(春秋左氏傳)》성십이년진극지위자반왈(成十二年晉郤至謂子反曰)：「백관승사(百官承事), 조이부석(朝而不夕)。」차운막석자(此云莫夕者), 무사칙무석법(無事則無夕法), 약석유사(若夕有事), 수견군칙석(須見君則夕)。고소십이년자혁운석(故昭十二年子革云夕), 애십사년자아역운석자(哀十四年子我亦云夕者), 개시유사견군(皆是有事見君), 비상조석지사야(非常朝夕之事也)。운(云)「현단즉조복지의(玄端即朝服之衣), 역기상이(易其裳耳)」자(者), 상운(上云)「현관(玄冠), 조복(朝服), 치대(緇帶), 소필(素韠)」, 차현단역치대(此玄端亦緇帶)。피운조복(彼云朝服), 즉차현단야(即此玄端也)。단조복역득명단(但朝服亦得名端), 고(故)《논어(論語)》운(云)「단장보(端章甫)」, 정운(鄭云)：단(端), 제후시조지복이(諸侯視朝之服耳)。개이십오승포위치색(皆以十五升布爲緇色), 정폭위지동명야(正幅爲之同名也)。운(云)「역기상이(易其裳耳)」자(者), 피조복소필(彼朝服素韠), 필동상색(韠同裳色), 칙상역소(則裳亦素)。차기역기상(此既易其裳), 이삼등상동작필(以三等裳同爵韠), 칙역역지의(則亦易之矣)。부언자(不言者), 조복언소필(朝服言素韠), 부언상(不言裳), 고수언역(故須言易)。피언소필(彼言素韠), 차운작필(此云爵韠), 어문자명(於文自明), 고부수언역야(故不須言易也)。운(云)「상사현상(上士玄裳), 중사황상(中士黃裳), 하사잡상(下士雜裳)」자(者), 차무정문(此無正文), 직이제후지사개유삼등지상(直以諸侯之士皆有三等之裳), 고환이삼등지사기지(故還以三等之士記之)。단현시천색(但玄是天色), 황시지색(黃是地色), 천존이지비(天尊而地卑), 고상사복현(故上士服玄), 중사복황

(中士服黃), 하사당잡상(下士當雜裳)。잡상자(雜裳者), 환용차현황(還用此玄黃), 단전양후음(但前陽後陰), 고지(故知)「전현후황(前玄後黃)」야(也)。운(云)「《역(易)》왈(曰)」자(者), 시(是)《문언(文言)》문(文), 인지자(引之者), 증차상등시천지이색위지(證此裳等是天地二色爲之)。운(云)「사개작위위필(士皆爵韋爲韠), 기작동(其爵同)」자(者), 삼상동운작필(三裳同云爵韠), 고지삼등지사동용작위위필야(故知三等之士同用爵韋爲韠也)。기작위자(其爵韋者), 소인(所引)《옥조(玉藻)》문시야(文是也)。운(云)「부이현관명복자(不以玄冠名服者), 시위치포관진지(是爲緇布冠陳之)」자(者), 금부이현관표차복자(今不以玄冠表此服者), 차위관시치포관진지관(此爲冠時緇布冠陳之冠), 기부용현관(既不用玄冠), 고부언야(故不言也)。운(云)「《옥조(玉藻)》」자(者), 안피주운(案彼注云)：「차현단복지(此玄端服之)야(也)。」운(云)「필(韠)」자(者), 여하군(與下君)、대부(大夫)、사위총목(士爲總目)。위자(韋者), 우총삼자용위위지(又總三者用韋爲之), 언군주(言君朱), 대부소(大夫素), 사작자(士爵者), 필지위색야(韠之韋色也)。운(云)「군주(君朱)」자(者), 견오등제후(見五等諸侯), 칙천자역주의(則天子亦朱矣)。필동상색(韠同裳色), 칙천자제후주상(則天子諸侯朱裳)。사언작(士言爵), 칙차경작(則此經爵)、필역일야(韠亦一也)。이기상유삼등(以其裳有三等), 작역잡색(爵亦雜色), 고동작필(故同爵韠)。약연(若然), 대부소상칙여조복부이자(大夫素裳則與朝服不異者), 례궁칙동야(禮窮則同也)。

치포관결항(緇布冠缺項), 청조영속우결(青組纓屬于缺)；치리(緇纚), 광종폭(廣終幅), 장륙척(長六尺)；피변계(皮弁笄)；작변계(爵弁笄)；치조굉(緇組紘), 훈변(纁邊)；동협(同篋)。

결독여(缺讀如)「유규자변(有頍者弁)」지규(之頍)。치포관무계자(緇布冠無笄者), 저규(著頍), 위발제(圍髮際), 결항중(結項中), 우위사철(隅爲四綴), 이고관야(以固冠也)。항중유멱굴(項中有乂屈), 역유고규위지이(亦由固頍爲之耳)。금미관계자저권책(今未冠笄者著卷幘), 규상지소생야(頍象之所生也)。등(縢)、설명궤위규(薛名蕢爲頍)。속유저(屬猶著)。리(纚), 금지책량야(今之幘梁也)。종(終), 충야(充也)。리일폭(纚一幅), 장륙척(長六尺), 족이도발이결지의(足以韜髮而結之矣)。계(笄), 금지잠(今之簪)。유계자(有笄者), 굴조위굉(屈組爲紘), 수위식(垂爲飾)。무계자(無笄者), 영이결기조(纓而結其條)。훈변(纁邊), 조측적야(組側赤也)。동협(同篋), 위차상범륙물(謂此上凡六物)。타방왈협(墮方曰篋)。

◆소(疏)

「치포(緇布)」지(至)「동협(同篋)」。○주(注)「결독(缺讀)」지(至)「왈협(曰篋)」。○석왈(釋曰)：운(云)「결독여(缺讀如)‘유규자변(有頍者弁)’지규(之頍)」자(者), 독종(讀從)《규변시(頍弁詩)》, 의취재수(義取在首), 규자(頍者), 변모지의야(弁貌之意也)。운(云)「치포관무계(緇布冠無笄)」자(者), 안경피변(案經皮弁)、작변언계(爵弁言笄), 치포관부언계(緇布冠不言笄), 고운무계야(故云無笄也)。운(云)「저규(著頍), 위발제(圍髮際)」자(者), 무정문(無正文), 약한시권책역위발제(約漢時卷幘亦圍髮際), 고지야(故知也)。운(云)「결항(結項)」자(者), 차역무정문(此亦無正文), 이경운규(以經云頍), 명우항상결지야(明于項上結之也)。운(云)「우위사철(隅爲四綴), 이고관야(以固冠也)」자(者), 차역무정문(此亦無正文), 이의언지(以義言之)。기무이하별유규항(既武以下別有頍項), 명우수사우위철(明于首四隅爲綴), 상철우무(上綴于武), 연후규항득안온야(然後頍項得安穩也)。운(云)」항중유멱굴(項中有乂屈), 역유고규위지이(亦由固頍爲之耳)」자(者), 차역무정문(此亦無正文), 이의언지(以義言之)。규지량두개위멱굴(頍之兩頭皆爲乂屈), 별이승천멱굴중결지(別以繩穿乂屈中結之), 연후규득뢰고(然後頍得牢固), 고운역유고규위지야(故云亦由固頍為之也)。운(云)「금지미관계자저권책(今之未冠笄者著卷幘), 규상지소생(頍象之所生)」자(者), 차거한법이황의이(此舉漢法以況義耳)。한시남녀미관계자(漢時男女未冠笄者), 수저권책지상수부지(首著卷幘之狀雖不智), 지기언규위발제(知既言頍圍髮際), 고이관지(故以冠之), 명한시권책역이포백지등위요발제위지의(明漢時卷幘亦以布帛之等圍繞髮際為之矣)。운(云)「규상지소생(頍象之所生)」자(者), 한시권책시규지유상소생(漢時卷幘是頍之遺象所生), 지한시(至漢時), 고운규상지소생야(故云頍象之所生也)。운(云)「등(縢)、설명(薛名){초국(艸國)}위규(爲頍)」자(者), 차역거한시사이황지(此亦舉漢時事以況之)。한시등(漢時縢)、설이국운궤(薛二國云蕢)。궤(蕢), 권책지류역유상(卷幘之類亦由象

亦遺象), 고위황야(故爲況也)。운(云)「리(纚), 금지책량(今之幘梁)」자(者), 역거한법위황이(亦舉漢法爲況耳)。책량지상(幘梁之狀), 정목험이지(鄭目驗而知), 지금구원(至今久遠), 역미심야(亦未審也)。운(云)「리일폭(纚一幅), 장륙척(長六尺), 족이도발이결지의(足以韜髮而結之矣)」자(者), 인지장자부과륙척(人之長者不過六尺), 리륙척(纚六尺), 고운족이도발(故云足以韜髮)。기운도발(既云韜髮), 내운결지(乃云結之), 즉도흘내위계의(則韜訖乃爲紒矣)。운(云)「유계(有笄)」자(者), 즉경운피변급작변개운계자(即經云皮弁及爵弁皆云笄者), 시유계야(是有笄也)。운(云)「굴조위굉(屈組爲紘)」자(者), 경치조굉훈변(經緇組紘纁邊), 시위유계자이설(是爲有笄者而設)。언굴조(言屈組), 위이일조조어좌계상계정(謂以一條組於左笄上繫定), 요이하(繞頤下), 우상향상앙속우계(又相向上仰屬于笄), 굴계지유여(屈繫之有餘), 인수위식야(因垂爲飾也)。운(云)「무계자(無笄者), 영이결기강(纓而結其絳)」자무계(者無笄), 즉경치포관시야(即經緇布冠是也)。칙이이조조량상속우규(則以二條組兩相屬于頍), 고경운(故經云)「조영속우규(組纓屬于頍)」야(也)。기속흘(既屬訖), 즉소수강우이하결지(則所垂絳于頤下結之), 고운영이결기강야(故云纓而結其絳也)。운(云)「훈변(纁邊), 조측적야(組側赤也)」자(者), 훈시삼입지적색(纁是三入之赤色), 우운변(又云邊), 칙우변측적야(則于邊側赤也)。약연(若然), 이치위중(以緇爲中), 이훈위변(以纁爲邊), 측이직지야(側而織之也)。운(云)「동협(同篋), 위차상범륙물(謂此上凡六物)」자(者), 「치포(緇布)」지(至)「속우규(屬于頍)」공위일물(共爲一物); 리장륙척(纚長六尺), 이물(二物); 피변계(皮弁笄), 삼물(三物); 작변계(爵弁笄), 사물(四物); 기치조굉훈변(其緇組紘纁邊), 피변(皮弁)、작변각유일(爵弁各有一), 칙위이물(則爲二物), 통전사위륙물(通前四爲六物)。운(云)「수방왈협(隋方曰篋)」자(者), 《이아(爾雅)》무문(無文), 차대사방이부수야(此對笥方而不隋也)。수위협이장야(隋謂狹而長也)。안(案)《주례(周禮)》. 변사(弁師)》운(云)「장오면(掌五冕)」, 이운(而云)「옥계주굉(玉笄朱紘)」, 칙천자이옥위계(則天子以玉爲笄), 이주위굉(以朱爲紘)。우안(又案)《제의(祭義)》운천자(云天子)「면이주굉(冕而朱紘)」, 제후(諸侯)「면이청굉(冕而青紘)」。제후지계역당용옥의(諸侯之笄亦當用玉矣)。우안(又案)《변사(弁師)》위변여피변동과(韋弁與皮弁同科), 피변유계(皮弁有笄), 칙이자역유계의(則二者亦有笄矣)。우위계자속영(又爲笄者屬纓), 부견유유(不見有緌), 칙륙면무유의(則六冕無緌矣)。연사치포관무유(然士緇布冠無緌), 고하기운(故下記云): 공자왈(孔子曰)「기유야(其緌也), 오미지문야(吾未之聞也)」。

약제후역이치포관위시관지관유(若諸侯亦以緇布冠爲始冠之冠緌)。고(故)《옥조(玉藻)》운(云):「치포관궤유(緇布冠繢緌), 제후지관야(諸侯之冠也)。」

정주운(鄭注云)「존자식(尊者飾)」, 기대부굉(其大夫紘)。안(案)《예기(禮器)》운(云)「관중루궤주굉(管仲鏤簋朱紘)」, 정주운(鄭注云)「대부(大夫)、사당치조굉(士當緇組紘), 훈변(纁邊)」시야(是也)。기계역당용상이(其笄亦當用象耳)。

즐실우단(櫛實于簞)。

단(簞), 사야(笥也)。

◆소(疏)

「즐실우단(櫛實于簞)」。○주(注)「단사야(簞笥也)」。○석왈(釋曰): 정주(鄭注)《곡례(曲禮)》「원왈단(圓曰簞), 방왈사(方曰笥)」。사여단방원유이(笥與簞方圓有異), 이운단(而云簞)、사공위일물자(笥共爲一物者), 정거기류(鄭舉其類), 주(注)《론어(論語)》역연(亦然)。

포연이(蒲筵二), 재남(在南)。

연(筵), 석야(席也)。

◆소(疏)

「포연이재남(蒲筵二在南)」。○주(注)「연석야(筵席也)」。○석왈(釋曰): 연이자(筵二者), 일위관자(一爲冠子), 즉하운(即下云)「연우동서소북(筵于東序少北)」시야(是也); 일위례자(一爲醴子), 즉하운(即下云)「연우호서남면(筵于戶西南面)」시야(是也)。운(云)「재남(在南)」자(者), 최재남두(最在南頭), 대하문(對下文)「측존일무례(側尊一甒醴), 재복북(在服北)」야(也)。정주운(鄭注云)「연(筵), 석야(席也)」자(者), 정주(鄭注)《주례(周禮)》. 사기연(司幾

筵)》운(云)：「부진왈연(敷陳曰筵), 자지왈석(藉之曰席)。」 연기산언지(然其散言之), 연(筵)、석통의(席通矣)。 전부재지자(前敷在地者), 개언자(皆言藉), 취상승지의(取相承之義), 시이제석재지자(是以諸席在地者), 다언연야(多言筵也)。

측존일무례(側尊一甒醴), 재복북(在服北)。유비실작(有篚實勺)、치(觶)、각서(角柶), 포해(脯醢), 남상(南上)。

측유특야(側猶特也)。 무우왈측(無偶曰側), 치주왈존(置酒曰尊)。 측자(側者), 무현주(無玄酒)。 복북자(服北者), 훈상북야(纁裳北也)。 비(篚), 죽기여령자(竹器如筹者)。 작(勺), 존승(尊升), 소이(所以)[석두(爽斗)]주야(酒也)。 작삼승왈치(爵三升曰觶)。 서상여비(柶狀如匕), 이각위지자(以角爲之者), 욕활야(欲滑也)。 남상자(南上者), 비차존(篚次尊), 변두차비(籩豆次篚)。 고문무작무(古文甒作廡)。

◆소(疏)

「측존(側尊)」지(至)「남상(南上)」。 ○주(注)「측유(側猶)」지(至)「작무(作廡)」。 ○석왈(釋曰)：운(云)「측유특야(側猶特也)。 무우왈측(無偶曰側), 치주왈존(置酒曰尊)。 측자(側者), 무현주(無玄酒)」자(者), 범례지통례(凡禮之通例), 칭측유이(稱側有二)：일자무우(一者無偶), 특일위측(特一爲側), 즉차문측시야(則此文側是也)。 우(又)《혼례(昏禮)》운(云)「측존무례우방중(側尊甒醴于房中)」, 역시무현주왈측(亦是無玄酒曰側)。 지어(至於)《혼례(昏禮)》합승측재(合升側載), 《빙례(聘禮)》운측습(云側襲), 《사우례(士虞禮)》운측존(云側尊), 차개시무우위측지류야(此皆是無偶爲側之類也)。 일자(一者)《빙례(聘禮)》운(云)「측수기(側受幾)」자(者), 측시방측지의야(側是旁側之義也)。 운(云)「복북자(服北者), 훈상북야(纁裳北也)」자(者), 차상선진작변복지시(此上先陳爵弁服之時), 훈상최재북(纁裳最在北), 향남진지(向南陳之)。 차운복북(此云服北), 명재훈상북가지야(明在纁裳北可知也)。 운(云)「비(篚), 죽기여령(竹器如筹)」자(者), 기자개죽하위지(其字皆竹下爲之), 고이죽기언지(故以竹器言之)。 여령자(如筹者), 역거한법위황야(亦擧漢法為況也)。 운(云)「작(勺), 존승(尊升), 소이(所以)[석두(爽斗)]주야(酒也)」자(者), 안(案)《소뢰(少牢)》운뢰수유두(云罍水有枓), 여차작위일물(與此勺爲一物), 고운존승(故云尊升)。 대피시뢰두(對彼是罍枓), 소이(所以)[석두(爽斗)]수(水), 칙차위존두(則此爲尊枓)[석두(爽斗)]주자야(酒者也)。 운(云)「작삼승왈치(爵三升曰觶)」자(者), 안(案)《한시외전(韓詩外傳)》운(云)：「일승왈작(一升曰爵), 이승왈고(二升曰觚), 삼승왈치(三升曰觶), 사승왈각(四升曰角), 오승왈산(五升曰散)。」 상대작(相對爵)、치유이(觶有異), 산문칙통개왈작(散文則通皆曰爵), 고정이작명치야(故鄭以爵名觶也)。 운(云)「서상여비(柶狀如匕), 이각위지자(以角爲之者), 욕활야(欲滑也)」자(者), 대(對)《사상례(士喪禮)》용목서자(用木柶者), 상례반길야(喪禮反吉也)。 운(云)「남상자(南上者), 비차존(篚次尊), 변두차비(籩豆次篚)」, 지연자(知然者), 이경운존재복북남상(以經云尊在服北南上), 즉시종남북향진지(則是從南北向陳之), 이존위귀(以尊為貴), 차운비(次云篚), 후운변두(後云籩豆), 고지차제연야(故知次第然也)。 운(云)「고문무작무(古文甒作廡)」자(者), 차무위주기(此甒爲酒器), 무시하옥량하(廡是夏屋兩下), 고부종고문야(故不從古文也)。

작변(爵弁)、피변(皮弁)、치포관각일산(緇布冠各一匴), 집이대우서점남(執以待于西坫南), 남면(南面), 동상(東上)。빈승칙동면(賓升則東面)。

작변자(爵弁者), 제여면(制如冕), 흑색(黑色), 단무소이(但無繅耳)。 《주례(周禮)》：「왕지피변(王之皮弁), 회오채옥기(會五采玉璂), 상저(象邸), 옥계(玉笄)。 제후급고경대부지면(諸侯及孤卿大夫之冕)、피변(皮弁), 각이기등위지(各以其等爲之)。」 칙사지피변(則士之皮弁), 우무옥상저식(又無玉象邸飾)。 치포관(緇布冠), 금소리관기유상야(今小吏冠其遺象也)。 산(匴), 죽기명(竹器名), 금지관상야(今之冠箱也)。 집지자(執之者), 유사야(有司也)。 점재당각(坫在堂角)。 고문산작찬(古文匴作纂), 점위첨(坫爲襜)。

◆소(疏)

「작변(爵弁)」지(至)「동면(東面)」。 ○석왈(釋曰)：차일절론사유사삼인각집기일(此一節論使有司三人各執其一), 예재계(豫在階), 이대관사(以待冠事)。 빈미입(賓未入), 남면이향빈(南面以向賓), 재당(在堂), 역이향빈(亦以向賓)。 언승칙동면(言升則東面), 거종언지야(據終言之也)。

○주(注)「작변(爵弁)」지(至)「작첨(作檐)」。○석왈(釋曰) : 운(云)「작변자(爵弁者), 제여면이흑색(制如冕而黑色), 단무소이(但無繅耳)」자(者), 이어상해흘(已於上解訖), 금복언지자(今復言之者). 상문직거관이표복(上文直擧冠以表服), 기관실부진(其冠實不陳), 고략언기관(故略言其冠). 지차전위관언지(至此專為冠言之), 시이주변인피변이하지사(是以注弁引皮弁以下之事)。안(案)《변사(弁師)》언면유오채소옥(言冕有五采繅玉), 피변유오채옥기(皮弁有五采玉璂)、상저(象邸)、옥계(玉笄), 하운제후급고경대부지면(下云諸侯及孤卿大夫之冕)、위변(韋弁)、피변(皮弁)、변질(弁絰), 각이기등위지(各以其等為之)。정주운(鄭注云) : 「각이기등(各以其等), 소유옥기여기명수야(繅斿玉璂如其命數也)。」단상문이언상공지법(但上文已言上公之法), 고차제후유거후백자남(故此諸侯唯據侯伯子男), 시이정운(是以鄭云) : 「면칙후백소칠취(冕則侯伯繅七就), 용옥구십팔(用玉九十八) ; 자남소오취(子男繅五就), 용옥오십(用玉五十), 소옥개삼채(繅玉皆五采)。고소사취(孤繅四就), 용옥삼십이(用玉三十二) ; 삼명지경소삼취(三命之卿繅三就), 용옥십팔(用玉十八) ; 재명지대부소재취(再命之大夫繅再就), 용옥팔(用玉八), 조옥개주록(藻玉皆朱綠)。위변(韋弁)、피변칙후백기식칠(皮弁則侯伯璂飾七), 자남기식오(子男璂飾五), 옥역삼채(玉亦三采)。고즉기식사(孤則璂飾四), 삼명지경기식삼(三命之卿璂飾三), 재명지대부기식이(再命之大夫璂飾二), 옥역이채(玉亦二采)。변질지변(弁絰之弁), 기피적여면소지취연(其辟積如冕繅之就然)。서인적자소위모(庶人吊者素委貌)。일명지대부면이무유(一命之大夫冕而無斿), 사변면위작변(士變冕為爵弁)。기위변(其韋弁)、피변지회무결식(皮弁之會無結飾), 변질지변부피적(弁絰之弁不辟積)。」피경문구언지(彼經文具言之), 금차주략인이증사피변무옥(今此注略引以證士皮弁無玉), 이상위식지의(以象為飾之意), 부취어위변(不取於韋弁)、변질급의명수지사(弁絰及依命數之事), 고부구인지(故不具引之)。운(云)「치포관(緇布冠), 금소리관기유상야(今小吏冠其遺象也)」자(者), 단치포관(但緇布冠), 사위초가지관(士為初加之冠), 관흘칙폐지부용(冠訖則弊之不用), 서인즉상저지(庶人則常著之)。고(故)《시(詩)》운(云)「대립치촬(臺笠緇撮)」, 시서인이포관상복자(是庶人以布冠常服者)。이한지소리역상복지(以漢之小吏亦常服之), 고거위황(故擧為況)。운(云)「산(匴), 죽기명(竹器名), 금지관상야(今之冠箱也)」자(者), 차역거한법위황(此亦擧漢法為況)。운(云)「집지자유사야(執之者有司也)」자(者), 즉상운유사여주인복(則上云有司如主人服), 유사부주일사(有司不主一事), 고지차역유사야(故知此亦有司也)。운(云)「점재당각(坫在堂角)」자(者), 단점유이문(但坫有二文), 일자위약(一者謂若)《명당위(明堂位)》운(云)「숭점항규(崇坫亢圭)」, 급(及)《론어(論語)》운(云)「량군지호(兩君之好), 유반점(有反坫)」지등(之等), 재묘중유지(在廟中有之), 이항반작지속(以亢反爵之屬)。차편지내언점자(此篇之內言坫者), 개거당상각위명(皆據堂上角為名), 고운당각(故云堂角)。운(云)「고문산위찬(古文匴為纂), 점작첨(坫作檐)」자(者), 개종경금문(皆從經今文), 고첩고문야(故疊古文也)。

주인현단작필(主人玄端爵韠), 립우조계하(立于阼階下), 직동서(直東序), 서면(西面)。

현단(玄端), 사입묘지복야(士入廟之服也)。조유초야(阼猶酢也)。동계(東階), 소이답초빈객야(所以答酢賓客也)。당동서장위지서(堂東西牆謂之序)。

◆소(疏)

「주인(主人)」지(至)「서면(西面)」。○석왈(釋曰) : 상문이진의관기물(上文已陳衣冠器物), 자차이하지(自此以下至)「외문외(外門外)」, 론빈주형제등저복급위처야(論賓主兄弟等著服及位處也)。운(云)「현단작필(玄端爵韠)」자(者), 주인지복여상소진자가관현단복역일야(主人之服與上所陳子加冠玄端服亦一也)。운(云)「립어조계하(立於阼階下)」자(者), 시욕여빈행례지사야(時欲與賓行禮之事也)。운(云)「직동서(直東序)」자(者), 직(直), 당야(當也)。위당당상동서장야(謂當堂上東序墻也)。○주(注)「현단(玄端)」지(至)「지서(之序)」。○석왈(釋曰) : 안(案)《특생(特牲)》사례제복용현단(士禮祭服用玄端), 차역사지가관재묘(此亦士之加冠在廟), 고여제동복(故與祭同服), 고운(故云)「사입묘지복야(士入廟之服也)」。운(云)「동서장위지서(東西牆謂之序)」자(者), 《이아(爾雅)。석궁(釋宮)》문(文)。

형제필진현(兄弟畢袗玄), 립우세동(立于洗東), 서면(西面), 북상(北上)。

형제(兄弟), 주인친척야(主人親戚也)。필유진야(畢猶盡也)。진(袗), 동야(同也)。현자(玄

者), 현의(玄衣)、현상야(玄裳也)。치대필(緇帶韠)。위재세동(位在洗東), 퇴어주인(退於主人), 부작

필자(不爵韠者), 강어주인야(降於主人也)。고문진위균야(古文袗爲均也)。

◆소(疏)

「형제(兄弟)」지(至)「북상(北上)」。○석왈(釋曰) : 차론형제래관례지복야(此論兄弟來觀禮之服也)。○주(注)「형제(兄弟)」

지(至)「균야(均也)」。○석왈(釋曰) : 운(云)「형제(兄弟), 주인친척야(主人親戚也)」자(者)기운형제(既云兄弟), 고시친척(故是親戚)。운(云)「진(袗), 동야(同也)。현자(玄者), 현의(玄衣)、현상야(玄裳也)。치대필(緇帶韠)」자(者), 이기동현(以其同玄), 고지상하개현(故知上下皆玄)。

운치대필자(云緇帶韠者), 치역현지류(緇亦玄之類), 인사유치대(因士有緇帶), 고필역언치(故韠亦言緇), 실역현야(實亦玄也)。운(云)「위재세동(位在洗東), 퇴어주인(退於主人)」자(者), 주인당서남(主人當序南), 서면(西面), 세당영(洗當榮), 형제우재세동(兄弟又在洗東), 고운퇴어주인야(故云退於主人也)。

운(云)「부작필자(不爵韠者), 강어주인야(降於主人也)」자(者), 작변동색(爵弁同色), 주인존(主人尊), 고야(故也)。형제용치필(兄弟用緇韠), 부용작필(不用爵韠), 형제비(兄弟卑), 고운강어주인야(故云降於主人也)。

빈자현단(擯者玄端), 부동숙(負東塾)。

동숙(東塾), 문내동당(門內東堂), 부지북면(負之北面)。

◆소(疏)

「빈자(擯者)」지(至)「동숙(東塾)」。○석왈(釋曰) : 빈자부언여주인복(擯者不言如主人服), 별언현단(別言玄端), 즉여주인부동가지(則與主人不同可知)。주인여형제부동(主人與兄弟不同), 고특언현단(故特言玄端), 여하찬자현단종지동언현(與下贊者玄端從之同言玄), 즉차빈자시주인지속중사약하사야(則此擯者是主人之屬中士若下士也), 고직거현(故直舉玄)단(端), 부언상야(不言裳也)。○주(注)「동숙(東塾)」지(至)「북면(北面)」。

○석왈(釋曰) : 지시빈자시주인빈(知是擯者是主人擯), 상사재문내(相事在門內), 고지재문내동당(故知在門內東堂)。부지북면(負之北面), 향주인야(向主人也)。

장관자채의(將冠者采衣), 계(紒), 재방중(在房中), 남면(南面)。

채의(采衣), 미관자소복(未冠者所服)。《옥조(玉藻)》왈(曰) : 「동자지절야(童子之節也), 치포의(緇布衣), 금연(錦緣), 금신(錦紳), 병뉴(并紐), 금속발(錦束髮), 개주금(皆朱錦)야(也)。」계(紒), 결발(結髮)。고문계위결(古文紒爲結)。

◆소(疏)

「장관(將冠)」지(至)「남면(南面)」。○주(注)「채의(采衣)」지(至)「위결(爲結)」。○석왈(釋曰) : 「장관자(將冠者)」, 즉동자이십지인야(即童子二十之人也)。이기관사미지(以其冠事未至), 고언장관자야(故言將冠者也)。운(云)「치포의(緇布衣), 금연(錦緣)」자(者), 이기동자부백유고(以其童子不帛襦袴), 부의구상(不衣裘裳), 고운치포의(故云緇布衣), 이금위치포의지연야(以錦為緇布衣之緣也)。운(云)「금신(錦紳)」자(者), 이금위대대야(以錦爲大帶也)。운(云)「병뉴(并紐)」자(者), 역이금위뉴신지수(亦以錦爲紐紳之垂)야(也)。운(云)「금속발(錦束髮)」자(者), 이금위총(以錦爲總)。운(云)「개주금야(皆朱錦也)」자(者), 동자지금개주금야(童子之錦皆朱錦也)。운(云)「계(紒), 결발(結髮)」자(者), 즉(則)《시(詩)》운(云)「총각(總角)혜(兮)」시야(是也)。이동자상화식(以童子尚華飾), 고의차야(故衣此也)。

빈여주인복(賓如主人服), 찬자현단종지(贊者玄端從之), 립우외문지외(立于外門之外)。

외문(外門), 대문외(大門外)。

◆소(疏)

「빈여(賓如)」지(至)「지외(之外)」。○주(注)「외문대문외(外門大門外)」。○석왈(釋曰)：운(云)「빈여주인복(賓如主人服)」

자(者), 이기빈여주인존비동(以其賓與主人尊卑同), 고득여지(故得如之)。찬자개강주인일등(贊者皆降主人一等), 기의관수동(其衣冠雖同), 기상칙이(其裳則異), 고부득여주인복(故不得如主人服), 고별현단야(故別玄端也)。약연(若然), 차관형제급빈찬개득현단(此冠兄弟及賓贊皆得玄端)。《특생(特牲)》주인여시(主人與尸), 축(祝)、좌식현단(佐食玄端), 자여개조복자(自餘皆朝服者), 피조제재묘(彼助祭在廟), 연효자지심(緣孝子之心), 욕득존가빈이사기조니(欲得尊嘉賓以事其祖禰), 고조복여주이야(故朝服與主異也)。

빈자고(擯者告)。

고자(告者), 출청입고(出請入告)。

◆소(疏)

「빈자고(擯者告)」。○주(注)「고자출청입고(告者出請入告)」。○석왈(釋曰)：「출청입고(出請入告)」자(者), 고주인야(告主人也)。

주인영(主人迎), 출문좌(出門左), 서면재배(西面再拜)。빈답배(賓答拜)。

좌(左), 동야(東也)。출이동위좌(出以東爲左), 입이동위우(入以東爲右)。

◆소(疏)

「주인(主人)」지(至)「답배(答拜)」。○주(注)「좌동(左東)」지(至)「위우(爲右)」。○석왈(釋曰)：「출이동위좌(出以東爲左), 입이동위우(入以東爲右)」, 거주인재서(據主人在西), 출칙이서위우(出則以西爲右), 입이서위좌야(入以西爲左也)。

주인읍찬자(主人揖贊者), 여빈읍(與賓揖), 선입(先入)。

찬자천(贊者賤), 읍지이이(揖之而已)。우여빈읍(又與賓揖), 선입도지(先入道之), 찬자수빈(贊者隨賓)。

◆소(疏)

「주인(主人)」지(至)「선입(先入)」。○주(注)「찬자(贊者)」지(至)「수빈(隨賓)」。○석왈(釋曰)：운(云)「찬자천(贊者賤), 읍지이이(揖之而已)」자(者), 정위찬자강우주인(正謂贊者降于主人), 여빈일등(與賓一等), 위천야(爲賤也)。운(云)「우여빈읍(又與賓揖)」자(者), 대전위빈배흘(對前爲賓拜訖), 금우읍자(今又揖者), 위주인장선입(爲主人將先入), 고우여빈읍(故又與賓揖), 내입야(乃入也)。운(云)「찬자수빈(贊者隨賓)」자(者), 후부견경여찬자위례(後不見更與贊者爲禮), 고지수빈입야(故知隨賓入也)。

매곡읍(每曲揖)。

주좌종묘(周左宗廟), 입외문(入外門), 장동곡(將東曲), 읍(揖)；직묘(直廟), 장북곡(將北曲), 우읍(又揖)。

◆소(疏)

「매곡읍(每曲揖)」。○주(注)「주좌(周左)」지(至)「우읍(又揖)」。○석왈(釋曰)：「주좌종묘(周左宗廟)」자(者), 《제의(祭義)》여(與)《소종백(小宗伯)》구유비문(俱有比文), 대은우종묘야(對殷右宗廟也)。언차(言此), 개욕견입대문동향입묘(皆欲見入大門東向入廟)。운(云)「입외문(入外門), 장동곡(將東曲), 읍(揖)」자(者), 주인재남(主人在南), 빈재북(賓在北), 구동향(俱東向), 시일곡(是一曲), 고일읍야(故一揖也)。

지묘남(至廟南), 주인재동(主人在東), 북면(北面), 빈재서(賓在西), 북면(北面), 시곡위이읍

(是曲為二揖)，　고운(故云)「직묘장북곡우읍(直廟將北曲又揖)」야(也)。통하장입묘우읍(通下將入廟又揖)，　삼야(三也)。

지우묘문(至于廟門)，　읍입(揖入)。삼읍(三揖)，　지우계(至于階)，　삼양(三讓)。

입문장우곡(入門將右曲)，　읍(揖)；장북곡(將北曲)，　읍(揖)；당비(當碑)，　읍(揖)。

◆소(疏)

「지우(至于)」지(至)「삼양(三讓)」。○주(注)「입문(入門)」지(至)「비읍(碑揖)」。○석왈(釋曰)：경직운입문읍(經直云入門揖)，　정지차위삼읍자(鄭知此爲三揖者)，　이상운(以上云)「매곡읍(每曲揖)」，　거입문동행시(據入門東行時)。차입묘문삼읍(此入廟門三揖)，　시거주인장우(是據主人將右)，　욕배객(欲背客)，　의읍(宜揖)；장북곡(將北曲)，　여객상견(與客相見)，　우읍(又揖)。운(云)「당비읍(當碑揖)」자(者)，　비시정중지대절(碑是庭中之大節)，　우의읍(又宜揖)。시지삼읍(是知三揖)，　거차이언야(據此而言也)。안(案)《혼례(昏禮)》주(注)：「입삼읍자(入三揖者)，　지내(至內)二，　장곡(將曲)，　읍(揖)；기곡(既曲)，　북면(北面)，　읍(揖)；당비(當碑)，　읍(揖)。」급(及)《빙례(聘禮)》、《향음주(鄉飲酒)》「입삼읍(入三揖)」주수부동(注雖不同)。개거차삼절위삼읍(皆據此三節爲三揖)，　의부이야(義不異也)。

주인승(主人升)，　립우서단(立于序端)，　서면(西面)，　빈서서(賓西序)，　동면(東面)。

주인(主人)、빈구승(賓俱升)，　립상향(立相鄉)。

◆소(疏)

「주인(主人)」지(至)「동면(東面)」。○주(注)「주인(主人)」지(至)「상향(相鄉)」。○석왈(釋曰)：차문주인여빈립상향(此文主人與賓立相鄉)，　위정(位定)，　장행관례자야(將行冠禮者也)。주인승당부배지자(主人升堂不拜至者)，　관자위빈객(冠子爲賓客)，　고이어(故異於)《향음주(鄉飲酒)》지등야(之等也)。

찬자관우세서(贊者盥于洗西)，　승(升)，　립우방중(立于房中)，　서면(西面)，　남상(南上)。

관어세서(盥於洗西)，　유빈계승야(由賓階升也)。립우방중(立于房中)，　근기사야(近其事也)。남상(南上)，　존어주인지찬자(尊於主人之贊者)。고문관개작완(古文盥皆作浣)。

◆소(疏)

「찬자(贊者)」지(至)「남상(南上)」。○주(注)「관어(盥於)」지(至)「작완(作浣)」。○석왈(釋曰)：차빈자지찬관자부재당(此賓者之贊冠者不在堂)，　승즉위우방중(升即位于房中)，　여주인찬자병립자(與主人贊者并立者)，　이기여주인찬자구시집로역지사(以其與主人贊者俱是執勞役之事)고선입방병립대사(故先入房并立待事)，　고정운(故鄭云)「근사(近事)」야(也)。운(云)「관어세서(盥於洗西)，　유빈계승야(由賓階升也)」자(者)，　찬자관어세서무정문(贊者盥於洗西無正文)，　안(案)《향음주(鄉飲酒)》주인재세북(主人在洗北)、남면(南面)，　빈재세남(賓在洗南)、북면(北面)，　여차상향(如此相鄉)。우주인종내(又主人從內)，　빈종외래지(賓從外來之)，　편찬자역종지(便贊者亦從之)。우비부가여빈병(又卑不可與賓并)，　명재세서(明在洗西)、동면(東面)，　급향빈계(及向賓階)，　편지재세서야(便知在洗西也)。운유빈계승자(云由賓階升者)，　이여주인(以與主人)、찬자재방병립(贊者在房并立)，　공유조계(恐由阼階)，　고명지(故明之)，　동어빈객야(同於賓客也)。운(云)「남상(南上)，　존어주인지찬(尊於主人之贊)」자(者)，　이기빈주찬자구강일등(以其賓主贊者俱降一等)，　량찬존비동이운존자(兩贊尊卑同而云尊者)，　직이주인존(直以主人尊)，　경빈지찬(敬賓之贊)，　고운존어주인지찬(故云尊於主人之贊)。우지여주인(又知與主人)、찬병립자(贊并立者)，　이찬관일인이이(以贊冠一人而已)，　이운남상(而云南上)，　명여주인위서야(明與主人爲序也)。

주인지찬자연우동서(主人之贊者筵于東序)，　소북(少北)，　서면(西面)。

주인지찬자(主人之贊者)，　기속중사약하사(其屬中士若下士)。연(筵)，　포석야(布席也)。동서(東序)，　주인위야(主人位也)。적자관어조(適子冠於阼)，　소북(少北)，　피주인(辟主人)。

◆소(疏)

「주인(主人)」지(至)「서면(西面)」。○주(注)「주인(主人)」지(至)「주인(主人)」。○석왈(釋曰) : 운(云)「주인지찬자(主人之贊者), 기속중사약하사(其屬中士若下士)」자(者), 이주인상사위정(以主人上士爲正), 고운기속중사(故云其屬中士)。약주인시중사(若主人是中士), 찬시기속하사위지(贊是其屬下士爲之)。빈여찬관자동(賓與贊冠者同)。운(云)「연(筵), 포석야(布席也)」자(者), 위포관자석야(謂布冠者席也)。운(云)「동서(東序), 주인위야(主人位也)」자(者), 인(引)《관의(冠義)》운(云)「적자관어조(適子冠於阼)」위증시야(爲證是也)。

장관자출방(將冠者出房), 남면(南面)。

남면립우방외지서(南面立于房外之西), 대빈명(待賓命)。

◆소(疏)

「장관(將冠)」지(至)「남면(南面)」。○주(注)「남면(南面)」지(至)「빈명(賓命)」。○석왈(釋曰) : 지재방외지서(知在房外之西), 부재동자(不在東者), 이방외지동남당조계(以房外之東南當阼階), 시지방외자개재방외지서(是知房外者皆在房外之西)。고(故)《혼례(昏禮)》「녀출우모좌(女出于母左)」, 모재방외지서(母在房外之西), 고득출시재모좌야(故得出時在母左也)。운(云)「대빈명(待賓命)」자(者), 이기하문유(以其下文有)「빈읍장관(賓揖將冠)」, 칙빈유명야(則賓有命也)。

찬자전리(贊者奠纚)、계(笄)、즐우연남단(櫛于筵南端)。

찬자(贊者), 빈지찬관자야(賓之贊冠者也)。전(奠), 정야(停也)。고문즐위절(古文櫛爲節)。

◆소(疏)

「찬자(贊者)」지(至)「남단(南端)」。○주(注)「찬자(贊者)」지(至)「위절(爲節)」。○석왈(釋曰) : 전규항이하륙물동일협(前頍項已下六物同一篋), 진어방(陳於房), 금장용지(今將用之), 고찬관자취치우장관지석남(故贊冠者取置于將冠之席南), 의용(擬用)。약연(若然), 륙자구용(六者俱用), 부언영(不言纓)、굉등사물(紘等四物), 대략기실개유(大略其實皆有), 가지(可知)。부언즐성우단(不言櫛盛于簞), 금역병단장래치어석남단야(今亦并簞將來置於席南端也)。복부장래치어석남자(服不將來置於席南者), 개가관흘(皆加冠訖), 의방중은처가복흘(宜房中隱處加服訖), 내견용체야(乃見容體也)。지찬자시기빈지찬관자야자(知贊者是其賓之贊冠者也者), 이기찬관자주위관사이래(以其贊冠者主爲冠事而來), 고지취계(故知取笄)、리시빈지찬관자(纚是賓之贊冠者)。약비빈지찬자(若非賓之贊者), 칙운주인이별지(則云主人以別之), 고상운주인지찬자시야(故上云主人之贊者是也)。

빈읍장관자(賓揖將冠者), 장관자즉연좌(將冠者卽筵坐)。찬자좌(贊者坐), 즐(櫛), 설리(設纚)。

즉(卽), 취(就)。설(設), 시(施)。

◆소(疏)

「빈읍(賓揖)」지(至)「설리(設纚)」。○석왈(釋曰) : 차이자로역지사(此二者勞役之事), 고찬자위지야(故贊者爲之也)。

빈강(賓降), 주인강(主人降)。빈사(賓辭), 주인대(主人對)。

주인강(主人降), 위빈장관(爲賓將盥), 부감안위야(不敢安位也)。사대지사미문(辭對之辭未聞)。

◆소(疏)

「빈강(賓降)」지(至)「인대(人對)」。○석왈(釋曰) : 운(云)「사대지사미문(辭對之辭未聞)」자(者), 상서빈(上筮賓)、숙빈지시(宿賓之時), 수부언기사(雖不言其辭), 하개진기사(下皆陳其辭)。차빈주지사(此賓主之辭), 하개부언(下皆不言), 고운미문야(故云未聞也)。

빈관(賓盥), 졸(卒), 일읍(壹揖), 일양(壹讓), 승(升)。주인승(主人升), 복초위(復初位)。

읍양개일자(揖讓皆壹者), 강어초(降於初)。고문일개작일(古文壹皆作一)。

◆소(疏)

「빈관(賓盥)」지(至)「초위(初位)」。○석왈(釋曰) : 운(云)「주인승복초위(主人升復初位)」자(者), 위초승서단야(謂初升序端也)。○주(注)「고문일개작일(古文壹皆作一)」。○석왈(釋曰) : 일(一)、일득통용(壹得通用), 수첩고문(雖疊古文), 부파지야(不破之也)。

빈연전좌(賓筵前坐), 정리(正纚), 흥(興), 강서계일등(降西階一等)。집관자승일등(執冠者升一等), 동면수빈(東面授賓)。

정리자(正纚者), 장가관(將加冠), 의친지(宜親之)。흥(興), 기야(起也)。강(降), 하야(下也)。하일등(下一等), 승일등(升一等), 즉중등상수(則中等相授)。관(冠), 치포관야(緇布冠也)。

◆소(疏)

「빈연(賓筵)」지(至)「수빈(授賓)」。○주(注)「정리(正纚)」지(至)「관야(冠也)」。○석왈(釋曰) : 운(云)「정리자(正纚者), 장가관(將加冠), 의친지(宜親之)」자(者), 이기찬자전이설리흘(以其贊者前已設纚訖), 금빈복출정지자(今賓復出正之者), 수구설이정(雖舊設已正), 이친가관(以親加冠), 고리역의친지야(故纚亦宜親之也)。운(云)「하일등(下一等), 승일등(升一等), 즉중등상수(則中等相授)」자(者), 안(案)《장인(匠人)》천자지당구척(天子之堂九尺), 가(賈)、마이위방구등위계(馬以爲傍九等爲階), 칙제후당의칠척(則諸侯堂宜七尺), 즉칠등계(則七等階) ; 대부당의오척(大夫堂宜五尺), 칙오등계(則五等階) ; 사의삼척(士宜三尺), 즉삼등계(則三等階) ; 고정이중등해지야(故鄭以中等解之也)。지관시치포관자(知冠是緇布冠者), 이하문유피변(以下文有皮弁)、작변(爵弁), 고지차시치포관야(故知此是緇布冠也)。

빈우수집항(賓右手執項), 좌수집전(左手執前), 진용(進容), 내축(乃祝)。좌여초(坐如初), 내관(乃冠)。흥(興), 복위(復位)。찬자졸(贊者卒)。

진용자(進容者), 행상이전(行翔而前), 창언(鶬焉), 지즉립축(至則立祝)。좌여초(坐如初), 좌연전(坐筵前)。흥(興), 기야(起也)。복위(復位), 서서동면(西序東面)。졸(卒), 위설결항(謂設缺項)、결영야(結纓也)。

◆소(疏)

「빈우(賓右)」지(至)「자졸(者卒)」。○주(注)「진용(進容)」지(至)「영야(纓也)」。○석왈(釋曰) : 지(知)「진용자(進容者), 행상이전(行翔而前), 창언(鶬焉)」자(者), 《곡례(曲禮)》운(云) : 「당하부추(堂下不趨)」, 「실중부상(室中不翔)」, 즉당하고득상의(則堂下固得翔矣)。우운(又云)「대부제제(大夫濟濟)、사창창(士蹌蹌)」, 주운(注云) : 「개행용지지모(皆行容止之貌)。」차진용시사(此進容是士), 고지진용위행상이전창언(故知進容謂行翔而前鶬焉)。운(云)「지칙립축(至則立祝)」자(者), 이경축하내운좌여초(以經祝下乃云坐如初), 고축시립가지(故祝時立可知)。운(云)「좌여초(坐如初), 좌연전(坐筵前)」자(者), 상정리시연전좌(上正纚時筵前坐), 시초좌야(是初坐也)。운(云)「졸(卒), 위설결항(謂設缺項)、결영야(結纓也)」자(者), 하문피변(下文皮弁), 찬자졸굉(贊者卒紘), 차위치포관(此謂緇布冠), 무계굉(無笄紘), 직규항(直頍項), 청조영속어규(青組纓屬於頍), 고졸자종규항여결영야(故卒者終頍項與結纓也)。약연(若然), 경운(經云)「우수집항(右手執項)」, 위관후위항(謂冠後爲項), 비규항(非頍項), 기하피변(其下皮弁)、작변무규항(爵弁無頍項), 개운집항(皆云執項), 고지비규항야(故知非頍項也)。

관자흥(冠者興), 빈읍지(賓揖之)。적방(適房), 복현단작필(服玄端爵韠)。출방(出房), 남면(南面)。

복출방남면자(復出房南面者), 일가례성(一加禮成), 관중이용체(觀衆以容體)。

◆소(疏)

「관자(冠者)」지(至)「남면(南面)」。○주(注)「복출(復出)」지(至)「용체(容體)」。○석왈(釋曰)：언(言)「복(復)」자(者), 대전출방(對前出房), 고운복(故云復)。전출위대빈명(前出爲待賓命), 차출위관중이용체야(此出爲觀衆以容體也)。안(案)《교특생(郊特牲)》논가관지사(論加冠之事), 운(云)「가유성(加有成)」야(也), 고차정운(故此鄭云)「일가례성(一加禮成)」야(也)。운(云)「관중이용체(觀衆以容體)」자(者), 이기기거치포의금연동자복(以其既去緇布衣錦緣童子服), 저차현단성인지복(著此玄端成人之服), 사중관지(使衆觀知), 고운관중이용체야(故云觀衆以容體也)。

빈읍지(賓揖之), 즉연좌(即筵坐)。즐(櫛), 설계(設笄)。빈관(賓盥), 정리여초(正纚如初)。강이등(降二等), 수피변(受皮弁), 우집항(右執項), 좌집전(左執前), 진축(進祝), 가지여초(加之如初), 복위(復位)。찬자졸굉(贊者卒紘)。

여초(如初), 위부견자언야(爲不見者言也)。졸굉(卒紘), 위계속지(謂繫屬之)。

◆소(疏)

「빈읍(賓揖)」지(至)「졸굉(卒紘)」。○주(注)「여초(如初)」지(至)「속지(屬之)」。○석왈(釋曰)：차당제이가피변지절(此當第二加皮弁之節)。운(云)「즉연좌(即筵坐), 즐(櫛)」자(者), 좌흘(坐訖), 당탈치포관(當脫緇布冠), 내경즐야(乃更櫛也)。운(云)「설계(設笄)」자(者), 범제설계유이종(凡諸設笄有二種)：일시계내안발지계(一是紒內安髮之笄), 일시피변(一是皮弁)、작변급륙면고관지계(爵弁及六冕固冠之笄)。금차즐흘(今此櫛訖), 미가관즉언설계자(未加冠即言設笄者), 의시계내안발지계야(宜是紒內安髮之笄也)。약안발지계(若安髮之笄), 칙치포관역의유지(則緇布冠亦宜有之), 전즐흘부언설계자(前櫛訖不言設笄者), 이기고관지계(以其固冠之笄)。치포관무계(緇布冠無笄), 이피변(而皮弁)、작변유계(爵弁有笄), 상문사진흘(上文已陳訖)。금약치포관역언설계(今若緇布冠亦言設笄), 즉여피변(即與皮弁)、작변상란(爵弁相亂), 고치포관부언설계(故緇布冠不言設笄), 기실역유야(其實亦有也)。약연(若然), 치포관부언설계이언설리(緇布冠不言設笄而言設纚), 피변관언설계부언설리(皮弁冠言設笄不言設纚), 호견위의(互見爲義), 명개유야(明皆有也)。기어고관지계(其於固冠之笄), 칙어빈가변지시자설지가지(則於賓加弁之時自設之可知)。운(云)「여초(如初), 위부견자언야(爲不見者言也)」자(者), 상가치포관시(上加緇布冠時), 유빈강주인강(有賓降主人降), 빈사주인대(賓辭主人對), 빈관졸일읍일양승(賓盥卒一揖一讓升), 주인승복초위(主人升復初位), 빈연전좌지등상차(賓筵前坐之等相次), 차개부견(此皆不見), 고설경성문여지이이(故設經省文如之而已), 고운위부견자언야(故云爲不見者言也)。운(云)「졸굉(卒紘), 위계속지(謂繫屬之)」자(者), 즉상주운유계자(即上注云有笄者), 굴조이위굉(屈組以爲紘), 신속지좌상(伸屬之左相), 계정우상(繫定右相), 멱굴계(乑屈繫), 의해시역(擬解時易), 위계속지야(爲繫屬之也)。

흥(興), 빈읍지(賓揖之)。적방(適房), 복소적소필(服素積素韠), 용(容), 출방(出房), 남면(南面)。

용자(容者), 재가미성(再加彌成), 기의익번(其儀益繁)。

◆소(疏)

「흥빈(興賓)」지(至)「남면(南面)」。○석왈(釋曰)：흥(興), 위관자가피변흘(謂冠者加皮弁訖), 기대빈읍지야(起待賓揖之也)。운(云)「적방(適房), 복소적소필(服素積素韠)」자(者), 상진복피변운치대소필(上陳服皮弁云緇帶素韠), 차부언치대자(此不言緇帶者), 상유유일대(上唯有一帶), 부언가지(不言可知), 고부언야(故不言也)。○주(注)「용자(容者)」지(至)「익번(益繁)」。○석왈(釋曰)：차대상가치포관시(此對上加緇布冠時), 직언출방남면(直言出房南面), 부언용(不言容), 차칙언용(此則言容), 이재가미성(以再加彌成), 기의익번(其儀益繁), 고언용(故言容), 기실피출역시용(其實彼出亦是容), 고정주운(故鄭注云)「관중이용체(觀衆以容體)」야(也)。

빈강삼등(賓降三等), 수작변(受爵弁), 가지(加之)。복훈상매갑(服纁裳韎韐)。기타여가피변지의(其他如加皮弁之儀)。

강삼등(降三等), 하지지(下至地)。타(他), 위졸굉용출(謂卒紘容出)。

◆소(疏)

「빈강(賓降)」지(至)「지의(之儀)」。○주(注)「강삼(降三)」지(至)「용출(容出)」。○석왈(釋曰)：운(云)「강삼등(降三等), 하지지(下至地)」자(者), 거사이언(據士而言)。운(云)「타(他), 위졸굉용출(謂卒紘容出)」자(者), 이기자여개치포관견흘(以其自餘皆緇布冠見訖), 피변여지이이(皮弁如之而已)。지졸굉용출(至卒紘容出), 유피변유지(唯皮弁有之), 고지타위차이자야(故知他謂此二者也)。

철피변(徹皮弁)、관(冠)、즐(櫛)、연(筵), 입우방(入于房)。

철자(徹者), 찬관자(贊冠者), 주인지찬자위지(主人之贊者為之)。

◆소(疏)

「철피(徹皮)」지(至)「우방(于房)」。○주(注)「철자(徹者)」지(至)「위지(為之)」。○석왈(釋曰)：관즉치포관야(冠即緇布冠也), 부언치포관자(不言緇布冠者), 가지고야(可知故也)。피변구언자(皮弁具言者), 이유작변지혐(以有爵弁之嫌)。연부언작변자(然不言爵弁者), 저지이수례(著之以受醴), 지견모형제고투흘내역복(至見母兄弟姑姊訖乃易服), 고야(故也)。운(云)「철자(徹者), 찬관자(贊冠者), 주인지찬자위지(主人之贊者爲之)」자(者), 이기찬관자전즐(以其贊冠者奠櫛), 주인지찬자설연(主人之贊者設筵), 고지환견지(故知還遣之)야(也)。

연우호서(筵于戶西), 남면(南面)。

연(筵), 주인지찬자(主人之贊者)。호서(戶西), 실호서(室戶西)。

◆소(疏)

「연우호서남면(筵于戶西南面)」。○주(注)「연주(筵主)」지(至)「호서(戶西)」。○석왈(釋曰)：지주인지찬자설연자(知主人之贊者設筵者), 이상문연우동(以上文筵于東)서(序), 이견주인지찬(已遣主人之贊), 고지차역(故知此亦)「주인지찬자(主人之贊者)」야(也)。운(云)「호서(戶西), 실호서(室戶西)」자(者), 이하기초우객위재호(以下記醮于客位在戶)서(西), 초례동처(醮禮同處), 고지호서야(故知戶西也)。

찬자세우방중(贊者洗于房中), 측작례(側酌醴), 가서(加柶), 복지(覆之), 면엽(面葉)。

세(洗), 관이세작자(盥而洗爵者)。《혼례(昏禮)》왈방중지세(曰房中之洗)「재북당(在北堂), 직실동우(直室東隅)。비재세동(篚在洗東), 북면관(北面盥)」。측작자(側酌者), 언(言)무위지천자(無爲之薦者)。면(面), 전야(前也)。엽(葉), 서대단(柶大端)。찬작자(贊酌者), 빈존부입방(賓尊不入房)。고문엽위갈(古文葉為擖))

◆소(疏)

「찬자(贊者)」지(至)「면엽(面葉)」。○주(注)「세관(洗盥)」지(至)「위갈(為擖)」。○석왈(釋曰)：운(云)「세(洗), 관이세작(盥而洗爵)」자(者), 범세작자필선관(凡洗爵者必先盥), 관유부세작자(盥有不洗爵者)。차경직운세(此經直云洗), 명관수내세작(明盥手乃洗爵), 고정운관이세작(故鄭云盥而洗爵)。인(引)《혼례(昏禮)》「방중지세(房中之洗)」지(至)「북면관(北面盥)」자(者), 증방중유세지사(證房中有洗之事)。약연(若然), 전설세우정자(前設洗于庭者), 부위례(不為醴), 이방중유세(以房中有洗)、례존야(醴尊也)。운(云)「측작자(側酌者), 언무위지천(言無為之薦)」자(者), 위무인위지천포해(謂無人為之薦脯醢), 환시차찬자(還是此贊者), 고하직언천포해(故下直言薦脯醢), 부언별유타인(不言別有他人), 명환시찬자야(明還是贊者也)。《혼례(昏禮)》찬례부시찬자자작자천(贊醴婦是贊者自酌自薦), 경수부언측작(經雖不言側酌), 측자명야(側自明也)。운(云)「엽(葉), 서대단(柶大端)」자(者), 위급례지면병세(謂扱醴之面柄細), 고이위서대단(故以爲柶大端), 차여(此與)《혼례(昏禮)》빈개운(賓皆云)「면엽(面葉)」자(者), 차이빈존(此以賓尊), 부입호(不入戶), 찬자면엽수빈(贊者面葉授賓), 빈득면방수관자(賓得面枋授冠者), 관자득지면엽이급례이제(冠者得之面葉以扱醴而祭)。《혼례(昏禮)》빈역주인존(賓亦主人尊), 부입방(不入房), 찬자면엽이수주인(贊者面葉以授主人), 주인면방이수빈(主

人面枋以授賓), 빈득면엽이급제(賓得面葉以扱祭). 지어(至於)《빙례(聘禮)》예빈(禮賓), 재부실치이례(宰夫實觶以醴), 가서우치(加栖于觶), 면방수공자(面枋授公者), 범례개설서(凡醴皆設栖)。《빙례(聘禮)》재부부아수(宰夫不訝授), 공측수례(公側受醴), 즉환면방이수빈(則還面枋以授賓), 고면방야(故面枋也)。

빈읍(賓揖), 관자취연(冠者就筵), 연서(筵西), 남면(南面)。빈수례우호동(賓受醴于戶東), 가서(加栖), 면방(面枋), 연전북면(筵前北面)。

호동(戶東), 실호동(室戶東)。금문방위병(今文枋爲柄)。

◆소(疏)

「빈읍(賓揖)」지(至)「북면(北面)」。○주(注)「호동(戶東)」지(至)「위병(爲柄)」。○석왈(釋曰)：지(知)「실호동(室戶東)」자(者), 이기관자연실호서(以其冠者筵室戶西)。빈자지방호취례작례자(賓自至房戶取醴酌醴者), 출향서이수야(出向西以授也)。

관자연서배수치(冠者筵西拜受觶), 빈동면답배(賓東面答拜)。

연서배(筵西拜), 남면배야(南面拜也)。빈환답배어서서지위(賓還答拜於西序之位)。동면자(東面者), 명성인여위례(明成人與爲禮), 이어답주인(異於答主人)。

◆소(疏)

「관자(冠者)」지(至)「답배(答拜)」。○주(注)「연서(筵西)」지(至)「주인(主人)」。○석왈(釋曰)：운(云)「연서배(筵西拜), 남면배야(南面拜也)」자(者), 상운관자연서남면(上云冠者筵西南面), 지수치배환남면야(知受觶拜還南面也)。지빈동면재서서자(知賓東面在西序者), 이상문여주인상대(以上文與主人相對), 본위어서서야(本位於西序也)。운(云)「동면자(東面者), 명성인여위례(明成人與爲禮), 이어답주인(異於答主人)」자(者), 안(案)《향음주(鄕飮酒)》、《향사(鄕射)》, 빈어서계북면답주인배(賓於西階北面答主人拜), 금차어서서동면배(今此於西序東面拜), 고운이어답주인(故云異於答主人)。우(又)《혼례(昏禮)》예빈(禮賓)、《빙례(聘禮)》예빈개운(禮賓皆云)「배송(拜送)」, 차운(此云)「답배(答拜)」, 부운배송자(不云拜送者), 피례시주인지물(彼醴是主人之物), 고운배송(故云拜送), 차례비빈물(此醴非賓物), 고운답배야(故云答拜也)。

천포해(薦脯醢)。

찬관자야(贊冠者也)。

◆소(疏)

「천포해(薦脯醢)」。○주(注)「찬관자야(贊冠者也)」。○석왈(釋曰)：상문운(上文云)「찬측작례(贊側酌醴)」시찬관자(是贊冠者), 명차천역시찬관자야(明此薦亦是贊冠者也)。

관자즉연좌(冠者卽筵坐), 좌집치(左執觶), 우제포해(右祭脯醢), 이서제례삼(以栖祭醴三), 흥(興)。연말좌(筵末坐), 쵀례(啐醴), 첩서(捷栖), 흥(興)。강연(降筵), 좌전치(坐奠觶), 배(拜)。집치흥(執觶興)。빈답배(賓答拜)。

첩서(捷栖), 급서어례중(扱栖於醴中)。기배개여초(其拜皆如初)。고문쵀위호(古文啐爲呼)。

◆소(疏)

「관자(冠者)」지(至)「답배(答拜)」。○석왈(釋曰)：운(云)「제례삼흥(祭醴三興)」자(者), 삼제자일(三祭者一), 여(如)《혼례(昏禮)》시급일제(始扱一祭), 우급재제야(又扱再祭也)。운(云)「연말좌쵀례(筵末坐啐醴), 건서흥(建栖興)。강연(降筵)」, 차쵀례부배기작자(此啐醴不拜既爵者), 이기부졸작(以其不卒爵), 고부배야(故不拜也)。

관자전치우천동(冠者奠觶于薦東), 강연(降筵), 북면좌취포(北面坐取脯), 강자서계(降自西階), 적동벽(適東壁), 북면견우모(北面見于母)。

천동(薦東), 천좌(薦左)。범전작(凡奠爵), 장거자어우(將舉者於右), 부거자어좌(不舉者於左)。

적동벽자(適東壁者), 출위문야(出闈門也)。 시모재위문지외(時母在闈門之外), 부인입묘유위문(婦人入廟由闈門)。

◆소(疏)

「관자(冠者)」 지(至)「어모(於母)」。 ○주(注)「천동(薦東)」 지(至)「위문(闈門)」。 ○석왈(釋曰) : 운(云)「천동(薦東), 천좌(薦左)」 자(者), 거남면위정(據南面爲正), 고운천좌야(故云薦左也)。 운(云)「범전작(凡奠爵), 장거자어우(將擧者於右)」 자(者), 위약(謂若)《향음주(鄕飮酒)》、《향사(鄕射)》 시야(是也)。 차문급(此文及)《혼례(昏禮)》 찬례부시부거자(贊醴婦是不擧者), 개전지어좌야(皆奠之於左也)。 운(云)「적동벽자(適東壁者), 출위문야(出闈門也)」 자(者), 궁중지문왈위문(宮中之門曰闈門)。 모기관자무사(母旣冠子無事), 고부재문외(故不在門外)。 금자수견모(今子須見母), 고지출위문야(故知出闈門也)。 운(云)「부인입묘유위문(婦人入廟由闈門)」 자(者), 《잡기(雜記)》 운부인분상(云夫人奔喪)「입자위문(入自闈門), 승자측계(升自側階)」, 정주운(鄭注云) : 「궁중지문왈위문(宮中之門曰闈門), 위상통자야(爲相通者也)。」 시야(是也)。

모배수(母拜受), 자배송(子拜送), 모우배(母又拜)。

부인어장부(婦人於丈夫), 수기자유협배(雖其子猶俠拜)。

◆소(疏)

「모배(母拜)」 지(至)「우배(又拜)」。 ○주(注)「부인(婦人)」 지(至)「협배(俠拜)」。 ○석왈(釋曰) : 정운(鄭云)「부인어장부(婦人於丈夫), 수기자유협배(雖其子猶俠拜)」 자(者), 욕견례자지체례(欲見禮子之體例), 단시부인어장부개사협배(但是婦人於丈夫皆使俠拜), 고거자이견의야(故擧子以見義也)。

빈강(賓降), 직서서(直西序), 동면(東面), 주인강(主人降), 복초위(復初位)。

초위(初位), 초지계양승지위(初至階讓升之位)。

◆소(疏)

「빈강(賓降)」 지(至)「초위(初位)」。 ○석왈(釋曰) : 차장욕여관자조자이영지위야(此將欲與冠者造字而迎之位也)。 ○주(注)「초위(初位)」 지(至)「지위(之位)」。 ○석왈(釋曰) : 운(云)「초위(初位), 초지계양승지위(初至階讓升之位)」 자(者), 위초영빈지계양승지위(謂初迎賓至階讓升之位), 기빈직서서칙비초양승지위(其賓直西序則非初讓升之位), 주인직동서서자(主人直東序西者), 욕영기사(欲迎其事), 문자지언고야(聞字之言故也)。

관자립우서계동(冠者立于西階東), 남면(南面), 빈자지(賓字之), 관자대(冠者對)。

대(對), 응야(應也)。 기사미문(其辭未聞)。

◆소(疏)

「관자(冠者)」 지(至)「자대(者對)」。 ○주(注)「대응(對應)」 지(至)「미문(未聞)」。 ○석왈(釋曰) : 운(云)「빈자지(賓字之)」

자(者), 즉하문유자사(卽下文有字辭)、우유모보지자(又有某甫之字), 약공자운니부지자시야(若孔子云尼父之字是也)。 운(云)「기사미문(其辭未聞)」 자(者), 하유빈축사(下有賓祝辭), 부견관자응사(不見冠者應辭), 고운미문야(故云未聞也)。 안(案)《예기(禮記)。관의(冠義)》 운(云)「기관이자지(旣冠而字之), 성인지도야(成人之道也)」。 견어모(見於母), 모배지(母拜之), 거피칙자흘내견모(據彼則字訖乃見母)。 차문선견내자자(此文先見乃字者), 차문견모시정견(此文見母是正見)。 피견모재하자(彼見母在下者), 기인이하유형제지등개배지(記人以下有兄弟之等皆拜之), 고퇴견모어하(故退見母於下), 사여형제배(使與兄弟拜), 문상근야(文相近也)。 약연(若然), 미자선견모(未字先見母), 자흘내견형제지등자(字訖乃見兄弟之等者), 급어모(急於母), 완어형제야(緩於兄弟也)。

빈출(賓出), 주인송우묘문외(主人送于廟門外)。

부출외문(不出外門), 장례지(將醴之)。

◆소(疏)

「빈출(賓出)」지(至)「문외(門外)」。○주(注)「부출(不出)」지(至)「예지(醴之)」。○석왈(釋曰): 이하운청례빈(以下云請醴賓), 고운(故云)「장례지(將醴之)」야(也)。

청례빈(請醴賓), 빈례사(賓禮辭), 허(許)。빈취차(賓就次)。

차례당작례(此醴當作禮)。차(次), 문외경의처야(門外更衣處也), 이유막점석위지(以帷幕簟席爲之)。

◆소(疏)

「청례(請醴)」지(至)「취차(就次)」。○주(注)「차례(此醴)」지(至)「위지(爲之)」。○석왈(釋曰): 운(云)「차례당작례(此醴當作禮)」자(者), 대상문유작례(對上文有酌醴)、수례지등(受醴之等), 부파지(不破之), 차당위상어하지례(此當爲上於下之禮), 부득용례(不得用醴)。예즉종례자(禮即從禮字), 하자(何者)《주례(周禮)》운제후용창(云諸侯用鬯), 부운창빈(不云鬯賓), 명부득이례례빈(明不得以醴禮賓), 즉위례(即爲禮), 고파종례야(故破從禮也)。운(云)「차(次), 문외경의처야(門外更衣處也)」자(者), 차자(次者), 사지명(舍之名), 이기행례(以其行禮), 의복혹여상복부동(衣服或與常服不同), 경의지시수입어차(更衣之時須入於次), 고운경의처야(故云更衣處也)。운(云)「필유막점석위지(必帷幕簟席爲之)」자(者), 안(案)《빙례(聘禮)。기(記)》운(云):「종인수차(宗人授次), 차이유(次以帷), 소퇴우군지차(少退于君之次)。」주운(注云):「주국지문외(主國之門外), 제후급경대부지소사자(諸侯及卿大夫之所使者), 차위개유상처(次位皆有常處)。」우안(又案)《주례(周禮)。막인(幕人)》「장유막악(掌帷幕幄), 수지사(綬之事)」, 주운(注云):「유막개이포위지(帷幕皆以布爲之), 사합상궁실(四合象宮室), 왈악(曰幄)。」운점석자(云簟席者), 사비혹용점석(士卑或用簟席), 시이(是以)《잡기(雜記)》제후대부상개용포(諸侯大夫喪皆用布), 사용점석위지(士用簟席爲之), 차역당연(次亦當然)。

관자견어형제(冠者見於兄弟), 형제재배(兄弟再拜), 관자답배(冠者答拜)。견찬자(見贊者), 서면배(西面拜), 역여지(亦如之)。

견찬자서면배(見贊者西面拜), 즉견형제동면배(則見兄弟東面拜), 찬자후빈출(贊者後賓出)。

◆소(疏)

「관자(冠者)」지(至)「여지(如之)」。○주(注)「견찬(見贊)」지(至)「빈출(賓出)」。○석왈(釋曰): 형제위재동방(兄弟位在東方), 차찬관자칙빈지류(此贊冠者則賓之類), 고찬자동면야(故贊者東面也)。언찬자선배(言贊者先拜), 관자답지야(冠者答之也)。지찬자후빈출자(知贊者後賓出者), 문어견형제하시견지(文於見兄弟下始見之), 명찬자후빈출야(明贊者後賓出也), 출역당취차대례지야(出亦當就次待禮之也)。

입견고자(入見姑姊), 여견모(如見母)。

입(入), 입침문야(入寢門也)。묘재침문외(廟在寢門外)。여견모자(如見母者), 역북면(亦北面), 고여자역협배야(姑與姊亦俠拜也)。부견매(不見妹), 매비(妹卑)。

◆소(疏)

「입견(入見)」지(至)「견모(見母)」。○주(注)「입입(入入)」지(至)「매비(妹卑)」。○석왈(釋曰): 남자거외(男子居外), 녀자거내(女子居內)。묘재침문외(廟在寢門外), 입견(入見), 입침문가지(入寢門可知), 부견부여빈자(不見父與賓者), 개관필칙이견야(蓋冠畢則已見也)。부언자(不言者), 종가지야(從可知也)。운(云)「부견매(不見妹), 매비(妹卑)」자(者), 이기매비어고자(以其妹卑於姑姊), 고부견야(故不見也)。

내역복(乃易服), 복현관(服玄冠)、현단(玄端)、작필(爵韠), 전지견어군(奠摯見於君)。수이지견어향대부(遂以摯見於鄉大夫)、향선생(鄉先生)。

역복부조복자(易服不朝服者), 비조사야(非朝事也)。 지(摯), 치야(雉也)。 향선생(鄕先生), 향중로인위경대부치사자(鄕中老人爲卿大夫致仕者)。

◆소(疏)

「내역(乃易)」지(至)「선생(先生)」。 ○주(注)「역복(易服)」지(至)「사자(仕者)」。 ○석왈(釋曰) : 운(云)「역복(易服)」자(者), 작변기조제지복(爵弁旣助祭之服), 부가복견군여선생등(不可服見君與先生等), 고역복(故易服), 복현단야(服玄端也)。 운(云)「역복부조복자(易服不朝服者), 비조사야(非朝事也)」자(者), 차내인가관이성인지례(此乃因加冠以成人之禮), 견군비정복지절(見君非正服之節), 고부조복(故不朝服)。 경직운현단(經直云玄端), 칙겸현관의(則兼玄冠矣)。 금경운현관자(今更云玄冠者), 이초관시복현단위치포관복(以初冠時服玄端為緇布冠服), 치포관비상저지관이폐지(緇布冠非常著之冠而弊之)。 역복의복현관배현단(易服宜服玄冠配玄端), 고겸운현관야(故兼云玄冠也)。 조복여현단동(朝服與玄端同), 현단칙현상(玄端則玄裳)、 황상(黃裳)、 잡상(雜裳)、 흑구(黑屨), 약조복현관(若朝服玄冠)、 현단수동(玄端雖同), 단상이소이구색백야(但裳以素而屨色白也)。 이기단정폭(以其但正幅), 고조복역득단명(故朝服亦得端名)。 연륙면개정폭(然六冕皆正幅), 고역명단(故亦名端)。 시이(是以)《악기(樂記)》운위문후(云魏文侯)「단면이청고악(端冕而聽古樂)」, 우(又)《론어(論語)》운(云)「단장보(端章甫)」, 정운(鄭云) : 「단(端), 현단(玄端), 제후시조지복(諸侯視朝之服)。」 칙현단부조(則玄端不朝), 득명위현단야(得名爲玄端也)。 운(云)「지(摯), 치야(雉也)」자(者), 사집치시기상(士執雉是其常), 고지지시치야(故知摯是雉也)。 운(云)「향선생(鄕先生), 향중로인위경대부치사자(鄕中老人爲卿大夫致仕者)」자(者), 차즉(此即)《향음주(鄕飮酒)》여(與)《향사기(鄕射記)》「선생(先生)」, 급(及)《서전(書傳)》「부사(父師)」개일야(皆一也)。 선생역유사지소사(先生亦有士之少師), 정부언자(鄭不言者), 경운향대부부언사(經云鄕大夫不言士), 고선생역략부언(故先生亦略不言), 기실역당유사야(其實亦當有士也)。

내례빈이일헌지례(乃醴賓以壹獻之禮)。

일헌자(壹獻者), 주인헌빈이이(主人獻賓而已), 즉연무아헌자(即燕無亞獻者)。 헌(獻)、 초(酢)、 수(酬), 빈주인각량작이례성(賓主人各兩爵而禮成)。《특생(特牲)》、《소뢰궤식지례(少牢饋食之禮)》헌시(獻尸), 차기류야(此其類也)。 사례일헌(士禮一獻), 경대부삼헌(卿大夫三獻)。 예빈부용서자(禮賓不用栖者), 제기례(洓其醴)。《내칙(內則)》왈(曰) : 「음(飮), 중례청조(重醴清糟)。」 범례사(凡醴事), 질자용조(質者用糟), 문자용청(文者用清)。

◆소(疏)

「내례(乃醴)」지(至)「지례(之禮)」。 ○주(注)「일헌(壹獻)」지(至)「용청(用清)」。 ○석왈(釋曰) : 차(此)「례(醴)」역당위(亦當為)「례(禮)」, 부언가지야(不言可知也)。 운(云)「일헌자(壹獻者), 주인헌빈이이(主人獻賓而已), 즉연무아헌자(即燕無亞獻者)」자(者), 안(案)《특생(特牲)》、《소뢰(少牢)》, 주인헌시(主人獻尸), 주부아헌(主婦亞獻), 위이헌(為二獻)。 차칙주인헌빈이이(此則主人獻賓而已), 무아헌(無亞獻), 지즉연자(知即燕者),《향음주(鄕飮酒)》말유연(末有燕), 고지헌후유연(故知獻後有燕)。 운(云)「헌(獻)、 초(酢)、 수(酬), 빈주인각량작이례성(賓主人各兩爵而禮成)」자(者), 주인헌빈(主人獻賓), 빈초주인(賓酢主人) ; 주인장수빈(主人將酬賓), 선자음흘내수(先自飮訖乃酬), 빈전이부거(賓奠而不舉), 시빈(是賓)、 주인각량작이례성야(主人各兩爵而禮成也)。 필지일헌지례(必知一獻之禮), 례비유수초자(禮備有酬酢者),《혼례(昏禮)》구고향부이일헌지례전수(舅姑饗婦以一獻之禮奠酬), 득정례부려(得正禮不旅), 우왈부초구(又曰婦酢舅), 경작자천(更爵自薦), 시비수초야(是備酬酢也)。《향음주(鄕飮酒)》역비헌초수(亦備獻酢酬), 시기의야(是其義也)。 운(云)「《특생(特牲)》、《소뢰궤식지례(少牢饋食之禮)》헌시(獻尸), 차기류야(此其類也)」자(者), 차빈(此賓)、 주인각량작(主人各兩爵), 무아헌(無亞獻)。 피주인(彼主人)、 주부각일작(主婦各一爵), 유아헌(有亞獻)。 수부동(雖不同), 득주인일헌(得主人一獻), 의류동(義類同), 고운차기류야(故云此其類也)。 운(云)「사례일헌(士禮一獻)」자(者), 즉(即)《사관(士冠)》급(及)《혼례(昏禮)》、《향음주례(鄕飮酒禮)》、《향사(鄕射)》개시일헌야(皆是一獻也)。 운(云)「경대부삼헌(卿大夫三獻)」자(者), 안(案)《좌씨전(左氏傳)》운(云) : 「계손숙여진(季孫宿如晉), 배거전야(拜莒田也)。 진후향지(晉侯享之), 유가변(有加籩)。 무자퇴(武子退), 사행인고왈(使行人告曰) : 소국지사대국야(小國之

事大國也), 극면어토(苟免於討), 부감구황(不敢求貺)。 득황부과삼헌(得貺不過三獻)。」 우(又) 《예기(禮記)。 교특생(郊特牲)》 운(云)「삼헌지개(三獻之介)」, 역위경대부삼헌지개(亦謂卿大夫三獻之介)。 안(案)《대행인(大行人)》 운상공향례구헌(云上公饗禮九獻), 후백칠헌(侯伯七獻), 자남오헌(子男五獻)。 시이대부삼헌(是以大夫三獻), 사일헌(士一獻), 역시기차야(亦是其差也)。 운(云)「례빈부용서자(禮賓不用栖者), 제기례(泲其醴)」자(者), 차유헌(此有獻)、초(酢)、수(酬), 음지제자(飮之泲者), 고부용서(故不用栖)。《관례(冠禮)》 례자용례부제(禮子用醴不泲), 고용서야(故用栖也)。 운(云)「《내칙(內則)》 왈음(曰飮)」자(者), 정주운(鄭注云): 「목제음야(目諸飮也)。」 운(云)「중례청조(重醴淸糟)」자(者), 정운(鄭云): 「중(重), 배야(陪也)。 조(糟), 순야(醇也)。 청(淸), 제야(泲也)。 치음유순자(致飮有醇者), 유제자(有泲者), 배설지(陪設之)。」 도례이하시야(稻醴以下是也)。 운(云)「범례사(凡禮事), 질자용조(質者用糟), 문자용청(文者用淸)」자(者), 질자(質者), 위약(謂若)《관례(冠禮)》 예자지류시야(禮子之類是也), 고이방호지간현처설존야(故以房戶之間顯處設尊也)。

주인수빈(主人酬賓), 속백려피(束帛儷皮)。

음빈객이종지이재화왈수(飮賓客而從之以財貨曰酬), 소이신창후의야(所以申暢厚意也)。 속백(束帛), 십단야(十端也)。 여피(儷皮), 량록피야(兩鹿皮也)。 고문려위리(古文儷爲離)。

◆소(疏)

「주인(主人)」지(至)「려피(儷皮)」。 ○주(注)「음빈(飮賓)」지(至)「위리(爲離)」。 ○석왈(釋曰): 주인수빈(主人酬賓), 당전수지절(當奠酬之節), 행지이재화야(行之以財貨也)。 차례빈여향례동(此禮賓與饗禮同), 단위향례유수폐칙다(但爲饗禮有酬幣則多)。 고(故)《빙례(聘禮)》 운약부친향(云若不親饗), 「치향이수폐(致饗以酬幣)」, 주운(注云): 「예폐속백(禮幣束帛), 승마역부시과야(乘馬亦不是過也)。」 우안(又案)《대대례(大戴禮)》 운례폐채식이사마(云禮幣采飾而四馬), 시대부례다(是大夫禮多), 여사이야(與士異也)。 안(案)《예기(禮器)》 운(云)「호황작(琥璜爵)」, 정운(鄭云): 「천자수제후(天子酬諸侯), 제후상수이차옥장폐야(諸侯相酬以此玉將幣也)。」 즉우이어대부야(則又異於大夫也)。 하범수폐지법(下凡酬幣之法), 존비헌수다소부동(尊卑獻數多少不同), 급기수폐(及其酬幣), 유어전수지절일행이이(唯於奠酬之節一行而已)。 《춘추(春秋)》: 진후자출분진(秦后子出奔晉), 후자향진후(后子享晉侯), 「귀취수폐종사팔반(歸取酬幣終事八反)」, 두주운(杜注云): 「비구헌지의(備九獻之儀), 시례자재기일(始禮自賫其一), 고속송기팔수주폐(故續送其八酬酒幣)。」 피구헌지간개운폐(彼九獻之間皆云幣), 춘추지대사치지법(春秋之代奢侈之法), 비정례야(非正禮也)。 운(云)「속백(束帛), 십단야(十端也)」자(者), 례지통례(禮之通例)。 범언속자(凡言束者), 무문포여금(無問脯與錦), 개이십위수야(皆以十爲數也)。 운(云)「여피(儷皮), 양록피야(兩鹿皮也)」자(者), 당여(當與)《사례(射禮)》 정실지피동(庭實之皮同), 《예기(禮記)。 교특생(郊特牲)》 운(云): 「호표지피(虎豹之皮), 시복맹야(示服猛也)。」 우(又)《근례(覲禮)》 용마(用馬), 즉국군용마혹호표피(則國君用馬或虎豹皮), 약신빙즉용록피(若臣聘則用鹿皮), 고정주(故鄭注)《빙례(聘禮)》 운(云): 「범군어신(凡君於臣), 신어군(臣於君), 미록피가야(麋鹿皮可也)。」 언가자(言可者), 이무정문(以無正文)。 약연(若然), 양국제후자상견(兩國諸侯自相見), 역용호표피야(亦用虎豹皮也)。

찬자개여(贊者皆與), 찬관자위개(贊冠者爲介)。

찬자(贊者), 중빈야(眾賓也)。 개여(皆與), 역음주위중빈(亦飮酒爲眾賓)。 개(介), 빈지보(賓之輔), 이찬위지(以贊爲之), 존지(尊之)。 음주지례(飮酒之禮), 현자위빈(賢者爲賓), 기차위개(其次爲介)。

◆소(疏)

「찬자(贊者)」지(至)「위개(爲介)」。 ○주(注)「찬자(贊者)」지(至)「위개(爲介)」。 ○석왈(釋曰): 정지(鄭知)「찬자중빈(贊者眾賓)」자(者), 이기하별언찬관자(以其下別言贊冠者), 명상운찬자시중빈야(明上云贊者是眾賓也)。 운(云)「개(介), 빈지보(賓之輔)」자(者), 이기(以其)《향음주지례(鄉飮酒之禮)》, 현자위빈(賢者爲賓), 기차위개(其次爲介), 우기차위중빈(又其次爲眾賓)。 피거장공이위우렬지차야(彼據將貢以爲優劣之次也), 차수부공(此雖不貢), 이음주지례립빈주(以飮酒之禮立賓主), 역이우렬립개이보야(亦以優劣立介以輔也)。 운(云)「이찬위지(以贊爲之), 존지(尊之)」자(者), 위빈차찬관자(謂賓此贊冠者), 고견위개야(故遣爲介也). 운(云)「음주지례(飮酒之禮), 현자위빈(賢者爲賓), 기차위개(其次爲介)」자(者), 취존위의야(取尊爲義也).

빈출(賓出), 주인송우외문외(主人送于外門外), 재배(再拜), 귀빈조(歸賓俎)。

일헌지례(一獻之禮), 유천유조(有薦有俎), 기생미문(其牲未聞)。사인귀제빈가야(使人歸諸賓家也).

◆소(疏)

「빈출(賓出)」지(至)「빈조(賓俎)」。○주(注)「일헌(一獻)」지(至)「가야(家也)」。○석왈(釋曰) : 빈부언천포해자(賓不言薦脯醢者), 안구고공향부(案舅姑共饗婦), 이일헌유고천(以一獻有姑薦), 즉차일헌역유천포해가지(則此一獻亦有薦脯醢可知). 경유조필유특생(經有俎必有特牲), 단(但)《향음주(鄕飮酒)》、《향사(鄕射)》취택인이용구(取擇人而用狗), 차(此)《관례(冠禮)》무택인지의(無擇人之義), 즉부용구(則不用狗), 단무정문(但無正文), 고운(故云)「기생미문(其牲未聞)」야(也). 지(知)「사인귀제빈가(使人歸諸賓家)」자(者), 이빈출(以賓出), 주인송어문외(主人送於門外), 내시언귀빈조(乃始言歸賓俎), 명귀어빈가야(明歸於賓家也).

약부례(若不醴), 칙초용주(則醮用酒)。

약부례(若不醴), 위위국유구속가행(謂國有舊俗可行), 성인용언부개자야(聖人用焉不改者也). 《곡례(曲禮)》왈(曰) : 「군자행례(君子行禮), 부구변속(不求變俗). 제사지례(祭祀之禮), 거상지복(居喪之服), 곡읍지위(哭泣之位), 개여기국지고(皆如其國之故), 근수기법이심행지(謹脩其法而審行之)。」시야(是也). 작이무수초왈초(酌而無酬酢曰醮). 예역당위례(醴亦當爲禮).

◆소(疏)

「약부(若不)」지(至)「용주(用酒)」。주(注)「약부(若不)」지(至)「위례(爲禮)」。석왈(釋曰) : 자차이상설주례관자지법(自此已上說周禮冠子之法), 자차이하지(自此已下至)「취변포이강여초(取邊脯以降如初)」, 설하은관자지법(說夏殷冠子之法). 운(云)「약부례(若不醴), 즉초용주(則醮用酒)」자(者), 안상문적자관어조(案上文適子冠於阼), 삼가흘일례어객위시주법(三加訖一醴於客位是周法). 금운(今云)「약부례(若不醴), 즉초용주(則醮用酒)」비주법(非周法), 고지선왕법의(故知先王法矣). 고정운(故鄭云)「약부례(若不醴), 위위국유구속가행(謂國有舊俗可行), 성인용언부개자야(聖人用焉不改者也)」, 운(云)「성인(聖人)」자(者), 즉주공제차(即周公制此)《의례(儀禮)》, 용구속즉하은지례시야(用舊俗則夏殷之禮是也). 운(云)「《곡례(曲禮)》왈(曰)」이하자(已下者), 시(是)《하곡례(下曲禮)》문야(文也). 운(云)「군자행례(君子行禮), 부구변속(不求變俗)」자(者), 여하문위목(與下文爲目), 위군자소주지국(謂君子所住之國), 부구변피국지속(不求變彼國之俗), 약위거은허자야(若衛居殷墟者也). 운(云)「제사지례(祭祀之禮)」자(者), 약(若)《교특생(郊特牲)》운(云) : 「은인선구제양(殷人先求諸陽), 주인선구제음(周人先求諸陰)。」구제양자(求諸陽者), 선합악내관지강신야(先合樂乃灌地降神也) ; 구제음자(求諸陰者), 위선관지내합악(謂先灌地乃合樂). 약위거은지용은례(若衛居殷地用殷禮), 칙선합악내관야(則先合樂乃灌也). 운(云)「거상지복(居喪之服)」자(者), 위약(謂若)《단궁(檀弓)》주지제후절방기강상하(周之諸侯絕旁期降上下), 은지제후복방기부강상하(殷之諸侯服旁期不降上下), 위거은허역부강상하야(衛居殷墟亦不降上下也). 운(云)「곡읍지위(哭泣之位)」자(者), 은례무문(殷禮無文), 역응유이야(亦應有異也). 운(云)「개여기국지고(皆如其國之故)」자(者), 위상소운개여기고국지속이행지(謂上所云皆如其故國之俗而行之). 운(云)「시(是)」자(者), 의선왕구속이행부개지사(依先王舊俗而行不改之事). 향래소해인(向來所解引)《곡례(曲禮)》, 거인군시화지법(據人君施化之法), 부개피국구속(不改彼國舊俗), 증차초용주(證此醮用酒), 구속지법야(舊俗之法也). 고(故)《강고(康誥)》주공계강숙(周公戒康叔), 거은허당용은법(居殷墟當用殷法), 시이운(是以云)「자은벌유륜(茲殷罰有倫)」, 사용은법(使用殷法). 고소인(故所引)《곡례(曲禮)》, 개거부변피국구속(皆據不變彼國舊俗). 단군자행례(但君子行禮), 부구변속유이도(不求變俗有二途), 약거(若據)《곡례(曲禮)》지문운(之文云)「군자행례부구변속(君子行禮不求變俗)」, 정주운(鄭注云) : 「구(求), 유무야(猶務也). 부무변기고속(不務變其故俗), 중본야(重本也). 위거선조지국거타국(謂去先祖之國居他國)。」우운(又云) :

「제사지례(祭祀之禮), 거상지복(居喪之服), 곡읍지위개여기국지고(哭泣之位皆如其國之故), 근수기법이심행지(謹修其法而審行之)。」주(注)：「기법위기선조지제도약하은(其法謂其先祖之制度若夏殷)」자(者), 위약기송지인거정위(謂若杞宋之人居鄭衛), 정위지인거기송(鄭衛之人居杞宋)。약거피주(若據彼注), 위신거기국거타국(謂臣去己國居他國), 부변기국지속(不變己國之俗)。시이정사년축타운(是以定四年祝佗云), 은인륙족(殷人六族), 재로계이상정(在魯啟以商政)。역부변본국지속(亦不變本國之俗), 고개상정시지(故開商政示之)。개거당신거타국(皆據當身居他國), 부변기국지속(不變己國之俗)。여차주인부동자(與此注引不同者), 부구변속(不求變俗), 의득량합(義得兩合), 고각거일변이언야(故各據一邊而言也)。운(云)「작이무수초왈초(酌而無酬酢曰醮)」자(者), 정해무수초왈초(鄭解無酬酢曰醮), 유거차문이언(唯據此文而言)。소이연자(所以然者), 이주법용초(以周法用醮), 무수초왈초(無酬酢曰醮)。안(案)《곡례(曲禮)》운(云)「장자거미조(長者舉未釂)」, 정주운(鄭注云)：「진작왈조(盡爵曰釂)。」시초부전어무수초자(是醮不專於無酬酢者)。약연(若然), 례역무수초부위초명자(醴亦無酬酢不為醮名者), 단례대고지물(但醴大古之物), 자연질무수초(自然質無酬酢)。차초용주(此醮用酒), 주본유수초(酒本有酬酢), 고무수초득명초야(故無酬酢得名醮也)。운(云)「예역당위례(醴亦當爲禮)」자(者), 역상청례빈지례(亦上請醴賓之醴), 고파지야(故破之也)。

존어방호지간(尊於房戶之間), 양무(兩甒), 유금(有禁)。현주재서(玄酒在西), 가작(加勺), 남방(南枋)。

방호간자(房戶間者), 방서실호동야(房西室戶東也)。금(禁), 승존지기야(承尊之器也)。명지위금자(名之爲禁者), 인위주계야(因爲酒戒也)。현주(玄酒), 신수야(新水也), 수금부용(雖今不用), 유설지(猶設之), 부망고야(不忘古也)。

◆소(疏)

「존어(尊於)」지(至)「남방(南枋)」。주(注)「방호(房戶)」지(至)「고야(古也)」。석왈(釋曰)：운(云)「금(禁), 승존지기야(承尊之器也)。명지위금자(名之為禁者), 인위주계야(因爲酒戒也)」자(者), 이례부언금(以醴不言禁), 례비음취지물(醴非飲醉之物), 고부설계야(故不設戒也)。차용주(此用酒), 주시소음지물(酒是所飲之物), 공취(恐醉), 인이금지(因而禁之), 고운인위주계(故云因爲酒戒)。약연(若然), 현주비음역위금자(玄酒非飲亦爲禁者), 이현주대정주(以玄酒對正酒), 부가일유일무(不可一有一無), 고역동유금야(故亦同有禁也)。운(云)「부망고야(不忘古也)」자(者), 상고무주(上古無酒), 금수유주(今雖有酒), 유설지(猶設之), 시부망고야(是不忘古也)。

세(洗), 유비재서(有篚在西), 남순(南順)。

세(洗), 정세(庭洗), 당동영(當東榮), 남북이당심(南北以堂深)。비역이성작치(篚亦以盛勺觶), 진어세서(陳於洗西)。남순(南順), 북위상야(北爲上也)。

◆소(疏)

「세유(洗有)」지(至)「남순(南順)」。주(注)「세정(洗庭)」지(至)「상야(上也)」。석왈(釋曰)：지(知)「세(洗), 정세(庭洗)」자(者), 상주법용례지시(上周法用醴之時), 례지존재방(醴之尊在房)。금초용주여상음주동(今醮用酒與常飲酒同), 고세역당재정(故洗亦當在庭)。시이하운(是以下云)「빈강(賓降), 취작어비(取爵於篚), 졸세(卒洗), 승작(升酌)」, 고지세재정야(故知洗在庭也)。설세법재설존전(設洗法在設尊前), 차세역당재설존전설지(此洗亦當在設尊前設之), 고차직운세유비재서(故此直云洗有篚在西), 부언설야(不言設也)。약연(若然), 상부언설세자(上不言設洗者), 이기상운초용주(以其上云醮用酒), 즉련운존(即連云尊), 문세여차(文勢如此), 고부언설세(故不言設洗)。운(云)「당동영(當東榮), 남북이당심(南北以堂深)」자(者), 상기유문야(上己有文也)。운(云)「비역이성작치(篚亦以盛勺觶)」자(者), 주법용례재방(周法用醴在房), 정세무비(庭洗無篚)。차용주(此用酒), 정세유비(庭洗有篚), 고주공설경변기이자(故周公設經辨其異者)。단례비재방(但醴篚在房), 이성작치(以盛勺觶), 차정세(此庭洗), 비역성작치(篚亦盛勺觶), 고운(故云)「역(亦)」야(也)。운(云)「남순(南順), 북위상야(北爲上也)」자(者), 석지제유수미자(席之制有首尾者), 거식지선후위수미(據識之先後為首尾)。차비역운상자(此篚亦云上者), 응역유기식위상하(應亦有記識為上下), 이기남순지언(以其南順之言), 고북위(故北爲)

상야(故北為上也)。

시가(始加), 초용포해(醮用脯醢)。빈강(賓降), 취작어비(取爵於篚), 사강여초(辭降如初)。졸세(卒洗), 승작(升酌)。

시가자(始加者), 언일가일초야(言一加一醮也)。가관어동서(加冠於東序), 초지어호서(醮之於戶西), 동이(同耳)。시초역천포해(始醮亦薦脯醢)。빈강자(賓降者), 작재정(爵在庭), 주재당(酒在堂), 장자작야(將自酌也)。사강여초(辭降如初), 여장관시강관(如將冠時降盥), 사주인강야(辭主人降也)。범천출자동방(凡薦出自東房)。

◆소(疏)

「시가(始加)」지(至)「승작(升酌)」。주(注)「시가(始加)」지(至)「동방(東房)」。석왈(釋曰) : 운(云)「시가(始加), 초용포해(醮用脯醢)」자(者), 차언여주별지사(此言與周別之事)。주가삼가흘내일례(周家三加訖乃一體), 어객위용포해(於客位用脯醢), 차가흘즉초어객위용포해(此加訖即醮於客位用脯醢), 시기부동야(是其不同也)。단언시가초용포해자(但言始加醮用脯醢者), 인언여주이지의(因言與周異之意), 기실미행사(其實未行事), 시이하내시운(是以下乃始云)「빈강취작어비(賓降取爵於篚)」야(也)。운(云)「가관어동서(加冠於東序), 초지어호서(醮之於戶西), 동이(同耳)」자(者), 경부견자(經不見者), 혐여주이(嫌與周異), 고변지(故辨之)。기경부언관자(其經不言冠者), 초지처즉여주동(醮之處即與周同), 고경부견야(故經不見也)。운(云)「시초역천포해(始醮亦薦脯醢)」자(者), 이기경운초용포해(以其經云醮用脯醢), 범언약초용주(泛言若醮用酒), 미저기절(未著其節), 고역여상주가삼가시천포해(故亦如上周家三加始薦脯醢)。운(云)「빈강자(賓降者), 작재정(爵在庭), 주재당(酒在堂), 장자작야(將自酌也)」자(者), 결주가례재방(決周家體在房), 찬자작수빈(贊者酌授賓), 빈부친작(賓不親酌), 차칙빈친작주세작(此則賓親酌酒洗爵), 고유승강야(故有升降也)。운(云)「사강여초(辭降如初), 여장관시강관(如將冠時降盥), 사주인강야(辭主人降也)」자(者), 욕견용례시(欲見用醴時), 직유장관시빈강(直有將冠時賓降), 무빈강취작(無賓降取爵), 이기작재방고야(以其酌在房故也)。금운여초자(今云如初者), 유위여장관강관지사야(唯謂如將冠降盥之事也)。운(云)「범천출자동방(凡薦出自東房)」자(者), 용례시(用醴時), 존재방(尊在房), 포해출자동방(脯醢出自東房) ; 초용주(醮用酒), 주존재당(酒尊在堂), 포해역출자동방(脯醢亦出自東房)。《향음주(鄉飲酒)》、《향사(鄉射)》、《특생(特牲)》、《소뢰(少牢)》천자개출동방(薦者皆出東房), 고운(故云)「범(凡)」이해지야(以該之也)。

관자배수(冠者拜受), 빈답배여초(賓答拜如初)。

찬자연우호서(贊者筵于戶西), 빈승(賓升), 읍관자취연(揖冠者就筵)。내작(乃酌), 관자남면배수(冠者南面拜受), 빈수작(賓授爵), 동면답배(東面答拜), 여례례야(如醴禮也)。어빈답배(於賓答拜), 찬자칙역천지(贊者則亦薦之)。

◆소(疏)

「관자(冠者)」지(至)「여초(如初)」。주(注)「찬자(贊者)」지(至)「천지(薦之)」。석왈(釋曰) : 차경략언배수답배(此經略言拜受答拜), 부언처소면위(不言處所面位)。언여초자(言如初者), 이기수용주여주이(以其雖用酒與周異), 자외여주동(自外與周同), 고직언여초야(故直言如初也)。시이정취상례자법이언지(是以鄭取上醴子法以言之), 고언여초이결지야(故言如初以結之也)。운(云)「어빈답배찬자(於賓答拜贊者), 즉역천지(則亦薦之)」자(者), 경직운배수(經直云拜受), 답배여초(答拜如初), 역부언출천지시절(亦不言出薦之時節), 고정별언지(故鄭別言之), 역당여주가례자시천야(亦當如周家體子時薦也)。범례자(凡醴子)、례부병(醴婦並)《혼례(昏禮)》예빈(禮賓), 면위부동자(面位不同者), 개수시지편(皆隨時之便), 고부동야(故不同也)。

관자승연(冠者升筵), 좌(坐)。좌집작(左執爵), 우제포해(右祭脯醢), 제주(祭酒), 흥(興)。연말좌(筵末坐), 쵀주(啐酒)。강연(降筵), 배(拜), 빈답배(賓答拜)。관자전작우천동(冠者奠爵于薦東), 립우연서(立于筵西)。

관자립사빈명(冠者立俟賓命), 빈읍지(賓揖之), 즉취동서지연(則就東序之筵)。

◆소(疏)

「관자(冠者)」지(至)「연서(筵西)」。 주(注)「관자(冠者)」지(至)「지연(之筵)」。 석왈(釋曰) : 차경수용례주부동(此經雖用醴酒不同), 기어행사여주례례자동(其於行事與周禮醴子同), 단위유이(但位有異)。 피일가흘입방(彼一加訖入房), 역복흘출방(易服訖出房), 입대빈용명(立待賓容命)。 차즉초흘립어석서(此則醮訖立於席西), 대빈명위이(待賓命爲異), 개위경가피변야(皆爲更加皮弁也)。 운(云)「흥(興)。 연말좌(筵末坐), 쵀주(啐酒)」자(者), 위초어객위경지고야(爲醮於客位敬之故也)。 《혼례(昏禮)》예빈여(禮賓與)《빙례(聘禮)》예빈재서계상쵀례자(禮賓在西階上啐醴者), 《혼례(昏禮)》주운(注云)「차연부주위음식기(此筵不主爲飲食起)」, 《빙례(聘禮)》주운(注云)「조례부졸(糟醴不卒)」, 고야(故也)。 관자용례배(冠子用醴拜), 차초자용주역배자(此醮子用酒亦拜者), 이여례자동시성인법(以與醴子同是成人法)。 배쵀(拜啐), 고수용초역배쵀야(故雖用醮亦拜啐也)。

철천(徹薦)、작(爵), 연존부철(筵尊不徹)。

철천여작자(徹薦與爵者), 피후가야(辟後加也)。 부철연존(不徹筵尊), 삼가가상인(三加可相因), 유편야(由便也)。

◆소(疏)

「철천(徹薦)」지(至)「부철(不徹)」。 주(注)「철천(徹薦)」지(至)「편야(便也)」。 석왈(釋曰) : 운(云)「철천여작자(徹薦與爵者), 피후가야(辟後加也)」자(者), 안하문운(案下文云) : 「가피변(加皮弁), 여초의(如初儀), 재초(再醮), 섭주(攝酒), 기타개여초(其他皆如初)。」주즉운섭(酒則云攝), 명인전야(明因前也)。 제주지외(除酒之外), 운기타여초(云其他如初), 명천작경설시후가(明薦爵更設是後加), 졸설어석전야(卒設於席前也)。 고지전운철천작(故知前云徹薦爵), 위피후가야(為辟後加也)。

가피변(加皮弁), 여초의(如初儀)。 재초(再醮), 섭주(攝酒), 기타개여초(其他皆如初)。

섭유정야(攝猶整也)。 정주(整酒), 위요지(謂撓之)。 금문섭위섭(今文攝為聶)。

◆소(疏)

「가피(加皮)」지(至)「여초(如初)」。 주(注)「섭유(攝猶)」지(至)「위섭(為聶)」。 석왈(釋曰) : 운(云)「섭유정야(攝猶整也)。 정주(整酒), 위요지(謂撓之)」자(者), 안(案)《유사철(有司徹)》운(云)「사관섭주(司官攝酒)」, 주운(注云) : 「경세익정돈지(更洗益整頓之)。」부가운세(不可云洗), 역당위요(亦當為撓), 위경요교첨익정돈(謂更撓攪添益整頓), 시신야(示新也)。

가작변(加爵弁), 여초의(如初儀)。 삼초(三醮), 유건육절조(有乾肉折俎), 제지(嚌之), 기타여초(其他如初)。 북면취포(北面取脯), 견어모(見於母)。

건육(乾肉), 생체지포야(牲體之脯也)。 절기체이위조(折其體以爲俎)。 제(嚌), 상지(嘗之)。

◆소(疏)

「가작(加爵)」지(至)「어모(於母)」。 주(注)「건육(乾肉)」지(至)「상지(嘗之)」。 석왈(釋曰) : 전이초유포해(前二醮有脯醢), 경가차건육절조(更加此乾肉折俎)。 언(言)「제지(嚌之)」자(者), 제위지치상지(嚌謂至齒嘗之)。 안하약살재초부언섭(案下文若殺再醮不言攝), 차경재초언섭(此經再醮言攝), 삼초부언섭(三醮不言攝), 즉재초지후개유섭(則再醮之後皆有攝), 호문이견의야(互文以見義也)。 운(云)「취포(取脯), 견어모(見於母)」자(者), 역적동벽협배(亦適東壁俠拜), 여주동(與周同)。 안하문약살이하(案下文若殺已下), 운졸초취변포이강(云卒醮取邊脯以降), 차역취변포(此亦取邊脯)。 건육왈포(乾肉曰脯)。 운(云)「건육(乾肉), 생체지포야(牲體之脯也)」자(者), 안(案)《주례(周禮)。 랍인(臘人)》운(云)「장건육범전수지포랍(掌乾肉凡田獸之脯臘)」, 정주운(鄭注云) : 「대물해사건지위지건육(大物解肆乾之謂之乾肉), 약금량주오시의(若今梁州烏翅矣)。 박석왈포(薄析曰脯), 추지이시강계왈단수(捶之而施薑桂曰鍛脩)。」약연(若然), 건육여포수별언(乾肉與脯脩別言)。 약금량주오시자(若今梁州烏翅者), 혹위돈해이칠체이건지(或爲豚解而七體以乾之), 위지건육(謂之乾肉), 급용지(及用之), 장승어조(將升於俎),

즉절절위이십일체(則節折爲二十一體)，　여(與)《연례(燕禮)》동(同)，　고총명건육절조야(故總名乾肉折俎也)。

약살(若殺)，　즉특돈(則特豚)，　재합승(載合升)，　이폐실우정(離肺實于鼎)，　설경멱(設局鼎)。

특돈(特豚)，　일돈야(一豚也)。범생개용좌반(凡牲皆用左胖)，　자어확왈형(煮於鑊曰亨)，　재정왈승(在鼎曰升)，　재조왈재(在俎曰載)。재합승자(載合升者)，　명형여재개합좌우반(明亨與載皆合左右胖)。리(離)，　할야(割也)，　할폐자(割肺者)，　사가제야(使可祭也)。가제야(可嚌也)。금경위현(今局爲鉉)，　고문멱위밀(古文鼎爲密)。

◆소(疏)

「약살(若殺)」지(至)「경멱(局鼎)」。주(注)「특돈(特豚)」지(至)「위밀(爲密)」。석왈(釋曰)：상초자용건육부살(上醮子用乾肉不殺)，　자차지취변포이강(自此至取邊脯以降)，　론하은초자살생지사(論夏殷醮子殺牲之事)，　살언(殺言)「약(若)」자(者)，　시부정지사(是不定之辭)，　살여부살구득운약야(殺與不殺俱得云若也)。운(云)「재합승(載合升)」자(者)，　재정왈승(在鼎曰升)，　재조왈재(在俎曰載)，　재재후(載在後)。금선언재(今先言載)，　후언승(後言升)，　우합자재재승지간(又合字在載升之間)，　통사지자(通事之者)，　욕견재조(欲見在俎)、재확구왈합야(在鑊俱曰合也)。운(云)「설경멱(設局鼎)」자(者)，　이모복정(以茅覆鼎)，　장즉속기본(長則束其本)，　단칙편기중(短則編其中)。안(案)《동관(冬官)。장인(匠人)》「묘문용대경칠개(廟門容大局七個)」，　주운(注云)：「대경(大局)，　우정지경(牛鼎之局)，　장삼척(長三尺)。」우왈(又曰)「위문용소경참개(闈門容小局參個)」，　주운(注云)：「소경(小局)，　향정지경(臛鼎之局)，　장이척(長二尺)。」개의한례(皆依漢禮)。이지금차돈정지경당용소경야(而知今此豚鼎之局當用小局也)。운(云)「특돈(特豚)，　일돈야(一豚也)」자(者)，　차특약(此特若)《교특생(郊特牲)》지특(之特)，　개이특위일야(皆以特爲一也)。운(云)「범생개용좌반(凡牲皆用左胖)」자(者)，　안(案)《특생(特牲)》、《소뢰(少牢)》개용우반(皆用右胖)，　《소의(少儀)》운(云)：「대뢰즉이우좌견절구개(大牢則以牛左肩折九個)」。위귀조용좌(爲歸胙用左)，　즉용우이제지(則用右而祭之)。《향음주(鄕飲酒)》、《향사(鄕射)》주인용우체(主人用右體)，　생인역여제동용우자(生人亦與祭同用右者)，　개거주이언야(皆據周而言也)。차운용좌(此云用左)，　정거하은지법(鄭據夏殷之法)，　여주이야(與周異也)。단(但)《사우(士虞)》상제용좌(喪祭用左)，　반길고야(反吉故也)。운(云)「자어확왈형(煮於鑊曰亨)」자(者)，　안(案)《특생(特牲)》운(云)：「형어문외동방(亨於門外東方)，　서면북상(西面北上)。」주운(注云)：「형(亨)，　자야(煮也)。형시어랍(亨豕魚臘)，　이확각일찬(以鑊各一爨)。《시(詩)》운(云)：수능형어(誰能亨魚)，　개지부심(漑之釜鬻)。」시확위형야(是鑊爲亨也)。운(云)「재정왈승(在鼎曰升)，　재조왈재(在俎曰載)」자(者)，　안(案)《혼례(昏禮)》운(云)「특돈합승(特豚合升)」，　우운(又云)「측재(側載)」，　《특생(特牲)》역운(亦云)「졸재가비어정(卒載加匕於鼎)」，　《소뢰(少牢)》운(云)「사마승양(司馬升羊)，　실어일정(實於一鼎)」，　개시재정왈승(皆是在鼎曰升)，　재조왈재지문(在俎曰載之文)。단재정직유승명(但在鼎直有升名)，　재조칙승(在俎則升)、재량칭야(載兩稱也)。고(故)《소뢰(少牢)》운(云)「승양재우반(升羊載右胖)」，　승시기재여양(升豕其載如羊)。《유사철(有司徹)》역운(亦云)「내승(乃升)」，　주운(注云)：「승생체어조야(升牲體於俎也)。」시재조승(是在俎升)、재이명야(載二名也)。운(云)「재합승자(載合升者)，　명형여재개합좌우반(明亨與載皆合左右胖)」자(者)，　이승(以升)、재병진(載並陳)，　우합산이자지간(又合山二者之間)，　고지종확지조(故知從鑊至俎)，　개합좌우반야(皆合左右胖也)。운(云)「리(離)，　할야(割也)，　할폐자(割肺者)，　사가제야(使可祭也)，　가제야(可嚌也)」자(者)，　범폐유이종(凡肺有二種)：일자거폐(一者舉肺)，　일자제폐(一者祭肺)。취거폐지중복유삼칭(就舉肺之中復有三稱)：일명거폐(一名舉肺)，　위식이거(爲食而舉)；이명리폐(二名離肺)，　《소의(少儀)》운삼생지폐(云三牲之肺)，　리이부제심야(離而不提心也)；삼명제폐(三名嚌肺)，　이치제지(以齒嚌之)。차삼자개거생인위식이유야(此三者皆據生人爲食而有也)。취제폐지중역복유삼칭(就祭肺之中亦復有三稱)：일자위지제폐(一者謂之祭肺)，　위제선이유지(爲祭先而有之)；이자위지촌폐(二者謂之忖肺)，　촌(忖)，　절지사단(切之使斷)；삼자위지절폐(三者謂之切肺)，　명수여촌폐이(名雖與忖肺異)，　절폐즉촌폐야(切肺則忖肺也)。삼자개위제이유(三者皆爲祭而有)。약연절폐(若然切肺)、리폐지기형(離肺指其形)，　여개거기의칭야(餘皆舉其義稱也)。운(云)「금문경위현(今文局爲鉉)，　고문멱위밀(古文鼎爲密)」자(者)，　일부지내개연(一部之內皆然), 부종금문고첩지야(不從今文故疊之也)。

시초(始醮), 여초(如初)。

역천포해(亦薦脯醢), 철천작(徹薦爵), 연존부철의(筵尊不徹矣)。

◆소(疏)

「시초여초(始醮如初)」。주(注)「역천(亦薦)」지(至)「철의(徹矣)」。석왈(釋曰)：운(云)「시초(始醮), 여초(如初)」자(者), 차일초여부살동(此一醮與不殺同), 미유소가(未有所加), 고운여초야(故云如初也)。

재초(再醮), 양두(兩豆)：규저(葵菹)、라해(蠃醢)；량변(兩邊)：율(栗)、포(脯)。

라해(蠃醢), 이유해(蚔蝓醢)。금문라위와(今文蠃為蝸)。

◆소(疏)

「재초(再醮)」지(至)「률포(栗脯)」。주(注)「라해(蠃醢)」지(至)「위와(為蝸)」。석왈(釋曰)：차이두(此二豆)、이변증수자(二邊增數者), 위유살생(為有殺牲), 고성기찬야(故盛其饌也)。안정주(案鄭注)《주례(周禮)。해인(醢人)》운(云)：「세절위제(細切為齏), 전물약(全物若)[월엽(月某)]위저(為菹)。」작해급찬자(作醢及贊者), 선박건기육(先膊乾其肉), 내후좌지(乃後莝之), 잡이량국급염(雜以梁麴及鹽), 지이미주(漬以美酒), 도치(塗置)《수와(垂瓦)》중(中), 백일즉성의(百日則成矣), 시작해급저지법야(是作醢及菹之法也)。운(云)「라해(蠃醢), 이유해(蚔蝓醢)」자(者), 《이아(爾雅)》문(文)。

삼초(三醮), 섭주여재초(攝酒如再醮), 가조(加俎), 제지(嚌之), 개여초(皆如初), 제폐(嚌肺)。

섭주여재초(攝酒如再醮), 즉재초역섭지의(則再醮亦攝之矣)。가조제지(加俎嚌之), 제당위제자지오야(嚌當為祭字之誤也)。제조여초(祭俎如初), 여제포해(如祭脯醢)。

◆소(疏)

「삼초(三醮)」지(至)「제폐(嚌肺)」。주(注)「섭주(攝酒)」지(至)「포해(脯醢)」。석왈(釋曰)：운(云)「섭주여재초(攝酒如再醮), 즉재초역섭지의(則再醮亦攝之矣)」자(者), 주공작경취성문(周公作經取省文), 재초부언섭주(再醮不言攝酒), 이삼초여지(以三醮如之), 즉재초섭지가지(則再醮攝之可知), 고정운재초역섭지의(故鄭云再醮亦攝之矣)。운(云)「가조제지(加俎嚌之), 제당위제(嚌當為祭), 자지오야(字之誤也)」자(者), 경유이제(經有二嚌), 부파(不破)「여초제(如初嚌)」지제(之嚌), 유파(唯破)「가조제(加俎嚌)」지자자(之字者), 이제선지법(以祭先之法), 제내제지(祭乃嚌之), 우부의유이제(又不宜有二嚌), 고파가조지제위제야(故破加俎之嚌為祭也)。운(云)「제조여초(祭俎如初), 여제포해(如祭脯醢)」자(者), 이삼초유제조지폐(以三醮唯祭俎之肺), 부복제포해야(不復祭脯醢也)。약연(若然), 전부살지시(前不殺之時), 일초철포해위사(一醮徹脯醢為辭), 재초지포해(再醮之脯醢), 지재초부언철포해자(至再醮不言徹脯醢者), 이삼초상유가건육(以三醮上唯加乾肉), 부천포해(不薦脯醢), 고부철야(故不徹也)。금은역연(今殷亦然), 일초철천사(一醮徹薦辭), 지재초역부철천(至再醮亦不徹薦), 직철작이이(直徹爵而已), 역위삼초이부가변두가생조(亦為三醮以不加邊豆加牲俎), 시이축사일초(是以祝辭一醮), 역운가천(亦云嘉薦), 지삼초자(至三醮者), 직운변두유초(直云邊豆有楚)。초(楚), 진렬모(陳列貌)。시삼초부가변두명문야(是三醮不加邊豆明文也)。

졸초(卒醮), 취변포이강(取邊脯以降), 여초(如初)。

◆소(疏)

「졸초(卒醮)」지(至)「여초(如初)」。석왈(釋曰)：차취변포견모(此取邊脯見母), 여전부이(與前不異)。상주법여부살개부운변자(上周法與不殺皆不云邊者), 상개직천포해(上皆直薦脯醢), 부운변두(不云邊豆)。차약살운량변(此若殺云兩邊), 고운변포(故云邊脯)。약연(若然), 기살유조육이취포자(既殺有俎肉而取脯者), 견기득례이이(見其得禮而已), 고부취조육(故不取俎肉)。여약득속백자(如若得束帛者), 부수취포(不須取脯), 시이(是以)《관례(冠禮)》예빈득속백(禮賓

得束帛), 개부취포야(皆不取脯也)。

약고자(若孤子), 즉부형계(則父兄戒)、숙(宿)。

부형(父兄), 제부제형(諸父諸兄)。

◆소(疏)

「약고(若孤)」지(至)「계숙(戒宿)」。주(注)「부형제부제형(父兄諸父諸兄)」。석왈(釋曰) : 상진토유부가관례흘(上陳土有父加冠禮訖), 자차지(自此至)「동숙북면(東塾北面)」, 논사지무부(論士之無父), 자유가관지법야(自有加冠之法也)。주공작문(周公作文), 어차내견지자(於此乃見之者), 욕견주여하은고자동관어조계(欲見周與夏殷孤子同冠於阼階), 례지어객위(禮之於客位), 유일초삼례부동이(唯一醮三醴不同耳), 시이작경언기여상이자이이(是以作經言其與上異者而已)。언(言)「부형(父兄), 제부제형(諸父諸兄)」자(者), 이기상문부형비직계숙이기(以其上文父兄非直戒宿而己), 고지차시제부제형(故知此是諸父諸兄), 비기지친부친형야(非己之親父親兄也)。

관지일(冠之日), 주인계이영빈(主人紒而迎賓), 배(拜), 읍(揖), 양(讓), 립어서단(立於序端), 개여관주(皆如冠主), 예어조(禮於阼)。

관주(冠主), 관자친부약종형야(冠者親父若宗兄也)。고문계위결(古文紒為結), 금문례작례(今文禮作醴)。

◆소(疏)

「관지(冠之)」지(至)「어조(於阼)」。주(注)「관주(冠主)」지(至)「작례(作醴)」。석왈(釋曰) : 운(云)「주인계이영빈(主人紒而迎賓)」자(者), 즉상(即上)「채의계(采衣紒)」시야(是也)。운(云)「배(拜), 읍(揖), 양(讓), 립어서단(立於序端)」자(者), 위주인출선배(謂主人出先拜), 빈답배흘(賓答拜訖), 읍양이입어묘문(揖讓而入於廟門)。기입문(既入門), 우삼읍(又三揖), 지계(至階), 우삼양이승당(又三讓而升堂), 내립어동서단(乃立於東序端), 빈승(賓升), 립서서단(立西序端), 일개여상(一皆如上)。부형위주인(父兄為主人), 고작문성략(故作文省略), 총운(總云)「읍양립어서단(揖讓立於序端), 개여관주(皆如冠主)」야(也)。운(云)「예어조(禮於阼)」자(者), 별언기이자야(別言其異者也)。운(云)「금문례작례(今文禮作醴)」자(者), 정부종금문자(鄭不從今文者), 이기언례칙부겸어초(以其言禮則不兼於醮), 언례칙겸례(言禮則兼禮)、초이법고야(醮二法故也)。

범배(凡拜), 북면우조계상(北面于阼階上)。빈역북면우서계상답배(賓亦北面于西階上答拜)。

◆소(疏)

「범배(凡拜)」지(至)「답배(答拜)」。석왈(釋曰) : 차역이어부재자(此亦異於父在者)。운(云)「범배(凡拜)」자(者), 위초배지급쵀배지등(謂初拜至及崒拜之等), 빈주개북면(賓主皆北面), 여부재시배어연서(與父在時拜於筵西)、남면(南面), 빈배어서단동면위이야(賓拜於序端東面爲異也)。

약살(若殺), 즉거정진우문외(則舉鼎陳于門外), 직동숙(直東塾), 북면(北面)。

고자득신례(孤子得申禮), 성지(盛之)。부재(父在), 유정부진어문외(有鼎不陳於門外)。

◆소(疏)

「약살(若殺)」지(至)「북면(北面)」。석왈(釋曰) : 운(云)「약살(若殺)」자(者), 유칙살(有則殺), 무칙이(無則已), 고운약(故云若), 부정지사야(不定之辭也)。언거정자(言舉鼎者), 위어묘문외지동벽확소(謂於廟門外之東壁鑊所), 거지묘문외지동(舉至廟門外之東), 직동숙(直東塾), 이정돈어랍정(二鼎豚魚臘鼎), 개북향(皆北向), 상중이렬지야(相重而列之也)。주(注)「고자(孤子)」지(至)「문외(門外)」。석왈(釋曰) : 안상문부재역유살법(案上文父在亦有殺法)。금정운(今鄭云)「고자득신례(孤子得申禮), 성지(盛之)」자(者), 부위살기(不爲殺起), 지위진정어외이언(止爲陳鼎於外而言)。정지(鄭知)「부재(父在), 유정부진어외(有鼎不陳於外)」자(者), 이

상문약살(以上文若殺), 직운특돈재합승(直云特豚載合升), 부변외내(不辨外內)。고자내운거정진어문외(孤子乃云舉鼎陳於門外), 류어상(類於上), 부재진정부어문외야(父在陳鼎不於門外也)。범진정재외자(凡陳鼎在外者), 빈객지례야(賓客之禮也);재내자(在內者), 가사지례야(家私之禮也)。시재외자위성야(是在外者爲盛)。금고자칙진정재외(今孤子則陳鼎在外), 고운(故云)「고자득신례(孤子得申禮), 성지(盛之)」야(也)。

약서자(若庶子), 즉관우방외(則冠于房外), 남면(南面), 수초언(遂醮焉)。

방외(房外), 위존동야(謂尊東也)。부어조계(不於阼階), 비대야(非代也)。부초어객위(不醮於客位), 성이부존(成而不尊)。

◆소(疏)

「약서(若庶)」지(至)「초언(醮焉)」。석왈(釋曰):상이언삼대적자관례흘(上已言三代適子冠禮訖), 차경론서자가관법야(此經論庶子加冠法也)。주공작경(周公作經), 어삼대지하언지(於三代之下言之), 즉삼대서자관례개어방외동용초의(則三代庶子冠禮皆於房外同用醮矣), 단부지삼대서자각용기초이(但不知三代庶子各用幾醮耳)。금어주지적자삼가일례(今於周之適子三加一醴), 하은적자삼가삼초(夏殷適子三加三醮), 시이하문축사삼례일이초삼(是以下文祝辭三醴一而醮三), 개위삼대이위언(皆爲三代而爲言)。지어삼대(至於三代), 서자개부견별사(庶子皆不見別辭), 즉주지서자의의적자용일초(則周之庶子宜依適子用一醮), 하은서자역의삼초(夏殷庶子亦依三醮)。삼대적자유축사(三代適子有祝辭), 언서자칙무(言庶子則無), 고하문주운(故下文注云):「범초자부축(凡醮者不祝)。」주(注)「방외(房外)」지(至)「부존(不尊)」。석왈(釋曰):지(知)「방외(房外), 위존동야(謂尊東也)」자(者), 상진존재방호지간(上陳尊在房戶之間), 안(案)《향음주(鄕飮酒)》빈동칙동(賓東則東), 즉존동명(則尊東明), 차역어존동야(此亦於尊東也)。운(云)「부어조계(不於阼階), 비대야(非代也)」자(者), 안하기운(案下記云):「적자관어조(適子冠於阼), 이저대야(以著代也)。」명서자부어조(明庶子不於阼), 비대고야(非代故也)。운(云)「부초어객위(不醮於客位), 성이부존(成而不尊)」자(者), 하기운(下記云):「초어객위(醮於客位), 가유성야(加有成也)。」시적자어객위(是適子於客位), 성이존지(成而尊之), 차즉성이부존(此則成而不尊), 고인관지처수초언(故因冠之處遂醮焉)。

관자모부재(冠者母不在), 즉사인수포우서계하(則使人受脯于西階下)。

◆소(疏)

「관자(冠者)」지(至)「계하(階下)」。석왈(釋曰):안(案)《내칙(內則)》운(云):「구몰즉고로(舅沒則姑老)。」약사(若死), 당운몰(當云沒), 부득운(不得云)「부재(不在)」, 차모사즉부득사인수포(且母死則不得使人受脯)。금언부재자(今言不在者), 혹귀녕(或歸寧), 혹질병야(或疾病也)。사인수포(使人受脯), 위모생재(爲母生在), 어후견지야(於後見之也)。

계빈(戒賓), 왈(曰):「모유자모(某有子某), 장가포어기수(將加布於其首), 원오자지교지야(原吾子之敎之也)。」

오자(吾子), 상친지사(相親之辭)。오(吾), 아야(我也)。자(子), 남자지미칭(男子之美稱)。고문모위모(古文某爲謀)。

◆소(疏)

「계빈(戒賓)」지(至)「지야(之也)」。주(注)「오자(吾子)」지(至)「위모(爲謀)」。석왈(釋曰):자차지(自此至)「유기소당(唯其所當)」자(者), 주공설경(周公設經), 직견행사(直見行事), 공실차제(恐失次第), 부언기사(不言其辭)。금행사기종(今行事旣終), 총견계빈(總見戒賓)、초급위자지사야(醮及爲字之辭也)。운(云)「모유자모(某有子某)」자(者), 상모(上某), 주인명(主人名);하모(下某), 자지명(子之名)。가포(加布), 초가치포관야(初加緇布冠也)。운(云)「원오자지교지야(原吾子之敎之也)」자(者), 즉차이가관행례위교지야(即此以加冠行禮爲敎之也)。운(云)「오자(吾子), 상친지사(相親之辭)。오(吾), 아야(我也)」자(者), 위자기신지자(謂自己身之子), 고운오자(故云吾子), 상친지사야(相親之辭也)。운(云)「자(子), 남자지미칭(男子之美稱)」자(者), 고자칭사왈자(古者稱師曰子)。우(又)《공양전(公羊傳)》운(云):「명부약자(名不若字), 자부약자(字不若子)。」시자자(是子者), 남자지미칭야(男子之美稱

也)。금청빈여자가관(今請賓與子加冠)，고이미칭호지야(故以美稱呼之也)。

빈대왈(賓對曰)：「모부민(某不敏)，공부능공사(恐不能共事)，이병오자(以病吾子)，감사(敢辭)。」병유욕야(病猶辱也)。고문병위병(古文病爲秉)。

주인왈(主人曰)：「모유원오자지종교지야(某猶原吾子之終教之也)。」빈대왈(賓對曰)：「오자중유명(吾子重有命)，모감부종(某敢不從)！」

감부종(敢不從)，허지사(許之辭)。

숙왈(宿曰)：「모장가포어모지수(某將加布於某之首)，오자장리지(吾子將蒞之)，감숙(敢宿)。」

빈대왈(賓對曰)：「모감부숙흥(某敢不夙興)。」

리(蒞)，임야(臨也)。금문무대(今文無對)。

시가(始加)，축왈(祝曰)：「영월길일(令月吉日)，시가원복(始加元服)。

령(令)、길(吉)，개선야(皆善也)。원(元)，수야(首也)。

◆소(疏)
주(注)「령길(令吉)」지(至)「수야(首也)」。석왈(釋曰)：원수(元首)，《좌전(左傳)》왈선진입적사이사지(曰先軫入狄師而死之)，적인귀선진지원(狄人歸先軫之元)。시원위수(是元爲首)。우(又)《상서(尙書)》운(云)：「군위원수(君爲元首)。」역시원위수야(亦是元爲首也)。

기이유지(棄爾幼志)，순이성덕(順爾成德)。수고유기(壽考惟祺)，개이경복(介爾景福)。」

이(爾)，녀야(女也)。기관위성덕(既冠爲成德)。기(祺)，상야(祥也)。개(介)、경(景)，개대야(皆大也)。인관이계(因冠而戒)，차권지(且勸之)。녀여시즉유수고지상(女如是則有壽考之祥)，대녀지대복야(大女之大福也)。

◆소(疏)
주(注)「이녀(爾女)」지(至)「복야(福也)」。석왈(釋曰)：운(云)「기관위성덕(既冠爲成德)」자(者)，안(案)《관의(冠義)》，기관책이부자군신장유지례(既冠責以父子君臣長幼之禮)，개성인지덕(皆成人之德)。운(云)「기(祺)，상야(祥也)」자(者)，기훈위상(祺訓爲祥)，상우훈위선야(祥又訓爲善也)。운(云)「인관이계(因冠而戒)」자(者)，칙경(則經)「기이유지(棄爾幼志)，순이성덕(順爾成德)」시야(是也)。운(云)「차권지(且勸之)」자(者)，즉경운(即經云)「수고유기(壽考惟祺)，개이경복(介爾景福)」시야(是也)。

재가(再加)，왈(曰)：「길월령진(吉月令辰)，내신이복(乃申爾服)。

진(辰)，자축야(子丑也)。신(申)，중야(重也)。

◆소(疏)
「재가(再加)」지(至)「이복(爾服)」。주(注)「진자(辰子)」지(至)「중야(重也)」。석왈(釋曰)：상운(上云)「영월길일(令月吉日)」，차운(此云)「길월령진(吉月令辰)」，호견기언(互見其言)，시작문지체(是作文之體)，무의례야(無義例也)。운(云)「진(辰)，자축야(子丑也)」자(者)，이십간배십이진(以十幹配十二辰)，직운진자축(直云辰子丑)，명유간(明有幹)，가지즉갑자(可知即甲子)、을축지류(乙丑之類)，략언지야(略言之也)。

경이위의(敬爾威儀)，숙신이덕(淑慎爾德)，미수만년(眉壽萬年)，영수호복(永受胡福)。」

호유하야(胡猶遐也)、원야(遠也)，원무궁(遠無窮)。고문미작미(古文眉作麋)。

삼가(三加)，왈(曰)：「이세지정(以歲之正)，이월지령(以月之令)，함가이복(咸加爾服)。

정유선야(正猶善也)。함(咸), 개야(皆也)。개가녀지삼복(皆加女之三服), 위치포관(謂緇布冠)、피변(皮弁)、작변야(爵弁也)。

형제구재(兄弟具在), 이성궐덕(以成厥德)。황구무강(黃耉無疆), 수천지경(受天之慶)。」

황(黃), 황발야(黃髮也)。구(耉), 동리야(凍犁也)。개수징야(皆壽徵也)。강(疆), 경(竟)。

◆소(疏)

주(注)「황황(黃黃)」지(至)「강경(疆竟)」。석왈(釋曰):《이아(爾雅)》운(云)「황발아치(黃髮兒齒)」, 고이황위황발야(故以黃爲黃髮也)。운(云)「구(耉), 동리(凍梨)」자(者), 《이아(爾雅)》운(云)「구(耉), 로(老), 수야(壽也)」。차운구동려자(此云耉凍黎者), 이기면사동려지색고야(以其面似凍黎之色故也)。

예사왈(醴辭曰):「감례유후(甘醴惟厚), 가천령방(嘉薦令芳)。

가(嘉), 선야(善也)。선천(善薦), 위포해방향야(謂脯醢芳香也)。

◆소(疏)

「예사(醴辭)」지(至)「영방(令芳)」。주(注)「가선(嘉善)」지(至)「향야(香也)」。석왈(釋曰):위포해위선천방향자(謂脯醢爲善薦芳香者), 위작지의시(謂作之依時), 우조지의법(又造之依法), 고사방향이선야(故使芳香而善也)。

배수제지(拜受祭之), 이정이상(以定爾祥)。승천지휴(承天之休), 수고부망(壽考不忘)。」

부망(不忘), 장유령명(長有令名)。

초사왈(醮辭曰):「지주기청(旨酒既清), 가천단시(嘉薦亶時)。

단(亶), 성야(誠也)。고문단위단(古文亶爲癉)。

시가원복(始加元服), 형제구래(兄弟具來)。효우시격(孝友時格), 영내보지(永乃保之)。」

선부모위효(善父母爲孝), 선형제위우(善兄弟爲友)。시(時), 시야(是也)。격(格), 지야(至也)。영(永), 장야(長也)。보(保), 안야(安也)。행차내능보지(行此乃能保之)。금문격위하(今文格爲嘏)。범초자부축(凡醮者不祝)。

◆소(疏)

주(注)「선부(善父)」지(至)「부축(不祝)」。석왈(釋曰):「선부모위효(善父母爲孝), 선형제위우(善兄弟爲友)」자(者), 《이아(爾雅)》문(文)。부언선사부모(不言善事父母)、선사형제자(善事兄弟者), 욕견비차선사형제이역위형제지소선자(欲見非且善事兄弟而亦爲兄弟之所善者), 제행주비지의야(諸行周備之意也)。운(云)「범초자부축(凡醮者不祝)」자(者), 안상문전후례(案上文前後例), 주여하은관자법(周與夏殷冠子法), 기가관축사삼절불변삼대지이(其加冠祝辭三節不辨三代之異), 즉삼대축사동가지야(則三代祝辭同可知也)。지어주초지사삼등별진지자(至於周醮之辭三等別陳之者), 이기수이(以其數異), 사의부동고야(辭宜不同故也)。약연(若然), 초사유거적자이언(醮辭唯據適子而言), 이기장저대중지(以其將著代重之), 고비견축사야(故備見祝辭也)。차주운(此注云)「범초자부축(凡醮者不祝)」자(者), 언(言)「범(凡)」위서자야(謂庶子也), 기부가관어조(既不加冠於阼), 우부례어객위(又不禮於客位), 무저대지리(無著代之理), 고략이경지야(故略而輕之也)。역부설축사자(亦不設祝辭者), 《증자문(曾子問)》주운(注云)「범상부제(凡殤不祭)」지류야(之類也)。기천자관례축사(其天子冠禮祝辭), 안(案)《대대례(大戴禮)。공관(公冠)》편(篇), 성왕관주공위축사(成王冠周公爲祝詞), 사왕근어인(使王近於人), 원어천(遠於天), 색어시(嗇於時), 혜어재(惠於財)。기사기다(其辭既多), 부가구재(不可具載)。기제후무문(其諸侯無文), 개역유축사(蓋亦有祝辭), 이어사야(異於士也)。

재초(再醮), 왈(曰)：「지주기서(旨酒旣湑), 가천이포(嘉薦伊脯)。

서(湑), 청야(清也)。이(伊), 유야(惟也)。

◆소(疏)

주(注)「서청야이유야(湑清也伊惟也)」。석왈(釋曰)：서(湑), 제주지칭(泲酒之稱), 고(故)《벌목(伐木)》시운(詩云)「유주서아(有酒湑我)」, 주운(注云)：「서(湑), 숙지문(茜之文)。」《부예(鳧鷖)》시운(詩云)「이주기서(爾酒旣湑)」, 주운(注云)：「서(湑), 주지제자(酒之泲者)。」시서위청야(是湑為清也)。운(云)「이(伊), 유야(惟也)」자(者), 조구사(助句辭), 비위의야(非為義也)。

내신이복(乃申爾服), 예의유서(禮儀有序)。제차가작(祭此嘉爵), 승천지호(承天之祜)。」

호(祜), 복야(福也)。

삼초(三醮), 왈(曰)：「지주령방(旨酒令芳), 변두유초(籩豆有楚)。」

지(旨), 미야(美也)。초(楚), 진렬지모(陳列之貌)。

◆소(疏)

주(注)「지미(旨美)」지(至)「지모(之貌)」。석왈(釋曰)：《초자(楚茨)》시역운(詩亦云)「변두유초(籩豆有楚)」, 주운(注云)：「초(楚), 진렬지모(陳列之貌)。」시용기재초지변두(是用其再醮之籩豆), 부증개지(不增改之), 고운(故云)「유초(有楚)」야(也)。

함가이복(咸加爾服), 효승절조(餚升折俎)。승천지경(承天之慶), 수복무강(受福無疆)。

효승절조(餚升折俎), 역위돈(亦謂豚)。

◆소(疏)

주(注)「효승(餚升)」지(至)「위돈(謂豚)」。석왈(釋曰)：운(云)「절조(折俎)」자(者), 즉위절상약살지돈야(即謂折上若殺之豚也)。

자사왈(字辭曰)：「예의기비(禮儀旣備), 영월길일(令月吉日), 소고이자(昭告爾字), 원자공가(爰字孔嘉)。

소(昭), 명야(明也)。원(爰), 어야(於也)。공(孔), 심야(甚也)。

◆소(疏)

「자사(字辭)」지(至)「이자(爾字)」。석왈(釋曰)：차자문재삼대지하이언(此字文在三代之下而言), 즉역수삼대자사동(則亦遂三代字辭同)。차사빈직서서동면(此辭賓直西序東面), 여자위자시언지야(與子為字時言之也)。

모사유의(髦士攸宜), 의지어가(宜之於假), 영수보지(永受保之)。

모(髦), 준야(俊也)。유(攸), 소야(所也)。어유위야(於猶爲也)。가(假), 대야(大也)。의지시위대의(宜之是爲大矣)。

왈백모보(曰伯某甫)。」중(仲)、숙(叔)、계(季), 유기소당(唯其所當)。

백(伯)、중(仲)、숙(叔)、계(季), 장유지칭(長幼之稱)。보시장부지미칭(甫是丈夫之美稱)。공자위니보(孔子爲尼甫), 주대부유가보(周大夫有嘉甫), 송대부유공보(宋大夫有孔甫), 시기류(是其類)。보(甫), 자혹작부(字或作父)。

◆소(疏)

「의지(宜之)」지(至)「소당(所當)」。석왈(釋曰)：운(云)「백모보(伯某甫)」자(者),

모약운가야(某若云嘉也). 단설경부득정언인자(但設經不得定言人字), 고언보위차자(故言甫爲且字), 시이(是以)《례기(禮記)》제후훙(諸侯薨), 복왈(復曰)「고모보복(皐某甫復)」. 정운(鄭云) : 「모보차자(某甫且字)。」이신부명(以臣不名), 군차위모지자호지(君且爲某之字呼之). 기차(既此), 모보립위차자(某甫立爲且字). 언(言)「백(伯)、중(仲)、숙(叔)、계(季)」자(者), 시장유차제지칭(是長幼次第之稱). 약형제사인(若兄弟四人), 즉의차칭지(則依次稱之). 하은질칙적중(夏殷質則積仲), 주문칙적숙(周文則積叔), 약관숙(若管叔)、곽숙지류시야(霍叔之類是也). 운(云)「유기소당(唯其所當)」자(者), 이십관시여지작자(二十冠時與之作字), 유공자생삼월명지왈구(猶孔子生三月名之曰丘), 지이십관이자지왈중니(至二十冠而字之曰仲尼). 유형왈백(有兄曰伯), 거제이칙왈중(居第二則曰仲). 단은질(但殷質), 이십위자지시(二十爲字之時), 겸백(兼伯)、중(仲)、숙(叔)、계호지(季呼之);주문(周文), 이십위자지시(二十爲字之時), 미호백(未呼伯)、중(仲), 지오십내가이호지(至五十乃加而呼之). 고(故)《단궁(檀弓)》운(云)「오십이백중(五十以伯仲)」, 주도야(周道也). 시호백중지시(是呼伯仲之時), 즉겸이십자이언(則兼二十字而言). 약공자생어주대(若孔子生於周代), 종주례호니보(從周禮呼尼甫), 지오십거보이니배중(至五十去甫以尼配仲), 이호지왈중니시야(而呼之曰仲尼是也). 약연(若然), 이십관이자지(二十冠而字之), 미호백(未呼伯)、중(仲)、숙(叔)、계(季). 금어이십가관이언자(今於二十加冠而言者), 일즉시은가관시(一則是殷家冠時), 수이이십자호지(遂以二十字呼之);이즉견주가약부사(二則見周家若不死), 지오십내가이호지(至五十乃加而呼之).

약이십이후사(若二十已後死), 수미만오십(雖未滿五十), 즉득호백중(即得呼伯仲). 지의연자(知義然者), 견경부내시장공지제(見慶父乃是莊公之弟), 환륙년장공생(桓六年莊公生), 지민공이년경공사(至閔公二年慶公死), 시장공미만오십(時莊公未滿五十), 경부내시장공지제(慶父乃是莊公之弟), 시미오십(時未五十), 경부사(慶父死), 호왈공중(號曰共仲). 시기사후수미오십(是其死後雖未五十), 득호중숙계(得呼仲叔季). 고이십관시(故二十冠時), 즉이백(則以伯)、중(仲)、숙(叔)、계당의지(季當擬之), 고운(故云)「유기소당(唯其所當)」야(也). 주(注)「간유(幹猶)」지(至)「작부(作父)」. 석왈(釋曰) : 지(知)「보시장부지미칭(甫是丈夫之美稱)」자(者), 이기인지현우(以其人之賢愚), 개이위자(皆以爲字), 고은원년(故隱元年), 「공급주의부맹어멸(公及邾儀父盟於蔑)」. 《곡량전(穀梁傳)》운(云) : 「의(儀), 자야(字也). 부유부야(父猶傅也), 남자지미칭야(男子之美稱也)」시야(是也). 운(云)「공자위니보(孔子爲尼甫)」자(者), 애십륙년(哀十六年), 공구졸(孔丘卒), 애공뢰지왈(哀公誄之曰) : 「애재(哀哉), 니보(尼甫)!」인자호시왈니보야(因字號諡曰尼甫也). 운(云)「주대부유가보(周大夫有嘉甫)」자(者), 환공십오년(桓公十五年), 「천왕사가보래구차(天王使嘉甫來求車)」시야(是也).

운(云)「송대부유공보(宋大夫有孔甫), 시기류(是其類)」자(者), 안(案)《좌씨전(左氏傳)》환이년(桓二年)「공부가위사마(孔父嘉爲司馬)」시야(是也).

정인차자(鄭引此者), 증유관이위차자지의(證有冠而爲此字之意), 고운시기류야(故云是其類也). 우보자혹작부자(又甫字或作父者), 자역통(字亦通), 혹니보(或尼甫)、가보(嘉甫)、공보등(孔甫等), 견위부자자야(見爲父字者也).

구(屨), 하용갈(夏用葛)。현단흑구(玄端黑屨), 청구억순(靑絇繶純), 순박촌(純博寸)。

구자순상색(屨者順裳色), 현단흑구(玄端黑屨), 이현상위정야(以玄裳爲正也). 구지언구야(絇之言拘也), 이위행계(以爲行戒), 상여도의비(狀如刀衣鼻), 재구두(在屨頭). 억(繶), 봉중순야(縫中紃也). 순(純), 연야(緣也). 삼자개청(三者皆青). 박(博), 광야(廣也).

◆소(疏)

「구하(屨夏)」지(至)「박촌(博寸)」. 주(注)「구자(屨者)」지(至)「광야(廣也)」. 석왈(釋曰) : 자차지(自此至)「총구(總屨)」, 론삼복지구(論三服之屨). 부어상여복동진자(不於上與服同陳者), 일칙구용피갈(一則屨用皮葛), 동하부동(冬夏不同);이즉구재하(二則屨在下), 부의여복동렬(不宜與服同列), 고퇴재어차(故退在於此). 차언하용갈(此言夏用葛), 하운동피(下云冬皮), 즉춘의종하(則春宜從夏), 추의종동(秋宜從冬), 고거동하한서극시이언(故舉冬夏寒暑極時而言). 《시(詩)》위지이갈구구상(魏地以葛屨屨霜), 랄편야(剌褊也). 운(云)「구자순상색(屨者順裳色

(구자순상색)」자(者), 예지통례(禮之通例) ; 의여관동(衣與冠同), 구여상동(屨與裳同), 고운순상색야(故云順裳色也). 운(云)「현단흑구(玄端黑屨), 이현상위정야(以玄裳爲正也)」자(者), 이기현단유현상(以其玄端有玄裳)、황상(黃裳)、잡상(雜裳), 경유운현단흑구(經唯云玄端黑屨), 여현상동색(與玄裳同色), 부취황상(不取黃裳)、잡상(雜裳), 고운이현상위정야(故云以玄裳爲正也). 운(云)「구지언구야(絇之言拘也), 이위행계(以爲行戒)」자(者), 이구자자구지지언(以拘者自拘持之言), 고운이위행계야(故云以爲行戒也). 운(云)「상여도의비(狀如刀衣鼻), 재구두(在屨頭)」자(者), 차이한법언지(此以漢法言之). 금지구두견유하비(今之屨頭見有下鼻), 사도의비(似刀衣鼻), 고이위황야(故以爲況也). 운(云)「억(繶), 봉중순야(縫中紃也)」자(者), 위아저상접지봉중유강순야(謂牙底相接之縫中有絳紃也). 운(云)「순(純), 연야(緣也)」자(者), 위요구연변야(謂繞口緣邊也). 운(云)「개청(皆靑)」자(者), 이경삼자동운청야(以經三者同云靑也). 운(云)「박(博), 광야(廣也)」자(者), 위순소시광일촌야(謂純所施廣一寸也).

소적백구(素積白屨), 이괴부지(以魁柎之), 치구억순(緇絇繶純), 순박촌(純博寸)。

괴(魁), 신합(蜃蛤). 부(柎), 주자(注者).

◆소(疏)

「소적(素積)」지(至)「박촌(博寸)」. 주(注)「괴신합부주자(魁蜃蛤柎注者)」. 석왈(釋曰): 이괴합회부지자(以魁蛤灰柎之者), 취기백이(取其白耳). 운(云)「괴(魁), 신합(蜃蛤)」자(者), 괴즉신합(魁即蜃蛤), 일물(一物), 시이(是以)《주례(周禮)。지관(地官)。장신(掌蜃)》장(掌)「공백성지신(共白盛之蜃)」, 정사농운위신탄(鄭司農云謂蜃炭), 인차사관백구이괴부지(引此士冠白屨以魁柎之), 「현위금동래용합(玄謂今東萊用蛤), 위지차회운(謂之又灰云)」시야(是也). 운(云)「부(柎), 주자(注者)」, 이합회도주어상(以蛤灰塗注於上), 사색백야(使色白也).

작변훈구(爵弁纁屨), 흑구억순(黑絇繶純), 순박촌(純博寸)。

작변구이흑위식(爵弁屨以黑爲飾), 작변존(爵弁尊), 기구식이궤차(其屨飾以繢次).

◆소(疏)

「작변(爵弁)」지(至)「박촌(博寸)」. 주(注)「작변(爵弁)」지(至)「궤차(繢次)」. 석왈(釋曰): 안차삼복견구부동(案此三服見屨不同), 하자(何者)? 현단이의견구(玄端以衣見屨), 이현단유황상지등(以玄端有黃裳之等), 상부득거상견구(裳不得擧裳見屨), 고거현단견구야(故擧玄端見屨也). 피변이소적견구(皮弁以素積見屨), 구상동색(屨裳同色), 시기정야(是其正也). 작변기부거상(爵弁旣不擧裳), 우부거의(又不擧衣), 이이작변견구자(而以爵弁見屨者), 상진복이언훈상(上陳服已言纁裳), 상색자현(裳色自顯), 이여륙면동현의훈상(以與六冕同玄衣纁裳), 여면복지혐(與冕服之嫌), 고부이의상이이수복견구야(故不以衣裳而以首服見屨也). 운(云)「작변구이흑위식(爵弁屨以黑爲飾), 작변존(爵弁尊), 기구식이궤차(其屨飾以繢次)」자(者), 안(案)《동관(冬官)》화궤지사운(畫繢之事云):「청여백상차(靑與白相次), 적여흑상차(赤與黑相次), 현여황상차(玄與黃相次)。」정운(鄭云):「차언화궤륙색소상(此言畫繢六色所象), 급포채지제차(及布采之第次), 궤이위의(繢以爲衣)。」우운(又云):「청여적위지문(靑與赤謂之文), 적여백위지장(赤與白謂之章), 백여흑위지보(白與黑謂之黼), 흑여청위지불(黑與靑謂之黻)。」정운(鄭云):「차언랄수채소용(此言刺繡采所用), 수이위상(繡以爲裳)。」차시대방위궤차(此是對方爲繢次), 비방위수차(比方爲繡次). 안정주(案鄭注)《구인(屨人)》운(云):「복하왈석선(復下曰舃禪), 하왈구(下曰屨)。」우주운(又注云):「범석지식(凡舃之飾), 여궤지차(如繢之次) ; 범구지식(凡屨之飾), 여수지차야(如繡之次也)」자(者), 즉상흑구이청위구억순(即上黑屨以靑爲絇繶純), 백구이흑위구억순(白屨以黑爲絇繶純), 칙백여흑(則白與黑), 흑여청위수차지사야(黑與靑爲繡次之事也).

금차작변훈구(今次爵弁纁屨), 훈(纁), 남방지색적(南方之色赤). 부이서방백위구억순(不以西方白爲絇繶純), 이이북방흑위구억순자(而以北方黑爲絇繶純者), 취대방궤차위식(取對方繢次爲飾). 거석자(擧舃者), 존작변시제복(尊爵弁是祭服), 고식여석동야(故飾與舃同也). 동(冬), 피구가야(皮屨可也).

◆소(疏)

「동피구가야(冬皮屨可也)」. 석왈(釋曰) : 동시한(冬時寒), 허용피(許用皮), 고운(故云)「가야(可也)」.

부구총리(不屨總履)。

총구(總屨), 상구야(喪屨也). 루부회치왈총(縷不灰治曰總).

◆소(疏)

「부구총구(不屨總屨)」. 주(注)「총구(總屨)」지(至)「왈총(曰總)」. 석왈(釋曰) : 안(案)《상복(喪服)》기운(記云) :

「총최사승유반(總衰四升有半)。」총최기시상복(總衰既是喪服), 명총구역시상구(明總屨亦是喪屨), 고정운(故鄭云)「상구(喪屨)」야(也). 운(云)「루부회치왈총(縷不灰治曰總)」자(者), 참최관륙승(斬衰冠六升), 전운(傳云)「단이물회(鍛而勿灰)」, 즉사승반(則四升半), 부회치가지(不灰治可知).

언차자(言此者), 욕견대공미가이관자(欲見大功未可以冠子), 공인이관자(恐人以冠子), 고어구말인금지야(故於屨末因禁之也).

기(記)。

◆소(疏)

「기관의(記冠義)」. 석왈(釋曰) : 범언(凡言)「기(記)」자(者), 개시기경부비(皆是記經不備), 겸기경외원고지언(兼記經外遠古之言). 정주(鄭注)《연례(燕禮)》운(云) : 「후세최미(後世衰微), 유(幽)、려우심(厲尤甚), 례악지서(禮樂之書), 초초폐기(稍稍廢棄)。」개자이지후유기호(蓋自爾之後有記乎)？우안(又案)《상복(喪服)》기자하위지작전(記子夏爲之作傳), 부응자조(不應自造), 환자해지(還自解之). 기당재자하지전(記當在子夏之前), 공자지시(孔子之時), 미지정수소록(未知定誰所錄). 운(云)「관의(冠義)」자(者), 기(記)《사관(士冠)》중지의자(中之義者), 기시부동(記時不同), 고유이기(故有二記). 차칙재자하전(此則在子夏前). 기(其)《주례(周禮)。고공기(考工記)》, 육국시소록(六國時所錄), 고조진번멸전적(故遭秦燔滅典籍), 유(有)《위씨(韋氏)》、《조씨(雕氏)》궐(闕), 기기즉재진한지제유자가지(其記則在秦漢之際儒者加之), 고(故)《왕제(王制)》유정(有正)「청지극목지하(聽之棘木之下)」, 이시소기(異時所記), 고기언역수야(故其言亦殊也).

관의(冠義)。시관(始冠), 치포지관야(緇布之冠也)。대고관포(大古冠布), 자즉치지(齊則緇之)。기유야(其緌也), 공자왈(孔子曰) : 「오미지문야(吾未之聞也), 관이폐지가야(冠而敝之可也)。」

대고(大古), 당(唐)、우이상(虞以上). 유(緌), 영식(纓飾). 미지문(未之聞), 대고질(大古質)개역무식(蓋亦無飾). 중고(重古), 시관관기제관(始冠冠其齊冠). 백포관(白布冠), 금지상관시야(今之喪冠是也).

◆소(疏)

「시관(始冠)」지(至)「가야(可也)」. 주(注)「대고(大古)」지(至)「시야(是也)」. 석왈(釋曰) : 차경직언가치포관(此經直言加緇布冠), 부언유유무유(不言有緌無緌), 우부언가관지후차치포관경저이부(又不言加冠之後此緇布冠更著以不), 고언부유(故言不緌), 부경저지사야(不更著之事也). 운(云)「대고관포(大古冠布)」자(者), 위저백포관야(謂著白布冠也). 운(云)「자즉치지(齊則緇之)」자(者), 장제이제칙위치자(將祭而齊則爲緇者), 이귀신상유암야(以鬼神尚幽暗也). 운(云)「기유야(其緌也), 공자왈(孔子曰) : 오미지문야(吾未之聞也)」자(者), 공자시유유자(孔子時有緌者), 고비시인유지(故非時人緌之), 제후즉득저유(諸侯則得著緌), 고(故)《옥조(玉藻)》운(云) : 「치포관궤유(緇布冠繢緌), 제후지관야(諸侯之冠也)。」정운(鄭云) : 「존자식야(尊者飾也)。」원결일자사관부득유야(元缺一字士冠不得緌也). 운(云)「관이폐지가야(冠而敝之可也)」자(者), 거사이복관시용지(據士以蒥冠時用之), 관흘(冠訖), 즉폐거지부복(則敝去之不復)

저야(則撤去之不復著也)。 약서인유저지(若庶人猶著之), 고(故)《시(詩)》운(云) : 「피도인사(彼都人士), 대립치촬(臺笠緇撮)。」시용치포관롱기발(是用緇布冠籠其髮), 시서인상복지의(是庶人常服之矣)。 운(云)「대고(大古), 당(唐)、우이상(虞以上)」자(者), 차기여(此記與)《교특생(郊特牲)》개진삼대지관(皆陳三代之冠), 운모추(云牟追)、장보(章甫)、위모지등(委貌之等), 정주(鄭注)《교특생(郊特牲)》운(云) : 「삼대개제(三代改制), 제관부복용야(齊冠不復用也)。 이백포관질(以白布冠質), 이위상관야(以爲喪冠也)。」삼대기유차(三代既有此), 명대고시당(明大古是唐)、우이상가지(虞已上可知)。 운(云)「미지문(未之聞), 대고질(大古質), 개역무식(蓋亦無飾)」자(者), 차경거공자시비기저유(此經據孔子時非其著緌), 미지대고유유이부(未知大古有緌以不), 고정운대고질(故鄭云大古質), 무식야(無飾也)。 운(云)「중고(重古), 시관관기제관(始冠冠其齊冠)」자(者), 이경운시관치포지관(以經云始冠緇布之冠), 즉운대고관포칙제관일야(即云大古冠布則齊冠一也), 고정운관기제관야(故鄭云冠其齊冠也)。 운(云)「백포관자금지상관시야(白布冠者今之喪冠是也)」자(者), 이기대고시(以其大古時), 길흉동복백포관(吉兇同服白布冠), 미유상관(未有喪冠)。 삼대유모추지등(三代有牟追之等), 칙이백포관위상관(則以白布冠爲喪冠)。 약연(若然), 상복기자하우이하야(喪服起自夏禹以下也)。

적자관어조(適子冠於阼), 이저대야(以著代也)。 초어객위(醮於客位), 가유성야(加有成也)。 삼가미존(三加彌尊), 유기지야(諭其志也)。

초(醮), 하(夏)、은지례(殷之禮), 매가어조계(每加於阼階), 초지어객위(醮之於客位), 소이존경지(所以尊敬之), 성기위인야(成其爲人也)。 미유익야(彌猶益也)。 관복후가익존(冠服後加益尊)。 론기지자(論其志者), 욕기덕지진야(欲其德之進也)。

◆소(疏)

「적자(適子)」지(至)「성야(成也)」。 주(注)「초하(醮夏)」지(至)「인야(人也)」。 석왈(釋曰) : 차기인설하(此記人說夏)、은법(殷法), 가겸어주(可兼於周)。 이기어조급삼가개동(以其於阼及三加皆同), 유초례유이(唯醮禮有異), 고지거이이견일야(故知舉二以見一也)。

관이자지(冠而字之), 경기명야(敬其名也)。

명자(名者), 질(質), 소수어부모(所受於父母), 관성인(冠成人), 익문(益文), 고경지야(故敬之也)。

◆소(疏)

「관이(冠而)」지(至)「명야(名也)」。 주(注)「명자(名者)」지(至)「무지(無之)」。 석왈(釋曰) : 안(案)《내칙(內則)》운(云), 자생삼월부명지(子生三月父名之), 부언모(不言母)。 금운(今云)「수어부모(受於父母)」자(者), 부부일체(夫婦一體), 수부즉시수어모(受父即是受於母), 고겸언야(故兼言也)。 운(云)「관성인(冠成人), 익문(益文)」자(者), 대명시수어부모(對名是受於父母), 위질(爲質), 자자수어빈(字者受於賓), 위문(爲文)。 고군부지전칭명(故君父之前稱名), 지어타인칭자야(至於他人稱字也)。 시경정명야(是敬定名也)。

위모(委貌), 주도야(周道也)。 장보(章甫), 은도야(殷道也)。 무추(毋追), 하후씨지도야(夏后氏之道也)。

혹위위모위현관(或謂委貌爲玄冠)。 위유안야(委猶安也)。 언(言), 소이안정용모(所以安正容貌)。 장(章), 명야(明也)。 은질(殷質), 언이표명장부야(言以表明丈夫也)。 보(甫), 혹위부(或爲父), 금문위부(今文爲斧)。 무(毋), 발성야(發聲也)。 추유퇴야(追猶堆也)。 하후씨질(夏后氏質), 이기형명지(以其形名之)。 이관개소상복이행도야(二冠皆所常服以行道也), 기제지이동미지문(其制之異同未之聞)。

◆소(疏)

「위모(委貌)」지(至)「도야(道也)」。 석왈(釋曰) : 기인력진차삼대관자(記人歷陳此三代冠者), 상치포관야(上緇布冠也)。 제원결기차후이하(諸元缺起此侯已下), 시가지관(始加之冠), 차위모지등(此委貌之等)。 기인이경유치포관(記人以經有緇布冠)、피변(皮弁)、작변(爵弁)、현관(玄冠), 고환기치포관이하사종지관(故還記緇布冠以下四種之冠), 이해경지사자(以解經之四

者), 차위모즉해경(此委貌即解經)「역복(易服), 복현관(服玄冠)」시야(是也)。주(注)「위유(委猶)」지(至)「지문(之聞)」。석왈(釋曰)：운(云)「금문위부(今文爲斧)」자(者), 의무취(義無取), 고첩지부종야(故疊之不從也)。운(云)「무(毋), 발성야(發聲也)」자(者), 약재상위지발성(若在上謂之發聲), 재하위지조구(在下謂之助句), 의무취(義無取), 즉시발성야(則是發聲也)。운(云)「삼관개소상복이행도(三冠皆所常服以行道)」자(者), 이석경삼대개언도(以釋經三代皆言道), 시제후조복지관(是諸侯朝服之冠), 재조이행도덕자야(在朝以行道德者也)。운(云)「기제지이동미지문(其制之異同未之聞)」자(者), 위모(委貌)、현관어례도유제(玄冠於禮圖有制), 단장보(但章甫)、무추상여(毋追相與), 이동미문야(異同未聞也)。

주변(周弁), 은후(殷冔), 하수(夏收)。

변명출어반(弁名出於槃)。반(槃), 대야(大也), 언소이자광대야(言所以自光大也)。후명출어무(冔名出於幠)。무(幠), 복야(覆也), 언소이자복식야(言所以自覆飾也)。수(收), 언소이수렴발야(言所以收斂髮也)。자소복이제야(齊所服而祭也), 기제지이역미문(其制之異亦未聞)。

◆소(疏)

주(注)「변명(弁名)」지(至)「미문(未聞)」。석왈(釋曰)：우력진차삼자(又歷陳此三者), 욕견삼대가관개유변(欲見三代加冠皆有弁)。운(云)「주변(周弁)」자(者), 변시고관지대호(弁是古冠之大號), 비직함륙면(非直含六冕), 역겸작변어기중(亦兼爵弁於其中)。견사지삼가지관자작변자(見士之三加之冠者爵弁者), 고운변(故云弁), 변자관명야(弁者冠名也)。운(云)「변명출어반(弁名出於槃)。반(槃), 대야(大也)」자(者), 무정문(無正文), 정이의해지(鄭以意解之)。《론어(論語)》운(云)「복주지면(服周之冕)」, 이오색소복유문식(以五色繅服有文飾), 즉지유덕(則知有德), 고운(故云)「언소이자광대야(言所以自光大也)」。운(云)「후명출어무(冔名出於幠)。무(幠), 복야(覆也), 언소이자복식야(言所以自覆飾也)。수(收), 언소이수렴발야(言所以收斂髮也)」자(者), 개이의해지야(皆以意解之也)。운(云)「제지이역미문(制之異亦未聞)」자(者), 안(案)《한례기제도(漢禮器制度)》변면(弁冕)、《주례(周禮)。변사(弁師)》상참(相參)。주지면이목위체(周之冕以木爲體), 광팔촌(廣八寸), 장척륙촌(長尺六寸), 적마삼십승포위지(績麻三十升布爲之), 상이현(上以玄), 하이훈(下以纁), 전후유류(前後有旒), 존비각유차등(尊卑各有差等)。천자옥계주굉(天子玉笄朱紘), 기제가문(其制可聞)。운미문자(云未聞者), 단하(但夏)、은지례망(殷之禮亡), 기제여주이(其制與周異), 역가상미문야(亦加上未聞也)。

삼왕공피변(三王共皮弁)、소적(素積)。

질부변(質不變)。

◆소(疏)

주(注)「질부변(質不變)」。석왈(釋曰)：차역삼대자천자하지사개시재가(此亦三代自天子下至士皆是再加), 당재주변삼가지상(當在周弁三加之上), 퇴지재하자(退之在下者), 욕견차시삼대지관(欲見此是三代之冠), 백왕동지(百王同之), 무별대지칭야(無別代之稱也)。고(故)《교특생(郊特牲)》운(云)「삼왕공피변(三王共皮弁)」, 주운(注云)：「소부역어선대(所不易於先代)。」고(故)《효경(孝經)》역운백왕동지(亦云百王同之), 부개역야(不改易也)。약연백왕동지(若然百王同之), 언삼왕공자(言三王共者), 이손익지극(以損益之極), 극어삼왕(極於三王)。우상삼관역거삼대(又上三冠亦據三代), 고운(故云)「삼왕기피변(三王其皮弁)」。기실선대후대개부역(其實先代後代皆不易), 시이정운질부변야(是以鄭云質不變也)。

무대부관례(無大夫冠禮), 이유기혼례(而有其昏禮)。고자오십이후작(古者五十而后爵), 하대부관례지유(何大夫冠禮之有)。

거시유미관이명위대부자(據時有未冠而命爲大夫者)。주지초례(周之初禮), 년미오십이유현재자(年未五十而有賢才者), 시이대부지사(試以大夫之事), 유복사복(猶服士服), 행사례(行士禮)。이십이관(二十而冠), 급성인야(急成人也)。오십내작(五十乃爵), 중관인야(重官人也)。대부혹시개취(大夫或時改娶), 유혼례시야(有昏禮是也)。

◆소(疏)

「무대(無大)」지(至)「지유(之有)」。석왈(釋曰) : 차경소진(此經所陳), 욕견무대부관례지사(欲見無大夫冠禮之事)。유대부관례(有大夫冠禮), 기자비지(記者非之)。주(注)「거시(據時)」지(至)「시야(是也)」。석왈(釋曰) : 정운(鄭云)「거시유미관이명위대부(據時有未冠而命為大夫)」자(者), 언주말작기지시(言周末作記之時), 유이십이전미가관이명위대부자(有二十已前未加冠而命為大夫者), 기비지야(記非之也)。운(云)「주지초례(周之初禮), 년미오십이유현재자(年未五十而有賢才者), 시이대부지사(試以大夫之事), 유복사복(猶服士服), 행사례(行士禮)」자(者), 정해고자오십이후작(鄭解古者五十而後爵), 하대부관례지유(何大夫冠禮之有)？시고자미유(是古者未有), 주대부유관례(周大夫有冠禮), 고비지(故非之)。차정운미오십(此鄭云未五十), 칙이십이사(則二十已士), 혹유미이십유현재(或有未二十有賢才), 역득시위대부자(亦得試為大夫者), 고(故)《상복(喪服)》「상복공장(殤葍功章)」운(云)「대부위곤제지장상(大夫為昆弟之長殤)」, 정운(鄭云) : 「대부위곤제지장상소공(大夫為昆弟之長殤小功), 위사약불사(謂士若不仕), 이차지위대부무상복(以此知為大夫無殤服)。」언위대부무상복(言為大夫無殤服), 위형상재소공(謂兄殤在小功), 칙형십구이하(則兄十九已下), 사대부칙십구이하기위형상복(死大夫則十九已下既為兄殤服), 기위대부(己為大夫), 즉조관의(則早冠矣)。대부관이부위원결지차상고야(大夫冠而不為元缺止此殤故也)。수조관(雖早冠), 역행사례이관(亦行士禮而冠), 시대부무관례야(是大夫無冠禮也)。운(云)「이십이관(二十而冠), 급성인야(急成人也)。오십내작(五十乃爵), 중관인야(重官人也)」자(者), 해시위대부이십(解試為大夫二十), 즉기작명요대오십의야(則其爵命要待五十意也)。운(云)「대부혹시개취(大夫或時改娶), 유혼례(有昏禮)」자(者), 석경(釋經)「이유기혼례(而有其昏禮)」, 이기삼십이취(以其三十而取), 오십내명위대부(五十乃命為大夫), 즉혼시유위사(則昏時猶為士), 하득유대부혼례호(何得有大夫昏禮乎) 오십사후용개취(五十已後容改娶), 고유대부혼례야(故有大夫昏禮也)。

약연(若然), 안하문(案下文)「고자생무작(古者生無爵)」, 정운(鄭云) : 「고위은(古謂殷)。」차경이고위주초자(此經以古為周初者), 하운(下云)「고자생무작(古者生無爵)」, 대주시사생유작(對周時士生有爵), 고지고자생무작(故知古者生無爵), 거은야(據殷也)。금차운고자(今此云古者), 이주말시대부관(以周末時大夫冠), 대주초시무(對周初時無), 약이고자위은시(若以古者為殷時), 즉주가유대부관례(則周家有大夫冠禮), 하득언주말시유호(何得言周末始有乎)？명고자거초이언야(明古者據初而言也)。

공후지유관례야(公侯之有冠禮也), 하지말조야(夏之末造也)。

조(造), 작야(作也)。자하초이상(自夏初以上), 제후수부사자계(諸侯雖父死子繼), 년미만오십자역복사복(年未滿五十者亦服士服), 행사례(行士禮), 오십내명야(五十乃命也)。지기쇠말(至其衰末), 상하상란(上下相亂), 찬살소유생(篡殺所由生), 고작공후관례이정군신야(故作公侯冠禮以正君臣也)。《방기(坊記)》왈(曰) : 「군부여동성동차(君不與同姓同車), 여이성동차부동복(與異姓同車不同服), 시민부혐야(示民不嫌也)。이차방민(以此坊民), 민유득동성이살기군야(民猶得同姓以殺其君也)。」

◆소(疏)

「공후(公侯)」지(至)「조야(造也)」。주(注)「조작(造作)」지(至)「군자(君者)」。석왈(釋曰) : 기인언차자(記人言此者), 욕견하이상이상(欲見夏初已上), 수제후지귀(雖諸侯之貴), 미유제후관례(未有諸侯冠禮), 유의사례(猶依士禮), 고기지어(故記之於)《사관편(士冠篇)》말야(末也)。운(云)「자하초이상(自夏初以上)」자(者), 이경운(以經云)「공후지유관례(公侯之有冠禮), 하지말조(夏之末造)」, 명하초미유(明夏初未有)。

언(言)「이상(以上)」자(者), 하이전당(夏已前唐)、우지등(虞之等), 역미유제후관례야(亦未有諸侯冠禮也)。미만오십자역복사복행사례(未滿五十者亦服士服行士禮), 오십내명야자(五十乃命也者)。기운복사복(既云服士服), 행사례(行士禮), 역여상문오십이후작(亦如上文五十而後爵), 하공후관례지유(何公侯冠禮之有).이기여대부동미오십복행사례야(以其與大夫同未五十服行士禮也)。운(云)「지기쇠미(至其衰末), 상하상란(上下相亂)」지(至)「이정군신야(以正君臣也)」자(者), 해경하지말조공후관례야(解經夏之末造公侯冠禮也)。인(引)《방기(坊記)》자(者), 욕견하말이후제제후관례(欲見夏末以後制諸侯冠禮), 이방제후상찬시지사야(以防諸侯相篡弒之事也)。

운(云)「동차(同車)」자(者), 위참승위차(謂參乘爲車), 우급어자야(右及禦者也). 운(云)「부동복(不同服)」자(者), 안(案)《옥조(玉藻)》운(云) : 「군지우호구(君之右虎裘), 궐좌랑구(厥左狼裘)。」 우운부우항조복(又云仆右恆朝服), 군칙각이시사복(君則各以時事服), 시부동복(是不同服). 차위비재군시(此謂非在軍時). 약재군시(若在軍時), 군신동복위변복야(君臣同服韋弁服也).

천자지원자유사야(天子之元子猶士也), 천하무생이귀자야(天下無生而貴者也).

원자(元子), 세자야(世子也). 무생이귀(無生而貴), 개유하승(皆由下升).

◆소(疏)

「천자(天子)」지(至)「자야(者也)」. 주(注)「원자(元子)」지(至)「하승(下升)」. 석왈(釋曰) : 차기자견천자원자관시(此記者見天子元子冠時), 역의사관례(亦依士冠禮), 고어차겸기지야(故於此兼記之也). 천자지원자수사가여십이이관(天子之元子雖四加與十二而冠), 기행사유의사례(其行事猶依士禮), 고운(故云)「유사(猶士)」야(也). 원자상부득생이귀(元子尚不得生而貴), 칙천하지인역무생이귀자야(則天下之人亦無生而貴者也). 운(云)「무생이귀(無生而貴), 개유하승(皆由下升)」자(者), 천자원자관시행사례(天子元子冠時行士禮), 후(後)계세위천자(繼世爲天子), 시유하승(是由下升). 자여천하지인(自餘天下之人), 종미지저(從微至著), 개유하승야(皆由下升也).

계세이립제후(繼世以立諸侯), 상현야(象賢也).

상(象), 법야(法也). 위자손능법선조지현(爲子孫能法先祖之賢), 고사지계세야(故使之繼世也).

◆소(疏)

「계세(繼世)」지(至)「현야(賢也)」. 석왈(釋曰) : 기차자욕견상언천자지자관행사례(記此者欲見上言天子之子冠行士禮), 차제후지자관역행사례(此諸侯之子冠亦行士禮), 이기사지자항위사(以其士之子恆爲士), 유계세지의(有繼世之義). 제후지자역계세(諸侯之子亦繼世), 상부조지현(象父祖之賢). 수계세상현(雖繼世象賢), 역무생이귀자(亦無生而貴者), 행사관례(行士冠禮), 고기지어차야(故記之於此也). 운(云)「능법선조지현(能法先祖之賢)」자(者), 범제후출봉(凡諸侯出封), 개유유덕(皆由有德). 약(若)《주례(周禮)。전명(典命)》운(云) : 「삼공팔명(三公八命), 기경륙명(其卿六命), 대부사명(大夫四命). 급기출봉(及其出封), 개가일등(皆加一等)。」 출위오등제후(出爲五等諸侯), 즉위시봉지군(即爲始封之君), 시기현야(是其賢也). 어후자손계립자(於後子孫繼立者), 개부훼시조지묘(皆不毀始祖之廟), 시상선조지현야(是象先祖之賢也).

이관작인(以官爵人), 덕지살야(德之殺也).

살유쇠야(殺猶衰也). 덕대자작이대관(德大者爵以大官), 덕소자작이소관(德小者爵以小官).

◆소(疏)

「이관(以官)」지(至)「살야(殺也)」. 주(注)「살유(殺猶)」지(至)「소관(小官)」. 석왈(釋曰) : 기인기차자(記人記此者), 욕견사자종사지대부이관(欲見仕者從士至大夫而冠), 무대부관례자야(無大夫冠禮者也). 운(云)「이관작인(以官爵人)」자(者), 이(以), 용야(用也), 위용관작명어인야(謂用官爵命於人也). 운(云)「덕지살야(德之殺也)」자(者), 살(殺), 쇠야(衰也), 이덕대소위쇠살(以德大小爲衰殺), 고정운(故鄭云)「덕대자작이대관(德大者爵以大官), 덕소자작이소관(德小者爵以小官)」관자(官者), 관령위명(管領爲名). 작자(爵者), 위차고하지칭야(位次高下之稱也).

사이시(死而諡), 금야(今也). 고자생무작(古者生無爵), 사무시(死無諡).

금(今), 위주최(謂周衰), 기지시야(記之時也). 고(古), 위은(謂殷). 은사생부위작(殷士生不爲爵), 사부위시(死不爲諡). 주제이사위작(周制以士爲爵), 사유부위시이(死猶不爲諡耳), 하대부야(下大夫也). 금기지시(今記之時), 사사칙시지(士死則諡之), 비야(非也). 시지(諡之), 유로장공시야(由魯莊公始也).

◆소(疏)

「사이(死而)」지(至)「무시(無諡)」。주(注)「금위(今謂)」지(至)「시야(始也)」。석왈(釋曰)：기인기차자(記人記此者), 욕견자상소진관례이사위본자(欲見自上所陳冠禮以士爲本者), 유무생이귀(由無生而貴), 개종사천자이승야(皆從士賤者而升也)。운(云)「사이시(死而諡), 금야(今也)」자(者), 거사생시수유작(據士生時雖有爵), 소부합유시(所不合有諡), 약사이시지(若死而諡之), 정위금주최지시야(正謂今周衰之時也)。운(云)「고자생무작(古者生無爵), 사무시(死無諡)」자(者), 고위은이전(古謂殷以前), 하지시(夏之時), 사생무작(士生無爵), 사무시(死無諡), 시사천(是士賤)。금고개부합유시야(今古皆不合有諡也)。정운(鄭云)「금위주쇠(今謂周衰), 기지시야(記之時也)」자(者), 이기자자운금야(以記者自云今也), 명환거주쇠기지시(明還據周衰記之時)。안(案)《례운(禮運)》운(云)：「공자왈(孔子曰)：아관주도(我觀周道), 유(幽)、여상지(厲傷之)。」시주최야(是周衰也)。자차이후(自此已後), 시유작기(始有作記), 고운주최기지시야(故云周衰記之時也)。운(云)「고위은(古謂殷)」자(者), 주시사유작(周時士有爵), 고지고위은(故知古謂殷)。운(云)「은사생부위작(殷士生不爲爵), 사부위시(死不爲諡)」자(者), 대주사생유작(對周士生有爵), 사유부시야(死猶不諡也)。운(云)「주제이사위작(周制以士爲爵), 사유부시이(死猶不諡耳), 하대부야(下大夫也)」자(者), 안(案)《주례(周禮)。장객직(掌客職)》운(云)：「군개(群介)、행인(行人)、재사(宰史), 이기작등위지뢰례지진수(以其爵等爲之牢禮之陳數)。」정주운(鄭注云)：「이명수즉참차난등(以命數則參差難等), 약어신(略於臣), 용작이이(用爵而已)。」군개(群介)、행인개사(行人皆士), 고지주사유작(故知周士有爵)。수유작(雖有爵), 사유부시(死猶不諡)。경대부이상칙유시야(卿大夫已上則有諡也)。운(云)「금기지시(今記之時), 사사칙시지(士死則諡之), 비야(非也)」자(者), 해경사이시(解經死而諡), 금야(今也)。운(云)「시지(諡之), 유로장공시야(由魯莊公始也)」자(者), 안(案)《예기(禮記)。단궁(檀弓)》운(云)：「로장공급송인전어승옥(魯莊公及宋人戰於乘玉), 현분부어(縣賁父禦), 복국위우(葡國爲右)。마경(馬驚), 패적(敗績), 공추(公墜), 좌차수수(佐車授綏)。공왈(公曰)：「미지복야(未之葡也)。」현분부왈(縣賁父曰)：「타일부패적(他日不敗績), 이금패적(而今敗績), 시무용야(是無勇也)。」수사지(遂死之)。어인욕마(圉人浴馬), 유류시재백육(有流矢在白肉)。공왈(公曰)：「비기죄야(非其罪也)。」수뢰지(遂誄之)。」사지유뢰(士之有誄), 자로장공시야(自魯莊公始也)。약연(若然), 작기전장공뢰사지기시역행지(作記前莊公誄士至記時亦行之), 고차례운(故此禮云)「사이시금야(死而諡今也)」, 고정운(故鄭云)「금위주쇠(今謂周衰)」지시야(之時也)。안(案)《교특생(郊特牲)》운(云)：「사이시지(死而諡之), 금야(今也)。고자생무작(古者生無爵), 사무시(死無諡)。」정주운(鄭注云)：「고위은이전야(古謂殷以前也)。대부이상내위지작(大夫以上乃謂之爵), 사유시야(死有諡也)。」이차이언(以此而言), 즉은대부이상사유시(則殷大夫以上死有諡)。이(而)《단궁(檀弓)》운(云)「유명(幼名), 관자(冠字), 오십백중(五十伯仲), 사시(死諡), 주도야(周道也)」자(者), 은이전개인생호위시(殷已前皆因生號爲諡), 약요(若堯)、순(舜)、탕지속시야(湯之屬是也)。인생호이시(因生號以諡), 고부득시명(故不得諡名)。주례사칙별위시(周禮死則別爲諡), 고운사시(故云死諡), 주도야(周道也)。

사혼례(士昏禮)

혼례(昏禮)。하달(下達)。납채(納采), 용안(用雁)。주인연어호서(主人筵於戶西), 서상(西上), 우기(右幾)。사자현단지(使者玄端至)。빈자출청사(擯者出請事), 입고(入告)。주인여빈복(主人如賓服), 영어문외(迎於門外), 재배(再拜), 빈부답배(賓不答拜)。읍입(揖入)。지어묘문(至於廟門), 읍입(揖入)；삼읍(三揖), 지어계(至於階), 삼양(三讓)。주인이빈승(主人以賓升), 서면(西面)。빈승서계(賓升西階)。당아(當阿), 동면치명(東面致命)。주인조계상북면재배(主人阼階上北面再拜)；수어영간(授於楹間), 남면(南面)。빈강(賓降), 출(出)。주인강(主人降), 수로안(授老雁)。빈자출청(擯者出請)。빈집안(賓執雁), 청문명(請問名), 주인허(主人許)。빈입(賓入)수(授), 여초례(如初禮)。빈자출청(擯者出請), 빈고사개(賓告事皆)。입고(入告), 출청례빈(出請醴賓)。빈례사(賓禮辭), 허(許)。주인철기(主人徹幾), 개연(改筵), 동상(東上)。측존무례어방중(側尊甒醴於房中)。주인영빈어묘문외(主人迎賓於廟門外), 읍양여초(揖讓如初), 승(升)。주인북면(主人北面), 재배(再拜), 빈서계상북면답배(賓西階上北面答拜)。주인불기수교(主人拂幾授校), 배송

(拜送)。 빈이기피(賓以幾辟), 북면설어좌(北面設於坐), 좌지(左之), 서계상답배(西階上答拜)。 찬자작례(贊者酌醴), 가각사(加角柶), 면엽(面葉), 출어방(出於房)。 주인수례(主人受醴), 면방(面枋), 연전서북면(筵前西北面)。 빈배수례(賓拜受醴), 복위(復位)。 주인조계상배송(主人阼階上拜送)。 찬자천포해(贊者薦脯醢)。 빈즉연좌(賓即筵坐), 좌집치(左執觶), 제포해(祭脯醢), 이사제례삼(以柶祭醴三), 서계상북면좌(西階上北面坐), 쵀례(啐醴), 건사(建柶), 흥(興) 좌전치(坐奠觶), 수배(遂拜)。 주인답배(主人答拜)。 빈즉연(賓即筵), 전어천좌(奠於薦左), 강연(降筵), 북면좌취포(北面坐取脯) ; 주인사(主人辭)。 빈강(賓降), 수인포(授人脯), 출(出)。 주인송어문외(主人送於門外), 재배(再拜)。

납길용안(納吉用雁), 여납채례(如納采禮)。

납징(納徵) : 현훈속백(玄纁束帛), 려피(儷皮)。 여납길례(如納吉禮)。

청기(請期), 용안(用雁)。 주인사(主人辭)。 빈허(賓許), 고기(告期), 여납징례(如納徵禮)。

기(期), 초혼(初昏), 진삼정어침문외동방(陳三鼎於寢門外東方), 북면(北面), 북상(北上)。 기실특돈(其實特豚), 합승(合升), 거제(去蹄)。 거폐척이(擧肺脊二)、제폐이(祭肺二)、어십유사(魚十有四)、랍일순(臘一肫)。 비부승(髀不升)。 개임(皆飪)。 설경멱(設扃鼏)。 설세어조계동남(設洗於阼階東南)。 찬어방중(饌於房中) : 혜장이두(醯醬二豆), 저해사두(菹醢四豆), 겸건지(兼巾之) : 서직사돈(黍稷四敦), 개개(皆蓋)。 대갱읍재찬(大羹湆在爨)。 존어실중북용하(尊於室中北墉下), 유금(有禁), 현주재서(玄酒在西), 격멱(綌鼏), 가작(加勺), 개남방(皆南枋)。 존어방호지동(尊於房戶之東), 무현주(無玄酒), 비재남(篚在南), 실사작합근(實四爵合巹)。

주인작변(主人爵弁), 훈상치이(纁裳緇袘)。 종자필현단(從者畢玄端)。 승묵차(乘墨車), 종차이승(從車二乘), 집촉전마(執燭前馬)。 부차역여지(婦車亦如之), 유시염(有示炎)。 지어문외(至於門外)。 주인연어호서(主人筵於戶西), 서상(西上), 우기(右幾)。 녀차(女次), 순의훈영(純衣纁袡), 립어방중(立於房中), 남면(南面)。 모리계소의(姆纚笄宵衣), 재기우(在其右)。 녀종자필진현(女從者畢袗玄), 리계(纚笄), 피리보(被纚黼), 재기후(在其後)。 주인현단영어문외(主人玄端迎於門外), 서면재배(西面再拜), 빈동면답배(賓東面答拜)。 주인읍입(主人揖入), 빈집안종(賓執雁從)。 지어묘문(至於廟門), 읍입(揖入)。 삼읍(三揖), 지어계(至於階), 삼양(三讓)。 주인승(主人升), 서면(西面)。 빈승(賓升), 북면(北面), 전안(奠雁), 재배계수(再拜稽首), 강(降), 출(出)。 부종(婦從), 강자서계(降自西階)。 주인부강송(主人不降送)。 서어부차(婿御婦車), 수수(授綏), 모사부수(姆辭不受)。 부승이기(婦乘以幾), 모가경(姆加景), 내구(乃驅)。 어자대(御者代)。 서승기차선(婿乘其車先), 사어문외(俟於門外)。

부지(婦至), 주인읍부이입(主人揖婦以入)。 내침문(乃寢門), 읍입(揖入), 승자서계(升自西階), 잉포석어오(媵布席於奧)。 부입어실(夫入於室), 즉석(即席), 부존서(婦尊西), 남면(南面)。 잉어옥관교(媵御沃盥交)。 찬자철존멱(贊者徹尊冪)。 거자관(擧者盥), 출(出), 제(除){왈정(曰鼎)}, 거정입(擧鼎入), 진어조계남(陳於阼階南), 서면(西面), 북상(北上)。 비조종설(匕俎從設), 북면재(北面載), 집이사(執而俟)。 비자역퇴(匕者逆退), 복위어문동(復位於門東), 북면(北面), 서상(西上)。 찬자설장어석전(贊者設醬於席前), 저해재기북(菹醢在其北)。 조입(俎入), 설어두동(設於豆東)。 어차(魚次)。 랍특어조북(臘特於俎北)。 찬설서어장동(贊設黍於醬東), 직재기동(稷在其東)。 설읍어장남(設湆於醬南)。 설대장어동(設對醬於東), 저해재기남(菹醢在其南), 북상(北上)。 설서어랍북(設黍於臘北), 기서직(其西稷)。 설읍어장북(設湆於醬北)。 어포대석(御布對席), 찬계회(贊啟會), 각어돈남(卻於敦南), 대돈어북(對敦於北)。 찬고구(贊告具)。 읍부(揖婦), 즉대연(即對筵), 개좌(皆坐)。 개제(皆祭), 제천(祭薦)、서(黍)、직(稷)、폐(肺)。 찬이서(贊爾黍), 수폐척(授肺脊), 개식(皆食), 이읍장(以湆醬), 개제거(皆祭擧)、식거야(食擧也)。 삼반(三飯), 졸식(卒食)。 찬세작(贊洗爵), 작윤주인(酌酳主人), 주인배수(主人拜受), 찬호내북면답배(贊戶內北面答拜)。 윤부역여지(酳婦亦如之)。 개제(皆祭)。 찬이간종(贊以肝從), 개진제(皆振祭)。 제간(嚌肝), 개실어저두(皆實於菹豆)。 졸작(卒爵), 개배(皆拜)。 찬답배(贊答拜), 수작(受爵), 재윤여초(再酳如初), 무종(無從), 삼윤용근(三酳用巹), 역여지(亦如之)。 찬세작(贊洗爵), 작어호외존(酌於戶外尊), 입호(入戶), 서북면전작(西北面奠爵), 배(拜)。 개답배(皆答拜)。 좌제(坐祭), 졸작(卒爵), 배(拜)。 개답배(皆答拜)。 흥(興)。 주인출(主人出), 부복

위(婦復位)。 내철어방중(乃徹於房中), 여설어용실(如設於用室), 존부(尊否)。 주인설복어방(主人說服於房), 잉수(媵受)；부설복어실(婦說服於室), 어수(御受)。 모수건(姆授巾)。 어임어오(御衽於奧), 잉임량석재동(媵衽良席在東), 개유침(皆有枕), 북지(北止)。 주인입(主人入), 친설부지영(親說婦之纓)。 촉출(燭出)。 잉준주인지여(媵餕主人之餘), 어준부여(御餕婦余), 찬작외존윤지(贊酌外尊酳之)。 잉시어호외(媵侍於戶外), 호칙문(呼則聞)。

숙흥(夙興), 부목욕(婦沐浴), 리계(纚笄)、소의이사견(宵衣以俟見)。 질명(質明), 찬견부어구고(贊見婦於舅姑)。 석어조(席於阼), 구즉석(舅即席)。 석어방외(席於房外), 남면(南面), 고즉석(姑即席)。 부집구조(婦執□棗)、률(栗), 자문입(自門入), 승자서계(升自西階), 진배(進拜), 전어석(奠於席)。 구좌무지(舅坐撫之), 흥(興), 답배(答拜)。 부환(婦還), 우배(又拜), 강계(降階), 수구단수(受□腵脩), 승(升), 진(進), 북면배(北面拜), 전어석(奠於席)。 고좌거이흥(姑坐舉以興), 배(拜), 수인(授人)。

찬례부(贊醴婦)。 석어호유간(席於戶牖間), 측존무례어방중(側尊甒醴於房中)。 부의립어석서(婦疑立於席西)。 찬자작례(贊者酌醴), 가사(加柶), 면방(面枋), 출방(出房), 석전북면(席前北面)。 부동면배수(婦東面拜受)。 찬서계상북면배송(贊西階上北面拜送)。 부우배(婦又拜)。 천포해(薦脯醢)。 부승석(婦升席), 좌집치(左執觶), 우제포해(右祭脯醢), 이사제례삼(以柶祭醴三), 강석(降席), 동면좌(東面坐), 쵀례(啐醴), 건사(建柶), 흥(興), 배(拜)。 찬답배(贊答拜)。 부우배(婦又拜), 전어천동(奠於薦東), 북면좌취포(北面坐取脯)；강(降), 출(出), 수인어문외(授人於門外)。

구고입어실(舅姑入於室), 부관궤(婦盥饋)。 특돈(特豚), 합승(合升), 측재(側載), 무어랍(無魚臘), 무직(無稷)。 병남상(並南上)。 기타여취녀례(其他如取女禮)。 부찬성제(婦贊成祭), 졸식(卒食), 일윤(一酳), 무종(無從)。 석어북용하(席於北墉下)。 부철(婦撤), 설석전여초(設席前如初), 서상(西上)。 부준(婦餕), 구사(舅辭), 역장(易醬)。 부준고지찬(婦餕姑之饌), 어찬제두(御贊祭豆)、서(黍)、폐(肺)、거폐(舉肺)、척(脊), 내식(乃食), 졸(卒)。 고윤지(姑酳之), 부배수(婦拜受), 고배송(姑拜送)。 좌제(坐祭), 졸작(卒爵), 고수(姑受), 전지(奠之)。 부철어방중(婦撤於房中), 잉어준(媵御餕), 고윤지(姑酳之), 수무제(雖無娣), 잉선(媵先)。 어시여시반지착(於是與始飯之錯)。

구고공향부이일헌지례(舅姑共饗婦以一獻之禮)。 구세어남세(舅洗於南洗), 고세어북세(姑洗於北洗), 전수(奠酬)。 구고선강자서계(舅姑先降自西階), 부강자조계(婦降自阼階)。 귀부조어부씨인(歸婦俎於婦氏人)。

구향송자이일헌지례(舅饗送者以一獻之禮), 수이속금(酬以束錦)。 고향부인송자(姑饗婦人送者), 수이속금(酬以束錦)。 약이방(若異邦), 즉증장부송자이속금(則贈丈夫送者以束錦)。

약구고기몰(若舅姑既沒), 즉부입삼월(則婦入三月), 내전채(乃奠菜)。 석어묘오(席於廟奧), 동면(東面), 우기(右幾)。 석어북방(席於北方), 남면(南面)。 축관(祝盥), 부관어문외(婦盥於門外)。 부집(婦執)□채(菜), 축수부이입(祝帥婦以入)。 축고(祝告), 칭부지성(稱婦之姓), 왈(曰)：「모씨래부(某氏來婦), 감전가채어황구모자(敢奠嘉菜於皇舅某子)。」 부배급지(婦拜扱地), 좌전채어기동석상(坐奠菜於幾東席上), 환(還), 우배여초(又拜如初)。 부강당(婦降堂), 취(取)채(菜), 입(入), 축왈(祝曰)：「모씨래부(某氏來婦), 감고어황고모씨(敢告於皇姑某氏)。」 전채어석(奠菜於席), 여초례(如初禮)。 부출(婦出), 축합유호(祝闔牖戶)。 노례부어방중(老醴婦於房中), 남면(南面), 여구고례부지례(如舅姑醴婦之禮)。 서향부송자장부(婿饗婦送者丈夫)、부인(婦人), 여구고향례(如舅姑饗禮)。

기사혼례(記士昏禮), 범행사필용혼흔(凡行事必用昏昕), 수제니묘(受諸禰廟), 사무부전(辭無不腆), 무욕(無辱)。 지부용사(摯不用死), 피백필가제(皮帛必可制)。 납필용선(臘必用鮮), 어용부(魚用鮒), 필효전(必殽全)。 녀자허가(女子許嫁), 계이례지(笄而醴之), 칭자(稱字)。 조묘미훼(祖廟未毀), 교어공궁(教於公宮), 삼월(三月)。 약조묘이훼(若祖廟已毀), 칙교어종실(則教於宗室)。 문명(問名)。 주인수안(主人受雁), 환(還), 서면대(西面對)。 빈수명내강(賓受命乃降)。 제례(祭醴), 시급일제(始扱一祭), 우급재제(又扱再祭)。 빈우취포(賓右取脯), 좌봉지(左奉之)；

내귀(乃歸), 집이반명(執以反命). 납징(納徵) : 집피(執皮), 섭지(攝之), 내문(內文) ; 겸집족(兼執足), 좌수(左首) ; 수입(隨入), 서상(西上) ; 참분정일(參分庭一), 재남(在南). 빈치명(賓致命), 석외족(釋外足), 견문(見文). 주인수폐(主人受幣), 사수피자동출어후(士受皮者自東出於後), 자좌수(自左受), 수좌섭피(遂坐攝皮). 역퇴(逆退), 적동벽(適東壁).

부례녀이사영자(父醴女而俟迎者), 모남면어방외(母南面於房外). 여출어모좌(女出於母左), 부서면계지(父西面戒之), 필유정언(必有正焉). 약의(若衣), 약계(若笄), 모계제서계상(母戒諸西階上), 부강(不降). 부승이기(婦乘以幾), 종자이인좌지기(從者二人坐持幾), 상대(相對). 부입침문(婦入寢門), 찬자철존멱(贊者徹尊冪), 작현주(酌玄酒), 삼속어존(三屬於尊), 기여수어당하계간(棄余水於堂下階間), 가작(加勺). 치피훈리(緇被纁里), 가어교(加於橋). 구답배(舅答拜), 재철(宰徹) .

부석천찬어방(婦席薦饌於房). 향부(饗婦), 고천언(姑薦焉). 부세재북당(婦洗在北堂), 직실동우(直室東隅) ; 비재동(篚在東), 북면관(北面盥). 부초구(婦酢舅), 경작(更爵), 자천(自薦) ; 부감사세(不敢辭洗), 구강즉피어방(舅降則辟於房) ; 부감배세(不敢拜洗). 범부인상향(凡婦人相饗), 무강(無降).

부입삼월(婦入三月), 연후제행(然後祭行).

서부(庶婦), 즉사인초지(則使人醮之). 부부궤(婦不饋).

혼사왈(昏辭曰) : 「오자유혜(吾子有惠), 황실모야(貺室某也). 모유선인지례(某有先人之禮), 사모야청납채(使某也請納采). 」대왈(對曰) : 「모지자용우(某之子春愚), 우불능교(又弗能教). 오자명지(吾子命之), 모부감사(某不敢辭). 」치명(致命), 왈(曰) : 「감납채(敢納采). 」

문명(問名), 왈(曰) : 「모기수명(某既受命), 장가제복(將加諸卜), 감청녀위수씨(敢請女爲誰氏)? 」대왈(對曰) : 「오자유명(吾子有命), 차이비수이택지(且以備數而擇之), 모부감사(某不敢辭). 」

예(醴), 왈(曰) : 「자위사고(子爲事故), 지어모지실(至於某之室). 모유선인지례(某有先人之禮), 청례종자(請醴從者). 」대왈(對曰) : 「모기득장사의(某既得將事矣), 감사(敢辭). 」「선인지례(先人之禮), 감고이청(敢固以請). 」「모사부득명(某辭不得命), 감부종야(敢不從也)」

납길(納吉), 왈(曰) : 「오자유황명(吾子有貺命), 모가제복(某加諸卜), 점왈(占曰)『길(吉)』. 사모야감고(使某也敢告). 」대왈(對曰) : 「모지자부교(某之子不教), 유공불감(唯恐弗堪). 자유길(子有吉), 아여재(我與在). 모부감사(某不敢辭). 」

납징(納徵), 왈(曰) : 「오자유가명(吾子有嘉命), 황실모야(貺室某也). 모유선인지례(某有先人之禮), 여피속백(儷皮束帛), 사모야청납징(使某也請納徵). 」치명(致命), 왈(曰) : 「모감납징(某敢納徵). 」대왈(對曰) : 「오자순선전(吾子順先典), 황모중례(貺某重禮), 모부감사(某不敢辭), 감부승명(敢不承命)? 」

청기(請期), 왈(曰) : 「오자유사명(吾子有賜命), 모기신수명의(某既申受命矣). 유시삼족지부우(惟是三族之不虞), 사모야청길일(使某也請吉日). 」대왈(對曰) : 「모기전수명의(某既前受命矣), 유명시청(唯命是聽). 」왈(曰) : 「모명모청명어오자(某命某聽命於吾子). 」대왈(對曰) : 「모고유명시청(某固唯命是聽). 」사자왈(使者曰) : 「모사모수명(某使某受命), 오자부허(吾子不許), 모감부고기(某敢不告期)」왈모일(曰某日). 대왈(對曰) : 「모감부경수(某敢不敬須)」

범사자귀(凡使者歸), 반명(反命), 왈(曰) : 「모기득장사의(某既得將事矣), 감이례고(敢以禮告). 」주인왈(主人曰) : 「문명의(聞命矣). 」

부초자(父醮子), 명지(命之), 왈(曰) : 「왕영이상(往迎爾相), 승아종사(承我宗事). 욱수이경(勗帥以敬), 선비지사(先妣之嗣). 약즉유상(若則有常). 」자왈(子曰) : 「낙(諾). 유공불감(唯恐弗堪), 부감망명(不敢忘命). 」

빈지빈자청(賓至擯者請), 대왈(對曰) : 「오자명모(吾子命某), 이자초혼(以茲初昏), 사모장(使

某將), 청승명(請承命)。」대왈(對曰)：「모고경구이수(某固敬具以須)。」

부송녀(父送女), 명지왈(命之曰)：「계지경지(戒之敬之), 숙야무위명(夙夜毋違命)」모시금결세(母施衿結帨), 왈(曰)：「면지경지(勉之敬之), 숙야무위궁사(夙夜無違宮事)」서모급문내(庶母及門內), 시반(施鞶), 신지이부모지명(申之以父母之命), 명지왈(命之曰)：「경공청(敬恭聽), 종이부모지언(宗爾父母之言)。숙야무건(夙夜無愆), 시제금반(視諸衿鞶)」서수수(婿授綏), 모사왈(姆辭曰)：「미교(未教), 부족여위례야(不足與爲禮也)。」

종자무부(宗子無父), 모명지(母命之)。친개몰(親皆沒), 기궁명지(己躬命之)。지자(支子), 칙칭기종(則稱其宗)。제(弟), 즉칭기형(則稱其兄)。

약부친영(若不親迎), 즉부입삼월(則婦入三月), 연후서견(然後婿見), 왈(曰)：「모이득위외혼인(某以得爲外昏姻), 청적(請覿)。」주인대왈(主人對曰)：「모이득위외혼인지수(某以得為外昏姻之數), 모지자미득탁개어제사(某之子未得濯漑於祭祀), 시이미감견(是以未敢見)。금오자욕(今吾子辱), 청오자지취궁(請吾子之就宮), 모장주견(某將走見)。」대왈(對曰)：「모이비타고(某以非他故), 부족이욕명(不足以辱命), 청종사견(請終賜見)。」대왈(對曰)：「모득이위혼인지고(某得以爲昏姻之故), 부감고사(不敢固辭), 감부종(敢不從)！」주인출문좌(主人出門左), 서면(西面)。서입문(婿入門), 동면(東面), 전지(奠摯), 재배(再拜), 출(出)。빈자이지출(擯者以摯出), 청수(請受)。서례사(婿禮辭), 허(許), 수지(受摯), 입(入)。주인재배수(主人再拜受), 서재배송(婿再拜送), 출(出)。견주부(見主婦), 주부합비(主婦闔扉), 립어기내(立於其內)。서립어문외(婿立於門外), 동면(東面)。주부일배(主婦一拜)。서답재배(婿答再拜), 주부우배(主婦又拜), 서출(婿出)。주인청례(主人請禮), 급읍양입(及揖讓入)。예이일헌지례(醴以一獻之禮)。주부천(主婦薦), 전수(奠酬), 무폐(無幣)。서출(婿出), 주인송(主人送), 재배(再拜)。

◆역문(譯文)

혼사적례의(婚事的禮儀)：남가선견매향녀가제친(男家先遣媒向女家提親), 연후행납채례(然後行納采禮), 용안작구혼적례물(用雁作求婚的禮物)。주인재니묘당상호서포설연석(主人在禰廟堂上戶西布設筵席)。연석이서위상(筵席以西爲上), 기설정어우방(幾設定於右方)。사자신저현단복이지(使者身著玄端服而至)。빈자출문사(擯者出問事), 입고어주인(入告於主人)。주인신천여빈상동적례복(主人身穿與賓相同的禮服), 출대문외영접(出大門外迎接)。주인량배(主人兩拜), 빈부답배(賓不答拜)。빈주상읍진입대문(賓主相揖進入大門)。지묘문(至廟門), 상읍이입(相揖而入)。여차상대삼읍(如此相對三揖), 도달당전계하(到達堂前階下), 겸양삼번(謙讓三番)。주인여빈일동등당(主人與賓一同登堂), 면조서(面朝西)。빈종서계등당(賓從西階登堂), 지동하면조동치사(至棟下面朝東致辭)。주인재조계상방면조북량배(主人在阼階上方面朝北兩拜)。사자재당상량영지간수안(使者在堂上兩楹之間授雁), 면조남방(面朝南方)。빈하당(賓下堂), 출묘문(出廟門)。

주인하당(主人下堂), 파안교급년장적가신(把雁交給年長的家臣)。

빈자출문문사(擯者出門問事)。빈집안위례(賓執雁為禮), 청문녀자명자(請問女子名字)。주인허낙(主人許諾)。빈입문수안등의식(賓入門授雁等儀式), 여납채적례절상동(與納采的禮節相同)。

빈자출문문사(擯者出門問事), 빈고지사이완필(賓告知事已完畢), 빈자입고주인(擯者入告主人)。빈자출문청구이례수빈(擯者出門請求以禮酬賓)。빈추사일번연후답응(賓推辭一番然後答應)。주인철기(主人撤幾), 중신포설연석(重新布設筵席), 이동위상수(以東為上首)。재방중설정일무례(在房中設定一甒醴)。주인지묘문외영빈(主人至廟門外迎賓)。입문읍양적례절여전상동(入門揖讓的禮節與前相同)。빈주등당(賓主登堂)。주인면조북방량배(主人面朝北方兩拜), 빈재서계적상방면조북답배(賓在西階的上方面朝北答拜)。주인식기(主人拭幾), 집기이기족수여빈(執幾以幾足授與賓), 연후배송(然後拜送)。빈집기겸퇴피양일번(賓執幾謙退避讓一番), 면조북파기설정어좌위좌변(面朝北把幾設定於座位左邊), 이후어서계상방답배주인(而後於西階上方答拜主人)。찬자짐례(贊者斟醴), 재치상방치일각질적소시(在觶上放置一角質的小匙), 시두조전(匙頭朝前), 종방중출지당상(從房中出至堂上)。주인접과례치(主人接過醴觶), 전사시병조전(轉使匙柄朝前), 진지연석전(進至筵席前), 면조서북방(面朝西北方)。빈배이접수례치(賓拜而接受醴觶), 복회원위(復回原位)。주인재조계적상방배송빈(主人在阼階的上方拜送賓)。찬자파포해진치어연전(贊者把脯醢進置於筵前)。빈즉석좌하(賓即席坐下)，좌수집치(左手執觶)，제포해(祭脯醢)우용소시제례삼번(又用小匙祭醴三番)。계이재서계상방면조서좌하상례(繼而在西階上方面朝西坐下嘗醴)。연후장소시삽치치중(然後將小匙插置觶中)，참기(站起)。복우좌하(復又坐下)，방치어지상(放觶於地上)，수즉일배(隨即一拜)。주인답배(主人答拜)。빈즉석(賓即席)，장치방치어변두적동변(將觶放置於邊豆的東邊)。하연석(下筵席)，면조북좌하(面朝北坐下)，취포(取脯)。주인사양일번(主人辭讓一番)。

빈하당(賓下堂)，장포교부종자(將脯交付從者)，연후출문(然後出門)。주인송빈지대문외(主人送賓至大門外)，양배(兩拜)。

납길(納吉)，이안위례물(以雁爲禮物)，예절여납채례상동(禮節與納采禮相同)。

납징(納徵)，이흑(以黑)、홍량색적오필백화록피량장작례물(紅兩色的五匹帛和鹿皮兩張作禮物)，예절여납길례상동(禮節與納吉禮相同)。

청기(請期)，이안위례물(以雁爲禮物)。 (빈청녀가확정영취적길일(賓請女家確定迎娶的吉日))주인추사(主人推辭)，빈표시동의(賓表示同意)，연후고소주인영취적길기(然後告訴主人迎娶的吉期)。기례절여납징례상동(其禮節與納徵禮相同)。

재영취지일(在迎娶之日)，천색황혼시(天色黃昏時)，재침문외적동변진방삼척정(在寢門外的東邊陳放三隻鼎)，면향북(面向北)，이북위상(以北爲上)。정중소성지물유(鼎中所盛之物有)：일척소저(一隻小豬)，제거제갑(除去蹄甲)，합좌우체성어정중(合左右體盛於鼎中)。거폐척(舉肺脊)、제폐각일대(祭肺各一對)，어십사미(魚十四尾)，제거미골부분적건토일대(除去尾骨部分的乾兔一對)。이상각물(以上各物)，개위숙식(皆爲熟食)。정상설정태강화정개(鼎上設定抬扛和鼎蓋)。세설정재조계적동남면(洗設定在阼階的東南面)。방중소설정적식물유(房中所設定的食物有)，혜장량두(醯醬兩豆)、육장사두(肉醬四豆)、육두공용일건차개(六豆共用一巾遮蓋)。서직사돈(黍稷四敦)，돈상도유개자(敦上都有蓋子)。자육즙돈재화상(煮肉汁燉在火上)。주존설재실중북장하(酒尊設在室中北牆下)，존하유금(尊下有禁)。현주(玄酒) (수(水)) 치어주존적서면(置於酒尊的西面)。용조갈포위개건(用粗葛布爲蓋巾)，주존상방치주작(酒尊上放置酒勺)，작병도조남(勺柄都朝南)。재당상방문적동측치주일존(在堂上房門的東側置酒一尊)，부설현주(不設玄酒)。비재주존남변(篚在酒尊南邊)，내장사척주작화합근(內裝四隻酒爵和合巹)。

신서신저작변복(新婿身著爵弁服)、식이흑색적하연적천강색군(飾以黑色的下緣的淺絳色裙)。수종개신천현단(隨從皆身穿玄端)。

신서승좌묵차(新婿乘坐墨車)，병유량량수종적차자(並有兩輛隨從的車子)。수종인역수집등촉재차전조명(隨從人役手執燈燭在車前照明)。

신부적차자여신서상동(新婦的車子與新婿相同)，병장유차유(並張有車帷)。차대도녀가대문외정하(車隊到女家大門外停下)。주인재당상방문서면포설연석(主人在堂上房門西面布設筵席)，이서위상수(以西爲上首)，기재우변(幾在右邊)。신부소리호두발(新婦梳理好頭髮)，천상식유천강색의연적사의(穿上飾有淺絳色衣緣的絲衣)，면조남참립어방중(面朝南站立於房中)。녀사이잠자화두건속발(女師以簪子和頭巾束髮)，신천흑색사질례복(身穿黑色絲質禮服)，참재신부적우변(站在新婦的右邊)。종가적제질개신저흑색례복(從嫁的娣姪皆身著黑色禮服)，두대찬자화속발건(頭戴簪子和束髮巾)，견저수유화문적단피견(肩著繡有花紋的單披肩)，근수어신부지후(跟隨於新婦之後)。주인신천현단도대문외영접(主人身穿玄端到大門外迎接)，면조서량배(面朝西兩拜)。신서면조동답배(新婿面朝東答拜)。주인읍신서(主人揖新婿)，입문(入門)。신서집안수후입문(新婿執雁隨後入門)。도묘문전(到廟門前)，상읍이입(相揖而入)，여차삼읍(如此三揖)，도달당하계전(到達堂下階前)。

겸양삼번(謙讓三番)，주인상당(主人上堂)，면조서(面朝西)。빈상당(賓上堂)，면조북(面朝北)。파안방치어지(把雁放置於地)，양배(兩拜)，고두지지(叩頭至地)。신서하당출문(新婿下堂出門)。신부수후(新婦隨後)，종서계하당(從西階下堂)。주인부하당상송(主人不下堂相送)。

신서친자위신부가차(新婿親自爲新婦駕車)，파인차승교여신부(把引車繩交予新婦)。여사추사부접인차승(女師推辭不接引車繩). 신부등궤상차(新婦登几上車), 여사위신부피상피풍진적조의(女師爲新婦披上避風塵的罩衣), 어시구마개차(於是驅馬開車), 저시어자대체신서위신부가차(這時御者代替新婚爲新婦駕車). 신서승좌자기적마차(新婚乘坐自己的馬車), 행사재전(行駛在前), 선기도달(先期到達), 재대문외등후(在大門外等候).

신부도서가(新婦到婿家), 신서대부일읍(新婚對婦一揖), 청저진문(請她進門). 도침문전(到寢門前), 신서우읍부청입(新婚又揖婦請入), 종서계상당(從西階上堂). 신부종가적질제재실적서남각포설연석(新婦從嫁的姪娣在室的西南角布設筵席). 신서진실내입석(新婚進室內入席). 신부적위치재주존지서(新婦的位置在酒尊之西), 면조남(面朝南). 잉여어(媵與御)[부가녀역(夫家女役)]상호교환(相互交換) : 잉위신서요수관세(媵爲新婚澆水盥洗), 어즉위신부요수관세(御則爲新婦澆水盥洗). 찬자철제주존상적개건(贊者撤除酒尊上的蓋巾). 태정인관세후출문(抬鼎人盥洗後出門), 철거정개(撤去鼎蓋), 태정입내(抬鼎入內), 방치재조계지남(放置在阼階之南), 면조서(面朝西), 이북위상(以北爲上). 집비인화집조인수정이입(執匕人和執俎人隨鼎而入), 파비(把匕)、조방치어정방(俎放置於鼎旁), 집조인면조북파생체성치어조상(執俎人面朝北把牲體盛置於俎上), 집조립대(執俎立待). 집비인종후지전(執匕人從後至前), 의차퇴출(依次退出), 회도침문외동측원래적위치(回到寢門外東側原來的位置), 면조북(面朝北), 이서위상(以西爲上). 찬자재석전설장(贊者在席前設醬), 육장방재장적북변(肉醬放在醬的北邊). 집조인입내(執俎人入內), 파조설정어육장적동변(把俎設定於肉醬的東邊). 어의서설정재조동(魚依序設定在俎東).

토랍단독진방재조적북면(兎臘單獨陳放在俎的北面). 찬파서돈설정재장적동변(贊把黍敦設定在醬的東邊), 직돈경재서돈지동(稷敦更在黍敦之東). 육즙진방재장남변(肉汁陳放在醬南邊). 재초고동변적지방위신부설장(在稍靠東邊的地方爲新婦設醬), 육장재장지남(肉醬在醬之南)이북위상수(以北爲上首). 서돈설정어토랍북변(黍敦設定於兎臘北邊), 직돈재서돈지서(稷敦在黍敦之西). 육즙진방재장적북변(肉汁陳放在醬的北邊). 어재서석적대면위신부설석(御在婿席的對面爲新婦設席). 찬타개서돈적개자(贊打開婿敦的蓋子), 앙치어돈남지상(仰置於敦南地上), 부돈적돈개(婦敦的敦蓋), 즉앙치어돈북(則仰置於敦北). 찬보고신서찬식이안배완필(贊報告新婚饌食已安排完畢). 신서대신부작읍청저입대면연석(新婚對新婦作揖請她入對面筵席), 연후일기좌하(然後一起坐下), 도진행제사(都進行祭祀). 의차제서직화폐(依次祭黍稷和肺). 찬장서이치석상(贊將黍移置席上), 병파폐척진수여신서신부(並把肺脊進授與新婚新婦). 신서신부취저육즙화장진식(新婚新婦就著肉汁和醬進食). 이인일기제거폐(二人一起祭擧肺), 식거폐(食擧肺). 취식삼차진식편고결속(取食三次進食便告結束). 찬세작(贊洗爵), 짐주청신서수구안식(斟酒請新婚漱口安食). 신서배이접수(新婚拜而接受), 찬재실문지내면조북답배(贊在室門之內面朝北答拜). 우청신부수구안식(又請新婦漱口安食), 예절여상(禮節如上). 이인개제주(二人皆祭酒), 찬진간이좌주(贊進肝以佐酒). 신서(新婚)、신부집간진제(新婦執肝振祭), 상간후방치어저두중(嘗肝後放置於菹豆中). 건배(乾杯), 개배(皆拜). 찬답배(贊答拜), 접과주작(接過酒爵), 제이차복시신서신부수구음주(第二次服侍新婚新婦漱口飮酒), 례절여제일차상동(禮節與第一次相同). 부진효좌주(不進餚佐酒). 제삼차수구음주(第三次漱口飮酒), 이근작주(以巹酌酒), 예의여전(禮儀如前). 찬세작(贊洗爵), 재실외적존중짐주(在室外的尊中斟酒). 진문(進門), 면조서북(面朝西北), 치작어지일배(置爵於地一拜), 신서(新婚)、신부개답배(新婦皆答拜). 찬좌지제주(贊坐地祭酒), 연후건배(然後乾杯), 일배(一拜), 신서(新婚)、신부개답배(新婦皆答拜). 참립기래(站立起來). 신서출실(新婚出室) ; 신부즉회복도(新婦則回復到) 원위(原位).

철거실중연석식물(撤去室中筵席食物), 안조원래적포국설정재방중(按照原來的布局設定在房中), 부설주존(不設酒尊). 신서재방중탈거례복(新婚在房中脫去禮服), 교여잉(交與媵). 신부재실중탈도례복(新婦在室中脫掉禮服), 교여어(交與御). 여사장패건교여신부(女師將佩巾交與新婦). 어재실중서남각포설와석(御在室中西南角鋪設臥席), 잉재초동적위치위신서포설와석(媵在稍東的位置爲新婚鋪設臥席), 도설유침두(都設有枕頭), 각조북(脚朝北), 신서입실(新婚入室), 친자위신부해영(親自爲新婦解纓). 철출등촉(撤出燈燭). 잉흘신서여하적식물(媵吃新婚餘下的食物) ; 어칙흘신부여하적식물(御則吃新婦餘下的食物). 찬짐방외존적주위잉화어수구안식(贊斟房外尊的酒爲媵和御漱口安食). 잉재실문외사후(媵在室門外伺侯), 호환능(呼喚能)구청득도(夠聽得到).

차조기상(次早起床), 신부목욕지후(新婦沐浴之後), 이잠자화두건속발(以簪子和頭巾束髮), 신천흑색사질례복(身穿黑色絲質禮服), 등후배견공파(等候拜見公婆)。 평명시분(平明時分), 찬인신부배견공파(贊引新婦拜見公婆)。 재조계상방설석(在阼階上方設席), 공공즉석(公公即席)。 재방외설석(在房外設席), 면조남(面朝南), 파파입석(婆婆入席)。 신부수집일(新婦手執一)번조률(笄棗栗), 종(從) (공파(公婆)) 침문입내(寢門入內)。 종서계상당(從西階上堂), 향동전지공공석전일배(向東前至公公席前一拜), 파조률방치어석상(把棗栗放置於席上)。

공공좌하이수무모조률번(公公坐下以手撫摸棗栗笄) (표시이접수신부소헌적례물(表示已接受新婦所獻的禮物)), 연후참기(然後站起), 대신부답배(對新婦答拜)。 신부회지원위(新婦回至原位), 대공공우일배(對公公又一拜)。 신부하서계(新婦下西階), 종시자수중접과단수번(從侍者手中接過腶脩笄)。 연후상당(然後上堂), 향북전지파파석전(向北前至婆婆席前), 면조(面朝)북배(北拜), 파번방치석상(把笄放置席上)。 파파좌하(婆婆坐下), 수지단수번참기(手持腶脩笄站起), 배(拜), 파번교여종시자(把笄交與從侍者)。

찬자대공파설연수답신부(贊者代公婆設筵酬答新婦)。 재당상실적문(在堂上室的門)、 창지간포설연석(窗之間布設筵席), 재방중설정일무례(在房中設定一甒醴)。 신부단정안정지참립재석적서변(新婦端正安靜地站立在席的西邊)。 찬자짐례어치(贊者斟醴於觶), 재치상방치소시(在觶上放置小匙), 시병조전(匙柄朝前)。 종방중출래지석전(從房中出來至席前), 면조북방(面朝北方)。 신부면조동배(新婦面朝東拜), 접치(接觶), 찬자재서계상방(贊者在西階上方), 면조북배송(面朝北拜送)。 신부복우일배(新婦復又一拜)。 찬자장포해진치어석전(贊者將脯醢進置於席前)。 신부입석(新婦入席), 좌수지치(左手持觶), 우수제포해(右手祭脯醢)。 용소시제례삼차(用小匙祭醴三次)。 하연석면조동좌하상례(下筵席面朝東坐下嘗醴)。 파소제삼치어치중(把小匙插置於觶中), 참립기래(站立起來), 일배(一拜), 찬자답배(贊者答拜), 신부우일배(新婦又一拜)。 파례치방치어포해적동변(把醴觶放置於脯醢的東邊), 면조북좌하(面朝北坐下), 취포재(取脯在)수(手)。 하당출문(下堂出門), 재침문외파포교급종인(在寢門外把脯交給從人)。

공파진입침실(公婆進入寢室), 신부사후공파관세진식(新婦伺候公婆盥洗進食)。 일척소저(一隻小豬), 합좌우체성어정중(合左右體盛於鼎中), 방치조상시(放置俎上時), 칙독용기우체(則獨用其右體)。 부설어(不設魚)、 토랍화직(兔臘和稷), 도이남위상수(都以南為上首)。 기타식물적설정화영취시적포국상동(其它食物的設定和迎娶時的布局相同)。 신부좌조공파완성제식지례(新婦佐助公婆完成祭食之禮), 흘완반(吃完飯), 칙시봉공파이주수구안식(則侍奉公婆以酒漱安食), 부용좌주적채효(不用佐酒的菜餚)。 신부재실중북장하설석(新婦在室中北牆下設席), 철거공파적찬식(撤去公婆的饌食), 안조원선적차서설정어신설적석전(按照原先的次序設定於新設的席前), 이서위상(以西為上)。 신부흘공공적여식(新婦吃公公的餘食), 공공사사(公公辭謝), 병위신부경환장(並為新婦更換醬) (작위회보(作為回報))。 신부우흘파파식여지물(新婦又吃婆婆食余之物)。 어시봉신부제두(御侍奉新婦祭豆)、 서(黍)、 폐(肺)、 거폐척(擧肺脊)。 연후진식(然後進食), 흘필(吃畢), 파파위신부적주수구안식(婆婆為新婦的酒漱安食), 신부배이접수(新婦拜而接受), 파파배송(婆婆拜送)。 신부좌하제주(新婦坐下祭酒), 연후건배(然後乾杯)。 파파접과주작방치어지(婆婆接過酒爵放置於地)。 신부파식물철치어방중(新婦把食物撤置於房中), 잉화어흘저사여식(媵和御吃這些餘食), 파파친자위저문작주수구안식(婆婆親自為她們酌酒漱安食)즉사몰유제종가(即使沒有娣從嫁), 야요양잉선식(也要讓媵先食)。 지차(至此), 잉여어상호교착(媵與御相互交錯): 잉흘공공적여반(媵吃公公的余飯), 어즉흘파파(御則吃婆婆)적여반(的余飯)。

공파공동이(公婆共同以)"일헌지례(一獻之禮)"내관대신부(來款待新婦)。 공공재정중소설적남세세작(公公在庭中所設的南洗洗爵), 파파즉재북당소설적북세세작(婆婆則在北堂所設的北洗洗爵), 수주후일헌례성(酬酒後一獻禮成), 신부파주작방치어천적동변(新婦把酒爵放置於薦的東邊)。 음주완필(飮酒完畢), 공파선종서계하당(公婆先從西階下堂), 연후신부종조계하당(然後新婦從阼階下堂)。 유사파부조지생교여녀가송친적인(有司把婦俎之牲交與女家送親的人), 이편향신부적부모복명(以便向新婦的父母復命)。

공공우이(公公又以)"일헌지례(一獻之禮)"내관대송친적인(來款待送親的人), 주지수빈(酒至酬賓), 우이일속금상증(又以一束錦相贈)。 파파수로녀송친자(婆婆酬勞女送親者), 수빈시역이일속금상증(酬賓時亦以一束錦相贈)。 여과시여별국통혼(如果是與別國通婚), 즉령외증송남송친(即另外贈送男送親

인일속금(則另外贈送男送親人一束錦)。여과시공파거세후결혼(如果是公婆去世後結婚)，신부즉재혼례삼개월지후택일도공파묘중(新婦則在婚禮三個月之後擇日到公婆廟中)，구소식공헌공파적신주(具素食供獻公婆的神主)。재묘실내서남각설석(在廟室內西南角設席)，면조동(面朝東)，기재우변(幾在右邊)。우재실내북장하설석(又在室內北牆下設席)，면조남(面朝南)。축화신부각자관세완필(祝和新婦各自盥洗完畢)，신부수집채벌립어묘문외(新婦手執菜筭立於廟門外)，축인도저신부입내(祝引導著新婦入內)。축구칭신부적성씨대공공적신주도고설(祝口稱新婦的姓氏對公公的神主禱告說)："모씨래주니가적식부(某氏來做您家的媳婦)，모매전래향존경적공공경헌정미적채소(冒昧前來向尊敬的公公敬獻精美的菜蔬)。

신부하배지지(新婦下拜至地)，좌하(坐下)，장채공헌어기동변적석상(將菜供獻於幾東邊的席上)。회지원위(回至原位)，여상차일양우일차하배(與上次一樣又一次下拜)。신부하당(新婦下堂)，령취일빈번채(另取一份筭菜)，진입실내(進入室內)。축도고설(祝禱告說)："모씨래주니가적식부(某氏來做您家的媳婦)，모매고지존경적파파(冒昧告知尊敬的婆婆)。"파채공헌어석상(把菜供獻於席上)，례의여전상동(禮儀與前相同)。신부퇴출지후(新婦退出之後)，축관폐상문창(祝關閉上門窗)。년장적가신대공파재방중설석수답신부(年長的家臣代公婆在房中設席酬答新婦)，여찬자대공파례부적례절상동(與贊者代公婆醴婦的禮節相同)。신서수로신부적남(新婿酬勞新婦的男)、녀송자(女送者)，여공파수로송자적례의상동(與公婆酬勞送者的禮儀相同)。

[기(記)] 사혼례(士婚禮)，사정도재조신화황혼시거행(事情都在早晨和黃昏時舉行)，필재니묘중수명(必在禰廟中受命)，연후행사(然後行事)，면거제여(免去諸如)"부전지폐(不腆之幣)"、"욕림폐사(辱臨敝舍)"일류적객투화(一類的客套話)。지례요용활안(摯禮要用活雁)，백화록피필수이경가공(帛和鹿皮必須已經加工)，가직접용이제작의물(可直接用以製作衣物)。토랍필수신선(免臘必須新鮮)，어요체육완호적즉어(魚要體肉完好的鯽魚)。

대이경허가적녀자(對已經許嫁的女子)，요위저거행표시이성년적계례(要爲她舉行表示已成年的筭禮)，용례법(用醴法)，칭호저적표자(稱呼她的表字)。여국군동고조이내적동족녀자(與國君同高祖以內的同族女子)，도요재국군궁중접수삼개월적혼전교육(都要在國君宮中接受三個月的婚前教育)。여과고조묘이경천훼(如果高祖廟已經遷毀)，즉재대종지가접수혼전교육(則在大宗之家接受婚前教育)。

문명(問名)：주인접과안이후(主人接過雁以後)，회도조계상방(回到阼階上方)，면조서파녀자지명고지빈(面朝西把女子之名告知賓)。

빈수명후하당(賓受命後下堂)。

제례적방법(祭醴的方法)，용소시요례(用小匙舀醴)，제례일차(祭醴一次)，삽시어치(插匙於觶)。제이차제례시(第二次祭醴時)，재도용소시요례(再度用小匙舀醴)，제필(祭畢)，잉삽시어치(仍插匙於觶)(여차이지어삼(如此以至於三))。빈용우수취포(賓用右手取脯)，병겸용좌수봉포(併兼用左手捧脯)；연후대저포회거향주인복명(然後帶著脯回去向主人復命)。

납징(納徵)：집피적인요파록피절질기래(執皮的人要把鹿皮折迭起來)，문재리면(紋在裡面)，량수겸악기사족(兩手兼握其四足)，두향좌변(頭向左邊)。양위집피인상수이입(兩位執皮人相隨而入)，이서위상수(以西爲上首)，재정남단적삼분지일처참정(在庭南端的三分之一處站定)。빈치사시(賓致辭時)，집피인방개록피외면이족(執皮人放開鹿皮外面二足)，사피장개(使皮張開)，피모현로어외(皮毛顯露於外)。주인접수례물시(主人接受禮物時)，주인속리중봉명수피적인종동변경집피인적신후출래(主人屬吏中奉命受皮的人從東邊經執皮人的身後出來)，재집피인적좌변접과록피(在執皮人的左邊接過鹿皮)，수후좌하(隨後坐下)，잉장록피절질기래(仍將鹿皮折迭起來)，연후의조자후지전적순서(然後依照自後至前的順序)，퇴지동장변(退至東牆邊)。

신부적부친설연용례관대녀아(新婦的父親設筵用醴款待女兒)，등후래영친적신서(等候來迎親的新婿)，모친적위치재방외당상(母親的位置在房外堂上)，면조남(面朝南)。신부유모친적좌변출방문(新婦由母親的左邊出房門)，부친면조서훈계녀아(父親面朝西訓誡女兒)，병수여의(並授與衣)、계등물작위의빙(筓等物作爲依憑)，사저부망훈계지언(使她不忘訓誡之言)。모친재서계적상방교도녀아(母親在西階的上方教導女兒)，부하당(不下堂)。

신부답저궤상차(新婦踏著几上車), 량개종자상대이좌파기부온(兩個從者相對而坐把幾扶穩).

신부진입침문시(新婦進入寢門時), 찬자철도주존적개건(贊者撤掉酒尊的蓋巾), 이작취현주(以勺取玄酒)(수(水)) 삼차주어존중(三次注於尊中), 파잉여적수발재당하량계지간(把剩餘的水潑在堂下兩階之間). 파작자방치어존상(把勺子放置於尊上).

번상개유흑면강리식건(笲上蓋有黑面絳里飾巾), 방치어교상(放置於橋上). 공공답배필(公公答拜畢), 속리파번철하(屬吏把笲撤下).

예부화향부적연석미설시(醴婦和饗婦的筵席未設時), 석화포해선안배재방중(席和脯醢先安排在房中). 재공파관대신부시(在公婆款待新婦時), 파파요친자파포해진치어신부적석전(婆婆要親自把脯醢進置於新婦的席前). 부인소용적세설정재북당상(婦人所用的洗設定在北堂上), 동서여실적동장각상대(東西與室的東牆角相對); 비방치재세적동변(篚放置在洗的東邊), 면조북관세(面朝北盥洗). 신부짐주회경공공(新婦斟酒回敬公公), 요경환주작(要更換酒爵), 자천포해(自薦脯醢). 공공위신부세작(公公爲新婦洗爵), 신부부감(新婦不敢)(안여공공평등적지위(按與公公平等的地位)), 사사(辭謝). 공공하당(公公下堂), 신부요퇴피어방중(新婦要退避於房中), 부감(不敢)(안여공공평등적신빈(按與公公平等的身份)), 배사공공위자기세작(拜謝公公爲自己洗爵). 대범부인이주식상관대(大凡婦人以酒食相款待), 부요하당(不要下堂).

신부재혼례삼개월이후(新婦在婚禮三個月以後), 봉제사즉가참여조제(逢祭事即可參與助祭).

대서자적신부(對庶子的新婦), 즉사인용주래수답저(則使人用酒來酬答她). 서자지부부향공파행진식지례(庶子之婦不向公婆行進食之禮).

행납채례시(行納采禮時), 남방사자설(男方使者說): "니가선생혜사녀아위모모적처실(您家先生惠賜女兒爲某某的妻室), 모모선생안조선인적례법(某某先生按照先人的禮法), 명재하래경청니가선생소납채례(命在下來敬請您家先生笑納采禮)." 빈자회답설(擯者回答說): "모모적녀아천성우둔(某某的女兒天性愚鈍), 우미능흔호지교육(又未能很好地教育). 단선생유명(但先生有命), 재하부감추사(在下不敢推辭)." 사자치사설(使者致辭說): "모매봉상채례(冒昧奉上采禮)."

문명(問名), 사자설(使者說): "재하기이접수선생지명(在下既已接受先生之命), 요회거복문어신령(要回去卜問於神靈), 모매청문령녀적명자(冒昧請問令女的名字)." 여자적부친회답설(女子的父親回答說): "선생유명(先生有命), 병차파천녀당작후선적대상(並且把賤女當作候選的對象), 재하부감추사(在下不敢推辭)."

예빈지사설(醴賓之辭說): "선생유사도모모가(先生有事到某某家), 모모안조선인적례법(某某按照先人的禮法), 설석수로선생일행(設席酬勞先生一行)." 사자회답설(使者回答說), "재하기이판완사정(在下既已辦完事情), 취차고사(就此告辭).""근준선인례법(謹遵先人禮法), 모매재차청선생즉석(冒昧再次請先生即席).""재하추사득부도준허(在下推辭得不到準許), 부감부청종선생(不敢不聽從先生)."

납길(納吉), 사자설(使者說): "안선생사명(按先生賜命), 모모진행료점복(某某進行了占卜), 점복적결과시(占卜的結果是)'길(吉)'. 파재하모매고지선생(派在下冒昧告知先生)." 여자적부친설(女子的父親說): "재하교녀무방(在下教女無方), 지파부배(只怕不配).

선생적길리(先生的吉利), 아야영행유일빈(我也榮幸有一份), 인차부감추사(因此不敢推辭)."

납징(納徵), 사자설(使者說): "선생미의(先生美意), 혜사령녀위모모처실(惠賜令女爲某某妻室). 모모의조선인례법(某某依照先人禮法), 파재하봉상록피량장(派在下奉上鹿皮兩張)、백오필작위정친적례물(帛五匹作爲定親的禮物), 경청소납(敬請笑納)." 치사(致辭), 설(說): "모매봉상정친적례물(冒昧奉上定親的禮物)." 주인회답설(主人回答說): "선생준종선인상법(先生遵從先人常法), 혜사재하중례(惠賜在下重禮). 재하부감추사(在下不敢推辭), 부감부준명(不敢不遵命)."

청기(請期), 사자설(使者說): "선생선전이사명여아(先生先前已賜命與我), 재하이다차근준선생지명(在下已多次謹遵先生之命)。지인삼대인중난면회유부측지사발생(只因三代人中難免會有不測之事發生) (종이영향혼기(從而影響婚期)), 소이모모파아청선생급조확정영취적길일(所以某某派我請先生及早確定迎娶的吉日)。여자적부친회답설(女子的父親回答說):"재하이전기이준종니가선생의지(在下以前既已遵從您家先生意旨), 저차야유명시청(這次也唯命是聽)。"사자설(使者說):"모모명재하청선생래작결정(某某命在下請先生來作決定)。"녀자적부친회답설(女子的父親回答說):"재하지원유명시청(在下只願唯命是聽)。"사자설(使者說):"모모파재하래청선생결정길일(某某派在下來請先生決定吉日), 선생부긍저양주(先生不肯這樣做), 재하부감부고지영취적일기(在下不敢不告知迎娶的日期)。"사자고지모일영취(使者告知某日迎娶)。여자부친회답설(女子父親回答說):"재하안감부공후(在下安敢不恭候)。"

범시사자회래복명(凡是使者回來復命), 저양설(這樣說):"비직이완성사명(卑職已完成使命), 현이포복명(現以脯復命)。"

주인설(主人說):"지도료(知道了)。"

친영지전(親迎之前), 부친위아자설연음주(父親為兒子設筵飲酒), 고소타설(告訴他說):"거파(去吧), 영접니적내조(迎接你的內助), 계승아가종묘지사(繼承我家宗廟之事)。면력인도저(勉力引導她), 경신부도(敬慎婦道), 계승선비(繼承先妣)。니요시종여차(你要始終如此), 부가해태(不可懈怠)。"아자설(兒子說):"시(是)。지파력소부급(只怕力所不及), 부감망기부명(不敢忘記父命)。"

신서친영지녀가(新婿親迎至女家), 빈자문사(擯者問事)。신서회답설(新婿回答說):"모모의조니가선생지명(某某依照您家先生之命), 재금천황혼시거행혼례(在今天黃昏時舉行婚禮), 견재하전래영취(遣在下前來迎娶), 청여준윤(請予準允)。"빈자회답설(擯者回答說):"모모조이준비완필재차공후(某某早已準備完畢在此恭候)。"

부친송녀아(父親送女兒), 고계저설(告誡她說):"경신행사(敬慎行事), 종조도만도부요위배공파적교명(從早到晚都不要違背公婆的教命)。"모친위녀아속호의대(母親為女兒束好衣帶), 결상패건(結上佩巾), 고계녀아설(告誡女兒說):"근면근신(勤勉謹慎), 가내지사(家內之事), 종조도만(從早到晚), 부위부명(不違夫命)。"서모송지묘문내(庶母送至廟門內), 위녀아계상성물적소낭(爲女兒繫上盛物的小囊), 대저중신부모지명(對她重申父母之命)。고계저(告誡她):"공경지청저(恭敬地聽著), 준봉부모적화(遵奉父母的話), 종조도만부요유과실(從早到晚不要有過失)。간일간부모적사물(看一看父母的賜物), 취회상기부모적교도(就會想起父母的教導)。"

신서체급녀사인차승(新婿遞給女師引車繩), 저추사설(她推辭說):"몰유진도교인적직책(沒有盡到教人的職責), 부감당차례(不敢當此禮)。"

부친이사적종자(父親已死的宗子), 모친래파견사자(母親來派遣使者)。부모친도이거세(父母親都已去世), 자기친자파견사자(自己親自派遣使者)。지자(支子), 칙이종자적명의명사자(則以宗子的名義命使者)。종자적동모제(宗子的同母弟), 즉이기형장적명의파견사자(則以其兄長的名義派遣使者)。

여과거행혼례시신서인고미거친영(如果舉行婚禮時新婿因故未去親迎), 즉재혼후삼월왕견신부적부모(則在婚後三月往見新婦的父母)。설(說):"만배인위인친지고(晚輩因爲姻親之故), 청구사견(請求賜見)。"주인적답사시(主人的答辭是):"재하여선생체결인친(在下與先生締結姻親), 지인천녀상미봉시선생종묘제사(只因賤女尚未奉侍先生宗廟祭事), 소이미감전왕일견(所以未敢前往一見)。

금천선생욕림폐사(今天先生辱臨敝舍), 청선생회가(請先生回家), 재하장전왕상견(在下將前往相見)。"신서적답사시(新婿的答辭是):"만배병비외인(晚輩並非外人), 악부지언실부감당(岳父之言實不敢當), 최종환청사견(最終還請賜見)。"주인적답사설(主人的答辭說):"재하유어인친적관계(在下由於姻親的關係), 부감재추사(不敢再推辭), 나감부종(哪敢不從)!"주인종침문동측출래(主人從寢門東側出來), 면조서참정(面朝西站定)。신서진입대문(新婿進入大門), 면조동방하례물(面朝東放下禮物), 량배(兩拜), 퇴출대문(退出大門)。빈자나저례물출문(擯者拿著禮

物出門）, 청신서접과례물(請新婿接過禮物)（복이빈객지례여녀부상견(復以賓客之禮與女父相見)）。 신서추사일번(新婿推辭一番), 표시동의(表示同意), 접과례물진입문내(接過禮物進入門內)。 주인량배접수례물(主人兩拜接受禮物), 신서량배송례(新婿兩拜送禮), 퇴출문외(退出門外)。 연후배견주부(然後拜見主婦)。 주부참재관폐저동변일선문적침문지내(主婦站在關閉著東邊一扇門的寢門之內); 신서면조동참재문외(新婿面朝東站在門外)。 주부대신서일배(主婦對新婿一拜), 신서배량차작답(新婿拜兩次作答)。 주부우대신서일배(主婦又對新婿一拜), 신서퇴출(新婿退出)。 주인청신서음례(主人請新婿飮醴), 여신서상읍상양이입(與新婿相揖相讓而入), 이(以)“일헌지례(一獻之禮)”관대신서(款待新婿)。 주부파포해진치신서석전(主婦把脯醢進置新婿席前)。 수신서시부수증례품(酬新婿時不隨贈禮品)。

신서출문(新婿出門), 주인량배상송(主人兩拜相送)。

사혼례제이(士昏禮第二)[修改]

여차(女次), 순의훈의염(純衣纁衣冉), 입어방중(立於房中), 남면(南面)。 차(次), 수식야(首飾也), 금시피야(今時髢也)。《주례(周禮)。 추사(追師)》장(掌)「위부(爲副)、편(編)、차(次)」。 순의(純衣), 사의(絲衣)。 여종자필진현(女從者畢袗玄), 칙차의역현의(則此衣亦玄矣)。

의염(衣冉), 역연야(亦緣也)。 의염지언임야(衣冉之言任也)。 이훈연기의(以纁緣其衣), 상음기상임야(象陰氣上任也)。 범부인부상시의염지의(凡婦人不常施衣冉之衣), 성혼례(盛昏禮), 위차복(爲此服)。《상대기(喪大記)》왈(曰)「복의부이의염(復衣不以衣冉)」, 명비상(明非常)。

[소(疏)]「여차(女次)」지(至)「남면(南面)」。○주(注)「차수(次首)」지(至)「비상(非常)」。○석왈(釋曰): 부언상자(不言裳者), 이부인지복부수상(以婦人之服不殊裳), 시이(是以)《내사복(內司服)》개부수상(皆不殊裳)。 피주운(彼注云):「부인상전일덕(婦人尙專一德), 무소겸(無所兼), 련의상부이기색(連衣裳不異其色)」시야(是也)。 주운(注云)「차(次), 수식야(首飾也), 금시피야(今時髢也)。《주례(周禮)。 추사(追師)》장(掌)『위부(爲副)、편(編)、차(次)』」자(者), 안피주운(案彼注云):「부지언복(副之言覆), 소이복수(所以覆首), 위지식기유상(爲之飾其遺象), 약금보의(若今步繇矣)。 편(編), 편렬발위지(編列發爲之), 기유상약금가(其遺象若今假)×의(矣)。 차(次), 차제발장단위지(次第發長短爲之), 소위피(所謂髢)」。 언(言)「소위(所謂)」, 위여(謂如)《소뢰(少牢)》「주부피체(主婦髲鬄)」야(也)。 우운(又云)「외내명부의국의(外內命婦衣鞠衣)、의(衣) 의자복편(衣者服編), 의의단의자복차(衣衣象衣者服次)」。 기부유어삼적제사복지(其副唯於三翟祭祀服之)。 사복작변조제지복이영(士服爵弁助祭之服以迎), 즉사지처역복의단의조제지복야(則士之妻亦服衣象衣助祭之服也)。 약연(若然), 안(案)《내사복(內司服)》

「왕후지륙복(王後之六服): 의위의(衣韋衣)、유적(揄翟)、궐적(闕翟)、국의(鞠衣)、전의(展衣)、의단의(衣象衣), 소사(素沙)。」소사여상륙복위리(素沙與上六服爲里), 오등제후(五等諸侯)、상공부인여왕후동후백부인(上公夫人與王後同侯伯夫人), 자유적이하(自揄翟而下), 자남부인자궐이하(子男夫人自闕而下)。 안(案)《옥조(玉藻)》유국의(有鞠衣)、의(衣) 의(衣)、의단의(衣象衣), 주운(注云):「제후지신개분위삼등(諸侯之臣皆分爲三等), 기처이차수차복(其妻以次受此服)。 공지신(公之臣)、고위상(孤爲上), 경대부차지(卿大夫次之), 사차지(士次之)。 후백자남지신(侯伯子男之臣), 경위상(卿爲上), 대부차지(大夫次之), 사차지(士次之)。」기삼부인이하내명부(其三夫人已下內命婦), 칙삼부인자궐적이하(則三夫人自闕翟而下), 구빈자국의이하(九嬪自鞠衣而下), 세부자의(世婦自衣) 의이하(衣而下), 녀어자의단의이하(女御自衣象衣而下), 가시이복지(嫁時以服之)。 제후부인무조천자제(諸侯夫人無助天子祭), 역각득신상복(亦各得申上服), 여제복동야(與祭服同也)。 운(云)「순의(純衣), 사의(絲衣)」자(者), 차경순역시사(此經純亦是絲), 리부명(理不明), 고견사체야(故見絲體也)。 운(云)「녀종자필진현(女從者畢袗玄), 칙차의역현의(則此衣亦玄矣)」자(者), 차정욕견기이순위사(此鄭欲見旣以純爲絲), 공색부명(恐色不明), 고운녀종진현(故云女從袗玄), 칙차사의역동현색의(則此絲衣亦同玄色矣)。 운(云)「의염(衣冉), 역연야(亦緣也)」자(者), 상훈상치의(上纁裳緇衣), 의(衣)위연(爲緣), 고운의염역연야(故云衣冉亦緣也)。 운(云)「의염지언임야(衣冉之言

冉之言任也)。 이훈연기의(以纁緣其衣), 상음기상임야(象陰氣上任也)」자(者), 부인음(婦人陰), 상음기상교어양(象陰氣上交於陽), 역취교접지의야(亦取交接之義也)。 운(云)「범부인부상시의염지의(凡婦人不常施衣冉之衣), 성혼례(盛昏禮), 위차복(爲此服)」자(者), 차순의즉의단의(此純衣即衣象衣), 시사처조제지복(是士妻助祭之服), 심상부용훈위의염(尋常不用纁爲衣冉), 금용지(今用之), 고운성혼례위차복(故云盛昏禮爲此服)。 운(云)「《상대기(喪大記)》왈복의부이의염(曰復衣不以衣冉), 명비상(明非常)」자(者), 이기시사(以其始死), 초혼복백용생시지의(招魂復魄用生時之衣)。 생시무의염(生時無衣冉), 지역부용의염(知亦不用衣冉), 명위비상소복(明爲非常所服), 위성혼례(爲盛昏禮), 고복지(故服之)。 인지자(引之者), 증의염위비상복야(證衣冉爲非常服也)。 연정언범부인복부상시의염자(然鄭言凡婦人服不常施衣冉者), 정욕견왕후이하(鄭欲見王後已下), 초가개유의염지의야(初嫁皆有衣冉之意也)。

모멱려(姆糸麗)、계(筓)、소의(宵衣), 재기우(在其右)。 모(姆), 부인년오십무자(婦人年五十無子), 출이부복가(出而不復嫁), 능이부도교인자(能以婦道教人者), 약금시유모의(若今時乳母矣)。 멱려(糸麗), 멱요발(糸舀發)。 계(筓), 금시잠야(今時簪也)。 멱려역광충폭(糸麗亦廣充幅), 장륙척(長六尺)。 소(宵), 독위(讀爲)《시(詩)》「소의주초(素衣朱綃)」지초(之綃), 《노시(魯詩)》이초위기속야(以綃爲綺屬也)。 모역현의(姆亦玄衣), 이초위령(以綃爲領), 인이위명(因以爲名), 차상별이(且相別耳)。 모재녀우(姆在女右), 당조이부례(當詔以婦禮)。

[소(疏)] 「모멱려(姆糸麗)」지(至)「기우(其右)」。 ○석왈(釋曰) : 차경욕견녀기재방(此經欲見女既在房), 수유전명자지의야(須有傳命者之義也)。 ○주(注)「모부(姆婦)」지(至)「부례(婦禮)」。 ○석왈(釋曰) : 운(云)「모(姆), 부인년오십무자(婦人年五十無子), 출이부복가(出而不復嫁), 능이부도교인(能以婦道教人)」자(者), 부인년오십음도절(婦人年五十陰道絕), 무자(無子), 내출지(乃出之)。 안(案)《가어(家語)》운(云) : 「부인유칠출(婦人有七出) : 부순부모출(不順父母出), 음벽출(淫闢出), 무자출(無子出), 부사구고출(不事舅姑出), 악질출(惡疾出), 다설출(多舌出), 도절출(盜竊出)。」

우장이십칠년하휴주(又莊二十七年何休注) : 「공양운(公羊云) : 무자기(無子棄), 절세야(絕世也) ; 음일기(淫佚棄), 란류야(亂類也) ; 부사구고기(不事舅姑棄), 패덕야(悖德也) ; 구설기(口舌棄), 리친야(離親也) ; 도절기(盜竊棄), 반의야(反義也) ; 질투기(嫉妒棄), 란가야(亂家也) ; 악질기(惡疾棄), 부가봉종묘야(不可奉宗廟也)。」 우(又)《가어(家語)》유(有)「삼부거(三不去)」 : 「증경삼년상(曾經三年喪), 부거(不去)。」 휴운(休云) : 「부망은야(不忘恩也)。」 「천취귀(賤取貴), 부거(不去)。」 휴운(休云) : 「부배덕야(不背德也)。」 「유소수무소귀(有所受無所歸), 부거(不去)。」

휴운(休云) : 「부궁궁야(不窮窮也)。」 휴우운(休又云) : 「상부장녀부취(喪婦長女不娶), 무교계야(無教戒也) ; 세유악질부취(世有惡疾不取), 기어천야(棄於天也) ; 세유형인부취(世有刑人不娶), 기어인야(棄於人也) ; 란가부취(亂家不娶), 류부정야(類不正也) ; 역가녀부취(逆家女不娶), 폐인륜야(廢人倫也)。」 시오부취(是五不娶)。 우안(又案)《역(易)》。 동인(同人)》「륙이(六二)」 정주운(鄭注云) : 「천자제후후부인(天子諸侯後夫人), 무자부출(無子不出)。」 칙유유륙출(則猶有六出)。 기천자지후수실례(其天子之後雖失禮), 정운(鄭云) : 「가어천자(嫁於天子), 수실례(雖失禮), 무출도(無出道), 원지이이(遠之而已)。 약기무자부폐(若其無子不廢), 원지(遠之), 후존여고(後尊如故), 기범륙출칙폐지(其犯六出則廢之)。」 연취칠출지중여륙출(然就七出之中餘六出), 시무덕행부감교인(是無德行不堪教人), 고무자출(故無子出)。 능이부도교인자(能以婦道教人者), 이위모(以爲姆), 기교녀(既教女), 인종녀향부가야(因從女向夫家也)。 운(云)「약금시유모(若今時乳母)」자(者), 한시유모여고시유모별(漢時乳母與古時乳母別)。 안(案)《상복(喪服)》유모자(乳母者), 거대부자유삼모(據大夫子有三母) : 자사(子師)、자모(慈母)、보모(保母)。 기자모궐(其慈母闕), 내령유유자(乃令有乳者), 양자위지위유모(養子謂之爲乳母), 사위지복시마(死爲之服緦麻)。 사교지유모(師教之乳母), 직양지이이(直養之而已)。 한시유모칙선덕행유유자위지(漢時乳母則選德行有乳者爲之), 병사교자(並使教子), 고인지이증모야(故引之以證姆也)。 운(云)「멱려(糸麗), 멱요발(糸舀發)」자(者), 차멱려역여(此糸麗亦如)《사관(士冠)》멱려(糸麗), 이증위지(以繒爲之), 광충폭(廣充幅), 장륙척(長六尺), 이멱요발이(以糸舀發而) × 지(之)。 모소이어녀자(姆所異於女者), 녀유멱려(女有糸麗), 겸유차(兼有次), 차모칙유멱려이무차야(此姆則有糸麗而無次也)。 운(云)「계(筓), 금시잠(今時簪)」자(者), 거한위황의야(舉漢爲況義也)。 운(云)「소(宵), 독위(讀爲)《시(詩)》『소의주초(素衣朱綃)』지초(之綃)」자(者), 인(引)《시(詩)》이위증야(以爲證也)。 운(云)「모역현의(姆亦玄衣), 이초위령(以綃爲領), 인이위명(因以爲名)」자(者), 차의수언초의(此衣雖言綃衣),

역여순의동시의단의(亦與純衣同是衣彖衣), 용초위령(用綃爲領), 고인득명초의야(故因得名綃衣也). 필지초위령자(必知綃爲領者), 《시(詩)》운(云)「소의주초(素衣朱綃)」, 《시(詩)》우운(又云)「소의주의폭(素衣朱衣暴)」, 《이아(爾雅). 석기(釋器)》운(云) : 「보령위지의폭(黼領謂之衣暴).」의폭기위령(衣暴既爲領), 명주초역령가지(明朱綃亦領可知). 안상문운녀의단의(案上文云女衣彖衣), 하문운녀종자필진현(下文云女從者畢袗玄), 개시의단의(皆是衣彖衣), 칙차초의역의단의의(則此綃衣亦衣彖衣矣). 여여녀종의단보령(女與女從衣單黼領), 차모이현초위령야(此姆以玄綃爲領也). 약연(若然), 《특생(特牲)》운초의자(云綃衣者), 위이초증위의(謂以綃繒爲衣). 지차초위령자(知此綃爲領者), 이하녀종자운(以下女從者云)「피(被) 보(黼)」거령(據領), 명차역거령야(明此亦據領也). 운(云)「모재녀우(姆在女右), 당조이부례(當詔以婦禮)」자(者), 안(案)《예기(禮記). 소의(少儀)》운(云)「찬폐자좌(贊幣自左), 조사자우(詔辭自右)」, 지도존우지의(地道尊右之義), 고모재녀우야(故姆在女右也).

녀종자필진현(女從者畢袗玄), 몌려계(糸麗笄), 피(被) 보(黼), 재기후(在其後). 녀종자(女從者), 위질제야(謂姪娣也).

《시(詩)》운(云) : 「제제종지(諸娣從之), 기기여운(祁祁如云).」진(袗), 동야(同也), 동현자(同玄者), 상하개현(上下皆玄). 의단야(衣單也). 《시(詩)》운(云) : 「소의주의폭(素衣朱衣暴).」《이아(爾雅)》운(云) : 「보령위지의폭(黼領謂之衣暴).」《주례(周禮)》왈(曰) : 「백여흑위지보(白與黑謂之黼).」천자(天子)、제후후부인적의(諸侯後夫人狄衣), 경대부지처(卿大夫之妻), 랄보이위령(刺黼以爲領)여금언령의(如今偃領矣). 사처시가(士妻始嫁), 시의단보어령상(施衣單黼於領上), 가성식이(假盛飾耳). 언피(言被), 명비상복(明非常服).

[소(疏)] 「녀종(女從)」지(至)「기후(其後)」. ○석왈(釋曰) : 차시종녀지인(此是從女之人), 재녀후위존비위의지사야(在女後爲尊卑威儀之事也). ○주(注)「녀종(女從)」지(至)「상복(常服)」. ○석왈(釋曰) : 지녀종시질제자(知女從是姪娣者), 안하문운(案下文云)「수무제잉선(雖無娣媵先)」, 정운(鄭云) : 「고자가녀(古者嫁女), 필질제종(必姪娣從), 위지잉(謂之媵).」즉차녀종(即此女從), 고운(故云)「녀종자(女從者), 위질제야(謂姪娣也)」. 운(云)「《시(詩)》」자(者), 《한혁(韓奕)》편(篇), 인지증질지의야(引之證姪之義也). 운(云)「진(袗), 동야(同也), 동현자(同玄者), 상하개현(上下皆玄)」자(者), 차진독종(此袗讀從)《좌씨(左氏)》「균복진진(均服振振)」일야(一也). 고운동현(故云同玄), 상하개현야(上下皆玄也). 동자즉부인지복(同者即婦人之服), 부수상야(不殊裳也). 운(云)의단야(衣單也)」자(者), 차독여(此讀如)《시(詩)》운(云) 의지(衣之), 고위의단야(故爲衣單也). 인(引)《시(詩)》、《이아(爾雅)》、《주례(周禮)》자(者), 증보득위령지의야(證黼得爲領之義也). 보위랄지재령위보문(黼謂刺之在領爲黼文), 명위의폭(名爲衣暴), 고운(故云)「보령위지의폭(黼領謂之衣暴)」. 운(云)「천자(天子)、제후후부인적의(諸侯後夫人狄衣)」자(者), 안(案)《주례(周禮). 내사복(內司服)》운(云) : 「장왕후지륙복(掌王後之六服) : 의위의(衣韋衣)、유적(揄狄)、궐적(闕狄).」우주운(又注云) : 「후백지부인유적(侯伯之夫人揄狄), 자남지부인역궐적(子男之夫人亦闕狄), 유이왕후의위의(唯二王後衣韋衣).」고운후부인적의야(故云後夫人狄衣也). 운(云)「경대부지처(卿大夫之妻), 랄보이위령(刺黼以爲領)」자(者), 이사처언피(以士妻言被), 명비상(明非常), 고지대부지처(故知大夫之妻), 랄지상야(刺之常也). 부어후부인하언령(不於後夫人下言領), 어경대부처하내운랄보위령(於卿大夫妻下乃云刺黼爲領), 즉후부인역동랄보위령야(則後夫人亦同刺黼爲領也). 단보내백흑색위지(但黼乃白黑色爲之), 약어의상칙화지(若於衣上則畫之), 약어령상칙랄지(若於領上則刺之).

이위기남자면복(以爲其男子冕服), 의화이상수(衣畫而裳繡), 수개랄지(繡皆刺之). 기부인령수재의(其婦人領雖在衣), 역랄지의(亦刺之矣). 연차사처언피의단보(然此士妻言被衣單黼), 위어의령상별랄보문(謂於衣領上別刺黼文), 위지피(謂之被), 즉대부이하랄지(則大夫以下刺之), 부별피지의(不別被之矣).

안(案)《례기(禮記). 교특생(郊特牲)》운(云) : 「초보단주중의(綃黼丹朱中衣), 대부지참례야(大夫之僭禮也).」피천자(彼天子)、제후중의유보령(諸侯中衣有黼領), 복칙무지(服則無之). 차금부인사화식(此今婦人事華飾), 고어상복유지(故於上服有之), 중의칙무야(中衣則無也). 운(云)「여금언령의(如今偃領矣)」자(者), 거한법(擧漢法), 정군목험이지(鄭君目驗而知), 지금이원(至今已遠), 언령지제(偃領之制), 역무가지야(亦無可知也). 운(云)「사처시가(士妻始

嫁), 시의단보어령상(施衣單黼於領上), 가성식이(假盛飾耳)。 언피(言被), 명비상복(明非常服)」자(者), 대대부이상처칙상복유지(對大夫已上妻則常服有之), 비가야(非假也)。

주인현단(主人玄端), 영어문외(迎於門外), 서면재배(西面再拜)。 빈동면답배(賓東面答拜)。 빈(賓), 서(婿)。

[소(疏)] 「주인(主人)」지(至)「답배(答拜)」。 ○석왈(釋曰) : 차언남지녀씨지대문외(此言男至女氏之大門外), 여부출영지사야(女父出迎之事也)。

주인읍입(主人揖入), 빈집안종(賓執雁從)。 지어묘문(至於廟門), 읍입(揖入)。 삼읍(三揖), 지어계(至於階), 삼양(三讓)。 주인승(主人升), 서면(西面)。 빈승(賓升), 북면(北面), 전안(奠雁), 재배계수(再拜稽首), 강(降), 출(出)。 부종(婦從), 강자서계(降自西階)。 주인부강송(主人不降送)。

빈승전안배(賓升奠雁拜), 주인부답(主人不答), 명주위수녀이(明主爲授女耳)。 주인부강송(主人不降送), 예부참(禮不參)。

[소(疏)] 「주인(主人)」지(至)「강송(降送)」。 ○석왈(釋曰) : 차언녀부영빈서입묘문(此言女父迎賓婿入廟門), 승당(升堂), 부영출대문지사야(父迎出大門之事也)。 운(云)「빈승(賓升), 북면전안(北面奠雁), 재배계수(再拜稽首)」자(者), 차시당재방외당미북면(此時當在房外當楣北面), 지재방호자(知在房戶者), 견은이년(見隱二年)「기리멱유래역녀(紀履糸俞來逆女)」, 《공양전(公羊傳)》왈(曰) : 「기시부친영야(譏始不親迎也)。」

하휴운(何休云) : 「하후씨역어정(夏后氏逆於庭), 은인역어당(殷人逆於堂), 주인역어호(周人逆於戶)。」후대점문(後代漸文), 영어방자(迎於房者), 친친지의야(親親之義也)。 ○주(注) 「빈승(賓升)」지(至)「부참(不參)」。 ○석왈(釋曰) : 운(云)「빈승전안배(賓升奠雁拜), 주인부답(主人不答), 명주위수녀이(明主爲授女耳)」자(者), 안납채조계상배(案納采阼階上拜), 지문명(至問名)、납길(納吉)、납징(納徵)、청기(請期), 전상여개배(轉相如皆拜), 독어차주인부답(獨於此主人不答), 명주위수녀이(明主爲授女耳)。 운(云)「주인부강송(主人不降送), 례부참(禮不參)」자(者), 례빈주의각일인(禮賓主宜各一人), 금부기종(今婦既從), 주인부송자(主人不送者), 이기례부참야(以其禮不參也)。

서어부차(婿御婦車), 수수(授綏), 모사부수(姆辭不受)。 서(婿), 어자(御者), 친이하지(親而下之)。 수(綏), 소이인승차자(所以引升車者)。

복인지례(僕人之禮), 필수인수(必授人綏)。

[소(疏)] 「서어(婿御)」지(至)「부수(不受)」。 ○주(注) 「서어(婿御)」지(至)「인수(人綏)」。 ○석왈(釋曰) : 운(云)「복인지례(僕人之禮), 필수인수(必授人綏)」자(者), 《곡례(曲禮)》문(文)。 금서어차(今婿御車), 즉복인례(即僕人禮), 복인합수수(僕人合授綏), 모사부수(姆辭不受), 겸야(謙也)。

부승이기(婦乘以幾), 모가경(姆加景), 내구(乃驅)。 어자대(御者代)。 승이기자(乘以幾者), 상안서야(尚安舒也)。 경지제개여명의(景之制蓋如明衣), 가지이위행도어진(加之以爲行道禦塵), 영의선명야(令衣鮮明也), 경역명야(景亦明也)。 구(驅), 행야(行也)。 행차륜삼주(行車輪三周), 어자내대서(御者乃代婿)。 금문경작경(今文景作憬)。

[소(疏)] 「부승(婦乘)」지(至)「자대(者代)」。 ○주(注) 「승이(乘以)」지(至)「작경(作憬)」。 ○석왈(釋曰) : 운(云)「승이기(乘以幾)」

자(者), 위등차시야(謂登車時也)。 기(幾), 소이안체(所以安體), 위약시승이기지류(謂若尸乘以幾之類)。 이중기초혼(以重其初昏), 여시동야(與尸同也)。

운(云)「경지제개여명의(景之制蓋如明衣)」자(者), 안(案)《기석례(既夕禮)》 : 「명의상용포(明衣裳用布), 몌속폭(袂屬幅), 장하슬(長下膝)。」

정주운(鄭注云) : 「장하슬(長下膝), 우유상어폐하체심야(又有裳於蔽下體深也)。」차경지제무정문(此景之制無正文), 고운개여명의(故云蓋如明衣), 직운제여명의(直云制如明衣)。 차가시상식(此嫁時尚飾), 부용포(不用布)。 안(案)《시(詩)》운(云) : 「의금(衣錦) 의(衣), 상금(裳錦)상(裳)。」

정운(鄭云) : 「　, 의단야(衣單也)。 개이의단(蓋以衣單) 위지중의(爲之中衣), 상용금이상가의단(裳用錦而上加衣單) 언(焉)。 위기문지대저야(爲其文之大著也)。 서인지처가복야(庶人之妻嫁服也)。 사처멱재의훈의염(士妻糸才衣纁衣冉)。」피이서인용의단(彼以庶人用衣單)　, 련인사처멱재의(連引士妻糸才衣), 즉차사처의상역용의단(則此士妻衣上亦用衣單)。 《석인(碩人)》시국군부인(是國君夫人), 역의금(亦衣錦) 의(衣), 칙존비동용의단(則尊卑同用衣單)。 서인비(庶人卑), 득여국군부인동용금위의대저(得與國君夫人同用錦爲衣大著)。 차사처(此士妻

부용금(此士妻不用錦), 부위문대저(不爲文大著), 고운(故云)「행도어풍진(行道御風塵)」야(也)。

서승기차선(婿乘其車先), 사어문외(俟於門外)。 서차재대문외(婿車在大門外), 승지선자(乘之先者), 도지야(道之也)。 남솔녀(男率女), 녀종남(女從男), 부부강유지의(夫婦剛柔之義), 자차시야(自此始也)。 사(俟), 대야(待也)。 문외(門外), 서가대문외(婿家大門外)。

[소(疏)] 「서승(婿乘)」지(至)「문외(門外)」。 ○주(注)「서차(婿車)」지(至)「문외(門外)」。 ○석왈(釋曰) : 운(云)「서차재대문외(婿車在大門外)」자(者), 위재부가대문외(謂在婦家大門外)。 지자(知者), 이기서어차시언승기차(以其婿於此始言乘其車), 고지야(故知也)。 운(云)「남솔녀(男率女), 녀종남(女從男), 부부강유지의(夫婦剛柔之義), 자차시야(自此始也)」자(者), 병(並)《교특생(郊特牲)》문(文)。 운(云)「문외(門外), 서가대문외(婿家大門外)」자(者), 명사이상(命士已上), 부자이궁(父子異宮), 고해위서가대문외(故解爲婿家大門外)。 약부명지사(若不命之士), 부자동궁(父子同宮), 칙대문부지대문외야(則大門父之大門外也)。

부지(婦至), 주인읍부이입(主人揖婦以入)。 급침문(及寢門), 읍입(揖入), 승자서계(升自西階)。 잉포석어오(媵布席於奧)。 부입어실(夫入於室), 즉석(即席)。 부존서(婦尊西), 남면(南面), 잉(媵)、어옥관교(御沃盥交)。 승자서계(升自西階), 도부입야(道婦入也)。 잉(媵), 송야(送也), 위녀종자야(謂女從者也)。 어(御), 당위아(當爲訝)。 아(訝), 영야(迎也), 위서종자야(謂婿從者也)。 잉옥서관어남세(媵沃婿盥於南洗), 어옥부관어북세(御沃婦盥於北洗)。 부부시접(夫婦始接), 정유렴치(情有廉恥), 잉(媵)、어교도기지(御交道其志)。

[소(疏)] 「부지(婦至)」지(至)「관교(盥交)」。 ○석왈(釋曰) : 차명부도어부입문승계(此明夫導於婦入門升階), 급대석(及對席), 잉(媵)、어옥관지의(御沃盥之儀)。 운(云)「주인읍부이입(主人揖婦以入)」자(者), 차칙(此則)《시(詩)》운(云)「호인제제(好人提提), 완연좌벽(宛然左闢)」시야(是也)。 운(云)「부입어실(夫入於室), 즉석(即席)」자(者), 위서야(謂婿也)。 부재존서(婦在尊西), 미설석(未設席)。 서기위주(婿既爲主), 동면수설찬(東面須設饌), 흘(訖), 내설대석(乃設對席)。 읍즉대석위전후지지편고야(揖即對席爲前後至之便故也)。 ○주(注)「승자(升自)」지(至)「기지(其志)」。

○석왈(釋曰) : 운(云)「승자서계(升自西階), 도부입야(道婦入也)」자(者), 이심상객객(以尋常客客), 주인재동(主人在東), 빈재서(賓在西)。 금주인여처구승서계(今主人與妻俱升西階), 고운도부입야(故云道婦入也)。 운(云)「잉(媵), 송야(送也), 위녀종자야(謂女從者也)」, 즉질제야(即侄娣也)。 운(云)「어(御), 당위아(當爲訝)。 아(訝), 영야(迎也), 위서종자야(謂婿從者也)」자(者), 이기여부인위관(以其與婦人爲盥), 비남자지사(非男子之事), 위부가지천자야(謂夫家之賤者也)。 지(知)「잉옥서관어남세(媵沃婿盥於南洗), 어옥부관어북세(御沃婦盥於北洗)」자(者), 이기유남북이세(以其有南北二洗)。

우운(又云)「잉어옥관교(媵御沃盥交)」, 명지부부여잉어남북교상옥관야(明知夫婦與媵御南北交相沃盥也)。

찬자철존멱(贊者徹尊冪)。 거자관(舉者盥), 출(出), 제멱(除冪), 거정입(舉鼎入), 진어조계남(陳於阼階南), 서면(西面), 북상(北上)。 비조종설(匕俎從設)。 집비자(執匕者), 집조자(執俎者), 종정이입(從鼎而入), 설지(設之)。 비(匕), 소이별출생체야(所以別出牲體也)。 조(俎), 소이재야(所以載也)。

[소(疏)] 「찬자(贊者)」지(至)「종설(從設)」。 ○주(注)「집비(執匕)」지(至)「재야(載也)」。 ○석왈(釋曰) : 안(案)《특생(特牲)》、《소뢰(少牢)》、《공식(公食)》여(與)《유사철(有司徹)》, 급차(及此)《혼례(昏禮)》등(等), 집비조거정각별인자(執匕俎舉鼎各別人者), 차길례상위의고야(此吉禮尚威儀故也)。 《사상례(士喪禮)》거정(舉鼎), 우인이우수집비(右人以右手執匕), 좌인이좌수집조(左人以左手執俎), 거정인겸집비조자(舉鼎人兼執匕俎者), 상례략야(喪禮略也)。 운(云)「종설(從設)」자(者), 이종남지사(以從男之事), 고종길제법야(故從吉祭法也)。 《공식(公食)》집비조지인(執匕俎之人), 입가비어정(入加匕於鼎), 진조어정남(陳俎於鼎南), 기비여재(其匕與載), 개거정자위지(皆舉鼎者爲之)。 《특생(特牲)》주운(注云) : 「우인야(右人也), 존자어사지사가야(尊者於事指使可也)。」 즉우인어정북(則右人於鼎北), 남면비육출지(南面匕肉出之)。 좌인어정서조남(左人於鼎西俎南), 북면승취육(北面承取肉), 재어조(載於俎)。 《사우(士虞)》우인재자(右人載者), 상제소변(喪祭少變), 고재서방(故在西方), 장자재좌야(長者在左也)。 금(今)《혼례(昏禮)》귀신음양당여(鬼神陰陽當與)《특생례(特牲禮)》동(同), 역우인비(亦右人匕), 좌인재(左人載), 수집조이립(遂執俎而立), 이시설야(以待設也)。 운(云)「비(匕), 소이별출생체야(所以別出牲體也)」자(者), 범생유체(凡牲有體), 별위견(別謂肩)、비(臂)、◆、순(肫)、각(胳)、척(脊)、협지등어정(脅之等於鼎), 이차별비출(以此別匕出)

지재자(以次別ヒ出之載者), 의기체별(依其體別), 이차재지어조(以次載之於俎), 고운별출생체야(故云別出牲體也)。

북면재(北面載), 집이사(執而俟)。집조이립(執俎而立), 사두선설(俟豆先設)。

[소(疏)] 「북면재집이사(北面載執而俟)」。○주(注)「집조(執俎)」지(至)「선설(先設)」。○석왈(釋曰):지사두선설자(知俟豆先設者), 하문저해후내운(下文菹醢後乃云)「조입(俎入), 설어두동(設於豆東)」, 고지야(故知也)。

비자역퇴(ヒ者逆退), 복위어문동(復位於門東), 북면(北面), 서상(西上)。집비자사필역퇴(執ヒ者事畢逆退), 유편(由便)。지차내저기위(至此乃著其位), 약천야(略賤也)。

[소(疏)] 「비자(ヒ者)」지(至)「서상(西上)」。○주(注)「집비(執ヒ)」지(至)「천야(賤也)」。○석왈(釋曰):운(云)「지차내저기위(至此乃著其位), 약천야(略賤也)」자(者), 안(案)《사관(士冠)》미행사(未行事), 진주인위흘(陳主人位訖), 즉언형제급빈자지위(即言兄弟及擯者之位), 어차초진정문외시(於此初陳鼎門外時), 부견집비자위(不見執ヒ者位), 지차내저기위(至此乃著其位), 고언략천야(故言略賤也)。

찬자설장어석전(贊者設醬於席前), 저해재기북(菹醢在其北)。조입(俎入), 설어두동(設於豆東), 어차(魚次)。납특어조북(臘特於俎北)。두동(豆東), 저해지동(菹醢之東)。

[소(疏)] 주(注)「두동저해지동(豆東菹醢之東)」。○석왈(釋曰):장여저해구재두(醬與菹醢俱在豆), 지부재장동자(知不在醬東者), 하문장동유서직(下文醬東有黍稷), 고지재저해동야(故知在菹醢東也)。

찬설서어장동(贊設黍於醬東), 직재기동(稷在其東), 설수음어장남(設水音於醬南)。찬요방야(饌要方也)。

[소(疏)] 「찬설(贊設)」지(至)「장남(醬南)」。○주(注)「찬요방야(饌要方也)」。○석왈(釋曰):두동(豆東), 량조장동(兩俎醬東), 서직시기요방야(黍稷是其要方也)。

설대장어동(設對醬於東), 대장(對醬), 부장야(婦醬也), 설지당특조(設之當特俎)。

[소(疏)] 「설대장어동(設對醬於東)」。○주(注)「대장(對醬)」지(至)「특조(特俎)」。○석왈(釋曰):서동면설장(婿東面設醬), 재남위우(在南為右), 부서면(婦西面), 칙장재북위우(則醬在北為右), 개이우수취지위편(皆以右手取之為便), 고지설지당특조동야(故知設之當特俎東也)。

저해재기남(菹醢在其南), 북상(北上)。설서어랍북(設黍於臘北), 기서직(其西稷)。설수음어장북(設水音於醬北)。어포대석(御布對席), 찬계회(贊啟會), 어돈남(於敦南), 대돈어북(對敦於北)。계(啟), 발야(發也)。금문계작개(今文啟作開), 고문(古文) 위(為) 。

[소(疏)] 「저해(菹醢)」지(至)「어북(於北)」。○석왈(釋曰):「저해재기남(菹醢在其南), 북상(北上)」자(者), 위저재장남(謂菹在醬南), 기남유저유해(其南有菹有醢)。약서해재저북(若婿醢在菹北), 종남향북진위남상(從南向北陳為南上)。차종북향남진(此從北向南陳), 역해재저남(亦醢在菹南), 위북상야(為北上也)。운(云)「수음(水音)」, 즉상문대갱수음(即上文大羹水音)。재찬자(在爨者), 갱의열(羹宜熱), 해식내장입(醢食乃將入), 시이(是以)《공식대부(公食大夫)》운(云)「대갱수음부화(大羹水音不和), 실어등(實於鐙), 유문입(由門入), 공설지어장서(公設之於醬西)」시야(是也)。우생인식(又生人食), 《공식대부(公食大夫)》시야(是也)。《특생(特牲)》、《사우(士虞)》등위신설(等為神設), 개위경시(皆為敬尸), 시역부식야(尸亦不食也)。《향음주(鄉飲酒)》、《향사(鄉射)》、《연례(燕禮)》、《대사(大射)》부설자(不設者), 수음비음식지구(水音非飲食之具), 고무야(故無也)。《소뢰(少牢)》무수음자(無水音者), 문부비(文不備)。《유사철(有司徹)》유수음자(有水音者), 빈시례설(賓尸禮褻), 고유지(故有之), 여(與)《소뢰(少牢)》레이야(禮異也)。운(云)「설수음어장북(設水音於醬北)」자(者), 안상설서수음어장남(案上設婿水音於醬南), 재장서지남(在醬黍之南), 특조출어찬북(特俎出於饌北), 차설부수음어장북(此設婦水音於醬北), 재특조동(在特俎東), 찬내칙부득요방(饌內則不得要方), 상주운(上注云):「요방자(要方者), 거대판이언이(據大判而言耳)。」운(云)「계회(啟會), 어돈남(於敦南), 대돈어북(對敦於北)」자(者), 취서동면이남위우(取婿東面以南為右), 부서면이북위우(婦西面以北為右), 각취편야(各取便也)。앙야(仰也), 위앙어지야(謂仰於地也)。

찬고구(贊告具)。읍부(揖婦), 즉대연(即對筵), 개좌(皆坐), 개제(皆祭)。제천(祭薦)、서(黍)、직(稷)、폐(肺)。찬자서면고찬구야(贊者西面告饌具也)。서읍부(婿揖婦), 사즉석(使即席), 천저해(薦菹醢)。

[소(疏)] 「찬자(贊者)」지(至)「직폐(稷肺)」。○주(注)「찬자(贊者)」지(至)「저해(菹醢)」。○석왈(釋曰) : 지(知)「찬자서면고찬구(贊者西面告饌具)」자(者), 이기소고자의고주인(以其所告者宜告主人), 주인동면(主人東面), 지서면고야(知西面告也)。운(云)「천저해(薦菹醢)」자(者), 이기(以其)《의례(儀禮)》지내단언천자(之內單言薦者), 개거변두이언야(皆據籩豆而言也)。

찬이서(贊爾黍), 수폐척(授肺脊)。개식(皆食), 이수음(以水音)、장(醬), 개제거(皆祭舉)、식거야(食舉也)。이(爾), 이야(移也), 이치석상(移置席上), 편기식야(便其食也)。개식(皆食), 식서야(食黍也)。이(以), 용야(用也), 용자(用者), 위철수음잡장(謂啜水音咂醬)。고문석작직(古文腊作稷)。

[소(疏)] 「찬이(贊爾)」지(至)「거야(舉也)」。○석왈(釋曰) : 운(云)「제거(祭舉)、식거야(食舉也)」자(者), 거위거폐(舉謂舉肺), 이기거이제이식(以其舉以祭以食), 고명폐위거(故名肺為舉), 칙상문운(則上文云)「제자(祭者), 제폐(祭肺)」야(也)。○주(注)「이이(爾移)」지(至)「작직(作稷)」。○석왈(釋曰) : 운(云)「이(爾), 이야(移也)」자(者), 이훈위근(爾訓為近), 위이지사근인(謂移之使近人), 고운(故云)「이치석상(移置席上), 편기식야(便其食也)」。안(案)《옥조(玉藻)》운(云)「식좌진전(食坐盡前)」, 위림석전반(謂臨席前畔), 칙부득이서어석상(則不得移黍於席上)。차운(此云)「이치석상(移置席上)」자(者), 귀신음양(鬼神陰陽), 고차혼례종(故此昏禮從)《특생(特牲)》제사법(祭祀法)。운(云)「개식(皆食), 식서야(食黍也)」

자(者), 안(案)《특생(特牲)》、《소뢰(少牢)》제거(祭舉)、식거내반(食舉乃飯), 차선식서(此先食黍), 내제거(乃祭舉), 상반자(相反者), 피구반례성(彼九飯禮成), 고선식거(故先食舉), 이위도식기(以為導食氣)。차삼반례략(此三飯禮略), 고부수도야(故不須導也)。차선이서직(此先爾黍稷), 후수폐(後授肺), 《특생(特牲)》역연(亦然), 이기사례동야(以其士禮同也)。《소뢰(少牢)》좌식(佐食), 선이거폐척(先以舉肺脊), 수시(授尸), 내이서자(乃爾黍者), 대부례여사이고야(大夫禮與士異故也)。연(然)《사우(士虞)》역선수거폐척(亦先授舉肺脊), 후내이서자(後乃爾黍者), 상례여길반고야(喪禮與吉反故也)。운(云)「용자(用者), 위철수음폐잡장(謂啜水音肺咂醬)」자(者), 이기대갱즙부용저(以其大羹汁不用箸), 장우부수이저(醬又不須以箸), 고용구철수음(故用口啜水音), 용지잡장야(用指咂醬也)。

삼반(三飯), 졸식(卒食)。졸(卒), 이야(已也)。동뢰시친(同牢示親), 부주위식기(不主為食起), 삼반이성례야(三飯而成禮也)。

[소(疏)] 「삼반졸식(三飯卒食)」。○주(注)「동뢰(同牢)」지(至)「예야(禮也)」。○석왈(釋曰) : 운(云)「동뢰시친(同牢示親), 부주위식기(不主為食起)」자(者), 《소뢰(少牢)》십일반(十一飯), 《특생(特牲)》구반이례성(九飯而禮成), 차독삼반(此獨三飯), 고운동뢰시친(故云同牢示親), 부주위식기(不主為食起), 삼반이성례야(三飯而成禮也)。

찬세작(贊洗爵), 작(酌)🈁주인(主人), 주인배수(主人拜受)。찬호내북면답배(贊戶內北面答拜)。부역여지(婦亦如之)。개제(皆祭)。수야(漱也)。지언연야(之言演也), 안야(安也)。수(漱), 소이(所以) 구(口), 차연안기소식(且演安其所食)。작내존(酌內尊)。

[소(疏)] 「찬세(贊洗)」지(至)「개제(皆祭)」。○석왈(釋曰) : 자차지(自此至)「존부(尊否)」, 론부부식흘(論夫婦食訖) 급철찬어방절(及徹饌於房節)。운(云)「주인배수(主人拜受)」자(者), 서배당동면(婿拜當東面), 부역여지자(婦亦如之者), 부배당남면(婦拜當南面)。시이(是以)《소뢰(少牢)》운(云) 「개답배(皆答拜)」, 정주운(鄭注云) : 「재동면석자(在東面席者), 동면배(東面拜)。재서면석자(在西面席者), 개남면배(皆南面拜)。」고지부배남면(故知婦拜南面)。약찬답부배(若贊答婦拜), 역어호내북면야(亦於戶內北面也)。운(云)「개제(皆祭)」자(者), 제선야(祭先也)。

○주(注)「수(漱)」지(至)「내존(內尊)」。○석왈(釋曰) : 운(云)「수야(漱也)。지언연야(之言演也), 안야(安也)。수(漱), 소이(所以) 구(口), 차연안기소식(且演安其所食)」자(者), 안(案)《특생(特牲)》운(云) : 「주인세각승(主人洗角升), 작(酌) 시(尸)。」주운(注云) :

「유연야(猶衍也), 시헌시야(是獻尸也)。위지(謂之)🈁자(者), 시기졸식(尸既卒食), 우욕이연양악지(又欲頤衍養樂之)。」우(又)《소뢰(少牢)》운(云) : 「주인작주(主人酌酒), 내(乃)시(尸)。」주운(注云) : 「유선야(猶羨也), 기식지이우음지(既食之而又飲之), 소이악지(所以樂之)。」

삼주부동자(三注不同者), 문유상략(文有詳略), 상겸내구(相兼乃具)。《사우(士虞)》역시(亦是

是) 시(尸), 주직운(注直云):「안식야(安食也)。」

부언양악급선자(不言養樂及羨者), 상고략지(喪故略之)。차삼(此三)구부언헌(俱不言獻), 개운(皆云), 직취기(直取其) , 고주운수소이(故注云漱所以) 구(口), 연안기소식(演安其所食), 역이양악지의(亦頤養樂之義)。지(知)「작내존(酌內尊)」자(者), 이하문운찬(以下文云贊)「작어호외존(酌於戶外尊)」, 고지차부부작내존야(故知此夫婦酌內尊也)。

찬이간종(贊以肝從), 개진제(皆振祭), 제간(嚌肝), 개실어저두(皆實於菹豆)。간(肝), 간자야(肝炙也)。음주(飲酒), 의유효이안지(宜有肴以安之)。

[소(疏)]「찬이(贊以)」지(至)「저두(菹豆)」。○석왈(釋曰):안(案)《특생(特牲)》、《소뢰(少牢)》헌시(獻尸), 이간종시제지(以肝從尸嚌之), 가어저두(加於菹豆), 여차동례지정야(與此同禮之正也)。주인여축역이간종(主人與祝亦以肝從), 가어조부가어두자(加於俎不加於豆者), 하시(下尸), 고부감동지야(故不敢同之也)。《사우(士虞)》헌시(獻尸), 시이간가어조자(尸以肝加於俎者), 상제(喪祭), 고정운가어조(故鄭云加於俎), 종기생체야(從其牲體也), 이상부지어미(以喪不志於味), 단차운실(但此云實), 부운가(不云加), 이어제고야(異於祭故也)。

졸작(卒爵), 개배(皆拜)。찬답배(贊答拜), 수작(受爵)。재(再)여초(如初), 무종(無從)。삼(三)용근(用卺), 역여지(亦如之)。역무종야(亦無從也)。

[소(疏)]「졸작(卒爵)」지(至)「여지(如之)」。○주(注)「역무종야(亦無從也)」。○석왈(釋曰):「졸작(卒爵), 개배(皆拜), 찬답배(贊答拜)」자(者), 헌주처야(獻主處也)。운(云)「재(再)여초(如初)」자(者), 여자찬세작이하(如自贊洗爵已下), 지답배수작야(至答拜受爵也)。운(云)「역무종야(亦無從也)」자(者), 삼(三)용근역여지(用卺亦如之), 역자찬세작지수작(亦自贊洗爵至受爵), 정직운(鄭直云)「역무종(亦無從)」。용근문승재(用卺文承再)지하(之下), 명지사사여재(明知事事如再), 이기초(以其初)유종(有從), 재(再)여초무종(如初無從), 삼(三)용근역무종(用卺亦無從), 고정이역무종언지(故鄭以亦無從言之), 기실개동재(其實皆同再)야(也)。

찬세작(贊洗爵), 작어호외존(酌於戶外尊)。입호(入戶), 서북면전작(西北面奠爵), 배(拜)。개답배(皆答拜)。좌제(坐祭), 졸작(卒爵), 배(拜)。

개답배(皆答拜)。흥(興)。찬작자(贊酌者), 자초야(自酢也)。

[소(疏)]「찬세(贊洗)」지(至)「배흥(拜興)」。○석왈(釋曰):언(言)「개(皆)」자(者), 개부부야(皆夫婦也)。삼(三)내작외존(乃酌外尊), 자초자개시략천자야(自酢者皆是略賤者也)。기격(既隔), 합근내용작(合卺乃用爵), 부혐상습작(不嫌相襲爵), 명경세여작야(明更洗餘爵也)。

주인출(主人出), 부복위(婦復位)。복존서남면지위(復尊西南面之位)。

[소(疏)]「주인출부복위(主人出婦復位)」。○주(注)「복존서남면지위(復尊西南面之位)」。○석왈(釋曰):직운(直云)「주인출(主人出)」, 부운처소(不云處所), 안하문운(案下文云)「주인설복어방(主人說服於房)」의(矣), 즉차시역향동방의(則此時亦向東房矣)。운(云)「복존서남면지위(復尊西南面之位)」자(者), 부인부의출복입(婦人不宜出復入), 고인구위이립야(故因舊位而立也)。

내철어방중(乃徹於房中), 여설어실(如設於室), 존부(尊否)。철실중지찬설어방중(徹室中之饌設於房中), 위잉어지(為媵御之)。철존부설(徹尊不設), 유외존야(有外尊也)。

[소(疏)]「내철(乃徹)」지(至)「존부(尊否)」。○석왈(釋曰):경운(經云)「내철어방중(乃徹於房中), 여설어실(如設於室)」, 수거두조이언(雖據豆俎而言), 리겸어존의(理兼於尊矣), 고운철존(故雲徹尊)。부설유외존(不設有外尊), 명철중겸존야(明徹中兼尊也)。운(云)「존부(尊否)」자(者), 유존부설어방중이언야(唯尊不設於房中而言也)。지위잉어지자(知爲媵御之者), 하문운(下文云)「잉주인지여(媵主人之餘)」이하시야(已下是也)。

주인설복어방(主人說服於房), 잉수(媵受)。부설복어실(婦說服於室), 어수(御受)。모수건(姆授巾)。건(巾), 소이자(所以自) 청(清)。금문설개작세(今文說皆作稅)。

[소(疏)]「주인(主人)」지(至)「수건(授巾)」。○석왈(釋曰):자차지(自此至)「호즉문(呼則聞)」, 론부부침식급잉(論夫婦寢息及媵)、어지사야(御之事也)。운(云)「주인설복어방(主人說服於房), 잉수(媵受)。부설복어실(婦說服於室), 어수(御受)」자(者), 여옥관문동(與沃盥文同), 역시교접유점지의야(亦是交接有漸之義也)。첩금문위세부종자(疊今文爲稅不從者), 세시추 복지언(稅是追服之言), 비탈거지의(非脫去之義), 고부종야(故不從也)。

어임어오(御衽於奧), 잉임량석재동(媵衽良席在東), 개유침(皆有枕), 북지(北止)。 임(衽), 와석야(臥席也)。부인칭부왈량(婦人稱夫曰良)。

《맹자(孟子)》왈(曰) : 「장견량인지소지(將見良人之所之)。」지(止), 족야(足也)。고문지작지(古文止作趾)。

[소(疏)] 「어임(御衽)」지(至)「북지(北止)」。○주(注)「임와(衽臥)」지(至)「작지(作趾)」。○석왈(釋曰) : 임어오(衽於奧), 주어부석(主於婦席)。사어포부석(使御布婦席), 사잉포부석(使媵布夫席), 차역시교접유점지의야(此亦示交接有漸之義也)。운(云)「임(衽), 와석야(臥席也)」

자(者), 안(案)《곡례(曲禮)》운(云) : 「청석하향(請席何鄕), 청임하지(請衽何趾)。」정운(鄭云) : 「좌문향(坐問鄕), 와문지(臥問趾), 인어음양(因於陰陽)。」피임칭지(彼衽稱趾), 명임와석야(明衽臥席也)。약연(若然), 전포동뢰석(前布同牢席), 부재서(夫在西), 부재동(婦在東), 금내부재동(今乃夫在東), 부재서(婦在西), 역처자(易處者), 전자시유음양교회유점(前者示有陰陽交會有漸), 고남서녀동(故男西女東), 금취양왕취음(今取陽往就陰), 고남녀각어기방야(故男女各於其方也)。운(云)「《맹자(孟子)》」자(者), 안(案)《맹자(孟子)。리루편(離婁篇)》운(云) : 「제인유일처일첩이처실자(齊人有一妻一妾而處室者), 기량인출(其良人出), 즉필염주육이후반(則必厭酒肉而後反)。기처문소여음식자(其妻問所與飮食者), 즉진부귀자(則盡富貴者)。

기처고기첩왈(其妻告其妾曰) : 량인출(良人出), 즉염주육이후반(則厭酒肉而後反), 문소여음식자(問所與飮食者), 즉진부귀자야(則盡富貴者也), 이미상유현자(而未嘗有顯者), 내오장(來吾將) 한량인지소지(閒良人之所之)。」주운(注云) : 「한(閒), 시야(視也)。」피(彼) 한위시(閒爲視), 역득위견(亦得爲見), 고정차주위견야(故鄭此注爲見也)。인지자(引之者), 증부인칭부위량인지의야(證婦人稱夫爲良人之義也)。운(云)「고문지작지(古文止作趾)」

자(者), 수첩고문(雖疊古文), 지위족(趾爲足), 역일의야(亦一義也)。

주인입(主人入), 친설부지영(親說婦之纓)。입자(入者), 종방환입실야(從房還入室也)。부인십오허가(婦人十五許嫁), 계이례지(笄而禮之), 인저영(因著纓), 명유계야(明有系也)。개이오채위지(蓋以五采爲之), 기제미문(其制未聞)。

[소(疏)] 「주인(主人)」지(至)「지영(之纓)」。○주(注)「입자(入者)」지(至)「미문(未聞)」。○석왈(釋曰) : 지(知)「종방환입실(從房還入室)」자(者), 부전출설복어방(夫前出說服於房), 금언입(今言入), 명종방입실야(明從房入室也)。운(云)「부인십오허가(婦人十五許嫁), 계이례지(笄而禮之), 인저영(因著纓)」자(者), 안(案)《곡례(曲禮)》운(云)「여자허가영(女子許嫁纓)」, 우운(又云)「여자허가계이자(女子許嫁笄而字)」, 정거차제후문이언(鄭據此諸侯文而言)。단언십오허가(但言十五許嫁), 즉이십오위한(則以十五爲限), 즉자십오사상개가허가야(則自十五巳上皆可許嫁也)。

운(云)「명유계야(明有系也)」자(者), 영시계물위지(纓是系物爲之), 명유계야(明有系也)。운(云)「개이오채위지(蓋以五采爲之)」자(者), 이(以)《주례(周禮)。건차직(巾車職)》오로(五路), 개유번영취수(皆有繁纓就數), 정주(鄭注) : 「영개용오채(纓皆用五采) 위지(爲之)。」차영수용사위지(此纓雖用絲爲之), 당용오채(當用五采), 단무문(但無文), 고운(故云)「개(蓋)」이의지야(以疑之也)。운(云)「기제미문(其制未聞)」자(者), 차영여남자관영이(此纓與男子冠纓異), 피영수지량방(彼纓垂之兩傍), 결기강(結其絳)。차녀자영(此女子纓), 부동어피(不同於彼), 고운기제미문(故云其制未聞)。단영유이(但纓有二), 시부동(時不同), 《내칙(內則)》운(云) : 「남녀미관계자(男女未冠笄者), 총각금영(總角衿纓), 개패용취(皆佩容臭)。」정주운(鄭注云) :

「용취(容臭), 향물야(香物也)。이영패지(以纓佩之), 위박존자급소사야(爲迫尊者給小使也)。」차시유시영야(此是幼時纓也)。《내칙(內則)》우운(又云), 부사구고(婦事舅姑), 자사부모(子事父母), 「금영(衿纓)、기구(綦屨)」。주운(注云) : 「금(衿), 유결야(猶結也)。부인유영시계속야(婦人有纓示系屬也)。」시부인(是婦人)、여자유이시지영(女子有二時之纓)。《내칙(內則)》시유계속지영(示有系屬之纓), 즉허가지영(即許嫁之纓), 여차설영일야(與此說纓一也)。약연(若然), 계역유이등(笄亦有二等), 안(案)《문상(問喪)》친시사(親始死), 계멱려(笄糸麗), 거남자거관잉유계원결일자여부인지계(據男子去冠仍有笄元缺一字與婦人之笄), 병유안발지계야(並有安發之笄也)。작변(爵弁)、피변급륙면지계(皮弁及六冕之笄), 개시고관면지계(皆是固冠冕之笄), 시기이야(是其二也)。

촉출(燭出)。 혼례필(昏禮畢), 장와식(將臥息)。 잉주인지여(媵主人之餘), 어부여(御婦餘), 찬작외존(贊酌外尊) 지(之)。

외존(外尊), 방호외지동존(房戶外之東尊)。

　[소(疏)] 「잉지(媵至) 지(之)」。 ○석왈(釋曰) : 역음양교접지의(亦陰陽交接之義)。 운(云) 「작외존(酌外尊)」자(者), 천부감여주인동작내존야(賤不敢與主人同酌內尊也)。

잉시어호외(媵侍於戶外), 호칙문(呼則聞)。 위존자유소징구(爲尊者有所徵求)。 금문시작대(今文始作待)。

　[소(疏)] 「잉대(媵待)」지(至)「즉문(則聞)」。 ○석왈(釋曰) : 부사어대어호외공승부부자(不使御待於戶外供承夫婦者), 이녀위주(以女爲主), 고사잉대어호외야(故使媵待於戶外也)。

숙흥(夙興), 부목욕(婦沐浴)。 멱려계(糸麗笄)、소의이사견(宵衣以俟見)。 숙(夙), 조야(早也)。 혼(昏), 명일지신(明日之晨)。 흥(興), 기야(起也)。 사(俟), 대야(待也)。 대견어구고침문지외(待見於舅姑寢門之外)。 고자명사이상(古者命士以上), 년십오부자이궁(年十五父子異宮)。

　[소(疏)] 「숙흥(夙興)」지(至)「사견(俟見)」。 ○석왈(釋曰) : 자차지(自此至)「수인(授人)」, 논부견구고지사(論婦見舅姑之事)。 운(云) 「멱려계소의(糸麗笄宵衣)」자(者), 차즉(此則) 《특생(特牲)》주부소의야(主婦宵衣也)。 부저순의훈의염자(不著純衣纁衣冄者), 피가시지성복(彼嫁時之盛服)。 금이성혼지후(今已成昏之後), 부가사복(不可使服), 고퇴종차복야(故退從此服也)。 ○주(注)「숙조(夙早)」지(至)「이궁(異宮)」。 ○석왈(釋曰) : 언(言)「혼(昏), 명일지신(明日之晨)」자(者), 이작일혼시성례(以昨日昏時成禮), 차경언(此經言)「숙흥(夙興)」, 고지시혼지신단야(故知是昏之晨旦也)。 운(云)「흥(興), 기야(起也)。 사(俟), 대야(待也)。 대견어구고침문지외(待見於舅姑寢門之外)」자(者), 인훈즉해지야(因訓即解之也)。 운(云)「고자명사이상(古者命士以上), 년십오부자이궁(年十五父子異宮)」자(者), 안(案) 《내칙(內則)》운(云) : 「유명사이상(由命士以上), 부자이궁(父子異宮)。」부운년한(不云年限)。 금정지십오위한자(今鄭知十五爲限者), 이기십오성동(以其十五成童), 시이정주(是以鄭注)《상복(喪服)》역운(亦云) :

「자유위년십오이하(子幼謂年十五以下), 칙부수모가(則不隨母嫁)。」고지십오이후내이궁야(故知十五以後乃異宮也)。 정언차한자(鄭言此限者), 욕견부명지사부자동궁(欲見不命之士父子同宮), 수사견(雖俟見), 부득언구고침문외야(不得言舅姑寢門外也)。

질명(質明), 찬견부어구고(贊見婦於舅姑)。 석어조(席於阼), 구즉석(舅即席)。 석어방외(席於房外), 남면(南面), 고즉석(姑即席)。 질(質), 평야(平也)。 방외(房外), 방호외지서(房戶外之西)。 고문구개작구(古文舅皆作咎)。

　[소(疏)] 「질명(質明)」지(至)「즉석(即席)」。 ○주(注)「질평(質平)」지(至)「작구(作咎)」。 ○석왈(釋曰) : 차경론설구고석위소재(此經論設舅姑席位所在)。 정지방외시방호외지서자(鄭知房外是房戶外之西者), 이기구재조(以其舅在阼), 조당방호지동(阼當房戶之東)。 약고재방호지동(若姑在房戶之東), 즉당구지북(即當舅之北), 남면향지부편(南面向之不便)。 우견하기운(又見下記云)「부례녀이사영자(父醴女而俟迎者), 모남면어호외(母南面於戶外), 녀출어모좌(女出於母左)」, 이모재방호서(以母在房戶西), 고득녀출어모좌(故得女出於母左)。 시이지차방외역방호외지서야(是以知此房外亦房戶外之西也)。

부집(婦執)조률(棗慄), 자문입(自門入), 승자서계(升自西階), 진배(進拜), 전어석(奠於席)。 죽기이의자(竹器而衣者), 기형개여금지(其形蓋如今之)<로거(簬去)>로의(簬矣)。 진배자(進拜者), 진동면내배(進東面乃拜)。 전지자(奠之者), 구존(舅尊), 부감수야(不敢授也)。

　[소(疏)] 「부집(婦執)」지(至)「어석(於席)」。 ○석왈(釋曰) : 차경론부종구침문외입견구지사야(此經論婦從舅寢門外入見舅之事也)。 필견구용조률(必見舅用棗慄), 견고이(見姑以) 단(段)자(者), 안(案) 《춘추(春秋)》장이십사년경서(莊二十四年經書) : 「추(秋), 팔월정축(八月丁丑), 부인강씨입(夫人姜氏入)。 무인(戊寅), 대부종부적(大夫宗婦覿), 용폐(用幣)。」《공양전(公羊傳)》운(云) : 「종부자하(宗婦者何),부부지처야(夫夫之妻也)。 적자하(覿者何), 견야(見也)。 용자하(用者何) 용자부의용야(用者不宜用也)。 견용폐(見用幣), 비례야(非禮也)。 연칙갈용(然則曷用) 조률운호(棗慄云乎) 단(段) 운호(云乎)」주운(注云) : 「 단(段) 자(者), 포야(脯也)。 례(禮), 부인견구이조률위지(婦人見舅以棗慄爲贄), 견고이(見姑以) 단(段) 위지(爲贄), 견부인지존(見夫人至尊), 겸이용지(兼而用之)。 운호(云乎) 사야(辭也)。 조률(棗慄), 취기조자근경(取其早自謹敬)。 단(段), 취기단(取其斷), 단자(斷自)정(正)。」시용

조률(是用棗慄)、단(段) 지의야(之義 也)。안(案)《잡기(雜記)》운(云):「부견구고(婦見舅姑), 형제고자매개립어당하(兄弟姑姊妹皆立於堂下), 서면(西面), 북상(北上), 시견이(是見已)。」주운(注云):「부래위공양야(婦來爲供養也), 기견주어존자(其見主於尊者), 형제이하재위(兄弟以下在位), 시위이견(是爲已見), 부복특견(不復特見)。」우운(又云):「견제부(見諸父), 각취기침(各就其寢)。」주운(注云):「방존야(旁尊也)。역위견시부래(亦爲見時不來)。」금차부언자(今此不言者), 문략야(文略也)。○주(注)「죽(竹)」지(至)「수야(授也)」。○석왈(釋曰):지(知)「죽기(竹器)」자(者), 이자종죽(以字從竹), 고지죽기(故知竹器)。지유의자(知有衣者), 하기운(下記云)「치피훈리가어교(緇被纁里加於橋)」, 주운(注云):「피(被), 표야(表也)。유의자(有衣者), 부견구고(婦見舅姑), 이식위경(以飾爲敬)。」시유의야(是有衣也)。운(云)「여금지(如今之) 로의(盧矣)」자(者), 차거한법이황의(此擧漢法以況義), 단한법거금이원(但漢法去今以遠), 기상무이가지야(其狀無以可知也)。운(云)「진배자(進拜者), 진동면내배(進東面乃拜)」자(者), 위종서계진지구전이배(謂從西階進至舅前而拜)。운(云)「전지자(奠之者), 구존(舅尊), 부감수야(不敢授也)」자(者), 안하고전어석부수(案下姑奠於席不授), 이운구존부감수자(而雲舅尊不敢授者), 단구직무지이이(但舅直撫之而已), 지고칙친거지(至姑則親擧之)。친거자(親擧者), 약친수지(若親授之), 연고어구득운존부감수야(然故於舅得云尊不敢授也)。

구좌무지(舅坐撫之), 흥(興), 답배(答拜)。부환(婦還), 우배(又拜)。환우배자(還又拜者), 환어선배처배(還於先拜處拜)。부인여장부위례칙협배(婦人與丈夫爲禮則俠拜)。

[소(疏)]「구좌(舅坐)」지(至)「우배(又拜)」。○주(注)「환우(還又)」지(至)「협배(俠拜)」。○석왈(釋曰):운(云)「선배처(先拜處)」자(者), 위전동면배처야(謂前東面拜處也)。운(云)「부인여장부위례칙협배(婦人與丈夫爲禮則俠拜)」자(者), 위약(謂若)《사관(士冠)》관자견모(冠者見母), 「모배수(母拜受), 자배송(子拜送), 모우배(母又拜)」。모어자상협배(母於子尙俠拜), 즉부도차부어구이이(則不徒此婦於舅而已), 고광언부인여장부위례즉협배(故廣言婦人與丈夫爲禮則俠拜)。

강계(降階), 수(受) 단(段), 승(升), 진(進), 북면배(北面拜), 전어석(奠於席)。고좌(姑坐), 거이흥(擧以興), 배(拜), 수인(授人)。

인(人), 유사(有司)。고집(姑執)☺이기(以起), 답부배(答婦拜), 수유사철지(授有司徹之), 구칙재철지(舅則宰徹之)。

[소(疏)]「강계(降階)」지(至)「수인(授人)」。○석왈(釋曰):차경론부견고지사(此經論婦見姑之事)。○주(注)「인유(人有)」지(至)「철지(徹之)」。○석왈(釋曰):운(云)「인(人), 유사(有司)」자(者), 범행사자(凡行事者), 개주인유사야(皆主人有司也)。지구즉사재철자(知舅則使宰徹者), 차견하기운(此見下記云)「구답배재철(舅答拜宰徹)」시야(是也)。

찬례부(贊醴婦)。예당위례(醴當爲禮)。찬례부자(贊禮婦者), 이기부도신성(以其婦道新成), 친후지(親厚之)。

[소(疏)]「찬례부(贊醴婦)」。○주(注)「례당(醴當)」지(至)「후지(厚之)」。○석왈(釋曰):자차지(自此至)「어문외(於門外)」, 론구고당상례부지사(論舅姑堂上禮婦之事)。운(云)「예당위례(醴當爲禮)」자(者),《사관(士冠)》、《내칙(內則)》、《혼의(昏義)》제문(諸文), 예개파종례자(醴皆破從禮者), 안(案)《사의(司儀)》주(注):「상어하왈례(上於下曰禮), 적자왈빈(敵者曰儐)。」우안(又案)《대행인(大行人)》운(云):「왕례재(王禮再) 이초(而酢)」지등용울창(之等用鬱鬯), 부언왕창(不言王鬯), 재(再) 이초이언례(而酢而言禮), 칙차제문수용례례빈(則此諸文雖用禮禮賓), 부득즉언주인례빈(不得即言主人禮賓), 고개종상어하왈례해지(故皆從上於下曰禮解之)。

석어호유한(席於戶牖閒), 실호서(室戶西), 유동(牖東), 남면위(南面位)。

[소(疏)]「석어호유한(席於戶牖閒)」。○주(注)「실호(室戶)」지(至)「면위(面位)」。○석왈(釋曰):지의연자(知義然者), 이기빈객위어차(以其賓客位於此), 시이례자(是以禮子)、예부(禮婦)、례빈객(禮賓客), 개어차존지(皆於此尊之), 고야(故也)。

측존(側尊) 예어방중(醴於房中)。부의립어석서(婦疑立於席西)。의(疑), 정립자정지모(正立自定之貌)。

[소(疏)]「측존(側尊)」지(至)「석서(席西)」。○주(注)「의정립자정지모(疑正立自定之貌)」。○석왈(釋曰):운(云)「부의립어석서(婦疑立於席西)」자(者), 이기례미지이무사(以其禮未至而無事), 고의연자정이립(故疑然自定而立), 이대사야(以待事也)。약행지한이립(若行之閒而立), 칙운립(則云立), 부득운의립야(不得雲疑立也)。

찬자작례(贊者酌醴), 가(加) 사(柶), 면방(面枋), 출방(出房), 석전북면(席前北面)。부동면

배수(婦東面拜受)。 찬서계상북면배송(贊西階上北面拜送)。 부우배(婦又拜)。 천포해(薦脯醢)。
부동면배(婦東面拜), 찬북면답지(贊北面答之), 변어장부시관성인지례(變於丈夫始冠成人之禮)。

[소(疏)] 「찬자(贊者)」지(至)「포해(脯醢)」。○석왈(釋曰)：운(云)「면방(面枋), 출방(出房)」자(者), 이기찬수(以其贊授), 고면방(故面枋)。《관례(冠禮)》찬작례(贊酌醴), 장수빈(將授賓), 즉면엽(則面葉)。빈수례(賓受醴), 장수자(將授子), 내면방야(乃面枋也)。차부우배(此婦又拜), 병하경(並下經)「부우배(婦又拜)」자(者), 개협배야(皆俠拜也)。○주(注)「부동(婦東)」지(至)「지례(之禮)」。○석왈(釋曰)：운(云)「부동면배(婦東面拜), 찬북면답지(贊北面答之), 변어장부시관성인지례(變於丈夫始冠成人之禮)」자(者), 안(案)《관례(冠禮)》예자여차례부구재빈위(禮子與此禮婦俱在賓位), 피례자남면수례(彼禮子南面受醴), 차즉동면(此則東面), 부동(不同), 고결지(故決之)。피남면자(彼南面者), 이향빈배(以向賓拜), 차동면자(此東面者), 이구고재동(以舅姑在東), 역면배지야(亦面拜之也)。

부승석(婦升席), 좌집치(左執觶), 우제포해(右祭脯醢), 이(以)　사제례삼(四祭醴三), 강석(降席), 동면좌(東面坐), 쵀례(啐醴), 건(建), 사(四), 흥(興), 배(拜)。 찬답배(贊答拜)。 부우배(婦又拜), 전어천동(奠於薦東), 북면좌취포(北面坐取脯), 강(降), 출(出), 수인어문외(授人於門外)。 전어천동(奠於薦東), 승석(升席), 전지(奠之)。취포강출수인(取脯降出授人), 친철(親徹), 차영득례(且榮得禮)。인(人), 위부씨인(謂婦氏人)。

[소(疏)] 「부승(婦升)」지(至)「문외(門外)」。○주(注)「전어(奠於)」지(至)「씨인(氏人)」。○석왈(釋曰)：정지전자(鄭知奠者)「승석전지(升席奠之)」자(者), 견상(見上)《관례(冠禮)》예자(禮子)、예빈(禮賓), 개운즉연(皆云即筵)「전어천동(奠於薦東), 강연(降筵), 북면좌취포(北面坐取脯)」, 명차전시승석(明此奠時升席), 남면전(南面奠), 내강(乃降), 북면취포(北面取脯), 강출수인(降出授人)。운(云)「친철(親徹), 차영득례(且榮得禮)」자(者), 언차겸이사(言且兼二事), 하자(何者)하향부지조부친철(下饗婦之俎不親徹), 우자출문수인(又自出門授人), 시차영득례(是且榮得禮)。하향부친철조자(下饗不親徹俎者), 어례시례흘(於禮時禮訖), 고어후략지(故於後略之)。지인시부씨인자(知人是婦氏人者), 이기재문외(以其在門外), 부왕수지(婦往授之), 명시부씨지인야(明是婦氏之人也)。

구고입어실(舅姑入於室), 부관궤(婦盥饋)。 궤자(饋者), 부도기성(婦道既成), 성이효양(成以孝養)。특돈(特豚), 합승(合升), 측재(側載), 무어랍(無魚臘), 무직(無稷), 병남상(並南上)。 기타여취녀례(其他如取女禮)。 측재자(側載者), 우반재지구조(右胖載之舅俎), 좌반재지고조(左胖載之姑俎), 이존비(異尊卑)。병남상자(並南上者), 구고공석어오(舅姑共席於奧), 기찬각이남위상(其饌各以南為上)。기타(其他), 위장수음저해(謂醬水音菹醢)。

녀(女), 위부야(謂婦也)。여취부례동뢰시(如取婦禮同牢時)。금문병당작병(今文並當作並)。

[소(疏)] 「구고(舅姑)」지(至)「여례(女禮)」。○석왈(釋曰)：자차지(自此至)「지착(之錯)」, 론부궤구고성효양지사(論婦饋舅姑成孝養之事)。운(云)「기타여취녀례(其他如取女禮)」자(者), 즉자(則自)「측재(側載)」이하(以下), 「남상(南上)」이상(以上), 여취녀이(與取女異)。이자(異者), 피즉유어랍병직(彼則有魚臘並稷), 차즉무어랍여직(此則無魚臘與稷)。피남동면(彼男東面), 여서면별석(女西面別席), 기장해저(其醬醢菹), 부즉남상(夫則南上), 부즉북상(婦則北上)；금차구고공석동면(今此舅姑共席東面), 조급두등개남상(俎及豆等皆南上)。시기이야(是其異也)。○주(注)「측재(側載)」지(至)「작병(作並)」。○석왈(釋曰)：돈재개합승(豚載皆合升), 약성생재일반(若成牲載一胖), 시상득운측(是常得云側), 차내재반(此乃載胖), 고운(故云)「측(側)」。단주인상우(但周人尚右), 고지우반재지구조(故知右胖載之舅俎), 좌반재지고조(左胖載之姑俎)。시이정운(是以鄭云)「이존비(異尊卑)」야(也)。운(云)「병남상자(並南上者), 구고공석어오(舅姑共席於奧), 기찬각이남위상(其饌各以南為上)」자(者), 결동뢰시남녀동서상대(決同牢時男女東西相對), 각상기우야(各上其右也)。운(云)「기타(其他), 위장수음저해(謂醬水音菹醢)」자(者), 이동뢰시부부각유차사자(以同牢時夫婦各有此四者), 금이궤구고(今以饋舅姑), 역각유차사물(亦各有此四物), 고운(故云)「여동뢰시(如同牢時)」야(也)。수부언주(雖不言酒), 기유궤(既有饋), 명유주재기타중(明有酒在其他中), 주재내자(酒在內者), 역재북유하(亦在北牖下), 외존역당재방호외지동(外尊亦當在房戶外之東)。정부운자(鄭不云者), 약이(略耳)。

부찬성제(婦贊成祭), 졸식(卒食), 일(一), 무종(無從)。 찬성제자(贊成祭者), 수처지(授處之)。금문무성야(今文無成也)。

[소(疏)] 「부찬(婦贊)」지(至)「무종(無從)」。○주(注)「찬성제자수처지(贊成祭者授處

之)」。○석왈(釋曰):「찬성제(贊成祭)」자(者), 위수지(謂授之), 우처치(又處置), 령지재어두한야(令知在於豆閒也)。

석어북용하(席於北墉下)。용(墉), 장야(墻也), 실중북장하(室中北墻下)。

[소(疏)] 「석어북용하(席於北墉下)」。○석왈(釋曰):차석장위부지위처야(此席將為婦之位處也)。

부철(婦徹), 설석전여초(設席前如初), 서상(西上)。부구사(婦舅辭), 역장(易醬)。부자(婦者), 즉석장야(即席將也)。사역장자(辭易醬者), 혐쉬(嫌涗)。

[소(疏)] 「부철(婦徹)」지(至)「역장(易醬)」。○석왈(釋曰):「부철(婦徹), 설어석전여초(設於席前如初), 서상(西上)」자(者), 차직여(此直餘)。「구사(舅辭), 역장(易醬)」자(者), 구존고야(舅尊故也)。부구여자(不舅餘者), 이구존(以舅尊), 혐상설(嫌相褻)。언(言)「서상(西上)」자(者), 역이우위상야(亦以右為上也)。○주(注)「부지(婦至)」쉬(涗)。○석왈(釋曰):언(言)「장(將)」자(者), 사미지(事未至), 이기차시(以其此始)。언부지의지하문(言婦意至下文)「부고지찬(婦姑之饌)」내시이(乃始耳)。운(云)「사역장자(辭易醬者), 부혐쉬(婦嫌涗)」자(者), 이기장내지지잡지(以其醬乃至指咂之), 쉬(涗)야(也)。

부고지찬(婦姑之饌)。어찬제두(御贊祭豆)、서(黍)、폐(肺)、거폐(舉肺)、척(脊)。내식(乃食), 졸(卒)。고(姑)⿰之지(之), 부배수(婦拜受), 고배송(姑拜送)。좌제(坐祭), 졸작(卒爵), 고수(姑受), 전지(奠之)。전지(奠之), 전어비(奠於篚)。

[소(疏)] 「부지(婦至)」「전지(奠之)」。○주(注)「전지전어비(奠之奠於篚)」。○석왈(釋曰):운(云)「어찬제두(御贊祭豆)、서(黍)、폐(肺)、거폐(舉肺)、척(脊)」자(者), 어찬부제지야(御贊婦祭之也)。정지(鄭知)「전지어비(奠之於篚)」자(者), 차운여취녀례(此云如取女禮), 취녀유비(取女有篚), 명차역전지어비가지야(明此亦奠之於篚可知也)。

부철어방중(婦徹於房中), 잉어고지(媵御姑之)。수무제(雖無娣), 잉선(媵先)。어시여시반지착(於是與始飯之錯)。고자가녀(古者嫁女), 필질제종(必姪娣從), 위잉(謂之媵)。질(姪), 형지자(兄之子)。제(娣), 여제야(女弟也)。제존질비(娣尊姪卑)。약혹무제(若或無娣), 유선잉(猶先媵), 용지야(容之也)。시반위구고(始飯謂舅姑)。착자(錯者), 잉구여(媵舅餘), 어고여야(御姑餘也)。고문시위고(古文始為姑)。

[소(疏)] 「부철(婦徹)」지(至)「지착(之錯)」。○주(注)「고자(古者)」지(至)「위고(為姑)」。○석왈(釋曰):운(云)「고자가녀(古者嫁女), 필질제종(必姪娣從), 위지잉(謂之媵)」자(者), 잉유이종(媵有二種), 약제후유이잉외별유질제(若諸侯有二媵外別有姪娣)。시이장공십구년경서(是以莊公十九年經書):「추(秋), 공자결잉진인지부어견(公子結媵陳人之婦於鄄)。」《공양전(公羊傳)》왈(曰):「잉자하(媵者何),제후취일국(諸侯娶一國), 칙이국왕잉지(則二國往媵之), 이질제종(以姪娣從)。질자하(姪者何),형지자야(兄之子也)。제자하(娣者何)제야(弟也)。」제후부인자유질제(諸侯夫人自有姪娣), 병이잉각유질제(並二媵各有姪娣), 즉구녀시잉(則九女是媵), 여질제별야(與姪娣別也)。약대부(若大夫)、사무이잉(士無二媵), 즉이질제위잉(即以姪娣為媵)。정운(鄭云)「고자가녀(古者嫁女), 필질제종(必姪娣從), 위지잉(謂之媵)」, 시거대부(是據大夫)、사언야(士言也)。운(云)「질(姪), 형지자(兄之子)。제(娣), 여제야(女弟也)。제존질비(娣尊姪卑)」자(者), 해경운(解經云)「수무제(雖無娣), 잉선(媵先)」지의(之義), 이기약유제(以其若有娣), 내선(乃先), 잉즉질야(媵即姪也)。운(云)「유선잉(猶先媵), 용지야(容之也)」자(者), 대어시부지종자(對御是夫之從者), 위후(為後)。

약연(若然), 질여제구명잉(姪與娣俱名媵), 금언수무제잉선(今言雖無娣媵先), 사제부명잉자(似娣不名媵者), 단질제구시잉(但姪娣俱是媵)。금거제(今去娣), 제외유유질(娣外唯有姪), 질언잉선(姪言媵先), 이대어위선(以對御為先), 비대제야(非對娣也)。칭잉이기질제(稱媵以其姪娣), 구시잉야(俱是媵也)。운(云)「시반위구고(始飯謂舅姑)」자(者), 구고시반(舅姑始飯), 여금잉구여(如今媵舅餘), 어고여(御姑餘), 시교착지의(是交錯之義), 약(若)「잉어옥관교(媵御沃盥交)」야(也)。구고위반시(舅姑為飯始), 부위시(不為始), 속본운여시지착자(俗本云與始之錯者), 오야(誤也)。

구고공향부이일헌지례(舅姑共饗婦以一獻之禮)。구세어남세(舅洗於南洗), 고세어북세(姑洗於北洗), 전수(奠酬)。이주식로인왈향(以酒食勞人曰饗)。남세재정(南洗在庭), 북세재북당(北洗在北堂)。설량세자(設兩洗者), 헌수초이(獻酬酢以)청위경(清為敬)。전수자(奠酬者), 명정례성(明正禮成), 부복거(不復舉)。범수주개전어천좌(凡酬酒皆奠於薦左), 부거(不舉)。기연칙경사인거작(其燕則更使人舉爵)。

[소(疏)] 「구고(舅姑)」지(至)「전수(奠酬)」。○주(注)「이주(以酒)」지(至)「거작(舉爵)」。○석왈(釋曰):자차지(自此至)「귀조어부씨인(歸俎於婦氏人)」, 논향부지사(論饗婦之

事)。차향여상관궤동일위지(此饗與上盥饋同日爲之), 지자(知者), 견(見)《혼의(昏義)》왈(曰):

「구고입실(舅姑入室), 부이특돈궤(婦以特豚饋), 명부순야(明婦順也)。궐명(厥明), 구고공향부(舅姑共饗婦)。」정피주운(鄭彼注云):「혼례부언궐명(昏禮不言厥明), 차언지자(此言之者), 용대부이상례다(容大夫以上禮多), 혹이일(或異日)。」고지차사동일가야(故知此士同日可也)。차여상사상인(此與上事相因), 역어구고침당지상(亦於舅姑寢堂之上), 여례부동재객위야(與禮婦同在客位也)。운(云)「기향부이일헌지례(其饗婦以一獻之禮)」자(者), 안하기운(案下記云)「향부고천언(饗婦姑薦焉)」, 주운(注云):「구고공향부(舅姑共饗婦), 구헌고천포해(舅獻姑薦脯醢)。」단천포해무관세지사(但薦脯醢無盥洗之事), 금설차세(今設此洗), 위부인부하당야(爲婦人不下堂也)。운(云)「고세어북세(姑洗於北洗)」, 세자세작(洗者洗爵), 칙시구헌고수(則是舅獻姑酬), 공성일헌(共成一獻), 잉무방고천포해야(仍無妨姑薦脯醢也)。운(云)「범수주개전어천좌(凡酬酒皆奠於薦左), 부거(不舉)」자(者), 차경직운수(此經直云奠酬), 부언처소(不言處所), 고운(故云)「범(凡)」, 통(通)《향음주(鄉飲酒)》、《향사(鄉射)》、《연례(燕禮)》지등(之等)。

운(云)「연칙경사인거작(燕則更使人舉爵)」자(者), 안(案)《연례(燕禮)》헌수흘(獻酬訖), 별유인거려행수시야(別有人舉旅行酬是也)。향역용례주(饗亦用醴酒), 지자(知者), 이하기운(以下記云)「서부사인초지(庶婦使人醮之)」, 주운(注云)「사인초지(使人醮之), 부향야(不饗也)。주부수초왈초(酒不酬酢曰醮), 역유포해(亦有脯醢)。적부작지이례(適婦酌之以禮), 존지(尊之);서부작지이주(庶婦酌之以酒), 비지(卑之)」시야(是也)。약연(若然), 지기비례부자(知記非醴婦者), 이기운(以記云)「서부사인초지(庶婦使人醮之)」, 명적부친지(明適婦親之)。안상례부수적(案上醴婦雖適), 사찬자친(使贊者親), 명기초서부사인당향(明記醮庶婦使人當饗), 절야(節也)。

구고선강자서계(舅姑先降自西階), 부강자조계(婦降自阼階)。수지실(授之室), 사위주(使爲主), 명대기(明代己)。

[소(疏)]「구고(舅姑)」자(自)「조계(阼階)」。○주(注)「수지(授之)」지(至)「대기(代己)」。○석왈(釋曰):안(案)《곡례(曲禮)》운자사부모(云子事父母),「승강부유조계(升降不由阼階)」, 시주인존자지처(是主人尊者之處)。금구고강자서계(今舅姑降自西階), 부강자조계(婦降自阼階), 시수부이실지사야(是授婦以室之事也)。운(云)「수지실(授之室)」,《혼의(昏義)》문야(文也)。

귀부조어부씨인(歸婦俎於婦氏人)。언조(言俎), 칙향례유생의(則饗禮有牲矣)。부씨인(婦氏人), 장부송부자(丈夫送婦者), 사유사귀이부조(使有司歸以婦俎), 당이반명어녀지부모(當以反命於女之父母), 명기득례(明其得禮)。

[소(疏)]「귀부조어부씨인(歸婦俎於婦氏人)」。○주(注)「언조(言俎)」지(至)「득례(得禮)」。○석왈(釋曰):안(案)《잡기(雜記)》운대향(云大饗),「권삼생지조귀어빈관(卷三牲之俎歸於賓館)」, 시빈소당득야(是賓所當得也)。향시설기이부의(饗時設幾而不倚), 작영이부음(爵盈而不飲), 효건이부식(肴乾而不食), 고귀조(故歸俎)。차향부(此饗婦), 부역부식(婦亦不食), 고귀야(故歸也)。경수부언생(經雖不言牲), 기언조(既言俎), 조소이성육(俎所以盛肉), 고지유생(故知有牲)。차부씨인즉상부소수포자야(此婦氏人即上婦所授脯者也), 고상주인차부씨인(故上注引此婦氏人), 증소수인위일야(證所授人爲一也)。

구향송자이일헌지례(舅饗送者以一獻之禮), 수이속금(酬以束錦)。송자(送者), 여가유사야(女家有司也)。작지수빈(爵至酬賓), 우종지이속금(又從之以束錦), 소이상후(所以相厚)。고문금개위백(古文錦皆爲帛)。

[소(疏)]「구향(舅饗)」지(至)「속금(束錦)」。○주(注)「송자(送者)」지(至)「작백(作帛)」。○석왈(釋曰):차일헌여향부일헌동(此一獻與饗婦一獻同), 예즉이(禮則異), 피겸유고(彼兼有姑), 차의상향빈객법(此依常饗賓客法)。지송자시녀가유사자(知送者是女家有司者), 고(故)《좌씨전(左氏傳)》운(云):「제후송강씨(齊侯送姜氏), 비례야(非禮也)。범공녀가어적국(凡公女嫁於敵國), 자매칙상경송지(姊妹則上卿送之), 이례어선군(以禮於先君)。공자즉하경송지(公子則下卿送之)。어대국(於大國), 수공자역상경송지(雖公子亦上卿送之)。어천자(於天子), 즉제경개행(則諸卿皆行), 공부자송(公不自送)。어소국(於小國), 즉상대부송지(則上大夫送之)。」이차이언(以此而言), 즉존무송비지법(則尊無送卑之法), 즉대부역견신송지(則大夫亦遣臣送之), 사무신(士無臣), 고지유사송지야(故知有司送之也)。운(云)「고문금개위백(古文錦皆爲帛)」자(者), 차급하문금개위백(此及下文錦皆爲帛), 부종고문자(不從古文者), 예유

옥금(禮有玉錦), 비독차문(非獨此文), 즉례유증금지사(則禮有贈錦之事), 고부종고문야(故不從古文也)。

고향부인송자(姑饗婦人送者), 수이속금(酬以束錦)。 <small>부인송자(婦人送者), 예자제지처첩(隷子弟之妻妾)。 범향(凡饗), 속지(速之)。</small>

[소(疏)] 「고향(姑饗)」지(至)「속금(束錦)」。○주(注)「부인(婦人)」지(至)「속지(速之)」。○석왈(釋曰) : 《좌씨전(左氏傳)》운(云) : 「사유례자제(士有隷子弟)。」사비무신(士卑無臣), 자이기자제위복례(自以其子弟爲僕隷), 병이지자제지처첩(並己之子弟之妻妾), 단존무송비(但尊無送卑), 고지부인송자시례자제지처첩야(故知婦人送者是隷子弟之妻妾也)。운(云)「범향(凡饗), 속지(速之)」자(者), 안(案)《빙례(聘禮)》향식속빈(饗食速賓), 칙지차구고향송자(則知此舅姑饗送者), 역속지야(亦速之也)。범속자(凡速者), 개취관소지(皆就館召之), 시이하운(是以下云)「약이방칙증장부송자이속금(若異邦則贈丈夫送者以束錦)」, 정운(鄭云) : 「취빈관(就賓館)。」즉빈자유관(則賓自有館)。약연(若然), 부인송자(婦人送者), 역당유관(亦當有館)。남자칙주인친속(男子則主人親速), 기부송자부친속(其婦送者不親速), 이기부인영객부출문(以其婦人迎客不出門), 당별견인속지(當別遣人速之)。

약이방(若異邦), 즉증장부송자이속금(則贈丈夫送者以束錦)。 <small>증(贈), 송야(送也)。취빈관(就賓館)。</small>

[소(疏)] 「약이(若異)」지(至)「속금(束錦)」。○주(注)「증송야취빈관(贈送也就賓館)」。○석왈(釋曰) : 안장이십칠년동(案莊二十七年冬), 거경래영숙희(莒慶來迎叔姬), 《공양전(公羊傳)》왈(曰) : 「대부월경역녀(大夫越竟逆女), 비례야(非禮也)。」정주(鄭注)《상복(喪服)》역운(亦云) : 「고자대부불외취(古者大夫不外娶)。」금언이방득외취자(今言異邦得外娶者), 이대부존(以大夫尊), 외취즉외교(外娶則外交), 고불허(故不許)。사비부혐(士卑不嫌), 용유외취법(容有外娶法), 고유이방송객야(故有異邦送客也)。정지취관자(鄭知就館者), 증회지등개취관(贈賄之等皆就館), 고지차역취관야(故知此亦就館也)。

혼인례(婚姻禮)

1. 고례(古禮)의 혼례(婚禮)

1) 혼례의 의미
옛날에는 남자와 여자가 짝을 지어 부부가 되는 일은양〔陽〕과 음〔陰〕이 만나는 것이므로 그 의식의시간도 '양'인 낮과, '음'인 밤이 만나는 때인 저무는시간에 거행했기 때문에 날 저물 '혼(昏)'자를 써서 혼례(昏禮)라했다.

2) 혼인과 결혼
남녀가 만나 부부가 되는 것을 혼인(婚姻)이라 한다. '혼(婚)'은 남자가 장가든다는 뜻이고,'인(姻)'은여자가 시집간다는 뜻이므로 혼인은 남자가 장가들고 여자가시집간다는 뜻이다. 그러므로 우리 나라 헌법이나 민법에서도 혼인이라 한다.

결혼은 남자가 장가든다는 뜻만 있어 남존여비(男尊女卑)사회에서 쓰는 말이다. 그러므로 우리는 결혼이란 말을 쓰지 말고혼인이라 말해야 바른 것이다.

3) 혼인의 정신
혼인예식에는 두 가지의 정신이 구현되어야 한다.
① 삼서정신(三誓精神)
○서부모(誓父母) : 자기를 존재하게 하신 조상과 부모에게서약한다.
○서천지(誓天地) : 초능력자이며, 양(陽)과 음(陰)의기본인 천지신명(天地神明)에게 서약한다.
○서 배우(誓配偶) : 서로 부부가 되는 배우자에게 서약한다.

②평등정신(平等精神)
"혼인이란 남자와 여자가몸을 합하는 데에 참뜻이 있다. 남녀가 몸을 합해 부부가되면남편이 높으면 아내도 높고, 남편이 낮으면 아내도낮다 〔婚姻則 男女合體之義 男女合體則 男尊則女尊 男卑則女卑〕"고했다. 혼인하기 전에는 신분(身分)이나 나이에 차별이 있더라도부부가 되면 평등한 것이다. 그러므로 부부는 서로 존댓말을쓰고 절하는 것이다.

4) 혼인의 절차

① 주육례(周六禮)

우리가 혼인하는 것은 "육례를갖춘다."고 말하는데, 그것은 일정한 절차를 거쳐야 한다는말이다. 그리고 육례라 하면 으레 지금부터 약 3 천년 전, 중국 주(周)나라 때의 혼인절차라 이해한다.

○문명(問名) : 남자 측에서 여자 측에 신부 될 규수의어머니가 누구인가를 묻는 것이다.
○납길(納吉) : 남자 측에서 여자 측에 혼인하면 좋을것이라는 뜻을 전하는 것이다.
○납징(納徵) : 남자 측에서 여자 측에 혼인하기로 결정한징표로 물건을 보내는 것이다.
○청기(請期) : 남자 측에서 여자 측에 혼인날짜를 정해달라고 청하는 것이다.
○친영(親迎) : 남자가 여자 측에 가서 신부 될 규수를데려다가 예식을 올리는 절차이다.

③주자사례(朱子四禮)

지금부터 약 8 백년 전 중국송(宋)나라의 학자 주희(朱熹)가 주육례가 번잡하다면서그것을 네가지로 축소한 절차로써 주자가례(朱子家禮)의혼례이다.
○의혼(議昏) : 남자 측과 여자 측이 혼인할 것을 의논하는절차이다.
○납채(納采) : 남자 측에서 여자 측에 며느리 삼기로결정했음을 알리는 절차이다.
○납폐(納幣) : 남자 측에서 여자 측에 예물을 보내는절차이다.
○친영(親迎) : 남자가 여자 측에 가서 규수를 데려다가예식을 올리는 절차이다.

③우리 나라의 전통 혼인례(傳統婚姻禮)

혼인례가 4 가지로 된 주자가례를 숭상하면서도 우리는 "육례를 갖춘다."고말했는데, 그것은 우리의 전통관습에 의한 혼인절차가 육례로되었기 때문이다.
○혼담(婚談) : 남자 측에서 여자 측에 청혼(請婚)하고, 여자 측이 허혼(許婚)하는 절차이다.
○납채(納采) : 남자 측에서 여자 측에 혼인을 정했음을알리는 것으로 신랑 될 낭자(郞子)의 생년월일시를 적은사주(四柱)를 보내는 절차이다.
○납기(納期) : 여자 측에서 남자 측에 혼인 날짜를정해 알리는 것으로 혼인날을 택일(擇日)해 보내는 절차이다.
○납폐(納幣) : 남자 측에서 여자 측에 예물을 보내는절차이다.
○대례(大禮) : 신랑이 여자의 집에 가서 부부가 되는의식을 행하는 절차이다.
○우귀(于歸) : 신부가 신랑을 따라 시댁(媤宅)으로들어가는 절차이다.

2.우리 나라의 전통 혼인례 절차

1) 혼인의 조건

①혼인할 남녀는 동성동본(同姓同本)이 아니어야 한다.

혈통(血統?핏줄)이 같은 동성동본간에 혼인을 하면, 같은씨앗(種統)끼리 부부가 되어 그 사이에서 태어나는 아이들은지능(知能)이 떨어지고, 유전병의 발생률이 높다. 그러므로우리 나라는 옛날부터 동성동본간의 혼인을 금지했고, 이는어길 수 없는 혼인윤리(婚姻倫理)이다.

②남자 18 세, 여자 16 세 이상이어야 한다.

혼인은남녀가 몸을 합하는 것인데, 남녀가 몸을 합하려면 남자는 18 세 여자는 16 세 이상이 되어야 한다.

③근친의 상중(喪中)이어서는 안 된다.

혼인은 즐거운일이므로 슬픔에 젖어 근신하는 기간에는 혼인하지 않는다. 옛날에는 4 촌 이내 근친의 상복을 입는 기간에는 혼인하지않았다.

2) 혼담(婚談)

중매로 만났든 직장이나 동창관계로직접 만났든 혼인해도 괜찮다고 생각되면 부모에게 말한다.

(1) 청혼(請婚)

① 남자 측의 어른(아버지)은 여자 측의 어른에게혼인하기를 청하는 청혼서를 보낸다.
② 청혼서는 두꺼운 종이에 붓으로 쓰는 것이좋다.
○청혼서 한문서식 : 본관, 성명, 계절, 관계, 연월일 등은 사실대로 쓴다.
○청혼서 한글서식
○봉투 서식 :
앞면 :   上狀
金海金敬培 尊宅 下執事
뒷면 :   全州李吉純 拜上

(2) 허혼(許婚)

① 남자 측의 청혼서를 받은 여자 측에서 다른의사가 없으면 혼인을 승낙하는 허혼서를 보낸다.
② 허혼서는 두꺼운 종이에 붓으로 쓰는 것이좋다.
○허혼서 한문서식 : 본관, 성명, 계절, 관계 ,연월일 등은 사실대로 쓴다.
○허혼서 한글서식
○봉투 서식 :
앞면 :   上狀
全州 0 吉純 尊宅 下執事
뒷면 :   金海 0 敬培 拜上

③ 허혼서에는 신부 될 규수의 호적등본과 건강진단서를함께 넣는 것이 좋다.
④ 허혼서는 우편으로 보내거나 사람을 시켜 보내기도한다.

※ 불허

① 남자 측의 청혼서를 받은여자 측에서 혼인을 승낙할 의사가 없으면 청혼서를 정중히 돌려보내면 된다.

② 여자 측의 허혼서를 받은남자 측에서 특별한 사정으로 혼인할 의사가 없으면 허혼서를 정중히 돌려보내고, 허혼서를 돌려 받은 여자 측에서 남자측이 보냈던 청혼서를 돌려보내면 서로가 없던 일로 한다.

3) 납채(納采)

남자 측이 청혼했고, 여자 측이 허혼했으니까정혼(定婚 約婚)을 해야 하는데 정혼절차가 납채로써 남자측에서 여자를 며느리로 채택한다는 뜻을 여자 측에 보내는절차이다.

(3) 사주(四柱)

① 남자의 생년 생월 생일 생시를 네 기둥이라는뜻으로 사주라 한다. 옛날에는 네 기둥을 간지(干支)로두 자씩 썼기 때문에 여덟 자가 되어 사주팔자(四柱八字)라고한다.
② 그러나 현대는 잘 알지 못하는 간지로 쓰는것보다는 숫자로 쓰는 것이 더 합리적이다.
③ 사주는 두꺼운 한지에 붓으로 쓰는 것이 좋다.
○사주 서식
④ 사주를 5칸으로 접어 봉투에 넣으나 봉하지는않는다.
⑤ 사주봉투를 청홍(靑紅) 겹 보로 싸는데 홍색이밖으로 나오게 싸고, 중간부분을 청홍색 실로 나비매듭에묶는다.

(4) 납채서(納采書)

① 사주를 보내는 납채에는 납채한다는 취지의편지인 납채서를 함께 보낸다.
② 납채서는 두꺼운 종이에 붓으로 쓰는 것이좋다.
○납채서 한문서식

○납채서 한글서식
○봉투 서식

앞면 :　　　　上狀
　　　　　　　金海 0 敬培 尊宅 下執事
뒷면 :　　　　全州 0 吉純　拜上

(5) 남자측 고우사당(告于祠堂)

① 조상에게 아뢴다. 절차는 제의례(祭儀禮)의차례(茶禮) 지내는 상차림과 절차에 의한다. 다만 소탁(小卓)위에사주를 올려놓고, 정저(正箸)를 한 다음에 축문을 읽는것이 다르다. 상차림은 술, 과실, 포만 간략하게 차려도된다.
○남자측 납채 축문 한문서식
○남자 측 납채 축문 한글서식

(6) 납채 의식(納采儀式)

① 우편이나 사람을 시켜 보내기도 한다. 주고받기도한다.
③ 양가의 어른이 직접 주고받을 때는 장소준비를여자 측에서 한다.
④ 남자 측과 여자 측이 마주앉아 남자 측에서여자 측에 납채서를 먼저 주면 여자 측에서는 납채서를받아 펼쳐서 읽는다.
⑤ 이어서 남자 측이 사주를 주면 여자 측이 펼쳐서확인한 다음 간수한다.
⑥ 만일 정혼의 징표로 준비한 물건이 있으면남녀가 교환한다.
⑦ 이어서 준비된 다과를 먹으면서 혼인준비에대한 의견을 교환한다.
⑧ 납채 의식의 좌석배치는 다음 그림과 같이한다.

(7) 여자 측 고우사당

① 여자 측에서도 조상의 위패를 모신 사당에아뢴다.
② 모든 방법은 남자 측과 같다. 다만 축문의내용만 달리 쓴다.
○여자 측 납채 축문 한문서식
○여자 측 납채 축문 한글서식

4) 납기(納期)

납채를 하여 정혼했으니까 혼인 날짜를정해야 할 것이다. 혼인 날짜를 정하는 택일(擇日)은 혼인준비의복잡함이나 생리현상 등으로 인하여 여자 측에서 하는 것이합리적이다. 여자 측에서 택일해 남자 측에 보내는 절차를납기라 한다.

(8) 택일(擇日)

① 옛날에는 기러기를 올린다는 뜻인 전안(奠雁)을하는 시기를 간지(干支)로 썼었으나, 현대는 혼인일시를숫자로 쓰고, 혼인예식장소를 정확히 쓰는 것이 좋다.
② 혼인예식 전에 납폐(納幣)를 하게 되므로 납폐일시와장소도 써야 한다.
③ 택일은 두꺼운 한지에 붓으로 쓰는 것이 좋다.
④ 택일을 5 칸으로 접어 봉투를 넣으나 봉하지는않는다.
⑤ 택일봉투를 청홍(靑紅) 겹 보로 싸는데 청색이밖으로 나오게 싸고, 중간부분을 청홍색실로 나비매듭해 묶는다.

(9) 납기서(納期書)

① 택일을 보내는 납기에는 납기한다는 취지의편지, 납기서를 함께 보낸다.
② 납기서는 납채서와 같은 종이에 붓으로 쓰는것이 좋다.
○납기서 한문서식
○납기서 한글서식
○봉투 서식

앞면 :　　　　上狀
　　　　　　全州李 00 尊宅 下執事

　　　뒷면 :　　　金海 金00 再拜

(10) 여자 측 고우사당(告于祠堂)

① 조상에게 아뢴다. 절차와 차림은 납채 때와같다.
다만 소탁 위에 택일을 올려놓으며, 축문의 내용이 다르다.
○여자 측 납기 축문 한문서식
○여자 측 납채 축문 한글서식

(11) 납기의식(納期儀式)

① 남자 측에서 여자 측에 납채를 보낼 때와 같다.
② 만일 양가 가족이 직접 만나서 주고받으려면장소의 준비는 남자 측이 한다.

(12) 남자 측 고우사당

① 남자 측에서도 조상에게 아뢴다. 절차와 차림은여자 측과 같다.
다만 축문의 내용이 다르다.
○남자측 납기 축문 한문서식
○남자 측 납기 축문 한글서식

5) 납폐(納幣)

납폐란 여자 측에 예물을 보내는절차이다. 예서(禮書)에 '선비는 예가 아니면 움직이지는다.
여자선비(女士)인 규수가 움직이게 하려면 예물을올려야 한다.'고 했다. 요사이 '함을 판다
면서 시끄럽게하는 폐풍이 있는데 납폐의 뜻을 몰라서라 하겠다.

(13) 납폐의 준비

① 납폐그릇인 함에 넣는 예물은 신부의 옷감으로하는데, 그것을 채단(綵緞)이라 한다. 채
단은 청단과 홍단으로하는데 합해서 '많아도 10 끝을 넘지 않고 적어도 2 끝은되어야 한
다.'고 했다.
② 채단의 포장은 청단은 홍색종이로 싸고 홍단은청색종이로 싸서 각각 중간을 청홍 실로
나비매듭을 한다.
③ 함 안에 흰 종이를 깔고 청단과 홍단을 넣은다음 흰 종이로 덮고 그 위에 납폐의 종류
와 수량을 적은물목기(物目記)를 적어서 넣는다.
○납폐물목기 서식(사실대로 쓴다)
④ 함은 청홍 겹 보를 싸는데 홍색이 밖으로 나오게하고 매듭에는 '謹封'이라 쓴 봉지함을
끼운다.
⑤ 무명 1 필로 맬 끈을 만들어 묶는다.

(14) 납폐서?혼서(納幣書?婚書)

① 남자 측 어른이 여자 측 어른에게 예물을 보낸다는취지의 편지를 쓰는데 그것이 납폐
서이고 혼서지라고도한다.
② 납폐서는 두꺼운 종이에 붓으로 써서 봉투에넣는데, 봉투는 아래와 위를 틔우고 상?중?
하 세 곳에 '謹封'이라쓴 봉함지를 끼운다.
○납폐서 한문서식
○납폐서 한글서식
③ 납폐서 봉투를 청홍 겹 보로 홍색이 밖으로나오게 싸고, 더러는 다른 상자에 넣어서 겹
보로 싸기도한다.

(15) 남자 측 고우사당

① 조상에게 아뢴다. 절차와 차림은 납채 때와같다.
다만 소탁 위에 납폐함을 올려놓으며, 축문의내용이 다르다.
○남자 측 납폐 축문 한문서식
○남자 측 납폐 축문 한글서식

(16) 납폐의식(納幣儀式)

① 남자 측에서는 예절을 아는 친척 중에서 집사(執事)가되어 납폐서를 받들고, 다른 한 사람이 함부(函夫)가 되어함을 진다.
② 남자 측의 어른에게서 납폐의식에 대한 교훈을받고, 절하고 떠난다.
③ 여자 측에서는 다음 그림과 같이 납폐 받을장소를 꾸미고 기다린다.
④ 여자 측에서는 대문을 열어놓고 집사가 문앞 동쪽에 서서 기다린다.
⑤ 남자 측에서 도착하면 안으로 인도해 위 그림과같이 정한 자리에 선다.
⑥ 서쪽의 남자 측 집사가 동쪽의 여자 측 집사에게납폐서를 두 손으로 준다.
⑦ 여자 측 집사가 두 손으로 받아 상자를 열고(보자기를풀고) 납폐서를 여자측 어른에게 받들어 올린다.
⑧ 여자 측 어른이 납폐서를 읽어 확인하고, 다시여자 측 집사에게 납폐서를 주면 집사가 원래와 같이 싼다.
⑨ 여자 측 어른이 선언한다. "오시느라고 수고했습니다. 이제 납폐를받겠습니다."
⑩ 여자 측 집사가 서쪽으로 옮겨 함부의 남쪽에서고, 함부는 돌아선다.
⑪ 양측 집사가 협력해 함을 봉채(奉綵) 떡시루위에 올려놓는다.
⑫ 양측 집사와 함부는 상의 남쪽으로 옮겨 선다.
⑬ 여자 측 어른이 동쪽의 자리 위로 옮겨 서쪽을향해 두 번 절한다.
⑭ 여자 측 집사는 남자 측 집사와 함부를 다른방으로 인도해 대접한다.
⑮ 여자 측 어른은 함을 사당으로 옮겨 조상에게아뢴다.
○ 함을 안방으로 옮겨 여자의 어머니가 함을 열고, 손만 넣어 채단을 꺼낸다.(이때 홍단이 먼저 나오면 첫아들, 청단이 먼저 나오면 첫딸을 낳는다는 속설(俗說)이 전해진다.)
○여자 측 어른이 남자 측 집사와 함부에게 물건이나돈으로 사례(謝禮)하기도 한다.
○남자 측 집사와 함부는 돌아간다.

(17) 여자 측 고우사당
① 여자 측에서도 조상에게 아뢴다. 절차와 상차림은남자 측과 같다.다만 축문의 내용만 다르다.
○여자 측 납폐 축문 한문서식
○여자 측 납폐 축문 한글서식

6) 대례(大禮 婚姻禮式)
혼담에서부터 납폐까지는 대례, 즉혼인예식을 거행하기 위한 준비절차이다. 남녀가 만나 부부가되는 의식이 인간에게 있어서 가장 큰 의례라는 의미로대례(大禮)라 한다.

중국의 혼례는 남자가 여자를 데려다가남자의 집에서 부부가 되는 의식을 행하기 때문에 '친히맞이하다'는 뜻으로 친영(親迎)이라 하는데 우리 나라의혼인례는 여자의 집에서 부부가 되는 의식을 행한다.

(18) 서부모례(誓父母禮), 초자례(醮子禮)
① 남자 측에서는 혼인날 아침에 조상에게 아뢴다. 절차와 차림은 납채 때와 같다. 다만 축문이 다르다.
○초자례 축문 한문서식
○초자례 축문 한글서식
②부모에게 서약하는 초자례 장소를 다음 그림과같이 배설한다.
③ 아들이 문 앞에서 북향해 선다. 이때 아들의복장은 혼례복으로서 사모 관복에 목화를 신는다.
④ 아버지와 어머니가 정한 자리에 앉는다.
⑤ 가족들이 정한 자리에 선다.
⑥ 아들이 어머니의 뒤쪽으로 돌아 정한 자리의서쪽 아래에서 남향해 선다.
⑦ 집사가 잔에 술을 부어, 잔반을 아들에게 준다.
⑧ 아들이 남향해 두 번 절하고 자리위로 올라가서술잔을 받고, 꿇어앉아 모사기에 좨주(祭酒)하고, 서향해앉아 남은 술을 마시고, 일어나서 잔을 집사에게 준다.

⑨ 집사는 잔을 받아 원 자리에 놓고 물러난다.
⑩ 아들이 남향해 두 번 절하고, 주안상의 남쪽에서남향해 꿇어앉는다.
⑪ 아버지가 교훈을 내린다.
例) "네가 오늘 혼인함은 대자연의섭리를 구현하는 것이다. 장부답게 떳떳하게 행해서 부끄러움이없게 하라."
⑫ 어머니가 교훈을 내린다.
例) "부부란 오직 서로 사랑하는것이다. 특히 아낙은 남자가 인도함에 따르는 것이니 소홀함이없게 하라."
⑬ 아들이 엎드려 서약해 여쭙는다.
例) "아버지 어머니의 가르침을감당할 수 있을지 두렵습니다. 그러나 어찌 어기겠습니까? 정성을 다해 받들어 거행하겠습니다."
⑭ 아들이 일어나서 남향해 두 번 절한다.
⑮ 아버지가 기러기 상위의 나무기러기를 안부(雁夫)에게주고, 안부는 기러기 머리가 왼쪽이 되게 받든다.
○청사초롱 두 개가 앞서고 좌우집사의 인도를받아 신부의 집을 향해 떠난다. 안부는 뒤따른다.

(19) 서부모례, 초녀례(醮女禮)

① 여자 측에서도 혼인날 아침에 조상에게 아뢴다. 절차와 차림은 납채 때와 같다. 다만 축문이 다르다.
○초녀례 축문 한문서식
○초녀례 축문 한글서식
② 부모에게 서약하는 초녀례 장소를 남자 측의초자례 장소와 같이 배설한다.
③ 초녀례의 모든 절차는 남자 측의 초자례 절차와같다. 다만 부모의 교훈이 다르고 여자는 네 번씩 절하는것이 다르다. 이때 딸의 복장은 혼례복으로써 원삼 족두리에도투락댕기를 매고 비녀를 꽂는다.
④ 아버지가 교훈을 내린다.
例) "어느 집이든 며느리요 주부가 어떻게하느냐에 달렸다. 밤낮으로 조심해 시댁의 가법에 따라야한다."
⑤ 어머니가 교훈을 내린다.
例) "아내의 도리는 남편을 따르는 것이다. 부지런하고 조심해야 한다."
⑥ 딸이 몸을 숙여 서약해 여쭙는다.
例) "예, 가르치신대로 하겠습니다."
⑦ 딸이 일어나서 남향해 네 번 절한다.
⑧ 아버지가 기러기 상을 문 앞에 놓고, 집사는기러기 상의 남쪽에 자리를 편다.
⑨ 딸은 어머니의 왼쪽 뒤에 가서 서고, 집사가좌우에 선다.
※ 예식장에서 전통혼인례를 거행할때는 고우사당만 각기 집에서 행하고, 초자례와 초녀례는예식장에서 행해도 된다.

(20) 전안례(奠雁禮)

① 신랑이 신부집에 기러기를 드리는 의식이다. 기러기는 새끼를 많이 낳고, 차례를 지키며, 배우를 다시구하지 않는 새로 알려져 [攝盛 不再偶之義], 그렇게 살겠음을다짐하는 의미가 있다.
② 기러기를 드리는 장소를 다음 그림과 같이차린다.
③ 집례 [執禮?사회자]가 홀기 [笏記?의식순서]를읽는 대로 진행한다.
④ 전안례 절차
○ 신랑은 대문 앞에 이르러 동향 해 서세요. [서출차지문외(壻出次至門外) 동면립(東面立)]
○안부(雁夫)는 신랑의 오른쪽 뒤에 서세요. [집안자입기우소퇴(執雁者立其右少退)]
○주인 [신부의 아버지 또는 근친]은 대문 밖으로 나가서향해 서세요. [主人出門 西向立]
○주인은 읍하고 신랑은 답읍하세요. [주인읍(主人揖) 서답읍(壻答揖)]
○안부는 신랑에게 기러기를 주세요. [집안자(執雁者) 수안우서(授雁于壻)]

○신랑은 기러기를 머리가 왼쪽이 되게 받으세요. 〔서수안봉지좌수(壻受雁奉之左首)〕
○주인은 먼저 들어와 동쪽 계단으로 올라와서 전안상의동쪽에서 서향해 서세요. 〔주인선행지청사(主人先行至廳舍) 승자(昇自) 계(階) 취전안상지동서향립(就奠雁床之東西向立)〕
○ 신랑은 따라 들어와 서쪽계단으로 올라와서 전안상남쪽의 자리에서 북향해 서세요. 〔서종지(壻從之) 승자서계(昇自西階) 지전안석북향립(至奠雁席北向立)〕
○신랑은 꿇어앉아 전안상 위에 기러기를 머리가 서쪽을향하게 올려놓고 일어나 두 번 절하세요. 〔서(壻) 치안우상수서(置雁于床首西) 복흥재배(伏興再拜)〕
○주인은 답배하지 말고, 신부의 어머니는 전안상을들고 방으로 들어가세요. 〔주인부답배(主人不答拜) 주부략전안상(主婦掠奠雁床) 입방(入房)〕
○여집사는 신부를 부축해 방에서 나와 남향 해서세요. 〔모(姆) 봉여출방(奉女出房) 남향립(南向立)〕
○신랑은 읍하고 신부는 허리를 굽혀 답례하세요. 〔서읍부굴신답례(壻揖婦屈身答禮)〕
○신랑은 먼저 서쪽계단으로 내려가고 신부는 뒤따르세요. 〔서선강자서계(壻先降自西階) 부종지(婦從之)〕
※ 신부는 연지 곤지를 찍고 두 손을 공손해 어깨높이로올린다.

(21) 교배례(交拜禮)
① 교배례는 신랑과 신부가 처음으로 만나서 서로맞절하는 절차이다.
② 교배례 장소는 다음 그림(뒷면 참조)과 같이차린다.
○예식장의 경우는 동쪽에 초자례실, 서쪽에 초녀례실을붙이고, 대례청에 양가부모의 자리를 마련한다.
○소나무가지에는 홍실을 걸치고, 대나무가지에는 청실을걸친다.
○ 표주박 잔은 두 개를 맞붙여 놓는다.
○신랑과 신부는 방석에 앉는다.
○자리를 펴지 않고 접어놓는다.
③ 교배례 절차 :
○신랑은 동쪽 계단아래에서 북향해 서고, 신부는 서쪽계단아래에서북향해 서세요. 〔서(壻)?계하(階下) 북향립(北向立) 부(婦) 서계하(西階下) 북향립(北向立)〕
○각 좌우집사는 신랑과 신부의 좌우에 서세요. 〔서부종자각좌우부수(壻婦從者各左右附隨)〕
○신부의 우집사는 청초에 불을 켜고 좌집사는 동쪽에신랑의 자리를 편 다음 신랑의 좌우에 서고, 신랑의 우집사는홍초에 불을 켜고 좌집사는 서쪽에 신부의 자리를 편 다음신부의 좌우에 서세요. 〔부우종자(婦右從者) 점청촉(點靑燭) 좌종자(左從者) 포서석어동방서우종자(布壻席於東方壻右從者) 점홍촉(點紅燭) 좌종자(左從者) 포부석어서방(布婦席於西方) 서부종자(壻婦從者) 교행좌우립(交行左右立)〕
※ 예식장에서 행할 때는 초에 불을 켜는 일은 신랑과신부의 어머니가 할 수도 있다.
○신랑은 동남쪽 세수 대야에서 신부 측 집사의 도움으로손을 씻고, 신부는 서남쪽 세수 대야에서 신랑 측 집사의도움으로 손을 씻으세요. 〔서(壻)?우동남(于東南) 부종자(婦從者) 옥지진(沃之進)? 부(婦)?우서남서종자(于西南壻從者) 옥지진(沃之進)?〕
○신랑은 서향해 신부에게 읍하고, 신부는 동향 해 허리를굽혀 답례하세요. 〔서서향읍부(壻西向揖婦) 부동향굴신(婦東向屈身) 답례(答禮)〕
○신랑은 동쪽 자리로 올라가고, 신부는 서쪽자리로올라가서 마주보고 서세요. 〔서취동석(壻就東席) 부취서석(婦就西席) 상향립(相向立)〕
○신랑?신부의 집사는 각기 원 자리로 돌아가세요. 〔서부종자교행부위(壻婦從者交行復位)〕
○신부는 먼저 두 번 절하세요. 〔부선재배(婦先再拜)〕
○신랑은 한 번 절하세요. 〔서답일배(壻答一拜)〕
○신부는 다시 두 번 절하세요. 〔부우재배(婦又再拜)〕
○신랑은 다시 한 번 절하세요. 〔서우답(壻又答) 일배(一拜)〕

(22) 서 천지례(誓天地禮)
① 서 천지례는 양(陽)과 음(陰)의 기본적 상징으로서삼라만상의 창조자이며, 초능력자인 하늘과 땅에 행복한부부가 될 것을 서약하는 절차이다.

② 서 천지례의 절차

○신랑은 신부에게 읍하고 동쪽자리에 서향해 앉고, 신부는 신랑에게 몸을 굽혀 답례하고 서쪽자리에 동향 해앉으세요.〔서읍부(壻揖婦) 부굴신답례(婦屈身答禮) 구취좌(俱就坐) 서동부서(壻東婦西)〕

○각 좌집사는 잔반을 신랑?신부에게 주고, 각 우집사는잔에 술을 따르세요.〔서부종자(壻婦從者) 수잔반우서부(授盞盤于壻婦) 짐주(斟酒)〕

○신랑과 신부는 잔을 눈 높이로 받들어 올려 하늘에서약하고, 잔을 내려 바닥(빈 그릇)에 좨주하여 땅에 서약하세요.〔서부봉잔반서천(壻婦奉盞盤誓天) 하잔반제주서지(下盞盤祭酒誓地)〕

○각 좌집사는 잔반을 받아 원 자리에 놓고, 신랑과신부는 안주를 집어 빈 접시에 담으세요.〔서부종자(壻婦從者) 수잔반치우고처서부거(受盞盤置于古處壻婦擧) 치우공기(置于空器)〕

(23) 서 배우례(誓配偶禮)

① 서 배우례는 배우자에게 훌륭한 남편과 아내가될 것을 서약하는 절차이다.

② 서 배우례의 절차

○신랑의 우집사는 근배상의 소나무가지의 홍실을 왼손목에 걸치고, 신부의 우집사는 대나무가지의 청실을 오른손목에걸치세요.〔서종자(壻從者) 홍계수우좌수(紅系垂于左手) 부종자(婦從者) 청계수우우수(靑系垂于右手)〕

※ 술잔을 교환할 때 누구의 사자(使者)인가를 표시하기위함이다.

○각 좌집사는 잔반을 들어 신랑?신부에게 주고, 각우집사는 술을 따르세요.〔서부종자(壻婦從者) 수잔반우서부(授盞盤于壻婦) 짐주(斟酒)〕

○신랑과 신부는 잔반을 가슴높이로 받들어 배우자에게서약하고, 술을 반쯤 마신 다음 각 우집사에게 잔반을 주세요.〔서부거잔반서배우(壻婦擧盞盤誓配遇) ?음(飮) 수잔반우종자(授盞盤于從者)〕

○각 우집사는 잔반을 받고 일어나 각기 오른쪽으로돌아 상대편 좌집사의 옆에 가서 잔반을 좌집사에게 주세요.〔서부종자수잔반교행취배우석(壻婦從者受盞盤交行就配偶席) 수잔반우배우종자(授盞盤于配偶從者)〕

○각 좌집사는 잔반을 받아 신랑 신부에게 주세요.〔서부종자수잔반(壻婦從者受盞盤) 수잔반우서부(受盞盤于壻婦)〕

○신랑과 신부는 잔반을 받아 가슴높이로 받들어 배우자의서약을 받아들이고, 남은 술을 마신 다음 잔반을 좌집사에게주세요.〔서부수잔반(壻婦受盞盤) 거잔반(擧盞盤) 낙서(諾誓) 음필(飮畢) 수잔반우종자(授盞盤于從者)〕

○각 좌집사는 잔반을 받아 상대편의 우집사에게 주고, 각 우집사는 원 자리로 돌아가 잔반을 원 자리에 놓으세요.〔서부종자수잔반(壻婦從者受盞盤) 수잔반우배우종자(受盞盤于配偶從者) 수수잔종자(受授盞從者) 교행고처(交行古處) 치잔반우탁(置盞盤于卓)〕

(24) 근배례(졸杯禮)

① 근배례란 표주박 잔이라는 뜻이다. 근배례는표주박 잔이 한 통의 박이 나뉘어져 두 개의 바가지가 된것인 바, 그것이 다시 합해 하나가 된다는 의미이다. 남자와여자로 따로 태어났다가 이제 다시 합해 부부가 되었다는선언적인 절차이다.

② 근배례의 절차

○각 좌집사는 잔대 위에서 잔을 내리고, 각 우집사는근배상 위의 표주박잔을 나누어 갖다가 잔대 위에 올려놓으세요.〔서부종자취(壻婦從者取)?배(杯) 분치우서부지전반상(分置于壻婦之前盤上)〕

○각 좌집사는 잔반를 들어 신랑?신부에게 주고, 각우집사는 술을 따르세요.〔서부종자(壻婦從者) 수잔반우서부(授盞盤于壻婦) 짐주(斟酒)〕

○신랑과 신부는 표주박잔을 들어 술을 마시고, 잔반을원 자리에 놓으세요.〔서부(壻婦) 거(擧)?배(杯) 음필(飮畢) 배치우탁(杯置于卓)〕

○각 우집사는 표주박잔을 가져다가 근배상 위에 합해놓고, 각각 청홍실을 원 자리에 걸치세요.〔서부종자(壻婦從者) 취(取)?배합치우(杯合置于) 배상(杯床) 수수청홍(垂手靑紅)? 치우고처(置于古處)〕

○신랑과 신부는 자리에서 일어나세요.(서부(壻婦) 입상향(立上向))
○신랑은 신부에게 읍을 하고, 신부는 허리을 굽혀 답례하세요.(서읍부부굴신답례(壻揖婦婦屈身答禮))
○신랑과 신부는 각기 다른 방으로 나가세요.(서부(壻婦) 각출취타실(各出就他室))
※ 예식장의 경우는 이어서 손님에게 인사하고 기념촬영을할 수 있다.

(25) 합궁례(合宮禮)

① 합궁례란 신랑과 신부가 한 방에서 몸을 합하는
절차로써 신방 첫날밤이라고도한다.
합궁례를 치뤄야 비로소 부부가되는 것이다.
② 신방의 잠자리는 다음과 같이 펴서 이불 속에
들어가면 자연스럽게 몸이닿게 한다.
③ 합궁례의 방법
○신랑의 집사는 신부의 자리를 펴고,
신부의 집사는 신랑의 자리를 편다.
○신부가 먼저 신방에 들어가서 서쪽에서 동향 해 선다.
○신랑이 다음에 들어가서 동쪽에서 서향해 선다.
○신랑의 집사는 신부의 웃옷을 벗기고, 신부의 집사는신랑의 웃옷을 벗긴다.
○각 집사는 밖으로 나와 문밖에서 대기한다. 〈엿본다고도한다.〉
○신랑?신부는 불을 끄고 잔다.

(26) 서현부지존장례(壻見婦之尊長禮)

① 합궁례를 치르면 비로소 부부로서 사위가 되고며느리가 되는 것이다. 그러므로 신방을 치른 다음날에신랑이 처가의 어른을 뵙고 친척들과 인사하는 절차이다.
② 신부의 아버지에게 약간의 폐백〔예물〕을올리고 두 번 절하면 신부의 아버지는 일어나서서 절을받는다.
③ 신부의 어머니에게 약간의 예물을 올리고 두번 절하면 신부의 어머니는 한 번 답배를 한다.
④ 이어서 차례대로 신부의 친척들과 인사를 나눈다.
⑤ 끝으로 신부집의 조상을 모신 사당에 인사한다.
"후손경배지차녀서(後孫敬培之次女壻) 전주이용구(全州李容九) 감견(敢見)"
 "후손 敬培의 둘째 사위 全州李容九가 감히 뵙나이다."

7) 우귀례(于歸禮)

신부가 남편인 신랑을 따라 시댁(媤宅)으로들어가서 며느리로서 치르는 의식절차이다. 중국의 혼인례는신랑의 집에서 혼인예식을 치르기 때문에 우귀례가 없다. 이것만 보아도 우리나라의 예절은 전통 관습적인 우리의고유문화임을 알 수 있다.

(27) 폐백(幣帛)의 준비

① 새 며느리가 시부모를 처음으로 뵙는 현구고례(見舅姑禮) 때 올리는 예물을 폐백이라 한다.
② 시아버지에게 올린 폐백은 대추와 밤을 준비한다. 대추는 붉은 색이고, 그것은 해 뜨는 동쪽을 의미해 '아침일찍부터 부지런함'을 의미하고, 밤〔栗〕은 서〔西〕쪽나무〔木〕라 쓰며, 서쪽은 어두움 음(陰), 두려움〔慄〕을의미해 '두려운 마음을 가지고'란 뜻으로 "아침일찍부터두려운 마음으로 공경해 모시겠습니다."는 맹세를 나타낸다.
③ 시어머니에게는 원래 육포(肉脯)를 올렸으나꿩으로 바뀌었다가 요사이는 닭을 준비한다. 육포는 단수(脩)라하는데 "한결같이〔如一〕 정성을 다해〔脩〕모시겠습니다."는맹세를 나타낸다.
④ 여유가 있는 가정에서는 시부모에게 처음으로음식을 차려 올리고 궤우구고(饋于舅姑)에 쓰일 음식과술을 준비해 가져가기도 한다. 설사 음식은 준비하지 못하더라도술은 꼭 준비해서 시부모의 진지상에 따라 올리는 것이좋다.

(28) 현구고례(見舅姑禮)

① 새 며느리가 처음으로 시부모를 뵈오며 폐백을올리는 절차이다.
② 이때 신부의 옷차림은 활옷을 입고 화관(花冠)을머리에 얹으며 도투락댕기를 맨다.
③ 시댁에 도착한 신부는 일단 기다리는 집이란뜻인 사처(俟處)에서 옷을 갈아입고 중당
〔中堂?어른의거처]으로 들어가는 것이다.
④ 현구고례 장소의 배설은 다음 그림과 같이꾸민다.
⑤ 현구고례의 절차
※ 집례자가 홀기(笏記)를 읽는 대로 따라하는 것이 실수 없이 진행하는 요령이다.
○남녀가족들은 정한 자리에 서세요. 〔남녀가중시립남동서향(男女家衆侍立男東西向) 여서
동향(女西東向)]
○신랑은 신부의 사처 앞에 가서 신부에게 읍하고, 신부는몸을 굽혀 답례하세요. 〔서취부지
사처전(壻就婦之俟處前) 서읍부(壻揖婦) 부굴신답례(婦屈身答禮)]
○신랑은 신부를 인도해 대기하는 자리로 와서 정한자리에 북향해 서세요. 〔서도부(壻導婦)
취석(就席) 서동부서(壻東婦西) 북향립(北向立)]
○시아버지와 시어머니는 정한 자리에 앉으세요. 〔구고취석구동고서(舅姑就席舅東姑西) 상
향좌(相向坐)]
○신부는 시아버님께 네 번 절하세요 〔부(婦) 구위전사배(舅位前四拜)]
○신부는 서쪽계단으로 올라 시아버님 앞에 동향해 서고, 집사는 시아버님께 올릴 폐백을
받들고 뒤따라가서 신부의오른쪽 뒤에 서세요. 〔부자서계승(婦自西階昇) 구위동향립(舅位
東向立) 종자봉폐종지우후동향립(從者奉幣從之右後東向立)]
○집사는 폐백을 신부에게 주고, 신부는 받으세요. 〔종자수폐우부(從者授幣于婦) 부수폐(婦
受幣)]
○신부는 꿇어앉아 시아버님의 상위에 폐백을 올리세요. 〔부(婦)? 헌폐우탁상(獻幣于卓上)]
○신부는 일어나 허리를 굽혀 예를 표하고, 서쪽계단으로내려와 동쪽자리에 가서 북향해 서
세요. 〔부흥굴신례(婦興屈身禮) 자서계강취동석(自西階降就東席) 북향립(北向立)]
○신부는 시아버님께 다시 네 번 절하세요. 〔부(婦) 구위전우사배(舅位前又四拜)]
○시아버지는 폐백을 어루만지세요. 〔구무폐(舅撫幣)]
○신부는 서쪽자리로 옮겨 북향해 서세요. 〔부이우서석북향립(婦移于西席北向立)]
○신부는 시어머님께 네 번 절하세요. 〔부(婦) 고위전사배(姑位前四拜)]
○신부는 서쪽계단으로 올라 시어머님 앞에 서향해 서고, 집사는 시어머님께 올릴 폐백을
받들고 뒤따라가서 신부의왼쪽 뒤에 서세요. 〔부자서계승(婦自西階昇) 고위전서향립(姑位
前西向立) 종자봉폐종지좌후서향립(從者奉幣從之左後西向立)]
○집사는 폐백을 신부에게 주고, 신부는 받으세요. 〔종자수폐우부(從者授幣于婦) 부수폐(婦
受幣)]
○신부는 꿇어 앉아 시어머님의 상위에 폐백을 올리세요. 〔부(婦)? 헌폐우탁상(獻幣于卓上)]
○신부는 일어나 허리를 굽혀 예를 표하고, 서쪽계단으로내려와 서쪽자리에 가서 북향해 서
세요. 〔부흥굴신체(婦興屈身體) 자서계강취서석(自西階降就西席) 북향립(北向立)]
○신부는 시어머님께 네 번 절하세요. 〔부(婦) 고위전우사배(姑位前又四拜)]
○신부는 대기하는 원 자리로 옮기세요. 〔부이우고처(婦移于古處)]
○신랑은 두 번, 신부는 네 번 절하세요. 〔서재배(壻再拜) 부사배(婦四拜)]

(29) 구고예지(舅姑禮之)

① 구고예지는 시부모가 새 며느리를 맞이하는예를 베푸는 절차이다.
우리 나라의 예절은 주고받는 상대(相對)적인것임을 명심할 것이다.
○신랑은 신부에게 읍하고 신부는 몸을 굽혀 답례하세요. 〔서읍부부굴신답(壻揖婦婦屈身答)禮]
○신랑이 먼저 서쪽계단으로 오르고 신부는 뒤따라 오르세요. 〔서선승자서계(壻先昇自西階)]
○신랑은 신부를 구고예지 자리로 인도하고 아버지의왼쪽 뒤에 서향해 서고, 신부는 자리의
서쪽아래에 남향해서세요. 〔서도부(壻導婦) 취구고예지석(就舅姑禮之席) 우취(又就) 부지좌
후(父之左後) 서향립(西向立) 부석서하(婦席西下) 남향립(南向立)]
○집사는 잔에 술을 부어 받들고, 신부의 왼쪽 앞에북향해 서세요. 〔종자짐주(從者斟酒) 봉
잔반(奉盞盤) 부지좌전북향립(婦之左前北向立)]

○신부는 남향해 네 번 절하세요. 〔부(婦) 남향사배(南向四拜)〕
○신부는 자리에 올라 잔반을 받은 다음 꿇어앉아 좨주하세요. 〔부승석수잔반(婦昇席受盞盤)
○제주(祭酒)〕
○신부는 자리의 서쪽 끝으로 옮겨 서향해 꿇어앉아서 술을 마시세요. 〔부흥석서말(婦興席西末) 서향(西向)? ?주(酒)〕
○신부는 일어나서 자리에 올라 잔반을 집사에게 주고, 집사는 잔반을 받아 원 자리에 놓으세요. 〔부승석(婦昇席) 수잔반우종자종자수지(授盞盤于從者從者受之) 치우고처(置于姑處)〕
○신부는 자리의 서쪽 아래로 내려가서 남향해 네 번절하세요. 〔부강석서하(婦降席西下) 남향사배(南向四拜)〕
○신부는 자리의 남쪽으로 옮겨 남향해 꿇어앉으세요. 〔부이석남남향(婦移席南南向)?坐〕
○시아버지는 교훈을 내리세요. 〔구교지(舅敎之)〕
例) "훌륭한 규수를 며느리로 맞이하니우리 집안의 경사구나. 네가 본댁 어른에게서 많은 것을배웠을 테니 내가 달리 이를 말이 없다. 스스로 알아 도리를다하라."
○시어머니는 교훈을 내리세요. 〔고교지(姑敎之)〕
例) "너의 아리따운 모습을 보니 마음이기쁘구나. 아낙의 도리는 집안을 편안케 하는 것이다. 힘써행하라."
○신부는 허리를 굽혀 서약하는 예를 표하고, 일어나서네 번 절하세요. 〔부(婦) 굴신답례서지(屈身答禮誓之) 흥사배(興四拜)〕
○시아버지와 시어머니는 다른 방으로 나가세요. 〔구고출취타실(舅姑出就他室)〕
○신랑은 신부 앞으로 와서 읍하고, 신부는 몸을 굽혀답례하세요. 〔서취부전(壻就婦前) 읍부(揖婦) 부굴신답례(婦屈身答禮)〕
○구고예지가 끝났다. 〔예필(禮畢)〕

(30) 현우존장(見于尊長) 및 제친(諸親)
① 새 며느리가 시부모 외의 다른 어른에게 뵙고기타 친족과 상면(相面)하는 절차이다.
② 만일 시부모의 직계존속 〔시조부모〕이 있으면시부모가 신부를 어른의 방으로 인도해 뵙게 한다.
③ 기타의 웃세대 어른은 차례대로 내외분씩 남향해앉고, 신부는 대기석에서 두 번 절해 뵙는다.
④ 같은 세대의 웃어른은 동쪽에서 서향해 서고, 신부는 서쪽에서 동향해 서서 맞절로 평절을 한다. 신부가먼저 절을 시작해 늦게 일어나고, 웃어른이 늦게 시작해먼저 일어난다.
⑤ 같은 세대의 아랫사람은 서쪽에서 동향해 서고, 신부는 동쪽으로 옮겨 서향해 서서 평절로 맞절을 한다. 아랫사람이 먼저 절을 시작해 늦게 일어나고, 신부가 늦게시작해 먼저
일어난다.
⑥ 신부의 아랫대 사람들은 서쪽에서 동향 해신부를 향해서 절을 하고, 신부는 선 채로 허리를 굽혀답례한다.

(31) 궤우구고례(饋于舅姑禮)
① 새 며느리가 처음으로 시부모에게 음식을 차려올려서 잡수시게 하는 절차이다.
② 만일 신부의 집에서 준비한 음식이 있으면그것을 신부의 집사가 상에 차린다.
③ 시부모는 현구고례 때와 같이 자리에 앉는다.
④ 신부가 손을 씻고 시아버지의 앞으로 가서꿇어앉아 잔을 씻어 술을 따라서 받들어 올린다.
⑤ 시아버지가 다 마시면 음식그릇의 뚜껑을 열고, 뒤로 물러나 네 번 절한다.
⑥ 이어서 시어머니에게도 그렇게 한다.
⑦ 신부는 시어머니의 오른쪽 뒤에 공수하고 서서다 잡수시기를 기다린다.
⑧ 시부모가 다 잡수시면 상을 물려 다른 사람들이먹는다.

(32) 구고향지(舅姑饗之)
① 시부모가 새 며느리에게 음식을 내리는 절차로서 "새 며느리에게 큰상을 차려준다."는 것이 이것이다.

② 모든 절차는 구고예지 때와 같이 한다.
③ 구고향지에서 신부가 받은 큰상의 남은 음식은신부의 친정으로 보내는 것이 예절이다.

(33) 현우사당(見于祠堂)

① 신부가 시댁의 사당에 뵙는 절차이다.
② 대개 우귀례를 하고 3일째 되는 날의 아침에행한다.
③ 모든 절차는 차례 때와 같으나 제사음식은차리지 않는다.
○신부가 채소(대개 미나리) 접시를 들고 제상 앞에선다.
○주인이 분향 좨주하고 모두 참신한다.
○주인이 축문을 읽는다.
"길순지장자(吉純之長子) 용구지부(容九之婦)의 금해금씨(金海金氏) 감견(敢見)"
"길순(吉純)의 큰아들 용구(容九)의 아내 김해김씨(金海金氏)가감히 뵙나이다."
○신부가 미나리 접시를 집사에게 주고 네 번 절한다.
○신부가 미나리 접시를 받아 제상에 올리고 다시 네번 절한다.
○모두 절한다.

(34) 조석문안(朝夕問安)

① 새 며느리가 아침과 저녁에 시부모에게 인사를여쭙는 절차이다.
② 원래 웃어른에게는 혼정신성(昏定晨省)이라해서 평생동안 문안을 여쭙는 것이지만 우귀례 후의 문안은대개 21일간 7일간 3일간 정도로 형편에 따라 조정해 행한다.
③ 새 며느리가 아침에 일어나서와 저녁에 자기전에 곱게 차리고 시부모에게 4번 절한다.
④ 시부모의 명에 의해 의식적인 문안을 폐하더라도아침과 저녁에 시부모에게 문안 여쭙는 입은 시부모께서살아 계신 동안은 계속하는 것이다.

사상례(士喪禮)

사상례(士喪禮)。 사어적실(死於適室), 무용렴금(幠用斂衾)。 복자일인이작변복(復者一人以爵弁服), 잠상어의(簪裳於衣), 좌하지(左何之), 급령어대(扱領於帶) ; 승자전동영(升自前東榮)、 중옥(中屋), 북면초이의(北面招以衣), 왈(曰) : 「고모복(皋某復)！」삼(三), 강의어전(降衣於前)。 수용협(受用篋), 승자조계(升自阼階), 이의시(以衣尸)。 복자강자후서영(復者降自後西榮)。

설치용각사(楔齒用角柶)。 철족용연기(綴足用燕幾)。 전포해(奠脯醢)、 예주(醴酒)。 승자조계(升自阼階), 전어시동(奠於尸東)。 유당(帷堂)。

내부어군(乃赴於君)。 주인서계동(主人西階東), 남면(南面), 명부자(命赴者), 배송(拜送)。 유빈(有賓), 즉배지(則拜之)。

입(入), 좌어상동(坐於床東)。 중주인재기후(眾主人在其後), 서면(西面)。 부인협상(婦人俠床), 동면(東面)。 친자재실(親者在室)。 중부인호외북면(眾婦人戶外北面), 중형제당하북면(眾兄弟堂下北面)。

군사인조(君使人弔)。 철유(徹帷)。 주인영어침문외(主人迎於寢門外), 견빈부곡(見賓不哭), 선입(先入), 문우북면(門右北面)。 조자입(弔者入), 승자서계(升自西階), 동면(東面)。 주인진중정(主人進中庭), 조자치명(弔者致命)。 주인곡(主人哭), 배계상(拜稽顙), 성용(成踴)。 빈출(賓出), 주인배송어외문외(主人拜送於外門外)。

군사인수(君使人襚)。 철유(徹帷)。 주인여초(主人如初)。 수자좌집령(襚者左執領), 우집요(右執要), 입(入), 승치명(升致命)。 주인배여초(主人拜如初)。 수자입의시(襚者入衣尸), 출(出)。 주인배송여초(主人拜送如初)。 유군명(唯君命), 출(出), 승강자서계(升降自西階)。 수배빈(遂拜賓), 유대부즉특배지(有大夫則特拜之)。 즉위어서계하(即位於西階下), 동면(東面), 부용(不踴)。 대부수부사(大夫雖不辭), 입야(入也)。

친약수(親若襚), 부장명(不將命), 이즉진(以即陳)。 서형제수(庶兄弟襚), 사인이장명어실(使人

以將命於室），　주인배어위(主人拜於位），　위의어시동상상(委衣於尸東床上）。붕우수(朋友襚），　친이진(親以進），　주인배(主人拜），　위의여초(委衣如初），　퇴(退），　곡(哭），　부용(不踊）。철의자(徹衣者），　집의여수(執衣如襚），　이적방(以適房）。

위명(為銘），　각이기물(各以其物）。망(亡），　칙이치장반폭(則以緇長半幅），　정정말장종폭(經經末長終幅），　광삼촌(廣三寸）。서명어말(書銘於末），　왈(曰)：「모씨모지구(某氏某之柩)。」죽강장삼척(竹杠長三尺），　치어우서계상(置於宇西階上）。

전인굴감어계간(甸人掘坎於階間），　소서(少西）。위역어서장하(為垼於西牆下），　동향(東鄕）。신분(新盆），　반(槃），　병(瓶），　폐돈(廢敦），　중격(重鬲），　개탁(皆濯），　조어서계하(造於西階下）。

진습사어방중(陳襲事於房中），　서령(西領），　남상(南上），　부천(不綪）。명의상(明衣裳），　용포(用布）。괄계용상(鬠笄用桑），　장사촌(長四寸），　구중(紒中）。포건(布巾），　환폭(環幅），　부착(不鑿）。엄(掩），　련백광종폭(練帛廣終幅），　장오척(長五尺），　석기말(析其末）。전(瑱），　용백광(用白纊）。멱목(幎目），　용치(用緇），　방척이촌(方尺二寸），　정리(經里），　저(著），　조계(組系）。악수(握手），　용현(用玄），　훈리(纁里），　장척이촌(長尺二寸），　광오촌(廣五寸），　뢰중방촌(牢中旁寸），　저(著），　조계(組系）。결(決），　용정왕극(用正王棘），　약석극(若檡棘），　조계(組系），　광극이(纊極二）。모(冒），　치질(緇質），　장여수제(長與手齊），　정살(經殺），　엄족(掩足）。작변복(爵弁服)、순의(純衣)、피변복(皮弁服)、단의(褖衣)、치대(緇帶)、매갑(韎韐)、죽홀(竹笏）。하갈구(夏葛屨），　동백구(冬白屨），　개억치구순(皆繶緇絇純），　조기계어종(組綦繫於踵）。서수계진(庶襚繼陳），　부용(不用）。

패삼(貝三），　실어계(實於笄）。도미일두(稻米一豆），　실어광(實於筐）。목건일(沐巾一），　욕건이(浴巾二），　개용곡(皆用谷），　어번(於笲）。즐(櫛），　어단(於簞）。욕의(浴衣），　어협(於篋）。개찬어서서하(皆饌於西序下），　남상(南上）。

관인급(管人汲），　부설율(不說繘），　굴지(屈之）。축석미어당(祝淅米於堂），　남면(南面），　용분(用盆）。관인진계(管人盡階），　부승당(不升堂），　수반(受潘），　자어역(煮於垼），　용중격(用重鬲）。축성미어돈(祝盛米於敦），　전어패북(奠於貝北）。사유빙(士有冰），　용이반가야(用夷槃可也）。외어수목입(外御受沐入）。주인개출(主人皆出），　호외북면(戶外北面）。내목(乃沐），　즐(櫛），　진용건(挋用巾），　욕(浴），　용건(用巾），　진용욕의(挋用浴衣）。난탁기어감(澳濯棄於坎）。조(蚤），　전여타일(揃如他日）。괄용조(鬠用組），　급계(扱笄），　설명의상(設明衣裳）。주인입(主人入），　즉위(即位）。

상축습제복(商祝襲祭服），　단의차(褖衣次）。주인출(主人出），　남면(南面），　좌단(左袒），　급제면지우(扱諸面之右），　관어분상(盥於盆上），　세패(洗貝），　집이입(執以入）。재세사(宰洗柶），　건어미(建於米），　집이종(執以從）。상축집건종입(商祝執巾從入），　당유북면(當牖北面），　철침(徹枕），　설건(設巾），　철설(徹楔），　수패(受貝），　전어시서(奠於尸西）。주인유족서(主人由足西），　상상좌(床上坐），　동면(東面）。축우수미(祝又受米），　전어패북(奠於貝北）。재종립어상서(宰從立於床西），　재우(在右）。주인재급미(主人在扱米），　실어우(實於右），　삼(三），　실일패(實一貝）。좌(左)、중역여지(中亦如之）。우실미(又實米），　유영(唯盈）。주인습(主人襲），　반위(反位）。

상축엄(商祝掩），　전(瑱），　설멱목(設幎目），　내구(乃屨），　기결어부(綦結於跗），　련구(連絇）。내습(乃襲），　삼칭(三稱）。명의부재산(明衣不在算）。설갑(設韐)、대(帶），　진홀(搢笏）。설결(設決），　려어완(麗於腕），　자반지지(自飯持之），　설악(設握），　내련완(乃連腕）。설모(設冒），　고지(囊之），　무용금(幠用衾）。건(巾)、사(柶)、순(鬠)、조매어감(蚤埋於坎）。

중목(重木），　간착지(刊鑿之）。전인치중어중정(甸人置重於中庭），　삼분정(三分庭），　일재남(一在南）。하축죽여반(夏祝鬻餘飯），　용이격어서장하(用二鬲於西牆下）。멱용소포(冪用疏布），　구지(久之），　계용금(系用靲），　현어중(縣於重），　멱용위석(冪用葦席），　북면(北面），　좌임(左衽），　대용금(帶用靲），　하지(賀之），　결어후(結於後）。축취명치어중(祝取銘置於重）。

궐명(厥明), 진의어방(陳衣於房), 남령(南領), 서상(西上), 천(綪), 교횡삼축일(絞橫三縮一), 광종폭(廣終幅), 석기말(析其末). 치금(緇衾), 정리(赬里), 무담(無紞). 제복차(祭服次), 의차(散衣次), 범십유구칭(凡十有九稱), 진의계지(陳衣繼之), 부필진용(不必盡用).

찬어동당하(饌於東堂下), 포해례주(脯醢醴酒). 멱전용공포(冪奠用功布), 실어단(實於簞), 재찬동(在饌東). 설분관어찬동(設盆盥於饌東), 유건(有巾).

저질(苴絰), 대격(大鬲), 하본재좌(下本在左), 요질소언(要絰小焉) ; 산대수(散帶垂), 장삼척(長三尺). 모마질(牡麻絰), 우본재상(右本在上), 역산대수(亦散帶垂). 개찬어동방(皆饌於東方). 부인지대(婦人之帶), 모마결본(牡麻結本), 재방(在房).

상제(床第), 이금(夷衾), 찬어서점남(饌於西坫南). 서방관(西方盥), 여동방(如東方).

진일정어침문외(陳一鼎於寢門外), 당동숙(當東塾), 소남(少南), 서면(西面). 기실특돈(其實特豚), 사체(四䯗), 거제(去蹄), 량박(兩胉), 척(脊)、폐(肺). 설경멱(設扃冪), 멱서말(鼏西末). 소조재정서(素俎在鼎西), 서순(西順), 복비(覆匕), 동병(東柄).

사관(士盥), 이인이병(二人以並), 동면립어서계하(東面立於西階下). 포석어호내(布席於戶內), 하완상점(下莞上簟). 상축포교금(商祝布絞衾)、산의(散衣)、제복(祭服). 제복부도(祭服不倒), 미자재중(美者在中). 사거천시(士舉遷尸), 반위(反位). 설상제어량영지간(設床第於兩楹之間), 임여초(衽如初), 유침(有枕). 졸렴(卒斂), 철유(徹帷). 주인서면풍시(主人西面馮尸), 용무산(踊無算) ; 주부동면풍(主婦東面馮), 역여지(亦如之). 주인괄발(主人髻髮), 단(袒), 중주인면어방(眾主人免於房). 부인좌어실(婦人髽於室). 사거(士舉), 남녀봉시(男女奉尸), 이어당(侇於堂), 무무이금(幠無夷衾). 남녀여실위(男女如室位), 용무산(踊無算). 주인출어족(主人出於足), 강자서계(降自西階). 중주인동즉위(眾主人東即位). 부인조계상서면(婦人阼階上西面). 주인배빈(主人拜賓), 대부특배(大夫特拜), 사려지(士旅之), 즉위용(即位踊), 습질어서동(襲絰於序東), 복위(複位).

내전(乃奠). 거자관(舉者盥), 우집비(右執匕), 각지(卻之), 좌집조(左執俎), 횡섭지(橫攝之), 입(入), 조계전서면착(阼階前西面錯), 착조북면(錯俎北面). 우인좌집비(右人左執匕), 추경여좌수(抽扃予左手), 겸집지(兼執之), 취멱(取鼏), 위어정북(委於鼎北), 가경(加扃), 부좌(不坐). 내비(乃匕), 재(載). 재량비어량단(載兩髀於兩端), 량견아(兩肩亞), 량견아(兩肩亞), 척(脊)、폐재어중(肺在於中), 개복(皆覆). 진저(進柢), 집이사(執而俟). 하축급집사관(夏祝及執事盥), 집례선(執醴先), 주(酒)、포(脯)、해(醢)、조종(俎從), 승자조계(升自阼階). 장부용(丈夫踊). 전인철정(甸人徹鼎), 건대어조계하(巾待於阼階下). 전어시동(奠於尸東), 집례주(執醴酒), 북면서상(北面西上). 두착(豆錯), 조착어두동(俎錯於豆東). 립어조북(立於俎北), 서상(西上). 례주착어두남(醴酒錯於豆南). 축수건(祝受巾), 건지(巾之), 유족강자서계(由足降自西階). 부인용(婦人踊). 전자유중남(奠者由重南), 동(東). 장부용(丈夫踊). 빈출(賓出), 주인배송어문외(主人拜送於門外).

내대곡(乃代哭), 부이관(不以官).

유수자(有襚者), 칙장명(則將命), 빈자출청(擯者出請), 입고(入告). 주인대어위(主人待於位). 빈자출(擯者出), 고수(告須), 이빈입(以賓入). 빈입중정(賓入中庭), 북면치명(北面致命). 주인배계상(主人拜稽顙). 빈승자서계(賓升自西階), 출어족(出於足), 서면위의여어실례(西面委衣如於室禮), 강(降), 출(出). 주인출(主人出), 배송(拜送). 붕우친수(朋友親襚), 여초의(如初儀), 서계동(西階東), 북면곡(北面哭), 용삼(踊三), 강(降), 주인부용(主人不踊). 수자이습(襚者以褶), 칙필유상(則必有裳), 집의여초(執衣如初). 철의자역여지(徹衣者亦如之), 승(升), 강자서계(降自西階), 이동(以東).

소(宵), 위료어중정(爲燎於中庭), 궐명(厥明), 멸료(滅燎). 진의어방(陳衣於房), 남령(南領), 서상(西上), 천(綪). 교금(絞紟), 금이(衾二). 군수(君襚), 제복(祭服), 산의(散衣), 서수(庶襚), 범삼십칭(凡三十稱). 금부재산(紟不在算). 부필진용(不必盡用). 동방지찬(東方之饌), 량와무(兩瓦甒), 기실례주(其實醴酒), 각치(角觶), 목사(木柶) ; 갈두량(毼豆兩), 기실규

궐명(厥明), 진의어방(陳衣於房), 남령(南領), 서상(西上), 천(綪), 교횡삼축일(絞橫三縮一), 광종폭(廣終幅), 석기말(析其末). 치금(緇衾), 정리(赬里), 무담(無紞). 제복차(祭服次), 의차(散衣次), 범십유구칭(凡十有九稱), 진의계지(陳衣繼之), 부필진용(不必盡用). 저우(其實葵菹芋)、라해(臝醢), 량변(兩邊), 무등(無滕), 포건(布巾), 기실륙(其實慄), 부택(不擇), 포사정(脯四脡). 전석재찬북(奠席在饌北), 렴석재기동(斂席在其東). 굴사견임(掘肂見衽). 관입(棺入), 주인부곡(主人不哭). 승관용축(升棺用軸), 개재하(蓋在下). 오서직각이광(熬黍稷各二筐), 유어랍(有魚臘), 찬어서점남(饌於西坫南). 진삼정어문외(陳三鼎於門外), 북상(北上). 돈합승(豚合升), 어전부구(魚鱄鮒九), 랍좌반(臘左胖), 비부승(髀不升), 기타개여초(其他皆如初). 촉사어찬동(燭俟於饌東).

축(祝)、철(徹)、관어문외(盥於門外), 입(入), 승자조계(升自阼階), 장부용(丈夫踊). 축철건(祝徹巾), 수집사자이대(授執事者以待). 철찬(徹饌), 선취례주(先取醴酒), 북면(北面). 기여취선설자(其餘取先設者), 출어족(出於足), 강자서계(降自西階), 부인용(婦人踊). 설어서서남(設於序西南), 당서영(當西榮), 여설어당(如設於堂). 예주위여초(醴酒位如初), 집사두북(執事豆北), 남면동상(南面東上). 내적찬(乃適饌).

유당(帷堂). 부인시서동면(婦人尸西東面). 주인급친자승자서계(主人及親者升自西階), 출어족(出於足), 서면단(西面袒). 사관위여초(士盥位如初). 포석여초(布席如初). 상축포교(商祝布絞)、금(紟)、금(衾)、의(衣), 미자재외(美者在外), 군수부도(君襚不倒). 유대부(有大夫), 즉고(則告). 사거천시(士舉遷尸), 복위(複位). 주인용무산(主人踊無算). 졸렴(卒斂), 철유(徹帷). 주인풍여초(主人馮如初), 주부역여지(主婦亦如之).

주인봉시렴어관(主人奉尸斂於棺), 용여초(踊如初), 내개(乃蓋). 주인강(主人降), 배대부지후지자(拜大夫之後至者), 북면시사(北面視肂). 중주인복위(眾主人複位). 부인동복위(婦人東複位). 설오(設熬), 방일광(旁一筐), 내도(乃塗). 용무산(踊無算). 졸도(卒塗), 축취명치어사(祝取銘置於肂). 주인복섬위(主人復閃位), 용(踊), 습(襲).

내전(乃奠). 촉승자조계(燭升自阼階), 축집건(祝執巾), 석종(席從), 설어오(設於奧), 동면(東面). 축반강(祝反降), 급집사집찬(及執事執饌). 사관(士盥), 거정입(舉鼎入), 서면북상(西面北上), 여초(如初). 재(載), 어좌수(魚左首), 진기(進鬐), 삼렬(三列), 랍진저(臘進柢). 축집례여초(祝執醴如初), 주(酒)、두(豆)、변(籩)、조종(俎從), 승자조계(升自阼階), 장부용(丈夫踊). 전인철정(甸人徹鼎). 전유영내입어실(奠由楹內入於室). 예주북면(醴酒北面). 설두(設豆), 우저(右菹), 저남률(菹南慄), 률동포(慄東脯). 돈당두(豚當豆). 어차랍특어조북(魚次臘特於俎北), 예주재변남(醴酒在籩南). 건여초(巾如初). 기착자출(既錯者出), 립어호서(立於戶西), 서상(西上). 축후(祝後), 합호(闔戶), 선유영서(先由楹西), 강자서계(降自西階), 부인용(婦人踊). 전자유중남동(奠者由重南東), 장부용(丈夫踊).

빈출(賓出), 부인용(婦人踊), 주인배송어문외(主人拜送於門外), 입(入), 급형제북면곡빈(及兄弟北面哭殯). 형제출(兄弟出), 주인배송어문외(主人拜送於門外). 중주인출문(眾主人出門), 곡지(哭止), 개서면어동방(皆西面於東方). 합문(闔門). 주인읍(主人揖), 취차(就次).

군약유사언(君若有賜焉), 칙시렴(則視斂). 기포의(既布衣), 군지(君至), 주인출영어외문외(主人出迎於外門外), 견마수(見馬首), 부곡(不哭), 환(還), 입문우(入門右), 북면(北面), 급중주인단(及眾主人袒). 무지어묘문외(巫止於廟門外), 축대지(祝代之). 소신이인집과선(小臣二人執戈先), 이인후(二人後). 군석채(君釋采), 입문(入門), 주인벽(主人闢). 군승자조계(君升自阼階), 서향(西鄉). 축부용(祝負墉), 남면(南面), 주인중정(主人中庭). 군곡(君哭). 주인곡(主人哭), 배계상(拜稽顙), 성용(成踊), 출(出). 군명반행사(君命反行事), 주인복위(主人復位). 군승주인(君升主人), 주인서영동(主人西楹東), 북면(北面). 승공경대부(升公卿大夫), 계주인(繼主人)동상(東上). 내렴(乃斂). 졸(卒), 공경대부역강(公卿大夫逆降), 복위(複位). 주인강(主人降), 출(出). 군반주인(君反主人), 주인중정(主人中庭). 군좌무(君坐撫), 당심(當心). 주인배계상(主人拜稽顙), 성용(成踊), 출(出). 군반지(君反之), 복초위(復初位). 중주인벽어동벽(眾主人闢於東壁), 남면(南面). 군강(君降), 서향(西鄉), 명주인풍시(命主人馮尸). 주인승자서계(主人升自西階), 유족(由足), 서면풍시(西面馮尸), 부당군소(不當君所), 용(踊).

주부동면풍(主婦東面馮), 역여지(亦如之)。봉시렴어관(奉尸斂於棺), 내개(乃蓋), 주인강(主人降), 출(出)。군반지(君反之), 입문좌(入門左), 시도(視塗)。군승즉위(君升即位), 중주인복위(眾主人複位), 졸도(卒塗), 주인출(主人出), 군명지반전(君命之反奠)。입문우(入門右), 내전(乃奠), 승자서계(升自西階)。군요절이용(君要節而踴), 주인종용(主人從踴)。졸전(卒奠), 주인출(主人出), 곡자지(哭者止)。군출문(君出門), 묘중곡(廟中哭)。주인부곡(主人不哭), 벽(闢)。군식지(君式之)。이차필승(貳車畢乘), 주인곡(主人哭), 배송(拜送)。습(襲), 입즉위(入即位), 중주인습(眾主人襲), 배대부지후지자(拜大夫之後至者), 성용(成踴)。빈출(賓出), 주인배송(主人拜送)。

삼일(三日), 성복(成服), 장(杖), 배군명급중빈(拜君命及眾賓)。부배관중지사(不拜棺中之賜)。

조석곡(朝夕哭), 부벽자묘(不闢子卯)。부인즉위어당(婦人即位於堂), 남상(南上), 곡(哭)。장부즉위어문외(丈夫即位於門外), 서면북상(西面北上);외형제재기남(外兄弟在其南), 남상(南上);빈계지(賓繼之), 북상(北上)。문동(門東), 북면서상(北面西上);문서(門西), 북면동상(北面東上);서방(西方), 동면북상(東面北上)。주인즉위(主人即位), 벽문(闢門)。부인부심(婦人拊心), 부곡(不哭)。주인배빈(主人拜賓), 방삼(旁三), 우환(右還), 입문(入門), 곡(哭)。부인용(婦人踴)。주인당하(主人堂下), 직동서(直東序), 서면(西面)。형제개즉위(兄弟皆即位), 여외위(如外位)。경대부재주인지남(卿大夫在主人之南)。제공문동(諸公門東), 소진(少進)。타국지이작자문서(他國之異爵者門西), 소진(少進)。적(敵), 즉선배타국지빈(則先拜他國之賓)。범이작자(凡異爵者), 배제기위(拜諸其位)。철자관어문외(徹者盥於門外), 촉선입(燭先入), 승자조계(升自阼階)。장부용(丈夫踴)。축취례(祝取醴), 북면(北面);취주(取酒), 립어기동(立於其東);취두(取豆)、변(籩)、조(俎), 남면서상(南面西上)。축선출(祝先出), 주(酒)、두(豆)、변(籩)、조서종(俎序從), 강자서계(降自西階)。부인용(婦人踴)。설어서서남(設於序西南), 직서영(直西榮)。예주북면서상(醴酒北面西上), 두서면(豆西面), 착(錯)。입어두북(立於豆北), 남면(南面)。변(籩)、조기착(俎既錯), 립어집두지서(立於執豆之西), 동상(東上)。주착(酒錯), 복위(複位), 예착어서(醴錯於西), 수선(遂先), 유주인지북적찬(由主人之北適饌)。내전(乃奠), 례(醴)、주(酒)、포(脯)、해승(醢升)。장부용(丈夫踴), 입(入)。여초설(如初設), 부건(不巾)。착자출(錯者出), 립어호서(立於戶西), 서상(西上)。멸촉(滅燭), 출(出)。축합문(祝闔門), 선강자서계(先降自西階)。부인용(婦人踴)。전자유중남(奠者由重南), 동(東)。장부용(丈夫踴)。빈출(賓出), 부인용(婦人踴), 주인배송(主人拜送)。중주인출(眾主人出), 부인용(婦人踴)。출문(出門), 곡지(哭止)。개복위(皆複位)。합문(闔門)。주인졸배송빈(主人卒拜送賓), 읍중주인(揖眾主人), 내취차(乃就次)。

삭월(朔月), 전용특돈(奠用特豚)、어랍(魚臘), 진삼정여초(陳三鼎如初)。동방지찬역여지(東方之饌亦如之)。무변(無籩), 유서직(有黍稷)。용와돈(用瓦敦), 유개(有蓋), 당변위(當籩位)。주인배빈(主人拜賓), 여조석곡(如朝夕哭)。졸철(卒徹), 거정입(舉鼎入), 승(升), 개여초전지의(皆如初奠之儀)。졸비(卒朼), 석비어정(釋朼於鼎), 조행(俎行)。비자역출(朼者逆出), 전인철정(甸人徹鼎)。기서(其序), 례주(醴酒)、저해(菹醢)、서직(黍稷)、조(俎)。기설어실(其設於室)、두착(豆錯), 조착(俎錯), 랍특(臘特), 서직당변위(黍稷當籩位)。돈계회(敦啟會), 각제기남(卻諸其南)。예주위여초(醴酒位如初)。축여집두자건(祝與執豆者巾), 내출(乃出)。주인요절이용(主人要節而踴), 개여조석곡지의(皆如朝夕哭之儀)。월반부은전(月半不殷奠)。유천신(有薦新), 여삭전(如朔奠)。철삭전(徹朔奠), 선취례주(先取醴酒), 기여취선설자(其餘取先設者)。돈계회(敦啟會), 면족(面足)。서출(序出), 여입(如入)。기설어외(其設於外), 여어실(如於室)。

서댁(筮宅), 총인영지(冢人營之)。굴사우(掘四隅), 외기양(外其壤)。굴중(掘中), 남기양(南其壤)。기조곡(既朝哭), 주인개왕(主人皆往), 조남북면(兆南北面), 면질(免絰)。명서자재주인지우(命筮者在主人之右)。서자동면(筮者東面), 추상독(抽上韇), 겸집지(兼執之), 남면수명(南面受命)。명왈(命曰):「애자모(哀子某), 위기부모보서댁(爲其父某甫筮宅)。도자유댁(度茲幽宅), 조기무유후간(兆基無有後艱)?」서인허낙(筮人許諾), 부술명(不述命), 우환(右還), 북면(北面), 지중봉이서(指中封而筮)。괘자재좌(卦者在左)。졸서(卒筮), 집괘이시명서자(執卦以示命筮者)。명서자수시(命筮者受視), 반지(反之), 동면(東面)。려점(旅占)

占), 졸(卒), 진고어명서자여주인(進告於命筮者與主人) : 「점지왈종(占之曰從)。」주인질(主人絰), 곡(哭), 부용(不踊)。약부종(若不從), 서택여초의(筮擇如初儀)。귀(歸), 빈전북면곡(殯前北面哭), 부용(不踊)。

기정곽(既井槨), 주인서면배공(主人西面拜工), 좌환곽(左還槨), 반위(反位), 곡(哭), 부용(不踊)。부인곡어당(婦人哭於堂)。헌재어빈문외(獻材於殯門外), 서면북상(西面北上), 천(綪)。주인편시지(主人遍視之), 여곡곽(如哭槨)。헌소(獻素)、헌성역여지(獻成亦如之)。복일(卜日), 기조곡(既朝哭), 개복외위(皆復外位)。복인선전구어서숙상(卜人先奠龜於西塾上), 남수(南首), 유석(有席)。초돈치어초(楚焞置於燋), 재구동(在龜東)。족장리복(族長涖卜)급종인길복립어문서(及宗人吉服立於門西), 동면남상(東面南上)。점자삼인재기남(占者三人在其南), 북상(北上)。복인급집초(卜人及執燋)、석자재숙서(席者在塾西)。합동비(闔東扉), 주부립어기내(主婦立於其內)。석어얼서역외(席於闑西閾外)。종인고사구(宗人告事具)。주인북면(主人北面), 면질(免絰), 좌옹지(左擁之)。리복즉위어문동(涖卜即位於門東), 서면(西面)。복인포구초(卜人抱龜燋), 선전구(先奠龜), 서수(西首), 초재북(在北)。종인수복인구(宗人受卜人龜), 시고(示高)。리복수시(涖卜受視), 반지(反之)。종인환(宗人還), 소퇴(少退), 수명(受命)。명왈(命曰) : 「애자모(哀子某), 래일모(來日某), 복장기부모보(卜葬其父某甫)。고강(考降), 무유근회(無有近悔)?」허낙(許諾), 부술명(不述命);환즉석(還即席), 서면좌(西面坐);명구(命龜), 흥(興);수복인구(授卜人龜), 부동비(負東扉)。복인좌(卜人坐), 작구(作龜), 흥(興)。종인수구(宗人受龜), 시리복(示涖卜)。리복수시(涖卜受視), 반지(反之)。종인퇴(宗人退), 동면(東面)。내려점(乃旅占), 졸(卒), 부석구(不釋龜), 고어리복여주인(告於涖卜與主人) : 「점왈모일종(占曰某日從)。」수복인구(授卜人龜)。고어주부(告於主婦), 주부곡(主婦哭)。고어이작자(告於異爵者)。사인고어중빈(使人告於眾賓)。복인철구(卜人徹龜)。종인고사필(宗人告事畢)。주인질(主人絰), 입(入), 곡(哭), 여서댁(如筮宅)。빈출(賓出), 배송(拜送), 약부종(若不從), 복택여초의(卜擇如初儀)。

사상례(士喪禮)

사어적실(死於適室), 무용렴금(幠用斂衾)。

적실(適室), 정침지실야(正寢之室也)。질자제(疾者齊), 고어정침언(故於正寢焉)。질시처북용하(疾時處北墉下), 사이천지당유하(死而遷之當牖下), 유상임(有牀衽)。무(幠), 복야(覆也)。렴금(斂衾), 대렴소병용지금(大斂所並用之衾)。금(衾), 피야(被也)。소렴지금당진(小斂之衾當陳)。《상대기(喪大記)》왈(曰) : 「시사(始死), 천시우상(遷尸于牀), 무용렴금(幠用斂衾), 거사의(去死衣)。」

◆소(疏)

○석왈(釋曰) : 자차진(自此盡)「유당(帷堂)」, 론시사초혼(論始死招魂)、철족(綴足)、설전(設奠)、유당지사(帷堂之事)。운(云)「적실(適室), 정침지실야(正寢之室也)」자(者), 약대천자제후위지로침(若對天子諸侯謂之路寢), 경대부사위지적실(卿大夫士謂之適室), 역위지적침(亦謂之適寢), 고하기운(故下記云)「사처적침(士處適寢)」, 총이언지(總而言之), 개위지정침(皆謂之正寢)。시이장삼십이년추팔월(是以莊三十二年秋八月), 공훙우로침(公薨于路寢), 《공양전(公羊傳)》운(云) : 「노침자하(路寢者何),정침야(正寢也)。」《곡량전(穀梁傳)》역운(亦云) : 「로침(路寢), 정침야(正寢也)。」언정침자(言正寢者), 대연침여측실비정(對燕寢與側室非正)。안(案)《상대기(喪大記)》운(云) : 「군부인졸어로침(君夫人卒於路寢), 대부세부졸어적침(大夫世婦卒於適寢), 내자미명(內子未命), 칙사우하실(則死于下室), 천시우침(遷尸于寢), 사지처개사우침(士之妻皆死于寢)。」정주운(鄭注云) : 「언사자필개어정처야(言死者必皆於正處也)。」이차언지(以此言之), 처개여부동처(妻皆與夫同處)。약연(若然), 천자붕역어로침(天子崩亦於路寢), 시이(是以)《고명(顧命)》성왕붕(成王崩), 연강왕어익실(延康王於翼室)。익실(翼室), 칙로침야(則路寢也)。약비정침(若非正寢), 즉실기소(則失其所)。시이희삼십삼년동십이월(是以僖三十三年冬十二月), 「공훙어소침(公薨於小寢)」, 《좌씨전(左氏傳)》운(云) :

「즉안야(即安也)。」시기부득기정(是譏不得其正)。운(云)「질자제(疾者齊), 고어정침언(故於正寢焉)。질시처북용하(疾時處北墉下), 사이천지당유하(死而遷之當牖下), 유상임(有牀袵)」자(者), 차병취하기문(此並取下記文), 단문유상략(但文有詳略), 문차부여본동(文次不與本同)。운(云)「질자제(疾者齊), 고우정침언(故于正寢焉)」, 이기제수재적침(以其齊須在適寢), 시이고재정침(是以故在正寢)。정피주운(鄭彼注云):「정정성야(正情性也)。」임시와석(袵是臥席), 고피운(故彼云)「하완상점(下莞上簟), 설침(設枕)」언(焉)。운(云)「무(幠), 복야(覆也), 렴금(斂衾), 대렴소병용지금(大斂所並用之衾)」자(者), 경직운금(經直云衾), 부변대소(不辯大小)。정지비소렴금(鄭知非小斂衾), 시대렴금자(是大斂衾者), 정운소렴지금당진자(鄭云小斂之衾當陳者), 부용소렴금(不用小斂衾), 이기대렴미지(以其大斂未至), 고차복시(故且覆尸), 시이소렴흘(是以小斂訖), 대렴지금당진(大斂之衾當陳), 즉용이금복시(則用夷衾覆尸), 시기차야(是其次也)。차소복시(此所覆尸), 시습후장소렴(尸襲後將小斂), 내거지(乃去之), 시이하습흘(是以下襲訖), 역운(亦云)「무용금(幠用衾)」, 정주운(鄭注云):「시사시(始死時), 렴금(斂衾)。」필복지자(必覆之者), 위기형설(為其形褻)。언대렴소용지금자(言大斂所用之衾者), 안(案)《상대기(喪大記)》군대부사개소렴일금(君大夫士皆小斂一衾), 대렴이금(大斂二衾)。금시사(今始死), 용대렴일금이복시(用大斂一衾以覆尸), 급지대렴지시(及至大斂之時), 량금구용(兩衾俱用), 일금승천어하(一衾承荐於下), 일금이복시(一衾以覆尸), 고운대렴소병용지금(故云大斂所並用之衾)。인(引)《상대기(喪大記)》자(者), 욕견가렴금이복시(欲見加斂衾以覆尸), 이(以)「거사의(去死衣)」, 정피주운(鄭彼注云)「거사의(去死衣), 병시소가신의급복의야(病時所加新衣及復衣), 거지이사목욕(去之以俟沐浴)」시야(是也)。

복자일인(復者一人), 이작변복(以爵弁服), 잠상우의(簪裳于衣), 좌하지(左何之), 급령우대(扱領于帶)。

복자(復者), 유사초혼복백야(有司招魂復魄也)。천자즉하채(天子則夏采)、제복지속(祭僕之屬), 제후즉소신위지(諸侯則小臣為之)。작변복(爵弁服), 순의훈상야(純衣纁裳也), 예이관명복(禮以冠名服)。잠(簪), 련야(連也)。

◆소(疏)

주(注)「복자(復者)」지(至)「연야(連也)」。○석왈(釋曰):언(言)「복자일인(復者一人)」자(者), 제후지사일명여부명병개일인(諸侯之士一命與不命並皆一人)。안(案)《잡기(雜記)》운(云)「복서상(復西上)」자(者), 정주운(鄭注云):「북면이서상(北面而西上), 양장좌야(陽長左也)。복자다소(復者多少), 각여기명지수(各如其命之數)。」약연(若然), 안(案)《전명(典命)》제후경대부삼명(諸侯卿大夫三命)、재명(再命)、일명(一命);천자삼공팔명(天子三公八命), 기경륙명(其卿六命), 대부사명(大夫四命), 상사삼명(上士三命), 중사재명(中士再命), 하사일명(下士一命);상공구명(上公九命), 후백칠명(侯伯七命), 자남오명(子男五命), 개의명수(皆依命數), 구인이하(九人以下)。칙천자의십이위절(則天子宜十二為節), 당십유이인야(當十有二人也)。운(云)「복자(復者), 유사(有司)」자(者), 안(案)《상대기(喪大記)》복자소신(復者小臣), 칙사가부득동료위지(則士家不得同僚爲之), 즉유사부사지등야(則有司府史之等也)。부언소저의복자(不言所著衣服者), 안(案)《상대기(喪大記)》소신조복(小臣朝服), 하기역운(下記亦云)「복자조복(復者朝服)」, 즉존비개조복가지(則尊卑皆朝服可知)。필저조복자(必著朝服者), 정주(鄭注)《상대기(喪大記)》운(云):「조복이복(朝服而復), 소이사군지의야(所以事君之衣也)。」복자서기생기(復者庶其生氣), 복기부소(復既不蘇), 방시위사사이(方始為死事耳)。우위조복평생소복(愚謂朝服平生所服), 기정신식지(冀精神識之), 이래반(而來反), 의이기사사여사생(衣以其事死如事生), 고복자개조복야(故復者皆朝服也)。약연(若然), 천자붕(天子崩), 복자피변복야(復者皮弁服也)。운(云)「초혼복백야(招魂復魄也)」자(者), 출입지기위지혼(出入之氣謂之魂), 이목총명위지백(耳目聰明謂之魄), 사자혼신거(死者魂神去), 리어백(離於魄), 금욕초취혼래복귀우백(今欲招取魂來復歸于魄), 고운초혼복백야(故云招魂復魄也)。운(云)「천자즉하채(天子則夏采)、제복지속(祭僕之屬)」자(者), 안(案)《주례(周禮)·천관(天官)·하채직(夏采職)》운(云):「대상이면복복어대조(大喪以冕服復於大祖), 이승차건수복어사교(以乘車建綏復於四郊)。」정주운(鄭注云):「구지왕평생상소유사지처(求之王平生嘗所有事之處)。승차옥로어대묘(乘車玉路於大廟), 이면복부출궁야(以冕服不出宮也)。」우(又)《하궁(夏

宮)・제복직(祭僕職)》운(云): 「대상복어소묘(大喪復於小廟)。」정주운(鄭注云): 「소묘(小廟), 고조이하야(高祖以下也)。시조왈대묘(始祖曰大廟)。」우(又)《례복(隷僕)》운(云)「대상복어소침(大喪復於小寢)」, 정주운(鄭注云): 「소침(小寢), 고조이하묘지침야(高祖以下廟之寢也)。시조왈대침(始祖曰大寢)。」차부언례복(此不言隷僕), 이기례복여제복동복관지속중겸지(以其隷僕與祭僕同僕官之屬中兼之)。안(案)《단궁(檀弓)》: 「군복어소침(君復於小寢)、대침(大寢)、소조(小祖)、대조(大祖)、고문(庫門)、사교(四郊)。」정주운(鄭注云): 「존자구지비야(尊者求之備也), 역타일소상유사(亦他日所嘗有事)。」시제후복법(是諸侯復法)。언고문(言庫門), 거로작설(據魯作說), 약범평제후(若凡平諸侯), 즉고문(則皋門), 거외문이언(舉外門而言), 삼문구복(三門俱復)。즉천자오문급사교개복(則天子五門及四郊皆復)。부언자(不言者), 문부구(文不具)。경대부이하(卿大夫以下), 복자문이내묘급침이이(復自門以內廟及寢而已)。부인무외사(婦人無外事), 자왕후이하(自王后以下), 소복처역자문이내묘급침이이(所復處亦自門以內廟及寢而已)。운(云)「제후즉소신위지(諸侯則小臣爲之)」자(者), 《상대기(喪大記)》문야(文也)。운(云)「작변복(爵弁服), 순의훈상야(純衣纁裳也)」자(者), 안(案)《사관례(士冠禮)》운(云)「진복어방중서용하(陳服於房中西墉下), 동령북상(東領北上)。작변(爵弁), 복훈상(服纁裳), 순의(純衣)」시야(是也)。사용작변자(士用爵弁者), 안(案)《잡기(雜記)》운(云): 「사변이제어공(士弁而祭於公), 관이제어기(冠而祭於己)。」시사복작변(是士服爵弁), 조제어군현관(助祭於君玄冠), 자제어가묘(自祭於家廟), 사복용조제지복(士復用助祭之服)。즉제후이하개용조제지복가지(則諸侯以下皆用助祭之服可知)。고(故)《잡기(雜記)》운(云): 「복(復), 제후이포의면복(諸侯以褒衣冕服), 작변복(爵弁服)。」정주운(鄭注云): 「복(復), 초혼복백야(招魂復魄也)。면복자(冕服者), 상공오(上公五), 후백사(侯伯四), 자남삼(子男三)。포의역시명위제후(褒衣亦始命爲諸侯), 급조근견가사지의야(及朝覲見加賜之衣也)。포유진야(褒猶進也)。」칙곤면지류(則袞冕之類)。약연(若然), 면복자유륙(冕服者有六), 제대구(除大裘), 유곤면(有袞冕)、별면(鷩冕)、취면(毳冕)、치면(絺冕)、현면(玄冕), 상공곤면이하(上公袞冕而下), 후백별면이하(侯伯鷩冕而下), 자남취면이하(子男毳冕而下), 개작변(皆爵弁)。약연(若然), 고자치면이하(孤自絺冕而下), 경대부현면(卿大夫玄冕), 작변(爵弁), 사작변이이(士爵弁而已)。천자고경대부사(天子孤卿大夫士), 기의역여지동(其衣亦與之同)。삼공집벽(三公執璧), 여자남동(與子男同), 기복역동(其服亦同)。약연(若然), 대구시제천지지복(大裘是祭天地之服), 우여사교건수(又與四郊建綏), 이복부용대구(而復不用大裘), 이면즉문급묘침등용곤면이하(而冕則門及廟寢等用袞冕以下), 여상공동(與上公同)。단복자의명수(但復者依命數), 의복부족복(衣服不足覆), 취상복중용지(取上服重用之), 이충기수(以充其數)。왕후이하(王后以下), 안(案)《잡기(雜記)》운복의(云復衣)「부인세의유적(夫人稅衣揄狄)」, 정국의(鄭鞠衣)、전의(展衣)、단의지유적(褖衣至揄狄), 시후백부인(是侯伯夫人)。안(案)《주례(周禮)・내사복(內司服)》장왕후륙복(掌王后六服), 위의(褘衣)、유적(揄狄)、궐적(闕狄)、국의(鞠衣)、전의(展衣)、단의(褖衣)。왕후급상공부인(王后及上公夫人), 이왕후급로지부인(二王后及魯之夫人), 개용위의하지단의(皆用褘衣下至褖衣)。후백부인여왕지삼부인(侯伯夫人與王之三夫人), 동유적이하지단의(同揄翟以下至褖衣)。자남부인여삼공부인(子男夫人與三公夫人), 자궐적이하지단의(自闕狄以下至褖衣)。고지처여구빈(孤之妻與九嬪), 국의(鞠衣)、전의(展衣)、단의(褖衣)。경대부처여왕지세부(卿大夫妻與王之世婦), 전의(展衣)、단의(褖衣)。사처여녀어(士妻與女御), 단의이이(褖衣而已)。운(云)「예이관명복(禮以冠名服)」자(者), 안(案)《사관례(士冠禮)》피변(皮弁)、작변(爵弁), 병렬어계하집지(並列於階下執之), 이공진복어방(而空陳服於房), 운(云)「피변복(皮弁服)」、「작변복(爵弁服)」, 시이관명복(是以冠名服)。정언차자(鄭言此者), 욕견복시유용치의훈상(欲見復時唯用緇衣纁裳), 부용작변(不用爵弁)。이경언작변복(而經言爵弁服), 시례이관명복야(是禮以冠名服也)。운(云)「잠(簪), 련야(連也)」자(者), 약범상(若凡常), 의복(衣服)、의상각별(衣裳各別), 금차초혼(今此招魂), 취기편(取其便), 고련상어의(故連裳於衣)。

승자전동영(升自前東榮), 중옥(中屋), 북면초이의(北面招以衣), 왈(曰): 「고모복(皋某復)」삼(三)。강의우전(降衣于前)。

북면초(北面招), 구제유지의야(求諸幽之義也)。고(皋), 장성야(長聲也)。모(某), 사자지명야(死者之名也)。복(復), 반야(反也)。강의(降衣), 하지야(下之也)。《상대기(喪大記)》왈(曰): 「범복(凡復), 남자칭명(男子稱名), 부인칭자(婦人稱字)。」

◆소(疏)

주(注)「북면(北面)」지(至)「칭자(稱字)」。○석왈(釋曰)：안(案)《상대기(喪大記)》：「복유림록(復有林麓), 칙우인설계(則虞人設階)；무림록(無林麓), 즉적인설계(則狄人設階)。」정운(鄭云)：「계(階), 소승이외옥자(所乘以外屋者)。우인(虞人), 주림록지관야(主林麓之官也)。적인(狄人), 악리지천자(樂吏之賤者)。계(階), 제야(梯也), 순거지류(簨虡之類)。」유림록(有林麓), 위군여부인유국유채지자(謂君與夫人有國有采地者), 무림록(無林麓), 위대부사무채지자(謂大夫士無采地者)。즉차승옥지시(則此升屋之時), 사적인설제(使狄人設梯)。복성필삼자(復聲必三者), 예성어삼(禮成於三)。「북면초구제유지의야(北面招求諸幽之義也)」자(者),《예기(禮記)·단궁(檀弓)》문(文)。이기사자필귀유암지방(以其死者必歸幽暗之方), 고북면초지(故北面招之), 구제유지의(求諸幽之義)。인(引)《상대기(喪大記)》자(者), 증경복시소호명자(證經復時所呼名字), 운(云)「남자칭명(男子稱名)」자(者), 거대부이하(據大夫以下)。약천자붕(若天子崩), 칙운(則云)「고천자복(皐天子復)」, 약제후훙(若諸侯薨), 칙칭(則稱)「고모보복(皐某甫復)」, 약부인칭자(若婦人稱字), 즉존비동(則尊卑同)。차경함유남자(此經含有男子)、부인지상(婦人之喪), 고언남자칭명(故言男子稱名), 부인칭자(婦人稱字)。안(案)《상복소기(喪服小記)》운(云)：「남자칭명(男子稱名), 부인서성여백중(婦人書姓與伯仲)。」시야(是也)。

수용비(受用篚), 승자조계(升自阼階), 이의시(以衣尸)。

수자(受者), 수지어정야(受之於庭也)。복자(復者), 기일인초(其一人招), 칙수의역일인야(則受衣亦一人也)。인군칙사복수지(人君則司服受之), 의시자복지(衣尸者覆之), 약득혼반지(若得魂反之)。

◆소(疏)

주(注)「수자(受者)」지(至)「반지(反之)」。○석왈(釋曰)：정(鄭)「지수지어정(知受之於庭)」자(者), 이기강의첨전(以其降衣檐前), 수이승자조계(受而升自阼階), 명지수지어당하(明知受之於堂下), 재정가지(在庭可知)。운(云)「복자기일인초(復者其一人招), 즉수의역일인야(則受衣亦一人也)」자(者), 이기복유일령(以其服唯一領), 명지각일인야(明知各一人也), 자재명이상(自再命以上), 수자역각의명수(受者亦各依命數)。운(云)「인군즉사복수지(人君則司服受之)」자(者), 안(案)《상대기(喪大記)》운(云)：「북면삼호(北面三號), 권의투우전(卷衣投于前), 사복수지(司服受之)。」이기대부사무사복지관(以其大夫士無司服之官), 명거군야(明據君也)。운(云)「의시자복지(衣尸者覆之), 약득혼반지(若得魂反之)」자(者), 차복의욕이거지(此服衣浴而去之), 부용습렴(不用襲斂), 고(故)《상대기(喪大記)》운(云)：「시사(始死), 천시우상(遷尸于牀), 무용렴금(幠用斂衾), 거사의(去死衣)。」정주운(鄭注云)：「사의(死衣), 병시소가신의급복의야(病時所加新衣及復衣也)。」피우운(彼又云)：「복의부이의시(復衣不以衣尸), 부이렴(不以斂)。」정주운(鄭注云)：「부이의시(不以衣尸), 위부이습야(謂不以襲也)。」렴위소렴(斂謂小斂)、대렴(大斂), 이운(而云)「복지(覆之)」, 직취혼백반이이(直取魂魄反而已)。

복자강자후서영(復者降自後西榮)。

부유전강(不由前降), 부이허반야(不以虛反也)。강인철서북비(降因徹西北扉), 약운차실흉부가거연야(若云此室凶不可居然也)。자시행사사(自是行死事)。

◆소(疏)

주(注)「부유(不由)」지(至)「사사(死事)」。○석왈(釋曰)：운(云)「부유전강(不由前降), 부이허반야(不以虛反也)」자(者), 범복자(凡復者), 연효자지심(緣孝子之心), 망득혼기복반(望得魂氣復反), 복이부소(復而不蘇), 즉시허반(則是虛反)。금강자후(今降自後), 시부욕허반야(是不欲虛反也)。운(云)「강인철서북비(降因徹西北扉)」자(者), 안차문급(案此文及)《상대기(喪大記)》개언강자서북영(皆言降自西北榮), 개부언철비(皆不言徹扉), 정운철비자(鄭云徹扉者), 안(案)《상대기(喪大記)》장목(將沐), 「전인위역우서장하(甸人為垼于西牆下), 도인출중격(陶人出重鬲)。관인수목(管人受沐), 내자지(乃煮之)。전인취소철묘지서북비신(甸人取所徹廟之西北扉薪)」, 용찬지제문경부견철비신지문(用爨之諸文更不見徹扉薪之文), 고지복자강시철지(故知復者降時徹之), 고정운강인철서북비야(故鄭云降因徹西北扉也)。서북명위비자(西北名為扉者)

扉者), 안(案)《특생(特牲)》시속지후(尸謖之後), 개찬어서북우(改饌於西北隅), 이위양염(以爲陽厭), 이운(而云)「비용연(扉用筵)」, 정운(鄭云) : 「비(扉), 은야(隱也)。」고이서북우위비야(故以西北隅爲扉也)。필철훼지자(必徹毀之者), 정운(鄭云)「약운차실흉부가거연야(若云此室凶不可居然也), 자시행사사(自是行死事)」자(者), 복이부소(復而不蘇), 하문설치(下文楔齒)、철족지등(綴足之等), 개시행사사야(皆是行死事也)。

설치용각사(楔齒用角柶),

위장함(爲將含), 공기구폐급야(恐其口閉急也)。

◆소(疏)

주(注)「위장(爲將)」지(至)「급야(急也)」。○석왈(釋曰) : 안기운(案記云) : 「설모여액상량말(楔貌如軏上兩末)。」정운(鄭云) : 「사편야(事便也)。」차각사기형여급례각사제별(此角柶其形與扱醴角柶制別), 고굴지여액(故屈之如軏), 중앙입구(中央入口), 양말향상(兩末向上), 취사편야(取事便也)。이기량말향상(以其兩末向上), 출입역고야(出入易故也)。

철족용연궤(綴足用燕几)。

철유구야(綴猶拘也)。위장구야(爲將屨), 공기피려야(恐其辟戾也)。금문철위대(今文綴爲對)。

◆소(疏)

주(注)「철유(綴猶)」지(至)「위대(爲對)」。○석왈(釋曰) : 안기운(案記云) : 「철족용연궤(綴足用燕几), 교재남(校在南), 어자좌지지(御者坐持之)。」정주운(鄭注云) : 「교(校), 경야(脛也)。시남수(尸南首), 궤경재남(几脛在南), 이구족즉부득피려의(以拘足則不得辟戾矣)。」이차언지(以此言之), 궤지량두개유량족(几之兩頭皆有兩足), 금수와지일두(今豎臥之一頭), 이협량족(以夾兩足), 공궤경도(恐几傾倒), 고사어자좌지지(故使御者坐持之)。안(案)《상대기(喪大記)》 : 「소신설치용각사(小臣楔齒用角柶), 철족용연궤(綴足用燕几)。군(君)、대부(大夫)、사일야(士一也)。」우안(又案)《주례(周禮)・천관(天官)・옥부(玉府)》 : 「대상공함옥(大喪共含玉), 복의상(復衣裳), 각침(角枕)、각사(角柶)。」칙자천자이하지어사(則自天子以下至於士), 기례동(其禮同)。언연궤자(言燕几者), 연(燕), 안야(安也)。당재연침지내(當在燕寢之內), 상풍지이안체야(常馮之以安體也)。

전포해(奠脯醢)、예주(醴酒), 승자조계(升自阼階), 전우시동(奠于尸東)。

귀신무상(鬼神無象), 설전이풍의지(設奠以馮依之)。

◆소(疏)

주(注)「귀신(鬼神)」지(至)「의지(依之)」。○석왈(釋曰) : 안(案)《단궁(檀弓)》증자운(曾子云) : 「시사지전(始死之奠), 기여각야여(其餘閣也與)?」정주운(鄭注云)「부용개신(不容改新)」야(也), 즉차전시각지여식위지(則此奠是閣之餘食爲之)。안하소렴일두일변(案下小斂一豆一籩), 대렴량두량변(大斂兩豆兩籩)。차시사(此始死), 구언역무과일두일변이이(俱言亦無過一豆一籩而已)。하기운(下記云) : 「약례약주(若醴若酒)。」정주운(鄭注云) : 「혹졸무례(或卒無醴), 용신주(用新酒)。」차례주수구언(此醴酒雖俱言), 역과용기일(亦科用其一), 부병용(不並用), 이기소렴주례구유(以其小斂酒醴具有), 차칙미구(此則未具), 시기차(是其差)。

유당(帷堂)。

사소흘야(事小訖也)。

◆소(疏)

주(注)「사소흘야(事小訖也)」。○석왈(釋曰) : 운(云)「사소흘야(事小訖也)」자(者), 이기미습(以其未襲), 렴필유지자(斂必帷之者), 귀신상유암고야(鬼神尚幽闇故也)。

내부우군(乃赴于君)。주인서계동(主人西階東), 남면명부자(南面命赴者), 배송(拜送)。

부(赴), 고야(告也)。신(臣), 군지고굉이목(君之股肱耳目), 사당유은(死當有恩)。

◆소(疏)

주(注)「부고(赴告)」지(至)「유은(有恩)」。○석왈(釋曰) : 차급하경(此及下經), 론사인고군지사(論使人告君之事)。운(云)「신(臣), 군지고굉이목(君之股肱耳目)」자(者), 안(案)《우서(虞書)》운(云) : 「제왈(帝曰) : 신작짐고굉이목(臣作朕股肱耳目)。」주운(注云) : 「대체약신(大體若身)。」운사당유은(云死當有恩), 시이하유조급증수지사야(是以下有弔及贈襚之事也)。안(案)《단궁(檀弓)》운(云) : 「부형명부자(父兄命赴者)。」정주운(鄭注云) : 「위대부이상야(謂大夫以上也), 사주인친명지(士主人親命之)。」시존비례이야(是尊卑禮異也)。

유빈(有賓), 즉배지(則拜之)。

빈(賓), 료우군사야(僚友群士也)。기위유조석곡의(其位猶朝夕哭矣)。

◆소(疏)

주(注)「빈료(賓僚)」지(至)「곡의(哭矣)」。○석왈(釋曰) : 차위인명부자(此謂因命赴者), 유빈칙배지(有賓則拜之)。약부인명부자(若不因命赴者), 칙부출(則不出), 시이하운(是以下云)「유군명출(唯君命出)」, 정운(鄭云)「시상지일(始喪之日), 애척심(哀戚甚), 재실고부출(在室故不出)」시야(是也)。운(云)「빈(賓), 료우군사야(僚友群士也)」자(者), 동관위료(同官為僚), 동지위우(同志爲友), 군사즉료우야(群士即僚友也)。이기시사(以其始死), 유부군(唯赴君), 차료우미몽부급즉래(此僚友未蒙赴及即來), 시선지질중(是先知疾重), 고미부즉래(故未赴即來), 명시료우지사(明是僚友之士), 비대부급소원자(非大夫及疏遠者)。약유대부(若有大夫), 즉경변지이칭대부(則經辨之而稱大夫), 시이하문인군수(是以下文因君襚), 즉운(即云)「유대부칙특배지(有大夫則特拜之)」시야(是也)。운(云)「기위유조석곡의(其位猶朝夕哭矣)」자(者), 위빈조위유여빈조석곡위(謂賓弔位猶如賓朝夕哭位), 기주인지위칙이어조석(其主人之位則異於朝夕), 이재서계동(而在西階東), 남면배지(南面拜之), 배흘(拜訖), 서계하동면(西階下東面), 하경소운(下經所云)「배대부지위(拜大夫之位)」시야(是也)。

입(入), 좌우상동(坐于牀東), 중주인재기후(衆主人在其後), 서면(西面)。부인협상(婦人俠牀), 동면(東面)。

중주인(衆主人), 서곤제야(庶昆弟也)。부인(婦人), 위처첩자성야(謂妻妾子姓也), 역적처재전(亦適妻在前)。

◆소(疏)

주(注)「중주(衆主)」지(至)「재전(在前)」。○석왈(釋曰) : 자차진(自此盡)「북면(北面)」, 론주인이하곡위지사(論主人以下哭位之事)。운(云)「입좌(入坐)」자(者), 위상문주인배빈흘(謂上文主人拜賓訖), 입좌우상동(入坐于牀東), 시기중주인직언재기후(是其衆主人直言在其後), 부언좌(不言坐), 칙립가지(則立可知)。부인수부언좌(婦人雖不言坐), 안(案)《상대기(喪大記)》부인개좌(婦人皆坐), 무립법(無立法)。언(言)「협상(俠牀)」자(者), 남자상동(男子牀東), 부인상서(婦人牀西), 이근이언야(以近而言也)。안(案)《상대기(喪大記)》 : 「사지상(士之喪), 주인(主人)、부(父)、형(兄)、자성개좌우동방(子姓皆坐于東方), 주부(主婦)、고(姑)、자매(姊妹)、자성개좌우서방(子姓皆坐于西方)。」차의공착(此義恐錯), 차경유부명사(此經有不命士), 《상대기(喪大記)》무부명사(無不命士), 우여(又與)《대기(大記)》문부동(文不同), 석역부합(釋亦不合)。「자성개좌우서방(子姓皆坐于西方)」, 주운(注云) : 「사천(士賤), 동종존비개좌(同宗尊卑皆坐)。」차제주인지외부좌자(此除主人之外不坐者), 차거명사(此據命士), 피거부명지사(彼據不命之士)。지자(知者), 안(案)《상대기(喪大記)》운(云) : 「대부지상(大夫之喪), 주인좌우동방(主人坐于東方), 주부좌우서방(主婦坐于西方), 기유명부(其有命夫)、명부칙좌(命婦則坐), 무즉개립(無則皆立)。」시대부상(是大夫喪), 존자좌(尊者坐), 비자립(卑者立), 시지차비주인개립(是知此非主人皆立), 거명사(據命士);《대기(大記)》운존비개좌(云尊卑皆坐), 거부명지사(據不命之士)。운(云)「부인위처첩자성(婦人謂妻妾子姓)」자(者), 하운(下云)「친자재실(親者在室)」, 기중유고자(其中有姑姊), 고차주직언처첩자성야(故此注直言妻妾子姓也)。《상대기(喪大記)》겸언고자매자(兼言姑姊妹者), 피무별문(彼無別文), 견친자재실(見親者在室), 고주총언지야(故注總言之也)。언(言)「역적처재전(亦適妻在前)」자(者), 역주인재중주인전야(亦主人在眾主人前也)。

친자재실(親者在室)。

위대공이상부형고자매자성재차자(謂大功以上父兄姑姊妹子姓在此者)。

◆소(疏)

주(注)「위대(謂大)」지(至)「차자(此者)」。○석왈(釋曰)：지친자위대공이상자(知親者謂大功以上者)，이대공이상유동재지의(以大功以上有同財之義)，상친닐지리(相親昵之理)，하유중부인호외(下有衆婦人戶外)，거소공이하소자(據小功以下疏者)，고지차위대공이상야(故知此為大功以上也)。운(云)「부형고자매(父兄姑姊妹)」재차자(在此者)，상주거사자처첩자성야(上注據死者妻妾子姓也)，차주거주인지형제고자매자성이언(此注據主人之兄弟姑姊妹子姓而言)。약연(若然)，부위제부(父謂諸父)，형위제형(兄謂諸兄)、종부곤제(從父昆弟)，고위주인지고(姑謂主人之姑)，자매위종부자매(姊妹謂從父姊妹)，자성위주인지손(子姓謂主人之孫)，어사자위증손(於死者謂曾孫)、현손(玄孫)。증손위증조(曾孫為曾祖)、고조제쇠삼월(高祖齊衰三月)，당재대공친지내(當在大功親之內)，고운(故云)「자성(子姓)」재차자(在此者)。

중부인호외북면(衆婦人戶外北面)，중형제당하북면(衆兄弟堂下北面)。

중부인(衆婦人)、중형제(衆兄弟)，소공이하(小功以下)。

◆소(疏)

주(注)「중부인(衆婦人)」지(至)「이하(以下)」。○석왈(釋曰)：안(案)《상복기(喪服記)》운(云)：「형제개재타방가일등(兄弟皆在他邦加一等)。」전왈(傳曰)：「소공이하위형제(小功以下為兄弟)。」현위어차법형제전자(玄謂於此法兄弟傳者)，혐대공이상우가야(嫌大功以上又加也)。대공이상(大功以上)，약개재타국(若皆在他國)，칙친자친의(則親自親矣)，시대공이상위친자(是大功以上爲親者)，칙상문시야(則上文是也)。시이지차부인재호외(是以知此婦人在戶外)，시소공이하가지(是小功以下可知)。약연(若然)，동시소공이하(同是小功以下)，이남자재당하자(而男子在堂下者)，이기부인유사자당급방(以其婦人有事自堂及房)，부합재하(不合在下)，고남자재당하(故男子在堂下)，부인호외당상이(婦人戶外堂上耳)。

군사인조(君使人弔)。철유(徹帷)。주인영우침문외(主人迎于寢門外)，견빈부곡(見賓不哭)，선입(先入)，문우북면(門右北面)。

사인(使人)，사야(士也)。예사인필이기작(禮使人必以其爵)。사자지(使者至)，사인입장명(使人入將命)，내출영지(乃出迎之)。침문(寢門)，내문야(內門也)。철유(徹帷)，갑지(屖之)，사필칙하지(事畢則下之)。함

◆소(疏)

주(注)「사인사(使人士)」지(至)「하지(下之)」。○석왈(釋曰)：자차진(自此盡)「부사입(不辭入)」，론군사인조수지사(論君使人弔襚之事)。정지례사인필이기작자(鄭知禮使人必以其爵者)，안(案)《빙례(聘禮)》사인귀옹희급치례개각이기작(使人歸饔餼及致禮皆各以其爵)，차군사인조조사(此君使人弔朝士)，명역이기작(明亦以其爵)，사사가지(使士可知)，차(此)《의례(儀禮)》견제후조법(見諸侯弔法)。약천자칙부이기작(若天子則不以其爵)，각이기관(各以其官)，시이(是以)《주례(周禮)·대복직(大僕職)》운(云)：「장삼공고경지조로(掌三公孤卿之弔勞)。」정운(鄭云)：「왕사왕(王使往)。」우(又)《소신직(小臣職)》운(云)：「장사대부지조로(掌士大夫之弔勞)。」우(又)《어복직(御僕職)》장군사지조로(掌群使之弔勞)。우안(又案)《재부직(宰夫職)》운(云)：「범방지조사(凡邦之弔事)，장기계령여폐기(掌其戒令與幣器)。」주(注)：「조사(弔事)，조제후(弔諸侯)。」시기개이관부이작야(是其皆以官不以爵也)。운(云)「사자지(使者至)，사인입장명(使人入將命)，내출영지(乃出迎之)」자(者)，장명(將命)，위전빈주인지언빈자야(謂傳賓主人之言擯者也)。안하소렴후운(案下小斂後云)：「유수자(有襚者)，칙장명빈자출청입고(則將命擯者出請入告)。」주운(注云)：「《상례(喪禮)》략어위의(略於威儀)，기소렴빈자내용사(既小斂擯者乃用辭)。」약연(若然)，즉차수유빈자(則此雖有擯者)，미용사(未用辭)，고차하경부운주인출영(故此下經不云主人出迎)。경부운빈자(經不云擯者)，정탐기의(鄭探其意)，사자(使者)，사인입장명소사지인(使人入將命所使之人)。입장명(入將命)，즉포주인빈자야(即

包主人擯者也)。운(云)「침문(寢門), 내문야(內門也)」자(者), 이기대부사유유량문(以其大夫士唯有兩門), 유침문자(有寢門者)、외문자(外門者)。이기하운(以其下云)「주인배송우외문외(主人拜送于外門外)」, 고지차침문(故知此寢門), 내문야(內門也)。운(云)「철유(徹帷), 갑지(扆之)」자(者), 위건유이상(謂褰帷而上), 비위전철거(非謂全徹去)。지사(知事)「필칙하지(畢則下之)」자(者), 안하(案下)「군사인수(君使人襚), 철유(徹帷)」, 명차사필(明此事畢), 하지가지(下之可知)。

조자입(弔者入), 승자서계(升自西階), 동면(東面)。주인진중정(主人進中庭), 조자치명(弔者致命)。

주인부승(主人不升), 천야(賤也)。치명왈(致命曰):「군문자지상(君聞子之喪), 사모여하부숙(使某如何不淑)。」

◆소(疏)

주(注)「주인(主人)」지(至)「부숙(不淑)」。○석왈(釋曰):상운주인영우침문외(上云主人迎于寢門外), 차운조자입(此云弔者入), 위입침문(謂入寢門), 이기사재적침(以其死在適寢)。운(云)「주인부승(主人不升), 천야(賤也)」자(者), 대대부지상(對大夫之喪), 기자득승당수명(其子得升堂受命)。지자(知者), 안(案)《상대기(喪大記)》:「대부어군명(大夫於君命), 영우침문외(迎于寢門外), 사자승당치명(使者升堂致命), 주인배우하(主人拜于下)。」언배우하(言拜于下), 명수명지시득승당(明受命之時得升堂), 필지대부지자득승당수명자(必知大夫之子得升堂受命者)。안(案)《상대기(喪大記)》운(云):「대부지상(大夫之喪), 장대렴(將大斂), 군지(君至), 주인영(主人迎), 선입문우(先入門右), 군즉위우서단(君即位于序端), 주인방외남면(主人房外南面), 졸렴(卒斂), 재고(宰告), 주인강(主人降), 북면어당하(北面於堂下), 군무지(君撫之), 주인배계상(主人拜稽顙)。」정주운(鄭注云):「대부지자존(大夫之子尊), 득승(得升), 시렴(視斂)。」하문우운(下文又云):「사지상(士之喪), 장대렴(將大斂), 군부재(君不在), 기여례유대부야(其餘禮猶大夫也)。」이군상시사빈(以君常視士殯), 고언군부재(故言君不在)。약유은사(若有恩賜), 군시대렴즉부득여대부(君視大斂則不得如大夫)。언군부재자(言君不在者), 위사지자부승당(謂士之子不升堂), 재군측(在君側)。이차언지(以此言之), 사수군명(士受君命), 부득승당(不得升堂), 이기천(以其賤)。명대부지자득승(明大夫之子得升), 수명내강배가지(受命乃降拜可知)。시이(是以)《대대례(大戴禮)》운(云):「대부어군명승청명강배(大夫於君命升聽命降拜)」시야(是也)。운(云)「치명왈(致命曰)」이하(以下), 정지유차사자(鄭知有此辭者), 안(案)《잡기(雜記)》제후사인조린국지군상(諸侯使人弔鄰國之君喪), 이운조자입(而云弔者入), 승자서계동면(升自西階東面), 치명왈(致命曰):「과군문군지상(寡君聞君之喪), 과군사모(寡君使某), 여하부숙(如何不淑)。」피거린국지군(彼據鄰國之君), 고칭과(故稱寡);차사사조기국지사(此使士弔己國之士), 고직운군(故直云君), 부언과야(不言寡也)。

주인곡(主人哭), 배계상(拜稽顙), 성용(成踊)。

계상(稽顙), 두촉지(頭觸地)。성용(成踊), 삼자삼(三者三)。

◆소(疏)

주(注)「계상(稽顙)」지(至)「자삼(者三)」。○석왈(釋曰):운(云)「계상두촉지(稽顙頭觸地)」자(者), 안(案)《예기(禮記)·단궁(檀弓)》왈(曰):「계상이후배(稽顙而後拜), 기호기치야(頎乎其致也)。」위계수지배(爲稽首之拜), 단촉지무용즉명계상(但觸地無容即名稽顙)。운(云)「성용삼자삼(成踊三者三)」, 안(案)《증자문(曾子問)》, 군훙(君薨), 세자생(世子生), 삼일고빈운(三日告殯云):「중주인경대부사(眾主人卿大夫士), 곡용삼자삼(哭踊三者三)。」범구용야(凡九踊也)。

빈출(賓出), 주인배송우외문외(主人拜送于外門外)。

군사인수(君使人襚)。철유(徹帷)。주인여초(主人如初)。수자좌집령(襚者左執領), 우집요(右執要), 입(入), 승(升), 치명(致命)。

수지언유야(襚之言遺也)。의피왈수(衣被曰襚)。치명왈(致命曰):「군사모수(君使某襚)。」

◆소(疏)

○석왈(釋曰)：운(云)「주인여초(主人如初)」자(者), 여상조시영우침문외이하지사야(如上弔時迎于寢門外以下之事也)。운(云)「수지언유야(襚之言遺也)」자(者), 위군유명(謂君有命), 이의복유여주인(以衣服遺與主人)。운(云)「의피왈수(衣被曰襚)」자(者), 안(案)《좌전(左傳)》은원년(隱元年)：「추칠월(秋七月), 천왕사재훤래귀혜공중자지봉(天王使宰咺來歸惠公仲子之賵)。」《곡량전(穀梁傳)》왈(曰)「승마왈봉(乘馬曰賵), 의금왈수(衣衾曰襚), 패옥왈함(貝玉曰含), 전재왈부(錢財曰賻)」시야(是也)。운(云)「치명왈군사모수(致命曰君使某襚)」자(者), 역약(亦約)《잡기(雜記)》문(文)。차군수수재습전(此君襚雖在襲前), 주인습여소렴구부득용군수(主人襲與小斂俱不得用君襚), 대렴내용지(大斂乃用之)。지자(知者), 안(案)《상대기(喪大記)》운(云)：「군무수(君無襚), 대부사필주인지제복(大夫士畢主人之祭服), 친척지의수지부이즉진(親戚之衣受之不以即陳)。」주운(注云)「무수자(無襚者), 부진부이렴(不陳不以斂)」위부용지위소렴(謂不用之爲小斂), 지대렴내용지(至大斂乃用之)。고하문대렴지절운(故下文大斂之節云)「군수부도(君襚不倒)」, 주운(注云)「지차내용군수(至此乃用君襚), 주인선자진(主人先自盡)」시야(是也)。

주인배여초(主人拜如初), 수자입(襚者入), 의시(衣尸), 출(出)。주인배송여초(主人拜送如初)。유군명(唯君命), 출(出), 승강자서계(升降自西階)。수배빈(遂拜賓), 유대부칙특배지(有大夫則特拜之)。즉위우서계하(即位于西階下), 동면(東面), 부용(不踊)。대부수부사(大夫雖不辭), 입야(入也)。

유군명출(唯君命出), 이명대부이하(以明大夫以下), 시래조수(時來弔襚), 부출야(不出也)。시상지일(始喪之日), 애척심(哀戚甚), 재실(在室), 고부출배빈야(故不出拜賓也)。대부즉특배(大夫則特拜), 별어사려배야(別於士旅拜也)。즉위서계하(即位西階下), 미인재주인위야(未忍在主人位也)。부용(不踊), 단곡배이이(但哭拜而已)。부사이주인승입(不辭而主人升入), 명본부위빈출(明本不爲賓出), 부성례야(不成禮也)。

◆소(疏)

주(注)「유군(唯君)」지(至)「예야(禮也)」。○석왈(釋曰)：운(云)「주인배여초(主人拜如初)」자(者), 역여상주인진중정(亦如上主人進中庭), 곡배계상성용(哭拜稽顙成踊)。운(云)「수자입(襚者入), 의시출(衣尸出)」자(者), 안(案)《기석(既夕)》기(記)：「수자위의우상(襚者委衣于牀), 부좌(不坐)。」중수자위우상상부좌(眾襚者委于牀上不坐)。칙차수자좌집령(則此襚者左執領), 우집요(右執要), 이의시(以衣尸), 역부좌(亦不坐)。운(云)「유군명출(唯君命出)」자(者), 욕견고경대부사(欲見孤卿大夫士), 수유조수래개부출(雖有弔襚來皆不出), 고운유저이야(故云唯著異也)。운(云)「수배빈(遂拜賓)」자(者), 인사왈수(因事曰遂), 이인유군명(以因有君命), 고배빈(故拜賓), 약무군명(若無君命), 칙부출호(則不出戶)。운(云)「대부수부사(大夫雖不辭), 입야(入也)」자(者), 위주인소렴후(謂主人小斂後), 빈치사운(賓致辭云)「여하부숙(如何不淑)」, 내복위용(乃復位踊)。금이초사(今以初死), 대부수부사(大夫雖不辭), 주인승입실(主人升入室)。운(云)「이명대부이하(以明大夫以下), 시래조수(時來弔襚), 부출야(不出也)」자(者), 언유군명출(言唯君命出), 명대부이하(明大夫已下), 시래조수(時來弔襚), 부출가지(不出可知)。경운배대부자(經云拜大夫者), 이인군명(以因君命), 출견고야(出見故也)。운(云)「미인재주인위야(未忍在主人位也)」자(者), 지소렴후시취동계하(至小斂後始就東階下), 서남면주인위야(西南面主人位也)。운(云)「명본부위빈출(明本不爲賓出), 부성례야(不成禮也)」자(者), 총해부위지용(總解不爲之踊), 급수부사이입이사(及雖不辭而入二事)。

친자수(親者襚), 부장명(不將命), 이즉진(以即陳)。

대공이상(大功以上), 유동재지의야(有同財之義也)。부장명(不將命), 부사인장지치어주인야(不使人將之致於主人也)。즉진(即陳), 진재방중(陳在房中)。

◆소(疏)

주(注)「대공(大功)」지(至)「방중(房中)」。○석왈(釋曰)：자차진(自此盡)「적방(適房)」, 론대공형제급붕우조수지사(論大功兄弟及朋友弔襚之事)。운(云)「대공이상(大功以上)」, 위병이문자최(謂並異門齊衰), 고운이상(故云以上)。 운(云)「즉진(即陳), 진재방중(陳在房中)」자(者), 하운(下云)「여수이적방(如襚以適房)」, 고지차진진재방중야(故知此陳陳在房中也)。

서형제수(庶兄弟襚), 사인이장명우실(使人以將命于室), 주인배우위(主人拜于位), 위의우시동상상(委衣于尸東牀上)。

서형제(庶兄弟), 즉중형제야(即眾兄弟也)。 변중언서(變眾言庶), 용동성이(容同姓耳)。 장명왈(將命曰):「모사모수(某使某襚)。」배우위(拜于位), 실중위야(室中位也)。

◆소(疏)

주(注)「서형(庶兄)」지(至)「위야(位也)」。 ○석왈(釋曰): 지(知)「서형제즉중형제(庶兄弟即眾兄弟)」자(者), 견상문운(見上文云)「친자재실(親者在室)」, 우운(又云)「중형제당하북면(眾兄弟堂下北面)」, 주운(注云)「시소공이하(是小功以下)」。 우운(又云)「친자수(親者襚)」, 차운(此云)「서형제수(庶兄弟襚)」, 이문차이언(以文次而言), 고지서형제즉중형제야(故知庶兄弟即眾兄弟也)。 운(云)「변중언서(變眾言庶), 용동성이(容同姓耳)」자(者), 이동성절복자유수법(以同姓絕服者有襚法), 정필지변중언서(鄭必知變眾言庶), 즉용동성자(即容同姓者), 견(見)《상복(喪服)・부장마구장(不杖麻屨章)》사언중자(士言眾子), 대부언서자(大夫言庶子)。 정운(鄭云):「사위지중자미능원별야(士謂之眾子未能遠別也)。」시서자소원지칭(是庶者疏遠之稱), 고지언서용동성(故知言庶容同姓)。 운(云)「장명왈(將命曰), 모사모수(某使某襚)」자(者), 모위서형제명(某謂庶兄弟名), 사모수자명(使某襚者名), 단서형제시소공시마지친(但庶兄弟是小功緦麻之親), 재당하(在堂下), 사유사귀가취복(使有司歸家取服), 치명어주인(致命於主人), 약동성(若同姓), 용부재시래조수야(容不在始來弔襚也)。 운(云)「배우위(拜于位), 실중위야(室中位也)」자(者), 이기비군명부출(以其非君命不出), 고지배우실중위야(故知拜于室中位也)。

붕우수(朋友襚), 친이진(親以進), 주인배(主人拜), 위의여초(委衣如初)。 퇴(退), 곡(哭), 부용(不踊)。

친이진(親以進), 친지은야(親之恩也)。 퇴(退), 하당반빈위야(下堂反賓位也), 주인도곡부용(主人徒哭不踊), 별어군수야(別於君襚也)。

◆소(疏)

○석왈(釋曰): 운(云)「별어군수야(別於君襚也)」자(者), 상문군수지시(上文君襚之時), 주인곡배(主人哭拜), 계상성용(稽顙成踊), 차붕우수(此朋友襚), 주인도곡부용(主人徒哭不踊), 고운별어군수(故云別於君襚)。

철의자집의여수(徹衣者執衣如襚), 이적방(以適房)。

범어수자출(凡於襚者出), 유사철의(有司徹衣)。

◆소(疏)

주(注)「범어(凡於)」지(至)「철의(徹衣)」。 ○석왈(釋曰): 운(云)「집의여수(執衣如襚)」자(者), 상문군수지시(上文君襚之時), 수자좌집령우집요(襚者左執領右執要)。 차철의자(此徹衣者), 역좌집령(亦左執領), 우집요(右執要), 고운여수야(故云如襚也)。 운(云)「범어수자(凡於襚者), 출유사철의(出有司徹衣)」자(者), 안차철의지문(案此徹衣之文), 재제수자지하언지(在諸襚者之下言之), 고(故)《잡기(雜記)》제후사인조(諸侯使人弔), 함수봉흘(含襚賵訖), 내운(乃云)「재거이동(宰舉以東)」, 고운범어수자출유사철의(故云凡於襚者出有司徹衣)。

위명(爲銘), 각이기물(各以其物)。 망즉이치(亡則以緇), 장반폭(長半幅), 정말(經末), 장종폭(長終幅), 광삼촌(廣三寸)。 서명우말왈(書銘于末曰):「모씨모지구(某氏某之柩)。」

명(銘), 명정야(明旌也)。 잡백위물(雜帛爲物)。 대부지소건야(大夫之所建也), 이사자위부가별(以死者爲不可別), 고이기기식식지(故以其旗識識之), 애지사록지의(愛之斯錄之矣)。 망(亡), 무야(無也)。 무정(無旌), 부명지사야(不命之士也)。 반폭일척(半幅一尺), 종폭이척(終幅二尺)。

재관위구(在棺為柩)。 금문명개위명(今文銘皆為名), 말위패야(末為斾也)。

◆소(疏)

주(注)「명명(銘明)」지(至)「패야(斾也)」。 ○석왈(釋曰)：자차지(自此至)「서계상(西階上)」, 논서사자명정지사(論書死者銘旌之事)。 차(此)《사상례(士喪禮)》기공후백지사일명(記公侯伯之士一命), 역기자남지사부명(亦記子男之士不命), 고차명정총견지야(故此銘旌總見之也)。 운(云)「위명각이기물(為銘各以其物)」자(者), 안(案)《주례(周禮)·사상(司常)》대부사동건잡백위물(大夫士同建雜帛為物)。 금운각이기물(今云各以其物), 이부동자(而不同者), 잡백지물수동(雜帛之物雖同), 기정기지강(其旌旗之杠), 장단즉이(長短則異), 고(故)《예위(禮緯)》운(云)：천자지기구인(天子之旗九刃), 제후칠인(諸侯七刃), 대부오인(大夫五刃), 사삼인(士三刃)。 단사이척역인(但死以尺易刃), 고하운(故下云)「죽강장삼척(竹杠長三尺)」, 장단부동(長短不同), 고언각이별지(故言各以別之), 차거후백지사일명자야(此據侯伯之士一命者也)。 운(云)「명(銘), 명정야(明旌也)」자(者), 《단궁(檀弓)》문(文)。 잡백위물대부지소건야자(雜帛為物大夫之所建也者), 차(此)《사상(司常)》문야(文也)。 언(言)「잡백(雜帛)」자(者), 위기정지삼(為旗旌之縿), 이강백위지(以絳帛為之), 이백색지백비연지(以白色之帛裨緣之), 정피주운(鄭彼注云)：「대부사잡백(大夫士雜帛), 언이선왕정도좌직(言以先王正道佐職)」시야(是也)。 운(云)「이사자(以死者)」지(至)「록지의(錄之矣)」자(者), 《단궁(檀弓)》문(文)。 안피자(案彼自)「명명정(銘明旌)」지(至)「록지의(錄之矣)」, 인지자(引之者), 사흡진중여전(事恰盡重與奠), 자위하사지별(自為下事之別), 부득이(不得以)《주례(周禮)·소축(小祝)》지직(之職), 사자춘해오위중(社子春解熬為重), 정부종기의(鄭不從其義), 고이증파자춘(故以證破子春)。 우정주(又鄭注)《단궁(檀弓)》운위중여전(云謂重與奠), 차인증명정자(此引證銘旌者), 정군량해지(鄭君兩解之), 이피겸유중여전(以彼兼有重與奠), 역시록사자지의(亦是錄死者之義)。 차명정시록사자지명(此銘旌是錄死者之名), 고량주부동(故兩注不同)。 안(案)《주례(周禮)·소축(小祝)》운(云)「설오치명(設熬置銘)」, 두자춘인(杜子春引)「《단궁(檀弓)》왈(曰)：명(銘), 명정야(明旌也)。 이사자위부가별(以死者為不可別), 고이기기식지(故以其旗識之), 애지사록지의(愛之斯錄之矣)」。 자춘역위차해(子春亦為此解), 운(云)「무정부명지사야(無旌不命之士也)」자(者), 위자남지사야(謂子男之士也)。 운(云)「반폭일척(半幅一尺), 종폭이척(終幅二尺)」자(者), 경직운(經直云)「장반폭(長半幅)」, 부언광(不言廣), 즉역삼촌(則亦三寸)。 운(云)「정말(綎末), 장종폭(長終幅), 광삼촌(廣三寸)」, 즉광삼촌총결지(則廣三寸總結之), 단포폭이척이촌(但布幅二尺二寸), 금운이척자(今云二尺者), 정군계후여심의개제변폭일촌(鄭君計侯與深衣皆除邊幅一寸), 차역량변제이촌이언지(此亦兩邊除二寸而言之)。 범서명지법(凡書銘之法), 안(案)《상복소기(喪服小記)》운(云)：「복여서명(復與書銘), 자천자달어사(自天子達於士), 기사일야(其辭一也)。 남자칭명(男子稱名), 부인서성여백중(婦人書姓與伯仲)。」 정주운(鄭注云)：「차위은례야(此謂殷禮也)。 은질(殷質), 부중명(不重名), 복칙신득명군(復則臣得名君)。 주지례(周之禮), 천자붕(天子崩), 복왈(復曰)：고천자복(皐天子復)。 제후훙(諸侯薨), 복왈(復曰)：고모보복(皐某甫復)。 기여급서명칙동(其餘及書銘則同)。」 이차이언(以此而言), 제천자제후지외(除天子諸侯之外), 기복남자개칭성명(其復男子皆稱姓名), 시이차운모씨모지구(是以此云某氏某之柩)。 운(云)「재관위구(在棺為柩)」자(者), 하(下)《곡례(曲禮)》문(文)。 이기명정표구부표시(以其銘旌表柩不表尸), 고거구이언(故據柩而言)。

죽강장삼척(竹杠長三尺), 치어우서계상(置於宇西階上)。

강(杠), 명동야(銘橦也)。 우(宇), 려야(梠也)。

◆소(疏)

○석왈(釋曰)：차시조명흘(此始造銘訖), 차치어우하서계상(且置於宇下西階上), 대위중흘(待為重訖), 이차명치어중(以此銘置於重)。 우하문졸도(又下文卒涂), 시치어사(始置於杅)。 약연(若然), 차시미용권(此時未用權), 치어차급어중야(置於此及於重也)。 운(云)「우(宇), 동야(橦也)」자(者), 안(案)《이아(爾雅)·석궁(釋宮)》운(云)：「첨위지적(檐謂之楠)。」 곽운(郭云)：「옥려(屋梠)。」 위당첨하(謂當檐下), 고(故)《특생기(特牲記)》운(云)「찬재서벽(爨在西壁)」, 정주운(鄭注云)：「서벽(西壁), 당지서장하(堂之西牆下)。」 구설운(舊說云)「남북직옥려(南北直屋梠), 직재남(稷在南)」시야(是也)。

전인굴감우계간(甸人掘坎于階間), 소서(少西)。위역우서장하(爲垼于西牆下), 동향(東鄕)。

전인(甸人), 유사주전야자(有司主田野者)。역(垼), 괴조(塊竈)。서장(西牆), 중정지서(中庭之西)。금문향위면(今文鄕爲面)。

◆소(疏)

주(注)「전인(甸人)」지(至)「위면(爲面)」。○석왈(釋曰):자차진(自此盡)「서계하(西階下)」, 론굴감위역찬진목욕지구(論掘坎爲垼饌陳沐浴之具)。차감부론천심급소성지물(此坎不論淺深及所盛之物)。안(案)《기석(旣夕)》기운(記云):「굴감(掘坎), 남순(南順)。광척(廣尺), 륜이척(輪二尺), 심삼척(深三尺), 남기양(南其壤)。」하문목욕여반급건사등(下文沐浴餘潘及巾栖等), 기매지어북감야(棄埋之於北坎也)。운(云)「전인(甸人), 유사주전야(有司主田野)」자(者), 사무신(士無臣), 소행사개시유사속리지등(所行事皆是有司屬吏之等)。언주전야자(言主田野者), 안(案)《주례(周禮)·전사(甸師)》기도삼백인(其徒三百人), 장수기속(掌帥其屬), 이경누왕자(而耕耨王藉)。시장전야(是掌田野), 사수무차관(士雖無此官), 역유장전야지인(亦有掌田野之人), 위지전인(謂之甸人)。운(云)「역(垼), 괴조(塊竈)」자(者), 안(案)《기석(旣夕)》기운(記云)「역용괴(垼用塊)」, 시이괴위조명(是以塊爲竈名), 위역용지(爲垼用之), 이자목욕자지반수(以煮沐浴者之潘水)。지재중정지서자(知在中庭之西者), 경직운(經直云)「우서장하(于西牆下)」, 부계계우(不繼階宇), 명근남(明近南), 중정지서야(中庭之西也)。

신분(新盆)、반(槃)、병(瓶)、폐돈(廢敦)、중격(重鬲), 개탁(皆濯), 조우서계하(造于西階下)。

신차와기오종자(新此瓦器五種者), 중사사(重死事)。분이성수(盆以盛水), 반승난탁(槃承澳濯), 병이급수야(瓶以汲水也)。폐돈(廢敦), 돈무족자(敦無足者), 소이성미야(所以盛米也)。중격(重鬲), 격장현중자야(鬲將縣重者也)。탁(濯), 척개야(滌漑也)。조(造), 지야(至也), 유찬야(猶饌也)。이조언지(以造言之), 상사거(喪事遽)。

◆소(疏)

주(注)「신차(新此)」지(至)「사거(事遽)」。○석왈(釋曰):운(云)「분이성수(盆以盛水)」자(者), 안하문축절미시소용(案下文祝淅米時所用)。「반이성난탁(槃以盛澳濯)」자(者), 위치어시상하시(謂置於尸牀下時), 여반수명위난탁(餘潘水名爲澳濯)。지이차반성자(知以此槃盛者), 하문별운(下文別云)「사유빙(士有冰), 용이반(用夷槃)」, 피시한시지반(彼是寒尸之槃), 고지차승난탁(故知此承澳濯)。운(云)「병이급수야(瓶以汲水也)」자(者), 하문관인급(下文管人汲), 용차병야(用此瓶也)。지(知)「폐돈(廢敦), 돈무족(敦無足)」자(者), 약유족직명돈(若有足直名敦), 고하문철삭전운(故下文徹朔奠云)「돈계회면족(敦啓會面足)」, 주운(注云):「면족집지(面足執之), 령족간경전야(令足間卿前也)。」시기유족직명돈(是其有足直名敦), 범물무족칭폐(凡物無足稱廢)。시이(是以)《사우례(士虞禮)》운(云):「주인세폐작(主人洗廢爵), 주부세족작(主婦洗足爵)。」폐작(廢爵), 주운(注云)「작무족(爵無足)」시야(是也)。운(云)「소이성미야(所以盛米也)」자(者), 이하문이지(以下文而知)。운(云)「중격(重鬲), 격장현중자(鬲將縣重者)」야(也), 하문죽여반(下文鬻餘飯), 내현어중(乃縣於重)。차시선용자목반(此時先用煮沐潘), 고운장현중자야(故云將縣重者也)。이기사미지(以其事未至), 고언(故言)「장(將)」야(也)。운(云)「이조언지(以造言之), 상사거(喪事遽)」자(者), 이기부언찬조자(以其不言饌造者), 조시조차(造是造次), 고이조언지상사거야(故以造言之喪事遽也)。

진습사우방중(陳襲事于房中), 서령(西領), 남상(南上), 부천(不綪)。

습사위의복야(襲事謂衣服也)。천독위멱쟁(綪讀爲糸爭), 굴야(屈也)。습사소(襲事少), 상진이하부굴(上陳而下不屈)。강면지간(江沔之間), 위영수승색위멱쟁(謂縈收繩索爲糸爭)。고문천개위정(古文綪皆爲精)。

◆소(疏)

○석왈(釋曰):자차지(自此至)「계진부용(繼陳不用)」, 론진습소용지사(論陳襲所用之事)。운

(云)「습사위의복야(襲事謂衣服也)」자(者), 차선진지(此先陳之), 지하문상축습시급용지(至下文商祝襲時及用之)。단용자삼칭이이(但用者三稱而已), 기중서수지등수부용(其中庶襚之等雖不用), 역진지(亦陳之), 이다위귀(以多爲貴)。안하소렴(案下小斂)、대렴선진선용(大斂先陳先用), 후진후용(後陳後用), 의차제이진(依次第而陳)。차습사(此襲事), 이기초사(以其初死), 선성선진(先成先陳), 후성후진(後成後陳), 상사거(喪事遽), 비지이이(備之而已), 고부의차야(故不依次也)。운(云)「습사소(襲事少), 상진이하부굴(上陳而下不屈)」자(者), 소진지법(所陳之法), 방호지내(房戶之內), 어호동서령남상(於戶東西領南上), 이의상소(以衣裳少), 종남지북즉진(從南至北則盡), 부수멱쟁굴(不須糸爭屈)。지호동진지자(知戶東陳之者), 취지편고야(取之便故也)。운(云)「강면지간(江沔之間)」자(者), 안(案)《우공(禹貢)》운(云):「파총도양(嶓塚導漾), 동류위한(東流爲漢)。」공전운(孔傳云):「천시출산위양수(泉始出山爲漾水), 남동류위면수(南東流爲沔水), 지한중동행위한수(至漢中東行爲漢水)。」남유강수(南有江水), 북유면수(北有沔水), 고운(故云)「강면지간(江沔之間), 이영수승색위멱쟁(以縈收繩索爲糸爭)」。인지증취멱쟁위굴의야(引之證取糸爭爲屈義也)。

명의상(明衣裳), 용포(用布)。

소이친신(所以親身), 위규결야(爲圭潔也)。

◆소(疏)

○석왈(釋曰):안하기운(案下記云)「명의상(明衣裳), 용막포(用幕布)」, 주운(注云):「막포(幕布), 유막지포(帷幕之布)。」칙차포용유막지포(則此布用帷幕之布), 단승수미문(但升數未聞)。지(知)「친신(親身)」자(者), 하욕흘(下浴訖), 선설명의(先設明衣), 고지친신야(故知親身也)。운(云)「위규결야(爲圭潔也)」자(者), 이기언명(以其言明), 명자결정지의(明者潔淨之義), 고지취규결자야(故知取圭潔者也)。

괄계용상(鬠笄用桑), 장사촌(長四寸), 우중(繂中)。

상지위언(桑之爲言), 상야(喪也)。용위계(用爲笄), 취기명야(取其名也)。장사촌(長四寸), 부관고야(不冠故也)。우(繂), 계지중앙이안발(笄之中央以安髮)。

◆소(疏)

주(注)「상지(桑之)」지(至)「안발(安髮)」。○석왈(釋曰):이괄위괄(以鬠爲鬠), 의취이발회취지의(義取以髮會聚之意)。운(云)「상지위언상야(桑之爲言喪也)」자(者), 위상소용(爲喪所用), 고용상이성명지(故用桑以聲名之), 시이운취기명야(是以云取其名也)。운(云)「장사촌(長四寸), 부관고야(不冠故也)」자(者), 범계유이종(凡笄有二種):일시안발지계(一是安髮之笄), 남자(男子)、부인구유(婦人俱有), 즉차계시야(即此笄是也);일시위관계(一是爲冠笄)、피변계(皮弁笄)、작변계(爵弁笄), 유남자유이부인무야(唯男子有而婦人無也)。차이계개장(此二笄皆長), 부유사촌이이(不唯四寸而已)。금차계사촌자(今此笄四寸者), 근취인괄이이(僅取人鬠而已), 이기남자부관(以其男子不冠), 관즉계장의(冠則笄長矣)。차주급하주지사자부관자(此注及下注知死者不冠者), 하기운(下記云):「기모지상(其母之喪), 괄무계(鬠無笄)。」주운(注云):「무계(無笄), 유장부지부관야(猶丈夫之不冠也)。」이차언지(以此言之), 생시남자관(生時男子冠), 부인계(婦人笄)。금사부인부계(今死婦人不笄), 칙지남자역부관야(則知男子亦不冠也)。《가어(家語)》운공자지상(云孔子之喪), 습이관자(襲而冠者), 《가어(家語)》왕숙지증개(王肅之增改), 부가의용야(不可依用也)。운(云)「, 계지중앙이안발(笄之中央以安髮)」자(者), 양두활(兩頭闊), 중앙협(中央狹), 즉어발안(則於髮安), 고운이안발야(故云以安髮也)。

포건(布巾), 환폭(環幅), 부착(不鑿)。

환폭(環幅), 광무등야(廣袤等也)。부착자(不鑿者), 사지자친함(士之子親含), 급기건이이(及其巾而已)。대부이상(大夫以上), 빈위지함(賓爲之含), 당구착지(當口鑿之), 혐유악(嫌有惡)。고문환작환(古文環作還)。

◆소(疏)

주(注)「환폭(環幅)」지(至)「작환(作還)」。○석왈(釋曰):차위반함이설(此爲飯含而設), 소

이복사자(所以覆死者)。 이운(而云)「광무등야(廣袤等也)」자(者), 포폭이척이촌(布幅二尺二寸), 정계포광협례(鄭計布廣狹例), 제변폭이촌(除邊幅二寸), 이이척위솔(以二尺爲率), 칙차광무등역이척야(則此廣袤等亦二尺也)。 운(云)「부착자(不鑿者), 사지자친함(士之子親含), 반기건이이(反其巾而已)」자(者), 하경운(下經云)「주인좌급미실우우(主人左扱米實于右), 삼실일패(三實一貝), 좌중역여지(左中亦如之)」, 시사지자친함(是士之子親含)。 차경운(此經云)「부착(不鑿)」, 명반기건이이야(明反其巾而已也)。 우지(又知)「대부이상빈위지함(大夫以上賓爲之含), 당구착지(當口鑿之), 혐유악(嫌有惡)」자(者), 안(案)《잡기(雜記)》운(云):「착건이반(鑿巾以飯), 공양가위지야(公羊賈爲之也)。」정운(鄭云):「기사실례소유시야(記士失禮所由始也)。 사친반필발기건(士親飯必發其巾), 대부이상(大夫以上), 빈위반언(賓爲飯焉), 칙유착건(則有鑿巾)。」이차경운(以此經云)「부착(不鑿)」, 즉대부이상착(則大夫以上鑿), 위약사월반부은전(謂若士月半不殷奠), 즉대부이상월반은전가지(則大夫以上月半殷奠可知)。 이기대부이상유신(以其大夫以上有臣), 신위빈(臣爲賓), 빈반함혐유악(賓飯含嫌有惡), 고착지야(故鑿之也)。

엄(掩), 연백광종폭(練帛廣終幅), 장오척(長五尺), 석기말(析其末)。

엄(掩), 과수야(裹首也)。 석기말(析其末), 위장결어이하(爲將結於頤下), 우환결어항중(又還結於項中)。

◆소(疏)

주(注)「엄과(掩裹)」지(至)「항중(項中)」。 ○석왈(釋曰):엄(掩), 약금인복두(若今人幞頭)。 단사자이후이각어이하결지(但死者以後二脚於頤下結之), 여생인위이야(與生人爲異也)。 차진지이(此陳之耳), 약설지(若設之)。 안하경운(案下經云)「상축엄전설멱목(商祝掩瑱設幎目)」, 주운(注云):「엄자(掩者), 선결이하(先結頤下)。 기전멱목(既瑱幎目), 내환결항(乃還結項)」시야(是也)。

전(瑱), 용백광(用白纊)。

전충이(瑱充耳)。 광(纊), 신면(新綿)。

◆소(疏)

석왈(釋曰):안하기운(案下記云)「전새이(瑱塞耳)」, 《시(詩)》운(云)「충이(充耳)」, 충즉새야(充即塞也)。 생시인군용옥(生時人君用玉), 신용상(臣用象)。 우(又)《저(著)》시운(詩云)「충이이소(充耳以素)」、「충이이황(充耳以黃)」지등(之等), 주운(注云)「소이현전(所以懸瑱)」, 즉생시이황이소(則生時以黃以素), 우이옥상등위지(又以玉象等爲之), 시부청참(示不聽讒)。 금사자직용광새이이이(今死者直用纊塞耳而已), 이어생야(異於生也)。 주석운(注釋云)「광(纊), 신면(新綿)」자(者), 안(案)《우공(禹貢)》예주공사광(豫州貢絲纊), 고지광신면(故知纊新綿), 대온시구서야(對縕是舊絮也)。

멱목(幎目), 용치(用緇), 방척이촌(方尺二寸), 정리(經裏), 저(著), 조계(組繫)。

멱목(幎目), 복면자야(覆面者也)。 멱(幎), 독약(讀若)《시(詩)》운(云)「갈류영(葛藟縈)」지영(之縈)。 정(經) 적야(赤也)。 저(著), 충지이서야(充之以絮也)。 조계(組繫), 위가결야(爲可結也)。

◆소(疏)

○석왈(釋曰):정독종(鄭讀從)「갈류영(葛藟縈)」지영자(之縈者), 이기갈류영우수목(以其葛藟縈于樹木), 차면의역영어면목(此面衣亦縈於面目), 고독종지야(故讀從之也)。 운(云)「조계(組繫), 위가결야(爲可結也)」자(者), 이사각유계어후결지(以四角有繫於後結之), 고유조계야(故有組繫也)。

악수(握手), 용현(用玄), 훈리(纁裏), 장척이촌(長尺二寸), 광오촌(廣五寸), 뇌중방촌(牢中旁寸), 저(著), 조계(組繫)。

뇌독위루(牢讀爲樓), 루위삭약악지중앙이안수야(樓謂削約握之中央以安手也)。 금문뢰위우(今

文牢爲縷), 방위방(旁爲方)。

◆소(疏)

주(注)「뇌독(牢讀)」지(至)「위방(爲方)」。○석왈(釋曰) : 명차의위악(名此衣爲握), 이기재수(以其在手), 고언악수(故言握手), 부위이수악지위악수(不謂以手握之爲握手)。운(云)「뇌독위루(牢讀爲樓), 루위삭약악지중앙이안수야(樓謂削約握之中央以安手也)」자(者), 경운(經云)「광오촌(廣五寸), 뇌중방촌(牢中旁寸)」자(者), 즉중앙광삼촌(則中央廣三寸), 광삼촌중앙우용사지이이(廣三寸中央又容四指而已)。사지(四指), 지일촌(指一寸), 즉사촌(則四寸), 사촌지외(四寸之外), 잉유팔촌(仍有八寸), 개광오촌야(皆廣五寸也)。독종루자(讀從樓者), 의취루렴협소지의(義取樓斂挾少之意)。운(云)「삭약(削約)」자(者), 위삭지사약소야(謂削之使約少也)。

결(決), 용정왕극(用正王棘), 약석극(若檡棘), 조계(組繫), 광극이(纊極二)。

결유개야(決猶闓也), 협궁이횡집현(挾弓以橫執弦)。《시(詩)》운(云) : 「결습기차(決拾既次)。」정(正), 선야(善也)。왕극여석극(王棘與檡棘), 선리견인자개가이위결(善理堅刃者皆可以爲決)。극유방현야(極猶放弦也)。이답지방현(以沓指放弦), 령부설지야(令不挈指也)。생자이주위위지(生者以朱韋爲之), 이삼(而三)。사용광(死用纊), 우이(又二), 명부용야(明不用也)。고문왕위삼(古文王爲三)。금문석위택(今文檡爲澤)。세속위왕극탁서(世俗謂王棘矺鼠)。

◆소(疏)

○석왈(釋曰) : 운(云)「협궁이횡집현(挾弓以橫執弦)」자(者), 방지궁시왈협(方持弓矢曰挾), 미사시이연(未射時已然), 지사시환의차법이개현(至射時還依此法以闓弦), 고운협궁이횡집현야(故云挾弓以橫執弦也)。인(引)《시(詩)》자(者), 증결시개현지물(證決是闓弦之物)。운(云)「왕극여석극(王棘與檡棘)」자(者), 과용기일(科用其一), 개득부위겸용이자(皆得不謂兼用二者)。운(云)「이답지방현(以沓指放弦), 령부설야(令不挈也)」자(者), 위이차이자여결위자(謂以此二者與決爲藉), 령현부결설상지이(令弦不決挈傷指耳)。운(云)「생자이주위위지(生者以朱韋爲之), 이삼(而三)」자(者), 《대사(大射)》소운(所云)「주극삼(朱極三)」자시야(者是也)。피단위군설문(彼但爲君設文), 인증차사례(引證此士禮), 즉존비생시구삼(則尊卑生時俱三), 개용주위(皆用朱韋), 사자존비동이(死者尊卑同二), 용광야(用纊也)。

모(冒), 치질(緇質), 장여수제(長與手齊), 정살(經殺), 엄족(掩足)。

모(冒), 도시자(韜尸者), 제여직낭(制如直囊), 상왈질(上曰質), 하왈살(下曰殺)。질(質), 정야(正也)。기용지(其用之), 선이살도족이상(先以殺韜足而上), 후이질도수이하(後以質韜首而下), 제수(齊手)。상현하훈(上玄下纁), 상천지야(象天地也)。《상대기(喪大記)》왈(曰) : 「군금모보살(君錦冒黼殺), 철방칠(綴旁七)。대부현모보살(大夫玄冒黼殺), 철방오(綴旁五)。사치모(士緇冒)정살(經殺), 철방삼(綴旁三)。」범모(凡冒), 질장여수제(質長與手齊), 살삼촌(殺三寸)。

◆소(疏)

주(注)「모도(冒韜)」지(至)「삼척(三尺)」。○석왈(釋曰) : 운(云)「제여직낭(制如直囊)」자(者), 하경운(下經云)「설모탁지(設冒橐之)」, 고운여직낭(故云如直囊)。운(云)「상왈질(上曰質), 하왈살(下曰殺)。질(質), 정야(正也)」자(者), 안차경이모위총목(案此經以冒爲總目), 하별운질여살(下別云質與殺), 자상대(自相對)。즉지상왈질(則知上曰質), 질정자(質正者), 이기재상(以其在上), 고이정위명(故以正爲名)。인(引)《상대기(喪大記)》군여대부사개이모대살(君與大夫士皆以冒對殺), 부운질(不云質), 즉모기총명(則冒既總名), 역득대살(亦得對殺), 위재상지칭(爲在上之稱)。개운(皆云)「철방(綴旁)」자(者), 이기모무대(以其冒無帶), 우무뉴(又無鈕), 일정부동(一定不動), 고지방철(故知旁綴), 질여살상접지처(質與殺相接之處), 사상련(使相連), 존비강살이이(尊卑降殺而已)。운(云)「기용지(其用之), 선이살도족이상(先以殺韜足而上), 후이질도수이하(後以質韜首而下), 제수(齊手)」자(者), 범인저복(凡人著服), 선하후상(先下後上), 우질장여수제(又質長與手齊), 살장삼척(殺長三尺), 인유단자(人有短者), 질하복살(質下覆殺), 고후도질야(故後韜質也)。

작변복(爵弁服), 순의(純衣)。

위생시작변지복야(謂生時爵弁之服也)。순의자(純衣者), 훈상(纁裳)。고자이관명복(古者以冠名服), 사자부관(死者不冠)。

◆소(疏)

주(注)「위생(謂生)」지(至)「부관(不冠)」。○석왈(釋曰) : 운(云)「위생시작변지복야(謂生時爵弁之服也)」자(者), 범습렴지복(凡襲斂之服), 무문존비(無問尊卑), 개선진상복생시복(皆先盡上服生時服), 즉사지상복(即士之常服), 이조제자야(以助祭者也)。운(云)「훈상(纁裳)」자(者), 《사관례(士冠禮)》문(文)。운(云)「고자이관명복(古者以冠名服), 사자부관(死者不冠)」자(者), 이사자부관(以死者不冠), 이경운작변(而經云爵弁)、피변(皮弁), 차직취이관명복(此直取以冠名服), 부용기관(不用其冠), 고운차야(故云此也)。

피변복(皮弁服),

피변소의지복야(皮弁所衣之服也)。기복(其服), 백포의소상야(白布衣素裳也)。

◆소(疏)

주(注)「피변(皮弁)」지(至)「상야(裳也)」。○석왈(釋曰) : 운(云)「피변소의지복야(皮弁所衣之服也)」자(者), 역견사자부관(亦見死者不冠), 부용피변(不用皮弁), 금직취이관명복(今直取以冠名服), 시피변소의저지복야(是皮弁所衣著之服也)。지(知)「기복(其服), 백포의소상(白布衣素裳)」자(者), 《사관례(士冠禮)》주(注) : 「의여관동색(衣與冠同色), 상여구동색(裳與屨同色)。」이피변백이백구(以皮弁白而白屨), 고(故)《사관례(士冠禮)》운(云)「소적백구(素積白屨)」시야(是也)。《잡기(雜記)》운(云) : 「조복십오승(朝服十五升)。」즉피변천자조복여제후조복동십오승포야(則皮弁天子朝服與諸侯朝服同十五升布也)。

단의(褖衣),

흑의상(黑衣裳), 적연위지단(赤緣謂之褖)。단지언연야(褖之言緣也), 소이표포자야(所以表袍者也)。《상대기(喪大記)》왈(曰) : 「의필유상(衣必有裳), 포필유표(袍必有表), 부단(不襌), 위지일칭(謂之一稱)。」고문단위연(古文褖爲緣)。

◆소(疏)

주(注)「흑의(黑衣)」지(至)「위연(爲緣)」。○석왈(釋曰) : 지차단의시흑의상자(知此褖衣是黑衣裳者), 차단의칙현단(此褖衣則玄端)。지자(知者), 이기(以其)《사관례(士冠禮)》진삼복(陳三服), 현단(玄端)、피변(皮弁)、작변(爵弁), 유현단(有玄端), 무단의(無褖衣)。차(此)《사상(士喪)》습역진삼복(襲亦陳三服), 여피동차(與彼同此), 무현단(無玄端), 유단의(有褖衣), 고지차단의칙현단자야(故知此褖衣則玄端者也)。현단유삼등상(玄端有三等裳), 차(此)《상례(喪禮)》질(質), 약동현상이이(略同玄裳而已)。단차현단련의상(但此玄端連衣裳), 여부인단의동(與婦人褖衣同), 고변명단의야(故變名褖衣也)。약연(若然), 련의상자(連衣裳者), 이기용지이표포(以其用之以表袍), 포련의상고야(袍連衣裳故也)。시이(是以)《잡기(雜記)》운(云) : 「자고지습야(子羔之襲也), 견의상여세의훈영(繭衣裳與稅衣纁袡)。증자왈(曾子曰) : 부습부복(不襲婦服)。」피증자기용훈영(彼曾子譏用纁袡), 부기기세의(不譏其稅衣), 시세의이표포(是稅衣以表袍), 고련의상이명단의(故連衣裳而名褖衣)。인(引)《상대기(喪大記)》자(者), 욕견단의이표포지의(欲見褖衣以表袍之意)。약연(若然), 《잡기(雜記)》운견의(云繭衣), 《대기(大記)》운포(云袍), 부동자(不同者), 《옥조(玉藻)》운(云) : 「광위견(纊爲繭), 온위포(縕爲袍)。」정운(鄭云) : 「의유저지이명야(衣有著之異名也)。」기실련의상일야(其實連衣裳一也)。운(云)「적연위지단(赤緣謂之褖)」자(者), 《이아(爾雅)》문(文)。피석부인가시단의(彼釋婦人嫁時褖衣), 차인지자(此引之者), 증차단의수부적연(證此褖衣雖不赤緣), 단의지명동(褖衣之名同), 고인위증야(故引為證也)。

치대(緇帶),

흑증지대(黑繒之帶)。

◆소(疏)

주(注)「흑증지대(黑繒之帶)」。○석왈(釋曰) : 상수진삼복동용일대자(上雖陳三服同用一帶者), 이기사유유차일대이이(以其士唯有此一帶而已)。안(案)《옥조(玉藻)》운사(云士)「련대치피(練帶緇辟)」, 시흑증지대거비자이언야(是黑繒之帶據裨者而言也)。단생시저복부중각설대(但生時著服不重各設帶), 차습시삼복구저공일대(此襲時三服俱著共一帶), 위이야(為異也)。

갑(韐), 일명온불(一命縕韍)。

◆소(疏)

○석왈(釋曰) : 매자거색(韎者據色), 이언이매초염지(而言以韎草染之), 취기적갑자(取其赤韐者), 합위이위지(合韋而為之), 고명매갑야(故名韎韐也)。주석왈(注釋曰) : 운(云)「일명온불(一命縕韍)」자(者), 《옥조(玉藻)》문(文)。단제복위지불(但祭服謂之韍), 타복위지필(他服謂之韠), 사일명명위매갑(士一命名爲韎韐), 역명온불(亦名縕韍), 부득직명불야(不得直名韍也)。단(但)《사관례(士冠禮)》현단작필(玄端爵韠), 피변소필(皮弁素韠), 작변복(爵弁服), 매갑(韎韐), 금역삼복공설매갑자(今亦三服共設韎韐者), 이기중복(以其重服), 역여대의(亦如帶矣)。

죽홀(竹笏)。

홀(笏), 소이서사대명자(所以書思對命者)。《옥조(玉藻)》왈(曰) : 「홀(笏), 천자이구옥(天子以球玉), 제후이상(諸侯以象), 대부이어수문죽(大夫以魚須文竹), 사이죽본상가야(士以竹本象可也)。」우왈(又曰) : 「홀도이척유륙촌(笏度二尺有六寸), 기중박삼촌(其中博三寸), 기살륙분이거일(其殺六分而去一)。」우왈(又曰) : 「천자진정(天子搢珽), 방정어천하야(方正於天下也)。제후도(諸侯荼), 전굴후직(前詘後直), 양어천자야(讓於天子也)。대부전굴후굴(大夫前詘後詘), 무소부양(無所不讓)。」금문홀작홀(今文笏作忽)。

◆소(疏)

주(注)「홀소(笏所)」지(至)「작홀(作忽)」。○석왈(釋曰) : 운(云)「홀소이서사대명(笏所以書思對命)」자(者), 역(亦)《옥조(玉藻)》문(文)。인(引)《옥조(玉藻)》자(者), 증천자이하(證天子以下), 홀지소용물부동(笏之所用物不同), 급장단광협유이(及長短廣狹有異)。언공후(言公侯), 부언백자남(不言伯子男), 역여공후동(亦與公侯同)。안피정운(案彼鄭云) : 「위지정(謂之珽), 정지언정연무소굴야(珽之言挺然無所屈也)。혹위지대규장삼척(或謂之大圭長三尺)。」혹자(或者), 혹(或)《옥인직(玉人職)》문(文)。정우운(鄭又云)「도독위서지지서(荼讀爲舒遲之舒), 서나자(舒懦者), 소외재전야(所畏在前也)。굴위원살기수(詘謂圓殺其首), 부위추두(不為椎頭)。제후유천자굴언(諸侯唯天子詘焉), 시이위홀위도(是以謂笏爲荼)。대부전굴후굴무소부양야(大夫前詘後詘無所不讓也)」, 정주운(鄭注云) : 「대부봉군명출입자야(大夫奉君命出入者也)。상유천자(上有天子), 하유기군(下有己君), 우살기하이원(又殺其下而圜)。」전후개굴(前後皆詘), 고운무소부양(故云無所不讓)。피수부언사(彼雖不言士), 사여대부동(士與大夫同)。

하갈구(夏葛屨), 동백구(冬白屨), 개억치구순(皆繶緇絇純), 조기계우종(組綦繫于踵)。

동피구변언백자(冬皮屨變言白者), 명하시용갈(明夏時用葛), 역백야(亦白也)。비피변지구(比皮弁之屨), 《사관례(士冠禮)》왈(曰) : 「소적백구(素積白屨), 이괴부지(以魁柎之)。치구(緇絇)、억(繶)、순(純), 순박촌(純博寸)。」기(綦), 구계야(屨係也), 소이구지구야(所以拘止屨也)。기(綦), 독여마반기지기(讀如馬絆綦之綦)。

◆소(疏)

주(注)「동피(冬皮)」지(至)「지기(之綦)」。○석왈(釋曰) : 운(云)「변언백자(變言白者), 명하시용갈(明夏時用葛), 역백야(亦白也)」자(者), 안(案)《사관례(士冠禮)》운(云) : 「구(屨), 하용갈(夏用葛), 동용피(冬用皮)。」금차변언백자(今此變言白者), 욕호견기의(欲互見其義), 이하언갈(以夏言葛), 동당용피(冬當用皮), 동언백(冬言白), 명하역용백(明夏亦用白)。우(又)《사관례(士冠禮)》운(云)「작변훈구(爵弁繡屨), 소적백구(素積白屨), 현단흑구(玄端黑屨)」。이삼복각자용구(以三服各自用屨), 구종상색(屨從裳色), 기색자명(其色自明)。금사자중용기복(今死者重用其服), 구유일(屨唯一), 고수견색(故須見色)。약연(若然), 삼복상참(三服

相參), 대용현단(帶用玄端), 구용피변(屨用皮弁), 매갑용작변(韎韐用爵弁), 각용기일(各用其一), 이당삼복이이(以當三服而已)。 운(云)「차피변지구(此皮弁之屨)」자(者), 이기색백(以其色白), 즉소인(即所引)《사관례(士冠禮)》왈(曰)「소적백구(素積白屨)」자위증시야(者爲證是也)。 인치구억순자(引緇絇繶純者), 욕해(欲解)《사관례(士冠禮)》억구순동용치(繶絇純同用緇), 차경억수재치상(此經繶雖在緇上), 명역용치가지(明亦用緇可知)。 억위조재아저상접지봉중(繶謂條在牙底相接之縫中), 구재구비(絇在屨鼻), 순위연구(純謂緣口), 개이조위지(皆以條爲之), 단석즉대방위궤차(但舃則對方爲績次), 구즉비방위수차위(屨則比方爲繡次爲), 이이(異耳)。 운(云)「기구계야(綦屨繫也)」자(者), 경운(經云)「계우종(繫于踵)」, 즉기당속우근후이량단향전(則綦當屬于跟後而兩端向前), 여구상련우각부종족지상합결지(與絇相連于腳跗踵足之上合結之), 명위계우종야(名爲繫于踵也)。 운(云)「독여마반기지기(讀如馬絆綦之綦)」자(者), 차무정문(此無正文), 개속독마유반명위기(蓋俗讀馬有絆名爲綦), 구지마(拘止馬), 사부득랑거(使不得浪去), 차구기역구지구(此屨綦亦拘止屨), 사부종탄야(使不縱誕也)。

서수계진(庶襚繼陳), 부용(不用)。

서(庶), 중야(眾也)。 부용(不用), 부용습야(不用襲也)。 다진지위영(多陳之爲榮), 소납지위귀(少納之爲貴)。

◆소(疏)

주(注)「서중(庶眾)」지(至)「위귀(爲貴)」。 ○석왈(釋曰)：직운(直云)「서수(庶襚)」, 즉상경친자수(即上經親者襚), 서형제수(庶兄弟襚), 붕우수(朋友襚), 개시(皆是), 고운서수(故云庶襚)。 운(云)「계진(繼陳)」, 위계습의지하진지(謂繼襲衣之下陳之)。 운(云)「부용(不用), 부용습야(不用襲也)」자(者), 이기계습의이언부용(以其繼襲衣而言不用), 명부용습(明不用襲), 지소렴(至小斂), 칙진이용지(則陳而用之), 유군수지대렴내용야(唯君襚至大斂乃用也)。 운(云)「다진지위영(多陳之爲榮)」자(者), 서수개진지시야(庶襚皆陳之是也)。 소납지위귀자(少納之爲貴者), 습시유용삼진시야(襲時唯用三陳是也)。

패삼(貝三), 실우번(實于笄)。

패(貝), 수물(水物)。 고자이위화(古者以爲貨), 강수출언(江水出焉)。 번(笄), 죽기명(竹器名)。

◆소(疏)

주(注)「패수(貝水)」지(至)「기명(器名)」。 ○석왈(釋曰)：자차진(自此盡)「이반가야(夷槃可也)」, 논진반함목욕기물지사(論陳飯含沐浴器物之事)。 차운(此云)「패삼(貝三)」, 하운(下云)「도미(稻米)」, 즉사반함용미패(則士飯含用米貝)。 상(上)《단궁(檀弓)》운(云)「반용미패(飯用米貝)」, 역거사례야(亦據士禮也)。 안(案)《상대기(喪大記)》운(云)：「군목량(君沐粱), 대부목직(大夫沐稷), 사목량(士沐粱)。」 정운(鄭云)：「《사상례(士喪禮)》목도(沐稻), 차운사목량(此云士沐粱), 개천자지사야(蓋天子之士也)。」 반여목미동(飯與沐米同), 칙천자지사반용량(則天子之士飯用粱), 대부용직(大夫用稷), 제후용량(諸侯用粱)。 정우운(鄭又云)：「이차솔이상지(以差率而上之), 천자목위여(天子沐委與)。」 즉반역용위가지(則飯亦用委可知)。 단사반용미(但士飯用米), 부언겸유주옥(不言兼有珠玉), 대부이상반시겸용주옥야(大夫以上飯時兼用珠玉也)。 《잡기(雜記)》운(云)：「천자반구패(天子飯九貝), 제후칠(諸侯七), 대부오(大夫五), 사삼(士三)。」 정주운(鄭注云)：「차개하시례야(此蓋夏時禮也)。 주례천자반함용옥(周禮天子飯含用玉)。」 안(案)《전서(典瑞)》운(云)：「대상(大喪), 공반옥(共飯玉), 함옥(含玉)。」 《잡기(雜記)》운(云)：「함자집벽(含者執璧)。」 피거제후이용벽(彼據諸侯而用璧), 유대부함무문(唯大夫含無文)。 애십일년(哀十一年)《좌씨전(左氏傳)》운(云)：공회오자벌제(公會吳子伐齊), 진자행명기도구함옥(陳子行命其徒具含玉), 시필사자(示必死者)。 춘추시비정법(春秋時非正法), 약조간자운(若趙簡子云)「부설속비(不設屬椑)」지류(之類)。 문오년(文五年), 「왕사영숙귀함차봉(王使榮叔歸含且賵)」。 하휴운(何休云)：「천자이주(天子以珠), 제후이옥(諸侯以玉), 대부이벽(大夫以璧), 사이패(士以貝), 춘추지제야(春秋之制也)。」 《예위계명징(禮緯稽命徵)》운(云)：천자반이주함(天子飯以珠含), 경미석(竟未釋)。 주대부소용이옥(周大夫所用以玉), 개역이대법(蓋亦異代法)。 운(云)「패(貝), 수물(水物)」자(者), 안(按)《서전(書

傳)》운(云)：「주수문왕(紂囚文王), 산의생등어강회지간(散宜生等於江淮之間), 취대패여차거이헌우주(取大貝如車渠以獻于紂), 수방문왕(遂放文王)。」시패수물(是貝水物), 출강수야(出江水也)。우운(又云)「고자이위화(古者以爲貨)」자(者), 《한서(漢書)‧식화지(食貨志)》운(云)：「오패위붕(五貝爲朋)。」우운(又云)：유대패(有大貝)、장패지등(壯貝之等), 이위화용(以爲貨用)。시고자이위화야(是古者以爲貨也)。지번시죽기명자(知笲是竹器名者), 이기자종죽(以其字從竹), 우(又)《빙례(聘禮)》운(云)：「부인사하대부로이이죽궤방(夫人使下大夫勞以二竹簋方), 기실조증률(其實棗蒸栗)。」《혼례(婚禮)》부견구고집번이성조률(婦見舅姑執笲以盛棗栗)。차수성패부성조률(此雖盛貝不盛棗栗), 기번병죽기야(其笲並竹器也)。

도미일두(稻米一豆), 실어광(實於筐)。

두사승(豆四升)。

◆소(疏)

주(注)「두사승(豆四升)」。○석왈(釋曰)：소공삼년안자사(昭公三年晏子辭)。

욕건일(浴巾一), 욕건이(浴巾二), 개용격(皆用綌), 어번(於笲)。

건소이식한구(巾所以拭汗垢)。욕건이자(浴巾二者), 상체(上體)、하체이야(下體異也)。격(綌), 조갈(粗葛)。

◆소(疏)

주(注)「건소(巾所)」지(至)「조갈(粗葛)」。○석왈(釋曰)：운(云)「욕건이자(浴巾二者), 상체하체이(上體下體異)」, 차사례(此士禮), 상하동용격(上下同用綌)。안(按)《옥조(玉藻)》운(云)：「욕용이건(浴用二巾), 상치하격(上絺下綌)。」피거대부이상(彼據大夫以上), 분별상하위귀천(分別上下爲貴賤), 고상용세(故上用細), 하용조야(下用粗也)。

즐(櫛), 어단(於簞)。

단(簞), 위사(葦笥)。

◆소(疏)

주(注)「단위사(簞葦笥)」。○석왈(釋曰)：안(案)《곡례(曲禮)》운(云)「범이궁검포저단사문인자(凡以弓劍包苴簞笥問人者)」, 주운(注云)：「원왈단(圓曰簞), 방왈사(方曰笥)。」칙시단(則是簞)、사별(笥別)。차주단위사자(此注簞葦笥者), 거기류(舉其類)。안(按)《론어(論語)》운안회(云顏回)「일단식(一簞食)」, 주운(注云)：「단(簞), 사야(笥也)。」역거기류(亦舉其類), 위약분마여시마(謂若蕡麻與枲麻), 웅자이(雄雌異), 이정주운(而鄭注云)「분마(蕡麻), 시마야(枲麻也)」, 역거기류야(亦舉其類也)。

욕의(浴衣), 어협(於篋)。

욕의(浴衣), 이욕소의지의(已浴所衣之衣), 이포위지(以布爲之), 기제여금통재(其制如今通裁)。

◆소(疏)

주(注)「욕의(浴衣)」지(至)「통재(通裁)」。○석왈(釋曰)：지(知)「욕의(浴衣), 이욕소의지의(已浴所衣之衣)」자(者), 하경운(下經云)「욕용건(浴用巾), 진용욕의(捆用浴衣)」, 시기욕소저지의(是既浴所著之衣), 용지이희신(用之以晞身), 명이포위지(明以布爲之)。운(云)「여금통재(如今通裁)」자(者), 이기무살(以其無殺), 즉포단의(即布單衣), 한시명위통재(漢時名爲通裁), 고거한법위황(故舉漢法爲況)。

개찬우서서하(皆饌于西序下), 남상(南上)。

개자(皆者), 개구이하(皆具以下)。동서장위지서(東西牆謂之序), 중이남위지당(中以南謂之堂)。

◆소(疏)

주(注)「개자(皆者)」지(至)「지당(之堂)」。○석왈(釋曰)：위종서반이북진지(謂從序半以北陳之)。운(云)「동서장위지서(東西牆謂之序)」자(者)，《이아(爾雅)·석궁(釋宮)》문(文)。운(云)「중이남위지당(中以南謂之堂)」자(者)，제어서중반이남내득당칭(諸於序中半以南乃得堂稱)，이기당상행사비전일소(以其堂上行事非專一所)。약근호(若近戶)，즉언호동(即言戶東)、호서(戶西)；약근방(若近房)，즉언방외지동(即言房外之東)、방외지서(房外之西)；약근영(若近楹)，즉언동영(即言東楹)、서영(西楹)；약근서(若近序)，즉언동서하(即言東序下)、서서하(西序下)；약근계(若近階)，즉언동계(即言東階)、서계(西階)；약자반이남무소계속자(若自半以南無所繼屬者)，즉이당언지(即以堂言之)，즉하문(即下文)「석미우당(淅米于堂)」시야(是也)。기실호외(其實戶外)、방외개시당(房外皆是堂)，고(故)《론어(論語)》운(云)：「유야승당의(由也升堂矣)，미입우실(未入于室)。」시실외개명당야(是室外皆名堂也)。

《의례주소(儀禮注疏)》□주(注)：한(漢)　정현(鄭玄)；소(疏)：당(唐)：가공언(賈公彦) 권삼십륙(卷三十六)　사상례제십이(士喪禮第十二)

관인급(管人汲), 부설율(不說繘), 굴지(屈之)。

관인(管人)，유사주관사자(有司主館舍者)。부설율(不說繘)，장이취축탁미(將以就祝濯米)。굴(屈)，영야(縈也)。

◆소(疏)

주(注)「관인(管人)」지(至)「영야(縈也)」。○석왈(釋曰)：자차진(自此盡)「명의상(明衣裳)」，론목욕급한시지사(論沐浴及寒尸之事)。운(云)「부설율굴지(不說繘屈之)」자(者)，이기상사거(以其喪事遽)，칙지길상안서(則知吉尚安舒)，급의설지의(汲宜說之矣)。운(云)「관인(管人)，유사주관사(有司主館舍)」자(者)，사기무신(士既無臣)，소행사자시부사(所行事者是府史)，고지관인시유사야(故知管人是有司也)。《빙례(聘禮)》기운(記云)：「관인위객(管人爲客)，삼일구목(三日具沐)，오일구욕(五日具浴)。」차위사자(此爲死者)，고역사지급수야(故亦使之汲水也)。운(云)「부설율(不說繘)，장이취축탁미(將以就祝濯米)」자(者)，이하경운(以下經云)「축석미(祝淅米)」，명차관인장이취당수축탁미가지(明此管人將以就堂授祝濯米可知)。

축석미우당(祝淅米于堂), 남면(南面), 용분(用盆)。

축(祝)，하축야(夏祝也)。석(淅)，대야(汰也)。

◆소(疏)

○석왈(釋曰)：지시하축자(知是夏祝者)，견하기운(見下記云)「하축석미(夏祝淅米)，차성지(差盛之)」시야(是也)。

관인진계(管人盡階), 부승당(不升堂), 수반(受潘), 자우역(煮于垼), 용중격(用重鬲)。

진계(盡階)，삼등지상(三等之上)。《상대기(喪大記)》왈(曰)：「관인수목(管人受沐)，내자지(乃煮之)。전인취소철묘지서북비(甸人取所徹廟之西北扉)，신용찬지(薪用爨之)。」

◆소(疏)

주(注)「진계(盡階)」지(至)「찬지(爨之)」。○석왈(釋曰)：운(云)「진계(盡階)」자(者)，삼계상야(三階上也)。운(云)「용중격(用重鬲)」자(者)，이기선자반(以其先煮潘)，후자미(後煮米)，위죽현우중(爲鬻懸于重)，고자반용중격야(故煮潘用重鬲也)。운(云)「취소철묘지서북비(取所徹廟之西北扉)，신용찬지(薪用爨之)」자(者)，차신즉복인강자서북영소철자야(此薪即復人降自西北榮所徹者也)。

축성미우돈(祝盛米于敦), 전우패북(奠于貝北)。

복어광처(復於筐處)。

◆소(疏)

주(注)「복어광처(復於筐處)」。○석왈(釋曰)：「돈(敦)」즉상(即上)「폐돈(廢敦)」야(也)。운(云)「복어광처(復於筐處)」자(者)，향미석실우광(向未淅實于筐)，금석흘(今淅訖)，성우돈소치지처(盛于敦所置之處)，환어광(還於筐)，소이의반지소용야(所以擬飯之所用也)。

사유빙(士有冰)，용이반가야(用夷槃可也)。

위하월이군가사빙야(謂夏月而君加賜冰也)。이반(夷槃)，승시지반(承尸之槃)。《상대기(喪大記)》왈(曰)：「군설대반(君設大槃)，조빙언(造冰焉)。대부설이반(大夫設夷槃)，조빙언(造冰焉)。사병와반(士併瓦槃)，무빙(無冰)。설상단제(設牀檀第)，유침(有枕)。」

◆소(疏)

주(注)「위하(謂夏)」지(至)「유침(有枕)」。○석왈(釋曰)：「위하월(謂夏月)」자(者)，이(以)《주례(周禮)·릉인직(凌人職)》운(云)「하반빙(夏頒冰)」，거신이언(據臣而言)，《월령(月令)》이월출빙(二月出冰)，거군위설(據君爲說)。운(云)「이군가사빙야(而君加賜冰也)」자(者)，《상대기(喪大記)》운사무빙용수(云士無冰用水)，차운유빙(此云有冰)，명거사득사자야(明據士得賜者也)。운(云)「이반(夷槃)，승시지반(承尸之槃)」자(者)，안(案)《상대기(喪大記)》주(注)「례자중춘지후(禮自仲春之後)，시기습(尸既襲)，기소렴(既小斂)，선내빙반중(先內冰槃中)，내설상어기상(乃設牀於其上)，부시석이천시언(不施席而遷尸焉)，추량이지(秋涼而止)」시야(是也)。인(引)「《상대기(喪大記)》」이하(已下)，욕증사유사내유빙(欲證士有賜乃有冰)，우취용빙지법(又取用冰之法)。안피주(案彼注)「조유내(造猶內)」，「이반소언(夷槃小焉)」，책위책(策爲簀)，위무석여욕시상야(謂無席如浴時牀也)，특욕통빙지한기(特欲通冰之寒氣)。약연(若然)，《릉인(凌人)》운(云)「대상공이반빙(大喪共夷槃冰)」，즉천자유이반(則天子有夷槃)。정주(鄭注)《릉인(凌人)》운(云)：「한례기제도(漢禮器制度)，대반광팔척(大槃廣八尺)，장장이척(長丈二尺)，심삼척(深三尺)，칠적중(漆赤中)。」제후칭대반(諸侯稱大槃)，피천자(辟天子)。기대부언이반(其大夫言夷槃)，차(此)《사상(士喪)》우용이반(又用夷槃)，비부혐(卑不嫌)，단소이(但小耳)，고정운이반소언(故鄭云夷槃小焉)。

외어수목입(外御受沐入)。외어(外御)，소신시종자(小臣侍從者)。목(沐)，관인소자반야(管人所煮潘也)。

◆소(疏)

주(注)「외어(外御)」지(至)「반야(潘也)」。○석왈(釋曰)：차운(此云)「외어(外御)」자(者)，대내어위명(對內御爲名)。고하기운(故下記云)：「기모지상(其母之喪)，칙내어자욕(則內御者浴)。」즉차외어(則此外御)，시사지시어복종자(是士之侍御僕從者)，고(故)《상서(尚書)·경명(冏命)》운(云)：「금여명여작대정(今予命汝作大正)，정우군복시어지신(正于群僕侍御之臣)。」차수무신(此雖無臣)，역유시어복종자야(亦有侍御僕從者也)。지(知)「목(沐)，관인소자반야(管人所煮潘也)」자(者)，이기상문관인자반(以其上文管人煮潘)，차외어수목입(此外御受沐入)，명소수지어관인야(明所受之於管人也)。

주인개출(主人皆出)，호외북면(戶外北面)。

상평생목욕라정(象平生沐浴裸裎)，자손부재방(子孫不在旁)，주인출이단책(主人出而襢簀)。

◆소(疏)

○석왈(釋曰)：운(云)「상평생목욕라정(象平生沐浴裸裎)」자(者)，라위적체(裸謂赤體)，정유단야(裎猶袒也)。장욕시(將浴尸)，라단무의(裸袒無衣)，고자손부재방(故子孫不在旁)，주인출야(主人出也)。하기운(下記云)：「어자사인(御者四人)，항금이욕(抗衾而浴)。」정운(鄭云)：「항금(抗衾)，위기라정(爲其裸裎)，폐지야(蔽之也)。」이욕시시단로무의(以浴尸時袒露無衣)，고항금이폐지야(故抗衾以蔽之也)。운(云)「이단책(而襢簀)」자(者)，우하기운(又下記云)「단책(襢簀)」，정운(鄭云)「라(裸)，단야(袒也)。단책거석(襢簀去席)，록수편(盝水便)」시야(是也)。

내목(乃沐)，즐(櫛)，진용건(抵用巾)。

진(抵), 희야(晞也), 청야(淸也)。 고문진개작진(古文抵皆作振)。

◆소(疏)

○석왈(釋曰)：진위식야(抵謂拭也), 이운(而云)「희야(晞也)、청야(淸也)」자(者), 이기즐흘(以其櫛訖), 우이건식발건(又以巾拭發乾), 우사청정무반란(又使淸淨無潘欄), 식흘(拭訖), 잉미작분(仍未作紛)。 하문대조전흘(下文待蚤揃訖), 내괄용조(乃鬠用組), 시기차야(是其次也)。

욕용건(浴用巾), 진용욕의(抵用浴衣)。

용건(用巾), 용식지야(用拭之也)。《상대기(喪大記)》왈(曰)：「어자이인욕(御者二人浴), 욕수용분(浴水用盆), 옥수용두(沃水用枓)。」

◆소(疏)

○석왈(釋曰)：두(枓), 작수기(酌水器), 수오승(受五升), 방유병(方有柄)。 금용대포(今用大匏), 부방(不方), 용읍분중수이옥시(用挹盆中水以沃尸)。 우안(又案)《상대기(喪大記)》「욕수용분(浴水用盆), 옥수용두(沃水用枓)」, 목용와분(沐用瓦盆), 명목욕구유반급두(明沐浴俱有盤及枓), 차목욕반(此沐浴盤)、두역개유야(枓亦皆有也)。 인(引)《상대기(喪大記)》자(者), 증인지수급욕지기물야(證人之數及浴之器物也)。

난탁기우감(湅濯棄于坎)。

목욕여반수(沐浴餘潘水)、건(巾)、즐(櫛)、욕의(浴衣), 역병기지(亦並棄之)。 고문난작연(古文湅作緣), 형면지간어(荊沔之間語)。

◆소(疏)

○석왈(釋曰)：반수기경온자(潘水既經溫煮), 명지위난(名之爲湅)。 이장목욕(已將沐浴), 위지위탁(謂之爲濯)。 이목욕흘(已沐浴訖), 여반수기우감(餘潘水棄于坎)。 지건(知巾)、즐(櫛)、욕의역기지자(浴衣亦棄之者), 이기이경시용(以其已經尸用), 공인설지(恐人褻之), 약기장자기우은자(若棄杖者棄于隱者), 고지역기우감(故知亦棄于坎)。 운(云)「고문난작연(古文湅作緣), 형면지간어(荊沔之間語)」자(者), 《우공(禹貢)》운(云)：「형하유예주(荊河惟豫州)。」 즉정견예삽인어난위연(則鄭見豫卅人語湅爲緣), 시이고문오작연야(是以古文誤作緣也)。

조전여타일(蚤揃如他日)。

조(蚤), 독위조(讀爲爪), 단조전수야(斷爪揃鬚也)。 인군칙소신위지(人君則小臣爲之)。 타일(他日), 평생시(平生時)。

◆소(疏)

주(注)「조독(蚤讀)」지(至)「생시(生時)」。 ○석왈(釋曰)：정독조종조자(鄭讀蚤從爪者), 차조내시(此蚤乃是)《시(詩)》운(云)「기조헌고제구(其蚤獻羔祭韭)」, 고조자(古早字), 정독종수조지조(鄭讀從手爪之爪)。 지(知)「인군칙소신위지(人君則小臣爲之)」자(者), 《상대기(喪大記)》운(云)「소신조족(小臣爪足)」, 주운(注云)「조족(爪足), 단족조(斷足爪)」시야(是也)。

괄용조(鬠用組), 내계(乃笄), 설명의상(設明衣裳)。

용조(用組), 조속발야(組束髮也)。 고문괄개위괄(古文鬠皆爲括)。

◆소(疏)

주(注)「용조(用組)」지(至)「위괄(爲括)」。 ○석왈(釋曰)：괄계내가설(鬠紒乃可設), 명의이폐체(明衣以蔽體), 시기차야(是其次也)。

주인입(主人入), 즉위(卽位)。

이설명의(已設明衣), 가이입야(可以入也)。

◆소(疏)

석왈(釋曰)：자차진(自此盡)「반위(反位)」, 론포습의상병반함지사(論布襲衣裳並飯含之事)。

상축습제복(商祝襲祭服), 단의차(褖衣次)。

상축(商祝), 축습상례자(祝習商禮者)。상인교지이경(商人教之以敬), 어접신의(於接神宜)。습(襲), 포의상상(布衣牀上)。제복(祭服), 작변복(爵弁服)、피변복(皮弁服), 개종군조제지복(皆從君助祭之服)。대사유피변소복이제(大蜡有皮弁素服而祭), 송종지례야(送終之禮也)。습의어상(襲衣於牀), 상차함상지동(牀次含牀之東), 임여초야(衽如初也)。《상대기(喪大記)》왈(曰)：「함일상(含一牀), 습일상(襲一牀), 천시어당우일상(遷尸於堂又一牀)。」

◆소(疏)

주(注)「상축(商祝)」지(至)「일상(一牀)」。○석왈(釋曰)：운(云)「상축(商祝), 축습상례(祝習商禮)」자(者), 수동시주축(雖同是周祝), 앙습하례칙왈하축(仰習夏禮則曰夏祝), 앙습상례즉왈상축야(仰習商禮則曰商祝也)。운(云)「상인교지이경(商人教之以敬), 어접신의(於接神宜)」자(者), 안(案)《표기(表記)》운(云)：「은인존신(殷人尊神), 솔민이사신(率民以事神)。」존이부친언존경(尊而不親言尊敬), 고지은인교이경(故知殷人教以敬), 시이사지습(是以使之襲), 어접신의(於接神宜)。약연(若然), 차편급(此篇及)《기석(既夕)》이하인교충(以夏人教忠), 종소렴전(從小斂奠)、대렴전급삭반천신(大斂奠及朔半荐新)、조전(祖奠)、대견전개시하축위지(大遣奠皆是夏祝爲之), 기간수부언축명(其間雖不言祝名), 역하축가지(亦夏祝可知)。기철지자(其徹之者), 개부언축명(皆不言祝名), 즉주축철지야(則周祝徹之也)。은인교이경(殷人教以敬), 단시접신개상축위지(但是接神皆商祝爲之), 기간행사(其間行事), 약축취명지류(若祝取銘之類), 부언축명자(不言祝名者), 역주축가지(亦周祝可知)。유(唯)《기석(既夕)》개빈시(開殯時), 이주축철찬(以周祝徹饌), 이당하이사부가병사주축(而堂下二事不可並使周祝), 고하축취명치어중(故夏祝取銘置於重)。안(案)《주례(周禮)》유대축(有大祝)、소축(小祝)、상축(喪祝)、저축(詛祝)、전축(甸祝), 차편급(此篇及)《기석(既夕)》언하축(言夏祝)、상축(商祝), 주례이상축행사(周禮以喪祝行事), 개당상축자야(皆當喪祝者也)。천자이하상례(天子以下喪禮), 운역당상축행사야(云亦當喪祝行事也)。운(云)「습(襲), 포의상상(布衣牀上)」자(者), 《상대기(喪大記)》운습일상(云襲一牀), 고지습시포의상상야(故知襲時布衣牀上也)。차수포의미습(此雖布衣未襲), 대반함흘(待飯含訖), 내습(乃襲), 하경위차시야(下經為次是也)。운(云)「제복(祭服), 작변복(爵弁服)、피변복(皮弁服), 개종군조제지복(皆從君助祭之服)」자(者), 이기작변종군조제종묘지복(以其爵弁從君助祭宗廟之服), 《잡기(雜記)》운(云)「사변이제우공(士弁而祭于公)」시야(是也)。피변(皮弁), 종군청삭지복(從君聽朔之服), 《옥조(玉藻)》운(云)「피변이청삭어대묘(皮弁以聽朔於大廟)」시야(是也)。운(云)「대사유피변소복이제(大蜡有皮弁素服而祭), 송종지례야(送終之禮也)」자(者), 《교특생(郊特牲)》문(文)。인지자(引之者), 증피변지복유이종(證皮弁之服有二種)：일자피변시백포의적소위상(一者皮弁時白布衣積素爲裳), 시천자조복(是天子朝服), 역시제후급신청삭지복(亦是諸侯及臣聽朔之服)；이자피변시의상개소갈대진장(二者皮弁時衣裳皆素葛帶榛杖), 대사시송종지례흉복야(大蜡時送終之禮凶服也)。차사지습급사관소용청삭자(此士之襲及士冠所用聽朔者), 부용차소복(不用此素服), 인자욕견(引者欲見)《교특생(郊特牲)》피변소복시대사송종지복(皮弁素服是大蜡送終之服), 비차습시소용자야(非此襲時所用者也)。지(知)「습의어상(襲衣於牀), 상차함상지동(牀次含牀之東)」자(者), 이기사어북용하(以其死於北牖下), 천시우당유하(遷尸于當牖下), 목욕이반함(沐浴而飯含)。인(引)《대기(大記)》운(云)「함일상(含一牀), 습일상(襲一牀), 천시우당우일상(遷尸于堂又一牀)」자(者), 상사소이즉원(喪事所以即遠), 고지습상차함상지동(故知襲牀次含牀之東)。운(云)「임여초야(衽如初也)」자(者), 임와석하완상점(衽臥席下莞上簟), 피일상지하(彼一牀之下), 우운개유침석(又云皆有枕席), 군(君)、대부(大夫)、사일야(士一也), 고지임여초함시야(故知衽如初含時也)。

주인출(主人出), 남면(南面), 좌단(左袒), 급제면지우(扱諸面之右)。관우분상(盥于盆上), 세패(洗貝), 집이입(執以入)。재세사(宰洗柶), 건우미(建于米), 집이종(執以從)。

구입호(俱入戶), 서향야(西鄉也)。금문재부언집(今文宰不言執)。

◆소(疏)

주(注)「구입(俱入)」지(至)「언집(言執)」。○석왈(釋曰) : 운(云)「급제면지우(扱諸面之右)」자(者), 면(面), 전야(前也), 위단좌수(謂袒左袖), 급어우액지하대지내(扱於右腋之下帶之內), 취편야(取便也)。운(云)「세패집이입(洗貝執以入)」자(者), 세흘(洗訖), 환어계내집이입(還於笲內執以入)。운(云)「재세사(宰洗柶), 건우미(建于米)」자(者), 역어폐돈지내건지(亦於廢敦之內建之)。정지(鄭知)「구입호(俱入戶), 서향(西鄉)」자(者), 이하경시운(以下經始云)「주인여재상서동면(主人與宰牀西東面)」, 고지차시서향야(故知此時西鄉也)。

상축집건종입(商祝執巾從入), 당유북면(當牖北面), 철침(徹枕), 설건(設巾), 철설(徹楔), 수패(受貝), 전우시서(奠于尸西)。

당유북면(當牖北面), 치시남야(值尸南也)。설건복면(設巾覆面), 위반지유락미야(爲飯之遺落米也)。여상축지사위(如商祝之事位), 칙시남수명의(則尸南首明矣)。

◆소(疏)

주(注)「당유(當牖)」지(至)「명의(明矣)」。○석왈(釋曰) : 운수패자취시동(云受貝者就尸東), 주인변수취계패(主人邊受取笲貝), 종시남과(從尸南過), 전시서상상(奠尸西牀上), 이대주인친함야(以待主人親含也)。정운(鄭云)「당유북면(當牖北面), 치시남야(值尸南也)」자(者), 지시당유자(知尸當牖者), 견(見)《기석(既夕)》기(記) : 「설상책(設牀第), 당유임(當牖衽), 하완상점(下莞上簟)。」천시어상(遷尸於上), 시시당유(是尸當牖)。금언당유북면(今言當牖北面), 고지치시남가지(故知值尸南可知)。운(云)「설건복면(設巾覆面), 위반지유락미야(爲飯之遺落米也)」자(者), 단사지자친함(但士之子親含), 발기건(發其巾), 부혐예악(不嫌穢惡), 금설건복면자(今設巾覆面者), 위반시공유유락미재면상(爲飯時恐有遺落米在面上), 고복지야(故覆之也)。운(云)「여상축지사위(如商祝之事位), 즉시남수명의(則尸南首明矣)」자(者), 구유해운(舊有解云) : 「천시어남유시(遷尸於南牖時), 북수(北首)。」약북수칙축당재북두이남향(若北首則祝當在北頭而南鄉), 이기위철침설건(以其爲徹枕設巾), 요수재시수(要須在尸首), 편야(便也)。금상축사위이북면(今商祝事位以北面), 즉시남수명의(則尸南首明矣)。약연(若然), 미장이전(未葬已前), 부이어생(不異於生), 개남수(皆南首)。《단궁(檀弓)》운(云)「장우북방북수(葬于北方北首)」자(者), 종귀신상유암(從鬼神尚幽闇), 귀도사지고야(鬼道事之故也)。유유상조묘시북수(唯有喪朝廟時北首), 순사자지효심(順死者之孝心), 고북수야(故北首也)。

주인유족서(主人由足西), 상상좌(牀上坐), 동면(東面)。

부감종수전야(不敢從首前也)。축수패미전지(祝受貝米奠之), 구실부유족야(口實不由足也)。

◆소(疏)

주(注)「부감(不敢)」지(至)「족야(足也)」。○석왈(釋曰) : 운(云)「축수패미전지구실부유족야(祝受貝米奠之口實不由足也)」자(者), 전문축입(前文祝入), 당유북면(當牖北面), 시유시수(是由尸首), 고수주인패전지(故受主人貝奠之), 병수미전우시서(並受米奠于尸西), 고주인공수유족과(故主人空手由足過), 이기구실(以其口實), 부가유족(不可由足), 공설지고야(恐褻之故也)。

축우수미(祝又受米), 전우패북(奠于貝北)。재종립우상서(宰從立于牀西), 재우(在右)。

미재패북(米在貝北), 편급자야(便扱者也)。재립상서(宰立牀西), 재주인지우(在主人之右), 당좌반사(當佐飯事)。

◆소(疏)

주(注)「미재(米在)」지(至)「반사(飯事)」。○석왈(釋曰) : 운(云)「미재패북(米在貝北), 편급(便扱)」자(者), 이기축선전패우시서(以其祝先奠貝于尸西), 축우수미종수서과(祝又受米從首西過), 전우패남(奠于貝南), 편의(便矣)。금부어패남전지이전우패북(今不於貝南奠之而奠于貝北), 고운편주인지급야(故云便主人之扱也)。운(云)「재립상서(宰立牀西), 재주인지우(在主人之右), 당좌반사(當佐飯事)」자(者), 차부감취(此不敢取)「조사자우(詔辭自右)」지의(之義), 직이미재주인지우(直以米在主人之右), 고재역재우(故宰亦在右), 고운당좌반사야(故云當佐飯事也)。

주인좌급미(主人左扱米), 실우우(實于右), 삼(三), 실일패(實一貝)。좌(左)、중역여지(中亦如之)。우실미(又實米), 유영(唯盈)。

우우(于右), 시구지우(尸口之右)。유영(唯盈), 취만이이(取滿而已)。

◆소(疏)

주(注)「우우(于右)」지(至)「이이(而已)」。○석왈(釋曰)：운(云)「우우(于右), 시구지우(尸之右)」자(者), 시남수(尸南首), 운우(云右), 위구동변야(謂口東邊也)。운(云)「유영(唯盈), 취만이이(取滿而已)」자(者), 이경좌우급중각삼급미(以經左右及中各三扱米), 경운실미유영(更云實米唯盈), 즉구급공부만(則九扱恐不滿), 시이중운유영야(是以重云唯盈也)。

주인습(主人襲), 반위(反位)。

습(襲), 복의야(復衣也)。위재시동(位在尸東)。

◆소(疏)

주(注)「습복(襲復)」지(至)「시동(尸東)」。○석왈(釋曰)：운(云)「습(襲), 복의야(復衣也)」자(者), 이기향단즉로형(以其鄉袒則露形), 금운습(今云襲), 시복저의(是復著衣), 고운복의(故云復衣)。지(知)「위재시동(位在尸東)」자(者), 이기향자재시서(以其鄉者在尸西), 금환시동서면위야(今還尸東西面位也)。

상축엄(商祝掩), 전(瑱), 설멱목(設幎目), 내구(乃屨), 기결우부(綦結于跗), 연구(連絇)。

엄자(掩者), 선결이하(先結頤下)。기전(既瑱), 멱목(幎目), 내환결항야(乃還結項也)。부(跗), 족상야(足上也)。구(絇), 구식(屨飾), 여도의비(如刀衣鼻), 재구두상(在屨頭上), 이여조련지(以餘組連之), 지족탁야(止足坼也)。

◆소(疏)

주(注)「엄자(掩者)」지(至)「탁야(坼也)」。○석왈(釋曰)：자차진(自此盡)「우감(于坎)」, 론습시지사(論襲尸之事)。운(云)「엄자(掩者), 선결이하(先結頤下)。기전(既瑱), 멱목(幎目), 내환결항야(乃還結項也)」자(者), 경선언엄(經先言掩), 후언전여멱목(後言瑱與幎目), 정지후결항자(鄭知後結項者), 이기엄유사각(以其掩有四腳), 후이각선결이하(後二腳先結頤下), 무소방(無所妨), 고선결지(故先結之)。약즉이전이각향후결우항(若即以前二腳向後結于項), 즉엄어이급면(則掩於耳及面), 양변전여멱목무소시(兩邊瑱與幎目無所施), 고선결이하(故先結頤下), 대설전새이(待設瑱塞耳), 병시멱목(並施幎目), 내결항후야(乃結項後也)。운(云)「부(跗), 족상야(足上也)」자(者), 위족배야(謂足背也)。운(云)「구(絇), 구식(屨飾), 여도의비재구두상(如刀衣鼻在屨頭上)」자(者), 이한시도의비황구(以漢時刀衣鼻況絇), 재구두상(在屨頭上), 이기개유공(以其皆有孔), 득천계우중이과자야(得穿繫于中而過者也)。약무구(若無絇), 즉위지제구(則謂之鞮屨), 시이정주(是以鄭注)《주례(周禮)・제씨(鞮氏)》운제구자(云鞮屨者), 무구지구(無絇之屨)。운(云)「이여조련지(以餘組連之)」자(者), 이기구계기결(以綦屨繫既結), 유여조천련량구지구(有餘組穿連兩屨之絇), 사량족부상시리(使兩足不相忕離), 고운(故云)「지족탁야(止足坼也)」。

내습(乃襲), 삼칭(三稱)。

천시어습상이의지(遷尸於襲上而衣之)。범의사자(凡衣死者), 좌임(左衽), 부뉴(不紐), 습부언설상(襲不言設牀), 우부언천시어습상(又不言遷尸於襲上), 이기구당유(以其俱當牖), 무대이(無大異)。

◆소(疏)

주(注)「천시(遷尸)」지(至)「대이(大異)」。○석왈(釋曰)：운(云)「천시어습상이의지(遷尸於襲上而衣之)」자(者), 이기상문이포의어함동상상이미습(以其上文已布衣於含東牀上而未襲), 금이반함흘(今已飯含訖), 내천시(乃遷尸), 이의저어시(以衣著於尸), 고운천시어습상이의지야(故云遷尸於襲上而衣之也)

(故云遷尸於襲上而衣之也)。운(云)「범의사자(凡衣死者), 좌임(左衽), 부뉴(不紐)」자(者), 안(案)《상대기(喪大記)》운(云)：「소렴(小斂)、대렴(大斂), 제복부도(祭服不倒), 개좌임결(皆左衽結), 교부뉴(絞不紐)。」주운(注云)：「좌임(左衽), 임향좌(衽鄉左), 반생시야(反生時也)。」운(云)「습부언설상(襲不言設牀), 우부언천시어습상(又不言遷尸於襲上), 이기구당유(以其俱當牖), 무대이(無大異)」자(者), 차대대렴(此對大斂)、소렴포의흘(小斂布衣訖), 개언천시어렴상(皆言遷尸於斂上), 이기소렴우호내(以其小斂于戶內), 대렴우조계(大斂于阼階), 기처유이고야(其處有異故也)。차습상여함상병재남유하(此襲牀與含牀並在南牖下), 소별이이(小別而已), 무대이(無大異), 고부언설상여천시야(故不言設牀與遷尸也)。약연(若然), 질자어북용하폐상(疾者於北墉下廢牀), 시사천시어남유(始死遷尸於南牖), 즉유상(即有牀), 고상문주인입좌어상동(故上文主人入坐於牀東), 주부상서(主婦牀西), 이기하즉한시(以其夏即寒尸), 치빙어시상지하(置冰於尸牀之下), 수부언설상(雖不言設牀), 유상가지(有牀可知)。고장반함(故將飯含), 축이미패(祝以米貝), 치어상서야(致於牀西也)。《대기(大記)》유언함일상(唯言含一牀), 습일상(襲一牀), 대렴부언상자(大斂不言牀者), 이대(以大)、소렴의상다진어지(小斂衣裳多陳於地), 고부언상(故不言牀)。습의상소(襲衣裳少), 함시수록수(含時須漉水), 우수한시(又須寒尸), 고병수상야(故並須牀也)。차사습삼칭(此士襲三稱), 소렴십구칭(小斂十九稱), 대렴삼십칭(大斂三十稱)。안(案)《잡기(雜記)》주운(注云)：「사습삼칭(士襲三稱), 자고습오칭(子羔襲五稱), 금공습구칭(今公襲九稱), 측존비습수부동의(則尊卑襲數不同矣)。제후칠칭(諸侯七稱), 천자십이칭여(天子十二稱與)？」이무정문(以無正文), 고운(故云)「여(與)」이의지(以疑之)。《상대기(喪大記)》운소렴십유구칭(云小斂十有九稱), 존비동(尊卑同), 대렴군백칭(大斂君百稱), 오등동대부오십칭(五等同大夫五十稱), 이하문사삼십칭(以下文士三十稱)。천자제후경대부사명수수수(天子諸侯卿大夫士命數雖殊), 칭수역등(稱數亦等), 삼공의여제후동(三公宜與諸侯同)。

명의부재산(明衣不在算)。

산(算), 수야(數也)。부재수(不在數), 명의단의부성칭야(明衣禪衣不成稱也)。

◆소(疏)

○석왈(釋曰)：운(云)「부재수(不在數), 명의단의부성칭야(明衣禪衣不成稱也)」자(者), 《상대기(喪大記)》운(云)：「포필유표(袍必有表), 부단(不禪), 의필유상위지일칭(衣必有裳謂之一稱)。」기단의수단(其褖衣雖禪), 이포위표(以袍爲表), 고운(故云)「칭(稱)」。명의단이무리(明衣禪而無裏), 부성칭(不成稱), 고부수야(故不數也)。

설갑(設韐)、대(帶)、진홀(搢笏)。

갑대(韐帶), 매갑치대(韎韐緇帶)。부언매치자(不言韎緇者), 성문(省文), 역욕견갑자유대(亦欲見韐自有帶)。갑대용혁(韐帶用革)。진(搢), 첩야(捷也), 첩어대지우방(捷於帶之右旁)。고문갑위합야(古文韐爲合也)。

◆소(疏)

석왈(釋曰)：운(云)「갑대(韐帶), 매갑치대(韎韐緇帶)」자(者), 안상진복지시(案上陳服之時), 유매갑(有韎韐), 유치대(有緇帶), 고운시매갑치대야(故云是韎韐緇帶也)。운(云)「부언매치자(不言韎緇者), 성문(省文), 역욕견갑자유대(亦欲見韐自有帶)」자(者), 본정언매갑대(本正言韎韐帶), 역동득위성문(亦同得爲省文), 금언매갑자용혁대야(今言韎韐者用革帶也), 이기생시치대이속의(以其生時緇帶以束衣), 혁대이패불(革帶以佩韍), 왕지등생시유이대(王之等生時有二帶), 사역비차이대(死亦備此二帶), 시이(是以)《잡기(雜記)》운(云)：「주록대(朱綠帶), 신가대대어상(申加大帶於上)。」주운(注云)「주록대자(朱綠帶者), 습의지대(襲衣之帶), 식지(飾之), 잡이주록(雜以朱綠), 이어생야(異於生也)。차대역이소위지(此帶亦以素爲之), 신(申), 중야(重也), 중어혁대야(重於革帶也)。혁대이패불(革帶以佩韍), 필언중가대대자(必言重加大帶者), 명수유변(明雖有變), 필비차이대(必備此二帶)」시야(是也)。안(案)《옥조(玉藻)》운(云)：「잡대(雜帶), 군주록(君朱綠), 대부현화(大夫玄華), 사치피(士緇辟)。」우안(又案)《잡기(雜記)》운(云)：「솔대(率帶), 제후대부개오채(諸侯大夫皆五采), 사이채(士二采)。」주운(注云)「차위습시지대대야(此謂襲尸之大帶也)」。이차이언(以此而言), 생시군대부이색

(生時君大夫二色), 금사칙가이오채(今死則加以五采). 사생시일색(士生時一色), 사경가이색(死更加二色), 시이어생(是異於生). 약연(若然), 우(又)《잡기(雜記)》「주록대(朱綠帶)」주운(注云):「주록대자(朱綠帶者), 습의지대(襲衣之帶), 식지(飾之), 잡이주록(雜以朱綠), 이어생야(異於生也). 차대역이소위지(此帶亦以素爲之).」피시대의지대(彼是帶衣之帶), 비대대(非大帶), 제후례(諸侯禮), 즉사대부역의유지(則士大夫亦宜有之), 차부언(此不言), 문부구야(文不具也). 단인군의대용주록(但人君衣帶用朱綠), 여대대동(與大帶同), 차칙대부사(此則大夫士), 식여대대동야(飾與大帶同也). 운(云)「진(搢), 첩야(捷也), 첩어대지우방(捷於帶之右旁)」자(者), 이우수취지편고야(以右手取之便故也).

설결(設決), 려우견(麗于掔), 자반지지(自飯持之)。설악(設握), 내련견(乃連掔)。

려(麗), 시야(施也). 견(掔), 수후절중야(手後節中也). 반(飯), 대벽지본야(大擘指本也). 결(決), 이위위지자(以韋爲之藉), 유구(有彄). 구내단위뉴(彄內端爲紐), 외단유횡대(外端有橫帶), 설지(設之), 이뉴환대벽본야(以紐擐大擘本也). 인답기구(因沓其彄), 이횡대관뉴결어견지표야(以橫帶貫紐結於掔之表也). 설악자(設握者), 이기계구중지(以綦繫鉤中指), 유수표여결대지여련결지(由手表與決帶之餘連結之). 차위우수야(此謂右手也). 고문려역위련(古文麗亦爲連), 견작완(掔作捥)。

◆소(疏)

석왈(釋曰):운(云)「결(決), 이위위지적(以韋爲之藉), 유구(有彄). 구내단위뉴외단유횡대(彄內端爲紐外端有橫帶)」자(者), 이하당대벽본향장위내단(以下當大擘本鄕掌爲內端), 속뉴(屬紐), 자향수표위외단(子鄕手錶爲外端), 속횡대야(屬橫帶也). 운(云)「설지(設之), 이뉴환대벽본야(以紐擐大擘本也). 인답기구(因沓其彄), 이횡대관뉴결어지표야(以橫帶貫紐結於之表也)」자(者), 이정언지(以鄭言之), 대지단(大指短), 기저지선이뉴환대벽본(其著之先以紐擐大擘本), 연후인답기구어지(然後因沓其彄於指), 내이횡대요수(乃以橫帶繞手), 일이관뉴(一二貫紐), 반향수표결지(反向手錶結之). 정수운결우벽지표(鄭雖云結于擘之表), 차내어대간(且內於帶間), 미즉결차횡대(未即結此橫帶), 즉상조계시야(即上組繫是也). 운(云)「설악자(設握者), 이기계구중지(以綦繫鉤中指), 유수표여결대지여련결지(由手錶與決帶之餘連結之)」자(者), 안상문악수장척이촌(案上文握手長尺二寸), 과수일단(裹手一端), 요어수표(繞於手錶), 필중의어상엄자(必重宜於上掩者), 속일계어하각(屬一繫於下角), 내이계요수일잡(乃以繫繞手一匝), 당수표중지향상구(當手錶中指向上鉤), 중지우반이상요취계향하(中指又反而上繞取繫鄕下), 여결지대여련결지(與決之帶餘連結之). 운(云)「차위우수야(此謂右手也)」자(者), 이기우수유결(以其右手有決), 금언여결동결(今言與決同結), 명시우수야(明是右手也). 하기소운(下記所云)「설악(設握)」자(者), 차위좌수(此謂左手), 정운(鄭云):「수무결자야(手無決者也)。」

설모(設冒), 고지(櫜之)。무용금(幠用衾)。

고(櫜), 도성물자(韜盛物者), 취사명언(取事名焉). 금자(衾者), 시사시렴금(始死時斂衾). 금문고위탁(今文櫜爲橐)。

◆소(疏)

석왈(釋曰):운(云)「취사명언(取事名焉)」자(者), 차본명모(此本名冒), 이운고(而云櫜), 고시도성지명(櫜是韜盛之名), 금이차모고성시(今以此冒櫜盛尸), 고명위고(故名爲櫜), 시취성물지사명언(是取盛物之事名焉). 운(云)「금자(衾者), 시사시렴금(始死時斂衾)」자(者), 편수시사운(篇首始死云)「무용렴금(幠用斂衾)」, 주운(注云):「대렴지금(大斂之衾)。」금수습흘(今雖襲訖), 내용대렴금(乃用大斂衾), 이기습시무금(以其襲時無衾), 소렴지금진지(小斂之衾陳之), 여전미습동(與前未襲同), 부언렴금(不言斂衾), 단언금(單言衾), 시렴금가지(是斂衾可知), 고부언야(故不言也)。

건(巾)、사(柶)、순(鬊)、조매우감(蚤埋于坎)。

감지차축지야(坎至此築之也). 장습피전(將襲辟奠), 기즉반지(既則反之)。

◆소(疏)

주(注)「감지(坎至)」지(至)「반지(反之)」。○석왈(釋曰) : 운(云)「감지차축지야(坎至此築之也)」자(者), 상문직운(上文直云)「난탁기우감(涘濯棄于坎)」, 부언매(不言埋), 이기미축고야(以其未築故也)。지차언(至此言)「매(埋)」자(者), 사흘당축지고야(事訖當築之故也)。필지차내축지자(必至此乃築之者), 이기렴사거(以其斂事遽), 무가즉매(無暇即埋), 우려경유수매자(又慮更有須埋者), 고지차복시흘(故至此覆尸訖), 내매지(乃埋之)。전위감자(前爲坎者), 시전인야(是甸人也), 즉차매지(則此埋之), 역전인야(亦甸人也)。운(云)「장습피전(將襲辟奠), 기칙반지(既則反之)」자(者), 언차자(言此者), 이초사포해례주지전(以初死脯醢醴酒之奠), 이래부언(爾來不言), 공부지소안지처(恐不知所安之處), 단시사설우시동(但始死設于尸東), 방습사(方襲事), 필당피지(必當辟之), 습흘(襲訖), 반지어시동(反之於尸東), 이기부가공무소의고야(以其不可空無所依故也)。안하기운(案下記云) :「소렴(小斂), 피전부출실(辟奠不出室)。」피환시습전(彼還是襲奠), 피소렴(辟小斂), 즉차피습전(則此辟襲奠), 역부출실(亦不出室), 잉부언처(仍不言處)。대렴시(大斂時), 피소렴전우서서남(辟小斂奠于序西南), 즉차의실서남우(則此宜室西南隅), 지대렴(至大斂), 피소렴전(辟小斂奠), 즉언우서서남(則言于序西南), 유문가지야(有文可知也)。약연(若然), 차전습후(此奠襲後), 인명습전(因名襲奠), 고하정주운(故下鄭注云) :「장소렴(將小斂), 즉피습전(則避襲奠)。」

중목간착지(重木刊鑿之)。전인치중우중정(甸人置重于中庭), 참분정일(參分庭一), 재남(在南)。

목야(木也), 현물언왈중(縣物焉曰重)。간(刊), 착치(斲治), 착지위현잠공야(鑿之爲縣簪孔也)。사중목장삼척(士重木長三尺)。

◆소(疏)

주(注)「목야(木也)」지(至)「삼척(三尺)」。○석왈(釋曰) : 자차지(自此至)「우중(于重)」, 론설중지사(論設重之事)。운(云)「목야(木也), 현물언왈중(縣物焉曰重)」자(者), 해명목위중지의(解名木爲重之意), 이기목유물현어하(以其木有物縣於下), 상중루(相重累), 고득중명(故得重名)。운(云)「착지위현잠공야(鑿之爲縣簪孔也)」자(者), 하운(下云)「계용금(繫用靲)」, 용금내차공중(用靲內此孔中), 운잠자(云簪者), 약관지계(若冠之筓), 위지잠(謂之簪), 사관련속어계(使冠連屬於紒), 차잠역상련속어목지명야(此簪亦相連屬於木之名也)。운(云)「사중목장삼척(士重木長三尺)」자(者), 정언사중목장삼척(鄭言士重木長三尺), 칙대부이상각유등(則大夫以上各有等), 당약명정지강(當約銘旌之杠), 사삼척(士三尺), 대부오척(大夫五尺), 제후칠척(諸侯七尺), 천자구척(天子九尺), 거수지자(據豎之者), 횡자의반지(橫者宜半之), 정부언대부이상(鄭不言大夫以上), 무정문고야(無正文故也)。

하축죽여반(夏祝鬻餘飯), 용이격(用二鬲), 우서장하(于西牆下)。

하축(夏祝), 축습하례자야(祝習夏禮者也)。하입교이충(夏入教以忠), 기어양의(其於養宜)。죽여반(鬻餘飯), 이반시여미위죽야(以飯尸餘米爲鬻也)。중(重), 주도야(主道也)。사이격(士二鬲), 즉대부사(則大夫四), 제후륙(諸侯六), 천자팔여(天子八與)? 궤동차(簋同差)。

◆소(疏)

주(注)「하축(夏祝)」지(至)「동차(同差)」。○석왈(釋曰) : 운(云)「우서장하(于西牆下)」자(者), 서장하유조(西牆下有竈), 즉상문전인위역시야(即上文甸人爲垼是也)。운(云)「하인교이충(夏人教以忠), 기어양의(其於養宜)」자(者), 안(案)《예기(禮記)・표기(表記)》운(云) :「하도존명(夏道尊命), 경신이원지(敬神而遠之), 근인이충언(近人而忠焉)。」《서전략설(書傳略說)》역운(亦云)「하후씨주교이충(夏後氏主教以忠)」, 시하인교이충야(是夏人教以忠也)。《곡례(曲禮)》운(云) :「군자부진인지환(君子不盡人之歡), 부갈인지충(不竭人之忠)。」정운(鄭云) :「환위음식(歡謂飲食), 충위의복(忠謂衣服)。」약충부대환(若忠不對歡), 충역음식(忠亦飲食), 고차음식사하축충자(故此飲食使夏祝忠者), 양의야(養宜也)。전상축전미(前商祝奠米)、반미(飯米), 하축철지(夏祝徹之), 금내죽지(今乃鬻之), 이성어격(而盛於鬲), 시이하기운(是以下記云)「하축철여반(夏祝徹餘飯)」, 주운(注云)「철(徹), 거죽(去鬻)」시야(是也)。운(云)「중(重), 주도야(主道也)」자(者), 《단궁(檀弓)》문(文), 피주운(彼注云) :「시사(始死), 미작주(未作主), 이중주기신야(以重主其神也)。」즉시우제지후(即是虞祭之後), 이목주체중처(以木主替重處), 고운중주도야(故云重主道也)。인지자(引之者), 증차중시목주지도야(證此重是木主之道也)

(證此重是木主之道帶者)， 습의지대(襲衣之帶)， 식지(飾之)， 잡이주록(雜以朱綠)， 이어생야(異於生也)。 차대역이야(且帶亦也)。 운(云)「사이격(士二鬲)， 칙대부사(則大夫四)， 제후륙(諸侯六)， 천자팔여(天子八與)， 궤동차(簋同差)」자(者)， 역무정문(亦無正文)， 정언지자(鄭言之者)， 이기동성서직(以其同盛黍稷)， 고지동차야(故知同差也)。 안(案)《특생(特牲)》용이돈(用二敦)， 《소뢰(少牢)》용사돈(用四敦)， 동성지대부사용궤(同姓之大夫士用簋)， 고개이궤언지(故皆以簋言之)。《명당위(明堂位)》운(云)：「주지팔궤(周之八簋)。」《시(詩)》운(云)：「진궤팔궤(陳饋八簋)。」개천자례(皆天子禮)。 자상강살이량(自上降殺以兩)， 명제후륙(明諸侯六)。《제통(祭統)》제후례(諸侯禮)， 이운(而云)「사궤서견기수어묘중야(四簋黍見其修於廟中也)」， 이궤류(二簋留)， 양염부용준(陽厭不用餕)， 고부언야(故不言也)。

멱용소포(冪用疏布)， 구지(久之)， 계용금(繫用芹)， 현우중(縣于重)。 멱용위석(冪用葦席)， 북면(北面)， 좌임(左衽)， 대용금(帶用芹)， 하지(賀之)， 결우후(結于後)。

구독위구(久讀爲灸)， 위이개새격구야(謂以蓋塞鬲口也)。 금죽(芹竹){죽밀(竹密)}야(也)。 이석복중(以席覆重)， 피굴이반(辟屈而反)， 양단교어후(兩端交於後)。 좌임(左衽)， 서단재상(西端在上)。 하(賀)， 가야(加也)。 고문멱개작밀(古文冪皆作密)。

◆소(疏)

주(注)「구독(久讀)」지(至)「작밀(作密)」。○석왈(釋曰)：운(云)「멱용소포(冪用疏布)， 구지(久之)」자(者)， 정구독위구(鄭久讀爲灸)， 구새의(灸塞義)， 위직용조포개격구위새야(謂直用粗布蓋鬲口爲塞也)。 운(云)「금(芹)， 죽(竹){죽밀(竹密)}야(也)」자(者)， 안(案)《고명(顧命)》운(云)：「유간남향(牖間南向)， 부중멸석(敷重篾席)。」 즉차죽(即此竹){죽밀(竹密)}일야(一也)， 위죽지청(謂竹之青)， 가이위계자(可以爲繫者)。 운(云)「이석복중(以席覆重)， 피굴이반(辟屈而反)， 량단교어후(兩端交於後)。 좌임(左衽)， 서단재상(西端在上)」자(者)， 거인북면이석선어중북면남엄지(據人北面以席先於重北面南掩之)， 연후이동단위하향서(然後以東端爲下向西)， 서단위상향동(西端爲上向東)， 시위피굴이반(是爲辟屈而反)， 양단교어후(兩端交於後)， 위좌임(爲左衽)、우임(右衽)， 연후이(然後以){죽밀(竹密)}가속지(加束之)， 결어후야(結於後也)。

축취명(祝取銘)， 치어중(置於重)。

축(祝)， 습주례자야(習周禮者也)。

◆소(疏)

석왈(釋曰)：이명미용(以銘未用)， 대빈흘내치어사(待殯訖乃置於殣)。 금차치어중(今且置於重)， 필차치어중자(必且置於重者)， 중여주개시록신지물고야(重與主皆是錄神之物故也)。

궐명(厥明)， 진의우방(陳衣于房)， 남령(南領)， 서상(西上)， 천(綪)。교횡삼축일(絞橫三縮一)， 광종폭(廣終幅)， 석기말(析其末)。

천(綪)， 굴야(屈也)。교(絞)， 소이수속의복위견급자야(所以收束衣服爲堅急者也)， 이포위지(以布爲之)。축(縮)， 종야(從也)。 횡자삼폭(橫者三幅)， 종자일폭(從者一幅)。 석기말자(析其末者)， 영가결야(令可結也)。《상대기(喪大記)》왈(曰)：「교일폭위삼(絞一幅爲三)。」

◆소(疏)

석왈(釋曰)：자차진(自此盡)「동병(東柄)」， 논진소렴의물지사(論陳小斂衣物之事)。 운(云)「궐명(厥明)」자(者)， 대작일시사지일(對昨日始死之日)， 위궐명(爲厥明)。 차진의장진(此陳衣將陳)， 병취이렴(並取以斂)， 개용협(皆用篋)， 시이(是以)《상대기(喪大記)》운(云)「범진의자(凡陳衣者)， 실지협(實之篋)， 취의자(取衣者)， 역이협(亦以篋)。 승강자자서계(升降者自西階)」시야(是也)。 운(云)「교소이수속의복위견급(絞所以收束衣服爲堅急)」자(者)， 차총해대소렴지교(此總解大小斂之絞)， 약세이분지칙별(若細而分之則別)。 고정주(故鄭注)《상대기(喪大記)》운(云)：「소렴지교야(小斂之絞也)， 광종폭(廣終幅)， 석기말(析其末)， 이위견지강야(以爲堅之強也)。 대렴지교(大斂之絞)， 일폭삼석(一幅三析)， 용지이위견지급야(用之以爲堅之急也)。」 운이포위지(云以布爲之)， 지자(知者)， 하기운(下記云)「범교금용포(凡絞衿用布)， 륜여(綸如

조복(倫如朝服)」, 주운(注云): 「륜(倫), 비야(比也)。」차교직언종횡폭수(此絞直言從橫幅數), 부언장단자(不言長短者), 인유단장부정(人有短長不定), 취족이이(取足而已)。인(引)《상대기(喪大記)》, 증교위삼석지사(證絞爲三析之事)。

치금(緇衾), 정리(䩞裏), 무담(無紞)。

담(紞), 피식야(被識也)。렴의혹도(斂衣或倒), 피무별어전후가야(被無別於前後可也)。범금제동(凡衾制同), 개오폭야(皆五幅也)。

◆소(疏)

석왈(釋曰): 운(云)「렴의혹도(斂衣或倒)」자(者), 안하문운(案下文云)「제복부도(祭服不倒)」, 칙여복유도자(則餘服有倒者), 개유령가기야(皆有領可記也)。운(云)「피무별어전후가야(被無別於前後可也)」자(者), 피본무수미(被本無首尾), 생시유담(生時有紞), 위기식전후(爲記識前後), 공어후호환(恐於後互換)。사자일정(死者一定), 부수별기전후가야(不須別其前後可也)。운(云)「범금제동(凡衾制同), 개오폭야(皆五幅也)」자(者), 차무정문(此無正文), 《상대기(喪大記)》운(云): 「금오폭(衾五幅), 무담(無紞)。」금시금지류(衾是紟之類), 고지역오폭(故知亦五幅)。

제복차(祭服次),

작변복(爵弁服), 피변복(皮弁服)。

◆소(疏)

주(注)「작변복피변복(爵弁服皮弁服)」。○석왈(釋曰): 범진렴의(凡陳斂衣), 선진교금어상(先陳絞紟於上), 차진제복어하(次陳祭服於下), 고운(故云)「제복차(祭服次)」。지대렴진의(至大斂陳衣), 역선진교금금(亦先陳絞紟衾), 차진군수제복(次陳君襚祭服), 소이연자(所以然者), 이교금위리속의(以絞紟爲裏束衣), 고개교금위선(故皆絞紟爲先)。단소렴미자재내(但小斂美者在內), 대렴미자재외(大斂美者在外), 고소렴선포산의(故小斂先布散衣), 후포제복(後布祭服); 대렴칙선포제복(大斂則先布祭服), 후포산의(後布散衣)。시소렴미자재내(是小斂美者在內), 대렴미자재외야(大斂美者在外也)。습시미자재외(襲時美者在外), 시삼자상변야(是三者相變也)。산의차(散衣次),

수의이하(襚衣以下), 포(袍)<의견(衤繭)>지속(之屬)。

◆소(疏)

석왈(釋曰): 포견유저지이명(袍繭有著之異名), 동입산의지속야(同入散衣之屬也)。

범십유구칭(凡十有九稱)。

제복여산의(祭服與散衣)。

◆소(疏)

○석왈(釋曰): 사지복유유작변(士之服唯有爵弁)、피변(皮弁)、단의이이(褖衣而已)。운(云)「십구칭(十九稱)」, 당중지사충십구(當重之使充十九)。필십구자(必十九者), 안(案)《상대기(喪大記)》소렴(小斂)「의십유구칭(衣十有九稱), 군진의우서동(君陳衣于序東), 대부사진의우방중(大夫士陳衣于房中)」, 주운(注云): 「의십유구칭(衣十有九稱), 법천지지종수야(法天地之終數也)。」칙천자이하개동십구칭(則天子以下皆同十九稱)。언법천지지종수자(言法天地之終數者), 천지지초수(天地之初數), 천일지이(天一地二), 종수칙운천구지십(終數則云天九地十), 인재천지지간이종(人在天地之間而終), 고취종수위렴의칭수(故取終數爲斂衣稱數), 존비공위일절야(尊卑共爲一節也)。

진의계지(陳衣繼之),

서수(庶襚)。

◆소(疏)

석왈(釋曰) : 지(知)「서수(庶襚)」자(者), 이기습시진의흘(以其襲時陳衣訖), 내운서수(乃云庶襚), 계진부용(繼陳不用), 차역진의흘(此亦陳衣訖), 내운진의계지(乃云陳衣繼之), 명역시서수(明亦是庶襚)。

부필진용(不必盡用)。

취칭이이(取稱而已), 부무다(不務多)。

◆소(疏)

석왈(釋曰) : 습시언서수(襲時言庶襚), 계진칙전부용(繼陳則全不用), 차진의계지(此陳衣繼之), 하운(下云)「부필진용(不必盡用)」, 즉겸용지(則兼用之), 부필진이이(不必盡而已)。이기소렴용의다(以其小斂用衣多), 주인자진부족(主人自盡不足), 고용용지야(故容用之也)。운(云)「취칭이이(取稱而已), 부무다(不務多)」자(者), 의복수다(衣服雖多), 부득과십구이(不得過十九耳)。

찬우동당하(饌于東堂下), 포(脯)、해(醢)、예(醴)、주(酒)。멱전용공포(冪奠用功布), 실우단(實于簞), 재찬동(在饌東)。

공포(功布), 단탁회치지포야(鍛濯灰治之布也)。범재동서당하자(凡在東西堂下者), 남제점(南齊坫)。고문전위존(古文奠為尊)。

◆소(疏)

주(注)「공포(功布)」지(至)「위존(爲尊)」。○석왈(釋曰) : 지(知)「공포(功布), 단탁회치지포(鍛濯灰治之布)」자(者), 안(案)《상복전(喪服傳)》운(云) : 관륙승(冠六升), 단이물회(鍛而勿灰)。칠승이하(七升已下), 단탁회치지(鍛濯灰治之)。시이(是以)《상대공장(殤大功章)》운(云)「대공포쇠상(大功布衰裳)」, 주운(注云) : 「대공포자(大功布者), 기단치지공조치지(其鍛治之功粗治之)。」즉차운공포자(則此云功布者), 대공지포(大功之布), 고운단탁회치지야(故云鍛濯灰治之也)。운(云)「범재동서당하자(凡在東西堂下者), 남제점(南齊坫)」, 지자(知者), 《기석(既夕)》기운(記云) : 「설어우동당하(設棜于東堂下), 남순(南順), 제우점(齊于坫), 찬우기상량무례주(饌于其上兩甒醴酒)。」약연(若然), 즉범설물어동서당하자(則凡設物於東西堂下者), 개남여점제(皆南與坫齊)。북진지당우(北陳之堂隅), 유점이사위지(有坫以士爲之), 혹위당우위점야(或謂堂隅爲坫也)。

설분관우찬동(設盆盥于饌東), 유건(有巾)。

위전설관야(爲奠設盥也)。상사략(喪事略), 고무세야(故無洗也)。

◆소(疏)

주(注)「위전(爲奠)」지(至)「세야(洗也)」。○석왈(釋曰) : 운(云)「위전설관야(爲奠設盥也)」자(者), 위위설전인설관세급건(謂爲設奠人設盥洗及巾)。운(云)「상사략(喪事略), 고무세야(故無洗也)」, 직이분위관기야(直以盆爲盥器也)。하운(下云)「하축급집사관(夏祝及執事盥), 집례선주(執醴先酒)」, 즉시어차관야(即是於此盥也)。단제문설세비자(但諸文設洗篚者), 개부언건(皆不言巾), 지어설세비부언건자(至於設洗篚不言巾者), 이기설세비(以其設洗篚), 비내유건가지(篚內有巾可知), 고부언(故不言)。범부취세비개언건자(凡不就洗篚皆言巾者), 기부취세비(既不就洗篚), 공휘지부용(恐揮之不用), 고언건(故言巾)。시이(是以)《특생(特牲)》、《소뢰(少牢)》시존(尸尊), 부취세비(不就洗篚), 급차상사략(及此喪事略), 부설세비(不設洗篚), 개견건시야(皆見巾是也)。

저질(苴絰), 대격(大鬲), 하본재좌(下本在左), 요질소언(要絰小焉)。산대수(散帶垂), 장삼척(長三尺)。모마질(牡麻絰), 우본재상(右本在上), 역산대수(亦散帶垂)。개찬우동방(皆饌于東方)。

저질(苴絰), 참최지질야(斬衰之絰也)。저마자(苴麻者), 기모저(其貌苴), 이위질(以爲絰)。복중자상조악(服重者尚粗惡), 질지언실야(絰之言實也)。격(鬲), 액야(搤也)。중인지수(中人之手), 액위구촌(搤圍九寸)。질대지차(絰帶之差), 자차출언(自此出焉)。하본재좌(下本在左), 중복통어내이본양야(重服統於內而本陽也)。요질소언(要経小焉), 오분거일(五分去一)。모마질자(牡麻経者), 자최이하지질야(齊衰以下之経也)。모마질자기모역(牡麻経者其貌易), 복경자의차호야(服輕者宜差好也)。우본재상(右本在上), 경복본어음이통어외(輕服本於陰而統於外)。산대지수자(散帶之垂者), 남자지도(男子之道), 문다변야(文多變也)。찬우동방동점지남(饌于東方東坫之南), 저질위상(苴経爲上)。

◆소(疏)

석왈(釋曰) : 차진질대자(此陳経帶者), 이기소렴흘(以其小斂訖), 당복미성복지마고야(當服未成服之麻故也)。운(云)「역산대수(亦散帶垂)」자(者), 부언척촌(不言尺寸), 역여저질동수삼척(亦與苴経同垂三尺)。운(云)「저질(苴経), 참최지질야(斬衰之経也)」자(者), 안(案)《상복(喪服)·참최장(斬衰章)》운(云) : 「상복(喪服), 참최상(斬衰裳), 저질장(苴経杖)。」고지차저질(故知此苴経), 참최지질(斬衰之経)。운(云)「저마자(苴麻者), 기모저(其貌苴), 이위질(以爲経)」자(者), 안(案)《예기(禮記)·간전(間傳)》운(云)「참최모약저(斬衰貌若苴)」, 피거인지형모약저마(彼據人之形貌若苴麻), 명마지형모역저가지(明麻之形貌亦苴可知), 고차지마지모저자이위질(故此指麻之貌苴者以爲経)。운(云)「복중자상조악(服重者尚粗惡)」자(者), 대자최이하복경(對齊衰已下服輕), 부상조악(不尚粗惡), 고(故)《간전(間傳)》운(云)「자최모약시(齊衰貌若枲), 대공모약지(大功貌若止)」, 시부상조악야(是不尚粗惡也)。운(云)「질지언실야(経之言實也)」자(者), 《단궁(檀弓)》운(云) : 「질야자(経也者), 실야(實也)。」정주(鄭注)《상복(喪服)》운(云) : 「명효자유충실지심(明孝子有忠實之心)。」시명효자지심여복상칭(是明孝子之心與服相稱), 부허복차복야(不虛服此服也)。운(云)「격(鬲), 액야(搤也), 중인지수액위구촌(中人之手扼圍九寸)」자(者), 차무정문(此無正文), 《상복(喪服)》급차개언저질대격(及此皆言苴経大鬲), 격시액물지칭(鬲是搤物之稱), 고거중인일액(故據中人一搤), 이언대자(而言大者), 거대무지여대거지액지(據大拇指與大巨指搤之), 고언대야(故言大也)。운(云)「질대지차(経帶之差), 자차출언(自此出焉)」자(者), 안(案)《상복전(喪服傳)》운(云) : 「저질대격(苴経大搹), 좌본재하(左本在下), 거오분일이위대(去五分一以爲帶)。자최지질(齊衰之経), 참최지대야(斬衰之帶也)。」자차참쇠지대차지시마지대(自此斬衰之帶差至緦麻之帶), 고운질대지차자차출언(故云経帶之差自此出焉)。운(云)「하본재좌(下本在左), 중복통어내이본양야(重服統於內而本陽也)」자(者), 위참최통어내(謂斬衰統於內), 이해본재하이본양(以解本在下而本陽), 이해재좌대자최지질(以解在左對齊衰之経), 우본재상경복(右本在上輕服), 본어음이통외(本於陰而統外)。안(案)《잡기(雜記)》운(云)「친상외제(親喪外除)」, 정운(鄭云) : 「일월이경이애미망(日月已竟而哀未忘)。」「형제지상내제(兄弟之喪內除)」, 주운(注云) : 「일월미경이애이살(日月未竟而哀已殺)。」차언통내통외자(此言統內統外者), 역거애재내외이언(亦據哀在內外而言)。본양본음자(本陽本陰者), 역거부자자지천(亦據父者子之天), 위양(為陽), 모자자지지(母者子之地), 위음이언야(爲陰而言也)。운(云)「요질소언(要経小焉), 오분거일(五分去一)」자(者), 역거(亦據)《상복전(喪服傳)》이언(而言)。수질위구촌(首経圍九寸), 오분지오촌정거일촌(五分之五寸正去一寸), 득사촌(得四寸)。여사촌매촌위오분(餘四寸每寸為五分), 사촌위이십분(四寸爲二十分), 거사분(去四分), 득십륙분(得十六分), 취십오분위삼촌(取十五分爲三寸), 여일분재(餘一分在), 총득칠촌오분촌지일(總得七寸五分寸之一)。피전인즉분지지시마(彼傳因即分之至緦麻)。운자최지질(云齊衰之経), 참최지대야(斬衰之帶也), 이기구칠촌오분촌지일(以其俱七寸五分寸之一), 우거오분일이위대(又去五分一以爲帶)。칠촌취오촌(七寸取五寸), 거일촌득사촌(去一寸得四寸), 피이촌(彼二寸), 일촌위이십오분(一寸爲二十五分), 이촌위오십분(二寸爲五十分), 일분위오분(一分爲五分), 첨전위오십오분(添前爲五十五分), 총거십일분(總去十一分), 여유사십사분(餘有四十四分), 이십오분위일촌(二十五分爲一寸), 첨전사촌위오촌(添前四寸爲五寸), 잉유십구분재(仍有十九分在), 시자최지대총유오촌이십오분촌지십구(是齊衰之帶總有五寸二十五分寸之十九)。피우운대공지질(彼又云大功之経), 자최지대(齊衰之帶), 이기구오촌이십오분촌지십구(以其俱五寸二十五分寸之十九), 우거오분일이위대(又去五分一以爲帶), 오촌거일촌득사촌(五寸去一寸得四寸), 여이십오분촌지십구자(餘二十五分寸之十九者), 일분위오분(一分爲五分), 십분위오십분(十分爲五十分), 우구분자위사십오분(又九分者爲四十五分), 첨전오십(添前五十), 총위구십오분(總爲九十五分), 거일자(去一者), 오십거십(五十去十), 사십오거구(四十五去九), 총득칠십륙(總得七十六), 거정촌파지이언(據整寸破之而言), 차사촌백이십오분촌지칠십륙(此四寸百二十五分寸之七十六), 이위소공지질(以爲

小功之経)。대공지대이하(大功之帶以下), 잉유소공지대(仍有小功之帶), 단소공지대이소공지질우오분거일(但小功之帶以小功之経又五分去一), 하지시마지대(下至緦麻之帶), 개이오배파촌(皆以五倍破寸), 계지가지이(計之可知耳)。운(云)「모마질자(牡麻経者), 자최이하지질야(齊衰以下之経也)」자(者), 안(案)《상복(喪服)》자최(齊衰)、대공개언모마질(大功皆言牡麻経), 소공우언조마(小功又言澡麻), 칙자최이하개모마질(則齊衰以下皆牡麻経)。전왈(傳曰):「모마자(牡麻者), 시마야(枲麻也)。」대저질위마지유분색여저려(對苴経爲麻之有蕡色如苴黎), 즉차웅마색호자(則此雄麻色好者), 고(故)《간전(間傳)》운(云)「자최모약시(齊衰貌若枲)」시이정운(是以鄭云)「모마질자기모역(牡麻経者其貌易), 복경자의차호야(服輕者宜差好也)」。운(云)「산대지수자(散帶之垂者), 남자지도(男子之道), 문다변야(文多變也)」자(者), 차소렴(此小斂), 질유산마대수지지삼일성복(経有散麻帶垂之至三日成服)。교지(絞之), 대부인음질(對婦人陰質), 초이교지(初而絞之), 여소공이하남자동(與小功以下男子同)。지(知)「찬우동방동점지남(饌于東方東坫之南), 저질위상(苴経爲上)」자(者), 이기대하상자이금지등재서점남(以其對下牀筭夷衾之等在西坫南), 고차역재동점남야(故此亦在東坫南也)。약연(若然), 경직언동방(經直言東方), 지부재동당하동방자(知不在東堂下東方者), 이기소렴진찬개재동당하(以其小斂陳饌皆在東堂下), 약차역재동당하(若此亦在東堂下), 당언진우찬동찬북(當言陳于饌東饌北), 하수언동방호(何須言東方乎)명차비동당하야(明此非東堂下也)。지저질위상자(知苴経爲上者), 이기경선언저질(以其經先言苴経), 명의차위수남진지야(明依此爲首南陳之也)。

부인지대(婦人之帶), 모마결본(牡麻結本), 재방(在房)。

부인역유저질(婦人亦有苴経), 단언대자(但言帶者), 기기이(記其異)。차자최부인(此齊衰婦人), 참최부인역저질야(斬衰婦人亦苴経也)。

◆소(疏)

○석왈(釋曰):지(知)「부인역유저질(婦人亦有苴経)」자(者),《상복(喪服)》수운(首云)「저질장(苴経杖)」, 하경남자부인구진(下經男子婦人俱陳), 즉부인역유저질(則婦人亦有苴経)。《예기(禮記)·복문(服問)》지등매운부인마질지사(之等每云婦人麻経之事), 고지부인역유저질(故知婦人亦有苴経)。금차경부언부인저질자(今此經不言婦人苴経者), 기기이(記其異)。위남자대유산마(謂男子帶有散麻), 부인즉결본무이자(婦人則結本無異者)。차남자소공시마(且男子小功緦麻), 소렴유대칙교지(小斂有帶則絞之), 역결본(亦結本), 부인대결본(婦人帶結本), 가이겸지의(可以兼之矣)。운(云)「차자최부인(此齊衰婦人)」자(者), 이기모마의언자최(以其牡麻宜言齊衰), 이하지시마개동모마야(以下至緦麻皆同牡麻也)。운(云)「참쇠부인역저질야(斬衰婦人亦苴経也)」자(者), 차역거대이언(此亦據帶而言), 이기대역명질(以其帶亦名経), 칙(則)《상복(喪服)》운(云)「저질장(苴経杖)」, 정운(鄭云):「마재수재요개왈질(麻在首在要皆曰経)。」장질기겸남녀(杖経既兼男女), 즉부인유저마위대질가지(則婦人有苴麻爲帶経可知)。경부언자(經不言者), 이의가지(以義可知), 고성문야(故省文也)。차대모마겸남자소공이하(此帶牡麻兼男子小功以下), 진지즉별처(陳之則別處), 이기남자진지우점남(以其男子陳之于坫南), 차경운재방(此經云在房), 명지이처야(明知異處也)。

상자(牀筭)、이금(夷衾), 찬우서점남(饌于西坫南)。

자(筭), 책야(策也)。이금(夷衾), 복시지금(覆尸之衾)。《상대기(喪大記)》왈(曰):「자소렴이왕용이금(自小斂以往用夷衾), 이금질살지(夷衾質殺之), 재유모야(裁猶冒也)。」

◆소(疏)

주(注)「자책(筭策)」지(至)「모야(冒也)」。○석왈(釋曰):운(云)「이금복시지금(夷衾覆尸之衾)」자(者), 소렴흘(小斂訖), 봉시이어당(奉尸夷於堂), 무용이금의(幠用夷衾矣), 고진지어서점남(故陳之於西坫南)。안(案)《곡례(曲禮)》운(云):「재상왈시(在牀曰尸), 재관왈구(在棺曰柩)。」차이금소렴이왕(此夷衾小斂以往), 용지복시구(用之覆尸柩), 금직언복시자(今直言覆尸者), 정거차소렴미입관이언(鄭據此小斂未入棺而言)。운(云)「《상대기(喪大記)》왈자소렴이왕용이금(曰自小斂以往用夷衾)」자(者), 대소렴이전용대렴지금(對小斂已前用大斂之衾), 금소렴이왕(今小斂以往), 대렴지금당진지(大斂之衾當陳之), 고용이금(故用夷衾), 증소렴부용지(證小斂不用之), 겸명이금지제(兼明夷衾之制)。정언소렴이왕(鄭言小斂以往), 즉차이금본위복시복구(則此夷衾本爲覆尸覆柩), 부용인관의(不用人棺矣)。 시이장장(是以將葬), 계빈복관역용지의(啓殯覆棺亦用之矣)。 운(云)「이금질살지(夷衾質殺之), 재유모야(裁猶冒也)」자(者), 안상문모지재운(案上文冒之材云)「모치질(冒緇質), 장여수제(長與手齊), 정살엄족(經殺掩足)」, 주운(注云):「상왈질(上曰質), 하왈살(下曰殺)。」차작이금(此作夷衾), 역여차(亦如此), 상이치하이정(上以緇下以經), 련지내용야(連之乃用也)。 기모즉도하도상흘(其冒則韜下韜上訖), 내위철방사상속(乃爲綴旁使相續), 차색여형제대동(此色與形制大同), 이련여부련즉이야(而連與不連則異也)。

서방관(西方盥), 여동방(如東方)。

위거자설관야(爲擧者設盥也)。 여동방자(如東方者), 역용분포건(亦用盆布巾), 찬어서당하(饌於西堂下)。

◆소(疏)

주(注)「위거(爲擧)」지(至)「당하(堂下)」。○석왈(釋曰): 운(云)「위거(爲擧)」자(者), 위장거시자(謂將擧尸者), 칙하경(則下經)「사관이인(士盥二人)」시야(是也)。 운(云)「서당하(西堂下)」, 지자(知者), 이기동방관재동당하(以其東方盥在東堂下), 즉지차서방역재서당하가지(則知此西方亦在西堂下可知)。

진일정우침문외(陳一鼎于寢門外), 당동숙(當東塾), 소남(少南), 서면(西面)。기실특돈(其實特豚), 사체(四鬄), 거제(去蹄), 량박(兩胉)、척(脊)、폐(肺)。설경멱(設扃鼎), 멱서말(鼎西末)。소조재정서(素俎在鼎西), 서순(西順), 복비(覆匕), 동병(東柄)。

체(鬄), 해야(解也)。 사해지(四解之), 수견비이이(殊肩髀而已), 상사략(喪事略)。 거제(去蹄), 거기갑(去其甲), 위부결청야(爲不潔淸也)。 박(胉), 협야(脅也)。 소조(素俎), 상상질(喪尚質)。 기찬(旣饌), 장소렴(將小斂), 즉피습전(則辟襲奠)。 금문체위척(今文鬄爲剔), 박위박(胉爲迫)。 고문멱위밀(古文鼏爲密)。

◆소(疏)

석왈(釋曰): 차역위소렴전진지멱(此亦爲小斂奠陳之鼏), 용모위편(用茅爲編)。 언서말(言西末), 칙모본재동방(則茅本在東方)。 사해지수견비이이상사략자(四解之殊肩髀而已喪事略者), 범생체지법유이(凡牲體之法有二): 일자사해이이(一者四解而已), 차경직운(此經直云)「사체(四鬄)」, 즉운거제(即云去蹄), 명지수견비위사단(明知殊肩髀爲四段)。 안(案)《사관례(士冠禮)》운(云)「약살(若殺), 칙특돈재합승(則特豚載合升)」, 주운(注云):「합좌우반(合左右胖)。」차하문대렴역운돈합승(此下文大斂亦云豚合升), 즉길흉지례(則吉凶之禮), 돈개합승(豚皆合升), 이정운(而鄭云)「상사략(喪事略)」자(者), 단상중지전(但喪中之奠), 수용성생(雖用成牲), 역사해(亦四解), 고(故)《기석(旣夕)》장전운(葬奠云):「기실양좌반(其實羊左胖)。」 시역여지(豕亦如之)。 시이정총석상중사해지사(是以鄭總釋喪中四解之事), 고운상사략(故云喪事略)。 약체교(若禘郊), 대제수길제(大祭雖吉祭), 역선유돈해(亦先有豚解), 후위체해(後爲體解), 시이(是以)《예운(禮運)》운(云):「성기조(腥其俎), 숙기효(孰其殽)。」 정운(鄭云):「성기조(腥其俎), 위돈해이성지(謂豚解而腥之)。 숙기효(孰其殽), 위체해이섬지(謂體解而爓之)。」《국어(國語)》역운체교지사칙유전승(亦云禘郊之事則有全烝), 왕공립어칙유방승(王公立飫則有房烝), 친척연음칙유효승자(親戚燕飮則有殽烝者)。 약연(若然), 체교수선유전승(禘郊雖先有全烝), 후역유돈해(後亦有豚解)、체해(體解), 《례운(禮運)》소운자시야(所云者是也)。 약연(若然), 차경운사체(此經云四鬄), 병량박협여척총위칠체(並兩胉脅與脊總爲七體), 약돈해개연야(若豚解皆然也)。 운(云)「기찬(旣饌), 장소렴(將小斂), 칙피습전(則辟襲奠)」자(者), 기시사지전습(旣始死之奠襲), 후개위습전(後改爲襲奠), 이공방렴사(以恐妨斂事), 고지피습전(故知辟襲奠), 전습시이피지(前襲時已辟之), 금장소렴역피지(今將小斂亦辟之), 역당어실지서남우(亦當於室之西南隅)。 여장대렴(如將大斂), 피소렴전어서서남야(辟小斂奠於序西南也)。 범전재실외경숙자(凡奠在室外經宿者), 개피지어서서남(皆辟之於序西南), 시이소렴전여조전등개피지어서서남(是以小斂奠與祖奠等皆辟之於序西南)。 조묘천조지전(朝廟遷祖之奠), 부설어서서남(不設於序西南), 이기이재설위설(以其以再設爲褻), 시이천지(是以遷之), 즉설신지야

(即設新之也)。

사관(士盥), 이인이병(二人以竝), 동면립우서계하(東面立于西階下)。

립(立), 사거시야(俟舉尸也)。금문병위병(今文竝爲倂)。

◆소(疏)

주(注)「립사거시야(立俟舉尸也)」。○석왈(釋曰) : 거시위소렴종습상위천시어호내복상(舉尸謂小斂從襲牀爲遷尸於戶內服上), 즉하문(即下文)「사거천시반위(士舉遷尸反位)」시야(是也)。

포석우호내(布席于戶內), 하완상점(下莞上簟)。

유사포렴석야(有司布斂席也)。

상축포교(商祝布絞)、금(衾), 산의(散衣)、제복(祭服)。제복부도(祭服不倒), 미자재중(美者在中)。

렴자추방(斂者趨方), 혹전도의상(或偏倒衣裳), 제복존(祭服尊), 부도지야(不倒之也)。미(美), 선야(善也)。선의후포(善衣後布), 어렴칙재중야(於斂則在中也)。기후포제복(既後布祭服), 이우언선자재중(而又言善者在中), 명매복비십칭야(明每服非十稱也)。

◆소(疏)

주(注)「렴자(斂者)」지(至)「칭야(稱也)」。○석왈(釋曰) : 운(云)「렴자추방(斂者趨方), 혹전도의상(或偏倒衣裳)」자(者), 이기습시의상소(以其襲時衣裳少), 부도(不倒), 소렴십구칭(小斂十九稱), 의상다(衣裳多), 취기요방(取其要方), 제제복지외(除祭服之外), 혹도혹부(或倒或否)。운(云)「제복존(祭服尊), 부도(不倒)」자(者), 사지조제복(士之助祭服), 칙작변복(則爵弁服)、피변복(皮弁服), 병가제복현단역부도야(並家祭服玄端亦不倒也)。운(云)「선의후포(善衣後布), 어렴칙재중야(於斂則在中也)」자(者), 이기렴의반재시하(以其斂衣半在尸下), 반재시상(半在尸上), 금어선포자재하(今於先布者在下), 칙후포자재중가지야(則後布者在中可知也)。운(云)「기후포제복(既後布祭服), 이우언선자재중(而又言善者在中), 명매복비일칭야(明每服非一稱也)」자(者), 욕견제복문재산의지하(欲見祭服文在散衣之下), 즉시후포제복(即是後布祭服), 제복칙시선자(祭服則是善者)。복운선자재중(復云善者在中), 칙제복지중경유선자가지(則祭服之中更有善者可知)。고운매복비일칭(故云每服非一稱), 이기총십구칭지중(以其總十九稱之中), 선자비일칭야(善者非一稱也)。

사거천시(士舉遷尸), 반위(反位)。

천시어복상(遷尸於服上)。

설상자우량영지간(設牀笫于兩楹之間), 임여초(衽如初), 유침(有枕)。

임(衽), 침와지석야(寢臥之席也)。역하완상점(亦下莞上簟)。

◆소(疏)

주(注)「임침(衽寢)」지(至)「상점(上簟)」。○석왈(釋曰) : 《곡례(曲禮)》운(云) : 「청석하향(請席何鄉), 청임하지(請衽何趾)。」정운(鄭云) : 「좌문향(坐問鄉), 와문지(臥問趾), 인어음양(因於陰陽)。」시임위와석(是衽爲臥席)。운(云)「역하완상점(亦下莞上簟)」자(者), 《시(詩)·사간(斯干)》선왕침석이언(宣王寢席而言)「하완상점(下莞上簟)」, 시심상침석(是尋常寢席), 무문귀천자하완상점(無問貴賤者下莞上簟)。

졸렴(卒斂), 철유(徹帷)。

시이식(尸已飾)。

주인서면풍시(主人西面馮尸), 용무산(踊無算)。주부동면풍(主婦東面馮), 역여지(亦如之)。

풍(馮), 복응지(服膺之)。

주인괄발(主人髻髮), 단(袒), 중주인면우방(衆主人免于房)。

시사(始死), 장참최자계사(將斬衰者雞斯), 장자최자소관(將齊衰者素冠)。금지소렴변(今至小斂變), 우장초상복야(又將初喪服也)。괄발자(髻髮者), 거계리이계(去笄纚而紒)。중주인면자(衆主人免者), 자최장단(齊衰將袒), 이면대관(以免代冠)。관(冠), 복지우존(服之尤尊), 부이단야(不以袒也)。면지제미문(免之制未聞)。구설이위여관상(舊說以爲如冠狀), 광일촌(廣一寸)。《상복소기(喪服小記)》왈(曰):「참최괄발이마(斬衰髻髮以麻), 면이이포(免而以布)。」차용마포위지(此用麻布爲之), 상여금지저삼두의(狀如今之著幓頭矣)。자항중이전(自項中而前), 교어액상(交於額上), 각요계야(卻繞紒也)。우방우실(于房于室), 석괄발의어은자(釋髻髮宜於隱者)。금문면개작문(今文免皆作絻), 고문괄작괄(古文髻作括)。

◆소(疏)

주(注)「시사(始死)」지(至)「작괄(作括)」。○석왈(釋曰):지(知)「시사장참쇠자계사(始死將斬衰者雞斯)」자(者), 안(案)《예기(禮記)・문상(問喪)》운(云):「친시사(親始死), 계사도선(雞斯徒跣)。」정주운(鄭注云):「계사(雞斯), 당위계리(當爲笄纚)。」이성복내참최(以成服乃斬衰), 시시사미참최(是始死未斬衰), 고운시사장참최자계사야(故云始死將斬衰者雞斯也)。운(云)「장자최자소관(將齊衰者素冠)」자(者), 《상복소기(喪服小記)》운(云):「남자관이부인계(男子冠而婦人笄)。」관계상대(冠笄相對)。《문상(問喪)》친시사(親始死), 남자운계리(男子云笄纚), 명자최남자소관가지(明齊衰男子素冠可知)。운(云)「금지소렴변(今至小斂變)」자(者), 위복마지절(謂服麻之節), 고운(故云)「변(變)」야(也)。운(云)「우장초상복야(又將初喪服也)。괄발자(髻髮者), 거계리이계(去笄纚而紒)」자(者), 차즉(此即)《상복소기(喪服小記)》운(云):「참최괄발이마(斬衰髻髮以麻), 위모괄발이마(爲母髻髮以麻), 면이이포(免而以布)。」시모수자최(是母雖齊衰), 초역괄발(初亦髻髮), 여참최동(與斬衰同), 고운(故云)「거계리이계(去笄纚而紒)」, 계상저괄발야(紒上著髻髮也)。운(云)「중주인면자(衆主人免者), 자최장단(齊衰將袒), 이면대관(以免代冠)」자(者), 차역소렴절어참최괄발동시(此亦小斂節與斬衰髻髮同時), 차개거남자(此皆據男子)。약부인(若婦人), 참최(斬衰), 부인이마위좌(婦人以麻爲髽), 자최(齊衰), 부인이포위좌(婦人以布爲髽)。좌여괄발개이마포자항이향전(髽與髻髮皆以麻布自項而向前), 교어액상(交於額上), 각요계여저삼두언(卻繞紒如著幓頭焉)。면역연(免亦然), 단이포광일촌위이야(但以布廣一寸爲異也)。운(云)「우방우실석(于房于室釋), 괄발의어은자(髻髮宜於隱者)」, 병하문부인좌우실겸언지야(並下文婦人髽于室兼言之也)。

부인좌우실(婦人髽于室)。

시사(始死), 부인장참최자(婦人將斬衰者), 거계이리(去笄而纚), 장자최자(將齊衰者), 골계이리(骨笄而纚)。금언좌자(今言髽者), 역거계리이계야(亦去笄纚而紒也)。자최이상(齊衰以上), 지계유좌(至笄猶髽)。좌지이어괄발자(髽之異於髻髮者), 기거리이이발위대계(既去纚而以髮爲大紒), 여금부인로계(如今婦人露紒), 기상야(其象也)。《단궁(檀弓)》왈(曰):「남궁도지처지고지상(南宮縚之妻之姑之喪), 부자회지좌(夫子誨之髽)。」왈(曰):이무종종이(爾毋縱縱爾), 이무호호이(爾毋扈扈爾)。」기용마포(其用麻布), 역여저삼두연(亦如著幓頭然)。

◆소(疏)

주(注)「시사(始死)」지(至)「두연(頭然)」。○석왈(釋曰):지(知)「부인장참최자거계이리(婦人將斬衰者去笄而纚)」자(者), 《상복소기(喪服小記)》운(云):「남자관이부인계(男子冠而婦人笄)。」관계상대(冠笄相對)。장참최(將斬衰), 남자기거관이저계리(男子既去冠而著笄纚), 칙부인장참최역거계이리가지(則婦人將斬衰亦去笄而纚可知)。우지(又知)「장자최자골계이리(將齊衰者骨笄而纚)」자(者), 상인남자자최(上引男子齊衰), 시사소관(始死素冠), 칙지부인장자최(則知婦人將齊衰), 골계이리야(骨笄而纚也)。운(云)「금언좌자(今言髽者), 역거계리이계야(亦去笄纚而紒也)」자(者), 위금지소렴절(謂今至小斂節), 역여상장참최(亦如上將斬衰)。남자거계리이괄발(男子去笄纚而髻髮), 즉차장참최(則此將斬衰), 부인역거계리이마좌(婦人亦去笄纚而麻髽), 자최(齊衰), 부인거골계여리이포좌의(婦人去骨笄與纚而布髽矣)。정부운참최부인거리(鄭不云斬衰婦人去纚), 이운거계리자(而云去笄纚者), 전거자최부인이언(專據齊衰婦人而言), 문략고야(文略故也)。정소이운이계(鄭所以云而紒), 계즉좌야(紒即髽也)。고(故)《상복(喪服)》주역운(注亦云):「좌(髽), 로계야(露紒也)。」운(云)「자최이상(齊衰以上), 지계유좌(至笄猶髽)」자(者), 위종소렴저미성복지좌(謂從小斂著未成服之髽), 지성복지계(至成服之笄), 유좌부개(猶髽不改), 지대렴빈후(至大斂殯後), 내저성복지좌대지야(乃著成服之髽代之也). 운(云)「좌지이어괄발자(髽之異於髺髮者), 기거리이이발위대계(既去纚而以髮爲大紒), 여금부인로계(如今婦人露紒), 기상야(其象也)」자(者), 고자남자(古者男子)、부인(婦人), 길시개유계리(吉時皆有笄纚), 유상지소렴(有喪至小斂), 즉남자거계리(則男子去笄纚), 저괄발(著髺髮), 부인거리이저좌(婦人去纚而著髽), 좌형선이발위대계(髽形先以髮為大紒), 계상(紒上), 참최(斬衰), 부인이마(婦人以麻), 자최(齊衰), 부인이포(婦人以布), 기저지여남자괄발여면(其著之如男子髺髮與免), 고정의(故鄭依)《단궁(檀弓)》「종종(縱縱)」、「호호(扈扈)」지후(之後), 내운(乃云)「기용마포(其用麻布), 역여저삼두연(亦如著幓頭然)」。기괄발여좌개여저삼두(既髺髮與髽皆如著幓頭), 이이위명자(而異爲名者), 이남자양(以男子陽), 외물위명(外物爲名), 이위지괄발(而謂之髺髮);부인음(婦人陰), 내물위칭(內物爲稱), 이위지좌야(而謂之髽也). 단경운(但經云)「부인좌우실(婦人髽于室)」자(者), 남자괄발여면재동방(男子髺髮與免在東房), 약상대부인(若相對婦人), 의좌우서방(宜髽于西房), 대부사무서방(大夫士無西房), 고어실내호서(故於室內戶西), 개어은처위지야(皆於隱處爲之也).

사거(士舉), 남녀봉시(男女奉尸), 이우당(侇于堂), 무용이금(幠用夷衾)。남녀여실위(男女如室位), 용무산(踊無筭)。

이지언시야(侇之言尸也)。이금(夷衾), 복시구지금야(覆尸柩之衾也)。당위영간(堂謂楹間)。상(牀), 자상야(第上也)。금문이작이(今文夷作夷)。

◆소(疏)

석왈(釋曰):운(云)「이지언시야(侇之言尸也)」자(者), 시지금왈이(尸之衾曰夷), 금시지상왈이상(今尸之牀曰夷牀), 병차경이시부작이자(並此經侇尸不作移字), 개작이자(皆作侇者), 이인방작지(侇人旁作之), 고정주(故鄭注)《상대기(喪大記)》개시의시위언야(皆是依尸爲言也)。운(云)「무용이금(幠用夷衾)」자(者), 초사무용대렴지금(初死幠用大斂之衾), 이소렴지금당진(以小斂之衾當陳), 금소렴후(今小斂後), 대렴지금당의대렴(大斂之衾當擬大斂), 고용복관지이금이복시야(故用覆棺之夷衾以覆尸也)。

주인출우족(主人出于足), 강자서계(降自西階)。중주인동즉위(眾主人東即位)。부인조계상서면(婦人阼階上西面)。주인배빈(主人拜賓), 대부특배(大夫特拜), 사려지(士旅之), 즉위(即位), 용(踊), 습(襲)、질우서동(絰于序東), 복위(復位)。

배빈(拜賓), 향빈위배지야(鄉賓位拜之也)。즉위용(即位踊), 동방위(東方位)。습질우서동(襲絰于序東)、동협전(東夾前)。

◆소(疏)

주(注)「배빈(拜賓)」지(至)「협전(夾前)」。○석왈(釋曰):운(云)「중주인동즉위(眾主人東即位)」자(者), 수무강계지문(雖無降階之文), 당종주인강자서계(當從主人降自西階)。주인취배빈지시(主人就拜賓之時), 중주인수동즉위어조계(眾主人遂東即位於阼階), 하주인위남(下主人位南), 서면야(西面也)。어시조계공(於時阼階空), 고부인득향조계상서면야(故婦人得向阼階上西面也)。운(云)「복위(復位)」자(者), 복조계하서면위(復阼階下西面位)。운(云)「배빈(拜賓), 향빈위배지야(鄉賓位拜之也)」자(者), 경운주인(經云主人)「강자서계(降自西階)」, 즉운(即云)「주인배빈(主人拜賓)」, 명부즉위이선배빈(明不即位而先拜賓), 시주인향빈위배빈가지(是主人鄉賓位拜賓可知)。운(云)「즉위용(即位踊), 동방위(東方位)」자(者), 위주인배빈흘(謂主人拜賓訖), 즉향동방조계하(即鄉東方阼階下), 즉서면위용(即西面位踊), 용흘(踊訖), 습질야(襲絰也)。운(云)「습질우서동(襲絰于序東), 동협전(東夾前)」자(者), 경운주인강자서계(經云主人降自西階), 경무승강지문(更無升降之文), 이운서동동협전자(而云序東東夾前者), 주인즉위(主人即位), 용흘(踊訖), 이거습질우서동(而去襲絰于序東), 위향당동(謂鄉堂東), 동서당서장지동(東西當序牆之東)。우당동협지전(又當東夾之前), 비위취당상동협전야(非謂就堂上東夾前也)。운(云)「복위(復位)」자(者), 복조계하서면위(復阼階下西面位)。

내전(乃奠)。

축여집사위지(祝與執事為之)。

거자관(舉者盥), 우집비(右執匕), 각지(卻之), 좌집조(左執俎), 횡섭지(橫攝之), 입(入), 조계전서면착(阼階前西面錯), 착조북면(錯俎北面)。

거자관(舉者盥), 출문거정자(出門舉鼎者), 우인이우수집비(右人以右手執匕), 좌인이좌수집조(左人以左手執俎), 인기편야(因其便也)。섭(攝), 지야(持也)。서면착(西面錯), 착정어차의서면(錯鼎於此宜西面)。착조북면(錯俎北面), 조의서순지(俎宜西順之)。

◆소(疏)

주(注)「거자(舉者)」지(至)「순지(順之)」。○석왈(釋曰) : 우집비좌집조자(右執匕左執俎者), 위향북입내(謂鄉北入內), 동방위우인(東方為右人), 서방위좌인(西方為左人), 고정운(故鄭云)「우인이우수집비(右人以右手執匕), 좌인이좌수집조(左人以左手執俎)」, 각용내수거정(各用內手舉鼎), 외수집비조(外手執匕俎), 고운(故云)「편야(便也)」。운(云)「착정어차의서면(錯鼎於此宜西面)」자(者), 대재문외시(對在門外時), 북면진정(北面陳鼎), 향내위의야(鄉內為宜也)。

우인좌집비(右人左執匕), 추경여좌수(抽扃予左手), 겸집지(兼執之), 취멱(取鼏), 위우정북(委于鼎北), 가경(加扃), 부좌(不坐)。

추경취멱(抽扃取鼏), 가경어멱상(加扃於鼏上), 개우수(皆右手)。금문경위현(今文扃為鉉), 고문여위우(古文予為于), 멱위밀(鼏為密)。

◆소(疏)

주(注)「추경(抽扃)」지(至)「위밀(為密)」。○석왈(釋曰) : 운(云)「추경취멱(抽扃取鼏), 가경어멱상(加扃於鼏上), 개우수(皆右手)」자(者), 이기경운(以其經云)「좌집비(左執匕)」, 즉운(即云)「추경여좌수겸집지(抽扃予左手兼執之)」, 부언용우수(不言用右手), 고정명지이기우인용좌수집비(故鄭明之以其右人用左手執匕), 즉지추경이하용우수(即知抽扃已下用右手), 사약좌집작(似若左執爵), 용우수제포제천(用右手祭脯祭荐), 취편야(取便也)。

내비(乃朼), 재(載), 재량비우량단(載兩髀于兩端), 량견아(兩肩亞), 량박아(兩胉亞), 척(脊)、폐재어중(肺在於中), 개복(皆覆), 진저(進柢), 집이사(執而俟)。

내비(乃朼), 이비차출생체(以朼次出牲體), 우인야(右人也)。재(載), 수이재어조(受而載於俎), 좌인야(左人也)。아(亞), 차야(次也)。범칠체(凡七體), 개복(皆覆), 위진(為塵)。저(柢), 본야(本也)。진본자(進本者), 미이어생야(未異於生也)。골유본말(骨有本末)。고문비위비(古文朼為匕), 비위비(髀為脾), 금문박위박(今文胉為迫), 저개위지(柢皆為胝)。

◆소(疏)

○석왈(釋曰) : 범칠체자(凡七體者), 전좌우견(前左右肩), 비(臂)、노속언(臑屬焉), 후좌우비(後左右髀), 순(肫)、각속언(胳屬焉), 병좌우협(並左右脅), 통척위칠체야(通脊為七體也)。안하문(案下文), 대렴돈합승(大斂豚合升), 언합승칙비역승지의(言合升則髀亦升之矣)。범언(凡言)「합승(合升)」, 다언개병비승(多言皆並髀升), 비독상례(非獨喪禮)。약체해승자(若體解升者), 개비부승(皆髀不升), 정운(鄭云) :「근규(近竅), 천야(賤也)。」운(云)「개복(皆覆), 위진(為塵)자(者), 제진체개부언복(諸進體皆不言覆), 차언복자(此言覆者), 유무시이부식(由無尸而不食), 고복지야(故覆之也)。운(云)「진본자(進本者), 미이어생야(未異於生也)」자(者),《공식대부(公食大夫)》역진본(亦進本), 시생인법(是生人法), 금이시사(今以始死), 고미이어생야(故未異於生也)。

하축급집사관(夏祝及執事盥), 집례선(執醴先), 주(酒)、포(脯)、해(醢)、조종(俎從), 승자조계(升自阼階)。장부용(丈夫踊), 전인철정건(甸人徹鼎巾), 대우조계하(待于阼階下)。

집사자(執事者), 제집전사자(諸執奠事者)。건(巾), 공포야(功布也)。집자부승(執者不升), 기부설(己不設), 축기착례(祝既錯醴), 장수지(將受之)。

◆소(疏)

주(注)「집사(執事)」지(至)「수지(受之)」。○석왈(釋曰) : 운(云)「전인철정건(甸人徹鼎巾)」자(者), 이기공무사(以其空無事), 고철(故徹)。안(案)《공식대부(公食大夫)》운(云) : 「전인거정순(甸人舉鼎順), 출전우기소(出奠于其所)。」위당문야(謂當門也)。혹운철정자오(或云徹鼎者誤), 하자(何者),전진찬우동당하(前陳饌于東堂下), 포해(脯醢)、례(醴)、주멱전용공포(酒冪奠用功布), 실우단(實于簞), 하철지유야(何徹之有也).운(云)「집자부승(執者不升), 기부설(己不設), 축기착례(祝既錯醴), 장수지(將受之)」자(者), 차집자부승(此執者不升), 유거집건자(唯據執巾者), 고정운축기착례장수지(故鄭云祝既錯醴將受之)。당이복주례(當以覆酒醴), 고하운(故下云)「축수건(祝受巾)」시야(是也)。

전우시동(奠于尸東), 집례주(執醴酒), 북면서상(北面西上)。

집례주자선승(執醴酒者先升), 존야(尊也)。립이사(立而俟), 후착(後錯), 요성야(要成也)。

두착(豆錯), 조착우두동(俎錯于豆東)。립우조북(立于俎北), 서상(西上)。례주착우두남(醴酒錯于豆南)。축수건(祝受巾), 건지(巾之), 유족강자서계(由足降自西階)。부인용(婦人踊)。전자유중남(奠者由重南), 동(東), 장부용(丈夫踊)。

건지(巾之), 위진야(為塵也)。동(東), 반기위(反其位)。

◆소(疏)

주(注)「동반기위(東反其位)」。○석왈(釋曰) : 운(云)「유족강자서계(由足降自西階), 부인용(婦人踊)」자(者), 주인위재조계하(主人位在阼階下), 부인위재상(婦人位在上), 고전자승(故奠者升), 장부용(丈夫踊), 전자강(奠者降), 부인용(婦人踊), 각이소견선후위용지절야(各以所見先後為踊之節也)。운(云)「전자유중남(奠者由重南), 동(東), 장부용(丈夫踊)」자(者), 차전자전흘(此奠者奠訖), 주인견지(主人見之), 경여주인위용지절야(更與主人為踊之節也)。전자강반위(奠者降反位), 필유중남동자(必由重南東者), 이기중주도신(以其重主道神), 소풍의부지신지소위(所馮依不知神之所為), 고유중남이과(故由重南而過), 시이주인우용야(是以主人又踊也)。주운(注云)「동(東), 반기위(反其位)」자(者), 기위개재분관지동(其位蓋在盆盥之東), 남상(南上)。

빈출(賓出), 주인배송우문외(主人拜送于門外)。

묘문외야(廟門外也)。

◆소(疏)

주(注)「묘문외야(廟門外也)」。○석왈(釋曰) : 묘문자(廟門者), 사사우적실(士死于適室), 이귀신소재칙왈묘(以鬼神所在則曰廟), 고명적침위묘야(故名適寢為廟也)。

내대곡(乃代哭), 부이관(不以官)。

대(代), 경야(更也)。효자시유친상(孝子始有親喪), 비애초췌(悲哀憔悴), 례방기이사상생(禮坊其以死傷生), 사지경곡(使之更哭), 부절성이이(不絕聲而已)。인군이관존비(人君以官尊卑), 사천이친소위지(士賤以親疏為之)。삼일지후(三日之後), 곡무시(哭無時)。《주례(周禮)·설호씨(挈壺氏)》 : 「범상(凡喪), 현호이대곡(縣壺以代哭)。」

◆소(疏)

주(注)「대경(代更)」지(至)「대곡(代哭)」。○석왈(釋曰) : 차경론군급대부사어소렴지후(此經論君及大夫士於小斂之後), 수존비대곡지사(隨尊卑代哭之事)。주운(注云)「인군이관존비(人君以官尊卑), 사천이친소위지(士賤以親疏為之)」자(者), 안(案)《상대기(喪大記)》운군상(云君喪), 현호(縣壺), 「내관대곡(乃官代哭)」, 대부관대곡부현호(大夫官代哭不縣壺), 사대곡부이관(士代哭不以官), 주운(注云) : 「자이친소곡야(自以親疏哭也)。」차주부언대부(此注不言大夫), 거인군여사(舉人君與士), 기대부유(其大夫有)《대기(大記)》가참(可參), 이관가지(以

官可知), 고부언야(故不言也)。 운(云)「삼일지후곡무시(三日之後哭無時)」자(者), 례유삼무시지곡(禮有三無時之哭) : 시사미빈(始死未殯), 곡부절성(哭不絶聲), 일무시(一無時) ; 빈후장전(殯後葬前), 조석입어묘(朝夕入於廟), 조계하곡(阼階下哭), 우어려중(又於廬中), 사억칙곡(思憶則哭), 시이무시(是二無時) ; 기련지후(旣練之後), 재악실지중(在堊室之中), 혹십일혹오일일곡(或十日或五日一哭), 시삼무시(是三無時)。 연즉장후유조석재조계하곡(練則葬後有朝夕在阼階下哭), 유차유시무무시지곡야(唯此有時無無時之哭也)。 인(引)《설호씨(挈壺氏)》자(者), 증인군유현호위루극분경대곡법(證人君有縣壺爲漏克分更代哭法), 대부사즉무현호지의야(大夫士則無縣壺之義也)。

유수자(有襚者), 즉장명(則將命)。 빈자출청(擯者出請), 입고(入告)。 주인대우위(主人待于位)。

상례략어위의(喪禮略於威儀), 기소렴(旣小斂), 빈자내용사(擯者乃用辭)。 출청지사왈(出請之辭曰) : 「고모사모청사(孤某使某請事)。」

◆소(疏)

주(注)「상례(喪禮)」지(至)「청사(請事)」。 ○석왈(釋曰) : 운(云)「상례략어위의(喪禮略於威儀), 기소렴(旣小斂), 빈자내용사(擯者乃用辭)」자(者), 안상문시사(案上文始死), 운유빈즉배지(云有賓則拜之), 군사인조(君使人弔), 개부운빈자출청입고지사(皆不云擯者出請入告之事), 지차내운빈자출청입고(至此乃云擯者出請入告), 시상례략어위의(是喪禮略於威儀), 기소렴(旣小斂), 빈자내용사야(擯者乃用辭也)。 운(云)「출청지사왈고(出請之辭曰孤), 모사모청사(某使某請事)」자(者), 차약(此約)《잡기(雜記)》제후사인조린국제후지상사군(諸侯使人弔鄰國諸侯之喪嗣君), 재조계지하사빈자출청(在阼階之下使擯者出請), 운(云) : 「고모사모청사(孤某使某請事)。」차역의연(此亦宜然), 고인위증야(故引爲證也)。

빈자출(擯者出), 고수(告須), 이빈입(以賓入)。

수(須), 역대야(亦待也)。 출고지사왈(出告之辭曰) : 「고모수의(孤某須矣)。」

◆소(疏)

주(注)「수역(須亦)」지(至)「수의(須矣)」。 ○석왈(釋曰) : 운(云)「출고지사왈(出告之辭曰), 고모수의(孤某須矣)」자(者), 차약(此約)《잡기(雜記)》사위증야(辭爲證也)。

빈입중정(賓入中庭), 북면치명(北面致命)。 주인배계상(主人拜稽顙)。 빈승자서계(賓升自西階), 출우족(出于足), 서면위의(西面委衣), 여어실례(如於室禮), 강(降), 출(出)。 주인출(主人出), 배송(拜送)。 붕우친수(朋友親襚), 여초의(如初儀), 서계동(西階東), 북면곡(北面哭), 용삼(踊三), 강(降)。 주인부용(主人不踊)。

붕우기위의(朋友旣委衣), 우환곡어서계상(又還哭於西階上), 부배주인(不背主人)。

◆소(疏)

주(注)「붕우(朋友)」지(至)「주인(主人)」。 ○석왈(釋曰) : 운(云)「붕우친수여초의(朋友親襚如初儀)」자(者), 위초사시(謂初死時), 서형제수(庶兄弟襚), 사인이장명우실(使人以將命于室), 붕우수(朋友襚), 친이진(親以進), 친지은시야(親之恩是也)。 운(云)「서계동(西階東), 북면곡(北面哭), 용삼(踊三), 강(降), 주인부용(主人不踊)」자(者), 안전초사(案前初死), 「붕우수(朋友襚), 친이진(親以進), 퇴(退), 곡부용(哭不踊)」, 주운(注云) : 「주인도곡부용(主人徒哭不踊)。」이위붕우부곡(以爲朋友不哭), 주인도곡(主人徒哭)。 차붕우당상북면곡(此朋友堂上北面哭), 거붕우곡(據朋友哭), 지상문퇴곡비붕우곡자(知上文退哭非朋友哭者), 전문붕우군명구래(前文朋友君命俱來), 군지사자부곡(君之使者不哭), 붕우역부곡(朋友亦不哭), 고퇴곡(故退哭), 거주인(據主人)。 차붕우특래(此朋友特來), 무군명(無君命), 고곡여피이(故哭與彼異), 부가상결(不可相決)。

수자이습(襚者以褶), 칙필유상(則必有裳), 집의여초(執衣如初), 철의자역여지(徹衣者亦如之)。 승강자서계(升降自西階), 이동(以東)。

백위습(帛爲褶)，　무서(無絮)，　수복(雖複)，　여단동(與襌同)。유상내성칭(有裳乃成稱)，　부용표야(不用表也)。이동(以東)，　장이대사야(藏以待事也)。고문습위습(古文褶爲襲)。

◆소(疏)

주(注)「백위(帛爲)」지(至)「위습(爲襲)」。○석왈(釋曰)：안(案)《상대기(喪大記)》운(云)：「소렴(小斂)，　군대부복의복금(君大夫複衣複衾)；대렴(大斂)，　군습의습금(君褶衣褶衾)。대부사유소렴야(大夫士猶小斂也)。」약연(若然)，　칙사소렴(則士小斂)、대렴개동용복(大斂皆同用複)，　이수자용습자(而褶者用褶者)，　습자소이수주인(褶者所以褶主人)，　미필용지렴이(未必用之斂耳)。주석운(注釋云)「백위습(帛爲褶)，　무서(無絮)，　수복여단동(雖複與襌同)，　유상내성칭(有裳乃成稱)，　부용표야(不用表也)」자(者)，　차결(此決)《잡기(雜記)》운(云)「자고지습야(子羔之襲也)，　견의상여세의(繭衣裳與稅衣)」，　내위일칭(乃爲一稱)，　이기서설(以其絮褻)，　고수표(故須表)。차수유표리위습(此雖有表裡爲褶)，　의상별(衣裳別)，　칙상우무서(則裳又無絮)，　비설(非褻)，　고유상내성칭부수표야(故有裳乃成稱不須表也)。언수복여단동자(言雖複與襌同者)，　안(案)《상대기(喪大記)》군대부사습의여복의상대(君大夫士褶衣與複衣相對)，　유저위복(有著爲複)，　무저위습(無著爲褶)，　산문습역위복야(散文褶亦爲複也)。안(案)《상대기(喪大記)》유의필유상내성칭(有衣必有裳乃成稱)，　거단의(據襌衣)、제복지등이언(祭服之等而言)。차습수복(此褶雖複)，　여단동(與襌同)，　역득상내성칭야(亦得裳乃成稱也)。운부용표야자(云不用表也者)，　견이어포견야(見異於袍繭也)。운(云)「장이대사야(藏以待事也)」자(者)，　이대대렴사이진지야(以待大斂事而陳之也)。

소(宵)，　위료우중정(爲燎于中庭)。

소(宵)，　야야(夜也)。료(燎)，　화초(火燋)。

◆소(疏)

석왈(釋曰)：안(案)《소의(少儀)》운주인(云主人)「집촉포초(執燭抱燋)」，　주운(注云)：「미설왈초(未爇曰燋)。」고자이형초위촉(古者以荊燋爲燭)，　고운(故云)「료(燎)，　화초(火燋)」야(也)。혹해정료여수집위촉별(或解庭燎與手執爲燭別)，　고(故)《교특생(郊特牲)》운(云)：「정료지백(庭燎之百)，　유제환공시야(由齊桓公始也)。」주운(注云)：「참천자야(僭天子也)。정료지차(庭燎之差)，　공개오십(公蓋五十)，　후백자남개삼십(侯伯子男皆三十)。」대부사무문(大夫士無文)。대촉혹운이포전위(大燭或云以布纏葦)，　이랍관지(以蠟灌之)，　위지정료(謂之庭燎)。칙차운정료(則此云庭燎)，　역여지(亦如之)。운(云)「대(大)」자(者)，　대수집자위대야(對手執者爲大也)。

《의례주소(儀禮注疏)》□주(注)：한정현(漢鄭玄)소(疏)：당가공언(唐賈公彥)　권삼십칠(卷三十七)　사상례제십이(士喪禮第十二)

궐명(厥明)，　멸료(滅燎)。진의우방(陳衣于房)，　남령(南領)，　서상(西上)，　천(綪)。교(絞)，　금(紟)，　금이(衾二)。군수(君襚)、제복(祭服)、산의(散衣)、서수(庶襚)，　범삼십칭(凡三十稱)。금부재산(紟不在算)，　부필진용(不必盡用)。

금(紟)，　단피야(單被也)。금이자(衾二者)，　시사렴금(始死斂衾)，　금우복제야(今又復制也)。소렴의수(小斂衣數)，　자천자달(自天子達)，　대렴즉이의(大斂則異矣)。《상대기(喪大記)》왈(曰)：「대렴(大斂)，　포교(布絞)，　축자삼(縮者三)，　횡자삼(橫者三)。」

◆소(疏)

석왈(釋曰)：운(云)「군수(君襚)、제복(祭服)、산의(散衣)」자(者)，　사제복유조제작변복(士祭服有助祭爵弁服)，　자가제(自家祭)，　현단복산의(玄端服散衣)，　비제복(非祭服)、조복지등(朝服之等)。운(云)「서수(庶襚)」자(者)，　위붕우형제지등래수자야(謂朋友兄弟之等來襚者也)。운(云)「금부재산(紟不在算)」자(者)，　안(案)《상대기(喪大記)》「금오폭(紟五幅)，　무담(無紞)」，　정운금지단피야(鄭云今之單被也)。이기부성칭(以其不成稱)，　고부재수내(故不在數內)。운(云)「부필진용(不必盡用)」자(者)，　안(案)《주례(周禮)·수조직(守祧職)》운(云)「기유의복장언(其遺衣服藏焉)」，　정운(鄭云)：「유의복(遺衣服)，　대렴지여야(大斂之餘也)。」즉차

부진용자야(即此不盡用者也)。운(云)「금이자(衾二者), 시사렴금(始死斂衾), 금우복제(今又復制)」자(者), 차대렴지금이(此大斂之衾二)：시사무용렴금(始死憮用斂衾), 이소렴지금당진지(以小斂之衾當陳之), 고용대렴금(故用大斂衾), 소렴이후(小斂已後), 용이금복시(用夷衾覆尸), 고지경제일금(故知更制一衾), 내득이야(乃得二也)。운(云)「소렴의수(小斂衣數), 자천자달(自天子達)」자(者), 안(案)《상대기(喪大記)》군대부소렴이하(君大夫小斂已下), 동운십구칭(同云十九稱), 즉천자역십구칭(則天子亦十九稱), 주운(注云)：「십구칭(十九稱), 법천지지종수야(法天地之終數也)。」안(案)《역(易)·계사(繫辭)》생성지수(生成之數), 종(從)「천일지이(天一地二), 천삼지사(天三地四), 천오지륙(天五地六), 천칠지팔(天七地八), 천구지십(天九地十)」, 시십구위천지지종수(是十九為天地之終數)。운(云)「대렴칙이의(大斂則異矣)」자(者), 안차문(案此文), 사상대렴삼십칭(士喪大斂三十稱), 《상대기(喪大記)》사삼십칭(士三十稱), 대부오십칭(大夫五十稱), 군백칭(君百稱)。부의명수(不依命數), 시역상수략(是亦喪數略), 칙상하지대부급오등제후각동일절(則上下之大夫及五等諸侯各同一節), 칙천자의백이십칭(則天子宜百二十稱)。차정수부언습지의수(此鄭雖不言襲之衣數), 안(案)《잡기(雜記)》주운(注云)：「사습삼칭(士襲三稱), 대부오칭(大夫五稱), 공구칭(公九稱), 제후칠칭(諸侯七稱), 천자십이칭여(天子十二稱與)」이기무문(以其無文), 추약위의(推約爲義), 고운(故云)「여(與)」이의지(以疑之)。

동방지찬(東方之饌), 량와무(兩瓦甒), 기실례주(其實醴酒), 각치(角觶), 목사(木柶)。갈두량(觕豆兩), 기실규저우(其實葵菹芋), 라해(蠃醢)。량변무등(兩邊無縢), 포건(布巾), 기실률(其實栗), 부택(不擇)。포사정(脯四脡)。

차찬단언동방(此饌但言東方), 즉역재동당하야(則亦在東堂下也)。갈(觕), 백야(白也)。제인혹명전저위우(齊人或名全菹爲芋)。등(縢), 연야(緣也)。《시(詩)》운(云)：「죽비곤등(竹祕緄縢)。」포건(布巾), 변건야(籩巾也)。변두구이유건(籩豆具而有巾), 성지야(盛之也)。《특생궤식례(特牲饋食禮)》유변건(有籩巾)。금문라위와(今文蠃爲蝸), 고문등위전(古文縢爲甸)。

◆소(疏)

주(注)「차찬(此饌)」지(至)「위전(爲甸)」。○석왈(釋曰)：운(云)「차찬단언동방(此饌但言東方), 즉역재동당하야(則亦在東堂下也)」자(者), 안상소렴지찬운우동당하(案上小斂之饌云于東堂下), 차직언동방(此直言東方), 즉역동당하(則亦東堂下)。정운(鄭云)「역(亦)」자(者), 역상소렴야(亦上小斂也)。운(云)「제인혹명전저위우(齊人或名全菹爲芋)」자(者), 안정어(案鄭於)《주례(周禮)·해인(醢人)》주운(注云)：「세절위제(細切爲齏), 전물약(全物若)<월엽(月葉)>위저(爲菹)。」약연(若然), 범저자(凡菹者), 전물부득우명(全物不得芋名)。차운제인명전저위우자(此云齊人名全菹爲芋者), 저법구단사촌자전지(菹法舊短四寸者全之), 약장어사촌자(若長於四寸者), 역절지(亦切之), 즉규장자자연절내위저(則葵長者自然切乃爲菹)。단상중지저규(但喪中之菹葵), 수장이부절(雖長而不切), 취제인전저위우지해야(取齊人全菹為芋之解也)。인(引)《시(詩)》자(者), 욕견등위연의(欲見縢爲緣義)。운(云)「변두구이유건(籩豆具而有巾), 성지야(盛之也)」자(者), 사소렴일두일변(使小斂一豆一籩), 변두부구(邊豆不具), 고무건(故無巾)。약연(若然), 변유건(邊有巾), 두무건자(豆無巾者), 이두성저해(以豆盛菹醢), 습물부혐무건(濕物不嫌無巾), 고부언(故不言), 기실유건의(其實有巾矣)。안차주인(案此注引)《특생(特牲)》기(記)「변건(籩巾)」, 정피주운(鄭彼注云)：「변유건자(籩有巾者), 과실지물다피핵(果實之物多皮核), 우존자(優尊者)。」차언성지(此言盛之), 부동(不同), 인지자(引之者), 이기피위시(以其彼爲尸), 시식(尸食), 고운우존자(故云優尊者)。차위신(此爲神), 신부식(神不食), 고운성지(故云盛之), 인지직취증유건복지동(引之直取證有巾覆之同)。

전석재찬북(奠席在饌北), 렴석재기동(斂席在其東)。

대렴전이유석(大斂奠而有席), 미신지(彌神之)。

◆소(疏)

주(注)「대렴(大斂)」지(至)「신지(神之)」。○석왈(釋曰)：운(云)「미신지(彌神之)」자(者), 이기소렴전무건(以其小斂奠無巾), 대렴전유건(大斂奠有巾), 이시신지(已是神之)。금어대렴전(今於大斂奠), 우유석(又有席), 시미신지야(是彌神之也)。

굴사견임(掘肂見衽)。

사(肂), 매관지감야(埋棺之坎也), 굴지어서계상(掘之於西階上)。임(衽), 소요야(小要也)。《상대기(喪大記)》왈(曰) : 「군빈용순(君殯用輴), 찬지어상(攢至於上), 필도옥(畢涂屋)。대부빈이주(大夫殯以幬), 찬치어서서(攢置於西序), 도부기우관(涂不曁于棺)。사빈견임(士殯見衽), 도상(涂上), 유지(帷之)。」우왈(又曰) : 「군개용칠(君蓋用漆), 삼임삼속(三衽三束)。대부개용칠(大夫蓋用漆), 이임이속(二衽二束)。사개부용칠(士蓋不用漆), 이임이속(二衽二束)。」

◆소(疏)

석왈(釋曰) : 운(云)「사(肂), 매관지감(埋棺之坎)」자(者), 사훈위진(肂訓爲陳), 위진시어감(謂陳尸於坎), 정즉이사위매관지감야(鄭即以肂爲埋棺之坎也)。지(知)「어서계상(於西階上)」자(者), 《단궁(檀弓)》공자운(孔子云) : 「하후씨빈어동계(夏後氏殯於東階), 은인빈어량영지간(殷人殯於兩楹之間), 주인빈어서계지상(周人殯於西階之上)。」고지사역빈우서계지상(故知士亦殯于西階之上)。차빈시(此殯時), 수부언남수(雖不言南首), 남수가지(南首可知)。정주상문운여상축지사위(鄭注上文云如商祝之事位), 즉시남수(則尸南首)。이(以)《단궁(檀弓)》우운(又云) : 「장어북방북수(葬於北方北首), 삼대지달례야(三代之達禮也)。」《예운(禮運)》운(云) : 「고사자북수(故死者北首), 생자남향(生者南鄉)。」역거장후이언(亦據葬後而言), 즉미장이전(則未葬已前), 부인이어생(不忍異於生), 개남수(皆南首), 유조묘시북수(唯朝廟時北首)。고(故)《기석(既夕)》운(云) : 「정구우량영간(正柩于兩楹間), 용이상(用夷牀)。」주운(注云) : 「시시구북수(是時柩北首)。」필북수자(必北首者), 조사당부배부모(朝事當不背父母), 이수향지고야(以首鄉之故也)。인(引)《상대기(喪大記)》자(者), 운(云)「필도옥(畢涂屋)」자(者), 필(畢), 진야(盡也)。사면급상진도지(四面及上盡涂之), 여옥연(如屋然)。운(云)「대부빈이주(大夫殯以幬), 찬치어서서(攢置於西序)」자(者), 대부부득여인군어서계(大夫不得如人君於西階), 리서이사면찬지(離序而四面攢之), 대부단핍서서(大夫但逼西序), 이목주복관영찬치어서서(以木幬覆棺營攢置於西序)。운(云)「도부기우관(涂不曁于棺)」자(者), 피주운(彼注云) : 「찬중협소(攢中狹小), 재취용관(裁取容棺)。」기(曁), 급야(及也), 단도목부급관이이(但涂木不及棺而已)。운(云)「사빈견임도상(士殯見衽涂上)」자(者), 즉차경굴사이견기소요어상도지이이(即此經掘肂而見其小要於上涂之而已)。운(云)「유지(帷之)」자(者), 귀신상유암(鬼神尚幽闇), 군대부사개동야(君大夫士皆同也)。운(云)「우왈군개용칠(又曰君蓋用漆), 삼임삼속(三衽三束)」자(者), 고자관부정(古者棺不釘), 피정주운(彼鄭注云) : 「용칠자(用漆者), 도합모(涂合牡), 모지중야(牡之中也)。임(衽), 소요야(小要也)。」관개매일봉위삼도(棺蓋每一縫爲三道), 소요매도위일조피속지(小要每道爲一條皮束之), 고운군개용칠삼임삼속(故云君蓋用漆三衽三束)。대부사강우군(大夫士降于君), 고이임이속(故二衽二束), 대부유칠(大夫有漆), 사무칠야(士無漆也)。인지자(引之者), 증경사여임지의야(證經肂與衽之義也)。

관입(棺入), 주인부곡(主人不哭)。승관용축(升棺用軸), 개재하(蓋在下)。

축(軸), 공축야(輁軸也)。공상여상(輁狀如牀), 축기륜(軸其輪), 만이행(輓而行)。

◆소(疏)

석왈(釋曰) : 운(云)「공상여상(輁狀如牀), 축기륜(軸其輪)」자(者), 차주문략(此注文略)。안(案)《기석(既夕)》운(云)「천우조용축(遷于祖用軸)」, 주운(注云)「축(軸), 공축야(輁軸也)。축상여전린(軸狀如轉轔), 각량두위지(刻兩頭爲軹)。공상여장상(輁狀如長牀), 천정전후저김(穿桯前後著金), 이관축언(而關軸焉)。대부제후이상(大夫諸侯以上), 유사주(有四周), 위지순(謂之輴), 천자화지이룡(天子畫之以龍)」시야(是也)。

오서직각이광(熬黍稷各二筐), 유어석(有魚腊), 찬우서점남(饌于西坫南)。

오소이혹비부(熬所以惑蚍蜉), 령부지관방야(令不至棺旁也)。위거자설분관어서(爲舉者設盆盥於西)。

◆소(疏)

주(注)「오소(熬所)」지(至)「어서(於西)」。○석왈(釋曰) : 《상대기(喪大記)》운(云) : 「오

(熬), 군사종팔광(君四種八筐), 대부삼종륙광(大夫三種六筐), 사이종사광(士二種四筐). 가어석언(加魚腊焉)。」주운(注云)：「오자(熬者), 전곡야(煎穀也). 장도설어관방(將涂設於棺旁), 소이혹비부(所以惑蚍蜉), 사부지관야(使不至棺也)。」인차(引此)「《사상례(士喪禮)》왈(曰)：오서직각이광(熬黍稷各二筐). 우운(又云)：설오방일광(設熬旁一筐), 대부삼종(大夫三種), 가이량(加以粱), 군사종(君四種), 가이도(加以稻), 사광칙수족개일(四筐則首足皆一), 기여설어좌우(其餘設於左右)。」약연(若然), 즉차사이광(則此士二筐), 수족각일광(首足各一筐), 기여설어좌우가지야(其餘設於左右可知也). 운(云)「위거자설분관어서(為舉者設盆盥於西)」자(者), 이소렴기운설분관찬우동방(以小斂既云設盆盥饌于東方), 명대렴용서방지분관의(明大斂用西方之盆盥矣). 이기선진관(以其先陳盥), 후진정(後陳鼎), 고어정상언지야(故於鼎上言之也).

진삼정우문외(陳三鼎于門外), 북상(北上). 돈합승(豚合升), 어전부구(魚鱄鮒九), 석좌반(腊左胖), 비부승(髀不升), 기타개여초(其他皆如初).

합승(合升), 합좌우체승어정(合左右體升於鼎). 기타개여초(其他皆如初), 위돈체급비조지진(謂豚體及匕俎之陳), 여소렴시(如小斂時), 합승사체(合升四鬐), 역상호이(亦相互耳).

◆소(疏)

주(注)「합승(合升)」지(至)「호이(互耳)」. ○석왈(釋曰)：운(云)「기타개여초(其他皆如初), 위돈체급비조지진(謂豚體及匕俎之陳), 여소렴시(如小斂時)」자(者), 위돈칠체지등(謂豚七體之等), 일의전렴시야(一依前斂時也). 운(云)「합승사체역상호이(合升四鬐亦相互耳)」자(者), 소렴운사체(小斂云四鬐), 사해위칠체(四解為七體), 역좌우체합승(亦左右體合升), 금승좌우체(今升左右體), 역사해가지야(亦四解可知也), 고운상호야(故云相互也).

촉사우찬동(燭俟于饌東).

촉(燭), 초야(燋也). 찬(饌), 동방지찬(東方之饌). 유촉자(有燭者), 당수명(堂雖明), 실유암(室猶闇). 화재지왈료(火在地曰燎), 집지왈촉(執之曰燭).

◆소(疏)

주(注)「당수(堂雖)」지(至)「왈촉(曰燭)」. ○석왈(釋曰)：운(云)「당수명(堂雖明), 실유암(室猶闇)」자(者), 전소렴진의우방(前小斂陳衣于房), 무촉자(無燭者), 근호득명(近戶得明), 고무촉(故無燭). 차대렴어실지오(此大斂於室之奧), 고유촉이대지(故有燭以待之). 운(云)「재지왈료(在地曰燎)」자(者), 위약(謂若)《교특생(郊特牲)》운(云)「정료지백(庭燎之百)」, 우(又)《시(詩)》운(云)「정료지광(庭燎之光)」, 여차지류(如此之類), 개재지왈료(皆在地曰燎). 차운(此云)「집지왈촉(執之曰燭)」, 급(及)《소의(少儀)》운(云)「주인집촉포초(主人執燭抱燋)」, 차지류개시인지수집촉야(此之類皆是人之手執燭也). 정료차(庭燎且)《연례(燕禮)》역위지대촉야(亦謂之大燭也), 《사훤씨(司烜氏)》역위지분촉야(亦謂之墳燭也).

축(祝)、철관우문외(徹盥于門外), 입(入), 승자조계(升自阼階), 장부용(丈夫踊).

축철(祝徹), 축여유사당철소렴지전자(祝與有司當徹小斂之奠者). 소렴설관우찬동(小斂設盥于饌東), 유건(有巾). 대렴설관우문외(大斂設盥于門外), 미유위의(彌有威儀).

◆소(疏)

주(注)「축철(祝徹)」지(至)「위의(威儀)」. ○석왈(釋曰)：차직운(此直云)「축철관우문외(祝徹盥于門外)」자(者), 부지하시설(不知何時設), 차안상소렴진찬흘(此案上小斂陳饌訖), 즉언설관(即言設盥), 칙진대렴찬흘(則陳大斂饌訖), 역설관어문외야(亦設盥於門外也).

축철건(祝徹巾), 수집사자이대(授執事者以待).

수집건자어시동(授執巾者於尸東), 사선대어조계하(使先待於阼階下), 위대렴전우장건지(為大斂奠又將巾之). 축환철례야(祝還徹醴也).

◆소(疏)

주(注)「수집(授執)」지(至)「예야(醴也)」。○석왈(釋曰) : 운(云)「수집건자어시동(授執巾者於尸東), 사선대어조계하(使先待於阼階下)」자(者), 차건전위소렴전건지(此巾前爲小斂奠巾之), 금축철건(今祝徹巾), 환위대렴전건지(還爲大斂奠巾之), 전소렴전(前小斂奠), 승자조계(升自阼階), 설우시동(設于尸東), 축수건어조계하이승(祝受巾於阼階下而升)。금대렴전(今大斂奠), 역승자조계(亦升自阼階), 설우오(設于奧), 역의수건어조계하이승(亦宜受巾於阼階下而升), 고지축수건어집건자(故知祝授巾於執巾者), 사선대어조계하야(使先待於阼階下也)。우지(又知)「축환철례(祝還徹醴)」자(者), 하문(下文)「철찬선취례(徹饌先取醴)」고야(故也)。

철찬(徹饌), 선취례주(先取醴酒), 북면(北面)。

북면립(北面立), 상대구강(相待俱降)。

기여취선설자(其餘取先設者), 출우족(出于足), 강자서계(降自西階)。부인용(婦人踊)。설우서서남(設于序西南), 당서영(當西榮), 여설우당(如設于堂)。

위구신어정(爲求神於庭)。효자부인사기친수유무소풍의야(孝子不忍使其親須臾無所馮依也)。당(堂), 위시동야(謂尸東也)。범전설우서서남자(凡奠設于序西南者), 필사이거지(畢事而去之)。

◆소(疏)

주(注)「위구(爲求)」지(至)「거지(去之)」。○석왈(釋曰) : 운(云)「당위시동야(堂謂尸東也)」자(者), 위여시동당상진설지차제(謂如尸東堂上陳設之次第), 고운시동야(故云尸東也)。운(云)「범전설우서서남자(凡奠設于序西南者), 필사이거지(畢事而去之)」자(者), 언(言)「범전(凡奠)」, 위소렴전(謂小斂奠)、대렴전(大斂奠)、천구전(遷柩奠)、조전(祖奠), 단장설후전(但將設後奠), 칙철선전어서서남(則徹先奠於西序南), 대후전사필(待後奠事畢), 즉거지(則去之)。고소렴전설지어차부건(故小斂奠設之於此不巾), 이부구설고야(以不久設故也)。

예주위여초(醴酒位如初)。집사두북남면(執事豆北南面), 동상(東上)。

여초자(如初者), 여기례주북면서상야(如其醴酒北面西上也)。집례존(執醴尊), 부위편사변위(不爲便事變位)。

◆소(疏)

주(注)「여초(如初)」지(至)「변위(變位)」。○석왈(釋曰) : 전설소렴전우시동시(前設小斂奠于尸東時), 예주선승(醴酒先升), 북면서상(北面西上), 집두조자립어조북(執豆俎者立於俎北), 서상(西上)。지차집두조자(至此執豆俎者), 두북동상(豆北東上), 위편사(爲便事), 사흘(事訖), 향동위편(向東爲便), 고동상변위(故東上變位), 이집례자존(以執醴者尊), 잉서상(仍西上), 시부득(是不得)「위편사변위(爲便事變位)」야(也)。

내적찬(乃適饌)。

동방지신찬(東方之新饌)。

◆소(疏)

주(注)「동방지신찬(東方之新饌)」。○석왈(釋曰) : 이기장설대렴(以其將設大斂), 신찬어실(新饌於室), 고지시신찬야(故知是新饌也)。

유당(帷堂)。

철사필(徹事畢)。

부인시서(婦人尸西), 동면(東面)。주인급친자승자서계(主人及親者升自西階), 출우족(出于足), 서면단(西面袒)。

단(袒), 대렴변야(大斂變也)。부언좌면괄발(不言髽免髺髮), 소렴이래자약의(小斂以來自若矣)。

◆소(疏)

주(注)「단대(袒大)」지(至)「약의(若矣)」。○석왈(釋曰) : 지단위(知袒爲)「대렴변(大斂變)」자(者), 전장소렴단(前將小斂袒), 금언단(今言袒), 하문즉행대렴사(下文即行大斂事), 고지위대렴변야(故知爲大斂變也)。운(云)「부언좌면괄발(不言髽免髻髮), 소렴이래자약의(小斂以來自若矣)」자(者), 결전소렴단(決前小斂袒), 남유괄발면(男有髻髮免), 부인유좌(婦人有髽), 금대렴단(今大斂袒), 부언자(不言者), 자소렴이래유차(自小斂以來有此), 지성복내개(至成服乃改)。약(若), 여야(如也), 자여상유(自如常有), 고부언지야(故不言之也)。

사관(士盥), 위여초(位如初)。

역기관병립서계하(亦既盥並立西階下)。

◆소(疏)

주(注)「역기(亦既)」지(至)「계하(階下)」。○석왈(釋曰) : 언(言)「역(亦)」자(者), 역여소렴시(亦如小斂時), 사관이인병립우서계하(士盥二人並立于西階下), 이대천시야(以待遷尸也)。

포광여초(布廣如初)。

역하완상점(亦下莞上簟), 포어조계상(鋪於阼階上), 어영간위소남(於楹間爲少南)。

◆소(疏)

주(注)「역하(亦下)」지(至)「소남(少南)」。○석왈(釋曰) :「포석여초(布席如初)」, 초위소렴시하완상점(初謂小斂時下莞上簟)。운(云)「포어조계상(鋪於阼階上)」자(者), 안(案)《상대기(喪大記)》운(云)「소렴어호내(小斂於戶內), 대렴어조(大斂於阼)」시야(是也)。운(云)「어영간위소남(於楹間爲少南)」자(者), 취남북절(取南北節), 이기언조계상(以其言阼階上), 고지어영간위소남(故知於楹間爲少南), 근조계야(近阼階也)。

상축포교(商祝布絞)、금(紟)、금(衾)、의(衣), 미자재외(美者在外), 군수부도(君襚不倒)。

지차내용군수(至此乃用君襚), 주인선자진(主人先自盡)。

◆소(疏)

주(注)「지차(至此)」지(至)「자진(自盡)」。○석왈(釋曰) : 운(云)「지차내용군수(至此乃用君襚), 주인선자진(主人先自盡)」자(者), 《상대기(喪大記)》「군무수대부사(君無襚大夫士)」, 주운(注云) :「부진(不陳), 부이렴(不以斂)。」피무수대부사지위부진(彼無襚大夫士止謂不陳), 위소렴용지(爲小斂用之), 고운무수대부사(故云無襚大夫士)。이기기상문사상시사(以其上文士喪始死), 군사인수(君使人襚), 하득운군전무수대부사야(何得云君全無襚大夫士也) 고이부진(故以不陳), 부이렴해지(不以斂解之), 지대렴내용군수(至大斂乃用君襚), 어소렴소용(於小斂所用), 주인선자진야(主人先自盡也)。

유대부(有大夫), 칙고(則告)。

후래자(後來者), 칙고이방렴(則告以方斂)。비렴시(非斂時), 칙당강배지(則當降拜之)。

◆소(疏)

○석왈(釋曰) : 안(案)《단궁(檀弓)》「대부조(大夫弔), 당사이지(當事而至), 즉사언(則辭焉)。」주운(注云) :「사유고야(辭猶告也)。빈자이주인유사고야(擯者以主人有事告也)。주인무사(主人無事), 칙위대부출(則爲大夫出)。」《상대기(喪大記)》운(云) :「사지상(士之喪), 어대부(於大夫), 부당렴칙출(不當斂則出)。」주(注) :「부모시사(父母始死), 비애(悲哀), 비소존부출야(非所尊不出也)。」상문유군명(上文有君命), 즉출영우문외(則出迎于門外), 시시사유군명출(是始死唯君命出)。약소렴후(若小斂後), 즉위대부출(則爲大夫出), 고(故)《잡기(雜記)》운(云) :「당단(當袒), 대부지(大夫至), 수당용(雖當踊), 절용이배지(絕踊而拜之), 반(反), 개성용(改成踊)。」약사래(若士來), 즉성용(即成踊), 내배지야(乃拜之也)。

사거천시(士舉遷尸), 복위(復位)。주인용무산(主人踊無算)。졸렴(卒斂), 철유(徹帷)。주인풍여초(主人馮如初), 주부역여지(主婦亦如之)。

주인봉시렴우관(主人奉尸斂于棺), 용여초(踊如初), 내개(乃蓋)。

관재사중(棺在肂中), 렴시언(斂尸焉), 소위빈야(所謂殯也)。《단궁(檀弓)》왈(曰):「빈어객위 (殯於客位)。」

◆소(疏)

석왈(釋曰):사거천시(士舉遷尸), 위종호외이상상(謂從尸外夷牀上), 천시어렴상(遷尸於斂上)。하운(下云)「봉시렴우관(奉尸斂于棺)」, 위종조계렴상천시향서계(謂從阼階斂上遷尸鄉西階), 렴어관중(斂於棺中), 내가개어관상야(乃加蓋於棺上也)。○주(注)「관재(棺在)」지(至)「객위(客位)」。○석왈(釋曰):운(云)「관재사중(棺在肂中), 렴시언(斂尸焉)」자(者), 욕견선이관입사중(欲見先以棺入肂中), 내봉시입관중(乃奉尸入棺中)。운(云)「소위빈야(所謂殯也)」자(者), 즉소인(即所引)《단궁(檀弓)》「빈어객위(殯於客位)」자시야(者是也)。이시입관명렴(以尸入棺名斂), 역명빈야(亦名殯也)。

주인강(主人降), 배대부지후지자(拜大夫之後至者), 북면시사(北面視肂)。

북면어서계동(北面於西階東)。

◆소(疏)

주(注)「북면어서계동(北面於西階東)」。○석왈(釋曰):소렴후(小斂後), 주인조계하(主人阼階下)。금빈후(今殯後), 배대부후지자(拜大夫後至者), 빈흘(殯訖), 부인즉조계(不忍即阼階), 인배대부즉어서계동(因拜大夫即於西階東), 북면(北面), 시사이곡야(視肂而哭也)。

중주인복위(衆主人復位)。부인동복위(婦人東復位)。

조계상하지위(阼階上下之位)。

◆소(疏)

주(注)「조계상하지위(阼階上下之位)」。○석왈(釋曰):중주인여부인어빈무사(衆主人與婦人於賓無事), 고빈후즉향동조계상하지위야(故殯後即鄉東阼階上下之位也)。

설오(設熬), 방일광(旁一筐), 내도(乃塗), 용무산(踊無算)。

이목복관상이도지(以木覆棺上而塗之), 위화비(爲火備)。

졸도(卒塗), 축취명치어사(祝取銘置於肂)。주인복위(主人復位), 용(踊), 습(襲)。

위명설부(爲銘設柎), 수지사동(樹之肂東)。

◆소(疏)

○석왈(釋曰):상문시사(上文始死), 즉작명흘(則作銘訖), 치어중(置於重)。금빈흘(今殯訖), 취치어사상(取置於肂上), 명소이표구고야(銘所以表柩故也)。운(云)「사동(肂東)」자(者), 이부사당사어동가지(以不使當肂於東可知)。

내전(乃奠)。촉승자조계(燭升自阼階)。축집건(祝執巾), 석종(席從), 설우오(設于奧), 동면(東面)。

집촉자선승당조실(執燭者先升堂照室), 자시부복전우시(自是不復奠于尸)。축집건(祝執巾), 여집석자종입(與執席者從入), 위안신위(爲安神位)。실중서남우위지오(室中西南隅謂之奧), 집촉남면(執燭南面), 건위어석우(巾委於席右)。

◆소(疏)

주(注)「집촉(執燭)」지(至)「석우(席右)」。○석왈(釋曰):운(云)「집촉자선승당조실(執燭者先升堂照室)」자(者), 이기설석우오(以其設席于奧), 당선조지위명야(當先照之爲明也)。운(云)「자시부복전우시(自是不復奠于尸)」자(者), 정욕해자시사이래습전(鄭欲解自始死已來襲奠), 소렴전개재시방(小斂奠皆在尸旁), 금대렴전(今大斂奠), 부재서계상(不在西階上), 취구소(就

樞所), 고어실내설지(故於室內設之)。즉자차이하(則自此已下), 조석전(朝夕奠)、삭월전(朔月奠)、신전개부어시소(新奠皆不於尸所), 총해지(總解之)。지(知)「집촉남면(執燭南面)」자(者), 이기촉선입실(以其燭先入室), 남면조지편고야(南面照之便故也)。운(云)「건위어석우(巾委於席右)」자(者), 이건위신(以巾爲神), 고지위어석우야(故知委於席右也)。

축반강(祝反降), 급집사집찬(及執事執饌)。

동방지찬(東方之饌)。

사관(士盥), 거정입(舉鼎入), 서면북상(西面北上), 여초(如初)。재(載), 어좌수(魚左首), 진기(進鬐), 삼렬(三列), 석진저(腊進柢)。

여초(如初), 여소렴거정(如小斂舉鼎)、집비조경멱(執匕俎局鼏)、비재지의(朼載之儀)。어좌수설이재남(魚左首設而在南)。기(鬐), 척야(脊也)。좌수진기(左首進鬐), 역미이어생야(亦未異於生也)。범미이어생자(凡未異於生者), 부치사야(不致死也)。고문수위수(古文首爲手), 기위기(鬐爲耆)。

◆소(疏)

주(注)「여초(如初)」지(至)「위기(爲耆)」。○석왈(釋曰)：운(云)「좌수진기역미이어생야(左首進鬐亦未異於生也)」자(者), 안(案)《공식(公食)》우수진기(右首進鬐), 차운좌수(此云左首), 칙여생이(則與生異), 이운역미이어생자(而云亦未異於生者), 하문주(下文注)「재자통어집(載者統於執), 설자통어석(設者統於席)」, 피(彼)《공식(公食)》언우수(言右首), 거석이언(據席而言), 차좌수(此左首), 거재자통어집(據載者統於執), 약설어석전(若設於席前), 즉역우수야(則亦右首也)。운(云)「부치사야(不致死也)」자(者), 《단궁(檀弓)》운(云)：「지사이치사지(之死而致死之), 부인이부가위야(不仁而不可爲也)。」금진어부이어생(今進魚不異於生), 칙역시지지사부치사지(則亦是之死不致死之), 고인위증야(故引爲證也)。

축집례여초(祝執醴如初), 주두변조종(酒豆籩俎從), 승자조계(升自阼階)。장부용(丈夫踊)。전인철정(甸人徹鼎)。

여초(如初), 축선승(祝先升)。

◆소(疏)

주(注)「여초축선승(如初祝先升)」。○석왈(釋曰)：이기소렴축집례(以其小斂祝執醴), 예재선(醴在先), 차운(此云)「여초(如初)」, 고지축선승야(故知祝先升也)。

전유영내입우실(奠由楹內入于室), 례주북면(醴酒北面)。

역여초(亦如初)。

◆소(疏)

주(注)「역여초(亦如初)」。○석왈(釋曰)：이기소렴지례주선승(以其小斂之醴酒先升), 북면서상(北面西上), 차경역언(此經亦言)「북면(北面)」, 명여소렴동(明與小斂同), 고운(故云)「역여초(亦如初)」。위여초(謂如初), 소렴경부언여초(小斂經不言如初), 문략야(文略也)。

설두(設豆), 우저(右菹), 저남률(菹南栗), 률동포(栗東脯), 돈당두(豚當豆), 어차(魚次), 석특우조북(腊特于俎北)。예주재변남(醴酒在籩南), 건여초(巾如初)。

우저(右菹), 저재해남야(菹在醢南也)。차좌우이어어자(此左右異於魚者), 재자통어집(載者統於執), 설자통어석(設者統於席)。예당률남(醴當栗南), 주당포남(酒當脯南)。

◆소(疏)

주(注)「우저(右菹)」지(至)「포남(脯南)」。○석왈(釋曰)：운(云)「설두(設豆), 우저(右菹)」자(者), 범설해저상재우(凡設醢菹常在右), 금특언지자(今特言之者), 차종북향남이진(此從北鄉南而陳), 혐선설자재북(嫌先設者在北), 고언우(故言右)。언우저(言右菹), 즉해자연재좌(則醢自然在左), 시이정운우저저재해남야(是以鄭云右菹菹在醢南也)。주운(注云)「차좌우이어어자(此左右異於魚者), 재자통어집(載者統於執), 설자통어석(設者統於席)」자(者), 정이상문어언좌수(鄭以上文魚言左首), 거재자통어집(據載者統於執), 고운좌수(故云左首), 급설칙우수(及設則右首), 차언설두우저(此言設豆右菹), 거설자통어석(據設者統於席), 전약집래즉좌저야(前若執來即左菹也)。운(云)「예당률남(醴當栗南), 주당포남(酒當脯南)」자(者), 이기진찬요성(以其陳饌要成), 존자후설(尊者後設), 고선설률포어북(故先設栗脯於北), 내어남설례주(乃於南設醴酒), 주재동(酒在東), 고례재률남(故醴在栗南), 주재포남야(酒在脯南也)。

기착자출(既錯者出), 입우호서(立于戶西), 서상(西上)。축후(祝後), 합호(闔戶)。선유영서(先由楹西), 강자서계(降自西階), 부인용(婦人踊)。전자유중남(奠者由重南), 동(東)。장부용(丈夫踊)。

위신풍의지야(爲神馮依之也)。

◆소(疏)

주(注)「위신(爲神)」지(至)「지야(之也)」。○석왈(釋曰) : 정해장부견전자(鄭解丈夫見奠者), 지중즉용자(至重即踊者), 중주도(重主道), 위신풍의지(爲神馮依之), 고장부취이위용절야(故丈夫取以爲踊節也)。

빈출(賓出), 부인용(婦人踊)。주인배송우문외(主人拜送于門外)。입(入), 급형제북면곡빈(及兄弟北面哭殯)。형제출(兄弟出), 주인배송우문외(主人拜送于門外)。

소공이하(小功以下), 지차가이귀(至此可以歸), 이문대공역존언(異門大功亦存焉)。

◆소(疏)

주(注)「소공(小功)」지(至)「존언(存焉)」。○석왈(釋曰) : 운(云)「북면곡빈(北面哭殯)」자(者), 안(案)《상대기(喪大記)》운(云) : 「대부사곡빈칙장(大夫士哭殯則杖), 곡구칙집장(哭柩則輯杖)。」주운(注云) : 「곡빈(哭殯), 위기도야(謂既涂也)。곡구(哭柩), 위계후야(謂啟後也)。」차곡부언장자(此哭不言杖者), 문략야(文略也)。운(云)「소공이하(小功以下), 지차가이귀(至此可以歸)」자(者), 안(案)《상복(喪服)》기운(記云)「소공이하위형제(小功以下爲兄弟)」, 즉차형제가이겸남녀야(則此兄弟可以兼男女也)。운(云)「이문대공역존언(異門大功亦存焉)」자(者), 대공용유동문(大功容有同門), 유동재(有同財), 고(故)《상복(喪服)》이소공이하위형제(以小功以下爲兄弟)。단대공역용부동문(但大功亦容不同門), 부동재지의(不同財之義), 이이문소(以異門疏), 지차역가이귀(至此亦可以歸), 고운역존언(故云亦存焉), 위존재가지주야(謂存在家之注也)。기빈수귀(既殯雖歸), 지조석삭전지일(至朝夕朔奠之日), 근자역인곡한야(近者亦人哭限也)。약지장시(若至葬時), 개취구소(皆就柩所), 고(故)《기석(既夕)》반곡(反哭), 운(云)「형제출주인배송(兄弟出主人拜送)」, 주운(注云)「형제소공이하야(兄弟小功以下也), 이문대공(異門大功), 역가이귀(亦可以歸)」시야(是也)。

중주인출문(衆主人出門), 곡지(哭止), 개서면우동방(皆西面于東方)。합문(闔門)。주인읍(主人揖), 취차(就次)。

차(次), 위참최의려(謂斬衰倚廬), 자최악실야(齊衰堊室也)。대공유유장(大功有帷帳), 소공시마유상자가야(小功緦麻有牀第可也)。

◆소(疏)

주(注)「차위(次謂)」지(至)「가야(可也)」。○석왈(釋曰) : 범언(凡言)「차(次)」자(者), 려(廬)、악실이하총명(堊室以下總名), 시빈객소재(是賓客所在), 역명차야(亦名次也), 고인(故引)《예기(禮記)·간전(間傳)》위증(爲證)。안(案)《간전(間傳)》운(云) : 「부모지상거의려(父母之喪居倚廬), 침점침괴(寢苫枕塊), 부설질대(不說絰帶)。자최거악실(齊衰居堊室), 하전부납(苄翦不納)。대공침유석(大功寢有席), 소공시마(小功緦麻), 상가야(牀可也)。」자최기거악실(齊衰既居堊室), 고대공이하유유장야(故大功以下有帷帳也)。

군약유사언(君若有賜焉), 칙시렴(則視斂)。기포의(即布衣), 군지(君至)。

사(賜), 은혜야(恩惠也)。렴(斂), 대렴(大斂)。군시대렴(君視大斂), 피모복(皮牟服), 습구(襲

衰)。주인성복지후왕(主人成服之後往), 즉석최(則錫衰)。

◆소(疏)

주(注)「사은(賜恩)」지(至)「석최(錫衰)」。○석왈(釋曰)：안(案)《잡기(雜記)》운(云)：「공시대렴(公視大斂), 공승(公升), 상축포석(商祝鋪席), 내렴(乃斂)。」주인(注引)《상대기(喪大記)》왈(曰)：「대부지상(大夫之喪), 장대렴(將大斂), 기포교금금(旣鋪絞紟衾), 군지(君至)」, 차군승내포석(此君升乃鋪席)。칙군지위지개(則君至爲之改), 시신지(始新之)。차경상하부언개신자(此經上下不言改新者), 문부구야(文不具也)。운(云)「렴(斂), 대렴(大斂)」자(者), 안(案)《상대기(喪大記)》운(云)：「군어사(君於士), 기빈이왕(旣殯而往), 위지사(爲之賜), 대렴언(大斂焉)。」차경운(此經云)「약유사(若有賜)」, 명군어사시대렴야(明君於士視大斂也)。운(云)「군시대렴피변복습구(君視大斂皮弁服襲裘)」자(者), 안(案)《상복소기(喪服小記)》운(云)：「제후조(諸侯弔), 필피변석최(必皮弁錫衰)。」언제후부언군자(言諸侯不言君者), 이기피시조이국지신법(以其彼是弔異國之臣法)。안(案)《복문(服問)》운(云)：「공위경대부석최이거(公爲卿大夫錫衰以居), 출역여지(出亦如之), 당사칙변질(當事則弁絰)。」부견군조사복(不見君弔士服)。안(案)《문왕세자(文王世子)》주군위동성지사시최(注君爲同姓之士緦衰), 이성지사의최(異姓之士疑衰), 병거성복후(並據成服後)。금대렴미성복(今大斂未成服), 연조이국지신유복피변지법(緣弔異國之臣有服皮弁之法), 칙군조사미성복지전(則君弔士未成服之前), 가복피변습구(可服皮弁襲裘)。습구지문출(襲裘之文出)《단궁(檀弓)》, 자유조(子游弔), 소렴후(小斂後), 「습구대질이입(襲裘帶絰而入)」, 차소렴후(此小斂後), 역의연야(亦宜然也)。운(云)「성복지후왕칙석최(成服之後往則錫衰)」자(者), 역약(亦約)《복문(服問)》군조경대부지법(君弔卿大夫之法)。약연(若然), 《문왕세자(文王世子)》주동성지사시최(注同姓之士緦衰), 이성지사의최(異姓之士疑衰), 부동자(不同者), 피위범평지사(彼謂凡平之士), 차사어군유사우지은(此士於君有師友之恩), 특사여대부동야(特賜與大夫同也)。

주인출영우외문외(主人出迎于外門外), 견마수(見馬首), 부곡(不哭), 환(還), 입문우(入門右), 북면(北面), 급중주인단(及衆主人袒)。

부곡(不哭), 염어군(厭於君), 부감신기사은(不敢伸其私恩)。

◆소(疏)

주(注)「부곡(不哭)」지(至)「사은(私恩)」。○석왈(釋曰)：안(案)《상대기(喪大記)》운(云)「남자출침문견인부곡(男子出寢門見人不哭)」, 평상출문시(平常出門時), 차영군의곡(此迎君宜哭)。

무지우묘문외(巫止于廟門外), 축대지(祝代之)。소신이인집과선(小臣二人執戈先), 이인후(二人後)。

무(巫), 장초미이제질병(掌招彌以除疾病)。소신(小臣), 장정군지법의자(掌正君之法儀者)。《주례(周禮)·남무(男巫)》：「왕조즉여축전(王弔則與祝前)。」상축(喪祝), 왕조즉여무전(王弔則與巫前)。《단궁(檀弓)》왈(曰)：「군림신상(君臨臣喪), 이무축도렬집과이악지(以巫祝桃茢執戈以惡之), 소이이어생야(所以異於生也)。」개천자지례(皆天子之禮)。제후림신지상(諸侯臨臣之喪), 즉사축대무(則使祝代巫), 집렬거전(執茢居前), 하천자야(下天子也)。소신(小臣), 군행즉재전후(君行則在前後), 군승즉협조계북면(君升則俠阼階北面)。범궁유귀신왈묘(凡宮有鬼神曰廟)。

◆소(疏)

주(注)「무장(巫掌)」지(至)「왈묘(曰廟)」。○석왈(釋曰)：운(云)「무장초미이제질병(巫掌招彌以除疾病)」자(者), 《주례(周禮)·춘관(春官)·남무직(男巫職)》문(文)。피주운(彼注云)：「초(招), 초복야(招福也)。미독위매(彌讀爲枚), 미(枚), 안야(安也), 위안흉화야(謂安凶禍也)。」운(云)「소신장정군지법의(小臣掌正君之法儀)」자(者), 《하관(夏官)·소신직(小臣職)》문(文)。운남무(云男巫)「왕조즉여축전(王弔則與祝前)」자(者), 역(亦)《남무직(男巫職)》문(文)。운(云)「축(祝)」자(者), 칙(則)《주례(周禮)·춘관(春官)·상축직(喪祝職)》운(云)「왕조즉여무전(王弔則與巫前)」시야(是也)。인지자(引之者), 증경무축소신지사야(證經巫祝小臣之事也)

小臣之事也). 인(引)《단궁(檀弓)》자(者), 증피여차경이(證彼與此經異), 고운(故云)「개천자지례(皆天子之禮)」야(也). 이기무축도렬구(以其巫祝桃茢具), 고위천자례야(故爲天子禮也). 운(云)「제후림신지상(諸侯臨臣之喪), 즉사축대무집렬거전하천자야(則使祝代巫執茢居前下天子也)」자(者), 차거(此據)《상대기(喪大記)》이언(而言). 안피운(案彼云)：「대부기빈(大夫既殯), 이군왕언(而君往焉). 무지우문외(巫止于門外), 축대지선(祝代之先), 군석채우문내(君釋菜于門內), 축선승자조계(祝先升自阼階), 부용남면(負墉南面), 군즉위우조(君即位于阼), 소신이인집과립우전(小臣二人執戈立于前), 이인립우후(二人立于後).」문여차경동(文與此經同), 문유상략이(文有詳略耳). 운(云)「소신군행즉재전후(小臣君行則在前後)」자(者), 비직위조상(非直爲弔喪), 즉범평행(則凡平行), 개유차소신종(皆有此小臣從), 이기여군위의위자(以其與君爲儀衛者). 운(云)「군승즉협조계(君升則俠阼階)」, 안(案)《고명(顧命)》운이인작변(云二人雀弁), 협계(夾階), 시기류야(是其類也). 운(云)「범궁유귀신왈묘(凡宮有鬼神曰廟)」자(者), 이경운묘(以經云廟), 위적침위묘(謂適寢爲廟), 고운유귀신왈묘(故云有鬼神曰廟).

군석채(君釋采), 입문(入門), 주인피(主人辟)。

석채자(釋采者), 축위군례문신야(祝爲君禮門神也). 필례문신자(必禮門神者), 명군무고부래야(明君無故不來也).《예운(禮運)》왈(曰)：「제후비문질조상(諸侯非問疾弔喪), 이입제신지가(而入諸臣之家), 시위군신위학(是謂君臣爲謔).」

◆소(疏)

주(注)「석채(釋采)」지(至)「위학(爲謔)」。○석왈(釋曰)：인(引)《례운(禮運)》자(者), 증군무고이입신가(證君無故而入臣家), 고장입필례문신야(故將入必禮門神也). 피주인진령공여공녕(彼注引陳靈公與孔寧)、의행부수여하씨(儀行父數如夏氏), 이취시언(以取弑焉), 시군신상학(是君臣相謔), 치화지사야(致禍之事也).

군승자조계(君升自阼階), 서향(西鄉)。축부용(祝負墉), 남면(南面), 주인중정(主人中庭)。

축남면방중(祝南面房中), 동향군(東鄉君). 장위지용(牆謂之墉). 주인중정(主人中庭), 진익북(進盆北).

◆소(疏)

주(注)「축남(祝南)」지(至)「익북(盆北)」。○석왈(釋曰)：축필부용남면향군자(祝必負墉南面鄉君者), 안(案)《상대기(喪大記)》운(云)：「군칭언(君稱言), 시축이용(視祝而踊).」정주(鄭注)：「시축이용(視祝而踊), 축상군지례(祝相君之禮), 당절지야(當節之也).」고수향군야(故須鄉君也). 운(云)「주인중정진익북(主人中庭進盆北)」자(者), 전주인선입문우(前主人先入門右), 중정지남(中庭之南), 금운중정(今云中庭), 명익북지정야(明盆北至庭也).

군곡(君哭), 주인곡(主人哭), 배계상(拜稽顙), 성용(成踊), 출(出)。

출(出), 부감필군지졸렴사(不敢必君之卒斂事).

군명반행사(君命反行事), 주인복위(主人復位)。

대렴사(大斂事).

군승주인(君升主人), 주인서영동(主人西楹東), 북면(北面)。

명주인사지승(命主人使之升).

승공경대부(升公卿大夫), 계주인(繼主人), 동상(東上)。내렴(乃斂)。

공(公), 대국지고(大國之孤), 사명야(四命也).《춘추전(春秋傳)》왈(曰)：「（정백유기주(鄭伯有耆酒), 위굴실(爲窟室), 이야음주격종언(而夜飲酒擊鍾焉), 조지미이(朝至未已), 조자왈(朝者曰)：공언재(公焉在) 기인왈(其人曰)：）오공재학곡(吾公在壑谷).」

◆소(疏)

주(注)「공대(公大)」지(至)「학곡(壑谷)」。○석왈(釋曰)：안(案)《전명(典命)》운(云)：「공지고사명(公之孤四命)。」고운(故云)「대국지고사명(大國之孤四命)」야(也)。인(引)《춘추(春秋)》자(者)，양삼십년(襄三十年)《좌씨전(左氏傳)》문(文)。정위백작(鄭爲伯爵)，부합립고(不合立孤)，단량소정지공족대부귀중지극(但良霄鄭之公族大夫貴重之極)，이비대국지고(以比大國之孤)，고신자존기군(故臣子尊其君)，역호위공(亦號爲公)。인지자(引之者)，증경공시공지고야(證經公是公之孤也)。이기천자유삼고(以其天子有三孤)，부이삼공(副貳三公)，대국무공(大國無公)，유유고(唯有孤)，역호위공(亦號爲公)，시이(是以)《연례(燕禮)》역위지위공야(亦謂之爲公也)。

졸(卒)，공경대부역강(公卿大夫逆降)，복위(復位)。주인강(主人降)，출(出)。

역강자(逆降者)，후승자선강(後升者先降)，위여조석곡조지위(位如朝夕哭弔之位)。

◆소(疏)

주(注)「역강(逆降)」지(至)「지위(之位)」。○석왈(釋曰)：졸자(卒者)，위졸렴야(謂卒斂也)。운(云)「주인강출(主人降出)」자(者)，역시부감구류(亦是不敢久留)，군선출(君先出)。하문군반주인(下文君反主人)，주인반향중정(主人反鄕中庭)，군내무시(君乃撫尸)，주인내배계상(主人乃拜稽顙)，용출(踊出)，출위주인출향문외립(出謂主人出鄕門外立)。

군반주인(君反主人)，주인중정(主人中庭)。군좌무(君坐撫)，당심(當心)。주인배계상(主人拜稽顙)，성용(成踊)，출(出)。

무(撫)，수안지(手案之)。범풍시흥필용(凡馮尸興必踊)。금문무성(今文無成)。

◆소(疏)

주(注)「무수(撫手)」지(至)「무성(無成)」。○석왈(釋曰)：운(云)「범풍시흥필용(凡馮尸興必踊)」자(者)，《상대기(喪大記)》문(文)。차경직운(此經直云)「군좌무(君坐撫)，당심(當心)」，주인직용(主人直踊)，우부언풍시(又不言馮尸)，이정운범풍시흥필용자(而鄭云凡馮尸興必踊者)，욕견무즉풍지류(欲見撫即馮之類)，흥역용(興亦踊)，고득여주인습용야(故得與主人拾踊也)。시이(是以)《상대기(喪大記)》：「군어신무지(君於臣撫之)，부모어자집지(父母於子執之)，자어부모풍지(子於父母馮之)，부어구고봉지(婦於舅姑奉之)，구고어부무지(舅姑於婦撫之)。풍시부당군소(馮尸不當君所)。」우운(又云)：「범풍시(凡馮尸)，흥필용(興必踊)。」시풍위총명(是馮爲總名)，고군무지역용야(故君撫之亦踊也)。

군반지(君反之)，복초위(復初位)。중주인피우동벽(衆主人辟于東壁)，남면(南面)。

이군장강야(以君將降也)。남면칙당점지동(南面則當坫之東)。

◆소(疏)

주(注)「이군(以君)」지(至)「지동(之東)」。○석왈(釋曰)：운(云)「군반지복초위(君反之復初位)」，초위즉중정위(初位即中庭位)。지자(知者)，이기문승중정위고야(以其文承中庭位故也)。운(云)「이군장강야(以君將降也)，남면즉당점지동(南面則當坫之東)」자(者)，하문(下文)「군강(君降)，서향(西鄕)，명주인풍시(命主人馮尸)」，즉군강당재조계하(則君降當在阼階下)，서면명지(西面命之)，고중주인피군동벽남면(故衆主人辟君東壁南面)，남면즉서두위수(南面則西頭爲首)，자당당각지점(者當堂角之坫)，고운당점지동야(故云當坫之東也)。

군강(君降)，서향(西鄕)，명주인풍시(命主人馮尸)。주인승자서계(主人升自西階)，유족(由足)，서면풍시(西面馮尸)，부당군소(不當君所)，용(踊)。주부동면풍(主婦東面馮)，역여지(亦如之)。

군필강자(君必降者)，욕효자진기정(欲孝子盡其情)。

봉시렴우관(奉尸斂于棺)，내개(乃蓋)。주인강(主人降)，출(出)。군반지(君反之)，입문좌(入門左)，시도(視塗)。

사재서계상(竣在西階上), 입문좌(入門左), 유편추질(由便趨疾), 부감구류군(不敢久留君)。

군승즉위(君升卽位), 중주인복위(衆主人復位)。졸도(卒塗), 주인출(主人出), 군명지반전(君命之反奠), 입문우(入門右)。

역복중정위(亦復中庭位)。

◆소(疏)

주(注)「역복중정위(亦復中庭位)」。○석왈(釋曰) : 경운(經云)「입문우(入門右)」, 주복중정위(注復中庭位), 위재문우(謂在門右), 남북당중정야(南北當中庭也)。

내전(乃奠), 승자서계(升自西階)。

이군재조(以君在阼)。

◆소(疏)

주(注)「이군재조(以君在阼)」。○석왈(釋曰) : 이기범전개승자조계(以其凡奠皆升自阼階), 시위군재조(是爲君在阼), 고피지이승서계야(故辟之而升西階也)。

군요절이용(君要節而踊), 주인종용(主人從踊)。

절(節), 위집전시승계(謂執奠始升階), 급기전유중남동시야(及旣奠由重南東時也)。

◆소(疏)

주(注)「절위집전(節謂執奠)」지(至)「시야(時也)」。○석왈(釋曰) : 운(云)「절위집전시승계(節謂執奠始升階), 급기전유중남동시야(及旣奠由重南東時也)」자(者), 안상문대렴전(案上文大斂奠), 승시장부용(升時丈夫踊), 강시부인용(降時婦人踊), 유중남이동(由重南而東), 장부용(丈夫踊)。차주부운강시용자(此注不云降時踊者), 이경직유군여주인장부용절(以經直有君與主人丈夫踊節), 고부언강시용절야(故不言降時踊節也)。

졸전(卒奠), 주인출(主人出), 곡자지(哭者止)。

이군장출(以君將出), 부감환효괄존자야(不敢讙嚻聒尊者也)。

군출문(君出門), 묘중곡(廟中哭), 주인부곡(主人不哭), 피(辟)。군식지(君式之)。

피(辟), 준둔피위야(逡遁辟位也)。고자립승(古者立乘), 식(式), 위소면이례주인야(謂小俛以禮主人也)。《곡례(曲禮)》왈(曰) : 「입시오휴(立視五寯), 식시마미(式視馬尾)。」

◆소(疏)

주(注)「피준(辟逡)」지(至)「마미(馬尾)」。○석왈(釋曰) : 군입신가(君入臣家), 지묘문내하차(至廟門乃下車), 칙이차본부입대문(則貳車本不入大門), 하운(下云)「이차필승주인곡배송(貳車畢乘主人哭拜送)」자(者), 명출대문의(明出大門矣)。운(云)「피(辟), 준둔피위야(逡遁辟位也)。」자(者), 안(案)《곡례(曲禮)》운(云) : 「군출취차(君出就車), 좌우양피(左右攘辟)。」칙차운피(則此云辟), 역시주인양피(亦是主人攘辟), 고운준둔피위야(故云逡遁辟位也)。운(云)「고자립승(古者立乘)」자(者), 이기좌승칙부득식이소면(以其坐乘則不得式而小俛), 고운고자립승야(故云古者立乘也)。지식식(知式是)「예주인(禮主人)」자(者), 《곡례(曲禮)》운(云)「식종묘(式宗廟)」, 《증자문(曾子問)》경대부견군지시(卿大夫見君之尸), 「개하지(皆下之), 시필식(尸必式)」, 시범식개시례전물위식(是凡式皆是禮前物爲式)。인(引)《곡례(曲禮)》자(者), 욕견식소면(欲見式小俛)。피주(彼注) : 「휴유규야(寯猶規也)。」차륜전지일잡위일규(車輪轉之一匝爲一規)。안(案)《주례(周禮)·동관(冬官)》륜숭륙척륙촌(輪崇六尺六寸), 위삼경일(圍三徑一), 삼륙십팔(三六十八), 일잡즉일장구척팔촌(一匝則一丈九尺八寸), 오규칙오개일장구척팔촌(五規則五個一丈九尺八寸), 총위구장구척(總爲九丈九尺), 륙척위일보(六尺爲一步), 총십륙보반(總十六步半)。범평립시(凡平立視), 시전십륙보반(視前十六步半)。약소면위식(若小俛爲式), 즉저두시마미(則低頭視馬尾), 고련인(故連引)《곡례(曲禮)》운(云)「식시마미(式視馬尾)」야(也)。

이차필승(貳車畢乘), 주인곡(主人哭), 배송(拜送)。

이차(貳車), 부차야(副車也)。기수각시기명지등(其數各視其命之等)。군출(君出), 사이성지사승지(使異姓之士乘之), 재후(在後)。군조(君弔), 개승상로(蓋乘象輅)。《곡례(曲禮)》왈(曰):「승군지승차부감광좌(乘君之乘車不敢曠左), 좌필식(左必式)。」

◆소(疏)

주(注)「이차(貳車)」지(至)「필식(必式)」。○석왈(釋曰):운(云)「기수각시기명지등(其數各視其命之等)」자(者), 안(案)《주례(周禮)·대행인(大行人)》운(云):상공이차구승(上公貳車九乘), 후백이차칠승(侯伯貳車七乘), 자남이차오승(子男貳車五乘), 고지시명수야(故知視命數也)。운(云)「군출(君出), 사이성지사승지재후(使異姓之士乘之在後)」자(者),《예기(禮記)·방기(坊記)》운(云):「군부여동성동차(君不與同姓同車), 여이성동차(與異姓同車)。」피위여군동재일차위어(彼謂與君同在一車爲御), 여차우자야(與車右者也)。차경운(此經云)「이차필승(貳車畢乘)」, 명역사이성지상승지재후가지(明亦使異姓之上乘之在後可知)。운(云)「군조(君弔), 개승상로(蓋乘象路)」자(者), 안(案)《주례(周禮)·건차직(巾車職)》왕유오로(王有五路):옥(玉)、김(金)、상(象)、혁(革)、목(木)。제후(諸侯), 즉동성김로이하(則同姓金路已下), 이성상로이하(異姓象路已下), 사위혁로이하(四衛革路已下), 번국유유목로(蕃國唯有木路)。약연(若然), 유왕여동성이성득조승상로(唯王與同姓異姓得弔乘象路)。금운개승상로자(今云蓋乘象路者), 이제후언지(以諸侯言之), 유거상공여후백어왕유친자(唯據上公與侯伯於王有親者), 득용상로조림기신이건차(得用象路弔臨其臣以巾車)。우운상로이조(又云象路以朝), 석왈왕이조급연출입(釋曰王以朝及燕出入), 수부언조림(雖不言弔臨), 연조림역시출입지사(然弔臨亦是出入之事), 고운(故云)「개(蓋)」이의지(以疑之)。약사위(若四衛)、제후(諸侯)、후백이하(侯伯已下), 여왕무친자(與王無親者), 역각승기소사지차(亦各乘己所賜之車), 혁로(革路)、목로지등(木路之等)。금정어이차지하언소승차자(今鄭於貳車之下言所乘車者), 이기언이차(以其言貳車), 기식개여정차동(其飾皆與正車同), 고어이차이하(故於貳車以下), 언군지소승차야(言君之所乘車也)。인(引)《곡례(曲禮)》자(者), 승군지승차(乘君之乘車), 즉이차시야(則貳車是也)。이기여군위부이(以其與君爲副貳), 즉시군지승차야(即是君之乘車也), 피주운(彼注云):「군존악공기위(君存惡空其位)。」칙차승차역거좌(則此乘車亦居左), 이기인군개좌재(以其人君皆左載), 무어자재중(無御者在中), 정주(鄭注)《주례(周禮)》역유차우야(亦有車右也), 운(云)「좌필식(左必式)」자(者), 부감립상시휴상위식이(不敢立相視舊常爲式耳)。

습(襲), 입즉위(入卽位)。중주인습(衆主人襲)。배대부지후지자(拜大夫之後至者), 성용(成踊)。

후지(後至), 포의이후래자(布衣而後來者)。

◆소(疏)

석왈(釋曰):지포의이후래자(知布衣而後來者), 약미포의시래(若未布衣時來), 즉입전경대부종군지내(即入前卿大夫從君之內), 금승상군대부지하(今承上君大夫之下), 별군배대부지후지자(別君拜大夫之後至者), 명포의후래(明布衣後來), 부득여전경대부동시종군입자(不得與前卿大夫同時從君入者), 고정이포의지후해지(故鄭以布衣之後解之)。

빈출(賓出), 주인배송(主人拜送)。

자빈출이하(自賓出以下), 여군부재지의(如君不在之儀)。

◆소(疏)

주(注)「자빈(自賓)」지(至)「지의(之儀)」。○석왈(釋曰):상경군재지시(上經君在之時), 경대부사종군자(卿大夫士從君者), 부득여주인위례(不得與主人爲禮)。군출후(君出後), 유빈래(有賓來), 즉내득별여주인위례(即乃得別與主人爲禮), 고운(故云)「자빈출이하(自賓出以下), 여군부재지의(如君不在之儀)」야(也)。

삼일(三日), 성복(成服), 장(杖)。배군명급중빈(拜君命及衆賓), 부배관중지사(不拜棺中之賜)。

기빈지명일(既殯之明日), 전삼일(卒三日), 시철죽의(始歠粥矣)。예(禮), 존자가혜(尊者加惠), 명일필왕배사지(明日必往拜謝之)。관중지사(棺中之賜), 부시기야(不施己也)。《곡례(曲禮)》왈(曰):「생여래일(生與來日)。」

◆소(疏)

주(注)「기빈(既殯)」지(至)「래일(來日)」。○석왈(釋曰): 운(云)「기빈지명일(既殯之明日)」자(者), 상궐명멸료자(上厥明滅燎者), 시삼일지조행대렴지사(是三日之朝行大斂之事)。금별언(今別言)「삼일성복(三日成服)」, 칙제상삼일(則除上三日), 경가일일시사일의(更加一日是四日矣)。이언삼일자(而言三日者), 위제사일수지위삼일야(謂除死日數之爲三日也)。운(云)「전삼일(卒三日), 시철죽의(始歠粥矣)」자(者), 위성복일내식죽(謂成服日乃食粥), 제차일이전(除此日已前), 시미전삼일(是未卒三日), 부식(不食), 지사일내식야(至四日乃食也)。안(案)《상대기(喪大記)》운(云)「삼일부식(三日不食)」, 위통사일부수성복일(謂通死日不數成服日), 고운삼일부식(故云三日不食), 《효경(孝經)》「삼일이식(三日而食)」자(者), 시제사일수(是除死日數), 고운삼일이식야(故云三日而食也)。운(云)「례존자가혜(禮尊者加惠), 명일필왕배사지(明日必往拜謝之)」자(者), 안(案)《기석(既夕)》기운(記云)「주인승악차(主人乘惡車)」, 주운(注云)「배군명(拜君命)」시야(是也)。인(引)《곡례(曲禮)》자(者), 피주운(彼注云):「여유수야(與猶數也), 생수래일(生數來日), 위성복장이사명일수야(謂成服杖以死明日數也)。사수왕일(死數往日), 위빈렴이사일수야(謂殯斂以死日數也)。차사례폄어대부자(此士禮貶於大夫者), 대부이상개이래일수(大夫以上皆以來日數)。」인지이증차(引之以證此)《사상례(士喪禮)》여대부이상이야(與大夫已上異也)。

조석곡(朝夕哭), 부피자묘(不辟子卯)。

기빈지후(既殯之後), 조석급애지내곡(朝夕及哀至乃哭), 부대곡야(不代哭也)。자묘(子卯), 걸(桀)、주망일(紂亡日), 흉사부피(凶事不辟), 길사궐언(吉事闕焉)。

◆소(疏)

주(注)「기빈(既殯)」지(至)「궐언(闕焉)」。○석왈(釋曰): 운(云)「기빈지후(既殯之後), 조석급애지내곡(朝夕及哀至乃哭)」자(者), 차거빈후조계하조석곡(此據殯後阼階下朝夕哭), 려중사억칙곡(廬中思憶則哭)。운(云)「부대곡야(不代哭也)」자(者), 결미빈이전(決未殯以前), 대부이상이관대곡(大夫以上以官代哭), 사이친소대곡(士以親疏代哭), 부절성(不絕聲)。운(云)「자묘(子卯), 걸주망일(桀紂亡日)」자(者), 《시(詩)》운(云):「위고기벌(韋顧既伐), 곤오하걸(昆吾夏桀)。」《좌전(左傳)》운을묘(云乙卯), 「곤오임지일(昆吾稔之日)」, 곤오여하걸동시주(昆吾與夏桀同時誅), 즉걸이을묘망(則桀以乙卯亡)。안(案)《상서(尚書)·목서(牧誓)》서운(序云)「시갑자매상(時甲子昧爽)」, 무왕벌주지일(武王伐紂之日), 시주이갑자일사(是紂以甲子日死), 왕자이위기일(王者以爲忌日)。운(云)「흉사부피(凶事不辟)」자(者), 즉차경시야(即此經是也)。운(云)「길사궐언(吉事闕焉)」자(者), 《단궁(檀弓)》운(云):「자묘부악(子卯不樂)。」시길사궐야(是吉事闕也)。

부인즉위우당(婦人即位于堂), 남상(南上), 곡(哭)。장부즉위우문외(丈夫即位于門外), 서면북상(西面北上)。외형제재기남(外兄弟在其南), 남상(南上)。빈계지(賓繼之), 북상(北上)。문동(門東), 북면서상(北面西上)。문서(門西), 북면동상(北面東上)。서방(西方), 동면북상(東面北上)。주인즉위(主人即位)。피문(辟門)。

외형제(外兄弟), 이성유복자야(異姓有服者也)。피(辟), 개야(開也)。범묘문유사칙개(凡廟門有事則開), 무사칙폐(無事則閉)。

◆소(疏)

주(注)「외형(外兄)」지(至)「즉폐(則閉)」。○석왈(釋曰):《상대기(喪大記)》운(云)「상이외무곡자(祥而外無哭者)」, 즉차외위개유곡(則此外位皆有哭)。금직운부인곡(今直云婦人哭), 즉

장부역곡의(則丈夫亦哭矣), 단문부비야(但文不備也). 안하주운(案下注云)「형제(兄弟), 자최대공자(齊衰大功者), 주인곡칙곡(主人哭則哭). 소공시마(小功緦麻), 역즉위내곡(亦即位乃哭)」시야(是也). 운(云)「외형제(外兄弟), 이성유복자(異姓有服者)」, 위약구지자(謂若舅之子), 고자매종모지자등(姑姊妹從母之子等), 개시유복자야(皆是有服者也). 운(云)「범묘문유사즉개(凡廟門有事則開), 무사즉폐(無事則閉)」자(者), 유사위조석곡급설전지시(有事謂朝夕哭及設奠之時), 무차사등즉폐지(無此事等則閉之), 귀신상유암고야(鬼神尚幽闇故也).

부인부심(婦人拊心), 부곡(不哭).

방유사(方有事), 지환효(止讙嚚).

◆소(疏)

○석왈(釋曰) : 운(云)「방유사(方有事)」자(者), 위하경철대렴전(謂下經徹大斂奠)、설조전지사야(設朝奠之事也).

주인배빈(主人拜賓), 방삼(旁三), 우환(右還), 입문(入門), 곡(哭), 부인용(婦人踊).

선서면배(先西面拜), 내남면배(乃南面拜), 동면배야(東面拜也).

◆소(疏)

주(注)「선서(先西)」지(至)「배야(拜也)」. ○석왈(釋曰) : 지선서면(知先西面)、후동면자(後東面者), 이경운(以經云)「방삼우환입문(旁三右還入門)」, 고지선서면(故知先西面), 후내동(後乃東), 수북면(遂北面). 입문이일면(入門以一面), 고운(故云)「방(旁)」.

주인당하직동서(主人堂下直東序), 서면(西面). 형제개즉위(兄弟皆即位), 여외위(如外位). 경대부재주인지남(卿大夫在主人之南). 제공문동(諸公門東), 소진(少進). 타국지이작자문서(他國之異爵者門西), 소진(少進). 적즉선배타국지빈(敵則先拜他國之賓). 범이작자(凡異爵者), 배제기위(拜諸其位).

빈개즉차위(賓皆即此位), 내곡진애지(乃哭盡哀止). 주인내우환배지(主人乃右還拜之), 여외위의(如外位矣). 형제(兄弟), 자최대공자(齊衰大功者), 주인곡즉곡(主人哭則哭). 소공시마(小功緦麻), 역즉위내곡(亦即位乃哭). 상언빈(上言賓), 차언경대부(此言卿大夫), 명기역빈이(明其亦賓爾). 소진(少進), 전어렬(前於列). 이작(異爵), 경대부야(卿大夫也). 타국경대부역전어렬(他國卿大夫亦前於列), 존지(尊之), 배제기위(拜諸其位), 취기위특배(就其位特拜).

◆소(疏)

주(注)「빈개(賓皆)」지(至)「특배(特拜)」. ○석왈(釋曰) : 기운(既云)「여외위(如外位)」, 우안외위(又案外位), 주인지남유외형제(主人之南有外兄弟), 기남내유빈(其南乃有賓), 차내위(此內位). 주인지남즉유경대부(主人之南即有卿大夫), 부언형제자(不言兄弟者), 이외형제수재주인지남(以外兄弟雖在主人之南), 이소퇴(以少退), 고경대부계주인이언야(故卿大夫繼主人而言也). 운(云)「제공문동(諸公門東), 소진(少進)」자(者), 위문동유사(謂門東有士), 고운소진(故云少進), 소진어사(少進於士). 차소진위부언사지속리자(此所陳位不言士之屬吏者), 안대부가신위재문우(案大夫家臣位在門右), 즉사지속리역재문우(則士之屬吏亦在門右), 우재빈지후야(又在賓之後也). 운(云)「빈개즉차위(賓皆即此位), 내곡진애지(乃哭盡哀止), 주인내우환배지(主人乃右還拜之), 여외위의(如外位矣)」자(者), 이기운외위(以其云外位), 명배지역우환여외위야(明拜之亦右還如外位也). 운(云)「형제(兄弟), 자최대공자(齊衰大功者), 주인곡즉곡(主人哭則哭)」자(者), 이기대공이상친무문외내위(以其大功已上親無門外內位), 단주인곡즉역곡의(但主人哭則亦哭矣). 소공시마소(小功緦麻疏), 고입즉진전어사지렬야(故入即進前於士之列也). 운(云)「이작(異爵), 경대부야(卿大夫也)」자(者), 이주인시사(以主人是士), 명이작시경대부야(明異爵是卿大夫也). 운(云)「타국경대부역전어렬(他國卿大夫亦前於列)」자(者), 이경운타국지이작자(以經云他國之異爵者), 문서소진(門西少進), 역당전어사지위야(亦當前於士之位也). 운(云)「배제기위(拜諸其位), 취기위특배(就其位特拜)」자(者), 이기이작즉역경대부

(以其異爵則亦卿大夫), 고지특배(故知特拜), 일일배제기위야(一一拜諸其位也)。

철자관우문외(徹者盥于門外)。 촉선입(燭先入), 승자조계(升自阼階)。 장부용(丈夫踊)。

철자(徹者), 철대렴지숙전(徹大斂之宿奠)。

축취례(祝取醴), 북면(北面), 취주립우기동(取酒立于其東), 취두(取豆)、변(籩)、조(俎), 남면서상(南面西上)。축선출(祝先出), 주(酒)、두(豆)、변(籩)、조서종(俎序從), 강자서계(降自西階)。부인용(婦人踊)。

서(序), 차야(次也)。

◆소(疏)

주(注)「서차야(序次也)」。○석왈(釋曰) : 서차자(序次者), 차제인(次第人), 사상당(使相當)。차경소언선후(此經所言先後), 칙축집례재선(則祝執醴在先), 차주(次酒), 차두변(次豆籩), 차조(次俎), 위차제야(爲次第也)。

설우서서남(設于序西南), 직서영(直西榮)。예주북면서상(醴酒北面西上)。두서면착(豆西面錯), 립우두북(立于豆北), 남면(南面)。변(籩)、조기착(俎既錯), 립우집두지서(立于執豆之西), 동상(東上)。주착(酒錯), 복위(復位)。예착우서(醴錯于西), 수선(遂先), 유주인지북적찬(由主人之北適饌)。

수선자(遂先者), 명축부복위야(明祝不復位也)。적찬(適饌), 적신찬(適新饌), 장복전(將復奠)。

◆소(疏)

주(注)「수선(遂先)」지(至)「복전(復奠)」。○석왈(釋曰) : 운(云)「수선(遂先)」자(者), 명축부복위야자(明祝不復位也者)。이기운수선(以其云遂先), 선즉축부득복위(先即祝不得復位), 수적동상신찬야(遂適東相新饌也)。

내전(乃奠)。예(醴)、주(酒)、포(脯)、해승(醢升), 장부용(丈夫踊)。입(入), 여초설(如初設), 부건(不巾)。

입(入), 입어실야(入於室也)。여초설자(如初設者), 두선(豆先), 차변(次籩), 차주(次酒), 차례야(次醴也)。부건(不巾), 무저(無菹)、무률야(無栗也)。저(菹)、률구칙유조(栗具則有俎), 유조내건지(有俎乃巾之)。

◆소(疏)

주(注)「입입(入入)」지(至)「건지(巾之)」。○석왈(釋曰) : 주운(注云)「입(入), 입어실야(入於室也)」자(者), 이기설전재실중고야(以其設奠在室中故也)。운(云)「여초설자(如初設者), 두선(豆先), 차변(次籩), 차주(次酒), 차례야(次醴也)」자(者), 이기대렴유조(以其大斂有俎), 변두우다(籩豆又多), 금언여초설(今言如初設), 직두변주례견용자(直豆籩酒醴見用者), 선후차제이(先後次第耳)。운(云)「부건(不巾), 무저(無菹), 무률야(無栗也)」자(者), 이대렴전(以大斂奠), 겸유저률(兼有菹栗), 즉건지(則巾之)。시이(是以)《단궁(檀弓)》운(云) : 「상부박(喪不剝), 전야여(奠也與),제육야여(祭肉也與)」기대렴개유조(其大斂皆有俎), 조유제육(俎有祭肉), 고건지야(故巾之也)。약연(若然), 조묘지전(朝廟之奠), 역시숙전(亦是宿奠), 무저률유건자(無菹栗有巾者), 위재당이구설(爲在堂而久設), 진애고야(塵埃故也)。

착자출(錯者出), 립우시서(立于尸西), 서상(西上)。멸촉(滅燭), 출(出)。축합호(祝闔戶), 선강자서계(先降自西階)。부인용(婦人踊)。전자유중남(奠者由重南), 동(東)。장부용(丈夫踊)。빈출(賓出), 부인용(婦人踊), 주인배송(主人拜送)。

곡지내전(哭止乃奠), 전즉례필의(奠則禮畢矣)。금문무배(今文無拜)。

◆소(疏)

주(注)「곡지(哭止)」지(至)「무배(無拜)」。○석왈(釋曰) : 운(云)「축합호(祝闔戶), 선강(先降)」자(者), 이기출호시(以其出戶時), 축합호재후(祝闔戶在後), 고수운축선강야(故須云祝先降也)。운(云)「곡지내전(哭止乃奠)」자(者), 위조석곡지(謂朝夕哭止), 배빈내전(拜賓乃奠), 전칙례필의(奠則禮畢矣)。시이(是以)《단궁(檀弓)》운(云)「조전일출(朝奠日出)」시야(是也)。중주인출(眾主人出), 부인용(婦人踊)。출문(出門), 곡지(哭止)。개복위(皆復位)。합문(闔門)。주인졸배송빈(主人卒拜送賓), 읍중주인(揖眾主人), 내취차(乃就次)。

삭월(朔月), 전용특돈(奠用特豚)、어(魚)、석(腊), 진삼정여초(陳三鼎如初)。동방지찬역여지(東方之饌亦如之)。

삭월(朔月), 월삭일야(月朔日也)。자대부이상(自大夫以上), 월반우전(月半又奠)。여초자(如初者), 위대렴시(謂大斂時)。

◆소(疏)

주(注)「삭월(朔月)」지(至)「렴시(斂時)」。○석왈(釋曰) : 지(知)「대부이상월반우전(大夫以上月半又奠)」자(者), 하경운(下經云)「월반부은전(月半不殷奠)」, 사부자(士不者), 대부이상칙유지(大夫以上則有之)。위약하문운(謂若下文云)「부술명(不述命)」, 대부이상칙유지(大夫已上則有之)。우약(又若)《특생(特牲)》운사(云士)「부추일(不諏日)」, 대부이상즉추(大夫已上則諏)。제사언부자(諸士言不者), 대부이상즉개유지(大夫已上則皆有之), 고지대부이상(故知大夫以上), 우유월반전야(又有月半奠也)。운(云)「여초자(如初者), 위대렴시(謂大斂時)」자(者), 이기상진대렴사(以其上陳大斂事), 차언여초(此言如初), 고지여대렴시야(故知如大斂時也)。

무변(無籩), 유서(有黍)、직(稷)。용와돈(用瓦敦), 유개(有蓋), 당변위(當籩位)。

서직병어무북야(黍稷併於甒北也)。어시시유서직(於是始有黍稷)。사자지어삭월월반(死者之於朔月月半), 유평상지조석(猶平常之朝夕)。대상지후(大祥之後), 즉사시제언(則四時祭焉)。

◆소(疏)

주(注)「서직(黍稷)」지(至)「제언(祭焉)」。○석왈(釋曰) : 운(云)「어시시유서직(於是始有黍稷)」자(者), 시사이래(始死以來), 전부언서직(奠不言黍稷), 지차내언지(至此乃言之), 고운어시시유서직야(故云於是始有黍稷也)。운(云)「사자지어삭월월반(死者之於朔月月半), 유평상지조석(猶平常之朝夕)」자(者), 위유생시조석지상식야(謂猶生時朝夕之常食也)。안(案)《기석(既夕)》기운(記云) : 「연양궤수(燕養饋羞), 탕목지찬여타일(湯沐之饌如他日)。」주운(注云) : 「연양(燕養), 평상소용공양야(平常所用供養也)。궤(饋), 조석식야(朝夕食也)。수(羞), 사시지진이(四時之珍異)。」약연(若然), 피위하실중부이어생시(彼謂下室中不異於生時), 빈궁중칙무서직(殯宮中則無黍稷), 금지삭월월반내유지(今至朔月月半乃有之)。약삭월월반빈궁중유서직(若朔月月半殯宮中有黍稷), 하실칙무(下室則無)。고(故)《기석(既夕)》기운(記云)「삭월약천신(朔月若荐新), 칙부궤우하실(則不饋于下室)」, 주운(注云)「이기은전유서직야(以其殷奠有黍稷也)。하실여금지내당(下室如今之內堂)」시야(是也), 시이운유평상조석결지야(是以云猶平常朝夕決之也)。운(云)「대상지후즉사시제언(大祥之後則四時祭焉)」자(者), 《사우례(士虞禮)》담월(禫月), 「길제유미배(吉祭猶未配)」, 시대상지후(是大祥之後), 득사시제(得四時祭), 약우제지후(若虞祭之後), 졸곡지등(卒哭之等), 수부사시(雖不四時), 역유서직(亦有黍稷), 시기상야(是其常也)。

주인배빈(主人拜賓), 여조석곡(如朝夕哭), 졸철(卒徹)。

철숙전야(徹宿奠也)。

거정입(舉鼎入)、승(升), 개여초전지의(皆如初奠之儀)。졸비(卒朼), 석비우정(釋朼于鼎)。조행(俎行), 비자역출(朼者逆出)。전인철정(甸人徹鼎), 기서(其序) : 예주(醴酒)、저해(菹醢)、서직(黍稷)、조(俎)。

조행자(俎行者), 조후집(俎後執), 집조자행(執俎者行), 정가이출(鼎可以出), 기서(其序), 승

입지차(升入之次)。

◆소(疏)

주(注)「조행(俎行)」지(至)「지차(之次)」。○석왈(釋曰)：운(云)「조행자(俎行者), 조후집(俎後執), 집조자행(執俎者行), 정가이출(鼎可以出)」자(者), 안하문설시(案下文設時), 두착(豆錯)、조착(俎錯), 서직후설(黍稷後設), 칙조의재서직전(則俎宜在黍稷前)。금재서직후이언조행자(今在黍稷後而言俎行者), 욕견조수재서직전설(欲見俎雖在黍稷前設), 이집지재후(以執之在後), 욕여정비출위절(欲與鼎匕出為節), 고운조행(故云俎行), 즉비정출야(即匕鼎出也)。운(云)「기서(其序), 승입지차(升入之次)」자(者), 위여경례이하차제야(謂如經禮已下次第也)。

기설우실(其設于室), 두착(豆錯), 조착(俎錯), 석특(腊特)。서직당변위(黍稷當籩位)。돈계회(敦啟會), 각제기남(卻諸其南)。예주위여초(醴酒位如初)。

상변위(常籩位), 조남서(俎南黍), 서동직(黍東稷)。회(會), 개야(蓋也)。금문무돈(今文無敦)。

◆소(疏)

주(注)「당변(當籩)」지(至)「무돈(無敦)」。○석왈(釋曰)：지(知)「당변위(當籩位), 조남서(俎南黍), 서동직(黍東稷)」자(者), 의특생소설위지야(依特牲所設為之也)。

축여집두자건(祝與執豆者巾), 내출(乃出)。

공위지야(共為之也)。

주인요절이용(主人要節而踊), 개여조석곡지의(皆如朝夕哭之儀)。월반부은전(月半不殷奠)。

은(殷), 성야(盛也)。사월반부복여삭성전(士月半不復如朔盛奠), 하존자(下尊者)。

◆소(疏)

주(注)「은성(殷盛)」지(至)「존자(尊者)」。○석왈(釋曰)：운(云)「하존(下尊)」자(者), 이하대부이상유월반전고야(以下大夫以上有月半奠故也)。

유천신(有薦新), 여삭전(如朔奠)。

천오곡약시과물신출자(薦五穀若時果物新出者)。

◆소(疏)

주(注)「천오(薦五)」지(至)「출자(出者)」。○석왈(釋曰)：안(案)《월령(月令)》중춘(仲春)「개빙(開冰), 선천침묘(先薦寢廟)」, 계춘운(季春云)「천유우침묘(薦鮪于寢廟)」, 맹하운(孟夏云)「이체상맥(以彘嘗麥), 선천침묘(先薦寢廟)」, 중하운(仲夏云)「수이함도(羞以含桃), 선천침묘(先薦寢廟)」。개시천신여삭전자(皆是薦新如朔奠者), 생뢰변두(牲牢籩豆), 일여상삭전야(一如上朔奠也)。

철삭전(徹朔奠), 선취례주(先取醴酒), 기여취선설자(其餘取先設者)。돈계회(敦啟會), 면족(面足)。서출여입(序出如入)。

계회(啟會), 철시부복개야(徹時不復蓋也)。면족집지(面足執之), 령족간향전야(令足間鄉前也)。돈유족(敦有足), 즉돈지형여금주돈(則敦之形如今酒敦)。

◆소(疏)

주(注)「계회(啟會)」지(至)「개야(蓋也)」。○석왈(釋曰)：이전설시즉부개(以前設時即不蓋), 지철역부개(至徹亦不蓋)。금경운(今經云)「돈계회(敦啟會)」, 혐선개(嫌先蓋), 지철중계지(至徹重啟之), 고운(故云)「부복개(不復蓋)」야(也)。

기설우외(其設于外), 여어실(如於室)。

외(外), 서서남(序西南)。

서댁(筮宅), 총인영지(冢人營之)。

댁(宅), 장거야(葬居也)。총인(冢人), 유사장묘지조역자(有司掌墓地兆域者)。영유도야(營猶度也)。《시(詩)》운(云):「경지영지(經之營之)。」

◆소(疏)

주(注)「댁장(宅葬)」지(至)「영지(營之)」。○석왈(釋曰):안(案)《주례(周禮)》유총인장공묘지지(有塚人掌公墓之地), 변기조역(辨其兆域)。차사역유총인장묘지조역(此士亦有塚人掌墓地兆域), 고운(故云)「총인영지(塚人營之)」야(也)。

굴사우(掘四隅), 외기양(外其壤), 굴중(掘中), 남기양(南其壤)。

위장장북수고야(爲葬將北首故也)。

◆소(疏)

주(注)「위장(爲葬)」지(至)「고야(故也)」。○석왈(釋曰):운(云)「위장장북수(爲葬將北首)」자(者), 해굴중남기양(解掘中南其壤), 위장시북수(爲葬時北首), 고양재족처(故壤在足處)。안(案)《단궁(檀弓)》운(云):「장어북방북수(葬於北方北首), 삼대지달례야(三代之達禮也)。」시장시북수야(是葬時北首也)。

기조곡(既朝哭), 주인개왕(主人皆往), 조남북면(兆南北面), 면질(免絰)。

조(兆), 역야(域也), 신영지처(新營之處)。면질자(免絰者), 구길부감순흉(求吉不敢純凶)。

◆소(疏)

주(注)「조역(兆域)」지(至)「순흉(純凶)」。○석왈(釋曰):안(案)《잡기(雜記)》운(云):「대부복댁여장일(大夫卜宅與葬日), 유사마의(有司麻衣)、포쇠(布衰)、포대(布帶), 인상구(因喪屨), 치포관부유(緇布冠不蕤);점자피변(占者皮弁)。」하우운(下又云):「여서(如筮), 즉사련관(則史練冠)、장의이서(長衣以筮)、점자조복(占者朝服)。」피유유사여점자지복(彼有司與占者之服), 부순길(不純吉), 역부순흉(亦不純凶), 차내주인지복(此乃主人之服), 부순길(不純吉), 면질(免絰), 역부순흉야(亦不純凶也)。

명서자재주인지우(命筮者在主人之右)。

명존자의유우출야(命尊者宜由右出也)。《소의(少儀)》왈(曰):「찬폐자좌(贊幣自左), 조사자우(詔辭自右)。」

◆소(疏)

주(注)「명존자자우(命尊者自右)」。○석왈(釋曰):운(云)「명존자의유우출야(命尊者宜由右出也)」자(者), 대찬폐비자재좌(對贊幣卑者在左), 고인(故引)《소의(少儀)》위증야(爲證也)。

서자동면(筮者東面), 추상독(抽上韇), 겸집지(兼執之), 남면수명(南面受命)。

독(韇), 장협지기야(藏筴之器也)。겸여협집지(兼與筴執之)。금문무겸(今文無兼)。

◆소(疏)

○석왈(釋曰):운(云)「추상독(抽上韇)」자(者), 칙하독미추(則下韇未抽), 대용서시내병추야(待用筮時乃并抽也)。

명왈(命曰):「애자모(哀子某), 위기부모보서댁(爲其父某甫筮宅)。도자유댁조기(度茲幽宅兆基), 무유후간(無有後艱)」

모보(某甫), 차자야(且字也)。약언산보(若言山甫)、공보의(孔甫矣)。댁(宅), 거야(居也)。도(度), 모야(謀也)。자(茲), 차야(此也)。기(基), 시야(始也)。언위기부서장거(言爲其父筮葬

居), 금모차이위유명거조역지시(今謀此以爲幽冥居兆域之始), 득무후장유간난호(得無後將有艱難乎)간난(艱難), 위유비상약붕괴야(謂有非常若崩壞也). 《효경(孝經)》왈(曰):「복기댁조(卜其宅兆), 이안조지(而安厝之)。」고문무조(古文無兆), 기작기(基作期).

◆소(疏)

주(注)「모보(某甫)」지(至)「작기(作期)」。○석왈(釋曰):운(云)「모보(某甫), 차자야(且字也)」자(者), 위이십가관시차자(謂二十加冠時且字)。운(云)「약언산보(若言山甫)、공보의(孔甫矣)」자(者), 차역이십가관소칭(此亦二十加冠所稱), 고(故)《사관례(士冠禮)》운(云)「백모보(伯某甫)」, 중(仲)、숙(叔)、계유기소당(季唯其所當)。정역이공보지자해모보(鄭亦以孔甫之字解某甫), 즉공보지등시실자(則孔甫之等是實字), 이모보의지(以某甫擬之), 시차자야(是且字也), 시이제후훙(是以諸侯薨), 복자역언모보(復者亦言某甫)。정운모보차자(鄭云某甫且字), 시위지조자야(是爲之造字也)。인(引)《효경(孝經)》복기댁조자(卜其宅兆者), 증댁위장거(證宅爲葬居)。우견상대부이상(又見上大夫以上), 복이부서(卜而不筮), 고(故)《잡기(雜記)》운(云)「대부복댁여장일(大夫卜宅與葬日)」, 하문운(下文云)「여서(如筮), 즉사련관(則史練冠)」, 정주운(鄭注云):「위하대부약사야(謂下大夫若士也)。」즉복자위상대부(則卜者謂上大夫)。상대부복(上大夫卜), 즉천자제후역복가지(則天子諸侯亦卜可知)。단차주조위역(但此注兆爲域), 피주조위길조(彼注兆爲吉兆), 부동자(不同者), 이기(以其)《주례(周禮)》대복장삼조(大卜掌三兆), 유옥조(有玉兆)、와조(瓦兆)、원조(原兆), 《효경(孝經)》주역운(注亦云)「조(兆), 영역(塋域)」, 차문주인개왕조남북면(此文主人皆往兆南北面), 조위영역지처(兆爲營域之處), 의득량전(義得兩全), 고정주량해(故鄭注兩解), 구득합의(俱得合義)。

서인허낙(筮人許諾), 부술명(不述命), 우환(右還), 북면(北面), 지중봉이서(指中封而筮)。괘자재좌(卦者在左)。

술(述), 순야(循也)。기수명이신언지왈술(既受命而申言之曰述)。부술자(不述者), 사례략(士禮略)。범서(凡筮), 인회명서위술명(因會命筮爲述命)。중봉(中封), 중앙양야(中央壤也)。괘자(卦者), 식효괘화지자(識爻卦畫地者)。고문술개작술(古文述皆作術)。

◆소(疏)

주(注)「술순(述循)」지(至)「작술(作術)」。○석왈(釋曰):운(云)「부술자(不述者), 사례략(士禮略)」자(者), 단사례(但士禮), 명서사유일(命筮辭有一), 명구사유이(命龜辭有二)。대부이상(大夫已上), 명서사유이(命筮辭有二), 명구사유삼(命龜辭有三)。사명서사유일자(士命筮辭有一者), 즉상경시직유명서(即上經是直有命筮), 무술명(無述命), 우무즉석서면명서사(又無即席西面命筮辭), 시명서사유유일야(是命筮辭唯有一也)。하문복일유족장리복(下文卜日有族長莅卜), 위사명구(爲事命龜)。직운(直云)「애자모(哀子某)」이하(以下), 우유(又有)「즉석서면일명구(即席西面一命龜)」, 주운(注云):「부술명(不述命), 역사례략(亦士禮略)」, 시사명구사유이(是士命龜辭有二)。우지대부이상명서사유이(又知大夫以上命筮辭有二), 명구사유삼자(命龜辭有三者), 안(案)《소뢰(少牢)》시대부서례(是大夫筮禮), 피상문운(彼上文云)「주인왈효손모래일정해(主人曰孝孫某來日丁亥)」이하(以下), 시위일사명서(是爲一事命筮), 하우운(下又云)「수술명왈가이대서유상(遂述命曰假爾大筮有常)」, 시직운(是直云)「효손모래일정해(孝孫某來日丁亥)」이하(已下), 장즉서면명서(將即西面命筮), 관어술명지상(冠於述命之上), 공위일사(共爲一辭), 통전위사명서유이(通前爲事命筮有二)。약복칙유위사명구(若卜則有爲事命龜), 통술명(通述命), 우유경당석서면명위삼(又有卿當席西面命爲三)。지대부구역유술명(知大夫龜亦有述命), 사운부자(士云不者), 《사상례(士喪禮)》사지복서개운(士之卜筮皆云)「부술명(不述命)」, 사운부자(士云不者), 대부이상개유(大夫已上皆有), 위약사(謂若士)「월반부은전(月半不殷奠)」, 대부칙은전지류(大夫則殷奠之類)。지대부명구부장술명(知大夫命龜不將述命), 여즉서면명구공위일명구(與即西面命龜共爲一命龜), 역지유이자(亦只有二者), 안차(案此)《사상(士喪)》주술명(注述命), 명구이구(命龜異龜), 중위의다야(重威儀多也)。대(對)《소뢰(少牢)》술명여명구위이(述命與命龜爲二), 통전명구위삼(通前命龜爲三)。약연(若然), 칙천자제후역명서사유이(則天子諸侯亦命筮辭有二), 명구사유삼가지야(命龜辭有三可知也)。지사부술명(知士不述命), 비위상례략자(非爲喪禮略者), 《특생(特牲)》지길례역운부술명(之吉禮亦云不述命), 고지사길흉개부술명(故知士吉凶皆不述命), 비위상례략야(非爲喪禮略也)。

졸서(卒筮), 집괘이시명서자(執卦以示命筮者)。 명서자수시(命筮者受視), 반지(反之)。 동면려점(東面旅占), 졸(卒), 진고우명서자여주인(進告于命筮者與主人) : 「점지왈종(占之曰從)。」

졸서(卒筮), 괘자사괘시주인(卦者寫卦示主人), 내수이집지(乃受而執之)。 려(旅), 중야(眾也)。 반여기속공점지(反與其屬共占之), 위장(謂掌)《연산(連山)》、《귀장(歸藏)》、《주역(周易)》자(者)。 종유길야(從猶吉也)。

◆소(疏)

주(注)「졸서(卒筮)」지(至)「길야(吉也)」。 ○석왈(釋曰) : 경운(經云)「졸서(卒筮), 집괘이시명서(執卦以示命筮)」자(者), 부언주인(不言主人), 주운(注云)「사괘시주인(寫卦示主人)」, 부언명서자(不言命筮者), 기실개시(其實皆示)。 경직운(經直云)「명서자(命筮者)」, 이명서인어괘길흉심(以命筮人於卦吉凶審), 고거이언지(故據而言之)。 시이하복고명서(是以下覆告命筮), 여주인이인병고(與主人二人並告), 명여전부이야(明與前不異也)。 운(云)「여기속공점지(與其屬共占之)」, 위장(謂掌)《연산(連山)》、《귀장(歸藏)》、《주역(周易)》자(者), 안(案)《홍범(洪范)》복서운(卜筮云)「삼인점(三人占), 칙종이인지언(則從二人之言)」, 주운(注云) : 「복서각삼인(卜筮各三人)。」 대복장삼조(大卜掌三兆)、삼(三)《역(易)》, 이기구유삼조(以其龜有三兆) : 옥조(玉兆)、와조(瓦兆)、원조(原兆) ; 서유삼(筮有三)《역(易)》 : 《련산(連山)》、《귀장(歸藏)》、《주역(周易)》。《련산(連山)》자(者), 하가(夏家)《역(易)》이순간위수(以純艮爲首), 간위산(艮爲山), 상산지출운(象山之出云), 연련부절(連連不絕), 고(故)《역(易)》명(名)《연산(連山)》。《귀장(歸藏)》자(者), 은지(殷之)《역(易)》이순곤위수(以純坤爲首), 곤위지(坤爲地), 만물귀장어지(萬物歸藏於地), 고(故)《역(易)》명(名)《귀장(歸藏)》。 주이십일월위정월(周以十一月爲正月), 일양효생위천통(一陽爻生爲天統), 고이건위수(故以乾爲首), 건위천(乾爲天), 천능주잡어사시(天能周匝於四時), 고(故)《역(易)》명(名)《주역(周易)》야(也)。

주인질(主人絰), 곡(哭), 부용(不踊)。 약부종(若不從), 서택여초의(筮擇如初儀)。

경택지이서지(更擇地而筮之)。

귀(歸), 빈전북면곡(殯前北面哭), 부용(不踊)。

역위이곡(易位而哭), 명비상(明非常)。

◆소(疏)

주(注)「역위(易位)」지(至)「비상(非常)」。 ○석왈(釋曰) : 조석곡당재조계하서면(朝夕哭當在阼階下西面), 금서댁래북면곡자(今筮宅來北面哭者), 시역위(是易位), 비상고야(非常故也)。

기정곽(既井椁), 주인서면배공(主人西面拜工), 좌환곽(左還椁), 반위(反位), 곡(哭), 부용(不踊)。 부인곡우당(婦人哭于堂)。

기(既), 이야(已也)。 장인위곽(匠人爲椁), 간치기재(刊治其材), 이정구어빈문외야(以井構於殯門外也)。 반위(反位), 배위야(拜位也)。 기곡지(既哭之), 즉왕시지취중의(則往施之窆中矣)。 주인환곽(主人還椁), 역이기조곡의(亦以既朝哭矣)。

◆소(疏)

주(注)「기이(既已)」지(至)「곡의(哭矣)」。 ○석왈(釋曰) : 자차진(自此盡)「역여지(亦如之)」, 론장장(論將葬), 수관지곽재여명기지재선악지사(須觀知椁材與明器之材善惡之事)。 안(案)《예기(禮記)·단궁(檀弓)》운(云) : 「기빈(既殯), 순이포재여명기(旬而布材與明器)。」 주운(注云) : 「목공의건석(木工宜乾腊)。」 칙차운정곽급명기지재(則此云井椁及明器之材), 포지이구(布之已久), 고운(故云)「기(既), 이(已)」야(也)。 우수작지(又須作之), 기금시헌재야(豈今始獻材也)。 단지차시장용(但至此時將用), 고주인친간시(故主人親看視), 시이운기곡지칙왕시지취중야(是以云既哭之則往施之窆中也)。 운(云)「장인위곽(匠人爲椁), 간치기재(刊治其材)」자(者), 차해경주인배공지사(此解經主人拜工之事), 이기(以其)《동관(冬官)》주백공(主

百工)，백공지내(百工之內)，장인주목공지사(匠人主木工之事)，소운자배장인(所云者拜匠人)，이기위곽간치기재유공(以其爲槨刊治其材有功)，고주인배지야(故主人拜之也)。운(云)「이정구어빈문외야(以井構於殯門外也)」자(者)，이하문(以下文)「헌재어빈문외(獻材於殯門外)」，즉차역재빈문외(則此亦在殯門外)。차부언(此不言)，하언자(下言者)，이명기지재다(以明器之材多)，병유헌소(並有獻素)、헌성지사(獻成之事)，고구언처소야(故具言處所也)。「반위(反位)，배위(拜位)」자(者)，위반서면배위(謂反西面拜位)。지기곡시지취중자(知既哭施之竁中者)，이기문승서댁이하(以其文承筮宅以下)，견기즉입광고야(見其即入壙故也)。지(知)「주인환곽(主人還槨)，역이기조곡의(亦以既朝哭矣)」자(者)，이기서댁여복일개재조곡흘(以其筮宅與卜日皆在朝哭訖)，명환곽역기조곡(明還槨亦既朝哭)。언(言)「역(亦)」자(者)，역피이사야(亦彼二事也)。

헌재우빈문외(獻材于殯門外)，서면북상천(西面北上縓)。주인편시지(主人徧視之)，여곡곽(如哭槨)。헌소(獻素)、헌성역여지(獻成亦如之)。

재(材)，명기지재(明器之材)。시지(視之)，역배공좌환(亦拜工左還)。형법정위소(形法定爲素)，식치필위성(飾治畢爲成)。

◆소(疏)

주(注)「재명(材明)」지(至)「위성(爲成)」。○석왈(釋曰)：상경이언곽(上經已言槨)，차경언재(此經言材)，고정언(故鄭言)「명기지재(明器之材)」야(也)。《단궁(檀弓)》운(云)：「기빈(既殯)，순이포재여명기(旬而布材與明器)。」명기여재별언(明器與材別言)，고피언재위곽재야(故彼言材爲槨材也)。우차하별언소여성(又此下別言素與成)，칙차명기지재(則此明器之材)，미작치(未斫治)，선헌지(先獻之)，험기감부야(驗其堪否也)。운(云)「형법정위소(形法定爲素)，식치필위성(飾治畢爲成)」，지의연자(知義然者)，이기언소(以其言素)，소시미가식명(素是未加飾名)，우경언헌재시작치(又經言獻材是斫治)，명소시형법정(明素是形法定)，작치흘가지(斫治訖可知)。우언성(又言成)，성시취지명(成是就之名)，명지식치필야(明知飾治畢也)。차명기수호(此明器須好)，고유삼시헌법(故有三時獻法)。상곽재기다(上槨材既多)，고부수헌(故不須獻)，직환관지이이(直還觀之而已)。

복일(卜日)，기조곡(既朝哭)，개복외위(皆復外位)。복인선전구우서숙상(卜人先奠龜于西塾上)，남수(南首)，유석(有席)。초돈치어초(楚焞置於燋)，재구동(在龜東)。

초(楚)，형야(荊也)。형돈(荊焞)，소이찬작구자(所以鑽灼龜者)。초(燋)，거야(炬也)，소이연화자야(所以然火者也)。《주례(周禮)·수씨(菙氏)》：「장공초설(掌共燋挈)，이대복사(以待卜事)。범복(凡卜)，이명화설(以明火爇)，수취기준계(遂歙其燋契)，이수복사(以授卜師)，수이역지(遂以役之)。」

◆소(疏)

주(注)「초형(楚荊)」지(至)「역지(役之)」。○석왈(釋曰)：운(云)「초(楚)，형야(荊也)」자(者)，형본시초지명(荊本是草之名)，이기여형주지형명동(以其與荊州之荊名同)，초우시형주지국(楚又是荊州之國)，고혹언형야(故或言荊也)。「형돈소이찬작구(荊焞所以鑽灼龜)」자(者)，고법찬구(古法鑽龜)，용형위지형돈야(用荊謂之荊焞也)。운(云)「초(燋)，거야(炬也)」자(者)，위존화자위거(謂存火者爲炬)，역용형위지(亦用荊爲之)，고정운(故鄭云)「소이연화자야(所以燃火者也)」。《주례(周禮)·수씨(菙氏)》「장공초설(掌共燋挈)，이대복사(以待卜事)」자(者)，안피하주(案彼下注)：「두자춘운(杜子春云)：명화(明火)，이양수취화어일(以陽燧取火於日)。현위준독여과준지준(玄謂焌讀如戈鐏之鐏)，위이계주초화이취지야(謂以契柱燋火而吹之也)。계기연(契既然)，이수복사(以授卜師)，용작구야(用作龜也)。역지(役之)，사조지(使助之)。」시초준여계위일(是楚焌與契爲一)，개위찬구지준(皆謂鑽龜之焌)，독위과준지준자(讀爲戈鐏之鐏者)，취기예두위지작구야(取其銳頭爲之灼龜也)。

족장리복(族長莅卜)，급종인(及宗人)，길복립우문서(吉服立于門西)，동면남상(東面南上)。점자삼인재기남(占者三人在其南)，북상(北上)。복인급집초(卜人及執燋)、석자재숙서(席者在塾西)。

족장(族長), 유사장족인친소자야(有司掌族人親疏者也)。리(涖), 임야(臨也)。길복(吉服), 복현단야(服玄端也)。점자삼인(占者三人), 장옥조(掌玉兆)、와조(瓦兆)、원조자야(原兆者也)。재숙서자(在塾西者), 남면동상(南面東上)。

◆소(疏)

주(注)「족장(族長)」지(至)「동상(東上)」。○석왈(釋曰) : 운(云)「족장(族長), 유사장족인친소자야(有司掌族人親疏者也)」자(者), 이기언족장(以其言族長), 고지장족인친소야(故知掌族人親疏也)。운(云)「길복(吉服), 복현단야(服玄端也)」자(者), 안(案)《잡기(雜記)》운(云)「대부복댁여장일(大夫卜宅與葬日), 유사마의(有司麻衣)」, 우운(又云)「여서즉사련관장의(如筮則史練冠長衣)」, 차종인직운길복(此宗人直云吉服), 부언복명(不言服名), 즉사지길복(則士之吉服), 제복위길복(祭服爲吉服), 사지제복위현단이이(士之祭服爲玄端而已)。종인장례지관(宗人掌禮之官), 비복서자저현단(非卜筮者著玄端), 즉서사역복련관(則筮史亦服練冠)、장의(長衣)。《잡기(雜記)》소운시구길(所云是求吉), 고서자부순흉야(故筮者不純凶也)。운(云)「점자삼인(占者三人), 장옥조(掌玉兆)、와조(瓦兆)、원조(原兆)」자(者), 안(案)《주례(周禮)·대복(大卜)》「장삼조지법(掌三兆之法)」, 주운(注云) : 「조자(兆者), 작구발어화(灼龜發於火), 기형가점자(其形可占者)。기상사옥(其象似玉)、와(瓦)、원지문하(原之釁罅), 시용명지언(是用名之焉)。상고이래(上古以來), 작기법가용자유삼원(作其法可用者有三原)。원(原), 전야(田也)。두자춘운(杜子春云) : 옥조(玉兆), 제전욱지조(帝顓頊之兆), 와조(瓦兆), 제요지조(帝堯之兆), 원조(原兆), 유주지조(有周之兆)。」차삼조자(此三兆者), 당대지별명(當代之別名)。급점지우유체(及占之又有體)、색(色)、묵(墨)、탁지등(坼之等), 고(故)《점인(占人)》운(云) : 「군점체(君占體), 대부점색(大夫占色), 사점묵(史占墨), 복인점탁(卜人占坼)。」주운(注云) : 「체조(體兆), 상야(象也)。색조(色兆), 기야(氣也)。묵조(墨兆), 광야(廣也)。탁조(坼兆), 문야(釁也)。체유흉길(體有凶吉), 색유선악(色有善惡), 묵유대소(墨有大小), 탁유미명(坼有微明)。존자시조상이이(尊者視兆象而已), 비자이차(卑者以次), 상기여야(詳其餘也)。주공복무왕(周公卜武王), 점지왈체(占之曰體), 왕기무해(王其無害), 범복체길(凡卜體吉), 색선(色善)、묵대(墨大)、탁명(坼明), 칙봉길(則逢吉)。」시기복전거차삼조야(是其卜專據此三兆也)。운(云)「재숙서자남면동상(在塾西者南面東上)」자(者), 이기취당남행사(以其取堂南行事), 명부득배지북면(明不得背之北面), 고지남면취근위존(故知南面取近爲尊), 고지동상야(故知東上也)。

합동비(闔東扉), 주부립우기내(主婦立于其內)。

비(扉), 문비야(門扉也)。

석우얼서역외(席于闑西閾外)。

위복자야(爲卜者也)。고문얼작집(古文闑作槷), 역작축(閾作蹙)。

종인고사구(宗人告事具)。주인북면(主人北面), 면질(免絰), 좌옹지(左擁之)。리복즉위우문동(涖卜卽位于門東), 서면(西面)。

리복(涖卜), 족장야(族長也)。경서면(更西面), 당대주인명복(當代主人命卜)。

◆소(疏)

주(注)「리복(涖卜)」지(至)「명복(命卜)」。○석왈(釋曰) : 운(云)「리복(涖卜), 족장야(族長也)」자(者), 상문소운시야(上文所云是也)。이기개향서면(以其改鄕西面), 하문수구(下文受龜)、수시(受視)、수명흘(受命訖), 즉운(則云)「명왈애자모(命曰哀子某)」, 즉족장비직시고(則族長非直視高), 겸행명구지사야(兼行命龜之事也), 고운(故云)「당대주인명복(當代主人命卜)」야(也)。《주례(周禮)》천자복법(天子卜法), 즉여사이(則與士異), 가사대사(假使大事), 즉대종백리복(則大宗伯涖卜), 소종백진구(小宗伯陳龜)、정구(貞龜)、명구(命龜), 대복시고작구(大卜視高作龜), 차사소사이하(次事小事以下), 각유차강야(各有差降也)。

복인포구초(卜人抱龜燋), 선전구(先奠龜), 서수(西首), 초재북(燋在北)。

기전초(既奠燋), 우집구이대지(又執龜以待之)。

◆소(疏)

주(注)「기전(既奠)」지(至)「대지(待之)」。○석왈(釋曰)：운(云)「복인포구초(卜人抱龜燋)」자(者), 위종숙상포(謂從塾上抱), 향역외대야(鄉闑外待也)。선전구어석상(先奠龜於席上), 내복전초재구북(乃復奠燋在龜北)。운(云)「기전초(既奠燋), 우집구이대지(又執龜以待之)」자(者), 향시선전구(鄉時先奠龜), 차전초(次奠燋), 기전초(既奠燋), 우취구집지이대(又取龜執之以待), 대자(待者), 하경수여종인(下經授與宗人), 종인수지시야(宗人受之是也)。

종인수복인구(宗人受卜人龜), 시고(示高)。

이구복갑고기소당작처(以龜腹甲高起所當灼處), 운리복야(云菭卜也)。

◆소(疏)

주(注)「이구(以龜)」지(至)「상야(上也)」。○석왈(釋曰)：범복법(凡卜法), 안(案)《예기(禮記)》운(云)「정상견호구지사체(禎祥見乎龜之四體)」, 정주운(鄭注云)：「춘점후좌(春占後左), 하점전좌(夏占前左), 추점전우(秋占前右), 동점후우(冬占後右)。」금운(今云)「복갑고(腹甲高)」자(者), 위취구지사체복하지갑고자부지처찬지(謂就龜之四體腹下之甲高者部之處鑽之), 이시리복야(以示菭卜也)。

리복수시(菭卜受視), 반지(反之)。종인환(宗人還), 소퇴(少退), 수명(受命)。

수리복명(受菭卜命)。수구의근(授龜宜近), 수명의각야(受命宜卻也)。

명왈(命曰)：「애자모(哀子某), 내일모(來日某), 복장기부모보(卜葬其父某甫), 고강(考降), 무유근회(無有近悔)。」

고(考), 등야(登也)。강(降), 하야(下也)。언복차일장(言卜此日葬), 혼신상하득무근어구회자호(魂神上下得無近於咎悔者乎).

◆소(疏)

주(注)「고등(考登)」지(至)「자호(者乎)」。○석왈(釋曰)：운(云)「모보(某甫)」자(者), 역상공보지류차자야(亦上孔甫之類且字也)。운(云)「혼신상하(魂神上下)」자(者), 총지일절신(總指一切神), 무소편지야(無所偏指也)。운(云)「구회(咎悔)」자(者), 역위총묘유소붕괴야(亦謂塚墓有所崩壞也)。

허낙(許諾), 부술명(不述命), 환즉석(還即席), 서면좌(西面坐), 명구(命龜), 흥(興), 수복인구(授卜人龜), 부동비(負東扉)。

종인부술명(宗人不述命), 역사례략(亦士禮略)。범복(凡卜), 술명(述命), 명구이(命龜異), 구중(龜重), 위의다야(威儀多也)。부동비(負東扉), 사구지조야(俟龜之兆也)。

◆소(疏)

주(注)「종인(宗人)」지(至)「조야(兆也)」。○석왈(釋曰)：운(云)「종인부술명(宗人不述命), 역사례략(亦士禮略)」자(者), 이(以)《소뢰(少牢)》술명(述命), 차운(此云)「부술명(不述命)」, 고운사례략(故云士禮略)。운(云)「범복(凡卜), 술명(述命), 명구이(命龜異), 구중(龜重), 위의다야(威儀多也)」자(者), 언(言)「범(凡)」비일(非一), 칙대부이상개유술명(則大夫已上皆有述命), 술명여명구이(述命與命龜異), 고지차부술(故知此不述), 이유즉석서면명구(而有即席西面命龜)。약대부이상유술명자(若大夫以上有述命者), 자연여서면명구이가지(自然與西面命龜異可知)。언범복술명명구이구중위의다(言凡卜述命命龜異龜重威儀多), 대서시술명(對筮時述命)、명서동(命筮同), 서경(筮輕), 위의소(威儀少)。운(云)「사구지조야(俟龜之兆也)」자(者), 하문(下文)「고우주부(告于主婦), 주부곡(主婦哭)」시야(是也)。

복인좌(卜人坐), 작구(作龜), 흥(興)。

작유작야(作猶灼也)。《주례(周禮)·복사(卜師)》：「범복사(凡卜事), 시고(示高), 양화이작구(揚火以作龜), 치기묵(致其墨)。」흥(興), 기야(起也)。

◆소(疏)

주(注)「작유(作猶)」지(至)「기야(起也)」。○석왈(釋曰)：《주례(周禮)·복사(卜師)》범복양화이작구치기묵자(凡卜揚火以作龜致其墨者), 차거소사(此據小事), 고부사대복시고작구(故不使大卜視高作龜)。

종인수구(宗人受龜), 시리복(示涖卜)。이복수시(涖卜受視), 반지(反之)。종인퇴(宗人退), 동면(東面)。내려점(乃旅占)。졸(卒), 부석구(不釋龜), 고우리복여주인(告于涖卜與主人)：「점왈(占曰)『모일종(某日從)』。」

부석구(不釋龜), 복집지야(復執之也)。고문왈위일(古文曰為日)。

◆소(疏)

주(注)「부석(不釋)」지(至)「위일(為日)」。○석왈(釋曰)：운(云)「부석구(不釋龜)」자(者), 사원집부석(似元執不釋)。주운(注云)「복집지야(復執之也)」자(者), 사석후중집지(似釋後重執之)。이의지간(二疑之間), 위종인퇴동면(謂宗人退東面), 여점지시(旅占之時), 수인전점(授人傳占), 점흘(占訖), 수종인(授宗人), 종인복집지(宗人復執之), 여본부석상사(與本不釋相似), 고경운부석구야(故經云不釋龜也)。

수복인구(授卜人龜)。고우주부(告于主婦), 주부곡(主婦哭)。

부집구자(不執龜者), 하주인야(下主人也)。

고우이작자(告于異爵者)。사인고우중빈(使人告于眾賓)。

중빈(眾賓), 요우부래자야(僚友不來者也)。

◆소(疏)

주석왈(注釋曰)：상운기조곡(上云既朝哭), 개복외위(皆復外位), 외위중유이작경대부등(外位中有異爵卿大夫等), 고취위고지(故就位告之)。운(云)「사인고우중빈(使人告于眾賓)」자(者), 기언사인고(既言使人告), 명부재차(明不在此), 고정운(故鄭云)「부래자야(不來者也)」。

복인철구(卜人徹龜)。종인고사필(宗人告事畢)。주인질(主人絰), 입(入), 곡(哭), 여서댁(如筮宅)。빈출(賓出), 배송(拜送)。약부종(若不從), 복택여초의(卜擇如初儀)。

빙례(聘禮)

중국(中國) **고대(古代)** 파혼례과정분위륙개계단(把婚禮過程分爲六個階段), 고칭(古稱)**"육례(六禮)"**, 즉납채(即納采)、문명(問名)、납길(納吉)、납징(納徵)、청기(請期)、친영(親迎)。기중(其中)**"납징(納徵)"**, 즉남가장빙례송왕녀가(即男家將聘禮送往女家), 우칭납폐(又稱納幣)、대빙(大聘)、과대례등(過大禮等)。

고대납징다이조수위례(古代納徵多以鳥獸爲禮), 상고시빙례수용전록(上古時聘禮須用全鹿), 후세간대이록피(後世簡代以鹿皮)。최인적(崔駰的)《혼례문(婚禮文)》중기재(中記載)："위금전안(委禽奠雁), 배이록피(配以鹿皮)。"《시경(詩經)》。소남(召南)。야유사미(野有死麕)》중설(中說)："야유사미(野有死麕), 백모포지(白茅包之)。유녀회춘(有女懷春), 길사유지(吉士誘之)。"사적취시용야록향녀해자구혼적사(寫的就是用野鹿向女孩子求婚的事)。인위고대납빙다집안위례(因為古代納聘多執雁爲禮), 고송빙례우규(故送聘禮又叫)"위금(委禽)"。당연(當然), 고대납징야병비전용조수위례(古代納徵也並非全用鳥獸為禮), 상(像)《위풍(衛風)·맹(氓)》중소설적(中所說的)"맹지치치(氓之蚩蚩), 포포무사(抱布貿絲)。비래무사(匪來貿絲), 래즉아모(來即我謀)", 취시이포위빙례적례자(就是以布爲聘禮的例子)。후래(後來), 납징적례의월연월번(納徵的禮儀越演越繁), 성위륙례중례의최번쇄적과정지일(成為六禮中禮儀最繁瑣的過程之一)。

도료송대(到了宋代), 다엽피렬위빙례중적중요례물(茶葉被列爲聘禮中的重要禮物), 기호성위부가혹결지물(幾乎成爲不可或缺之物). 종차(從此), 민간즉칭송빙례위(民間卽稱送聘禮爲)“하다(下茶)”、“행다례(行茶禮)”혹(或)“다례(茶禮)”；녀자수빙(女子受聘), 위지(謂之)“흘다(吃茶)”혹(或)“수다(受茶)”；소위(所謂)“삼다(三茶)”, 취시정혼시적(就是訂婚時的)“하다(下茶)”, 결혼시적(結婚時的)“정다(定茶)”, 동방리적(洞房裡的)“합다(合茶)”. 거송호납(據宋胡納)《견문록(見聞錄)》재(載)：“통상정혼(通常訂婚), 이다위례(以茶爲禮). 고칭건댁치송곤댁지빙금왈(故稱乾宅致送坤宅之聘金曰)‘다김(茶金)’, 역칭(亦稱)‘다례(茶禮)’, 우왈(又曰)‘대다(代茶)’. 녀가수빙왈(女家受聘曰)‘수다(受茶)’.”오자목(吳自牧)《동경몽량록(東京夢梁錄)·가취(嫁娶)》야담도료송대혼가중적용다(也談到了宋代婚嫁中的用茶)：“도일방행송빙지례(道日方行送聘之禮), 차론빙례(且論聘禮), 부가당비삼김송지(富家當備三金送之), 가이화다(加以花茶)、과물(果物)、단원병(團圓餅)、양주등물(羊酒等物), 우송관회은정(又送官會銀鋌), 위지(謂之)‘하재례(下財禮)’。”오자목기재설(吳自牧記載說), 즉사시빈궁인가(卽使是貧窮人家), 빙례중다병야시소부료적(聘禮中茶餅也是少不了的), 심지련녀가적회례야다사용(甚至連女家的回禮也多使用)“다병과물(茶餅果物)”、“아주다병(鵝酒茶餅)”료(了).

혼인(婚姻)“육례(六禮)”후래경사마광(後來經司馬光)、주희등인간화합병(朱熹等人簡化合倂), 단송대성행적다례각위원명청각대소승습(但宋代盛行的茶禮卻爲元明淸各代所承襲). 명대향산(明代香山)(금광동중산시(今廣東中山市)) 인황좌(人黃佐), 자태천(字泰泉), 만년가거시찬성(晚年家居時撰成)《태천향례(泰泉鄉禮)》, 서중기재(書中記載)：“근일납채(近日納采)、납징자(納徵者), 지용세다일합(止用細茶一盒), 납채물기중(納釵物其中), 우위간편(尤爲簡便), 가이통행(可以通行)。”우운(又云)：“범삼등인호지하빙(凡三等人戶之下聘), 용주일정(用酒一埕)、아이척(鵝二隻)、각포이필(各布二匹)、다일합(茶一盒)。”반영료명대령남일대다례적류행(反映了明代嶺南一帶茶禮的流行).

자종인류사회진입료부계사회(自從人類社會進入了父系社會), 혼가례의야월발완선화(婚嫁禮儀也越發完善和) 규범(規範). 진관인적감정부능이김전재백형량(儘管人的感情不能以金錢財帛衡量), 단빙례저일혼속각완정적득이보류하래(但聘禮這一婚俗卻完整的得以保留下來), 자연유타독도지처(自然有它獨到之處).

남녀쌍방달성혼약지후(男女雙方達成婚約之後), 필정요유남방향녀방하빙례적(必定要由男方向女方下聘禮的), 저일혼속심지가이추소도원시부락시기(這一婚俗甚至可以追溯到原始部落時期). 하빙례(下聘禮), 기초적시후시작위남방제공일부분재산급녀방적일항사회활동(起初的時候是作爲男方提供一部分財產給女方的一項社會活動), 이차표시남방적성의(以此表示男方的誠意), 동시야유일종예약점유적내층함의(同時也有一種預約占有的內層含義).

민간빙례자고무정수(民間聘禮自古無定數), 매개시대매개지방표준도부상동(每個時代每個地方標準都不相同), 이차시상변동(而且時常變動). 무론시십마인(無論是什麼人), 빙례도시이당시표준위기준(聘禮都是以當時標準爲基準), 상하략유부동(上下略有浮動). 여과과어절검(如果過於節儉), 취회수도인문적치소(就會受到人們的恥笑), 유시환회도치혼사고취(有時還會導致婚事告吹).

◆고대빙례(古代聘禮)

빙례다소위의(聘禮多少爲宜), 저일점요간가정적사회지위화경제상황(這一點要看家庭的社會地位和經濟狀況). 남방가정사회지위고(男方家庭社會地位高), 경제상황호(經濟狀況好), 빙례자회풍부(聘禮自會豐富). 녀방가정사회지위화경제상황우월(女方家庭社會地位和經濟狀況優越), 가장야부회박(嫁妝也不會薄). 우기시재봉건사회(尤其是在封建社會), 혼인강구문당호대(婚姻講究門當戶對), 빙례화가장시기중적일개원인(聘禮和嫁妝是其中的一個原因). 궁인여부가결친(窮人與富家結親), 가장화빙례즘요출(嫁妝和聘禮怎麼出)？소료인가간부상(少了人家看不上), 다료자가출부기(多了自家出不起). 궁대궁(窮對窮), 부대부(富對富), 쌍방경제실력상당(雙方經濟實力相當), 빙례화가장도호확정(聘禮和嫁妝都好確定).

추구빙례수량(追求聘禮數量), 심지이빙례다소위출발점(甚至以聘禮多少爲出發點), 고려시부체결혼인(考慮是否締結婚姻), 명위가녀(名爲嫁女), 실위매녀(實爲賣女), 시빙례풍속중적부량풍기(是聘禮風俗中的不良風氣). 진한시저종풍기개시류행(秦漢時這種風氣開始流行), 재정개봉건사회(在整個封建社會), 기호종래몰유정지과(幾乎從來沒有停止過).

종정개사회정황래간(從整個社會情況來看), 빙례적박후(聘禮的薄厚), 환시여사회적발전수평상적응적(還是與社會的發展水平相適應的). 대다수인가(大多數人家), 재송빙례화수빙례시(在送聘禮和收聘禮時), 간중적환시례의화정의(看重的還是禮儀和情誼), 부회과다계교재례적물질가치(不會過多計較財禮的物質價值).

◆논정빙례(論定聘禮)

논정빙례시(論定聘禮時), 주요시쌍방가장출면(主要是雙方家長出面), 매인거중전화조화(媒人居中傳話調和). 혹(殼)유남(幼男)가선(加線)개(槪)(혹유남가선개(或由男家先開)) 초첩(草帖), 여녀가상의(與女家商議) ; 혹유녀가선제출빙례요구(或由女家先提出聘禮要求), 교급남가고려(交給男家考慮). 쌍방왕왕쟁집부일(雙方往往爭執不一), 토가환가(討價還價), 상수매인왕반수차재가정하(常需媒人往返數次才可定下). 야유인빙례수목상적출입무법담롱(也有因聘禮數目上的出入無法談攏), 종지친사부능원만적(終至親事不能圓滿的). 빙례담타후(聘禮談妥後), 편정식서사례첩(便正式書寫禮帖)(예단(禮單)), 개정빙김(開呈聘金)、예품약간(禮品若干), 입이자거(立以據). 남방어성친지전필수여이태현(男方於成親之前必須予以兌現), 부즉취난완취(否則就難完娶).

◆하빙례(下聘禮)

하빙례(下聘禮), 우칭(又稱)"과례(過禮)"、"행빙(行聘)", 고시칭(古時稱)"납채(納采)". 저일고로적(這一古老的) 혼속(婚俗) 재중국롱동남일대지금연용(在中國隴東南一帶至今沿用), 이차유연유렬(而且愈演愈烈).

하빙례적시간위정혼환첩지후(下聘禮的時間爲定婚換帖之後), 완혼지전(完婚之前), 유남방향녀방송재례(由男方向女方送財禮), 재례적다소(財禮的多少), 인지이이(因地而異), 일반시가경빈부이정(一般視家境貧富而定). 민간행빙례전(民間行聘禮前), 유매인선개채첩(由媒人先開探帖), 서수식(書首飾)、의복약간(衣服若干), 여녀가상의(與女家商議), 쌍방왕왕쟁집부일(雙方往往爭執不一), 상수매인왕반수차재가정하(常需媒人往返數次才可定下). 행빙시(行聘時), 남가유례서(男家有禮書), 개정례물(開呈禮物), 일병방재홍칠목반등기명내(一併放在紅漆木盤等器皿內), 청전인수봉담도(請專人手捧擔挑), 배행성대(排行成隊), 고악상수(鼓樂相隨), 송지녀가(送至女家), 방재중당(放在中堂), 공녀가친우(供女家親友)、근린관상과목(近鄰觀賞過目). 녀가수하빙례후(女家收下聘禮後), 급남방회집(給男方回執). 택정길기후(擇定吉期後), 남방연청매인(男方宴請媒人), 용대홍지사상영취일기(用大紅紙寫上迎娶日期), 비상례품(備上禮品), 유매인송지녀가(由媒人送至女家). 위도길리(爲圖吉利), 소송시간필수선택재쌍월쌍일(所送時間必須選擇在雙月雙日).

◆빙례구성(聘禮構成)

력조빙례적구성각유특점(歷朝聘禮的構成各有特點) : 주조시옥백(周朝是玉帛) 여피(儷皮), 전국시개시사용김전(戰國時開始使用金錢) ; 한조이황김위주(漢朝以黃金爲主), 실물시부속(實物是附屬) ; 위진남북조다용수피(魏晉南北朝多用獸皮), 도료수당량조(到了隋唐兩朝), 빙례품물번다(聘禮品物繁多), 김은주보(金銀珠寶), 주단포필(綢緞布匹), 의식피욕(衣飾被褥), 도가성위빙례(都可成爲聘禮). 진입송대(進入宋代), 부귀인가치판빙례(富貴人家置辦聘禮), 제일반물품외(除一般物品外), 류행급녀방정작일사순김수식(流行給女方定作一些純金首飾), 상견적시김천(常見的是金釧)、김정(金錠)、김당추(金幢墜), 호칭(號稱)"삼김(三金)". 경제초차일점칙용백은타제(經濟稍差一點則用白銀打制), 야유은제양김적(也有銀制鑲金的). 명청시기(明清時期), 타제김은수식경가보편(打制金銀首飾更加普遍), 수탁(手鐲)、이환(耳環)、이추(耳墜)、계지최위류행(戒指最爲流行). 보통백성지가(普通百姓之家), 치판부기성투식물(置辦不起成套飾物), 지소요준비일이건은식(至少要準備一二件銀飾).

◆송례시간(送禮時間)

빙례통상재영취전일백천혹량개월급녀가송거(聘禮通常在迎娶前一百天或兩個月給女家送去), 야규방대정(也叫放大定)。구체일기유남녀량가협상확정(具體日期由男女兩家協商確定)。송빙례시환요정식통지녀가취친적길기(送聘禮時還要正式通知女家娶親的吉期), 우규(又叫)"통신과례(通信過禮)"。

빙례제도적연신유인파(聘禮制度的延伸有人把)"빙례(聘禮)"직접간작혼인적김전매매시부타적(直接看作婚姻的金錢買賣是不妥的), 단야확실체현료혼인작위일종계약적본질(但也確實體現了婚姻作爲一種契約的本質), 시녀성인신권발생변화적물화체현(是女性人身權發生變化的物化體現)。이저일습속(而這一習俗), 재정개고대혼인가정제도중야부시고립적(在整個古代婚姻家庭制度中也不是孤立的), 타자연야화기타제도상호영향저(它自然也和其他制度相互影響著), 비여설채권전이문제(比如說債權轉移問題), "부채자환(父債子還)", 단부회양녀아화녀서래승담(但不會讓女兒和女婿來承擔)。동양(同樣), 야영향도섬양화계속제도(也影響到贍養和繼續制度)。가출거적녀아(嫁出去的女兒), 일반정황하(一般情況下), 무수재섬양자기적친신부모(無須再贍養自己的親身父母), 동시야재부향유계속권(同時也再不享有繼續權)。가여몰유결혼전적(假如沒有結婚前的)"빙례(聘禮)", 저사규구가능도설부과거(這些規矩可能都說不過去)。

수저사회적진보(隨著社會的進步), "빙례(聘禮)"조만회성위력사(早晚會成爲歷史), 여차동시(與此同時), 신낭야장승담경다적가정책임(新娘也將承擔更多的家庭責任), 향유경다적권리(享有更多的權利), 기포괄독립적인신권(既包括獨立的人身權), 야포괄대친생부모적섬양의무(也包括對親生父母的贍養義務), 화대유산적계속권(和對遺産的繼續權)。

◆빙례청단(聘禮清單)
◆남방례품(男方禮品)

이하적례품개시균쌍수이취기(以下的禮品皆是均雙數以取其)"호사성쌍(好事成雙)"지의(之意)。
빙김(聘金) : 저표시저남방승인화감사녀방가장대녀아적양육지은(這表示著男方承認和感謝女方家長對女兒的養育之恩)。
○빙병(聘餅) : 일담(一擔) (오십공근(五十公斤))
○해미(海味) : 분사식(分四式), 륙식혹팔식(六式或八式), 관식여수량시남가적경제상황이정(款式與數量視男家的經濟狀況而定)。매관통상분량포(每款通常分兩包)。기중발채시필수적(其中髮菜是必須的), 이취기발재지의(以取其發財之意), 이기타적해미유포어(而其他的海味有鮑魚)、자시(蚝豉)、원패(元貝)、동고(冬菇)、하미(蝦米)、우어(魷魚)、해참(海參)、어시화어두등(魚翅和魚肚等)。
○삼생(三牲) : 량대계(兩對雞), 량웅량자(兩雄兩雌) (여부모부전(如父母不全) , 저칙일대이족구(這則一對已足夠)) ; 저육삼지오근(豬肉三至五斤) 기쌍비(起雙飛) (희지비(喜只飛)) , 즉일편상련개이(即一片相連開二), 이표시풍석성간적경의(以表示豐碩誠懇的敬意)。
○어(魚) : 대어혹릉어(大魚或鯪魚); 의즉성(意即腥) (성(聲)) 기(氣); 야표시유두유미년년유여(也表示有頭有尾年年有餘)。
○야자(椰子) : 양대(兩對) (부모부전가용일대(父母不全可用一對)) , 즉유야(即有爺)[야(椰)]유자적의사(有子的意思)。
○주(酒) : 사지(四支), 표시애정농욱(表示愛情濃郁)。
사경과(四京果) : 즉룡안건(即龍眼乾)、려지간(荔枝幹)、합도건화련각화생(合桃乾和連殼花生), 이축복자손흥왕(以祝福子孫興旺), 역함원만다복(亦含圓滿多福), 생생부식지의(生生不息之意)。
○생과(生果) : 즉생생맹맹적의사(即生生猛猛的意思)
○사색당(四色糖) : 즉빙당(即冰糖)、길병(桔餅)、동과당화김책(冬瓜糖和金棗), 표시상첨밀(表示象甜密), 백두도로적의사(白頭到老的意思)。

다엽(茶葉)、지마(芝麻) : 인위종식다엽필수용종자(因爲種植茶葉必須用種子)、고이다엽작례품(故以茶葉作禮品), 암유녀자일경체결혼약(暗喻女子一經締結婚約), 편요수신부투(便要守信不渝), 절무후회(絶無後悔), 역즉(亦即)"유마다례(油麻茶禮)"。

첩합(帖盒) (례김합(禮金盒)) : 내유련자(內有蓮子)、백합(百合)、청루(靑縷)、편백(扁柏)、빈야량대(檳榔兩對)、지마(芝麻)、홍두(紅豆)、록두(綠豆)、홍조(紅棗)、합도건(合桃乾)、룡안건(龍眼乾), 환유홍두승(還有紅豆繩)、리시(利是)、빙김(聘金)、식김(飾金)、룡봉촉화일폭대련(龍鳳燭和一幅對聯)

향포탁김(香炮鐲金) : 향(香) (무골투각청(無骨透腳靑)), 포(炮) (대편포화대화포(大鞭炮和大火炮)), 탁(鐲) (룡봉성대희탁(龍鳳成對喜鐲)) 。

두이미(斗二米) : 남방준비십이근나미(男方準備十二斤糯米)、삼근이량사당(三斤二兩砂糖), 저시급녀가주탕원적(這是給女家做湯圓的), 이취기원만(以取其圓滿), 첨밀미만지의(甜蜜美滿之意)。

◆여방적례품(女方的禮品)
남가례물적일반혹약간(男家禮物的一半或若干)

다엽(茶葉)
생과(生果)
연우(蓮藕)、우두화석류(芋頭和石榴) (각일대(各一對))
하유건(賀維巾)
장고(長褲) : 의즉장명부귀(意即長命富貴)
혜(鞋) (일대(一對)) : 의즉동해(意即同偕) (혜(鞋)) 도로(到老)
편백(扁柏)、강(姜)、다전퇴(茶煎堆)、송고(松糕)
회빙김(回聘金)
빈야(檳榔) (수일개(受一個), 여수칙전회급남가(餘數則全回給男家)) : 의즉일랑도미(意即一郎到尾)
소자(梳子) : 소위(所謂)"일소소도저(一梳梳到底), 이소백발제미(二梳白髮齊眉), 삼소자손만당(三梳子孫滿堂)", 소자유(梳子有)"결발(結髮)"지의(之意), 우(尤) 백수상장(白首相莊), 지부부일생상애상수(指夫婦一生相愛相守), 백두해로(白頭偕老)。 민간빙례필비적(民間聘禮必備的)양(樣)
척자(尺子) : 량구(量具), 혼인생활중인신위형량행복적표준(婚姻生活中引申爲衡量幸福的標準), 지백자천손(指百子千孫), 행복원원류장(幸福源遠流長), 동시야시대신인금후생활사업보보고승적축복(同時也是對新人今後生活事業步步高升的祝福)。
압전상(壓錢箱) : 구보중적제구보시압전상(九寶中的第九寶是壓錢箱), 시혼경중녀방송가례품지일(是婚慶中女方送嫁禮品之一), 자이표시녀방가경부유(藉以表示女方家境富裕), 동시야시녀자혼후용어수장심애진품지물(同時也是女子婚後用於收藏心愛珍品之物)。
여의칭(如意秤) : 취재어전통혼례의식중용어신랑흔개신낭홍개두적여의칭(取材於傳統婚禮儀式中用於新郎掀開新娘紅蓋頭的如意秤), 현작위부모송급출가녀아적혼경구보지일(現作爲父母送給出嫁女兒的婚慶九寶之一), 희망녀아금후적생활칭심여의(希望女兒今後的生活稱心如意), 부처여의동심(夫妻如意同心)。
경자(鏡子) : 대표원만(代表圓滿)、완만(完滿), 이급우의신낭적자용수려(以及寓意新娘的姿容秀麗), 시대신낭혼인생활첨밀미만적축원(是對新娘婚姻生活甜蜜美滿的祝願) ; 종사시광류서의연영보청춘(縱使時光流逝依然永葆青春)、화용월모적미호기탁(花容月貌的美好寄託)。
도두(都斗) : 원시량량식적기구(原是量糧食的器具), 재혼가례의중용어창현남방적재부웅후(在婚嫁禮儀中用於彰顯男方的財富雄厚)、가경부유(家境富裕), 녀아가과거지후야능과상풍의족식(女兒嫁過去之後也能過上豐衣足食)、경송무우적부유생활(輕鬆無憂的富裕生活)。
전도(剪刀) : 시전통혼례중적(是傳統婚禮中的)"륙증(六證)"지일(之一), 생활중주요작복장전재지용(生活中主要作服裝剪裁之用), 혼가례의중우의신낭혼후생활적릉라주단(婚嫁禮儀中寓意新娘婚後生活的綾羅綢緞)、전정금수(前程錦繡), 공향인생적영화부귀(共享人生的榮華富貴)。
산반(算盤) : 생활중용어산주수입화개지적계산공구(生活中用於算籌收入和開支的計算工具), 혼경례의중적천족황김산반(婚慶禮儀中的千足黃金算盤), 우의신인대미래안녕부유생활적리상여규획(寓意新人對未來安寧富裕生活的理想與規劃), 능구합리적투자리재(能夠合理的投資理財), 영득광무재원(贏得廣茂財源)。

빙례현시적빙례화과거적빙례이경유료흔대적구별료(聘禮現時的聘禮和過去的聘禮已經有了很大的區別了)，과거고대적빙례흔유(過去古代的聘禮很有) 강구(講究)，재각개민족지간우부진상동(在各個民族之間又不盡相同)。유이조수위례(有以鳥獸爲禮)、포필금백위례(布匹錦帛爲禮)、다엽위례(茶葉爲禮)、병고위례(餠糕爲禮)、주수위례(酒水爲禮)、김은기구위례등등(金銀器具爲禮等等)；현시적빙례이경흔현대화료(現時的聘禮已經很現代化了)，당연야시오화팔문(當然也是五花八門)，유이상상용품(有以床上用品)、거가용품(居家用品)、전기(電器)、기차방자화김은수식(汽車房子和金銀首飾)、빙김작위빙례(聘金作爲聘禮)，단여구시례속요구대비(但與舊時禮俗要求對比)，이속대대간화료(已屬大大簡化了)。

빙례수액(聘禮數額) 빙례주요포괄량부빈(聘禮主要包括兩部份)：일시물품(一是物品)；이시례김(二是禮金)。저시몰유표준적수자(這是沒有標準的數字)，야몰유경성적규정(也沒有硬性的規定)，시호자기혹자가적경제실력화량인혼후생활적계화래작종합고려(視乎自己或自家的經濟實力和兩人婚後生活的計畫來作綜合考慮)，래결정급다소빙례(來決定給多少聘禮)。

일반빙례적례김도회주성일개길리적수자(一般聘禮的禮金都會湊成一個吉利的數字)，여(如)8혹(或)9적수자중복(的數字重複)　4화(和)7진량부출현재례김수액당중(儘量不出現在禮金數額當中)。대어빙례사정신인쌍방요호상상량호상리해(對於聘禮事情新人雙方要互相商量互相理解)，신인쌍방달성일치의견시(新人雙方達成一致意見時)，야요징득쌍방부모적의견(也要徵得雙方父母的意見)，진량설복쌍방부모(儘量說服雙方父母)，당연최호적방법취이신인혼후적생활기초급생활계화설명급가장청(當然最好的方法就以新人婚後的生活基礎及生活計畫說明給家長聽)，동시환요설명회장구효경쌍방부모(同時還要說明會長久孝敬雙方父母)，양장배문방심일후양로문제(讓長輩們放心日後養老問題)，저양재능개대환희(這樣才能皆大歡喜)，가화만사흥(家和萬事興)。

급빙례시간(給聘禮時間)
급빙례요간정황(給聘禮要看情況)，수선요간장배문시부수요안조당지적풍속습관규정(首先要看長輩們是否需要按照當地的風俗習慣規定)，여과일방가장유요구(如果一方家長有要求)，나취진량안조요구거급(那就儘量按照要求去給)；여몰풍속요구(如沒風俗要求)，나가이재쌍방정혼연적반국중장빙례교급대방가장취가이료(那可以在雙方訂婚宴的飯局中將聘禮交給對方家長就可以了)。여과몰유정혼연(如果沒有訂婚宴)，나야가이재령취결혼증지전쌍방가장견면지시급출빙례즉가(那也可以在領取結婚證之前雙方家長見面之時給出聘禮即可)。

◆결혼적빙례(結婚的聘禮)
여과빙례시물품적화(如果聘禮是物品的話)，대건적동서최호송화상문(大件的東西最好送貨上門)，여과시소건적(如果是小件的)，가이재여대방가장견면시정상(可以在與對方家長見面時呈上)。여과빙례시례김적화(如果聘禮是禮金的話)，나수요장례김포호재홍지내혹홍포내(那需要將禮金包好在紅紙內或紅包內)，재견면시체송급대방가장(在見面時遞送給對方家長)。

급빙례시적설화부론빙례적다소(給聘禮時的說話不論聘禮的多少)、귀중여부(貴重與否)，재급대방빙례시설화기부능현득비미(在給對方聘禮時說話既不能顯得卑微)，야부능현득자대(也不能顯得自大)，요이존중적어기설화(要以尊重的語氣說話)，급대방이존경지의(給對方以尊敬之意)。인위쌍방장요성위(因爲雙方將要成爲) 친가(親家)，량가인즉유호상래왕적친밀관계(兩家人即有互相來往的親密關係)。절기인용어부당이파괴료량가탁부여책임(切忌因用語不當而破壞了兩家託付與責任)。수요표시량가성일가적희열(需要表示兩家成一家的喜悅)，수요감사친가적양육지은(需要感謝親家的養育之恩)，수요표시례부정의중(需要表示禮簿情義重)，수요표시신인장회호경호애(需要表示新人將會互敬互愛)，수요표시호위일가인능위친가주력소능급적사정(需要表示互爲一家人能爲親家做力所能及的事情)。（설화응해대친가일방최환희적(說話應該對親家一方最歡喜的)，설완일방야요대령일방표시(說完一方也要對另一方表示)，부능락인락정(不能落人落情)。）

례여(例如)：금천능량가인주재일기(今天能兩家人走在一起)（흘반(吃飯)），시인위모모화아적연분(是因爲某某和我的緣分)，흔고흥능견도친가장배(很高興能見到親家長輩)。대가좌재일기장시일가인료(大家坐在一起將是一家人了)，이후아회화모모호경호애(以後我會和某某互敬互愛)，청장배방심장저교급아래조고(請長輩放心將她交給我來照顧)，동시니야시아적부모(同時

你也是我的父母）（다마(爹媽)）, 왕후적일자아장화모모일양대니효순감은(往後的日子我將和某某一樣對您孝順感恩). 저사빙례시아적일점심의(這些聘禮是我的一點心意), 여유주득부족적지방환청다다포함(如有做得不足的地方還請多多包涵).

1빙김(聘金)
2김식(金飾) (계지(戒指), 수탁(手鐲), 항련(項鍊) 등(等)) 급수표남녀쌍방응비지빙례(及手錶男女雙方應備之聘禮)).
3예병(禮餅)
4사색당(四色糖) (길병(桔餅), 동과당(冬瓜糖), 빙당(冰糖), 당과(糖果)), 다엽(茶葉), 룡봉촉일대(龍鳳燭一對), 배향일대(排香一對), 조지일대(祖紙一對), 룡봉포일대(龍鳳炮一對)
5주수생례(酒水牲禮) (주일병(酒一瓶), 세수계(洗手雞) 일척(一隻))
6두이미(斗二米), 복원(福圓), 당자로(糖仔路), 반두화일합(伴頭花一盒), 반저(半豬) (혹양화퇴십팔(或洋火腿十八), 삼십륙조(三十六條)), 면선륙속(面線六束), 호주이십사병(好酒二十四瓶)
7궤증녀방지례품(饋贈女方之禮品) (의료(衣料), 피포(皮包), 피혜등(皮鞋等)).
8주석례(酒席禮) (압탁례(壓桌禮)).
9매인례(媒人禮).
10의지방례속가령비(依地方禮俗可另備) : 주사례(廚師禮), 화장례등홍포(化妝禮等紅包).

◆빙례습속(聘禮習俗)

一、경진지구(京津地區)
경진지구융합료아국다개민족적문화(京津地區融合了我國多個民族的文化), 소이혼례습속야정현출다양화적추세(所以婚禮習俗也呈現出多樣化的趨勢), 가분위북례(可分為北禮)、남례(南禮)、기례(旗禮)、한례사종(漢禮四種), 도저개기초(到這個紀初), 남례축점융인북례(南禮逐漸融入北禮), 형성북경혼례특색(形成北京婚禮特色). 전통적결혼(傳統的結婚), 선유매인도녀방가제친(先由媒人到女方家提親), 쌍방인가저문친사후(雙方認可這門親事後), 하일보취시(下一步就是)"소정(小定)"례(禮). "소정(小定)"례적다소유남방적재력결정(禮的多少有男方的財力決定), 대다시사합례(大多是四盒禮). 재혼례적일자선정지후(在婚禮的日子選定之後), 취시(就是)"대정(大定)", "대정(大定)"제(除)"룡봉첩(龍鳳帖)"지외(之外), 환수요유의료수식(還需要有衣料首飾)、주육(酒肉)、면식화수과사포례물(麵食和水果四包禮物).

二、동북삼성(東北三省)
동북삼성적혼례습속화경진지구유사류사(東北三省的婚禮習俗和京津地區有些類似), 단야부전상동(但也不全相同). 동북삼성적(東北三省的)"소정(小定)"례(禮), 수요녀방도남방가참가송례화파설적주석(需要女方到男方家參加送禮和擺設的酒席). 재주석중수요교환(在酒席中需要交換)"룡봉첩(龍鳳帖)", 남방환수증급녀방일매김계지당작정정물(男方還需贈給女方一枚金戒指當作定情物). 차외환수요준비사양례물(此外還需要準備四樣禮物), 즉계일척(即雞一隻);계단팔십일백개(雞蛋八十到一百個);홍당량근(紅糖兩斤);분조량근(粉條兩斤). 정하혼례일기후요과(定下婚禮日期後要過)"대정(大定)", 기중포괄료사계복식(其中包括了四季服飾)、수식(首飾)、만두(饅頭)、주등등(酒等等). 영취적전일천(迎娶的前一天), 시녀방송가장지일(是女方送嫁妝之日), 가장다위의물(嫁妝多為衣物)、가구(家具)、수식등등(首飾等等).

三、강절일대(江浙一帶)
매인재(媒人在)"상간(相看)"과남녀쌍방품모후(過男女雙方品貌後), 혼속례의요행(婚俗禮儀要行)"문정(文定)"례(禮), 교환남녀쌍방각자적생진팔자(交換男女雙方各自的生辰八字), 남방파빙례교급녀방당면점청(男方把聘禮交給女方當麵點清). 빙례다시각지토특산(聘禮多是各地土特產), 상마직물(桑麻織物), 적라주단(績羅綢緞), 다엽급례김등(茶葉及禮金等). 여방적가장월다월호(女方的嫁妝越多越好), 병자기래현요자가적재부(並藉機來炫耀自家的財富). 혼례급기후적배견례등여북방대동소이(婚禮及其後的拜見禮等與北方大同小異).

四、호광지구(湖廣地區)

매인재(媒人在)"합년경(合年庚)"、간팔자(看八字),　병경량방가장동의친사후(並經兩方家長同意親事後),　유매인대환룡봉첩(由媒人代換龍鳳帖),　동시남방응하(同時男方應下)"소빙(小聘)"례(禮),　즉일척금계지(即一隻金戒指)、이환(耳環)、일대김석류(一對金石榴)、이급빙김(以及聘金)、빈랑(檳榔)、예병등(禮餅等)。여방재수도빙례후(女方在收到聘禮後),　회이문방사보(回以文房四寶)、송고등(松糕等)。대영취전(待迎娶前),　남방환요하(男方還要下)"대빙(大聘)",　속어칭(俗語稱)"행다(行茶)"。"행다(行茶)"시남방응준비호례김(時男方應準備好禮金)、예병(禮餅)、어주(菸酒)、해미(海味)、어육등(魚肉等),　녀방여수접수후(女方如數接收後),　회이의물(回以衣物)、혜모(鞋帽)、병(餅)、당지류(糖之類),　병상정쌍방혼례일기(並商定雙方婚禮日期)。

◆국외빙례(國外聘禮)

一, 신가파(新加坡)재전통적화인사회(在傳統的華人社會),　"빙례(聘禮)"시의친적중심문제(是議親的中心問題)。혼사인쌍방미능대저개문제상달협정이고취(婚事因雙方未能對這個問題商達協定而告吹),　저종사정병비절무근유(這種事情並非絕無僅有)。"빙례(聘禮)"포괄(包括)"빙김(聘金)"적다과여(的多寡與)"가장(嫁妝)"적후박(的厚薄)。과거(過去),　남방왕왕희망녀방파빙김적일부분용래준비가장(男方往往希望女方把聘金的一部分用來準備嫁妝)。

금천부소인인위취친수부김액(今天不少人認爲娶親需付金額)〔즉빙김(即聘金)〕적관념시락오적(的觀念是落伍的),　야유손녀방적신빈(也有損女方的身份)。연이(然而),　응당지출(應當指出),　"빙김(聘金)"실제상포함저양적의의(實際上包含這樣的意義):표시남방승인화감사녀방가장적양육지은(表示男方承認和感謝女方家長的養育之恩)。인차(因此),　즉사부치송빙김(即使不致送聘金),　단송례물급녀방가장적습속지금의연십분보편(但送禮物給女方家長的習俗至今依然十分普遍)。

위료대미래악부악모표시감격여경의(爲了對未來岳父岳母表示感激與敬意),　신랑가이향녀방가장봉송내봉현김적(新郎可以向女方家長奉送內封現金的)"홍포(紅包)",　혹재혼연상특위녀방설기탁주석(或在婚宴上特爲女方設幾桌酒席),　양녀방연청친우(讓女方宴請親友)。

외국적빙례적함의일(外國的聘禮的含義一)、이사란교법개념(伊斯蘭教法概念)。역칭빙의(亦稱聘儀)。아랍백어(阿拉伯語)"맥해이(麥亥爾)"적의역(的意譯)。즉신랑안혼전적약정증여신낭적례품(即新郎按婚前的約定贈予新娘的禮品)。증송빙례재교법상병비유효혼인적선결조건(贈送聘禮在教法上並非有效婚姻的先決條件),　이지작위신낭재신가정중장향유독립인격적일종표지(而只作爲新娘在新家庭中將享有獨立人格的一種標誌)。

二,《고란경(古蘭經)》운(云):"니문응당파부녀적빙례(你們應當把婦女的聘禮),　당작일빈증품(當作一份贈品),　교급저문(交給她們)"。타시침대고대아랍백사회기시부녀(它是針對古代阿拉伯社會歧視婦女)、수의유기부녀적부공현상이제출적지재제고부녀지위(隨意遺棄婦女的不公現象而提出的旨在提高婦女地位)、보장저문일단피유기후생활잠유경제래원적일종조시(保障她們一旦被遺棄後生活暫有經濟來源的一種措施)。분위명확약정적빙례화미명확약정적빙례량종(分爲明確約定的聘禮和未明確約定的聘禮兩種)。전자지혼약중명확약정수액화증여방식적빙례(前者指婚約中明確約定數額和贈予方式的聘禮),　유잡적기록비안(由卡迪記錄備案),　기수액의거남방경제조건이정(其數額依據男方經濟條件而定)。후자지재혼약중미여규정적빙례(後者指在婚約中未予規定的聘禮),　기수액의습관이정(其數額依習慣而定),　일반부능저어신낭적저저혹고모출가시소득빙례적수액(一般不能低於新娘的姐姐或姑母出嫁時所得聘禮的數額)。

三, 안증여시간적부동우분위립즉태현화연기태현적빙례량종(按贈予時間的不同又分爲立即兌現和延期兌現的聘禮兩種)。립즉태현적빙례응재혼후혹처자적요구하립즉지부(立即兌現的聘禮應在婚後或妻子的要求下立即支付)。연기태현적빙례(延期兌現的聘禮),　통상재리이혹발생모일부리어녀방적사건(通常在離異或發生某一不利於女方的事件),　종이도치혼인관계자행파렬시작위리의지부(從而導致婚姻關係自行破裂時作爲離儀支付)。안조관례(按照慣例),　빙례수액확정후(聘禮數額確定後),　통상분위량등빈(通常分爲兩等份):일빈당장교여처자(一份當場交予妻子),　일빈대리이시지부(一份待離異時支付)。

四, 빙례역가감면(聘禮亦可減免),　통상유량종정황(通常有兩種情況):일종시법정감면(一種是法定減免)。여배우쌍방미완혼즉해제혼약(如配偶雙方未完婚即解除婚約),　소정빙례감반(所定聘禮減半),　여속녀방단방면해제혼약(如屬女方單方面解除婚約),　소정빙례여이취소(所定聘禮予以取消)。령일종위자원감면(另一種爲自願減免)。혼후처방자원방기빙례(婚後妻方自願放棄

聘禮), 가이시부분혹전부(可以是部分或全部), 저재교법상피시위증여(這在教法上被視爲贈予), 처자위재산적소유자(妻子爲財産的所有者), 유권수의지배(有權隨意支配)。단방기빙례필수출자처방적의원(但放棄聘禮必須出自妻方的意願), 인수부방협박이방기빙례(因受夫方脅迫而放棄聘禮), 법원부여승인(法院不予承認)。

五、 근현대이래(近現代以來), 재일사아랍백(在一些阿拉伯)、이사란국가(伊斯蘭國家), 빙례재민간실제상이변위혼약성립적조건지일(聘禮在民間實際上已變爲婚約成立的條件之一), 기수액부등(其數額不等), 유적심지고달수만미원(有的甚至高達數萬美元)。재중국일사지구적목사림중(在中國一些地區的穆斯林中), 지재결혼당천리행상징성적증여(只在結婚當天履行象徵性的贈予)。

대어아랍백년경인래설(對於阿拉伯年輕人來說), 결혼소요면림적최대난제막과어지부빙례료(結婚所要面臨的最大難題莫過於支付聘禮了)。통상래설(通常來說), 빙례요포괄수식(聘禮要包括首飾)、미면(米麵)、락타화양등(駱駝和羊等)。

재사오지아랍백(在沙烏地阿拉伯), 유사녀방가장색요적빙례고달(有些女方家長索要的聘禮高達)20만리아이(萬里亞爾)(약합(約合)5.4만미원(萬美元))。

◆법률빙례(法律聘禮)

해제혼약지시(解除婚約之時), 대하위빙례재실천중환존재인식상적오구(對何謂聘禮在實踐中還存在認識上的誤區)。

재민법상(在民法上), 혼약적성립여빙례지수수무관(婚約的成立與聘禮之授受無關)。취시설(就是說), 혼약적성립재어당사인적합의(婚約的成立在於當事人的合意), 빙례적수수부영향혼약적성립(聘禮的授受不影響婚約的成立), 당연부배제국외인근거빙례적수수래반추혼약적존재여부(當然不排除局外人根據聘禮的授受來反推婚約的存在與否)。유어사실상(惟於事實上), 혼약당사인상인혼약이증여타인재물(婚約當事人常因婚約而贈與他人財物), 혼약인해제(婚約因解除)、무효혹철소지시(無效或撤銷之時), 시상인기빙례적반환문제(時常引起聘禮的返還問題), 빙례지접수여혼약적성립병무필연련계(聘禮之接受與婚約的成立並無必然聯繫), 단거빙례지수수가반향추단혼약지존재(但據聘禮之授受可反向推斷婚約之存在), 당무의의(當無疑義)。

빙례여차혼인색취지재물유상사지처(聘禮與借婚姻索取之財物有相似之處), 단역유본질적구별(但亦有本質的區別)。상사지처재어량자균위남녀(相似之處在於兩者均爲男女)(포괄타문적부모(包括他們的父母))일방재련애기간혹혼약기간(一方在戀愛期間或婚約期間), 위증진감정계이달도결혼적목적이급여대방적재물(爲增進感情繼而達到結婚的目的而給與對方的財物)。빙례시당사인재혼약기간유어전통습속적제약이자원혹반자원발생적특정적재산이전관계(聘禮是當事人在婚約期間圍於傳統習俗的制約而自願或半自願發生的特定的財産移轉關係)。이차혼인색취재물(而借婚姻索取財物), 시일방차혼인향대방적색취(是一方借婚姻向對方的索取), 시대혼인자유권리적람용(是對婚姻自由權利的濫用), 대방급여재물시비자원적(對方給予財物是非自願的)。빙례일반시남방증여녀방(聘禮一般是男方贈與女方), 단야가이시쌍방호증(但也可以是雙方互贈)。이차혼인색취재물시일방(而借婚姻索取財物是一方)(주요시녀방(主要是女方))이결혼위조건(以結婚爲條件), 향령일방(向另一方)(주요시남방(主要是男方))색취재물(索取財物), 근시단방급여(僅是單方給與), 해행위위배혼인자유원칙(該行爲違背婚姻自由原則), 내혼인법소명문금지적위법행위(乃婚姻法所明文禁止的違法行爲)。

빙례여일반적혼약증여물역유구별(聘禮與一般的婚約贈與物亦有區別)。빙례시재사회습관세력영향하적재물이전행위(聘禮是在社會習慣勢力影響下的財物移轉行爲), 재현실생활중(在現實生活中), 일반도시통과매작혹제삼인지수전교(一般都是通過媒妁或第三人之手轉交), 병보지이일정적의식(並輔之以一定的儀式)。이일반혼약증여물(而一般婚約贈與物), 증여수액부대(贈與數額不大), 야부강구의식(也不講究儀式)、장합(場合), 이차일반도시남녀재혼약기간위증진감정이주출적(而且一般都是男女在婚約期間爲增進感情而做出的)。

빙례여가렴역유명현구별(聘禮與嫁奩亦有明顯區別)。일반래설(一般來說), 빙례가렴재정상정황환시역어구분(聘禮嫁奩在正常情況還是易於區分), 단일단여빙례반환문제규전재일기시(但一旦與聘禮返還問題糾纏在一起時), 즉왕왕전부단(則往往剪不斷)、이환란(理還亂)。이차빙례화가렴지간환유일개례물류동적문제(而且聘禮和嫁奩之間還有一個禮物流動的問題)。

◆기타함의(其他含義)

빙례(聘禮). 제후파사신도우방거문호(諸侯派使臣到友邦去問好), 규주(叫做)"빙례(聘禮)"(천자유시야파사신빙문제후(天子有時也派使臣聘問諸侯), 제후야파사신빙문천자(諸侯也派使臣聘問天子)). 빙례여조례일반(聘禮與朝禮一般), 필유공헌(必有貢獻), 대치용옥백지류(大致用玉帛之類). 빙사재본국군주전수료륭중적임사적례명(聘使在本國君主前受了隆重的任使的禮命); 도료소빙적국(到了所聘的國), 선수나국군주적위로(先受那國君主的慰勞), 연후재나국적종묘리헌폐행례(然後在那國的宗廟裡獻幣行禮). 빙후우유빈주연회여주군증회지례(聘後又有賓主宴會與主君贈賄之禮).

◆상관사조(相關詞條)

전국빙례지도(全國聘禮地圖)
전국빙례지도(全國聘禮地圖), 폭홍어망로적일장도편(月爆紅於網路的一張圖片), 해도편이지도적형식표주료중국각개성시구적결혼빙례김액(該圖片以地圖的形式標註了中國各個省市區的結婚聘禮金額). "전국빙례지도(全國聘禮地圖)"일출(一出), 입각인발망우(立刻引發網友)"취부기(娶不起)"적호함(的呼喊).

사어비명(死於妃命): 잔왕적빙례(殘王的聘禮) "일석지간(一夕之間)소설류형(小說類型) 내용간개(內容簡介)

중생한비(重生悍妃):타좌강산주빙례(打座江山做聘禮) 소설류형고장언정내용간개온문이아적타인위일구(小說類型古裝言情內容簡介溫文爾雅的他因爲一句)"천세륜회(千世輪迴),신녀현(神女現). 욕화중생(浴火重生),천하귀(天下歸)"이장저추향폭려적제제신변(而將她推向暴戾的弟弟身邊),지위수취어옹지리(只爲收取漁翁之利) 일(一)...

빙례시정혼시(聘禮是訂婚時), 남방가급녀방가적정례(男方家給女方家的定禮). 고왕금래(古往今來), 매봉결혼가취(每逢結婚嫁娶), 남방취회준비호빙례(男方就會準備好聘禮), 도녀방가접취식부(到女方家接娶媳婦). 녀방칙부책치판호가장(女方則負責置辦好嫁妝), 등대부서래영접(等待夫婿來迎接).
모년(某年)모월(某月)모일(某日), 일장(一張)"전국빙례지도(全國聘禮地圖)"재미박상주홍(在微博上走紅), 해도이지도적형식표주료각개성시구적결혼빙례김액(該圖以地圖的形式標註了各個省市區的結婚聘禮金額). 차자(車子)、방자(房子)、금자응유진유(金子應有盡有), 고저부등(高低不等). 각지적빙례각부상동(各地的聘禮各不相同), 망우문분분대호입좌(網友們紛紛對號入座), 토로자기적빙례고사(吐露自己的聘禮故事).

◆제작(製作)

제작차도적중경신랑악거책획부부총감호지위개소(製作此圖的重慶新浪樂居策劃部副總監胡智偉介紹), 타문용일개월적시간(他們用一個月的時間), 통과전화(通過電話)、전자우건등방식공조사료전국각지(電子郵件等方式共調查了全國各地)300 다인(多人), 수거래원비교객관(數據來源比較客觀). 중경처어(重慶處於)원구시인위대다수중경년경인재결혼시흔소유빙례(元區是因爲大多數重慶年輕人在結婚時很少有聘禮).

호지위설(胡智偉說), 타문재하남조사료부동지구화수입군체적십다개인(他們在河南調查了不同地區和收入群體的十多個人), 취평균치득출적(取平均值得出的)"6 만원기(萬元起)"적수자(的數字). "총체감각(總體感覺), 하남적빙례환시비교고적(河南的聘禮還是比較高的)."호지위설(胡智偉說).

대어조사전국빙례상황적초충(對於調查全國聘禮狀況的初衷), 호지위설(胡智偉說), 신변유흔다년경인련애다년(身邊有很多年輕人戀愛多年), 최종각인위빙례적문제분도양표(最終卻因爲聘禮的問題分道揚鑣), 주저개지도시희망대가능인식도(做這個地圖是希望大家能認識到)"애정보귀적(愛情是寶貴的), 부능피김전격도(不能被金錢擊倒)".

당연(當然), 유어조사방법적부합리성(由於調查方法的不合理性), 저개도병부능진실반응각지빙례정황(這個圖並不能真實反應各地聘禮情況)。

◆청단(請單)

토호혼례신랑용직승기영신낭(土豪婚禮新郎用直升機迎新娘), 경매소과반(驚呆小夥伴);전국빙례지도주홍(全國聘禮地圖走紅), 망우직호(網友直呼)"취부기(娶不起)"。관어토호혼례화전국빙례지도적사취몰소정과(關於土豪婚禮和全國聘禮地圖的事就沒消停過), 니지도취개식부득다소전마(你知道娶個媳婦得多少錢嗎).하남소화빙례기보가(河南小伙聘禮起步價) 만(萬)。일장(一張)"전국빙례지도(全國聘禮地圖)"미박주홍(微博走紅), 해도청석표주료각성시지구적결혼빙례김액(該圖清晰標註了各省市地區的結婚聘禮金額), 차도일출(此圖一出), 흔다망우표시(很多網友表示)"취부기(娶不起)"。저도상적빙례김액유만원구(這圖上的聘禮金額有萬元區)、십만원구(十萬元區)、오십만원구(五十萬元區)、백만원구화(百萬元區和), 원구(元區)。

◆평론(評論)

망우인가지도수거(網友認可地圖數據), 탄(嘆)"취부기(娶不起)"

대어(對於)"빙례지도(聘禮地圖)"소재하남적빙례김액(所載河南的聘禮金額), 부소망우인위비교준확(不少網友認為比較準確), 직탄(直嘆)"취부기(娶不起)", 심지유망우인위(甚至有網友認為), 재일사농촌지구(在一些農村地區), 빙례능달도(聘禮能達到)10 만원(萬元)。지소이출현(之所以出現)"앙귀식부(昂貴媳婦)", 부소수방자인위저시반비심리재작수(不少受訪者認為這是攀比心理在作祟)。주선생증간청악모(朱先生曾懇請岳母)"강가(降價)", 단악모강료흔다(但岳母講了很多)"별인가해자적고사(別人家孩子的故事)", 병표시사관면자(並表示事關面子), 부능재소(不能再少)。야유일사녀사표시(也有一些女士表示), 색요고액빙례야시위료간남방시부중시녀방(索要高額聘禮也是爲了看男方是否重視女方)。

기실(其實), 복건원부지저사(福建遠不只這些), 대지야요륙만이상(大至也要六萬以上)。환요의(還要衣)、혜(鞋)、김은수식등(金銀手飾等)。유사인취결혼후변득압력흔대(有些人就結婚後變得壓力很大), 인결혼이흠채(因結婚而欠債)。

학자(學者) : 행복혼인고적부시빙례(幸福婚姻靠的不是聘禮)

정주대학사회학전가장명쇄표시(鄭州大學社會學專家張明鎖表示), 전통적농촌(傳統的農村), 부모장녀아신고양대후가출거(父母將女兒辛苦養大後嫁出去), 희망통과수취일정빙례래보장자기적로년생활(希望通過收取一定聘禮來保障自己的老年生活), 저야가이리해(這也可以理解)。단수저사회발전(但隨著社會發展), 빙례김액월래월고(聘禮金額越來越高), 이실거원래적의의(已失去原來的意義)。애정혹혼인(愛情或婚姻), 재흔다인적안중사호성위일종물질자원적교환(在很多人的眼中似乎成為一種物質資源的交換)。기실(其實), 저시부건강적풍기(這是不健康的風氣), 절부가취(絕不可取)。

장명쇄설(張明鎖說), 빙례부능전정행복혼인적기초(聘禮不能奠定幸福婚姻的基礎), 진심상애(真心相愛)、동심동덕재시관건(同心同德才是關鍵)。결혼시(結婚時), 부능위료면자이거반비(不能為了面子而去攀比), 요진정명백애정화혼인적진체시량개인적행복(要真正明白愛情和婚姻的真諦是兩個人的幸福)、장구(長久), 부칙지회타루가정(否則只會拖累家庭)。

◆상관사조(相關詞條)
◆채례지도(彩禮地圖)

일장호칭시전국수빈적(一張號稱是全國首份的)《채례지도(彩禮地圖)》출로(出爐), 상세표명료각지소수적빙례(詳細標明了各地所需的聘禮), 차자(車子)、방자(房子)、김자등응유진유(金子等應有盡有), 고저부등(高低不等)。저장지도신속재미박상주홍(這張地圖迅速在微博上走紅)。단(但)...

간개(簡介) 특점(特點) 여하치리(如何治理)
몽고족(蒙古族)

재(在)1946 년(年)1 월(月)5 일발포정식공고(日發布正式公告)，선포외몽고독립(宣布外蒙古獨立)。　내몽고자치구지도(內蒙古自治區地圖)...

명칭(名稱)　　력사(歷史)　인구(人口)　정치(政治)　경제(經濟)
포륭지(蒲隆地)
포륭지지도(蒲隆地地圖)　포륭지국토면적위(蒲隆地國土面積為)27834 평방공리(平方公里)，지처비주중동부적도남측(地處非洲中東部赤道南側)，위어(位於)...포륭지경내다고원화산지(蒲隆地境內多高原和山地)，대부유동비대렬곡동측고원구성(大部由東非大裂谷東側高原構成)，전국평균해발(全國平均海拔)...포륭지전국획분위(蒲隆地全國劃分為)개직할시(個直轄市)（포경포랍시(布瓊布拉市)）화(和)개성(個省)，개현(個縣)...

역사연혁(歷史沿革)　　자연환경(自然環境)　　자연자원(自然資源)　　행정구획(行政區劃)
국가상징(國家象徵)
호접안안(蝴蝶安安)[망로언정소설작가(網路言情小說作家)]
작자간개호접안안호접안안(作者簡介蝴蝶安安蝴蝶安安)：자(字)：장소(長笑)，원명(原名)：왕김하(王金霞)，영문명(英文名)：Babarar，출생지(出生地)：감숙백은(甘肅白銀)，취독지(就讀地)：강서남창(江西南昌)，현거지(現居地)：중국북경(中國北京)...

작자간개(作者簡介)　　인물평가(人物評價)　　완결소설대표(完結小說代表)　　련재중소설
(連載中小說)　　전영문학작품(電影文學作品)타구곤(打狗棍)극정간개(劇情簡介)《타구곤(打狗棍)》극조타구곤(劇照打狗棍)，전타풍구(專打瘋狗)、악구(惡狗)、한간구(漢奸狗)、침략구(侵略狗)。대천리(戴天理)（외자식(巍子飾)）무의중득도타구곤(無意中得到打狗棍)，성위열하간자방적령수(成為熱河桿子幫的領袖)，간자방반대(桿子幫反對)...

극정간개(劇情簡介)　　분집극정(分集劇情)　　연직원표(演職員表)　　각색개소(角色介紹)
음악원성(音樂原聲)
철령시(鐵嶺市)[료녕성하할시(遼寧省下轄市)]
군향대부유둔전소득자보(軍餉大部由屯田所得自補)。위소지상설도지휘사사(衛所之上設都指揮使司)，통칭도사(通稱都司)；명초전국공설(明初全國共設)...、총병관(總兵官)、위지휘등도부능독전군권(衛指揮等都不能獨專軍權)。거(據)《명사(明史)·병지(兵志)》재(載)，홍무이십륙년(洪武二十六年)，전국설(全國設)...수중(手中)，홍무사년이월(洪武四年二月)，류익파인휴료동지도화전(劉益派人攜遼東地圖和錢)、량(糧)、마부책(馬簿冊)，향명청강(向明請降)。명조수(明朝遂)...

자연지리(自然地理)　　지명유래(地名由來)　　력사연혁(歷史沿革)　　문물고적(文物古蹟)
력사사건(歷史事件)
주조(周朝)기본간개서주지도주조분위서주화동주(基本簡介西周地圖周朝分為西周和東周)。서주종공원전(西周從公元前)1046 년도공원전(年到公元前)...적대부(的大部)。서주간개서주지도주원래시상왕조적일개방국(西周簡介西周地圖周原來是商王朝的一個方國)，전설시제곡적후대(傳說是帝嚳的後代)。재상초(在商初)...지도주원시상왕조통치하적일개방국(地圖周原是商王朝統治下的一個方國)，전설시제곡적후예(傳說是帝嚳的後裔)，속어희성지족(屬於姬姓之族)。도우하(到虞夏)...

기본간개(基本簡介)　　서주간개(西周簡介)　　서주건립(西周建立)　　서주정치(西周政治)
서주발전(西周發展)　주조(周朝)[선진조대(先秦朝代)]
기본간개서주지도주조분위서주화동주(基本簡介西周地圖周朝分為西周和東周)。서주종공원전(西周從公元前)1046 년도공원전(年到公元前)...적대부(的大部)。서주간개서주지도주원래시상왕조적일개방국(西周簡介西周地圖周原來是商王朝的一個方國)，전설시제곡적후대(傳說是帝嚳的後代)。재상초(在商初)...，전(前)771 년(年)，주유왕피견융살사(周幽王被犬戎殺死)，서주멸망료(西周滅亡了)。서주건립주인굴기서주지도주인(西周建立周人崛起西周地圖周人)...

기본간개(基本簡介)　　서주간개(西周簡介)　　서주건립(西周建立)　　서주정치(西周政治)

서주발전(西周發展)
초교전(楚喬傳)
극정간개(劇情簡介) 관방공포극조(官方公布劇照) 공작조(工作照) 서위년간란세혼전(西魏年間亂世混戰), 대비평민재전란중륜위(大批平民在戰亂中淪為) 노례(奴隸), 명여초개(命如草芥). 노적소녀초교(奴籍少女楚喬) (조려영(趙麗穎) 식(飾)) 피송입인렵(被送入人獵)...

극정간개(劇情簡介) 분집극정(分集劇情)   연직원표(演職員表)   각색개소(角色介紹) 음악원성(音樂原聲)

사우례(士虞禮)

사우례(士虞禮). 특시궤식(특시궤식(特豕饋食)), 측형어(形語)묘문(墓文)외지우(側亨於廟門外之右), 동면(東面). 어랍찬아지(魚臘釁亞之), 북상(北上). 희찬재동벽(饎釁在東壁), 서면(西面). 설세어서계서남(設洗於西階西南), 수재세서(水在洗西), 비재동(篚在東). 존어실중북용하(尊於室中北墉下), 당호(當戶), 량무례(兩甒醴)、주(酒), 주재동(酒在東). 무금(無禁), 멱용치포(冪用絺布), 가작(加勺), 남방(南枋). 소기(素幾), 위석(葦席), 재서서하(在西序下). 저촌모(苴刌茅), 장오촌(長五寸), 속지(束之), 실어비(實於篚), 찬어서점상(饌於西坫上). 찬량두저(饌兩豆葅)、해어서영지동(醢於西楹之東), 해재서(醢在西), 일형아지(一鉶亞之). 종헌두량아지(從獻豆兩亞之), 사변아지(四籩亞之), 북상(北上). 찬서직이돈어계간(饌黍稷二敦於階間), 서상(西上), 자용위석(藉用葦席). 이수착어반중(匜水錯於槃中), 남류(南流), 재서계지남(在西階之南), 단건재기동(簞巾在其東). 진삼정어문외지우(陳三鼎於門外之右), 북면(北面), 북상(北上), 설경멱(設扃鼏). 비조재서숙지서(匕俎在西塾之西). 수번조재내서숙상(羞燔俎在內西塾上), 남순(南順).

주인급형제여장복(主人及兄弟如葬服), 빈집사자여조복(賓執事者如弔服), 개즉위어문외(皆即位於門外), 여조석림위(如朝夕臨位). 부인급내형제복(婦人及內兄弟服)、즉위어당(即位於堂), 역여지(亦如之). 축면(祝免), 조갈질대(澡葛絰帶), 포석어실중(布席於室中), 동면(東面), 우기(右幾), 강(降), 출(出), 급종인즉위어문서(及宗人即位於門西), 동면남상(東面南上). 종인고유사구(宗人告有司具), 수청배빈(遂請拜賓). 여림(如臨), 입문곡(入門哭), 부인곡(婦人哭). 주인즉위어당(主人即位於堂), 중주인급형제(眾主人及兄弟)、빈즉위어서방(賓即位於西方), 여반곡위(如反哭位). 축입문(祝入門), 좌(左), 북면(北面). 종인서계전북면(宗人西階前北面).

축관(祝盥), 승(升), 취저강(取苴降), 세지(洗之), 승(升), 입설어기동석상(入設於幾東席上), 동축(東縮), 강(降), 세치(洗觶), 승(升), 지곡(止哭). 주인의장(主人倚杖), 입(入). 축종(祝從), 재좌(在左), 서면(西面). 찬천저해(贊薦葅醢), 해재북(醢在北). 좌식급집사관(佐食及執事盥), 출거(出舉), 장재좌(長在左). 정입(鼎入), 설어서계전(設於西階前), 동면북상(東面北上). 비조종설(匕俎從設). 좌인추경(左人抽扃)、멱(鼏), 비(匕), 좌식급우인재(佐食及右人載). 졸(卒), 비자역퇴복위(匕者逆退複位). 조입(俎入), 설어두동(設於豆東), 어아지(魚亞之), 랍특(臘特). 찬설이돈어조남(贊設二敦於俎南), 서(黍), 기동직(其東稷). 설일형어두남(設一鉶於豆南). 좌식출(佐食出), 립어호서(立於戶西). 찬자철정(贊者徹鼎). 축작례(祝酌醴), 명좌식계회(命佐食啟會). 좌식허낙(佐食許諾), 계회(啟會), 각어돈남(卻於敦南), 복위(複位). 축전치어형남(祝奠觶於鉶南), 복위(複位). 주인재배계수(主人再拜稽首). 축향(祝饗), 명좌식제(命佐食祭). 좌식허낙(佐食許諾), 구단(鉤袒), 취서직(取黍稷), 제어저삼(祭於苴三), 취부제(取膚祭), 제여초(祭如初). 축취전치(祝取奠觶), 제(祭), 역여지(亦如之) ; 부진(不盡), 익(益), 반전지(反奠之). 주인재배계수(主人再拜稽首). 축축졸(祝祝卒), 주인배여초(主人拜如初), 곡(哭), 출복위(出複位).

축영시(祝迎尸), 일인쇄질(一人衰絰), 봉비(奉篚), 곡종시(哭從尸). 시입문(尸入門), 장부용(丈夫踊), 부인용(婦人踊). 순시관(淳尸盥), 종인수건(宗人授巾). 시급계(尸及階), 축연시

(祝延尸)。 시승(尸升), 종인조용여초(宗人詔踊如初)。 시입호(尸入戶), 용여초(踊如初), 곡지(哭止)。 부인입어방(婦人入於房)。 주인급축배타시(主人及祝拜妥尸)。 시배(尸拜), 수좌(遂坐)。

종자착비어시좌석상(從者錯篚於尸左席上), 립어기북(立於其北)。 시취전(尸取奠), 좌집지(左執之), 취저(取菹), 유어해(擩於醢), 제어두간(祭於豆間)。 축명좌식타제(祝命佐食墮祭)。 좌식취서직폐제(佐食取黍稷肺祭), 수시(授尸), 시제지(尸祭之)。 제전(祭奠), 축축(祝祝), 주인배여초(主人拜如初)。 시상례(尸嘗醴), 전지(奠之)。 좌식거폐척수시(佐食舉肺脊授尸)。 시수(尸受), 진제(振祭), 제지(嚌之), 좌수집지(左手執之)。 축명좌식이돈(祝命佐食邇敦)。 좌식거서(佐食舉黍), 착어석상(錯於席上)。 시제형(尸祭鉶), 상형(嘗鉶), 태갱읍자문입(泰羹湆自門入), 설어형남(設於鉶南)；자사두(菹四豆), 설어좌(設於左)。 시반(尸飯), 파여어비(播餘於篚)。 삼반(三飯), 좌식거건(佐食舉乾)；시수(尸受), 진제(振祭), 제지(嚌之), 실어비(實於篚)。 우삼반(又三飯)。 거각(舉胳), 제여초(祭如初)。 좌식거어랍(佐食舉魚臘), 실어비(實於篚)。 우삼반(又三飯)。 거견(舉肩), 제여초(祭如初)。 거어랍조(舉魚臘俎), 조석삼개(俎釋三個)。 시졸식(尸卒食)。 좌식수폐척(佐食受肺脊), 실어비(實於篚)。 반어비(反於篚), 반서여초설(反黍如初設)。

주인세폐작(主人洗廢爵), 작주윤시(酌酒酳尸)。 시배수작(尸拜受爵), 주인북면답배(主人北面答拜)。 시제주(尸祭酒), 상지(嘗之)。 빈장이간종(賓長以肝從), 실어조(實於俎), 축(縮), 우염(右鹽)。 시좌집작(尸左執爵), 우취간(右取肝), 유염(擩鹽), 진제(振祭), 제지(嚌之), 가어조(加於俎)。 빈강(賓降), 반조어서숙(反俎於西塾), 복위(複位)。 시졸작(尸卒爵), 축수(祝受), 부상작(不相爵)。 주인배(主人拜), 시답배(尸答拜)。 축작수시(祝酌授尸), 시이초주인(尸以醋主人), 주인배수작(主人拜受爵), 시답배(尸答拜)。 주인좌제(主人坐祭), 졸작(卒爵), 배(拜), 시첨배(尸簽拜)。 연축(筵祝), 남면(南面)。 주인헌축(主人獻祝), 축배(祝拜), 좌수작(坐受爵), 주인답배(主人答拜)。 천저해(薦菹醢), 설조(設俎)。 축좌집작(祝左執爵), 제천(祭薦), 전작(奠爵), 흥(興), 취폐(取肺), 좌제(坐祭), 제지(嚌之), 흥(興)；가어조(加於俎), 제주(祭酒), 상지(嘗之)。 간종(肝從)。 축취간유염(祝取肝擩鹽), 진제(振祭), 제지(嚌之), 가어조(加於俎), 졸작(卒爵), 배(拜)。 주인답배(主人答拜)。 축좌수주인(祝坐授主人)。 주인작헌좌식(主人酌獻佐食), 좌식북면배(佐食北面拜), 좌수작(坐受爵), 주인답배(主人答拜)。 좌식제주(佐食祭酒), 졸작(卒爵), 배(拜)。 주인답배(主人答拜), 수작(受爵), 출(出), 실어비(實於篚), 승당복위(升堂複位)。

주부세족작어방중(主婦洗足爵於房中), 작(酌), 아헌시(亞獻尸), 여주인의(如主人儀)。 자반량변조(自反兩邊棗)、 률(慄), 설어회남(設於會南), 조재서(棗在西)。 시제변(尸祭籩), 제주(祭酒), 여초(如初)。 빈이번종(賓以燔從), 여초(如初)。 시제번(尸祭燔), 졸작(卒爵), 여초(如初)。 작헌축(酌獻祝), 변(籩)、 번종(燔從), 헌좌식(獻佐食), 개여초(皆如初)。 이허작입어방(以虛爵入於房)。

빈장세억작(賓長洗繶爵), 삼헌(三獻), 번종(燔從), 여초의(如初儀)。

부인복위(婦人複位)。 축출호(祝出戶), 서면고리성(西面告利成)。 주인곡(主人哭), 개곡(皆哭)。 축입(祝入), 시속(尸謖)。 종자봉비곡(從者奉篚哭), 여초(如初)。 축전시(祝前尸)。 출호(出戶), 용여초(踊如初)；강당(降堂), 용여초(踊如初)；출문역여지(出門亦如之)。

축반(祝反), 입철(入徹), 설어서북우(設於西北隅), 여기설야(如其設也)。 기재남(幾在南), 비용석(扉用席)。 축천석철입어방(祝薦席徹入於房)。 축자집기조출(祝自執其俎出)。 찬합유호(贊闔牖戶)。

주인강(主人降), 빈출(賓出)。 주인출문(主人出門), 곡지(哭止), 개복위(皆複位)。 종인고사필(宗人告事畢)。 빈출(賓出), 주인송(主人送), 배계상(拜稽顙)。

기(記)。 우(虞), 목욕(沐浴), 부즐(不櫛)。 진생어묘문외(陳牲於廟門外), 북수(北首), 서상(西上), 침우(寢右)。 일중이행사(日中而行事)。 살어묘문서(殺於廟門西), 주인부시(主人不視)。 돈해(豚解)。 갱임(羹飪), 승좌견(升左肩)、 비(臂)、 노(臑)、 순(肫)、 각(胳)、 척(脊)、 협

(脅), 리폐(離肺). 부제삼(膚祭三), 취제좌익상(取諸左膉上), 폐제일(肺祭一), 실어상정(實於上鼎)；승어전부구(升魚鱄鮒九), 실어중정(實於中鼎)；승랍(升臘), 좌반(左胖), 비불승(髀不升), 실어하정(實於下鼎). 개설경멱(皆設扃鼏), 진지(陳之). 재유진저(載猶進柢), 어진기(魚進鬐). 축조(祝俎), 비(髀)、두(脰)、척(脊)、협(脅), 리폐(離肺), 진어계간(陳於階間), 돈동(敦東). 순시관(淳尸盥). 집반(執槃), 서면(西面). 집이(執匜), 동면(東面). 집건재기북(執巾在其北), 동면(東面). 종인수건(宗人授巾), 남면(南面). 주인재실(主人在室), 칙종인승(則宗人升), 호외북면(戶外北面). 좌식무사(佐食無事), 칙출호(則出戶), 부의남면(負依南面). 형모촬용고(鉶芼撮用苦), 약미(若薇), 유활(有滑). 하용규(夏用葵), 동용환(冬用荁), 유사(有栖). 두실(豆實), 규저(葵菹), 저이서(菹以西), 라해(蠃醢). 변(籩), 조증(棗烝), 률택(慄擇). 시입(尸入), 축종시(祝從尸). 시좌부설구(尸坐不說屨), 시속(尸謖). 축전(祝前), 향시(鄕尸)；환(還), 출호(出戶), 우향시(又鄕尸)；환(還), 과주인(過主人), 우향시(又鄕尸)；환(還), 강계(降階), 우향시(又鄕尸)；강계(降階), 환(還), 급문(及門), 여출호(如出戶). 시출(尸出), 축반(祝反), 입문좌(入門左), 북면복위(北面複位), 연후종인조강(然後宗人詔降). 시복졸자지상복(尸服卒者之上服). 남(男), 남시(男尸), 녀(女), 녀시(女尸)；필사이성(必使異姓), 부사천자(不使賤者). 무시(無尸), 칙례급천찬개여초(則禮及薦饌皆如初). 기향(既饗), 제어저(祭於苴), 축축졸(祝祝卒), 부수제(不綏祭)무태갱읍(無泰羹湆)、자(胾)、종헌(從獻). 주인곡(主人哭), 출복위(出複位). 축합유호(祝闔牖戶), 강(降), 복위어문서(複位於門西)；남녀습용삼(男女拾踊三)；여식간(如食間). 축승(祝升), 지곡(止哭)；성삼(聲三), 계호(啟戶). 주인입(主人入), 축종(祝從), 계유(啟牖)、향(鄕), 여초(如初). 주인곡(主人哭), 출복위(出複位). 졸철(卒徹), 축(祝)、좌식강(佐食降), 복위(複位). 종인조강여초(宗人詔降如初). 시우용유일(始虞用柔日), 왈(曰)：「애자모(哀子某), 애현상(哀顯相), 숙흥야처부녕(夙興夜處不寧). 감용혈생(敢用絜牲)、강렵(剛鬣)、향합(香合)、가천(嘉薦)、보뇨(普淖)、명제수주(明齊溲酒), 애천협사(哀薦祫事), 적이황조모보(適爾皇祖某甫). 향(饗)」재우(再虞), 개여초(皆如初), 왈(曰)「애천우사(哀薦虞事)」. 삼우(三虞)、졸곡(卒哭)、타(他), 용강일(用剛日), 역여초(亦如初), 왈(曰)「애천성사(哀薦成事).」헌필(獻畢), 미철(未徹), 내전(乃餞). 존량무어묘문외지우(尊兩甒於廟門外之右), 소남(少南). 수존재주서(水尊在酒西), 작북방(勺北枋). 세재존동남(洗在尊東南), 수재세동(水在洗東), 비재서(篚在西). 찬변두(饌籩豆), 포사정(脯四脡). 유건육절조(有乾肉折俎), 이윤축(二尹縮), 제반윤(祭半尹), 재서숙(在西塾). 시출(尸出), 집기종(執幾從), 석종(席從). 시출문우(尸出門右), 남면(南面). 석설어존서북(席設於尊西北), 동면(東面). 기재남(幾在南). 빈출(賓出), 복위(複位). 주인출(主人出), 즉위어문동(即位於門東), 소남(少南)；부인출(婦人出), 즉위어주인지북(即位於主人之北)；개서남(皆西南), 곡부지(哭不止). 시즉석좌(尸即席坐)유주인부곡(唯主人不哭), 세폐작(洗廢爵), 작헌시(酌獻尸), 시배수(尸拜受). 주인배송(主人拜送), 곡(哭), 복위(複位). 천포해(薦脯醢), 설조어천동(設俎於薦東), 구재남(朐在南). 시좌집작(尸左執爵), 취포유해(取脯擩醢), 제지(祭之). 좌식수제(佐食授嚌). 시수(尸受), 진제(振祭)제(嚌), 반지(反之). 제주(祭酒), 졸작(卒爵), 전어남방(奠於南方). 주인급형제용(主人及兄弟踊), 부인역여지(婦人亦如之). 주부세족작(主婦洗足爵), 아헌여주인의(亞獻如主人儀), 무종(無從), 용여초(踊如初). 빈장세억작(賓長洗繶爵), 삼헌(三獻), 여아헌(如亞獻), 용여초(踊如初). 좌식취조(佐食取俎), 실어비(實於篚). 시속(尸謖), 종자봉비(從者奉篚), 곡종지(哭從之). 축전(祝前), 곡자개종(哭者皆從), 급대문내(及大門內), 용여초(踊如初). 시출문(尸出門), 곡자지(哭者止). 빈출(賓出), 주인송(主人送), 배계상(拜稽顙). 주부역배빈(主婦亦拜賓). 장부설대어묘문외(丈夫說絰帶於廟門外). 입철(入徹), 주인부여(主人不與). 부인설수질(婦人說首絰), 부설대(不說帶). 무시(無尸), 칙부전(則不餞). 유출(猶出), 기석설여초(幾席設如初), 습용삼(拾踊三). 곡지(哭止), 고사필(告事畢), 빈출(賓出). 사삼일이빈(死三日而殯), 삼월이장(三月而葬), 수졸곡(逾卒哭). 장단이부(將旦而祔), 칙천(則薦). 졸사왈(卒辭曰)：「애자모(哀子某), 래일모(來日某), 제부이어이황조모보(隮祔爾於爾皇祖某甫). 상향(尚饗)」녀자(女子), 왈(曰)「황조비모씨(皇祖妣某氏).」부(婦), 왈(曰)「손부어황조고모씨(孫婦於皇祖姑某氏)」. 기타사(其他辭), 일야(一也). 향사왈(饗辭曰)：「애자모(哀子某), 규위이애천지향(圭為而哀薦之饗)！」명일(明日), 이기반부(以其班祔). 목욕(沐浴), 즐(櫛), 소전(搔翦). 용전부위절조(用專膚為折俎), 취제두익(取諸脰膉). 기타여궤식(其他如饋食). 용사시(用嗣尸). 왈(曰)：「효자모(孝子某), 효현상(孝顯相), 숙흥야처(夙興夜處), 소심외기(小心畏忌). 부타기신(不惰其

身), 부녕(不寧)。용윤제(用尹祭)、가천(嘉薦)、증뇨(曾淖)、보천(普薦)、수주(溲酒), 적이조모보(適爾皇祖某甫), 이제부이손모보(以隮祔爾孫某甫)。상향(尚饗)。」기이소상(期而祥), 왈(曰)：「천차상사(薦此常事)。」우기이대상(又期而大祥), 왈(曰)：「천차상사(薦祥事)。」중월이담(中月而禫)。시월야(是月也)。길제(吉祭), 유미배(猶未配)。《사우례(士虞禮)》강술적시사기장기부모후반회빈궁이거행적안혼례(講述的是士既葬其父母後返回殯宮而舉行的安魂禮)。소위(所謂)"우(虞)", 취시(就是)"안(安)"적의사(的意思), 안자(安者), 안신야(安神也)。인차(因此), 여과설(如果說)《사상례(士喪禮)》화(和)《기석례(既夕禮)》지재송형이왕적화(旨在送形而往的話), 나마(那麽), 《사우례(士虞禮)》칙지재영신이반(則旨在迎神而返)。

《사우례(士虞禮)》경문적결구비교간단(經文的結構比較簡單), 타주요술급이하기개환절화보취(它主要述及以下幾個環節和步驟)：빈궁중제물지진설(殯宮中祭物之陳設), 주인(主人)、빈객지취위(賓客之就位)；영시(迎屍)、타시(妥屍)（차시지대사자수제지활인(此屍指代死者受祭之活人), 비지사자자신(非指死者自身)）, 향신(饗神)、향시(饗屍)；주인일헌시(主人一獻屍), 주부이헌시(主婦二獻屍), 빈장삼헌시(賓長三獻屍)；축고례필(祝告禮畢), 송시송빈(送屍送賓)。

력래학자장(歷來學者將)《사우례(士虞禮)》귀결위상례(歸結爲喪禮), 단재아문간래(但在我們看來), 《사우례(士虞禮)》기시사상례적계속화연신(既是士喪禮的繼續和延伸), 야시제례적개시(也是祭禮的開始), 겸유상례화제례적쌍중의의(兼有喪禮和祭禮的雙重意義)。저일점(這一點), 여과아문련계기경문지후소부지(如果我們聯系其經文之後所附之)《기(記)》래간(來看), 련계(聯系)《기(記)》중소술지(中所述之)"졸곡제(卒哭祭)"、"부제(祔祭)"、"천제(薦祭)"、"소상(小祥)"、"대상(大祥)"、"담제(禫祭)"등등래간(等等來看), 취현득우위청초(就顯得尤爲清楚)。

사우례우오례중역속흉례(士虞禮于五禮中亦屬凶禮)。사우례(士虞禮)：특시궤식(特豕饋食), 측형우묘문외지우(側亨于廟門外之右), 동면(東面)（1）。어랍찬아지(魚臘纍亞之), 북상(北上)（2）。찬재동벽(纍在東壁), 서면(西面)（3）。설세우서계서남(設洗于西階西南), 수재세서(水在洗西), 비재동(篚在東)（4）。존우실중북당하(尊于室中北墉下), 당호(當戶), 양례주(兩醴酒), 주재동(酒在東)（5）。무금(無禁), 멱용치포(冪用絺布)；가작(加勺), 남방(南枋)（6）。소기(素幾), 위석(葦席), 재서서하(在西序下)（7）。저촌모(苴刌茅), 장오촌(長五寸), 속지(束之)（8）。실우비(實于篚), 찬우서점상(饌于西坫上)。찬량두저해우서영지동(饌兩豆菹醢于西楹之東), 해재서(醢在西), 일형아지(一鉶亞之)（9）。종헌두량아지(從獻豆兩亞之), 사변아지(四籩亞之), 북상(北上)（10）。찬서직이돈우계간(饌黍稷二敦于階間), 서상(西上), 자용위석(藉用葦席)（11）。수착우반중(水錯于槃中), 남류(南流), 재서계지남(在西階之南), 단건재기동(簞巾在其東)（12）。진삼정우문외지우(陳三鼎于門外之右), 북면(北面), 북상(北上)。설경멱(設扃鼏), 비조재서숙지서(匕俎在西塾之西)（13）。수번조재내서숙상(羞燔俎在內西塾上), 남순(南順)（14）。주인급형제여장복(主人及兄弟如葬服), 빈집사자여적복(賓執事者如吊服), 개즉위우문외(皆即位于門外), 여조석림위(如朝夕臨位)（15）。부인급내형제복(婦人及內兄弟服), 즉위우당(即位于堂), 역여지(亦如之)。축면(祝免), 조갈질대(澡葛絰帶), 포석우실중(布席于室中), 동면(東面), 우기(右幾)；강(降), 출(出), 급종인즉위우문서(及宗人即位于門西), 동면(東面), 남상(南上)（16）。종인고유사구(宗人告有司具), 수청(遂請)（17）。배빈(拜賓), 여림(如臨), 입문곡(入門哭), 부인곡(婦人哭)（18）。주인즉위우당(主人即位于堂), 중주인급형제(眾主人及兄弟), 빈즉위우서방(賓即位于西方), 여반곡위(如反哭位)（19）。축입문(祝入門), 좌(左), 북면(北面)。종인서계전북면(宗人西階前北面)。축관(祝盥), 승(升), 취저강(取苴降), 세지(洗之)；승(升), 입설우기동석상(入設于幾東席上), 동축(東縮)；강(降), 세치(洗觶)；승(升), 지곡(止哭)（20）。주인의장(主人倚杖), 입(入)（21）。축종(祝從), 재좌(在左), 서면(西面)。찬천저해(贊薦菹醢), 해재북(醢在北)（22）。좌식급집사관(佐食及執事盥), 출거(出舉), 장재좌(長在左)（23）。정입(鼎入), 설우서계전(設于西階前), 동면(東面), 북상(北上)。비조종설(匕俎從設)（24）。좌인추경(左人抽扃)、멱(鼏)、비(匕), 좌식급우인재(佐食及右人載)（25）。졸(卒), 비자역퇴복위(匕者逆退復位)（26）。조입(俎入), 설우두동(設于豆東)；어아지(魚亞之), 랍특(臘特)（27）。찬설이돈우조남(贊設二敦于俎南)서(黍), 기동직(其東稷)（28）。설일형우두남(設一鉶于豆南)。좌식출(佐食出), 립우호서(立于戶西)。찬자철정(贊者徹鼎)。축작례(祝酌醴), 명좌식계회(命佐食啓會)

(29) 。좌식허낙(佐食許諾), 계회(啓會), 각우돈남(卻于敦南), 복위(復位) (30) 。축전치우형남(祝奠觶于鉶南), 복위(復位) (31) 。주인재배계수(主人再拜稽首)。축향(祝饗), 명좌식제(命佐食祭) (32) 。좌식허낙(佐食許諾), 구단(鉤袒), 취서직제우저(取黍稷祭于苴), 삼(三) ; 취부제(取膚祭), 제여초(祭如初) (33) 。축취전치(祝取奠觶), 제(祭), 역여지(亦如之) ; 부진(不盡), 익(益), 반전지(反奠之) (34) 。주인재배계수(主人再拜稽首)。축축졸(祝祝卒), 주인배여초(主人拜如初), 곡(哭), 출복위(出復位) (35) 。축영시(祝迎屍)。일인쇠질(一人衰経), 봉비(奉篚), 곡종시(哭從屍) (36) 。시입문(屍入門), 장부용(丈夫踊), 부인용(婦人踊)。순시관(淳屍盥), 종인수건(宗人授巾) (37) 。시급계(屍及階), 축연시(祝延屍) (38) 。시승(屍升), 종인조용여초(宗人詔踊如初), 시입호(屍入戶), 용여초(踊如初), 곡지(哭止) (39) 。부인입우방(婦人入于房)。주인급축배타시(主人及祝拜妥屍) ; 시배(屍拜), 수좌(遂坐) (40) 。종자착비우시좌석상(從者錯篚于屍左席上), 립우기북(立于其北) (41) 。시취전(屍取奠), 좌집지(左執之), 취저(取菹), 유우해(擩于醢), 제우두간(祭于豆間) (42) 。축명좌식타제(祝命佐食墮祭) (43) 。좌식취서직폐제수시(佐食取黍稷肺祭授屍), 시제지(屍祭之), 제전(祭奠), 축축(祝祝), 주인배여초(主人拜如初)。시상례(屍嘗醴), 전지(奠之) (44) 。좌식거폐척수시(佐食舉肺脊授屍)。시수진제(屍受振祭), 제지(嚌之), 좌수집지(左手執之) (45) 。축명좌식이돈(祝命佐食邇敦) (46) 。좌식거서(佐食舉黍), 착우석상(錯于席上)。시제형(屍祭鉶), 상형(嘗鉶) (47) 。태갱읍자문입(泰羹湆自門入), 설우형남(設于鉶南) ; 자사두(菹四豆), 설우좌(設于左) (48) 。시반(屍飯), 파여우비(播餘于篚)。삼반(三飯), 좌식거간(佐食舉幹) ; 시수(屍受), 진제제지(振祭嚌之), 실우비(實于篚) (49) 。우삼반(又三飯), 거각(舉胳), 제여초(祭如初) (50) 。좌식거어랍(佐食舉魚臘), 실우비(實于篚) (51) 。우삼반(又三飯), 거견(舉肩), 제여초(祭如初) (52) 。거어랍조(舉魚臘俎), 조석삼개(俎釋三個) (53) 。시졸식(屍卒食)。좌식수폐척(佐食受肺脊), 실우비(實于篚) ; 반서(反黍), 여초설(如初設) (54) 。주인세폐작(主人洗廢爵), 작주(酌酒), 시(屍) (55) 。시배수작(屍拜受爵), 주인북면답배(主人北面答拜)。시제주(屍祭酒), 상지(嘗之)。빈장이간종(賓長以肝從), 실우조(實于俎), 축(縮), 우염(右鹽) (56) 。시좌집작(屍左執爵), 우취간(右取肝), 유염(擩鹽), 진제(振祭), 제지(嚌之), 가우조(加于俎) (57) 。빈강(賓降), 반조우서숙(反俎于西塾), 복위(復位) (58) 。시졸작(屍卒爵), 축수(祝受), 부상작(不相爵) (59) 。주인배(主人拜), 시답배(屍答拜)。축작수시(祝酌授屍), 시이초주인(屍以醋主人) ; 주인배수작(主人拜受爵), 시답배(屍答拜) (60) 。주인좌제(主人坐祭), 졸작(卒爵), 배(拜) ; 시답배(屍答拜)。연축(筵祝), 남면(南面) (61) 。주인헌축(主人獻祝) ; 축배(祝拜), 좌수작(坐受爵) ; 주인답배(主人答拜)。천저해(薦菹醢), 설조(設俎)。축좌집작(祝左執爵), 제천(祭薦), 전작(奠爵), 흥(興) ; 취폐(取肺), 좌제(坐祭), 제지(嚌之), 흥(興) ; 가우조(加于俎), 제주(祭酒), 상지(嘗之)。간종(肝從) (62) 。축취간유염(祝取肝擩鹽), 진제(振祭), 제지(嚌之), 가우조(加于俎), 졸작(卒爵), 배(拜)。주인답배(主人答拜)。축좌수주인(祝坐授主人)。주인작(主人酌), 헌좌식(獻佐食) ; 좌식북면배(佐食北面拜), 좌수작(坐受爵) ; 주인답배(主人答拜)。좌식제주(佐食祭酒), 졸작(卒爵), 배(拜)。주인답배(主人答拜), 수작(受爵), 출(出), 실우비(實于篚), 승당복위(升堂復位) (63) 。주부세족작우방중(主婦洗足爵于房中), 작(酌), 아헌시(亞獻屍), 여주인의(如主人儀) (64) 。자반량변조(自反兩邊棗)、률(慄), 설우회남(設于會南), 조재서(棗在西) (65) 。시제변(屍祭籩), 제주(祭酒), 여초(如初) (66) 。빈이번종(賓以燔從), 여초(如初)。시제번(屍祭燔), 졸작(卒爵), 여초(如初)。작헌축(酌獻祝), 변번종(籩燔從), 헌좌식(獻佐食), 개여초(皆如初)。이허작입우방(以虛爵入于房) (67) 。빈장세억작(賓長洗繶爵), 삼헌(三獻), 번종(燔從), 여초의(如初儀) (68) 。부인복위(婦人復位) (69) 。축출호(祝出戶), 서면고리성(西面告利成) (70) 。주인곡(主人哭), 개곡(皆哭) (71) 。축입(祝入), 시속(屍謖) (72) 。종자봉비곡(從者奉篚哭), 여초(如初)。축전시(祝前屍), 출호(出戶), 용여초(踊如初) ; 강당(降堂), 용여초(踊如初) ; 출문(出門), 역여지(亦如之) (73) 。축반(祝反), 입(入), 철(徹), 설우서북우(設于西北隅), 여기설야(如其設也) (74) 。기재남(几在南), 비용석(扉用席) (75) 。축천석(祝薦席), 철입우방(徹入于房)。축자집기조출(祝自執其俎出)。찬합유호(贊闔牖戶) (76) 。주인강(主人降), 빈출(賓出) (77) 。주인출문(主人出門), 곡지(哭止), 개복위(皆復位) (78) 。종인고사필(宗人告事畢)。빈출(賓出), 주인송(主人送), 배계상(拜稽顙) (79) 。 [기(記)] 우(虞), 목욕(沐浴), 부즐(不櫛) (80) 。진생우묘문외(陳牲于廟門外), 북수(北首), 서상(西上) ; 침우(寢右) ; 일중이행사(日中而行事) (81) 。살우묘문서(殺于廟門西), 주인부시(主人不視) (82) 。돈해(豚解)。갱임(羹飪

餁), 승좌견(升左肩) ; 비(臂)、노(臑)、순(肫)、각(骼)、척(脊)、협(脅), 리폐(離肺) (83) 。 부제삼(膚祭三), 취제좌익상(取諸左臑上) ; 폐제일(肺祭一), 실우상정(實于上鼎) (84) 。 승어(升魚), 부구(鮒九), 실우중정(實于中鼎) (85) 。 승랍(升臘), 좌반(左胖), 비부승(髀不升), 실우하정(實于下鼎) (86) 。 개설경멱(皆設扃冪), 진지(陳之)。 재취진저(載就進柢), 어진계(魚進鬐) (87) 。 축조(祝俎), 비(髀)、두(脰)、척(脊)、협(脅), 리폐(離肺), 진우계간(陳于階間), 돈동(敦東) (88) 。 순시관(淳尸盥), 집반(執槃), 서면(西面) (89) 。 집(執), 동면(東面)。 집건재기북(執巾在其北), 동면(東面)。 종인수건(宗人授巾), 남면(南面) (90) 。 주인재실(主人在室), 칙종인승(則宗人升), 호외북면(戶外北面) (91) 。 좌식무사(佐食無事), 칙출호(則出戶), 부의남면(負依南面) (92) 。 형모(鉶芼), 용고(用苦), 약미(若薇), 유활(有滑) (93) 。 하용규(夏用葵), 동용환(冬用荁), 유사(有柶) (94) 。 두실(豆實), 규저(葵菹)。 저이서(菹以西), 라해(蠃醢)。 변(籩), 조증(棗烝), 률택(栗擇) (95) 。 시입(屍入), 축종시(祝從屍) (96) 。 시좌부설구(屍坐不說屨)。 시속(屍謖)。 축전(祝前), 향시(鄉屍) ; 환(還), 출호(出戶), 우향시(又鄉屍) ; 환(還), 과주인(過主人), 우향시(又鄉屍) ; 환(還), 강계(降階), 우향시(又鄉屍) ; 강계(降階), 환(還), 급문(及門), 여출호(如出戶) (97) 。 시출(屍出)。 축반(祝反), 입문좌(入門左), 북면복위(北面復位), 연후종인조강(然後宗人詔降)。 시복졸자지상복(屍服卒者之上服) (98) 。 남(男), 남시(男屍) ; 녀(女), 녀시(女屍) ; 필사이성(必使異姓), 부사천자(不使賤者) (99) 。 무시(無屍), 칙례급천찬개여초(則禮及薦饌皆如初) (100) 。 기향(既饗), 제우저(祭于苴), 축축졸(祝祝卒) (101) 。 부수제(不綏祭), 무태갱(無泰羹), 읍자종헌(湆葅從獻) (102) 。 주인곡(主人哭), 출복위(出復位) (103) 。 축합유호(祝闔牖戶), 강(降), 복위우문서(復位于門西) ; 남녀습용삼(男女拾踴三) ; 여식간(如食間) (104) 。 축승(祝升), 지곡(止哭) ; 성삼(聲三), 계호(啟戶)。 주인입(主人入), 축종(祝從), 계유향(啟牖鄉), 여초(如初) (105) 。 주인곡(主人哭), 출복위(出復位) (106) 。 졸철(卒撤), 축좌식강(祝佐食降), 복위(復位) (107) 。 종인조강여초(宗人詔降如初) (108) 。 시우용유일(始虞用柔日), 왈(曰) : “애자모(哀子某), 애현상(哀顯相), 숙흥야처부녕(夙興夜處不寧)。 감용결생강렵(敢用潔牲剛鬣)、향합(香合)、가천(嘉薦)、보뇨(普淖)、명제수쇄(明齊溲灑), 애천겁사(哀薦祫事), 적이황조모보(適爾皇祖某甫) (109) 。 향(饗) !” 재우(再虞), 개여초(皆如初), 왈(曰) : “애천우사(哀薦虞事) (110) 。 삼우(三虞), 졸곡(卒哭), 타(他), 용강일(用剛日), 역여초(亦如初), 왈(曰) : “애천성사(哀薦成事) (111) 。” 헌필(獻畢), 미철(未撤), 내전(乃餞) (112) 。 존량(尊兩)우묘문외지우(于廟門外之右), 소남(少南) (113) 。 수존재주서(水尊在酒西), 작북방(勺北枋) (114) 。 세재존동남(洗在尊東南), 수재세동(水在洗東), 비재서(篚在西) (115) 。 찬변두(饌籩豆), 포사정(脯四脡) (116) 。 유간육절조(有幹肉折俎), 이윤축(二尹縮), 제반윤(祭半尹), 재서숙(在西塾) (117) 。 시출(屍出), 집기종(執幾從), 석종(席從) (118) 。 시출문우(屍出門右), 남면(南面)。 석설우존서북(席設于尊西北), 동면(東面)。 기재남(幾在南)。 빈출(賓出), 복위(復位) (119) 。 주인출(主人出), 즉위우문동(即位于門東), 소남(少南) ; 부인출(婦人出), 즉위우주인지북(即位于主人之北) ; 개서면(皆西面), 곡부지(哭不止) (120) 。 시즉석좌(屍即席坐)。 유주인부곡(唯主人不哭), 세폐작(洗廢爵), 작헌시(酌獻屍) ; 시배수(屍拜受)。 주인배송(主人拜送), 곡(哭), 복위(復位)。 천포해(薦脯醢), 설조우천동(設俎于薦東), 구재남(胊在南) (121) 。 시좌집작(屍左執爵), 취포유해(取脯擩醢), 제지(祭之)。 좌식수제(佐食授嚌), 시수(屍受), 진제(振祭), 제(嚌), 반지(反之) (122) 。 제주(祭酒), 졸작(卒爵), 전우남방(奠于南方)。 주인급형제용(主人及兄弟踴), 부인역여지(婦人亦如之)。 주부세족작아헌(主婦洗足爵亞獻), 여주인의(如主人儀), 용여초(踴如初)。 빈장세억작(賓長洗繶爵), 삼헌(三獻), 여아헌(如亞獻), 용여초(踴如初)。 좌식취조(佐食取俎), 실우비(實于篚) (123) 。 시속(屍謖), 종자봉비(從者奉篚), 곡종지(哭從之)。 축전(祝前), 곡자개종(哭者皆從), 급대문내(及大門內), 용여초(踴如初)。 시출문(屍出門), 곡자지(哭者止) (124) 。 빈출(賓出), 주인송(主人送), 배계상(拜稽顙)。 주부역배빈(主婦亦拜賓) (125) 。 장부설질대우묘문외(丈夫說経帶于廟門外) (126) 。 입철(入徹), 주인부여(主人不與) (127) 。 부인설수질(婦人說首経), 부설대(不說帶) (128) 。 무시(無屍), 칙부전(則不餞), 유출(猶出) (129) 。 기석(幾席), 설여초(設如初) ; 습용삼(拾踴三)。 곡지(哭止), 고사필(告事畢), 빈출(賓出) (130) 。 사삼일이빈(死三日而殯), 삼월이장(三月而葬), 수졸곡(遂卒哭) (131) 。 장단이부(將旦而祔), 칙천(則薦) (132) 。 졸사왈(卒辭曰) : “애자모(哀子某), 내일모(來日某), 제부이우이황조모보(隮祔爾于爾皇祖某甫)。 상향(尚饗) (133) !” 녀자(女子), 왈(曰) “황조비모씨(皇祖妣某氏) (134) 。” 부(婦), 왈

(曰)"손부우황조고모씨(孫婦于皇祖姑某氏)"。기타사(其他辭), 일야(一也) (135) 。 향사(饗辭), 왈(曰) : "애자모(哀子某), 규위이애천지(圭爲而哀薦之)。향(饗) (136) !"명일(明日), 이기반부(以其班祔) (137) 。목욕(沐浴), 즐(櫛), 소전(搔翦) (138) 。용전부위절조(用專膚爲折俎), 취제두익(取諸脰臆) (139) 。기타여궤식(其他如饋食) (140) 。용사시(用嗣屍) (141) 。왈(曰) : "효자모(孝子某), 효현상(孝顯相), 숙흥야처(夙興夜處), 소심외기(小心畏忌)。부타기신(不惰其身), 부녕(不寧)。용윤제(用尹祭)、가천(嘉薦)、보뇨(普淖)、보천(普薦)、수주(溲酒), 적이황조모보(適爾皇祖某甫), 이제부이손모보(以隮祔爾孫某甫)。상향(尚饗) (142) "기이소상(期而小祥), 왈(曰) : "천차상사(薦此常事) (143) 。"우기이대상(又期而大祥), 왈(曰) : "천차상사(薦此祥事) (144) 。"중월이담(中月而禫) (145) 。시월야(是月也), 길제(吉祭), 유미배(猶未配) (146) 。

◆ 【주해(注解)】

(1) 궤(饋) : 귀야(歸也)。측형우묘문외지우(側亨于廟門外之右) : 측(側), 일반(一半), 차지시지좌반변(此指豕之左半邊) ; 묘(廟), 실(實)"침(寢)"야(也) ; 우(右), 지문외서변(指門外西邊)。(2) 어랍찬아지(魚臘爨亞之) : 찬(爨), 조(灶) ; 아지(亞之), 차우팽시지조(次于烹豕之灶)。(3) 우독(又讀)x9) : 취숙(炊熟), 차지취서직(此指炊黍稷)。(4) 세(洗) : 기수지기(棄水之器), 고삼척(高三尺), 구경일척오촌(口徑一尺五寸), 족경삼척(足徑三尺), 중사지(中士之)"세(洗)"이철위지(以鐵爲之)。비재동(篚在東) : 재(在)"세(洗)"지동(之東)。(5) 량(兩)례주(醴酒) : 첨례주일(甜醴酒一), 주일(酒一), 공량(共兩), 주재동(酒在東) : 첨례주재서(甜醴酒在西), 주재첨례주지동(酒在甜醴酒之東)。(6) 무금(無禁) : 존치우지야(尊置于地也)。치포(絺布), 마갈조포(麻葛粗布)。(7) 서서하(西序下) : 지당상서장하(指堂上西牆下)。(8) 저촌(苴刊)모(茅) : 저(苴), 유자야(猶藉也) ; 촌(刊), 절단(切斷) ; 모(茅), 백모초(白茅草)。(9) 형(鉶)아지(亞之) : 형(鉶), 고대성갱기(古代盛羹器) ; 아지(亞之), 재저이동(在菹以東)。(10) 종헌두량아지(從獻豆兩亞之) : 종헌두량(從獻豆兩), 주인헌축량두(主人獻祝兩豆) ; 아지(亞之), 재형지동(在鉶之東)。사변아지(四籩亞之) : 사변(四籩), 주부헌이변우시(主婦獻二籩于屍), 헌이변우축(獻二籩于祝) ; 아지(亞之), 우재량두지동(又在兩豆之東)。북상(北上) : 위량두(謂兩豆)、사변각자위렬(四籩各自爲列)。(11) 서상(西上) : 위서재서(謂黍在西), 직재동(稷在東)。(12) : 관수요수지기(盥手澆水之器)。반(盤) : 승관세자기수지기(承盥洗者棄水之器), 고우칭관반(故又稱盥盤)。류(流) : 지(指)지토수구(之吐水口)。단건재기동(簞巾在其東) : 단(簞), 죽기야(竹器也), 이단성건(以簞盛巾), 고위지단건(故謂之簞巾) ; 재기동(在其東), 재반(在盤)지동(之東)。(13) 숙(塾) : 고시문내동서량측적당옥(古時門內東西兩側的堂屋)。(14) 수번조(羞燔俎) : 수(羞), 견기비정조야(見其非正俎也) ; 번(燔), 통(通)"번(膰)", 자육야(炙肉也)。수번조(羞燔俎), 장가미자육진설재조상(將佳美炙肉陳設在俎上)。남순(南順) : 위조지상단재북(謂俎之上端在北), 하단재남(下端在南), 집조자우숙상향서집기하단(執俎者于塾上向西執其下端)。(15) 조석림위(朝夕臨位) : 즉사상례조석곡위야(即士喪禮朝夕哭位也)。(16) 축(祝) : 상축(喪祝), 위공신(爲公臣)。조갈질대(澡葛絰帶) : 조(澡), 항야(沆也) ; 갈질대(葛絰帶), 갈질(葛絰)、갈대(葛帶)。종인(宗人) : 역위공신(亦爲公臣)。(17) 종인고유사구(宗人告有司具), 수청(遂請) : 고주인일절비타(告主人一切備妥), 청행제사(請行祭事)。(18) 배빈(拜賓), 여림(如臨)。지주인언(指主人言)。입문곡(入門哭) : 지주인급중형제언(指主人及眾兄弟言)。(19) 여반곡위(如反哭位) : 화조석곡위상반(和朝夕哭位相反), 즉주인재당상우서계향동이립(即主人在堂上于西階向東而立), 중주인급형제(眾主人及兄弟)、빈객재당하우서변향동이립(賓客在堂下于西邊向東而立)。(20) 기동(幾東) : 즉기전(即幾前)。동축(東縮) : 위설지자서이동(謂設之自西而東), 이서위상(以西爲上)。(21) 의장(倚杖) : 의상장우서장(倚喪杖于西牆)。(22) 찬(贊) : 위빈래조제집사자(謂賓來助祭執事者)。(23) 좌식급집사관(佐食及執事盥) : 좌식(佐食), 좌시식자(佐屍食者) ; 집사(執事), 빈조제자(賓助祭者)。거(舉) : 거정야(舉鼎也)。장재좌(長在左) : 장(長), 조제자지장(助祭者之長) ; 재좌(在左), 재서변(在西邊)。(24) 비조종설(匕俎從設) : 종정입이각설우기정지동(從鼎入而各設于其鼎之東)。(25) 좌인추경(左人抽扃)、멱(鼏)、비(匕) : 좌변지조제자추강우좌수(左邊之助祭者抽杠于左手), 취복건치우정북(取覆巾置于鼎北), 가태정지강우복건지(加抬鼎之杠于覆巾之)상(上), 내집비(乃執匕)。재(載) : 재생우조(載牲于俎)。(26) 복위(復位) : 복빈위야(復賓位也)。(27) 조입(俎入) : 조지생조혹왈시조(俎指牲俎或曰豕俎)。어아지(魚亞之), 어즉어조(魚即魚俎)。랍특(臘特) : 랍즉간육조(臘即幹肉俎), 설우시조지북(設于豕俎之

北)。(28) 서(黍), 기동직(其東稷):즉서서동직(即西黍東稷), 서재시조지남(黍在豕俎之南), 직재어조지남(稷在魚俎之南), 이서위상(以西為上)。(29) 계회(啓會):계(啓), 개(開);회(會), 돈개(敦蓋)。(30) 복위(復位):복호서원위(復戶西原位)。(31) 복위(復位):복주인지좌위(復主人之左位)。(32) 향(饗):통(通)"향(享)", 고신향차제야(告神享此祭也)。(33) 구단(鉤祖):만수이로비(挽袖以露臂)。삼(三):삼제지야(三祭之也)。취부제(取膚祭):신제용부(神祭用膚)、두육(脰肉)) 제여초(祭如初):역이저위자(亦以苴為藉)이삼제지(而三祭之)。(34) 반전지(反奠之):환전우형남야(還奠于鉶南也)。(35) 축축졸(祝祝卒):위축독향사필야(謂祝讀享辭畢也)。복위(復位):복서계상동면지위(復西階上東面之位)。(36) 일인(一人):주인지형제(主人之兄弟)。(37) 순(淳)시관(屍盥):순(淳), 요관(澆灌);순시관자(淳屍盥者), 집사자야(執事者也)。(38) 연(延):진야(進也)。(39) 곡지(哭止):장행사시지례(將行事屍之禮), 고곡지(故哭止)。(40) 타(妥):안좌(安坐)。시배(屍拜):즉답배(即答拜)。(41) 종자(從者):즉상(即上)"일인최질봉비(一人衰絰奉篚)"자(者)。북(北):즉석지북(即席之北)。(42) 취전(取奠):취축소반전우형남지치야(取祝所返奠于鉶南之觶也)。(43) 타제(墮祭):취하당제지물이수시(取下當祭之物以授屍)。(44) 전지(奠之):복우고처야(復于故處也)。(45) 제(嚌):상(嘗)。(46) 이(邇):근야(近也)。(47) 제형(祭鉶), 상형(嘗鉶):위이우수제(謂以右手祭)、상야(嘗也), 용제작(用祭勺)。(48) 읍(湆):육즙야(肉汁也)。자(菆)(@):절육야(切肉也), 차지절호지대괴육(此指切好之大塊肉)。(49) 간(幹):장협야(長脅也), 즉륵육(即肋肉)。(50) 거각(舉胳):역좌식거지야(亦佐食舉之也);각(胳), 시지후경골(豕之後脛骨)。(51) 좌식거어랍(佐食舉魚臘), 실우비(實于篚):시부수어랍(屍不受魚臘), 고좌식우방우비중(故佐食又放于篚中)。(52) 견(肩):시지견야(豕之肩也)。(53) 석(釋):유(猶)"유(遺)"야(也)。삼(三):지비(指臂)、노(臑)、순(肫)。(54) 반서(反黍), 여초설(如初設):좌식장서직방회원처(佐食將黍稷放回原處)。(55) 폐작(廢爵):무족지작(無足之爵)。작(爵), 고대주기(古代酒器)。(y@n):고대연회시일종례절(古代宴會時的一種禮節), 식필용주수구(食畢用酒漱口)。(56) 빈장(賓長):빈객지장(賓客之長)。우염(右鹽):우위염칙좌위간(右爲鹽則左為肝), 간염병야(肝鹽並也)。(57) 우취간(右取肝):"우(右)"자내후인소가(字乃後人所加), 경문본무(經文本無)。(58) 복위(復位):복서계전중형제지남동면위(復西階前眾兄弟之南東面位)。(59) 상작(相爵):명주인배송작야(命主人拜送爵也)。(60) 초(醋):동(同)"초(酢)", 보야(報也)。(61) 연(筵):연석(筵席), 세위석야(細葦席也)。(62) 간종(肝從):차빈종헌야(次賓從獻也)。(63) 승당복위(升堂復位):우제시장부입실(虞祭時杖不入室), 승당복위칙필취장야(升堂復位則必取杖也)。(64) 족작(足爵):유족지작(有足之爵)。아헌시(亞獻屍):이차헌시(二次獻屍)。여주인의(如主人儀):여상주인(如上主人)시지의(屍之儀)。(65) 자반(自反):주부(主婦)자반당상취변입실설지(自返堂上取籩入室設之)。조재서(棗在西):이조위상(以棗為上), 률재동(慄在東)。(66) 여초(如初):여주인헌시지의(如主人獻屍之儀)。하동(下同)。(67) 허작(虛爵):즉공작(即空爵)。(68) 억작(繶爵):고대주기(古代酒器), 구족간유전문위식(口足間有篆文為飾)。삼헌(三獻):제삼차헌시(第三次獻屍)、축급좌식(祝及佐食)。(69) 복위(復位):복당(復堂)상서면위(上西面位)。(70) 서면고리성(西面告利成):서면고(西面告), 고주인야(告主人也);리(利), 유양야(猶養也);성(成), 필야(畢也);리성(利成), 양례필야(養禮畢也)。(71) 개곡(皆哭):주인이하남자(主人以下男子)、부인지재위자개곡야(婦人之在位者皆哭也)。(72) 속(謖)(sù):기립(起立)。(73) 축전시(祝前屍):축위도시야(祝為導屍也)。(74) 축반(祝反), 입(入):축송시출문(祝送屍出門), 반이입실(返而入室)。(75) 비용석(扉用席):비(扉), 은야(隱也);비용석(扉用席), 위용석장폐사지유암(謂用席障蔽使之幽暗)。(76) 찬(贊):즉좌식(即佐食)。(77) 빈출(賓出):빈출빈궁문(賓出殯宮門)。(78) 주인출문(主人出門):역출빈궁지문(亦出殯宮之門)。개복위(皆復位):위주인(謂主人)、중형제화빈객개즉위우문외(眾兄弟和賓客皆即位于門外), 여조석곡시림(如朝夕哭時臨)위(位)。(79) 주인송(主人送):역송우대문외(亦送于大門外)。(80) 부즐(不櫛):부소두(不梳頭)。(81) 묘문(廟門):즉빈궁문(即殯宮門)。침우(寢右):장생지우반변방재지상(將牲之右半邊放在地上)。행사(行事):지개시우제(指開始虞祭)。(82) 묘문서(廟門西):즉(即)빈궁문외서변(殯宮門外西邊)。부시(不視):부시살야(不視殺也)。(83) 임(飪):숙야(孰也)。승좌견(升左肩):승(升), 승우정중(升于鼎中);좌(左), 위견(謂肩)、비등개용좌야(臂等皆用左也)。비(臂)、노(臑):위전경골(為前脛骨)。순(肫)、각(胳):위후경골(為後脛骨)。척(脊)、협(脅):위정척(為正脊)、정협(正脅)。(84) 익(膉):두육(脰肉), 즉항경(即項頸)。상정(上鼎):북변일정(北邊一鼎)。(85) 중정(中鼎):지상정여하정지중일정(指上鼎與下鼎之中一

鼎). (86) 하정(下鼎) : 남변일정(南邊一鼎). (87) 재(載) : 위자정재우조야(謂自鼎載于俎也). 기(耆) (q0) : 어척(魚脊). (88) 두(脰), 경육(頸肉), 즉(即)"익(脇)"야(也). (89) 반(盤) : 용우성기수(用于盛棄水). (90) 종인수건(宗人授巾) : 수건우시(授巾于屍). (91) 호외(戶外) : 실호외야(室戶外也). (92) 의(依) : 지호유지간(指戶牖之間), 즉호서유동야(即戶西牖東也). (93) 모(芼) : 채야(菜也), 지가공식용적야채(指可供食用的野菜). (94) 환(菫) : 식물명(植物名), 근채류(菫菜類), 고인용이조미(古人用以調味). (95) 조증(棗烝) : 증숙지조(蒸熟之棗). (96) 시입(屍入) : 입문야(入門也). (97) 향시(鄕屍) : 즉정면향시(即正面向屍). 환(還) : 전신전행(轉身前行). (98) 상복(上服) : 즉현단복(即玄端服). (99) 이성(異姓) : 지손배지부(指孫輩之婦). 천자(賤者) : 지서손지첩(指庶孫之妾). (100) 무시(無屍) : 위무손배지부가사위시(謂無孫輩之婦可使爲屍). 여초(如初) : 위여유시자동(謂與有屍者同). (101) 제우저(祭于苴) : 지좌식취서직제우저(指佐食取黍稷祭于苴). (102) 수(綏) : 당위(當爲)"타(墮)". (103) 복위(復位) : 복서계상동면위(復西階上東面位). (104) 복위우문서(復位于門西) : 지문서북면위(指門西北面位). 여식간(如食間) : 여시일식구반지경(如屍一食九飯之頃). (105) 여초(如初) : 여주인입(如主人入), 축종재좌(祝從在左). (106) 복위(復位) : 복당상동면위(復堂上東面位). (107) 축(祝)、좌식강(佐食降), 복위(復位) : 축복문서북면위(祝復門西北面位), 좌식복서방위(佐食復西方位). (108) 여초(如初) : 여유시자동야(與有屍者同也). (109) 유일(柔日) : 상대우강일이언(相對于剛日而言), 지을(指乙)、정(丁)、기(己)、신(辛)、계오개일자(癸五個日子), 균위우수(均爲偶數), 야칭우일(也稱偶日). 《예(禮)·곡례상(曲禮上)》 : "외사이강일(外事以剛日), 내사이유일(內事以柔日)."애자(哀子) : 주인자칭(主人自稱). 애현상(哀顯相) : 중주인야(眾主人也), 현(顯), 명야(明也), 상(相), 조야(助也), 애현상(哀顯相), 역즉조제자야(亦即助祭者也). 부녕(不寧) : 지비사부안(指悲思不安). 감(敢) : 모매지사(冒昧之辭). 강렵(剛鬣) : 지시(指豕). 향합(香合) : 서야(黍也). 가천(嘉薦) : 저해야(菹醢也). 보뇨(普淖) : 유석위(有釋爲)"형(鉶)"즉채갱적(即菜羹的). 명제수주(明齊溲酒) : 명제(明齊), 신수야(新水也) ; 명제수주(明齊溲酒), 신수양적(新水釀的)주(酒). 겁(袷)사(事) : 시우야(始虞也). 황조모보(皇祖某甫) : 황조(皇祖), 즉(即)"황고(皇考)" ; 보(甫), 황고적자(皇考的字). (110) 재우(再虞) : 제이차우제(第二次虞祭). 여초(如初) : 여시우야(如始虞也). 애천우사(哀薦虞事) : 축사칙여시우이야(祝辭則與始虞異也). (111) 우(虞) : 제삼차우제(第三次虞祭), 야즉최후일차우제(也即最後一次虞祭). 타(他) : 삼우화졸곡개용강일(三虞和卒哭皆用剛日), 연비동일강일(然非同一剛日), 졸곡별용일강일즉삼우이후지제이강일(卒哭別用一剛日即三虞以後之第二剛日), 고운(故雲)"타(他)". 강일(剛日) : 고인택일행사(古人擇日行事), 위십일유오강(謂十日有五剛)、오유(五柔), 야즉오음오양(也即五陰五陽), 갑(甲)、병(丙)、무(戊)、경(庚)、임오일위강일(壬五日爲剛日), 야규기일(也叫奇日), 즉양일(即陽日), 취기동의(取其動意), 지경일(指庚日)、임일(壬日) (참견주(參見註)(109) . 성사(成事) : 성제사야(成祭事也). (112) 헌필(獻畢), 삼우(三虞)、졸곡례필(卒哭禮畢). 미철(未撤) : 지조(指俎)、두이언(豆而言). 전(餞) : 송행음주왈전(送行飲酒曰餞), 차지위시전행(此指爲屍餞行). (113) 묘문(廟門) : 즉침문야(即寢門也). (114) 재주서(在酒西) : 즉재주존지서(即在酒尊之西). (115) 비재서(篚在西) : 재세지서(在洗之西). (116) 포사정(脯四綎) : 우육사조실우변(于肉四條實于邊). 당유해성우두(當有醢盛于豆), 기문성략(記文省略). (117) 이윤축(二尹縮) : 지정체이방(指正體二方). 제반윤(祭半尹) : 위절정체지반치우기상(謂截正體之半置于其上). (118) 시출(屍出) : 자실출야(自室出也). 집기종(執幾從), 석종(席從) : 기(幾)、석(席), 소기(素幾)、위석(葦席) ; 종(從), 집기집석이종자개빈집사자야(執幾執席以從者皆賓執事者也). (119) 복위(復位) : 복문외원위(復門外原位). (120) 곡부지(哭不止) : 친장리기실(親將離其室), 고애경심(故哀更深). (121) 구(胊) : 굴곡적간육(屈曲的幹肉). (122) 반지(反之) : 반우좌식(返于佐食), 좌식우반지우조(佐食又返之于俎). (123) 취조(取俎) : 위취조상지간육(謂取俎上之幹肉). (124) 시출문(屍出門), 곡자지(哭者止) : 대문외무사시지례(大門外無事屍之禮), 고시출곡지이부송야(故屍出哭止而不送也). (125) 주부역배빈(主婦亦拜賓) : 우문내배송녀빈(于門內拜送女賓), 고례부인송영부출문(古禮婦人送迎不出門). (126) 설질대(說絰帶) : 질제(絰帝), 즉요질(即腰絰) ; 설질대(說絰帶), 탈거요질(脫去腰絰), 개위복갈(改爲服葛) (변마위갈(變麻爲葛)) . (127) 입철(入撤) : 철(撤), 지철거제물(指撤去祭物), 차취형제대공이하자언지(此就兄弟大功以下者言之). 주인부여(主人不與) : 위인주부부참여(謂主人主婦不參與). (128) 대(帶) : 지요대(指腰帶). (129) 유출(猶出) : 수부전(雖不餞), 이주인(而主人)、주부급빈취출야(主婦及賓就出也). (130) 고사필(告事畢) : 종인고지야(宗人告之也). (131) 수졸곡(遂卒哭) : 수우장월이졸곡(遂于葬月而卒哭). (132) 단(旦) : 차일조상(次日早上). 부(祔) : 신사자부제우선조(新死者附祭于先祖). 천(薦) : 동(同)"전(餞)", 겸유시전지(兼有屍餞之)、무시부전지례(無屍不餞之禮). (133) 애자모(哀子某) : 모(某), 명야(名也). 내일모(來日某) : 모(某), 갑자야(甲子也). 제(隮)

(j9)　：등상(登上)，승상(升上)。(134) 녀자(女子)：지미가이사혹이가이귀낭가적녀자(指未嫁而死或已嫁而歸娘家的女子)。(135) 기타사(其他辭)：지(指)“내일모(來日某)”，“제부(隮祔)”、“상향(尚饗)”등(等)。(136) 향사(饗辭)：향시지사(饗屍之辭)。규(圭)：결야(潔也)。(137) 명일(明日)：졸곡지차일(卒哭之次日)。반(班)：차야(次也)。(138) 소전(搔翦)：소(搔)，동(同)“조(爪)”；전(翦)，통(通)“전(剪)”；소전(搔翦)，즉전지갑(即剪指甲)。(139) 용전부위절조(用專膚爲折俎)：전(專)，후야(厚也)。두익(脰膉)，경부적육(頸部的肉)。(140) 여궤식(如饋食)：화특생궤식례일양(和特牲饋食禮一樣)。(141) 용사시(用嗣屍)：사(嗣)，계야(繼也)；시(屍)，고대대표사자수제적활인(古代代表死者受祭的活人)，차지우제(此指虞祭)、졸곡제지시(卒哭祭之屍)。(142) 왈(曰)：지부제지사(指祔祭之辭)。소심외기(小心畏忌)：심상존외기(心常存畏忌)。부타기신(不惰其身)：신부감태만(身不敢惰慢)。윤제(尹祭)：포야(脯也)。보천(普薦)：형갱(鉶羹)。(143) 기이소상(期而小祥)：기(期)，기년(期年)，즉주년(即周年)；소상(小祥)，제명(祭名)，부모사일주년적제례(父母死一周年的祭禮)。상(祥)，길야(吉也)。왈(曰)：“천차상사(薦此常事)”：축사여부동(祝辭與祔同)，유(惟)“천차상사(薦此常事)”위이(爲異)。상위상(常爲祥)。(144) 우기이대상(又期而大祥)：우(又)，복야(復也)；기(期)，지량주년시(指兩周年時)，대상(大祥)，제명(祭名)，부모사량주년적제례(父母死兩周年的祭禮)。(145) 중월이담(中月而禫)：중(中)，간야(間也)；중월(中月)，즉대상제후일개월(即大祥祭後一個月)；담(禫)(d4n)，제명(祭名)，제상복지제(除喪服之祭)。(146) 시월(是月)：담제지월(禫祭之月)。길제(吉祭)：사시지상제(四時之常祭)，상대우담제이전지상제이언(相對于禫祭以前之喪祭而言)。길제여담제동월(吉祭與禫祭同月)，칙담제지후내행길제(則禫祭之後乃行吉祭)。유미배(猶未配)：배(配)，지이모비배모씨(指以某妃配某氏)；미배(未配)，부이선몰지모여신사지부합제(不以先沒之母與新死之父合祭)。

◆ 【역문(譯文)】

사우제지례(士虞祭之禮)：용일척시치제(用一隻豕致祭)，장시적좌반변치우침문외적서변팽자(將豕的左半邊置于寢門外的西邊烹煮)，면향동(面向東)。팽자시적조적남변의차시팽어적조화팽자간육적조(烹煮豕的灶的南邊依次是烹煮魚的灶和烹煮幹肉的灶)，이북위상(以北爲上)。취서직적조설재동장하(炊黍稷的灶設在東牆下)，면조서(面朝西)。설기수지기(設棄水之器)—세우서계적서남변(洗于西階的西南邊)，관세지수방재세적서변(盥洗之水放在洗的西邊)，성물적죽기(盛物的竹器)——

비방재세적동변(篚放在洗的東邊)。주존설우실중동북우(酒尊設于室中東北隅)，정대저문(正對著門)，첨례주일(甜醴酒一)，주일(酒一)，공량(共兩)，기위치시(其位置是)，첨례주재서(甜醴酒在西)，주재첨례주지동(酒在甜醴酒之東)。주존직접방재지상(酒尊直接放在地上)，부용(不用)“금(禁)”승점(承墊)，주존지구용마갈조포봉개(酒尊之口用麻葛粗布封蓋)，기상방작(其上放勺)，작병조남(勺柄朝南)。설소기화위석우당상서장하(設素幾和葦席于堂上西牆下)。장백모초이오촌장위일단절할(將白茅草以五寸長爲一段切割)，병속곤기래(並束捆起來)。연후장기방재성물지죽기(然後將其放在盛物之竹器)——

비중(篚中)，장비진설우당상서남우적서점상(將篚陳設于堂上西南隅的西坫上)。계이진설저채화육장각일두우서영주적동변(繼而陳設菹菜和肉醬各一豆于西楹柱的東邊)，육장재(肉醬在)서(西)，저채재육장지동(菹菜在肉醬之東)，의우저채지동설일성갱기(依于菹菜之東設一盛羹器)—

형(鉶)。형지동우설상주헌축적량척두(鉶之東又設喪主獻祝的兩隻豆)，두동설주부헌시이변(豆東設主婦獻屍二籩)、헌축이변(獻祝二籩)，량두화사변각자위렬(兩豆和四籩各自爲列)，이북위상(以北爲上)。설일성서(設一盛黍)、일성직적량척돈우동서량계지간(一盛稷的兩隻敦于東西兩階之間)，성서지돈고서(盛黍之敦靠西)，성직지돈고동(盛稷之敦靠東)，이서위(以西爲)상(上)，하용위석점저(下用葦席墊著)。파세수요수지기(把洗手澆水之器)——

방재관반리(放在盥盤裏)，적토수구조남(的吐水口朝南)，장기설재서계적남변(將其設在西階的南邊)，우파성유건적죽기(又把盛有巾的竹器)——

단방재반(簞放在盤)、지동(之東)。치방삼척정우침문외적서변(置放三隻鼎于寢門外的西邊)，정적정면조북(鼎的正面朝北)，이북위상(以北爲上)。접저우설태정적강자화복정지건(接著又設抬)

鼎的杠子和覆鼎之巾), 설성유비적조우서숙(設盛有匕的俎于西塾), 즉문내서측적당옥적서변 (即門內西側的堂屋的西邊)。설자육지조우내서숙(設炙肉之俎于內西塾), 조지상(俎之上)단재북 (端在北), 하단재남(下端在南)。

상주급중형제천장복(喪主及衆兄弟穿葬服), 빈객집사천적복(賓客執事穿吊服), 도우문외취위 (都于門外就位), 화조석곡위상동(和朝夕哭位相同)。부인화내형제천상복우당상취위(婦人和內 兄弟穿喪服于堂上就位), 역화조석곡위상동(亦和朝夕哭位相同)。상축천(喪祝穿)“면복(免 服)”, 정리호갈질화갈대(整理好葛絰和葛帶), 연후재실중포석(然後在室中鋪席), 석적정(席的 正)면조동(面朝東), 석적우변방기(席的右邊放幾); 계이하당(繼而下堂)、출문(出門), 화종인일 기향동우문서취위(和宗人一起向東于門西就位), 이남위상(以南爲上)。

종인고소상주일절비타(宗人告訴喪主一切備妥), 청행우제지례(請行虞祭之禮)。상주수즉배사 빈객(喪主隨即拜謝賓客), 화조석곡시일양(和朝夕哭時一樣), 연후상주화중형제입문이곡(然後 喪主和衆兄弟入門而哭), 부인야근저곡(婦人也跟著哭)。상주우당상서계향동취위(喪主于堂上 西階向東就位), 중주인급형제(衆主人及兄弟)、빈객우당하서변향동취위(賓客于堂下西邊向東 就位), 화조석곡위상반(和朝夕哭位相反)。상축입문후우좌변향북취위(喪祝入門後于左邊向北 就位), 종인칙우서계전향북취위(宗人則于西階前向北就位)。

상축세수후(喪祝洗手後), 등당(登堂), 종서점상취백모초하당(從西站上取白茅草下堂), 장기세 정(將其洗淨); 연후등당입실(然後登堂入室), 장백모초방재기전적석상(將白茅草放在幾前的席 上), 자서이동치방(自西而東置放), 이서위상(以西爲上); 계이하당(繼而下堂), 청세주치(清洗 酒觶); 우상당(又上堂), 지중인곡(止眾人哭)。상주의상장우서장(喪主倚喪杖于西牆), 연후입 실조서이립(然後入室朝西而立)。상축수종상주입당(喪祝隨從喪主入堂), 우상주적좌변향서이 립(于喪主的左邊向西而立)。조제집사자(助祭執事者)――

찬헌상성저채화육장지이두(贊獻上盛葅菜和肉醬之二豆), 성저채지두방재남변(盛葅菜之豆放在 南邊), 성육장지두방재성저채지두적북변(盛肉醬之豆放在盛葅菜之豆的北邊)。좌식화집사세수 후(佐食和執事洗手後), 출거태정(出去抬鼎), 태정시조제자지장재좌변(抬鼎時助祭者之長在左 邊)。정태진문후(鼎抬進門後), 정면조동진설우서계적전면(正面朝東陳設于西階的前面), 이북 위상(以北爲上)。성비지조종정이입(盛匕之俎從鼎而入), 설우정적동변(設于鼎的東邊)。좌변지 조제자추태정지강우좌수(左邊之助祭者抽抬鼎之杠于左手), 취하복정지건치우정적북변(取下覆 鼎之巾置于鼎的北邊), 가방태정지강우복건지상(加放抬鼎之杠于覆巾之上), 연후집비(然後執 匕), 좌식화우변지조제자용비장생체종정중승(佐食和右邊之助祭者用匕將牲體從鼎中升)출(出), 재우조상(載于俎上)。완필(完畢), 좌변지조제자선퇴이복빈위(左邊之助祭者先退而復賓位)。

취시조입이설우두적동변(取豕俎入而設于豆的東邊); 취어조입이설우시조적동변(取魚俎入而設 于豕俎的東邊), 취간육조입이설간시조적북변(取幹肉俎入而設幹豕俎的北邊)。조제집(助祭執) 사자찬설량척돈우조적남변(事者贊設兩隻敦于俎的南邊)――

성서지돈재시조지남(盛黍之敦在豕俎之南), 성직지돈재어조지남화성서지돈적동변(盛稷之敦在 魚俎之南和盛黍之敦的東邊)。설일성갱기(設一盛羹器)――

형우두적남변(鉶于豆的南邊)。좌식출실(佐食出室), 립우호서(立于戶西)。조제집사자철거공정 (助祭執事者撤去空鼎)。축짐첨례주(祝斟甜醴酒), 명좌식계돈개(命佐食啓開敦蓋)。좌식응낙 (佐食應諾), 계개돈개(啓開敦蓋), 앙치우돈적남변후(仰置于敦的南邊後), 복호서원위(復戶西 原位)。축설짐유첨례주적주치우성갱기형적남변(祝設斟有甜醴酒的酒觶于盛羹器鉶的南邊), 회 도상주좌변원위(回到喪主左邊原位)。상주재차고수배사(喪主再次叩首拜謝)。축고신향차제(祝 告神享此祭), 병명좌식행제(並命佐食行祭)。좌식응낙(佐食應諾), 만수로비(挽袖露臂), 취서 직치우백모초상(取黍稷置于白茅草上), 제삼차(祭三次): 우취두육치우백모초상(又取脰肉置于 白茅草上), 역제삼차(亦祭三次)。축취형남지주치(祝取鉶南之酒觶), 우백모초상제지(于白茅草 上祭之), 역삼차(亦三次), 치중적첨례주부도진(觶中的甜醴酒不倒盡), 첨만후환치우형남(添滿 後還置于鉶南)。상주재차고수배사(喪主再次叩首拜謝)。축독향사완필(祝讀享辭完畢), 상주우 고수배사(喪主又叩首拜謝), 화전면일양(和前面一樣), 계이곡저출래(繼而哭著出來), 반회서계상향동지원위(返回西階上向東之原位)。축영대표사자수제지인(祝迎代表死者受祭之人)——

"시(屍)"진문(進門)。상주지형제일인복쇠대질(喪主之兄弟一人服衰帶絰)，봉나성물지기(捧拿盛物之器)——

비(筐)，곡저종(哭著從)"시(屍)"이입(而入)。"시(屍)"입문(入門)，남자곡(男子哭)、용(踊)，부인역곡(婦人亦哭)、용(踊)。집사용(執事用)도수양(倒水讓)"시(屍)"세수(洗手)，종인수건우(宗人授巾于)"시(屍)"개수(揩手)。

시(屍)"지계전(至階前)，축청(祝請)"시(屍)"상계(上階)。"시(屍)"상당(上堂)，종인조고(宗人詔告)，남자(男子)、부인곡(婦人哭)、용화전면일양(踊和前面一樣)。"시(屍)"입실시(入室時)，칙척용부곡(則隻踊不哭)。차시부인회피입방(此時婦人回避入房)。상주화축향(喪主和祝向)"시(屍)"고배(叩拜)，청(請)"시(屍)"안좌(安坐)；"시(屍)"회배후좌하(回拜後坐下)。

종(從)"시(屍)"이입자(而入者)（즉상주지형제일인(即喪主之兄弟一人)）장비치방우(將筐置放于)"시(屍)"좌변지석상(左邊之席上)，병우석지북변시립(並于席之北邊侍立)。"시(屍)"취주치우형남(取酒觶于鉶南)，용좌수나저(用左手拿著)，우용우수취래저채(又用右手取來菹菜)，병잡이육장(並雜以肉醬)，우량두지간행제(于兩豆之間行祭)。축명좌식취제물이수(祝命佐食取祭物以授)"시(屍)"。좌식준명취래서(佐食遵命取來黍)、직(稷)、폐등수우(肺等授于)"시(屍)"，"시(屍)"이지행제(以之行祭)。제필방회원처(祭畢放回原處)，축청(祝請)"시(屍)"향제(享祭)，상주고배여전(喪主叩拜如前)。"시(屍)"상과첨례주후(嘗過甜醴酒後)，역방회원처(亦放回原處)。좌식우취래폐척수우(佐食又取來肺脊授于)"시(屍)"。"시(屍)"접수진제(接受振祭)，상과후용좌수나저(嘗過後用左手拿著)。축명좌식장돈이근(祝命佐食將敦移近)。좌식준명병취서치우석상(佐食遵命並取黍置于席上)。"시(屍)"이우수용제작제(以右手用祭勺祭)、상채갱(嘗菜羹)。태갱육즙종문외나진래(太羹肉汁從門外拿進來)，진설우형적남변(陳設于鉶的南邊)；절호적대괴육방재사척두중(切好的大塊肉放在四隻豆中)，진설우태갱육즙적좌변(陳設于太羹肉汁的左邊)，"시(屍)"흘반(吃飯)，잉여적방입비중(剩餘的放入筐中)。사(俟)"시(屍)"취반삼차(取飯三次)，좌식헌상륵육(佐食獻上肋肉)；"시(屍)"접수진제(接受振祭)，상과륵육(嘗過肋肉)，잉여적방입비중(剩餘的放入筐中)。우사(又俟)"시(屍)"취반삼차(取飯三次)，좌식헌상시지후경골(佐食獻上豕之後脛骨)，"시(屍)"수화상여전(受和嘗如前)。좌식우헌상어화간육(佐食又獻上魚和幹肉)，"시(屍)"부수납(不受納)，고좌식직접장기방입비중(故佐食直接將其放入筐中)。우사(又俟)"시(屍)"취반삼차(取飯三次)，좌식헌상시견(佐食獻上豕肩)，"시(屍)"수(受)、상여전(嘗如前)。좌식우헌상어화간육이조(佐食又獻上魚和幹肉二俎)，이류하비(而留下臂)、노(臑)、순삼조(肫三俎)。지차(至此)"시(屍)"식완필(食完畢)。"시(屍)"취폐(取肺)、척우두이교우좌식(脊于豆而交于佐食)，좌식접과후방진비중(佐食接過後放進筐中)；좌식우취석상지서방회원처(佐食又取席上之黍放回原處)，화개시진설시일양(和開始陳設時一樣)。

상주세정무족지주작(喪主洗淨無足之酒爵)，짐주후헌급(斟酒後獻給)"시(屍)"，양기수구(讓其漱口)。"시(屍)"배사후접과주작(拜謝後接過酒爵)，상주면조북회배(喪主面朝北回拜)。"시(屍)"계이용주행제(繼而用酒行祭)，연후상주(然後嘗酒)。빈객지장수지헌간화염우(賓客之長隨之獻肝和鹽于)"시(屍)"，간(肝)、염개성우조(鹽皆盛于俎)，간재좌측(肝在左側)，염재우측(鹽在右側)。

"시(屍)"좌수집주작(左手執酒爵)，우수취간(右手取肝)，잠염진제(蘸鹽振祭)，상과후방회조상(嘗過後放回俎上)。빈객하당(賓客下堂)，장조방회서숙원위(將俎放回西塾原位)，연후자기반회서계전중형제남변원위(然後自己返回西階前眾兄弟南邊原位)。"시(屍)"갈간주작중주(喝幹酒爵中酒)，축접과공작(祝接過空爵)，부명상주배송작(不命喪主拜送爵)。상주향(喪主向)"시(屍)"고배(叩拜)，"시(屍)"

답배(答拜)。축우짐주수우(祝又斟酒授于)"시(屍)"，"시(屍)"이지회보상주(以之回報喪主)；상주배사후접과주작(喪主拜謝後接過酒爵)，"시(屍)"회배(回拜)。상주좌하행제(喪主坐下行祭)，계이음진작중주(繼而飲盡爵中酒)，배사(拜謝)"시(屍)"；"시(屍)"우회배(又回拜)。축좌재세위석상(祝坐在細葦席上)，면조남(面朝南)。상주헌주급축(喪主獻酒給祝)；축배사후(祝拜謝後)，좌저접과주작(坐著接過酒爵)；상주회배(喪主回拜)。상주헌상치우조상적저채화육장급축(喪主獻上置于俎上的菹菜和肉醬給祝)。축좌수집나주작(祝左手執拿酒爵)，우수이소헌지저채화육장행제(右手以所獻之菹菜和肉醬行祭), 제과후방하주작(祭過後放下酒爵), 참기래(站起來); 계이취폐좌하(繼而取肺坐下), 제(祭)、상지후(嘗之後), 우기립(又起立); 장폐방회조상(將肺放回俎上), 우취주행제(又取酒行祭), 병상주(並嘗酒)。차빈접저헌간우축(次賓接著獻肝于祝)。축취간잠염(祝取肝蘸鹽), 제(祭)、상지후(嘗之後), 방회조상(放回俎上), 음진주작중주(飮盡酒爵中酒), 배사상주(拜謝喪主)。상주회배(喪主回拜), 축좌하(祝坐下), 장주작수급상주(將酒爵授給喪主)。상주짐주후(喪主斟酒後), 헌간좌식(獻幹佐食); 좌식조북고배(佐食朝北叩拜), 좌하접과주작(坐下接過酒爵); 상주회배(喪主回拜)。좌식이지행제후(佐食以之行祭後), 음진작중주(飮盡爵中酒), 병배사상주(並拜謝喪主)。상주회배(喪主回拜), 접과공작(接過空爵), 출이치우비중(出而置于篚中), 계이등당반회원위(繼而登堂返回原位), 취과상장(取過喪杖)。주부재방중청세유족지주작(主婦在房中清洗有足之酒爵), 짐상주후이차헌(斟上酒後二次獻)"시(屍)", 화전면상주헌(和前面喪主獻)"시(屍)"일양(一樣)。선즉자기반회당상취량변입실(旋即自己返回堂上取兩籩入室), 설우돈개적남변(設于敦蓋的南邊), 성조지변재서(盛棗之籩在西), 성률지변재동(盛㮚之籩在東)。"시(屍)"이변행제(以籩行祭), 우이주행제(又以酒行祭), 화전면상주헌(和前面喪主獻)"시(屍)"지의상동(之儀相同)。빈접저헌상자육(賓接著獻上炙肉), 야화전면의절상동(也和前面儀節相同)。"시(屍)"이자육행제(以炙肉行祭), 연후음진작중주(然後飮盡爵中酒), 역화전면의절상동(亦和前面儀節相同)。빈우짐주헌우축(賓又斟酒獻于祝), 우헌이변지조(又獻二籩之棗)、률화자육우좌식(㮚和炙肉于佐食), 개여전면의절상동(皆與前面儀節相同)。우시주부집나공작입방(于是主婦執拿空爵入房)。

빈객지장청세구족간유전문위식적억작(賓客之長清洗口足間有篆文爲飾的繶爵), 짐상주후(斟上酒後), 제삼차헌급(第三次獻給)"시(屍)"、축등(祝等), 접저우헌상자육(接著又獻上炙肉), 화상주헌(和喪主獻)"시(屍)"지의상동(之儀相同)。

부인반회실상원위(婦人返回室上原位)。축출실후(祝出室後), 향서고소상주우제례필(向西告訴喪主虞祭禮畢)。상주곡(喪主哭), 남자(男子)、부인개곡(婦人皆哭)。축우입실(祝又入室), "시(屍)"기립(起立)。종(從)"시(屍)"자봉나성물지기(者捧拿盛物之器)——비이곡(篚而哭), 화선전일양(和先前一樣)。축재(祝在)"시(屍)"전면인도(前面引導), 출실(出室), 저시남자(這時男子)、부인곡(婦人哭)、용(踊); 축화(祝和)"시(屍)"하당(下堂), 남자(男子)、부인곡(婦人哭)、용(踊); 축화(祝和)"시(屍)"출문(出門), 남자(男子)、부인곡(婦人哭)、용(踊), 개화선전일양(皆和先前一樣)。

축우반회입실(祝又返回入室), 철거제석(撤去祭席), 개설우서북우(改設于西北隅), 화전면설석시차제상동(和前面設席時次第相同)。

치기우남변(置幾于南邊), 우용석자당주서북우사지유암(又用席子擋住西北隅使之幽暗)。헌급축적좌석철(獻給祝的坐席撤)、수우방중(收于房中)。축자기집조이출(祝自己執俎而出)。좌식관상문창(佐食關上門窗)。

상주하당(喪主下堂), 빈객종빈궁문출래(賓客從殯宮門出來)。상주역종빈관문출래(喪主亦從殯官門出來), 곡성정지(哭聲停止)。

상주(喪主), 중형제화빈객개즉위우문외(眾兄弟和賓客皆即位于門外), 여조석곡시림위(如朝夕哭時臨位)。종인조고례사완필(宗人詔告禮事完畢)。빈객출대문(賓客出大門), 상주고수상송(喪主叩首相送)。

　[기(記)] 우제지전선세두욕신(虞祭之前先洗頭浴身), 단부소두(但不梳頭)。진설제생우빈궁문외(陳設祭牲于殯宮門外), 생수조북(牲首朝北), 이서위상(以西爲上); 장생체지우반변치방지상(將牲體之右半邊置放地上), 지중오시분개시우제(至中午時分開始虞祭)。

재살제생우빈궁문외서변(宰殺祭牲于殯宮門外西邊), 상주부시살생적과정(喪主不視殺牲的過程)。사생체분해자숙후(俟牲體分解煮熟後), 장좌견(將左肩)、좌비(左臂)、좌노등좌변전경골화좌순(左臑等左邊前脛骨和左肫)、좌각등좌변후경골급정척(左胳等左邊後脛骨及正脊)、정협(正脅)、폐승입정중(肺升入鼎中)。취생체항경좌변대육삼괴행제(取牲體項頸左邊大肉三塊行祭), 우취정폐일괴행제(又取整肺一塊行祭), 제후방입북변일정(祭後放入北邊一鼎)。우종조중취선어혹즉어구조방입중간일정(又從俎中取鱔魚或鰂魚九條放入中間一鼎)。

우취부비후적간육적좌반변방입남변일정(又取夫髀後的幹肉的左半邊放入南邊一鼎)。삼정개설태정지강화복정지중(三鼎皆設抬鼎之杠和覆鼎之中)。장제물종정중승출재우조상(將祭物從鼎中升出載于俎上), 헌조시기하단조전(獻俎時其下端朝前), 어척역조전(魚脊亦朝前)。축칙장자숙적비(祝則將煮熟的髀)、경육(頸肉)、척(脊)、협화폐성우조상(脅和肺盛于俎上), 진설우동서량계지간(陳設于東西兩階之間)、돈적동변(敦的東邊)。요수공(澆水供)"시(屍)"세수(洗手)。집기수지기(執棄水之器)——

관반적인우(盥盤的人于)"시(屍)"적일측시립(的一側侍立), 면조서(面朝西)。집관수요수지기(執盥手澆水之器)——

적인우(的人于)"시(屍)"적령일측시립(的另一側侍立), 면조동(面朝東)。집식건적인우(執拭巾的人于)"시(屍)"적북변시립(的北邊侍立), 면조동(面朝東)。종인면조남수건우(宗人面朝南授巾于)"시(屍)"。

상주재실내취위(喪主在室內就位), 종인상당즉위우실호문외(宗人上堂即位于室戶門外), 면조북(面朝北)。좌식무사(佐食無事), 취종실호중출래(就從室戶中出來), 배고문서창동지간이립(背靠門西窗東之間而立)), 면조남(面朝南)。

작갱용지야채(作羹用之野菜), 용상미채일양광활적고채(用像薇菜一樣光滑的苦菜)。여과시하천(如果是夏天), 가용규채(可用葵菜);여과시동천(如果是冬天), 가용구유조미공능적환채(可用具有調味功能的葍菜);균요유제작(均要有祭勺)。용두성규저(用豆盛葵菹)。저적서변방와장(菹的西邊放蝸醬)。용변성증과적조화경과사선적률(用籩盛蒸過的棗和經過篩選的慄)。"시(屍)"입문(入門), 축종(祝從)"시(屍)"이입(而入)。"시(屍)"좌하(坐下), 부탈혜(不脫鞋)。"시(屍)"기립(起立)。

축면조(祝面朝)"시(屍)"재전면도인(在前面導引);계전신출호(繼轉身出戶), 우면조(又面朝)"시(屍)";접저전신(接著轉身), 종상주면전주과거(從喪主面前走過去), 우면조(又面朝)"시(屍)"도인(導引);연후전신하계(然後轉身下階), 우면조(又面朝)"시(屍)"도인(導引);"시(屍)"하계(下階), 축우전신(祝又轉身), 주도대문(走到大門), 기의절화출호시일(其儀節和出戶時一)양(樣)。"시(屍)"

출문(出門), 축반회입문(祝返回入門), 우기좌변취위(于其左邊就位), 면조북(面朝北), 연후종인조고상주하당(然後宗人詔告喪主下堂)。

"시(屍)"천사자지상복즉현단복(穿死者之上服即玄端服)。약사자위남성(若死者爲男性), 이남자대사자수제위(以男子代死者受祭爲)"시(屍)";약사자위녀성(若死者爲女性), 칙이녀자대사자수제위(則以女子代死者受祭爲)"시(屍)";연이녀자위(然以女子爲)"시(屍)", 칙척가용손배지부(則隻可用孫輩之婦), 부가용서손지첩(不可用庶孫之妾)。

당약무손배지부가사위(倘若無孫輩之婦可使爲)"시(屍)", 기례의화헌제과정야잉요화전면유시정황하일양(其禮儀和獻祭過程也仍要和前面有屍情況下一樣)。향제완필(享祭完畢), 좌식우취서직치우백모초행제(佐食又取黍稷置于白茅草行祭), 축조고행제완필(祝詔告行祭完畢)。부재진행타제(不再進行墮祭), 부용태갱(不用太羹)、육즙(肉汁)、대괴육급행삼헌시지례(大塊肉及行三獻屍之禮)。상주곡(喪主哭), 출실후반회서계상원위(出室後返回西階上原位), 면조동(面朝東)。축관호문창(祝關好門窗), 하당(下堂), 반회문서원위(返回門西原位), 면조북(面朝北);남녀륜류곡(男女輪流哭)、용범삼차(踴凡三次), 약상당우(約相當于)"시(屍)"일식구반적시간(一食九飯的時間)。축상당(祝上堂), 지주남녀지곡(止住男女之哭);계발출삼차(繼發出三次)"희흠(噫歆)"지성(之聲), 연후개계실문(然後開啟室門)。상주입실(喪主入室), 축종상주이입(祝從喪主而入), 병개계창호(並開啟窗戶), 화선전일양립우상주적좌변(和先前一樣立于喪主的左邊)。상주곡(喪主哭), 출실회도당상원위(出室回到堂上原位), 면조동(面朝東)。제사완필(祭事完畢), 철거제물(撤去祭物), 축화좌식하당반회원위(祝和佐食下堂返回原位)。종인조고상주하당(宗人詔告喪主下堂), 역화전면일양(亦和前面一樣)。

시행우제당용유일(始行虞祭當用柔日), 기축사위(其祝辭爲):"애자모(哀子某), 중주인(眾主人), 일야비사부안(日夜悲思不安)。

모매지용결정제생시급서(冒昧地用潔淨祭牲豕及黍)、저채(菹菜)、육장(肉醬)、채갱(菜羹)、신수양적주등행시우지제(新水釀的酒等行始虞之祭), 적이황고모보(適爾皇考某甫)。청형제(請亨祭)！"제이차우제(第二次虞祭), 예의화시우상동(禮儀和始虞相同), 유축사중유(唯祝辭中有)"애천우사(哀薦虞事)"일구(一句), 여시우지축사초이(與始虞之祝辭稍異)。제삼차우제급졸곡지례사(第三次虞祭及卒哭之禮事), 례의야도화시우상동(禮儀也都和始虞相同), 단축사중유(但祝辭中有)"애천성사(哀薦成事)"일구(一句), 여시우지축사유이(與始虞之祝辭有異)。령외(另外), 제삼차우제화졸곡지례사개용강일(第三次虞祭和卒哭之禮事皆用剛日), 부과졸곡지례사별용일강일(不過卒哭之禮事別用一剛日), 즉용삼우이후지제이개강일(即用三虞以後之第二個剛日)。삼헌지례사완필(三獻之禮事完畢), 조(俎)、두철거지전(豆撤去之前), 수위(須爲)"시(屍)"전행(餞行)。진설량척(陣設兩隻)우침문외우변편남지처(于寢門外右邊偏南之處)。성수지(盛水之)재성주지(在盛酒之)적서변(的西邊), 작병향북(勺柄向北)。세설우(洗設于) 적동남변(的東南邊), 성수지(盛水之)재세적동변(在洗的東邊), 비재세적서변(篚在洗的西邊)。설변설두(設籩設豆), 성간육사조우변(盛幹肉四條于籩), 성육장우두(盛肉醬于豆)。유간육이방치우조상(有幹肉二方置于俎上), 우재제생정체지반치우기상(又載祭牲正體之半置于其上), 장차조설우서숙(將此俎設于西塾)。시출실(屍出室), 빈집사자집나소기화위석종(賓執事者執拿素幾和葦席從)"시(屍)"

이출(而出)。"시(屍)"출침문후우기문적우변면조남이립(出寢門後于其門的右邊面朝南而立)。장위석설우(將葦席設于)적서북변(的西北邊), 정면조동(正面朝東)。소기설재석적남변(素幾設在席的南邊)。빈객출실(賓客出室), 반회문외원위(返回門外原位)。상주출실(喪主出室), 우침문외동변편남지처취위(于寢門外東邊偏南之處就位)；부인출실(婦人出室), 우상주적북변취위(于喪主的北邊就位)；상주화부인개면조서이곡(喪主和婦人皆面朝西而哭), 부정(不停)。"시(屍)"우석상좌하(于席上坐下)。저시척유상주부곡(這時隻有喪主不哭), 기타인개곡(其他人皆哭)。상주청세무족지주작(喪主清洗無足之酒爵), 짐상주후헌우(斟上酒後獻于)"시(屍)"；"시(屍)"고배후접과주작(叩拜後接過酒爵)。상주배송(喪主拜送), 곡저반회원위(哭著返回原位), 계이헌상간육화육장(繼而獻上幹肉和肉醬), 치우조상(置于俎上), 간육치방우조상남측(幹肉置放于俎上南側)。"시(屍)"좌수집나주작(左手執拿酒爵), 우수취간육(右手取幹肉), 잠이육장후시제(蘸以肉醬後施祭)。좌식우취간육수우시제(佐食又取幹肉授于屍祭)、상(嘗)。"시(屍)"접수진제(接受振祭), 상육후환우좌식(嘗肉後還于佐食), 좌식성회조상(佐食成回俎上)。"시(屍)"이주시제(以酒施祭), 음진주작중주(飲盡酒爵中酒), 연후장주작치방우남변(然後將酒爵置放于南邊)。상주급중형제곡(喪主及眾兄弟哭)、용(踊), 부인야곡(婦人也哭)、용(踊)。주부청세유족지주작(主婦清洗有足之酒爵), 짐상주후이차헌(斟上酒後二次獻)"시(屍)"。기의절화상주헌(其儀節和喪主獻)"시(屍)"일양(一樣), 곡(哭)、용야일양(踊也一樣)。

빈객지장청세억작(賓客之長清洗繶爵), 짐상주후삼차헌시(斟上酒後三次獻屍), 기의절화주부이차헌(其儀節和主婦二次獻)"시(屍)"일양(一樣), 곡(哭)、용야일양(踊也一樣)。좌식취조상간육(佐食取俎上幹肉), 성우비중(盛于篚中)。"시(屍)"기립향외주(起立向外走), 종자봉나비곡종우기후(從者捧拿篚哭從于其後)。축우전면인도(祝于前面引導), 곡적인개종우기후(哭的人皆從于其後), 지대문근전(至大門跟前), 곡(哭)、용화선전일양(踊和先前一樣)。"시(屍)"출문후(出門後), 곡성정지(哭聲停止)。빈객출문(賓客出門), 상주상송(喪主相送), 고수배사(叩首拜謝)。주부칙우문내배송녀빈(主婦則于門內拜送女賓)。남자우침문외탈거요질(男子于寢門外脫去腰絰), 개위복갈(改爲服葛)。반회입문후(返回入門後), 기형제중대공이하자철거제물(其兄弟中大功以下者撤去祭物), 상주(喪主)、주부부참여철제(主婦不參與撤祭)。부인탈거수질(婦人脫去首絰), 부해하요대(不解下腰帶)。여과무(如果無)"시(屍)", 칙부행전(則不行餞)"시(屍)"지례사(之禮事), 단상주(但喪主)、주부화빈객잉요안례출실(主婦和賓客仍要按禮出室)。소기(素幾)、위석지설(葦席之設), 화선전일양(和先前一樣)；남자(男子)、부인륜류곡(婦人輪流哭), 용(踊), 범삼차(凡三次)。곡(哭)、용정지(踊停止), 종인조고우제완필(宗人詔告虞祭完畢), 빈객사출(賓客辭出)。

사사제삼천빈렴(士死第三天殯殮), 삼개월후출장(三個月後出葬)。출장지월수행졸곡지제(出葬之月遂行卒哭之祭)。차일청신장사자부제우선조(次日清晨將死者附祭于先祖), 연후거행천제(然後舉行薦祭)。천제완필지도사위(薦祭完畢之禱辭爲)："애자모(哀子某), 래일모(來日某), 승니우조묘(升你于祖廟), 사니부제우니적황조모보(使你附祭于你的皇祖某甫)。청향제(請享祭)！

"당약사자위미가이사혹이가이귀낭가적녀자(倘若死者爲未嫁而死或已嫁而歸娘家的女子), 칙도사위(則禱辭爲) : "부제우니적황조비모씨(附祭于你的皇祖妣某氏)。"당약사자위식부(倘若死者爲媳婦), 즉도사위(則禱辭爲) : "손부부제우황조고모씨(孫婦附祭于皇祖姑某氏)。"기타적사문(其他的辭文)"래일모(來日某)"、"제부(隮祔)"、"상손(尚饗)"등(等), 도무이치(都無二致)。향(饗)"시(屍)"지사위(之辭爲) : "애자모(哀子某), 결정적공품이비호헌상(潔淨的供品已備好獻上), 청향제(請享祭)。"

졸곡지차일(卒哭之次日), 안소목지차서부제우선조(按昭穆之次序附祭于先祖)。세두(洗頭), 욕신(浴身), 소두(梳頭), 전지갑(剪指甲)。취시지경항후육치우조상(取豕之頸項厚肉置于俎上)。기타적화특생궤식례일양(其他的和特牲饋食禮一樣)。잉이우제지(仍以虞祭之)"시(屍)"위(爲)"시(屍)"。부제지사위(附祭之辭爲) : "효자모(孝子某), 효현상(孝顯相), 신기야처(晨起夜處), 심상존외기(心常存畏忌)。신부감타만(身不敢惰慢)、안녕(安寧)。용간육(用幹肉)、저채(菹菜)、육장(肉醬)、채갱(菜羹)、신수양적주행제(新水釀的酒行祭), 이적니적황조모보(以適你的皇祖某甫), 이승니우조묘(以升你于祖廟), 부제우니적손모보(附祭于你的孫某甫)。청향제(請享祭)!"사사후일주년행소상제(士死後一周年行小祥祭), 축사여부제시상동(祝辭與祔祭時相同), 유유(惟有)"천차상사(薦此常事)"일구이초이(一句而稍異)。사사후량주년행대상제(士死後兩周年行大祥祭), 축사역여부제시상동(祝辭亦與祔祭時相同), 유가유(惟加有)"천차상사(薦此祥事)"일구이초이(一句而稍異)。대상제후일개월행제상복지담제(大祥祭後一個月行除喪服之禫祭)。여담제동월(與禫祭同月), 담제지후가행길제(禫祭之後可行吉祭), 단부가이선몰지모여신사지부합제(但不可以先沒之母與新死之父合祭)。

사우례(士虞禮) 특시궤식(特豕饋食)

궤유귀야(饋猶歸也)。

◆소(疏)

「사우례특시궤식(士虞禮特豕饋食)」。○주(注)「궤유귀야(饋猶歸也)」。○석왈(釋曰) : 자차진(自此盡)「남순(南順)」, 론진정확제기궤연등지사(論陳鼎鑊祭器几筵等之事)。안(案)《좌씨전(左氏傳)》운(云) : 「복일왈생(卜日曰牲)。」시이(是以)《특생(特牲)》운생(云牲), 대부이상칭생(大夫已上稱牲), 역칭뢰(亦稱牢), 고운소뢰(故云少牢)。차우위상제(此虞爲喪祭), 우장일우(又葬日虞), 인기길일(因其吉日), 고략무복생지례(故略無卜牲之禮), 고지시체이언(故指豕體而言), 부운생(不云牲), 대부이상역당연(大夫以上亦當然)。《잡기(雜記)》운(云)「대부지우야(大夫之虞也), 직생(犆牲)」, 우차하기운(又此下記云)「진생어묘문외(陳牲於廟門外)」, 《단궁(檀弓)》운(云)「여유사시우생(與有司視虞牲)」, 개언생자(皆言牲者), 기인지언(記人之言), 부의상례고야(不依常例故也)。연(然)《소뢰(少牢)》운(云) : 「사마규양(司馬刲羊), 사격시(士擊豕)。」부언생자(不言牲者), 거살특수지사이언(據殺特須指事而言), 역비상례야(亦非常例也)。운(云)「궤유귀(饋猶歸)」자(者), 위이물여신급인개언궤(謂以物與神及人皆言饋), 시이차우급(是以此虞及)《특생(特牲)》、《소뢰(少牢)》개언궤(皆言饋)。《방기(坊記)》운(云) : 「부모재(父母在), 궤헌부급차마(饋獻不及車馬)。」시생사개언궤(是生死皆言饋)。우안(又案)《주례(周禮)·옥부(玉府)》운장(云掌)「범왕지헌김옥(凡王之獻金玉)、병기(兵器)」, 주(注) : 「위백공위왕소작(謂百工爲王所作), 가이헌유제후(可以獻遺諸侯)。고자치물어인(古者致物於人), 존지칙왈헌(尊之則曰獻), 통행왈궤(通行曰饋)。」이차이언(以此而言), 헌수주어존(獻雖主於尊), 기(其)《춘추(春秋)》제후래헌로융첩(齊侯來獻魯戎捷), 존로야(尊魯也)。기운궤자(其云饋者), 상하통칭(上下通稱), 고제사어신이언궤(故祭祀於神而言饋)。양화궤공자돈이언궤(陽貨饋孔子豚而言饋), 《향당(鄉黨)》운(云)「붕우지궤(朋友之饋)」, 시상하통언궤(是上下通言饋)。《선부(膳夫)》운(云)「범왕지궤식용륙곡(凡王之饋食用六穀)」, 주운(注云) : 「진물어존왈궤(進物於尊曰饋)。차궤지성자(此饋之盛者), 왕거지찬야(王舉之饌也)。」피정거당문시진우왕(彼鄭據當文是進于王), 고운진물우존(故云進物于尊), 기실통야(其實通也)。

측형우묘문외지우(側亨于廟門外之右), 동면(東面)。

측형(側亨), 형일반야(亨一胖也)。형어찬용확(亨於爨用鑊), 부어문동(不於門東), 미가이길야(未可以吉也)。시일야(是日也), 이우역전(以虞易奠), 부이이길제역상제(祔而以吉祭易喪祭)。귀신소재칙왈묘(鬼神所在則曰廟), 존언지(尊言之)。

◆소(疏)

「측형(側亨)」지(至)「동면(東面)」。○주(注)「측형(側亨)」지(至)「언지(言之)」。○석왈(釋曰)：운(云)「측형(側亨), 형일반(亨一胖)」야(也), 지자(知者), 안길례개전(案吉禮皆全), 좌우반개형(左右胖皆亨), 부운(不云)「측(側)」。차운(此云)「측형(側亨)」, 명형일반이이(明亨一胖而已)。필형일반자(必亨一胖者), 이기우부치작(以其虞不致爵), 자헌빈이후(自獻賓已後), 칙무주인(則無主人)、주부급빈이하지조(主婦及賓已下之俎), 고유형일반야(故唯亨一胖也)。약연(若然), 《특생(特牲)》역운측살자(亦云側殺者), 피수형좌우반(彼雖亨左右胖), 소뢰이(少牢二), 특생일(特牲一), 고이일생위측(故以一牲爲側), 각유소대고야(各有所對故也)。운(云)「형어찬용확(亨於爨用鑊)」자(者), 역안(亦案)《소뢰(少牢)》유양확(有羊鑊), 고형재확(故亨在鑊)。운(云)「부어문동(不於門東), 미가이길야(未可以吉也)」자(者), 이우위상제(以虞爲喪祭), 부어문동(不於門東), 대(對)《특생(特牲)》길례(吉禮), 정확개재문동(鼎鑊皆在門東), 차운(此云)「문외지우(門外之右)」, 시문지서(是門之西), 미가이길야(未可以吉也)。운(云)「시일야(是日也)」지(至)「상제(喪祭)」, 개(皆)《단궁(檀弓)》문(文)。운(云)「시일(是日)」, 위장일(謂葬日), 일중이우(日中而虞), 역거전(易去奠), 이사사지(以死事之), 고립시이제지(故立尸而祭之)。운(云)「부이이길제역상제(祔而以吉祭易喪祭)」자(者), 안하기운(案下記云)：「삼우(三虞)、졸곡(卒哭)、타(他), 용강일(用剛日), 역여초(亦如初), 왈(曰)：애천성사(哀薦成事)。」정주인(鄭注引)《단궁(檀弓)》문(文), 「장일중이우(葬日中而虞), 부인일일리야(不忍一日離也), 시일야(是日也), 이우역전(以虞易奠), 졸곡왈성사(卒哭曰成事), 시일야(是日也), 이길제역상제(以吉祭易喪祭)」。여시(如是), 칙졸곡즉시길제(則卒哭即是吉祭)。이정차주운부위길제자(而鄭此注云祔爲吉祭者), 졸곡대우위길제(卒哭對虞爲吉祭), 졸곡비부위상제(卒哭比祔爲喪祭), 고하기운(故下記云)「졸곡(卒哭), 제내전(祭乃餞)」, 운(云)「존량무어묘문외지우(尊兩甒於廟門外之右), 소남(少南), 세재존동남(洗在尊東南), 수재세동(水在洗東), 비재서(篚在西)」, 주운(注云)：「재문지좌(在門之左), 우소남(又少南)。」칙정확역재문좌(則鼎鑊亦在門左)。우운(又云)「명일(明日), 이기반부(以其班祔), 목욕(沐浴)」, 우운(又云)「기타여궤식(其他如饋食)」, 시부내여(是祔乃與)《특생(特牲)》길제동(吉祭同), 이부위길제(以祔爲吉祭), 시이운부이이길제역상제야(是以云祔而以吉祭易喪祭也)。운(云)「귀신소재칙왈묘(鬼神所在則曰廟), 존언지(尊言之)」자(者), 대시묘여침별(對時廟與寢別), 금수장(今雖葬), 기이기영혼이반(既以其迎魂而反), 신환재침(神還在寢), 고이침위묘(故以寢爲廟), 우어중제지야(虞於中祭之也)。

어(魚)、석찬아지(腊爨亞之), 북상(北上)。

찬(爨), 조(竈)。

◆소(疏)

「어석(魚腊)」지(至)「북상(北上)」。○주(注)「찬조(爨灶)」。○석왈(釋曰)：상시찬재문우(上豕爨在門右), 동면(東面)。차어석각별확(此魚腊各別鑊), 언(言)「북상(北上)」, 칙차재시정지북(則次在豕鼎之北), 이운(而云)「찬(爨), 조(灶)」자(者), 주공경위찬(周公經爲爨), 지공자시위조(至孔子時爲灶), 고왕손가문공자왈(故王孫賈問孔子曰)：「여기미어오(與其媚於奧), 녕미어조(寧媚於灶)。」시전후이명(是前後異名), 고정거후결전야(故鄭舉後決前也)。

희찬재동벽(饎爨在東壁), 서면(西面)。

취서직왈희(炊黍稷曰饎)。희북상(饎北上), 상제어옥우(上齊於屋宇)。어우유형희지찬(於虞有亨饎之爨), 미길(彌吉)。

◆소(疏)

○석왈(釋曰) : 이삼확재서방반길(以三鑊在西方反吉)。 안(案)《특생(特牲)》운(云) : 「주부시희(主婦視饎), 찬우서당하(爨于西堂下)。」 종부주지재서방(宗婦主之在西方), 금재동(今在東), 역반길야(亦反吉也)。《소뢰(少牢)》름찬재옹찬지북(廩爨在饔爨之北), 재문외자(在門外者), 시대부주지(是大夫主之), 름인장남자지사(廩人掌男子之事), 고여생찬동재문외동방야(故與牲爨同在門外東方也)。 지(知)「취서직왈희(炊黍稷曰饎)」자(者), 안(案)《주례(周禮)·희인(饎人)》운(云) : 「장범제사공성(掌凡祭祀共盛)。」 제성즉서직(齊盛即黍稷), 고지야(故知也)。 운(云)「북상(北上), 상제우옥우(上齊于屋宇)」자(者), 차안(此案)《특생(特牲)》기운(記云)「희찬재서벽(饎爨在西壁)」, 정주운(鄭注云) : 「서벽(西壁), 당지서장하(堂之西牆下)。구설운남북직옥(舊說云南北直屋), 려직재남(梠稷在南)。」 피차동서개언벽(彼此東西皆言壁)。 피운옥려(彼云屋梠), 차운옥우(此云屋宇), 고지차역제옥야(故知此亦齊屋也)。 운(云)「어우유형희지찬(於虞有亨饎之爨), 미길(彌吉)」자(者), 이기소렴(以其小斂)、대렴미유서직(大斂未有黍稷), 삭월천신지등(朔月薦新之等), 시유서직(始有黍稷)。 향길(向吉), 잉미유찬(仍未有爨), 지차시유형희지찬(至此始有亨饎之爨), 고운미길(故云彌吉)。

설세우서계서남(設洗于西階西南), 수재세서(水在洗西), 비재동(篚在東)。

반길야(反吉也)。 역당서영(亦當西榮), 남북이당심(南北以堂深)。

◆소(疏)

「설세(設洗)」지(至)「재동(在東)」。 ○주(注)「반길(反吉)」지(至)「당심(堂深)」。 ○석왈(釋曰) : 여기상문설찬반길(如其上文設爨反吉), 차역반길(此亦反吉)。 우상하편길시설세(又上下編吉時設洗), 개당동영(皆當東榮), 남북이당심(南北以堂深), 금재서계서남(今在西階西南), 역당서영(亦當西榮), 남북이당심가지야(南北以堂深可知也)。

존우실중북용하(尊于室中北墉下), 당호(當戶), 량무례(兩甒醴)、주(酒), 주재동(酒在東), 무금(無禁), 멱용치포(冪用絺布), 가작(加勺), 남방(南枋)。

주재동(酒在東), 상례야(上醴也)。 치포(絺布), 갈속(葛屬)。

◆소(疏)

「존우(尊于)」지(至)「남방(南枋)」。 ○주(注)「주재(酒在)」지(至)「갈속(葛屬)」。 ○석왈(釋曰) : 운(云)「주재동(酒在東), 상례야(上醴也)」자(者), 례법(醴法), 상고주시인소상음(上古酒是人所常飲), 고재동(故在東), 길례현주재주상(吉禮玄酒在酒上)。 금이상제례무현주(今以喪祭禮無玄酒), 즉례대현주(則醴代玄酒), 재상(在上), 고운상례야(故云上醴也)。 운(云)「치포(絺布), 갈속(葛屬)」자(者), 치이갈위지(絺以葛爲之), 포즉이마위지(布則以麻爲之)。 금치포병언(今絺布並言), 즉차마갈잡(則此麻葛雜), 고유량호(故有兩號), 시이정운갈속야(是以鄭云葛屬也)。

소궤(素几)、위석(葦席), 재서서하(在西序下)。

유궤(有几), 시귀신야(始鬼神也)。

◆소(疏)

「소궤(素几)」지(至)「석하(席下)」。 ○주(注)「유궤시귀신야(有几始鬼神也)」。 ○석왈(釋曰) : 경궤석구유(經几席具有), 주유운궤자(注唯云几者), 이기대렴전시이유석(以其大斂奠時已有席), 지차우제내유궤고야(至此虞祭乃有几故也)。 연안(然案)《단궁(檀弓)》운(云) : 「우이립시(虞而立尸), 유궤연(有几筵)。」 연즉석(筵則席), 우제시유자(虞祭始有者), 이궤연상장(以几筵相將), 고련언연(故連言筵), 기우유궤(其虞有几)。 약천자제후시사(若天子諸侯始死), 즉궤석구(則几席具), 고(故)《주례(周禮)·사궤연(司几筵)》운(云)「매돈일궤(每敦一几)」, 거시빈급장시(據始殯及葬時), 시시사즉궤석구야(是始死即几席具也)。

저촌모(苴刌茅), 장오촌(長五寸), 속지(束之), 실우비(實于篚), 찬우서점상(饌于西坫上)。

저유자야(苴猶藉也)。

◆소(疏)

○주석왈(注釋曰)：차저이운자제(此苴而云藉祭)，고(故)《역(易)》운(云)：「자용백모(藉用白茅)，무구(無咎)。」

찬량두저(饌兩豆菹)、해우서영지동(醢于西楹之東)，해재서(醢在西)，일형아지(一鉶亞之)。

해재서(醢在西)，남면취지(南面取之)，득좌취저(得左取菹)，우취해(右取醢)，편기설지(便其設之)。

◆소(疏)

「찬량(饌兩)」지(至)「아지(亞之)」。○주(注)「해재(醢在)」지(至)「설지(設之)」。○석왈(釋曰)：차찬계서영언지(此饌繼西楹言之)，칙이서영위주(則以西楹爲主)，향동진지(向東陳之)。운(云)「일형아지(一鉶亞之)」자(者)，저이동야(菹以東也)。운(云)「해재서(醢在西)，남면취지(南面取之)，득좌취저(得左取菹)，우취해(右取醢)，편기설지(便其設之)」자(者)，이기시재오동면설자(以其尸在奧東面設者)，서면설어시전(西面設於尸前)，저재남(菹在南)，해재북(醢在北)。금어서영동찬지(今於西楹東饌之)，저재동(菹在東)，해재서(醢在西)，시남면취지(是南面取之)，득좌취저(得左取菹)，우취해(右取醢)。지시전서면(至尸前西面)，우좌저우해(又左菹右醢)，고운편야(故云便也)。

종헌두량(從獻豆兩)，아지(亞之)，사변아지(四籩亞之)，북상(北上)。

두종주인헌축(豆從主人獻祝)，변종주부헌시축(籩從主婦獻尸祝)，북상(北上)，저여조(菹與棗)。부동진(不東陳)，별어정(別於正)。

◆소(疏)

「종헌(從獻)」지(至)「북상(北上)」。○주(注)「두종(豆從)」지(至)「어정(於正)」。○석왈(釋曰)：차종헌두변(此從獻豆籩)，수문승일형지하(雖文承一鉶之下)，이운(而云)「아지(亞之)」。하별운(下別云)「북상(北上)」，시부종형동위차(是不從鉶東爲次)，의어형동북(宜於鉶東北)，이북위상(以北爲上)，향남진지(向南陳之)。약연(若然)，문승일형하이운아지자(文承一鉶下而云亞之者)，이기차재형이동(以其次在鉶以東)，거영점원(去楹漸遠)，고운아(故云亞)，부위아형이동야(不謂亞鉶以東也)。거차진지차(據此陳之次)，연즉동북저위수(然則東北菹爲首)，차남해(次南醢)，해동률(醢東栗)，률북조(栗北棗)，조동조(棗東棗)，조남률(棗南栗)。차이동면취지(此以東面取之)，이입북면(而入北面)，설지축전(設之祝前)，득우저좌해(得右菹左醢)，기변역연(其籩亦然)，선진자선설(先陳者先設)，후진자후설(後陳者後設)，조재좌(棗在左)，역득기설(亦得其設)，고정운(故鄭云)「북상(北上)，저여조(菹與棗)」야(也)。운(云)「두종주인헌축(豆從主人獻祝)」자(者)，이기시전정두이설흘(以其尸前正豆已設訖)，이위음염부명위종(以爲陰厭不名爲從)，차이두주인선헌(此二豆主人先獻)，축주후내천두(祝酒後乃薦豆)，고언종(故言從)。운(云)「변종주부헌시축(籩從主婦獻尸祝)」자(者)，이기사변(以其四籩)：이변종주부헌시(二籩從主婦獻尸)，이변종주부헌축(二籩從主婦獻祝)，역시종야(亦是從也)。운(云)「부동진(不東陳)，별어정(別於正)」자(者)，이이두여형(以二豆與鉶)，재시위헌(在尸爲獻)，전위정(前爲正)，차개재헌후(此皆在獻後)，위비정(爲非正)，고동북별야(故東北別也)。

찬서직이돈우계간(饌黍稷二敦于階間)，서상(西上)，자용위석(藉用葦席)。

자유천야(藉猶薦也)。고문자위석(古文藉爲席)。

◆소(疏)

「찬서(饌黍)」지(至)「위석(葦席)」。○주(注)「자유(藉猶)」지(至)「위석(爲席)」。○석왈(釋曰)：운(云)「자유천야(藉猶薦也)」자(者)，위선진석(謂先陳席)，내진서직어상(乃陳黍稷於上)，시소진석자천서직야(是所陳席藉薦黍稷也)。

이수착우반중(匜水錯于槃中), 남류(南流), 재서계지남(在西階之南), 단건재기동(簞巾在其東)。

류(流), 이토수구야(匜吐水口也)。

진삼정우문외지우(陳三鼎于門外之右), 북면(北面), 북상(北上), 설경멱(設扃鼏)。

문외지우(門外之右), 문서야(門西也)。 금문경위현(今文扃爲鉉)。

◆소(疏)

○주석왈(注釋曰)：차경수선운(此扃雖先云)「설(設)」, 기설경재후(其設扃在後), 지자(知者), 안(案)《사상례(士喪禮)》소렴운(小斂云)：「우인좌집비(右人左執匕), 추경여좌수겸집지(抽扃予左手棜執之), 취멱위어정북(取鼏委於鼎北), 가경(加扃)。」칙경재멱상(則扃在鼏上), 고선추경(故先抽扃), 후거멱(後去鼏), 즉멱선설가지(則鼏先設可知)。 경멱수재삼정지하(扃鼏雖在三鼎之下), 총언기실(總言其實), 진일정흘(陳一鼎訖), 즉설지(即設之), 지자(知者), 안하기운(案下記云)「개설경멱(皆設扃鼏)」, 주운(注云)「혐기진(嫌既陳), 내설경멱(乃設扃鼏)」시야(是也)。

비조재서숙지서(匕俎在西塾之西)。

부찬어숙상(不饌於塾上), 통어정야(統於鼎也)。 숙유서자(塾有西者), 시실남향(是室南鄉)。

◆소(疏)

「비조재서숙지서(匕俎在西塾之西)」。 ○주(注)「부찬(不饌)」지(至)「남향(南鄉)」。 ○석왈(釋曰)：운(云)「부찬어숙상(不饌於塾上), 통어정야(統於鼎也)」자(者), 결하문(決下文)「수번조재내서숙상(羞燔俎在內西塾上)」, 이재숙상(而在塾上)。 우운(又云)「빈강(賓降), 반조우서숙(反俎于西塾)」, 지어주부아헌흘(至於主婦亞獻訖), 직운빈(直云賓)「번종여초(燔從如初)」, 명시수번흘(明尸受燔訖), 빈역반조우서숙상(賓亦反俎于西塾上), 시호견의야(是互見義也)。

수번조재내서숙상(羞燔俎在內西塾上), 남순(南順)。

남순(南順), 어남면취축집지편야(於南面取縮執之便也)。 간조재번동(肝俎在燔東)。

주인급형제여장복(主人及兄弟如葬服), 빈집사자여조복(賓執事者如弔服), 개즉위우문외(皆即位于門外), 여조석림위(如朝夕臨位)。 부인급내형제(婦人及內兄弟), 복즉위우당(服即位于堂), 역여지(亦如之)。

장복자(葬服者), 《기석(既夕)》왈(曰)「장부좌(丈夫髽), 산대수(散帶垂)」야(也)。 빈집사자(賓執事者), 빈객래집사야(賓客來執事也)。

◆소(疏)

「주인(主人)」지(至)「여지(如之)」。 ○주(注)「장복(葬服)」지(至)「사야(事也)」。 ○석왈(釋曰)：자차진(自此盡)「북면(北面)」, 논장우제어위급의복지사(論將虞祭於位及衣服之事)。 운(云)「장복자(葬服者), 《기석(既夕)》왈장부좌산대수야(曰丈夫髽散帶垂也)」자(者), 차유위장일반일중이우(此唯謂葬日反日中而虞), 급삼우시(及三虞時), 기후졸곡(其後卒哭), 즉복기고복(即服其故服), 시이(是以)《기석(既夕)》기주운자졸지빈(記注云自卒至殯), 자계지장(自啟至葬), 주인지례(主人之禮), 기변동(其變同)。 즉시우여장복동(始是虞與葬服同), 삼우개동(三虞皆同)。 지졸곡졸(至卒哭卒), 거무시지곡즉의기상복(去無時之哭則依其喪服), 내변마복갈야(乃變麻服葛也)。 운(云)「빈집사자(賓執事者), 빈객래집사야(賓客來執事也)」자(者), 이기우위상제(以其虞爲喪祭), 주인미집사(主人未執事), 고운빈객래집사야(故云賓客來執事也)。 안하주운(案下注云)「사지속관위기장조복가마(士之屬官爲其長弔服加麻)」, 즉차경(即此經)「빈집사자조복(賓執事者弔服)」시야(是也)。 약연(若然), 차사속관중유명우기군자(此士屬官中有命于其君者), 시이(是以)《특생(特牲)》기빈중(記賓中)「유공유사(有公有司)」, 정주운(鄭注云)：「공유사역사지속(公有司亦士之屬), 명우기군자야(命于其君者也)。」안(案)《증자문(曾

子問)》：「사칙붕우전(士則朋友奠), 부족취어대공이하(不足取於大功以下)。」우운(又云)：「사제부족(士祭不足), 칙취어형제대공이하자(則取於兄弟大功以下者)。」정운(鄭云)：「제위우졸곡시(祭謂虞卒哭時)。」이차이언(以此而言), 피붕우즉공유사여차집사일물(彼朋友則公有司與此執事一物), 이료우언지(以僚友言之), 수속관(雖屬官), 역위붕우야(亦爲朋友也)。

축면(祝免), 조갈질대(澡葛経帶), 포석우실중(布席于室中), 동면(東面), 우궤(右几), 강(降), 출(出), 급종인즉위우문서(及宗人即位于門西), 동면남상(東面南上)。

축역집사(祝亦執事)。면자(免者), 제축지례(祭祝之禮), 축소친야(祝所親也)。조(澡), 치야(治也), 치갈이위수질급대(治葛以爲首経及帶), 접신의변야(接神宜變也)。연칙사지속관위기장(然則士之屬官爲其長), 조복가마의(弔服加麻矣)。지어기졸곡(至於既卒哭), 주인변복즉제(主人變服則除)。우궤(右几), 어석근남야(於席近南也)。

◆소(疏)

「축면(祝免)」지(至)「남상(南上)」。○주(注)「축역(祝亦)」지(至)「남야(南也)」。○석왈(釋曰)：운(云)「축역집사(祝亦執事)」자(者), 위역상집사야(謂亦上執事也)。운(云)「면자(免者), 제사지례(祭祀之禮), 축소친야(祝所親也)」자(者), 안(案)《예기(禮記)・상복소기(喪服小記)》운(云)：「시마소공(總麻小功), 우졸곡칙면(虞卒哭則免)。」주운(注云)：졸곡(卒哭), 시마이상지참최개면(總麻以上至斬衰皆免)。금축시집사속리지등(今祝是執事屬吏之等), 개무면법(皆無免法), 금여시이상동저면(今與總以上同著免), 혐기대중(嫌其大重), 고운제사지례축소친(故云祭祀之禮祝所親), 이가이수복야(而可以受服也)。

종인고유사구(宗人告有司具), 수청배빈(遂請拜賓), 여림(如臨)。입문곡(入門哭), 부인곡(婦人哭)。

림(臨), 조석곡(朝夕哭)。

◆소(疏)

「종인(宗人)」지(至)「인곡(人哭)」。○주(注)「임조석곡(臨朝夕哭)」。○석왈(釋曰)：조석곡(朝夕哭), 제시문외송빈흘(祭時門外送賓訖), 입문남자(入門男子)、부인공곡야(婦人共哭也)。

주인즉위우당(主人即位于堂), 중주인급형제(衆主人及兄弟)、빈즉위우서방(賓即位于西方), 여반곡위(如反哭位)。

《기석(既夕)》왈(曰)：「내반곡(乃反哭), 입문(入門), 승자서계동면(升自西階東面), 중주인당하동면(衆主人堂下東面), 북상(北上)。」차즉이어조석(此則異於朝夕)。

◆소(疏)

「주인(主人)」지(至)「곡위(哭位)」。○주(注)「기석(既夕)」지(至)「조석(朝夕)」。○석왈(釋曰)：차명빈장여제(此明賓將與祭), 주인급형제등즉위지사(主人及兄弟等即位之事)。운(云)「여반곡위(如反哭位)」, 정인(鄭引)《기석(既夕)》자(者), 증주인등면위지사야(證主人等面位之事也)。

축입문좌(祝入門左), 북면(北面)。

부여집사동위(不與執事同位), 접신존야(接神尊也)。

◆소(疏)

「축입문좌북면(祝入門左北面)」。○주(注)「부여(不與)」지(至)「존야(尊也)」。○석왈(釋曰)：운(云)「부여집사동위(不與執事同位), 접신존야(接神尊也)」자(者), 집사즉상형제빈즉위우서방(執事即上兄弟賓即位于西方), 여반곡위(如反哭位), 개시집사(皆是執事), 고(故)《증자문(曾子問)》「상제부족(喪祭不足), 즉취형제(則取兄弟)」, 고운부여집사동위접신존야(故云不與執事同位接神尊也)。

종인서계전북면(宗人西階前北面)。

당조주인급빈지사(當詔主人及賓之事)。

◆소(疏)

「종인(宗人)」지(至)「북면(北面)」。○주(注)「당조(當詔)」지(至)「지사(之事)」。○석왈(釋曰)：차종인재당하(此宗人在堂下)，시주인재당시(是主人在堂時)。약주인재실(若主人在室)，종인즉승당(宗人即升堂)，시이하기운(是以下記云)：「주인재실(主人在室)，칙종인승호외북면(則宗人升戶外北面)。」주운(注云)「당조주인실사(當詔主人室事)」시야(是也)。

축관(祝盥)，승(升)，취저강(取苴降)，세지(洗之)，승(升)，입설우궤동석상(入設于几東席上)，동축(東縮)，강(降)，세치(洗觶)，승(升)，지곡(止哭)。

축(縮)，종야(從也)。고문축위축(古文縮爲蹙)。

◆소(疏)

「축관(祝盥)」지(至)「지곡(止哭)」。○주(注)「축종야(縮從也)」。○석왈(釋曰)：자차진(自此盡)「곡출복위(哭出復位)」，론설찬어신(論設饌於神)，장부입어문지사야(杖不入於門之事也)。안차문음염시(案此文陰厭時)，「주인의장(主人倚杖)，입(入)，축종(祝從)，재좌(在左)，서면(西面)」，하기운(下記云)「시입축종시(尸入祝從尸)」，주운(注云)：「축재주인전야(祝在主人前也)。혐여초시(嫌如初時)，주인의장입(主人倚杖入)，축종지(祝從之)。초시(初時)，주인지심상약친존(主人之心尚若親存)，의자친지(宜自親之)。금기접신(今既接神)，축당조유시야(祝當詔侑尸也)。」주인전자서입(主人前自西入)，향동(向東)，재계하미득의장우서(在階下未得倚杖于序)，금주인재서계(今主人在西階)，장입실(將入室)，고의장우서서(故倚杖于西序)。

주인의장(主人倚杖)，입(入)，축종(祝從)，재좌(在左)，서면(西面)。

주인북선(主人北旋)，의장서서내입(倚杖西序乃入)。《상복소기(喪服小記)》왈(曰)：「우장부입어실(虞杖不入於室)，부장부승어당(祔杖不升於堂)。」연칙련장부입어문(然則練杖不入於門)명의(明矣)。

찬천저해(贊薦菹醢)，해재북(醢在北)。

주부부천(主婦不薦)，최참지복부집사야(衰斬之服不執事也)。《증자문(曾子問)》왈(曰)：「사제부족(士祭不足)，칙취어형제대공이하자(則取於兄弟大功以下者)。」

◆소(疏)

「찬천(贊薦)」지(至)「재북(在北)」。○주(注)「주부(主婦)」지(至)「하자(下者)」。○석왈(釋曰)：안(案)《특생(特牲)》주부관우방중(主婦盥于房中)，천량두(薦兩豆)，차주부부천(此主婦不薦)，고결지(故決之)。기인(既引)《증자문(曾子問)》사제부족칙취어형제대공이하자(士祭不足則取於兄弟大功以下者)，피문승전하(彼文承奠下)，고인지(故引之)。하졸곡기취대공이하(下卒哭既取大功以下)，칙자최부집사가지(則齊衰不執事可知)。차자최부집사(此齊衰不執事)，유위금시(唯爲今時)，지어시입지후(至於尸入之後)，역집사(亦執事)。량변조(兩籩棗)、률(栗)，설어회남(設於會南)，지어부제(至於祔祭)，수음염역주부천(雖陰厭亦主婦薦)，주인자집사야(主人自執事也)。지자(知者)，하기운(下記云)「기타여궤식(其他如饋食)」，안(案)《특생(特牲)》운(云)「주인재우(主人在右)，급좌식거생정(及佐食舉牲鼎)」시야(是也)。약대부이상존(若大夫已上尊)，부집사(不執事)，고(故)《소뢰(少牢)》운(云)「주인출영정(主人出迎鼎)」，주운(注云)：「도지야(道之也)。」시부집사야(是不執事也)。

좌식급집사관(佐食及執事盥)，출거(出舉)，장재좌(長在左)。

거(舉)，거정야(舉鼎也)。장재좌(長在左)，서방위야(西方位也)。범사종인조지(凡事宗人詔之)。

정입(鼎入)，설우서계전(設于西階前)，동면북상(東面北上)，비조종설(匕俎從設)。좌인추경(左人抽扃)、멱(鼏)，비(匕)，좌식급우인재(佐食及右人載)。

재(載)，재어조(載於俎)。좌식재(佐食載)，즉역재우의(則亦在右矣)。금문경위현(今文扃爲

鉉)。고문멱위밀(古文鼏爲密)。

졸(卒), 비자역퇴복위(朼者逆退復位)。

복빈위야(復賓位也)。

조입(俎入), 설우두동(設于豆東), 어아지(魚亞之), 석특(腊特)。

아(亞), 차야(次也)。금문무지(今文無之)。

찬설이돈우조남(贊設二敦于俎南), 서(黍), 기동직(其東稷)。

궤실존서야(簋實尊黍也)。

◆소(疏)

「찬설(贊設)」지(至)「동직(東稷)」。○주(注)「궤실존서야(簋實尊黍也)」。○석왈(釋曰)：운(云)「궤실존서야(簋實尊黍也)」자(者), 이경서서동직서상(以經西黍東稷西上), 고운존서야(故云尊黍也)。경운(經云)「돈(敦)」, 주언(注言)「궤(簋)」자(者), 안(案)《특생(特牲)》운(云)「좌식분궤형(佐食分簋鉶)」, 주운(注云)：「분궤자(分簋者), 분돈서어회(分敦黍於會), 위유대야(爲有對也)。돈(敦), 유우씨지기야(有虞氏之器也)。주제(周製), 사용지(士用之), 변돈언궤(變敦言簋), 용동성지사(容同姓之士), 득종주제이(得從周製耳)。」연즉차주변돈언궤자(然則此注變敦言簋者), 역위동성지사득용궤고야(亦謂同姓之士得用簋故也)。

설일형우두남(設一鉶于豆南)。

형(鉶), 채갱야(菜羹也)。

◆소(疏)

○주석왈(注釋曰)：차대태시읍갱(此對泰是涪羹)。

좌식출(佐食出), 립우호서(立于戶西)。

찬이야(饌已也)。금문무(今文無)「우호서(于戶西)」。

◆소(疏)

「좌식(佐食)」지(至)「호서(戶西)」。○주(注)「찬이(饌已)」지(至)「호서(戶西)」。○석왈(釋曰)：「좌식출(佐食出)」자(者), 이무사부가이공립(以無事不可以空立), 고출립우호서(故出立于戶西)。부종금문무(不從今文無)「우호서(于戶西)」삼자자(三字者), 약무(若無), 차문부지립지소재(此文不知立之所在), 고부종야(故不從也)。

찬자철정(贊者徹鼎)。

반우문외(反于門外)。

축작례(祝酌醴), 명좌식계회(命佐食啟會)。좌식허낙(佐食許諾), 계회(啟會), 극우돈남(郤于敦南), 복위(復位)。

회(會), 합야(合也), 위돈개야(謂敦蓋也)。복위(復位), 출립우호서(出立于戶西)。금문계위개(今文啟爲開)。

◆소(疏)

「축작(祝酌)」지(至)「복위(復位)」。○주(注)「회합(會合)」지(至)「위개(爲開)」。○석왈(釋曰)：《특생(特牲)》、《소뢰(少牢)》직언작전(直言酌奠), 부언작례자(不言酌醴者), 이피직유주(以彼直有酒), 고부언주(故不言酒), 시주가지(是酒可知)。차주(此酒)、례량유(醴兩有), 금소전자례(今所奠者醴), 고수언례야(故須言醴也)。약연(若然), 피단주(彼單酒), 차량유자(此兩有者), 이기동소렴(以其同小斂)、대렴(大斂)、삭월천조(朔月遷祖)、조전(祖奠)、대견전등개주례병유(大遣奠等皆酒醴並有), 고차우지상제역량유(故此虞之喪祭亦兩有), 이어길제(以於吉祭)

야(異於吉祭也)。

축전치우형남(祝奠觶于鉶南), 복위(復位)。

복위(復位), 복주인지좌(復主人之左)。

◆소(疏)

「축전(祝奠)」지(至)「계수(稽首)」。○주(注)「복위(復位)」지(至)「지좌(之左)」。○석왈(釋曰) : 운(云)「복주인지좌(復主人之左)」자(者), 상주인의장입(上主人倚杖入), 축종재좌(祝從在左), 부견축경유위(不見祝更有位), 고복주인좌야(故復主人左也)。

주인재배계수(主人再拜稽首)。축향(祝饗), 명좌식제(命佐食祭)。

향(饗), 고신향(告神饗)。차제(此祭), 제어저야(祭於苴也)。향신사(饗神辭), 기소위(記所謂)「애자모(哀子某), 애현상(哀顯相), 숙흥야처부녕(夙興夜處不寧)」, 하지(下至)「적이황조모보상향(適爾皇祖某甫尙饗)」시야(是也)。

◆소(疏)

「축향명좌식제(祝饗命佐食祭)」。○주(注)「향고(饗告)」지(至)「시야(是也)」。○석왈(釋曰) : 하운(下云)「축축졸(祝祝卒)」, 주운(注云) : 「축축자(祝祝者), 석효자제사(釋孝子祭辭)。」우하문영시후(又下文迎尸後), 시타제(尸墮祭), 운(云)「축축(祝祝), 주인배여초(主人拜如初)」, 차등삼자개유사(此等三者皆有辭)。차문향신인기자(此文饗神引記者), 시음염향신사(是陰厭饗神辭), 하문영시상석효자사자(下文迎尸上釋孝子辭者), 경기무문(經記無文), 안(案)《소뢰(少牢)》영시축효자사운(迎尸祝孝子辭云) : 「효손모(孝孫某), 감용유모강렵(敢用柔毛剛鬣), 가천(嘉薦), 보뇨(普淖), 용천세사우황조백모(用薦歲事于皇祖伯某), 이모비배모씨(以某妃配某氏), 상향(尙饗)。」차시석효자사(此是釋孝子辭)。차영시상석효자사(此迎尸上釋孝子辭), 의여피동(宜與彼同)。단칭애위이(但稱哀爲異), 기영시후축사자(其迎尸後祝辭者), 즉하기향사(即下記饗辭), 운(云)「애자모(哀子某), 규위이애천지(圭爲而哀薦之), 향(饗)」, 정주운(鄭注云) : 「향사(饗辭), 권강시지사야(勸強尸之辭也)。」범길제향시왈(凡吉祭饗尸曰)「효자(孝子)」。시이(是以)《특생(特牲)》영시후운(迎尸後云)「축향(祝饗)」, 주운(注云) : 「향(饗), 권강지야(勸強之也)。」기사취어(其辭取於)《사우기(士虞記)》, 칙의운(則宜云)「효손모규위효천지향(孝孫某圭爲孝薦之饗)」시야(是也)。하이우졸곡(下二虞卒哭), 기개유사(記皆有辭), 지피별석(至彼別釋)。

좌식허낙(佐食許諾), 구단(鉤袒), 취서직(取黍稷), 제우저삼(祭于苴三), 취부제(取膚祭), 제여초(祭如初)。축취전치제(祝取奠觶祭), 역여지(亦如之), 부진(不盡), 익(益), 반전지(反奠之)。주인재배계수(主人再拜稽首)。

구단(鉤袒), 여금환의야(如今擐衣也)。저(苴), 소이자제야(所以藉祭也)。효자시장납시이사기친(孝子始將納尸以事其親), 위신의어기위(爲神疑於其位), 설저이정지이(設苴以定之耳)。혹왈(或曰) : 저(苴), 주도야(主道也)。칙(則)《특생(特牲)》、《소뢰(少牢)》당유주상이무(當有主象而無), 하호(何乎)

◆소(疏)

「좌식(佐食)」지(至)「계수(稽首)」。○주(注)「구단(鉤袒)」지(至)「하호(何乎)」。○석왈(釋曰) : 운(云)「구단(鉤袒), 여금환의야(如今擐衣也)」자(者), 경운구단(經云鉤袒), 약한시인환의이로비(若漢時人擐衣以露臂), 고운여금환의야(故云如今擐衣也)。운(云)「효자시장납시이사기친(孝子始將納尸以事其親), 위신의어기위(爲神疑於其位), 설저이정지이(設苴以定之耳)」자(者), 안상문축취저(案上文祝取苴), 강세(降洗), 설어궤동자(設於几東者), 지차내제우저(至此乃祭于苴)。하문내연시(下文乃延尸), 시효자영시지전용저(是孝子迎尸之前用苴), 이장납시(以將納尸), 이사기친(以事其親), 위신의어기위(爲神疑於其位), 고설저이정지(故設苴以定之), 해예설저지의야(解預設苴之意也)。운(云)「혹왈(或曰), 저주도야(苴主道也), 칙(則)《특생(特牲)》、《소뢰(少牢)》당유주상이무(當有主象而無), 하호(何乎)」자(者), 해구유인운저주도(解舊有人云苴主道), 사중위주도연(似重爲主道然), 고정파지(故鄭破之), 운약시저위(云若是苴爲)

주도(云若是苴為主道), 《특생(特牲)》、《소뢰(少牢)》길제역당유주상(吉祭亦當有主象), 역의설저(亦宜設苴), 금이무저하호(今而無苴何乎),시정이저위자제(是鄭以苴為藉祭), 비주도야(非主道也)。약연(若然), 차거문유시이언(此據文有尸而言), 장납시유저(將納尸有苴), 안하기문무시자(案下記文無尸者), 역유저(亦有苴), 우(又)《특생(特牲)》、《소뢰(少牢)》길제무저(吉祭無苴), 안(案)《사무(司巫)》「제사칙공단주급조관(祭祀則供匰主及蒩館)」, 상사역유저자(常祀亦有苴者), 이천자제후존자례비(以天子諸侯尊者禮備), 고길제역유저(故吉祭亦有苴), 흉제유저가지(凶祭有苴可知)。

축축(祝祝)。졸(卒), 주인배여초(主人拜如初), 곡(哭), 출(出), 복위(復位)。

축축자(祝祝者), 석효자제사(釋孝子祭辭)。

축영시(祝迎尸)。일인쇄질봉비(一人衰絰奉篚), 곡종시(哭從尸)。

시(尸), 주야(主也)。효자지제(孝子之祭), 부견친지형상(不見親之形象), 심무소계(心無所繫), 립시이주의언(立尸而主意焉)。일인(一人), 주인형제(主人兄弟)。《단궁(檀弓)》왈(曰):「기봉(既封), 주인증이축숙우시(主人贈而祝宿虞尸)。」

◆소(疏)

「축영(祝迎)」지(至)「종시(從尸)」。○주(注)「시주(尸主)」지(至)「우시(虞尸)」。○석왈(釋曰):자차진(自此盡)「여초설(如初設)」, 론영시입구반지사(論迎尸入九飯之事)。정지(鄭知)「일인쇄질(一人衰絰)」시(是)「주인형제(主人兄弟)」자(者), 이주인곡출복위(以主人哭出復位), 무종시지리(無從尸之理), 우운쇄질(又云衰絰), 차비소원(且非疏遠), 고지일인쇄질시주인형제야(故知一人衰絰是主人兄弟也)。인(引)《단궁(檀弓)》자(者), 증축수주인장(證祝隨主人葬), 선반(先反), 숙우시(宿虞尸), 고득유축영시지사(故得有祝迎尸之事)。운(云)「기봉(既封)」자(者), 봉당위폄(封當爲窆), 폄하관야(窆下棺也)。

시입문(尸入門), 장부용(丈夫踊), 부인용(婦人踊)。

용부동문자(踊不同文者), 유선후야(有先後也)。시입(尸入), 주인부강자(主人不降者), 상사주애부주경(喪事主哀不主敬)。

◆소(疏)

「시입(尸入)」지(至)「인용(人踊)」。○주(注)「용부(踊不)」지(至)「주경(主敬)」。○석왈(釋曰):운(云)「용부동문자(踊不同文者), 유선후야(有先後也)」자(者), 주인재서서동면(主人在西序東面), 중형제서계하역동면(眾兄弟西階下亦東面), 부인당상당동서(婦人堂上當東序), 서면(西面), 고주인여형제견시선용(故主人與兄弟見尸先踊), 부인후견시(婦人後見尸), 고후용(故後踊), 시유선후(是有先後)。운(云)「시입(尸入), 주인부강자(主人不降者), 상사주애부주경(喪事主哀不主敬)」자(者), 결(決)《특생(特牲)》、《소뢰(少牢)》시입(尸入), 주인개강립우조계동(主人皆降立于阼階東), 경시(敬尸), 고차부강위주애(故此不降爲主哀)。

순시관(淳尸盥), 종인수건(宗人授巾)。

순(淳), 옥야(沃也)。옥시관자(沃尸盥者), 빈집사자야(賓執事者也)。

◆소(疏)

「순시(淳尸)」지(至)「수건(授巾)」。○주(注)「순옥(淳沃)」지(至)「자야(者也)」。○석왈(釋曰):차직언관(此直言盥), 부언면위(不言面位), 안(案)《특생(特牲)》운(云):「시입문좌(尸入門左), 북면관(北面盥), 종인수건(宗人授巾)。」상진기시(上陳器時), 이수지등재서계지동(匜水之等在西階之東), 합재문좌(合在門左), 칙이기취(則以器就), 《특생(特牲)》주운(注云):「시관자집기기취지(侍盥者執其器就之)。」약연(若然), 《특생(特牲)》설시관(設尸盥)「재문내지우(在門內之右)」, 주운(注云):「시존부취세(尸尊不就洗), 문내지우(門內之右), 상세재동(象洗在東)。」차우례반길제(此虞禮反吉祭), 고재서계동(故在西階東)。소뢰례이어사례(少牢禮異於士禮), 고시관재서계동(故尸盥在西階東), 여차우례동야(與此虞禮同也)。운(云)

「옥시관자(沃尸盥者), 빈집사자(賓執事者)」야(也), 안상문빈여주인개재집사지중(案上文賓與主人皆在執事之中), 기종인수건(既宗人授巾), 명옥관역빈집사야(明沃盥亦賓執事也)。

시급계(尸及階), 축연시(祝延尸)。

연(延), 진야(進也), 고지이승(告之以升)。

◆소(疏)

「시급계축연시(尸及階祝延尸)」。○주(注)「연진(延進)」지(至)「이승(以升)」。○석왈(釋曰)：안(案)《특생(特牲)》운(云)「축연시(祝延尸)」, 주운(注云)：「연(延), 진야(進也), 재후조유왈연(在後詔侑曰延)。」우안(又案)《소뢰(少牢)》주운(注云)「유후조상지왈연(由後詔相之曰延)」, 연칙연자(然則延者), 개재후야(皆在後也)。약연(若然), 기운(記云)「시직축전향시(尸稷祝前鄉尸)」, 우왈(又曰)「강계환급문(降階還及門), 여출호(如出戶)」, 주운(注云)：「강계여승시(降階如升時)。」이차언지(以此言之), 강재시전(降在尸前)。운여승자(云如升者), 직취여시승동(直取與尸升同), 부취후동(不取後同), 고(故)《예기(禮器)》「조유무방(詔侑無方)」시야(是也)。

시승(尸升), 종인조용여초(宗人詔踊如初)。

언조용여초(言詔踊如初), 칙범용(則凡踊), 종인조지(宗人詔之)。

◆소(疏)

「시승(尸升)」지(至)「여초(如初)」。○주(注)「언조(言詔)」지(至)「조지(詔之)」。○석왈(釋曰)：운(云)「언조용여초(言詔踊如初), 칙범용(則凡踊), 종인조지(宗人詔之)」자(者), 이기상무종인조용지사(以其上無宗人詔踊之事), 이차종인조용(以此宗人詔踊), 운여초(云如初), 명전용병명하문용(明前踊並明下文踊), 개종인조지(皆宗人詔之), 고정운(故鄭云)「범(凡)」야(也)。

시입호(尸入戶), 용여초(踊如初), 곡지(哭止)。

곡지(哭止), 존시(尊尸)。

부인입우방(婦人入于房)。

피집사자(辟執事者)。

◆소(疏)

「부인입우방(婦人入于房)」。○주(注)「피집사자(辟執事者)」。○석왈(釋曰)：이기부인재당상(以其婦人在堂上), 집사자유당동(執事者由堂東), 고피지입방야(故辟之入房也)。

주인급축배타시(主人及祝拜妥尸)。시배(尸拜), 수좌(遂坐)。

타(妥), 안좌야(安坐也)。「주인(主人)」지(至)「수좌(遂坐)」。○석왈(釋曰)：안(案)《교특생(郊特牲)》주운(注云)：「시즉지존지(尸即至尊之), 좌혹시부자안(坐或時不自安), 칙이배안지(則以拜安之)。」차역연(此亦然)。「타(妥), 안좌야(安坐也)」, 《이아(爾雅)》문(文)。

종자착비우시좌석상(從者錯篚于尸左席上), 립우기북(立于其北)。

북(北), 석북야(席北也)。

◆소(疏)

「종자(從者)」지(至)「기북(其北)」。○주(注)「북석북야(北席北也)」。○석왈(釋曰)：차우례비상(此虞禮篚象)《특생(特牲)》기조(肵俎), 기조치어석북(肵俎置於席北), 명차비역재석북(明此篚亦在席北), 이의성시지찬야(以擬盛尸之饌也)。

시취전(尸取奠), 좌집지(左執之)。취저(取菹), 유우해(擩于醢), 제우두간(祭于豆間)。축명좌식타제(祝命佐食墮祭)。

하제왈타(下祭曰墮), 타지유언타하야(墮之猶言墮下也)。《주례(周禮)》왈(曰)：「기제(既祭), 즉장기타(則藏其墮)。」위차야(謂此也)。금문타위수(今文墮爲綏)。《특생(特牲)》、《소뢰(少牢)》혹위수(或爲羞), 실고정의(失古正矣)。제(齊)、로지간(魯之間), 위제위타(謂祭爲墮)。

◆ **소(疏)**

「시취(尸取)」지(至)「타제(墮祭)」。○주(注)「하제(下祭)」지(至)「위타(爲墮)」。○석왈(釋曰)：운(云)「시취전(尸取奠), 좌집지(左執之)」자(者), 이우수장타고야(以右手將墮故也)。운(云)「하제왈타(下祭曰墮)」자(者), 이기범제개수거지(以其凡祭皆手舉之), 향하제지(向下祭之), 고운하제왈타(故云下祭曰墮)。운(云)「타지유언타하(墮之猶言墮下)」자(者), 안(案)《좌전(左傳)》운자로(云子路)「장타삼도(將墮三都)」, 이삼도대고(以三都大高), 고타하지(故墮下之)。취타위하제지의(取墮爲下祭之義), 고독종지(故讀從之)。인(引)《주례(周禮)·수조직(守祧職)》운(云)「기제장기타(既祭藏其墮), 위차야(謂此也)」자(者), 위차타(謂此墮)、제일야(祭一也)。인지자(引之者), 증(證)《수조(守祧)》동지이(同之耳)。운(云)「금문타위수(今文墮爲綏)」, 우운(又云)「《특생(特牲)》、《소뢰(少牢)》혹위수(或爲羞), 실고정의(失古正矣)」자(者), 차이자개비타하지의(此二字皆非墮下之義), 고운실고정야(故云失古正也)。운(云)「제로지간위제위타(齊魯之間謂祭爲墮)」자(者), 제남로북위제위타자(齊南魯北謂祭爲墮者), 유타하이제(由墮下而祭), 인즉위제위타(因即謂祭爲墮), 시정종타부종수여수지의야(是鄭從墮不從綏與羞之意也)。안(案)《특생(特牲)》운(云)「축명뇌제(祝命挼祭)」, 주운(注云)：「《사우례(士虞禮)》고문왈(古文曰)：축명좌식타제(祝命佐食墮祭)。《주례(周禮)》왈(曰)：기제칙장기타(既祭則藏其墮)。타여뇌독동이(墮與挼讀同耳)。금문개뇌개위수(今文改挼皆爲綏), 고문차개위뇌제야(古文此皆爲挼祭也)。」우(又)《소뢰(少牢)》시장초주인시(尸將酢主人時), 「상좌식이수제(上佐食以綏祭)」, 정주운(鄭注云)：「수독위타(綏讀爲墮)。」차삼처경중타개부동자(此三處經中墮皆不同者), 차오자혹위타(此五字或爲墮), 혹위뇌(或爲挼), 혹위수(或爲羞), 혹위수(或爲綏), 혹위유(或爲擩), 차오자정기이뇌(此五者鄭既以挼)、수급수삼자이종타(綏及羞三者已從墮), 복운고문작유(復云古文作擩), 이기(以其)《특생(特牲)》급차(及此)《사우(士虞)》개유유제(皆有擩祭), 고역겸유해(故亦兼擩解)。

좌식취서직폐제수시(佐食取黍稷肺祭授尸), 시제지(尸祭之)。제전(祭奠), 축축(祝祝)。주인배여초(主人拜如初)。시상례(尸嘗醴), 전지(奠之)。

여초(如初), 역축축졸(亦祝祝卒), 내재배계수(乃再拜稽首)。

◆ **소(疏)**

「좌식(佐食)」지(至)「전지(奠之)」。○주(注)「여초(如初)」지(至)「계수(稽首)」。○석왈(釋曰)：운(云)「여초(如初), 역축축졸(亦祝祝卒), 내재배계수(乃再拜稽首)」자(者), 역여상문(亦如上文), 영시전축축졸야(迎尸前祝祝卒也)。

좌식거폐척수시(佐食舉肺脊授尸)。시수(尸受), 진제(振祭), 제지(嚌之), 좌수집지(左手執之)。

우수장유사야(右手將有事也)。시식지시(尸食之時), 역전폐척우두(亦奠肺脊于豆)。

◆ **소(疏)**

「좌식(佐食)」지(至)「집지(執之)」。○주(注)「우수(右手)」지(至)「우두(于豆)」。○석왈(釋曰)：안(案)《특생(特牲)》「축명이돈(祝命爾敦), 좌식이서직우석상(佐食爾黍稷于席上)」, 「거폐척이수시(舉肺脊以授尸), 시수(尸受), 진제제지(振祭嚌之)」, 피거폐척재이돈후(彼舉肺脊在爾敦後), 차거폐척재이돈전자(此舉肺脊在爾敦前者), 피길제(彼吉祭), 길흉상변고야(吉凶相變故也)。운(云)「우수장유사야(右手將有事也)」자(者), 위하문제조(爲下文祭俎)、상조시야(嘗俎是也)。운(云)「시식지시(尸食之時), 역전폐척어두(亦奠肺脊於豆)」자(者), 해경무전문(解經無奠文)。지부집이식졸자(知不執以食卒者), 안하문운(案下文云)「시졸식(尸卒食), 좌식수폐척실우비(佐食受肺脊實于篚)」, 재시수당운수폐척(在尸手當云受肺脊), 우지재두자(又知在豆者), 《특생(特牲)》운(云)「시실거어저두(尸實舉於菹豆)」시야(是也)。안(案)《특생

(特牲)》시(尸)「내식식거(乃食食擧)」, 주운(注云)：「거언식자(擧言食者), 명범해체개련육(明凡解體皆連肉)。」《소뢰(少牢)》운(云)「식거(食擧)」, 주운(注云)：「거(擧), 뇌폐정척야(牢肺正脊也), 선반담지(先飯啖之), 이위도야(以為道也)。」차상제부언식거(此喪祭不言食擧), 역식거가지(亦食擧可知)。시이(是以)《특생(特牲)》주운(注云)「폐(肺), 기지주야(氣之主也)」, 척정체지귀자(脊正體之貴者), 선식담지(先食啖之), 소이도식통기야(所以道食通氣也)。안하문주운(案下文注云)「시부수어석(尸不受魚腊), 이상부비미(以喪不備味)」, 칙역부식서수의(則亦不食庶羞矣)。

축명좌식이돈(祝命佐食邇敦)。좌식거서(佐食擧黍), 착우석상(錯于席上)。

이(邇), 근야(近也)。

시제형(尸祭鉶)、상형(嘗鉶)。

우수야(右手也)。《소뢰(少牢)》왈(曰)：「이사제양형(以柶祭羊鉶), 수이제시형(遂以祭豕鉶), 상양형(嘗羊鉶)。」

◆소(疏)

○주석왈(注釋曰)：지이우수자(知以右手者), 상경운(上經云)「좌식거폐척수시(佐食擧肺脊授尸), 시수(尸受), 진제(振祭), 제지(嚌之), 좌수집지(左手執之)」, 정운(鄭云)「우수장유사(右手將有事)」, 지차상형용우수야(指此嘗鉶用右手也)。인(引)《소뢰(少牢)》자(者), 증차경상제지시역용사(證此經嘗祭之時亦用柶)。안하기운(案下記云)：「형모용고(鉶芼用苦), 약미유활(若薇有滑), 하용규(夏用葵), 동용환(冬用荁), 유사(有柶)。」시용사제지의(是用柶祭之義)。

태갱읍자문입(泰羹湆自門入), 설우형남(設于鉶南), 자사두(菹四豆), 설우좌(設于左)。

박이미야(博異味也)。읍(湆), 육즙야(肉汁也)。자(菹), 절육야(切肉也)。

◆소(疏)

「태갱(泰羹)」지(至)「우좌(于左)」。○주(注)「박이(博異)」지(至)「육야(肉也)」。○석왈(釋曰)：운(云)「설우형남(設于鉶南)」자(者), 이태갱읍미설(以泰羹湆未設), 고계형이언지(故繼鉶而言之), 기실치북류공처(其實觶北留空處), 이대태갱(以待泰羹)。운(云)「자사두(菹四豆), 설우좌(設于左)」자(者), 안(案)《특생(特牲)》「사두설우좌(四豆設于左), 남상(南上)」, 운좌자(云左者), 정두지좌(正豆之左)。우(又)《소뢰(少牢)》운(云)：「상좌식수자(上佐食羞菹), 량와두(兩瓦豆), 유해(有醢), 설우천두지북(設于薦豆之北)。」주운(注云)：「설어천두지북(設於薦豆之北), 이기가야(以其加也)。」언북역시좌야(言北亦是左也)。운(云)「박이미(博異味)」자(者), 이기유읍유자고야(以其有湆有菹故也)。

시반(尸飯), 파여우비(播餘于筐)。

부반여야(不反餘也)。고자반용수(古者飯用手), 길시파여우회(吉時播餘于會)。고문파위반(古文播爲半)。

◆소(疏)

「시반파여우비(尸飯播餘于筐)」。○주(注)「부반(不反)」지(至)「위반(爲半)」。○석왈(釋曰)：운(云)「고자반용수(古者飯用手)」자(者), 안(案)《곡례(曲禮)》운(云)「무단반(無摶飯)」, 우운(又云)「무방반(無放飯)」, 「반서무이저(飯黍毋以箸)」, 고지고자반용수(故知古者飯用手)。언차자(言此者), 증파반거수위방반(證播飯去手爲放飯)。운(云)「길시파여우회(吉時播餘于會)」자가지(者可知), 고결지(故決之)。

삼반(三飯), 좌식거간(佐食擧幹), 시수(尸受), 진제(振祭), 제지(嚌之), 실우비(實于筐)。

반간담육(飯間啖肉), 안식기(安食氣)。

◆소(疏)

○주석왈(注釋曰) : 운(云)「반간담육안식기(飯間啖肉安食氣)」자(者), 이기각협골체련육(以其胳脅骨體連肉), 우재삼반지간(又在三飯之間), 고운반간담육안식기(故云飯間啖肉安食氣)。

우삼반(又三飯), 거각(擧胳), 제여초(祭如初)。좌식거어(佐食擧魚)、석(腊), 실우비(實于篚)。

시부수어석(尸不受魚腊), 이상부비미(以喪不備味)。

◆소(疏)

「우삼(又三)」지(至)「우비(于篚)」。○주(注)「시부(尸不)」지(至)「비미(備味)」。○석왈(釋曰) : 운(云)「시부수어석(尸不受魚腊)」자(者), 안경(案經)「좌식거어석(佐食擧魚腊)」, 부운시수제지(不云尸受嚌之), 명시부수어석가지(明尸不受魚腊可知)。운(云)「이상부비미(以喪不備味)」자(者), 안(案)《특생(特牲)》삼거어석(三擧魚腊), 시개진제제지(尸皆振祭嚌之), 차좌식거어석(此佐食擧魚腊), 실어비(實於篚), 시부제(尸不嚌), 고운상부비미(故云喪不備味)。

우삼반(又三飯), 거견(擧肩), 제여초(祭如初)。

후거견자(後擧肩者), 귀요성야(貴要成也)。

◆소(疏)

「우삼(又三)」지(至)「여초(如初)」。○주(注)「후거(後擧)」지(至)「성야(成也)」。○석왈(釋曰) : 운(云)「후거견자(後擧肩者), 귀요성야(貴要成也)」자(者), 안(案)《예기(禮記)·제통(祭統)》운(云)「주인귀견(周人貴肩)」, 고운귀자요성야(故云貴者要成也)。요성자(要成者), 거후식즉포야(據後食即飽也)。

거어(擧魚)、석조(腊俎)、조석삼개(俎釋三个)。

석유유야(釋猶遺也)。유지자(遺之者), 군자부진인지환(君子不盡人之歡), 부갈인지충(不竭人之忠)。개유매야(个猶枚也)。금속혹명매왈개(今俗或名枚曰個), 음상근(音相近)。차석역칠체(此腊亦七體), 여기생야(如其牲也)。

◆소(疏)

「거어(擧魚)」지(至)「삼개(三個)」。○주(注)「석유(釋猶)」지(至)「생야(牲也)」。○석왈(釋曰) : 차경직거어석조성어비(此經直擧魚腊俎盛於篚), 조석삼개(俎釋三個), 부언성생체자(不言盛牲體者), 안하기운(案下記云)「갱임승좌견(羹飪升左肩)、비(臂)、노(臑)、순(肫)、각(胳)、척(脊)、협(脅)」칠체(七體), 차상경좌식(此上經佐食), 초거척(初擧脊), 차거간(次擧幹), 우거각(又擧胳), 종거견(終擧肩), 총거사체(總擧四體), 유유비(唯有臂)、노(臑)、순삼자(肫三者), 좌식즉당조석삼개(佐食即當俎釋三個), 부복성생체(不復盛牲體), 고직거어석이이(故直擧魚腊而已)。운(云)「유지자(遺之者), 군자부진인지환(君子不盡人之歡), 부갈인지충(不竭人之忠)」, 차(此)《상곡례(上曲禮)》문(文), 안피주(案彼注)「환위음식(歡謂飲食), 갈위의복(竭謂衣服)」。어차인지병거음식자(於此引之並據飲食者), 피주대문(彼注對文), 차주산문(此注散文), 칙환여충통(則歡與忠通), 고총증생체야(故總證牲體也)。우안(又案)《특생(特牲)》「석삼개(釋三個)」주운(注云) : 「위개찬어서북우유지(謂改饌於西北隅遺之)。」여차주부동자(與此注不同者), 차주역유개찬지의(此注亦有改饌之義), 우겸유차부진환충지례(又兼有此不盡歡忠之禮)。운(云)「금속혹명매왈개(今俗或名枚曰個), 음상근(音相近)」자(者), 경중개인하수견속어(經中個人下豎牽俗語), 명매왈개자(名枚曰個者), 인방저고(人傍著固), 자수부동(字雖不同), 음성상근(音聲相近), 동시일개지의(同是一個之義)。운(云)「차석역칠체(此腊亦七體), 여기생야(如其牲也)」자(者), 안하기생유칠체(案下記牲有七體), 차석역부과특생체(此腊亦不過特牲體), 고운여기생(故云如其牲), 언차이대피(言此以對彼)。안피특생길제십일체(案彼特牲吉祭十一體), 시이(是以)《특생(特牲)》기운(記云)「석여생골(腊如牲骨)」, 내유십일체(乃有十一體), 여차부동(與此不同), 길례이고야(吉禮異故也)。

시졸식(尸卒食), 좌식수폐척(佐食受肺脊), 실우비(實于篚), 반서(反黍), 여초설(如初設)。

구반이이(九飯而已), 사례야(士禮也). 비유길제지유기조(筵猶吉祭之有肵俎).

◆소(疏)

○석왈(釋曰)：운(云)「반서여초설(反黍如初設)」자(者), 안상설서직재조남(案上設黍稷在俎南), 서서동직(西黍東稷), 차상문좌식거서(次上文佐食擧黍), 착우석상(錯于席上), 차시졸식(此尸卒食), 고반서우본처(故反黍于本處), 여초설(如初設). 운(云)「구반이이(九飯而已), 사례야(士禮也)」자(者), 소뢰십일반(少牢十一飯), 제후십삼반(諸侯十三飯), 천자십오반(天子十五飯), 고운구반사례야(故云九飯士禮也). 운(云)「비유길제지유기조(筵猶吉祭之有肵俎)」자(者), 안(案)《특생(特牲)》、《소뢰(少牢)》시거생체진제제지(尸擧牲體振祭嚌之), 개가어기조(皆加於肵俎), 차시거생체진제제지(此尸擧牲體振祭嚌之), 개실어비(皆實於筵), 고운비유길제지유기조(故云筵猶吉祭之有肵俎).

주인세폐작(主人洗廢爵), 작주윤시(酌酒酳尸). 시배수작(尸拜受爵), 주인북면답배(主人北面荅拜). 시제주(尸祭酒), 상지(嘗之).

작무족왈폐작(爵無足曰廢爵). 윤(酳), 안식야(安食也). 주인북면이윤초(主人北面以酳酢), 변길야(變吉也). 범이자개변길(凡異者皆變吉). 고문윤작작(古文酳作酌).

◆소(疏)

「주인(主人)」지(至)「상지(嘗之)」。○주(注)「작무(爵無)」지(至)「작작(作酌)」。○석왈(釋曰)：자차진(自此盡)「승당복위(升堂復位)」, 론주인초헌시병헌축급헌좌식지사(論主人初獻尸並獻祝及獻佐食之事). 운(云)「작무족왈폐작(爵無足曰廢爵)」자(者), 안하문(案下文)「주부세족작(主婦洗足爵)」, 정운(鄭云)：「작유족(爵有足), 경자식야(輕者飾也)。」칙주인상중(則主人喪重), 작무족가지(爵無足可知). 범제언폐자(凡諸言廢者), 개시무족폐돈지류시야(皆是無足廢敦之類是也). 운(云)「주인북면이윤초(主人北面以酳酢), 변길야(變吉也)」자(者), 안(案)《특생(特牲)》、《소뢰(少牢)》시배수(尸拜受), 주인서면배송(主人西面拜送), 여차면상반(與此面相反), 고운변길야(故云變吉也). 안(案)《특생(特牲)》직유주인송배(直有主人送拜), 수부견주인면위(雖不見主人面位), 약여(約與)《소뢰(少牢)》동(同), 개서면야(皆西面也). 운(云)「범이자개변길(凡異者皆變吉)」자(者), 안(案)《특생(特牲)》운(云)「주인배송(主人拜送)」, 차운주인답배(此云主人荅拜)；《특생(特牲)》운(云)：「시졸각(尸卒角), 축수시각(祝受尸角), 왈송작(曰送爵)。」차부운송작(此不云送爵)；《특생(特牲)》제간흘(濟肝訖), 가어저두(加於菹豆), 차제간흘(此嚌肝訖), 가어조(加於俎), 개시이어길시(皆是異於吉時), 고운범이자개변길(故云凡異者皆變吉).

빈장이간종(賓長以肝從), 실우조(實于俎), 축(縮), 우염(右鹽).

축(縮), 종야(從也). 종(從), 실간자어조야(實肝炙於俎也). 상제진저(喪祭進柢). 우염어조근북(右鹽於俎近北), 편시취지야(便尸取之也). 축집조(縮執俎), 언우염(言右鹽), 칙간염병야(則肝鹽并也).

◆소(疏)

「빈장(賓長)」지(至)「우염(右鹽)」。○주(注)「축종(縮從)」지(至)「병야(并也)」。○석왈(釋曰)：운(云)「축(縮), 종야(從也). 종(從), 실간자어조야(實肝炙於俎也). 상제진저(喪祭進柢)」자(者), 안하기운(案下記云)「재유진저(載猶進柢)」, 저(柢), 본야(本也), 위간지본(謂肝之本), 두진지향시(頭進之向尸). 운(云)「우염어조근북(右鹽於俎近北), 편시취지야(便尸取之也)」자(者), 종집조일두향시(從執俎一頭向尸), 거집조지인좌반유간(據執俎之人左畔有肝), 우반유염(右畔有鹽), 서면향시(西面向尸), 시동면(尸東面), 이우수취간어조우반(以右手取肝於俎右畔), 유염어좌반(擩鹽於左畔), 시이염어조지근북(是以鹽於俎之近北), 편시취지(便尸取之). 운(云)「축집조(縮執俎), 언우염(言右鹽), 칙간염병야(則肝鹽并也)」자(者), 위조기축(謂俎既縮), 집칙협간(執則狹肝), 염부용상원(鹽不容相遠), 시집조인우반유염(是執俎人右畔有鹽), 좌반유간(左畔有肝), 고운(故云)「병(并)」야(也).

시좌집작(尸左執爵), 우취간(右取肝), 유염(擩鹽), 진제(振祭), 제지(嚌之), 가우조

(加于俎)。 빈강(賓降), 반조우서숙(反俎于西塾), 복위(復位)。

취간(取肝), 우수야(右手也)。 가우조(加于俎), 종기생체야(從其牲體也)。 이상부지어미(以喪不志於味)。

◆소(疏)

「시좌(尸左)」 지(至) 「복위(復位)」。 ○주(注) 「취간(取肝)」 지(至) 「어미(於味)」。 ○석왈(釋曰) : 복위자(復位者), 위빈장야(謂賓長也), 시기진간흘(尸旣振肝訖), 복서계전중형제지남(復西階前眾兄弟之南), 동면위(東面位)。 운(云) 「이상부지어미(以喪不志於味)」 자(者), 결(決) 《특생(特牲)》、 《소뢰(少牢)》 시제간흘(尸嚌肝訖), 가저두이근신(加菹豆以近身)。 차우례(此虞禮), 시제간흘(尸嚌肝訖), 부가우저두(不加于菹豆), 이원가어조(而遠加於俎), 이동생체자(以同牲體者), 이상지부재어미(以喪志不在於味), 고원신가조야(故遠身加俎也)。 약연(若然), 《특생(特牲)》、 《소뢰(少牢)》 축부감여시동가어저두(祝不敢與尸同加於菹豆), 제간흘(嚌肝訖), 가우조(加于俎), 여차시동자(與此尸同者), 축무부재위지혐(祝無不在位之嫌), 예궁즉동고야(禮窮則同故也)。

시졸작(尸卒爵), 축수(祝受), 부상작(不相爵)。 주인배(主人拜), 시답배(尸答拜)。

부상작(不相爵), 상제어례략(喪祭於禮略)。 상작자(相爵者), 《특생(特牲)》 왈(曰) : 「송작(送爵), 황시졸작(皇尸卒爵)。」

축작수시(祝酌授尸), 시이초주인(尸以醋主人), 주인배수작(主人拜受爵), 시답배(尸答拜)。

초(醋), 보(報)。

주인좌제(主人坐祭), 졸작(卒爵), 배(拜), 시답배(尸答拜)。 연축(筵祝), 남면(南面)。

축접신(祝接神), 존야(尊也)。 연용추석(筵用萑席)。

◆소(疏)

「연축남면(筵祝南面)」。 ○주(注) 「축접(祝接)」 지(至) 「추석(萑席)」。 ○석왈(釋曰) : 상문시용위석(上文尸用葦席), 기축석경기수부언(其祝席經記雖不言), 이시용재상(以尸用在喪), 고부용추(故不用萑), 금축의여평상동(今祝宜與平常同), 고용추야(故用萑也)。 운(云) 「축접신(祝接神), 존야(尊也)」 자(者), 해선득헌지사(解先得獻之事)。

주인헌축(主人獻祝), 축배(祝拜), 좌수작(坐受爵), 주인답배(主人答拜)。 헌축(獻祝), 인반서면위(因反西面位)。

◆소(疏)

○주석왈(注釋曰) : 운(云) 「헌축(獻祝), 인반서면위(因反西面位)」 자(者), 이(以) 《소뢰(少牢)》 운주인수초시(云主人受酢時), 「주인배수작(主人拜受爵), 시답배(尸答拜), 주인서면전작(主人西面奠爵)」。 《특생(特牲)》 운(云) 「주인배수각(主人拜受角)」, 수부언서면(雖不言西面), 피주운(彼注云) : 「퇴자(退者), 진수작반위(進受爵反位)。」 즉서면야(則西面也), 시길제시주인서면(是吉祭時主人西面), 고상주운(故上注云) 「북면이윤초변길야(北面以醋酢變吉也)」, 금지윤초급헌축흘(今至醋酢及獻祝訖), 명인반서면위가지야(明因反西面位可知也)。

천저해(薦菹醢), 설조(設俎)。 축좌집작(祝左執爵), 제천(祭薦), 전작(奠爵), 흥(興), 취폐(取肺), 좌제(坐祭), 제지(嚌之), 흥(興), 가우조(加于俎), 제주(祭酒), 상지(嘗之), 간종(肝從)。 축취간유염(祝取肝擩鹽), 진제(振祭), 제지(嚌之), 가우조(加于俎), 졸작(卒爵), 배(拜)。 주인답배(主人答拜)。 축좌수주인(祝坐受主人)。

금문무유염(今文無擩鹽)。

◆소(疏)

○주석왈(注釋曰)：차직언(此直言)「천저해설조(薦菹醢設俎)」자(者)，부견천철지인(不見薦徹之人)，안하문운(案下文云)「축천석철입우방(祝薦席徹入于房)」，주운(注云)：「철천석자(徹薦席者)，집사자(執事者)。」즉차설자역집사가지(則此設者亦執事可知)。

주인작헌좌식(主人酌獻佐食)，좌식북면배(佐食北面拜)，좌수작(坐受爵)，주인답배(主人答拜)。좌식제주(佐食祭酒)，졸작(卒爵)，배(拜)。주인답배(主人答拜)，수작(受爵)，출(出)，실우비(實于篚)，승당(升堂)，복위(復位)。

비재정(篚在庭)，부복입(不復入)，사이야(事已也)。역인취장(亦因取杖)，내동면립(乃東面立)。

◆소(疏)

주(注)「비재(篚在)」지(至)「면립(面立)」。○석왈(釋曰)：운(云)「비재정(篚在庭)」자(者)，차수무문(此雖無文)，약동천차설천전지등야(約同薦車設遷奠之等也)。운(云)「부복입(不復入)，사이야(事已也)，역인취장(亦因取杖)，내동서면립(乃東西面立)」자(者)，상문곡시(上文哭時)，주인승당(主人升堂)，서서동면(西序東面)，우상문운(又上文云)「주인의장입(主人倚杖入)」，금승당복위(今升堂復位)，부복입실(不復入室)，이기사이(以其事已)，인득취장복동면위야(因得取杖復東面位也)。

주부세족작우방중(主婦洗足爵于房中)，작(酌)，아헌시(亞獻尸)，여주인의(如主人儀)。

작유족(爵有足)，경자식야(輕者飾也)。《혼례(昏禮)》왈(曰)：「내세재북당(內洗在北堂)，직실동우(直室東隅)。」

◆소(疏)

「주부(主婦)」지(至)「인의(人儀)」。○주(注)「작유(爵有)」지(至)「동우(東隅)」。○석왈(釋曰)：자차진(自此盡)「입우방(入于房)」，론주부헌시병헌축급좌식지사(論主婦獻尸並獻祝及佐食之事)。운(云)「여주인의(如主人儀)」자(者)，즉상주인윤시(即上主人酳尸)，시배수작(尸拜受爵)，주인북면답배지등(主人北面答拜之等)。금주부아헌역연(今主婦亞獻亦然)，고운여주인의야(故云如主人儀也)。운(云)「작유족(爵有足)，경자식야(輕者飾也)」자(者)，주부(主婦)，주인지부(主人之婦)，위구고제쇠(爲舅姑齊衰)，시경어주인(是輕於主人)，고작유족위식야(故爵有足爲飾也)。인(引)《혼례(昏禮)》자(者)，증경세작우방중(證經洗爵于房中)，부언설세처(不言設洗處)，의여(宜與)《혼례(昏禮)》동야(同也)。

자반량변(自反兩邊)，조(棗)、률(栗)，설우회남(設于會南)，조재서(棗在西)。

상조(尚棗)，조미(棗美)。

◆소(疏)

「자반(自反)」지(至)「재서(在西)」。○주(注)「상조조미(尚棗棗美)」。○석왈(釋曰)：안(案)《특생(特牲)》：「종부집량변(宗婦執兩邊)，주부수(主婦受)，설우돈남(設于敦南)。」차주부자반량변(此主婦自反兩邊)，부사종부자(不使宗婦者)，이상상종(以喪尚縱)，종(縱)，반길고(反吉故)。연상주인헌(然上主人獻)，사찬천저해(使贊薦菹醢)，주운(注云)：자참지복부집사자(齊斬之服不執事者)。피위주인헌(彼爲主人獻)，고부사주부천(故不使主婦薦)，차아헌(此亞獻)，기소유사(己所有事)，고자천가지(故自薦可知)。

시제변(尸祭邊)、제주여초(祭酒如初)。빈이번종(賓以燔從)，여초(如初)。시제번(尸祭燔)、졸작여초(卒爵如初)。

작헌축(酌獻祝)，변(邊)、번종(燔從)，헌좌식(獻佐食)，개여초(皆如初)。이허작입우방(以虛爵入于房)。

초(初)，주인의(主人儀)。

◆소(疏)

「시제(尸祭)」지(至)「우방(于房)」。○주(注)「초주인의(初主人儀)」。○석왈(釋曰) : 차(此)「시제변(尸祭籩)」이하(已下), 지(至)「변번종헌좌식(籩燔從獻佐食)」, 개거주인헌시(皆擧主人獻尸), 빈장이간종(賓長以肝從), 지좌식제주(至佐食祭酒), 졸작배(卒爵拜), 주인답배(主人答拜), 수작출(受爵出), 실우비(實于篚), 병여주인의(並如主人儀), 고개운(故皆云)「여초(如初)」야(也)。

빈장세억작(賓長洗繶爵), 삼헌(三獻), 번종(燔從), 여초의(如初儀)。

억작(繶爵), 구족지간유전문(口足之間有篆文), 우미식(又彌飾)。

◆소(疏)

○석왈(釋曰) : 차일절론빈장종삼헌지사(此一節論賓長終三獻之事)。운(云)「억작(繶爵), 구족지간유전우미식(口足之間有篆又彌飾)」자(者), 안(案)《구인(屨人)》억시구지아저지간(繶是屨之牙底之間), 봉중지식(縫中之飾), 즉차작운억자(則此爵云繶者), 역시작구족지간유식가지(亦是爵口足之間有飾可知)。운(云)「우미식(又彌飾)」, 이기주부유족이시유식(以其主婦有足已是有飾), 금구족지간우가식야(今口足之間又加飾也)。

부인복위(婦人復位)。

복당상서면위(復堂上西面位), 사이(事已), 시장출(尸將出), 당곡용(當哭踊)。

◆소(疏)

「부인복위(婦人復位)」。○주(注)「복당(復堂)」지(至)「곡용(哭踊)」。○석왈(釋曰) : 자차진(自此盡)「배계상(拜稽顙)」, 논제흘송시(論祭訖送尸), 급개찬위양염지사(及改饌爲陽厭之事)。운(云)「복당상서면위(復堂上西面位)」자(者), 상운주인즉위어문외(上云主人即位於門外), 여조석림위(如朝夕臨位), 부인급내형제복(婦人及內兄弟服), 즉위어당역여지(即位於堂亦如之), 이하경부견별유부인위(以下更不見別有婦人位), 명복위자환차위가지(明復位者還此位可知)。우안(又案)《사상례(士喪禮)》범림위(凡臨位), 부인즉위우당남상즉면위야(婦人即位于堂南上即面位也)。운(云)「시장출(尸將出), 당곡용(當哭踊)」자(者), 이곡송(以哭送), 차상제고용(此喪祭故踊), 《특생(特牲)》길제부곡용(吉祭不哭踊), 고역무차복위지사야(故亦無此復位之事也)。

축출호(祝出戶), 서면고리성(西面告利成)。주인곡(主人哭),

서면고(西面告), 고주인야(告主人也)。리유양야(利猶養也)。성(成), 필야(畢也)。언양례필야(言養禮畢也)。부언양례필(不言養禮畢), 어시간혐(於尸間嫌)。

◆소(疏)

○주석왈(注釋曰) : 운(云)「서면고(西面告), 고주인야(告主人也)」자(者), 이처주인동면(以處主人東面), 고축서면대이고지(故祝西面對而告之)。운(云)「부언양례필(不言養禮畢), 어시간혐(於尸間嫌)」자(者), 약언양례필(若言養禮畢), 즉어시중간유혐풍거지(即於尸中間有嫌諷去之)。혹본간작한음(或本間作閑音), 이양시사필(以養尸事畢), 이시공한(而尸空閑), 혐풍거지(嫌諷去之)。

개곡(皆哭)。

장부부인어주인곡(丈夫婦人於主人哭), 사곡의(斯哭矣)。

◆소(疏)

「개곡(皆哭)」。○주(注)「장부(丈夫)」지(至)「곡의(哭矣)」。○석왈(釋曰) : 언상운주인곡(言上云主人哭), 즉주인지외(則主人之外), 시마이상(緦麻以上), 재위자개곡(在位者皆哭)。고정총(故鄭總)「장부(丈夫)、부인어주인곡사곡의(婦人於主人哭斯哭矣)」

축입(祝入), 시속(尸謖)。

축입이무사(祝入而無事), 시칙지기의(尸則知起矣)。 부고시자(不告尸者), 무견존자지도야(無遣尊者之道也)。 고문속혹위휴(古文謖或爲休)。

◆소(疏)

「축입시속(祝入尸謖)」。 ○주(注)「속기(謖起)」지(至)「위휴(爲休)」。 ○석왈(釋曰) : 운(云)「축입이무사(祝入而無事), 시칙지기의(尸則知起矣)」자(者), 수부고시무사(雖不告尸無事), 시역지무사(尸亦知無事), 례필이기의(禮畢而起矣)。 운(云)「부고시자(不告尸者), 무견존자지도야(無遣尊者之道也)」자(者), 위부고시이례필자(謂不告尸以禮畢者), 시존(尸尊), 약고지(若告之), 칙여발견존자(則如發遣尊者), 고운부고시자무견존자지도야(故云不告尸者無遣尊者之道也)。

종자봉비곡(從者奉篚哭), 여초(如初)。

초(初), 곡종시(哭從尸)。

축전시(祝前尸), 출호(出戶), 용여초(踊如初), 강당(降堂), 용여초(踊如初), 출문(出門), 역여지(亦如之)。

전(前), 도야(道也)。 여초자(如初者), 출여입(出如入), 강여승(降如升), 삼자지절비애동(三者之節悲哀同)。

◆소(疏)

「축전(祝前)」지(至)「여지(如之)」。 ○주(注)「전도(前道)」지(至)「애동(哀同)」。 ○석왈(釋曰) : 안상문시입문(案上文尸入門), 장부용(丈夫踊), 부인용(婦人踊)。 시급계(尸及階), 축연시(祝延尸), 시승(尸升), 종인조용여초(宗人詔踊如初)。 시입호(尸入戶), 용여초(踊如初), 고차정운(故此鄭云)「출여입(出如入), 강여승(降如升), 삼자지절비애동(三者之節悲哀同)」, 시이여지(是以如之), 득유삼자야(得有三者也)。

축반(祝反), 입철(入徹), 설우서북우(設于西北隅), 여기설야(如其設也)。 궤재남(几在南), 비용석(扉用席)。

개설찬자(改設饌者), 부지귀신지절(不知鬼神之節), 개설지(改設之)。 서기흠향(庶幾歆饗), 소이위염어야(所以爲厭飫也)。 궤재남변우문(几在南變右文), 명동면(明東面)。 부남면(不南面), 점야(漸也)。 비(扉), 은야(隱也), 우비은지처(于扉隱之處), 종기유암(從其幽闇)。

◆소(疏)

○석왈(釋曰) : 축반입(祝反入), 위송시출문(謂送尸出門), 이반입철신전지찬(而反入徹神前之饌), 고설어서북우야(故設於西北隅也)。 운(云)「여기설야(如其設也)」자(者), 위설우서북우(謂設于西北隅), 차제일여오중동면설(次第一如奧中東面設)。 운(云)「궤재남(几在南), 변고문(變古文)」자(者), 상문음염시(上文陰厭時), 설궤석우실중동면(設几席于室中東面), 우궤(右几), 금운궤재남(今云几在南), 명기동(明其同)。 필변문자(必變文者), 안(案)《소뢰(少牢)》대부례양염시남(大夫禮陽厭時南), 역궤재우(亦几在右), 차언우궤(此言右几), 혐여대부동남면이우궤(嫌與大夫同南面而右几), 고변문운궤재남(故變文云几在南), 여전재오동(與前在奧同), 고운(故云)「명동면(明東面)」야(也)。 우이(又以)《특생(特牲)》운(云) : 「축연궤우실중(祝筵几于室中), 동면(東面)。」 지어개찬운(至於改饌云) : 「좌식철시천조(佐食徹尸薦俎), 돈설우서북우(敦設于西北隅), 궤재남(几在南)。」 시여차동야(是與此同也)。 운(云)「부남면(不南面), 점야(漸也)」자(者), 이(以)《특생(特牲)》동면우궤(東面右几), 금우위상제(今虞爲喪祭), 시향길유점(是向吉有漸), 고설궤여길제동(故設几與吉祭同)。 「비(扉), 은야(隱也)。 우비은지처(于扉隱之處), 종기유암(從其幽闇)」자(者), 위이석위장(謂以席爲障), 사지은(使之隱), 고운비은종기유암야(故云扉隱從其幽闇也)。

축천석(祝薦席), 철입우방(徹入于房)。 축자집기조출(祝自執其俎出)。

철천석자(徹薦席者), 집사자(執事者)。 축천석(祝薦席), 즉초자방래(則初自房來)。

◆소(疏)

「축천(祝薦)」지(至)「조출(俎出)」。○주(注)「철천(徹薦)」지(至)「방래(房來)」。○석왈(釋曰) : 운(云)「철천석자(徹薦席者), 집사자(執事者)」, 단축지천석(但祝之薦席), 설여철부언기인(設與徹不言其人), 지사집사자(知使執事者), 이기주인지사부언관자개위지고야(以其主人之士不言官者皆爲之故也)。운(云)「축천석(祝薦席), 즉초자방래(則初自房來)」자(者), 이기상문신석재서서하(以其上文神席在西序下), 차축경기구부언(此祝經記俱不言), 금지자방래자(今知自房來者), 견(見)《공식대부(公食大夫)》기운(記云)「연출자방(筵出自房)」。《혼례(昏禮)》여(與)《사관(士冠)》석개역재우방(席皆亦在于房), 고비축석역자방래(故比祝席亦自房來), 금환우방가지야(今還于房可知也)。

찬합유호(贊闔牖戶)。

귀신상거유암(鬼神尚居幽闇), 혹자원인호(或者遠人乎) 찬(贊), 좌식자(佐食者)。

◆소(疏)

「찬합유호(贊闔牖戶)」。○주(注)「귀신(鬼神)」지(至)「식자(食者)」。○석왈(釋曰) : 운(云)「혹자원인자호(或者遠人者乎)」, 《예기(禮記)·교특생(郊特牲)》문(文)。차정현지의(此鄭玄之義), 비직취귀신거유암(非直取鬼神居幽闇), 혹취원인지의고야(或取遠人之意故也), 지시생인지의(知是生人之意)。운(云)「찬좌식(贊佐食)」자(者), 자상이래행사(自上以來行事), 유유축여좌식(唯有祝與佐食), 이기운(以其云)「축자집기조출(祝自執其俎出)」, 고지합유호자시좌식야(故知闔牖戶者是佐食也)。

주인강(主人降), 빈출(賓出)。

종인조주인(宗人詔主人)。강(降), 빈칙출묘문(賓則出廟門)。

주인출문(主人出門), 곡지(哭止), 개복위(皆復位)。

문외미입위(門外未入位)。

◆소(疏)

주(注)「문외미입위(門外未入位)」。○석왈(釋曰) : 지시문외위자(知是門外位者), 이경운(以經云)「출문(出門)」, 내경운(乃更云)「개복위(皆復位)」, 명(明)「문외미입위(門外未入位)」가지(可知)。

종인고사필(宗人告事畢), 빈출(賓出), 주인송(主人送), 배계상(拜稽顙)。

송배자(送拜者), 명우대문외야(明于大門外也)。빈집사자개거(賓執事者皆去), 즉철실중지찬자(即徹室中之饌者), 형제야(兄弟也)。

◆소(疏)

「종인(宗人)」지(至)「계상(稽顙)」。○주(注)「송배(送拜)」지(至)「제야(弟也)」。○석왈(釋曰) : 운(云)「송배자(送拜者), 명우대문외야(明于大門外也)」자(者), 이기상문운복위(以其上文云復位), 시빈문외(是殯門外), 미출대문(未出大門), 차운(此云)「송배(送拜)」, 시대문외송배가지(是大門外送拜可知)。지(知)「철실중지찬자형제야(徹室中之饌者兄弟也)」자(者), 빈즉집사(賓即執事), 이운(而云)「빈출(賓出)」, 즉실중무집사지인(則室中無執事之人), 유유형제(唯有兄弟), 고철실중지찬자형제가지야(故徹室中之饌者兄弟可知也)。

기(記)。우(虞), 목욕(沐浴), 부즐(不櫛)。

목욕자(沐浴者), 장제(將祭), 자결청(自潔清)。부즐(不櫛), 미재어식야(未在於飾也)。유삼년지상부즐(唯三年之喪不櫛), 기이하즐가야(期以下櫛可也)。금문왈목욕(今文曰沐浴)。

◆소(疏)

「기우목욕부즐(記虞沐浴不櫛)」。○주(注)「목욕(沐浴)」지(至)「목욕(沐浴)」。○석왈(釋日) : 운(云)「유삼년지상부즐(唯三年之喪不櫛), 기이하즐가야(期以下櫛可也)」자(者), 경운부거삼년위주(經云不據三年爲主), 안하문(案下文)「반단(班袒)」, 이명기이하(而明期以下), 우이목욕(虞而沐浴)、즐가야(櫛可也)。

진생우묘문외(陳牲于廟門外), 북수(北首), 서상(西上), 침우(寢右)。

언생(言牲), 석재기중(腊在其中)。서상(西上), 변길(變吉)。침우자(寢右者), 당승좌반야(當升左胖也)。석용어(腊用林)。《단궁(檀弓)》왈(曰) : 「기반곡(既反哭), 주인여유사시우생(主人與有司視虞牲)。」

◆소(疏)

「진생(陳牲)」지(至)「침우(寢右)」。○주(注)「언생(言牲)」지(至)「우생(虞牲)」。○석왈(釋日) : 지석재생중자(知腊在牲中者), 《사우(士虞)》유유일시(唯有一豕), 이운(而云)「서상(西上)」, 명지겸면석득운서상야(明知兼免腊得云西上也)。운(云)「서상(西上), 변길(變吉)」자(者), 안(案)《소뢰(少牢)》이생동상(二牲東上), 시길제동상(是吉祭東上), 금차서상(今此西上), 시변길야(是變吉也)。운(云)「침우자(寢右者), 당승좌반야(當升左胖也)」자(者), 약연(若然), 《특생(特牲)》석재동(腊在東), 치어어동수(置於林東首), 생재서(牲在西), 상우(尚右), 금우례반길(今虞禮反吉), 고침우승좌반(故寢右升左胖)。지(知)「석용어(腊用林)」자(者), 안(案)《특생(特牲)》진정어문외북면(陳鼎於門外北面), 북상(北上), 어재남(林在南), 남순(南順), 실수우기상(實獸于其上), 동수시야(東首是也)。인(引)《단궁(檀弓)》자(者), 증우시유생지사(證虞時有牲之事)。

일중이행사(日中而行事)。

조장(朝葬), 일중이우(日中而虞), 군자거사필용진정야(君子舉事必用辰正也)。재우(再虞)、삼우개질명(三虞皆質明)。

◆소(疏)

「일중이행사(日中而行事)」。○주(注)「조장(朝葬)」지(至)「질명(質明)」。○석왈(釋日) : 운(云)「진정(辰正)」자(者), 위조석일중야(謂朝夕日中也), 이조유장사(以朝有葬事), 고지일중이행우사야(故至日中而行虞事也)。운(云)「재우삼우개질명(再虞三虞皆質明)」자(者), 이조무장사(以朝無葬事), 고개질명이행우사(故皆質明而行虞事), 시용조지진정야(是用朝之辰正也)。

살우묘문서(殺于廟門西), 주인부시(主人不視)。돈해(豚解)。

주인시생부시살(主人視牲不視殺), 범위상사략야(凡爲喪事略也)。돈해(豚解), 해전후경척협이이(解前後脛脊脅而已), 숙내체해(熟乃體解), 승어정야(升於鼎也)。금문무묘(今文無廟)。

◆소(疏)

「살우(殺于)」지(至)「돈해(豚解)」。○주(注)「주인(主人)」지(至)「무묘(無廟)」。○석왈(釋日) : 운(云)「주인시생부시살(主人視牲不視殺), 범위상사략야(凡爲喪事略也)」자(者), 안(案)《특생궤식례(特牲饋食禮)》종인(宗人)「고탁구(告濯具), 빈출(賓出), 주인출(主人出), 개복외위(皆復外位)」, 정운(鄭云) : 「위시생야(爲視牲也)。」우왈(又曰) : 「고사필(告事畢), 빈출(賓出), 주인배송(主人拜送), 숙흥(夙興), 주인복여초(主人服如初), 립우문외동방(立于門外東方), 남면(南面), 시측살(視側殺)。」연측특생길제(然則特牲吉祭), 고주인시생우시살(故主人視牲又視殺)。금우위상사(今虞爲喪事), 고주인시생부시살(故主人視牲不視殺), 시기략야(是其略也)。「범(凡)」자(者), 중사(眾辭), 단차경여(但此經與)《특생궤식(特牲饋食)》부동자(不同者), 개위상사략(皆爲喪事略), 고운범이광지(故云凡以廣之)。「돈해(豚解), 해전후경척협이이(解前後脛脊脅而已), 숙내체해(熟乃體解), 승어정야(升於鼎也)」자(者), 체해하문칠체시야(體解下文七體是也)。

갱임(羹飪), 승좌견(升左肩)、비(臂)、노(臑)、순(肫)、격(骼)、척(脊)、협(脅)、리폐

(離肺), 부제삼(膚祭三), 취제좌익상(取諸左膉上), 폐제일(肺祭一), 실우상정(實于上鼎)。

육위지갱(肉謂之羹)。임(飪), 숙야(熟也)。척협(脊脅), 정척(正脊)、정협야(正脅也)。상제략(喪祭略), 칠체이(七體耳)。리폐(離肺), 거폐야(舉肺也)。《소뢰궤식례(少牢饋食禮)》왈(曰):「거폐일(舉肺一), 장종폐(長終肺)。제폐삼(祭肺三), 개촌(皆刌)。」익(膉), 두육야(脰肉也)。고문왈좌고상(古文曰左股上)。자종육수(字從肉殳), 수모지수성(殳矛之殳聲)。

◆소(疏)

○주석왈(注釋曰):육위지갱(肉謂之羹), 《이아(爾雅)·석기(釋器)》문(文)。임숙(飪孰), 《석언(釋言)》문(文)。운(云)「척협(脊脅), 정척(正脊)、정협야(正脅也)」자(者), 안(案)《특생(特牲)》주운(注云):「부폄정척(不貶正脊), 부탈정야(不奪正也)。」연칙차위상제(然則此為喪祭), 체수수략(體數雖略), 역부탈정(亦不奪正), 고지척협정척정협야(故知脊脅正脊正脅也)。운(云)「상제략(喪祭略), 칠체이(七體耳)」자(者), 안(案)《특생(特牲)》「시조(尸俎), 우견(右肩)、비(臂)、노(臑)、순(肫)、각(胳), 정척이골(正脊二骨)、횡척(橫脊)、장협이골(長脅二骨), 단협(短脅)」, 주운(注云):「사지정제례구체(士之正祭禮九體), 폄어대부(貶於大夫), 유병골이(有並骨二), 역득십일지명(亦得十一之名)。합(合)《소뢰(少牢)》지체수(之體數), 차소위방이부치자(此所謂放而不致者)。」연즉차소승유칠체(然則此所升唯七體), 고운상제략칠체이(故云喪祭略七體耳)。운(云)「리폐(離肺), 거폐야(舉肺也)」자(者), 안(案)《특생(特牲)》주운(注云)「리유규규야(離猶揆揆也)。소이장(小而長), 오할지(午割之), 역부제심(亦不提心), 위지거폐(謂之舉肺)」시야(是也)。인(引)《소뢰궤식례(少牢饋食禮)》자(者), 증리폐거폐지이야(證離肺舉肺之異也)。운(云)「익(膉), 두육야(脰肉也)」자(者), 안(案)《소뢰(少牢)》운(云):「옹인륜부구(雍人倫膚九), 실우일정(實于一鼎)。」주운(注云):「륜(倫), 택야(擇也)。부(膚), 협혁육택지취미자(脅革肉擇之取美者)。」안하주(案下注)「금이두익폄어순길(今以脰膉貶於純吉)」, 칙차용익위폄어순길지사야(則此用膉爲貶於純吉之事也)。운(云)「고문왈좌고상(古文曰左股上), 차자종육종수(此字從肉從殳), 수모지수성(殳矛之殳聲)」자(者), 정주(鄭注)《의례(儀禮)》첩고문종경금문(疊古文從經今文), 우설고문해지자(又說古文解之者), 정욕량종고야(鄭欲兩從故也)。단자종육의가지(但字從肉義可知), 이이수여고부시형인지류(而以殳與股不是形人之類), 기리미심(其理未審)。

승어(升魚):전부구(鱄鮒九), 실우중정(實于中鼎)。

차감지(差減之)。

◆소(疏)

「승어(升魚)」지(至)「중정(中鼎)」。○주(注)「차감지(差減之)」。○석왈(釋曰):「차감지(差減之)」자(者), 안(案)《특생(特牲)》어십유오(魚十有五), 금위상제략이용구(今爲喪祭略而用九), 고운차감지야(故云差減之也)。

승석좌반(升腊左胖), 비부승(髀不升), 실우하정(實于下鼎)。

석역칠체(腊亦七體), 생지류(牲之類)。

◆소(疏)

「승석(升腊)」지(至)「하정(下鼎)」。○주(注)「석칠역체생지류(腊七亦體牲之類)」。○석왈(釋曰):운(云)「석역칠체생지류(腊亦七體牲之類)」자(者), 생(牲), 상문승좌견(上文升左肩)、비(臂)、노(臑)、순(肫)、각(胳)、척(脊)、협(脅), 시생지칠체(是牲之七體)。금승석좌반역연(今升腊左胖亦然), 《특생(特牲)》기운(記云)「석여생골(腊如牲骨)」시야(是也)。

개설경멱(皆設扃鼏), 진지(陳之)。

혐기진내설경멱야(嫌既陳乃設扃鼏也)。금문경작현(今文扃作鉉), 고문멱작밀(古文鼏作密)。

◆소(疏)

○주석왈(注釋曰) : 운(云)「혐기진내설경멱야(嫌既陳乃設扃鼏也)」자(者), 경운진삼정(經云陳三鼎), 후언설경멱(後言設扃鼏), 유혐(有嫌), 고기인변지(故記人辨之), 개선경멱후진지야(皆先扃鼏後陳之也)。

재유진저(載猶進柢), 어진기(魚進鬐)。

유(猶), 유(猶)《사상(士喪)》、《기석(既夕)》, 언미가이길야(言未可以吉也)。저(柢), 본야(本也)。기(鬐), 척야(脊也)。금문저위지(今文柢爲胝), 고문기위기(古文鬐爲耆)。

◆소(疏)

○석왈(釋曰) : 기(鬐)、저이자(柢二者), 개변어길(皆變於吉), 시이(是以)《소뢰(少牢)》운(云) : 「하리승시(下利升豕), 기재여양(其載如羊), 개진하(皆進下)。」주운(注云) : 「변어식생야(變於食生也)。」우왈(又曰)「석일순이조역진하(腊一純而俎亦進下)」, 우왈(又曰)「어용부십유오이조(魚用鮒十有五而俎), 축재(縮載), 우수(右首), 진유(進腴)」, 주운(注云) : 「역변어식생야(亦變於食生也)。」시개여차반의(是皆與此反矣), 시변어길야(是變於吉也)。운(云)「유(猶), 유(猶)《사상(士喪)》、《기석(既夕)》, 언미가이길야(言未可以吉也)」자(者), 운여길반(云與吉反), 즉명여생인동(則明與生人同)。《사상례(士喪禮)》소렴운(小斂云)「개복진저(皆覆進柢)」, 주운(注云) : 「저(柢), 본야(本也)。진본자(進本者), 미이어생야(未異於生也)。」지대렴(至大斂)「재어좌수(載魚左首), 진기(進鬐), 석진저(腊進柢)」, 정주운(鄭注云) : 「역미이어생야(亦未異於生也)。」우장전운여초(又葬奠云如初), 개미이어생(皆未異於生), 고기인이유지(故記人以猶之)。시이(是以)《향음주(鄕飲酒)》、《향사(鄕射)》기개운(記皆云)「우체진주(右體進腠)」시야(是也)。

축조(祝俎), 비(髀)、두(胉)、척(脊)、협(脅)、리폐(離肺), 진우계간(陳于階間), 돈동(敦東)。

부승어정(不升於鼎), 천야(賤也)。통어돈(統於敦), 명신혜야(明神惠也)。제이리폐(祭以離肺), 하시(下尸)。

◆소(疏)

「축조(祝俎)」지(至)「돈동(敦東)」。○주(注)「부승(不升)」지(至)「하시(下尸)」。○석왈(釋曰) : 운(云)「부승어정(不升於鼎), 천야(賤也)」자(者), 축대상시조갱임승어정위귀자야(祝對上尸俎羹飪升於鼎爲貴者也)。운(云)「통어돈(統於敦), 명신혜야(明神惠也)」자(者), 안상문찬서직이돈어계간(案上文饌黍稷二敦於階間), 서상(西上), 시신지서직(是神之黍稷), 금진축찬우신찬지동(今陳祝饌于神饌之東), 통우신물(統于神物), 명혜유신야(明惠由神也)。운(云)「제이리폐(祭以離肺), 하시(下尸)」자(者), 이공시제용규폐(以共尸祭用刲肺), 축부용규폐(祝不用刲肺), 용리폐(用離肺), 고운하시야(故云下尸也)。

순시관(淳尸盥), 집반(執槃), 서면(西面)。집이(執匜), 동면(東面)。집건재기북(執巾在其北), 동면(東面)。종인수건(宗人授巾), 남면(南面)。

반이성기수(槃以盛棄水), 위천오인야(爲淺汙人也)。집건부수(執巾不授), 건비야(巾卑也)。

◆소(疏)

○석왈(釋曰) : 상경직운(上經直云)「순시관(淳尸盥), 종인수건(宗人授巾)」, 부운집반여집이(不云執槃與執匜)、집건급종인수건등면위(執巾及宗人授巾等面位), 고기인명지(故記人明之)。

주인재실(主人在室), 칙종인승(則宗人升), 호외북면(戶外北面)。

당조주인실사(當詔主人室事)。

◆소(疏)

「주인(主人)」지(至)「북면(北面)」。○주(注)「당조주인실사(當詔主人室事)」。○석왈(釋曰) : 상경유언종인고유사구급조주인용(上經唯言宗人告有司具及詔主人踊), 개당하지사(皆當

下之事), 금주인입실(今主人入室), 종인당승호외조주인(宗人當升戶外詔主人), 실중지사(室中之事), 고승당야(故升堂也)。

좌식무사(佐食無事), 칙출호(則出戶), 부의남면(負依南面)。

실중존(室中尊), 부공립(不空立)。호유지간위지의(戶牖之間謂之依)。

◆소(疏)

「좌식(佐食)」지(至)「남면(南面)」。○주(注)「지중(至中)」지(至)「지의(之依)」。○석왈(釋曰) : 운(云)「호유지간위지의(戶牖之間謂之依)」, 차(此)《이아(爾雅)》문(文), 위호서남면야(謂戶西南面也)。

형모(鉶芼), 용고(用苦), 약미(若薇), 유활(有滑)。하용규(夏用葵), 동용환(冬用萱), 유사(有柶)。

고(苦), 고도야(苦荼也)。환(萱), 근류야(菫類也)。건칙활(乾則滑)。하추용생규(夏秋用生葵), 동춘용건환(冬春用乾萱)。고문고위고(古文苦爲枯), 금문혹작하(今文或作芐)。

◆소(疏)

○석왈(釋曰) : 안(案)《공식(公食)》기삼생구(記三牲具), 즉우곽(則牛藿)、양고(羊苦)、시미(豕薇), 각용기일(各用其一)。약일생자(若一牲者), 용겸용기이(容兼用其二), 시이급특생일시(是以及特牲一豕), 개운형모(皆云鉶芼), 고미(苦薇), 시과용기일야(是科用其一也)。지(知)「환(萱), 근류(菫類)」자(者), 《내칙(內則)》운(云)「근환분유(菫萱枌楡)」, 동위활물(同爲滑物), 고지환근류야(故知萱菫類也)。운(云)「건칙활(乾則滑)」자(者), 이기동용지(以其冬用之), 고지건즉활우근야(故知乾則滑于菫也)。운(云)「하추용생규(夏秋用生葵), 동춘용건환(冬春用乾萱)」자(者), 이기추여하동유생규(以其秋與夏同有生葵), 춘초미생자(春初未生者), 고춘약여동동(故春約與冬同), 시이경직운동(是以經直云冬), 명거하이겸추(明擧夏以兼秋), 거동이겸춘야(擧冬以兼春也)。

두실(豆實), 규저(葵菹), 저이서라해(菹以西蠃醢)。변(籩), 조증(棗烝), 률택(栗擇)。

조증률택(棗烝栗擇), 즉저촌야(則菹刌也)。조증률택(棗烝栗擇), 측두부게(則豆不揭), 변유등야(籩有縢也)。

◆소(疏)

○주석왈(注釋曰) : 운(云)「조증률택(棗烝栗擇), 측저촌야(則菹刌也)。조증률택(棗烝栗擇), 측두부게(則豆不揭), 변유등야(籩有縢也)」자(者), 차수무정문(此雖無正文), 안(案)《사상례(士喪禮)》대렴운(大斂云) : 「갈두량(鬲豆兩), 기실규저우라해(其實葵菹芋蠃醢), 양변(兩籩), 무등(無縢), 포건(布巾), 기실률(其實栗), 부택(不擇), 포사정(脯四脡)。」자대렴후개운여초(自大斂後皆云如初), 칙장전사두(則葬奠四豆), 비(脾)、석(析)、규(葵)、저(菹), 역장의(亦長矣), 사변(四籩), 조(棗)、구(糗)、률(栗)、포역부택야(脯亦不擇也)。지차내운조증률택(至此乃云棗烝栗擇), 즉저역절의(則菹亦切矣), 두변유식가지(豆籩有飾可知)。

시입(尸入), 축종시(祝從尸)。

축재주인전야(祝在主人前也)。혐여초시(嫌如初時), 주인의장입(主人倚杖入), 축종지(祝從之)。초시(初時), 주인지심상약친존(主人之心尚若親存), 의자친지(宜自親之)。금기접신(今既接神), 축당조유시야(祝當詔侑尸也)。

◆소(疏)

「시입축종시(尸入祝從尸)」。○주(注)「축재(祝在)」지(至)「시야(尸也)」。○석왈(釋曰) : 상경음염시(上經陰厭時), 주인선축입호(主人先祝入戶), 지차영시축재주인전(至此迎尸祝在主人前), 선후유이(先後有異), 고기인명지(故記人明之), 시이정운(是以鄭云)「축재주인전야(祝

在主人前也), 혐여초시(嫌如初時), 주인의장입(主人倚杖入), 축종지(祝從之)」야(也). 운(云)「금기접신(今既接神), 축당조유시야(祝當詔侑尸也)」자(者), 시(尸), 신상(神象), 시이운기접신축당조유시(是以云既接神祝當詔侑尸). 즉상축명좌식이돈거서직(即上祝命佐食爾敦舉黍稷), 급축작수시(及祝酌授尸), 급축출고리성(及祝出告利成), 축입시속지등시야(祝入尸謖之等是也).

시좌부설구(尸坐不說屨).

시신(侍神), 부감연타(不敢燕惰). 금문설위세(今文說爲稅).

◆소(疏)

「시좌부설구(尸坐不說屨)」. ○주(注)「시신(侍神)」지(至)「위세(爲稅)」. ○석왈(釋曰): 안(案)《향음주(鄉飲酒)》、《연례(燕禮)》지등(之等), 범좌강(凡坐降), 설구내승좌(說屨乃升坐), 금시수좌(今尸雖坐), 부설구자(不說屨者), 위(爲)「시신(侍神), 부감연타(不敢燕惰)」고야(故也).《의례주소(儀禮注疏)》□주(注) : 한(漢)•정현(鄭玄) ; 소(疏) : 당(唐)•가공언(賈公彦)권사십삼(卷四十三)　사우례제십사(士虞禮第十四)

시속(尸謖), 축전(祝前), 향시(鄉尸).

전(前), 도야(道也). 축도시(祝道尸), 필선향지(必先鄉之), 위지절(爲之節).

◆소(疏)

「시속축전향시(尸謖祝前鄉尸)」. ○주(注)「전도(前道)」지(至)「지절(之節)」. ○석왈(釋曰): 차기시속지시(此記尸謖之時), 축전시지의야(祝前尸之儀也). 운(云)「필선향지(必先鄉之), 위지절(爲之節)」자(者), 언필선면향시자(言必先面鄉尸者), 위지절도야(爲之節度也).

환(還), 출호(出戶), 우향시(又鄉尸). 환(還), 과주인(過主人), 우향시(又鄉尸). 환(還), 강계(降階), 우향시(又鄉尸).

과주인즉서계상(過主人則西階上), 부언급계(不言及階), 명주인견시(明主人見尸), 유축적지경(有蹴踖之敬).

◆소(疏)

「환출(還出)」지(至)「향시(鄉尸)」. ○주(注)「과주(過主)」지(至)「지경(之敬)」. ○석왈(釋曰):「과주인칙서계상(過主人則西階上), 부언급계(不言及階), 명주인견시(明主人見尸), 유축적지경(有蹴踖之敬)」자(者). 이기경출호강계(以其經出戶降階), 급문개지물이언주인자(及門皆指物而言主人者), 욕견계상부언(欲見階上不言), 서계이언주인자(西階而言主人者), 욕견주인견시유축적지경(欲見主人見尸有蹴踖之敬), 고몰거계명(故沒去階名), 이운주인야(而云主人也).

강계(降階), 환(還), 급문(及門), 여출호(如出戶).

급(及), 지야(至也). 언환지문(言還至門), 명기간무절야(明其間無節也). 강계여승시(降階如升時), 장출문여출호시(將出門如出戶時), 개환향시야(皆還向尸也). 매장환(每將還), 필유피퇴지용(必有辟退之容). 범전시지례의재차(凡前尸之禮儀在此).

◆소(疏)

「강계(降階)」지(至)「출호(出戶)」. ○주(注)「급지(及至)」지(至)「재차(在此)」. ○석왈(釋曰): 언환지문명기간무절야자(言還至門明其間無節也者), 이경자계이전(以經自階已前), 개부언급(皆不言及), 종계도문언급자(從階到門言及者), 이기자계도문(以其自階到門), 기중도원(其中道遠), 고특언급이수지(故特言及以殊之), 시이정운(是以鄭云)「언환지문(言還至門), 명기간무절(明其間無節)」, 위무환향시지절야(謂無還鄉尸之節也). 운(云)「강계여승시(降階如升時), 장출문여출호시(將出門如出戶時), 개환향시야(皆還鄉尸也)」, 경직운(經直云)「급문여출호(及門如出戶)」, 수부언강계여승시(雖不言降階如升時), 이장출문여출호(以將出門如出戶), 명강계여승시(明降階如升時), 고정약출문이명강계야(故鄭約出門以明降階也). 운개환향시자(云皆還鄕尸者), 욕견경환자개환향시야(欲見經還者皆還鄕尸也), 위향시내전도야(謂鄕尸乃前道也). 운(云)「매장환(每將還), 필유피퇴지용(必有辟退之容)」자(者), 피퇴즉준순(辟退即逡巡), 겸양지용모야(謙讓之容貌也). 운(云)「범전시지례의재차(凡前尸之禮儀在此)」자(者), 이(以)《의례(儀禮)》일부소운(一部所云), 전시지례의재차경위구실자(前尸之禮儀在此經爲具悉者).

시출(尸出), 축반(祝反), 입문좌(入門左), 북면복위(北面復位), 연후종인조강(然後宗人詔降).

◆소(疏)

「시출(尸出)」지(至)「조강(詔降)」. ○석왈(釋曰):「시출(尸出), 축반(祝反), 입문좌(入門左), 북면복위(北面復位)」자(者), 위축기송시출(謂祝既送尸出), 반입문복위(反入門復位), 복상문축입문좌북면위(復上文祝入門左北面位), 고운복위야(故云復位也). 운(云)「연후종인조강(然後宗人詔降)」자(者), 위축복위(謂祝復位), 종인내조고주인강(宗人乃詔告主人降), 이기무사고야(以其無事故也).

시복졸자지상복(尸服卒者之上服).

상복자(上服者), 여(如)《특생(特牲)》사현단야(士玄端也). 부이작변복위상자(不以爵弁服爲上者), 제어군지복(祭於君之服), 비소이자배귀신(非所以自配鬼神). 사지처즉소의이(士之妻則宵衣耳).

◆소(疏)

「시복졸자지상복(尸服卒者之上服)」. ○주(注)「상복(上服)」지(至)「의이(衣耳)」. ○석왈(釋曰):상경직견주인복(上經直見主人服), 부견시복(不見尸服), 고기인명지(故記人明之). 운주복대심의재하현단자(云主服對深衣在下玄端者), 안(案)《특생(特牲)》경서일운주인관현단(經筮日云主人冠玄端), 지제일(至祭日)「숙흥(夙興), 주인복여초(主人服如初)」, 시사지정제복현단(是士之正祭服玄端), 즉시졸자생시소저지제복(即是卒者生時所著之祭服), 고시환복지(故尸還服之). 운(云)「부이작변복위상자(不以爵弁服爲上者), 제어군지복(祭於君之服), 비소이자배귀신(非所以自配鬼神)」자(者), 안(案)《증자문(曾子問)》:「공자왈(孔子曰):시변면이출(尸弁冕而出), 경대부사개하지(卿大夫士皆下之).」주운(注云):「위군시혹변자(爲君尸或弁者), 선조혹유위대부사자(先祖或有爲大夫士者).」피군지선조위사(彼君之先祖爲士), 시복작변(尸服爵弁), 부복현단자(不服玄端者), 자손위제후(子孫爲諸侯), 선조시재중(先祖尸在中), 고선조위사자(故先祖爲士者), 시환복조제어군지복야(尸還服助祭於君之服也). 운(云)「사지처칙소의이(士之妻則宵衣耳)」자(者), 이기경직운시(以其經直云尸), 부변남녀(不辨男女), 《사우(士虞)》기남녀별시(既男女別尸), 명경운시가이겸남녀(明經云尸可以兼男女), 고정병운사지처야(故鄭並云士之妻也). 안(案)《특생(特牲)》정제주부저리계소의(正祭主婦著纚笄宵衣), 명녀시역소의가지(明女尸亦宵衣可知).

남(男), 남시(男尸). 녀(女), 녀시(女尸), 필사이성(必使異姓), 부사천자(不使賤者). 이성(異姓), 부야(婦也). 천자(賤者), 위서손지첩야(謂庶孫之妾也). 시배존자(尸配尊者), 필사적야(必使適也).

◆소(疏)

○석왈(釋曰):우졸곡지제(虞卒哭之祭), 남녀별시(男女別尸), 고남녀별언지야(故男女別言之也). 운(云)「이성(異姓), 부야(婦也)」자(者), 이남무이성지례고야(以男無異姓之禮故也). 지경운(知經云)「필사이성(必使異姓)」자(者), 거여부위시자야(據與婦爲尸者也). 부사동성여부위시자(不使同姓與婦爲尸者), 시수득손렬자(尸須得孫列者), 손여조위시(孫與祖爲尸), 손부환여부지조고위시(孫婦還與夫之祖姑爲尸), 고부득사동성녀위시야(故不得使同姓女爲尸也). 운(云)「천자위서손지첩야(賤者謂庶孫之妾也), 시배존자(尸配尊者), 필사적야(必使適也)」자(者), 남시선사적손(男尸先使適孫), 무적손내사서손(無適孫乃使庶孫). 녀시선사적손처(女尸先使適孫妻), 무적손처사적손첩(無適孫妻使適孫妾), 우무첩내사서손처(又無妾乃使庶孫妻),

즉부득사서손첩(即不得使庶孫妾),　이서손지첩시천지극자(以庶孫之妾是賤之極者)。약연(若然),　서손처역용용지(庶孫妻亦容用之),　이정운필사적야자(而鄭云必使適也者),　거경부사천(據經不使賤),　유적손처칙선용적이언(有適孫妻則先用適而言),　기실용용서손처법야(其實容用庶孫妻法也)。필지무용용서손자(必知無容用庶孫者),　이(以)《증자문(曾子問)》:　「공자왈(孔子曰):　제성상자필유시(祭成喪者必有尸),　시필이손(尸必以孫),　손유사인포지(孫幼使人抱之),　무손칙취우동성가야(無孫則取于同姓可也)。」피부언적(彼不言適),　시용무적이용서(是容無適而用庶)。차경남녀별시(此經男女別尸),　거우제이언(據虞祭而言),　지졸곡이후(至卒哭已後),　자담이전(自禫已前),　상중지제개남녀별시(喪中之祭皆男女別尸)。지자(知者),　안(案)《사궤연(司几筵)》운(云)「매돈일궤(每敦一几)」,　정주운(鄭注云):　「수합장(雖合葬),　급동시재빈(及同時在殯),　개이궤(皆異几)。체실부동(爲實不同),　제어묘(祭於廟),　동궤(同几),　정기합(精氣合)。」《소뢰(少牢)》길제운(吉祭云)「모비배(某妃配)」시남녀공시(是男女共尸),　편말운(篇末云)「시월야길제유미배(是月也吉祭猶未配)」,　주운(注云):　「시월(是月),　시담월야(是禫月也)。당사시지제월칙제(當四時之祭月則祭),　유미이모비배모씨(猶未以某妃配某氏),　애미망야(哀未忘也)。」즉인(則引)《소뢰(少牢)》길제비배지사위증(吉祭妃配之事爲證),　명담월부당사시제월(明禫月不當四時祭月),　즉부운모비배(則不云某妃配),　배즉공시가지(配則共尸可知)。

무시(無尸), 칙례급천찬개여초(則禮及薦饌皆如初)。

무시(無尸),　위무손렬가사자야(謂無孫列可使者也)。상역시야(殤亦是也)。예(禮),　위의복즉위승강(謂衣服即位升降)。

◆소(疏)

「무시(無尸)」지(至)「여초(如初)」。○주(注)「무시(無尸)」지(至)「승강(升降)」。○석왈(釋曰):　자차진(自此盡)「조강여초(詔降如初)」,　논상제무시지사(論喪祭無尸之事)。운(云)「무시위무손렬가사(無尸謂無孫列可使)」자(者),　지위무손렬자(知謂無孫列者),　《예기(爲記)》운(云)「무손칙취동성지적(無孫則取同姓之適)」,　즉대부사제선취손(則大夫士祭先取孫),　무손취동성지적(無孫取同姓之適),　시유손렬가사(是有孫列可使),　복무동성지적(復無同姓之適),　시무손렬가사자야(是無孫列可使者也)。운(云)「상역시야(殤亦是也)」자(者),　《례기(爲記)·증자문(曾子問)》운(云)「제성상자필유시(祭成喪者必有尸)」,　명상사무시가지(明殤死無尸可知)。《증자문(曾子問)》우운종자직유음염(又云宗子直有陰厭),　서상직유양염(庶殤直有陽厭)。시무시야(是無尸也)。운(云)「례위의복즉위승강(爲謂衣服即位升降)」자(者),　수무시(雖無尸),　주인역여장소복(主人亦如葬所服),　즉위어서서(即位於西序),　급승강여유시상사(及升降與有尸相似)。

기향(既饗), 제우저(祭于苴), 축축졸(祝祝卒)。

기이자지절(記異者之節)。

◆소(疏)

○주석왈(注釋曰):　[운(云)「기향(既饗)」자(者),　정위축석향신사(正謂祝釋饗神辭),　고지사령부지(告之使令祔之),　안지(安之)。석향흘(釋饗訖),　좌식취서직제우저(佐食取黍稷祭于苴)。]
○주석왈(注釋曰):　운(云)「기이자(記異者)」,　위기무시자이어유시하자(謂記無尸者異於有尸何者)。유시(有尸),　축석효자사(祝釋孝子辭),　석사흘(釋爲訖),　위축축졸(爲祝祝卒),　별유영시이후지사(別有迎尸已後之事)。금무시자(今無尸者),　축축졸(祝祝卒),　향신흘(饗神訖),　무영시이후지사(無迎尸已後之事)。고하문운(故下文云)「부수제(不綏祭)」지등(之等),　시기이자지절야(是記異者之節也)。

부수제(不綏祭), 무태갱(無泰羹)、읍(湆)、자(胾)、종헌(從獻)。

부수(不綏),　언헌(言獻),　기종시야(記終始也)。사시지례(事尸之禮),　시어수제(始於綏祭),　종어종헌(終於從獻)。수(綏),　당위타(當爲墮)。

◆소(疏)

「부수(不綏)」지(至)「종헌(從獻)」。○주(注)「부수(不綏)」지(至)「위타(爲墮)」。○석왈(釋曰)：차사사개위시(此四事皆爲尸)，시이상문유시자(是以上文有尸者)，운영시이입(云迎尸而入)，축명좌식(祝命佐食)，수제(綏祭)，우태갱읍자문입(又泰羹湆自門入)，설우형남(設于鉶南)，자사두(裁四豆)，설우좌(設于左)，우시식지후(又尸食之後)，주인헌지후(主人獻之後)，빈장이간종(賓長以肝從)，주부아헌(主婦亞獻)，빈장이번종(賓長以燔從)，빈장헌후역여지(賓長獻後亦如之)，무시궐차사사(無尸闕此四事)。자갱이하(自羹已下)，삼사개몽무자해지야(三事皆蒙無字解之也)。운(云)「부수(不綏)，언헌(言獻)，기종시야(記終始也)」자(者)，이견경무시(以見經無尸)，구진사사(具陳四事)，범제레이헌위종(凡祭禮以獻爲終)，거종이견시(擧終以見始)，역득위의(亦得爲義)。금부단언헌(今不但言獻)，기기종시(記其終始)，구언사사자(具言四事者)，욕명시어수제(欲明始於綏祭)，종어종헌(終於從獻)，고정즉운(故鄭即云)「사시지례시어수제(事尸之禮始於綏祭)，종어종헌(終於從獻)」자(者)，고구언지(故具言之)。운(云)「수당위타(綏當爲墮)」자(者)，《주례(周禮)·수조직(守祧職)》운(云)：「기제(既祭)，장기타(藏其墮)。」자위정(字爲正)，취감위의(取減爲義)。

주인곡(主人哭)，출복위(出復位)。

어축축졸(於祝祝卒)。

◆소(疏)

「주인곡출복위(主人哭出復位)」。○주(注)「어축축졸(於祝祝卒)」。○석왈(釋曰)：위축축졸(謂祝祝卒)，무시가영(無尸可迎)，기무상사사(既無上四事)，주인수즉곡출(主人遂即哭出)，복호외동면위야(復戶外東面位也)。

축합유호(祝闔牖戶)，강(降)，복위우문서(復位于門西)，

문서북면위야(門西北面位也)。

◆소(疏)

「축합(祝闔)」지(至)「문서(門西)」。○주(注)「문서북면위야(門西北面位也)」。○석왈(釋曰)：정차급하주개운(鄭此及下注皆云)「복위자(復位者)，문서북면위(門西北面位)」자(者)，거상문(據上文)「시출(尸出)，축반(祝反)，입문좌(入門左)，북면복위(北面復位)」야(也)。

남녀습용삼(男女拾踊三)。

습(拾)，경야(更也)。삼경용(三更踊)。

◆소(疏)

「남녀습용삼(男女拾踊三)」。○주(注)「습경야삼경용(拾更也三更踊)」。○석왈(釋曰)：범언(凡言)「경용(更踊)」자(者)，주인용(主人踊)，주부용(主婦踊)，빈내용(賓乃踊)，삼자삼(三者三)，위습야(爲拾也)。

여식간(如食間)。

은지(隱之)，여시일식(如尸一食)，구반지경야(九飯之頃也)。

◆소(疏)

○주석왈(注釋曰)：은지자(隱之者)，위합유호야(謂闔牖戶也)，구반지경(九飯之頃)，시절야(時節也)。

축승(祝升)，지곡(止哭)，성삼(聲三)，계호(啟戶)。

성자(聲者)，희흠야(噫歆也)。장계호(將啟戶)，경각신야(警覺神也)。금문계위개(今文啟爲開)。

◆소(疏)

「축승(祝升)」지(至)「계호(啟戶)」。○주(注)「성자(聲者)」지(至)「위개(爲開)」。○석왈(釋曰) : 운(云)「성자(聲者), 희흠야(噫歆也)」자(者), 약(若)《곡례(曲禮)》운(云) : 「장상당(將上堂), 성필양(聲必揚)。」고운장계호(故云將啟戶), 경각신야(警覺神也)。

주인입(主人入),

친지(親之)。

◆소(疏)

「주인입(主人入)」。○주(注)「친지(親之)」。○석왈(釋曰) : 운(云)「친지(親之)」자(者), 계유향시친지사(啟牖鄉是親之事)。주인무사이입자(主人無事而入者), 시주인친지신소공경지사야(是主人親至神所恭敬之事也)。

축종(祝從), 계유향(啟牖鄉), 여초(如初)。

유선합후계(牖先闔後啟), 선재내야(扇在內也)。향(鄉), 유일명야(牖一名也)。여초자(如初者), 주인입(主人入), 축종재좌(祝從在左)。

◆소(疏)

주(注)「유선(牖先)」지(至)「재좌(在左)」。○석왈(釋曰) : 운(云)「유선합후계(牖先闔後啟), 선재내야(扇在內也)」자(者), 견상문(見上文)「합유호(闔牖戶)」, 합시유선언(闔時牖先言), 차경상운주인입(此經上云主人入), 축종(祝從), 내언계유(乃言啟牖), 시호선개(是戶先開), 내계유(乃啟牖), 고수해지선재내야(故須解之扇在內也)。운(云)「향유일명야(鄉牖一名也)」자(者), 안(案)《시(詩)》운(云)「새향근호(塞鄉墐戶)」, 주운(注云) : 「향(鄉), 북출유야(北出牖也)。」여차주부동자(與此注不同者), 어이의동(語異義同)。북유명향(北牖名鄉), 향역시유(鄉亦是牖), 고운유일명야(故云牖一名也)。운(云)「여초자(如初者), 주인입(主人入), 축종입재좌(祝從入在左)」자(者), 정이경(鄭以經)「여초(如初)」지문재(之文在)「유향(牖鄉)」지하(之下), 공인이위계유향여초(恐人以爲啟牖鄉如初), 상기무계유향지사(上既無啟牖鄉之事), 명거주인여축위여초야(明據主人與祝位如初也)。

주인곡(主人哭), 출복위(出復位)。

당상위야(堂上位也)。

◆소(疏)

「주인곡출복위(主人哭出復位)」。○주(注)「당상위야(堂上位也)」。○석왈(釋曰) : 안하문운(案下文云)「종인조강여초(宗人詔降如初)」, 주운(注云) : 「조주인강지(詔主人降之)。」내강당(乃降堂), 명차(明此)「복위(復位)」자(者), 복당상동면위야(復堂上東面位也)。

졸철(卒徹), 축(祝)、좌식강(佐食降), 복위(復位)。

축복문서북면위(祝復門西北面位), 좌식복서방위(佐食復西方位), 부복설서북우자(不復設西北隅者), 중폐유호(重閉牖戶), 설야(褻也)。

◆소(疏)

주(注)「축복(祝復)」지(至)「설야(褻也)」。○석왈(釋曰) : 정지축여좌식위여차자(鄭知祝與佐食位如此者), 견상경운(見上經云) : 「주인즉위우당(主人即位于堂), 중주인급형제빈즉위우서방(眾主人及兄弟賓即位于西方)。」좌식즉빈야(佐食即賓也), 고지좌식언복위(故知佐食言復位), 복서방가지(復西方可知)。지축복위(知祝復位), 복문서북면위자(復門西北面位者), 상경(上經)「축입문좌북면(祝入門左北面)」, 주(注) : 「부여집사동위(不與執事同位), 접신존야(接神尊也)。」명차축복위(明此祝復位), 복문서북면위가지(復門西北面位可知)。운(云)「부복설서북우자(不復設西北隅者), 중폐유호(重閉牖戶), 설야(褻也)」자(者), 상경유시자유음염(上經有尸者有陰厭)、유양염(有陽厭), 무합유호지사(無闔牖戶之事)。금무시자(今無尸者), 음염시합유호(陰厭時闔牖戶), 금경설찬어서북우(今更設饌於西北隅), 복경합유호위설독(復更闔牖戶爲褻瀆

爲褻瀆), 고부위야(故不爲也)。

종인조강여초(宗人詔降如初)。

초(初), 찬합유호(贊闔牖戶)。종인조주인강지(宗人詔主人降之)。

◆소(疏)

「종인조강여초(宗人詔降如初)」。○주(注)「초찬(初贊)」지(至)「강지(降之)」。○석왈(釋曰) : 차강위례필강당야(此降謂禮畢降堂也)。상경운(上經云)「찬합유호(贊闔牖戶), 주인강(主人降), 빈출(賓出), 주운(注云) : 「종인조주인강(宗人詔主人降)。」피위강당(彼謂降堂), 고정지차운여초(故鄭知此云如初), 역여상경조강야(亦如上經詔降也)。

시우용유일(始虞用柔日)。

장지일(葬之日), 일중우(日中虞), 욕안지(欲安之)。유일음(柔日陰), 음취기정(陰取其靜)。

◆소(疏)

「시우용유일(始虞用柔日)」。○주(注)「장지(葬之)」지(至)「기정(其靜)」。○석왈(釋曰) : 자차하진(自此下盡)「애천성사(哀薦成事)」, 론초우(論初虞)、이우(二虞)、삼우졸곡(三虞卒哭), 명삼자지제향신사급용일부동지사(明三者之祭饗神辭及用日不同之事)。운장지일일중자(云葬之日日中者), 상문운(上文云)「일중행사(日中行事)」시야(是也)。장용정해(葬用丁亥), 시유일(是柔日)。장시우용일중(葬始虞用日中), 고운(故云)「시우용유일(始虞用柔日)」야(也)。

왈(曰) : 「애자모(哀子某), 애현상(哀顯相), 숙흥야처부녕(夙興夜處不寧)。

왈(曰), 사야(辭也), 축축지사야(祝祝之辭也)。《상제(喪祭)》칭애현상(稱哀顯相), 조제자야(助祭者也)。현(顯), 명야(明也)。상(相), 조야(助也)。《시(詩)》운(云) : 「어목청묘(於穆淸廟), 숙옹현상(肅雍顯相)。」부녕(不寧), 비사부안(悲思不安)。

감용혈생강렵(敢用絜牲剛鬣)、

감(敢), 매모지사(昧冒之辭)。시왈강렵(豕曰剛鬣)。

◆소(疏)

○주석왈(注釋曰) : 「감(敢), 매모지사(昧冒之辭)」자(者), 범언(凡言)「감(敢)」자(者), 개시이비촉존(皆是以卑觸尊), 부자명지의(不自明之意), 고운매모지사(故云昧冒之辭)。운(云)「시왈강렵(豕曰剛鬣)」자(者), 《하곡례(下曲禮)》문(文)。

향합(香合)、

서야(黍也)。대부사어서직지호(大夫士於黍稷之號), 합언보뇨이이(合言普淖而已)。차언향합(此言香合), 개기자오이(蓋記者誤耳)。사차서(辭次黍), 우부득재천상(又不得在薦上)。

◆소(疏)

「향합(香合)」。○주(注)「서야(黍也)」지(至)「천상(薦上)」。○석왈(釋曰) : 안(案)《하곡례(下曲禮)》운(云)「서왈향합(黍曰香合), 량왈향기(粱曰香萁), 직왈명자(稷曰明粢)」시야(是也)。운(云)「대부사어서직지호(大夫士於黍稷之號), 합언보뇨이이(合言普淖而已), 차언향합(此言香合), 개기자오이(蓋記者誤耳)」자(者), 《곡례(曲禮)》소운서직별호자(所云黍稷別號者), 시인군법(是人君法)。《특생(特牲)》、《소뢰(少牢)》서직합언보뇨(黍稷合言普淖), 차별호서위향합(此別號黍爲香合), 하특호직위보뇨(下特號稷爲普淖), 고지기오야(故知記誤也)。운(云)「사차서우부득재천상(辭次黍又不得在薦上)」자(者), 의설천법(依設薦法), 선설저해(先設菹醢), 차설조(次設俎), 후설서직(後設黍稷)。금서재가천지상(今黍在嘉薦之上), 차역기자지오(此亦記者之誤), 고정비지야(故鄭非之也)。약연(若然), 조재후(俎在後), 금결생재서상자(今潔牲在黍上者), 제이생위주(祭以牲爲主), 고선언(故先言), 비설시재전야(非設時在前也)。

가천(嘉薦)、보뇨(普淖)、

가천(嘉薦), 저해야(菹醢也)。 보뇨(普淖), 서직야(黍稷也)。 보(普), 대야(大也)。 뇨(淖), 화야(和也)。 덕능대화(德能大和), 내유서직(乃有黍稷), 고이위호운(故以爲號云)。

◆소(疏)

「가천보뇨(嘉薦普淖)」。 ○주(注)「가천(嘉薦)」지(至)「호운(號云)」。 ○석왈(釋曰) : 언(言)「고이위호운(故以爲號云)」자(者), 정이의해지(鄭以意解之), 무정문(無正文), 고언운(故言云)「이(以)」의지(疑之)。

명제수주(明齊溲酒),

명제(明齊), 신수야(新水也)。 언이신수수양차주야(言以新水溲釀此酒也)。 《교특생(郊特牲)》왈(曰) : 「명수세제(明水涗齊), 귀신야(貴新也)。」 혹왈(或曰) : 당위명시(當爲明視), 위토석야(爲免腊也)。 금문왈명자(今文曰明粢)。 자(粢), 직야(稷也)。 개비기차(皆非其次)。 금문수위수(今文溲爲醙)。

◆소(疏)

○주석왈(注釋曰) : 운(云)「언이신수수양차주야(言以新水溲釀此酒也)」자(者), 정이수수변위지(鄭以溲水邊爲之), 여축자의이(與縮字義異), 위이신수지국내수양차주(謂以新水漬麴乃溲釀此酒), 우인(又引)《교특생(郊特牲)》「명수세제귀신야(明水涗齊貴新也)」자(者), 피주운(彼注云) : 「세유청야(涗猶清也)。 오제탁(五齊濁), 제지사청(泲之使清), 위지세제급취명수(謂之涗齊及取明水), 개귀신야(皆貴新也)。」 거피주(據彼注), 명수즉(明水則)《주례(周禮)》사훤씨소취월중지수(司烜氏所取月中之水), 여차명제신수별(與此明齊新水別)。 정인지자(鄭引之者), 피차수이(彼此雖異), 인지직취신의시동(引之直取新義是同), 고인위증(故引爲證), 비위위일물야(非謂爲一物也)。 운(云)「혹왈당위명시(或曰當爲明視), 위토석야(謂免腊也)」자(者), 사제유토석(士祭有免腊), 시고혹유인작여차설(是故或有人作如此說)。 운(云)「금문왈명자(今文曰明粢)。 자(粢), 직야(稷也), 개비기차(皆非其次)」자(者), 약이명제당위명시(若以明齊當爲明視), 작토석해자(作免腊解者), 응재상여생위차(應在上與牲爲次), 하인퇴재하(何因退在下)。 금문우위직해자(今文又爲稷解者), 상이운보뇨겸서직(上已云普淖兼黍稷), 하용우견직야(何用又見稷也), 고지이자개비기차야(故知二者皆非其次也)。 약연(若然), 《특생(特牲)》、《소뢰(少牢)》무석호(無腊號), 이소물략지(以小物略之)。

애천협사(哀薦祫事),

시우위지협사자(始虞謂之祫事者), 주욕기협선조야(主欲其祫先祖也), 이여선조합위안(以與先祖合爲安)。 금문왈합사(今文曰合事)。

◆소(疏)

○주석왈(注釋曰) : 운(云)「우위지협사자(虞謂之祫事者), 주욕기협선조야(主欲其祫先祖也)」자(者), 안(案)《공양전(公羊傳)》문이년운(文二年云) : 「대협자하(大祫者何), 합제야(合祭也)。」 합선군지주어대묘(合先君之主於大廟), 고차정역이협위합이언(故此鄭亦以祫爲合而言)。 단삼우졸곡후(但三虞卒哭後), 내유부제(乃有祔祭), 시합선조시우이이(始合先祖始虞而已)。 언협자(言祫者), 정운(鄭云)「이여선조합위안(以與先祖合爲安)」, 고하문운(故下文云)「적이황조모보(適爾皇祖某甫)」, 시시우예언협지의야(是始虞預言祫之意也)。

적이황조모보(適爾皇祖某甫)。

이(爾), 녀야(女也)。 녀(女), 사자(死者), 고지이적황조(告之以適皇祖), 소이안지야(所以安之也)。 황(皇), 군야(君也)。 모보(某甫), 황조자야(皇祖字也)。 약언니보(若言尼甫)。

향(饗)」

권강지야(勸彊之也)。

재우(再虞), 개여초(皆如初), 왈(曰)「애천우사(哀薦虞事)」。

정일장(丁日葬), 칙기일재우(則己日再虞), 기축사이자일언이(其祝辭異者一言耳)。

◆소(疏)

주(注)「정일(丁日)」지(至)「언이(言耳)」。○석왈(釋曰):「기일재우(己日再虞)」자(者), 이기후우용강일(以其後虞用剛日), 초우(初虞)、재우개용유일(再虞皆用柔日), 시우용정일(始虞用丁日), 격무일(隔戊日), 고지재우용기일(故知再虞用己日)。운(云)「축사이자일언이(祝辭異者一言耳)」자(者), 일언(一言), 혹유일구위일언(或有一句爲一言), 약(若)《론어(論語)》운(云)「일언이폐지(一言以蔽之), 왈사무사(曰思無邪)」시야(是也)。금차일언(今此一言), 칙일자위일언(則一字爲一言), 위수일우운흡(謂數一虞云洽), 재우운우(再虞云虞), 삼우운성시야(三虞云成是也)。

삼우(三虞)、졸곡(卒哭)、타(他), 용강일(用剛日), 역여초(亦如初), 왈(曰)「애천성사(哀薦成事)」。

당부어조묘(當祔於祖廟), 위신안어차(爲神安於此)。후우개용강일(後虞改用剛日)。강일(剛日), 양야(陽也)。양취기동야(陽取其動也)。사즉경일삼우(士則庚日三虞), 임일졸곡(壬日卒哭)。기축사이자(其祝辭異者), 역일언이(亦一言耳)。타(他), 위부급시이장자(謂不及時而葬者)。《상복소기(喪服小記)》왈(曰):「보장자보우삼월이후졸곡(報葬者報虞三月而後卒哭)。」연즉우졸곡지간유제사자(然則虞卒哭之間有祭事者), 역용강일(亦用剛日), 기제무명(其祭無名), 위지타자(謂之他者), 가설언지(假設言之)。문부재졸곡상자(文不在卒哭上者), 이기비상야(以其非常也), 령정자자상아야(令正者自相亞也)。《단궁(檀弓)》왈(曰):「장일중이우(葬日中而虞), 불인일일리야(弗忍一日離也)。시일야(是日也), 이우역전(以虞易奠)。졸곡일성사(卒哭日成事)。시일야(是日也), 이길제역상제(以吉祭易喪祭), 명일부어조부(明日祔於祖父)。」여시우위상제(如是虞爲喪祭), 졸곡위길제(卒哭爲吉祭)。금문타위타(今文他爲它)。

◆소(疏)

○주석왈(注釋曰):정운(鄭云)「당부어조묘(當祔於祖廟), 위신안어차(爲神安於此)」자(者), 각해초우(卻解初虞)、재우칭협(再虞稱祫)、칭우지의(稱虞之意)。금삼우개용강일(今三虞改用剛日), 장부어조(將祔於祖), 취기동의고야(取其動義故也)。운(云)「사즉경일삼우(士則庚日三虞), 임일졸곡(壬日卒哭)」자(者), 이기기일위재우(以其己日爲再虞), 후개용강일(後改用剛日), 고차취경일위삼우야(故次取庚日爲三虞也)。졸곡역용강일(卒哭亦用剛日), 고경일후강신일(故庚日後降辛日), 취임일위졸곡(取壬日爲卒哭)。운(云)「축사이자(祝辭異者), 역일언이(亦一言耳)」자(者), 개우위성(改虞爲成), 시일언야(是一言也)。운(云)「타위부급시이장자(他謂不及時而葬者)」, 위유고급가빈부급삼월(謂有故及家貧不及三月), 인삼일빈일(因三日殯日), 즉장어국북(即葬於國北)。인(引)《상복소기(喪服小記)》자(者), 피정주운(彼鄭注云):「보독위부질지부(報讀爲赴疾之赴)。」위부대삼월(謂不待三月), 인빈일우(因殯日虞), 소이안신(所以安神), 이송형이왕(以送形而往), 영혼이반(迎魂而反), 이수안지(而須安之), 고질우(故疾虞)。삼월이후졸곡자(三月而後卒哭者), 위졸거무시지곡(謂卒去無時之哭), 정운졸곡대애살(鄭云卒哭待哀殺), 고지삼월(故至三月), 대심상장후(待尋常葬後), 내위졸곡제(乃爲卒哭祭)。운(云)「연칙우졸곡지간유제사자(然則虞卒哭之間有祭事者), 역용강일(亦用剛日)」자(者), 이우졸곡이시강일(以虞卒哭已是剛日), 타제재후(他祭在後), 고역용강일야(故亦用剛日也)。운(云)「기제무명(其祭無名), 위지타(謂之他)」자(者), 위우졸곡(謂虞卒哭), 부상개유명(祔祥皆有名), 차칙무명(此則無名), 고위지타(故謂之他)。운(云)「문부재졸곡상(文不在卒哭上)」자(者), 차타제재졸곡상(此他祭在卒哭上), 금퇴재졸곡하자(今退在卒哭下者), 이기비상우비제고야(以其非常又非祭故也)。인(引)《단궁(檀弓)》자(者), 증졸곡사칭성사지의(證卒哭辭稱成事之義), 단졸곡위길제자(但卒哭爲吉祭者), 상중자상대(喪中自相對), 약거이십팔월후길제이언(若據二十八月後吉祭而言), 담제이전(禫祭已前), 총위상제야(總爲喪祭也)。약연(若然), 차경운삼우여졸곡(此經云三虞與卒哭), 「애천성사(哀薦成事)」명문(明文), 이정주(而鄭注)《단궁(檀弓)》운(云):「졸곡이제(卒哭而祭), 기사개왈(其辭蓋曰):애천성사(哀薦成事)。」언(言)「개(蓋)」의지자(疑之者), 이정군이전(以鄭君以前), 유인해운삼우여졸곡동위일사해지자(有人解云三虞與卒哭同爲一事解之者), 정고의졸곡지사이운개야(鄭故疑卒哭之辭而云蓋也)。시이(是以)《잡기(雜記)》운(云):「상대부지우야소뢰(上大夫之虞也少牢), 졸곡성사(卒哭成事), 부개대뢰(祔皆大牢)。」정주운(鄭注云):「졸곡성사(卒哭成事), 부언개칙졸곡성사(祔言皆則卒哭成事), 부여우이의(祔與虞異矣)。」시미파전인삼우여졸곡동해자야(是微破前人三虞與卒哭同

解者也)。헌필(獻畢), 미철(未徹), 내전(乃餞)。졸곡지제(卒哭之祭), 기삼헌야(旣三獻也)。전(餞), 송행자지주(送行者之酒)。《시(詩)》운(云)：「출숙우제(出宿于泲), 음전우니(飮餞于禰)。」시단장시부우황조(尸旦將始祔于皇祖), 시이전송지(是以餞送之)。고문전위천(古文餞爲踐)。

◆소(疏)

「헌필미철내전(獻畢未徹乃餞)」。○주(注)「졸곡(卒哭)」지(至)「위천(爲踐)」。○석왈(釋曰)：자차진(自此盡)「부탈대(不脫帶)」, 론졸곡지제미철(論卒哭之祭未徹), 전시어침문외지사(餞尸於寢門外之事)。정운(鄭云)「졸곡지제(卒哭之祭)」자(者), 안상문직운(案上文直云)：「헌필미철(獻畢未徹), 내전(乃餞)。」부언졸곡(不言卒哭), 정지시졸곡지제자(鄭知是卒哭之祭者), 이기삼우무전시지사(以其三虞無餞尸之事), 명단부어조(明旦祔於祖), 입묘내유전시지례(入廟乃有餞尸之禮), 고정거졸곡이언(故鄭據卒哭而言)。약연(若然), 삼우부전시자(三虞不餞尸者), 이기삼우여졸곡동재침(以其三虞與卒哭同在寢), 부칙재묘(祔則在廟), 이명단당입묘(以明旦當入廟), 이기역처향존소(以其易處鄕尊所), 고특유전송시지례야(故特有餞送尸之禮也)。인(引)《시(詩)》자(者), 피생인전행인지례(彼生人餞行人之禮), 위행시(爲行始), 차제사전시지례(此祭祀餞尸之禮), 역향조묘위행시(亦鄕祖廟爲行始)。사수이(事雖異), 전송음주시동(餞送飮酒是同), 고인위증야(故引爲證也)。지(知)「단장시부어황조(旦將始祔於皇祖)」자(者), 하운(下云)「명일이기반부(明日以其班祔)」, 정운(鄭云)：「졸곡지명일야(卒哭之明日也)。」시명일지단야(是明日之旦也)。

존량무우묘문외지우(尊兩甒于廟門外之右), 소남(少南)。수존재주서(水尊在酒西), 작북방(勺北枋)。

소남(少南), 장유사어북(將有事於北)。유현주(有玄酒), 즉길야(即吉也)。차재서(此在西), 상흉야(尙凶也)。언수자(言水者), 상질(喪質), 무멱(無羃), 부구진(不久陳)。고문무위무야(古文甒爲廡也)。

◆소(疏)

주(注)「소남(少南)」지(至)「무야(廡也)」。○석왈(釋曰)：운(云)「소남(少南), 장유사어북(將有事於北)」자(者), 정위하문운(正謂下文云)「시출문우남면(尸出門右南面)」이하시야(已下是也)。운(云)「유현주(有玄酒), 즉길야(即吉也)」자(者), 이기우제용례주(以其虞祭用醴酒), 무현주(無玄酒), 지졸곡운여초(至卒哭云如初), 즉여우제동(則與虞祭同), 금지전시용현주(今至餞尸用玄酒), 주즉심상제사지주(酒則尋常祭祀之酒), 비례주(非醴酒), 고운즉길야(故云即吉也)。운(云)「차재서(此在西), 상흉야(尙凶也)」자(者), 이기길제(以其吉祭), 제존(祭尊), 재방호지간(在房戶之間), 지어우(至於虞), 제존재실(祭尊在室), 시흉(是凶)。금졸곡전시(今卒哭餞尸), 존재문서(尊在門西), 부재문동(不在門東), 시상흉(是尙凶), 고변어길야(故變於吉也)。

세재존동남(洗在尊東南), 수재세동(水在洗東), 비재서(篚在西)。재문지좌우소남(在門之左又少南)。찬변두(饌籩豆), 포사정(脯四脡)。

주의포야(酒宜脯也)。고문정위정(古文脡爲挺)。

유건육절조(有乾肉折俎), 이윤축(二尹縮), 제반윤(祭半尹), 재서숙(在西塾)。

건육(乾肉), 생체지포야(牲體之脯也)。여금량주오시의(如今涼州烏翅矣)。절이위조실(折以爲俎實), 우시야(優尸也)。윤(尹), 정야(正也), 수기절지(雖其折之), 필사정(必使正)。축(縮), 종야(從也)。고문축위축(古文縮爲蹙)。

◆소(疏)

주(注)「건육(乾肉)」지(至)「위축(爲蹙)」。○석왈(釋曰)：운(云)「량주오시(涼州烏翅)」자(者), 경운건육절조(經云乾肉折俎), 즉한시건포사지(則漢時乾脯似之), 고정이금효고야(故鄭以今曉古也)。

시출(尸出), 집궤종(執几從), 석종(席從)。

축입역고리성(祝入亦告利成)。 입전시(入前尸), 시내출(尸乃出)。 궤석(几席), 소궤위석야(素几葦席也)。 이궤석종(以几席從), 집사야(執事也)。

◆소(疏)

「시출(尸出)」 지(至)「석종(席從)」。 ○주(注)「축입(祝入)」 지(至)「사야(事也)」。 ○석왈(釋曰) : 운(云)「축입역고리성(祝入亦告利成), 입전시(入前尸), 시내출(尸乃出)」자(者), 수전행음주(雖餞行飮酒), 시장기지시(尸將起之時), 축역여우제(祝亦如虞祭), 고운리성(告云利成), 시내흥이전시야(尸乃興以前尸也)。 지(知)「궤석(几席), 소궤위석야(素几葦席也)」자(者), 상경초우운(上經初虞云)「소궤위석(素几葦席)」, 재서석(在西席)。 지급재우(至及再虞)、 삼우(三虞)、 급졸곡개여초(及卒哭皆如初), 부견경설궤석지문(不見更設几席之文), 명동초우용소궤위석(明同初虞用素几葦席)。 금졸곡제(今卒哭祭), 말전시어문외(末餞尸於門外), 명시졸곡지궤석(明是卒哭之几席), 고지시소궤위석야(故知是素几葦席也)。

시출문우(尸出門右), 남면(南面)。

사설석야(俟設席也)。

◆소(疏)

「시출문우남면(尸出門右南面)」。 ○주(注)「사설석야(俟設席也)」。 ○석왈(釋曰) : 지(知)「사설석(俟設席)」자(者), 시재문우남면(尸在門右南面), 재좌북립(在坐北立), 하즉운설석지사(下即云設席之事), 명사설석야(明俟設席也)。

석설우존서북(席設于尊西北), 동면(東面)。 궤재남(几在南)。 빈출(賓出), 복위(復位)。

장입림지위(將入臨之位)。《사상례(士喪禮)》빈계형제(賓繼兄弟)「북상(北上), 문동(門東), 북면서상(北面西上) ; 문서(門西), 북면동상(北面東上) ; 서방(西方), 동면북상(東面北上)」。

주인출(主人出), 즉위우문동(即位于門東), 소남(少南) ; 부인출(婦人出), 즉위우주인지북(即位于主人之北), 개서면(皆西面), 곡부지(哭不止)。

부인출자(婦人出者), 중전시(重餞尸)。

◆소(疏)

주(注)「부인출자중전시(婦人出者重餞尸)」。 ○석왈(釋曰) : 부인유사(婦人有事), 자당급방이이(自堂及房而已), 금출침문지외(今出寢門之外), 고운(故云)「중전시(重餞尸)」야(也)。

시즉석좌(尸即席坐), 유주인부곡(唯主人不哭), 세폐작(洗廢爵), 작헌시(酌獻尸), 시배수(尸拜受)。 주인배송(主人拜送), 곡(哭), 복위(復位)。 천포해(薦脯醢), 설조우천동(設俎于薦東), 구재남(胊在南)。

구(胊), 포급건육지굴야(脯及乾肉之屈也)。 굴자재남(屈者在南), 변어길(變於吉)。

◆소(疏)

「시즉(尸即)」 지(至)「재남(在南)」。 ○주(注)「구포(胊脯)」 지(至)「어길(於吉)」。 ○석왈(釋曰) : 운(云)「주인배송(主人拜送)」자(者), 안상제운주인기배(案上祭云主人其拜),《특생(特牲)》역운배송(亦云拜送), 즉배송길흉동야(則拜送吉凶同也)。 운(云)「굴자재남(屈者在南), 변어길(變於吉)」자(者), 안(案)《곡례(曲禮)》운(云) : 「이포수치자(以脯脩置者), 좌구우말(左胊右末)。」 정운(鄭云) : 「굴중왈구(屈中曰胊)。」 즉길시굴자재좌(則吉時屈者在左), 금시동면이운구재남(今尸東面而云胊在南), 즉시흉례(則是凶禮), 굴자재우말(屈者在右末), 두재좌(頭在左), 고운변어길야(故云變於吉也)。

시좌집작(尸左執爵), 취포유해(取脯擩醢), 제지(祭之)。 좌식수제(佐食授嚌)。

수건육지제(授乾肉之祭)。

시수(尸受), 진제(振祭), 제(嚌), 반지(反之)。제주(祭酒), 졸작(卒爵), 전우남방(奠于南方)。

반지(反之), 반어좌식(反於佐食)。좌식반지어조(佐食反之於俎)。시전작(尸奠爵), 예유종(禮有終)。

◆소(疏)

주(注)「반지(反之)」지(至)「유종(有終)」。○석왈(釋曰)：정지(鄭知)「반지(反之), 반어좌식(反於佐食)」자(者), 경운(經云)「좌식수제(佐食授嚌), 시수(尸受), 진제(振祭), 제(嚌)」, 제흘(嚌訖), 이운(而云)「반지(反之)」, 명반여좌식(明反與佐食), 좌식내반어조가지야(佐食乃反於俎可知也)。운(云)「시전작(尸奠爵), 예유종(禮有終)」자(者), 상경운삼헌시개유초(上經云三獻尸皆有酢), 금전시(今餞尸), 삼헌개부초이전지(三獻皆不酢而奠之), 시위례유종(是爲禮有終)。위약주인배송(謂若主人拜送), 빈부답배(賓不答拜), 역시례유종야(亦是禮有終也)。

주인급형제용(主人及兄弟踊), 부인역여지(婦人亦如之)。주부세족작(主婦洗足爵), 아헌(亞獻), 여주인의(如主人儀), 부인용여초(婦人踊如初)。빈장세억작(賓長洗繶爵), 삼헌(三獻), 여아헌(如亞獻), 용여초(踊如初)。좌식취조(佐食取俎), 실우비(實于篚)。시속(尸謖), 종자봉비곡종지(從者奉篚哭從之)。축전(祝前), 곡자개종(哭者皆從), 급대문내(及大門內), 용여초(踊如初)。

남녀종시(男女從尸), 남유좌(男由左), 여유우(女由右)。급(及), 지야(至也)。종시부출대문자(從尸不出大門者), 유묘문외무사시지례야(由廟門外無事尸之禮也)。고문속작휴(古文謖作休)。

◆소(疏)

주(注)「남녀(男女)」지(至)「작휴(作休)」。○석왈(釋曰)：정지(鄭知)「남녀종시(男女從尸), 남유좌(男由左), 녀유우(女由右)」자(者), 약상문남자재남(約上文男子在南), 부인재북(婦人在北), 남위좌(南爲左), 북위우(北爲右), 인종차위편(因從此位便), 고지남자유좌(故知男子由左), 부인유우야(婦人由右也)。운(云)「종시부출대문자(從尸不出大門者), 유묘문외무사시지례야(由廟門外無事尸之禮也)」자(者), 재묘이묘위한(在廟以廟爲限), 재침문외이대문위한(在寢門外以大門爲限)。정제재묘(正祭在廟), 묘문외무사시지례(廟門外無事尸之禮), 금전시재침문외(今餞尸在寢門外), 즉대문외무사시지례(則大門外無事尸之禮), 고정거정제황지(故鄭擧正祭況之)。종시부출대문외(從尸不出大門外), 취정제비지(取正祭比之), 고주운유묘문외무사시지례야(故注云由廟門外無事尸之禮也)。

시출문(尸出門), 곡자지(哭者止)。

이전어외(以餞於外), 대문유묘문(大門猶廟門)。

◆소(疏)

「시출문곡자지(尸出門哭者止)」。○주(注)「이전(以餞)」지(至)「묘문(廟門)」。○석왈(釋曰)：정의소이시출대문(鄭意所以尸出大門), 곡자편지자(哭者便止者), 정이전어침문(正以餞於寢門), 이대문위한(以大門爲限), 사사시재묘문위한(似事尸在廟門爲限), 고정운(故鄭云)「대문유묘문(大門猶廟門)」야(也)。

빈출(賓出), 주인송(主人送), 배계상(拜稽顙)。

송빈(送賓), 배어대문외(拜於大門外)。

◆소(疏)

「빈출(賓出)」지(至)「계상(稽顙)」。○주(注)「송빈(送賓)」지(至)「문외(門外)」。○석왈(釋曰)：상종시부출대문자(上從尸不出大門者), 유사시한(有事尸限), 고부출대문송지(故不出大門送之)。송빈어대문외자시상례(送賓於大門外自是常禮), 고운(故云)「송빈배우대문외(送賓拜于大門外)」。단례유종(但禮有終), 빈무답배지례야(賓無答拜之禮也)。

주부역배빈(主婦亦拜賓)。

녀빈야(女賓也)。부언출(不言出), 부언송(不言送), 배지어위문지내(拜之於闈門之內), 위문여금동서액문(闈門如今東西掖門)。

◆소(疏)

「주부역배빈(主婦亦拜賓)」。○주(注)「녀빈(女賓)」지(至)「액문(掖門)」。○석왈(釋曰) : 상주인송남빈(上主人送男賓), 고지차주부배녀빈야(故知此主婦拜女賓也)。운(云)「부언출(不言出), 송배지어위문지내(送拜之於闈門之內)」자(者), 결상문남주배남빈(決上文男主拜男賓), 언출송(言出送), 차명주부송녀빈우문지내(此明主婦送女賓于門之內)。이기부인송영부출문(以其婦人送迎不出門), 견형제부유역고야(見兄弟不逾閾故也)。운(云)「위문여금동서액문(闈門如今東西掖門)」자(者), 안(案)《이아(爾雅)·석궁(釋宮)》운(云) : 「궁중지문위지위(宮中之門謂之闈)。」즉위문재궁내(則闈門在宮內)。한시궁중액문재동서(漢時宮中掖門在東西), 약인좌우액(若人左右掖), 고거이위황야(故舉以爲況也)。

장부설질대우묘문외(丈夫說絰帶于廟門外)。

기졸곡(旣卒哭), 당변마(當變麻), 수지이갈야(受之以葛也)。석일(夕日), 칙복갈자위부기(則服葛者爲祔期)。금문설위세(今文說爲稅)。

◆소(疏)

「장부(丈夫)」지(至)「문외(門外)」。○주(注)「기졸(旣卒)」지(至)「위세(爲稅)」。○석왈(釋曰) : 운(云)「기졸곡(旣卒哭), 당변마(當變麻), 수지이갈야(受之以葛也)」자(者), 《상복(喪服)》정주운(鄭注云) : 「대부이상우이수복(大夫以上虞而受服), 사졸곡이수복(士卒哭而受服)。」사역약차문이언야(士亦約此文而言也)。운(云)「석일칙복갈자위부기(夕日則服葛者爲祔期)」자(者), 금일위졸곡제(今日爲卒哭祭), 명단위부(明旦爲祔), 전일지석(前日之夕), 위부제지기(爲祔祭之期), 변마복갈(變麻服葛), 시변중종경(是變重從輕)。명단역득변(明旦亦得變), 부요석기지시변지(不要夕期之時變之)。석시언변마복갈자(夕時言變麻服葛者), 정운위부기(鄭云爲祔期), 역인부기즉변지(亦因祔期即變之), 사빈지변절고야(使賓知變節故也)。

입철(入徹), 주인부여(主人不與)。

입철자(入徹者), 형제대공이하(兄弟大功以下)。언주인부여(言主人不與), 즉지장부(則知丈夫)、부인재기중(婦人在其中)。고문여위예(古文與爲豫)。

◆소(疏)

「입철주인부여(入徹主人不與)」。○주(注)「입철(入徹)」지(至)「위예(爲豫)」。○석왈(釋曰) : 정지입철시대공이하자(鄭知入徹是大功以下者), 견(見)《증자문(曾子問)》운(云) : 「사제부족(士祭不足), 칙취어형제대공이하자(則取於兄弟大功以下者)。」경운입철주인부여(經云入徹主人不與), 명취대공(明取大功)、소공(小功)、시마지등입철야(緦麻之等入徹也)。운(云)「언주인부여칙지장부부인재기중(言主人不與則知丈夫婦人在其中)」자(者), 상문직언장부설질(上文直言丈夫說絰), 부변친소(不辨親疏), 하문부인탈수질(下文婦人脫首絰), 부변자최부인(不辨齊衰婦人), 차운입철거대공이하(此云入徹據大功以下), 칙차문입철(則此文入徹), 주인부여지중(主人不與之中), 장부(丈夫)、부인겸유가지(婦人兼有可知)。이기평상제시(以其平常祭時), 제재군부폐철부지(諸宰君婦廢徹不遲), 좌흉제장부(則凶祭丈夫)、부인역재(婦人亦在), 단자참부여철이(但齊斬不與徹耳)。

부인설수질(婦人說首絰), 부설대(不說帶)。

부설대(不說帶), 제참부인대부설야(齊斬婦人帶不說也)。부인소변이중대(婦人少變而重帶), 대(帶), 하체지상야(下體之上也)。대공(大功)、소공자갈대(小功者葛帶), 시역부설자(時亦不說者), 미가이경문변어주부지질(未可以輕文變於主婦之質)。지부(至祔), 갈대이즉위(葛帶以即位)。《단궁(檀弓)》왈(曰) : 「부인부갈대(婦人不葛帶)。」

◆소(疏)

「부인(婦人)」지(至)「설대(說帶)」。○주(注)「부설(不說)」지(至)「갈대(葛帶)」。○석왈(釋曰)：지(知)「자참부인대부변야(齊斬婦人帶不變也)」자(者), 안(案)《상복소기(喪服小記)》운(云)「자최대악계이종상(齊衰帶惡笄以終喪)」, 정운(鄭云)：「유제무변(有除無變)。」거자최즉참최대부변가지(舉齊衰則斬衰帶不變可知)。자참대부변(齊斬帶不變), 즉대공이하변가지(則大功以下變可知)。운(云)「부인소변(婦人少變)」자(者), 이기남자기장(以其男子既葬), 수질요대구변(首絰腰帶俱變), 남자양다변(男子陽多變), 부인기장(婦人既葬), 직변수질(直變首経), 부변대(不變帶), 고운소변야(故云少變也)。운(云)「이중대(而重帶), 대(帶), 하체지상야(下體之上也)」자(者), 대남자양(對男子陽), 중수(重首), 재상체(在上體), 부인음(婦人陰), 중요(重腰), 요시하체(腰是下體), 이중하체(以重下體), 고대부변야(故帶不變也)。운(云)「대공소공자갈대(大功小功者葛帶)」자(者), 안(案)《대공장(大功章)》운(云)：「포최상(布衰裳)、모마질영(牡麻経纓)、포대삼월(布帶三月), 수이소공최(受以小功衰), 즉갈구월자(即葛九月者)。」우안(又案)《소공장(小功章)》운(云)：「포최상(布衰裳), 조마대질오월자(澡麻帶経五月者)。」이자장내개남녀구진(二者章內皆男女俱陳), 명대공(明大功)、소공부인개갈대가지(小功婦人皆葛帶可知)。운(云)「시역부설자(時亦不說者), 미가이경문변어주부지질(未可以輕文變於主婦之質)」자(者), 변시문(變是文), 부변시질(不變是質), 부가이대공이하경복지문변주부중복지질(不可以大功以下輕服之文變主婦重服之質), 고경직견주부(故經直見主婦), 부견대공이하야(不見大功以下也)。운(云)「지부(至祔), 갈대이즉위(葛帶以即位)」자(者), 차정해대공이하(此鄭解大功以下), 수석시미변마복갈(雖夕時未變麻服葛), 지부일역당갈대즉위야(至祔日亦當葛帶即位也)。지대공이하석시미변마복갈자(知大功以下夕時未變麻服葛者), 이기여주부동재묘문외(以其與主婦同在廟門外), 주부부변(主婦不變), 대공이하역부변(大功以下亦不變)。약연(若然), 석시부변(夕時不變), 석후입실가이변(夕後入室可以變), 고지부차이갈대즉위야(故至祔且以葛帶即位也)。인(引)《단궁(檀弓)》자(者), 역증자최부인부갈대지사(亦證齊衰婦人不葛帶之事)。

무시(無尸), 칙부전(則不餞), 유출(猶出), 궤석설여초(几席設如初), 습용삼(拾踊三)。

이전시자본위송신야(以餞尸者本爲送神也)。장부(丈夫)、부인역종궤석이출(婦人亦從几席而出)。고문석위연(古文席爲筵)。

◆소(疏)

「무시(無尸)」지(至)「용삼(踊三)」。○주(注)「이전(以餞)」지(至)「위연(爲筵)」。○석왈(釋曰)：자차지(自此至)「빈출(賓出)」, 론졸곡제무시가전지사(論卒哭祭無尸可餞之事)。운(云)「궤석설여초(几席設如初)」자(者), 수무시(雖無尸), 송신부이(送神不異), 고운여초(故云如初), 고정운(故鄭云)「전시자본위송신야(餞尸者本爲送神也)」。운(云)「장부부인역종궤석이출(丈夫婦人亦從几席而出)」자(者), 이기운(以其云)「출(出), 궤석설여초(几席設如初)」, 즉운(即云)「습용삼(拾踊三)」, 명재문외유시행례지처(明在門外有尸行禮之處), 즉여장부(即如丈夫)、부인종궤석출가지(婦人從几席出可知)。언(言)「역(亦)」자(者), 역전시지시야(亦餞尸之時也)。

곡지(哭止), 고사필(告事畢), 빈출(賓出)。사삼일이빈(死三日而殯), 삼월이장(三月而葬), 수졸곡(遂卒哭)。

위사야(謂士也)。《잡기(雜記)》왈(曰)：「대부삼월이장(大夫三月而葬), 오월이졸곡(五月而卒哭)；제후오월이장(諸侯五月而葬), 칠월이졸곡(七月而卒哭)。」차기경종사기(此記更從死起), 이인지간(異人之間), 기의혹수(其義或殊)。

◆소(疏)

「사삼(死三)」지(至)「졸곡(卒哭)」。○주(注)「위사(謂士)」지(至)「혹수(或殊)」。○석왈(釋曰)：자차진(自此盡)「타사일야(他辭一也)」, 논기인소기(論記人所記), 기의혹수(其義或殊), 시이경유차문야(是以更有此文也)。운(云)「수졸곡(遂卒哭)」, 부언삼우자(不言三虞者), 시기인략언지(是記人略言之)。주운(注云)「위사야(謂士也)」자(者), 이기차편시사우(以其此篇

是士虞), 고지삼일(故知三日)、삼월거사이설(三月據士而說)。인(引)《잡기(雜記)》자(者), 견대부이상여사이자(見大夫已上與士異者), 이기(以其)《왕제(王製)》대부(大夫)、사동유삼일이빈(士同有三日而殯), 삼월이장지문(三月而葬之文)。《잡기(雜記)》운대부역동삼월이장(云大夫亦同三月而葬), 졸곡(卒哭)。즉사운삼월(則士云三月), 대부오월(大夫五月), 졸곡지월부동자(卒哭之月不同者), 《곡례(曲禮)》운(云)「생여래일(生與來日), 사여왕일(死與往日)」, 정운(鄭云)：「여유수야(與猶數也)。생수래일(生數來日), 위성복장이사래일수야(謂成服杖以死來日數也)。사수왕일(死數往日), 위빈렴이사일수야(謂殯斂以死日數也)。대부이상개이래일수(大夫以上皆以來日數)。」약연(若然), 사운삼일빈(士云三日殯), 삼월장(三月葬), 개통사일사월수(皆通死日死月數)。대부이상(大夫以上), 빈장개제사일사월수(殯葬皆除死日死月數), 시이사지졸곡득장지삼월내(是以士之卒哭得葬之三月內)。대부삼월장(大夫三月葬), 제사월(除死月), 통사월칙사월(通死月則四月)。대부유오우(大夫有五虞), 졸곡재오월(卒哭在五月), 제후이상이의가지(諸侯已上以義可知)。운(云)「차기경종사기(此記更從死起), 이인지간(異人之間), 기의혹수(其義或殊)」자(者), 상이론우졸곡(上已論虞卒哭), 차기경종시사기지(此記更從始死記之), 명비상기인시이인지간(明非上記人是異人之間), 기사혹수(其辭或殊), 경견기지사(更見記之事), 기실의역부이전기야(其實義亦不異前記也)。

장단이부(將旦而祔), 칙천(則薦)。

천위졸곡지제(薦謂卒哭之祭)。

◆소(疏)

○석왈(釋曰)：위졸곡지제(謂卒哭之祭), 일장단이부(日將旦而祔), 즉천(則薦), 천위졸곡지제(薦謂卒哭之祭)。운(云)「부칙천(祔則薦)」자(者), 기인견졸곡지제위부이설(記人見卒哭之祭爲祔而設), 고련문운(故連文云)「장단이부(將旦而祔)」, 즉위차졸곡이제야(則爲此卒哭而祭也)。

졸사왈(卒辭曰)：「애자모(哀子某), 내일모(來日某), 제부이우이황조모보(隮祔爾于爾皇祖某甫)。상향(尚饗)」

졸사(卒辭), 졸곡지축사(卒哭之祝辭)。제(隮), 승야(升也)。상(尚), 서기야(庶幾也)。부칭찬(不稱饌), 명주위고부야(明主爲告祔也)。금문제위제(今文隮爲齊)。

◆소(疏)

「졸사(卒辭)」지(至)「상향(尚饗)」。○주(注)「졸사(卒辭)」지(至)「위제(爲齊)」。○석왈(釋曰)：운(云)「졸사(卒辭), 졸곡지축사(卒哭之祝辭)」자(者), 위영시지전(謂迎尸之前), 축석효자사운이(祝釋孝子辭云爾), 운(云)「부칭찬(不稱饌)」, 명주위고부야자(明主爲告祔也者)。단졸곡지제(但卒哭之祭), 실유생찬이부칭자(實有牲饌而不稱者), 이기졸곡제(以其卒哭祭), 주위고신(主爲告神), 장부어조이설생찬(將附於祖而設牲饌), 고부언야(故不言也)。

녀자(女子), 왈(曰)：「황조비모씨(皇祖妣某氏)。」

녀손부어조모(女孫祔於祖母)。

◆소(疏)

「여자(女子)」지(至)「모씨(某氏)」。○주(注)「여손부어조모(女孫祔於祖母)」。○석왈(釋曰)：차녀자위녀미가이사(此女子謂女未嫁而死), 혹출이귀(或出而歸), 혹미묘견이사(或未廟見而死), 귀장녀씨지가(歸葬女氏之家), 기장부우조모야(既葬祔于祖母也)。

부(婦), 왈(曰)：「손부우황조고모씨(孫婦于皇祖姑某氏)。」

부언이(不言爾), 왈손부(曰孫婦), 부차소야(婦差疏也)。

◆소(疏)

주(注)「부언(不言)」지(至)「모씨(某氏)」。○석왈(釋曰)：차대상문손부우조(此對上文孫祔于祖), 이운부우이황조모보(而云祔于爾皇祖某甫)。차즉부왈이(此則不曰爾), 이변왈손부(而變曰孫婦)

孫婦), 부차소(婦差疏), 고부운이야(故不云爾也). 약연(若然), 상녀자역부운이자(上女子亦不云爾者), 문승손하(文承孫下), 운이가지(云爾可知). 직언기황조비(直言其皇祖妣), 이자이(異者耳).

기타사(其他辭), 일야(一也).

내일모(來日某), 제부(隮祔), 상향(尚饗).

◆소(疏)

「기타사일야(其他辭一也)」. ○주(注) 「내일(來日)」지(至) 「상향(尚饗)」. ○석왈(釋曰) : 타사일자(他辭一者), 정위래일모제부상향(正謂來日某隮祔尚饗), 녀자급손부개유차사(女子及孫婦皆有此辭), 고운(故云) 「기타사(其他辭), 일야(一也)」. 기부(其祔), 여자운(女子云) : 내일모제부이우이황조비모씨상향(來日某隮祔爾于爾皇祖妣某氏尚饗). 기손부운(其孫婦云) : 내일모제부손부어황조고모씨상향(來日某隮祔孫婦於皇祖姑某氏尚饗).

향사왈(饗辭曰) : 「애자모(哀子某), 규위이애천지(圭爲而哀薦之)。향(饗)」

향사(饗辭), 권강시지사야(勸彊尸之辭也). 규(圭), 혈야(絜也). 《시(詩)》왈(曰) : 「길규위희(吉圭爲饎)。」범길제향시(凡吉祭饗尸), 왈효자(曰孝子).

◆소(疏)

「향사(饗辭)」지(至) 「지향(之饗)」. ○주(注) 「향사(饗辭)」지(至) 「효자(孝子)」. ○석왈(釋曰) : 「향사(饗辭), 권강시지사야(勸強尸之辭也)」자(者), 안(案)《특생례(特牲禮)》영시입실(迎尸入室), 「시즉석좌(尸即席坐), 주인배타시(主人拜妥尸), 시답배(尸荅拜), 집전(執奠), 축향(祝饗)」, 정운(鄭云) : 「권강지야(勸強之也). 기사인차(其辭引此)《사우(士虞)》기(記), 칙의운(則宜云) : 효손모규위효천지향(孝孫某圭爲孝薦之饗)。」당차시위지(當此時爲之). 「범길제향시(凡吉祭饗尸), 왈효자(曰孝子)」자(者), 차일사설삼우졸곡권시사(此一辭說三虞卒哭勸尸辭), 약부급련상(若祔及練祥), 길제기사역용차(吉祭其辭亦用此), 단개애위효이(但改哀爲孝耳), 고정운(故鄭云) 「범(凡)」이해지야(以該之也).

명일(明日), 이기반부(以其班祔).

졸곡지명일야(卒哭之明日也). 반(班), 차야(次也). 《상복소기(喪服小記)》왈(曰) : 부필이기소목(祔必以其昭穆), 망칙중일이상(亡則中一以上). 범부이(凡祔已), 복우침(復于寢). 여기협(如既祫), 주반기묘(主反其廟), 련이후천묘(練而後遷廟). 고문반혹위변(古文班或爲辨), 변씨성혹연(辨氏姓或然), 금문위반(今文爲胖).

◆소(疏)

○주석왈(注釋曰) : 인(引)《상복소기(喪服小記)》자(者), 피해중유간야(彼解中猶間也), 일이상조우조(一以上祖又祖). 손부조위정(孫祔祖爲正), 약무조(若無祖), 칙부우고조(則祔于高祖), 이기부필이소목(以其祔必以昭穆), 손여조소목동(孫與祖昭穆同), 고간(故間). 일이상취소목상당자(一以上取昭穆相當者), 약부칙부우부지소부지비(若婦則祔于夫之所祔之妃), 무역간일이상(無亦間一以上), 약첩부(若妾祔), 역부우부지소부지첩(亦祔于夫之所祔之妾), 무칙역생부녀군야(無則易牲祔女君也). 운(云) 「범부이(凡祔已), 복우침(復于寢), 여기협(如既祫), 주반기묘(主反其廟)」자(者), 안문이년(案文二年)《공양(公羊)》운(云) : 「대사자하(大事者何)대협야(大祫也). 대협자하(大祫者何), 합제야(合祭也). 훼묘지주(毀廟之主), 진우대조(陳于大祖), 미훼묘지주개승(未毀廟之主皆升), 합식우태조(合食于太祖)。」우안(又案)《증자문(曾子問)》운천자제후기협제(云天子諸侯既祫祭), 「주각반기묘(主各反其廟), 금부우묘(今祔于廟), 부이(祔已), 복우침(復于寢). 약대부사무목주(若大夫士無木主), 이폐주기신(以幣主其神). 천자제후유목주자(天子諸侯有木主者), 이주부제흘(以主祔祭訖), 주반우침(主反于寢), 여협제흘(如祫祭訖), 주반묘상사(主反廟相似), 고인위증야(故引爲證也). 운(云) 「련이후천묘(練而後遷廟)」자(者), 안문이년(案文二年)《경(經)》운(云) : 「정축(丁丑), 작희공주(作僖公主)。」《곡량전(穀梁傳)》운(云) : 「작희공주(作僖公主), 기기후야(譏其後也). 작주괴묘유시

일(作主壞廟有時日), 어련언괴묘(於練焉壞廟)。 괴묘지도(壞廟之道), 역첨가야(易櫓可也), 개도가야(改塗可也)。」 시련이천묘(是練而遷廟), 인지자(引之者), 증련내천묘(證練乃遷廟), 부천우침(祔遷于寢)。 안(案)《좌씨(左氏)》희공삼십삼년전운(僖公三十三年傳云):「범군훙(凡君薨), 졸곡이부(卒哭而祔)。 부이작주(祔而作主), 특사어주(特祀於主), 증상체어묘(烝嘗禘於廟)。」 복주운(服注云):「특사우주(特祀于主), 위재침증(謂在寢烝)、상(嘗)、체어묘자(禘於廟者), 삼년상필(三年喪畢), 조증(遭烝)、상즉행제(嘗則行祭), 개어묘(皆於廟)。」 언조증(言遭烝)、상내어묘(嘗乃於廟), 칙자삼년이전(則自三年已前), 미득천어묘이체제(未得遷於廟而禘祭)。 차가(此賈)、복지의(服之義), 부여정동(不與鄭同)。 안(案)《춘관(春官)·창인직(鬯人職)》운(云)「묘용유(廟用卣)」, 정주운(鄭注云):「묘용유자(廟用卣者), 위시체시(謂始禘時), 자궤식시(自饋食始)。」 이차언지(以此言之), 정의약어삼년후(鄭義若於三年後), 사시당제재묘(四時當祭在廟), 용이성욱(用彝盛郁), 필용유중존헌상등(必用卣中尊獻象等), 이성창주이이(以盛鬯酒而已)。 고정취(故鄭取)《곡량(穀梁)》련이천묘(練而遷廟), 특사신사자(特祀新死者), 어묘고용유야(於廟故用卣也)。 약연(若然), 유부제여련제(唯祔祭與練祭), 제재묘(祭在廟), 제흘(祭訖), 주반어침(主反於寢), 기대상여담제(其大祥與禫祭), 기주자연재침제지(其主自然在寢祭之)。 안하문담월(案下文禫月), 봉사시길제지월(逢四時吉祭之月), 즉득재묘제(即得在廟祭), 단미배이이(且未配而已)。 우(又)《현조(玄鳥)》시정주운(詩鄭注云):「군상삼년(君喪三年), 기필귀어기묘(既畢歸於其廟), 이후협제우태조(而後祫祭于太祖), 명년춘(明年春), 체우군묘(禘于群廟)。」 약여차언(若如此言), 즉삼년상필(則三年喪畢), 경유특체자(更有特禘者)。 정의제련시특체(鄭意除練時特禘), 삼년상필경유차특체지례야(三年喪畢更有此特禘之禮也)。

목욕(沐浴)、즐(櫛)、소전(搔翦)。

미자식야(彌自飾也)。 소당위조(搔當爲爪)。 금문왈목욕(今文曰沐浴)。 소전혹위조전(搔翦或爲蚤揃), 전혹위전(揃或爲鬋)。

◆소(疏)

○주석왈(注釋曰): 운(云)「미자식야(彌自飾也)」자(者), 상문(上文)「우목욕부즐(虞沐浴不櫛)」주운(注云):「자결청(自潔清)。 부즐(不櫛), 미재어식(未在於飾)。」정수부언부재어식(鄭雖不言不在於飾), 목욕소식(沐浴少飾), 금부시즐(今祔時櫛), 시미자식야(是彌自飾也)。

용전부위절조(用專膚爲折俎), 취제두익(取諸腴膉)。

전유후야(專猶厚也)。 절조(折俎), 위주부이하조야(謂主婦以下俎也)。 체진인다(體盡人多), 절골이위지(折骨以爲之)。 금이두익(今以腴膉), 폄어순길(貶於純吉)。 금문자위기조(今文字爲胏俎), 이설이위절조(而說以爲折俎), 역이무의(亦已誣矣)。 고문두익위두익야(古文腴膉爲頭嗌也)。

◆소(疏)

○석왈(釋曰): 운(云)「절조위주부이하조(折俎謂主婦以下俎)」자(者), 정지절조시주부이하조자(鄭知折俎是主婦以下俎者), 《특생(特牲)》기운(記云)「주조(主俎), 곡절(觳折), 좌식조(佐食俎), 곡절(觳折)」, 《소뢰(少牢)》운(云)「주부조곡절(主婦俎觳折)」시야(是也)。

기타여궤식(其他如饋食)。

여특생궤식지사(如特牲饋食之事)。 혹운이좌반우(或云以左胖虞), 우반부(右胖祔), 금차여궤식(今此如饋食), 즉시조(則尸俎)、기조개유견비(胏俎皆有肩臂), 기복용우비호(豈復用虞臂乎) 기부연명의(其不然明矣)。

◆소(疏)

「기타여궤식(其他如饋食)」。 ○주(注)「여특(如特)」지(至)「명의(明矣)」。 ○석왈(釋曰): 운(云)「여특생궤식지사(如特牲饋食之事)」자(者), 지부여사우궤식례자(知不如士虞饋食禮者), 우부치작(虞不致爵), 칙부부무조의(則夫婦無俎矣)。 상문유조즉부시부부치작(上文有俎則祔時夫婦致爵), 이부시변마복갈(以祔時變麻服葛), 기사칭효(其辭稱孝), 부부치작여특생동(夫婦致爵與特牲同), 고운여특생궤식지사야(故云如特牲饋食之事也)。「혹운이좌반우(或云以左

胖虞), 우반부(右胖祔)」 자(者), 당정군시(當鄭君時), 유인해자운우제여부제공용일생(有人解者云虞祭與祔祭共用一牲), 각용일반(各用一胖), 이좌반위우제(以左胖爲虞祭), 우반위부제(右胖爲祔祭), 부시(不是), 고정파지운(故鄭破之云), 금차경운(今此經云)「여궤식(如饋食)」, 위여특생궤식지례(謂如特牲饋食之禮), 시조용우반(尸俎用右胖), 해지주인조좌비(解之主人俎左臂), 좌반지비이위우제(左胖之臂以爲虞祭), 주인기득복취우시좌반지비이용지호(主人豈得復取虞時左胖之臂而用之乎)명부연의(明不然矣)。

용사시(用嗣尸)。

우부상질(虞祔尚質), 미가서시(未暇筮尸)。

◆소(疏)

○석왈(釋日) : 언(言)「용사시(用嗣尸)」, 즉종우이지부제(則從虞以至祔祭), 유용일시이이(唯用一尸而已)。운(云)「우부상질(虞祔尚質), 미가서시(未暇筮尸)」자(者), 이기애미살(以其哀未殺), 고운상질(故云尚質), 미가서시(未暇筮尸)。약연(若然), 련상즉서시의(練祥則筮尸矣), 고(故)《상복소기(喪服小記)》운(云)「연서일서시(練筮日筮尸)」, 대상서시가지(大祥筮尸可知)。시이정상문주운(是以鄭上文注云) : 「전시(餞尸), 단장시부우황조(且將始祔于皇祖)。」시용일시야(是用一尸也)。

왈(日) : 「효자모(孝子某), 효현상(孝顯相), 숙흥야처(夙興夜處), 소심외기(小心畏忌), 부타기신(不惰其身), 부녕(不寧)。

칭효자(稱孝者), 길제(吉祭)。

◆소(疏)

주(注)「칭효자길제(稱孝者吉祭)」。○석왈(釋日) : 대우시칭애(對虞時稱哀)。안(案)《단궁(檀弓)》우위상제(虞爲喪祭), 졸곡위길제(卒哭爲吉祭)。졸곡기위길제(卒哭既爲吉祭), 부재졸곡후(祔在卒哭後), 역시길제(亦是吉祭), 고정이길제언지야(故鄭以吉祭言之也)。

용윤제(用尹祭),

윤제(尹祭), 포야(脯也)。대부사제무운포자(大夫士祭無云脯者)。금부언생호이운윤제(今不言牲號而云尹祭), 역기자오의(亦記者誤矣)。

◆소(疏)

「용윤제(用尹祭)」。○주(注)「윤제(尹祭)」지(至)「오의(誤矣)」。○석왈(釋日) : 정지윤제시포자(鄭知尹祭是脯者), 《하곡례(下曲禮)》운(云) : 「포왈윤제(脯曰尹祭)。」고지야(故知也)。단(但)《곡례(曲禮)》소운시천자제후례용포호(所云是天子諸侯禮用脯號), 안(案)《특생(特牲)》、《소뢰(少牢)》무운용포자(無云用脯者), 고운(故云)「대부사제무운포(大夫士祭無云脯)」자(者)。유상전시유포(唯上餞尸有脯), 차비전시(此非餞尸), 「금부언생호이운윤제(今不言牲號而云尹祭), 역기자오야(亦記者誤也)」, 이기상문초우운(以其上文初虞云)「감용혈생강렵(敢用絜牲剛鬣)」, 금부언생호이운윤제(今不言牲號而云尹祭), 시기인오(是記人誤)。운(云)「역(亦)」자(者), 역상향합야(亦上香合也)。

가천(嘉薦)、보뇨(普淖)、보천(普薦)、수주(溲酒),

보천(普薦), 형갱(鉶羹)。부칭생(不稱牲), 기기이자(記其異者)。금문수위수(今文溲爲醙)。

◆소(疏)

○주석왈(注釋日) : 지보천시형갱자(知普薦是鉶羹者), 안상문우례급특생개운(案上文虞禮及特牲皆云)「축작전우형남(祝酌奠于鉶南)」, 즉형재주전이설(則鉶在酒前而設), 차역보천재주상(此亦普薦在酒上), 고지야(故知也)。단우례일형(但虞禮一鉶), 차운궤식(此云饋食), 즉여특생동이형(則與特牲同二鉶), 고운(故云)「보천(普薦)」야(也)。운(云)「부칭생(不稱牲), 기기이(記其異)」자(者), 대여초우지등칭생(對與初虞之等稱牲), 단기기이(但記其異), 수부설생지호

(雖不說牲之號), 유호가지야(有號可知也)。약연(若然), 운기기이자(云記其異者), 소이가천(所以嘉薦)、보뇨(普淖)、보천(普薦)、수주여전부이(湑酒與前不異), 기지(記之), 이기보천여전이(以其普薦與前異), 장언설천재보뇨후(將言設薦在普淖後), 수주전(湑酒前), 고병언기차이(故並言其次耳)。

적이황조모보(適爾皇祖某甫), 이제이손모보(以隋爾孫某甫)。상향(尙饗)」

욕기부합(欲其祔合), 양고지(兩告之)。《증자문(曾子問)》왈(曰):「천자붕(天子崩), 국군훙(國君薨), 즉축취군묘지주이장제조묘(則祝取群廟之主而藏諸祖廟), 예야(禮也)。졸곡성사(卒哭成事), 이후주각반기묘(而後主各反其廟)。」연칙사지황조(然則士之皇祖), 어졸곡역반기묘(於卒哭亦反其廟)。무주(無主), 칙반묘지례미문(則反廟之禮未聞), 이기폐고지호(以其幣告之乎)

◆소(疏)

○주석왈(注釋曰):운(云)「욕기부합(欲其祔合), 양고지(兩告之)」자(者), 욕사사자부어황조(欲使死者祔於皇祖), 우사황조여사자합식(又使皇祖與死者合食), 고수량고지(故須兩告之)。시이고사자왈(是以告死者曰)「적이황조모보(適爾皇祖某甫)」, 위황조왈(謂皇祖曰)「제이손모보(隋爾孫某甫)」, 이자구향(二者俱饗), 시기량고야(是其兩告也)。인(引)《증자문(曾子問)》자(者), 안피정주(案彼鄭注):「상유흉사자취야(象有凶事者聚也)。」운(云)「졸곡성사(卒哭成事), 이후주각반기묘(而後主各反其廟)」자(者), 지부수득조지목주(至祔須得祖之木主), 이손부제고야(以孫祔祭故也)。천자제후유목주(天子諸侯有木主), 가언취여반묘지사(可言聚與反廟之事), 대부무목주(大夫無木主), 취이반지(聚而反之), 고운(故云)「무주(無主), 즉반묘지례미문(則反廟之禮未聞)」。운(云)「이기폐고지호(以其幣告之乎)」자(者), 《증자문(曾子問)》운(云):「무천주장행(無遷主將行), 이폐백위주명(以幣帛爲主命)。」차대부사(此大夫士), 혹용폐이의신이고사취지(或用幣以依神而告使聚之), 무정문(無正文), 고운(故云)「호(乎)」이의지(以疑之)。

기이소상(朞而小祥),

소상(小祥), 제명(祭名)。상(祥), 길야(吉也)。《단궁(檀弓)》왈(曰):「귀상육(歸祥肉)。」고문기개작기(古文朞皆作基)。

◆소(疏)

「기이소상(期而小祥)」。○주(注)「소상(小祥)」지(至)「작기(作基)」。○석왈(釋曰):자부이후(自祔以後), 지십삼월소상(至十三月小祥), 고운기이소상(故云期而小祥)。인(引)《단궁(檀弓)》자(者), 피위안회지상(彼謂顔回之喪), 궤상육어공자이언(饋祥肉於孔子而言)。피운궤(彼云饋), 금운귀자(今云歸者), 궤즉귀야(饋即歸也), 고변문언지(故變文言之)。인지자(引之者), 증소상시제(證小祥是祭), 고유육야(故有肉也)。

왈(曰):「천차상사(薦此常事)。」

축사지이자(祝辭之異者)。언상자(言常者), 기이제(朞而祭), 예야(禮也)。고문상위상(古文常爲祥)。

◆소(疏)

「왈천차상사(曰薦此常事)」。○주(注)。축사지이자(祝辭之異者), 위소상사여우부지사유이(謂小祥辭與虞祔之辭有異)。이자(異者), 이우부지제비상(以虞祔之祭非常), 일기천기변역(一期天氣變易), 효자사지이제(孝子思之而祭), 시기상사(是其常事), 고축사이야(故祝辭異也)。운(云)「기이제(期而祭), 예야(禮也)」자(者), 《상복소기(喪服小記)》문(文)。안피운(案彼云):「기이제(期而祭), 예야(禮也)。기이제상(期而除喪), 도야(道也), 제부위제상야(祭不爲除喪也)。」주운(注云):「차위련제야(此謂練祭也)。예(禮), 정월존친(正月存親), 친망지금이기(親亡至今而期), 기칙의제(期則宜祭), 기천도일변(期天道一變), 애측지정익최(哀惻之情益衰), 최즉의제(衰則宜除), 부상위야(不相爲也)。」이시위소상제(以是謂小祥祭), 위상사야(謂常事也)。

우기이대상(又朞而大祥), 왈(曰) : 「천차상사(薦此祥事)。」

우(又), 복야(復也)。

◆소(疏)

「우기(又期)」지(至)「상사(祥事)」。○주(注)「우복야(又復也)」。○석왈(釋曰) : 차위이십오월대상제(此謂二十五月大祥祭), 고운복기야(故云復期也)。변언(變言)「상사(祥事)」, 역시상사야(亦是常事也)。

중월이담(中月而禫)。

중유간야(中猶間也)。담(禫), 제명야(祭名也)。여대상간일월(與大祥間一月)。자상지중(自喪至中), 범이십칠월(凡二十七月), 담지언(禫之言), 담담연평안의야(澹澹然平安意也)。고문담혹위도(古文禫或爲導)。

◆소(疏)

○주석왈(注釋曰) : 지여대상간일월자(知與大祥間一月者), 이십칠월담(二十七月禫)。후월악(後月樂), 이십팔월복평상(二十八月復平常), 정작악야(正作樂也)。운(云)「담지언(禫之言), 담담연평안의야(澹澹然平安意也)」자(者), 담월득무소부패(禫月得無所不佩), 우어담월장향길제(又於禫月將鄕吉祭), 우득악현(又得樂懸), 고운평안의야(故云平安意也)。단지후월(但至後月), 내시즉길지정야(乃是即吉之正也)。

시월야(是月也), 길제(吉祭), 유미배(猶未配)。

시월(是月), 시담월야(是禫月也)。당사시지제월칙제(當四時之祭月則祭), 유미이모비배모씨(猶未以某妃配某氏), 애미망야(哀未忘也)。《소뢰궤식례(少牢饋食禮)》 : 「축축왈(祝祝曰) : 효손모(孝孫某), 감용유모(敢用柔毛)、강렵(剛鬣)、가천(嘉薦)、보뇨(普淖), 용천세사우황조백모(用薦歲事于皇祖伯某), 이모비배모씨(以某妃配某氏), 상향(尚饗)。」

◆소(疏)

「시월(是月)」지(至)「미배(未配)」。○주(注)「시월(是月)」지(至)「상향(尚饗)」。○석왈(釋曰) : 위시담월(謂是禫月), 득담제잉재침(得禫祭仍在寢), 차월당사시길제지월(此月當四時吉祭之月), 칙우묘행사시지제(則于廟行四時之祭), 어군묘이유미득이모비배(於群廟而猶未得以某妃配), 애미망(哀未忘), 약상중연야(若喪中然也)。언(言)「유(猶)」자(者), 여상제이전(如祥祭以前), 부이비배야(不以妃配也)。안(案)《례기(禮記)》운(云) : 「길사선근일(吉事先近日), 상사선원일(喪事先遠日)。」칙대상지제(則大祥之祭), 잉종상사(仍從喪事), 선용원일(先用遠日), 하순위지(下旬為之)。고(故)《단궁(檀弓)》운(云) : 「공자기상(孔子既祥), 오일탄금이부성성(五日彈琴而不成聲)。십일이성생가(十日而成笙歌)。」주(注) : 「유월차이순야(逾月且異旬也)。」상역흉사(祥亦凶事), 선원일(先遠日)。안차담언담연평안(案此禫言澹然平安), 득행사시지제(得行四時之祭), 좌가종길사선근일(則可從吉事先近日), 용상순위지(用上旬爲之)。약연(若然), 이십칠월상순행담제어침(二十七月上旬行禫祭於寢), 당제월즉종사시제어묘(當祭月即從四時祭於廟), 역용상순위지(亦用上旬爲之)。인(引)《소뢰례(少牢禮)》자(者), 증담월길제미배(證禫月吉祭未配), 후월길여(後月吉如)《소뢰(少牢)》, 배가지야(配可知也)。

사상견례홀기(士相見禮笏記)

◆청견(請見)

○빈(賓)^{빈다칙운이하(賓多則云以下)}○지문외동면서립(至門外東面序立)○찬자봉폐(贊者奉幣)^{용치(用雉)}종빈립(從賓立)○주인립어조계하직동서서면중집사재기좌소동북상(主人立於阼階下直東序西面眾執事在其左少東北上)○빈자(賓者)^{장명(將命)}出문외서면립(出門外西面立)○賓향빈치사(向儐致辭)^{모원조석문명우집사자감청(某願朝夕聞命于執事者敢請)}○빈입예조계하북면고주인(儐入詣阼階下北面告主人)

阼階下北面告主人)모자사모청견(某子使某請見)○주인명대(主人命對)모고원견금오자유욕청오자지취차야모장주견(某固願見今吾子有辱請吾子之就次也某將走見)○빈출고빈(儐出告賓)○빈우치사(賓又致辭)모부족이욕명감고이청(某不足以辱命敢固以請)○빈입고주인(儐入告主人)　○주인우명대(主人又命對)모불감위의고청오자지취차야모장주견(某不敢爲儀固請吾子之就次也某將走見)○빈출고빈(儐出告賓)○빈우치사(賓又致辭)모불감위의청종사견(某不敢爲儀請終賜見)○빈입고주인(儐入告主人)　○主人又命對某固辭不得命固將拜　見聞吾子稱贊敢辭贄○빈출고빈(儐出告賓)○빈우치사(賓又致辭)모불이지불감견견청(某不以摯不敢見敢請)○빈입고주인(儐入告主人)○주인우명대(主人又命對)모부족습례감고사(某不足習禮敢固辭)○빈출고빈(儐出告賓)○빈우치사(賓又致辭)모불의어지불감견견감고이청(某不依於摯不敢見敢固以請)○빈입고주인(儐入告主人)○주인우명대(主人又命對)모고사부득명감불경종(某固辭不得命敢不敬從)○빈출고빈(儐出告賓)○수입취집사자위빈이하숙사(遂入就執事者位賓以下肅俟)

◆전지(傳摯)

○주인지집사자설석우문내(主人之執事者設席于門內)○빈도주인출문외서면립(儐導主人出門外西面立)○주인재배(主人再拜)○빈답재배(賓答再拜)○주인읍중빈(主人揖衆賓)○중빈답읍(衆賓答揖)○주인읍빈입문우서면립빈종(主人揖賓入門右西面立儐從)○빈입문좌동면립찬봉지종(賓入門左東面立贊奉摯從)○진예주인전립(進詣主人前立)○주인재배(主人再拜)○○빈예찬전수지(儐詣贊前受摯)○찬퇴복위(贊退復位)○빈재배출문외복위(賓再拜出門外復位)○주인명빈전지우동방(主人命儐奠摯于東房)○빈전필복위(儐奠畢復位)

◆반견(反見)

○빈예주인지좌북면수명(儐詣主人之左北面受命)○주인명청견우빈(主人命請見于賓)왈청견우빈(曰請見于賓)○빈이고빈(儐以告賓)왈주인청견(曰主人請見)○빈대(賓對)왈감불경종(曰敢不敬從)○빈반명우주인(儐反命于主人)왈청견우빈빈허(曰請見于賓賓許)○집사자설빈석우유전남향(執事者設賓席于牖前南向)○설주인석우조계상남상(設主人席于阼階上南上)○빈도주인출문외서면립(儐導主人出門外西面立)○주인읍빈이입(主人揖賓以入)○빈염중빈이종(賓厭衆賓以從)○주인입문이우(主人入門而右)○빈입문이좌(賓入門而左)○중빈종상향립정(衆賓從相向立定)○주인읍(主人揖)○빈답읍(賓答揖)○우각상배이행지진상향립정(又各相背而行至陳相向立定)○주인읍(主人揖)○빈답읍(賓答揖)○우각향북이행지비상향립정(又各向北而行至碑相向立定)○주인치사(主人致辭)모장입위석청오자지소수야(某將入爲席請吾子之少須也)○빈대(賓對)모부족위례감사(某不足爲禮敢辭)○주인우치사(主人又致辭)모불감불근고청오자지소수야(某不敢不謹固請吾子之少須也)○빈대(賓對)모불감위의감고이사(某不敢爲儀敢固以辭)○주인양승(主人讓升)모기부득명청오자지선승(某旣不得命請吾子之先升)○빈대(賓對)모불감감사(某不敢敢辭)○주인우양(主人又讓)고청오자승(固請吾子升)○빈대(賓對)감고이사(敢固以辭)○주인우양(主人又讓)종청오자승(終請吾子升)○빈대(賓對)감종사지(敢終辭之)○주인선승조계선우족(主人先升阼階先右足)○빈승서계선좌족(賓升西階先左足)○중빈종승(衆賓從升)○주인조계상의립서향(主人阼階上疑立西向)○빈이하서계상동면서립남상재배(賓以下西階上東面序立南上再拜)○주인답재배(主人答再拜)○주인진빈석전궤정석(主人進賓席前跪正席)○빈예석서궤무석치사(賓詣席西跪撫席致辭)모부족위례감사(某不足爲禮敢辭)○주인대(主人對)모불감부정(某不敢不正)○빈흥(賓興)○주인흥복위읍빈취석(主人興復位揖賓就席)○빈천석주인내좌(賓踐席主人乃坐)○빈이하병취좌(賓以下並就坐)

◆전언(傳言)

○좌기타주인전언(坐旣妥主人傳言)왈타일절문오자지명원견이불가득금오자외자왕굴사모득친덕의모지우불승영감(曰他日竊聞吾子之名願見而不可得今吾子猥自枉屈使某得親德儀某之愚不勝榮感)○빈대(賓對)왈모절문오자덕의지성유집어어지원위일구의금행획사불승위희원오자물고기소이래지의유이교지야(曰某竊聞吾子德儀之盛有執御之願願日久矣今幸獲私不勝喜願吾子勿孤其所以來之意有以敎之也)○약청업지빈즉덕의지성이하왈원공쇄소어문하위일구의금행득사운운(若請業之賓則德儀之盛以下曰願供灑掃於門下爲日久矣今幸得侍云云)○주인대(主人對)왈모지우무사불의오자과청전자지언치유근교내성황축망지조궁(曰某之愚無似不意吾子過聽傳者之言致有勤敎內省惶蹙罔知措躬)○빈고청(賓固請)왈오자불이비비행교이일언(曰吾子不以鄙卑幸敎以一言)○주인

대(主人對)왈모학불지방성부족이감명연하문지성유불가이허욕석자절문지운운(曰某學不知方誠不足以堪命然下問之盛有不可以虛辱昔者竊聞之云云)(인고가언지절어신자이대(引古嘉言之切於身者以對))모지우개상유의어차이력막능야감이위헌원오자가지의언(某之愚蓋嘗有意於此而力莫能也敢以爲獻願吾子加之意焉)○빈기배사(賓起拜謝)왈모수불민청사사어의(曰某雖不敏請事斯語矣)○주인기배욕복구좌(主人起拜辱復俱坐)

◆부(附)개강(開講)
○찬기서봉치우주인석전(贊丌書奉置于主人席前)○설강석우간장(設講席于間丈)○주인기(主人起)○빈이하기(賓以下起)○빈치사(賓致辭)모기몽사견원획승회어좌우(某既蒙賜見願獲承誨於左右)○주인대(主人對)모우무문감사(某愚無聞敢辭)○빈우치사(賓又致辭)모여붕우기획사의불승회불감퇴감고이청(某與朋友既獲私矣不承誨不敢退敢固以請)○주인대(主人對)모실우무문불감위의감고사(某實愚無聞不敢爲儀敢固辭)○빈우치사(賓又致辭)모여붕우장불승회불감좌청종교지(某與朋友將不承誨不敢坐請終敎之)○주인대(主人對)모고사부득명감불경종(某固辭不得命敢不敬從)○주인좌(主人坐)○빈이하개좌(賓以下皆坐)○찬인당강자이차예장간읍궤강(贊引當講者以次詣丈間揖跪講)○빈집필취서안지남초록강설(儐執筆就書案之南抄錄講說)○강필이차퇴복위(講畢以次退復位)○빈궤송백록동규(儐跪誦白鹿洞規)○빈이하개체청(賓以下皆諦聽)

◆빈출(賓出)
○빈이하기(賓以下起)○주인기(主人起)○빈청퇴(賓請退)여붕우기획사의감청퇴(某與朋友既獲私矣敢請退)○주인대(主人對)모부족이구욕감불경응(某不足以久辱敢不敬應)○빈읍강중빈종(賓揖降衆賓從)○주인답읍강(主人答揖降)○지문외상향립정(至門外相向立定)○주인재배(主人再拜)　○빈준순이퇴중빈병퇴(賓逡巡而退衆賓並退)

◆환지(還摯)
○주인예빈문외동향립(主人詣賓門外東向立)○빈봉폐종(儐奉幣從)○찬출문외서향립(贊出門外西向立)○주인치사(主人致辭)향자오자욕사모견청환지어집사자(嚮者吾子辱使某見還摯于執事者)○찬입고빈(贊入告賓)○빈명대(賓命對)모기득견의감사(某既得見矣敢辭)○찬출고주인(贊出告主人)○주인우치사(主人又致辭)모비감구견고청환지우장명자(某非敢求見固請還摯于將命者)○찬입고빈(贊入告賓)○빈명대(賓命對)모기득견감고사(某既得見敢固辭)○찬출고주인(贊出告主人)○주인우치사(主人又致辭)모비감이문종청우집사자(某非敢以聞終請于執事者)○찬입고빈(贊入告賓)○빈명대(賓命對)모고사부득명감불경종(某固辭不得命敢不敬從)○찬출고주인(贊出告主人)○주인입문좌동면립빈봉지종(主人入門左東面立儐奉摯從)○빈강계지문우서면립(賓降階至門右西面立)○빈봉지예빈전립(儐奉摯詣賓前立)○빈재배(賓再拜)○찬예빈전수지(贊詣儐前受摯)○빈퇴복위(儐退復位)○주인재배(主人再拜)○빈명찬전지우방(賓命贊奠摯于房)○찬전필복위(贊奠畢復位)○주인출(主人出)○빈출(賓出)○지문외상향립정(至門外相向立定)○빈재배(賓再拜)주인준순이퇴약청업지지칙빈출후사빈자환기지우문외왈모야사모환지(主人逡巡而退若請業之摯則賓出後使儐者還其摯于門外曰某也使某還摯)○빈대왈모야기득견의감사(賓對曰某也既得見矣敢辭)○빈자대왈모야명모모비감위의야감이청(儐者對曰某也命某某非敢爲儀也敢以請)○빈대왈모야부자지천사부족이천례감고사(賓對曰某也夫子之賤私不足以踐禮敢固辭)○빈자대왈모야사모불감위의야고이청(儐者對曰某也使某不敢爲儀也固以請)○빈대왈모고사부득명감불종수재배수(賓對曰某固辭不得命敢不從遂再拜受)

사상견례(士相見禮)

사상견지례(士相見之禮)。 지(摯)， 동용치(冬用雉)， 하용거(夏用腒)。 좌두봉지(左頭奉之)， 왈(曰) : 「모야원견(某也願見)， 무유달(無由達)。 모자이명명모견(某子以命命某見)。」 주인대왈(主人對曰) : 「모자명모견(某子命某見)， 오자유욕(吾子有辱)。 청오자지취가야(請吾子之就家也)， 모장주견(某將走見)。」 빈대왈(賓對曰) : 「모부족이욕명(某不足以辱命)， 청종사견(請終賜見)。」 주인대왈(主人對曰) : 「모부감위의(某不敢爲儀)， 고청오자지취가야(固請吾子之就家也)， 모장주견(某將走見)。」 빈대왈(賓對曰) : 「모부감위의(某不敢爲儀)， 고이청(固以請)。」 주인대왈(主人對曰) : 「모야고사(某也固辭)， 부득명(不得命)， 장주견(將走見)。 문오자칭지(聞

吾子稱摯), 감사지(敢辭摯)。」빈대왈(賓對曰) : 「모부이지(某不以摯), 부감견(不敢見)。」주인대왈(主人對曰) : 「모부족이습례(某不足以習禮), 감고사(敢固辭)。」빈대왈(賓對曰) : 「모야부의어지(某也不依於摯), 부감견(不敢見), 고이청(固以請)。」주인대왈(主人對曰) : 「모야고사(某也固辭), 부득명(不得命), 감부경종(敢不敬從)!」출영우문외(出迎于門外), 재배(再拜)。 빈답재배(賓荅再拜)。 주인읍(主人揖), 입문우(入門右)。 빈봉지(賓奉摯), 입문좌(入門左)。 주인재배수(主人再拜受), 빈재배송지(賓再拜送摯), 출(出)。 주인청견(主人請見), 빈반견(賓反見), 퇴(退)。 주인송우문외(主人送于門外), 재배(再拜)。

주인복견지(主人復見之), 이기지(以其摯), 왈(曰) : 「향자오자욕(曏者吾子辱), 사모견(使某見)。 청환지어장명자(請還摯於將命者)。」주인대왈(主人對曰) : 「모야기득견의(某也旣得見矣), 감사(敢辭)。」빈대왈(賓對曰) : 「모야비감구견(某也非敢求見), 청환지우장명자(請還摯于將命者)。」주인대왈(主人對曰) : 「모야기득견의(某也旣得見矣), 감고사(敢固辭)。」빈대왈(賓對曰) : 「모부감이문(某不敢以聞), 고이청어장명자(固以請於將命者)。」주인대왈(主人對曰) : 「모야고사(某也固辭), 부득명(不得命), 감부종(敢不從)」빈봉지입(賓奉摯入), 주인재배수(主人再拜受)。 빈재배송지(賓再拜送摯), 출(出)。 주인송우문외(主人送于門外), 재배(再拜)。

사견어대부(士見於大夫), 종사기지(終辭其摯)。 어기입야(於其入也), 일배기욕야(一拜其辱也)。 빈퇴(賓退), 송(送), 재배(再拜)。

약상위신자(若嘗爲臣者), 칙례사기지(則禮辭其摯), 왈(曰) : 「모야사(某也辭), 부득명(不得命), 부감고사(不敢固辭)。」빈입(賓入), 전지(奠摯), 재배(再拜), 주인답일배(主人荅壹拜), 빈출(賓出)。 사빈자환기지우문외(使擯者還其摯于門外), 왈(曰) : 「모야사모환지(某也使某還摯)。」빈대왈(賓對曰) : 「모야기득견의(某也旣得見矣), 감사(敢辭)。」빈자대왈(擯者對曰) : 「모야명모(某也命某) : 『모비감위의야(某非敢爲儀也)。』감이청(敢以請)。」빈대왈(賓對曰) : 「모야(某也), 부자지천사(夫子之賤私), 부족이천례(不足以踐禮), 감고사(敢固辭)」빈자대왈(擯者對曰) : 「모야사모(某也使某), 부감위의야(不敢爲儀也), 고이청(固以請)」빈대왈(賓對曰) : 「모고사(某固辭), 부득명(不得命), 감부종(敢不從)」재배수(再拜受)。

하대부상견이안(下大夫相見以鴈), 식지이포(飾之以布), 유지이색(維之以索), 여집치(如執雉)。 상대부상견이고(上大夫相見以羔), 식지이포(飾之以布), 사유지(四維之), 결우면(結于面) ; 좌두(左頭), 여미집지(如麛執之)。 여사상견지례(如士相見之禮)。

시견우군집지(始見于君執摯), 지하(至下), 용미축(容彌蹙)。 서인견어군(庶人見於君), 부위용(不爲容), 진퇴주(進退走)。 사대부칙전지(士大夫則奠摯), 재배계수(再拜稽首) ; 군답일배(君荅壹拜)。 약타방지인(若他邦之人), 즉사빈자환기지(則使擯者還其摯), 왈(曰) : 「과군사모환지(寡君使某還摯)。」빈대왈(賓對曰) : 「군부유기외신(君不有其外臣), 신부감사(臣不敢辭)。」재배계수(再拜稽首), 수(受)。

범연견우군(凡燕見于君), 필변군지남면(必辯君之南面)。 약부득(若不得), 칙정방(則正方), 부의군(不疑君)。 군재당(君在堂), 승견무방계(升見無方階), 변군소재(辯君所在)。

범언(凡言), 비대야(非對也), 타이후전언(妥而後傳言)。 여군언(與君言), 언사신(言使臣)。 여대인언(與大人言), 언사군(言事君)。 여로자언(與老者言), 언사제자(言使弟子)。 여유자언(與幼者言), 언효제우부형(言孝弟于父兄)。 여중언(與衆言), 언충신자상(言忠信慈祥)。 여거관자언(與居官者言), 언충신(言忠信)。 범여대인언(凡與大人言), 시시면(始視面), 중시포(中視抱), 졸시면(卒視面), 관개(毋改)。 중개약시(衆皆若是)。 약부(若父), 즉유목(則遊目), 관상어면(毋上於面), 관하어대(毋下於帶)。 약부언(若不言), 립칙시족(立則視足), 좌즉시슬(坐則視膝)。

범시좌어군자(凡侍坐於君子), 군자흠신(君子欠伸), 문일지조안(問日之早晏), 이식구고(以食具告), 개거(改居), 칙청퇴가야(則請退可也)。 야시좌(夜侍坐), 문야(問夜), 선훈(膳葷), 청퇴가야(請退可也)。

약군사지식(若君賜之食), 즉군제선반(則君祭先飯), 편상선(徧嘗膳), 음이사(飮而俟), 군명지식(君命之食)

(君命之食)，연후식(然後食)。약유장식자(若有將食者)，즉사군지식(則俟君之食)，연후식(然後食)。약군사지작(若君賜之爵)，즉하석(則下席)，재배계수(再拜稽首)，수작(受爵)，승석제(升席祭)，졸작이사(卒爵而俟)，군졸작(君卒爵)，연후수허작(然後授虛爵)。퇴(退)，좌취구(坐取屨)，은피이후구(隱辟而后屨)。군위지흥(君爲之興)，칙왈(則曰)：「군무위흥(君無爲興)，신부감사(臣不敢辭)。」군약강송지(君若降送之)。즉부감고사(則不敢顧辭)，수출(遂出)。대부칙사(大夫則辭)，퇴하(退下)，비급문삼사(比及門三辭)。

약선생이작자청견지(若先生異爵者請見之)，즉사(則辭)。사부득명(辭不得命)，즉왈(則曰)：「모무이견(某無以見)，사부득명(辭不得命)，장주견(將走見)。」선견지(先見之)。

비이군명사(非以君命使)，즉부칭과(則不稱寡)。대부사(大夫士)，즉왈과군지로(則曰寡君之老)。범집폐자(凡執幣者)，부추(不趨)，용미축이위의(容彌蹙以爲儀)。집옥자(執玉者)，즉유서무(則唯舒武)，거전예종(擧前曳踵)。범자칭어군(凡自稱於君)，사대부즉왈하신(士大夫則曰下臣)。댁자재방(宅者在邦)，즉왈시정지신(則曰市井之臣)；재야(在野)，즉왈초모지신(則曰草茅之臣)，서인즉왈랄초지신(庶人則曰剌草之臣)。타국지인즉왈외신(他國之人則曰外臣)。

사상견례의절(士相見禮儀節)

◆청견(請見)

빈구지(賓具贄)[주(註):용치(用雉)]예주인지문주인립어조계하직동서서향중집사재기좌소동북상장(詣主人之門主人立於阼階下直東序西向衆執事在其左少東北上將)

명자출문좌외서향립빈봉지좌두동향립청왈(命者出門左外西向立賓奉贄左頭東向立請曰)[주(註):원견무유달모자(願見無由達某子)(장명자(將命者))이명모견(以命某見)음현이하동(音現以下同)]장(將)

명자입예조계하북면고주인왈(命者入詣阼階下北面告主人曰)[주(註):모자사모청견(某子使某請見)]주인왈(主人曰)[주(註):모자(某子)장명자(將命者)명모견오자유욕청오자지취가야모장주견(命某見吾子有辱請吾子之就家也某將走見)]

장명자이고빈(將命者以告賓)[주(註):자차이하개전사이고지(自此以下皆傳辭以告之)]빈대왈(賓對曰)[주(註):모부족이욕명청종사견(某不足以辱命請終賜見)]장명자이고주인주인대왈(將命者以告主人主人對曰)[주(註):모부감위(某不敢爲)]

[의(儀)(외식지의(外飾之意))고청오자지취가야모장주견(固請吾子之就家也某將走見)]장명자이고빈빈대왈(將命者以告賓賓對曰)[주(註):모부감위의고이청(某不敢爲儀固以請)]장명자이고주인주인(將命者以告主人主人)

대왈(對曰)[주(註):모야부득명장주견문오자칭지감사지(某也不得命將走見聞吾子稱贄敢辭贄)]장명자이고빈빈대왈(將命者以告賓賓對曰)[주(註):모부이지부감견(某不以贄不敢見)]장명자이고주인주인(將命者以告主人主人)

대왈(對曰)[주(註):모부족습례감고사(某不足習禮敢固辭)]장명자이고빈빈대왈(將命者以告賓賓對曰)[주(註):모야부의어지부감견고이청(某也不依於贄不敢見固以請)]장명자이고주인주인대왈(將命者以告主人主人對曰)

[주(註):모야고사부득명감부경종(某也固辭不得命敢不敬從)]장명자이고빈수입취집사자위(將命者以告賓遂入就執事者位)

◆전지(傳贄)

주인지집사자설석우정중주인출문좌서향재배빈동향좌전지우지재배집지(主人之執事者設席于庭中主人出門左西向再拜賓東向坐奠贄于地再拜執贄)

흥(興)[주(註):빈약강등칙빈선배범존자배비자피위(賓若降等則賓先拜凡尊者拜卑者避位)]주인양입우빈왈(主人讓入于賓曰)[주(註):청선입(請先入)]빈대왈(賓對曰)[주(註):모부감(某不敢)]주인재양왈(主人再讓曰)[주(註):모고이청(某固以請)]빈대(賓對)

왈(曰)[주(註):모부감(某不敢)]주인삼양왈(主人三讓曰)[주(註):원물고사(願勿固辭)]빈대왈(賓對曰)[주(註):모부감종명(某不敢從命)]주인읍빈답읍주인선입지문내서면빈(主人揖賓答揖主人先入至門內西面賓)

봉지정용서행지문내동면상향읍수상배각향당도기곡읍북향지비남빈동절(奉贄正容徐行至門內東面相向揖遂相背各向堂塗既曲揖北向至碑南賓東折)

취정중소서남향립주인서절취빈좌남향립주인재배수지빈송지재배빈퇴출(就庭中少西南向立主人西折就賓左南向立主人再拜受贄賓送贄再拜賓退出)

대문외복위주인이지적조계하수집사장우동벽수복위(大門外復位主人以贄適阼階下授執事藏于東壁遂復位)

◆반견(反見)

장명자예주인지좌북향수명주인명청견우빈왈(將命者詣主人之左北向受命主人命請見于賓曰)[주(註):청견우빈(請見于賓)]장명자이고우빈왈(將命者以告于賓曰)[주(註):주인청견(主人請見)]

빈대왈(賓對曰)[주(註):감부경종(敢不敬從)]장명자반명우주인왈(將命者反命于主人曰)[주(註):청견우빈빈허(請見于賓賓許)]수복위집사설빈석우유전남향서상(遂復位執事設賓席于牖前南向西上)

우설주인석우조계남상구찬동벽(又設主人席于阼階南上具饌東壁)[주(註):효자반갱회자혜장총채장각일품주빈각구미필충수지설효자반갱장일수(殽胾飯羹膾炙醢醬葱菜醬各一品主賓各具未必充數只設殽胾飯羹醬一水)]하설(下設)

세우조계하동남수재세동강복위주인출문좌양입우빈왈(洗于阼階下東南水在洗東降復位主人出門左讓入于賓曰)[주(註):청선입(請先入)]빈대왈(賓對曰)[주(註):모부감(某不敢)]주(主)

인재양왈(人再讓曰)[주(註):모고이청(某固以請)]빈대왈(賓對曰)[주(註):모부감(某不敢)]주인삼양왈(主人三讓曰)[주(註):원물고사(願勿固辭)]빈대왈(賓對曰)[주(註):모부감종명(某不敢從命)]주인읍빈답읍주인(主人揖賓答揖主人)

선지문내서면빈종문내동면주인청위석왈(先至門內西面賓從門內東面主人請爲席曰)[주(註):청승당위석연후강영(請升堂爲席然後降迎)]빈대왈(賓對曰)[주(註):오자무자욕언(吾子毋自辱焉)]주인대왈(主人對曰)[주(註):모부위석부감영(某不爲席不敢迎)]빈고사왈(賓固辭曰)[주(註):감고사(敢固辭)]◇안기영빈지내문외유청입위석지절이금용사일문지례고이계우차(按記迎賓至內門外有請入爲席之節而今用士一門之禮故移係于此)]주인수여빈상(主人遂與賓相)

향읍상배각향당도(向揖相背各向堂塗)[주(註):객약강등칙종주인취동도주인사왈청서서계빈대왈모부감당객례주인고청왈모고이청빈대왈오자중유명감부경(客若降等則從主人就東塗主人辭曰請就西階賓對曰某不敢當客禮主人固請曰某固以請賓對曰吾子重有命敢不敬)종내취서도(從乃就西塗)]기곡우읍당비우읍급계주인양등왈(既曲又揖當碑又揖及階主人讓登曰)[주(註):청선등(請先登)]빈대왈(賓對曰)[주(註):모부감(某不敢)]주인재양왈(主人再讓曰)[주(註):모고이청(某固以請)]

빈대왈(賓對曰)[주(註):모부감(某不敢)]주인삼양왈(主人三讓曰)[주(註):원물고사(願勿固辭)]빈대왈(賓對曰)[주(註):모부감종명(某不敢從命)]주인선우족승일등빈선좌족승일등(主人先右足陞一等賓先左足陞一等)

개섭급취족련보이상기승개당미북면주인재배빈답재배주인취빈석전궤정(皆涉級聚足連步以上旣陞皆當楣北面主人再拜賓答再拜主人就賓席前跪正)

석빈취주인지좌궤무석이사왈(席賓就主人之左跪撫席而辭曰)[주(註):오자무자욕언(吾子毋自辱焉)]주인대왈(主人對曰)[주(註):모야위석부감부치경(某也爲席不敢不致敬)]개흥주인읍도빈(皆興主人揖導賓)구취석빈기천석주인내좌빈역좌(俱就席賓旣踐席主人乃坐賓亦坐)

◆전언(傳言)

좌기타내전언(坐旣妥乃傳言)[주(註):범전언수수의명사금권설가식여좌(凡傳言須隨意命辭今權說假式如左)]

주인선거약왈(主人先擧若曰)[주(註):절문오자지명원견부가득금오자외자왕굴사모득친현의(竊聞吾子之名願見不可得今吾子猥自枉屈使某得親賢義)모지우부승영감(某之愚不勝榮感)]빈대왈(賓對曰)[주(註):모절문오자덕의지성원공쇄소어문하위일구의금득시부승위희희오자물고기소이래지의이유이교야(某竊聞吾子德義之盛願供灑掃於門下爲日久矣今得侍不勝慰喜驣吾子勿孤其所以來之意而有以敎之也)]주인대(主人對)왈(曰)[주(註):모지우무사부위오자과청전자지어치유근교내성황축강지조궁지소(某至愚無似不謂吾子過聽傳者之語致有勤敎內省皇蹙罔知措躬之所)]빈고청왈(賓固請曰)[주(註):원오자부이비비행교이일언(願吾子不以卑鄙幸敎以一言)]주인대왈(主人對曰)[주(註):모야학부(某也學不)지방부족이감명연하문지성의유부가이허욕석자절문지모자유언운모지우개유의어차이력막능여야감이위헌원오자가지의언(知方不足以堪命然下問之盛意有不可以虛辱昔者竊聞之某子有言云某之愚蓋有意於此而力莫能與也敢以爲獻願吾子加之意焉)]빈기배사왈(賓起拜辭曰)[주(註):모수(某雖)부민청감종사어사어이(不敏請敢從事於斯語耳)]주인기배욕구복좌(主人起拜辱俱復坐)

◆찬식(饌食)

집사자이찬승진우동영외부동방남면고주인왈(執事者以饌陞陳于東楹外負東方南面告主人曰)[주(註):식구감이고(食具敢以告)]강복위주인강자조계(降復位主人降自阼階)

빈강자서계직서서동향립주인서면사왈(賓降自西階直西序東向立主人西面辭曰)[주(註):모야행사부감번오자(某也行事不敢煩吾子)]빈대왈(賓對曰)[주(註):오자욕유사모부감재당(吾子辱有事某不敢在堂)]주인(主人)적세북남면립집사자이인진세동서일인봉세일인봉수옥관빈진세남북면사(適洗北南面立執事者二人進洗東西一人奉洗一人奉水沃盥賓進洗南北面辭)

세왈(洗曰)[주(註):오자무자욕언(吾子無自辱焉)]주인대왈(主人對曰)[주(註):모유부전지수장이행례감부치결(某有不腆之需將以行禮不敢不致潔)]빈복서계하위주인졸세급계여빈일(賓復西階下位主人卒洗及階與賓一)

읍주인양등왈(揖主人讓登曰)[주(註):청선등(請先登)]빈대왈(賓對曰)[주(註):모부감(某不敢)]구승주인읍도빈즉취좌집사자상궤자관승주(俱陞主人揖導賓卽就坐執事者相饋者盥陞主)

인취빈석전궤진식집사자상지선전효우석전근남소동차전자우근남소서차(人就賓席前跪進食執事者相之先奠殽于席前近南少東次奠胾于近南少西次)전반우근북소동차전갱우근북소서치장우중수재갱우궤흘빈봉식흥주인흥(奠飯于近北少東次奠羹于近北少西置醬于中水在羹右饋訖賓奉食興主人興)

사왈(辭曰)[주(註):청좌이수지(請坐而受之)]빈복좌전식우고처주인복석좌집사자취주인석전설찬여빈의빈(賓復坐奠食于故處主人復席坐執事者就主人席前設饌如賓儀賓)

거효제우조(擧殽祭于俎)[주(註):빈강등칙주인선제이도빈(賓降等則主人先祭而導賓)]주인사부족제왈(主人辭不足祭曰)[주(註):물박이부족이제(物薄而不足以祭)]빈수편찰제품어두간이(賓遂徧察諸品

於豆間以)

소진지서유수장부제주인제식여빈의주인시반빈종반주인사이소왈(所進之序惟水醬不祭主人祭食如賓儀主人始飯賓從飯主人辭以疏曰)[주(註):반소부족이식(飯疏不足以食)]일반흘집사자진아반아반흘집사자진삼반삼반흘주인선식자이도빈빈종식자(一飯訖執事者進亞飯亞飯訖執事者進三飯三飯訖主人先食哉以導賓賓從食哉)변제효빈내윤(辨諸殽賓乃酳)[주(註):이수탕구(以水蕩口)]주인역윤빈흥철조주인흥사왈(主人亦酳賓興徹俎主人興辭曰)[주(註):오자무자욕언(吾子毋自辱焉)]빈복석좌주인내좌(賓復席坐主人乃坐)집사철강복위(執事撤降復位)

◆빈출(賓出)

빈흥주인역흥빈청출왈(賓興主人亦興賓請出曰)[주(註):청퇴(請退)]내강주인역강빈출문주인출문좌재배송지빈부답(乃降主人亦降賓出門主人出門左再拜送之賓不答)배이환(拜而還)

◆환지(還贄)

주인이소수지지예송지자지문장명자출문좌서향빈봉지좌두청환지왈(主人以所受之贄詣送贄者之門將命者出門左西向賓奉贄左頭請還贄曰)[주(註):향자오자욕사(鄕者吾子辱使)]모견청환지어장명자(某見請還贄於將命者)]장명자이고주인주인대왈(將命者以告主人主人對曰)[주(註):모야기득견의감사(某也旣得見矣敢辭)]장명자이고빈빈대왈(將命者以告賓賓對曰)[주(註):모야비감(某也非敢)]구견청환지어장명자(求見請還贄於將命者)]장명자이고주인주인대왈(將命者以告主人主人對曰)[주(註):모야기득견의감고사(某也旣得見矣敢固辭)]장명자이고빈빈대왈(將命者以告賓賓對曰)[주(註):모부감이(某不敢以)]문고이청어장명자(聞固以請於將命者)]장명자이고주인주인대왈(將命者以告主人主人對曰)[주(註):모야고사부득명감부종(某也固辭不得命敢不從)]장명자이고빈수복위집사자(將命者以告賓遂復位執事者)

설석우정중복위빈봉지입문이좌취석남면립주인취빈좌남면재배진수지빈(設席于庭中復位賓奉贄入門而左就席南面立主人就賓左南面再拜進受贄)송지재배출문주인이지수집사자출문좌재배송지빈부답배이환(送贄再拜出門主人以贄授執事者出門左再拜送之賓不答拜而還)

기석곡(旣夕哭), 청계기(請啟期), 고어빈(告於賓)。

숙흥(夙興), 설관어조묘문외(設盥於祖廟門外)。 진정개여빈(陳鼎皆如殯), 동방지찬역여지(東方之饌亦如之)。 이상찬어계간(夷床饌於階間)。

이촉사어빈문외(二燭俟於殯門外)。 장부좌(丈夫髽), 산대수(散帶垂), 즉위여초(卽位如初)。 부인부곡(婦人不哭)。 주인배빈(主人拜賓), 입(入), 즉위(卽位), 단(袒)。 상축면단(商祝免袒), 집공포입(執功布入), 승자서계(升自西階), 진계(盡階), 부승당(不升堂)。 성삼(聲三), 계삼(啟三), 명곡(命哭)。 촉입(燭入)。 축강(祝降), 여하축교어계하(與夏祝交於階下)。 취명치어중(取銘置於重)。 용무산(踊無算)。 상축불구용공포(商祝拂柩用功布), 무용이금(幠用夷衾)。

천어조(遷於祖), 용축(用軸)。 중선(重先), 전종(奠從), 촉종(燭從), 구종(柩從), 촉종(燭從), 주인종(主人從)。 승자서계(升自西階)。 전사어하(奠俟於下), 동면북상(東面北上)。 주인종승(主人從升), 부인승(婦人升), 동면(東面)。 중주인동즉위(衆主人東卽位)。 정구어량영간(正柩於兩楹間), 용이상(用夷床)。 주인구동(主人柩東), 서면(西面)。 치중여초(置重如初)。 석승설어구서(席升設於柩西)。 전설여초(奠設如初), 건지(巾之), 승강자서계(升降自西階)。 주인용무산(主人踊無算), 강(降), 배빈(拜賓), 즉위(卽位), 용(踊), 습(襲)。 주부급친자유족(主婦及親者由

足), 서면(西面)。

천차(薦車), 직동영(直東榮), 북주(北輈)。질명(質明), 멸촉(滅燭)。철자승자조계(徹者升自阼階), 강자서계(降自西階)。내전여초(乃奠如初), 승강자서계(升降自西階)。주인요절이용(主人要節而踊)。천마(薦馬), 영삼취(纓三就), 입문(入門), 북면(北面), 교비(交轡), 어인협견지(圉人夾牽之)。어자집책립어마후(御者執策立於馬後)。곡성용(哭成踊), 우환(右還), 출(出)。빈출(賓出), 주인송어문외(主人送於門外)。

유사청조기(有司請祖期)。왈(曰) : 「일측(日側)。」주인입(主人入), 단(袒)。내재(乃載), 용무산(踊無算)。졸속(卒束)。습(襲)。강전(降奠), 당전속(當前束)。상축식구(商祝飾柩), 일지(一池), 뉴전정후치(紐前經後緇), 제삼채(齊三採), 무패(無貝)。설피(設披)。속인(屬引)。고진명기어승차지서(古陳明器於乘車之西)。절(折), 횡복지(橫覆之)。항목(抗木), 횡삼(橫三), 축이(縮二)。가항석삼(加抗席三)。가인(加茵), 용소포(用疏布), 치전(緇翦), 유폭(有幅), 역축이횡삼(亦縮二橫三)。기서남상(器西南上), 천(縓)。인(茵)。포이(苞二)。소삼(筲三), 서(黍), 직(稷), 맥(麥)。옹삼(甕三), 혜(醯), 해(醢), 설(屑)。멱용소포(冪用疏布)。무이(甒二), 예(醴), 주(酒)。멱용공포(冪用功布)。개목항(皆木桁), 구지(久之)。용기(用器) : 궁시(弓矢), 뢰사(耒耜), 량돈(兩敦), 량우(兩杅), 반(槃), 이(匜)。이실어반중(匜實於槃中), 남류(南流)。무제기(無祭器)。유연악기가야(有燕樂器可也)。역기(役器), 갑(甲), 주(胄), 건(乾), 착(笮)。연기(燕器), 장(杖), 립(笠), 삽(翣)。

철전(徹奠), 건석사어서방(巾席俟於西方)。주인요절이용(主人要節而踊), 단(袒)。상축어구(商祝御柩), 내조(乃祖)。용(踊), 습(襲), 소남(少南), 당전속(當前束)。부인강(婦人降), 즉위어계간(即位於階間)。조(祖), 환차부환기(還車不還器)。축취명(祝取銘), 치어인(置於茵)。이인환중(二人還重), 좌환(左還)。포석(布席), 내전여초(乃奠如初), 주인요절이용(主人要節而踊)。천마여초(薦馬如初)。빈출(賓出)。주인송(主人送), 유사청장기(有司請葬期)。입(入), 복위(複位)。

공봉현훈속(公贈玄纁束), 마량(馬兩)。빈자출청(擯者出請), 입고(入告)。주인석장(主人釋杖), 영어묘문외(迎於廟門外), 부곡(不哭)。선입문우(先入門右), 북면(北面), 급중주인단(及衆主人袒)。마입설(馬入設)。빈봉폐(賓奉幣), 유마서당전로(由馬西當前輅), 북면치명(北面致命)。주인곡(主人哭), 배계상(拜稽顙), 성용(成踊)。빈전폐어잔좌복(賓奠幣於棧左服), 출(出)。재유주인지북(宰由主人之北), 거폐이동(舉幣以東)。사수마이출(士受馬以出)。주인송어외문외(主人送於外門外), 배(拜), 습(襲), 입복위(入複位), 장(杖)。

빈봉자장명(賓贈者將命), 빈자출청(擯者出請), 입고(入告), 출고수(出告須)。마입설(馬入設), 빈봉폐(賓奉幣)。빈자선입(擯者先入), 빈종(賓從), 치명여초(致命如初)。주인배어위(主人拜於位), 부용(不踊)。빈전폐여초(賓奠幣如初), 거폐(舉幣)、수마여안(受馬如按)。빈자출청(擯者出請)。약전(若奠), 입고(入告), 출(出), 이빈입(以賓入), 장명여초(將命如初)。사수양(士受羊), 여수마(如受馬)。우청(又請)。약부(若賻), 입고(入告)。주인출문좌(主人出門左), 서면(西面)。빈동면장명(賓東面將命), 주인배(主人拜), 빈좌위지(賓坐委之) ; 재유주인지북(宰由主人之北), 동면거지(東面舉之), 반위(反位)。약무기(若無器), 칙오수지(則捂受之)。우청(又請), 빈고사필(賓告事畢), 배송입(拜送入)。증자장명(贈者將命), 빈자출청(擯者出請), 납빈여초(納賓如初)。빈전폐여초(賓奠幣如初)。약취기(若就器), 칙좌전어진(則坐奠於陳)。범장례(凡將禮), 필청이후배송(必請而後拜送)。형

제(兄弟), 봉(賵)、전가야(奠可也)。소지(所知), 칙봉이부전(則賵而不奠)。지사자증(知死者贈), 지생자부(知生者賻)。서봉어방(書賵於方), 약구(若九), 약칠(若七), 약오(若五)。서견어책(書遣於策)。내대곡(乃代哭), 여초(如初)。소(宵), 위료어문내지우(爲燎於門內之右)。

궐명(厥明), 진정오어문외(陳鼎五於門外), 여초(如初)。기실(其實)。양좌반(羊左胖), 비부승(髀不升), 장오(腸五), 위오(胃五), 리폐(離肺)。시역여지(豕亦如之), 돈해(豚解), 무장위(無腸胃)。어(魚)、랍(臘)、선수(鮮獸), 개여초(皆如初)。동방지찬(東方之饌) : 사두(四豆), 비석(脾析), 비해(蜱醢), 규저(葵菹), 라해(蠃醢) ; 사변(四籩), 조(棗), 구(糗), 률(慄), 포(脯) ; 례(醴), 주(酒)。진기(陳器)。멸료(滅燎)。집촉(執燭), 협로(俠輅), 북면(北面)。빈입자(賓入者), 배지(拜之)。철자입(徹者入), 장부용(丈夫踊)。설어서북(設於西北), 부인용(婦人踊)。철자동(徹者東), 정입(鼎入), 내전(乃奠)。두남상(豆南上), 천(綪)。변(籩), 라해남(蠃醢南), 북상(北上), 천(綪)。조이이성(俎二以成), 남상(南上), 부천(不綪)。특선수(特鮮獸)。예(醴)、주재변서(酒在籩西), 북상(北上)。전자출(奠者出), 주인요절이용(主人要節而踊)。

전인항중(甸人抗重)。출자도(出自道), 도좌의지(道左倚之)。천마(薦馬), 마출자도(馬出自道), 차각종기마(車各從其馬), 가어문외(駕於門外), 서면이사(西面而俟), 남상(南上)。철자입(徹者入), 용여초(踊如初)。철건(徹巾), 포생(苞牲), 취하체(取下體)。부이어랍(不以魚臘)。행기(行器), 인(茵), 포(苞)、기서종(器序從), 차종(車從)。철자출(徹者出)。용여초(踊如初)。

주인지사청독봉(主人之史請讀賵), 집산종(執算從)。구동(柩東), 당전속(當前束), 서면(西面)。부명무곡(不命毋哭), 곡자상지야(哭者相止也)。유주인주부곡(唯主人主婦哭)。촉재우(燭在右), 남면(南面)。독서(讀書), 석산칙좌(釋算則坐)。졸(卒), 명곡(命哭), 멸촉(滅燭), 서여산집지이역출(書與算執之以逆出)。공사자서방(公史自西方), 동면(東面), 명무곡(命毋哭), 주인(主人)、주부개부곡(主婦皆不哭)。독견(讀遣), 졸(卒), 명곡(命哭), 멸촉(滅燭), 출(出)。

상축집공포이어구(商祝執功布以御柩)。집피(執披)。주인단(主人袒)。내행(乃行)。용무산(踊無算)。출궁(出宮), 용(踊), 습(襲)。지어방문(至於邦門), 공사재부증현훈속(公使宰夫贈玄纁束)。주인거장(主人去杖), 부곡(不哭), 유좌청명(由左聽命)。빈유우치명(賓由右致命)。주인곡(主人哭), 배계상(拜稽顙)。빈승(賓升), 실폐어개(實幣於蓋), 강(降)。주인배송(主人拜送), 복위(複位), 장(杖)。내행(乃行)。

지어광(至於壙)。진기어도동서(陳器於道東西), 북상(北上)。인선입(茵先入)。속인(屬引)。주인단(主人袒)。중주인서면(衆主人西面), 북상(北上)。부인동면(婦人東面)。개부곡(皆不哭)。내폄(乃窆)。주인곡(主人哭), 용무산(踊無算)。습(襲), 증용제폐(贈用制幣), 현훈속(玄纁束), 배계상(拜稽顙), 용여초(踊如初)。졸(卒), 단(袒), 배빈(拜賓)。주부역배빈(主婦亦拜賓) ; 즉위(即位), 습용삼(拾踊三), 습(襲)。빈출(賓出), 칙배송(則拜送)。장기어방(藏器於旁), 가견(加見)。장포소어방(藏苞筲於旁)。가절(加折), 각지(卻之)。가항석(加抗席), 복지(覆之)。가항목(加抗木)。실토삼(實土三)。주인배향인(主人拜鄕人)。즉위(即位), 용(踊), 습(襲), 여초(如初)。

내반곡(乃反哭), 입(入), 승자서계(升自西階), 동면(東面)。중주인당하동면(衆主人堂下東面), 북상(北上)。부인입(婦人入), 장부용(丈夫踊), 승자조계(升自阼階)。주부입어실(主婦入於室), 용(踊), 출즉위(出卽位), 급장부습용(及丈夫拾踊), 삼(三)。빈조자승자서계(賓弔者升自西階), 왈(曰)：「여지하(如之何)」주인배계상(主人拜稽顙)。빈강(賓降), 출(出)。주인송어문외(主人送於門外), 배계상(拜稽顙)。수적빈궁(遂適殯宮), 개여계위(皆如啓位), 습용삼(拾踊三)。형제출(兄弟出), 주인배송(主人拜送)。중주인출문(衆主人出門), 곡지(哭止), 합문(闔門)。주인읍중주인(主人揖衆主人), 내취차(乃就次)。

유조석곡(猶朝夕哭), 부전(不奠)。삼우(三虞)。졸곡(卒哭)。명일(明日), 이기반부(以其班祔)。

기(記)。사처적침(士處適寢), 침동수어북용하(寢東首於北墉下)。유질(有疾), 질자제(疾者齊)。양자개제(養者皆齊), 철금슬(徹琴瑟)。질병(疾病), 외내개소(外內皆掃)。철설의(徹褻衣), 가신의(加新衣)。어자사인(御者四人), 개좌지체(皆坐持體)。속광(屬纊), 이사절기(以俟絕氣)。남자부절어부인지수(男子不絕於婦人之手), 부인부절어남자지수(婦人不絕於男子之手)。내행도어오사(乃行禱於五祀)。내졸(乃卒)。주인제(主人啼), 형제곡(兄弟哭)。설상제(設床第), 당유(當牖)。임(衽), 하완상점(下莞上簟), 설침(設枕)。천시(遷尸)。복자조복(復者朝服), 좌집령(左執領), 우집요(右執要), 초이좌(招而左)。설(楔), 모여액(貌如軶), 상량말(上兩末)。철족용연기(綴足用燕几), 교재남(校在南), 어자좌지지(御者坐持之)。즉상이전(卽床而奠), 당유(當牖), 용길기(用吉器)。약례(若醴), 약주(若酒), 무건사(無巾柶)。부왈(赴曰)：「군지신모사(君之臣某死)。」부모(赴母)、처(妻)、장자(長子), 칙왈(則曰)：「군지신모지모사(君之臣某之某死)。」실중(室中), 유주인(唯主人)、주부좌(主婦坐)。형제유명부명부재언(兄弟有命夫命婦在焉), 역좌(亦坐)。시재실(尸在室), 유군명(有君命), 중주인부출(衆主人不出)。수자위의어상(襚者委衣於床), 부좌(不坐)。기수어실(其襚於室), 호서북면치명(戶西北面致命)。하축석미(夏祝淅米), 차성지(差盛之)。어자사인(御者四人), 항금이욕(抗衾而浴), 시단제(尸亶第)。기모지상(其母之喪), 칙내어자욕(則內御者浴), 괄무계(鬠無笄)。설명의(設明衣), 부인칙설중대(婦人則設中帶)。졸세(卒洗), 패반어계(貝反於笄), 실패(實貝), 주우전좌전새이(柱右齻左齻塞耳)。굴감(掘坎), 남순(南順), 광척(廣尺), 륜이척(輪二尺), 심삼척(深三尺)；남기양(南其壤)。역(堲), 용괴(用塊)。명의상(明衣裳), 용막포(用幕布), 몌속폭(袂屬幅), 장하슬(長下膝)。유전후상(有前後裳), 부벽(不闢), 장급곡(長及轂)。전벽석(綼綼緆)。치순(緇純)。설악(設握), 리친부(里親膚), 계구중지(系鉤中指), 결어완(結於腕)。전인축금감(甸人築坅坎)。예인열측(隸人涅廁)。기습(既襲), 소위료어중정(宵爲燎於中庭)。궐명(厥明), 멸료(滅燎), 진의(陳衣)。범교금용포(凡絞紟用布), 륜여조복(倫如朝服)。설어어동당하(設栿於東堂下), 남순(南順), 제어점(齊於坫)。찬어기상량무례(饌於其上兩甒醴)、주(酒), 주재남(酒在南)。비재동(篚在東), 남순(南順), 실각치사(實角觶四), 목사이(木柶二), 소작이(素勺二)。두재무북(豆在甒北), 이이병(二以並), 변역여지(籩亦如之)。범변두(凡籩豆), 실구설(實具設), 개건지(皆巾之)。치(觶), 사시이작(俟時而酌), 사복가지(柶覆加之), 면방(面枋)；급착(及錯), 건지(建之)。소렴(小斂), 벽전부출실(闢奠不出室)。무용절(無踊節)。기풍시(既馮尸), 주인단(主人袒), 괄발(鬠發), 교대(絞帶)；중주인포대(衆主人布帶)。대렴어조(大斂於阼)。대부승자서계(大夫升自西階), 계동(階東), 북면동상(北面東上)。기풍시(既馮尸), 대부역강(大夫逆降), 복위(複位)。건전

(巾奠), 집촉자멸촉출(執燭者滅燭出), 강자조계(降自阼階), 유주인지북(由主人之北), 동(東). 기빈(旣殯), 주인설모(主人說髦). 삼일교수(三日絞垂). 관륙승(冠六升), 외필(外縪), 영조속(纓條屬), 염(厭), 최삼승(衰三升). 리외납(履外納). 장하본(杖下本), 죽동일야(竹桐一也). 거의려(居倚廬), 침점침괴(寢苫枕塊). 부설질대(不說絰帶). 곡주야무시(哭晝夜無時). 비상사부언(非喪事不言). 철죽(歠粥), 조일일미(朝一溢米), 석일일미(夕一溢米). 부식채과(不食菜果). 주인승악차(主人乘惡車), 백구멱(白狗幦), 포폐(蒲蔽), 어이포추(御以蒲菆), 견복(犬服), 목관(木錧), 약수(約綏), 약비(約轡), 목표(木鑣). 마부제모(馬不齊髦). 주부지차역여지(主婦之車亦與之), 소포시염(疏布示炎). 이차(貳車), 백구섭복(白狗攝服), 기창개여승차(其倉皆如乘車).

삭월(朔月), 동자집추(童子執帚), 각지(卻之), 좌수봉지(左手奉之), 종철자이입(從徹者而入). 비전(比奠), 거석(舉席), 소실(掃室), 취제요(聚諸窔), 포석여초(布席如初). 졸전(卒奠), 소자집추(掃者執帚), 수말내렴(垂末內鬣), 종집촉자이동(從執燭者而東). 연양(燕養)、궤수(饋羞)、탕목지찬(湯沐之饌), 여타일(如他日). 삭월약천신(朔月若薦新), 칙부궤어하실(則不饋於下室). 서댁(筮宅), 총인물토(冢人物土). 복일길(卜日吉), 고종어주부(告從於主婦) ; 주부곡(主婦哭), 부인개곡(婦人皆哭) ; 주부승당(主婦升堂), 곡자개지(哭者皆止). 계지흔(啟之昕), 외내부곡(外內不哭). 이상(夷床), 공축(輁軸), 찬어서계동(饌於西階東). 기이묘(其二廟), 칙찬어니묘(則饌於禰廟), 여소렴전(如小斂奠) ; 내계(乃啟). 조어니묘(朝於禰廟), 중지어문외지서(重止於門外之西), 동면(東面). 구입(柩入), 승자서계(升自西階). 정구어량영간(正柩於兩楹間). 전지어서계지하(奠止於西階之下), 동면북상(東面北上). 주인승(主人升), 구동(柩東), 서면(西面). 중주인동즉위(眾主人東即位), 부인종승(婦人從升), 동면(東面). 전승(奠升), 설어구서(設於柩西), 승강자서계(升降自西階), 주인요절이용(主人要節而踊). 촉선입자(燭先入者), 승당(升堂), 동영지남(東楹之南), 서면(西面) ; 후입자(後入者), 서계동(西階東), 북면(北面), 재하(在下). 주인강(主人降), 즉위(即位). 철(徹), 내전(乃奠), 내강자서계(乃降自西階), 주인용여초(主人踊如初). 축급집사거전(祝及執事舉奠), 건석종이강(巾席從而降), 구종(柩從)、서종여초적조(序從如初適祖). 천승차(薦乘車), 록천멱(鹿淺幦), 건(乾), 착(笮), 혁예(革鞥), 재전(載旃), 재피변복(載皮弁服), 영(纓)、비(轡)、패륵현어형(貝勒縣於衡). 도차(道車), 재조복(載朝服). 고차(稿車), 재사립(載養笠). 장재(將載), 축급집사거전(祝及執事舉奠), 호서(戶西), 남면동상(南面東上). 졸속전이강(卒束前而降), 전석어구서(奠席於柩西). 건전(巾奠), 내장(乃牆). 항목(抗木), 간(刊). 인저(茵著), 용도(用茶), 실수택언(實綏澤焉). 위포(葦苞), 장삼척(長三尺), 일편(一編). 관소삼(菅筲三), 기실개약(其實皆瀹). 조(祖), 환차부역위(還車不易位). 집피자(執披者), 방사인(旁四人). 범증폐(凡贈幣), 무상(無常). 범구(凡糗), 부전(不煎). 유군명(唯君命), 지구어광(止柩於堂), 기여칙부(其餘則否). 차지도좌(車至道左), 북면립(北面立), 동상(東上). 구지어광(柩至於壙), 렴복재지(斂服載之). 졸폄이귀(卒窆而歸), 부구(不驅). 군시렴(君視斂), 약부대전(若不待奠), 가개이출(加蓋而出) ; 부시렴(不視斂), 칙가개이지(則加蓋而至), 졸사(卒事). 기정구(旣正柩), 빈출(賓出), 수(遂)、장납차어계간(匠納車於階間). 축찬조전어주인지남(祝饌祖奠於主人之南), 당전로(當前輅), 북상(北上), 건지(巾之). 궁시지신(弓矢之新), 첨공(沾功). 유미식언(有弭飾焉), 역장가야(亦張可也). 유비(有柲). 설의달언(設依撻焉). 유독(有韣). 후시일승(猴矢一乘), 골족(骨鏃), 단위(短衛). 지시일승(志矢一乘), 헌주중(軒輖中), 역단위(亦短衛).

연예(燕禮)

연례(燕禮). 소신계여자(小臣戒與者). 선재구관찬우침동(膳宰具官饌于寢東). 악인현(樂人縣). 설세(設洗)、비우조계동남(篚于阼階東南), 당동류(當東霤). 뢰수재동(罍水在東), 비재세서(篚在洗西), 남사(南肆). 설선비재기북(設膳篚在其北), 서면(西面). 사궁존우동영지서(司宮尊于東楹之西), 양방호(兩方壺), 좌현주(左玄酒), 남상(南上). 공존와대량(公尊瓦大兩), 유풍(有豐), 멱용격약석(冪用綌若錫), 재존남(在尊南), 남상(南上). 존사려식우문서(尊士旅食于門西), 양원호(兩圜壺). 사궁연빈우호서(司宮筵賓于戶西), 동상(東上), 무가석야(無加席也). 사인고구(射人告具).

소신설공석우조계상(小臣設公席于阼階上), 서향(西鄉), 설가석(設加席). 공승(公升), 즉위우석(即位于席), 서향(西鄉). 소신납경대부(小臣納卿大夫), 경대부개입문우(卿大夫皆入門右), 북면동상(北面東上). 사립우서방(士立于西方), 동면북상(東面北上). 축사립우문동(祝史立于門東), 북면동상(北面東上). 소신사일인재동당하(小臣師一人在東堂下), 남면(南面). 사려식자립우문서(士旅食者立于門西), 동상(東上). 공강립우조계지동남(公降立于阼階之東南), 남향이경(南鄉爾卿), 경서면북상(卿西面北上) ; 이대부(爾大夫), 대부개소진(大夫皆少進).

사인청빈(射人請賓). 공왈(公曰) : 「명모위빈(命某爲賓).」 사인명빈(射人命賓), 빈소진(賓少進), 례사(禮辭). 반명(反命). 우명지(又命之), 빈재배계수(賓再拜稽首), 허낙(許諾), 사인반명(射人反命). 빈출립우문외(賓出立于門外), 동면(東面). 공읍경대부(公揖卿大夫), 내승취석(乃升就席).

소신자조계하(小臣自阼階下), 북면(北面), 청집멱자여수선자(請執冪者與羞膳者). 내명집멱자(乃命執冪者), 집멱자승자서계(執冪者升自西階), 립우존남(立于尊南), 북면(北面), 동상(東上). 선재청수우제공경자(膳宰請羞于諸公卿者).

사인납빈(射人納賓). 빈입(賓入), 급정(及庭), 공강일등읍지(公降一等揖之). 공승취석(公升就席).

빈승자서계(賓升自西階), 주인역승자서계(主人亦升自西階), 빈우북면지재배(賓右北面至再拜), 빈답재배(賓荅再拜). 주인강세(主人降洗), 세남(洗南), 서북면(西北面). 빈강(賓降), 계서(階西), 동면(東面). 주인사강(主人辭降), 빈대(賓對). 주인북면관(主人北面盥), 좌취고세(坐取觚洗). 빈소진(賓少進), 사세(辭洗). 주인좌전고우비(主人坐奠觚于篚), 흥대(興對). 빈반위(賓反位). 주인졸세(主人卒洗), 빈읍(賓揖), 내승(乃升). 주인승(主人升). 빈배세(賓拜洗). 주인빈우전고답배(主人賓右奠觚荅拜), 강관(降盥). 빈강(賓降), 주인사(主人辭), 빈대(賓對), 졸관(卒盥). 빈읍승(賓揖升). 주인승(主人升), 좌취고(坐取觚). 집멱자거멱(執冪者舉冪), 주인작선(主人酌膳), 집멱자반멱(執冪者反冪). 주인연전헌빈(主人筵前獻賓). 빈서계상배(賓西階上拜), 연전수작(筵前受爵), 반위(反位). 주인빈우배송작(主人賓右拜送爵). 선재천포해(膳宰薦脯醢), 빈승연(賓升筵). 선재설절조(膳宰設折俎). 빈좌(賓坐), 좌집작(左執爵), 우제포해(右祭脯醢), 전작우천우(奠爵于薦右), 흥(興) ; 취폐(取肺), 좌절제(坐絕祭), 제지(嚌之), 흥가우조(興加于俎) ; 좌세수(坐挩手), 집작(執爵), 수제주(遂祭酒), 흥(興) ; 석말좌쵀주(席末坐啐酒), 강석(降席), 좌전작(坐奠爵), 배(拜), 고지(告旨), 집작흥(執爵興). 주인답배(主人荅拜). 빈서계상북면좌졸작(賓西階上北面坐卒爵), 흥(興) ; 좌전작(坐奠爵), 수배(遂拜). 주인답배(主人荅拜). 빈이허작강(賓以虛爵降), 주인강(主人降). 빈세남좌전고(賓洗南坐奠觚), 소진(少進), 사강(辭降). 주인동면대(主人東面對). 빈좌취고(賓坐取觚), 전우비하(奠于篚下), 관세(盥洗). 주인사세(主人辭洗). 빈좌전고우비(賓坐奠觚于篚), 흥(興), 대(對). 졸세(卒洗), 급계(及階), 읍(揖), 승(升). 주인승(主人升), 배세여빈례(拜洗如賓禮). 빈강관(賓降盥), 주인강(主人降). 빈사강(賓辭降), 졸관(卒盥), 읍승(揖升), 작선(酌膳), 집멱여초(執冪如初), 이초주인우서계상(以酢主人于西階上). 주인북면배수작(主人北面拜受爵), 빈주인지좌배송작(賓主人之左拜送爵). 주인좌제(主人坐祭), 부쵀주(不啐酒), 부배주(不拜酒), 부고지(不告旨) ; 수졸작(遂卒爵), 흥(興) ; 좌전작(坐奠爵), 배(拜), 집작흥(執爵興). 빈답배

(賓荅拜). 주인부숭주(主人不崇酒), 이허작강존우비(以虛爵降尊于篚).

빈강(賓降), 립우서계서(立于西階西). 사인승빈(射人升賓), 빈승립우서내(賓升立于序內), 동면(東面). 주인관(主人盥), 세상고(洗象觚), 승실지(升實之), 동북면헌우공(東北面獻于公). 공배수작(公拜受爵). 주인강자서계(主人降自西階), 조계하북면배송작(阼階下北面拜送爵). 사천포해(士薦脯醢), 선재설절조(膳宰設折俎), 승자서계(升自西階), 공제여빈례(公祭如賓禮), 선재찬수폐(膳宰贊授肺). 부배주(不拜酒), 립졸작(立卒爵), 좌전작(坐奠爵), 배(拜), 집작흥(執爵興). 주인답배(主人荅拜), 승수작이강(升受爵以降), 전우선비(奠于膳篚).

경작(更爵), 세(洗), 승작선주이강(升酌膳酒以降);초우조계하(酢于阼階下), 북면좌전작(北面坐奠爵), 재배계수(再拜稽首). 공답재배(公荅再拜). 주인좌제(主人坐祭), 수졸작(遂卒爵), 재배계수(再拜稽首). 공답재배(公荅再拜), 주인전작우비(主人奠爵于篚).

주인관세(主人盥洗), 승(升), 잉고우빈(媵觚于賓), 작산(酌散), 서계상좌전작(西階上坐奠爵), 배빈(拜賓). 빈강연(賓降筵), 북면답배(北面荅拜). 주인좌제(主人坐祭), 수음(遂飮), 빈사(賓辭). 졸작(卒爵), 배(拜), 빈답배(賓荅拜). 주인강세(主人降洗), 빈강(賓降), 주인사강(主人辭降), 빈사세(賓辭洗). 졸세(卒洗), 읍승(揖升). 부배세(不拜洗). 주인작선(主人酌膳). 빈서계상배(賓西階上拜), 수작우연전(受爵于筵前), 반위(反位). 주인배송작(主人拜送爵). 빈승석(賓升席), 좌제주(坐祭酒), 수전우천동(遂奠于薦東). 주인강복위(主人降復位). 빈강연서(賓降筵西), 동남면립(東南面立).

소신자조계하청잉작자(小臣自阼階下請媵爵者), 공명장(公命長). 소신작하대부이인잉작(小臣作下大夫二人媵爵). 잉작자조계하(媵爵者阼階下), 개북면재배계수(皆北面再拜稽首);공답재배(公荅再拜). 잉작자립우세남(媵爵者立于洗南), 서면북상(西面北上), 서진(序進), 관세각치(盥洗角觶);승자서계(升自西階), 서진(序進), 작산(酌散);교우영북(交于楹北), 강(降);조계하개전치(阼階下皆奠觶), 재배계수(再拜稽首), 집치흥(執觶興). 공답재배(公荅再拜). 잉작자개좌제(媵爵者皆坐祭), 수졸치(遂卒觶), 흥(興);좌전치(坐奠觶), 재배계수(再拜稽首), 집치흥(執觶興). 공답재배(公荅再拜). 잉작자집치대우세남(媵爵者執觶待于洗南). 소신청치자(小臣請致者). 약군명개치(若君命皆致), 칙서진(則序進), 전치우비(奠觶于篚), 조계하개재배계수(阼階下皆再拜稽首);공답재배(公荅再拜). 잉작자세상치(媵爵者洗象觶), 승실지(升實之);서진(序進), 좌전우천남(坐奠于薦南), 북상(北上);강(降), 조계하개재배계수(阼階下皆再拜稽首), 송치(送觶). 공답재배(公荅再拜).

공좌취대부소잉치(公坐取大夫所媵觶), 흥이수빈(興以酬賓). 빈강(賓降), 서계하재배계수(西階下再拜稽首). 공명소신사(公命小臣辭), 빈승성배(賓升成拜). 공좌전치(公坐奠觶), 답재배(荅再拜), 집치흥(執觶興), 립졸치(立卒觶). 빈하배(賓下拜), 소신사(小臣辭). 빈승(賓升), 재배계수(再拜稽首). 공좌전치(公坐奠觶), 답재배(荅再拜), 집치흥(執觶興). 빈진수허작(賓進受虛爵), 강전우비(降奠于篚), 역치세(易觶洗). 공유명(公有命), 칙부역부세(則不易不洗), 반승작선치(反升酌膳觶), 하배(下拜). 소신사(小臣辭). 빈승(賓升), 재배계수(再拜稽首). 공답재배(公荅再拜). 빈이려수어서계상(賓以旅酬於西階上), 사인작대부장승수려(射人作大夫長升受旅). 빈대부지우좌전치(賓大夫之右坐奠觶), 배(拜), 집치흥(執觶興);대부답배(大夫荅拜). 빈좌제(賓坐祭), 립음(立飮), 졸치부배(卒觶不拜). 약선치야(若膳觶也), 칙강경치세(則降更觶洗), 승실산(升實散). 대부배수(大夫拜受). 빈배송(賓拜送). 대부변수수(大夫辯受酬), 여수빈수지례(如受賓酬之禮), 부제(不祭). 졸수자이허치강존우비(卒受者以虛觶降尊于篚).

주인세(主人洗), 승(升), 실산(實散), 헌경우서계상(獻卿于西階上). 사궁겸권중석(司宮兼卷重席), 설우빈좌(設于賓左), 동상(東上). 경승(卿升), 배수고(拜受觚);주인배송고(主人拜送觚). 경사중석(卿辭重席), 사궁철지(司宮徹之), 내천포해(乃薦脯醢). 경승석좌(卿升席坐), 좌집작(左執爵), 우제포해(右祭脯醢), 수제주(遂祭酒), 부쵀주(不啐酒);강석(降席), 서계상북면좌졸작(西階上北面坐卒爵), 흥(興);좌전작(坐奠爵), 배(拜), 집작흥(執爵興). 주인답배(主人荅拜), 수작(受爵). 경강복위(卿降復位). 변헌경(辯獻卿), 주인이허작강(主人以虛爵降), 전우비(奠于篚). 사인내승경(射人乃升卿), 경개승취석(卿皆升就席). 약유제공(若有諸公), 칙선

경헌지(則先卿獻之), 여헌경지례(如獻卿之禮) ; 석우조계서(席于阼階西), 북면동상(北面東上), 무가석(無加席).

소신우청잉작자(小臣又請媵爵者), 이대부잉작여초(二大夫媵爵如初). 청치자(請致者). 약명장치(若命長致), 칙잉작자전치우비(則媵爵者奠觶于篚), 일인대우세남(一人待于洗南). 장치(長致), 치자조계하재배계수(致者阼階下再拜稽首), 공답재배(公荅再拜). 세상치(洗象觶), 승(升)실지(實之), 좌전우천남(坐奠于薦南), 강(降), 여립우세남자이인개재배계수송치(與立于洗南者二人皆再拜稽首送觶), 공답재배(公荅再拜).

공우행일작(公又行一爵), 약빈(若賓), 약장(若長), 유공소수(唯公所酬). 이려우서계상(以旅于西階上), 여초(如初). 대부졸수자이허치강전우비(大夫卒受者以虛觶降奠于篚).

주인세(主人洗), 승(升), 헌대부우서계상(獻大夫于西階上). 대부승(大夫升), 배수고(拜受觚), 주인배송고(主人拜送觚). 대부좌제(大夫坐祭), 립졸작(立卒爵), 부배기작(不拜既爵). 주인수작(主人受爵). 대부강복위(大夫降復位). 서천주인우세북(胥薦主人于洗北). 서면(西面), 포해(脯醢), 무승(無脅). 변헌대부(辯獻大夫), 수천지(遂薦之), 계빈이서(繼賓以西), 동상(東上). 졸(卒), 사인내승대부(射人乃升大夫), 대부개승(大夫皆升), 취석(就席).

석공우서계상(席工于西階上), 소동(少東). 악정선승(樂正先升), 북면립우기서(北面立于其西). 소신납공(小臣納工), 공사인(工四人), 이슬(二瑟). 소신좌하슬(小臣左何瑟), 면고(面鼓), 집월(執越), 내현(內弦), 우수상(右手相). 입(入), 승자서계(升自西階), 북면동상좌(北面東上坐). 소신좌수슬(小臣坐授瑟), 내강(乃降). 공가(工歌)《록명(鹿鳴)》、《사모(四牡)》、《황황자화(皇皇者華)》, . 졸가(卒歌), 주인세승헌공(主人洗升獻工). 공부흥(工不興), 좌슬일인배수작(左瑟一人拜受爵). 주인서계상배송작(主人西階上拜送爵). 천포해(薦脯醢). 사인상제(使人相祭). 졸수(卒受), 부배(不拜). 주인수작(主人受爵). 중공부배수작(衆工不拜受爵), 좌제(坐祭), 수졸작(遂卒爵). 변유포해(辯有脯醢), 부제(不祭). 주인수작(主人受爵), 강전우비(降奠于篚).

공우거전치(公又舉奠觶). 유공소사(唯公所賜). 이려우서계상(以旅于西階上), 여초(如初).

졸(卒), 생입(笙入), 립우현중(立于縣中). 주(奏)《남해(南陔)》、《백화(白華)》、《화서(華黍)》.

주인세(主人洗), 승(升), 헌생우서계상(獻笙于西階上). 일인배(一人拜), 진계(盡階), 부승당(不升堂), 수작(受爵), 강(降) ; 주인배송작(主人拜送爵). 계전좌제(階前坐祭), 립졸작(立卒爵), 부배기작(不拜既爵), 승(升), 수주인(授主人). 중생부배수작(衆笙不拜受爵), 강(降) ; 좌제(坐祭), 립졸작(立卒爵). 변유포해(辯有脯醢), 부제(不祭).

내한(乃閒) : 가(歌)《어려(魚麗)》, 생(笙)《유경(由庚)》 ; 가(歌)《남유가어(南有嘉魚)》, 생(笙)《숭구(崇丘)》 ; 가(歌)《남산유대(南山有臺)》, 생(笙)《유의(由儀)》. 수가향악(遂歌鄕樂) : 주남(周南)·《관저(關雎)》、《갈담(葛覃)》、《권이(卷耳)》, 소남(召南)·《작소(鵲巢)》、《채번(采蘩)》、《채빈(采蘋)》. 대사고우악정왈(大師告于樂正曰) : 「정가비(正歌備).」 악정유영내(樂正由楹內)、동영지동(東楹之東), 고우공(告于公), 내강복위(乃降復位).

사인자조계하(射人自阼階下), 청립사정(請立司正), 공허(公許). 사인수위사정(射人遂爲司正). 사정세각치(司正洗角觶), 남면좌전우중정(南面坐奠于中庭) ; 승(升), 동영지동수명(東楹之東受命), 서계상북면명경(西階上北面命卿)、대부(大夫) : 「군왈이아안(君曰以我安)!」 경(卿)、대부개대왈(大夫皆對曰) : 「낙(諾)! 감부안(敢不安)?」 사정강자서계(司正降自西階), 남면좌취치(南面坐取觶), 승작산(升酌散), 강(降), 남면좌전치(南面坐奠觶), 우환(右還), 북면소립(北面少立), 좌취치(坐取觶), 흥(興), 좌부제(坐不祭), 졸치(卒觶), 전지(奠之), 흥(興), 재배계수(再拜稽首), 좌환(左還), 남면좌취치(南面坐取觶), 세(洗), 남면반전우기소(南面反奠于其所), 승자서계(升自西階), 동영지동(東楹之東), 청철조강(請徹俎降), 공허(公許). 고우빈(告于賓), 빈북면취조이출(賓北面取俎以出). 선재철공조(膳宰徹公俎), 강자조계이동

(降自阼階以東). 경(卿)、대부개강(大夫皆降), 동면북상(東面北上). 빈반입(賓反入), 급경(及卿)、대부개설구(大夫皆說屨), 승취석(升就席). 공이빈급경(公以賓及卿)、대부개좌(大夫皆坐), 내안(乃安). 수서수(羞庶羞). 대부제천(大夫祭薦). 사정승수명(司正升受命), 개명(皆命) : 군왈(君曰) : 「무부취(無不醉)!」빈급경(賓及卿)、대부개흥(大夫皆興), 대왈(對曰) : 「낙(諾)!감부취(敢不醉)?」개반좌(皆反坐).

주인세(主人洗), 승(升), 헌사우서계상(獻士于西階上). 사장승(士長升), 배수치(拜受觶), 주인배송치(主人拜送觶). 사좌제(士坐祭), 립음(立飮), 부배기작(不拜既爵). 기타부배(其他不拜), 좌제(坐祭), 립음(立飮). 내천사정여사인일인(乃薦司正與射人一人)、사사일인(司士一人)、집멱이인(執冪二人), 립우치남(立于觶南), 동상(東上). 변헌사(辯獻士). 사기헌자립우동방(士既獻者立于東方), 서면북상(西面北上). 내천사(乃薦士). 축사(祝史), 소신사(小臣師), 역취기위이천지(亦就其位而薦之). 주인취려식지존이헌지(主人就旅食之尊而獻之). 려식부배(旅食不拜), 수작(受爵), 좌제(坐祭), 립음(立飮).

약사(若射), 칙대사정위사사(則大射正為司射), 여향사지례(如鄉射之禮).

빈강세(賓降洗), 승잉고우공(升媵觚于公), 작산(酌散), 하배(下拜). 공강일등(公降一等), 소신사(小臣辭). 빈승(賓升), 재배계수(再拜稽首), 공답재배(公荅再拜). 빈좌제(賓坐祭), 졸작(卒爵), 재배계수(再拜稽首), 공답재배(公荅再拜). 빈강세상치(賓降洗象觶), 승작선(升酌膳), 좌전우천남(坐奠于薦南), 강배(降拜). 소신사(小臣辭). 빈승성배(賓升成拜), 공답재배(公荅再拜). 빈반위(賓反位). 공좌취빈소잉치(公坐取賓所媵觶), 흥(興). 유공소사(唯公所賜). 수자여초수수지례(受者如初受酬之禮), 강경작세(降更爵洗), 승작선(升酌膳), 하배(下拜). 소신사(小臣辭). 승성배(升成拜), 공답배(公荅拜). 내취석(乃就席), 좌행지(坐行之). 유집작자(有執爵者). 유수우공자배(唯受于公者拜). 사정명집작자작변(司正命執爵者爵辯), 졸수자흥이수사(卒受者興以酬士). 대부졸수자이작흥(大夫卒受者以爵興), 서계상수사(西階上酬士). 사승(士升), 대부전작배(大夫奠爵拜), 사답배(士荅拜). 대부립졸작(大夫立卒爵), 부배(不拜), 실지(實之). 사배수(士拜受), 대부배송(大夫拜送). 사려우서계상(士旅于西階上), 변(辯). 사려작(士旅酌), 졸(卒).

주인세(主人洗), 승자서계(升自西階), 헌서자우조계상(獻庶子于阼階上), 여헌사지례(如獻士之禮). 변(辯), 강세(降洗), 수헌좌우정여내소신(遂獻左右正與內小臣), 개어조계(皆於阼階)상(上), 여헌서자지례(如獻庶子之禮).

무산작(無筭爵). 사야(士也), 유집선작자(有執膳爵者), 유집산작자(有執散爵者). 집선작자작이진공(執膳爵者酌以進公), 공부배(公不拜), 수(受). 집산작자작이지공(執散爵者酌以之公), 명소사(命所賜). 소사자흥수작(所賜者興受爵), 강석하(降席下), 전작(奠爵), 재배계수(再拜稽首). 공답배(公荅拜). 수사작자이작취석좌(受賜爵者以爵就席坐), 공졸작(公卒爵), 연후음(然後飮). 집선작자수공작(執膳爵者受公爵), 작(酌), 반전지(反奠之). 수사작자흥(受賜爵者興), 수집산작(授執散爵), 집산작자내작행지(執散爵者乃酌行之). 유수작어공자배(唯受爵於公者拜). 졸수작자흥(卒受爵者興), 이수사우서계상(以酬士于西階上). 사승(士升), 대부부배(大夫不拜), 내음(乃飮), 실작(實爵). 사부배(士不拜), 수작(受爵). 대부취석(大夫就席). 사려작(士旅酌), 역여지(亦如之). 공유명철멱(公有命徹冪), 칙경대부개강(則卿大夫皆降), 서계하북면동상(西階下北面東上), 재배계수(再拜稽首). 공명소신사(公命小臣辭). 공답재배(公荅再拜), 대부개피(大夫皆辟). 수승(遂升), 반좌(反坐). 사종려어상(士終旅於上), 여초(如初). 무산악(無筭樂).

소(宵), 칙서자집촉어조계상(則庶子執燭於阼階上), 사궁집촉어서계상(司宮執燭於西階上), 전인집대촉우정(甸人執大燭于庭), 혼인위대촉어문외(閽人為大燭於門外). 빈취(賓醉), 북면좌취기천포이강(北面坐取其薦脯以降). 주(奏)《해(陔)》. 빈소집포이사종인우문내류(賓所執脯以賜鍾人于門內霤), 수출(遂出). 경(卿)、대부개출(大夫皆出). 공부송(公不送).

공여객연(公與客燕). 왈(曰) : 「과군유부전지주(寡君有不腆之酒), 이청오자지여과군수유언

(以請吾子之與寡君須臾焉). 사모야이청(使某也以請). 」 대왈(對曰)：「과군(寡君), 군지사야(君之私也). 군무소욕사우사신(君無所辱賜于使臣), 신감사(臣敢辭). 」 「과군고왈부전(寡君固曰不腆), 사모고이청(使某固以請)！」 「과군(寡君), 군지사야(君之私也). 군무소욕사우사신(君無所辱賜于使臣), 신감고사(臣敢固辭)！」 「과군고왈부전(寡君固曰不腆), 사모고이청(使某固以請)！」 「모고사(某固辭), 부득명(不得命), 감부종(敢不從)？」 치명왈(致命曰)：「과군사모(寡君使某), 유부전지주(有不腆之酒), 이청오자지여과군수유언(以請吾子之與寡君須臾焉)！」 「군황과군다의(君貺寡君多矣), 우욕사우사신(又辱賜于使臣), 신감배사명(臣敢拜賜命)！」

기(記). 연(燕), 조복(朝服), 어침(於寢). 기생(其牲), 구야(狗也), 형우문외동방(亨于門外東方). 약여사방지빈연(若與四方之賓燕), 칙공영지우대문내(則公迎之于大門內), 읍양승(揖讓升). 빈위구경(賓爲苟敬), 석우조계지서(席于阼階之西), 북면(北面), 유승(有脀), 부제폐(不嚌肺), 부쵀주(不啐酒). 기개위빈(其介爲賓). 무선존(無膳尊), 무선작(無膳爵). 여경연(與卿燕), 즉대부위빈(則大夫爲賓). 여대부연(與大夫燕), 역대부위빈(亦大夫爲賓). 수선자여집멱자(羞膳者與執冪者), 개사야(皆士也). 수경자(羞卿者), 소선재야(小膳宰也). 약이악납빈(若以樂納賓), 즉빈급정(則賓及庭), 주(奏)《사하(肆夏)》; 빈배주(賓拜酒), 주인답배(主人荅拜), 이악결(而樂闋). 공배수작(公拜受爵), 이주(而奏)《사하(肆夏)》; 공졸작(公卒爵), 주인승(主人升), 수작이하(受爵以下), 이악결(而樂闋). 승가(升歌)《록명(鹿鳴)》, 하관(下管)《신궁(新宮)》, 생입삼성(笙入三成), 수합향악(遂合鄉樂). 약무(若舞), 칙(則)《작(勺)》. 유공여빈유조(唯公與賓有俎). 헌공(獻公), 왈(曰)：「신감주작이청명(臣敢奏爵以聽命). 」 범공소사(凡公所辭), 개률계(皆栗階). 범률계(凡栗階), 부과이등(不過二等). 범공소수(凡公所酬), 기배(既拜), 청려시신(請旅侍臣). 범천여수자(凡薦與羞者), 소선재야(小膳宰也). 유내수(有內羞). 군여사(君與射), 즉위하사(則爲下射), 단주유(袒朱襦), 악작이후취물(樂作而后就物). 소신이건수시(小臣以巾授矢), 초속(稍屬). 부이악지(不以樂志). 기발(既發), 즉소신수궁이수궁인(則小臣受弓以授弓人). 상사퇴우물일가(上射退于物一笴), 기발(既發), 즉답군이사(則荅君而俟). 약음군(若飲君), 연(燕), 즉협작(則夾爵). 군재(君在), 대부사(大夫射), 칙육단(則肉袒). 약여사방지빈연(若與四方之賓燕), 잉작(媵爵), 왈(曰)：「신수사의(臣受賜矣). 신청찬집작자(臣請贊執爵者). 」 상자대왈(相者對曰)：「오자무자욕언(吾子無自辱焉). 」 유방중지악(有房中之樂).

고대연례(古代燕禮)

一、 연례의정(燕禮儀程)

진설(陈设)：주대천자유육침(周代天子有六寝), 일로침(一路寝), 오소침(五小寝)；제후유삼침(诸侯有三寝), 일로침(一路寝), 일소침(一小寝), 일측실(一侧室). 이연례일반회재로침거행(而燕礼一般会在路寝举行).

재연례개시지전(在燕礼开始之前), 유사회장효선방치로침적동측(有司会将肴膳放置路寝的东侧), 병차재당하적동서계지간방치편종(并且在堂下的东西阶之间放置编钟)、편경(编磬), 고등악기(鼓等乐器). 이재정대정당적동측옥첨즉시관세소(而在正对正堂的东侧屋檐则是盥洗所), 방착성청수적뢰화성폐수적분이급건(放着盛清水的罍和盛废水的盆以及巾), 재서측옥첨칙시성방작화치적광비(在西侧屋檐则是盛放爵和觯的筐篚). 이국군전용적주기일반회용상아수식(而国君专用的酒器一般会用象牙修饰), 인차우규(因此又叫)"상고(象觚)", 타방치우세북측적(它放置于洗北侧的)"상비(象篚)"내(内).

동시국군화제위대신적주준야시분개적(同时国君和诸位大臣的酒樽也是分开的), 국군전용적주준규주(国君专用的酒樽叫做)"선준(膳樽)"위우정당동영주이서(位于正堂東楹柱以西), 이대신용적주준재(而大臣用的酒樽在)"선준(膳樽)"이북(以北), 용갈포복개(用葛布覆盖), 이미득공명적사인적주준칙시방치우문내서측(而未得功名的士人的酒樽则是放置于门内西侧).

연례일반회흘구육(燕礼一般会吃狗肉), 이구육칙시재문외동측적로조팽자(而狗肉则是在门外东侧的炉灶烹煮)。

석위안배(席位安排)：참가연례적인흔다(参加燕礼的人很多), 타문신빈화지위도각부상동(他们身份和地位都各不相同), 인차좌석야각부상동(因此坐席也各不相同)。

국군적석위설치재계상(國君的席位设置在阶上), 당연회개시시(當宴会开始时), 국군독자등당상(国君獨自登堂上), 면서이립(面西而立), 유사령객인입로침(有司領客人入路寝), 경대부재문내우측(卿大夫在门内右側), 면조북(面朝北), 안존비배렬(按尊卑排列), 존자재동(尊者在東), 사인재문내좌측(士人在门内左侧), 면조북(面朝北), 안존비배렬(按尊卑排列), 존자재동(尊者在东)。

경대부등인참정후(卿大夫等人站定后), 국군하당(国君下堂), 참립우조계동남측면조남(站立于胙阶东南侧面朝南), 국군조제경행례(国君朝诸卿行礼), 제경향전(诸卿向前), 전신면조서(转身面朝西), 국군조대부행례(国君朝大夫行礼), 대부초향전(大夫稍向前), 부전신(不转身), 국군재향사인행례(國君再向士人行礼), 사인재원지(士人在原地)。

재연례진행적과정중(在燕礼进行的过程中), 빈화경대부회의차진입상당취좌(宾和卿大夫会依次进入上堂就坐), 기중빈적석위재당상적호(其中宾的席位在堂上的户)、유지간(牖之间)；상경적석위재빈석적동측(上卿的席位在宾席的东侧), 안존비배렬(按尊卑排列), 존자재동측적동면(尊者在东侧的东面)。대소경적석위재빈석적서측(大小卿的席位在宾席的西侧), 안존비배렬(按尊卑排列), 존자재서측적서면(尊者在西侧的西面)；대부적석위접착소경적석위왕서배(大夫的席位接着小卿的席位往西排)。사인부회입당(士人不会入堂), 재정원취좌(在庭院就坐)。총분래설(总体来说), 존자재고근국군적석위(尊者在靠近国君的席位)。

일헌지례(一献之礼)：연례시종일헌지례개시적(燕礼是从一献之礼开始的), 주인요향빈객헌주(主人要向宾客献酒), 정서여하(程序如下)：주인기신하당도정중관세소처(主人起身下堂到庭中盥洗所处), 세수(洗手), 세치(洗觯), 작(爵), 저시빈객응당근종(这时宾客应当跟从), 주인사사빈객(主人辞谢宾客), 빈객환례(宾客还礼), 쌍방하당(双方下堂), 세완후(洗完后), 쌍방일기회거(双方一起回去), 연후주인회재차거세수(然后主人会再次去洗手), 이표존중(以表尊重), 빈객근종(宾客跟从), 과정여전(过程如前), 회래후주인작주급빈객(回来后主人酌酒给宾客), 빈객답사(宾客答谢)。연후제사(然后祭祀), 완성후음주(完成后饮酒), 병배사주인(并拜谢主人), 주인답배(主人答拜), 저시주인향빈객경주(这是主人向宾客敬酒), 칭위(称谓)"헌(献)"。접하래시빈객향주인경주(接下来是宾客向主人敬酒), 빈객기신하당도정중관세소처(宾客起身下堂到庭中盥洗所处), 세수(洗手), 세치(洗觯), 작(爵), 저시주인응당근종(这时主人应当跟从), 빈객사사주인(宾客辞谢主人), 주인환례(主人还礼), 쌍방하당(双方下堂), 세완후(洗完后), 쌍방일기회거(双方一起回去), 연후빈객회재차거세수(然后宾客会再次去洗手), 이표존중(以表尊重), 주인근종(主人跟从), 과정여전(过程如前), 회래후빈객작주급주인(回来后宾客酌酒给主人), 주인답사(主人答谢)。연후제사(然后祭祀), 완성후음주(完成后饮酒), 병배사빈객(并拜谢宾客), 빈객답배(宾客答拜), 저시빈객향주인경주(这是宾客向主人敬酒), 칭위(称谓)"수(酬)"。

결속(结束)：등도연회결속(等到宴会结束), 저시선전적무도화음악도회정지(这时先前的舞蹈和音乐都会停止), 개주(改奏)《백화대무(百花队舞)》, 객인문의차작읍(客人们依次作揖), 안조진문적순서의차리개(按照进门的顺序依次离开)。

二、연례중출현적음악(燕禮中出見的音樂)

진어연(进御筵), 대악작(大樂作)。지어전(至御前), 악지(樂止)。

제일작주(第一爵奏)《염정지곡(炎精之曲)》。악작(乐作), 내외관개궤(内外官皆跪), 교방사궤주진주(教坊司跪奏进酒)。음필(饮毕), 악지(乐止)。

제이작주(第二爵奏)《황풍지곡(皇风之曲)》。악작(乐作), 작주어전(酌酒御前), 서반작군신주

(序班酌群臣酒)。 국군거주(国君举酒), 군신역거주(群臣亦举酒), 악지(乐止)。 진탕(进汤), 고취향절전도(鼓吹响节前导), 지전외(至殿外), 고취지(鼓吹止)。 전상악작(殿上乐作), 군신기립(群臣起立), 진탕(进汤), 군신복좌(群臣复坐)。 서반공군신탕(序班供群臣汤)。 국군거저(国君举箸), 군신역거저(群臣亦举箸), 찬찬성(赞馔成), 악지(乐止), 무무입(武舞入), 주(奏)《평정천하지무(平定天下之舞)》。

제삼작주(第三爵奏)《권황명지곡(眷皇明之曲)》。 악작(乐作), 진주여초(进酒如初)。 악지(乐止), 주(奏)《무안사이지무(抚安四夷之舞)》。

제사작주(第四爵奏)《천도전지곡(天道传之曲)》, 진주(进酒)、진탕여초(进汤如初), 주(奏)《차서회동지무(车书会同之舞)》。

제오작주(第五爵奏)《진황망지곡(振皇纲之曲)》, 진주여초(进酒如初), 주(奏)《백희승응무(百戏承应舞)》。

제륙작주(第六爵奏)《김릉지곡(金陵之曲)》, 진주(进酒)、진탕여초(进汤如初), 주(奏)《팔만헌보무(八蛮献宝舞)》。

제칠작주(第七爵奏)《장양지곡(长杨之曲)》, 진주여초(进酒如初), 주(奏)《채련대자무(采莲队子舞)》。

제팔작주(第八爵奏)《방례지곡(芳醴之曲)》, 진주(进酒)、진탕여초(进汤如初), 주(奏)《어약우연무(鱼跃于渊舞)》。

제구작주(第九爵奏)《가륙룡지곡(驾六龙之曲)》, 진주여초(进酒如初)。

가흥(驾兴), 대악작(大乐作)。 승좌(升座), 악지(乐止)。

진탕(进汤), 진대선(进大膳), 대악작(大乐作), 군신기립(群臣起立), 진흘복좌(进讫复坐), 서반공군신반식(序班供群臣饭食)。 흘(讫), 찬선성(赞膳成), 악지(乐止)。

철선(撤膳), 주(奏)《백화대무(百花队舞)》。

삼(三)、 공묘정제지연례(孔廟丁祭之燕禮)

공묘정제후적(孔庙丁祭后的)"연향(燕享)", 시주요제사자공동참여적연례(是主要祭祀者共同参與的燕礼)。

재제전지야(在祭前之夜), 제조관최파인부(提调官催派人夫), 장막차우김성문(张幕次于金声门)(즉현계골문(即现启圣门)) 내지좌(内之左)。 설좌정(设座灯)、적정우당상문외(吊灯于堂上门外); 설이성빈좌사석우당내남향(设异姓宾座四席于堂内南向); 설동성주좌륙십이석우당내북향(设同姓主座六十二席于堂内北向)。 소일석(昭一席)、목이석(穆二席), 소사석(昭四席)、목륙석(穆六席), 소십륙석(昭十六席)、목십륙석(穆十六席), 소팔석(昭八席)、목사석(穆四席), 소이석(昭二席)、목일석(穆一席), 공십대석수(共十代席首), 각립소목행배패(各立昭穆行辈牌)。 기종공세령족장학사우사석(其宗公世令族长学师又四席), 각재본대소목중독좌(各在本代昭穆中独座)。 외설이석우당내지동서계방렬(外设二席于堂内之东西阶旁列), 이대조정사주관즉전의(以待朝廷四主官即典仪)、협률(协律)、장재(掌宰)、사찬(司馔)。 설금슬(设琴瑟)、종고우중당(钟鼓于中堂); 설찬상례생좌우당상(设赞相礼生座于堂上); 설현가생우(设弦歌生于)당상(堂上); 설중악생위우당하(设众乐生位于堂下), 이대연향(以待燕享)。

제사례필(祭祀礼毕), 중관제집연향(众官齐集燕享), 정헌관이하(正献官以下), 례악인도진김성문(礼乐引导进金声门)(즉현계골문(即现启圣门))。 당상명고(堂上鸣鼓)。 ○찬상창(赞相唱): "경의(更衣)!"○각관구경공복승당김사당(各官俱更公服升堂金丝堂), 서립(序立)。 ○찬상창(赞相唱): "서빈(序宾)!"○동성자분립당서(同姓者分立堂西), 이성자분립당동(异姓者分立堂

东), 각읍(各揖). ○찬상창(赞相唱) : "서소목(序昭穆)！"○동성자이십대위차(同姓者以十代为次), 각서행배(各序行辈). ○찬상창(赞相唱) : "서치(序齿)！"○동성자이소목위차(同姓者以昭穆为次), 각서형제(各序兄弟). ○찬상창(赞相唱) : "입석(入席)！"○동성(同姓)、이성삼읍삼양(异姓三揖三让), 이성빈선입좌(异姓宾先入座), 이작위차(以爵为次). 동성자의차입좌(同姓者依次入座), 이소목위차(以昭穆为次). ○찬상창(赞相唱) : "행주자삼(行酒者三)！"○장재관작주인작주우준(掌宰官作主人酌酒于樽), 공봉빈석급종공이하(恭奉宾席及宗公以下), 재인이자간제미좌지(宰人以炙肝诸味佐之). ○령관창(伶官唱) : "공가(工歌)《록명(鹿鸣)》지일장(之一章)、이장(二章)、삼장(三章)！"○종고삼향(钟鼓三响), 현가생고금슬(弦歌生鼓琴瑟), 가(歌)《록명(鹿鸣)》지일장(之一章)、이장(二章)、삼장(三章)、종(终). ○찬자창(赞者唱) : "진반자삼(进饭者三)！"○사반관작주인(司饭官作主人), 취보중서(取簠中黍)、직(稷)、도반삼(稻饭三), 헌빈석급종공이하(献宾席及宗公以下), 선부이화갱옥지(膳夫以和羹沃之). ○령관창(伶官唱) : "작악유식(作乐侑食)！"○격고삼성(击鼓三声), 당상(堂上)、당하주악삼곡(堂下奏乐三曲). ○삼반필(三饭毕). ○찬상창(赞相唱) : "주인헌빈(主人献宾)！"○종공(宗公)、세윤(世尹)、족장(族长)、사생등작주인명비유자제작주봉빈공(师生等作主人命卑幼子弟酌酒奉宾公), 가주(歌奏)《어려(鱼丽)》지장(之章), 빈졸작향주인(宾卒爵向主人), 주인숙공(主人肃拱). ○찬상창(赞相唱) : "빈수주인(宾酬主人)！"○빈리석(宾离席), 작주봉주인(酌酒奉主人), 주인각읍(主人各揖), 빈입석(宾入席), 주인거작음(主人举爵饮), 주인졸작이허작향빈(主人卒爵以虚爵向宾), 빈숙공(宾肃拱), 공가주(工歌奏)《가어(嘉鱼)》지장(之章). ○찬상창(赞相唱) : "주인수빈(主人酬宾)！"○주인리석작주읍빈(主人离席酌酒揖宾), 빈답읍(宾答揖), 주인입석(主人入席), 빈전주부거(宾奠酒不举). 공가주(工歌奏)《남산(南山)》지장(之章), 족신(族绅)、족생(族生)、족인각명명기비유작주헌빈(族人各名命其卑幼酌酒献宾), 빈역작주수주인(宾亦酌酒酬主人). 주인재작주수빈(主人再酌酒酬宾), 빈주(宾主)、자제각거거작우기장(子弟各举举爵于其长), 이중상수(而众相酬). 공가주(工歌奏)《주남(周南)》, 빈리석(宾离席). ○찬상창(赞相唱) : "빈사(宾辞)！"○찬상창(赞相唱) : "류빈(留宾)！"○빈경사(宾更辞). ○찬상창(赞相唱) : "빈고사(宾固辞)！"○찬상창(赞相唱) : "주인고류(主人固留)！"○빈리석(宾离席). ○찬상창(赞相唱) : "빈사주인(宾谢主人)！"○주인답읍(主人答揖). ○찬상창(赞相唱) : "주인송빈(主人送宾)！"○례악인도송지김성문외(礼乐引导送至金声门外). ○찬상창(赞相唱) : "빈사주인(宾辞主人)！"○빈향주인삼읍(宾向主人三揖), 주인답읍삼양(主人答揖三让), 주인숙공(主人肃拱). 빈추(宾趋), 송출관덕문(送出观德门). ○찬상창(赞相唱) : "빈부고의(宾不顾矣)！"○주인회(主人回), 입김사당(入金丝堂), 철빈석(撤宾席), 여동성자경작환음(与同姓者更酌欢饮). 공가구입(工歌俱入), 주당내가(奏堂内歌)《초자(楚茨)》《천보(天保)》지계(之计), ○질명이산(质明而散). ○차일지조(次日之早), 감제관동성생(监祭官同省牲)생(生)、시선생(视膳生)、장재관(掌宰官)、사찬관철각단(司馔官撤各坛).

대사례(大射禮)

대사지의(大射之儀). 군유명계사(君有命戒射), 재계백관유사어사자(宰戒百官有事於射者). 사인계제공(射人戒諸公)、경(卿)、대부사(大夫射), 사사계사사어찬자(司士戒士射與贊者).

전사삼일(前射三日), 재부계재급사마(宰夫戒宰及司馬)、사인숙시척(射人宿視滌). 사마명량인량후도여소설핍이리보(司馬命量人量侯道與所設乏以貍步), 대후구십(大侯九十)、참칠십(參七十)、건오십(乾五十)、설핍각거기후서십(設乏各去其侯西十)、북십(北十). 수명량인(遂命量人)、건차장삼후(巾車張三侯). 대후지숭(大侯之崇), 견곡어참(見鵠於參)；참견곡어건(參見鵠於乾), 건부급지(乾不及地), 부계좌하강(不繫左下綱). 설핍서십(設乏西十)、북십(北十), 범핍용혁(凡乏用革).

악인숙현어조계동(樂人宿縣於阼階東), 생경서면(笙磬西面), 기남생종(其南笙鍾), 기남박(其南鎛), 개남진(皆南陳). 건고재조계서(建鼓在阼階西), 남고(南鼓)、응비재기동(應鼙在其東)、남고(南鼓). 서계지서(西階之西), 송경동면(頌磬東面), 기남종(其南鍾), 기남박(其南鎛), 개남진(皆南陳)。 일건고재기남(一建鼓在其南)， 동고(東鼓)， 삭비재기북(朔鼙在其北)。 일건고재서계지동(一建鼓在西階之東)， 남면(南面)。 탕재건고지한(鼗在建鼓之閒)， 도의어송경서굉(鞀倚於頌磬西紘)。

궐명(厥明)， 사궁존어동영지서(司宮尊於東楹之西)， 양방호(兩方壺)， 선존량무재남(膳尊兩甒在南)。 유풍(有豐)。 멱용석약치(冪用錫若絺)， 철제전(綴諸箭)。 개멱가작(蓋冪加勺)， 우반지(又反之)。 개현존(皆玄尊)。 주재북(酒在北)。 존사려식어서박지남(尊士旅食於西鐈之南)， 북면(北面)， 량원호(兩圜壺)。 우존어대후지핍동북(又尊於大侯之乏東北)， 양호헌주(兩壺獻酒)。 설세어조계동남(設洗於阼階東南)， 뢰수재동(罍水在東)， 비재세서(篚在洗西)， 남진(南陳)。 설선비재기북(設膳篚在其北)， 서면(西面)。 우설세어획자지존서북(又設洗於獲者之尊西北)， 수재세북(水在洗北)。 비재남(篚在南)， 동진(東陳)。 소신설공석어조계상(小臣設公席於阼階上)， 서향(西鄕)。 사궁설빈석어호서(司宮設賓席於戶西)， 남면(南面)， 유가석(有加席)。 경석빈동(卿席賓東)， 동상(東上)。 소경빈서(小卿賓西)， 동상(東上)。 대부계이동상(大夫繼而東上)， 약유동면자(若有東面者)， 칙북상(則北上)。 석공어서계지동(席工於西階之東)， 동상(東上)。 제공조계서(諸公阼階西)， 북면(北面)， 동상(東上)。 관찬(官饌)。 갱정(羹定)。

사인고구어공(射人告具於公)， 공승(公升)， 즉위어석(即位於席)， 서향(西鄕)。 소신사납제공(小臣師納諸公)、 경(卿)、 대부(大夫)， 제공(諸公)、 경(卿)、 대부개입문우(大夫皆入門右)， 북면동상(北面東上)。 사서방(士西方)， 동면북상(東面北上)。 대사재건후지동북(大史在乾侯之東北)， 북면동상(北面東上)。 사려식자재사남(士旅食者在士南)， 북면동상(北面東上)。 소신사종자재동당하(小臣師從者在東堂下)， 남면서상(南面西上)。 공강(公降)， 립어조계지동남(立於阼階之東南)， 남향(南鄕)。 소신사조읍제공(小臣師詔揖諸公)、 경대부(卿大夫)， 제공(諸公)、 경대부서면북상(卿大夫西面北上)。 읍대부(揖大夫)， 대부개소진(大夫皆少進)。 대사정빈(大射正擯)。 빈자청빈(擯者請賓)， 공왈(公曰)：「명모위빈(命某爲賓)。」 빈자명빈(擯者命賓)， 빈소진(賓少進)， 례사(禮辭)。 반명(反命)， 우명지(又命之)。 빈재배계수(賓再拜稽首)， 수명(受命)。 빈자반명(擯者反命)。 빈출(賓出)， 립어문외(立於門外)， 북면(北面)。 공읍경(公揖卿)、 대부(大夫)， 승취석(升就席)。 소신자조계하북면(小臣自阼階下北面)， 청집멱자여수선자(請執冪者與羞膳者)。 내명집멱자(乃命執冪者)。 집멱자승자서계(執冪者升自西階)， 립어존남(立於尊南)， 북면동상(北面東上)。 선재청수어제공경자(膳宰請羞於諸公卿者)。 빈자납빈(擯者納賓)， 빈급정(賓及庭)， 공강일등읍빈(公降一等揖賓)， 빈벽(賓闢)， 공승(公升)， 즉석(即席)。

주(奏)《사하(肆夏)》， 빈승자서계(賓升自西階)。 주인종지(主人從之)， 빈우북면(賓右北面)지재배(至再拜)。 빈답재배(賓答再拜)。 주인강세(主人降洗)， 세남(洗南)， 서북면(西北面)。 빈강계서(賓降階西)， 동면(東面)。 주인사강(主人辭降)， 빈대(賓對)。 주인북면관(主人北面盥)， 좌취고(坐取觚)， 세(洗)。 빈소진(賓少進)， 사세(辭洗)。 주인좌전고어비(主人坐奠觚於篚)， 흥대(興對)。 빈반위(賓反位)。 주인졸세(主人卒洗)。 빈읍승(賓揖升)。 주인승(主人升)， 빈배세(賓拜洗)。 주인빈우전고답배(主人賓右奠觚荅拜)， 강관(降盥)。 빈강(賓降)， 주인사강(主人辭降)， 빈대(賓對)。 졸관(卒盥)。 빈읍승(賓揖升)。 주인승(主人升)， 좌취고(坐取觚)。 집멱자거멱(執冪者舉冪)， 주인작선(主人酌膳)， 집멱자개멱(執冪者蓋冪)。 작자가작(酌者加勺)， 우반지(又反之)。 연전헌빈(筵前獻賓)。 빈서계상배(賓西階上拜)， 수작어연전(受爵於筵前)， 반위(反位)。 주인빈우배송작(主人賓右拜送爵)。 재서천포해(宰胥薦脯醢)。 빈승연(賓升筵)。 서자설절조(庶子設折俎)。

빈좌(賓坐)， 좌집고(左執觚)， 우제포해(右祭脯醢)， 전작어천우(奠爵於薦右)；흥취폐(興取肺)， 좌절제(坐絕祭)， 제지(嚌之)；흥가어조(興加於俎)， 좌세수(坐挩手)， 집작(執爵)， 수제주(遂祭酒)， 흥(興)， 석말좌쵀주(席末坐啐酒)， 강석(降席)， 좌전작(坐奠爵)， 배(拜)， 고지(告旨)， 집작흥(執爵興)。 주인답배(主人荅拜)。 악결(樂闋)。 빈서계상북면좌(賓西階上北面坐)， 졸작(卒爵)， 흥(興)；좌전작(坐奠爵)， 배(拜)， 집작흥(執爵興)。 주인답배(主人荅拜)。

빈이허작강(賓以虛爵降)。 주인강(主人降)。 빈세남서북면좌전고(賓洗南西北面坐奠觚)， 소진(少進)， 사강(辭降)。 주인서계서동면소진대(主人西階西東面少進對)。 빈좌취고(賓坐取

觚）、 전어비하(奠於篚下)， 관세(盥洗)。 주인사세(主人辭洗)。 빈좌전고어비(賓坐奠觚於 篚)， 흥대(興對)， 졸세(卒洗)， 급계(及階)， 읍승(揖升)。 주인승(主人升)， 배세여빈례(拜洗 如賓禮)。 빈강관(賓降盥)， 주인강(主人降)。 빈사강(賓辭降)， 졸관(卒盥)， 읍승(揖升)。 작 선(酌膳)、 집멱여초(執冪如初)， 이초주인어서계상(以酢主人於西階上)。 주인북면배수작(主 人北面拜受爵)。 빈주인지좌배송작(賓主人之左拜送爵)。 주인좌제(主人坐祭)， 부쵀주(不啐 酒)， 부배주(不拜酒)， 수졸작(遂卒爵)， 흥(興)， 좌전작(坐奠爵)， 배(拜)， 집작흥(執爵興)。 빈답배(賓荅拜)。 주인부숭주(主人不崇酒)， 이허작강(以虛爵降)， 전어비(奠於篚)。 빈강(賓 降)， 립어서계서(立於西階西)， 동면(東面)。 빈자이명승빈(擯者以命升賓)。 빈승(賓升)， 립 어서서(立於西序)， 동면(東面)。

주인관(主人盥)， 세상고(洗象觚)， 승작선(升酌膳)， 동북면헌어공(東北面獻於公)。 공배수작 (公拜受爵)， 내주(乃奏)《사하(肆夏)》。 주인강자서계(主人降自西階)， 조계하북면배송작 (阼階下北面拜送爵)。 재서천포해(宰胥薦脯醢)， 유좌방(由左房)。 서자설절조(庶子設折俎)， 승자서계(升自西階)。 공제(公祭)， 여빈례(如賓禮)， 서자찬수폐(庶子贊授肺)。 부배주(不拜 酒)， 립졸작(立卒爵) ; 좌전작(坐奠爵)， 배(拜)， 집작흥(執爵興)。 주인답배(主人答拜)， 악 결(樂関)。 승수작(升受爵)， 강전어비(降奠於篚)。

경작(更爵)， 세(洗)， 승(升)， 작산이강(酌散以降) ; 초어조계하(酢於阼階下)， 북면좌전작(北 面坐奠爵)， 재배계수(再拜稽首)。 공답배(公荅拜)。 주인좌제(主人坐祭)， 수졸작(遂卒爵)， 흥(興)， 좌전작(坐奠爵)， 재배계수(再拜稽首)。 공답배(公荅拜)。 주인전작어비(主人奠爵於 篚)。

주인관세(主人盥洗)， 승잉고어빈(升媵觚於賓)， 작산(酌散)， 서계상좌전작(西階上坐奠爵)， 배(拜)。 빈서계상북면답배(賓西階上北面荅拜)。 주인좌제(主人坐祭)， 수음(遂飮)。 빈사(賓 辭)。 졸작흥(卒爵興)， 좌전작(坐奠爵)， 배(拜)， 집작흥(執爵興)。 빈답배(賓荅拜)。 주인강 세(主人降洗)， 빈강(賓降)。 주인사강(主人辭降)， 빈사세(賓辭洗)， 졸세(卒洗)。 빈읍승(賓 揖升)， 부배세(不拜洗)。 주인작선(主人酌膳)。 빈서계상배(賓西階上拜)， 수작어연전(受爵於 筵前)， 반위(反位)。 주인배송작(主人拜送爵)。 빈승석(賓升席)， 좌제주(坐祭酒)， 수전어천 동(遂奠於薦東)。 주인강(主人降)， 복위(復位)。 빈강연서(賓降筵西)， 동남면립(東南面立)。

소신자조계하청잉작자(小臣自阼階下請媵爵者)， 공명장(公命長)。 소신작하대부이인잉작(小 臣作下大夫二人媵爵)。 잉작자조계하개북면재배계수(媵爵者阼階下皆北面再拜稽首)。 공답 배(公荅拜)。 잉작자립어세남(媵爵者立於洗南)， 서면북상(西面北上)， 서진(序進), 관세각치 (盥洗角觶)， 승자서계(升自西階)， 서진(序進)， 작산(酌散)， 교어영북(交於楹北)， 강(降)， 적조계하(適阼階下)， 개전치(皆奠觶)， 재배계수(再拜稽首)， 집치흥(執觶興)。 공답배(公荅 拜)。 잉작자개좌제(媵爵者皆坐祭)， 수졸치(遂卒觶)， 흥(興)， 좌전치(坐奠觶)， 재배계수(再 拜稽首)， 집치흥(執觶興)。 공답재배(公荅再拜)。 잉작자집치대어세남(媵爵者執觶待於洗 南)。 소신청치자(小臣請致者)。 약명개치(若命皆致)， 즉서진(則序進)， 전치어비(奠觶於 篚)， 조계하개북면재배계수(阼階下皆北面再拜稽首)。 공답배(公荅拜)。 잉작자세상치(媵爵 者洗象觶)， 승실지(升實之) ; 서진(序進)， 좌전어천남(坐奠於薦南)， 북상(北上) ; 강(降), 적조계하(適阼階下)， 개재배계수송치(皆再拜稽首送觶)。 공답배(公荅拜)。 잉작자개퇴반위 (媵爵者皆退反位)。

공좌취대부소잉치(公坐取大夫所媵觶)， 흥이수빈(興以酬賓)。 빈강(賓降)， 서계하재배계수(西 階下再拜稽首)。 소신정사(小臣正辭)， 빈승성배(賓升成拜)。 공좌전치(公坐奠觶)， 답배(荅 拜)， 집치흥(執觶興)。 공졸치(公卒觶)， 빈하배(賓下拜)， 소신정사(小臣正辭)。 빈승(賓升)， 재배계수(再拜稽首)。 공좌전치(公坐奠觶)， 답배(荅拜)， 집치흥(執觶興)。 빈진(賓進)， 수허치 (受虛觶)， 강(降)， 전어비(奠於篚)， 역치(易觶)， 흥세(興洗)， 공유명(公有命)， 칙부역부세 (則不易不洗)。 반승작선(反升酌膳)， 하배(下拜)。 소신정사(小臣正辭)。 빈승(賓升)， 재배계수 (再拜稽首)。 공답배(公荅拜)。 빈고어빈자(賓告於擯者)， 청려제신(請旅諸臣)。 빈자고어공(擯 者告於公)， 공허(公許)。 빈이려대부어서계상(賓以旅大夫於西階上)。 빈자작대부장승수려(擯

者作大夫長升受旅)。 빈대부지우좌전치(賓大夫之右坐奠觶), 배(拜), 집치흥(執觶興)。 대부답배(大夫答拜)。 빈좌제(賓坐祭), 립졸치(立卒觶), 부배(不拜)。 약선치야(若膳觶也), 즉강(則降)、 경치(更觶), 세(洗), 승실산(升實散)。 대부배수(大夫拜受)。 빈배송(賓拜送), 수취석(遂就席)。 대부변수수(大夫辯受酬), 여수빈수지례(如受賓酬之禮), 부제주(不祭酒)。 졸수자이허치강(卒受者以虛觶降), 전어비(奠於篚), 복위(復位)。

주인세고(主人洗觚), 승실산(升實散), 헌경어서계상(獻卿於西階上)。 사궁겸권중석(司宮兼捲重席), 설어빈좌(設於賓左), 동상(東上)。 경승(卿升), 배수고(拜受觚)。 주인배송고(主人拜送觚)。 경사중석(卿辭重席), 사궁철지(司宮徹之)。 내천포해(乃薦脯醢)。 경승석(卿升席)。 서자설절조(庶子設折俎)。 경좌(卿坐), 좌집작(左執爵), 우제포해(右祭脯醢), 전작어천우(奠爵於薦右), 흥(興), 취폐(取肺), 좌(坐), 절제(絕祭), 부제폐(不嚌肺), 흥(興), 가어조(加於俎), 좌세수(坐挩手), 취작(取爵), 수제주(遂祭酒), 집작흥(執爵興), 강석(降席), 서계상북면좌졸작(西階上北面坐卒爵), 흥(興), 좌전작(坐奠爵), 배(拜), 집작흥(執爵興)。 주인답배(主人答拜), 수작(受爵)。 경강(卿降), 복위(復位)。 변헌경(辯獻卿)。 주인이허작강(主人以虛爵降), 전어비(奠於篚)。 빈자승경(擯者升卿), 경개승(卿皆升), 취석(就席)。 약유제공(若有諸公), 즉선경헌지(則先卿獻之), 여헌경지례(如獻卿之禮), 석어조계서(席於阼階西), 북면동상(北面東上, 무가석(無加席)。

소신우청잉작자(小臣又請媵爵者), 이대부잉작여초(二大夫媵爵如初)。 청치자(請致者)。 약명장치(若命長致), 칙잉작자전치어비(則媵爵者奠觶於篚), 일인대어세남(一人待於洗南), 장치자조계하재배계수(長致者阼階下再拜稽首), 공답배(公答拜)。 세상치(洗象觶), 승실지(升實之), 좌전어천남(坐奠於薦南), 강(降), 여립어세남자이인개재배계수송치(與立於洗南者二人皆再拜稽首送觶)。 공답배(公答拜)。

공우행일작(公又行一爵), 약빈(若賓), 약장(若長), 유공소사(唯公所賜)。 이려어서계상(以旅於西階上), 여초(如初)。 대부졸수자이허치강(大夫卒受者以虛觶降), 전어비(奠於篚)。

주인세고(主人洗觚), 승(升), 헌대부어서계상(獻大夫於西階上)。 대부승(大夫升), 배수고(拜受觚)。 주인배송고(主人拜送觚)。 대부좌제(大夫坐祭), 립졸작(立卒爵), 부배기작(不拜既爵)。 주인수작(主人受爵)。 대부강복위(大夫降復位)。 서천주인어세북(胥薦主人於洗北), 서면(西面)。 포해(脯醢), 무승(無脀)。 변헌대부(辯獻大夫), 수천지(遂薦之), 계빈이서(繼賓以西), 동상(東上), 약유동면자(若有東面者), 칙북상(則北上)。 졸(卒), 빈자승대부(擯者升大夫)。 대부개승(大夫皆升), 취석(就席)。

내석공어서계상(乃席工於西階上), 소동(少東)。 소신납공(小臣納工), 공륙인(工六人)사슬(四瑟)。 복인정도상대사(僕人正徒相大師), 복인사상소사(僕人師相少師), 복인사상상공(僕人士相上工)。 상자개좌하슬(相者皆左何瑟), 후수(後首), 내현(內弦), 고월(拷越)우수상(右手相)。 후자도상입(後者徒相入)。 소악정종지(小樂正從之)。 승자서계(升自西階)북면동상(北面東上)。 좌수슬(坐授瑟), 내강(乃降)。 소악정립어서계동(小樂正立於西階東)내가(乃歌)《록명(鹿鳴)》삼종(三終)。 주인세(主人洗), 승실작(升實爵), 헌공(獻工)。 공부흥(工不興), 좌슬(左瑟); 일인배수작(一人拜受爵)。 주인서계상배송작(主人西階上拜送爵)。 천포해(薦脯醢)。 사인상제(使人相祭)。 졸작(卒爵), 부배(不拜)。 주인수허작(主人受虛爵)。 중공부배(眾工不拜), 수작(受爵), 좌제(坐祭), 수졸작(遂卒爵)。 변유포해(辯有脯醢), 부제(不祭)。 주인수작(主人受爵), 강전어비(降奠於篚), 복위(復位)。 대사급소사(大師及少師)、 상공개강(上工皆降), 립어고북(立於鼓北), 군공배어후(羣工陪於後)。 내관(乃管)《신궁(新宮)》삼종(三終)。 졸관(卒管)。 대사급소사(大師及少師)、 상공개동점지동남(上工皆東坫之東南), 서면북상(西面北上), 좌(坐)。

빈자자조계하청립사정(擯者自阼階下請立司正)。 공허(公許), 빈자수위사정(擯者遂為司正)。 사정적세(司正適洗), 세각치(洗角觶), 남면좌전어중정(南面坐奠於中庭), 승(升), 동영지동수명어공(東楹之東受命於公), 서계상북면명빈(西階上北面命賓)、 제공(諸公)、 경(卿)、 대부

(大夫). 공왈(公曰) : 「이아안(以我安)!」빈(賓)、제공(諸公)、경(卿)、대부개대왈(大夫皆對曰) : 「낙(諾).감부안(敢不安)」사정강자서계(司正降自

西階), 남면좌취치(南面坐取觶), 승(升)、작산(酌散)、강(降), 남면좌전치(南面坐奠觶)흥(興)、우환(右還), 북면소립(北面少立)、좌취치(坐取觶)、흥(興)、좌(坐), 부제(不祭)졸치(卒觶), 전지(奠之), 흥(興), 재배계수(再拜稽首), 좌환(左還), 남면좌취치(南面坐取觶), 세(洗)、남면반전어기소(南面反奠於其所), 북면립(北面立)。

사사적차(司射適次), 단결수(袒決遂), 집궁(執弓), 협승시(挾乘矢), 어궁외견족어부(於弓外見鏃於拊), 우거지구현(右巨指鉤弦). 자조계전왈(自阼階前曰) : 「위정청사(爲政請射)。」수고왈(遂告曰) : 「대부여대부(大夫與大夫), 사어어대부(士御於大夫)。」수적서계전(遂適西階前), 동면우고(東面右顧), 명유사납사기(命有司納射器), 사기개입(射器皆入)。군지궁시적동당(君之弓矢適東堂)。빈지궁시여중(賓之弓矢與中)、주(籌)、풍(豐), 개지어서당하(皆止於西堂下)。중궁시부협(衆弓矢不挾)。총중궁시(揔衆弓矢)、복(福), 개적차이사(皆適次而俟)。공인(工人)、사여재인승자북계(士與梓人升自北階), 량영지한(兩楹之閒)。소수용궁(疏數容弓), 약단(若丹), 약묵(若墨), 도척이오(度尺而午)사정리지(射正莅之)。졸화(卒畫), 자북계하(自北階下)。사궁소소화물(司宮埽所畫物)자북계하(自北階下)。대사사어소설중지서(大史俟於所設中之西), 동면이청정(東面以聽政)。사사서면서지왈(司射西面誓之曰) : 「공사대후(公射大侯), 대부사참(大夫射參), 사사간(士射干)。사자비기후(射者非其侯), 중지부획(中之不獲).비자여존자위우(卑者與尊者爲耦), 부이후(不異侯)!」대사허낙(大史許諾)。수비삼우(遂比三耦)。삼우사어차북(三耦俟於次北), 서면북상(西面北上)。사사명상사(司射命上射), 왈(曰) : 「모어어자(某御於子)。」명하사(命下射), 왈(曰) : 「자여모자사(子與某子射)。」졸(卒), 수명삼우취궁시어차(遂命三耦取弓矢於次)。

사사입어차(司射入於次), 진삼협일개(搢三挾一個), 출어차(出於次), 서면읍(西面揖), 당계북면읍(當階北面揖), 급계읍(及階揖), 승당읍(升堂揖), 당물북면읍(當物北面揖), 급물읍(及物揖), 유하물소퇴(由下物少退), 유사(誘射)。사삼후(射三侯), 장승시(將乘矢), 시사간(始射干), 우사참(又射參), 대후재발(大侯再發)。졸사(卒射), 북면읍(北面揖)。급계(及階), 읍강(揖降), 여승사지의(如升射之儀)。수적당서(遂適堂西), 개취일개협지(改取一個挾之)。수취박진지(遂取撲搢之), 이립어소설중지서남(以立於所設中之西南), 동면(東面)。

사마사명부후자(司馬師命負侯者) : 「집정이부후(執旌以負侯)。」부후자개적후(負侯者皆適侯), 집정부후이사(執旌負侯而俟)。사사적차(司射適次), 작상우사(作上耦射)。사사반위(司射反位)。상우출차(上耦出次), 서면읍진(西面揖進)。상사재좌(上射在左), 병행(並行)。당계북면읍(當階北面揖), 급계읍(及階揖)。상사선승삼등(上射先升三等), 하사종지(下射從之), 중등(中等)。상사승당(上射升堂), 소좌(少左)。하사승(下射升), 상사읍(上射揖), 병행(並行)。개당기물북면읍(皆當其物北面揖), 급물읍(及物揖)。개좌족리물(皆左足履物), 환(還), 시후중(視侯中), 합족이사(合足而俟)。사마정적차(司馬正適次), 단결수(袒決遂), 집궁(執弓), 우협지(右挾之), 출(出), 승자서계(升自西階), 적하물(適下物), 립어물한(立於物閒), 좌집부(左執拊), 우집소(右執簫), 남양궁(南揚弓), 명거후(命去侯)。부후개허낙(負侯皆許諾), 이궁추(以弓趨), 직서(直西), 급핍남(及乏南), 우낙이상(又諾以商), 지핍(至乏), 성지(聲止), 수획자(授獲者), 퇴립어서방(退立於西方)。획자흥(獲者興), 공이사(共而俟)。사마정출어하사지남(司馬正出於下射之南), 환기후(還其後), 강자서계(降自西階), 수적차(遂適次), 석궁(釋弓), 설결습(說決拾), 습(襲), 반위(反位)。사사진(司射進), 여사마정교어계전(與司馬正交於階前), 상좌(相左), 유당하서계지동북면시상사(由堂下西階之東北面視上射), 명왈(命曰) : 「관사획(毌射獲). 관렵획(毌獵獲)!」상사읍(上射揖)。사사퇴(司射退), 반위(反位)。내사(乃射), 상사기발(上射既發), 협시(挾矢), 이후하사사(而後下射射), 습발이장승시(拾發以將乘矢)。획자좌이획(獲者坐而獲), 거정이궁(舉旌以宮), 언정이상(偃旌以商), 획이미석획(獲而未釋獲)。졸사(卒射), 우협지(右挾之), 북면읍(北面揖), 읍여승사(揖如升射)。상사강삼등(上射降三等), 하사소우(下射少右), 종지(從之), 중등(中等);병행(並行), 상사어좌(上射於左)。여승사자상좌

(與升射者相左)、교어계전(交於階前)、상읍(相揖)。적차(適次)、석궁(釋弓)、설결습(說決拾)습(襲)、반위(反位)。삼우졸사역여지(三耦卒射亦如之)。사사거박(司射去撲)、의어계서(倚於階西)、적조계하(適阼階下)、북면고어공(北面告於公)、왈(曰)：「삼우졸사(三耦卒射)。」반(反)、진박(搢撲)、반위(反位)。

사마정단(司馬正袒)、결(決)、수(遂)、집궁(執弓)、우협지(右挾之)、출(出)；여사사교어계전(與司射交於階前)、상좌(相左)。승자서계(升自西階)、자우물지후(自右物之後)、립어물한(立於物閒)；서남면(西南面)、읍궁(揖弓)、명취시(命取矢)。부후허낙(負侯許諾)、여초거후(如初去侯)、개집정이부기후이사(皆執旌以負其侯而俟)。사마정강자서계(司馬正降自西階)、북면명설복(北面命設楅)。소신사설복(小臣師設楅)。사마정동면(司馬正東面)、이궁위필(以弓為畢)。기설복(既設楅)、사마정적차(司馬正適次)、석궁(釋弓)、설결습(說決拾)、습(襲)、반위(反位)소신좌위시어복(小臣坐委矢於楅)、북괄(北括)；사마사좌승지(司馬師坐乘之)、졸(卒)。약시부비(若矢不備)、즉사마정우단집궁(則司馬正又袒執弓)、승(升)、명취시여초(命取矢如初)、왈(曰)：「취시부색(取矢不索)」내복구시(乃復求矢)、가어복(加於楅)。졸(卒)、사마정진좌(司馬正進坐)、좌우무지(左右撫之)、흥(興)、반위(反位)。

사사적서계서(司射適西階西)、의박(倚撲)；승자서계(升自西階)、동면청사어공(東面請射於公)。공허(公許)。수적서계상(遂適西階上)、명빈어어공(命賓御於公)、제공(諸公)、경칙이우고어상(卿則以耦告於上)、대부칙강(大夫則降)、즉위이후고(即位而後告)。사사자서계상(司射自西階上)、북면고어대부(北面告於大夫)、왈(曰)：「청강(請降)」사사선강(司射先降)、진박(搢撲)、반위(反位)。대부종지강(大夫從之降)、적차(適次)、립어삼우지남(立於三耦之南)、서면북상(西面北上)。사사동면어대부지서비(司射東面於大夫之西比)、우대부여대부(耦大夫與大夫)、명상사왈(命上射曰)：「모어어자(某御於子)。」명하사왈(命下射曰)：「자여모자사(子與某子射)。」졸(卒)、수비중우(遂比眾耦)。중우립어대부지남(眾耦立於大夫之南)、서면북상(西面北上)。약유사여대부위우(若有士與大夫為耦)、칙이대부지우위상(則以大夫之耦爲上)、명대부지우왈(命大夫之耦曰)：「자여모자사(子與某子射)。」고어대부왈(告於大夫曰)：「모어어자(某御於子)。」명중우(命眾耦)、여명삼우지사(如命三耦之辭)。제공(諸公)、경개미강(卿皆未降)。

수명삼우각여기우습취시(遂命三耦各與其耦拾取矢)、개단(皆袒)、결(決)、수(遂)、집궁(執弓)우협지(右挾之)。일우출(一耦出)、서면읍(西面揖)、당복북면읍(當楅北面揖)、급복읍(及楅揖)상사동면(上射東面)、하사서면(下射西面)。상사읍진(上射揖進)、좌횡궁(坐橫弓)、각수자궁하취일개(卻手自弓下取一個)、겸제부(兼諸弣)、흥(興)、순우차좌환(順羽且左還)、관주(毌周)、반면읍(反面揖)。하사진(下射進)、좌횡궁(坐橫弓)、복수자궁상취일개(覆手自弓上取一個)、겸제부(兼諸弣)、흥(興)；순우(順羽)、차좌환(且左還)、관주(毌周)、반면읍(反面揖)。기습취시(既拾取矢)、곤지(捆之)。겸협승시(兼挾乘矢)、개내환(皆內還)、남면읍(南面揖)；적복남(適楅南)、개좌환(皆左還)、북면읍(北面揖)；진삼협일개(搢三挾一個)。읍(揖)、이우좌환(以耦左還)、상사어좌(上射於左)。퇴자여진자상좌(退者與進者相左)、상읍(相揖)。퇴석궁시어차(退釋弓矢於次)、설결습(說決拾)、습(襲)、반위(反位)。이우습취시(二耦拾取矢)、역여지(亦如之)。후자수취유사지시(後者遂取誘射之矢)、겸승시이취지(兼乘矢而取之)、이수유사어차중(以授有司於次中)。개습(皆襲)、반위(反位)。

사사작사여초(司射作射如初)。일우읍(一耦揖)、승여초(升如初)。사마명거후(司馬命去侯)、부후허낙여초(負侯許諾如初)。사마강(司馬降)、석궁(釋弓)、반위(反位)。사사유협일개(司射猶挾一個)、거박(去撲)；여사마교어계전(與司馬交於階前)、적조계하(適阼階下)、북면청석획어공(北面請釋獲於公)；공허(公許)、반(反)、진박(搢撲)；수명석획자설중(遂命釋獲者設中)；이궁위필(以弓為畢)、북면(北面)。대사석획(大史釋獲)。소신사집중(小臣師執中)、선수(先首)、좌설지(坐設之)；동면(東面)、퇴(退)。대사실팔산어중(大史實八筭於中)、횡위기여어중서(橫委其餘於中西)、흥(興)、공이사(共而俟)。사사서면명왈(司射西面命曰)：「중리유강(中離維綱)、양촉(揚觸)、곤복(捆復)、공칙석획(公則釋獲)、중즉부여(眾則不與)。유공소중(唯公所中)、중삼후개획(中三侯皆獲)。」석획자명소사(釋獲者命小史)、소사명획자(小史命獲者)。사사수진유당하(司射遂進由堂下), 북면시상사(北面視上射), 명왈(命曰) :「부관부석(不貫不釋)」상사읍(上射揖). 사사퇴(司射退), 반위(反位). 석획자좌취중지팔산(釋獲者坐取中之八筭), 개실팔산(改實八筭), 흥(興), 집이사(執而俟). 내사(乃射). 약중(若中), 칙석획자매일개석일산(則釋獲者每一個釋一筭), 상사어우(上射於右), 하사어좌(下射於左). 약유여산(若有餘筭), 칙반위지(則反委之). 우취중지팔산(又取中之八筭), 개실팔산어중(改實八筭於中). 흥(興), 집이사(執而俟). 삼우졸사(三耦卒射).

빈강(賓降), 취궁시어당서(取弓矢於堂西). 제공(諸公)、경칙적차(卿則適次), 계삼우이남(繼三耦以南). 공장사(公將射), 즉사마사명부후(則司馬師命負侯), 개집기정이부기후이사(皆執其旌以負其侯而俟), 사마사반위(司馬師反位). 예복인소후도(隷僕人埽侯道). 사사거박(司射去撲), 적조계하(適阼階下), 고사어공(告射於公), 공허(公許), 적서계동고어빈(適西階東告於賓), 수진박(遂搢撲), 반위(反位). 소사정일인(小射正一人), 취공지결습어동점상(取公之決拾於東坫上), 일소사정수궁불궁(一小射正授弓拂弓), 개이사어동당(皆以俟於東堂). 공장사(公將射), 칙빈강(則賓降), 적당서(適堂西), 단결수(袒決遂), 집궁(執弓), 진삼협일개(搢三挾一個), 승자서계(升自西階), 선대어물북(先待於物北), 일가(一笴), 동면립(東面立). 사마승(司馬升), 명거후여초(命去侯如初) ; 환우(還右), 내강(乃降), 석궁(釋弓), 반위(反位). 공취물(公就物), 소사정봉결습이사(小射正奉決拾以笥), 대사정집궁(大射正執弓), 개이종어물(皆以從於物). 소사정좌전사어물남(小射正坐奠笥於物南), 수불이건(遂拂以巾), 취결(取決), 흥(興), 찬설결(贊設決), 주극삼(朱極三). 소신정찬단(小臣正贊袒), 공단주유(公袒朱襦), 졸단(卒袒), 소신정퇴사어동당(小臣正退俟於東堂). 소사정우좌취습(小射正又坐取拾), 흥(興). 찬설습(贊設拾), 이사퇴전어점상(以笥退奠於坫上), 복위(復位). 대사정집궁(大射正執弓), 이메순좌우외(以袂順左右隈), 상재하일(上再下壹), 좌집부(左執柎), 우집소(右執簫), 이수공(以授公). 공친유지(公親揉之). 소신사이건내불시(小臣師以巾內拂矢), 이수시어공(而授矢於公), 초속(稍屬). 대사정립어공후(大射正立於公後), 이시행고어공(以矢行告於公). 하왈류(下曰畱), 상왈양(上曰揚), 좌우왈방(左右曰方). 공기발(公旣發), 대사정수궁이사(大射正受弓而俟), 습발이장승시(拾發以將乘矢). 공졸사(公卒射), 소신사이건퇴(小臣師以巾退), 반위(反位), 대사정수궁(大射正受弓), 소사정이사수결습(小射正以笥受決拾), 퇴전어점상(退奠於坫上), 복위(復位). 대사정퇴(大射正退), 반사정지위(反司正之位). 소신정찬습(小臣正贊襲). 공환이후빈강(公還而後賓降), 석궁어당서(釋弓於堂西), 반위어계서동면(反位於階西東面). 공즉석(公卽席), 사정이명승빈(司正以命升賓). 빈승복연이후경대부계사(賓升復筵而後卿大夫繼射).

제공(諸公)、경취궁시어차중(卿取弓矢於次中), 단결수(袒決遂), 집궁(執弓), 진삼협일개(搢三挾一個), 출(出), 서면읍(西面揖), 읍여삼우(揖如三耦), 승사(升射)、졸사(卒射)、강여삼우(降如三耦), 적차(適次), 석궁(釋弓), 설결습(說決拾), 습(襲), 반위(反位). 중개계사(衆皆繼射), 석획개여초(釋獲皆如初). 졸사(卒射), 석획자수이소집여획(釋獲者遂以所執餘獲), 적조계하(適阼階下), 북면고어공(北面告於公), 왈(曰) :「좌우졸사(左右卒射)。」반위(反位) 좌위여획어중서(坐委餘獲於中西), 흥(興), 공이사(共而俟).

사마단집궁(司馬袒執弓), 승(升), 명취시여초(命取矢如初). 부후허낙(負侯許諾), 이정부후여초(以旌負侯如初). 사마강(司馬降), 석궁여초(釋弓如初). 소신위시어복(小臣委矢於福), 여초(如初). 빈(賓)、제공(諸公)、경(卿)、대부지시개이속지이모(大夫之矢皆異束之以茅), 졸(卒)

정좌좌우무지(正坐左右撫之), 진속(進束), 반위(反位). 빈지시(賓之矢), 칙이수시인어서당하(則以授矢人於西堂下). 사마석궁(司馬釋弓), 반위(反位), 이후경(而後卿)、대부승취석(大夫升就席).

사사적계서(司射適階西), 석궁(釋弓), 거박(去撲), 습(襲) ; 진유중동(進由中東), 립어중남(立於中南), 북면시산(北面視筭). 석획자동면어중서좌(釋獲者東面於中西坐), 선수우획(先數右獲). 이산위순(二筭爲純), 일순이취(一純以取), 실어좌수(實於左手). 십순칙축이위지(十純則縮而委之), 매위이지(每委異之). 유여순(有餘純), 즉횡제하(則橫諸下). 일산위기(一筭爲奇)

기칙우축제순하(奇則又縮諸純下). 흥(興), 자전적좌(自前適左), 동면좌(東面坐), 좌(坐), 겸렴산(兼斂筭), 실어좌수(實於左手), 일순이위(一純以委), 십칙이지(十則異之), 기여여우획(其餘如右獲). 사사복위(司射復位). 석획자수진취현획(釋獲者遂進取賢獲), 집지(執之), 유조계하(由阼階下), 북면고어공(北面告於公). 약우승(若右勝), 즉왈우현어좌(則曰右賢於左). 약좌승(若左勝), 즉왈좌현어우(則曰左賢於右). 이순수고(以純數告) ; 약유기자(若有奇者), 역왈기(亦曰奇). 약좌우균(若左右鈞), 칙좌우각집일산이고(則左右各執一筭以告), 왈좌우균(曰左右鈞). 환복위(還復位), 좌(坐), 겸렴산(兼斂筭), 실팔산어중(實八筭於中), 위기여어중서(委其餘於中西), 흥(興), 공이사(共而俟).

사사명설풍(司射命設豐). 사관사봉풍(司官士奉豐), 유서계승(由西階升), 북면좌설어서영서(北面坐設於西楹西), 강복위(降復位). 승자지제자세치(勝者之弟子洗觶), 승작산(升酌散), 남면좌전어풍상(南面坐奠於豐上), 강반위(降反位). 사사수단집궁(司射遂袒執弓), 협일개(挾一個), 진박(搢撲), 동면어삼우지서(東面於三耦之西), 명삼우급중사자(命三耦及眾射者) : 「승자개단결수(勝者皆袒決遂), 집장궁(執張弓). 부승자개습(不勝者皆襲), 설결습(說決拾), 각좌수(卻左手), 우가이궁어기상(右加弛弓於其上), 수이집부(遂以執拊).」 사사선반위(司射先反位). 삼우급중사자개승음사작어서계상(三耦及眾射者皆升飲射爵於西階上). 소사정작승음사작자(小射正作升飲射爵者), 여작사(如作射). 일우출(一耦出), 읍여승사(揖如升射), 급계(及階), 승자선승(勝者先升), 승당소우(升堂少右). 부승자진(不勝者進), 북면좌취풍상지치(北面坐取豐上之觶), 흥(興) ; 소퇴(少退), 립졸치(立卒觶), 진(進) ; 좌전어풍하(坐奠於豐下), 흥(興), 읍(揖). 부승자선강(不勝者先降), 여승음자상좌(與升飲者相左), 교어계전(交於階前), 상읍(相揖) ; 적차(適次), 석궁(釋弓), 습(襲), 반위(反位). 복인사계작사작(僕人師繼酌射爵), 취치실지(取觶實之), 반전어풍상(反奠於豐上), 퇴사어서단(退俟於序端). 승음자여초(升飲者如初). 삼우졸음(三耦卒飲). 약빈(若賓)、제공(諸公)、경(卿)、대부부승(大夫不勝), 칙부강(則不降), 부집궁(不執弓), 우부승(耦不升). 복인사세(僕人師洗), 승실치이수(升實觶以授) ; 빈(賓)、제공(諸公)、경(卿)、대부수치어석(大夫受觶於席), 이강(以降), 적서계상(適西階上), 북면립음(北面立飲), 졸치(卒觶), 수집작자(授執爵者), 반취석(反就席). 약음공(若飲公), 칙시사자강(則侍射者降), 세각치(洗角觶), 승작산(升酌散), 강배(降拜) ; 공강일등(公降一等), 소신정사(小臣正辭), 빈승(賓升), 재배계수(再拜稽首), 공답재배(公答再拜) ; 빈좌제(賓坐祭)졸작(卒爵), 재배계수(再拜稽首), 공답재배(公答再拜) ; 빈강(賓降), 세상치(洗象觶), 승작선이치(升酌膳以致), 하배(下拜), 소신정사(小臣正辭), 승(升)、재배계수(再拜稽首), 공답재배(公答再拜) ; 공졸치(公卒觶), 빈진수치(賓進受觶), 강세산치(降洗散觶), 승실산(升實散), 하배(下拜), 소신정사(小臣正辭), 승(升)、재배계수(再拜稽首), 공답재배(公答再拜) ; 빈좌(賓坐), 부제(不祭), 졸치(卒觶), 강전어비(降奠於篚), 계서동면립(階西東面立). 빈자이명승빈(擯者以命升賓), 빈승취석(賓升就席). 약제공(若諸公)、경(卿)、대부지우부승(大夫之耦不勝)칙역집이궁(則亦執弛弓), 특승음(特升飲). 중개계음사작(眾皆繼飲射爵), 여삼우(如三耦). 사작변(射爵辯), 내철풍여치(乃徹豐與觶).

사궁존후어복부지동북(司宮尊侯於服不之東北), 량헌주(兩獻酒), 동면남상(東面南上), 개가작설세어존서북(皆加勺設洗於尊西北), 비재남(篚在南), 동사(東肆), 실일산어비(實一散於篚). 사마정세산(司馬正洗散), 수실작(遂實爵), 헌복부(獻服不). 복부후서북삼보(服不侯西北三步), 북면배수작(北面拜受爵). 사마정서면배송작(司馬正西面拜送爵), 반위(反位). 재부유사천(宰夫有司薦), 서자설절조(庶子設折俎). 졸착(卒錯), 획자적우개(獲者適右個), 천조종지(薦俎從之). 획자좌집작(獲者左執爵), 우제천조(右祭薦俎), 이수제주(二手祭酒) ; 적좌개(適左個), 제여우개(祭如右個), 중역여지(中亦如之). 졸제(卒祭), 좌개지서북삼보(左個之西北三步), 동면(東面). 설천조(設薦俎). 립졸작(立卒爵). 사마사수허작(司馬師受虛爵), 세헌례복인여건차(洗獻隷僕人與巾車)、획자(獲者), 개여대후지례(皆如大侯之禮). 졸(卒), 사마사수허작(司馬師受虛爵), 전어비(奠於篚). 획자개집기천(獲者皆執其薦), 서자집조종지(庶子執俎從之), 설어핍소남(設於乏少南). 복부복부후이사(服不復負侯而俟).

사사적계서(司射適階西), 거박(去撲), 적당서(適堂西), 석궁(釋弓), 설결습(說決拾), 습(襲)적세(適洗), 세고(洗觚), 승(升), 실지(實之), 강(降), 헌석획자어기위(獻釋獲者於其位), 소

남(少南)。천포해(薦脯醢)、절조(折俎), 개유제(皆有祭)。석획자천우동면배수작(釋獲者薦右東面拜受爵)。사사북면배송작(司射北面拜送爵)。석획자취기천좌(釋獲者就其薦坐), 좌집작(左執爵), 우제포해(右祭脯醢), 흥취폐(興取肺), 좌제(坐祭), 수제주(遂祭酒);흥(興), 사사지서(司射之西), 북면립졸작(北面立卒爵), 부배기작(不拜既爵)。사사수허작(司射受虛爵), 전어비(奠於篚)。석획자소서벽천(釋獲者少西闢薦), 반위(反位)。사사적당서(司射適堂西), 단결수(袒決遂), 취궁(取弓), 협일개(挾一個), 적계서(適階西), 진박이반위(搢撲以反位)。

사사의박어계서(司射倚撲於階西), 적조계하(適阼階下), 북면청사어공(北面請射於公), 여초(如初)。반진박(反搢撲), 적차(適次), 명삼우개단결수(命三耦皆袒決遂), 집궁(執弓), 서출취시(序出取矢)。사사선반위(司射先反位)。삼우습취시여초(三耦拾取矢如初), 소사정작취시여초(小射正作取矢如初)。삼우기습취시(三耦既拾取矢), 제공(諸公)、경(卿)、대부개강여초위(大夫皆降如初位), 여우입어차(與耦入於次), 개단결수(皆袒決遂), 집궁(執弓), 개진당복(皆進當福), 진좌(進坐), 설시속(說矢束)。상사동면(上射東面), 하사서면(下射西面), 습취시여삼우(拾取矢如三耦)。약사여대부위우(若士與大夫為耦), 사동면(士東面), 대부서면(大夫西面)。대부진좌(大夫進坐), 설시속(說矢束), 퇴반위(退反位)。우읍진좌(耦揖進坐), 겸취승시(兼取乘矢), 흥(興), 순우(順羽), 차좌환(且左還), 관주(卌周), 반면읍(反面揖)。대부진좌(大夫進坐), 역겸취승시(亦兼取乘矢), 여기우(如其耦);북면진삼협일개(北面搢三挾一個), 읍진(揖進)。대부여기우개적차(大夫與其耦皆適次), 석궁(釋弓), 설결습(說決拾), 습(襲), 반위(反位)。제공(諸公)、경승취석(卿升就席)。중사자계습취시(眾射者繼拾取矢), 개여삼우(皆如三耦), 수입어차(遂入於次), 석궁시(釋弓矢), 설결습(說決拾), 습(襲), 반위(反位)。

사사유협일개이작사(司射猶挾一個以作射), 여초(如初)。일우읍승여초(一耦揖升如初)。사마승(司馬升), 명거후(命去侯), 부후허낙(負侯許諾)。사마강(司馬降), 석궁반위(釋弓反位)사사여사마교어계전(司射與司馬交於階前), 의박어계서(倚撲於階西), 적조계하(適阼階下)북면청이악어공(北面請以樂於公)。공허(公許)。사사반(司射反), 진박(搢撲), 동면명악정왈(東面命樂正曰):「명용악(命用樂)!」악정왈(樂正曰):「낙(諾)。」사사수적당하(司射遂適堂下), 북면시상사(北面視上射), 명왈(命曰):「부고부석(不鼓不釋)!」상사읍(上射揖)。사사퇴반위(司射退反位)。악정명대사(樂正命大師), 왈(曰):「주(奏)《이수(貍首)》, 한약일(閒若一)!」대사부흥(大師不興), 허낙(許諾)。악정반위(樂正反位)。주(奏)《리수(貍首)》이사(以射), 삼우졸사(三耦卒射)。빈대어물여초(賓待於物如初)。공악작이후취물(公樂作而後就物), 초속(稍屬), 부이악지(不以樂志)。기타여초의(其他如初儀), 졸사여초(卒射如初)。빈취석(賓就席)。제공(諸公)、경(卿)、대부(大夫)、중사자개계사(眾射者皆繼射), 석획여초(釋獲如初)。졸사(卒射), 강반위(降反位)。석획자집여획진고(釋獲者執餘獲進告):「좌우졸사(左右卒射)。」여초(如初)。

사마승(司馬升), 명취시(命取矢), 부후허낙(負侯許諾)。사마강(司馬降), 석궁반위(釋弓反位)。소신위시(小臣委矢), 사마사승지(司馬師乘之), 개여초(皆如初)。사사석궁(司射釋弓)、시산(視筭), 여초(如初)。석획자이현획여균고(釋獲者以賢獲與鈞告), 여초(如初)。복위(復位)。

사사명설풍(司射命設豐)、실치(實觶), 여초(如初)。수명승자집장궁(遂命勝者執張弓), 부승자집이궁(不勝者執弛弓), 승(升)、음여초(飲如初)。졸(卒), 퇴풍여치(退豐與觶), 여초(如初)。

사사유단결수(司射猶袒決遂), 좌집궁(左執弓), 우집일개(右執一個), 겸제현(兼諸弦), 면족(面鏃), 적차(適次), 명습취시(命拾取矢), 여초(如初)。사사반위(司射反位)。삼우급제공(三耦及諸公)、경(卿)、대부(大夫)、중사자(眾射者), 개단결수이습취시(皆袒決遂以拾取矢), 여초(如初)。시부협(矢不挾), 겸제현(兼諸弦), 면족(面鏃);퇴적차(退適次), 개수유사궁시(皆授有司弓矢), 습(襲), 반위(反位)。경(卿)、대부승취석(大夫升就席)。

사사적차(司射適次), 석궁(釋弓), 설결습(說決拾), 거박(去撲), 습(襲), 반위(反位)。사마정명퇴복해강(司馬正命退福解綱)。소신사퇴복(小臣師退福), 건차(巾車)、량인해좌하강(量人解

左下綱)。 사마사명획자이정여천조퇴(司馬師命獲者以旌與薦俎退)。 사사명석획자퇴중여산이사(司射命釋獲者退中與筭而俟)。

공우거전치(公又擧奠觶)， 유공소사(唯公所賜)。 약빈(若賓)， 약장(若長)， 이려어서계상(以旅於西階上)， 여초(如初)。 대부졸수자이허치강(大夫卒受者以虛觶降)， 전어비(奠於篚)， 반위(反位)。

사정승자서계(司正升自西階)， 동영지동(東楹之東)， 북면고어공(北面告於公)， 청철조(請徹俎) 공허(公許)。 수적서계상(遂適西階上)， 북면고어빈(北面告於賓)。 빈북면취조이출(賓北面取俎以出)。 제공(諸公)、 경취조여빈례(卿取俎如賓禮)， 수출(遂出)， 수종자어문외(授從者於門外)。 대부강복위(大夫降復位)。 서자정철공조(庶子正徹公俎)， 강자조계이동(降自阼階以東)。 빈(賓)、 제공(諸公)、 경개입(卿皆入)， 동면북상(東面北上)。 사정승빈(司正升賓)。 빈(賓)、 제공(諸公)、 경(卿)、 대부개설구(大夫皆說屨)， 승취석(升就席)。 공이빈급경(公以賓及卿)、 대부개좌(大夫皆坐)， 내안(乃安)， 수서수(羞庶羞)。 대부제천(大夫祭薦)。 사정승수명(司正升受命)， 공왈(公曰)：「중무부취(衆無不醉)！」 빈급제공(賓及諸公)、 경(卿)、 대부개흥(大夫皆興)， 대왈(對曰)「낙(諾) 감부취(敢不醉)？」 개반위좌(皆反位坐)。

주인세(主人洗)、 작(酌)、 헌사어서계상(獻士於西階上)。 사장승(士長升)， 배수치(拜受觶)， 주인배송(主人拜送)。 사좌제(士坐祭)， 립음(立飮)， 부배기작(不拜旣爵)。 기타부배(其他不拜) 좌제(坐祭)， 립음(立飮)。 내천사정여사인어치남(乃薦司正與射人於觶南)， 북면동상(北面東上) 사정위상(司正爲上)。 변헌사(辯獻士)。 사기헌자립어동방(士旣獻者立於東方)， 서면북상(西面北上)。 내천사(乃薦士)。 축사(祝史)、 소신사역취기위이천지(小臣師亦就其位而薦之)。 주인취사려식지존이헌지(主人就士旅食之尊而獻之)。 려식부배(旅食不拜)， 수작(受爵)， 좌제(坐祭) 립음(立飮)。 주인집허작(主人執虛爵)， 전어비(奠於篚)， 복위(復位)。

빈강세(賓降洗)， 승(升)， 잉치어공(媵觶於公)， 작산(酌散)， 하배(下拜)。 공강일등(公降一等) 소신정사(小臣正辭)。 빈승재배계수(賓升再拜稽首)， 공답재배(公答再拜)。 빈좌제(賓坐祭) 졸작(卒爵)， 재배계수(再拜稽首)。 공답재배(公答再拜)。 빈강(賓降)， 세상고(洗象觚)， 승작선(升酌膳)， 좌전어천남(坐奠於薦南)， 강배(降拜)。 소신정사(小臣正辭)。 빈승성배(賓升成拜) 공답배(公答拜)。 빈반위(賓反位)。 공좌취빈소잉치(公坐取賓所媵觶)， 흥(興)。 유공소사(唯公所賜)。 수자여초수수지례(受者如初受酬之禮)。 강(降)， 경작(更爵)， 세(洗)；승작선(升酌膳)；하(下)， 재배계수(再拜稽首)。 소신정사(小臣正辭)， 승성배(升成拜)。 공답배(公答拜)。 내취석(乃就席)， 좌행지(坐行之)， 유집작자(有執爵者)。 유수어공자배(唯受於公者拜)。 사정명(司正命)「집작자작변(執爵者爵辯)， 졸수자흥이수사(卒受者興以酬士)。」 대부졸수자이작흥(大夫卒受者以爵興)， 서계상수사(西階上酬士)。 사승(士升)， 대부전작배(大夫奠爵拜)， 사답배(士答拜)。 대부립졸작(大夫立卒爵)， 부배(不拜)， 실지(實之)。 사배수(士拜受)， 대부배송(大夫拜送)。 사려어서계상(士旅於西階上)， 변(辯)。 사려작(士旅酌)。

약명왈(若命曰)：「복사(復射)！」 즉부헌서자(則不獻庶子)。 사사명사(司射命射)， 유욕(唯欲) 경(卿)、 대부개강(大夫皆降)， 재배계수(再拜稽首)。 공답배(公答拜)。 일발(壹發)， 중삼후개획(中三侯皆獲)。

주인세(主人洗)， 승자서계(升自西階)， 헌서자어조계상(獻庶子於阼階上)， 여헌사지례(如獻士之禮)。 변헌(辯獻)。 강세(降洗)， 수헌좌우정여내소신(遂獻左右正與內小臣)， 개어조계상(皆於阼階上)， 여헌서자지례(如獻庶子之禮)。

무산작(無筭爵)。 사야(士也)， 유집선작자(有執膳爵者)， 유집산작자(有執散爵者)。 집선작자작이진공(執膳爵者酌以進公)；공부배(公不拜)， 수(受)。 집산작자작이지공(執散爵者酌以之公)， 명소사(命所賜)。 소사자흥수작(所賜者興受爵)， 강석하(降席下)， 전작(奠爵)， 재배계수(再拜稽首)；공답재배(公答再拜)。 수사작자이작취석좌(受賜爵者以爵就席坐)， 공졸작(公卒爵)， 연후음(然後飮)。 집선작자수공작(執膳爵者受公爵)， 작(酌)， 반전지(反奠之)。 수사자흥

(受賜者興)，　수집산작자(授執散爵者)。　집산작자내작행지(執散爵者乃酌行之)。　유수어공자배(唯受於公者拜)。　졸작자흥이수사어서계상(卒爵者興以酬士於西階上)。　사승(士升)。　대부부배내음(大夫不拜乃飲)，　실작(實爵)；사부배(士不拜)，　수작(受爵)。　대부취석(大夫就席)。　사려작(士旅酌)，　역여지(亦如之)。　공유명철멱(公有命徹冪)，　즉빈급제공(則賓及諸公)、　경(卿)、　대부개강(大夫皆降)，　서계하북면동상(西階下北面東上)，　재배계수(再拜稽首)。　공명소신정사(公命小臣正辭)，　공답배(公荅拜)。　대부개벽(大夫皆闢)。　승(升)，　반위(反位)。　사종려어상(士終旅於上)，　여초(如初)。　무산악(無筭樂)。

소(宵)，　서자집촉어조계상(則庶子執燭於阼階上)，　사궁집촉어서계상(司宮執燭於西階上)，　전인집대촉어정(甸人執大燭於庭)，　혼인위촉어문외(閽人爲燭於門外)。　빈취(賓醉)，　북면좌취기천포이강(北面坐取其薦脯以降)。　주(奏)《해(陔)》。　빈소집포(賓所執脯)，　이사종인어문내류(以賜鍾人於門內霤)，　수출(遂出)。　경(卿)、　대부개출(大夫皆出)，　공부송(公不送)。　공입(公入)《오(驁)》。

공식대부례(公食大夫禮)

공식대부지례(公食大夫之禮)。　사대부계(使大夫戒)，　각이기작(各以其爵)。　상개출청(上介出請)，　입고(入告)。　삼사(三辭)。　빈출(賓出)，　배욕(拜辱)。　대부부답배(大夫不答拜)，　장명(將命)。　빈재배계수(賓再拜稽首)。　대부환(大夫還)，　빈부배송(賓不拜送)，　수종지(遂從之)。　빈조복즉위어대문외(賓朝服即位於大門外)，　여빙(如聘)。

즉위(即位)，　구(具)。　갱정(羹定)，　전인진정칠(甸人陳鼎七)，　당문(當門)，　남면서상(南面西上)，　설경멱(設扃冪)，　멱약속약편(鼎若束若編)。　설세여향(設洗如饗)。　소신구반이(小臣具槃匜)，　재동당하(在東堂下)。　재부설연(宰夫設筵)，　가석(加席)、　기(幾)。　무존(無尊)。　음주(飲酒)、　장음(漿飲)，　사어동방(俟於東房)。　범재부지구(凡宰夫之具)，　찬어동방(饌於東房)。

공여빈복영빈어대문내(公如賓服迎賓於大門內)。　대부납빈(大夫納賓)。　빈입문좌(賓入門左)，　공재배(公再拜)；빈벽(賓闢)，　재배계수(再拜稽首)。　공읍입(公揖入)，　빈종(賓從)。　급묘문(及廟門)공읍입(公揖入)。　빈입(賓入)，　삼읍(三揖)。　지어계(至於階)，　삼양(三讓)。　공승이등(公升二等)빈승(賓升)。　대부립어동협남(大夫立於東夾南)，　서면북상(西面北上)。　사립어문동(士立於門東)북면서상(北面西上)。　소신(小臣)，　동당하(東堂下)，　남면서상(南面西上)。　재(宰)，　동협북(東夾北)，　서면남상(西面南上)。　내관지사재재동북(內官之士在宰東北)，　서면남상(西面南上)。　개(介)문서(門西)，　북면서상(北面西上)。　공당미북향(公當楣北鄉)，　지일배(至壹拜)，　빈강야(賓降也)공재배(公再拜)。　빈(賓)，　서계동(西階東)，　북면답배(北面答拜)。　빈자사(擯者辭)，　배야(拜也)；공강일등(公降一等)。　사왈(辭曰)：「과군종자(寡君從子)，　수장배(雖將拜)，　흥야(興也)！」빈속계승(賓粟階升)，　부배(不拜)，　명지성배(命之成拜)，　계상북면재배계수(階上北面再拜稽首)。　지사거정(知士舉鼎)，　거멱어외(去冪於外)，　차어(次於)。　진정어비남(陳鼎於碑南)，　남면서상(南面西上)。　우인추경(右人抽扃)，　좌전어정서남(坐奠於鼎西南)，　순출자정서(順出自鼎西)，　좌인대재(左人待載)。　옹인이조입(雍人以俎入)，　진어정남(陳於鼎南)。　려인남면가비어정(旅人南面加匕於鼎)，　퇴(退)。　대인장관세동남(大人長盥洗東南)，　서면북상(西面北上)，　서진관(序進盥)。　퇴자여진자교어전(退者與進者交於前)。　졸관(卒盥)，　서진(序進)，　남면비(南面匕)。　재자서면(載者西面)어랍임(魚臘飪)。　재체진주(載體進奏)。　어칠(魚七)，　축조(縮俎)，　침우(寢右)。　장(腸)、　위칠(胃七)，　동조(同俎)。　륜부칠(倫膚七)。　장(腸)、　위(胃)、　부(膚)，　개횡제조(皆橫諸俎)，　수지(垂之)。　대부기비(大夫既匕)，　비전어정(匕奠於鼎)，　역퇴(逆退)，　복위(複位)。

공강관(公降盥)，　빈강(賓降)，　공사(公辭)。　졸관(卒盥)，　공일읍일양(公壹揖壹讓)。　공승(公升)빈승(賓升)。　재부자동방수혜장(宰夫自東房授醢醬)，　공설지(公設之)。　빈사(賓辭)，　북면좌천이동천소(北面坐遷而東遷所)。　공립어서내(公立於序內)，　서향(西鄉)。　빈립어계서(賓立於階西)

의립(疑立). 재부자동방천두륙(宰夫自東房薦豆六), 설어장동(設於醬東), 서상(西上), 구저(韭菹), 이동탐해(以東醓醢)、창본(昌本) ; 창본남미니이서청저(昌本南麋臡以西菁菹)、록니(鹿臡). 사설조어두남(士設俎於豆南), 서상(西上), 우(牛)、양(羊)、시(豕), 어재우남(魚在牛南) 랍(臘)、장(腸)、위아지(胃亞之), 부이위특(膚以為特). 려린취비(旅人取匕), 전인거정(甸人舉鼎), 순출(順出), 전어기소(奠於其所). 재부설서(宰夫設黍)、직륙궤어조서(稷六簋於俎西), 이이병(二以並), 동북상(東北上). 서당우조(黍當牛俎), 기서직(其西稷), 착이종(錯以終), 남진(南陳). 대갱읍(大羹湆), 부화(不和), 실어등(實於鐙). 재우집등(宰右執鐙), 좌집개(左執蓋)，

유문입(由門入), 승자조계(升自阼階), 진계(盡階), 부승당(不升堂), 수공(授公), 이개강(以蓋降), 출(出), 입반위(入反位). 공설지어장서(公設之於醬西), 빈사(賓辭), 좌천지(坐遷之). 재부설형사어두서(宰夫設鉶四於豆西), 동상(東上), 우이서양(牛以西羊), 양남시시이동우(羊南豕豕以東牛). 음주(飲酒), 실어치(實於觶), 가어풍(加於豐). 재부우집치(宰夫右執觶), 좌집풍(左執豐), 진설어두동(進設於豆東). 재부동면(宰夫東面), 좌계궤회(坐啟簋會), 각각어기서(各卻於其西). 찬자부동방(贊者負東房), 남면(南面), 고구어공(告具於公).

공재배(公再拜), 읍식(揖食), 빈강배(賓降拜), 공사(公辭), 빈승(賓升), 재배계수(再拜稽首). 빈승석(賓升席), 좌취구저(坐取韭菹), 이변유어해(以辯擩於醢), 상두지간제(上豆之間祭). 찬자동면좌취서(贊者東面坐取黍), 실어좌수(實於左手), 변(辯), 우취직(又取稷), 변(辯), 반어우수(反於右手), 흥(興), 이수빈(以授賓), 빈제지(賓祭之). 삼생지폐부리(三牲之肺不離), 찬자변취지(贊者辯取之), 일이수빈(壹以授賓). 빈흥애(賓興愛), 좌제(坐祭). 세수(挩手), 급상형이사(扱上鉶以柶), 변유지(辯擩之), 상형지간제(上鉶之間祭). 제음주어상두지간(祭飲酒於上豆之間). 어(魚)、랍(臘)、장(醬)、읍부제(湆不祭).

재부수공반량(宰夫授公飯梁), 공설지어읍서(公設之於湆西). 빈북면사(賓北面辭), 좌천지(坐遷之). 공여빈개복초위(公與賓皆復初位). 재부선도어량서(宰夫膳稻於梁西). 사수서수(士羞庶羞), 개유대(皆有大), 개(蓋), 집두여재(執豆如宰). 선자반지(先者反之), 유문입(由門入), 승자서계(升自西階). 선자일인승(先者一人升), 설어도남궤서(設於稻南簋西), 간용인(間容人). 방사렬(旁四列), 서북상(西北上), 향이동(腷以東), 훈(膲)、효(膮)、우자(牛炙). 자남해이서(炙南醢以西), 우자(牛胾)、해(醢)、우지(牛鮨), 지남양자(鮨南羊炙), 이동양자(以東羊胾)、해(醢)、시자(豕炙), 자남해(炙南醢), 이서시자(以西豕胾)、개장(芥醬)、어회(魚膾). 중인등수자진계(眾人騰羞者盡階)、부승당(不升堂), 수(授), 이개강(以蓋降), 출(出). 찬자부동방(贊者負東房), 고비어공(告備於公).

찬승빈(贊升賓). 빈좌석말(賓坐席末), 취량(取梁), 즉도(即稻), 제어장읍간(祭於醬湆間). 찬자북면좌(贊者北面坐), 변취서수지대(辯取庶羞之大), 흥(興), 일이수빈(一以授賓). 빈수(賓受), 겸일제지(兼壹祭之). 빈강배(賓降拜), 공사(公辭). 빈승(賓升), 재배계수(再拜稽首). 공답재배(公答再拜).

빈북면자간좌(賓北面自間坐), 좌옹보량(左擁簠梁), 우집읍(右執湆), 이강(以降). 공사(公辭). 빈서면좌전어계서(賓西面坐奠於階西), 동면대(東面對), 서면좌취지(西面坐取之) ; 률계승(慄階升), 북면반전어기소(北面反奠於其所) ; 강사공(降辭公). 공허(公許), 빈승(賓升), 공읍퇴어상(公揖退於箱). 빈자퇴(擯者退), 부동숙이립(負東塾而立). 빈좌(賓坐), 수권가석(遂捲加席), 공부사(公不辭). 빈삼반이읍장(賓三飯以湆醬). 재부집치장음여기풍이진(宰夫執觶漿飲與其豐以進). 빈세수(賓挩手), 흥수(興受). 재부설기풍어도서(宰夫設其豐於稻西). 정실설(庭實設). 빈좌제(賓坐祭), 수음(遂飲), 전어풍상(奠於豐上).

공수재부속백이유(公受宰夫束帛以侑), 서향립(西鄉立). 빈강연(賓降筵), 북면(北面). 빈자진상폐(擯者進相幣). 빈강사폐(賓降辭幣), 승청명(升聽命), 강배(降拜). 공사(公辭). 빈승(賓升), 재배계수(再拜稽首), 수폐(受幣), 당동영(當東楹), 북면(北面) ; 퇴(退), 서영서(西楹西), 동면립(東面立). 공일배(公壹拜), 빈강야(賓降也), 공재배(公再拜). 개역출(介逆出). 빈북면읍(賓北面揖), 집정실이출(執庭實以出). 공강립(公降立). 상개수빈폐(上介受賓幣), 종자아수

피(從者訝受皮)。

빈입문좌(賓入門左), 몰류(沒霤), 북면재배계수(北面再拜稽首)。 공사(公辭), 읍양여초(揖讓如初), 승(升)。 빈재배계수(賓再拜稽首), 공답재배(公答再拜)。 빈강사공(賓降辭公), 여초(如初)。 빈승(賓升), 공읍퇴어상(公揖退於箱)。 빈졸식회반(賓卒食會飯), 삼음(三飲), 부이장읍(不以醬湆)。

세수(挩手), 흥(興), 북면좌(北面坐), 취량여장이강(取粱與醬以降), 서면좌전어계서(西面坐奠於階西), 동면재배계수(東面再拜稽首)。 공강(公降), 재배(再拜)。 개역출(介逆出), 빈출(賓出)。 공송어대문내(公送於大門內), 재배(再拜)。 빈부고(賓不顧)。

유사권삼생지조(有司捲三牲之俎), 귀어빈관(歸於賓館)。 어랍부여(魚臘不與)。

명일(明日), 빈조복배사어조(賓朝服拜賜於朝), 배식여유폐(拜食與侑幣), 개재배계수(皆再拜稽首)。 아청지(訝聽之)。

상대부팔두(上大夫八豆), 팔궤(八簋), 륙형(六鉶), 구조(九俎), 어랍개이조(魚臘皆二俎); 어(魚), 장위(腸胃), 륜부(倫膚), 약구(若九), 약십유일(若十有一), 하대부칙약칠(下大夫則若七)약구(若九)。 서수(庶羞), 서동무과사렬(西東毋過四列)。 상대부(上大夫), 서수이십(庶羞二十)가어하대부(加於下大夫), 이치(以雉)、토(兔)、순(鶉)、여(鴽)。

약부친식(若不親食), 사대부각이기작(使大夫各以其爵)、조복이유폐치지(朝服以侑幣致之)。 두실(豆實), 실어옹(實於瓮), 진어영외(陳於楹外), 이이병(二以並), 북진(北陳)。 궤실(簋實), 실어광(實於筐), 진어영내(陳於楹內)、량영간(兩楹間), 이이병(二以並), 남진(南陳)。 서수진어비내(庶羞陳於碑內), 정실진어비외(庭實陳於碑外)。 우(牛)、양(羊)、시진어문내(豕陳於門內), 서방(西方), 동상(東上)。 빈조복이수(賓朝服以受), 여수옹례(如受饔禮)。 무빈(無擯)。 명일(明日)빈조복이배사어조(賓朝服以拜賜於朝)。 아청명(訝聽命)。

대부상식(大夫相食), 친계속(親戒速)。 영빈어문외(迎賓於門外), 배지(拜至), 개여향배(皆如饗拜)。 강관(降盥)。 수장(受醬)、읍(湆)、유폐(侑幣)——

속금야(束錦也), 개자조계강당수(皆自阼階降堂受), 수자승일등(授者升一等)。 빈지야(賓止也)。 빈집량여읍(賓執粱與湆), 지서서단(之西序端)。 주인사(主人辭), 빈반지(賓反之)。 권가석(捲加席), 주인사(主人辭), 빈반지(賓反之)。 사폐(辭幣), 강일등(降一等), 주인종(主人從)。 수유폐(受侑幣), 재배계수(再拜稽首)。 주인송폐(主人送幣), 역연(亦然)。 사어주인(辭於主人), 강일등(降一等), 주인종(主人從)。 졸식(卒食), 철어서서단(徹於西序端); 동면재배(東面再拜), 강출(降出)。 기타개여공식대부지례(其他皆如公食大夫之禮)。

약부친식(若不親食), 즉공작대부조복이유폐치지(則公作大夫朝服以侑幣致之)。 빈수어당(賓受於堂)。 무빈(無擯)。

기(記)。 부숙계(不宿戒), 계부속(戒不速)。 부수기(不授幾)。 무조석(無阼席)。 형어문외동방(亨於門外東方)。 사궁구기(司宮具幾), 여포연상치포순(與蒲筵常緇布純), 가추석심현백순(加萑席尋玄帛純), 개권자말(皆捲自末)。 재부연(宰夫筵), 출자동방(出自東房)。 빈지승차재대문외서방(賓之乘車在大門外西方), 북면립(北面立)。 형모(鉶芼), 우곽(牛藿), 양고(羊苦), 시미(豕薇)개유활(皆有滑)。 찬자관(贊者盥), 종조승(從俎升)。 보유개멱(簠有蓋冪)。 범자무장(凡炙無醬)상대부(上大夫): 포연가추석(蒲筵加萑席)。 기순(其純), 개여하대부순(皆如下大夫純)。 경빈유하(卿擯由下)。 상찬(上贊), 하대부야(下大夫也)。 상대부(上大夫), 서수(庶羞)。 주음(酒飲), 장음(漿飲), 서수가야(庶羞可也)。 배식여유폐(拜食與侑幣), 개재배계수(皆再拜稽首)。

◆역문(譯文)

주국국군용식례초대래빙문적대부적례의(主國國君用食禮招待來聘問的大夫的禮儀): 국군파대부도관사고소래빙적대부(國君派大夫到館舍告訴來聘的大夫) (도주국적조묘접수식례(到主國的朝廟接受食禮)), 각자안상동적작위거고지(各自按相同的爵位去告之). 상개출문문래관사유하사(上介出門問來館舍有何事), 진문보고(進門報告). 사사삼차후답응(辭謝三次後答應). 주빈출외문(主賓出外門), 위주국적대부굴존래영접자기행배례(為主國的大夫屈尊來迎接自己行拜禮). 대부부회배(大夫不回拜), 전달국군적명령(轉達國君的命令). 주빈재배계수(主賓再拜稽首), 접수국군적명령(接受國君的命令). 대부반회복명(大夫返回覆命). 주빈송행(主賓送行), 부행배례(不行拜禮), 어시근수대부전왕(於是跟隨大夫前往). 주빈천조복재대문외취위(主賓穿朝服在大門外就位), 여동빙례(如同聘禮).

주인취위(主人就位). 초대주빈적식물진렬재조묘문외(招待主賓的食物陳列在朝廟門外). 육숙료(肉熟了). 전인진렬칠개정(甸人陳列七個鼎), 대착문(對着門), 면향남(面向南), 이서위상위(以西為上位), 설치정공(設置鼎槓)、정개(鼎蓋), 정개용모초(鼎蓋用茅草), 혹자곤찰(或者捆紮), 혹자편결(或者編結). 세적파방위치여향례상동(洗的擺放位置與饗禮相同). 소신재동당하위국군파방성수적반화이(小臣在東堂下為國君擺放盛水的盤和匜). 재부재호서파방포연(宰夫在户西擺放蒲筵), 재실중파방추석(在室中擺放萑席), 재좌변파방기(在左邊擺放幾). 몰유주존(沒有酒尊). 청주(清酒)、재장방재동방(裁漿放在東房). 범시재부장관적음식기구(凡是宰夫掌管的飲食器具)、반식도재동방(飯食都在東房).

주국국군여동주빈일양천조복(主國國君如同主賓一樣穿朝服), 재대문내영접주빈(在大門內迎接主賓). 대부안국군적명령인주빈진입(大夫按國君的命令引主賓進入), 주빈진문(主賓進門), 참재서방(站在西方). 국군량차행배례(國君兩次行拜禮), 주빈피개(主賓避開), 재배계수(再拜稽首). 국군공수행례진입(國君拱手行禮進入), 주빈근수착(主賓跟隨着), 도니묘적묘문(到禰廟的廟門), 국군공수행례진입(國君拱手行禮進入), 주빈진입(主賓進入), 매도전만처공수행례(每到轉彎處拱手行禮), 대착비공수행례(對着碑拱手行禮), 상인우공수행례(相人偶拱手行禮). 도달태계(到達台階), 삼차겸양(三次謙讓), 국군등상이급태계후(國君登上二級台階後), 주빈등계(主賓登階). 주국적대부참재정당적동변(主國的大夫站在正堂的東邊), 면조서(面朝西), 이북위상위(以北為上位). 사참재문적동변(士站在門的東邊), 면조북(面朝北), 이서변위상위(以西邊為上位). 소신재동당하(小臣在東堂下), 면조남(面朝南), 이서변위상위(以西邊爲上位). 재재동협옥북변당하(宰在東夾屋北邊堂下), 면조서이남변위상위(面朝西以南邊為上位). 내재속하적사재재적동북방(內宰屬下的士在宰的東北方), 면조서이남변위상위(面朝西以南邊爲上位). 개재문적서변(介在門的西邊), 면조북이서변위상위(面朝北以西邊爲上位). 국군여량제(國君與梁齊), 면향북(面向北), 주빈도달당상(主賓到達堂上), 국군량차행배례(國君兩次行拜禮), 주빈하당(主賓下堂), 국군량차행배례(國君兩次行拜禮). 주빈재서계적동변(主賓在西階的東邊), 면조북회배(面朝北迴拜). 빈자사사주빈회배(擯者辭謝主賓回拜), 주빈잉행배례(主賓仍行拜禮), 국군주하일급태계친자사사(國君走下一級台階親自辭謝). 빈자사사설(擯者辭謝説):"폐국국군근수니하당(敝國國君跟隨您下堂), 장요행배례(將要行拜禮), 니환시기래파(您還是起來吧)。"주빈련보상태계등당(主賓連步上台階登堂), 부행배례(不行拜禮). 국군명주빈완성배례(國君命主賓完成拜禮), 주빈재태계상면조북재배계수(主賓在台階上面朝北再拜稽首).

사강정(士扛鼎), 재문외거도정개(在門外去掉鼎蓋), 안순서진입(按順序進入), 재비적남변파방정(在碑的南邊擺放鼎), 이서변위상위(以西邊爲上位). 정우적인추출정공(鼎右的人抽出鼎槓), 좌하파공방재정적서변(坐下把槓放在鼎的西邊), 남북방향방치(南北方向放置). 종정적서변출래(從鼎的西邊出來). 정좌적인등착파정중적생육취출방재조상(鼎左的人等着把鼎中的牲肉取出放在俎上). 옹인나착조진래(雍人拿着俎進來), 파조파방재정적남변(把俎擺放在鼎的南邊), 려인면조남(旅人面朝南), 파취식물적비방재정상(把取食物的匕放在鼎上), 퇴출(退出). 대부참재세적동남세수(大夫站在洗的東南洗手), 대부문면조서(大夫們面朝西), 이북위상위(以北為上位), 의서진전세수(依序進前洗手). 퇴회적인화진전적인재세적남변교착(退回的人和進前的人在洗的南邊交錯). 세수완필(洗手完畢), 의차도비적남변(依次到碑的南邊), 정적북변(鼎的北邊), 면조남용비취정중적생육(面朝南用匕取鼎中的牲肉). 좌인면조서(左人面朝西). 어화랍물자숙(魚和臘物煮熟). 재방생체화랍물진전(載放牲體和臘物進前), 육피조상(肉皮朝上). 어칠조(魚七條), 종방재조상(縱放在俎上), 어적우반조하(魚的右半朝下). 장위칠빈(腸胃七份), 방재동일조상(放在同一俎上). 문리정세적렵륵조육칠빈(紋理精細的獵肋條肉七份). 장위화륵조육도횡방재조상(腸胃和肋條肉都橫放在俎上), 량변하수(兩邊下垂). 대부이경용완비(大夫已經用完匕), 파비방재정상(把匕放在鼎上). 안여진전시상반적순서퇴하(按與進前時相反的順序退下), 회도원위(回到原位).

국군하당세수(國君下堂洗手), 주빈하당(主賓下堂), 국군사사(國君辭謝). 세완수(洗完手), 국군공수행례일차(國君拱手行禮一次), 겸양일차(謙讓一次), 국군등당(國君登堂), 주빈등당(主賓登堂). 재부유동방출래(宰夫由東房出來), 파용초화적장교급국군(把用醋和的醬交給國君), 국군친자파방타(國君親自擺放它). 주빈사사(主賓辭謝), 면조북궤하이동초장(面朝北跪下移動醋醬), 향동이동도당방적위치(向東移動到當放的位置). 국군참재동장내(國君站在東牆內), 면향서(面向西), 주빈참재태계적서변(主賓站在台階的西邊), 정립부동(正立不動). 재부유동방진헌두륙(宰夫由東房進獻豆六), 파방재장적동변(擺放在醬的東邊), 이서변위상위(以西邊爲上位). 엄구채왕동시육즙장(醃韭菜往東是肉汁醬), 엄포근(醃蒲根), 엄포근적남변시대골적미육장(醃蒲根的南邊是帶骨的麋肉醬), 재서시엄구채화(在西是醃韭菜花), 대골적록육장(帶骨的鹿肉醬). 사재두적남변파방조(士在豆的南邊擺放俎), 이서위상위(以西爲上位). 우(牛)、양(羊)、시(豕)、어재우적남변(魚在牛的南邊). 랍(臘)、장(腸)、위의차왕동(胃依次往東). 저륵조육단독일행(豬肋條肉單獨一行). 려인나비(旅人拿匕), 전인태정(甸人抬鼎), 순차이출(順次而出), 방재대착문적지방(放在對着門的地方). 재부재조적서변파방륙궤서(宰夫在俎的西邊擺放六簋黍)、직(稷), 이이병렬(二二並列), 이동북방위상위(以東北方爲上位). 서대착우조(黍對着牛俎), 타적서변시직(它的西邊是稷), 교착배완(交錯排完), 왕남진설(往南陳設). 자육즙(煮肉汁), 몰유염(沒有鹽)、채반화(菜拌和), 방재와두리(放在瓦豆裏). 태재우수나착와두(太宰右手拿着瓦豆), 좌수나착개(左手拿着蓋), 종묘문외진입(從廟門外進入), 유동계등상(由東階登上), 주도태계진두(走到台階盡頭), 부등당(不登堂), 파와두교급국군(把瓦豆交給國君), 나착개자주하태계(拿着蓋子走下台階), 출문방하개자(出門放下蓋子), 연후진문회도원위(然後進門回到原位). 국군파와두방재장적서변(國君把瓦豆放在醬的西邊), 주빈사사(主賓辭謝), 좌하왕동이(坐下往東移). 재부재두적서변파방사척성채화갱적정(宰夫在豆的西邊擺放四隻盛菜和羹的鼎), 이동위상위(以東爲上位). 우육갱적서변시양육갱(牛肉羹的西邊是羊肉羹), 양육갱적남변시저육갱(羊肉羹的南邊是豬肉羹), 저육갱적동변시우육갱(豬肉羹的東邊是牛肉羹). 파청주짐재치중(把清酒斟在觶中), 방재풍상(放在豊上).

재부우수나착치(宰夫右手拿着觶), 좌수나착풍(左手拿着豊), 진전파방재두적동변(進前擺放在豆的東邊). 재부면조동(宰夫面朝東), 좌하게개궤적개자(坐下揭開簋的蓋子), 각앙방재궤적서변(各仰放在簋的西邊). 좌조적인배향착동방(佐助的人背向着東房), 면조남(面朝南), 보고국군정찬준비완필(報告國君正饌準備完畢).

국군량차행배례(國君兩次行拜禮), 공수청주빈진식(拱手請主賓進食). 주빈하당행배사(主賓下堂行拜謝). 국군사사(國君辭謝).

주빈등당(主賓登堂), 재배계수(再拜稽首). 주빈등상석위(主賓登上席位), 좌하취엄구채(坐下取醃韭菜), 일일침입도육장리(一一浸入到肉醬裏), 재엄구채화육장량두지간제(在醃韭菜和肉醬兩豆之間祭). 좌조적인면조동좌하취황미반(佐助的人面朝東坐下取黃米飯), 방재좌수중(放在左手中), 일일취과(一一取過), 우취소미반(又取小米飯), 일일취과(一一取過), 방회우수(放回右手). 참기래교급주빈(站起來交給主賓), 주빈제반(主賓祭飯). 파우양시삼생적폐절단(把牛羊豕三牲的肺切斷), 좌조적인축일취과래(佐助的人逐一取過來), 일일교급주빈(一一交給主賓). 주빈참기래접수(主賓站起來接受), 좌하제(坐下祭), 주빈찰수(主賓擦手), 용각제제작요취방재상위적소정중적채(用角制祭勺舀取放在上位的小鼎中的菜), 축일침입기타삼개소정중(逐一浸入其他三個小鼎中). 재상위성유우육갱적소정화성유양육갱적소정지간제(在上位盛有牛肉羹的小鼎和盛有羊肉羹的小鼎之間祭). 재상두지간제청주(在上豆之間祭清酒). 어(魚)、랍(臘)、장(醬)、읍부제(湆不祭). 재부파소미반체급국군(宰夫把小米飯遞給國君), 국군파타방재육갱즙적서변(國君把它放在肉羹汁的西邊), 주빈면조북사사(主賓面朝北辭謝), 좌하왕서이방(坐下往西移放). 국군화주빈도회도원위(國君和主賓都回到原位). 재부진헌도미반(宰夫進獻稻

米飯), 방재소미반적서변(放在小米飯的西邊). 사진헌각종미미식물(士進獻各種美味食物), 도유대괴적육방재상면(都有大塊的肉放在上面), 식기상유개(食器上有蓋), 상태재나양나착두(像太宰那樣拿着豆). 선진헌적인반회문외나취(先進獻的人返回門外拿取), 재유문진입(再由門進入), 종서계등당(從西階登堂), 선진헌적인일인등당(先進獻的人一人登堂), 파식물방재도미반적남변(把食物放在稻米飯的南邊), 황미화소미반적서변(黃米和小米飯的西邊), 주빈가중간왕래(主賓可中間往來). 편서적일방파방사렬미미식물(偏西的一旁擺放四列美味食物), 이서북위상위(以西北為上位). 우육갱적동변시양육갱(牛肉羹的東邊是羊肉羹), 양육갱적동변시저육갱(羊肉羹的東邊是豬肉羹)、고우육(烤牛肉). 고우육적남변시육장(烤牛肉的南邊是肉醬), 왕서시우육괴(往西是牛肉塊)、육장(肉醬)、우지(牛鮨). 우지적남변시고양육(牛鮨的南邊是烤羊肉), 왕동시양육괴(往東是羊肉塊)、육장(肉醬). 고저육(烤豬肉), 고저육적남변시육장(烤豬肉的南邊是肉醬), 왕서시저육괴(往西是豬肉塊)、개채장(芥菜醬)、어회(魚膾). 진헌식물적중인주완태계(進獻食物的眾人走完台階), 부등당(不登堂), 교급선진헌적인(交給先進獻的人), 나착개주하태계(拿着蓋走下台階), 출문(出門). 좌조적인배향착동방(佐助的人背向着東房), 향국군보고(向國君報告), 각종미미식물도준비완필(各種美味食物都準備完畢).

좌조적인안국군적명령양주빈등당취석(佐助的人按國君的命令讓主賓登堂就席). 주빈재석적미단좌하취량미(主賓在席的未端坐下取梁米), 취수취도미반(就手取稻米飯), 재장화육갱즙중간제(在醬和肉羹汁中間祭). 좌조적인면조북좌하(佐助的人面朝北坐下), 편취미미식물중적대육괴(遍取美味食物中的大肉塊), 참기래(站起來), 일일교급주빈(一一交給主賓). 주빈일일접수(主賓一一接受), 일차동시제(一次同時祭). 주빈하당배사(主賓下堂拜謝), 국군사사(國君辭謝). 주빈등당(主賓登堂), 량차행배례(兩次行拜禮), 행계수례(行稽首禮).

●국군재차회배(國君再次回拜)°

주빈면조북(主賓面朝北), 재정찬화가찬지간좌하(在正饌和加饌之間坐下), 좌수포착성유량미적보(左手抱着盛有梁米的簠), 우수나착성유육갱즙적소정(右手拿着盛有肉羹汁的小鼎), 하당(下堂). 국군사사(國君辭謝), 주빈면조서좌하(主賓面朝西坐下), 파나착적식물방재태계서변(把拿着的食物放在台階西邊), 면조동회답(面朝東回答), 면조서좌하나취방하적식물(面朝西坐下拿取放下的食物). 일보량급태계지등당(一步兩級台階地登堂), 면조북파식물방회원래적위치(面朝北把食物放回原來的位置), 하당사사국군(下堂辭謝國君). 국군윤허(國君允許), 주빈등당(主賓登堂), 국군공수행례(國君拱手行禮), 퇴도동상(退到東廂), 빈자퇴회(擯者退回), 배대동숙참립(背對東塾站立). 주빈좌하(主賓坐下), 어시파가석권기(於是把加席捲起), 국군부사사(國君不辭謝). 주빈취육즙갱화장흘삼구반(主賓就肉汁羹和醬吃三口飯). 재부나착짐유장음적치화승탁치적풍진전(宰夫拿着斟有漿飮的觶和承託觶的豐進前), 주빈찰수(主賓擦手), 참기래접수(站起來接受). 재부파풍파방재도미반적서변(宰夫把豐擺放在稻米飯的西邊). 진설정실(陳設庭實). 주빈좌하제(主賓坐下祭), 연후음진치중장음(然後飮盡觶中漿飮), 파치방재풍상(把觶放在豐上).

국군접수재부송상적속백(國君接受宰夫送上的束帛), 용래수사주빈(用來酬謝主賓), 면향서참립(面向西站立). 주빈주하연석(主賓走下筵席), 면조북(面朝北). 빈자진전보좌국군송상례물(擯者進前輔佐國君送上禮物). 주빈하당사사례물(主賓下堂辭謝禮物), 등당(登堂), 청종국군적명령(聽從國君的命令), 하당배사(下堂拜謝). 국군사사(國君辭謝). 주빈등당(主賓登堂), 재배계수(再拜稽首), 접수례물(接受禮物). 대착동영주(對着東楹柱), 면조북(面朝北), 퇴회도서영주적서변(退回到西楹柱的西邊), 면조동참립(面朝東站立). 국군행일차배례(國君行一次拜禮), 주빈하당(主賓下堂), 국군량차행배례(國君兩次行拜禮). 개재주빈전출문(介在主賓前出門). 주빈면조북공수행례(主賓面朝北拱手行禮), 나착정실출문(拿着庭實出門). 국군하당참립(國君下堂站立), 상개접과주빈수중적례물(上介接過主賓手中的禮物), 종자영착수주빈출래적주국나착수피적인(從者迎着隨主賓出來的主國拿着獸皮的人), 접과수피(接過獸皮).

주빈종문적좌변진입(主賓從門的左邊進入), 재옥첨적진두(在屋檐的盡頭), 면조북(面朝北), 재배계수(再拜稽首). 국군사사(國君辭謝), 공수행례(拱手行禮)、겸양동개시시일양(謙讓同開始時一樣), 등당(登堂). 주빈재배계수(主賓再拜稽首), 국군회배량차(國君回拜兩次). 주빈하당사사국군동개시시일양(主賓下堂辭謝國君同開始時一樣). 주빈등당(主賓登堂), 국군공수행례퇴도동상(國君拱手行禮退到東廂)。 주빈흘완서(主賓吃完黍)、 직반(稷飯), 삼차음장수구(三次飮漿漱口)。 부용장화육즙갱(不用醬和肉汁羹)。

주빈찰수참기(主賓擦手站起), 면조북좌하취량미반화장하당(面朝北坐下取粱米飯和醬下堂), 면조서좌하방재태계적서변(面朝西坐下放在台階的西邊)。 면조동량차행배례(面朝東兩次行拜禮), 행계수례(行稽首禮)。 국군하당(國君下堂), 양차행배례(兩次行拜禮)。 개유진래시상반적방향출거(介由進來時相反的方向出去), 주빈출문(主賓出門)。 국군송도대문내(國君送到大門內), 양차행배례(兩次行拜禮)。

●주빈부회시(主賓不回視)。

유사수기삼생적조방재비중(有司收起三牲的俎放在篚中), 대도주빈적관사(帶到主賓的館舍)。 어랍부여(魚臘不予)。

제이천(第二天), 주빈천착조복도주국국군적대문외배사상사(主賓穿着朝服到主國國君的大門外拜謝賞賜), 배사식례화수례(拜謝食禮和酬禮), 도시량차행배례(都是兩次行拜禮), 행계수례(行稽首禮)。 주국장관영후접대적관청빙주빈행배례(主國掌管迎候接待的官聽憑主賓行拜禮)。

여과래빙문적시상대부(如果來聘問的是上大夫), 식례시팔두(食禮是八豆), 팔궤(八簋), 륙형(六鉶), 구조(九俎), 어화랍물도시이개조(魚和臘物都是二個俎), 어(魚)、 장위(腸胃)、 문리정세적저륵조육적수목인관작부동이부동(紋理精細的豬肋條肉的數目因官爵不同而不同), 혹자구(或者九), 혹자십일(或者十一)。 하대부혹자시칠(下大夫或者是七), 혹자시구(或者是九), 미미식물동서향배렬(美味食物東西向排列), 부초과사렬(不超過四列)。 상대부(上大夫), 미미식물이십(美味食物二十) 동서사행(東西四行), 남북오행(南北五行)。

비하대부다가사두(比下大夫多加四豆), 용적시치(用的是雉)、 토(兔)、 순(鶉)、 여(鷽)。

여과국군부능친자주지식례(如果國君不能親自主持食禮), 취파대부각안작위천조복파식례적수사례물송상(就派大夫各按爵位穿朝服把食禮的酬謝禮物送上)。 엄채(醃菜)、 육장등방재와기리(肉醬等放在瓦器裏), 진방재영주외(陳放在楹柱外), 병렬(兩兩並列), 왕북진방(往北陳放), 서직반등방재광리(黍稷飯等放在筐裏), 진방재영주내(陳放在楹柱內), 재량영주간(在兩楹柱間), 량량병렬(兩兩並列), 왕남진방(往南陳放)。 미미식물방재비적북변(美味食物放在碑的北邊), 정실진방재비적남변(庭實陳放在碑的南邊)。 우(牛)、 양(羊)、 시진방재문내서변(豕陳放在門內西邊), 이동위상위(以東爲上位)。 주빈천조복접수(主賓穿朝服接受), 여접수옹적례의(如接受饔的禮儀)。 몰유빈(沒有擯)。 제이천(第二天), 주빈천조복재국군대문외배사국군적상사(主賓穿朝服在國君大門外拜謝國君的賞賜)。 접대적인청빙타배사(接待的人聽憑他拜謝)。

주국대부용식례초대주빈(主國大夫用食禮招待主賓), 자기친자통지(自己親自通知), 요청(邀請)。 재대문외영접주빈(在大門外迎接主賓), 위주빈도래행배례(爲主賓到來行拜禮), 도여식례일양행배례(都如食禮一樣行拜禮)。 대부하당세수(大夫下堂洗手), 접과장(接過醬)、 육갱즙(肉羹汁), 수사적례물(酬謝的禮物)——

속금(束錦), 도시유동계하당접수(都是由東階下堂接受)。 수자등상일급태계(授者登上一級台階), 주빈정지부동(主賓停止不動)。 주빈나착량미반화육갱즙(主賓拿着粱米飯和肉羹汁), 도서장적전단(到西牆的前端)。 주인사사(主人辭謝), 주빈반회석위(主賓返回席位)。 주빈권기가석(主賓捲起加席), 주인사사(主人辭謝), 주빈안원양파설가석(主賓按原樣擺設加席)。

주빈사사주인적례적례물(主賓辭謝主人的禮的禮物), 주하일급태계(走下一級台階)。 주인근수착(主人跟隨着)。 주빈접수속금(主賓接受束錦), 재배계수(再拜稽首)。 주인송상속금야시재배계수(主人送上束錦也是再拜稽首)。 주빈향주인사사(主賓向主人辭謝), 주하일급태계(走下一級台階)。 주인근수착(主人跟隨着)。 식례결속(食禮結束), 대부재서장전단철거식물(大夫在西牆前端撤去食物)。 주빈면조동량차행배례(主賓面朝東兩次行拜禮), 하당출문(下堂出門)。 기타도여동국군용식례초대래빙대부적례의(其他都如同國君用食禮招待來聘大夫的禮儀)。

여과대부부능친자주지식례(如果大夫不能親自主持食禮), 나마(那麼), 국군취파작위상동적대부천조복파례물송상(國君就派爵位相同的大夫穿朝服把禮物送上). 주빈재당상접수례물(主賓在堂上接受禮物), 몰유빈(沒有擯).

[기(記)] 부재행식례적전일천재계(不在行食禮的前一天齋戒). 행식례고소주빈후부재소청(行食禮告訴主賓後不再召請). 부위주빈수기(不爲主賓授幾), 동계상몰유석위(東階上沒有席位). 재문외동변팽자식물(在門外東邊烹煮食物). 사궁준비기화일장륙척장적포초편적연(司宮準備幾和一丈六尺長的蒲草編的筵), 연용묵색포작변(筵用墨色布作邊), 연상가팔척장적세위편적석(筵上加八尺長的細葦編的席), 석용흑색백작변(席用黑色帛作邊), 연(筵)、석도종말단권기(席都從末端捲起). 재부포설연석(宰夫鋪設筵席), 출자동방(出自東房), 주빈승좌적차(主賓乘坐的車), 재대문외적서변(在大門外的西邊), 주빈취위시면조북참립(主賓就位時面朝北站立). 성갱적소정중방적채(盛羹的小鼎中放的菜), 우육갱방두엽(牛肉羹放豆葉), 양육갱방고도(羊肉羹放苦荼), 저육갱방미채(豬肉羹放薇菜), 도유조미적좌료(都有調味的佐料).

좌조적세수(佐助的洗手), 수조등당(隨俎登堂). 성도량적보(盛稻粱的簠), 유개자화차개자적건(有蓋子和遮蓋子的巾). 범흘고육적(凡吃烤肉的), 도부용장(都不用醬). 상대부(上大夫), 포초편적연(蒲草編的筵), 상변가상세위편적석(上邊加上細葦編的席), 연(筵)、석적변식화하대부연(席的邊飾和下大夫筵)、석적변식상동(席的邊飾相同). 경충당상빈(卿充當上擯), 재당하조례(在堂下酢禮). 당상좌조적인유하대부충당(堂上佐助的人由下大夫充當). 상대부(上大夫), 유각종미미식용(有各種美味食用), 재부우진헌청주(宰夫又進獻淸酒)、장음(漿飮), 상대부음청주(上大夫飮淸酒)、장음시야가흘미미식물(漿飮時也可吃美味食物). 상대부배사식례화수사적례물(上大夫拜謝食禮和酬謝的禮物), 도시재배계수(都是再拜稽首).

공식대부례(公食大夫禮)

◆ 【제해(題解)】

《공식대부례(公食大夫禮)》기술주국국군이례식초대래소빙적대부적례의(記述主國國君以禮食招待來小聘的大夫的禮儀). 편중수선대여하통지주빈(篇中首先對如何通知主賓), 여하파방대빈지물(如何擺放待賓之物), 빈지여하영접적례절의식작료상세설명(賓至如何迎接的禮節儀式作了詳細說明). 접저기술여하설조(接著記述如何設俎), 여하위빈설정찬(如何爲賓設正饌)、가찬(加饌). 빈여하제찬(賓如何祭饌), 공여하유빈(公如何侑賓), 빈졸식(賓卒食), 여하퇴(如何退), 여하배사제례의(如何拜賜諸禮儀). 편중환대대부상식(篇中還對大夫相食), 군(君)、대부유고부능친식적례절의식작료설명(大夫有故不能親食的禮節儀式作了說明). 전편주우식반이몰유빈주수초(全篇主于食飯而沒有賓主酬酢), 식반야척한우주빈일인(食飯也隻限于主賓一人), 유별우향례화연례(有別于饗禮和燕禮). 연례주주(燕禮主酒), 향례겸주화반(饗禮兼酒和飯). 이차편위(而此篇爲)"주국군이례식소빙대부지례(主國君以禮食小聘大夫之禮)." (호배휘(胡培翬)《의례정의(儀禮正義)》) 고칭(故稱)"공식대부례(公食大夫禮)". 재오례중역속가례(在五禮中亦屬嘉禮).

공식대부지례(公食大夫之禮) : 사대부계(使大夫戒) (1), 각이기작(各以其爵). 상개출청(上介出請), 입고(入告). 삼사(三辭).

빈출(賓出), 배욕(拜辱). 대부부답배(大夫不答拜), 장명(將命). 빈재배계수(賓再拜稽首). 대부환(大夫還). 빈부배송(賓不拜送), 수종지(遂從之). 빈조복즉위우대문외(賓朝服卽位于大門外), 여빙(如聘).

즉위(卽位). 구(具) (2). 갱정(羹定) (3). 전인(甸人) (4), 진정칠(陳鼎七) (5), 당문(當門), 남면(南面), 서상(西上), 설경멱(設扃鼏), 멱약속약편(鼏若束若編). 설세여향(設洗如饗). 소신구반(小臣具槃) (6), 재동당하(在東堂下). 재부설연(宰夫設筵), 가석기(加席幾). 무존(無尊). 음주(飮酒) (7), 장음(漿飮) (8), 사우동방(俟于東房). 범재부지구(凡宰夫之

具), 찬우동방(饌于東房). 공여빈복(公如賓服), 영빈우대문내(迎賓于大門內). 대부납빈(大夫納賓). 빈입문(賓入門), 좌(左), 공재배(公再拜). 빈벽(賓闢), 재배계수(再拜稽首). 공읍입(公揖入), 빈종(賓從). 급묘문(及廟門), 공읍입(公揖入). 빈입(賓入), 삼읍(三揖). 지우계(至于階), 삼양(三讓). 공승이등(公升二等), 빈승(賓升). 대부립우동협남(大夫立于東夾南), 서면북상(西面北上). 사립우문동(士立于門東), 북면서상(北面西上). 소신동당하(小臣東堂下), 남면서상(南面西上). 재(宰), 동협북(東夾北). 서면남상(西面南上). 내관지사(內官之士) (9), 재재동북(在宰東北), 서면남상(西面南上). 개(介), 문서(門西), 북면서상(北面西上). 공당미북향(公當楣北鄉), 지재배(至再拜), 빈강야(賓降也), 공재배(公再拜). 빈(賓), 서계동(西階東), 북면답배(北面答拜). 빈자사(擯者辭), 배야(拜也). 공강일등(公降一等). 사왈(辭曰): "과군종자(寡君從子), 수장배(雖將拜), 흥야(興也)." 빈률계승(賓偄階升), 부배(不拜). 명지(命之), 성배(成拜). 계상북면재배계수(階上北面再拜稽首).

사거정(士舉鼎), 거멱우외(去鼏于外), 차입(次入). 진정우비남(陳鼎于碑南), 면서상(面西上). 우인추경(右人抽扃), 좌전우정서(坐奠于鼎西), 남순(南順). 출자정서(出自鼎西), 좌인대재(左人待載), 옹인이조입(雍人以俎入) (10), 진우정남(陳于鼎南). 여인남면가비우정(旅人南面加匕于鼎) (11), 퇴(退). 대부장관(大夫長盥), 세동남(洗東南), 서면북상(西面北上), 서진관(序進盥). 퇴자여진자교우전(退者與進者交于前) (12). 졸관(卒盥), 서진(序進), 남면비(南面匕). 재자서면(載者西面). 어랍임(魚臘飪). 재체진주(載體進奏). 어칠(魚七), 축조침우(縮俎寢右) (13). 장(腸)、위칠(胃七), 동조(同俎). 륜부칠(倫膚七). 장(腸)、위(胃)、부(膚), 개횡제조(皆橫諸俎), 수지(垂之). 대부기비(大夫既匕), 비전우정(匕奠于鼎). 역퇴(逆退), 복위(復位).

공강관(公降盥). 빈강(賓降), 공사(公辭). 졸관(卒盥), 공일읍일양(公壹揖壹讓), 공승(公升), 빈승(賓升). 재부자동방수혜장(宰夫自東房授醓醬) (14), 공설지(公設之). 빈사(賓辭), 북면좌천(北面坐遷), 이동천소(而東遷所) (15). 공립우서내(公立于序內), 서향(西鄉), 빈립우계서(賓立于階西), 의립(疑立) (16). 재부자동방천두륙(宰夫自東房薦豆六), 설우장동(設于醬東), 서상(西上).

구저이동(韭菹以東), 탐해(醓醢) (17)、창본(昌本) (18); 창본남미(昌本南麋)■ (19), 이서청저(以西菁菹) (20)、록(鹿)■. 사설조우두남(士設俎于豆南), 서상(西上); 우(牛)、양(羊)、시(豕), 어재우서(魚在牛西), 랍(臘)、장(腸)、위아지(胃亞之) (21), 부이위특(膚以爲特) (22). 려인취비(旅人取匕), 전인거정(甸人舉鼎), 순출(順出), 전우기소(奠于其所). 재부설서(宰夫設黍)、직륙궤우조서(稷六簋于俎西), 이이병(二以並), 동북상(東北上). 서당우조(黍當牛俎), 기서직(其西稷), 착이종(錯以終), 남진(南陳). 대갱읍(大羹湇) (23), 부화(不和) (24), 실우등(實于鐙) (25). 재우집등(宰右執鐙), 좌집개(左執蓋), 유문입(由門入). 승자조계(升自阼階), 진계(盡階), 부승당(不升堂), 수공(授公), 이개강(以蓋降), 출(出), 입반위(入反位). 공설지우장서(公設之于醬西), 빈사(賓辭), 좌천지(坐遷之). 재부설형사우두서(宰夫設鉶四于豆西), 동상(東上) (26): 우이서양(牛以西羊), 양남시(羊南豕), 시이동우(豕以東牛). 음주(飲酒), 실우치(實于觶), 가우풍(加于豐). 재부우집치(宰夫右執觶), 좌집풍(左執豐), 진설우두동(進設于豆東). 재부동면(宰夫東面), 좌계궤회(坐啓簋會) (27), 각각우기서(各卻于其西) (28). 찬자부동방(贊者負東房), 남면(南面), 고구우공(告具于公).

공재배(公再拜), 읍식(揖食). 빈강배(賓降拜). 공사(公辭). 빈승(賓升), 재배계수(再拜稽首). 빈승석(賓升席), 좌취구저(坐取韭菹), 이변유우해(以辯擩于醢) (29), 상두지간제(上豆之間祭). 찬자동면좌취서(贊者東面坐取黍), 실우좌수(實于左手), 변(辯).

우취직(又取稷), 변(辯), 반우우수(反于右手). 흥이수빈(興以授賓). 빈제지(賓祭之). 삼생지폐부리(三牲之肺不離) (30), 찬자변취지(贊者辯取之), 일이수빈(壹以授賓). 빈흥수(賓興受), 좌제(坐祭). 세수(挩手) (31), 급상형이사(扱上鉶以柶), 변유지(辯擩之), 상형지간제(上鉶之間祭). 제음주우상두지간(祭飲酒于上豆之間). 어(魚)、랍(臘)、장(醬)、읍부제(湇不祭). 재부수공반량(宰夫授公飯梁) (32), 공설지우읍서(公設之于湇西), 빈북면사(賓北面辭), 좌천지(坐遷之). 공여빈개복초위(公與賓皆復初位). 재부선도우량서(宰夫膳稻于梁西),

사수서수(士羞庶羞)（33）, 개유대(皆有大), 개(蓋), 집두여재(執豆如宰). 선자반지(先者反之), 유문입(由門入), 승자서계(升自西階). 선자일인승(先者一人升), 설우도남궤서(設于稻南簋西), 간용인(間容人). 방사렬서북상(旁四列西北上). 향이동훈(鄕以東膰)（34）, 효(膮)（35）, 우자(牛炙). 자남해(炙南醢), 이서(以西), 우자(牛胾)（36）, 해(醢), 우탐(牛醓)（37）。■남(南), 양자(羊炙), 이동양자(以東羊胾), 해(醢). 시자(豕炙), 자남해(炙南醢), 이서(以西), 시절(豕截), 개장(芥醬), 어회(魚膾). 중인등수자(眾人騰羞者), 진계부승당(盡階不升堂), 수(授), 이개강(以蓋降), 출(出). 찬자(贊者), 부동방(負東房), 고비우공(告備于公).

찬승빈(贊升賓). 빈좌석말(賓坐席末), 취량(取粱), 즉도(即稻)（38）, 제우장읍간(祭于醬湇間). 찬자북면좌(贊者北面坐), 변취서수지대(辯取庶羞之大), 흥(興), 일이수빈(一以授賓). 빈수(賓受), 겸일제지(兼壹祭之). 빈강배(賓降拜), 공사(公辭). 빈승(賓升), 재배계수(再拜稽首), 공답재배(公答再拜).

빈북면자간좌(賓北面自間坐)（39）, 좌옹보량(左擁簠粱), 우집읍(右執湇), 이강(以降). 공사(公辭), 빈서면좌전우계서(賓西面坐奠于階西), 동면대(東面對)（40）, 서면좌취지(西面坐取之). 륜계승(倫階升), 북면반전우기소(北面反奠于其所), 강사공(降辭公). 공허(公許), 빈승(賓升), 공읍퇴우상(公揖退于箱)（41）。빈자퇴(擯者退), 부동숙이립(負東塾而立). 빈좌(賓坐), 수권가석(遂卷加席), 공부사(公不辭). 빈삼반이읍장(賓三飯以湇醬). 재부집치장음(宰夫執觶漿飲), 여기풍이진(與其豐以進), 빈세수(賓挩手), 흥수(興受).

재부설기풍우도서(宰夫設其豐于稻西). 정실설(庭實設). 빈좌제(賓坐祭), 수음(遂飲), 전우풍상(奠于豐上).

공수재부속백(公受宰夫束帛), 이유(以侑), 서향립(西向立). 빈강연(賓降筵), 북면(北面). 빈자진상폐(擯者進相幣). 빈강사폐(賓降辭幣), 승청명(升聽命), 강배(降拜). 공사(公辭). 빈승(賓升), 재배계수(再拜稽首), 수폐(受幣), 당동영(當東楹), 북면(北面).

퇴(退), 서영서(西楹西), 동면립(東面立). 공일배(公壹拜), 빈강야(賓降也), 공재배(公再拜). 개역출(介逆出). 빈북면읍(賓北面揖), 집정실이출(執庭實以出). 공강립(公降立). 상개수빈폐(上介受賓幣), 종자아수피(從者訝受皮)（42）。

빈입문좌(賓入門左), 몰류(沒霤)（43）, 북면재배계수(北面再拜稽首). 공사(公辭), 읍양여초(揖讓如初), 승(升). 빈재배계수(賓再拜稽首), 공답재배(公答再拜). 빈강사공(賓降辭公), 여초(如初). 빈승(賓升), 공읍퇴우상(公揖退于箱). 빈졸식회반(賓卒食會飯)（44）, 삼음(三飲)（45）。부이장읍(不以醬湇).

세수(挩手), 흥(興), 북면좌취량여장이강(北面坐取粱與醬以降). 서면회전우계서(西面會奠于階西). 동면재배계수(東面再拜稽首).

공강(公降), 재배(再拜). 개역출(介逆出), 빈출(賓出). 공송우대문내(公送于大門內), 재배(再拜). 빈부고(賓不顧).

유사권삼생지조(有司卷三牲之俎)（46）, 귀우빈관(歸于賓館). 어랍부여(魚臘不與).

명일(明日), 빈조복배사우조(賓朝服拜賜于朝), 배식여유폐(拜食與侑幣), 개재배계수(皆再拜稽首). 아청지(訝聽之).

상대부(上大夫) : 팔두(八豆), 팔궤(八簋), 륙형(六鉶), 구조(九俎), 어랍개이조(魚臘皆二俎), 어(魚), 장위(腸胃), 륜부(倫膚).

약구(若九), 약십유일(若十有一). 하대부약칠(下大夫若七), 약구(若九). 서수(庶羞). 서동무과사렬(西東毋過四列). 상대부(上大夫), 서수이십(庶羞二十), 가우하대부(加于下大夫), 이치

(以雉), 토(兔), 순(鶉).

약부친식(若不親食), 사대부각이기작(使大夫各以其爵)、조복이유폐치지(朝服以侑幣致之), 두실(豆實) (47) , 실우옹(實于甕) (48) , 진우영외(陳于楹外), 이이병(二以並), 북진(北陳). 궤실(簋實) (49) , 실우광(實于筐) (50) , 진우영내(陳于楹內), 양영간(兩楹間), 이이병(二以並), 남진(南陳). 서수진우비내(庶羞陳于碑內), 정실진우비외(庭實陳于碑外). 우(牛)、양(羊)、시진우문내(豕陳于門內). 서방(西方), 동상(東上). 빈조복이수(賓朝服以受), 여수옹례(如受饔禮). 무빈(無擯). 명일(明日), 빈조복이배사우조(賓朝服以拜賜于朝). 아청명(訝聽命).

대부상식(大夫相食), 친계속(親戒速) (51) . 영빈우문외(迎賓于門外), 배지(拜至), 개여향배(皆如饗拜). 강관수장(降盥受醬)、읍(揖)、유폐(侑幣)、속금야(束錦也). 개자조계강당수(皆自阼階降堂受) (52) , 수자승일등(授者升一等) (53) , 빈지야(賓止也).

빈집량여읍(賓執梁與湇), 지서서단(之西序端). 주인사(主人辭), 빈반지(賓反之). 권가석(卷加席), 주인사(主人辭), 빈반지(賓反之).

사폐(辭幣), 강일등(降一等). 주인종(主人從). 수유폐(受侑幣), 재배계수(再拜稽首). 주인송폐(主人送幣), 역연(亦然). 사우주인(辭于主人), 강일등(降一等). 주인종(主人從). 졸식(卒食), 철우서서단(徹于西序端). 동면재배(東面再拜), 강출(降出). 기타개여공식대부지례(其他皆如公食大夫之禮).

약부친식(若不親食), 즉공작대부조복(則公作大夫朝服), 이유폐치지(以侑幣致之). 빈수우당(賓受于堂), 무빈(無擯).

[기(記)] 부숙계(不宿戒). 계부속(戒不速). 부수기(不授幾). 무조석(無阼席). 형우문외(亨于門外), 동방(東方). 사궁구기(司宮具幾) (54) , 여포연상(與蒲筵常) (55) , 치포순(緇布純) (56) , 가추석심(加萑席尋) (57) , 현백순(玄帛純), 개권자말(皆卷自末). 재부연(宰夫筵), 출자동방(出自東房). 빈지승차(賓之乘車), 재대문외서방(在大門外西方), 북면립(北面立). 형필(銒筆) (58) , 우곽(牛藿) (59) , 양고(羊苦) (60) , 시미(豕薇), 개유활(皆有滑) (61) . 찬자관(贊者盥), 종조승(從俎升). 보유개멱(簠有蓋冪). 범자무장(凡炙無醬). 상대부(上大夫) : 포연(蒲筵), 가추석(加萑席). 기순개여하대부순(其純皆如下大夫純). 경빈유하(卿擯由下), 상찬(上贊), 하대부야(下大夫也). 상대부(上大夫), 서수(庶羞). 주음(酒飲)、장음(漿飲), 서수가야(庶羞可也). 배식여유폐(拜食與侑幣), 개재배계수(皆再拜稽首).

◆ 【주해(注解)】

(1) 계(戒) : 고(告). 차지도사자주적관사고소사자도주국적묘접수식례(此指到使者住的館舍告訴使者到主國的廟接受食禮).

(2) 구(具) : 대빈지물(待賓之物).

(3) 갱정(羹定) : 갱(羹), 육(肉). 정(定), 숙(熟). 갱정(羹定) : 즉육숙료(即肉熟了).

(4) 전인(甸人) : 견(見)《연례제륙(燕禮第六)》주(註) (53) .

(5) 정칠(鼎七) : 칠정(七鼎). 우일(牛一), 양일(羊一), 시일(豕一), 어일(魚一), 랍(臘), 장위일(腸胃一), 부일(膚一).

(6) 반(槃) : 위국군관세소설(爲國君盥洗所設). 반(槃), 성관기수(盛盥棄水), 성수이옥관(盛水以沃盥).

(7) 음주(飲酒) : 청주(清酒).

(8) 장음(漿飲) : 재장(截漿). 재(截), 즉재(即載). 인기즙재상재(因其汁滓相載), 고칭재(故稱截). 장우위수(漿又為水), 장(漿)、례(醴)、량(涼)、의(醫)、이륙음지일종(酏六飲之一種).

(9) 내관(內官) : 근시신료(近侍臣僚), 궁정적녀관(宮廷的女官), 부인지관(夫人之官), 내재지속(內宰之屬).

(10) 옹인(雍人) : 궁중장팽조지관(宮中掌烹調之官).

(11) 려인(旅人) : 옹인적속하(雍人的屬下).

(12) 전(前)：세적남변(洗的南邊)。

(13) 축조(縮俎)：축(縮)，종(縱)。축조(縮俎)，어재조위종(魚在俎爲縱)，우인위횡(于人爲橫)。

(14) 혜장(醯醬)：혜(醯)（x9），초(醋)。혜장(醯醬)，용혜화장(用醯和醬)。

(15) 소(所)：처(處)。

(16) 의립(疑立)：정립(正立)。의(疑)、정(正)。

(17) 탐해(醓醢)：탐(醓)（t3n）육장적즙(肉醬的汁)。해(醢)육어등제성적장(肉魚等製成的醬)。

(18) 창본(昌本)：창(昌)，포(蒲)。본(本)，저(菹)。《주례(周禮)·해인(醢人)》주(註)："창포(昌蒲)，근본(根本)，즉근야(即根也)。"

(19) 해유골위지(醢有骨謂之)。

(20) 청저(菁菹)（j9ngu）：청(菁)，명(蓂)，구채적화(韭菜的花)。청(菁)、저(菹)。만청(蔓菁)，일종이년생초본식물(一種二年生草本植物)，괴근가식(塊根可食)。저(菹)，엄채(醃菜)。

(21) 아(亞)：차(次)。

(22) 특(特)：독위일행(獨爲一行)，부재두남(不在豆南)。

(23) 대갱읍(大羹湆)：자육즙(煮肉汁)。읍(湆)：즙(汁)。

(24) 부화(不和)：몰유화오미적채(沒有和五味的菜)。

(25) 등(鐙)：와두위등(瓦豆謂鐙)。

(26) 형(鉶)（x0ng）：성채화갱적기구(盛菜和羹的器具)。역왈형정(亦曰鉶鼎)。

(27) 회(會)：개(蓋)。

(28) 각(卻)：각하(卻下)，거도(去掉)。

(29) 유(擩)：염(染)。

(30) 폐부리(肺不離)：폐요절할개(肺要切割開)。호배휘(胡培翬)《의례정의(儀禮正義)》："폐부리자(肺不離者)，촌지야(刌之也)。"촌(刌)할(割)，절(切)。

(31) 세(挩)：시(試)，찰(擦)。

(32) 량(粱)：량위반이실지우보(粱爲飯而實之于簠)。량즉속(粱即粟)，북방규소미(北方叫小米)。

(33) 수(羞)：동(同)"수(饈)"，육(肉)。

(34) 향(膷)（xi3ng）：우육갱(牛肉羹)。훈(臐)（x＆n）：양육갱(羊肉羹)。

(35) 시육갱(豕肉羹)。

(36) 자(胾)（@）：대괴적육(大塊的肉)。

(37) 회(膾)，고인유용장어적방법용래주우육(古人有用藏魚的方法用來做牛肉)，소이용(所以用)명(名)。원의위(願意爲)"어장(魚醬)"。우(牛)，지세절적우육(指細切的牛肉)。

(38) 즉(即)：취(就)。

(39) 간(間)：양찬지간(兩饌之間)，지정찬여가찬지간(指正饌與加饌之間)。즉전문적(即前文的)"간용인(間容人)"처(處)。

(40) 대(對)：해석하당적상법(解釋下堂的想法)。

(41) 상(箱)：동협지전(東夾之前)，동상(東箱)。상즉상(箱即廂)。

(42) 종자아수피(從者訝受皮)：종자(從者)，지속리지속(指屬吏之屬)。아(訝)，영(迎)。수피(受皮)；지주국유사집피자수주빈출래(指主國有司執皮者隨主賓出來)，주빈적종자상전접과래(主賓的從者上前接過來)。

(43) 류(霤)（li））：류(霤)，옥첨(屋檐)。

(44) 졸식회반(卒食會飯)：졸(卒)，이(已)。회반(會飯)，지서직(指黍稷)。

(45) 삼음(三飲)：삼음장이수구(三飲漿以漱口)。

(46) 권(卷)（ju3n）：수장(收藏)：

(47) 두실(豆實)：엄채(腌菜)、육장지류(肉醬之類)。

(48) 옹(甕)：와기(瓦器)。

(49) 궤(簋)（guǐ）실(實)：궤(簋)，연시성서직적기명(宴時盛黍稷的器皿)。궤실(簋實)，연시내성서직(宴時內盛黍稷)，용도유여현재장저반적분혹통(用途有如現在裝著飯的盆或桶)。

(50) 광(筐)：죽기(竹器)。

(51) 속(速)：소(召)。

(52) 개(皆)：도(都)，구(俱)，저리지수장(這裏指受醬)、수읍(受湆)、수폐삼사(受幣三事)。

(53) 수자(授者) : 위대부적가신(爲大夫的家臣)。

(54) 사궁(司宮) : 태재지속(太宰之屬), 장궁묘적인(掌宮廟的人)。

(55) 상(常) : 장도단위(長度單位)。일장륙척위상(一丈六尺爲常)。

(56) 순(純) : 연(緣)。

(57) 추(崔) : 세위(細葦)。심(尋) : 장도단위(長度單位)。반상위심(半常爲尋)。

(58) 형모(鉶芼) : 형갱소용지채(鉶羹所用之菜)。갱(羹)、모(芼)、저(菹)、해사물(醢四物), 육즙위지갱(肉汁謂之羹), 소채위지위(蔬菜謂之葦)。육장위지해(肉醬謂之醢), 엄채위지저(腌菜謂之菹)。저(菹)、해위생적(醢爲生的)。모칙용육갱즙팽(芼則用肉羹汁烹), 화갱상종(和羹相從), 방재형중(放在鉶中)。

(59) 곽(藿) : 두엽(豆葉)。

(60) 고(苦) : 고도(苦荼)。

(61) 활(滑) : 근환지속(菫荁之屬)。근(菫)(jǐn) 환(荁)(hu2n), 고인용이조미(古人用以調味)。

◆ 【역문(譯文)】

주국국군용식례초대래빙문적대부적례의(主國國君用食禮招待來聘問的大夫的禮儀) : 국군파대부도관사고소래빙적대부(國君派大夫到館舍告訴來聘的大夫) (도주국적조묘접수식례(到主國的朝廟接受食禮)), 각자안상동적작위거고지(各自按相同的爵位去告之)。상개출문문래관사유하사(上介出門問來館舍有何事), 진문보고(進門報告)。사사삼차후답응(辭謝三次後答應)。주빈출외문(主賓出外門), 위주국적대부굴존래영접자기행배례(爲主國的大夫屈尊來迎接自己行拜禮)。대부부회배(大夫不回拜), 전달국군적명령(轉達國君的命令)。주빈재배계수(主賓再拜稽首), 접수국군적명령(接受國君的命令)。대부반회복명(大夫返回復命)。주빈송행(主賓送行), 부행배례(不行拜禮), 우시근수대부전왕(于是跟隨大夫前往)。주빈천조복재대문외취위(主賓穿朝服在大門外就位), 여동빙례(如同聘禮)。

주인취위(主人就位)。초대주빈적식물진렬재조묘문외(招待主賓的食物陳列在朝廟門外)。육숙료(肉熟了)。전인진렬칠개정(甸人陳列七個鼎), 대저문(對著門), 면향남(面向南), 이서위상위(以西爲上位), 설정정강(設定鼎杠)、정개(鼎蓋), 정개용모초(鼎蓋用茅草), 혹자곤찰(或者捆扎), 혹자편결(或者編結)。세적파방위치여향례상동(洗的擺放位置與饗禮相同)。소신재동당하위국군파방성수적반화(小臣在東堂下爲國君擺放盛水的盤和)■。재부재호서파방포연(宰夫在戶西擺放蒲筵), 재실중파방추석(在室中擺放崔席), 재좌변파방기(在左邊擺放幾)。몰유주존(沒有酒尊)。청주(淸酒)、재장방재동방(載漿放在東房)。범시재부장관적음식기구(凡是宰夫掌管的飮食器具)、반식도재동방(飯食都在東房)。

주국국군여동주빈일양천조복(主國國君如同主賓一樣穿朝服), 재대문내영접주빈(在大門內迎接主賓)。대부안국군적명령인주빈진입(大夫按國君的命令引主賓進入), 주빈진문(主賓進門), 참재서방(站在西方)。국군량차행배례(國君兩次行拜禮), 주빈피개(主賓避開), 재배계수(再拜稽首)。국군공수행례진입(國君拱手行禮進入), 주빈근수저(主賓跟隨著), 도니묘적묘문(到禰廟的廟門), 국군공수행례진입(國君拱手行禮進入), 주빈진입(主賓進入), 매도전만처공수행례(每到轉彎處拱手行禮), 대저비공수행례(對著碑拱手行禮), 상인우공수행례(相人偶拱手行禮)。도달태계(到達台階), 삼차겸양(三次謙讓), 국군등상이급태계후(國君登上二級台階後), 주빈등계(主賓登階)。주국적대부참재정당적동변(主國的大夫站在正堂的東邊), 면조서(面朝西), 이북위상위(以北爲上位)。사참재문적동변(士站在門的東邊), 면조북(面朝北), 이서변위상위(以西邊爲上位)。소신재동당하(小臣在東堂下), 면조남(面朝南), 이서변위상위(以西邊爲上位)。재재동협옥북변당하(宰在東夾屋北邊堂下), 면조서이남변위상위(面朝西以南邊爲上位)。내재속하적사재재적동북방(內宰屬下的士在宰的東北方), 면조서이남변위상위(面朝西以南邊爲上位)。개재문적서변(介在門的西邊), 면조북이서변위상위(面朝北以西邊爲上位)。국군여량제(國君與梁齊), 면향북(面向北), 주빈도달당상(主賓到達堂上), 국군량차행배례(國君兩次行拜禮), 주빈하당(主賓下堂), 국군량차행배례(國君兩次行拜禮)。주빈재서계적동변(主賓在西階的東邊), 면조북회배(面朝北回拜)。빈자사사주빈회배(擯者辭謝主賓回拜), 주빈잉행배례(主賓仍行拜禮), 국군주하일급태계친자사사(國君走下一級台階親自辭謝)。빈자사사설(擯者辭謝說) : "폐국국군근수니하당(徹國國君跟隨您下堂), 장요행배례(將要行拜禮), 니환시기래파(您還是起來吧)."주빈련보상태계등당(主賓連步上台階登堂), 부행배례(不行拜禮). 국군명주빈완성배례(國君命主賓完成拜禮), 주빈재태계상면조북재배계수(主賓在台階上面朝北再拜稽首).

사강정(士扛鼎), 재문외거도정개(在門外去掉鼎蓋), 안순서진입(按順序進入), 재비적남변파방정(在碑的南邊擺放鼎), 이서변위상위(以西邊爲上位). 정우적인추출정강(鼎右的人抽出鼎杠), 좌하파강방재정적서변(坐下把杠放在鼎的西邊), 남북방향방치(南北方向放置). 종정적서변출래(從鼎的西邊出來). 정좌적인등저파정중적생육취출방재조상(鼎左的人等著把鼎中的牲肉取出放在俎上). 옹인나저조진래(雍人拿著俎進來), 파조파방재정적남변(把俎擺放在鼎的南邊), 려인면조남(旅人面朝南), 파취식물적비방재정상(把取食物的匕放在鼎上), 퇴출(退出). 대부참재세적동남세수(大夫站在洗的東南洗手), 대부문면조서(大夫們面朝西), 이북위상위(以北爲上位), 의서진전세수(依序進前洗手). 퇴회적인화진전적인재세적남변교착(退回的人和進前的人在洗的南邊交錯). 세수완필(洗手完畢), 의차도비적남변(依次到碑的南邊), 정적북변(鼎的北邊), 면조남용비취정중적생육(面朝南用匕取鼎中的牲肉). 좌인면조서(左人面朝西). 어화랍물자숙(魚和臘物煮熟). 재방생체화랍물진전(載放牲體和臘物進前), 육피조상(肉皮朝上). 어칠조(魚七條), 종방재조상(縱放在俎上), 어적우반조하(魚的右半朝下). 장위칠빈(腸胃七份), 방재동일조상(放在同一俎上). 문리정세적렵륵조육칠빈(紋理精細的獵肋條肉七份). 장위화륵조육도횡방재조상(腸胃和肋條肉都橫放在俎上), 양변하수(兩邊下垂). 대부이경용완비(大夫已經用完匕), 파비방재정상(把匕放在鼎上). 안여진전시상반적순서퇴하(按與進前時相反的順序退下), 회도원위(回到原位).

국군하당세수(國君下堂洗手), 주빈하당(主賓下堂), 국군사사(國君辭謝). 세완수(洗完手), 국군공수행례일차(國君拱手行禮一次), 겸양일차(謙讓一次), 국군등당(國君登堂), 주빈등당(主賓登堂). 재부유동방출래(宰夫由東房出來), 파용초화적장교급국군(把用醋和的醬交給國君), 국군친자파방타(國君親自擺放它). 주빈사사(主賓辭謝), 면조북궤하이동초장(面朝北跪下移動醋醬), 향동이동도당방적위치(向東移動到當放的位置). 국군참재동장내(國君站在東牆內), 면향서(面向西), 주빈참재태계적서변(主賓站在台階的西邊), 정립부동(正立不動). 재부유동방진헌두륙(宰夫由東房進獻豆六), 파방재장적동변(擺放在醬的東邊), 이서변위상위(以西邊爲上位). 엄구채왕동시육즙장(腌韭菜往東是肉汁醬), 엄포근(腌蒲根), 엄포근적남변시대골적미육장(腌蒲根的南邊是帶骨的麋肉醬), 재서시엄구채화(在西是腌韭菜花), 대골적록육장(帶骨的鹿肉醬). 사재두적남변파방조(士在豆的南邊擺放俎), 이서위상위(以西爲上位). 우(牛)、양(羊)、시(豕), 어재우적남변(魚在牛的南邊). 랍(臘)、장(腸)、위의차왕동(胃依次往東). 저륵조육단독일행(豬肋條肉單獨一行). 려인나비(旅人拿匕), 전인태정(甸人抬鼎), 순차이출(順次而出), 방재대저문적지방(放在對著門的地方). 재부재조적서변파방륙궤서(宰夫在俎的西邊擺放六簋黍)、직(稷), 이이병렬(二二並列), 이동북방위상위(以東北方爲上位). 서대저우조(黍對著牛俎), 타적서변시직(它的西邊是稷), 교착배완(交錯排完), 왕남진설(往南陳設). 자육즙(煮肉汁), 몰유염(沒有鹽)、채반화(菜拌和), 방재와두리(放在瓦豆裏). 태재우수나저와두(太宰右手拿著瓦豆), 좌수나저개(左手拿著蓋), 종묘문외진입(從廟門外進入), 유동계등상(由東階登上), 주도태계진두(走到台階盡頭), 부등당(不登堂), 파와두교급국군(把瓦豆交給國君), 나저개자주하태계(拿著蓋子走下台階), 출문방하개자(出門放下蓋子), 연후진문회도원위(然後進門回到原位). 국군파와두방재장적서변(國君把瓦豆放在醬的西邊), 주빈사사(主賓辭謝), 좌하왕동이(坐下往東移). 재부재두적서변파방사척성채화갱적정(宰夫在豆的西邊擺放四隻盛菜和羹的鼎), 이동위상위(以東爲上位). 우육갱적서변시양육갱(牛肉羹的西邊是羊肉羹), 양육갱적남변시저육갱(羊肉羹的南邊是豬肉羹), 저육갱적동변시우육갱(豬肉羹的東邊是牛肉羹). 파청주짐재치중(把淸酒斟在觶中), 방재풍상(放在豐上).

재부우수나저치(宰夫右手拿著觶), 좌수나저풍(左手拿著豐), 진전파방재두적동변(進前擺放在豆的東邊). 재부면조동(宰夫面朝東), 좌하게개궤적개자(坐下揭開簋的蓋子), 각앙방재궤적서변(各仰放在簋的西邊). 좌조적인배향저동방(佐助的人背向著東房), 면조남(面朝南), 보고국군정찬준비완필(報告國君正饌準備完畢).

국군량차행배례(國君兩次行拜禮), 공수청주빈진식(拱手請主賓進食). 주빈하당행배사(主賓下

堂行拜謝)。 국군사사(國君辭謝)。

주빈등당(主賓登堂), 재배계수(再拜稽首)。 주빈등상석위(主賓登上席位), 좌하취엄구채(坐下取腌韭菜), 일일침입도육장리(一一浸入到肉醬裏), 재엄구채화육장량두지간제(在腌韭菜和肉醬兩豆之間祭)。 좌조적인면조동좌하취황미반(佐助的人面朝東坐下取黃米飯), 방재좌수중(放在左手中), 일일취과(一一取過), 우취소미반(又取小米飯), 일일취과(一一取過), 방회우수(放回右手)。 참기래교급주빈(站起來交給主賓), 주빈제반(主賓祭飯)。 파우양시삼생적폐절단(把牛羊豕三牲的肺切斷), 좌조적인축일취과래(佐助的人逐一取過來), 일일교급주빈(一一交給主賓)。 주빈참기래접수(主賓站起來接受), 좌하제(坐下祭), 주빈찰수(主賓擦手), 용각제제작요취방재상위적소정중적채(用角製祭勺舀取放在上位的小鼎中的菜), 축일침입기타삼개소정중(逐一浸入其他三個小鼎中)。 재상위성유우육갱적소정화성유양육갱적소정지간제(在上位盛有牛肉羹的小鼎和盛有羊肉羹的小鼎之間祭)。 재상두지간제청주(在上豆之間祭清酒)。 어(魚)、 랍(臘)、 장(醬)、 읍부제(湇不祭)。 재부파소미반체급국군(宰夫把小米飯遞給國君), 국군파타방재육갱즙적서변(國君把它放在肉羹汁的西邊), 주빈면조북사사(主賓面朝北辭謝), 좌하왕서이방(坐下往西移放)。 국군화주빈도회도원위(國君和主賓都回到原位)。 재부진헌도미반(宰夫進獻稻米飯), 방재소미반적서변(放在小米飯的西邊)。 사진헌각종미미식물(士進獻各種美味食物), 도유대괴적육방재상면(都有大塊的肉放在上面), 식기상유개(食器上有蓋), 상태재나양나저두(像太宰那樣拿著豆)。 선진헌적인반회문외나취(先進獻的人返回門外拿取), 재유문진입(再由門進入), 종서계등당(從西階登堂), 선진헌적인일인등당(先進獻的人一一登堂), 파식물방재도미반적남변(把食物放在稻米飯的南邊), 황미화소미반적서변(黃米和小米飯的西邊), 주빈가중간왕래(主賓可中間往來)。 편서적일방파방사렬미미식물(偏西的一旁擺放四列美味食物), 이서북위상위(以西北為上位)。 우육갱적동변시양육갱(牛肉羹的東邊是羊肉羹), 양육갱적동변시저육갱(羊肉羹的東邊是豬肉羹)、 고우육(烤牛肉)。 고우육적남변시육장(烤牛肉的南邊是肉醬), 왕서시우육괴(往西是牛肉塊)、 육장(肉醬)、 우(牛)。 우(牛)적남변시고양육(的南邊是烤羊肉), 왕동시양육괴(往東是羊肉塊)、 육장(肉醬)。 고저육(烤豬肉), 고저육적남변시육장(烤豬肉的南邊是肉醬), 왕서시저육괴(往西是豬肉塊)、 개채장(芥菜醬)、 어회(魚膾)。 진헌식물적중인주완태계(進獻食物的眾人走完台階), 부등당(不登堂), 교급선진헌적인(交給先進獻的人), 나저개주하태계(拿著蓋走下台階), 출문(出門)。 좌조적인배향저동방(佐助的人背向著東房), 향국군보고(向國君報告), 각종미미식물도준비완필(各種美味食物都準備完畢)。

좌조적인안국군적명령양주빈등당취석(佐助的人按國君的命令讓主賓登堂就席)。 주빈재석적미단좌하취량미(主賓在席的末端坐下取粱米), 취수취도미반(就手取稻米飯), 재장화육갱즙중간제(在醬和肉羹汁中間祭)。 좌조적인면조북좌하(佐助的人面朝北坐下), 편취미미식물중적대육괴(遍取美味食物中的大肉塊), 참기래(站起來), 일일교급주빈(一一交給主賓)。 주빈일일접수(主賓一一接受), 일차동시제(一次同時祭)。 주빈하당배사(主賓下堂拜謝), 국군사사(國君辭謝)。 주빈등당(主賓登堂), 량차행배례(兩次行拜禮), 행계수례(行稽首禮)。

◆국군재차회배(國君再次回拜)。

주빈면조북(主賓面朝北), 재정찬화가찬지간좌하(在正饌和加饌之間坐下), 좌수포저성유량미적보(左手抱著盛有粱米的簠), 우수나저성유육갱즙적소정(右手拿著盛有肉羹汁的小鼎), 하당(下堂)。 국군사사(國君辭謝), 주빈면조서좌하(主賓面朝西坐下), 파나저적식물방재태계서변(把拿著的食物放在台階西邊), 면조동회답(面朝東回答), 면조서좌하나취방하적식물(面朝西坐下拿取放下的食物)。 일보량급태계지등당(一步兩級台階地登堂), 면조북파식물방회원래적위치(面朝北把食物放回原來的位置), 하당사사국군(下堂辭謝國君)。 국군윤허(國君允許), 주빈등당(主賓登堂), 국군공수행례(國君拱手行禮), 퇴도동상(退到東廂), 빈자퇴회(擯者退回), 배대동숙참립(背對東塾站立)。 주빈좌하(主賓坐下), 우시파가석권기(于是把加席卷起), 국군부사사(國君不辭謝)。 주빈취육즙갱화장흘삼구반(主賓就肉汁羹和醬吃三口飯)。 재부나저짐유장음적치화승탁치적풍진전(宰夫拿著斟有漿飲的觶和承托觶的豐進前), 주빈찰수(主賓擦手), 참기래접수(站起來接受)。 재부파풍파방재도미반적서변(宰夫把豐擺放在稻米飯的西邊)。 진설정실(陳設庭實)。 주빈좌하제(主賓坐下祭), 연후음진치중장음(然後飲盡觶中漿飲), 파치방재풍상(把觶放在豐上)。

국군접수재부송상적속백(國君接受宰夫送上的束帛)，　용래수사주빈(用來酬謝主賓)，　면향서참립(面向西站立)。　주빈주하연석(主賓走下筵席)，　면조북(面朝北)。　빈자진전보좌국군송상례물(擯者進前輔佐國君送上禮物)。　주빈하당사사례물(主賓下堂辭謝禮物)，　등당(登堂)，　청종국군적명령(聽從國君的命令)，　하당배사(下堂拜謝)。　국군사사(國君辭謝)。　주빈등당(主賓登堂)，　재배계수(再拜稽首)，　접수례물(接受禮物)。　대저동영주(對著東楹柱)，　면조북(面朝北)，　퇴회도서영주적서변(退回到西楹柱的西邊)，　면조동참립(面朝東站立)。　국군행일차배례(國君行一次拜禮)，　주빈하당(主賓下堂)，　국군량차행배례(國君兩次行拜禮)。　개재주빈전출문(介在主賓前出門)。　주빈면조북공수행례(主賓面朝北拱手行禮)，　나저정실출문(拿著庭實出門)。　국군하당참립(國君下堂站立)，　상개접과주빈수중적례물(上介接過主賓手中的禮物)，　종자영저수주빈출래적주국나저수피적인(從者迎著隨主賓出來的主國拿著獸皮的人)，　접과수피(接過獸皮)。

주빈종문적좌변진입(主賓從門的左邊進入)，　재옥첨적진두(在屋檐的盡頭)，　면조북(面朝北)，　재배계수(再拜稽首)。　국군사사(國君辭謝)，　공수행례(拱手行禮)、　겸양동개시시일양(謙讓同開始時一樣)，　등당(登堂)。　주빈재배계수(主賓再拜稽首)，　국군회배량차(國君回拜兩次)。　주빈하당사사국군동개시시일양(主賓下堂辭謝國君同開始時一樣)。　주빈등당(主賓登堂)，　국군공수행례퇴도동상(國君拱手行禮退到東廂)。　주빈흘완서(主賓吃完黍)、　직반(稷飯)，　삼차음장수구(三次飲漿漱口)。　부용장화육즙갱(不用醬和肉汁羹)。

주빈찰수참기(主賓擦手站起)，　면조북좌하취량미반화장하당(面朝北坐下取粱米飯和醬下堂)，　면조서좌하방재태계적서변(面朝西坐下放在台階的西邊)。　면조동량차행배례(面朝東兩次行拜禮)，　행계수례(行稽首禮)。　국군하당(國君下堂)，　량차행배례(兩次行拜禮)。　개유진래시상반적방향출거(介由進來時相反的方向出去)，　주빈출문(主賓出門)。　국군송도대문내(國君送到大門內)，　량차행배례(兩次行拜禮)。

◆주빈부회시(主賓不回視)。

유사수기삼생적조방재비중(有司收起三牲的俎放在篚中)，　대도주빈적관사(帶到主賓的館舍)。　어랍부여(魚臘不予)。

제이천(第二天)，　주빈천저조복도주국국군적대문외배사상사(主賓穿著朝服到主國國君的大門外拜謝賞賜)，　배사식례화수례(拜謝食禮和酬禮)，　도시량차행배례(都是兩次行拜禮)，　행계수례(行稽首禮)。　주국장관영후접대적관청빙주빈행배례(主國掌管迎候接待的官聽憑主賓行拜禮)。

여과래빙문적시상대부(如果來聘問的是上大夫)，　식례시팔두(食禮是八豆)，　팔궤(八簋)，　륙형(六鉶)，　구조(九俎)，　어화랍물도시이개조(魚和臘物都是二個俎)，　어(魚)、　장위(腸胃)、　문리정세적저륵조육적수목인관작부동이부동(紋理精細的豬肋條肉的數目因官爵不同而不同)，　혹자구(或者九)，　혹자십일(或者十一)。　하대부혹자시칠(下大夫或者是七)，　혹자시구(或者是九)，　미미식물동서향배렬(美味食物東西向排列)，　부초과사렬(不超過四列)。　상대부(上大夫)，　미미식물이십(美味食物二十)（동서사행(東西四行)，　남북오행(南北五行)）。

비하대부다가사두(比下大夫多加四豆)，　용적시치(用的是雉)、　토(兔)、　순(鶉)、　。

여과국군부능친자주지식례(如果國君不能親自主持食禮)，　취파대부각안작위천조복파식례적수사례물송상(就派大夫各按爵位穿朝服把食禮的酬謝禮物送上)。　엄채(腌菜)、　육장등방재와기리(肉醬等放在瓦器裏)，　진방재영주외(陳放在楹柱外)，　량량병렬(兩兩並列)，　왕북진방(往北陳放)，　서직반등방재광리(黍稷飯等放在筐裏)，　진방재영주내(陳放在楹柱內)，　재량영주간(在兩楹柱間)，　량량병렬(兩兩並列)，　왕남진방(往南陳放)。　미미식물방재비적북변(美味食物放在碑的北邊)，　정실진방재비적남변(庭實陳放在碑的南邊)。　우(牛)、　양(羊)、　시진방재문내서변(豕陳放在門內西邊)，　이동위상위(以東為上位)。　주빈천조복접수(主賓穿朝服接受)，　여접수옹례의(如接受饔的禮儀)。　몰유빈(沒有擯)。　제이천(第二天)，　주빈천조복재국군대문외배사국군적상사(主賓穿朝服在國君大門外拜謝國君的賞賜)。　접대적인청빙타배사(接待的人聽憑他拜謝)。

주국대부용식례초대주빈(主國大夫用食禮招待主賓)，　자기친자통지(自己親自通知)，　요청(邀

請)。재대문외영접주빈(在大門外迎接主賓), 위주빈도래행배례(爲主賓到來行拜禮), 도여식례일양행배례(都如食禮一樣行拜禮)。대부하당세수(大夫下堂洗手), 접과장(接過醬)、육갱즙(肉羹汁), 수사적례물(酬謝的禮物)——

속금(束錦), 도시유동계하당접수(都是由東階下堂接受)。수자등상일급태계(授者登上一級台階), 주빈정지부동(主賓停止不動)。주빈나저량미반화육갱즙(主賓拿著粱米飯和肉羹汁), 도서장적전단(到西牆的前端)。주인사사(主人辭謝), 주빈반회석위(主賓返回席位)。주빈권기가석(主賓卷起加席), 주인사사(主人辭謝), 주빈안원양파설가석(主賓按原樣擺設加席)。

주빈사사주인적례적례물(主賓辭謝主人的禮的禮物), 주하일급태계(走下一級台階)。주인근수저(主人跟隨著)。주빈접수속금(主賓接受束錦), 재배계수(再拜稽首)。주인송상속금야시재배계수(主人送上束錦也是再拜稽首)。주빈향주인사사(主賓向主人辭謝), 주하일급태계(走下一級台階)。주인근수저(主人跟隨著)。식례결속(食禮結束), 대부재서장전단철거식물(大夫在西牆前端撤去食物)。주빈면조동량차행배례(主賓面朝東兩次行拜禮), 하당출문(下堂出門)。기타도여동국군용식례초대래빙대부적례의(其他都如同國君用食禮招待來聘大夫的禮儀)。

여과대부부능친자주지식례(如果大夫不能親自主持食禮), 나마(那麼), 국군취파작위상동적대부천조복파례물송상(國君就派爵位相同的大夫穿朝服把禮物送上)。주빈재당상접수례물(主賓在堂上接受禮物), 몰유빈(沒有擯)。

[기(記)] 부재행식례적전일천재계(不在行食禮的前一天齋戒)。행식례고소주빈후부재소청(行食禮告訴主賓後不再召請)。부위주빈수기(不爲主賓授幾), 동계상몰유석위(東階上沒有席位)。재문외동변팽자식물(在門外東邊烹煮食物)。사궁준비기화일장륙척장적포초편적연(司宮準備幾和一丈六尺長的蒲草編的筵), 연용묵색포작변(筵用墨色布作邊), 연상가팔척장적세위편적석(筵上加八尺長的細葦編的席), 석용흑색백작변(席用黑色帛作邊), 연(筵)、석도종말단권기(席都從末端卷起)。재부포설연석(宰夫鋪設筵席), 출자동방(出自東房), 주빈승좌적차(主賓乘坐的車), 재대문외적서변(在大門外的西邊), 주빈취위시면조북참립(主賓就位時面朝北站立)。성갱적소정중방적채(盛羹的小鼎中放的菜), 우육갱방두엽(牛肉羹放豆葉), 양육갱방고도(羊肉羹放苦荼), 저육갱방미채(豬肉羹放薇菜), 도유조미적좌료(都有調味的佐料)。

좌조적세수(佐助的洗手), 수조등당(隨俎登堂)。성도량적보(盛稻粱的簠), 유개자화차개자적건(有蓋子和遮蓋子的巾)。범흘고육적(凡吃烤肉的), 도부용장(都不用醬)。상대부(上大夫), 포초편적연(蒲草編的筵), 상변가상세위편적석(上邊加上細葦編的席), 연(筵)、석적변식화하대부연(席的邊飾和下大夫筵)、석적변식상동(席的邊飾相同)。경충당상빈(卿充當上擯), 재당하조례(在堂下詔禮)。당상좌조적인유하대부충당(堂上佐助的人由下大夫充當)。상대부(上大夫), 유각종미미식용(有各種美味食用), 재부우진헌청주(宰夫又進獻淸酒)、장음(漿飮), 상대부음청주(上大夫飮淸酒)、장음시야가흘미미식물(漿飮時也可吃美味食物)。상대부배사식례화수사적례물(上大夫拜謝食禮和酬謝的禮物), 도시재배계수(都是再拜稽首)。

빈례(賓禮)

◆고인대객규구다(古人待客規矩多)

빈례시고대천자(賓禮是古代天子)、제후(諸侯)、사신상호교왕중섭급적일계렬례의(使臣相互交往中涉及的一系列禮儀), 본문중장침대이하문제향니개소(本文中將針對以下問題向您介紹):

《주례(周禮) 춘관(春官) 대종백(大宗伯)》설(說), 「이빈례친방국(以賓禮親邦國): 춘견왈조(春見曰朝), 하견왈종(夏見曰宗), 추견왈근(秋見曰覲), 동견왈우(冬見曰遇), 시견왈회(時見曰會), 은견왈동(殷見曰同), 시빙왈문(時聘曰問), 은조왈시(殷覜曰視)。」저단화적의사시설(這段話的意思是說), 주례적빈례시방국간례우친선적례절(周禮的賓禮是邦國間禮遇親善的禮節)。구체래설(具體來說), 야취시각로제후조견천자(也就是各路諸侯朝見天子), 혹제후간상호회견이급사신왕래적종종례절(或諸侯間相互會見以及使臣往來的種種禮節)。유어시간화형식적부동(由於時間和形式的不同)，분위팔종(分為八種)。저팔종빈례적종종세절(這八種賓禮的種種細節)，력래학자다유쟁의(歷來學者多有爭議)。타대진한이후각왕조적영향흔대(它對秦漢以後各王朝的影響很大)，각개왕조군신조근황제시적례의(各個王朝群臣朝覲皇帝時的禮儀)、황제출순시적례의(皇帝出巡時的禮儀)、왕조여주변국가사신지간적교왕례의등등도이차위기초(王朝與周邊國家使臣之間的交往禮儀等等都以此為基礎)。

◆고대청객흘반강구다(古代請客吃飯講究多)　연석상적례의(宴席上的禮儀)

연회재빈례활동중점유상당중요적지위(宴會在賓禮活動中佔有相當重要的地位)，야시인제교왕적중요수단(也是人際交往的重要手段)。인차연회야부국한어빈례활동중(因此宴會也不局限於賓禮活動中)，《의례(儀禮)》중취유(中就有)「향음주례(鄉飲酒禮)」、「연례(燕禮)」「공식대부례(公食大夫禮)」，도시지부동연회적장합중소응준종(都是指不同宴會的場合中所應遵從)적례절(的禮節)。기실(其實)，지요유연회적장합도회유례절적존재(只要有宴會的場合都會有禮節的存在)。저리취개소일사고대연례적지식(這裡就介紹一些古代宴禮的知識)。

설도연회공파최중요적요수영송화좌차료(說到宴會恐怕最重要的要數迎送和座次了)，저방면적례수상당번쇄(這方面的禮數相當繁瑣)，기원인대개시인위고인특별강존비지별조성적(其原因大概是因為古人特別講尊卑之別造成的)。취영빈지례래설(就迎賓之禮來說)，여과주인여객인적지위존비상동적화(如果主人與客人的地位尊卑相同的話)，나마타요도대문외변거영접(那麼他要到大門外邊去迎接)；여과주인신빈요존어객인적화(如果主人身份要尊於客人的話)，나마타취응해재문내영접(那麼他就應該在門內迎接)。여과시군신지간(如果是君臣之間)，나마타문도지수요참재방옥문구적태계상(那麼他們都只需要站在房屋門口的台階上)，군주요재저리(君主要在這裡)，신자환요향태계하강일급(臣子還要向台階下降一級)。고대적방옥도시건재태상적(古代的房屋都是建在台上的)，출문취유태계(出門就有台階)，상고궁내적방자도보류료저개습관(像故宮內的房子都保留了這個習慣)。기실고궁취시일개방대적표준정원(其實故宮就是一個放大的標準庭院)，오문취시대문(午門就是大門)，태화전취시방옥(太和殿就是房屋)。근아문평상설적대문부완전상동(跟我們平常說的大門不完全相同)。여과객인시부청자도(如果客人是不請自到)，나마타도대(那麼他到大)　문적시후요(門的時候要)「청사(請事)」，연후주인재호영접(然後主人才好迎接)。

진문적시후야유례절(進門的時候也有禮節)，빈객요종좌변적문진(賓客要從左邊的門進)，주인칙종우변적문진(主人則從右邊的門進)，요양주인선진문(要讓主人先進門)。여과시대신견료제왕(如果是大臣見了帝王)，칙응종우문(則應從右門)，의사시신자부능이빈객적신빈자거(意思是臣子不能以賓客的身份自居)，인위범빈객도시요수도존경적(因為凡賓客都是要受到尊敬的)，이제왕적정황시최특수적(而帝王的情況是最特殊的)，「솔토지빈(率土之濱)，막비왕신(莫非王臣)」，지유신자존경주자적빈아(只有臣子尊敬主子的份兒)。진문후환유(進門後還有)「삼읍(三揖)」적례절(的禮節)，즉곡읍(即曲揖)、북면읍화당비읍(北面揖和當碑揖)。《의례(儀禮) 사혼례(士昏禮)》중설(中說)「읍입(揖入)，지어묘문(至於廟門)，읍입(揖入)，삼읍(三揖)，지어계삼양(至於階三讓)。」저리출현료일개묘문(這裡出現了一個廟門)，수요해석일하(需要解釋一下)，고대정식적회견시재종묘중적(古代正式的會見是在宗廟中的)，저시정원최존숭적지방(這是庭院最尊崇的地方)，공봉저조선적지방(供奉著祖先的地方)，범가족최중요적활동도회재저리거행(凡家族最重要的活動都會在這裡舉行)，야상당어일가지공공장소(也相當於一家之公共場所)。후래연변위정옥(後來演變為正屋)，사당칙령벽지방(祠堂則另闢地方)。소위적삼양시지도묘문지전적태계시(所謂的三讓是指到廟門之前的台階時)，요상호겸양삼차(要相互謙讓三次)。지후(之後)，여과존비상동시(如果尊卑相同時)，즉요일기상(則要一起上)，여과존비유별(如果尊卑有別)，칙존자선(則尊者先)。

송객적시후사호몰유저마번쇄(送客的時候似乎沒有這麼繁瑣)，주인송어문외(主人送於門外)，요배량차(要拜兩次)，객인부수요답배(客人不需要答拜)，리개취행료(離開就行了)，주의(注意)，객인리개전행시(客人離開前行時)，부응해회두(不應該回頭)。

◆좌위안배상유십마강구(座位安排上有什麼講究)

지요강존비(只要講尊卑), 필연취회재각종장합체현(必然就會在各種場合體現), 기중최명현적막과어좌위적안배료(其中最明顯的莫過於座位的安排了), 재고대저규향위지의(在古代這叫向位之儀), 향지적시인화물지소향(向指的是人和物之所向), 즉향동환시향서(即向東還是向西); 위지인화물소재위치(位指人和物所在位置). 현연(顯然), 이자시련계재일기적(二者是聯繫在一起的), 여제왕좌북조남(如帝王坐北朝南). 응해지출적시존비지별지시향위지의적일개방면(應該指出的是尊卑之別只是向位之儀的一個方面), 향위지의환섭급도인귀(向位之儀還涉及到人鬼)、남녀(男女)、길흉등(吉凶等).

고대적향위(古代的向位), 부시수편안배적(不是隨便安排的), 타적근거취시음양(它的根據就是陰陽). 동(東)、남(南)、좌위양(左爲陽); 서(西)、북(北)、우위음(右爲陰). 인이양위귀(人以陽爲貴), 신귀이음위상(神鬼以陰爲上). 행례시후당상설석(行禮時候堂上設席), 신이서위상(神以西爲上), 인이동위상(人以東爲上). 여과좌석시동향혹서향적화(如果坐席是東向或西向的話), 신응해이남위귀(神應該以南爲貴), 인즉이북위귀(人則以北爲貴). 참적위치야시저양(站的位置也是這樣), 여과시동서향(如果是東西向), 북변위상(北邊爲上); 여과남북향(如果南北向), 동변위상(東邊爲上). 길사상양위(吉事尚陽位), 흉사상음위(凶事尚陰位). 남녀동처시(男女同處時), 남인재좌(男人在左), 녀인재우(女人在右), 야시용음양래분별적(也是用陰陽來分別的). 현재산명간수상(現在算命看手相), 환시남좌녀우(還是男左女右), 가견저종전통연원지구(可見這種傳統淵源之久). 용어국정(用於國政), 즉문사상좌(則文事尚左), 무사상우(武事尚右).

연회적좌차야시거차래배정적(宴會的座次也是據此來排定的). 고인적댁원도시당실결구(古人的宅院都是堂室結構), 성어유(成語有)「등당입실(登堂入室)」, 방옥결구위전당후실(房屋結構爲前堂後室), 욕입실필선등당(欲入室必先登堂). 당시좌북조남적(堂是坐北朝南的), 재당상취회취이조남위존(在堂上聚會就以朝南爲尊). 실지문개재동변적(室之門開在東邊的), 재후실중취회(在後室中聚會), 취이좌서조동위최존(就以坐西朝東爲最尊). 대가도숙실(大家都熟悉)《사기(史記)》소술(所述)「홍문연(鴻門宴)」적정형파(的情形吧)! 당시항우적좌위취시(當時項羽的座位就是)「동향(東向)」적(的), 즉좌서조동(即坐西朝東), 아부범증시남향적(亞父范增是南向的), 요차일등(要次一等), 단잉연점저양위(但仍然占著陽位), 류방시북향(劉邦是北向), 장량시서향(張良是西向), 취재문변상(就在門邊上), 시최차적(是最差的). 근거저양적안배(根據這樣的安排), 항우현연시이제왕자거적(項羽顯然是以帝王自居的). 여금아문환이정면대문적위치위존위(如今我們還以正面對門的位置爲尊位), 대개취시저종전통적연변형파(大概就是這種傳統的演變型吧).

◆고인흘반시적규구(古人吃飯時的規矩)

재흘반적시후(在吃飯的時候), 야유일계렬적세절요주의(也有一系列的細節要注意), 《예기(禮記)곡례상(曲禮上)》비상상세지기재료저사내용(非常詳細地記載了這些內容), 여대골두적육요방재좌변(如帶骨頭的肉要放在左邊), 절호적대괴육요방재우변(切好的大塊肉要放在右邊), 세절적고육방득원일점(細切的烤肉放得遠一點), 장초방득근일사(醬醋放得近一些), 반방재좌변(飯放在左邊), 갱탕방재우변(羹湯放在右邊). 나개시후환시용수조반적(那個時候還是用手抓飯的), 소이부요파수중적잉반재방회거(所以不要把手中的剩飯再放回去), 당연반전일정요세수(當然飯前一定要洗手). (세수적방식야시유규정적(洗手的方式也是有規定的), 하문재만만개소(下文再慢慢介紹).) 부능부정지갈주(不能不停地喝酒), 부요대구갈탕(不要大口喝湯), 부요발출흘반적성향(不要發出吃飯的聲響), 부요습골두(不要啃骨頭), 부능당중척아(不能當眾剔牙), 야부요지고저자기흘포(也不要只顧著自己吃飽). 가견고인재례절방면연구지세치심각(可見古人在禮節方面研究之細緻深刻), 간기래상당번쇄(看起來相當繁瑣), 단상일상(但想一想), 약도능주득흔호(若都能做得很好), 즉시흔인성화적(則是很人性化的), 최기마부회인과어방사이교료별인적국(最起碼不會因過於放肆而攪了別人的局).

흘반갈주(吃飯喝酒), 주인요선향빈객진주(主人要先向賓客進酒), 저규주헌(這叫做獻); 객인환경주인지주(客人還敬主人之酒), 저규주초(這叫做酢); 주인차시요선자음(主人此時要先自飲), 연후권객인음(然後勸客人飲), 저규주수(這叫做酬). 재음례적제일헌지후(在飲禮的第一獻之後), 주인요송례물급객인(主人要送禮物給客人), 이권주(以勸酒), 위지수폐(謂之酬幣); 저시음주례(這是飲酒禮

(這是飮酒禮). 환유류사적식례(還有類似的食禮), 재식례적초식지후(在食禮的初食之後), 주인야요송례물(主人也要送禮物), 이권식(以勸食), 규주유폐(叫做侑幣). 예물시속백승마(禮物是束帛乘馬). 천자거행연회향제후(天子擧行宴會饗諸侯), 유구헌(有九獻)、칠헌(七獻)、오헌(五獻), 경대부사행례(卿大夫士行禮), 유삼헌(有三獻)、일헌(一獻). 정헌지후(正獻之後), 중빈객안조장유적차서상수(衆賓客按照長幼的次序相酬), 저규주려수(這叫做旅酬). 려수지후(旅酬之後), 대가취부용재객투료(大家就不用再客套了), 저규주무산작(這叫做無算爵). 여차배합적음악(與此配合的音樂), 규주무산악(叫做無算樂). 흘반용수(吃飯用手), 수조일차규주일반(手抓一次叫做一飯), 강개시흘삼반(剛開始吃三飯), 삼반지후왕공회상사일사동서(三飯之後王公會賞賜一些東西), 저취시유폐(這就是侑幣). 연후흘구반(然後吃九飯), 매삼반지후(每三飯之後), 요갈주혹갱탕(要喝酒或羹湯), 최종일차후요용주혹자장수구(最終一次後要用酒或者漿漱口).

◆대객례의중적세절(待客禮儀中的細節)

영송빈객(迎送賓客)、연음(宴飮)、제사(祭祀)、사례도유주악(射禮都有奏樂). 기중야유일투정서(其中也有一套程序). 영빈(迎賓), 격종(擊鐘)、박(鎛), 명위김주(名爲金奏), 대개시인위저사악기적재질시김속주적파(大槪是因爲這些樂器的材質是金屬做的吧). 연후격경이응지(然後擊磬以應之), 저투설비지유천자화제후재유(這套設備只有天子和諸侯才有), 대부(大夫)、사도몰유(士都沒有), 타문지유송객지악(他們只有送客之樂). 연후시승가(然後是升歌). 범음주헌수지례필(凡飮酒獻酬之禮畢), 악공취개시주악(樂工就開始奏樂), 김주도시재당하(金奏都是在堂下), (가지당내야유고저지별(可知堂內也有高低之別).) 승가즉고슬화창가(升歌即鼓瑟和唱歌), 인요재당상(人要在堂上), 가적내용취시(歌的內容就是)《시경(詩經)》지아(之雅)、송(頌), 용슬반주(用瑟伴奏). 량군상견응용(兩君相見應用)《대아(大雅)》혹자(或者)《송(頌)》, 제후이급대부(諸侯以及大夫)、사용(士用)《소아(小雅)》, 천자용(天子用)《송(頌)》. (부지량군시지제후니환시지천자(不知兩君是指諸侯呢還是指天子), 저리사유부통지처(這裡似有不通之處).) 승가지후(升歌之後), 칙당하생주(則堂下笙奏), 취주(吹奏)《소아(小雅)》. 연후시간가(然後是間歌), 즉당상승가여당하생주륜류이작(即堂上升歌與堂下笙奏輪流而作). 연후시합악(然後是合樂), 즉승가여생주동시가주(即升歌與笙奏同時歌奏), 지차정악완필(至此正樂完畢). 차시야응해시갈주려수결속적시후료(此時也應該是喝酒旅酬結束的時候了), 접하래취시무산악료(接下來就是無算樂了). 무산악시지간가(無算樂是指間歌)、합악중복연주(合樂重複演奏), 직도진환이파(直到盡歡而罷). 최후결속송빈(最後結束送賓), 제후(諸侯)、대부(大夫)、사김주(士金奏), 균용(均用)《해하(陔夏)》；천자용(天子用)《사하(肆夏)》. 천자(天子)、제후김주용종고(諸侯金奏用鐘鼓), 대부(大夫)、사근용고(士僅用鼓). 이상저사도시상례(以上這些都是常禮). 제후이상(諸侯以上), 례지성자(禮之盛者), 부용생(不用笙), 이용관(而用管). 취관자취시당상적가자(吹管者就是堂上的歌者). 인위가자여취관자위일인(因爲歌者與吹管者爲一人), 소이취몰유간가(所以就沒有間歌)、합악료(合樂了), 차시취이무래대체(此時就以舞來代替). 행사례(行射禮), 지제삼번사시(至第三番射時), 야요주악(也要奏樂), 이악절사(以樂節射), 즉사시적동작수여고성배합(即射時的動作需與鼓聲配合).

하면개소세수적방식(下面介紹洗手的方式), 안조례서적기재(按照禮書的記載), 고대세수방식유량종(古代洗手方式有兩種), 기일위재당적동계전동남처(其一爲在堂的東階前東南處), 나리방저성수적기명(那裡放著盛水的器皿), 규주뢰(叫做罍), 뇌리면방저일개작(罍裡面放著一個勺), 규주두(叫做枓), 시용래요수적(是用來舀水的). 령외(另外), 방변환유일개기명(旁邊還有一個器皿), 규주세(叫做洗), 시용래접세수지수적(是用來接洗手之水的), 간단지설취시용두요수림세(簡單地說就是用枓舀水淋洗), 이부시상금천파수직접방재분리(而不是像今天把手直接放在盆裡). 저종방식시일개인자행해결적(這種方式是一個人自行解決的). 환유일종방식(還有一種方式), 정서여차상동(程序與此相同), 지시요수시별인래방조니(只是舀水是別人來幫助你), 저개시후소용기명적명칭야변료(這個時候所用器皿的名稱也變了), 성수적규주이(盛水的叫做匜), 하변접수적규주반(下邊接水的叫做盤), 몰유두지류적동서(沒有枓之類的東西), 시자직접담저이림세취행료(侍者直接擔著匜淋洗就行了). 여차간래(如此看來), 환시상당강구위생적(還是相當講究衛生的).

재개소일하탈리적례수(再介紹一下脫履的禮數). 고대몰유아문금천저양적판등(古代沒有我們今

天這樣的板凳), 고각판등적사용대개요도남북조시기(高脚板凳的使用大概要到南北朝時期), 환시종북방적소수민족나리전과래적(還是從北方的少數民族那裡傳過來的). 고인석지이궤좌(古人席地而跪坐), 여금일본한국상유저종유풍(如今日本韓國尚有這種遺風). 소위적궤좌(所謂的跪坐), 시지쌍퇴궤지(是指雙腿跪地), 둔부좌어각근(臀部坐於脚跟), 정신시동작규주기(挺身時動作叫做跽). 홍문연중(鴻門宴中), 번쾌충진연회적시후(樊噲衝進宴會的時候), 항우립각기좌(項羽立刻跽坐), 시대유방위의사적(是帶有防衛意思的). 인위요포석이좌(因爲要布席而坐), 소이요탈혜(所以要脫鞋), 이면롱장료석자(以免弄髒了席子), 단례외적시행제례화연음(但例外的是行祭禮和宴飲), 차종장합부의탈혜(此種場合不宜脫鞋). 평시료천한거적시후(平時聊天閑居的時候), 무론재당상환시재실중(無論在堂上還是在室中), 도득탈리(都得脫履), 련군주야부례외(連君主也不例外). 여과시재실내활동(如果是在室內活動), 나마요재문외탈혜(那麼要在門外脫鞋), 지유신분존귀적인가이재문내탈혜(只有身份尊貴的人可以在門內脫鞋) ; 여과시재당상활동(如果是在堂上活動), 나마취응해재계하탈혜(那麼就應該在階下脫鞋), 야지유존자가이재당상탈혜(也只有尊者可以在堂上脫鞋).

◆고대적외교예절(古代的外交禮節)

서주(西周), 춘추시기(春秋時期), 범길흉필고(凡吉凶必告), 《춘추(春秋)》리면취유(裡面就有)「범고칙서(凡告則書), 부고칙부서(不告則不書)」적필법(的筆法). 제후간적외교활동비상빈번(諸侯間的外交活動非常頻繁), 재저사활동중유일투대가수요준수적빙례(在這些活動中有一套大家需要遵守的聘禮). 소위적빙기포괄제후친자도타국빙문(所謂的聘既包括諸侯親自到他國聘問), 야지제후파견사자도타국빙문(也指諸侯派遣使者到他國聘問). 안조습관매년일차적출사규주(按照習慣每年一次的出使叫做)「문(問)」, 격기년일차칭(隔幾年一次稱)「빙(聘)」, 신군즉위(新君即位), 신군빙문타국(新君聘問他國), 혹타국래빙칭(或他國來聘稱)「조(朝)」. 수저시간적천이(隨著時間的遷移), 춘추시기편몰유나마엄격료(春秋時期便沒有那麼嚴格了), 일반래설(一般來說), 예절륭중적취칭(禮節隆重的就稱)「빙(聘)」, 차일점적칭(差一點的稱)「문(問)」 ; 대국지신래사칭(大國之臣來使稱)「빙(聘)」, 소국지군래빙칭(小國之君來聘稱)「조(朝)」. 천자여제후적외교례절야가이칭(天子與諸侯的外交禮節也可以稱)「빙(聘)」.

출사전(出使前), 군주요임명경일인위사자(君主要任命卿一人爲使者), 대부일인위상개(大夫一人爲上介), 작위사자적부직(作爲使者的副職) ; 사마임명사담임차개(司馬任命士擔任次介), 혹칭사개(或稱士介)、중개(衆介). 지어수종인원칙몰유엄격적한정(至於隨從人員則沒有嚴格的限定). 출사시요휴대례물(出使時要攜帶禮物), 즉수폐(即授幣), 일반시옥(一般是玉)、백(帛)、피(皮)、마지류(馬之類). 출사전석(出使前夕), 행수폐례(行授幣禮), 연후사자회가재부묘행석폐례(然後使者回家在父廟行釋幣禮), 표시장출사(表示將出使), 부능안시봉사(不能按時奉祀). 출사지일(出使之日), 사자요대저일면홍색적소기(使者要帶著一面紅色的小旗), 수상개(帥上介)、중개조군주문외(衆介朝君主門外). 약도료별인국경(若到了別人國境), 사자요선포금령(使者要宣布禁令), 방지무례행위(防止無禮行爲). 약요차도타국(若要借道他國), 사자칙요파견차개향소과국적하대부차도(使者則要派遣次介向所過國的下大夫借道), 송속백(送束帛), 병청향도(並請嚮導). 하대부향상보고국군(下大夫向上報告國君), 국군파인관대사자(國君派人款待使者), 연후재파인작향도(然後再派人作嚮導).

도달출사국지전(到達出使國之前), 사자일행요예습례의(使者一行要預習禮儀). 입경(入境), 요향관금보고(要向關禁報告), 재유관령향상통보(再由關令向上通報), 국군파인래문(國君派人來問), 인하사래빙(因何事來聘), 사자고지(使者告之), 편가이입국경(便可以入國境). 입경지시요검사일하례물(入境之時要檢查一下禮物), 칭위전폐(稱爲展幣), 공삼차(共三次), 기타량차분별재입도교화입초대지빈관시진행(其他兩次分別在入都郊和入招待之賓館時進行). 근거례서기재(根據禮書記載), 사자도달도교(使者到達都郊), 수빙지국군요파경래위로(受聘之國君要派卿來慰勞), 연후파대부인도타문거주소(然後派大夫引導他們去住所), 일반주재수빙국대부지종묘(一般住在受聘國大夫之宗廟). 단종(但從)《좌전(左傳)》중기술적사례래간(中記述的事例來看), 춘추시기호상취이경유전문초대사자주숙적빈관료(春秋時期好像就已經有專門招待使者住宿的賓館了). 연후취시하대부봉명영빈어관(然後就是下大夫奉命迎賓於館), 접저진견국군행빙례(接著進見國君行聘禮)、행향례(行享禮), 장례물안규정반송(將禮物按規定頒送). 저사도시정식적(這些都是正式的

사명(這些都是正式的使命), 령외사자환가이이개인명의배견(另外使者還可以以個人名義拜見)。 출사쾌요결속시(出使快要結束時), 수빙국요파경도빈관반환사자행빙례시송급국군적규화송급부인적장(受聘國要派卿到賓館返還使者行聘禮時送給國君的珪和送給夫人的璋), 재이속방증여래빙지국군(再以束紡贈予來聘之國君), 속방칭위(束紡稱為)「회(賄)」, 령외환유옥(另外還有玉)、백(帛)、피(皮)、마(馬), 저사칭위(這些稱為)「예(禮)」, 래빙시소송다소(來聘時所送多少), 반환시야요의수반증(返還時也要依數返贈), 이표시보답래빙지성의(以表示報答來聘之盛意)。 사자출도교(使者出都郊), 군주파지위상등적신하거송행(君主派地位相等的臣下去送行)。

사자회국후(使者回國後), 달도본국도교시(達到本國都郊時), 요청복명어군(要請復命於君)。 재행양례후(在行禳禮後), 입조(入朝), 연후진폐어조(然後陳幣於朝)。 군주집위로지례(君主執慰勞之禮)。 사자회가지후요재가묘중행석폐(使者回家之後要在家廟中行釋幣)、전니지례(奠禰之禮)。

이상간요개소료출사지과정(以上簡要介紹了出使之過程), 기중례절상당복잡(其中禮節相當複雜), 진퇴읍양(進退揖讓), 이급언사도유흔고적요구화규정(以及言辭都有很高的要求和規定)。 즉여외교사령(即如外交辭令), 도요구(都要求)「부시언지(賦詩言志)」。 소위적(所謂的)「부시언지(賦詩言志)」, 인용(引用)「시삼백(詩三百)」중적구자래표달자기적의사(中的句子來表達自己的意思)。 여과일구화설득부대(如果一句話說得不對), 취회유생명위험(就會有生命危險), 《좌전(左傳)》중취기록과저종사정(中就記錄過這種事情)。 소이공자재후래교학생적시후즉유(所以孔子在後來教學生的時候即有)「어언(語言)」일과(一課), 차설(且說)「부학시(不學詩), 하이언(何以言)」。 춘추시후(春秋時候), 인문야상설(人們也常說), 출사(出使)「수명이부수사(受命而不受辭)」, 기지재어강조사자적응변능력(其旨在於強調使者的應變能力)。 촉지무퇴진사편전현료나종언사적풍범(燭之武退秦師便展現了那種言辭的風範)。 저사도시수요경대부문년경시적학습화연련(這些都是需要卿大夫們年輕時的學習和演練)。

근례(覲禮)

근례(覲禮)。 지어교(至於郊), 왕사인피변용벽로(王使人皮弁用璧勞)。 후씨역피변영어유문지외(侯氏亦皮弁迎於帷門之外), 재배(再拜)。 사자부답배(使者不答拜), 수집옥(遂執玉), 삼읍(三揖)。 지어계(至於階), 사자부양(使者不讓), 선승(先升)。 후씨승청명(侯氏升聽命), 강(降), 재배계수(再拜稽首), 수승수옥(遂升受玉)。 사자좌환이립(使者左還而立), 후씨환벽(侯氏還璧), 사자수(使者受)。 후씨강(侯氏降), 재배계수(再拜稽首), 사자내출(使者乃出)。 후씨급지사자(侯氏及止使者), 사자내입(使者乃入)。 후씨여지양승(侯氏與之讓升)。 후씨선승(侯氏先升), 수기(授幾)。 후씨배송기(侯氏拜送幾); 사자설기(使者設幾), 답배(答拜)。 후씨용속백(侯氏用束帛)、승마빈사자(乘馬儐使者), 사자재배수(使者再拜受)。 후씨재배송폐(侯氏再拜送幣)。 사자강(使者降), 이좌참출(以左驂出)。 후씨송어문외(侯氏送於門外), 재배(再拜)。 후씨수종지(侯氏遂從之)。

천자사사(天子賜舍), 왈(曰):「백부(伯父), 녀순명어왕소(女順命於王所), 사백부사(賜伯父舍)」후씨재배계수(侯氏再拜稽首), 빈지속백(儐之束帛)、승마(乘馬)。

천자사대부계(天子使大夫戒), 왈(曰):「모일(某日), 백부수내초사(伯父帥乃初事)。」후씨재배계수(侯氏再拜稽首)。

제후전조(諸侯前朝), 개수사어조(皆受舍於朝)。 동성서면북상(同姓西面北上), 이성동면북상(異姓東面北上)。

후씨비면(侯氏裨冕), 석폐어니(釋幣於禰)。 승묵차(乘墨車), 재룡기(載龍旂)、호독내조이서옥(弧韜乃朝以瑞玉), 유소(有繅)。

천자설부의어호유지간(天子設斧依於戶牖之間), 좌우기(左右幾)。천자곤면(天子袞冕), 부부의(負斧依)。색부승명(嗇夫承命), 고어천자(告於天子)。천자왈(天子曰): 「비타(非他), 백부실래(伯父實來), 여일인가지(予一人嘉之)。백부기입(伯父其入), 여일인장수지(予一人將受之)。」후씨입문우(侯氏入門右), 좌전규(坐奠圭), 재배계수(再拜稽首)。빈자알(擯者謁)。후씨좌취규(侯氏坐取圭), 승치명(升致命)。왕수지옥(王受之玉)。후씨강(侯氏降), 계동북면재배계수(階東北面再拜稽首)。빈자연지(擯者延之), 왈(曰): 「승(升)!」승성배(升成拜), 내출(乃出)。

사향개속백가벽(四享皆束帛加璧), 정실유국소유(庭實唯國所有)。봉속백(奉束帛), 필마탁상(匹馬卓上), 구마수지(九馬隨之), 중정서상(中庭西上), 전폐(奠幣), 재배계수(再拜稽首)。빈자왈(擯者曰): 「여일인장수지(予一人將受之)。」후씨승(侯氏升), 치명(致命)。왕무옥(王撫玉)。후씨강자서계(侯氏降自西階), 동면수재폐(東面授宰幣), 서계전재배계수(西階前再拜稽首), 이마출(以馬出), 수인(授人), 구마수지(九馬隨之)。사필(事畢)。

내우육단어묘문지동(乃右肉祖於廟門之東)。내입문우(乃入門右), 북면립(北面立), 고청사(告聽事)。빈자알제천자(擯者謁諸天子)。천자사어후씨(天子辭於侯氏), 왈(曰): 「백부무사(伯父無事), 귀녕내방(歸寧乃邦)!」후씨재배계수(侯氏再拜稽首), 출(出), 자병남적문서(自屛南適門西), 수입문좌(遂入門左), 북면립(北面立), 왕로지(王勞之)。재배계수(再拜稽首)。빈자연지(擯者延之), 왈(曰): 「승(升)!」승성배(升成拜), 강출(降出)。

천자사후씨이차복(天子賜侯氏以車服)。영어외문외(迎於外門外), 재배(再拜)。로선설(路先設), 서상(西上), 로하사(路下四), 아지(亞之), 중사무수(重賜無數), 재차남(在車南)。제공봉협복(諸公奉篋服), 가명서어기상(加命書於其上), 승자서계(升自西階), 동면(東面), 대사시우(大史是右)。후씨승(侯氏升), 서면립(西面立)。대사술명(大史述命)。후씨강량계지간(侯氏降兩階之間); 북면재배계수(北面再拜稽首), 승성배(升成拜)。대사가서어복상(大史加書於服上), 후씨수(侯氏受)。사자출(使者出)。후씨송(侯氏送), 재배(再拜), 빈사자(儐使者), 제공사복자(諸公賜服者), 속백(束帛), 사마(四馬), 빈대사역여지(儐大史亦如之)。재동성대국칙왈백부(齋同姓大國則曰伯父), 기이성칙왈백구(其異姓則曰伯舅)。동성소방칙왈숙부(同姓小邦則曰叔父), 기이성소방칙왈숙구(其異姓小邦則曰叔舅)。

◆향(饗), 례(禮), 내귀(乃歸)。

제후근어천자(諸侯覲於天子), 위궁방삼백보(爲宮方三百步), 사문(四門), 단십유이심(壇十有二尋)、심사척(深四尺), 가방명어기상(加方明於其上)。방명자(方明者), 목야(木也), 방사척(方四尺), 설륙색(設六色), 동방청(東方青), 남방적(南方赤), 서방백(西方白), 북방흑(北方黑), 상현(上玄), 하황(下黃)。설륙옥(設六玉), 상규(上圭), 하벽(下璧), 남방장(南方璋), 서방호(西方琥), 북방황(北方璜), 동방규(東方圭)。상개개봉기군지기(上介皆奉其君之旂), 치어궁(置於宮), 상좌(尚左)。공(公)、후(侯)、백(伯)、자(子)、남(男), 개취기기이립(皆就其旂而立)。사전빈(四傳擯)。천자승룡(天子乘龍), 재대기(載大旂), 상일월(象日月)、승룡(升龍)、강룡(降龍); 출(出), 배일어동문지외(拜日於東門之外), 반사방명(反祀方明)。례일어남문외(禮日於南門外), 례월여사독어북문외(禮月與四瀆於北門外), 례산천구릉어서문외(禮山川丘陵於西門外)。

제천(祭天), 번시(燔柴)。제산(祭山)、구릉(丘陵), 승(升)。제천(祭川), 침(沉)。제지(祭地), 예(瘞)。

기(記)。기(幾), 사어동상(俟於東箱)。편가부입왕문(偏駕不入王門)。전규어소상(奠圭於繅上)。

특생궤식례(特牲饋食禮)

주인세각(主人洗角), 승작(升酌), 윤시(酳尸)。시배수(尸拜受), 주인배송(主人拜送)。시제주(尸祭酒), 쵀주(啐酒), 빈장이간종(賓長以肝從)。시좌집각우취간연어염(尸左執角右取肝擩於鹽), 진제(振祭), 제지(嚌之), 가어저두(加於菹豆), 졸각(卒角)。축수시각(祝受尸角), 왈(曰):「송작(送爵)! 황시졸작(皇尸卒爵)。」주인배(主人拜), 시답배(尸答拜)。축작수시(祝酌授尸), 시이초주인(尸以醋主人)。주인배수각(主人拜受角), 시배송(尸拜送)。주인퇴(主人退), 좌식수뇌제(佐食授挼祭)。주인좌(主人坐), 좌집각(左執角), 수제제지(受祭祭之), 제주(祭酒), 쵀주(啐酒), 진청하(進聽嘏)。좌식단서수축(佐食搏黍授祝), 축수시(祝授尸)。시수이저두(尸受以菹豆), 집이친하주인(執以親嘏主人)。주인좌집각(主人左執角), 재배계수수(再拜稽首受), 복위(複位), 시회지(詩懷之), 실어좌몌(實於左袂), 괘어계지(掛於季指), 졸각(卒角), 배(拜)。시답배(尸答拜)。주인출(主人出), 사색어방(寫嗇於房), 축이변수(祝以籩受)。연축(筵祝), 남면(南面)。주인작헌축(主人酌獻祝), 축배수각(祝拜受角), 주인배송(主人拜送)。설저해(設菹醢)、조(俎)。축좌집각(祝左執角), 제두(祭豆), 흥취폐(興取肺), 좌제(坐祭), 제지(嚌之), 흥가어조(興加於俎), 좌제주(坐祭酒), 쵀주(啐酒), 이간종(以肝從)。축좌집각(祝左執角), 우취간연어염(右取肝擩於鹽), 진제(振祭), 제지(嚌之), 가어조(加於俎), 졸각(卒角), 배(拜)。주인답배(主人答拜), 수각(受角), 작헌좌식(酌獻佐食)。좌식북면배수각(佐食北面拜受角), 주인배송(主人拜送)。좌식좌제(佐食坐祭), 졸각(卒角), 배(拜)。주인답배(主人答拜), 수각(受角), 강(降), 반어비(反於篚), 승(升), 입복위(入複位)。

주부세작어방(主婦洗爵於房), 작(酌), 아헌시(亞獻尸)。시배수(尸拜受), 주부북면배송(主婦北面拜送)。종부집량변(宗婦執兩籩), 호외좌(戶外坐)。주부수(主婦受), 설어돈남(設於敦南)。축찬변제(祝贊籩祭)。시수(尸受), 제지(祭之), 제주(祭酒), 쵀주(啐酒)。형제장이번종(兄弟長以燔從)。시수(尸受), 진제(振祭), 제지(嚌之), 반지(反之)。수번자수(羞燔者受), 가어기(加於胏), 출(出)。시졸작(尸卒爵), 축수작(祝受爵), 명송여초(命送如初)。초(酢), 여주인의(如主人儀)。주부적방(主婦適房), 남면(南面)。좌식뇌제(佐食挼祭)。주부좌집작(主婦左執爵), 우무제(右撫祭), 제주(祭酒), 쵀주(啐酒), 입(入), 졸작(卒爵), 여주인의(如主人儀)。헌축(獻祝), 변번종(籩燔從), 여초의(如初儀)。급좌식(及佐食), 여초(如初)。졸(卒), 이작입어방(以爵入於房)。

빈삼헌(賓三獻), 여초(如初)。번종여초(燔從如初)。작지(爵止)。석어호내(席於戶內)。주부세작(主婦洗爵), 작(酌), 치작어주인(致爵於主人)。주인배수작(主人拜受爵), 주부배송작(主婦拜送爵)。종부찬두여초(宗婦贊豆如初), 주부수(主婦受), 설량두량변(設兩豆兩籩)。조입설(俎入設)。주인좌집작(主人左執爵), 제천(祭薦), 종인찬제(宗人贊祭)。전작(奠爵), 흥취폐(興取肺), 좌절제(坐絕祭), 제지(嚌之), 흥가어조(興加於俎), 좌세수(坐捝手), 제주(祭酒), 쵀주(啐酒), 간종(肝從)。좌집작(左執爵), 취간연어염(取肝擩於鹽), 좌진제(坐振祭), 제지(嚌之)。종인수(宗人受), 가어조(加於俎)。번역여지(燔亦如之)。흥(興), 석말좌졸작(席末坐卒爵), 배(拜)。주부답배(主婦答拜), 수작(受爵), 작초(酌醋), 좌집작(左執爵), 배(拜), 주인답배(主人答拜)。좌제(坐祭), 립음(立飲), 졸작(卒爵), 배(拜), 주인답배(主人答拜)。주부출(主婦出), 반어방(反於房)。주인강(主人降), 세(洗), 작(酌), 치작어주부(致爵於主婦), 석어방중(席於房中), 남면(南面)。주부배수작(主婦拜受爵), 주인서면답배(主人西面答拜)。종부천두(宗婦薦豆)、조(俎), 종헌개여주인(從獻皆如主人)。주인경작작초(主人更爵酌醋), 졸작(卒爵), 강(降), 실작어비(實爵於篚), 입복위(入複位)。삼헌작지작(三獻作止爵)。시졸작(尸卒爵), 초(酢)。작헌축급좌식(酌獻祝及佐食)。세작(洗爵), 작치어주인(酌致於主人)、주부(主婦)、번종개여초(燔從皆如初)。경작(更爵), 초어주인(酢於主人), 졸(卒), 복위(複位)。

주인강조계(主人降阼階), 서면배빈(西面拜賓), 여초(如初)。세(洗), 빈사세(賓辭洗)。졸세(卒洗), 읍양승(揖讓升), 작(酌), 서계상헌빈(西階上獻賓)。빈북면배수작(賓北面拜受爵)。주인재우(主人在右), 답배(答拜)。천포해(薦脯醢)。설절조(設折俎)。빈좌집작(賓左執爵), 제두(祭

豆), 전작(奠爵), 흥(興), 취폐(取肺), 좌절제(坐絕祭), 제지(嚌之), 흥(興), 가어조(加於俎), 좌세수(坐挩手), 제주(祭酒), 졸작(卒爵), 배(拜). 주인답배(主人答拜), 수작(受爵), 작초(酌酢), 전작(奠爵), 배(拜). 빈답배(賓答拜). 주인좌제(主人坐祭), 졸작(卒爵), 배(拜). 빈답배(賓答拜), 읍(揖), 집제이강(執祭以降), 서면전어기위(西面奠於其位) ; 위여초(位如初). 천(薦), 조종설(俎從設). 중빈승(眾賓升), 배수작(拜受爵), 좌제(坐祭), 립음(立飲). 천(薦), 조설어기위(俎設於其位), 변(辯). 주인비답배언(主人備答拜焉), 강(降), 실작어비(實爵於篚). 존량호조계동(尊兩壺阼階東), 가작(加勺), 남방(南枋), 서방역여지(西方亦如之). 주인세치(主人洗觶), 작어서방지존(酌於西方之尊), 서계전북면수빈(西階前北面酬賓), 빈재좌(賓在左). 주인전치배(主人奠觶拜), 빈답배(賓答拜). 주인좌제(主人坐祭), 졸치(卒觶), 배(拜). 빈답배(賓答拜). 주인세치(主人洗觶), 빈사(賓辭), 주인대(主人對). 졸세(卒洗), 작(酌), 서면(西面). 빈북면배(賓北面拜). 주인전치어천북(主人奠觶於薦北). 빈좌취치(賓坐取觶), 환(還), 동면(東面), 배(拜). 주인답배(主人答拜). 빈전치어천남(賓奠觶於薦南). 읍복위(揖複位). 주인세작(主人洗爵), 헌장형제어조계상(獻長兄弟於阼階上). 여빈의(如賓儀). 세(洗), 헌중형제(獻眾兄弟), 여중빈의(如眾賓儀). 세(洗), 헌내형제어방중(獻內兄弟於房中), 여헌중형제지의(如獻眾兄弟之儀). 주인서면답배(主人西面答拜), 경작초(更爵酢), 졸작(卒爵), 강(降), 실작어비(實爵於篚), 입복위(入複位).

장형제세고위가작(長兄弟洗觚爲加爵), 여초의(如初儀), 부급좌식(不及佐食), 세치여초(洗致如初), 무종(無從).

중빈장위가작(眾賓長爲加爵), 여초(如初), 작지(爵止).

사거전(嗣舉奠), 관입(盥入), 북면재배계수(北面再拜稽首). 시집전(尸執奠), 진수(進受), 복위(複位), 제주(祭酒), 쵀쇄(啐灑). 시거간(尸舉肝). 거전좌집치(舉奠左執觶), 재배계수(再拜稽首), 진수간(進受肝), 복위(複位), 좌식간(坐食肝), 졸치(卒觶), 배(拜). 시비답배언(尸備答拜焉). 거전세작입(舉奠洗酌入), 시배수(尸拜受), 거전답배(舉奠答拜). 시제주(尸祭酒), 쵀주(啐酒), 전지(奠之). 거전출(舉奠出), 복위(複位).

형제제자세작어동방지존(兄弟弟子洗酌於東方之尊), 조계전북면(阼階前北面), 거치어장형제(舉觶於長兄弟), 여주인수빈의(如主人酬賓儀). 종인고제승(宗人告祭脀), 내수(乃羞). 빈좌취치(賓坐取觶), 조계전북면수장형제(阼階前北面酬長兄弟) ; 장형제재우(長兄弟在右). 빈전치배(賓奠觶拜), 장형제답배(長兄弟答拜). 빈립졸치(賓立卒觶), 작어기존(酌於其尊), 동면립(東面立). 장형제배수치(長兄弟拜受觶). 빈북면답배(賓北面答拜), 읍(揖), 복위(複位). 장형제서계전북면(長兄弟西階前北面), 중빈장자좌수려(眾賓長自左受旅), 여초(如初), 장형제졸치(長兄弟卒觶), 작어기존(酌於其尊), 서면립(西面立). 수려자배수(受旅者拜受). 장형제북면답배(長兄弟北面答拜), 읍(揖), 복위(複位). 중빈급중형제교착이변(眾賓及眾兄弟交錯以辯). 개여초의(皆如初儀). 위가작자작지작(爲加爵者作止爵), 여장형제지의(如長兄弟之儀). 장형제수빈(長兄弟酬賓), 여빈수사제지의(如賓酬史弟之儀), 이변(以辯). 졸자실치어비(卒者實觶於篚). 빈제자급형제제자세(賓弟子及兄弟弟子洗), 각작어기존(各酌於其尊), 중정북면서상(中庭北面西上), 거치어기장(舉觶於其長), 전치배(奠觶拜), 장개답배(長皆答拜). 거치자제(舉觶者祭), 졸치(卒觶), 배(拜), 장개답배(長皆答拜). 거치자세(舉觶者洗), 각작어기존(各酌於其尊), 복초위(復初位). 장개배(長皆拜). 거치자개전치어천우(舉觶者皆奠觶於薦右). 장개집이흥(長皆執以興), 거치자개복위답배(舉觶者皆複位答拜). 장개전치어기소(長皆奠觶於其所), 개읍기제자(皆揖其弟子), 제자개복기위(弟子皆復其位). 작개무산(爵皆無算).

리세산(利洗散), 헌어시(獻於尸), 초(酢), 급축(及祝), 여초의(如初儀). 강(降), 실산어비(實散於篚).

주인출(主人出), 립어호외(立於戶外), 서남면(西南面). 축동면고리성(祝東面告利成). 시속(尸謖), 축전(祝前), 주인강(主人降). 축반(祝反), 급주인입(及主人入), 복위(複位). 명좌식철시조(命佐食徹尸俎), 조출어묘문(俎出於廟門). 철서수(徹庶羞), 설어서서하(設於西序下).

연대석(筵對席)、 좌식분궤형(佐食分簋鉶)。종인견거전급장형제관(宗人遣舉奠及長兄弟盥)、 립어서계하(立於西階下)、 동면북상(東面北上)。축명상식(祝命嘗食)。준자(餕者)、 거전허낙(舉奠許諾)、 승(升)、 입(入)、 동면(東面)。장형제대지(長兄弟對之)、 개좌(皆坐)。좌식수거(佐食授舉)、 각일부(各一膚)。주인서면재배(主人西面再拜)、 축왈(祝曰)：「준(餕)、 유이야(有以也)。」양준전거어조(兩餕奠舉於俎)、 허낙(許諾)、 개답배(皆答拜)。약시자삼(若是者三)。개취거(皆取舉)、 제식(祭食)、 제거내식(祭舉乃食)、 제형(祭鉶)、 식거(食舉)。졸식(卒食)。주인강세작(主人降洗爵)、 재찬일작(宰贊一爵)。주인승작(主人升酌)、 윤상준(酳上餕)、 상준배수작(上餕拜受爵)、 주인답배(主人答拜)；윤하준(酳下餕)、 역여지(亦如之)。주인배(主人拜)、 축왈(祝曰)：「윤(酳)、 유여야(有與也)。」여초의(如初儀)。량준집작배(兩餕執爵拜)、 제주(祭酒)、 졸작(卒爵)、 배(拜)。주인답배(主人答拜)。량준개강(兩餕皆降)、 실작어비(實爵於篚)、 상준세작(上餕洗爵)、 승작(升酌)、 초주인(酢主人)、 주인배수작(主人拜受爵)。상준즉위(上餕即位)、 좌답배(坐答拜)。주인답배(主人答拜)。주인좌제(主人坐祭)、 졸작(卒爵)、 배(拜)。상준답배(上餕答拜)、 수작(受爵)、 강(降)、 실어비(實於篚)。주인출(主人出)、 립어호외(立於戶外)、 서면(西面)。

축명철조조(祝命徹阼俎)、 두(豆)、 변(籩)、 설어동서하(設於東序下)。축집기조이출(祝執其俎以出)、 동면어호서(東面於戶西)。종부철축두(宗婦徹祝豆)、 변입어방(籩入於房)、 철주부천(徹主婦薦)、 조(俎)。좌식철시천(佐食徹尸薦)、 조(俎)、 돈(敦)、 설어서북우(設於西北隅)、 기재남(幾在南)、 비용연(扉用筵)、 납일존(納一尊)。좌식합유호(佐食闔牖戶)、 강(降)。축고리성(祝告利成)、 강(降)、 출(出)。주인강(主人降)、 즉위(即位)。종인고사필(宗人告事畢)。빈출(賓出)、 주인송어문외(主人送於門外)、 재배(再拜)。좌식철조조(佐食徹阼俎)。당하조필출(堂下俎畢出)。

기(記)。특생궤식(特牲饋食)、 기복개조복(其服皆朝服)、 현관(玄冠)、 치대(緇帶)、 치필(緇韠)。유시(唯尸)、 축(祝)、 좌식현단(佐食玄端)、 현상(玄裳)、 황상(黃裳)、 잡상가야(雜裳可也)、 개작필(皆爵韠)。설세(設洗)、 남북이당심(南北以堂深)、 동서당동영(東西當東榮)。수재세동(水在洗東)。비재세서(篚在洗西)、 남순(南順)、 실이작(實二爵)、 이고(二觚)、 사치(四觶)、 일각(一角)、 일산(一散)、 호(壺)、 어금(棜禁)、 찬어동서(饌於東序)、 남순(南順)。복량호언(覆兩壺焉)、 개재남(蓋在南)；명일졸전(明日卒奠)、 멱용곡(冪用綌)；즉위이철지(即位而徹之)、 가작(加勺)。변(籩)、 건이곡야(巾以綌也)、 훈리(纁里)、 조(棗)、 률택(栗擇)。형모(鉶芼)、 용고(用苦)、 약미(若薇)、 개유활(皆有滑)、 하규(夏葵)、 동환(冬荁)。극심비(棘心匕)、 각(刻)。생찬재묘문외동남(牲爨在廟門外東南)、 어랍찬재기남(魚臘爨在其南)、 개서면(皆西面)、 희찬재서벽(饎爨在西壁)。기조심설개거본말(肵俎心舌皆去本末)、 오할지(午割之)、 실어생정(實於牲鼎)、 재심립(載心立)、 설축조(舌縮俎)。빈여장형제지천(賓與長兄弟之薦)、 자동방(自東房)、 기여재동당(其餘在東堂)。옥시관자일인(沃尸盥者一人)、 봉반자동면(奉槃者東面)、 집이자서면순옥(執匜者西面淳沃)、 집건자재이북(執巾者在匜北)。종인동면취건(宗人東面取巾)、 진지삼(振之三)、 남면수시(南面授尸)；졸(卒)、 집건자수(執巾者受)。시입(尸入)、 주인급빈개벽위(主人及賓皆闢位)、 출역여지(出亦如之)。사거전(嗣舉奠)、 좌식설두염(佐食設豆鹽)。좌식당사(佐食當事)、 칙호외남면(則戶外南面)、 무사(無事)、 칙중정북면(則中庭北面)。범축호(凡祝呼)、 좌식허낙(佐食許諾)。종인(宗人)、 헌어려치어종빈(獻與旅齒於從賓)。좌식(佐食)、 어려치어형제(於旅齒於兄弟)。존량호어방중서용하(尊兩壺於房中西墉下)、 남상(南上)。내빈립어기북(內賓立於其北)、 동면남상(東面南上)。종부북당동면(宗婦北堂東面)、 북상(北上)。주부급내빈(主婦及內賓)、 종부역려(宗婦亦旅)、 서면(西面)。종부찬천자(宗婦贊薦者)、 집이좌어호외(執以坐於戶外)、 수주부(授主婦)。시졸식(尸卒食)、 이제희찬(而祭饎爨)、 옹찬(雍爨)。빈종시(賓從尸)、 조출묘문(俎出廟門)、 내반위(乃反位)。시조(尸俎)、 좌견(左肩)、 비(臂)、 노(臑)、 순(肫)、 각(胳)、 정척이골(正脊二骨)、 횡척(橫脊)、 장협이골(長脅二骨)、 단협(短脅)。부삼(膚三)、 리폐일(離肺一)、 촌폐삼(刌肺三)、 어십유오(魚十有五)。랍여생골(臘如牲骨)。축조(祝俎)、 비(髀)、 정척이골(脡脊二骨)、 협이골(脅二骨)。부일(膚一)、 리폐일(離肺一)。조조(阼俎)：비(臂)、 정척이골(正脊二骨)、 횡척(橫脊)、 장협이골(長脅二骨)、 단협(短脅)。부일(膚一)、 리폐일(離肺一)。주부조(主婦俎)、 곡절(觳折)、 기여여조조(其餘如阼俎)。좌식조(佐食俎)、 곡절(觳折)、 척(脊)、 협(脅)。부일(膚一)、 리폐일(離肺一)。빈(賓)、

격(骼). 장형제급종인(長兄弟及宗人), 절(折) : 기여여좌식조(其餘如佐食俎). 중빈급중형제(眾賓及眾兄弟)、내빈(內賓)、종부(宗婦), 약유공유사(若有公有司)、사신(私臣), 개효승(皆骰脊), 부일(膚一), 리폐일(離肺一). 공유사문서(公有司門西), 북면동상(北面東上), 헌차중빈(獻次眾賓). 사신문동(私臣門東), 북면서상(北面西上), 헌차형제(獻次兄弟). 승수(升受), 강음(降飲).

특생궤식례(特牲饋食禮)

◆작자(作者) : 일명(佚名)

특생궤식지례(特牲饋食之禮). 부추일(不諏日). 급서일(及筮日), 주인관단현(主人冠端玄), 즉위어문외(即位於門外), 서면(西面). 자성형제여주인지복(子姓兄弟如主人之服), 립어주인지남(立於主人之南), 서면북상(西面北上). 유사군집사(有司群執事), 여형제복(如兄弟服), 동면북상(東面北上). 석어문중(席於門中), 얼서역외(闑西閾外). 서인취서어서숙(筮人取筮於西塾), 집지(執之), 동면수명주인(東面受命主人). 재자주인지좌찬명(宰自主人之左贊命), 명왈(命曰) : 「효손모(孝孫某), 서래일모(筮來日某), 추차모사(諏此某事), 적기황조모자(適其皇祖某子). 상향(尚饗)!」 서자허낙(筮者許諾), 환(還), 즉석(即席), 서면좌(西面坐). 괘자재좌(卦者在左). 졸서(卒筮), 사괘(寫卦). 서자집이시주인(筮者執以示主人). 주인수시(主人受視), 반지(反之), 서자환(筮者還), 동면(東面). 장점(長占), 졸(卒), 고어주인(告於主人) : 「점왈적촬칙서원일(占曰跡攫則筮遠日), 여초의(如初儀). 종인고사필(宗人告事畢).

전기삼일지조(前期三日之朝), 서시(筮屍), 여구일지의(如求日之儀). 명서왈(命筮曰) : 「효손모(孝孫某), 추차모사(諏此某事), 적기황조모자(適其皇祖某子), 서모지모위시(筮某之某爲屍). 상향(尚饗)!」

내숙시(乃宿屍). 주인립어시외문외(主人立於屍外門外). 자성형제립주인지후(子姓兄弟立主人之後), 북면동상(北面東上). 시여주인복(屍如主人服), 출문좌(出門左), 서면(西面). 주인피(主人辟), 개동면(皆東面), 북상(北上). 주인재배(主人再拜). 시답배(屍答拜). 종인빈사여초(宗人擯辭如初), 졸왈(卒曰) : 「서자위모시(筮子爲某屍), 점왈길(占曰吉), 감숙(敢宿)!」 축허낙(祝許諾), 치명(致命). 시허낙(屍許諾), 주인재배계수(主人再拜稽首). 시입주인퇴(屍入主人退).

숙빈(宿賓). 빈여주인복(賓如主人服), 출문좌(出門左), 서면재배(西面再拜). 주인동면(主人東面), 답재배(答再拜). 종인빈(宗人擯), 왈(曰) : 「모천세사(某薦歲事), 오자장리지(吾子將蒞之), 감숙(敢宿)」 빈왈(賓曰) : 「모감부경종(某敢不敬從)」 주인재배(主人再拜), 빈답배(賓答拜), 주인퇴(主人退), 빈배송(賓拜送).

궐명석(厥明夕), 진정어문외(陳鼎於門外), 북면북상(北面北上), 유멱(有鼏). 어재기남(樅在其南), 남순실수어기상(南順實獸於其上), 동수(東首). 생재기서(牲在其西), 북수(北首), 동족(東足). 설세어강계동남(設洗於降階東南), 호(壺)、금재동서(禁在東序), 두(豆)、변(籩)、형재동방(鉶在東房), 남상(南上). 기(幾)、석(席)、량돈재서당(兩敦在西堂). 주인급자성형제즉위어문동(主人及子姓兄弟即位於門東), 여초(如初). 빈급중빈즉위어문서(賓及眾賓即位於門西), 동면북상(東面北上). 종인(宗人)、축립어빈서북(祝立於賓西北), 동면남상(東面南上). 주인재배(主人再拜), 빈답재배(賓答再拜). 삼배중빈(三拜眾賓), 중빈답재배(眾賓答再拜). 주인읍입(主人揖入), 형제종(兄弟從), 빈급중빈종(賓及眾賓從), 즉위어당하(即位於堂下), 여외위(如外位). 종인승자서계(宗人升自西階), 시호탁급두변(視壺濯及豆籩), 반강(反降), 동북면고탁(東北面告濯)、구(具). 빈출(賓出), 주인출(主人出), 개복외위(皆復外位). 종인시생(宗人視牲), 고충(告充). 옹정작시(雍正作豕). 종인거수미(宗人舉獸尾), 고비(告備) ; 거정멱(舉鼎鼏). 청기(請期), 왈(曰) 「갱임(羹飪)」. 고사필(告事畢), 빈출(賓出), 주인배송(主人拜送).

숙흥(夙興), 주인복여초(主人服如初), 립어문외동방(立於門外東方), 남면(南面), 시측살(視側

殺). 주부시희찬어서당하(主婦視饎爨於西堂下). 형어문외동방(亨於門外東方), 서면북상(西面北上). 갱임(羹飪), 실정(實鼎), 진어문외(陳於門外), 여초(如初). 존어호동(尊於戶東), 현주재서(玄酒在西). 실두(實豆)、변(籩)、형(鉶), 진어방중(陳於房中), 여초(如初). 집사지조(執事之俎), 진어계간(陳於階間), 이렬(二列), 북상(北上). 성량돈(盛兩敦), 진어서당(陳於西堂), 자용추(藉用萑), 기석진어서당(幾席陳於西堂), 여초(如初). 시관이수(屍盥匜水), 실어반중(實於槃中), 단건(簞巾), 재문내지우(在門內之右). 축연궤어실중(祝筵几於室中), 동면(東面). 주부리계(主婦纚笄), 소의(宵衣), 립어방중(立於房中), 남면(南面). 주인급빈(主人及賓)、형제(兄弟)、군집사(群執事), 즉위어문외(即位於門外), 여초(如初). 종인고유사구(宗人告有司具). 주인배빈여초(主人拜賓如初), 읍입(揖入), 즉위(即位), 여초(如初), 좌식북면립어중정(佐食北面立於中庭).

주인급축승(主人及祝升), 축선입(祝先入), 주인종(主人從), 서면어호내(西面於戶內). 주부관어방중(主婦盥於房中), 천량두(薦兩豆), 규저(葵菹)、와해(蝸醢), 해재북(醢在北). 종인견좌식급집사관(宗人遣佐食及執事盥), 출(出). 주인강(主人降), 급빈관(及賓盥), 출(出). 주인재우(主人在右), 급좌식거생정(及佐食舉牲鼎). 빈장재우(賓長在右), 급집사거어랍정(及執事舉魚臘鼎). 제멱(除鼎). 종인집필선입(宗人執畢先入), 당작계(當阼階), 남면(南面). 정서면착(鼎西面錯), 우인추경(右人抽扃), 위어정북(委於鼎北). 찬자착조(贊者錯俎), 가비(加匕), 내비(乃朼). 좌식승기조(佐食升肵俎), 멱지(鼏之), 설어조계서(設於阼階西). 졸재(卒載), 가비어정(加匕於鼎). 주인승(主人升), 입복위(入復位). 조입(俎入), 설어두동(設於豆東). 어차(魚次), 랍특어조북(臘特於俎北). 주부설량돈서직어조남(主婦設兩敦黍稷於俎南), 서상(西上), 급량형모설어두남(及兩鉶芼設於豆南), 남진(南陳). 축세(祝洗), 작전(酌奠), 전어형남(奠於鉶南), 수명좌식계회(遂命佐食啟會), 좌식계회(佐食啟會), 각어돈남(卻於敦南), 출(出), 립어호서(立於戶西), 남면(南面). 주인재배계수(主人再拜稽首). 축재좌(祝在左), 졸축(卒祝), 주인재배계수(主人再拜稽首).

축영시어문외(祝迎屍於門外). 주인강(主人降), 립어조계동(立於阼階東). 시입문좌(屍入門左), 북면관(北面盥). 종인수건(宗人授巾). 시지어계(屍至於階), 축연시(祝延屍). 시승(屍升), 입(入), 축선(祝先), 주인종(主人從). 시즉석좌(屍即席坐), 주인배타시(主人拜妥屍). 시답배(屍答拜), 집전(執奠)；축향(祝饗), 주인배여초(主人拜如初). 축명뇌제(祝命挼祭). 시좌집치(屍左執觶), 우취저수연어해(右取菹手奠於醢), 제어두간(祭於豆間). 좌식취서(佐食取黍)、직(稷)、폐제(肺祭), 수시(授屍). 시제지(屍祭之), 제주(祭酒), 쵀주(啐酒), 고지(告旨). 주인배(主人拜), 시전치(屍奠觶), 답배(答拜). 제형(祭鉶), 상지(嘗之), 고지(告旨). 주인배(主人拜), 시답배(屍答拜), 축명이돈(祝命爾敦). 좌식이서직어석상(佐食爾黍稷於席上), 설대갱읍어해북(設大羹湆於醢北), 거폐척이수시(舉肺脊以授屍). 시수(屍受), 진제(振祭), 제지(嚌之), 좌집지(左執之), 내식(乃食), 식거(食舉). 주인수기조어랍북(主人羞肵俎於臘北). 시삼반(屍三飯), 고포(告飽). 축유(祝侑), 주인배(主人拜). 좌식거건(佐食舉乾), 시수(屍受), 진제(振祭), 제지(嚌之). 좌식수(佐食受), 가어기조(加於肵俎). 거수건(舉獸乾)、어일(魚一)、역여지(亦如之). 시실거어저두(屍實舉於菹豆). 좌식수서수사두(佐食羞庶羞四豆), 설어좌(設於左), 남상유해(南上有醢). 시우삼반(屍又三飯), 고포(告飽). 축유지(祝侑之), 여초(如初), 거격급수(舉骼及獸)、어(魚), 여초(如初), 시우삼반(屍又三飯), 고포(告飽). 축유지여초(祝侑之如初), 거견급수(舉肩及獸)、어여초(魚如初). 좌식성기조(佐食盛肵俎), 조석삼개(俎釋三個), 거폐척가어기조반서직어기소(舉肺脊加於肵俎反黍稷於其所)

주인세각(主人洗角), 승작(升酌), 윤시(酳屍). 시배수(屍拜受), 주인배송(主人拜送). 시제주(屍祭酒), 쵀주(啐酒), 빈장이간종(賓長以肝從). 시좌집각우취간수연어염(屍左執角右取肝手奠於鹽), 진제(振祭), 제지(嚌之), 가어저두(加於菹豆), 졸각(卒角). 축수시각(祝受屍角), 왈(曰)：「송작(送爵)！황시졸작(皇屍卒爵)。」주인배(主人拜), 시답배(屍答拜). 축작수시(祝酌授屍), 시이초주인(屍以醋主人). 주인배수각(主人拜受角), 시배송(屍拜送). 주인퇴(主人退), 좌식수뇌제(佐食授挼祭). 주인좌(主人坐), 좌집각(左執角), 수제제지(受祭祭之), 제주(祭酒), 쵀주(啐酒), 진청하(進聽嘏). 좌식단서수축(佐食摶黍授祝), 축수시(祝授屍). 시수이저두(屍受以菹豆), 집이친하주인(執以親嘏主人). 주인좌집각(主人左執角), 재배계수수(再拜稽首受), 복위(復位), 시회지(詩懷之), 실어좌메(實於左袂), 괘어계지(掛於季

指), 졸각(卒角), 배(拜)。 시답배(尸答拜)。 주인출(主人出), 사색어방(寫嗇於房), 축이변수(祝以籩受)。 연축(筵祝), 남면(南面)。 주인작헌축(主人酌獻祝), 축배수각(祝拜受角), 주인배송(主人拜送)。 설저해(設菹醢)、 조(俎)。 축좌집각(祝左執角), 제두(祭豆), 흥취폐(興取肺), 좌제(坐祭), 제지(嚌之), 흥가어조(興加於俎), 좌제주(坐祭酒), 쵀주(啐酒), 이간종(以肝從)。 축좌집각(祝左執角), 우취간수연어염(右取肝手奏於鹽), 진제(振祭), 제지(嚌之), 가어조(加於俎), 졸각(卒角), 배(拜)。 주인답배(主人答拜), 수각(受角), 작헌좌식(酌獻佐食)。 좌식북면배수각(佐食北面拜受角), 주인배송(主人拜送)。 좌식좌제(佐食坐祭), 졸각(卒角), 배(拜)。 주인답배(主人答拜), 수각(受角), 강(降), 반어비(反於篚), 승(升), 입복위(入復位)。

주부세작어방(主婦洗爵於房), 작(酌), 아헌시(亞獻尸)。 시배수(尸拜受), 주부북면배송(主婦北面拜送)。 종부집량변(宗婦執兩籩), 호외좌(戶外坐)。 주부수(主婦受), 설어돈남(設於敦南)。 축찬변제(祝讚籩祭)。 시수(尸受), 제지(祭之), 제주(祭酒), 쵀주(啐酒)。 형제장이번종(兄弟長以燔從)。 시수(尸受), 진제(振祭), 제지(嚌之), 반지(反之)。 수번자수(羞燔者受), 가어기(加於胏), 출(出)。 시졸작(尸卒爵), 축수작(祝受爵), 명송여초(命送如初)。 초(酢), 여주인의(如主人儀)。 주부적방(主婦適房), 남면(南面)。 좌식뇌제(佐食按祭)。 주부좌집작(主婦左執爵), 우무제(右撫祭), 제주(祭酒), 쵀주(啐酒), 입(入), 졸작(卒爵), 여주인의(如主人儀)。 헌축(獻祝), 변번종(籩燔從), 여초의(如初儀)。 급좌식(及佐食), 여초(如初)。 졸(卒), 이작입어방(以爵入於房)。

빈삼헌(賓三獻), 여초(如初)。 번종여초(燔從如初)。 작지(爵止)。 석어호내(席於戶內)。 주부세작(主婦洗爵), 작(酌), 치작어주인(致爵於主人)。 주인배수작(主人拜受爵), 주부배송작(主婦拜送爵)。 종부찬두여초(宗婦贊豆如初), 주부수(主婦受), 설량두량변(設兩豆兩籩)。 조입설(俎入設)。 주인좌집작(主人左執爵), 제천(祭薦), 종인찬제(宗人贊祭), 전작(奠爵), 흥취폐(興取肺), 좌절제(坐絕祭), 제지(嚌之), 흥가어조(興加於俎), 좌태수(坐兌手), 제주(祭酒), 쵀주(啐酒), 간종(肝從)。 좌집작(左執爵), 취간수연어염(取肝手奏於鹽), 좌진제(坐振祭), 제지(嚌之)。 종인수(宗人受), 가어조(加於俎)。 번역여지(燔亦如之)。 흥(興), 석말좌졸작(席末坐卒爵), 배(拜)。 주부답배(主婦答拜), 수작(受爵), 작초(酌醋), 좌집작(左執爵), 배(拜), 주인답배(主人答拜)。 좌제(坐祭), 립음(立飮), 졸작(卒爵), 배(拜), 주인답배(主人答拜)。 주부출(主婦出), 반어방(反於房)。 주인강(主人降), 세(洗), 작(酌), 치작어주부(致爵於主婦), 석어방중(席於房中), 남면(南面)。 주부배수작(主婦拜受爵), 주인서면답배(主人西面答拜)。 종부천두(宗婦薦豆)、 조(俎), 종헌개여주인(從獻皆如主人)。 주인경작작초(主人更爵酌醋), 졸작(卒爵), 강(降), 실작어비(實爵於篚), 입복위(入復位)。 삼헌작지작(三獻作止爵)。 시졸작(尸卒爵), 초(酢)。 작헌축급좌식(酌獻祝及佐食)。 세작(洗爵), 작치어주인(酌致於主人)、 주부(主婦)、 번종개여초(燔從皆如初)。 경작(更爵), 초어주인(酢於主人), 졸(卒), 복위(復位)。

주인강조계(主人降阼階), 서면배빈(西面拜賓), 여초(如初)。 세(洗), 빈사세(賓辭洗)。 졸세(卒洗), 읍양승(揖讓升), 작(酌), 서계상헌빈(西階上獻賓)。 빈북면배수작(賓北面拜受爵)。 주인재우(主人在右), 답배(答拜)。 천포해(薦脯醢)。 설절조(設折俎)。 빈좌집작(賓左執爵), 제두(祭豆), 전작(奠爵), 흥(興), 취폐(取肺), 좌절제(坐絕祭), 제지(嚌之), 흥(興), 가어조(加於俎), 좌태수(坐兌手), 제주(祭酒), 졸작(卒爵), 배(拜)。 주인답배(主人答拜), 수작(受爵), 작초(酌酢), 전작(奠爵), 배(拜)。 빈답배(賓答拜)。 주인좌제(主人坐祭), 졸작(卒爵), 배(拜)。 빈답배(賓答拜), 읍(揖), 집제이강(執祭以降), 서면전어기위(西面奠於其位); 위여초(位如初)。 천(薦)、 조종설(俎從設)。 중빈승(眾賓升), 배수작(拜受爵), 좌제(坐祭), 립음(立飮)。 천(薦)、 조설어기위(俎設於其位), 변(辯)。 주인비답배언(主人備答拜焉), 강(降), 실작어비(實爵於篚)。 존량호조계동(尊兩壺阼階東), 가작(加勺), 남방(南枋), 서방역여지(西方亦如之)。 주인세치(主人洗觶), 작어서방지존(酌於西方之尊), 서계전북면수빈(西階前北面酬賓), 빈재좌(賓在左)。 주인전치배(主人奠觶拜), 빈답배(賓答拜)。 주인좌제(主人坐祭), 졸치(卒觶), 배(拜)。 빈답배(賓答拜)。 주인세치(主人洗觶), 빈사(賓辭), 주인대(主人對)。 졸세(卒洗), 작(酌), 서면(西面)。 빈북면배(賓北面拜)。 주인전치어천북(主人奠觶於薦北)。 빈좌취치(賓坐取觶), 환(還), 동면(東面), 배(拜)。 주인답배(主人答拜)。 빈전치어천남(賓奠觶於薦南)。 읍복위(揖復位)。 주인세작(主人洗爵), 헌장형제어조계상(獻長兄弟於阼階上)。 여빈의(如賓儀)。 세(洗), 헌중형제

(헌중형제(獻眾兄弟), 여중빈의(如眾賓儀)。 세(洗), 헌내형제어방중(獻內兄弟於房中), 여헌중형제지의(如獻眾兄弟之儀)。 주인서면답배(主人西面答拜), 경작초(更爵酢), 졸작(卒爵), 강(降), 실작어비(實爵於篚), 입복위(入復位)。

장형제세고위가작(長兄弟洗觝爲加爵), 여초의(如初儀), 부급좌식(不及佐食), 세치여초(洗致如初), 무종(無從)。

중빈장위가작(眾賓長爲加爵), 여초(如初), 작지(爵止)。

사거전(嗣舉奠), 관입(盥入), 북면재배계수(北面再拜稽首)。 시집전(屍執奠), 진수(進受), 복위(復位), 제주(祭酒), 쵀쇄(啐灑)。 시거간(屍舉肝)。 거전좌집치(舉奠左執觶), 재배계수(再拜稽首), 진수간(進受肝), 복위(復位), 좌식간(坐食肝), 졸치(卒觶), 배(拜)。 시비답배언(屍備答拜焉)。 거전세작입(舉奠洗酌入), 시배수(屍拜受), 거전답배(舉奠答拜)。 시제주(屍祭酒), 쵀주(啐酒), 전지(奠之)。 거전출(舉奠出), 복위(復位)。

형제제자세작어동방지준(兄弟弟子洗酌於東方之尊), 조계전북면(阼階前北面), 거치어장형제(舉觶於長兄弟), 여주인수빈의(如主人酬賓儀)。 종인고제승(宗人告祭脅), 내수(乃羞)。 빈좌취치(賓坐取觶), 조계전북면수장형제(阼階前北面酬長兄弟); 장형제재우(長兄弟在右)。 빈전치배(賓奠觶拜), 장형제답배(長兄弟答拜)。 빈립졸치(賓立卒觶), 작어기존(酌於其尊), 동면립(東面立)。 장형제배수치(長兄弟拜受觶)。 빈북면답배(賓北面答拜), 읍(揖), 복위(復位)。 장형제서계전북면(長兄弟西階前北面), 중빈장자좌수려(眾賓長自左受旅), 여초(如初), 장형제졸치(長兄弟卒觶), 작어기존(酌於其尊), 서면립(西面立)。 수려자배수(受旅者拜受)。 장형제북면답배(長兄弟北面答拜), 읍(揖), 복위(復位)。 중빈급중형제교착이변(眾賓及眾兄弟交錯以辯)。 개여초의(皆如初儀)。 위가작자작지작(為加爵者作止爵), 여장형제지의(如長兄弟之儀)。 장형제수빈(長兄弟酬賓), 여빈수사제지의(如賓酬史弟之儀), 이변(以辯), 졸자실치어비(卒者實觶於篚)。 빈제자급형제제자세(賓弟子及兄弟弟子洗), 각작어기존(各酌於其尊), 중정북면서상(中庭北面西上), 거치어기장(舉觶於其長), 전치배(奠觶拜), 장개답배(長皆答拜)。 거치자제(舉觶者祭), 졸치(卒觶), 배(拜), 장개답배(長皆答拜)。 거치자세(舉觶者洗), 각작어기존(各酌於其尊), 복초위(復初位)。 장개배(長皆拜)。 거치자개전치어천우(舉觶者皆奠觶於薦右)。 장개집이흥(長皆執以興), 거치자개복위답배(舉觶者皆復位答拜)。 장개전치어기소(長皆奠觶於其所), 개읍기제자(皆揖其弟子), 제자개복기위(弟子皆復其位)。 작개무산(爵皆無算)。

리세산(利洗散), 헌어시(獻於屍), 초(酢), 급축(及祝), 여초의(如初儀)。 강(降), 실산어비(實散於篚)。

주인출(主人出), 립어호외(立於戶外), 서남면(西南面)。 축동면고리성(祝東面告利成)。 시속(屍謖), 축전(祝前), 주인강(主人降)。 축반(祝反), 급주인입(及主人入), 복위(復位)。 명좌식철시조(命佐食徹屍俎), 조출어묘문(俎出於廟門)。 철서수(徹庶羞), 설어서서하(設於西序下)。

연대석(筵對席), 좌식분궤형(佐食分簋鉶)。 종인견거전급장형제관(宗人遣舉奠及長兄弟盥), 립어서계하(立於西階下), 동면북상(東面北上)。 축명상식(祝命嘗食)。 준자(餕者), 거전허낙(舉奠許諾), 승(升), 입(入), 동면(東面)。 장형제대지(長兄弟對之), 개좌(皆坐)。 좌식수거(佐食授舉), 각일부(各一膚)。 주인서면재배(主人西面再拜), 축왈(祝曰): 「준(餕), 유이야(有以也)。」 량준전거어조(兩餕奠舉於俎), 허낙(許諾), 개답배(皆答拜)。 약시자삼(若是者三)。 개취거(皆取舉), 제식(祭食), 제거내식(祭舉乃食), 제형(祭鉶), 식거(食舉)。 졸식(卒食)。 주인강세작(主人降洗爵), 재찬일작(宰贊一爵)。 주인승작(主人升酌), 윤상준(酳上餕), 상준배수작(上餕拜受爵), 주인답배(主人答拜); 윤하준(酳下餕), 역여지(亦如之)。 주인배(主人拜), 축왈(祝曰): 「윤(酳), 유여야(有與也)。」 여초의(如初儀)。 량준집작배(兩餕執爵拜), 제주(祭酒), 졸작(卒爵), 배(拜)。 주인답배(主人答拜)。 량준개강(兩餕皆降), 실작어비(實爵於篚), 상준세작(上餕洗爵), 승작(升酌), 초주인(酢主人), 주인배수작(主人拜受爵)。 상준즉위(上餕即位), 좌답배(坐答拜)。 주인답배(主人答拜)。 주인좌제(主人坐祭), 졸작(卒爵), 배(拜)。 상준답배(上餕答拜), 수작(受爵), 강(降), 실어비(實於篚)。 주인출(主人出), 립어호외(立於戶外), 서면(西面)。

축명철조조(祝命徹阼俎)、 두(豆)、 변(籩), 설어동서하(設於東序下)。 축집기조이출(祝執其俎以出)

出), 동면어호서(東面於戶西). 종부철축두(宗婦徹祝豆)、변입어방(籩入於房), 철주부천(徹主婦薦)、조(俎). 좌식철시천(佐食徹屍薦)、조(俎)、돈(敦), 설어서북우(設於西北隅), 기재남(幾在南), 비용연(扆用莚), 납일존(納一尊). 좌식합유호(佐食闔牖戶), 강(降). 축고리성(祝告利成), 강(降), 출(出). 주인강(主人降), 즉위(即位). 종인고사필(宗人告事畢), 빈출(賓出), 주인송어문외(主人送於門外), 재배(再拜). 좌식철조조(佐食徹阼俎). 당하조필출(堂下俎畢出).

기(記). 특생궤식(特牲饋食), 기복개조복(其服皆朝服), 현관(玄冠)、치대(緇帶)、치(緇)□. 유시(唯屍)、축(祝)、좌식현단(佐食玄端), 현상(玄裳)、황상(黃裳)、잡상가야(雜裳可也), 개작(皆爵)□. 설세(設洗), 남북이당심(南北以堂深), 동서당동영(東西當東榮). 수재세동(水在洗東). 비재세서(篚在洗西), 남순(南順), 실이작(實二爵)、이고(二觚)、사치(四觶)、일각(一角)、일산(一散). 호(壺)、어금(梜禁), 찬어동서(饌於東序), 남순(南順). 복량호언(覆兩壺焉), 개재남(蓋在南) ; 명일졸전(明日卒奠), 멱용곡(羃用谷) ; 즉위이철지(即位而徹之), 가작(加勺). 변(籩), 건이곡야(巾以谷也), 훈리(纁里), 조(棗)二、률택(栗擇). 형모(鉶芼), 용고(用苦), 약미(若薇), 개유활(皆有滑), 하규(夏葵), 동환(冬荁). 극심비(棘心匕), 각(刻). 생찬재묘문외동남(牲爨在廟門外東南), 어랍찬재기남(魚臘爨在其南), 개서면(皆西面), 희찬재서벽(饎爨在西壁). 기조심설개거본말(肵俎心舌皆去本末), 오할지(午割之), 실어생정(實於牲鼎), 재심립(載心立)、설축조(舌縮俎). 빈여장형제지천(賓與長兄弟之薦), 자동방(自東房), 기여재동당(其餘在東堂). 옥시관자일인(沃屍盥者一人), 봉반자동면(奉槃者東面), 집이자서면순옥(執匜者西面淳沃), 집건자재이북(執巾者在匜北). 종인동면취건(宗人東面取巾), 진지삼(振之三), 남면수시(南面授屍) ; 졸(卒), 집건자수(執巾者受). 시입(屍入), 주인급빈개피위(主人及賓皆辟位), 출역여지(出亦如之). 사거전(嗣舉奠), 좌식설두염(佐食設豆鹽). 좌식당사(佐食當事), 즉호외남면(則戶外南面), 무사(無事), 즉중정북면(則中庭北面). 범축호(凡祝呼), 좌식허낙(佐食許諾). 종인(宗人), 헌여려치어종빈(獻與旅齒於從賓). 좌식(佐食), 어려치어형제(於旅齒於兄弟). 존량호어방중서용하(尊兩壺於房中西墉下), 남상(南上). 내빈립어기북(內賓立於其北), 동면남상(東面南上). 종부북당동면(宗婦北堂東面), 북상(北上). 주부급내빈(主婦及內賓)、종부역려(宗婦亦旅), 서면(西面). 종부찬천자(宗婦贊薦者), 집이좌어호외(執以坐於戶外), 수주부(授主婦). 시졸식(屍卒食), 이제희찬(而祭饎爨)、옹찬(雍爨). 빈종시(賓從屍), 조출묘문(俎出廟門), 내반위(乃反位). 시조(屍俎), 좌견(左肩)、비(臂)、노(臑)、순(肫)、각(胳), 정척이골(正脊二骨), 횡척(橫脊), 장협이골(長脅二骨), 단협(短脅). 부삼(膚三), 리폐일(離肺一), 촌폐삼(刌肺三), 어십유오(魚十有五). 랍여생골(臘如牲骨). 축조(祝俎), 비(髀)、정척이골(脡脊二骨), 협이골(脅二骨). 부일(膚一), 리폐일(離肺一). 조조(阼俎) : 비(臂), 정척이골(正脊二骨), 횡척(橫脊), 장협이골(長脅二骨), 단협(短脅). 부일(膚一), 리폐일(離肺一). 주부조(主婦俎), 곡절(穀折), 기여여조조(其餘如阼俎). 좌식조(佐食俎), 곡절(穀折), 척(脊), 협(脅). 부일(膚一), 리폐일(離肺一). 빈(賓), 격(骼). 장형제급종인(長兄弟及宗人), 절(折) : 기여여좌식조(其餘如佐食俎). 중빈급중형제(眾賓及眾兄弟)、내빈(內賓)、종부(宗婦), 약유공유사(若有公有司)、사신(私臣), 개효승(皆殽脀), 부일(膚一), 리폐일(離肺一). 공유사문서(公有司門西), 북면동상(北面東上), 헌차중빈(獻次眾賓). 사신문동(私臣門東), 북면서상(北面西上), 헌차형제(獻次兄弟). 승수(升受), 강음(降飲).

◆역문(譯文)

특생궤식지례(特牲饋食之禮) : 부상모복서지일(不商謀卜筮之日). 사지복서지일(俟至卜筮之日), 주인복현관현단(主人服玄冠玄端), 어묘문외취위(於廟門外就位), 면조서(面朝西). 소제자지자손(所祭者之子孫)、형제역현관현단(兄弟亦玄冠玄端), 립어주인적남변(立於主人的南邊), 면조서(面朝西), 이북위상(以北為上). 전직사제자급림시래조제자역현관현단(專職司祭者及臨時來助祭者亦玄冠玄端), 면조동(面朝東), 이북위상(以北為上). 어묘문중앙단주적서변(於廟門中央短柱的西邊)、문함적외변포석(門檻的外邊鋪席). 서인어서숙취시초나재수중(筮人於西塾取蓍草拿在手中), 면조동접수주인지명(面朝東接受主人之命). 군리지장재참재주인적좌변전달주인지명(群吏之長宰站在主人的左邊傳達主人之命), 설(說) : "효손모복서래일모지길흉(孝孫某卜筮來日某之吉凶), 왕제어기황조지묘(往祭於其皇祖之廟), 청황조모자향제(請皇祖某子享祭)."

서자응낙(筮者應諾), 전신취석이좌(轉身就席而坐), 면조서(面朝西). 집괘지인재좌변(執卦之人在左邊). 복서완필(卜筮完畢), 장괘효사어방판상(將卦爻寫於方版上). 서자집방판급주인간(筮者執方版給主人看). 주인접과래간후(主人接過來看後), 환급서자(還給筮者). 서자우환급집괘자(筮者又還給執卦者), 면조동(面朝東). 접저안년령지장유차제점복(接著按年齡之長幼次第占卜), 완필(完畢), 고어주인(告於主人): "점복적결과시(占卜的結果是) '길(吉)'. "당약부길(倘若不吉), 칙요서순외지일(則要筮旬外之日), 복서지례의화전면일양(卜筮之禮儀和前面一樣). 종인고고복서지사결속(宗人誥告卜筮之事結束).

제전삼일지조상(祭前三日之早上), 이복서선택대사자수제지인(以卜筮選擇代死者受祭之人)——시(屍), 예의여이복서택일상동(禮儀與以卜筮擇日相同). 군리지장전달주인지명설(群吏之長傳達主人之命說): "효손모왕제어황조지묘(孝孫某往祭於皇祖之廟), 서모지모위(筮某之某爲) '시(屍)'. 청향제(請享祭). "

어시고(於是告) "시(屍)" 제일사기안시이래(祭日使其按時而來). 상주립어(喪主立於) "시(屍)" 적외문지외(的外門之外). 소제자지자손(所祭者之子孫)、형제립어주인지후(兄弟立於主人之後), 면조북(面朝北), 이동위상(以東爲上). "시(屍)" 복화주인일양적의복(服和主人一樣的衣服), 출문립어좌변(出門立於左邊), 면조서(面朝西). 주인피위(主人避位), 여중인면조동(與衆人面朝東), 이북위상(以北爲上). 주인량차향(主人兩次向) "시(屍)" 행배(行拜), "시(屍)" 답배(答拜). 종인빈자소치지사화전면서시지사일양(宗人儐者所致之辭和前面筮屍之辭一樣), 유최후량구칙위(唯最後兩句則爲): "서자위모(筮子爲某) '시(屍)', 점복적결과시(占卜的結果是) '길(吉)', 감청축고지(敢請祝告之) '시(屍)'. "축응낙(祝應諾), 전고어(轉告於) "시(屍)". "시(屍)" 응낙(應諾), 주인향(主人向) "시(屍)" 량차행배병고수(兩次行拜並叩首). "시(屍)" 입문적동시(入門的同時), 주인퇴하(主人退下).

고빈제일사기급시래도(告賓祭日使其及時來到). 빈객복화주인동양적의복(賓客服和主人同樣的衣服), 출문립어좌변(出門立於左邊), 면조서(面朝西), 향주인량차행배(向主人兩次行拜). 주인면조동(主人面朝東), 답배역량차(答拜亦兩次). 종인빈자치사설(宗人儐者致辭說): "모행세제지사(某行歲祭之事), 경청귀빈리림(敬請貴賓蒞臨), 청급시참가(請及時參加). "빈회답설(賓回答說): "모즘감부경이종명(某怎敢不敬而從命). "수지주인향빈행배량차(隨之主人向賓行拜兩次), 빈답배(賓答拜). 주인퇴하(主人退下), 빈배송지(賓拜送之). 청빈지차일만상(請賓之次日晩上), 장정진설어문외(將鼎陳設於門外), 정면조북(正面朝北), 이북위상(以北爲上). 유복건개어정상(有覆巾蓋於鼎上). 장방형무족적목승반(長方形無足的木承盤)——

어치방재정적남변(牲置放在鼎的南邊), 남북방(南北放), 역이북위상(亦以北爲上), 어상재방수(牲上再放獸)(토(兔)), 수적두조동(獸的頭朝東). 제생시방재어적서변(祭牲豕放在牲的西邊), 생두조북(牲頭朝北), 족조동(足朝東). 설세어동계동남(設洗於東階東南), 설호(設壺)、금어동서(禁於東序), 설두(設豆)、변(籩)、형어동방(鉶於東房), 이남위상(以南爲上). 설기(設幾)、석(席)、량척돈어서당(兩隻敦於西堂). 주인화소제자지자손(主人和所祭者之子孫)、형제즉위어묘문외적동변(兄弟即位於廟門外的東邊), 화초서위상동(和初筮位相同). 빈화중빈즉위어묘문외적서변(賓和衆賓即位於廟門外的西邊), 면조동(面朝東), 이북위상(以北爲上). 종인(宗人)、축립어빈적서북변(祝立於賓的西北邊), 면조동(面朝東), 이남위상(以南爲上). 주인향빈행배량차(主人向賓行拜兩次), 빈답배역량차(賓答拜亦兩次). 주인우향중빈행배삼차(主人又向衆賓行拜三次), 중빈답배량차(衆賓答拜兩次). 주인진이공수이입(主人進而拱手而入), 형제종주인이입(兄弟從主人而入), 빈급중빈우종형제이입(賓及衆賓又從兄弟而入), 개즉위어당하(皆即位於堂下), 소취지위여묘문외상동(所就之位與廟門外相同). 종인종서계등당(宗人從西階登堂), 심시호등시부세정급두(審視壺等是否洗淨及豆)、변등시부설호(籩等是否設好), 연후반신하당(然後返身下堂), 면조동북(面朝東北), 고주인급빈객제기이세정비타(告主人及賓客祭器已洗淨備妥). 어시빈객출묘문(於是賓客出廟門), 주인야출묘문(主人也出廟門), 개반회묘문외원위(皆返回廟門外原位).

접저종인심사제생(接著宗人審査祭牲), 조고제생비장(詔告祭牲肥壯). 옹인지장칙이책촉시이시기성기(雍人之長則以策觸豕而視其聲氣), 이지시시부유병(以知豕是否有病). 종인우거기수(宗人又擧起獸

미(宗人又擧起獸尾), 조고수완정무잔결(詔告獸完整無殘缺) ; 흔개복정지건(掀開覆鼎之巾), 조고정확결정(詔告鼎確潔淨). 종인진이향주인청시제사적시간(宗人進而向主人請示祭祀的時間), 주인회답(主人回答) : "차일천명육숙시행제(次日天明肉熟時行祭)." 종인조고제기(宗人詔告祭器)、제생등검시완필(祭牲等檢視完畢), 빈객사출(賓客辭出), 주인배송(主人拜送).

제일일조기래(祭日一早起來), 주인복현관현단여전(主人服玄冠玄端如前), 립어문외동변(立於門外東邊), 면조남(面朝南), 찰시살제시(察視殺祭豕). 주부칙어서당하관간취서직(主婦則於西堂下觀看炊黍稷). 어문외동변팽자시(於門外東邊烹煮豕)、어(魚)、수(獸)(토(兔)), 면조서(面朝西), 이북위상(以北爲上). 팽자완필(烹煮完畢), 성어정중(盛於鼎中), 진설어문외(陳設於門外), 기위화선전상동(其位和先前相同). 주호설어실호지동(酒壺設於室戶之東), 현주지호재서변(玄酒之壺在西邊). 장건육(將乾肉)、육장(肉醬)、채갱등성어두(菜羹等盛於豆)、변(籩)、형중(鉶中)、진설재방중(陳設在房中), 기위야화선전상동(其位也和先前相同). 제집사지조진설재동서량계지간(諸執事之俎陳設在東西兩階之間), 자북이남분위량배(自北而南分爲兩排), 이북위상(以北爲上). 성서직어량척돈중(盛黍稷於兩隻敦中), 진설재서당(陳設在西堂), 돈하점이세위(敦下墊以細葦). 기화석역진설재서당(幾和席亦陳設在西堂), 기위화선전상동(其位和先前相同). "시(尸)"관세지수성어이중(盥洗之水盛於匜中), 이우치어관반지중(匜又置於盥盤之中) ; "시(尸)"식수지건방재단중(拭手之巾放在簞中), 범차개설재문내우변(凡此皆設在門內右邊). 축설제사용석(祝設祭祀用席)、기어실중서남우(幾於室中西南隅), 정면조동(正面朝東). 주부포발삽계(主婦包發插笄), 저포제상복흑색증의(著布制常服黑色繪衣), 립어방중(立於房中), 면조남(面朝南). 주인화빈객(主人和賓客)、형제(兄弟)、제집사어문외취위(諸執事於門外就位), 기위화선전일양(其位和先前一樣). 종인고주인준비취서(宗人告主人準備就緒). 주인배빈(主人拜賓), 공수이입(拱手而入), 취위(就位), 기례의개화선전시제기시부세정시상동(其禮儀皆和先前視祭器是否洗淨時相同). 좌식칙면조북(佐食則面朝北), 립어중정(立於中庭).

주인화축등당(主人和祝登堂), 축선입실(祝先入室), 주인종축이입(主人從祝而入), 면조서(面朝西), 립어실내(立於室內). 주부재방중세수(主婦在房中洗手), 계헌량두(繼獻兩豆), 일두성규저(一豆盛葵菹), 일두성와장(一豆盛蝸醬), 성와장지두방재북변(盛蝸醬之豆放在北邊). 종인견파좌식화집사세수(宗人遣派佐食和執事洗手), 출문(出門), 이사태정(以俟抬鼎). 주인하당(主人下堂), 화빈객지장세수(和賓客之長洗手), 출문(出門). 주인재우변(主人在右邊), 좌식재좌변(佐食在左邊), 태기생정(抬起牲鼎). 빈객지장재우변(賓客之長在右邊), 집사재좌변(執事在左邊), 태기어정화수정(抬起魚鼎和獸鼎). 제거복정지멱건(除去覆鼎之冪巾). 종인집상목제성적차자(宗人執桑木製成的叉子)——필선정이입(畢先鼎而入), 정대저동계이립(正對著東階而立), 면조남(面朝南). 정태입후정면조서방하(鼎抬入後正面朝西放下), 우변태정자(右邊抬鼎者)상주급이빈(喪主及二賓) 추출공자(抽出槓子), 치방재정적북변(置放在鼎的北邊). 조제자설조어정서(助祭者設俎於鼎西), 가비어조상(加匕於俎上), 우변지인용비장생체종정중승출(右邊之人用匕將牲體從鼎中升出), 좌변지인접과생체재어조상(左邊之人接過牲體載於俎上). 좌식설경시지조(佐食設敬尸之俎)——기조어동계지서(胏俎於東階之西), 조상복개멱건(俎上覆蓋冪巾). 삼정소성제품진재어조후(三鼎所盛祭品盡載於俎後), 가비어정상(加匕於鼎上), 필역가어정상(畢亦加於鼎上). 주인등당(主人登堂), 입실(入室), 반회원위(返回原位). 접저(接著), 장시조종동계나진실중(將豕俎從東階拿進室中), 설재두적동변(設在豆的東邊). 어조나진래후의어시조적동변이설(魚俎拿進來後依於豕俎的東邊而設), 수조칙특별설재시조(獸俎則特別設在豕俎)、어조적북변(魚俎的北邊). 주부칙장성유서화직적량척돈설재조적남변(主婦則將盛有黍和稷的兩隻敦設在俎的南邊), 이서위상(以西爲上) ; 우장성육갱화채갱적량형설재두적남변(又將盛肉羹和菜羹的兩鉶設在豆的南邊), 의어두이향남진방(依於豆而向南陳放). 축청세주작(祝淸洗酒爵)、주치(酒觶)、짐상주후(斟上酒後), 진방재형적남변(陳放在鉶的南邊), 접저명좌식계개돈개(接著命佐食啓開敦蓋). 좌식준명계개돈개(佐食遵命啓開敦蓋), 앙치어돈적남변(仰置於敦的南邊), 계이출실(繼而出室), 립어호서(立於戶西), 면조남(面朝南). 주인행배량차병고수(主人行拜兩次並叩首), 축즉립어주인적좌변위주인석사어신(祝則立於主人的左邊爲主人釋辭於神). 완필(完畢), 주인우행배량차병고수(主人又行拜兩次並叩首).

축영(祝迎)"시(尸)"어묘문외(於廟門外). 주인하당(主人下堂), 입어동계적동변(立於東階的東

邊)。“시(屍)”입묘문후참재좌변(入廟門後站在左邊), 면조북세수(面朝北洗手)。종인수건어(宗人授巾於)“시(屍)”식수(拭手)。“시(屍)”주도계전(走到階前), 축청(祝請)“시(屍)”상계등당(上階登堂)；“시(屍)”등당(登堂), 입실(入室)；축종(祝從)“시(屍)”입실(入室), 선어주인(先於主人), 주인종축이입실(主人從祝而入室)。“시(屍)”입실후즉석좌하(入室後即席坐下), 주인향(主人向)“시(屍)”행배(行拜)。청(請)“시(屍)”안좌(安坐)。“시(屍)”답배(答拜), 취하축치어형남지주치이집지(取下祝置於鉶南之酒觶而執之)；축청(祝請)“시(屍)”향제(享祭), 상주향(喪主向)“시(屍)”행배량차병고수여전(行拜兩次並叩首如前)。축조고(祝詔告)“시(屍)”행뇌제(行挼祭)。“시(屍)”좌수집치(左手執觶), 우수취저병초이육장(右手取菹並醮以肉醬), 어량두지간행제(於兩豆之間行祭)。좌식장서(佐食將黍)、직(稷)、절폐헌어(切肺獻於)“시(屍)”。“시(屍)”이지행제(以之行祭), 계이제주(繼而祭酒), 상주(嘗酒), 조고주인기미선미(詔告主人其味鮮美)。주인향(主人向)“시(屍)”행배(行拜)。“시(屍)”방하치답배(放下觶答拜)。“시(屍)”우이잡유야채적육갱행제(又以雜有野菜的肉羹行祭), 품상후조고주인기미선미(品嘗後詔告主人其味鮮美)。주인우향(主人又向)“시(屍)”행배(行拜), “시(屍)”답배(答拜)。축명좌식장돈이근(祝命佐食將敦移近), 좌식준명장성서지돈이어석상(佐食遵命將盛黍之敦移於席上), 우설태갱육즙어육장적북변(又設太羹肉汁於肉醬的北邊), 병거나폐척헌어(並舉拿肺脊獻於)“시(屍)”。“시(屍)”접과래진제(接過來振祭), 상과후이좌수집지(嘗過後以左手執之)；우수취식이식지(右手取食而食之)。주인헌상기조어수조지북(主人獻上肵俎於獸俎之北)。“시(屍)”취반삼차후(取飯三次後), 조고주인이포(詔告主人已吃飽)。축권(祝勸)“시(屍)”접저흘(接著吃), 주인향(主人向)“시(屍)”행배(行拜)。계이좌식헌상생조어(繼而佐食獻上牲助於)“시(屍)”, “시(屍)”접과래진제(接過來振祭), 상과후환어좌식(嘗過後還於佐食)。좌식접과래방재기조상면(佐食接過來放在肵俎上面)；좌식우의차헌상수조화어일조(佐食又依次獻上獸助和魚一條), 기헌기수지례의야화전면일양(其獻其受之禮儀也和前面一樣)。“시(屍)”장선전좌수소집식이미진지폐척치방재저두상면(將先前左手所執食而未盡之肺脊置放在菹豆上面)。좌식헌상성유시육등공품적사두어(佐食獻上盛有豕肉等供品的四豆於)“시(屍)”, 방재좌변(放在左邊), 이남위상(以南為上), 내유성육장일두(內有盛肉醬一豆)。

“시(屍)”우취반삼차(又取飯三次), 조고주인이흘포(詔告主人已吃飽)。축권(祝勸)“시(屍)”재흘(再吃), 화선전일양(和先前一樣)；좌식헌상시지후경골(佐食獻上豕之後脛骨)、수지후경골(獸之後脛骨)、어일조어(魚一條於)“시(屍)”, 례의화전면일양(禮儀和前面一樣)。“시(屍)”우취반삼차(又取飯三次), 조고주인이흘포(詔告主人已吃飽)。축우권(祝又勸)“시(屍)”재흘(再吃), 화전면일양(和前面一樣)；좌식헌상시지견(佐食獻上豕之肩)、수지견(獸之肩)、어일조어(魚一條於)“시(屍)”, 예의잉여전(禮儀仍如前)。접저좌식취생(接著佐食取牲)、어(魚)、건육지여성어기조(乾肉之餘盛於肵俎), 제시화제수분별류하정척일괴(祭豕和祭獸分別留下正脊一塊)、정륵일괴화노(正肋一塊和臑), 어칙류하삼조(魚則留下三條)；연후종저두상취하폐척개방어기조지상(然後從菹豆上取下肺脊改放於肵俎之上), 우장서(又將黍)、직반회원처(稷返回原處)。

주인청세각배(主人清洗角杯), 등당(登堂), 짐주(斟酒), 헌어(獻於)“시(屍)”。“시(屍)”배사후접과래(拜謝後接過來), 주인배송(主人拜送)。“시(屍)”제주(祭酒), 상주(嘗酒), 빈객지전이간헌(賓客之專以肝獻)“시(屍)”。“시(屍)”좌수집각배(左手執角杯)。우수종빈객지장나리접과간(右手從賓客之長那裡接過肝), 잠염후진제(蘸鹽後振祭), 상과후가어저두상면(嘗過後加於菹豆上面), 접저음진각배중주(接著飲盡角杯中酒)。축접과(祝接過)“시(屍)”적공각배(的空角杯), 조고주인설(詔告主人說)：“송작(送爵), 시이음진주작중주(屍已飲盡酒爵中酒)。”주인향(主人向)“시(屍)”행배(行拜), “시(屍)”답배(答拜)。축진이짐주수급(祝進而斟酒授給)“시(屍)”, “시(屍)”이지회경주인(以之回敬主人)。주인행배후접과각배(主人行拜後接過角杯), “시(屍)”배송(拜送)。주인퇴이반위(主人退而返位), 좌식취(佐食取)“시(屍)”소식서(所食黍)、직(稷)、절폐지여수어주인사제(切肺之餘授於主人使祭)。주인좌하(主人坐下), 좌수집각배(左手執角杯), 우수취좌식소헌제품이제지(右手取佐食所獻祭品而祭之)；접저제주(接著祭酒), 상주(嘗酒), 우진지(又進至)“시(屍)”전정수(前靜受)“시(屍)”적축복지사(的祝福之辭)。좌식날서반성단상수급축(佐食捏黍飯成團狀授給祝), 축우수어(祝又授於)“시(屍)”。“시(屍)”이저두접저(以菹豆接著), 집저두친수상주(執菹豆親授喪主), 병축복어주인(並祝福於主人)。주인좌수집각배(主人左手執角杯), 행배량차병고수후접과저두(行拜兩次並叩首後接過菹豆), 반회원위(返回原位)；진이봉납어배중(進而奉納於杯中), 우방입좌수지중(又放入左袖之中), 병이우수괘좌수어좌수소(並以右手掛左手於左手所

지(並以右手掛左手小指)；연후음진각배중주(然後飮盡角杯中酒), 배사(拜謝)"시(尸)"。"시(尸)"답배(答拜)。주인출실입방(主人出室入房), 장좌수중지반단도출(將左袖中之飯糰倒出)。축용변접저(祝用邊接著)。주인자방환입실(主人自房還入室), 위축포죽석(爲祝鋪竹蓆), 석정면향남(席正面向南)。주인짐주헌어축(主人斟酒獻於祝), 축행배후접과주각(祝行拜後接過酒角), 주인배송(主人拜送)。접저주부설호저화육장(接著主婦設好菹和肉醬), 좌식설호조(佐食設好俎)。

축좌수집각배(祝左手執角杯), 좌하이우수제두(坐下以右手祭豆), 기래취폐(起來取肺), 좌하제폐(坐下祭肺), 상폐후기래(嘗肺後起來), 가폐어조상(加肺於俎上), 연후좌하제주(然後坐下祭酒), 상주(嘗酒), 저시주인헌간어축(這時主人獻肝於祝)。축좌수집각배(祝左手執角杯), 우수취간잠상염후진제(右手取肝蘸上鹽後振祭), 상과후방간어조상(嘗過後放肝於俎上), 음진각배중주(飮盡角杯中酒), 배사주인(拜謝主人)。주인답배(主人答拜), 접과각배(接過角杯), 짐상주후우헌급좌식(斟上酒後又獻給佐食)。좌식면조북행배후접과각배(佐食麵朝北行拜後接過角杯), 주인행배상송(主人行拜相送)。좌식좌하행제(佐食坐下行祭), 음진각배중주(飮盡角杯中酒), 배사주인(拜謝主人)。주인답배(主人答拜), 접과각배(接過角杯)；하당(下堂), 치공각배어비중(置空角杯於篚中)；연후등당(然後登堂), 입실(入室), 반회원위(返回原位)。

주부재방중청세주작(主婦在房中淸洗酒爵), 짐상주(斟上酒), 이차헌(二次獻)"시(尸)"。"시(尸)"행배후접과주작(行拜後接過酒爵), 주부면조북행배상송(主婦面朝北行拜相送)。동종지부집일성조(同宗之婦執一盛棗)、일성률적량척변좌재호외정급주부(一盛栗的兩隻籩坐在戶外呈給主婦)；주부접과래설재돈적남변(主婦接過來設在敦的南邊), 성조지변재서(盛棗之籩在西), 성률지변재동(盛栗之籩在東)。축종변중취조(祝從籩中取棗)、률헌어(栗獻於)"시(尸)"。"시(尸)"접과래이지행제(接過來以之行祭), 우제주(又祭酒)、상주(嘗酒)。형제중지장자접저헌상자육(兄弟中之長者接著獻上炙肉)。"시(尸)"접과래진제(接過來振祭), 상과후환어형제중지장자(嘗過後還於兄弟中之長者)。헌자육자접과래(獻炙肉者接過來), 가어기조지상(加於胏俎之上), 퇴출(退出)。"시(尸)"음진주작중주(飮盡酒爵中酒), 축접과공작(祝接過空爵), 명주부배송작(命主婦拜送爵), 화주인일양(和主人一樣)。"시(尸)"환주작짐주회경주부(換酒爵斟酒回敬主婦), 야화회경주인일양(也和回敬主人一樣)。주부반회방중(主婦返回房中), 면조남(面朝南)。좌식장제물치어지상명주부행제(佐食將祭物置於地上命主婦行祭)。주부좌수집주작(主婦左手執酒爵), 우수무안지상지제물이제(右手撫按地上之祭物而祭), 제주(祭酒), 상주(嘗酒)：진이입실(進而入室), 음진주작중주(飮盡酒爵中酒), 개여주인지의(皆如主人之儀)。접저주부의차헌변어축(接著主婦依次獻籩於祝), 헌자육어축(獻炙肉於祝), 개화선전지의상동(皆和先前之儀相同)。지헌좌식(至獻佐食), 기례의야화선전상동(其禮儀也和先前相同)。완필(完畢), 집공작입어방중(執空爵入於房中)。

빈객삼차헌시(賓客三次獻尸), 기례의화주부이차헌(其禮儀和主婦二次獻)"시(尸)"상동(相同)。진이헌자육(進而獻炙肉), 기례의야화주부헌시상동(其禮儀也和主婦獻時相同)。"시(尸)"어시방하주작(於是放下酒爵)。종방중취석위주인포어실내(從房中取席爲主人鋪於室內), 석적정면조서(席的正面朝西)。주부청세주작(主婦淸洗酒爵), 짐주후헌어주인(斟酒後獻於主人)。주인행배후접과주작(主人行拜後接過酒爵), 주부행배송작(主婦行拜送爵)。동종지부헌상변(同宗之婦獻上籩)、두(豆), 화선전일양(和先前一樣), 주부접과(主婦接過), 설량두(設兩豆)、량변(兩籩)。좌식입실설호조(佐食入室設好俎)。주인좌수집작(主人左手執爵), 우수취소송지제품행제(右手取所送之祭品行祭)；종인헌상변(宗人獻上籩)、두중지제품이조제(豆中之祭品以助祭)。주인접저방하주작(主人接著放下酒爵), 기래취폐(起來取肺), 좌하용우수장폐시개이제지(坐下用右手將肺撕開而祭之), 병상좌수중폐(並嘗左手中肺)；기래가폐어조상(起來加肺於俎上), 좌하식수후제주(坐下拭手後祭酒), 상주(嘗酒), 접저헌간어주인(接著獻肝於主人)。주인좌수집작(主人左手執爵), 우수취간잠염후(右手取肝蘸鹽後), 좌하진제(坐下振祭), 병상간(並嘗肝)。상과후교어종인(嘗過後交於宗人), 종인접과(宗人接過), 가어조상(加於俎上)。헌자육지례의(獻炙肉之禮儀), 역화선전상동(亦和先前相同)。상주기래(喪主起來), 취석지말단이좌(就席之末端而坐), 음진주작중주(飮盡酒爵中酒), 향주부행배(向主婦行拜)。주부답배(主婦答拜), 접과공작(接過空爵), 짐주자수(斟酒自酬), 연후좌수집작(然後左手執爵), 향주인행배(向主人行拜)；주인답배(主人答拜)。주부좌하제주(主婦坐下祭酒), 기래음진주작중주(起來飮盡酒爵中酒), 향주인행배(向主人行拜)；주인답배(主人答拜). 주부출실지당(主婦出室至堂), 병유당반회방중(並由堂返回房中). 주인하당(主人下堂), 청세주작(清洗酒爵), 등당짐주후헌급주부(登堂斟酒後獻給主婦), 주부지석재방중(主婦之席在房中), 정면조남(正面朝南). 주부행배후접과주작(主婦行拜後接過酒爵), 주인면조서답배(主人面朝西答拜). 동종지부헌상두(同宗之婦獻上豆)、조(俎), 진이헌상간(進而獻上肝)、자육(炙肉), 기례의개화헌주인시상동(其禮儀皆和獻主人時相同). 상주경환주작(喪主更換酒爵), 짐주자수(斟酒自酬), 음진주작중주(飲盡酒爵中酒), 하당(下堂)；장공작방어비중(將空爵放於篚中), 연후입실반회원위(然後入室返回原位). 빈객청(賓客請)“시(尸)”음삼헌시방하지주작(飲三獻時放下之酒爵).

“시(尸)”음진차작중주(飲盡此爵中酒), 빈객짐주자수(賓客斟酒自酬). 계이짐주헌축화좌식(繼而斟酒獻祝和佐食). 접저청세주작(接著清洗酒爵), 우짐주헌상주화주부(又斟酒獻喪主和主婦), 우헌상자육(又獻上炙肉), 기례의개화선전상동(其禮儀皆和先前相同). 빈객경환주작(賓客更換酒爵), 짐주대주인자수(斟酒代主人自酬)；완필(完畢), 반회당하원위(返回堂下原位), 면조동(面朝東).

주인종동계하당(主人從東階下堂), 면조서배빈(面朝西拜賓), 기례의화선전일양(其禮儀和先前一樣)；접저청세주작(接著清洗酒爵).

빈객겸양(賓客謙讓), 주인계속세작(主人繼續洗爵). 세작완필(洗爵完畢), 주인행공수례(主人行拱手禮), 양빈객선등계(讓賓客先登階), 연후짐주(然後斟酒), 어서계상헌급빈객(於西階上獻給賓客). 빈객면조북행배후접과주작(賓客面朝北行拜後接過酒爵), 주인재우변답배(主人在右邊答拜). 주인헌성건육지변화성육장지두어빈객(主人獻盛乾肉之籩和盛肉醬之豆於賓客), 우진설성방이체해지생적절조(又陳設盛放已體解之牲的折俎). 빈객좌수집작(賓客左手執爵), 우수제두(右手祭豆), 방하주작(放下酒爵). 기래취폐(起來取肺), 좌하용우수장폐서개이제지(坐下用右手將肺撕開而祭之), 상좌수중폐(嘗左手中肺)；기래장폐방회조상(起來將肺放回俎上), 좌하식수후(坐下拭手後), 제주(祭酒), 음진주작중주(飲盡酒爵中酒), 향주인행배(向主人行拜). 주인답배(主人答拜), 접과공작(接過空爵), 짐주자수(斟酒自酬), 연후방하주작(然後放下酒爵), 향빈행배(向賓行拜). 빈객답배(賓客答拜). 주인좌하(主人坐下), 취어육화폐행제(取於肉和肺行祭), 음진주작중주(飲盡酒爵中酒), 향빈객행배(向賓客行拜). 빈객답배(賓客答拜). 주인향빈객행공수례후(主人向賓客行拱手禮後), 집제품이하당(執祭品而下堂), 면조서장기방회원위(面朝西將其放回原位). 집사집변(執事執籩)、두(豆)、절조하당설어기방(折俎下堂設於其旁). 중빈등상서계(眾賓登上西階), 행배후접과주작(行拜後接過酒爵), 좌하제주(坐下祭酒), 기래음주(起來飲酒). 중빈지위개설유조(眾賓之位皆設有俎). 주인일답배(主人一答拜), 하당(下堂), 장중빈지공작방입비중(將眾賓之空爵放入篚中). 설량주존어동계지동(設兩酒尊於東階之東), 가작어주존상면(加勺於酒尊上面), 작병향남(勺柄向南), 서계지서야조차진설(西階之西也照此陳設). 주인청세주치(主人清洗酒觶), 종서계지서적주존중도주어주치(從西階之西的酒尊中倒酒於酒觶), 어서계적전면면조북수빈(於西階的前面面朝北酬賓)；빈객재좌측(賓客在左側).

주인장주치방하(主人將酒觶放下), 향빈객행배(向賓客行拜), 빈객답배(賓客答拜). 주인좌하제주(主人坐下祭酒), 음진주치중주(飲盡酒觶中酒), 향빈객행배(向賓客行拜). 빈객답배(賓客答拜). 주인세주치(主人洗酒觶), 빈객겸양(賓客謙讓)；주인견지세정(主人堅持洗淨), 사세필(俟洗畢), 짐주면조서이립(斟酒面朝西而立)；빈객면조북배사(賓客面朝北拜謝). 주인장주치방어제물적북변(主人將酒觶放於祭物的北邊). 빈객좌하나기주치(賓客坐下拿起酒觶), 전신향동(轉身向東), 향주인행배(向主人行拜)；주인답배(主人答拜). 빈객음진주치중주후(賓客飲盡酒觶中酒後), 장공치방어제물적남변(將空觶放於祭物的南邊), 공수이반회원위(拱手而返回原位). 주인청세주작(主人清洗酒爵), 짐주어동계상헌급형제중지장자(斟酒於東階上獻給兄弟中之長者), 기례의화헌빈시상동(其禮儀和獻賓時相同). 주인청세주작(主人清洗酒爵), 짐주후적주존중짐상주(斟酒後的酒尊中斟上酒), 면조서헌어중빈지장(面朝西獻於眾賓之長). 중빈지장행배후접과주치(眾賓之長行拜後接過酒觶)；형제중지장자면조북답배(兄弟中之長者面朝北答拜), 공수후반회동계하원위(拱手後返回東階下原位), 면조서(面朝西). 중빈객화중형제상호수헌(眾賓客和眾兄弟相互酬獻), 기례의도화전면빈객수헌형제중지장자(其禮儀都和前面賓客酬獻兄弟中之

長者)、형제중지장자수헌중빈지장상동(兄弟中之長者酬獻衆賓之長相同). 중빈지장청(衆賓之長請)"시(屍)"거가헌시전이미음지주작음지(舉加獻時奠而未飮之酒爵飮之), 기례의화형제중지장자소행가헌례상동(其禮儀和兄弟中之長者所行加獻禮相同). 형제중지장자(兄弟中之長者)—수헌빈객(酬獻賓客), 기례의화빈객수헌중형제시상동(其禮儀和賓客酬獻衆兄弟時相同). 최후일개접수헌수적빈객음진주치중주후(最後一個接受獻酬的賓客飮盡酒觶中酒後), 장공치방입비중(將空觶放入篚中). 빈객중지유자화형제중지유자청세주치(賓客中之幼者和兄弟中之幼者淸洗酒觶), 분별종서계지서화동계지동적주존중짐상주(分別從西階之西和東階之東的酒尊中斟上酒), 립어중정(立於中庭), 면조북(面朝北), 이서위상(以西爲上) ; 연후각자헌어기방지장자(然後各自獻於己方之長者), 각파주치방하(各把酒觶放下), 향장자행배(向長者行拜) ; 장자도답배(長者都答拜). 유자각자거주치행제(幼者各自舉酒觶行祭), 음진주치중주(飮盡酒觶中酒), 향장자행배(向長者行拜) ; 장자도답배(長者都答拜). 유자각자청세주치(幼者各自淸洗酒觶), 각종서계지서화동계지동적주존중짐상주(各從西階之西和東階之東的酒尊中斟上酒), 반회원위(返回原位) ; 장자도행배례(長者都行拜禮). 유자분별장주치방어제품적우측(幼者分別將酒觶放於祭品的右側). 장자분별집취주치기래(長者分別執取酒觶起來), 유자도반회중정원위(幼者都返回中庭原位), 면조북답배(面朝北答拜). 장자도장주치방어원처(長者都將酒觶放於原處), 도향유자행공수례(都向幼者行拱手禮), 유자각자반회서계전면조동화동계전면조서적원위(幼者各自返回西階前面朝東和東階前面朝西的原位). 접저중빈객화중형제유기소욕상호수헌(接著衆賓客和衆兄弟唯己所欲相互酬獻), 부계차제(不計次第).

좌식세산후(佐食洗散後), 짐상주헌어시화축(斟上酒獻於屍和祝), 기례의화형제중지장자(其禮儀和兄弟中之長者)、중빈지장가헌시상동(衆賓之長加獻時相同). 하당(下堂), 장공산방입비중(將空散放入篚中).

주인출실(主人出室), 립어호외(立於戶外), 면조서(面朝西). 축면조동(祝面朝東), 향주인고고(向主人詔告)"예성(禮成) (필)(畢)". "시(屍)"기립(起立), 축어(祝於)"시(屍)"전인도(前引導), 주인하당(主人下堂). 축사시출문후반회(祝俟屍出門後返回), 화주인각복실중지위(和主人各復室中之位). 축명좌식철거성유심(祝命佐食撤去盛有心)、설지기조(舌之胏俎), 병송출묘문지외(並送出廟門之外) ; 철거각종찬효(撤去各種饌餚), 개설어서서지하(改設於西序之下).

정대(正對)"시(屍)"석우설일석(席又設一席), 좌식분돈중지서어돈개(佐食分敦中之黍於敦蓋), 분형중지갱어령일형중(分鉶中之羹於另一鉶中). 종인조고사자화형제중지장자세수(宗人詔告嗣子和兄弟中之長者洗手), 립어서계하(立於西階下), 면조동(面朝東), 이북위상(以北爲上). 축명사자화형제중지장자상식(祝命嗣子和兄弟中之長者嘗食). 사자화형제중지장자응낙(嗣子和兄弟中之長者應諾), 진이승당(進而升堂), 입실(入室), 사자면조동(嗣子面朝東). 형제중지장자재사자대면(兄弟中之長者在嗣子對面), 이인개좌하(二人皆坐下).

좌식수급이인시육각일괴(佐食授給二人豕肉各一塊). 주인면조서행배량차(主人面朝西行拜兩次), 축조고도(祝詔告道) : "제위향손어차(諸位享殠於此), 내인선조유덕적연고(乃因先祖有德的緣故). "량위식자장시육방어조상(兩位食者將豕肉放於俎上), 응(應)"낙(諾)", 병답배(並答拜). 축여상정녕범삼차(祝如上叮嚀凡三次). 축정촉지시(祝叮囑之時), 사자화형제중지장자개장시육거기(嗣子和兄弟中之長者皆將豕肉舉起), 제식(祭食), 제육(祭肉) ; 연후흘반(然後吃飯), 제갱(祭羹), 식육(食肉). 식필(食畢), 주인하당청세주작(主人下堂淸洗酒爵), 가리지장방세일척주작(家吏之長幫洗一隻酒爵). 주인등당(主人登堂), 짐주헌급사자(斟酒獻給嗣子), 사자행배후접과주작(嗣子行拜後接過酒爵), 주인답배(主人答拜) ; 주인우짐주헌급형제중지장자(主人又斟酒獻給兄弟中之長者), 기례의화헌사자일양(其禮儀和獻嗣子一樣). 주인향축행배(主人向祝行拜), 축우정촉설(祝又叮囑說) : "제위음주수상도(諸位飮酒須想到), 무필여중형제화족친호호상처(務必與衆兄弟和族親好好相處). "사자(嗣子)、형제중지장자응(兄弟中之長者)應"낙(諾)", 축여시정촉범삼편(祝如是叮囑凡三遍), 화전면일양(和前面一樣). 양위식자집작배사축(兩位食者執爵拜謝祝), 접저제주(接著祭酒), 음진주작중주(飮盡酒爵中酒), 향주인행배(向主人行拜). 주인답배(主人答拜). 량위식자하당(兩位食者下堂), 장공작방입비중(將空爵放入篚中). 사자우취일주작세정(嗣子又取一酒爵洗淨), 승당(升堂), 짐주후수사주인(斟酒後酬謝

主人)；주인행배후접과주작(主人行拜後接過酒爵)。 사자즉위(嗣子即位)， 궤좌답배(跪坐答拜)。 주인역궤좌(主人亦跪坐)， 연후제주(然後祭酒)， 음진주작중주(飲盡酒爵中酒)， 향사자행배(向嗣子行拜)。 사자답배(嗣子答拜)， 접과공작(接過空爵)， 하당(下堂)， 방입비중(放入篚中)。 주인출실(主人出室)， 어호외이립(於戶外而立)， 면조서(面朝西)。

축명좌식철하주인지조(祝命佐食撤下主人之俎)、 두(豆)、 변(籩)， 개설어동서지하(改設於東序之下)。 축집나자기적조출실(祝執拿自己的俎出室)， 면조동립어호서(面朝東立於戶西)。 동종지부철하축적두(同宗之婦撤下祝的豆)、 변(籩)， 우입어방중철하주부적천조(又入於房中撤下主婦的薦俎)。 좌식진이철하(佐食進而撤下)"시(屍)"적천조화돈(的薦俎和敦)， 개설어서북우(改設於西北隅)， 기방재남변(幾放在南邊)， 우용석자차당광선입실(又用蓆子遮擋光線入室)， 병어실중진설일척주존(並於室中陳設一隻酒尊)。 좌식관호문창(佐食關好門窗)， 하당(下堂)。 축조고주인(祝詔告主人)："례성(禮成)"， 연후하당(然後下堂)， 출실(出室)， 주인하당(主人下堂)， 취위어동계하(就位於東階下)， 면조서(面朝西)。 종인조고(宗人詔告)："사필(事畢)。"

빈객사출(賓客辭出)， 주인송어대문지외(主人送於大門之外)， 병행배량차(並行拜兩次)。 좌식철하주인지조(佐食撤下主人之俎)。

당하각빈조역개철거(堂下各賓俎亦皆撤去)， 병증어각위존빈(並贈於各位尊賓)。

◆ [기(記)]

행특생궤식지례(行特牲饋食之禮)， 각위빈객(各位賓客)、 형제(兄弟) (조제자(助祭者)) 도복십오승치포의이소상(都服十五升緇布衣而素裳)， 두대현관(頭戴玄冠)， 요계치포대(腰系緇布帶)， 퇴식이치포폐슬(腿飾以緇布蔽膝)。 지유(只有)"시(屍)"、 축화좌식상복현단(祝和佐食上服玄端)， 하칙현상(下則玄裳)、 황상(黃裳)、 잡상개가(雜裳皆可)， 단기폐슬여하상안색요상동(但其蔽膝與下裳顏色要相同)。 설세어당지심처(設洗於堂之深處)， 남북방(南北放)， 기동서여동변옥익제(其東西與東邊屋翼齊)。 수방재세적동변(水放在洗的東邊)。

비방재세적서변(篚放在洗的西邊)， 남북진설(南北陳設)， 이북위상(以北為上)， 비중성량척주작(篚中盛兩隻酒爵)， 량척주고(兩隻酒觚)， 사척주치(四隻酒觶)， 일척각배(一隻角杯)， 일척산(一隻散)。 주호화어금진설재동서(酒壺和梡禁陳設在東序)， 역남북진설(亦南北陳設)， 이북위상(以北爲上)。 량호지구개도치(兩壺之口皆倒置)， 기개자방재남변(其蓋子放在南邊)；제이천제일칙진설어호동(第二天祭日則陳設於戶東)， 용조갈포개재호상(用粗葛布蓋在壺上)；주인입실취위후(主人入室就位後)， 철하개자(撤下蓋子)， 방주작어기상(放酒勺於其上)。

변요점이조갈포제작적건(籩要墊以粗葛布製作的巾)， 건지리위천황색(巾之里爲淺黃色)；변중성방증숙적호조화간택과적호률(籩中盛放蒸熟的好棗和揀擇過的好栗)。 성갱지기중적채갱용고도제성(盛羹之器中的菜羹用苦荼製成)， 여동미채일양상활(如同薇菜一樣爽滑)；여과시하천(如果是夏天)， 즉용규채(則用葵菜)， 여과시재동천(如果是在冬天)， 취용환채(就用荁菜)。 비반지비용홍심지극목제성(匕飯之匕用紅心之棘木製成)， 각위룡두형(刻為龍頭形)。 팽시지조설재묘문외동남(烹豕之灶設在廟門外東南)， 팽어급건육지조설재타적남변(烹魚及乾肉之灶設在它的南邊)， 삼조도정면향서(三灶都正面向西)；취서직지조설재서벽지하(炊黍稷之灶設在西壁之下)。 기조상지심(肵俎上之心)、 설도거기수미량단(舌都去其首尾兩端)， 횡할지(橫割之)， 중간상련부절단(中間相連不切斷)；개성어생정지중(皆盛於牲鼎之中)， 심립어조내(心立於俎內)， 설칙순조이방(舌則順俎而放)。 빈객지장화형제중지장자적천조설재동방(賓客之長和兄弟中之長者的薦俎設在東房)， 중빈화중형제지천조설재동당(眾賓和眾兄弟之薦俎設在東堂)。

일인요수사(一人澆水使)"시(屍)"세수(洗手)， 차시봉나관반지인면조동(此時捧拿盥盤之人面朝東)， 집이지인면조서(執匜之人面朝西)， 요수지인완완지장수도하(澆水之人緩緩地將水倒下)；집건지인재집이지인적북변(執巾之人在執匜之人的北邊)。 종인면조동취건(宗人面朝東取巾)， 두삼하(抖三下)， 연후면조남수어(然後面朝南授於)"시(屍)"；"시(屍)"식수완필(拭手完畢)， 집건지인접과건(執巾之人接過巾)。"시(屍)"입대문(入大門)， 주인화빈객균요퇴양(主人和賓客均要退讓)；"시(屍)"출대문(出大門)， 야일양(也一樣)。 사자식간지시(嗣子食肝之時)， 좌식요설일성염지두(佐食要設一盛鹽之豆)。 좌식장유사시(佐食將有事時)， 요참재호외(要站在戶外)，

면조남(面朝南) ; 무사시(無事時), 즉립어중정(則立於中庭), 면조북(面朝北). 범시축유소명(凡是祝有所命), 좌식개응(佐食皆應)"낙(諾)". 종인재상주헌주화려수시(宗人在喪主獻酒和旅酬時), 의장유지서요배재중빈지전(依長幼之序要排在眾賓之前). 좌식재려수시칙요선어중형제(佐食在旅酬時則要先於眾兄弟).

설량척주호어방중서장하(設兩隻酒壺於房中西牆下), 이남위상(以南爲上). 내빈고자매립어주호적북변(內賓姑姊妹立於酒壺的北邊), 면조동(面朝東), 이남위상(以南爲上). 동종지부립어북당(同宗之婦立於北堂), 면조동(面朝東), 이북위상(以北爲上). 주부(主婦)、고자매화동종지부역상려수(姑姊妹和同宗之婦亦相旅酬), 면조서(面朝西). 동종지부지조제자집나변(同宗之婦之助祭者執拿籩)、두(豆), 궤좌어호외(跪坐於戶外), 수급주부(授給主婦).

"시(屍)"식완필(食完畢), 동종지부지조제자제취서직지조(同宗之婦之助祭者祭炊黍稷之灶), 옹인제팽자생(雍人祭烹煮牲) (시(豕)) 、어(魚)、랍(臘) (수(獸)) 지조(之灶).

빈객송시출묘문(賓客送屍出廟門), 사시조철출묘문후(俟屍俎撤出廟門後), 전신입문(轉身入門), 반회원위(返回原位).

시조소재(屍俎所載) : 제생(祭牲) (시(豕)) 지우견(之右肩)、전우비화노(前右臂和臑)、후우순화각(後右肫和胳), 전척이괴(前脊二塊), 후척일괴(後脊一塊), 중륵이괴(中肋二塊), 후륵일괴(後肋一塊). 경상육피삼괴(頸上肉皮三塊), 정폐일괴(整肺一塊), 절폐삼괴(切肺三塊), 어십오조(魚十五條). 수체화생체일양(獸體和牲體一樣). 축조소재(祝俎所載) : 고육일괴(股肉一塊), 중척이괴(中脊二塊), 전륵량괴(前肋兩塊). 경상육피일괴(頸上肉皮一塊), 정폐일괴(整肺一塊). 주인지조소재(主人之俎所載) : 좌전비일괴(左前臂一塊), 전척량괴(前脊兩塊), 후척일괴(後脊一塊), 중륵량괴(中肋兩塊), 후륵일괴(後肋一塊). 경상육피일괴(頸上肉皮一塊), 정폐일괴(整肺一塊).

주부지조소재(主婦之俎所載) : 후우족(後右足), 기타적화상주지조상동(其他的和喪主之俎相同). 좌식지조소재(佐食之俎所載) : 후족(後足), 척(脊), 륵(肋), 경상육피일괴(頸上肉皮一塊), 정폐일괴(整肺一塊). 빈객지조소재(賓客之俎所載) : 좌후지(左後肢), 타여좌식조(他如佐食俎). 형제중지장자화종인지조소재(兄弟中之長者和宗人之俎所載) : 후족(後足), 기타적화좌식지조상동(其他的和佐食之俎相同). 중빈객(眾賓客)、중형제(眾兄弟)、고자매(姑姊妹)、동종지부중약유사자료우혹가신적(同宗之婦中若有死者僚友或家臣的), 기조상개방유골지육일괴(其俎上皆放有骨之肉一塊), 경상육피일괴(頸上肉皮一塊), 정폐일괴(整肺一塊).

사자지료우립어문서(死者之僚友立於門西), 면조북(面朝北), 이동위상(以東爲上), 속어중빈지렬(屬於眾賓之列). 사자지사신립어문동(死者之私臣立於門東), 면조북(面朝北), 이서위상(以西爲上), 속어중형제지렬(屬於眾兄弟之列). 기료우등계이접과주작(其僚友登階而接過酒爵), 하계이음주(下階而飲酒).

소뢰궤식례(少牢饋食禮)

소뢰궤식지례(少牢饋食之禮). 일용정기(日用丁己). 서순유일일(筮旬有一日). 서어묘문지외(筮於廟門之外). 주인조복(主人朝服), 서면어문동(西面於門東). 사조복(史朝服), 좌집서(左執筮), 우취상독(右取上櫝), 겸여서집지(兼與筮執之), 동면수명어주인(東面受命於主人). 주인왈(主人曰) : 「효손모(孝孫某), 래일정해(來日丁亥), 용천세사어황조백모(用薦歲事於皇祖伯某), 이모비배모씨(以某妃配某氏). 상향(尚饗)！」 사왈(史曰) : 「낙(諾)！」 서면어문서(西面於門西), 추하독(抽下櫝), 좌집서(左執筮), 우겸집독이격서(右兼執櫝以擊筮), 수술명왈(遂述命曰) : 「가이대서유상(假爾大筮有常). 효손모(孝孫某), 래일정해(來日丁亥), 용천세사어황조백모(用薦歲事於皇祖伯某), 이모비배모씨(以某妃配某氏). 상향(尚饗)！」 내석독립서(乃釋櫝立筮). 괘자재좌좌(卦者在左坐), 괘이목(卦以木). 졸서(卒筮), 내서괘어목(乃書卦於木), 시주인(示主人), 내퇴점(乃退占)。 길(吉), 즉사독서(則史讀筮), 사겸집서여봉이고어주인(史兼執筮與封以告於主人) : 「점왈종(占曰從)。」 내관계(乃官戒), 종인명척(宗人命滌), 재명위주(宰命為酒), 내퇴(乃退)。 약부길(若不吉), 즉급원일(則及遠日), 우서일여초(又筮日如初)。

숙(宿)。 전숙일일(前宿一日), 숙계시(宿戒尸)。 명일(明日), 조복서시(朝服筮尸), 여서일지례(如筮日之禮)。 명왈(命曰) : 「효손모(孝孫某), 내일정해(來日丁亥), 용천세사어황조백모(用薦 歲事於皇祖伯某), 이모비배모씨(以某妃配某氏)。 이모지모위시(以某之某為尸)。 상향(尚饗)!」 서(筮)、 괘점여초(卦占如初)。 길(吉), 즉내수숙시(則乃遂宿尸)。 축빈(祝擯), 주인재배계수(主人再拜稽首)。 축고왈(祝告曰) : 「효손모(孝孫某), 내일정해(來日丁亥), 용천세사어황조백모(用薦歲事於皇祖伯某), 이모비배모씨(以某妃配某氏)。 감숙(敢宿)!」 시배(尸拜), 허낙(許諾), 주인우재배계수(主人又再拜稽首)。 주인퇴(主人退), 시송(尸送), 읍(揖), 부배(不拜)。 약부길(若不吉), 즉수개서시(則遂改筮尸)。

기숙시(既宿尸), 반(反), 위기어묘문지외(爲期於廟門之外)。 주인문동(主人門東), 남면(南面)。 종인조복북면(宗人朝服北面), 왈(曰) : 「청제기(請祭期)。」 주인왈(主人曰) : 「비어자(比於子)。」 종인왈(宗人曰) : 「단명행사(旦明行事)。」 주인왈(主人曰) : 「낙(諾)!」 내퇴(乃退)。

명일(明日), 주인조복(主人朝服), 즉위어묘문지외(即位於廟門之外), 동방남면(東方南面)。 재(宰)、 종인서면(宗人西面), 북상(北上)。 생북수동상(牲北首東上)。 사마규도양(司馬圭刂羊), 사사격시(司士擊豕)。 종인고비(宗人告備), 내퇴(乃退)。 옹인개정(雍人摡鼎)、 비(匕)、 조어옹찬(俎於雍爨), 옹찬재문동남(雍爨在門東南), 북상(北上)。 름인개증언(廩人摡甑甗)、 비여돈어름찬(匕與敦於廩爨), 름찬재옹찬지북(廩爨在雍爨之北)。 사궁개두(司宮摡豆)、 변(籩)、 작(勺)、 작(爵)、 고(觚)、 치(觶)、 기(幾)、 세(洗)、 비어동당하(籩於東堂下), 작(勺)、 작(爵)、 고(觚)、 치실어비(觶實於篚); 졸개(卒摡), 찬두(饌豆)、 변여비어방중(籩與篚於房中), 방어서방(放於西方); 설세어조계동남(設洗於阼階東南), 당동영(當東榮)。

갱정(羹定), 옹인진정오(雍人陳鼎五), 삼정재양확지서(三鼎在羊鑊之西), 이정재시확지서(二鼎在豕鑊之西)。 사마승양우반(司馬升羊右胖)。 비부승(髀不升), 견(肩)、 비(臂)、 노(臑)、 전(肫)、 격(骼), 정척일(正脊一)、 횡척단협일(橫脊短脅一)、 정협일(正脅一)、 대협일(代脅一), 개이골이병(皆二骨以並), 장삼(腸三)、 위삼(胃三)、 거폐일(舉肺一)、 제폐삼(祭肺三), 실어일정(實於一鼎)。 사사승시우반(司士升豕右胖)。 비부승(髀不升), 견(肩)、 비(臂)、 노(臑)、 전격(肫骼), 정척일(正脊一)、 횡척일(橫脊一)、 단협일(短脅一)、 정협일(正脅一)、 대협일(代脅一), 개이골이병(皆二骨以並), 거폐일(舉肺一)、 제폐삼(祭肺三), 실어일정(實於一鼎)。 옹인륜부구(雍人倫膚九), 실어일정(實於一鼎)。 사사우승어(司士又升魚)、 랍(臘), 어십유오이정(魚十有五而鼎), 랍일순이정(臘一純而鼎), 랍용미(臘用麋)。 졸승(卒脀), 개설경멱(皆設扃冪), 내거(乃舉), 진정어묘문지외(陳鼎於廟門之外), 동방(東方), 북면(北面), 북상(北上)。 사궁존량무어방호지간(司宮尊兩甒於房戶之間), 동어(同棜), 개유멱(皆有冪), 무유현주(甒有玄酒)。 사궁설뢰수어세동(司宮設罍水於洗東), 유두(有枓), 설비어세서(設篚於洗西), 남사(南肆)。 개찬두(改饌豆)、 변어방중(籩於房中), 남면(南面), 여궤지설(如饋之設), 실두(實豆)、 변지실(籩之實)。 소축설반(小祝設槃)、 이여단(匜與簞)、 건어서계동(巾於西階東)。

주인조복(主人朝服), 즉위어조계동(即位於阼階東), 서면(西面)。 사궁연어오(司宮筵於奧), 축설기어연상(祝設幾於筵上), 우지(右之)。 주인출영정(主人出迎鼎), 제멱(除鼏)。 사관(士盥), 거정(舉鼎), 주인선입(主人先入)。 사궁취이작어비(司宮取二勺於篚), 세지(洗之), 겸집이승(兼執以升), 내계이존지개멱(乃啟二尊之蓋冪), 전어어상(奠於棜上)。 가이작어이존(加二勺於二尊), 복지(覆之), 남병(南柄)。 정서입(鼎序入)。 옹정집일비이종(雍正執一匕以從), 옹부집사비이종(雍府執四匕以從), 사사합집이조이종(司士合執二俎以從)。 사사찬자이인(司士贊者二人), 개합집이조이상(皆合執二俎以相), 종입(從入)。 진정어동방(陳鼎於東方), 당서(當序), 남어세서(南於洗西), 개서면(皆西面), 북상(北上), 부위하(膚爲下)。 비개가어정(匕皆加於鼎)。 동방(東枋)。 조개설어정서(俎皆設於鼎西), 서사(西肆)。 기조재양조지북(胏俎

在羊俎之北), 역서사(亦西肆)。종인견빈취주인(宗人遣賓就主人), 개관어세(皆盥於洗), 장비(長枇)。좌식상리승뢰심설(佐食上利升牢心舌), 재어기조(載於肵俎)。심개안하절상(心皆安下切上), 오할물몰(午割勿沒), 기재어기조(其載於肵俎), 말재상(末在上)。설개절본말(舌皆切本末), 역오할물몰(亦午割勿沒);기재어기(其載於肵), 횡지(橫之)。개여초위지어찬야(皆如初為之於爨也)。좌식천기조어조계서(佐食遷肵俎於阼階西), 서축(西縮), 내반(乃反)。좌식이인(佐食二人)。상리승양(上利升羊), 재우반(載右胖), 비부승(髀不升), 견(肩)、비(臂)、노(臑)、전격(脡骼);정척일(正脊一)、횡척일(橫脊一)、단협일(短脅一)、정협일(正脅一)、대협일(代脅一), 개이골이병(皆二骨以並);장삼(腸三)、위삼(胃三), 장개내조거(長皆乃俎拒);거폐일(舉肺一), 장종폐(長終肺), 제폐삼(祭肺三), 개절(皆切)。견(肩)、비(臂)、노(臑)、전(脡)、격재량단(骼在兩端), 척(脊)、협(脅)、폐(肺)、견재상(肩在上)。하리승시(下利升豕), 기재여양(其載如羊), 무장위(無腸胃)。체기재어조(體其載於俎), 개진하(皆進下)。사사삼인(司士三人), 승어(升魚)、랍(臘)、부(膚)。어용부십유오이조(魚用鮒十有五而俎), 축재(縮載), 우수(右首), 진유(進腴)。랍일순이조(臘一純而俎), 역진하(亦進下), 견재상(肩在上)。부구이조(膚九而俎), 역횡재(亦橫載), 혁순(革順)。

졸승(卒脀), 축관어세(祝盥於洗), 승자서계(升自西階)。주인관(主人盥), 승자조계(升自阼階)。축선입(祝先入), 남면(南面)。주인종(主人從), 호내서면(戶內西面)。주부피석(主婦被錫), 의치몌(衣侈袂), 천자동방(薦自東房), 구(韭)、저(菹)、탐(醓)、해(醢), 좌전어연전(坐奠於筵前)。주부찬자일인(主婦贊者一人), 역피석(亦被錫)。의치몌(衣侈袂)。집규저(執葵菹)、라해(蠃醢), 이수주부(以授主婦)。주부부흥(主婦不興), 수수(遂受), 배설어동(陪設於東), 구저재남(韭菹在南), 규저재북(葵菹在北)。주부흥(主婦興), 입어방(入於房)。좌식상리집양조(佐食上利執羊俎), 하리집시조(下利執豕俎), 사사삼인집어(司士三人執魚)、랍(臘)、부조(膚俎), 서승자서계(序升自西階), 상(相), 종입(從入)。설조(設俎), 양재두동(羊在豆東), 시아기북(豕亞其北), 어재양동(魚在羊東), 랍재시동(臘在豕東), 특부당조북단(特膚當俎北端)。주부자동방(主婦自東房), 집일김돈서(執一金敦黍), 유개(有蓋), 좌설어양조지남(坐設於羊俎之南)。부찬자집돈직이수주부(婦贊者執敦稷以授主婦)。주부흥수(主婦興受), 좌설어어조남(坐設於魚俎南);우흥수찬자돈서(又興受贊者敦黍), 좌설어직남(坐設於稷南);우흥수찬자돈직(又興受贊者敦稷), 좌설어서남(坐設於黍南)。돈개남수(敦皆南首)。주부흥(主婦興), 입어방(入於房)。축작(祝酌), 전(奠), 수명좌식계회(遂命佐食啟會)。좌식계회개(佐食啟會蓋), 이이중(二以重), 설어돈남(設於敦南)。주인서면(主人西面), 축재좌(祝在左), 주인재배계수(主人再拜稽首)。축축왈(祝祝曰):「효손모(孝孫某), 감용유모(敢用柔毛)、강렵(剛鬣)、가천(嘉薦)、보뇨(普淖), 용천세사어황조백모(用薦歲事於皇祖伯某), 이모비배모씨(以某妃配某氏)。상향(尚饗)!」주인우재배계수(主人又再拜稽首)。

축출(祝出), 영시어묘문지외(迎尸於廟門之外)。주인강립어조계동(主人降立於阼階東), 서면(西面)。축선(祝先), 입문우(入門右)。시입문좌(尸入門左)。종인봉반(宗人奉槃), 동면어정남(東面於庭南)。일종인봉이수(一宗人奉匜水), 서면어반동(西面於槃東)。일종인봉단(一宗人奉簞)、건(巾), 남면어반북(南面於槃北)。내옥시(乃沃尸), 관어반상(盥於槃上)。졸관(卒盥), 좌전단(坐奠簞), 취건(取巾), 흥(興), 진지삼(振之三), 이수시(以授尸), 좌취단(坐取簞), 흥(興), 이수시건(以受尸巾)。축연시(祝延尸)。시승자서계(尸升自西階), 입(入), 축종(祝從)。주인승자조계(主人升自阼階), 축선입(祝先入), 주인종(主人從)。시승연(尸升筵), 축(祝)、주인서면립어호내(主人西面立於戶內), 축재좌(祝在左)。축(祝)、주인개배타시(主人皆拜妥尸), 시부언시답배(尸不言尸答拜), 수좌(遂坐), 축반남면(祝反南面)。

시취구저(尸取韭菹), 변연어삼두(辯擩於三豆), 제어두간(祭於豆間)。상좌식취서직어사돈(上佐食取黍稷於四敦)。하좌식취뢰일절폐어조(下佐食取牢一切肺於俎), 이수상좌식(以授上佐食)。상좌식겸여서이수시(上佐食兼與黍以授尸)。시수(尸受), 동제어두제(同祭於豆祭)。상좌식거시뢰폐(上佐食舉尸牢肺)、정척이수시(正脊以授尸)。상좌식이상돈서어연상(上佐食爾上敦黍於筵上), 우지(右之)。주인수기조(主人羞肵俎), 승자조계(升自阼階), 치어부북(置於膚北)。상좌식수량형(上佐食羞兩鉶), 취일양형어방중(取一羊鉶於房中), 좌설어구저지남(坐設於韭菹之南)。하좌식우취일시형어방중이종(下佐食又取一豕鉶於房中以從)。상좌식수

(上佐食受), 좌설어양형지남(坐設於羊鉶之南)。개모(皆芼), 개유사(皆有柶)。시급이사(尸扱以柶), 제양형(祭羊鉶), 수이제시형(遂以祭豕鉶), 상양형(嘗羊鉶), 식거(食舉), 삼반(三飯)。상좌식거시뢰건(上佐食舉尸牢乾), 시수(尸受), 진제(振祭), 제지(嚌之)。좌식수(佐食受), 가어기(加於胏)。상좌식수자량와두(上佐食羞戠兩瓦豆), 유해(有醢), 역용와두(亦用瓦豆), 설어천두지북(設於薦豆之北)。시우식(尸又食), 식자(食戠)。상좌식거시일어(上佐食舉尸一魚), 시수(尸受), 진제(振祭), 제지(嚌之)。좌식수(佐食受), 가어기(加於胏), 횡지(橫之)。우식(又食)。상좌식거시랍견(上佐食舉尸臘肩), 시수(尸受), 진제(振祭), 제지(嚌之), 상좌식수(上佐食受), 가어기(加於胏)。우식(又食)。상좌식거시뢰각(上佐食舉尸牢胳), 여초(如初)。우식(又食)。시고포(尸告飽)。축서면어주인지남(祝西面於主人之南), 독유부배(獨侑不拜)。유왈(侑曰):「황시미실(皇尸未實), 유(侑)!」시우식(尸又食)。상좌식거시뢰견(上佐食舉尸牢肩), 시수(尸受), 진제(振祭), 제지(嚌之), 좌식수가어기(佐食受加於胏)。시부반(尸不飯), 고포(告飽)。축서면어주인지남(祝西面於主人之南)。주인부언(主人不言), 배유(拜侑)。시우삼반(尸又三飯)。상좌식수시뢰폐(上佐食受尸牢肺)、정척(正脊), 가어기(加於胏)。

주인강(主人降), 세작(洗爵), 승(升), 북면작주(北面酌酒), 내윤시(乃酳尸)。시배수(尸拜受), 주인배송(主人拜送)。시제주(尸祭酒), 쵀주(啐酒)。빈장수뢰간(賓長羞牢肝), 용조(用俎), 축집조(縮執俎), 간역축(肝亦縮), 진말(進末), 염재우(鹽在右)。시좌집작(尸左執爵), 우겸취간(右兼取肝), 연어조염(擩於俎鹽), 진제(振祭), 제지(嚌之), 가어조두(加於俎豆), 졸작(卒爵)。주인배(主人拜)。축수시작(祝受尸爵)。시답배(尸答拜)。

축작수시(祝酌授尸), 시초주인(尸醋主人)。주인배수작(主人拜受爵), 시답배(尸答拜)。주인서면전작(主人西面奠爵), 우배(又拜)。상좌식취사돈서직(上佐食取四敦黍稷), 하좌식취뢰일절폐(下佐食取牢一切肺), 이수상좌식(以授上佐食)。상좌식이수제(上佐食以綏祭)。주인좌집작(主人左執爵), 우수좌식(右受佐食), 좌제지(坐祭之), 우제주(又祭酒), 부흥(不興), 수쵀주(遂啐酒)。축여이좌식개출(祝與二佐食皆出), 관어세(盥於洗), 입(入)。좌식각취서어일돈(二佐食各取黍於一敦)。상좌식겸수(上佐食兼受), 단지(摶之), 이수시(以授尸), 시집이명축(尸執以命祝)。졸명축(卒命祝), 축수이동(祝受以東), 북면어호서(北面於戶西), 이하어주인(以嘏於主人), 왈(曰):「황시명공축(皇尸命工祝), 승치다복무강어녀효손(承致多福無疆於女孝孫)。래녀효손(來女孝孫), 사녀수록어천(使女受祿於天), 의가어전(宜稼於田), 미수만년(眉壽萬年), 물체인지(勿替引之)。」주인좌전작(主人坐奠爵), 흥(興);재배계수(再拜稽首), 흥(興);수서(受黍), 좌진제(坐振祭), 제지(嚌之);시회지(詩懷之), 실어좌몌(實於左袂), 괘어계지(掛於季指), 집작이흥(執爵以興);좌졸작(坐卒爵), 집작이흥(執爵以興);좌전작(坐奠爵), 배(拜)。시답배(尸答拜)。집작이흥(執爵以興), 출(出)。재부이변수색서(宰夫以籩受嗇黍)。주인상지(主人嘗之), 납제내(納諸內)。

주인헌축(主人獻祝), 설석남면(設席南面)。축배어석상(祝拜於席上), 좌수(坐受)。주인서면답배(主人西面答拜)。천량두저(薦兩豆菹)、해(醢)。좌식설조(佐食設俎), 뢰비(牢髀), 횡척일(橫脊一)、단협일(短脅一)、장일(腸一)、위일(胃一)、부삼(膚三), 어일횡지(魚一橫之), 랍량비속어고(臘兩髀屬於尻)。축취저연어해(祝取菹擩於醢), 제어두간(祭於豆間)。축제조(祝祭俎), 제주(祭酒), 쵀주(啐酒)。간뢰종(肝牢從)。축취간연어염(祝取肝擩於鹽), 진제(振祭), 제지(嚌之), 부흥(不興), 가어조(加於俎), 졸작(卒爵), 흥(興)。

주인작(主人酌), 헌상좌식(獻上佐食)。상좌식호내유동북면배(上佐食尸內牖東北面拜), 좌수작(坐受爵)。주인서면답배(主人西面答拜)。좌식제주(佐食祭酒), 졸작(卒爵), 배(拜), 좌수작(坐授爵), 흥(興)。조설어량계지간(俎設於兩階之間), 기조(其俎), 절(折), 일부(一膚)。주인우헌하좌식(主人又獻下佐食), 역여지(亦如之)。기승역설어계간(其脀亦設於階間), 서상(西上), 역절(亦折), 일부(一膚)。

유사찬자취작어비이승(有司贊者取爵於篚以升), 수주부찬자어방려(授主婦贊者於房廬)。부찬자수(婦贊者受), 이수주부(以授主婦)。주부세어방중(主婦洗於房中), 출작(出酌), 입호(入戶), 서면배(西面拜), 헌시(獻尸)。 시배수(尸拜受)。 주부주인지북서면배송작(主婦主人之北西面拜送爵)。 시제주(尸祭酒), 졸작(卒爵)。 주부배(主婦拜)。 축수시작(祝受尸爵)。 시답배(尸答拜)。

역작(易爵), 세(洗), 작(酌), 수시(授尸)。 주부배수작(主婦拜受爵), 시답배(尸答拜)。 상좌식수제(上佐食綏祭)。 주부서면(主婦西面), 어주인지북수제(於主人之北受祭), 제지(祭之), 기수제여주인지례(其綏祭如主人之禮), 부하(不嘏), 졸작(卒爵), 배(拜)。 시답배(尸答拜)。

주부이작출(主婦以爵出)。 찬자수(贊者受), 역작어비(易爵於篚), 이수주부어방중(以授主婦於房中)。 주부세(主婦洗), 작(酌), 헌축(獻祝)。 축배(祝拜), 좌수작(坐受爵)。 주부답배어주인지북(主婦答拜於主人之北)。 졸작(卒爵), 부흥(不興), 좌수주부(坐授主婦)。

주부수(主婦受), 작(酌), 헌상좌식어호내(獻上佐食於戶內)。 좌식북면배(佐食北面拜), 좌수작(坐受爵), 주부서면답배(主婦西面答拜)。 제주(祭酒), 졸작(卒爵), 좌수주부(坐授主婦)。 주부헌하좌식(主婦獻下佐食), 역여지(亦如之)。 주부수작이입어방(主婦受爵以入於房)。

빈장세작헌어시(賓長洗爵獻於尸), 시배수작(尸拜受爵)。 빈호서북배송작(賓戶西北拜送爵) 제주(尸祭酒), 졸작(卒爵)。 빈배(賓拜)。 축수시작(祝受尸爵), 시답배(尸答拜)。

축작수시(祝酌授尸), 빈배수작(賓拜受爵), 시배송작(尸拜送爵)。 빈좌전작(賓坐奠爵), 수배(遂拜), 집작이흥(執爵以興), 좌제(坐祭), 수음(遂飮), 졸작(卒爵), 집작이흥(執爵以興), 좌전작(坐奠爵), 배(拜)。 시답배(尸答拜)。

빈작헌축(賓酌獻祝)。 축배(祝拜), 좌수작(坐受爵)。 빈북면답배(賓北面答拜)。 축제주(祝祭酒), 쵀주(啐酒), 전작어기연전(奠爵於其筵前)。

주인출립어조계상(主人出立於阼階上), 서면(西面)。 축출립어서계상(祝出立於西階上), 동면(東面)。 축고왈(祝告曰):「이성(利成)。」 축입(祝入), 시속(尸謖)。 주인강립어조계동(主人降立於阼階東), 서면(西面)。 축선(祝先), 시종(尸從), 수출어묘문(遂出於廟門)。

축반(祝反), 복위어실중(複位於室中)。 주인역입어실(主人亦入於室), 복위(複位)。 좌식철기조(祝命佐食徹肵俎), 강설어당하조계남(降設於堂下阼階南)。 사궁설대식(司宮設對食), 내사인준(乃四人餕)。 상좌식관승(上佐食盥升), 하좌식대지(下佐食對之), 이인비(賓長二人備)。 사사진일돈어상좌식(司士進一敦於上佐食), 우진일돈서어하죄(進一敦黍於下佐食), 개우지어석상(皆右之於席上)。 자서어양조량단(資黍於羊俎兩端) 하시준(兩下是餕)。 사사내변거(司士乃辯擧), 준자개제서(餕者皆祭黍)、 제거(祭擧)。 서면(主人西面), 삼배준자(三拜餕者)。 준자전거어조(餕者奠擧於俎), 개답배(皆答拜) 반(皆反), 취거(取擧)。 사사진일형어상준(司士進一鉶於上餕), 우진일형어차준(又進一鉶於次餕), 우진이두읍어량하(又進二豆湇於兩下)。 내개식(乃皆食), 식거(食擧), 졸식(卒食)。 주인세일작(主人洗一爵), 승작(升酌), 이수상준(以授上餕)。 찬자세삼작(贊者洗三爵), 작(酌)。 주인수어호내(主人受於戶內), 이수차준(以授次餕), 약시이변(若是以辯) 개부배(皆不拜), 수작(受爵)。 주인서면(主人西面), 삼배준자(三拜餕者)。 준자전작(餕者奠爵), 개답배(皆答拜), 개제주(皆祭酒), 졸작(卒爵), 전작(奠爵), 개배(皆拜)。 주인답일배(主人答壹拜)。 준자삼인흥(餕者三人興), 출(出), 상준지(上餕止)。 주인수상준작(主人受上餕爵), 작이초어호내(酌以酢於戶內), 서면좌전작(西面坐奠爵), 배(拜), 상준답배(上餕答拜)。 좌제주(坐祭酒), 쵀주(啐酒)。 상준친하(上餕親嘏), 왈(曰):「주인수제(主人受祭之福), 호수보건가실(胡壽保建家室)。」 주인흥(主人興), 좌전작(坐奠爵) 배(拜), 집작이흥(執爵以興), 좌졸작(坐卒爵), 배(拜), 상준답배(上餕答拜)。 상준(上餕

興), 출(出)。 주인송(主人送), 내퇴(乃退)。

소뢰궤식례(少牢饋食禮)

《의례주소(儀禮注疏)》 소뢰궤식지례(少牢饋食之禮)。

예장제사(禮將祭祀), 필선택생(必先擇牲), 계우뢰이추지(繫于牢而芻之)。 양시왈소뢰(羊豕曰少牢), 제후지경대부제종묘지생(諸侯之卿大夫祭宗廟之牲)。

◆소(疏)

「소뢰궤식지례(少牢饋食之禮)」。 ○주(注)「예장(禮將)」 지(至) 「지생(之牲)」。 ○석왈(釋曰) : 자차진(自此盡)「여초의(如初儀)」, 논경대부제전십일(論卿大夫祭前十日), 선서일지사(先筮日之事)。 운(云)「예장제사(禮將祭祀), 필선택생(必先擇牲), 계우뢰이추지(繫于牢而芻之)」자(者), 안(案)《주례(周禮)・지관(地官)・충인직(充人職)》운(云) : 「장계제사지생전(掌繫祭祀之牲牷), 사오제(祀五帝), 즉계우뢰(則繫于牢), 추지삼월(芻之三月), 향선왕역여지(享先王亦如之)。」주운(注云) : 「뢰(牢), 한야(閑也)。 필유한자(必有閑者), 방금수촉설(防禽獸觸齧)。 양우양양추(養牛羊曰芻), 삼월일시절기성(三月一時節氣成)。」안(案)《초어(楚語)》제후경대부등수부득삼월(諸侯卿大夫等雖不得三月), 역개유양생지법(亦皆有養牲之法)。고정거언(故鄭據焉)。 언추지유거양(言芻之唯據羊), 약시칙왈환(若豕則曰豢), 고(故)《지관(地官)・고인직(槁人職)》운(云) : 「장환제사지견(掌豢祭祀之犬)。」《악기(樂記)》역운(亦云)「환시작주(豢豕作酒), 비이위화(非以為禍)」, 부언시왈환(不言豕曰豢), 문략야(文略也)。 운(云)「양시왈소뢰(羊豕曰少牢)」자(者), 대삼생구위대뢰(對三牲具為大牢), 약연(若然), 시역유뢰칭(豕亦有牢稱)。 고(故)《시(詩)・공류(公劉)》운(云)「집시어뢰(執豕於牢)」。 하경운(下經云)「상리승뢰심설(上利升牢心舌)」, 주운(注云) : 「뢰(牢), 양시야(羊豕也)。」시시역칭뢰야(是豕亦稱牢也)。 단비일생즉득뢰칭(但非一牲即得牢稱), 일생즉부득뢰명(一牲即不得牢名), 고교특생여사특생개부언뢰야(故郊特牲與士特牲皆不言牢也)。

일용정(日用丁)、기(己)。

내사용유일(內事用柔日), 필정기자(必丁己者), 취기령명(取其令名), 자정녕(自丁寧), 자변개(自變改), 개위근경(皆為謹敬)。 필선추차일(必先諏此日), 명일내서(明日乃筮)。

◆소(疏)

「일용정기(日用丁己)」。 ○주(注)「내사(內事)」 지(至) 「내서(乃筮)」。 ○석왈(釋曰) : 운(云)「내사용유일(內事用柔日)」, 《곡례(曲禮)》문(文)。 피운(彼云) : 「외사이강일(外事以剛日), 내사이유일(內事以柔日)。」 내사위관혼제사(內事謂冠昏祭祀), 출교위외사(出郊為外事), 위정벌(謂征伐)、순수지등(巡守之等)。 약연(若然), 갑병무경임위강일(甲丙戊庚壬為剛日), 을정기신계위유일(乙丁己辛癸為柔日)。 금직언정기자(今直言丁己者), 정운(鄭云)「취기령명(取其令名), 자정녕(自丁寧), 자변개(自變改)」, 개위근경지의고야(皆為謹敬之義故也)。 운(云)「필선추차일(必先諏此日), 명일내서(明日乃筮)」자(者), 이기거사상조단(以其舉事尚朝旦), 부가금일모일즉서(不可今日謀日即筮), 시이차문운(是以此文云)「일용정기(日用丁己)」, 내운(乃云)「서순유일일(筮旬有一日)」, 시별어후일내서야(是別於後日乃筮也)。

서순유일일(筮旬有一日)。

순(旬), 십일야(十日也)。 이선월하순지기(以先月下旬之己), 서래월상순지기(筮來月上旬之己)。

◆소(疏)

「서순유일일(筮旬有一日)」。 ○주(注)「순십(旬十)」 지(至) 「지기(之己)」。 ○석왈(釋曰) : 지순십일자(知旬十日者), 차운순유일일(此云旬有一日), 이선월하순지기(以先月下旬之己), 서래월상순지기자(筮來月上旬之己者), 제후기지전(除後己之前), 통전기위십일(通前己為十日),

십일위제(十日爲齊), 후기일칙제(後己日則祭)。 약연(若然), 서일즉제내가(筮日即齊乃可), 고하문서일즉운(故下文筮日即云)「내계궁(乃戒宮)」, 부운(不云)「궐명(厥明)」야(也)。 정직운(鄭直云)「하순기(下旬己)」、「상순기(上旬己)」, 거용기일일이언(據用己一日而言)。 약용정(若用丁), 언선월하순정(言先月下旬丁), 서래월상순정(筮來月上旬丁)。 약정기지외(若丁己之外), 신을지등개연(辛乙之等皆然)。 정필언래월상순(鄭必言來月上旬), 부용중순(不用中旬)、 하순자(下旬者), 길사선근일고야(吉事先近日故也)。

서어묘문지외(筮於廟門之外)。 주인조복(主人朝服), 서면우문동(西面于門東)。 사조복(史朝服), 좌집서(左執筮), 우추상독(右抽上韇), 겸여서집지(兼與筮執之), 동면수명우주인(東面受命于主人)。

사(史), 가신(家臣), 주서사자(主筮事者)。

◆소(疏)

「서어(筮於)」지(至)「주인(主人)」。 ○주(注)「사가(史家)」지(至)「사자(事者)」。 ○석왈(釋曰): 운(云)「주인조복(主人朝服), 서면우문동(西面于門東)」자(者), 차위장서(此爲將筮), 고서면(故西面)。 안하문(案下文)「위기우묘문외(爲期于廟門外), 주인문동(主人門東), 남면(南面)」, 주운(注云)「주인부서면자(主人不西面者), 대부존(大夫尊), 어제신유군도야(於諸臣有君道也)」자(者), 피부위복서지사(彼不爲卜筮之事), 고주인남면야(故主人南面也)。 우주인조복자(又主人朝服者), 위제이서(爲祭而筮), 환복제복(還服祭服)。 시이상편(是以上編)《지생(持牲)》서역복제복(筮亦服祭服), 현단(玄端)。 이차이언(以此而言), 천자제후위제(天子諸侯爲祭), 복서역복제복(卜筮亦服祭服)。 안(案)《사복(司服)》운(云): 「향선왕칙곤면(享先王則袞冕)。」 《제의(祭義)》운(云): 「역포구남면(易抱龜南面), 천자곤면북면(天子袞冕北面)。 수유명지지심(雖有明知之心), 필진단기지언(必進斷其志焉)。」 시위제이복(是爲祭而卜), 환복제복(還服祭服), 즉제후위제복서(則諸侯爲祭卜筮), 복제복가지(服祭服可知)。 약위타사복서(若爲他事卜筮), 즉이어차(則異於此)。 《효경(孝經)》주운(注云): 「복서(卜筮), 관피변(冠皮弁), 의소적(衣素積), 백왕동지(百王同之), 부개역(不改易)。」 《사관(士冠)》「주인조복(主人朝服)」주운(注云)「존시구지도(尊蓍龜之道)」시야(是也)。 운(云)「사(史), 가신(家臣), 주서사(主筮事)」자(者), 안(案)《잡기(雜記)》대부사서(大夫士筮), 역운(亦云)「사련관장의(史練冠長衣)」, 시사주서사야(是史主筮事也)。

주인왈(主人曰): 「효손모(孝孫某), 래일정해(來日丁亥), 용천세사우황조백모(用薦歲事于皇祖伯某), 이모비배모씨(以某妃配某氏), 상향(尙饗)」

정(丁), 미필해야(未必亥也), 직거일일이언지이(直擧一日以言之耳)。 《체우대묘례(禘于大廟禮)》왈(曰): 일용정해(日用丁亥), 부득정해(不得丁亥), 칙기해(則己亥)、신해역용지(辛亥亦用之), 무즉구유해언가야(無則苟有亥焉可也)。 천(薦), 진야(進也), 진세시지제사야(進歲時之祭事也)。 황(皇), 군야(君也)。 백모(伯某), 차자야(且字也)。 대부혹인자위시(大夫或因字爲諡)。 《춘추전(春秋傳)》왈(曰)「로무해졸(魯無駭卒), 청시여족(請諡與族), 공명이자위전씨(公命以字爲展氏)」시야(是也)。 모중(某仲)、숙(叔)、계(季), 역왈중모(亦曰仲某)、숙모(叔某)、계모(季某)。 모비(某妃), 모처야(某妻也)。 합식왈배(合食曰配)。 모씨(某氏), 약언강씨(若言姜氏)、자씨야(子氏也)。 상(尙), 서기(庶幾)。 향(饗), 흠야(歆也)。

◆소(疏)

「주인(主人)」지(至)「상향(尙饗)」。 ○주(注)「정미(丁未)」지(至)「흠야(歆也)」。 ○석왈(釋曰): 운(云)「정(丁), 미필해야(未必亥也), 직거일일이언지이(直擧一日以言之耳)」자(者), 이일유십(以日有十), 진유십이(辰有十二), 이오강일배륙양진(以五剛日配六陽辰), 이오유일배륙음진(以五柔日配六陰辰), 약운갑자(若云甲子)、을축지등(乙丑之等)。 이일배진(以日配辰), 정일부정(丁日不定), 고운정미필해(故云丁未必亥)。 경운(經云)「정해(丁亥)」자(者), 부능구재(不能具載), 직거일일이정당해이언(直擧一日以丁當亥而言), 여혹이기당해(餘或以己當亥), 혹이정당축(或以丁當丑), 차등개득용지야(此等皆得用之也)。 운(云)「《체우대묘례(禘于大廟禮)》왈일용정해(曰日用丁亥)」자(者), 《대대례(大戴禮)》문(文)。 인지정제용정해지의(引之證祭用丁亥之義)

야(引之証祭用丁亥之義也)。운(云)「부득정해칙기해신해역용지(不得丁亥則己亥辛亥亦用之)」지(者), 정운차길사선근일(鄭云此吉事先近日), 유용상순(唯用上旬)。약상순지내(若上旬之內), 혹부득정(或不得丁)、기이배해(己以配亥), 혹상순지내(或上旬之內), 무해이배일(無亥以配日), 즉여음진역용지(則餘陰辰亦用之)。고(故)《춘추(春秋)》선팔년경서(宣八年經書):「신사(辛巳), 유사어대묘(有事於大廟)。」문이년경서(文二年經書):「팔월정묘(八月丁卯), 대사우대묘(大事于大廟)。」소십오년경서(昭十五年經書):「이월계유(二月癸酉), 유사우무관(有事于武官)。」환십사년(桓十四年):「을해(乙亥), 상(嘗)。」차등개부독용정기지일여해진야(此等皆不獨用丁己之日與亥辰也)。운(云)「무즉구유해언가야(無則苟有亥焉可也)」자(者), 차즉을해시야(此即乙亥是也)。필수해자(必須亥者), 안(案)《월령(月令)》운(云):「내택원진(乃擇元辰), 천자내경(天子乃耕)。」주운(注云):「원진(元辰), 개교후지길해야(蓋郊後之吉亥也)。」음양식법(陰陽式法), 해위천창(亥爲天倉), 제사소이구복(祭祀所以求福), 의가우전(宜稼于田), 고선취해(故先取亥)。상순무해(上旬無亥), 내용여진야(乃用餘辰也)。운(云)「백모(伯某), 차자야(且字也)」자(者), 이모재백하(以某在伯下), 약기재자상자(若其在子上者), 모시백(某是伯)、중(仲)、숙(叔)、계(季), 이모차자(以某且字), 부득재자상고야(不得在子上故也)。운(云)「대부혹인자위익(大夫或因字爲謚)」자(者), 위인이십관이자위익(謂因二十冠而字爲謚), 지자(知者), 이모차자자(以某且字者), 관덕명공(觀德明功)。약오십자(若五十字), 인인개유(人人皆有), 비공덕지사(非功德之事), 고지취이십자위익야(故知取二十字爲謚也)。《춘추(春秋)》자(者), 안은팔년(案隱八年)《좌씨전(左氏傳)》운(云):「무해졸(無駭卒), 우부청익여족(羽父請謚與族), 공문족어중중(公問族於眾仲)。중중대왈(眾仲對曰):천자건덕(天子建德), 인생이사성(因生以賜姓), 조지토이명지씨(胙之土而命之氏), 제후이자위익(諸侯以字爲謚), 인이위족(因以爲族)。」공명이자위전씨(公命以字爲展氏), 피무해지조(彼無駭之祖), 공자전이전위익(公子展以展爲謚)。재(在)《춘추(春秋)》전(前), 기손무해취이위족(其孫無駭取以爲族), 고공명위전씨(故公命爲展氏)。약연(若然), 무해사족부사익(無駭賜族不賜謚), 인지자(引之者), 대부유인자위익(大夫有因字爲謚), 정백모(証伯某), 모혹차자유익자(某或且字有謚者), 즉모위익야(即某爲謚也)。차경운백모(此經云伯某), 시정제지칭야(是正祭之稱也)。약시유고청급비상제사(若時有告請及非常祭祀), 즉거백(則去伯), 직운차자(直云且字), 언모보(言某甫), 즉빙례사옹유갱임(則聘禮賜饔唯羹飪), 서일시(筮一尸), 약소약목(若昭若穆), 부위축(卜爲祝), 축왈(祝曰)「효손모(孝孫某), 천가례우황조모보(薦嘉禮于皇祖某甫)」시야(是也)。약경대부무익(若卿大夫無謚), 정제여비상제일(正祭與非常祭一), 개언오십자재자상(皆言五十字在子上), 여사정제례동(與士正祭禮同), 즉운모자(則云某子), 고(故)《빙례(聘禮)》기운(記云)「황고모자(皇考某子)」시야(是也)。《특생(特牲)》사례무익(士禮無謚), 정제칭황고모자(正祭稱皇考某子)。약사고청지제(若士告請之祭), 즉칭차자(則稱且字)。고(故)《사우(士虞)》기운(記云)「적이황조모보(適爾皇祖某甫)」시야(是也)。

사왈(史曰):「낙(諾)。」서면우문서(西面于門西), 추하독(抽下韇), 좌집서(左執筮), 우겸집독이격서(右兼執韇以擊筮)。

장문길흉언(將問吉凶焉), 고격지이동기신(故擊之以動其神)。《역(易)》왈(曰):「시지덕원이신(蓍之德圓而神)。」

◆소(疏)

「사왈(史曰)」지(至)「격서(擊筮)」。○주(注)「장문(將問)」지(至)「이신(而神)」。○석왈(釋曰):운(云)「사왈낙(史曰諾), 서면우문서(西面于門西)」자(者), 위기운낙(謂既云諾), 내지어문서역외(乃之於門西闑外), 서면술명(西面述命), 내서야(乃筮也)。운(云)「좌집서(左執筮)」, 급하운(及下云)「격서(擊筮)」, 서자개시시(筮者皆是蓍), 이기용시위서(以其用蓍爲筮), 인명시위서(因名蓍爲筮)。운(云)「겸집독(兼執韇)」자(者), 상문이용우수추상독(上文已用右手抽上韇), 차경우용우수추하독(此經又用右手抽下韇), 시이독겸집지야(是二韇兼執之也)。운(云)「《역(易)》왈시지덕원이신(曰蓍之德圓而神)」자(者), 정피주운(鄭彼注云):「시형원(蓍形圓), 이가이립변화지수(而可以立變化之數), 고위지신야(故謂之神也)。」인지자(引之者), 정시유신(証蓍有神), 고격동지야(故擊而動之也)。

수술명왈(遂述命曰):「가이대서유상(假爾大筮有常)。효손모(孝孫某), 래일정해(來日

丁亥), 용천세사우황조백모(用薦歲事于皇祖伯某), 이모비배모씨(以某妃配某氏), 상향(尙饗)」

술(述), 순야(循也)。중이주인사고서야(重以主人辭告筮也)。가(假), 차야(借也)。언인시지령이문지(言因蓍之靈以問之)。상(常), 길흉지점요(吉凶之占繇)。

◆소(疏)

「수술(遂述)」지(至)「상향(尙饗)」。○주(注)「술순(述循)」지(至)「점요(占繇)」。○석왈(釋曰) : 운(云)「수술명(遂述命)」자(者), 사기수주인명(史既受主人命), 내우환(乃右還), 향역외서면(向闃外西面), 수술상주인지사(遂述上主人之辭), 위지술명(謂之述命)。술명흘(述命訖), 내련언왈가이대서유상(乃連言曰假爾大筮有常), 차시즉석서면(此是即席西面), 명서여술명동위일사자(命筮與述命同為一辭者)。대(對)《사상례(士喪禮)》복장일운부술명(卜葬日云不述命), 약술명(若述命), 즉여즉석서면명구이(即與即席西面命龜異)。이자(異者), 정주운(鄭注云) : 「술명명구(述命命龜), 이구(異龜), 중위의다야(重威儀多也)。」대차대부소뢰술명(對此大夫少牢述命), 명서동(命筮同), 서경(筮輕), 위의소위문야(威儀少爲文也)。운(云)「상(常), 길흉지점요(吉凶之占繇)」자(者), 위응흉고길(謂應凶告吉), 응길고흉(應吉告凶), 칙부상(則不常)。차길흉지점(此吉凶之占), 의구지요사(依龜之繇辭), 요사즉점구지장(繇辭則占龜之長), 약(若)《역(易)》지효사이점서야(之爻辭以占筮也)。

내석독(乃釋韇), 립서(立筮)。

경대부지시장오척(卿大夫之蓍長五尺), 립서유편(立筮由便)。

◆소(疏)

○주석왈(注釋曰) : 운(云)「경대부지시장오척(卿大夫之蓍長五尺)」자(者), 《대대례(大戴禮)》、《삼정기(三正記)》개유차문(皆有此文)。립서유편(立筮由便), 이기시장(以其蓍長), 립서위편(立筮為便)。대사지시삼척(對士之蓍三尺), 좌서위편(坐筮爲便)。약연(若然), 제후시칠척(諸侯蓍七尺), 천자시구척(天子蓍九尺), 립서가지(立筮可知)。

괘자재좌좌(卦者在左坐), 괘이목(卦以木)。졸서(卒筮), 내서괘우목(乃書卦于木), 시주인(示主人), 내퇴점(乃退占)。

괘자(卦者), 사지속야(史之屬也)。괘이목자(卦以木者), 매일효(每一爻), 화지이식지(畫地以識之)。륙효비(六爻備), 서어판(書於板)。사수이시주인(史受以示主人), 퇴점(退占), 동면려점지(東面旅占之)。

◆소(疏)

「괘자(卦者)」지(至)「퇴점(退占)」。○주(注)「괘자(卦者)」지(至)「점지(占之)」。○석왈(釋曰) : 운(云)「괘자(卦者), 사지속야(史之屬也)」자(者), 이기서시사(以其筮是史), 고지괘자시사지속야(故知卦者是史之屬也)。운(云)「서어판(書於版)」자(者), 석경서(釋經書)「괘우목(卦于木)」, 목즉판야(木即版也)。운(云)「사수이시주인(史受以示主人)」자(者), 이경서괘시화괘자(以經書卦是畫卦者), 공시괘자이시어주인(恐是卦者以示於主人), 이괘자비(以卦者卑), 의환사서사수이시주인야(宜還使筮史受以示主人也)。

길(吉), 즉사독서(則史韇筮), 사겸집서여괘이고우주인(史兼執筮與卦以告于主人) : 「점왈종(占曰從)。」

종자(從者), 구길득길지언(求吉得吉之言)。

◆소(疏)

주(注)「종자(從者)」지(至)「지언(之言)」。○석왈(釋曰) : 이주인지제본이구길(以主人之祭本以求吉), 금이의이문서(今以疑而問筮), 서이득길(筮而得吉), 시종주인본심(是從主人本心), 고왈(故曰)「종(從)」자시(者是)「구길득길지언(求吉得吉之言)」야(也)。

내관계(乃官戒), 종인명척(宗人命滌), 재명위주(宰命爲酒), 내퇴(乃退)。

관계(官戒), 계제관야(戒諸官也)。 당공제사사자(當共祭祀事者), 사지구기물(使之具其物), 차제야(且齊也)。 척(滌), 개탁제기(漑濯祭器), 소제종묘(埽除宗廟)。

◆소(疏)

「내관(乃官)」지(至)「내퇴(乃退)」。 ○주(注)「관계(官戒)」지(至)「종묘(宗廟)」。 ○석왈(釋曰)：운(云)「관계(官戒), 계제관야(戒諸官也), 당공제사사자(當共祭祀事者), 사지구기물(使之具其物), 차제야(且齊也)。 척(滌), 개탁제기(漑濯祭器), 소제종묘(掃除宗廟)」자(者), 차기서제일득길(此其筮祭日得吉), 당이숭제사(當以崇祭事), 고지관계(故知官戒)。 계제관유차수사(戒諸官有此數事), 차등개사견어하문(此等皆事見於下文), 고정총이언야(故鄭總而言也)。

약부길(若不吉), 즉급원일(則及遠日), 우서일여초(又筮日如初)。

급(及), 지야(至也)。 원일(遠日), 후정약후기(後丁若後己)。

◆소(疏)

「약부(若不)」지(至)「여초(如初)」。 ○주(注)「급지(及至)」지(至)「후기(後己)」。 ○석왈(釋曰)：운(云)「원일(遠日), 후정약후기(後丁若後己)」자(者), 안상(案上)《곡례(曲禮)》운(云)：「상사선원일(喪事先遠日), 길사선근일(吉事先近日)。」근일(近日), 즉상순정사시야(即上旬丁巳是也)。 약상순정사부길(若上旬丁巳不吉), 칙지상순우서중순정사(則至上旬又筮中旬丁巳)；부길(不吉), 지중순우서하순정사(至中旬又筮下旬丁巳)；부길칙지(不吉則止), 부제(不祭)。 이기복서부과삼야(以其卜筮不過三也), 시이정운후정약후기야(是以鄭云後丁若後己也)。

◆숙(宿)

숙독위숙(宿讀爲肅)。 숙(肅), 진야(進也)。 대부존(大夫尊), 의익다(儀益多), 서일기계제관이제계의(筮日既戒諸官以齊戒矣)。 지전제일일(至前祭一日), 우계이진지(又戒以進之), 사지제일당래(使知祭日當來)。 고문숙개작수(古文宿皆作羞)。

◆소(疏)

「숙(宿)」。 ○주(注)「숙독(宿讀)」지(至)「작수(作羞)」。 ○석왈(釋曰)：자차진(自此盡)「개서시(改筮尸)」, 론서시숙시급숙제관지사(論筮尸宿尸及宿諸官之事)。 운(云)「대부존(大夫尊), 의익다(儀益多)」자(者), 기대부숙계량유(其大夫宿戒兩有), 사유숙이무계(士有宿而無戒), 시의략(是儀略), 고운대부의다야(故云大夫儀多也)。 차직시의다(此直是儀多), 이운익다자(而云益多者), 거사시일숙(據士尸一宿), 하문대부시재숙(下文大夫尸再宿), 시의익다(是儀益多)。 익다(益多), 유운미다야(猶云彌多也)。 차운(此云)「전제일일(前祭一日), 우계이진지(又戒以進之), 사지제일당래(使知祭日當來)」, 병하문(並下文)「명일조복서시(明日朝服筮尸)」, 병시전제일일(並是前祭一日), 유하문(唯下文)「전숙일일숙계시(前宿一日宿戒尸)」자(者), 시전제이일(是前祭二日)。 이언전숙일일(以言前宿一日), 명제전이일가지야(明祭前二日可知也)。

전숙일일(前宿一日), 숙계시(宿戒尸)。

개숙제관지일(皆肅諸官之日), 우선숙시자(又先肅尸者), 중소용위시자(重所用爲尸者), 우위장서(又爲將筮)。

◆소(疏)

주(注)「개숙(皆肅)」지(至)「장서(將筮)」。 ○석왈(釋曰)：운(云)「개숙제관지일(皆肅諸官之日)」자(者), 해경(解經)「숙(宿)」시숙제관지일(是肅諸官之日)。 운(云)「우선숙시자(又先肅尸者)」, 총해경(總解經)「전숙일일(前宿一日), 숙계시(宿戒尸)」, 위시숙제관지일(謂是肅諸官之日), 전우선숙시교일일(前又先肅尸校一日), 당제전이일야(當祭前二日也)。 운(云)「중소용위시(重所用爲尸)」자(者), 숙제관유일숙(肅諸官唯一肅), 시유재숙(尸有再肅), 시중소용위시자고야(是重所用為尸者故也)。 운(云)「우위장서(又爲將筮)」자(者), 역시숙지사지제일당래(亦是肅之使知祭日當來)

고야(亦是肅之使知祭日當來故也). 약연(若然), 숙여계전후명부동(宿與戒前後名不同), 금합언지자(今合言之者), 이전유십일지계(以前有十日之戒), 후유일일지숙(後有一日之宿). 약단언계(若單言戒), 혐동십일(嫌同十日). 약단언숙(若單言宿), 혐동일일(嫌同一日). 고숙계병언(故宿戒並言), 명기별야혹가(明其別也或可). 차시초계시(此是初戒尸), 운숙계시자(云宿戒尸者), 고가숙자어계상야(故加宿字於戒上也).

명일(明日), 조서시(朝筮尸), 여서일지의(如筮日之儀). 명왈(命曰) : 「효손모(孝孫某), 내일정해(來日丁亥), 용천세사우황조백모(用薦歲事于皇祖伯某), 이모비배모씨(以某妃配某氏), 이모지모위시(以某之某爲尸). 상향(尚饗)」서(筮)、괘(卦)、점여초(占如初).

모지모자(某之某者), 자시부이명시야(字尸父而名尸也). 자시부(字尸父), 존귀신야(尊鬼神也). 부전기삼일서시자(不前期三日筮尸者), 대부하인군(大夫下人君), 제지조내시탁(祭之朝乃視濯), 여사이(與士異).

◆소(疏)

「명일(明日)」지(至)「여초(如初)」. ○주(注)「모지(某之)」지(至)「사이(士異)」. ○석왈(釋曰) : 운(云)「모지모자(某之某者), 자시부이명시야(字尸父而名尸也)」자(者), 안(案)《곡례(曲禮)》운(云)「부재부위시(父在不爲尸)」, 주운(注云) : 「위기실자도(爲其失子道), 연칙시복서무부자(然則尸卜筮無父者).」약연(若然), 범위인시자(凡爲人尸者), 부개사의(父皆死矣). 사자당휘기명(死者當諱其名), 금대시(今對尸), 고지부칭시부지명(故知不稱尸父之名). 고상(故上)「모(某)」시시지부자(是尸之父字), 하(下)「모(某)」위시명(爲尸名), 시생자가칭명(是生者可稱名), 시이운자시부이명시야(是以云字尸父而名尸也). 운(云)「자시부(字尸父), 존귀신야(尊鬼神也)」자(者), 이부칭명(以不稱名), 시존귀신야(是尊鬼神也). 운(云)「부전기삼일서시자(不前期三日筮尸者), 대부하인군(大夫下人君)」자(者), 결상편(決上編)《특생(特牲)》사례운(士禮云)「전기삼일서시(前期三日筮尸)」, 차제전일일서시(此祭前一日筮尸), 길수숙시(吉遂宿尸), 부동지사(不同之事). 단천자제후전기십일십득길일(但天子諸侯前期十日十得吉日), 즉계제관산재(則戒諸官散齊), 지전제삼일(至前祭三日), 복시득길(卜尸得吉), 우계숙제관사지치제(又戒宿諸官使之致齊). 사비(士卑), 부혐(不嫌), 고득여인군동삼일서시(故得與人君同三日筮尸), 단하인군(但下人君), 부득산재칠일이(不得散齊七日耳). 대부존(大夫尊), 부감여인군동(不敢與人君同), 직산재구일(直散齊九日), 전제일일서시(前祭一日筮尸), 병숙제관치재야(並宿諸官致齊也). 운(云)「제지조내시탁(祭之朝乃視濯), 여사이(與士異)」자(者), 역시사비(亦是士卑), 득여인군동(得與人君同), 제전일일시탁(祭前一日視濯). 대부존(大夫尊), 부감여인군동(不敢與人君同), 고여사이야(故與士異也). 운여사이(云與士異), 역시하인군(亦是下人君), 하인군역시여사이(下人君亦是與士異), 호환성문위의야(互換省文爲義也).

길(吉), 즉내수숙시(則乃遂宿尸), 축빈(祝擯).

서길우수숙시(筮吉又遂肅尸), 중시야(重尸也). 기숙시(既肅尸), 내숙제관급집사자(乃肅諸官及執事者). 축위빈자(祝爲擯者), 시(尸), 신상(神象).

◆소(疏)

「길즉(吉則)」지(至)「축빈(祝擯)」. ○주(注)「서길(筮吉)」지(至)「신상(神象)」. ○석왈(釋曰) : 운(云)「서길우수숙시(筮吉又遂肅尸), 중시야(重尸也)」자(者), 이기제관일숙(以其諸官一肅), 기시원결일자이숙흘(其尸元缺一字已宿訖), 금서길우숙(今筮吉又肅), 재숙자(再肅者), 시중시자야(是重尸者也). 운(云)「기숙시(既肅尸), 내숙제관급집사자(乃肅諸官及執事者)」, 차중해상문숙(此重解上文宿), 시차숙시후사치어상문자(是此宿尸後事置於上文者), 피위전숙일일숙계시지지사(彼爲前宿一日宿戒尸之事), 고운야(故云也), 기실당재차중숙시지후야(其實當在此重肅尸之後也). 운(云)「축위빈자(祝爲擯者), 시(尸), 신상(神象)」자(者), 결전서시시개주인출명(決前筮尸時皆主人出命), 지차사축빈이시(至此使祝擯以尸), 시신상(是神象), 고사축빈야(故使祝擯也). 안(案)《특생(特牲)》사종인빈(使宗人擯), 주인사(主人辭), 우유축공전명자(又有祝共傳命者), 사비(士卑), 부혐(不嫌), 량유(兩有), 여인군동(與人君同). 차대부존(此大夫尊), 하인군(下人君), 고궐지(故闕之), 유유축빈이이(唯有祝擯而已)。우차시부언출문면위(又此尸不言出門面位), 안(案)《특생(特牲)》주인숙시시(主人宿尸時), 「시여주인복(尸如主人服), 출문좌(出門左), 서면(西面)」, 정주운(鄭注云) : 「부감남면당존(不敢南面當尊)。」칙대부지시존(則大夫之尸尊), 시출문경남면(尸出門徑南面), 고주인여시개부재문동(故主人與尸皆不在門東), 문서야(門西也)。

주인재배계수(主人再拜稽首)。축고왈(祝告曰) : 「효손모(孝孫某), 내일정해(來日丁亥), 용천세사우황조백모(用薦歲事于皇祖伯某), 이모비배모씨(以某妃配某氏)。감숙(敢宿)」

고시이주인위차사래(告尸以主人 爲此事來)。

시배(尸拜), 허낙(許諾), 주인우재배계수(主人又再拜稽首)。주인퇴(主人退), 시송(尸送), 읍(揖), 부배(不拜)。

시부배자(尸不拜者), 시존(尸尊)。

◆소(疏)

주(注)「시부배자시존(尸不拜者尸尊)」。○석왈(釋曰) : 범빈주지례(凡賓主之禮), 빈거(賓去), 주인개배송(主人皆拜送)。금운(今云)「시송읍부배(尸送揖不拜)」자(者), 이대부시존고야(以大夫尸尊故也)。

약부길(若不吉), 즉수개서시(則遂改筮尸)。

즉개서지(即改筮之), 부급원일(不及遠日)。

◆소(疏)

주(注)「즉개(即改)」지(至)「원일(遠日)」。○석왈(釋曰) : 차결상문서일부길서원일자(此決上文筮日不吉筮遠日者), 이일위제사지본(以日為祭祀之本), 수취정기지류(須取丁己之類), 고수취원일후순정(故須取遠日後旬丁), 차서시부길(此筮尸不吉), 부수퇴지후순(不須退至後旬), 고서부대원일야(故筮不待遠日也)。

기숙시(既宿尸), 반(反), 위기우묘문지외(爲期于廟門之外)。

위기(爲期), 숙제관이개지(肅諸官而皆至), 정제조안지기(定祭早晏之期), 위기역석시야(爲期亦夕時也)。언기숙시반위기(言既肅尸反爲期), 명대부존(明大夫尊), 숙시이이(肅尸而已)。기위빈급집사자(其爲賓及執事者), 사인숙지(使人肅之)。

◆소(疏)

「기숙(既肅)」지(至)「지외(之外)」。○주(注)「위기(爲期)」지(至)「숙지(肅之)」。○석왈(釋曰) : 자차진(自此盡)「왈낙내퇴(曰諾乃退)」, 론종인청제기지사(論宗人請祭期之事)。운(云)「위기숙제관이개지(爲期肅諸官而皆至)」자(者), 차즉상문숙동시지사(此即上文宿同時之事)。이기후숙시(以其後宿尸), 급숙제관여위기(及宿諸官與爲期), 개어제전지일야(皆於祭前之日也)。지(知)「위기역석시야(爲期亦夕時也)」자(者), 안(案)《특생(特牲)》운(云) : 「궐명석(厥明夕), 진정우문외(陳鼎于門外)。」우하문동일석시(又下文同日夕時), 이운(而云)「청기왈갱임(請期曰羹飪)」, 시석시(是夕時), 즉차대부례위기(則此大夫禮爲期), 역석시가지야(亦夕時可知也)。지대부존(知大夫尊), 직숙시(直肅尸), 여사인숙지자(餘使人肅之者), 이경운(以經云)「숙시(宿尸), 반(反)」, 즉운(即云)「위기(爲期)」, 명대부부자숙빈(明大夫不自肅賓), 이하가지(以下可知), 고운(故云)「사인숙지(使人肅之)」야(也)。

주인문동남면(主人門東南面)。종인조복북면(宗人朝服北面), 왈(曰) : 「청제기(請祭期)。」주인왈(主人曰) : 「비어자(比於子)。」

비차조안(比次早晏), 재어자야(在於子也)。주인부서면자(主人不西面者), 대부존(大夫尊), 어제관유군도야(於諸官有君道也)。위기(爲期), 역유시부래야(亦唯尸不來也)。

◆소(疏)

주(注)「비차(比次)」지(至)「내야(來也)」。○석왈(釋曰) : 언(言)「비차조안(比次早晏)」자(者), 일일일야(一日一夜), 진유십이(辰有十二), 동일하야(冬日夏夜), 장단부동(長短不同), 시이추량비차일진지조안야(是以推量比次日辰之早晏也)。운(云)「주인부서면자(主人不西面者), 대부존(大夫尊), 어제관유군도야(於諸官有君道也)」자(者), 결(決)《특생(特牲)》주인문외서면(主人門外西面), 사비어속리(士卑於屬吏), 무군도고야(無君道故也)。운(云)「위기역유시부래(爲期亦唯尸不來也)」자(者), 언역(言亦)《특생(特牲)》위기시(爲期時), 빈급중빈즉위우문서시무시(賓及眾賓即位于門西時無尸), 차대부례(此大夫禮), 여빈지등병래(餘賓之等並來), 역유시부래(亦唯尸不來), 시이주인남면역위무시야(是以主人南面亦爲無尸也)。

종인왈(宗人曰) : 「단명행사(旦明行事)。」주인왈(主人曰) : 「낙(諾)。」내퇴(乃退)。

단명(旦明), 단일질명(旦日質明)。

명일(明日), 주인조복즉위우묘문지외(主人朝服即位于廟門之外), 동방남면(東方南面)。재(宰)、종인서면북상(宗人西面北上)。생북수동상(牲北首東上)。사마규양(司馬刲羊), 사사격시(司士擊豕)。종인고비(宗人告備), 내퇴(乃退)。

규(刲)、격(擊), 개위살지(皆謂殺之)。차실기성(此實既省), 고비내살지(告備乃殺之), 문호자(文互者), 성문야(省文也)。《상서전(尚書傳)》왈(曰) : 양속화(羊屬火), 시속수(豕屬水)。

◆소(疏)

○석왈(釋曰) : 자차진(自此盡)「동영(東榮)」, 논시살시탁지사(論視殺視濯之事)。안(案)《특생(特牲)》시생여시살별일(視牲與視殺別日), 금(今)《소뢰(少牢)》부언시생(不言視牲), 직언규(直言刲)、격고비(擊告備), 내퇴자(乃退者), 성(省)。차대부례(此大夫禮), 시생고충(視牲告充), 즉규(即刲)、격살지(擊殺之), 하인군(下人君), 사비부혐(士卑不嫌), 고이일의(故異日矣)。필지인군시살별일자(必知人君視殺別日者), 《대재직(大宰職)》운(云) : 「급집사(及執事), 시척탁(視滌濯), 급납형(及納亨), 찬왕생사(贊王牲事)。」주운(注云) : 「납형(納亨), 납생(納牲), 장고살(將告殺)。위향제지신(謂鄉祭之晨), 기살이수형인(既殺以授亨人)。」우운(又云) : 「급사지일(及祀之日), 찬옥폐작지사(贊玉幣爵之事)。」주운(注云) : 「일단명야(日旦明也)。」시기시생여살별일(是其視牲與殺別日)。안(案)《제의(祭義)》운(云) : 「군견생(君牽牲), 목답군(穆答君), 경대부서종(卿大夫序從)。기입문(既入門), 려우비(麗于碑), 경대부단(卿大夫袒), 이모우상이(而毛牛尚耳)。」제후례살우문내(諸侯禮殺于門內), 차대부여(此大夫與)《특생(特牲)》사개살우문외자(士皆殺于門外者), 피인군(辟人君)。운(云)「규격개위살지(刲擊皆謂殺之)」자(者), 시언격(豕言擊), 동지사명(動之使鳴), 시시생야(是視牲也);양언규(羊言刲), 위살지(謂殺之), 시시살야(是視殺也)。대부시생(大夫視牲)、시살동일(視殺同日), 고호견개유(故互見皆有), 고정운규격개위살지(故鄭云刲擊皆謂殺之)。우운(又云)「차실기성(此實既省), 고비내살지(告備乃殺之), 문호자(文互者), 성야(省也)」자(者), 역시시생흘즉시살(亦是視牲訖即視殺), 여향소해(如鄉所解), 하언고비(下言告備), 욕견겸유야(欲見兼有也)。운(云)「《상서전(尚書傳)》왈양속화(曰羊屬火), 시속수(豕屬水)」자(者), 차(此)《상서대전(尚書大傳)》문(文)。인지자(引之者), 해사마규양(解司馬刲羊), 이기사마화관(以其司馬火官), 환사규양(還使刲羊), 양속화고야(羊屬火故也)。안(案)《주례(周禮)》정주사공봉시(鄭注司空奉豕), 사사내사마지속관(司士乃司馬之屬官), 금부사사공자(今不使司空者), 제후유겸관(諸侯猶兼官), 대부우직직상겸(大夫又職職相兼), 황사무관(況士無官), 부례위사마(仆隸為司馬)、사사(司士), 겸기직가지(兼其職可知), 고사사격시야(故司士擊豕也)。

옹인개정(雍人摡鼎)、비(匕)、조우옹찬(俎于雍爨), 옹찬재문동남(雍爨在門東南), 북상(北上)。

옹인(雍人), 장할팽지사자(掌割烹之事者)。찬(爨), 조야(竈也)。재문동남(在門東南), 통어주인(統於主人), 북상(北上)。 양시어석개유조(羊豕魚腊皆有俎), 조서유확(俎西有鑊)。 범개자(凡摡者), 개진지이후고혈(皆陳之而後告潔)。

◆소(疏)

○주석왈(注釋曰)：운(云)「옹인장할팽지사(雍人掌割烹之事)」자(者), 《주례(周禮)·옹인직(饔人職)》문(文)。 운(云)「범개자(凡摡者), 개진지이후고혈(皆陳之而後告潔)」자(者), 안(案)《특생(特牲)》시탁시개진지(視濯時皆陳之), 시흘고혈(視訖告潔), 차역당연(此亦當然)。

름인개증(廩人摡甑)、언(甗)、비여돈우름찬(匕與敦于廩爨), 름찬재옹찬지북(廩爨在雍爨之北)。

름인(廩人), 장미입지장자(掌米入之藏者)。언여증(甗如甑), 일공(一孔)。비(匕), 소이비서직자야(所以匕黍稷者也)。고문증위증(古文甑為烝)。

◆소(疏)

○주석왈(注釋曰)：운(云)「름인장미입지장(廩人掌米入之藏)」자(者), 《주례(周禮)·지관(地官)·름인직(廩人職)》문(文)。이기곡입창인(以其穀入倉人), 미입름인고야(米入廩人故也)。운(云)「언여증(甗如甑), 일공(一孔)」자(者), 안(案)《동관(冬官)·도인직(陶人職)》운(云)：「언실이부(甗實二鬴), 농반촌(濃半寸), 진촌(唇寸), 증실이부(甑實二鬴), 농반촌(濃半寸), 진촌(唇寸), 칠천(七穿)。」정사농운(鄭司農云)：「언무저(甗無底)。」증이기무저(甑以其無底), 고이일공해지(故以一孔解之)。운(云)「비소이비서직자야(匕所以匕黍稷者也)」자(者), 상옹인운비자(上雍人云匕者), 소이비육(所以匕肉), 차름인소장미(此廩人所掌米), 고운비서직야(故云匕黍稷也)。

사궁개두(司宮摡豆)、변(籩)、작(勺)、작(爵)、고(觚)、치(觶)、궤(几)、세(洗)、비(篚), 우동당하(于東堂下), 작(勺)、작(爵)、고(觚)、치(觶), 실우비(實于篚)。졸개(卒摡), 찬두(饌豆)、변여비우방중(籩與篚于房中), 방우서방(放于西方)。설세우조계동남(設洗于阼階東南), 당동영(當東榮)。

방유의야(放猶依也)。대부섭관(大夫攝官), 사궁겸장제기야(司宮兼掌祭器也)。

◆소(疏)

「사궁(司宮)」지(至)「동영(東榮)」。○주(注)「방유(放猶)」지(至)「기야(器也)」。○석왈(釋曰)：안(案)《특생(特牲)》운(云)：「종인승자서계(宗人升自西階), 시호탁급두변(視壺濯及豆籩), 반강(反降), 동북면고탁구(東北面告濯具)。」정주운(鄭注云)：「부언혈(不言潔), 이유궤석(以有几席)。」약연(若然), 피궤석부개(彼几席不摡), 즉범세비삼자(則凡洗篚三者), 역부개이병언지자(亦不摡而并言之者), 이기동강우동당하(以其同降于東堂下), 고계고치련언지(故繼觚觶連言之), 기실부개야(其實不摡也)。운(云)「대부섭관(大夫攝官), 사궁겸장제기(司宮兼掌祭器)」자(者), 하문사궁연신석어오(下文司宮筵神席於奧), 차우장두변지등(此又掌豆籩之等), 고정운섭관(故鄭云攝官)。안(案)《내칙(內則)》정주운(鄭注云)「제후겸관(諸侯兼官)」자(者), 피대천자(彼對天子), 천자륙경(天子六卿), 제후삼경겸륙경(諸侯三卿兼六卿), 차칙대부대제후(此則大夫對諸侯), 제후구관(諸侯具官), 대부섭관야(大夫攝官也)。

갱정(羹定), 옹인진정오(雍人陳鼎五), 삼정재양확지서(三鼎在羊鑊之西), 이정재시확지서(二鼎在豕鑊之西)。

어석종양(魚腊從羊), 부종시(膚從豕), 통어생(統於牲)。

◆소(疏)

「갱정(羹定)」지(至)「지서(之西)」。○주(注)「어석(魚腊)」지(至)「어생(於牲)」。○석(釋曰)：자차진(自此盡)「단건우서계동(簞巾于西階東)」, 론정급두변반이등지사(論鼎及豆籩盤匜等之事)。운(云)「어석종양(魚腊從羊), 부종시(膚從豕), 통어생(統於牲)」자(者), 안(案)《공식대부(公食大夫)》운(云)「전인진정(甸人陳鼎)」, 정주운(鄭注云)：「전인(甸人), 총재지(塚宰

之屬), 겸형인자(兼亨人者)。」차대부옹인진정자(此大夫雍人陳鼎者)。《주례(周禮)》전(甸人)「장공신증여형찬(掌供薪烝與亨爨)」, 련직상통(聯職相通), 시이제후무형인(是以諸侯無亨人), 고전인진정(故甸人陳鼎)。차대부우무전인(此大夫又無甸人), 고사옹인여형인련직(故使雍人與亨人聯職), 고(故)《형인(亨人)》운(云)「직외내옹지찬형(職外內饔之爨亨)」, 고사옹인야(故使饔人也)。운어석종양(云魚腊從羊), 부종시자(膚從豕者), 상문개정시(上文摡時), 정운(鄭云)「양시어석개유조(羊豕魚腊皆有灶)」, 금진정의각당기확(今陳鼎宜各當其鑊), 차삼정재양확지서(此三鼎在羊鑊之西), 이정재시확지서(二鼎在豕鑊之西), 고운어석종양(故云魚腊從羊), 부종시야(膚從豕也), 기실양(其實羊)、시(豕)、어(魚)、석각유확야(腊各有鑊也)。차직유양시(此直有羊豕), 언개유확(言皆有鑊), 전주하지어석개유조(前注何知魚腊皆有灶), (案)《사우례(士虞禮)》운(云):「측형어묘문외지우(側亨於廟門外之右), 동면(東面)。」어석찬재묘문외동남(魚腊爨在廟門外東南), 어석찬재기남(魚腊爨在其南), 사지어석개유찬(士之魚腊皆有爨), 칙대부어석개유확가지(則大夫魚腊皆有鑊可知), 고양시어석개유조야(故羊豕魚腊皆有灶也)。

사마승양우반(司馬升羊右胖), 비부승(脾不升), 견(肩)、비(臂)、노(臑)、박(膊)、격(骼), 정척일(正脊一)、정척일(脡脊一)、횡척일(橫脊一)、단협일(短脅一)、정협일(正脅一)、대협일(代脅一), 개이골이병(皆二骨以竝), 장삼(腸三)、위삼(胃三)、거폐일(舉肺一)、제폐삼(祭肺三), 실우일정(實于一鼎)。

승유상야(升猶上也)。상우반(上右胖), 주소귀야(周所貴也)。비부승(髀不升), 근규(近竅), 천야(賤也)。견(肩)、비(臂)、노(臑), 굉골야(肱骨也)。박(膊)、격(骼), 고골(股骨)。척종전위정(脊從前為正), 협방중위정(脅旁中為正)。척선전(脊先前), 협선후(脅先後), 굴이반(屈而反), 유기지쟁야(猶器之綒也)。병(竝), 병야(併也)。척협골다(脊脅骨多), 륙체각취이골병지(六體各取二骨併之), 이다위귀(以多為貴)。거폐일(舉肺一), 시식소선거야(尸食所先舉也)。제폐삼(祭肺三), 위시(為尸)、주인(主人)、주부(主婦)。고문반개작변(古文胖皆作辯), 비개작비(髀皆作脾)。금문병개위병(今文竝皆為併)。

◆소(疏)

○석왈(釋曰):상십일체언일자(上十一體言一者), 견기체야(見其體也)。하언(下言)「개이골(皆二骨)」, 이병견일체개유이골야(以並見一體皆有二骨也)。운(云)「척종전위정(脊從前為正), 협방중위정(脅旁中爲正)。척선전(脊先前), 협선후(脅先後), 굴이반(屈而反), 유기지쟁(猶器之綒)」야(也), 운선전자(云先前者), 정척시야(正脊是也), 선후자(先後者), 즉단협시야(即短脅是也)。고(故)《특생(特牲)》기운시조(記云尸俎)「정척이골(正脊二骨), 횡척(橫脊), 장협이골(長脅二骨), 단협(短脅)」, 정주운(鄭注云):「척무중(脊無中), 협무전(脅無前), 폄야(貶也)。」명대협최재전야(明代脅最在前也)。척선전(脊先前), 협선후자(脅先後者), 취쟁(取綒)굴지의(屈之義)。약연(若然), 척이전위정(脊以前為正), 기차명정(其次名脡), 각후명횡자(卻後名橫者), 취정(取脡), 정연직(脡然直), 후언횡자(後言橫者), 취활어정(取闊於脡)。범명골(凡名骨), 개수형명지(皆隨形名之), 유언정자(唯言正者), 이의취칭언(以義取稱焉)。차언쟁(此言綒)자(者), 지해척부취견각야(指解脊不取肩胳也)。약시거생체(若尸舉牲體), 즉협(則脅)、견(肩)、각위쟁(胳為綒)。고정주(故鄭注)《특생(特牲)》운거선정척(云舉先正脊), 후견(後肩), 자상이각하쟁(自上而卻下綒)이전(而前), 종시지차야(終始之次也)。고시거생체여쟁(故尸舉牲體如綒)야(也)。안하주운(案下注云)「승지이존비(升之以尊卑)」, 차주운유기지쟁(此注云猶器之綒)야(也)。약쟁(若綒), 칙부득견존비(則不得見尊卑)。약이존비승(若以尊卑升), 복부득견쟁(復不得見綒)。량주사괴자(兩注似乖者), 범생체사지위귀(凡牲體四支為貴), 고선서견(故先序肩)、비(臂)、노(臑)、박膊)、각위상(胳爲上), 시존(是尊);연후서척(然後序脊)、협어하(脅於下), 시비(是卑)。차응선언정협(次應先言正脅), 이선언단자(而先言短者), 우취쟁(又取綒)지의야(之義也)。단소서골체각유의(但所序骨體各有宜), 부가준정야(不可準定也)。약연(若然), 기이존비승지(既以尊卑升之), 이제폐귀(而祭肺貴), 서재하자(序在下者), 장위급폐재내(腸胃及肺在內), 부득여외체위존비지차(不得與外體爲尊卑之次), 당이장내자위선후지차야(當以腸內自為先後之次也)。운(云)「척협골다(脊脅骨多), 륙체각취이골병지(六體各取二骨併之), 이다위귀(以多為貴)」자(者), 차경견비이하개언일(此經肩臂已下皆言一), 지십일체지하총언개이골(至十一體之下總言皆二骨)。지이골(知二骨), 거척협골다(據脊脅骨多), 륙체각취이골자(六體

각취이골자(各取二骨者), 안(案)《특생(特牲)》기견(記肩)、비(臂)、노(臑)、순(肫)、각(胳), 부언이골(不言二骨), 지서척(至序脊)、협즉언이골이병(脅即言二骨以並), 고지차언개이골(故知此言皆二骨), 역거척협가지야(亦據脊脅可知也)。

사사승시우반(司士升豕右胖), 비부승(脾不升), 견(肩)、비(臂)、노(臑)、박(膊)、격(骼), 정척일(正脊一)、정척일(脡脊一)、횡척일(橫脊一)、단협일(短脅一)、정협일(正脅一)、대협일(代脅一), 개이골이병(皆二骨以並), 거폐일(舉肺一)、제폐삼(祭肺三), 실우일정(實于一鼎)。

시무사위(豕無賜胃), 군자부식혼유(君子不食溷腴)。

◆소(疏)

주(注)「시무(豕無)」지(至)「혼유(溷腴)」。○석왈(釋曰) : 운(云)「군자부식혼유(君子不食溷腴)」, 《례기(禮記)·소의(少儀)》문(文), 피주운(彼注云) : 「유유사어인예(腴有似於人穢)。」고(故)《악기(樂記)》주운(注云) : 「이곡식견시왈환(以谷食犬豕曰豢)。」시사인야(是似人也)。

옹인륜부구(雍人倫膚九), 실우일정(實于一鼎)。

륜(倫), 택야(擇也)。부(膚), 협혁육(脅革肉), 택지(擇之), 취미자(取美者)。

◆소(疏)

주(注)「륜택(倫擇)」지(至)「미자(美者)」。○석왈(釋曰) : 지(知)「협혁육(脅革肉)」자(者), 하문운(下文云)「부구이조(膚九而俎), 역횡재(亦橫載), 혁순(革順)」, 고지부자시협혁육야(故知膚者是脅革肉也)。

사사우승어(司士又升魚)、석(腊), 어십유오이정(魚十有五而鼎), 석일순이정(腊一純而鼎), 석용미(腊用麋)。

사사우승(司士又升), 부쉬자(副倅者)。합승좌우반왈순(合升左右胖曰純)。순유전야(純猶全也)。

◆소(疏)

「사사(司士)」지(至)「용미(用麋)」。○주(注)「사사(司士)」지(至)「전야(全也)」。○석왈(釋曰) : 운(云)「사사우승(司士又升), 부쉬자(副倅者)」, 위시제삼조(謂是第三俎), 기사사여전문사사승시자별(其司士與前文司士升豕者別)。지자(知者), 이하경운(以下經云)「사사삼인승어(司士三人升魚)、석(腊)、부(膚)」, 즉차시(則此豕)、어(魚)、석의각일인(腊宜各一人)。우차승정의구시(又此升鼎宜俱時), 명시부쉬자(明是副倅者), 비승시자가지(非升豕者可知)。운쉬자(云倅者), 안(案)《제자직(諸子職)》운(云)「장국자지쉬(掌國子之倅)」, 정운(鄭云) : 「시공경대부지부이(是公卿大夫之副貳)。」즉차운쉬(則此云倅), 역부지별명(亦副之別名)。이기부생정(以其副牲鼎), 고운부쉬야(故云副倅也)。

졸승(卒脀), 개설경멱(皆設扃鼏), 내거(乃舉), 진정우묘문지외동방(陳鼎于廟門之外東方), 북면북상(北面北上)。

북면북상(北面北上), 향내상수(鄉內相隨)。고문멱개위밀(古文鼏皆為密)。

사궁존량무우방호지간(司宮尊兩甒于房戶之間), 동어(同棜), 개유멱(皆有鼏), 무유현주(甒有玄酒)。

방호지간(房戶之間), 방서실호동야(房西室戶東也)。어무족(棜無足), 금자(禁者), 주계야(酒戒也)。대부거족개명(大夫去足改名), 우존자(優尊者), 약부위지계연(若不為之戒然)。고문무개작무(古文甒皆作廡), 금문멱작멱(今文鼏作幂)。

◆소(疏)

「사궁(司宮)」지(至)「현주(玄酒)」。○주(注)「방호(房戶)」지(至)「작멱(作冪)」。○석왈(釋曰)：운(云)「어무족(椸無足), 금자주계야(禁者酒戒也), 대부거족개명우준자(大夫去足改名優尊者), 약부위지계연(若不爲之戒然)」자(者), 차결(此決)《특생(特牲)》용어잉운금(用椸仍云禁), 차개명왈어(此改名曰椸), 시우존자(是優尊者), 약부위신계연(若不爲神戒然)。《향음주(鄕飮酒)》수시대부례(雖是大夫禮), 유명사금자(猶名斯禁者), 심상음주(尋常飮酒), 이어제사야(異於祭祀也)。

사궁설뢰수우세동(司宮設罍水于洗東), 유두(有枓)。설비우세서(設篚于洗西), 남사(南肆)。

두(枓), <석두(爽斗)>수기야(水器也)。범설수용뢰(凡設水用罍), 옥관용두(沃盥用枓), 례재차야(禮在此也)。

◆소(疏)

○주석왈(注釋曰)：운(云)「범설수용뢰(凡設水用罍), 옥관용두(沃盥用枓), 례재차야(禮在此也)」자(者), 언범(言凡), 총(總)《의례(儀禮)》일부내용수자(一部內用水者), 개수뢰성지(皆須罍盛之), 옥관수자(沃盥水者), 개용두위지(皆用枓爲之)。정언례재차자(鄭言禮在此者), 이(以)《사관례(士冠禮)》직언(直言)「수재세동(水在洗東)」, 《사혼례(士昏禮)》역직언(亦直言)「수재세동(水在洗東)」, 《향음주(鄕飮酒)》、《특생(特牲)》기역운(記亦云), 연개부언뢰기(然皆不言罍器), 역부운유두(亦不云有枓), 기(其)《연례(燕禮)》、《대사(大射)》수운뢰수(雖云罍水), 우부언유두(又不言有枓), 고정주총운범차등설수용뢰(故鄭注總云凡此等設水用罍), 옥관용두(沃盥用枓), 기례구재차(其禮具在此), 고여문부구(故餘文不具), 성문지의야(省文之義也)。

개찬두(改饌豆)、변우방중(籩于房中), 남면(南面), 여궤지설(如饋之設), 실두(實豆)、변지실(籩之實)。

개(改), 경야(更也)。위실지경지(爲實之更之), 위의다야(威儀多也)。여궤지설(如饋之設), 여기진지좌우야(如其陳之左右也)。궤설동면(饋設東面)。

◆소(疏)

「개찬(改饌)」지(至)「지실(之實)」。○주(注)「개경(改更)」지(至)「동면(東面)」。○석왈(釋曰)：전사궁개두변흘(前司宮扱豆籩訖), 찬두변방어서방(饌豆籩放於西方), 금욕실지(今欲實之), 내경설두변어방중(乃更設豆籩於房中), 남면(南面), 여궤지례동면설(如饋之禮東面設)。연자(然者), 차대부례(此大夫禮), 위의다(威儀多), 결(決)《특생(特牲)》사례시탁시(士禮視濯時), 두변형재동방(豆籩鉶在東房), 지실두변시(至實豆籩時), 직운(直云)「두변형진어방중여초(豆籩鉶陳於房中如初)」。정운(鄭云)「여초자(如初者), 취이실지(取而實之), 기이반지(既而反之)」, 시기부개두변지처(是其不改豆籩之處), 인이실지(因而實之), 시사례위의략야(是士禮威儀略也)。

소축설반(小祝設槃)、이여단(匜與簞)、건우서계동(巾于西階東)。

위시장관(爲尸將盥)。

◆소(疏)

「소축(小祝)」지(至)「계동(階東)」。○주(注)「위시장관(爲尸將盥)」。○석왈(釋曰)：안(案)《특생(特牲)》직운(直云)：「시관(尸盥), 이수실우반중(匜水實于槃中), 단건재문내지우(簞巾在門內之右)。」부언기인(不言其人), 미문야(未聞也)。지비축자(知非祝者), 피하문시언(彼下文始言)「축연궤우실중(祝筵几于室中)」, 주운(注云)：「지차사축접신(至此使祝接神)。」명전비축야(明前非祝也)。

주인조복즉위우조계동(主人朝服卽位于阼階東), 서면(西面)。

위장제야(爲將祭也)。

◆소(疏)

「주인(主人)」지(至)「서면(西面)」。○주(注)「위장제야(為將祭也)」。○석왈(釋曰) : 자차진(自此盡)「혁순(革順)」, 논제시장지(論祭時將至), 포설거정비재지사(布設舉鼎匕載之事)。

사궁연우오(司宮筵于奧), 축설궤우연상(祝設几于筵上), 우지(右之)。

포진신좌야(布陳神坐也)。실중서남우위지오(室中西南隅謂之奧), 석동면근남위우(席東面近南為右)。

◆소(疏)

「사궁(司宮)」지(至)「우지(右之)」。○주(注)「포진(布陳)」지(至)「위우(為右)」。○석왈(釋曰) : 안(案)《특생(特牲)》운(云)「축연궤(祝筵几)」, 정운(鄭云) : 「사축접신(使祝接神)。」차사사궁자(此使司宮者), 차대부례(此大夫禮), 이어사(異於士), 고사궁설석(故司宮設席), 축설궤(祝設几)。대부관다(大夫官多), 고사량관(故使兩官)。약공기사(若共其事), 역시접신(亦是接神), 고축설궤야(故祝設几也)。

주인출영정(主人出迎鼎), 제멱(除鼏)。사관(士盥), 거정(舉鼎), 주인선입(主人先入)。

도지야(道之也)。주인부관부거(主人不盥不舉)。

◆소(疏)

주(注)「도지(道之)」지(至)「부거(不舉)」。○석왈(釋曰) : 차결(此決)《특생(特牲)》주인강급빈관(主人降及賓盥), 사례자거정(士禮自舉鼎), 차대부존(此大夫尊), 부거(不舉), 고부관야(故不盥也)。

사궁취이작우비(司宮取二勺于篚), 세지(洗之), 겸집이승(兼執以升), 내계이존지개멱(乃啟二尊之蓋鼏), 전우어상(奠于棜上), 가이작우이존(加二勺于二尊), 복지(覆之), 남병(南柄)。

이존(二尊), 량무야(兩甒也)。금문병위방(今文柄為枋)。

◆소(疏)

「사궁(司宮)」지(至)「남병(南柄)」。○주(注)「이존(二尊)」지(至)「위방(為枋)」。○석왈(釋曰) : 운(云)「이존(二尊), 량무(兩甒)」자(者), 즉상(即上)「사궁존량무우방호지간(司宮尊兩甒于房戶之間)」시야(是也)。지이작량존용지자(知二勺兩尊用之者), 현주수유부작(玄酒雖有不酌), 중고(重古), 여작자연야(如酌者然也)。

정서입(鼎序入), 옹정집일비이종(雍正執一匕以從), 옹부집사비이종(雍府執四匕以從), 사사합집이조이종(司士合執二俎以從)。사사찬자이인(司士贊者二人), 개합집이조이상(皆合執二俎以相), 종입(從入)。

상(相), 조(助)。

진정우동방(陳鼎于東方), 당서(當序), 남우세서(南于洗西), 개서면북상(皆西面北上), 부위하(膚為下)。비개가우정(匕皆加于鼎), 동방(東枋)。

부위하(膚為下), 이기가야(以其加也)。남우세서(南于洗西), 진어세서남(陳於洗西南)。

◆소(疏)

「진정(陳鼎)」지(至)「동방(東枋)」。○주(注)「부위(膚為)」지(至)「서남(西南)」。○석왈(釋曰) : 차운(此云)「부위하(膚為下)」, 문외진정시부언(門外陳鼎時不言), 지차언지자(至此言之者), 이부자시지실(以膚者豕之實), 전진정재문외시(前陳鼎在門外時), 미유조(未有俎), 거정소진즉부재어상(據鼎所陳則膚在魚上)。금장재어조(今將載於俎), 설지최재후(設之最在後),

고수분별지야(故須分別之也)。운(云)「부위하(膚爲下), 이기가(以其加)」자(者), 이양무별조(以羊無別俎), 이시유부조(而豕有膚俎), 고위지가(故謂之加), 이가위하야(以加爲下也)。운(云)「남우세서(南于洗西), 진우세서남(陳于洗西南)」자(者), 세당동영근동야(洗當東榮近東也)。기진정(其陳鼎), 정당동서(鼎當東序), 즉근서야(則近西也)。이언남우세서(而言南于洗西), 즉정진우세서(則鼎陳于洗西), 초근남(稍近南), 동서부득여세상당야(東西不得與洗相當也)。

조개설우정서(俎皆設于鼎西), 서사(西肆)。기조재양조지북(肵俎在羊俎之北), 역서사(亦西肆)。

기조재북(肵俎在北), 장선재야(將先載也)。이기설문(異其設文), 부당정(不當鼎)。

◆소(疏)

○주석왈(注釋曰) : 운(云)「이기설문(異其設文), 부당정(不當鼎)」자(者), 양조재양정서(羊俎在羊鼎西), 금운(今云)「기조재양조북(肵俎在羊俎北)」, 부계정(不繼鼎), 명부당정야(明不當鼎也)。약계정언자(若繼鼎言者), 즉재정서야(即在鼎西也)。

종인견빈취주인(宗人遣賓就主人), 개관우세(皆盥于洗), 장비(長枇)。

장비자(長枇者), 장빈선(長賓先), 차빈후야(次賓後也)。주인부비(主人不枇), 언취주인자(言就主人者), 명친림지(明親臨之)。고문비작칠(古文枇作七)。

좌식상리승뢰심(佐食上利升牢心)、설(舌), 재우기조(載于肵俎)。심개안하절상(心皆安下切上), 오할물몰(午割勿沒)。기재우기조(其載于肵俎), 말재상(末在上)。설개절본말(舌皆切本末), 역오할물몰(亦午割勿沒), 기재우기(其載于肵), 횡지(橫之)。개여초위지우찬야(皆如初爲之于爨也)。

뢰(牢), 양(羊)、시야(豕也)。안(安), 평야(平也)。평할기하(平割其下), 어재편야(於載便也)。범할본말(凡割本末), 식필정야(食必正也)。오할(午割), 사가절(使可絕)。물몰(勿沒), 위기분산야(爲其分散也)。기지위언경야(肵之爲言敬也), 소이경시야(所以敬尸也)。《주례(周禮)》제상폐(祭尚肺), 사시상심설(事尸尚心舌), 심설지자미(心舌知滋味)。금문절개위촌(今文切皆爲刌)。

◆소(疏)

○석왈(釋曰) : 언(言)「개여초위지우찬야(皆如初爲之于爨也)」자(者), 경언차자(經言此者), 이전부정시부견심설(以前膚鼎時不見心舌), 혐부재찬(嫌不在爨), 고명지(故明之)。운개여초위지우찬(云皆如初爲之于爨), 「개(皆)」자(者), 개양(皆羊)、시(豕), 양(羊)、시개유심설야(豕皆有心舌也)。안(案)《특생(特牲)》기운(記云) : 「기조(肵俎), 심설개거본말(心舌皆去本末), 오할지(午割之), 실우생정(實于牲鼎), 재(載), 심립(心立), 설축조(舌縮俎)。」즉시미입정시(即是未入鼎時), 칙제차심설연야(則制此心舌然也)。기미입정시선제지(既未入鼎時先制之), 시이수출찬(是以雖出爨), 역득위개여초찬야(亦得爲皆如初爨也)。운(云)「범할본말(凡割本末), 식필정야(食必正也)」자(者), 《향당(鄉黨)》공자운(孔子云) : 「할부정부식(割不正不食)。」고할본말위식정야(故割本末爲食正也)。운(云)「기지위언경야(肵之爲言敬也)」자(者), 《교특생(郊特牲)》문(文), 피운(彼云)「기지위언경야(肵之爲言敬也)」, 언(言)「소이경시야(所以敬尸也)」。운(云)「《주례(周禮)》제상폐(祭尚肺)」자(者), 《례기(禮記)·명당위(明堂位)》운(云) : 「유우씨제수(有虞氏祭首), 하후씨제심(夏后氏祭心), 은제간(殷祭肝), 주제폐(周祭肺)。」시주지례법제폐(是周之禮法祭肺), 이차기조부취폐이용심자(而此肵俎不取肺而用心者), 이기사시상심설(以其事尸尚心舌), 심설지자미자(心舌知滋味者), 고(故)《특생(特牲)》기정주역운(記鄭注亦云) : 「심설지식미자(心舌知食味者), 욕시지향(欲尸之饗)。」차제시이진지(此祭是以進之)。약연(若然), 설지소상오미(舌之所嘗五味), 내시심지소지산고야(乃是心之所知酸苦也), 고심설병언지(故心舌並言之)。

좌식천기조우조계서(佐食遷肵俎于阼階西), 서축(西縮), 내반(乃反)。좌식이인(佐食二人)。상리승양(上利升羊), 재우반(載右胖), 비부승(髀不升), 견(肩)、비(臂)、노(臑)、

박(膊)、 격(骼)；정척일(正脊一), 정척일(脡脊一), 횡척일(橫脊一)、 단협일(短脅一)、 정협일(正脅一)、 대협일(代脅一)、 개이골이병(皆二骨以竝)；장삼(腸三)、 위삼(胃三), 장개급조거(長皆及俎拒)；거폐일(擧肺一), 장종폐(長終肺)；제폐삼(祭肺三), 개절(皆切)。 견(肩)、 비(臂)、 노(臑)、 박(膊)、 격(骼), 재량단(在兩端), 척(脊)、 협(脅)、 폐(肺)、 견(肩), 재상(在上)。

승지이존비(升之以尊卑), 재지이체차(載之以體次), 각유의야(各有宜也)。 거독위개거지거(拒讀爲介距之距)。 조거(俎距), 경중당횡절야(脛中當橫節也)。 범생체지수급재(凡牲體之數及載), 비어차(備於此)。

◆소(疏)

「좌식(佐食)」지(至)「재상(在上)」。 ○주(注)「승지(升之)」지(至)「어차(於此)」。 ○석왈(釋曰)：승양재우반자(升羊載右胖者), 준례실정왈승(準例實鼎曰升), 실조왈재(實俎曰載)。 금실조이언승자(今實俎而言升者), 이기승자상야(以其升者上也), 시이재조(是以載俎)、 승재량언지야(升載兩言之也)。 단차경소재(但此經所載), 생체다소일의상문(牲體多少一依上文)。 승정부이이중서지자(升鼎不異而重序之者), 이기재조지시(以其載俎之時), 공여입정시다소유이(恐與入鼎時多少有異), 고중서지(故重序之)。 거폐(擧肺)、 제폐상이언(祭肺上已言), 금우언지자(今又言之者), 이기상승정시(以其上升鼎時), 직언거폐일(直言擧肺一)、 제폐삼(祭肺三), 부언장단(不言長短)。 상소이부언장단자(上所以不言長短者), 이기입정시이자미제(以其入鼎時二者未制), 고부변장단(故不辯長短), 지차재조(至此載俎), 내제장단급절지(乃制長短及切之), 고구변지야(故具辯之也)。 약연(若然), 상승정시부제자(上升鼎時不制者), 약승정제지(若升鼎制之), 공이폐잡란(恐二肺雜亂), 시이승조내제지(是以升俎乃制之)。 약연(若然), 심설미승정시(心舌未升鼎時), 기오할절몰(己午割切沒), 부언지재조(不言至載俎), 내언오할자(乃言午割者), 피이자기체수이(彼二者其體殊異), 부잡란(不雜亂), 고조내일변지이이(故俎乃一辯之而已)。 운견비노박각재량단(云肩臂臑膊胳在兩端), 척협폐견재상자(脊脅肺肩在上者), 차시재조지차(此是在俎之次)。 조유상하(俎有上下), 유생체유전후(猶牲體有前後), 고견(故肩)、 노재상단(臑在上端), 박(膊)、 각재하단(胳在下端), 척(脊)、 협(脅)、 폐재중(肺在中)。 기재지차서(其載之次序), 견(肩)、 비(臂)、 노(臑)、 정척(正脊)、 정척(脡脊)、 횡척(橫脊)、 대협(代脅)、 장협(長脅)、 단협(短脅)、 폐(肺)、 위(胃)、 장(腸)、 박(膊)、 각야(胳也)。 운(云)「승지이존비(升之以尊卑)」자(者), 즉상문(即上文)「상리승양(上利升羊)」이하서기재정야(以下序其在鼎也)。 운(云)「재지이체차(載之以體次)」자(者), 조법(俎法), 사체존어척협(四體尊於脊脅), 즉경사체재량단(即經四體在兩端), 척협폐재중자(脊脅肺在中者), 고운(故云)「각유의야(各有宜也)」。 운(云)「거독위개거지거(拒讀爲介距之距)」자(者), 안(案)《좌씨전(左氏傳)》소이십오년운(昭二十五年云)：「계후지계투(季郈之雞鬪), 계씨개기계(季氏介其雞)。」복씨운(服氏云)：「도개자파기계우(搗芥子播其雞羽)。」정씨운(鄭氏云)：「개갑(介甲), 위계저갑(為雞著甲)。」우운(又云)「후씨위지김거(郈氏為之金距)」, 주운(注云)：「김거(金距), 이김답거(以金踏距)。」금정군합취계씨지개(今鄭君合取季氏之介), 우취후씨지거(又取郈氏之距), 이운개거지거야(而云介距之距也)。 인지자(引之者), 피거재계족위거(彼距在雞足為距), 차조거재조위횡야(此俎距在俎為橫也), 시이운조거경중당횡절야(是以云俎距脛中當橫節也)。 안(案)《명당위(明堂位)》운(云)：「조(俎), 유우씨이완(有虞氏以梡), 하후씨이궐(夏后氏以嶡), 은이구(殷以椇), 주이방조(周以房俎)。」주운(注云)：「완(梡), 단목위사족이이(斷木為四足而已)。 궐지언궐야(嶡之言蹷也), 위중족위횡거지상(謂中足為橫距之象), 《주례(周禮)》위지거(謂之距)。」피주운(彼注云)「《주례(周禮)》위지거(謂之距)」, 즉지차조거이언(即指此俎距而言)。 시거위조(是距為俎), 족중앙횡자야(足中央橫者也)。 차언조거경중당횡절자(此言俎距脛中當橫節者), 안(案)《명당위(明堂位)》「하후씨이궐(夏后氏以嶡)」, 위중족지횡(謂中足之橫)。 하잉유은지구(下仍有殷之椇), 위횡(謂橫), 하잉유곡요지족(下仍有曲橈之足), 하우유주지방조(下又有周之房俎), 위사족하경유부(謂四足下更有跗)。 정운(鄭云)「상하량간(上下兩間), 유사어당방(有似於堂房)」, 시횡하경유이사(是橫下更有二事), 고언경중당횡절야(故言脛中當橫節也)。 운(云)「범생체지수급재비어차(凡牲體之數及載備於此)」자(者), 안차경즉절전체견(案此經即折前體肩)、 비(臂)、 노량상위륙(臑兩相為六), 후체박(後體膊)、 각량상위사(胳兩相為四), 단협(短脅)、 정협(正脅)、 대협량상위륙(代脅兩相為六), 척유삼(脊有三), 총위십구체(總為十九體)。 유부수곡이(唯不數觳二), 통지위이십일체(通之為二十一體)。 이곡(二觳), 정제부천어신(正制不薦於神)

시(正祭不薦於神尸), 고부언(故不言)。시생체지수비어차(是牲體之數備於此)。언급재비어차자(言及載備於此者), 상경운(上經云)「승어정(升於鼎)」, 차경운(此經云)「재어조(載於俎)」, 시기급재비어차야(是其及載備於此也)。

하리승시(下利升豕), 기재여양(其載如羊), 무장(無腸)、위(胃)。체기재우조(體其載于俎), 개진하(皆進下)。

진하(進下), 변어식생야(變於食生也)。소이교어신명(所以交於神明), 부감이식도(不敢以食道), 경지지야(敬之至也)。《향음주례(鄕飲酒禮)》진주(進腠), 양차기체(羊次其體), 시언진하(豕言進下), 호상견(互相見)。

◆소(疏)

「하리(下利)」지(至)「진하(進下)」。○주(注)「진하(進下)」지(至)「상견(相見)」。○석왈(釋曰) : 운(云)「진하(進下), 변어식생야(變於食生也)」자(者), 결(決)《공식대부(公食大夫)》、《향음주(鄕飲酒)》생체개진주(牲體皆進腠)。주시본(腠是本), 시식생인지법(是食生人之法)。차언진말(此言進末), 말위종(末爲終), 위골지종(謂骨之終), 식귀신법(食鬼神法), 고운변어식생야(故云變於食生也)。운(云)「소이교어신명(所以交於神明)」원종기차지권말자(元終起此至卷末者), 《교특성(郊特性)》문(文)。운(云)「부감이식도(不敢以食道)」, 《단궁(檀弓)》문(文)。운(云)「양차기체(羊次其體), 시언진하(豕言進下), 호상견(互相見)」자(者), 양차기체(羊次其體), 즉상종(即上終)「상리승양(上利升羊)」이하(以下), 시차기체(是次其體)。언호상견자(言互相見者), 양언체(羊言體), 역진하(亦進下), 시언진하(豕言進下), 역차기체야(亦次其體也)。

사사삼인(司士三人), 승어(升魚)、석(腊)、부(膚)。어용부(魚用鮒), 십유오이조(十有五而俎), 축재(縮載), 우수(右首), 진유(進腴)。

우수진유(右首進腴), 역변어식생야(亦變於食生也)。《유사(有司)》재어횡지(載魚橫之)。《소의(少儀)》왈(曰) : 「수유어자진미(羞濡魚者進尾)。」

◆소(疏)

주(注)「우수(右首)」지(至)「진미(進尾)」。○석왈(釋曰) : 운(云)「우수진유(右首進腴), 역변어식생야(亦變於食生也)」자(者), 범재어위생인(凡載魚爲生人), 수개향우(首皆向右), 진기(進鰭)。기제사역수개재우(其祭祀亦首皆在右), 진유(進腴), 생인(生人)、사인개우수(死人皆右首), 진설재지(陳設在地), 지도존우고야(地道尊右故也)。귀신진유자(鬼神進腴者), 유시기지소취(腴是氣之所聚), 고제사진유야(故祭祀進腴也)。생인진기자(生人進鰭者), 기시척(鰭是脊), 생인상미(生人尚味), 고(故)《공식대부(公食大夫)》운(云) : 「어칠(魚七), 축조침우(縮俎寢右)。」정주운(鄭注云)「우(右), 수야(首也), 침우(寢右), 진기야(進鰭也)。건어근유(乾魚近腴), 다골경(多骨鯁)」시야(是也)。운(云)「《유사(有司)》재어횡지(載魚橫之), 《소의(少儀)》왈수유어자진미(曰羞濡魚者進尾)」, 인지자(引之者), 욕견정제여빈시재어례이(欲見正祭與儐尸載魚禮異), 우여생인식례부동(又與生人食禮不同)。이기시지례(以其尸之禮), 상대부재어횡지(上大夫載魚橫之), 어인위축(於人爲縮), 어조위횡(於俎爲橫)。기견건어(既見乾魚), 칙진수가지(則進首可知)。복취(復取)《소의(少儀)》자(者), 유어진미(濡魚進尾), 견여건어이(見與乾魚異)。《유사철(有司徹)》진수(進首), 시상대부역제빈시지례(是上大夫繹祭儐尸之禮), 유건어횡어조(有乾魚橫於俎), 의진기수(宜進其首)。즉(則)《소의(少儀)》수유어자(羞濡魚者), 시천자제후역제가지(是天子諸侯繹祭可知)。이기천자제후역제(以其天子諸侯繹祭), 건습개유(乾濕皆有), 건어칙진수(乾魚則進首), 선어칙진미(鮮魚則進尾)。필지시천자제후역제자(必知是天子諸侯繹祭者), 이기대부빈시운(以其大夫儐尸云)「가무제(加膴祭)」, 《소의(少儀)》운(云)「제무(祭膴)」, 우여빈시가무제어상동(又與儐尸加膴祭於上同), 고지의연야(故知義然也)。

석일순이조(腊一純而俎), 역진하(亦進下), 견재상(肩在上)。

여양시(如羊豕)。범석지체(凡腊之體), 재례재차(載禮在此)。

◆소(疏)

주(注)「여양(如羊)」지(至)「재차(在此)」。○석왈(釋曰)：이기제경유유석문(以其諸經唯有腊文)，무승재지사(無升載之事)，유유차경소재지법(唯有此經所載之法)，고운재례재차야(故云載禮在此也)。

부구이조(膚九而俎)，역횡재(亦橫載)，혁순(革順)。

렬재어조(列載於俎)，령기피상순(令其皮相順)。역자(亦者)，역기골체(亦其骨體)。

◆소(疏)

주(注)「렬재(列載)」지(至)「골체(骨體)」。○석왈(釋曰)：운(云)「렬재어조(列載於俎)，령기피상순(令其皮相順)」자(者)，해경혁순야(解經革順也)。재혁순(載革順)，위이차부지체(謂以此膚之體)，상차이작(相次而作)，행렬이부혁상순이재야(行列以膚革相順而載也)。운(云)「역자(亦者)，역기골체(亦其骨體)」자(者)，상생체횡재(上牲體橫載)，문부명(文不明)，고거부역횡재이명지(故擧膚亦橫載以明之)。차부언횡(此膚言橫)，즉상양시골체역횡재가지야(則上羊豕骨體亦橫載可知也)。

졸승(卒脀)，축관우세(祝盥于洗)，승자서계(升自西階)。주인관(主人盥)，승자조계(升自阼階)。축선입(祝先入)，남면(南面)。주인종(主人從)，호내서면(戶內西面)。

장납제야(將納祭也)。

◆소(疏)

○석왈(釋曰)：자차진(自此盡)「주인우재배계수(主人又再拜稽首)」，논선설치위음염지사야(論先設置爲陰厭之事也)。

주부피석(主婦被錫)，의이몌(衣移袂)，천목동방(薦目東房)，구저(韭菹)、탐해(醓醢)，좌전우연전(坐奠于筵前)。주부찬자일인(主婦贊者一人)，역피석(亦被錫)，의치몌(衣侈袂)，집규저(執葵菹)、라해이수주부(蠃醢以授主婦)。주부부흥(主婦不興)，수수(遂受)，배설우동(陪設于東)，구저재남(韭菹在南)，규저재북(葵菹在北)。주부흥(主婦興)，입우방(入于房)。

피석(被錫)，독위피체(讀爲髲鬄)。고자혹척천자형자지발(古者或剔賤者刑者之髮)，이피부인지계위식(以被婦人之紒爲飾)，인명피체언(因名髲鬄焉)。차(此)《주례(周禮)》소위차야(所謂次也)。부리계자(不纚笄者)，대부처존(大夫妻尊)，역의초의(亦衣綃衣)，이치기몌이(而侈其袂耳)，치자(侈者)，개반사지몌이익지(蓋半士之袂以益之)，의삼척삼촌(衣三尺三寸)，거척팔촌(袪尺八寸)。구저탐해(韭菹醓醢)，조사지두야(朝事之豆也)，이궤식용지(而饋食用之)，풍대부례(豐大夫禮)。규저재북쟁(葵菹在北쟁(綪))。금문석위석(今文錫爲緆)，라위와(蠃爲蝸)。

◆소(疏)

「주부피석의(主婦被錫衣)」지(至)「입우방(入于房)」。○주(注)「피석(被錫)」지(至)「위와(爲蝸)」。○석왈(釋曰)：운(云)「주부찬자일인역피석(主婦贊者一人亦被錫)」자(者)，차피석이몌여주부동(此被錫移袂與主婦同)，기일인여주부동(既一人與主婦同)，칙기여부득여주부(則其餘不得如主婦)，당여사처동(當與士妻同)，리계초의(纚笄綃衣)。약사처여부인조제일개리계초의(若士妻與婦人助祭一皆纚笄綃衣)，이초의하경무복(以綃衣下更無服)，복궁칙동(服窮則同)。고(故)《특생(特牲)》운(云)「범부인조제자동복(凡婦人助祭者同服)」시야(是也)。운(云)「피석독위피체(被錫讀爲髲鬄)」자(者)，욕견체취인발위지지의야(欲見鬄取人髮爲之之義也)。운(云)「고자혹척천자형자지발(古者或剔賤者刑者之髮)，이피부인계위식(以被婦人紒爲飾)，인명피체언(因名髲鬄焉)」자(者)，차해명피체지의(此解名髲鬄之意)。안애공십칠년(案哀公十七年)《좌전(左傳)》설위장공등성망융주(說衛莊公登城望戎州)，견기씨지처발미(見己氏之妻髮美)，사곤지(使髡之)，이위려강체(以爲呂姜鬄)。시기취천자발위체지사야(是其取賤者髮爲鬄之事也)。운(云)「차(此)《주례(周禮)》소위차야(所謂次也)」자(者)，안(案)《주례(周禮)·추사(追師)》운장왕후이하부편차(云掌王后以下副編次)。삼적자(三翟者)，수복부(首服副)，국의단의(鞠衣禮衣), 수복편(首服編), 녹의(祿衣), 수복차(首服次). 정피주(鄭彼注): 「부(副), 수식(首飾), 약금보요(若今步搖). 편(編), 편렬발위지(編列髮爲之), 약금가계(若今假紒). 차(次), 차제발장단위지(次第髮長短爲之), 소위피체(所謂髮鬄). 」정운소위피체자지차문야(鄭云所謂髮鬄者指此文也). 시피차상효야(是彼此相曉也). 운(云)「부리계자(不纚笄者), 대부처존(大夫妻尊)」자(者), 차결(此決)《특생(特牲)》주부리계(主婦纚笄), 사처비고야(士妻卑故也). 운(云)「역의초의(亦衣綃衣)」자(者), 역여(亦如)《특생(特牲)》사처주부초의야(士妻主婦綃衣也). 초의자(綃衣者), 륙복외지하자(六服外之下者). 운(云)「이치기메이(而侈其袂耳), 치자개반사처지메이익지(侈者蓋半士妻之袂以益之), 의삼척삼촌(衣三尺三寸), 메척팔촌(袂尺八寸)」자(者), 사처지메이척이촌(士妻之袂二尺二寸), 거척이촌(袪尺二寸), 삼분익일(三分益一), 고삼척삼촌(故三尺三寸), 메척팔촌야(袂尺八寸也), 고(故)《내사복(內司服)》주역위차해야(注亦爲此解也). 혹운의삼척삼촌(或云衣三尺三寸), 혹운메(或云袂), 구합의(俱合義), 시이(是以)《상복(喪服)》기운(記云)「역명메위의야(亦名袂爲衣也)」. 운(云)「구저탐해(韭菹醓醢), 조사지두야(朝事之豆也)」자(者), 안(案)《주례(周禮)·해인직(醢人職)》：「조사지두(朝事之豆), 구저(韭菹)、탐해(醓醢)、창본(昌本)、미니(麋臡)、청저(菁菹)、록니(鹿臡)、묘저(茆菹)、미니(麋臡).」피천자팔두(彼天子八豆), 금대부취이두위궤식(今大夫取二豆為饋食), 용지풍대부례고야(用之豐大夫禮故也). 약연(若然), 규저(葵菹)、라해역천자궤식지두(蠃醢亦天子饋食之豆), 금대부용지(今大夫用之), 정부언자(鄭不言者), 피궤식당기절(彼饋食當其節), 천자팔두(天子八豆), 차대부취이이이(此大夫取二而已), 고부수언지(故不須言之). 운(云)「규저재쟁(葵菹在絣)」자(者), 이기구저재남(以其韭菹在南), 탐해재북(醓醢在北), 금어차동(今於次東), 규저재북(葵菹在北), 라해재남(蠃醢在南), 시기쟁(是其絣) 차지야(次之也).

좌식상리집양조(佐食上利執羊俎), 하리집시조(下利執豕俎), 사사삼인집어(司士三人執魚)、석(腊)、부조(膚俎), 서승자서계(序升自西階), 상종입(相從入). 설조(設俎), 양재두동(羊在豆東), 시아기북(豕亞其北), 어재양동(魚在羊東), 석재시동(腊在豕東), 특부당조북단(特膚當俎北端).

상(相), 조야(助也).

주부자동방집일김돈서(主婦自東房執一金敦黍), 유개(有蓋), 좌설우양조지남(坐設于羊俎之南). 부찬자집돈직이수주부(婦贊者執敦稷以授主婦), 주부흥수(主婦興受), 좌설우어조남(坐設于魚俎南)；우흥수찬자돈서(又興受贊者敦黍), 좌설우직남(坐設于稷南)；우흥수찬자돈직(又興受贊者敦稷), 좌설우서남(坐設于黍南). 돈개남수(敦皆南首). 주부흥(主婦興), 입우방(入于房).

돈유수자(敦有首者), 존자기식야(尊者器飾也), 식개상구(飾蓋象龜). 주지례(周之禮), 식기각이기류(飾器各以其類), 구유상하갑(龜有上下甲). 금문왈(今文曰)：주부입우방(主婦入于房).

◆소(疏)

「주부(主婦)」지(至)「우방(于房)」. ○주(注)「돈유(敦有)」지(至)「우방(于房)」. ○석왈(釋曰)：「돈유수자(敦有首者), 존자기식야(尊者器飾也), 식개상구(飾蓋象龜)」, 지유차의자(知有此義者), 이기경왈(以其經曰)「돈남수(敦南首)」, 명상구훼수지형(明象龜虫獸之形), 고운수(故云首). 지상구자(知象龜者), 이기개형구상고야(以其蓋形龜象故也). 운(云)「주지례(周之禮), 식기각이기류(飾器各以其類)」자(者), 안(案)《주례(周禮)·재인(梓人)》운(云)「외골(外骨), 내골(內骨), 이훼명자(以脰鳴者), 이흉명자(以胸鳴者)」지류(之類), 정운(鄭云)：「각화제기(刻畫祭器), 박서물야(博庶物也).」우(又)《주례(周禮)·사존이(司尊彝)》유계이지등(有雞彝之等), 시주지례(是周之禮), 식기각이기류야(飾器各以其類也). 운(云)「구유상하갑(龜有上下甲)」자(者), 욕언차돈개취상지의(欲言此敦蓋取象之意), 이구유상하갑(以龜有上下甲), 고돈개상지(故敦蓋象之), 시역취기류야(是亦取其類也). 돈개기상구(敦蓋既象龜), 명궤역상구위지(明簋亦象龜爲之), 고(故)《예기(禮器)》운(云)：「관중루궤(管仲鏤簋), 주굉(朱紘).」주운(注云)：「위각이식지(謂刻而飾之). 대부각위구이(大夫刻爲龜耳), 제후식이상(諸侯飾以象), 천자식이옥(天子飾以玉).」언이옥식지(言以玉飾之), 환의대부상형위식야(還依大夫象形爲飾也), 천자즉궤돈겸유(天子則簋敦兼有). 《구빈직(九嬪職)》운(云)：「범제사찬옥

자(凡祭祀贊玉齋)。」주운(注元):「옥지(玉齋)、옥돈(玉敦), 수서직기(受黍稷器)。」시천자필궤지외(是天子八簋之外), 겸용돈야(兼用敦也)。《특생(特牲)》운(云):「좌식분궤형(佐食分簋鉶)。」주운(注云):「위장준(爲將餕)。돈(敦), 유우씨지기야(有虞氏之器也)。주제(周制), 사용지(士用之), 변돈언궤(變敦言簋), 용동성지사득종주제이(容同姓之士得從周制耳)。」좌동성대부역용궤(則同姓大夫亦用簋)。《특생(特牲)》、《소뢰(少牢)》용돈자(用敦者), 이성대부사야(異姓大夫士也)。《명당위(明堂位)》운(云):「유우씨지량돈(有虞氏之兩敦), 하후씨지사련(夏后氏之四璉), 은지륙호(殷之六瑚), 주지팔궤(周之八簋)。」정주운(鄭注云):「개서직기(皆黍稷器), 제지이동미문(制之異同未聞)。」안(案)《주례(周禮)•사인(舍人)》주(注):「원왈궤(圓曰簋)。」《효경(孝經)》주직운(注直云)「외방왈궤(外方曰簋)」자(者), 거이언(據而言)。약연(若然), 운미문자(云未聞者), 거은이상미문(據殷已上未聞), 주지궤칙문의(周之簋則聞矣)。고(故)《역(易)•손괘(損卦)》운(云):「이궤가용향(二簋可用享)。」주운(注云):「리위일(離為日), 일원(日圓)。손위본(巽為本), 목기상(木器象)」, 시기주기유문야(是其周器有聞也)。《효경위구명결(孝經緯鉤命決)》운(云):「돈규수상하원상련(敦規首上下圓相連), 보궤상원하방(簠簋上圓下方), 법음양(法陰陽)」, 시유문이정운미문자(是有聞而鄭云未聞者), 정부신지고야(鄭不信之故也)。

축작(祝酌), 전(奠), 수명좌식계회(遂命佐食啟會)。좌식계회개(佐食啟會蓋), 이이중(二以重), 설우돈남(設于敦南)。

작전(酌奠), 작주위신전지(酌酒爲神奠之), 후작자(後酌者), 주존(酒尊), 요성야(要成也)。《특생궤식례(特牲饋食禮)》왈(曰):「축세(祝洗), 작전(酌奠), 전우형남(奠于鉶南)。」중루지(重累之)。

◆소(疏)

주(注)「작전(酌奠)」지(至)「루지(累之)」。○석왈(釋曰):「작전(酌奠), 작주위신전지(酌酒爲神奠之)」자(者), 이기영시지전(以其迎尸之前), 장위음염(將爲陰厭), 위신부위시(爲神不爲尸), 고운위신전지야(故云爲神奠之也)。운(云)「후작자(後酌者), 주존(酒尊), 요성야(要成也)」자(者), 상경선설여찬(上經先設餘饌), 차경내작자(此經乃酌者), 주존물설찬요유존자성(酒尊物設饌要由尊者成), 고후설지야(故後設之也)。인(引)《특생(特牲)》자(者), 작전지처(酌奠之處), 당재형남(當在鉶南), 차경부언(此經不言), 고인위정야(故引爲証也)。운(云)「중루지(重累之)」자(者), 이서직각이(以黍稷各二), 이자각자당중루어돈남(二者各自當重累於敦南), 각합지야(卻合之也)。

주인서면(主人西面), 축재좌(祝在左)。주인재배계수(主人再拜稽首)。축축왈(祝祝曰):「효손모(孝孫某), 감용유모(敢用柔毛)、강렵(剛鬣)、가천(嘉薦)、보뇨(普淖), 용천세사우황조백모(用薦歲事于皇祖伯某), 이모비배모씨(以某妃配某氏)。상향(尚饗)」주인우재배계수(主人又再拜稽首)。

양왈유모(羊曰柔毛), 시왈강렵(豕曰剛鬣)。가천(嘉薦), 저해야(菹醢也)。보뇨(普淖), 서직야(黍稷也)。보(普), 대야(大也)。뇨(淖), 화야(和也)。덕능대화(德能大和), 내유서직(乃有黍稷)。《춘추전(春秋傳)》왈(曰):봉자이고왈(奉粢以告曰)「결자풍성(潔粢豐盛)」, 위기삼시부해(謂其三時不害), 이민화년풍야(而民和年豐也)。

◆소(疏)

주(注)「양왈(羊曰)」지(至)「풍야(豐也)」。○석왈(釋曰):운(云)「양왈유모(羊曰柔毛), 시왈강렵(豕曰剛鬣)」, 《하곡례(下曲禮)》문(文)。양비칙모유유(羊肥則毛柔濡), 시비즉렵강야(豕肥則鬣剛也), 피주운(彼注云):「호생물자(號牲物者), 이어인용야(異於人用也)。」인(引)《춘추(春秋)》자(者), 정서직대화지의(証黍稷大和之義)。안피(案彼)《좌씨(左氏)》환륙년전문(桓六年傳文):「초무왕침수(楚武王侵隨), 사원장구성언(使薳章求成焉), 군어하이대지(軍於瑕以待之), 수인사소사입초군(隨人使少師入楚軍)。동성초이리사이납소사(董成楚以羸師而納少師), 소사환(少師還), 청추초사(請追楚師)。계량지지왈(季梁止之曰):천방수초(天方授楚), 초지리(楚之羸), 기유아야(其誘我也)。신문소지능적대야(臣聞小之能敵大也), 소도대음(小道大

淫)。 소위도(所謂道), 충어민이신어신야(忠於民而信於神也)。 상사리민(上思利民), 충야(忠也)。 축사정사(祝史正辭), 신야(信也)。 금민뇌이군령욕(今民餒而君逞欲), 축사교거이제(祝史矯擧以祭), 신부지기가야(臣不知其可也)。 공왈(公曰) : 오생전비돌(吾牲牷肥腯), 자성풍비(粢盛豐備), 하칙부신(何則不信)? 대왈(對曰) : 부민(夫民), 신지주야(神之主也)。 시이성왕선성민이후치력어신(是以聖王先成民而後致力於神), 고봉생이고왈(故奉牲以告曰)『박석비돌(博碩肥腯)』, 위민력지보존야(謂民力之普存也)。 봉성이고왈(奉盛以告曰)『결자풍성(潔粢豐盛)』, 위기삼시부해이민화년풍야(謂其三時不害而民和年豐也)。」칙차지소언수계량사야(則此之所言隨季梁辭也)。

축출(祝出), 영시우묘문지외(迎尸于廟門之外)。 주인강립우조계동(主人降立于阼階東), 서면(西面)。 축선(祝先), 입문우(入門右), 시입문좌(尸入門左)。

주인부출영시(主人不出迎尸), 신존야(伸尊也)。 《특생궤식례(特牲饋食禮)》왈(曰) : 「시입(尸入), 주인급빈개피위(主人及賓皆辟位), 출역여지(出亦如之)。」축입문우자(祝入門右者), 피시관야(辟尸盥也), 기칙후시(既則後尸)。

◆소(疏)
주(注)「주인(主人)」지(至)「후시(後尸)」。 ○석왈(釋曰) : 자차진(自此盡)「뢰폐정척가우기(牢肺正脊加于肵)」, 론시입정제지사(論尸入正祭之事)。 운(云)「주인부출영시(主人不出迎尸), 신존야(伸尊也)」자(者), 《례기(禮記)》운(云)「군영생이부영시(君迎牲而不迎尸)」, 별혐야(別嫌也)。 시재묘문외(尸在廟門外), 칙의어신(則疑於臣), 재묘중칙전어군(在廟中則全於君), 고주인개부출영시(故主人皆不出迎尸)。 시재묘문외위신도(尸在廟門外爲臣道), 고주인부출영시(故主人不出迎尸), 신존야(伸尊也)。 인(引)《특생(特牲)》자(者), 시출입시(尸出入時), 주인여빈서위(主人與賓西位), 상개준순피위(上皆逡巡辟位), 경시야(敬尸也)。 운(云)「기칙후시(既則後尸)」자(者), 하경운(下經云)「축연시(祝延尸), 시승자서계(尸升自西階), 입(入), 축종(祝從)」, 주운(注云) : 「유후조상지왈연(由後詔相之曰延)。」시후시자야(是後尸者也)。

종인봉반(宗人奉槃), 동면우정남(東面于庭南)。 일종인봉이수(一宗人奉匜水), 서면우반동(西面于槃東)。 일종인봉단건(一宗人奉簞巾), 남면우반북(南面于槃北)。 내옥시(乃沃尸), 관우반상(盥于槃上)。 졸관(卒盥), 좌전단(坐奠簞), 취건(取巾), 흥(興), 진지삼(振之三), 이수시(以授尸), 좌취단(坐取簞), 흥(興), 이수시건(以受尸巾)。

정남(庭南), 몰류(沒霤)。

◆소(疏)
○주석왈(注釋曰) : 정남자(庭南者), 어정근남(於庭近南), 시몰진문옥류(是沒盡門屋霤), 근문이관야(近門而盥也)。 시이(是以)《특생(特牲)》역운(亦云)「시입문북면관(尸入門北面盥)」, 계문이언(繼門而言), 즉역차몰류자야(即亦此沒霤者也)。

축연시(祝延尸), 시승자서계(尸升自西階), 입(入), 축종(祝從)。

유후조상지왈연(由後詔相之曰延)。 연(延), 진야(進也)。 《주례(周禮)》왈대축상시례(曰大祝相尸禮)。 축종(祝從), 종시승자서계(從尸升自西階)。

◆소(疏)
「축연(祝延)」지(至)「축종(祝從)」。 ○주(注)「유후(由後)」지(至)「서계(西階)」。 ○석왈(釋曰) : 《주례(周禮)》왈대축상시례자(曰大祝相尸禮者), 안직운(案職云)「상시례(相尸禮)」, 주운(注云)「연기출입(延其出入), 조기좌작(詔其坐作)」시야(是也)。

주인승자조계(主人升自阼階)。 축선입(祝先入), 주인종(主人從)。

축접신(祝接神), 선입의야(先入宜也)。

시승연(尸升筵), 축(祝)、주인서면립우호내(主人西面立于戶內), 축재좌(祝在左)。

주인유축후이거우(主人由祝後而居右), 존야(尊也)。축종시(祝從尸), 시즉석(尸即席), 내어거
주인좌(乃御居主人左)。

◆소(疏)

주(注)「주인(主人)」지(至)「인좌(人左)」。○석왈(釋曰)：축선입(祝先入), 지주인입이거축
지우자(至主人入而居祝之右者), 이축종시후조유지(以祝從尸後詔侑之), 고재시후(故在尸後)。
주인전급시(主人前及尸), 즉연주인여축서면(即筵主人與祝西面), 칙주인존고야(則主人尊故
也)。운(云)「축종시(祝從尸), 시즉석(尸即席), 내각거주인좌(乃卻居主人左)」자(者), 해축재
선(解祝在先), 거좌지의야(居左之意也)。

축(祝)、주인개배타시(主人皆拜妥尸), 시부언(尸不言)。시답배(尸答拜), 수좌(遂
坐)。

배타시(拜妥尸), 배지사안좌야(拜之使安坐也)。시자차답배(尸自此答拜), 수좌이졸식(遂坐而
卒食), 기간유부쵀전(其間有不啐奠), 부상형(不嘗鉶), 부고지(不告旨), 대부지례(大夫之禮),
시미존야(尸彌尊也)。부고지자(不告旨者), 위초역부향(為初亦不饗), 소위곡이살(所謂曲而殺)。

◆소(疏)

「축주(祝主)」지(至)「수좌(遂坐)」。○주(注)「배타(拜妥)」지(至)「이살(而殺)」。○석왈
(釋曰)：안(案)《이아(爾雅)》：「타(妥)、안(安), 좌야(坐也)。」고운(故云)「배타시(拜妥
尸), 배지사안좌야(拜之使安坐也)。」안(案)《특생(特牲)》운시(云尸)「쵀주(啐酒), 고지(告
旨), 주인배(主人拜), 시답배(尸答拜), 제형상지(祭鉶嘗之), 고지(告旨)」, 부득수좌(不得遂
坐), 차경운(此經云)「답배축좌(答拜逐坐)」, 고정해기수좌이졸식지의(故鄭解其遂坐而卒食之
意), 이(以)「기간유부쵀전(其間有不啐奠), 부상형(不嘗鉶), 부고지(不告旨)」야(也)。대부지
례시미존(大夫之禮尸彌尊), 고무삼사(故無三事)。《특생(特牲)》소운상형(所云嘗鉶), 위상시
형(謂嘗豕鉶)。차부상형(此不嘗鉶), 위부상시형야(謂不嘗豕鉶也)。지비부상시형자(知非不嘗
豕鉶者), 안하운(案下云)「상양형(嘗羊鉶)」, 고지부상시형야(故知不嘗豕鉶也)。부고지자(不
告旨者), 기부쵀전(既不啐奠), 고무고야(故無告也)。언(言)「미존(彌尊)」자(者), 기부쵀전
(既不啐奠), 일존(一尊), 우부상형(又不嘗鉶), 부고자(不告者), 시미존야(是彌尊也)。운(云)
「부고지자(不告旨者), 위초역부향(為初亦不饗)」자(者), 안(案)《특생(特牲)》영(迎)「시즉
석좌(尸即席坐), 주인배타시(主人拜妥尸), 시답배(尸答拜), 집전(執奠), 축향(祝饗), 주인배
여초(主人拜如初)」, 주운(注云)：「향(饗), 권강지야(勸強之也)。기사취어(其辭取於)《사우
(士虞)》기(記), 칙의운효손모(則宜云孝孫某), 규위이효천지향(圭為而孝薦之饗)。」시사천부
혐(是士賤不嫌), 득여인군동(得與人君同)。대부존(大夫尊), 혐여인군동(嫌與人君同), 고초부
향(故初不饗), 후역부고지(後亦不告旨)。고운부고지자(故云不告旨者), 위초역부향야(為初亦不
饗也)。운(云)「소위곡이살(所謂曲而殺)」자(者), 《례기(禮器)》문(文), 피주운(彼注云)：
「위약부재위모기(謂若父在為母期)。」부득신(不得申), 대부부득자(大夫不得者), 역부득신
(亦不得申), 고인위정(故引為証)。약연(若然), 곡이살(曲而殺), 위초부향이언야(為初不饗而言
也)。

축반남면(祝反南面)。

미유사야(未有事也)。타제(墮祭), 이돈(爾敦), 관각숙기직(官各肅其職), 부명(不命)。

◆소(疏)

주(注)「미유(未有)」지(至)「부명(不命)」。○석왈(釋曰)：운(云)「미유사야(未有事也)」자
(者), 석축반남면야(釋祝反南面也)。운(云)「타제(墮祭), 이돈(爾敦)」, 문재하경(文在下
經)。「관각숙기직(官各肅其職), 부명(不命)」자(者), 언축무사지의(言祝無事之義)。안숙제
관각숙기사(案宿諸官各肅其事), 부수명(不須命), 고축득반남면(故祝得反南面)。

시취구저(尸取韭菹), 변유우삼두(擩擩于三豆), 제우두간(祭于豆間)。상좌식취서직우사
돈(上佐食取黍稷于四敦), 하좌식취뢰일절폐우조(下佐食取牢一切肺于俎), 이수상좌식

(以授上佐食)。상좌식겸여서이수시(上佐食兼與黍以授尸)。시수(尸受), 동제우두제(同祭于豆祭)。

뢰(牢), 양시야(羊豕也)。동(同), 합야(合也)。합제어저두지제야(合祭於葅豆之祭也)。서직지제위타제(黍稷之祭為墮祭), 장식신여(將食神餘), 존지이제지(尊之而祭之)。금문변위편(今文辯為徧)。

◆소(疏)

주(注)「뢰양(牢羊)」지(至)「위편(為徧)」。○석왈(釋曰):운(云)「서직지제위타제(黍稷之祭為墮祭)」자(者), 폐여서직구득위타(肺與黍稷俱得為墮), 고(故)《주례(周禮)·수조직(守祧職)》:「기제(既祭), 칙장기타(則藏其墮)。」타중기부능겸폐(墮中豈不能兼肺), 폐여서직구제우저상(肺與黍稷俱祭於葅上)。상기장지(上既藏之), 명폐여서직기부동(明肺與黍稷器不動), 인취기감취지(人就器減取之), 고특득타명(故特得墮名)。거폐칙전취(舉肺則全取), 인상절지(因上絕之), 부득타칭(不得墮稱), 급기장지(及其藏之), 병유타명야(並有墮名也)。운(云)「장식신여(將食神餘), 존지이제지(尊之而祭之)」자(者), 위음염시신식(謂陰厭是神食), 후시래즉석식(後尸來即席食), 시준귀신지여(尸餕鬼神之餘), 고시역존신이제지(故尸亦尊神而祭之)。이기범제자(以其凡祭者), 개부시성주인지찬(皆不是盛主人之饌), 고이제지위존야(故以祭之為尊也)。

상좌식거시뢰폐(上佐食舉尸牢肺)、정척이수시(正脊以授尸), 상좌식이상돈서우연상(上佐食爾上敦黍于筵上), 우지(右之)。

이(爾), 근야(近也), 혹왈이야(或曰移也)。우지(右之), 편시식야(便尸食也)。중언상좌식(重言上佐食), 명경기(明更起), 부상인(不相因)。

◆소(疏)

「상좌(上佐)」지(至)「우지(右之)」。○주(注)「이근(爾近)」지(至)「상인(相因)」。○석왈(釋曰):《곡례(曲禮)》운(云):「반서무이저(飯黍無以箸)。」시고자반식부용시저(是古者飯食不用匙箸)。약연(若然), 기즉부동(器即不動), 기중취지(器中取之), 고이지어석상(故移之於席上), 편시식야(便尸食也)。운(云)「중언상좌식(重言上佐食), 명경기(明更起), 부상인(不相因)」자(者), 전거시뢰폐시(前舉尸牢肺時), 좌이취지(坐而取之), 흥이수시(興以授尸), 부인차좌취폐(不因此坐取肺), 즉이돈서(即爾敦黍), 명경좌이서이기(明更坐爾黍而起), 부인전좌야(不因前坐也)。안(案)《특생(特牲)》운(云)「서직(黍稷)」, 차급우개부운(此及虞皆不云)「직(稷)」자(者), 차후개서직련언(此後皆黍稷連言), 명병서직식지(明並黍稷食之), 부허진이부식(不虛陳而不食)。부언이지자(不言爾之者), 문부구(文不具), 기실역이지야(其實亦爾之也)。

주인수기조(主人羞胏俎), 승자조계(升自阼階), 치어부북(置於膚北)。

수(羞), 진야(進也)。기(胏), 경야(敬也)。친진지(親進之), 주인경시지가(主人敬尸之加)。

◆소(疏)

「주인(主人)」지(至)「부북(膚北)」。○주(注)「수진(羞進)」지(至)「지가(之加)」。○석왈(釋曰):《교특생(郊特牲)》훈기위경(訓胏為敬), 금차주인친진지(今此主人親進之), 고정운경시지가(故鄭云敬尸之加), 이기위시특가(以其為尸特加), 고운(故云)「가(加)」야(也)。약연(若然), 특생삼조부종시조(特牲三俎膚從豕俎), 고기재석북(故胏在腊北), 차오조유부조(此五俎有膚俎), 고기재부북(故胏在膚北)。

상좌식수량형(上佐食羞兩鉶), 취일양형우방중(取一羊鉶于房中), 좌설우구저지남(坐設于韭葅之南)。하좌식우취일시형우방중이종(下佐食又取一豕鉶于房中以從), 상좌식수(上佐食受), 좌설우양형지남(坐設于羊鉶之南), 개모(皆芼), 개유사(皆有柶)。시급이사(尸扱以柶), 제양형(祭羊鉶), 수이제시형(遂以祭豕鉶), 상양형(嘗羊鉶)。

모(芼), 채야(菜也)。양용고(羊用苦), 시용미(豕用薇), 개유활(皆有滑)。

◆소(疏)

○주석왈(注釋曰) : 모채자(芼菜者), 채시지지모(菜是地之毛)。지(知)「양용고(羊用苦), 시용미(豕用薇), 개유활(皆有滑)」자(者), 안(案)《공식대부(公食大夫)》기운(記云)「형모(鉶芼), 우곽(牛藿), 양고(羊苦), 시미(豕薇), 개유활(皆有滑)」시야(是也)。

식거(食舉),

거(舉), 뢰폐정척야(牢肺正脊也)。선식담지(先食啗之), 이위도야(以為道也)。

◆소(疏)

「식거(食舉)」。○주(注)「거뢰(舉牢)」지(至)「도야(道也)」。○석왈(釋曰) : 차식거재수기지하(此食舉在羞胏之下), 《특생(特牲)》식거재수기지상(食舉在羞胏之上)。부동자(不同者), 피(彼)《특생(特牲)》식거하내운(食舉下乃云)「수기조(羞胏俎)」자(者), 시기정이식거(是其正以食舉)。후시즉제간지속(後尸即嚌幹之屬), 즉가어기조(即加於胏俎), 고식거후즉진기시정야(故食舉後即進胏是正也)。차식거부재수기지상(此食舉不在羞胏之上), 상좌식수형갱(上佐食羞鉶羹), 시제형흘(尸祭鉶訖), 내득식거(乃得食舉), 고퇴식거재제형지하(故退食舉在祭鉶之下)。우부퇴수기재식거하자(又不退羞胏在食舉下者), 유주인경시(由主人敬尸), 고부퇴재하야(故不退在下也)。《특생(特牲)》이돈하설대갱(爾敦下設大羹), 차부운자(此不云者), 대갱부위신(大羹不為神), 직시위시자(直是為尸者), 고차부언빈(故此不言儐), 시내유야(尸乃有也)。운(云)「거(舉), 뢰폐정척야(牢肺正脊也)」자(者), 상문운(上文云)「상좌식거시뢰폐(上佐食舉尸牢肺)、정척이수시(正脊以授尸)」, 시수제폐명(尸受祭肺明)。금식선운식거(今食先云食舉), 시상뢰폐정척야(是上牢肺正脊也)。운(云)「선식담지(先食啗之), 이위도야(以為道也)」자(者), 안(案)《특생(牲)》 : 「거폐척이수시(舉肺脊以授尸), 시수진제제지(尸受振祭嚌之), 좌집지(左執之)。」주(注)「폐(肺), 기지주야(氣之主也)。척(脊), 체지귀자(體之貴者), 선식담지(先食啗之), 소이도식통기(所以道食通氣)」시야(是也)。

삼반(三飯)。

식이서(食以黍)。

◆소(疏)

「삼반(三飯)」。○주(注)「식이서(食以黍)」。○석왈(釋曰) : 지선식서자(知先食黍者), 이전문선언이서(以前文先言爾黍), 고지선식서야(故知先食黍也)。

상좌식거시뢰간(上佐食舉尸牢幹), 시수(尸受), 진제(振祭), 제지(嚌之)。좌식수(佐食受), 가우기(加于胏)。

간(幹), 정협야(正脅也)。고문간위간(古文幹為肝)。

◆소(疏)

○주석왈(注釋曰) : 상문서체선언단협(上文序體先言短脅), 차언정협(次言正脅), 칙정협재중(則正脅在中), 상식거시정척(上食舉是正脊), 고지차식간역선취정협야(故知此食幹亦先取正脅也)。《특생(特牲)》운(云)「식간(食幹)」, 정주(鄭注)「위장협야(為長脅也)」。피기서구체(彼記序九體), 유장협무대협자(有長脅無代脅者), 안정주운(案鄭注云) : 「척무중(脊無中), 협무전(脅無前), 폄어존자(貶於尊者)。」고여차이야(故與此異也)。

상좌식수자량와두(上佐食羞裁兩瓦豆), 유해(有醢), 역용와두(亦用瓦豆), 설우천두지북(設于薦豆之北)。

설우천두지북(設于薦豆之北), 이기가야(以其加也)。사두역쟁(四豆亦綪)。양자재남(羊裁在南), 시자재북(豕裁在北), 무훈자(無膮者), 상생부상미(尚牲不尚味)。

◆소(疏)

「상좌(上佐)」지(至)「지북(之北)」。○주(注)「설우(設于)」지(至)「상미(尚味)」。○석왈

(釋曰) : 《특생(特牲)》 략어(略於)《소뢰(少牢)》, 고유시효(故有豕膮)。차(此)《소뢰(少牢)》이생(二牲), 고부상미(故不尚味), 이무훈효야(而無膮膮也)。

시우식(尸又食), 식자(食胾)。상좌식거시일어(上佐食舉尸一魚), 시수(尸受), 진제(振祭), 제지(嚌之)。좌식수(佐食受), 가우기(加于肵), 횡지(橫之)。

우(又), 복야(復也)。혹언식(或言食), 혹언반(或言飯)。식(食), 대명(大名)。소수왈반(小數曰飯)。어횡지자(魚橫之者), 이어육(異於肉)。

◆소(疏)

「시우(尸又)」지(至)「횡지(橫之)」。○주(注)「우복(又復)」지(至)「어육(於肉)」。○석왈(釋曰) : 운(云)「식(食), 대명(大名)」자(者), 이기(以其)《론어(論語)》문다언식(文多言食), 고운식대명야(故云食大名也)。운(云)「소수왈반(小數曰飯)」자(者), 차(此)《소뢰(少牢)》、《특생(特牲)》언삼반(言三飯)、오반(五飯)、구반지등(九飯之等), 거일구위지일반(據一口謂之一飯), 오구위지오반지등(五口謂之五飯之等), 거소수이언(據小數而言), 고운소수왈반야(故云小數曰飯也)。운(云)「어횡지자(魚橫之者), 이어육(異於肉)」자(者), 어재조축(魚在俎縮), 육재조칙횡(肉在俎則橫), 기동재기(其同在肵), 조잉횡지(俎仍橫之)。어본축(魚本縮), 금즉횡의(今則橫矣), 여생체이(與牲體異), 고운어횡이어육야(故云魚橫異於肉也)。필지육재기잉횡자(必知肉在肵仍橫者), 단언가우기(但言加于肵), 부운축(不云縮), 즉여본조동횡가지야(則與本俎同橫可知也)。대부부빈시자(大夫不儐尸者), 어차시역당설대갱(於此時亦當設大羹), 차주위대부부빈시자(此主為大夫不儐尸者), 대갱지문야(大羹之文也)。

우식(又食), 상좌식거시석견(上佐食舉尸腊肩), 시수(尸受), 진제(振祭), 제지(嚌之), 상좌식수(上佐食受), 가우기(加于肵)。

석어개일거자(腊魚皆一舉者), 《소뢰(少牢)》이생(二牲), 략지(略之)。석필거견(腊必舉肩), 이견위종야(以肩為終也)。별거어석(別舉魚腊), 숭위의(崇威儀)。

◆소(疏)

주(注)「석어(腊魚)」지(至)「위의(威儀)」。○석왈(釋曰) : 운(云)「석원결기차어개일거자(腊元缺起此魚皆一舉者), 《소뢰(少牢)》이생(二牲), 략지(略之)」자(者), 이(以)《특생(特牲)》삼거수어(三舉獸魚), 이기생소고야(以其牲少故也)。차(此)《소뢰(少牢)》이생략지자(二牲略之者), 체족가거(體足可舉), 고석어일거이략지(故腊魚一舉以略之)。운(云)「석필거견(腊必舉肩), 이견위종야(以肩為終也)」자(者), 이석여생골(以腊如牲骨), 단거일견(但舉一肩), 견존(肩尊), 이위종취기성의(以為終取其成義), 생체거견위종(牲體舉肩為終)。운(云)「별거어석(別舉魚腊), 숭위의(崇威儀)」자(者), 《특생(特牲)》운(云) : 「시삼반(尸三飯), 좌식거수간(佐食舉獸幹), 어일(魚一), 역여지(亦如之)。시우삼반(尸又三飯), 거격급수어여초(舉鬲及獸魚如初)。시우삼반(尸又三飯), 거견급수어여초(舉肩及獸魚如初)。」수어상일시동거(獸魚常一時同舉), 이차수어별거(而此獸魚別舉), 대부지례(大夫之禮), 고운숭위의(故云崇威儀)。안(案)《특생(特牲)》선거석후어(先舉腊後魚), 차(此)《소뢰(少牢)》후거석자(後舉腊者), 피(彼)《특생(特牲)》삼조(三俎), 석개삼거(腊皆三舉), 고후거어(故後舉魚)。차(此)《소뢰(少牢)》석어개일거(腊魚皆一舉), 고사석재후견(故使腊在後肩), 취기종의고야(取其終義故也)。

우식(又食), 상좌식거시뢰격(上佐食舉尸牢骼), 여초(如初)。

여거간야(如舉幹也)。

우식(又食),

부거자(不舉者), 경대부지례(卿大夫之禮), 부과오거(不過五舉), 수유시(須侑尸)。

◆소(疏)

주(注)「부거(不舉)」지(至)「유시(侑尸)」。○석왈(釋曰) : 운(云)「오거(五舉)」자(者), 거뢰폐일야(舉牢肺一也), 우거뢰간이야(又舉牢幹二也), 우거일어삼야(又舉一魚三也), 우거석견사

야(又擧腊肩四也), 우거뢰격오야(又擧牢骼五也), 시경대부지례오거야(是卿大夫之禮五擧也)。

시고포(尸告飽)。축서면우주인지남(祝西面于主人之南), 독유(獨侑), 부배(不拜)。유왈(侑曰) : 「황시미실(皇尸未實), 유(侑)。」

유(侑), 권야(勸也)。축독권자(祝獨勸者), 경칙시포(更則尸飽)。실유포야(實猶飽也)。축기유(祝既侑), 복반남면(復反南面)。

◆소(疏)
주(注)「유권(侑勸)」지(至)「남면(南面)」。○석왈(釋曰) : 운(云)「유권야(侑勸也), 축독권자(祝獨勸者), 경칙시포(更則尸飽)」자(者), 차결(此決)《특생(特牲)》구반삼유(九飯三侑), 개축(皆祝)、주인공유(主人共侑), 부경이유자(不更以侑者), 욕사시포(欲使尸飽)。약기중유(若其重侑), 칙혐상설(則嫌相褻)。《특생(特牲)》중유(重侑), 부경자(不更者), 이사례구반(以士禮九飯), 종경역부포(縱更亦不飽), 고부경(故不更)。차대부례십일반(此大夫禮十一飯), 경칙포(更則飽), 고유경(故有更)。시이사축독유(是以使祝獨侑), 여주인경지의(與主人更之義)。운(云)「축기유(祝既侑), 복반남면(復反南面)」자(者), 호내주인급축유사지위(戶內主人及祝有事之位)。시석북(尸席北), 축무사지위(祝無事之位), 금유흘(今侑訖), 역복시북(亦復尸北), 남면위야(南面位也)。차여(此與)《특생(特牲)》개유시반법(皆有尸飯法), 천자제후역당유지(天子諸侯亦當有之)。고대축구배지하(故大祝九拜之下), 운(云)「이향유제사(以享侑祭祀)」, 주운(注云) : 「유(侑), 권시식이배(勸尸食而拜)。」약연(若然), 사삼반즉고포이유(士三飯即告飽而侑), 대부칠반고포이유(大夫七飯告飽而侑), 제후구반고포이유(諸侯九飯告飽而侑), 천자십일반이유야(天子十一飯而侑也)。

시우식(尸又食), 상좌식거시뢰견(上佐食擧尸牢肩), 시수(尸受), 진제(振祭), 제지(嚌之)。좌식수(佐食受), 가우기(加于肵)。사거뢰체(四擧牢體), 시어정척(始於正脊), 종어견(終於肩), 존어종시(尊於終始)。

◆소(疏)
주(注)「사거(四擧)」지(至)「종시(終始)」。○석왈(釋曰) : 정척급견(正脊及肩), 차체지귀자(此體之貴者), 고선거정척위식지시(故先擧正脊為食之始), 후거견자위식지종(後擧肩者為食之終), 고운(故云)「존어종시(尊於終始)」。

시부반(尸不飯), 고포(告飽)。축서면우주인지남(祝西面于主人之南)。

축당찬주인사(祝當贊主人辭)。

◆소(疏)
주(注)「축당찬주인사(祝當贊主人辭)」。○석왈(釋曰) : 이기서면시축지유사지위(以其西面是祝之有事之位), 고종남향서면위야(故從南向西面位也)。

주인부언(主人不言), 배유(拜侑)。

축언이부배(祝言而不拜), 주인부언이배(主人不言而拜), 친소지의(親疏之宜)。

◆소(疏)
주(注)「축언(祝言)」지(至)「지의(之宜)」。○석왈(釋曰) : 운(云)「친소지(親疏之)」자(者), 운축언이부배자(云祝言而不拜者), 소야(疏也) ; 운주인부언이배자(云主人不言而拜者), 친야(親也)。사상성(事相成), 고운(故云)「친소지의(親疏之宜)」야(也)。

시우삼반(尸又三飯)。

위축일반(為祝一飯), 위주인삼반(為主人三飯), 존비지차(尊卑之差)。범십일반(凡十一飯), 하인군야(下人君也)。

상좌식수시뢰폐(上佐食受尸牢肺)、정척(正脊), 가우기(加于肵)。

언수자(言受者), 시수지야(尸授之也)。시수뢰간실거간저두(尸授牢幹實舉干葅豆), 식필(食畢), 조이수좌식언(操以授佐食焉)。

◆소(疏)

주(注)「언수(言受)」지(至)「식언(食焉)」。○석왈(釋曰) : 차안상문초식거위정척여뢰폐(此案上文初食舉謂正脊與牢肺), 부언치거지소(不言置舉之所)。하문즉언(下文即言)「삼반(三飯), 상좌식거시뢰간(上佐食舉尸牢幹), 시수(尸受), 진제(振祭), 제지(嚌之), 좌식수가우기(佐食受加于胏)」, 지차시십일반후(至此尸十一飯後), 내언(乃言)「상좌식수시뢰폐(上佐食受尸牢肺)、정척(正脊), 가우기(加于胏)」자(者), 시각본(是卻本), 초식약(初食約)《특생(特牲)》거폐척(舉肺脊), 기시시실거우저두(其時尸實舉于葅豆)。금시식필(今尸食畢), 시내어저두상취이수상좌식(尸乃於葅豆上取而授上佐食), 상좌식수이가우기(上佐食受而加于胏), 고언(故言)「수시뢰폐(受尸牢肺)、정척(正脊), 가우기(加于胏)」야(也)。

주인강(主人降), 세작(洗爵), 승(升), 북면작주(北面酌酒), 내윤시(乃酳尸)。시배수(尸拜受), 주인배송(主人拜送)。

윤유선야(酳猶羨也)。기식지이우음지(既食之而又飲之), 소이악지(所以樂之)。고문윤작작(古文酳作酌)。

◆소(疏)

○석왈(釋曰) : 자차진(自此盡)「절일부(折一膚)」, 위주인윤시지사(謂主人酳尸之事)。운(云)「윤유선야(酳猶羨也)」자(者), 취요선지의(取饒羨之義), 고이위악지야(故以為樂之也)。

시제주(尸祭酒), 쵀주(啐酒)。빈장수뢰간(賓長羞牢肝), 용조(用俎), 축집조(縮執俎), 간역축(肝亦縮), 진말(進末), 염재우(鹽在右)。

수(羞), 진야(進也)。축(縮), 종야(從也)。염재간우(鹽在肝右), 편시유지(便尸擩之)。고문축위축(古文縮為蹙)。

◆소(疏)

주(注)「수진(羞進)」지(至)「위축(為蹙)」。○석왈(釋曰) : 운(云)「염재간우(鹽在肝右), 편시유지(便尸擩之)」자(者), 염재간우(鹽在肝右), 거빈장서면(據賓長西面), 수집이언(手執而言), 시동면(尸東面), 약지시전(若至尸前), 염재시지좌(鹽在尸之左), 시이우수취간(尸以右手取肝), 향좌원결지차유지(鄉左元缺止此擩之), 시기편야(是其便也)。

시좌집작(尸左執爵), 우겸취간(右兼取肝), 유우조염(擩于俎鹽), 진제(振祭), 제지(嚌之), 가우저두(加于葅豆), 졸작(卒爵)。주인배(主人拜), 축수시작(祝受尸爵), 시답배(尸答拜)。

겸(兼), 겸양(兼羊)、시(豕)。

축작수시(祝酢受尸), 시초주인(尸醋主人), 주인배수작(主人拜受爵), 시답배(尸答拜), 주인서면전작(主人西面奠爵), 우배(又拜)。

주인수초주(主人受酢酒), 협작배(俠爵拜), 미존시(彌尊尸)。

◆소(疏)

주(注)「주인(主人)」지(至)「존시(尊尸)」。○석왈(釋曰) : 운(云)「미존시(彌尊尸)」자(者), 차(此)《소뢰(少牢)》여(與)《특생(特牲)》시초주인(尸酢主人), 사축대시작자(使祝代尸酢者), 이시존시(已是尊尸)。금주인배수흘(今主人拜受訖), 우배위협배(又拜為俠拜), 시미존시야(是彌尊尸也)。

상좌식취사돈서직(上佐食取四敦黍稷), 하좌식취뢰일절폐(下佐食取牢一切肺), 이수상좌식(以授上佐食)。상좌식이수제(上佐食以綏祭)。

수(綏), 혹작뇌(或作挼)。뇌독위타(挼讀爲墮)。장수하(將受嘏), 역존시여이제지(亦尊尸餘而祭之)。고문타위기(古文墮爲肵)。

◆소(疏)

○주석왈(注釋曰)：경중수시차수(經中綏是車綏), 혹유(或有)《례(禮)》본작뇌자(本作挼者), 고역독종(故亦讀從)《주례(周禮)·수조(守祧)》：「기장(既葬), 칙장기타(則藏其墮)。」취타감지의야(取墮減之義也)。운(云)「장수하(將受嘏)」자(者), 하문주인수하지시(下文主人受嘏之時), 선타제(先墮祭), 시이좌식수서직(是以佐食授黍稷), 여주인위타례(與主人爲墮禮)。

주인좌집작(主人左執爵), 우수좌식(右受佐食), 좌제지(坐祭之), 우제주(又祭酒), 부흥(不興), 수쵀주(遂啐酒)。

우수좌식(右受佐食), 우수수타어좌식야(右手受墮於佐食也)。지차언좌제지자(至此言坐祭之者), 명시여주인위례야(明尸與主人爲禮也)。시항좌(尸恒坐), 유사칙기(有事則起)。주인항립(主人恒立), 유사칙좌(有事則坐)。

◆소(疏)

주(注)「우수(右手)」지(至)「칙좌(則坐)」。○석왈(釋曰)：운(云)「척상좌(尺常坐), 유사칙기(有事則起)。주인상립(主人常立), 유사칙좌(有事則坐)」자(者), 안(案)《예기(禮器)》운(云)：「주좌시(周坐尸)。」《곡례(曲禮)》운(云)：「립여제(立如齊)。」정운(鄭云)：「제(齊), 위제사시(謂祭祀時)。」칙시시상좌(則尸常坐), 주인제시칙상립(主人祭時則常立)。경운(經云)「좌제지(坐祭之)」, 위타제시여시시여주인위례(謂墮祭尸餘是尸與主人爲禮), 시주인유사내좌야(是主人有事乃坐也)。시답주인배내립(尸答主人拜乃立), 시시유사칙기야(是尸有事則起也)。

축여이좌식개출(祝與二佐食皆出), 관우세(盥于洗), 입(入), 이좌식각취서우일돈(二佐食各取黍于一敦), 상좌식겸수(上佐食兼受), 단지(搏之), 이수시(以授尸)。시집이명축(尸執以命祝)。

명축이하사(命祝以嘏辭)。

◆소(疏)

주(注)「명축이하사(命祝以嘏辭)」。○석왈(釋曰)：위명축사출하사(謂命祝使出嘏辭), 이하어주인(以嘏於主人), 하문시야(下文是也)。

졸명축(卒命祝), 축수이동(祝受以東), 북면우호서(北面于尸西), 이하우주인왈(以嘏于主人曰)：「황시명공축(皇尸命工祝), 승치다복무강우녀효손(承致多福無疆于女孝孫)。래녀효손(來女孝孫), 사녀수록우천(使女受祿于天), 의가우전(宜稼于田), 미수만년(眉壽萬年), 물체인지(勿替引之)。」

하(嘏), 대야(大也)。여주인이대복(予主人以大福)。공(工), 관야(官也)。승유전야(承猶傳也)。래독왈리(來讀曰釐), 리(釐), 사야(賜也)。경종왈가(耕種曰稼)。물유무야(勿猶無也)。체(替), 폐야(廢也)。인(引), 장야(長也)。언무폐지시(言無廢止時), 장여시야(長如是也)。고문하위격(古文嘏爲格), 록위복(祿爲福), 미위미(眉爲微), 체위메(替爲袂), 메혹위질(袂或爲䄢)。질(䄢)、체(替), 성상근(聲相近)。

◆소(疏)

「졸명(卒命)」지(至)「인지(引之)」。○주(注)「하대(嘏大)」지(至)「상근(相近)」。○석왈(釋曰)：운(云)「하(嘏), 대야(大也)」자(者), 《교특생(郊特牲)》운(云)：「하(嘏), 장야(長也), 대야(大也)。」고정운(故鄭云)「여주인이대복(予主人以大福)」。안(案)《특생(特牲)》시친하주인(尸親嘏主人), 차시사축하주인자(此尸使祝嘏主人者), 대부시존(大夫尸尊), 고부친하(故不親嘏), 《특생(特牲)》무하(無嘏), 문부구야(文不具也)。

주인좌전작(主人坐奠爵), 흥(興), 재배계수(再拜稽首), 흥(興), 수서(受黍), 좌진제(坐搢

振祭), 제지(嚌之), 시회지(詩懷之), 실우좌몌(實于左袂), 괘우계지(掛于季指), 집작이흥(執爵以興), 좌졸작(坐卒爵), 집작이흥(執爵以興), 좌전작(坐奠爵), 배(拜)。 시답배(尸答拜)。 집작이흥(執爵以興), 출(出)。 재부이변수색서(宰夫以籩受嗇黍)。 주인상지(主人嘗之), 납제내(納諸內)。

시유승야(詩猶承也)。 실어좌몌(實於左袂), 편우수야(便右手也)。 계유소야(季猶小也)。 출(出), 출호야(出戶也)。 재부(宰夫), 장음식지사자(掌飲食之事者)。 수렴왈색(收斂曰嗇), 명풍년내유서직야(明豐年乃有黍稷也)。 복상지자(復嘗之者), 중지지야(重之至也)。 납유입야(納猶入也)。 고문괘작괘(古文挂作卦)。

◆소(疏)

「주인(主人)」지(至)「제내(諸內)」。 ○주(注)「시유(詩猶)」지(至)「작괘(作卦)」。 ○석왈(釋曰): 운(云)「출(出), 출호야(出戶也)」자(者), 이주인위재호내서면(以主人位在戶內西面)금운출(今云出), 고지시출호야(故知是出戶也)。 차재부이변수색(此宰夫以籩受嗇), 대부지례(大夫之禮), 《특생(特牲)》주인출사색우방(主人出寫嗇于房), 축이변수(祝以籩受), 피사례(彼士禮), 여대부이야(與大夫異也)。 안(案)《춘관(春官)·울인(鬱人)》운(云): 「대제사(大祭祀), 여량인수거가지졸작이음지(與量人受舉斝之卒爵而飲之)。」 정운(鄭云): 「가(斝), 수복지하(受福之嘏)。 성지오야(聲之誤也)。 왕윤시(王酳尸), 시하왕(尸嘏王), 차기졸작야(此其卒爵也)。 《소뢰궤식례(少牢饋食禮)》: 주인수하(主人受嘏), 시회지(詩懷之)。 졸작(卒爵), 집작이흥(執爵以興), 출(出), 재부이변수색서(宰夫以籩受嗇黍), 주인상지(主人嘗之), 내환(乃還), 헌축(獻祝)。 차울인수왕지졸작(此鬱人受王之卒爵), 역왕출방시야(亦王出房時也)。」 시왕수하여대부동야(是王受嘏與大夫同也)。 안(案)《초자(楚茨)》시(詩): 「기제기직(既齊既稷), 기광기칙(既匡既敕)。」 주운(注云): 「하지례(嘏之禮), 축편취서직뢰육어유해(祝遍取黍稷牢肉魚擩於醢), 이수시(以授尸)。 효손전취시수지(孝孫前就尸受之), 천자사재부수지(天子使宰夫受之), 이광축칙석하사이칙지(以筐祝則釋嘏辭以敕之)。」 천자하사여대부동야(天子嘏辭與大夫同也)。 운(云)「복상지자(復嘗之者), 중지지야(重之至也)」자(者), 전이제지(前已嚌之), 시이상(是已嘗)。 금복언상(今復言嘗), 시중수(是重受), 복지지야(福之至也)。 《특생(特牲)》부언복상자(不言復嘗者), 문부구야(文不具也)。

주인헌축(主人獻祝), 설석남면(設席南面)。 축배우석상(祝拜于席上), 좌수(坐受)。

실중박협(室中迫狹)。

◆소(疏)

「주인(主人)」지(至)「좌수(坐受)」。 ○주(注)「실중박협(室中迫狹)」。 ○석왈(釋曰): 언박협(言迫狹), 대부사묘실야(大夫士廟室也), 개량하오가(皆兩下五架), 정중왈동(正中曰棟), 동남량가(棟南兩架), 북역량가(北亦兩架)。 동남일가명왈미(棟南一架名曰楣), 전승첨(前承檐), 이전명왈기(以前名曰庪)。 동북일가위실(棟北一架爲室), 남벽이개호(南壁而開戶), 즉시일가지개(即是一架之開), 광위실(廣爲室), 고운(故云)「박협(迫狹)」야(也)。 필지동북일가후내위실자(必知棟北一架後乃爲室者), 《혼례(昏禮)》주인연빈승자서계(主人筵賓升自西階), 「당아동면치명(當阿東面致命)」, 정운(鄭云): 「아(阿), 동야(棟也)。 입당심(入堂深)。」 명부입실(明不入室), 시동북내유실야(是棟北乃有室也)。

주인서면답배(主人西面答拜)。

부언배송(不言拜送), 하시(下尸)。

◆소(疏)

「주인서면답배(主人西面答拜)」。 ○주(注)「부언배송하시(不言拜送下尸)」。 ○석왈(釋曰): 상주인윤시(上主人酳尸), 시배수(尸拜受), 주인배송(主人拜送)。 금주인헌축(今主人獻祝), 축배수(祝拜受), 주인답배(主人答拜)。 배송례중(拜送禮重), 답배례경(答拜禮輕), 금언답배(今言答拜), 고운(故云)「부언배송(不言拜送), 하시(下尸)」야(也)。

천량두저(薦兩豆葅)、 해(醢)。

규저(葵菹)、라해(蠃醢)。

◆소(疏)

「천량두저해(薦兩豆菹醢)」。○주(注)「규저라해(葵菹蠃醢)」。○석왈(釋曰) : 지자(知者), 상운(上云)「구저탐해(韭菹醓醢)」, 정운(鄭云) : 「조사지두야(朝事之豆也), 이궤식용지(而饋食用之), 풍대부례(豐大夫禮)。」상역운규저(上亦云葵菹)、라해(蠃醢), 시궤식지두(是饋食之豆), 당궤식지절(當饋食之節), 시기상사(是其常事), 고부언풍대부지례(故不言豐大夫之禮), 금축용지(今祝用之), 역기상사(亦其常事), 고지용(故知用)「규저(葵菹)、라해(蠃醢)」야(也)。

좌식설조(佐食設俎), 뢰비(牢髀), 횡척일(橫脊一)、단협일(短脅一)、장일(腸一)、위일(胃一)、부삼(膚三)、어일(魚一), 횡지(橫之), 석량비속우고(腊兩髀屬于尻)。

개승하체(皆升下體), 축천야(祝賤也)。어횡자(魚橫者), 사물공조(四物共俎), 수지야(殊之也)。석량비속우고(腊兩髀屬于尻), 우천(尤賤), 부수(不殊)。

◆소(疏)

주(注)「개승(皆升)」지(至)「부수(不殊)」。○석왈(釋曰) : 언(言)「승하체(升下體)」자(者), 비여단협(髀與短脅)、횡척개양(橫脊皆羊)、시지하체(豕之下體), 속우고(屬于尻), 우석지하체(又腊之下體), 위축천고야(為祝賤故也)。운(云)「어횡자(魚橫者), 사물공조(四物共俎), 수지야(殊之也)」자(者), 이기어유재조(以其魚猶在俎), 축재(縮載), 금횡자(今橫者), 위사물공조(為四物共俎), 횡이수지야(橫而殊之)。축기칠물이운사물자(縮其七物而云四物者), 거양(據羊)、시(豕)、어(魚)、석(腊), 고운사물야(故云四物也)。운(云)「우천(尤賤)」자(者), 양(羊)、시체부속어고(豕體不屬於尻), 이석용좌(以腊用左)、우반(右胖), 고유량비(故有兩髀)。언비속우고(言髀屬于尻), 고재중(尻在中), 위비여고상련속(謂髀與尻相連屬), 부수(不殊), 시우천야(是尤賤也)。주축천(周祝賤), 상련지야(常連之也)。

축취저유우해(祝取菹擩于醢), 제우두간(祭于豆間)。축제조(祝祭俎),

대부축조무폐(大夫祝俎無肺), 제용부(祭用膚), 원하시(遠下尸)。부제지(不嚌之), 부부성(膚不盛)。

◆소(疏)

「축취(祝取)」지(至)「제조(祭俎)」。○주(注)「대부(大夫)」지(至)「부성(不盛)」。○석왈(釋曰) : 운(云)「대부축조무폐(大夫祝俎無肺), 제용부(祭用膚), 원하시(遠下尸)」자(者), 안(案)《특생(特牲)》시조유제폐(尸俎有祭肺)、리폐(離肺), 축조유리폐(祝俎有離肺), 무제폐(無祭肺), 시하시(是下尸)。금대부시조역개유축(今大夫尸俎亦皆有祝), 칙리폐(則離肺)、제폐구무(祭肺俱無), 시원하시야(是遠下尸也)。운(云)「부제지(不嚌之), 부부성(膚不盛)」자(者), 결리폐제흘(決離肺祭訖), 제지(嚌之), 가우조(加于俎)。금이무폐제(今以無肺祭), 부성고야(不盛故也)。범부개부제(凡膚皆不嚌), 독어차언지자(獨於此言之者), 이기이부체폐(以其以膚替肺), 폐칙제(肺則嚌), 차칙부제(此則不嚌), 고수언지야(故須言之也)。

제주(祭酒), 쵀주(啐酒)。간뢰종(肝牢從)。축취간유우염(祝取肝擩于鹽), 진제(振祭), 제지(嚌之), 부흥(不興), 가우조(加于俎), 졸작(卒爵), 흥(興)。

역여좌식수작내흥(亦如佐食授爵乃興), 부배기작(不拜既爵), 대부축(大夫祝), 천야(賤也)。

◆소(疏)

주(注)「역여(亦如)」지(至)「천야(賤也)」。○석왈(釋曰) : 「역여좌식수작내흥(亦如佐食授爵乃興)」자(者), 차경직운(此經直云)「졸작흥(卒爵興)」, 부운(不云)「수작(授爵)」, 고특명지(故特明之)。안하문주부헌축(案下文主婦獻祝), 축졸작(祝卒爵), 좌수주부작(坐授主婦爵)。주부우헌이좌식(主婦又獻二佐食), 이좌식좌수주부작(二佐食坐授主婦爵), 주부헌축여헌이좌식동(主婦獻祝與獻二佐食同), 명주인헌축(明主人獻祝), 축수주인작(祝授主人爵), 역여이좌식동가지(亦與二佐食同可知)。운(云)「부배기작(不拜既爵), 대부축(大夫祝), 천야(賤也)」자

(者), 차결(此決)《특생(特牲)》: 「축졸각배(祝卒角拜), 주인답배(主人答拜)。」이사비(以士卑), 고축부천(故祝不賤)。차대부존(此大夫尊), 고축천(故祝賤), 부배기작야(不拜既爵也)。

주인작헌상좌식(主人酌獻上佐食)。상좌식호내유동북면배(上佐食戶內牖東北面拜), 좌수작(坐受爵)。주인서면답배(主人西面答拜)。좌식제주(佐食祭酒), 졸작(卒爵), 배(拜), 좌수작(坐授爵), 흥(興)。

부쵀이졸작자(不啐而卒爵者), 대부지좌식천(大夫之佐食賤), 예략(禮略)。

◆소(疏)

주(注)「부쵀(不啐)」지(至)「예략(禮略)」。○석왈(釋曰):《특생(特牲)》사지좌식역쵀(士之佐食亦啐), 대부좌식천(大夫佐食賤), 례략(禮略)。천자제후례수망(天子諸侯禮雖亡), 혹가대천자제후좌식쵀(或可對天子諸侯佐食啐), 내졸작(乃卒爵), 귀고야(貴故也)。

조설우량계지간(俎設于兩階之間), 기조(其俎):절(折), 일부(一膚)。

좌식부득성례어실중(佐食不得成禮於室中)。절자(折者), 택취뢰정체여골(擇取牢正體餘骨), 절분용지(折分用之)。유승이무천(有脀而無薦), 역원하시(亦遠下尸)。

◆소(疏)

「조설(俎設)」지(至)「일부(一膚)」。○주(注)「좌식(佐食)」지(至)「하시(下尸)」。○석왈(釋曰):운(云)「유승이무천(有脀而無薦), 역원하시(亦遠下尸)」자(者), 유승즉경조실시야(有脀即經俎實是也), 무천위무저해야(無薦謂無菹醢也)。기무폐(既無肺), 이시하시(已是下尸), 우무천(又無薦), 시원하시야(是遠下尸也)。

주인우헌하좌식(主人又獻下佐食), 역여지(亦如之)。기승역설우계간(其脀亦設于階間), 서상(西上), 역절(亦折), 일부(一膚)。

상좌식기헌칙출(上佐食既獻則出), 취기조(就其俎)。《특생(特牲)》기왈좌식(記曰佐食)「무사칙중정북면(無事則中庭北面)」, 위차시(謂此時)。

유사찬자취작우비이승(有司贊者取爵于篚以升), 수주부찬자우방호(授主婦贊者于房戶)。

남녀부상인(男女不相因)。《특생궤식례(特牲饋食禮)》왈(曰):「좌식졸각(佐食卒角), 주인수각(主人受角), 강(降), 반우비(反于篚)。」

◆소(疏)

「유사(有司)」지(至)「방호(房戶)」。○주(注)「남녀(男女)」지(至)「우비(于篚)」。○석왈(釋曰):운자차진(云自此盡)「입우방(入于房)」, 론주부아헌축헌시여좌식지사(論主婦亞獻祝獻尸與佐食之事)。차직운유사(此直云有司)「수부찬자우방(授婦贊者于房)」, 안(案)《예기(禮記)·내칙(內則)》운(云):「비제비상(非祭非喪), 부상수기(不相授器)。기상수(其相授), 칙녀수이비(則女受以篚), 기무비(其無篚), 즉개좌전지(則皆坐奠之), 이후취지(而後取之)。」차경수부언수이비(此經雖不言受以篚), 급전어지지사(及奠於地之事), 역당연야(亦當然也)。운(云)「남녀부상인(男女不相因)」자(者), 안(案)《특생(特牲)》:「좌식졸각(佐食卒角), 주인수각(主人受角), 강(降), 반우비(反于篚), 승(升), 입복위흘(入復位訖), 주부내세작우방(主婦乃洗爵于房), 작아헌시(酌亞獻尸)。」시부상인작야(是不相因爵也)。인(引)《특생(特牲)》자(者), 정남녀부상인작(証男女不相因爵), 주부부취차작야(主婦不取此爵也)。

부찬자수(婦贊者受), 이수주부(以授主婦)。주부세우방중(主婦洗于房中), 출작(出酌), 입호(入戶), 서면배(西面拜), 헌시(獻尸)。

입호서면배(入戶西面拜), 유편야(由便也)。부북면자(不北面者), 피인군부인야(辟人君夫人也)。배이후헌자(拜而後獻者), 당협배야(當俠拜也)。《혼례(昏禮)》왈(曰):「부세재북당(婦洗在北堂), 직실동우(直室東隅)。」

◆소(疏)

주(注)「입호(入戶)」지(至)「동우(東隅)」。○석왈(釋曰)：운(云)「입호서면배(入戶西面拜), 유편야(由便也)」자(者), 하주운(下注云)：「차배어북(此拜於北), 즉상배어남의(則上拜於南矣), 유편야(由便也)。」운(云)「부북면자(不北面者), 피인군부인야(辟人君夫人也)」자(者), 안(案)《특생(特牲)》「주부북면배(主婦北面拜)」, 주운(注云)：「북면배자(北面拜者), 피내자야(辟內子也)。」즉시사처비(則是士妻卑), 부혐(不嫌), 득북면여인군부인동야(得北面與人君夫人同也)。

시배수(尸拜受)。주부주인지북(主婦主人之北), 서면배송작(西面拜送爵)。

배어주인지북(拜於主人之北), 서면(西面), 부인위재내야(婦人位在內也)。배어북(拜於北), 즉상배어남(則上拜於南), 유편야(由便也)。

시제주(尸祭酒), 졸작(卒爵)。주부배(主婦拜), 축수시작(祝受尸爵), 시답배(尸答拜)。역작(易爵), 세(洗), 작(酌), 수시(授尸)。

축출역작(祝出易爵), 남녀부동작(男女不同爵)。

주부배수작(主婦拜受爵), 시답배(尸答拜)。상좌식수제(上佐食綏祭)。주부서면우주인지북수제(主婦西面于主人之北受祭), 제지(祭之)。기수제여주인지례(其綏祭如主人之禮), 부하(不嘏), 졸작(卒爵), 배(拜)。시답배(尸答拜)。

부하(不嘏), 부부일체(夫婦一體)。수역당작뇌(綏亦當作挼), 고문위기(古文為胏)。

주부이작출(主婦以爵出), 찬자수(贊者受), 역작우비(易爵于篚), 이수주부우방중(以授主婦于房中)。

찬자(贊者), 유사찬자야(有司贊者也)。역작(易爵), 역이수부찬자(亦以授婦贊者), 부찬자수방호외(婦贊者受房戶外), 입수주부(入授主婦)。

◆소(疏)

주(注)「찬자(贊者)」지(至)「주부(主婦)」。○석왈(釋曰)：지(知)「찬자(贊者), 유사찬자(有司贊者), 야(也)」자(者), 상문운(上文云)「유사찬자취작어비(有司贊者取爵於篚)」, 차환시상유사찬자야(此還是上有司贊者也)。

주부세(主婦洗), 작(酌), 헌축(獻祝)。축배(祝拜), 좌수작(坐受爵)。주부답배우주인지북(主婦答拜于主人之北)。졸작(卒爵), 부흥(不興), 좌수주부(坐授主婦)。

부협배(不俠拜), 하시야(下尸也)。금문왈(今文曰)：축배수(祝拜受)。

주부수(主婦受), 작(酌), 헌상좌식우호내(獻上佐食于戶內)。좌식북면배(佐食北面拜), 좌수작(坐受爵)。주부서면답배(主婦西面答拜)。제주(祭酒), 졸작(卒爵), 좌수주부(坐授主婦)。주부헌하좌식역여지(主婦獻下佐食亦如之)。주부수작이입우방(主婦受爵以入于房)。

부언배어주인지북(不言拜於主人之北), 가지야(可知也)。작전어내비(爵奠於內篚)。

빈장세작헌우시(賓長洗爵獻于尸), 시배수작(尸拜受爵), 빈호서북면배송작(賓戶西北面拜送爵)。시제주(尸祭酒), 졸작(卒爵)。빈배(賓拜)。축수시작(祝受尸爵), 시답배(尸答拜)。

축작(祝酌), 수시(授尸)。빈배수작(賓拜受爵)。시배송작(尸拜送爵)。빈좌전작(賓坐奠爵), 수배(遂拜), 집작이흥(執爵以興), 좌제(坐祭), 수음(遂飲), 졸작(卒爵), 집작이흥(執爵以興), 좌전작(坐奠爵), 배(拜), 시답배(尸答拜)。

빈작(賓酌), 헌축(獻祝)。축배(祝拜), 좌수작(坐受爵), 빈북면답배(賓北面答拜)。

축제주(祝祭酒), 쵀주(啐酒), 전작우기연전(奠爵于其筵前)。

쵀주이부졸작(啐酒而不卒爵), 제사필(祭事畢), 시취야(示醉也)。부헌좌식(不獻佐食), 장빈시(將儐尸), 례살(禮殺)。

◆소(疏)

「빈장(賓長)」지(至)「연전(筵前)」。○석왈(釋曰):운(云)「시제주(尸祭酒), 졸작(卒爵)」자(者), 안(案)《특생(特牲)》빈장헌작지(賓長獻爵止), 주운(注云):「욕신혜지균(欲神惠之均)。」어실중대부부치작(於室中待夫婦致爵)。차대부례(此大夫禮), 혹유빈시자(或有賓尸者), 치작재빈시지상(致爵在儐尸之上), 고부치작(故不致爵), 작부지야(爵不止也)。약연(若然), 《유사철(有司徹)》시작지작(尸作止爵), 삼헌치작어주인(三獻致爵於主人), 주인부초주부(主人不酢主婦), 우부치작우주부(又不致爵于主婦), 하대부부빈시(下大夫不儐尸), 빈헌시지작(賓獻尸止爵), 주부치작우주인(主婦致爵于主人), 초주부(酢主婦), 주인부치어주부(主人不致於主婦)。《특생(特牲)》주인여주부교상치작(主人與主婦交相致爵)。참차부동자(參差不同者), 차이존비위차강지수(此以尊卑爲差降之數), 고유이야(故有異也)。상대부득빈시(上大夫得儐尸), 고치작(故致爵), 상피인군(上辟人君)。하대부부빈시(下大夫不儐尸), 고증초주부이이(故增酢主婦而已)。사비(士卑), 부혐여군동(不嫌與君同), 고치작구야(故致爵具也)。○주(注)「쵀주(啐酒)」지(至)「예살(禮殺)」。○석왈(釋曰):운(云)「부헌좌식(不獻佐食), 장빈시(將儐尸), 례살(禮殺)」자(者), 이기축여좌식(以其祝與佐食), 구시사신급시(俱是事神及尸), 시이헌시병급지(是以獻尸並及之), 고주인(故主人)、주부헌축여좌식(主婦獻祝與佐食)。금빈헌축부급좌식자(今賓獻祝不及佐食者), 단위대빈시(但爲待儐尸), 고어빈장헌시제말례살(故於賓長獻是祭末禮殺), 고부급좌식(故不及佐食), 궐지야(闕之也)。

주인출(主人出), 입우조계상(立于阼階上), 서면(西面)。축출(祝出), 입우서계상(立于西階上), 동면(東面)。축고왈(祝告曰):「리성(利成)。」

ㅣ유양야(利猶養也)。성(成), 필야(畢也)。효자지양례필(孝子之養禮畢)。

축입(祝入)。시속(尸謖)。주인강립우조계동(主人降立于阼階東), 서면(西面)。

속(謖), 기야(起也)。속혹작휴(謖或作休)。

축선(祝先), 시종(尸從), 수출우묘문(遂出于廟門)。

사시지례(事尸之禮), 흘어묘문(訖於廟門)。

◆소(疏)

「주인(主人)」지(至)「묘문(廟門)」。○석왈(釋曰):자차진(自此盡)「묘문(廟門)」, 론제사필시출묘지사(論祭祀畢尸出廟之事)。주사시지례흘어묘문자(注事尸之禮訖於廟門者), 상축영시어묘문(上祝迎尸於廟門), 금례필우송시어묘문(今禮畢又送尸於廟門)。안(案)《예기(禮記)》시재묘문외(尸在廟門外), 즉의어신(則疑於臣), 시이거묘문위단(是以據廟門爲斷)。

축반(祝反), 복위우실중(復位于室中)。주인역입우실(主人亦入于室), 복위(復位)。축명좌식철기조(祝命佐食徹胏俎), 강설우당하조계남(降設于堂下阼階南)。

철기조부출문(徹胏俎不出門), 장빈시야(將儐尸也)。기조이이빈시자(胏俎而以儐尸者), 기본위부반어육이(其本爲不反魚肉耳)。부운시조(不云尸俎), 미귀시(未歸尸)。

◆소(疏)

○석왈(釋曰):자차진편말(自此盡篇末), 론철기조행준지사(論徹胏俎行餕之事)。운(云)「철기조부출문(徹胏俎不出門), 장빈시야(將儐尸也)」자(者), 결(決)《특생(特牲)》좌식철시조출묘문(佐食徹尸俎出廟門者), 송시자야(送尸者也)。운(云)「기조이이빈시자(胏俎而以儐尸者), 기본위부반어육이(其本爲不反魚肉耳)」자(者), 안(案)《곡례(曲禮)》운(云)「무반어육(毋反魚肉)」, 위식시어육부반조(謂食時魚肉不反俎), 고시식역가기조(故尸食亦加胏俎), 본위시부반

어육(本爲尸不反魚肉)。금빈시장경식어육(今賓尸將更食魚肉), 당가어기조(當加於肵俎), 미득즉송시가(未得即送尸家), 고운본위부반어육야(故云本爲不反魚肉也), 고빈시흘병후가자(故償尸訖並後加者), 득귀지야(得歸之也)。

사궁설대석(司宮設對席), 내사인준(乃四人餕)。

대부례(大夫禮), 사인준(四人餕), 명혜대야(明惠大也)。

◆소(疏)

주(注)「대부(大夫)」지(至)「대야(大也)」。○석왈(釋曰) : 안(案)《제통(祭統)》운(云) : 「범준지도(凡餕之道), 이흥시혜지상야(而興施惠之象也)。」시고상유대택(是故上有大澤), 칙혜필급하(則惠必及下)。시이(是以)《특생(特牲)》이인준(二人餕), 혜지소자(惠之小者)。대부사인준(大夫四人餕), 명혜지대자야(明惠之大者也)。

상좌식관(上佐食盥), 승(升), 하좌식대지(下佐食對之), 빈장이인비(賓長二人備)。

비사인준야(備四人餕也)。삼준역관승(三餕亦盥升)。

◆소(疏)

「상좌(上佐)」지(至)「인비(人備)」。○주(注)「비사(備四)」지(至)「관승(盥升)」。○석왈(釋曰) : 「하좌식대지(下佐食對之)」자(者), 부위동서상당(不謂東西相當), 직취상좌식동면(直取上佐食東面), 하좌식서면위대(下佐食西面爲對)。이기하좌식서면근북(以其下佐食西面近北), 고부득동서상당야(故不得東西相當也)。운(云)「빈장이인비(賓長二人備)」자(者), 역부동서상당(亦不東西相當), 이기일빈장재상좌식지북(以其一賓長在上佐食之北), 일빈장재하좌식지남(一賓長在下佐食之南), 시역부동서상당야(是亦不東西相當也), 고운(故云)「비(備)」, 부언(不言)「대(對)」야(也)。

사사진일돈서우상좌식(司士進一敦黍于上佐食), 우진일돈서우하좌식(又進一敦黍于下佐食), 개우지우석상(皆右之于席上)。

우지자(右之者), 동면재남(東面在南), 서면재북(西面在北)。

◆소(疏)

주(注)「우지(右之)」지(至)「재북(在北)」。○석왈(釋曰) : 동면재남(東面在南), 거상좌식(據上佐食), 서면재북(西面在北), 거하좌식(據下佐食)。우지자(右之者), 반용수우지편고야(飯用手右之便故也)。

자서우양조량단(資黍于羊俎兩端), 량하시준(兩下是餕)。

자유감야(資猶減也)。감치어양조량단(減置於羊俎兩端), 즉일빈장재상좌식지북(則一賓長在上佐食之北), 일빈장재하좌식지남(一賓長在下佐食之南)。금문자작재(今文資作齋)。

◆소(疏)

○주석왈(注釋曰) : 운(云)「량하시준(兩下是餕)」자(者), 거이빈장이이좌식위하(據二賓長以二佐食爲下), 고운(故云)「일빈장재상좌식지북(一賓長在上佐食之北), 일빈장재하좌식지남(一賓長在下佐食之南)」, 이지도존우(以地道尊右), 고이좌식개재우(故二佐食皆在右)。약연(若然), 양조량간(羊俎兩間), 남북면치지(南北面置之), 고이빈장어조일단취서야(故二賓長於俎一端取黍也)。필지상좌식동면근남(必知上佐食東面近南), 하좌식서면근북자(下佐食西面近北者), 이기시동면근남(以其尸東面近南), 금시기(今尸起), 상좌식거시좌처(上佐食居尸坐處), 명지위차여차(明知位次如此)。

사사내변거(司士乃辯擧), 준자개제서(餕者皆祭黍)、제거(祭擧)。

거(擧), 거부(擧膚)。금문변위편(今文辯爲遍)。

◆소(疏)

「사사(司士)」지(至)「제거(祭擧)」。○주(注)「거거(擧擧)」지(至)「위편(為遍)」。○석왈(釋曰)：지거시거부자(知擧是擧膚者), 이기시거폐(以其尸擧肺), 준자하시(餕者下尸), 명부거폐당거부(明不擧肺當擧膚)。시이(是以)《특생(特牲)》운(云)：「좌식수준자각일부(佐食授餕者各一膚)。」명차대부례(明此大夫禮), 역거부야(亦擧膚也)。

주인서면(主人西面), 삼배준자(三拜餕者)。준자전거우조(餕者奠擧于俎), 개답배(皆答拜), 개반(皆反), 취거(取擧)。

삼배(三拜), 여지(旅之), 시편야(示徧也)。언반자(言反者), 배시혹거기석(拜時或去其席), 재동면석자(在東面席者), 동면배(東面拜), 재서면석자(在西面席者), 개남면배(皆南面拜)。

◆소(疏)

「주인(主人)」지(至)「취거(取擧)」。○주(注)「삼배(三拜)」지(至)「면배(面拜)」。○석왈(釋曰)：지면위여차자(知面位如此者), 이주인재호내(以主人在戶內), 서면삼배준자(西面三拜餕者), 준자재동면이답주인배(餕者在東面而答主人拜), 가지재서면위자(可知在西面位者), 이주인재남(以主人在南), 서면(西面), 부득여주인동면이배(不得與主人同面而拜), 명회신남면향주인이배(明回身南面向主人而拜), 고정이의해지여차야(故鄭以義解之如此也)。

사사진일형우상준(司士進一鉶于上餕), 우진일형우차준(又進一鉶于次餕), 우진이두읍우량하(又進二豆湆于兩下)。내개식(乃皆食), 식거(食擧)。

읍(湆), 육즙야(肉汁也)。

◆소(疏)

「사사(司士)」지(至)「식거(食擧)」。○석왈(釋曰)：운(云)「우진이두읍우량하(又進二豆湆于兩下)」자(者), 이기신좌지상(以其神坐之上), 지유양(止有羊)、시이형(豕二鉶), 일진여상좌식(一進與上佐食), 일진여하좌식(一進與下佐食), 고경수이두읍우량하(故更羞二豆湆于兩下), 읍자종문외확중래(湆者從門外鑊中來), 이량하무형(以兩下無鉶), 고진읍야(故進湆也)。

졸식(卒食), 주인세일작(主人洗一爵), 승(升), 작(酌), 이수상준(以授上餕)。찬자세삼작(贊者洗三爵), 작(酌)。주인수우호내(主人受于戶內), 이수차준(以授次餕), 약시이변(若是以辯)。개부배(皆不拜), 수작(受爵)。주인서면삼배(主人西面三拜) 준자(餕者)。준(餕)자전작(者奠爵), 개답배(皆答拜), 개제주(皆祭酒), 졸작(卒爵), 전작(奠爵), 개배(皆拜)。주인답일배(主人答一拜)。

부배수작자(不拜受爵者), 대부준자천야(大夫餕者賤也)。답일배(答一拜), 약야(略也)。고문일위일야(古文壹為一也)。

◆소(疏)

주(注)「부배(不拜)」지(至)「일야(壹也)」。○석왈(釋曰)：운(云)「부배수작자(不拜受爵者), 대부준자천야(大夫餕者賤也)」자(者), 결(決)《특생(特牲)》사사자여형제준위귀(使嗣子與兄弟餕為貴), 고배수작야(故拜受爵也)。운(云)「답일배(答壹拜), 약야(略也)」자(者), 《특생(特牲)》역무재배법(亦無再拜法), 차운(此云)「략(略)」자(者), 이기사준개배(以其四餕皆拜), 주인총답일배(主人總答一拜), 고운략야(故云略也)。

출(出), 강실작우비(降實爵于篚), 반빈위(反賓位)。상준지(上餕止)。주인수상준작(主人受上餕爵), 작이초우호내(酌以酢于戶內), 서면좌전작(西面坐奠爵), 배(拜)。상준답배(上餕答拜), 좌제주(坐祭酒), 쵀주(啐酒)。

주인자초자(主人自酢者), 상준독지(上餕獨止), 당시위(當尸位), 존부작야(尊不酌也)。

◆소(疏)

주(注)「주인(主人)」지(至)「작야(酌也)」。○석왈(釋曰)：《특생(特牲)》상준친자작초주인

(上餕親自酌酢主人)，차상준부작자(此上餕不酌者)，상준장하주인(上餕將嘏主人)，고재시위(故在尸位)，부가친작(不可親酌)。《특생(特牲)》상준작자(上餕酌者)，이상준부하주인(以上餕不嘏主人)，기졸작(既卒爵)，삼준구출(三餕俱出)，상준초주인(上餕酢主人)。《소뢰(少牢)》례비(禮備)，우하주인(又嘏主人)，고부작야(故不酌也)。

상준친하(上餕親嘏)，왈(曰)：「주인수제지복(主人受祭之福)，호수보건가실(胡壽保建家室)。」

친하(親嘏)，부사축수지(不使祝授之)，역이서(亦以黍)。

◆소(疏)

주(注)「친하(親嘏)」지(至)「이서(以黍)」。○석왈(釋曰)：언(言)「역(亦)」자(者)，역상황시명공축하주인이서(亦上皇尸命工祝嘏主人以黍)，차역이서(此亦以黍)。상문사사진돈(上文司士進敦)，내분서우양조량단(乃分黍于羊俎兩端)，하부언직(下不言稷)，고지역서야(故知亦黍也)。

주인흥(主人興)，좌전작(坐奠爵)，배(拜)，집작이흥(執爵以興)，좌졸작(坐卒爵)，배(拜)。상준답배(上餕答拜)，상준흥(上餕興)，출(出)。주인송(主人送)，내퇴(乃退)。

송좌식부배(送佐食不拜)，천(賤)。

◆소(疏)

주(注)「송좌식부배천(送佐食不拜賤)」。○석왈(釋曰)：빈주지례(賓主之禮)，빈출주인개배송(賓出主人皆拜送)，차좌식송지이부배(此佐食送之而不拜)，고운(故云)「천(賤)」야(也)。

유사철(有司徹)，소당(掃堂)。사궁섭주(司宮攝酒)。내섬시조(乃餟尸俎)，졸섬(卒餟)，내승양(乃升羊)、시(豕)、어삼정(魚三鼎)，무랍여부(無臘與膚)，내설경멱(乃設扃鼏)，진정어문외(陳鼎於門外)，여초(如初)。

유사철(有司徹)

사궁취작어비(司宮取爵於篚)，이수부찬자어방동(以授婦贊者於房東)，이수주부(以授主婦)。주부세작어방중(主婦洗爵於房中)，출실작(出實爵)，존남(尊南)，서면배헌시(西面拜獻尸)。시배(尸拜)，어연상수(於筵上受)。주부서면어주인지석북(主婦西面於主人之席北)，배송작(拜送爵)，입어방(入於房)，취일양형(取一羊鉶)，좌전어구저서(坐奠於韭菹西)。주부찬자집시형이종(主婦贊者執豕鉶以從)，주부부흥(主婦不興)，수(受)，설어양형지서(設於羊鉶之西)，흥(興)，입어방(入於房)，취구여단수(取糗與腶修)，집이출(執以出)，좌설지(坐設之)，구재분서(糗在賁西)。수재백서(修在白西)，흥(興)，립어주인석북(立於主人席北)。서면(西面)。시좌(尸坐)，좌집작(左執爵)，제구수(祭糗修)，동제어두제(同祭於豆祭)，이양형지수읍양형(以羊鉶之柶挹羊鉶)，수이읍시형(遂以挹豕鉶)，제어두제(祭於豆祭)，제주(祭酒)。차빈수시비읍(次賓羞尸匕湆)，여양비읍지례(如羊匕湆之禮)。시좌쵀주(尸坐啐酒)，좌집작(左執爵)，상상형(嘗上鉶)，집작이흥(執爵以興)，좌전작(坐奠爵)，배(拜)，주부답배(主婦答拜)。집작이흥(執爵以興)。사사수시승(司士羞尸胾)，시좌전작(尸坐奠爵)，흥수(興受)，여양육읍지례(如羊肉湆之禮)，좌취작(坐取爵)，흥(興)。차빈수시번(次賓羞尸燔)。시좌집작(尸左執爵)，수번(受燔)，여양번지례(如羊燔之禮)，좌졸작(坐卒爵)，배(拜)。주부답배(主婦答拜)。

수작(受爵)，작(酌)，헌유(獻侑)。유배수작(侑拜受爵)，주부주인지북서면답배(主婦主人之北西面答拜)。주부수구(主婦羞糗)、수(修)，좌전구어풍남(坐奠糗於豐南)，수재분남(修在賁南)。유좌(侑坐)，좌집작(左執爵)，취구(取糗)、수겸제어두제(修兼祭於豆祭)。사사축집시승이승(司士縮執豕脊以升)。유흥취폐(侑興取肺)，좌제지(坐祭之)。사사축전시승어양조지동(司士縮奠豕脊於羊俎之東)，재어양조(載於羊俎)，졸(卒)，내축집조이강(乃縮執俎以降)。유흥(侑興)。차빈수시번(次賓羞豕燔), 유수여시례(侑受如尸禮), 좌졸작(坐卒爵), 배(拜)。주부답배(主婦答拜)。

시강연(尸降筵), 수주부작이강(受主婦爵以降)。주인강(主人降), 유강(侑降)。주부입어방(主婦入於房)。주인립어세동북(主人立於洗東北), 서면(西面)。유동면어서계서남(侑東面於西階西南)。시역작어비(尸易爵於篚), 관세작(盥洗爵), 주인읍시(主人揖尸)、유(侑)。주인승(主人升)。시승자서계(尸升自西階), 유종(侑從)。주인북면립어동영동(主人北面立於東楹東), 유서영서북면립(侑西楹西北面立)。시작(尸酌)。주부출어방(主婦出於房)。서면배(西面拜), 수작(受爵)。시북면어유동답배(尸北面於侑東答拜)。주부입어방(主婦入於房)。사궁설실어방중(司宮設室於房中), 남면(南面)。주부립어석서(主婦立於席西)。부찬자천구(婦贊者薦韭)、저(菹)、해(醢), 좌전어연전(坐奠於筵前), 저재서방(菹在西方)。부인찬자집풍(婦人贊者執蘴)、분이수부찬자(蕡以授婦贊者), 부찬자부흥(婦贊者不興), 수(受), 설풍어저서(設蘴於菹西), 분재풍남(蕡在蘴南)。주부승연(主婦升筵)。사마설양조어두남(司馬設羊俎於豆南)。주부좌(主婦坐), 좌집작(左執爵), 우취저연어해(右取菹挭於醢), 제어두간(祭於豆間);우취풍(又取蘴)、분겸제어두제(蕡兼祭於豆祭)。주부전작(主婦奠爵), 흥취폐(興取肺), 좌절제(坐絕祭), 제지(嚌之);흥가어조(興加於俎), 좌탈수(坐梲手), 제주(祭酒), 쵀주(啐酒)。차빈수양번(次賓羞羊燔)。주부흥(主婦興), 수번(受燔), 여주인지례(如主人之禮)。주부집작이출어방(主婦執爵以出於房), 서면어주인석북(西面於主人席北), 립졸작(立卒爵), 집작배(執爵拜)。시서영서북면답배(尸西楹西北面答拜)。주부입립어방(主婦入立於房)。시(尸)、주인급유개취연(主人及侑皆就筵)。

상빈세작이승(上賓洗爵以升), 작(酌), 헌시(獻尸)。시배수작(尸拜受爵)。빈서영서북면배송작(賓西楹西北面拜送爵)。시전작어천좌(尸奠爵於薦左)。빈강(賓降)。

중빈장승(眾賓長升), 배수작(拜受爵), 주인답배(主人答拜)。좌제(坐祭), 립음(立飲), 졸작(卒爵), 부배기작(不拜既爵)。재부찬주인작(宰夫贊主人酌), 약시이변(若是以辯)。변수작(辯受爵)。기천포(其薦脯)、해여승(醢與脀), 설어기위(設於其位)。기위계상빈이남(其位繼上賓而南), 개동면(皆東面)。기승체(其脀體), 의야(儀也)。

내승장빈(乃升長賓), 주인작(主人酌), 초어장빈(酢於長賓), 서계상북면(西階上北面), 빈재좌(賓在左)。주인좌전작(主人坐奠爵), 배(拜), 집작이흥(執爵以興), 빈답변(賓答辯)。좌제(坐祭), 수음(遂飲), 졸작(卒爵), 집작이흥(執爵以興), 좌전작(坐奠爵), 배(拜)。빈답배(賓答拜)。빈강(賓降)。

재부세치이승(宰夫洗觶以升)。주인수작(主人受酌), 강수장빈어서계남(降酬長賓於西階南), 북면(北面)。빈재좌(賓在左)。주인좌전작(主人坐奠爵), 배(拜), 빈답배(賓答拜)。좌제(坐祭), 수음(遂飲), 졸작배(卒爵拜)。빈답배(賓答拜)。주인세(主人洗), 빈사(賓辭)。주인좌전작어비(主人坐奠爵於篚), 대(對), 졸세(卒洗), 승작(升酌), 강복위(降複位)。빈배수작(賓拜受爵), 주인배송작(主人拜送爵)。빈서면좌(賓西面坐), 전작어천좌(奠爵於薦左)。

주인세(主人洗), 승작(升酌), 헌형제어조계상(獻兄弟於阼階上)。형제지장승(兄弟之長升), 배수작(拜受爵)。주인재기우답배(主人在其右答拜)。좌제(坐祭), 립음(立飲), 부배기작(不拜既爵), 개약시이변(皆若是以辯)。변수작(辯受爵), 기위재세동(其位在洗東), 서면북상(西面北上)。승수작(升受爵), 기천승설어기위(其薦脀設於其位)。기선생지승(其先生之脀), 절(折), 협일(脅一), 부일(膚一)。기중(其眾), 의야(儀也)。

주인세(主人洗), 헌내빈어방중(獻內賓於房中)。남면배수작(南面拜受爵), 주인남면어기우답배(主人南面於其右答拜)。좌제(坐祭), 립음(立飲), 부배기작(不拜既爵)。약시이변(若是以辯), 역유천승(亦有薦脀)。

주인강세(主人降洗), 승헌사인어조계(升獻私人於阼階)。배어하(拜於下), 승수(升受), 주인답기장배(主人答其長拜)。내강(乃降), 좌제(坐祭), 립음(立飲), 부배기작(不拜既爵)。약시이변(若是以辯)。재부찬주인작(宰夫贊主人酌)。주인어기군사인(主人於其群私人), 부답배(不答拜)。기위계형제지남(其位繼兄弟之南), 역북상(亦北上), 역유천승(亦有薦脀)。주인취연(主人就筵)。

시작삼헌지작(尸作三獻之爵)。 사사수읍어(司士羞湆魚), 축집조이승(縮執俎以升)。 시취무제제지(尸取膴祭祭之), 제주(祭酒), 졸작(卒爵)。 사사축전조어양조남(司士縮奠俎於羊俎南), 횡재어양조(橫載於羊俎), 졸(卒), 내축집조이강(乃縮執俎以降)。 시전작배(尸奠爵拜)。 삼헌북면답배(三獻北面答拜), 수작(受爵), 작헌유(酌獻侑)。 유배수(侑拜受), 삼헌북면답배(三獻北面答拜)。 사사수읍어일(司士羞湆魚一), 여시례(如尸禮)。 졸작배(卒爵拜)。 삼헌답배(三獻答拜), 수작(受爵), 작치주인(酌致主人)。 주인배수작(主人拜受爵), 삼헌동영동북면답배(三獻東楹東北面答拜)。 사사수일읍어(司士羞一湆魚), 여시례(如尸禮)。 졸작배(卒爵拜)。 삼헌답배(三獻答拜), 수작(受爵)。 시강연(尸降筵), 수삼헌작(受三獻爵), 작이초지(酌以酢之)。 삼헌서영서북면배수작(三獻西楹西北面拜受爵), 시재기우이수지(尸在其右以授之)。 시승연(尸升筵), 남면답배(南面答拜), 좌제(坐祭), 수음(遂飲), 졸작배(卒爵拜)。 시답배(尸答拜)。 집작이강(執爵以降), 실어비(實於篚)。

이인세치(二人洗觶), 승실작(升實爵), 서영서(西楹西), 북면동상(北面東上), 좌전작(坐奠爵), 배(拜), 집작이흥(執爵以興), 시(尸)、 유답배(侑答拜)。 좌제(坐祭), 수음(遂飲), 졸작(卒爵), 집작이흥(執爵以興), 좌전작(坐奠爵), 배(拜), 시(尸)、 유답배(侑答拜)。 개강세(皆降洗), 승작(升酌), 반위(反位)。 시(尸)、 유개배수작(侑皆拜受爵), 거치자개배송(舉觶者皆拜送)。 유전치어우(侑奠觶於右)。 시수집치이흥(尸遂執觶以興), 북면어조계상수주인(北面於阼階上酬主人)。 주인재우(主人在右)。 좌전작(坐奠爵), 배(拜), 주인답배(主人答拜)。 부제(不祭), 립음(立飲), 졸작(卒爵), 부배기작(不拜既爵), 작(酌), 취어조계상수주인(就於阼階上酬主人)。 주인배수작(主人拜受爵)。 시배송(尸拜送)。 시취연(尸就筵), 주인이수유어서영서(主人以酬侑於西楹西), 유재좌(侑在左)。 좌전작(坐奠爵), 배(拜)。 집작흥(執爵興), 유답배(侑答拜)。 부제(不祭), 립음(立飲), 졸작(卒爵), 부배기작(不拜既爵), 작(酌), 복위(複位)。 유배수(侑拜受), 주인배송(主人拜送)。 주인복연(主人復筵), 내승장빈(乃升長賓)。 유수지(侑酬之), 여주인지례(如主人之禮)。 지어중빈(至於眾賓), 수급형제(遂及兄弟), 역여지(亦如之), 개음어상(皆飲於上)。 수급사인(遂及私人), 배수자승수(拜受者升受), 하음(下飲), 졸작(卒爵), 승작(升酌), 이지기위(以之其位), 상수변(相酬辯)。 졸음자실작어비(卒飲者實爵於篚)。 내수서수어빈(乃羞庶羞於賓)、 형제(兄弟)、 내빈급사인(內賓及私人)。

형제지후생자거치어기장(兄弟之後生者舉觶於其長)。 세(洗), 승작(升酌), 강(降), 북면립어조계남(北面立於阼階南), 장재좌(長在左)。 좌전작(坐奠爵), 배(拜), 집작이흥(執爵以興), 장답배(長答拜)。 좌제(坐祭), 수음(遂飲), 졸작(卒爵), 집작이흥(執爵以興), 좌전작(坐奠爵), 배(拜), 집작이흥(執爵以興), 장답배(長答拜)。 세(洗), 승작(升酌), 강(降)。 장배수어기위(長拜受於其位), 거작자동면답배(舉爵者東面答拜)。 작지(爵止)。

빈장헌어시(賓長獻於尸), 여초(如初), 무읍(無湆), 작부지(爵不止)。

빈일인거작어시(賓一人舉爵於尸), 여초(如初), 역수지어하(亦遂之於下)。

빈급형제교착기수(賓及兄弟交錯其酬), 개수급사인(皆遂及私人), 작무산(爵無算)。

시출(尸出), 유종(侑從)。 주인송어묘문지외(主人送於廟門之外), 배(拜), 시부고(尸不顧), 배유여장빈(拜侑與長賓), 역여지(亦如之)。 중빈종(眾賓從)。 사사귀시(司士歸尸)、 유지조(侑之俎)。 주인퇴(主人退), 유사철(有司徹)。

약부빈시(若不賓尸), 즉축(則祝)、 유역여지(侑亦如之)。 시식(尸食), 내성조(乃盛俎)、 노(臑)、 비(臂)、 순(肫)、 정척(脡脊)、 횡척(橫脊)、 단협(短脅)、 대협(代脅), 개뢰(皆牢) ; 어칠(魚七) ; 랍변(臘辯)。 무비(無髀)。 졸성(卒盛), 내거뢰견(乃舉牢肩)。 시수(尸受), 진제(振祭), 제지(嚌之)。 좌식수(佐食受), 가어기(加於肵)。

좌식취일조어당하이입(佐食取一俎於堂下以入), 전어양조동(奠於羊俎東)。 내척어어(乃摭於魚)、 랍조(臘俎), 조석삼개(俎釋三個)。 기여개취지(其餘皆取之), 실어일조이출(實於一俎以出)。 축(祝)、 주인지어(主人之魚)、 랍취어시(臘取於是)。 시부반(尸不飯), 고포(告飽)。 주인배유(主人拜侑), 부언(不言), 시우삼반(尸又三飯)。 좌식수뢰거(佐食受牢舉), 여빈(如儐)。

주인세(主人洗)、 작(酌), 윤시(酳尸), 빈수간(賓羞肝), 개여빈례(皆如儐禮)。 졸작(卒爵), 주

인배(主人拜), 축수시작(祝受尸爵), 시답배(尸答拜)。축작수시(祝酌授尸), 시이초주인(尸以醋主人), 역여빈(亦如儐)。기수제(其綏祭), 기하(其嘏), 역여빈(亦如儐)。기헌축여이좌식(其獻祝與二佐食), 기위(其位), 기천승(其薦脅), 개여빈(皆如儐)。

주부기세헌어시(主婦其洗獻於尸), 역여빈(亦如儐)。주부반취변어방중(主婦反取籩於房中), 집조(執棗)、구(糗), 좌설지(坐設之), 조재직남(棗在稷南), 구재조남(糗在棗南)。부찬자집률(婦贊者執㮚)、포(脯), 주부부흥(主婦不興), 수(受), 설지(設之), 률재구동(㮚在糗東), 포재조동(脯在棗東)。주부흥(主婦興)。반위(反位)。시좌집작(尸左執爵), 취조(取棗)、구(糗)。축취률(祝取㮚)、포이수시(脯以授尸)。시겸제어두제(尸兼祭於豆祭), 제주(祭酒), 쵀주(啐酒)。차빈수뢰번(次賓羞牢燔), 용조(用俎), 염재우(鹽在右)。시겸취번연어염(尸兼取燔捩於鹽), 진제(振祭), 제지(嚌之)。축수(祝受), 가어기(加於胏)。졸작(卒爵)。주부배(主婦拜)。축수시작(祝受尸爵)。시답배(尸答拜)。축역작(祝易爵), 세(洗), 작(酌), 수시(授尸)。시이초주부(尸以醋主婦), 주부주인지북배수작(主婦主人之北拜受爵), 시답배(尸答拜)。주부반위(主婦反位), 우배(又拜)。상좌식수제(上佐食綏祭), 여빈(如儐)。졸작배(卒爵拜), 시답배(尸答拜)。주부헌축(主婦獻祝), 기작여빈(其酌如儐)。배(拜), 좌수작(坐受爵)。주부주인지북답배(主婦主人之北答拜)。재부천조(宰夫薦棗)、구(糗), 좌설조어저서(坐設棗於菹西), 구재조남(糗在棗南)。축좌집작(祝左執爵), 취조(取棗)、구제어두제(糗祭於豆祭), 제주(祭酒), 쵀주(啐酒)。차빈수번(次賓羞燔), 여시례(如尸禮)。졸작(卒爵)。주부수작(主婦受爵), 작헌이좌식(酌獻二佐食), 역여빈(亦如儐)。주부수작(主婦受爵), 이입어방(以入於房)。

빈장세작(賓長洗爵), 헌어시(獻於尸)。시배수(尸拜受)。빈호서북면답배(賓戶西北面答拜)。작지(爵止)。주부세어방중(主婦洗於房中), 작(酌), 치어주인(致於主人)。주인배수(主人拜受), 주부호서북면배송작(主婦戶西北面拜送爵)。사궁설석(司宮設席)。주부천구(主婦薦韭)、저(菹)、해(醢), 좌설어석전(坐設於席前), 저재북방(菹在北方)。부찬자집조(婦贊者執棗)、구이종(糗以從), 주부부흥(主婦不興), 수(受), 설조어저북(設棗於菹北), 구재조서(糗在棗西)。좌식설조(佐食設俎), 비(臂)、척(脊)、협(脅)、폐개뢰(肺皆牢), 부삼(膚三), 어일(魚一), 랍비(臘臂)。주인좌집작(主人左執爵), 우취저연어해(右取菹捩於醢), 제어두간(祭於豆間), 수제변(遂祭籩), 전작(奠爵), 흥(興), 취뢰폐(取牢肺), 좌절제(坐絕祭), 제지(嚌之), 흥(興), 가어조(加於俎), 좌탈수(坐梲手), 제주(祭酒), 집작이흥(執爵以興), 좌졸작(坐卒爵), 배(拜)。주부답배(主婦答拜), 수작(受爵), 작이초(酌以醋), 호내북면배(戶內北面拜), 주인답배(主人答拜)。졸작(卒爵), 배(拜)。주인답배(主人答拜)。주부이작입어방(主婦以爵入於房)。시작지작(尸作止爵), 제주(祭酒), 졸작(卒爵)。빈배(賓拜)。축수작(祝受爵)。시답배(尸答拜)。축작수시(祝酌授尸)。빈배수작(賓拜受爵), 시배송(尸拜送)。좌제(坐祭), 수음(遂飲), 졸작배(卒爵拜)。시답배(尸答拜)。헌축급이좌식(獻祝及二佐食)。세(洗), 치작어주인(致爵於主人)。주인석상배수작(主人席上拜受爵), 빈북면답배(賓北面答拜)。좌제(坐祭), 수음(遂飲), 졸작(卒爵), 배(拜)。빈답배(賓答拜), 수작(受爵), 작(酌), 치작어주부(致爵於主婦)。주부북당(主婦北堂)。사궁설석(司宮設席), 동면(東面)。주부석북동면배수작(主婦席北東面拜受爵), 빈서면답배(賓西面答拜)。부찬자천구(婦贊者薦韭)、저(菹)、해(醢), 저재남방(菹在南方)。부인찬자집조(婦人贊者執棗)、구(糗), 수부찬자(授婦贊者);부찬자부흥(婦贊者不興), 수(受), 설조어저남(設棗於菹南), 구재조동(糗在棗東)。좌식설조어두동(佐食設俎於豆東), 양노(羊臑), 시절(豕折), 양척(羊脊)、협(脅), 제폐일(祭肺一), 부일(膚一), 어일(魚一), 랍노(臘臑)。주부승연(主婦升筵), 좌(坐), 좌집작(左執爵), 우취저연어해(右取菹捩於醢), 제지(祭之), 제변(祭籩), 전작(奠爵), 흥취폐(興取肺), 좌절제(坐絕祭), 제지(嚌之), 흥가어조(興加於俎), 좌탈수(坐梲手), 제주(祭酒), 집작흥(執爵興), 연북동면립졸작(筵北東面立卒爵), 배(拜)。빈답배(賓答拜)。빈수작(賓受爵), 역작어비(易爵於篚), 세(洗)、작(酌), 초어주인(醋於主人), 호서북면배(戶西北面拜), 주인답배(主人答拜)。졸작(卒爵), 배(拜), 주인답배(主人答拜)。빈이작강전어비(賓以爵降奠於篚)。내수(乃羞)。재부수방중지수(宰夫羞房中之羞), 사사수서수어시(司士羞庶羞於尸)、축(祝)、주인(主人)、주부(主婦), 내수재우(內羞在右), 서수재좌(庶羞在左)。

주인강(主人降), 배중빈(拜眾賓), 세(洗), 헌중빈(獻眾賓)。기천승(其薦脅), 기위(其位), 기수초(其酬醋), 개여빈례(皆如儐禮)。주인세(主人洗), 헌형제여내빈(獻兄弟與內賓), 여사인(與私人), 개여빈례(皆如儐禮)。기위(其位), 기천승(其薦脅), 개여빈례(皆如儐禮)。졸(卒), 내수

어빈(乃羞於賓)、형제(兄弟)、내빈급사인(內賓及私人), 변(辯)。

빈장헌어시(賓長獻於尸), 시초(尸醋), 헌축(獻祝), 치(致), 초(醋)。빈이작강(賓以爵降), 실어비(實於篚)。

빈(賓)、형제교착기수(兄弟交錯其酬)。무산작(無算爵)。

리세작(利洗爵), 헌어시(獻於尸), 시초(尸醋)。헌축(獻祝), 축수(祝受), 제주(祭酒), 쵀주(啐酒), 전지(奠之)。

주인출(主人出), 립어조계상(立於阼階上), 서면(西面)。축출(祝出), 립어서계상(立於西階上), 동면(東面)。축고어주인왈(祝告於主人曰);「이성(利成)。」축입(祝入)。주인강(主人降), 립어조계동(立於阼階東), 서면(西面)。시속(尸謖), 축전(祝前), 시종(尸從), 수출어묘문(遂出於廟門)。축반(祝反), 복위어실중(複位於室中)。축명좌식철시조(祝命佐食徹尸俎)。좌식내출시조어묘문외(佐食乃出尸俎於廟門外), 유사수(有司受), 귀지(歸之)。철조천조(徹阼薦俎)。

내준(乃餕), 여빈(如儐)。

졸준(卒餕), 유사관철궤(有司官徹饋), 찬어실중서북우(饌於室中西北隅), 남면(南面), 여궤지설(如饋之設), 우기(右幾), 비용석(扉用席)。납일존어실중(納一尊於室中)。사궁소제(司宮掃祭)。주인출(主人出), 립어조계상(立於阼階上), 서면(西面)。축집기조이출(祝執其俎以出), 립어서계상(立於西階上), 동면(東面)。사궁합유호(司宮闔牖戶)。축고리성(祝告利成), 내집조이출어묘문외(乃執俎以出於廟門外), 유사수(有司受), 귀지(歸之)。중빈출(眾賓出)。주인배송어묘문외(主人拜送於廟門外), 내반(乃反)。부인내철(婦人乃徹), 철실중지찬(徹室中之饌)

홀 기(笏記)

홀(笏)은 중국에서는 이미 주대(周代)에 사용되었다는 기록이 있다. 처음에는 문관이 모양을 꾸미는 장식품의 일종으로, 임금에게 보고할 사항이나 건의할 사항을 간단히 적어서 잊어버리지 않도록 비망하는 것이었다. 신분에 따라 규격과 색채와 질이 정해져서 중국에서는 옥·상아·서각(犀角) 등이 사용되었다. 중국 문화의 영향을 받아 온 우리나라에도 이 제도는 오래 전에 도입되었다. 조선조가 창건되어 유학이 국교로 채택되자 홀에 대한 제도도 확정되었다. 조선조에 제정된 홀은 한 자 정도의 길이에 두 치 정도의 너비로 얇은 것이며, 1품에서 4품까지는 상아로 만들고 5품 이하는 나무로 만들어 쓰게 하였다.홀기는 이 홀의 사용이 발달됨에 따라 생겨난 것으로, 문명이 발달될수록 생활의 방식도 복잡해지고 그에 따라 생활을 통제하는 방법도 번잡해졌다. 인간을 자율적으로 통제한다는 예는 점차 까다로워져서 자칫하면 착오를 범하기가 일쑤고, 그 착오는 실수로 좋게 이해되는 것이 아니라 상대를 끌어내리고 파멸시키는 도구가 되었다. 따라서 실수를 저지르지 않기 위해서는 사전 준비와 보고를 행하는 절차가 필요했으며, 그 필요에 따라 발달한 것이 홀기다. 홀기는 크게는 국가의 조참(朝參)과 상참에서부터 종묘·사직·배릉(拜陵) 등의 의식에 이용되고, 작게는 시학(視學)·입학(入學)·석전(釋奠)·전시(殿試)·방방(放榜)을 비롯해 양로연(養老宴) 등에도 이용되었다. 민가에서는 서원의 유회, 향회(鄉會)를 비롯해 향음주례(鄉飲酒禮)·강학례(講學禮) 등에도 이용되고 심지어 혼례 관례 상례 제례 등 사가의 행사나 의식에까지도 이용되었다. 홀기는 절차를 미리 의정해 그대로 시행함으로써 절차의 오류를 막고 시비의 근원을 방지하는 장점이 있다. [출처: 한국민족문화대백과사전(홀기(笏記))]

冠婚喪祭笏記叢書
관 혼 상 제 홀 기 총 서

1. 오례의(五禮儀)

길례(吉禮)서례(序例)상(上)

◆변사(辨祀)

범제사지례(凡祭祀之禮)○천신왈사(天神曰祀)○지지왈제(地祇曰祭) ○인귀왈향(人鬼曰享)○문선왕왈석전(文宣王曰釋奠)○여양사등잡사자유상례금부병재(如禳謝等雜祀自有常例今不竝載)

◆대사(大祀)

사직(社稷)○종묘(宗廟)○영녕전(永寧殿)

◆중사(中祀)

풍운(風雲)○뢰우(雷雨)○악해독(嶽海瀆)○선농(先農)○선잠(先蠶)○우사(雩祀)○문선왕(文宣王)○역대시조(歷代始祖)

◆소사(小祀)

영성(靈星)○노인성(老人星)○마조(馬祖)○명산대천(名山大川)○사한(司寒)○선목(先牧)○마사(馬社)○마보(馬步)○마제(禡祭)○영제(榮祭)○포제(酺祭) ○칠사(七祀)○독제(纛祭)○려제(厲祭)

◆기고(祈告)

사직(社稷)○종묘(宗廟)○풍운뢰우(風雲雷雨)○악해독(嶽海瀆)○명산대천(名山大川)○우사(雩祀)

◆속제(俗祭)

문소전(文昭殿) 진전(眞殿) 의묘(懿廟) 산능(山陵)

◆주현(州縣)

사직(社稷) 문선왕(文宣王) 포제(酺祭) 려제(厲祭)영제(禜祭)

◆시일(時日)

관상감(觀象監) 전기삼삭(前期三朔) 보례조(報禮曹) 예조계문(禮曹啓聞) 산고중외유사수직공판(散告中外攸司隨職供辦) 범사유상일자(凡祀有常日者) 중춘중추상무급랍(仲春仲秋上戊及臘) 제사직(祭社稷)주현부용랍(州縣不用臘) 삭망(朔望) 속절정(俗節正)조(朝)한식(寒食)단오(端午) 추석(秋夕)동지(冬至) 랍(臘) 향종묘(享宗廟)랍(臘) 편제칠사(偏祭七祀) 친향칙병제배향공신(親享則幷祭配享功臣) 문소전(文昭殿) 의묘(懿廟) 산릉(山陵)거묘(去廟) 칙지향한식(則只享寒食) 경릉(敬陵) 칙부재차례(則不在此例)○삭망약치별제(朔望若値別祭) 지행별제(只行別祭) 기신(忌晨) 향문소전(享文昭殿) 의묘(懿廟) 속절(俗節) 향진전(享眞殿) 계하토왕일(季夏土旺日) 제중류(祭中霤) 립추후진일(立秋後辰日) 사령성(祀靈星) 추분일(秋分日) 사로인성(祀老人星) 경칩후길해(驚蟄後吉亥) 향선농(享先農) 계춘길사(季春吉巳) 향선잠(享先蠶) 중춘(仲春) 중추상정(仲秋上丁) 석전문선왕(釋奠文宣王) 삭망(朔望) 전문선왕(奠文宣王)삭치석전(朔值釋奠) 지행석전(只行釋奠) 중춘중기후강일(仲春中氣後剛日) 사마조(祀馬祖) 중하중기후강일(仲夏中氣後剛日) 사선목(祀先牧) 중추중기후강일(仲秋中氣後剛日) 제마사(祭馬社) 중동중기후강일(仲冬中氣後剛日) 제마보(祭馬步) 강무전일일(講武前一日) 마제(禡祭) 경칩(驚蟄) 상강일(霜降日) 제독(祭纛) 춘청명(春淸明) 추칠월십오일(秋七月十五日) 동십월초일일(冬十月初一日) 려제(厲祭)병전기삼일(竝前期三日) 발고성황(發告城隍)○범사무상일자(凡祀無常日者) 병복일(竝卜日) 사맹월상순(四孟月上旬) 향종묘(享

宗廟)칠사춘(七祀春) 사명급호하(司命及戶夏) 조추(竈秋) 문급려동행(門及厲冬行) 각인시향(各因時享) 제지(祭之)○배향공신(配享功臣) 사시개제(四時皆祭) 섭사칙지제동향(攝事則只祭冬享) 문소전(文昭殿) 의묘(懿廟) 산릉(山陵) 춘추맹월상순(春秋孟月上旬) 향영녕전(享永寧殿) 중춘(仲春) 중추(仲秋) 사풍운뢰우(祀風雲雷雨)산천(山川) 성황부(城隍附) 제악해독급명산(祭嶽海瀆及名山) 대천(大川) 향력대시조(享歷代始祖) 맹하우사(孟夏雩祀) 계동장빙(季冬藏氷) 춘분개빙(春分開氷) 향사한(享司寒) 황명명충(蝗螟蟊虸) 포제(酺祭) 구우영제(久雨禜祭)이일(二日) 매일일영(每日一禜) 범기고(凡祈告) 여수한(如水旱) 질역(疾疫) 훼황(虫蝗) 전벌(戰伐) 칙기소기박절(則祈所祈迫切) 부복일(不卜日) 여봉책(如封冊) 관혼(冠婚) 범국유대사(凡國有大事)최고(則告)○범묘유수보(凡廟有修補) 칙유선고사유(則有先告事由) 이환안제(移還安祭)산릉동(山陵同) 보사(報祀)범기유응(凡祈有應) 칙보(則報)여기수한(如祈水旱) 칙대립추후보(則待立秋後報)○범사부복일자(凡祀不卜日者) 종묘천신천금(宗廟薦新薦禽) 약치삭망(若値朔望) 칙겸천(則兼薦)

◆축판(祝版)

축판이송목위지(祝版以松木爲之) 장일척이촌(長一尺二寸) 광팔촌(廣八寸) 후륙분용조기척(厚六分用造器尺) 전교서예비(典校署預備)○범축판(凡祝版) 친행(親行) 칙전일일배릉제문(則前一日拜陵祭文) 칙전발일일(則前發一日) 전교서관봉진(典校署官捧進) 근시전봉이진(近侍傳捧以進) 전하서흘(殿下署訖) 근시봉축판급향(近侍捧祝版及香) 부유사여단사(付有司如壇祠)·묘사(廟司)·전사지류(殿司之類) 선농(先農) 칙전사관(則典祀官) 섭사급중사이하(攝事及中祀以下) 즉전향축여의(則傳香祝如儀)○산릉친향제문(山陵親享祭文) 의묘(懿廟)·문선왕친향축(文宣王親享祝) 급범기고(及凡祈告)·보사(報祀)·선고사유(先告事由)·이환안축사(移還安祝詞) 칙림시찬(則臨時撰) 維成化某年歲次某甲某月某朔某日某甲云云(유성화모년세차모갑모월모삭모일모갑운운)종묘(宗廟) 영녕전(永寧殿) 문소전(文昭殿) 진전(眞殿) 산릉(山陵) 칭효증손효손(稱孝曾孫孝孫) 효자(孝子) 수위개칭(隨位改稱) 사왕신휘(嗣王臣諱)○의묘(懿廟)·국행(國行) 칭효질국왕신휘(稱孝姪國王臣諱)○풍운뢰우(風雲雷雨) 령성(靈星) 로인성(老人星) 칭조선국왕신성휘(稱朝鮮國王臣姓諱)○사직(社稷)·선농(先農) 선잠(先蠶) 우사(雩祀) 문선왕(文宣王) 력대시조(歷代始祖) 칭조선국왕성휘(稱朝鮮國王姓諱)○악(嶽) 해(海) 독급산천(瀆及山川) 칭국왕성휘(稱國王姓諱)○마조(馬祖) 사한(司寒) 선목(先牧) 마제(禡祭) 독제(纛祭) 칭조선국왕(稱朝鮮國王)○명산(名山) 대천(大川) 성황(城隍) 칠사(七祀) 마사(馬社) 마보(馬步) 포제(酺祭) 영제(禜祭) 칭국왕(稱國王)○견관행제(遣官行祭) 칙우위(則又有)'근견신구관모지사사(謹遣臣某官某之詞) 謹遣臣某官某之詞○주현(州縣) 사직(社稷) 석전(釋奠) 영제(禜祭) 포제(酺祭) 성황발고(城隍發告) 려제(厲祭) 병칭모주관성명부(竝稱某州官姓名府) 군(郡) 현동(縣同) 敢昭告于(감소고우) 명산(名山) 대천(大川) 성황(城隍) 칠사(七祀) 칙칭(則稱) 치고우(致告于) 주(州) 현성황(縣城隍) 칙칭(則稱) 감소고우(敢昭告于) 云云(운운) 사직정위(社稷正位)칭국사지신(稱國社之神) 국직지신(國稷之神) 배위(配位) 칭후토씨지신(稱后土氏之神) 후직씨지신(后稷氏之神) 주현(州縣) 칭사직지신(稱社稷之神)○종묘(宗廟) 영녕전(永寧殿) 문소전(文昭殿) 진전(眞殿) 산릉(山陵) 칭모조고모대왕(稱某祖考某大王) 모조비모왕후모씨(某祖妣某王后某氏)○의묘(懿廟) 국행(國行) 칭황백고모왕(稱皇伯考某王)○풍운뢰우(風雲雷雨) 칭풍운뢰우지신(稱風雲雷雨之神) 국내산천지신(國內山川之神) 성황지신(城隍之神)○악(嶽) 해(海) 독(瀆) 칭모악지신(稱某嶽之神) 모해지신(某海之神) 모독지신(某瀆之神)○선농정위(先農正位) 칭제신농씨지신(稱帝神農氏之神) 배위(配位) 칭후직씨지신(稱后稷氏之神)○선잠(先蠶) 칭서릉씨지신(稱西陵氏之神)○우사(雩祀) 칭구망씨지신(稱勾芒氏之神) 축융씨지신(祝融氏之神) 후토씨지신(后土氏之神) 욕수씨지신(蓐收氏之神) 현명씨지신(玄冥氏之神) 후직씨지신(后稷氏之神)○석전정위(釋奠正位) 칭선성대성지성문선왕(稱先聖大成至聖文宣王) 배위(配位) 칭선사모국모공(稱先師某國某公)○력대시조(歷代始祖) 칭단군(稱檀君) 기자(箕子) 고구려시조(高勾麗始祖) 신라시조(新羅始祖) 백제시조(百濟始祖) 고려시조대왕(高麗始祖大王) 현종대왕(顯宗大王) 문종대왕(文宗大王) 원종대왕(元宗大王)○령성(靈星) 칭령성지신(稱靈星之神)○로인성(老人星) 칭남극로인성지신(稱南極老人星之神)○마조(馬祖) 칭천사지신(稱天駟之神)○명산대천(名山大川) 칭모산지신(稱某山之神) 모천지신(某川之神)○산천(山川) 칭모방악해독지신(稱某方嶽海瀆之神) 모방산천지신(某方山川之神)○사한(司寒) 칭현명지신(稱玄冥之神)○선목(先牧) 칭선목지신(稱先牧之神)○칠사(七祀) 칭사명(稱司命) 사호(司戶) 사조(司竈) 중류(中霤) 국문(國門) 공려(公厲) 국행지신(國行之神)○마조(馬祖) 칭마사지신(稱馬社之神)○마보(馬步) 칭마보지신(稱馬步之神)○마제(禡祭) 칭치우지신(稱蚩尤之神)○영제(禜祭) 칭모방산천지신(稱某方山川之神)○포제(酺祭) 칭포신(稱酺神)○독제(纛祭) 칭독신(稱纛神)○성황발고(城隍發告) 칭성황지신(稱城隍之神) 伏以(복이) 성황발고칙부(城隍發告則否) 云云(운운) 사직국사(社稷國社) 칭덕거재 물(稱德鉅載物) 공숭립민(功崇立民) 기우향지(冀升亨之) 북록래신(葆祿來申) 후토씨(后土氏) 직칭전사토(稱職專司土) 재육만물(載育萬物) 시건향사(是虔享祀) 개이경복(介以景福) 국직(國稷) 칭식위민천(稱食爲民天) 백곡용성(百穀用成) 신기강감(神其降監) 서직유형(黍稷惟馨) 후직(后稷) 칭탄파가곡(稱誕播嘉穀) 군려편유(群黎徧毓) 고여길견(顧予吉蠲) 신석전곡(申錫戩穀)○주현사직(州縣社稷) 칭후덕재물(稱厚德載物) 립아증민(立我蒸民) 영언우지(永言佑之) 서흠정인(庶歆禋禮)○종묘(宗廟) 영녕전(永寧殿) 문소전(文昭殿) 산릉(山陵) 진전(眞殿) 칭절서역류(稱節序易流) 당자령진(當玆令辰) 심증감모(深增感慕) 료천명인(聊蕆明禋)○문소전기신(文昭殿忌辰) 칭광음역서(稱光陰易逝) 휘신재림(諱晨載臨) 료표미침(聊表微忱)○풍운뢰우(風雲雷雨) 칭모간천기(稱默幹天機) 품물류형(品物流形) 신공사박(神功斯博) 아사공명(我祀孔明) 국내산천(國內山川) 칭렬치작진(稱列峙作鎮) 선하윤물(善下潤物) 공리재산(功利在人) 사사부특(事事不忒) 성황(城隍) 칭고심막측(稱高深莫測) 위아방가(衛我邦家) 인민기의(人民其依) 공리사다(功利斯多)○악(嶽) 칭준극우천(稱峻極于天) 진아방기(鎮我邦基) 흠아인사(歆我禋祀) 개이순희(介以純禧)○해(海) 칭백곡지왕(稱百谷之王) 덕저광리(德著廣利) 향사시의(享祀是宜) 영개다지(永介多祉)○독(瀆) 칭위국지기(稱爲國之紀) 택윤만물(澤潤萬物) 극인극사(克禋克祀) 석아백복(錫我百福)○선농(先農) 칭조흥가색(稱肇興稼穡) 후아민천(厚我民天) 시향시의(是享是宜) 흘용강년(迄用康年) 후직여국직배위사동(后稷與國稷配位詞同)○선잠(先蠶) 칭조잠잠상(稱肇蠶蠶桑) 준혜아민(駿惠我民) 흠아사사(歆我祀事) 복록시신(福祿是申)○우사(雩祀) 구망(勾芒) 칭동작지공(稱同作之功) 막비이국(莫非爾極) 시용향사(是用享祀) 영언솔육(永言率育) 축융(祝融) 칭장양만물(稱長養萬物) 덕저향가(德著享嘉) 이향이사(以享以祀) 수록부나(受福不那) 후토(后土) 칭지재간능(稱持載簡能) 덕합무강(德合無疆) 시사부특(時祀不忒) 신기강강(神其降康) 욕수(蓐收) 칭만보고성(稱萬寶告成) 기수궐명(旣受厥明) 이보이사(以報以祀) 복록래성(福祿來成) 현명(玄冥) 칭정고간사(稱貞固幹事) 덕전종시(德全終始) 아사공명(我祀孔明) 개이번지(介以繁祉) 후직여국직배위사동(后稷與國稷配位詞同)○석전(釋奠) 문선왕(文宣王) 칭도관백왕(稱道冠百王) 만세지사(萬世之師) 자치상정(玆値上丁) 정인시의(精禋是宜) 복성공(復聖公) 칭재온위방(稱材溫爲邦) 인전극기(仁全克己) 만세경앙(萬世景仰) 시인시사(是禋是祀) 종성공(宗聖公) 칭삼성공가(稱三省功加) 일관도전(一貫道傳) 시사무두(時祀無斁) 미억만년(彌億萬年) 술성공(述聖公) 칭극승선성(稱克承先聖) 윤득기종(允得其宗) 기종여향(其從與享) 백대시숭(百代是崇) 아성공(亞聖公) 칭교명칠편(稱敎明七篇) 도승삼성(道承三聖) 묘식우배(廟食于配) 향사익영(享祀益永) 주현무배위사동(州縣無配位詞同)○력대시조(歷代始祖) 단군(檀君) 칭건방계토(稱建邦啓土) 전조동령(奠措東土) 시유향사(是用享祀) 신라시조(新羅始祖) 칭건방계토(稱建邦啓土) 전조천령(奠祚千齡) 필분수사(苾芬修祀) 서향우성(庶享于誠) 고구려시조(高勾麗始祖) 칭자천강령(稱自天降靈) 건방계토(建邦啓土) 시사무두(時祀無斁) 유질사우(有秩斯祐) 백제시조(百濟始祖) 칭극창궐업(稱克創厥業) 극전궐조(克傳厥祚) 향사부특(享祀不忒) 서기흠와(庶其歆顧) 고려태조(高麗太祖) 칭조일삼한(稱肇一三韓) 공고만세(功高萬世) 향사시의(享祀是宜) 복록유개(福祿攸介) 현종(顯宗) 칭공가일시(稱功加一時) 수범후사(垂範後嗣) 흠아명인(歆我明禋) 서아번지문종(錫我繁祉文宗) 원종동(元宗同) ○령성(靈星) 칭묵관현조(稱黙管玄造) 공리삼농(功利三農) 감통정인(感通精禋) 백록래숭(百祿來崇) ○로인성(老人星) 칭재거남극(稱載居南極) 재소수징(載昭壽徵) 신석부우(申錫扶佑) 호고시응(胡考是膺) ○마조(馬祖) 칭종정육수(稱鍾精毓秀) 신황공다(神貺孔多) 길일기도(吉日旣禱) 강복부나(降福不那) ○명산(名山) 칭방박줄률(稱磅礴崒嵂) 진우일방(鎭于一方) 시용인사(是用禋祀) 혜아무강(惠我無疆) ○대천(大川) 칭성본윤하(稱性本潤下) 공리사부(功利斯溥) 길견이사(吉蠲以祀) 유질사우(有秩斯祐) ○사한(司寒) 칭합벽음기(稱闔闢陰機) 섭조건복(燮調愆伏) 지성자감(至誠斯感) 석자지복(錫玆祉福) ○선목(先牧) 칭조제목양(稱肇制牧養) 영세지리(永世之利) 원치중하(爰値仲夏) 시향시사(是饗是肆) ○칠사(七祀) 칭절계맹춘수시개칭(稱節屆孟春隨時改稱) 의거정인(宜擧精禋) 지천비궁(祗薦閟宮) 내체명신(乃逮明神) ○별제중류(別祭中霤) 칭보양맹서(稱保養畝庶) 식하신공(寔荷神功) 자솔상례(玆率常禮) 용소여충(用昭于衷) ○마사(馬社) 칭조교승어(稱肇敎乘御) 만세영뢰(萬世永賴) 사사공명(祀事孔明) 유복유개(維福維介) ○마보(馬步) 칭축마번서(稱畜馬蕃庶) 군국시자(軍國是資) 아사극명(我克明) 영석순희(永錫純禧) ○마제(禡祭) 칭시제간과(稱始制干戈) 용훈융사(用訓戎事) 시천엄인(是藏嚴禋) 수아가지(綏我嘉祉) ○영제(禜祭) 칭음우부지(稱霪雨不止) 상아가색(傷我稼穡) 기수부우(冀黍扶佑) 응시개활(應時開豁) 보사(報祀) 칭음우기제(稱霪雨旣霽) 유신지사(維神之賜) 하이보지(何以報之) 감계사사(敢稽祀事) ○포제(酺祭) 칭황연천생(稱蝗蝝孳生) 해아가곡(害我嘉穀) 신기우지(神其佑之) 비진무육(俾殄無育) ○독제(纛祭) 칭유신지령(稱維神之靈) 재척무위(載揚武威) 용천명인(庸薦明禋) 기우향지(其右享之) ○성황발고(城隍發告) 칭장이모월모일(稱將以某月某日) 설단북교(設壇北郊) 제합경무사귀신(祭闔境無祀鬼神) 서자신력(庶資神力) 소집부단주현동(召集赴壇州縣同) 유북교(唯北郊) 개칭성북(改稱城北) 謹以牲幣醴齊粢盛庶品(근이생폐례제자성서품) 종묘속절(宗廟俗節) 삭망(朔望) 칠사(七祀) 영제(禜祭) 사한(司寒) 칙칭생례서품(則稱牲醴庶品) 문선왕삭망급속제(文宣王朔望及俗祭) 성황발고(城隍發告) 칙칭청작서수(則稱淸酌庶羞) 식진명품(式陳明품) 사직국사(社稷國社) 칙유칭이후토구룡씨(則維稱以后土勾龍氏) 배신작주(配神作主) 국직(國稷) 칙칭이후직씨(則稱以后稷氏) 배신작주(配神作主) 사직급선농배위(社稷及先農配位) 칙변칭(則變稱)'작주유신(作主有神) 문선왕(文宣王) 칙칭이선사연국복성공안씨(則稱以先師兗國復聖公顏氏) 성국종성공증씨(郕國宗聖公曾氏) 기국술성공공씨(沂國述聖公孔氏) 추국아성공맹씨(鄒國亞聖公孟氏) 배(配) 尙饗(상향) 려제교서(厲祭敎書) 교합경무사귀신(敎闔境無祀鬼神) 왕약왈(王若曰) 성제명왕지어천하야(聖帝明王之御天下也) 발정시인(發政施仁) 사무일부(使無一夫) 부피기택(不被其澤) 이지념인귀지리(以至念人鬼之理) 일도혼백지무의(一悼魂魄之無衣) 칙우위삼려(則又爲三厲) 국상지제언(國殤之祭焉) 과인도승홍업(寡人叨承鴻業) 경앙전유(景仰前猷) 치민사신(治民事神) 기어진심(期於盡心) 유시봉내산천(惟是封內山川) 여부사전소재(與夫祀典所載) 상하신지(上下神祇) 미부질사(靡不秩祀) 상려기사경지내(尙慮其四境之內) 종고흘금(從古迄今) 부득량사자(不得良死者) 기류부일(其類不一) 혹재전진이사국(或在戰陣而死國) 조투구이횡상(遭鬪歐而橫傷) 함형피이비죄(陷刑辟而非罪) 혹인인략취재물이핍사(或因人掠取財物而逼死) 피강탈처첩이운명(被强奪妻妾而隕命) 혹위급자액(或危急自縊) 혹몰이무후(或沒而無後) 혹산난이사(或産難而死) 진사추사(震死墜死) 약차지류(若此之類) 부지기기(不知幾幾) 고혼무탁(孤魂無托) 제사부급(祭祀不及) 비호성월지하(悲呼星月之下) 원곡풍우지시(冤哭風雨之時) 음혼미산(陰魂未散) 결이위요(結而爲妖) 흥언급차(興言及此) 량용측연(良用惻然) 원명유사(爰命有司) 위단어성북(爲壇於城北) 편제합경무사귀신(遍祭闔境無祀鬼神) 잉사당처성황지신(仍使當處城隍之神) 소집군령(召集群靈) 이주차제(以主此祭) 유이중신(惟爾衆神) 상기부매(尙其不昧) 휴붕설주(携朋挈儔) 래향음식(來享飮食) 무위려재(無爲厲災) ○주현려제제문운운(州縣厲祭祭文云云) 치제우무사귀신(致祭于無祀鬼神) 인지사생(人之死生) 유만부제(有萬不齊) 종고흘금(從古迄今) 부득량사자(不得良死者) 기류부일(其類不一) 혹재전진이사국(或在戰陣而死國) 혹조투구이망구(或遭鬪歐而亡軀) 혹이수화(或以水火)·도적(盜賊) 혹리기한(或罹飢寒)·질역(疾疫) 혹위장옥지퇴압(或爲墻屋之頹壓) 혹우충(或遇虫) 수지석서(獸之螫嚙) 혹함형피이비죄(或陷刑辟而非罪) 혹인재물이핍사(或因財物而逼死) 혹인처첩이운명(或因妻妾而隕命) 혹위급자액(或危急自縊) 혹몰이 무후(或沒而無後) 혹산난이사(或産難而死) 혹진사(或震死) 혹추사(或墜死) 약차지류(若此之類) 부지기기(不知其幾) 고혼무탁(孤魂無托) 제사부급(祭祀不及) 음혼미산(陰魂未散) 결이위요(結而爲妖) 시용고우성황(是用告于城隍) 소집군령(召集群靈) 유이청작서수(侑以淸酌庶羞) 유이중신(惟爾衆神) 래향음식(來享飮食) 무위려재(無爲厲災) 이간화기(以干和氣)

◆아부악장(雅部樂章)

헌가무사(軒架無詞) 등가유사(登歌有詞)

◆황종궁(黃鐘宮)

황남림고(黃南林姑) 태고남림(太姑南林) 응남유고(應南蕤姑) 남림황태(南林黃太) 황남태황(黃南太黃) 응남황고(應南黃姑) 태황남림(太黃南林) 남고태황(南姑太黃)

◆대려궁(大呂宮)

대무이중(大無夷仲) 협중무이(夾仲無夷) 황무림중(潢無林仲) 무이대협(無夷大夾) 대무협대(大無夾大) 황무대중(潢無大仲) 협대무이(夾大無夷) 무중협대(無仲夾大)

◆태족궁(太簇宮)

태응남유(太應南蕤) 고유응남(姑蕤應南) 대응이유(汏應夷蕤) 응남태고(應南太姑) 태응고태(太應姑太) 대응태유(汏應太蕤) 고태응남(姑太應南) 응유고태(應蕤姑太)

◆협종궁(夾鍾宮)

협황무림(夾潢無林) 중림황무(仲林潢無) 태황남림(汏潢南林) 황무협중(潢無夾仲) 협황중협(夾潢仲夾) 태황협림(汏潢夾林) 중협황무(仲夾潢無) 황림중협(潢林仲夾)

◆고세궁(姑洗宮)

고대응이(姑汰應夷) 유이대응(蕤夷汰應) 협대무이(浹汰無夷) 대응고유(汰應姑蕤) 고대유고(姑汰蕤姑) 협대고이(浹汰姑夷) 유고대응(蕤姑汰應) 대이유고(汰夷蕤姑)

◆중려궁(仲呂宮)

중태황남(仲汰潢南) 림남태황(林南汰潢) 고태응남(姑汰應南) 태황중림(汰潢仲林) 중태림중(仲汰林仲) 고태중남(姑汰仲南) 림중태황(林仲汰潢) 태남림중(汰南林仲)

◆유빈궁(蕤賓宮)

유협대무(蕤浹汰無) 이무협대(夷無浹汰) 중협황무(仲浹潢無) 협대유이(浹汰蕤夷) 유협이유(蕤浹夷蕤) 중협유무(仲浹蕤無) 이유협대(夷蕤浹汰) 협무이유(浹無夷蕤)

◆임종궁(林鍾宮)

림고태응(林姑汰應) 남응고태(南應姑汰) 유고대응(蕤姑汰應) 고태림남(姑汰林南) 림고남림(林姑南林) 유고림응(蕤姑林應) 남림고태(南林姑汰) 고응남림(姑應南林)

◆이칙궁(夷則宮)

이중협황(夷仲浹潢) 무황중협(無潢仲浹) 림중태황(林仲汰潢) 중협이무(仲浹夷無) 이중무이(夷仲無夷) 림중이황(林仲夷潢) 무이중협(無夷仲浹) 중황무이(仲潢無夷)

◆남려궁(南呂宮)

남유고대(南蕤姑汰) 응대유고(應汰蕤姑) 이유협대(夷蕤浹汰) 유고남응(蕤姑南應) 남유응남(南蕤應南) 이유남대(夷蕤南汰) 응남유고(應南蕤姑) 유대응남(蕤汰應南)

◆무사궁(無射宮)

무림중태(無林仲汰) 황태림중(潢汰林仲) 남림고태(南林姑汰) 림중무황(林仲無潢) 무림황무(無林潢無) 남림무태(南林無汰) 황무림중(潢無林仲) 림태황무(林汰潢無)

◆응종궁(應鍾宮)

응이유협(應夷蕤浹) 대협이유(汰浹夷蕤) 무이중협(無夷仲浹) 이유응대(夷蕤應汰) 응이대응(應夷汰應) 무이응협(無夷應浹) 대응이유(汰應夷蕤) 이협대응(夷浹汰應)

◆송협종궁(送夾鍾宮)

협남무중(夾南無仲) 중림황무(仲林潢無) 협황중림(夾潢仲林) 협황중협(夾潢仲夾) 태황남림(汰潢南林) 황협림중(潢夾林仲) 남림황무(南林潢無) 황림중협(潢林仲夾)

◆송림종궁(送林鍾宮)

림대(林汰) 주태남(註汰南) 남응고태(南應姑汰) 림고남응(林姑南應) 림고남림(林姑南林) 유고대응(蕤姑汰應) 고림응남(姑林應南) 대응고태(汰應姑汰) 고응남림(姑應南林)

◆송황종궁(送黃鍾宮)

황유림태(黃蕤林太) 태고남림(太姑南林) 황남태고(黃南太姑) 황남태황(黃南太黃) 응남유고(應南蕤姑) 남황고태(南黃姑太) 유고남림(蕤姑南林) 남고태황(南姑太黃)

◆사직(社稷)

영신순안(迎神順安) 림종궁(林鐘宮) 유빈궁(蕤賓宮) 응종궁(應鐘宮) 유빈궁(蕤賓宮) **전폐숙안(奠幣肅安)** 응종궁(應鐘宮) ○곤후재물(坤厚載物) 기대무외(其大無外) 립아증민(立我蒸民) 만세영뢰(萬世永賴) 유엄기단(有儼其壇) 유초기형(有椒其馨) 유공봉폐(惟恭奉幣) 아사공명(我祀孔明) **진찬옹안(進饌雍安)** 태족궁(太簇宮) **초헌수안(初獻壽安)** 응종궁(應鐘宮) ○국사(國社) 지재곤원(至哉坤元) 극배피천(克配彼天) 함홍광대(含弘光大) 만물재언(萬物載焉) 극인극사(克禋克祀) 식례막건(式禮莫愆) 강복간간(降福簡簡) 어만사년(於萬斯年) 국직(國稷) 탄강가종(誕降嘉種) 무자가색(務玆稼穡) 백곡용성(百穀用成) 군려편덕(群黎徧德) 아사여하(我祀如何) 기의부특(其儀不忒) 유상지도(有相之道) 개이경복(介以景福) **문무퇴무(文舞退武)　무진서안(舞進舒安)** 태족궁(太簇宮) **아헌종헌수안(亞獻終獻壽安)** 태족궁(太簇宮) **철변두옹안(徹籩豆雍安)** 응종궁(應鐘宮) ○위지개후(謂地蓋厚) 품물함향(品物咸享) 가색유보(稼穡惟寶) 영관궐성(永觀厥成) 철아변두(徹我籩豆) 사사공명(祀事孔明) 수이다복(綏以多福) 수고유녕(壽考攸寧) **송신순안(送神順安)** 송임종궁(送林鍾宮)

◆풍운뢰우(風雲雷雨)

영신원안(迎神元安) 협종궁(夾鐘宮) 고세궁(姑洗宮) 남려궁(南呂宮) 대려궁(大呂宮) **전폐숙안(奠幣肅安)** 대려궁(大呂宮) ○성남유단(城南有壇) 사사공명(祀事孔明) 조두기진(俎豆旣陳) 서직기형(黍稷其馨) 악구입주(樂具入奏) 경관장장(磬管鏘鏘) 유공봉폐(惟恭奉幣) 신기강강(神其降康) **초헌수안(初獻壽安)** 대려궁(大呂宮) ○풍운뢰우(風雲雷雨) 천시지승(天施地承) 품물이생(品物以生) 풍운뢰우(風雲雷雨) 품물류형(品物流形) 무실기시(無失其時) 택아증민(澤我蒸民) 이향이사(以享以祀) 복록래진(福祿來臻) ○ 산천(山川) 유산사준(有山斯峻) 유방지진(維邦之鎭) 유수사미(有水斯瀰) 유방지기(維邦之紀) 산상강서(産祥降瑞) 개이번지(介以繁祉) 양양래격(洋洋來格) 흠아명사(歆我明祀) ○성황(城隍) 유차성황(惟此城隍) 금포우국(襟拘于國) 천지시사(薦之時祀) 기제기직(旣齊旣稷) 신기강강(神其降康) 비아수장(俾我壽臧) 종사면면(宗社綿綿) 미억만년(彌億萬年) **문무퇴무(文舞退武)　무진서안(舞進舒安)** 황종궁(黃鐘宮) **아헌종헌수안(亞獻終獻壽安)** 황종궁(黃鐘宮) **철변두옹안(徹籩豆雍安)** 대려궁(大呂宮) ○례의기비(禮儀旣備) 경무부의(磬無不宜) 유천변두(有踐籩豆) 재철부지(載徹不遲) 공혜차시(孔惠且時) 신구취포(神具醉飽) 여기여식(如期如式) 수아순하(綏我純嘏) **송신원안(送神元安)** 송협종궁(送夾鐘宮)

◆선농(先農)

영신경안(迎神景安) 황종궁(黃鐘宮) 중려궁(仲呂宮) 남려궁(南呂宮) 이칙궁(夷則宮) **전폐숙안(奠幣肅安)** 남려궁(南呂宮) ○ 유목위뢰(揉木爲末) 파곡증민(播穀蒸民) 영유혜아(永維惠我) 재건례신(載虔禮神) 옥백교착(玉帛交錯) 례의조신(禮儀肇伸) 유부옹약(有孚顒若) 풍상천진(豊祥亨臻) **진찬옹안(進饌雍安)** 고세궁(姑洗宮) **초헌수안(初獻壽安)** 남려궁(南呂宮) ○정위(正位) 조분초실(肇分草實) 어목성지(於穆聖智) 백곡용성(百穀用成) 에수지사(繄誰之賜) 작피강작(酌彼康爵) 주다차지(酒多且旨) 신구취지(神具醉止) 개이번사(介以繁祉) ○배위(配位) 파시백(播時百) 공배우천(功配于天) 기종여향(其從與享) 소격증연(昭格蒸然) 세작전가(洗爵奠斝) 식례막건(式禮莫愆) 신기음식(神嗜飮食) 흘용강년(迄用康年) **문무퇴무(文舞退武)　무진서안(舞進舒安)** 고세궁(姑洗宮) **아헌종헌수안(亞獻終獻壽安)** 고세궁(姑洗宮) **철변두옹안(徹籩豆雍安)** 남려궁(南呂宮) ○청고유형(淸酤惟馨) 가생곡석(嘉牲孔碩) 례성악비(禮成樂備) 인화신열(人和神悅) 기우향지(旣右享之) 변두유철(籩豆維徹) 영관궐성(永觀厥成) 솔리무월(率履無越) **송신경안(送神景安)** 송황종궁(送黃鐘宮)

◆선잠(先蠶)

영신경안(迎神景安) 황종궁(黃鐘宮) 중려궁(仲呂宮) 남려궁(南呂宮) 이칙궁(夷則宮) **전폐숙안(奠幣肅安)** 남려궁(南呂宮) ○엄호기림(儼乎其臨) 유신지위(惟神之位) 봉폐유인(奉幣惟寅) 례의기비(禮儀旣備) 공혜공시(孔惠孔時) 혹장혹사(或將或肆) 신기강강(神其降康) 흠아사사(歆我祀事) **초헌수안(初獻壽安)** 남려궁(南呂宮) ○공상잠실(公桑蠶室) 진고여자(振古如玆) 민수기사(民受其賜) 유덕지시(維德之施) 보공이사(報功以祀) 식례유의(式禮攸宜) 동작행료(洞酌行潦) 이기격사(以祈格思) **문무퇴무(文舞退武)　무진서안(舞進舒安)** 고세궁(姑洗宮) **아헌종헌수안(亞獻終獻壽安)** 고세궁(姑洗宮) **철변두옹안(徹籩豆雍安)** 남려궁(南呂宮) ○변두유천(籩豆有踐) 사사공명(祀事孔明) 례성삼헌(禮成三獻) 악주구성(樂奏九成) 신기연희(神旣燕喜) 종화차평(終和且平) 재철부지(載徹不遲) 만복래녕(萬福來寧) **송신경안(送神景安)** 송황종궁(送黃鐘宮)

◆우사(雩祀)

영신경안(迎神景安) 황종궁(黃鐘宮) 중려궁(仲呂宮) 남려궁(南呂宮) 이칙궁(夷則宮) **전폐숙안(奠幣肅安)** 남려궁(南呂宮) ○혁재명신(赫哉明神) 극배피천(克配彼天) 우아증민(佑我蒸民) 어만사년(於萬斯年) 율수사사(聿修祀事) 승광시장(承筐是將) 서기우지(庶幾佑之) 혜아무강(惠我無疆) **초헌수안(初獻壽安)** 남려궁(南呂宮) ○구망(句芒) 황의지덕(皇矣至德) 사춘포인(司春布仁) 삼농유시(三農攸始) 만보경신(萬寶更新) 기제기직(旣齊旣稷) 행료사진(行潦斯陳) 량아명신(諒我明信) 립아증민(立我蒸民) ○축융(祝融) 정위호남(正位乎南) 사화지정(司火之精) 재행하령(載行夏令) 품물광향(品物光亨) 대재신공(大哉神功) 만세앙성(萬世仰成) 시용향사(是用享祀) 서기래녕(庶幾來寧) ○후토(后土) 어소후덕(於昭厚德) 승천화광(承天和光) 실성서물(實成庶物) 혜아무강(惠我無疆) 이향이사(以享以祀) 경관장장(磬管鏘鏘) 서기격사(庶其格思) 강복양양(降福穰穰) ○욕수(蓐收) 리물지덕(利物之德) 실주서성(實主西成) 자량지경(茨梁坻京) 유뢰신명(惟賴神明) 율수인사(聿修禋祀) 서직유형(黍稷惟馨) 양양재상(洋洋在上) 이혁궐령(以赫厥靈) ○현명(玄冥) 기응어동(氣應於冬) 위거호북(位居是北) 종시품물(終始品物) 율정궐덕(聿貞厥德) 변두기천(籩豆旣踐) 용고유두(庸鼓有斁) 래연래녕(來燕來寧) 등아백록(登我百祿) ○후직(后稷) 파시백곡(播時百穀) 립아증민(立我蒸民) 공배우천(功配于天) 준혜후인(駿惠後人) 재모재유(載謀載惟) 용천명인(庸藏明禋) 서우향지(庶右享之) 강복유순(降福惟純) **문무퇴무(文舞退武)　무진서안(舞進舒安)** 고세궁(姑洗宮) **아헌종헌수안(亞獻終獻壽安)** 고세궁(姑洗宮) **철변두옹안(徹籩豆雍安)** 남려(南呂) ○유신지덕(惟神之德) 조민뢰지(兆民賴之) 변두정가(籩豆靜嘉) 시향시의(是享是宜) 신구취지(神具醉止) 폐철부지(廢徹不遲) 보이개복(報以介福) 여식여기(如式如期) **송신경안(送神景安)** 송황종궁(送黃鐘宮)

◆문선왕(文宣王)

영신의안(迎神疑安)황종궁(黃鐘宮) 중려궁(仲呂宮) 남려궁(南呂宮) 이칙궁(夷則宮) **전폐명안(奠幣明安)**남려궁(南呂宮) ○자생민래(自生民來) 수저기성(誰底其盛) 유왕신명(惟王神明) 도월전성(度越前聖) 자폐구성(粢幣俱成) 례용사칭(禮容斯稱) 서직비형(黍稷非馨) 유신지청(惟神之聽) **진찬풍안(進饌豊安)**고세궁(姑洗宮) **초헌성안(初獻成安)**남려궁(南呂宮)○정위(正位) 대재성왕(大哉聖王) 실천생덕(實天生德) 작악이숭(作樂以崇) 시사무두(時祀無斁) 청고유형(清酤惟馨) 가생공석(嘉牲孔碩) 천수신명(薦羞神明) 서기소격(庶幾昭格)○연국공(兗國公) 서기루공(庶幾屢空) 연원심의(淵源深矣) 아성선유(亞聖宣猷) 백세선사(百世宣祀) 길건사진(吉蠲斯辰) 소진준궤(昭陳樽簋) 지주흔흔(旨酒欣欣) 신기래지(神其來止)○성국공(郕國公) 심전충서(心傳忠恕) 일이관지(一以貫之) 원술대학(爰述大學) 만세훈사(萬世訓辭) 혜아광명(惠我光明) 존문행지(尊聞行知) 계성적후(繼聖迪後) 시향시의(是享是宜)○기국공(沂國公) 공전자증(公傳自曾) 맹전자공(孟傳自己) 유적서승(有嫡紹承) 윤득기종(允得其宗) 제강개온(提綱開蘊) 내작중용(乃作中庸) 유우원성(侑于元聖) 억재시숭(億載是崇)○추국공(鄒國公) 도지유흥(道之由興) 어황선성(於皇宣聖) 유공지전(惟公之傳) 인지추정(人知趨正) 여향재당(與享在堂) 정문실칭(情文實稱) 만년승휴(萬年承休) 가재천명(假哉天命) **문무퇴무(文舞退武) 무진서안(舞進舒安)**고세궁(姑洗宮) **아헌종헌성안(亞獻終獻成安)**고세궁(姑洗宮) **철변두오안(徹籩豆娛安)**남려궁(南呂宮)○ 회상재전(犧象在前) 변두재렬(籩豆在列) 이향이천(以享以薦) 기분기결(旣芬其潔) 례성악비(禮成樂備) 인화신열(人和神悅) 제칙수복(祭則受福) 솔준무월(率遵無越) **송신응안(送神凝安)**송황종궁(送黃鐘宮)

◆속부악장(俗部樂章)

◆종묘(宗廟)

영신희문(迎神熙文)세덕계아후(世德啓我後) 어소상형성(於昭想形聲) 숙숙천명인(肅肅薦明禋) 수아뢰사성(綏我賚思成) **전폐희문(奠幣熙文)**비의상가교(菲儀尙可交) 승광장시백(承筐將是帛) 선조기고흠(先祖其顧歆) 식례심막막(式禮心莫莫) **진찬풍안(進饌豊安)**집박적적(執籫踏踏) 등아조두(登我俎豆) 조두기등(俎豆旣登) 악차화주(樂且和奏) 필분효사(苾芬孝祀) 유신기우(維神其右) **초헌희문(初獻熙文)**열성개희운(列聖開熙運) 병울문치창(炳蔚文治昌) 원언송성미(願言頌盛美) 유이시가장(維以矢歌章) **기명(基命)**어황성목(於皇聖穆) 부해사경(浮海徙慶) 귀부일중(歸附日衆) 기아영명(基我永命) **귀인(歸仁)**황의상제(皇矣上帝) 구민지막(求民之莫) 내권오구(乃眷奧區) 내천명덕(乃遷明德) 인부가실(仁不可失) 우서종종(于胥從從) 기종여시(其從如市) 비아지사(匪我之私) 비아지사(匪我之私) 유인지귀(維仁之歸) 유인지귀(維仁之歸) 탄계홍기(誕啓鴻基) **형가(亨嘉)**어황성익(於皇聖翼) 지복궐피(祗服厥辟) 성도계지(聖度繼志) 권의사독(眷倚斯篤) 대형이가(大亨以嘉) 경명유복(景命維僕) **집녕(輯寧)**쌍성전만(雙城澶漫) 왈유천부(曰惟天府) 리지부직(吏之不職) 민미안도(民未按堵) 성환집녕(聖桓輯寧) 류리졸복(流離卒復) 총명시하(寵命是荷) 봉건궐복(封建厥福) **륭화(隆化)**어황성조(於皇聖祖) 흘준궐덕(迄駿厥德) 인수의복(仁綏義服) 신화륭흡(神化隆洽) 경피도이(憬彼島夷) 급기산융(及其山戎) 공숙이회(孔淑以懷) 막부솔종(莫不率從) 항지제지(航之梯之) 관아역역(款我繹繹) 어혁궐령(於赫厥靈) 이타원숙(迤妥遠肅) **현미(顯美) 용광(龍光)**천자방제(天子方情) 방인우황(邦人憂惶) 성고입주(聖考入奏) 충성이창(忠誠以彰) 미우천자(媚于天子) 혁재룡광(赫哉龍光) 정명(貞明)사제성모(思齊聖母) 극배건강(克配乾剛) 감정궐란(戡定厥亂) 찬모윤장(贊謀允臧) 의여정명(猗與貞明) 어황아성고(於皇我聖考) 감난보종우(戡難保宗祐) 구가여망룡(謳歌輿望隆) 돈양현미덕(敦讓顯美德) 欺貞明) 계우무강(啓佑無彊) **대유(大猷)**렬성선중광(列聖宣重光) 부문수사방(敷文綏四方) 제작기명비(制作旣明備) 대유하황황(大猷何煌煌) **역성(繹成)**세덕작구(世德作求) 솔유미공(率由牧功) 광천태평(光闡太平) 례악방륭(禮樂方隆) 좌약우적(左籥右翟) 왈기구변(曰旣九變) 식소광렬(式昭光烈) 진미진선(盡美盡善) **아헌종헌소무(亞獻終獻昭武)**천권아렬성(天眷我列聖) 계세소성무(繼世昭聖武) 서양무경렬(庶揚無競烈) 시용가차무(是用歌且舞) **독경(篤慶)**어황성목(於皇聖穆) 건아우삭(建牙于朔) 흘독기경(迄篤其慶) 조아왕적(肇我王迹) **탁정(濯征)**완지호(頑之豪) 거쌍성(據雙城) 아성환(我聖桓) 우탁정(于濯征) 저광망(狙獷亡) 척아강(拓我彊) **선위(宣威)**자려실어(咨麗失馭) 외모교치(外侮交熾) 도이종서(島夷縱噬) 납구자수(納寇恣睢) 홍건포휴(紅巾炰烋) 원여비희(爰興丕希) 얼승발호(孼僧跋扈) 호괴륙량(胡魁陸梁) 어황성조(於皇聖祖) 신무탄양(神武誕揚) 재선천위(載宣天威) 혁혁당당(赫赫堂堂) **신정(神定)**개아적(愾我敵) 계호비(戒虎貔) 고궐용(鼓厥勇) 약한비(若翰飛) 동구천(動九天) 정우기(正又奇) 당부함(螗斧亢) 선자미(旋自糜)。죽사파(竹斯破) 숙아지(孰我支) 기정무(耆定武) 신지위(神之爲) **분웅(奮雄)**아웅아분(我雄我奮) 여뢰여정(如雷如霆) 호견막최(胡堅莫摧) 호험막평(胡險莫平) 련련안안(連連安安) 주아신곡(奏我訊曲) 신과일휘(神戈一揮) 요분숙곽(妖氛倏廓) 무모무불(無侮無拂) 조아동국(祚我東國) **순응(順應)**려주거간(麗主拒諫) 감행칭란(敢行稱亂) 아운신단(我運神斷) 아사아반(我師我返) 천인협찬(天人協贊) **총수(寵綏)**의기재회(義旗載回) 순내다조(順乃多助) 천휴진동(天休震動) 사녀열예(士女悅豫) 혜아총수(徯我寵綏) 호장용영(壺漿用迎) 기혁예악(旣滌穢惡) 동해영청(東海永清) 정세(靖世)피고신(彼孤臣) 선화기(煽禍機) 아황고(我皇考) 극병기(克炳幾) 신모정(神謀定) 세이정(世以靖) **혁정(赫整)**도이비여(島夷匪茹) 건유아어(虔劉我圉) 원혁아노(爰赫我怒) 원정아려(爰整我旅) 만소가풍(滿艘駕風) 비도명발(飛濤溟渤) 내복기소(乃覆其巢) 내도기혈(乃擣其穴) 비피홍모(譬彼鴻毛) 료우방렬(燎于方烈) 경파내식(鯨波乃息) 영전접역(永奠鰈域) **영관(永觀)**어황렬성(於皇列聖) 세유무공(世有武功) 성덕대업(盛德大業) 갈가형용(曷可形容) 아무유혁(我舞有奕) 진지유정(進止維程) 위위타타(委委佗佗) 영관궐성(永觀厥成) **철변두옹안(徹籩豆雍安)**앙성우두(卬盛于豆) 우두우변(于豆于籩) 유필기향(有飶其香) 래가애연(來假僾然) ‖례기성(我禮旣成) 고철유건(告徹維虔) **송신흥안(送神興安)**인사졸도(禋祀卒度) 신강악이(神康樂而) 양양미기(洋洋未幾) 회아숙이(回我倏而) 예정방불(霓旌髣髴) 운어막이(雲馭邈而)

◆영녕전(永寧殿)

여종묘동(與宗廟同)

◆문소전(文昭殿)

초헌일실환환곡(初獻一室桓桓曲)환환성조(桓桓聖祖) 수명부장(受命溥將) 공광고석(功光古昔) 부응휴상(符應休祥) 천인협순(天人協順) 엄유동방(奄有東方) 이모유후(貽謀裕後) 혜아무강(惠我無疆) **이실미미곡(二室亹亹曲)**미미태종(亹亹太宗) 천실독생(天實篤生) 부익성조(扶翊聖祖) 경업이성(景業以成) 기양무렬(旣揚武烈) 비천문명(丕闡文明) 신공성덕(神功聖德) 영계릉평(永啓隆平) **삼실목목곡(三室穆穆曲)**목목세종(穆穆世宗) 기명유밀(基命宥密) 례비악화(禮備樂和) 극광계술(克光繼述) 성덕재궁(盛德在躬) 심인육물(深仁育物) 어만사년(於萬斯年) 영소휴렬(永昭休烈) **사실어혁곡(四室於赫曲)**어혁세조(於赫世祖) 천종성철(天縱聖哲) 정난보대(定難保大) 무경유렬(無競惟烈) 광천릉평(光闡隆平) 수유무강(垂裕無疆) 오호외탕(嗚呼巍蕩) 영세부망(永世不忘) **오실황의곡(五室皇矣曲)**황의예종(皇矣睿宗) 준철문명(濬哲文明) 공참화육(功參化育) 택흡군생(澤洽群生) 선계선술(善繼善述) 수유무강(垂裕無疆) 오호부현(嗚呼不顯) 지덕지광(之德之光) **아헌일실유황곡(亞獻一室維皇曲)** 유황천(維皇天) 감사국(監四國) 권동민(眷東民) 계우유덕(啓佑有德) 비주신인(俾主神人) 희희민물앙심인(熙熙民物仰深仁) 려운장종(麗運將終) 민리화앙(民罹禍殃) 동정서토녕사방(東征西討寧四方) 몽협부상(夢協符祥) 공개일시(功盖一時) 가재천명종난사(假哉天命終難辭) 창업굉모(創業宏模) 형월고선(夐越古先) 소재래허영상전(昭哉來許永相傳) 조수인사(肇修禋祀) 흘용유성(迄用有成) 어천만년치승평(於千萬年致昇平) **이실유천곡(二室維天曲)** 유천심(維天心) 권유덕(眷有德) 계창기(啓昌期) 독생성철(篤生聖哲) 작지군사(作之君師) 기수제지릉비기(旣受帝祉隆丕基) 추대성조(推戴聖祖) 개국흥왕(開國興王) 안민제세공익광(安民濟世功益光) 존숭적사(尊崇嫡祔) 중정화기(重靖禍機) 인심천의종유귀(人心天意終有歸) 택흡생령(澤洽生靈) 위진이융(威振夷戎) 원흥례악수무궁(爰興禮樂垂無窮) 어소재상(於昭在上) 신석무강(申錫無疆) 면면종사여천장(綿綿宗祀與天長) **삼실어황곡(三室於皇曲)**어황천(於皇天) 권동방(眷東方) 유철왕(有哲王) 증재아후(烝哉我后) 목목황황(穆穆皇皇) 찬승비서방내창(纘承丕緒邦乃昌) 신소중광(宣昭重光) 계우후인(啓佑後人) 인심칙우독친친(因心則友篤親親) 사사공명(祀事孔明) 효사유칙(孝思維則) 시우자손미천억(施于子孫彌千億) 사대교린(事大交隣) 이신이성(以信以誠) 제례작악치태평(制禮作樂致太平) 척강좌우(陟降左右) 신석무강(申錫無疆) 어희전왕부가망(於戲前王不可忘) **사실유상곡(四室維上曲)**유상제(維上帝) 권대덕(眷大德) 무동민(撫東民) 어황아후(於皇我后) 수명유신(受命惟新) 무정문치개창진(武定文治開昌辰) 화륭대유(化隆大猷) 물부민강(物阜民康) 소갈전칙이모장(昭碣典則貽謀長) 사대극성(事大克誠) 편번총장(便蕃寵章) 은담위원쟁제항(恩覃威遠爭梯航) 례악명비(禮樂明備) 지치형향(至治馨香) 삼렬천지병가상(三烈薦祉駢嘉祥) 어소우천(於昭于天) 석이무강(錫羨無疆) 예천만사향증상(緊千萬禩享蒸嘗) **오실유아곡(五室維我曲)**유아후(維我后) 응경명(膺景命) 무동방(撫東方) 목목황황(穆穆皇皇) 의군의왕(宜君宜王) 비승령서선중광(丕承令緖宣重光) 성유천종(聖維天縱) 학자일신(學自日新) 외외성덕무여륜(巍巍盛德無與倫) 려정도치(勵精圖治) 지영수성(持盈守成) 문모무렬저룡평(文謨武烈底隆平) 등현용능(登賢用能) 명상신벌(明賞愼罰) 소술계우함망결(紹述啓佑咸罔缺) 어묵청묘(於穆淸廟) 사사공명(祀事孔明) 억만사년준유성(億萬斯年駿有聲) **종헌각실정동방곡(終獻各室靖東方曲)**예동방조해수(緊東方阻海隆) 피교동절천기(彼狡童竊天機) 위동왕덕성(偉東王德盛) 사광모흥융사(肆狂謀興戎師) 화지극정자수(禍之極靖者誰) 위동왕덕성(偉東王德盛) 천상덕회의기(天相德回義旗) 최기출역기이(罪其黜逆其夷) 위동왕덕성(偉東王德盛) 황내역담천시(皇乃懌覃天施) 군이국비아지(軍以國俾我知) 위동왕덕성(偉東王德盛) 어민사유유귀(於民社有攸歸) 천만세전무기(千萬世傳無期) 위동왕덕성(偉東王德盛)

◆의묘(懿廟)

초헌어목곡(初獻於穆曲)어목아왕(於穆我王) 배천기덕(配天其德) 수유후인(垂裕後人) 기경칙독(其慶則篤) 영언효사(永言孝思) 향사부특(享祀不忒) 만유천세(萬有千歲) 영석하복(永錫遐福) **아헌유황곡(亞獻維皇曲)**유황천(維皇天) 권동방(眷東方) 생성신(生聖神) 적덕루인(積德累仁) 계우후인(啓佑後人) 식지금휴명유신(式至今休命維新) 유엄묘모(有嚴廟貌) 재혁재청(載侐載淸) 우이타지신소녕(于以妥之神所寧) 척강재자(陟降在玆) 좌우양양(左右洋洋) 뢰아사성유렬광(賚我思成有烈光) 변두유천(籩豆有踐) 서직유향(黍稷維香) 래향래격고증상(來享來格顧蒸嘗) 강복공개(降福孔皆) 시만시억(時萬時億) 자자손손보무극(子子孫孫保無極) **종헌유아곡(終獻維我曲)**유아후(維我后) 천독생(天篤生) 비현덕(丕顯德) 예난명(繄難名) 원량정사방(元良正四方) 의문소창(義問昭彰) 성차신(聖且神) 효유칙(孝維則) 창궐후(昌厥後) 이연익(以燕翼) 과질경면면(▮胅慶綿綿) 어천만년(於千萬年) 혁신묘(赫新廟) 어환륜(於奐輪) 승대치(承大糦) 천정인(薦精禋) 저존애유문(著存優有閒) 흠아필분(歆我苾芬) 흠백례(洽百禮) 설고종(設鼓鐘) 준분주(駿奔走) 숙이옹(肅以雝) 만세관궐성(萬世觀厥成) 황황궐성(嘩嘩厥聲) 어혁령(於赫靈) 여재자(如在玆) 기우향(旣右享) 무득사(無斁斯) 석하기부나(錫嘏豈不那) 비치비하(俾熾俾遐)

◆독제(纛祭)

초헌아헌종헌주납씨가(初獻亞獻終獻走納氏歌)납씨시웅강(納氏恃雄强) 입구동북방(入寇東北方) 종오과이력(縱傲誇以力) 봉예부가당(鋒銳不可當) 아후배용기(我后倍勇氣) 정신충심흉(挺身衝心胷) 일사폐편비(一射斃偏裨) 재사급괴융(再射及魁戎) 과창부가구(褁瘡不可救) 추분성화치(追奔星火馳) 풍성고가외(風聲固可畏) 학려역감의(鶴唳亦堪疑) 탁의막감당(卓矣莫敢當) 동방영무우(東方永無虞) 공성재차거(功成在此擧) 수지천만추(垂之千萬秋) **철변두정동방곡(徹籩豆靖東方曲)**사견문소전종헌(詞見文昭殿終獻)

◆재계(齊戒)

◆대사(大祀)

사직(社稷) 종묘(宗廟) 유친행(有親行) **전제팔일(前祭八日)** 예조계문청재계(禮曹啓聞請齊戒) 전하산재사일어별전(殿下散齊四日於別殿) 치재삼일(致齊三日) 이일어정전(二日於正殿) 일일어제궁세자시강원(一日於齊宮世子侍講院) 전기청산재어별당(前期請散齊於別堂) 치재어정당급재소(致齊於正堂及齊所)세자시강원(世子侍講院) 전기청산제어별당(前期請散齊於別堂) 치제어정당급제소(致齊於正堂及齊所) 증세손강서원동후(增世孫講書院同後) 개방차(皆倣此) **범산재(凡散齊)** 부적상문질(不吊喪問疾) 부청악(不聽樂) 유사부계형살문서(有司不啓刑殺文書) 치재유계제사(致齊唯啓祭事) 전제칠일(前祭七日) 응행사집사관급배제종친(應行事執事官及陪祭宗親) 문무백관(文武百官)섭사(攝事) 무전하재의급배제관(無殿下齊儀及陪祭官) **구이공복(俱以公服)** 수서계어의정부(受誓戒於議政府) 영녕전어례조(永寧殿於禮曹) **기일(其日)** 미명칠각(未明七刻) **통례원설위(通禮院設位)**종헌관섭사칙초헌관(終獻官攝事則初獻官) 재북남향(在北南向) 진폐작주관종묘칙진폐찬작관(進幣爵酒官宗廟則進幣瓚爵官) 천조관(薦俎官) 전폐작주관종묘즉전폐찬작관(奠幣爵酒官宗廟則奠幣瓚爵官) 재남북향전폐작주관(在南北向奠幣爵酒官) 초각(稍却) 약령의정위아헌관(若領議政爲亞獻官) 칙종헌관(則終獻官) 종묘칙우유칠사(宗廟則又有七祀) 공신헌관(功臣獻官) 재기후(在其後) 섭사칙아헌관이하(攝事則亞獻官以下) 재남(在南) 서상(西上) 감찰(監察) 재서동향(在西東向) 북상(北上) 예의사이하제제관(禮儀使以下諸祭官) 재동서향(在東西向) 구매등이위중행(俱每等異位重行) 북상(北上) 배제관(陪祭官) 재남북향(在南北向) 문동무서(文東武西) 매등이위중행(每等異位重行) 상대위수(相對爲首) **오각(五刻)** 인의분인배제관급제제관(引儀分引陪祭官及諸祭官) 취위(就位) 인종헌관(引終獻官) 취위(就位) 찬의취종헌관지좌(贊儀就終獻官之左) 서향립(西向立) 대독서문왈(代讀誓文曰) 금년모월모일(今年某月某日) 전하제우사직(殿下祭于社稷)종묘칭(宗廟稱) 전하향우종묘(殿下享于宗廟) 섭사칙병부칭(攝事則竝不稱) 전하(殿下)○영녕전칭(永寧殿稱) 향우영녕전(享于永寧殿) **범행사집사관급배제종친(凡行事執事官及陪祭宗親)** 문무백관(文武百官) 부종주(不縱酒) 부여훈(不茹葷)총구산해(葱韭蒜薤) 부적상문질(不吊喪問疾) 부청악(不聽樂) 부행형(不行刑) 부판서형살문서(不判署刑殺文書) 부예예악사(不預穢惡事) 각양기직(各揚其職) 기혹유위(其或有違) 국유상형(國有常刑) 독흘(讀訖) 찬의창(贊儀唱) 재배(再拜) 재위자(在位者) 개재배내퇴(皆再拜乃退) **범제향관급근시지관응종승자(凡諸享官及近侍之官應從升者)** 병산재사일(竝散齊四日) 숙어정침(宿於正寢) 치재삼일(致齊三日) 이일어본사(二日於本司) 일일어제소(一日於祭所) 배제관급제위지속수위유문자(陪祭官及諸衛之屬守衛壝門者)매문호군이인(每門護軍二人) 매우대장일인(每隅隊長一人) 섭사칙병대장(攝事則竝隊長) 종묘영녕전문동(宗廟永寧殿門同) **각어본사(各於本司)** 청재일숙(清齊一宿) 공인이무(工人二舞) 청재일숙어례조(清齊一宿於禮曹) 전치재일일(前致齊一日) 종헌관이하(終獻官以下) 병집의정부이의(竝集議政府肄儀) 전제일일질명(前祭一日質明) 병집제소(竝集祭所)

◆중사(中祀)

선농문선왕유친행(先農文宣王有親行) **전향육일(前享六日)** 예조계문청제계(禮曹啓聞請齊戒) 전하산재삼일어별전(殿下散齊三日於別殿) 치재이일(致齊二日) 일일어정전(一日於正殿) 일일어재궁(一日於齊宮)세자시강원(世子侍講院) 전기청제계(前期請齊戒) 병여식(竝如式) **범산재(凡散齊)** 부적상문질(不吊喪問疾) 부청악(不聽樂) 유사부계형살문서(有司不啓刑殺文書) 치재유계향사(致齊唯啓享事) **범제향관급근시지관응종승자(凡諸享官及近侍之官應從升者)** 병산재삼일(竝散齊三日) 숙어정침(宿於正寢) 치재이일(致齊二日) 일일어본사(一日於本司) 일일어향소(一日於享所) 배향관(陪享官)문선왕(文宣王) 칙유학생(則有學生)○섭사(攝事) 무전하제의급배향관(無殿下齊儀及陪享官) **급제위지속수위유문자(及諸衛之屬守衛壝門者)**매문호군이인(每門護軍二人) 매우대장일인(每隅隊長一人) 섭사칙병대장(攝事則竝隊長) 문선왕묘문급범유문동(文宣王廟門及凡壝門同) **각어본사(各於本司)** 청재일숙(清齊一宿) 공인이무(工人二舞) 청재일숙어례조(清齊一宿於禮曹) 전향일일질명(前享一日質明) 병집향소이의(竝集享所肄儀)왕세자(王世子) 석전동(釋奠同) 배향궁관관학관(陪享宮官館官學官) 병청제일숙(竝清齊一宿)

◆소사(小祀)

전사삼일(前祀三日) 제향관병산재이일(諸享官竝散齊二日) 숙어정침(宿於正寢) 치재일일어사소(致齊一日於祀所)종묘속절(宗廟俗節) 삭망(朔望) 문선왕삭망(文宣王朔望) 주현사직(州縣社稷) 석전(釋奠) 급범기고(及凡祈告) 보사(報祀) 선고사유이환안제동(先告事由移還安祭同) 약기고박절(若祈告迫切) 즉지청제일숙(則只清齊一宿)○독제(纛祭) 공인청제일숙(工人清齊一宿)

◆속제(俗祭)

문소전(文昭殿) 의묘(懿廟) 산릉(山陵) 유친행(有親行) **전향사일(前享四日)** 예조계문청재계(禮曹啓聞請齊戒) 전하산재이일어별전(殿下散齊二日於別殿) 치재일일어정전(致齊一日於正殿)세자시강원(世子侍講院) 전기청제계(前期請齊戒) 병여식(竝如式) **범산재(凡散齊)** 불조상문질(不吊喪問疾) 부청악(不聽樂) 유사부계형살문서(有司不啓刑殺文書) 치재유계향사(致齊唯啓享事) 범제향관급근시지관응종승자(凡諸享官及近侍之官應從升者(凡諸享

官及近侍之官應從升者) 병산재이일(竝散齊二日) 숙어정침(宿於正寢) 치재일일어향소(致齊一日於享所) 배향관(陪享官)섭사(攝事)무전하제의급배향관(無殿下齊儀及陪享官) 급제위지속수위전문자(及諸衛之屬守衛殿門者)매문호군이인(每門護軍二人) 매우대장이인(每隅隊長二人) 섭사칙병대장(攝事則竝隊長)산릉지유제위지속(山陵只有諸衛之屬) 각어본사(各於本司) 청재일숙(淸齊一宿)문선왕(文宣王) 작헌동(酌獻同)○문소전의묘(文昭殿懿廟) 사시속절(四時俗節) 공인청제일숙(工人淸齊一宿)○범제관산재치사여고(凡齊官散齊治事如故) 유부종주(惟不縱酒) 부여훈(不茹葷) 불조상문질(不弔喪問疾) 부청악(不聽樂) 부행형(不行刑) 부판서형살문서(不判署刑殺文書) 부예예악사(不預穢惡事) 치재(致齊) 유행제사(惟行祭事) 전제이일(前祭二日) 개목욕경의(皆沐浴更衣) 전일일질명(前一日質明) 부제소(赴祭所) 령한성부청소행지로(令漢城府淸所行之路) 부득견제흉예(不得見諸凶穢) 최질기곡위지성(衰絰其哭位之聲) 문어제소자(聞於祭所者) 권단(權斷) 이재이궐자(已齊而闕者) 통섭행사(通攝行事) 범산제문대공이상(凡齊官聞大功以上) 치제문기이상상급질병(致齊聞期以上喪及疾病) 자병청면(者竝聽免) 약사어제소(若死於齊所) 동방부득행사(同房不得行事)

◆재관(齊官)

범이본관행사집사자(凡以本官行事執事者) 유고(有故) 칙이타관충(則以他官充) 헌관(獻官) 진폐작주관(進幣爵酒官) 전폐작주관(奠幣爵酒官) 진폐찬작관(進幣瓚爵官) 전폐찬작관(奠幣瓚爵官) 천조관(薦俎官) 례의사(禮儀使) 찬례(贊禮) 집례(執禮) 관위령(官闈令) 개유예차(皆有預差)○집례(執禮) 대축(大祝) 병문관(竝文官)

◆사직(社稷)

아헌관(亞獻官)왕세자(王世子) 종헌관(終獻官)영의정(領議政) 유고칙차관(有故則次官) 진폐작주관(進幣爵酒官)이조판서(吏曹判書) 유고칙참판(有故則參判) 천조관(薦俎官)호조판서(戶曹判書) 유고칙참판(有故則參判) 전폐작주관(奠幣爵酒官)이조참의(吏曹參議) 전사관(典祀官)봉상사정(奉常寺正) 유고칙부정(有故則副正) 집례이(執禮二)단상삼품당상관(壇上三品堂上官) 단하사품(壇下四品) 단사(壇司)사직서령(社稷署令) 유고칙차관(有故則次官) 정배사위대축각일(正配四位大祝各一)지제교사품이상(知製敎四品以上) 축사각일(祝史各一)사품(四品) 제랑각일(齊郞各一)오품(五品) 집준각일(執尊各一)육품(六品) 봉조관각삼(捧俎官各三)참외(參外) 장생령(掌牲令)전생서주부(典牲署主簿) 유고칙직장(有故則直長) 협률랑(協律郞)장악원관(掌樂院官) 작세위(爵洗位)육품(六品) 관세위이(盥洗位二)육품(六品) 아헌관관세위(亞獻官盥洗位)참외(參外) 종헌관관세위(終獻官盥洗位)참외(參外)○령의정위아헌관(領議政爲亞獻官) 칙부별설(則不別設) 찬자이(贊者二)통례원관(通禮院官) 알자이(謁者二)육품(六品) 찬인이(贊引二)일륙품(一六品) 일참외(一參外) 감찰이례의사(監察二禮儀使)예조판서(禮曹判書) 유고칙참판(有故則參判) 근시사(近侍四)승지(承旨) 좌우통례(左右通禮)예의사이하응봉관(禮儀使以下應奉官) 봉례(奉禮)왕세자시종(王世子侍從)

◆사직섭사(社稷攝事)

초헌관(初獻官)정일품(正一品) 아헌관(亞獻官)정이품(正二品) 종헌관(終獻官)종이품(從二品) 천조관(薦俎官)삼품당상관(三品堂上官) 전사관(典祀官)봉상사정(奉常寺正) 유고칙부정(有故則副正) 집례이(執禮二)단상삼품(壇上三品) 단하오품(壇下五品) 단사(壇司)사직서령(社稷署令) 유고칙차관(有故則次官) 대축이(大祝二)육품(六品) 정배사위축사각일(正配四位祝史各一)참외(參外) 재랑(齊郞)각일참외(各一參外) 봉조관각삼(捧俎官各三)참외(參外) 장생령(掌牲令)전생서주부(典牲署主簿) 유고칙직장(有故則直長) 협률랑(協律郞)장악원관(掌樂院官) 찬자(贊者)참외(參外) 알자(謁者)참외(參外) 찬인(贊引)참외(參外) 감찰(監察)

◆사직기고(社稷祈告)

헌관(獻官)이품(二品) 전사관(典祀官)봉상사첨정이하관(奉常寺僉正以下官) 단사(壇司)사직서령(社稷署令) 유고칙차관(有故則次官) 대축(大祝)참외(參外) 축사(祝史)참외(參外) 재랑(齊郞)참외(參外) 찬자(贊者)참외(參外) 알자(謁者)참외(參外) 감찰(監察)

◆주현사직(州縣社稷)

명산대천(名山大川) 영제(榮祭) 포제(酺祭) 려제(厲祭) 동(同) 유려제집존자(惟厲祭執尊者) 집사자(執事者) 각가일(各加一) 헌관(獻官)본읍수령(本邑守令) 축(祝) 장찬자(掌饌者) 집준자(執尊者) 집사자(執事者) 찬자(贊者) 알자(謁者)축이하(祝以下) 개이본읍학생충(皆以本邑學生充)

◆종묘(宗廟)

아헌관(亞獻官)왕세자(王世子) 종헌관(終獻官)영의정(領議政) 유고칙차관(有故則次官) 진폐작주관 (進幣爵酒官) 이조판서(吏曹判書) 유고칙참판(有故則參判) 천조관(薦俎官)호조판서(戶曹判書) 유고칙참판(有故則參判) 전폐작주관(奠 幣爵酒官)이조참의(吏曹參議) 전사관(典祀官) 봉상사정(奉常寺正) 유고칙부정(有故則副正) 집례이(執禮二)당상삼품당 상관(堂上三品堂上官) 당하사품(堂下四品) 묘사(廟司)종묘서령(宗廟署令) 유고칙직장(有故則直長) 궁위령(宮闈令)내시부륙 품(內侍府六品) 매실대축각일(每室大祝各一)지제교사품이상(知製敎四品以上) 축사각일(祝史各一)사품(四品) 제 랑각일(齊郎各一)오품(五品) 집준각일(執尊各一)육품(六品) 봉조관각삼(捧俎官各三)참외(參外) 장생령 (掌牲令)전생서주부(典牲署主簿) 유고칙직장(有故則直長) 협률랑(協律郎)장악원관(掌樂院官) 작세위(爵洗位)육품(六 品) 관세위이(盥洗位二)육품(六品) 아헌관관세위(亞獻官盥洗位)참외(參外) 종헌관관세위(終獻官盥洗位) 참외(參外)○령의정위아헌관(領議政爲亞獻官) 칙부별설(則不別設) 찬자이(贊者二)통례원관(通禮院官) 알자이(謁者二)육품 (六品) 찬인이(贊引二)일륙품(一六品) 일참외(一參外) 칠사공신헌관각일(七祀功臣獻官各一)종삼품(從三品) 축 사각일(祝史各一)참외칠사(參外七祀) 칙문관(則文官) 재랑각일(齊郎各一)참외(參外) 작세위각일(爵洗位各一) 참외(參外) 관세위각일(盥洗位各一)참외(參外) 감찰이(監察二) 예의사(禮儀使)예조판서(禮曹判書) 유고칙참판 (有故則參判) 근시사(近侍四)승지(承旨) 좌우통례(左右通禮)예의사이하응봉관(禮儀使以下應奉官) 봉례(奉禮)왕세자 시종관(王世子侍從官)

◆종묘사시급랍섭사(宗廟四時及臘攝事)

초헌관(初獻官)정일품(正一品) 아헌관(亞獻官)정이품(正二品) 종헌관(終獻官)종이품(從二品) 천조관(薦俎官)삼 품당상관(三品堂上官) 전사관(典祀官)봉상사정(奉常寺正) 유고칙부정(有故則副正) 집례이(執禮二)당상삼품(堂上三品) 당 하오품(堂下五品) 묘사(廟司)종묘서령(宗廟署令) 유고칙직장(有故則直長) 궁위령(宮闈令)내시부일(內侍府一) 대축이(大 祝二)륙품(六品) 매실축사각일(每室祝史各一)참외(參外) 재랑각일(齊郎各一)참외(參外) 봉조관각삼(捧俎 官各三)참외(參外) 장생령(掌牲令)전생서주부(典牲署主簿) 유고칙직장(有故則直長) 협률랑(協律郎)장악원관(掌樂院官) 찬자(贊者)참외(參外) 알자(謁者)참외(參外) 찬인(贊引)참외(參外) 칠사헌관(七祀獻官)오품(五品) 축사(祝史) 문관참외(文官參外) 제랑(齊郎)참외(參外) 동향칙유공신헌관축사제랑(冬享則有功臣獻官祝史齊郎) 감찰(監察)

◆종묘속절삭망(宗廟俗節朔望)

기고보사이환안(祈告報祀移還安) 급영녕전선고사유이환안(及永寧殿先告事由移還安) 동(同)

헌관(獻官)이품(二品) 전사관(典祀官)봉상사첨정이하관(奉常寺僉正以下官) 묘사(廟司)종묘서령(宗廟署令) 유고칙직장 (有故則直長) 궁위령(宮闈令)내시부(內侍府) 대축(大祝)참외(參外) 축사(祝史)참외(參外) 재랑(齊郎)참외(參外) 찬 자(贊者)참외(參外) 알자(謁者)참외(參外) 감찰(監察)

◆종묘천신(宗廟薦新)

천금동(薦禽同) 봉상사(奉常寺)정유고칙첨정이상관(正有故則僉正以上官) 종묘서령(宗廟署令)유고칙차관(有故則次官)

◆중류(中霤)

헌관(獻官)종묘서령(宗廟署令) 전사관(典祀官)봉상사주부이하관(奉常寺注簿以下官) 대축(大祝)참외(參外) 재랑(齊 郎)참외(參外) 찬자(贊者)참외(參外) 알자(謁者)참외(參外)

◆영녕전(永寧殿)

초헌관(初獻官)일품(一品) 아헌관(亞獻官)정이품(正二品) 종헌관(終獻官)종이품(從二品) 천조관(薦俎官)삼품당 상관(三品堂上官) 전사관(典祀官)봉상사첨정이상관(奉常寺僉正以上官) 집례이(執禮二)당상사품(堂上四品) 당하오품(堂下 五品) 전사(殿司)종묘서관(宗廟署官) 궁위령(宮闈令)내시부(內侍府) 대축이(大祝二)참외(參外) 매실축사각일 (每室祝史各一)참외(參外) 재랑각일(齊郎各一)참외(參外) 봉조관각삼(捧俎官各三)참외(參外) 장생령(掌 牲令)전생서관(典牲署官) 협률랑(協律郎)장악원관(掌樂院官) 찬자(贊者)참외(參外) 알자(謁者)참외(參外) 찬인 (贊引)참외(參外) 감찰(監察)

◆문소전(文昭殿)

아헌관(亞獻官)왕세자(王世子) 종헌관(終獻官)영의정(領議政) 유고칙차관(有故則次官) 전사관(典祀官)봉상사(奉常寺) 유고칙부정(有故則副正) 전사(殿司)참봉(參奉) 매실대축각일(每室大祝各一)지제교사품이상(知製敎四品以上) 궁위령 각일(宮闈令各一)내시부륙품(內侍府六品) 축사각일(祝史各一)사품(四品) 재랑각일(齊郎各一)오품(五品) 봉여각사(捧輿各四)이내시부(二內侍府) 이충찬위(二忠贊衛) 봉촉각이(捧燭各二)충찬위(忠贊衛) 전의(典儀)통례원관지례자(通禮院官知禮者) 찬의이(贊儀二) 인의이(引儀二) 감찰(監察) 찬례(贊禮)예조판서(禮曹判書) 유고칙참판(有故則參判) 근시사(近侍四)승지(承旨) 좌우통례(左右通禮)찬례이하응봉관(贊禮以下應奉官) 봉례(奉禮)왕세자시종관(王世子侍從官)

◆문소전사시급속절섭사(文昭殿四時及俗節攝事)

기신동(忌晨同) 유일헌관종친이품이상(惟一獻官宗親二品以上) 무집례(無執禮) 찬인(贊引)

초헌관(初獻官)일품(一品) 아헌관(亞獻官)이품(二品) 종헌관(終獻官)삼품당상관(三品堂上官) 전사관(典祀官)봉상사관(奉常寺官) 전사(殿司)참봉(參奉) 매실대축각일(每室大祝各一)참외(參外) 궁위령각일(宮闈令各一)내시부(內侍府) 축사(祝史)각일참외(各一參外) 재랑(齊郎)각일참외(各一參外) 봉여각사(捧輿各四)이내시부(二內侍府) 이충찬위(二忠贊衛) 봉촉각이(捧燭各二)충찬위(忠贊衛) 집례(執禮)삼품(三品) 찬자(贊者)참외(參外) 알자(謁者)참외(參外) 찬인(贊引)참외(參外) 감찰(監察)

◆문소전삭망(文昭殿朔望)

선고사유급이환안동(先告事由及移還安同)

헌관(獻官)종친이품이상(宗親二品以上) 전사관(典祀官)봉상사관(奉常寺官) 전사(殿司)참봉겸행집사(參奉兼行執事) 대축(大祝)참외(參外) 관위령(官闈令)내시부(內侍府) 찬자(贊者)참외(參外) 알자(謁者)참외(參外) 감찰(監察)

◆의묘(懿廟)

아헌관(亞獻官)영의정(領議政) 유고칙차관(有故則次官) 종헌관(終獻官)의정(議政) 유고칙차관(有故則次官) 전사관(典祀官)봉상사정(奉常寺正) 유고칙부정(有故則副正) 묘사(廟司)참외(參外) 집례(執禮)삼품(三品) 대축(大祝)지제교사품이상(知製教四品以上) 축사(祝史)사품(四品) 제랑(齊郎)오품(五品) 집준(執尊)육품(六品) 찬자이(贊者二)통례원관(通禮院官) 알자(謁者)육품(六品) 찬인(贊引)참외(參外) 감찰(監察) 찬례(贊禮)예조판서(禮曹判書) 유고칙참판(有故則參判) 근시사(近侍四)승지(承旨) 좌우통례(左右通禮)찬례이하응봉관(贊禮以下應奉官)

◆의묘사시급속절섭사(懿廟四時及俗節攝事)

헌관(獻官)봉사종친(奉祀宗親) 전사관(典祀官)봉사종친(奉祀宗親) 묘사(廟司)참봉(參奉) 대축(大祝)참외(參外) 축사(祝史)참외(參外) 재랑(齊郎)참외(參外) 집례(執禮)삼품(三品) 찬자(贊者)참외(參外) 알자(謁者)참외(參外) 찬인(贊引)참외(參外) 감찰(監察)

◆의묘삭망(懿廟朔望)

선고사유(先告事由) 이환안급기신동(移還安及忌晨同)

헌관(獻官)봉사종친(奉祀宗親) 전사관(典祀官)봉상사관(奉常寺官) 묘사(廟司)참봉(參奉) 대축(大祝)참외(參外) 찬자(贊者)참외(參外) 알자(謁者)참외(參外) 감찰(監察)

◆산능(山陵)

아헌관(亞獻官)영의정(領議政) 유고칙차관(有故則次官) 종헌관(終獻官)의정(議政) 유고칙차관(有故則次官) 전사관(典祀官)봉상사정(奉常寺正) 유고칙부정(有故則副正) 능사(陵司)참봉(參奉) 집례(執禮)삼품(三品) 대축(大祝)지제교사품이상(知製教四品以上) 축사(祝史)사품(四品) 제랑(齊郎)오품(五品) 집준(執尊)륙품(六品) 찬자이(贊者二)통례원관(通禮院官) 알자(謁者)육품(六品) 찬인(贊引)참외(參外) 감찰(監察) 찬례(贊禮)예조판서(禮曹判書) 유고칙참판(有故則參判) 근시사(近侍四)승지(承旨) 좌우통례(左右通禮)찬례이하응봉관(贊禮以下應奉官)

◆산능사시급속절섭사(山陵四時及俗節攝事)

삭망(朔望) 급선고사유(及先告事由) 이환안(移還安) 동(同)

헌관(獻官)이품(二品) 전사관(典祀官)봉상사관(奉常寺官) 능사(陵司)참봉겸행집사(參奉兼行執事) 대축(大祝)참외(參外) 찬자(贊者)참외(參外) 알자(謁者)참외(參外) 감찰(監察)

◆진전(眞殿)

봉선전(奉先殿) 칙여산능섭사동(則與山陵攝祀同)

헌관(獻官)관찰사(觀察使) 유고칙소재읍장관(有故則所在邑長官) 전사관(典祀官)소재읍좌이관(所在邑佐貳官) 전사(殿司)
참봉겸행집사(參奉兼行執事) 대축(大祝)교수(敎授) 찬자(贊者) 알자(謁者)찬자이하(贊者以下) 이본읍학생충(以本邑學生充)

◆풍운뢰우(風雲雷雨)

선농섭사(先農攝事) 선잠우사동(先蠶雩祀同) 유선농축사감일(唯先農祝史減一) 제랑가일(齊郎加一) 선잠축사감이(先蠶祝史減二) 우사축사가삼(雩祀祝史加三)

초헌관(初獻官)정일품(正一品) 아헌관(亞獻官)삼품당상관(三品堂上官) 종헌관(終獻官)정삼품(正三品) 전사관(典祀官)봉상사첨정(奉常寺僉正) 유고칙판관(有故則判官) 집례이(執禮二)단상사품(壇上四品) 단하륙품(壇下六品) 대축(大祝)참외(參外) 축사삼(祝史三)참외(參外) 재랑(齊郎)참외(參外) 장생령(掌牲令)전생서관(典牲署官) 협률랑(協律郎)장악원관(掌樂院官) 찬자(贊者)참외(參外) 알자(謁者)참외(參外) 찬인(贊引)참외(參外) 감찰(監察)

◆풍운뢰우기우보사(風雲雷雨祈雨報祀)

우사동(雩祀同)

헌관(獻官)이품(二品) 전사관(典祀官)봉상사관(奉常寺官) 대축(大祝)참외(參外) 축사(祝史)참외(參外) 재랑(齊郎)참외(參外) 찬자(贊者)참외(參外) 알자(謁者)참외(參外) 감찰(監察)

◆삼각산한강(三角山漢江)

헌관(獻官)정삼품(正三品) 전사관(典祀官)봉상사관(奉常寺官) 집례(執禮)오품(五品) 대축(大祝)참외(參外) 축사(祝史)참외(參外) 재랑(齊郎)참외(參外) 장생령(掌牲令)전생서관(典牲署官) 찬자(贊者)참외(參外) 알자(謁者)참외(參外) 찬인(贊引)참외(參外) 감찰(監察)

◆삼각산한강기고보사(三角山漢江祈告報祀)

목멱산동(木覓山同) 유무감찰(惟無監察)

헌관(獻官)정삼품(正三品) 전사관(典祀官)봉상사관(奉常寺官) 대축(大祝)참외(參外) 축사(祝史)참외(參外) 재랑(齊郎)참외(參外) 찬자(贊者)참외(參外) 알자(謁者)참외(參外) 감찰(監察)

◆주현제악해독(州縣祭嶽海瀆)

력대시조동(歷代始祖同)

헌관(獻官)관찰사약제소비일분견수령(觀察使若祭所非一分遣守令) 축(祝)교수(敎授) 장찬자(掌饌者) 집준자(執尊者) 집사자(執事者) 찬자(贊者) 알자(謁者)장찬자이하(掌饌者以下) 이본읍학생충(以本邑學生充)

◆선농(先農)

아헌관(亞獻官)왕세자(王世子) 종헌관(終獻官)영의정유고(領議政有故) 칙차관(則次官) 진폐작주관(進幣爵酒官)이조판서(吏曹判書) 유고칙참판(有故則參判) 천조관(薦俎官)호조판서(戶曹判書) 유고칙참판(有故則參判) 전폐작주관(奠幣爵酒官)이조참의(吏曹參議) 전사관(典祀官)봉상사정(奉常寺正) 유고칙부정(有故則副正) 집례이(執禮二)단상삼품(壇上三品) 당상관(堂上官) 단하사품(壇下四品) 정배위대축각일(正配位大祝各一)지제교사품이상(知製敎四品以上) 축사각일(祝史各一)사품(四品) 재랑각일(齊郎各一)오품(五品) 집준각일(執尊各一)륙품(六品) 봉조관각삼(捧俎官各三)참외(參外) 장생령(掌牲令)전생서주부(典牲署主簿) 유고칙직장(有故則直長) 협률랑(協律郎)장악원관(掌樂院官) 작세위(爵洗位)륙품(六品) 관세위이(盥洗位二)육품(六品) 아헌관관세위(亞獻官盥洗位)참외(參外) 종헌관관세위(終獻官盥洗位)참외(參外)○령의정위아헌관(領議政爲亞獻官) 칙부별설(則不別設) 찬자이(贊者二)통례원관(通禮院官) 알자이(謁者二)육품(六品) 찬인이(贊引二)일륙품(一六品) 일참외(一參外) 감찰이(監察二) 예의사(禮儀使)예조판서(禮曹判書) 유고칙참판(有故則參判) 근시사(近侍四)승지(承旨) 좌우통례(左右通禮)예의사이하응봉관(禮儀使以下應奉官) 봉례(奉禮)왕세자시종관(王世子侍從官) 협시(夾侍)비신상호군이인(備身上護軍二人) 정의(正衣)부책대호군이인(扶策大護軍二人) 좌우위장군(左右衛將軍)도총관이인(都摠管二人) 근시(近侍)승지일인(承旨一人) 예의사(禮儀使)예조판서(禮曹判書) 유고칙참판(有故則參判) 경적사(耕籍使)호조판서(戶曹判書) 유고칙참판(有故則參判) 종실재신(宗室宰臣)총재(冢宰) 제판서(諸判書)이조병조판서(吏曹兵曹判書) 유고칙참판(有故則參判) 대간(臺諫)장관각일인(長官各一人) 유고칙차관(有故則次官) 봉상사정(奉常寺正)유고칙부정(有故則副正) 사복시정(司僕寺正)유고칙부정집우(有故則副正執牛) 봉상사부정(奉常寺副正)유고칙첨정(有故則僉正) 수주부독시서인종무(帥注簿督視庶人終畝) 적전령(籍田令)봉상사첨정(奉常寺僉正) 해도출뢰(解韜出耒) 수봉상사정(授奉常寺正) 경필(耕畢) 수뢰복우도(受耒復于韜) 봉상사주부(奉常寺注簿) 봉청상관(捧靑箱官)봉상사관(奉常寺官) 알자(謁者)협시이하시경종경관(夾侍以下侍耕從耕官) 합이향관충(合以享官充) 유고칙타관(有故則他官) 기내읍령(畿內邑令)관적전구조복(管籍田具朝服) 당경적시립어전반(當耕籍時立於田畔) 사경필거(俟耕畢去) 기민(耆民)사십인(四十人) 서인(庶人)이십팔인병청의(二十八人竝靑衣) 종실재신조경자각이인(宗室宰臣助耕者各二人) 제판서대간조경자각일인(諸判書臺諫助耕者各一人)병강복개책(竝絳服介幘) 용본사례(用本司隸) 집뢰사자(執耒耟者)적전농민(籍田農民) 친경뢰사일(親耕耒耟一) 구병도(具倂鞱) 칙이청색(飭以靑色) 복이청말(覆以靑帕) 의농인소집자제조(依農人所執者制造) 부합조칙(不合雕飭) 사필일수(事畢日收) 친경청우이두(親耕靑牛二頭)여무청우(如無靑牛) 대이황우(代以黃牛) 이청포겹의개탑(以靑布袷衣蓋搭) 수우인(隨牛人)매우일인(每牛一人) 강의개책(絳衣介幘) 이명한농무자행지(以明閑農務者行之) 자뢰석일령(藉耒席一領) 종실재신제판서대간(宗室宰臣諸判書臺諫) 뢰거각일구(耒耟各一具) 우각이두(牛各二頭) 수우인각이(隨牛人各二) 분삼구(畚三具) 삽삼구(鋪三具) 청상일(靑箱一) 제여상(制如常) 상부시개(箱不施蓋) 양두설대거(兩頭設檯欋) 칙이청색(飭以靑色) 내유구격(內有九隔) 설구곡(設九穀) 서(黍) 직(稷) 출(秫) 도(稻) 량(梁) 대두(大豆) 소두(小豆) 대맥(大麥) 소맥(小麥) 복이청말(覆以靑帕)

◆문선왕(文宣王)

아헌관(亞獻官)왕세자(王世子) 종헌관(終獻官)영의정(領議政) 유고칙차관(有故則次官) 진폐작주관(進幣爵酒官)이조판서(吏曹判書) 유고칙참관(有 故則參官) 천조관(薦俎官)호조판서(戶曹判書) 유고칙참관(有故則參官) 전폐작주관(奠幣爵酒官)이조참판(吏曹參判) 배위초헌관(配位初獻官)의정유고칙차관(議政有故則次官)○아종헌정위(亞終獻正位) 아종헌관행(亞終獻官行) 전내동서종향분헌관각일(殿內東西從享分獻官各一)정이품(正二品) 동서무종향분헌관각십(東西廡從享分獻官各十)삼사품(三四品) 전사관(典祀官)봉상사정(奉常寺正) 유고칙부정(有故則副正) 집례이(執禮二)당상삼품(堂上三品) 당상관(堂上官) 당하사품(堂下四品) 묘사(廟司)성균관관(成均館官) 대축(大祝)지제교사품이상(知製敎四品以上) 정위축사(正位祝史)사품(四品) 재랑(齊郞)오품(五品) 집준(執尊)육품(六品) 배위축사사(配位祝史四)륙품(六品) 재랑(齊郞)참외(參外) 봉조관각삼(捧俎官各三)참외(參外) 전내동서종향축사각오(殿內東西從享祝史各五)참외(參外) 재랑(齊郞)참외(參外) 동서무종향축사각십오(東西廡從享祝史各十五)참외(參外) 재랑각이(齊郞各二)참외(參外) 장생령(掌牲令)전생서주부(典牲署主簿) 유고칙직장(有故則直長) 협률랑(協律郞)장악원관(掌樂院官) 작세위(爵洗位)륙품(六品) 관세위이(盥洗位二)륙품(六品) 아헌관관세위(亞獻官盥洗位)참외(參外) 종헌관관세위(終獻官盥洗位)참외(參外)○령의정위아헌관(領議政爲亞獻官) 칙부별설(則不別設) 찬자이(贊者二)통례원관(通禮院官) 알자이(謁者二)륙품(六品) 찬인사(贊引四)이륙품(二六品) 이참외(二參外) 감찰이(監察二) 예의사(禮儀使)예조판서(禮曹判書) 유고칙참판(有故則參判) 근시사(近侍四)승지(承旨) 좌우통례(左右通禮)예의사이하응봉관(禮儀使以下應奉官) 봉례(奉禮)왕세자시종관(王世子侍從官) 시강관(侍講官)정이품이상(正二品以上) 강서관(講書官)정삼품이하(正三品以下) 근시(近侍) 시신(侍臣) 관관(館官) 학관(學官)시강관이하시학시종관(侍講官以下視學侍從官)

◆작헌문선왕(酌獻文宣王)

묘사(廟司)성균관관(成均館官) 전사관(典祀官)봉상사정(奉常寺正) 유고칙부정(有故則副正) 정위집준(正位執尊)육품(六品) 배위전작관(配位奠爵官)이품(二品) 사사사(祀史四)오품(五品) 재랑(齊郞)육품(六品) 전내동서종향전작관각일(殿內東西從享奠爵官各一)삼품(三品) 동서무종향전작관각십(東西廡從享奠爵官各十)육품이상(六品以上) ○전작관이하(奠爵官以下) 이성균관관충(以成均館官充) 차종향제집사(差從享諸執事) 개이학생충(皆以學生充) 시학시종관여상동(視學侍從官與上同)

◆왕세자작헌(王世子酌獻)

필선(弼善) 종관사(從官四)시강원관(侍講院官) 집사자(執事者)학생림시작정(學生臨時酌定) 박사(博士)성균관지사(成均館知事) 장명자(將命者)학생(學生) 집사자구(執事者九)학생(學生)○박사이하입학집사(博士以下入學執事)

◆왕세자석전(王世子釋奠)

아헌관(亞獻官)정이품(正二品) 종헌관(終獻官)삼품당상관(三品堂上官) 전내동서종향팔헌관각일(殿內東西從享八獻官各一)사품(四品) 동서서종향분헌관각십(東西庶從享分獻官各十)오륙품(五六品) 전사관(典祀官)봉상사부정(奉常寺副正) 유고칙차관(有故則次官) 집례이(執禮二)당상사품(堂上四品) 당하오품(堂下五品) 묘사(廟司)성균관관(成均館官) 대축이(大祝二)륙품(六品) 정위축사일(正位祝史一)사품(四品) 제랑(齊郞)오품(五品) 배위축사사(配位祝史四)오품(五品) 재랑(齊郞)육품(六品) 장생령(掌牲令)전생서관(典牲署官) 협률랑(協律郞)장악원관(掌樂院官) 찬자(贊者)통례원관(通禮院官) 알자(謁者)참외(參外) 찬인사(贊引四)참외(參外) 감찰(監察)아헌관이하(亞獻官以下) 이성균관관충(以成均館官充) 차종향제집사(差從享諸執事) 개이학생충(皆以學生充) **봉례(奉禮)**왕세자시종관(王世子侍從官)

◆유사석전(有司釋奠)

초헌관(初獻官)정이품(正二品) **아헌관(亞獻官)**삼품당상관(三品堂上官) **종헌관(終獻官)**정삼품(正三品) 전내동서종향분헌관각일(殿內東西從 享分獻官各一)사품(四品) 동서무종향분헌관각십(東西廡從享分獻官各十)오륙품(五六品) **전사관(典祀官)**봉상사부정(奉常寺副正) 유고칙차관(有故則次官) **집례이(執禮二)**당상사품당하오품(堂上四品堂下五品) **묘사(廟司)**성균관관(成均館官) **대축이(大祝二)**륙품(六品) **장생령(掌牲令)**전생서관(典牲署官) **협률랑(協律郎)**장악원관(掌樂院官) **찬자(贊者)**참외(參外) **알자(謁者)**참외(參外) **찬인사(贊引四)**참외(參外) **감찰(監察)**기여제집사병이학생충(其餘諸執事並以學生充)

◆문선왕삭망급선고사유이환안제(文宣王朔望及先告事由移還安祭)

헌관(獻官)삼품(三品) **분헌관이(分獻官二)**사품(四品) **대축(大祝)**참외이상(參外已上) 이성균관관차(以成均館官差) **전사관(典祀官)**봉상사관(奉常寺官) **감찰(監察)**제집사개이학생충(諸執事皆以學生充)

◆주현석전(州縣釋奠)

초헌관(初獻官)수령(守令) 아헌관(亞獻官) 종헌관(終獻官) 동서종향분헌관각일(東西從享分獻官各一) 동서무분헌관각일(東西廡分獻官各一)현즉무(縣則無) 축(祝) 장찬자(掌饌者) **집준자(執尊者)**매준소각일(每尊所各一) 집사자(執事者)수위작정(隨位酌定) 찬자(贊者) 알자(謁者) **찬인사(贊引四)**현이(縣二)○아종헌관(亞終獻官) 분헌관(分獻官) 이좌이관교수훈도급(以佐貳官教授訓導及) 본읍한산문관차(本邑閑散文官差) 축이하제집사개이(祝以下諸執事皆以) 학생충(學生充)

◆주현문선왕선고사유급이환안제(州縣文宣王先告事由及移還安祭)

헌관(獻官)본읍수령(本邑守令) **분헌관(分獻官)**교수(教授) 축(祝) 장찬자(掌饌者) **집준자(執尊者)**매준소각일(每尊所各一) 집사자(執事者)수위작정(隨位酌定) 찬자(贊者) 알자(謁者) **찬인이(贊引二)**헌관수령(獻官守令) 교수(教授) 유고칙이본읍한산문관차(有故則以本邑閑散文官差) 축이하제집사(祝以下諸執事) 개이학생충(皆以學生充)

◆영성(靈星)

노인성(老人星) 목멱(木覓) 마조(馬祖) 선목(先牧) 마사(馬社) 마보(馬步) 마제(禡祭) 포제(酺祭) 동(同) 유마제전사관외(惟禡祭典祀官外) 병이무관차(並以武官差) **포제전사관(酺祭典祀官)**이한성부당하관차(以漢城府堂下官差) **헌관(獻官)**삼품(三品) **전사관(典祀官)**봉상사주부이하관(奉常寺注簿以下官) **집례(執禮)**육품(六品) **대축(大祝)**참외(參外) **축사(祝史)**참외(參外) **재랑(齊郎)**참외(參外) **찬자(贊者)**참외(參外) **알자(謁者)**참외(參外)

◆망석악해독제산천(望析嶽海瀆諸山川)

보사동(報祀同) **헌관(獻官)**악해독이품(嶽海瀆二品) 산천삼품(山川三品) **전사관(典祀官)**봉상사주부이하관(奉常寺主簿以下官) **대축이(大祝二)**참외(參外) **축사이(祝史二)**참외(參外) **재랑이(齊郎二)**참외(參外) **찬자(贊者)**참외(參外) **알자(謁者)**참외(參外) **찬인(贊引)**참외(參外) **감찰(監察)**

◆취기악해독제산천(就祈嶽海瀆諸山川)

보사동(報祀同) 헌관삼품(獻官三品)○축이하(祝以下) 제집사여상제동(諸執事與常祭同)

◆사한(司寒)

영제급보사동(榮祭及報祀同)

헌관(獻官)삼품(三品) **전사관(典祀官)**봉상사주부이하관(奉常寺主簿以下官) **대축(大祝)**참외(參外) **축사(祝史)**참외(參外) 재랑(齊郎)참외(參外) 찬자(贊者)참외(參外) **알자(謁者)**참외(參外)

◆독제문(纛祭文)

관불예제(官不豫祭)

헌관(獻官)병조판서(兵曹判書) 유고칙참판(有故則參判) 전사관(典祀官)훈련원주부이하관(訓鍊院主簿以下官) 집례(執禮)
육품(六品) 대축(大祝)참외(參外) 축사(祝史)참외(參外) 재랑(齊郎)참외(參外) 장생령(掌牲令)전생서관(典牲署官)
찬자(贊者)참외(參外) 알자(謁者)참외(參外) 찬인(贊引)참외(參外) 감찰(監察)

◆독제선고사유급이환안제(纛祭先告事由及移還安祭)

헌관(獻官)병조당상(兵曹堂上) 전사관(典祀官)훈련원주부이상관(訓鍊院主簿以上官) 대축(大祝)참외(參外) 축사(祝
史)참외(參外) 재랑(齊郎)참외(參外) 찬자(贊者)참외(參外) 알자(謁者)참외(參外)

◆성황발고(城隍發告)

헌관(獻官)한성부당상(漢城府堂上) 전사관(典祀官)한성부판관(漢城府判官) 대축(大祝)참외(參外) 축사(祝史)참외
(參外) 재랑(齊郎)참외(參外) 찬자(贊者)참외(參外) 알자(謁者)참외(參外) 찬인(贊引)참외(參外) 감찰(監察)

◆여제무사귀신(厲祭無祀鬼神)

헌관(獻官)한성부서윤(漢城府庶尹)○성황헌관급제집사(城隍獻官及諸執事) 병발고제제관잉행(並發告祭齊官仍行) 유제랑(惟齊郎)
축사각가일(祝史各加一)

◆전향축(傳香祝)

대사(大祀) 사직(社稷) 종묘(宗廟) 영녕전(永寧殿) 중사(中祀) 풍운뢰우(風雲雷雨) 선농(先農) 선잠(先蠶) 우사(雩社) 문선왕칙친전
(文宣王則親傳) 기여중사이하(其餘中祀以下) 칙전일일외칙전기(則前一日外則前期) 전교서관(典校署官) 구향축이진(具香祝以進) 승지
어외정(承旨於外庭) 대전(代傳)

전제일일(前祭一日) 미명(未明) 오각(五刻) 액정서(掖庭署) 설전하욕위어사정전월랑남계하당중
남향(設殿下褥位於思政殿月廊南階下當中南向) 설향축안어기전근서동향(設香祝案於其前近西東
向) 병조(兵曹) 진로부(陳鹵簿) 세장급향정어근정전문외(細仗及香亭於勤政殿門外)중사(中祀) 칙무세
장급향정(則無細仗及香亭) 삼각(三刻) 제제관(諸齊官) 이시복구(以時服俱) 집조당(集朝堂) 전하(殿下)
구익선관(具翼善冠) 곤룡포(衮龍袍) 즉좌(卽座) 전교서관(典校署官) 이축판봉진(以祝版捧進)
근시(近侍) 전봉이진(傳捧以進)약병전(若並傳) 칙이차봉진(則以次捧進) 전하(殿下) 서홀(署訖) 근시(近侍)
봉축판급향(捧祝版及香) 권치어안(權置於案) 일각(一刻) 인의인초헌관(引儀引初獻官) 예사정전
합외(詣思政殿閤外) 시지(時至) 좌통례(左通禮) 입어욕위지좌(入於褥位之左) 부복(俯伏) 전하
(殿下) 출취욕위(出就褥位) 남향립(南向立) 초헌관입(初獻官入)병전(並傳) 칙제초헌관(則諸初獻官) 이차입
(以次入) 좌통례궤(左通禮跪) 계청궤(啓請跪) 전하(殿下) 궤(跪) 근시(近侍) 이향축(以香祝) 동향
궤진(東向跪進) 전하(殿下) 수향축(受香祝) 이수초헌관(以授初獻官) 초헌관(初獻官) 서향궤수
흥(西向跪受興)병전칙선수자(並傳則先受者) 립어문내(立於門內) 서향이차이북(西向以次而北) 좌통례(左通禮) 계청흥
국궁(啓請興鞠躬) 전하(殿下) 흥국궁(興鞠躬) 향축(香祝) 유중문출(由中門出) 좌통례(左通禮)
계청평신(啓請平身) 전하(殿下) 평신환내(平身還內) 초헌관(初獻官) 출근정문외(出勤政門外)
치향축어향정중(置香祝於香亭中) 세장전도(細仗前導) 향정차지(香亭次之) 아헌관이하(亞獻官以
下) 수초헌관(隨初獻官) 출궐문외(出闕門外) 상마(上馬) 지제방문외(至齊坊門外) 하마(下馬) 입
취제소(入就齊所) 향축(香祝) 안어탁상(安於卓上)

◆성생기(省牲器)

◆대사(大祀)

사직(社稷) 전제일일(前祭一日) 집례(執禮) 설생방어서문외(設牲榜於西門外) 당문동향북상(當
門東向北上)종묘(宗廟) 칙동문외(則東門外) 서향남상(西向南上) 영녕전동(永寧殿同) 하범언종묘자(下凡言宗廟者) 방차(倣此)
장생령위어생동북남향(掌牲令位於牲東北南向)종묘(宗廟) 칙서남북향(則西南北向) 대축위어생서종묘(大祝
位於牲西宗廟) 즉생동(則牲東) 각당생후(各當牲後) 축사각재기후(祝史各在其後) 구동향(俱東向)
종묘(宗廟) 칙서향(則西向) 종헌관위어생전근남북향(終獻官位於牲前近南北向)종묘(宗廟) 칙근북남향(則近北南向)

○령의정위아헌관(領議政爲亞獻官) 칙아헌관성생(則亞獻官省牲) 섭사동(攝事同) 감찰위어종헌관지동북향(監察位於終獻官之東北向)종묘(宗廟) 칙헌관지서남향(則獻官之西南向) 차후(差後) 전사관(典祀官) 설제기위어단상(設祭器位於壇上)종묘(宗廟) 칙당상동측계북(則堂上東側階北)○개자이석(皆藉以席) 미후이각(未後二刻) 단사(壇司)종묘칙묘사(宗廟則廟司) 영녕전칙전사(永寧殿則殿司) 수기속(帥其屬) 소제단(掃除壇)묘(廟) 전동(殿同) 지내외(之內外) 집사자(執事者) 이제기(以祭器) 입설어위(入設於位) 가이건개(加以巾盖) 삼각(三刻) 종헌관이하(終獻官以下) 응성생기자(應省牲器者) 구이상복(俱以常服) 취서문외(就西門外)종묘(宗廟) 칙동문외(則東門外) 집례(集禮) 수찬자(帥贊者) 알자(謁者) 찬인(贊引) 선입단하종묘(先入壇下宗廟) 즉묘정(則廟廷) 장생령(掌牲令) 견생취위(牽牲就位) 찬인(贊引) 인감찰(引監察) 예국사단(詣國社壇) 승자서폐종묘(升自西陛宗廟) 즉조계(則阼階) 하동(下同) 행소제어상(行掃除於上) 예국직단(詣國稷壇) 역여지(亦如之) 강행악현어하(降行樂懸於下) 흘(訖) 복위(復位) 알자(謁者) 인종헌관(引終獻官) 찬인(贊引) 인감찰(引監察) 예국사단(詣國社壇) 승자서폐(升自西陛) 시척탁(視滌濯) 집사자(執事者) 거멱고결기흘권철(擧羃告潔旣訖權徹) 예국직단(詣國稷壇) 역여지(亦如之) 인강취성생위(引降就省牲位) 장생령(掌牲令) 소전왈(少前曰) 청성생(請省牲) 퇴복위(退復位) 종헌관(終獻官) 성생(省牲) 장생령(掌牲令) 우전거수왈(又前擧手曰) 돌(腯) 복위(復位) 제대축(諸大祝) 각순생일잡(各巡牲一匝) 동향종묘(東向宗廟) 즉서향(則西向) 거수왈(擧手曰) 충(充) 구복위(俱復位) 제대축여장생령(諸大祝與掌牲令) 이차견생(以次牽牲) 예주수전사관(詣廚授典祀官) 알자(謁者) 인종헌관(引終獻官) 예주성정확(詣廚省鼎鑊) 신시척개(申視滌漑) 감취명수화(監取明水火)취수어음감(取水於陰鑑) 취화어양수(取火於陽燧) 음감미졸판(陰鑑未猝辦) 이정수대지(以井水代之) 화이공찬(火以供爨) 수이실존(水以實尊) 찬인(贊引) 인감찰(引監察) 예주성찬구(詣廚省饌具) 흘(訖) 각환제소(各還齊所) 포후일각(晡後一刻) 전사관(典祀官) 수재인(帥宰人) 이란도(以鸞刀) 할생(割牲) 축사(祝史) 각이반(各以槃) 취모혈(取毛血)종묘(宗廟) 칙우취간(則又取肝) 률료장간지야(膟膋腸間脂也) 매실공실일등(每室共實一甑) 간세어울창(肝洗於鬱鬯) 치어찬소(置於饌所) 수팽생(遂烹牲)련피자숙(連皮煮熟) 기여모혈(其餘毛血) 성이정기(盛以淨器) 제필매지(祭畢埋之) 범제동(凡祭同) 단사(壇司) 수기속(帥其屬) 소제단지내외(掃除壇之內外)

◆중사(中祀)

전제일일(前祭一日) 장생령외(掌牲令外)칙유사(則有司) 견생(牽牲) 예제소(詣祭所) 미후삼각(未後三刻) 전사관(典祀官)석전(釋奠) 칙묘사(則廟司) 외(外) 칙유사(則有司) 수기속(帥其屬) 소제단묘동(掃除壇廟同) 지내외(之內外) 알자(謁者) 인헌관(引獻官) 찬인(贊引) 인감찰(引監察)외(外) 칙무감찰(則無監察) 구이상복(俱以常服) 시생충돌(視牲充腯) 예주시척개(詣廚視滌漑) 성찬구(省饌具) 흘(訖) 각환제소(各還齊所) 포후(晡後) 전사관(典祀官)외(外) 칙장찬자(則掌饌者) 수재인(帥宰人) 이란도(以鸞刀) 할생(割牲)친향선농(親享先農) 문선왕(文宣王) 칙축사(則祝史) 이반(以槃) 취모혈(取毛血) 치어찬소(置於饌所)

◆소사(小祀)

여중사동(與中祀同)유무(惟無) 난도(鸞刀)

◆거가출궁(車駕出宮)

◆대사(大祀)

전출궁삼일(前出宮三日) 유사(攸司) 선섭내외(宣攝內外) 각공기직(各供其職) 전제이일(前祭二日) 장악원(掌樂院) 전헌현지악어근정전정근남북향가출(展軒懸之樂於勤政殿庭近南北向駕出) 현이부작(縣而不作) 전설사(典設司) 설왕세자차어광화문외도동근북서향(設王世子次於光化門外道東近北西向) 전제일일(前祭一日)통례원(通禮院) 설왕세자시립위어광화문외차전서향(設王世子侍立位於光化門外次前西向) 배제종친(陪祭宗親) 문무백관시립위어 왕세자지남(文武百官侍立位於王世子之南) 상향북상(相向北上)문관재동(文官在東) 무관재서(武官在西) 세자익위사(世子翊衛司) 륵소부(勒所部) 진장위여상(陳仗衛如常) 궁관(宮官) 의시각집도(依時刻集到) 각구기복(各具其服)문관조복(文官朝服) 무관기복(武官器服) 고초엄(鼓初嚴)삼엄절차(三嚴節次) 전일일(前一日) 관상감계품(觀象監啓稟) 후방차(後倣此) 병조(兵曹) 륵제위(勒諸衛) 진대가(陳大駕) 로부어홍례문외여상(鹵簿於弘禮門外如常) 배제관(陪祭官) 구집조방(俱集朝房) 각구조복(各具朝服)제제관(諸祭官) 선예제소(先詣祭所) 궁관(宮官) 취궁문외(就宮門外) 분좌우(分左右) 상향북상(相向北上) 익찬(翊贊) 부인여식(負印如式) 시종지관

(侍從之官)익위이인(翊衛二人) 패검(佩劍) 사어이인(司禦二人) 패궁시(佩弓矢) 예합외(詣閤外) 봉영(奉迎) 필선(弼善) 예합외궤(詣閤外跪) 찬청내엄(贊請內嚴) 고이엄(鼓二嚴) 제위(諸衛) 각독기대(各督其隊) 입진어전정(入陳於殿庭) 사복사정(司僕寺正) 진련어근정문외(進輦於勤政門外) 진여어사정전합외(進輿於思政殿閤外) 구남향(俱南向) 배제관출(陪祭官出) 취시립위(就侍立位) 필선(弼善) 궤백외비(跪白外備) 왕세자(王世子) 구복출(具服出) 필선(弼善) 인취광화문외차(引就光化門外次) 시위여상(侍衛如常) 시신(侍臣)당하관직대경연(堂下官職帶經筵) 춘추관(春秋館) 지제교급사헌부(知製教及司憲府) 사간원(司諫院) 통례원자(通禮院者) 후방차(後倣此) 예근정전서계하(詣勤政殿西階下) 분좌우립(分左右立) 봉영(奉迎) 제호위지관(諸護衛之官)병조도총부당상관(兵曹都摠府堂上官) 오위장(五衛將) 내금위장(內禁衛將) 겸사복장(兼司僕將) 패운검중추사(佩雲劍中樞四) 봉갑상호군(捧甲上護軍) 봉주상호군각일(捧冑上護軍各一) 봉궁시상호군십이(捧弓矢上護軍十二) 겸사복지류(兼司僕之類) 후방차(後倣此) 급사금(及司禁) 각구기복(各具器服) 상서원관(尙瑞院官) 봉보(捧寶) 구예사정전합외(俱詣思政殿閤外) 사후(伺候) 좌통례(左通禮) 예합외(詣閤外) 부복궤(俯伏跪) 계청중엄(啓請中嚴) 고삼엄(鼓三嚴) 필선(弼善) 인왕세자(引王世子) 출차(出次) 취시립위(就侍立位) 종성지(鍾聲止) 벽내외문(闢內外門) 좌통례(左通禮) 부복궤(俯伏跪) 계외판(啓外辦) 전하(殿下) 구원유관(具遠遊冠) 강사포(絳紗袍) 승여이출(乘輿以出) 산선(繖扇) 시위여상의(侍衛如常儀) 좌우통례(左右通禮) 전도(前導) 강자서계(降自西階) 시신(侍臣) 협시가전여상(夾侍駕前如常) 상서원관(尙瑞院官) 봉보(捧寶) 전행(前行)대승련(待乘輦) 이보재마(以寶載馬) 가지근정문외(駕至勤政門外) 좌통례(左通禮) 진당여전(進當輿前) 부복궤(俯伏跪) 계청강여승련(啓請降輿乘輦) 부복흥(俯伏興)퇴복위범좌통례계청(退復位凡左通禮啓請) 개진당가전(皆進當駕前) 부복궤(俯伏跪) 계청(啓請) 흘(訖) 부복흥(俯伏興) 퇴복위(退復位) 전하(殿下) 강여승련(降輿乘輦) 좌통례(左通禮) 계청가진발(啓請駕進發) 가동(駕動) 좌우통례(左右通禮) 협인이출(夾引以出) 찬의이인(贊儀二人) 재통례지전(在通禮之前) 장위도종여상(仗衛導從如常) 가출광화문외(駕出光化門外) 왕세자(王世子) 국궁(鞠躬) 과칙평신(過則平身) 지시신상마소(至侍臣上馬所) 좌통례(左通禮) 계청가소주(啓請駕小駐) 교시신상마(敎侍臣上馬) 퇴칭시신상마(退稱侍臣上馬) 찬의(贊儀) 전창(傳唱) 제시위지관(諸侍衛之官) 각독기속(各督其屬) 좌우익가(左右翊駕) 시신상마필(侍臣上馬畢) 좌통례(左通禮) 계청가진발(啓請駕進發) 가동(駕動) 부명고취(不鳴鼓吹) 부득훤화(不得喧譁) 종친(宗親) 배제관(陪祭官) 국궁(鞠躬) 과칙평신(過則平身) 왕세자급배제지관(王世子及陪祭之官) 이차시위(以次侍衛) 재현무대지후여상의(在玄武隊之後如常儀) 가장지재궁대문외시신하마소(駕將至齊宮大門外侍臣下馬所) 좌통례(左通禮) 계청가소주(啓請駕小駐) 시신개하마(侍臣皆下馬) 분립(分立) 좌통례(左通禮) 계청가진발(啓請駕進發) 가동(駕動) 시신(侍臣) 국궁(鞠躬) 과칙평신(過則平身) 가지대문외(駕至大門外) 좌통례(左通禮) 계청강련승여(啓請降輦乘輿) 전하(殿下) 강련승여(降輦乘輿) 이입(以入) 산선(繖扇) 시위여상의(侍衛如常儀) 초가장지(初駕將至) 알자(謁者) 인제제관구조복(引諸祭官具朝服) 립어제궁문외도좌(立於齊宮門外道左) 서향남상(西向南上) 망가국궁봉영(望駕鞠躬奉迎) 좌우통례전도(左右通禮前導) 지재궁(至齊宮) 시신(侍臣) 종지재궁전(從至齊宮前) 내퇴(乃退) 기대가(其大駕) 로부(鹵簿) 정어대문외(停於大門外) 봉례(奉禮) 인왕세자(引王世子) 인의(引儀) 분인제제관급배제관(分引諸祭官及陪祭官) 집재궁지남문동(集齊宮之南文東) 무서(武西) 찬의품지(贊儀稟旨) 교군관각취차(敎群官各就次) 숙위여상(宿衛如常)종묘(宗廟) 즉유망묘례(則有望廟禮) 기일(其日) 전의(典儀) 설전하판위어종묘동문외서향(設殿下版位於宗廟東門外西向) 설왕세자위어전하판위지후근북서향(設王世子位於殿下版位之後近北西向) 문관일품이하위어도북(文官一品以下位於道北) 종친급무관일품이하위어도남(宗親及武官一品以下位於道南) 구매등이위(俱每等異位) 중행서향(重行西向) 상대위수(相對爲首) 초(初) 가지제궁(駕至齊宮) 인의(引儀) 분인종친(分引宗親) 문무백관(文武百官) 취동문외위(就東門外位) 봉례(奉禮) 인왕세자(引王世子) 구면복(具冕服) 취위(就位) 좌통례(左通禮) 예제궁전(詣齊宮前) 궤계청중엄(跪啓請中嚴) 소경우계외문(小頃又啓外門) 전하(殿下) 구면복이출(具冕服以出) 근시(近侍) 궤진규(跪進圭) 좌통례(左通禮) 계청집규(啓請執圭) 좌우통례(左右通禮) 도전하지판위(導殿下至版位) 서향립(西向立) 좌통례(左通禮) 계청사배(啓請四拜) 전하(殿下) 사배(四拜) 왕세자이하재위자(王世子以下在位者) 개사배찬의역창(皆四拜贊儀亦唱) 흘(訖) 좌우통례(左右通禮) 도전하환제궁(導殿下還齊宮) 봉례(奉禮) 인왕세자(引王世子) 인의(引儀) 분인종친(分引宗親) 문무백관(文武百官) 취제궁남(就齊宮南) 품지취차여의(稟旨就次如儀)

◆중사(中祀)

진법가로부(陳法駕鹵簿) 가지대차(駕至大次) 강련(降輦) 여여대사동(餘與大祀同)친향선농(親享先農) 칙고이엄(則鼓二嚴) 봉상사관(奉常寺官) 설친경뢰거어궐문외막옥지내(設親耕耒耟於闕門外幕屋之內) 시신상마필(侍臣上馬畢) 가동(駕動) 경적사(耕籍使) 이경근차(以耕根車) 재뢰거(載耒耟) 기호재장내(騎護在仗內) 가지대차(駕至大次) 경적사(耕籍使) 이뢰거(以耒耟) 수(授) 적전령(籍田令) 횡집지(橫執之) 치어경소지석이수지(置於耕所之席而守之) 향문선왕(享文宣王) 칙관관학관(則館官學官) 수학생(師學生) 봉영어도좌(奉迎於道左)

◆거가환궁(車駕還宮)

대사(大祀) 전하(殿下) 기환제궁(旣還齊宮) 좌통례(左通禮) 궤(跪) 계청해엄(啓請解嚴)장사(將士) 부득첩리부오(不得輒離部伍) 전하(殿下) 정재궁(停齊宮) 일각경(一刻頃) 퇴고위초엄(槌鼓爲初嚴) 전장위로부어환도(轉仗衛鹵簿於還塗) 여래의(如來儀) 삼각경(三刻頃) 퇴고위이엄(槌鼓爲二嚴) 사복사정(司僕寺正) 진련어대문외(進輦於大門外) 진여어제궁전(進輿於齊宮前) 구남향(俱南向) 인의(引儀) 분인종친급문무백관(分引宗親及文武百官)구조복(具朝服) 출취시립위(出就侍立位) 왕세자(王世子) 구복출(具服出)기찬내엄(其贊內嚴) 백외비(白外備) 시위병여상(侍衛竝如常) 필선(弼善) 인취외차(引就外次) 시위여상(侍衛如常) 시신(侍臣) 예재궁전(詣齊宮前) 분좌우립(分左右立) 봉영(奉迎) 제호위지관급사금(諸護衛之官及司禁) 각구기복(各具器服) 상서원관(尙瑞院官) 봉보(捧寶) 구예재궁전(俱詣齊宮前) 사후(伺候) 좌통례(左通禮) 궤(跪) 계청중엄(啓請中嚴) 오각경(五刻頃) 퇴고위삼엄(槌鼓爲三嚴) 필선(弼善) 인왕세자출차(引王世子出次) 취시립위(就侍立位) 좌통례(左通禮) 궤(跪) 계외판(啓外辦) 전하(殿下) 구원유관(具遠遊冠) 강사포(絳紗袍) 승여이출(乘輿以出) 산선(繖扇) 시위여상의(侍衛如常儀) 좌통례(左通禮) 전도(前導) 시신(侍臣) 협시여상(夾侍如常) 상서원관(尙瑞院官) 봉보(捧寶) 전행(前行) 가지대문외(駕至大門外) 좌통례(左通禮) 진당여전(進當輿前) 부복궤(俯伏跪) 계청강여승련(啓請降輿乘 輦) 부복흥(俯伏興) 퇴복위(退復位) 전하(殿下) 강여승련(降輿乘輦) 좌통례(左通禮) 계청가진발가동(啓請駕進發駕動) 좌우통례(左右通禮) 협인이출(夾引以出) 찬의이인(贊儀二人) 재통례지전(在通禮之前) 장위도종여상의(仗衛導從如常儀) 왕세자(王世子) 국궁(鞠躬) 과칙평신(過則平身) 가지시신상마소(駕至侍臣上馬所) 좌통례(左通禮) 계청가소주(啓請駕小駐) 교시신상마(敎侍臣上馬) 퇴칭시신상마(退稱侍臣上馬) 찬의(贊儀) 전창(傳唱) 제시위지관(諸侍衛之官) 각독기속(各督其屬) 좌우익가(左右翊駕) 시신상마필(侍臣上馬畢) 좌통례(左通禮) 계청가진발(啓請駕進發) 가동(駕動) 고취진작(鼓吹振作) 종친문무백관(宗親文武百官) 국궁(鞠躬) 과즉평신(過則平身) 왕세자급종친(王世子及宗親) 문무백관(文武百官) 이차시위(以次侍衛) 여래의(如來儀) 가지경복궁문외시신하마소(駕至景福宮門外侍臣下馬所) 좌통례(左通禮) 계청가소주(啓請駕小駐) 시신개하마(侍臣皆下馬) 분립(分立) 좌통례(左通禮) 계청가진발(啓請駕進發) 가동(駕動) 시신(侍臣) 국궁(鞠躬) 과칙평신(過則平身) 가지근정문외(駕至勤政門外) 고취지(鼓吹止) 분립(分立) 좌통례(左通禮) 계청강련승여(啓請降輦乘輿) 전하(殿下) 강련승여이입(降輦乘輿以入) 공(工) 고축(鼓柷) 악작(樂作) 산선시위여상의(繖扇侍衛如常儀) 좌우통 례(左右通禮) 전도(前導) 지합(至閤) 공(工) 알어(戛敔) 악지(樂止) 시신(侍臣) 종지전정(從至殿庭) 내퇴(乃退)

오례(五禮)홀기(笏記)

◆길례일(吉禮一)

춘추급랍제사직의(春秋及臘祭社稷儀)

●**시일(時日)**견서례(見序例)
●**재계(齊戒)**견서례(見序例)

●**진설(陳設)**

전제삼일(前祭三日)○전설사(典設司)○설대차어단서문지외도북남향(設大次於壇西門之外道北南向)○시신차어대차지후남향(侍臣次於大次之後南向)○설왕세자차어대차서남동향(設王世子次於大次西南東向)○설제제관차어재방지내(設諸祭官次於齊坊之內)○배제관차어기전(陪祭官次於其前)○수지지의(隨地之宜)

전이일(前二日)○단사(壇司)○솔기속(帥其屬)○소제단지내외(掃除壇之內外)○전설사(典設司)○설찬만어서문지외(設饌幔於西門之外)○전악(典樂)○솔기속(帥其屬)○설등가지악어단북(設登歌之樂於壇北)○헌가어북문내(軒架於北門內)○구남향(俱南向)

전일일(前一日)○전사관(典祀官)○단사(壇司)○각수기속(各帥其屬)○설국사(設國社)○국직신좌(國稷神座)○각어단상남방북향(各於壇上南方北向)○설후토씨신좌어국사신좌지좌(設后土氏神座於國社神座之左)○후직씨신좌어국직신좌지(后稷氏神座於國稷神座之左)○구동향(俱東向)○석개이완(席皆以莞)

집례(執禮)○설전하판위어북문내(設殿下版位於北門內)○당단남향(當壇南向)○음복위어국직단상신좌지동북남향(飲福位於國稷壇上神座之東北南向)○찬자(贊者)○설아헌관(設亞獻官)○종헌관(終獻官)○진폐작주관(進幣爵酒官)○천조관(薦俎官)○전폐작주관위어서문내도북(奠幣爵酒官位於西門內道北)○집사자위어기후(執事者位於其後)○매등이위(每等異位)○구중행동향남상(俱重行東向南上)○감찰위이어북문내(監察位二於北門內)○일어동북우서향(一於東北隅西向)○일어서북우동향(一於西北隅東向)○집례위이(執禮位二)○일어북유문내(一於北壝門內)○일어북유문외(一於北壝門外)○구근서동향(俱近西東向)○찬자(贊者)○알자(謁者)○찬인위어유문외집례지후초북(贊引位於壝門外執禮之後稍北)○동향남상(東向南上)○협률랑위어국사단하근동(協律郎位於國社壇下近東)○서향(西向)○전악위어헌현지남남향(典樂位於軒懸之南南向)설배제관위(設陪祭官位)○문관일품이하어서문내제관지후초북(文官一品以下於西門內祭官之後稍北)○매등이위(每等異位)○구중행동향남상(俱重行東向南上)○종친급무관일품이하어동문내초북(宗親及武官一品以下於東門內稍北)○당문관매등이위(當文官每等異位)○구중행서향남상(俱重行西向南上)○설문외위(設門外位)○제제관어서문외도남(諸祭官於西門外道南)○문관일품이하어제관지서소남(文官一品以下於祭官之西少南)○매등이위(每等異位)○구중행북향동상(俱重行北向東上)○종친급무관일품이하어동문외도북(宗親及武官一品以下於東門外道北)○매등이위(每等異位)○구중행남향서상(俱重行南向西上)○설망예위어예감지남(設望瘞位於瘞坎之南)○아헌관재남북향(亞獻官在南北向)○집례(執禮)○찬자(贊者)○대축재서(大祝在西)○중행동향북상(重行東向北上)○제일미행사전(祭日未行事前)○전사관(典祀官)○단사(壇司)○각솔기속입(各帥其屬入)○전축판각일어신위지우(奠祝版各一於神位之右)○각유점(各有坫)○진폐비각일어존소(陳幣篚各一於尊所)○설향로(設香爐)○향합병촉어신위지전(香合幷燭於神位之前)○차설(次設)○제기여식(祭器如式)○견서례(見序例)○설복주작(設福酒爵)○유점(有坫)○조육조각일어국사(胙肉俎各一於國社)○국직존소(國稷尊所)○우설국사조일어찬만내(又設國社俎一於饌幔內)○설어세어북유문외서북남향(設御洗於北壝門外西北南向)○아종헌세우어서북(亞終獻洗又於西北)○구남향(俱南向)○관세재서(盥洗在西)○작세재동(爵洗在東)○어세급아헌세(御洗及亞獻洗)○유반이(有槃匜)○약령의정위아헌(若領議政爲亞獻)○즉여(則與)○종헌동세(終獻同洗)○무반이(無槃匜)○구뢰재세서(俱罍在洗西)○가작(加勺)○비재세동북사(篚在洗東北肆)○실이건(實以巾)○약작세지비(若爵洗之篚)○칙우실이작(則又實以爵)○유점(有坫)○제집사관세어아(諸執事盥洗於亞)○종헌세서북남향(終獻洗西北南向)○집존뢰비멱(執尊罍篚冪)○자위어존뢰비멱지후(者位於尊罍篚冪之後)

●거가출궁(車駕出宮)○견서례(見序例)
●성생기(省牲器)○견서례(見序例)

●전폐(奠幣)
제일축전오각(祭日丑前五刻)○축전오각(丑前五刻)○즉삼경삼점(卽三更三點)○행사용축시일각(行事用丑時一刻)○전사관(典祀官)○단사(壇司)○입실찬구필(入實饌具畢)○퇴취차(退就次)○복기복승(服其服升)○설국사(設國社)○후토씨(后土氏)○국직(國稷)○후직씨신위판어좌(后稷氏神位版於座)○찬인(贊引)○인감찰(引監察)○예국사단(詣國社壇)○승자서폐(升自西陛)○제집사승강(諸執事升降)○개자서폐(皆自西陛)○안시단지상하(按視壇之上下)○규찰부여의자(糾察不如儀者)○예국직단(詣國稷壇)○역여지(亦如之)○환출(還出)○전삼각(前三刻)○제제관급배제관(諸祭官及陪祭官)○각복기복(各服其服)○제관제복(祭官祭服)○배제관조복(陪祭官朝服)○인의(引儀)○분인배제관(分引陪祭官)○구취문외위(俱就門外位)○집례(執禮)○솔찬자(帥贊者)○알자(謁者)○찬인(贊引)○입자서문(入自西門)○선취단북현남배위(先就壇北懸南拜位)○중행남향동상(重行南向東上)○사배흘(四拜訖)○각취위(各就位)○전악(典樂)○솔공인(帥工人)○이무(二舞)○입취위(入就位)○문무(文舞)○입진어현남(入陳於懸南)○무무(武舞)○립어현북도동(立於懸北道東)○인의(引儀)○분인배제관(分引陪祭官)○입취위(入就位)○봉례(奉禮)○인아헌관(引亞獻官)○약령의정위아헌관(若領議政爲亞獻官)○칙알자인(則謁者引)○알자(謁者)○찬인(贊引)○각인제제관(各引諸祭官)○구취서문외위(俱就西門外位)

좌통례(左通禮)○취대차전(就大次前)○궤계청중엄(跪啓請中嚴)○찬인(贊引)○인감찰(引監察)○전사관(典祀官)○대축(大祝)○축사(祝史)○제랑(齊郎)○단사(壇司)○협률랑(協律郎)○봉조관(捧俎官)○집존뢰비멱자(執尊罍篚羃者)○입취현남배위(入就懸南拜位)○중행남향동상(重行南向東上)○입정(立定)○집례왈(執禮曰)○사배(四拜)○찬자전창(贊者傳唱)○범집례유사(凡執禮有辭)○찬자개전창(贊者皆傳唱)○감찰이하(監察以下)○개사배흘(皆四拜訖)○찬인(贊引)○인감찰취위(引監察就位)○찬인(贊引)○인제집사(引諸執事)○예관세위(詣盥洗位)○관세흘(盥帨訖)○각취위(各就位)

전일각(前一刻)○봉례(奉禮)○인아헌관(引亞獻官)○알자(謁者)○찬인(贊引)○각인종헌관(各引終獻官)○진폐작주관(進幣爵酒官)○천조관(薦俎官)○전폐작주관(奠幣爵酒官)○입취위(入就位)○찬인(贊引)○인제랑(引齊郎)○예작세위(詣爵洗位)○세작식작흘(洗爵拭爵訖)○치어비(置於篚)○봉예존소(捧詣尊所)○치어점상(置於坫上)○좌통례(左通禮)○궤계외판(跪啓外辦)○전하(殿下)○구면복이출(具冕服以出)○산선(繖扇)○시위여상의(侍衛如常儀)○예의사(禮儀使)○도전하(導殿下)○지서문외(至西門外)○근시궤진규(近侍跪進圭)○예의사(禮儀使)○궤계청집규(跪啓請執圭)○산선장위(繖扇仗衛)○정어문외(停於門外)○예의사(禮儀使)○도전하(導殿下)○입자정문(入自正門)○시위부응입자(侍衛不應入者)○지어문외(止於門外)○예판위(詣版位)○남향립(南向立)○매립정(每立定)○례의사(禮儀使)○퇴부복어좌(退俯伏於左)

집례왈(執禮曰)○예의사계청행사(禮儀使啓請行事)○예의사(禮儀使)○궤계유사근구청행사(跪啓有司謹具請行事)○집례왈(執禮曰)○예모혈(瘞毛血)○대축(大祝)○각예모혈어감(各瘞毛血於坎)○협률랑(協律郎)○궤부복거휘흥(跪俯伏擧麾興)○범취물자(凡取物者)○개궤부(皆跪俯)○복이취이흥(伏而取以興)○전물(奠物)○칙궤전흘(則跪奠訖)○부복이후흥(俯伏而後興)○공고축(工鼓祝)○헌가작순안지악(軒架作順安之樂)○열문지무작(烈文之舞作)○악칠성(樂七成)○집례왈(執禮曰)○사배(四拜)○예의사(禮儀使)○계청사배(啓請四拜)○전하사배(殿下四拜)○재위자(在位者)○개사배(皆四拜)○선배자(先拜者)○부배(不拜)○악팔성(樂八成)○협률랑언휘(協律郎偃麾)○공알어(工戛敔)○악지(樂止)○범악(凡樂)○개협률랑(皆協律郎)○궤부복거휘흥(跪俯伏擧麾興)○공고축이후작(工鼓祝而後作)○언휘알어이후지(偃麾戛敔而後止)○근시(近侍)○예관세위(詣盥洗位)○관세흘(盥帨訖)○환시위(還侍位)○알자(謁者)○인진폐작주관(引進幣爵酒官)○전폐작주관(奠幣爵酒官)○예관세위(詣盥洗位)○관세흘(盥帨訖)○예국사존소(詣國社尊所)○남향립(南向立)○집례왈(執禮曰)○행전폐례(行奠幣禮)○례의사(禮儀使)○도전하(導殿下)○예관세위(詣盥洗位)○남향립(南向立)○계청진규(啓請搢圭)○여진부편(如搢不便)○근시승봉(近侍承奉)○근시(近侍)○궤취이흥옥수(跪取匜興沃水)○우근시(又近侍)○궤취반승수(跪取槃承水)○전하관수(殿下盥手)○근시(近侍)○궤취건어비이진(跪取巾於篚以進)○전하세수흘(殿下帨手訖)○근시수건전어비(近侍受巾奠於篚)○예의사(禮儀使)○계청집규(啓請執圭)○도전하(導殿下)○예국사단(詣國社壇)○승자북폐(升自北陛)○근시종승(近侍從升)○등가작숙안지악(登歌作肅安之樂)○열문지무작(烈文之舞作)

예국사신위전(詣國社神位前)○남향립(南向立)○예의사(禮儀使)○계청궤진규(啓請跪搢圭)○전하(殿下)○궤진규(跪搢圭)○재위자(在位者)○개궤(皆跪)○찬자역창(贊者亦唱)○근시일인(近侍一人)○봉향합(捧香合)○일인(一人)○봉향로(捧香爐)○궤진(跪進)○예의사(禮儀使)○계청삼상향(啓請三上香)○근시(近侍)○전로우신위전(奠爐于神位前)○근시(近侍)○이폐비수진폐작주관(以幣篚授進幣爵酒官)○진폐작주관(進幣爵酒官)○봉폐궤진(捧幣跪進)○예의사계(禮儀使啓)○청집폐헌폐(請執幣獻幣)○이폐수전폐작주관(以幣授奠幣爵酒官)○전우신위전(奠于神位前)○진향(進香)○진폐재서동향(進幣在西東向)○전로(奠爐)○전폐재동서향(奠幣在東西向)○진작(進爵)○전작준차(奠爵準此)○예의사(禮儀使)○계청집규부복흥평신(啓請執圭俯伏興平身)○전하(殿下)○집규부복흥평신(執圭俯伏興平身)○재위자(在位者)○개부복흥평신(皆俯伏興平身)○찬자역창(贊者亦唱)

도전하(導殿下)○예후토씨신위전(詣后土氏神位前)○서향립(西向立)○계청궤진규(啓請跪搢圭)○전하궤진규(殿下跪搢圭)○재위자개궤(在位者皆跪)○찬자역창(贊者亦唱)○근시일인(近侍一人)○봉향합(捧香合)○일인(一人)○봉향로(捧香爐)○궤진(跪進)○예의사(禮儀使)○계청삼상향(啓請三上香)○근시(近侍)○전로우신위전(奠爐于神位前)○근시(近侍)○이폐비수진폐작주관(以幣篚授進幣爵酒官)○진폐작주관(進幣爵酒官)○봉폐궤진(捧幣跪進)○예의사(禮儀使)○계청집폐헌폐(啓請執幣獻幣)○이폐수전폐작주관(以幣授奠幣爵酒官)○전우신위전(奠于神位前)○진향(進香)○진폐(進幣)○재북남향(在北南向)○전로(奠爐)○전폐(奠幣)○재남북향(在南北向)○진작전작준차(進爵奠爵準此)○예의사(禮儀使)○계청집규부복흥평신(啓請執圭俯伏興平身)○전하(殿下)○집규부복흥평신(執圭俯伏興平身)○재위자(在位者)

○개부복흥평신(皆俯伏興平身)○찬자역창(贊者亦唱)○등가지(登歌止)○례의사(禮儀使)○도전하(導殿下)○강자북폐(降自北陛)○예국직단(詣國稷壇)○상향전폐(上香奠幣)○병여상의흘(並如上儀訖)○진폐작주관(進幣爵酒官)○전폐작주관(奠幣爵酒官)○개강복위(皆降復位)○예의사(禮儀使)○도전하(導殿下)○강자북폐(降自北陛)○복위(復位)

●진숙(進熟)

전하(殿下)○기승전폐(旣升奠幣)○찬인(贊引)○인전사관출(引典祀官出)○수진찬자예주(帥進饌者詣廚)○이비승우우확(以匕升牛于鑊)○실우일정(實于一鼎)○차승양(次升羊)○실우일정(實于一鼎)○차승시(次升豕)○실우일정(實于一鼎)○매위우양시각일정(每位牛羊豕各一鼎)○개설경멱(皆設扃羃)○축사(祝史)○대거(對擧)○입설어찬만내(入設於饌幔內)○알자(謁者)○인천조관(引薦俎官)○출예찬소(出詣饌所)○봉조관(捧俎官)○수지(隨之)○사전하전폐흘(俟殿下奠幣訖)○복위(復位)○집례왈(執禮曰)○진찬(進饌)○축사(祝史)○추경(抽扃)○위우정우(委于鼎右)○제멱(除羃)○가비(加匕)○필우정(畢于鼎)○전사관(典祀官)○이비승우(以匕升牛)○실우생갑(實于牲匣)○차승양시(次升羊豕)○각실우생갑(各實于牲匣)○매위(每位)○우양시(牛羊豕)○각일갑(各一匣)

차인천조관(次引薦俎官)○봉국사지조(捧國社之俎)○봉조관(捧俎官)○각봉생갑(各捧牲匣)○전사관(典祀官)○인찬입(引饌入)○국사(國社)○국직지찬(國稷之饌)○입자정문(入自正門)○배위지찬(配位之饌)○입자좌달(入自左闥)○조초입문(俎初入門)○헌가작옹안지악(軒架作雍安之樂)○국사(國社)○국직지찬(國稷之饌)○승자북폐(升自北陛)○배위지찬(配位之饌)○승자서폐(升自西陛)○제대축(諸大祝)○영인어단상(迎引於壇上)○천조관(薦俎官)○예국사신위전(詣國社神位前)○남향궤전(南向跪奠)○선천우(先薦牛)○차천양(次薦羊)○차천시(次薦豕)○제대축조전(諸大祝助奠)○전흘(奠訖)○계생갑개(啓牲匣蓋)

차예후토씨신위전(次詣后土氏神位前)○서향궤전(西向跪奠)○선천우(先薦牛)○차천양(次薦羊)○차천시(次薦豕)○제대축조전(諸大祝助奠)○전흘(奠訖)○계생갑개(啓牲匣蓋)○천조관(薦俎官)○강자서폐(降自西陛)○예국직단(詣國稷壇)○승전(升奠)○병여상의흘(並如上儀訖)○악지(樂止)○알자(謁者)○인천조관이하(引薦俎官以下)○강자서폐(降自西陛)○복위(復位)○제대축(諸大祝)○환존소(還尊所)

알자(謁者)○인진폐작주관(引進幣爵酒官)○전폐작주관(奠幣爵酒官)○예국사존소(詣國社尊所)○남향립(南向立)○집례왈(執禮曰)○예의사도전하행초헌례(禮儀使導殿下行初獻禮)○예의사(禮儀使)○도전하(導殿下)○예국사존소(詣國社尊所)○동향립(東向立)○등가작수안지악(登歌作壽安之樂)○열문지무작(烈文之舞作)○집존자(執尊者)○거멱(擧羃)○진폐작주관(進幣爵酒官)○작례제(酌醴齊)○근시(近侍)○이작수주(以爵受酒)

예의사(禮儀使)○도전하(導殿下)○승자북폐(升自北陛)○예신위전(詣神位前)○남향립(南向立)○계청궤진규(啓請跪搢圭)○전하궤진규(殿下跪搢圭)○재위자개궤(在位者皆跪)○찬자역창(贊者亦唱)○근시(近侍)○이작수진폐작주관(以爵授進幣爵酒官)○진폐작주관(進幣爵酒官)○봉작궤진(捧爵跪進)○예의사(禮儀使)○계청집작헌작(啓請執爵獻爵)○이작수전폐작주관(以爵授奠幣爵酒官)○전우신위전(奠于神位前)○예의사(禮儀使)○계청집규부복흥소퇴남향궤(啓請執圭俯伏興少退南向跪)○악지(樂止)○대축(大祝)○진신위지우(進神位之右)○서향궤(西向跪)○독축문흘(讀祝文訖)○악작(樂作)○예의사(禮儀使)○계청부복흥평신(啓請俯伏興平身)○전하부복흥평신(殿下俯伏興平身)○재위자(在位者)○개부복흥평신(皆俯伏興平身)○찬자역창(贊者亦唱)○악지(樂止)

예의사(禮儀使)○도전하(導殿下)○강자북폐(降自北陛)○예후토씨존소(詣后土氏尊所)○동향립(東向立)○악작(樂作)○집존자(執尊者)○거멱(擧羃)○진폐작주관(進幣爵酒官)○작례제(酌醴齊)○근시(近侍)○이작수주(以爵受酒)○예의사(禮儀使)○도전하(導殿下)○승자북폐(升自北陛)○예신위전(詣神位前)○서향립(西向立)○계청궤진규(啓請跪搢圭)○전하궤진규(殿下跪搢圭)○재위자개궤(在位者皆跪)○찬자역창(贊者亦唱)○근시(近侍)○이작수진폐작주관(以爵授進幣爵酒官)○진폐작주관(進幣爵酒官)○봉작궤진(捧爵跪進)○예의사(禮儀使)○계청집작헌작(啓請執爵獻爵)○이작수전폐작주관(以爵授奠幣爵酒官)○전우신위전(奠于神位前)○예의사(禮儀使)○계청집규부복흥소퇴서향궤(啓請執圭俯伏興少退西向跪)○악지(樂止)○대축(大祝)○진신위지우(進神位之右)○북향궤

(北向跪)○독축문흘(讀祝文訖)○악작(樂作)○예의사(禮儀使)○계청부복흥평신(啓請俯伏興平身)○전하부복흥평신(殿下俯伏興平身)○재위자(在位者)○개부복흥평신(皆俯伏興平身)○찬자역창(贊者亦唱)○악지(樂止)○예의사(禮儀使)○도전하(導殿下)○강자북폐(降自北陛)○예국직단(詣國稷壇)○승헌(升獻)○병여상의흘(並如上儀訖)○진폐작주관(進幣爵酒官)○전폐작주관(奠幣爵酒官)○개강복위(皆降復位)○예의사(禮儀使)○도전하(導殿下)○강자북폐(降自北陛)○복위(復位)○문무퇴(文舞退)○무무진(武舞進)○헌가작서안지악(軒架作舒安之樂)○무자립정(舞者立定)○악지(樂止)

초전하장복위(初殿下將復位)○집례왈(執禮曰)○행아헌례(行亞獻禮)○봉례(奉禮)○인아헌관(引亞獻官)○예관세위(詣盥洗位)○남향립(南向立)○찬진규(贊搢圭)○아헌관(亞獻官)○관수세수(盥手帨手)○흘(訖)○찬집규(贊執圭)○인예국사존소(引詣國社尊所)○동향립(東向立)○헌가작수안지악(軒架作壽安之樂)○소무지무작(昭武之舞作)○집존자(執尊者)○거멱(擧冪)○작앙제(酌盎齊)○집사자(執事者)○이작수주(以爵受酒)○봉례(奉禮)○인아헌관(引亞獻官)○승자서폐(升自西陛)○예신위전(詣神位前)○남향립(南向立)○찬궤진규(贊跪搢圭)○집사자(執事者)○이작수아헌관(以爵授亞獻官)○아헌관(亞獻官)○집작헌작(執爵獻爵)○이작수집사자(以爵授執事者)○전우신위전(奠于神位前)○봉례(奉禮)○찬집규부복흥평신(贊執圭俯伏興平身)

인아헌관(引亞獻官)○강자서폐(降自西陛)○예후토씨존소(詣后土氏尊所)○동향립(東向立)○집존자(執尊者)○거멱(擧冪)○작앙제(酌盎齊)○집사자(執事者)○이작수주(以爵受酒)○봉례(奉禮)○인아헌관(引亞獻官)○승자서폐(升自西陛)○예신위전(詣神位前)○서향립(西向立)○찬궤진규(贊跪搢圭)○집사자(執事者)○이작수아헌관(以爵授亞獻官)○아헌관(亞獻官)○집작헌작(執爵獻爵)○이작수집사자(以爵授執事者)○전우신위전(奠于神位前)○봉례(奉禮)○찬집규부복흥평신(贊執圭俯伏興平身)○인아헌관(引亞獻官)○강자서폐(降自西陛)○예국직단(詣國稷壇)○승헌(升獻)○병여상의흘(並如上儀訖)○악지(樂止)○인강복위(引降復位)

아헌관헌장필(亞獻官獻將畢)○집례왈(執禮曰)○행종헌례(行終獻禮)○알자(謁者)○인종헌관(引終獻官)○행례(行禮)○병여아헌의흘(並如亞獻儀訖)○인강복위(引降復位)

알자(謁者)○인진폐작주관(引進幣爵酒官)○천조관(薦俎官)○승자서폐(升自西陛)○예음복위(詣飲福位)○동향립(東向立)○대축(大祝)○각예국사(各詣國社)○국직존소(國稷尊所)○이작작상존복주(以爵酌上尊福酒)○합치일작(合置一爵)○우대축(又大祝)○지조진(持俎進)○감국사(減國社)○국직신위전조육(國稷神位前胙肉)○합치일조(合置一俎)○집례왈(執禮曰)○예의사도전하예음복위(禮儀使導殿下詣飲福位)○예의사(禮儀使)○도전하(導殿下)○승자북폐(升自北陛)○예음복위(詣飲福位)○남향립(南向立)○대축(大祝)○이작수진폐작주관(以爵授進幣爵酒官)○진폐작주관(進幣爵酒官)○봉작(捧爵)○동향궤진(東向跪進)○예의사(禮儀使)○계청궤진규(啓請跪搢圭)○전하궤진규(殿下跪搢圭)○재위자개궤(在位者皆跪)○찬자역창(贊者亦唱)○전하(殿下)○수작음흘(受爵飲訖)○진폐작주관(進幣爵酒官)○수허작(受虛爵)○이수대축(以授大祝)○대축(大祝)○수복어점(受復於坫)○대축(大祝)○이조수천조관(以俎授薦俎官)○천조관(薦俎官)○봉조(捧俎)○동향궤진(東向跪進)○예의사(禮儀使)○계청수조(啓請受俎)○전하(殿下)○수조이수근시(受俎以授近侍)○근시(近侍)○봉조(捧俎)○강자북폐출문(降自北陛出門)○수사옹원관(授司饔院官)○진폐작주관(進幣爵酒官)○천조관(薦俎官)○강복위(降復位)○예의사(禮儀使)○계청집규부복흥평신(啓請執圭俯伏興平身)○전하(殿下)○집규부복흥평신(執圭俯伏興平身)○재위자(在位者)○개부복흥평신(皆俯伏興平身)○찬자역창(贊者亦唱)○도전하(導殿下)○강복위(降復位)○집례왈(執禮曰)○사배(四拜)○례의사(禮儀使)○계청사배(啓請四拜)○전하사배(殿下四拜)○재위자(在位者)○개사배(皆四拜)○집례왈(執禮曰)○철변두(徹籩豆)○제대축(諸大祝)○진철변두(進徹籩豆)○철자(徹者)○변두각일(籩豆各一)○소이어고처(少移於故處)○등가작옹안지악(登歌作雍安之樂)○철흘(徹訖)○악지(樂止)○헌가작순안지악(軒架作順安之樂)○집례왈(執禮曰)○사배(四拜)○예의사(禮儀使)○계청사배(啓請四拜)○전하사배(殿下四拜)○재위자(在位者)○개사배(皆四拜)○악일성지(樂一成止)○예의사(禮儀使)○궤계례필(跪啓禮畢)○도전하(導殿下)○환대차(還大次)○출문(出門)○예의사(禮儀使)○계청석규(啓請釋圭)○근시(近侍)○궤수규(跪受圭)○산선(繖扇)○시위여상의(侍衛如常儀)○전하(殿下)○입대차(入大次)○석면복(釋冕服)

집례왈(執禮曰)○망예(望瘞)○봉례(奉禮)○인아헌관(引亞獻官)○예망예위(詣望瘞位)○북향립(北向立)○집례(執禮)○수찬자(帥贊者)○예망예위(詣望瘞位)○동향립(東向立)○제대축(諸大祝)○취서(取黍)○직반(稷飯)○자용백모속지(藉用白茅束之)○이비취축판급폐(以篚取祝版及幣)○각유기폐강단(各由其陛降壇)○치어감(置於坎)○집례왈(執禮曰)○가예(可瘞)○치토반감(寘土半坎)○단사감시(壇司監視)○봉례(奉禮)○인아헌관(引亞獻官)○알자(謁者)○찬인(贊引)○각인제제관출(各引諸祭官出)○집례(執禮)○수찬자(帥贊者)○환본위(還本位)○인의(引儀)○분인배제관(分引陪祭官)○이차출(以次出)○찬인(贊引)○인감찰급제집사(引監察及諸執事)○구복현남배위(俱復懸南拜位)○입정(立定)○집례왈(執禮曰)○사배(四拜)○감찰이하(監察以下)○개사배흘(皆四拜訖)○찬인(贊引)○이차인출(以次引出)○전악(典樂)○수공인이무출(帥工人二舞出)○집례(執禮)○수찬자(帥贊者)○알자(謁者)○찬인(贊引)○취현남배위(就懸南拜位)○사배이출(四拜而出)○전사관(典祀官)○단사(壇司)○각수기속(各帥其屬)○장신위판(藏神位版)○철례찬(徹禮饌)○이강내퇴(以降乃退)

●거가환궁(車駕還宮) ○견서례(見序例)
●환궁후칭하여의(還宮後稱賀如儀) ○견가례(見嘉禮)

춘추급랍제사직섭사의 (春秋及臘祭社稷攝事儀)

●시일(時日) ○견서례(見序例)
●재계(齊戒) ○견서례(見序例)
●진설(陳設)

전제이일(前祭二日)○단사(壇司)○수기속(帥其屬)○소제단지내외(掃除壇之內外)○전설사(典設司)○설찬만어서문지외(設饌幔於西門之外)

전일일(前一日)○전악(典樂)○수기속(帥其屬)○설등가지악어단북(設登歌之樂於壇北)○헌가어북문내(軒架於北門內)○구남향(俱南向)○전사관(典祀官)○단사(壇司)○각수기속(各帥其屬)○설국사(設國社)○국직신좌각어단상남방북향(國稷神座各於壇上南方北向)○후토씨신좌어국사신좌지좌(后土氏神座於國社神座之左)○후직씨신좌어국직신좌지좌(后稷氏神座於國稷神座之左)○구동향(俱東向)○석개이완(席皆以莞)

집례(執禮)○설초헌관위어북문내도서남향(設初獻官位於北門內道西南向)○음복위어국직단상신좌지동북남향(飲福位於國稷壇上神座之東北南向)○설아헌관(設亞獻官)○종헌관(終獻官)○천조관위어서문내도북(薦俎官位於西門內道北)○집사자위어기후매등이위(執事者位於其後每等異位)○구중행동향남상(俱重行東向南上)○감찰위어북문내서북우동향(監察位於北門內西北隅東向)○서리배기후(書吏陪其後)

집례위이(執禮位二)○일어북유문내(一於北壝門內)○일어북유문외(一於北壝門外)○구근서동향(俱近西東向)○찬자(贊者)○알자(謁者)○찬인위어유문외집례지후초북(贊引位於壝門外執禮之後稍北)○동향남상(東向南上)○협률랑위어국사단하근동서향(協律郎位於國社壇下近東西向)○전악위어헌현지남남향(典樂位於軒懸之南南向)

설제제관문외위어서문외도북(設諸祭官門外位於西門外道北)○매등이위(每等異位)○중행남향동상(重行南向東上)○설망예위어예감지남(設望瘞位於瘞坎之南)○초헌관재남북향(初獻官在南北向)○집례(執禮)○찬자(贊者)○대축재서(大祝在西)○중행동향북상(重行東向北上)

제일미행사전(祭日未行事前)○전사관(典祀官)○단사(壇司)○각수기속입(各帥其屬入)○전축판각일어신위지우(奠祝版各一於神位之右)○각유점(各有坫)○진폐비각일어존소(陳幣篚各一於尊所)○설향로(設香爐)○향합병촉어신위전(香合幷燭於神位前)○차제기여식(次祭器如式)○견서례(見序例)○설복주작(設福酒爵)○유점(有坫)○조육조각일어국사(胙肉俎各一於國社)○국직존소(國稷尊所)○우설국사조일어찬만내(又設國社俎一於饌幔內)○설세어북유문외서북남향(設洗於北壝門外西北南向)○관세재서(盥洗在西)○작세재동(爵洗在東)○뢰재세서(罍在洗西)○가작(加勺)○비재세동북사(篚在洗東北肆)○실이건(實以巾)○약작세지비(若爵洗之篚)○칙우실이작(則又實以爵)○유점(有坫)○제집사관세어헌관세서북남향(諸執事盥洗於獻官洗西北南向)○집존뢰비멱자위어존뢰비멱지후(執尊罍篚羃者位於尊罍篚羃之後)

●전향축(傳香祝)○견서례(見序例)
●성생기(省牲器)○견서례(見序例)

●전폐(奠幣)

제일축전오각(祭日丑前五刻)○축전오각(丑前五刻)○즉삼경삼점(卽三更三點)○행사용축시일각(行事用丑時一刻)○전사관(典祀官)○단사(壇司)○입실찬구필(入實饌具畢)○퇴취차(退就次)○복기복승(服其服升)○설국사(設國社)○후토씨(后土氏)○국직(國稷)○후직씨신위판어좌(后稷氏神位版於座)○찬인(贊引)○인감찰(引監察)○예국사단(詣國社壇)○승자서폐(升自西陛)○제집사승강(諸執事升降)○개자서폐(皆自西陛)○안시단지상하(按視壇之上下)○규찰부여의자(糾察不如儀者)○예국직단(詣國稷壇)○역여지(亦如之)○환출(還出)

전삼각(前三刻)○제제관(諸祭官)○각복기복(各服其服)○집례(執禮)○수찬자(帥贊者)○알자(謁者)○찬인(贊引)○입자서문(入自西門)○선취현남배위(先就懸南拜位)○중행남향동상(重行南向東上)○사배흘(四拜訖)○각취위(各就位)○전악(典樂)○수공인(帥工人)○이무(二舞)○입취위(入就位)○문무입진어현남(文舞入陳於懸南)○무무립어현북도동(武舞立於懸北道東)○알자(謁者)○찬인(贊引)○각인제제관(各引祭諸官)○구취문외위(俱就門外位)

전일각(前一刻)○찬인(贊引)○인감찰(引監察)○전사관(典祀官)○대축(大祝)○축사(祝史)○재랑(齊郞)○단사(壇司)○협률랑(協律郞)○봉조관(捧俎官)○입취현남배위(入就懸南拜位)○중행남향동상(重行南向東上)○입정(立定)○집례왈(執禮曰)○사배(四拜)○찬자전창(贊者傳唱)○범집례유사(凡執禮有辭)○찬자개전창(贊者皆傳唱)○감찰이하(監察以下)○개사배흘(皆四拜訖)○찬인(贊引)○인감찰취위(引監察就位)○인제집사(引諸執事)○예관세위관세흘(詣盥洗位盥帨訖)○각취위(各就位)○재랑(齊郞)○예작세위(詣爵洗位)○세작식작흘(洗爵拭爵訖)○치어비(置於篚)○봉예존소(捧詣尊所)○치어점상(置於坫上)

알자(謁者)○인초헌관(引初獻官)○찬인(贊引)○인아헌관(引亞獻官)○종헌관(終獻官)○천조관(薦俎官)○입취위(入就位)○알자(謁者)○진초헌관지좌(進初獻官之左)○백유사근구청행사(白有司謹具請行事)○퇴복위(退復位)○집례왈(執禮曰)○예모혈(瘞毛血)○대축각예모혈어감(大祝各瘞毛血於坎)○협률랑궤부복거휘흥(協律郞跪俯伏擧麾興)○공고축(工鼓祝)○헌가작순안지악(軒架作順安之樂)○열문지무작(烈文之舞作)○악칠성(樂七成)○집례왈(執禮曰)○사배(四拜)○재위자(在位者)○개사배(皆四拜)○선배자(先拜者)○부배(不拜)○악팔성(樂八成)○협률랑거휘(協律郞擧麾)○공알어(工戛敔)○악지(樂止)

집례왈(執禮曰)○행전폐례(行奠幣禮)○알자(謁者)○인초헌관(引初獻官)○예관세위남향립(詣盥洗位南向立)○찬진홀(贊搢笏)○초헌관(初獻官)○관수세수흘(盥手帨手訖)○찬집홀(贊執笏)○인예국사단(引詣國社壇)○승자북폐(升自北陛)○등가작숙안지악(登歌作肅安之樂)○렬문지무작(烈文之舞作)○예국사신위전(詣國社神位前)○남향립(南向立)○찬궤진홀(贊跪搢笏)○집사자일인(執事者一人)○봉향합(捧香合)○일인(一人)○봉향로(捧香爐)○궤진(跪進)○알자(謁者)○찬삼상향(贊三上香)○집사자(執事者)○전로우신위전(奠爐于神位前)○대축(大祝)○이폐비수초헌관(以幣篚授初獻官)○초헌관(初獻官)○집폐헌폐(執幣獻幣)○이폐수대축(以幣授大祝)○전우신위전(奠于神位前)○범봉향(凡捧香)○수폐(授幣)○개재헌관지우(皆在獻官之右)○전로(奠爐)○전폐(奠幣)○개재헌관지좌(皆在獻官之左)○수작(授爵)○전작준차(奠爵准此)

알자(謁者)○찬집홀부복흥평신(贊執笏俯伏興平身)○인예후토씨신위전(引詣后土氏神位前)○서향립(西向立)○찬궤진홀(贊跪搢笏)○집사자일인(執事者一人)○봉향합(捧香合)○일인(一人)○봉향로(捧香爐)○궤진(跪進)○알자(謁者)○찬삼상향(贊三上香)○집사자(執事者)○전로우신위전(奠

爐于神位前)○대축(大祝)○이폐수초헌관(以幣授初獻官)○초헌관(初獻官)○집폐헌폐(執幣獻幣)○이폐수대축(以幣授大祝)○전우신위전(奠于神位前)○알자(謁者)○찬집홀부복흥평신(贊執笏俯伏興平身)○등가지(登歌止)○알자(謁者)○인초헌관(引初獻官)○강자북폐(降自北陛)○예국직단(詣國稷壇)○상향전폐(上香奠幣)○병여상의홀(並如上儀訖)○인강복위(引降復位)

●진숙(進熟)

초헌관(初獻官)○기승전폐(旣升奠幣)○찬인(贊引)○인전사관출(引典祀官出)○수진찬자(帥進饌者)○예주(詣廚)○이비승우우확(以匕升牛于鑊)○실우생갑(實于牲匣)○차승양시(次升羊豕)○각실우생갑(各實于牲匣)○매위(每位)○우양시(牛羊豕)○각일갑(各一匣)○입설어찬만내(入設於饌幔內)○알자(謁者)○인천조관(引薦俎官)○출예찬소(出詣饌所)○봉조관(捧俎官)○수지(隨之)○사초헌관전폐홀(俟初獻官奠幣訖)○복위(復位)

집례왈(執禮曰)○진찬(進饌)○알자(謁者)○인천조관(引薦俎官)○봉국사지조(捧國社之俎)○봉조관(捧俎官)○각봉생갑(各捧牲匣)○전사관(典祀官)○인찬입(引饌入)○국사(國社)○국직지찬(國稷之饌)○입자정문(入自正門)○배위지찬(配位之饌)○입자좌달(入自左闥)○조초입문(俎初入門)○헌가작옹안지악(軒架作雍安之樂)○국사국직지찬(國社國稷之饌)○승자북폐(升自北陛)○배위지찬(配位之饌)○승자서폐(升自西陛)○제대축(諸大祝)○영인어단상(迎引於壇上)○천조관(薦俎官)○예국사신위전(詣國社神位前)○남향궤전(南向跪奠)○선천우(先薦牛)○차천양(次薦羊)○차천시(次薦豕)○제대축(諸大祝)○조전(助奠)○전흘(奠訖)○계생갑개(啓牲匣蓋)○차예후토씨신위전(次詣后土氏神位前)○서향궤전(西向跪奠)○선천우(先薦牛)○차천양(次薦羊)○차천시(次薦豕)○제대축(諸大祝)○조전(助奠)○전흘(奠訖)○계생갑개(啓牲匣蓋)○천조관(薦俎官)○강자서폐(降自西陛)○예국직단(詣國稷壇)○봉전(捧奠)○병여상의홀(並如上儀訖)○악지(樂止)○알자(謁者)○인천조관이하(引薦俎官以下)○강자서폐(降自西陛)○복위(復位)○제대사(諸大祀)○환존소(還尊所)

집례왈(執禮曰)○행초헌례(行初獻禮)○알자(謁者)○인초헌관(引初獻官)○예국사존소(詣國社尊所)○동향립(東向立)○등가작수안지악(登歌作壽安之樂)○렬문지무작(烈文之舞作)○집존자(執尊者)○거멱(擧冪)○작례제(酌醴齊)○집사자(執事者)○이작수주(以爵受酒)○알자(謁者)○인초헌관(引初獻官)○승자북폐(升自北陛)○예신위전(詣神位前)○남향립(南向立)○찬궤진홀(贊跪搢笏)○집사자(執事者)○이작수초헌관(以爵授初獻官)○초헌관(初獻官)○집작헌작(執爵獻爵)○이작수집사자(以爵授執事者)○전우신위전(奠于神位前)○알자(謁者)○찬집홀부복흥소퇴남향궤(贊執笏俯伏興少退南向跪)○악지(樂止)○대축(大祝)○진신위지우(進神位之右)○서향궤(西向跪)○독축문홀(讀祝文訖)○악작(樂作)○알자(謁者)○찬부복흥평신(贊俯伏興平身)○악지(樂止)

인초헌관(引初獻官)○강자북폐(降自北陛)○예후토씨존소(詣后土氏尊所)○동향립(東向立)○악작(樂作)○집존자(執尊者)○거멱(擧冪)○작례제(酌醴齊)○집사자(執事者)○이작수주(以爵受酒)○알자(謁者)○인초헌관(引初獻官)○승자북폐(升自北陛)○예신위전(詣神位前)○서향립(西向立)○찬궤진홀(贊跪搢笏)○집사자(執事者)○이작수초헌관(以爵授初獻官)○초헌관(初獻官)○집작헌작(執爵獻爵)○이작수집사자(以爵授執事者)○전우신위전(奠于神位前)○알자(謁者)○찬집홀부복흥소퇴서향궤(贊執笏俯伏興少退西向跪)○악지(樂止)○대축(大祝)○진신위지우(進神位之右)○북향궤(北向跪)○독축문홀(讀祝文訖)○악작(樂作)○알자(謁者)○찬부복흥평신(贊俯伏興平身)○악지(樂止)○알자(謁者)○인초헌관(引初獻官)○강자북폐(降自北陛)○예국직단(詣國稷壇)○승헌(升獻)○병여상의홀(並如上儀訖)○복위(復位)○문무퇴(文舞退)○무무진(武舞進)○헌가작서안지악(軒架作舒安之樂)○무자립정(舞者立定)○악지(樂止)○초초헌관기복위(初初獻官旣復位)

집례왈(執禮曰)○행아헌례(行亞獻禮)○알자(謁者)○인아헌관(引亞獻官)○예관세위(詣盥洗位)○남향립(南向立)○찬진홀(贊搢笏)○아헌관(亞獻官)○관수세수흘(盥手帨手訖)○찬집홀(贊執笏)○인예국사존소(引詣國社尊所)○동향립(東向立)○헌가작수안지악(軒架作壽安之樂)○소무지무작(昭武之舞作)○집존자(執尊者)○거멱(擧冪)○작앙제(酌盎齊)○집사자(執事者)○이작수주(以爵受酒)○알자(謁者)○인아헌관(引亞獻官)○승자서폐(升自西陛)○예신위전(詣神位前)○남향립(南向立)○찬궤진홀(贊跪搢笏)○집사자(執事者)○이작수아헌관(以爵授亞獻官)○아헌관(亞獻官)○집작헌작(執爵獻爵)○이작수집사자(以爵授執事者)○전우신위전(奠于神位前)○알자(謁者)○찬집홀

부복흥평신(贊執笏俯伏興平身)

인아헌관(引亞獻官)○강자서폐(降自西陛)○예후토씨존소(詣后土氏尊所)○동향립(東向立)○집존자(執尊者)○거멱(擧冪)○작앙제(酌盎齊)○집사자(執事者)○이작수주(以爵受酒)○알자(謁者)○인아헌관(引亞獻官)○승자서폐(升自西陛)○예신위전(詣神位前)○서향립(西向立)○찬궤진홀(贊跪搢笏)○집사자(執事者)○이작수아헌관(以爵授亞獻官)○아헌관(亞獻官)○집작헌작(執爵獻爵)○이작수집사자(以爵授執事者)○전우신위전(奠于神位前)○알자(謁者)○찬집홀부복흥평신(贊執笏俯伏興平身)○인아헌관(引亞獻官)○강자서폐(降自西陛)○예국직단(詣國稷壇)○승헌병여상의흘(升獻竝如上儀訖)○악지(樂止)○인강복위(引降復位)

집례왈(執禮曰)○행종헌례(行終獻禮)○알자(謁者)○인종헌관(引終獻官)○행례(行禮)○병여아헌의흘(竝如亞獻儀訖)○인강복위(引降復位)

집례왈(執禮曰)○음복수조(飮福受胙)○대축(大祝)○각예국사(各詣國社)○국직존소(國稷尊所)○이작작뢰복주(以爵酌罍福酒)○합치일작(合置一爵)○우대축(又大祝)○지조진(持俎進)○감국사(減國社)○국직신위전조육(國稷神位前胙肉)○합치일조(合置一俎)

알자(謁者)○인초헌관(引初獻官)○승자북폐(升自北陛)○예음복위(詣飮福位)○남향립(南向立)○찬궤진홀(贊跪搢笏)○대축(大祝)○진초헌관지우동향(進初獻官之右東向)○이작수초헌관(以爵授初獻官)○초헌관(初獻官)○수작음(受爵飮)○졸작(卒爵)○대축(大祝)○진수허작(進受虛爵)○복어점(復於坫)○대축(大祝)○동향이조수초헌관(東向以俎授初獻官)○초헌관(初獻官)○수조(受俎)○이수집사자(以授執事者)○집사자(執事者)○수조(受俎)○강자북폐출문(降自北陛出門)○알자(謁者)○찬집홀부복흥평신(贊執笏俯伏興平身)○인강복위(引降復位)○집례왈(執禮曰)○사배(四拜)○재위자(在位者)○개사배(皆四拜)집례왈(執禮曰)○철변두(徹籩豆)○제대축(諸大祝)○진철변두(進徹籩豆)○철자(徹者)○변두각일(籩豆各一)○소이어고처(少移於故處)○등가작옹안지악(登歌作雍安之樂)○철흘(徹訖)○악지(樂止)○헌가작순안지악(軒架作順安之樂)○집례왈(執禮曰)○사배(四拜)○재위자(在位者)○개사배(皆四拜)○악일성지(樂一成止)

집례왈(執禮曰)○망예(望瘞)○알자(謁者)○인초헌관(引初獻官)○예망예위(詣望瘞位)○북향립(北向立)○집례(執禮)○수찬자(帥贊者)○예망예위(詣望瘞位)○동향립(東向立)○제대축(諸大祝)○취서(取黍)○직반(稷飯)○자용백모속지(藉用白茅束之)○이비취축판급폐(以篚取祝版及幣)○각유기폐강단(各由其陛降壇)○치어감(置於坎)○집례왈(執禮曰)○가예(可瘞)○치토반감(置土半坎)○단사감시(壇司監視)○알자(謁者)○진초헌관지좌(進初獻官之左)○백례필(白禮畢)○알자(謁者)○찬인(贊引)○각인초헌관이하(各引初獻官以下)○이차출(以次出)○집례(執禮)○수찬자(帥贊者)○환본위(還本位)○찬인(贊引)○인감찰급제집사(引監察及諸執事)○구복현남배위(俱復懸南拜位)○입정(立定)○집례왈(執禮曰)○사배(四拜)○감찰이하(監察以下)○개사배흘(皆四拜訖)○찬인(贊引)○이차인출(以次引出)○전악(典樂)○수공인(帥工人)○이무출(二舞出)○집례(執禮)○수찬자(帥贊者)○알자(謁者)○찬인(贊引)○취현남배위(就懸南拜位)○사배이출(四拜而出)○전사관(典祀官)○단사(壇司)○각수기속(各帥其屬)○장신위판(藏神位版)○철례찬(徹禮饌)○이강내퇴(以降乃退)

기고사직의(祈告社稷儀)

○보사동(報祀同)○유음복수조(唯飮福受胙)

●재계(齊戒) ○견서례(見序例)

●진설(陳設)

전일일(前一日)○단사(壇司)○수기속(帥其屬)○소제단지내외(掃除壇之內外)○전사관(典祀官)○단사(壇司)○각수기속(各帥其屬)○설국사(設國社)○국직신좌각어단상남방북향(國稷神座各於壇上南方北向)○후토씨신좌어국사신좌지좌(后土氏神座於國社神座之左)○후직씨신좌어국직신좌지좌(后稷氏神座於國稷神座之左)○구동향(俱東向)○석개이완(席皆以莞)○찬자(贊者)○설헌관위어북문내도서남향(設獻官位於北門內道西南向)○집사자위어서문내도북(執事者位於西門內道北)○매등이위(每等異位)○중행동향남상(重行東向南上)○감찰위어북문내서북우동향(監察位於北門內西北隅東向)○서리배기후(書吏陪其後)○찬자(贊者)○알자위어북유문외근서동향(謁者位於北壝門外近西東向)○설제기관문외위어서문외도북(設諸祈官門外位於西門外道北)○매등이위(每等異位)○중행남향동상(重行南向東上)○설망예위어예감지남(設望瘞位於瘞坎之南)○헌관(獻官)○재남북향(在南北向)○대축(大祝)○찬자(贊者)○재서동향북상(在西東向北上)

기일미행사전(祈日未行事前)○전사관(典祀官)○단사(壇司)○각수기속입(各帥其屬入)○전축판각일어신위지우(奠祝版各一於神位之右)○각유점(各有坫)○진폐비각일어존소(陳幣篚各一於尊所)○설향로(設香爐)○향합병촉어신위전(香合幷燭於神位前)○차설(次設)

제기여식(祭器如式)○견서례(見序例)○설세어북유문외서북남향(設洗於北壝門外西北南向)○관세재서(盥洗在西)○작세재동(爵洗在東)○뇌재세서(罍在洗西)○가작(加勺)○비재세동북사(篚在洗東北肆)○실이건(實以巾)○약세작세지비칙(若爵洗之篚則)○우설이작(又實以爵)○유점(有坫)○제집사관세어헌관세서북남향(諸執事盥洗於獻官洗西北南向)○집존뢰비멱자위어존뢰비멱지후(執尊罍篚羃者位於尊罍篚羃之後)

●행례(行禮)

기일축전오각(祈日丑前五刻)○축전오각(丑前五刻)○즉삼경삼점(卽三更三點)○행사용축시일각(行事用丑時一刻)○전사관(典祀官)○단사(壇司)○입실찬구필(入實饌具畢)○퇴취차(退就次)○복기복승(服其服升)○설국사(設國社)○후토씨(后土氏)○국직(國稷)○후직씨신위판어좌(后稷氏神位版於座)

전삼각(前三刻)○제기관(諸祈官)○각복기복(各服其服)○찬자(贊者)○알자(謁者)○입자서문(入自西門)○선취단북배위(先就壇北拜位)○남향동상(南向東上)○사배흘(四拜訖)○취위(就位)○알자(謁者)○인제기관(引諸祈官)○취서문외위(就西門外位)

전일각(前一刻)○알자(謁者)○인감찰(引監察)○전사관(典祀官)○대축(大祝)○축사(祝史)○제랑(齊郎)○단사(壇司)○입취단북배위(入就壇北拜位)○중행남향동상(重行南向東上)○립정(立定)○찬자왈(贊者曰)○사배(四拜)○감찰이하(監察以下)○개사배흘(皆四拜訖)○알자(謁者)○인감찰취위(引監察就位)○인제집사(引諸執事)○예관세위(詣盥洗位)○관세흘(盥帨訖)○각취위(各就位)○제집사승강(諸執事升降)○개자서폐(皆自西陛)○제랑(齊郎)○예작세위(詣爵洗位)○세작식작흘(洗爵拭爵訖)○치어비(置於篚)○봉예존소(捧詣尊所)○치어점상(置於坫上)○알자(謁者)○인헌관(引獻官)○입취위(入就位)○알자(謁者)○진헌관지좌(進獻官之左)○백유사근구청행사(白有司謹具請行事)○퇴복위(退復位)○찬자왈(贊者曰)○사배(四拜)○헌관사배(獻官四拜)

찬자왈(贊者曰)○행전폐례(行奠幣禮)○알자(謁者)○인헌관예관세위(引獻官詣盥洗位)○남향립(南向立)○찬진홀(贊搢笏)○헌관(獻官)○관수세수흘(盥手帨手訖)○찬집홀(贊執笏)○인예국사단(引詣國社壇)○승자북폐(升自北陛)○예국사신위전(詣國社神位前)○남향립(南向立)○찬궤진홀(贊跪搢笏)○집사자일인(執事者一人)○봉향합(捧香合)○일인(一人)○봉향로(捧香爐)○궤진(跪進)○알자(謁者)○찬삼상향(贊三上香)○집사자(執事者)○전로우신위전(奠爐于神位前)○대축(大祝)○이폐비수헌관(以幣篚授獻官)○헌관(獻官)○집폐헌폐(執幣獻幣)○이폐수대축(以幣授大祝)○전우신위전(奠于神位前)○범봉향(凡捧香)○수폐(授幣)○개재헌관지우(皆在獻官之右)○전로(奠爐)○전폐(奠幣)○개재헌관지좌(皆在獻官之左)○수작(受爵)○전작준차(奠爵准此)○알자(謁者)○찬집홀부복흥평신(贊執笏俯伏興平身)○인예후토씨신위전(引詣后土氏神位前)○서향립(西向立)○찬궤진홀(贊跪搢笏)○집사자일인(執事者一人)○봉향합(捧香合)○일인(一人)○봉향로(捧香爐)○궤진(跪進)○알자(謁者)○찬삼상향(贊三上香)○집사자(執事者)○전로우신위전(奠爐于神位前)○대축(大祝)○이폐비수헌관(以幣篚授獻官)○헌관(獻官)○집폐헌폐(執幣獻幣)○이폐수대축(以幣授大祝)○전우신위전(奠于神位前)○알자(謁者)○찬집홀부복흥평신(贊執笏俯伏興平身)○인헌관(引獻官)○강자북폐(降自北陛)○예국직단(詣國稷壇)○상향전폐(上香奠幣)○병여상의흘(並如上儀訖)○인강복위(引降復位)

찬자왈(贊者曰)○행작헌례(行酌獻禮)○알자(謁者)○인헌관(引獻官)○예국사존소(詣國社尊所)○동향립(東向立)○집존자(執尊者)○거멱작주(擧羃酌酒)○집사자(執事者)○이작수주(以爵受酒)○알자(謁者)○인헌관(引獻官)○승자북폐(升自北陛)○예신위전(詣神位前)○남향립(南向立)○찬궤진홀(搢笏)○집사자(執事者)○이작수헌관(以爵授獻官)○헌관(獻官)○집작헌작(執爵獻爵)○이작수집사자(以爵授執事者)○전우신위전(奠于神位前)○알자(謁者)○찬집홀부복흥소퇴남향궤(贊執笏俯伏興少退南向跪)○대축(大祝)○진신위지우(進神位之右)○서향궤(西向跪)○독축문흘(讀祝文訖)○알자(謁者)○찬부복흥평신(贊俯伏興平身)○인헌관(引獻官)○강자북폐(降自北陛)○예후토씨존소(詣后土氏尊所)○동향립(東向立)○집존자(執尊者)○거멱작주(擧冪酌酒)○집사자(執事者)○이작수주(以爵受酒)○알자(謁者)○인헌관(引獻官)○승자북폐(升自北陛)○예신위전(詣神位前)○서향립(西向立)○찬궤진홀(贊跪搢笏)○집사자(執事者)○이작수헌관(以爵授獻官)○헌관(獻官)집작헌작(執爵獻爵)○이작수집사자(以爵授執事者)○전우신위전(奠于神位前)○알자(謁者)○찬집홀부복흥소퇴서향궤(贊執笏俯伏興少退西向跪)○대축(大祝)○진신위지우(進神位之右)○북향궤(北向跪)○독축문흘(讀祝文訖)○알자(謁者)○찬부복흥평신(贊俯伏興平身)○인헌관(引獻官)○강자북폐(降自北陛)○예국직단(詣國稷壇)○승헌(升獻)○병여상의흘(並如上儀訖)○인강복위(引降復位)

대축(大祝)○진철변두(進徹籩豆)○철자(徹者)○변두각일(籩豆各一)○소이어고처(少移於故處)○찬자왈(贊者曰)○사배(四拜)○헌관사배(獻官四拜)○알자(謁者)○인헌관(引獻官)○예망예위(詣望瘞位)○북향립(北向立)○찬자(贊者)○예망예위(詣望瘞位)○동향립(東向立)○대축(大祝)○이비취축판급폐(以篚取祝版及幣)○각유기폐강단(各由其陛降壇)○치어감(置於坎)○찬자왈(贊者曰)○가예(可瘞)○치토반감(置土半坎)○알자(謁者)○진헌관지좌(進獻官之左)○백례필(白禮畢)○수인헌관출(遂引獻官出)○찬자(贊者)○환본위(還本位)○알자(謁者)○인감찰급제집사(引監察及諸執事)○구복단북배위(俱復壇北拜位)○립정(立定)○찬자왈(贊者曰)○사배(四拜)○감찰이하(監察以下)○개사배흘(皆四拜訖)○알자(謁者)○이차인출(以次引出)○찬자(贊者)○알자(謁者)○취단북배위(就壇北拜位)○사배이출(四拜而出)○전사관(典祀官)○단사(壇司)○각수기속(各帥其屬)○장신위판(藏神位版)○철례찬(徹禮饌)○이강내퇴(以降乃退)

주현춘추제사직의(州縣春秋祭社稷儀)

●**시일(時日)** ○견서례(見序例)
●**재계(齊戒)** ○견서례(見序例)

●진설(陳設)

전제일일(前祭一日)○유사(有司)○소제단지내외(掃除壇之內外)○설제제관차(設諸祭官次)○우설찬만(又設饌幔)○개어서문외(皆於西門外)○수지지의(隨地之宜)○설모사(設某社)○주칙(州則)○칭주사(稱州社)○부군현준차(府郡縣准此)○신좌어단상남방근동북향(神座於壇上南方近東北向)○설모직(設某稷)○주칙(州則)○칭주직(稱州稷)○부군현준차(府郡縣准此)○신좌어단남방근서북향(神座於壇南方近西北向)○석개이완(席皆以莞)○찬자(贊者)○설헌관위어북문내도서남향(設獻官位於北門內道西南向)○음복위어단상북폐지동남향(飮福位於壇上北陛之東南向)○제집사위어서문내도북동향남상(諸執事位於西門內道北東向南上)○찬자(贊者)○알자위어제집사동북(謁者位於諸執事東北)○구동향남상(俱東向南上)○설헌관이하문외위어서문외도북(設獻官以下門外位於西門外道北)○매등이위(每等異位)○중행남향동상(重行南向東上)○설망예위어예감지남(設望瘞位於瘞坎之南)○헌관(獻官)○재남북향(在南北向)○축급찬자(祝及贊者)○재서동향북상(在西東向北上)

제일미행사전(祭日未行事前)○장찬자(掌饌者)○솔기속입(帥其屬入)○전축판어신위지우(奠祝版於神位之右)○유점(有坫)○진폐(陳幣)비어존소(篚於尊所)○설향로(設香爐)○향합병촉어신위전(香合幷燭於神位前)○차설제기여식(次設祭器如式)○견서례(見序例)○설복주작(設福酒爵)○유점(有坫)○조육조각일어존소(胙肉俎各一於尊所)○설세어단하서북남향(設洗於壇下西北南向)○관세재서(盥洗在西)○작세재동(爵洗在東)○뇌재세서(罍在洗西)○가작(加勺)○비재세동북사(篚在洗東北肆)○실이건작(實以巾爵)○제집사관세어헌관세서북남향(諸執事盥洗於獻官洗西北南向)○집존뢰비멱자위어존뢰비멱지후(執尊罍篚冪者位於尊罍篚冪之後)

●성생기(省牲器) ○견서례(見序例)

●행례(行禮)

제일축전오각(祭日丑前五刻) ○축전오각(丑前五刻) ○즉삼경삼점(卽三更三點) ○행사용축시일각(行事用丑時一刻) ○장찬자(掌饌者) ○입실찬구필(入實饌具畢) ○퇴취차(退就次) ○복기복승(服其服升) ○설사직신위판어좌(設社稷神位版於座)

전삼각(前三刻) ○헌관급제집사(獻官及諸執事) ○각복기복(各服其服) ○찬자(贊者) ○알자(謁者) ○선취단북배위(先就壇北拜位) ○남향동상(南向東上) ○사배흘(四拜訖) ○취위(就位) ○알자(謁者) ○인헌관이하(引獻官以下) ○구취서문외위(俱就西門外位)전일각(前一刻) ○알자(謁者) ○인축급제집사(引祝及諸執事) ○입취단북배위(入就壇北拜位) ○남향동상(南向東上) ○립정(立定) ○찬자왈(贊者曰) ○사배(四拜) ○축이하(祝以下) ○개사배흘(皆四拜訖) ○예관세위(詣盥洗位) ○관세흘(盥帨訖) ○각취위(各就位) ○제집사사승강(諸執事升降) ○개자서폐(皆自西陛) ○집사자(執事者) ○예작세위(詣爵洗位) ○세작식작흘(洗爵拭爵訖) ○치어비(置於篚) ○봉예존소(捧詣尊所) ○치어점상(置於坫上) ○알자(謁者) ○인헌관(引獻官) ○입취위(入就位) ○알자(謁者) ○진헌관지좌(進獻官之左) ○백유사근구청행사(白有司謹具請行事) ○퇴복위(退復位) ○찬자왈(贊者曰) ○예모혈(瘞毛血) ○축(祝) ○예모혈어감(瘞毛血於坎) ○찬자왈(贊者曰) ○사배(四拜) ○헌관사배(獻官四拜)

찬자왈(贊者曰) ○행전폐례(行奠幣禮) ○알자(謁者) ○인헌관(引獻官) ○예관세위(詣盥洗位) ○남향립(南向立) ○찬진홀(贊搢笏) ○헌관(獻官) ○관수세수흘(盥手帨手訖) ○찬집홀(贊執笏) ○인예단(引詣壇) ○승자북폐(升自北陛) ○예모사신위전(詣某社神位前) ○남향립(南向立) ○찬궤진홀(贊跪搢笏) ○집사자일인(執事者一人) ○봉향합(捧香合) ○일인(一人) ○봉향로(捧香爐) ○궤진(跪進) ○알자(謁者) ○찬삼상향(贊三上香) ○집사자(執事者) ○전로우신위전(奠爐于神位前) ○축(祝) ○이폐수헌관(以幣授獻官) ○헌관(獻官) ○집폐헌폐(執幣獻幣) ○이폐수축(以幣授祝) ○전우신위전(奠于神位前) ○범봉향(凡捧香) ○수폐(授幣) ○개재헌관지우(皆在獻官之右) ○전로(奠爐) ○전폐(奠幣) ○개재헌관지좌(皆在獻官之左) ○수작(授爵) ○전작준차(奠爵准此) ○알자(謁者) ○찬집홀부복흥평신(贊執笏俯伏興平身) ○인예모직신위전(引詣某稷神位前) ○상향전폐(上香奠幣) ○병여상의흘(並如上儀訖) ○인강복위(引降復位)

찬자왈(贊者曰) ○행초헌례(行初獻禮) ○알자(謁者) ○인헌관(引獻官) ○승자북폐(升自北陛) ○예존소동향립(詣尊所東向立) ○집존자(執尊者) ○거멱작주(擧冪酌酒) ○집사자이인(執事者二人) ○이작수주(以爵受酒) ○알자(謁者) ○인헌관(引獻官) ○예모사신위전(詣某社神位前) ○남향립(南向立) ○찬궤진홀(贊跪搢笏) ○집사자(執事者) ○이작수헌관(以爵授獻官) ○헌관(獻官) ○집작헌작(執爵獻爵) ○이작수집사자(以爵授執事者) ○전우신위전(奠于神位前) ○찬집홀부복흥평신(贊執笏俯伏興平身) ○인예모직신위전(引詣某稷神位前) ○행례(行禮) ○병여상의흘(並如上儀訖) ○인예독축위(引詣讀祝位) ○재단중남향(在壇中南向) ○남향립(南向立) ○찬궤(贊跪) ○축(祝) ○진헌관지좌(進獻官之左) ○서향궤(西向跪) ○독축문흘(讀祝文訖) ○알자(謁者) ○찬부복흥평신(贊俯伏興平身) ○인강복위(引降復位)

찬자왈(贊者曰) ○행아헌례(行亞獻禮) ○알자(謁者) ○인헌관(引獻官) ○행례(行禮) ○병여초헌의(並如初獻儀) ○단부독축(但不讀祝) ○흘(訖) ○인강복위(引降復位)

찬자왈(贊者曰) ○행종헌례(行終獻禮) ○알자(謁者) ○인헌관(引獻官) ○행례(行禮) ○병여아헌의흘(並如亞獻儀訖) ○인강복위(引降復位)

찬자왈(贊者曰) ○음복수조(飮福受胙) ○집사자(執事者) ○예존소(詣尊所) ○이작작복주(以爵酌福酒) ○우집사자(又執事者) ○지조진(持俎進) ○감사직신위전조육(減社稷神位前胙肉) ○알자(謁者) ○인헌관(引獻官) ○승자북폐(升自北陛) ○예음복위(詣飮福位) ○남향립(南向立) ○찬궤진홀(贊跪搢笏) ○집사자(執事者) ○진헌관지우동향(進獻官之右東向) ○이작수헌관(以爵授獻官) ○헌관(獻官) ○수작음(受爵飮) ○졸작(卒爵) ○집사자(執事者) ○수허작(受虛爵) ○복어점(復於坫) ○집사자(執事者) ○동향이조수헌관(東向以俎授獻官) ○헌관(獻官) ○수조이수집사자(受俎以授執事者) ○집사자(執事者) ○수조(受俎) ○강자북폐(降自北陛) ○출문(出門) ○알자(謁者) ○찬집홀부복흥평신(贊執笏俯伏興平身) ○인강복위(引降復位) ○찬자왈(贊者曰) ○사배(四拜) ○재위자(在位者) ○개사배

(皆四拜)○찬자왈(贊者曰)○철변두(徹籩豆)○축(祝)○진철변두(進徹籩豆)○철자(徹者)○변두각일(籩豆各一)○소이어고처(少移於故處)○찬자왈(贊者曰)○사배(四拜)○헌관사배(獻官四拜)

찬자왈(贊者曰)○망예(望瘞)○알자(謁者)○인헌관(引獻官)○예망예위(詣望瘞位)○북향립(北向立)○찬자(贊者)○예망예위(詣望瘞位)○동향립(東向立)○축(祝)○이비취축판급폐(以篚取祝版及幣)○강자서폐(降自西陛)○치어감(置於坎)○찬자왈(贊者曰)○가예(可瘞)○치토반감(置土半坎)○알자(謁者)○진헌관지좌(進獻官之左)○백례필(白禮畢)○수인헌관출(遂引獻官出)○찬자(贊者)○환본위(還本位)○알자(謁者)○인축급제집사(引祝及諸執事)○구복단북배위(俱復壇北拜位)○입정(立定)○찬자왈(贊者曰)○사배(四拜)○축이하(祝以下)○개사배흘(皆四拜訖)○알자(謁者)○이차인출(以次引出)○찬자(贊者)○알자(謁者)○취단북배위(就壇北拜位)○사배이출(四拜而出)○장찬자(掌饌者)○수기속(帥其屬)○장신위판(藏神位版)○철례찬(徹禮饌)○이강내퇴(以降乃退)

사시급랍향종묘의(四時及臘享宗廟儀)

●시일(時日)○견서례(見序例)
●재계(齊戒)○견서례(見序例)

●진설(陳設)

전향삼일(前享三日)○전설사(典設司)○설소차어묘지조계동서향(設小次於廟之阼階東西向)○설시신차어제궁지후남향(設侍臣次於齊宮之後南向)○설왕세자차어제궁동남서향(設王世子次於齊宮東南西向)○설제향관급종친차어제방지내(設諸享官及宗親次於齊坊之內)○배향관차어기전(陪享官次於其前)○수지지의(隨地之宜)○구북향(俱北向)○전이일(前二日)○묘사(廟司)○수기속(帥其屬)○소제묘지내외(掃除廟之內外)○전설사(典設司)○설찬만어동문외(設饌幔於東門外)○전악(典樂)○수기속(帥其屬)○설등가지악어당상전영간(設登歌之樂於堂上前楹間)○헌가어묘정(軒架於廟庭)○구북향(俱北向)전일일(前一日)○집례(執禮)○설전하판위어조계동남서향(設殿下版位於阼階東南西向)○음복위어전영외근동서향(飲福位於前楹外近東西向)○찬자(贊者)○설아헌관(設亞獻官)○종헌관(終獻官)○진폐찬작관(進幣瓚爵官)○천조관(薦俎官)○전폐찬작관(奠幣瓚爵官)○칠사헌관(七祀獻官)○공신헌관위어전하판위지후도남(功臣獻官位於殿下版位之後道南)○집사자위어기후(執事者位於其後)○매등이위(每等異位)○구중행서향북상(俱重行西向北上)○감찰위이어묘정(監察位二於廟庭)○일어동남서향(一於東南西向)○일어서남동향(一於西南東向)○집례위이(執禮位二)○일어당상전영외(一於堂上前楹外)○일어당하(一於堂下)○구근동서향(俱近東西向)○찬자(贊者)○알자(謁者)○찬인(贊引)○재당하집례지후초남(在堂下執禮之後稍南)○서향북상(西向北上)○협률랑위어당상전영외근서동향(協律郎位於堂上前楹外近西東向)○전악위어헌현지북북향(典樂位於軒懸之北北向)○설배향관위(設陪享官位)○종친어향관지남(宗親於享官之南)○소목이위(昭穆異位)○수유귀자(雖有貴者)○이치(以齒)○문관일품이하어동문지내도남(文官一品以下於東門之內道南)○매등이위(每等異位)○구중행서향북상(俱重行西向北上)○무관일품이하어서문지내(武官一品以下於西門之內)○당문관매등이위(當文官每等異位)○구중행동향북상(俱重行東向北上)설문외위(設門外位)○제향관어동문외도남(諸享官於東門外道南)○종친어향관지동소남(宗親於享官之東少南)○문관일품이하어종친지동(文官一品以下於宗親之東)○구매등이위(俱每等異位)○중행북향서상(重行北向西上)○무관일품이하어서문외도남(武官一品以下於西門外道南)○매등이위(每等異位)○중행북향동상(重行北向東上)○설망예위어예감지남(設望瘞位於瘞坎之南)○아헌관(亞獻官)○재남북향(在南北向)○집례(執禮)○찬자(贊者)○대축(大祝)○재동중행(在東重行)○서향북상(西向北上)

향일미행사전(享日未行事前)○궁위령(宮闈令)○수기속(帥其屬)○개실정불신악(開室整拂神幄)○포연(鋪筵)○설궤여상의(設几如常儀)○전사관(典祀官)○묘사(廟司)○각수기속입(各帥其屬入)○전축판각일어각실신위지우(奠祝版各一於各室神位之右)○각유점(各有坫)

진폐비각일어각실존소(陳幣篚各一於各室尊所)○설향로(設香爐)○향합병촉어신위전(香合幷燭於神位於

神位前)○차설제기여식(次設祭器如式)○견서례(見序例)○매실설찬(每室設瓚)○반각일어존소점상(槃各一於尊所坫上)○설로탄어전영간(設爐炭於前楹間)○모혈반(毛血槃)○간료등(肝膋鐙)○소변(簫籩)○서직변각일어기후(黍稷籩各一於其後)○설복주작(設福酒爵)○유점(有坫)○조육조각일어제일실존소(胙肉俎各一於第一室尊所)○우설제일실조일어찬만내(又設第一室俎一於饌幔內)○설칠사(設七祀)○견서례(見序例)○신위판어묘정지서초남(神位版於廟庭之西稍南)○동향북상(東向北上)○석개이완(席皆以莞)○설축판어신위지우(設祝版於神位之右)○유점(有坫)○설제기여식(設祭器如式)○견서례(見序例)○설배향공신위판어묘정지동서향북상(設配享功臣位版於廟庭之東西向北上)○설제기여식(設祭器如式)○견시례(見序例)○설어세어조계동남북향(設御洗於阼階東南北向)○관세재동(盥洗在東)○작세재서(爵洗在西)○유반이(有槃匜)○뇌재세동(罍在洗東)○가작(加勺)○비재세서남사(篚在洗西南肆)○실이건(實以巾)○약작세지비(若爵洗之篚)○즉우실이찬(則又實以瓚)○작(爵)○유점(有坫)○아종헌세우어동남(亞終獻洗又於東南)○구북향(俱北向)○관세재동(盥洗在東)○작세재서(爵洗在西)○아헌세유반이(亞獻洗有槃匜)○약령의정위아헌(若領議政爲亞獻)○즉여종(則與終)○헌동세(獻同洗)○무반이(無槃匜)○구뇌재세동(俱罍在洗東)○가작(加勺)○비재세서남사(篚在洗西南肆)○실이건(實以巾)○약작세지비(若爵洗之篚)○즉우실이작(則又實以爵)○유점(有坫)○우설칠사공신헌관세각어신위지남(又設七祀功臣獻官洗各於神位之南)○구북향(俱北向)○뇌재세동(罍在洗東)○가작(加勺)○비재세서남사(篚在洗西南肆)○실이건(實以巾)○작(爵)○제집사관세어아(諸執事盥洗於亞)○종헌세동남북향(終獻洗東南北向)○집존뢰비멱자위어존뢰비멱지후(執尊罍篚冪者位於尊罍篚冪之後)

●거가출궁(車駕出宮)○견서례(見序例)
●성생기(省牲器)○견서례(見序例)

●신관(晨裸)

향일축전오각(享日丑前五刻)○축전오각(丑前五刻)○즉삼경삼힐(卽三更三點)○행사용축시일각(行事用丑時一刻)○궁위령(宮闈令)○솔기속(帥其屬)○개실정불신악(開室整拂神幄)○포연(鋪筵)○설궤여상의(設几如常儀)○전사관(典祀官)○묘사(廟司)○입실찬구필(入實饌具畢)○찬인(贊引)○인감찰(引監察)○승자조계(升自阼階)○제향관승강(諸享官升降)○개자조계(皆自阼階)○안시당지상하(按視堂之上下)○규찰부여의자(糾察不如儀者)○환출(還出)

전삼각(前三刻)○제향관급배향관(諸享官及陪享官)○각복기복(各服其服)○향관제복(享官祭服)○배향관조복(陪享官朝服)○인의(引儀)○분인배향관(分引陪享官)○구취문외위(俱就門外位)○집례(執禮)○수찬자(帥贊者)○알자(謁者)○찬인(贊引)○입자동문(入自東門)○선취계간현북배위(先就階間懸北拜位)○중행북향서상(重行北向西上)○사배흘(四拜訖)○각취위(各就位)○전악(典樂)○솔공인(帥工人)○이무(二舞)○입취위(入就位)○문무(文舞)○입진어현북(入陳於懸北)○무무(武舞)○립어현남도서(立於懸南道西)○인의(引儀)○분인배향관(分引陪享官)○입취위(入就位)○봉례(奉禮)○인아헌관(引亞獻官)○약령의정위아헌(若領議政爲亞獻)○칙알자인(則謁者引)○알자(謁者)○찬인(贊引)○각인제향관(各引諸享官)○구취동문외위(俱就東門外位)

좌통례(左通禮)○취제궁전(就齊宮前)○궤계청중엄(跪啓請中嚴)○찬인(贊引)○인감찰(引監察)○전사관(典祀官)○대축(大祝)○축사(祝史)○재랑(齊郎)○묘사(廟司)○궁위령(宮闈令)○협률랑(協律郎)○봉조관(捧俎官)○집존뢰비멱자(執尊罍篚冪者)○칠사(七祀)○공신축사(功臣祝史)○제랑(齊郎)○집존뢰비멱자(執尊罍篚冪者)○입취현북배위(入就懸北拜位)○중행북향서상(重行北向西上)○입정(立定)○집(執禮曰)○사배(四拜)○찬자전창(贊者傳唱)○범집례유사(凡執禮有辭)○찬자개전창(贊者皆傳唱)○감찰이하(監察以下)○개사배흘(皆四拜訖)○찬인(贊引)○인감찰(引監察)○취위(就位)○인제집사(引諸執事)○예관세위(詣盥洗位)○관세흘(盥帨訖)○각취위(各就位)

전일각(前一刻)○봉례(奉禮)○인아헌관(引亞獻官)○알자(謁者)○찬인(贊引)○각인종헌관(各引終獻官)○진폐찬작관(進幣瓚爵官)○천조관(薦俎官)○전폐찬작관(奠幣瓚爵官)○칠사(七祀)○공신헌관입취위(功臣獻官入就位)○찬인(贊引)○인묘사(引廟司)○대축(大祝)○궁위령(宮闈令)○승예제일실(升詣第一室)○입개감실(入開堪室)○대축(大祝)○궁위령(宮闈令)○봉출신주(捧出神主)○설어좌(設於座)○예신악내(詣神幄內)○어궤후계궤(於几後啓匱)○설우좌(設于座)○선왕신주(先王神主)○대축봉출(大祝捧出)○복이백저건(覆以白苧巾)○선후신주(先后神主)○궁위령봉출(宮闈令捧出)○복이청저건(覆以靑苧巾)○이서위상(以西爲上)○차예각실봉출(次詣各室捧出)○병여상의흘(竝如上儀訖)○인강복위(引降復位)○찬인(贊引)○인제랑(引齊郎)○예작세위(詣爵洗位)○세찬식찬(洗瓚拭瓚)○세작식작흘(洗爵拭爵訖)○치어비(置於篚)○봉예태계(捧詣泰階)○제축사(諸祝史)○각영취어계상(各迎取於階上)○치어존소점상(置於尊所坫上)

좌통례(左通禮)○궤계외판(跪啓外辦)○전하(殿下)○구면복이출(具冕服以出)○산선(繖扇)○시위여상의(侍衛如常儀)○례의사(禮儀使)○도전하(導殿下)○지동문외(至東門外)○근시(近侍)○궤진규(跪進圭)○예의사(禮儀使)○궤계청집규(跪啓請執圭)○산선(繖扇)장위(仗衛)○정어문외(停於門外)○상서원관(尙瑞院官)○봉보진어소차지측(捧寶陳於小次之側)○례의사(禮儀使)○도전하(導殿下)○입자정문(入自正門)○시위부응입자(侍衛不應入者)○지어문외(止於門外)○예판위(詣版位)○서향립(西向立)○매립정(每立定)○례의사(禮儀使)○퇴부복어좌(退俯伏於左)

집례왈(執禮曰)○예의사(禮儀使)○계청행사(啓請行事)○예의사(禮儀使)○궤계유사근구청행사(跪啓有司謹具請行事)○협률랑(協律郎)○궤부복거휘흥(跪俯伏擧麾興)○공고축(工鼓柷)○헌가작보대평지악(軒架作保大平之樂)○보대평지무작(保大平之舞作)○악팔성(樂八成)○집례왈(執禮曰)○사배(四拜)○예의사(禮儀使)○계청사배(啓請四拜)○전하사배(殿下四拜)○재위자(在位者)○개사배(皆四拜)○선배자(先拜者)○부배(不拜)○악구성(樂九成)○협률랑언휘(協律郎偃麾)○공알어(工戞敔)○악지(樂止)○근시(近侍)○예관세위(詣盥洗位)○관세흘(盥帨訖)○환시위(還侍位)○알자(謁者)○인진폐찬작관(引進幣瓚爵官)○전폐찬작관(奠幣瓚爵官)○예관세위(詣盥洗位)○관세흘(盥帨訖)○승자조계(升自阼階)○예제일실준소(詣第一室尊所)○북향립(北向立)

집례왈(執禮曰)○예의사도전하행신관례(禮儀使導殿下行晨祼禮)○예의사(禮儀使)○도전하(導殿下)○예관세위(詣盥洗位)○북향립(北向立)○계청진규(啓請搢圭)○여진부편(如搢不便)○근시승봉(近侍承奉)○근시(近侍)○궤취이흥옥수(跪取匜興沃水)○우근시(又近侍)○궤취반승수(跪取槃承水)○전하관수(殿下盥手)○근시(近侍)○궤취건어비(跪取巾於篚)○이진(以進)○전하세수흘(殿下帨手訖)○근시(近侍)○수건전어비(受巾奠於篚)○례의사(禮儀使)○계청집규(啓請執圭)○도전하(導殿下)○승자조계(升自阼階)○근시종승(近侍從升)○예제일실존소(詣第一室尊所)○서향립(西向立)○등가작보대평지악(登歌作保大平之樂)○보대평지무작(保大平之舞作)○집존자(執尊者)○거멱(擧冪)○진폐찬작관(進幣瓚爵官)○작울창(酌鬱鬯)○근시(近侍)○이찬수울창(以瓚受鬱鬯)○례의사(禮儀使)○도전하(導殿下)○예신위전(詣神位前)○북향립(北向立)○계청궤진규(啓請跪搢圭)○전하궤진규(殿下跪搢圭)○재위자개궤(在位者皆跪)○찬자역창(贊者亦唱)

근시일인(近侍一人)○봉향합(捧香合)○일인(一人)○봉향로(捧香爐)○궤진(跪進)○예의사(禮儀使)○계청삼상향(啓請三上香)○근시(近侍)○전로우안(奠爐于案)○근시(近侍)○이찬수진폐찬작관(以瓚授進幣瓚爵官)○진폐찬작관(進幣瓚爵官)○봉찬궤진(捧瓚跪進)○예의사(禮儀使)○계청집찬관지(啓請執瓚祼地)○흘(訖)○이찬수전폐찬작관(以瓚授奠幣瓚爵官)○전폐찬작관(奠幣瓚爵官)○수이수대축(受以授大祝)○근시(近侍)○이폐비수진폐찬작관(以幣篚授進幣瓚爵官)○진폐찬작관(進幣瓚爵官)○봉폐궤진(捧幣跪進)○예의사(禮儀使)○계청집폐헌폐(啓請執幣獻幣)○이폐수전폐찬작관(以幣授奠幣瓚爵官)○전우안(奠于案)○범진향(凡進香)○진찬(進瓚)○진폐(進幣)○개재동서향(皆在東西向)○전로(奠爐)○수찬(受瓚)○전폐(奠幣)○개재서동향(皆在西東向)○진작전작준차(進爵奠爵准此)예의사(禮儀使)○계청집규부복흥평신(啓請執圭俯伏興平身)○전하(殿下)○집규부복흥평신(執圭俯伏興平身)○재위자(在位者)○개부복흥평신(皆俯伏興平身)○찬자역창(贊者亦唱)○도전하(導殿下)○출호(出戶)○차예각실(次詣各室)○상향(上香)○관창(祼唱)○전폐(奠幣)○병여상의흘(竝如上儀訖)○등가지(登歌止)○진폐찬작관(進幣瓚爵官)○전폐찬작관(奠幣瓚爵官)○개강복위(皆降復位)

예의사(禮儀使)○도전하(導殿下)○강자조계복위(降自阼階復位)○당등가지시(當登歌止時)○제축사(諸祝史)○각봉모혈반(各奉毛血槃)○간료등어전영간(肝膋甑於前楹間)○구입전어신위전(俱入奠於神位前)○모혈반재등지후(毛血槃在甑之後)○간료등재변지좌(肝膋甑在籩之左)○제축사(諸祝史)○구취간출호(俱取肝出戶)○번어로탄(燔於爐炭)○환준소(還尊所)

●궤식(饋食)

전하기승관(殿下旣升祼)○찬인(贊引)○인전사관출(引典祀官出)○수진찬자(帥進饌者)○예주(詣廚)○이비승우우확(以匕升牛于鑊)○실우일정(實于一鼎)○차승양(次升羊)○실우일정(實于一鼎)

○차승시(次升豕)○실우일정(實于一鼎)○매실우양시각일정(每室牛羊豕各一鼎)○개설경멱(皆設扃冪)○축사(祝史)○대거입설어찬만내(對擧入設於饌幔內)○알자(謁者)○인천조관출(引薦俎官出)○예찬소(詣饌所)○봉조관수지(捧俎官隨之)○사전하관흘(俟殿下祼訖)○복위(復位)○집례왈(執禮曰)○진찬(進饌)○축사(祝史)○추경(抽扃)○위우정우(委于鼎右)○제멱(除冪)○가비필우정(加匕畢于鼎)○전사관(典祀官)○이비승우(以匕升牛)○실우생갑(實于牲匣)○차승양시(次升羊豕)○각실우생갑(各實于牲匣)○매실(每室)우양시(牛羊豕)○각일갑(各一匣)

차인천조관(次引薦俎官)○봉제일실조(捧第一室俎)○봉조관(捧俎官)○각봉생갑(各捧牲匣)○전사관(典祀官)○인찬(引饌)○입자정문(入自正門)○조초입문(俎初入門)○헌가작풍안지악(軒架作豐安之樂)○제축사(諸祝史)○구진철모혈반(俱進徹毛血槃)○자조계(自阼階)○수제랑이출(授齊郞以出)○찬지태계(饌至泰階)○제대축(諸大祝)○영인어계상(迎引於階上)○천조관(薦俎官)○예제일실신위전(詣第一室神位前)○북향궤전(北向跪奠)○선천우(先薦牛)○차천양(次薦羊)○차천시(次薦豕)○제대축조전(諸大祝助奠)○전흘(奠訖)○계생갑개(啓牲匣蓋)○차예각실(次詣各室)○봉전(捧奠)○병여상의흘(竝如上儀訖)○악지(樂止)○알자(謁者)○인천조관이하(引薦俎官以下)○강자조계복위(降自阼階復位)○제대축(諸大祝)○각취소서직(各取蕭黍稷)○유어지(擩於脂)○번어로탄(燔於爐炭)○환존소(還尊所)

알자(謁者)○인진폐찬작관(引進幣瓚爵官)○전폐찬작관(奠幣瓚爵官)○승예제일실존소(升詣第一室尊所)○북향립(北向立)○집례왈(執禮曰)○예의사도전하행초헌례(禮儀使導殿下行初獻禮)○예의사(禮儀使)○도전하(導殿下)○승자조계(升自阼階)○예제일실존소(詣第一室尊所)○서향립(西向立)○등가작보대평지악(登歌作保大平之樂)○보대평지무작(保大平之舞作)○집존자(執尊者)○거멱(擧冪)○진폐찬작관(進幣瓚爵官)○작례제(酌醴齊)○근시이인(近侍二人)○이작수주(以爵受酒)○예의사(禮儀使)○도전하(導殿下)○예신위전(詣神位前)○북향립(北向立)○계청궤진규(啓請跪搢圭)○전하궤진규(殿下跪搢圭)○재위자개궤(在位者皆跪)○찬자역창(贊者亦唱)○근시(近侍)○이작수진폐찬작관(以爵授進幣瓚爵官)○진폐찬작관(進幣瓚爵官)○봉작궤진(捧爵跪進)○예의사(禮儀使)○계청집작헌작(啓請執爵獻爵)○이작수전폐찬작관(以爵授奠幣瓚爵官)○전우신위전(奠于神位前)○근시(近侍)○이부작수진폐찬작관(以副爵授進幣瓚爵官)○진폐찬작관(進幣瓚爵官)○봉작궤진(捧爵跪進)○예의사(禮儀使)○계청집작헌작(啓請執爵獻爵)○이작수전폐찬작관(以爵授奠幣瓚爵官)○전우왕후신위전(奠于王后神位前)○예의사(禮儀使)○계청집규부복흥소퇴북향궤(啓請執圭俯伏興少退北向跪)○악지(樂止)○대축(大祝)○진신위지우(進神位之右)○동향궤(東向跪)○독축문흘(讀祝文訖)○악작(樂作)○예의사(禮儀使)○계청부복흥평신(啓請俯伏興平身)○전하부복흥평신(殿下俯伏興平身)○재위자(在位者)○개부복흥평신(皆俯伏興平身)○찬자역창(贊者亦唱)○도전하(導殿下)○출호(出戶)

차예각실(次詣各室)○작헌(酌獻)○병여상의흘(竝如上儀訖)○악지(樂止)○진폐찬작관(進幣瓚爵官)○전폐찬작관(奠幣瓚爵官)○개강복위(皆降復位)○예의사(禮儀使)○도전하(導殿下)○강자조계복위(降自阼階復位)○예의사(禮儀使)○계청입소차(啓請入小次)○도전하(導殿下)○장지소차(將至小次)○계청석규(啓請釋圭)○근시궤수규(近侍跪受圭)○전하(殿下)○입소차(入小次)○염강(簾降)○보대평지무퇴(保大平之舞退)○정대업지무진(定大業之舞進)

초전하장복위(初殿下將復位)○집례왈(執禮曰)○행아헌례(行亞獻禮)○봉례(奉禮)○인아헌관(引亞獻官)○예관세위(詣盥洗位)○북향립(北向立)○찬진규(贊搢圭)○아헌관(亞獻官)○관수세수흘(盥手帨手訖)○찬집규(贊執圭)○인아헌관(引亞獻官)○승자조계(升自阼階)○예제일실존소(詣第一室尊所)○서향립(西向立)○헌가작정대업지악(軒架作定大業之樂)○정대업지무작(定大業之舞作)○집준자(執尊者)○거멱작앙제(擧冪酌盎齊)○집사자이인(執事者二人)○이작수주(以爵受酒)○봉례(奉禮)○인아헌관(引亞獻官)○예신위전(詣神位前)○북향립(北向立)○찬궤진규(贊跪搢圭)○집사자(執事者)○이작수아헌관(以爵授亞獻官)○아헌관(亞獻官)○집작헌작(執爵獻爵)○이작수집사자(以爵授執事者)○전우신위전(奠于神位前)○집사자(執事者)○이부작수아헌관(以副爵授亞獻官)○아헌관(亞獻官)○집작헌작(執爵獻爵)○이작수집사자(以爵授執事者)○전우왕후신위전(奠于王后神位前)○봉례(奉禮)○찬집규부복흥평신(贊執圭俯伏興平身)○인출(引出)○차예각실(次詣各室)○작헌(酌獻)○병여상의흘(竝如上儀訖)○악지(樂止)○인강복위(引降復位)초아헌관헌장필(初亞獻官獻將畢)○집례왈(執禮曰)○행종헌례(行終獻禮)○알자(謁者)○인종헌관(引終獻官)○행

례(行禮)○병여아헌의흘(並如亞獻儀訖)○인강복위(引降復位)

초종헌관기승(初終獻官既升)○찬인(贊引)○인칠사헌관(引七祀獻官)○예관세위(詣盥洗位)○진홀(搢笏)○관수세수흘(盥手帨手訖)○집홀(執笏)○예존소(詣尊所)○집존자(執尊者)○거멱작주(擧羃酌酒)○집사자(執事者)○이작수주(以爵受酒)○헌관(獻官)○예신위전(詣神位前)○서향궤진홀(西向跪搢笏)○집사자(執事者)○수작(授爵)○헌관(獻官)○집작헌작전작(執爵獻爵奠爵)○집홀부복흥소퇴궤(執笏俯伏興少退跪)○축사(祝史)○취헌관지좌(就獻官之左)○북향궤(北向跪)○독축문흘(讀祝文訖)○랍칙이차전흘(臘則以次奠訖)○취사명신위전(就司命神位前)○서향궤(西向跪)○축사(祝史)○독축여의(讀祝如儀)○헌관(獻官)○부복흥평신(俯伏興平身)○인복위(引復位)○초칠사헌관장예관세위(初七祀獻官將詣盥洗位)○찬인(贊引)○인배향공신헌관(引配享功臣獻官)○예관세위(詣盥洗位)○진홀(搢笏)○관수세수흘(盥手帨手訖)○집홀(執笏)○예존소(詣尊所)○집준자(執尊者)○거멱작주(擧羃酌酒)○집사자(執事者)○이작수주(以爵受酒)○헌관(獻官)○예신위전(詣神位前)○동향립(東向立)○진홀(搢笏)○집사자(執事者)○수작(授爵)○헌관(獻官)○집작전작(執爵奠爵)○이차전흘(以次奠訖)○집홀(執笏)○인복위(引復位)

초종헌관기복위(初終獻官既復位)○알자(謁者)○인진폐찬작관(引進幣瓚爵官)○천조관(薦俎官)○승자조계(升自阼階)○예음복위(詣飮福位)○북향립(北向立)○대축(大祝)○예제일실존소(詣第一室尊所)○이작작상준복주(以爵酌上尊福酒)○우대축(又大祝)○지조진(持俎進)○감신위전조육(減神位前胙肉)

집례왈(執禮曰)○예의사도전하예음복위(禮儀使導殿下詣飮福位)○예의사(禮儀使)○계청예음복위(啓請詣飮福位)○염권출차(簾捲出次)○근시궤진규(近侍跪進圭)○예의사(禮儀使)○계청집규(啓請執圭)○도전하(導殿下)○예음복위(詣飮福位)○서향립(西向立)○대축(大祝)○이작수진폐찬작관(以爵授進幣瓚爵官)○진폐찬작관(進幣瓚爵官)○봉작(捧爵)○북향궤진(北向跪進)○예의사(禮儀使)○계청궤진규(啓請跪搢圭)○전하궤진규(殿下跪搢圭)○재위자개궤(在位者皆跪)○찬자역창(贊者亦唱)○전하(殿下)○수작음흘(受爵飮訖)○진폐찬작관(進幣瓚爵官)○수허작(受虛爵)○이수대축(以授大祝)○대축(大祝)○수복어점(受復於坫)○대축(大祝)○이조수천조관(以俎授薦俎官)○천조관(薦俎官)○봉조(捧俎)○북향궤진(北向跪進)○예의사(禮儀使)○계청수조(啓請受俎)○전하수조(殿下受俎)○이수근시(以授近侍)○근시(近侍)○봉조(捧俎)○강자조계(降自阼階)○출문(出門)○수사옹원관(授司饔院官)○진폐찬작관(進幣瓚爵官)○천조관(薦俎官)○강복위(降復位)○예의사(禮儀使)○계청집규부복흥평신(啓請執圭俯伏興平身)○전하(殿下)○집규부복흥평신(執圭俯伏興平身)○재위자(在位者)○개부복흥평신(皆俯伏興平身)○찬자역창(贊者亦唱)○예의사(禮儀使)○도전하(導殿下)○강복위(降復位)○집례왈(執禮曰)○사배(四拜)○예의사(禮儀使)○계청사배(啓請四拜)○전하사배(殿下四拜)○재위자(在位者)○개사배(皆四拜)

집례왈(執禮曰)○철변두(徹籩豆)○제대축(諸大祝)○입철변두(入徹籩豆)○철자변두각일(徹者籩豆各一)○소이어고처(少移於故處)○등가작옹안지악(登歌作雍安之樂)○칠사공신축사(七祀功臣祝史)○재랑(齊郞)○각철변두(各徹籩豆)○철흘(徹訖)○악지(樂止)○헌가작흥안지악(軒架作興安之樂)○집례왈(執禮曰)○사배(四拜)○예의사(禮儀使)○계청사배(啓請四拜)○전하사배(殿下四拜)○재위자(在位者)○개사배(皆四拜)○악일성지(樂一成止)○예의사(禮儀使)○계례필(啓禮畢)○도전하(導殿下)○환제궁(還齊宮)○출문(出門)○예의사(禮儀使)○계청석규(啓請釋圭)○근시궤수규(近侍跪受圭)○산선(繖扇)○시위여상의(侍衛如常儀)○전하(殿下)○입재궁(入齊宮)○석면복(釋冕服)

집례왈(執禮曰)○망예(望瘞)○봉례(奉禮)○인아헌관(引亞獻官)○예망예위(詣望瘞位)○북향립(北向立)○집례(執禮)○수찬자(帥贊者)○예망예위(詣望瘞位)○서향립(西向立)○제대축(諸大祝)○취서(取黍)○직반(稷飯)○자용백모속지(藉用白茅束之)○이비취축판급폐(以篚取祝版及幣)○강자서계(降自西階)○치어감(置於坎)○집례왈(執禮曰)○가예(可瘞)○치토반감(置土半坎)○묘사감시(廟司監視)○봉례(奉禮)○인아헌관(引亞獻官)○알자(謁者)○찬인(贊引)○각인제향관출(各引諸享官出)○집례(執禮)○솔찬자(帥贊者)○환본위(還本位)○인의(引儀)○분인배향관(分引陪享官)○이차출(以次出)○찬인(贊引)○인감찰급제집사(引監察及諸執事)○구복현북배위(俱復懸北拜位)○립정(立定)○집례왈(執禮曰)○사배(四拜)○감찰급제집사(監察及諸執事)○개사배흘(皆四拜訖)○찬인(贊引)○이차인출(以次引出)○전악(典樂)○수공인(帥工人)○이무출(二舞出)○묘사(廟司)○대축

(大祝)○궁위령(宮闈令)○납신주여상의(納紳主如常儀)○집례(執禮)○수찬자(帥贊者)○알자(謁者)○찬인(贊引)○취현북배위(就懸北拜位)○사배이출(四拜而出)○칠사헌관(七祀獻官)○예서문외칠사예감지남(詣西門外七祀瘞坎之南)○북향립(北向立)○집사자(執事者)○치축판어감(置祝版於坎)○예흘퇴(瘞訖退)○전사관(典祀官)○묘사(廟司)○각수기속(各帥其屬)○철례찬(徹禮饌)○궁위령(宮闈令)○합호(闔戶)○이강내퇴(以降乃退)

○거가환궁(車駕還宮)_{○견서례(見序例)}
○환궁후(還宮後)○칭하여의(稱賀如儀)_{○견가례(見嘉禮)}

사시급랍향종묘섭사의
(四時及臘享宗廟攝事儀)

●시일(時日)_{○견서례(見序例)}
●재계(齊戒)_{○견서례(見序例)}

●진설(陳設)

전향이일(前享二日)○묘사(廟司)○솔기속(帥其屬)○소제묘지내외(掃除廟之內外)○전설사(典設司)○설찬만어동문외(設饌幔於東門外)

전일일(前一日)○전악(典樂)○솔기속(帥其屬)○설등가지악어당상전영간(設登歌之樂於堂上前楹間)○헌가어묘정(軒架於廟庭)○구북향(俱北向)○집례(執禮)○설초헌관위어조계동남서향(設初獻官位於阼階東南西向)○음복위어당상전영외근동서향(飲福位於堂上前楹外近東西向)○아헌관(亞獻官)○종헌관(終獻官)○천조관(薦俎官)○칠사헌관위어초헌관지후초남서향(七祀獻官位於初獻官之後稍南西向)_{○동향(冬享)○즉공신헌관(則功臣獻官)○재칠사헌관지남(在七祀獻官之南)}○집사자위어기후(執事者位於其後)○매등이위(每等異位)○구중행서향북상(俱重行西向北上)○감찰위어묘정지남근동서향(監察位於廟庭之南近東西向)○서리배기후(書吏陪其後)○집례위이(執禮位二)○일어당상전영외(一於堂上前楹外)○일어당하(一於堂下)○구근동서향(俱近東西向)○찬자(贊者)○알자(謁者)○찬인(贊引)○재당하집례지후초남(在堂下執禮之後稍南)○서향북상(西向北上)○협률랑위어당상전영외근서동향(協律郎位於堂上前楹外近西東向)○전악위어헌현북북향(典樂位於軒懸北北向)○설제향관문외위어동문외도남(設諸享官門外位於東門外道南)○매등이위(每等異位)○구중행북향서상(俱重行北向西上)○설망예위어예감지남(設望瘞位於瘞坎之南)○초헌관(初獻官)○재남북향(在南北向)○집례(執禮)○찬자(贊者)○대축(大祝)○재동(在東)○중행서향북상(重行西向北上)향일미행사전(享日未行事前)○궁위령(宮闈令)○솔기속(帥其屬)○개실정불신악(開室整拂神幄)○포연(鋪筵)○설궤여상의(設几如常儀)○전사관(典祀官)○묘사(廟司)○각수기속입(各帥其屬入)○전축판각일어각실신위지우(奠祝版各一於各室神位之右)_{○각유점(各有坫)}○진폐비각일어각실존소(陳幣篚各一於各室尊所)○설향로(設香爐)○향합병촉어신위전(香合幷燭於神位前)○차설제기여식(次設祭器如式)_{○견서례(見序例)}○매실(梅室)설찬(每室設瓚)○반각일어준소점상(槃各一於尊所坫上)○설로탄어전영간(設爐炭於前楹間)○모혈반(毛血槃)○간료등(肝膋鐙)○소변(蕭邊)○서직변각일어기후(黍稷邊各一於其後)○설복주작(設福酒爵)_{○유점(有坫)}○조육조각일어제일실존소(胙肉俎各一於第一室尊所)○우설제일실조이어찬만내(又設第一室俎二於饌幔內)○설칠사(設七祀)_{○견서례(見序例)}○신위판어묘정지서초남(神位版於廟庭之西稍南)○동향북상(東向北上)○석개이완(席皆以莞)○설축판어신위지우(設祝版於神位之右)_{○유점(有坫)}○설제기여식(設祭器如式)_{○견서례(見序例)○동향(冬享)○칙설배향공신위판어묘정지동서향북상(則設配享功臣位版於廟庭之東西向北上)}○설제기여칠사의(設祭器如七祀儀)○무축판(無祝版)

설세어조계동남북향(設洗於阼階東南北向)○관세재동(盥洗在東)○작세재서(爵洗在西)○뇌재세동(罍在洗東)○가작(加勺)○비재세서남사(篚在洗西南肆)○실이건(實以巾)_{○약작세지비(若爵洗之篚)○칙우실이찬작(則又實以瓚爵)}_{○유점(有坫)}○우설칠사헌관세어칠사주존지동남북향(又設七祀獻官洗於七祀酒尊之東南北向)○

동향(冬享)○즉설공신헌관세어공신주존지서남북향(則設功臣獻官洗於功臣酒尊之西南北向)○뇌재세동(罍在洗東)○가작(加勺)○비재세서남사(篚在洗西南肆)○실이건작(實以巾爵)○제집사관세어삼헌관세동남북향(諸執事盥洗於三獻官洗東南北向)○집준뢰비멱자위어준뢰비멱지후(執尊罍篚冪者位於尊罍篚冪之後)

●전향축(傳香祝) ○견서례(見序例)
●성생기(省牲器) ○견서례(見序例)

●신관(晨祼)

향일축전오각(享日丑前五刻)○축전오각(丑前五刻)○즉삼경삼점(卽三更三點)○행사용축시일각(行事用丑時一刻)○궁위령(宮闈令)○수기속(帥其屬)○개실정불신악(開室整拂神幄)○포연(鋪筵)○설궤여상의(設几如常儀)○전사관(典祀官)○묘사(廟司)○입실찬구필(入實饌具畢)○찬인(贊引)○인감찰(引監察)○승자조계(升自阼階)○제향관승강(諸享官升降)○개자조계(皆自阼階)○안시당지상하(按視堂之上下)○규찰부여의자(糾察不如儀者)○환출(還出)

전삼각(前三刻)○제향관(諸享官)○각복기복(各服其服)○집례(執禮)○수찬자(帥贊者)○알자(謁者)○찬인(贊引)○입자동문(入自東門)○선취계간현북배위(先就階間懸北拜位)○중행북향서상(重行北向西上)○사배흘(四拜訖)○각취위(各就位)○전악(典樂)○수공인(帥工人)○이무(二舞)○입취위(入就位)○문무(文舞)○입진어현북(入陳於懸北)○무무(武舞)○립어현남도서(立於懸南道西)○알자(謁者)○찬인(贊引)○각인제향관(各引諸享官)○구취문외위(俱就門外位)○전일각(前一刻)○찬인(贊引)○인감찰(引監察)○전사관(典祀官)○대축(大祝)○축사(祝史)○재랑(齊郞)○묘사(廟司)○궁위령(宮闈令)○협률랑(協律郞)○봉조관(捧俎官)○칠사축사(七祀祝史)○재랑(齊郞)○동향(冬享)○즉우유공신축사(則又有功臣祝史)○재랑(齊郞)○입취현북배위(入就懸北拜位)○중행북향서상(重行北向西上)○립정(立定)○집례왈(執禮曰)○사배(四拜)○찬자전창(贊者傳唱)○범집례유사(凡執禮有辭)○찬자개전창(贊者皆傳唱)○감찰이하(監察以下)○개사배흘(皆四拜訖)○찬인(贊引)○인감찰(引監察)○취위(就位)○인제집사(引諸執事)○예관세위(詣盥洗位)○관세흘(盥帨訖)○각취위(各就位)

찬인(贊引)○인묘사(引廟司)○대축(大祝)○궁위령(宮闈令)○승예제일실(升詣第一室)○입개감실(入開坅室)○대축(大祝)○궁위령(宮闈令)○봉출신주(捧出神主)○설어좌(設於座)○예신악내(詣神幄內)○어궤후계궤(於几後啓跪)○설우좌(設于座)○선왕신주(先王神主)○대축봉출(大祝捧出)○복이백저건(覆以白苧巾)○선후신주(先后神主)○궁위령봉출(宮闈令捧出)○복이청저건(覆以靑苧巾)○이서위상(以西爲上)○차예각실(次詣各室)○봉출(捧出)○병여상의흘(竝如上儀訖)○인강복위(引降復位)○재랑(齊郞)○예작세위(詣爵洗位)○세찬식찬(洗瓚拭瓚)○세작식작흘(洗爵拭爵訖)○치어비(置於篚)○봉예태계(捧詣泰階)○제축사(諸祝史)○각영취어계상(各迎取於階上)○치어존소점상(置於尊所坫上)

알자(謁者)○인초헌관(引初獻官)○찬인(贊引)○인아헌관(引亞獻官)○종헌관(終獻官)○천조관(薦俎官)○칠사헌관(七祀獻官)○동향즉우유공신헌관(冬享則又有功臣獻官)○입취위(入就位)○알자(謁者)○진초헌관지좌(進初獻官之左)○백유사근구청행사(白有司謹具請行事)○퇴복위(退復位)○협률랑(協律郞)○궤부복거휘흥(跪俯伏擧麾興)○공고축(工鼓柷)○헌가작보대평지악(軒架作保大平之樂)○보대평지무작(保大平之舞作)○악팔성(樂八成)○집례왈(執禮曰)○사배(四拜)○재위자(在位者)○개사배(皆四拜)○선배자(先拜者)○부배(不拜)○악구성(樂九成)○협률랑(協律郞)○언휘(偃麾)○알어(戛敔)○악지(樂止)

집례왈(執禮曰)○행신관례(行晨祼禮)○알자(謁者)○인초헌관(引初獻官)○예관세위(詣盥洗位)○북향립(北向立)○찬진홀(贊搢笏)○초헌관(初獻官)○관수세수흘(盥手帨手訖)○찬집홀(贊執笏)○인예제일실존소(引詣第一室尊所)○서향립(西向立)○등가작보대평지악(登歌作保大平之樂)○보대호지무작(保大乎之舞作)○집존자(執尊者)○거멱작울창(擧冪酌鬱鬯)○집사자(執事者)○이찬수울창(以瓚受鬱鬯)○알자(謁者)○인초헌관(引初獻官)○예신위전(詣神位前)○북향립(北向立)○찬궤진홀(贊跪搢笏)○집사자일인(執事者一人)○봉향합(捧香合)○일인(一人)○봉향로(捧香爐)○궤진(跪進)○알자(謁者)○찬삼상향(贊三上香)○집사자(執事者)○준로우안(奠爐于案)○집사자(執事者)○이찬수초헌관(以瓚授初獻官)○초헌관(初獻官)○집찬관지흘(執瓚祼地訖)○이찬수집사자(以瓚授執事者)○대축(大祝)○이폐비수초헌관(以幣篚授初獻官)○초헌관(初獻官)○집폐헌폐(執幣獻

幣)○이폐수대축(以幣授大祝)○전우안(奠于案)○범봉향(凡捧香)○수찬(授瓚)○수폐(授幣)○개재헌관지우(皆在獻官之右)○전로(奠爐)○수찬(受瓚)○전폐(奠幣)○개재헌관지좌(皆在獻官之左)○수작(受爵)○전작준차(奠爵准此)

알자(謁者)○찬집홀부복흥평신(贊執笏俯伏興平身)○인출(引出)○차예각실(次詣各室)○상향(上香)○관창(祼鬯)○전폐(奠幣)○병여상의홀(並如上儀訖)○등가지(登歌止)○인강복위(引降復位)○당등가지시(當登歌止時)○제축사(諸祝史)○각취모혈반(各取毛血槃)○간료등어전영간(肝膋甑於前楹間)○구입전어신위전(俱入奠於神位前)○모혈반재등지후(毛血槃在甑之後)○간료등재변지좌(肝膋甑在籩之左)○제축사(諸祝史)○구취간(俱取肝)○출호(出戶)○번어로탄(燔於爐炭)○환준소(還尊所)

●궤식(饋食)

초헌관기승관(初獻官旣升祼)○찬인(贊引)○인전사관출(引典祀官出)○솔진찬자(帥進饌者)○예주(詣廚)○이비승우우(以匕升牛于)○확실우생갑(鑊實于牲匣)○차승양시(次升羊豕)○각실우생갑(各實于牲匣)○매실(每室)○우양시(牛羊豕)○각일갑(各一匣)○입설어찬만내(入設於饌幔內)○알자(謁者)○인천조관출(引薦俎官出)○예찬소(詣饌所)○봉조관(捧俎官)○수지(隨之)○사초헌관관흘복위(俟初獻官祼訖復位)○집례왈(執禮曰)○진찬(進饌)○알자(謁者)○인천조관(引薦俎官)○봉제일실조(捧第一室俎)○봉조관(捧俎官)○각봉생갑(各捧牲匣)○전사관(典祀官)○인찬(引饌)○입자정문(入自正門)○조초입문(俎初入門)○헌가작풍안지악(軒架作豐安之樂)

제축사(諸祝史)○구진철모혈반(俱進徹毛血槃)○자조계(自阼階)○수제랑이출(授齊郞以出)○찬지태계(饌至泰階)○제대축(諸大祝)○영인어계상(迎引於階上)○천조관(薦俎官)○예제일실신위전(詣第一室神位前)○북향궤전(北向跪奠)○선천우(先薦牛)○차천양(次薦羊)○차천시(次薦豕)○제대축(諸大祝)○조전(助奠)○전흘(奠訖)○계생갑개(啓牲匣蓋)○차예각실(次詣各室)○봉전(捧奠)○병여상의흘(並如上儀訖)○악지(樂止)○알자(謁者)○인천조관이하(引薦俎官以下)○강자조계복위(降自阼階復位)○제대축(諸大祝)○각취소서직(各取蕭黍稷)○유어지(擩於脂)○번어로탄(燔於爐炭)○환준소(還尊所)

집례왈(執禮曰)○행초헌례(行初獻禮)○알자(謁者)○인초헌관(引初獻官)○예제일실존소(詣第一室尊所)○서향립(西向立)○등가작보대평지악(登歌作保大平之樂)○보대평지무작(保大平之舞作)○집존자(執尊者)○거멱작례제(擧冪酌醴齊)○집사자이인(執事者二人)○이작수주(以爵受酒)○알자(謁者)○인초헌관(引初獻官)○예신위전(詣神位前)○북향립(北向立)○찬궤진홀(贊跪搢笏)○집사자(執事者)○이작수초헌관(以爵授初獻官)○초헌관(初獻官)○집작헌작(執爵獻爵)○이작수집사자(以爵授執事者)○전우신위전(奠于神位前)○집사자(執事者)○이부작수초헌관(以副爵授初獻官)○초헌관(初獻官)○집작헌작(執爵獻爵)○이작수집사자(以爵授執事者)○전우왕후신위전(奠于王后神位前)○알자(謁者)○찬집홀부복흥소퇴북향궤(贊執笏俯伏興少退北向跪)○악지(樂止)○대축(大祝)○진신위지우(進神位之右)○동향궤(東向跪)○독축문흘(讀祝文訖)○악작(樂作)○알자(謁者)○찬부복흥평신(贊俯伏興平身)○인출(引出)○차예각실(次詣各室)○작헌(酌獻)○병여상의흘(並如上儀訖)○악지(樂止)○인강복위(引降復位)○보대평지무퇴(保大平之舞退)○정대업지무진(定大業之舞進)

초초헌관기복위(初初獻官旣復位)○집례왈(執禮曰)○행아헌례(行亞獻禮)○알자(謁者)○인아헌관(引亞獻官)○예관세위(詣盥洗位)○북향립(北向立)○찬진홀(贊搢笏)○관수세수흘(盥手帨手訖)○찬집홀(贊執笏)○인예제일실존소(引詣第一室尊所)○서향립(西向立)○헌가작정대업지악(軒架作定大業之樂)○정대업지무작(定大業之舞作)○집존자(執尊者)○거멱작앙제(擧冪酌盎齊)○집사자이인(執事者二人)○이작수주(以爵受酒)○알자(謁者)○인아헌관(引亞獻官)○예신위전(詣神位前)○북향립(北向立)○찬궤진홀(贊跪搢笏)○집사자(執事者)○이작수아헌관(以爵授亞獻官)○아헌관(亞獻官)○집작헌작(執爵獻爵)○이작수집사자(以爵授執事者)○전우신위전(奠于神位前)○집사자(執事者)○이부작수아헌관(以副爵授亞獻官)○아헌관(亞獻官)○집작헌작(執爵獻爵)○이작수집사자(以爵授執事者)○전우왕후신위전(奠于王后神位前)○알자(謁者)○찬집홀부복흥평신(贊執笏俯伏興平身)○인출(引出)○차예각실(次詣各室)○작헌(酌獻)○병여상의흘(並如上儀訖)○악지(樂止)○인강복위(引降復位)

집례왈(執禮曰)○행종헌례(行終獻禮)○알자(謁者)○인종헌관(引終獻官)○행례(行禮)○병여아헌

의흘(竝如亞獻儀訖)○인강복위(引降復位)

초종헌관기승(初終獻官旣升)○찬인(贊引)○인칠사헌관(引七祀獻官)○예관세위(詣盥洗位)○진홀(搢笏)○관수세수흘(盥手帨手訖)○집홀(執笏)○예존소(詣尊所)○집존자(執尊者)○거멱작주(擧冪酌酒)○집사자(執事者)○이작수주(以爵受酒)○헌관(獻官)○예신위전(詣神位前)○서향궤진홀(西向跪搢笏)○집사자(執事者)○수작(授爵)○헌관(獻官)○집작헌작전작(執爵獻爵奠爵)○집홀부복흥소퇴궤(執笏俯伏興少退跪)○축사(祝史)○취헌관지좌(就獻官之左)○북향궤(北向跪)○독축문흘(讀祝文訖)○랍즉이차전흘(臘則以次奠訖)○취사명신위전(就司命神位前)○서향궤(西向跪)○축사(祝史)○독축여의(讀祝如儀)○헌관(獻官)○부복흥평신(俯伏興平身)○인복위(引復位)○동향(冬享)○칙칠사헌관(則七祀獻官)○장예세위(將詣洗位)○찬인(贊引)○인배향공신헌관(引配享功臣獻官)○예관세위(詣盥洗位)○진홀(搢笏)○관수세수흘(盥手帨手訖)○집홀(執笏)○예존소(詣尊所)○집존자(執尊者)○거멱작주(擧冪酌酒)○집사자(執事者)○이작수주(以爵受酒)○헌관(獻官)○예신위전(詣神位前)○동향립(東向立)○진홀(搢笏)○집사자(執事者)○수작헌관(授爵獻官)○집작전작(執爵奠爵)○이차전흘(以次奠訖)○집홀(執笏)○인복위(引復位)

초종헌관기복위(初終獻官旣復位)○집례왈(執禮曰)○음복수조(飮福受胙)○대축(大祝)○예제일실준소(詣第一室尊所)○이작작뢰복주(以爵酌罍福酒)○우대축(又大祝)○지조진(持俎進)○감신위전조육(減神位前胙肉)○알자(謁者)○인초헌관(引初獻官)○예음복위(詣飮福位)○서향립(西向立)○찬궤진홀(贊跪搢笏)○대축(大祝)○진초헌관지좌(進初獻官之左)○북향(北向)○이작수초헌관(以爵授初獻官)○초헌관(初獻官)○수작음(受爵飮)○졸작(卒爵)○대축(大祝)○진수허작(進受虛爵)○복어점(復於坫)○대축(大祝)○북향(北向)○이조수초헌관(以俎授初獻官)○초헌관(初獻官)○수조이수집사자(受俎以授執事者)○집사자(執事者)○수조(受俎)○강자조계출문(降自阼階出門)○알자(謁者)○찬집홀부복흥평신(贊執笏俯伏興平身)○인강복위(引降復位)○집례왈(執禮曰)○사배(四拜)○재위자(在位者)○개사배집례왈(皆四拜執禮曰)○철변두(徹籩豆)○제대축(諸大祝)○입철변두(入徹籩豆)○철자변두각일(徹者籩豆各一)○소이어고처(少移於故處)○등가작옹안지악(登歌作雍安之樂)○칠사축사(七祀祝史)○제랑(齊郞)○각철변두(各徹籩豆)○동향(冬享)○칙공신축사(則功臣祝史)○제랑(齊郞)○역철변두(亦徹籩豆)○철흘(徹訖)○악지(樂止)○헌가작흥안지악(軒架作興安之樂)○집례왈(執禮曰)○사배(四拜)○재위자(在位者)○개사배(皆四拜)○악일성지(樂一成止)

집례왈(執禮曰)○망예(望瘞)○알자(謁者)○인초헌관(引初獻官)○예망예위(詣望瘞位)○북향립(北向立)○집례(執禮)○솔찬자(帥贊者)○예망예위(詣望瘞位)○서향립(西向立)○제대축(諸大祝)○취서(取黍)○직반(稷飯)○자용백모속지(藉用白茅束之)○이비취축판급폐(以篚取祝版及幣)○강자서계(降自西階)○치어감(置於坎)○집례왈(執禮曰)○가예(可瘞)○치토반감(置土半坎)○묘사감시(廟司監視)○알자(謁者)○진초헌관지좌(進初獻官之左)○백례필(白禮畢)○알자(謁者)○찬인(贊引)○각인초헌관이하(各引初獻官以下)○이차출(以次出)○집례(執禮)○수찬자(帥贊者)○환본위(還本位)○찬인(贊引)○인감찰급제집사(引監察及諸執事)○구복현북배위(俱復懸北拜位)○립정(立定)○집례왈(執禮曰)○사배(四拜)○감찰급제집사(監察及諸執事)○개사배흘(皆四拜訖)○찬인(贊引)○이차인출(以次引出)○전악(典樂)○수공인(帥工人)○이무출(二舞出)○묘사(廟司)○대축(大祝)○궁위령(宮闈令)○납신주여상의(納神主如常儀)○집례(執禮)○수찬자(帥贊者)○알자(謁者)○찬인(贊引)○취현북배위(就懸北拜位)○사배이출(四拜而出)○칠사헌관(七祀獻官)○예서문외칠사예감지남(詣西門外七祀瘞坎之南)○북향립(北向立)○집사자(執事者)○치축판어예감(置祝版於瘞坎)○예흘퇴(瘞訖退)○전사관(典祀官)○묘사(廟司)○각수기속(各帥其屬)○철례찬(徹禮饌)○궁위령(宮闈令)○합호(闔戶)○이강내퇴(以降乃退)

속절급삭망향종묘의(俗節及朔望享宗廟儀)

●재계(齊戒)○견서례(見序例)

●진설(陳設)

전향일일(前享一日)○묘사(廟司)○솔기속(帥其屬)○소제묘지내외(掃除廟之內外)○찬자(贊者)○설헌관위어조계동남서향(設獻官位於阼階東南西向)○음복위어당상전영외근동서향(飮福位於堂上前楹外近東西向)○집사자위어헌관지후초남(執事者位於獻官之後稍南)○구서향북상(俱西向北上)○감찰위어묘정지남근동서향(監察位於廟庭之南近東西向)○서리배기후(書吏陪其後)○찬자(贊者)○알자위어당하근동서향북상(謁者位於堂下近東西向北上)○설제향관문외위어동문외도남(設諸享官門外位於東門外道南)○매등이위(每等異位)○구중행북향서상(俱重行北向西上)

향일미행사전(享日未行事前)○궁위령(宮闈令)○수기속(帥其屬)○개실정불신악(開室整拂神幄)○포연(鋪筵)○설궤여상의(設几如常儀)○전사관(典祀官)○묘사(廟司)○각수기속입(各帥其屬入)○전축판각일어각실신위지우(奠祝版各一於各室神位之右)○각유점(各有坫)○설향로(設香爐)○향합병촉어신위전(香合幷燭於神位前)○차설제기여식(次設祭器如式)○견서례(見序例)○설세어조계동남북향(設洗於阼階東南北向)○관세재동(盥洗在東)○작세재서(爵洗在西)○뇌재세동(罍在洗東)○가작(加勺)○비재세서남사(篚在洗西南肆)○실이건(實以巾)○약작세지비(若爵洗之篚)○칙우실이작(則又實以爵)○유점(有坫)○제집사관세어헌관세동남북향(諸執事盥洗於獻官洗東南北向)

●행례(行禮)

향일축전오각(享日丑前五刻)○축전오각(丑前五刻)○즉삼경삼점(卽三更三點)○행사용축시일각(行事用丑時一刻)○궁위령(宮闈令)○수기속(帥其屬)○개실정불신악(開室整拂神幄)○포연(鋪筵)○설궤여상의(設几如常儀)○전사관(典祀官)○묘사(廟司)○입실찬구필(入實饌具畢)

전삼각(前三刻)○제향관(諸享官)○각복기복(各服其服)○찬자(贊者)○알자(謁者)○입자동문(入自東門)○선취계간배위(先就階間拜位)○북향서상(北向西上)○사배흘(四拜訖)○취위(就位)○알자(謁者)○인제향관(引諸享官)○구취문외위(俱就門外位)

전일각(前一刻)○알자(謁者)○인감찰(引監察)○전사관(典祀官)○대축(大祝)○축사(祝史)○재랑(齊郎)○묘사(廟司)○궁위령(宮闈令)○입취계간배위(入就階間拜位)○중행북향서상(重行北向西上)○립정(立定)○찬자왈(贊者曰)○사배(四拜)○감찰이하(監察以下)○개사배흘(皆四拜訖)○알자(謁者)○인감찰(引監察)○취위(就位)○인제집사(引諸執事)○예관세위(詣盥洗位)○관세흘(盥帨訖)○각취위(各就位)

묘사(廟司)○대축(大祝)○궁위령(宮闈令)○승자조계(升自阼階)○제향관승강(諸享官升降)○개자조계(皆自阼階)○예제일실(詣第一室)○입개감실(入開瑌室)○대축(大祝)○궁위령(宮闈令)○봉출신주(捧出神主)○설어좌(設於座)○예신악내(詣神幄內)○어궤후계궤(於几後啓匱)○설우좌(設于座)○선왕신주(先王神主)○대축봉출(大祝捧出)○복이백저건(覆以白紵巾)○선후신주(先后神主)○궁위령봉출(宮闈令捧出)○복이청저건(覆以靑紵巾)○이서위상(以西爲上)○차예각실(次詣各室)○봉출(捧出)○병여상의흘(並如上儀訖)○인강복위(引降復位)○제랑(齊郎)○예작세위(詣爵洗位)○세작식작흘(洗爵拭爵訖)○치어비(置於篚)○봉예태계(捧詣泰階)○축사(祝史)○영취어계상(迎取於階上)○치어존소점상(置於尊所坫上)○알자(謁者)○인헌관(引獻官)○입취위(入就位)○서향립(西向立)○찬자왈(贊者曰)○사배(四拜)○헌관사배(獻官四拜)

알자(謁者)○인헌관(引獻官)○예관세위(詣盥洗位)○북향립(北向立)○찬진홀(贊搢笏)○헌관(獻官)○관수세수흘(盥手帨手訖)○찬집홀(贊執笏)○인예제일실존소(引詣第一室尊所)○서향립(西向立)○집존자(執尊者)○거멱작주(擧羃酌酒)○집사자이인(執事者二人)○이작수주(以爵受酒)○인예신위전(引詣神位前)○북향립(北向立)○찬궤진홀(贊跪搢笏)○집사자일인(執事者一人)○봉향합(捧香合)○일인(一人)○봉향로(捧香爐)○궤진(跪進)○알자(謁者)○찬삼상향(贊三上香)○집사자(執事者)○전로우안(奠爐于案)○집사자(執事者)○이작수헌관(以爵授獻官)○헌관(獻官)○집작헌작(執爵獻爵)○이작수집사자(以爵授執事者)○전우신위전(奠于神位前)○집사자(執事者)○이부작수헌관(以副爵授獻官)○헌관(獻官)○집작헌작(執爵獻爵)○이작수집사자(以爵授執事者)○전우왕후신위전(奠于王后神位前)○알자(謁者)○찬집홀부복흥소퇴북향궤(贊執笏俯伏興少退北向跪)○대축(大祝)○진신위지우(進神位之右)○동향궤(東向跪)○독축문흘(讀祝文訖)○알자(謁者)○찬부복흥평신(贊俯伏興平身)○인출(引出)○차예각실(次詣各室)○상향작헌(上香酌獻)○병여상의흘(並如上儀訖)○인강복위(引降復位)

대축(大祝)○예제일실준소(詣第一室尊所)○이작작뢰복주(以爵酌罍福酒)○알자(謁者)○인헌관(引獻官)○승예음복위(升詣飮福位)○서향립(西向立)○대축(大祝)○진헌관지좌(進獻官之左)○북향(北向)○이작수헌관(以爵授獻官)○헌관(獻官)○궤진홀(跪搢笏)○수작음(受爵飮)○졸작(卒爵)○대축(大祝)○진수허작(進受虛爵)○복어점(復於坫)○알자(謁者)○찬집홀부복흥평신(贊執笏俯伏興平身)○인강복위(引降復位)○찬자왈(贊者曰)○사배(四拜)○재위자(在位者)○개사배(皆四拜)

대축(大祝)○입철변두(入徹籩豆)○철자(徹者)○변두각일(籩豆各一)○소이어고처(少移於故處)○찬자왈(贊者曰)○사배(四拜)○헌관사배(獻官四拜)○알자(謁者)○인헌관출(引獻官出)○알자(謁者)○인감찰급제집사(引監察及諸執事)○구복계간배위(俱復階間拜位)○립정(立定)○찬자왈(贊者曰)○사배(四拜)○감찰이하(監察以下)○개사배홀(皆四拜訖)○알자(謁者)○이차인출(以次引出)○묘사(廟司)○대축(大祝)○궁위령(宮闈令)○납신주여상의(納神主如常儀)○찬자(贊者)○알자(謁者)○취계간배위(就階間拜位)○사배이출(四拜而出)○전사관(典祀官)○묘사(廟司)○각수기속(各帥其屬)○철례찬(徹禮饌)○합호(闔戶)○이강내퇴(以降乃退)○대축(大祝)○취축판(取祝版)○예어감(瘞於坎)

기고종묘의(祈告宗廟儀)

보사급선고사유이환안(報祀及先告事由移還安)○영녕전선고사유이환안동(永寧殿先告事由移還安同)○유보사(唯報祀)○음복수조(飮福受胙)

●재계(齊戒)○견서례(見序例)

●진설(陳設)

전일일(前一日)○묘사(廟司)○수기속(帥其屬)○소제묘지내외(掃除廟之內外)○찬자(贊者)○설헌관위어조계동남서향(設獻官位於阼階東南西向)○집사자위어헌관지후초남(執事者位於獻官之後稍南)○구서향북상(俱西向北上)○설감찰위어집사지남서향(設監察位於執事之南西向)○서리배기후(書吏陪其後)○찬자(贊者)○알자위어당하근동(謁者位於堂下近東)○서향북상(西向北上)○설제기관문외위어동문외도남(設諸祈官門外位於東門外道南)○매등이위(每等異位)○구중행북향서상(俱重行北向西上)○설망예위어예감지남(設望瘞位於瘞坎之南)○헌관재남북향(獻官在南北向)○대축(大祝)○찬자(贊者)○재동서향북상(在東西向北上)

기일미행사전(祈日未行事前)○궁위령(宮闈令)○수기속(帥其屬)○개실정불신악(開室整拂神幄)○포연(鋪筵)○설궤여상의(設几如常儀)○전사관(典祀官)○묘사(廟司)○각솔기속입(各帥其屬入)○전축판각일어각실신위지우(奠祝版各一於各室神位之右)○각유점(各有坫)○진폐비각일어각실존소(陳幣篚各一於各室尊所)○설향로(設香爐)○향합병촉어신위전(香合幷燭於神位前)○차설제기여식(次設祭器如式)○견서각(見序刻)○설세어조계동남북향(設洗於阼階東南北向)○관세재동(盥洗在東)○작세재서(爵洗在西)○뢰재세동(罍在洗東)○가작(加勺)○비재세서남사(篚在洗西南肆)○실이건(實以巾)○약작세지비(若爵洗之篚)○칙우실이작(則又實以爵)○유점(有坫)○제집사관세어헌관세동남북향(諸執事盥洗於獻官洗東南北向)○집존뢰비멱자위어존뢰비멱지후(執尊罍篚冪者位於尊罍篚冪之後)

●행례(行禮)

기일축전오각(祈日丑前五刻)○축전오각(丑前五刻)○즉삼경삼점(卽三更三點)○행사용축시일각(行事用丑時一刻)○궁위령(宮闈令)○수기속(帥其屬)○개실정불신악(開室整拂神幄)○포연(鋪筵)○설궤여상의(設几如常儀)○전사관(典祀官)○묘사(廟司)○입실찬구필(入實饌具畢)

전삼각(前三刻)○제기관(諸祈官)○각복기복(各服其服)○찬자(贊者)○알자(謁者)○입자동문(入自東門)○선취계간배위(先就階間拜位)○북향서상(北向西上)○사배홀(四拜訖)○취위(就位)○알자(謁者)○인제기관(引諸祈官)○구취문외위(俱就門外位)

전일각(前一刻)○알자(謁者)○인감찰(引監察)○전사관(典祀官)○대축(大祝)○축사(祝史)○재랑(齊郞)○묘사(廟司)○궁위령(宮闈令)○입취계간배위(入就階間拜位)○중행북향서상(重行北向西上)○입정(立定)○찬자왈(贊者曰)○사배(四拜)○감찰이하(監察以下)○개사배홀(皆四拜訖)○알자

(謁者)○인감찰취위(引監察就位)○인제집사(引諸執事)○예관세위(詣盥洗位)○관세흘(盥帨訖)○각취위(各就位)묘사(廟司)○대축(大祝)○궁위령(宮闈令)○승자조계(升自阼階)○범제기관승강(凡諸祈官升降)○개자조계(皆自阼階)○예제일실(詣第一室)○입개감실(入開坅室)○봉출신주(捧出神主)○설어좌(設於座)○예신악내(詣神幄內)○어궤후계궤(於几後啓匱)○설우좌(設于座)○선왕신주(先王神主)○대축봉출(大祝捧出)○복이백저건(覆以白紵巾)○선후신주(先后神主)○궁위령봉출(宮闈令捧出)○복이청저건(覆以靑紵巾)○이서위상(以西爲上)○**차예각실(次詣各室)**○봉출(捧出)○병여상의흘(竝如上儀訖)○강복위(降復位)○제랑(齊郎)○예작세위(詣爵洗位)○세작식작흘(洗爵拭爵訖)○치어비(置於篚)○봉예태계(捧詣泰階)○축사(祝史)○영취어계상(迎取於階上)○치어존소점상(置於尊所坫上)○알자(謁者)○인헌관(引獻官)○입취위(入就位)○서향립(西向立)○알자(謁者)○진헌관지좌(進獻官之左)○백유사근구청행사(白有司謹具請行事)○퇴복위(退復位)○찬자왈(贊者曰)○사배(四拜)○헌관사배(獻官四拜)

찬자왈(贊者曰)○행전폐례(行奠幣禮)○알자(謁者)○인헌관(引獻官)○예관세위(詣盥洗位)○북향립(北向立)○찬진홀(贊搢笏)○헌관(獻官)○관수세수흘(盥手帨手訖)○찬집홀(贊執笏)○인예제일실신위전(引詣第一室神位前)○북향립(北向立)○찬궤진홀(贊跪搢笏)○집사자일인(執事者一人)○봉향합(捧香合)○일인(一人)○봉향로(捧香爐)○궤진(跪進)○알자(謁者)○찬삼상향(贊三上香)○집사자(執事者)○전로우안(奠爐于案)○대축(大祝)○이폐비수헌관(以幣篚授獻官)○헌관(獻官)○집폐헌폐(執幣獻幣)○이폐수대축(以幣授大祝)○전우신위전(奠于神位前)○범봉향(凡捧香)○수폐(授幣)○개재헌관지우(皆在獻官之右)○전로(奠爐)○전폐(奠幣)○개재헌관지좌(皆在獻官之左)○수작전작준차(授爵奠爵准此)○**알자(謁者)**○찬집홀부복흥평신(贊執笏俯伏興平身)○인출(引出)○차예각실(次詣各室)○상향전폐(上香奠幣)○병여상의흘(竝如上儀訖)○인강복위(引降復位)

찬자왈(贊者曰)○행작헌례(行酌獻禮)○알자(謁者)○인헌관(引獻官)○승예제일실존소(升詣第一室尊所)○서향립(西向立)○집존자(執尊者)○거멱작주(擧冪酌酒)○집사자이인(執事者二人)○이작수주(以爵受酒)○알자(謁者)○인헌관(引獻官)○예신위전(詣神位前)○북향립(北向立)○찬궤진홀(贊跪搢笏)○집사자(執事者)○이작수헌관(以爵授獻官)○헌관(獻官)○집작헌작(執爵獻爵)○이작수집사자(以爵授執事者)○전우신위전(奠于神位前)○집사자(執事者)○이부작수헌관(以副爵授獻官)○헌관(獻官)○집작헌작(執爵獻爵)○이작수집사자(以爵授執事者)○전우왕후신위전(奠于王后神位前)○알자(謁者)○찬집홀부복흥소퇴북향궤(贊執笏俯伏興少退北向跪)○대축(大祝)○진신위지우(進神位之右)○동향궤(東向跪)○독축문흘(讀祝文訖)○알자(謁者)○찬부복흥평신(贊俯伏興平身)○인출(引出)○차예각실(次詣各室)○작헌(酌獻)○병여상의흘(竝如上儀訖)○인강복위(引降復位)○대축(大祝)○입철변두(入徹籩豆)○철자(徹者)○변두각일(籩豆各一)○소이어고처(少移於故處)○찬자왈(贊者曰)○사배(四拜)○헌관사배(獻官四拜)

알자(謁者)○인헌관(引獻官)○예망예위(詣望瘞位)○북향립(北向立)○찬자(贊者)○예망예위(詣望瘞位)○서향립(西向立)○대축(大祝)○이비취축판급폐(以篚取祝版及幣)○강자서계(降自西階)○치어감(置於坎)○찬자왈(贊者曰)○가예(可瘞)○치토반감(置土半坎)○알자(謁者)○진헌관지좌(進獻官之左)○백례필(白禮畢)○수인헌관출(遂引獻官出)○찬자(贊者)○환본위(還本位)○알자(謁者)○인감찰급제집사(引監察及諸執事)○구복계간배위(俱復階間拜位)○입정(立定)○찬자왈(贊者曰)○사배(四拜)○감찰이하(監察以下)○개사배흘(皆四拜訖)○알자(謁者)○이차인출(以次引出)○묘사(廟司)○대축(大祝)○궁위령(宮闈令)○납신주여상의(納神主如常儀)○찬자(贊者)○알자(謁者)○취계간배위(就階間拜位)○사배이출(四拜而出)○전사관(典祀官)○묘사(廟司)○각솔기속(各帥其屬)○철례찬(徹禮饌)○합호(闔戶)○이강내퇴(以降乃退)

천신종묘의(薦新宗廟儀)

●진설(陳設)

전일일(前一日)○봉상사(奉常寺)○설신물어제주(設新物於齊廚)○봉상사정여종묘령(奉常寺正與宗廟令)○예주동저(詣廚同貯)

지일(至日)○설변두어매실호외(設籩豆於每室戶外)○이신물실지(以新物實之)○매실(每室)○맹춘(孟春)

천청어실이두(薦靑魚實以豆)○중춘빙(仲春氷)○송어각실이두(松魚各實以豆)○계춘(季春)○궐실이두(蕨實以豆)○맹하(孟夏)○순실이두(筍實以豆)○중하(仲夏)○대소맥(大小麥)○과각실이두(瓜各實以豆)○앵도(櫻桃)○행각실이변(杏各實以籩)○계하(季夏)○도서직속가자동과실이두(稻黍稷粟茄子冬瓜各實以豆)○림금실이변(林檎實以籩)○맹추(孟秋)○련어실이두(鰱魚實以豆)○리실이변(梨實以籩)○중추(仲秋)○폐조률각실이변(柿棗栗各實以籩)○신주실이작(新酒實以爵)○계추(季秋)○안실이두(鴈實以豆)○맹동(孟冬)○귤감각실이변(橘柑各實以籩)○천금수수소획금수(薦禽蒐狩所獲禽獸)○각실이두(各實以豆)○중동(仲冬)○천아(天鵝)○과어각실이두(瓜魚各實以豆)○계동(季冬)○어토각실이두(魚兎各實以豆)○혹유조만자(或有早晩者)○수기성숙이천(隨其成熟以薦)○부구월령(不拘月令)○기응찬자(其應饌者)○종묘서령(宗廟署令)○예주성확(詣廚省鑊)○수기속림조(帥其屬臨造)○설봉상사정위어조계동남서향(設奉常寺正位於阼階東南西向)○우설관세어조계동남북내(又設盥洗於阼階東南北內)○뇌재세동(罍在洗東)○가작(加勺)○비재세서남사(篚在洗西南肆)○실이건(實以巾)

●행례(行禮)

천신일(薦新日)○종묘서령(宗廟署令)○솔기속(帥其屬)○개실소제(開室掃除)○실신물필(實新物畢)○봉상사정(奉常寺正)○이상복(以常服)○입취위(入就位)○서향립(西向立)○사배(四拜)○예관세위(詣盥洗位)○북향립(北向立)○관수세수흘(盥手帨手訖)○승자조계(升自阼階)○예제일실호외(詣第一室戶外)○북향립(北向立)○집사자(執事者)○이신물수봉상사정(以新物授奉常寺正)○봉상사정(奉常寺正)○봉예신위전(捧詣神位前)○북향궤전(北向跪奠)○부복흥평신(俯伏興平身)○출호(出戶)○차예각실(次詣各室)○봉전(捧奠)○병여상의흘(並如上儀訖)○강복위(降復位)○사배퇴(四拜退)

제중뢰의(祭中靁儀)

칠사(七祀)○각인시향제지(各因時享祭之)○랍향편제(臘享徧祭)○기의(其儀)○개부어묘향의(皆附於廟享儀)○유중뢰(唯中靁)○계하별제(季夏別祭)○고별저어차(故別著於此)

●시일(時日) ○견서례(見序例)
●재계(齊戒) ○견서례(見序例)

●진설(陳設)

전제일일(前祭一日)○종묘서관(宗廟署官)○소제제소(掃除祭所)○설신좌어묘정서문지내도남동향(設神座於廟庭西門之內道南東向)○석이완(席以莞)○찬자(贊者)○설헌관위어신위동남북향(設獻官位於神位東南北向)○음복위어신위전서향(飮福位於神位前西向)○집사자위어헌관지후북향서상(執事者位於獻官之後北向西上)○찬자(贊者)○알자위어헌관지서초전서상(謁者位於獻官之西稍前西上)○설제제관문외위어동문외도남(設諸祭官門外位於東門外道南)○중행북향서상(重行北向西上)

제일미행사전(祭日未行事前)○전사관(典祀官)○솔기속입(帥其屬入)○전축판어신위지우(奠祝版於神位之右)○설향로(設香爐)○향합병촉어신위전(香合幷燭於神位前)○차설제기여식(次設祭器如式)○견서례(見序例)○설뢰세급비어주존동남서향(設罍洗及篚於酒尊東南西向)○실이건작(實以巾爵)

●행례(行禮)

제일축전오각(祭日丑前五刻)○축전오각(丑前五刻)○즉삼경삼점(卽三更三點)○행사용축시일각(行事用丑時一刻)○전사관(典祀官)○입실찬구필(入實饌具畢)○퇴취차(退就次)○복기복(服其服)○입설신위판어좌(入設神位版於座)

전삼각(前三刻)○제제관(諸祭官)○각복기복(各服其服)○찬자(贊者)○알자(謁者)○선입예신위전(先入詣神位前)○서향북상(西向北上)○사배흘(四拜訖)○취위(就位)○알자(謁者)○인제제관(引諸祭官)○취문외위(就門外位)

전일각(前一刻)○알자(謁者)○인전사관(引典祀官)○대축(大祝)○제랑(齊郞)○입취배위(入就拜位)○서향북상(西向北上)○입정(立定)○찬자왈(贊者曰)○사배(四拜)○전사관이하(典祀官以下)○개사배흘(皆四拜訖)○예관세위(詣盥洗位)○관세흘(盥帨訖)○각취위(各就位)○재랑(齊郞)○예작세위(詣爵洗位)○세작식작흘(洗爵拭爵訖)○치어비(置於篚)○봉예존소점상(捧詣尊所坫上)○알자

(謁者)○인헌관(引獻官)○입취위(入就位)○알자(謁者)○진헌관지좌(進獻官之左)○백유사근구청행사(白有司謹具請行事)○퇴복위(退復位)。찬자왈(贊者曰)○사배(四拜)○헌관사배(獻官四拜)

알자(謁者)○인헌관(引獻官)○예관세위(詣盥洗位)○서향립(西向立)○찬진홀(贊搢笏)○헌관(獻官)○관수세수홀(盥手帨手訖)○찬집홀(贊執笏)○인예주소(引詣尊所)○북향립(北向立)○집준자(執尊者)○거멱작주(擧冪酌酒)○집사자(執事者)○이작수주(以爵受酒)○인예신위전(引詣神位前)○서향립(西向立)○찬궤진홀(贊跪搢笏)○집사자일인(執事者一人)○봉향합(捧香合)○일인(一人)○봉향로(捧香爐)○궤진(跪進)○알자(謁者)○찬삼상향(贊三上香)○집사자(執事者)○전로우신위전(奠爐于神位前)○집사자(執事者)○이작수헌관(以爵授獻官)○헌관(獻官)○집작헌작(執爵獻爵)○이작수집사자(以爵授執事者)○전우신위전(奠于神位前)○부복흥소퇴서향궤(俯伏興少退西向跪)○대축(大祝)○진신위지우(進神位之右)○북향궤(北向跪)○독축문흘(讀祝文訖)○알자(謁者)○찬부복흥평신(贊俯伏興平身)○인복위(引復位)

찬자왈(贊者曰)○음복(飮福)○대축(大祝)○예준소(詣尊所)○이작작복주(以爵酌福酒)○알자(謁者)○인헌관(引獻官)○예음복위(詣飮福位)○서향립(西向立)○찬궤진홀(贊跪搢笏)○대축(大祝)○진헌관지좌(進獻官之左)○북향(北向)○이작수헌관(以爵授獻官)○헌관(獻官)○수작음(受爵飮)○졸작(卒爵)○대축(大祝)○수허작(受虛爵)○복어점(復於坫)○알자(謁者)○찬집홀부복흥평신(贊執笏俯伏興平身)○인복위(引復位)○찬자왈(贊者曰)○사배(四拜)○재위자(在位者)○개사배(皆四拜)

대축(大祝)○진철변두(進徹籩豆)（철자(徹者)○변두각일(籩豆各一)○소이어고처(少移於故處)○찬자왈(贊者曰)○사배(四拜)○헌관사배(獻官四拜)○알자(謁者)○진헌관지좌(進獻官之左)○백례필(白禮畢)○수인헌관출(遂引獻官出)○알자(謁者)○인전사관이하제집사(引典祀官以下諸執事)○취배위(就拜位)○입정(立定)○찬자왈(贊者曰)○사배(四拜)○전사관이하(典祀官以下)○개사배흘(皆四拜訖)○알자인출(謁者引出)○찬자(贊者)○알자(謁者)○취배위(就拜位)○사배이출(四拜而出)○전사관(典祀官)○장신위판(藏神位版)○철례찬(徹禮饌)○내퇴(乃退)○대축(大祝)○취축판(取祝版)○예어감(瘞於坎)

춘추향영녕전의(春秋享永寧殿儀)

●시일(時日)○견서례(見序例)
●재계(齊戒)○견서례(見序例)

●진설(陳設)

전향이일(前享二日)○전사(殿司)○솔기속(帥其屬)○소제전지내외(掃除殿之內外)○전설사(典設司)○설제향관차어제방지내(設諸享官次於齊坊之內)○설찬만어동문외(設饌幔於東門外)○수지지의(隨地之宜)

전일일(前一日)○전악(典樂)○솔기속(帥其屬)○설등가지악어당상전영간(設登歌之樂於堂上前楹間)○헌가어전정(軒架於殿庭)○구북향(俱北向)○집례(執禮)○설초헌관위어조계동남서향(設初獻官位於阼階東南西向)○음복위어당상전영외근동서향(飮福位於堂上前楹外近東西向)○아헌관(亞獻官)○종헌관(終獻官)○천조관위어초헌관지후초남서향(薦俎官位於初獻官之後稍南西向)○집사자위어기후(執事者位於其後)○매등이위(每等異位)○중행서향북상(重行西向北上)○감찰위어집사지남근동서향(監察位於執事之南近東西向)○서리배기후(書吏陪其後)○집례위이(執禮位二)○일어당상전영외(一於堂上前楹外)○일어당하(一於堂下)○구근동서향(俱近東西向)○찬자(贊者)○알자(謁者)○찬인(贊引)○재당하집례지후초남(在堂下執禮之後稍南)○서향북상(西向北上)○협률랑위어당상전영외근서동향(協律郎位於堂上前楹外近西東向)○전악위어헌현지북북향(典樂位於軒懸之北北向)○설제향관문외위어동문외도남(設諸享官門外位於東門外道南)○매등이위(每等異位)○중행북향서상(重行北向西上)○설망예위어예감지남(設望瘞位於瘞坎之南)○헌관(獻官)○재남북향(在南北向)○집례(執禮)○찬자(贊者)○대축(大祝)○재동중행서향북상(在東重行西向北上)

향일미행사전(享日未行事前)○궁위령(宮闈令)○솔기속(帥其屬)○개실정불신악(開室整拂神幄)○포연(鋪筵)○설궤여상의(設几如常儀)○전사관(典祀官)○전사(殿司)○각솔기속입(各帥其屬入)○전축판각일어각실신위지우(奠祝版各一於各室神位之右)○각유점(各有坫)○진폐비각일어각실준소(陳幣篚各一於各室尊所)○설향로(設香爐)○향합병촉어신위전(香合幷燭於神位前)○차설제기여식(次設祭器如式)○견서례(見序例)○매실설찬(每室設饌)○반각일어준소점상(槃各一於尊所坫上)○설로탄어전영간(設爐炭於前楹間)○모혈반(毛血槃)○간료등(肝簝甀)○소변(蕭籩)○서직변각일어기후(黍稷籩各一於其後)○설복주작(設福酒爵)○유점(有坫)○조육조각일어제일실존소(胙肉俎各一於第一室尊所)○우설제일실조일어찬만내(又設第一室俎一於饌幔內)○설세어조계동남북향(設洗於阼階東南北向)○관세재동작세재서(盥洗在東爵洗在西)○뇌재세동(罍在洗東)○가작(加勺)○비재세서남사(篚在洗西南肆)○실이건(實以巾)○약작세지비(若爵洗之篚)○칙우실이찬(則又實以瓚)○작(爵)○유점(有坫)○제집사관세어헌관세동남북향(諸執事盥洗於獻官洗東南北向)○집존뢰비멱자위어존뢰비멱지후(執尊罍篚冪者位於尊罍篚冪之後)

●전향축(傳香祝)○견서례(見序例)
●성생기(省牲器)○견서례(見序例)

●신관(晨祼)

향일축전오각(享日丑前五刻)○축전오각(丑前五刻)○즉삼경삼점(卽三更三點)○행사용축시일각(行事用丑時一刻)○궁위령(宮闈令)○솔기속(帥其屬)○개실정불신악(開室整拂神幄)○포연(鋪筵)○설궤여상의(設几如常儀)○전사관(典祀官)○전사(殿司)○입실찬구필(入實饌具畢)○찬인(贊引)○인감찰(引監察)○승자조계(升自阼階)○제향관승강(諸享官升降)○개자조계(皆自阼階)○안시당지상하(按視堂之上下)○규찰부여의자(糾察不如儀者)○환출(還出)

전삼각(前三刻)○제향관(諸享官)○각복기복(各服其服)○집례(執禮)○솔찬자(帥贊者)○알자(謁者)○찬인(贊引)○입자동문(入自東門)○선취계간현북배위(先就階間懸北拜位)○중행북향서상(重行北向西上)○사배흘(四拜訖)○각취위(各就位)○전악(典樂)○솔공인(帥工人)○이무(二舞)○입취위(入就位)○문무(文舞)○입진어현북(入陳於懸北)○무무(武舞)○립어현남도서(立於懸南道西)○알자(謁者)○찬인(贊引)○각인제향관(各引諸享官)○구취문외위(俱就門外位)

전일각(前一刻)○찬인(贊引)○인감찰(引監察)○전사관(典祀官)○대축(大祝)○축사(祝史)○제랑(齊郎)○전사(殿司)○궁위령(宮闈令)○협률랑(協律郎)○봉조관(捧俎官)○입취현북배위(入就懸北拜位)○중행북향서상(重行北向西上)○립정(立定)○집례왈(執禮曰)○사배(四拜)○찬자전창(贊者傳唱)○범집례유사(凡執禮有辭)○찬자개전창(贊者皆傳唱)○감찰이하(監察以下)○개사배흘(皆四拜訖)○찬인(贊引)○인감찰취위(引監察就位)○인제집사(引諸執事)○예관세위(詣盥洗位)○관세흘(盥帨訖)○각취위(各就位)

인전사(引殿司)○대축(大祝)○궁위령(宮闈令)○승예제일실(升詣第一室)○입개감실(入開堪室)○대축(大祝)○궁위령(宮闈令)○봉출신주(捧出神主)○설어좌(設於座)○예신악내(詣神幄內)○어궤후계궤(於几後啓匱)○설우좌(設于座)○선왕신주(先王神主)○대축봉출(大祝捧出)○복이백저건(覆以白紵巾)○선후신주(先后神主)○궁위령봉출(宮闈令捧出)○복이청저건(覆以靑紵巾)○이서위상(以西爲上)○차예각실(次詣各室)○봉출(捧出)○병여상의흘(竝如上儀訖)○인강복위(引降復位)○재랑(齊郎)○예작세위(詣爵洗位)○세찬식찬(洗瓚拭瓚)○세작식작흘(洗爵拭爵訖)○치어비(置於篚)○봉예태계(捧詣泰階)○제축사(諸祝史)○각영취어계상(各迎取於階上)○치어준소점상(置於尊所坫上)

알자(謁者)○인초헌관(引初獻官)○찬인(贊引)○인아헌관(引亞獻官)○종헌관(終獻官)○천조관(薦俎官)○입취위(入就位)○알자(謁者)○진초헌관지좌(進初獻官之左)○백유사근구청행사(白有司謹具請行事)○퇴복위(退復位)○협률랑(協律郎)○궤부복거휘흥(跪俯伏擧麾興)○공고축(工鼓柷)○헌가작보대평지악(軒架作保大平之樂)○보대평지무작(保大平之舞作)○악팔성(樂八成)○집례왈(執禮曰)○사배(四拜)○재위자(在位者)○개사배(皆四拜)○선배자(先拜者)○부배(不拜)○악구성(樂九成)○협률랑(協律郎)○언휘(偃麾)○알어(戛敔)○악지(樂止)

집례왈(執禮曰)○행신관례(行晨祼禮)○알자(謁者)○인초헌관(引初獻官)○예관세위(詣盥洗位)○

북향립(北向立)○찬진홀(贊搢笏)○초헌관(初獻官)○관수세수홀(盥手帨手訖)○찬집 홀(贊執笏)○인예제일실준소(引詣第一室尊所)○서향립(西向立)○등가작보대평지악(登歌作保大平之樂)○보대평지무작(保大平之舞作)○집존자(執尊者)○거멱작울창(擧羃酌鬱鬯)○집사자(執事者)○이찬수울창(以瓚受鬱鬯)○알자(謁者)○인초헌관(引初獻官)○예신위전(詣神位前)○북향립(北向立)○찬궤진홀(贊跪搢笏)○집사자일인(執事者一人)○봉향합(捧香合)○일인(一人)○봉향로(捧香爐)○궤진(跪進)○알자(謁者)○찬삼상향(贊三上香)○집사자(執事者)○전로우안(奠爐于案)○집사자(執事者)○이찬수초헌관(以瓚授初獻官)○초헌관(初獻官)○집찬관지홀(執瓚祼地訖)○이찬수집사자(以瓚授執事者)

대축(大祝)○이폐비수초헌관(以幣篚授初獻官)○초헌관(初獻官)○집폐헌폐(執幣獻幣)○이폐수대축(以幣授大祝)○전우안(奠于案)○범봉향(凡捧香)○수찬(授瓚)○수폐(授幣)○개재헌관지우(皆在獻官之右)○전로(奠爐)○수찬(受瓚)○전폐(奠幣)○개재헌관지좌(皆在獻官之左)○수작(授爵)○전작준차(奠爵准此)○알자(謁者)○찬집홀부복흥평신(贊執笏俯伏興平身)○인출(引出)○차예각실(次詣各室)○상향관창전폐(上香祼鬯奠幣)○병여상의홀(並如上儀訖)○등가지(登歌止)○인강복위(引降復位)○당등가지시(當登歌止時)○제 축사(諸祝史)○각취모혈반(各取毛血槃)○간료등어전영간(肝膋甄於前楹間)○구입전어신위전(俱入奠於神位前)○모혈반재등지후(毛血槃在甄之後)○간료등재변지좌(肝膋甄在籩之左)○제 축사(諸祝史)○취간(取肝)○출호(出戶)○번어로탄(燔於爐炭)○환존소(還尊所)

●궤식(饋食)

초헌관기승관(初獻官旣升祼)○찬인(贊引)○인전사관출(引典祀官出)○솔진찬자(帥進饌者)○예주(詣廚)○이비승우우확(以匕升牛于鑊)○실우생갑(實于牲匣)○차승양시(次升羊豕)○각실우생갑(各實于牲匣)○매실(每室)○우양시(牛羊豕)○각일갑(各一匣)○입설어찬만내(入設於饌幔內)○알자(謁者)○인천조관출(引薦俎官出)○예찬소(詣饌所)○봉조관(捧俎官)○수지(隨之)○사초헌관관홀(俟初獻官祼訖)○복위(復位)○집례왈(執禮曰)○진찬(進饌)○알자(謁者)○인천조관(引薦俎官)○봉제일실조(捧第一室俎)○봉조관(捧俎官)○각봉생갑(各捧牲匣)○전사관(典祀官)○인찬(引饌)○입자정문(入自正門)○조초입문(俎初入門)○헌가작풍안지악(軒架作豊安之樂)○제축사(諸祝史)○구진철모혈반(俱進徹毛血槃)○자조계수제랑이출(自阼階授齊郎以出)○찬지태계(饌至泰階)○제대축(諸大祝)○영인어계상(迎引於階上)○천조관(薦俎官)○예제일실신위전(詣第一室神位前)○북향궤전(北向跪奠)○선천우(先薦牛)○차천양(次薦羊)○차천시(次薦豕)○제대축(諸大祝)○조전(助奠)○전홀(奠訖)○계생갑개(啓牲匣蓋)○차예각실(次詣各室)○봉전(捧奠)○병여상의홀(並如上儀訖)○악지(樂止)○알자(謁者)○인천조관이하(引薦俎官以下)○강자조계(降自阼階)○복위(復位)○대축(大祝)○취소서직(取蕭黍稷)○유어지(擩於脂)○번어로탄(燔於爐炭)○환준소(還尊所)

집례왈(執禮曰)○행초헌례(行初獻禮)○알자(謁者)○인초헌관(引初獻官)○예제일실준소(詣第一室尊所)○서향립(西向立)○등가작보대평지악(登歌作保大平之樂)○보대평지무작(保大平之舞作)○집존자(執尊者)○거멱작례제(擧羃酌醴齊)○집사자이인(執事者二人)○이작수주(以爵受酒)○알자(謁者)○인초헌관(引初獻官)○예신위전(詣神位前)○북향립(北向立)○찬궤진홀(贊跪搢笏)○집사자(執事者)○이작수초헌관(以爵授初獻官)○초헌관(初獻官)○집작헌작(執爵獻爵)○이작수집사자(以爵授執事者)○전우신위전(奠于神位前)○집사자(執事者)○이부작수초헌관(以副爵授初獻官)○초헌관(初獻官)○집작헌작(執爵獻爵)○이작수집사자(以爵授執事者)○전우왕후신위전(奠于王后神位前)○알자(謁者)○찬집홀부복흥소퇴북향궤(贊執笏俯伏興少退北向跪)○악지(樂止)○대축(大祝)○진신위지우(進神位之右)○동향궤(東向跪)○독축문흘(讀祝文訖)○악작(樂作)○알자(謁者)○찬부복흥평신(贊俯伏興平身)○인출(引出)○차예각실(次詣各室)○작헌(酌獻)○병여상의홀(並如上儀訖)○악지(樂止)○인강복위(引降復位)○보대평지무퇴(保大平之舞退)○정대업지무진(定大業之舞進)

초초헌관기복위(初初獻官旣復位)○집례왈(執禮曰)○행아헌례(行亞獻禮)○알자(謁者)○인아헌관(引亞獻官)○예관세위(詣盥洗位)○북향립(北向立)○찬진홀(贊搢笏)○관수세수홀(盥手帨手訖)○찬집홀(贊執笏)○인예제일실준소(引詣第一室尊所)○서향립(西向立)○헌가작정대업지악(軒架作定大業之樂)○정대업지무작(定大業之舞作)○집준자(執尊者)○거멱작앙제(擧羃酌盎齊)○집사자이인(執事者二人)○이작수주(以爵受酒)○알자(謁者)○인아헌관(引亞獻官)○예신위전(詣神位前)

○북향립(北向立)○찬궤진홀(贊跪搢笏)○집사자(執事者)○이작수아헌관(以爵授亞獻官)○아헌관(亞獻官)○집작헌작(執爵獻爵)○이작수집사자(以爵授執事者)○전우신위전(奠于神位前)○집사자(執事者)○이부작수아헌관(以副爵授亞獻官)○아헌관(亞獻官)○집작헌작(執爵獻爵)○이작수집사자(以爵授執事者)○전우왕후신위전(奠於王后神位前)○알자(謁者)○찬집홀부복흥평신(贊執笏俯伏興平身)○인출(引出)○차예각실(次詣各室)○작헌(酌獻)○병여상의흘(竝如上儀訖)○악지(樂止)○인강복위(引降復位)

집례왈(執禮曰)○행종헌례(行終獻禮)○알자(謁者)○인종헌관(引終獻官)○행례(行禮)○병여아헌의흘(竝如亞獻儀訖)○인강복위(引降復位)집례왈(執禮曰)○음복수조(飲福受胙)○대축(大祝)○예제일실존소(詣第一室尊所)○이작작뢰복주(以爵酌罍福酒)○우대축(又大祝)○지조진(持俎進)○감신위전조육(減神位前胙肉)○알자(謁者)○인초헌관(引初獻官)○예음복위(詣飲福位)○서향립(西向立)○찬궤진홀(贊跪搢笏)○대축(大祝)○진초헌관지좌북향(進初獻官之左北向)○이작수초헌관(以爵授初獻官)○초헌관(初獻官)○수작음(受爵飲)○졸작(卒爵)○대축(大祝)○진수허작(進受虛爵)○복어점(復於坫)○대축(大祝)○북향(北向)○이조수초헌관(以俎授初獻官)○초헌관(初獻官)○수조(受俎)○이수집사자(以授執事者)○집사자(執事者)○수조(受俎)○강자조계(降自阼階)○출문(出門)○알자(謁者)○찬집홀부복흥평신(贊執笏俯伏興平身)○인강복위(引降復位)○집례왈(執禮曰)○사배(四拜)○재위자(在位者)○개사배(皆四拜)

집례왈(執禮曰)○철변두(徹籩豆)○철자(徹者)○변두각일(籩豆各一)○소이어고처(少移於故處)○등가작옹안지악(登歌作雍安之樂)○철흘(徹訖)○악지(樂止)○헌가작흥안지악(軒架作興安之樂)○집례왈(執禮曰)○사배(四拜)○재위자(在位者)○개사배(皆四拜)○악일성지(樂一成止)

집례왈(執禮曰)○망예(望瘞)○알자(謁者)○인초헌관(引初獻官)○예망예위(詣望瘞位)○북향립(北向立)○집례(執禮)○수찬자(帥贊者)○예망예위(詣望瘞位)○서향립(西向立)○제대축(諸大祝)○취서(取黍)○직반(稷飯)○적용백모속지(籍用白茅束之)○이비취축판급폐(以篚取祝版及幣)○강자서계(降自西階)○치어감(置於坎)○집례왈(執禮曰)○가예(可瘞)○치토반감(置土半坎)○전사감시(殿司監視)○알자(謁者)○진초헌관지좌(進初獻官之左)○백례필(白禮畢)○알자(謁者)○찬인(贊引)○각인초헌관이하(各引初獻官以下)○이차출(以次出)○집례(執禮)○솔찬자(帥贊者)○환본위(還本位)○찬인(贊引)○인감찰급제집사(引監察及諸執事)○구복현북배위(俱復懸北拜位)○립정(立定)○집례왈(執禮曰)○사배(四拜)○감찰급제집사(監察及諸執事)○개사배흘(皆四拜訖)○찬인(贊引)○이차인출(以次引出)○전악(典樂)○솔공인(帥工人)○이무출(二舞出)○전사(殿司)○대축(大祝)○궁위령(宮闈令)○납신주여상의(納神主如常儀)○집례(執禮)○솔찬자(帥贊者)○알자(謁者)○찬인(贊引)○취현북배위(就懸北拜位)○사배이출(四拜而出)○전사관(典祀官)○전사(殿司)○각솔기속(各帥其屬)○철례찬(徹禮饌)○궁위령(宮闈令)○합호(闔戶)○이강내퇴(以降乃退)

사시급속절향문소전의 (四時及俗節享文昭殿儀)

●시일(時日)○견서례(見序例)
●재계(齊戒)○견서례(見序例)

●진설(陳設)
전향이일(前享二日)○전사(殿司)○솔기속(帥其屬)○소제전지내외(掃除殿之內外)

전일일(前一日)○전악(典樂)○솔기속(帥其屬)○설악부어전상급전정(設樂部於殿上及殿庭)○구북향(俱北向)○전의(典儀)○설전하판위어전전동계동남서향(設殿下版位於前殿東階東南西向)○설음복위어전영외근동서향(設飲福位於前楹外近東西向)○설아헌관(設亞獻官)○종헌관위어전하판위지후근남(終獻官位於殿下版位之後近南)○서향북상(西向北上)○설전의위어당상전영외(設典儀

位於堂上前楹外)○찬의(贊儀)○인의위어당하(引儀位於堂下)○구근동서향(俱近東西向)○설전악위각어악부지북북향(設典樂位各於樂部之北北向)

설배향관위어외정(設陪享官位於外庭)○문관일품이하어도동(文官一品以下於道東)○종친급무관일품이하어도서(宗親及武官一品以下於道西)○매등이위(每等異位)○구중행북향(俱重行北向)○상대위수(相對爲首)○종친(宗親)○매품반두(每品班頭)○별설위(別設位)○대군(大君)특설위어정일품지전(特設位於正一品之前)○감찰위이어문무반후북향(監察位二於文武班後北向)○설문외위(設門外位)○제향관어중문외도동북향서상(諸享官於中門外道東北向西上)○배향관어대문외근남도지동서여외정(陪享官於大門外近南道之東西如外庭)○전사(殿司)○솔기속(帥其屬)○소제전지내외(掃除殿之內外)

향일미행사전(享日未行事前)○전사(殿司)○개전전감실(開前殿龕室)○정불신악(整拂神幄)○포연여상의(鋪筵如常儀)○전사관(典祀官)○전사(殿司)○각솔기속입(各帥其屬入)○전축판각일어신위지우(奠祝版各一於神位之右)○각유점(各有坫)○설향로(設香爐)○향합병촉어신위전(香合幷燭於神位前)○차설제기여식(次設祭器如式)○견서례(見序例)○설복주잔일어태조실존소(設福酒盞一於太祖室尊所)

●출궁(出宮)

행사전칠각(行事前七刻)○병조(兵曹)○륵제위(勒諸衛)○진로부반장여상(陳鹵簿半仗如常)○배향관(陪享官)○구집조방(俱集朝房)○전오각(前五刻)○제위(諸衛)○각독기대(各督其隊)○입진어전정(入陳於殿庭)○사복사정(司僕寺正)○진여어합외남향(進輿於閤外南向)○제호위지관급사금(諸護衛之官及司禁)○각구기복(各具器服)○상서원관(尙瑞院官)○봉보(捧寶)○구예합외(俱詣閤外)○사후(伺候)○좌통례(左通禮)○예합외(詣閤外)○부복궤(俯伏跪)○계청중엄(啓請中嚴)○소경(小頃)○우계외판(又啓外辦)○전하(殿下)○구익선관(具翼善冠)○곤룡포(袞龍袍)○승여이출(乘輿以出)○산선(繖扇)○시위여상의(侍衛如常儀)○좌우통례(左右通禮)○전도(前導)○취제전(就齊殿)

●행례(行禮)

향일축전오각(享日丑前五刻)○축전오각(丑前五刻)○즉삼경삼점(卽三更三點)○행사용축시일각(行事用丑時一刻)○전사(殿司)○개실정불신악(開室整拂神幄)○전사관(典祀官)○전사(殿司)○입실찬구필(入實饌具畢)○인의(引儀)○인감찰(引監察)○승자동계(升自東階)○제집사승강(諸執事升降)○개자동계(皆自東階)○점시진설(點視陳設)

전삼각(前三刻)○제향관급배향관(諸享官及陪享官)○구이시복(俱以時服)○취문외위(就門外位)○전악(典樂)○솔공인(帥工人)○입취위(入就位)○집사자(執事者)○각봉요여대왕여(各捧腰輿大王輿)○충찬위(忠贊衛)○왕후여(王后輿)○내시(內侍)○진어후전각실호외(陳於後殿各室戶外)○개남향서상(皆南向西上)○대축(大祝)○궁위령(宮闈令)○각봉신위판궤(各捧神位版匱)○안어여(安於輿)○집사자(執事者)○이차봉여(以次捧舁)○예전전각실호외(詣前殿各室戶外)○대축(大祝)○봉태조신위판궤(捧太祖神位版匱)○궁위령(宮闈令)○봉왕후신위판궤(捧王后神位版匱)○유중호입(由中戶入)○안어감실남향서상(安於龕室南向西上)

전사(殿司)○솔기속(帥其屬)○봉선개(捧扇蓋)○설어신좌전좌우(設於神座前左右)○차봉각실(次捧各室先)○소일실(昭一室)○차목일실(次穆一室)○차소이실(次昭二室)○차목이실(次穆二室)○소위(昭位)○유동호입서향(由東戶入西向)○목위(穆位)○유서호입동향(由西戶入東向)○구북상(俱北上)○태조급목위여(太祖及穆位輿)○치어전지서(置於殿之西)○소위여(昭位輿)○치어전지동(置於殿之東)○신위판궤(神位版匱)○이차입(以次入)○안어감실(安於龕室)○부복흥내출(俯伏興乃出)○전의(典儀)○솔찬의(帥贊儀)○인의(引儀)○입취계간배위(入就階間拜位)○중행북향서상(重行北向西上)○사배흘(四拜訖)○취위(就位)○인의(引儀)○분인배향관(分引陪享官)○입취위(入就位)

전일각(前一刻)○제향관(諸享官)○관세흘(盥帨訖)○관세(盥洗)○설어중문외(設於中門外)○인의(引儀)○인감찰(引監察)○전사관(典祀官)○대축(大祝)○축사(祝史)○제랑(齊郎)○입취계간배위(入就階間拜位)○중행북향서상(重行北向西上)○입정(立定)○전의왈(典儀曰)○사배(四拜)○찬의전창(贊儀傳唱)○범찬의찬창(凡贊儀贊唱)○개승전의지사(皆承典儀之辭)○감찰이하(監察以下)○개사배흘(皆四拜訖)○인의(引儀)○인감찰급제집사(引監察及諸執事)○각취위(各就位)○봉례(奉禮)○인아헌관(引亞獻官)○악령의정위아헌관(若領議政爲亞獻官)○칙인의인(則引儀引)○인의(引儀)○인종헌관(引終獻官)○입취위(入就位)○대축(大祝)○궁위령(宮闈令)○각이차개궤(各以次開匱)○봉출신위판(捧出神位版)○설어좌(設於座)○전사관(典祀官)○전사(殿司)○진선흘(進膳訖)○좌통례(左通禮)○궤계청행례(跪啓請行禮)○전하(殿下)○관세이출(盥帨以出)○찬례(贊禮)○도전하(導殿下)○입자동문(入自東門)○시위부응입자(侍衛不應入者)○지어문외(止於門外)○지판위(至版位)○서향립(西向立)○립정(立定)○찬례(贊禮)○퇴부복어좌(退俯伏於左)○전의왈(典儀曰)○사배(四拜)○찬례(贊禮)○궤계청사배(跪啓請四拜)○악작(樂作)○전정악(殿庭樂)○전하사배(殿下四拜)○재위자(在位者)○개사배(皆四拜)○찬의역창(贊儀亦唱)○악지(樂止)

전의왈(典儀曰)○찬례도전하행초헌례(贊禮導殿下行初獻禮)○찬례(贊禮)○도전하(導殿下)○승자동계(升自東階)○예태조실존소(詣太祖室尊所)○서향립(西向立)○악작(樂作)○전상악(殿上樂)○집존자(執尊者)○작주(酌酒)○근시이인(近侍二人)○이잔수주(以盞受酒)○찬례(贊禮)○도전하(導殿下)○유중호입(由中戶入)○예신위전(詣神位前)○북향립(北向立)○계청궤(啓請跪)○전하궤(殿下跪)○재위자개궤(在位者皆跪)○찬의역창(贊儀亦唱)○시일인(侍一人)○봉향합(捧香合)○일인(一人)○봉향로(捧香爐)○궤진(跪進)○찬례(贊禮)○계청삼상향(啓請三上香)○근시(近侍)○전로우안(奠爐于案)○근시일인(近侍一人)○봉잔궤진(捧盞跪進)○찬례(贊禮)○계청집잔헌잔(啓請執盞獻盞)○이잔수근시(以盞授近侍)○전우신위전(奠于神位前)○우근시(又近侍)○이부잔궤진(以副盞跪進)○찬례(贊禮)○계청집잔헌잔(啓請執盞獻盞)○이잔수근시(以盞授近侍)○전우왕후신위전(奠于王后神位前)○진향(進香)○진잔(進盞)○개재전하지우(皆在殿下之右)○전로(奠爐)○전잔(奠盞)○개재전하지좌(皆在殿下之左)○찬례(贊禮)○계청부복흥소퇴북향궤(啓請俯伏興少退北向跪)○악지(樂止)

대축(大祝)○진신위지우(進神位之右)○동향궤(東向跪)○독축문흘(讀祝文訖)○악작(樂作)○찬례(贊禮)○계청부복흥평신(啓請俯伏興平身)○전하(殿下)○부복흥평신(俯伏興平身)○재위자(在位者)○개부복흥평신(皆俯伏興平身)○찬의역창(贊儀亦唱)○악지(樂止)

찬례(贊禮)○도전하(導殿下)○출호(出戶)○차예각실(次詣各室)○선소일실(先昭一室)○차목일실(次穆一室)○차소이실(次昭二室)○차목이실(次穆二室)○후방차(後倣此)○상향작헌(上香酌獻)○병여상의(並如上儀)○유소위(唯昭位)○전하동향(殿下東向)○대축남향(大祝南向)○목위(穆位)○전하서향(殿下西向)○대축북향(大祝北向)○흘(訖)○찬례(贊禮)○도전하(導殿下)○강자동계(降自東階)○복위(復位)

전의왈(典儀曰)○행아헌례(行亞獻禮)○봉례(奉禮)○인아헌관(引亞獻官)○승예태조실존소(升詣太祖室尊所)○서향립(西向立)○악작(樂作)○전정악(殿庭樂)○집존자(執尊者)○작(爵)［작(酌)］주(酒)○집사자이인(執事者二人)○이잔수주(以盞受酒)○봉례(奉禮)○인아헌관(引亞獻官)○유중호입(由中戶入)○예신위전(詣神位前)○북향립(北向立)○찬궤(贊跪)○집사자(執事者)○이잔수아헌관(以盞授亞獻官)○아헌관(亞獻官)○집잔헌잔(執盞獻盞)○이잔수집사자(以盞授執事者)○전우신위전(奠于神位前)○우집사자(又執事者)○이부잔수아헌관(以副盞授亞獻官)○아헌관(亞獻官)○집잔헌잔(執盞獻盞)○이잔수집사자(以盞授執事者)○전우왕후신위전(奠于王后神位前)○찬부복흥평신(贊俯伏興平身)○악지(樂止)○봉례(奉禮)○인아헌관(引亞獻官)○출호(出戶)○차예각실(次詣各室)○작헌(酌獻)○병여상의흘(並如上儀訖)○인강복위(引降復位)

전의왈(典儀曰)○행종헌례(行終獻禮)○인의(引儀)○인종헌관(引終獻官)○행례(行禮)○병여아헌의흘(並如亞獻儀訖)○인강복위(引降復位)

대축(大祝)○예태조실준소(詣太祖室尊所)○이잔작복주(以盞酌福酒)○전의왈(典儀曰)○찬례도전하예음복위(贊禮導殿下詣飮福位)○찬례(贊禮)○도전하(導殿下)○예음복위(詣飮福位)○서향립(西向立)○대축(大祝)○이잔수근시(以盞授近侍)○근시(近侍)○봉잔(捧盞)○북향궤진(北向跪進)○찬례(贊禮)○계청궤(啓請跪)○전하궤(殿下跪)○재위자개궤(在位者皆跪)○찬자역창(贊者亦唱)

전하(殿下)○수잔음흘(受盞飮訖)○근시(近侍)○수허잔(受虛盞)○이수대축(以授大祝)○대축(大祝)○수복어존소(受復於尊所)○찬례(贊禮)○계청부복흥평신(啓請俯伏興平身)○전하(殿下)○부복흥평신(俯伏興平身)○재위자(在位者)○개부복흥평신(皆俯伏興平身)○찬의역창(贊儀亦唱)○찬례(贊禮)○도전하(導殿下)○강복위(降復位)○전의왈(典儀曰)○사배(四拜)○찬례(贊禮)○계청사배(啓請四拜)○전하사배(殿下四拜)○재위자(在位者)○개사배(皆四拜)○찬자역창(贊者亦唱)○소경(小頃)○전의왈(典儀曰)○사배(四拜)○찬례(贊禮)○계청사배(啓請四拜)○악작(樂作)○전정악(殿庭樂)○전하

사배(殿下四拜)○재위자(在位者)○개사배(皆四拜)○찬자역창(贊者亦唱)○악지(樂止)

찬례(贊禮)○계례필(啓禮畢)○도전하(導殿下)○환제전(還齊殿)○봉례(奉禮)○인아헌관(引亞獻官)○인의(引儀)○인종헌관출(引終獻官出)○인의(引儀)○분인배향관(分引陪享官)○이차출(以次出)○인의(引儀)○인감찰급제집사(引監察及諸執事)○구복배위(俱復拜位)○입정(立定)○전의왈(典儀曰)○사배(四拜)○감찰이하(監察以下)○개사배흘(皆四拜訖)○인의(引儀)○이차인출(以次引出)○전악(典樂)○수공인출(帥工人出)○대축(大祝)○궁위령(宮闈令)○납신위판여상(納神位版如常)○전의(典儀)○솔찬의(帥贊儀)○인의(引儀)○취배위(就拜位)○사배이출(四拜而出)

집사자(執事者)○각봉요여(各捧腰輿)○치어각실호외(置於各室戶外)○대축(大祝)○궁위령(宮闈令)○각봉신위판궤(各捧神位版匱)○안어요여(安於腰輿)○집사자(執事者)○이차봉여(以次捧舁)○예후전각실호외(詣後殿各室戶外)○대축(大祝)○궁위령(宮闈令)○각봉신위판궤(各捧神位版匱)○안어좌여상의(安於座如常儀)○전사관(典祀官)○전사(殿司)○각솔기속(各帥其屬)○철례찬(徹禮饌)○합호(闔戶)○이강내퇴(以降乃退)○대축(大祝)○취축판(取祝版)○예어감(瘞於坎)○전하환궁여래의(殿下還宮如來儀)

사시급속절향문소전섭사의
(四時及俗節享文昭殿攝事儀)

●시일(時日) 견서례(見序例)
●재계(齊戒) 견서례(見序例)

●진설(陳設)

전향이일(前享二日)○전사(殿司)○솔기속(帥其屬)○소제전지내외(掃除殿之內外)

전일일(前一日)○전악(典樂)○솔기속(帥其屬)○설악부어전상급전정(設樂部於殿上及殿庭)○구북향(俱北向)○찬자(贊者)○설헌관위어동계동남서향(設獻官位於東階東南西向)○설음복위어전영외근동서향(設飮福位於前楹外近東西向)○집사자위어헌관지후초남(執事者位於獻官之後稍南)○중행서향북상(重行西向北上)○감찰위어집사지남서향(監察位於執事之南西向)○서리배기후(書吏陪其後)○설집례(設執禮)○찬자(贊者)○알자(謁者)○찬인위어동계지서서향북상(贊引位於東階之西西向北上)○설제향관문외위어중문외도동(設諸享官門外位於中門外道東)○매등이위(每等異位)○중행북향서상(重行北向西上)○설전악위각어악부지북북향(設典樂位各於樂部之北北向)○전사(殿司)○수기속(帥其屬)○소제전지내(掃除殿之內外)

향일미행사전(享日未行事前)○전사(殿司)○개전전감실(開前殿龕室)○정불신악(整拂神幄)○포연여상의(鋪筵如常儀)○전사관(典祀官)○전사(殿司)○각솔기속입(各帥其屬入)○전축판각일어신위지우(奠祝版各一於神位之右)○각유점(各有坫)○설향로(設香爐)○향합병촉어신위전(香合幷燭於神位前)○차설제기여식(次設祭器如式)○견서례(見序例)○설복주잔일어태조실존소(設福酒盞一於太祖室尊所)

●행례(行禮)

향일축전오각(享日丑前五刻)○축전오각(丑前五刻)○즉삼경삼점(卽三更三點)○행사용축시일각(行事用丑時一刻)○전사(殿司)○개실정불신악(開室整拂神幄)○전사관(典祀官)○전사(殿司)○입실찬구필(入實饌具畢)○찬인(贊引)○인감찰(引監察)○승자동계(升自東階)○제집사승강(諸執事升降)○개자동계(皆自東階)○점시진설(點視陳設)

전삼각(前三刻)○제향관(諸享官)○각복기복(各服其服)○구취문외위(俱就門外位)○전악(典樂)○수공인(帥工人)○입취위(入就位)○집사자(執事者)○각봉요여(各捧腰輿)○대왕여(大王輿)○충찬위(忠贊衛)

○왕후여(王后輿)○내시(內侍)○진어후전(陳於後殿)○각실호외(各室戶外)○개남향서상(皆南向西上)○대축(大祝)○궁위령(宮闈令)○각봉신위판궤(各捧神位版匱)○안어여(安於輿)○집사자(執事者)○이차봉여(以次捧舁)○예전전각실호외(詣前殿各室戶外)○대축(大祝)○봉태조신위판궤(捧太祖神位版匱)○궁위령(宮闈令)○봉왕후신위판궤(捧王后神位版匱)○유중호입(由中戶入)○안어감실남향서상(安於龕室南向西上)

전사(殿司)○솔기속(帥其屬)○봉선개(捧扇蓋)○설어신좌전좌우(設於神座前左右)○차봉각실(次捧各室)○선소일실(先昭一室)○차목일실(次穆一室)○차소이실(次昭二室)○차목이실(次穆二室)○소위(昭位)○유동호입서향(由東戶入西向)○목위(穆位)○유서호입동향(由西戶入東向)○구북상(俱北上)○대조급목위여(大祖及穆位輿)○치어전지서(置於殿之西)○소위여(昭位輿)○치어전지동(置於殿之東)○신위판궤(神位版匱)○이차입안어감실(以次入安於龕室)○부복흥내출(俯伏興乃出)

전일각(前一刻)○집례(執禮)○수찬자(帥贊者)○알자(謁者)○찬인(贊引)○선취계간배위(先就階間拜位)○북향서상(北向西上)○사배흘(四拜訖)○취위(就位)○제향관(諸享官)○관세흘(盥帨訖)○관세설어중문외(盥洗設於中門外)○찬인(贊引)○인감찰급전사관(引監察及典祀官)○대축(大祝)○축사(祝史)○제랑(齊郞)○입취계간배위(入就階間拜位)○중행북향서상(重行北向西上)○립정(立定)○집례왈(執禮曰)○사배(四拜)○찬자전창(贊者傳唱)○범집례유사(凡執禮有辭)○찬자개전창(贊者皆傳唱)○감찰이하(監察以下)○개사배흘(皆四拜訖)○찬인(贊引)○인감찰급제집사(引監察及諸執事)○각취위(各就位)○대축(大祝)○궁위령(宮闈令)○각이차개궤(各以次開匱)○봉출신위판(捧出神位版)○설어좌(設於座)○알자(謁者)○인헌관(引獻官)○입취위(入就位)○서향립(西向立)○집례왈(執禮曰)○사배(四拜)○악작(樂作)○전정악(殿庭樂)○헌관개사배(獻官皆四拜)○악지(樂止)○전사관(典祀官)○전사(殿司)○진선흘(進膳訖)

집례왈(執禮曰)○행초헌례(行初獻禮)○알자(謁者)○인초헌관(引初獻官)○승자동계(升自東階)○예태조실존소(詣太祖室尊所)○서향립(西向立)○악작(樂作)○전상악(殿上樂)○집준자(執尊者)○작주(酌酒)○집사자이인(執事者二人)○이잔수주(以盞受酒)○알자(謁者)○인초헌관(引初獻官)○입예신위전(入詣神位前)○북향립(北向立)○찬궤진홀(贊跪搢笏)○집사자일인(執事者一人)○봉향합(捧香合)○일인(一人)○봉향로(捧香爐)○궤진(跪進)○알자(謁者)○찬삼상향(贊三上香)○집사자(執事者)○전로우안(奠爐于案)○집사자(執事者)○이잔수초헌관(以盞授初獻官)○초헌관집잔헌잔(初獻官執盞獻盞)○이잔수집사자(以盞授執事者)○전우신위전(奠于神位前)○우집사자(又執事者)○이부잔수초헌관(以副盞授初獻官)○초헌관집잔헌잔(初獻官執盞獻盞)○이잔수집사제(以盞授執事諸)○전우왕후신위전(奠于王后神位前)○범봉향(凡捧香)○수잔(授盞)○개재헌관지우(皆在獻官之右)○전로(奠爐)○전잔(奠盞)○개재헌관지좌(皆在獻官之左)○찬집홀부복흥소퇴북향궤(贊執笏俯伏興少退北向跪)○악지(樂止)○대축(大祝)○진신위지우(進神位之右)○동향궤(東向跪)○독축문흘(讀祝文訖)○악작(樂作)○알자(謁者)○찬부복흥평신(贊俯伏興平身)○악지(樂止)○알자(謁者)○인헌관(引獻官)○출호(出戶)○차예각실(次詣各室)○선소일실(先昭一室)○차목일실(次穆一室)○차소이실(次昭二室)○차목이실(次穆二室)○후방차(後放此)○상향(上香)○작헌(酌獻)○병여상의(並如上儀)○유소위(唯昭位)○헌관동향(獻官東向)○대축남향(大祝南向)○목위(穆位)○헌관서향(獻官西向)○대축북향(大祝北向)○흘(訖)○인강복위(引降復位)

집례왈(執禮曰)○행아헌례(行亞獻禮)○알자(謁者)○인아헌관(引亞獻官)○승예태조실존소(升詣太祖室尊所)○서향립(西向立)○악작(樂作)○전정악(殿庭樂)○집존자(執尊者)○작주(酌酒)○집사자이인(執事者二人)○이잔수주(以盞受酒)○알자(謁者)○인아헌관(引亞獻官)○입예신위전(入詣神位前)○북향립(北向立)○찬궤진홀(贊跪搢笏)○집사자(執事者)○이잔수아헌관(以盞授亞獻官)○아헌관(亞獻官)○집잔헌잔(執盞獻盞)○이잔수집사자(以盞授執事者)○전우신위전(奠于神位前)○우집사자(又執事者)○이부잔수아헌관(以副盞授亞獻官)○아헌관(亞獻官)○집잔헌잔(執盞獻盞)○이잔수집사자(以盞授執事者)○전우왕후신위전(奠于王后神位前)○알자(謁者)○찬집홀부복흥평신(贊執笏俯伏興平身)○악지(樂止)○알자(謁者)○인아헌관(引亞獻官)○출호(出戶)○차예각실(次詣各室)○작헌(酌獻)○병여상의흘(並如上儀訖)○인강복위(引降復位)

집례왈(執禮曰)○행종헌례(行終獻禮)○알자(謁者)○인종헌관(引終獻官)○행례(行禮)○병여아헌의흘(並如亞獻儀訖)○인강복위(引降復位)

집례왈(執禮曰)○알자인초헌관예음복위(謁者引初獻官詣飮福位)○알자(謁者)○인초헌관(引初獻

官)○예음복위(詣飮福位)○서향립(西向立)○대축(大祝)○예태조실존소(詣太祖室尊所)○이잔작복주(以盞酌福酒)○북향궤진(北向跪進)○알자(謁者)○찬궤진홀(贊跪搢笏)○초헌관(初獻官)○진홀(搢笏)○수잔음흘(受盞飮訖)○대축(大祝)○수허잔(受虛盞)○복어존소(復於尊所)

알자(謁者)○찬집홀부복흥평신(贊執笏俯伏興平身)○인강복위(引降復位)○집례왈(執禮曰)○사배(四拜)○재위자(在位者)○개사배(皆四拜)○소경(小頃)○집례왈(執禮曰)○사배(四拜)○악작(樂作)○전정악(殿庭樂)○헌관(獻官)○개사배(皆四拜)○악지(樂止)○알자(謁者)○인헌관출(引獻官出)○찬인(贊引)○인감찰급제집사(引監察及諸執事)○구복배위(俱復拜位)○입정(立定)○집례왈(執禮曰)○사배(四拜)○감찰이하(監察以下)○개사배흘(皆四拜訖)○찬인(贊引)○이차인출(以次引出)○전악(典樂)○수공인출(帥工人出)○대축(大祝)○궁위령(宮闈令)○납신위판궤여상(納神位版匱如常)○집례(執禮)○수찬자(帥贊者)○알자(謁者)○찬인(贊引)○취배위(就拜位)○사배이출(四拜而出)○집사자(執事者)○각봉요여(各捧腰輿)○치어각실호외(置於各室戶外)○대축(大祝)○궁위령(宮闈令)○각봉신위판궤(各捧神位版匱)○안어요여(安於腰輿)○집사자(執事者)○이차봉여(以次捧舁)○예후전각실호외(詣後殿各室戶外)○대축(大祝)○궁위령(宮闈令)○각봉신위판궤(各捧神位版匱)○안어좌여상의(安於座如常儀)○전사관(典祀官)○전사(殿司)○각솔기속(各帥其屬)○철례찬(徹禮饌)○합호(闔戶)○이강내퇴(以降乃退)○대축(大祝)○취축판(取祝版)○예어감(瘞於坎)

●진설(陳設)

전일일(前一日)○전사(殿司)○솔기속(帥其屬)○소제전지내외(掃除殿之內外)○찬자(贊者)○설헌관위어동계동남서향(設獻官位於東階東南西向)○집사자위어기후초남(執事者位於其後稍南)○중행서향북상(重行西向北上)○감찰위어집사지남서향(監察位於執事之南西向)○서리배기후(書吏陪其後)○찬자(贊者)○알자위어동계지서서향북상(謁者位於東階之西西向北上)○설제향관문외위어중문외도동(設諸享官門外位於中門外道東)○매등이위(每等異位)○중행북향서상(重行北向西上)

향일미행사전(享日未行事前)○전사(殿司)○개전전(開前殿)○당제일위감실(當祭一位龕室)○정불신악(整拂神幄)○포연여상의(鋪筵如常儀)○전사관(典祀官)○전사(殿司)○각수기속입(各帥其屬入)○전축판어신위지우(奠祝版於神位之右)○유점(有坫)○설향로(設香爐)○향합병촉어신위전(香合并燭於神位前)○차설제기여식(次設祭器如式)○견서례(見序例)

●행례(行禮)

향일축전오각(享日丑前五刻)○축전오각(丑前五刻)○즉삼경삼점(卽三更三點)○행사용축시일각(行事用丑時一刻)○전사(殿司)○개실(開室)○정불신악(整拂神幄)○전사관(典祀官)○전사(殿司)○입실찬구필(入實饌具畢)

전삼각(前三刻)○제향관(諸享官)○이담복(以淡服)○구취문외위(俱就門外位)○집사자(執事者)○봉요여(捧腰輿)○대왕여(大王輿)○충찬위(忠贊衛)○왕후여(王后輿)○내시(內侍)○진어후전호외남향(陳於後殿戶外南向)○대축(大祝)○관세(盥帨)○봉신위판궤(捧神位版匱)○왕후궤(王后匱)○즉궁위령(則宮闈令)○출납시동(出納時同)○안어여(安於輿)○집사자(執事者)○봉여(捧舁)○예전전호외(詣前殿戶外)○대축(大祝)○봉신위판궤(捧神位版匱)○유중호입(由中戶入)○안어감실남향(安於龕室南向)○소위(小委)(소위(昭位))○즉유(勅諭)동호(同好)입서향(즉유동호입서향(則由東戶入西向))○목위(목위(穆位))○즉유(勅諭)서호(西湖)입동(立冬)향(즉유서호입동향(則由西戶入東向))○치여어전(御前)지동(地動)서여(緖像)상(치여어전지동서여상(置輿於殿之東西如常))○전사(傳寫)[전사(殿司)]○수기(修己)속(수기속(帥其屬))○봉선(奉先)개(봉선개(捧扇蓋))○설어(舌魚)신위(信委)전좌(轉座)우(설어신위전좌우(設於神位前左右))○찬자(찬자(贊者))○알자(謁者)(알자(謁者))○선취(仙趣)계간(季刊)배위(선취계간배위(先就階間拜位))○북향서상北(向西上)○사배흘(四拜訖)○취위(就位)전일각(前一刻)○제향관(諸享官)○관세흘(盥帨訖)○알자(謁者)○인감찰(引監察)○전사관(典祀官)○제집사(諸執事)○입취계간배위(入就階間拜位)○중행북향서상(重行北向西上)○립정(立定)○찬자왈(贊者曰)○사배(四拜)○감찰이하(監察以下)○사배흘(四拜訖)○알자(謁者)○인감찰(引監察)○취위(就位)○제집사(諸執事)○각취위(各就位)○대축(大祝)○개궤(開匱)○봉출신위판(捧出神位版)○설어좌(設於座)○알자(謁者)○인헌관(引獻官)○입취위(入就位)○서향립(西向立)○찬자왈(贊者曰)○사배(四拜)○헌관사배(獻官四拜)○전사관(典祀官)○전사(殿司)○진선흘(進膳訖)

찬자왈(贊者曰)○행초헌례(行初獻禮)○알자(謁者)○인헌관(引獻官)○승자동계(升自東階)○예존소(詣尊所)○서향립(西向立)○집존자(執尊者)○작주(酌酒)○집사자(執事者)○이잔수주(以盞受

酒)○알자(謁者)○인헌관(引獻官)○입예신위전(入詣神位前)○찬궤(贊跪)○집사자일인(執事者一人)○봉향합(捧香合)○일인(一人)○봉향로(捧香爐)○궤진(跪進)○알자(謁者)○찬삼상향(贊三上香)○집사자(執事者)○전로우안(奠爐于案)○집사자(執事者)○이잔수헌관(以盞授獻官)○헌관(獻官)○집잔헌잔(執盞獻盞)○이잔수집사자(以盞授執事者)○전우신위전(奠于神位前)○봉향(捧香)○수잔(授盞)○재헌관지우(在獻官之右)○전로(奠爐)○전잔(奠盞)○재헌관지좌(在獻官之左)○알자(謁者)○찬부복흥소퇴궤(贊俯伏興少退跪)○대축(大祝)○진신위지우(進神位之右)○궤독축문흘(跪讀祝文訖)○알자(謁者)○찬부복흥평신(贊俯伏興平身)○인강복위(引降復位)

찬자왈(贊者曰)○행아헌례(行亞獻禮)○알자(謁者)○인헌관(引獻官)○승예존소(升詣尊所)○서향립(西向立)○집존자(執尊者)○작주(酌酒)○집사자(執事者)○이잔수주(以盞受酒)○알자(謁者)○인헌관(引獻官)○입예신위전(入詣神位前)○찬궤(贊跪)○집사자(執事者)○이잔수헌관(以盞授獻官)○헌관(獻官)○집잔헌잔(執盞獻盞)○이잔수집사자(以盞授執事者)○전우신위전(奠于神位前)○알자(謁者)○찬부복흥평신(贊俯伏興平身)○인강복위(引降復位)

찬자왈(贊者曰)○행종헌례(行終獻禮)○알자(謁者)○인헌관(引獻官)○행례(行禮)○병여아헌의흘(竝如亞獻儀訖)○인강복위(引降復位)○찬자왈(贊者曰)○사배(四拜)○헌관사배(獻官四拜)○알자(謁者)○인헌관출(引獻官出)○알자(謁者)○인감찰급제집사(引監察及諸執事)○구복배위(俱復拜位)○입정(立定)○찬자왈(贊者曰)○사배(四拜)○감찰이하(監察以下)○개사배흘(皆四拜訖)○알자인출(謁者引出)○대축(大祝)○납신위판궤여상(納神位版匱如常)○찬자(贊者)○알자(謁者)○취배위(就拜位)○사배이출(四拜而出)○집사자(執事者)○봉요여(捧腰輿)○치어호외(置於戶外)○대축(大祝)○봉신위판궤(捧神位版匱)○안어요여(安於腰輿)○집사자(執事者)○봉여(捧舁)○예후전호외(詣後殿戶外)○대축(大祝)○봉신위판궤(捧神位版匱)○안어좌여상(安於座如常)○전사관(典祀官)○전사(殿司)○각수기속(各帥其屬)○철례찬(徹禮饌)○합호(闔戶)○이강내퇴(以降乃退)○대축(大祝)○취축판(取祝版)○예어감(瘞於坎)

문소전기신의(文昭殿忌晨儀)

●재계(齊戒) ○견서례(見序例)

전향일일(前享一日)○전사(殿司)○솔기속(帥其屬)○소제전지내외(掃除殿之內外)○찬자(贊者)○설헌관위어동계동남서향(設獻官位於東階東南西向)○설음복위어전영외근동서향(設飮福位於前楹外近東西向)○집사자위어헌관지후초남(執事者位於獻官之後稍南)○중행서향북상(重行西向北上)○감찰위어집사지남서향(監察位於執事之南西向)○서리배기후(書吏陪其後)○찬자(贊者)○알자위어동계지동서향북상(謁者位於東階之東西向北上)○설제향관문외위어중문외도동(設諸享官門外位於中門外道東)○매등이위(每等異位)○중행북향서상(重行北向西上)

향일미행사전(享日未行事前)○전사(殿司)○개실정불신악여상의(開室整拂神幄如常儀)○전사관(典祀官)○전사(殿司)○각수기속입(各帥其屬入)○전축판어신위지우(奠祝版於神位之右)○유점(有坫)○설향로(設香爐)○향합병촉어신위전(香合幷燭於神位前)○차설제기여식(次設祭器如式)○견서례(見序例)○설복주잔일어태조실존소(設福酒盞一於太祖室尊所)

●행례(行禮)

향일축전오각(享日丑前五刻)○축전오각(丑前五刻)○즉삼경삼점(即三更三點)○행사용축시일각(行事用丑時一刻)○전사(殿司)○개실정불신악(開室整拂神幄)○전사관(典祀官)○전사(殿司)○입실찬구필(入實饌具畢)

전삼각(前三刻)○제향관(諸享官)○각복기복(各服其服)○구취문외위(俱就門外位)○찬자(贊者)○알자(謁者)○선취계간배위(先就階間拜位)○북향서상(北向西上)○사배흘(四拜訖)○취위(就位)

전일각(前一刻)○제향관이하제집사(諸享官以下諸執事)○관세흘(盥帨訖)○알자(謁者)○인감찰(引監察)○전사관(典祀官)○제집사(諸執事)○입취계간배위(入就階間拜位)○중행북향서상(重行北向西上)○립정(立定)○찬자왈(贊者曰)○사배(四拜)○감찰이하(監察以下)○개사배흘(皆四拜訖)

○알자(謁者)○인감찰(引監察)○취위(就位)○제집사(諸執事)○각취위(各就位)○제집사승강(諸執事升降)○개자동계(皆自東階)○대축(大祝)○궁위령(宮闈令)○각이차개궤(各以次開匱)○봉출신위판(捧出神位版)○설어좌(設於座)○알자(謁者)○인헌관(引獻官)○입취위(入就位)○찬자왈(贊者曰)○사배(四拜)○헌관사배(獻官四拜)○전사관(典祀官)○전사(殿司)○진선흘(進膳訖)

찬자왈(贊者曰)○행초헌례(行初獻禮)○알자(謁者)○인헌관(引獻官)○승자동계(升自東階)○예태조실준소(詣太祖室尊所)○서향립(西向立)○집준자(執尊者)○작주(酌酒)○집사자이인(執事者二人)○이잔수주(以盞受酒)○알자(謁者)○인헌관(引獻官)○입예신위전(入詣神位前)○찬궤진홀(贊跪搢笏)○집사자일인(執事者一人)○봉향합(捧香合)○일인(一人)○봉향로(捧香爐)○궤진(跪進)○알자(謁者)○찬삼상향(贊三上香)○집사자(執事者)○전로우안(奠爐于案)○집사자(執事者)○이잔수헌관(以盞授獻官)○헌관(獻官)○집잔헌잔(執盞獻盞)○이잔수집사자(以盞授執事者)○전우신위전(奠于神位前)○우집사자(又執事者)○이부잔수헌관(以副盞授獻官)○헌관집잔헌잔(獻官執盞獻盞)○이잔수집사자(以盞授執事者)○전우왕후신위전(奠于王后神位前)○범봉향(凡捧香)○수잔(授盞)○개재헌관지우(皆在獻官之右)○전로(奠爐)○전잔(奠盞)○개재헌관지좌(皆在獻官之左)○알자(謁者)○찬집홀부복흥소퇴궤(贊執笏俯伏興少退跪)○대축(大祝)○진신위지우(進神位之右)○궤독축문흘(跪讀祝文訖)○알자(謁者)○찬부복흥평신(贊俯伏興平身)○인출(引出)○차예각실(次詣各室)○상향(上香)○작헌(酌獻)○병여상의흘(並如上儀訖)○인강복위(引降復位)

찬자왈(贊者曰)○행아헌례(行亞獻禮)○알자(謁者)○인헌관(引獻官)○승예태조실준소(升詣太祖室尊所)○서향립(西向立)○집준자(執尊者)○작주(酌酒)○집사자이인(執事者二人)○이잔수주(以盞受酒)○알자(謁者)○인헌관(引獻官)○입예신위전(入詣神位前)○찬궤진홀(贊跪搢笏)○집사자(執事者)○이잔수헌관(以盞授獻官)○헌관(獻官)○집잔헌잔(執盞獻盞)○이잔수집사자(以盞授執事者)○전우신위전(奠于神位前)○우집사자(又執事者)○이부잔수헌관(以副盞授獻官)○헌관(獻官)○집잔헌잔(執盞獻盞)○이잔수집사자(以盞授執事者)○전우왕후신위전(奠于王后神位前)○알자(謁者)○찬집홀부복흥평신(贊執笏俯伏興平身)○인출(引出)○차예각실(次詣各室)○작헌(酌獻)○병여상의흘(並如上儀訖)○인강복위(引降復位)

찬자왈(贊者曰)○행종헌례(行終獻禮)○알자(謁者)○인헌관(引獻官)○행례(行禮)○병여아헌의흘(並如亞獻儀訖)○인강복위(引降復位)

찬자왈(贊者曰)○알자인헌관예음복위(謁者引獻官詣飮福位)○알자(謁者)○인헌관(引獻官)○예음복위(詣飮福位)○서향립(西向立)○대축(大祝)○예준소(詣尊所)○이잔작복주(以盞酌福酒)○북향궤진(北向跪進)○알자(謁者)○찬궤진홀(贊跪搢笏)○헌관(獻官)○수잔음흘(受盞飮訖)○대축(大祝)○수허잔(受虛盞)○복어존소(復於尊所)○알자(謁者)○찬집홀부복흥평신(贊執笏俯伏興平身)○인강복위(引降復位)○찬자왈(贊者曰)○사배(四拜)○재위자(在位者)○개사배(皆四拜)○소경(小頃)○찬자왈(贊者曰)○사배(四拜)○헌관사배(獻官四拜)○알자(謁者)○인헌관출(引獻官出)○인감찰급제집사(引監察及諸執事)○구복배위(俱復拜位)○립정(立定)○찬자왈(贊者曰)○사배(四拜)○감찰이하(監察以下)○개사배흘(皆四拜訖)○알자(謁者)○인출(引出)○찬자(贊者)○알자(謁者)○취배위(就拜位)○사배이출(四拜而出)○전사관(典祀官)○전사(殿司)○각솔기속(各帥其屬)○철례찬(徹禮饌)○합호(闔戶)○이강내퇴(以降乃退)○대축(大祝)○취축판(取祝版)○예어감(瘞於坎)

삭망향문소전의(朔望享文昭殿儀)

○선고사유이환안동(先告事由移還安同)○유일헌(唯一獻)○무음복(無飮福)

●재계(齊戒) ○견서례(見序例)

●진설(陳設)

전향일일(前享一日)○전사(殿司)○수기속(帥其屬)○소제전지내외(掃除殿之內外)○찬자(贊者)○설헌관위어동계동남서향(設獻官位於東階東南西向)○설음복위어전영외근동서향(設飮福位於前楹外近東西向)○집사자위어헌관지후초남(執事者位於獻官之後稍南)○중행서향북상(重行西向北上)

○감찰위어집사지남서향(監察位於執事之南西向)○서리배기후(書吏陪其後)○찬자(贊者)○알자위어동계지동서향북상(謁者位於東階之東西向北上)○설제향관문외위어중문외도동(設諸享官門外位於中門外道東)○매등이위(每等異位)○중행북향서상(重行北向西上)

향일미행사전(享日未行事前)○전사(殿司)○개실정불신악여상의(開室整拂神幄如常儀)○전사관(典祀官)○전사(殿司)○각술기속입(各帥其屬入)○전축판어신위지우(奠祝版於神位之右)○우유점(有坫)○설향로(設香爐)○향합병촉어신위전(香合幷燭於神位前)○차설제기여식(次設祭器如式)○견서례(見序例)○설복주잔일어태조실준소(設福酒盞一於太祖室尊所)

○행례(行禮)

향일축전오각(享日丑前五刻)○축전오각(丑前五刻)○즉삼경삼점(卽三更三點)○행사용축시일각(行事用丑時一刻)○전사(殿司)○개실정불신악(開室整拂神幄)○전사관(典祀官)○전사(殿司)○입실찬구필(入實饌具畢)

전삼각(前三刻)○제향관(諸享官)○각복기복(各服其服)○구취문외위(俱就門外位)○찬자(贊者)○알자(謁者)○선취계간배위(先就階間拜位)○북향서상(北向西上)○사배흘(四拜訖)○취위(就位)○전일각(前一刻)○제향관이하제집사(諸享官以下諸執事)○관세흘(盥帨訖)○알자(謁者)○인감찰(引監察)○전사관(典祀官)○제집사(諸執事)○입취계간배위(入就階間拜位)○중행북향서상(重行北向西上)○립정(立定)○찬자왈(贊者曰)○사배(四拜)○감찰이하(監察以下)○개사배흘(皆四拜訖)○알자(謁者)○인감찰(引監察)○취위(就位)○제집사(諸執事)○각취위(各就位)○제집사승강(諸執事升降)○개자동계(皆自東階)○대축(大祝)○궁위령(宮闈令)○각이차개궤(各以次開匱)○봉출신위판(捧出神位版)○설어좌(設於座)○알자(謁者)○인헌관(引獻官)○입취위(入就位)○찬자왈(贊者曰)○사배(四拜)○헌관사배(獻官四拜)○전사관(典祀官)○전사(殿司)○진선흘(進膳訖)

찬자왈(贊者曰)○행초헌례(行初獻禮)○알자(謁者)○인헌관(引獻官)○승자동계(升自東階)○예태조실준소(詣太祖室尊所)○서향립(西向立)○집준자(執尊者)○작주(酌酒)○집사자이인(執事者二人)○이잔수주(以盞受酒)○알자(謁者)○인헌관(引獻官)○입예신위전(入詣神位前)○찬궤진홀(贊跪搢笏)○집사자일인(執事者一人)○봉향합(捧香合)○일인(一人)○봉향로(捧香爐)○궤진(跪進)○알자(謁者)○찬삼상향(贊三上香)○집사자(執事者)○전로우안(奠爐于案)○집사자(執事者)○이잔수헌관(以盞授獻官)○헌관(獻官)○집잔헌잔(執盞獻盞)○이잔수집사자(以盞授執事者)○전우신위전(奠于神位前)○우집사자(又執事者)○이부잔수헌관(以副盞授獻官)○헌관집잔헌잔(獻官執盞獻盞)○이잔수집사자(以盞授執事者)○전우왕후신위전(奠于王后神位前)○범봉향(凡捧香)○수잔(授盞)○개재헌관지우(皆在獻官之右)○전로(奠爐)○전잔(奠盞)○개재헌관지좌(皆在獻官之左)○알자(謁者)○찬집홀부복흥소퇴궤(贊執笏俯伏興少退跪)○대축(大祝)○진신위지우(進神位之右)○궤독축문흘(跪讀祝文訖)○알자(謁者)○찬부복흥평신(贊俯伏興平身)○인출(引出)○차예각실(次詣各室)○상향(上香)○작헌(酌獻)○병여상의흘(幷如上儀訖)○인강복위(引降復位)

찬자왈(贊者曰)○행아헌례(行亞獻禮)○알자(謁者)○인헌관(引獻官)○승예태조실준소(升詣太祖室尊所)○서향립(西向立)○집준자(執尊者)○작주(酌酒)○집사자이인(執事者二人)○이잔수주(以盞受酒)○알자(謁者)○인헌관(引獻官)○입예신위전(入詣神位前)○찬궤진홀(贊跪搢笏)○집사자(執事者)○이잔수헌관(以盞授獻官)○헌관(獻官)○집잔헌잔(執盞獻盞)○이잔수집사자(以盞授執事者)○전우신위전(奠于神位前)○우집사자(又執事者)○이부잔수헌관(以副盞授獻官)○헌관(獻官)○집잔헌잔(執盞獻盞)○이잔수집사자(以盞授執事者)○전우왕후신위전(奠于王后神位前)○알자(謁者)○찬집홀부복흥평신(贊執笏俯伏興平身)○인출(引出)○차예각실(次詣各室)○작헌(酌獻)○병여상의흘(幷如上儀訖)○인강복위(引降復位)

찬자왈(贊者曰)○행종헌례(行終獻禮)○알자(謁者)○인헌관(引獻官)○행례(行禮)○병여아헌의흘(幷如亞獻儀訖)○인강복위(引降復位)

찬자왈(贊者曰)○알자인헌관예음복위(謁者引獻官詣飮福位)○알자(謁者)○인헌관(引獻官)○예음복위(詣飮福位)○서향립(西向立)○대축(大祝)○예준소(詣尊所)○이잔작복주(以盞酌福酒)○북향궤진(北向跪進)○알자(謁者)○찬궤진홀(贊跪搢笏)○헌관(獻官)○수잔음흘(受盞飮訖)○대축(大祝)○수허잔(受虛盞)○복어존소(復於尊所)○알자(謁者)○찬집홀부복흥평신(贊執笏俯伏興平身)○인강복위(引降復位)○찬자왈(贊者曰)○사배(四拜)○재위자(在位者)○개사배(皆四拜)○소경(小頃)○찬자왈(贊者曰)○사배(四拜)○헌관사배알자(獻官四拜謁者)○인헌관출(引獻官出)○인감찰급제집사(引監察及諸執事)○구복배위(俱復拜位)○립정(立定)○찬자왈(贊者曰)○사배(四拜)○감찰이하(監察以下)○개사배흘(皆四拜訖)○알자(謁者)○인출(引出)○찬자(贊者)○알자(謁者)○취배위(就拜位)○사배이출(四拜而出)○전사관(典祀官)○전사(殿司)○각솔기속(各帥其屬)○철례찬(徹禮饌)○합호(闔戶)○이강내퇴(以降乃退)○대축(大祝)○취축판(取祝版)○예어감(瘞於坎)

친향의묘의(親享懿廟儀)

●재계(齊戒)○견서례(見序例)

●진설(陳設)

전향이일(前享二日)○묘사(廟司)○솔기속(帥其屬)○소제묘지내외(掃除廟之內外)○전설사(典設司)○설대차어묘대문외동남서향(設大次於廟大門外東南西向)○설제향관차어제방지내배향관차어기전(設諸享官次於齊坊之內陪享官次於其前)○수지지의(隨地之宜)

전일일(前一日)○전악(典樂)○솔기속(帥其屬)○설고악어계상북향(設鼓樂於階上北向)○집례(執禮)○설전하판위어동계상서향(設殿下版位於東階上西向)○설음복위어전영외근동서향(設飮福位於前楹外近東西向)○설아헌관(設亞獻官)○종헌관위어동계동남서향북상(終獻官位於東階東南西向北上)○설집례위어동계지서서향(設執禮位於東階之西西向)○찬자(贊者)○알자(謁者)○찬인(贊引)○재남차퇴(在南差退)○설전악위어악부지북(設典樂位於樂部之北)○설배향관위어외정(設陪享官位於外庭)○문관일품이하어도동(文官一品以下於道東)○종친급무관일품이하어도서(宗親及武官一品以下於道西)○구매등이위(俱每等異位)○중행북향(重行北向)○상대위수(相對爲首)○종친(宗親)○별설위어상(別設位如常)○감찰위이어문무반후북향(監察位二於文武班後北向)○설문외위(設門外位)○제향관어중문외도동북향서상(諸享官於中門外道東北向西上)○배향관어대문외근남도지동서여상(陪享官於大門外近南道之東西如常)○묘사(廟司)○설기속(帥其屬)○소제묘지내외(掃除廟之內外)

향일미행사전(享日未行事前)○묘사(廟司)○정불신악(整拂神幄)○전사관(典祀官)○묘사(廟司)○각설기속입(各帥其屬入)○전축판어신위지우(奠祝版於神位之右)○유점(有坫)○진폐비어준소(陳幣篚於尊所)○설향로(設香爐)○향합병촉어신위전(香合幷燭於神位前)○차설제기여식(次設祭器如式)○견서례(見序例)○설찬(設瓚)○반급복주잔일어존소(槃及福酒盞一於尊所)

●출궁(出宮)

기일(其日)○고초엄(鼓初嚴)○병조(兵曹)○특제위(勒諸衛)○진법가로부여상(陳法駕鹵簿如常)○배향관(陪享官)○구집조방(俱集朝房)

고이엄(鼓二嚴)○제위(諸衛)○각독기대(各督其隊)○입진어전정(入陳於殿庭)○사복사정(司僕寺正)○진련어근정문외(進輦於勤政門外)○진여어사정전합외(進輿於思政殿閣外)○구남향(俱南向)○제호위지관급사금(諸護衛之官及司禁)○각구기복(各具器服)○상서원관(尙瑞院官)○봉보(捧寶)○구예사정전합외(俱詣思政殿閣外)○사후(伺候)○좌통례(左通禮)○예합외(詣閣外)○부복궤(俯伏跪)○계청중엄(啓請中嚴)

고삼엄(鼓三嚴)○종성지(鍾聲止)○벽내외문(闢內外門)○좌통례(左通禮)○궤계외판(跪啓外辦)○전하(殿下)○구익선관(具翼善冠)○곤룡포(袞龍袍)○승여이출(乘輿以出)○산선(繖扇)○시위여상(侍衛如常)○지근정문외(至勤政門外)○강여승련(降輿乘輦)○장위(仗衛)○도종여상(導從如常)○가장지의묘(駕將至懿廟)○제향관(諸享官)○출도좌남상(出道左南上)○국궁봉영(鞠躬奉迎)○좌우통례(左右通禮)○전도입대차(前導入大次)○산선(繖扇)○시위여상(侍衛如常)

●행례(行禮)

전향오각(前享五刻)○전사관(典祀官)○묘사(廟司)○입실찬구필(入實饌具畢)○찬인(贊引)○인감찰(引監察)○승자동계(升自東階)○점시진설(點視陳設)

전삼각(前三刻)○제향관급배향관(諸享官及陪享官)○구이시복(俱以時服)○취문외위(就門外位)○전악(典樂)○솔공인(帥工人)○입취위(入就位)○집례(執禮)○솔찬자(帥贊者)○알자(謁者)○찬인(贊引)○입취계간배위(入就階間拜位)○중행북향서상(重行北向西上)○사배흘(四拜訖)○취위(就位)○인의(引儀)○분인배향관(分引陪享官)○입취위(入就位)

전일각(前一刻)○제향관(諸享官)○관세흘(盥帨訖)○관세설어중문외(盥洗設於中門外)○찬인(贊引)○인감찰(引監察)○전사관(典祀官)○대축(大祝)○축사(祝史)○재랑(齊郎)○입취계간배위(入就階間拜位)○중행북향서상(重行北向西上)○집례왈(執禮曰)○사배(四拜)○찬자전창(贊者傳唱)○범집례유사(凡執禮有辭)○찬자개전창(贊者皆傳唱)○감찰이하(監察以下)○개사배흘(皆四拜訖)○찬인(贊引)○인감찰급제집사(引監察及諸執事)○각취위(各就位)○알자(謁者)○인아헌관(引亞獻官)○종헌관(終獻官)○입취위(入就位)○대축(大祝)○개궤(開匱)○봉출신주(捧出神主)○설어좌(設於座)○복이백저건(覆以白紵巾)○설궤어후(設几於後)○전사관(典祀官)○묘사(廟司)○진선흘(進膳訖)○좌통례(左通禮)○예대차전(詣大次前)○궤계청행례(跪啓請行禮)○전하(殿下)○관세이출(盥帨以出)○찬례(贊禮)○도전하(導殿下)○입자동문(入自東門)○시위(侍衛)○부응입자(不應入者)○지어문외(止於門外)○지판위(至版位)○서향립(西向立)○립정(立定)○찬례(贊禮)○퇴부복어좌(退俯伏於左)○집례왈(執禮曰)○사배(四拜)○찬례(贊禮)○궤계청사배(跪啓請四拜)○악작(樂作)○전하사배(殿下四拜)○재위자(在位者)○개사배(皆四拜)○찬자역창(贊者亦唱)○선배자(先拜者)○불배(不拜)○악지(樂止)

집례왈(執禮曰)○찬례도전하행신관례(贊禮導殿下行晨祼禮)○찬례(贊禮)○도전하(導殿下)○승자동계(升自東階)○예준소(詣尊所)○서향립(西向立)○악작(樂作)○집준자(執尊者)○거멱(擧冪)○근시일인(近侍一人)○작울창(酌鬱鬯)○일인(一人)○이찬수울창(以瓚受鬱鬯)○찬례(贊禮)○도전하(導殿下)○예신위전(詣神位前)○북향립(北向立)○계청궤(啓請跪)○전하궤(殿下跪)○재위자개궤(在位者皆跪)○찬자역창(贊者亦唱)○근시일인(近侍一人)○봉향합(捧香合)○일인(一人)○봉향로(捧香爐)○궤진(跪進)○찬례(贊禮)○계청삼상향(啓請三上香)○근시(近侍)○전로우안(奠爐于案)○근시(近侍)○봉찬궤진(捧瓚跪進)○찬례계청(贊禮啓請)○집찬관(執瓚盥)○관(祼)○지흘(地訖)○이찬수근시(以瓚授近侍)○근시(近侍)○수이수대축(受以授大祝)

근시(近侍)○봉폐비(捧幣篚)○궤진(跪進)○찬례(贊禮)○계청집폐헌폐(啓請執幣獻幣)○이폐수근시(以幣授近侍)○전우안(奠于案)○범진향(凡進香)○진찬(進瓚)○진폐(進幣)○개재동서향(皆在東西向)○전로(奠爐)○수찬(受瓚)○전폐(奠幣)○개재서동향(皆在西東向)○진잔(進盞)○전잔준차(奠盞准此)○찬례(贊禮)○계청부복흥평신(啓請俯伏興平身)○전하(殿下)○부복흥평신(俯伏興平身)○재위자(在位者)○개부복흥평신(皆俯伏興平身)○찬자역창(贊者亦唱)○악지(樂止)○찬례(贊禮)○도전하(導殿下)○강자동계(降自東階)○복위(復位)

집례왈(執禮曰)○찬례도전하행초헌례(贊禮導殿下行初獻禮)○찬례(贊禮)○도전하(導殿下)○승자동계(升自東階)○예존소(詣尊所)○서향립(西向立)○악작(樂作)○근시일인(近侍一人)○작주(酌酒)○일인(一人)○이잔수주(以盞受酒)○찬례(贊禮)○도전하(導殿下)○예신위전(詣神位前)○북향립(北向立)○계청궤(啓請跪)○전하궤(殿下跪)○재위자개궤(在位者皆跪)○찬자역창(贊者亦唱)○근시(近侍)○봉잔궤진(捧盞跪進)○찬례계청(贊禮啓請)○집잔헌잔(執盞獻盞)○이잔수근시(以盞授近侍)○전우신위전(奠于神位前)○찬례(贊禮)○계청부복흥소퇴북향궤(啓請俯伏興少退北向跪)○악지(樂止)○대축(大祝)○진신위지우(進神位之右)○동향궤(東向跪)○독축문흘(讀祝文訖)○악작(樂作)○찬례(贊禮)○계청부복흥평신(啓請俯伏興平身)○전하(殿下)○부복흥평신(俯伏興平身)○재위자(在位者)○개부복흥평신(皆俯伏興平身)○찬자역창(贊者亦唱)○악지(樂止)○찬례(贊禮)○도전하(導殿下)○강자동계(降自東階)○복위(復位)

집례왈(執禮曰)○행아헌례(行亞獻禮)○알자(謁者)○인아헌관(引亞獻官)○승예존소(升詣尊所)○서향립(西向立)○악작(樂作)○집존자(執尊者)○작주(酌酒)○집사자(執事者)○이잔수주(以盞受酒)○알자(謁者)○인아헌관(引亞獻官)○예신위전(詣神位前)○북향립(北向立)○찬궤(贊跪)○집사자(執事者)○이잔수아헌관(以盞授亞獻官)○아헌관(亞獻官)○집잔헌잔(執盞獻盞)○이잔수집사자

(以盞授執事者)○전우신위전(奠于神位前)○찬부복흥평신(贊俯伏興平身)○악지(樂止)○알자(謁者)○인아헌관(引亞獻官)○강복위(降復位)

집례왈(執禮曰)○행종헌례(行終獻禮)○알자(謁者)○인종헌관(引終獻官)○행례(行禮)○병여아헌의흘(並如亞獻儀訖)○인강복위(引降復位)

대축(大祝)○예존소(詣尊所)○이잔작복주(以盞酌福酒)○집례왈(執禮曰)○찬례도전하예음복위(贊禮導殿下詣飲福位)○찬례(贊禮)○도전하(導殿下)○승자동계(升自東階)○예음복위(詣飲福位)○서향립(西向立)○대축(大祝)○이잔수근시(以盞授近侍)○근시(近侍)○봉잔(捧盞)○북향궤진(北向跪進)○찬례(贊禮)○계청궤(啓請跪)○전하궤(殿下跪)○재위자개궤(在位者皆跪)○찬자역창(贊者亦唱)○전하(殿下)○수잔음흘(受盞飲訖)○근시(近侍)○수허잔(受虛盞)○이수대축(以授大祝)○대축(大祝)○수복어존소(受復於尊所)○찬례(贊禮)○계청부복흥평신(啓請俯伏興平身)○전하부복흥평신(殿下俯伏興平身)○재위자개부복흥평신(在位者皆俯伏興平身)○찬자역창(贊者亦唱)○찬례(贊禮)○도전하(導殿下)○강복위(降復位)○집례왈(執禮曰)○사배(四拜)○찬례(贊禮)○계청사배(啓請四拜)○전하사배(殿下四拜)○재위자(在位者)○개사배(皆四拜)○찬자역창(贊者亦唱)○소경(少頃)○집례왈(執禮曰)○사배(四拜)○찬례(贊禮)○계청사배(啓請四拜)○악작(樂作)○전하사배(殿下四拜)○재위자(在位者)○개사배(皆四拜)○찬자역창(贊者亦唱)○악지(樂止)

찬례(贊禮)○계례필(啓禮畢)○도전하(導殿下)○환대차(還大次)○알자(謁者)○인아헌관(引亞獻官)○종헌관출(終獻官出)○인의(引儀)○분인배향관(分引陪享官)○이차출(以次出)○찬인(贊引)○인감찰급제집사(引監察及諸執事)○구복배위(俱復拜位)○립정(立定)○집례왈(執禮曰)○사배(四拜)○감찰이하(監察以下)○개사배흘(皆四拜訖)○찬인(贊引)○이차인출(以次引出)○전악(典樂)○수공인출(帥工人出)○대축(大祝)○납신주여상(納神主如常)○집례(執禮)○솔찬자(帥贊者)○알자(謁者)○찬인(贊引)○취배위(就拜位)○사배이출(四拜而出)○전사관(典祀官)○묘사(廟司)○각수기속(各帥其屬)○철례찬(徹禮饌)○합호(闔戶)○이강내퇴(以降乃退)○대축(大祝)○취축판급폐(取祝版及幣)○예어감(瘞於坎)○전하환궁여래의(殿下還宮如來儀)

사시급속절향의묘섭사의 (四時及俗節享懿廟攝事儀)

●시일(時日) ○견서례(見序例)
●재계(齊戒) ○견서례(見序例)

●진설(陳設)
전향이일(前享二日)○묘사(廟司)○솔기속(帥其屬)○소제묘지내외(掃除廟之內外)

전일일(前一日)○전악(典樂)○솔기속(帥其屬)○설고악어계상북향(設鼓樂於階上北向)○찬자(贊者)○설헌관위어동계동남서향(設獻官位於東階東南西向)○설음복위어전영외근동서향(設飲福位於前楹外近東西向)○집사자위어헌관지후초남(執事者位於獻官之後稍南)○중행서향북상(重行西向北上)○감찰위어집사지남서향(監察位於執事之南西向)○서리배기후(書吏陪其後)○설집례위어동계지서서향(設執禮位於東階之西西向)○찬자(贊者)○알자(謁者)○찬인(贊引)○재남차퇴(在南差退)○설제향관문외위어중문외도동(設諸享官門外位於中門外道東)○매등이위(每等異位)○중행북향서상(重行北向西上)○설전악위어악부지북북향(設典樂位於樂部之北北向)○묘사(廟司)○수기속(帥其屬)○소제묘지내외(掃除廟之內外)

향일미행사전(享日未行事前)○묘사(廟司)○정불신악(整拂神幄)○전사관(典祀官)○묘사(廟司)○각수기속입(各帥其屬入)○전축판어신위지우(奠祝版於神位之右)○유점(有坫)○진폐비어존소(陳幣篚於尊所)○설향로(設香爐)○향합병촉어신위전(香合并燭於神位前)○차설제기여식(次設祭器)

如式)○견서례(見序例)○설찬(設瓚)○반급복주잔일어존소(頒及福酒盞一於尊所)

●행례(行禮)

향일축전오각(享日丑前五刻)○축전오각(丑前五刻)○즉삼경삼점(卽三更三點)○행사용축시일각(行事用丑時一刻)○전사관(典祀官)○묘사(廟司)○입실찬구필(入實饌具畢)○찬인(贊引)○인감찰(引監察)○승자동계(升自東階)○제집사승강(諸執事陞降)○개자동계(皆自東階)○점시진설(點視陳設)

전삼각(前三刻)○제향관(諸享官)○각복기복(各服其服)○구취문외위(俱就門外位)○전악(典樂)○솔공인(帥工人)○입취위(入就位)

전일각(前一刻)○집례(執禮)○수찬자(帥贊者)○알자(謁者)○찬인(贊引)○입취계간배위(入就階間拜位)○북향서상(北向西上)○사배흘(四拜訖)○취위(就位)○제향관(諸享官)○관세흘(盥帨訖)○관세설어중문외(盥洗設於中門外)○찬인(贊引)○인감찰(引監察)○전사관(典祀官)○대축(大祝)○축사(祝史)○재랑(齊郞)○입취계간배위(入就階間拜位)○중행북향서상(重行北向西上)○입정(立定)○집례왈(執禮曰)○사배(四拜)○찬자전창(贊者傳唱)○범집례유사(凡執禮有辭)○찬자전창(贊者傳唱)○후방차(後倣此)○감찰이하(監察以下)○개사배흘(皆四拜訖)○찬인(贊引)○인감찰급제집사(引監察及諸執事)○각취위(各就位)○대축(大祝)○승자동계(升自東階)○예신위전(詣神位前)○개궤(開匱)○봉출신주(捧出神主)○설어좌(設於座)○복이백저건(覆以白紵巾)○설궤어후(設几於後)○알자(謁者)○인헌관(引獻官)○입취위(入就位)○집례왈(執禮曰)○사배(四拜)○악작헌관사배(樂作獻官四拜)○악지(樂止)○선배자(先拜者)○불배(不拜)○전사관(典祀官)○묘사(廟司)○진선흘(進膳訖)

집례왈(執禮曰)○행전폐례(行奠幣禮)○알자(謁者)○인헌관(引獻官)○승자동계(升自東階)○예준소(詣尊所)○서향립(西向立)○악작(樂作)○집준자(執尊者)○거멱작울창(擧冪酌鬱鬯)○집사자(執事者)○이찬수울창알자(以瓚受鬱鬯謁者)○인헌관(引獻官)○입예신위전(入詣神位前)○북향립(北向立)○찬궤진홀(贊跪搢笏)○집사자일인(執事者一人)○봉향합(捧香合)○일인(一人)○봉향로(捧香爐)○알자(謁者)○찬삼상향(贊三上香)○집사자(執事者)○전로우안(奠爐于案)○집사자(執事者)○이찬수헌관(以瓚授獻官)○헌관(獻官)○집찬관지흘(執瓚祼地訖)○이찬수집사자(以瓚授執事者)○치어존소(置於尊所)○대축(大祝)○이폐비수헌관(以幣篚授獻官)○헌관(獻官)○집폐헌폐(執幣獻幣)○이폐비수대축(以幣篚授大祝)○전우신위전(奠于神位前)○범봉향(凡捧香)○수찬(授瓚)○수폐(授幣)○개재동서향(皆在東西向)○전로(奠爐)○수찬(受瓚)○전폐(奠幣)○개재서동향(皆在西東向)○수잔(授盞)○전잔준차(奠盞准此)○알자(謁者)○찬집홀부복흥평신(贊執笏俯伏興平身)○악지(樂止)○인헌관(引獻官)○출호(出戶)○강복위(降復位)

집례왈(執禮曰)○행초헌례(行初獻禮)○알자(謁者)○인헌관(引獻官)○승자동계(升自東階)○예준소(詣尊所)○서향립(西向立)○악작(樂作)○집준자(執尊者)○작주(酌酒)○집사자(執事者)○이잔수주(以盞受酒)○알자(謁者)○인헌관(引獻官)○입예신위전(入詣神位前)○북향립(北向立)○찬궤진홀(贊跪搢笏)○집사자(執事者)○이잔수헌관(以盞授獻官)○헌관(獻官)○집잔헌잔(執盞獻盞)○이잔수집사자(以盞授執事者)○전우신위전(奠于神位前)○알자(謁者)○찬집홀부복흥소퇴북향궤(贊執笏俯伏興少退北向跪)○악지(樂止)○대축(大祝)○진신위지우(進神位之右)○동향궤(東向跪)○독축문흘(讀祝文訖)○악작(樂作)○알자(謁者)○찬부복흥평신(贊俯伏興平身)○악지(樂止)○알자(謁者)○인헌관(引獻官)○출(出戶)○강복위(降復位)

집례왈(執禮曰)○행아헌례(行亞獻禮)○알자(謁者)○인헌관(引獻官)○승자동계(升自東階)○예준소(詣尊所)○서향립(西向立)○악작(樂作)○집준자(執尊者)○작주(酌酒)○집사자(執事者)○이잔수주(以盞受酒)○알자(謁者)○인헌관(引獻官)○입예신위전(入詣神位前)○북향립(北向立)○찬궤진홀(贊跪搢笏)○집사자(執事者)○이잔수헌관(以盞授獻官)○헌관(獻官)○집잔헌잔(執盞獻盞)○이잔수집사자(以盞授執事者)○전우신위전(奠于神位前)○알자(謁者)○찬집홀부복흥평신(贊執笏俯伏興平身)○악지(樂止)○알자(謁者)○인헌관(引獻官)○출호(出戶)○강복위(降復位)

집례왈(執禮曰)○행종헌례(行終獻禮)○알자(謁者)○인헌관(引獻官)○행례(行禮)○병여아헌의흘(並如亞獻儀訖)○인강복위(引降復位)

집례왈(執禮曰)○알자(謁者)○인헌관(引獻官)○예음복위(詣飮福位)○알자(謁者)○인헌관(引獻官)○예음복위(詣飮福位)○서향립(西向立)○대축(大祝)○예준소(詣尊所)○이잔작복주(以盞酌福酒)○북향궤진(北向跪進)○알자(謁者)○찬궤진홀(贊跪搢笏)○헌관(獻官)○궤진홀(跪搢笏)○수잔음흘(受盞飮訖)○대축(大祝)○수허잔(受虛盞)○복어준소(復於尊所)

알자(謁者)○찬집홀부복흥평신(贊執笏俯伏興平身)○인강복위(引降復位)○집례왈(執禮曰)○사배(四拜)○재위자(在位者)○개사배(皆四拜)○소경(少頃)○집례왈(執禮曰)○사배(四拜)○악작(樂作)○헌관사배(獻官四拜)○악지(樂止)○알자(謁者)○인헌관출(引獻官出)○찬인(贊引)○인감찰제집사(引監察諸執事)○구복배위(俱復拜位)○립정(立定)○집례왈(執禮曰)○사배(四拜)○감찰이하(監察以下)○개사배(皆四拜)○찬인(贊引)○이차인출(以次引出)○대축(大祝)○납신주여의(納神主如儀)○집례(執禮)○솔찬자(帥贊者)○알자(謁者)○찬인(贊引)○취배위(就拜位)○사배이출(四拜而出)○전사관(典祀官)○묘사(廟司)○각솔기속(各帥其屬)○철례찬(徹禮饌)○대축(大祝)○봉축폐(捧祝幣)○예어감(瘞於坎)

삭망향의묘의(朔望享懿廟儀)

의기신급선고사유이환안동(儀忌晨及先告事由移還安同)○유무음복(唯無飮福)선고사유이환안(先告事由移還安)○일헌(一獻)

●재계(齊戒) ○견서례(見序例)

●진설(陳設)

전향일일(前享一日)○묘사(廟司)○솔기속(帥其屬)○소제묘지내외(掃除廟之內外)○찬자(贊者)○설헌관위어동계동남서향(設獻官位於東階東南西向)○설음복위어전영외근동서향(設飮福位於前楹外近東西向)○집사자위어헌관지후초남(執事者位於獻官之後稍南)○중행서향북상(重行西向北上)○감찰위어집사지남서향(監察位於執事之南西向)○서리배기후(書吏陪其後)○찬자(贊者)○알자위어동계지서서향(謁者位於東階之西西向)○설제향관문외위어중문외도동(設諸享官門外位於中門外道東)○매등이위(每等異 位)○중행북향서상(重行北向西上)

향일미행사전(享日未行事前)○묘사(廟司)○정불신악(整拂神幄)○전사관(典祀官)○묘사(廟司)○각수기속입(各帥其屬入)○전축판어신위지우(奠祝版於神位之右)○유점(有坫)○설향로(設香爐)○향합병촉어신위전(香合并燭於神位前)○차설제기여식(次設祭器如式)○견서례(見序例)○설복주잔일어준소(設福酒盞一於尊所)

●행례(行禮)

향일축전오각(享日丑前五刻)○축전오각(丑前五刻)○즉삼경삼점(卽三更三點)○행사용축시일각(行事用丑時一刻)○전사관(典祀官)○묘사(廟司)○입실찬구필(入實饌具畢)

전삼각(前三刻)○제향관(諸享官)○각복기복(各服其服)○구취문외위(俱就門外位)

전일각(前一刻)○찬자(贊者)○알자(謁者)○선취계간배위(先就階間拜位)○북향서상(北向西上)○사배홀(四拜訖)○취위(就位)○제향관(諸享官)○관세흘(盥帨訖)○관세설어중문외(盥洗設於中門外)○알자(謁者)○인감찰(引監察)○전사관제집사(典祀官諸執事)○입취계간배위(入就階間拜位)○중행북향서상(重行北向西上)○립정(立定)○찬자왈(贊者曰)○사배(四拜)○감찰이하(監察以下)○개사배홀(皆四拜訖)○알자(謁者)○인감찰급제집사(引監察及諸執事)○취위(就位)○제집사승강(諸執事陞降)○개자동계(皆自東階)○대축(大祝)○개궤(開匱)○봉출신주(捧出神主)○설어좌(設於座)○복이백저건(覆以白紵巾)○설궤어후(設几於後)○알자(謁者)○인헌관(引獻官)○입취위(入就位)○찬자왈(贊者曰)○사배(四拜)○헌관사배(獻官四拜)○선배자(先拜者)○불배(不拜)○전사관(典祀官)○묘사(廟司)○(進膳訖)

찬자왈(贊者曰)○행초헌례(行初獻禮)○알자(謁者)○인헌관(引獻官)○승예준소(升詣尊所)○서향립(西向立)○집준자(執尊者)○작주(酌酒)○집사자(執事者)○○이잔수주(以盞受酒)○알자(謁者)○

인헌관(引獻官)○입예신위전(入詣神位前)○찬궤진홀(贊跪搢笏)○집사자일인(執事者一人)○봉향합(捧香合)○일인(一人)○봉향로(捧香爐)○궤진(跪進)○알자(謁者)○찬삼상향(贊三上香)○집사자(執事者)○전로우안(奠爐于案)○집사자(執事者)○이잔수헌관(以盞授獻官)○헌관(獻官)○집잔헌잔(執盞獻盞)○이잔수집사자(以盞授執事者)○전우신위전(奠于神位前)○범봉향(凡捧香)○수잔(授盞)○개재헌관지우(皆在獻官之右)○전로(奠爐)○전잔(奠盞)○개재헌관지좌(皆在獻官之左)○알자(謁者)○찬집홀부복흥소퇴궤(贊執笏俯伏興少退跪)○대축(大祝)○진신위지우(進神位之右)○궤독축문홀(跪讀祝文訖)○알자(謁者)○찬부복흥평신(贊俯伏興平身)○인강복위(引降復位)

찬자왈(贊者曰)○행아헌례(行亞獻禮)○알자(謁者)○인헌관(引獻官)○승예준소(升詣尊所)○서향립(西向立)○집준자(執尊者)○작주(酌酒)○집사자(執事者)○이잔수주(以盞受酒)○알자(謁者)○인헌관(引獻官)○입예신위전(入詣神位前)○찬궤진홀(贊跪搢笏)○집사자(執事者)○이잔수헌관(以盞授獻官)○헌관(獻官)○집잔헌잔(執盞獻盞)○이잔수집사자(以盞授執事者)○전우신위전(奠于神位前)○알자(謁者)○찬집홀부복흥평신(贊執笏俯伏興平身)○인강복위(引降復位)

찬자왈(贊者曰)○행종헌례(行終獻禮)○알자(謁者)○인헌관(引獻官)○행례(行禮)○병여아헌의홀(並如亞獻儀訖)○인강복위(引降復位)

찬자왈(贊者曰)○알자인헌관예음복위(謁者引獻官詣飲福位)○알자(謁者)○인헌관(引獻官)○예음복위(詣飲福位)○서향립(西向立)○대축(大祝)○예준소(詣尊所)○이잔작복주(以盞酌福酒)○북향궤진(北向跪進)○알자(謁者)○찬궤진홀(贊跪搢笏)○헌관(獻官)○수잔음흘(受盞飲訖)○대축(大祝)○수허잔(受虛盞)○복어준소(復於尊所)○알자(謁者)○찬집홀부복흥평신(贊執笏俯伏興平身)○인강복위(引降復位)○찬자왈(贊者曰)○사배(四拜)○재위자(在位者)○개사배(皆四拜)○소경(小頃)○찬자왈(贊者曰)○사배(四拜)○헌관사배(獻官四拜)○알자(謁者)○인헌관출(引獻官出)○알자(謁者)○인감찰급제집사(引監察及諸執事)○구복배위(俱復拜位)○립정(立定)○찬자왈(贊者曰)○사배(四拜)○감찰이하(監察以下)○개사배(皆四拜)○알자(謁者)○인출(引出)○찬자(贊者)○알자(謁者)○취배위(就拜位)○사배이출(四拜而出)○전사관(典祀官)○묘사(廟司)○각수기속(各帥其屬)○철례찬(徹禮饌)○합호(闔戶)○이강내퇴(以降乃退)○대축(大祝)○취축판(取祝版)○예어감(瘞於坎)

배릉의(拜陵儀)

장배릉(將拜陵)○례조(禮曹)○선섭내외(宣攝內外)○각공기직(各供其職)○약릉소요격(若陵所遙隔)○경숙이상(經宿以上)○즉전이일(則前二日)○견대신고종묘여상의(遣大臣告宗廟如常儀)

●재계(齊戒)○견서례(見序例)

●진설(陳設)

전발일일(前發一日)○릉사(陵司)○솔기속(帥其屬)○소제릉침내외(掃除陵寢內外)○전설사(典設司)○설대차어릉소근지남향(設大次於陵所近地南向)○소차어릉침지측동남서향(小次於陵寢之側東南西向)○시신차어대차지전(侍臣次於大次之前)○종가종친(從駕宗親)○문무관차어기후(文武官次於其後)○수지지의(隨地之宜)

기일(其日)○집례(執禮)○설전하판위어릉침동계상근동서향(設殿下版位於陵寢東階上近東西向)○설아헌관(設亞獻官)○종헌관위어동계하근남서향북상(終獻官位於東階下近南西向北上)○집사자위어헌관지후초남서향북상(執事者位於獻官之後稍南西向北上)○집례위어계하신도지좌서향(執禮位於階下神道之左西向)○찬자(贊者)○알자(謁者)○찬인(贊引)○재남차퇴(在南差退)○감찰위어집사동남서향(監察位於執事東南西向)○배향관위어신도동서근남(陪享官位於神道東西近南)○문동무서(文東武西)○매등이위(每等異位)○구중행북향(俱重行北向)○상대위수(相對爲首)○종친(宗親)○별설위여상(別設位如常)

향일미행사전(享日未行事前)○릉사(陵司)○솔기속(帥其屬)○소제릉침내외(掃除陵寢內外)○전사관(典祀官)○릉사(陵司)○각솔기속(各帥其屬)○설신좌어릉침북호내남향(設神座於陵寢北戶內南向)○전제문어신위지우(奠祭文於神位之右)○설향로(設香爐)○향합병촉어신위전(香合幷燭於神位前)○차설제기여식(次設祭器如式)○견서례(見序例)

●거가출궁(車駕出宮)

기일(其日)○고초엄(鼓初嚴)○병조(兵曹)○륵제위(勒諸衛)○진소가로부어홍례문외여상(陳小駕鹵簿於弘禮門外如常)○응배종관(應陪從官)○이시복(以時服)○구집조방(俱集朝房)○제향관(諸享官)전일일(前一日)○선예릉소(先詣陵所)

고이엄(鼓二嚴)○제위(諸衛)○각독기대(各督其隊)○입진어전정(入陳於殿庭)○사복사정(司僕寺正)○진련어근정문외(進輦於勤政門外)○진여어사정전합외(進輿於思政殿閤外)○구남향(俱南向)○제호위지관급사금(諸護衛之官及司禁)○각구기복(各具器服)○상서원관(尙瑞院官)○봉보(捧寶)○구예사정전합외(俱詣思政殿閤外)○사후(伺候)○좌통례(左通禮)○예합외(詣閤外)○부복궤(俯伏跪)○계청중엄(啓請中嚴)고삼엄(鼓三嚴)○종성지(鍾聲止)○벽내외문(闢內外門)○좌통례(左通禮)○궤계외판(跪啓外辦)○전하(殿下)○구익선관(具翼善冠)○곤룡포(袞龍袍)○승여이출(乘輿以出)○산선(繖扇)○시위여상(侍衛如常)○지근정문외(至勤政門外)○강여승련(降輿乘輦)○장위(仗衛)○도종여상의(導從如常儀)○가장지릉소(駕將至陵所)○제향관(諸享官)○출도좌남상(出道左南上)○국궁봉영(鞠躬奉迎)○좌우통례(左右通禮)○전도(前導)○입대차(入大次)○산선(繖扇)○시위여상의(侍衛如常儀)○약릉소요격(若陵所遙隔)○칙전일일(則前一日)○지행궁제숙(至行宮齊宿)

●행례(行禮)

행사전오각(行事前五刻)○전사관(典祀官)○릉사입실찬구필(陵司入實饌具畢)○찬인(贊引)○인감찰(引監察)○점시진설(點視陳設)

전삼각(前三刻)○제향관급배향관(諸享官及陪享官)○구이담복(俱以淡服)○취어릉실지남(就於陵室之南)○좌통례(左通禮)○진당대차전(進當大次前)○궤계청중엄(跪啓請中嚴)○집례(執禮)○솔찬자(帥贊者)○알자(謁者)○찬인(贊引)○입취계간배위(入就階間拜位)○중행북향서상(重行北向西上)○사배흘(四拜訖)○취위(就位)○인의(引儀)○분인배향관(分引陪享官)○입취위(入就位)

전일각(前一刻)○제향관(諸享官)○관세흘(盥帨訖)○찬인(贊引)○인감찰(引監察)○전사관(典祀官)○대축(大祝)○축사(祝史)○재랑(齊郎)○입취계간배위(入就階間拜位)○중행북향서상(重行北向西上)○립정(立定)○집례왈(執禮曰)○사배(四拜)○찬자전창(贊者傳唱)○범집례유사(凡執禮有辭)○찬자개전창(贊者皆傳唱)○감찰이하(監察以下)○개사배흘(皆四拜訖)○찬인(贊引)○인감찰(引監察)○취위(就位)○제집사(諸執事)○각취위(各就位)○알자(謁者)○인아헌관(引亞獻官)○종헌관(終獻官)○입취위(入就位)○좌통례(左通禮)○궤계청출차(跪啓請出次)○전하(殿下)○구참포(具黲袍)○승여이출(乘輿以出)○산선(繖扇)○장위(仗衛)○정어대차전(停於大次前)○좌우통례(左右通禮)○전도(前導)○지신문외(至神門外)○강여(降輿)○시위(侍衛)○부응입자(不應入者)○지어문외(止於門外)○도전하(導殿下)○입소차(入小次)○전사관(典祀官)○능사(陵司)○진선흘(進膳訖)

좌통례(左通禮)○궤계청행례(跪啓請行禮)○전하(殿下)○관세이출(盥帨以出)○찬례(贊禮)○도전하(導殿下)○승자동계(升自東階)○예판위(詣版位)○서향립(西向立)○집례왈(執禮曰)○사배(四拜)○찬례(贊禮)○계청사배(啓請四拜)○전하사배(殿下四拜)○재위자(在位者)○개사배(皆四拜)○찬자역창(贊者亦唱)○선배자불배(先拜者不拜)

집례왈(執禮曰)○찬례도전하행초헌례(贊禮導殿下行初獻禮)○찬례(贊禮)○도전하(導殿下)○예준소(詣尊所)○서향립(西向立)○집준자(執尊者)○거멱(擧羃)○근시일인(近侍一人)○작주(酌酒)○일인(一人)○이작수주(以爵受酒)○찬례(贊禮)○도전하(導殿下)○예신위전(詣神位前)○북향립(北向立)○계청궤(啓請跪)○전하궤(殿下跪)○재위자개궤(在位者皆跪)○찬자역창(贊者亦唱)○근시일인(近侍一人)○봉향합(捧香合)○일인(一人)○봉향로(捧香爐)○궤진(跪進)○찬례(贊禮)○계청삼상향(啓請三上香)○근시(近侍)○전로우안(奠爐于案)○근시(近侍)○이작궤진(以爵跪進)○찬례(贊禮)○계청집작헌작(啓請執爵獻爵)○이작수근시(以爵授近侍)○전우신위전(奠于神位前)○진향(進香)○진작(進爵)○재동서향(在東西向)○전로(奠爐)○전작(奠爵)○재서동향(在西東向)○왕후동영(王后同塋)○칙헌부작여상(則獻副爵如常)○

계청부복흥소퇴북향궤(啓請俯伏興少退北向跪)○대축(大祝)○진신위지우(進神位之右)○동향궤(東向跪)○독제문흘(讀祭文訖)○찬례(贊禮)○계청부복흥평신(啓請俯伏興平身)○전하(殿下)○부복흥평신(俯伏興平身)○재위자(在位者)○개부복흥평신(皆俯伏興平身)○찬자역창(贊者亦唱)○찬례(贊禮)○도전하(導殿下)○강복위(降復位)

집례왈(執禮曰)○행아헌례(行亞獻禮)○알자(謁者)○인아헌관(引亞獻官)○승예준소(升詣尊所)○서향립(西向立)○집준자(執尊者)○거멱작주(擧冪酌酒)○집사자(執事者)○이작수주(以爵受酒)○알자(謁者)○인아헌관(引亞獻官)○예신위전(詣神位前)○북향립(北向立)○찬궤(贊跪)○집사자(執事者)○이작수아헌관(以爵授亞獻官)○아헌관(亞獻官)○집작헌작(執爵獻爵)○이작수집사자(以爵授執事者)○전우신위전(奠于神位前)○알자(謁者)○찬부복흥평신(贊俯伏興平身)○인강복위(引降復位)

집례왈(執禮曰)○행종헌례(行終獻禮)○알자(謁者)○인종헌관(引終獻官)○행례(行禮)○병여아헌의흘(竝如亞獻儀訖)○인강복위(引降復位)○집례왈(執禮曰)○사배(四拜)○찬례(贊禮)○계청사배(啓請四拜)○전하사배(殿下四拜)○재위자(在位者)○개사배(皆四拜)○찬자역창(贊者亦唱)○찬례(贊禮)○도전하(導殿下)○환소차(還小次)○알자(謁者)○인아종헌관출(引亞終獻官出)○인의(引儀)○분인배향관출(分引陪享官出)○찬인(贊引)○인감찰급제집사(引監察及諸執事)○구복배위(俱復拜位)○립정(立定)

집례왈(執禮曰)○사배(四拜)○감찰이하(監察以下)○개사배흘(皆四拜訖)○찬인(贊引)○인출(引出)○집례(執禮)○솔찬자(帥贊者)○알자(謁者)○찬인(贊引)○취배위(就拜位)○사배이출(四拜而出)○좌통례(左通禮)○궤계청출차(跪啓請出次)○좌(左)○우통례(右通禮)○도전하(導殿下)○환대차(還大次)○석복(釋服)○전사관(典祀官)○릉사(陵司)○각솔기속(各帥其屬)○철례찬(徹禮饌)○대축(大祝)○취제문(取祭文)○예어감(瘞於坎)○전하환궁여래의(殿下還宮如來儀)

속절향진전의(俗節享眞殿儀)

선고사유급이환안동(先告事由及移還安同)○유일헌(唯一獻)○무음복(無飮福)

●시일(時日) ○견서례(見序例)
●재계(齊戒) ○견서례(見序例)

●진설(陳設)

전향일일(前享一日)○전사(殿司)○수기속(帥其屬)○소제전지내외(掃除殿之內外)○찬자(贊者)○설헌관위어동계동남서향(設獻官位於東階東南西向)○음복위어당상전영외근동서향(飮福位於堂上前楹外近東西向)○집사자위어헌관지후초남(執事者位於獻官之後稍南)○찬자(贊者)○알자위어동계지서(謁者位於東階之西)○구서향북상(俱西向北上)○설제향관문외위어남문외(設諸享官門外位於南門外)○매등이위(每等異位)○중행북향서상(重行北向西上)

향일미행사전(享日未行事前)○전사(殿司)○개실정불신악여상의(開室整拂神幄如常儀)○전사관(典祀官)○전사(殿司)○각솔기속입(各帥其屬入)○전축판어신위지우(奠祝版於神位之右)○유점(有坫)○설향로(設香爐)○향합병촉어신위전(香合幷燭於神位前)○차설제기여식(次設祭器如式)○견서례(見序例)○설복주잔일어존소(設福酒盞一於尊所)

●행례(行禮)

향일축전오각(享日丑前五刻)○축전오각(丑前五刻)○즉삼경삼점(卽三更三點)○행사용축시일각(行事用丑時一刻)○전사(殿司)○개실정불신악(開室整拂神幄)○전사관(典祀官)○전사(殿司)○입실찬구필(入實饌具畢)

전삼각(前三刻)○제향관(諸享官)○각복기복(各服其服)○취문외위(就門外位)○찬자(贊者)○알자(謁者)○선취계간배위(先就階間拜位)○북향서상(北向西上)○사배흘(四拜訖)○취위(就位)전일각

(前一刻)○제향관(諸享官)○관세흘(盥帨訖)○알자(謁者)○인전사관(引典祀官)○제집사(諸執事)○취계간배위(就階間拜位)○중행북향서상(重行北向西上)○입정(立定)○찬자왈(贊者曰)○사배(四拜)○전사관이하(典祀官以下)○개사배흘(皆四拜訖)○각취위(各就位)○제집사승강(諸執事陞降)○개자동계(皆自東階)○알자(謁者)○인헌관(引獻官)○입취위(入就位)○찬자왈(贊者曰)○사배(四拜)○헌관사배(獻官四拜)○전사(殿司)○진선흘(進膳訖)

찬자왈(贊者曰)○행초헌례(行初獻禮)○알자(謁者)○인헌관(引獻官)○승자동계(升自東階)○예준소(詣尊所)○서향립(西向立)○집준자(執尊者)○거멱작주(擧冪酌酒)○집사자(執事者)○이잔수주(以盞受酒)○알자(謁者)○인헌관(引獻官)○예신위전(詣神位前)○북향립(北向立)○알자(謁者)○찬궤진흘(贊跪搢笏)○집사자일인(執事者一人)○봉향합(捧香合)○일인(一人)○봉향로(捧香爐)○궤진(跪進)○알자(謁者)○찬삼상향(贊三上香)○집사자(執事者)○전로우안(奠爐于案)○집사자(執事者)○이잔수헌관(以盞授獻官)○헌관(獻官)○집잔헌잔(執盞獻盞)○이잔수집사자(以盞授執事者)○전우신위전(奠于神位前)○봉향(捧香)○수잔(授盞)○재동서향(在東西向)○전로(奠爐)○전잔(奠盞)○재서동향(在西東向)○찬집홀부복흥소퇴북향궤(贊執笏俯伏興少退北向跪)○대축(大祝)○진신위지우(進神位之右)○동향궤(東向跪)○독축문흘(讀祝文訖)○알자(謁者)○찬부복흥평신(贊俯伏興平身)○인강복위(引降復位)찬자왈(贊者曰)○행아헌례(行亞獻禮)○알자(謁者)○인헌관(引獻官)○승예준소(升詣尊所)○서향립(西向立)○집준자(執尊者)○작주(酌酒)○집사자(執事者)○이잔수주(以盞受酒)○알자(謁者)○인헌관(引獻官)○예신위전(詣神位前)○북향립(北向立)○찬궤진흘(贊跪搢笏)○집사자(執事者)○이잔수헌관(以盞授獻官)○헌관(獻官)○집잔헌잔(執盞獻盞)○이잔수집사자(以盞授執事者)○전우신위전(奠于神位前)○알자(謁者)○찬부복흥평신(贊俯伏興平身)○인강복위(引降復位)

찬자왈(贊者曰)○행종헌례(行終獻禮)○알자(謁者)○인헌관(引獻官)○행례(行禮)○병여아헌의흘(並如亞獻儀訖)○인강복위(引降復位)

찬자왈(贊者曰)○알자인헌관예음복위(謁者引獻官詣飮福位)○알자(謁者)○인헌관(引獻官)○예음복위(詣飮福位)○서향립(西向立)○대축(大祝)○예준소(詣尊所)○이잔작복주(以盞酌福酒)○북향궤진(北向跪進)○알자(謁者)○찬궤진흘(贊跪搢笏)○헌관(獻官)○수잔음흘(受盞飮訖)○대축(大祝)○수허잔(受虛盞)○복어준소(復於尊所)○알자(謁者)○찬집홀부복흥평신(贊執笏俯伏興平身)○인강복위(引降復位)○찬자왈(贊者曰)○사배(四拜)○재위자(在位者)○개사배(皆四拜)○소경(少頃)○찬자왈(贊者曰)○사배(四拜)○헌관사배(獻官四拜)○알자(謁者)○인헌관출(引獻官出)○인전사관(引典祀官)○제집사(諸執事)○구복배위(俱復拜位)○입정(立定)○찬자왈(贊者曰)○사배(四拜)○전사관이하(典祀官以下)○개사배흘(皆四拜訖)○인출(引出)○찬자(贊者)○알자(謁者)○취배위(就拜位)○사배이출(四拜而出)○전사관(典祀官)○전사(殿司)○각솔기속(各帥其屬)○철례찬(徹禮饌)○합호(闔戶)○이강내퇴(以降乃退)○대축(大祝)○취축판(取祝版)○예어감(瘞於坎)

사풍운뢰우의(祀風雲雷雨儀)

○산천(山川)○성황부(城隍附)

●시일(時日)○견서례(見序例)
●재계(齊戒)○견서례(見序例)

●진설(陳設)

전사이일(前祀二日)○전사관(典祀官)○솔기속(帥其屬)○소제단지내외(掃除壇之內外)○전설사(典設司)○설제사관차(設諸祀官次)○우설찬만(又設饌幔)○개어동유문외(皆於東壝門外)○수지지의(隨地之宜)

전일일(前一日)○전악(典樂)○솔기속(帥其屬)○설등가지악어단상근남(設登歌之樂於壇上近南)○헌가어단하(軒架於壇下)○구북향(俱北向)○전사관(典祀官)○솔기속(帥其屬)○설풍운뢰우(設風雲雷雨)○산천(山川)○성황삼신좌어단상북방남향(城隍三神座於壇上北方南向)○석개이완(席皆

以莞)

집례(執禮)○설초헌관위어단하동남서향(設初獻官位於壇下東南西向)○음복위어단상남폐지서북향(飮福位於壇上南陛之西北向)○아헌관(亞獻官)○종헌관위어초헌관지후초남서향(終獻官位於初獻官之後稍南西向)○집사자위어기후(執事者位於其後)○매등이위(每等異位)○중행서향북상(重行西向北上)○감찰위어집사지남서향(監察位於執事之南西向)○서리배기후(書吏陪其後)○집례위이(執禮位二)○일어단상(一於壇上)○일어단하(一於壇下)○구근동서향(俱近東西向)○찬자(贊者)○알자(謁者)○찬인(贊引)○재단하집례지후초남(在壇下執禮之後稍南)○서향북상(西向北上)○협률랑위어단상근서동향(協律郎位於壇上近西東向)○전악위어헌현지북북향(典樂位於軒懸之北北向)○설제사관문외위어동유문외도남(設諸祀官門外位於東壝門外道南)○매등이위(每等異位)○중행북향서상(重行北向西上)○적시어료단(積柴於燎壇)○설망료위어료단지북(設望燎位於燎壇之北)○초헌관(初獻官)○재북남향(在北南向)○집례(執禮)○찬자(贊者)○대축(大祝)○재동서향북상(在東西向北上)○찬자(贊者)○대축(大祝)○초각(稍却)

사일미행사전(祀日未行事前)○전사관(典祀官)○솔기속입(帥其屬入)○전축판각일어신위지우(奠祝版各一於神位之右)○각유점(各有坫)○진폐비어존소(陳幣篚於尊所)○풍운뢰우폐사(風雲雷雨幣四)○산천폐이(山川幣二)○각공일비(各共一篚)○성황폐일(城隍幣一)○설향로(設香爐)○향합병촉어신위전(香合幷燭於神位前)○차설제기여식(次設祭器如式)○견서례(見序例)○설복주작(設福酒爵)○유점(有坫)○조육조각일어준소(胙肉俎各一於尊所)○설세어남폐동남북향(設洗於南陛東南北向)○관세재동(盥洗在東)○작세재서(爵洗在西)○뢰재세동(罍在洗東)○가작(加勺)○비재세서남사(篚在洗西南肆)○실이건(實以巾)○약작세지비(若爵洗之篚)○칙우실이작(則又實以爵)○유점(有坫)○제집사관세어헌관세동남북향(諸執事盥洗於獻官洗東南北向)○집존뢰비멱자위어존뢰비멱지후(執尊罍篚羃者位於尊罍篚羃之後)

●전향축(傳香祝)○견서례(見序例)
●성생기(省牲器)○견서례(見序例)

●행례(行禮)
사일축전오각(祀日丑前五刻)○축전오각(丑前五刻)○즉삼경삼점(卽三更三點)○행사용축시일각(行事用丑時一刻)○전사관(典祀官)○입실찬구필(入實饌具畢)○퇴취차(退就次)○복기복승(服其服升)○설풍운뢰우(設風雲雷雨)○산천(山川)○성황신위판어좌(城隍神位版於座)○찬인(贊引)○인감찰(引監察)○승자동폐(升自東陛)○제집사승강(諸執事陞降)○개자동폐(皆自東陛)○안시단지상하(按視壇之上下)○규찰부여의자(糾察不如儀者)○환출(還出)

전삼각(前三刻)○제사관(諸祀官)○각복기복(各服其服)○집례(執禮)○솔찬자(帥贊者)○알자(謁者)○찬인(贊引)○입자동문(入自東門)○선취단남현북배위(先就壇南懸北拜位)○중행북향서상(重行北向西上)○사배흘(四拜訖)○각취위(各就位)○전악(典樂)○솔공인(帥工人)○이무(二舞)○입취위(入就位)○문무(文武)〔문무(文舞)○입진어현북(入陳於懸北)○무무립어현남도서(武舞立於懸南道西)○알자(謁者)○찬인(贊引)○각인제사관(各引諸祀官)○구취문외위(俱就門外位)

전일각(前一刻)○찬인(贊引)○인감찰(引監察)○전사관(典祀官)○대축(大祝)○축사(祝史)○재랑(齊郎)○협률랑(協律郎)○입취현북배위(入就懸北拜位)○중행북향서상(重行北向西上)○입정(立定)○집례왈(執禮曰)○사배(四拜)○찬자전창(贊者傳唱)○범집례유사(凡執禮有辭)○찬자개전창(贊者皆傳唱)○감찰이하(監察以下)○개사배흘(皆四拜訖)○찬인(贊引)○인감찰(引監察)○취위(就位)○인제집사(引諸執事)○예관세위(詣盥洗位)○관세흘(盥帨訖)○각취위(各就位)○인재랑(引齊郎)○예작세위(詣爵洗位)○세작식작흘(洗爵拭爵訖)○치어비(置於篚)○봉예준소(捧詣尊所)○치어점상(置於坫上)

알자(謁者)○인초헌관(引初獻官)○찬인(贊引)○인아헌관(引亞獻官)○종헌관(終獻官)○입취위(入就位)○알자(謁者)○진초헌관지좌(進初獻官之左)○백유사근구청행사(白有司謹具請行事)○퇴복위(退復位)○협률랑(協律郎)○궤부복거휘흥(跪俯伏擧麾興)○공고축(工鼓柷)○헌가작원안지악(軒架作元安之樂)○열문지무작(烈文之舞作)○악이성(樂二成)○집례왈(執禮曰)○사배(四拜)○헌

관(獻官)○개사배(皆四拜)○악삼성(樂三成)○협률랑(協律郎)○언마(偃摩)○알어(戛敔)○악지(樂止)

집례왈(執禮曰)○행전폐례(行奠幣禮)○알자(謁者)○인초헌관(引初獻官)○예관세위(詣盥洗位)○북향립(北向立)○찬진홀(贊搢笏)○초헌관(初獻官)○관수세수홀(盥手帨手訖)○찬집 홀(贊執笏)○인예단(引詣壇)○승자남폐(升自南陛)○등가작숙안지악(登歌作肅安之樂)○열문지무작(烈文之舞作)○예풍운뢰우신위전(詣風雲雷雨神位前)○북향립(北向立)○찬궤진홀(贊跪搢笏)○집사자일인(執事者一人)○봉향합(捧香合)○일인(一人)○봉향로(捧香爐)○궤진(跪進)○알자(謁者)○찬삼상향(贊三上香)○집사자(執事者)○전로우신위전(奠爐于神位前)○대축(大祝)○이폐비수초헌관(以幣篚授初獻官)○초헌관(初獻官)○집폐헌폐(執幣獻幣)○이폐수대축(以幣授大祝)○전우신위전(奠于神位前)○범봉향(凡捧香)○수폐(授幣)○개재헌관지우(皆在獻官之右)○전로(奠爐)○전폐(奠幣)○개재헌관지좌(皆在獻官之左)○수작(授爵)○전작준차(奠爵准此)○알자(謁者)○찬집 홀부복흥평신(贊執笏俯伏興平身)○차예산천(次詣山川)○성황신위전(城隍神位前)○상향전폐(上香奠幣)○병여상의홀(竝如上儀訖)○악지(樂止)○인강복위(引降復位)

집례왈(執禮曰)○행초헌례(行初獻禮)○알자(謁者)○인초헌관(引初獻官)○승자남폐(升自南陛)○예준소(詣尊所)○서향립(西向立)○등가작수안지악(登歌作壽安之樂)○열문지무작(烈文之舞作)○집준자(執尊者)○거멱작례제(擧羃酌醴齊)○집사자삼인(執事者三人)○이작수주(以爵受酒)○알자(謁者)○인초헌관(引初獻官)○예풍운뢰우신위전(詣風雲雷雨神位前)○북향립(北向立)○찬궤진홀(贊跪搢笏)○집사자(執事者)○이작수초헌관(以爵授初獻官)○초헌관(初獻官)○집작헌작(執爵獻爵)○이작수집사자(以爵授執事者)○전우신위전(奠于神位前)○찬집 홀부복흥소퇴북향궤(贊執笏俯伏興少退北向跪)○악지(樂止)○대축(大祝)○진신위지우(進神位之右)○동향궤(東向跪)○독축문홀(讀祝文訖)○악작(樂作)○알자(謁者)○찬부복흥평신(贊俯伏興平身)○악지(樂止)○차예산천(次詣山川)○성황신위전(城隍神位前)○작헌(酌獻)○병여상의홀(竝如上儀訖)○인강복위(引降復位)○문무퇴(文舞退)○무무진(武舞進)○헌가작서안지악(軒架作舒安之樂)○무자립정(舞者立定)○악지(樂止)

초초헌관기복위(初初獻官旣復位)○집례왈(執禮曰)○행아헌례(行亞獻禮)○알자(謁者)○인아헌관(引亞獻官)○예관세위(詣盥洗位)○북향립(北向立)○찬진홀(贊搢笏)○아헌관(亞獻官)○관수세수홀(盥手帨手訖)○찬집 홀(贊執笏)○인예단(引詣壇)○승자동폐(升自東陛)○예준소(詣尊所)○서향립(西向立)○헌가작수안지악(軒架作壽安之樂)○소무지무작(昭武之舞作)○집준자(執尊者)○거멱작앙제(擧羃酌盎齊)○집사자삼인(執事者三人)○이작수주(以爵受酒)○알자(謁者)○인아헌관(引亞獻官)○예풍운뢰우신위전(詣風雲雷雨神位前)○북향립(北向立)○찬궤진홀(贊跪搢笏)○집사자(執事者)○이작수아헌관(以爵授亞獻官)○아헌관(亞獻官)○집작헌작(執爵獻爵)○이작수집사자(以爵授執事者)○전우신위전(奠于神位前)○알자(謁者)○찬집 홀부복흥평신(贊執笏俯伏興平身)○차예산천성황신위전(次詣山川城隍神位前)○작헌(酌獻)○병여상의홀(竝如上儀訖)○악지(樂止)○인강복위(引降復位)

집례왈(執禮曰)○행종헌례(行終獻禮)○알자(謁者)○인종헌관(引終獻官)○행례(行禮)○병여아헌의홀(竝如亞獻儀訖)○인강복위(引降復位)

집례왈(執禮曰)○음복수조(飲福受胙)○집사자(執事者)○예준소(詣尊所)○이작작뢰복주(以爵酌罍福酒)○우집사자(又執事者)○지조진(持俎進)○감풍운뢰우신위전조육(減風雲雷雨神位前胙肉)○알자(謁者)○인초헌관(引初獻官)○승자남폐(升自南陛)○예음복위(詣飲福位)○북향립(北向立)○찬궤진홀(贊跪搢笏)○집사자(執事者)○진초헌관지우서향(進初獻官之右西向)○이작수초헌관(以爵授初獻官)○초헌관(初獻官)○수작음졸작(受爵飲卒爵)○집사자(執事者)○수허작(受虛爵)○복어점(復於坫)○집사자(執事者)○서향이조수초헌관(西向以俎受初獻官)○초헌관(初獻官)○수조(受俎)○이수집사자(以授執事者)○집사자(執事者)○수조(受俎)○강자남폐(降自南陛)○출문(出門)○알자(謁者)○찬집 홀부복흥평신(贊執笏俯伏興平身)○인강복위(引降復位)○집례왈(執禮曰)○사배(四拜)○재위자(在位者)○개사배(皆四拜)

집례왈(執禮曰)○철변두(徹籩豆)○대축(大祝)○진철변두(進徹籩豆)○철자(徹者)○변두각일(籩豆各一)○소이어고처(少移於故處)○등가작옹안지악(登歌作雍安之樂)○철흘(徹訖)○악지(樂止)○헌가작원안지악(軒架作元安之樂)○집례왈(執禮曰)○사배(四拜)○헌관(獻官)○개사배(皆四拜)○악일성지(樂一成止)

집례왈(執禮曰)○망료(望燎)○알자(謁者)○인초헌관(引初獻官)○예망료위(詣望燎位)○남향립(南向立)○집례(執禮)○솔찬자(帥贊者)○예망료위(詣望燎位)○서향립(西向立)○대축(大祝)○이비취축판급폐서직반(以篚取祝版及幣黍稷飯)○강자서폐(降自西陛)○지료단(至燎壇)○치어료시(置於燎柴)○집례왈(執禮曰)○가료(可燎)○료반시(燎半柴)○알자(謁者)○진초헌관지좌(進初獻官之左)○백례필(白禮畢)○알자(謁者)○찬인(贊引)○각인초헌관이하(各引初獻官以下)○이차출(以次出)○집례(執禮)○수찬자(帥贊者)○환본위(還本位)○찬인(贊引)○인감찰급제집사(引監察及諸執事)○구복현북배위(俱復懸北拜位)○립정(立定)○집례왈(執禮曰)○사배(四拜)○감찰이하(監察以下)○개사배흘(皆四拜訖)○찬인인출(贊引引出)○공인(工人)○이무이차출(二舞以次出)○집례(執禮)○수찬자(帥贊者)○알자(謁者)○찬인(贊引)○취현북배위(就懸北拜位)○사배이출(四拜而出)○전사관(典祀官)○솔기속(帥其屬)○장신위판(藏神位版)○철례찬(徹禮饌)○이강내퇴(以降乃退)

풍운뢰우단기우의(風雲雷雨壇祈雨儀)

○보사동(報祀同)○유음복(唯飮福)○수조(受胙)
●재계(齊戒) ○견서례(見序例)

●진설(陳設)

전일일(前一日)○전설사(典設司)○설제기관차(設諸祈官次)○우설찬만(又設饌幔)○개어동유문외(皆於東壝門外)○수지지의(隨地之宜)○전사관(典祀官)○솔기속(帥其屬)○소제단지내외(掃除壇之內外)○설풍운뢰우(設風雲雷雨)○산천(山川)○성황삼신좌어단상북방남향(城隍三神座於壇上北方南向)○석개이완(席皆以莞)○찬자(贊者)○설헌관위어단하동남서향(設獻官位於壇下東南西向)○집사자위어기후초남서향북상(執事者位於其後稍南西向北上)○감찰어집사지남서향(監察位於執事之南西向)○서리배기후(書吏陪其後)○찬자(贊者)○알자위어단하근동서향북상(謁者位於壇下近東西向北上)○설제기관문외위어동문외도남(設諸祈官門外位於東門外道南)○매등이위(每等異位)○중행북향서상(重行北向西上)○적시어료단(積柴於燎壇)○설망료위어료단지북(設望燎位於燎壇之北)○헌관(獻官)○재북남향(在北南向)○대축(大祝)○찬자(贊者)○재동서향북상(在東西向北上)

기일미행사전(祈日未行事前)○전사관(典祀官)○솔기속입(帥其屬入)○전축판각일어신위지우(奠祝版各一於神位之右)○각유점(各有坫)○진폐비어존소(陳幣篚於尊所)○풍운뢰우폐사(風雲雷雨幣四)○산천폐이(山川幣二)○각공일비(各共一篚)○성황폐일(城隍幣一)○설향로(設香爐)○향합병촉어신위전(香合幷燭於神位前)○차설제기여식(次設祭器如式)○견서례(見序例)

설세어남폐동남북향(設洗於南陛東南北向)○관세재동(盥洗在東)○작세재서(爵洗在西)○뢰재세동(罍在洗東)○가작(加勺)○비재세서남사(篚在洗西南肆)○실이건(實以巾)○약작세지비(若爵洗之篚)○칙우실이작(則又實以爵)○유점(有坫)○제집사관세어헌관세동남북향(諸執事盥洗於獻官洗東南北向)○집준뢰비멱자위어준뢰비멱지후(執尊罍篚羃者位於尊罍篚羃之後)

●행례(行禮)

기일축전오각(祈日丑前五刻)○축전오각(丑前五刻)○즉삼경삼점(卽三更三點)○행사용축시일각(行事用丑時一刻)○전사관(典祀官)○입실찬구필(入實饌具畢)○퇴취차(退就次)○복기복승(服其服升)○설풍운뢰우(設風雲雷雨)○산천(山川)○성황신위판어좌(城隍神位版於座)
전삼각(前三刻)○제기관(諸祈官)○각복기복(各服其服)○찬자(贊者)○알자(謁者)○입자동문(入自東門)○선취단남배위(先就壇南拜位)○북향서상(北向西上)○사배흘(四拜訖)○취위(就位)○알자(謁者)○인제기관(引諸祈官)○구취문외위(俱就門外位)

전일각(前一刻)○알자(謁者)○인감찰(引監察)○전사관(典祀官)○대축(大祝)○축사(祝史)○재랑

(齊郞)○입취단남배위(入就壇南拜位)○중행북향서상(重行北向西上)○입정(立定)○찬자왈(贊者曰)○사배(四拜)○감찰이하(監察以下)○개사배흘(皆四拜訖)○알자(謁者)○인감찰(引監察)○취위(就位)○인제집사(引諸執事)○예관세위(詣盥洗位)○관세흘(盥帨訖)○각취위(各就位)○제집사승강(諸執事陞降)○개자동폐(皆自東陛)○제랑(齊郞)○예작세위(詣爵洗位)○세작식작흘(洗爵拭爵訖)○치어비(置於篚)○봉예준소(捧詣尊所)○치어점상(置於站上)○알자(謁者)○인헌관(引獻官)○입취위(入就位)○알자(謁者)○진헌관지좌(進獻官之左)○백유사근구청행사(白有司謹具請行事)○퇴복위(退復位)○찬자왈(贊者曰)○사배(四拜)○헌관사배(獻官四拜)

찬자왈(贊者曰)○행전폐례(行奠幣禮)○알자(謁者)○인헌관(引獻官)○예관세위(詣盥洗位)○북향립(北向立)○찬진홀(贊搢笏)○헌관(獻官)○관수세수흘(盥手帨手訖)○찬집홀(贊執笏)○인예단(引詣壇)○승자남폐(升自南陛)○예풍운뢰우신위전(詣風雲雷雨神位前)○북향립(北向立)○찬궤진홀(贊跪搢笏)○집사자일인(執事者一人)○봉향합(捧香合)○일인(一人)○봉향로(捧香爐)○궤진(跪進)○알자(謁者)○찬삼상향(贊三上香)○집사자(執事者)○전로우신위전(奠爐于神位前)○대축(大祝)○이폐비수헌관(以幣篚授獻官)○헌관(獻官)○집폐헌폐(執幣獻幣)○이폐수대축(以幣授大祝)○전우신위전(奠于神位前)○범봉향(凡捧香)○수폐(授幣)○개재헌관지우(皆在獻官之右)○전로(奠爐)○전폐(奠幣)○개주(皆主)〔재(在)〕○헌관지좌(獻官之左)○수작(授爵)○전작준차(奠爵准此)○알자(謁者)○찬집홀부복흥평신(贊執笏俯伏興平身)○인예산천(引詣山川)○성황신위전(城隍神位前)○상향전폐(上香奠幣)○병여상의흘(並如上儀訖)○인강복위(引降復位)

찬자왈(贊者曰)○행작헌례(行酌獻禮)○알자(謁者)○인헌관(引獻官)○승자남폐(升自南陛)○예준소(詣尊所)○서향립(西向立)○집준자(執尊者)○거멱작주(擧冪酌酒)○집사자(執事者)○이작수주(以爵受酒)○알자(謁者)○인헌관(引獻官)○예풍운뢰우신위전(詣風雲雷雨神位前)○북향립(北向立)○찬궤진홀(贊跪搢笏)○집사자(執事者)○이작수헌관(以爵授獻官)○헌관(獻官)○집작헌작(執爵獻爵)○이작수집사자(以爵授執事者)○전우신위전(奠于神位前)○찬집홀부복흥소퇴북향궤(贊執笏俯伏興少退北向跪)○대축(大祝)○진신위지우(進神位之右)○동향궤(東向跪)○독축문흘(讀祝文訖)○알자(謁者)○찬부복흥평신(贊俯伏興平身)○인예산천(引詣山川)○성황신위전(城隍神位前)○행례(行禮)○병여상의흘(並如上儀訖)○인강복위(引降復位)○대축(大祝)○진철변두(進徹籩豆)○철자(徹者)○변두각일(籩豆各一)○소이어고처(少移於故處)○찬자왈(贊者曰)○사배(四拜)○헌관사배(獻官四拜)

찬자왈(贊者曰)○망료(望燎)○알자(謁者)○인헌관(引獻官)○예망료위(詣望燎位)○남향립(南向立)○찬자(贊者)○예망료위(詣望燎位)○서향립(西向立)○대축(大祝)○이비취축판급폐(以篚取祝版及幣)○강자서폐(降自西陛)○지료단(至燎壇)○치어료시(置於燎柴)○찬자왈(贊者曰)○가료(可燎)○료반시(燎半柴)○알자(謁者)○진헌관지좌(進獻官之左)○백례필(白禮畢)○수인헌관출(遂引獻官出)○찬자(贊者)○환본위(還本位)○알자(謁者)○인감찰급제집사(引監察及諸執事)○구복단남배위(俱復壇南拜位)○립정(立定)○찬자왈(贊者曰)○사배(四拜)○감찰이하(監察以下)○개사배흘(皆四拜訖)○알자인출(謁者引出)○찬자(贊者)○알자(謁者)○취단남배위(就壇南拜位)○사배이출(四拜而出)○전사관(典祀官)○솔기속(帥其屬)○장신위판(藏神位版)○철례찬(徹禮饌)○이강내퇴(以降乃退)

제악해독의(祭嶽海瀆儀)

●**시일(時日)** ○견서례(見序例)

●**재계(齊戒)** ○견서례(見序例)

●**진설(陳設)**

전제이일(前祭二日)○유사(有司)○소제단지내외(掃除壇之內外)○묘동(廟同)○설제제관차(設諸祭官次)○우설찬만(又設饌幔)○개어동문외(皆於東門外)○수지지의(隨地之宜)

전일일(前一日)○설신좌어단상북방남향(設神座於壇上北方南向)○석개이완(席皆以莞)○묘즉부(廟則)

좀)○찬자(贊者)○설헌관위어단하(設獻官位於壇下)○묘칙동계(廟則東階)○동남서향(東南西向)○음복위어단상남승지서북향(飮福位於壇上南陛之西北向)○묘칙당상전영외근동서향(廟則堂上前楹外近東西向)○집사자위어헌관지후초남서향북상(執事者位於獻官之後稍南西向北上)○찬자(贊者)○알자위어단하근동서향북상(謁者位於壇下近東西向北上)○설헌관이하문외위어동문외도남(設獻官以下門外位於東門外道南)○중행북향서상(重行北向西上)○설망예위어예감지남(設望瘞位於瘞坎之南)○헌관(獻官)○재남북향(在南北向)○축급찬자(祝及贊者)○재동서향북상(在東西向北上)

제일미행사전(祭日未行事前)○장찬자(掌饌者)○솔기속입(帥其屬入)○전축판어신위지우(奠祝版於神位之右)○유점(有坫)○진폐비어준소(陳幣篚於尊所)○설향로(設香爐)○향합병촉어신위전(香合幷燭於神位前)○차설제기여식(次設祭器如式)○견서례(見序例)○설복주작(設福酒爵)○유점(有坫)○조육조각일어준소(胙肉俎各一於尊所)○설세어단하동남북향(設洗於壇下東南北向)○관세재동(盥洗在東)○작세재서(爵洗在西)○뇌재세동(罍在洗東)○가작(加勺)○비재세서남사(篚在洗西南肆)○실이건(實以巾)○약작세지비(若爵洗之篚)○칙우실이작(則又實以爵)○유점(有坫)○제집사관세어헌관세동남북향(諸執事盥洗於獻官洗東南北向)○집준뢰비멱자위어존뢰비멱지후(執尊罍篚羃者位於尊罍篚羃之後)

●성생기(省牲器)○견서례(見序例)

●행례(行禮)

제일축전오각(祭日丑前五刻)○축전오각(丑前五刻)○즉삼경삼점(卽三更三點)○행사용축시일각(行事用丑時一刻)○장찬자(掌饌者)○입실찬구필(入實饌具畢)○퇴취차(退就次)○복기복승(服其服升)○설신위판어좌(設神位版於座)○알자(謁者)○인헌관(引獻官)○승자남폐(升自南陛)○제집사승강(諸執事陞降)○개자동폐(皆自東陛)○묘칙(廟則)○개자동계(皆自東階)○점시진설흘(點視陳設訖)○환출(還出)전삼각(前三刻)○헌관급제집사(獻官及諸執事)○각복기복(各服其服)○찬자(贊者)○알자(謁者)○입자동문(入自東門)○선취단남(先就壇南)○묘칙계간(廟則階間)○배위(拜位)○북향서상(北向西上)○사배흘(四拜訖)○각취위(各就位)○알자(謁者)○인헌관이하(引獻官以下)○구취문외위(俱就門外位)

전일각(前一刻)○알자(謁者)○인축급제집사(引祝及諸執事)○입취단남배위(入就壇南拜位)○중행북향서상(重行北向西上)○립정(立定)○찬자왈(贊者曰)○사배(四拜)○축이하(祝以下)○개사배흘(皆四拜訖)○예관세위(詣盥洗位)○관세흘(盥帨訖)○각취위(各就位)○집사자(執事者)○예작세위(詣爵洗位)○세작식작흘(洗爵拭爵訖)○치어비(置於篚)○봉예존소(捧詣尊所)○치어점상(置於坫上)○알자(謁者)○인헌관(引獻官)○입취위(入就位)○알자(謁者)○진헌관지좌(進獻官之左)○백유사근구청행사(白有司謹具請行事)○퇴복위(退復位)○찬자왈(贊者曰)○사배(四拜)○헌관사배(獻官四拜)

찬자왈(贊者曰)○행전폐례(行奠幣禮)○알자(謁者)○인헌관(引獻官)○예관세위(詣盥洗位)○북향립(北向立)○찬진홀(贊搢笏)○헌관(獻官)○관수세수흘(盥手帨手訖)○찬집홀(贊執笏)○인예단(引詣壇)○승자남폐(升自南陛)○예신위전(詣神位前)○북향립(北向立)○찬궤진홀(贊跪搢笏)○집사자일인(執事者一人)○봉향합(捧香合)○일인(一人)○봉향로(捧香爐)○궤진(跪進)○알자(謁者)○찬삼상향(贊三上香)○집사자(執事者)○전로우신위전(奠爐于神位前)○축(祝)○이폐비수헌관(以幣篚授獻官)○헌관(獻官)○집폐헌폐(執幣獻幣)○이폐수축(以幣授祝)○전우신위전(奠于神位前)○봉향(捧香)○수폐(授幣)○개재헌관지우(皆在獻官之右)○전로(奠爐)○전폐(奠幣)○개재헌관지좌(皆在獻官之左)○수작(授爵)○전작준차(奠爵准此)○알자(謁者)○찬집홀부복흥평신(贊執笏俯伏興平身)○인강복위(引降復位)

찬자왈(贊者曰)○행초헌례(行初獻禮)○알자(謁者)○인헌관(引獻官)○승자남폐(升自南陛)○예준소(詣尊所)○서향립(西向立)○집준자(執尊者)○거멱작례제(擧羃酌醴齊)○집사자(執事者)○이작수주(以爵受酒)○알자(謁者)○인헌관(引獻官)○예신위전(詣神位前)○북향립(北向立)○찬궤진홀(贊跪搢笏)○집사자(執事者)○이작수헌관(以爵授獻官)○헌관(獻官)○집작헌작(執爵獻爵)○이작수집사자(以爵授執事者)○전우신위전(奠于神位前)○찬집홀부복흥소퇴북향궤(贊執笏俯伏興少退北向跪)○축(祝)○진신위지우(進神位之右)○동향궤(東向跪)○독축문흘(讀祝文訖)○알자(謁者)○찬부복흥평신(贊俯伏興平身)○인강복위(引降復位)

찬자왈(贊者曰)○행아헌례(行亞獻禮)○알자(謁者)○인헌관(引獻官)○예준소(詣尊所)○서향립(西

向立)○집준자(執尊者)○거멱작앙제(擧冪酌盎齊)○집사자(執事者)○이작수주(以爵受酒)○알자(謁者)○인헌관(引獻官)○예신위전(詣神位前)○북향립(北向立)○찬궤진홀(贊跪搢笏)○집사자(執事者)○이작수헌관(以爵授獻官)○헌관(獻官)○집작헌작(執爵獻爵)○이작수집사자(以爵授執事者)○전우신위전(奠于神位前)○알자(謁者)○찬집홀부복흥평신(贊執笏俯伏興平身)○인강복위(引降復位)

찬자왈(贊者曰)○행종헌례(行終獻禮)○알자(謁者)○인헌관(引獻官)○행례(行禮)○병여아헌의흘(竝如亞獻儀訖)○인강복위(引降復位)

찬자왈(贊者曰)○음복수조(飮福受胙)○집사자(執事者)○예존소(詣尊所)○이작작뢰복주(以爵酌罍福酒)○우집사자(又執事者)○지조진(持俎進)○감신위전조육(減神位前胙肉)○알자(謁者)○인헌관(引獻官)○승자남폐(升自南陛)○예음복위(詣飮福位)○북향립(北向立)○묘칙서향(廟則西向)○찬궤진홀(贊跪搢笏)○집사자(執事者)○진헌관지우(進獻官之右)○서향(西向)○묘칙(廟則)○헌관지좌북향(獻官之左北向)○이작수헌관(以爵授獻官)○헌관(獻官)○수작음(受爵飮)○졸작(卒爵)○집사자(執事者)○수허작(受虛爵)○복어점(復於坫)○집사자(執事者)○서향(西向)○묘칙북향(廟則北向)○이조수헌관(以俎受獻官)○헌관(獻官)○수조(受俎)○이수집사자(以授執事者)○집사자(執事者)○수조(受俎)○강자남폐(降自南陛)○출문(出門)○알자(謁者)○찬집홀부복흥평신(贊執笏俯伏興平身)○인강복위(引降復位)○찬자왈(贊者曰)○사배(四拜)○재위자(在位者)○개사배(皆四拜)

찬자왈(贊者曰)○철변두(徹籩豆)○축(祝)○진철변두(進徹籩豆)○철자(徹者)○변두각일(籩豆各一)○소이어고처(少移於故處)○찬자왈(贊者曰)○사배(四拜)○헌관사배(獻官四拜)

찬자왈(贊者曰)○망예(望瘞)○알자(謁者)○인헌관(引獻官)○예망예위(詣望瘞位)○북향립(北向立)○찬자(贊者)○예망예위(詣望瘞位)○서향립(西向立)○축(祝)○이비취축판급폐서직반(以篚取祝版及幣黍稷飯)○강자서폐(降自西陛)○치어감(置於坎)○치토반감(置土半坎)○해독칙침지(海瀆則沈之)○알자(謁者)○진헌관지좌(進獻官之左)○백례필(白禮畢)○수인헌관출(遂引獻官出)○찬자(贊者)○환본위(還本位)○알자(謁者)○인축급제집사(引祝及諸執事)○구복단남배위(俱復壇南拜位)○립정(立定)○찬자왈(贊者曰)○사배(四拜)○축이하(祝以下)○개사배흘(皆四拜訖)○알자(謁者)○이차인출(以次引出)○찬자(贊者)○알자(謁者)○취단남배위(就壇南拜位)○사배이출(四拜而出)○장찬자(掌饌者)○솔기속(帥其屬)○장신위판(藏神位版)○묘즉부(廟則否)○철례찬이강내퇴(徹禮饌以降乃退)

제삼각산의(祭三角山儀)

○백악산부(白岳山附)
●시일(時日) ○견서례(見序例)
●재계(齊戒) ○견서례(見序例)

●진설(陳設)
전제이일(前祭二日)○전사관(典祀官)○솔기속(帥其屬)○소제묘지내외(掃除廟之內外)○전설사(典設司)○설제제관차(設諸祭官次)○우설찬만(又設饌幔)○개어동문외(皆於東門外)○수지지의(隨地之宜)

전일일(前一日)○집례(執禮)○설헌관위어동계동남서향(設獻官位於東階東南西向)○음복위어당상전영외근동서향(飮福位於堂上前楹外近東西向)○집사자위어헌관동남서향북상(執事者位於獻官東南西向北上)○감찰위어집사지남서향(監察位於執事之南西向)○서리배기후(書吏陪其後)○집례위어당상전영외(執禮位於堂上前楹外)○찬자(贊者)○알자위어당하(謁者位於堂下)○구근동서향북상(俱近東西向北上)○설제제관문외위어동문외도남(設諸祭官門外位於東門外道南)○중행북향서상(重行北向西上)○설망예위어예감지남(設望瘞位於瘞坎之南)○헌관(獻官)○재남북향(在南北向)○집례(執禮)○찬자(贊者)○대축(大祝)○재동서향북상(在東西向北上)○찬자(贊者)○대축(大祝)○초각

(稍却)

제일미행사전(祭日未行事前)○전사관(典祀官)○솔기속입(帥其屬入)○전축판각일어삼각산(奠祝版各一於三角山)○백악산신위지우(白嶽山神位之右)○각유점(各有坫)○진폐비각일어준소(陳幣篚各一於尊所)○설향로(設香爐)○향합병촉어신위전(香合幷燭於神位前)○차설제기여식(次設祭器如式)○견서례(見序例)○설복주작(設福酒爵)○유점(有坫)○조육조각일어준소(胙肉俎各一於尊所)

설세어동계동남북향(設洗於東階東南北向)○관세재동(盥洗在東)○작세재서(爵洗在西)○뇌재세동(罍在洗東)○가작(加勺)○비재세서남사(篚在洗西南肆)○실이건(實以巾)○약작세지비(若爵洗之篚)○칙우실이작(則又實以爵)○유점(有坫)○제집사관세어헌관세동남북향(諸執事盥洗於獻官洗東南北向)○집존뢰비멱자위어존뢰비멱지후(執尊罍篚冪者位於尊罍篚冪之後)

●성생기(省牲器)○견서례(見序例)

●행례(行禮)

제일축전오각(祭日丑前五刻)○축전오각(丑前五刻)○즉삼경삼점(卽三更三點)○행사용축시일각(行事用丑時一刻)○전사관(典祀官)○입실찬구필(入實饌具畢)○찬인(贊引)○인감찰(引監察)○승자동계(升自東階)○제제관승강(諸祭官陞降)○개자동계(皆自東階)○안시당지상하(按視堂之上下)○규찰부여의자(糾察不如儀者)○환출(還出)

전삼각(前三刻)○제제관(諸祭官)○각복기복(各服其服)○집례(執禮)○솔찬자(帥贊者)○알자(謁者)○찬인(贊引)○입자동문(入自東門)○선취계간배위(先就階間拜位)○중행북향서상(重行北向西上)○사배흘(四拜訖)○각취위(各就位)○알자(謁者)○인제제관(引諸祭官)○구취문외위(俱就門外位)

전일각(前一刻)○찬인(贊引)○인감찰(引監察)○전사관(典祀官)○대축(大祝)○축사(祝史)○제랑(齊郎)○입취계간배위(入就階間拜位)○중행북향서상(重行北向西上)○입정(立定)○집례왈(執禮曰)○사배(四拜)○찬자전창(贊者傳唱)○범집례유사(凡執禮有辭)○찬자개전창(贊者皆傳唱)○감찰이하(監察以下)○개사배흘(皆四拜訖)○찬인(贊引)○인감찰(引監察)○취위(就位)○제집사(諸執事)○예관세위(詣盥洗位)○관세흘(盥帨訖)○각취위(各就位)○인제랑(引齊郎)○예작세위(詣爵洗位)○세작식작흘(洗爵拭爵訖)○치어비(置於篚)○봉예존소치어점상(捧詣尊所置於坫上)○알자(謁者)○인헌관(引獻官)○입취위(入就位)○알자(謁者)○진헌관지좌(進獻官之左)○백유사근구청행사(白有司謹具請行事)○퇴복위(退復位)○집례왈(執禮曰)○사배(四拜)○헌관사배(獻官四拜)

집례왈(執禮曰)○행전폐례(行奠幣禮)○알자(謁者)○인헌관(引獻官)○예관세위(詣盥洗位)○북향립(北向立)○찬진홀(贊搢笏)○헌관(獻官)○관수세수흘(盥手帨手訖)○찬집홀(贊執笏)○인헌관(引獻官)○승예삼각산신위전(升詣三角山神位前)○북향립(北向立)○찬궤진홀(贊跪搢笏)○집사자일인(執事者一人)○봉향합(捧香合)○일인(一人)○봉향로(捧香爐)○궤진(跪進)○알자(謁者)○찬삼상향(贊三上香)○집사자(執事者)○전로우신위전(奠爐于神位前)○대축(大祝)○이폐비수헌관(以幣篚授獻官)○헌관(獻官)○집폐헌폐(執幣獻幣)○이폐수대축(以幣授大祝)○전우신위전(奠于神位前)○봉향(捧香)○수폐(授幣)○개재헌관지우(皆在獻官之右)○전로(奠爐)○전폐(奠幣)○개재헌관지좌(皆在獻官之左)○수작(授爵)○전작준차(奠爵准此)○알자(謁者)○찬집홀부복흥평신(贊執笏俯伏興平身)○차예백악산신위전동향(次詣白嶽山神位前東向)○상향전폐(上香奠幣)○병여상의흘(竝如上儀訖)○인강복위(引降復位)집례왈(執禮曰)○행초헌례(行初獻禮)○알자(謁者)○인헌관(引獻官)○승예준소(升詣尊所)○서향립(西向立)○집준자(執尊者)○거멱작례제(擧冪酌醴齊)○집사자이인(執事者二人)○이작수주(以爵受酒)○알자(謁者)○인헌관(引獻官)○예삼각산신위전(詣三角山神位前)○북향립(北向立)○찬궤진홀(贊跪搢笏)○집사자(執事者)○이작수헌관(以爵授獻官)○헌관(獻官)○집작헌작(執爵獻爵)○이작수집사자(以爵授執事者)○전우신위전(奠于神位前)○찬집홀부복흥소퇴북향궤(贊執笏俯伏興少退北向跪)○대축(大祝)○진신위지우(進神位之右)○동향궤(東向跪)○독축문흘(讀祝文訖)○알자(謁者)○찬부복흥평신(贊俯伏興平身)○차예백악산신위전동향(次詣白嶽山神位前東向)○행례(行禮)○병여상의흘(竝如上儀訖)○유대축(唯大祝)○남향독축(南向讀祝)○인강복위(引降復位)

집례왈(執禮曰)○행아헌례(行亞獻禮)○알자(謁者)○인헌관(引獻官)○승예준소(升詣尊所)○서향립(西向立)○집준자(執尊者)○거멱작앙제(擧冪酌盎齊)○집사자이인(執事者二人)○이작수주(以爵受酒)○알자(謁者)○인헌관(引獻官)○예삼각산신위전(詣三角山神位前)○북향립(北向立)○찬궤진홀(贊跪搢笏)○집사자(執事者)○이작수헌관(以爵授獻官)○헌관(獻官)○집작헌작(執爵獻爵)○이작수집사자(以爵授執事者)○전우신위전(奠于神位前)○찬집홀부복흥평(贊執笏俯伏興平身)○차예백악산신위전동향(次詣白嶽山神位前東向)○행례(行禮)○병여상의홀(竝如上儀訖)○인강복위(引降復位)집례왈(執禮曰)○행종헌례(行終獻禮)○알자(謁者)○인헌관(引獻官)○행례(行禮)○병여아헌의홀(竝如亞獻儀訖)○인강복위(引降復位)

집례왈(執禮曰)○음복수조(飮福受胙)○집사자(執事者)○예준소(詣尊所)○이작작뢰복주(以爵酌罍福酒)○우집사자(又執事者)○지조진(持俎進)○감삼각산신위전조육(減三角山神位前胙肉)○알자(謁者)○인헌관(引獻官)○승예음복위(升詣飮福位)○서향립(西向立)○찬궤진홀(贊跪搢笏)○집사자(執事者)○진헌관지좌(進獻官之左)○북향이작수헌관(北向以爵授獻官)○헌관(獻官)○수작음(受爵飮)○졸작(卒爵)○집사자(執事者)○수허작(受虛爵)○복어점(復於坫)○집사자(執事者)○북향(北向)○이조수헌관(以俎授獻官)○헌관(獻官)○수조(受俎)○이수집사자(以授執事者)○집사자(執事者)○수(授)〔수(受)〕조(俎)○강자동폐(降自東陛)○출문(出門)○알자(謁者)○찬집홀부복흥평신(贊執笏俯伏興平身)○인강복위(引降復位)○집례왈(執禮曰)○사배(四拜)○재위자(在位者)○개사배(皆四拜)

집례왈(執禮曰)○철변두(徹籩豆)○대축(大祝)○입철변두(入徹籩豆)○철자(徹者)○변두각일(籩豆各一)○소이어고처(少移於故處)

집례왈(執禮曰)○사배(四拜)○헌관사배(獻官四拜)

집례왈(執禮曰)○망예(望瘞)○알자(謁者)○인헌관(引獻官)○예망예위(詣望瘞位)○북향립(北向立)○집례(執禮)○솔찬자(帥贊者)○예망예위(詣望瘞位)○서향립(西向立)○대축(大祝)○이비취축판급폐서직반(以篚取祝版及幣黍稷飯)○강자서계(降自西階)○치어감(置於坎)○집례왈(執禮曰)○가예(可瘞)○치토반감(置土半坎)○전사관감시(典祀官監視)○알자(謁者)○진헌관지좌(進獻官之左)○백례필(白禮畢)○수인헌관출(遂引獻官出)○집례(執禮)○솔찬자(帥贊者)○환본위(還本位)○찬인(贊引)○인감찰급제집사(引監察及諸執事)○구복계간배위(俱復階間拜位)○립정(立定)○집례왈(執禮曰)○사배(四拜)○감찰이하(監察以下)○개사배홀(皆四拜訖)○찬인인출(贊引引出)○집례(執禮)○수찬자(帥贊者)○알자(謁者)○찬인(贊引)○취계간배위(就階間拜位)○사배이출(四拜而出)○전사관(典祀官)○솔기속(帥其屬)○철례찬(徹禮饌)○합호(闔戶)○이강내퇴(以降乃退)

제한강의(祭漢江儀)

●시일(時日) ○견서례(見序例)
●재계(齊戒) ○견서례(見序例)

●진설(陳設)

전제이일(前祭二日)○전사관(典祀官)○솔기속(帥其屬)○소제단지내외(掃除壇之內外)○전설사(典設司)○설제제관차(設諸祭官次)○우설찬만(又設饌幔)○개어동문외(皆於東門外)○수지지의(隨地之宜)

전일일(前一日)○전사관(典祀官)○설신좌어단상북방남향(設神座於壇上北方南向)○석이완(席以莞)○집례(執禮)○설헌관위어단하동남서향(設獻官位於壇下東南西向)○음복위어남폐지서북향(飮福位於南陛之西北向)○집사자위어헌관동남서향북상(執事者位於獻官東南西向北上)○감찰위어집사지남서향(監察位於執事之南西向)○서리배기후(書吏陪其後)○집례위어단상(執禮位於壇上)○찬자(贊者)○알자위어단하(謁者位於壇下)○구근동서향북상(俱近東西向北上)○설제제관문

외위어동문외도남(設諸祭官門外位於東門外道南)○중행북향서상(重行北向西上)

제일미행사전(祭日未行事前)○전사관(典祀官)○솔기속입(帥其屬入)○전축판어신위지우(奠祝版於神位之右)○유점(有坫)○진폐비어준소(陳幣篚於尊所)○설향로(設香爐)○향합병촉어신위전(香合并燭於神位前)○차설제기여식(次設祭器如式)○견서례(見序例)○설복주작(設福酒爵)○유점(有坫)○조육조각일어존소(胙肉俎各一於尊所)○설세어단하동남북향(設洗於壇下東南北向)○관세재동(盥洗在東)○작세재서(爵洗在西)○뇌재세동(罍在洗東)○가작(加勺)○비재세서남사(篚在洗西南肆)○실이건(實以巾)○약작세지비(若爵洗之篚)○즉우실이작(則又實以爵)○유점(有坫)○설제집사관세어헌관세동남북향(設諸執事盥洗於獻官洗東南北向)○집존뢰비멱자위어존뢰비멱지후(執尊罍篚羃者位於尊罍篚羃之後)

●성생기(省牲器) ○견서례(見序例)

●행례(行禮)

제일축전오각(祭日丑前五刻)○축전오각(丑前五刻)○즉삼경삼점(卽三更三點)○행사용축시일각(行事用丑時一刻)○전사관(典祀官)○입실찬구필(入實饌具畢)○퇴취차(退就次)○복기복승(服其服升)○설신위판어좌(設神位版於座)○찬인(贊引)○인감찰(引監察)○승자남폐(升自南陛)○제집사승강(諸執事陞降)○개자남폐(皆自南陛)○안시단지상하(按視壇之上下)○규찰부여의자(糾察不如儀者)○환출(還出)

전삼각(前三刻)○제제관(諸祭官)○각복기복(各服其服)○집례(執禮)○솔찬자(帥贊者)○알자(謁者)○찬인(贊引)○입자동문(入自東門)○선취단남배위(先就壇南拜位)○중행북향서상(重行北向西上)○사배흘(四拜訖)○각취위(各就位)○알자(謁者)○인제제관(引諸祭官)○구취동문외위(俱就東門外位)

전일각(前一刻)○찬인(贊引)○인감찰(引監察)○전사관(典祀官)○대축(大祝)○축사(祝史)○재랑(齊郞)○입취단남배위(入就壇南拜位)○중행북향서상(重行北向西上)○립정(立定)○집례왈(執禮曰)○사배(四拜)○찬자전창(贊者傳唱)○범집례유사(凡執禮有辭)○찬자개전창(贊者皆傳唱)○감찰이하(監察以下)○개사배흘(皆四拜訖)○찬인(贊引)○인감찰(引監察)○취위(就位)○인제집사(引諸執事)○예관세위(詣盥洗位)○관세흘(盥帨訖)○각취위(各就位)○인재랑(引齊郞)○예작세위(詣爵洗位)○세작식작흘(洗爵拭爵訖)○치어비(置於篚)○봉예준소(捧詣尊所)○치어점상(置於坫上)○알자(謁者)○인헌관(引獻官)○입취위(入就位)○알자(謁者)○진헌관지좌(進獻官之左)○백유사근구청행사(白有司謹具請行事)○퇴복위(退復位)○집례왈(執禮曰)○사배(四拜)○헌관사배(獻官四拜)

집례왈(執禮曰)○행전폐례(行奠幣禮)○알자(謁者)○인헌관(引獻官)○예관세위(詣盥洗位)○북향립(北向立)○찬진홀(贊搢笏)○헌관(獻官)○관수세수흘(盥手帨手訖)○찬집홀(贊執笏)○인헌관(引獻官)○승예신위전(升詣神位前)○북향립(北向立)○찬궤진홀(贊跪搢笏)○집사자일인(執事者一人)○봉향합(捧香合)○일인(一人)○봉향로(捧香爐)○궤진(跪進)○알자(謁者)○찬삼상향(贊三上香)○집사자(執事者)○전로우신위전(奠爐于神位前)○대축(大祝)○이폐비수헌관(以幣篚授獻官)○헌관(獻官)○집폐헌폐(執幣獻幣)○이폐수대축(以幣授大祝)○전우신위전(奠于神位前)○봉향(捧香)○수폐(授幣)○개재헌관지우(皆在獻官之右)○전로(奠爐)○전폐(奠幣)○개재헌관지좌(皆在獻官之左)○수작(授爵)○전작준차(奠爵准此)○알자(謁者)○찬집홀부복흥평신(贊執笏俯伏興平身)○인강복위(引降復位)

집례왈(執禮曰)○행초헌례(行初獻禮)○알자(謁者)○인헌관(引獻官)○승예준소(升詣尊所)○서향립(西向立)○집준자(執尊者)○거멱작례제(擧羃酌醴齊)○집사자일인(執事者一人)○이작수주(以爵受酒)○알자(謁者)○인헌관(引獻官)○예신위전(詣神位前)○북향립(北向立)○찬궤진홀(贊跪搢笏)○집사자(執事者)○이작수헌관(以爵授獻官)○헌관(獻官)○집작헌작(執爵獻爵)○이작수집사자(以爵授執事者)○전우신위전(奠于神位前)○찬집홀부복흥소퇴북향궤(贊執笏俯伏興少退北向跪)○대축(大祝)○진신위지우(進神位之右)○동향궤(東向跪)○독축문흘(讀祝文訖)○알자(謁者)○찬부복흥평신(贊俯伏興平身)○인강복위(引降復位)

집례왈(執禮曰)○행아헌례(行亞獻禮)○알자(謁者)○인헌관(引獻官)○승예준소(升詣尊所)○서향립(西向立)○집준자(執尊者)○거멱작앙제(擧羃酌盎齊)○집사자일인(執事者一人)○이작수주(以爵受酒)○알자(謁者)○인헌관(引獻官)○예신위전(詣神位前)○북향립(北向立)○찬궤진홀(贊跪搢

笏)○집사자(執事者)○이작수헌관(以爵授獻官)○헌관(獻官)○집작헌작(執爵獻爵)○이작수집사자(以爵授執事者)○전우신위전(奠于神位前)○찬집홀부복흥평신(贊執笏俯伏興平身)○인강복위(引降復位)

집례왈(執禮曰)○행종헌례(行終獻禮)○알자(謁者)○인헌관(引獻官)○행례(行禮)○병여아헌의흘(竝如亞獻儀訖)○인강복위(引降復位)○집례왈(執禮曰)○음복수조(飮福受胙)○집사자(執事者)○예준소(詣尊所)○이작작뢰복주(以爵酌罍福酒)○우집사자(又執事者)○지조진(持俎進)○감신위전조육(減神位前胙肉)○알자(謁者)○인헌관(引獻官)○승예음복위(升詣飮福位)○북향립(北向立)○찬궤진홀(贊跪搢笏)○집사자(執事者)○진헌관지우(進獻官之右)○서향(西向)○이작수헌관(以爵授獻官)○헌관(獻官)○수작음(受爵飮)○졸작(卒爵)○집사자(執事者)○수허작(受虛爵)○복어점(復於坫)○집사자(執事者)○서향(西向)○이조수헌관(以俎授獻官)○헌관(獻官)○수조(受俎)○이수집사자(以授執事者)○집사자(執事者)○수조(受俎)○강자동폐(降自東陛)○출문(出門)○알자(謁者)○찬집홀부복흥평신(贊執笏俯伏興平身)○인강복위(引降復位)○집례왈(執禮曰)○사배(四拜)○재위자(在位者)○개사배(皆四拜)

집례왈(執禮曰)○철변두(徹籩豆)○대축(大祝)○진철변두(進徹籩豆)○철자(徹者)○변두각일(籩豆各一)○소이어고처(少移於故處)○집례왈(執禮曰)○사배(四拜)○헌관사배(獻官四拜)

집례왈(執禮曰)○망예(望瘞)○알자(謁者)○인헌관(引獻官)○예망예위(詣望瘞位)○북향립(北向立)○집례(執禮)○솔찬자(帥贊者)○예망예위(詣望瘞位)○서향립(西向立)○대축(大祝)○이비취축판급폐서직반(以篚取祝版及幣黍稷飯)○강자서폐(降自西陛)○침지어수(沈之於水)○알자(謁者)○진헌관지좌(進獻官之左)○백례필(白禮畢)○수인헌관출(遂引獻官出)○집례(執禮)○수찬자(帥贊者)○환본위(還本位)○찬인(贊引)○인감찰급제집사(引監察及諸執事)○구복단남배위(俱復壇南拜位)○립정(立定)○집례왈(執禮曰)○사배(四拜)○감찰이하(監察以下)○개사배흘(皆四拜訖)○찬인인출(贊引引出)○집례(執禮)○솔찬자(帥贊者)○알자(謁者)○찬인(贊引)○취단남배위(就壇南拜位)○사배이출(四拜而出)○전사관(典祀官)○수기속(帥其屬)○장신위판(藏神位版)○철례찬(徹禮饌)○이강내퇴(以降乃退)

제주현명산대천의(祭州縣名山大川儀)

●시일(時日) ○견서례(見序例)
●재계(齊戒) ○견서례(見序例)

●진설(陳設)
전제일일(前祭一日)○유사(有司)○소제단지내외(掃除壇之內外)○묘동설제제관차(廟同設諸祭官次)○우설찬만(又設饌幔)○개어동문외(皆於東門外)○수지지의(隨地之宜)○설신좌어단상북방남향(設神座於壇上北方南向)○석이완(席以莞)○묘칙부(廟則否)○찬자(贊者)○설헌관위어단하(設獻官位於壇下)○묘즉동계동남서향(廟則東階東南西向)○음복위어단상남폐지서북향(飮福位於壇上南陛之西北向)○묘칙당상전영외근동서향(廟則堂上前楹外近東西向)○집사자위어헌관지후초남서향북상(執事者位於獻官之後稍南西向北上)○찬자(贊者)○알자위어단하근동서향북상(謁者位於壇下近東西向北上)○설헌관이하문외위어동문외도남(設獻官以下門外位於東門外道南)○중행북향서상(重行北向西上)○설망예위어예감지남(設望瘞位於瘞坎之南)○헌관(獻官)○재남북향(在南北向)○축급찬자(祝及贊者)○재동서향북상(在東西向北上)

제일미행사전(祭日未行事前)○장찬자(掌饌者)○솔기속입(帥其屬入)○전축판어신위지우(奠祝版於神位之右)○유점(有坫)○진폐비어준소(陳幣篚於尊所)○설향로(設香爐)○향합병촉어신위전(香合幷燭於神位前)○차설제기여식(次設祭器如式)○견서례(見序例)○설세어단하동남북향(設洗於壇下東南北向)

○관세재동(盥洗在東)○작세재서(爵洗在西)○뇌재세동(罍在洗東)○가작(加勻)○비재세서남사(篚在洗西南肆)○실이건작(實以巾爵)○제집사관세어헌관세동남북향(諸執事盥洗於獻官洗東南北向)○집준뢰비멱자위어존뢰비멱지후(執尊罍篚冪者位於尊罍篚冪之後)

●성생기(省牲器) ○견서례(見序例)

●행례(行禮)

제일축전오각(祭日丑前五刻)○축전오각(丑前五刻)○즉삼경삼점(卽三更三點)○사용축시일각(事用丑時一刻)○장찬자(掌饌者)○입실찬구필(入實饌具畢)○퇴취차(退就次)○복기복승(服其服升)○설신위판어좌(設神位版於座)

전삼각(前三刻)○헌관급제집사(獻官及諸執事)○각복기복(各服其服)○찬자(贊者)○알자(謁者)○입자동문(入自東門)○선취단남(先就壇南)○묘칙계간(廟則階間)○방차(倣此)○배위(拜位)○북향서상(北向西上)○사배 흘(四拜訖)○각취위(各就位)○알자(謁者)○인헌관이하(引獻官以下)○구취문외위(俱就門外位)

전일각(前一刻)○알자(謁者)○인축급제집사(引祝及諸執事)○입취단남배위(入就壇南拜位)○중행북향서상(重行北向西上)○입정(立定)○찬자왈(贊者曰)○사배(四拜)○축이하(祝以下)○개사배 흘(皆四拜訖)○예관세위(詣盥洗位)○관세 흘(盥帨訖)○각취위(各就位)○제집사승강(諸執事陞降)○개자동폐(皆自東陛)○묘칙(廟則)○개자동계(皆自東階)○집사자(執事者)○예작세위(詣爵洗位)○세작식작흘(洗爵拭爵訖)○치어비(置於篚)○봉예준소(捧詣尊所)○치어점상(置於坫上)○알자(謁者)○인헌관(引獻官)○입취위(入就位)○알자(謁者)○진헌관지좌(進獻官之左)○백유사근구청행사(白有司謹具請行事)○퇴복위(退復位)○찬자왈(贊者曰)○사배(四拜)○헌관사배(獻官四拜)

찬자왈(贊者曰)○행전폐례(行奠幣禮)○알자(謁者)○인헌관(引獻官)○예관세위(詣盥洗位)○북향립(北向立)○찬진홀(贊搢笏)○헌관(獻官)○관수세수흘(盥手帨手訖)○찬집홀(贊執笏)○인예단(引詣壇)○승자남폐(升自南陛)○예신위전(詣神位前)○북향립(北向立)○찬궤진홀(贊跪搢笏)○집사자일인(執事者一人)○봉향합(捧香合)○일인(一人)○봉향로(捧香爐)○궤진(跪進)○알자(謁者)○찬삼상향(贊三上香)○집사자(執事者)○전로우신위전(奠爐于神位前)○축(祝)○이폐비수헌관(以幣篚授獻官)○헌관(獻官)○집폐헌폐(執幣獻幣)○이폐수축(以幣授祝)○전우신위전(奠于神位前)○봉향(捧香)○수폐(授幣)○개재헌관지우(皆在獻官之右)○전로(奠爐)○전폐(奠幣)○개재헌관지좌(皆在獻官之左)○수작(授爵)○전작준차(奠爵准此)○알자(謁者)○찬집홀부복흥평신(贊執笏俯伏興平身)○인강복위(引降復位)

찬자왈(贊者曰)○행초헌례(行初獻禮)○알자(謁者)○인헌관(引獻官)○승자남폐(升自南陛)○예준소(詣尊所)○서향립(西向立)○집준자(執尊者)○거멱작주(擧冪酌酒)○집사자(執事者)○이작수주(以爵受酒)○알자(謁者)○인헌관(引獻官)○예신위전(詣神位前)○북향립(北向立)○찬궤진홀(贊跪搢笏)○집사자(執事者)○이작수헌관(以爵授獻官)○헌관(獻官)○집작헌작(執爵獻爵)○이작수집사자(以爵授執事者)○전우신위전(奠于神位前)○찬집홀부복흥소퇴북향궤(贊執笏俯伏興少退北向跪)○축(祝)○진신위지우(進神位之右)○동향궤(東向跪)○독축문흘(讀祝文訖)○알자(謁者)○찬부복흥평신(贊俯伏興平身)○인강복위(引降復位)

찬자왈(贊者曰)○행아헌례(行亞獻禮)○알자(謁者)○인헌관(引獻官)○승예준소(升詣尊所)○서향립(西向立)○집준자(執尊者)○거멱작주(擧冪酌酒)○집사자(執事者)○이작수주(以爵受酒)○알자(謁者)○인헌관(引獻官)○예신위전(詣神位前)○북향립(北向立)○찬궤진홀(贊跪搢笏)○집사자(執事者)○이작수헌관(以爵授獻官)○헌관(獻官)○집작헌작(執爵獻爵)○이작수집사자(以爵授執事者)○전우신위전(奠于神位前)○알자(謁者)○찬집홀부복흥평신(贊執笏俯伏興平身)○인강복위(引降復位)

찬자왈(贊者曰)○행종헌례(行終獻禮)○알자(謁者)○인헌관(引獻官)○행례(行禮)○병여아헌의흘(並如亞獻儀訖)○인강복위(引降復位)

찬자왈(贊者曰)○음복수조(飲福受胙)○집사자(執事者)○예준소(詣尊所)○이작작복주(以爵酌福酒)○우집사자(又執事者)○지조진(持俎進)○감신위전조육(減神位前胙肉)○알자(謁者)○인헌관

(引獻官)○승자남폐(升自南陛)○예음복위(詣飲福位)○북향립(北向立)○묘칙서향(廟則西向)○찬궤진홀(贊跪搢笏)○집사자(執事者)○진헌관지우서향(進獻官之右西向)○묘칙헌관지좌북향(廟則獻官之左北向)○이작수헌관(以爵授獻官)○헌관(獻官)○수작음(受爵飲)○졸작(卒爵)○집사자(執事者)○수허작(受虛爵)○복어점(復於坫)○집사자(執事者)○서향(西向)○묘칙북향(廟則北向)○이조수헌관(以俎授獻官)○헌관(獻官)○수조(受俎)○이수집사자(以授執事者)○집사자(執事者)○수조(受俎)○강자남폐(降自南陛)○출문(出門)○알자(謁者)○찬집홀부복흥평신(贊執笏俯伏興平身)○인강복위(引降復位)○찬자왈(贊者曰)○사배(四拜)○재위자(在位者)○개사배(皆四拜)

찬자왈(贊者曰)○철변두(徹籩豆)○축(祝)○진철변두(進徹籩豆)○철자(徹者)○변두각일(籩豆各一)○소이어고처(少移於故處)○찬자왈(贊者曰)○사배(四拜)○헌관사배(獻官四拜)

찬자왈(贊者曰)○망예(望瘞)○알자(謁者)○인헌관(引獻官)○예망예위(詣望瘞位)○북향립(北向立)○찬자(贊者)○예망예위(詣望瘞位)○서향립(西向立)○축(祝)○이비취축판급폐(以篚取祝版及幣)○강자서폐(降自西陛)○치어감(置於坎)○치토반감(置土半坎)○천칙침지(川則沈之)○알자(謁者)○진헌관지좌(進獻官之左)○백례필(白禮畢)○수인헌관출(遂引獻官出)○찬자(贊者)○환본위(還本位)○알자(謁者)○인축급제집사(引祝及諸執事)○구복단남배위(俱復壇南拜位)○입정(立定)○찬자왈(贊者曰)○사배(四拜)○축이하(祝以下)○개사배홀(皆四拜訖)○알자인출(謁者引出)○찬자(贊者)○알자(謁者)○취단남배위(就壇南拜位)○사배이출(四拜而出)○장찬자(掌饌者)○솔기속(帥其屬)○장신위판(藏神位版)○묘칙부(廟則否)○철례찬(徹禮饌)○이강내퇴(以降乃退)

제목멱의(祭木覓儀)

●시일(時日)○견서례(見序例)
●재계(齊戒)○견서례(見序例)

●진설(陳設)

전제일일(前祭一日)○전사관(典祀官)○솔기속(帥其屬)○소제묘지내외(掃除廟之內外)○전설사(典設司)○설제제관차(設諸祭官次)○우설찬만(又設饌幔)○개어동문외(皆於東門外)○수지지의(隨地之宜)○집례(執禮)○설헌관위어동계동남서향(設獻官位於東階東南西向)○음복위어당상전영외근동서향(飲福位於堂上前楹外近東西向)○집사자위어헌관지후초남서향북상(執事者位於獻官之後稍南西向北上)○집례위어당상전영외(執禮位於堂上前楹外)○찬자(贊者)○알자위어당하(謁者位於堂下)○구근동서향(俱近東西向)○설제제관문외위어동문외도남(設諸祭官門外位於東門外道南)○중행북향서상(重行北向西上)○설망예위어예감지남(設望瘞位於瘞坎之南)○헌관(獻官)○재남북향(在南北向)○집례(執禮)○찬자(贊者)○대축(大祝)○재동서향북상(在東西向北上)○찬자(贊者)○대축(大祝)○초각(稍却)

제일미행사전(祭日未行事前)○전사관(典祀官)○수기속입(帥其屬入)○전축판어신위지우(奠祝版於神位之右)○유점(有坫)○진폐비어준소(陳幣篚於尊所)○설향로(設香爐)○향합병촉어신위전(香合幷燭於神位前)○차설제기여식(次設祭器如式)○견서례(見序例)○설복주작(設福酒爵)○유점(有坫)○조육조일어존소(胙肉俎一於尊所)○설세어동계동남북향(設洗於東階東南北向)○관세재동(盥洗在東)○작세재서(爵洗在西)○뢰재세동(罍在洗東)○가작(加勺)○비재세서남사(篚在洗西南肆)○실이건작(實以巾爵)○제집사관세어헌관세동남북향(諸執事盥洗於獻官洗東南北向)○집준뢰비멱자위어준뢰비멱지후(執尊罍篚冪者位於尊罍篚冪之後)

●성생기(省牲器)○견서례(見序例)

●행례(行禮)

제일축전오각(祭日丑前五刻)○축전오각(丑前五刻)○즉삼경삼점(卽三更三點)○행사용축시일각(行事用丑時一刻)○전사관(典祀官)○입실찬구필(入實饌具畢)○퇴취차(退就次)○복기복(服其服)

전삼각(前三刻)○제제관(諸祭官)○각복기복(各服其服)○집례(執禮)○솔찬자(帥贊者)○알자(謁者)○선취계간배위(先就階間拜位)○중행북향서상(重行北向西上)○사배흘(四拜訖)○취위(就位)○알자(謁者)○인제제관(引諸祭官)○구취문외위(俱就門外位)

전일각(前一刻)○알자(謁者)○인전사관(引典祀官)○대축(大祝)○축사(祝史)○재랑(齊郎)○입취계간배위(入就階間拜位)○중행북향서상(重行北向西上)○입정(立定)○집례왈(執禮曰)○사배(四拜)○찬자전창(贊者傳唱)○범집례유사(凡執禮有辭)○찬자개전창(贊者皆傳唱)○전사관이하(典祀官以下)○개사배흘(皆四拜訖)○예관세위(詣盥洗位)○관세흘(盥帨訖)○각취위(各就位)○제집사승강(諸執事陞降)○개자동계(皆自東階)○제랑(齊郎)○예작세위(詣爵洗位)○세작식작흘(洗爵拭爵訖)○치어비(置於篚)○봉예존소(捧詣尊所)○치어점상(置於坫上)○알자(謁者)○인헌관(引獻官)○입취위(入就位)○알자(謁者)○진헌관지좌(進獻官之左)○백유사근구청행사(白有司謹具請行事)○퇴복위(退復位)○집례왈(執禮曰)○사배(四拜)○헌관사배(獻官四拜)

집례왈(執禮曰)○행전폐례(行奠幣禮)○알자(謁者)○인헌관(引獻官)○예관세위(詣盥洗位)○북향립(北向立)○찬진홀(贊搢笏)○헌관(獻官)○관수세수흘(盥手帨手訖)○찬집홀(贊執笏)○인헌관(引獻官)○승자동계(升自東階)○예신위전(詣神位前)○북향립(北向立)○찬궤진홀(贊跪搢笏)○집사자일인(執事者一人)○봉향합(捧香合)○일인(一人)○봉향로(捧香爐)○궤진(跪進)○알자(謁者)○찬삼상향(贊三上香)○집사자(執事者)○전로우신위전(奠爐于神位前)○대축(大祝)○이폐비수헌관(以幣篚授獻官)○헌관(獻官)○집폐헌폐(執幣獻幣)○이폐수대축(以幣授大祝)○전우신위전(奠于神位前)○봉향(捧香)○수폐(授幣)○개재헌관지우(皆在獻官之右)○전로(奠爐)○전폐(奠幣)○개재헌관지좌(皆在獻官之左)○수작(授爵)○전작준차(奠爵准此)○알자(謁者)○찬집홀부복흥평신(贊執笏俯伏興平身)○인강복위(引降復位)

집례왈(執禮曰)○행초헌례(行初獻禮)○알자(謁者)○인헌관(引獻官)○승예준소(升詣尊所)○서향립(西向立)○집준자(執尊者)○거멱작주(擧冪酌酒)○집사자(執事者)○이작수주(以爵受酒)○알자(謁者)○인헌관(引獻官)○예신위전(詣神位前)○북향립(北向立)○찬궤진홀(贊跪搢笏)○집사자(執事者)○이작수헌관(以爵授獻官)○헌관(獻官)○집작헌작(執爵獻爵)○이작수집사자(以爵授執事者)○전우신위전(奠于神位前)○찬집홀부복흥소퇴북향궤(贊執笏俯伏興少退北向跪)○대축(大祝)○진신위지우(進神位之右)○동향궤(東向跪)○독축문흘(讀祝文訖)○알자(謁者)○찬부복흥평신(贊俯伏興平身)○인강복위(引降復位)

집례왈(執禮曰)○행아헌례(行亞獻禮)○알자(謁者)○인헌관(引獻官)○승예준소(升詣尊所)○서향립(西向立)○집준자(執尊者)○거멱작주(擧冪酌酒)○집사자(執事者)○이작수주(以爵受酒)○알자(謁者)○인헌관(引獻官)○예신위전(詣神位前)○북향립(北向立)○찬궤진홀(贊跪搢笏)○집사자(執事者)○이작수헌관(以爵授獻官)○헌관(獻官)○집작헌작(執爵獻爵)○이작수집사자(以爵授執事者)○전우신위전(奠于神位前)○알자(謁者)○찬집홀부복흥평신(贊執笏俯伏興平身)○인강복위(引降復位)

집례왈(執禮曰)○행종헌례(行終獻禮)○알자(謁者)○인헌관(引獻官)○행례(行禮)○병여아헌의흘(竝如亞獻儀訖)○인강복위(引降復位)

집례왈(執禮曰)○음복수조(飮福受胙)○집사자(執事者)○예준소(詣尊所)○이작작복주(以爵酌福酒)○우집사자(又執事者)○지조진(持俎進)○감신위전조육(減神位前胙肉)○알자(謁者)○인헌관(引獻官)○승예음복위(升詣飮福位)○서향립(西向立)○찬궤진홀(贊跪搢笏)○집사자(執事者)○진헌관지좌(進獻官之左)○북향(北向)○이작수헌관(以爵授獻官)○헌관(獻官)○수작음(受爵飮)○졸작(卒爵)○집사자(執事者)○수허작(受虛爵)○복어점(復於坫)○집사자(執事者)○북향(北向)○이조수헌관(以俎授獻官)○헌관(獻官)○수조(受俎)○이수집사자(以授執事者)○집사자(執事者)○수조(受俎)○강자동계(降自東階)○출문(出門)○알자(謁者)○찬집홀부복흥평신(贊執笏俯伏興平身)○인강복위(引降復位)○집례왈(執禮曰)○사배(四拜)○재위자(在位者)○개사배(皆四拜)

집례왈(執禮曰)○철변두(徹籩豆)○대축(大祝)○입철변두(入徹籩豆)○철자(徹者)○변두각일(籩豆各一)○소이어고처(少移於故處)○집례왈(執禮曰)○사배(四拜)○헌관사배(獻官四拜)집례왈(執禮曰)○망예(望瘞)○알자(謁者)○인헌관(引獻官)○예망예위(詣望瘞位)○북향립(北向立)○집례(執禮)○솔찬자(帥贊者)○예망예위(詣望瘞位)○서향립(西向立)○대축(大祝)○이비취축판급폐(以篚取祝版及幣)○강자서계(降自西階)○치어감(置於坎)○집례왈(執禮曰)○가예(可瘞)○치토반감(置土半坎)○알자(謁者)○진헌관지좌(進獻官之左)○백례필(白禮畢)○수인헌관출(遂引獻官出)○집례(執禮)○수찬자(帥贊者)○환본위(還本位)○알자(謁者)○인전사관급제집사(引典祀官及諸執事)○구복계간배위(俱復階間拜位)○입정(立定)○집례왈(執禮曰)○사배(四拜)○전사관이하(典祀官以下)○개사배흘(皆四拜訖)○알자인출(謁者引出)○집례(執禮)○수찬자(帥贊者)○알자(謁者)○취계간배위(就階間拜位)○사배이출(四拜而出)○전사관(典祀官)○솔기속(帥其屬)○철례찬(徹禮饌)○합호(闔戶)○이강내퇴(以降乃退)

시한북교망기악해독급제산천의(時旱北郊望祈嶽海瀆及諸山川儀)

○보사동(報祀同)○유음복수조어동방악해독(唯飮福受胙於東方嶽海瀆)○산천수좌지전(山川首座之前)○기산천(其山川)○유음복부수조(唯飮福不受胙)

○재계(齊戒) ○견서례(見序例)

○진설(陳設)

전일일(前一日)○전설사(典設司)○설제기관차(設諸祈官次)○우설찬만(又設饌幔)○개어동유문외(皆於東壝門外)○수지지의(隨地之宜)○전사관(典祀官)○솔기속(帥其屬)○소제단지내외(掃除壇之內外)○설악해독급제산천신좌(設嶽海瀆及諸山川神座)○각어기방(各於其方)○구내향(俱內向)○석개이완(席皆以莞)○찬자(贊者)○설헌관위어단하동남서향(設獻官位於壇下東南西向)○산천헌관위초각(山川獻官位稍却)○집사자위어기후초남(執事者位於其後稍南)○구서향북상(俱西向北上)○감찰위어집사지남서향(監察位於執事之南西向)○서리배기후(書吏陪其後)○찬자(贊者)○알자(謁者)○찬인위어단하구근동서향북상(贊引位於壇下俱近東西向北上)○설제기관문외위어동문외도남(設諸祈官門外位於東門外道南)○매등이위(每等異位)○중행북향서상(重行北向西上)○설망예위어예감지남(設望瘞位於瘞坎之南)○헌관(獻官)○재남북향(在南北向)○찬자(贊者)○대축(大祝)○재동서향북상(在東西向北上)

기일미행사전(祈日未行事前)○전사관(典祀官)○솔기속입(帥其屬入)○전축판어신위지우(奠祝版於神位之右)○유점(有坫)○악해독축판(嶽海瀆祝版)○오방각일(五方各一)○산천축판(山川祝版)○오방각일(五方各一)○진폐비어존소(陳幣篚於尊所)○설향로(設香爐)○향합병촉어신위전(香合幷燭於神位前)○차설제기여식(次設祭器如式)○견서례(見序例)○설세어단하동남북향(設洗於壇下東南北向)○관세재동(盥洗在東)○작세재서(爵洗在西)○뢰재세동(罍在洗東)○가작(加勺)○비재세서남사(篚在洗西南肆)○실이건(實以巾)○작(爵)○제집사관세어헌관세동남북향(諸執事盥洗於獻官洗東南北向)○집준뢰비멱자위어준뢰비멱지후(執尊罍篚羃者位於尊罍篚羃之後)

●행례(行禮)

기일축전오각(祈日丑前五刻)○축전오각(丑前五刻)○즉삼경삼점(卽三更三點)○행사용축시일각(行事用丑時一刻)○전사관(典祀官)○입실찬구필(入實饌具畢)○퇴취차(退就次)○복기복승(服其服升)○설악해독급제산천신위판어좌(設嶽海瀆及諸山川神位版於座)

전삼각(前三刻)○제기관(諸祈官)○각복기복(各服其服)○찬자(贊者)○알자(謁者)○찬인(贊引)○입자동문(入自東門)○선취남방산천지서남(先就南方山川之西南)○중행북향서상(重行北向西上)○사배흘(四拜訖)○취위(就位)○알자(謁者)○찬인(贊引)○각인제기관(各引諸祈官)○취문외위(就門外位)

전일각(前一刻)○찬인(贊引)○인감찰(引監察)○전사관(典祀官)○대축(大祝)○축사(祝史)○재랑(齊郎)○입취남방산천지서남(入就南方山川之西南)○당문중행북향서상(當門重行北向西上)○입정(立定)○찬자왈(贊者曰)○사배(四拜)○감찰이하(監察以下)○개사배흘(皆四拜訖)○찬인(贊引)○인감찰(引監察)○취위(就位)○인제집사(引諸執事)○예관세위(詣盥洗位)○관세흘(盥帨訖)○각취위(各就位)○재랑(齊郞)○예작세위(詣爵洗位)○세작식작흘(洗爵拭爵訖)○치어비(置於篚)○봉예준소(捧詣尊所)○치어점상(置於坫上)○알자(謁者)○인헌관(引獻官)○입취위(入就位)○알자(謁者)○진헌관지좌(進獻官之左)○백유사근구청행사(白有司謹具請行事)○퇴복위(退復位)○찬자왈(贊者曰)○사배(四拜)○헌관사배(獻官四拜)

찬자왈(贊者曰)○행전폐례(行奠幣禮)○알자(謁者)○인헌관(引獻官)○예관세위(詣盥洗位)○북향립(北向立)○찬진홀(贊搢笏)○헌관(獻官)○관수세수흘(盥手帨手訖)○찬집홀(贊執笏)○승예동악신위전(升詣東嶽神位前)○동향립(東向立)○알자(謁者)○찬궤진홀(贊跪搢笏)○집사자일인(執事者一人)○봉향합(捧香合)○일인(一人)○봉향로(捧香爐)○궤진(跪進)○알자(謁者)○찬삼상향(贊三上香)○집사자(執事者)○전로우신위전(奠爐于神位前)○대축(大祝)○이폐수헌관(以幣授獻官)○헌관(獻官)○집폐헌폐(執幣獻幣)○이폐수대축(以幣授祝)○전우신위전(奠于神位前)○봉향(捧香)○수폐(授幣)○개재헌관지우(皆在獻官之右)○전로(奠爐)○전폐(奠幣)○개재헌관지좌(皆在獻官之左)○수작(授爵)○전작준차(奠爵准此)○제대축(諸大祝)○각상향전폐우악해독지위(各上香奠幣于嶽海瀆之位)○알자(謁者)○찬집홀부복흥평신(贊執笏俯伏興平身)○인강복위(引降復位)

찬자왈(贊者曰)○행작헌례(行酌獻禮)○알자(謁者)○인헌관(引獻官)○예동악준소(詣東嶽尊所)○집준자(執尊者)○거멱작주(擧冪酌酒)○집사자(執事者)○이작수주(以爵受酒)○알자(謁者)○인헌관(引獻官)○예동악신위전(詣東嶽神位前)○동향립(東向立)○찬궤진홀(贊跪搢笏)○집사자(執事者)○이작수헌관(以爵授獻官)○헌관(獻官)○집작헌작(執爵獻爵)○이작수집사자(以爵授執事者)○전우신위전(奠于神位前)○찬집홀부복흥소퇴동향궤(贊執笏俯伏興少退東向跪)○초헌관(初獻官)○헌작(獻爵)○축사(祝史)○이작작주(以爵酌酒)○조전우동해이하(助奠于東海以下)○환존소(還尊所)○대축(大祝)○진신위지우(進神位之右)○남향궤(南向跪)○독축문흘(讀祝文訖)○알자(謁者)○찬부복흥평신(贊俯伏興平身)○인헌관(引獻官)○이차헌제방악해독(以次獻諸方嶽海瀆)○여동방지의흘(如東方之儀訖)○인강복위(引降復位)

초헌동악(初獻東嶽)○찬인(贊引)○인산천헌관(引山川獻官)○예관세위(詣盥洗位)○찬진홀(贊搢笏)○헌관(獻官)○관수세수흘(盥手帨手訖)○찬집홀(贊執笏)○예동방산천준소(詣東方山川尊所)○집준자(執尊者)○거멱작주(擧冪酌酒)○집사자(執事者)○이작수주(以爵受酒)○찬인(贊引)○인헌관(引獻官)○예동방산천수위전(詣東方山川首位前)○찬궤진홀(贊跪搢笏)○집사자(執事者)○이작수헌관(以爵授獻官)○헌관(獻官)○집작헌작(執爵獻爵)○이작수집사자(以爵授執事者)○전우신위전(奠于神位前)○찬집홀부복흥소퇴동향궤(贊執笏俯伏興少退東向跪)○초헌관(初獻官)○헌작(獻爵)○재랑(齊郞)○작주조전흘(酌酒助奠訖)○환준소(還尊所)○축사(祝史)○진신위지우(進神位之右)○남향궤(南向跪)○독축문흘(讀祝文訖)○찬인(贊引)○찬부복흥평신(贊俯伏興平身)○인헌관(引獻官)○이차헌제방산천(以次獻諸方山川)○여동방지의흘(如東方之儀訖)○인강복위(引降復位)

찬자왈(贊者曰)○철변두(徹籩豆)○제대축(諸大祝)○진철변두(進徹籩豆)○철자(徹者)○변두각일(籩豆各一)○소이어고처(少移於故處)○찬자왈(贊者曰)○사배(四拜)○헌관(獻官)○개사배(皆四拜)

찬자왈(贊者曰)○망예(望瘞)○알자(謁者)○인헌관(引獻官)○예망예위(詣望瘞位)○북향립(北向立)○찬자(贊者)○예망예위(詣望瘞位)○서향립(西向立)○제대축(諸大祝)○각이비취축판급폐(各以篚取祝版及幣)○치어감(置於坎)○찬자왈(贊者曰)○가예(可瘞)○치토반감(置土半坎)○알자(謁者)○진헌관지좌(進獻官之左)○백례필(白禮畢)○수인헌관출(遂引獻官出)○찬자(贊者)○환본위(還本位)○찬인(贊引)○인감찰급제집사(引監察及諸執事)○구복단남배위(俱復壇南拜位)○입정(立定)○찬자왈(贊者曰)○사배(四拜)○감찰이하(監察以下)○개사배흘(皆四拜訖)○찬인(贊引)○이차인출(以次引出)○찬자(贊者)○알자(謁者)○찬인(贊引)○취단남배위(就壇南拜位)○사배이출(四拜而出)○전사관(典祀官)○장신위판(藏神位版)○철례찬(徹禮饌)○이강내퇴(以降乃退)

시한취기악해독급제산천의
(時旱就祈嶽海瀆及諸山川儀)

○득우보사동(得雨報祀同)○유음복수조(唯飮福受胙)

●재계(齊戒)○견서례(見序例)

●진설(陳設)

유사(有司)○소제단지내외(掃除壇之內外)○묘동(廟同)○설제기관차(設諸祈官次)○우설찬만(又設饌幔)○개어동문외(皆於東門外)○수지지의(隨地之宜)○설신좌어단상근북남향(設神座於壇上近北南向)○석이완(席以莞)○묘칙부(廟則否)○찬자(贊者)○설헌관위어단하(設獻官位於壇下)○묘즉동계(廟則東階)○동남서향(東南西向)○집사자위어기후초남서향(執事者位於其後稍南西向)○찬자(贊者)○알자위어단하(謁者位於壇下)○구근동서향북상(俱近東西向北上)○설헌관이하문외위어동문외도남(設獻官以下門外位於東門外道南)○중행북향서상(重行北向西上)○설망예위어예감지남(設望瘞位於瘞坎之南)○해독천무예감(海瀆川無瘞坎)○헌관(獻官)○재남북향(在南北向)○찬자(贊者)○대축(大祝)○재동서향북상(在東西向北上)

기일미행사전(祈日未行事前)○장찬자(掌饌者)○솔기속입(帥其屬入)○전축판어신위지우(奠祝版於神位之右)○유점(有坫)○진폐비어존소(陳幣篚於尊所)○설향로(設香爐)○향합병촉어신위전(香合幷燭於神位前)○차설제기여식(次設祭器如式)○견서례(見序例)○설세어단하동남북향(設洗於壇下東南北向)○관세재동(盥洗在東)○작세재서(爵洗在西)○뢰재세동(罍在洗東)○가작(加勺)○비재세서남사(篚在洗西南肆)○실이건(實以巾)○작(爵)○제집사관세어헌관세동남북향(諸執事盥洗於獻官洗東南北向)○집존뢰비멱자위어존뢰비멱지후(執尊罍篚羃者位於尊罍篚羃之後)

●행례(行禮)

기일축전오각(祈日丑前五刻)○축전오각(丑前五刻)○즉삼경삼점(卽三更三點)○행사용축시일각(行事用丑時一刻)○장찬자(掌饌者)○입실찬구필(入實饌具畢)○퇴취차(退就次)○복기복승(服其服升)○설신위판어좌(設神位版於座)○묘칙부(廟則否)

전삼각(前三刻)○헌관급제집사(獻官及諸執事)○각복기복(各服其服)○찬자(贊者)○알자(謁者)○입자동문(入自東門)○선취단남(先就壇南)○묘칙계간(廟則階間)○배위(拜位)○북향서상(北向西上)○사배흘(四拜訖)○취위(就位)○알자(謁者)○인헌관이하(引獻官以下)○구취문외위(俱就門外位)

전일각(前一刻)○알자(謁者)○인축급제집사(引祝及諸執事)○입취단남배위(入就壇南拜位)○북향서상(北向西上)○립정(立定)○찬자왈(贊者曰)○사배(四拜)○축이하(祝以下)○개사배흘(皆四拜訖)○예관세위(詣盥洗位)○관세흘(盥帨訖)○각취위(各就位)○제집사승강(諸執事陞降)○개자동폐(皆自東陛)○묘칙동계(廟則東階)○집사자(執事者)○예작세위(詣爵洗位)○세작식작흘(洗爵拭爵訖)○치어비(置於篚)○봉예준소(捧詣尊所)○치어점상(置於坫上)○알자(謁者)○인헌관(引獻官)○입취위(入就位)○알자(謁者)○진헌관지좌(進獻官之左)○백유사근구청행사(白有司謹具請行事)○퇴복위(退復位)○찬자왈(贊者曰)○사배(四拜)○헌관사배(獻官四拜)○찬자왈(贊者曰)○행전폐례(行奠幣禮)○알자(謁者)○인헌관(引獻官)○예관세위(詣盥洗位)○북향립(北向立)○찬진홀(贊搢笏)○헌관(獻官)○관수세수흘(盥手帨手訖)○찬집홀(贊執笏)○승자남폐(升自南陛)○예신위전(詣神位前)○북향립(北向立)○찬궤진홀(贊跪搢笏)○집사자일인(執事者一人)○봉향합(捧香合)○일인(一人)○봉향로(捧香爐)○궤진(跪進)○알자(謁者)○찬삼상향(贊三上香)○집사자(執事者)○전로우신위전(奠爐于神位前)○축(祝)○이폐비(以幣篚)○수헌관(授獻官)○헌관(獻官)○집폐헌폐(執幣獻幣)○이폐수축(以幣授祝)○전우신위전(奠于神位前)○봉향(捧香)○수폐(授幣)○개재헌관지우(皆在獻官之右)○전로(奠爐)○전폐(奠幣)○개재헌관지좌(皆在獻官之左)○수작(授爵)○전작준차(奠爵准此)○알자(謁者)○찬집홀부복흥평신(贊執笏俯伏興平身)○인강복위(引降復位)

찬자왈(贊者曰)○행작헌례(行酌獻禮)○알자(謁者)○인헌관(引獻官)○승자남폐(升自南陛)○예존소(詣尊所)○서향립(西向立)○집존자(執尊者)○거멱작주(擧羃酌酒)○집사자(執事者)○이작수주(以爵受酒)○알자(謁者)○인헌관(引獻官)○예신위전(詣神位前)○북향립(北向立)○찬궤진홀(贊跪搢笏)○집사자(執事者)○이작수헌관(以爵授獻官)○헌관(獻官)○집작헌작(執爵獻爵)○이작수집사자(以爵授執事者)○전우신위전(奠于神位前)○찬집홀부복흥소퇴북향궤(贊執笏俯伏興少退北向跪)○축(祝)○진신위지우(進神位之右)○동향궤(東向跪)○독축문흘(讀祝文訖)○알자(謁者)○찬부복흥평신(贊俯伏興平身)○인강복위(引降復位)○찬자왈(贊者曰)○철변두(徹邊豆)○축(祝)○진철변두(進徹邊豆)○철자(徹者)○변두각일(邊豆各一)○소이어고처(少移於故處)○찬자왈(贊者曰)○사배(四拜)○헌관사배(獻官四拜)○찬자왈(贊者曰)○망예(望瘞)○알자(謁者)○인헌관(引獻官)○예망예위(詣望瘞位)○북향립(北向立)○찬자(贊者)○예망예위(詣望瘞位)○서향립(西向立)○축(祝)○이비취축판급폐(以篚取祝版及幣)○강자서폐(降自西陛)○치어감(置於坎)○찬자왈(贊者曰)○가예(可瘞)○치토반감(置土半坎)○해독칙침지(海瀆則沈之)○알자(謁者)○진헌관지좌(進獻官之左)○백례필(白禮畢)○수인헌관출(遂引獻官出)○찬자(贊者)○환본위(還本位)○알자(謁者)○인축급제집사(引祝及諸執事)○구복단남배위(俱復壇南拜位)○입정(立定)○찬자왈(贊者曰)○사배(四拜)○축이하(祝以下)○개사배흘(皆四拜訖)○알자인출(謁者引出)○찬자(贊者)○알자(謁者)○취단남배위(就壇南拜位)○사배이출(四拜而出)○장찬자(掌饌者)○솔기속(帥其屬)○장신위판(藏神位版)○철례찬(徹禮饌)○이강내퇴(以降乃退)

※ 길례이(吉禮二)

향선농의(享先農儀)

●시일(時日) ○견서례(見序例)
●재계(齊戒) ○견서례(見序例)
●진설(陳設)

전향삼일(前享三日)○전설사(典設司)○설대차어동유문외도북남향(設大次於東壝門外道北南向)○설시신차어대차지후남향(設侍臣次於大次之後南向)○설왕세자차어대차동남서향(設王世子次於大次東南西向)○제향관차어제방지내(諸享官次於齊坊之內)○배향관차어기전(陪享官次於其前)○수지지의(隨地之宜)○구북향(俱北向)

전이일(前二日)○전사관(典祀官)○솔기속(帥其屬)○소제단지내외(掃除壇之內外)○전설사(典設司)○설찬만어동유문외(設饌幔於東壝門外)

전일일(前一日)○전악(典樂)○솔기속(帥其屬)○설등가지악어단상근남(設登歌之樂於壇上近南)○헌가어단하(軒架於壇下)○구북향(俱北向)○전사관(典祀官)○솔기속(帥其屬)○설제신농씨신좌어단상북방남향(設帝神農氏神座於壇上北方南向)○후직씨신좌어단상동방서향(后稷氏神座於壇上東方西向)○석개이완(席皆以莞)○집례(執禮)○설전하판위어단하동남서향(設殿下版位於壇下東南西向)○음복위어단상남폐지서북향(飲福位於壇上南陛之西北向)○찬자(贊者)○설아헌관(設亞獻官)○종헌관(終獻官)○진폐작주관(進幣爵酒官)○천조관(薦俎官)○전폐작주관위어전하판위지후근남서향(奠幣爵酒官位於殿下版位之後近南西向)○집사자위어기후(執事者位於其後)○매등이위(每等異位)○중행서향북상(重行西向北上)○감찰위이어단하근남(監察位二於壇下近南)○동서상향(東西相向)○집례위이(執禮位二)○일어단상(一於壇上)○일어단하(一於壇下)○구근동서향(俱近東西向)○찬자(贊者)○알자(謁者)○찬인(贊引)○재단하집례지후초남서향북상(在壇下執禮之後稍南西向北上)○협률랑위어단상근서동향(協律郎位於壇上近西東向)○전악위어헌현지북북향(典樂位於軒懸之北北向)

설배향관위(設陪享官位)○문관일품이하어동문지내도남(文官一品以下於東門之內道南)○매등이위(每等異位)○중행서향북상(重行西向北上)○종친급무관일품이하어서문지내당문관(宗親及武官一品以下於西門之內當文官)○구매등이위(俱每等異位)○중행동향북상(重行東向北上)○설문외위(設門外位)○제향관어동문외도남(諸享官於東門外道南)○문관일품이하향관지동소남(文官一品以下於享官之東少南)○구매등이위(俱每等異位)○중행북향서상(重行北向西上)○종친급무관일품이하어서문외도남(宗親及武官一品以下於西門外道南)○구매등이위(俱每等異位)○중행북향동상(重行北向東上)○설망예위어예감지남(設望瘞位於瘞坎之南)○아헌관(亞獻官)○재남북향(在南北

向)○집례(執禮)○찬자(贊者)○대축(大祝)○재동중행서향북상(在東重行西向北上)

봉상사(奉常寺)○설전하경자위어남유문외(設殿下耕藉位於南壝門外)○동남십보소남향(東南十步所南向)○수지지의(隨地之宜)○전설사(典設司)○설악좌어관경대상남향(設幄座於觀耕臺上南向)○소차어서계하초북남향(小次於西階下稍北南向)○봉상사(奉常寺)○설전하판위어경자소남향(設殿下版位於耕藉所南向)○시경위어동서계하북상(侍耕位於東西階下北上)○좌우통례(左右通禮)○알자(謁者)○찬의위어동계하(贊儀位於東階下)○우찬의위어서계하(又贊儀位於西階下)○상향북상(相向北上)○종경종친(從耕宗親)○재신위(宰臣位)○재동남(在東南)○제판서(諸判書)○대간위(臺諫位)○재기남(在其南)○개서향북상(皆西向北上)○서인위(庶人位)○재기남소동십보외(在其南少東十步外)○기민배경위(耆民陪耕位)○우재기남(又在其南)○개서향(皆西向)○설친경뢰석어종친지북초서남향(設親耕耒席於宗親之北稍西南向)

사복사(司僕寺)○설친경우어친경위지서초북(設親耕牛於親耕位之西稍北)○전악(典樂)○설등가지악어관경대상(設登歌之樂於觀耕臺上)○헌가어서인경위서남(軒架於庶人耕位西南)○구북향(俱北向)○봉상사(奉常寺)○설경자사위어친경위지동남향(設耕藉使位於親耕位之東南向)○봉상사정(奉常寺正)○재경자사동남(在耕藉使東南)○자전령(藉田令)○재봉상사정지남소퇴(在奉常寺正之南少退)○구서향북상(俱西向北上)○봉청상관위어기후(奉靑箱官位於其後)○봉상사부정위어서인위지전(奉常寺副正位於庶人位之前)○주박위어부정지남소퇴(主薄位於副正之南少退)○개서향북상(皆西向北上)○사복사정위어친경우지동초전남향(司僕寺正位於親耕牛之東稍前南向)○기내읍령급제현령위어서인위지동서향(畿內邑令及諸縣令位於庶人位之東西向)○기내읍령관자전(畿內邑令管藉田)○구조복(具朝服)○제현령복상복(諸縣令服常服)○당경자시(當耕藉時)○병립어전반(並立於田畔)○사경필(俟耕畢)○거(去)○종경관위어친경위지동집분삽자지서초북서상(從耕官位於親耕位之東執畚鍤者之西稍北西上)○우설종경뢰사급우각어기위지전(又設從耕耒耜及牛各於其位之前)○백관서립위어제집사지후초남(百官序立位於諸執事之後稍南)○문동무서(文東武西)○이위중행상향(異位重行相向)

향일미행사전(享日未行事前)○전사관(典祀官)○솔기속입(帥其屬入)○전축판각일어신위지우(奠祝版各一於神位之右)○각유점(各有坫)○진폐비각일어존소(陳幣篚各一於尊所)○설향로(設香爐)○향합병촉어신위전(香合幷燭於神位前)○차설제기여식(次設祭器如式)○견서례(見序例)○설복주작(設福酒爵)○유점(有坫)○조육조각일어정위존소(胙肉俎各一於正位尊所)○우설정위조일어찬만내(又設正位俎一於饌幔內)○설어세어남폐동남북향(設御洗於南陛東南北向)○아종헌세우어동남구북향(亞終獻洗又於東南俱北向)○관세재동(盥洗在東)○작세재서(爵洗在西)○어세급아헌세(御洗及亞獻洗)○유반이(有槃匜)○약령의정위아헌(若領議政爲亞獻)○칙여종헌동세(則與終獻同洗)○무반이(無槃匜)○구뢰재세동(俱罍在洗東)○가작(加勺)○비재세서남사(篚在洗西南肆)○실이건(實以巾)○약작세지비(若爵洗之篚)○칙우실이작(則又實以爵)○유점(有坫)○제집사관세어아(諸執事盥洗於亞)○종헌세동남북향(終獻洗東南北向)○집준뢰비멱자위어준뢰비멱지후(執尊罍篚冪者位於尊罍篚冪之後)

●거가출궁(車駕出宮) ○견서례(見序例)
●성생기(省牲器) ○견서례(見序例)

●전폐(奠幣)

향일축전오각(享日丑前五刻)○축전오각(丑前五刻)○즉삼경삼점(卽三更三點)○행사용축시일각(行事用丑時一刻)○전사관(典祀官)○입실찬구필(入實饌具畢)○퇴취차(退就次)○복기복승(服其服升)○설제신농씨(設帝神農氏)○후직씨신위판어좌(后稷氏神位版於座)○찬인(贊引)○인감찰(引監察)○승자동폐(升自東陛)○제집사승강(諸執事陛降)○개자동폐(皆自東陛)○안시단지상하(按視壇之上下)○규찰부여의자(糾察不如儀者)○환출(還出)

전삼각(前三刻)○제향관급배향관(諸享官及陪享官)○각복기복(各服其服)○향관제복(享官祭服)○배향관조복(陪享官朝服)○인의(引儀)○분인배향관(分引陪享官)○구취문외위(俱就門外位)○집례(執禮)○솔찬자(帥贊者)○알자(謁者)○찬인(贊引)○입자동문(入自東門)○선취단남현북배위(先就壇南懸北拜位)○중행북향서상(重行北向西上)○사배흘(四拜訖)○각취위(各就位)○전악(典樂)○수공인(帥工人)○이무(二舞)○입취위(入就位)○문무(文舞)○입진어현북(入陳於懸北)○무무(武舞)○립어현남도서(立於懸南道西)○

인의(引儀)○분인배향관(分引陪享官)○입취위(入就位)○봉례(奉禮)○인아헌관(引亞獻官)○약령의 정위아헌관(若領議政爲亞獻官)○칙알자인(則謁者引)○알자(謁者)○찬인(贊引)○각인제향관(各引諸享官)○취동문외위(就東門外位)○좌통례(左通禮)○취대차전(就大次前)○궤계청중엄(跪啓請中嚴)○찬인(贊引)○인감찰(引監察)○전사관(典祀官)○대축(大祝)○축사(祝史)○제랑(齊郎)○협률랑(協律郎)○봉조관(捧俎官)○집준뢰비멱자(執尊罍篚冪者)○입취현북배위(入就懸北拜位)○중행북향서상(重行北向西上)○입정(立定)○집례왈(執禮曰)○사배(四拜)○찬자전창(贊者傳唱)○범집례유사(凡執禮有辭)○찬자개전창(贊者皆傳唱)○감찰이하(監察以下)○개사배흘(皆四拜訖)○찬인(贊引)○인감찰(引監察)○취위(就位)○인제집사(引諸執事)○예관세위(詣盥洗位)○관세흘(盥帨訖)○각취위(各就位)

전일각(前一刻)○봉례(奉禮)○인아헌관(引亞獻官)○알자(謁者)○찬인(贊引)○각인종헌관(各引終獻官)○진폐작주관(進幣爵酒官)○천조관(薦俎官)○전폐작주관(奠幣爵酒官)○입취위(入就位)○찬인(贊引)○인재랑(引齊郎)○예작세위(詣爵洗位)○세작식작흘(洗爵拭爵訖)○치어비(置於篚)○봉예존소(捧詣尊所)○치어점상(置於坫上)○좌통례(左通禮)○궤계외판(跪啓外辦)○전하(殿下)○구면복이출(具冕服以出)○산선(繖扇)○시위여상의(侍衛如常儀)○례의사(禮儀使)○도전하(導殿下)○지동문외(至東門外)○근시궤진규(近侍跪進圭)○례의사(禮儀使)○계청집규(啓請執圭)○산선(繖扇)○장위(仗衛)○정어문외(停於門外)○예의사(禮儀使)○도전하(導殿下)○입자정문(入自正門)○시위(侍衛)○부응입자(不應入者)○지어문외(止於門外)○예판위(詣版位)○서향립(西向立)○매립정(每立定)○례의사(禮儀使)○퇴부복어좌(退俯伏於左)

집례왈(執禮曰)○예의사계청행사(禮儀使啓請行事)○례의사(禮儀使)○궤계유사근구청행사(跪啓有司謹具請行事)○협률랑(協律郎)○궤부복거휘흥(跪俯伏擧麾興)○공고축(工鼓柷)○헌가작경안지악(軒架作景安之樂)○렬문지무작(烈文之舞作)○악이성(樂二成)○집례왈(執禮曰)○사배(四拜)○예의사(禮儀使)○계청사배(啓請四拜)○전하사배(殿下四拜)○재위자(在位者)○개사배(皆四拜)○선배자(先拜者)○부배(不拜)○악삼성(樂三成)○협률랑(協律郎)○언휘(偃麾)○공알어(工戞敔)○악지(樂止)○근시(近侍)○예관세위(詣盥洗位)○관세흘(盥帨訖)○환시위(還侍位)○알자(謁者)○인진폐작주관(引進幣爵酒官)○전폐작주관(奠幣爵酒官)○예관세위(詣盥洗位)○관세흘(盥帨訖)○승자남폐(升自南陛)○예준소(詣尊所)○북향립(北向立)

집례왈(執禮曰)○예의사도전하행전폐례(禮儀使導殿下行奠幣禮)○예의사(禮儀使)○도전하(導殿下)○예관세위(詣盥洗位)○북향립(北向立)○계청진규(啓請搢圭)○여진부편(如搢不便)○근시승봉(近侍承奉)○근시(近侍)○궤취이흥옥수(跪取匜興沃水)○우근시(又近侍)○궤취반승수(跪取槃承水)○전하관수(殿下盥手)○근시(近侍)○궤취건어비이진(跪取巾於篚以進)○전하(殿下)○세수흘(帨手訖)○근시(近侍)○수건(受巾)○전어비(奠於篚)○예의사(禮儀使)○계청집규(啓請執圭)○도전하(導殿下)○승자남폐(升自南陛)○근시종승(近侍從升)○등가작숙안지악(登歌作肅安之樂)○열문지무작(烈文之舞作)

예제신농씨신위전(詣帝神農氏神位前)○북향립(北向立)○예의사(禮儀使)○계청궤진규(啓請跪搢圭)○전하궤진규(殿下跪搢圭)○재위자개궤(在位者皆跪)○찬자역창(贊者亦唱)○근시일인(近侍一人)○봉향합(捧香合)○일인(一人)○봉향로(捧香爐)○궤진(跪進)○예의사(禮儀使)○계청삼상향(啓請三上香)○근시(近侍)○전로우신위전(奠爐于神位前)○근시(近侍)○이폐비수진폐작주관(以幣篚授進幣爵酒官)○진폐작주관(進幣爵酒官)○봉폐궤진(捧幣跪進)○예의사(禮儀使)○계청집폐헌폐(啓請執幣獻幣)○이폐수전폐작주관(以幣授奠幣爵酒官)○전우신위전(奠于神位前)○진향(進香)○진폐(進幣)○개재동서향(皆在東西向)○전로(奠爐)○전폐(奠幣)○개재서동향(皆在西東向)○진작(進爵)○전작준차(奠爵准此)○예의사(禮儀使)○계청집규부복흥평신(啓請執圭俯伏興平身)○전하(殿下)○집규부복흥평신(執圭俯伏興平身)○재위자(在位者)○개부복흥평신(皆俯伏興平身)○찬자역창(贊者亦唱)

도전하(導殿下)○예후직씨신위전(詣后稷氏神位前)○동향(東向)○상향전폐(上香奠幣)○병여상의흘(竝如上儀訖)○유진향(唯進香)○진폐(進幣)○개재남북향(皆在南北向)○전로(奠爐)○전폐(奠幣)○개재북남향(皆在北南向)○진작(進爵)○전작준차(奠爵准此)○등가지(登歌止)○진폐작주관(進幣爵酒官)○전폐작주관(奠幣爵酒官)○계강복위(階降復位)○예의사(禮儀使)○도전하(導殿下)○강자남폐(降自南陛)○복위(復位)○당등가지시(當登歌止時)○제축사(諸祝史)○각봉모혈반(各捧毛血槃)○각유기폐승(各由其陛升)○정위모혈(正位毛血)○승자남폐(升自南陛)○배위모혈(配位毛血)○승자동폐(升自東陛)○전어신위전(奠於神位前)○모혈반(毛血槃)○재등지후(在甑之後)

●궤향(饋享)

전하기승전폐(殿下旣升奠幣)○찬인(贊引)○인전사관출(引典祀官出)○수진찬자(帥進饌者)○예주(詣廚)○이비승우우확(以匕升牛于鑊)○실우생갑(實于牲匣)○차승양시(次升羊豕)○각실우생갑(各實于牲匣)○매위(每位)○우양시(牛羊豕)○각일갑(各一匣)○입설어찬만내(入設於饌幔內)○알자(謁者)○인천조관출(引薦俎官出)○예찬소(詣饌所)○봉조관(捧俎官)○수지(隨之)○사전하전폐흘(俟殿下奠幣訖)○복위(復位)○집례왈(執禮曰)○진찬(進饌)○알자(謁者)○인천조관(引薦俎官)○봉제신농씨조(捧帝神農氏俎)○봉조관(捧俎官)○각봉생갑(各捧牲匣)○전사관(典祀官)○인찬(引饌)○입자정문(入自正門)○조초입문(俎初入門)○헌가작옹안지악(軒架作雍安之樂)○제축사(諸祝史)○구진철모혈반(俱進徹毛血槃)○자동폐(自東陛)○수제랑(授齊郎)○이출(以出)○정위지찬(正位之饌)○승자남폐(升自南陛)○배위지찬(配位之饌)○승자동폐(升自東陛)○제대축(諸大祝)○영인어단상(迎引於壇上)○천조관(薦俎官)○예제신농씨신위전(詣帝神農氏神位前)○북향궤전(北向跪奠)○선천우(先薦牛)○차천양(次薦羊)○차천시(次薦豕)○제대축(諸大祝)○조전(助奠)○전흘(奠訖)○계생갑개(啓牲匣蓋)

차예후직씨신위전(次詣后稷氏神位前)○동향궤전(東向跪奠)○병여상의흘(竝如上儀訖)○악지(樂止)○알자(謁者)○인천조관이하(引薦俎官以下)○강자동폐(降自東陛)○복위(復位)○제대축(諸大祝)○환존소(還尊所)○알자(謁者)○인진폐작주관(引進幣爵酒官)○전폐작주관(奠幣爵酒官)○승예제신농씨준소(升詣帝神農氏尊所)○북향립(北向立)집례왈(執禮曰)예의사도전하행초헌례(禮儀使導殿下行初獻禮)○예의사(禮儀使)○도전하(導殿下)○승자남폐(升自南陛)○예제신농씨존소(詣帝神農氏尊所)○서향립(西向立)○등가작수안지악(登歌作壽安之樂)○열문지무작(烈文之舞作)○집존자(執尊者)○거멱(擧冪)○진폐작주관(進幣爵酒官)○작례제(酌醴齊)○근시(近侍)○이작수주(以爵受酒)○예의사(禮儀使)○도전하(導殿下)○예신위전(詣神位前)○북향립(北向立)○계청궤진규(啓請跪搢圭)○전하궤진규(殿下跪搢圭)○재위자개궤(在位者皆跪)○찬자역창(贊者亦唱)○근시(近侍)○이작수진폐작주관(以爵授進幣爵酒官)○진폐작주관(進幣爵酒官)○봉작궤진(捧爵跪進)○예의사계청(禮儀使啓請)○집작헌작(執爵獻爵)○이작수전폐작주관(以爵授奠幣爵酒官)○전우신위전(奠于神位前)○예의사(禮儀使)○계청집규부복흥소퇴북향궤(啓請執圭俯伏興少退北向跪)○악지(樂止)○대축(大祝)○진신위지우(進神位之右)○동향궤(東向跪)○독축문흘(讀祝文訖)○악작(樂作)○예의사(禮儀使)○계청부복흥평신(啓請俯伏興平身)○전하(殿下)○부복흥평신(俯伏興平身)○재위자(在位者)○개부복흥평신(皆俯伏興平身)○찬자역창(贊者亦唱)○악지(樂止)

차예후직씨준소(次詣后稷氏尊所)○승헌(升獻)○병여상의흘(竝如上儀訖)○유전하동향(唯殿下東向)○대축남향독축(大祝南向讀祝)○진폐작주관(進幣爵酒官)○전폐작주관(奠幣爵酒官)○개강복위(皆降復位)○예의사(禮儀使)○도전하(導殿下)○강자남폐(降自南陛)○복위(復位)○문무퇴(文舞退)○무무진(武舞進)○헌가작서안지악(軒架作舒安之樂)○무자립정(舞者立定)○악지(樂止)

초전하장복위(初殿下將復位)○집례왈(執禮曰)○행아헌례(行亞獻禮)○봉례(奉禮)○인아헌관(引亞獻官)○예관세위(詣盥洗位)○북향립(北向立)○찬진규(贊搢圭)○아헌관(亞獻官)○관수세수흘(盥手帨手訖)○찬집규(贊執圭)○인아헌관(引亞獻官)○승자동폐(升自東陛)○예제신농씨준소(詣帝神農氏尊所)○서향립(西向立)○헌가작수안지악(軒架作壽安之樂)○소무지무작(昭武之舞作)○집준자(執尊者)○거멱작앙제(擧冪酌盎齊)○집사자(執事者)○이작수주(以爵受酒)○봉례(奉禮)○인아헌관(引亞獻官)○예신위전(詣神位前)○북향립(北向立)○찬궤진규(贊跪搢圭)○집사자(執事者)○이작수아헌관(以爵授亞獻官)○아헌관(亞獻官)○집작헌작(執爵獻爵)○이작수집사자(以爵授執事者)○전우신위전(奠于神位前)○찬집규부복흥평신(贊執圭俯伏興平身)○차예후직씨준소(次詣后稷氏尊所)○작헌(酌獻)○병여상의흘(竝如上儀訖)○악지(樂止)○인강복위(引降復位)

초아헌관헌장필(初亞獻官獻將畢)○집례왈(執禮曰)○행종헌례(行終獻禮)○알자(謁者)○인종헌관(引終獻官)○행례(行禮)○병여아헌의흘(竝如亞獻儀訖)○인강복위(引降復位)

알자(謁者)○인진폐작주관(引進幣爵酒官)○천조관(薦俎官)○승자동폐(升自東陛)○예음복위(詣飮福位)○북향립(北向立)○대축(大祝)○예제신농씨존소(詣帝神農氏尊所)○이작작상준복주(以爵酌上尊福酒)○우대축지조진(又大祝持俎進)○감신위전조육(減神位前胙肉)○집례왈(執禮曰)○례의사도전하예음복위(禮儀使導殿下詣飮福位)○례의사(禮儀使)○도전하(導殿下)○승자남폐(升自

南陛)○예음복위(詣飮福位)○북향립(北向立)○대축(大祝)○이작수진폐작주관(以爵授進幣爵酒官)○진폐작주관(進幣爵酒官)○봉작(捧爵)○서향궤진(西向跪進)○예의사(禮儀使)○계청궤진규(啓請跪搢圭)○전하궤진규(殿下跪搢圭)○재위자개궤(在位者皆跪)○찬자역창(贊者亦唱)○전하(殿下)○수작음흘(受爵飮訖)○진폐작주관(進幣爵酒官)○수허작(受虛爵)○이수대축(以授大祝)○대축(大祝)○수복어점(受復於坫)○대축(大祝)○이조수천조관(以俎授薦俎官)○천조관(薦俎官)○봉조(捧俎)○서향궤진(西向跪進)○예의사계(禮儀使啓)○청수조(請受俎)○전하수조(殿下受俎)○이수근시(以授近侍)○근시(近侍)○봉조(捧俎)○강자남폐(降自南陛)○출문(出門)○수사옹원관(授司饔院官)○진폐작주관(進幣爵酒官)○천조관(薦俎官)○강복위(降復位)○예의사(禮儀使)○계청집규부복흥평신(啓請執圭俯伏興平身)○전하(殿下)○집규부복흥평신(執圭俯伏興平身)○재위자(在位者)○개부복흥평신(皆俯伏興平身)○찬자역창(贊者亦唱)○도전하(導殿下)○강복위(降復位)○집례왈(執禮曰)○사배(四拜)○례의사(禮儀使)○계청사배(啓請四拜)○전하사배(殿下四拜)○재위자개사배(在位者皆四拜)

집례왈(執禮曰)○철변두(徹籩豆)○제대축(諸大祝)○진철변두(進徹籩豆)○철자(徹者)○변두각일(籩豆各一)○소이어고처(少移於故處)○등가작옹안지악(登歌作雍安之樂)○철흘(徹訖)○악지(樂止)○헌가작경안지악(軒架作景安之樂)○집례왈(執禮曰)○사배(四拜)○예의사(禮儀使)○계청사배(啓請四拜)○전하사배(殿下四拜)○재위자(在位者)○개사배(皆四拜)○악일성지(樂一成止)○예의사(禮儀使)○계례필(啓禮畢)○도전하(導殿下)○환대차(還大次)○출문(出門)○예의사(禮儀使)○계청석규(啓請釋圭)○근시궤수규(近侍跪受圭)○산선(繖扇)○시위여상의(侍衛如常儀)○전하(殿下)○입대차(入大次)○석면복(釋冕服)

집례왈(執禮曰)○망예(望瘞)○봉례(奉禮)○인아헌관(引亞獻官)○예망예위(詣望瘞位)○북향립(北向立)○집례(執禮)○수찬자(帥贊者)○예망예위(詣望瘞位)○서향립(西向立)○제대축(諸大祝)○이비취축판급폐서직반(以篚取祝版及幣黍稷飯)○각유기폐강단(各由其陛降壇)○치어감(置於坎)○집례왈(執禮曰)○가예(可瘞)○치토반감(置土半坎)○전사관감시(典祀官監視)○봉례(奉禮)○인아헌관(引亞獻官)○알자(謁者)○찬인(贊引)○각인제향관출(各引諸享官出)○집례(執禮)○수찬자(帥贊者)○환본위(還本位)○인의(引儀)○분인배향관(分引陪享官)○이차출(以次出)○찬인(贊引)○인감찰급제집사(引監察及諸執事)○구복현북배위(俱復懸北拜位)○립정(立定)○집례왈(執禮曰)○사배(四拜)○감찰이하(監察以下)○개사배흘(皆四拜訖)○찬인인출(贊引引出)○전악(典樂)○수공인(帥工人)○이무출(二舞出)○집례(執禮)○수찬자(帥贊者)○알자(謁者)○찬인(贊引)○취현북배위(就懸北拜位)○사배이출(四拜而出)○전사관(典祀官)○솔기속(帥其屬)○장신위판(藏神位版)○철례찬(徹禮饌)○이강내퇴(以降乃退)

○경자(耕藉)

초전하환대차(初殿下還大次)○군신(群臣)○각사우차(各俟于次)○봉상사정(奉常寺正)○구조복(具朝服)○수제집뢰사자(帥諸執耒耜者)○선취위(先就位)○알자(謁者)○인시경종경제집사급문무백관(引侍耕從耕諸執事及文武百官)○개조복(皆朝服)○이차입취위(以次入就位)○전하(殿下)○구원유관(具遠遊冠)○강사포(絳紗袍)○승여이출(乘輿以出)○헌가악작(軒架樂作)○좌우통례(左右通禮)○협인(夾引)○지관경대남계하(至觀耕臺南階下)○강여(降輿)○근시궤진규(近侍跪進圭)○예의사(禮儀使)○계청집규(啓請執圭)○전도(前導)○지경자위(至耕藉位)○남향립(南向立)○매립정(每立定)○예의사(禮儀使)○퇴부복어좌(退俯伏於左)○악지(樂止)

예의사(禮儀使)○계청행경자례(啓請行耕藉禮)○자전령(藉田令)○진친경뢰석남(進親耕耒席南)○북향궤부복(北向跪俯伏)○진홀(搢笏)○해도출뢰(解韜出耒)○동향립(東向立)○수봉상사정(授奉常寺正)○봉상사정(奉常寺正)○이수근시(以授近侍)○진지(進之)○사복사정(司僕寺正)○진우(進牛)○수우인(隨牛人)○이인수지(二人隨之)○예의사(禮儀使)○계청진규수뢰(啓請搢圭受耒)○전하진규(殿下搢圭)○여진부편(如搢不便)○근시승봉(近侍承奉)○수뢰사(受耒耜)○악작(樂作)○근시일인(近侍一人)○여고품중관이인(與高品中官二人)○중관상복(中官常服)○공집뢰(共執耒)○사복사정(司僕寺正)○집비(執轡)○오추례필(五推禮畢)○악지(樂止)○근시(近侍)○수뢰사복전(受耒耜復轉)○이차수지자전령(以次授之藉田令)○복우도(復于韜)

전하초경(殿下初耕)○제집뢰사자(諸執耒耜者)○각수종경자(各授從耕者)○전하승관경대(殿下升觀耕

觀耕臺)○악작(樂作)○승자남폐(升自南陛)○악지(樂止)○등가악작(登歌樂作)○즉좌남향(卽座南向)○악지(樂止)○종경종친(從耕宗親)○재신(宰臣)○개집뢰사(皆執耒耜)○헌가악작(軒架樂作)○행칠추지례(行七推之禮)○퇴복위(退復位)○악지(樂止)○제판서(諸判書)○대간(臺諫)○차집뢰사(次執耒耜)○악작(樂作)○구추흘(九推訖)○복위(復位)○악지(樂止)○봉상사부정(奉常寺副正)○수서인(帥庶人)○이차경우백무(以次耕于百畝)○경필(耕畢)○내퇴(乃退)○경자사(耕藉使)○승자동계(升自東階)○진악좌전(進幄座前)○초동서향립(稍東西向立)○배경기민(陪耕耆民)○진대하(進臺下)○북향사배(北向四拜)

도승지(都承旨)○진당좌전북면(進當座前北面)○승교퇴지(承敎退之)○남계지동서향립(南階之東西向立)○선교이퇴(宣敎而退)○좌통례(左通禮)○승교서면(承敎西面)○선교왈(宣敎曰)○경로기민(敬勞耆民)○기민사배(耆民四拜)○개퇴복위(皆退復位)○예의사(禮儀使)○계례필(啓禮畢)○전하(殿下)○강자남폐(降自南陛)○등가악작(登歌樂作)○지단하(至壇下)○악지(樂止)○승여(升輿)○헌가악작(軒架樂作)○지대차입내(至大次入內)○악지(樂止)○시경종경자급문무백관(侍耕從耕者及文武百官)○개퇴(皆退)

봉상사정(奉常寺正)○봉동륙지종(捧種穜之種)○지경소파지(至耕所播之)○부정(副正)○수주부(帥主簿)○시종백무(視終百畝)○봉상사정(奉常寺正)○성공필(省功畢)○지대차(至大次)○북면계흘(北面啓訖)○개퇴(皆退)

●거가환궁(車駕還宮)○견서례(見序例)

●로주(勞酒)

차가환궁지명일(車駕還宮之明日)○설회어근정전(設會於勤政殿)○여정지회지의(如正至會之儀)○유부하부상수(唯不賀不上壽)

향선농섭사의(享先農攝事儀)

●시일(時日)○견서례(見序例)
●재계(齊戒)○견서례(見序例)

●진설(陳設)

전향이일(前享二日)○전사관(典祀官)○솔기속(帥其屬)○소제단지내외(掃除壇之內外)○전설사(典設司)○설제향관차(設諸享官次)○우설찬만(又設饌幔)○개어동유문외(皆於東壝門外)○수지지의(隨地之宜)

전일일(前一日)○전악(典樂)○솔기속(帥其屬)○설등가지악어단상근남(設登歌之樂於壇上近南)○헌가어단하(軒架於壇下)○구북향(俱北向)○전사관(典祀官)○수기속(帥其屬)○설제신농씨신좌어단상북방남향(設帝神農氏神座於壇上北方南向)○후직씨신좌어단상동방서향(后稷氏神座於壇上東方西向)○석개이완(席皆以莞)○집례(執禮)○설초헌관위어단하동남서향(設初獻官位於壇下東南西向)○음복위어단상남폐지서북향(飲福位於壇上南陛之西北向)○아헌관(亞獻官)○종헌관위어초헌관지후초남서향(終獻官位於初獻官之後稍南西向)○집사자위어기후(執事者位於其後)○매등이위(每等異位)○중행서향북상(重行西向北上)○감찰위어집사지남서향(監察位於執事之南西向)○서리배기후(書吏陪其後)○집례위이(執禮位二)○일어단상(一於壇上)○일어단하(一於壇下)○구근동서향(俱近東西向)○찬자(贊者)○알자(謁者)○찬인(贊引)○재단하집례지후초남서향북상(在壇下執禮之後稍南西向北上)○협률랑위어단상근서동향(協律郞位於壇上近西東向)○전악위어헌현지북북향(典樂位於軒懸之北北向)○설제향관문외위어동유문외도남(設諸享官門外位於東壝門外道南)○매등이위(每等異位)○중행북향서상(重行北向西上)○설망예위어예감지남(設望瘞位於瘞坎之南)○초헌관(初獻官)○재남북향(在南北向)○집례(執禮)○찬자(贊者)○대축(大祝)○재동서향북상(在東西向北上)○찬자(贊者)○대축(大祝)○초각(稍却)

향일미행사전(享日未行事前)○전사관(典祀官)○솔기속입(帥其屬入)○전축판(奠祝版)○각일어신위지우(各一於神位之右)○각유점(各有坫)○진폐비각일어존소(陳幣篚各一於尊所)○설향로(設香爐)○향합병촉어신위전(香合幷燭於神位前)○차설제기여식(次設祭器如式)○견서례(見序例)○설복주작(設福酒爵)○유점(有坫)○조육조각일어정위존소(胙肉俎各一於正位尊所)○설세어단하동남북향(設洗於壇下東南北向)○관세재동(盥洗在東)○작세재서(爵洗在西)○뇌재세동(罍在洗東)○가작(加勺)○비재세서남사(篚在洗西南肆)○실이건(實以巾)○약작세지비(若爵洗之篚)○칙우실이작(則又實以爵)○유점(有坫)○제집사관세어헌관세동남북향(諸執事盥洗於獻官洗東南北向)○집준뢰비멱자위어준뢰비멱지후(執尊罍篚冪者位於尊罍篚冪之後)

○전향축 ○견서례(傳香祝見序例)
○성생기 ○견서례(省牲器見序例)

○행례(行禮)

향일축전오각(享日丑前五刻)○축전오각(丑前五刻)○즉삼경삼점(卽三更三點)○행사용축시일각(行事用丑時一刻)○전사관(典祀官)입실찬구필(入實饌具畢)○퇴취차(退就次)○복기복승(服其服升)○설제신농씨(設帝神農氏)○후직씨신위판어좌(后稷氏神位版於座)○찬인(贊引)○인감찰승자동폐(○引監察升自東陛)○제집사승강(諸執事陞降)○개자동폐(皆自東陛)○안시단지상하(按視壇之上下)○규찰부여의자(糾察不如儀者)○환출(還出)

전삼각(前三刻)○제향관(諸享官)○각복기복(各服其服)○집례(執禮)○솔찬자(帥贊者)○알자(謁者)○찬인(贊引)○입자동문(入自東門)○선취단남현북배위(先就壇南懸北拜位)○중행북향서상(重行北向西上)○사배흘(四拜訖)○각취위(各就位)○전악(典樂)○솔공인(帥工人)○이무(二舞)○입취위(入就位)○문무(文舞)○입진어현북(入陳於懸北)○무무(武舞)○립어현남도서(立於懸南道西)○협률랑(協律郞)○입취거휘위(入就擧麾位)○알자(謁者)○찬인(贊引)○각인제향관(各引諸享官)○취문외위(就門外位)

전일각(前一刻)○찬인(贊引)○인감찰(引監察)○전사관(典祀官)○대축(大祝)○축사(祝史)○재랑(齊郞)○입취현북배위(入就懸北拜位)○중행북향서상(重行北向西上)○립정(立定)○집례왈(執禮曰)○사배(四拜)○찬자전창(贊者傳唱)○범집례유사(凡執禮有辭)○찬자개전창(贊者皆傳唱)○감찰이하(監察以下)○개사배흘(皆四拜訖)○찬인(贊引)○인감찰(引監察)○취위(就位)○인제집사(引諸執事)○예관세위(詣盥洗位)○관세흘(盥帨訖)○각취위(各就位)○제랑(齊郞)○예작세위(詣爵洗位)○세작식작흘(洗爵拭爵訖)○치어비(置於篚)○봉예준소(捧詣尊所)○치어점상(置於坫上)○알자(謁者)○인초헌관(引初獻官)○찬인(贊引)○인아헌관(引亞獻官)○종헌관(終獻官)○입취위(入就位)○알자(謁者)○진초헌관지좌(進初獻官之左)○백유사근구청행사(白有司謹具請行事)○퇴복위(退復位)○협률랑(協律郞)○궤부복거휘흥(跪俯伏擧麾興)○공고축(工鼓柷)○헌가작경안지악(軒架作景安之樂)○렬문지무작(烈文之舞作)○악이성(樂二成)○집례왈(執禮曰)○사배(四拜)○헌관개사배(獻官皆四拜)○악삼성(樂三成)○협률랑(協律郞)언휘(偃麾)○알어(戛敔)○악지(樂止)

집례왈(執禮曰)○행전폐례(行奠幣禮)○알자(謁者)○인초헌관(引初獻官)○예관세위(詣盥洗位)○북향립(北向立)○찬진홀(贊搢笏)○초헌관(初獻官)○관수세수흘(盥手帨手訖)○찬집홀(贊執笏)○인예단(引詣壇)○승자남폐(升自南陛)○등가작숙안지악(登歌作肅安之樂)○렬문지무작(烈文之舞作)○예신위전(詣神位前)○북향립(北向立)○찬궤진홀(贊跪搢笏)○집사자일인(執事者一人)○봉향합(捧香合)○일인(一人)○봉향로(捧香爐)○궤진(跪進)○알자(謁者)○찬삼상향(贊三上香)○집사자(執事者)○전로우신위전(奠爐于神位前)○대축(大祝)○이폐비수초헌관(以幣篚授初獻官)○초헌관(初獻官)○집폐헌폐(執幣獻幣)○이폐수대축(以幣授大祝)○전우신위전(奠于神位前)○봉향(捧香)수폐(授幣)○개재헌관지우(皆在獻官之右)○전로(奠爐)전폐(奠幣)○개재헌관지좌(皆在獻官之左)○수작(授爵)○전작준차(奠爵准此)○알자(謁者)○찬집홀부복흥평신(贊執笏俯伏興平身)○차예후직씨신위전(次詣后稷氏神位前)○동향(東向)○상향전폐(上香奠幣)○병여상의흘(竝如上儀訖)○악지(樂止)○인강복위(引降復位)

집례왈(執禮曰)○행초헌례(行初獻禮)○알자(謁者)○인초헌관(引初獻官)○승자남폐(升自南陛)○예제신농씨준소(詣帝神農氏尊所)○서향립(西向立)○등가작수안지악(登歌作壽安之樂)○열문지무작(烈文之舞作)○집준자(執尊者)○거멱작례제(擧冪酌醴齊)○집사자(執事者)○이작수주(以爵

受酒)○알자(謁者)○인초헌관(引初獻官)○예신위전(詣神位前)○북향립(北向立)○찬궤진홀(贊跪搢笏)○집사자(執事者)○이작수초헌관(以爵授初獻官)○초헌관(初獻官)○집작헌작(執爵獻爵)○이작수집사자(以爵授執事者)○전우신위전(奠于神位前)○찬집홀부복흥소퇴북향궤(贊執笏俯伏興少退北向跪)○악지(樂止)○대축(大祝)○진신위지우(進神位之右)○동향궤(東向跪)○독축문홀(讀祝文訖)○악작(樂作)○알자(謁者)○찬부복흥평신(贊俯伏興平身)○악지(樂止)○차예후직씨존소(次詣后稷氏尊所)○작헌(酌獻)병여상의홀(並如上儀訖)○유초헌관동향(唯初獻官東向)○대축남향독축(大祝南向讀祝)○인강복위(引降復位)○문무퇴(文舞退)○무무진(武舞進)○헌가작서안지악(軒架作舒安之樂)○무자립정(舞者立定)○악지(樂止)

초초헌관기복위(初初獻官旣復位)○집례왈(執禮曰)○행아헌례(行亞獻禮)○알자(謁者)○인아헌관(引亞獻官)○예관세위(詣盥洗位)○북향립(北向立)○찬진홀(贊搢笏)○아헌관(亞獻官)○관수세수홀(盥手帨手訖)○찬집홀(贊執笏)○인예단(引詣壇)○승자동폐(升自東陛)○예제신농씨존소(詣帝神農氏尊所)○서향립(西向立)○헌가작수안지악(軒架作壽安之樂)○소무지무작(昭武之舞作)○집준자(執尊者)○거멱작앙제(擧羃酌盎齊)○집사자(執事者)○이작수주(以爵受酒)○알자(謁者)○인아헌관(引亞獻官)○예신위전(詣神位前)○북향립(北向立)○찬궤진홀(贊跪搢笏)○집사자(執事者)○이작수아헌관(以爵授亞獻官)○아헌관(亞獻官)○집작헌작(執爵獻爵)○이작수집사자(以爵授執事者)○전우신위전(奠于神位前)○찬집홀부복흥평신(贊執笏俯伏興平身)○차예후직씨존소(次詣后稷氏尊所)○작헌(酌獻)○병여상의홀(並如上儀訖)○악지(樂止)○인강복위(引降復位)

집례왈(執禮曰)○행종헌례(行終獻禮)○알자(謁者)○인종헌관(引終獻官)○행례(行禮)○병여아헌의흘(並如亞獻儀訖)○인강복위(引降復位)

집례왈(執禮曰)○음복수조(飮福受胙)○집사자(執事者)○예준소(詣尊所)○이작작뢰복주(以爵酌罍福酒)○우집사자(又執事者)지조진(持俎進)○감신위전조육(減神位前胙肉)○알자(謁者)○인초헌관(引初獻官)○승자남폐(升自南陛)○예음복위(詣飮福位)○북향립(北向立)○찬궤진홀(贊跪搢笏)○집사자(執事者)○진초헌관지우(進初獻官之右)○서향(西向)○이작수초헌관(以爵授初獻官)○초헌관(初獻官)○수작음(受爵飮)○졸작(卒爵)집사자(執事者)○수허작(受虛爵)○복어점(復於坫)○집사자(執事者)○서향(西向)○이조수초헌관(以俎授初獻官)○초헌관(初獻官)○수조(受俎)○이수집사자(以授執事者)○집사자(執事者)○수조(受俎)○강자남폐(降自南陛)○출문(出門)○알자(謁者)○찬집홀부복흥평신(贊執笏俯伏興平身)○인강복위(引降復位)○집례왈(執禮曰)○사배(四拜)○재위자(在位者)개사배(皆四拜)

집례왈(執禮曰)○철변두(徹籩豆)○대축(大祝)○진철변두(進徹籩豆)○철자(徹者)변두각일(籩豆各一)○소이어고처(少移於故處)○등가작옹안지악(登歌作雍安之樂)○철흘(徹訖)악지(樂止)○헌가작경안지악(軒架作景安之樂)○집례왈(執禮曰)○사배(四拜)헌관(獻官)○개사배(皆四拜)○악일성지(樂一成止)

집례왈(執禮曰)○망예(望瘞)○알자(謁者)○인초헌관(引初獻官)○예망예위(詣望瘞位)○북향립(北向立)○집례(執禮)○솔찬자(帥贊者)○예망예위(詣望瘞位)○서향립(西向立)○대축(大祝)○이비취축판급폐서직반(以篚取祝版及幣黍稷飯)○각유기폐강단(各由其陛降壇)○치어감(置於坎)○집례왈(執禮曰)○가예(可瘞)○치토반감(置土半坎) 전사관감시(典祀官監視)

알자(謁者)○진초헌관지좌(進初獻官之左)○백례필(白禮畢)○알자(謁者)○찬인(贊引)○각인초헌관이하(各引初獻官以下)○이차출(以次出)○집례(執禮)○수찬자(帥贊者)○환본위(還本位)○찬인(贊引)○인감찰급제집사(引監察及諸執事)○구복현북배위(俱復懸北拜位)○립정(立定)○집례왈(執禮曰)○사배(四拜)○감찰이하(監察以下)○개사배흘(皆四拜訖)○찬인인출(贊引引出)○공인(工人)○이무(二舞)○이차출(以次出)○집례(執禮)○솔찬자(帥贊者)○알자(謁者)○찬인(贊引)○취현북배위(就懸北拜位)○사배이출(四拜而出)○전사관(典祀官)○솔기속(帥其屬)○장신위판(藏神位版)○철례찬(徹禮饌)○이강내퇴(以降乃退)

향선잠의(享先蠶儀)

○**시일(時日)**○견서례(見序例)
○**재계(齊戒)**○견서례(見序例)

○**진설(陳設)**

전향이일(前享二日)○전사관(典祀官)○수기속(帥其屬)○소제단지내외(掃除壇之內外)○전설사(典設司)○설제향관차(設諸享官次)○우설찬만(又設饌幔)○개어동유문외(皆於東壝門外)○수지지의(隨地之宜)

전일일(前一日)○전악(典樂)○솔기속(帥其屬)○설등가지악어단상근남(設登歌之樂於壇上近南)○헌가어단하구북향(軒架於壇下俱北向)○전사관(典祀官)○솔기속(帥其屬)○설신좌어단상북방남향(設神座於壇上北方南向)○석이완(席以莞)○집례(執禮)○설초헌관위어단하동남서향(設初獻官位於壇下東南西向)○음복위어단상남폐지서북향(飮福位於壇上南陛之西北向)○아헌관(亞獻官)○종헌관위어초헌관지후초남서향(終獻官位於初獻官之後稍南西向)○집사자위어기후(執事者位於其後)○매등이위(每等異位)○중행서향북상(重行西向北上)○감찰위어집사지남서향(監察位於執事之南西向)○서리배기후(書吏陪其後)○집례위이(執禮位二)○일어단상(一於壇上)○일어단하(一於壇下)○구근동서향(俱近東西向)○찬자(贊者)○알자(謁者)○찬인(贊引)○재단하집례지후초남서향북상(在壇下執禮之後稍南西向北上)○협률랑위어단상근서동향(協律郎位於壇上近西東向)○전악위어헌현지북북향(典樂位於軒懸之北北向)○설제향관문외위어동유문외도남(設諸享官門外位於東壝門外道南)○매등이위(每等異位)○중행북향서상(重行北向西上)○설망예위어예감지남(設望瘞位於瘞坎之南)○초헌관재남북향(初獻官在南北向)○집례(執禮)○찬자(贊者)○대축(大祝)○재동서북상(在東西北上)○찬자(贊者)○대축(大祝)○초각(稍却)

향일미행사전(享日未行事前)○전사관(典祀官)○솔기속입(帥其屬入)○전축판어신위지우(奠祝版於神位之右)○유점(有坫)○진폐비어존소(陳幣篚於尊所)○설향로(設香爐)○향합병촉어신위전(香合并燭於神位前)○차설제기여식(次設祭器如式)○견서례(見序例)○설복주작(設福酒爵)○유점(有坫)○조육조각일어존소설세어남폐동남북향(胙肉俎各一於尊所設洗於南陛東南北向)○관세재동(盥洗在東)○작세재서(爵洗在西)○뢰재세동(罍在洗東)○가작(加勺)○비재세서남사(篚在洗西南肆)○실이건(實以巾)○약작세지비(若爵洗之篚)○칙우실이작(則又實以爵)○유점(有坫)○제집사(諸執事)○관세어헌관세동남북향(盥洗於獻官洗東南北向)○집준뢰비멱자위어준뢰비멱지후(執尊罍篚冪者位於尊罍篚冪之後)

○**성생기(省牲器)**○견서례(見序例)

○**행례(行禮)**

향일축전오각(享日丑前五刻)○축전오각(丑前五刻)○즉삼경삼점(卽三更三點)○행사용축시일각(行事用丑時一刻)○전사관(典祀官)○입실찬구필(入實饌具畢)○퇴취차(退就次)○복기복승(服其服升)○설신위판어좌(設神位版於座)○찬인(贊引)○인감찰(引監察)○승자동폐(升自東陛)○제집사승강(諸執事陞降)○개자동폐(皆自東陛)○안시단지상하(按視壇之上下)○규찰부여의자(糾察不如儀者)○환출(還出)

전삼각(前三刻)○제향관(諸享官)○각복기복(各服其服)○집례(執禮)○솔찬자(帥贊者)○알자(謁者)○찬인(贊引)○입자동문(入自東門)○선취단남현북배위(先就壇南懸北拜位)○중행북향서상(重行北向西上)○사배흘(四拜訖)○각취위(各就位)○전악(典樂)○솔공인(帥工人)○이무(二舞)○입취위(入就位)○문무(文舞)○입진어현북(入陳於懸北)○무무(武舞)○립어현남도서(立於懸南道西)○알자(謁者)○찬인(贊引)○각인제향관(各引諸享官)○취문외위(就門外位)

전일각(前一刻)○찬인(贊引)○인감찰(引監察)○전사관(典祀官)○대축(大祝)○축사(祝史)○제랑(齊郎)○협률랑(協律郎)○입취현북배위(入就懸北拜位)○중행북향서상(重行北向西上)○입정(立定)○집례왈(執禮曰)○사배(四拜)○찬자전창(贊者傳唱)○범집례유사(凡執禮有辭)○찬자개전창(贊者皆傳唱)○감찰이하(監察以下)○개사배흘(皆四拜訖)○찬인(贊引)○인감찰(引監察)○취위(就位)○인제집사(引諸執事)○예관세위(詣盥洗位)○관세흘(盥帨訖)○각취위(各就位)○제랑(齊郎)○예작세위(詣爵洗位)○세작식작흘(洗爵拭爵訖)○치어비(置於篚)○봉예존소(捧詣尊所)○치어점상(置於坫上)○알자(謁者)○인초헌관(引初獻官)○찬인(贊引)○인아헌관(引亞獻官)○종헌관(終獻官)○입취위(入

就位)○알자(謁者)○진초헌관지좌(進初獻官之左)○백유사근구청행사(白有司謹具請行事)○퇴복위(退復位)○협률랑(協律郎)○궤부복거휘흥(跪俯伏擧麾興)○공고축(工鼓柷)○헌가작경안지악(軒架作景安之樂)○열문지무작(烈文之舞作)○악이성(樂二成)○집례왈(執禮曰)○사배(四拜)○헌관(獻官)○개사배(皆四拜)○악삼성(樂三成)○협률랑(協律郎)○언휘(偃麾)○알어(戛敔)○악지(樂止)

집례왈(執禮曰)○행전폐례(行奠幣禮)○알자(謁者)○인초헌관(引初獻官)○예관세위(詣盥洗位)○북향립(北向立)○찬진홀(贊搢笏)○초헌관(初獻官)○관수세수홀(盥手帨手訖)○찬집홀(贊執笏)○인예단(引詣壇)○승자남폐(升自南陛)○등가작숙안지악(登歌作肅安之樂)○렬문지무작(烈文之舞作)○예신위전(詣神位前)○북향립(北向立)○찬궤진홀(贊跪搢笏)○집사자일인(執事者一人)○봉향합(捧香合)○일인(一人)○봉향로(捧香爐)○궤진(跪進)○알자(謁者)○찬삼상향(贊三上香)○집사자(執事者)○전로우신위전(奠爐于神位前)○대축(大祝)○이폐비수초헌관(以幣篚授初獻官)○초헌관(初獻官)○집폐헌폐(執幣獻幣)○이폐수대축(以幣授大祝)○전우신위전(奠于神位前)○봉향(捧香)○수폐(授幣)○개재헌관지우(皆在獻官之右)○전로(奠爐)○전폐(奠幣)○개재헌관지좌(皆在獻官之左)○수작(授爵)○전작준차(奠爵准此)○알자(謁者)○찬집홀부복흥평신(贊執笏俯伏興平身)○악지(樂止)○인강복위(引降復位)

집례왈(執禮曰)○행초헌례(行初獻禮)○알자(謁者)○인초헌관(引初獻官)○승자남폐(升自南陛)○예존소(詣尊所)○서향립(西向立)○등가작수안지악(登歌作壽安之樂)○열문지무작(烈文之舞作)○집존자(執尊者)○거멱작례제(擧冪酌醴齊)○집사자(執事者)○이작수주(以爵受酒)○알자(謁者)○인초헌관(引初獻官)○예신위전(詣神位前)○북향립(北向立)○찬궤진홀(贊跪搢笏)○집사자(執事者)○이작수초헌관(以爵授初獻官)○초헌관(初獻官)○집작헌작(執爵獻爵)○이작수집사자(以爵授執事者)○전우신위전(奠于神位前)○찬집홀부복흥소퇴북향궤(贊執笏俯伏興少退北向跪)○악지(樂止)○대축(大祝)○진신위지우(進神位之右)○동향궤(東向跪)○독축문흘(讀祝文訖)○악작(樂作)○알자(謁者)○찬부복흥평신(贊俯伏興平身)○악지(樂止)○인강복위(引降復位)○문무퇴(文舞退)○무무진(武舞進)○헌가작서안지악(軒架作舒安之樂)○무자립정(舞者立定)○악지(樂止)

초초헌관기복위(初初獻官旣復位)○집례왈(執禮曰)○행아헌례(行亞獻禮)○알자(謁者)○인아헌관(引亞獻官)○예관세위(詣盥洗位)○북향립(北向立)○찬진홀(贊搢笏)○아헌관(亞獻官)○관수세수홀(盥手帨手訖)○찬집홀(贊執笏)○인예단(引詣壇)○승자동폐(升自東陛)○예존소(詣尊所)○서향립(西向立)○헌가작수안지악(軒架作壽安之樂)○소무지무작(昭武之舞作)○집존자(執尊者)○거멱작앙제(擧冪酌盎齊)○집사자(執事者)○이작수주(以爵受酒)○알자(謁者)○인아헌관(引亞獻官)○예신위전(詣神位前)○북향립(北向立)○찬궤진홀(贊跪搢笏)○집사자(執事者)○이작수아헌관(以爵授亞獻官)○아헌관(亞獻官)○집작헌작(執爵獻爵)○이작수집사자(以爵授執事者)○전우신위전(奠于神位前)○찬집홀부복흥평신(贊執笏俯伏興平身)○악지(樂止)○인강복위(引降復位)

집례왈(執禮曰)○행종헌례(行終獻禮)○알자(謁者)○인종헌관(引終獻官)○행례(行禮)○병여아헌의흘(竝如亞獻儀訖)○인강복위(引降復位)

집례왈(執禮曰)○음복수조(飮福受胙)○집사자(執事者)○예존소(詣尊所)○이작작뢰복주(以爵酌罍福酒)○우집사자(又執事者)○지조진(持俎進)○감신위전조육(減神位前胙肉)○알자(謁者)○인초헌관(引初獻官)○승자남폐(升自南陛)○예음복위(詣飮福位)○북향립(北向立)○찬궤진홀(贊跪搢笏)○집사자(執事者)○진초헌관지우(進初獻官之右)○서향(西向)○이작수초헌관(以爵授初獻官)○초헌관(初獻官)○수작음(受爵飮)○졸작(卒爵)○집사자(執事者)○수허작(受虛爵)○복어점(復於坫)○집사자(執事者)○이조수초헌관(以俎授初獻官)○초헌관(初獻官)○수(授)〔수(受)〕○조(俎)○이수집사자(以授執事者)○집사자(執事者)○수조(受俎)○강자남폐(降自南陛)○출문(出門)○알자(謁者)○찬집홀부복흥평신(贊執笏俯伏興平身)○인강복위(引降復位)○집례왈(執禮曰)○사배(四拜)○재위자(在位者)○개사배(皆四拜)

집례왈(執禮曰)○철변두(徹籩豆)○대축(大祝)○진철변두(進徹籩豆)○철자(徹者)○변두각일(籩豆各一)○소이어고처(少移於故處)○등가작옹안지악(登歌作雍安之樂)○철흘(徹訖)○악지(樂止)○헌가작경안지악(軒架作景安之樂)○집례왈(執禮曰)○사배(四拜)○헌관(獻官)○개사배(皆四拜)○악일성지(樂一成止)

집례왈(執禮曰)○망예(望瘞)○알자(謁者)○인초헌관(引初獻官)○예망예위(詣望瘞位)○북향립(北

向立)○집례(執禮)○솔찬자(帥贊者)○예망예위(詣望瘞位)○서향립(西向立)○대축(大祝)○이비취축판급폐서직반(以篚取祝版及幣黍稷飯)○강자서폐(降自西陛)○치어감(置於坎)○집례왈(執禮曰)○가예(可瘞)○치토반감(置土半坎)○전사관감시(典祀官監視)

알자(謁者)○진초헌관지좌(進初獻官之左)○백례필(白禮畢)○알자(謁者)○찬인(贊引)○각인초헌관이하(各引初獻官以下)○이차출(以次出)○집례(執禮)○솔찬자(帥贊者)○환본위(還本位)○찬인(贊引)○인감찰급제집사(引監察及諸執事)○구복현북배위(俱復懸北拜位)○입정(立定)○집례왈(執禮曰)○사배(四拜)○감찰이하(監察以下)○개사배흘(皆四拜訖)○찬인인출(贊引引出)○공인(工人)○이무(二舞)○이차출(以次出)○집례(執禮)○솔찬자(帥贊者)○알자(謁者)○찬인(贊引)○취현북배위(就懸北拜位)○사배이출(四拜而出)○전사관(典祀官)○솔기속(帥其屬)○장신위판(藏神位版)○철례찬(徹禮饌)○이강내퇴(以降乃退)

우사의(雩祀儀)

○**시일(時日)**○견서례(見序例)
○**재계(齊戒)**○견서례(見序例)

○진설(陳設)

전향이일(前享二日)○전사관(典祀官)○솔기속(帥其屬)○소제단지내외(掃除壇之內外)○전설사(典設司)○설제향관차(設諸享官次)○우설찬만(又設饌幔)○개어동유문외(皆於東壝門外)○수지지의(隨地之宜)

전일일(前一日)○전악(典樂)○솔기속(帥其屬)○설등가지악어단상근남(設登歌之樂於壇上近南)○헌가어단하(軒架於壇下)○구북향(俱北向)○전사관(典祀官)○솔기속(帥其屬)○설구망(設句芒)○축융(祝融)○후토(后土)○욕수(蓐收)○현명(玄冥)○후직신좌어단상북방남향서상(后稷神座於壇上北方南向西上)○석개이완(席皆以莞)○집례(執禮)○설초헌관위어단하동남서향(設初獻官位於壇下東南西向)○음복위어단상남폐지서북향(飮福位於壇上南陛之西北向)○아헌관(亞獻官)○종헌관위어초헌관지후초남서향(終獻官位於初獻官之後稍南西向)○집사자위어기후(執事者位於其後)○매등이위(每等異位)○중행서향북상(重行西向北上)○감찰위어집사지남서향(監察位於執事之南西向)○서리배기후(書吏陪其後)○집례위이(執禮位二)○일어단상(一於壇上)○일어단하(一於壇下)○구근동서향(俱近東西向)○찬자(贊者)○알자(謁者)○찬인(贊引)○재단하집례지후서향북상(在壇下執禮之後西向北上)○협률랑위어단상근서동향(協律郎位於壇上近西東向)○전악위어헌현지북북향(典樂位於軒懸之北北向)○설제향관문외위어동유문외도남(設諸享官門外位於東壝門外道南)○매등이위(每等異位)○중행북향서상(重行北向西上)○설망예위어예감지남(設望瘞位於瘞坎之南)○초헌관(初獻官)○재남북향(在南北向)○집례찬자(執禮贊者)○대축(大祝)○재동서향북상(在東西向北上)○찬자(贊者)○대축(大祝)○초각(稍却)

향일미행사전(享日未行事前)○전사관(典祀官)○솔기속입(帥其屬入)○전축판(奠祝版)○각일어신위지우(各一於神位之右)○각유점(各有坫)○진폐비각일어존소(陳幣篚各一於尊所)○설향로(設香爐)○향합병촉어신위전(香合幷燭於神位前)○차설제기여식(次設祭器如式)○견서례(見序例)○설복주작(設福酒爵)○유점(有坫)○조육조각일어존소(胙肉俎各一於尊所)○설세어남폐동남북향(設洗於南陛東南北向)○관세재동(盥洗在東)○작세재서(爵洗在西)○뢰재세동(罍在洗東)○가작(加勺)○비재세서남사(篚在洗西南肆)○실이건(實以巾)○약작세지비(若爵洗之篚)○칙우실이작(則又實以爵)○유점(有坫)○제집사관세어헌관세동남북향(諸執事盥洗於獻官洗東南北向)○집존뢰비멱자위어존뢰비멱지후(執尊罍篚冪者位於尊罍篚冪之後)

○성생기(省牲器)○견서례(見序例)

○행례(行禮)

향일축전오각(享日丑前五刻)○축전오각(丑前五刻)○즉삼경삼점(卽三更三點)○행사용축시일각(行事用丑時一刻)○전사관(典祀官)○입실찬구필(入實饌具畢)○퇴취차(退就次)○복기복승(服其服升)○설구망(設句芒)○축융(祝融)○후토(后土)○욕수(蓐收)○현명(玄冥)○후직신위판어좌(后稷神位版於座)○찬인(贊引)○인감찰(引監察)○승자동폐(升自東陛)○제집사승강(諸執事陞降)○개자동폐(皆自東陛)○안시단지상하(按視壇之上下)○규찰부여의자(糾察不如儀者)○환출(還出)

전삼각(前三刻)○제향관(諸享官)○각복기복(各服其服)○집례(執禮)○수찬자(帥贊者)○알자(謁者)○찬인(贊引),○입자동문(入自東門)○선취단남현북배위(先就壇南懸北拜位)○중행북향서상(重行北向西上)○사배흘(四拜訖)○각취위(各就位)○전악(典樂)○수공인(帥工人)○이무(二舞)○입취위(入就位)○문무(文舞)○입진어현북(入陳於懸北)○무무(武舞)○립어현남도서(立於懸南道西)○알자(謁者)○찬인(贊引)○각인제향관(各引諸享官)○취문외위(就門外位)

전일각(前一刻)○찬인(贊引)○인감찰(引監察)○전사관(典祀官)○대축(大祝)○축사(祝史)○재랑(齊郎)○협률랑(協律郎)○입취단남현북배위(入就壇南懸北拜位)○중행북향서상(重行北向西上)○립정(立定)○집례왈(執禮曰)○사배(四拜)○찬자전창(贊者傳唱)○범집례유사(凡執禮有辭)○찬자개전창(贊者皆傳唱)○감찰이하(監察以下)○개사배흘(皆四拜訖)○찬인(贊引)○인감찰(引監察)○취위(就位)○인제집사(引諸執事)○예관세위(詣盥洗位)○관세흘(盥帨訖)○각취위(各就位)○재랑(齊郎)○예작세위(詣爵洗位)○세작식작흘(洗爵拭爵訖)○치어비(置於篚)○봉예존소(捧詣尊所)○치어점상(置於坫上)○알자(謁者)○인초헌관(引初獻官)○찬인(贊引)○인아헌관(引亞獻官)○종헌관(終獻官)○입취위(入就位)○알자(謁者)○진초헌관지좌(進初獻官之左)○백유사근구청행사(白有司謹具請行事)○퇴복위(退復位)○협률랑(協律郎)○궤부복거휘흥(跪俯伏擧麾興)○공고축(工鼓祝)○헌가작경안지악(軒架作景安之樂)○렬문지무작(烈文之舞作)○악이성(樂二成)○집례왈(執禮曰)○사배(四拜)○헌관개사배(獻官皆四拜)○악삼성(樂三成)○협률랑(協律郎)○언휘(偃麾)○알어(戛敔)○악지(樂止)

집례왈(執禮曰)○행전폐례(行奠幣禮)○알자(謁者)○인초헌관(引初獻官)○예관세위(詣盥洗位)○북향립(北向立)○찬진홀(贊搢笏)○초헌관(初獻官)○관수세수흘(盥手帨手訖)○찬집홀(贊執笏)○인예단(引詣壇)○승자남폐(升自南陛)○등가작숙안지악(登歌作肅安之樂)○열문지무작(烈文之舞作)○예구망신위전(詣句芒神位前)○북향립(北向立)○찬궤진홀(贊跪搢笏)○집사자일인(執事者一人)○봉향합(捧香合)○일인(一人)○봉향로(捧香爐)○궤진(跪進)○알자(謁者)○찬삼상향(贊三上香)○집사자(執事者)○전로우신위전(奠爐于神位前)○대축(大祝)○이폐비수초헌관(以幣篚授初獻官)○초헌관(初獻官)○집폐헌폐(執幣獻幣)○이폐수대축(以幣授大祝)○전우신위전(奠于神位前)○봉향(捧香)○수폐(授幣)○개재헌관지우(皆在獻官之右)○전로(奠爐)○전폐(奠幣)○개재헌관지좌(皆在獻官之左)○수작(授爵)○전작준차(奠爵准此)○알자(謁者)○찬집홀부복흥평신(贊執笏俯伏興平身)○인예축융(引詣祝融)○후토(后土)○욕수(蓐收)○현명(玄冥)○후직신위전(后稷神位前)○상향전폐(上香奠幣)○병여상의흘(並如上儀訖)○악지(樂止)○인강복위(引降復位)

집례왈(執禮曰)○행초헌례(行初獻禮)○알자(謁者)○인초헌관(引初獻官)○승자남폐(升自南陛)○예존소(詣尊所)○서향립(西向立)○등가작수안지악(登歌作壽安之樂)○렬문지무작(烈文之舞作)○집존자(執尊者)○거멱작례제(擧冪酌醴齊)○집사자륙인(執事者六人)○이작수주(以爵受酒)○알자(謁者)○인초헌관(引初獻官)○예구망신위전(詣句芒神位前)○북향립(北向立)○찬궤진홀(贊跪搢笏)○집사자(執事者)○이작수초헌관(以爵授初獻官)○초헌관(初獻官)○집작헌작(執爵獻爵)○이작수집사자(以爵授執事者)○전우신위전(奠于神位前)○찬집홀부복흥소퇴북향궤(贊執笏俯伏興少退北向跪)○악지(樂止)○대축(大祝)○진신위지우(進神位之右)○동향궤(東向跪)○독축문흘(讀祝文訖)○악작(樂作)○알자(謁者)○찬부복흥평신(贊俯伏興平身)○악지(樂止)○인예축융(引詣祝融)○후토(后土)○욕수(蓐收)○현명(玄冥)○후직신위전(后稷神位前)○행례(行禮)○병여상의흘(並如上儀訖)○인강복위(引降復位)○문무퇴(文舞退)○무무진(武舞進)○헌가작서안지악(軒架作舒安之樂)○무자립정(舞者立定)○악지(樂止)

초초헌관기복위(初初獻官旣復位)○집례왈(執禮曰)○행아헌례(行亞獻禮)○알자(謁者)○인아헌관(引亞獻官)○예관세위(詣盥洗位)○북향립(北向立)○찬진홀(贊搢笏)○아헌관(亞獻官)○관수세수흘(盥手帨手訖)○찬집홀(贊執笏)○인예단(引詣壇)○승자동폐(升自東陛)○예주소(詣尊所)○서향립(西向立)○헌가작수안지악(軒架作壽安之樂)○소무지무작(昭武之舞作)○집준자(執尊者)○거멱작앙제(擧冪酌盎齊)○집사자륙인(執事者六人)○이작수주(以爵受酒)○알자(謁者)○인아헌관(引亞獻官)○예구망신위전(詣句芒神位前)○북향립(北向立)○찬궤진홀(贊跪搢笏)○집사자(執事者)○이작수아헌관(以爵授亞獻官)○아헌관(亞獻官)○집작헌작(執爵獻爵)○이작수집사자(以爵授執事者)○전우신위전(奠于神位前)○알자(謁者)○찬집홀부복흥평신(贊執笏俯伏興平身)○인예축융(引詣祝融)○후토(后土)○욕수(蓐收)○현명(玄冥)○후직신위전(后稷神位前)○행례(行禮)○병여상의홀(竝如上儀訖)○악지(樂止)○인강복위(引降復位)

집례왈(執禮曰)○행종헌례(行終獻禮)○알자(謁者)○인종헌관(引終獻官)○행례(行禮)○병여아헌의흘(竝如亞獻儀訖)○인강복위(引降復位)

집례왈(執禮曰)○음복수조(飮福受胙)○집사자(執事者)○예준소(詣尊所)○이작작뢰복주(以爵酌罍福酒)○우집사자(又執事者)○지조진(持俎進)○감구망신위전조육(減句芒神位前胙肉)○알자(謁者)○인초헌관(引初獻官)○승자남폐(升自南陛)○예음복위(詣飮福位)○북향립(北向立)○찬궤진홀(贊跪搢笏)○집사자(執事者)○진초헌관지우(進初獻官之右)○서향(西向)○이작수초헌관(以爵授初獻官)○초헌관(初獻官)○수작음(受爵飮)○졸작(卒爵)○집사자(執事者)○수허작(受虛爵)○복어점(復於坫)○집사자(執事者)○서향(西向)○이조수초헌관(以俎授初獻官)○초헌관(初獻官)○수조(受俎)○이수집사자(以授執事者)○집사자(執事者)○수조(受俎)○강자남폐(降自南陛)○출문(出門)○알자(謁者)○찬집홀부복흥평신(贊執笏俯伏興平身)○인강복위(引降復位)○집례왈(執禮曰)○사배(四拜)○재위자(在位者)○개사배(皆四拜)

집례왈(執禮曰)○철변두(徹籩豆)○대축(大祝)○진철변두(進徹籩豆)○철자(徹者)○변두각일(籩豆各一)○소이어고처(少移於故處)○등가작옹안지악(登歌作雍安之樂)○철흘(徹訖)○악지(樂止)○헌가작경안지악(軒架作景安之樂)○집례왈(執禮曰)○사배(四拜)○헌관(獻官)○개사배(皆四拜)○악일성지(樂一成止)

집례왈(執禮曰)○망예(望瘞)○알자(謁者)○인초헌관(引初獻官)○예망예위(詣望瘞位)○북향립(北向立)○집례(執禮)○솔찬자(帥贊者)○예망예위(詣望瘞位)○서향립(西向立)○대축(大祝)○이비취축판급폐서직반(以篚取祝版及幣黍稷飯)○강자서폐(降自西陛)○치어감(置於坎)○집례왈(執禮曰)○가예(可瘞)○치토반감(置土半坎)○전사관감시(典祀官監視)○알자(謁者)○진초헌관지좌(進初獻官之左)○백례필(白禮畢)○알자(謁者)○찬인(贊引)○각인초헌관이하(各引初獻官以下)○이차출(以次出)○집례(執禮)○솔찬자(帥贊者)○환본위(還本位)○찬인(贊引)○인감찰급제집사(引監察及諸執事)○구복현북배위(俱復懸北拜位)○립정(立定)○집례왈(執禮曰)○사배(四拜)○감찰이하(監察以下)○개사배홀(皆四拜訖)○찬인인출(贊引引出)○공인(工人)○이무(二舞)○이차출(以次出)○집례(執禮)○수찬자(帥贊者)○알자(謁者)○찬인(贊引)○취현북배위(就懸北拜位)○사배이출(四拜而出)○전사관(典祀官)○솔기속(帥其屬)○장신위판(藏神位版)○철례찬(徹禮饌)○이강내퇴(以降乃退)

우사단기우의(雩祀壇祈雨儀)

○보사동(報祀同),○유음복수조(唯飮福受胙)

재계(齊戒) 견(見)서례(序例)

○진설(陳設)

전일일(前一日)○전사관(典祀官)○솔기속(帥其屬)○소제단지내외(掃除壇之內外)○전설사(典設司)○설제기관차(設諸祈官次)○우설찬만(又設饌幔)○개어동유문외(皆於東壝門外)○수지지의(隨地之宜)○설구망(設句芒)○축융(祝融)○후토(后土)○욕수(蓐收)○현명(玄冥)○후직신좌어단상북방남향서상(后稷神座於壇上北方南向西上)○석개이완(席皆以莞)○찬자(贊者)○설헌관위어단하동남서향(設獻官位於壇下東南西向)○집사자위어기후초남서향북상(執事者位於其後稍南西向北上)○감찰위어집사지남서향(監察位於執事之南西向)○서리배기후(書吏陪其後)○찬자(贊者)○알자위어단하근동서향북상(謁者位於壇下近東西向北上)○설제기관문외위어동유문외도남(設諸祈官門外位於東壝門外道南)

門外位於東壝門外道南)○매등이위(每等異位)○중행북향서상(重行北向西上)○설망예위어예감지남(設望瘞位於瘞坎之南)○헌관(獻官)○재남북향(在南北向)○찬자(贊者)○대축(大祝)○재동서향북상(在東西向北上)

기일미행사전(祈日未行事前)○전사관(典祀官)○솔기속입(帥其屬入)○전축판(奠祝版)○각일어신위지우(各一於神位之右)○유점(有坫)○진폐비각일어준소(陳幣篚各一於尊所)○설향로(設香爐)○향합병촉어신위전(香合幷燭於神位前)○차설제기여식(次設祭器如式)○견서례(見序例)○설세어남폐동남북향(設洗於南陛東南北向)○관세재동(盥洗在東)○작세재서(爵洗在西)○뢰재세동(罍在洗東)○가작(加勺)○비재세서남사(篚在洗西南肆)○실이건(實以巾)○약작세지비(若爵洗之篚)○칙우실이작(則又實以爵)○유점(有坫)○제집사관세어헌관세동남북향(諸執事盥洗於獻官洗東南北向)○집준뢰비멱자위어준뢰비멱지후(執尊罍篚羃者位於尊罍篚羃之後)

○행례(行禮)

기일축전오각(祈日丑前五刻)○축전오각(丑前五刻)○즉삼경삼점(卽三更三點)○행사용축시일각(行事用丑時一刻)○전사관입실찬구필(典祀官入實饌具畢)○퇴취차(退就次)○복기복승(服其服升)○설구망(設句芒)○축융(祝融)○후토(后土)○욕수(蓐收)○현명(玄冥)○후직신위판어좌(后稷神位版於座)

전삼각(前三刻)○제기관(諸祈官)○각복기복(各服其服)○찬자(贊者)○알자(謁者)○입자동문(入自東門)○선취단남배위(先就壇南拜位)○북향서상(北向西上)○사배흘(四拜訖)○취위(就位)○알자(謁者)○인제기관(引諸祈官)○취문외위(就門外位)

전일각(前一刻)○알자(謁者)○인감찰(引監察)○전사관(典祀官)○대축(大祝)○축사(祝史)○재랑(齊郎)○입취단남배위(入就壇南拜位)○중행북향서상(重行北向西上)○입정(立定)○찬자왈(贊者曰)○사배(四拜)○감찰이하(監察以下)○개사배흘(皆四拜訖)○알자(謁者)○인감찰(引監察)○취위(就位)○인제집사(引諸執事)○예관세위(詣盥洗位)○관세흘(盥帨訖)○각취위(各就位)○제집사승강(諸執事陞降)○개자동폐(皆自東陛)○제랑(齊郎)○예작세위(詣爵洗位)○세작식작흘(洗爵拭爵訖)○치어비(置於篚)○봉예준소(捧詣尊所)○치어점상(置於坫上)○알자(謁者)○인헌관(引獻官)○입취위(入就位)○알자(謁者)○진헌관지좌(進獻官之左)○백유사근구청행사(白有司謹具請行事)○퇴복위(退復位)○찬자왈(贊者曰)○사배(四拜)○헌관사배(獻官四拜)

찬자왈(贊者曰)○행전폐례(行奠幣禮)○알자(謁者)○인헌관(引獻官)○예관세위(詣盥洗位)○북향립(北向立)○찬진홀(贊搢笏)○헌관(獻官)○관수세수흘(盥手帨手訖)○찬집홀(贊執笏)○인예단(引詣壇)○승자남폐(升自南陛)○예구망신위전(詣句芒神位前)○북향립(北向立)○찬궤진홀(贊跪搢笏)○집사자일인(執事者一人)○봉향합(捧香合)○일인(一人)○봉향로(捧香爐)○궤진(跪進)○알자(謁者)○찬삼상향(贊三上香)○집사자(執事者)○전로우신위전(奠爐于神位前)○대축(大祝)○이폐비수헌관(以幣篚授獻官)○헌관(獻官)○집폐헌폐(執幣獻幣)○이폐수대축(以幣授大祝)○전우신위전(奠于神位前)○봉향(捧香)○수폐(授幣)○개재헌관지우(皆在獻官之右)○전로(奠爐)○전폐(奠幣)○개재헌관지좌(皆在獻官之左)○수작(授爵)○전작준차(奠爵准此)○알자(謁者)○찬집홀부복흥평신(贊執笏俯伏興平身)○인예축융(引詣祝融)○후토(后土)○욕수(蓐收)○현명(玄冥)○후직신위전(后稷神位前)○상향전폐(上香奠幣)○병여상의흘(竝如上儀訖)○인강복위(引降復位)

찬자왈(贊者曰)○행작헌례(行酌獻禮)○알자(謁者)○인헌관(引獻官)○승자남폐(升自南陛)○예준소(詣尊所)○서향립(西向立)○집준자(執尊者)○거멱작주(擧羃酌酒)○집사자(執事者)○이작수주(以爵受酒)○알자(謁者)○인헌관(引獻官)○예구망신위전(詣句芒神位前)○북향립(北向立)○찬궤진홀(贊跪搢笏)○집사자(執事者)○이작수헌관(以爵授獻官)○헌관(獻官)○집작헌작(執爵獻爵)○이작수집사자(以爵授執事者)○전우신위전(奠于神位前)○찬집홀부복흥소퇴북향궤(贊執笏俯伏興少退北向跪)○대축(大祝)○진신위지우(進神位之右)○동향궤(東向跪)○독축문흘(讀祝文訖)○알자(謁者)○찬부복흥평신(贊俯伏興平身)○인예축융(引詣祝融)○후토(后土)○욕수(蓐收)○현명(玄冥)○후직신위전(后稷神位前)○작헌(酌獻)○병여상의흘(竝如上儀訖)○인강복위(引降復位)

대축(大祝)○진철변두(進徹籩豆)○철자(徹者)○변두각일(籩豆各一)○소이어고처(少移於故處)○찬자왈(贊者曰)○사배(四拜)○헌관사배(獻官四拜)

찬자왈(贊者曰)○망예(望瘞)○알자(謁者)○인헌관(引獻官)○예망예위(詣望瘞位)○북향립(北向立)○찬자(贊者)○예망예위(詣望瘞位)○서향립(西向立)○대축(大祝)○이비취축판급폐(以篚取祝版及幣)○강자서폐(降自西陛)○치어감(置於坎)○찬자왈(贊者曰)○가예(可瘞)○치토반감(置土半坎)○알자(謁者)○진헌관지좌(進獻官之左)○백례필(白禮畢)○수인헌관출(遂引獻官出)○찬자(贊者)○환본위(還本位)○알자(謁者)○인감찰급제집사(引監察及諸執事)○구복단남배위(俱復壇南拜位)○찬자왈(贊者曰)○사배(四拜)○감찰이하(監察以下)○개사배흘(皆四拜訖)○알자인출(謁者引出)○찬자(贊者)○알자(謁者)○취단남배위(就壇南拜位)○사배이출(四拜而出)○전사관(典祀官)○솔기속(帥其屬)○장신위판(藏神位版)○철례찬(徹禮饌)○이강내퇴(以降乃退)

향문선왕시학의(享文宣王視學儀)

전삼일(前三日)○예조(禮曹)○선섭내외(宣攝內外)○각공기직(各供其職)

○재계(齊戒) ○견서례(見序例)

○진설(陳設)

전향삼일(前享三日)○전설사(典設司)○설대차어묘전동문외도북남향(設大次於廟殿東門外道北南向)○소차어전동계상근동서향(小次於殿東階上近東西向)○설시신차어대차지후남향(設侍臣次於大次之後南向)○설왕세자차어대차동남서향(設王世子次於大次東南西向)○제향관차어제방지내(諸享官次於齊坊之內)○배향관차어기전(陪享官次於其前)○수지지의(隨地之宜)○구북향(俱北向)

전이일(前二日)○묘사(廟司)○수기속(帥其屬)○소제묘전급학당지내외(掃除廟殿及學堂之內外)○전설사(典設司)○설찬만어동문외(設饌幔於東門外)

전일일(前一日)○전악(典樂)○솔기속(帥其屬)○설등가지악어당상전영간(設登歌之樂於堂上前楹間)○헌가어묘정(軒架於廟庭)○구북향(俱北向)○집례(執禮)○설전하판위어당상전영외근동서향(設殿下版位於堂上前楹外近東西向)○음복위어판위지북초전(飮福位於版位之北稍前)○찬자(贊者)○설아헌관(設亞獻官)○종헌관(終獻官)○배위초헌관(配位初獻官)○진폐작주관(進幣爵酒官)○천조관(薦俎官)○전폐작주관(奠幣爵酒官)○분헌관위어동계동남(分獻官位於東階東南)○구서향(俱西向)○집사자위어기후(執事者位於其後)○매등이위(每等異位)○중행서향북상(重行西向北上)○집례위이(執禮位二)○일어당상전영외(一於堂上前楹外)○일어당하(一於堂下)○구근동서향(俱近東西向)○찬자(贊者)○알자(謁者)○찬인(贊引)○재당하집례지후초남서향북상(在堂下執禮之後稍南西向北上)○협률랑위어당상전영외근서동향(協律郎位於堂上前楹外近西東向)○전악위어헌현지북북향(典樂位於軒懸之北北向)

설배향관위(設陪享官位)○문관일품이하어묘정지동(文官一品以下於廟庭之東)○종친급무관일품이하어묘정지서(宗親及武官一品以下於廟庭之西)○구매등이위(俱每等異位)○중행북향(重行北向)○상대위수(相對爲首)○감찰위이어문무반후북향(監察位二於文武班後北向)○학생어기후(學生於其後)○중행북향서상(重行北向西上)○설문외위(設門外位)○제향관어동문외도남(諸享官於東門外道南)○문관일품이하어향관지동소남(文官一品以下於享官之東少南)○학생어기후(學生於其後)○구매등이위(俱每等異位)○중행북향서상(重行北向西上)○종친급무관일품이하어서문외도남(宗親及武官一品以下於西門外道南)○구매등이위(俱每等異位)○중행북향동상(重行北向東上)○설망예위어예차지남(設望瘞位於瘞次之南)○아헌관(亞獻官)○재남북향(在南北向)○집례(執禮)○찬자(贊者)○대축(大祝)○재동중행서향북상(在東重行西向北上)

전설사(典設司)○설소차어명륜당후남향(設小次於明倫堂後南向)○액정서(掖庭署)○설어좌어명륜당당중남향(設御座於明倫堂當中南向)○왕세자좌어어좌동남서향(王世子座於御座東南西向)○설강탑어어좌지서남향(設講榻於御座之西南向)○설강서관강좌어전영간당강탑북향(設講書官講座於前楹間當講榻北向)○시강관좌어당지동서상향북상(侍講官座於堂之東西相向北上)○근시좌어강서관지동남북향서상(近侍座於講書官之東南北向西上)○설강서관(設講書官)○시신좌어계상동서(侍臣座於階上東西)○관관(館官)○학관어정지동서근북(學官於庭之東西近北)○학생어기후(學生

於其後)○구매등이위(俱每等異位)○중행상향북상(重行相向北上)

통례원(通禮院)○설왕세자배위어계하도동북향(設王世子拜位於階下道東北向)○시강관(侍講官)○강서관(講書官)○시신(侍臣)○관관(館官)○학관(學官)○학생배위어왕세자지후(學生拜位於王世子之後)○구매등이위(俱每等異位)○중행북향동상(重行北向東上)○설외위어대문외근남(設外位於大門外近南)○여내정의(如內庭儀)○설좌우통례(設左右通禮)○전의위어동계하근동서향(典儀位於東階下近東西向)○찬의(贊儀)○인의(引儀)○재남차퇴(在南差退)○우찬의(又贊儀)○인의위어서계하근서동향북상(引儀位於西階下近西東向北上)

향일미행사전(享日未行事前)○전사관(典祀官)○묘사(廟司)○각솔기속입(各帥其屬入)○전축판어대성지성문선왕신위지우(奠祝版於大成至聖文宣王神位之右)○유점(有坫)○진폐비각일어준소설향로(陳幣篚各一於尊所設香爐)○향합병촉어신위전(香合并燭於神位前)○차설제기여식(次設祭器如式)○견서례(見序例)○설복주작(設福酒爵)○유점(有坫)○조육조각일어문선왕준소(胙肉俎各一於文宣王尊所)○우설문선왕조일어찬만내(又設文宣王俎一於饌幔內)○설어세어동계상동남북향

(設御洗於東階上東南北向)○아(亞)○종헌세어계하동남북향(終獻洗於階下東南北向)○관세재동(盥洗在東)○작세재서(爵洗在西)○어세급아헌세(御洗及亞獻洗)○유반(有槃)○이(匜)○약령의정위아헌(若領議政爲亞獻)○칙여종헌동세(則與終獻同洗),○무반(無槃)○이(匜)○구뢰재세동(俱罍在洗東)○가작(加勺)○비재세서남사(篚在洗西南肆)○실이건(實以巾)○약작세지비(若爵洗之篚),○칙우실이작(則又實以爵)○유점(有坫)○제집사관세어헌관세동남북향(諸執事盥洗於獻官洗東南北向)○집존뢰비멱자위어존뢰비멱지후(執尊罍篚幂者位於尊罍篚幂之後)

○거가출궁(車駕出宮)○견서례(車駕出宮見序例)

○성생기○견서례(省牲器見序例)

○전폐(奠幣)

향일축전오각(享日丑前五刻)○축전오각(丑前五刻)○즉삼경삼점(卽三更三點)。행사용축시일각(行事用丑時一刻)○전사관(典祀官)○묘사(廟司)○입실찬구필(入實饌具畢)○찬인(贊引)○인감찰(引監察)○승자동계(升自東階)○제향관승강(諸享官陞降)○개자동계(皆自東階)○안시당지상하(按視堂之上下)○규찰부여의자(糾察不如儀者)○환출(還出)

전삼각(前三刻)○제향관급배향관(諸享官及陪享官)○학생(學生)○각복기복(各服其服)○향관(享官)○제복(祭服)○배향관(陪享官),○조복(朝服)○학생(學生)○청금복(靑衿服)○찬인(贊引)○인배향관급학생(引陪享官及學生)○구취문외위(俱就門外位)○집례(執禮)○솔찬자(帥贊者)○알자(謁者)○찬인(贊引)○입자동문(入自東門)○선취계간현북배위(先就階間懸北拜位)○중행북향서상(重行北向西上)○사배흘(四拜訖)○각취위(各就位)○전악(典樂)○솔공인(帥工人)○이무(二舞)○입취위(入就位)○문무(文舞)○입진어현북(入陳於懸北)○무무(武舞)○립어현남도서(立於懸南道西)○찬인(贊引)○인학생(引學生)○입취위(入就位)○인배향관(引陪享官)○입취위(入就位)○봉례(奉禮)○인아헌관(引亞獻官)○약령의정위아헌관(若領議政爲亞獻官)○칙알자인(則謁者引)○알자(謁者)○찬인(贊引)○각인제향관(各引諸享官)○구취문외위(俱就門外位)○좌통례(左通禮)○예대차전(詣大次前)○부복궤(俯伏跪)○계청중엄(啓請中嚴)○찬인(贊引)○인감찰(引監察)○전사관(典祀官)○대축(大祝)○축사(祝史)○제랑(齊郞)○묘사(廟司)○협률랑(協律郞)○봉조관(捧俎官)○집존뢰비멱자(執尊罍篚幂者)○입취현북배위(入就懸北拜位)○중행북향서상(重行北向西上)○립정(立定)○집례왈(執禮曰)○사배(四拜)○찬자전창(贊者傳唱)○범집례유사(凡執禮有辭)○찬자개전창(贊者皆傳唱)○감찰이하(監察以下)○개사배흘(皆四拜訖)○찬인(贊引)○인감찰(引監察)○취위(就位)○인제집사(引諸執事)○예관세위(詣盥洗位)○관세흘(盥帨訖)○각취위(各就位)

전일각(前一刻)○봉례(奉禮)○인아헌관(引亞獻官)○알자(謁者)○찬인(贊引)○각인종헌관(各引終獻官)○배위초헌관(配位初獻官)○진폐작주관(進幣爵酒官)○천조관(薦俎官)○전폐작주관(奠幣爵酒官)○분헌관(分獻官)○입취위(入就位)○찬인(贊引)○인제랑(引齊郞)○예작세위(詣爵洗位)○세작식작흘(洗爵拭爵訖)○치어비(置於篚)○봉예준소(捧詣尊所)○치어점상(置於坫上)○좌통례(左通禮)○궤계외판(跪啓外辦)○전하(殿下)○구면복이출(具冕服以出)○산선(繖扇)○시위여상의(侍衛如常儀)○예의사(禮儀使)○도전하(導殿下)○지동문외(至東門外)○근시궤진규(近侍跪進圭)○예의사(禮儀使)○계청집규(啓請執圭)○산선(繖扇)○장위(仗衛)○정어문외(停於門外)○상서원관(尙瑞院官)○

봉보(捧寶)○진어소차지측(陳於小次之側)○예의사(禮儀使)○도전하(導殿下)○입자정문(入自正門)○시위(侍衛)○부응입자(不應入者)지어문외(止於門外)○승자동계(升自東階)○근시종승(近侍從升)○예판위(詣版位)○서향립(西向立)○매립정(每立定)○례의사(禮儀使)○퇴부복어좌(退俯伏於左)

집례왈(執禮曰)○예의사계청행사(禮儀使啓請行事)○예의사(禮儀使)○궤계유사근구청행사(跪啓有司謹具請行事)○협률랑(協律郞)○궤부복거휘흥(跪俯伏擧麾興)○공고축(工鼓柷)○헌가작응안지악(軒架作凝安之樂)○열문지무작(烈文之舞作)○악이성(樂二成)○집례왈(執禮曰)○사배(四拜)○예의사(禮儀使)○계청사배(啓請四拜)○전하사배(殿下四拜)○재위자급학생(在位者及學生)○개사배(皆四拜)○선배자(先拜者)○부배(不拜)○악삼성(樂三成)○협률랑(協律郞)○언휘(偃麾)○알어(戞敔)○악지(樂止)○근시(近侍)○예관세위(詣盥洗位)○관세흘(盥帨訖)○환시위(還侍位)○알자(謁者)○인진폐작주관(引進幣爵酒官)○전폐작주관(奠幣爵酒官)○예관세위(詣盥洗位)○관세흘(盥帨訖)○승자동계(升自東階)○예대성지성문선왕존소(詣大成至聖文宣王尊所)○북향립(北向立)

집례왈(執禮曰)○예의사도전하행전폐례(禮儀使導殿下行奠幣禮)○예의사(禮儀使)○도전하(導殿下)○예관세위(詣盥洗位)○북향립(北向立)○계청진규(啓請搢圭)○여진부편(如搢不便)○근시승봉(近侍承奉)○근시(近侍)○궤취이흥(跪取匜興)○옥수(沃水)○우근시(又近侍)○궤취반(跪取槃)○승수(承水)○전하관수(殿下盥手)○근시(近侍)○궤취건어비(跪取巾於篚)○이진(以進)○전하세수흘(殿下帨手訖)○근시수건(近侍受巾)○전어비(奠於篚)○예의사(禮儀使)○계청집규(啓請執圭)○도전하(導殿下)○예대성지성문선왕신위전(詣大成至聖文宣王神位前)○북향립(北向立)○등가작명안지악(登歌作明安之樂)○렬문지무작(烈文之舞作)○예의사(禮儀使)○계청궤진규(啓請跪搢圭)○전하궤진규(殿下跪搢圭)○재위자개궤(在位者皆跪)○찬자역창(贊者亦唱)

근시일인(近侍一人)○봉향합(捧香合)○일인(一人)○봉향로(捧香爐)○궤진(跪進)○예의사(禮儀使)○계청삼상향(啓請三上香)○근시(近侍)○전로우신위전(奠爐于神位前)○근시(近侍)○이폐비수진폐작주관(以幣篚授進幣爵酒官)

진폐작주관(進幣爵酒官)○봉폐궤진(捧幣跪進)○예의사계청(禮儀使啓請)

집폐헌폐(執幣獻幣)○이폐수전폐작주관(以幣授奠幣爵酒官)○전우신위전(奠于神位前)○진향(進香)○진폐(進幣)○개재동서향(皆在東西向)○전로(奠爐)○전폐(奠幣)○개재서동향(皆在西東向)○진작(進爵)○전작준차(奠爵准此)○예의사(禮儀使)○계청집규부복흥평신(啓請執圭俯伏興平身)○전하(殿下)○집규부복흥평신(執圭俯伏興平身)○재위자급학생(在位者及學生)○개부복흥평신(皆俯伏興平身)○찬자역창(贊者亦唱)○진폐작주관(進幣爵酒官)○전폐작주관(奠幣爵酒官)○개강복위(皆降復位)○예의사(禮儀使)○도전하(導殿下)○출호복위(出戶復位)

초전하장복위(初殿下將復位)○알자(謁者)○인배위초헌관(引配位初獻官)○예관세위(詣盥洗位)○북향립(北向立)○찬진홀(贊搢笏)○초헌관(初獻官)○관수세수흘(盥手帨手訖)○찬집홀(贊執笏)○인예연국복성공신위전(引詣兗國復聖公神位前)○동향립(東向立)○찬궤진홀(贊跪搢笏)○집사자일인(執事者一人)○봉향합(捧香合)○일인(一人)○봉향로(捧香爐)○궤진(跪進)○알자(謁者)○찬삼상향(贊三上香)○집사자(執事者)○전로우신위전(奠爐于神位前)○대축(大祝)○이폐수초헌관(以幣授初獻官)○초헌관(初獻官)○집폐헌폐(執幣獻幣)○이폐수대축(以幣授大祝)○전우신위전(奠于神位前)○봉향(捧香)○수폐(授幣)○개재헌관지우(皆在獻官之右)○전로(奠爐)○전폐(奠幣)○개재헌관지좌(皆在獻官之左)○수작(授爵)○전작준차(奠爵准此)○알자(謁者)○찬집홀부복흥평신(贊執笏俯伏興平身)

차예성국종성공기국술성공추국아성공신위전(次詣郕國宗聖公沂國述聖公鄒國亞聖公神位前)○상향전폐(上香奠幣)○병여상의(竝如上儀)○유종성공아성공헌관(唯宗聖公亞聖公獻官)○서향행례(西向行禮)○후방차(後倣此)○홀(訖)○악지(樂止)○인강복위(引降復位)○당등가지시(當登歌止時),○제축사(諸祝史)○각봉모혈반(各捧毛血槃)○유동문(由東門)○승자동계(升自東階)○입전어신위전(入奠於神位前)○모혈반(毛血槃),○재등지후(在甑之後)

○궤향(饋享)

전하기승전폐(殿下旣升奠幣)○찬인(贊引)○인전사관출(引典祀官出)○수진찬자(帥進饌者)○예주(詣廚)○이비승우우확(以匕升牛于鑊)○실우생갑(實于牲匣)○차승양(次升羊)○시(豕)○각실우생갑(各實于牲匣)○매위(每位)○우(牛)○양(羊)○시(豕)○각일갑(各一匣)○입설어찬만내(入設於饌幔內)○알자(謁者)○인천조관출(引薦俎官出)○예찬소(詣饌所)○봉조관(捧俎官)○수지(隨之)○사배위초헌관전폐흘(俟配位初獻官奠幣訖)○복위(復位)

집례왈(執禮曰)○진찬(進饌)○알자(謁者)○인천조관(引薦俎官)○봉문선왕지조(捧文宣王之俎)○봉조관(捧俎官)○각봉생갑(各捧牲匣)○전사관(典祀官)○인찬(引饌)○입자정문(入自正門)○조초입문(俎初入門)○헌가작풍안지악(軒架作豊安之樂)○제축사(諸祝史)○구진철모혈반(俱進徹毛血槃)○강자동계(降自東階)○수제랑이출(授齊郞以出)○찬지계(饌至階)○제대축(諸大祝)○영인어계상(迎引於階上)○천조관(薦俎官)○예문선왕신위전(詣文宣王神位前)○북향궤(北向跪)○전선천우(奠先薦牛)○차천양(次薦羊)○차천시(次薦豕)○제축사(諸祝史)○조전(助奠)○전흘(奠訖)○계생갑개(啓牲匣蓋)○차예복성공(次詣復聖公)○종성공(宗聖公)○술성공(述聖公)○아성공신위전(亞聖公神位前),○봉전(捧奠)○병여상의흘(竝如上儀訖)○악지(樂止)○알자(謁者)○인천조관이하(引薦俎官以下)○강복위(降復位)○제축사(諸祝史)○환존소(還尊所)○알자(謁者)○인진폐작주관(引進幣爵酒官)○전폐작주관(奠幣爵酒官)○승예문선왕존소(升詣文宣王尊所)○북향립(北向立)

집례왈(執禮曰)○예의사도전하행초헌례(禮儀使導殿下行初獻禮)○예의사(禮儀使)○도전하(導殿下)○예문선왕준소(詣文宣王尊所)○서향립(西向立)○등가작성안지악(登歌作成安之樂)○열문지무작(烈文之舞作)○집준자(執尊者)○거멱(擧羃)○진폐작주관(進幣酌酒官)○작례제(酌醴齊)○근시(近侍)○이작수주(以爵受酒)○예의사(禮儀使)○도전하(導殿下)○예신위전(詣神位前)○북향립(北向立)○계청궤진규(啓請跪搢圭)○전하궤진규(殿下跪搢圭)○재위자급학생개궤(在位者及學生皆跪)○찬자역창(贊者亦唱)○근시(近侍)○이작수진폐작주관(以爵授進幣酌酒官)○진폐작주관(進幣酌酒官)○봉작궤진(捧爵跪進)○예의사(禮儀使)○계청집작헌작(啓請執爵獻爵)○이작수전폐작주관(以爵授奠幣爵酒官)○전우신위전(奠于神位前)○예의사(禮儀使)○계청집규부복흥소퇴북향궤(啓請執圭俯伏興少退北向跪)○악지(樂止)○대축(大祝)○진신위지우(進神位之右)○동향궤(東向跪)○독축문흘(讀祝文訖)○악작(樂作)○예의사계청부복흥평신(禮儀使啓請俯伏興平身)○전하(殿下)○부복흥평신(俯伏興平身)○재위자급학생(在位者及學生)○개부복흥평신(皆俯伏興平身)○찬자역창(贊者亦唱)○악지(樂止)○진폐작주관(進幣酌酒官)○전폐작주관(奠幣爵酒官)○개강복위(皆降復位)○예의사(禮儀使)○도전하(導殿下)○출호복위(出戶復位)○예의사(禮儀使)○계청입소차(啓請入小次)○전하장입소차(殿下將入小次)○계청석규(啓請釋圭)○근시궤수규(近侍跪受圭)○전하입소차(殿下入小次)○렴강(簾降)

초전하기복위(初殿下旣復位)○알자(謁者)○인배위초헌관(引配位初獻官)○예배위준소(詣配位尊所)○서향립(西向立)○악작(樂作)○집준자(執尊者)○거멱작례제(擧羃酌醴齊)○집사자사인(執事者四人)○이작수주(以爵受酒)○알자(謁者)○인초헌관(引初獻官)○예복성공신위전(詣復聖公神位前)○동향립(東向立)○찬궤진홀(贊跪搢笏)○집사자(執事者)○이작수초헌관(以爵授初獻官)○초헌관(初獻官)○집작헌작(執爵獻爵)○이작수집사자(以爵授執事者)○전우신위전(奠于神位前)○찬집홀부복흥평신(贊執笏俯伏興平身)○악지(樂止)○차예종성공(次詣宗聖公)○술성공(述聖公)○아성공신위전(亞聖公神位前)○작헌(酌獻)○병여상의흘(竝如上儀訖)○인강복위(引降復位)○문무퇴(文舞退)○무무진(武舞進)○헌가작서안지악(軒架作舒安之樂)○무자립정(舞者立定)○악지(樂止)

초배위초헌관장승전(初配位初獻官將升殿)○찬인(贊引)○각인분헌관(各引分獻官)○이차예관세위(以次詣盥洗位)○관세흘(盥帨訖)○분예전내급량무종향준소(分詣殿內及兩廡從享尊所)○집준자(執尊者)○거멱작주(擧羃酌酒)○집사자(執事者)○이작수주(以爵受酒)○찬인(贊引)○인분헌관(引分獻官)○예신위전(詣神位前)○궤진홀(跪搢笏)○집사자(執事者)○수작분헌관(授爵分獻官)○집작헌작(執爵獻爵)○전작(奠爵)○집홀부복흥평신(執笏俯伏興平身)○이차분헌흘(以次分獻訖)○구복위(俱復位)

분헌관헌장필(分獻官獻將畢)○집례왈(執禮曰)○행아헌례(行亞獻禮)○봉례(奉禮)○인아헌관(引亞獻官)○예관세위(詣盥洗位)○북향립(北向立)○찬진규(贊搢圭)○아헌관(亞獻官)○관수세수흘(盥手帨手訖)○찬집규(贊執圭)○인아헌관(引亞獻官)○예문선왕준소(詣文宣王尊所)○서향립(西向立)○헌가작성안지악(軒架作成安之樂)○소무지무작(昭武之舞作)○집준자(執尊者)○거멱작앙제(擧羃酌盎齊)○집사자(執事者)○이작수주(以爵受酒)○봉례(奉禮)○인아헌관(引亞獻官)○예신위전(詣神位前)○북향립(北向立)○찬궤진규(贊跪搢圭)○집사자(執事者)○이작수아헌관(以爵授亞獻官)○아헌관(亞獻官)○집작헌작(執爵獻爵)○이작수집사자(以爵授執事者)○전우신위전(奠于神位前)○찬집규부복흥평신(贊執圭俯伏興平身)○인예배위존소(引詣配位尊所)○서향립(西向立)○집존자(執尊者)○거멱작앙제(擧冪酌盎齊)○집사자사인(執事者四人)○이작수주(以爵受酒)○봉례(奉禮)○인아헌관(引亞獻官)○예복성공(詣復聖公)○종성공(宗聖公)○술성공(述聖公)○아성공신위전(亞聖公神位前)○동향행례(東向行禮)○병여상의흘(竝如上儀訖)○악지(樂止)○인강복위(引降復位)○초아헌관장승전(初亞獻官將升殿)○찬인(贊引)○각인분헌관(各引分獻官)○분예종향신위전(分詣從享神位前)○행례(行禮)○병여초헌의흘(竝如初獻儀訖)○구복위(俱復位)

분헌관헌장필(分獻官獻將畢)○집례왈(執禮曰)○행종헌례(行終獻禮)○알자(謁者)○인종헌관(引終獻官)○찬인(贊引)○인분헌관(引分獻官)○행례(行禮)○병여아헌의흘(竝如亞獻儀訖)○구복위(俱復位)

알자(謁者)○인진폐작주관(引進幣爵酒官)○천조관(薦俎官)○승자동계(升自東階)○예음복위(詣飲福位)○북향립(北向立)○대축(大祝)○예문선왕준소(詣文宣王尊所)○이작작상존복주(以爵酌上尊福酒)○우대축(又大祝)○지조진(持俎進)○감신위전조육(減神位前胙肉)○집례왈(執禮曰)○례의사도전하예음복위(禮儀使導殿下詣飲福位)○예의사(禮儀使)○계청예음복위(啓請詣飲福位)○렴권출차(簾捲出次)○근시궤진규(近侍跪進圭)○예의사(禮儀使)○계청집규(啓請執圭)○도전하(導殿下)○예음복위(詣飲福位)○서향립(西向立)○대축(大祝)○이작수진폐작주관(以爵授進幣爵酒官)○진폐작주관(進幣爵酒官)○봉작(捧爵)○북향궤진(北向跪進)○예의사(禮儀使)○계청궤진규(啓請跪搢圭)○전하궤진규(殿下跪進圭)○재위자급학생개궤(在位者及學生皆跪)○찬자역창(贊者亦唱)○전하(殿下)○수작음흘(受爵飲訖)○진폐작주관(進幣爵酒官)○수허작(受虛爵)○이수대축(以授大祝)○대축(大祝)○수복어점(受復於坫)○대축(大祝)○이조수천조관(以俎授薦俎官)○천조관(薦俎官)○봉조(捧俎)○북향궤진(北向跪進)○예의사(禮儀使)○계청수조(啓請受俎)○전하수조(殿下受俎)○이수근시(以授近侍)○근시봉조(近侍捧俎)○강자동계(降自東階)○출문(出門)○수사옹원관(授司饔院官)○진폐작주관(進幣爵酒官)○천조관(薦俎官)○강복위(降復位)○예의사(禮儀使)○계청집규부복흥평신(啓請執圭俯伏興平身)○전하(殿下)○집규부복흥평신(執圭俯伏興平身)○재위자급학생(在位者及學生)○개부복흥평신(皆俯伏興平身)○찬자역창(贊者亦唱)○도전하(導殿下)○복위(復位)○집례왈(執禮曰)○사배(四拜)○예의사(禮儀使)○계청사배(啓請四拜)○전하사배(殿下四拜)○재위자급학생(在位者及學生)○개사배(皆四拜)

집례왈(執禮曰)○철변두(徹籩豆)○제대축(諸大祝)○입철변두(入徹籩豆)○철자(徹者)○변두각일(籩豆各一)○소이어고처(少移於故處)○등가작오안지악(登歌作娛安之樂)○철흘(徹訖)○악지(樂止)○헌가작응안지악(軒架作凝安之樂)○집례왈(執禮曰)○사배(四拜)○예의사(禮儀使)○계청사배(啓請四拜)○전하사배(殿下四拜)○재위자급학생(在位者及學生)○개사배(皆四拜)○악일성지(樂一成止)○예의사(禮儀使)○계례필(啓禮畢)○도전하(導殿下)○환대차(還大次)○출문(出門)○례의사(禮儀使)○계청석규(啓請釋圭)○근시궤수규(近侍跪受圭)○산선(繖扇)○시위여상의(侍衛如常儀)○전하(殿下),○입대차(入大次)○석면복(釋冕服)

집례왈(執禮曰)○망예(望瘞)○봉례(奉禮)○인아헌관(引亞獻官)○예망예위(詣望瘞位)○북향립(北向立)○집례(執禮)○솔찬자(帥贊者)○예망예위(詣望瘞位),서향립(西向立)○제대축(諸大祝)○이비취축판급폐서직반(以篚取祝版及幣黍稷飯)○강자서계(降自西階)○치어감(置於坎)○집례왈(執禮曰)○가예(可瘞)○치토반감(置土半坎)○묘사감시(廟司監視)○봉례(奉禮)○인아헌관(引亞獻官)○알자(謁者)○찬인(贊引)○각인제향관출(各引諸享官出)○집례(執禮)○수찬자(帥贊者)○환본위(還本位)○인의(引儀)○분인배향관(分引陪享官)○이차출(以次出)○찬인(贊引)○인감찰급제집사(引監察及諸執事)○구복현북배위(俱復懸北拜位)○립정(立定)○집례왈(執禮曰)○사배(四拜)○감찰이하(監察以下)○개사배흘(皆四拜訖)○찬인인출(贊引引出)○학생이차출(學生以次出)○전악(典樂)○수공인(帥工人)○이무출(二舞出)○집례(執禮)○수찬자(帥贊者)○알자(謁者)○찬인(贊引)○취현북배위(就懸北拜位)○사배이출(四拜而出)○전사관(典祀官)○묘사(廟司)○각솔기속(各帥其屬)○철례찬(徹禮饌)○합호(闔戶)○이강내퇴(以降乃退)

○시학(視學)

초전하환대차(初殿下還大次)○군신(群臣)○각사우차(各俟于次)○병조(兵曹)○륵제위(勒諸衛)○진장위어명륜당정지동서(陳仗衛於明倫堂庭之東西)○여상(如常)○인의(引儀)○인시강관(引侍講官)○강서관(講書官)○시신(侍臣)○관관(館官)○학관(學官)○구상복(具常服)○범시위자동(凡侍衛者同)○급학생(及學生)○구취문외위(俱就門外位)○좌통례(左通禮)○예대차전(詣大次前)○부복궤(俯伏跪)○계청중엄(啓請中嚴)○봉례(奉禮)○인왕세자(引王世子)○구익선관(具翼善冠)○곤룡포(袞龍袍)○취문외위(就門外位)

좌통례(左通禮)○궤계청시학(跪啓請視學)○전하(殿下)○구익선관(具翼善冠)○곤룡포(袞龍袍)○승여이출(乘輿以出)○산선(繖扇)○시위여상의(侍衛如常儀)○왕세자이하(王世子以下)○국궁(鞠躬)○과즉평신(過則平身)○좌우통례(左右通禮)○전도(前導)○지명륜당(至明倫堂)○입소차(入小次)○사옹원(司饔院)○설주정어전영간(設酒亭於前楹間)○좌우통례(左右通禮)○전의(典儀)○찬의(贊儀)○인의(引儀)○구입취위(俱入就位)○인의(引儀)○인강서관이하급학생(引講書官以下及學生)○입취위(入就位)○좌통례(左通禮)○진당소차전(進當小次前)○궤계외판(跪啓外辦)○전하(殿下)○출차(出次)○승자북계(升自北階)○즉좌(卽座)○산선(繖扇)○시위여상의(侍衛如常儀)○승지(承旨)○유서편계승(由西偏階升)○취좌부복(就座俯伏)○사관재기후(史官在其後)

봉례(奉禮)○인왕세자(引王世子)○입취배위(入就拜位)○전의왈(典儀曰)○사배(四拜)○찬의전창(贊儀傳唱)○범찬의찬창(凡贊儀贊唱)○개승전의지사(皆承典儀之辭)○왕세자(王世子)○사배흘(四拜訖)○봉례(奉禮)○인왕세자(引王世子)○승자서편계(升自西偏階)○취좌(就座)○봉례(奉禮)○지어계하(止於階下)○인의동(引儀同)○인의(引儀)○인시강관(引侍講官)○입취배위(入就拜位)○찬의창(贊儀唱)○사배(四拜)○시강관이하(侍講官以下)○개사배흘(皆四拜訖)○인의(引儀)○인시강관이하(引侍講官以下)○유서편계승(由西偏階升)○취당상(就堂上)○강서관(講書官)○시신(侍臣)○칙계상(則階上)○북동향상(北東向上)○부복(俯伏)○관관(館官)○학관(學官)○학생(學生)○칙어본위궤(則於本位跪)

사옹원제조(司饔院提調)○이작작주이진(以爵酌酒以進)○전하(殿下)○집작(執爵)○사시강관(賜侍講官)○시강관(侍講官)○이차진부복궤(以次進俯伏跪)○수작음흘(受爵飮訖)○부복(俯伏)○집사자(執事者)○분사강서관이하급학생(分賜講書官以下及學生)○주음흘(酒飮訖)○구복배위(俱復拜位)○범사주초지(凡賜酒初至)○초리본위(稍離本位)○부복궤수음흘(俯伏跪受飮訖)○부복흥(俯伏興)○환위(還位)○찬의창(贊儀唱)○사배(四拜)○시강관이하급학생(侍講官以下及學生)○개사배(皆四拜)○찬의창(贊儀唱)○궤(跪)○시강관이하(侍講官以下)○개궤(皆跪)

사옹원제조(司饔院提調)○진찬안(進饌案)○찬의창(贊儀唱)○부복흥평신(俯伏興平身)○시강관이하(侍講官以下)○개부복흥평신(皆俯伏興平身)○인의(引儀)○인시강관반수(引侍講官班首)○유서편계승(由西偏階升)○예주정동(詣酒亭東)○북향립(北向立)○찬의창(贊儀唱)○궤(跪)○시강관이하(侍講官以下)○개궤(皆跪)○제조(提調)○이작작주(以爵酌酒)○수반수(授班首)○반수(班首)○수작(受爵)○예좌전(詣座前)○북향궤진(北向跪進)○부복흥(俯伏興)○찬의창(贊儀唱)○부복흥평신(俯伏興平身)○시강관이하(侍講官以下)○개부복흥평신(皆俯伏興平身)○반수(班首)○강복위(降復位)○찬의창(贊儀唱)○사배(四拜)○시강관이하(侍講官以下)○개사배(皆四拜)

인의(引儀)○인시강관이하응승자(引侍講官以下應升者)○유서편계승(由西偏階陞)○취좌부복(就座俯伏)○차인관관(次引館官)○학관(學官)○학생(學生)○분취정지동서(分就庭之東西)○부복(俯伏)○상향북상(相向北上)○사옹원부제조(司饔院副提調)○공왕세자찬탁(供王世子饌卓)○집사자(執事者)○분사시강관이하급학생찬반(分賜侍講官以下及學生饌盤)○내시(內侍)○진서안(進書案)○근시(近侍)○이서수강서관(以書授講書官)○강서관(講書官)○강소강서(講所講書)○시강관(侍講官)○론난(論難)○혹주역고금(或紬繹古今)○혹강론치도(或講論治道)○무요통창(務要通暢)○부구문구(不拘文句)

부제조(副提調)○작주(酌酒)○사왕세자(賜王世子)○왕세자(王世子)○리위부복궤(離位俯伏跪)○수음흘(受飮訖)○부복흥복위(俯伏興復位)○이차행주(以次行酒)○오작이지(五爵而止)○강흘(講訖)○제조(提調)○철찬안(徹饌案)○찬탁급주정(饌卓及酒亭)○내시(內侍)○철서안(徹書案)○시강관이하급학생(侍講官以下及學生)○구복배위(俱復拜位)○봉례(奉禮)○인왕세자(引王世子)○강복위(降復位)

찬의창(贊儀唱)○사배(四拜)○왕세자사배(王世子四拜)○봉례인출(奉禮引出)○찬의창(贊儀唱)○

사배(四拜)○시강관이하(侍講官以下)○개사배흘(皆四拜訖)○좌통례(左通禮)○승자서편계(升自西偏階)○진당좌전(進當座前)○부복궤계례필(俯伏跪啓禮畢)○부복흥강복위(俯伏興降復位)○전하(殿下)○강좌(降座)○환소차(還小次)○인의(引儀)○인시강관이하급학생(引侍講官以下及學生)○이차출(以次出)○집사자(執事者)○철시강관이하찬반흘(徹侍講官以下饌盤訖)○좌통례(左通禮)○진당소차전(進當小次前)○궤계출차(跪啓出次)○전하(殿下)○승여이출(乘輿以出)○산선(繖扇)○시위여상의(侍衛如常儀)○좌우통례(左右通禮)○전도(前導)○환대차(還大次)

○거가환궁(車駕還宮)○견서례(見序例)

작헌문선왕시학의(酌獻文宣王視學儀)

전일일(前一日)○묘사(廟司)○솔기속(帥其屬)○소제묘전급학당지내외(掃除廟殿及學堂之內外)○전설사(典設司)○설대차어묘전동문외도북남향(設大次於廟殿東門外道北南向)○설왕세자차어대차동남서향(設王世子次於大次東南西向)

기일(其日)○전의(典儀)○설전하판위어당상전영외근동서향(設殿下版位於堂上前楹外近東西向)○왕세자판위어묘정지동근북북향(王世子版位於廟庭之東近北北向)○전작관(奠爵官)○집사자위어동계동남서향북상(執事者位於東階東南西向北上)○종친(宗親)○문무관위어정지동(文武官位於庭之東)○서문동(西文東)○무서(武西)○구매등이위(俱每等異位)○중행북향(重行北向)○상대위수(相對爲首)○학생어기후중행북향서상(學生於其後重行北向西上)○전의위어동계지서서향(典儀位於東階之西西向)○찬의(贊儀)○인의(引儀)○재남차퇴(在南差退)○설문외위(設門外位)○전작관(奠爵官)○제집사어동문외도남중행북향서상(諸執事於東門外道南重行北向西上)○문관일품이하어전작관지동(文官一品以下於奠爵官之東)○학생어기후(學生於其後)○구매등이위(俱每等異位)○중행북향서상(重行北向西上)○종친급무관일품이하어서문외도남(宗親及武官一品以下於西門外道南)○구매등이위(俱每等異位)○중행북향동상(重行北向東上)○전설사(典設司)○설소차어명륜당후남향(設小次於明倫堂後南向)○액정서(掖庭署)○설어좌어명륜당중남향(設御座於明倫堂當中南向)○왕세자좌어어좌동남서향(王世子座於御座東南西向)○설강탑어어좌지서남향(設講榻於御座之西南向)○설강서관강좌어전영간당강탑북향(設講書官講座於前楹間當講榻北向)○시강관좌어당지동서상향북상(侍講官座於堂之東西相向北上)○근시좌어강서관지동북향서상(近侍座於講書官之東北向西上)○강서관(講書官)○시신좌어계상동서(侍臣座於階上東西)○관관(館官)○학관어정지동서근북(學官於庭之東西近北)○학생어기후(學生於其後)○구매등이위(俱每等異位)○중행상향북상(重行相向北上)○통례원(通禮院)○설왕세자배위어계하도동북향(設王世子拜位於階下道東北向)○시강관(侍講官)○강서관(講書官)○시신(侍臣)○관관(館官)○학관(學官)○학생배위어왕세자지후(學生拜位於王世子之後)○매등이위(每等異位)○중행북향동상(重行北向東上)○설외위어대문외근남(設外位於大門外近南)○여내정의(如內庭儀)○설재우통례(設在右通禮)○전의위어동계하근동서향(典儀位於東階下近東西向)○찬의(贊儀)○인의(引儀)○재남차퇴(在南差退)○우찬의(又贊儀)○인의위어서계하근서동향북상(引儀位於西階下近西東向北上)

미행사전(未行事前)○전사관(典祀官)○묘사(廟司)○각수기속(各帥其屬)○설향로(設香爐)○향합병촉어신위전(香合幷燭於神位前)○차설제기여식(次設祭器如式)○견서례(見序例)○설어세어동계상동남북향(設御洗於東階上東南北向)○전작관세어계하동남북향(奠爵官洗於階下東南北向)○관세재동(盥洗在東)○작세재서(爵洗在西)○어세유반이(御洗有槃匜)○구뢰재세동(俱罍在洗東)○가작(加勺)○비재세서남사(篚在洗西南肆)○실이건(實以巾)○약작세지비(若爵洗之篚)○칙우실이작(則又實以爵)○유점(有坫)○제집사관세우어동남북향(諸執事盥洗又於東南北向)○집존뢰비멱자위어존뢰비멱지후(執尊罍篚冪者位於尊罍篚冪之後)

○거가출궁(車駕出宮)○견서례(見序例)

○작헌(酌獻)

전사관(典祀官)○입실찬구필(入實饌具畢)○종친(宗親)○문무관급전작관(文武官及奠爵官)○제집사(諸執事)○학생(學生)○각복기복(各服其服)○종친(宗親)○문무관(文武官)○조복(朝服)○전작관이하(奠爵官以下)○제복(祭服)○학생(學生)○청금복(靑衿服)○구취문외위(俱就門外位)○좌통례(左通禮)○예대차전(詣大次前)○궤계청중엄(跪啓請中嚴)○전의(典儀)○수찬의(帥贊儀)○인의(引儀)○입자동문(入自東門)○선취계간배위(先就階間拜位)○중행북향서상(重行北向西上)○사배흘(四拜訖)○취위(就位)○학생(學生)○입취위(入就位)○인의(引儀)○분인종친(分引宗親)○문무관(文武官)○입취위(入就位)○인의(引儀)○인전작관이하제집사(引奠爵官以下諸執事)○입취계간배위(入就階間拜位)○중행북향서상(重行北向西上)○립정(立定)○전의왈(典儀曰)○사배(四拜)○찬의전창(贊儀傳唱)○범찬의(凡贊儀)○찬창(贊唱)○개승전의지사(皆承典儀之辭)○전작관이하(奠爵官以下)○개사배흘(皆四拜訖)○예관세위(詣盥洗位)○관세흘(盥帨訖)○각취위(各就位)○집사자(執事者)○예작세위(詣爵洗位)○세작식작흘(洗爵拭爵訖)○치어비(置於篚)○봉예존소(捧詣尊所)○치어점상(置於坫上)○봉례(奉禮)○인왕세자(引王世子)○구면복(具冕服)○입취위(入就位)

좌통례(左通禮)○궤계청행작헌례(跪啓請行酌獻禮)○전하(殿下)○구면복이출(具冕服以出)○산선(繖扇)○시위여상의(侍衛如常儀)○좌우통례(左右通禮)○도전하(導殿下)○지동문외(至東門外)○근시궤진규(近侍跪進圭)○좌통례(左通禮)○계청집규(啓請執圭)○산선(繖扇)○장위(仗衛)○정어문외(停於門外)○도전하(導殿下)○입자정문(入自正門)○시위(侍衛)○부응입자(不應入者)○지어문외(止於門外)○승자동계(升自東階)○근시종승(近侍從升)○예판위(詣版位)○서향립(西向立)○매립정(每立定)○좌우통례(左右通禮)○퇴부복어좌우(退俯伏於左右)○전의왈(典儀曰)○사배(四拜)○좌통례(左通禮)○계청사배(啓請四拜)○전하사배(殿下四拜)○왕세자이하재위자급학생(王世子以下在位者及學生)○개사배(皆四拜)○선배자(先拜者)○부배(不拜)○좌통례(左通禮)○도전하(導殿下)○예관세위(詣盥洗位)○북향립(北向立)○계청진규(啓請搢圭)○여진부편(如搢不便)○근시승봉(近侍承捧)○근시(近侍)○궤취이흥옥수(跪取匜興沃水)○우근시(又近侍)○취반승수(取槃承水)○전하관수(殿下盥手)○근시(近侍)○궤취건어비(跪取巾於篚)○이진(以進)○전하세수흘(殿下帨手訖)○근시수건(近侍受巾)○전어비(奠於篚)○좌통례계청집규(左通禮啓請執圭)

도전하(導殿下)○예대성지성문선왕존소(詣大成至聖文宣王尊所)○서향립(西向立)○집존자거멱(執尊者擧冪)○근시일인(近侍一人)○작주(酌酒)○일인(一人)○이작수주(以爵受酒)○좌통례(左通禮)○도전하(導殿下)○예신위전(詣神位前)○북향립(北向立)○좌통례계청궤진규(左通禮啓請跪搢圭)○전하궤진규(殿下跪搢圭)○왕세자이하재위자급학생(王世子以下在位者及學生)○개궤(皆跪)○찬의역창(贊儀亦唱)○근시일인(近侍一人)○봉향합(捧香合)○일인(一人)○봉향로(捧香爐)○궤진(跪進)○좌통례(左通禮),계청삼상향(啓請三上香)○근시(近侍)○전로우신위전(奠爐于神位前)○근시(近侍)○봉작궤진(捧爵跪進)○좌통례계청집작헌작(左通禮啓請執爵獻爵)○이작수근시(以爵授近侍)○전우신위전(奠于神位前)○좌통례계청부복흥평신(左通禮啓請俯伏興平身)○전하부복흥평신(殿下俯伏興平身)○왕세자이하재위자급학생(王世子以下在位者及學生)○개부복흥평신(皆俯伏興平身)○찬의역창(贊儀亦唱)○좌통례(左通禮)○도전하(導殿下)○복위(復位)

인의(引儀)○인배위전작관(引配位奠爵官)○예준소(詣尊所)○서향립(西向立)○집사자(執事者)○거멱작주(擧冪酌酒)○집사자사인(執事者四人)○이작수주(以爵受酒)○인예복성공신위전(引詣復聖公神位前)○동향궤진흘(東向跪搢笏)○집작헌작(執爵獻爵)○이작수집사자(以爵授執事者)○전우신위전(奠于神位前)○집홀부복흥평신(執笏俯伏興平身)○차예종성공(次詣宗聖公)○술성공(述聖公)○아성공신위전(亞聖公神位前)○작헌(酌獻)○병여상의흘(竝如上儀訖)○인강복위(引降復位)○초배위전작관장예배위존소(初配位奠爵官將詣配位尊所)○종향전작관(從享奠爵官)○분예전내급량무종향신위전(分詣殿內及兩廡從享神位前)○작헌(酌獻)○병여상의흘(竝如上儀訖)○구복위(俱復位)○좌통례(左通禮)○궤계청사배(跪啓請四拜)○전하사배(殿下四拜)○왕세자이하재위자급학생(王世子以下在位者及學生)○개사배(皆四拜)○좌통례(左通禮)○궤계례필(跪啓禮畢)○도전하(導殿下)○강자동계(降自東階)○환대차(還大次)○출문(出門)○좌통례계청석규(左通禮啓請釋圭)○근시궤수규(近侍跪受圭)○산선(繖扇)○시위여상의(侍衛如常儀)○전하(殿下)○입대차(入大次)○석면복(釋冕服)○봉례(奉禮)○인왕세자출(引王世子出)○인의(引儀)○인전작관(引奠爵官)○우인의(又引儀)○분인종친(分引宗親)○문무관출(文武官出)○학생이차출(學生以次出)○전의(典儀)○수찬의(帥贊儀)○인의(引儀)○취배위(就拜位)○사배이출(四拜而出)○전사관(典祀官)○묘사(廟司)○각수기속(各帥其屬)○철례찬(徹禮饌)○합호(闔戶)○이강내퇴(以降乃退)

○**시학(視學)**○견상(見上)
○**거가환궁(車駕還宮)**○견서례(見序例)

왕세자작헌문선왕입학의
(王世子酌獻文宣王入學儀)

전일일(前一日)○묘사(廟司)○소제묘전급학당지내외(掃除廟殿及學堂之內外)○전설사(典設司)○설왕세자편차어묘전동문외서향(設王世子便次於廟殿東門外西向)○찬자(贊者)○설왕세자배위어동계동남서향(設王世子拜位於東階東南西向)○집사자위어기후초남서향북상(執事者位於其後稍南西向北上)○찬자(贊者)○알자위어동계지서서향북상(謁者位於東階之西西向北上)○학생위어정중북향서상(學生位於庭中北向西上)○설문외위(設門外位)○제집사어동문외도남(諸執事於東門外道南)○학생어기후중행북향서상(學生於其後重行北向西上)

기일(其日)○전사관(典祀官)○묘사(廟司)○각솔기속(各帥其屬)○설향로(設香爐)○향합병촉어신위전(香合并燭於神位前)○차설제기여식(次設祭器如式)○견서례(見序例)○설세어동계동남북향(設洗於東階東南北向)○관세재동(盥洗在東)○작세재서(爵洗在西)○뢰재세동(罍在洗東)○가작(加勺)○비재세서남사(篚在洗西南肆)○실이건(實以巾)○약작세지비(若爵洗之篚)○칙우실이작(則又實以爵)○유점(有坫)○집사자세우어동남북향(執事者洗又於東南北向)○집존뢰비멱자위어존뢰비멱지후(執尊罍篚冪者位於尊罍篚冪之後)

○**출궁(出宮)**

전출궁이일(前出宮二日)○유사(攸司)○선섭내외(宣攝內外)○각공기직(各供其職)

기일(其日)○세자익위사(世子翊衛司)○륵소부진장위여상(勒所部陳仗衛如常)○사복사첨정(司僕寺僉正)○진련어광화문외(進輦於光化門外)○궁관(宮官)○의시각(依時刻)○집도(集到)○각구기복(各具其服)○문관상복(文官常服)○무관기복(武官器服)

전삼각(前三刻)○궁관(宮官)○취궁문외(就宮門外)○분좌우상향북상(分佐右相向北上)○익찬(翊贊)○부인여식(負印如式)○시종지관(侍從之官)○익위이인패운검(翊衛二人佩雲劍)○사어이인패궁시(司禦二人佩弓矢)○구예합외(俱詣閣外)○봉영(奉迎)○필선(弼善)○예합외(詣閣外)○궤찬청내엄(跪贊請內嚴)○소경(頃)○우백외비(又白外備)○왕세자(王世子)○구익선관(具翼善冠)○곤룡포출(衮龍袍出)○필선(弼善)○전인(前引)○익찬(翊贊)○부인전행(負印前行)○대승련(待乘輦)○이인재마(以印載馬)○산선(繖扇)○시위여상(侍衛如常)○출광화문외(出光化門外)○필선(弼善)○궤찬청승련(跪贊請乘輦)○왕세자(王世子)○승련소주(乘輦小駐)○시종지관(侍從之官)○승마(乘馬)○필선(弼善)○진당련전(進當輦前)○궤찬청진발(跪贊請進發)○부복흥퇴(俯伏興退)○연동(輦動)○궁관(宮官)○개승마배종(皆乘馬陪從)○여상의(如常儀)

●**작헌(酌獻)**

전사관(典祀官)○입실찬구필(入實饌具畢)○시지(時至)○집사자급학생(執事者及學生)○복청금복(服靑衿服)○구취문외위(俱就門外位)○필선(弼善)○찬청내엄(贊請內嚴)○찬자(贊者)○알자(謁者)○선취계간배위(先就階間拜位)○북향서상(北向西上)○사배흘(四拜訖)○취위(就位)○집사자(執事者)○입취배위(入就拜位)○중행북향서상(重行北向西上)○립정(立定)○찬자창사배(贊者唱四拜)○집사자개사배(執事者皆四拜)○예관세위(詣盥洗位)○관세흘(盥帨訖)○각취위(各就位)○집사자(執事者)○예작세위(詣爵洗位)○세작식작흘(洗爵拭爵訖)○치어비(置於篚)○봉예존소(捧詣尊所)○치어점상(置於坫上)○학생입취위(學生入就位)

필선(弼善)○찬청행작헌례(贊請行酌獻禮)○왕세자(王世子)○복학생복출(服學生服出)○시위여상의(侍衛如常儀)○필선(弼善)○전인(前引)○입자동문(入自東門)○산선급시위부응입자(繖扇及侍衛不應入者)

지어문외(止於門外)○취배위(就拜位)○서향립(西向立)○매립정(每立定)○필선(弼善)○퇴부복어좌(退俯伏於左)○찬자창사배(贊者唱四拜)○필선(弼善)○찬청사배(贊請四拜)○왕세자사배(王世子四拜)○학생개사배(學生皆四拜)○선배자(先拜者)○부배(不拜)○필선(弼善)○인왕세자(引王世子)○예관세위(詣盥洗位)○북향립(北向立)○관세흘(盥帨訖)○인왕세자(引王世子)○승자동계(升自東階)○좌우시위(左右侍衛)○량인종승(量人從升)○예정위준소(詣正位尊所)○서향립(西向立)○집사자일인(執事者一人)○거멱작주(擧羃酌酒)○종관일인(從官一人)○이작수주(以爵受酒)○필선(弼善)○인왕세자(引王世子)○예신위전(詣神位前)○북향립(北向立)○찬청궤(贊請跪)○집사자일인(執事者一人)○봉향합(捧香合)○일인봉향로(一人捧香爐)○궤진(跪進)○필선(弼善)○찬청삼상향(贊請三上香)○집사자(執事者)○전로우신위전(奠爐于神位前)○종관(從官)○봉작궤진(捧爵跪進)○필선찬청집작헌작(弼善贊請執爵獻爵)○이작수종관(以爵授從官)○전우신위전(奠于神位前)○필선찬청부복흥평신(弼善贊請俯伏興平身)

인왕세자(引王世子)○출호(出戶)○예배위준소(詣配位尊所)○서향립(西向立)○집사자(執事者)○거멱작주(擧羃酌酒)○종관사인(從官四人)○이작수주(以爵受酒)○필선(弼善)○인왕세자(引王世子)○예복성공(詣復聖公)○종성공(宗聖公)○술성공(述聖公)○아성공신위전(亞聖公神位前)○행례(行禮)○병여상의흘(並如上儀訖)○필선(弼善)○인왕세자(引王世子)○강복위(降復位)○초배위작헌장필(初配位酌獻將畢)○집사자(執事者)○분예전내급량무종향신위전(分詣殿內及兩廡從享神位前)○조전흘(助奠訖)○구복위(俱復位)○찬자창사배(贊者唱四拜)○필선찬청사배(弼善贊請四拜)○왕세자사배(王世子四拜)○학생개사배(學生皆四拜)○필선(弼善)○인왕세자(引王世子)○환편차(還便次)○시위여상(侍衛如常)○학생이차출(學生以次出)○집사자(執事者)○구복배위(俱復拜位)○찬자창사배(贊者唱四拜)○집사자개사배출(執事者皆四拜出)○찬자(贊者)○알자(謁者)○취배위(就拜位)○사배이출(四拜而出)○전사관(典祀官)○묘사(廟司)○철례찬(徹禮饌)○합호(闔戶)○이강내퇴(以降乃退)

●입학(入學) ○견가례(見嘉禮)

왕세자석전문선왕의
(王世子釋奠文宣王儀)

●시일(時日) ○견서례(見序例)
●재계(齊戒) ○견서례(見序例)

●진설(陳設)

전석전이일(前釋奠二日)○묘사(廟司)○솔기속(帥其屬)○소제묘지내외(掃除廟之內外)○전설사(典設司)○설왕세자편차어묘전동문외서향(設王世子便次於廟殿東門外西向)○설배향궁관차어기후(設陪享宮官次於其後)○제향관차어제방지내(諸享官次於齊坊之內)○수지지의(隨地之宜)○우설찬만어동문외(又設饌幔於東門外)

전일일(前一日)○전악(典樂)○솔기속(帥其屬)○설등가지악어당상전영간(設登歌之樂於堂上前楹間)○헌가어묘정(軒架於廟庭)○구북향(俱北向)○집례(執禮)○설왕세자판위어동계동남서향(設王世子版位於東階東南西向)○음복위어당상전영외근동서향(飲福位於堂上前楹外近東西向)○찬자(贊者)○설아헌관(設亞獻官)○종헌관(終獻官)○분헌관위어왕세자판위지후초남서향(分獻官位於王世子版位之後稍南西向)○집사자위어기후(執事者位於其後)○매등이위(每等異位)○중행서향북상(重行西向北上)○감찰위어집사지남서향(監察位於執事之南西向)○서리배기후(書吏陪其後)○집례위이(執禮位二)○일어당상전영외(一於堂上前楹外)○일어당하(一於堂下)○구근동서향(俱近東西向)○찬자(贊者)○알자(謁者)○찬인(贊引)○재당하집례지후초남서향북상(在堂下執禮之後稍南西向北上)○협률랑위어당상전영외근서동향(協律郎位於堂上前楹外近西東向)○전악위어헌현지북북향(典樂位於軒懸之北北向)○설배향궁관위어동문지내(設陪享宮官位於東門之內)○매등이위(每等異位)○중행서향북상(重行西向北上)○관관(館官)○학관위어서문지내당배향궁관(學官位於西門之內當陪享宮官)○매등이위(每等異位)○중행동향북상(重行東向北上)○학생위어정중북향서상(學生位於庭中北向西上)○설문외위(設門外位)○아헌관이하제석전관어동문외도남(亞獻官以下諸釋奠官於東門外道南)○배향궁관어제석전관지동(陪享宮官於諸釋奠官之東)○학생어기후(學生於其後)○구매등이위(俱每等異位)○중행북향서상(重行北向西上)○관관(館官)○학관어서문외도남(學官於西門外道南)○매등이위(每等異位)○중행북향동상(重行北向東上)○설망예위어예감지남(設望瘞位於瘞坎之南)○왕세자재남북향(王世子在南北向)○집례(執禮)○찬자(贊者)○대축(大祝)○재동서향북상(在東西向北上)○찬자(贊者)○대축(大祝)○초각(稍却)

석전일미행사전(釋奠日未行事前)○전사관(典祀官)○묘사(廟司)○각솔기속입(各帥其屬入)○전축판각일어대성지성문선왕(奠祝版各一於大成至聖文宣王)○연국복성공(兗國復聖公)○성국종성공(郕國宗聖公)○기국술성공(沂國述聖公)○추국아성공신위지우(鄒國亞聖公神位之右)○각유점(各有坫)○진폐비각일어존소(陳幣篚各一於尊所)○설향로(設香爐)○향합병촉어신위전(香合幷燭於神位前)○차설제기여식(次設祭器如式)○견서례(見序例)○설복주작(設福酒爵)○유점(有坫)○조육조각일어문선왕존소(胙肉俎各一於文宣王尊所)○설세어동계동남북향(設洗於東階東南北向)○아종헌세우어동남북향(亞終獻洗又於東南北向)○관세재동(盥洗在東)○작세재서(爵洗在西)○왕세자세유반이(王世子洗有槃匜)○구뢰재세동(俱罍在洗東)○가작(加勺)○비재세서남사(篚在洗西南肆)○실이건(實以巾)○약작세지비(若爵洗之篚)○칙우실이작(則又實以爵)○유점(有坫)○제집사관세어아(諸執事盥洗於亞)○종헌세동남북향(終獻洗東南北向)○집준뢰비멱자위어준뢰비멱지후(執尊罍篚羃者位於尊罍篚羃之後)

●성생기(省牲器)○견서례(見序例)
●출궁(出宮)○여작헌동(與酌獻同)

●행례(行禮)

석전일축전오각(釋奠日丑前五刻)○축전오각(丑前五刻)○즉삼경삼점(卽三更三點)○행사용축시일각(行事用丑時一刻)○전사관(典祀官)○묘사입실찬구필(廟司入實饌具畢)○찬인(贊引)○인감찰(引監察)○승자동계(升自東階)○제석전관승강(諸釋奠官陞降)○개자동계(皆自東階)○안시당지상하(按視堂之上下)○규찰부여의자(糾察不如儀者)○환출(還出)

전삼각(前三刻)○제석전관(諸釋奠官)○배향궁관급관관(陪享宮官及館官)○학관(學官)○학생(學生)○각복기복(各服其服)○석전관(釋奠官)○제복(祭服)○배향관(陪享官)○관관(館官)○학관(學官)○공복(公服)○학생(學生)○청금복(靑衿服)○찬인(贊引)○인관관(引館官)○학관(學官)○학생(學生)○구취문외위(俱就門外位)○집례(執禮)○수찬자(帥贊者)○알자(謁者)○찬인(贊引)○입자동문(入自東門)○선취계간현북배위(先就階間懸北拜位)○중행북향서상(重行北向西上)○사배흘(四拜訖)○각취위(各就位)○전악(典樂)○수공인(帥工人)○이무(二舞)○입취위(入就位)○문무입진어현북(文舞入陳於懸北)○무무립어현남도서(武舞立於懸南道西)○찬인(贊引)○인학생(引學生)○입취위(入就位)○인배향궁관(引陪享宮官)○관관(館官)○학관(學官)○입취위(入就位)○알자(謁者)○찬인(贊引)○각인제석전관(各引諸釋奠官)○구취문외위(俱就門外位)○필선(弼善)○취편차전(就便次前)○부복궤찬청내엄(俯伏跪贊請內嚴)○찬인(贊引)○인감찰전사관대축축사제랑협률랑(引監察典祀官大祝祝史齊郞協律郞)○입취현북배위(入就懸北拜位)○중행북향서상(重行北向西上)○립정(立定)○집례왈(執禮曰)○사배(四拜)○찬자전창(贊者傳唱)○범집례유사(凡執禮有辭)○찬자개전창(贊者皆傳唱)○감찰이하(監察以下)○개사배흘(皆四拜訖)○찬인(贊引)○인감찰(引監察)○취위(就位)○인제집사(引諸執事)○예관세위(詣盥洗位)○관세흘(盥帨訖)○각취위(各就位)

전일각(前一刻)○알자(謁者)○인아헌관(引亞獻官)○찬인(贊引)○인종헌관(引終獻官)○분헌관(分獻官)○입취위(入就位)○찬인(贊引)○인제랑(引齊郞)○예작세위(詣爵洗位)○세작식작흘(洗爵拭爵訖)○치어비(置於篚)○봉예존소(捧詣尊所)○치어점상(置於坫上)○필선궤백외비(弼善跪白外備)○왕세자(王世子)○구면복이출(具冕服以出)○산선(繖扇)○시위여상의(侍衛如常儀)○봉례(奉禮)○인왕세자(引王世子)○지동문외(至東門外)○필선궤진규(弼善跪進圭)○봉례찬청집규(奉禮贊請執圭)○산선(繖扇)○장위(仗衛)○정어문외(停於門外)○인왕세자(引王世子)○입자동문(入自東門)○시위(侍衛)○

부응입자(不應入者)○지어문외(止於門外)○지판위(至版位)○서향립(西向立)○매립정(每立定)○봉례퇴부복어좌(奉禮退俯伏於左)○집례왈(執禮曰)○봉례찬청행사(奉禮贊請行事)○봉례궤백유사근구청행사(奉禮跪白有司謹具請行事)○협률랑(協律郎)○부복거휘흥(俯伏擧麾興)○공고축(工鼓柷)○헌가작응안지악(軒架作凝安之樂)○렬문지무작(烈文之舞作)○악이성(樂二成)○집례왈(執禮曰)○사배(四拜)○봉례(奉禮)○찬청사배(贊請四拜)○왕세자사배(王世子四拜)○재위자급학생(在位者及學生)○개사배(皆四拜)○선배자(先拜者)○부배(不拜)○악삼성(樂三成)○협률랑(協律郎)○언휘(偃麾)○알어(戛敔)○악지(樂止)

집례왈(執禮曰)○봉례인왕세자행전폐례(奉禮引王世子行奠幣禮)○봉례(奉禮)○인왕세자(引王世子)○예관세위(詣盥洗位)○북향립(北向立)○찬청진규(贊請搢圭)○종관(從官)○궤취이흥옥수(跪取匜興沃水)○우종관(又從官)○궤취반승수(跪取槃承水)○왕세자관수(王世子盥手)○종관(從官)○궤취건어비이진(跪取巾於篚以進)○왕세자세수흘(王世子帨手訖)○종관(從官)○수건(受巾)○전어비(奠於篚)○봉례(奉禮)○찬청집규(贊請執圭)○인왕세자(引王世子)○승자동계(升自東階)○재우시위(在右侍衛)○량인종승(量人從升)○예대성지성문선왕신위전(詣大成至聖文宣王神位前)○북향립(北向立)○등가작명안지악(登歌作明安之樂)○렬문지무작(烈文之舞作)○봉례(奉禮)○찬청궤진규(贊請跪搢圭)○집사자일인(執事者一人)○봉향합(捧香合)○일인(一人)○봉향로(捧香爐)○궤진(跪進)○봉례(奉禮)○찬청삼상향(贊請三上香)○집사자(執事者)○전로우신위전(奠爐于神位前)○대축(大祝)○봉폐비궤진(捧幣篚跪進)○봉례(奉禮)○찬청집폐(贊請執幣)○헌폐이폐수대축(獻幣以幣授大祝)○전우신위전(奠于神位前)○진향(進香)○진폐(進幣)○개재왕세자지우(皆在王世子之右)○전로(奠爐)○전폐(奠幣)○개재왕세자지좌(皆在王世子之左)○진작(進爵)○전작준차(奠爵准此)○봉례(奉禮)○찬청집규부복흥평신(贊請執圭俯伏興平身)○차예복성공(次詣復聖公)○종성공(宗聖公)○술성공(述聖公)○아성공신위전(亞聖公神位前)○동향(東向)○상향전폐(上香奠幣)○병여상의(並如上儀)○유종성공(唯宗聖公)○아성공(亞聖公)○서향행례(西向行禮)○후방차(後倣此)○흘(訖)○악지(樂止)○봉례(奉禮)○인왕세자(引王世子)○강복위(降復位)

집례왈(執禮曰)○봉례인왕세자행초헌례(奉禮引王世子行初獻禮)○봉례(奉禮)○인왕세자(引王世子)○승자동계(升自東階)○예대성지성문선왕준소(詣大成至聖文宣王尊所)○서향립(西向立)○등가작성안지악(登歌作成安之樂)○열문지무작(烈文之舞作)○집준자(執尊者)○거멱작례제(擧冪酌醴齊)○집사자(執事者)○이작수주(以爵受酒)○봉례(奉禮)○인왕세자(引王世子)○예신위전(詣神位前)○북향립(北向立)○찬청궤진규(贊請跪搢圭)○집사자(執事者)○봉작궤진(捧爵跪進)○봉례(奉禮)○찬청집작헌작(贊請執爵獻爵)○이작수집사자(以爵授執事者)○전우신위전(奠于神位前)○봉례(奉禮)○찬청집규부복흥소퇴북향궤(贊請執圭俯伏興少退北向跪)○악지(樂止)○대축(大祝)○진신위지우(進神位之右)○동향궤(東向跪)○독축문흘(讀祝文訖)○악작(樂作)○봉례(奉禮)○찬청부복흥평신(贊請俯伏興平身)○악지(樂止)인왕세자(引王世子)○출호(出戶)○예배위준소(詣配位尊所)○서향립(西向立)○악작(樂作)○집준자(執尊者)○거멱작례제(擧冪酌醴齊)○집사자사인(執事者四人)○이작수주(以爵受酒)○봉례(奉禮)○인왕세자(引王世子)○예복성공(詣復聖公)○종성공(宗聖公)○술성공(述聖公)○아성공신위전(亞聖公神位前)○동향행례(東向行禮)○병여상의(並如上儀)○유대축남향독축(唯大祝南向讀祝)○종성공(宗聖公)○아성공(亞聖公)○대축(大祝)○북향독축(北向讀祝)○흘(訖)○봉례(奉禮)○인왕세자(引王世子)○강복위(降復位)○문무퇴(文舞退)○무무진(武舞進)○헌가작서안지악(軒架作舒安之樂)○무자립정(舞者立定)○악지(樂止)○초왕세자장복위(初王世子將復位)○집례왈(執禮曰)○행아헌례(行亞獻禮)○알자(謁者)○인아헌관(引亞獻官)○예관세위(詣盥洗位)○북향립(北向立)○찬진홀(贊搢笏)○아헌관(亞獻官)○관수세수흘(盥手帨手訖)○찬집홀(贊執笏)○인아헌관(引亞獻官)○승예문선왕존소(升詣文宣王尊所)○서향립(西向立)○헌가작성안지악(軒架作成安之樂)○집존자(執尊者)○거멱작앙제(擧冪酌盎齊)○집사자(執事者)○이작수주(以爵受酒)○알자(謁者)○인아헌관(引亞獻官)○예신위전(詣神位前)○북향립(北向立)○찬궤진홀(贊跪搢笏)○집사자(執事者)○이작수아헌관(以爵授亞獻官)○아헌관(亞獻官)○집작헌작(執爵獻爵)○이작수집사자(以爵授執事者)○전우신위전(奠于神位前)○알자(謁者)○찬집홀부복흥평신(贊執笏俯伏興平身)○인예배위준소(引詣配位尊所)○서향립(西向立)○집존자(執尊者)○거멱작앙제(擧冪酌盎齊)○집사자사인(執事者四人)○이작수주(以爵受酒)○알자(謁者)○인아헌관(引亞獻官)○예복성공(詣復聖公)○종성공(宗聖公)○술성공(述聖公)○아성공신위전(亞聖公神位前)○행례(行禮)○병여상의흘(並如上儀訖)○악지(樂止)○인강복위(引降復位)

집례왈(執禮曰)○행종헌례(行終獻禮)○알자(謁者)○인종헌관(引終獻官)○행례(行禮)○병여아헌의흘(並如亞獻儀訖)○인강복위(引降復位)○초종헌관장승전(初終獻官將升殿)○찬인(贊引)○각인분헌관(各引分獻官)○이차예관세위(以次詣盥洗位)○진홀관세흘(搢笏盥帨訖)○집홀(執笏)○분예전내급량무종향준소(分詣殿內及兩廡從享尊所)○집준자(執尊者)○거멱작주(擧羃酌酒)○집사자(執事者)○이작수주(以爵受酒)○인분헌관(引分獻官)○예신위전(詣神位前)○궤진홀(跪搢笏)○집사자(執事者)○수작분헌관(授爵分獻官)○집작헌작(執爵獻爵)○전작(奠爵)○집홀부복흥평신(執笏俯伏興平身)○이차분헌흘(以次分獻訖)○구복위(俱復位)

대축(大祝)○예문선왕준소(詣文宣王尊所)○이작작뢰복주(以爵酌罍福酒)○우대축(又大祝)○지조진(持俎進)○감신위전조육(減神位前胙肉)○집례왈(執禮曰)○봉례인왕세자예음복위(奉禮引王世子詣飮福位)○봉례(奉禮)○인왕세자(引王世子)○승예음복위(升詣飮福位)○서향립(西向立)○대축(大祝)○봉작북향궤진(捧爵北向跪進)○봉례(奉禮)○찬청궤진규(贊請跪搢圭)○왕세자(王世子)○수작음흘(受爵飮訖)○대축(大祝)○수허작(受虛爵)○복어점(復於坫)○대축봉조(大祝捧俎)○북향궤진(北向跪進)○봉례(奉禮)○찬청수조(贊請受俎)○왕세자수조(王世子受俎)○이수집사자(以授執事者)○집사자(執事者)○수조(受俎)○강자동계(降自東階)○출문(出門)○수사옹원관(授司饔院官)○봉례(奉禮)○찬청집규부복흥평신(贊請執圭俯伏興平身)○인강복위(引降復位)○집례왈(執禮曰)○사배(四拜)○봉례(奉禮)○찬청사배(贊請四拜)○왕세자사배(王世子四拜)○재위자급학생(在位者及學生)○개사배(皆四拜)

집례왈(執禮曰)○철변두(徹籩豆)○제대축(諸大祝)○입철변두(入徹籩豆)○철자(徹者)○변두각일(籩豆各一)○소이어고처(少移於故處)○등가작오안지악(登歌作娛安之樂)○철흘(徹訖)○악지(樂止)○헌가작응안지악(軒架作凝安之樂)○집례왈(執禮曰)○사배(四拜)○봉례(奉禮)○찬청사배(贊請四拜)○왕세자사배(王世子四拜)○재위자급학생(在位者及學生)○개사배(皆四拜)○악일성지(樂一成止)

집례왈(執禮曰)○망예(望瘞)○봉례(奉禮)○인왕세자(引王世子)○예망예위(詣望瘞位)○북향립(北向立)○집례(執禮)○수찬자(帥贊者)○예망예위(詣望瘞位)○서향립(西向立)○제대축(諸大祝)○이비취축판급폐(以篚取祝版及幣)○강자서계(降自西階)○치어감(置於坎)○집례왈(執禮曰)○가예(可瘞)○치토반감(置土半坎)○봉례(奉禮)○궤백례필(跪白禮畢)○인왕세자(引王世子)○환편차(還便次)○출문(出門)○봉례(奉禮)○찬청석규(贊請釋圭)○필선(弼善)○궤수규(跪受圭)○시위여상의(侍衛如常儀)○왕세자(王世子)○입편차(入便次)○석면복(釋冕服)

알자(謁者)○찬인(贊引)○각인아헌관이하(各引亞獻官以下)○이차출(以次出)○집례(執禮)○수찬자(帥贊者)○환본위(還本位)○찬인(贊引)○인배향궁관출(引陪享宮官出)○찬인(贊引)○인감찰급제집사(引監察及諸執事)○구복현북배위(俱復懸北拜位)○립정(立定)○집례왈(執禮曰)○사배(四拜)○감찰이하(監察以下)○개사배흘(皆四拜訖)○찬인인출(贊引引出)○학생이차출(學生以次出)○전악(典樂)○수공인(帥工人)○이무출(二舞出)○집례(執禮)○솔찬자(帥贊者)○알자(謁者)○찬인(贊引)○취현북배위(就懸北拜位)○사배이출(四拜而出)○전사관(典祀官)○묘사(廟司)○각솔기속(各帥其屬)○철례찬(徹禮饌)○합호(闔戶)○이강내퇴(以降乃退)

유사석전문선왕의(有司釋奠文宣王儀)

●시일(時日) ○견서례(見序例)
●재계(齊戒) ○견서례(見序例)

●진설(陳設)
전석전이일(前釋奠二日)○묘사(廟司)○솔기속(帥其屬)○소제묘지내외(掃除廟之內外)○전설사(典設司)○설찬만어동문외(設饌幔於東門外)○전일일(前一日)○전악(典樂)○수기속(帥其屬)○설등가지악어당상전영간(設登歌之樂於堂上前楹間)○헌가어묘정구북향(軒架於廟庭俱北向)○집례(執禮)○설초헌관위어동계동남서향(設初獻官位於東階東南西向)○음복위어당상전영외근동서향(飮福位於堂上前楹外近東西向)○아헌관(亞獻官)○종헌관(終獻官)○분헌관위어초헌관지후초남서향(分獻官位於初獻官之後稍南西向)○집사자위어기후(執事者位於其後)○매등이위(每等異位)

○중행서향북상(重行西向北上)○감찰위어집사지남서향(監察位於執事之南西向)○서리배기후(書吏陪其後)○집례위이(執禮位二)○일어당상전영외(一於堂上前楹外)○일어당하(一於堂下)○구근동서향(俱近東西向)○찬자(贊者)○알자(謁者)○찬인(贊引)○재당하집례지후초남서향북상(在堂下執禮之後稍南西向北上)○협률랑위어당상전영외근서동향(協律郎位於堂上前楹外近西東向)○전악위어헌현지북북향(典樂位於軒懸之北北向)○관관(館官)○학관위어서계서남동향북상(學官位於西階西南東向北上)○학생위어정중북향서상(學生位於庭中北向西上)○설문외위(設門外位)○제석전관어동문외도남(諸釋奠官於東門外道南)○관관(館官)○학관어석전관지동소남(學官於釋奠官之東少南)○학생어기후(學生於其後)○구매등이위(俱每等異位)○중행북향서상(重行北向西上)○설망예위어예감지남(設望瘞位於瘞坎之南)○초헌관재남북향(初獻官在南北向)○집례(執禮)○찬자(贊者)○대축(大祝)○재동서향북상(在東西向北上)○찬자(贊者)○대축(大祝)○초각(稍却)

석전일미행사전(釋奠日未行事前)○전사관(典祀官)○묘사(廟司)○명수기속입(名帥其屬入)○전축판각일어대성지성문선왕(奠祝版各一於大成至聖文宣王)○연국복성공(兗國復聖公)○성국종성공(郕國宗聖公)○기국술성공(沂國述聖公)○추국아성공신위지우(鄒國亞聖公神位之右)○각유점(各有坫)○진폐비각일어준소(陳幣篚各一於尊所)○설향로(設香爐)○향합병촉어신위전(香合幷燭於神位前)○차설제기여식(次設祭器如式)○견서례(見序例)○설복주작(設福酒爵)○유점(有坫)○조육조각일어문선왕준소(胙肉俎各一於文宣王尊所)○설세어동계동남북향(設洗於東階東南北向)○관세재동(盥洗在東)○작세재서(爵洗在西)○뢰재세동(罍在洗東)○가작(加勺)○비재세서남사(篚在洗西南肆)○실이건(實以巾)○약작세지비(若爵洗之篚)○칙우실이작(則又實以爵)○유점(有坫)○제집사관세어헌관세동남북향(諸執事盥洗於獻官洗東南北向)○집준뢰비멱자위어준뢰비멱지후(執尊罍篚冪者位於尊罍篚冪之後)

●전향축(傳香祝) ○견서례(見序例)
●성생기(省牲器) ○견서례(見序例)

●행례(行禮)

석전일축전오각(釋奠日丑前五刻)○축전오각(丑前五刻)○즉삼경삼점(卽三更三點)○행사용축시일각(行事用丑時一刻)○전사관(典祀官)○묘사(廟司)○입실찬구필(入實饌具畢)○찬인(贊引)○인감찰(引監察)○승자동계(升自東階)○제석전관승강(諸釋奠官陞降)○개자동계(皆自東階)○안시당지상하(按視堂之上下)○규찰부여의자(糾察不如儀者)○환출(還出)

전삼각(前三刻)○제석전관급관관(諸釋奠官及館官)○학관(學官)○학생(學生)○각복기복(各服其服)○석전관(釋奠官)○제복(祭服)○관관(館官)○학관(學官)○공복(公服)○학생(學生)○청금복(靑衿服)○찬인(贊引)○인관관(引館官)○학관(學官)○학생(學生)○구취문외위(俱就門外位)○집례(執禮)○솔찬자(帥贊者)○알자(謁者)○찬인(贊引)○입자동문(入自東門)○선취계간현북배위(先就階間懸北拜位)○중행북향서상(重行北向西上)○사배흘(四拜訖)○각취위(各就位)○전악(典樂)○솔공인(帥工人)○이무(二舞)○입취위(入就位)○문무입진어현북(文舞入陳於懸北)○무무립어현남도서(武舞立於懸南道西)○찬인(贊引)○인학생(引學生)○입취위(入就位)○인관관(引館官)○학관(學官)○입취위(入就位)○알자(謁者)○찬인(贊引)○각인제석전관(各引諸釋奠官)○구취문외위(俱就門外位)

전일각(前一刻)○찬인(贊引)○인감찰(引監察)○전사관(典祀官)○대축(大祝)○축사(祝史)○제랑(齊郎)○협률랑(協律郎)○입취현북배위(入就懸北拜位)○중행북향서상(重行北向西上)○립정(立定)○집례왈(執禮曰)○사배(四拜)○찬자전창(贊者傳唱)○범집례유사(凡執禮有辭)○찬자개전창(贊者皆傳唱)○감찰이하(監察以下)○개사배흘(皆四拜訖)○찬인(贊引)○인감찰(引監察)○취위(就位)○인제집사(引諸執事)○예관세위(詣盥洗位)○관세흘(盥帨訖)○각취위(各就位)○제랑(齊郎)○예작세위(詣爵洗位)○세작식작흘(洗爵拭爵訖)○치어비(置於篚)○봉예준소(捧詣尊所)○치어점상(置於坫上)○알자(謁者)○인초헌관(引初獻官)○찬인(贊引)○인아헌관(引亞獻官)○종헌관(終獻官)○분헌관(分獻官)○입취위(入就位)○알자(謁者)○진초헌관지좌(進初獻官之左)○백유사근구청행사(白有司謹具請行事)○퇴복위(退復位)○협률랑(協律郎)○부복거휘흥(俯伏擧麾興)○공고축(工鼓柷)○헌가작응안지악(軒架作凝安之樂)○렬문지무작(烈文之舞作)○악이성집(樂二成執)○례왈사배(禮曰四拜)○헌관이하급학생(獻官以下及學生)○개사배(皆四拜)○선배자(先拜者)○부배(不拜)○악삼성(樂三成)○협률랑(協律郎)○언휘(偃麾)○알어(戞敔)○악지(樂止)

집례왈(執禮曰)○행전폐례(行奠幣禮)○알자(謁者)○인초헌관(引初獻官)○예관세위(詣盥洗位)○북향립(北向立)○찬진홀(贊搢笏)○초헌관(初獻官)○관수세수홀(盥手帨手訖)○찬집홀(贊執笏)○인예대성지성문선왕신위전(引詣大成至聖文宣王神位前)○북향립(北向立)○등가작명안지악(登歌作明安之樂)○렬문지무작(烈文之舞作)○알자(謁者)○찬궤진홀(贊跪搢笏)○집사자일인(執事者一人)○봉향합(捧香合)○일인(一人)○봉향로(捧香爐)○궤진(跪進)○알자(謁者)○찬삼상향(贊三上香)○집사자(執事者)○전로우신위전(奠爐于神位前)○대축(大祝)○이폐비수초헌관(以幣篚授初獻官)○초헌관(初獻官)○집폐헌폐(執幣獻幣)○이폐수대축(以幣授大祝)○전우신위전(奠于神位前)○봉향(捧香)○수폐(授幣)○개재헌관지우(皆在獻官之右)○전로(奠爐)○전폐(奠幣)○개재헌관지좌(皆在獻官之左)○수작(授爵)○전작준차(奠爵准此)○알자(謁者)○찬집홀부복흥평신(贊執笏俯伏興平身)○차예연국복성공(次詣兗國復聖公)○성국종성공(郕國宗聖公)○기국술성공(沂國述聖公)○추국아성공신위전(鄒國亞聖公神位前)○동향상향전폐(東向上香奠幣)○병여상의(並如上儀)○유종성공(唯宗聖公)○아성공헌관(亞聖公獻官)○서향행례(西向行禮)○후방차(後倣此)○홀(訖)○악지(樂止)○인강복위(引降復位)

집례왈(執禮曰)○행초헌례(行初獻禮)○알자(謁者)○인초헌관(引初獻官)○예대성지성문선왕준소(詣大成至聖文宣王尊所)○서향립(西向立)○등가작성안지악(登歌作成安之樂)○열문지무작(烈文之舞作)○집준자(執尊者)○거멱작례제(擧羃酌醴齊)○집사자(執事者)○이작수주(以爵受酒)○알자(謁者)○인초헌관(引初獻官)○예신위전(詣神位前)○북향립(北向立)○찬궤진홀(贊跪搢笏)○집사자(執事者)○이작수초헌관(以爵授初獻官)○초헌관(初獻官)○집작헌작(執爵獻爵)○이작수집사자(以爵授執事者)○전우신위전(奠于神位前)○찬집홀부복흥소퇴북향궤(贊執笏俯伏興少退北向跪)○악지(樂止)○대축(大祝)○진신위지우(進神位之右)○동향궤(東向跪)○독축문흘(讀祝文訖)○악작(樂作)○알자(謁者)○찬부복흥평신(贊俯伏興平身)○악지(樂止)

알자(謁者)○인초헌관(引初獻官)○출호(出戶)○예배위준소(詣配位尊所)○서향립(西向立)○악작(樂作)○집준자(執尊者)○거멱작례제(擧羃酌醴齊)○집사자사인(執事者四人)○이작수주(以爵受酒)○알자(謁者)○인예복성공(引詣復聖公)○종성공(宗聖公)○술성공(述聖公)○아성공신위전(亞聖公神位前)○동향행례(東向行禮)○병여상의흘(並如上儀訖)○유대축(唯大祝)○남향독축(南向讀祝)○약종성공(若宗聖公)○아성공재서(亞聖公在西)○칙대축(則大祝)○북향독축(北向讀祝)○인강복위(引降復位)○문무퇴(文舞退)○무무진(武舞進)○헌가작서안지악(軒架作舒安之樂)○무자립정(舞者立定)○악지(樂止)

초초헌관기복위(初初獻官旣復位)○집례왈(執禮曰)○행아헌례(行亞獻禮)○알자(謁者)○인아헌관(引亞獻官)○예관세위(詣盥洗位)○북향립(北向立)○찬진홀(贊搢笏)○관수세수흘(盥手帨手訖)○찬집홀(贊執笏)○인예문선왕준소(引詣文宣王尊所)○서향립(西向立)○헌가작성안지악(軒架作成安之樂)○집준자(執尊者)○거멱작앙제(擧羃酌盎齊)○집사자(執事者)○이작수주(以爵受酒)○알자(謁者)○인아헌관(引亞獻官)○예신위전(詣神位前)○북향립(北向立)○찬궤진홀(贊跪搢笏)○집사자(執事者)○이작수아헌관(以爵授亞獻官)○아헌관(亞獻官)○집작헌작(執爵獻爵)○이작수집사자(以爵授執事者)○전우신위전(奠于神位前)○알자(謁者)○찬집홀부복흥평신(贊執笏俯伏興平身)○인예배위준소(引詣配位尊所)○서향립(西向立)○집준자(執尊者)○거멱작앙제(擧羃酌盎齊)○집사자사인(執事者四人)○이작수주(以爵受酒)○알자(謁者)○인아헌관(引亞獻官)○예복성공(詣復聖公)○종성공(宗聖公)○술성공(述聖公)○아성공신위전(亞聖公神位前)○행례(行禮)○병여상의흘(並如上儀訖)○악지(樂止)○인강복위(引降復位)

집례왈(執禮曰)○행종헌례(行終獻禮)○알자(謁者)○인종헌관(引終獻官)○행례(行禮)○병여아헌의흘(並如亞獻儀訖)○인강복위(引降復位)○초종헌관장승전(初終獻官將升殿)○찬인(贊引)○각인분헌관(各引分獻官)○이차예관세위(以次詣盥洗位)○진홀(搢笏)○관세흘(盥帨訖)○집홀(執笏)○분예전내급량무종향준소(分詣殿內及兩廡從享尊所)○집준자(執尊者)○거멱작주(擧羃酌酒)○집사자(執事者)○이작수주(以爵受酒)○인분헌관(引分獻官)○예신위전(詣神位前)○궤진홀(跪搢笏)○집사자(執事者)○수작분헌관(授爵分獻官)○집작헌작(執爵獻爵)○전작(奠爵)○집홀부복흥평신(執笏俯伏興平身)○이차분헌흘(以次分獻訖)○구복위(俱復位)

집례왈(執禮曰)○음복수조(飮福受胙)○대축(大祝)○예문선왕준소(詣文宣王尊所)○이작작뢰복주(以爵酌罍福酒)○우대축(又大祝)○지조진(持俎進)○감신위전조육(減神位前胙肉)○알자(謁者)○인초헌관(引初獻官)○승예음복위(升詣飮福位)○서향립(西向立)○알자(謁者)○찬궤진홀(贊跪搢笏)○대축(大祝)○진초헌관지좌(進初獻官之左)○북향(北向)○이작수초헌관(以爵授初獻官)○초헌관(初獻官)○수작음(受爵飲)○졸작(卒爵)○대축(大祝)○수허작(受虛爵)○복어점(復於坫)○대축(大祝)○이조수초헌관(以俎授初獻官)○초헌관(初獻官)○수조(受俎)○이수집사자(以授執事者)○집사자(執事者)○수조(受俎)○강자동계(降自東階)○출문(出門)○알자(謁者)○찬집홀부복흥평신(贊執笏俯伏興平身)○인강복위(引降復位)○집례왈(執禮曰)○사배(四拜)○재위자급학생(在位者及學生)○개사배(皆四拜)집례왈(執禮曰)○철변두(徹籩豆)○제대축(諸大祝)○입철변두(入徹籩豆)○철자(徹者)○변두각일(籩豆各一)○소이어고처(少移於故處)○등가작오안지악(登歌作娛安之樂)○철흘(徹訖)○악지(樂止)○헌가작응안지악(軒架作凝安之樂)○집례왈(執禮曰)○사배(四拜)○헌관이하급학생(獻官以下及學生)○개사배(皆四拜)○악일성지(樂一成止)

집례왈(執禮曰)○망예(望瘞)○알자(謁者)○인초헌관(引初獻官)○예망예위(詣望瘞位)○북향립(北向立)○집례(執禮)○솔찬자(帥贊者)○예망예위(詣望瘞位)○서향립(西向立)○대축(大祝)○이비취축판급폐(以篚取祝版及幣)○강자서계(降自西階)○치어감(置於坎)○집례왈(執禮曰)○가예(可瘞)○치토반감(置土半坎)○알자(謁者)○진초헌관지좌(進初獻官之左)○백례필(白禮畢)○알자(謁者)○찬인(贊引)○각인초헌관이하(各引初獻官以下)○이차출(以次出)○집례(執禮)○솔찬자(帥贊者)○환본위(還本位)○찬인(贊引)○인감찰급제집사(引監察及諸執事)○구복현북배위(俱復懸北拜位)○입정(立定)○집례왈(執禮曰)○사배(四拜)○감찰이하(監察以下)○개사배흘(皆四拜訖)○찬인인출(贊引引出)○찬인(贊引)○인관관(引館官)○학관출(學官出)○학생이차출(學生以次出)○전악(典樂)○솔공인(帥工人)○이무출(二舞出)○집례(執禮)○솔찬자(帥贊者)○알자(謁者)○찬인(贊引)○취현북배위(就懸北拜位)○사배이출(四拜而出)○전사관(典祀官)○묘사(廟司)○각솔기속(各帥其屬)○철례찬(徹禮饌)○합호(闔戶)○이강내퇴(以降乃退)

문선왕삭망전의(文宣王朔望奠儀)

●재계(齊戒) ○견서례(見序例)

●진설(陳設)

전향일일(前享一日)○묘사(廟司)○수기속(帥其屬)○소제묘지내외(掃除廟之內外)○찬자(贊者)○설헌관위어동계동남서향(設獻官位於東階東南西向)○분헌관(分獻官)○집사자위어기후초남서향북상(執事者位於其後稍南西向北上)○감찰위어집사지남서향(監察位於執事之南西向)○서리배기후(書吏陪其後)○찬자(贊者)○알자(謁者)○찬인위어동계지서서향북상(贊引位於東階之西西向北上)○설헌관이하문외위어동문외도남(設獻官以下門外位於東門外道南)○매등이위(每等異位)○중행북향서상(重行北向西上)

향일미행사전(享日未行事前)○전사관(典祀官)○묘사(廟司)○각솔기속입(各帥其屬入)○전축판어문선왕신위지우(奠祝版於文宣王神位之右)○유점(有坫)○설향로(設香爐)○향합병촉어신위전(香合并燭於神位前)○차설제기여식(次設祭器如式)○견서례(見序例)○설세어동계동남북향(設洗於東階東南北向)○관세재동(盥洗在東)○작세재서(爵洗在西)○뢰재세동(罍在洗東)○가작(加勺)○비재세서남사(篚在洗西南肆)○실이건(實以巾)○약작세지비(若爵洗之篚)○칙우실이작(則又實以爵)○유점(有坫)○제집사관세어헌관세동남북향(諸執事盥洗於獻官洗東南北向)

●행례(行禮)

향일축전오각(享日丑前五刻)○축전오각(丑前五刻)○즉삼경삼점(卽三更三點)○행사용축시일각(行事用丑時一刻)○전사관(典祀官)○묘사(廟司)○입실찬구필(入實饌具畢)

전삼각(前三刻)○제향관급집사자(諸享官及執事者)○각복기복(各服其服)○찬자(贊者)○알자(謁者)○찬인(贊引)○입자동문(入自東門)○선취계간배위(先就階間拜位)○북향서상(北向西上)○사배흘(四拜訖)○취위(就位)○알자(謁者)○찬인(贊引)○각인헌관이하(各引獻官以下)○취문외위(就門外位)

전일각(前一刻)○찬인(贊引)○인감찰(引監察)○전사관(典祀官)○대축(大祝)○제집사자(諸執事者)○입취계간배위(入就階間拜位)○중행북향서상(重行北向西上)○입정(立定)○찬자왈(贊者曰)○사배(四拜)○감찰이하(監察以下)○개사배흘(皆四拜訖)○찬인(贊引)○인감찰(引監察)○취위(就位)○인제집사(引諸執事)○예관세위(詣盥洗位)○관세흘(盥帨訖)○각취위(各就位)○집사자(執事者)○예작세위(詣爵洗位)○세작식작흘(洗爵拭爵訖)○치어비(置於篚)○봉예준소(捧詣尊所)○치어점상(置於坫上)○알자(謁者)○인헌관(引獻官)○찬인(贊引)○인분헌관(引分獻官)○입취위(入就位)○찬자왈(贊者曰)○사배(四拜)○헌관개사배(獻官皆四拜)

찬자왈(贊者曰)○행작헌례(行酌獻禮)○알자(謁者)○인헌관(引獻官)○예관세위(詣盥洗位)○북향립(北向立)○찬진홀(贊搢笏)○헌관(獻官)○관수세수흘(盥手帨手訖)○찬집홀(贊執笏)○인예문선왕준소(引詣文宣王尊所)○서향립(西向立)○집준자(執尊者)○거멱작주(擧冪酌酒)○집사자(執事者)○이작수주(以爵受酒)○알자(謁者)○인헌관(引獻官)○예문선왕신위전(詣文宣王神位前)○북향립찬궤진홀(北向立贊跪搢笏)○집사자일인(執事者一人)○봉향합(捧香合)○일인(一人)○봉향로(捧香爐)○궤진(跪進)○알자(謁者)○찬삼상향(贊三上香)○집사자(執事者)○전로우안(奠爐于案)○집사자(執事者)○이작수헌관(以爵授獻官)○헌관(獻官)○집작헌작(執爵獻爵)○이작수집사자(以爵授執事者)○전우신위전(奠于神位前)○봉향(捧香)○수작(授爵)○개재헌관지좌(皆在獻官之左)○전로(奠爐)○전작(奠爵)○개재헌관지우(皆在獻官之右)○찬집홀부복흥소퇴북향궤(贊執笏俯伏興少退北向跪)○대축(大祝)○진신위지우(進神位之右)○동향궤(東向跪)○독축문흘(讀祝文訖)○알자(謁者)○찬부복흥평신(贊俯伏興平身)○인예배위준소(引詣配位尊所)○서향립(西向立)○집준자(執尊者)○거멱작주(擧冪酌酒)○집사자사인(執事者四人)○이작수주(以爵受酒)○알자(謁者)○인예신위전(引詣神位前)○동향(東向)○상향(上香)○작헌(酌獻)○병여상의(並如上儀)○유부독축(唯不讀祝)○유종성공(唯宗聖公)○아성공헌관(亞聖公獻官)○서향행례(西向行禮)○흘(訖)○인강복위(引降復位)○초헌관장헌배위(初獻官將獻配位)○찬인(贊引)○각인분헌관(各引分獻官)○예관세위(詣盥洗位)○관세흘(盥帨訖)○분예전내종향존소(分詣殿內從享尊所)○작헌(酌獻)○병여배위의흘(並如配位儀訖)○인강복위(引降復位)○대축(大祝)○입철변두(入徹籩豆)○철자(徹者)○변두각일(籩豆各一)○소이어고처(少移於故處)○찬자왈(贊者曰)○사배(四拜)○헌관개사배(獻官皆四拜)

알자(謁者)○인헌관출(引獻官出)○찬인인감찰급제집사(贊引引監察及諸執事)○구복계간배위(俱復階間拜位)○찬자왈(贊者曰)○사배(四拜)○감찰이하(監察以下)○개사배흘(皆四拜訖)○찬인인출(贊引引出)○찬자(贊者)○알자(謁者)○찬인(贊引)○취계간배위(就階間拜位)○사배이출(四拜而出)○전사관(典祀官)○묘사(廟司)○각솔기속(各帥其屬)○철례찬(徹禮饌)○합호(闔戶)○이강내퇴(以降乃退)○대축(大祝)○취축판(取祝版)○예어감(瘞於坎)

문선왕선고사유급이환안제의 (文宣王先告事由及移還安祭儀)

● **재계(齊戒)** ○견서례(見序例)

● **진설(陳設)**

전향일일(前享一日)○묘사(廟司)○솔기속(帥其屬)○소제묘지내외(掃除廟之內外)○찬자(贊者)○설헌관위어동계동남서향(設獻官位於東階東南西向)○분헌관(分獻官)○집사자위어기후초남서향북상(執事者位於其後稍南西向北上)○감찰위어집사지남서향(監察位於執事之南西向)○서리배기후(書吏陪其後)○찬자(贊者)○알자(謁者)○찬인위어동계지서서향북상(贊引位於東階之西西向北上)○설제향관이하문외위어동문외도남(設諸享官以下門外位於東門外道南)○매등이위(每等異位)○중행북향서상(重行北向西上)○설망예위어예감지남(設望瘞位於瘞坎之南)○헌관(獻官)○재남북향(在南北向)○찬자(贊者)○대축(大祝)○재동서향북상(在東西向北上)

향일미행사전(享日未行事前)○전사관(典祀官)○묘사(廟司)○각솔기속입(各帥其屬入)○전축판어문선왕신위지우(奠祝版於文宣王神位之右)○유점(有坫)○진폐비각일어존소(陳幣篚各一於尊所)○

설향로(設香爐)○향합병촉어신위전(香合幷燭於神位前)○차설제기여식(次設祭器如式)○견서례(見序例)○설세어동계동남북향(設洗於東階東南北向)○관세재동(盥洗在東)○작세재서(爵洗在西)○뢰재세동(罍在洗東)○가작(加勺)○비재세서남사(篚在洗西南肆)○실이건(實以巾)○약작세지비(若爵洗之篚)○칙우실이작(則又實以爵)○유점(有坫)○제집사관세어헌관세동남북향(諸執事盥洗於獻官洗東南北向)○집준뢰비멱자위어준뢰비멱지후(執尊罍篚冪者位於尊罍篚冪之後)

●행례(行禮)

향일 축전오각(享日丑前五刻)○축전오각(丑前五刻)○즉삼경삼점(卽三更三點)○행사용축시일각(行事用丑時一刻)○전사관(典祀官)○묘사(廟司)○입실찬구필(入實饌具畢)

전삼각(前三刻)○제 향관급집사자(諸享官及執事者)○각복기복(各服其服)○찬자(贊者)○알자(謁者)○찬인(贊引)○입자동문(入自東門)○선취계간배위(先就階間拜位)○북향서상(北向西上)○사배흘(四拜訖)○취위(就位)○알자(謁者)○찬인(贊引)○각인헌관이하(各引獻官以下)○취문외위(就門外位)

전일각(前一刻)○찬인(贊引)○인감찰(引監察)○전사관(典祀官)○대축(大祝)○제집사자(諸執事者)○입취계간배위(入就階間拜位)○중행북향서상(重行北向西上)○입정(立定)○찬자왈(贊者曰)○사배(四拜)○감찰이하(監察以下)○개사배흘(皆四拜訖)○찬인(贊引)○인감찰(引監察)○취위(就位)○인제집사(引諸執事)○예관세위(詣盥洗位)○관세흘(盥帨訖)○각취위(各就位)○집사자(執事者)○예작세위(詣爵洗位)○세작식작흘(洗爵拭爵訖)○치어비(置於篚)○봉예준소(捧詣尊所)○치어점상(置於坫上)○알자(謁者)○인헌관(引獻官)○찬인(贊引)○인분헌관(引分獻官)○입취위(入就位)○알자(謁者)○진헌관지좌(進獻官之左)○백유사근구청행사(白有司謹具請行事)○퇴복위(退復位)○찬자왈(贊者曰)○사배(四拜)○헌관개사배(獻官皆四拜)

찬자왈(贊者曰)○행전폐례(行奠幣禮)○알자(謁者)○인헌관(引獻官)○예관세위(詣盥洗位)○북향립(北向立)○찬진홀(贊搢笏)○헌관(獻官)○관수세수흘(盥手帨手訖)○찬집홀(贊執笏)○인예문선왕신위전(引詣文宣王神位前)○북향립(北向立)○찬궤진홀(贊跪搢笏)○집사자일인(執事者一人)○봉향합(捧香合)○일인(一人)○봉향로(捧香爐)○궤진(跪進)○알자(謁者)○찬삼상향(贊三上香)○집사자(執事者)○전로우신위전(奠爐于神位前)○대축(大祝)○이폐비수헌관(以幣篚授獻官)○헌관(獻官)○집폐헌폐(執幣獻幣)○이폐수대축(以幣授大祝)○전우신위전(奠于神位前)○봉향(捧香)○수폐(授幣)○개재헌관지우(皆在獻官之右)○전로(奠爐)○전폐(奠幣)○개재헌관지좌(皆在獻官之左)○수작(授爵)○전작준차(奠爵准此)○알자(謁者)○찬집홀부복흥평신(贊執笏俯伏興平身)○차예연국복성공(次詣兗國復聖公)○성국종성공(郕國宗聖公)○기국술성공(沂國述聖公)○추국아성공신위전(鄒國亞聖公神位前)○동향(東向)○상향전폐(上香奠幣)○병여상의(並如上儀)○유종성공(唯宗聖公)○아성공헌관(亞聖公獻官)○서향행례(西向行禮)○후방차(後倣此)○흘(訖)○인강복위(引降復位)

찬자왈(贊者曰)○행작헌례(行酌獻禮)○알자(謁者)○인헌관(引獻官)○예문선왕준소(詣文宣王尊所)○서향립(西向立)○집준자(執尊者)○거멱작주(舉冪酌酒)○집사자(執事者)○이작수주(以爵受酒)○알자(謁者)○인헌관(引獻官)○예문선왕신위전(詣文宣王神位前)○북향립(北向立)○찬궤진홀(贊跪搢笏)○집사자(執事者)○이작수헌관(以爵授獻官)○헌관(獻官)○집작헌작(執爵獻爵)○이작수집사자(以爵授執事者)○전우신위전(奠于神位前)○찬집홀부복흥소퇴북향궤(贊執笏俯伏興少退北向跪)○대축(大祝)○진신위지우(進神位之右)○동향궤(東向跪)○독축문흘(讀祝文訖)○알자(謁者)○찬부복흥평신(贊俯伏興平身)○인예배위존소(引詣配位尊所)○서향립(西向立)○집존자(執尊者)○거멱작주(舉冪酌酒)○집사자사인(執事者四人)○이작수주(以爵受酒)○알자(謁者)○인예신위전(引詣神位前)○동향(東向)○작헌(酌獻)○병여상의흘(並如上儀訖)○인강복위(引降復位)○초헌관장헌배위(初獻官將獻配位)○찬인(贊引)○각인분헌관(各引分獻官)○예관세위(詣盥洗位)○관세흘(盥帨訖)○분예전내종향존소(分詣殿內從享尊所)○작헌(酌獻)○병여배위의흘(並如配位儀訖)○인강복위(引降復位)

대축(大祝)○입철변두(入徹籩豆)○철자(徹者)○변두각일(籩豆各一)○소이어고처(少移於故處)○찬자왈(贊者曰)○사배(四拜)○헌관개사배(獻官皆四拜)

찬자왈(贊者曰)○망예(望瘞)○알자(謁者)○인헌관예망예위(引獻官詣望瘞位)○북향립(北向立)○

찬자(贊者)○예망예위(詣望瘞位)○서향립(西向立)○대축(大祝)○이비취축판급폐(以篚取祝版及幣)○강자서계(降自西階)○치어감(置於坎)○찬자왈(贊者曰)○가예(可瘞)○치토반감(置土半坎)○알자(謁者)○진헌관지좌(進獻官之左)○백례필(白禮畢)○수인헌관출(遂引獻官出)○찬자(贊者)○환본위(還本位)○찬인(贊引)○인감찰급제집사(引監察及諸執事)○구복계간배위(俱復階間拜位)○립정(立定)○찬자왈(贊者曰)○사배(四拜)○감찰이하(監察以下)○개사배흘(皆四拜訖)○찬인인출(贊引引出)○찬자(贊者)○알자(謁者)○찬인(贊引)○취계간배위(就階間拜位)○사배이출(四拜而出)○전사관(典祀官)○묘사(廟司)○각솔기속(各帥其屬)○철례찬(徹禮饌)○합호(闔戶)○이강내퇴(以降乃退)

주현석전문선왕의(州縣釋奠文宣王儀)

●시일(時日)○견서례(見序例)
●재계(齊戒)○견서례(見序例)

●진설(陳設)

전석전일일(前釋奠一日)○유사(有司)○소제묘지내외(掃除廟之內外)○설찬만어동문외(設饌幔於東門外)○찬자(贊者)○설초헌관위어동계동남서향(設初獻官位於東階東南西向)○음복위어당상전영외근동서향(飲福位於堂上前楹外近東西向)○아헌관(亞獻官)○종헌관(終獻官)○분헌관위어초헌관지후초남서향(分獻官位於初獻官之後稍南西向)○집사자위어기후서향북상(執事者位於其後西向北上)○찬자(贊者)○알자위어동계지서서향북상(謁者位於東階之西西向北上)○학생위어정중북향서상(學生位於庭中北向西上)○설헌관이하문외위어동문외도남(設獻官以下門外位於東門外南)○매등이위(每等異位)○중행북향서상(重行北向西上)○설망예위어예감지남(設望瘞位於瘞坎之南)○초헌관(初獻官)○재남북향(在南北向)○축급찬자(祝及贊者)○재동서향북상(在東西向北上)

석전일미행사전(釋奠日未行事前)○장찬자(掌饌者)○솔기속입(帥其屬入)○전축판어대성지성문선왕신위지우(奠祝版於大成至聖文宣王神位之右)○유점(有坫)○진정배위폐비각일어존소(陳正配位幣篚各一於尊所)○설향로(設香爐)○향합병촉어신위전(香合幷燭於神位前)○차설제기여식(次設祭器如式)○견서례(見序例)○설복주작(設福酒爵)○유점(有坫)○조육조각일어문선왕존소(胙肉俎各一於文宣王尊所)○설세어동계동남북향(設洗於東階東南北向)○관세재동(盥洗在東)○작세재서(爵洗在西)○뢰재세동(罍在洗東)○가작(加勺)○비재세서남사(篚在洗西南肆)○실이건(實以巾)○약작세지비(若爵洗之篚)○칙우실이작(則又實以爵)○유점(有坫)○제집사관세어헌관세동남북향(諸執事盥洗於獻官洗東南北向)○집준뢰비멱자위어준뢰비멱지후(執尊罍篚冪者位於尊罍篚冪之後)

●성생기(省牲器)○견서례(見序例)

●행례(行禮)

석전일축전오각(釋奠日丑前五刻)○축전오각(丑前五刻)○즉삼경삼점(卽三更三點)○행사용축시일각(行事用丑時一刻)○장찬자(掌饌者)○입실찬구필(入實饌具畢)○알자(謁者)○인초헌관(引初獻官)○승자동계(升自東階)○헌관(獻官)○제집사승강(諸執事陞降)○개자동계(皆自東階)○점시진설흘(點視陳設訖)○환출(還出)

전삼각(前三刻)○헌관이하급학생(獻官以下及學生)○각복기복(各服其服)○헌관(獻官)○제복(祭服)○학생(學生)○청금복(靑衿服)○학생(學生)○취문외위(就門外位)○찬자(贊者)○알자(謁者)○찬인(贊引)○입자동문(入自東門)○선취계간배위(先就階間拜位)○북향서상(北向西上)○사배흘(四拜訖)○각취위(各就位)○찬인(贊引)○인학생(引學生)○입취위(入就位)○알자(謁者)○인헌관이하(引獻官以下)○구취문외위(俱就門外位)

전일각(前一刻)○찬인(贊引)○인축급집사자(引祝及執事者)○입취계간배위(入就階間拜位)○북향서상(北向西上)○입정(立定)○찬자왈(贊者曰)○사배(四拜)○축이하(祝以下)○개사배흘(皆四拜訖)○예관세위(詣盥洗位)○관세흘(盥帨訖)○각취위(各就位)○집사자(執事者)○예작세위(詣爵洗

位)○세작식작흘(洗爵拭爵訖)○치어비(置於篚)○봉예존소(捧詣尊所)○치어점상(置於坫上)○알자(謁者)○인헌관(引獻官)○찬인(贊引)○인분헌관(引分獻官)○입취위(入就位)○알자(謁者)○진초헌관지좌(進初獻官之左)○백유사근구청행사(白有司謹具請行事)○퇴복위(退復位)○찬자왈(贊者曰)○사배(四拜)○헌관개사배(獻官皆四拜)

찬자왈(贊者曰)○행전폐례(行奠幣禮)○알자(謁者)○인초헌관(引初獻官)○예관세위(詣盥洗位)○북향립(北向立)○찬진홀(贊搢笏)○초헌관(初獻官)○관수세수흘(盥手帨手訖)○찬집홀(贊執笏)○인예대성지성문선왕신위전(引詣大成至聖文宣王神位前)○북향립(北向立)○찬궤진홀(贊跪搢笏)○집사자일인(執事者一人)○봉향합(捧香合)○일인(一人)○봉향로(捧香爐)○궤진(跪進)○알자(謁者)○찬삼상향(贊三上香)○집사자(執事者)○전로우신위전(奠爐于神位前)○축(祝)○이폐비수초헌관(以幣篚授初獻官)○초헌관(初獻官)○집폐헌폐(執幣獻幣)○이폐수축(以幣授祝)○전우신위전(奠于神位前)○봉향(捧香)○수폐(授幣)○개재헌관지우(皆在獻官之右)○전로(奠爐)○전폐(奠幣)○개재헌관지좌(皆在獻官之左)○수작(授爵)○전작준차(奠爵准此)○알자(謁者)○찬집홀부복흥평신(贊執笏俯伏興平身)○차예곤국복성공(次詣袞國復聖公)○성국종성공(郕國宗聖公)○기국술성공(沂國述聖公)○추국아성공신위전(鄒國亞聖公神位前)○동향(東向)○상향전폐(上香奠幣)○병여상의(竝如上儀)○유종성공(唯宗聖公)○아성공헌관(亞聖公獻官)○서향행례(西向行禮)○후방차(後倣此)○흘(訖)○인강복위(引降復位)

찬자왈(贊者曰)○행초헌례(行初獻禮)○알자(謁者)○인초헌관(引初獻官)○예문선왕준소(詣文宣王尊所)○서향립(西向立)○집준자(執尊者)○거멱작주(擧冪酌酒)○집사자(執事者)○이작수주(以爵受酒)○알자(謁者)○인헌관(引獻官)○예신위전(詣神位前)○북향립(北向立)○찬궤진홀(贊跪搢笏)○집사자(執事者)○이작수초헌관(以爵授初獻官)○초헌관(初獻官)○집작헌작(執爵獻爵)○이작수집사자(以爵授執事者)○전우신위전(奠于神位前)○찬집홀부복흥소퇴북향궤(贊執笏俯伏興少退北向跪)○축(祝)○진신위지우(進神位之右)○동향궤(東向跪)○독축문흘(讀祝文訖)○알자(謁者)○찬부복흥평신(贊俯伏興平身)○인출예배위존소(引出詣配位尊所)○서향립(西向立)○집존자(執尊者)○거멱작례제(擧冪酌醴齊)○집사자사인(執事者四人)○이작수주(以爵受酒)○알자(謁者)○인예복성공(引詣復聖公)○종성공(宗聖公)○술성공(述聖公)○아성공신위전(亞聖公神位前)○동향행례(東向行禮)○병여상의(竝如上儀)○유불독축(唯不讀祝)○흘(訖)○인강복위(引降復位)

찬자왈(贊者曰)○행아헌례(行亞獻禮)○알자(謁者)○인아헌관(引亞獻官)○예관세위(詣盥洗位)○북향립(北向立)○찬진홀(贊搢笏)○아헌관(亞獻官)○관수세수흘(盥手帨手訖)○찬집홀(贊執笏)○인예문선왕준소(引詣文宣王尊所)○서향립(西向立)○집준자(執尊者)○거멱작앙제(擧冪酌盎齊)○집사자(執事者)○이작수주(以爵受酒)○알자(謁者)○인아헌관(引亞獻官)○예신위전(詣神位前)○북향립(北向立)○찬궤진홀(贊跪搢笏)○집사자(執事者)○이작수아헌관(以爵授亞獻官)○아헌관(亞獻官)○집작헌작(執爵獻爵)○이작수집사자(以爵授執事者)○전우신위전(奠于神位前)○찬집홀부복흥평신(贊執笏俯伏興平身)○인예배위준소(引詣配位尊所)○서향립(西向立)○집준자(執尊者)○거멱작앙제(擧冪酌盎齊)○집사자사인(執事者四人)○이작수주(以爵受酒)○알자(謁者)○인예복성공(引詣復聖公)○종성공(宗聖公)○술성공(述聖公)○아성공신위전(亞聖公神位前)○행례(行禮)○병여상의흘(竝如上儀訖)○인강복위(引降復位)

찬자왈(贊者曰)○행종헌례(行終獻禮)○알자(謁者)○인종헌관(引終獻官)○행례(行禮)○병여아헌의흘(竝如亞獻儀訖)○인강복위(引降復位)○초종헌관장승전(初終獻官將升殿)○찬인(贊引)○각인분헌관(各引分獻官)○이차예관세위(以次詣盥洗位)○진홀(搢笏)○관세흘(盥帨訖)○집홀(執笏)○분예전내급량무종향준소(分詣殿內及兩廡從享尊所)○집준자거멱작주(執尊者擧冪酌酒)○집사자(執事者)○이작수주(以爵受酒)○인분헌관(引分獻官)○예신위전(詣神位前)○궤진홀(跪搢笏)○집사자(執事者)○수작(授爵)○분헌관(分獻官)○집작헌작(執爵獻爵)○전작(奠爵)○집홀부복흥평신(執笏俯伏興平身)○이차분헌흘(以次分獻訖)○구복위(俱復位)

찬자왈(贊者曰)○음복수조(飮福受胙)○집사자(執事者)○예문선왕준소(詣文宣王尊所)○이작작뢰복주(以爵酌罍福酒)○우집사자(又執事者)○지조진(持俎進)○감신위전조육(減神位前胙肉)○알자(謁者)○인초헌관(引初獻官)○승예음복위(升詣飮福位)○서향립(西向立)○찬궤진홀(贊跪搢笏)○집사자(執事者)○진초헌관지좌(進初獻官之左)○북향(北向)○이작수초헌관(以爵授初獻官)○초헌관(初獻官)○수작음(受爵飮)○졸작(卒爵)○집사자(執事者)○수허작(受虛爵)○복어점(復於坫)○

집사자(執事者)○북향(北向)○이조수초헌관(以俎授初獻官)○초헌관(初獻官)○수조(受俎)○이수집사자(以授執事者)○집사자(執事者)○수조(受俎)○강자동계(降自東階)○출문(出門)○알자(謁者)○찬집홀부복흥평신(贊執笏俯伏興平身)○인강복위(引降復位)○찬자왈(贊者曰)○사배(四拜)○재위자급학생(在位者及學生)○개사배(皆四拜)

찬자왈(贊者曰)○철변두(徹籩豆)○축(祝)○입철변두(入徹籩豆)○철자(徹者)○변두각일(籩豆各一)○소이어고처(少移於故處)○찬자왈(贊者曰)○사배(四拜)○재위자급학생(在位者及學生)○개사배(皆四拜)

찬자왈(贊者曰)○망예(望瘞)○알자(謁者)○인초헌관(引初獻官)○예망예위(詣望瘞位)○북향립(北向立)○찬자(贊者)○예망예위(詣望瘞位)○서향립(西向立)○축(祝)○이비취축판급폐(以篚取祝版及幣)○강자서계(降自西階)○치어감(置於坎)○찬자왈(贊者曰)○가예(可瘞)○치토반감(置土半坎)○알자(謁者)○진초헌관지좌(進初獻官之左)○백례필(白禮畢)○수인초헌관이하출(遂引初獻官以下出)○찬자(贊者)○환본위(還本位)○축급제집사(祝及諸執事)○구복계간배위(俱復階間拜位)○립정(立定)○찬자왈(贊者曰)○사배(四拜)○축이하(祝以下)○개사배이출(皆四拜而出)○학생이차출(學生以次出)○찬자(贊者)○알자(謁者)○찬인(贊引)○취계간배위(就階間拜位)○사배이출(四拜而出)○장찬자(掌饌者)○솔기속(帥其屬)○철례찬(徹禮饌)○합호(闔戶)○이강내퇴(以降乃退)

주현문선왕선고사유급이환안제의
(州縣文宣王先告事由及移還安祭儀)

●재계(齊戒) ○견서례(見序例)

●진설(陳設)
전향일일(前享一日)○묘사(廟司)○솔기속(帥其屬)○소제묘지내외(掃除廟之內外)○찬자(贊者)○설헌관위어동계동남서향(設獻官位於東階東南西向)○분헌관(分獻官)○집사자위어기후초남서향북상(執事者位於其後稍南西向北上)○찬자(贊者)○알자(謁者)○찬인위어동계지서서향북상(贊引位於東階之西西向北上)○설헌관이하문외위어동문외도남(設獻官以下門外位於東門外道南)○매등이위(每等異位)○중행북향서상(重行北向西上)○설망예위어예감지남(設望瘞位於瘞坎之南)○헌관(獻官)○재남북향(在南北向)○찬자(贊者)○대축(大祝)○재동서향북상(在東西向北上)

향일미행사전(享日未行事前)○장찬자(掌饌者)○솔기속입(帥其屬入)○전축판어문선왕신위지우(奠祝版於文宣王神位之右)○유점(有坫)○설향로(設香爐)○향합병촉어신위전(香合并燭於神位前)○차설제기여식(次設祭器如式)○견서례(見序例)○설세어동계동남북향(設洗於東階東南北向)○관세재동(盥洗在東)○작세재서(爵洗在西)○뢰재세동(罍在洗東)○가작(加勺)○비재세서남사(篚在洗西南肆)○실이건작(實以巾爵)○제집사관세어헌관세동남북향(諸執事盥洗於獻官洗東南北向)○집존뢰비멱자위어존뢰비멱지후(執尊罍篚冪者位於尊罍篚冪之後)

●행례(行禮)
향일축전오각(享日丑前五刻)○축전오각(丑前五刻)○즉삼경삼점(卽三更三點)○행사용축시일각(行事用丑時一刻)○장찬자(掌饌者)○입실찬구필(入實饌具畢)

전삼각(前三刻)○헌관급제집사(獻官及諸執事)○각복기복(各服其服)○찬자(贊者)○알자(謁者)○찬인(贊引)○입자동문(入自東門)○선취계간배위(先就階間拜位)○북향서상(北向西上)○사배흘(四拜訖)○취위(就位)○알자(謁者)○찬인(贊引)○각인헌관이하(各引獻官以下)○취문외위(就門外位)전일각(前一刻)○찬인(贊引)○인축급집사자(引祝及執事者)○입취계간배위(入就階間拜位)○북향서상(北向西上)○립정(立定)○찬자왈(贊者曰)○사배(四拜)○축이하(祝以下)○개사배흘(皆四拜訖)○예관세위(詣盥洗位)○관세흘(盥帨訖)○각취위(各就位)○제집사승강(諸執事陞降)○개자동계(皆自東階)○집사자(執事者)○예작세위(詣爵洗位)○세작식작흘(洗爵拭爵訖)○치어비(置於篚)○봉예준소

(捧詣尊所)○치어점상(置於坫上)○알자(謁者)○인헌관(引獻官)○찬인(贊引)○인분헌관(引分獻官)○입취위(入就位)○알자(謁者)○진헌관지좌(進獻官之左)○백유사근구청행사(白有司謹具請行事)○퇴복위(退復位)○찬자왈(贊者曰)○사배(四拜)○헌관개사배(獻官皆四拜)

찬자왈(贊者曰)○행작헌례(行酌獻禮)○알자(謁者)○인헌관(引獻官)○예관세위(詣盥洗位)○북향립(北向立)○찬진홀(贊搢笏)○헌관(獻官)○관수세수홀(盥手洗手訖)○찬집홀(贊執笏)○인헌관(引獻官)○승자동계(升自東階)○예대성지성문선왕존소(詣大成至聖文宣王尊所)○서향립(西向立)○집존자(執尊者)○거멱작주(擧羃酌酒)○집사자(執事者)○이작수주(以爵受酒)○알자(謁者)○인헌관(引獻官)○예문선왕신위전(詣文宣王神位前)○북향립(北向立)○찬궤진홀(贊跪搢笏)○집사자일인(執事者一人)○봉향합(捧香合)○일인(一人)○봉향로(捧香爐)○궤진(跪進)○알자(謁者)○찬삼상향(贊三上香)○집사자(執事者)○전로우신위전(奠爐于神位前)○집사자(執事者)○이작수헌관(以爵授獻官)○헌관(獻官)○집작헌작(執爵獻爵)○이작수집사자(以爵授執事者)○전우신위전(奠于神位前)○봉향(捧香)○수작(授爵)○개재헌관지우(皆在獻官之右)○전로(奠爐)○전작(奠爵)○개재헌관지좌(皆在獻官之左)○찬집홀부복흥소퇴북향궤(贊執笏俯伏興少退北向跪)○축(祝)○진신위지우(進神位之右)○동향궤(東向跪)○독축문흘(讀祝文訖)○알자(謁者)○찬부복흥평신(贊俯伏興平身)○인예배위준소(引詣配位尊所)○서향립(西向立)○집존자(執尊者)○거멱작주(擧羃酌酒)○집사자사인(執事者四人)○이작수주(以爵受酒)○알자(謁者)○인예연국복성공(引詣兗國復聖公)○성국종성공(郕國宗聖公)○기국술성공(沂國述聖公)○추국아성공신위전(鄒國亞聖公神位前)○동향상향작헌(東向上香酌獻)○병여상의(並如上儀)○유부독축(唯不讀祝)○종성공아성공헌관(宗聖公亞聖公獻官)○서향행례(西向行禮)○흘(訖)○인강복위(引降復位)

초헌관장헌배위(初獻官將獻配位)○찬인(贊引)○각인분헌관(各引分獻官)○예관세위(詣盥洗位)○관세흘(盥帨訖)○분예전내종향존소(分詣殿內從享尊所)○작헌(酌獻)○병여배위의흘(並如配位儀訖)○인강복위(引降復位)

축(祝)○입철변두(入徹籩豆)○철자(徹者)○변두각일(籩豆各一)○소이어고처(少移於故處)○찬자왈(贊者曰)○사배(四拜)○헌관개사배(獻官皆四拜)○알자(謁者)○진헌관지좌(進獻官之左)○백례필(白禮畢)○수인헌관출(遂引獻官出)○찬인(贊引)○인축급제집사(引祝及諸執事)○구복배위(俱復拜位)○입정(立定)○찬자왈(贊者曰)○사배(四拜)○축이하(祝以下)○개사배흘(皆四拜訖)○찬인인출(贊引引出)○찬자(贊者)○알자(謁者)○찬인(贊引)○취배위(就拜位)○사배이출(四拜而出)○장찬자(掌饌者)○솔기속(帥其屬)○철례찬(徹禮饌)○합호(闔戶)○이강내퇴(以降乃退)○축취축판(祝取祝版)○예어감(瘞於坎)

향력대시조의(享歷代始祖儀)

●시일(時日) ○견서례(見序例)
●재계(齊戒) ○견서례(見序例)

●진설(陳設)

전향이일(前享二日)○묘사(廟司)○솔기속(帥其屬)○소제묘지내외(掃除廟之內外)○설제향관차(設諸享官次)○우설찬만(又設饌幔)○개어동문외(皆於東門外)○수지지의(隨地之宜)

전일일(前一日)○찬자(贊者)○설헌관위어동계동남서향(設獻官位於東階東南西向)○음복위어당상전영외근동서향(飮福位於堂上前楹外近東西向)○집사자위어헌관지후초남서향북상(執事者位於獻官之後稍南西向北上)○찬자(贊者)○알자위어당하근동서향북상(謁者位於堂下近東西向北上)○설헌관이하문외위어동문외도남(設獻官以下門外位於東門外道南)○매등이위(每等異位)○중행북향서상(重行北向西上)○설망예위어예감지남(設望瘞位於瘞坎之南)○헌관(獻官)○재남북향(在南北向)○축급찬자(祝及贊者)○재동서향북상(在東西向北上)향일미행사전(享日未行事前)○장찬자(掌饌者)○솔기속입(帥其屬入)○전축판어신위지우(奠祝版於神位之右)○유점(有坫)○진폐비어존소

(陳幣篚於尊所)○설향로(設香爐)○향합병촉어신위전(香合幷燭於神位前)○차설제기여식(次設祭器如式)○견서례(見序例)○설복주작(設福酒爵)○유점(有坫)○조육조각일어존소(胙肉俎各一於尊所)○설세어동계동남북향(設洗於東階東南北向)○관세재동(盥洗在東)○작세재서(爵洗在西)○뇌재세동(罍在洗東)○가작(加勺)○비재세서남사(篚在洗西南肆)○실이건(實以巾)○약작세지비(若爵洗之篚)○칙우실이작(則又實以爵)○유점(有坫)○제집사관세어헌관세동남북향(諸執事盥洗於獻官洗東南北向)○집존뢰비멱자위어존뢰비멱지후(執尊罍篚羃者位於尊罍篚羃之後)

●성생기(省牲器) ○견서례(見序例)

●행례(行禮)

향일 축전오각(享日丑前五刻)○축전오각(丑前五刻)○즉삼경삼점(卽三更三點)○행사용축시일각(行事用丑時一刻)○장찬자(掌饌者)○입실찬구필(入實饌具畢)○알자(謁者)○인헌관(引獻官)○승자동계(升自東階)○제향관승강(諸享官陞降)○개자동계(皆自東階)○점시진설흘(點視陳設訖)○환출(還出)

전삼각(前三刻)○헌관급제집사(獻官及諸執事)○각복기복(各服其服)○찬자(贊者)○알자(謁者)○입자동문(入自東門)○선취계간배위(先就階間拜位)○북향서상(北向西上)○사배흘(四拜訖)○각취위(各就位)○알자(謁者)○인헌관이하(引獻官以下)○구취문외위(俱就門外位)

전일각(前一刻)○알자(謁者)○인축급제집사(引祝及諸執事)○입취계간배위(入就階間拜位)○북향서상(北向西上)○립정(立定)○찬자왈(贊者曰)○사배(四拜)○축이하(祝以下)○개사배흘(皆四拜訖)○예관세위(詣盥洗位)○관세흘(盥帨訖)○각취위(各就位)○집사자(執事者)○예작세위(詣爵洗位)○세작식작흘(洗爵拭爵訖)○치어비(置於篚)○봉예존소(捧詣尊所)○치어점상(置於坫上)○알자(謁者)○인헌관(引獻官)○입취위(入就位)○알자(謁者)○진헌관지좌(進獻官之左)○백유사근구청행사(白有司謹具請行事)○퇴복위(退復位)○찬자왈(贊者曰)○사배(四拜)○헌관사배(獻官四拜)

찬자왈(贊者曰)○행전폐례(行奠幣禮)○알자(謁者)○인헌관(引獻官)○예관세위(詣盥洗位)○북향립(北向立)○찬진홀(贊搢笏)○헌관(獻官)○관수세수흘(盥手帨手訖)○찬집홀(贊執笏)○인예신위전(引詣神位前)○북향립(北向立)○찬궤진홀(贊跪搢笏)○집사자일인(執事者一人)○봉향합(捧香合)○일인(一人)○봉향로(捧香爐)○궤진(跪進)○알자(謁者)○찬삼상향(贊三上香)○집사자(執事者)○전로우신위전(奠爐于神位前)○축(祝)○이폐비수헌관(以幣篚授獻官)○헌관(獻官)○집폐헌폐(執幣獻幣)○이폐수축(以幣授祝)○전우신위전(奠于神位前)○봉향(捧香)○수폐(授幣)○개재헌관지우(皆在獻官之右)○전로(奠爐)○전폐(奠幣)○개재헌관지좌(皆在獻官之左)○수작(授爵)○전작준차(奠爵准此)○알자(謁者)○찬집홀부복흥평신(贊執笏俯伏興平身)○부위상향전폐(祔位上香奠幣)○병여상의(竝如上儀)○유헌관동향(唯獻官東向)○작헌동(酌獻同)○인강복위(引降復位)

찬자왈(贊者曰)○행초헌례(行初獻禮)○알자(謁者)○인헌관(引獻官)○승예준소(升詣尊所)○서향립(西向立)○집준자(執尊者)○거멱작례제(擧羃酌醴齊)○집사자(執事者)○이작수주(以爵受酒)○알자(謁者)○인헌관(引獻官)○예신위전(詣神位前)○북향립(北向立)○찬궤진홀(贊跪搢笏)○집사자(執事者)○이작수헌관(以爵授獻官)○헌관(獻官)○집작헌작(執爵獻爵)○이작수집사자(以爵授執事者)○전우신위전(奠于神位前)○찬집홀부복흥소퇴북향궤(贊執笏俯伏興少退北向跪)○축(祝)○진신위지우(進神位之右)○동향궤(東向跪)○독축문흘(讀祝文訖)○알자(謁者)○찬부복흥평신(贊俯伏興平身)○부위작헌(祔位酌獻)○병여상의(竝如上儀)○유축(唯祝)○남향독축(南向讀祝)○인강복위(引降復位)

찬자왈(贊者曰)○행아헌례(行亞獻禮)○알자(謁者)○인헌관(引獻官)○승예준소(升詣尊所)○서향립(西向立)○집준자(執尊者)○거멱작앙제(擧羃酌盎齊)○집사자(執事者)○이작수주(以爵受酒)○알자(謁者)○인헌관(引獻官)○예신위전(詣神位前)○북향립(北向立)○찬궤진홀(贊跪搢笏)○집사자(執事者)○이작수헌관(以爵授獻官)○헌관(獻官)○집작헌작(執爵獻爵)○이작수집사자(以爵授執事者)○전우신위전(奠于神位前)○알자(謁者)○찬집홀부복흥평신(贊執笏俯伏興平身)○부위작헌(祔位酌獻)○병여상의(竝如上儀)○인강복위(引降復位)

찬자왈(贊者曰)○행종헌례(行終獻禮)○알자(謁者)○인헌관(引獻官)○행례(行禮)○병여아헌의흘(竝如亞獻儀訖)○인강복위(引降復位)

찬자왈(贊者曰)○음복수조(飲福受胙)○집사자(執事者)○예준소(詣尊所)○이작작뢰복주(以爵酌罍福酒)○우집사자(又執事者)○지조진(持俎進)○감신위전조육(減神位前胙肉)○알자(謁者)○인헌관(引獻官)○예음복위(詣飲福位)○서향립(西向立)○찬궤진홀(贊跪搢笏)○집사자(執事者)○진헌관지좌(進獻官之左)○북향(北向)○이작수헌관(以爵授獻官)○헌관(獻官)○수작음(受爵飲)○졸작(卒爵)○집사자(執事者)○수허작(受虛爵)○복어점(復於坫)○집사자(執事者)○북향(北向)○이조수헌관(以俎授獻官)○헌관(獻官)○수조(受俎)○이수집사자(以授執事者)○집사자(執事者)○수조(受俎)○강자동계(降自東階)○출문(出門)○알자(謁者)○찬집홀부복흥평신(贊執笏俯伏興平身)○인강복위(引降復位)○찬자왈(贊者曰)○사배(四拜)○재위자(在位者)○개사배(皆四拜)

찬자왈(贊者曰)○철변두(徹籩豆)○축(祝)○입철변두(入徹籩豆)○철자(徹者)○변두각일(籩豆各一)○소이어고처(少移於故處)○찬자왈(贊者曰)○사배(四拜)○헌관사배(獻官四拜)

찬자왈(贊者曰)○망예(望瘞)○알자(謁者)○인헌관(引獻官)○예망예위(詣望瘞位)○북향립(北向立)○찬자(贊者)○예망예위(詣望瘞位)○서향립(西向立)○축(祝)○이비취축판급폐(以籠取祝版及幣)○강자서계(降自西階)○치어감(置於坎)○찬자왈(贊者曰)○가예(可瘞)○치토반감(置土半坎)○알자(謁者)○진헌관지좌(進獻官之左)○백례필(白禮畢)○수인헌관출(遂引獻官出)○찬자(贊者)○환본위(還本位)○알자(謁者)○인축급제집사(引祝及諸執事)○구복계간배위(俱復階間拜位)○립정(立定)○찬자왈(贊者曰)○사배(四拜)○축이하(祝以下)○개사배홀(皆四拜訖)○알자인출(謁者引出)○찬자(贊者)○알자(謁者)○취계간배위(就階間拜位)○사배이출(四拜而出)○장찬자(掌饌者)○솔기속(帥其屬)○철례찬(徹禮饌)○합호(闔戶)○이강내퇴(以降乃退)

사령성의(祀靈星儀)

○로인성(老人星)○마조동(馬祖同)

●시일(時日) ○견서례(見序例)
●재계(齊戒) ○견서례(見序例)

●진설(陳設)
전사일일(前祀一日)○전사관(典祀官)○솔기속(帥其屬)○소제단지내외(掃除壇之內外)○전설사(典設司)○설제사관차(設諸祀官次)○우설찬만(又設饌幔)○개어동문외(皆於東門外)○수지지의(隨地之宜)○전사관(典祀官)○설신좌어단상북방남향(設神座於壇上北方南向)○석이완(席以莞)○집례(執禮)○설헌관위어단하동남서향(設獻官位於壇下東南西向)○음복위어단상남폐지서북향(飲福位於壇上南陛之西北向)○집사자위어헌관지후초남서향북상(執事者位於獻官之後稍南西向北上)○집례위어단상(執禮位於壇上)○찬자(贊者)○알자위어단하(謁者位於壇下)○구근동서향북상(俱近東西向北上)○설제사관문외위어동문외도남(設諸祀官門外位於東門外道南)○매등이위(每等異位)○중행북향서상(重行北向西上)○적시어료단(積柴於燎壇)○설망료위어료단지북(設望燎位於燎壇之北)○헌관(獻官)○재북남향(在北南向)○집례(執禮)○찬자(贊者)○대축(大祝)○재동서향북상(在東西向北上)○찬자(贊者)○대축(大祝)○초각(稍却)○사일미행사전(祀日未行事前)○전사관(典祀官)○수기속입(帥其屬入)○전축판어신위지우(奠祝版於神位之右)○유점(有坫)○진폐비어존소(陳幣篚於尊所)○설향로(設香爐)○향합병촉어신위전(香合并燭於神位前)○차설제기여식(次設祭器如式)○견서례(見序例)○설복주작(設福酒爵)○유점(有坫)○조육조각일어존소(胙肉俎各一於尊所)○설세어단하동남북향(設洗於壇下東南北向)○관세재동(盥洗在東)○작세재서(爵洗在西)○뢰재세동(罍在洗東)○가작(加勺)○비재세서남사(篚在洗西南肆)○실이건작(實以巾爵)○제집사관세(諸執事盥洗)○우어동남북향(又於東南北向)○집존뢰비멱자위어존뢰비멱지후(執尊罍篚冪者位於尊罍篚冪之後)

●성생기(省牲器) ○견서례(見序例)

●행례(行禮)
사일축전오각(祀日丑前五刻)○축전오각(丑前五刻)○즉삼경삼점(卽三更三點)○행사용축시일각(行事用丑時一刻)○전사관(典祀官)○입실찬구필(入實饌具畢)○퇴취차(退就次)○복기복승(服其服升)○설신위판어좌(設神位版於座)○전삼각(前三刻)○제사관(諸祀官)○각복기복(各服其服)○집례(執禮)○솔찬자(帥贊者)○알자(謁者)○선취단남배위(先就壇南拜位)○중행북향서상(重行北向西上)○사배흘(四拜訖)○취위(就位)○알자(謁者)○인제사관(引諸祀官)○구취문외위(俱就門外位)

전일각(前一刻)○알자(謁者)○인전사관(引典祀官)○대축(大祝)○축사(祝史)○재랑(齊郎)○입취단남배위(入就壇南拜位)○중행북향서상(重行北向西上)○입정(立定)○집례왈(執禮曰)○사배(四拜)○찬자전창(贊者傳唱)○범집례유사(凡執禮有辭)○찬자개전창(贊者皆傳唱)○전사관이하(典祀官以下)○개사배흘(皆四拜訖)○알자(謁者)○인제집사(引諸執事)○예관세위(詣盥洗位)○관세흘(盥帨訖)○각취위(各就位)○제집사승강(諸執事陞降)○개자동계(皆自東階)○재랑(齊郎)○예작세위(詣爵洗位)○세작식작흘(洗爵拭爵訖)○치어비(置於篚)○봉예준소(捧詣尊所)○치어점상(置於坫上)○알자(謁者)○인헌관(引獻官)○입취위(入就位)○알자(謁者)○진헌관지좌(進獻官之左)○백유사근구청행사(白有司謹具請行事)○퇴복위(退復位)○집례왈(執禮曰)○사배(四拜)○헌관사배(獻官四拜)

집례왈(執禮曰)○행전폐례(行奠幣禮)○알자(謁者)○인헌관(引獻官)○예관세위(詣盥洗位)○북향립(北向立)○찬진홀(贊搢笏)○헌관(獻官)○관수세수흘(盥手帨手訖)○찬집홀(贊執笏)○인예단(引詣壇)○승자남폐(升自南陛)○예신위전(詣神位前)○북향립(北向立)○찬궤진홀(贊跪搢笏)○집사자일인(執事者一人)○봉향합(捧香合)○일인(一人)○봉향로(捧香爐)○흘진(訖進)[궤진(跪進)]○알자(謁者)○찬삼상향(贊三上香)○집사자(執事者)○전로우신위전(奠爐于神位前)○대축(大祝)○이폐비수헌관(以幣篚授獻官)○헌관(獻官)○집폐헌폐(執幣獻幣)○이폐수대축(以幣授大祝)○전우신위전(奠于神位前)○봉향(捧香)○수폐(授幣)○개재헌관지우(皆在獻官之右)○전로(奠爐)○전폐(奠幣)○개재헌관지좌(皆在獻官之左)○수작(授爵)○전작준차(奠爵准此)○알자(謁者)○찬집홀부복흥평신(贊執笏俯伏興平身)○인강복위(引降復位)

집례왈(執禮曰)○행초헌례(行初獻禮)○알자(謁者)○인헌관(引獻官)○승자남폐(升自南陛)○예준소(詣尊所)○서향립(西向立)○집준자(執尊者)○거멱작주(擧羃酌酒)○집사자(執事者)○이작수주(以爵受酒)○알자(謁者)○인헌관(引獻官)○예신위전(詣神位前)○북향립(北向立)○찬궤진홀(贊跪搢笏)○집사자(執事者)○이작수헌관(以爵授獻官)○헌관(獻官)○집작헌작(執爵獻爵)○이작수집사자(以爵授執事者)○전우신위전(奠于神位前)○찬집홀부복흥소퇴북향궤(贊執笏俯伏興少退北向跪)○대축(大祝)○진신위지우(進神位之右)○동향궤(東向跪)○독축문흘(讀祝文訖)○알자(謁者)○찬부복흥평신(贊俯伏興平身)○○(引降復位)

집례왈(執禮曰)○행아헌례(行亞獻禮)○알자(謁者)○인헌관(引獻官)○승예준소(升詣尊所)○서향립(西向立)○집준자(執尊者)○거멱작주(擧羃酌酒)○집사자(執事者)○이작수주(以爵受酒)○알자(謁者)○인헌관(引獻官)○예신위전(詣神位前)○북향립(北向立)○찬궤진홀(贊跪搢笏)○집사자(執事者)○이작수헌관(以爵授獻官)○헌관(獻官)○집작헌작(執爵獻爵)○이작수집사자(以爵授執事者)○전우신위전(奠于神位前)○알자(謁者)○찬집홀부복흥평신(贊執笏俯伏興平身)○인강복위(引降復位)

집례왈(執禮曰)○행종헌례(行終獻禮)○알자(謁者)○인헌관(引獻官)○행례(行禮)○병여아헌의흘(竝如亞獻儀訖)○인강복위(引降復位)

집례왈(執禮曰)○음복수조(飮福受胙)○집사자(執事者)○예준소(詣尊所)○이작작복주(以爵酌福酒)○우집사자(又執事者)○지조진(持俎進)○감신위전조육(減神位前胙肉)○알자(謁者)○인헌관(引獻官)○승자남폐(升自南陛)○예음복위(詣飮福位)○북향립(北向立)○찬궤진홀(贊跪搢笏)○집사자(執事者)○진헌관지우(進獻官之右)○서향(西向)○이작수헌관(以爵授獻官)○헌관(獻官)○수작음(受爵飮)○졸작(卒爵)○집사자(執事者)○수허작(受虛爵)○복어점(復於坫)○집사자(執事者)○서향(西向)○이조수헌관(以俎授獻官)○헌관(獻官)○수조(受俎)○이수집사자(以授執事者)○집사자(執事者)○수조(受俎)○강자남폐(降自南陛)○출문(出門)○알자(謁者)○찬집홀부복흥평신(贊執笏俯伏興平身)○인강복위(引降復位)○집례왈(執禮曰)○사배(四拜)○재위자(在位者)○개사배(皆四拜)

집례왈(執禮曰)○철변두(徹籩豆)○대축(大祝)○진철변두(進徹籩豆)○철자(徹者)○변두각일소(籩豆各一少)○

이어고처(移於故處)○집례왈(執禮曰)○사배(四拜)○헌관사배(獻官四拜)

집례왈(執禮曰)○망료(望燎)○알자(謁者)○인헌관(引獻官)○예망료위(詣望燎位)○남향립(南向立)○집례(執禮)○수찬자(帥贊者)○예망료위(詣望燎位)○서향립(西向立)○대축(大祝)○이비취축판급폐(以篚取祝版及幣)○강자서폐(降自西陛)○예료단(詣燎壇)○치어료시(置於燎柴)○집례왈(執禮曰)○가료(可燎)○료반시(燎半柴)○알자(謁者)○진헌관지좌(進獻官之左)○백례필(白禮畢)○수인헌관출(遂引獻官出)○집례(執禮)○수찬자(帥贊者)○환본위(還本位)○알자(謁者)○인전사관급제집사(引典祀官及諸執事)○구복단(俱復壇)○남배위(南拜位)○립정(立定)○집례왈(執禮曰)○사배(四拜)○전사관이하(典祀官以下)○개사배흘(皆四拜訖)○알자인출(謁者引出)○집례(執禮)○솔찬자(帥贊者)○알자(謁者)○취단남배위(就壇南拜位)○사배이출(四拜而出)○전사관(典祀官)○솔기속(帥其屬)○장신위판(藏神位版)○철례찬(徹禮饌)○이강내퇴(以降乃退)

향선목의(享先牧儀)

○마사(馬社)○마보(馬步)○마제(禡祭)○포제동(酺祭同)○유마제신위(唯禡祭神位)○자이웅석(藉以熊席)○치궁시어전(置弓矢於前)○건소어후(建弰於後)○수대기이어남문외(樹大旗二於南門外)○거문십보(距門十步)

●시일(時日) ○견서례(見序例)
●재계(齊戒) ○견서례(見序例)

●진설(陳設)

전향일일(前享一日)○전사관(典祀官)○솔기속(帥其屬)○소제단지내외(掃除壇之內外)○전설사(典設司)○설제향관차(設諸享官次)○우설찬만(又設饌幔)○개어동문외(皆於東門外)○수지지의(隨地之宜)○전사관(典祀官)○설신좌어단상북방남향(設神座於壇上北方南向)○석이완(席以莞)○집례(執禮)○설헌관위어단하동남서향(設獻官位於壇下東南西向)○음복위어단상남폐지서북향(飲福位於壇上南陛之西北向)○집사자위어헌관지후초남서향북상(執事者位於獻官之後稍南西向北上)○집례위어단상(執禮位於壇上)○찬자(贊者)○알자위어단하(謁者位於壇下)○구근동서향북상(俱近東西向北上)○설제향관문외위어동문외(設諸享官門外位於東門外)○매등이위(每等異位)○중행북향서상(重行北向西上)○설망예위어예감지남(設望瘞位於瘞坎之南)○헌관(獻官)○재남북향(在南北向)○집례찬자(執禮贊者)○대축(大祝)○재동서향(在東西向) ○찬자(贊者)○대축(大祝)○초각(稍却)

향일미행사전(享日未行事前)○전사관(典祀官)○솔기속입(帥其屬入)○전축판어신위지우(奠祝版於神位之右) ○유점(有坫)○진폐비어존소(陳幣篚於尊所)○설향로(設香爐)○향합병촉어신위전(香合幷燭於神位前)○차설제기여식(次設祭器如式) ○견서례(見序例)○설복주작(設福酒爵) ○유점(有坫)○조육조각일어존소(胙肉俎各一於尊所)○설세어단하동남북향(設洗於壇下東南北向) ○관세재동(盥洗在東)○작세재서(爵洗在西)○뢰재세동(罍在洗東)○가작(加勺)○비재세서남사(篚在洗西南肆)○실이건작(實以巾爵)○제집사관세어헌관세동남북향(諸執事盥洗於獻官洗東南北向)○집준뢰비멱자위어준뢰비멱지후(執尊罍篚冪者位於尊罍篚冪之後)

●성생기(省牲器) ○견서례(見序例)

●행례(行禮)

향일축전오각(享日丑前五刻) ○축전오각(丑前五刻)○즉삼경삼점(卽三更三點)○행사용축시일각(行事用丑時一刻)○전사관(典祀官)○입실찬구필(入實饌具畢)○퇴취차(退就次)○복기복승(服其服升)○설신위판어좌(設神位版於座)

전삼각(前三刻)○제향관(諸享官)○각복기복(各服其服)○집례(執禮)○솔찬자(帥贊者)○알자(謁者)○선취단남배위(先就壇南拜位)○중행북향서상(重行北向西上)○사배흘(四拜訖)○취위(就位)○알자(謁者)○인제향관(引諸享官)○구취문외위(俱就門外位)

전일각(前一刻)○알자(謁者)○인전사관(引典祀官)○대축(大祝)○축사(祝史)○재랑(齊郎)○입취단남배위(入就壇南拜位)○중행북향서상(重行北向西上)○입정(立定)○집례왈(執禮曰)○사배(四拜)○찬자전창(贊者傳唱)○범집례유사(凡執禮有辭)○찬자개전창(贊者皆傳唱)○전사관이하(典祀官以下)○개사배흘(皆四拜訖)○알자(謁者)○인제집사(引諸執事)○예관세위(詣盥洗位)○관세흘(盥帨訖)○각취위(各就位)○제집사승강(諸執事陞降)○개자동폐(皆自東陛)○재랑(齊郞)○예작세위(詣爵洗位)○세작식작흘(洗爵拭爵訖)○치어비(置於篚)○봉예준소(捧詣尊所)○치어점상(置於坫上)○알자(謁者)○인헌관(引獻官)○입취위(入就位)○알자(謁者)○진헌관지좌(進獻官之左)○백유사근구청행사(白有司謹具請行事)○퇴복위(退復位)○집례왈(執禮曰)○사배(四拜)○헌관사배(獻官四拜)

집례왈(執禮曰)○행전폐례(行奠幣禮)○알자(謁者)○인헌관(引獻官)○예관세위(詣盥洗位)○북향립(北向立)○찬진홀(贊搢笏)○헌관(獻官)○관수세수흘(盥手帨手訖)○찬집홀(贊執笏)○인예단(引詣壇)○승자남폐(升自南陛)○예신위전(詣神位前)○북향립(北向立)○찬궤진홀(贊跪搢笏)○집사자일인(執事者一人)○봉향합(捧香合)○일인(一人)○봉향로(捧香爐)○궤진(跪進)○알자(謁者)○찬삼상향(贊三上香)○집사자(執事者)○전로우신위전(奠爐于神位前)○대축(大祝)○이폐비수헌관(以幣篚授獻官)○헌관(獻官)○집폐헌폐(執幣獻幣)○이폐수대축(以幣授大祝)○전우신위전(奠于神位前)○봉향(捧香)○수폐개과(授幣皆左)○헌관지우(獻官之右)○전로(奠爐)○전폐(奠幣)○개재헌관지좌(皆在獻官之左)○수작(授爵)○전작준차(奠爵准此)○알자(謁者)○찬집홀부복흥평신(贊執笏俯伏興平身)○인강복위(引降復位)

집례왈(執禮曰)○행초헌례(行初獻禮)○알자(謁者)○인헌관(引獻官)○승자남폐(升自南陛)○예준소(詣尊所)○서향립(西向立)○집준자(執尊者)○거멱작주(擧冪酌酒)○집사자(執事者)○이작수주(以爵受酒)○알자(謁者)○인헌관(引獻官)○예신위전(詣神位前)○북향립(北向立)○찬궤진홀(贊跪搢笏)○집사자(執事者)○이작수헌관(以爵授獻官)○헌관(獻官)○집작헌작(執爵獻爵)○이작수집사자(以爵授執事者)○전우신위전(奠于神位前)○찬집홀부복흥소퇴북향궤(贊執笏俯伏興少退北向跪)○대축(大祝)○진신위지우(進神位之右)○동향궤(東向跪)○독축문흘(讀祝文訖)○알자(謁者)○찬부복흥평신(贊俯伏興平身)○인강복위(引降復位)

집례왈(執禮曰)○행아헌례(行亞獻禮)○알자(謁者)○인헌관(引獻官)○승예준소(升詣尊所)○서향립(西向立)○집준자(執尊者)○거멱작주(擧冪酌酒)○집사자(執事者)○이작수주(以爵受酒)○알자(謁者)○인헌관(引獻官)○예신위전(詣神位前)○북향립(北向立)○찬궤진홀(贊跪搢笏)○집사자(執事者)○이작수헌관(以爵授獻官)○헌관(獻官)○집작헌작(執爵獻爵)○이작수집사자(以爵授執事者)○전우신위전(奠于神位前)○알자(謁者)○찬집홀부복흥평신(贊執笏俯伏興平身)○인강복위(引降復位)

집례왈(執禮曰)○행종헌례(行終獻禮)○알자(謁者)○인헌관(引獻官)○행례(行禮)○병여아헌의흘(竝如亞獻儀訖)○인강복위(引降復位)

집례왈(執禮曰)○음복수조(飮福受胙)○집사자(執事者)○예준소(詣尊所)○이작작복주(以爵酌福酒)○우집사자(又執事者)○지조진(持俎進)○감신위전조육(減神位前胙肉)○알자(謁者)○인헌관(引獻官)○승자남폐(升自南陛)○예음복위(詣飮福位)○북향립(北向立)○찬궤진홀(贊跪搢笏)○집사자(執事者)○진헌관지우(進獻官之右)○서향(西向)○이작수헌관(以爵授獻官)○헌관(獻官)○수작음(受爵飮)○졸작(卒爵)○집사자(執事者)○수허작(受虛爵)○복어점(復於坫)○집사자(執事者)○서향(西向)○이조수헌관(以俎授獻官)○헌관(獻官)○수조(受俎)○이수집사자(以授執事者)○집사자(執事者)○수조(受俎)○강자남폐(降自南陛)○출문(出門)○알자(謁者)○찬집홀부복흥평신(贊執笏俯伏興平身)○인강복위(引降復位)○집례왈(執禮曰)○사배(四拜)○재위자(在位者)○개사배(皆四拜)

집례왈(執禮曰)○철변두(徹籩豆)○대축(大祝)○진철변두(進徹籩豆)○철자(徹者)○변두각일(籩豆各一)○소이어고처(少移於故處)○집례왈(執禮曰)○사배(四拜)○헌관사배(獻官四拜)

집례왈(執禮曰)○망예(望瘞)○알자(謁者)○인헌관(引獻官)○예망예위(詣望詣位)[망예위(望瘞位)]○북향립(北向立)○집례(執禮)○수찬자(帥贊者)○예망예위(詣望瘞位)○서향립(西向立)○대축(大祝)○이비취축판급폐(以篚取祝版及幣)○강자서폐(降自西陛)○치어감(置於坎)○집례왈(執禮曰)○가예(可瘞)○치토반감(置土半坎)○알자(謁者)○진헌관지좌(進獻官之左)○백례필(白禮畢)○수인헌관출(遂引獻官出)○집례(執禮)○솔찬자(帥贊者)○환본위(還本位)○알자(謁者)○인전사관급제집사(引典祀官及諸執事)○구복단남배위(俱復壇南拜位)○립정(立定)○집례왈(執禮曰)○사배(四拜)○전사관이하(典祀官以下)○개사배흘(皆四拜訖)○알자인출(謁者引出)○집례(執禮)○솔찬자(帥贊者)○알자(謁者)○취단남배위(就壇南拜位)○사배이출(四拜而出)○전사관(典祀官)○솔기속(帥其屬)○장신위판(藏神位版)○철례찬(徹禮饌)○이강내퇴(以降乃退)

주현포제의(州縣酺祭儀)

●재계(齊戒) ○견서례(見序例)

●진설(陳設)

전제일일(前祭一日)○유사(有司)○소제단지내외(掃除壇之內外)○설제제관차(設諸祭官次)○우설찬만(又設饌幔)○개어동문외(皆於東門外)○수지지의(隨地之宜)○설포신좌어단상북방남향(設酺神座於壇上北方南向)○석이완(席以莞)○찬자(贊者)○설헌관위어단하동남서향(設獻官位於壇下東南西向)○집사자위어기후초남서향북상(執事者位於其後稍南西向北上)○찬자(贊者)○알자위어단하근동서향(謁者位於壇下近東西向)○설헌관이하문외위어동문외도남(設獻官以下門外位於東門外道南)○중행북향서상(重行北向西上)

제일미행사전(祭日未行事前)○장찬자(掌饌者)○솔기속입(帥其屬入)○전축판어신위지우(奠祝版於神位之右)○유점(有坫)○설향로(設香爐)○향합병촉어신위전(香合幷燭於神位前)○차설제기여식(次設祭器如式)○견서례(見序例)○설세어단하동남북향(設洗於壇下東南北向)○관세재동(盥洗在東)○작세재서(爵洗在西)○뢰재세동(罍在洗東)○가작(加勺)○비재세서남사(篚在洗西南肆)○실이건작(實以巾爵)○제집사관세어헌관세동남북향(諸執事盥洗於獻官洗東南北向)

●성생기(省牲器) ○견서례(見序例)

●행례(行禮)

제일축전오각(祭日丑前五刻)○축전오각(丑前五刻)○즉삼경삼점(卽三更三點)○행사용축시일각(行事用丑時一刻)○장찬자(掌饌者)○입실찬구필(入實饌具畢)○퇴취차(退就次)○복기복승(服其服升)○설신위판어좌(設神位版於座)

전삼각(前三刻)○헌관급제집사(獻官及諸執事)○각복기복(各服其服)○찬자(贊者)○알자(謁者)○선취단남배위(先就壇南拜位)○북향서상(北向西上)○사배흘(四拜訖)○취위(就位)○알자(謁者)○인헌관이하(引獻官以下)○구취문외위(俱就門外位)

전일각(前一刻)○알자(謁者)○인축급제집사(引祝及諸執事)○입취단남배위(入就壇南拜位)○북향서상(北向西上)○입정(立定)○찬자왈(贊者曰)○사배(四拜)○축이하(祝以下)○개사배흘(皆四拜訖)○예관세위(詣盥洗位)○관세흘(盥帨訖)○각취위(各就位)○집사자(執事者)○예작세위(詣爵洗位)○세작식작흘(洗爵拭爵訖)○치어비(置於篚)○봉예준소(捧詣尊所)○치어점상(置於坫上)○알자(謁者)○인헌관(引獻官)○입취위(入就位)○알자(謁者)○진헌관지좌(進獻官之左)○백유사근구청행사(白有司謹具請行事)○퇴복위(退復位)○찬자왈(贊者曰)○사배(四拜)○헌관사배(獻官四拜)

찬자왈(贊者曰)○행초헌례(行初獻禮)○알자(謁者)○인헌관(引獻官)○예관세위(詣盥洗位)○북향립(北向立)○찬진홀(贊搢笏)○헌관(獻官)○관수세수흘(盥手帨手訖)○찬집홀(贊執笏)○인예단(引詣壇)○승자남폐(升自南陛)○예준소(詣尊所)○서향립(西向立)○집준자(執尊者)○거멱작주(擧羃酌酒)○집사자(執事者)○이작수주(以爵受酒)○알자(謁者)○인헌관(引獻官)○예신위전(詣神位前)○북향립(北向立)○찬궤진홀(贊跪搢笏)○집사자일인(執事者一人)○봉향합(捧香合)○일인(一人)○봉향로(捧香爐)○궤진(跪進)○알자(謁者)○찬삼상향(贊三上香)○집사자(執事者)○전로우신위전(奠爐于神位前)○집사자(執事者)○이작수헌관(以爵授獻官)○헌관(獻官)○집작헌작(執爵獻爵)○이작수집사자(以爵受執事者)○전우신위전(奠于神位前)○봉향(捧香)○수작(授爵)○개재헌관지(皆在獻官之

右)○전로(奠爐)○전작(奠爵)○개재헌관지좌(皆在獻官之左)○찬집홀부복흥소퇴북향궤(贊執笏俯伏興少退北向跪)○축(祝)○진신위지우(進神位之右)○동향궤(東向跪)○독축문흘(讀祝文訖)○알자(謁者)○찬부복흥평신(贊俯伏興平身)○인강복위(引降復位)

찬자왈(贊者曰)○행아헌례(行亞獻禮)○알자(謁者)○인헌관(引獻官)○예준소(詣尊所)○서향립(西向立)○집준자(執尊者)○거멱작주(擧冪酌酒)○집사자(執事者)○이작수주(以爵受酒)○알자(謁者)○인헌관(引獻官)○예신위전(詣神位前)○북향립(北向立)○찬궤진홀(贊跪搢笏)○집사자(執事者)○이작수헌관(以爵授獻官)○헌관(獻官)○집작헌작(執爵獻爵)○이작수집사자(以爵授執事者)○전우신위전(奠于神位前)○알자(謁者)○찬집홀부복흥평신(贊執笏俯伏興平身)○인강복위(引降復位)

찬자왈(贊者曰)○행종헌례(行終獻禮)○알자(謁者)○인헌관(引獻官)○행례(行禮)○병여아헌의흘(並如亞獻儀訖)○인강복위(引降復位)

축(祝)○진철변두(進徹籩豆)○철자(徹者)○변두각일(籩豆各一)○소이어고처(少移於故處)○찬자왈(贊者曰)○사배(四拜)○헌관사배(獻官四拜)○알자(謁者)○진헌관지좌(進獻官之左)○백례필(白禮畢)○수인헌관출(遂引獻官出)○알자(謁者)○인축급제집사(引祝及諸執事)○구복배위(俱復拜位)○입정(立定)○찬자왈(贊者曰)○사배(四拜)○축이하(祝以下)○개사배홀(皆四拜訖)○알자인출(謁者引出)○찬자(贊者)○알자(謁者)○취배위(就拜位)○사배 이 출(四拜而出)○장찬자(掌饌者)○솔기속(帥其屬)○장신위판(藏神位版)○철례찬(徹禮饌)○이강내퇴(以降乃退)○축(祝)○취축판(取祝版)○예어감(瘞於坎)

구우영제국문의(久雨禜祭國門儀)

○우지(雨止)○보사동(報祀同)○유유음복(唯有飲福)

●재계(齊戒)○견서례(見序例)

●진설(陳設)

전일일(前一日)○전사관(典祀官)○솔기속(帥其屬)○소제제소(掃除祭所)○전설사(典設司)○설제제관차(設諸祭官次)○우설찬만(又設饌幔)○수지지의(隨地之宜)○전사관(典祀官)○설신좌(設神座)○개내향(皆內向)○석이완(席以莞)○찬자(贊者)○설헌관위어신위지좌이우향(設獻官位於神位之左而右向)○집사자위어기후(執事者位於其後)○개이근신위상(皆以近神爲上)○찬자(贊者)○알자위어헌관지우초전(謁者位於獻官之右稍前)

제일미행사전(祭日未行事前)○전사관(典祀官)○솔기속입(帥其屬入)○전축판어신위지우(奠祝版於神位之右)○유점(有坫)○설향로(設香爐)○향합병촉어신위전(香合并燭於神位前)○차설제기여식(次設祭器如式)○견서례(見序例)○설뢰세급비어주존지좌(設罍洗及篚於酒尊之左)○구내향(俱內向)○실이건작(實以巾爵)

●행례(行禮)

제일축전오각(祭日丑前五刻)○축전오각(丑前五刻)○즉삼경삼점(卽三更三點)○행사용축시일각(行事用丑時一刻)○전사관(典祀官)○입실찬구필(入實饌具畢)○퇴취차(退就次)○복기복(服其服)○설신위판어좌(設神位版於座)

전삼각(前三刻)○제제관(諸祭官)○각복기복(各服其服)○찬자(贊者)○알자(謁者)○선입사배홀(先入四拜訖)○취위(就位)

전일각(前一刻)○알자(謁者)○인전사관(引典祀官)○대축(大祝)○축사(祝史)○재랑(齊郎)○입취배위(入就拜位)○립정(立定)○찬자왈(贊者曰)○사배(四拜)○전사관이하(典祀官以下)○개사배홀(皆四拜訖)○예관세위(詣盥洗位)○관세흘(盥帨訖)○각취위(各就位)○제랑(齊郎)○예작세위(詣爵洗位)○세작식작흘(洗爵拭爵訖)○치어비(置於篚)○봉예존소(捧詣尊所)○치어점상(置於坫上)○알자(謁者)○인헌관(引獻官)○입취위(入就位)○알자(謁者)○진헌관지좌(進獻官之左)○백유사근

구청행사(白有司謹具請行事)○퇴복위(退復位)○찬자왈(贊者曰)○사배(四拜)○헌관사배(獻官四拜)

알자(謁者)○인헌관(引獻官)○예관세위(詣盥洗位)○찬진홀(贊搢笏)○헌관(獻官)○관수세수홀(盥手帨手訖)○찬집홀(贊執笏)○인예준소(引詣尊所)○집준자(執尊者)○거멱작주(擧冪酌酒)○집사자(執事者)○이작수주(以爵受酒)○인예신위전(引詣神位前)○찬궤진홀(贊跪搢笏)○집사자일인(執事者一人)○봉향합(捧香合)○일인(一人)○봉향로(捧香爐)○궤진(跪進)○알자(謁者)○찬삼상향(贊三上香)○집사자(執事者)○전로우신위전(奠爐于神位前)○집사자(執事者)○이작궤수헌관(以爵跪授獻官)○헌관(獻官)○집작헌작(執爵獻爵)○이작수집사자(以爵授執事者)○전우신위전(奠于神位前)○봉향(捧香)○수작(授爵)○개재헌관지우(皆在獻官之右)○전로(奠爐)○전작(奠爵)○개재헌관지좌(皆在獻官之左)○찬집홀부복흥소퇴궤(贊執笏俯伏興少退跪)○대축(大祝)○진신위지우(進神位之右)○궤독축문홀(跪讀祝文訖)○알자(謁者)○찬부복흥평신(贊俯伏興平身)○인복위(引復位)

대축(大祝)○진철변두(進徹籩豆)○철자(徹者)○변두각일(籩豆各一)○소이어고처(少移於故處)○찬자왈(贊者曰)○사배(四拜)○헌관사배(獻官四拜)○알자(謁者)○진헌관지좌(進獻官之左)○백례필(白禮畢)○수인헌관출(遂引獻官出)○알자(謁者)○인전사관급제집사(引典祀官及諸執事)○구복배위(俱復拜位)○립정(立定)○찬자왈(贊者曰)○사배(四拜)○전사관이하(典祀官以下)○개사배홀(皆四拜訖)○알자인출(謁者引出)○찬자(贊者)○알자(謁者)○취배위(就拜位)○사배이출(四拜而出)○전사관(典祀官)○장신위판(藏神位版)○철례찬(徹禮饌)○내퇴(乃退)○대축(大祝)○취축판(取祝版)○예어감(瘞於坎)

구우주현영제성문의 (久雨州縣禜祭城門儀)

○우지(雨止)○보사동(報祀同)○유유음복(唯有飲福)

●재계(齊戒) ○견서례(見序例)

●진설(陳設)

전일일(前一日)○유사(有司)○소제제소(掃除祭所)○유사(有司)○설제제관차(設諸祭官次)○우설찬만(又設饌幔)○수지지의(隨地之宜)○설신좌개내향(設神座皆內向)○석이완(席以莞)○찬자(贊者)○설헌관위어신위지좌이우향(設獻官位於神位之左而右向)○집사자위어기후(執事者位於其後)○개이근신위상(皆以近神爲上)○찬자(贊者)○알자위어헌관지우초전(謁者位於獻官之右稍前)

제일미행사전(祭日未行事前)○장찬자(掌饌者)○솔기속입(帥其屬入)○전축판어신위지우(奠祝版於神位之右)○유점(有坫)○설향로(設香爐)○향합병촉어신위전(香合幷燭於神位前)○차설제기여식(次設祭器如式)○견서례(見序例)○설뢰세급비어주존지좌(設罍洗及篚於酒尊之左)○구내향(俱內向)○실이건작(實以巾爵)

●행례(行禮)

제일 축전오각(祭日丑前五刻)○축전오각(丑前五刻)○즉삼경삼점(卽三更三點)○행사용축시일각(行事用丑時一刻)○장찬자(掌饌者)○입실찬구필(入實饌具畢)○퇴취차(退就次)○복기복(服其服)○설신위판어좌(設神位版於座)

전삼각(前三刻)○헌관급제집사(獻官及諸執事)○각복기복(各服其服)○찬자(贊者)○알자(謁者)○선입사배홀(先入四拜訖)○취위(就位)

전일각(前一刻)○알자(謁者)○인축급제집사(引祝及諸執事)○입취배위(入就拜位)○입정(立定)○찬자왈(贊者曰)○사배(四拜)○축이하(祝以下)○개사배홀(皆四拜訖)○예관세위(詣盥洗位)○관세홀(盥帨訖)○각취위(各就位)○집사자(執事者)○예작세위(詣爵洗位)○세작식작홀(洗爵拭爵訖)○

치어비(置於篚)○봉예존소(捧詣尊所)○치어점상(置於坫上)○알자(謁者)○인헌관(引獻官)○입취위(入就位)○알자(謁者)○진헌관지좌(進獻官之左)○백유사근구청행사(白有司謹具請行事)○퇴복위(退復位)○찬자왈(贊者曰)○사배(四拜)○헌관사배(獻官四拜)

알자(謁者)○인헌관(引獻官)○예관세위(詣盥洗位)○찬진홀(贊搢笏)○헌관(獻官)○관수세수흘(盥手帨手訖)○찬집홀(贊執笏)○인예준소(引詣尊所)○집준자(執尊者)○거멱작주(擧冪酌酒)○집사자(執事者)○이작수주(以爵受酒)○인예신위전(引詣神位前)○찬궤진홀(贊跪搢笏)○집사자일인(執事者一人)○봉향합(捧香合)○일인(一人)○봉향로(捧香爐)○궤진(跪進)○알자(謁者)○찬삼상향(贊三上香)○집사자(執事者)○전로우신위전(奠爐于神位前)○집사자(執事者)○이작궤수헌관(以爵跪授獻官)○헌관(獻官)○집작헌작(執爵獻爵)○이작수집사자(以爵授執事者)○전우신위전(奠于神位前)○봉향(捧香)○수작(授爵)○개재헌관지우(皆在獻官之右)○전로(奠爐)○전작(奠爵)○개재헌관지좌(皆在獻官之左)○찬집홀부복흥소퇴궤(贊執笏俯伏興少退跪)○축(祝)○진신위지우(進神位之右)○궤독축문흘(跪讀祝文訖)○알자(謁者)○찬부복흥평신(贊俯伏興平身)○인복위(引復位)

축(祝)○진철변두(進徹籩豆)○철자(徹者)○변두각일(籩豆各一)○소이어고처(少移於故處)○찬자왈(贊者曰)○사배(四拜)○헌관사배(獻官四拜)○알자(謁者)○진헌관지좌(進獻官之左)○백례필(白禮畢)○수인헌관출(遂引獻官出)○알자(謁者)○인축급제집사(引祝及諸執事)○구복배위(俱復拜位)○입정(立定)○찬자왈(贊者曰)○사배(四拜)○축이하(祝以下)○개사배흘(皆四拜訖)○알자인출(謁者引出)○찬자(贊者)○알자(謁者)○취배위(就拜位)○사배이출(四拜而出)○장찬자(掌饌者)○솔기속(帥其屬)○장신위판(藏神位版)○철례찬(徹禮饌)○내퇴(乃退)○축(祝)○취축판(取祝版)○예어감(瘞於坎)

향사한의(享司寒儀)

●시일(時日)○견서례(見序例)
●재계(齊戒)○견서례(見序例)

●진설(陳設)

전향일일(前享一日)○전사관(典祀官)○솔기속(帥其屬)○소제단지내외(掃除壇之內外)○전설사(典設司)○설제향관차(設諸享官次)○우설찬만(又設饌幔)○개어동문외(皆於東門外)○수지지의(隨地之宜)○전사관(典祀官)○설신좌어단상북방남향(設神座於壇上北方南向)○석이완(席以莞)○찬자(贊者)○설헌관위어단하동남서향(設獻官位於壇下東南西向)○음복위어단상남폐지서북향(飮福位於壇上南陛之西北向)○집사자위어헌관지후초남서향북상(執事者位於獻官之後稍南西向北上)○설제향관문외위어동문외(設諸享官門外位於東門外)○매등이위(每等異位)○중행북향서상(重行北向西上)

향일미행사전(享日未行事前)○전사관(典祀官)○솔기속입(帥其屬入)○전축판어신위지우(奠祝版於神位之右)○유점(有坫)○설향로(設香爐)○향합병촉어신위전(香合幷燭於神位前)○차설제기여식(次設祭器如式)○견서례(見序例)○설복주작(設福酒爵)○유점(有坫)○설세어단하동남북향(設洗於壇下東南北向)○관세재동(盥洗在東)○작세재서(爵洗在西)○뢰재세동(罍在洗東)○가작(加勺)○비재세서남사(篚在洗西南肆)○실이건작(實以巾爵)○제집사관세어헌관세동남북향(諸執事盥洗於獻官洗東南北向)○집존뢰비멱자위어존뢰비멱지후(執尊罍篚冪者位於尊罍篚冪之後)○개빙(開氷)○칙설도호(則設桃弧)○극시어빙실호내지우(棘矢於氷室戶內之右)○제흘(祭訖)○수류지(遂留之)

●성생기(省牲器)○견서례(見序例)

●행례(行禮)

향일축전오각(享日丑前五刻)○축전오각(丑前五刻)○즉삼경삼점(卽三更三點)○행사용축시일각(行事用丑時一刻)○전사관(典祀官)○입실찬구필(入實饌具畢)○퇴취차(退就次)○복기복승(服其服升)○설신위판어좌(設神位版於座)

전삼각(前三刻)○제향관(諸享官)○각복기복(各服其服)○찬자(贊者)○알자(謁者)○선취단남배위(先就壇南拜位)○북향사배흘(北向四拜訖)○취위(就位)○알자(謁者)○인제향관(引諸享官)○구취문외위(俱就門外位)

전일각(前一刻)○알자(謁者)○인전사관(引典祀官)○대축(大祝)○축사(祝史)○재랑(齊郎)○입취단남배위(入就壇南拜位)○중행북향서상(重行北向西上)○입정(立定)○찬자왈(贊者曰)○사배(四拜)○전사관이하(典祀官以下)○개사배흘(皆四拜訖)○알자(謁者)○인제집사(引諸執事)○예관세위(詣盥洗位)○관세흘(盥帨訖)○각취위(各就位)○재랑(齊郎)○예작세위(詣爵洗位)○세작식작흘(洗爵拭爵訖)○치어비(置於篚)○봉예존소(捧詣尊所)○치어점상(置於坫上)○알자(謁者)○인헌관(引獻官)○입취위(入就位)○알자(謁者)○진헌관지좌(進獻官之左)○백유사근구청행사(白有司謹具請行事)○퇴복위(退復位)○찬자왈(贊者曰)○사배(四拜)○헌관사배(獻官四拜)

찬자왈(贊者曰)○행초헌례(行初獻禮)○알자(謁者)○인헌관(引獻官)○예관세위(詣盥洗位)○북향립(北向立)○찬진홀(贊搢笏)○헌관(獻官)○관수세수흘(盥手帨手訖)○찬집홀(贊執笏)○인예준소(引詣尊所)○서향립(西向立)○집준자(執尊者)○거멱작주(擧冪酌酒)○집사자(執事者)○이작수주(以爵受酒)○알자(謁者)○인헌관(引獻官)○예신위전(詣神位前)○북향립(北向立)○찬궤진홀(贊跪搢笏)○집사자일인(執事者一人)○봉향합(捧香合)○일인(一人)○봉향로(捧香爐)○궤진(跪進)○알자(謁者)○찬삼상향(贊三上香)○집사자(執事者)○전로우신위전(奠爐于神位前)○집사자(執事者)○이작궤수헌관(以爵跪授獻官)○헌관(獻官)○집작헌작(執爵獻爵)○이작수집사자(以爵授執事者)○전우신위전(奠于神位前)○봉향(捧香)○수작(授爵)○개재헌관지우(皆在獻官之右)○전로(奠爐)○전작(奠爵)○개재헌관지좌(皆在獻官之左)○찬집홀부복흥소퇴북향궤(贊執笏俯伏興少退北向跪)○대축(大祝)○진신위지우(進神位之右)○동향궤(東向跪)○독축문흘(讀祝文訖)○알자(謁者)○찬부복흥평신(贊俯伏興平身)○인강복위(引降復位)

찬자왈(贊者曰)○행아헌례(行亞獻禮)○알자(謁者)○인헌관(引獻官)○예준소(詣尊所)○서향립(西向立)○집준자(執尊者)○거멱작주(擧冪酌酒)○집사자(執事者)○이작수주(以爵受酒)○알자(謁者)○인헌관(引獻官)○예신위전(詣神位前)○북향립(北向立)○찬궤진홀(贊跪搢笏)○집사자(執事者)○이작수헌관(以爵授獻官)○헌관(獻官)○집작헌작(執爵獻爵)○이작수집사자(以爵授執事者)○전우신위전(奠于神位前)○알자(謁者)○찬집홀부복흥평신(贊執笏俯伏興平身)○인강복위(引降復位)

찬자왈(贊者曰)○행종헌례(行終獻禮)○알자(謁者)○인헌관(引獻官)○행례(行禮)○병여아헌의흘(竝如亞獻儀訖)○인강복위(引降復位)

찬자왈(贊者曰)○음복(飮福)○대축(大祝)○예존소(詣尊所)○이작작복주(以爵酌福酒)○알자(謁者)○인헌관(引獻官)○예음복위(詣飮福位)○북향립(北向立)○찬궤진홀(贊跪搢笏)○대축(大祝)○진헌관지우(進獻官之右)○서향(西向)○이작수헌관(以爵授獻官)○헌관(獻官)○수작음(受爵飮)○졸작(卒爵)○대축(大祝)○수허작(受虛爵)○복어점(復於坫)○알자(謁者)○찬집홀부복흥평신(贊執笏俯伏興平身)○인강복위(引降復位)○찬자왈(贊者曰)○사배(四拜)○재위자(在位者)○개사배(皆四拜)

찬자왈(贊者曰)○철변두(徹籩豆)○대축(大祝)○진철변두(進徹籩豆)○철자(徹者)○변두각일(籩豆各一)○소이어고처(少移於故處)○찬자왈(贊者曰)○사배(四拜)○헌관사배(獻官四拜)○알자(謁者)○진헌관지좌(進獻官之左)○백례필(白禮畢)○수인헌관출(遂引獻官出)○알자(謁者)○인전사관급제집사(引典祀官及諸執事)○구복단남배위(俱復壇南拜位)○립정(立定)○찬자왈(贊者曰)○사배(四拜)○전사관이하(典祀官以下)○개사배흘(皆四拜訖)○알자인출(謁者引出)○찬자(贊者)○알자(謁者)○취단남배위(就壇南拜位)○사배이출(四拜而出)○전사관(典祀官)○솔기속(帥其屬)○장신위판(藏神位版)○철례찬(徹禮饌)○이강내퇴(以降乃退)○대축(大祝)○취축판(取祝版)○예어감(瘞於坎)

독제의(纛祭儀)

●**시일(時日)** ○견서례(見序例)

●재계(齊戒) ○견서례(見序例)

●진설(陳設)

전제일일(前祭一日)○묘사(廟司)○솔기속(帥其屬)○소제묘지내외(掃除廟之內外)○전설사(典設司)○설제제관차(設諸祭官次)○우설찬만(又設饌幔)○개어동문외(皆於東門外)○수지지의(隨地之宜)○훈련원관(訓鍊院官)○진장위어묘정(陳仗衛於廟庭)○집례(執禮)○설헌관위어동계동남서향(設獻官位於東階東南西向)○음복위어당상전영외근동서향(飮福位於堂上前楹外近東西向)○집사자위어헌관지후초남서향북상(執事者位於獻官之後稍南西向北上)○감찰위어집사지남서향(監察位於執事之南西向)○서리배기후(書吏陪其後)○집례위어당상전영외(執禮位於堂上前楹外)○찬자(贊者)○알자(謁者)○찬인위어당하(贊引位於堂下)○구근동서향(俱近東西向)○원관위어서계서남동향북상(院官位於西階西南東向北上)○설문외위(設門外位)○제제관어동문외도남(諸祭官於東門外道南)○원관어제관지동소남(院官於祭官之東少南)○구매등이위(俱每等異位)○중행북향서상(重行北向西上)○설망예위어예감지남(設望瘞位於瘞坎之南)○헌관(獻官)○재남북향(在南北向)○집례(執禮)○찬자(贊者)○대축(大祝)○재동서향북상(在東西向北上)○찬자(贊者)○대축(大祝)○초각(稍却)

제일미행사전(祭日未行事前)○전사관(典祀官)○솔기속입(帥其屬入)○전축판어신위지우(奠祝版於神位之右)○유점(有坫)○진폐비어준소(陳幣篚於尊所)○폐사(幣四)○공일비(共一篚)○설향로(設香爐)○향합병촉어신위전(香合幷燭於神位前)○차설제기여식(次設祭器如式)○견서례(見序例)○설복주작(設福酒爵)○유점(有坫)○조육조각일어전소(胙肉俎各一於奠所)○설세어동계동남북향(設洗於東階東南北向)○관세재동(盥洗在東)○작세재서(爵洗在西)○뇌재세동(罍在洗東)○가작(加勺)○비재세서남사(篚在洗西南肆)○실이건작(實以巾爵)○유점(有坫)○제집사관세어헌관세동남북향(諸執事盥洗於獻官洗東南北向)○집존뢰비멱자위어존뢰비멱지후(執尊罍篚冪者位於尊罍篚冪之後)

●성생기(省牲器) ○견서례(見序例)

●행례(行禮)

제일 축전오각(祭日丑前五刻)○축전오각(丑前五刻)○즉삼경삼점(卽三更三點)○행사용축시일각(行事用丑時一刻)○전사관(典祀官)○입실찬구필(入實饌具畢)○찬인(贊引)○인감찰(引監察)○승자동계(升自東階)○제제관승강(諸祭官陞降)○개자동계(皆自東階)○안시당지상하(按視堂之上下)○규찰부여의자(糾察不如儀者)○환출(還出)

전삼각(前三刻)○제제관급원관(諸祭官及院官)○개복무복(皆服武服)○찬인(贊引)○인원관(引院官)○취문외위(就門外位)○집례(執禮)○솔찬자(帥贊者)○알자(謁者)○찬인(贊引)○선취계간배위(先就階間拜位)○중행북향서상(重行北向西上)○사배흘(四拜訖)○각취위(各就位)○공인(工人)○악무(樂舞)○입취위(入就位)○간척(干戚)○궁시(弓矢)○창검지무(槍劍之舞)○이차입진어계상(以次入陳於階上)○찬인(贊引)○인원관(引院官)○입취위(入就位)○알자(謁者)○찬인(贊引)○각인제제관(各引諸祭官)○구취문외위(俱就門外位)

전일각(前一刻)○찬인(贊引)○인감찰(引監察)○전사관(典祀官)○대축(大祝)○축사(祝史)○재랑(齊郎)○입취계간배위(入就階間拜位)○중행북향서상(重行北向西上)○입정(立定)○집례왈(執禮曰)○사배(四拜)○찬자전창(贊者傳唱)○범집례유사(凡執禮有辭)○찬자개전창(贊者皆傳唱)○감찰이하(監察以下)○개사배흘(皆四拜訖)○찬인(贊引)○인감찰(引監察)○취위(就位)○인제집사(引諸執事)○예관세위(詣盥洗位)○관세흘(盥帨訖)○각취위(各就位)○제랑(齊郎)○예작세위(詣爵洗位)○세작식작흘(洗爵拭爵訖)○치어비(置於篚)○봉예준소(捧詣尊所)○치어점상(置於坫上)○알자(謁者)○인헌관(引獻官)○입취위(入就位)○알자진헌관지좌(謁者進獻官之左)○백유사근구청행사(白有司謹具請行事)○퇴복위(退復位)○집례왈(執禮曰)○사배(四拜)○헌관이하(獻官以下)○개사배(皆四拜)○선배자(先拜者)○부배(不拜)○집례왈(執禮曰)○행전폐례(行奠幣禮)○알자(謁者)○인헌관(引獻官)○예관세위(詣盥洗位)○북향립(北向立)○관수세수흘(盥手帨手訖)○인예신위전(引詣神位前)○북향립(北向立)○찬궤(贊跪)○집사자일인(執事者一人)○봉향합(捧香合)○일인(一人)○봉향로(捧香爐)○궤진(跪進)○알자(謁者)○찬삼상향(贊三上香)○집사자(執事者)○전로우신위전(奠爐于神位前)○대축(大祝)○이폐비수헌관(以幣篚授獻官)○헌관(獻官)○집폐헌폐(執幣獻幣)○이폐수대축(以

幣授大祝)〇전우신위전(奠于神位前)〇봉향(捧香)〇수폐(授幣)〇개재헌관지우(皆在獻官之右)〇전로(奠爐)〇전폐(奠幣)〇개재헌관지좌(皆在獻官之左)〇수작(授爵)〇전작준차(奠爵准此)〇알자(謁者)〇찬부복흥평신(贊俯伏興平身)〇인강복위(引降復位)〇간척무진(干戚舞進)

집례왈(執禮曰)〇행초헌례(行初獻禮)〇알자(謁者)〇인헌관승(引獻官升)〇예준소(詣尊所)〇서향립(西向立)〇악작(樂作)〇집준자(執尊者)〇거멱작주(擧冪酌酒)〇집사자(執事者)〇이작수주(以爵受酒)〇알자(謁者)〇인헌관(引獻官)〇예신위전(詣神位前)〇북향립(北向立)〇찬궤(贊跪)〇집사자(執事者)〇이작수헌관(以爵授獻官)〇헌관(獻官)〇집작헌작(執爵獻爵)〇이작수집사자(以爵授執事者)〇전우신위전(奠于神位前)〇알자(謁者)〇찬부복흥소퇴북향궤(贊俯伏興少退北向跪)〇대축(大祝)〇진신위지우(進神位之右)〇동향궤(東向跪)〇독축문흘(讀祝文訖)〇악작(樂作)〇알자(謁者)〇찬부복흥평신(贊俯伏興平身)〇악지(樂止)〇인강복위(引降復位)〇간척무퇴(干戚舞退)〇궁실무진(弓失舞進)

집례왈(執禮曰)〇행아헌례(行亞獻禮)〇알자(謁者)〇인헌관승(引獻官升)〇예준소(詣尊所)〇서향립(西向立)〇악작(樂作)〇집준자(執尊者)〇거멱작주(擧冪酌酒)〇집사자(執事者)〇이작수주(以爵受酒)〇알자(謁者)〇인헌관(引獻官)〇예신위전(詣神位前)〇북향립(北向立)〇찬궤(贊跪)〇집사자(執事者)〇이작수헌관(以爵授獻官)〇헌관(獻官)〇집작헌작(執爵獻爵)〇이작수집사자(以爵授執事者)〇전우신위전(奠于神位前)〇알자(謁者)〇찬부복흥평신(贊俯伏興平身)〇악지(樂止)〇인강복위(引降復位)〇궁시무퇴(弓矢舞退)〇창검무진(槍劍舞進)

집례왈(執禮曰)〇행종헌례(行終獻禮)〇알자(謁者)〇인헌관(引獻官)〇행례(行禮)〇병여아헌의흘(並如亞獻儀訖)〇인강복위(引降復位)

집례왈(執禮曰)〇음복수조(飮福受胙)〇집사자(執事者)〇예존소(詣尊所)〇이작작복주(以爵酌福酒)〇우집사자(又執事者)〇지조진(持俎進)〇감신위전조육(減神位前胙肉)〇알자(謁者)〇인헌관(引獻官)〇승예음복위(升詣飮福位)〇서향립(西向立)〇찬궤(贊跪)〇집사자(執事者)〇진헌관지좌(進獻官之左)〇북향(北向)〇이작수헌관(以爵授獻官)〇헌관(獻官)〇수작음(受爵飮)〇졸작(卒爵)〇집사자(執事者)〇수허작(受虛爵)〇복어점(復於坫)〇집사자(執事者)〇북향(北向)〇이조수헌관(以俎授獻官)〇헌관(獻官)〇수조(受俎)〇이수집사자(以授執事者)〇집사자(執事者)〇수조(受俎)〇강자동계(降自東階)〇출문(出門)〇알자(謁者)〇찬부복흥평신(贊俯伏興平身)〇인강복위(引降復位)〇집례왈(執禮曰)〇사배(四拜)〇재위자(在位者)〇개사배(皆四拜)

집례왈(執禮曰)〇철변두(徹籩豆)〇대축(大祝)〇입철변두(入徹籩豆)〇철자(徹者)〇변두각일(籩豆各一)〇소이어고처(少移於故處)〇악작(樂作)〇정동방곡(靖東方曲)〇철흘(徹訖)〇악지(樂止)〇집례왈(執禮曰)〇사배(四拜)〇헌관이하(獻官以下)〇개사배(皆四拜)

집례왈(執禮曰)〇망예(望瘞)〇알자(謁者)〇인헌관(引獻官)〇예망예위(詣望瘞位)〇북향립(北向立)〇집례(執禮)〇수찬자(帥贊者)〇예망예위(詣望瘞位)〇서향립(西向立)〇대축(大祝)〇이비취축판급폐(以篚取祝版及幣)〇강자서계(降自西階)〇치어감(置於坎)〇집례왈(執禮曰)〇가예(可瘞)〇치토반감(置土半坎)〇알자(謁者)〇진헌관지좌(進獻官之左)〇백례필(白禮畢)〇수인헌관출(遂引獻官出)〇집례(執禮)〇수찬자(帥贊者)〇환본위(還本位)〇찬인(贊引)〇인감찰급제집사(引監察及諸執事)〇구복계간배위(俱復階間拜位)〇입정(立定)〇집례왈(執禮曰)〇사배(四拜)〇감찰이하(監察以下)〇개사배흘(皆四拜訖)〇찬인인출(贊引引出)〇원관(院官)〇이차출(以次出)〇공인출(工人出)〇집례(執禮)〇솔찬자(帥贊者)〇알자(謁者)〇찬인(贊引)〇취계간배위(就階間拜位)〇사배이출(四拜而出)〇전사관(典祀官)〇수기속(帥其屬)〇철례찬(徹禮饌)〇합호(闔戶)〇이강내퇴(以降乃退)

독제선고사유급이환안제의
(纛祭先告事由及移還安祭儀)

●재계(齊戒)○견서례(見序例)

●진설(陳設)

전향일일(前享一日)○묘사(廟司)○솔기속(帥其屬)○소제묘지내외(掃除廟之內外)○전설사(典設司)○설제제관차(設諸祭官次)○우설찬만(又設饌幔)○개어동문외(皆於東門外)○수지지의(隨地之宜)○찬자(贊者)○설헌관위어동계동남서향(設獻官位於東階東南西向)○집사자위어기후초남서향북상(執事者位於其後稍南西向北上)○감찰위어집사지남서향(監察位於執事之南西向)○서리배기후(書吏倍其後)○찬자(贊者)○알자위어당하근동서향(謁者位於堂下近東西向)○설제향관문외위어동문외도남(設諸享官門外位於東門外道南)○매등이위(每等異位)○중행북향서상(重行北向西上)○설망예위어예감지남(設望瘞位於瘞坎之南)○헌관(獻官)○재남북향(在南北向)○찬자(贊者)○대축(大祝)○재동서향북상(在東西向北上)

향일미행사전(享日未行事前)○전사관(典祀官)○묘사(廟司)○각수기속입(各帥其屬入)○전축판어신위지우(奠祝版於神位之右)○유점(有坫)○진폐비어준소(陳蔽篚於尊所)○설향로(設香爐)○향합병촉어신위전(香合幷燭於神位前)○차설제기여식(次設祭器如式)○견서례(見序例)○설세어동계동남북향(設洗於東階東南北向)○관세재동(盥洗在東)○작세재서(爵洗在西)○뇌재세동(罍在洗東)○가작(加勻)○비재세서남사(篚在洗西南肆)○실이건(實以巾)○약작세지비(若爵洗之篚)○칙우실이작(則又實以爵)○유점(有坫)○제집사관세어헌관세동남북향(諸執事盥洗於獻官洗東南北向)○집준뢰비멱자위어준뢰비멱지후(執尊罍篚冪者位於尊罍篚冪之後)

●행례(行禮)

향일축전오각(享日丑前五刻)○축전오각(丑前五刻)○즉삼경삼점(卽三更三點)○행사용축시일각(行事用丑時一刻)○전사관(典祀官)○입실찬구필(入實饌具畢)

전삼각(前三刻)○제향관(諸享官)○각복무복(各服武服)○찬자(贊者)○알자(謁者)○선취계간배위(先就階間拜位)○북향서상(北向西上)○사배흘(四拜訖)○취위(就位)○알자(謁者)○인제향관(引諸享官)○취문외위(就門外位)

전일각(前一刻)○알자(謁者)○인감찰(引監察)○전사관(典祀官)○대축(大祝)○축사(祝史)○제랑(齊郞)○입취계간배위(入就階間拜位)○중행북향서상(重行北向西上)○입정(立定)○찬자왈(贊者曰)○사배(四拜)○감찰이하(監察以下)○개사배흘(皆四拜訖)○알자(謁者)○인감찰(引監察)○취위(就位)○인제집사(引諸執事)○예관세위(詣盥洗位)○관세흘(盥帨訖)○각취위(各就位)○범제제관승강(凡諸祭官陞降)○개자동계(皆自東階)○인제랑(引齊郞)○예작세위(詣爵洗位)○세작식작흘(洗爵拭爵訖)○치어비(置於篚)○봉예준소(捧詣尊所)○치어점상(置於坫上)○알자(謁者)○인헌관(引獻官)○입취위(入就位)○알자(謁者)○진헌관지좌(進獻官之左)○백유사근구청행사(白有司謹具請行事)○퇴복위(退復位)○찬자왈(贊者曰)○사배(四拜)○헌관사배(獻官四拜)

찬자왈(贊者曰)○행전폐례(行奠幣禮)○알자(謁者)○인헌관(引獻官)○예관세위(詣盥洗位)○관세흘(盥帨訖)○인예신위전(引詣神位前)○북향립(北向立)○찬궤(贊跪)○집사자일인(執事者一人)○봉향합(捧香合)○일인(一人)○봉향로(捧香爐)○궤진(跪進)○알자(謁者)○찬삼상향(贊三上香)○집사자(執事者)○전로우신위전(奠爐于神位前)○대축(大祝)○이폐비수헌관(以幣篚授獻官)○헌관(獻官)○집폐헌폐(執幣獻幣)○이폐수대축(以幣授大祝)○전우신위전(奠于神位前)○봉향(捧香)○수폐(授幣)○개재헌관지우(皆在獻官之右)○전로(奠爐)○전폐(奠幣)○개재헌관지좌(皆在獻官之左)○수작(授爵)○전작준차(奠爵准此)○알자(謁者)○찬부복흥평신(贊俯伏興平身)○인강복위(引降復位)

찬자왈(贊者曰)○행작헌례(行酌獻禮)○알자(謁者)○인헌관(引獻官)○승예준소(升詣尊所)○서향립(西向立)○집준자(執尊者)○거멱작주(擧冪酌酒)○집사자(執事者)○이작수주(以爵受酒)○알자(謁者)○인헌관(引獻官)○예신위전(詣神位前)○북향립(北向立)○찬궤(贊跪)○집사자(執事者)○이작수헌관(以爵授獻官)○헌관(獻官)○집작헌작(執爵獻爵)○이작수집사자(以爵授執事者)○전우신위전(奠于神位前)○알자(謁者)○찬부복흥소퇴북향궤(贊俯伏興少退北向跪)○대축(大祝)○진신위지우(進神位之右)○동향궤(東向跪)○독축문흘(讀祝文訖)○알자(謁者)○찬부복흥평신(贊俯伏興平身)○인강복위(引降復位)○찬자왈(贊者曰)○사배(四拜)○헌관사배(獻官四拜)

찬자왈(贊者曰)○망예(望瘞)○알자(謁者)○인헌관(引獻官)○예망예위(詣望瘞位)○북향립(北向立)○찬자(贊者)○예망예위(詣望瘞位)○서향립(西向立)○대축(大祝)○이비취축판급폐(以篚取祝版及幣)○강자서계(降自西階)○치어감(置於坎)○찬자왈(贊者曰)○가예(可瘞)○치토반감(置土半坎)○알자(謁者)○진헌관지좌(進獻官之左)○백례필(白禮畢)○수인헌관출(遂引獻官出)○찬자(贊者)○환본위(還本位)○알자(謁者)○인감찰급제집사(引監察及諸執事)○구복계간배위(俱復階間拜位)○립정(立定)○찬자왈(贊者曰)○사배(四拜)○감찰이하(監察以下)○개사배흘(皆四拜訖)○알자인출(謁者引出)○찬자(贊者)○알자(謁者)○취계간배위(就階間拜位)○사배이출(四拜而出)○전사관(典祀官)○묘사(廟司)○솔기속(帥其屬)○철례찬(徹禮饌)○합호(闔戶)○이강내퇴(以降乃退)

여제의(厲祭儀)

○발고성황단(發告城隍壇)○행제북교단(行祭北郊壇)

●시일(時日) ○견서례(見序例)

●재계(齊戒) ○견서례(見序例)

●성황발고(城隍發告)

진설(陳設)○전제일일(前祭一日)○전사관(典祀官)○솔기속(帥其屬)○소제단지내외(掃除壇之內外)○전설사(典設司)○설제제관차(設諸祭官次)○우설찬만(又設饌幔)○개어동문외(皆於東門外)○수지지의(隨地之宜)○전사관(典祀官)○설성황신좌어단상북방남향(設城隍神座於壇上北方南向)○석이완(席以莞)○찬자(贊者)○설헌관위어단하동남서향(設獻官位於壇下東南西向)○집사자위어기후초남서향북상(執事者位於其後稍南西向北上)○감찰위어집사지남서향(監察位於執事之南西向)○서리배기후(書吏倍其後)○찬자(贊者)○알자(謁者)○찬인위어단하근동서향북상(贊引位於壇下近東西向北上)○설제제관문외위어동문외(設諸祭官門外位於東門外)○매등이위(每等異位)○중행북향서상(重行北向西上)

제일미행사전(祭日未行事前)○전사관(典祀官)○솔기속입(帥其屬入)○전축판어신위지우(奠祝版於神位之右)○유점(有坫)○설향로(設香爐)○향합병촉어신위전(香合幷燭於神位前)○차설제기여식(次設祭器如式)○견서례(見序例)○설세어단하동남북향(設洗於壇下東南北向)○관세재동(盥洗在東)○작세재서(爵洗在西)○뢰재세동(罍在洗東)○가작(加勺)○비재세서남사(篚在洗西南肆)○실이건작(實以巾爵)○유점(有坫)○제집사관세어헌관세동남북향(諸執事盥洗於獻官洗東南北向)

●행례(行禮)

제일 축전오각(祭日丑前五刻)○축전오각(丑前五刻)○즉삼경삼점(卽三更三點)○행사용축시일각(行事用丑時一刻)○전사관(典祀官)○입실찬구필(入實饌具畢)○퇴취차(退就次)○복기복승(服其服升)○설신위판어좌(設神位版於座)

전삼각(前三刻)○제제관(諸祭官)○각복기복(各服其服)○찬자(贊者)○알자(謁者)○찬인(贊引)○입자동문(入自東門)○선취단남배위(先就壇南拜位)○북향서상(北向西上)○사배흘(四拜訖)○취위(就位)○알자(謁者)○인제제관(引諸祭官)○구취문외위(俱就門外位)

전일각(前一刻)○찬인(贊引)○인감찰(引監察)○전사관(典祀官)○대축(大祝)○축사(祝史)○제랑(齊郞)○입취단남배위(入就壇南拜位)○중행북향서상(重行北向西上)○입정(立定)○찬자왈(贊者曰)○사배(四拜)○감찰이하(監察以下)○개사배흘(皆四拜訖)○찬인(贊引)○인감찰(引監察)○취위(就位)○인제집사(引諸執事)○예관세위(詣盥洗位)○관세흘(盥帨訖)○각취위(各就位)○제랑(齊郞)○예작세위(詣爵洗位)○세작식작흘(洗爵拭爵訖)○치어비(置於篚)○봉예존소(捧詣尊所)○치어점상(置於坫上)○알자(謁者)○인헌관(引獻官)○입취위(入就位)○알자(謁者)○진헌관지좌(進獻官之左)○백유사근구청행사(白有司謹具請行事)○퇴복위(退復位)○찬자왈(贊者曰)○사배(四拜)○헌관사배(獻官四拜)

알자(謁者)○인헌관(引獻官)○예관세위(詣盥洗位)○북향립(北向立)○찬진홀(贊搢笏)○헌관(獻

官)○관수세수흘(盥手帨手訖)○찬집홀(贊執笏)○인예단(引詣壇)○승자남폐(升自南陛)○예준소(詣尊所)○서향립(西向立)○집준자(執尊者)○거멱작주(擧冪酌酒)○집사자(執事者)○이작수주(以爵受酒)○인예신위전(引詣神位前)○북향립(北向立)○찬궤진홀(贊跪搢笏)○집사자일인(執事者一人)○봉향합(捧香合)○일인(一人)○봉향로(捧香爐)○궤진(跪進)○알자(謁者)○찬삼상향(贊三上香)○집사자(執事者)○전로우신위전(奠爐于神位前)○집사자(執事者)○이작수헌관(以爵授獻官)○헌관(獻官)○집작헌작(執爵獻爵)○이작수집사자(以爵授執事者)○전우신위전(奠于神位前)○봉향(捧香)○수작(授爵)○개재헌관지우(皆在獻官之右)○전로(奠爐)○전작(奠爵)○개재헌관지좌(皆在獻官之左)○알자(謁者)○찬집홀부복흥소퇴북향궤(贊執笏俯伏興少退北向跪)○대축(大祝)○진신위지우(進神位之右)○동향궤(東向跪)○독축문흘(讀祝文訖)○알자(謁者)○찬부복흥평신(贊俯伏興平身)○인강복위(引降復位)

찬자왈(贊者曰)○철변두(徹籩豆)○대축(大祝)○진철변두(進徹籩豆)○철자(徹者)○변두각일(籩豆各一)○소이어고처(少移於故處)○찬자왈(贊者曰)○사배(四拜)○헌관사배(獻官四拜)○알자(謁者)○진헌관지좌(進獻官之左)○백례필(白禮畢)○수인헌관출(遂引獻官出)○찬인(贊引)○인감찰급제집사(引監察及諸執事)○구복단남배위(俱復壇南拜位)○찬자왈(贊者曰)○사배(四拜)○감찰이하(監察以下)○개사배흘(皆四拜訖)○알자인출(謁者引出)○찬자(贊者)○알자(謁者)○찬인(贊引)○취단남배위(就壇南拜位)○사배이출(四拜而出)○전사관(典祀官)○솔기속(帥其屬)○장신위판(藏神位版)○철례찬(徹禮饌)○이강내퇴(以降乃退)○대축(大祝)○취축판(取祝版)○예어감(瘞於坎)

●북교(北郊)

●진설(陳設)

전제일일(前祭一日)○전사관(典祀官)○솔기속(帥其屬)○소제단지내외(掃除壇之內外)○전설사(典設司)○설제제관차(設諸祭官次)○우설찬만(又設饌幔)○개어동문외(皆於東門外)○수지지의(隨地之宜)○전사관(典祀官)○설성황신좌어단상북방남향(設城隍神座於壇上北方南向)○무사귀신어단하좌우상향(無祀鬼神於壇下左右相向)○견서례(見序例)○석개이완(席皆以莞)○설헌관위어단하동남서향(設獻官位於壇下東南西向)○무사귀신헌관(無祀鬼神獻官)○초각(稍却)○집사자위어기후초남서향북상(執事者位於其後稍南西向北上)○감찰위어집사지남서향(監察位於執事之南西向)○서리배기후(書吏陪其後)○찬자(贊者)○알자(謁者)○찬인위어단하(贊引位於壇下)○구근동서향북상(俱近東西向北上)○설제제관문외위어동문외도남(設諸祭官門外位於東門外道南)○매등이위(每等異位)○중행북향서상(重行北向西上)

제일미행사전(祭日未行事前)○전사관(典祀官)○솔기속(帥其屬)○설향로(設香爐)○향합병촉어신위전(香合幷燭於神位前)○설제문(設祭文)○즉교서(卽敎書)○안어단하거중(案於壇下居中)○차설제기여식(次設祭器如式)○견서례(見序例)○설세어단하동남북향(設洗於壇下東南北向)○관세재동(盥洗在東)○작세재서(爵洗在西)○뢰재세동(罍在洗東)○가작(加勺)○비재세서남사(篚在洗西南肆)○실이건작(實以巾爵)○유점(有坫)○우설무사귀신헌관세어신좌지남북향(又設無祀鬼神獻官洗於神座之南北向)○제집사관세어헌관세동남북향(諸執事盥洗於獻官洗東南北向)○집존뢰비멱자위어존뢰비멱지후(執尊罍篚冪者位於尊罍篚冪之後)

●성생기(省牲器) ○견서례(見序例)

●행례(行禮)

제일축전오각(祭日丑前五刻)○축전오각(丑前五刻)○즉삼경삼점(卽三更三點)○행사용축시일각(行事用丑時一刻)○전사관(典祀官)○입실찬구필(入實饌具畢)○퇴취차(退就次)○복기복승(服其服升)○설성황신위판급무사귀신위패어좌(設城隍神位版及無祀鬼神位牌於座)

전삼각(前三刻)○제제관(諸祭官)○각복기복(各服其服)○찬자(贊者)○알자(謁者)○찬인(贊引)○선취단남배위(先就壇南拜位)○북향서상(北向西上)○사배흘(四拜訖)○취위(就位)○알자(謁者)○찬인(贊引)○각인제제관(各引諸祭官)○구취문외위(俱就門外位)

전일각(前一刻)○찬인(贊引)○인감찰(引監察)○전사관(典祀官)○대축(大祝)○축사(祝史)○재랑

(齊郎)○입취단남배위(入就壇南拜位)○북향서상(北向西上)○입정(立定)○찬자왈(贊者曰)○사배(四拜)○감찰이하(監察以下)○개사배홀(皆四拜訖)○찬인(贊引)○인감찰취위(引監察就位)○인제집사(引諸執事)○예관세위(詣盥洗位)○관세홀(盥帨訖)○각취위(各就位)○재랑(齊郎)○예작세위(詣爵洗位)○세작식작흘(洗爵拭爵訖)○치어비(置於篚)○봉예성황존소(捧詣城隍尊所)○치어점상(置於坫上)○우집사자(又執事者)○세잔(洗盞)○분치어무사귀신위전(分置於無祀鬼神位前)○알자(謁者)○인헌관(引獻官)○찬인(贊引)○인무사귀신헌관(引無祀鬼神獻官)○입취위(入就位)○알자(謁者)○진헌관지좌(進獻官之左)○백유사근구청행사(白有司謹具請行事)○퇴복위(退復位)○찬자왈(贊者曰)○사배(四拜)○헌관이하(獻官以下)○개사배(皆四拜)○선배자(先拜者)○불배(不拜)

찬자왈(贊者曰)○행작헌례(行酌獻禮)○알자(謁者)○인헌관(引獻官)○예관세위(詣盥洗位)○북향립(北向立)○찬진홀(贊搢笏)○헌관(獻官)○관수세수흘(盥手帨手訖)○찬집홀(贊執笏)○인예단(引詣壇)○승자남폐(升自南陛)○예성황준소(詣城隍尊所)○서향립(西向立)○집준자(執尊者)○거멱작주(擧冪酌酒)○집사자(執事者)○이작수주(以爵受酒)○인예신위전(引詣神位前)○북향립(北向立)○찬궤진홀(贊跪搢笏)○집사자일인(執事者一人)○봉향합(捧香合)○일인(一人)○봉향로(捧香爐)○궤진(跪進)○알자(謁者)○찬삼상향(贊三上香)○집사자(執事者)○전로우신위전(奠爐于神位前)○집사자(執事者)○이작수헌관(以爵授獻官)○헌관(獻官)○집작헌작(執爵獻爵)○이작수집사자(以爵授執事者)○전우신위전(奠于神位前)○봉향(捧香)○수작(授爵)○재헌관지우(在獻官之右)○전로(奠爐)○전작(奠爵)○재헌관지좌(在獻官之左)○알자(謁者)○찬집홀부복흥평신(贊執笏俯伏興平身)○인강복위(引降復位)

찬자왈(贊者曰)○행아헌례(行亞獻禮)○알자(謁者)○인헌관(引獻官)○승예성황준소(升詣城隍尊所)○서향립(西向立)○집준자(執尊者)○거멱작주(擧冪酌酒)○집사자(執事者)○이작수주(以爵受酒)○알자(謁者)○인헌관(引獻官)○예신위전(詣神位前)○북향립(北向立)○찬궤진홀(贊跪搢笏)○집사자(執事者)○이작수헌관(以爵授獻官)○헌관(獻官)○집작헌작(執爵獻爵)○이작수집사자(以爵授執事者)○전우신위전(奠于神位前)○알자(謁者)○찬집홀부복흥평신(贊執笏俯伏興平身)○인강복위(引降復位)

찬자왈(贊者曰)○행종헌례(行終獻禮)○알자(謁者)○인헌관(引獻官)○행례(行禮)○병여아헌의흘(竝如亞獻儀訖)○인강복위(引降復位)

초종헌관기승(初終獻官旣升)○찬인(贊引)○인무사귀신헌관(引無祀鬼神獻官)○예관세위(詣盥洗位)○북향립(北向立)○진홀(搢笏)○관세흘(盥帨訖)○집홀(執笏)○인예무사귀신위전립(引詣無祀鬼神位前立)○좌칙동향(左則東向)○우칙서향(右則西向)○집사자(執事者)○이잔작주(以盞酌酒)○수헌관(授獻官)○헌관(獻官)○진홀(搢笏)○집잔전잔(執盞奠盞)○련전삼잔(連奠三盞)○이차전흘(以次奠訖)○집홀(執笏)○인예단중(引詣壇中)○북향립(北向立)○대축(大祝)○취제문(取祭文)○진무사귀신헌관지좌(進無祀鬼神獻官之左)○동향립(東向立)○독흘(讀訖)○인강복위(引降復位)

찬자왈(贊者曰)○철변두(徹籩豆)○대축(大祝)○진철변두(進徹籩豆)○철자(徹者)○변두각일(籩豆各一)○소이어고처(少移於故處)○찬자왈(贊者曰)○사배(四拜)○재위자(在位者)○개사배(皆四拜)○대축(大祝)○분제문흘(焚祭文訖)○알자(謁者)○진헌관지좌(進獻官之左)○백례필(白禮畢)○알자(謁者)○찬인(贊引)○각인헌관출(各引獻官出)○찬인(贊引)○인감찰급제집사(引監察及諸執事)○구복단남배위(俱復壇南拜位)○립정(立定)○찬자왈(贊者曰)○사배(四拜)○감찰이하(監察以下)○개사배흘(皆四拜訖)○찬인인출(贊引引出)○찬자(贊者)○알자(謁者)○찬인(贊引)○취단남배위(就壇南拜位)○사배이출(四拜而出)○전사관(典祀官)○솔기속(帥其屬)○장성황신위판급무사귀신위패(藏城隍神位版及無祀鬼神位牌)○철례찬(徹禮饌)○이강내퇴(以降乃退)

주현려제의(州縣厲祭儀)

●**시일(時日)** ○견서례(見序例)
●**재계(齊戒)** ○견서례(見序例)

●성황발고(城隍發告)

●진설(陳設)

전제일일(前祭一日)○유사(有司)○소제당지내외(掃除堂之內外)○설제제관차(設諸祭官次)○우설찬만(又設饌幔)○개어동문외(皆於東門外)○수지지의(隨地之宜)○찬자(贊者)○설헌관위어당하동남서향(設獻官位於堂下東南西向)○집사자위어기후초남서향북상(執事者位於其後稍南西向北上)○찬자(贊者)○알자위어당하근동서향북상(謁者位於堂下近東西向北上)○설헌관이하문외위어동문외도남(設獻官以下門外位於東門外道南)○매등이위(每等異位)○중행북향서상(重行北向西上)

제일미행사전(祭日未行事前)○장찬자(掌饌者)○솔기속입(帥其屬入)○전축판어신위지우(奠祝版於神位之右)○유점(有坫)○설향로(設香爐)○향합병촉어신위전(香合并燭於神位前)○차설제기여식(次設祭器如式)○견서례(見序例)○설세어당하동남북향(設洗於堂下東南北向)○관세재동(盥洗在東)○작세재서(爵洗在西)○뢰재세동(罍在洗東)○가작(加勺)○비재세서남사(篚在洗西南肆)○실이건작(實以巾爵)○유점(有坫)○제집사관세어헌관세동남북향(諸執事盥洗於獻官洗東南北向)

●행례(行禮)

제일축전오각(祭日丑前五刻)○축전오각(丑前五刻)○즉삼경삼점(卽三更三點)○행사용축시일각(行事用丑時一刻)○장찬자(掌饌者)○입실찬구필(入實饌具畢)

전삼각(前三刻)○헌관급제집사(獻官及諸執事)○각복기복(各服其服)○찬자(贊者)○알자(謁者)○선취계간배위(先就階間拜位)○북향서상(北向西上)○사배흘(四拜訖)○취위(就位)○알자(謁者)○인헌관이하(引獻官以下)○취문외위(就門外位)

전일각(前一刻)○알자(謁者)○인축급제집사(引祝及諸執事)○입취계간배위(入就階間拜位)○중행북향서상(重行北向西上)○입정(立定)○찬자왈(贊者曰)○사배(四拜)○축이하(祝以下)○개사배흘(皆四拜訖)○예관세위(詣盥洗位)○관세흘(盥帨訖)○각취위(各就位)○제집사승강(諸執事陞降)○개자동폐(皆自東陛)○집사자(執事者)○예작세위(詣爵洗位)○세작식작흘(洗爵拭爵訖)○치어비(置於篚)○봉예준소(捧詣尊所)○치어점상(置於坫上)○알자(謁者)○인헌관(引獻官)○입취위(入就位)○알자(謁者)○진헌관지좌(進獻官之左)○백유사근구청행사(白有司謹具請行事)○퇴복위(退復位)○찬자왈(贊者曰)○사배(四拜)○헌관사배(獻官四拜)

찬자왈(贊者曰)○행초헌례(行初獻禮)○알자(謁者)○인헌관예관세위(引獻官詣盥洗位)○북향립(北向立)○찬진홀(贊搢笏)○헌관(獻官)○관수세수흘(盥手帨手訖)○찬집홀(贊執笏)○인헌관(引獻官)○승자동계(升自東階)○예준소(詣尊所)○서향립(西向立)○집준자(執尊者)○거멱작주(擧羃酌酒)○집사자(執事者)○이작수주(以爵受酒)○인예신위전(引詣神位前)○북향립(北向立)○찬궤진홀(贊跪搢笏)○집사자일인(執事者一人)○봉향합(捧香合)○일인(一人)○봉향로(捧香爐)○궤진(跪進)○알자(謁者)○찬삼상향(贊三上香)○집사자(執事者)○전로우신위전(奠爐于神位前)○집사자(執事者)○이작수헌관(以爵授獻官)○헌관(獻官)○집작헌작(執爵獻爵)○이작수집사자(以爵授執事者)○전우신위전(奠于神位前)○봉향(捧香)○수작(授爵)○개재헌관지우(皆在獻官之右)○전로(奠爐)○전작(奠爵)○개재헌관지좌(皆在獻官之左)○찬집홀부복흥소퇴북향궤(贊執笏俯伏興少退北向跪)○축(祝)○진신위지우(進神位之右)○동향궤(東向跪)○독축문흘(讀祝文訖)○알자(謁者)○찬부복흥평신(贊俯伏興平身)○인강복위(引降復位)

찬자왈(贊者曰)○철변두(徹籩豆)○축(祝)○입철변두(入徹籩豆)○철자(徹者)○변두각일(籩豆各一)○소이어고처(少移於故處)○찬자왈(贊者曰)○사배(四拜)○헌관사배(獻官四拜)○알자(謁者)○진헌관지좌(進獻官之左)○백례필(白禮畢)○수인헌관출(遂引獻官出)○알자(謁者)○인축급제집사(引祝及諸執事)○구복계간배위(俱復階間拜位)○립정(立定)○찬자왈(贊者曰)○사배(四拜)○축이하(祝以下)○개사배이출(皆四拜而出)○찬자(贊者)○알자(謁者)○취계간배위(就階間拜位)○사배이출(四拜而出)○장찬자(掌饌者)○솔기속(帥其屬)○장신위판(藏神位版)○철례찬(徹禮饌)○이강내퇴(以降乃退)○축(祝)○취축판(取祝版)○예어감(瘞於坎)

●북교(北郊)

●진설(陳設)

전제일일(前祭一日)○유사(有司)○소제단지내외(掃除壇之內外)○설제제관차(設諸祭官次)○우설찬만(又設饌幔)○개어동문외(皆於東門外)○수지지의(隨地之宜)○설성황신좌어단상북방남향(設城隍神座於壇上北方南向)○무사귀신좌어단하좌우상향(無祀鬼神座於壇下左右相向)○견서례(見序例)○석개이완(席皆以莞)○찬자(贊者)○설헌관위어단하동남서향(設獻官位於壇下東南西向)○집사자위어기후초남서향(執事者位於其後稍南西向)○찬자(贊者)○알자위어단하진동서향북상(謁者位於壇下進東西向北上)○설헌관이하문외위어동문외도남(設獻官以下門外位於東門外道南)○매등이위(每等異位)○중행북향서상(重行北向西上)

제일미행사전(祭日未行事前)○장찬자(掌饌者)○설향로(設香爐)○향합병촉어신위전(香合并燭於神位前)○설제문안어단하거중(設祭文案於壇下居中)○차설제기여식(次設祭器如式)○견서례(見序例)○설세어단하동남북향(設洗於壇下東南北向)○관세재동(盥洗在東)○작세재서(爵洗在西)○뢰재세동(罍在洗東)○가작(加勻)○비재세서남사(篚在洗西南肆)○실이건작(實以巾爵)○제집사관세어헌관세동남북향(諸執事盥洗於獻官洗東南北向)

●행례(行禮)

제일축전오각(祭日丑前五刻)○축전오각(丑前五刻)○즉삼경삼점(即三更三點)○행사용축시일각(行事用丑時一刻)○장찬자(掌饌者)○입실찬구필(入實饌具畢)○퇴취차(退就次)○복기복승(服其服升)○설성황신위판급무사귀신위패어좌(設城隍神位版及無祀鬼神位牌於座)

전삼각(前三刻)○헌관(獻官)○제집사(諸執事)○각복기복(各服其服)○찬자(贊者)○알자(謁者)○선취단남배위(先就壇南拜位)○북향서상(北向西上)○사배흘(四拜訖)○취위(就位)○알자(謁者)○인헌관이하(引獻官以下)○취문외위(就門外位)

전일각(前一刻)○알자(謁者)○인축급제집사(引祝及諸執事)○입취단남배위(入就壇南拜位)○북향서상(北向西上)○립정(立定)○찬자왈(贊者曰)○사배(四拜)○축이하(祝以下)○개사배흘(皆四拜訖)○예관세위(詣盥洗位)○관세흘(盥帨訖)○각취위(各就位)○집사자(執事者)○예작세위(詣爵洗位)○세작식작흘(洗爵拭爵訖)○치어비봉(置於篚捧)○예성황준소(詣城隍尊所)○치어점상(置於坫上)○우집사자(又執事者)○세잔(洗盞)○분치어무사귀신위전(分置於無祀鬼神位前)○알자(謁者)○인헌관(引獻官)○입취위(入就位)○알자(謁者)○진헌관지좌(進獻官之左)○백유사근구청행사(白有司謹具請行事)○퇴복위(退復位)○찬자왈(贊者曰)○사배(四拜)○헌관사배(獻官四拜)

찬자왈(贊者曰)○행초헌례(行初獻禮)○알자(謁者)○인헌관(引獻官)○예관세위(詣盥洗位)○북향립(北向立)○찬진홀(贊搢笏)○헌관(獻官)○관수세수흘(盥手帨手訖)○찬집홀(贊執笏)○인예단(引詣壇)○승자남폐(升自南陛)○예성황준소(詣城隍尊所)○서향립(西向立)○집준자(執尊者)○거멱작주(擧冪酌酒)○집사자(執事者)○이작수주(以爵受酒)○인예신위전(引詣神位前)○북향립(北向立)○찬궤진홀(贊跪搢笏)○집사자일인(執事者一人)○봉향합(捧香合)○일인(一人)○봉향로(捧香爐)○궤진(跪進)○알자(謁者)○찬삼상향(贊三上香)○집사자(執事者)○전로우신위전(奠爐于神位前)○집사자(執事者)○이작수헌관(以爵授獻官)○헌관(獻官)○집작헌작(執爵獻爵)○이작수집사자(以爵授執事者)○전우신위전(奠于神位前)○봉향(捧香)○수작(授爵)○개재헌관지우(皆在獻官之右)○전로(奠爐)·전작(奠爵)○개재헌관지좌(皆在獻官之左)○알자(謁者)○찬집홀부복흥평신(贊執笏俯伏興平身)○인강복위(引降復位)

찬자왈(贊者曰)○행아헌례(行亞獻禮)○알자(謁者)○인헌관(引獻官)○승예성황준소(升詣城隍尊所)○서향립(西向立)○집준자(執尊者)○거멱작주(擧冪酌酒)○집사자(執事者)○이작수주(以爵受酒)○알자(謁者)○인헌관(引獻官)○예신위전(詣神位前)○북향립(北向立)○찬궤진홀(贊跪搢笏)○집사자(執事者)○이작수헌관(以爵授獻官)○헌관(獻官)○집작헌작(執爵獻爵)○이작수집사자(以爵授執事者)○전우신위전(奠于神位前)○알자(謁者)○찬집홀부복흥평신(贊執笏俯伏興平身)○인강복위(引降復位)

찬자왈(贊者曰)○행종헌례(行終獻禮)○알자(謁者)○인헌관(引獻官)○행례(行禮)○병여아헌의흘

(竝如亞獻儀訖)○차예무사귀신위전립(次詣無祀鬼神位前立)○좌칙동향(左則東向)○우칙서향(右則西向)○집사자(執事者)○이잔작주(以盞酌酒)○수헌관(授獻官)○헌관(獻官)○진홀(搢笏)○집잔전잔(執盞奠盞)○련전삼잔(連奠三盞)○이차전홀(以次奠訖)○집홀(執笏)○인예단중(引詣壇中)○북향립(北向立)○축(祝)○취제문(取祭文)○진헌관지좌(進獻官之左)○동향립(東向立)○독홀(讀訖)○인강복위(引降復位)

찬자왈(贊者曰)○철변두(徹籩豆)○축(祝)○진철변두(進徹籩豆)○철자(徹者)○변두각일(籩豆各一)○소이어고처(少移於故處)○찬자왈(贊者曰)○사배(四拜)○헌관사배(獻官四拜)○축(祝)○분제문흘(焚祭文訖)○알자(謁者)○진헌관지좌(進獻官之左)○백례필(白禮畢)○수인헌관출(遂引獻官出)○알자(謁者)○인축급제집사(引祝及諸執事)○구복단남배위(俱復壇南拜位)○입정(立定)○찬자왈(贊者曰)○사배(四拜)○축이하(祝以下)○개사배흘(皆四拜訖)○이차출(以次出)○찬자(贊者)○알자(謁者)○취단남배위(就壇南拜位)○사배이출(四拜而出)○장찬자(掌饌者)○솔기속(帥其屬)○장성황신위판급무사귀신위패(藏城隍神位版及無祀鬼神位牌)○철례찬(徹禮饌)○내퇴(乃退)

대부사서인사중월시향의
(大夫士庶人四仲月時享儀)

○이품이상상순(二品以上上旬)○륙품이상중순(六品以上中旬)○칠품이하하순(七品以下下旬)○병복일(竝卜日)○기일(忌日)○속절(俗節)○고제부(告祭附)

전향사일(前享四日)○주인이하응여제자(主人以下應與祭者)○병산재이일(竝散齊二日)○치재일일(致齊一日)○기일(忌日)○속절(俗節)○청제일일(淸齊一日)

전일일(前一日)○주인(主人)○솔자제(帥子弟)○소제가묘(掃除家廟)○묘재정침동(廟在正寢東)○범삼간(凡三間)○약지착(若地窄)○부필삼간(不必三間)○설신좌(設神座)○구재북남향서상(俱在北南向西上)○부위(祔位)○개어동서서향북상(皆於東序西向北上)○기일(忌日)○칙지설당제일위지좌어정침(則只設當祭一位之座於正寢)○설주인배위어동계동남(設主人拜位於東階東南)○백숙제형어기동(伯叔諸兄於其東)○제친남자어기후(諸親男子於其後)○구북향서상(俱北向西上)○주부배위어서계서남(主婦拜位於西階西南)○제모고수어기서(諸母姑嫂於其西)○제친부녀어기후(諸親婦女於其後)○구북향동상(俱北向東上)○설주존탁어동계상(設酒尊卓於東階上)○치잔어기상(置盞於其上)○로탄어서계상(爐炭於西階上)○성생척기구찬(省牲滌器具饌)○설관세어동계하(設盥洗於東階下)○집사자관세재동(執事者盥洗在東)

궐명숙흥(厥明夙興)○설향로안어묘내당중(設香爐案於廟內當中)○모사어기전(茅沙於其前)○전축판각일어신위지우(奠祝版各一於神位之右)○부위칙부(祔位則否)○설찬구여식(設饌具如式)○견서례(見序例)○주인이하성복(主人以下盛服)○유직자(有職者)○사모(紗帽)○품대(品帶)○무직자(無職者)○립자조아(笠子條兒)○기일(忌日)○칙담복(則淡服)○관수세수흘(盥手帨手訖)○구취위(俱就位)○주인(主人)○승자동계(升自東階)○제집사승강(諸執事陞降)○개자동계(皆自東階)○계독(啓櫝)○봉출신주(捧出神主)○각설어좌(各設於座)○강복위(降復位)○주인이하재배(主人以下再拜)○제집사(諸執事)○각취위(各就位)○주인(主人)○승예향안전궤(升詣香案前跪)○삼상향(三上香)○소퇴궤(小退跪)○집사자(執事者)○취잔짐주이진(取盞斟酒以進)○주인(主人)○집잔관우모상(執盞灌于茅上)○이잔수집사자(以盞授執事者)○부복흥강복위(俯伏興降復位)

●진찬(進饌)
○치탄어로(熾炭於爐)○취난찬물(炊暖饌物)○성지이기(盛之以器)
주인승(主人升)○주부종지(主婦從之)○집사자(執事者)○이차봉반(以次捧飯)○갱(羹)○면(麵)○병(餠)○어육(魚肉)○자(炙)○간반(肝盤)○종승지증조고비신위전(從升至曾祖考妣神位前)○주인(主人)○주부(主婦)○이차봉전(以次捧奠)○급시반중(扱匙飯中)○서병정저(西柄正筋)○부복흥(俯伏興)○차예각신위전(次詣各神位前)○봉전(捧奠)○병여상의흘(竝如上儀訖)○구강복위(俱降復位)○부위(祔位)○칙사자제(則使子弟)○진찬(進饌)

●초헌(初獻)

주인(主人)○승예증조고비신위전궤(升詣曾祖考妣神位前跪)○집사자(執事者)○취잔짐주이진(取盞斟酒以進)○주인(主人)○집잔헌잔전잔(執盞獻盞奠盞)○부복흥소퇴궤(俯伏興小退跪)○축(祝)○진신위지우(進神位之右)○궤독축(跪讀祝)○기축사왈(其祝詞曰)○유(維)○모년월일(某年月日)○효증손(孝曾孫)○효손(孝孫)○효자(孝子)○수위개칭(隨位改稱)○모관모감소고우증조고모관부군(某官某敢昭告于曾祖考某官府君)○증조비모봉모씨(曾祖妣某封某氏)○조고(祖考)○조비급고(祖妣及考)○비(妣)○수위개칭(隨位改稱)○복이기서류역(伏以氣序流易)○시유중춘(時維仲春)○하(夏)○추(秋)○동(冬)○수시개칭(隨時改稱)○추감세시(追感歲時)○부승영모(不勝永慕)○고(考)○비위(妣位)○부승영모(不勝永慕)○개호천망극(改昊天罔極)○감이결생(敢以潔牲)○서품(庶品)○자성(粢盛)○례제(醴齊)○지천상사(祗薦常事)○이모친모관부군(以某親某官府君)○모봉모씨(某封某氏)○부식(祔食)○무부위칙부(無祔位則否)○상향(尙饗)○기일(忌日)○축사왈(祝詞曰)○운운세서천역(云云歲序遷易)○휘일복림(諱日復臨)○추원감시(追遠感時)○부승영모(不勝永慕)○고(考)○비위(妣位)○부승영모(不勝永慕)○개호천망극(改昊天罔極)○감이청작(敢以淸酌)○서수(庶羞)○지천상사상향(祗薦常事尙饗)○속절무축(俗節無祝)○흘(訖)○부복흥(俯伏興)○차예각신위전(次詣各神位前)○작헌(酌獻)○병여상의흘(並如上儀訖)○강복위(降復位)

●아(亞)○종헌행례(終獻行禮)

병여초헌의(並如初獻儀)○유무축(唯無祝)○아헌(亞獻)○주부위지(主婦爲之)○제부녀조지(諸婦女助之)○종헌(終獻)○형제지장(兄弟之長)○혹장남(或長男)○혹친빈위지(或親賓爲之)○중자제조지(衆子弟助之)○흘(訖)○주인(主人)○승예향안전음복위(升詣香案前飮福位)○기일속절칙부(忌日俗節則否)○궤(跪)○축(祝)○이잔작존주수주인(以盞酌尊酒授主人)○주인(主人)○수잔음흘(受盞飮訖)○축(祝)○수허잔(受虛盞)○복어존탁(復於尊卓)○주인(主人)○부복흥강복위(俯伏興降復位)○주인이하재위자(主人以下在位者)○개재배(皆再拜)○소경(小頃)○우재배(又再拜)○주인(主人)○봉납신주(捧納神主)○철주찬(徹酒饌)○내준(乃餕)○주인이하(主人以下)○수집사자(帥執事者)○남녀이위(男女異位)○수의안음(隨宜安飮)○기일속절칙부(忌日俗節則否)

유사즉고(有事則告)

○사여관혼(事如冠昏)○수관(授官)○추증지류(追贈之類)

전일일(前一日)○쇄소재숙(灑掃齊宿)

기일(其日)○집사자(執事者)○매감설과일반급잔이(每龕設果一盤及盞二)○설주가(設酒架)○향안(香案)○관세여시향의(盥洗如時享儀)○시지(時至)○주인이하(主人以下)○성복(盛服)○관세흘(盥帨訖)○입립어동계하(入立於東階下)○중행북향서상(重行北向西上)○주인(主人)○승자동계(升自東階)○계독(啓櫝)○봉출신주(捧出神主)○각설어좌(各設於座)○부복흥강복위(俯伏興降復位)○주인이하(主人以下)○재배(再拜)○집사자(執事者)○각취위(各就位)

주인(主人)○승예향안전궤(升詣香案前跪)○삼상향(三上香)○집사자(執事者)○취잔짐주이진(取盞斟酒以進)○주인(主人)○헌주여상의(獻酒如常儀)○소퇴궤(小退跪)○축(祝)○진신위지우(進神位之右)○궤독축(跪讀祝)○기축판운(其祝版云)○유년월일(維年月日)○효증손(孝曾孫)○고이대칙칭효손(告二代則稱孝孫)○고고비칙칭효자(告考妣則稱孝子)○모관모감소고우모친모관부군(某官某敢昭告于某親某官府君)○모친모봉모씨(某親某封某氏)○복이운운(伏以云云)○사수사찬(詞隨事撰)○근이주과(謹以酒果)○용신거고(用申虔告)○근고(謹告)○기축(其祝)○공위일판(共爲一版)○자칭이기최존자위주(自稱以其最尊者爲主)○흘(訖)○주인(主人)○부복흥(俯伏興)○구강복위(俱降復位)○주인이하(主人以下)○재배(再拜)○납주이퇴(納主而退)

《서례(序例)하(下)》
◆가례(嘉禮)

◆로부(鹵簿)
○황의장(黃儀仗)

영조칙배(迎詔勑拜)표용지(表用之)기의물(其儀物)여궐정의장동(與闕廷儀仗同)황(黃)청도기이(淸道旗二)분좌우(分左右)각일인집(各一人執)이인인(二人引)착청의(着靑衣)피모자(皮帽子)황개이(黃蓋二)거중(居中)분좌우(分左右)각일인집(各一人執)착청의(着靑衣)자건(紫巾)집산(執繖)개인동(蓋人同)금(金)고(鼓)거중(居中)고좌이인집(居中鼓左二人執)김우일인집(金右一人執)개착홍의(皆着紅衣)피모자(皮帽子)후동(後同)차령자기이(次令字旗二)분좌우(分左右)각일인집(各一人執)착홍의(着紅衣)피모자(皮帽子)차은장도(次銀粧刀)금장도각이(金粧刀各二)분좌우(分左右)각일인집(各一人執)착홍의(着紅衣)피모자(皮帽子)집과(執瓜)부(斧)선인동(扇人同)차은립과(次銀立瓜)김립과각이(金立瓜各二)분좌우(分左右)금(金)고(鼓)거중(居中)차은횡과(次銀橫瓜)금횡과각이(金橫瓜各二)분좌우(分左右)차은월부(次銀鉞斧)금월부각이(金鉞斧各二)분좌우(分左右)차홍개이(次紅蓋二)거중(居中)분좌우(分左右)차황봉선(次黃鳳扇)홍봉선각이(紅鳳扇各二)분좌우(分左右)차황룡선(次黃龍扇)홍룡선각이(紅龍扇各二)분좌우(分左右)황양산일(黃陽繖一)거중(居中)차전부고취(次前部鼓吹)차향정(次香亭)황룡정(黃龍亭)차사자이하수행(次使者以下隨行)

○홍의장(紅儀仗)

천추(千秋)배전용지(拜箋用之)기의물여궁정의장동(其儀物與宮庭儀仗同)영자기이(令字旗二)분좌우(分左右)각일인집(各一人執)착홍의(着紅衣)피모자(皮帽子)차은장도(次銀粧刀)김장도각일(金粧刀各一)분좌우(分左右)각일인집(各一人執)착홍의(着紅衣)피모자(皮帽子)집과(執瓜)부(斧)선인동(扇人同)차은립과(次銀立瓜)김립과각일(金立瓜各一)분좌우(分左右)금(金)고(鼓)거중(居中)고좌이인집(鼓左二人執)김우일인집(金右一人執)착홍의(着紅衣)피모자(皮帽子)차은횡과(次銀橫瓜)금횡과각일(金橫瓜各一)분좌우(分左右)○차은월부(次銀鉞斧)금월부각일(金鉞斧各一)분좌우(分左右)홍개이(紅蓋二)거중(居中)분좌우(分左右)각일인집(各一人執)착청의(着靑衣)자건(紫巾)집산인동(執繖人同)차청봉선(次靑鳳扇)홍봉선각이(紅鳳扇各二)분좌우(分左右)차홍양산일(次紅陽繖一)거중(居中)차전부고취(次前部鼓吹)차향정(次香亭)

청룡정(靑龍亭)차사자이하수행(次使者以下隨行)

○대가(大駕)

영조칙(迎詔勑)제사직(祭社稷)향종묘묘용지(享宗廟用之)기의물여전정대장동(其儀物與殿庭大仗同)도가(導駕)선당부주부(先當部主簿)차한성부판윤(次漢城府判尹)차례조판서(次禮曹判書)차호조판서(次戶曹判書)차대사헌(次大司憲)차병조판서(次兵曹判書)장관유고(長官有故)칙차관(則次官)차의금부당하관이원(次義禁府堂下官二員)구상복(具常服)분좌우(分左右)차좌상군사각구갑주(次左廂軍士各具甲冑)병기(兵器)범군사동(凡軍士同)차사대(次射隊)차홍문대기이(次紅門大旗二)분좌우(分左右)범대기(凡大旗)일인집(一人執)이인인(二人引)이인협(二人夾)중기(中旗)일인집(一人執)이인인(二人引)소기(小旗)일인집(一人執)일인인(一人引)개저청의(皆著靑衣)피모자(皮帽子)홍개이(紅蓋二)거중(居中)분좌우(分左右)각일인집(各一人執)저청의(著靑衣)자건(紫巾)집산(執繖)개(蓋)청선인동(靑扇人同)차주작(次朱雀)청룡기각일(靑龍旗各一)재좌(在左)백호(白虎)현무기각일(玄武旗各一)재우(在右)황룡기일(黃龍旗一)거중(居中)금(金)고(鼓)거중(居中)고좌일인집(鼓左一人執)금우일인집(金右一人執)개착홍의(皆着紅衣)피모자(皮帽子)후동(後同)차륙정기(次六丁旗)분좌우(分左右)주작기(朱雀旗)거중(居中)차백택기이(次白澤旗二)분좌우(分左右)고명(誥命)거중(居中)차마일필(載馬一匹)개이화전(蓋以華氈)서리이인협부(書吏二人夾扶)보마동(寶馬同)인로십인(引路十人)저청의(著靑衣)자건(紫巾)대보(大寶)시명(施命)유서(諭書)소신지보각일(昭信之寶各一)거중(居中)이차이행(以次而行)상서원관(尙書院官)구조복(具朝服)수지(隨之)차삼각(次三角)각단(角端)룡마기각이(龍馬旗各二)분좌우(分左右)천하태평기일(天下太平旗一)거중(居中)차현학기일(次玄鶴旗一)재좌(在左)백학기일(白鶴旗一)재우(在右)취각륙인(吹角六人)구기복(具器服)거중(居中)분좌우(分左右)이인집대각선행(二人執大角先行)차중각이인(次中角二人)차소각이인(次小角二人)장마이필(仗馬二匹)구안장(具鞍粧)거중(居中)분좌우(分左右)각이인견(各二人牽)저청의(著靑衣)종색립(椶色笠)운혜(雲鞋)후동(後同)차표골타자륙(次豹骨朶子六)분좌우(分左右)각일인집(各一人執)저홍의(著紅衣)피모자(皮帽子)집봉(執棒)등(鐙)도(刀)당(幢)과(瓜)작(斫)한(罕)필(畢)모(旄)정(旌)부(斧)룡(龍)봉(鳳)작선인동(雀扇人同)금(金)고(鼓)거중(居中)장마이필(仗馬二匹)차웅골타자륙(次熊骨朶子六)분좌우(分左右)차령자기이(次令字旗二)분좌우(分左右)벽봉기이(碧鳳旗二)거중(居中)분좌우(分左右)장마이필(仗馬二匹)차김등십(次金鐙十)분좌우(分左右)군왕천세기일(君王千歲旗一)거중(居中)장마이필(仗馬二匹)차은장도이(次銀粧刀二)분좌우(分左右)은교의(銀交倚)거중(居中)각답(脚踏)수지(隨之)일인봉교의(一人捧交倚)일인봉각답(一人捧脚踏)저자의(著紫衣)자건(紫巾)집우(執盂)관인동(灌人同)차금장도이(次金粧刀二)분좌우(分左右)차주작(次朱雀)청룡당각일(靑龍幢各一)재좌(在左)백호(白虎)현무당각일(玄武幢各一)재우(在右)은관자(銀灌子)은우각일(銀盂各一)거중(居中)장마이필(仗馬二匹)차은립과사(次銀立瓜四)금립과이(金立瓜二)상간(相間)분좌우(分左右)금

(金)고(鼓)거중(居中)장마이필(仗馬二匹)차김횡과이(次金橫瓜二)은횡과사(銀橫瓜四)상간(相間)분좌우(分左右)은교의(銀交倚)거중(居中)각답(脚踏)수지(隨之)장마이필(仗馬二匹)차은작자(次銀斫子)김작자각사(金斫子各四)상간(相間)분좌우(分左右)주칠교의(朱漆交倚)거중(居中)각답(脚踏)수지(隨之)청양산이(靑陽繖二)거중(居中)분좌우(分左右)소여(小轝)거중(居中)봉담삼십인(捧擔三十人)저자의(著紫衣)흑건(黑巾)학창(鶴氅)홍대(紅帶)청행등(靑行縢)운혜(雲鞋)련봉담인동(輦捧擔人同)차한일(次罕一)재좌(在左)필일(畢一)재우(在右)차모절사(次旄節四)분좌우(分左右)차정사(次旌四)분좌우(分左右)소련(小輦)거중(居中)봉담사십인(捧擔四十人)차은월부(次銀鉞斧)금월부각사(金鉞斧各四)상간(相間)분좌우(分左右)금(金)고(鼓)거중(居中)어마이필(御馬二匹)거중(居中)분좌우(分左右)사복사관이원(司僕寺官二員)구상복(具常服)패검(佩劍)수지(隨之)차봉선팔(次鳳扇八)분좌우(分左右)청개이(靑蓋二)거중(居中)분좌우(分左右)차작선십(次雀扇十)분좌우(分左右)홍개이(紅蓋二)거중(居中)분좌우(分左右)차룡선이(次龍扇二)분좌우(分左右)사금십륙원(司禁十六員)구기복(具器服)집주장(執朱杖)분좌우(分左右)재기보대지외(在騎步隊之外)시신(侍臣)분좌우(分左右)재기보대지전(在騎步隊之前)차기보대(次騎步隊)좌우기대이행(左右騎隊二行)보대삼행(步隊三行)지가후횡행옹후(至駕後橫行擁後)기수림시품지(其數臨時稟旨)전부고취(前部鼓吹)대호군이원(大護軍二員)구상복(具常服)봉운검(捧雲劍)거중(居中)병행(竝行)수정장(水精杖)김월부각일(金鉞斧各一)거중(居中)장좌월우(杖左鉞右)각일인집(各一人執)저청의(著靑衣)자건(紫巾)차별감사십인(次別監四十人)개저흑의(皆著黑衣)자건(紫巾)분좌우(分左右)홍양산일(紅陽繖一)거중(居中)총의위삼십원(忠義衛三十員)구공복(具公服)보종(步從)은마궤일(銀馬机一)차지(次之)일인봉(一人捧)저청의(著靑衣)흑립(黑笠)어련(御輦)봉담륙십인(捧擔六十人)청선이(靑扇二)거중(居中)분좌우(分左右)차패운검중추사원(次佩雲劍中樞四員)구갑주(具甲胄)패검(佩劍)횡행(橫行)재기보대지내(在騎步隊之內)봉갑상호군(捧甲上護軍)봉주상호군(捧胄上護軍)각일원(各一員)봉궁(捧弓)시상호군십이원(矢上護軍十二員)개구갑주(皆具甲胄)패검(佩劍)횡행(橫行)재기보대지후(在騎步隊之後)현무기일(玄武旗一)거중(居中)차후전대기이(次後殿大旗二)분좌우(分左右)차봉어의호군륙원(次捧御衣護軍六員)내시부(內侍府)상의원(尙衣院)내의원관(內醫院官)각구상복(各具常服)수지(隨之)후부고취(後部鼓吹)차표기일(次標旗一)병조(兵曹)도총부당하관각일원(都摠府堂下官各一員)구기복(具器服)수지(隨之)차병조(次兵曹)도총부당상관(都摠府堂上官)구기복(具器服)횡행(橫行)당하관(堂下官)수지(隨之)차승지륙원(次承旨六員)주서(注書)사관각이원(史官各二員)예조(禮曹)병조당하관각일원(兵曹堂下官各一員)수지(隨之)차종친(次宗親)문무백관(文武百官)개구조복(皆具朝服)영칙(迎勅)칙상복(則常服)○도가륙인(導駕六引)급시신(及侍臣)근신(近臣)구복동(具服同)차감찰이원(次監察二員)분좌우(分左右)차의금부당하관이원(次義禁府堂下官二員)구상복(具常服)분좌우(分左右)차사대(次射隊)차잡류기(次雜類旗)차우상군사(次右廂軍士)이차시위(以次侍衛)영조칙(迎詔勅)칙백관선행(則百官先行)집인저홍의(執人著紅衣)피모자(皮帽子)집금(執金)고자기인동(鼓字旗人同)가구선인기이(駕龜仙人旗二)거중(居中)분좌우(分左右)차고자기일(次鼓字旗一)재좌(在左)김자기일(金字旗一)재우(在右)장마이필(仗馬二匹)차가서봉십(次哥舒棒十)분좌우

○법가(法駕)향문소전(享文昭殿)선농(先農)문선왕(文宣王)사우사단(射于射壇)관사우사단(觀射于射壇)무과전시(武科殿試)용지(用之)기의물(其儀物)여전정반장동(與殿庭半仗同)

도가(導駕)선당부주부(先當部主簿)차한성부판윤(次漢城府判尹)차대사헌(次大司憲)장관유고(長官有故)칙차관(則次官)차의금부당하관이원(次義禁府堂下官二員)구상복(具常服)분좌우(分左右)차좌상군사(次左廂軍士)각구갑주(各具甲胄)병기(兵器)범군사동(凡軍士同)차사대(次射隊)차홍문대기이(次紅門大旗二)분좌우(分左右)범대기(凡大旗)일인집(一人執)이인인(二人引)이인협(二人夾)중기(中旗)일인집(一人執)이인인(二人引)소기(小旗)일인집(一人執)일인인(一人引)개저청의(皆著靑衣)피모자(皮帽子)홍개일(紅蓋一)거중(居中)일인집(一人執)저청의(著靑衣)자건(紫巾)집산(執繖)개(蓋)청선인동(靑扇人同)차주작(次朱雀)청룡기각일(靑龍旗各一)재좌(在左)백호(白虎)현무기각일(玄武旗各一)재우(在右)황룡기일(黃龍旗一)거중(居中)금(金)고(鼓)거중(居中)고좌(鼓左)이인집(二人執)금우(金右)일인집(一人執)개착홍의(皆着紅衣)피모자(皮帽子)후동(後同)차백택기이(次白澤旗二)분좌우(分左右)시명(施命)유서(諭書)소신지보각일(昭信之寶各一)거중(居中)이차이행(以次而行)재마각일필(載馬各一匹)개이화전(蓋以華氈)서리이인협부(書吏二人夾扶)인로십인(引路十人)저청의(著靑衣)자건(紫巾)상서원관(尙書院官)구조복(具朝服)수지(隨之)차삼각(次三角)각단(角端)룡마기각이(龍馬旗各二)분좌우(分左右)천하태평기일(天下太平旗一)거중(居中)차현학기일(次玄鶴旗一)재좌(在左)백학기일(白鶴旗一)재우(在右)취각륙인(吹角六人)구기복(具器服)거중(居中)분좌우(分左右)이인집대각선행(二人執大角先行)차중각이인(次中角二人)차소각이인(次小角二人)장마이필(仗馬二匹)구안장(具鞍粧)거중(居中)분좌우(分左右)각이인견(各二人牽)저청의(著靑衣)종색립(椶色笠)운혜(雲鞋)후동(後同)차표골타자사(次豹骨朶子四)분좌우(分左右)각일인집(各一人執)저홍의(著紅

衣)피모자(皮帽子)집과(執瓜)부(斧)한(罕)필(畢)등(鐙)도(刀)정(旌)모(旄)당(幢)봉(棒)작자(斫子)룡(龍)봉(鳳)작선인동(雀扇人同)**장마이필(仗馬二匹)**차웅골타자사(次熊骨朶子四)분좌우(分左右)차령자기이(次令字旗二)분좌우(分左右)각일인집(各一人執)저홍의(著紅衣)피모자(皮帽子)집김(執金)고자기인동(鼓字旗人同)**가구선인기일(駕龜仙人旗一)거중(居中)**차고자기일(次鼓字旗一)재좌(在左)김자기일(金字旗一)재우(在右)장마이필(仗馬二匹)차가서봉륙(次哥舒棒六)분좌우(分左右)벽봉기일(碧鳳旗一)거중(居中)장마이필(仗馬二匹)차김등륙(次金鐙六)분좌우(分左右)군왕천세기일(君王千歲旗一)거중(居中)장마이필(仗馬二匹)차김장도일(次金粧刀一)재좌(在左)은장도일(銀粧刀一)재우(在右)은교의(銀交倚)거중(居中)각답(脚踏)수지(隨之)일인봉교의(一人捧交倚)일인집각답(一人執脚踏)저자의(著紫衣)자건(紫巾)집우(執盂)관인동(灌人同)**차주작(次朱雀)**청룡당각일(靑龍幢各一)재좌(在左)백호(白虎)현무당각일(玄武幢各一)재우(在右)은관자(銀灌子)은우각일(銀盂各一)거중(居中)차은립과이(次銀立瓜二)분좌우(分左右)김립과이(金立瓜二)분좌우(分左右)금(金)고(鼓)거중(居中)장마이필(仗馬二匹)차은횡과이(次銀橫瓜二)분좌우(分左右)금횡과이(金橫瓜二)분좌우(分左右)차은작자이(次銀斫子二)분좌우(分左右)차김작자이(次金斫子二)분좌우(分左右)청양산이(靑陽繖二)거중(居中)분좌우(分左右)차소여(次小輿)거중(居中)봉담삼십인(捧擔三十人)저자의(著紫衣)흑건(黑巾)학창(鶴氅)홍대(紅帶)청행등(靑行縢)운혜(雲鞋)련봉담인동(輦奉擔人同)**차한일(次罕一)**재좌(在左)필일(畢一)재우(在右)차모절이(次旄節二)분좌우(分左右)차정이(次旌二)분좌우(分左右)차은월부이(次銀鉞斧二)분좌우(分左右)차김월부이(次金鉞斧二)분좌우(分左右)어마이필(御馬二匹)거중(居中)분좌우(分左右)사복사관이원(司僕寺官二員)구상복(具常服)패검(佩劍)수지(隨之)차봉선륙(次鳳扇六)분좌우(分左右)청개이(靑蓋二)거중(居中)분좌우(分左右)차작선륙(次雀扇六)분좌우(分左右)홍개일(紅蓋一)거중(居中)차룡선이(次龍扇二)분좌우(分左右)사금십륙원(司禁十六員)구기복(具器服)집주장(執朱杖)분좌우(分左右)재기보대지외(在騎步隊之外)**시신(侍臣)**분좌우(分左右)재기보대지전(在騎步隊之前)**차기보대(次騎步隊)**좌우기대이행(左右騎隊二行)보대삼행(步隊三行)지가후횡행옹우(至駕後橫行擁右)기수림시품지(其數臨時稟旨)**전부고취(前部鼓吹)**대호군이원(大護軍二員)구상복(具常服)봉운검(捧雲劍)거중병행(居中並行)수정장(水精杖)금월부각일(金鉞斧各一)거중(居中)장좌월우(杖左鉞右)각일인집(各一人執)저청의(著靑衣)자건(紫巾)**별감사십인(別監四十人)**개저흑의(皆著黑衣)자건(紫巾)분좌우(分左右)홍양산일(紅陽繖一)거중(居中)충의위삼십인(忠義衛三十人)구공복보종(具公服步從)**은마궤일(銀馬机一)차지(次之)**일인봉(一人捧)저청의(著靑衣)흑립(黑笠)어련(御輦)봉담륙십인(捧擔六十人)**청선이(靑扇二)**거중(居中)분좌우(分左右)차패운검중추사원(次佩雲劍中樞四員)구갑주(具甲冑)패검(佩劍)횡행(橫行)재기보대지내(橫行在騎步隊之內)**봉갑상호군(捧甲上護軍)**봉주상호군각일원(捧冑上護軍各一員)봉궁시상호군십이원(捧弓矢上護軍十二員)개구갑주(皆具甲冑)패검(佩劍)횡행(橫行)재기보대지후(在騎步隊之後)**현무기일(玄武旗一)**거중(居中)차후전대기이(次後殿大旗二)분좌우(分左右)차봉어의호군륙원(次捧御衣護軍六員)내시부(內侍府)상의원(尙衣院)내의원관(內醫院官)각구상복(各具常服)수지(隨之)**후부고취(後部鼓吹)**차표기일(次標旗一)병조(兵曹)도총부당하관각일원(都摠府堂下官各一員)구기복(具器服)수지(隨之)차병조(次兵曹)도총부당상관(都摠府堂上官)구기복횡행(具器服橫行)당하관수지(堂下官隨之)차승지륙원(次承旨六員)주서(注書)사관각이원(史官各二員)예조(禮曹)병조당하관각일원(兵曹堂下官各一員)수지(隨之)차종친(次宗親)문무백관(文武百官)개구조복향선농(皆具朝服享先農)문선왕외(文宣王外)병상복(並常服)

○도가삼인(導駕三引)급시신(及侍臣)근신(近臣)구복동(具服同)차감찰이원(次監察二員)분좌우(分左右)차의금부당하관이원(次義禁府堂下官二員)구상복(具常服)분좌우(分左右)차사대(次射隊)차잡류기(次雜類旗)차우상군사(次右廂軍士)이차시위(以次侍衛)

○소가배릉급(小駕拜陵及)범문외행행(凡門外行幸)용지(用之)기의물(其儀物)여이정소장동(與二庭小仗同)전향명사로차의장(傳香命使路次儀仗)칭세장(稱細仗)외칙용세장지반(外則用細仗之半)

도가(導駕)선당부주박(先當部主薄)차한성부판윤장관유고(次漢城府判尹長官有故)칙차관(則次官)개상복(皆常服)근시복동(近侍服同)차의금부당하관이원(次義禁府堂下官二員)이상복(以常服)분좌우(分左右)차사대(次射隊)차주작(次朱雀)청룡기(靑龍旗)각일(各一)재좌(在左)백호(白虎)현무기(玄武旗)각일(各一)재우대(在右大)중기(中旗)일인집(一人執)이인인(二人引)소기(小旗)일인집(一人執)일인인(一人引)개저청의(皆著靑衣)피모자(皮帽子)차벽봉기(次碧鳳旗)각단기각일(角端旗各一)재좌(在左)삼각기(三角旗)룡마기각일(龍馬旗各一)재우(在右)차현학기일(次玄鶴旗一)재좌(在左)백학기일(白鶴旗一)재우(在右)취각사인(吹角四人)구기복(具器服)거중(居中)분좌우이인집대각선행(分左右二人執大角先行)차소각이인(次小角二人)장마이필(仗馬二匹)구안장(具鞍粧)거중(居

中)분좌우각일인견(分左右各一人牽)저청의(著靑衣)종색립(椶色笠)운혜(雲鞋)후동(後同)차표골타자이(次豹骨朶子二)분좌우각일인집(分左右各一人執)저홍의피모자(著紅衣皮帽子)집과(執瓜)부(斧)등(鐙)도(刀)정(旌)모(旄)봉(棒)작자(斫子)룡(龍)봉(鳳)작선인동(雀扇人同)차웅골타자이(次熊骨朶子二)분좌우(分左右)차령자기이(次令字旗二)분좌우집인저홍의(分左右執人著紅衣)피모자(皮帽子)집금(執金)고자기인동(鼓字旗人同)차고자기일(次鼓字旗一)재좌(在左)김자기일(金字旗一)재우(在右)장마이필(仗馬二匹)차가서봉사(次哥舒棒四)분좌우(分左右)차김등사(次金鐙四)분좌우(分左右)장마이필(仗馬二匹)차김장도일(次金粧刀一)재좌(在左)은장도일(銀粧刀一)재우(在右)차은립과이(次銀立瓜二)분좌우(分左右)금(金)고(鼓)거중고좌(居中鼓左)일인집(一人執)금우(金右)일인집(一人執)저홍의(著紅衣)피모자(皮帽子)금횡과이(金橫瓜二)분좌우(分左右)차김작자일(次金斫子一)재좌(在左)은작자일(銀斫子一)재우(在右)청양산일(靑陽繖一)거중일인집(居中一人執)저(著)주(註)청의(靑衣)자건(紫巾)집산(執繖)개(蓋)청선인동(靑扇人同)소여(小輿)거중봉담삼십인(居中捧擔三十人)저자의(著紫衣)흑건(黑巾)학창(鶴氅)홍대(紅帶)청행등(靑行縢)운혜(雲鞋)련봉담인동(輦捧擔人同)차모절일(次旄節一)재좌(在左)정일(旌一)재우(在右)차김월부일(次金鉞斧一)재좌(在左)은월부일(銀鉞斧一)재우(在右)어마이필(御馬二匹)거중(居中)분좌우(分左右)사복시관이원(司僕侍官二員)구상복(具常服)패검(佩劍)수지(隨之)차봉선이(次鳳扇二)분좌우(分左右)차작선이(次雀扇二)분좌우(分左右)청개이(靑蓋二)거중(居中)분좌우(分左右)홍개일(紅蓋一)거중(居中)차룡선이(次龍扇二)분좌우(分左右)사금십륙원(司禁十六員)구기복(具器服)집주장(執朱杖)분좌우재기보대지외(分左右在騎步隊之外)차기보대좌우기대이행(次騎步隊左右騎隊二行)보대삼행(步隊三行)지가후(至駕後)횡행옹후(橫行擁後)기수림시품지(其數臨時稟旨)전부고취(前部鼓吹)차대호군이원(次大護軍二員)구상복(具常服)봉운검(捧雲劍)거중병행(居中竝行)수정장(水精杖)김월부각일(金鉞斧各一)거중장좌부우(居中杖左斧右)각일인집(各一人執)저청의(著靑衣)자건(紫巾)차별감사십인(次別監四十人)개저흑의(皆著黑衣)자건(紫巾)분좌우(分左右)홍양산일(紅陽繖一)거중충의위삼십원(居中忠義衛三十員)구시복보종(具時服步從)은마궤(銀馬机)차지일인봉(次之一人捧)저청의(著靑衣)흑립(黑笠)어련봉담륙십인(御輦捧擔六十人)청선이(靑扇二)거중(居中)분좌우(分左右)차패운검중추사원(次佩雲劍中樞四員)구기복(具器服)횡행재기보대지내(橫行在騎步隊之內)봉갑상호군(捧甲上護軍)봉주상호군각일원(捧冑上護軍各一員)봉궁시상호군십이원(捧弓矢上護軍十二員)개구기복횡행재기보대지후(皆具器服橫行在騎步隊之後)차봉어의호군륙원(次捧御衣護軍六員)내시부(內侍府)상의원(尙衣院)내의원관(內醫院官)각구상복(各具常服)수지(隨之)차표기일(次標旗一)병조(兵曹)도총부당하관각일원(都摠府堂下官各一員)구기복(具器服)수지(隨之)차병조도총부당상관(次兵曹都摠府堂上官)구기복(具器服)횡행(橫行)당하관수지(堂下官隨之)차승지륙원(次承旨六員)주서(注書)사관각이원(史官各二員)수지(隨之)배종관급의금부당하관이원(陪從官及義禁府堂下官二員)구상복(具常服)분좌우(分左右)차사대이차사위(次射隊以次侍衛)

○왕비의장(王妃儀仗)

내시부십륙인(內侍府十六人)집주장(執朱杖)분좌우(分左右)재의장지외(在儀仗之外)백택기이(白澤旗二)분좌우(分左右)선행(先行)일인집(一人執)이인인(二人引)이인협(二人夾)저청의(著靑衣)피모자(皮帽子)책(冊)보(寶)거중(居中)분좌우(分左右)재마각일필(載馬各一匹)개이화전(蓋以華氈)서리이인(書吏二人)협부(夾扶)인로십인(引路十人)저청의(著靑衣)자건(紫巾)상서원관(尙瑞院官)구상복(具常服)수지(隨之)차은등사(次銀鐙四)분좌우(分左右)각일인집(各一人執)저홍의(著紅衣)피모자(皮帽子)집등(執鐙)도(刀)과(瓜)부(斧)모(旄)선인동(扇人同)차김등사(次金鐙四)분좌우(分左右)차은장도이(次銀粧刀二)분좌우(分左右)차김장도이(次金粧刀二)분좌우(分左右)은우(銀盂)은관자각일(銀灌子各一)거중(居中)각일인집(各一人執)저자의(著紫衣)자건(紫巾)봉교의(奉交倚)집각답인동(執脚踏人同)차은립과(次銀立瓜)금립과각이(金立瓜各二)분좌우(分左右)차은횡과(次銀橫瓜)금횡과각이(金橫瓜各二)분좌우(分左右)은교의(銀交倚)거중(居中)각답(脚踏)수지(隨之)차모절사(次旄節四)분좌우(分左右)차은월부(次銀鉞斧)금월부각이(金鉞斧各二)분좌우(分左右) 차작선륙(次雀扇六) 분좌우(分左右) 청개이(靑蓋二) 거중(居中) 분좌우(分左右)각일인집(各一人執) 저청의(著靑衣) 자건(紫巾) 집홍개인동(執紅蓋人同) 차봉선팔(次鳳扇八) 분좌우(分左右)홍개이(紅蓋二)거중(居中)분좌우(分左右)차전부고취(次前部鼓吹)용대가지반(用大駕之半)별감이십사인(別監二十四人)개저흑의(皆著黑衣)자건(紫巾)분좌우(分左右)내시이십인(內侍二十人)분좌우(分左右)재의장지내(在儀仗之內)십인저자의(十人著紫衣)십인저홍의(十人著紅衣)개청감(皆靑籠)주(註)두(頭)도은환(鍍銀環)다회(多繪)청행등(靑行縢)운혜(雲鞋)홍양산(紅陽繖)거중(居中)내시경집(內侍擎執)청선동(靑扇同)련(輦)봉담내시륙십인(捧擔內侍六十人)청선이(靑扇二)거중(居中)분좌우(分左右)궁인팔(宮人八)횡행보(橫行步)의대함부지인십이(衣襨函負持人十二)횡행(橫行)저자의(著紫衣)

자건(紫巾)운혜(雲鞋)차상궁이하승마(次尙宮以下乘馬)차내시사인(次內侍四人)집주장(執朱杖)분좌우(分左右)차내명부승교(次內命婦乘轎)차외명부승교(次外命婦乘轎)차내시(次內侍)차종친(次宗親)문무백관각일원(文武百官各一員)감찰이원(監察二員)의금부당하관이원(義禁府堂下官二員)구상복(具常服)분좌우시위(分左右侍衛)

○왕세자의장(王世子儀仗)

기린기이(麒麟旗二)분좌우재전(分左右在前)범중기일인집(凡中旗一人執)이인인(二人引)소기일인집(小旗一人執)일인인(一人引)개저청의피모자(皆著靑衣皮帽子)차백택기이(次白澤旗二)분좌우(分左右)인마(印馬)거중(居中)개이화전(盖以華韉)익위사서리이인(翊衛司書吏二人)협부(夾扶)인로팔인(引路八人)저청의조건(著靑衣皂巾)익위사관(翊衛司官)수지(隨之)현학기일(玄鶴旗一)재좌(在左)백학기일(白鶴旗一)재우(在右)차가구선인기이(次駕龜仙人旗二)거중(居中)분좌우(分左右)차표골타자일(次豹骨朶子一)재좌(在左)각일인집(各一人執)저홍의(著紅衣)피모자(皮帽子)집등(執鐙)도(刀)정(旌)모인동(旄人同)웅골타자일(熊骨朶子一)재우(在右)령자기이(令字旗二)분좌우(分左右)집인(執人)저홍의피모자(著紅衣皮帽子)궐달마이필(闕闥馬二匹)구안장(具鞍粧)거중(居中)분좌우(分左右)각이인견(各二人牽)저청의종색립(著靑衣椶色笠)운혜(雲鞋)차은등이(次銀鐙二)분좌우(分左右)김등이(金鐙二)분좌우(分左右)은장도일(銀粧刀一)재좌(在左)금장도일(金粧刀一)재우(在右)금(金)고(鼓)거중(居中)고좌이인집(鼓左二人執)금우이인집(金右二人執)저홍의(著紅衣)·피모자(皮帽子)금립과일(金立瓜一)재좌(在左)은립과일(銀立瓜一)재우(在右)차모절이(次旄節二)분좌우(分左右)정이(旌二)분좌우(分左右)차작선사(次雀扇四)분좌우(分左右)청개이(靑蓋二)거중(居中)분좌우(分左右)각일인집(各一人執)저청의(著靑衣)조건(皂巾)집산(執繖)청선인동(靑扇人同)사피십륙원(司辟十六員)구상복(具常服)집오장(執烏杖)분좌우(分左右)별감십인(別監十人)개저흑의(皆著黑衣)조건(皂巾)거중(居中)분좌우(分左右)청양산일(靑陽繖一)거중(居中)충찬위육십륙원(忠贊衛十六員)구상복(具常服)보종(步從)상마대차지(上馬臺次之)일인봉(一人捧)청의흑립(靑衣黑笠)왕세자련(王世子輦)봉담륙십인(捧擔六十人)저청의(著靑衣)조건(皂巾)학창(鶴氅)홍대(紅帶)청행등(靑行縢)운혜(雲鞋)청선이(靑扇二)거중(居中)분좌우(分左右)차사복사관사원(次司僕寺官四員)시종관(侍從官)좌우익위(左右翊衛)패검(佩劍)좌우사어(左右司禦)패시(佩弓矢)협시좌우(夾侍左右)봉의대충찬위(捧衣襨忠贊衛)수지(隨之)시강(侍講)주(註)원(院)익위사관(翊衛司官)개구상복(皆具常服)횡행시위(橫行侍衛)

●집사관(執事官)

여좌우통례(如左右通禮)찬의(贊儀)인의지류(引儀之類)이본관공직자(以本官供職者)금개략지(今皆略之)정지급성절망궐행례(正至及聖節望闕行禮)망궁례동(望宮禮同)전의(典儀)통례원관(通禮院官)협률랑(協律郎)장악원관(掌樂院官)사향이(司香二)충찬위(忠贊衛)

○영조서(迎詔書)

전의(典儀)통례원관(通禮院官)봉조관(捧詔官)사품(四品)선조관(宣詔官)삼품당상관(三品堂上官)전조관(展詔官)이오품(二五品)협률랑(協律郎)장악원관(掌樂院官)인례(引禮)사역원사품이상관(司譯院四品以上官)사향이(司香二)충찬위(忠贊衛)

○영칙서(迎勅書)

전의(典儀)통례원관(通禮院官)협률랑(協律郎)장악원관(掌樂院官)인례(引禮)사역원(司譯院)사품이상관(四品以上官)사향이(司香二)충찬위(忠贊衛)

○배표(拜表)

전의(典儀)통례원관(通禮院官)협률랑(協律郎)장악원관(掌樂院官)봉표관(捧表官)충찬위(忠贊衛)사향이(司香二)충찬위(忠贊衛)

○정지왕세자백관조하(正至王世子百官朝賀)

전교관(傳敎官)승지(承旨)전의(典儀)통례원관(通禮院官)선전관(宣箋官)예문관사품이상관(藝文館四品以上官)선전목관(宣箋目官)찬의(贊儀)대치사관(代致詞官)찬의(贊儀)협률랑(協律郎)장악원관(掌樂院官)전전관(展箋官)충찬위(忠贊衛)

○정지회(正至會)

전교관(傳敎官)승지(承旨)전의(典儀)통례원관(通禮院官)대치사관(代致詞官)찬의(贊儀)협률랑(協律郎)장악원관

(掌樂院官)집사자(執事者)충찬위(忠贊衛)이시정수(臨時定數)

○정지백관하왕세자(正至百官賀王世子)

장의(掌儀)통례원관(通禮院官)대치사관(代致詞官)찬의(贊儀)전령관(傳令官)필선(弼善)

○삭망왕세자백궁조하(朔望王世子百宮朝賀)

전의(典儀)통례원관(通禮院官)대치사관(代致詞官)찬의(贊儀)협률랑(協律郎)장악원관(掌樂院官)

○조참(朝參)

전의(典儀)통례원관(通禮院官)협률랑(協律郎)장악원관(掌樂院官)

○왕세자관(王世子冠)

빈(賓)의정(議政)찬(贊)예조판서(禮曹判書)유고(有故)칙참판(則參判)전교관(傳敎官)승지(承旨)주인(主人)속존종친(屬尊宗親)주인찬관(主人贊冠)보덕(輔德)집관자(執冠者)상의원사품이상관(尙衣院四品以上官)장의(掌儀)통례원관(通禮院官)전의(典儀)통례원관(通禮院官)협률랑(協律郎)장악완관(掌樂完官)거안자이(擧案者二)참외(參外)집사자이(執事者二)충찬위(忠贊衛)

○납비(納妃)

납채정사(納采正使)정일품(正一品)부사(副使)정이품(正二品)전교관(傳敎官)승지(承旨)전의(典儀)통례원관(通禮院官)협률랑(協律郎)장악원관(掌樂院官)거안자이(擧案者二)참외(參外)집사자이(執事者二)충찬위(忠贊衛)알자(謁者)참외(參外)장축자(掌畜者)장원서관(掌署官)빈자(儐者)참외(參外)장차자(掌次者)전설사관(典設司官)

○납징(納徵)

정사(正使)정일품(正一品)부사(副使)정이품(正二品)전교관(傳敎官)승지(承旨)전의(典儀)통례원관(通禮院官)협률랑(協律郎)장악원관(掌樂院官)거안자사(擧案者四)참외(參外)집사자사(執事者四)충찬위(忠贊衛)알자(謁者)참외(參外)빈자(儐者)참외(參外)장차자(掌次者)전설사관(典設司官)

○고기(告期)

여납채동(與納采同)유무장축자(惟無掌畜者)

○책빈(冊嬪)

정사(正使)정일품(正一品)부사(副使)정이품(正二品)전교관(傳敎官)승지(承旨)전의(典儀)통례원관(通禮院官)협률랑(協律郎)장악원관(掌樂院官)거안자팔(擧案者八)참외(參外)집사자팔(執事者八)충찬위(忠贊衛)알자(謁者)참외(參外)빈자(儐者)참외(參外)장차자(掌次者)전설사관(典設司官)

○명사봉영(命使奉迎)

정사(正使)정일품(正一品)부사(副使)정이품(正二品)전교관(傳敎官)승지(承旨)전의(典儀)통례원관(通禮院官)거안자이(擧案者二)참외(參外)집사자이(執事者二)충찬위(忠贊衛)장축자(掌畜者)장원서관(掌苑署官)빈자(儐者)참외(參外)장차자(掌次者)전설사관(典設司官)

○책비(冊妃)

정사(正使)정일품(正一品)부사(副使)정이품(正二品)전교관(傳敎官)승지(承旨)전의(典儀)통례원관(通禮院官)협률랑(協律郎)장악원관(掌樂院官)거안자팔(擧案者八)참외(參外)집사자팔(執事者八)충찬위(忠贊衛)장차자(掌次者)전설사관(典設司官)

○책왕세자(冊王世子)

전책관(傳冊官)승지(承旨)전의(典儀)통례원관(通禮院官)협률랑(協律郎)장악원관(掌樂院官)집사자륙(執事者六)충찬위(忠贊衛)

○책왕세자빈(冊王世子嬪)

정사(正使)정일품(正一品)부사(副使)정이품(正二品)전교관(傳敎官)승지(承旨)전의(典儀)통례원관(通禮院官)

협률랑(協律郞)장악원관(掌樂院官)**거안자팔(擧案者八)**참외(參外)**집사자팔(執事者八)**충찬위(忠贊衛)

○왕세자납빈(王世子納嬪)
◆납채(納采)
정사(正使)정일품(正一品)**부사(副使)**정이품(正二品)**전교관(傳敎官)**승지(承旨)**전의(典儀)**통례원관(通禮院官)**협률랑(協律郞)**장악원관(掌樂院官)**알자(謁者)**참외(參外)**장축자(掌畜者)**장원서관(掌苑署官)**빈자(儐者)**참외(參外)**장차자(掌次者)**전설사관(典設司官)

◆납징(納徵)
정사(正使)정일품(正一品)**부사(副使)**정이품(正二品)**전교관(傳敎官)**승지(承旨)**전의(典儀)**통례원관(通禮院官)**협률랑(協律郞)**장악원관(掌樂院官)**거안자이(擧案者二)**참외(參外)**집사자이(執事者二)**충찬위(忠贊衛)**알자(謁者)**참외(參外)**빈자(儐者)**참외(參外)**장차자(掌次者)**전설사관(典設司官)고기여납채동(告期與納采同)유무장축자(惟無掌畜者)

◆책빈(冊嬪)
정사(正使)정일품(正一品)**부사(副使)**정이품(正二品)**전교관(傳敎官)**승지(承旨)**전의(典儀)**통례원관(通禮院官)**협률랑(協律郞)**장악원관(掌樂院官)**거안자팔(擧案者八)**참외(參外)**집사자팔(執事者八)**충찬위(忠贊衛)**알자(謁者)**참외(參外)**빈자(儐者)**참외(參外)**장차자(掌次者)**전설사관(典設司官)

◆임헌초계(臨軒醮戒)
전의통(典儀通)예완관(禮完官)**협률랑(協律郞)**장악원관(掌樂院官)

◆친영(親迎)
장축자(掌畜者)장원서관(掌苑署官)**빈자(儐者)**참외(參外)

○왕자혼례(王子昏禮)
◆납채(納采) 납폐(納幣)
주인(主人)속존종친(屬尊宗親)**사자(使者)**종친중삼품이하(宗親中三品以下)

○왕녀하가(王女下嫁)
납채(納采)납폐(納幣)
주인(主人)속존종친(屬尊宗親)

○하의(賀儀)
전의(典儀)통례원관(通禮院官)**협률랑(協律郞)**장악원관(掌樂院官)**대치사관(代致詞官)**찬의(贊儀)

○교서반강(敎書頒降)
전교관(傳敎官)승지(承旨)**전의(典儀)**통례원관(通禮院官)**협률랑(協律郞)**장악원관(掌樂院官)**선교관(宣敎官)**찬의(贊儀)**전교관이(展敎官二)**충찬위(忠贊衛)

○문과전시(文科殿試)
독권관(讀卷官)정이품이상(正二品以上)**대독관(對讀官)**삼품이상(三品以上)**전교관(傳敎官)**승지(承旨)**전의(典儀)**통례원관(通禮院官)**협률랑(協律郞)**장악원관(掌樂院官)

○문무과방방(文武科放榜)
전의(典儀)통례원관(通禮院官)**협률랑(協律郞)**장원악관(掌院樂官)**대치사관(代致詞官)**찬의(贊儀)**방방관(放榜官)**찬의(贊儀)**집사자팔(執事者八)**충찬위(忠贊衛)

○생원(生員) 진사방방(進士放榜)

전의(典儀)통례완원(通禮完院)협률랑(協律郎)장악원관(掌樂院官)방방관이(放榜官二)찬의(贊儀)집사자팔(執事者八)충찬위(忠贊衛)

○양로연(養老宴)

전의(典儀)통례원관(通禮院官)협률랑(協律郎)장악원관(掌樂院官)집사자(執事者)충찬위(忠贊衛) 림시정수(臨時定數)

○음복연(飮福宴)

전의(典儀)통례원관(通禮院官)협률랑(協律郎)장악원관(掌樂院官)집사자(執事者)충찬위(忠贊衛) 림시정수(臨時定數)

○왕세자입학(王世子入學)

박사(博士)성균관지사(成均館知事)장명자일(將命者一)학생(學生)집사자륙(執事者六)학생(學生)

○왕자입학종친동(王子入學宗親同)

박사(博士)성균관사성(成均館司成)장명자(將命者)학생(學生)상자(相者)학생(學生)집사자륙(執事者六)학생(學生)

○향음주(鄕飮酒)

주인(主人)소재관사(所在官司)빈년고(賓年高)유덕유재행자(有德有才行者)사정(司正)중소추복자(衆所推服者)집사자(執事者)자제(子弟)

○향혼전제계산릉동(享魂殿齊戒山陵同)

전향사일(前享四日)예조계문청제계(禮曹啓聞請齊戒)전하산제이일어별전(殿下散齊二日於別殿)치제일일어제전약내상재선(致齊一日於齊殿若內喪在先)이왕세자행례(而王世子行禮)칙시강원신청(則侍講院申請)산제이일어별실(散齊二日於別室)치제일일어제실(致齊一日於齊室)범산제부조상(凡散齊不弔喪)문질(問疾)유사부계형살문서(有司不啓刑殺文書)치제유계향사(致齊惟啓享事)대군이하(大君以下)급제향관(及諸享官)근시지관섭사(近侍之官攝事)무전하제의급근시지관(無殿下齊儀及近侍之官)병산제이일숙어정침(並散齊二日宿於正寢)치제일일어향소(致齊一日於享所)산제치사여고(散齊治事如故)유부종주(惟不縱酒)부여훈총(不茹葷蔥)구(韭)산(蒜)해(薤)부조상문질(不弔喪問疾)부행형(不行刑)부판서형살문서(不判署刑殺文書)부예예악사(不預穢惡事)치제유행향사(致齊惟行享事)전향이일(前享二日)목욕경의(沐浴更衣)이제이궐자(已齊而闕者)통섭행사범산제(通攝行事凡散齊)문대공이상상(聞大功以上喪)치제문기이상상(致齊聞期以上喪)급질병자(及疾病者)병청면(並聽免)약사어제소(若死於齊所)동방부득행사(同房不得行事)배향종친(陪享宗親)문무백관(文武百官)제위지속(諸衛之屬)수위전문자산릉(守衛殿門者山陵)칙무백관급수위전문자(則無百官及守衛殿門者)각어본사(各於本司)구청제일숙(俱淸齊一宿)

집사관여좌우통례(執事官如左右通禮)찬의(贊儀)인의지류(引儀之類)이본관공직자(以本官供職者)금개략지(今皆略之)

위황제거애(爲皇帝擧哀)성복지제복동(成服至除服同)전의통례원관(典儀通禮院官)사향이(司香二)충찬위(忠贊衛)○국휼습전(國恤襲奠)대전관(代奠官)종친일품이상(宗親一品以上)렴빈이하범전동(斂殯以下凡奠同)

○사위(嗣位)전의통례원관(典儀通禮院官)협률랑장악원관(協律郎掌樂院官)사향이(司香二)충찬위(忠贊衛)○반교서(頒敎書)전교관승지(傳敎官承旨)전의통례원관(典儀通禮院官)선교관찬의(宣敎官贊儀)전교관이(展敎官二)충찬위(忠贊衛)

○삭망전(朔望奠)전의(典儀)통례원관(通禮院官)

○의정부수백관진향(議政府帥百官進香)범진향동(凡進香同)전의통례원관(典儀通禮院官)대축문신오품(大祝文臣五品)집자사(執者四)차비충찬위(差備忠贊衛)

○청시종묘(請諡宗廟)독책관문신삼품(讀冊官文臣三品)독보관문신삼품(讀寶官文臣三品)봉책관

오품(捧冊官五品)봉보관오품(捧寶官五品)거책안자이참외(擧冊案者二參外)거보안자이참외(擧寶案者二參外)집사자사충찬위(執事者四忠贊衛)전의통례원관(典儀通禮院官)집례문신삼품(執禮文臣三品)곡(曲)[전(典)]사관봉상사정(祀官奉常寺正)대축이문신오품(大祝二文臣五品)궁위령내시부(宮闈令內侍府)찬자이찬의(贊者二贊儀)알자륙품(謁者六品)찬인참외(贊引參外)축사이오품(祝史二五品)재랑이륙품(齋郎二六品)묘사종묘서령(廟司宗廟署令)감찰(監察)

○상시책보(上諡冊寶)독책관(讀冊官)독보관(讀寶官)봉책관(捧冊官)봉보관(捧寶官)거책안자이(擧冊案者二)거보안자이(擧寶案者二)전의기상병청시관(典儀己上竝請諡官)잉행(仍行)대치사관봉례봉향작주집사자륙(代致詞官奉禮捧香酌酒執事者六)참외(參外)

○내상상시책보(內喪上諡冊寶)전교관승지(傳敎官承旨)거책안자이참외(擧冊案者二參外)거보안자이(擧寶案者二)참외(參外)

○자여집사(自餘執事)개녀관위지(皆女官爲之)

○사후토(祠后土)헌관삼품관상감관(獻官三品觀象監官)찬자참외(贊者參外)알자참외(謁者參外)축사문신참외(祝史文臣參外)재랑(齋郎)참외(參外)

○계빈(啓殯)전의통례원관(典儀通禮院官)대축지제교사품이상(大祝知製敎四品以上)봉향작주집사자륙참외(捧香酌酒執事者六參外)집건자(執巾者)참외(參外)

○조전(祖奠)전의통례원관(典儀通禮院官)대축지제교사품이상(大祝知製敎四品以上)봉향작주집사자륙(捧香酌酒執事者六)참외(參外)

○견전(遣奠)전의통례원관(典儀通禮院官)독애책관문신삼품(讀哀冊官文臣三品)봉애책관문신오품(捧哀冊官文臣五品)거안자이참외(擧案者二參外)대축지제교사품이상(大祝知製敎四品以上)봉향작주집사자륙(捧香酌酒執事者六)참외(參外)

○발인(發引)섭좌통례이정삼품(攝左通禮二正三品)대축이지제교사품이상(大祝二知製敎四品以上)봉고명시책시보애책집사자각이문신참외(捧誥命諡冊諡寶哀冊執事者各二文臣參外)봉향봉로집사자이충찬위(捧香捧爐執事者二忠贊衛)여재궁관무관사품(昇梓宮官武官四品)집탁자십륙(執鐸者十六)호군(護軍)

○로제(路祭)대축문신오품(大祝文臣五品)봉향작주집사자륙(捧香酌酒執事者六)참외(參外)

○하산릉전(下山陵奠)전의통례원관(典儀通禮院官)봉향작주집사자륙(捧香酌酒執事者六)참외(參外)

○천전(遷奠)전의통례원관(典儀通禮院官)대축이지제교사품이상(大祝二知製敎四品以上)봉향작주집사자륙참외(捧香酌酒執事者六參外)섭좌통례이정삼품(攝左通禮二正三品)여재궁관무관사품(昇梓宮官武官四品)봉애책관오품(捧哀冊官五品)봉증옥관공조정랑(捧贈玉官工曹正郎)봉증백관상의원관(捧贈帛官尙衣院官)봉고명시책시보애책집사자각이문신참외(捧誥命諡冊諡寶哀冊執事者各二文臣參外)집건자(執巾者)참외(參外)

○립주전(立主奠)전의통례원관(典儀通禮院官)제주관문신정삼품(題主官文臣正三品)대축지제교사품이상(大祝知製敎四品以上)봉향작주집사자륙(捧香酌酒執事者六)참외(參外)

○반우(返虞)섭좌통례정삼품(攝左通禮正三品)섭사복사정정삼품(攝司僕寺正正三品)대축이지제교사품이상(大祝二知製敎四品以上)봉고명시책시보집사자각이참외(捧誥命諡冊諡寶執事者各二參外)봉향봉로집사자이충찬위(捧香捧爐執事者二忠贊衛)전사(殿司)참봉(參奉)

○안릉전(安陵奠)헌관출릉사(獻官出陵使)전사관봉상사관(典祀官奉常寺官)대축문신오품(大祝文臣五品)찬자륙품(贊者六品)알자륙품(謁者六品)찬인참외(贊引參外)축사오품(祝史五品)재랑륙품(齋郎六品)릉사참봉감찰(陵司參奉監察)

○우제(虞祭)졸곡사시급랍동아헌관정일품(卒哭四時及臘同亞獻官正一品)종헌관정일품(終獻官正

一品)찬례례조판서(贊禮禮曹判書)유고칙참판(有故則參判)근시사승지(近侍四承旨)집례정삼품(執禮正三品)전사관봉상사정(典祀官奉常寺正)대축지제교사품이상(大祝知製教四品以上)내상(內喪)칙우유궁위령(則又有宮闈令)찬자일찬의(贊者一贊儀)알자이인의(謁者二引儀)찬인참외(贊引參外)축사사품(祝史四品)재랑오품(齋郎五品)집존륙품(執尊六品)작세이륙품(爵洗二六品)관세이륙품(盥洗二六品)아종헌관세참외(亞終獻盥洗參外)전사참봉(殿司參奉)감찰(監察)

○혼전조석상식(魂殿朝夕上食)헌관입직종친(獻官入直宗親)의빈중(儀賓中)집사자차비충의위(執事者差備忠義衛)전사(殿司)참봉(參奉)

○혼전사시급랍섭사(魂殿四時及臘攝事)초헌관정일품(初獻官正一品)아헌관정일품(亞獻官正一品)종헌관종일품(終獻官從一品)집례삼품(執禮三品)전사관봉상사정(典祀官奉常寺正)대축문신오품(大祝文臣五品)내상(內喪)칙우유궁위령(則又有宮闈令)찬자이륙품(贊者二六品)알자륙품(謁者六品)찬인참외(贊引參外)축사오품(祝史五品)재랑륙품(齋郎六品)작세참외(爵洗參外)관세참외(盥洗參外)전사참봉(殿司參奉)감찰(監察)

○혼전속절급삭망(魂殿俗節及朔望)아헌관정일품(亞獻官正一品)종헌관정일품(終獻官正一品)찬례례조판서(贊禮禮曹判書)유고칙참판(有故則參判)근시사승지(近侍四承旨)집례정삼품(執禮正三品)전사관봉상사정(典祀官奉常寺正)대축지제교사품이상(大祝知製教四品以上)내상(內喪)칙우유궁위령(則又有宮闈令)찬자이찬의(贊者二贊儀)알자이인의(謁者二引儀)찬인참외(贊引參外)축사사품(祝史四品)재랑오품(齋郎五品)보존륙품전사참봉(報尊六品殿司參奉)감찰(監察)

○혼전속절급삭망섭사(魂殿俗節及朔望攝事)초헌관정일품(初獻官正一品)아헌관정일품(亞獻官正一品)종헌관종일품(終獻官從一品)집례삼품(執禮三品)전사관봉상사관(典祀官奉常寺官)대축문신오품(大祝文臣五品)내상(內喪)칙우유궁위령(則又有宮闈令)찬자이륙품(贊者二六品)알자륙품(謁者六品)축사오품(祝史五品)재랑륙품(齋郎六品)전사참봉(殿司參奉)감찰(監察)

○사시급랍속절삭망향산릉(四時及臘俗節朔望享山陵)헌관일품(獻官一品)전사관봉상사관(典祀官奉常寺官)대축문신오품(大祝文臣五品)찬자륙품(贊者六品)알자륙품(謁者六品)찬인참외(贊引參外)축사참외(祝史參外)재랑참외(齋郎參外)릉사참봉(陵司參奉)감찰(監察)

○친향산릉(親享山陵)아헌관정일품(亞獻官正一品)종헌관정일품(終獻官正一品)찬례례조판서(贊禮禮曹判書)유고칙참판(有故則參判)근시사승지(近侍四承旨)집례정삼품(執禮正三品)전사관봉상사정(典祀官奉常寺正)대축지제교사품이상(大祝知製教四品以上)찬자이찬의(贊者二贊儀)알자이인의(謁者二引儀)찬인참외(贊引參外)축사사품(祝史四品)재랑오품(齋郎五品)릉사참봉(陵司參奉)감찰(監察)

○영사시제급조부(迎賜諡祭及弔賻)전의통례원관(典儀通禮院官)협률랑장악원관(協律郎掌樂院官)사향이충찬위(司香二忠贊衛)인례(引禮)사역원사품이상(司譯院四品以上)

○사부(賜賻)전의통례원관(典儀通禮院官)사향이충찬위(司香二忠贊衛)인례(引禮)사역원사품이상(司譯院四品以上)

○사시(賜諡)찬례례조판서(贊禮禮曹判書)유고칙참판(有故則參判)전의통례원관(典儀通禮院官)대축삼품당상관(大祝三品堂上官)인례(引禮)사역원사품이상(司譯院四品以上)

○분황(焚黃)아헌관정일품(亞獻官正一品)종헌관정일품(終獻官正一品)찬례례조판서(贊禮禮曹判書)유고칙참판(有故則參判)근시사승지(近侍四承旨)집례이품당상관(執禮二品堂上官)전사관봉상사정(典祀官奉常寺正)대축삼품당상관(大祝三品堂上官)찬자이찬의(贊者二贊儀)알자인의(謁者引儀)찬인이참외(贊引二參外)축사이사품(祝史二四品)재랑이오품(齋郎二五品)집존륙품(執尊六品)전사참봉(殿司參奉)감찰(監察)

○사제(賜祭)찬례례조판서유고칙참판(贊禮禮曹判書有故則參判)독제문관승지(讀祭文官承旨)전제문관이문신오품(展祭文官二文臣五品)전의통례원관(典儀通禮院官)전사관봉상사정(典祀官奉常寺正)대축정일품(大祝正一品)집사자팔사품이상(執事者八四品以上)전사참봉(殿司參奉)인례이(引

禮二)사역원사품이상(司譯院四品以上)

○련제(練祭)상담제동(祥禫祭同)유무제주관(惟無題主官)아헌관정일품(亞獻官正一品)종헌관정일품(終獻官正一品)찬례례조판서(贊禮禮曹判書)유고칙참판(有故則參判)근시사승지(近侍四承旨)집례정삼품(執禮正三品)제주관문신정삼품(題主官文臣正三品)전사관봉상사정(典祀官奉常寺正)대축지제교사품이상(大祝知製敎四品以上)내상(內喪)칙우유궁위령(則又有宮闈令)찬자이통례원관(贊者二通禮院官)알자이통례원관(謁者二通禮院官)찬인이참외(贊引二參外)축사사품(祝史四品)재랑오품(齋郞五品)집존륙품(執尊六品)작세이륙품(爵洗二六品)관세이륙품(盥洗二六品)아종헌관세참외(亞終獻盥洗參外)전사참봉(殿司參奉)감찰(監察)

○부묘(祔廟)고동가찬례례조판서(告動駕贊禮禮曹判書)유고칙참판(有故則參判)근시사승지(近侍四承旨)집례정삼품(執禮正三品)제위판관문신정삼품(題位版官文臣正三品)전사관봉상사정(典祀官奉常寺正)대축지제교사품이상(大祝知製敎四品以上)내상(內喪)칙우유궁위령(則又有宮闈令)찬자이통례원관(贊者二通禮院官)찬인이참외(贊引二參外)전사참봉(殿司參奉)감찰(監察)신주예종묘(神主詣宗廟)섭좌통례정삼품(攝左通禮正三品)섭사복사정정삼품(攝司僕寺正正三品)대축고동가자(大祝告動駕者)잉행(仍行)봉고명책보집사자각이문신참외(捧誥命冊寶執事者各二文臣參外)거안자각이참외(擧案者各二參外)봉신여집사자사충찬위(捧神舁執事者四忠贊衛)왕후여(王后舁)칙내시(則內侍)신라집사관(晨裸執事官)견길례서례(見吉禮序例)

○부문소전(祔文昭殿)증금파섭좌통례정삼품(增今罷攝左通禮正三品)섭사복사정정삼품(攝司僕寺正正三品)대축지제교사품이상(大祝知製敎四品以上)내상(內喪)칙우유궁위령(則又有宮闈令)봉신여집사자사충찬위(捧神舁執事者四忠贊衛)왕후여(王后舁)칙내시(則內侍)집사관(執事官)견길례서례(見吉禮序例)

○거애(擧哀)전의(典儀)통례원관(通禮院官)

○림상(臨喪)전의통례원관(典儀通禮院官)주인상자족친지례자(主人相者族親知禮者)사의(司儀)참외(參外)

○견사조(遣使弔)사자례조당하관(使者禮曹堂下官)내상(內喪)칙내시(則內侍)장차자전설사관(掌次者典設司官)사의이(司儀二)참외(參外)

○견사영증(遣使榮贈)사자리조당하관(使者吏曹堂下官)장차자전설사관(掌次者典設司官)사의이(司儀二)참외(參外)

○견사치전(遣使致奠)사자례조당하관(使者禮曹堂下官)내상(內喪)칙내시(則內侍)장차자전설사관(掌次者典設司官)사의이참외(司儀二參外)축참외(祝參外)집사자(執事者)례빈사관(禮賓寺官)

◆가례(嘉禮) 홀기(笏記)

정지급성절망궐행례의
(正至及聖節望闕行禮儀)

전이일(前二日)○예조(禮曹)○선섭내외(宣攝內外)○각공기직(各供其職)

전일일(前一日)○액정서(掖庭署)○설궐정어근정전(設闕庭於勤政殿)○정중남향(正中南向)○설향안어궐정지전(設香案於闕庭之前)○장악원(掌樂院)○전헌현어전정근남북향(展軒懸於殿庭近南北向)○설협률랑거휘위어서계상(設協律郞擧麾位於西階上)○야암시(夜暗時)○치조촉일어중계(置照燭一於中階)○전악(典樂)○거이작악(擧以作樂)○언이지악(偃以止樂)○근서동향(近西東向)○전설사(典設司)○설왕세자차어

근정문외도동근북서향(設王世子次於勤政門外道東近北西向)

기일(其日)○액정서(掖庭署)○설전하배위어전계상당중북향(設殿下拜位於殿階上當中北向)○전의(典儀)○설왕세자위어전정도동북향(設王世子位於殿庭道東北向)○설문관일품이하위어왕세자지후근동(設文官一品以下位於王世子之後近東)○종친급무관일품이하위어도서(宗親及武官一品以下位於道西)○구매등이위(俱每等異位)○중행북향(重行北向)○상대위수(相對爲首)○종친(宗親)○매품반두(每品班頭)○별설위(別設位)○대군(大君)○특설위어정일품지전(特設位於正一品之前)○감찰위어문무매품반말(監察位於文武每品班末)○동서상향(東西相向)○계상전의위어동계상근동서향(階上典儀位於東階上近東西向)○계하전의위어동계하근동서향(階下典儀位於東階下近東西向)○찬의(贊儀)○인의(引儀)○재남차퇴(在南差退)○우찬의(又贊儀)○인의위어서계하근서동향(引儀位於西階下近西東向)○구북상(俱北上)○인의(引儀)○설문외위(設門外位)○문관이품이상어영제교북도동(文官二品以上於永濟橋北道東)○삼품이하교남(三品以下橋南)○종친급무관이품이상어교북도서(宗親及武官二品以上於橋北道西)○삼품이하교남(三品以下橋南)○구매등이위(俱每等異位)○중행상향북상(重行相向北上)○종친(宗親)○별설위어전정(別設位如殿庭)○세자익위사(世子翊衛司)○륵소부(勒所部)○진장위여상(陳仗衛如常)○궁관(宮官)○의시각(依時刻)○집도(集到)○각구기복(各具其服)○문관(文官)○조복(朝服)○무관(武官)○기복(器服)○응종입전정자(應從入殿庭者)○조복(朝服)

고초엄(鼓初嚴)○병조(兵曹)○륵제위(勒諸衛)○진황의장어궐정전(陳黃儀仗於闕庭前)○산재전내거중(繖在殿內居中)○선분좌우(扇分左右)○여개렬어전계상급정계좌우(餘皆列於殿階上及正階左右)○진로부대장어근정문외동서(陳鹵簿大仗於勤政門外東西)○렬군사병여식(列軍士竝如式)○견서례(見序例)○종친(宗親)○문무백관(文武百官)○구집조당(俱集朝堂)○각구조복(各具朝服)○궁관(宮官)○취궁문외(就宮門外)○분좌우상향(分左右相向)○북상(北上)○익찬(翊贊)○부인여식(負印如式)○시종지(侍從之)○관익위이인(官翊衛二人)○패검(佩劍)○사어이인(司禦二人)○패궁시(佩弓矢)○구예합외(俱詣閤外)○봉영(奉迎)○필선(弼善)○예합외(詣閤外)○부복궤찬청내엄(俯伏跪贊請內嚴)

고이엄(鼓二嚴)○종친(宗親)○문무백관(文武百官)○개취문외위(皆就門外位)○필선(弼善)○궤백외비(跪白外備)○왕세자(王世子)○구면복출(具冕服出)○익찬(翊贊)○부인전행(負印前行)○필선(弼善)○인취근정문외차(引就勤政門外次)○시위여상(侍衛如常)○제호위지관(諸護衛之官)○병조도총부당상관(兵曹都摠府堂上官)○오위장(五衛將)○내금위장(內禁衛將)○겸사복장(兼司僕將)○패운검(佩雲劍)○중추사(中樞四)○봉갑(捧甲)○상호군(上護軍)○봉주(捧胄)○상호군각일(上護軍各一)○봉궁시(捧弓矢)○상호군십이(上護軍十二)○겸사복지류(兼司僕之類)○급사금(及司禁)○각구기복(各具器服)○예사정전합외(詣思政殿閤外)○사후(伺候)○좌통례(左通禮)○예합외(詣閤外)○부복궤(俯伏跪)○계청중엄(啓請中嚴)○전하(殿下)○구면복(具冕服)○어사정전(御思政殿)○산선(繖扇)○시위여상의(侍衛如常儀)○전악(典樂)○수공인(帥工人)○입취위(入就位)○협률랑(協律郞)○입취거휘위(入就擧麾位)

고삼엄(鼓三嚴)○전의(典儀)○찬의(贊儀)○인의(引儀)○감찰(監察)○선입취위(先入就位)○인의(引儀)○분인종친(分引宗親)○문무백관(文武百官)○유동서편문입(由東西偏門入)○취위(就位)○봉례(奉禮)○인왕세자(引王世子)○유동문입(由東門入)○취위(就位)○보덕이하응종입자(輔德以下應從入者)○궤어배위동남(跪於拜位東南)○서향북상(西向北上)○종성지(鍾聲止)○벽내외문(闢內外門)○좌통례(左通禮)○부복궤계외판(俯伏跪啓外辦)○전하(殿下)○승여이출(乘輿以出)○산선(繖扇)○시위여상의(侍衛如常儀)○지근정전서변(至勤政殿西邊)○강여(降輿)○협률랑(協律郞)○궤부복거휘흥(跪俯伏擧麾興)○공고축(工鼓柷)○악작(樂作)○좌우통례(左右通禮)○도전하(導殿下)○취배위(就拜位)○립정(立定)○좌우통례(左右通禮)○퇴부복어좌우(退俯伏於左右)○협률랑(協律郞)○궤언휘부복흥(跪偃麾俯伏興)○공알어(工戛敔)○악지(樂止)○제호위지관(諸護衛之官)○렬립어배위지후(列立於拜位之後)○차승지(次承旨)○사관(史官)○부복어기후(俯伏於其後)○사금(司禁)○분렬어전계상(分列於殿階上)○산선(繖扇)○화개(華蓋)○수정장(水精杖)○김월부(金鉞斧)○선진어정계하좌우(先陳於正階下左右)○전의왈(典儀曰)○사배(四拜)○좌통례(左通禮)○궤계청국궁사배흥평신(跪啓請鞠躬四拜興平身)○범흥(凡興)○우통례계청(右通禮啓請)○전하국궁(殿下鞠躬)○악작(樂作)○사배흥평신(四拜興平身)○왕세자급종친(王世子及宗親)○문무백관동(文武百官同)○찬의역창(贊儀亦唱)○범찬의찬창(凡贊儀贊唱)○개승전의지사(皆承典儀之辭)○악지(樂止)○좌통례(左通禮)○계청궤(啓請跪)○전하궤(殿下跪)○왕세자급종친(王世子及宗親)○문무백관동(文武百官同)○찬의역창(贊儀亦唱)○사향이인(司香二人)○공복(公服)○진향안전궤(進香案前跪)○삼상향(三上香)○부복흥퇴(俯伏興退)○좌통례(左通禮)○계청부복흥평신(啓請俯伏興平身)○전하(殿下)○부복흥평신(俯伏興平身)○왕세자급종친(王世子及宗親)○문무백관동(文武百官同)○찬의역창(贊儀

亦唱)○좌통례(左通禮)○계청국궁사배흥평신(啓請鞠躬四拜興平身)○전하국궁(殿下鞠躬)○악작(樂作)○사배흥평신(四拜興平身)○왕세자급종친(王世子及宗親)○문무백관동(文武百官同)○찬의역창(贊儀亦唱)○악지(樂止)○좌통례(左通禮)○계청진규국궁삼무도궤삼고두(啓請搢圭鞠躬三舞蹈跪三叩頭)○전하진규(殿下搢圭)○여진부편(如搢不便)○근시승봉(近侍承捧)○국궁(鞠躬)○삼무도(三舞蹈)○궤삼고두(跪三叩頭)○왕세자급종친(王世子及宗親)○문무백관동(文武百官同)○찬의역창(贊儀亦唱)○유종친이하(唯宗親以下)○칙진홀(則搢笏)○좌통례(左通禮)○계청산호(啓請山呼)○전하(殿下)○공수가액(拱手加額)○왈만세(曰萬歲)○계청산호(啓請山呼)○왈만세(曰萬歲)○계청재산호(啓請再山呼)○왈만만세(曰萬萬歲)○왕세자급종친(王世子及宗親)○문무백관동(文武百官同)○찬의역창(贊儀亦唱)○범호만세(凡呼萬歲)○악공(樂工)○군교(軍校)○제성응지(齊聲應之)○좌통례(左通禮)○계청출규부복흥사배흥평신(啓請出圭俯伏興四拜興平身)○전하(殿下)○출규(出圭)○부복흥(俯伏興)○악작(樂作)○사배흥평신(四拜興平身)○왕세자급종친(王世子及宗親)○문무백관동(文武百官同)○찬의역창(贊儀亦唱)○악지(樂止)○좌통례(左通禮)○계례필(啓禮畢)○찬의역창(贊儀亦唱)○악작(樂作)○좌우통례(左右通禮)○도전하(導殿下)○환내(還內)○산선(繖扇)○시위여래의(侍衛如來儀)○지사정전(至思政殿)○악지(樂止)○봉례(奉禮)○인왕세자출(引王世子出)。인의(引儀)○분인종친(分引宗親)○문무백관출(文武百官出)○좌통례(左通禮)○부복궤계해엄(俯伏跪啓解嚴)○병조(兵曹)○승교방(承敎放)

황태자천추절망궁행례의 (皇太子千秋節望宮行禮儀)

전이일(前二日)○예조(禮曹)○선섭내외(宣攝內外)○각공기직(各供其職)

전일일(前一日)○액정서(掖庭署)○설궁정어근정전정중남향(設宮庭於勤政殿正中南向)○설향안어궁정지전(設香案於宮庭之前)○장악원(掌樂院)○전헌현어전정근남북향(展軒懸於殿庭近南北向)○설협률랑거휘위어서계상(設協律郎擧麾位於西階上)○야암시(夜暗時)○치조촉일어중계(置照燭一於中階)○전악(典樂)○거이작악(擧以作樂)○언이지악(偃以止樂)○근서동향(近西東向)○전설사(典設司)○설왕세자차어근정문외도동근북서향(設王世子次於勤政門外道東近北西向)

기일(其日)○액정서(掖庭署)○설전하배위어전계상당중북향(設殿下拜位於殿階上當中北向)○전의(典儀)○설왕세자위어전정도동북향(設王世子位於殿庭道東北向)○설문관일품이하위어왕세자지후근동(設文官一品以下位於王世子之後近東)○종친급무관일품이하위어도서(宗親及武官一品以下位於道西)○구매등이위(俱每等異位)○중행북향(重行北向)○상대위수(相對爲首)○종친(宗親)○매품반두(每品班頭)○별설위(別設位)○대군(大君)○특설위어정일품지전(特設位於正一品之前)○감찰위어문무매품반말동서상향(監察位於文武每品班末東西相向)○계상전의위어동계상근동서향(階上典儀位於東階上近東西向)○계하전의위어동계하근동서향(階下典儀位於東階下近東西向)○찬의(贊儀)○인의(引儀)○재남차퇴(在南差退)○우찬의(又贊儀)○인의위어서계하근서동향(引儀位於西階下近西東向)○구북상(俱北上)○인의(引儀)○설문외위(設門外位)○문관이품이상어영제교북도동(文官二品以上於永濟橋北道東)○삼품이하어교남(三品以下於橋南)○종친급무관이품이상어교북도서(宗親及武官二品以上於橋北道西)○삼품이하어교남(三品以下於橋南)○구매등이위(俱每等異位)○중행상향북상(重行相向北上)○종친(宗親)○별설위어전정(別設位如殿庭)

고초엄(鼓初嚴)○병조(兵曹)○특제위(勒諸衛)○진홍의장어궁정전(陳紅儀仗於宮庭前)○산(繖)○재전내거중(在殿內居中)○선(扇)○분좌우(分左右)○여개렬어전계상급정계좌우(餘皆列於殿階上及正階左右)○진로부대장어근정문외동서(陳鹵簿大仗於勤政門外東西)○렬군사(列軍士)○병여식(並如式)○견서례(見序例)○종친(宗親)○문무백관(文武百官)○구집조당(俱集朝堂)○각구조복(各具朝服)○고이엄(鼓二嚴)○종친(宗親)○문무백관(文武百官)○개취문외위(皆就門外位)○왕세자(王世子)○구면복출(具冕服出)○기찬내엄(其贊內嚴)○백외비(白外備)○시위(侍衛)○병여상(並如常)○필선(弼善)○인취근정문외차(引就勤政門外次)○시위여상(侍衛如常)○제호위지관급사금(諸護衛之官及司禁)○각구기복(各具器服)○예사정전합외(詣思政殿閤外)○사후(伺候)○좌통례(左通禮)○예합외(詣閤外)○부복궤(俯伏跪)○계청중엄(啓請中嚴)○전하(殿下)○구면복(具冕服)○어사정전(御思政殿)○산선(繖扇)○시위여상의(侍衛如常儀)○

전악(典樂)○수공인(帥工人)○입취위(入就位)○협률랑(協律郎)○입취거휘위(入就擧麾位)

고삼엄(鼓三嚴)○전의(典儀)○찬의(贊儀)○인의(引儀)○감찰(監察)○선입취위(先入就位)○인의(引儀)○분인종친(分引宗親)○문무백관(文武百官)○유동서편문입(由東西偏門入)○취위(就位)○봉례(奉禮)○인왕세자(引王世子)○유동문입(由東門入)○취위취위(就位就位)○보덕이하응종입자(輔德以下應從入者)궤어배위동남(跪於拜位東南)○서향북상(西向北上)○종성지(鍾聲止)○벽내외문(闢內外門)○좌통례(左通禮)○부복궤계외판(俯伏跪啓外辦)○전하(殿下)○승여이출(乘輿以出)○산선(繖扇)○시위여상의(侍衛如常儀)○지근정전서변(至勤政殿西邊)○강여(降輿)○협률랑(協律郎)○궤부복거휘흥(跪俯伏擧麾興)○공고축(工鼓柷)○악작(樂作)○좌우통례(左右通禮)○도전하(導殿下)○취배위(就拜位)○립정(立定)○좌우통례(左右通禮)○부복어좌우(俯伏於左右)○협률랑(協律郎)○궤언휘부복흥(跪偃麾俯伏興)○공알어(工戛敔)○악지(樂止)○제호위지관(諸護衛之官)○렬립어배위지후(列立於拜位之後)○차승지(次承旨)○사관(史官)○부복어기후(俯伏於其後)○사금(司禁)○분렬어전계상(分列於殿階上)○산선(繖扇)○화개(華蓋)○수정장(水精仗)○김월부(金鉞斧)○선진어정계하좌우(先陳於正階下左右)○전의왈(典儀曰)○사배(四拜)○좌통례(左通禮)○궤계청국궁사배흥평신(跪啓請鞠躬四拜興平身)○범흥(凡興)○우통례계청(右通禮啓請)○전하(殿下)○국궁(鞠躬)○악작(樂作)○사배흥평신(四拜興平身)○왕세자급종친(王世子及宗親)○문무백관동(文武百官同)○찬의역창(贊儀亦唱)○범찬의찬창(凡贊儀贊唱)○개승전의지사(皆承典儀之辭)○악지(樂止)○좌통례(左通禮)○계청궤(啓請跪)○전하궤(殿下跪)○왕세자급종친(王世子及宗親)○문무백관동(文武百官同)○찬의역창(贊儀亦唱)○사향이인공복(司香二人公服)○진향안전궤(進香案前跪)○삼상향(三上香)○부복흥퇴(俯伏興退)○좌통례(左通禮)○계청부복흥평신(啓請俯伏興平身)○전하(殿下)○부복흥평신(俯伏興平身)○왕세자급종친(王世子及宗親)○문무백관동(文武百官同)○찬의역창(贊儀亦唱)○좌통례(左通禮)○계청국궁사배흥평신(啓請鞠躬四拜興平身)○전하(殿下)○국궁(鞠躬)○악작(樂作)○사배흥평신(四拜興平身)○왕세자급종친(王世子及宗親)○문무백관동(文武百官同)○찬의역창(贊儀亦唱)○악지(樂止)○좌통례계례필(左通禮啓禮畢)○찬의역창(贊儀亦唱)○악작(樂作)○좌우통례(左右通禮)○도전하(導殿下)○환내(還內)○산선(繖扇)○시위여래의(侍衛如來儀)○지사정전(至思政殿)○악지(樂止)○봉례(奉禮)○인왕세자출(引王世子出)○인의(引儀)○분인종친(分引宗親)○문무백관출(文武百官出)○좌통례(左通禮)○부복궤계해엄(俯伏跪啓解嚴)○병조(兵曹)○승교방장(承敎放仗)

영조서의(迎詔書儀)

전삼일(前三日)○예조(禮曹)○선섭내외(宣攝內外)○각공기직(各供其職)

전일일(前一日)○전설사(典設司)○설장전어모화관서북남향(設帳殿於慕華館西北南向)○결채(結綵)○유사(攸司)○립홍문어장전지북(立紅門於帳殿之北)○결채(結綵)○우어숭례문(又於崇禮門)○성내가항급경복궁문(城內街巷及景福宮門)○결채(結綵)○액정서(掖庭署)○설궐정어근정전정중남향(設闕庭於勤政殿正中南向)○조안어궐정지전(詔案於闕庭之前)○향안어조안지남(香案於詔案之南)○사자위어향안지동서향(使者位於香案之東西向)○개독위어전계상근동서향(開讀位於殿階上近東西向)○설전하립위어전정도서근북북향(設殿下立位於殿庭道西近北北向)○대조서승전설배위어중도북향(待詔書陞殿設拜位於中道北向)○전설사(典設司)○설소차어립위지서(設小次於立位之西)○우설악차어전정지서(又設幄次於殿庭之西)○구남향(俱南向)○설사자차어전정지동서향(設使者次於殿庭之東西向)○설왕세자차어근정문외급광화문외도동(設王世子次於勤政門外及光化門外道東)○구근북서향(俱近北西向)○장악원(掌樂院)○전헌현어전정근남북향(展軒懸於殿庭近南北向)○설협률랑거휘위어서계상근서동향(設協律郎擧麾位於西階上近西東向)○전의(典儀)○설왕세자위어전정도동북향(設王世子位於殿庭道東北向)○설문관일품이하위어왕세자지후근동(設文官一品以下位於王世子之後近東)○종친급무관일품이하위어도서(宗親及武官一品以下位於道西)○구매등이위(俱每等異位)○중행북향(重行北向)○상대위수(相對爲首)○종친(宗親)○매품반두(每品班頭)○별설위(別設位)○대군(大君)○특설위어정일품지전(特設位於正一品之前)○감찰위어문무매품반말동서상향(監察位於文武每品班末東西相向)○계상전의위어동계상근동서향(階上典儀位於東階上近東西向)○계하전의(階下典儀)○봉조관(捧詔官)○선조관(宣詔官)○전조관위어동계하근동서향(展詔官位於東階下近東西向)○찬의(贊儀)○인의(引儀)○재남차퇴(在南差退)○우찬의(又贊儀)○인의위어서계하근서동향(引儀位於西階下近西東向)○구북상(俱北上)○봉조관위어개독위지북(捧詔官位於開讀位之北)○선조관위어봉조관지남(宣詔官位於捧詔官之南)○전조관위어선조관지남(展詔官位於宣詔官之南)○구서향(俱西向)○인의(引儀)○설왕세자시립위어광화문외차전서향(設王世子侍立位於光化門外次前西向)○종친(宗親)○문무백관위어왕세자지남(文武百官位於王世子之南)○상향북상(相向北上)○_{문관재동(文官在東)○종친급무관재서(宗親及武官在西)○후방차(後倣此)}전설사(典設司)○설전하악차어모화관남향(設殿下幄次於慕華館南向)○설왕세자차어동남서향(設王世子次於東南西向)○병조정랑(兵曹正郎)○설황옥(設黃屋)○룡정어장전정중남향(龍亭於帳殿正中南向)○향정재기남(香亭在其南)○액정서(掖庭署)○설전하지영위어장전지서근북동향(設殿下祗迎位於帳殿之西近北東向)○인의(引儀)○설왕세자위어장전지동근남서향(設王世子位於帳殿之東近南西向)○종친(宗親)○문무백관위어왕세자지남(文武百官位於王世子之南)○상향북상(相向北上)

기일(其日)○병조정랑(兵曹正郎)○비김고(備金鼓)○황의장(黃儀仗)○전악(典樂)○비고악(備鼓樂)○개진렬어장전전(皆陳列於帳殿前)○_{혹인시사(或因時事)○진이부작(陳而不作)}사후(伺候)○영인(迎引)고초엄(鼓初嚴)○병조(兵曹)○륵제위(勒諸衛)○진대가로부어홍례문외(陳大駕鹵簿於弘禮門外)○종친(宗親)○문무백관(文武百官)○구집조방(俱集朝房)

고이엄(鼓二嚴)○제위(諸衛)○각독기대(各督其隊)○입진어근정전정(入陳於勤政殿庭)○사복사정(司僕寺正)○진련어근정문외(進輦於勤政門外)○진여어사정전합외(進輿於思政殿閤外)○구남향(俱南向)○종친(宗親)○문무백관(文武百官)○이상복(以常服)○취시립위(就侍立位)○왕세자(王世子)○구익선관(具翼善冠)○곤룡포출(袞龍袍出)○_{기찬내엄(其贊內嚴)○백외비(白外備)○시위(侍衛)○병여상(竝如常)}○익찬(翊贊)○부인전행(負印前行)○필선(弼善)○인취광화문외차(引就光化門外次)○시위여상(侍衛如常)○시신(侍臣)○예근정전계하(詣勤政殿階下)○분좌우립봉영(分左右立奉迎)○제호위지관급사금(諸護衛之官及司禁)○각구기복(各具器服)○상서원관(尙瑞院官)○봉보(捧寶)○구예사정전합외(俱詣思政殿閤外)○사후(伺候)○좌통례(左通禮)○예합외(詣閤外)○부복궤(俯伏跪)○계청중엄(啓請中嚴)

고삼엄(鼓三嚴)○필선(弼善)○인왕세자출차(引王世子出次)○취시립위(就侍立位)○종성지(鍾聲止)○벽내외문(闢內外門)○좌통례(左通禮)○부복궤계외판(俯伏跪啓外辦)○전하(殿下)○구익선관(具翼善冠)○곤룡포(袞龍袍)○승여이출(乘輿以出)○산선(繖扇)○시위여상의(侍衛如常儀)○좌우통례(左右通禮)○전도(前導)○시신(侍臣)○협시여전여상(夾侍輿前如常)○상서원관(尙瑞院官)○봉보전행(捧寶前行)○_{대승련(待乘輦)○이보재마(以寶載馬)}가지근정문외(駕至勤政門外)○좌통례(左通禮)○진당여전(進當輿前)○부복궤(俯伏跪)○계청강여승련(啓請降輿乘輦)○부복흥퇴복위(俯伏興退復位)○_{범좌통례계청(凡左通禮啓請)○개진당가전(皆進當駕前)○부복궤(俯伏跪)○계청흘(啓請訖)○부복흥퇴복위(俯伏興退復位)}○전하(殿下)○강여승련(降輿乘輦)○좌통례(左通禮)○계청가진발(啓請駕進發)○가동(駕動)○좌우통례(左右通禮)○협인이출(夾引以出)○찬의이인(贊儀二人)○재통례지전(在通禮之前)○장위(仗衛)○도종여상(導從如常)○의가출광화문외(儀駕出光化門外)○왕세자(王世子)○국궁(鞠躬)○과칙평신(過則平身)○지시신상마소(至侍臣上馬所)○좌통례(左通禮)○계청가소주(啓請駕小駐)○교시신상마(敎侍臣上馬)○퇴칭시신상마(退稱侍臣上馬)○찬의전창(贊儀傳唱)○제시위지관(諸侍衛之官)○각독기속(各督其屬)○좌우익가(左右翊駕)○시신상마필(侍臣上馬畢)○좌통례(左通禮)○계청가진발(啓請駕進發)○부복흥퇴(俯伏興退)○가동(駕動)○고취진작(鼓吹振作)○종친(宗親)○문무백관(文武百官)○국궁(鞠躬)○과칙평신(過則平身)○왕세자급종친(王世子及宗親)○문무백관(文武百官)○이차시위(以次侍衛)○가장지모화관시신하마소(駕將至慕華館侍臣下馬所)○좌통례(左通禮)○계청가소주(啓請駕小駐)○시신(侍臣)○개하마분립(皆下馬分立)○좌통례(左通禮)○계청가진발(啓請駕進發)○가동(駕動)○시신국궁(侍臣鞠躬)○과칙평신(過則平身)○가지남문외(駕至南門外)○좌통례(左通禮)○진당련전(進當輦前)○계청강련승여(啓請降輦乘輿)○전하강련(殿下降輦)○승여이입(乘輿以入)○산선(繖扇)○시위여상의(侍衛如常儀)○좌우통례(左右通禮)○전도(前導)○지악차(至幄次)○시신(侍臣)○종지남문외(從至南門外)○내퇴(乃退)○필선(弼善)○인왕세자취차(引王世子就次)○종친(宗親)○문무백관(文武百官)○개취차(皆就次)○_{설차(設次)○수지지의(隨地之宜)}○사자장지(使者將至)○좌통례(左通禮)○계청중엄(啓請中嚴)○전하(殿下)○구면복(具冕服)○왕세자(王世子)○구면복(具冕服)○종친(宗親)○문무백관(文武百官)○각구조복(各具朝服)○봉례(奉禮)○인왕세자(引王世子)○인의(引儀)○분인종친(分引宗親)○문무백관(文武百官)○구취지영위(俱就祗迎位)○좌통례(左通禮)○부복궤(俯伏跪)○계청출차(啓請出次)○좌우통례(左右通禮)○도전하(導殿下)○취지영위(就祗迎位)○_{좌우통례(左右通禮)○부복어좌우(俯伏於左右)○산선진어후(繖扇陳於}

後)○조서지(詔書至)○좌통례(左通禮)○궤계청국궁(跪啓請鞠躬)○전하국궁영(殿下鞠躬迎)○왕세자급종친(王世子及宗親)○문무백관동(文武百官同)○사자(使者)○봉조서(捧詔書)○치룡정중(置龍亭中)○좌통례(左通禮)○계청평신(啓請平身)○전하평신(殿下平身)○왕세자급종친(王世子及宗親)○문무백관동(文武百官同)○룡정(龍亭)○출상로(出上路)○사향이인(司香二人)○공복(公服)○협시향정(夾侍香亭)○속상향(續上香)○룡정소주(龍亭小駐)○김고재전(金鼓在前)○차기대(次騎隊)○차문무백관급종친(次文武百官及宗親)○승마행(乘馬行)○차왕세자(次王世子)○승마행(乘馬行)○차대가로부(次大駕鹵簿)○전하승련행(殿下乘輦行)○차황의장(次黃儀仗)○고악(鼓樂)○차향정(次香亭)○차조서룡정(次詔書龍亭)○차사자승마행(次使者乘馬行)○영지경복궁(迎至景福宮)○구하마(俱下馬)○인의(引儀)○분인종친(分引宗親)○문무백관(文武百官)○유동서편문입(由東西偏門入)○봉례(奉禮)○인왕세자(引王世子)○유동편문입(由東偏門入)○약광화문(若光化門)○칙왕세자급종친(則王世子及宗親)○문무백관(文武百官)○개유서문(皆由西門)○구취위(俱就位)○군사입진여상의(軍士入陳如常儀)○가지근정문외(駕至勤政門外)○강련(降輦)○좌우통례(左右通禮)○도전하(導殿下)○유동문입(由東門入)○취립위(就立位)○여(輿)○련급로부(輦及鹵簿)○정어근정문외(停於勤政門外)○산선(繖扇)○입진어소차지전(入陳於小次之前)○황의장(黃儀仗)○입진어궐정전(入陳於闕庭前)○산거중(繖居中)○선분좌우(扇分左右)○여개렬어전계상급정계좌우(餘皆列於殿階上及正階左右)○조서룡정(詔書龍亭)○유정문입(由正門入)○사자종입(使者從入)○협률랑(協律郎)○궤부복거휘흥(跪俯伏擧麾興)○공고축(工鼓柷)○악작(樂作)○좌통례(左通禮)○부복궤(俯伏跪)○계청국궁(啓請鞠躬)○전하(殿下)○동향국궁(東向鞠躬)○과칙계청평신(過則啓請平身)○전하(殿下)○평신(平身)○북향립(北向立)○왕세자급종친(王世子及宗親)○문무백관동(文武百官同)○유왕세자급문관(唯王世子及文官)○서향국궁(西向鞠躬)○룡정승전(龍亭陞殿)○좌통례(左通禮)○도전하(導殿下)○입소차(入小次)○사자(使者)○봉조서(捧詔書)○치어안(置於案)○협률랑(協律郎)○궤언휘부복흥(跪偃麾俯伏興)○공알어(工戛敔)○악지(樂止)○인례(引禮)○인사자취위(引使者就位)○좌통례(左通禮)○부복궤(俯伏跪)○계청출차(啓請出次)○좌우통례(左右通禮)○도전하(導殿下)○취배위(就拜位)○사자(使者)○소전남향립(少前南向立)○칭유제(稱有制)○전의왈(典儀曰)○사배(四拜)○좌통례(左通禮)○부복궤(俯伏跪)○계청국궁사배흥평신(啓請鞠躬四拜興平身)○범흥(凡興)○우통례계청(右通禮啓請)○전하(殿下)○국궁(鞠躬)○악작(樂作)○사배흥평신(四拜興平身)○왕세자급종친(王世子及宗親)○문무백관동(文武百官同)○찬의역창(贊儀亦唱)○범찬의찬창(凡贊儀贊唱)○개승전의지사(皆承典儀之辭)○악지(樂止)○좌통례계청궤(左通禮啓請跪)○전하궤(殿下跪)○왕세자급종친(王世子及宗親)○문무백관동(文武百官同)○찬의역창(贊儀亦唱)○사향이인(司香二人)○공복(公服)○진향안전궤(進香案前跪)○삼상향(三上香)○부복흥퇴(俯伏興退)○좌통례(左通禮)○계청부복흥평신(啓請俯伏興平身)○전하(殿下)○부복흥평신(俯伏興平身)○왕세자급종친(王世子及宗親)○문무백관동(文武百官同)○찬의역창(贊儀亦唱)○봉조관(捧詔官)○선조관(宣詔官)○전조관(展詔官)○유동편계승(由東偏階陞)○봉조관(捧詔官)○입예전내북향립(入詣殿內北向立)○선조관(宣詔官)○전조관(展詔官)○취위(就位)○사자(使者)○예조안전(詣詔案前)○봉조서(捧詔書)○수봉조관(授捧詔官)○봉조관(捧詔官)○궤수흥(跪受興)○유정문출(由正門出)○지개독위(至開讀位)○수선조관(授宣詔官)○선조관(宣詔官)○궤수(跪受)○이수전조관(以授展詔官)○전조관(展詔官)○궤수립대전(跪受立對展)○좌통례(左通禮)○계청궤(啓請跪)○전하궤(殿下跪)○왕세자급종친(王世子及宗親)○문무백관동(文武百官同)○찬의역창(贊儀亦唱)○선조관(宣詔官)○선흘(宣訖)○봉조관(捧詔官)○봉조서(捧詔書)○환치어안(還置於案)○구강복위(俱降復位)○좌통례(左通禮)○계청부복흥평신(啓請俯伏興平身)○전하(殿下)○부복흥평신(俯伏興平身)○왕세자급종친(王世子及宗親)○문무백관동(文武百官同)○찬의역창(贊儀亦唱)○좌통례(左通禮)○계청국궁사배흥평신(啓請鞠躬四拜興平身)○전하(殿下)○국궁(鞠躬)○악작(樂作)○사배흥평신(四拜興平身)○왕세자급종친(王世子及宗親)○문무백관동(文武百官同)○찬의역창(贊儀亦唱)○악지(樂止)○좌통례(左通禮)○계청진규국궁삼무도궤삼고두(啓請搢圭鞠躬三舞蹈跪三叩頭)○전하(殿下)○진규(搢圭)○여진부편(如搢不便)○근시승봉(近侍承奉)○국궁(鞠躬)○삼무도(三舞蹈)○궤삼고두(跪三叩頭)○왕세자급종친(王世子及宗親)○문무백관동(文武百官同)○찬의역창(贊儀亦唱)○유종친이하(唯宗親以下)○진흘(搢笏)○좌통례(左通禮)○계청산호(啓請山呼)○전하(殿下)○공수가액(拱手加額)○왈만세(曰萬歲)○계청산호(啓請山呼)○왈만세(曰萬歲)○계청재산호(啓請再山呼)○왈만만세(曰萬萬歲)○왕세자급종친(王世子及宗親)○문무백관동(文武百官同)○찬의역창(贊儀亦唱)○범호만세(凡呼萬歲)○악공(樂工)○군교(軍校)○제성응지(齊聲應之)○좌통례(左通禮)○계청출규부복흥사배흥평신(啓請出圭俯伏興四拜興平身)○전하(殿下)○출규부복흥(出圭俯伏興)○악작(樂作)○사배흥평신(四拜興平身)○왕세자급종친(王世子及宗親)○문무백관동(文武百官同)○찬의역창(贊儀亦唱)○악지(樂止)○좌통례(左通禮)○궤계례필(跪啓禮畢)○찬의역창(贊儀亦唱)○좌우통례(左右通禮)○

도전하(導殿下)○취악차(就幄次)○석면복(釋冕服)○구익선관(具翼善冠)○곤룡포(袞龍袍)○산선(繖扇)○시위여상의(侍衛如常儀)○인례(引禮)○인사자(引使者)○출취차(出就次)○봉례(奉禮)○인왕세자(引王世子)○유동편문(由東偏門)○출취차(出就次)○석면복(釋冕服)○인의(引儀)○분인종친(分引宗親)○문무백관(文武百官)○유동서편문출(由東西偏門出)○석조복(釋朝服)○액정서(掖庭署)○철궐정급안(撤闕庭及案)○설사자좌(設使者座)○재동(在東)○전하좌(殿下座)○재서(在西)○인례(引禮)○인사자(引使者)○유동정문(由東正門)○승전취배위(陞殿就拜位)○액정서(掖庭署)○림시설욕석(臨時設褥席)○전하배위동(殿下拜位同)○서향(西向)○좌우통례(左右通禮)○도전하(導殿下)○유서정문(由西正門)○승전취배위(陞殿就拜位)○동향립(東向立)○좌통례(左通禮)○부복궤(俯伏跪)○계청국궁재배흥평신(啓請鞠躬再拜興平身)○전하여사자(殿下與使者)○국궁재배흥평신(鞠躬再拜興平身)○취좌(就座)○철(撤)○욕석(褥席)○행다례필(行茶禮畢)○인례(引禮)○인사자(引使者)○강자동계출(降自東階出)○좌우통례(左右通禮)○도전하강자서계(導殿下降自西階)○송지근정문외(送至勤政門外)○전하(殿下)○승여환내(乘輿還內)○산선(繖扇)○시위여상의(侍衛如常儀)○어본조유경사(於本朝有慶事)○칙백관입하여상의(則百官入賀如常儀)○사자(使者)○취대평관(就大平館)○왕세자(王世子)○수지관(隨至館)○여사자(與使者)○행돈수재배례(行頓首再拜禮)○출(出)○종친(宗親)○문무백관(文武百官)○분반이차행돈수재배례(分半以次行頓首再拜禮)○초사자기출(初使者既出)○병조(兵曹)○륵제위(勒諸衛)○진로부여초(陳鹵簿如初)○전하출궁(殿下出宮)○종친(宗親)○문무백관시립(文武百官侍立)○시위여상의(侍衛如常儀)○지대평관(至大平館)○설연여의(設宴如儀)○견빈례(見賓禮)○연필환궁(宴畢還宮)○시위여래의(侍衛如來儀)○좌통례(左通禮)○부복궤계해엄(俯伏跪啓解嚴)○병조(兵曹)○승교방장(承教放仗)

영칙서의(迎勅書儀)

전삼일(前三日)○예조(禮曹)○선섭내외(宣攝內外)○각공기직(各供其職)

전일일(前一日)○전설사(典設司)○설장전어모화관서북남향(設帳殿於慕華館西北南向)○결채(結綵)○유사(攸司)○립홍문어장전지북(立紅門於帳殿之北)○결채(結綵)○우어숭례문(又於崇禮門)○성내가항급경복궁문(城內街巷及景福宮門)○결채(結綵)○액정서(掖庭署)○설궐정어근정전정중남향(設闕庭於勤政殿正中南向)○칙안어궐정지전(勅案於闕庭之前)○유사물(有賜物)○칙칙안재좌(則勅案在左)○사물안재우(賜物案在右)○향안어칙안지남(香案於勅案之南)○설사자위어향안지동서향(設使者位於香案之東西向)○설전하수칙위어향안지전북향(設殿下受勅位於香案之前北向)○임시(臨時)○설욕석(設褥席)○우설전하립위어전정도서근북(又設殿下立位於殿庭道西近北)○북향(北向)○대칙서승전(待勅書陞殿)○설배위어중도북향(設拜位於中道北向)○전설사(典設司)○설소차어립위지서(設小次於立位之西)○우설악차어전정지서(又設幄次於殿庭之西)○구남향(俱南向)○설사자차어근정전동정서향(設使者次於勤政殿東庭西向)○설왕세자차어근정문외급광화문외도동(設王世子次於勤政門外及光化門外道東)○구근북서향(俱近北西向)○장악원(掌樂院)○전헌현어전정근남북향(展軒懸於殿庭近南北向)○설협률랑거휘위어서계상근서동향(設協律郎舉麾位於西階上近西東向)○전의(典儀)○설왕세자위어전정도동북향(設王世子位於殿庭道東北向)○설문관일품이하위어왕세자지후근동(設文官一品以下位於王世子之後近東)○종친급무관일품이하위어도서(宗親及武官一品以下位於道西)○구매등이위(俱每等異位)○중행북향(重行北向)○상대위수(相對爲首)○종친(宗親)○매품반두(每品班頭)○별설위(別設位)○대군(大君)○특설위어정일품지전(特設位於正一品之前)○감찰위어문무매품반말동서상향(監察位於文武每品班末東西相向)○계상전의위어동계상근동서향(階上典儀位於東階上近東西向)○계하전의위어동계하근동서향(階下典儀位於東階下近東西向)○찬의(贊儀)○인의(引儀)○재남차퇴(在南差退)○우찬의(又贊儀)○인의위어서계하근서동향(引儀位於西階下近西東向)○구북상(俱北上)○인의(引儀)○설왕세자시립위어광화문외차전서향(設王世子侍立位於光化門外次前西向)○종친(宗親)○문무백관위어왕세자지남상향(文武百官位於王世子之南相向)○북상(北上)○문관(文官)○재동(在東)○종친급무관(宗親及武官)○재서(在西)○후방차(後倣此)○전설사(典設司)○설전하악차어모화관남향(設殿下幄次於慕華館南向)○설왕세자차어동남서향(設王世子次於東南西向)○병조정랑(兵曹正郎)○설황옥(設黃屋)○룡정어장전정중남향(龍亭於帳殿正中南向)○향정(香亭)○재기남(在其南)○액정서(掖庭署)○설전하지영위어장전지서근북동향(設殿下祗迎位於帳殿之西近北東向)○인의(引儀)○설왕세자위어장전지동근남서향(設王世子位於帳殿之東近南西向)○종친(宗親)○문무백관위어왕세자지남상향(文武

百官位於王世子之南相向)○북상(北上)

기일(其日)○병조정랑(兵曹正郎)○비김고(備金鼓)○황의장(黃儀仗)○전악(典樂)○비고악(備鼓樂)○개진렬어장전전(皆陳列於帳殿前)○사후(伺候)○영인(迎引)

고초엄(鼓初嚴)○병조(兵曹)○륵제위(勒諸衛)○진대가로부어홍례문외(陳大駕鹵簿於弘禮門外)○종친(宗親)○문무백관(文武百官)○구집조방(俱集朝房)

고이엄(鼓二嚴)○제위(諸衛)○각독기대(各督其隊)○입진어근정전정(入陳於勤政殿庭)○사복사정(司僕寺正)○진련어근정문외(進輦於勤政門外)○진여어사정전합외(進輿於思政殿閤外)○구남향(俱南向)○종친(宗親)○문무백관(文武百官)○이상복(以常服)○취시립위(就侍立位)○왕세자(王世子)○구익선관(具翼善冠)○곤룡포출(袞龍袍出)〇기찬내엄(其贊內嚴)〇백외비(白外備)〇시위(侍衛)〇병여상(並如常)○익찬(翊贊)○부인전행(負印前行)○필선(弼善)○인취광화문외차(引就光化門外次)○시위여상(侍衛如常)○시신(侍臣)○예근정전계하(詣勤政殿階下)○분좌우립봉영(分左右立奉迎)○제호위지관급사금(諸護衛之官及司禁)○각구기복(各具器服)○상서원관(尙瑞院官)○봉보(捧寶)○구예사정전합외(俱詣思政殿閤外)○사후(伺候)○좌통례(左通禮)○예합외(詣閤外)○부복궤(俯伏跪)○계청중엄(啓請中嚴)

고삼엄(鼓三嚴)○필선(弼善)○인왕세자출차(引王世子出次)○취시립위(就侍立位)○종성지(鍾聲止)○벽내외문(闢內外門)○좌통례(左通禮)○부복궤계외판(俯伏跪啓外辦)○전하(殿下)○구익선관(具翼善冠)○곤룡포(袞龍袍)○승여이출(乘輿以出)○산선(繖扇)○시위여상의(侍衛如常儀)○좌우통례(左右通禮)○전도(前導)○시신(侍臣)○협시여상(夾侍如常)○상서원관(尙瑞院官)○봉보전행(捧寶前行)〇대승련(待乘輦)〇이보재마(以寶載馬)○가지근정문외(駕至勤政門外)○좌통례(左通禮)○진당여전(進當輿前)○부복궤(俯伏跪)○계청강여승련(啓請降輿乘輦)○부복흥퇴복위(俯伏興退復位)〇범좌통례계청(凡左通禮啓請)〇개진당가전(皆進當駕前)〇부복궤(俯伏跪)〇계청흘(啓請訖)〇부복흥퇴복위(俯伏興退復位)○전하(殿下)○강여승련(降輿乘輦)○좌통례(左通禮)○계청가진발(啓請駕進發)○가동(駕動)○좌우통례(左右通禮)○협인이출(夾引以出)○찬의이인(贊儀二人)○재통례지전(在通禮之前)○장위(仗衛)○도종여상의(導從如常儀)○가출광화문외(駕出光化門外)○왕세자(王世子)○국궁(鞠躬)○과칙평신(過則平身)○지시신상마소(至侍臣上馬所)○좌통례(左通禮)○계청가소주(啓請駕小駐)○교시신상마(敎侍臣上馬)○퇴칭시신상마(退稱侍臣上馬)○찬의전창(贊儀傳唱)○제시위지관(諸侍衛之官)○각독기속(各督其屬)○좌우익가(左右翊駕)○시신상마필(侍臣上馬畢)○좌통례(左通禮)○계청가진발(啓請駕進發)○가동(駕動)○고취진작(鼓吹振作)○종친(宗親)○문무백관(文武百官)○국궁(鞠躬)○과칙평신(過則平身)○왕세자급종친(王世子及宗親)○문무백관(文武百官)○이차시위(以次侍衛)○가장지모화관시신하마소(駕將至慕華館侍臣下馬所)○좌통례계청가소주(左通禮啓請駕小駐)○시신(侍臣)○개하마분립(皆下馬分立)○좌통례(左通禮)○계청가진발(啓請駕進發)○가동(駕動)○시신국궁(侍臣鞠躬)○과칙평신(過則平身)○가지남문외(駕至南門外)○좌통례(左通禮)○계청강련승여(啓請降輦乘輿)○전하(殿下)○강련승여이입(降輦乘輿以入)○산선(繖扇)○시위여상의(侍衛如常儀)○좌우통례(左右通禮)○전도(前導)○지악차(至幄次)○시신(侍臣)○종지남문외(從至南門外)○내퇴(乃退)○필선(弼善)○인왕세자취차(引王世子就次)○종친(宗親)○문무백관(文武百官)○개취차(皆就次)〇설차(設次)〇수지지의(隨地之宜)○사자장지(使者將至)○봉례(奉禮)○인왕세자(引王世子)○인의(引儀)○분인종친(分引宗親)○문무백관(文武百官)○구취지영위(俱就祗迎位)○좌통례(左通禮)○부복궤(俯伏跪)○계청출차(啓請出次)○좌우통례(左右通禮)○도전하(導殿下)○취지영위(就祗迎位)〇좌우통례(左右通禮)〇부복어좌우(俯伏於左右)〇산선진어후(繖扇陳於後)○칙서지(勅書至)○좌통례(左通禮)○부복궤(俯伏跪)○계청국궁(啓請鞠躬)○전하국궁영(殿下鞠躬迎)○왕세자급종친(王世子及宗親)○문무백관동(文武百官同)○사자(使者)○봉칙서(捧勅書)○치룡정중(置龍亭中)〇유사물(有賜物)〇칙사물여담자(則賜物昇擔者)〇립어장전전(立於帳殿前)○좌통례(左通禮)○계청평신(啓請平身)○전하평신(殿下平身)○왕세자급종친(王世子及宗親)○문무백관동(文武百官同)○룡정출상로(龍亭出上路)○사향이인(司香二人)〇공복(公服)○협시향정(夾侍香亭)○속상향(續上香)○룡정소주(龍亭小駐)○김고재전(金鼓在前)○차기대(次騎隊)○차문무백관종친(次文武百官宗親)○승마행(乘馬行)○차왕세자(次王世子)○승마행(乘馬行)○차대가로부(次大駕鹵簿)○차전하승련행(次殿下乘輦行)○차황의장(次黃儀仗)○고악(鼓樂)○차향정(次香亭)○차칙서룡정(次勅書龍亭)〇유사물(有賜物)〇칙사물차지(則賜物次之)○차사자(次使者)○승마행(乘馬行)○영지경복궁(迎至景福宮)○구하마(俱下馬)○인의(引儀)○분인종친(分引宗親)○문무백관(文武百官)○유동서편문입(由東西偏門入)○봉례(奉禮)○인왕세자(引王世子)○유동편문입(由東偏門入)○악광화문(於光化門)○칙왕세자급종친(則王世子及宗親)○문무백관(文武百官)○개유서문(皆由西門)○구취위(俱就位)○군사입진여상의(軍士入陳如常儀)○가지근정문외(駕至勤政門外)○강련(降輦)○좌우통례(左右通禮)○도전하(導殿下)○유동문입(由東門入)○취립위(就立位)○여(輿)○련급로부(輦及鹵簿)○정어근정문외(停於勤政門外)○산선입진어소차지전(繖扇入陳於小次之前)○황의장(黃儀仗)○입진어궐정전(入陳於闕庭前)○산(繖)○거중(居中)○선(扇)○분좌우(分左右)○여개렬어전계상급정계좌우(餘皆列於殿階上及正階左右)○칙서룡정(勅書龍亭)○유정문입(由正門入)○사자종입(使者從入)○유사물(有賜物)○칙사물역유정문(則賜物亦由正門)○협률랑(協律郞)○궤부복거휘흥(跪俯伏擧麾興)○공고축(工鼓柷)○악작(樂作)○좌통례(左通禮)○부복궤(俯伏跪)○계청국궁(啓請鞠躬)○전하(殿下)○동향국궁(東向鞠躬)○과칙계청평신(過則啓請平身)○전하(殿下)○평신북향립(平身北向立)○왕세자급종친(王世子及宗親)○문무백관동(文武百官同)○유왕세자급문관(唯王世子及文官)○서향국궁(西向鞠躬)○룡정승전(龍亭陞殿)○좌우통례(左右通禮)○도전하(導殿下)○입소차(入小次)○사자(使者)○봉칙서(捧勅書)○치어안(置於案)○유사물(有賜物)○칙역치어안(則亦置於案)○협률랑(協律郞)○궤언휘부복흥(跪偃麾俯伏興)○공알어(工戛敔)○악지(樂止)○인례(引禮)○인사자취위(引使者就位)○좌통례(左通禮)○부복궤(俯伏跪)○계청출차(啓請出次)○좌우통례(左右通禮)○도전하(導殿下)○취배위(就拜位)○전의왈(典儀曰)○사배(四拜)○좌통례(左通禮)○궤계청국궁사배흥평신(跪啓請鞠躬四拜興平身)○범흥(凡興)○우통례계청(右通禮啓請)○전하(殿下)○국궁(鞠躬)○악작(樂作)○사배흥평신(四拜興平身)○왕세자급종친(王世子及宗親)○문무백관동(文武百官同)○찬의역창(贊儀亦唱)○범찬의찬창(凡贊儀贊唱)○개승전의지사(皆承典儀之辭)○악지(樂止)○좌통례(左通禮)○계청궤(啓請跪)○전하궤(殿下跪)○왕세자급종친(王世子及宗親)○문무백관동(文武百官同)○찬의역창(贊儀亦唱)○사향이인(司香二人)○공복(公服)○진향안전궤(進香案前跪)○삼상향(三上香)○부복흥퇴(俯伏興退)○좌통례(左通禮)○계청부복흥평신(啓請俯伏興平身)○전하(殿下)○부복흥평신(俯伏興平身)○왕세자급종친(王世子及宗親)○문무백관동(文武百官同)○찬의역창(贊儀亦唱)○좌우통례(左右通禮)○도전하(導殿下)○유서계(由西階)○승예수칙위(陞詣受勅位)○사자(使者)○칭유제(稱有制)○좌통례(左通禮)○궤계청궤(跪啓請跪)○전하궤(殿下跪)○왕세자급종친문무백관동(王世子及宗親文武白官同)○찬의역창(贊儀亦唱)○사자(使者)○봉칙서서향(捧勅書西向)○수전하(授殿下)○전하(殿下)○수칙서(受勅書)○람흘(覽訖)○수근시(授近侍)○환치어안(還置於案)○부복흥퇴(俯伏興退)○좌통례(左通禮)○계청부복고두흥평신(啓請俯伏叩頭興平身)○전하부복고두흥평신(殿下俯伏叩頭興平身)○왕세자급종친(王世子及宗親)○문무백관동(文武百官同)○찬의역창(贊儀亦唱)○좌우통례(左右通禮)○도전하(導殿下)○강복위(降復位)○좌통례(左通禮)○궤계청국궁사배흥평신(跪啓請鞠躬四拜興平身)○전하(殿下)○국궁(鞠躬)○악작(樂作)○사배흥평신(四拜興平身)○왕세자급종친(王世子及宗親)○문무백관동(文武百官同)○찬의역창(贊儀亦唱)○악지(樂止)○좌통례(左通禮)○궤계례필(跪啓禮畢)○찬의역창(贊儀亦唱)○좌우통례(左右通禮)○도전하(導殿下)○취악차(就幄次)○산선(繖扇)○시위여상의(侍衛如常儀)○인례(引禮)○인사자(引使者)○출취차(出就次)○봉례(奉禮)○인왕세자(引王世子)○유동편문(由東偏門)○출취차(出就次)○인의(引儀)○분인종친(分引宗親)○문무백관(文武百官)○유동서편문(由東西偏門)○출(出)○액정서(掖庭署)○철궐정급안(徹闕庭及案)○유사물(有賜物)○칙집사자(則執事者)○취사물(取賜物)○성어함이입(盛於函以入)○설사자좌재동(設使者座在東)○전하좌재서(殿下座在西)○인례(引禮)○인사자(引使者)○유동정문(由東正門)○승전취배위(陞殿就拜位)○액정서(掖庭署)○림시설욕석(臨時設褥席)○전하배위동(殿下拜位同)○서향립(西向立)○좌통례(左通禮)○도전하(導殿下)○유서정문(由西正門)○승전취배위(陞殿就拜位)○동향립(東向立)○좌통례(左通禮)○부복궤(俯伏跪)○계청국궁재배흥평신(啓請鞠躬再拜興平身)○전하여사자(殿下與使者)○국궁재배흥평신(鞠躬再拜興平身)○취좌(就座)○철(徹)○욕석(褥席)○행다례(行茶禮)○필(畢)○인례(引禮)○인사자(引使者)○강자동계출(降自東階出)○좌우통례(左右通禮)○도전하(導殿下)○강자서계(降自西階)○송지근정문외(送至勤政門外)○전하(殿下)○승여환내(乘輿還內)○산선(繖扇)○시위여상의(侍衛如常儀)○어본조유경사(於本朝有慶事)○칙백관입하여상의(則百官入賀如常儀)○사자(使者)○취대평관(就大平館)○왕세자(王世子)○수지관(隨至館)○여사자(與使者)○행돈수재배례(行頓首再拜禮)○출(出)○종친(宗親)○문무백관(文武百官)○분반이차(分半以次)○행돈수재배례(行頓首再拜禮)○초사자기출(初使者旣出)○병조(兵曹)○륵제위(勒諸衛)○진로부여초(陳鹵簿如初)○전하출궁(殿下出宮)○종친(宗親)○문무백관(文武百官)○시립(侍立)○시위여상의(侍衛如常儀)○지대평관(至大平館)○설연(設宴)○연필(宴畢)○환궁(還宮)○시위여래의(侍衛如來儀)○좌통례(左通禮)○부복궤(俯伏跪)○계청해엄(啓請解嚴)○병조(兵曹)○승교방장(承敎放仗)

배표의(拜表儀)

○배전부여천추절별행(拜箋附如千秋節別行)○배전칙(拜箋則)○설궁정(設宮庭)○진홍의장어의(陳紅儀仗如儀)전이일(前二日)○예조(禮曹)○선섭내외(宣攝內外)○각공기직(各供其職)

전일일(前一日)○액정서(掖庭署)○설궐정어근정전정중남향(設闕庭於勤政殿正中南向)○설표안어궐정지전(設表案於闕庭之前)○유전(有箋)○칙전안재우(則箋案在右)○향안어기남(香案於其南)○장악원(掌樂院)○전헌현어전정근남북향(展軒懸於殿庭近南北向)○설협률랑거휘위어서계상근서동향(設協律郎舉麾位於西階上近西東向)○전설사(典設司)○설왕세자차어근정문외도동근북서향(設王世子次於勤政門外道東近北西向)

기일(其日)○액정서(掖庭署)○설전하배위어전계상당중소서북향(設殿下拜位於殿階上當中小西北向)○전의(典儀)○설왕세자위어전정도동북향(設王世子位於殿庭道東北向)○설문관일품이하위어왕세자지후근동(設文官一品以下位於王世子之後近東)○종친급무관일품이하위어도서(宗親及武官一品以下位於道西)○구매등이위(俱每等異位)○중행북향(重行北向)○상대위수(相對爲首)○종친(宗親)매품반두(每品班頭)○별설위(別設位)○대군(大君)○특설위어정일품지전(特設位於正一品之前)○감찰위어문무백관반말동서상향(監察位於文武每品班末東西相向)○계상전의위어동계상근동서향(階上典儀位於東階上近東西向)○계하전의위어동계하근동서향(階下典儀位於東階下近東西向)○찬의(贊儀)○인의(引儀)○재남차퇴(在南差退)○우찬의(又贊儀)○인의위어서계하근서동향(引儀位於西階下近西東向)○구북상(俱北上)○인의(引儀)○설문외위(設門外位)○문관이품이상어영제교북도동(文官二品以上於永濟橋北道東)○삼품이하교남(三品以下於橋南)○종친급무관이품이상어교북도서(宗親及武官二品以上於橋北道西)○삼품이하교남(三品以下於橋南)○구매등이위(俱每等異位)○중행상향북상(重行相向北上)○종친(宗親)○별설위어전정(別設位如殿庭)○설사자급종사관위어근정문외도동(設使者及從事官位於勤政門外道東)○중행서향북상(重行西向北上)

고초엄(鼓初嚴)○병조(兵曹)○륵제위(勒諸衛)○진황의장어궐정전(陳黃儀仗於闕庭前)○산(繖)○거중(居中)○선(扇)○분좌우(分左右)○여개렬어전계상급정계좌우(餘皆列於殿階上及正階左右)○황청도기이(黃淸道旗二)○분재근정문외좌우(分在勤政門外左右)○진로부반장어근정문외동서(陳鹵簿半仗於勤政門外東西)○렬군사병여식(列軍士並如式)○견서례(見序例)○설황옥룡정(設黃屋龍亭)○유전(有箋)○칙우설청옥룡정(則又設靑屋龍亭)○어근정문내(於勤政門內)○향정(香亭)○재기남(在其南)○진김고(陳金鼓)○고악어문외(鼓樂於門外)○김고재전(金鼓在前)○고악차지(鼓樂次之)○종친(宗親)○문무백관급사자이하(文武百官及使者以下)○구집조당(俱集朝堂)○각구기복(各具其服)○종친백관(宗親百官)○조복(朝服)○사자이하(使者以下)○상복(常服)

고이엄(鼓二嚴)○종친(宗親)○문무백관급사자이하(文武百官及使者以下)○개취문외위(皆就門外位)○승문원관(承文院官)○이황복과표(以黃袱裹表)○유전칙(有箋則)○과이홍복(裹以紅袱)○치어안(置於案)○왕세자(王世子)○구면복출(具冕服出)○기찬내엄(其贊內嚴)○백외비(白外備)○시위(侍衛)○병여상(並如常)○익찬(翊贊)○부인전행(負印前行)○필선(弼善)○인취근정문외차(引就勤政門外次)○시위여상(侍衛如常)○제호위지관급사금(諸護衛之官及司禁)○각구기복(各具器服)○예사정전합외(詣思政殿閤外)○사후(伺候)○좌통례(左通禮)○예합외(詣閤外)○부복궤(俯伏跪)○계청중엄(啓請中嚴)○전하(殿下)○구면복(具冕服)○어사정전(御思政殿)○산선(繖扇)○시위여상의(侍衛如常儀)○전악(典樂)○수공인(帥工人)○입취위(入就位)○협률랑(協律郎)○입취거휘위(入就舉麾位)

고삼엄(鼓三嚴)○전의(典儀)○찬의(贊儀)○인의(引儀)○감찰(監察)○선입취위(先入就位)○인의(引儀)○분인종친(分引宗親)○문무백관(文武百官)○유동서편문입(由東西偏門入)○취위(就位)○차인사자(次引使者)○유동편문입(由東偏門入)○승취전계상(陞就殿階上)○승자동편계(陞自東偏階)○인의(引儀)○지어계하(止於階下)○동북(東北)○서향립(西向立)○봉례(奉禮)○인왕세자(引王世子)○유동문입(由東門入)○취위(就位)○보덕이하응종입자(輔德以下應從入者)○궤어배위동남서향(跪於拜位東南西向)○북상(北上)○종성지(鍾聲止)○벽내외문(闢內外門)○좌통례(左通禮)○부복궤계외판(俯伏跪啓外辦)○전하(殿下)○승여이출(乘輿以出)○산선(繖扇)○시위여상의(侍衛如常儀)○지근정전서변(至勤政殿西邊)○강여(降輿)○협률랑(協律郎)○궤부복거휘흥(跪俯伏舉麾興)○공고축(工鼓柷)○악작(樂作)○좌우통례(左右通禮)○도전하(導殿下)○취배위(就拜位)○좌우통례(左右通禮)○퇴부복어좌우(退俯伏於左右)○협률랑(協

律郎)○궤언휘부복흥(跪偃麾俯伏興)○공알어(工戛敔)○악지(樂止)○제호위지관(諸護衛之官)○렬립어배위지후(列立於拜位之後)○차승지(次承旨)○사관(史官)○부복어기후(俯伏於其後)○사금(司禁)○분렬어전계상(分列於殿階上)○산선(繖扇)○화개(華蓋)○수정장(水精杖)○김월부(金鉞斧)○선진어정계하좌우(先陳於正階下左右)○전의왈(典儀曰)○재배(再拜)○좌통례(左通禮)○궤계청국궁재배흥평신(跪啓請鞠躬再拜興平身)○범흥(凡興)○우통례계청(右通禮啓請)○전하(殿下)○국궁(鞠躬)○악작(樂作)○재배흥평신(再拜興平身)○왕세자급종친(王世子及宗親)○문무백관동(文武百官同)○찬의역창(贊儀亦唱)○범찬의찬창(凡贊儀贊唱)○개승전의지사(皆承典儀之辭)○악지(樂止)○좌통례(左通禮)○계청궤(啓請跪)○전하궤(殿下跪)○왕세자급종친(王世子及宗親)○문무백관동(文武百官同)○찬의역창(贊儀亦唱)○사향이인(司香二人)○공복(公服)○진향안전궤(進香案前跪)○삼상향(三上香)○부복흥퇴(俯伏興退)○봉표관(捧表官)○공복(公服)○진표안전(進表案前)○북향궤(北向跪)○취표(取表)○유중문출(由中門出)○승지(承旨)○전봉(傳捧)○동향궤진(東向跪進)○전하(殿下)○수표(受表)○이수사자(以授使者)○유전(有箋)○칙수부사여상의(則授副使如上儀)○사자(使者)○진서향궤(進西向跪)○수흥(受興)○유중문입(由中門入)○복치어안(復置於案)○퇴립어표안동남서향(退立於表案東南西向)○유전(有箋)○즉부사(則副使)○수전여상의(受箋如上儀)○약대전(若代傳)○칙승지(則承旨)○예표안전(詣表案前)○동향궤수사자(東向跪授使者)○**좌통례(左通禮)**○계청부복흥재배흥평신(啓請俯伏興再拜興平身)○전하부복흥(殿下俯伏興)○악작(樂作)○재배흥평신(再拜興平身)○왕세자급종친(王世子及宗親)○문무백관동(文武百官同)○찬의역창(贊儀亦唱)○악지(樂止)○좌통례(左通禮)○계례필(啓禮畢)○찬의역창(贊儀亦唱)○좌우통례(左右通禮)○도전하(導殿下)○소서동향립(少西東向立)○사자(使者)○봉표(捧表)○유중문출(由中門出)○유전(有箋)○칙봉전출문동(則捧箋出門同)○좌통례(左通禮)○계청국궁(啓請鞠躬)○전하국궁(殿下鞠躬)○과칙계청평신(過則啓請平身)○전하(殿下)○평신(平身)○왕세자급종친(王世子及宗親)○문무백관동(文武百官同)○유왕세자급문관(唯王世子及文官)○서향국궁(西向鞠躬)○좌우통례(左右通禮)○도전하(導殿下)○강자서계(降自西階)○송지근정문(送至勤政門)○사자(使者)○이표치어룡정중(以表置於龍亭中)○유전(有箋)○칙치어룡정동(則置於龍亭同)○출문(出門)○김고(金鼓)○의장(儀仗)○고악(鼓樂)○전도(前導)○사자이하(使者以下)○수행(隨行)○전하(殿下)○승여(乘輿)○악작(樂作)○좌우통례(左右通禮)○도전하(導殿下)○환내(還內)○산선(繖扇)○시위여상의(侍衛如常儀)○지사정전(至思政殿)○악지(樂止)○초왕세자급종친(初王世子及宗親)○문무백관(文武百官)○상향국궁(相向鞠躬)○전하과(殿下過)○즉평신(則平身)○환북향(還北向)○봉례(奉禮)○인왕세자출(引王世子出)○인의(引儀)○분인종친(分引宗親)○문무백관출(文武百官出)○종친(宗親)○문무백관(文武百官)○송지모화관(送至慕華館)

정지왕세자백관조하의
(正至王世子百官朝賀儀)

○탄일하동(誕日賀同)○유치사운(唯致詞云)○자우전하탄강지진(茲遇殿下誕降之辰)○경축천천세수(敬祝千千歲壽)○무전교(無傳敎)

전이일(前二日)○예조(禮曹)○선섭내외(宣攝內外)○각공기직(各供其職)

전일일(前一日)○액정서(掖庭署)○설어좌어근정전북벽남향(設御座於勤政殿北壁南向)○설보안어좌전근동(設寶案於座前近東)○향안이어전외좌우(香案二於殿外左右)○대망궐례필(待望闕禮畢)○내설(乃設)○장악원(掌樂院)○전헌현어전정근남북향(展軒懸於殿庭近南北向)○설협률랑거휘위어서계상(設協律郎擧麾位於西階上)○야암시(夜暗時)○치조촉일어중계(置照燭一於中階)○전악(典樂)○거이작악(擧以作樂)○언이지악(偃以止樂)○근서동향(近西東向)○전설사(典設司)○설왕세자차어근정문외도동근북서향(設王世子次於勤政門外道東近北西向)○제방객사차어동서조당근남(諸方客使次於東西朝堂近南)

기일(其日)○전의(典儀)○설왕세자위어전정도동북향(設王世子位於殿庭道東北向)○문관일품이하위어왕세자지후근동(文官一品以下位於王世子之後近東)○종친급무관일품이하위어도서(宗親及武官一品以下位於道西)○구매등이위(俱每等異位)○중행북향(重行北向)○상대위수(相對爲首)○종친(宗親)○매품반두(每品班頭)○별설위(別設位)○대군(大君)○특설위어정일품지전(特設位於正一品之前)○제방객사위어현지동서(諸方客使位於懸之東西)○왜사재동(倭使在東)○야인재서(野人在西)○당문무반준품서립(當文武班准品序立)○일본(日本)○류구등국사부(琉球等國使副)○당종이품반(當從二品班)○약제도왜사(若諸島倭使)○상부관인(上

副官人)○당종오품반(當從五品班)○압물(押物)○선주(船主)○당종륙품반(當從六品班)○반종인(伴從人)○당정칠품반(當正七品班)○제위야인도지휘(諸衛野人都指揮)○당정사품반(當正四品班)○지휘(指揮)○당정사품반(當正四品班)○천호(千戶)○당종사품반(當從四品班)○백호(百戶)○당정오품반(當正五品班)○무직인(無職人)○당정륙품반(當正六品班)○약인다(若人多)○칙중행(則重行)○후방차(後倣此)○감찰위어문무매품반말(監察位於文武每品班末)○동서상향(東西相向)○계상전의위어동계상근동서향(階上典儀位於東階上近東西向)○좌우통례(左右通禮)○계하전의(階下典儀)○선전목관(宣箋目官)○선전관(宣箋官)○대치사관위어동계하근동서향(代致詞官位於東階下近東西向)○찬의(贊儀)○인의(引儀)○재남차퇴(在南差退)○우찬의(又贊儀)○인의위어서계하근서동향(引儀位於西階下近西東向)○구북상(俱北上)○인의(引儀)○설문외위(設門外位)○문관이품이상어영제교북도동(文官二品以上於永濟橋北道東)○삼품이하어교남(三品以下於橋南)○종친급무관이품이상어교북도서(宗親及武官二品以上於橋北道西)○삼품이하어교남(三品以下於橋南)○구매등이위(俱每等異位)○중행상향북상(重行相向北上)○종친(宗親)○별설위어전정(別設位如殿庭)○세자익위사(世子翊衛司)○륵소부(勒所部)○진장위여상(陳仗衛如常)○궁관(宮官)○의시각(依時刻)○집도(集到)○각구기복(各具其服)○문관(文官)○조복(朝服)○무관(武官)○기복(器服)○응종입전정자(應從入殿庭者)○조복(朝服)

고초엄(鼓初嚴)○병조(兵曹)○륵제위(勒諸衛)○진로부대장어정계급전정동서(陳鹵簿大仗於正階及殿庭東西)○근정문내외(勤政門內外)○렬군사(列軍士)○병여의식(並如式)○견서례(見序例)○사복사정(司僕寺正)○진여(陳輿)○련어전정중도(輦於殿庭中道)○소여(小輿)○재북(在北)○소련차지(小輦次之)○대련우차지(大輦又次之)○어마어중도좌우(御馬於中道左右)○각일필(各一匹)○상향(相向)○장마어문무루남(仗馬於文武樓南)○팔필재륭문루남(八匹在隆文樓南)○팔필재륭무루남(八匹在隆武樓南)○상향(相向)○예조정랑(禮曹正郎)○설전안급례물안어전계상(設箋案及禮物案於殿階上)○전안(箋案)○거중(居中)○례물안(禮物案)○분좌우(分左右)○종친(宗親)○문무백관(文武百官)○구집조당(俱集朝堂)○각구조복(各具朝服)○제방객사(諸方客使)○취차(就次)○범객사(凡客使)○행지(行止)○통사지도(通事指導)○예조정랑(禮曹正郎)○이전함치어청옥룡정(以箋函置於青屋龍亭)○고악전도(鼓樂前導)○유동문입(由東門入)○개성부급제도봉전관(開城府及諸道捧箋官)○구조복(具朝服)○수지(隨之)○지근정문(至勤政門)○악지(樂止)○서리이인(書吏二人)○록공복(綠公服)○대거전함(對擧箋函)○정랑(正郎)○인승자동계(引陞自東階)○치어안(置於案)○의정부급개성부제도례물경집자(議政府及開城府諸道禮物擎執者)○유동서문입(由東西門入)○분치어안(分置於案)○의정부헌마(議政府獻馬)○진어어마지후(陳於御馬之後)○북수(北首)○궁관(宮官)○취궁문외(就宮門外)○분좌우상향(分左右相向)○북상(北上)○익찬(翊贊)○부인여식(負印如式)○시종지관(侍從之官)○익위이인(翊衛二人)○패검(佩劍)○사어이인(司禦二人)○패궁시(佩弓矢)○구예합외(俱詣閤外)○봉영(奉迎)○필선(弼善)○예합외(詣閤外)○부복궤찬청내엄(俯伏跪贊請內嚴)

고이엄(鼓二嚴)○종친(宗親)○문무백관(文武百官)○구취문외위(俱就門外位)○객사(客使)○출취홍례문외(出就弘禮門外)○분동서상향(分東西相向)○북상(北上)○필선(弼善)○궤백외비(跪白外備)○왕세자(王世子)○구면복출(具冕服出)○익찬(翊贊)○부인전행(負印前行)○필선(弼善)○인취근정문외차(引就勤政門外次)○시위여상(侍衛如常)○제호위지관급사금(諸護衛之官及司禁)○각구기복(各具器服)○상서원관(尙瑞院官)○봉보(捧寶)○구예사정전합외(俱詣思政殿閤外)○사후(伺候)○좌통례(左通禮)○예합외(詣閤外)○부복궤(俯伏跪)○계청중엄(啓請中嚴)○전하(殿下)○구면복(具冕服)○어사정전(御思政殿)○산선(繖扇)○시위여상의(侍衛如常儀)○근시급집사관(近侍及執事官)○근시(近侍)○여승지(如承旨)○사관지류(史官之類)○집사관(執事官)○여좌우통례(如左右通禮)○전의(典儀)○선전목관(宣箋目官)○선전관(宣箋官)○대치사관(代致詞官)○찬의(贊儀)○인의(引儀)○감찰(監察)○협률랑지류(協律郎之類)○유서합입정(由西閤入庭)○중행북향동상(重行北向東上)○사배이출(四拜而出)○전악(典樂)○수공인(帥工人)○입취위(入就位)○협률랑(協律郎)○입취거휘위(入就擧麾位)

고삼엄(鼓三嚴)○집사관(執事官)○선취위(先就位)○인의(引儀)○분인종친문무삼품이하(分引宗親文武三品以下)○유동서편문입(由東西偏門入)○취위(就位)○봉전관(捧箋官)○각취본품지말(各就本品之末)○봉례(奉禮)○인왕세자출차(引王世子出次)○서향립(西向立)○종성지(鍾聲止)○벽내외문(闢內外門)○좌통례(左通禮)○부복궤계외판(俯伏跪啓外辦)○전하(殿下)○승여이출(乘輿以出)○산선(繖扇)○시위여상(侍衛如常)○전하장출(殿下將出)○장동(仗動)○고취진작(鼓吹振作)○장입전문(將入殿門)○협률랑(協律郎)○궤부복거휘흥(跪俯伏擧麾興)○공고축(工鼓柷)○헌가악작(軒架樂作)○고취지(鼓吹止)○전하승좌(殿下陞座)○로연승(爐煙升)○상서원관(尙瑞院官)○봉보(捧寶)○치어안(置於案)○산선(繖扇)○시위여상의(侍衛如常儀)○협률랑(協律郎)○궤언휘부복흥(跪偃麾俯伏興)○공알어(工戞敔)○악지(樂止)○제호위지관(諸護衛之官)○입렬어어좌지후급전내동서(入

列於御座之後及殿內東西)○차승지(次承旨)○분입전내동서부복(分入殿內東西俯伏)○사관(史官)○재기후(在其後)○차사금(次司禁)○분립어전계상(分立於殿階上)○봉례(奉禮)○인왕세자(引王世子)○유동문입(由東門入)○취위(就位)○보덕이하응종입자(輔德以下應從入者)○궤어배위동남서향(跪於拜位東南西向)○북상(北上)○전의왈(典儀曰)○사배(四拜)○찬의창(贊儀唱)○국궁사배흥평신(鞠躬四拜興平身)○범찬의찬창(凡贊儀贊唱)○개승전의지사(皆承典儀之辭)○왕세자(王世子)○국궁(鞠躬)○악작(樂作)○사배흥평신(四拜興平身)○악지(樂止)○대치사관(代致詞官)○승자서편계(陞自西偏階)○진당좌전(進當座前)○부복궤(俯伏跪)○찬의창(贊儀唱)○궤(跪)○왕세자궤(王世子跪)○대치사관(代致詞官)○치사운(致詞云)○왕세자신모(王世子臣某)○자우삼양개태(玆遇三陽開泰)○만물함신(萬物咸新)○동지(冬至)○칙운률응황종월당장지(則云律應黃鐘月當長至)○공유전하지인체원(恭惟殿下至仁體元)○무응경복(茂膺景福)○하흘(賀訖)○부복흥강복위(俯伏興降復位)○찬의창(贊儀唱)○부복흥사배흥평신(俯伏興四拜興平身)○왕세자(王世子)○부복흥(俯伏興)○악작(樂作)○사배흥평신(四拜興平身)○악지(樂止)○전교관(傳敎官)○진당좌전(進當座前)○부복궤계전교(俯伏跪啓傳敎)○부복흥(俯伏興)○유동문출(由東門出)○림계서향립(臨階西向立)○칭유교(稱有敎)○찬의창(贊儀唱)○궤(跪)○왕세자궤(王世子跪)○전교관(傳敎官)○선교왈(宣敎曰)○리신지경(履新之慶)○동지(冬至)○칙운리장지경(則云履長之慶)○여세자동지(與世子同之)○선흘(宣訖)○환시위(還侍位)○찬의창(贊儀唱)○부복흥사배흥평신(俯伏興四拜興平身)○왕세자(王世子)○부복흥(俯伏興)○악작(樂作)○사배흥평신(四拜興平身)○악지(樂止)○봉례(奉禮)○인왕세자출(引王世子出)○인의(引儀)○분인종친문무이품이상(分引宗親文武二品以上)○유동서편문입(由東西偏門入)○취위(就位)○차통사(次通事)○분인제방객사(分引諸方客使)○입취위(入就位)○찬의창(贊儀唱)○국궁사배흥평신(鞠躬四拜興平身)○종친(宗親)○문무백관급객사(文武百官及客使)○국궁(鞠躬)○악작(樂作)○사배흥평신(四拜興平身)○범객사배흥(凡客使拜興)○통사전창(通事傳唱)○악지(樂止)○대치사관(代致詞官)○승자서편계(陞自西偏階)○진당좌전(進當座前)○부복궤(俯伏跪)○찬의창(贊儀唱)○궤(跪)○종친(宗親)○문무백관급객사(文武百官及客使)○개궤(皆跪)○대치사관(代致詞官)○치사운(致詞云)○의정구관신모등운운(議政具官臣某等云云)○사(詞)○동왕세자(同王世子)○하흘(賀訖)○부복흥강복위(俯伏興降復位)○찬의창(贊儀唱)○부복흥사배흥평신(俯伏興四拜興平身)○종친(宗親)○문무백관급객사(文武百官及客使)○부복흥(俯伏興)○악작(樂作)○사배흥평신(四拜興平身)○악지(樂止)○전교관(傳敎官)○진당좌전(進當座前)○부복궤계전교(俯伏跪啓傳敎)○부복흥(俯伏興)○유동문출(由東門出)○림계서향립(臨階西向立)○칭유교(稱有敎)○찬의창(贊儀唱)○궤(跪)○종친(宗親)○문무백관급객사(文武百官及客使)○개궤(皆跪)○전교관(傳敎官)○선교왈(宣敎曰)○리신지경(履新之慶)○동지(冬至)○칙운리장지경(則云履長之慶)○여경등동지(與卿等同之)○선흘(宣訖)○환시위(還侍位)○찬의창(贊儀唱)○진홀삼고두(搢笏三叩頭)○종친(宗親)○문무백관급사객(文武百官及使客)○진홀(搢笏)○삼고두(三叩頭)○객사칙(客使則)○무진홀출홀절(無搢笏出笏節)○찬의창(贊儀唱)○산호(山呼)○종친(宗親)○문무백관급객사(文武百官及客使)○공수가액(拱手加額)○왈천세(曰千歲)○창산호(唱山呼)○왈천세(曰千歲)○창재산호(唱再山呼)○왈천천세(曰千千歲)○범호천세(凡呼千歲)○악공(樂工)○군교(軍校)○제성응지(齊聲應之)○찬의창(贊儀唱)○출홀부복흥사배흥평신(出笏俯伏興四拜興平身)○종친(宗親)○문무백관급객사(文武百官及客使)○출홀부복흥(出笏俯伏興)○악작(樂作)○사배흥평신(四拜興平身)○악지(樂止)○전전관이인(展箋官二人)○공복(公服)○대거전안(對擧箋案)○유동문입(由東門入)○치어좌전(置於座前)○부복(俯伏)○선전목관(宣箋目官)○승자서편계입(陞自西偏階入)○예전안남(詣箋案南)○부복궤(俯伏跪)○전전관(展箋官)○궤취전목대전(跪取箋目對展)○선전목관(宣箋目官)○선(宣)○흘(訖)○부복흥강복위(俯伏興降復位)○전전관(展箋官)○이전목치어안(以箋目置於案)○부복(俯伏)○초선전목장필(初宣箋目將畢)○선전관(宣箋官)○승자서편계입(陞自西偏階入)○예전안남(詣箋案南)○부복궤(俯伏跪)○전전관(展箋官)○궤취최고관전(跪取最高官箋)○대전(對展)○선전관(宣箋官)○선흘(宣訖)○부복흥강복위(俯伏興降復位)○전의(典儀)○승자서편계(陞自西偏階)○예전계상당중(詣殿階上當中)○부복궤계중외례물청부유사(俯伏跪啓中外禮物請付攸司)○부복흥강복위(俯伏興降復位)○좌통례(左通禮)○승자서편계(陞自西偏階)○진당좌전(進當座前)○부복궤계례필(俯伏跪啓禮畢)○부복흥강복위(俯伏興降復位)○협률랑(協律郎)○궤부복거휘흥(跪俯伏擧麾興)○공고축(工鼓柷)○악작(樂作)○전하(殿下)○강좌승여(降座乘輿)○산선(繖扇)○시위여래의(侍衛如來儀)○장출전문(將出殿門)○고취진작(鼓吹振作)○협률랑(協律郎)○궤언휘부복흥(跪偃麾俯伏興)○공알어(工戛敔)○악지(樂止)○환사정전(還思政殿)○고취지(鼓吹止)○통사(通事)○선인제방객사출(先引諸方客使出)○약일본(若日本)○류구등국사(琉球等國使)○칙행례후인견여상(則行禮後引見如常)○인의(引儀)○인종친(引宗親)○문무백관출(文武百官出)○좌통례(左通禮)○부복궤계해엄(俯伏跪啓解嚴)○병조(兵曹)○승

교방장(承敎放仗)

정지왕세자빈조하의
(正至王世子嬪朝賀儀)

○탄일하동(誕日賀同)○유치사운(唯致詞云)○자우전하탄강지진(兹遇殿下誕降之辰)○경축천천세수(敬祝千千歲壽)○무전교(無傳敎)

전일일(前一日)○상침(尙寢)○솔기속(帥其屬)○설어좌어내전북벽남향(設御座於內殿北壁南向)○설향안이어전외좌우(設香案二於殿外左右)

기일(其日)○전찬(典贊)○설빈위어전정도동북향(設嬪位於殿庭道東北向)○설사찬(設司贊)○이녀관지례자(以女官知禮者)○위지(爲之)○전빈위어동계하근동(典賓位於東階下近東)○서향북상(西向北上)○전언(典言)○전찬(典贊)○재남차퇴(在南差退)○내시부(內侍府)○진의장어전정동서(陳儀仗於殿庭東西)○여상(如常)○사복사첨정(司僕寺僉正)○진련어합외(進輦於閤外)○수칙(守則)○궤찬청내엄(跪贊請內嚴)○소경백외비(小頃白外備)○빈(嬪)○구명복(具命服)○가수식(加首飾)○수규(守閨)○전인이출(前引以出)○수칙(守則)○궤찬청승련(跪贊請乘輦)○빈승련(嬪乘輦)○시위여상(侍衛如常)○지사정전합외(至思政殿閤外)○수칙(守則)○궤찬청강련(跪贊請降輦)○빈강련(嬪降輦)○수규(守閨)○인빈입합(引嬪入閤)○장위(仗衛)○정어합외(停於閤外)○시위여상(侍衛如常)○지내전합외서상(至內殿閤外西廂)○동향립(東向立)○상전(尙傳)○부복궤(俯伏跪)○계청중엄(啓請中嚴)○사찬(司贊)○전빈(典賓)○전언(典言)○전찬(典贊)○취위(就位)○상전(尙傳)○부복궤계외판(俯伏跪啓外辦)○전하(殿下)○구원유관(具遠遊冠)○강사포(絳紗袍)○출승좌(出陞座)○로연승(爐煙升)○산선(繖扇)○시위여상의(侍衛如常儀)○여관(女官)○경집(擎執)○전빈(典賓)○인빈(引嬪)○입취위(入就位)○수규(守閨)○수칙(守則)○종입(從入)○궤어배위동남(跪於拜位東南)○서향북상(西向北上)○사찬왈(司贊曰)○사배(四拜)○전찬창(典贊唱)○사배(四拜)○범전찬찬창(凡典贊贊唱)○개승사찬지사(皆承司贊之辭)○빈(嬪)○사배(四拜)○전언(典言)○승자서계(陞自西階)○진당좌전(進當座前)○부복궤(俯伏跪)○전찬창(典贊唱)○궤(跪)○빈궤(嬪跪)○전언(典言)○대치사운(代致詞云)○왕세자빈첩모씨(王世子嬪妾某氏)○자우삼양개태(兹遇三陽開泰)○만물함신(萬物咸新)○동지(冬至)○칙운률응황종(則云律應黃鍾)○월당장지(月當長至)○공유전하지인체원(恭惟殿下至仁體元)○무응경복(茂膺景福)○하흘(賀訖)○부복흥강북위(俯伏興降復位)○전찬창(典贊唱)○부복흥사배(俯伏興四拜)○빈(嬪)○부복흥사배(俯伏興四拜)○상의(尙儀)○진당좌전(進當座前)○부복궤계전교(俯伏跪啓傳敎)○부복흥(俯伏興)○유동문출(由東門出)○림계서향립(臨階西向立)○칭유교(稱有敎)○전찬창(典贊唱)○궤(跪)○빈궤(嬪跪)○상의(尙儀)○선교왈(宣敎曰)○리신지경(履新之慶)○동지(冬至)○칙운리장지경(則云履長之慶)○여빈동지(與嬪同之)○전찬창(典贊唱)○부복흥사배(俯伏興四拜)○빈(嬪)○부복흥사배(俯伏興四拜)○전빈(典賓)○인빈출(引嬪出)○상의(尙儀)○진당좌전(進當座前)○부복궤계례필(俯伏跪啓禮畢)○부복흥퇴(俯伏興退)○전하(殿下)○강좌환내(降座還內)○수규(守閨)○인빈(引嬪)○예중궁(詣中宮)○조하여별의(朝賀如別儀)

◆정지회의(正至會儀)

조흘(朝訖)○전의(典儀)○설왕세자위어어좌동남서향(設王世子位於御座東南西向)○종친(宗親)○의빈이품이상위어왕세자지후소남(儀賓二品以上位於王世子之後少南)○문무이품이상위어어좌서남(文武二品以上位於御座西南)○당대군위(當大君位)○소남(少南)○구중행상향북상(俱重行相向北上)○승지위어서남우북향동상(承旨位於西南隅北向東上)○종친륙품이상위어전계상지동(宗親六品以上位於殿階上之東)○문무삼품당상관위어전계상지서(文武三品堂上官位於殿階上之西)○시신정사품이상위어계상동서(侍臣正四品以上位於階上東西)○동(東)○재종친지후(在宗親之後)○서(西)○재당상관지후(在堂上官之後)○자종사품지정오품위어남중계동서(自從四品至正五品位於南中階東西)○종오품지종륙품위어남계하동서(從五品至從六品位於南階下東西)○구중행상향북상(俱重行相向北上)○문무삼품이하부승전자위어전정동서(文武三品以下不陞殿者位於殿庭東西)○구매등이위(俱每等異位)○중행상향북상(重行相向北上)○제도봉전관(諸道捧箋官)○각취본품지말(各就本品之末)○제방객사위어현지동서근남

(諸方客使位於懸之東西近南)○중행북향(重行北向)○왜사(倭使)○재동서상(在東西上)○야인(野人)○재서동상(在西東上)○약유일본(若有日本)○류구등국왕사부급응별대자(琉球等國王使副及應別待者)○직재전내급계상동서반지말(則在殿內及階上東西班之末)○설왕세자이하배위급집사관위(設王世子以下拜位及執事官位)○병여조의(並如朝儀)○사옹원제조(司饔院提調)○설수주정어전내근남북향(設壽酒亭於殿內近南北向)○설점가작(設坫加爵)○사옹원관(司饔院官)○설승전자주탁어전외동서근북(設陞殿者酒卓於殿外東西近北)○전계상급전정자주탁어매품지전(殿階上及殿庭者酒卓於每品之前)

고초엄(鼓初嚴)○병조(兵曹)○륵제위(勒諸衛)○진로부반장어정계급전정동서(陳鹵簿半仗於正階及殿庭東西)○근정문내외(勤政門內外)○렬군사병여식(列軍士並如式)○견서례(見序例)

고이엄(鼓二嚴)○종친(宗親)○문무백관(文武百官)○이상복(以常服)○구취문외위(俱就門外位)○객사(客使)○출차서립(出次序立)○왕세자(王世子)○구익선관(具翼善冠)○곤룡포출(袞龍袍出)○기찬내엄(其贊內嚴)○백외비(白外備)○시위(侍衛)○병여상(並如常)○익찬(翊贊)○부인전행(負印前行)○필선(弼善)○인취근정문외차(引就勤政門外次)○시위여상(侍衛如常)○제호위지관급사금(諸護衛之官及司禁)○각구기복(各具器服)○상서원관(尙瑞院官)○봉보(捧寶)○구예사정전합외(俱詣思政殿閤外)○사후(伺候)○좌통례(左通禮)○예합외(詣閤外)○부복궤(俯伏跪)○계청중엄(啓請中嚴)○전하(殿下)○구익선관(具翼善冠)○곤룡포(袞龍袍)○어사정전(御思政殿)○산선(繖扇)○시위여상의(侍衛如常儀)○근시급집사관(近侍及執事官)○유서합(由西閤)○입정(入庭)○중행북향동상(重行北向東上)○사배이출(四拜而出)○전악(典樂)○수공인(帥工人)○입취위(入就位)○협률랑(協律郞)○입취거휘위(入就擧麾位)

고삼엄(鼓三嚴)○집사관(執事官)○선취위(先就位)○인의(引儀)○분인종친문무삼품이하(分引宗親文武三品以下)○유동서편문입(由東西偏門入)○취배위(就拜位)○봉례(奉禮)○인왕세자출차(引王世子出次)○서향립(西向立)○종성지(鍾聲止)○벽내외문(闢內外門)○좌통례(左通禮)○부복궤계외판(俯伏跪啓外辦)○전하(殿下)○승여이출(乘輿以出)○산선(繖扇)○시위여상의(侍衛如常儀)○전하장출(殿下將出)○장동(仗動)○고취진작(鼓吹振作)○장입전문(將入殿門)○협률랑(協律郞)○궤부복거휘흥(跪俯伏擧麾興)○공고축(工鼓柷)○헌가악작(軒架樂作)○고취지(鼓吹止)○전하승좌(殿下陞座)○로연승(爐煙升)○상서원관(尙瑞院官)○봉보(捧寶)○치어안(置於案)○산선(繖扇)○시위여상의(侍衛如常儀)○협률랑(協律郞)○궤언휘부복흥(跪偃麾俯伏興)○공알어(工戞敔)○악지(樂止)○제호위지관(諸護衛之官)○입렬어어좌지후급전내동서(入列於御座之後及殿內東西)○승지(承旨)○입취위부복(入就位俯伏)○사관이인(史官二人)○분예전외동서부복(分詣殿外東西俯伏)○사금(司禁)○분립어전계상(分立於殿階上)○봉례(奉禮)○인왕세자(引王世子)○유동문입(由東門入)○취배위(就拜位)○보덕이하응종입자(輔德以下應從入者)○궤어배위동남서향북상(跪於拜位東南西向北上)○인의(引儀)○분인종친문무이품이상(分引宗親文武二品以上)○유동서편문입(由東西偏門入)○취배위(就拜位)○통사(通事)○분인제방객사(分引諸方客使)○입취배위(入就拜位)○전의왈(典儀曰)○사배(四拜)○찬의창(贊儀唱)○국궁사배흥평신(鞠躬四拜興平身)○범찬의찬창(凡贊儀贊唱)○개승전의지사(皆承典儀之辭)○왕세자급종친(王世子及宗親)○문무백관(文武百官)○객사(客使)○개국궁(皆鞠躬)○악작(樂作)○사배흥평신(四拜興平身)○범객사배흥(凡客使拜興)○통사전창(通事傳唱)○악지(樂止)○사옹원제조(司饔院提調)○진주기(進酒器)○악작(樂作)○진흘(進訖)○악지(樂止)○찬의창(贊儀唱)○궤(跪)○왕세자이하(王世子以下)○개궤(皆跪)○제조(提調)○진찬안(進饌案)○악작(樂作)○진흘(進訖)○악지(樂止)○근시(近侍)○진화(進花)○악작(樂作)○진흘(進訖)○악지(樂止)○찬의창(贊儀唱)○부복흥평신(俯伏興平身)○왕세자이하(王世子以下)○부복흥평신(俯伏興平身)○찬의창(贊儀唱)○궤(跪)○왕세자이하궤(王世子以下跪)○제조(提調)○진선(進膳)○악작(樂作)○진흘(進訖)○범진선(凡進膳)○유어좌남계(由御座南階)○퇴선(退膳)○유동계(由東階)○악지(樂止)○찬의창(贊儀唱)○부복흥평신(俯伏興平身)○왕세자이하(王世子以下)○부복흥평신(俯伏興平身)○봉례(奉禮)○인왕세자(引王世子)○승자동편계(陞自東偏階)○유동문(由東門)○봉례(奉禮)○지어문외(止於門外)○입(入)○예주정동(詣酒亭東)○북향립(北向立)○제조(提調)○작주제일작(酌酒第一爵)○수왕세자(授王世子)○왕세자(王世子)○수작(受爵)○예좌전궤(詣座前跪)○찬의창(贊儀唱)○궤(跪)○종친(宗親)○문무백관(文武百官)○객사(客使)○개궤(皆跪)○왕세자(王世子)○이작수제조(以爵授提調)○제조(提調)○수작(受爵)○유남계승(由南階升)○궤진(跪進)○범진작시(凡進爵時)○제조이하(提調以下)○개궤(皆跪)○진탕시동(進湯時同)○내시(內侍)○전봉치우좌전(傳捧置于座前)○유안(有案)○왕세자(王世子)○부복흥(俯伏興)○출취배위궤(出就拜位跪)○대치사관(代致詞官)○승자서편계(陞自西偏階)○유서문입(由西門入)○왕세자(王世子)

○장출(將出)○대치사관승(代致詞官升)○진당좌전(進當座前)○부복궤치사운(俯伏跪致詞云)○왕세자신모(王世子臣某)○삼원수조(三元首祚)○동지(冬至)○칙운천정장지(則云天正長至)○부승대경(不勝大慶)○근상천천세수(謹上千千歲壽)○부복흥강복위(俯伏興降復位)○전하거작(殿下舉爵)○악작(樂作)○제조(提調)○진수허작(進受虛爵)○복어점(復於坫)○악지(樂止)○진작퇴작(進爵退爵)○개유어좌남계(皆由御座南階)○찬의창(贊儀唱)○부복흥평신(俯伏興平身)○왕세자이하(王世子以下)○부복흥평신(俯伏興平身)○인의(引儀)○인반수(引班首)○승자동편계(陞自東偏階)○인의(引儀)○지어계하(止於階下)○유동문입(由東門入)○예주정동(詣酒亭東)○북향립(北向立)○제조(提調)○작주제이작(酌酒第二爵)○수반수(授班首)○반수(班首)○수작(受爵)○예좌전궤(詣座前跪)○찬의창(贊儀唱)○궤(跪)○왕세자이하(王世子以下)○개궤(皆跪)○반수(班首)○이작수제조(以爵授提調)○제조(提調)○수작(受爵)○유남계승(由南階升)○궤진(跪進)○내시(內侍)○전봉치우좌전(傳捧置于座前)○반수(班首)○부복흥(俯伏興)○출취배위궤(出就拜位跪)○대치사관(代致詞官)○승자서편계(陞自西偏階)○유서문입(由西門入)○반수장출(班首將出)○대치사관승(代致詞官升)○진당좌전(進當座前)○부복궤(俯伏跪)○치사운(致詞云)○구관신모등(具官臣某等)○삼원수조(三元首祚)○동지(冬至)○칙운천정장지(則云天正長至)○부승대경(不勝大慶)○근상천천세수(謹上千千歲壽)○부복흥강복위(俯伏興降復位)○전교관(傳敎官)○진당좌전(進當座前)○부복궤계전교(俯伏跪啓傳敎)○부복흥(俯伏興)○유동문출(由東門出)○림계서향립(臨階西向立)○선교왈(宣敎曰)○경거경등지상(敬擧卿等之觴)○전하거작(殿下舉爵)○악작(樂作)○제조(提調)○진수허작(進受虛爵)○복어점(復於坫)○악지(樂止)○찬의창(贊儀唱)○부복흥서배흥평신(俯伏興西拜興平身)○왕세자이하(王世子以下)○부복흥(俯伏興)○악작(樂作)○사배흥평신(四拜興平身)○악지(樂止)○찬의창(贊儀唱)○취위(就位)○봉례(奉禮)○인왕세자(引王世子)○인의(引儀)○분인종친(分引宗親)○문무백관(文武百官)○통사(通事)○인객사(引客使)○각취위(各就位)○전악(典樂)○인가자급금슬(引歌者及琴瑟)○분동서편계승(分東西偏階陞)○취위(就位)○사옹원부제조(司饔院副提調)○공왕세자찬탁(供王世子饌卓)○보덕(輔德)○공화(供花)○집사자(執事者)○설종친(設宗親)○문무백관(文武百官)○객사찬탁산화(客使饌卓散花)○제조진탕(提調進湯)○악작(樂作)○범곡무(凡曲舞)○림시(臨時)○품지(稟旨)○왕세자이하(王世子以下)○리위부복(離位俯伏)○진홀(進訖)○환위(還位)○범진작진탕시(凡進爵進湯時)○동(同)○부제조(副提調)○공왕세자탕(供王世子湯)○집사자(執事者)○설종친(設宗親)○문무백관(文武百官)○객사탕(客使湯)○식필(食畢)○악지(樂止)○제조(提調)○진제삼작(進第三爵)○악작(樂作)○부제조(副提調)○공왕세자주(供王世子酒)○집사자(執事者)○행종친(行宗親)○문무백관(文武百官)○객사주(客使酒)○범사주초지(凡賜酒初至)○왕세자이하(王世子以下)○리위부복궤수(離位俯伏跪受)○음흘(飮訖)○부복흥환위(俯伏興還位)○흘(訖)○악지(樂止)○차진탕진주(次進湯進酒)○병여상의(竝如上儀)○전하(殿下)○약입편차(若入便次)○왕세자(王世子)○강립동중계(降立東中階)○종친급백관승전내급계상자(宗親及百官陞殿內及階上者)○분동서계하립(分東西階下立)○기위어전정자(其位在殿庭者)○개출위립(皆出位立)○전하(殿下)○출승좌(出陞座)○구환취위(俱還就位)○주행구편(酒行九徧)○제조(提調)○진대선(進大膳)○악작(樂作)○부제조(副提調)○공왕세자선(供王世子膳)○집사자(執事者)○설종친(設宗親)○문무백관(文武百官)○객사선(客使膳)○흘(訖)○악지(樂止)○제조(提調)○진철안(進徹案)○부제조(副提調)○철왕세자탁(徹王世子卓)○집사자(執事者)○철종친(徹宗親)○문무백관(文武百官)○객사탁(客使卓)○종친이하(宗親以下)○각이청복(各以靑袱)○수과찬여(收裹饌餘)○자지이출(自持而出)○찬의창(贊儀唱)○가기(可起)○봉례(奉禮)○인왕세자(引王世子)○인의(引儀)○분인종친(分引宗親)○문무백관(文武百官)○통사(通事)○인객사(引客使)○강취배위(降就拜位)○초왕세자장강(初王世子將降)○재전내급계상자(在殿內及階上者)○종하선강(從下先降)○찬의창(贊儀唱)○국궁사배흥평신(鞠躬四拜興平身)○왕세자이하(王世子以下)○개국궁(皆鞠躬)○악작(樂作)○사배흥평신(四拜興平身)○악지(樂止)○좌통례(左通禮)○승자서편계(陞自西偏階)○유서문입(由西門入)○진당좌전(進當座前)○부복궤계례필(俯伏跪啓禮畢)○부복흥강복위(俯伏興降復位)○협률랑(協律郞)○궤부복거휘흥(跪俯伏擧麾興)○공고축(工鼓柷)○악작(樂作)○전하(殿下)○강좌승여(降座乘輿)○산선(繖扇)○시위여래의(侍衛如來儀)○장출전문(將出殿門)○고취진작(鼓吹振作)○협률랑(協律郞)○궤언휘부복흥(跪偃麾俯伏興)○공알어(工戛敔)○악지(樂止)○환사정전(還思政殿)○고취지(鼓吹止)○통사(通事)○선인객사출(先引客使出)○봉례(奉禮)○인왕세자출(引王世子出)○인의(引儀)○분인종친(分引宗親)○문무백관출(文武百官出)○좌통례(左通禮)○부복궤계해엄(俯伏跪啓解嚴)○병조(兵曹)○승교방장(承敎放仗)

중궁정지명부조하의

(中宮正至命婦朝賀儀)

○탄일하동(誕日賀同)○유치사운(唯致詞云)○자우왕비전하탄진(玆遇王妃殿下誕辰)○경축천천세수(敬祝千千歲壽)○무전지(無傳旨)

전일일(前一日)○상침(尙寢)○솔기속(帥其屬)○설왕비좌어정전북벽남향(設王妃座於正殿北壁南向)○설보안어좌전근동(設寶案於座前近東)○향안이어전외좌우(香案二於殿外左右)

기일(其日)○여령(女伶)○진악어전정근남북향(陳樂於殿庭近南北向)○내시부(內侍府)○진의장어전정동서여상의(陳儀仗於殿庭東西如常儀)○전찬(典贊)○설내명부빈이하위어전정도동(設內命婦嬪以下位於殿庭道東)○매등이위(每等異位)○중행북향동상(重行北向東上)○외명부위어전정근남(外命婦位於殿庭近南)○공주이하(公主以下)○재도동(在道東)○부부인이하(府夫人以下)○재도서(在道西)○구매등이위(俱每等異位)○중행북향(重行北向)○상대위수(相對爲首)○설사찬(設司贊)○이녀관지례자(以女官知禮者)○위지(爲之)○전빈위어동계하근동(典賓位於東階下近東)○서향북상(西向北上)○전언(典言)○전찬(典贊)○재남차퇴(在南差退)○내명부급외명부(內命婦及外命婦)○각구례복(各具禮服)○의시각(依時刻)○집도정전합외(集到正殿閤外)○내명부립어동상서향(內命婦立於東廂西向)○외명부립어서상동향(外命婦立於西廂東向)○공주이하(公主以下)○재북(在北)○부부인이하(府夫人以下)○재남(在南)○구매등이위(俱每等異位)○중행북상(重行北上)○상의(尙儀)○부복궤(俯伏跪)○계청중엄(啓請中嚴)○륙상이하(六尙以下)○각구례복(各具禮服)○상기(尙記)○봉보(捧寶)○구예내합(俱詣內閤)○사후(伺候)○녀령급녀집사(女伶及女執事)○여사찬(如司贊)○전빈(典賓)○전언(典言)○전찬지류(典贊之類)○입취위(入就位)○상의(尙儀)○부복궤계외판(俯伏跪啓外辦)○왕비(王妃)○구적의(具翟衣)○가수식(加首飾)○상궁(尙宮)○전도이출(前導以出)○악작(樂作)○왕비승좌(王妃陞座)○로연승(爐煙升)○상기(尙記)○봉보(捧寶)○치어안(置於案)○산선(繖扇)○시위여상의(侍衛如常儀)○녀관(女官)○경집(擎執)○악지(樂止)○전빈(典賓)○인내명부(引內命婦)○입취위(入就位)○사찬왈(司贊曰)○사배(四拜)○전찬창(典贊唱)○사배(四拜)○범전찬찬창(凡典贊贊唱)○개승사찬지사(皆承司贊之辭)○악작(樂作)○내명부사배(內命婦四拜)○악지(樂止)○전언(典言)○승자서계(陞自西階)○진당좌전(進當座前)○부복궤(俯伏跪)○전찬창(典贊唱)○궤(跪)○내명부(內命婦)○개궤(皆跪)○전언(典言)○대치사운(代致詞云)○빈첩모씨등(嬪妾某氏等)○자우리신지절(玆遇履新之節)○동지(冬至)○칙운리장지절(則云履長之節)○경유왕비전하여시동휴(敬惟王妃殿下與時同休)○하흘(賀訖)○부복흥강복위(俯伏興降復位)○전찬창(典贊唱)○부복흥사배(俯伏興四拜)○내명부(內命婦)○부복흥(俯伏興)○악작(樂作)○사배(四拜)○악지(樂止)○상의(尙儀)○진당좌전(進當座前)○부복궤계전지(俯伏跪啓傳旨)○부복흥(俯伏興)○유동문출(由東門出)○림계(臨階)○서향립(西向立)○칭유지(稱有旨)○전찬창(典贊唱)○궤(跪)○내명부(內命婦)○개궤(皆跪)○상의(尙儀)○선지왈(宣旨曰)○이신지경(履新之慶)○동지(冬至)○칙운리장지경(則云履長之慶)○여빈등동지(與嬪等同之)○전찬창(典贊唱)○부복흥사배(俯伏興四拜)○내명부(內命婦)○부복흥(俯伏興)○악작(樂作)○사배(四拜)○악지(樂止)○전빈(典賓)○인내명부출(引內命婦出)○전빈(典賓)○분인외명부(分引外命婦)○입취위(入就位)○전찬창(典贊唱)○사배(四拜)○악작(樂作)○외명부(外命婦)○사배(四拜)○악지(樂止)○전언(典言)○승자서계(陞自西階)○진당좌전(進當座前)○북향궤(北向跪)○전찬창(典贊唱)○궤(跪)○외명부(外命婦)○개궤(皆跪)○전언(典言)○대치사운(代致詞云)○첩모공주등(妾某公主等)○자우리신지절(玆遇履新之節)○동지(冬至)○칙운리장지절(則云履長之節)○경유왕비전하(敬惟王妃殿下)○약왕녀(若王女)○공주위반수(公主爲班首)○칙운전하(則云殿下)○여시동휴(與時同休)○하흘(賀訖)○부복흥강복위(俯伏興降復位)○전찬창(典贊唱)○부복흥사배(俯伏興四拜)○외명부(外命婦)○부복흥(俯伏興)○악작(樂作)○사배(四拜)○악지(樂止)○상의(尙儀)○진당좌전(進當座前)○부복궤계전지(俯伏跪啓傳旨)○부복흥(俯伏興)○유동문출(由東門出)○림계(臨階)○서향립(西向立)○칭유지(稱有旨)○전찬창(典贊唱)○궤(跪)○외명부(外命婦)○개궤(皆跪)○상의(尙儀)○선지왈(宣旨曰)○리신지경(履新之慶)○동지(冬至)○칙운리장지경(則云履長之慶)○여공주등동지(與公主等同之)○전찬창(典贊唱)○부복흥사배(俯伏興四拜)○외명부(外命婦)○부복흥(俯伏興)○악작(樂作)○사배(四拜)○악지(樂止)○상의(尙儀)○진당좌전(進當座前)○부복궤계례필(俯伏跪啓禮畢)○부복흥퇴(俯伏興退)○악작(樂作)○왕비(王妃)○강좌(降座)○상궁(尙宮)○전도이입(前導以入)○악지(樂止)○전빈(典賓)○분인외명부출(分引外命婦出)

중궁정지회명부의(中宮正至會命婦儀)

조흘(朝訖)○여령(女伶)○진악어전계상급전정여상(陳樂於殿階上及殿庭如常)○전찬(典贊)○설내명부위어왕비좌동남(設內命婦位於王妃座東南)○중행서향(重行西向)○설왕세자빈위어왕비좌서남동향(設王世子嬪位於王妃座西南東向)○외명부위어왕세자빈지후소남(外命婦位於王世子嬪之後少南)○중행동향(重行東向)○구북상(俱北上)○공주이하(公主以下)○재북(在北)○부부인이하(府夫人以下)○재남(在南)○우설배위어전정(又設拜位於殿庭)○내명부(內命婦)○재동(在東)○왕세자빈(王世子嬪)○재서(在西)○외명부(外命婦)○재왕세자빈지후(在王世子嬪之後)○구이위(俱異位)○중행북향(重行北向)○공주이하(公主以下)○재동(在東)○부부인이하(府夫人以下)○재서(在西)○상대위수(相對爲首)○설녀집사위(設女執事位)○병여조의(竝如朝儀)○상식(尙食)○설수주정어전내근남북향(設壽酒亭於殿內近南北向)○전선(典膳)○설명부주탁어전외동서(設命婦酒卓於殿外東西)○내명부탁(內命婦卓)○재동(在東)○왕세자빈급외명부탁(王世子嬪及外命婦卓)○재서(在西)○내시부(內侍府)○진의장어전정동서여상(陳儀仗於殿庭東西如常)○전빈(典賓)○인내명부립어정전문외동상(引內命婦立於正殿門外東廂)○중행서향(重行西向)○수규(守閨)○인왕세자빈립어서상동향(引王世子嬪立於西廂東向)○전빈(典賓)○인외명부립어왕세자빈지후소남(引外命婦立於王世子嬪之後少南)○중행동향(重行東向)○구북상(俱北上)○상의(尙儀)○부복궤(俯伏跪)○계청중엄(啓請中嚴)○상궁이하(尙宮以下)○구예내합(俱詣內閤)○사후(伺候)○녀령급녀집사(女伶及女執事)○선입취위(先入就位)○상의(尙儀)○부복궤계외판(俯伏跪啓外辦)○왕비(王妃)○구복(具服)○가수식(加首飾)○상궁(尙宮)○전도이출(前導以出)○악작(樂作)○왕비승좌(王妃陞座)○로연승(爐煙升)○산선(繖扇)○시위여상의(侍衛如常儀)○녀관(女官)○경집(擎執)○악지(樂止)○전빈(典賓)○분인내명부급왕세자빈(分引內命婦及王世子嬪)○외명부(外命婦)○유동서문입(由東西門入)○취배위(就拜位)○사찬왈(司贊曰)○사배(四拜)○전찬창(典贊唱)○사배(四拜)○범전찬찬창(凡典贊贊唱)○개승사찬지사(皆承司贊之辭)○악작(樂作)○내명부급왕세자빈(內命婦及王世子嬪)○외명부(外命婦)○개사배(皆四拜)○악지(樂止)○전찬창(典贊唱)○궤(跪)○내명부이하(內命婦以下)○개궤(皆跪)○상식(尙食)○진찬안(進饌案)○악작(樂作)○진흘(進訖)○악지(樂止)○상의(尙儀)○진화(進花)○악작(樂作)○진흘(進訖)○악지(樂止)○상식(尙食)○진선(進膳)○악작(樂作)○진흘(進訖)○악지(樂止)○전찬창(典贊唱)○부복흥평신(俯伏興平身)○내명부이하(內命婦以下)○개부복흥평신(皆俯伏興平身)○전빈(典賓)○인내명부반수(引內命婦班首)○승자동계(陞自東階)○유동문입(由東門入)○예주정동(詣酒亭東)○북향립(北向立)○상식(尙食)○작주제일잔(酌酒第一盞)○수반수(授班首)○반수(班首)○수잔(受盞)○예좌전궤(詣座前跪)○전찬창(典贊唱)○궤(跪)○내명부이하(內命婦以下)○개궤(皆跪)○반수(班首)○이잔수상식(以盞授尙食)○상식(尙食)○전봉치우좌전(傳捧置于座前)○유안(有案)○반수(班首)○부복흥(俯伏興)○출취배위궤(出就拜位跪)○전언(典言)○승자서계(陞自西階)○유서문입(由西門入)○내명부(內命婦)○장출(將出)○전언승(典言升)○진당좌전(進當座前)○부복궤(俯伏跪)○대치사운(代致詞云)○빈첩모씨등(嬪妾某氏等)○삼원수조(三元首祚)○동지(冬至)○칙운천정장지(則云天正長至)○부승대경(不勝大慶)○근상천천세수(謹上千千歲壽)○부복흥강복위(俯伏興降復位)○상의(尙儀)○진당좌전(進當座前)○부복궤계전지(俯伏跪啓傳旨)○유동문출(由東門出)○림계서향립(臨階西向立)○선지왈(宣旨曰)○여빈등동경(與嬪等同慶)○왕비(王妃)○거잔(擧盞)○악작(樂作)○상식(尙食)○진수허잔(進受虛盞)○복어주정(復於酒亭)○악지(樂止)○전찬창(典贊唱)○부복흥평신(俯伏興平身)○내명부이하(內命婦以下)○개부복흥평신(皆俯伏興平身)○전빈(典賓)○인왕세자빈(引王世子嬪)○승자서계(陞自西階)○유서문입(由西門入)○예주정동(詣酒亭東)○북향립(北向立)○상식(尙食)○작주제이잔(酌酒第二盞)○수왕세자빈(授王世子嬪)○왕세자빈(王世子嬪)○수잔(受盞)○예좌전궤(詣座前跪)○전찬창(典贊唱)○궤(跪)○내명부이하(內命婦以下)○개궤(皆跪)○왕세자빈(王世子嬪)○이잔수상식(以盞授尙食)○상식(尙食)○전봉치우좌전(傳捧置于座前)○왕세자빈(王世子嬪)○부복흥(俯伏興)○출취배위(出就拜位)○북향궤(北向跪)○전언(典言)○승자서계(陞自西階)○유서문입(由西門入)○왕세자빈장출(王世子嬪將出)○전언승(典言升)○진당좌전(進當座前)○부복궤(俯伏跪)○대치사운(代致詞云)○왕세자빈첩모씨(王世子嬪妾某氏)○삼원수조(三元首祚)○동지(冬至)○칙운천정장지(則云天正長至)○부승대경(不勝大慶)○근상천천세수(謹上千千歲壽)○부복흥강복위(俯伏興降復位)○왕비(王妃)○거잔(擧盞)○악작(樂作)○상식(尙食)○진수허잔(進受虛盞)○복어주정(復於酒亭)○악지(樂止)○전찬창(典贊唱)○부복흥사배(俯伏興四拜)○내명부이하(內命婦以下)○개부복흥(皆俯伏興)○악작(樂作)○사배(四拜)○악지(樂止)○

전찬창(典贊唱)○취위(就位)○전빈(典賓)○분인내명부급왕세자빈(分引內命婦及王世子嬪)○외명부(外命婦)○각취위(各就位)○전선(典膳)○공내명부급왕세자빈탁(供內命婦及王世子嬪卓)○산화(散花)○녀집사(女執事)○설외명부탁(設外命婦卓)○산화(散花)○상식(尙食)○진탕(進湯)○악작(樂作)○내명부이하(內命婦以下)○리위(離位)○부복진(俯伏進)○흘(訖)○환위(還位)○범진작진탕시(凡進爵進湯時)○동(同)○전선(典膳)○공내명부급왕세자빈탕(供內命婦及王世子嬪湯)○녀집사(女執事)○설외명부탕(設外命婦湯)○흘(訖)○악지(樂止)○상식(尙食)○진제삼잔(進第三盞)○악작(樂作)○전선(典膳)○공내명부급왕세자빈주(供內命婦及王世子嬪酒)○녀집사행외명부주(女執事行外命婦酒)○흘(訖)○악지(樂止)○차진탕진주(次進湯進酒)○병여상의(並如上儀)○왕비(王妃)○약입편차칙(若入便次則)○내명부(內命婦)○강립동중계(降立東中階)○왕세자빈(王世子嬪)○강립서중계(降立西中階)○외명부(外命婦)○강립서계하(降立西階下)○왕비(王妃)○출승좌(出陞座)○구환취위(俱還就位)○주행구편(酒行九編)○상식(尙食)○진대선(進大膳)○악작(樂作)○전선(典膳)○공내명부급왕세자빈선(供內命婦及王世子嬪膳)○녀집사(女執事)○설외명부선(設外命婦膳)○흘(訖)○악지(樂止)○상식(尙食)○진철안(進徹案)○전선(典膳)○철내명부급왕세자빈탁(徹內命婦及王世子嬪卓)○녀집사(女執事)○철외명부탁(徹外命婦卓)○전찬창(典贊唱)○가기(可起)○전빈(典賓)○분인내명부급왕세자빈(分引內命婦及王世子嬪)○외명부(外命婦)○강취배위(降就拜位)○전찬창(典贊唱)○사배(四拜)○악작(樂作)○내명부이하(內命婦以下)○개사배(皆四拜)○악지(樂止)○상의(尙儀)○진당좌전(進當座前)○부복궤계례필(俯伏跪啓禮畢)○부복흥퇴(俯伏興退)○악작(樂作)○왕비(王妃)○강좌(降座)○시위여래의(侍衛如來儀)○환내(還內)○악지(樂止)○전빈(典賓)○분인내명부급왕세자빈이하(分引內命婦及王世子嬪以下)○이차출(以次出)

중궁정지왕세자조하의
(中宮正至王世子朝賀儀)

○탄일하동(誕日賀同)○유치사운(唯致詞云)○자우전하탄진(玆遇殿下誕辰)○경축천천세수(敬祝千千歲壽)○무전지(無傳旨)

전일일(前一日)○상침(尙寢)○솔기속(帥其屬)○설왕비좌어정전북벽남향(設王妃座於正殿北壁南向)○설보안어좌전근동(設寶案於座前近東)○향안이어전외좌우(香案二於殿外左右)

기일(其日)○내시부(內侍府)○진의장어전정동서여상의(陳儀仗於殿庭東西如常儀)○전찬(典贊)○설왕세자위어전정도동북향(設王世子位於殿庭道東北向)○설사찬전빈위어동계하근동(設司贊典賓位於東階下近東)○서향북상(西向北上)○전언(典言)○전찬(典贊)○재남차퇴(在南差退)○왕세자조하전하례흘(王世子朝賀殿下禮訖)○필선(弼善)○인예궁문외(引詣宮門外)○장위(仗衛)○정어문외(停於門外)○내시(內侍)○승인지정전합외동상(承引至正殿閤外東廂)○서향립(西向立)○상의(尙儀)○부복궤(俯伏跪)○계청중엄(啓請中嚴)○상궁이하(尙宮以下)○각구례복(各具禮服)○상기(尙記)○봉보(捧寶)○구예내합(俱詣內閤)○사후(伺候)○녀집사(女執事)○여사찬(如司贊)○전빈(典賓)○전언(典言)○전찬지류(典贊之類)○선입취위(先入就位)○상의(尙儀)○궤계외판(跪啓外辦)○왕비(王妃)○구적의(具翟衣)○가수식(加首飾)○상궁(尙宮)○전도이출(前導以出)○왕비승좌(王妃陞座)○로연승(爐煙升)○상기(尙記)○봉보(捧寶)○치어안(置於案)○산선(繖扇)○시위여상의(侍衛如常儀)○녀관(女官)○경집(擎執)○전빈(典賓)○인왕세자(引王世子)○입취위(入就位)○사찬왈(司贊曰)○사배(四拜)○전찬창(典贊唱)○국궁사배흥평신(鞠躬四拜興平身)○범전찬찬창(凡典贊贊唱)○개승사찬지사(皆承司贊之辭)○왕세자(王世子)○국궁사배흥평신(鞠躬四拜興平身)○전언(典言)○승자서계(陞自西階)○진당좌전(進當座前)○부복궤(俯伏跪)○전찬창(典贊唱)○궤(跪)○왕세자궤(王世子跪)○전언(典言)○대치사운(代致詞云)○왕세자신모(王世子臣某)○자우리신지절(玆遇履新之節)○동지(冬至)○칙운리장지절(則云履長之節)○경유전하여시동휴(敬惟殿下與時同休)○하흘(賀訖)○부복흥강복위(俯伏興降復位)○전찬창(典贊唱)○부복흥사배흥평신(俯伏興四拜興平身)○왕세자(王世子)○부복흥사배흥평신(俯伏興四拜興平身)○상의(尙儀)○진당좌전(進當座前)○부복궤계전지(俯伏跪啓傳旨)○부복흥(俯伏興)○유동문출(由東門出)○림계서향립(臨階西向立)○칭유지(稱有旨)○전찬창(典贊唱)○궤(跪)○왕세자궤(王世子跪)○상의(尙儀)○선지왈(宣旨曰)○리신지경(履新之慶)○동지칙운(冬至則云)○리장지경(履長之慶)○여왕세자동지(與王世子同之)○전찬창(典贊唱)○부복흥사배흥평신(俯伏興四拜興平身)○왕세자(王世子)○부복흥사배흥평신(俯伏興四拜興平身)○전빈(典賓)○인왕세자지합(引王世子至閤)○내시

(內侍)○승인이출(承引以出)○필선(弼善)○인왕세자(引王世子)○환궁여래의(還宮如來儀)○왕세자기출(王世子旣出)○왕세자빈(王世子嬪)○입조하여별의(入朝賀如別儀)

중궁정지왕세자빈조하의
(中宮正至王世子嬪朝賀儀)

○탄일하동(誕日賀同)○유치사운(唯致詞云)○자우전하탄진(玆遇殿下誕辰)○경축천천세수(敬祝千千歲壽)○무전지(無傳旨)

왕세자조하왕비례흘(王世子朝賀王妃禮訖)○전찬(典贊)○설빈위어전정도동북향(設嬪位於殿庭道東北向)○수규(守閨)○인빈예(引嬪詣)○정전합외서상(正殿閤外西廂)○동향립(東向立)○전빈(典賓)○인빈(引嬪)○입취위(入就位)○수칙(守則)○수규(守閨)○종입궤어배위동남서향북상(從入跪於拜位東南西向北上)○사찬왈(司贊曰)○사배(四拜)○전찬창(典贊唱)○사배(四拜)○범전찬찬창(凡典贊贊唱)○개승사찬지사(皆承司贊之辭)○빈(嬪)○사배(四拜)○전언(典言)○승자서계(陞自西階)○진당좌전(進當座前)○부복궤(俯伏跪)○전찬창(典贊唱)○궤(跪)○빈궤(嬪跪)○전언(典言)○대치사운(代致詞云)○왕세자빈첩모씨(王世子嬪妾某氏)○자우리신지절(玆遇履新之節)○동지(冬至)○칙운리장지절(則云履長之節)○경유전하여시동휴(敬惟殿下與時同休)○하흘(賀訖)○부복흥강복위(俯伏興降復位)○전찬창(典贊唱)○부복흥사배(俯伏興四拜)○빈(嬪)○부복흥사배(俯伏興四拜)○상의(尙儀)○진당좌전(進當座前)

부복궤계전지(俯伏跪啓傳旨)○부복흥(俯伏興)○유동문출(由東門出)○림계서향립(臨階西向立)○칭유지(稱有旨)○전찬창(典贊唱)○궤(跪)○빈궤(嬪跪)○상의(尙儀)○선지왈(宣旨曰)○리신지경(履新之慶)○동지(冬至)○칙운리장지경(則云履長之慶)○여빈동지(與嬪同之)○전찬창(典贊唱)○부복흥사배(俯伏興四拜)○빈(嬪)○부복흥사배(俯伏興四拜)○전빈(典賓)○인빈출(引嬪出)○상의(尙儀)○진당좌전(進當座前)○부복궤계례필(俯伏跪啓禮畢)○부복흥퇴(俯伏興退)○왕비(王妃)○강좌(降座)○상궁(尙宮)○전도이입(前導以入)○빈(嬪)○환궁여래의(還宮如來儀)○빈기출(嬪旣出)○종친(宗親)○문무백관(文武百官)○조하여별의(朝賀如別儀)

중궁정지백관조하의
(中宮正至百官朝賀儀)

○탄일하동(誕日賀同)○유치사운(唯致詞云)○자우왕비전하탄진(玆遇王妃殿下誕辰)○경축천천세수(敬祝千千歲壽)○무전지(無傳旨)

전일일(前一日)○상침(尙寢)○수기속(帥其屬)○설왕비좌어정전북벽남향(設王妃座於正殿北壁南向)○설보안어좌전근동(設寶案於座前近東)○향안이어전외좌우(香案二於殿外左右)

기일(其日)○내시부(內侍府)○진의장어전정동서여상의(陳儀仗於殿庭東西如常儀)○전의(典儀)○설종친급문무백관위어정문외(設宗親及文武百官位於正門外)○문관(文官)○재동(在東)○종친급무관(宗親及武官)○재서(在西)○구매등이위(俱每等異位)○중행북향(重行北向)○상대위수(相對爲首)○종친(宗親)○매품반두(每品班頭)○별설위(別設位)○대군(大君)○특설위어정일품지전(特設位於正一品之前)○감찰위어문무매품반말(監察位於文武每品班末)○동서상향(東西相向)○전의(典儀)○대치사관위어문관동북서향(代致詞官位於文官東北西向)○찬의(贊儀)○인의(引儀)○재남차퇴(在南差退)○우찬의(又贊儀)○인의위어무관서북동향(引儀位於武官西北東向)○구북상(俱北上)○설상전위어백관지북남향(設尙傳位於百官之北南向)○인의(引儀)○설종친(設宗親)○문무백관문외위어궁문외여상(文武百官門外位於宮門外如常)○례조정랑(禮曹正郎)○설례물함어백관지북(設禮物函於百官之北)○유안(有案)○종친(宗親)○문무백관(文武百官)○구조복(具朝服)○의시각(依時刻)○개취문외위(皆就門外位)○상의(尙儀)○부복궤(俯伏跪)○계청중엄(啓請中嚴)○상궁이하(尙宮以下)○각구례복(各具禮服)○상기(尙記)○봉보(捧寶)○구예내합(俱詣內閤)○사후(伺候)○전의(典儀)○대치사관(代致詞官)○찬의(贊儀)○인의(引儀)○감찰(監察)○선입취위(先入就位)○인의(引儀)○분인종친(分引宗親)○문무백관(文武百官)○입취위(入就位)○상의(尙儀)○부복궤계외판(俯伏跪啓外辦)○왕비(王

妃)○구적의(具翟衣)○가수식(加首飾)○상궁(尙宮)○전도이출(前導以出)○왕비승좌(王妃陞座)○로연승(爐煙升)○상기(尙記)○봉보(捧寶)○치어안(置於案)○산선(繖扇)○시위여상의(侍衛如常儀)○녀관(女官)○경집(擎執)○사알(司謁)○인상전(引尙傳)○출취위(出就位)○전의왈(典儀曰)○사배(四拜)○찬의창(贊儀唱)○국궁사배흥평신(鞠躬四拜興平身)○범찬의찬창(凡贊儀贊唱)○개승전의지사(皆承典儀之辭)○종친(宗親)○문무백관(文武百官)○개국궁사배흥평신(皆鞠躬四拜興平身)○대치사관(代致詞官)○예상전전(詣尙傳前)○북향궤(北向跪)○찬의창(贊儀唱)○궤(跪)○종친(宗親)○문무백관(文武百官)○개궤(皆跪)○대치사관(代致詞官)○치사운(致詞云)○의정구관신모등(議政具官臣某等)○자우리신지절(玆遇履新之節)○동지칙운(冬至則云)○리장지절(履長之節)○경유왕비전하여시동휴(敬惟王妃殿下與時同休)○하흘(賀訖)○부복흥퇴복위(俯伏興退復位)○제용감정(濟用監正)○봉례물함(捧禮物函)○진의정동북(進議政東北)○서향궤(西向跪)○의정(議政)○수함(受函)○이수사알(以授司謁)○봉진(捧進)○찬의창(贊儀唱)○부복흥사배흥평신(俯伏興四拜興平身)○종친(宗親)○문무백관(文武百官)○개국궁사배흥평신(皆鞠躬四拜興平身)○상전(尙傳)○전고전언(傳告典言)○전언(典言)○입계품지이선(入啓稟旨以宜)○상전(尙傳)○출복위(出復位)○칭유지(稱有旨)○찬의창(贊儀唱)○궤(跪)○종친(宗親)○문무백관(文武百官)○개궤(皆跪)○상전(尙傳)○선지왈(宣旨曰)○리신지경(履新之慶)○동지(冬至)○칙운리장지경(則云履長之慶)○여경등동지(與卿等同之)○찬의창(贊儀唱)○부복흥사배흥평신(俯伏興四拜興平身)○종친(宗親)○문무백관(文武百官)○개부복흥사배흥평신(皆俯伏興四拜興平身)○상전(尙傳)○내입(乃入)○상의(尙儀)○진당좌전(進當座前)○부복궤계례필(俯伏跪啓禮畢)○부복흥퇴(俯伏興退)○왕비(王妃)○강좌(降座)○상궁(尙宮)○전도이입(前導以入)○인의(引儀)○분인종친(分引宗親)○문무백관출(文武百官出)

정지백관하왕세자의 (正至百官賀王世子儀)

○생진하동(生辰賀同)○유치사운(唯致詞云)○자우왕세자저하생진(玆遇王世子邸下生辰)○경축천천세수(敬祝千千歲壽)○무전령(無傳令)

전일일(前一日)○액정서(掖庭署)○설왕세자좌어정당동벽서향(設王世子座於正堂東壁西向)

기일(其日)○설배위어좌전(設拜位於座前)○설석(設席)○장의(掌儀)○설문관이품이상배위어당내재남(設文官二品以上拜位於堂內在南)○종친급무관이품이상배위어당내재북(宗親及武官二品以上拜位於堂內在北)○설석(設席)○구매등이위(俱每等異位)○중행동향(重行東向)○상대위수(相對爲首)○종친(宗親)○매품반두(每品班頭)○별설위(別設位)○대군(大君)○특설위어정일품지전(特設位於正一品之前)○삼품이하배위어정중(三品以下拜位於庭中)○문관재동(文官在東)○종친급무관재서(宗親及武官在西)○구매등이위(俱每等異位)○중행북향(重行北向)○상대위수(相對爲首)○종친(宗親)○매품반두(每品班頭)○별설위(別設位)○설장의위어동계상근동서향(設掌儀位於東階上近東西向)○대치사관위어동계하근동서향(代致詞官位於東階下近東西向)○찬의(贊儀)○인의(引儀)○재남차퇴(在南差退)○우찬의(又贊儀)○인의위어서계하근서동향(引儀位於西階下近西東向)○구북상(俱北上)○감찰위어문무매품반말동서상향(監察位於文武每品班末東西相向)○인의(引儀)○설문외위어궁문외(設門外位於宮門外)○문동무서(文東武西)○구매등이위(俱每等異位)○중행상향북상(重行相向北上)

기일(其日)○왕세자조하흘환궁(王世子朝賀訖還宮)○궁관(宮官)○각구기복(各具其服)○문관(文官)○공복(公服)○무관(武官)○기복(器服)○세자익위사(世子翊衛司)○륵소부(勒所部)○진장위여상(陳仗衛如常)○종친급문무백관(宗親及文武百官)○각구공복(各具公服)○의시각(依時刻)○취문외위(就門外位)○시종지관(侍從之官)○익위이인(翊衛二人)○패검(佩劍)○사어이인(司禦二人)○패궁시(佩弓矢)○예합봉영(詣閤奉迎)○필선(弼善)○예합외(詣閤外)○궤찬청내엄(跪贊請內嚴)○소경(小頃)○백외비(白外備)○왕세자(王世子)○구복(具服)○출즉좌(出卽座)○시위여상(侍衛如常)○익위이인(翊衛二人)○분립좌우(分立左右)○사어이인(司禦二人)○분립좌후(分立左後)○궁관급집사관(宮官及執事官)○궁관(宮官)○여시강원(如侍講院)○익위사지류(翊衛司之類)○집사관(執事官)○여장의(如掌儀)○대치사관(代致詞官)○찬의(贊儀)○인의(引儀)○감찰지류(監察之類)○유서문입정(由西門入庭)○분동서(分東西)○시강원급집사관(侍講院及執事官)○재동(在東)○익위사(翊衛司)○재서(在西)○중행북향(重行北向)○상대위수(相對爲首)○재배흘(再拜訖)○각취위(各就位)○보덕이하(輔德以下)○분입당내좌우시좌(分入堂內左右侍座)○좌우익위이하(左右翊衛以下)○분립정지동서(分立庭之東西)○약백숙(若伯叔)○사(師)○부(傳)○이사(貳師)○래하칙(來賀則)○유필선입시(唯弼善入侍)○여개잉립어정지동서(餘皆仍立於庭之東西)○인의(引儀)○분인종친문무이품이상입(分引宗親文武二品以上入)○필선(弼善)○예좌전(詣座前)○궤찬청흥(跪贊請興)○왕세자(王世子)○흥립어좌전(興立於座前)○필선(弼善)○약유백숙(若有伯叔)○사(師)○부(傳)○이사(貳師)○칙왕세자강립어동계하(則王世子降立於東階下)○백숙(伯叔)○사(師)○부(傳)○이사(貳師)○지계(至階)○왕세자(王世子)○승립어좌전(陞立於座前)○부복흥환시위(俯伏興還侍位)○인의(引儀)○분인종친문무이품이상(分引宗親文武二品以上)○유서계승(由西階陞)○취당중배위(就堂中拜位)○찬의창(贊儀唱)○국궁재배흥평신(鞠躬再拜興平身)○이품이상(二品以上)○국궁재배(鞠躬再拜)○돈수(頓首)○흥평신(興平身)○왕세자(王世子)○답재배(答再拜)○공수(控首)○약유백숙(若有伯叔)○사(師)○부(傳)○이사(貳師)○칙돈수(則頓首)○흘(訖)○대치사관(代致詞官)○승자서계(陞自西階)○진당좌전(進當座前)○동향궤(東向跪)○이품이상(二品以上)○개궤(皆跪)○왕세자(王世子)○역궤(亦跪)○치사운(致詞云)○구관신모등(具官臣某等)○자우삼양개태(玆遇三陽開泰)○만물함신(萬物咸新)○동지칙운(冬至則云)○률응황종(律應黃鍾)○일당지지(日當至旦)○경유왕세자저하여시동휴(敬惟王世子邸下與時同休)○하흘(賀訖)○찬의창(贊儀唱)○부복흥재배흥평신(俯伏興再拜興平身)○이품이상(二品以上)○부복흥재배흥평신(俯伏興再拜興平身)○왕세자(王世子)○답재배(答再拜)○전령관(傳令官)○궤승령(跪承令)○소퇴서향립(少退西向立)○칭유령(稱有令)○이품이상(二品以上)○개궤(皆跪)○왕세자(王世子)○역궤(亦跪)○선령운(宣令云)○리신지절(履新之節)○동지칙운(冬至則云)○리장지절(履長之節)○동진가경(同臻嘉慶)○찬의창(贊儀唱)○부복흥재배흥평신(俯伏興再拜興平身)○이품이상(二品以上)○개부복흥재배흥평신(皆俯伏興再拜興平身)○왕세자(王世子)○답재배(答再拜)○인의(引儀)○분인이품이상출(分引二品以上出)○약유백숙(若有伯叔)○사(師)○부(傳)○이사(貳師)○칙왕세자(則王世子)○강립어동계하(降立於東階下)○필선(弼善)○궤찬청승좌(跪贊請陞座)○왕세자(王世子)○승좌(陞座)○인의(引儀)○분인삼품이하(分引三品以下)○입취배위(入就拜位)○찬의창(贊儀唱)○국궁재배흥평신(鞠躬再拜興平身)○삼품이하(三品以下)○국궁재배흥평신(鞠躬再拜興平身)○필선(弼善)○궤백례필(跪白禮畢)○부복흥환시위(俯伏興還侍位)○왕세자(王世子)○강좌환내(降座還內)○시위여래의(侍衛如來儀)○인의(引儀)○분인삼품이하출(分引三品以下出)○차보덕이하출(次輔德以下出)

삭망왕세자백관조하의 (朔望王世子百官朝賀儀)

전일일(前一日)○액정서(掖庭署)○설어좌어근정전북벽남향(設御座於勤政殿北壁南向)○설보안어좌전근동(設寶案於座前近東)○향안이어전외좌우(香案二於殿外左右)○장악원(掌樂院)○전헌현어전정근남북향(展軒懸於殿庭近南北向)○설협률랑거휘위어서계상근서동향(設協律郎擧麾位於西階上近西東向)○전설사(典設司)○설왕세자차어근정문외도동근북서향(設王世子次於勤政門外道東近北西向)

기일(其日)○전의(典儀)○설왕세자위어전정도동북향(設王世子位於殿庭道東北向)○문관일품이하위어왕세자지후근동(文官一品以下位於王世子之後近東)○종친급무관일품이하위어도서(宗親及武官一品以下位於道西)○구매등이위(俱每等異位)○중행북향(重行北向)○상대위수(相對爲首)○종친(宗親)○매품반두(每品班頭)○별설위(別設位)○대군(大君)○특설위어정일품지전(特設位於正一品之前)○제방객사래조(諸方客使來朝)○칙설차설위(則設次設位)○병여정지조의(竝如正至朝儀)○감찰위어문무매품반말(監察位於文武每品班末)○동서상향(東西相向)○계상전의위어동계상근동서향(階上典儀位於東階上近東西向)○좌우통례(左右通禮)○계하전의(階下典儀)○대치사관위어동계하근동서향(代致詞官位於東階下近東西向)○찬의(贊儀)○인의(引儀)○재남차퇴(在南差退)○우찬의(又贊儀)○인의위어서계하근서동향(引儀位於西階下近西東向)○구북상(俱北上)○인의(引儀)○설문외위(設門外位)○문관이품이상어영제교북도동(文官二品以上於永濟橋北道東)○삼품이하어교남(三品以下於橋南)○종친급무관이품이상어교북도서(宗親及武官二品以上於橋北道西)○삼품이하어교남(三品以下於橋南)○구매등이위(俱每等異位)○중행상향북상(重行相向北上)○종친(宗親)○별설위어전정(別設位如殿庭)○세자익위사(世子翊衛司)○륵소부(勒所部)○진장위여상(陳仗衛如常)○궁관(宮官)○의시각(依時刻)○집도(集到)○각구기복(各具其服)○문관(文官)○공복(公服)○무관(武官)○기복(器服)○응종입전정자(應從入殿庭者)○공복(公服)

고초엄(鼓初嚴)○병조(兵曹)○륵제위(勒諸衛)○진로부반장어정계급전정동서근정문내외(陳鹵簿半仗於正階及殿庭東西勤政門內外)○렬군사(列軍士)○병여식(竝如式)○견서례(見序例)○사복사정(司僕寺正)○진여(陳輿)○련어전정중도(輦於殿庭中道)○소여재북(小輿在北)○대련차지(大輦次之)○어마어중도좌우(御馬於中道左右)○각일필(各一匹)○상향(相向)○장마어문무루남(仗馬於文武樓南)○육필재륭문루남(六匹在隆文樓南)○륙필재륭무루남(六匹在隆武樓南)○상향(相向)○종친(宗親)○문무백관(文武百官)○구집조당(俱集朝堂)○각구공복(各具公服)○약유객사(若有客使)○칙취차여정지조의(則就次如正至朝儀)○궁관(宮官)○취궁문외(就宮門外)○분좌우상향(分左右相向)○북상(北上)○익찬(翊贊)○부인여식(負印如式)○시종지관(侍從之官)○익위이인(翊衛二人)○패검(佩劍)○사어이인(司禦二人)○패궁시(佩弓矢)○구예합외(俱詣閤外)○봉영(奉迎)○필선(弼善)○예합외(詣閤外)○궤찬청내엄(跪贊請內嚴)

고이엄(鼓二嚴)○종친(宗親)○○문무백관(文武百官)○구취문외위(俱就門外位)○약유객사(若有客使)○칙취홍례문외(則就弘禮門外)○여정지조의(如正至朝儀)○필선(弼善)○궤백외비(跪白外備)○왕세자(王世子)○구복출(具服出)○익찬(翊贊)○부인전행(負印前行)○필선(弼善)○인취근정문외차(引就勤政門外次)○시위여상(侍衛如常)○제호위지관급사금(諸護衛之官及司禁)○각구기복(各具器服)○상서원관(尙瑞院官)○봉보(捧寶)○구예사정전합외(俱詣思政殿閤外)○사후(伺候)○좌통례(左通禮)○예합외(詣閤外)○부복궤(俯伏跪)○계청중엄(啓請中嚴)○전하(殿下)○구원유관(具遠遊冠)○강사포(絳紗袍)○어사정전(御思政殿)○산선(繖扇)○시위여상의(侍衛如常儀)○근시급집사관(近侍及執事官)○유서합입정(由西閤入庭)○중행북향동상(重行北向東上)○사배이출(四拜而出)○전악(典樂)○수공인(帥工人)○입취위(入就位)○협률랑(協律郞)○입취거휘위(入就擧麾位)

고삼엄(鼓三嚴)○집사관(執事官)○선취위(先就位)○인의(引儀)○분인종친문무삼품이하(分引宗親文武三品以下)○유동서편문입(由東西偏門入)○취위(就位)○봉례(奉禮)○인왕세자출차(引王世子出次)○서향립(西向立)○종성지(鍾聲止)○벽내외문(闢內外門)○좌통례(左通禮)○부복궤계외판(俯伏跪啓外辦)○전하(殿下)○승여이출(乘輿以出)○산선(繖扇)○시위여상의(侍衛如常儀)○전하장출(殿下將出)○장동(仗動)○고취진작(鼓吹振作)○장입전문(將入殿門)○협률랑(協律郞)○궤부복거휘흥(跪俯伏擧麾興)○공고축(工鼓柷)○헌가악작(軒架樂作)○고취지(鼓吹止)○전하승좌(殿下陞座)○로연승(爐煙升)○상서원관(尙瑞院官)○봉보(捧寶)○치어안(置於案)○산선(繖扇)○시위여상의(侍衛如常儀)○협률랑(協律郞)○궤언휘부복흥(跪偃麾俯伏興)○공알어(工戛敔)○악지(樂止)○제호위지관(諸護衛之官)○입렬어어좌지후급전내동서(入列於御座之後及殿內東西)○차승지(次承旨)○분입전내동서부복(分入殿內東西俯伏)○사관(史官)○재기후(在其後)○차사금(次司禁)○분립어전계상(分立於殿階上)○봉례(奉禮)○인왕세자(引王世子)○유동문입(由東門入)○취위(就位)○보덕이하응종입자(輔德以下應從入者)○궤어배위동남서향북상(跪於拜位東南西向北上)○전의왈(典儀曰)○사배(四拜)○찬의창(贊儀唱)○국궁사배흥평신(鞠躬四拜興平身)○범찬의찬창(凡贊儀贊唱)○개승전의지사(皆承典儀之辭)○왕세자(王世子)○국궁(鞠躬)○악작(樂作)○사배흥평신(四拜興平身)○악지(樂止)○대치사관(代致詞官)○승자서편계(陞自西偏階)○진당좌전(進當座前)○부복궤(俯伏跪)○찬의창(贊儀唱)○궤(跪)○왕세자궤(王世子跪)○대치사관(代致詞官)○치사운(致詞云)○왕세자신모(王世子臣某)○자우맹춘십오량진(玆遇孟春十五良辰)○삭일(朔日)○칙운수일량진(則云首日良辰)○타월동(他月同)○공유전하(恭惟殿下)○무응시지(茂膺時祉)○하흘(賀訖)○부복흥강복위(俯伏興降復位)○찬의창(贊儀唱)○부복흥사배흥평신(俯伏興四拜興平身)○왕세자(王世子)○부복흥(俯伏興)○악작(樂作)○사배흥평신(四拜興平身)○악지(樂止)○봉례(奉禮)○인왕세자출(引王世子出)○인의(引儀)○분인종친문무이품이상(分引宗親文武二品以上)○유동서편문입(由東西偏門入)○취위(就位)○약유객사(若有客使)○칙취위행례(則就位行禮)○여정지조의(如正至朝儀)○찬의창(贊儀唱)○국궁사배흥평신(鞠躬四拜興平身)○종친(宗親)○문무백관(文武百官)○개국궁(皆鞠躬)○악작(樂作)○사배흥평신(四拜興平身)○악지(樂止)○대치사관(代致詞官)○승자서편계(陞自西偏階)○진당좌전(進當座前)○부복궤(俯伏跪)○찬의창(贊儀唱)○궤(跪)○종친(宗親)○문무백관(文武百官)○개궤(皆跪)○대치사관(代致詞官)○치사운(致詞云)○의정구관신모등운운(議政具官臣某等云云)○사(詞)○동왕세자(同王世子)○공유주상전하(恭惟主上殿下)○무응시지(茂膺時祉)○하흘(賀訖)○부복흥강복위(俯伏興降復位)○찬의창(贊儀唱)○부복흥사배흥평신(俯伏興四拜興平身)○종친(宗親)○문무백관(文武百官)○부복흥(俯伏興)○악작(樂作)○사배흥평신(四拜興平身)○악지(樂止)○좌통례(左通禮)○승자서편계(陞自西偏階)○진당좌전(進當座前)○부복궤계례필(俯伏跪啓禮畢)○부복흥강복위(俯伏興降復位)○협률랑(協律郞)○궤부복거휘흥(跪俯伏擧麾興)○공고축(工鼓柷)○악작(樂作)○전하(殿下)○강좌승여(降座乘輿)○

산선(繖扇)○시위여래의(侍衛如來儀)○장출전문(將出殿門)○고취진작(鼓吹振作)○협률랑(協律郎)○궤언휘부복흥(跪偃麾俯伏興)○공알어(工戛敔)○악지(樂止)○환사정전(還思政殿)○고취지(鼓吹止)○인의(儀)○분인종친(分引宗親)○문무백관출(文武百官出)○若有客使○則通事○先引出○左通禮○俯伏跪啓解嚴○兵曹○承敎放仗

조참의(朝參儀)

전일일(前一日)○액정서(掖庭署)○설어좌어근정문정중남향(設御座於勤政門正中南向)○설향안이어계상좌우(設香案二於階上左右)○전악(典樂)○진고악어홍례문내북향(陳鼓樂於弘禮門內北向)○설협률랑거휘위어서계하근서동향(設協律郎舉麾位於西階下近西東向)

기일(其日)○전의(典儀)○설문관이품이상위어영제교북도동(設文官二品以上位於永濟橋北道東)○삼품이하어교남(三品以下於橋南)○종친급무관이품이상위어교북도서(宗親及武官二品以上位於橋北道西)○삼품이하어교남(三品以下於橋南)○구매등이위(俱每等異位)○중행북향(重行北向)○상대위수(相對爲首)○종친(宗親)○매품반두(每品班頭)○별설위(別設位)○대군(大君)○특설위어정일품지전(特設位於正一品之前)○제방객사래조(諸方客使來朝)○칙설차설위(則設次設位)○여정지조의(如正至朝儀)○감찰위어문무매품반말동서상향(監察位於文武每品班末東西相向)○좌우통례(左右通禮)○전의위어문관동북서향(典儀位於文官東北西向)○찬의(贊儀)○인의(引儀)○재남차퇴(在南差退)○우찬의(又贊儀)○인의위어무관서북동향(引儀位於武官西北東向)○구북상(俱北上)○인의(引儀)○설문외위어조당전(設門外位於朝堂前)○문관(文官)○재동(在東)○종친급무관(宗親及武官)○재서(在西)○구매등이위(俱每等異位)○중행상향북상(重行相向北上)○종친(宗親)○별설위여상(別設位如常)

고초엄(鼓初嚴)○병조(兵曹)○륵제위(勒諸衛)○진로부소장어중도급정지동서홍례문내외(陳鹵簿小仗於中道及庭之東西弘禮門內外)○렬군사(列軍士)○병여식(並如式)○견서례(見序例)○사복사정(司僕寺正)○진어마어중도좌우(陳御馬於中道左右)○각일필(各一匹)○상향(相向)○장마어정지동서(仗馬於庭之東西)○삼필재동(三匹在東)○삼필재서(三匹在西)○종친(宗親)○문무백관(文武百官)○이상복(以常服)○구집조당(俱集朝堂)○약유객사(若有客使)○칙취차여정지조의(則就次如正至朝儀)

고이엄(鼓二嚴)○종친(宗親)○문무백관(文武百官)○개취문외위(皆就門外位)○제호위지관급사금(諸護衛之官及司禁)○각구기복(各具器服)○예사정전합외(詣思政殿閤外)○사후(伺候)○좌통례(左通禮)○예합외(詣閤外)○부복궤(俯伏跪)○계청중엄(啓請中嚴)○전하(殿下)○구익선관(具翼善冠)○곤룡포(袞龍袍)○어사정전(御思政殿)○산선(繖扇)○시위여상의(侍衛如常儀)○근시급집사관(近侍及執事官)○선행사배례여상(先行四拜禮如常)○전악(典樂)○솔공인(帥工人)○입취위(入就位)○협률랑(協律郎)○입취거휘위(入就舉麾位)

고삼엄(鼓三嚴)○집사관(執事官)○선취위(先就位)○인의(引儀)○분인종친문무삼품이하(分引宗親文武三品以下)○유동서편문입(由東西偏門入)○취위(就位)○종성지(鍾聲止)○벽내외문(闢內外門)○좌통례(左通禮)○부복궤계외판(俯伏跪啓外辦)○전하(殿下)○승여이출(乘輿以出)○산선(繖扇)○시위여상의(侍衛如常儀)○전하장출(殿下將出)○장동(仗動)○고취진작(鼓吹振作)○장지근정문(將至勤政門)○협률랑(協律郎)○궤부복거휘흥(跪俯伏舉麾興)○악작(樂作)○전정악(殿庭樂)○고취지(鼓吹止)○전하승좌(殿下陞座)○로연승(爐煙升)○산선(繖扇)○시위여상의(侍衛如常儀)○협률랑(協律郎)○궤언휘부복흥(跪偃麾俯伏興)○악지(樂止)○제호위지관(諸護衛之官)○분렬어좌지후급계하동서(分列於御座之後及階下東西)○차승지(次承旨)○분예계하동서부복(分詣階下東西俯伏)○사관(史官)○재기후(在其後)○차사금(次司禁)○분립어동서(分立於東西)○인의(引儀)○분인종친문무이품이상(分引宗親文武二品以上)○유동서편문입(由東西偏門入)○취위(就位)○약유객사(若有客使)○칙취위행례(則就位行禮)○여정지조의(如正至朝儀)○전의왈(典儀曰)○사배(四拜)○찬의창(贊儀唱)○국궁사배흥평신(鞠躬四拜興平身)○범찬의찬창(凡贊儀贊唱)○개승전의지사(皆承典儀之辭)○종친(宗親)○문무백관(文武百官)○국궁(鞠躬)○악작(樂作)○사배흥평신(四拜興平身)○악지(樂止)○좌통례(左通禮)○진당좌전(進當座前)○부복궤계례필(俯伏跪啓禮畢)○부복흥퇴복위(俯伏興退復位)○협률랑(協律郎)○궤부복거휘흥(跪俯伏舉麾興)○악작(樂作)○전하(殿下)○강좌승여(降座乘輿)○고취진작

(鼓吹振作)○협률랑(協律郎)○궤언휘부복흥(跪偃麾俯伏興)○악지(樂止)○산선(繖扇)○시위여래의(侍衛如來儀)○환사정전(還思政殿)○고취지(鼓吹止)○인의(引儀)○분인종친(分引宗親)○문무백관출(文武百官出)○약유객사(若有客使)○칙통사선인출(則通事先引出)○좌통례(左通禮)○부복궤계해엄(俯伏跪啓解嚴)○병조(兵曹)○승교방장(承敎放仗)

상참조계의(常參朝啓儀)

기일(其日)○액정서(掖庭署)○설어좌어사정전북벽남향(設御座於思政殿北壁南向)○설향안어좌전(設香案於座前)○설상참관배위어전정동서(設常參官拜位於殿庭東西)○의정부(議政府)○리조(吏曹)○호조(戶曹)○례조당상관급당하관(禮曹堂上官及堂下官)○한성부당상관(漢城府堂上官)○사헌부(司憲府)○사간원(司諫院)○감찰(監察)○사관(史官)○각일재동(各一在東)○종친부(宗親府)○의빈부(儀賓府)○충훈부(忠勳府)○중추부(中樞府)○돈녕부당상관(敦寧府堂上官)○병조(兵曹)○형조(刑曹)○공조당상관급당하관(工曹堂上官及堂下官)○사관(史官)○각일재서(各一在西)○충훈부당상관(忠勳府堂上官)○급의정부(及議政府)○육조당하관(六曹堂下官)○감찰(監察)○칙개당직원진참(則皆當直員進參)○북향상대위수(北向相對爲首)○일이품정종(一二品正從)○각위일행(各爲一行)○삼사품(三四品)○각위일행(各爲一行)○오륙품(五六品)○합위일행(合爲一行)○사관일행(史官一行)○계사관이품이상위어전내동서(啓事官二品以上位於殿內東西)○상향북상(相向北上)○의정부(議政府)○리조(吏曹)○호조(戶曹)○례조(禮曹)○한성부당상관(漢城府堂上官)○대사헌(大司憲)○재동(在東)○종친부(宗親府)○충훈부(忠勳府)○중추부(中樞府)○병조(兵曹)○형조(刑曹)○공조(工曹)○당상관(堂上官)○재서(在西)○정일품초전(正一品稍前)○종일품이하차퇴(從一品以下差退)○삼품이하어전영간북향(三品以下於前楹間北向)○리조(吏曹)○호조(戶曹)○례조참급사헌부(禮曹參及司憲府)○사간원(司諫院)○근동서상(近東西上)○병조(兵曹)○형조(刑曹)○공조참의급공신(工曹參議及功臣)○근서동상(近西東上)○승지어전영간당중동상(承旨於前楹間當中東上)○사관어영외동서(史官於楹外東西)○설찬의이인위어동서계하상향(設贊儀二人位於東西階下相向)○렬군사어전계상급정지동서여상(列軍士於殿階上及庭之東西如常)○퇴고삼성(槌鼓三聲)○응상참관(應常參官)○구이상복(俱以常服)○취동서합외(就東西閤外)○전하(殿下)○구익선관(具翼善冠)○곤룡포(袞龍袍)○출승좌(出陞座)○산선(繖扇)○시위여상의(侍衛如常儀)○승지급찬의(承旨及贊儀)○유서합선입정(由西閤先入庭)○중행북향동상(重行北向東上)○사배흘(四拜訖)○각취위(各就位)○상참관(常參官)○유동서합입(由東西閤入)○취배위(就拜位)○찬의창(贊儀唱)○국궁사배흥평신(鞠躬四拜興平身)○상참관(常參官)○국궁사배흥평신(鞠躬四拜興平身)○응계사관(應啓事官)○유동서계승(由東西階陞)○취위(就位)○부복(俯伏)○범출입전내자(凡出入殿內者)○개어호내부복(皆於戶內俯伏)○사관수지(史官隨之)○부계사자(不啓事者)○이차출(以次出)○산선급시위자역출(繖扇及侍衛者亦出)○계사관(啓事官)○계사흘(啓事訖)○종하이출(從下而出)○전하환내(殿下還內)

왕세자관의(王世子冠儀)

전기고종묘여의(前期告宗廟如儀)

○임헌명빈(臨軒命賓)○찬(贊)전일일(前一日)○액정서(掖庭署)○설어좌어근정전북벽남향(設御座於勤政殿北壁南向)○설보안어좌전근동(設寶案於座前近東)○향안이어전외좌우(香案二於殿外左右)○교서안어보안지남(敎書案於寶案之南)○장악원(掌樂院)○전헌현어전정근남북향(展軒懸於殿庭近南北向)○설협률랑거휘위어서계상근서동향(設協律郎擧麾位於西階上近西東向)

기일(其日)○전의(典儀)○설문관일품이하위어전정도동(設文官一品以下位於殿庭道東)○종친급무관일품이하위어도서(宗親及武官一品以下位於道西)○구매등이위(俱每等異位)○중행북향(重行北向)○상대위수(相對爲首)○종친(宗親)○매품반두(每品班頭)○별설위(別設位)○대군(大君)○특설위어정일품지전(特設位於正一品之前)○감찰위어문무매품반미(監察位於文武每品班未)○동서상향(東西相向)○계상전의위어동계상근동서향(階上典儀位於東階上近東西向)○좌우통례계하전의위어동계하근동서향(左右通禮階下典儀位於東階下近東西向)○찬의(贊儀)○인의(引儀)○재남차퇴(在南差退)○우찬의(又贊儀)○인의위어서계하근서동향(引儀位於西階下近西東向)○구북상(俱北上)○설빈(設賓)○찬수명위어전정도동북향(贊受命位於殿庭道東北向)○찬(贊)○초각(稍却)○거안자위어빈(擧案者位於賓)○찬지후(贊之後)○구동상(俱東上)○설문외위(設門外位)○문관이품이상어영제교북도동(文官二品以上於永濟橋北道東)○삼품이하어교남(三品以下於橋南)○종친급무관이품이상어교북도서(宗親及武

官二品以上於橋北道西)○삼품이하어교남(三品以下於橋南)○구매등이위(俱每等異位)○중행상향북상(重行相向北上)○종친(宗親)○별설위여전정(別設位如殿庭)○설빈이하위어근정문외도동(設賓以下位於勤政門外道東)○중행서향북상(重行西向北上)

고초엄(鼓初嚴)○병조(兵曹)○륵제위(勒諸衛)○진로부반장어정계급전정동서근정문내외(陳鹵簿半仗於正階及殿庭東西勤政門內外)○렬군사(列軍士)○병여식(竝如式)○견서례(見序例)○사복사정(司僕寺正)○진여(陳輿)○련어전정중도(輦於殿庭中道)○소여재북(小輿在北)○대련차지(大輦次之)○어마어중도좌우(御馬於中道左右)○각일필상향(各一匹相向)○장마어문무루남(仗馬於文武樓南)○륙필재릉문루남(六匹在隆文樓南)○륙필재릉무루남(六匹在隆武樓南)○종친(宗親)○문무백관급빈이하(文武百官及賓以下)○구집조당(俱集朝堂)○각구조복(各具朝服)

고이엄(鼓二嚴)○종친(宗親)○문무백관급빈이하(文武百官及賓以下)○개취문외위(皆就門外位)○례조정랑(禮曹正郎)○봉교서함(捧教書函)○치어안(置於案)○제호위지관급사금(諸護衛之官及司禁)○각구기복(各具器服)○상서원관(尙瑞院官)○봉보(捧寶)○구예사정전합외(俱詣思政殿閤外)○사후(伺候)○좌통례(左通禮)○예합외(詣閤外)○부복궤(俯伏跪)○계청중엄(啓請中嚴)○전하(殿下)○구원유관(俱遠遊冠)○강사포(絳紗袍)○어사정전(御思政殿)○산선(繖扇)○시위여상의(侍衛如常儀)○근시급집사관(近侍及執事官)○선행사배례여상(先行四拜禮如常)○전악(典樂)○수공인(帥工人)○입취위(入就位)○협률랑(協律郎)○입취거휘위(入就擧麾位)

고삼엄(鼓三嚴)○집사관(執事官)○선취위(先就位)○인의(引儀)○분인종친(分引宗親)○문무백관(文武百官)○유동서편문입(由東西偏門入)○취위(就位)○종성지(鍾聲止)○벽내외문(闢內外門)○좌통례(左通禮)○궤계외판(跪啓外辦)○전하(殿下)○승여이출(乘輿以出)○산선(繖扇)○시위여상의(侍衛如常儀)○전하장출(殿下將出)○장동(仗動)○고취진작(鼓吹振作)○장입전문(將入殿門)○협률랑(協律郎)○궤부복거휘흥(跪俯伏擧麾興)○공고축(工鼓柷)○헌가악작(軒架樂作)○고취지(鼓吹止)○전하승좌(殿下陞座)○로연승(爐煙升)○상서원관(尙瑞院官)○봉보(捧寶)○치어안(置於案)○산선(繖扇)○시위여상의(侍衛如常儀)○협률랑(協律郎)○궤언휘부복흥(跪偃麾俯伏興)○공알어(工戞敔)○악지(樂止)○제호위지관(諸護衛之官)○입렬어좌지후급전내동서(入列於御座之後及殿內東西)○차승지(次承旨)○분입전내동서부복(分入殿內東西俯伏)○사관(史官)○재기후(在其後)○사금(司禁)○분립어전계상(分立於殿階上)○전의왈(典儀曰)○사배(四拜)○찬의창(贊儀唱)○국궁사배흥평신(鞠躬四拜興平身)○범찬의찬창(凡贊儀贊唱)○개승전의지사(皆承典儀之辭)○종친(宗親)○문무백관(文武百官)○국궁(鞠躬)○악작(樂作)○사배흥평신(四拜興平身)○악지(樂止)○인의(引儀)○인종친(引宗親)○문무백관(文武百官)○회반상향립(回班相向立)○북상(北上)○임시(臨時)○설위(設位)○인의(引儀)○인빈(引賓)○찬급거안자(贊及擧案者)○유동편문입(由東偏門入)○취위(就位)○찬의창(贊儀唱)○국궁사배흥평신(鞠躬四拜興平身)○빈이하(賓以下)○국궁(鞠躬)○악작(樂作)○사배흥평신(四拜興平身)○악지(樂止)○전교관(傳教官)○진당좌전(進當座前)○부복궤계전교(俯伏跪啓傳教)○부복흥(俯伏興)○유동문출(由東門出)○집사자이인(執事者二人)○공복(公服)○대거교서안(對擧教書案)○종지(從之)○전교관(傳教官)○강예빈동북(降詣賓東北)○서향립(西向立)○집사자(執事者)○거안립어전교관지남소퇴서향(擧案立於傳教官之南少退西向)○전교관(傳教官)○칭유교(稱有教)○찬의창(贊儀唱)○궤(跪)○빈이하궤(賓以下跪)○전교관(傳教官)○선교왈(宣教曰)○금가관어원자(今加冠於元子)○경등장사(卿等將事)○선흘(宣訖)○찬의창(贊儀唱)○부복흥사배흥평신(俯伏興四拜興平身)○빈이하(賓以下)○부복흥(俯伏興)○악작(樂作)○사배흥평신(四拜興平身)○악지(樂止)○집사자(執事者)○이교서안(以教書案)○진전교관전(進傳教官前)○전교관(傳教官)○취교서함(取教書函)○집사자(執事者)○이안수거안자(以案授擧案者)○퇴(退)○수빈(授賓)○빈(賓)○진북향궤수(進北向跪受)○거안자이인(擧案者二人)○대거(對擧)○진빈지좌궤(進賓之左跪)○빈(賓)○치교서함어안(置教書函於案)○거안자(擧案者)○대거(對擧)○퇴립어빈지후(退立於賓之後)○전교관(傳教官)○환시위(還侍位)○찬의창(贊儀唱)○부복흥사배흥평신(俯伏興四拜興平身)○빈(賓)○찬(贊)○부복흥(俯伏興)○악작(樂作)○사배흥평신(四拜興平身)○악지(樂止)○인의(引儀)○인빈(引賓)○찬(贊)○유동문출(由東門出)○거안자(擧案者)○전행(前行)○빈(賓)○이교서함(以教書函)○치우채여(置于綵輿)○세장(細仗)○고취전도(鼓吹前導)○차교서여(次教書輿)○차빈이하수행(次賓以下隨行)○인의(引儀)○분인종친(分引宗親)○문무백관(文武百官)○복배위(復拜位)○찬의창(贊儀唱)○국궁사배흥평신(鞠躬四拜興平身)○종친(宗親)○문무백관(文武百官)○국궁(鞠躬)○악작(樂作)○사배흥평신(四拜興平身)○악지(樂止)○좌통례(左通禮)○승자서편계(陞自西偏階)○진당좌전(進當座前)○부복궤계례필(俯伏跪啓禮畢)○부복흥강복위(俯伏興降復位)○협률랑(協律郎)○궤부복거휘흥(跪俯伏擧麾興)○공고축(工鼓柷)○악작(樂作)○전하(殿下)○강좌승여(降座乘輿)○산선(繖扇)○시위여상의(侍衛如常儀)○장출전문(將出殿門)○고취진작(鼓吹振作)○협률랑(協律郎)○언휘부복흥(偃麾俯伏興)○공알어(工戛敔)○악지(樂止)○환사정전(還思政殿)○고취지(鼓吹止)○인의(引儀)○분인종친(分引宗親)○문무백관출(文武百官出)○초빈(初賓)○찬출문(贊出門)○예동궁입(詣東宮入)○차종친(次宗親)○문무백관(文武百官)○예동궁(詣東宮)○취위(就位)○여관의(如冠儀)

○관(冠)

전일일(前一日)○전설사(典設司)○설빈급찬관차어동궁문외도서(設賓及贊冠次於東宮門外道西)○구남향(俱南向)○우어도서(又於道西)○설일차(設一次)○의회빈(擬會賓)○찬(贊)○설교서권치악어기북(設敎書權置幄於其北)○유안(有案)

기일(其日)○장의(掌儀)○설문관이품이상배위어당내재남(設文官二品以上拜位於堂內在南)○종친급무관이품이상배위어당내재북(宗親及武官二品以上拜位於堂內在北)○설석(設席)○구매등이위(俱每等異位)○중행동향(重行東向)○상대위수(相對爲首)○종친(宗親)○매품반두(每品班頭)○별설위(別設位)○대군(大君)○특설위어정일품지전(特設位於正一品之前)○삼품이하배위어정중(三品以下拜位於庭中)○문관(文官)○재동(在東)○종친급무관(宗親及武官)○재서(在西)○구매등이위(俱每等異位)○중행북향(重行北向)○상대위수(相對爲首)○종친(宗親)○매품반두(每品班頭)○별설위(別設位)○감찰위어문무매품반말동서상향(監察位於文武每品班末東西相向)○장의위어동계동남서향(掌儀位於東階東南西向)○찬의(贊儀)○인의(引儀)○재남차퇴(在南差退)○우찬의(又贊儀)○인의위어서계서남동향(引儀位於西階西南東向)○구북상(俱北上)○설문외위(設門外位)○빈(賓)○찬위어궁문외도동서향북상(贊位於宮門外道東西向北上)○사(師)○부(傅)○이사(貳師)○빈객급문관일품이하위어도동(賓客及文官一品以下位於道東)○종친급무관일품이하위어도서상향북상(宗親及武官一品以下位於道西相向北上)○설왕세자배위어정당동벽서향(設王世子拜位於正堂東壁西向)○수사(受師)○부(傅)○이사(貳師)○빈객배위어정동서향(賓客拜位於庭東西向)○사(師)○부(傅)○이사위어정서(貳師位於庭西)○빈객위어사부지남소퇴(賓客位於師傅之南小退)○구동향(俱東向)○우설왕세자위어계동남서향(又設王世子位於階東南西向)○설수교위어정남북향(設受敎位於庭南北向)○설빈위어계간남향(設賓位於階間南向)○찬관위어서남동향(贊冠位於西南東向)○설교서안어찬관서남동향(設敎書案於贊冠西南東向)○주인위어정남근동서향(主人位於庭南近東西向)○인의(引儀)○설관세어동계동남(設盥洗於東階東南)○뢰(罍)○재세동(在洗東)○가작(加勺)○비(篚)○재세서남사(在洗西南肆)○실이건(實以巾)○액정서(掖庭署)○포왕세자관석어당상동벽근남서향(鋪王世子冠席於堂上東壁近南西向)○설빈석어서계상동향(設賓席於西階上東向)○주인석어왕세자석서남서향(主人席於王世子席西南西向)○설사(設師)○부(傅)○이사석어관석북남향(貳師席於冠席北南向)○빈객석어관석동북향(賓客席於冠席東北向)○전설사(典設司)○장유악어동서(張帷幄於東序)○설욕석어유중(設褥席於帷中)○우장유어서외(又張帷於序外)○의치찬물(擬置饌物)○상의원(尙衣院)○진삼가지복어유내(陳三加之服於帷內)○동령북상(東領北上)○병치리즐이상(幷置纚櫛二箱)○관면상어서계지서북상(冠冕箱於西階之西北上)○유탁(有卓)○초가(初加)○곤룡포(袞龍袍)○재가(再加)○강사포(絳紗袍)○삼가(三加)○면복(冕服)○사옹원관(司饔院官)○치례존탁어서계상(置醴尊卓於西階上)○설점가작(設坫加爵)○세자익위사(世子翊衛司)○륵소부(勒所部)○진장위어정지내외여상(陳仗衛於庭之內外如常)○궁관(宮官)○의시각(依時刻)○집도(集到)○각복기복(各服其服)○문관(文官)○조복(朝服)○무관(武官)○기복(器服)○사(師)○부(傅)○이사(貳師)○빈객(賓客)○종친(宗親)○문무백관(文武百官)○각구공복(各具公服)○병집궁문외위(竝集宮門外位)○시종지관(侍從之官)○익위이인(翊衛二人)○패검(佩劍)○사어이인(司禦二人)○패궁시(佩弓矢)○예합외봉영(詣閤外奉迎)○필선(弼善)○예합외(詣閤外)○궤찬청내엄(跪贊請內嚴)○상의원관(尙衣院官)○각집관면상(各執冠冕箱)○립어계지서(立於階之西)○동향북상(東向北上)○주인(主人)○찬관(贊冠)○승예동서유내(陞詣東序帷內)○서면립(西面立)○초빈(初賓)○찬지궁문외(贊至宮門外)○봉교서(捧敎書)○안어권치악(安於權置幄)○필선(弼善)○궤백외비(跪白外備)○왕세자(王世子)○이시복출(以時服出)○필선(弼善)○영어합외(迎於閤外)○인승좌(引陞座)○시위여상의(侍衛如常儀)○궁관급집사(宮官及執事)○궁관(宮官)○여세자시강원(如世子侍講院)○익위사지류(翊衛司之類)○집사관(執事官)○여장의(如掌儀)○인의(引儀)○감찰지류(監察之類)○유서문입정(由西門入庭)○분동서(分東西)○시강원관급집사관(侍講院官及執事官)○재동(在東)○익위사(翊衛司)○재서(在西)○중행북향(重行北向)○상대위수(相對爲首)○재배흘(再

拜訖)○각취위(各就位)○시강원(侍講院)○재정지동(在庭之東)○익위사(翊衛司)○재정지서(在庭之西)○구근북중행(俱近北重行)○상향북상(相向北上)○**인의(引儀)**○**분인종친문무이품이상입(分引宗親文武二品以上入)**○**필선(弼善)**○**예좌전(詣座前)**○**궤찬청흥(跪贊請興)**○**왕세자(王世子)**○**흥립어좌전(興立於座前)**○약유백숙(若有伯叔)○칙왕세자강립어동계하(則王世子降立於東階下)○백숙지계(伯叔至階)○왕세자승립어좌전(王世子陞立於座前)○**필선(弼善)**○**부복흥환시위(俯伏興還侍位)**○**인의(引儀)**○**인종친문무이품이상(引宗親文武二品以上)**○**유서계승(由西階陞)**○**취당중배위(就堂中拜位)**○인의지어계하(引儀止於階下)○**찬의창(贊儀唱)**○**국궁재배흥평신(鞠躬再拜興平身)**○**이품이상(二品以上)**○**국궁재배(鞠躬再拜)**○돈수(頓首)○**흥평신(興平身)**○**왕세자(王世子)**○**답재배(答再拜)**○공수(控首)○약유백숙(若有伯叔)○칙돈수(則頓首)○**흘(訖)**○**인의(引儀)**○**분인이품이상(分引二品以上)**○**출취정동서상향위(出就庭東西相向位)**○**필선(弼善)**○**찬청승좌(贊請陞座)**○**왕세자(王世子)**○**승좌(陞座)**○**인의(引儀)**○**분인삼품이하(分引三品以下)**○**입취배위(入就拜位)**○**찬의창(贊儀唱)**○**국궁재배흥평신(鞠躬再拜興平身)**○**삼품이하(三品以下)**○**국궁재배흥평신(鞠躬再拜興平身)**○**회반상향립(回班相向立)**○**인의(引儀)**○**인사(引師)**○**부(傅)**○**이사(貳師)**○**빈객(賓客)**○**입취위(入就位)**○**필선(弼善)**○**인왕세자(引王世子)**○**강자동계(降自東階)**○**취정동배위(就庭東拜位)**○**서향립(西向立)**○**필선(弼善)**○**찬청재배(贊請再拜)**○**왕세자(王世子)**○**재배(再拜)**○**사(師)**○**부(傅)**○**이사(貳師)**○**빈객(賓客)**○**답재배(答再拜)**○**필선(弼善)**○**인왕세자(引王世子)**○**취계동남위(就階東南位)**○**서향립(西向立)**○**사(師)**○**부(傅)**○**이사재전(貳師在前)**○**빈객종후(賓客從後)**○**익위이인(翊衛二人)**○**협좌우(夾左右)**○**기여장위(其餘仗衛)**○**렬어사부지외(列於師傅之外)**○**인의(引儀)**○**인주인(引主人)**○**입취정서위(入就庭西位)**○**주인재배(主人再拜)**○**왕세자답재배(王世子答再拜)**○**인의(引儀)**○**인주인출(引主人出)**○**영빈어궁문동서향(迎賓於宮門東西向)**○**빈(賓)**○**립어문서동향(立於門西東向)**○**빈주(賓主)**○**읍양입문(揖讓入門)**○**봉교서함자(捧敎書函者)**○**전행(前行)**○**왕세자이하재위자(王世子以下在位者)**○**국궁(鞠躬)**○**과칙평신(過則平身)**○**봉교서(捧敎書)**○**치우안(置于案)**○**인의(引儀)**○**인빈(引賓)**○**예계간(詣階間)**○**남향립(南向立)**○**찬관(贊冠)**○**립어빈서남동향(立於賓西南東向)**○**주인(主人)**○**취위립(就位立)**○**빈(賓)**○**취안(就案)**○**취교서(取敎書)**○**복위(復位)**○**필선(弼善)**○**인왕세자(引王世子)**○**예수교위(詣受敎位)**○**북향립(北向立)**○**필선(弼善)**○**찬사배(贊四拜)**○**왕세자(王世子)**○**사배(四拜)**○**빈칭유교(賓稱有敎)**○**필선(弼善)**○**찬궤(贊跪)**○**왕세자궤(王世子跪)**○**빈선교왈(賓宣敎曰)**○**교왕세자모(敎王世子某)**○**길일원복(吉日元服)**○**솔유구장(率由舊章)**○**명의정모(命議政某)**○**취궁전례(就宮展禮)**○**선흘(宣訖)**○**필선(弼善)**○**찬부복흥사배흥평신(贊俯伏興四拜興平身)**○**왕세자(王世子)**○**부복흥사배흥평신(俯伏興四拜興平身)**○**빈객(賓客)**○**진예빈전(進詣賓前)**○**궤수교서퇴(跪受敎書退)**○**수왕세자(授王世子)**○**왕세자(王世子)**○**궤수교서(跪受敎書)**○**부필선(付弼善)**○**이수지함자(以授持函者)**○**필선(弼善)**○**인왕세자(引王世子)**○**승자동계(陞自東階)**○**사(師)**○**부(傅)**○**이사(貳師)**○**빈객도종여식(賓客導從如式)**○**왕세자(王世子)**○**입동서유내근북(入東序帷內近北)**○**서향립(西向立)**○**사(師)**○**부(傅)**○**이사(貳師)**○**빈객(賓客)**○**각취당상석위(各就堂上席位)**○**빈(賓)**○**승서계(陞西階)**○**주인(主人)**○**승동계(陞東階)**○**각립석후(各立席後)**○**초빈승(初賓陞)**○**인의(引儀)**○**인빈(引賓)**○**찬관(贊冠)**○**예뢰세관수(詣罍洗盥手)**○**승자동계(陞自東階)**○**예동서유내(詣東序帷內)**○**립어주인찬관지남(立於主人贊冠之南)**○**구서향(俱西向)**○**주인(主人)**○**찬관(贊冠)**○**인왕세자출(引王世子出)**○**립어관석동서향(立於冠席東西向)**○**빈(賓)**○**찬관(贊冠)**○**취리즐이상출(取纚櫛二箱出)**○**궤전어왕세자관석남(跪奠於王世子冠席南)**○**흥예석북소동(興詣席北少東)**○**서향립(西向立)**○**빈(賓)**○**읍왕세자(揖王世子)**○**왕세자(王世子)**○**승연서향좌(陞筵西向坐)**○**빈(賓)**○**찬관(贊冠)**○**진연전(進筵前)**○**동향궤(東向跪)**○**즐왕세자(櫛王世子)**○**필(畢)**○**설리흥소북(設纚興少北)**○**남향립(南向立)**○**빈강관(賓降盥)**○**주인종강(主人從降)**○**빈승(賓陞)**○**주인종승(主人從陞)**○**집초가관자(執初加冠者)**○**승서계(陞西階)**○**빈(賓)**○**강일등수지(降一等受之)**○**우집정(右執頂)**○**좌집전(左執前)**○**진왕세자석전(進王世子席前)**○**동향립(東向立)**○**축왈(祝曰)**○**령월길일(令月吉日)**○**시가원복(始加元服)**○**기궐유지(棄厥幼志)**○**신기성덕(愼其成德)**○**수고유기(壽考維祺)**○**이개경복(以介景福)**○**내궤관(乃跪冠)**○**흥복위(興復位)**○**동향립(東向立)**○**빈(賓)**○**찬관(贊冠)**○**진석전(進席前)**○**동향궤(東向跪)**○**정관흥복위(整冠興復位)**○**왕세자흥(王世子興)**○**빈(賓)**○**읍왕세자(揖王世子)**○**주인(主人)**○**찬관(贊冠)**○**인왕세자(引王世子)**○**적동서유내(適東序帷內)**○**착곤룡포이출(着袞龍袍以出)**○**립어석동서향(立於席東西向)**○**빈(賓)**○**읍왕세자(揖王世子)**○**왕세자(王世子)**○**승연(陞筵)**○**서향좌(西向坐)**○**빈(賓)**○**찬관(贊冠)**○**진석전(進席前)**○**동향궤(東向跪)**○**탈초가관(脫初加冠)**○**치어상(置於箱)**○**흥복위(興復位)**○**집재가관자(執再加冠者)**○**승서계(陞西階)**○**빈(賓)**○**강이등수지(降二等受之)**○**우집정(右執頂)**○**좌집전(左執前)**○**진왕세자석전(進王世子席前)**○**동향립(東向立)**○**축왈

(祝曰)○길월령진(吉月令辰)○내신가복(乃申嘉服)○극경위의(克敬威儀)○식명궐덕(式明厥德)○미수만년(眉壽萬年)○영수기복(永受祺福)○내궤관(乃跪冠)○흥복위(興復位)○동향립(東向立)○빈(賓)○찬관(贊冠)○진석전(進席前)○동향궤(東向跪)○설잠결영(設簪結纓)○흥복위(興復位)○왕세자(王世子)○흥(興)○빈(賓)○읍왕세자(揖王世子)○주인(主人)○찬관(贊冠)○인왕세자(引王世子)○적동서유내(適東序帷內)○착강사포이출(着絳紗袍以出)○립어석동서향(立於席東西向)○빈(賓)○읍왕세자(揖王世子)○왕세자(王世子)○승연(陞筵)○서향좌(西向坐)○빈(賓)○찬관(贊冠)○진석전(進席前)○동향궤(東向跪)○탈재가관(脫再加冠)○치어상(置於箱)○흥복위(興復位)○집삼가관자(執三加冠者)○승서계(陞西階)○빈(賓)○강삼등수지(降三等受之)○우집정(右執頂)○좌집전(左執前)○진왕세자석전(進王世子席前)○동향립(東向立)○축왈(祝曰)○이세지정(以歲之正)○이월지령(以月之令)○함가기복(咸加其服)○이성궐덕(以成厥德)○만수무강(萬壽無疆)○승천지경(承天之慶)○내궤관(乃跪冠)○흥복위(興復位)○동향립(東向立)○빈(賓)○찬관(贊冠)○진석전(進席前)○동향궤(東向跪)○설잠결영(設簪結纓)○흥복위(興復位)○왕세자흥(王世子興)○빈읍왕세자(賓揖王世子)○주인(主人)○찬관(贊冠)○인왕세자(引王世子)○적동서유내(適東序帷內)○빈(賓)○찬관(贊冠)○철리즐이상(徹纚櫛二箱)○입어유내(入於帷內)○주인(主人)○찬관(贊冠)○우설왕세자례석어당상초서남향(又設王世子醴席於堂上稍西南向)○설흘(設訖)○왕세자(王世子)○착면복이출(着冕服以出)○주인(主人)○찬관(贊冠)○인왕세자(引王世子)○취석남향좌(就席南向坐)○찬관퇴(贊冠退)○사옹원부제조(司饔院副提調)○예례존탁(詣醴尊卓)○북향립(北向立)○작례(酌醴)○빈(賓)○찬관(贊冠)○이작수지(以爵受之)○립어례석서남북향(立於醴席西南北向)○빈(賓)○진수례(進受醴)○진왕세자연전(進王世子筵前)○북면립(北面立)○축왈(祝曰)○감례유후(甘醴惟厚)○가천령방(嘉薦令芳)○배수제지(拜受祭之)○이정궐상(以定厥祥)○승천지휴(承天之休)○수고부망(壽考不忘)○흘(訖)○궤진례(跪進醴)○왕세자(王世子)○진규수례(搢圭受醴)○빈(賓)○찬관(贊冠)○봉찬(捧饌)○진어연전(陳於筵前)○왕세자(王世子)○제례쵀례(祭醴啐醴)○빈(賓)○찬관(贊冠)○수허작(受虛爵)○복어점(復於坫)○빈퇴복위(賓退復位)○빈(賓)○찬관(贊冠)○철찬(徹饌)○왕세자(王世子)○집규강연(執圭降筵)○서향재배(西向再拜)○빈답재배(賓答再拜)○인의(引儀)○인빈(引賓)○강립어서계지서근북동향(降立於西階之西近北東向)○빈(賓)○찬관(贊冠)○종강립어빈서남동향(從降立於賓西南東向)○주인(主人)○종강립어정남근동서향(從降立於庭南近東西向)○필선(弼善)○인왕세자(引王世子)○강자서계(降自西階)○립어서계지동남향(立於西階之東南向)○빈(賓)○소진(少進)○자지왈(字之曰)○례의기비(禮儀旣備)○령월길일(令月吉日)○소고궐자(昭告厥字)○군자유의(君子攸宜)○의지어하(宜之於嘏)○영수보지(永受保之)○봉교자모(奉敎字某)○왕세자(王世子)○재배왈(再拜曰)○모수부민(某雖不敏)○감부지봉(敢不祗奉)○우재배(又再拜)○인의(引儀)○인빈(引賓)○찬급주인(贊及主人)○출문(出門)○필선(弼善)○인왕세자(引王世子)○지조계하위(至阼階下位)○서향립(西向立)○사(師)○부(傅)○이사(貳師)○재남북향(在南北向)○빈객(賓客)○재북남향(在北南向)○왕세자재배(王世子再拜)○사(師)○부(傅)○이사(貳師)○빈객(賓客)○답재배이출(答再拜以出)○필선(弼善)○인왕세자(引王世子)○승자조계(陞自阼階)○취배위(就拜位)○인의(引儀)○분인이품이상(分引二品以上)○취배위(就拜位)○찬의창(贊儀唱)○국궁재배흥평신(鞠躬再拜興平身)○이품이상(二品以上)○국궁재배흥평신(鞠躬再拜興平身)○왕세자답배(王世子答拜)○공수(控首)○약유백숙(若有伯叔)○칙돈수(則頓首)○흘(訖)○인의(引儀)○인이품이상출(引二品以上出)○약유백숙(若有伯叔)○칙왕세자강립어동계하(則王世子降立於東階下)○필선(弼善)○궤찬청승좌(跪贊請陞座)○왕세자승좌(王世子陞座)○인의(引儀)○분인삼품이하(分引三品以下)○구복배위(俱復拜位)○찬의창(贊儀唱)○국궁재배흥평신(鞠躬再拜興平身)○삼품이하(三品以下)○국궁재배흥평신(鞠躬再拜興平身)○필선(弼善)○백례필(白禮畢)○왕세자(王世子)○강좌환내(降座還內)○여상의(如常儀)○인의(引儀)○분인삼품이하(分引三品以下)○○이차출(以次出)○궁관급집사관출(宮官及執事官出)

○회빈객(會賓客)

빈(賓)○찬(贊)○기출립어회소문외지서동향북상(旣出立於會所門外之西東向北上)○주인(主人)○립어문동서향(立於門東西向)○읍양이입(揖讓而入)○주인(主人)○립어좌동서향(立於座東西向)○빈(賓)○찬(贊)○립어좌서동향(立於座西東向)○구재배(俱再拜)○각취좌(各就座)○수설주찬(遂設酒饌)○행회례(行會禮)○흘(訖)○빈(賓)○찬(贊)○립어서상동면남상(立於西廂東面南上)주인(主人)○립어동상서면(立於東廂西面)○집사자(執事者)○봉속백지비(奉束帛之篚)○이수주인(以授主人)○우집사자(又執事者)○봉속백지비(奉束帛之篚)○립어주인지후(立於主人之後)○빈

(贊)○구회북향서상(俱回北向西上)○재배(再拜)○주인(主人)○이폐비(以幣篚)○진서남향(西南向)○수빈(授賓)○집사자(執事者)○이폐진수찬관자(以幣進授贊冠者)○주인여집사자(主人與執事者)○퇴복위(退復位)○빈(賓)○찬강(贊降)○종자(從者)○호수폐(互受幣)○주인(主人)○출문동서향(出門東西向)○빈(賓)○출문서동향북상(出門西東向北上)○주인여빈(主人與賓)○구읍이퇴(俱揖而退)○빈(賓)○찬(贊)○출예궐(出詣闕)○복명(復命)

○조알(朝謁)

전일일(前一日)○전설사(典設司)○설왕세자차어근정문외도동(設王世子次於勤政門外道東)○근북서향(近北西向)

기일(其日)○관례흘(冠禮訖)○진로부장위여상(陳鹵簿仗衛如常)○궁관(宮官)○각복기복(各服其服)○취궁문외(就宮門外)○분좌우상향북상(分左右相向北上)○익찬(翊贊)○부인여식(負印如式)○시종지관(侍從之官)○예합외(詣閤外)○필선(弼善)○찬청내엄(贊請內嚴)○소경(小頃)○우백외비(又白外備)○왕세자(王世子)○구복출(具服出)○시위여상의(侍衛如常儀)○익찬(翊贊)○부인전행(負印前行)○필선(弼善)○인취근정문외차(引就勤政門外次)○시위여상(侍衛如常)

시지(時至)○필선(弼善)○인왕세자(引王世子)○입자동문(入自東門)○장위(仗衛)○정어문외(停於門外)○지전하소어전전위(至殿下所御殿前位)○북향립(北向立)○보덕이하응종입자(輔德以下應從入者)○궤어배위동남서향북상(跪於拜位東南西向北上)○필선(弼善)○찬청사배(贊請四拜)○왕세자사배(王世子四拜)○찬청궤(贊請跪)○왕세자궤(王世子跪)○근신(近臣)○선교계왈(宣敎戒曰)○사친이효(事親以孝)○접하이인(接下以仁)○사인이의(使人以義)○양인이혜(養人以惠)○흘(訖)○왕세자(王世子)○부복흥사배(俯伏興四拜)○소진(少進)○칭신수부민(稱臣雖不敏)○감부지봉(敢不祗奉)○퇴복위(退復位)○우사배(又四拜)○흘(訖)○필선(弼善)○인예왕비궁문외(引詣王妃宮門外)○내시(內侍)○승인지정전합외동상서향(承引至正殿閤外東廂西向)○전빈(典賓)○인왕세자(引王世子)○지왕비소어전전(至王妃所御殿前)○북향립(北向立)○사배(四拜)○상의(尙儀)○전승령(前承令)○강예왕세자서북동향(降詣王世子西北東向)○칭유지(稱有旨)○왕세자궤(王世子跪)○선지계지(宣旨戒之)○사여상(詞如上)○왕세자(王世子)○부복흥사배(俯伏興四拜)○소진(少進)○칭신숙야지봉(稱臣夙夜祗奉)○부감실추(不敢失墜)○우사배흘(又四拜訖)○출(出)○환궁여래의(還宮如來儀)

문무관관의(文武官冠儀)

전삼일(前三日)○주인주인(主人主人)○관자지조부(冠者之祖父)○자위계증조지종자자(自爲繼曾祖之宗子者)○약비종자(若非宗子)○칙필계증조지종자(則必繼曾祖之宗子)○주지(主之)○유고(有故)○칙명기차종자(則命其次宗子)○약기부자주지(若其父自主之)○고우사당여의(告于祠堂如儀)○견길례(見吉禮)○유축사운(唯祝詞云)○복이모지자모(伏以某之子某)○약모친모지자모(若某親某之子某)○년점장성(年漸長成)○장이모월모일(將以某月某日)○가관어기수(加冠於其首)○약족인이종자지명(若族人以宗子之命)○자관기자(自冠其子)○기축판(其祝版)○역이종자위주왈(亦以宗子爲主曰)○사개자모(使介子某)○약종자이고이자관(若宗子已孤而自冠)○칙역자위주인(則亦自爲主人)○축사운(祝詞云)○모장이모월모일(某將以某月某日)○가관어수(加冠於首)

계빈(戒賓)○택붕우현이유례자일인(擇朋友賢而有禮者一人)○시일주인성복(是日主人盛服)○예기문(詣其門)○소계자출견여상의(所戒者出見如常儀)○철다필(啜茶畢)○계자기언왈(戒者起言曰)○모유자모(某有子某)○약모자모(若某子某)○친유자모(親有子某)○장가관어기수(將加冠於其首)○원오자지교지야(願吾子之敎之也)○대왈(對曰)○모부민(某不敏)○공부능공사(恐不能供事)○이병오자(以病吾子)○감사(敢辭)○계자왈(戒者曰)○원오자지종교지야(願吾子之終敎之也)○대왈(對曰)○오자중유명(吾子重有命)○모감부종(某敢不從)○지원칙서(地遠則書)○초청지사위서(初請之辭爲書)○유(遺)[견(遣)]자제치지(子弟致之)○소계자사(所戒者辭)○사자고청(使者固請)○내허이복서왈(乃許而復書曰)○오자유명(吾子有命)○모감부종(某敢不從)○약종자자관(若宗子自冠)○칙계사단왈(則戒辭但曰)○모장가관어수(某將加冠於首)○후동(後同)

전일일(前一日)○숙빈(宿賓)○견자제(遣子弟)○이서치사왈(以書致辭曰)○래일모장가관어자모(來日某將加冠於子某)○약모친모자모지수(若某親某子某之首)○오자장리지(吾子將莅之)○감숙(敢宿)○모상모인(某上某人)○답서(答書)○모감부숙흥(某敢不夙興)○모상모인(某上某人)○약종자자관(若宗子自冠)○칙사지소개(則辭之所改)○여기계빈(如其戒賓)○설관세어동계동남(設盥洗於東階東南)○이역막위방어청사지동북(以帟幕爲房於廳事之東北)○혹청사무서계(或廳事無西階)○칙이인화이분지(則以堊畫而分之)○후방차(後倣此)○궐명숙흥(厥明夙興)○진삼가지복어방중탁상(陳三加之服於房中卓上)○동령북상(東領北上)○초가(初加)○상복조아(常服條兒)○재가(再加)○상복각대(常服角帶)○삼가(三加)○공복화통용(公服靴通用)○병치리즐상(幷置纚櫛箱)○설주탁어기북(設酒卓於其北)○복두사모립자(幞頭紗帽笠子)○각이일반성지(各以一盤盛之)○몽이말(蒙以帕)○이탁자진우서계하(以卓子陳于西階下)○집사자일인수지(執事者一人守之)○설관석어조계상지동(設冠席於阼階上之東)○소북서향(少北西向)○중자(衆子)○칙소서남향(則少西南向)○약종자자관(若宗子自冠)○칙여장자지석(則如長子之席)○소남(少南)○주인이하(主人以下)○성복(盛服)○주인(主人)○취조계하소동(就阼階下少東)○서향립(西向立)○자제(子弟)○친척(親戚)○동복(僮僕)○재기후(在其後)○중행서향(重行西向)○북상(北上)○빈자(儐者)○주인(主人)○택자제(擇子弟)○친척습례자(親戚習禮者)○위지(爲之)○립어문외서향(立於門外西向)○장관자(將冠者)○이시복(以時服)○재방중남면(在房中南面)○약비종자지자(若非宗子之子)○칙기부립어주인지우(則其父立於主人之右)○존칙소진(尊則少進)○비칙소퇴(卑則少退)○약종자자관(若宗子自冠)○칙복여장관자(則服如將冠者)○이취주인지위(而就主人之位)○빈급찬관자(賓及贊冠者)○빈(賓)○택자제친척습례자(擇子弟親戚習禮者)○위찬관(爲贊冠)○구성복(俱盛服)○지문외(至門外)○동향립(東向立)○찬자(贊者)○재우소퇴(在右少退)○빈자(儐者)○입고주인(入告主人)○주인(主人)○출문좌(出門左)○서향재배(西向再拜)○빈답배(賓答拜)○빈(賓)○주상읍이행(主相揖而行)○빈(賓)○찬종지(贊從之)○입문(入門)○분정이행(分庭而行)○읍양이지계(揖讓而至階)○우읍양이승(又揖讓而陞)○주인(主人),○유조계선승(由阼階先陞)○소동서향(少東西向)○빈(賓)○유서계계승(由西階繼陞)○소서동향(少西東向)○약비종자지자(若非宗子之子)○칙기부종출영빈(則其父從出迎賓)○입종주인(入從主人)○후빈이승(後賓而陞)○립어주인지우여전(立於主人之右如前)○찬자(贊者)○관세(盥帨)○유서계(由西階)○립어방중서향(立於房中西向)○빈자(儐者)○연우동서소북서향(筵于東序少北西向)○장관자(將冠者)○출방남면(出房南面)○빈읍(賓揖)○장관자(將冠者)○출립어관석동서향(出立於冠席東西向)○찬자(贊者)○취리즐상(取纚櫛箱)○치우석좌(置于席左)○흥립어장관자지좌(興立於將冠者之左)○빈(賓)○읍장관자(揖將冠者)○즉석서향좌(卽席西向坐)○찬자(贊者)○진석전(進席前)○동향궤(東向跪)○즐필(櫛畢)○설리흥(設纚興)○소북남향립(少北南向立)○빈내강(賓乃降)○주인역강(主人亦降)○빈관필(賓盥畢)○주인(主人)○읍승복위(揖陞復位)○약종자자관(若宗子自冠)○칙빈강관(則賓降盥)○주인부강(主人不降)○여병동(餘並同)○집초가관자(執初加冠者)○승서계(陞西階)○빈강일등(賓降一等)○수지정용(受之正容)○집예관자전향지(執詣冠者前向之)○축왈(祝曰)○길월령일(吉月令日)○시가원복(始加元服)○기이유지(棄爾幼志)○순이성덕(順爾成德)○수고유기(壽考維祺)○이개경복(以介景福)○내궤가립자(乃跪加笠子)○흥복위(興復位)○읍(揖)○관자(冠者)○적방(適房)○복원령(服圓領)○가조아납화이출(加條兒納靴以出)○정용립어석동서향(正容立於席東西向)○빈(賓)○읍관자(揖冠者)○즉석좌(卽席坐)○집재가관자(執再加冠者)○승서계(陞西階)○빈(賓)○강이등(降二等)○수지(受之)○집예관자전(執詣冠者前)○축왈(祝曰)○길월령진(吉月令辰)○내신이복(乃申爾服)○근이위의(謹爾威儀)○숙순이덕(肅順爾德)○미수영년(眉壽永年)○향수호복(享受胡福)○찬자(贊者)○진궤(進跪)○탈초가관(脫初加冠)○치어상(置於箱)○빈(賓)○내궤(乃跪)○가사모(加紗帽)○흥복위(興復位)○읍(揖)○관자(冠者)○적방(適房)○복원령(服圓領)○각대이출(角帶以出)○립어석동서향(立於席東西向)○빈(賓)○읍관자(揖冠者)○즉석좌(卽席坐)○집삼가관자(執三加冠者)○승서계(陞西階)○빈(賓)○강몰계(降沒階)○수지(受之)○집예관자전(執詣冠者前)○축왈(祝曰)○이세지정(以歲之正)○이월지령(以月之令)○함가이복(咸加爾服)○형제구재(兄弟具在)○이성궐덕(以成厥德)○황구무강(黃耇無疆)○수천지경(受天之慶)○찬자(贊者)○진궤(進跪)○탈재가관(脫再加冠)○치어상(置於箱)○흥복위(興復位)○빈(賓)○내궤가복두(乃跪加幞頭)○흥복위(興復位)○관자흥(冠者興)○빈읍(賓揖)○관자적방(冠者適房)○찬자(贊者)○철리즐상(徹纚櫛箱)○입우방내(入于房內)○빈자(儐者)○설초석우당중(設醮席于堂中)○소서남향(少西南向)○중자(衆子)○칙잉고석(則仍故席)○설흘(設訖)○관자(冠者)○착공복이출(着公服以出)○빈(賓)○읍관자(揖冠者)○취석우남향(就席右南向)○찬자(贊者)○작주우방중(酌酒于房中)○출립우관자지좌(出立于冠者之左)○빈(賓)○내취주(乃取酒)○예석전북향(詣席前北向)○축왈(祝曰)○지주기청(旨酒旣淸)○가천령방(嘉薦令芳)○배수제지(拜受祭之)○이정이상(以定爾祥)○승천지휴(承天之休)○수고부망(壽考不忘)○관자(冠者)○재배승석(再拜陞席)○남향수잔(南向受盞)○빈(賓)○복위(復位)○동향답배(東向答拜)○관자(冠者)○진석전(進席前)○궤제주(跪祭酒)○흥취석미(興就席未)○궤쵀주(跪啐酒)○흥강석(興降席)○수찬자잔(授贊者盞)○남향재배(南向再拜)○빈(賓)○동향답배(東向答拜)○관자(冠者)○수배찬자(遂拜贊者)○찬자(贊者)○빈좌동향소퇴답배(賓左東向少退答拜)○빈(賓)○강계동향(降階東向)○주인(主人)○강계서향(降階西向)○관자(冠者)○강자서계소동남향(降自西階少東南向)○빈(賓)○자지왈(字之曰)○례의기비(禮儀旣備)○령월길일(令月吉日)○소고이자(昭告爾字)○원자공가(爰字

孔嘉)○모수유의(髦壽維宜)○의지우하(宜之于嘏)○영수보지(永受保之)○왈백모부(曰伯某父)○중(仲)○숙(叔)○계(季)○유소당(唯所當)○관자대왈(冠者對曰)○모수부민(某雖不敏)○감부숙야지봉(敢不夙夜祗奉)○빈(賓)○혹별작사명이자지지의(或別作辭命以字之之意)○역가(亦可)○빈청퇴(賓請退)○주인청례빈(主人請禮賓)○빈출취차(賓出就次)○주인(主人)○이관자(以冠者)○견우사당여고의(見于祠堂如告儀)○단부용축(但不用祝)○주인(主人)○립어향탁전(立於香卓前)○고왈(告曰)○모지자모(某之子某)○약모친모지자모(若某親某之子某)○금일관필(今日冠畢)○감견(敢見)○관자(冠者)○진립어량계간(進立於兩階間)○재배강복위(再拜降復位)○약종자자관(若宗子自冠)○칙개사왈(則改辭曰)○모금일관필(某今日冠畢)○감견(敢見)○수재배(遂再拜)○약관자사실(若冠者私室)○유증조조이하사당(有曾祖祖以下祠堂)○칙각인모종자이견(則各因某宗子而見)○자위계조이하지종(自爲繼祖以下之宗)○칙자견(則自見)○관자(冠者)○견우존장(見于尊長)○부모(父母)○당중남면좌(堂中南面坐)○제숙부형(諸叔父兄)○재동서(在東序)○제숙부(諸叔父)○남면(南面)○제형(諸兄)○서면(西面)○제부녀(諸婦女)○재서서(在西序)○제숙모고(諸叔母姑)○남향(南向)○제자수(諸姊嫂)○동향(東向)○관자(冠者)○배부모(拜父母)○부모(父母)○위지기(爲之起)○동거유존장(同居有尊長)○칙부모(則父母)○이관자(以冠者)○예기실(詣其室)○배지(拜之)○존장위지기(尊長爲之起)○환취동서서(還就東西序)○매렬재배(每列再拜)○응답배자답배(應答拜者答拜)○약비종자지자(若非宗子之子)○칙선견종자(則先見宗子)○급제존어부자어당(及諸尊於父者於堂)○내취사실(乃就私室)○견어부모(見於父母)○급여친(及餘親)○약종자자관(若宗子自冠)○유모(有母)○칙견우모여의(則見于母如儀)○족인종지자(族人宗之者)○개래견어당상(皆來見於堂上)○종자(宗子)○서향배기존장(西向拜其尊長)○매렬재배(每列再拜)○수비유자배(受卑幼者拜)○내례빈(乃禮賓)○주인(主人)○이주찬(以酒饌)○연빈급빈찬자(延賓及儐贊者)○수지이폐(酬之以幣)○이배사지(而拜謝之)○폐다소수의(幣多小隨宜)○빈(賓)○찬유차(贊有差)○관자수출(冠者遂出)○견우향선생급부지집우(見于鄕先生及父之執友)○관자배(冠者拜)○선생(先生)○집우(執友)○개답배(皆答拜)○약유회지(若有誨之)○칙대여대빈지사(則對如對賓之辭)○차배지(且拜之)○선생(先生)○집우부답배(執友不答拜)

납비의(納妃儀)

전기택길(前期擇吉)○고사직종묘여의(告社稷宗廟如儀)

○납채(納采)

전이일(前二日)○예조(禮曹)○선섭내외(宣攝內外)○각공기직(各供其職)○후방차(後倣此)

전일일(前一日)○액정서(掖庭署)○설어좌어근정전북벽남향(設御座於勤政殿北壁南向)○설보안어좌전근동(設寶案於座前近東)○향안이어전외좌우(香案二於殿外左右)○설교서안어보안지남(設敎書案於寶案之南)○장악원(掌樂院)○전헌현어전정근남북향(展軒懸於殿庭近南北向)○진이부작(陳而不作)○후방차(後倣此)○설협률랑거휘위어서계상(設協律郞擧麾位於西階上)○근서동향(近西東向)

기일(其日)○전의(典儀)○설문관일품이하위어전정도동(設文官一品以下位於殿庭道東)○종친급무관일품이하위어도서(宗親及武官一品以下位於道西)○구매등위(俱每等異位)○중행북향(重行北向)○상대위수(相對爲首)○종친(宗親)○매품반두(每品班頭)○별설위(別設位)○대군(大君)○특설위어젹일품지젼(特設位於正一品之前)○감찰위어문무매품반말동서상향(監察位於文武每品班末東西相向)○계상전의위어동계상(階上典儀位於東階上)○근동서향(近東西向)○좌우통례(左右通禮)○계하전의위어동계하(階下典儀位於東階下)○근동서향(近東西向)○찬의(贊儀)○인의(引儀)○재남차퇴(在南差退)○우찬(又贊儀)○인의위어서계하(引儀位於西階下)○근서동향(近西東向)○구북상(俱北上)○설사자수명위어전정도동(設使者受命位於殿庭道東)○중행북향(重行北向)○거안자위어사자지후(擧案者位於使者之後)○구동상(俱東上)○인의(引儀)○설문외위(設門外位)○문관이품이상어영제교북도동(文官二品以上於永濟橋北道東)○삼품이하어교남(三品以下於橋南)○종친급무관이품이상어교북도서(宗親及武官二品以上於橋北道西)○삼품이하어교남(三品以下於橋南)○구매등이위(俱每等異位)○중행상향북상(重行相向北上)○종친(宗親)○별설위여전정(別設位如殿庭)○설사자이하위어근정문외도동(設使者以下位於勤政門外道東)○중행서향북상(重行西向北上)

고초엄(鼓初嚴)○병조(兵曹)○륵제위(勒諸衛)○진로부반장어정계급전정동서(陳鹵簿半仗於正階及殿庭東西)○근정문내외(勤政門內外)○렬군사(列軍士)○병여식(竝如式)○견서례(見序例)○사복사정(司僕寺正)○진여(陳輿)○련어전정중도(輦於殿庭中道)○소여재북(小輿在北)○대련차지(大輦次之)○어마어중도좌우(御馬於中道左右)○각일필(各一匹)○상향(相向)○장마어문무루남(仗馬於文武樓南)○륙필재륭문루남(六匹在隆文樓南)○륙필재륭무루남(六匹在隆武樓南)○상향(相向)○례조정랑(禮曹正郎)○진채여어근정문외(陳綵輿於勤政門外)○전악(典樂)○진고취(陳鼓吹)○병조(兵曹)○진세장어기남(陳細仗於其南)○세장재전(細仗在前)○고취차지(鼓吹次之)○종친(宗親)○문무백관급사자이하(文武百官及使者以下)○구집조당(俱集朝堂)○각구조복(各具朝服)

고이엄(鼓二嚴)○종친(宗親)○문무백관급사자이하(文武百官及使者以下)○개취문외위(皆就門外位)○예조정랑(禮曹正郎)○봉교서함(捧敎書函)○치어안(置於案)○제호위지관급사금(諸護衛之官及司禁)○각구기복(各具器服)○상서원관(尙瑞院官)○봉보(捧寶)○구예사정전합외(俱詣思政殿閤外)○사후(伺候)○좌통례(左通禮)○예합외(詣閤外)○부복궤(俯伏跪)○계청중엄(啓請中嚴)○전하(殿下)○구면복(俱冕服)○어사정전(御思政殿)○산선(繖扇)○시위여상의(侍衛如常儀)○근시급집사관(近侍及執事官)○유서합입정(由西閤入庭)○중행북향동상(重行北向東上)○사배이출(四拜而出)○전악(典樂)○수공인(帥工人)○입취위(入就位)○협률랑(協律郎)○입취거휘위(入就擧麾位)

고삼엄(鼓三嚴)○집사관(執事官)○선취위(先就位)○인의(引儀)○분인종친(分引宗親)○문무백관(文武百官)○유동서편문입(由東西偏門入)○취위(就位)○종성지(鍾聲止)○벽내외문(闢內外門)○좌통례(左通禮)○부복궤계외판(俯伏跪啓外辦)○전하(殿下)○승여이출(乘輿以出)○산선(繖扇)○시위여상의(侍衛如常儀)○전하승좌(殿下陞座)○로연승(爐煙升)○상서원관(尙瑞院官)○봉보(捧寶)○치어안(置於案)○산선(繖扇)○시위여상(侍衛如常)○의(儀)○제호위지관(諸護衛之官)○입렬어어좌지후급전내동서(入列於御座之後及殿內東西)○차승지(次承旨)○분입전내동서부복(分入殿內東西俯伏)○사관(史官)○재기후(在其後)○차사금(次司禁)○분립어전계상(分立於殿階上)○전의왈(典儀曰)○사배(四拜)○찬의창(贊儀唱)○국궁사배흥평신(鞠躬四拜興平身)○범찬의찬창(凡贊儀贊唱)○개승전의지사(皆承典儀之辭)○종친(宗親)○문무백관(文武百官)○개국궁사배흥평신(皆鞠躬四拜興平身)○회반상향립(回班相向立)○북상(北上)○림시설위(臨時設位)○후방차(後倣此)○인의(引儀)○인사자이하(引使者以下)○유동편문입(由東偏門入)○취위(就位)○찬의창(贊儀唱)○국궁사배흥평신(鞠躬四拜興平身)○사자이하(使者以下)○국궁사배흥평신(鞠躬四拜興平身)○전교관(傳敎官)○진당좌전(進當座前)○부복궤계전교(俯伏跪啓傳敎)○부복흥유동문출(俯伏興由東門出)○집사자이인(執事者二人)○공복(公服)○대거고서안(對擧敎書案)○종지(從之)○전교관(傳敎官)○강예사자동북(降詣使者東北)○서향립(西向立)○집사자(執事者)○거안립어전교관지남소퇴서향(擧案立於傳敎官之南少退西向)○전교관(傳敎官)○칭유교(稱有敎)○찬의창(贊儀唱)○궤(跪)○사자이하궤(使者以下跪)○전교관(傳敎官)○선교왈(宣敎曰)○빙모녀위왕비(聘某女爲王妃)○명경등행납채례(命卿等行納采禮)○선흘(宣訖)○찬의창(贊儀唱)○부복흥사배흥평신(俯伏興四拜興平身)○사자이하(使者以下)○부복흥사배흥평신(俯伏興四拜興平身)○집사자(執事者)○이교서안(以敎書案)○진전교관전(進傳敎官前)○전교관(傳敎官)○취교서함(取敎書函)○집사자(執事者)○이안수거안자(以案授擧案者)○퇴(退)○수정사(授正使)○정사(正使)○진북향궤수(進北向跪受)○거안자(擧案者)○대거(對擧)○진정사지좌궤(進正使之左跪)○정사(正使)○치교서함어안(置敎書函於案)○거안자(擧案者)○대거(對擧)○퇴립어사자지후(退立於使者之後)○전교관(傳敎官)○환시위(還侍位)○찬의창(贊儀唱)○부복흥사배흥평신(俯伏興四拜興平身)○사자(使者)○부복흥사배흥평신(俯伏興四拜興平身)○인의(引儀)○인사자(引使者)○유동문출(由東門出)○거안자(擧案者)○전행(前行)○사자(使者)○이교서함(以敎書函)○치우채여(置于綵輿)○세장(細仗)○고취전도(鼓吹前導)○고취(鼓吹)○비이부작(備而不作)○후방차(後倣此)○차교서여(次敎書輿)○차사자이하수행(次使者以下隨行)○종친(宗親)○문무백관(文武百官)○구복배위(俱復拜位)○찬의창(贊儀唱)○국궁사배흥평신(鞠躬四拜興平身)○종친(宗親)○문무백관(文武百官)○국궁사배흥평신(鞠躬四拜興平身)○좌통례(左通禮)○승자서편계(陞自西偏階)○진당좌전(進當座前)○부복궤계례필(俯伏跪啓禮畢)○부복흥강복위(俯伏興降復位)○전하(殿下)○강좌승여(降座乘輿)○환내(還內)○산선(繖扇)○시위여래의(侍衛如來儀)○인의(引儀)○분인종친(分引宗親)○문무백관출(文武百官出)○좌통례(左通禮)○부복궤계해엄(俯伏跪啓解嚴)○병조(兵曹)○승교방장(承敎放仗)○사자이하(使者以下)○출광화문(出光化門)○개구공복(改具公服)○승마이행(乘馬而行)○종자(從者)○승마수행(乘馬隨行)

○비씨제수납채(妃氏第受納采)

전일일(前一日)○전설사(典設司)○설사자차어비씨대문외도동남향(設使者次於妃氏大門外道東南

向)○포막어사자차지북(布幕於使者次之北)

기일대흔(其日大昕)○사자(使者)○지비씨대문외(至妃氏大門外)○장차자(掌次者)○영입차(迎入次)○범빈주급행사자(凡賓主及行事者)○개공복(皆公服)○후방차(後倣此)○교서진어막내(敎書陳於幕內)○알자(謁者)○인사자(引使者)○립어대문외지동(立於大門外之東)○서향북상(西向北上)○부사차퇴(副使差退)○후방차(後倣此)○거안자(擧案者)○립어사자지남(立於使者之南)○소퇴(少退)○장축자(掌畜者)○집안(執鴈)○용생안(用生鴈)○좌수이생색증(左首以生色繒)○교락지(交絡之)○우재기남(又在其南)○구서향(俱西向)○주인(主人)○립어대문내지서동향(立於大門內之西東向)○빈자(儐者)○립어주인지우북향(立於主人之右北向)○수명(受命)○출립어문서동향왈(出立於門西東向曰)○감청사(敢請事)○정사왈(正使曰)○모(某)○봉교납채(奉敎納采)○빈자(儐者)○입고(入告)○정인(正人)[주인(主人)]왈(曰)○신모지녀(臣某之女)○약여인(若如人)○기몽교방(旣蒙敎訪)○신모부감사(臣某不敢辭)○빈자(儐者)○출고(出告)○입인주인(入引主人)○출영사자어대문외지서동향(出迎使者於大門外之西東向)○소경(少頃)○북향사배(北向四拜)○사자부답배(使者不答拜)○알자(謁者)○인사자(引使者)○입문이우(入門而右)○거안자급집안자(擧案者及執鴈者)○종지(從之)○주인(主人)○입문이좌(入門而左)○사자(使者)○승자동계(陞自東階)○지당중(至堂中)○정사(正使)○남향립(南向立)○부사(副使)○립어정사동남(立於正使東南)○거안자급집안자(擧案者及執鴈者)○재부사동남(在副使東南)○구서향(俱西向)○주인(主人)○취정중(就庭中)○북향사배(北向四拜)○거안자(擧案者)○이안진부사전(以案進副使前)○부사(副使)○취교서(取敎書)○거안자(擧案者)○퇴복위(退復位)○진수정사(進授正使)○퇴복위(退復位)○정사(正使)○수교서(受敎書)○칭유교(稱有敎)○주인궤(主人跪)○정사(正使)○선교서(宣敎書)○흘(訖)○주인(主人)○부복흥사배(俯伏興四拜)○승자서계(陞自西階)○진왕사(進王使)[정사(正使)]전(前)○북향궤(北向跪)○정사(正使)○이교서수주인(以敎書授主人)○주인(主人)○수교서(受敎書)○퇴이수좌우(退以授左右)○잉북향궤(仍北向跪)○집안자(執鴈者)○이안진부사전(以鴈進副使前)○부사(副使)○취안(取鴈)○집안자(執鴈者)○퇴복위(退復位)○진수정사(進授正使)○퇴복위(退復位)○정사(正使)○수안(受鴈)○이수주인(以授主人)○주인(主人)○수안(受鴈)○퇴이수좌우(退以授左右)○북향립(北向立)○거전함자(擧箋函者)○진립어주인지후소서(進立於主人之後少西)○빈자(儐者)○취전함(取箋函)○이수주인(以授主人)○주인(主人)○수함(受函)○진궤수정사(進跪授正使)○정사(正使)○이수부사(以授副使)○부사(副使)○진수(進受)○이수거안자(以授擧案者)○주인(主人)○강복위(降復位)○사배(四拜)○알자(謁者)○인사자출(引使者出)○봉전함자(捧箋函者)○선행(先行)○주인(主人)○퇴립어정서(退立於庭西)○국궁(鞠躬)○전함과(箋函過)○즉평신(則平身)○사자(使者)○립어중문외지동서향(立於中門外之東西向)○주인(主人)○립어중문내지서동향(立於中門內之西東向)○빈자(儐者)○진수명출청사(進受命出請事)○정사왈(正使曰)○예필(禮畢)○빈자입고(儐者入告)○주인왈(主人曰)○모공봉교(某公奉敎)○지어모지실(至於某之室)○모유선인지례(某有先人之禮)○청례종자(請禮從者)○빈자출고(儐者出告)○정사왈(正使曰)○모기득장사(某旣得將事)○감사(敢辭)○빈자입고(儐者入告)○주인왈(主人曰)○선인지례(先人之禮)○감고이청(敢告以請)○빈자출고(儐者出告)○정사왈(正使曰)○모사부득명(某辭不得命)○감부종(敢不從)○빈자입고(儐者入告)○주인출영(主人出迎)○사자읍양이입(使者揖讓以入)○전함치어막내(箋函置於幕內)○후방차(後倣此)○지내문외당(至內門外堂)○내이주찬례지(乃以酒饌禮之)○봉백이로(奉帛以勞)○백용토물(帛用土物)○각부과이필(各不過二匹)○사자(使者)○출대문외지동(出大門外之東)○서향립(西向立)○주인(主人)○출문서동향(出門西東向)○사배이송(四拜而送)○입고우사당여의(入告于祠堂如儀)○견길례(見吉禮)○축사운(祝詞云)○복이모지제기녀(伏以某之第幾女)○약모친모지제기녀(若某親某之第幾女)○년점장성(年漸長成)○지승교방(祗承敎訪)○장입궁중(將入宮中)○금일납채(今日納采)○부승감창(不勝感愴)○사자수행(使者遂行)○거안자(擧案者)○이전함(以箋函)○치어채여(置於綵輿)○선행(先行)○지근정전(至勤政殿)○정도동(庭道東)○북향립(北向立)○전교관(傳敎官)○예사자동북(詣使者東北)○서향립(西向立)○사자이하궤(使者以下跪)○정사복명왈(正使復命曰)○봉교(奉敎)○납채례필(納采禮畢)○이전함수전교관(以箋函授傳敎官)○흘사배(訖四拜)○전교관계문(傳敎官啓聞)○사자퇴(使者退)

○교문(敎文)

○용지(用紙)○답전동(答箋同)

교모관성명(敎某官姓名)○왕약왈(王若曰)○혼원자시(渾元資始)○조경인륜(肇經人倫)○원급부부(爰及夫婦)○이봉사직종묘(以奉社稷宗廟)○모우경상(謀于卿相)○함이위의(咸以爲宜)○솔유구전(率由舊典)○금사모관모모관모(今使某官某某官某)○이례납채(以禮納采)○고자교시(故茲敎示)○

상의지실(想宜知悉)○모년월일(某年月日)

○답문(答文)

구관신모(具官臣某)○계수계수(稽首稽首)○상언(上言)○공유주상전하(恭惟主上殿下)○가명방혼(嘉命訪婚)○루족비수(陋族備數)○채택신지녀(采擇臣之女)○약자매(若姊妹)○칙운선신모관지녀(則云先臣某官之女)○미한교훈(未閑敎訓)○의리약여인(衣履若如人)○공승구장(恭承舊章)○숙봉전교(肅奉典敎)○신무임격절(臣無任激切)○병영지지(屛營之至)○근봉전이문(謹奉箋以聞)○모년월일모관신성명근상(某年月日某官臣姓名謹上)○납징(納徵)○고기(告期)○봉영교문답문식동(奉迎敎文答文式同)

○납징(納徵)

전일일(前一日)○액정서(掖庭署)○설어좌어근정전북벽남향(設御座於勤政殿北壁南向)○설보안어좌전근동(設寶案於座前近東)○향안이어전외좌우(香案二於殿外左右)○설교서안어보안지남(設敎書案於寶案之南)○속백안재기남(束帛案在其南)○장악원(掌樂院)○전헌현(展軒懸)○설거휘위(設擧麾位)

기일(其日)○전의설종친(典儀設宗親)○문무백관급사자이하내외위집사관위(文武百官及使者以下內外位執事官位)

고초엄(鼓初嚴)○병조(兵曹)○륵제위(勒諸衛)○진로부반장(陳鹵簿半仗)○렬군사(列軍士)○진여(陳輿)○련급마(輦及馬)○진채여(陳綵輿)○고취(鼓吹)○세장(細仗)○병여납채의(竝如納采儀)○유채여이(唯綵輿二)○종친(宗親)○문무백관급사자이하(文武百官及使者以下)○구집조당(俱集朝堂)○각구조복(各具朝服)

고이엄(鼓二嚴)○종친(宗親)○문무백관급사자이하(文武百官及使者以下)○개취문외위(皆就門外位)○례조정랑(禮曹正郎)○봉교서함급속백함(捧敎書函及束帛函)○현륙훈사(玄六纁四)○용단자(用段子)○각치어안(各置於案)○사복사정(司僕寺正)○진승마어전정도동헌현지북(陳乘馬於殿庭道東軒懸之北)○북수동상(北首東上)○제호위지관급사금(諸護衛之官及司禁)○각구기복(各具器服)○상서원관(尙瑞院官)○봉보(捧寶)○구예사정전합외(俱詣思政殿閤外)○사후(伺候)○좌통례(左通禮)○예합외(詣閤外)○부복궤(俯伏跪)○계청중엄(啓請中嚴)○전하(殿下)○구원유관(具遠遊冠)○강사포(絳紗袍)○어사정전(御思政殿)○산선(繖扇)○시위여상의(侍衛如常儀)○근시급집사관(近侍及執事官)○선행사배례여상(先行四拜禮如常)○전악수공인(典樂帥工人)○입취위(入就位)○협률랑(協律郎)○입취거휘위(入就擧麾位)

고삼엄(鼓三嚴)○집사관(執事官)○선취위(先就位)○인의(引儀)○분인종친(分引宗親)○문무백관(文武百官)○유동서편문입(由東西偏門入)○취위(就位)○종성지(鍾聲止)○벽내외문(闢內外門)○좌통례(左通禮)○부복궤계외판(俯伏跪啓外辦)○전하(殿下)○승여이출(乘輿以出)○산선(繖扇)○시위여상의(侍衛如常儀)○전하승좌(殿下陞座)○로연승(爐煙升)○상서원관(尙瑞院官)○봉보(捧寶)○치어안(置於案)○산선진렬(繖扇陳列)○급호위관(及護衛官)○근시입전내(近侍入殿內)○사금분립전계상(司禁分立殿階上)○병여상(竝如常)○전의왈(典儀曰)○사배(四拜)○찬의창(贊儀唱)○국궁사배흥평신(鞠躬四拜興平身)○종친(宗親)○문무백관(文武百官)○국궁사배흥평신(鞠躬四拜興平身)○회반상향립(回班相向立)○북상(北上)○인의(引儀)○인사자이하(引使者以下)○유동편문입(由東偏門入)○취위(就位)○찬의창(贊儀唱)○국궁사배흥평신(鞠躬四拜興平身)○사자이하(使者以下)○국궁사배흥평신(鞠躬四拜興平身)○전교관(傳敎官)○진당좌전(進當座前)○부복궤계전교(俯伏跪啓傳敎)○부복흥(俯伏興)○유동문출(由東門出)○집사자(執事者)○공복(公服)○대거교서(對擧敎書)○속백안(束帛案)○종지(從之)○매안이인(每案二人)○전교관(傳敎官)○강예사자동북(降詣使者東北)○서향립(西向立)○집사자(執事者)○거안립어전교관지남소퇴(擧案立於傳敎官之南少退)○구서향(俱西向)○전교관(傳敎官)○칭유교(稱有敎)○찬의창(贊儀唱)○궤(跪)○사자이하궤(使者以下跪)○전교관(傳敎官)○선교왈(宣敎曰)○빙모관모녀위왕비(聘某官某女爲王妃)○명경등행납징례(命卿等行納徵禮)○선흘(宣訖)○찬의창(贊儀唱)○부복흥사배흥평신(俯伏興四拜興平身)○사자이하(使者以下)○부복흥사배흥평신(俯伏興四拜興平身)○집사자(執事者)○이교서(以敎書)○진전교관전(進傳敎官前)○전교관(傳敎官)○취교서함(取敎書函)○집사자(執事者)○이안수거안자(以案授擧案者)○퇴(退)○수정사(授正使)○정사(正使)○진북향궤수(進北向跪受)○거안자(擧案者)○대거(對擧)

○진정사지좌궤(進正使之左跪)○정사(正使)○치교서함어안(置敎書函於案)○거안자(擧案者)○대거(對擧)○퇴립어사자지후(退立於使者之後)○전교관(傳敎官)○취속백함(取束帛函)○수정사여수교서지의(授正使如授敎書之儀)○흘(訖)○환시위(還侍位)○찬의창(贊儀唱)○부복흥사배흥평신(俯伏興四拜興平身)○사자(使者)○부복흥사배흥평신(俯伏興四拜興平身)○인의(引儀)○인사자(引使者)○유동문출(由東門出)○거교서속백안자(擧敎書束帛案者)○전행(前行)○견승마자(牽乘馬者)○종지(從之)○사자(使者)○이교서속백함(以敎書束帛函)○각치우채여(各置于綵輿)○세장(細仗)○고취전도(鼓吹前導)○차교서여(次敎書輿)○차속백여(次束帛輿)○차승마(次乘馬)○차사자이하수행(次使者以下隨行)○종친(宗親)○문무백관(文武百官)○복배위(復拜位)○찬의창(贊儀唱)○국궁사배흥평신(鞠躬四拜興平身)○종친(宗親)○문무백관(文武百官)○국궁사배흥평신(鞠躬四拜興平身)○좌통례(左通禮)○승자서편계(陞自西偏階)○진당좌전(進當座前)○부복궤계례필(俯伏跪啓禮畢)○부복흥강복위(俯伏興降復位)○전하(殿下)○강좌승여(降座乘輿)○환내(還內)○산선(繖扇)○시위여래의(侍衛如來儀)○인의(引儀)○분인종친(分引宗親)○문무백관출(文武百官出)○해엄방장여상(解嚴放仗如常)○사자이하(使者以下)○출광화문(出光化門)○개구공복(改具公服)○승마이행(乘馬而行)○종자(從者)○승마수행(乘馬隨行)

○비씨제수납징(妃氏第受納徵)

전일일(前一日)○전설사(典設司)○설사자차급포막여초(設使者次及布幕如初)

기일대흔(其日大昕)○사자(使者)○지비씨대문외(至妃氏大門外)○장차자(掌次者)○영입차(迎入次)○교서속백(敎書束帛)○진어막내(陳於幕內)○승마(乘馬)○진어막남북수(陳於幕南北首)○동상(東上)○알자(謁者)○인사자(引使者)○립어대문외지동서향북상(立於大門外之東西向北上)○거교서안자(擧敎書案者)○립어사자지남(立於使者之南)○거속백안자(擧束帛案者)○우재기남(又在其南)○구서향(俱西向)○주인(主人)○립어대문내지서동향(立於大門內之西東向)○빈자(儐者)○진수명출청사(進受命出請事)○정사왈(正使曰)○모봉교납징(某奉敎納徵)○빈자입고(儐者入告)○주인왈(主人曰)○봉교사신이중례(奉敎賜臣以重禮)○신모지봉전교(臣某祗奉典敎)○빈자(儐者)○출고(出告)○입인주인(入引主人)○출영어대문외지서동향(出迎於大門外之西東向)○소경(少頃)○북향사배(北向四拜)○사자부답배(使者不答拜)○알자(謁者)○인사자입문이우(引使者入門而右)○거교서속백안자(擧敎書束帛案者)○종지(從之)○주인(主人)○입문이좌(入門而左)○사자(使者)○승자동계지당중(陞自東階至堂中)○정사(正使)○남향립(南向立)○부사(副使)○립어정사동남(立於正使東南)○거교서속백안자(擧敎書束帛案者)○재부사동남(在副使東南)○구서향(俱西向)○견승마자(牽乘馬者)○종입정근남북수(從入庭近南北首)○동상(東上)○주인취정중(主人就庭中)○북향사배(北向四拜)○거교서안자(擧敎書案者)○이안진부사전(以案進副使前)○부사취교서(副使取敎書)거안자(擧案者)퇴복위(退復位)○진수정사(進授正使)○퇴복위(退復位)○정사수교서칭(正使受敎書稱)○유교(有敎)○주인궤(主人跪)○정사선교서(正使宣敎書)○흘주인부복흥사배(訖主人俯伏興四拜)○승자서계진정사전북향궤(陞自西階進正使前北向跪)○정사이교서수주인(正使以敎書授主人)○주인수교서(主人受敎書)○퇴이수좌우(退以授左右)○잉북향궤(仍北向跪)○거속백안자(擧束帛案者)○이안진부사전(以案進副使前)○부사취속백(副使取束帛)거안자(擧案者)퇴복위(退復位)○진수정사(進授正使)○퇴복위(退復位)○정사(正使)○수속백(受束帛)○이수주인(以授主人)○주인(主人)○수속백(受束帛)○퇴이수좌우(退以授左右)○북향립(北向立)○수마자(受馬者)○수지이동(受之以東)○견마자(牽馬者)○기수마이출(旣授馬而出)○거전함자(擧箋函者)○진립어주인지후소서(進立於主人之後少西)○빈자(儐者)○취전함(取箋函)○이수주인(以授主人)○주인(主人)○수전함(受箋函)○진궤수정사(進跪授正使)○정사(正使)○이수부사(以授副使)○부사(副使)○진수(進受)○이수거안자(以授擧案者)○주인(主人)○강복위(降復位)○사배(四拜)○알자(謁者)○인사자출(引使者出)○봉전함자선행(捧箋函者先行)○주인(主人)○퇴립어정서(退立於庭西)○국궁(鞠躬)○전함과(箋函過)○칙평신(則平身)○사자(使者)○립어중문외지동서향(立於中門外之東西向)○주인(主人)○립어중문내지서동향(立於中門內之西東向)○빈자(儐者)○진수명출청사(進受命出請事)○정사왈(正使曰)○례필(禮畢)○기빈사자급사자복명(其儐使者及使者復命)○병여납채의(竝如納采儀)○유복명사운(唯復命辭云)○봉교납징례필(奉敎納徵禮畢)

○교문(敎文)

왕약왈(王若曰)○경지녀효우공검(卿之女孝友恭儉)○실유모의(實維母儀)○의봉종묘(宜奉宗廟)○

영승천조(永承天祚)○이현훈승마(以玄纁乘馬)○이장전례(以章典禮)○금사모관모모관모(今使某官某某官某)○이례납징(以禮納徵)

○답문(答文)

주상전하(主上殿下)○가명사자모(嘉命使者某)○중선중교(重宣中敎)○강혼비루(降昏卑陋)○숭이상경(崇以上卿)○총이풍례(寵以豐禮)○공승구장(恭承舊章)○숙봉전교(肅奉典敎)

○고기(告期)

명사여납채의(命使如納采儀)○선교왈(宣敎曰)○빙모관모녀(聘某官某女)○위왕비(爲王妃)○명경등행고기례(命卿等行告期禮)

○비씨제수고기(妃氏第受告期)

전일일(前一日)○전설사(典設司)○설사자차이하(設使者次以下)○지출청사(至出請事)○여납채의(如納采儀)○정사왈(正使曰)○교사모고기(敎使某告期)○빈자입고(儐者入告)○주인왈(主人曰)○신모근봉교(臣某謹奉敎)○빈자(儐者)○출고(出告)○입인주인(入引主人)○출영사자이하(出迎使者以下)○지례필(至禮畢)○빈사자급사자복명(儐使者及使者復命)○병여납채의(竝如納采儀)○유복명사운(唯復命辭云)○봉교고기례필(奉敎告期禮畢)

○교문(敎文)

왕약왈(王若曰)○모우경상(謀于卿相)○계우복서(稽于卜筮)○망유부장(罔有不臧)○길일유모월모갑자가영(吉日惟某月某甲子可迎)○솔준전례(率遵典禮)○금사모관모모관모(今使某官某某官某)○이례고기(以禮告期)

○답문(答文)

주상전하(主上殿下)○가명사자모(嘉命使者某)○중선중교(重宣中敎)○이모월모갑자길일고기(以某月某甲子吉日告期)○신공승구장(臣恭承舊章)○숙봉전교(肅奉典敎)

○책비(冊妃)

전일일(前一日)○액정서(掖庭署)○설어좌어근정전북벽남향(設御座於勤政殿北壁南向)○설보안어좌전근동(設寶案於座前近東)○향안이어전외좌우(香案二於殿外左右)○설교명책보안(設敎命冊寶案)○각일어보안지남(各一於寶案之南)○교명안재북(敎命案在北)○책안차지(冊案次之)○보안우차지(寶案又次之)○명복안어전정도동근북(命服案於殿庭道東近北)○장악원(掌樂院)○전헌현(展軒縣)○설거휘위(設擧麾位)

기일(其日)○전의(典儀)○설종친(設宗親)○문무백관급사자이하내외위(文武百官及使者以下內外位)○집사관위(執事官位)

고초엄(鼓初嚴)○병조(兵曹)○륵제위(勒諸衛)○진로부반장(陳鹵簿半仗)○렬군사(列軍士)○진여(陳輿)○련급마(輦及馬)○진채여(陳綵輿)○고취(鼓吹)○세장(細仗)○병여납징의(竝如納徵儀)○유채여(唯綵輿)○사(四)○병조(兵曹)○우설비련급의장어채여지북(又設妃輦及儀仗於綵輿之北)○종친(宗親)○문무백관급사자이하(文武百官及使者以下)○구집조당(俱集朝堂)○각구조복(各具朝服)

고이엄(鼓二嚴)○종친(宗親)○문무백관급사자이하(文武百官及使者以下)○개취문외위(皆就門外位)○례조정랑(禮曹正郞)○봉교명함(捧敎命函)○책함(冊函)○보수급명복함(寶綬及命服函)○각치어안(各置於案)○제호위지관급사금(諸護衛之官及司禁)○각구기복(各具器服)○상서원관(尙瑞院官)○봉보(捧寶)○구예사정전합외(俱詣思政殿閤外)○사후(伺候)○좌통례(左通禮)○예합외(詣閤外)○부복궤(俯伏跪)○계청중엄(啓請中嚴)○전하(殿下)○구원유관(具遠遊冠)○강사포(絳紗袍)○어사정전(御思政殿)○산선(繖扇)○시위여상의(侍衛如常儀)○근시급집사관(近侍及執事官)○선행사배례여상(先行四拜禮如常)○전악(典樂)○수공인(帥工人)○입취위(入就位)○협률랑(協律郞)○입취거휘위(入就擧麾位)

고삼엄(鼓三嚴)○집사관(執事官)○선취위(先就位)○인의(引儀)○분인종친(分引宗親)○문무백관

(文武百官)○유동서편문입(由東西偏門入)○취위(就位)○종성지(鍾聲止)○벽내외문(闢內外門)○좌통례(左通禮)○부복궤계외판(俯伏跪啓外辦)○전하(殿下)○승여이출(乘輿以出)○산선(繖扇)○시위여상의(侍衛如常儀)○전하승좌(殿下陞座)○로연승(爐煙升)○상서원관(尙瑞院官)○봉보(捧寶)○치어안(置於案)○산선진렬급호위관근시입전내(繖扇陳列及護衛官近侍入殿內)○사금분립어전계상(司禁分立於殿階上)○병여상(竝如常)○전의왈(典儀曰)○사배(四拜)○찬의창(贊儀唱)○국궁사배흥평신(鞠躬四拜興平身)○종친(宗親)○문무백관국궁사배흥평신(文武百官鞠躬四拜興平身)○회반상향립(回班相向立)○북상(北上)○인의(引儀)○인사자이하(引使者以下)○유동편문입(由東偏門入)○취위(就位)○찬의창(贊儀唱)○국궁사배흥평신(鞠躬四拜興平身)○사자이하(使者以下)○국궁사배흥평신(鞠躬四拜興平身)○전교관(傳敎官)○진당좌전(進當座前)○부복궤계전교(俯伏跪啓傳敎)○부복흥(俯伏興)○유동문출(由東門出)○집사자(執事者)○공복(公服)○대거교명책보안(對擧敎命冊寶案)○종지(從之)○매안이인(每案二人)○전교관(傳敎官)○강예사자동북(降詣使者東北)○서향립(西向立)○집사자(執事者)○거안립어전교관지남소퇴(擧案立於傳敎官之南少退)○구서향(俱西向)○전교관(傳敎官)○칭유교(稱有敎)○찬의창(贊儀唱)○궤(跪)○사자이하궤(使者以下跪)○전교관(傳敎官)○선교왈(宣敎曰)○책모씨위왕비(冊某氏爲王妃)○명경등전례(命卿等展禮)○선흘(宣訖)○찬의창(贊儀唱)○부복흥사배흥평신(俯伏興四拜興平身)○사자이하(使者以下)○부복흥사배흥평신(俯伏興四拜興平身)○집사자(執事者)○이교명안(以敎命案)○진전교관전(進傳敎官前)○전교관(傳敎官)○취교명함(取敎命函)○집사자(執事者)○이안수거안자(以案授擧案者)○퇴(退)○수정사(授正使)○정사(正使)○진북향궤수(進北向跪受)○거안자(擧案者)○대거(對擧)○진정사지좌궤(進正使之左跪)○정사(正使)○치교명함어안(置敎命函於案)○거안자(擧案者)○대거(對擧)○퇴립어사자지후(退立於使者之後)○전교관(傳敎官)○취책함보수(取冊函寶綬)○수정사(授正使)○병여수교명지의(竝如授敎命之儀)○흘(訖)○환시위(還侍位)○찬의창(贊儀唱)○부복흥사배흥평신(俯伏興四拜興平身)○사자(使者)○부복흥사배흥평신(俯伏興四拜興平身)○인의(引儀)○인사자(引使者)○유동문출(由東門出)○거교명(擧敎命)○책(冊)○보(寶)○명복안자전행(命服案者前行)○사자(使者)○이교명(以敎命)○책함(冊函)○보수급명복함(寶綬及命服函)○각치우채여(各置于綵輿)○세장(細仗)○고취전도(鼓吹前導)○차교명여(次敎命輿)○차책여(次冊輿)○차보여(次寶輿)○차명복여(次命服輿)○차련(次輦)○차의장(次儀仗)○차사자이하수행(次使者以下隨行)○종친(宗親)○문무백관(文武百官)○복배위(復拜位)○찬의창(贊儀唱)○국궁사배흥평신(鞠躬四拜興平身)○종친(宗親)○문무백관(文武百官)○국궁사배흥평신(鞠躬四拜興平身)○좌통례(左通禮)○승자서편계(陞自西偏階)○진당좌전(進當座前)○부복궤계례필(俯伏跪啓禮畢)○부복흥강복위(俯伏興降復位)○전하(殿下)○강좌승여(降座乘輿)○환내(還內)○산선(繖扇)○시위여래의(侍衛如來儀)○인의(引儀)○분인종친(分引宗親)○문무백관출(文武百官出)○해엄(解嚴)○방장여상(放仗如常)○사자이하(使者以下)○출광화문(出光化門)○승마이행(乘馬而行)○종자(從者)○승마수행(乘馬隨行)

○비수책(妃受冊)

전일일(前一日)○전설사(典設司)○설사자차급포막여초(設使者次及布幕如初)○설상궁이하차어내문외지동서향(設尙宮以下次於內門外之東西向)

기일(其日)○인의(引儀)○설사자위어대문외지동(設使者位於大門外之東)○서향북상(西向北上)○거교명책보안자(擧敎命冊寶案者)○재남차퇴(在南差退)○구서향(俱西向)○주인위어대문외지서동향(主人位於大門外之西東向)○우배위어문남북향(又拜位於門南北向)○설사자이하급주인위어중문외(設使者以下及主人位於中門外)○역여지(亦如之)○유부설배위(唯不設拜位)○설상전위어중문외인지남(設尙傳位於中門外主人之南)○거교명(擧敎命)○책보봉의장내시(冊寶捧儀仗內侍)○재남차퇴(在南差退)○구동향(俱東向)○내시(內侍)○선치안삼어내문외근한(先置案三於內門外近限)○주인(主人)○설비수책위어당정중북향(設妃受冊位於堂庭中北向)○사자(使者)○지비씨대문외(至妃氏大門外)○장차자(掌次者)○영입차(迎入次)○범빈(凡賓)○주급행사자(主及行事者)○개조복(皆朝服)○내시상복(內侍常服)○상궁이하(尙宮以下)○선예입차(先詣入次)○교명책보(敎命冊寶)○진어막내(陳於幕內)○기명복(其命服)○사자수상전(使者授尙傳)○선진(先進)○사복사부정(司僕寺副正)○진련어막남(進輦於幕南)○병조정랑(兵曹正郎)○진비의장어련전좌우(陳妃儀仗於輦前左右)○상궁이하(尙宮以下)○입내문(入內門)○서립북향(序立北向)○동상(東上)○알자(謁者)○인사자이하(引使者以下)○출차취위(出次就位)○주인(主人)○출립어대문내지서동향(出立於大門內之西東向)○빈자(儐者)○진수명(進受命)○출문서(出門西)○동향왈(東向曰)○감청사(敢請事)○정사왈(正使曰)○모봉교(某奉敎)○수왕비비물전책(授王妃備物典冊)○빈자입고(儐者入告)○수인주인(遂引主人)○출영어대문외지서동향(出迎於大門外之西東向)○소경(少頃)○취배위(就拜位)○사배(四拜)○사자부답배(使者不答拜)○알자(謁者)○인사자(引使者)○입문이우(入門而右)○거교명책보안자(擧敎命冊寶案者)○종지(從之)○주인(主人)○입문이좌(入門而左)○지중문외(至中門外)○각취위(各就位)○거교명책보안자(擧敎命冊寶案者)○이차진부사전(以次進副使前)○부사(副使)○취교명책함보수(取敎命冊函寶綬)○거안자(擧案者)○개퇴(皆退)○진수정사(進授正使)○흘(訖)○퇴복위(退復位)○상전(尙傳)○진정사전(進正使前)○동향궤(東向跪)○정사(正使)○이교명책함보수(以敎命冊函寶綬)○궤수상전(跪授尙傳)○상전(尙傳)○봉예내문외(捧詣內門外)○내시(內侍)○조거(助擧)○궤치어안(跪置於案)○부복흥퇴(俯伏興退)○우내시(又內侍)○봉의장(捧儀仗)○예내문외(詣內門外)○북향립(北向立)○왕비(王妃)○구적의(具翟衣)○가수식(加首飾)○부모찬출(傅姆贊出)○상궁(尙宮)○도비(導妃)○강자서계(降自西階)○취수책위(就受冊位)○상궁(尙宮)○궤취교명책함(跪取敎命冊函)○여관(女官)○조거(助擧)○상복(尙服)○궤취보수(跪取寶綬)○구흥진립왕비지우서향(俱興進立王妃之右西向)○상침(尙寢)○수기속(帥其屬)○전봉의장(傳捧儀仗)○진어교명책보지후(陳於敎命冊寶之後)○구북상(俱北上)○제응시위자(諸應侍衛者)○시위여식(侍衛如式)○상의(尙儀)○부복궤(俯伏跪)○계청사배(啓請四拜)○왕비사배(王妃四拜)○상궁칭(尙宮稱)○유교(有敎)○상의(尙儀)○부복궤(俯伏跪)○계청궤(啓請跪)○왕비궤(王妃跪)○상궁개함선책(尙宮開函宣冊)○임시(臨時)○설안(設案)○흘(訖)○이책환치어함(以冊還置於函)○상의(尙儀)○부복궤(俯伏跪)○계청부복흥사배(啓請俯伏興四拜)○왕비(王妃)○부복흥사배(俯伏興四拜)○상궁(尙宮)○봉교명급책함(捧敎命及冊函)○서향궤(西向跪)○이차수왕비(以次授王妃)○왕비(王妃)○궤수(跪受)○이수전언(以授典言)○녀관(女官)○조거(助擧)○상복(尙服)○봉보수(捧寶綬)○서향궤(西向跪)○수왕비(授王妃)○왕비(王妃)○수이수상기(受以授尙記)○상의(尙儀)○부복궤(俯伏跪)○계청부복흥사배(啓請俯伏興四拜)○왕비(王妃)○부복흥사배(俯伏興四拜)○흘(訖)○상침(尙寢)○수기속(帥其屬)○설왕비좌어당상북벽남향(設王妃座於堂上北壁南向)○설교명책보안어좌전근동(設敎命冊寶案於座前近東)○북상(北上)○상의(尙儀)○부복궤(俯伏跪)○계청승좌(啓請陞座)○상궁(尙宮)○도왕비(導王妃)○승자중계(陞自中階)○승좌(陞座)○산선(繖扇)○시위여상의(侍衛如常儀)○녀관경집(女官擎執)○전언(典言)○상기(尙記)○치교명책보어안(置敎命冊寶於案)○내시(內侍)○진의장어정지동서(陳儀仗於庭之東西)○전찬(典贊)○취동계하(就東階下)○서향립(西向立)○상궁이하(尙宮以下)○구강립어정중(俱降立於庭重)[중(中)]북향(北向)○동상(東上)○전찬창(典贊唱)○사배(四拜)○상궁이하(尙宮以下)○사배흘(四拜訖)○제응시위자(諸應侍衛者)○구환시위(俱還侍位)○상의(尙儀)○진당좌전(進當座前)○부복궤계례필(俯伏跪啓禮畢)○부복흥퇴(俯伏興退)○왕비강좌(王妃降座)○상궁전도입내(尙宮前導入內)○병조(兵曹)○품지방장(稟旨放仗)○기빈사자급사자복명(其儐使者及使者復命)○여고기의(如告期儀)○유복명사운(唯復命辭云)○봉교수왕비비물전책례필(奉敎授王妃備物典冊禮畢)

○명사봉영(命使奉迎)

전일일(前一日)○전설사(典設司)○설사자차어비씨대문외도동남향(設使者次於妃氏大門外道東南向)○포막어사자차지북(布幕於使者次之北)○궁인차어내문외지동서향(宮人次於內門外之東西向)○기일(其日)○상침(尙寢)○수기속(帥其屬)○설어좌어소어전북벽남향(設御座於所御殿北壁南向)○설교서안어좌전근동(設敎書案於座前近東)○전의(典儀)○설종친(設宗親)○문무백관위어동서조당전(文武百官位於東西朝堂前)○구매등이위(俱每等異位)○중행상향북상(重行相向北上)○설전의위어근정전동계하근동서향(設典儀位於勤政殿東階下近東西向)○찬의(贊儀)○인의(引儀)○재남차퇴(在南差退)○설사자수명위어전정도동(設使者受命位於殿庭道東)○중행북향(重行北向)○거교서안자위어기후(擧敎書案者位於其後)○동상(東上)

포전삼각(晡前三刻)○병조(兵曹)○륵제위(勒諸衛)○렬군사어내외문급정지동서(列軍士於內外門及庭之東西)○례조정랑(禮曹正郞)○진채여어근정문외(陳綵輿於勤政門外)○전악(典樂)○진고취(陳鼓吹)○병조(兵曹)○진세장어기남(陳細仗於其南)○우인의(又引儀)○설사자위어비씨대문외지동서향(設使者位於妃氏大門外之東西向)○거안급집안자(擧案及執鴈者)○재남차퇴(在南差退)○전의위어사자동남(典儀位於使者東南)○찬의이인(贊儀二人)○재남차퇴(在南差退)○구서향북상(俱西向北上)○설상전위어대문외지서동향(設尙傳位於大門外之西東向)○상침(尙寢)○솔기속(帥其屬)○설왕비배위어당중북향(設王妃拜位於堂中北向)○종친(宗親)○문무백관급사자이하(文武百官及使者以下)○구집조당(俱集朝堂)○각구조복(各具朝服)○포후(晡後)○전의(典儀)○찬의(贊儀)○인의(引儀)○선입취위(先入就位)○인의(引儀)○분인종친(分引宗親)○문무백관(文武百官)○출

취위(出就位)

포후삼각(晡後三刻)○좌통례(左通禮)○예사정전합외(詣思政殿閤外)○부복궤(俯伏跪)○계청중엄(啓請中嚴)○전하(殿下)○구면복(具冕服)○출승좌(出陞座)○궁인시위여상의(宮人侍衛如常儀)○인의(引儀)○인사자이하(引使者以下)○입취위(入就位)○전교관(傳敎官)○예사정전합외(詣思政殿閤外)○부복궤계명사봉영왕비(俯伏跪啓命使奉迎王妃)○상전(尙傳)○입계(入啓)○봉교서함출(捧敎書函出)○내시이인(內侍二人)○대거안(對擧案)○종지(從之)○지합외(至閤外)○상전(尙傳)○이교서함수전교관(以敎書函授傳敎官)○전교관(傳敎官)○진궤수(進跪受)○집사자이인(執事者二人)○공복(公服)○전거교서안(傳擧敎書案)○진전교관전(進傳敎官前)○전교관(傳敎官)○치어안(置於案)○부복흥(俯伏興)○유근정전동변(由勤政殿東邊)○강자동계(降自東階)○예사자동북(詣使者東北)○서향립(西向立)○집사자(執事者)○거안종지(擧案從之)○립어전교관지남소퇴서향(立於傳敎官之南少退西向)○전교관(傳敎官)○칭유교(稱有敎)○찬의창(贊儀唱)○궤(跪)○사자이하궤(使者以下跪)○전교관(傳敎官)○선교왈(宣敎曰)○명경등(命卿等)○봉영왕비(奉迎王妃)○선흘(宣訖)○전의왈(典儀曰)○사배(四拜)○찬의창(贊儀唱)○부복흥사배흥평신(俯伏興四拜興平身)○사자이하(使者以下)○부복흥사배흥평신(俯伏興四拜興平身)○집사자(執事者)○이교서안(以敎書案)○진전교관전(進傳敎官前)○전교관(傳敎官)○취교서함(取敎書函)○집사자(執事者)○이안수거안자(以案授擧案者)○퇴(退)○수정사(授正使)○정사(正使)○진북향궤수(進北向跪受)○거안자(擧案者)○대거진정사지좌궤(對擧進正使之左跪)○정사(正使)○치교서어안(置敎書於案)○부복흥(俯伏興)○인의(引儀)○인사자(引使者)○유동문출(由東門出)○거안자전행(擧案者前行)○사자(使者)○이교서함(以敎書函)○치우채여(置于綵輿)○세장(細仗)○고취전도(鼓吹前導)○차교서여(次敎書輿)○차사자이하수행(次使者以下隨行)○출광화문외(出光化門外)○승마이행(乘馬而行)○종친(宗親)○문무백관(文武百官)○이차수행(以次隨行)○지비씨제대문외(至妃氏第大門外)○사자하마(使者下馬)○장차자(掌次者)○영입차(迎入次)○궁인(宮人)○선예입차(先詣入次)○교서진어막내(敎書陳於幕內)○병조(兵曹)○진의장어대문외(陳儀仗於大門外)○사복사부정(司僕寺副正)○진련어내문외(進輦於內門外)○상궁이하(尙宮以下)○입내문(入內門)○서립북향(序立北向)○동상(東上)○상의(尙儀)○부복궤(俯伏跪)○계청중엄(啓請中嚴)○왕비(王妃)○구적의(具翟衣)○가수식(加首飾)○종친(宗親)○문무백관봉영자(文武百官奉迎者)○개배립어대문외(皆陪立於大門外)○문동무서(文東武西)○북상(北上)○인의(引儀)○인사자이하(引使者以下)○출차취위(出次就位)○주인(主人)○구조복(具朝服)○출립어내문외당전서계하(出立於內門外堂前西階下)○동향립(東向立)○빈자(儐者)○구조복(具朝服)○수명출청사(受命出請事)○정사왈(正使曰)○모봉교(某奉敎)○이금길진(以今吉辰)○솔직봉영(率職奉迎)○빈자입고(儐者入告)○주인왈(主人曰)○신근봉전교(臣謹奉典敎)○빈자출고(儐者出告)○입인주인(入引主人)○출영어대문외지서동향(出迎於大門外之西東向)○소경(少頃)○북향사배(北向四拜)○사자부답배(使者不答拜)○인의(引儀)○인사자(引使者)○입문이우(入門而右)○거안자급집안자종지(擧案者及執鴈者從之)○주인(主人)○입문이좌(入門而左)○지내문외당(至內門外堂)○사자(使者)○승자동계(陞自東階)○지당중(至堂中)○정사(正使)○남향립(南向立)○부사(副使)○립어정사동남(立於正使東南)○거안자급집안자(擧案者及執鴈者)○재부사동남(在副使東南)○구서향(俱西向)○주인(主人)○취정중(就庭中)○북향사배(北向四拜)○거안자(擧案者)○이안진부사전(以案進副使前)○부사취교서(副使取敎書)○거안자(擧案者)○퇴복위(退復位)○진수정사(進授正使)○퇴복위(退復位)○정사(正使)○수교서(受敎書)○칭유교(稱有敎)○주인궤(主人跪)○정사(正使)○선교서(宣敎書)○흘(訖)○주인(主人)○부복흥사배(俯伏興四拜)○흘(訖)○승자서계(陞自西階)○진정사전(進正使前)○북향궤(北向跪)○정사(正使)○이교서수주인(以敎書授主人)○주인(主人)○수교서(受敎書)○퇴이수좌우(退以授左右)○잉북향궤(仍北向跪)○집안자(執鴈者)○이안진부사전(以鴈進副使前)○부사(副使)○취안(取鴈)○집안자(執鴈者)○퇴복위(退復位)○진수정사(進授正使)○퇴복위(退復位)○정사(正使)○수안(受鴈)○이수주인(以授主人)○주인(主人)○수안(受鴈)○퇴이수좌우(退以授左右)○북향립(北向立)○거전함자(擧箋函者)○진립어주인지후소서(進立於主人之後少西)○빈자(儐者)○취전함(取箋函)○이수주인(以授主人)○주인(主人)○수함(受函)○진궤수정사(進跪授正使)○정사(正使)○이수부사(以授副使)○부사(副使)○진수(進受)○이수거안자(以授擧案者)○주인(主人)○강복위(降復位)○사배(四拜)○인의(引儀)○인사자출(引使者出)○봉전함자선행(捧箋函者先行)○주인(主人)○퇴립어정서(退立於庭西)○국궁(鞠躬)○전함과(箋函過)○칙평신(則平身)○사자(使者)○출복문외위(出復門外位)○왕비장출(王妃將出)○주부(主婦)○구례의(具禮衣)○출립어당지서동향(出立於堂之西東向)○부모도왕비(傅姆導王

妃)○상궁(尙宮)○전도출방(前導出房)○립어모지동북남향(立於姆之東北南向)○전의왈(典儀曰)○사배(四　拜)○찬의창(贊儀唱)○국궁사배흥평신(鞠躬四拜興平身)○사자이하(使者以下)○국궁사배흥평신(鞠躬四拜興平身)○찬의창(贊儀唱)○궤(跪)○사자이하궤(使者以下跪)○상전(尙傳)○진정사전궤(進正使前跪)○정사왈(正使曰)○령월길일(令月吉日)○모등승교(某等承敎)○솔직봉영(率職奉迎)○상전(尙傳)○기입(旣入)○사자이하(使者以下)○내퇴(乃退)○상전(尙傳)○전고전언(傳告典言)○전언입계(典言入啓)○상궁(尙宮)○도왕비출(導王妃出)○취배위(就拜位)○상의(尙儀)○부복궤(俯伏跪)○계청사배(啓請四拜)○왕비사배(王妃四拜)○흘(訖)○주인(主人)○승자동계진서향(陞自東階進西向)○계지왈(戒之曰)○계지경지(戒之敬之)○숙야무위명(夙夜無違命)○주인(主人)○퇴립어동계상서향(退立於東階上西向)○모(母)○계어서계상(戒於西階上)○시금결세왈(施衿結帨曰)○면지경지(勉之敬之)○숙야무위명(夙夜無違命)○왕비청수흘(王妃聽受訖)○내시봉여이진(內侍捧輿以進)○왕비승여이강(王妃乘輿以降)○상궁전도(尙宮前導)○시위여상(侍衛如常)○지중문외(至中門外)○왕비승련(王妃乘輦)○모가경(姆加景)○경지제(景之制)○개여명의가지(蓋如明衣加之)○이위행도(以爲行道)○어진령의선명(禦塵令衣鮮明)○궁인시종급내시도종(宮人侍從及內侍導從)○의장전도(儀仗前導)○여상(如常)○영사급종친(迎使及宗親)○문무백관(文武百官)○개퇴수편립(皆退隨便立)○련출대문외(輦出大門外)○이차승마(以次乘馬)○시종여상(侍從如常)○사자(使者)○봉전함(捧箋函)○복명여납채의(復命如納采儀)

○교문(敎文)

왕약왈(王若曰)○령월길일(令月吉日)○솔유전례(率由典禮)○금사모관모모관모이례영(今使某官某某官某以禮迎)

○답문(答文)

주상전하(主上殿下)○가명사자모(嘉命使者某)○중선중교(重宣中敎)○비례이영(備禮以迎)○외승대례(猥承大禮)○우구전계(憂懼戰悸)○공승구장(恭承舊章)○숙봉전교(肅奉典敎)

○동뢰(同牢)

기일(其日)○내시지속(內侍之屬)○설왕비대차어전하소어전합외지서남향(設王妃大次於殿下所御殿閤外之西南向)○포욕석여상(鋪褥席如常)○장석(將夕)○상침(尙寢)○수기속(帥其屬)○설어악어소어전실내(設御幄於所御殿室內)○포지석중인(鋪地席重茵)○우포욕석이(又鋪褥席二)○개유금침(皆有衾枕)○북지시병장(北趾施屛幛)○초혼(初昏)○상식(尙食)○설주정어실내초남(設酒亭於室內稍南)○치량잔근어기상(置兩盞卺於其上)○왕비련입광화문(王妃輦入光化門)○시종여상(侍從如常)○지사정전문외(至思政殿門外)○의장(儀仗)○정어문내(停於門內)○상침(尙寢)○수봉산선자(帥捧繖扇者)○전등(典燈)○수집촉자(帥執燭者)○구포렬전후(俱布列前後)○지대차전(至大次前)○상의(尙儀)○부복궤(俯伏跪)○계청강련(啓請降輦)○왕비강련(王妃降輦)○상궁(尙宮)○도왕비입차(導王妃入次)○엄정(嚴整)○흘(訖)○상관(尙官)○도왕비예합외지서(導王妃詣閤外之西)○동향립(東向立)○상의(尙儀)○부복궤계외판청강좌례영(俯伏跪啓外辦請降座禮迎)○전하강좌(殿下降座)○상궁(尙宮)○전도(前導)○예합내지동(詣閤內之東)○서향읍비이입(西向揖妃以入)○상침(尙寢)○설욕석어실내(設褥席於室內)○전하욕석(殿下褥席)○재동서향(在東西向)○왕비욕석(王妃褥席)○재서동향(在西東向)○전하(殿下)○도비(導妃)○유중계승(由中階陞)○상궁(尙宮)○도왕비(導王妃)○종승(從陞)○집촉자(執燭者)○진어동서계간(陳於東西階間)○전하(殿下)○읍비(揖妃)○입실(入室)○즉석서향(卽席西向)○왕비(王妃)○즉석동향(卽席東向)○개좌(皆坐)○상식(尙食)○수기속(帥其屬)○거찬안(擧饌案)○입설어전하급왕비좌전(入設於殿下及王妃座前)○상식이인(尙食二人)○예주정(詣酒亭)○취잔작주(取盞酌酒)○일인궤진우전하(一人跪進于殿下)○일인궤진우왕비(一人跪進于王妃)○전하급왕비(殿下及王妃)○구수잔(俱受盞)○제주음(祭酒飮)○흘(訖)○상의이인(尙儀二人)○진수허잔(進受虛盞)○복어정(復於亭)○상식(尙食)○구진탕식(俱進湯食)○흘(訖)○상식(尙食)○우구취잔재윤(又俱取盞再酳)○전하급왕비(殿下及王妃)○구수잔(俱受盞)○음흘(飮訖)○상의(尙儀)○구진수허잔(俱進受虛盞)○복어정(復於亭)○상식(尙食)○구진탕식(俱進湯食)○흘(訖)○삼윤(三酳)○용근여재윤례(用卺如再酳禮)○상의(尙儀)○당중북향(當中北向)○부복궤계례필(俯伏跪啓禮畢)○흥환시위(興還侍位)○상식(尙食)○수기속(帥其屬)○철찬안(徹饌案)○상의(尙儀)○진부복궤(進俯伏跪)○계청흥(啓請興)○전하급왕비(殿下及王妃)○구흥(俱興)○상궁(尙宮)○도전하(導殿下)○입동방(入東房)○석면복(釋冕服)○어상복(御常服)○우상궁(又尙宮)

○도왕비(導王妃)○입악(入幄)○석적의(釋翟衣)○상궁(尙宮)○도전하입악(導殿下入幄)○왕비종자(王妃從者)○준전하지찬(餕殿下之饌)○전하종자(殿下從者)○준왕비지찬(餕王妃之饌)

○왕비수백관하(王妃受百官賀)

기례여정지하의(其禮如正至賀儀)○유치사운(唯致詞云)○구관신모등(具官臣某等)○경유왕비전하(敬惟王妃殿下)○휘유소비(徽猷昭備)○지덕응기(至德應期)○범궐신서(凡厥臣庶)○부승경약(不勝慶躍)

○전하회백관(殿下會百官)

기례여정지회의(其禮如正至會儀)○유악비이부작(唯樂備而不作)○상수사운(上壽詞云)○구관신모등(具官臣某等)○왕비덕소후재(王妃德昭厚載)○정위궁곤(正位宮壼)○극창만엽(克昌萬葉)○명사휘음(明嗣徽音)○범궐신서(凡厥臣庶)○재회부조(載懷蔦藻)○신등부승경변(臣等不勝慶忭)○근상천천세수(謹上千千歲壽)

○왕비수내외명부조회(王妃受內外命婦朝會)

기례여정지조회의(其禮如正至朝會儀)○유치사운(唯致詞云)○첩모성등(妾某姓等)○경유왕비전하(敬惟王妃殿下)○덕소후재(德昭厚載)○정위궁곤(正位宮壼)○범궐신첩(凡厥臣妾)○부승경변(不勝慶忭)○회사유가(會詞唯加)○근상천천세수(謹上千千歲壽)

책비의(冊妃儀)

전기택길(前期擇吉)○고사직종묘여의(告社稷宗廟如儀)

전이일(前二日)○예조(禮曹)○선섭내외(宣攝內外)○각공기직(各供其職)

전일일(前一日)○액정서(掖庭署)○설어좌어근정전북벽남향(設御座於勤政殿北壁南向)○설보안어좌전근동(設寶案於座前近東)○향안이어전외좌우(香案二於殿外左右)○설교명책보안각일어보안지남(設敎命冊寶案各一於寶案之南)○교명안재북(敎命案在北)○책안차지(冊案次之)○보안우차지(寶案又次之)○명복안어전정도동근북(命服案於殿庭道東近北)○장악원(掌樂院)○전헌현어전정근남북향(展軒懸於殿庭近南北向)○설협률랑거휘위어서계상(設協律郎擧麾位於西階上)○근서동향(近西東向)

기일(其日)○전의(典儀)○설문관일품이하위어전정도동(設文官一品以下位於殿庭道東)○종친급무관일품이하위어도서(宗親及武官一品以下位於道西)○구매등이위(俱每等異位)○중행북향(重行北向)○상대위수(相對爲首)○종친(宗親)○매품반두(每品班頭)○별설위(別設位)○대군(大君)○특설위어정일품지전(特設位於正一品之前)○감찰위어문무매품반말동서상향(監察位於文武每品班末東西相向)○계상전의위어동계상근동서향(階上典儀位於東階上近東西向)○좌우통례(左右通禮)○계하전의위어동계하근동서향(階下典儀位於東階下近東西向)○찬의(贊儀)○인의(引儀)○재남차퇴(在南差退)○우찬의(又贊儀)○인의위어서계하근서동향(引儀位於西階下近西東向)○구북상(俱北上)○설사자수명위어전정도동(設使者受命位於殿庭道東)○중행북향(重行北向)○거안자위어사자지후동상(擧案者位於使者之後東上)○인의(引儀)○설문외위(設門外位)○문관이품이상어영제교북도동(文官二品以上於永濟橋北道東)○삼품이하어교남(三品以下於橋南)○종친급무관이품이상어교북도서(宗親及武官二品以上於橋北道西)○삼품이하어교남(三品以下於橋南)○구매등이위(俱每等異位)○중행상향북상(重行相向北上)○종친(宗親)○별설위어전정(別設位如殿庭)○설사자이하위어근정문외도동(設使者以下位於勤政門外道東)○중행서향(重行西向)○북상(北上)

고초엄(鼓初嚴)○병조(兵曹)○특제위(勒諸衛)○진로부반장어정계급전정동서(陳鹵簿半仗於正階及殿庭東西)○근정문내외(勤政門內外)○렬군사(列軍士)○병여식(竝如式)○견서례(見序例)○사복사정(司僕寺正)○진여(陳輿)○련어전정중도(輦於殿庭中道)○소여재북(小輿在北)○대련차지(大輦次之)○어마어중도좌우(御馬於中道左右)○각일필(各一匹)○상향(相向)○장마어문무루남(仗馬於文武樓南)○육필재륭문루남(六匹在隆文樓南)○륙필재륭무루남(六匹在隆武樓南)○예조정랑(禮曹正郎)○진채여사어근정문외(陳綵輿四於勤政)

門外)○병조(兵曹)○진비련급의장어채여지북(陳妃輦及儀仗於綵輿之北)○전악(典樂)○진고취(陳鼓吹)○병조(兵曹)○진세장어채여지남(陳細仗於綵輿之南)○세장재전(細仗在前)○고취차지(鼓吹次之)○종친(宗親)○문무백관급사자이하(文武百官及使者以下)○구집조당(俱集朝堂)○각구조복(各具朝服)

고이엄(鼓二嚴)○종친(宗親)○문무백관급사자이하(文武百官及使者以下)○개취문외위(皆就門外位)○례조정랑(禮曹正郎)○봉교명함(捧敎命函)○책함(冊函)○보수급명복함(寶綬及命服函)○각치어안(各置於案)○제호위지관급사금(諸護衛之官及司禁)○각구기복(各具器服)○상서원관(尙瑞院官)○봉보(捧寶)○구예사정전합외(俱詣思政殿閤外)○사후(伺候)○좌통례(左通禮)○예합외(詣閤外)○궤계청중엄(跪啓請中嚴)○전하(殿下)○구면복(具冕服)○어사정전(御思政殿)○산선(繖扇)○시위여상의(侍衛如常儀)○근시급집사관(近侍及執事官)○선행사배례여상(先行四拜禮如常)○전악(典樂)○수공인(帥工人)○입취위(入就位)○협률랑(協律郎)○입취거휘위(入就擧麾位)

고삼엄(鼓三嚴)○집사관(執事官)○선취위(先就位)○인의(引儀)○분인종친(分引宗親)○문무백관(文武百官)○유동서편문입(由東西偏門入)○취위(就位)○종성지(鍾聲止)○벽내외문(闢內外門)○좌통례(左通禮)○궤계외판(跪啓外辦)○전하(殿下)○승여이출(乘輿以出)○산선(繖扇)○시위여상의(侍衛如常儀)○전하장출(殿下將出)○장동(仗動)○고취진작(鼓吹振作)○장입전문(將入殿門)○협률랑(協律郎)○궤부복거휘흥(跪俯伏擧麾興)○공고축(工鼓柷)○헌가악작(軒架樂作)○고취지(鼓吹止)○전하승좌(殿下陞座)○로연승(爐煙升)○상서원관(尙瑞院官)○봉보(捧寶)○치어안(置於案)○산선(繖扇)○시위여상의(侍衛如常儀)○협률랑(協律郎)○궤언휘부복흥(跪偃麾俯伏興)○공알어(工戛敔)○악지(樂止)○제호위지관(諸護衛之官)○입렬어어좌지후급전내동서(入列於御座之後及殿內東西)○차승지(次承旨)○분입전내동서부복(分入殿內東西俯伏)○리관(吏官)○재기후(在其後)○차사금(次司禁)○분립어전계상(分立於殿階上)○전의왈(典儀曰)○사배(四拜)○찬의창(贊儀唱)○국궁사배흥평신(鞠躬四拜興平身)○범찬의찬창(凡贊儀贊唱)○개승전의지사(皆承典儀之辭)○종친(宗親)○문무백관(文武百官)○국궁(鞠躬)○악작(樂作)○사배흥평신(四拜興平身)○악지(樂止)○회반상향립(回班相向立)○북상(北上)○인의(引儀)○인사자이하(引使者以下)○유동편문입(由東偏門入)○취위(就位)○찬의창(贊儀唱)○국궁사배흥평신(鞠躬四拜興平身)○사자이하(使者以下)○국궁(鞠躬)○악작(樂作)○사배흥평신(四拜興平身)○악지(樂止)○전교관(傳敎官)○진당좌전(進當座前)○부복궤계전교(俯伏跪啓傳敎)○부복흥(俯伏興)○유동문출(由東門出)○집사자(執事者)○공복(公服)○대거교명(對擧敎命)○책(冊)○보안종지(寶案從之)○매안(每案)○이인(二人)○전교관(傳敎官)○강예사자동북(降詣使者東北)○서향립(西向立)○집사자(執事者)○거안립어전교관지남소퇴(擧案立於傳敎官之南少退)○구서향(俱西向)○전교관(傳敎官)○칭유교(稱有敎)○찬의창(贊儀唱)○궤(跪)○사자이하궤(使者以下跪)○전교관(傳敎官)○선교왈(宣敎曰)○책모씨위왕비(冊某氏爲王妃)○명경등전례(命卿等展禮)○선흘(宣訖)○찬의창(贊儀唱)○부복흥사배흥평신(俯伏興四拜興平身)○사자이하(使者以下)○부복흥(俯伏興)○악작(樂作)○사배흥평신(四拜興平身)○악지(樂止)○집사자(執事者)○이교명안(以敎命案)○진전교관전(進傳敎官前)○전교관(傳敎官)○취교명함(取敎命函)○집사자(執事者)○이안수거안자(以案授擧案者)○퇴(退)○수정사(授正使)○정사(正使)○진북향궤수(進北向跪受)○거안자(擧案者)○대거(對擧)○진정사지좌궤(進正使之左跪)○정사(正使)○치교명함어안(置敎命函於案)○거안자(擧案者)○대거(對擧)○퇴립어사자지후(退立於使者之後)○전교관(傳敎官)○취책함보수(取冊函寶綬)○수정사(授正使)○병여수교명지의(竝如授敎命之儀)○흘(訖)○환시위(還侍位)○찬의창(贊儀唱)○부복흥사배흥평신(俯伏興四拜興平身)○사자(使者)○부복흥(俯伏興)○악작(樂作)○사배흥평신(四拜興平身)○악지(樂止)○인의(引儀)○인사자(引使者)○유동문출(由東門出)○거교명책보명복안자전행(擧敎命冊寶命服案者前行)○사자(使者)○이교명(以敎命)○책함(冊函)○보수급명복함(寶綬及命服函)○각치우채여(各置于綵輿)○세장(細仗)○고취전도(鼓吹前導)○차교명여(次敎命輿)○차책여(次冊輿)○차보여(次寶輿)○차명복여(次命服輿)○차련(次輦)○차의장(次儀仗)○차사자이하수행(次使者以下隨行)○종친(宗親)○문무백관(文武百官)○복배위(復拜位)○찬의창(贊儀唱)○국궁사배흥평신(鞠躬四拜興平身)○종친(宗親)○문무백관(文武百官)○국궁(鞠躬)○악작(樂作)○사배흥평신(四拜興平身)○악지(樂止)○좌통례(左通禮)○승자서편계(陞自西偏階)○진당좌전(進當座前)○부복궤계례필(俯伏跪啓禮畢)○부복흥강복위(俯伏興降復位)○협률랑(協律郎)○궤부복거휘흥(跪俯伏擧麾興)○공고축(工鼓柷)○악작(樂作)○전하(殿下)○강좌승여이입(降座乘輿以入)○산선(繖扇)○시위여래의(侍衛如來儀)○장출전문(將出殿門)○고취진작(鼓吹振作)○협률랑(協律郎)○궤언휘부복흥(跪偃麾俯伏興)○공알어(工戛敔)○악지(樂止)○환사정전(還思政殿)○고취지(鼓吹止)○인의(引儀)○분인종친(分引宗親)○문무백관출(文武百官出)○좌통례(左通禮)○궤계해엄(跪啓解嚴)○병조(兵曹)○승교방장(承敎放仗)

○비수책(妃受冊)

전일일(前一日)○전설사(典設司)○설사자차어관문외도동서향(設使者次於官門外道東西向)○포막어사자차지북서향(布幕於使者次之北西向)○내시부(內侍府)○설외명부차어정전문외동향(設外命婦次於正殿門外東向)○공주이하재북(公主以下在北)○부부인이하재남(府夫人以下在南)

기일(其日)○전의(典儀)○설사자위어관문외지동(設使者位於官門外之東)○서향북상(西向北上)○부사(副使)○차퇴(差退)○거교명(擧敎命)○책(冊)○보안자(寶案者)○재남차퇴(在南差退)○구서향(俱西向)○설상전위어사자지서동향(設尙傳位於使者之西東向)○거교명(擧敎命)○책(冊)○보봉의장내시(寶捧儀仗內侍)○재남차퇴(在南差退)○사알우재기남(司謁又在其南)○구동향(俱東向)○상침(尙寢)○수기속(帥其屬)○설왕비수책위어전정계간북향(設王妃受冊位於殿庭階間北向)○전찬(典贊)○설내명부배렬위어전정도동근동(設內命婦陪列位於殿庭道東近東)○구매등이위(俱每等異位)○중행서향(重行西向)○북상(北上)○우설내명부배위어전정도동(又設內命婦拜位於殿庭道東)○구매등이위(俱每等異位)○중행북향(重行北向)○동상(東上)○외명부배위어전정근남(外命婦拜位於殿庭近南)○공주이하재도동(公主以下在道東)○부부인이하재서(府夫人以下在西)○구매등이위(俱每等異位)○중행북향(重行北向)○상대위수(相對爲首)○사찬(司贊)○전빈위어동계하근동(典賓位於東階下近東)○전언(典言)○전찬재남차퇴(典贊在南差退),○구서향북상(俱西向北上)○내시부(內侍府)○설외명부문외위어차전(設外命婦門外位於次前)○공주이하재북(公主以下在北)○부부인이하재남(府夫人以下在南)○구매등이위(俱每等異位)○중행동향(重行東向)○북상(北上)○내시(內侍)○선치안삼어정전합외근한(先置案三於正殿閤外近限)○외명부(外命婦)○의시각(依時刻)○구집차(俱集次)○각구례복(各具禮服)○상의(尙儀)○궤계청중엄(跪啓請中嚴)○사자(使者)○지궁문외(至宮門外)○장차자(掌次者)○영입차(迎入次)○교명(敎命)○책함(冊函)○보수(寶綬)○진어막내(陳於幕內)○기명복(其命服)○사자수상전(使者授尙傳)○선진(先進)○사복사부정(司僕寺副正)○진련어막남(進輦於幕南)○내시부(內侍府)○수기속(帥其屬)○진비의장어련전좌우(陳妃儀仗於輦前左右)○사찬(司贊)○전빈(典賓)○전언(典言)○전찬(典贊)○선취위(先就位)○인의(引儀)○인사자이하(引使者以下)○출차취위(出次就位)○사알(司謁)○인상전출(引尙傳出)○예사자전(詣使者前)○동향궤(東向跪)○정사(正使)○궤칭(跪稱)○구관신모(具官臣某)○봉교수왕비비물전책(奉敎授王妃備物典冊)○선흘(宣訖)○부복흥(俯伏興)○상전(尙傳)○전고전언(傳告典言)○전언입계(典言入啓)○상전(尙傳)○환본위(還本位)○거교명(擧敎命)○책(冊)○보안자(寶案者)○이차진부사전(以次進副使前)○부사(副使)○취교명(取敎命)○책함(冊函)○보수(寶綬)○거안자(擧案者)○개퇴(皆退)○진수정사(進授正使)○흘(訖)○퇴복위(退復位)○상전(尙傳)○진정사전(進正使前)○동향궤(東向跪)○정사(正使)○이교명(以敎命)○책함(冊函)○보수(寶綬)○궤수상전(跪授尙傳)○상전(尙傳)○봉예정전합외(捧詣正殿閤外)○내시(內侍)○조거(助擧)○궤치어안(跪置於案)○부복흥퇴(俯伏興退)○우내시(又內侍)○봉의장(捧儀仗)○예합외(詣閤外)○북향립(北向立)○내명부(內命婦)○구이례복(俱以禮服)○취합외동상(就閤外東廂)○서향립(西向立)○전빈(典賓)○인취배렬위(引就陪列位)○외명부(外命婦)○출차(出次)○취문외위(就門外位)○상의(尙儀)○부복궤계외판(俯伏跪啓外辦)○왕비(王妃)○구적의(具翟衣)○가수식(加首飾)○상궁(尙宮)○전도(前導)○강자동계(降自東階)○취수책위(就受冊位)○시위여상의(侍衛如常儀)○상궁(尙宮)○궤취교명(跪取敎命)○책함(冊函)○여관(女官)○조거(助擧)○상복(尙服)○궤취보수(跪取寶綬)○구흥진립어왕비지우서향(俱興進立於王妃之右西向)○상침(尙寢)○수기속(帥其屬)○전봉의장(傳捧儀仗)○진어교명(陳於敎命)○책(冊)○보지후(寶之後)○구북상(俱北上)○상의(尙儀)○부복궤(俯伏跪)○계청사배(啓請四拜)○왕비사배(王妃四拜)○상궁(尙宮)○칭유교(稱有敎)○상의(尙儀)○부복궤(俯伏跪)○계청궤(啓請跪)○왕비궤(王妃跪)○상궁(尙宮)○개함선책(開函宣冊)○임시(臨時)○설안(設案)○흘(訖)○이책환치어함(以冊還置於函)○상의(尙儀)○부복궤(俯伏跪)○계청부복흥사배(啓請俯伏興四拜)○왕비(王妃)○부복흥사배(俯伏興四拜)○상궁(尙宮)○봉교명급책함(捧敎命及冊函)○서향궤(西向跪)○이차수왕비(以次授王妃)○왕비(王妃)○궤수이수전언(跪受以授典言)○녀관(女官)○조거(助擧)○상복(尙服)○봉보수(捧寶綬)○서향궤(西向跪)○수왕비(授王妃)○왕비(王妃)○수이수상기(受以授尙記)○상의(尙儀)○부복궤(俯伏跪)○계청부복흥사배(啓請俯伏興四拜)○왕비(王妃)○부복흥사배(俯伏興四拜)○흘(訖)○상침(尙寢)○수기속(帥其屬)○설왕비좌어정전북벽남향(設王妃座於正殿北壁南向)○설교명(設敎命)○책(冊)○보안어좌전근동(寶案於座前近東)○북상(北上)○향안이어전외좌우(香案二於殿外左右)○상의(尙儀)○부복궤(俯伏跪)○계청승좌(啓請陞座)○상궁(尙宮)○도왕비(導王妃)○승자중계승좌(陞自中階陞座)○산선(繖扇)○시위여상의(侍衛如常儀)○전언(典言)○상기(尙記)○치교명(置教命)○책(冊)○보어안(寶於案)○내시(內侍)○진의장어전정동서(陳儀仗於殿庭東西)○전빈(典賓)○인내명부배렬자(引內命婦陪列者)○취배위(就拜位)○사찬왈(司贊曰)○사배(四拜)○전찬창(典贊唱)○사배(四拜)○범전찬찬창(凡典贊贊唱)○개승사찬지사(皆承司贊之辭)○내명부(內命婦)○사배(四拜)○전언(典言)○승자서계(陞自西階)○진당좌전(進當座前)○부복궤(俯伏跪)○전찬창(典贊唱)○궤(跪)○내명부(內命婦)○개궤(皆跪)○전언(典言)○대치사운(代致詞云)○빈첩모씨등(嬪妾某氏等)○경유전하(敬惟殿下)○덕소후재(德昭厚載)○정위궁곤(正位宮壼)○범궐신첩(凡厥臣妾)○부승경변(不勝慶抃)○하흘(賀訖)○부복흥강복위(俯伏興降復位)○전찬창(典贊唱)○부복흥사배(俯伏興四拜)○내명부(內命婦)○부복흥사배(俯伏興四拜)○전빈(典賓)○인출(引出)○우전빈(又典賓)○인외명부(引外命婦)○입취위(入就位)○전찬창(典贊唱)○사배(四拜)○외명부사배(外命婦四拜)○전언(典言)○승자서계(陞自西階)○진당좌전(進當座前)○부복궤(俯伏跪)○전찬창(典贊唱)○궤(跪)○외명부(外命婦)○개궤(皆跪)○전언(典言)○대치사운(代致詞云)○첩모공주등(妾某公主等)○경유전하(敬惟殿下)○덕소후재(德昭厚載)○정위궁곤(正位宮壼)○범궐신첩(凡厥臣妾)○부승경변(不勝慶抃)○하흘(賀訖)○부복흥강복위(俯伏興降復位)○전찬창(典贊唱)○부복흥사배(俯伏興四拜)○외명부(外命婦)○부복흥사배(俯伏興四拜)○전빈(典賓)○인출(引出)○초외명부장출(初外命婦將出)○종친(宗親)○문무백관(文武百官)○구조복(具朝服)○예궁문외(詣宮門外)○진하여상의(陳賀如常儀)○치사운(致詞云)○구관신모등(具官臣某等)○경유왕비전하(敬惟王妃殿下)○휘유소저(徽猷昭著)○지덕응기(至德應期)○범궐신서(凡厥臣庶)○부승경약(不勝慶躍)○상전(尙傳)○전고전언(傳告典言)○전언입계(典言入啓)○상의(尙儀)○진당좌전(進當座前)○부복궤계례필(俯伏跪啓禮畢)○부복흥퇴(俯伏興退)○왕비(王妃)○강좌환내(降座還內)○사자(使者)○환지근정전정도동(還至勤政殿庭道東)○북향립(北向立)○전교관(傳教官)○예사자동북(詣使者東北)○서향립(西向立)○사자이하궤(使者以下跪)○정사복명왈(正使復命曰)○봉교(奉敎)○수왕비비물전책례필(授王妃備物典冊禮畢)○사배(四拜)○전교관계문(傳教官啓聞)○사자퇴(使者退)○선시(先時)○례조(禮曹)○구사전(具謝箋)○왕비수하흘(王妃受賀訖)○사설설전안어정전당중남향(司設設箋案於正殿當中南向)○상기(尙記)○봉전함(捧箋函)○치어안(置於案)○상궁(尙宮)○도왕비(導王妃)○예전안전(詣箋案前)○북향립(北向立)○시위여상의(侍衛如常儀)○상의(尙儀)○부복궤(俯伏跪)○계청궤(啓請跪)○왕비궤(王妃跪)○상기(尙記)○취전함흥(取箋函興)○예왕비지좌궤(詣王妃之左跪)○상의전봉(尙儀傳捧)○동향궤진(東向跪進)○왕비(王妃)○수전함이수상관(受箋函以授尙官)○상궁(尙宮)○진서향궤수(進西向跪受)○흥복치어안(興復置於案)○퇴립어전안동남서향(退立於箋案東南西向)○상의(尙儀)○부복궤(俯伏跪)○계청부복흥사배(啓請俯伏興四拜)○왕비(王妃)○부복흥사배(俯伏興四拜)○흘(訖)○상궁(尙宮)○봉전함(捧箋函)○유중문출(由中門出)○강자중계(降自中階)○지합(至閤)○수상전(授尙傳)○상궁(尙宮)○도왕비(導王妃)○환내(還內)○상전(尙傳)○봉전함(捧箋函)○예근정전정(詣勤政殿庭)○북향립(北向立)○전교관(傳教官)○전봉이계(傳捧以啓)○상전(尙傳)○환예궁(還詣宮)○복명(復命)

○백관조하(百官朝賀)

종친(宗親)○문무백관(文武百官)○구조복(具朝服)○진전진하여상의(進箋陳賀如常儀)

○회백관(會百官)

기례여정지회의(其禮如正至會儀)○유상수사운(唯上壽詞云)○의정구관신기(議政具官臣其)[모(某)]등(等)○왕비덕소후재(王妃德昭厚載)○정위궁곤(正位宮壼)○극창만엽(克昌萬葉)○명사휘음(明嗣徽音)○범궐신서(凡厥臣庶)○재회부조(載懷鳧藻)○신부승경변(臣不勝慶抃)○근상(謹上)○천천세수(千千歲壽)

○왕비회명부(王妃會命婦)

기례여정지회의(其禮如正至會儀)○유상수사운(唯上壽詞云)○경유왕비전하(敬惟王妃殿下)○덕소후재(德昭厚載)○정위궁곤(正位宮壼)○범궐신첩(凡厥臣妾)○부승경변(不勝慶抃)○근상(謹上)○천천세수(千千歲壽)

책왕세자의(冊王世子儀)

전기택길(前期擇吉)○고사직(告社稷)○종묘여의(宗廟如儀)

전이일(前二日)○예조(禮曹)○선섭내외(宣攝內外)○각공기직(各供其職)

전일일(前一日)○액정서(掖庭署)○설어좌어근정전북벽남향(設御座於勤政殿北壁南向)○설보안어좌전근동(設寶案於座前近東)○향안이어전외좌우(香案二於殿外左右)○설교명(設教命)○책(冊)○인안각일어보안지남(印案各一於寶案之南)○교명안재북(教命案在北)○책안차지(冊案次之)○인안우차지(印案又次之)○장악원(掌樂院)○전헌현어전정근남북향(展軒懸於殿庭近南北向)○설협률랑거휘위어서계상근사(設協律郎擧麾位於西階上近四)[서(西)]동향(東向)○전설사(典設司)○설왕세자차어근정문외도동근북서향(設王世子次於勤政門外道東近北西向)

기일(其日)○전의(典儀)○설왕세자위어전정도동북향(設王世子位於殿庭道東北向)○설문관일품이하위어왕세자지후근동(設文官一品以下位於王世子之後近東)○종친급무관일품이하위어도서(宗親及武官一品以下位於道西)○당문관(當文官)○구매등이위(俱每等異位)○중행북향(重行北向)○상대위수(相對爲首)○종친(宗親)○매품반두(每品班頭)○별설위(別設位)○대군(大君)○특설위어정일품지전(特設位於正一品之前)○감찰위어문무매품반말(監察位於文武每品班末)○동서상향(東西相向)○계상전의위어동계상근동서향(階上典儀位於東階上近東西向)○좌우통례(左右通禮)○계하전의위어동계하근동서향(階下典儀位於東階下近東西向)○찬의(贊儀)○인의(引儀)○재남차퇴(在南差退)○우찬의(又贊儀)○인의위어서계하근서동향(引儀位於西階下近西東向)○구북상(俱北上)○인의(引儀)○설문외위(設門外位)○문관이품이상어영제교북도동(文官二品以上於永濟橋北道東)○삼품이하어교남(三品以下於橋南)○종친급무관이품이상어교북도서(宗親及武官二品以上於橋北道西)○삼품이하어교남(三品以下於橋南)○구매등이위(俱每等異位)○중행상향북상(重行相向北上)○종친(宗親)○별설위여전정(別設位如殿庭)○궁관(宮官)○의시각(依時刻)○집도(集到)○각구기복(各具其服)○문관(文官)○조복(朝服)○무관(武官)○기복(器服)○응종입전정자(應從入殿庭者)○조복(朝服)○세자익위사(世子翊衛司)○륵소부(勒所部)○진장위여상(陳仗衛如常)고초엄(鼓初嚴)○병조(兵曹)○륵제위(勒諸衛)○진로부반장어정계급전정동서(陳鹵簿半仗於正階及殿庭東西)○근정문내외(勤政門內外)○ㅇ열군사(列軍士)○병여식(竝如式)○견서례(見序例)○사복사정(司僕寺正)○진여(陳輿)○련어전정중도(輦於殿庭中道)○소여재북(小輿在北)○대련차지(大輦次之)○어마어중도좌우(御馬於中道左右)○각일필(各一匹)○상향(相向)○장마어문무루남(仗馬於文武樓南)○륙필(六匹)○재륭문루남(在隆文樓南)○륙필(六匹)○재륭무루남(在隆武樓南)○종친(宗親)○문무백관(文武百官)○구집조당(俱集朝堂)○각구조복(各具朝服)○궁관(宮官)○취궁문외(就宮門外)○분좌우(分左右)○중행상향북상(重行相向北上)○시종지관(侍從之官)○익위이인(翊衛二人)○패검(佩劍)○사어이인(司禦二人)○패궁시(佩弓矢)○예합외봉영(詣閤外奉迎)○필선(弼善)○궤찬청내엄(跪贊請內嚴)

고이엄(鼓二嚴)○종친(宗親)○문무백관(文武百官)○개취문외위(皆就門外位)○필선(弼善)○궤백외비(跪白外備)○왕세자(王世子)○구면복출(具冕服出)○시위여상(侍衛如常)○필선(弼善)○인취근정문외차(引就勤政門外次)○시위여상(侍衛如常)○례조정랑(禮曹正郎)○봉교명(捧教命)○책함(冊函)○인수(印綬)○각치어안(各置於案)○제호위지관급사금(諸護衛之官及司禁)○각구기복(各具器服)○상서원관(尙瑞院官)○봉보(捧寶)○구예사정전합외(俱詣思政殿閤外)○사후(伺候)○좌통례(左通禮)○예합외(詣閤外)○부복궤(俯伏跪)○계청중엄(啓請中嚴)○전하(殿下)○구면복출(具冕服出)○어사정전(御思政殿)○산선(繖扇)○시위여상의(侍衛如常儀)○근시급집사관(近侍及執事官)○선행사배례여상(先行四拜禮如常)○전악(典樂)○수공인(帥工人)○입취위(入就位)○협률랑(協律郎)○입취거휘위(入就擧麾位)

고삼엄(鼓三嚴)○집사관(執事官)○선취위(先就位)○인의(引儀)○분인종친(分引宗親)○문무백관(文武百官)○유동서편문입(由東西偏門入)○취위(就位)○봉례(奉禮)○인왕세자출차(引王世子出次)○서향립(西向立)○종성지(鍾聲止)○벽내외문(闢內外門)○좌통례(左通禮)○부복궤계외판(俯伏跪啓外辦)○전하(殿下)○승여이출(乘輿以出)○산선(繖扇)○시위여상의(侍衛如常儀)○전하장출(殿下將出)○장동(仗動)○고취진작(鼓吹振作)○장입전문(將入殿門)○협률랑(協律郎)○궤부복거휘흥(跪俯伏舉麾興)○공고축(工鼓柷)○헌가악작(軒架樂作)○고취지(鼓吹止)○전하승좌(殿下陞座)○로연승(爐煙升)○상서원관(尙瑞院官)○봉보(捧寶)○치어안(置於案)○산선(繖扇)○시위여상의(侍衛如常儀)○협률랑(協律郞)○궤언휘부복흥(跪偃麾俯伏興)○공알어(工戛敔)○악지(樂止)○제호위지관(諸護衛之官)○입렬어어좌지후급전내동서(入列於御座之後及殿內東西)○차승지(次承旨)○분입전내동서부복(分入殿內東西俯伏)○사관(史官)○재기후(在其後)○차사금(次司禁)○분립어전계상(分立於殿階上)○전의왈(典儀曰)○사배(四拜)○찬의창(贊儀唱)○국궁사배흥평신(鞠躬四拜興平身)○범찬의찬창(凡贊儀贊唱)○개승전의지사(皆承典儀之辭)○종친(宗親)○문무백관(文武百官)○국궁(鞠躬)○악작(樂作)○사배흥평신(四拜興平身)○악지(樂止)○회반상향립(回班相向立)○북상(北上)○봉례(奉禮)○인왕세자(引王世子)○유동문입(由東門入)○취위(就位)○보덕이하응종입자(輔德以下應從入者)○궤어배위동남서향(跪於拜位東南西向)○북상(北上)○찬의창(贊儀唱)○국궁사배흥평신(鞠躬四拜興平身)○왕세자(王世子)○국궁(鞠躬)○악작(樂作)○사배흥평신(四拜興平身)○악지(樂止)○전책관(傳冊官)○진당좌전(進當座前)○부복궤계전교(俯伏跪啓傳教)○부복흥(俯伏興)○유동문출(由東門出)○집사자(執事者)○공복(公服)○대거교명(公服對舉教命)○책(冊)○인안(印案)○종지(從之)○매안(每案)○이인(二人)○전책관(傳冊官)○강예왕세자동북(降詣王世子東北)○서향립(西向立)○집사자(執事者)○대거안립어전책관지남소퇴(對舉案立於傳冊官之南少退)○구서향(俱西向)○전책관(傳冊官)○칭유교(稱有教)○찬의창(贊儀唱)○궤(跪)○왕세자궤(王世子跪)○전책관(傳冊官)○개함취책선(開函取冊宣)○흘찬의창(訖贊儀唱)○부복흥사배흥평신(俯伏興四拜興平身)○왕세자(王世子)○부복흥(俯伏興)○악작(樂作)○사배흥평신(四拜興平身)○악지(樂止)○전책관(傳冊官)○이책환치어함(以冊還置於函)○집사자(執事者)○거교명(舉教命)○책(冊)○인안(印案)○이차진전책관전(以次進傳冊官前)○전책관(傳冊官)○봉교명함(捧教命函)○수왕세자(授王世子)○왕세자(王世子)○진북향궤수(進北向跪受)○이수보덕(以授輔德)○보덕(輔德)○궤수어왕세자좌(跪受於王世子之左)○필선(弼善)○수책(受冊)○인(印)○동(同)○전책관(傳冊官)○우봉책함(又捧冊函)○수왕세자(授王世子)○왕세자(王世子)○수이수필선(受以授弼善)○전책관(傳冊官)○우봉인수(又捧印綬)○이수왕세자(以授王世子)○왕세자(王世子)○수이수익찬(受以授翊贊)○보덕(輔德)○필선(弼善)○익찬(翊贊)○각봉교명(各捧教命)○책함(冊函)○인수(印綬)○립어왕세자지후(立於王世子之後)○전책관(傳冊官)○환시위(還侍位)○집사자(執事者)○각이안수익위사관(各以案授翊衛司官)○퇴(退)○익위사관(翊衛司官)○각지안(各持案)○립어보덕(立於輔德)○필선(弼善)○익찬지후(翊贊之後)○찬의창(贊儀唱)○부복흥사배흥평신(俯伏興四拜興平身)○왕세자(王世子)○부복흥(俯伏興)○악작(樂作)○사배흥평신(四拜興平身)○악지(樂止)○봉례(奉禮)○인왕세자(引王世子)○유동문출(由東門出)○봉교명(捧教命)○책(冊)○인자(印者)○전행(前行)○지안자(持案者)○종지(從之)○왕세자입차(王世子入次)○종친(宗親)○문무백관(文武百官)○구복배위(俱復拜位)○찬의창(贊儀唱)○국궁사배흥평신(鞠躬四拜興平身),종친(宗親)○문무백관(文武百官)○국궁(鞠躬)○악작(樂作)○사배흥평신(四拜興平身)○악지(樂止)○좌통례(左通禮)○승자서편계(陞自西偏階)○진당좌전(進當座前)○부복궤계례필(俯伏跪啓禮畢)○부복흥강복위(俯伏興降復位)○협률랑(協律郞)○궤부복거휘흥(跪俯伏舉麾興)○공고축(工鼓柷)○악작(樂作)○전하(殿下)○강좌승여(降座乘輿)○산선(繖扇)○시위여상의(侍衛如常儀)○장출전문(將出殿門)○고취진작(鼓吹振作)○협률랑(協律郞)○궤언휘부복흥(跪偃麾俯伏興)○공알어(工戛敔)○악지(樂止)○환사정전(還思政殿)○고취지(鼓吹止)○인의(引儀)○분인종친(分引宗親)○문무백관출(文武百官出)○좌통례(左通禮)○부복궤계해엄(俯伏跪啓解嚴)○병조(兵曹)○승교방장(承教放仗)

○조왕비(朝王妃)

전일일(前一日)○상침(尙寢)○수기속(帥其屬)○설왕비좌어정전북벽남향(設王妃座於正殿北壁南向)○설보안어좌전근동(設寶案於座前近東)○향안이어전외좌우(香案二於殿外左右)

기일(其日)○내시부(內侍府)○진의장어전정동서여상의(陳儀仗於殿庭東西如常儀)○전찬(典贊)○설왕세자위어전정도동북향(設王世子位於殿庭道東北向)○설사찬(設司贊)○전빈위어동계하근동(典賓位於東階下近東)○서향북상(西向北上)○전찬(典贊)○재남차퇴(在南差退)○왕세자수책흘(王世子受冊訖)○필선(弼善)○인왕세자(引王世子)○익찬(翊贊)○부인전행(負印前行)○시위여상(侍衛如常)○예궁문외(詣宮門外)○장위(仗衛)○정어문외(停於門外)○내시(內侍)○승인지정전합외동상(承引至正殿閤外東廂)○서향립(西向立)○상궁이하(尙宮以下)○각구례복(各具禮服)○상기(尙記)○봉보(捧寶)○구예내합(俱詣內閤)○사후(伺候)○상의(尙儀)○궤계청중엄(跪啓請中嚴)○사찬(司

贊)○전빈(典賓)○전찬(典贊)○취위(就位)○상의(尚儀)○궤계외판(跪啓外辦)○왕비(王妃)○구적의(具翟衣)○가수식(加首飾)○상궁(尚宮)○전도이출(前導以出)○왕비승좌(王妃陞座)○로연승(爐煙升)○상기(尚記)○봉보(捧寶)○치어안(置於案)○산선(繖扇)○시위여상의(侍衛如常儀)○녀관(女官)○경집(擎執)○전빈(典賓)○인왕세자(引王世子)○입취위(入就位)○사찬왈(司贊曰)○사배(四拜)○전찬창(典贊唱)○국궁사배흥평신(鞠躬四拜興平身)○범전찬찬창(凡典贊贊唱)○개승사찬지사(皆承司贊之辭)○왕세자王世子○국궁사배흥평신(鞠躬四拜興平身)○전빈(典賓)○인출(引出)○내시(內侍)○승인이출(承引以出)○상의(尚儀)○진당좌전(進當座前)○부복궤계례필(俯伏跪啓禮畢)○부복흥퇴복위(俯伏興退復位)○왕비(王妃)○강좌환내(降座還內)○필선(弼善)○인왕세자환궁(引王世子還宮)○시위여상의(侍衛如常儀)

○백관조하(百官朝賀)

책후일일(冊後一日)○종친(宗親)○문무백관(文武百官)○구조복(具朝服)○진전진하여상의(進箋陳賀如常儀)○기치사운(其致詞云)○의정구관신모등(議政具官臣某等)○자우왕세자기의숙저(玆遇王世子岐嶷夙著)○령월길일(令月吉日)○광천승화(光踐承華)○부승대경(不勝大慶)○차예중궁정문외(次詣中宮正門外)○진하여상(陳賀如常)○치사동상(致詞同上)

○백관하왕세자(百官賀王世子)

종친(宗親)○문무백관조하중궁흘(文武百官朝賀中宮訖)○개구공복(改具公服)○예동궁문외위(詣東宮門外位)○왕세자(王世子)○구복(具服)○출즉좌(出卽座)○종친문무이품이상(宗親文武二品以上)○승당상(陞堂上)○삼품이하(三品以下)○입정(入庭)○행례여정지하의(行禮如正至賀儀)○유무치사(唯無致詞)

○알종묘(謁宗廟)

○택길(擇吉)
전일일(前一日)○묘사소제(廟司掃除)○묘지내외(廟之內外)○전설사(典設司)○설왕세자차어제궁동남서향(設王世子次於齊宮東南西向)○묘사(廟司)○설왕세자위어묘정도동북향(設王世子位於廟庭道東北向)

기일(其日)○세자익위사(世子翊衛司)○륵소부(勒所部)○진장위여상(陳仗衛如常)○사복사첨정(司僕寺僉正)○진련어광화문외(進輦於光化門外)○궁관(宮官)○의시각(依時刻)○집도(集到)○각구기복(各具其服)○문관상복(文官常服)○무관기복(武官器服)

전삼각(前三刻)○궁관(宮官)○취궁문외(就宮門外)○분좌우상향(分左右相向)○북상(北上)○익찬(翊贊)○부인여식(負印如式)○시종지관(侍從之官)○익위이인(翊衛二人)○패검(佩劍)○사어이인(司禦二人)○패궁시(佩弓矢)○구예합외(俱詣閤外)○봉영(奉迎)○필선(弼善)○예합외(詣閤外)○궤찬청내엄(跪贊請內嚴)○소경(小頃)○우백외비(又白外備)○왕세자(王世子)○구익선관(具翼善冠)○곤룡포출(袞龍袍出)○필선(弼善)○전인(前引)○익찬(翊贊)○부인전행(負印前行)○대승련(待乘輦)○이인재마(以印載馬)○산선(繖扇)○시위여상(侍衛如常)○출광화문외(出光化門外)○필선(弼善)○궤찬청승련(跪贊請乘輦)○왕세자(王世子)○승련(乘輦)○소주(小駐)○시종지관(侍從之官)○승마(乘馬)○련동(輦動)○궁관(宮官)○개승마(皆乘馬)○시위여상(侍衛如常)○지묘대문외(至廟大門外)○필선(弼善)○궤찬청강련(跪贊請降輦)○왕세자(王世子)○강련(降輦)○필선(弼善)○전인입차(前引入次)○시위여상(侍衛如常)○익찬(翊贊)○이인진어막차지측(以印陳於幕次之側)○필선(弼善)○궤찬청내엄(跪贊請內嚴)○소경(小頃)○우백외비(又白外備)○왕세자(王世子)○구면복(具冕服)○출차(出次)○궁관응종입자(宮官應從入者)○개구조복(皆具朝服)○필선(弼善)○인왕세자(引王世子)○유동문입(由東門入)○취위(就位)○산선(繖扇)○정어문외(停於門外)○궁관응종입자(宮官應從入者)○궤어배위동남서향(跪於拜位東南西向)○북상(北上)○필선(弼善)○궤찬청국궁사배흥평신(跪贊請鞠躬四拜興平身)○왕세자(王世子)○국궁사배흥평신(鞠躬四拜興平身)○소경(小頃)○필선(弼善)○우찬청국궁사배흥평신(又贊請鞠躬四拜興平身)○왕세자(王世子)○국궁사배흥평신(鞠躬四拜興平身)○흘(訖)○인출취차(引出就次)○석면복(釋冕服)○궁관(宮官)○개석조복(皆釋朝服)○필선(弼善)○궤백외비(跪白外備)○환궁여래의(還宮如來儀)

○전하회백관(殿下會百官)

기례여정지회의(其禮如正至會儀)○유상수사운(唯上壽詞云)○구관신모등(具官臣某等)○왕세자기의숙저(王世子岐嶷夙著)○령월길일(令月吉日)○광천승화(光踐承華)○신등부승대경(臣等不勝大慶)○근상(謹上)○천천세수(千千歲壽)

○왕비회명부(王妃會命婦)

기례여정지회의(其禮如正至會儀)○유상수사운(唯上壽詞云)○첩모성등(妾某姓等)○왕세자파의숙저(王世子岐嶷夙著)○령월길일(令月吉日)○광천승화(光踐承華)○첩모등부승대경(妾某等不勝大慶)○근상(謹上)○천천세수(千千歲壽)

책왕세자빈의(冊王世子嬪儀)

전기택길(前期擇吉)○고종묘여의(告宗廟如儀)

전이일(前二日)○예조(禮曹)○선섭내외(宣攝內外)○각공기직(各供其職)

전일일(前一日)○액정서(掖庭署)○설어좌어근정전북벽남향(設御座於勤政殿北壁南向)○설보안어좌전근동(設寶案於座前近東)○향안이어전외좌우(香案二於殿外左右)○설교명(設敎命)○책(冊)○인안각일어보안지남(印案各一於寶案之南)○교명안재북(敎命案在北)○책안차지(冊案次之)○인안우차지(印案又次之)○명복안어전정도동근북(命服案於殿庭道東近北)○장악원(掌樂院)○전헌현어전정근남북향(展軒懸於殿庭近南北向)○설협률랑거휘위어서계상근서동향(設協律郎擧麾位於西階上近西東向)

기일(其日)○전의(典儀)○설문관일품이하위어전정도동(設文官一品以下位於殿庭道東)○종친급무관일품이하위어도서(宗親及武官一品以下位於道西)○구매등이위(俱每等異位)○중행북향(重行北向)○상대위수(相對爲首)○종친(宗親)○매품반두(每品班頭)○별설위(別設位)○대군(大君)○특설위어정일품지전(特設位於正一品之前)○감찰위어문무매품반말(監察位於文武每品班末)○동서상향(東西相向)○계상전의위어동계상근동서향(階上典儀位於東階上近東西向)○좌우통례(左右通禮)○계하전의위어동계하근동서향(階下典儀位於東階下近東西向)○찬의(贊儀)○인의(引儀)○재남차퇴(在南差退)○우찬의(又贊儀)○인의위어서계하근서동향(引儀位於西階下近西東向)○구북상(俱北上)○설사자수명위어전정도동중행북향(設使者受命位於殿庭道東重行北向)○거안자위어사자지후(擧案者位於使者之後)○동상(東上)○인의(引儀)○설문외위(設門外位)○문관이품이상어영제교북도동(文官二品以上於永濟橋北道東)○삼품이하어교남(三品以下於橋南)○종친급무관이품이상어교북도서(宗親及武官二品以上於橋北道西)○삼품이하어교남(三品以下於橋南)○구매등이위(俱每等異位)○중행상향북상(重行相向北上)○종친(宗親)○별설위어전정(別設位如殿庭)○설사자이하위어근정문외도동(設使者以下位於勤政門外道東)○중행서향(重行西向)○북상(北上)

고초엄(鼓初嚴)○병조(兵曹)○특제위(勒諸衛)○진로부반장어정계급전정동서(陳鹵簿半仗於正階及殿庭東西)○근정문내외(勤政門內外)○렬군사(列軍士)○병여식(並如式)○견서례(見序例)○사복사정(司僕寺正)○진여(陳輿)○련어전정중도(輦於殿庭中道)○소여재북(小輿在北)○대련차지(大輦次之)○어마어중도좌우(御馬於中道左右)○각일필(各一匹)○상향(相向)○장마어문무루남(仗馬於文武樓南)○륙필재륭문루남(六匹在隆文樓南)○륙필재륭무루남(六匹在隆武樓南)○례조정랑(禮曹正郎)○진채여사어근정문외(陳綵輿四於勤政門外)○병조(兵曹)○진빈련급의장어채여지북(陳嬪輦及儀仗於綵輿之北)○전악(典樂)○진고취(陳鼓吹)○병조(兵曹)○진세장어채여지남(陳細仗於綵輿之南)○세장재전(細仗在前)○고취차지(鼓吹次之)○종친(宗親)○문무백관급사자이하(文武百官及使者以下)○구집조당(俱集朝堂)○각구조복(各具朝服)

고이엄(鼓二嚴)○종친(宗親)○문무백관급사자이하(文武百官及使者以下)○개취문외위(皆就門外位)○례조정랑(禮曹正郎)○봉교명함(捧敎命函)○책함(冊函)○인수급명복함(印綬及命服函)○각치어안(各置於案)○제호위지관급사금(諸護衛之官及司禁)○각구기복(各具器服)○상서원관(尙瑞院官)○봉보(捧寶)○구예사정전합외(俱詣思政殿閤外)○사후(伺候)○좌통례(左通禮)○예합외(詣閤外)○부복궤(俯伏跪)○계청중엄(啓請中嚴)○전하(殿下)○구원유관(具遠遊冠)○강사포(絳紗袍)○어사정전(御思政殿)○산선(繖扇)○시위여상의(侍衛如常儀)○근시급집사관(近侍及執事官)○선행사배례여상(先行四拜禮如常)○전악(典樂)○수공인(帥工人)○입취위(入就位)○협률랑(協律郎)

○입취거휘위(入就擧麾位)

고삼엄(鼓三嚴)○집사관(執事官)○선취위(先就位)○인의(引儀)○분인종친(分引宗親)○문무백관(文武百官)○유동서편문입(由東西偏門入)○취위(就位)○종성지(鍾聲止)○벽내외문(闢內外門)○좌통례(左通禮)○부복궤계외판(俯伏跪啓外辦)○전하(殿下)○승여이출(乘輿以出)○산선(繖扇)○시위여상의(侍衛如常儀)○전하장출(殿下將出)○장동(仗動)○고취진작(鼓吹振作)○장입전문(將入殿門)○협률랑(協律郎)○궤부복거휘흥(跪俯伏擧麾興)○공고축(工鼓柷)○헌가악작(軒架樂作)○고취지(鼓吹止)○전하승좌(殿下陞座)○로연승(爐煙升)○상서원관(尙瑞院官)○봉보(捧寶)○치어안(置於案)○산선(繖扇)○시위여상의(侍衛如常儀)○협률랑(協律郎)○궤언휘부복흥(跪偃麾俯伏興)○공알어(工戛敔)○악지(樂止)○제호위지관(諸護衛之官)○입렬어어좌지후급전내동서(入列於御座之後及殿內東西)○차승지(次承旨)○분입전내동서부복(分入殿內東西俯伏)○사관(史官)○재기후(在其後)○차사금(次司禁)○분립어전계상(分立於殿階上)○전의왈(典儀曰)○사배(四拜)○찬의창(贊儀唱)○국궁사배흥평신(鞠躬四拜興平身)○범찬의찬창(凡贊儀贊唱)○개승전의지사(皆承典儀之辭)○종친(宗親)○문무백관(文武百官)○국궁(鞠躬)○악작(樂作)○사배흥평신(四拜興平身)○악지(樂止)○회반상향립(回班相向立)○북상(北上)○인의(引儀)○인사자이하(引使者以下)○유동편문입(由東偏門入)○취위(就位)○찬의창(贊儀唱)○국궁사배흥평신(鞠躬四拜興平身)○사자이하(使者以下)○국궁(鞠躬)○악작(樂作)○사배흥평신(四拜興平身)○악지(樂止)○전교관(傳敎官)○진당좌전(進當座前)○부복궤계전교(俯伏跪啓傳敎)○부복흥(俯伏興)○유동문출(由東門出)○집사자(執事者)○공복(公服)○대거교명(對擧敎命)○책(冊)○인안(印案)○종지(從之)○매안(每案)○이인(二人)○전교관(傳敎官)○강예사자동북(降詣使者東北)○서향립(西向立)○집사자(執事者)○거안립어전교관지남소퇴(擧案立於傳敎官之南少退)○구서향(俱西向)○전교관(傳敎官)○칭유교(稱有敎)○찬의창(贊儀唱)○궤(跪)○사자이하궤(使者以下跪)○전교관(傳敎官)○선교왈(宣敎曰)○책모씨위왕세자빈(冊某氏爲王世子嬪)○명경등전례선흘(命卿等展禮宣訖)○찬의창(贊儀唱)○부복흥사배흥평신(俯伏興四拜興平身)○사자이하(使者以下)○부복흥(俯伏興)○악작(樂作)○사배흥평신(四拜興平身)○악지(樂止)○집사자(執事者)○이교명안(以敎命案)○진전교관전(進傳敎官前)○전교관(傳敎官)○취교명함(取敎命函)○집사자(執事者)○이안수거안자퇴(以案授擧案者退)○수정사(授正使)○정사(正使)○진북향궤수(進北向跪受)○거안자(擧案)○이인(者二人)○대거(對擧)○진정사지좌궤(進正使之左跪)○정사(正使)○치교명함어안(置敎命函於案)○거안자(擧案者)○대거(對擧)○퇴립어사자지후(退立於使者之後)○전교관(傳敎官)○취책함(取冊函)○인수(印綬)○수정사(授正使)○병여수교명지의흘(並如授敎命之儀訖)○환시위(還侍位)○찬의창(贊儀唱)○부복흥사배흥평신(俯伏興四拜興平身)○사자(使者)○부복흥(俯伏興)○악작(樂作)○사배흥평신(四拜興平身)○악지(樂止)○인의(引儀)○인사자(引使者)○유동문출(由東門出)○거교명(擧敎命)○책(冊)○인(印)○명복안자(命服案者)○전행(前行)○사자(使者)○이교명함(以敎命函)○책함(冊函)○인수급명복함(印綬及命服函)○각치우채여(各置于綵輿)○세장(細仗)○고취전도(鼓吹前導)○차교명여(次敎命輿)○차책여(次冊輿)○차보여(次寶輿)○차명복여(次命服輿)○차련(次輦)○차의장(次儀仗)○차사자이하수행(次使者以下隨行)○종친(宗親)○문무백관(文武百官)○구복배위(俱復拜位)○찬의창(贊儀唱)○국궁사배흥평신(鞠躬四拜興平身)○종친(宗親)○문무백관(文武百官)○국궁(鞠躬)○악작(樂作)○사배흥평신(四拜興平身)○악지(樂止)○좌통례(左通禮)○승자서편계(陞自西偏階)○진당좌전(進當座前)○부복궤계례필(俯伏跪啓禮畢)○부복흥강복위(俯伏興降復位)○협률랑(協律郎)○궤부복거휘흥(跪俯伏擧麾興)○공고축(工鼓柷)○악작(樂作)○전하(殿下)○강좌승여이입(降座乘輿以入)○산선(繖扇)○시위여래의(侍衛如來儀)○장출전문(將出殿門)○고취진작(鼓吹振作)○협률랑(協律郎)○궤언휘부복흥(跪偃麾俯伏興)○공알어(工戛敔)○악지(樂止)○환사정전(還思政殿)○고취지(鼓吹止)○인의(引儀)○분인종친(分引宗親)○문무백관출(文武百官出)○좌통례(左通禮)○궤계해엄(跪啓解嚴)○병조(兵曹)○승교방장(承敎放仗)

○빈수책(嬪受冊)

전일일(前一日)○전설사(典設司)○설사자차어궁문외도동남향(設使者次於宮門外道東南向)○포막어사자차지북(布幕於使者次之北)

기일(其日)○인의(引儀)○설사자위어궁문외지동(設使者位於宮門外之東)○서향북상(西向北上)○부사(副使)○차퇴(差退)○거교명(擧敎命)○책(冊)○인안자재남(印案者在南)○차퇴(差退)○구서향(俱西

向)○설상전위어사자지서동향(設尙傳位於使者之西東向)○거교명(擧敎命)○책인(冊印)○봉양산내시(捧陽繖內侍)○재남차퇴(在南差退)○내시우재기남(內侍又在其南)○구동향(俱東向)○장정(掌正)○설빈수책위어내당정중(設嬪受冊位於內堂庭中)○북향(北向)○설량제이하배렬위어당정도동근동(設良娣以下陪列位於堂庭道東近東)○구매등이위(俱每等異位)○중행서향(重行西向)○북상(北上)○우설량제배위어당내근서동향(又設良娣拜位於堂內近西東向)○량원이하배위어당정도동(良媛以下拜位於堂庭道東)○구매등이위(俱每等異位)○중행북향(重行北向)○동상(東上)○설장서위어동계하근동서향(設掌書位於東階下近東西向)○내시(內侍)○선치안삼어합외근한(先置案三於閤外近限)○수칙(守則)○찬청내엄(贊請內嚴)○사자(使者)○지궁문외(至宮門外)○장차자(掌次者)○영입차(迎入次)○교명(敎命)○책함(冊函)○인수(印綬)○진어막내(陳於幕內)○기명복(其命服)○사자수상전(使者授尙傳)○선진(先進)○사복사첨정(司僕寺僉正)○진련어막남(進輦於幕南)○병조(兵曹)○진빈의장어련전좌우(陳嬪儀仗於輦前左右)○장서(掌書)○선취위(先就位)○인의(引儀)○인사자이하(引使者以下)○출차취위(出次就位)○내시(內侍)○인상전출(引尙傳出)○예사자전(詣使者前)○동향궤(東向跪)○정사(正使)○칭(稱)○구관모(具官某)○봉교(奉敎)○수왕세자빈비물전책(授王世子嬪備物典冊)○선흘(宣訖)○상전(尙傳)○전고수칙(傳告守則)○수칙입백(守則入白)○상전환본위(尙傳還本位)○거교명(擧敎命)○책(冊)○인안자(印案者)○이차진부사전(以次進副使前)○부사(副使)○취교명(取敎命)○책함(冊函)○인수(印綬)○거안자(擧案者)○개퇴(皆退)○진수정사흘(進授正使訖)○퇴복위(退復位)○상전(尙傳)○진정사전동향궤(進正使前東向跪)○정사이교명(正使以敎命)○책함(冊函)○인수수상전(印綬授尙傳)○상전(尙傳)○봉예합외(捧詣閤外)○내시(內侍)○조거(助擧)○궤치어안(跪置於案)○부복흥퇴(俯伏興退)○우내시(又內侍)○봉양산(捧陽繖)○예합외(詣閤外)○북향립(北向立)○량제이하(良娣以下)○구이례복(俱以禮服)○취배렬위(就陪列位)○수칙(守則)○궤백외비(跪白外備)○빈(嬪)○구명복(具命服)○가수식(加首飾)○수규(守閨)○인출강자서계(引出降自西階)○취수책위(就受冊位)○시위여상(侍衛如常)○장서(掌書)○궤취교명(跪取敎命)○책함(冊函)○인수(印綬)○녀관(女官)○조거(助擧)○흥진립어빈전남향(興進立於嬪前南向)○장봉(掌縫)○전봉양산(傳捧陽繖)○립어장서동남서향(立於掌書東南西向)○수칙(守則)○전궤찬청사배(前跪贊請四拜)○빈사배(嬪四拜)○장서(掌書)○칭유교(稱有敎)○수즉(守則)○찬청궤(贊請跪)○빈궤(嬪跪)○수칙(守則)○진장서전(進掌書前)○북향궤수교명(北向跪受敎命)○흥진빈전(興進嬪前)○남향궤수빈(南向跪授嬪)○빈(嬪)○수이수수규(受以授守閨)○입내(入內)○우수칙(又守則)○수책함(受冊函)○인수(印綬)○수빈여상의(授嬪如上儀)○수칙(守則)○찬청부복흥사배(贊請俯伏興四拜)○빈(嬪)○부복흥사배흘(俯伏興四拜訖)○장정(掌正)○설빈좌어내당동벽서향(設嬪座於內堂東壁西向)○수칙(守則)○찬청즉좌(贊請卽座)○수규(守閨)○인빈(引嬪)○승중계(陞中階)○즉좌(卽座)○장봉(掌縫)○진양산어좌전근동(陳陽繖於座前近東)○시위여상(侍衛如常)○장서(掌書)○인량제(引良娣)○유서계승(由西階陞)○취위(就位)○우인량원이하(又引良媛以下)○취위(就位)○장서창(掌書唱)○재배(再拜)○량제급량원이하(良娣及良媛以下)○재배(再拜)○빈(嬪)○답배(答拜)○무량제(無良娣)○칙무답배(則無答拜)○장서(掌書)○인량제출(引良娣出)○수칙(守則)○진당좌전(進當座前)○궤백례필(跪白禮畢)○빈(嬪)○강좌환내(降座還內)○장서(掌書)○인량원이하출(引良媛以下出)○사자(使者)○환지근정전정도동(還至勤政殿庭道東)○북향립(北向立)○전교관(傳敎官)○예사자동북(詣使者東北)○서향립(西向立)○사자이하궤(使者以下跪)○정사복명왈(正使復命曰)○봉교(奉敎)○수왕세자빈비물전책례필(授王世子嬪備物典冊禮畢)○사배(四拜)。전교관계문(傳敎官啓聞)○사자퇴(使者退)

○빈조견(嬪朝見)

기례여납빈의유무례빈(其禮如納嬪儀唯無禮嬪

왕세자납빈의(王世子納嬪儀)

○납채(納采)

전이일(前二日)○예조(禮曹)○선섭내외(宣攝內外)○각공기직(各供其職)○후방차(後倣此)전일일(前一日)○액정서(掖庭署)○설어좌어근정전북벽남향(設御座於勤政殿北壁南向)○설보안어좌전근동(設寶案於座前近東)○향안이어전외좌우(香案二於殿外左右)○장악원(掌樂院)○전헌현어전정근남북향(展軒懸於殿庭近南北向)○진이부작(陳而不作)○후방차(後倣此)○설협률랑거휘위어서계상근서동향(設協律郎擧麾位於西階上近西東向)

기일(其日)○전의(典儀)○설문관일품이하위어전정도동(設文官一品以下位於殿庭道東)○종친급무관일품이하위어도서(宗親及武官一品以下位於道西)○구매등이위(俱每等異位)○중행북향北向)○상대위수(相對爲首)○종친(宗親)○매품반두별설위(每品班頭別設位)○대군(大君)○특설위어정일품지전(特設位於正一品之前)○감찰위어문무매품반말(監察位於文武每品班末)○동서상향(東西相向)○계상전의위어동계상근동서향(階上典儀位於東階上近東西向)○좌우통례(左右通禮)○계하전의위어동계하근동서향(階下典儀位於東階下近東西向)○찬의(贊儀)○인의(引儀)○재남차퇴(在南差退)○우찬의(又贊儀)○인의위어서계하근서동향(引儀位於西階下近西東向)○구북상(俱北上)○설사자수명위어전정도동중행북향(設使者受命位於殿庭道東重行北向)○인의(引儀)○설문외위(設門外位)○문관이품이상어영제교북도동(文官二品以上於永濟橋北道東)○삼품이하어교남(三品以下於橋南)○종친급무관이품이상어교북도서(宗親及武官二品以上於橋北道西)○삼품이하어교남(三品以下於橋南)○구매등이위(俱每等異位)○중행상향북상(重行相向北上)○종친(宗親)○별설위어전정(別設位如殿庭)○설사자위어근정문외도동(設使者位於勤政門外道東)○중행서향북상(重行西向北上)

고초엄(鼓初嚴)○병조(兵曹)○륵제위(勒諸衛)○진로부반장어정계급전정동서(陳鹵簿半仗於正階及殿庭東西)○근정문내외(勤政門內外)○렬군사(列軍士)○병여식(竝如式)○견서례(見序例)○사복사정(司僕寺正)○진여(陳輿)○련어전정중도(輦於殿庭中道)○소여재북(小輿在北)○대련차지(大輦次之)○어마어중도좌우(御馬於中道左右)○각일필(各一匹)○상향(相向)○장마어문무루남(仗馬於文武樓南)○륙필재룡문루남(六匹在隆文樓南)○륙필재룡무루남(六匹在隆武樓南)○전악(典樂)○진고취어근정문외(陳鼓吹於勤政門外)○병조(兵曹)○진세장어기남(陳細仗於其南)○세장재전(細仗在前)○고취차지(鼓吹次之)○종친(宗親)○문무백관급사자(文武百官及使者)○구집조당(俱集朝堂)○각구조복(各具朝服)

고이엄(鼓二嚴)○종친(宗親)○문무백관급사자(文武百官及使者)○개취문외위(皆就門外位)○제호위지관급사금(諸護衛之官及司禁)○각구기복(各具器服)○상서원관(尙瑞院官)○봉보(捧寶)○구예사정전합외(俱詣思政殿閤外)○사후(伺候)○좌통례(左通禮)○예합외(詣閤外)○부복궤(俯伏跪)○계청중엄(啓請中嚴)○전하(殿下)○구면복(具冕服)○어사정전(御思政殿)○산선(繖扇)○시위여상의(侍衛如常儀)○근시급집사관(近侍及執事官)○선행사배례여상(先行四拜禮如常)○전악(典樂)○수공인(帥工人)○입취위(入就位)○협률랑(協律郎)○입취거휘위(入就擧麾位)고삼엄(鼓三嚴)○집사관(執事官)○선취위(先就位)○인의(引儀)○분인종친(分引宗親)○문무백관(文武百官)○유동서편문입(由東西偏門入)○취위(就位)○종성지(鍾聲止)○벽내외문(闢內外門)○좌통례(左通禮)○부복궤계외판(俯伏跪啓外辦)○전하(殿下)○승여이출(乘輿以出)○산선(繖扇)○시위여상의(侍衛如常儀)○전하승좌(殿下陞座)○로연승(爐煙升)○상서원관(尙瑞院官)○봉보(捧寶)○치어안(置於案)○산선(繖扇)○시위여상의(侍衛如常儀)○제호위지관(諸護衛之官)○입렬어어좌지후급전내동서(入列於御座之後及殿內東西)○차승지(次承旨)○분입전내동서부복(分入殿內東西俯伏)○사관(史官)○재기후(在其後)○차사금(次司禁)○분립어전계상(分立於殿階上)○전의왈(典儀曰)○사배(四拜)○찬의창(贊儀唱)○국궁사배흥평신(鞠躬四拜興平身)○범찬의찬창(凡贊儀贊唱)○개승전의지사(皆承典儀之辭)○종친(宗親)○문무백관(文武百官)○국궁사배흥평신(鞠躬四拜興平身)○회반상향립(回班相向立)○북상(北上)○인의(引儀)○인사자(引使者)○유동편문입(由東偏門入)○취위(就位)○찬의창(贊儀唱)○국궁사배흥평신(鞠躬四拜興平身)○사자(使者)○국궁사배흥평신(鞠躬四拜興平身)○전교관(傳敎官)○진당좌전(進當座前)○부복궤계전교(俯伏跪啓傳敎)○부복흥(俯伏興)○유동문출(由東門出)○강예사자동북(降詣使者東北)○서향립(西向立)○칭유교(稱有敎)○찬의창(贊儀唱)○궤(跪)○사자궤(使者跪)○전교관(傳敎官)○선교왈(宣敎曰)○빙모관모녀위왕세자빈(聘某官某女爲王世子嬪)○명경등행납채례(命卿等行納采禮)○선흘(宣訖)○찬의창(贊儀唱)○부복흥사배흥평신(俯伏興四拜興平身)○사자(使者)○부복흥사배흥평신(俯伏興四拜興平身)○전교관(傳敎官)○환시위(還侍位)○인의(引儀)○인사자(引使者)○유동편문출(由東偏門出)○세장(細仗)○고취전도(鼓吹前道)○고취(鼓吹)○비이부작(備而不作)○후방차(後倣此)○종친(宗親)○문무백관(文武百官)○구복배위(俱復拜位)○찬의창(贊儀唱)○국궁사배흥평신(鞠躬四拜興平身)○종친(宗親)○문무백관(文武百官)○국궁사배흥평신(鞠躬四拜興平身)○좌통례(左通禮)○승자서편계진당좌전(陞自西偏階進當座前)○부복궤계례필(俯伏跪啓禮畢)○부복흥강복위(俯伏興降復位)○전하(殿下)○강좌승여환내(降座乘輿還內)○산선(繖扇)○시위여래의(侍衛如來儀)○인의(引儀)○분인종친(分引宗親)○문무백관출(文武百

官出)○좌통례(左通禮)○부복궤계해엄(俯伏跪啓解嚴)○병조(兵曹)○승교방장(承敎放仗)○사자(使者)○출광화문(出光化門)○개구공복(改具公服)○승마이행(乘馬而行)○종자(從者)○승마수행(乘馬隨行)

○빈씨가수납채(嬪氏家受納采)

전일일(前一日)○주인(主人)○설사자차어대문외도동남향(設使者次於大門外道東南向)

기일대흔(其日大昕)○사자(使者)○지빈씨대문외(至嬪氏大門外)○장차자(掌次者)○영입차(迎入次)○범빈(凡賓)○주급행사자(主及行事者)○개공복(皆公服)○후방차(後倣此)○알자(謁者)○인사자(引使者)○립어대문외지동(立於大門外之東)○서향북상(西向北上)○부사차퇴(副使差退)○후방차(後倣此)○장축자(掌畜者)○집안용생안(執鴈用生鴈)○좌수이생색증(左首以生色繒)○교락지(交絡之)○립어정사지남(立於正使之南)○차퇴서향(差退西向)○주인(主人)○립어대문내지서동향(立於大門內之西東向)○빈자(儐者)○립어주인지우북향(立於主人之右北向)○수명(受命)○출립어문서동향왈(出立於門西東向曰)○감청사(敢請事)○정사왈(正使曰)○봉교(奉敎)○작려저궁(作儷儲宮)○윤귀령덕(允歸令德)○솔유구장(率由舊章)○사모납채(使某納采)○빈자입고(儐者入告)○주인왈(主人曰)○신모지녀(臣某之女)○부교약여인(不敎若如人)○기몽교방(旣蒙敎訪)○신모부감사(臣某不敢辭)○빈자(儐者)○출고(出告)○입인주인(入引主人)○출영사자어대문외지서동향(出迎使者於大門外之西東向)○소경(少頃)○북향사배(北向四拜)○사자부답배(使者不答拜)○알자(謁者)○인사자(引使者)○입문이우(入門而右)○집안자종지(執鴈者從之)○주인(主人)○입문이좌(入門而左)○사자(使者)○승자동계(陞自東階)○지당중(至堂中)○정사(正使)○남향립(南向立)○부사(副使)○립어정사동남(立於正使東南)○집안자(執鴈者)○재부사동남(在副使東南)○구서향(俱西向)○주인(主人)○취정중(就庭中)○북향사배흘(北向四拜訖)○궤(跪)○정사왈(正使曰)○모봉교납채(某奉敎納采)○주인(主人)○부복흥사배(俯伏興四拜)○승자서계(陞自西階)○진정사전(進正使前)○북향궤(北向跪)○집안자(執鴈者)○이안진부사전(以鴈進副使前)○부사(副使)○취안(取鴈)○집안자(執鴈者)○퇴복위(退復位)○진수정사(進授正使)○퇴복위(退復位)○정사(正使)○수안이수주인(受鴈以授主人)○주인(主人)○수안(受鴈)○퇴립어서계상동향(退立於西階上東向)○사자(使者)○강자동계출(降自東階出)○립어중문외지동서향(立於中門外之東西向)○초사자강(初使者降)○주인(主人)○이안수좌우(以鴈授左右)○강립어중문내지서동향(降立於中門內之西東向)○빈자(儐者)○진수명출청사(進受命出請事)○정사왈(正使曰)○예필(禮畢)○빈자입고(儐者入告)○주인왈(主人曰)○모공봉교(某公奉敎)○지어모지실(至於某之室)○모유선인지례(某有先人之禮)○청례종자빈자출고(請禮從者儐者出告)○정사왈(正使曰)○모기득장사(某旣得將事)○감사(敢辭)○빈자입고(儐者入告)○주인왈(主人曰)○선인지례(先人之禮)○감고이청(敢告以請)○빈자출고(儐者出告)○정사왈(正使曰)○모사부득명(某辭不得命)○감부종(敢不從)○빈자입고(儐者入告)○주인출영(主人出迎)○사자읍양이입(使者揖讓以入)○지내문외당(至內門外堂)○내이주찬례지(乃以酒饌禮之)○봉백이로(奉帛以勞)○백용토물(帛用土物)○각부과이필(各不過二匹)○사자(使者)○출대문외지동(出大門外之東)○서향립(西向立)○주인(主人)○출문서(出門西)○동향사배이송(東向四拜而送)○입고우사당여식(入告于祠堂如式)○견길례(見吉禮)○축사운(祝詞云)○복이모지제기녀(伏以某之第幾女)○약모친모지제기녀(若某親某之第幾女)○년점장성(年漸長成)○지승교방(祗承敎訪)○장입동궁(將入東宮)○금일(今日)○납채(納采)○부승감창(不勝感愴)○사자(使者)○환지근정전정도동(還至勤政殿庭道東)○북향립(北向立)○전교관(傳敎官)○예사자동북(詣使者東北)○서향립(西向立)○사자이하궤(使者以下跪)○정사복명왈(正使復命曰)○봉교(奉敎)○왕세자빈납채례필(王世子嬪納采禮畢)○사배(四拜)○전교관(傳敎官)○계문(啓聞)○사자퇴(使者退)

○납징(納徵)

전일일액정서(前一日掖庭署)○설어좌근정전북벽남향(設御座於勤政殿北壁南向)○설보안어좌전근동(設寶案於座前近東)○향안이어전외좌우(香案二於殿外左右)○설속백안어보안지남(設束帛案於寶案之南)○장악원(掌樂院)○전헌현(展軒懸)○설거휘위(設擧麾位)

기일(其日)○전의(典儀)○설종친문무백관내외위(設宗親文武百官內外位)○집사관위(執事官位)○병여납채의(並如納采儀)○설사자수명위어전정도동중행북향(設使者受命位於殿庭道東重行北向)○거안자위어사자지후(擧案者位於使者之後)○동상(東上)○우설사자이하위어근정문외도동(又設使者以下位於勤政門外道東)○중행서향북상(重行西向北上)

고초엄(鼓初嚴)○병조(兵曹)○륵제위진로부반장렬군사(勒諸衛陳鹵簿半仗列軍士)○진여(陳輿)○련급마(輦及馬)○전악(典樂)○진고취(陳鼓吹)○병조(兵曹)○진세장여납채의(陳細仗如納采儀)○례조정랑(禮曹正郞)○진채여어근정문외(陳綵輿於勤政門外)○종친(宗親)○문무백관급사자이하(文武百官及使者以下)○구집조당(俱集朝堂)○각구조복(各具朝服)고이엄(鼓二嚴)○종친(宗親)○문무백관급사자이하(文武百官及使者以下)○개취문외위(皆就門外位)○례조정랑(禮曹正郞)○이속백함(以束帛函)○현삼훈이(玄三纁二)○용단자(用段子)○치어안(置於案)○사복사(司僕寺)○진량마어전정도동헌현지북(陳兩馬於殿庭道東軒懸之北)○북수동상(北首東上)○제호위지관급사금(諸護衛之官及司禁)○각구기복(各具器服)○상서원관(尙瑞院官)○봉보(捧寶)○구예사정전합외(俱詣思政殿閤外)○사후(伺候)○좌통례(左通禮)○예합외(詣閤外)○부복궤(俯伏跪)○계청중엄(啓請中嚴)○전하(殿下)○구원유관(具遠遊冠)○강사포(絳紗袍)○어사정전(御思政殿)○산선(繖扇)○시위여상의(侍衛如常儀)○근시급집사관(近侍及執事官)○선행사배례여상(先行四拜禮如常)○전악(典樂)○수공인(帥工人)○입취위(入就位)○협률랑(協律郞)○입취거휘위(入就擧麾位)

고삼엄(鼓三嚴)○집사관(執事官)○선취위(先就位)○인의(引儀)○분인종친(分引宗親)○문무백관(文武百官)○유동서편문입(由東西偏門入)○취위(就位)○종성지(鍾聲止)○벽내외문(闢內外門)○좌통례(左通禮)○부복궤계외판(俯伏跪啓外辦)○전하(殿下)○승여이출(乘輿以出)○산선(繖扇)○시위여상의(侍衛如常儀)○전하승좌(殿下陞座)○로연승(爐煙升)○상서원관(尙瑞院官)○봉보(捧寶)○치어안(置於案)○산선진렬급호위관(繖扇陳列及護衛官)○근시입전내(近侍入殿內)○사금분립전계상(司禁分立殿階上)○병여상(竝如常)○전의왈(典儀曰)○사배(四拜)○찬의창(贊儀唱)○국궁사배흥평신(鞠躬四拜興平身)○종친(宗親)○문무백관(文武百官)○국궁사배흥평신(鞠躬四拜興平身)○회반상향립(回班相向立)○북상(北上)○인의(引儀)○인사자이하(引使者以下)○유동편문입(由東偏門入)○취위(就位)○찬의창(贊儀唱)○국궁사배흥평신(鞠躬四拜興平身)○사자이하(使者以下)○국궁사배흥평신(鞠躬四拜興平身)○전교관(傳敎官)○진당좌전(進當座前)○부복궤계전교(俯伏跪啓傳敎)○부복흥(俯伏興)○유동문출(由東門出)○집사자이인(執事者二人)○공복(公服)○대거속백안종지(對擧束帛案從之)○전교관(傳敎官)○강예사자동북(降詣使者東北)○서향립(西向立)○집사자(執事者)○거안립어전교관지남소퇴서향(擧案立於傳敎官之南少退西向)○전교관(傳敎官)○칭유교(稱有敎)○찬의창(贊儀唱)○궤(跪)○사자이하궤(使者以下跪)○전교관(傳敎官)○선교왈(宣敎曰)○빙모관모녀위왕세자빈(聘某官某女爲王世子嬪)○명경등행납징례(命卿等行納徵禮)○선흘(宣訖)○찬의창(贊儀唱)○부복흥사배흥평신(俯伏興四拜興平身)○사자이하(使者以下)○부복흥사배흥평신(俯伏興四拜興平身)○집사자(執事者)○이속백안(以束帛案)○진전교관전(進傳敎官前)○전교관(傳敎官)○취속백함(取束帛函)○집사자(執事者)○이안수거안자(以案授擧案者)○퇴(退)○수정사(授正使)○정사(正使)○진북향궤수(進北向跪受)○거안자이인(擧案者二人)○대거진정사지좌궤(對擧進正使之左跪)○정사(正使)○치속백함어안(置束帛函於案)○거안자(擧案者)○대거(對擧)○퇴립어사자지후(退立於使者之後)○전교관(傳敎官)○환시위(還侍位)○찬의창(贊儀唱)○부복흥사배흥평신(俯伏興四拜興平身)○사자(使者)○부복흥사배흥평신(俯伏興四拜興平身)○인의(引儀)○인사자(引使者)○유동문출(由東門出)○거안자전행(擧案者前行)○견량마자종지(牽兩馬者從之)○사자(使者)○이속백함치우채여(以束帛函置于綵輿)○세장(細仗)○고취전도(鼓吹前導)○차속백여(次束帛輿)○차량마(次兩馬)○차사자이하수행(次使者以下隨行)○인의(引儀)○분인종친(分引宗親)○문무백관(文武百官)○구복배위(俱復拜位)○찬의창(贊儀唱)○국궁사배흥평신(鞠躬四拜興平身)○종친(宗親)○문무백관(文武百官)○국궁사배흥평신(鞠躬四拜興平身)○좌통례(左通禮)○승자서편계(陞自西偏階)○진당좌전(進當座前)○부복궤계례필(俯伏跪啓禮畢)○부복흥강복위(俯伏興降復位)○전하(殿下)○강좌승여환내(降座乘輿還內)○산선(繖扇)○시위여래의(侍衛如來儀)○인의(引儀)○분인종친(分引宗親)○문무백관출(文武百官出)○해엄방장여상(解嚴放仗如常)○사자이하(使者以下)○출광화문(出光化門)○개구공복(改具公服)○승마이행(乘馬而行)○종자(從者)○승마수행(乘馬隨行)

○빈씨가수납징(嬪氏家受納徵)

전일일(前一日)○주인(主人)○설사자차여초(設使者次如初)○설포막어사자차지북(設布幕於使者次之北)

기일대흔(其日大昕)○사자(使者)○지빈씨대문외(至嬪氏大門外)○장차자(掌次者)○영입차(迎入

次)○속백진어막내(束帛陳於幕內)○양마진어막남북수(兩馬陳於幕南北首)○동상(東上)○알자(謁者)○인사자(引使者)○립어대문외지동(立於大門外之東)○서향북상(西向北上)○거속백안자(擧束帛案者)○입어사자지남서향(立於使者之南西向)○주인(主人)○립어대문내지서동향(立於大門內之西東向)○빈자(儐者)○진수명출청사(進受命出請事)○정사왈(正使曰)○교사모이속백(敎使某以束帛)○량마납징(兩馬納徵)○빈자입고(儐者入告)○주인왈(主人曰)○봉교사신이중례(奉敎賜臣以重禮)○신모지봉전교(臣某祗奉典敎)○빈자(儐者)○출고(出告)○입인주인(入引主人)○출영어대문외지서동향(出迎於大門外之西東向)○소경(少頃)○북향사배(北向四拜)○사자부답배(使者不答拜)○알자(謁者)○인사자(引使者)○입문이우(入門而右)○거속백안자종지(擧束帛案者從之)○주인(主人)○입문이좌(入門而左)○사자(使者)○승자동계(陞自東階)○지당중(至堂中)○정사(正使)○남향립(南向立)○부사(副使)○립어정사동남(立於正使東南)○거속백안자(擧束帛案者)○재부사동남(在副使東南)○구서향(俱西向)○견마자(牽馬者)○종입정근남(從入庭近南)○북수동상(北首東上)○주인(主人)○취정중(就庭中)○북향사배흘(北向四拜訖)○궤(跪)○정사왈(正使曰)○모봉교납징(某奉敎納徵)○주인(主人)○부복흥사배(俯伏興四拜)○승자서계(陞自西階)○진정사전(進正使前)○북향궤(北向跪)○거속백안자(擧束帛案者)○이안진부사전(以案進副使前)○부사(副使)○취속백(取束帛)○거안자(擧案者)○퇴복위(退復位)○진수정사(進授正使)○퇴복위(退復位)○정사(正使)○수속백(受束帛)○이수주인(以授主人)○주인(主人)○수속백(受束帛)○퇴립어서계상동향(退立於西階上東向)○사자(使者)○강자동계(降自東階)○출립어중문외지동서향(出立於中門外之東西向)○초사자강(初使者降)○주인(主人)○이속백수좌우(以束帛授左右)○수마자(受馬者)○수지이동(受之以東)○견마자(牽馬者)○기수마이출(旣授馬而出)○주인(主人)○강립어중문내지서동향(降立於中門內之西東向)○빈자(儐者)○진수명출청사(進受命出請事)○정사왈(正使曰)○례필(禮畢)○기빈사자급사자복명(其儐使者及使者復命)○병여납채의(竝如納采儀)○유복명사운(唯復命辭云)○봉교왕세자빈납징례필(奉敎王世子嬪納徵禮畢)

○고기(告期)

명사여납채의(命使如納采儀)○선교왈(宣敎曰)○빙모관모녀위왕세자빈(聘某官某女爲王世子嬪)○명경등행고기례(命卿等行告期禮)

○빈씨가수고기(嬪氏家受告期)

전일일(前一日)○주인(主人)○설사자차이하(設使者次以下)○지출청사여납채의(至出請事如納采儀)○정사왈(正使曰)○계우복서(稽于卜筮)○모월모일길(某月某日吉)○교사모고기(敎使某告期)○빈자입고(儐者入告)○주인왈(主人曰)○근봉교(謹奉敎)○빈자(儐者)○출고(出告)○입인주인(入引主人)○출영사자이하(出迎使者以下)○지례필(至禮畢)○빈사자급사자복명(儐使者及使者復命)○병여납채의(竝如納采儀)○유선교사운(唯宣敎辭云)○모봉교고기(某奉敎告期)○복명사운(復命辭云)○봉교왕세자빈고기례필(奉敎王世子嬪告期禮畢)

○고종묘(告宗廟)

전기택길(前期擇吉)○행례여의(行禮如儀)

○책빈(冊嬪)

전일일(前一日)○액정서(掖庭署)○설어좌어근정전북벽남향(設御座於勤政殿北壁南向)○설보안어좌전근동(設寶案於座前近東)○향안이어전외좌우(香案二於殿外左右)○설교명(設敎命)○책(冊)○인안(印案)○각일어보안지남(各一於寶案之南)○교명안재북(敎命案在北)○책안차지(冊案次之)○인안우차지(印案又次之)

명복안어전정도동근북(命服案於殿庭道東近北)○장악원(掌樂院)○전헌현(展軒懸)○설거휘위(設擧麾位)

기일(其日)○전의(典儀)○설종친(設宗親)○문무백관급사자이하내외위(文武百官及使者以下內外位)

고초엄(鼓初嚴)○병조(兵曹)○륵제위(勒諸衛)○진로부반장(陳鹵簿半仗)○렬군사(列軍士)○진여(陳輿)○련급마(輦及馬)○진채여(陳綵輿)○고취(鼓吹)○세장(細仗)○병여납채의(竝如納采儀)○유채여사(唯綵輿四)○병조(兵曹)○우설빈련급의장어채여지북(又設嬪輦及儀仗於綵輿之北)○종친(宗親)○문무백관급사자이하(文武百官及使者以下)○구집조당(俱集朝堂)○각구조복(各具朝服)

고이엄(鼓二嚴)○종친(宗親)○문무백관급사자이하(文武百官及使者以下)○개취문외위(皆就門外位)○례조정랑(禮曹正郎)○봉교명함(捧敎命函)○책함(冊函)○인수급명복함(印綬及命服函)○각치어안(各置於案)○제호위지관급사금(諸護衛之官及司禁)○각구기복(各具器服)○상서원관(尙瑞院官)○봉보(捧寶)○구예사정전합외(俱詣思政殿閣外)○사후(伺候)○좌통례(左通禮)○예합외(詣閣外)○부복궤(俯伏跪)○계청중엄(啓請中嚴)○전하(殿下)○구원유관(具遠遊冠)○강사포(絳紗袍)○어사정전(御思政殿)○산선(繖扇)○시위여상의(侍衛如常儀)○근시급집사관(近侍及執事官)○선행사배례여상(先行四拜禮如常)○전악(典樂)○수공인(帥工人)○입취위(入就位)○협률랑(協律郎)○입취거휘위(入就擧麾位)

고삼엄(鼓三嚴)○집사관(執事官)○선취위(先就位)○인의(引儀)○분인종친(分引宗親)○문무백관(文武百官)○유동서편문입(由東西偏門入)○취위(就位)○종성지(鍾聲止)○벽내외문(闢內外門)○좌통례(左通禮)○부복궤계외판(俯伏跪啓外辦)○전하(殿下)○승여이출(乘輿以出)○산선(繖扇)○시위여상의(侍衛如常儀)○전하승좌(殿下陞座)○로연승(爐煙升)○상서원관(尙瑞院官)○봉보(捧寶)○치어안(置於案)○산선진렬급호위관(繖扇陳列及護衛官)○근시입전내(近侍入殿內)○사금분립어전계상(司禁分立於殿階上)○병여상(竝如常)○전의왈(典儀曰)○사배(四拜)○찬의창(贊儀唱)○국궁사배흥평신(鞠躬四拜興平身)○종친(宗親)○문무백관(文武百官)○국궁사배흥평신(鞠躬四拜興平身)○회반상향립(回班相向立)○북상(北上)○인의(引儀)○인사자이하(引使者以下)○유동편문입(由東偏門入)○취위(就位)○찬의창(贊儀唱)○국궁사배흥평신(鞠躬四拜興平身)○사자이하(使者以下)○국궁사배흥평신(鞠躬四拜興平身)○전교관(傳敎官)○진당좌전(進當座前)○부복궤계전교(俯伏跪啓傳敎)○부복흥(俯伏興)○유동문출(由東門出)○집사자(執事者)○공복(公服)○대거교명(對擧敎命)○책(冊)○인안종지(印案從之)○매안(每案)○이인(二人)○전교관(傳敎官)○강예사자동북(降詣使者東北)○서향립(西向立)○집사자(執事者)○거안립어전교관지남소퇴(擧案立於傳敎官之南少退)○구서향(俱西向)○전교관(傳敎官)○칭유교(稱有敎)○찬의창(贊儀唱)○궤(跪)○사자이하궤(使者以下跪)○전교관(傳敎官)○선교왈(宣敎曰)○책모씨위왕세자빈(冊某氏爲王世子嬪)○명경등전례선흘(命卿等展禮宣訖)○찬의창(贊儀唱)○부복흥사배흥평신(俯伏興四拜興平身)○사자이하(使者以下)○부복흥사배흥평신(俯伏興四拜興平身)○집사자(執事者)○이교명안(以敎命案)○진전교관전(進傳敎官前)○전교관(傳敎官)○취교명함(取敎命函)○집사자(執事者)○이안수거안자(以案授擧案者)○퇴(退)○수정사(授正使)○정사(正使)○진북향궤수(進北向跪受)○거안자(擧案者)○대거진정사지좌궤(對擧進正使之左跪)○정사(正使)○치교명함어안(置敎命函於案)○거안자(擧案者)○대거(對擧)○퇴립어사자지후(退立於使者之後)○전교관(傳敎官)○취책함(取冊函)○인수(印綬)○수정사(授正使)○병여수교명지의(竝如授敎命之儀)○흘(訖)○환시위(還侍位)○찬의창(贊儀唱)○부복흥사배흥평신(俯伏興四拜興平身)○사자(使者)○부복흥사배흥평신(俯伏興四拜興平身)○인의(引儀)○인사자(引使者)○유동문출(由東門出)○거교명(擧敎命)○책(冊)○인(印)○명복안자전행(命服案者前行)○사자(使者)○이교명(以敎命)○책함(冊函)○인수급명복함(印綬及命服函)○각치우채여(各置于綵輿)○세장(細仗)○고취전도(鼓吹前導)○차교명여(次敎命輿)○차책여(次冊輿)○차보여(次寶輿)○차명복여(次命服輿)○차련(次輦)○차의장(次儀仗)○차사자이하수행(次使者以下隨行)○인의(引儀)○분인종친(分引宗親)○문무백관(文武百官)○구복배위(俱復拜位)○찬의창(贊儀唱)○국궁사배흥평신(鞠躬四拜興平身)○종친(宗親)○문무백관(文武百官)○국궁사배흥평신(鞠躬四拜興平身)○좌통례(左通禮)○승자서편계(陞自西偏階)○진당좌전(進當座前)○부복궤계례필(俯伏跪啓禮畢)○부복흥강복위(俯伏興降復位)○전하(殿下)○강좌승여환내(降座乘輿還內)○산선(繖扇)○시위여래의(侍衛如來儀)○인의(引儀)○분인종친(分引宗親)○문무백관출(文武百官出)○해엄방장여상(解嚴放仗如常)○사자이하(使者以下)○출광화문(出光化門)○승마이행(乘馬而行)○종자(從者)○승마수행(乘馬隨行)

○빈수책(嬪受冊)

전일일(前一日)○주인(主人)○설사자차급포막여초(設使者次及布幕如初)○궁인차어내문외지동서향(宮人次於內門外之東西向)

기일(其日)○설사자위어대문외지동(設使者位於大門外之東)○서향북상(西向北上)○부사차퇴(副使差退)

○거교명(擧敎命)○책(冊)○인안자(印案者)○재남차퇴(在南差退)○구서향(俱西向)○주인위어대문외지서동향(主人位於大門外之西東向)○우배위어문남북향(又拜位於門南北向)○설사자이하급주인위어중문외(設使者以下及主人位於中門外)○역여지(亦如之)○유부설배위(唯不設拜位)○설상전위어중문외주인지남(設尙傳位於中門外主人之南)○거교명(擧敎命)○책(冊)○인봉의장내시(印捧儀仗內侍)○재남차퇴(在南差退)○구동향(俱東向)○내시(內侍)○선치안삼어내문외근한(先置案三於內門外近限)○주인(主人)○설빈수책위어당정중북향(設嬪受冊位於堂庭中北向)○사자(使者)○지빈씨대문외(至嬪氏大門外)○장차자(掌次者)○영입차(迎入次)○범빈주급행사자(凡賓主及行事者)○개조복(皆朝服)○내시(內侍)○상복(常服)○궁인(宮人)○선예입차(先詣入次)○교명(敎命)○책(冊)○인(印)○진어막내(陳於幕內)○기명복(其命服)○사자수상전(使者授尙傳)○선진(先進)○사복사첨정(司僕寺僉正)○진련어막남(進輦於幕南)○병조(兵曹)○진빈의장어련전좌우(陳嬪儀仗於輦前左右)○궁인(宮人)○입내문(入內門)○서립북향(序立北向)○동상(東上)○알자(謁者)○인사자이하(引使者以下)○출차취위(出次就位)○주인(主人)○출립어대문내지서동향(出立於大門內之西東向)○빈자(儐者)○진수명(進受命)○출문서(出門西)○동향왈(東向曰)○감청사(敢請事)○정사왈(正使曰)○모봉교(某奉敎)○수왕세자빈비물전책(授王世子嬪備物典冊)○빈자(儐者)○입고(入告)○수인주인(遂引主人)○출영어대문외지서동향(出迎於大門外之西東向)○소경(少頃)○취배위사배(就拜位四拜)○사자부답배(使者不答拜)○알자(謁者)○인사자(引使者)○입문이우(入門而右)○거교명(擧敎命)○책(冊)○인안자종지(印案者從之)○주인(主人)○입문이좌(入門而左)○지중문외(至中門外)○각취위(各就位)○거교명(擧敎命)○책(冊)○인안자(印案者)○이차진부사전(以次進副使前)○부사(副使)○취교명(取敎命)○책함(冊函)○인수(印綬)○거안자(擧案者)○개퇴(皆退)○진수정사흘(進授正使訖)○퇴복위(退復位)○상전(尙傳)○진정사전(進正使前)○동향궤(東向跪)○정사(正使)○이교명(以敎命)○책함(冊函)○인수수상전(印綬授尙傳)○상전(尙傳)○봉예내문외(捧詣內門外)○내시(內侍)○조거(助擧)○궤치어안(跪置於案)○부복흥퇴(俯伏興退)○우내시(又內侍)○봉양산(捧陽繖)○예내문외(詣內門外)○북향립(北向立)○빈(嬪)○구명복(具命服)○가수식흘(加首飾訖)○부모(傅姆)○인빈(引嬪)○강자서계(降自西階)○취수책위(就受冊位)○장서(掌書)○궤취교명(跪取敎命)○책함(冊函)○인수흥(印綬興)○녀관(女官)○조거(助擧)○진립어빈전남향(進立於嬪前南向)○장봉(掌縫)○전봉양산(傳捧陽繖)○립어장서동남서향(立於掌書東南西向)○제응시위자(諸應侍衛者)○시위여식(侍衛如式)○수칙(守則)○전궤찬청사배(前跪贊請四拜)○빈(嬪)○사배(四拜)○장서(掌書)○칭유교(稱有敎)○수칙(守則)○찬청궤(贊請跪)○빈궤(嬪跪)○수칙(守則)○진장서전(進掌書前)○북향궤수교명흥(北向跪受敎命興)○진빈전(進嬪前)○남향궤수빈(南向跪授嬪)○빈(嬪)○수이수수규(受以授守閨)○입내(入內)○우수칙(又守則)○수책함(受冊函)○인(印)○수수빈여상의(綬授嬪如上儀)○수칙(守則)○찬청부복흥사배(贊請俯伏興四拜)○빈(嬪)○부복흥사배흘(俯伏興四拜訖)○장정(掌正)○설빈좌어당중남향(設嬪座於堂中南向)○수칙(守則)○찬청즉좌(贊請卽座)○수규(守閨)○인빈(引嬪)○승자중계(陞自中階)○즉좌(卽座)○장봉(掌縫)○진양산어좌전근동(陳陽繖於座前近東)○시위여상(侍衛如常)○장서(掌書)○취동계하(就東階下)○서향립(西向立)○궁인(宮人)○구강립어정중북향(俱降立於庭中北向)○동상(東上)○장서왈(掌書曰)○재배(再拜)○궁인재배흘(宮人再拜訖)○제응시위자(諸應侍衛者)○구환시위(俱還侍衛)○수칙(守則)○전궤백례필(前跪白禮畢)○수규(守閨)○인빈입실(引嬪入室)○기빈사자급사자복명(其嬪使者及使者復命)○여고기의(如告期儀)○유복명사운(唯復命辭云)○봉교수왕세자빈비물전책례필(奉敎授王世子嬪備物典冊禮畢)

○임헌초계(臨軒醮戒)

전일일(前一日)○액정서(掖庭署)○설어좌어근정전조계상서향(設御座於勤政殿阼階上西向)○설좌어근정전내근동당조계상(設座於勤政殿內近東當阼階上)○비위설좌어조계상야(非謂設座於階上也)○설보안급향안어좌전여상(設寶案及香案於座前如常)○설왕세자석위어어좌서북남향(設王世子席位於御座西北南向)○장악원(掌樂院)○전헌현어전정근남북향(展軒懸於殿庭近南北向)○설협률랑거휘위어서계상근서동향(設協律郎擧麾位於西階上近西東向)○전설사(典設司)○설왕세자차어근정전문외도동근북서향(設王世子次於勤政殿門外道東近北西向)

기일포전삼각(其日晡前三刻)○전의(典儀)○설왕세자배위어전정도동북향(設王世子拜位於殿庭道東北向)○설문관일품이하위어왕세자지후근동(設文官一品以下位於王世子之後近東)○종친급무관일품이하위어도서(宗親及武官一品以下位於道西)○구매등이위(俱每等異位)○중행북향(重行北向)○상대위수(相對爲首)○종친(宗親)○매품반두(每品班頭)○별설위(別設位)○대군(大君)○특설위어정일품지전(特設位於正

一品之前)○감찰위어문무매품반말(監察位於文武每品班末)○동서상향(東西相向)○계상전의위어동계상근동서향(階上典儀位於東階上近東西向)○좌우통례(左右通禮)○계하전의위어동계하근동서향(階下典儀位於東階下近東西向)○찬의(贊儀)○인의재남차퇴(引儀在南差退)○우찬의(又贊儀)○인의위어서계하근서동향(引儀位於西階下近西東向)○구북상(俱北上)○인의(引儀)○설문외위(設門外位)○문관이품이상어영제교북도동(文官二品以上於永濟橋北道東)○삼품이하어교남(三品以下於橋南)○종친급무관이품이상어교북도서(宗親及武官二品以上於橋北道西)○삼품이하어교남(三品以下於橋南)○구매등이위(俱每等異位)○중행상향북상(重行相向北上)○종친(宗親)○별설위여전정(別設位如殿庭)○궁관(宮官)○의시각(依時刻)○집도(集到)○각구기복(各具其服)○문관(文官)○조복(朝服)○무관(武官)○기복(器服)○응종입전정자(應從入殿庭者)○조복(朝服)○익위사(翊衛司)○륵소부(勒所部)○진장위여상(陳仗衛如常)

고초엄(鼓初嚴)○병조(兵曹)○륵제위(勒諸衛)○진로부반장(陳鹵簿半仗)○렬군사(列軍士)○진여(陳輿)○련급마여책빈의(輦及馬如冊嬪儀)○유전내좌우시위자(唯殿內左右侍衛者)○남북상향(南北相向)○종친(宗親)○문무백관(文武百官)○구집조당(俱集朝堂)○각구조복(各具朝服)○궁관(宮官)○취궁문외(就宮門外)○분좌우상향(分左右相向)○북상(北上)○익찬(翊贊)○부인여식(負印如式)○시종지관(侍從之官)○익위이인(翊衛二人)○패검(佩劍)○사어이인(司禦二人)○패궁시(佩弓矢)○예합외봉영(詣閤外奉迎)○필선(弼善)○예합외(詣閤外)○궤찬청내엄(跪贊請內嚴)

고이엄(鼓二嚴)○종친(宗親)○문무백관(文武百官)○개취문외위(皆就門外位)○필선(弼善)○궤백외비(跪白外備)○왕세자(王世子)○구면복출(具冕服出)○인취근정문외차(引就勤政門外次)○시위여상(侍衛如常)○제호위지관급사금(諸護衛之官及司禁)○각구기복(各具器服)○상서원관(尙瑞院官)○봉보(捧寶)○구예사정전합외(俱詣思政殿閤外)○사후(伺候)○좌통례(左通禮)○예합외(詣閤外)○부복궤(俯伏跪)○계청중엄(啓請中嚴)○전하(殿下)○구면복(具冕服)○어사정전(御思政殿)○산선(繖扇)○시위여상의(侍衛如常儀)○근시급집사관(近侍及執事官)○선행사배례여상(先行四拜禮如常)○전악(典樂)○수공인(帥工人)○입취위(入就位)○협률랑(協律郎)○입취거휘위(入就舉麾位)

고삼엄(鼓三嚴)○집사관(執事官)○선취위(先就位)○인의(引儀)○분인종친(分引宗親)○문무백관(文武百官)○유동서편문입(由東西偏門入)○취위(就位)○봉례(奉禮)○인왕세자출차(引王世子出次)○서향립(西向立)○종성지(鍾聲止)○벽내외문(闢內外門)○사옹원관(司饔院官)○비주(備酒)○김작급찬탁이사(金爵及饌卓以俟)○좌통례(左通禮)○부복궤계외판(俯伏跪啓外辦)○전하(殿下)○승여이출(乘輿以出)○산선(繖扇)○시위여상의(侍衛如常儀)○전하승좌(殿下陞座)○로연승(爐煙升)○상서원관(尙瑞院官)○봉보(捧寶)○치어안(置於案)○산선(繖扇)○시위여상의(侍衛如常儀)○제호위지관(諸護衛之官)○입렬어어좌지후급좌우(入列於御座之後及左右)○차승지(次承旨)○분입좌우부복(分入左右俯伏)○사관(史官)○재기후(在其後)○차사금(次司禁)○분립어전계상(分立於殿階上)○전의왈(典儀曰)○사배(四拜)○찬의창(贊儀唱)○국궁사배흥평신(鞠躬四拜興平身)○범찬의찬창(凡贊儀贊唱)○개승전의지사(皆承典儀之辭)○종친(宗親)○문무백관(文武百官)○국궁사배흥평신(鞠躬四拜興平身)○봉례(奉禮)○인왕세자(引王世子)○유동문입(由東門入)○취배위(就拜位)○보덕이하응종입자(輔德以下應從入者)○궤어배위동남서향(跪於拜位東南西向)○북상(北上)○**찬의창(贊儀唱)**○**국궁사배흥평신(鞠躬四拜興平身)**○왕세자(王世子)○국궁사배흥평신(鞠躬四拜興平身)○봉례(奉禮)○인왕세자(引王世子)○승자서계(陞自西階)○보덕이하(輔德以下)○지어계하(止於階下)○필선종승(弼善從升)○왕세자(王世子)○매행사(每行事)○개찬상(皆贊相)○**취석서(就席西)**○남향립(南向立)○사옹원부제조(司饔院副提調)○취작작주(取爵酌酒)○진예왕세자서남(進詣王世子西南)○동향립(東向立)○왕세자(王世子)○국궁사배흥평신(鞠躬四拜興平身)○승석남향궤(陞席南向跪)○진규(搢圭)○부제조(副提調)○이작수왕세자(以爵授王世子)○왕세자(王世子)○수작(受爵)○사옹원정(司饔院正)○천찬탁어석전(薦饌卓於席前)○왕세자(王世子)○제주(祭酒)흥강석서남향(興降席西南向)○궤쵀주(跪啐酒)○이작수부제조(以爵授副提調)○부제조궤수허작퇴(副提調跪受虛爵退)○왕세자(王世子)○출규(出圭)○부복흥사배흥평신(俯伏興四拜興平身)○사옹원정(司饔院正)○철찬탁(徹饌卓)○봉례(奉禮)○인왕세자(引王世子)○진당좌전(進當座前)○동향궤(東向跪)○전하명지왈(殿下命之曰)○왕영이상(往迎爾相)○승아종사(承我宗事)○욱수이엄(勗帥以嚴)○왕세자왈(王世子曰)○신모근봉교지(臣某謹奉敎旨)○부복흥사배흥평신(俯伏興四拜興平身)○봉례(奉禮)○인왕세자(引王世子)○강자서계(降自西階)○유동문출(由東門出)○찬의창(贊儀唱)○국궁사배흥평신(鞠躬四拜興平身)○종친(宗親)○문무백관(文武百

官)○국궁사배흥평신(鞠躬四拜興平身)○좌통례(左通禮)○승자서편계(陞自西偏階)○진당좌전(進當座前)○부복궤계례필(俯伏跪啓禮畢)○부복흥강복위(俯伏興降復位)○전하(殿下)○강좌승여환내(降座乘輿還內)○산선(繖扇)○시위여래의(侍衛如來儀)○인의(引儀)○분인종친(分引宗親)○문무백관출(文武百官出)○해엄방장여상(解嚴放仗如常)

○친영(親迎)

전일일(前一日)○전설사(典設司)○설왕세자차어빈씨대문외도동남향(設王世子次於嬪氏大門外道東南向)○설궁관차어왕세자차동남서향(設宮官次於王世子次東南西向)○비(比)[북(北)]상(上)

기일포전삼각(其日晡前三刻)○사복사첨정(司僕寺僉正)○진련어광화문외근동(進輦於光化門外近東)○익위사(翊衛司)○륵소부(勒所部)○진장위여상(陳仗衛如常)○왕세자(王世子)○기수명(旣受命)○출근정문외(出勤政門外)○익찬(翊贊)○부인전행(負印前行)○시위여상(侍衛如常)○필선(弼善)○인왕세자(引王世子)○출광화문외(出光化門外)○궤찬청승련(跪贊請乘輦)○왕세자(王世子)○승련소주(乘輦小駐)○궁관(宮官)○출광화문(出光化門)○개구공복(改具公服)○시종관급궁관(侍從官及宮官)○개승마(皆乘馬)○련동(輦動)○집촉자전행(執燭者前行)○시위여식(侍衛如式)○종친문무이품이상관(宗親文武二品以上官)○상복이종(常服以從)○수적빈씨가(遂適嬪氏家)○련지대문외(輦至大門外)○필선(弼善)○진당련전(進當輦前)○궤찬청강련(跪贊請降輦)○왕세자(王世子)○강련입차(降輦入次)○초련장지(初輦將至)○왕인(王人)[주인(主人)]고우사당흘(告于祠堂訖)○견길례(見吉禮)○유축사운(唯祝詞云)○모지제기녀(某之第幾女)○약모친모지제기녀(若某親某之第幾女)○장이금일귀우저궁(將以今日歸于儲宮)○부승감창(不勝感愴)○례녀우방중(醴女于房中)○빈(嬪)○구명복(具命服)○가수식(加首飾)○부재동(父在東)○모재서(母在西)○상향좌(相向坐)○설빈석어모지동북남향(設嬪席於母之東北南向)○부모(傅姆)○도빈(導嬪)○출립어석남향(出立於席南向)○찬자(贊者)○취잔짐주(取盞斟酒)○예빈석전립(詣嬪席前立)○빈(嬪)○사배(四拜)○승석궤수잔(陞席跪受盞)○찬자(贊者)○천찬탁어석전(薦饌卓於席前)○빈(嬪)○제주(祭酒)○흥강석서(興降席西)○남향궤쵀주(南向跪啐酒)○이잔수찬자(以盞授贊者)○우사배(又四拜)○찬자(贊者)○진철찬탁(進徹饌卓)○찬자(贊者)○설전안위어당중북향(設奠鴈位於堂中北向)○주인(主人)○공복(公服)○출대문지내동향립(出大門之內東向立)○빈자(儐者)○공복(公服)○립어주인지우북향(立於主人之右北向)○주부(主婦)○구례의(具禮衣)○출립어당지서동향(出立於堂之西東向)○필선(弼善)○전궤찬청취위(前跪贊請就位)○왕세자(王世子)○출차립어문동서향(出次立於門東西向)○시위여상(侍衛如常)○빈자(儐者)○진수명(進受命)○출문서(出門西)○동향립왈(東向立曰)○감청사(敢請事)○필선(弼善)○승전(承傳)○진궤백(進跪白)○왕세자왈(王世子曰)○이자초혼(以玆初昏)○봉교승명(奉敎承命)○필선(弼善)○부복흥(俯伏興)○전어빈자(傳於儐者)○입고주인왈(入告主人曰)○모고경구이수(某固敬具以須)○빈자(儐者)○출전어필선백여초(出傳於弼善白如初)○빈자(儐者)○인주인(引主人)○출영어문외지서(出迎於門外之西)○동향재배(東向再拜)○필선(弼善)○전궤찬청답배(前跪贊請答拜)○왕세자(王世子)○답재배(答再拜)○주인(主人)○읍양(揖讓)○선입문이좌(先入門而左)○내문급계(內門及階)○역읍양(亦揖讓)○왕세자(王世子)○개보읍(皆揖揖)○장축자(掌畜者)○이안수필선(以鴈授弼善)○동향궤봉수왕세자(東向跪捧授王世子)○기집안(旣執鴈)○좌수급교락여납채(左首及交絡如納采)○종입문이우(從入門而右)○시종자(侍從者)○량입(量入)○지우중문(止于中門)○주인(主人)○승자서계(陞自西階)○진립우당지동서향(進立于堂之東西向)○왕세자(王世子)○승자동계(陞自東階)○부모(傅姆)○도빈출방(導嬪出房)○립어모지동북남향(立於姆之東北南向)○왕세자(王世子)○취위(就位)○북향궤전안(北向跪奠鴈)○부복흥재배(俯伏興再拜)○주인부답배(主人不答拜)○왕세자강출(王世子降出)○주인부강송(主人不降送)○사복사첨정(司僕寺僉正)○진련어내문외(進輦於內門外)○부모(傅姆)○도빈(導嬪)○수규(守閨)○전인출어모좌(前引出於母左)○부모재좌(傅姆在左)○보모재우(保母在右)○집촉급시종여식(執燭及侍從如式)○부(父)○소진서향(少進西向),○계지(戒之)○필유정언(必有正焉)○의약(衣若)[약의(若衣)]약계(若筓)○명지왈(命之曰)○계지경지(戒之敬之)○숙야무위명(夙夜無違命)○모계어서계상(母戒於西階上)○시금결세(施衿結帨)○명지왈(命之曰)○면지경지(勉之敬之)○숙야무위(夙夜無違)○서모급문내시반(庶母及門內施鞶)○신지이부모지명왈(申之以父母之命曰)○경공청종부모지언(敬恭聽宗父母之言)○숙야무건(夙夜無愆)○시제금반(視諸衿鞶)○빈기출내문(嬪旣出內門)○지련후(至輦後)○왕세자(王世子)○거렴이사(擧簾以俟)○모사왈(姆辭曰)○미교(未敎)○부족여위례(不足與爲禮)○빈승련(嬪乘輦)○모가경(姆加景)○왕세자(王世子)○출대문(出大門)○승련환궁(乘輦還宮)○시위여래의(侍衛如來儀)○빈장차어후(嬪仗次於後)○주인(主人)○사기속(使其屬)○송빈(送嬪)○이빈종(以儐從)

○동뢰(同牢)

기일(其日)○내시지속(內侍之屬)○설빈차어동궁중문내지서남향(設嬪次於東宮中門內之西南向)○포욕석(鋪褥席)○장석(將夕)○수규(守閨)○수기속(帥其屬)○설왕세자위악어실내(設王世子幄幃於室內)○포지석중인(鋪地席重茵)○우포욕석이(又鋪褥席二)○개유금침북지시병장(皆有衾枕北趾施屛障)○설동뢰욕석어실내(設同牢褥席於室內)○왕세자석(王世子席)○재동서향(在東西向)○빈석(嬪席)○재서동향(在西東向)○각설배석어좌지남(各設拜席於座之南)

초혼(初昏)○장식(掌食)○설주탁어실내초남(設酒卓於室內稍南)○치량잔근어기상(置兩盞卺於其上)○왕세자련지광화문외소주(王世子輦至光化門外小駐)○시종관급궁관(侍從官及宮官)○개하마(皆下馬)○필선(弼善)○진당련전(進當輦前)○궤찬청강련(跪贊請降輦)○왕세자(王世子)○강련(降輦)○필선(弼善)○전인유중문입(前引由中門入)○지궁중문외(至宮中門外)○궁관이하급장위(宮官以下及仗衛)○개퇴여상(皆退如常)○왕세자(王世子)○입사어합외지동서향(入俟於閤外之東西向)○빈지궁문(嬪至宮門)○장위(仗衛)○정어문외(停於門外)○시종여상(侍從如常)○입지중문외(入至中門外)○수칙(守則)○진당련전(進當輦前)○궤찬청강련(跪贊請降輦)○궁인(宮人)○전후집촉여상(前後執燭如常)○빈(嬪)○강련입차(降輦入次)○정식흘(整飾訖)○수규(守閨)○인빈(引嬪)○예합외지서(詣閤外之西)○동향립(東向立)○왕세자(王世子)○읍빈(揖嬪)○입합(入閤)○수규(守閨)○인빈종입(引嬪從入)○왕세자(王世子)○유중계승(由中階陞)○수규(守閨)○인빈종승(引嬪從陞)○집촉자(執燭者)○진어동서계간(陳於東西階間)○왕세자(王世子)○읍빈(揖嬪)○입실(入室)○즉석서향립(卽席西向立)○빈(嬪)○즉석동향립(卽席東向立)○수칙(守則)○전궤찬청재배(前跪贊請再拜)○빈재배(嬪再拜)○왕세자(王世子)○답재배(答再拜)○읍빈취좌(揖嬪就坐)○장찬(掌饌)○수기속(帥其屬)○거찬탁입(擧饌卓入)○설어왕세자급빈좌전(設於王世子及嬪座前)○장찬이인(掌饌二人)○예주탁(詣酒卓)○취잔작주(取盞酌酒)○일인궤진우왕세자(一人跪進于王世子)○일인궤진우빈(一人跪進于嬪)○왕세자급빈(王世子及嬪)○구수잔(俱受盞)○제주(祭酒)○음흘(飮訖)○수칙이인(守則二人)○진수허잔(進受虛盞)○복어탁(復於卓)○장찬(掌饌)○구진탕식흘(俱進湯食訖)○장찬(掌饌)○우구취잔재윤(又俱取盞再酳)○왕세자급빈(王世子及嬪)○구수잔(俱受盞)○음흘(飮訖)○수칙(守則)○구진수허잔(俱進受虛盞)○복어탁(復於卓)○장찬(掌饌)○구진탕식흘(俱進湯食訖)○삼윤용근(三酳用卺)○여재윤례(如再酳禮)○수칙(守則)○당중북향궤백례필(當中北向跪白禮畢)○흥환시위(興還侍位)○장찬(掌饌)○수기속(帥其屬)○철찬탁(徹饌卓)○수칙(守則)○진궤찬청흥(進跪贊請興)○왕세자급빈(王世子及嬪)○구흥(俱興)○왕세자(王世子)○입동방(入東房)○석조복(釋朝服)○구상복(具常服)○수규(守閨)○인빈(引嬪)○입위악(入幄幃)○석명복(釋命服)○왕세자(王世子)○입위악(入幄幃)○빈종자(嬪從者)○준왕세자지찬(餕王世子之饌)○왕세자종자(王世子從者)○준빈지찬(餕嬪之饌)

○빈조견(嬪朝見)

전일일(前一日)○상침(尙寢)○수기속(帥其屬)○설어좌어내전동벽서향(設御座於內殿東壁西向)○왕비좌어서벽동향(王妃座於西壁東向)○설향안이어전외좌우(設香案二於殿外左右)

기일(其日)○즉친영지명일(卽親迎之明日)○전찬(典贊)○설빈배위어동서계하(設嬪拜位於東西階下)○구북향(俱北向)○설사찬(設司贊)○전빈위어동계하근동(典賓位於東階下近東)○서향북상(西向北上)○전찬(典贊)○재남차퇴(在南差退)○병조(兵曹)○진빈의장여상(陳嬪儀仗如常)○사복사첨정(司僕寺僉正)○진련어합외(進輦於閤外)○수칙(守則)○궤찬청내엄(跪贊請內嚴)○소경(少頃)○백외비(白外備)○빈(嬪)○구명복(具命服)○가수식(加首飾)○수규(守閨)○전인이출(前引以出)○수칙(守則)○궤찬청승련(跪贊請乘輦)○빈승련(嬪乘輦)○시위여상(侍衛如常)○지사정전합외(至思政殿閤外)○수칙(守則)○궤찬청강련(跪贊請降輦)○빈강련(嬪降輦)○수규(守閨)○인빈입합(引嬪入閤)○장위(仗衛)○정어합외(停於閤外)○시위여상(侍衛如常)○지내전합외서상(至內殿閤外西廂)○동향립(東向立)○상전(尙傳)○부복궤(俯伏跪)○계청중엄(啓請中嚴)○상의(尙儀)○부복궤(俯伏跪)○계청왕비중엄(啓請王妃中嚴)○사찬(司贊)○전빈(典賓)○전찬(典贊)○구취위(俱就位)○상식(尙食)○비주(備酒)○김잔급찬탁이사(金盞及饌卓以俟)○상전(尙傳)○부복궤계외판(俯伏跪啓外辦)○전하(殿下)○구원유관(具遠遊冠)○강사포출(絳紗袍出)○승좌(陞座)○로연승(爐煙升)○시위여상의(侍衛如常儀)○상의(尙儀)○부복궤계외판(俯伏跪啓外辦)○왕비(王妃)○구적의(具翟衣)○가수식(加首飾)○상궁(尙宮)○전도이출(前導以出)○왕비승좌(王妃陞座)○시위여상의(侍衛如常儀)○전빈(典賓)○인빈(引嬪)○입취동계하위(入就東階下位)○수구(守具)○수규(守閨)○종입궤어배위동남서향(從入跪於拜位東南西向)

西向)○북상(北上)○장찬일인(掌饌一人)○봉조률반(捧棗栗盤)○일인(一人)○봉단수반(捧腵脩盤)○전행립어빈지우서향(前行立於嬪之右西向)○북상(北上)○사찬왈(司贊曰)○사배(四拜)○전찬창(典贊唱)○사배(四拜)○범전찬찬창(凡典贊贊唱)○개승사찬지사(皆承司贊之辭)○빈(嬪)○사배(四拜)○전빈(典賓)○인빈(引嬪)○승자동계(陞自東階)○진어좌전(進御座前)○동향립(東向立)○장찬(掌饌)○이조률반(以棗栗盤)○궤수빈(跪授嬪)○빈(嬪)○봉조률반(捧棗栗盤)○궤치어안(跪置於案)○상식(尚食)○림시설안(臨時設案)○전하(殿下)○무지(撫之)○상식(尚食)○진철이동(進徹以東)○전빈(典賓)○인빈(引嬪)○강복위(降復位)○전찬창(典贊唱)○사배(四拜)○빈사배(嬪四拜)○전빈(典賓)○인빈(引嬪)○취서계하위(就西階下位)○장찬(掌饌)○봉단수반(捧腵脩盤)○립어빈지좌동향(立於嬪之左東向)○전찬창(典贊唱)○사배(四拜)○빈사배(嬪四拜)○전빈(典賓)○인빈(引嬪)○승자서계(陞自西階)○진왕비좌전(進王妃座前)○서향립(西向立)○장찬(掌饌)○이단수반(以腵脩盤)○궤수빈(跪授嬪)○빈(嬪)○봉단수반(捧腵脩盤)○궤치어안(跪置於案)○상식(尚食)○림시설안(臨時設案)○왕비(王妃)○무지(撫之)○상식(尚食)○진철이서(進徹以西)○전빈(典賓)○인빈(引嬪)○강복위(降復位)○전찬창(典贊唱)○사배(四拜)○빈사배(嬪四拜)○전설(典設)○설빈석어왕비좌지동북남향(設嬪席於王妃座之東北南向)○전빈(典賓)○인빈(引嬪)○승자서계(陞自西階)○취석서(就席西)○남향립(南向立)○상식(尚食)○취잔작주(取盞酌酒)○진예빈석전(進詣嬪席前)○북향립(北向立)○빈(嬪)○사배(四拜)○승석남향궤(陞席南向跪)○상식(尚食)○이잔립수빈(以盞立授嬪)○빈수잔(嬪受盞)○상식(尚食)○천찬탁어석전(薦饌卓於席前)○빈(嬪)○제주(祭酒)○흥강석서(興降席西)○남향궤(南向跪)○쵀주(啐酒)○이잔수상식(以盞授尚食)○상식(尚食)○궤수허잔퇴(跪受虛盞退)○빈(嬪)○부복흥사배(俯伏興四拜)○상식(尚食)○철찬탁(徹饌卓)○전빈(典賓)○인빈(引嬪)○강자서계출(降自西階出)○상의(尚儀)○진어좌전(進御座前)○부복궤계례필(俯伏跪啓禮畢)○부복흥퇴(俯伏興退)○전하(殿下)○강좌환내(降座還內)○왕비(王妃)○강좌환내(降座還內)○빈(嬪)○환궁여래의(還宮如來儀)

○전하회백관(殿下會百官)

기례여정지회의(其禮如正至會儀)○유악(唯樂)○비이부작(備而不作)○상수사운(上壽詞云)○구관신모등(具官臣某等)○왕세자가빙성례(王世子嘉聘成禮)○극숭경복(克崇景福)○신등부승경변(臣等不勝慶抃)○근상천천세수(謹上千千歲壽)

왕자혼례(王子昏禮)

○납채(納采)

주인(主人)○이종친중존장자위지(以宗親中尊長者爲之)○구서(具書)○구함성명(具銜姓名)○시유맹춘(時維孟春)○수시개칭(隨時改稱)○태후이품이상(台侯二品以上)○칭태후(稱台侯)○삼품(三品)○칭중후(稱重侯)○사품지륙품(四品至六品)○통칭아후(通稱雅侯)○칠품이하(七品以下)○칭재후(稱裁侯)○다복(多福)○모대군제군(某大君諸君)○칙칭모군(則稱某君)○하방차(下倣此)○년이장성(年已長成)○미유항려(未有伉儷)○근행납채지례(謹行納采之禮)○복유(伏惟)○조감부선(照鑑不宣)○년월일(年月日)○숙흥(夙興)○견사자(遣使者)○성복(盛服)○유직자(有職者)○사모(紗帽)○품대(品帶)○전어(前御)[전함(前銜)]○역허사모(亦許紗帽)○품대(品帶)○후방차(後倣此)○여부인가(如夫人家)○주인(主人)○역성복출영(亦盛服出迎)○범빈주행례(凡賓主行禮)○개찬자(皆贊者)○상도지(相導之)○사자(使者)○승정청(陞正廳)○사자(使者)○치사왈(致辭曰)○모관황실모대군(某官貺室某大君)○모관(某官)○주혼자(主昏者)○솔유선전(率由先典)○사모야청납채(使某也請納采)○종자(從者)○이서진(以書進)○사자(使者)○이서수주인(以書授主人)○주인대왈(主人對曰)○모지자(某之子)○약매(若妹)○질(姪)○손준우(孫惷愚)○우부능교(又不能教)○약허가자(若許嫁者)○어주인위고자(於主人爲姑姊)○칙부운(則不云)○준우우부능교(惷愚又不能教)○모관명지(某官命之)○모부감사(某不敢辭)○내수서(乃受書)○북향재배(北向再拜)○사자(使者)○피부답배(避不答拜)○사자(使者)○청퇴사명(請退俟命)○출취차(出就次)○주인(主人)○수고우사당여의(遂告于祠堂如儀)○견길례(見吉禮)○유축사운(唯祝詞云)○복이모지제기녀(伏以某之第幾女)○약모친모지제기녀(若某親某之第幾女)○년점장성(年漸長成)○이허가모대군(已許嫁某大君)○금일납채(今日納采)○부승감창(不勝感愴)○출영사자(出迎使者)○승정청(陞正廳)○수이복서(授以復書)○구함성명(具銜姓名)○봉서(奉書)○득심납채지례(得審納采之禮)○모지녀(某之女)○약모친모지녀준우(若某親某之女惷愚)○우부능교(又不能教)○약허가자(若許嫁者)○어주인위고자(於主人爲姑姊)○칙운(則云)○년점장성(年漸長成)○금승존명(今承尊命)○부감사(不敢辭)○복유(伏惟)○조감부선(照鑑不宣)○년월일(年月日)○교배여상일빈객지례(交拜如常日賓客之禮)○내이주찬(乃以酒饌)○찬품(饌品)○부과삼과(不過三果)○예사자(禮使者)○사자복명(使者復命)

○납폐(納幣)

○폐(幣)○용초(用綃)○현삼훈이(玄三纁二)○제군(諸君)○용주(用紬)○혹포(或布)

주인(主人)○숙흥(夙興)○견사여부인가(遣使如夫人家)○주인(主人)○출영사자(出迎使者)○승정청(陞正廳)○사자(使者)○치사왈(致辭曰)○모관황실모대군(某官贶室某大君)○모관솔유선전(某官率由先典)○사모야청납폐(使某也請納幣)○종자(從者)○이폐진(以幣進)○사자(使者)○이폐수주인(以幣授主人)○주인(主人)○대왈(對曰)○모관순선전(某官順先典)○황모중례(贶某重禮)○모감부승명(某敢不承命)○내수폐(乃受幣)○재배(再拜)○사자피지(使者避之)○기례빈급사자복명(其禮賓及使者復命)○병동납채지의(竝同納采之儀)

○친영(親迎)

전기일일(前期一日)○부인가(夫人家)○사인장진대군지실(使人張陳大君之室)○금욕(衾褥)○용면주(用綿紬)○목면(木綿)○기병(其屏)○석(席)○장만등물(帳幔等物)○대군가비진(大君家備陳)

기일(其日)○부인가(夫人家)○설차우외(設次于外)초혼(初昏)○대군(大君)○성복(盛服)○공복(公服)○기의복(其衣服)○용면주(用綿紬)○목면(木綿)○출(出)○주인(主人)○사기속송지(使其屬送之)○대군승마(大君乘馬)○이거전도(以炬前導)○거(炬)○십사병(十四柄)○제군(諸君)○십병(十柄)○비의물(備儀物)○교상(交床)○안롱지류(鞍籠之類)○이행(以行)○종친급의정부(宗親及議政府)○륙조이품이상관종지(六曹二品以上官從之)○지부인가대문외(至夫人家大門外)○하마입사우차(下馬入俟于次)○주인(主人)○고우사당여납채의(告于祠堂如納采儀)○축사운(祝詞云)○모지제기녀(某之第幾女)○약모친모지제기녀(若某親某之第幾女)○장이금일귀우모대군(將以今日歸于某大君)○부승감창(不勝感愴)○흘(訖)○이탁설주존(以卓設酒尊)○잔어당상(盞於堂上)○부인성식(夫人盛飾)○의복(衣服)○용면주(用綿紬)○목면(木綿)○모상지이출(姆相之以出)○부좌어당지동방서향(父坐於堂之東方西向)○모좌어서방동향(母坐於西方東向)○설부인석어모지동북남향(設夫人席於母之東北南向)○부인(夫人)○립어석서남향(立於席西南向)○집사자(執事者)○취잔짐주(取盞斟酒)○예부인석전(詣夫人席前)○북향립(北向立)○부인(夫人)○사배(四拜)○승석(陞席)○남향궤수잔제주(南向跪受盞祭酒)○흥취석말궤(興就席末跪)○쵀주수집사자(啐酒授執事者)○우사배(又四拜)○주인(主人)○출영대군우문외(出迎大君于門外)○읍양이입(揖讓以入)○대군집안(大君執鴈)○생안(生鴈)○좌수(左首)○이색주(以色紬)○교락지(交絡之)○이종(以從)○지우당(至于堂)○주인(主人)○승자동계(陞自東階)○서향립(西向立)○대군(大君)○승자서계(陞自西階)○북향궤(北向跪)○치안어지(置鴈於地)○주인시자수지(主人侍者受之)○대군(大君)○부복흥재배(俯伏興再拜)○주인부답배(主人不答拜)○대군(大君)○강자서계(降自西階)○주인부강(主人不降)○모(姆)○도부인(導夫人)○출어모좌(出於母左)○부진명지왈(父進命之曰)○경지계지(敬之戒之)○숙야무위명(夙夜無違命)○모(母)○지서계상(至西階上)○위지정관렴피(爲之整冠斂帔)○명지왈(命之曰)○면지경지(勉之敬之)○숙야무위(夙夜無違)○제모(諸母)○고(姑)○수(嫂)○자(姊)○송지우중문지내(送之于中門之內)○위지정군삼(爲之整裙衫)○신이부모지명왈(申以父母之命曰)○근청이부모지언(謹聽爾父母之言)○숙야무건(夙夜無愆)○모봉부인출(姆奉夫人出)○대군수출중문(大君遂出中門)○부인종지(夫人從之)○대군거교렴이사(大君擧轎簾以俟)○모사왈(姆辭曰)○미교부족여위례(未敎不足與爲禮)○내승교(乃乘轎)○이거전도(以炬前導)○거(炬)○십사병(十四柄)○제군부인(諸君夫人)○십병(十柄)○대군승마선행(大君乘馬先行)○부인차지(夫人次之)○주인(主人)○사기속송지(使其屬送之)

○동뢰(同牢)

기일(其日)○대군가(大君家)○어실내설석량위(於室內設席兩位)○동서상향(東西相向)○대군석재동(大君席在東)○부인석재서(夫人席在西)○각설배석어좌지남(各設拜席於座之南)○주탁어실내초남(酒卓於室內稍南)○치량잔(置兩盞)○근어기상(卺於其上)○대군지기가(大君至其家)○사부인지(俟夫人至)○도이입(導以入)○대군(大君)○읍부인취석(揖夫人就席)○부인재배(夫人再拜)○대군답배(大君答拜)○대군(大君)○읍부인(揖夫人)○취좌(就座)○종자(從者)○설찬탁(設饌卓)○찬품(饌品)○부과칠과(不過七果)○짐주(斟酒)○대군급부인(大君及夫人)○제주(祭酒)○거음거효(擧飮擧肴)○우짐주(又斟酒)○대군급부인(大君及夫人)○거음거효(擧飮擧肴)○우취근짐주(又取卺斟酒)○대군급부인(大君及夫人)○거음거효(擧飮擧肴)○철찬탁(徹饌卓)○치실외(置室外)○대군(大君)○출취타실(出就他室)○모여부인(姆與夫人)○류실중(留室中)○대군복입탈복(大君復入脫服)○부인종자수지(夫人從者受之)○부인탈복(夫人脫服)○대군종자수지(大君從者受之)○촉출(燭出)○대군종자(大君從者)○준부인지여(餕夫人之餘)○부인종자(夫人從者)○준대군지여(餕大君之餘)

○부인조견(夫人朝見)

명일(明日)○부인(夫人)○숙흥성식(夙興盛飾)○이출승교(以出乘轎)○시종여상(侍從如常)○예궐강교(詣闕降轎)○전빈(典賓)○인부인(引夫人)○립어합외서상동향(立於閤外西廂東向)○내시입계(內侍入啓)○전하승좌(殿下陞座)○시위여상의(侍衛如常儀)○전빈(典賓)○인부인입(引夫人入)○립어정북향(立於庭北向)○사찬(司贊)○봉조률반(捧棗栗盤)○전행립어부인지우(前行立於夫人之右)○부인사배(夫人四拜)○사찬(司贊)○이조률반수부인(以棗栗盤授夫人)○전빈(典賓)○인부인(引夫人)○승자서계(陞自西階)○진좌전(進座前)○북향궤치어안(北向跪置於案)○상식(尙食)○림시설안(臨時設案)○전하무지(殿下撫之)○상식(尙食)○진철이동(進徹以東)○전빈(典賓)○인부인(引夫人)○강복위(降復位)○우사배(又四拜)○전빈(典賓)○인부인출(引夫人出)○수예중궁합외서상(遂詣中宮閤外西廂)○동향립(東向立)○상의입계(尙儀入啓)○상식(尙食)○비주(備酒)○김잔급찬탁(金盞及饌卓)○찬품(饌品)○삼과(三果)○이사(以俟)○왕비승좌(王妃陞座)○시위여상의(侍衛如常儀)○전빈(典賓)○인부인입립어정북향(引夫人入立於庭北向)○사찬(司贊)○봉단수반(捧腶脩盤)○전행립어부인지우(前行立於夫人之右)○부인사배(夫人四拜)○사찬(司贊)○이단수반수부인(以腶脩盤授夫人)○전빈(典賓)○인부인(引夫人)○승자서계(陞自西階)○진왕비좌전(進王妃座前)○북향궤치어안(北向跪置於案)○상식(尙食)○림시설안(臨時設案)○왕비무지(王妃撫之)○상식(尙食)○진철이동(進徹以東)○전빈(典賓)○인부인(引夫人)○강복위(降復位)○우사배(又四拜)○전설(典設)○설부인석어왕비좌지동북남향(設夫人席於王妃座之東北南向)○전빈(典賓)○인부인(引夫人)○승자서계(陞自西階)○취석서(就席西)○남향립(南向立)○상식(尙食)○취잔작주(取盞酌酒)○진예부인석전(進詣夫人席前)○북향립(北向立)○부인(夫人)○사배(四拜)○승석남향(陞席南向)○궤수잔(跪受盞)○상식(尙食)○설찬탁어석전(設饌卓於席前)○부인(夫人)○제주(祭酒)○흥강석서남향(興降席西南向)○궤쵀주(跪啐酒)○이잔수상식(以盞授尙食)○부인(夫人)○부복흥사배(俯伏興四拜)○상식(尙食)○철찬탁(徹饌卓)○전빈(典賓)○인부인(引夫人)○강자서계출합(降自西階出閤)○승교환가(乘轎還家)

○대군견부인지부모(大君見夫人之父母)

사일(四日)○대군(大君)○왕견부인지부모(往見夫人之父母)○부인지부(夫人之父)○영송읍양여객례(迎送揖讓如客禮)○대군배(大君拜)○즉궤이부지(則跪而扶之)○부인지모(夫人之母)○합문좌비(閤門左扉)○입우문내(立于門內)○대군(大君)○재배우문외(再拜于門外)○차견부인제존장여상의(次見夫人諸尊長如上儀)○병례지여상(竝禮之如常)○찬품(饌品)○부과오과(不過五果)

왕녀하가의(王女下嫁儀)

○납채(納采)

주인구서(主人具書)○구함성명(具銜姓名)○시유맹춘(時維孟春)○　수시개칭(隨時改稱)○태후다복(台候多福)○조은황실우모지자모(朝恩貺室于某之子某)○약모친모지자모(若某親某之子某)○근행납채지례(謹行納采之禮)○복유조감(伏惟照鑑)○부선(不宣)○년월일(年月日)○숙흥고우사당여의(夙興告于祠堂如儀)○견길례(見吉禮)○유축사운(唯祝詞云)○복이모지자모(伏以某之子某)○약모친모지자모(若某親某之子某)○년이장성(年已長成)○미유항려(未有伉儷)○조은황실(朝恩貺室)○금일납채(今日納采)○부승감창(不勝感愴)○내사자제(乃使子弟)○위사자(爲使者)○성복(盛服)○여공주가(如公主家)○옹주(翁主)○칙운옹주가(則云翁主家)○하방차(下倣此)○주인(主人)○이종친중존장자(以宗親中尊長者)○위지(爲之)○역성복(亦盛服)○출영(出迎)○범빈주행례(凡賓主行禮)○개찬자(皆贊者)○상도지(相導之)○사자(使者)○승정청(陞正廳)○사자(使者)○치사왈(致辭曰)○조은황실우모관지자(朝恩貺室于某官之子)○모관유선인지례(某官有先人之禮)○사모야청납채(使某也請納采)○종자(從者)○이서진(以書進)○사자(使者)○이서수주인(以書授主人)○주인(主人)○대왈(對曰)○모감부경종(某敢不敬從)○내수서(乃受書)○북향재배(北向再拜)○사자(使者)○피부답배(避不答拜)○복진청명(復進請命)○주인(主人)○수이복서(授以復書)○구함성명(具銜姓名)○봉서(奉書)○득심납채지례(得審納采之禮)○모공주(某公主)○년점장성(年漸長成)○금승존명(今承尊命)○감부경종(敢不敬從)○복유조감(伏惟照鑑)○부선(不宣)○년월일(年月日)○교배여상일빈객지례(交拜如常日賓客之禮)○내이주찬(乃以酒饌)○찬품(饌品)○부과삼과(不過三果)○예사자(禮使者)○사자복명(使者復命)

○납폐(納幣)

○폐(幣)○용주(用紬)○혹포(或布)○현삼훈이(玄三纁二)
주인(主人)○숙흥(夙興)○견사여공주가(遣使如公主家)○주인(主人)○출영사자(出迎使者)○승정청(陞正廳)○사자(使者)○치사왈(致辭曰)○조은황실우모관지자(朝恩貺室于某官之子)○모관유선인지례(某官有先人之禮)○사모야청납폐(使某也請納幣)○종자(從者)○이폐진(以幣進)○사자(使者)○이폐수주인(以幣授主人)○주인(主人)○대왈(對曰)○모관순선전(某官順先典)○황모중례(貺某重禮)○모감부승명(某敢不承命)○내수폐재배(乃受幣再拜)○사자피지(使者避之)○기례빈급사자복명(其禮賓及使者復命)○병동납채지의(竝同納采之儀)

○친영(親迎)

전기일일(前期一日)○공주가(公主家)○사인장진기서지실(使人張陳其壻之室)○금욕(衾褥)○용면주(用綿紬)○목면(木綿)○기병(其屛)○석(席)○장만등물(帳幔等物)○서가비진(壻家備陳)

기일(其日)○공주가(公主家)○설차우외(設次于外)○선시(先時)○서(壻)○예궐(詣闕)○구공복(具公服)○행사배례(行四拜禮)○환가(還家)○초혼(初昏)○서성복(壻盛服)○공복(公服)○기의복(其衣服)○용면주(用綿紬)○목면(木綿)○주인(主人)○고우사당여납채의(告于祠堂如納采儀)○축사운(祝詞云)○모지자모(某之子某)○약모친모지자모(若某親某之子某)○장이금일(將以今日)○친영모공주(親迎某公主)○부승감창(不勝感愴)○흘(訖)○이탁설주존잔어당상(以卓設酒尊盞於堂上)○부좌어당지동방서향(父坐於堂之東方西向)○설서석어기서북남향(設壻席於其西北南向)○서(壻)○승자서계(陞自西階)○립어석서남향(立於席西南向)○집사자(執事者)○취잔짐주(取盞斟酒)○예서석전(詣壻席前)○북향립(北向立)○서(壻)○사배(四拜)○승석남향궤(陞席南向跪)○수잔제주(受盞祭酒)○흥취석말(興就席末)○궤쵀주(跪啐酒)○수집사자(授執事者)○우사배(又四拜)○진예부좌전동향궤(進詣父座前東向跪)○부명지왈(父命之曰)○왕영이상(往迎爾相)○승아종사(承我宗事)○비종(非宗)○자지자(子之子)○칙개종사위가사(則改宗事爲家事)○면솔이경(勉率以敬)○약칙유상(若則有常)○서왈(壻曰)○낙(諾)○유공부감(惟恐不堪)○부감망명(不敢忘命)○부복흥(俯伏興)○종자(宗子)○이고이자혼(已孤而自昏)○칙부용차례(則不用此禮)○출(出)○주인(主人)○사기속(使其屬)○송지(送之)○서승마(壻乘馬)○이거전도(以炬前導)○거(炬)○십병(十柄)○비의물(備儀物)○교상(交床)○안롱지류(鞍籠之類)○지공주가대문외(至公主家大門外)○하마(下馬)○입사우차(入俟于次)○공주성식(公主盛飾)○의복(衣服)○용면주(用綿紬)○목면(木綿)○모상지이출(姆相之以出)○주인(主人)○좌어당지동방서향(坐於堂之東方西向)○주부(主婦)○좌어서방동향(坐於西方東向)○설공주석어주부동북남향(設公主席於主婦東北南向)○공주립어석서남향(公主立於席西南向)○집사자(執事者)○초이주여서례(醮以酒如壻禮)○단재배위이(但再拜爲異)○주인(主人)○출영서우문외(出迎壻于門外)○읍양이입(揖讓以入)○서(壻)○집(執)○안생안규(鴈生鴈圭)[좌(左)]수이색주교락지(首以色紬交絡之)○이종(以從)○지우당(至于堂)○주인(主人)○승자동계(陞自東階)○서향립(西向立)○서(壻)○승자서계(陞自西階)○북향궤(北向跪)○치안어지(置鴈於地)○주인시자(主人侍者)○수지(受之)○서(壻)○부복흥재배(俯伏興再拜)○주인(主人)○부답배(不答拜)○서(壻)○강자서계(降自西階)○주인부강(主人不降)○모도공주(姆導公主)○출어주부지좌(出於主婦之左)○주인(主人)○진명지왈(進命之曰)○경지계지(敬之戒之)○숙야무위구고지명(夙夜無違舅姑之命)○주부(主婦)○송지서계상(送之西階上)○위지정관렴피명지왈(爲之整冠斂帔命之曰)○면지경지(勉之敬之)○숙야무위(夙夜無違)○모(姆)○봉공주출(奉公主出)○서(壻)○수출중문(遂出中門)○공주종지(公主從之)○서(壻)○거교렴이사(擧轎簾以俟)○모사왈(姆辭曰)○미교부족여위례(未敎不足與爲禮)○내승교(乃乘轎)○이거전도(以炬前導)○거(炬)○십병(十柄)○서(壻)○승마선행(乘馬先行)○공주차지(公主次之)○종친급의정부(宗親及議政府)○륙조이품이상관(六曹二品以上官)○종지(從之)

○동뢰(同牢)

기일(其日)○서가(壻家)○어실(於室)○내설석량위동서상향(內設席兩位東西相向)○서석재동(壻席在東)○공주(公主)○석재서(席在西)○각설배석어좌지남(各設拜席於座之南)○주탁어실내초남(酒卓於室內稍南)○치량잔(置兩盞)○근어기상(卺於其上)○서(壻)○지기가(至其家)○사공주지(俟公主至)○도이입(導以入)○서(壻)○읍공주(揖公主)○취석(就席)○공주취석(公主就席)○공주재배(公主再拜)○서답배(壻答拜)○서(壻)○읍공주(揖公主)○취좌(就座)○종자(從者)○설찬탁(設饌卓)○찬품(饌品)○부과칠과(不過七果)○짐주(斟酒)○서급공주(壻及公主)○제주(祭酒)○거음거효(擧飮擧肴)○우짐주(又斟酒)○서급공주(壻及公主)○거음거효(擧飮擧肴)○우취근짐주(又取卺斟酒)○서급공주(壻及公主)○거음거효(擧飮擧肴)○철탁치실외(徹卓置室外)○서(壻)○출취타실(出就他室)○모여공주(姆與公主

公主)〇류실중(留室中)〇서(壻)〇복입탈복(復入脫服)〇공주종자수지(公主從者受之)〇공주탈복(公主脫服)〇서종자수지(壻從者受之)〇촉출(燭出)〇서종자(壻從者)〇준공주지여(餕公主之餘)〇공주종자(公主從者)〇준서지여(餕壻之餘)

○공주견구고(公主見舅姑)

명일(明日)〇공주(公主)〇숙흥(夙興)〇성식(盛飾)〇사견(俟見)〇구고(舅姑)〇좌어당상동서상향(坐於堂上東西相向)〇각치탁어전(各置卓於前)〇공주(公主)〇진립어동계하(進立於東階下)〇북향사배(北向四拜)〇승전조률반우탁(陞奠棗栗盤于卓)〇구무지(舅撫之)〇종자이입(從者以入)〇공주(公主)〇강우사배(降又四拜)〇예서계하(詣西階下)〇북향사배(北向四拜)〇승전단수반우탁(陞奠腶脩盤于卓)〇고거이수종자(姑擧以授從者)〇공주(公主)〇강우사배(降又四拜)〇구고례지여초공주지의(舅姑禮之如醮公主之儀)〇유사배(唯四拜)〇약구고구망(若舅姑俱亡)〇칙공주견우주혼존장(則公主見于主昏尊長)〇여견구고지례(如見舅姑之禮)〇무지(無贄)〇유재배(唯再拜)

○공주견사당(公主見祠堂)

삼일(三日)〇주인(主人)〇예향탁지전(詣香卓之前)〇궤고왈(跪告曰)〇모지자모(某之子某)〇약모친모지자모지부모공주(若某親某之子某之婦某公主)〇감견(敢見)〇고필(告畢)〇립어향탁동남서향(立於香卓東南西向)〇주부(主婦)〇이공주진립어량계지간(以公主進立於兩階之間)〇사배(四拜)〇내퇴(乃退)〇약비종자지자이사당재별처(若非宗子之子而祠堂在別處)〇칙견사당(則見祠堂)〇재삼일지후(在三日之後)

○서조견(壻朝見)

사일(四日)〇서(壻)〇예궐(詣闕)〇구공복(具公服)〇행사배례(行四拜禮)〇사궤(賜饋)〇차예중궁(次詣中宮)〇행사배례(行四拜禮)〇차예동궁(次詣東宮)〇행례흘(行禮訖)〇석공복(釋公服)〇이차견종친제존장(以次見宗親諸尊長)〇병례지여상(竝禮之如常)〇기제친가례서(其諸親家禮壻)〇찬품(饌品)〇부과오과(不過五果)

종친문무관일품이하혼례
(宗親文武官一品以下昏禮)

○납채(納采)

주인구서(主人具書) 〇구함성명(具銜姓名)〇시유맹춘(時維孟春)〇 수시(隨時)〇개칭(改稱)〇태후(台候)〇이품이상(二品以上)〇칭태후(稱台候)〇삼품(三品)〇칭중후(稱重候)〇사품지륙품(四品至六品)〇통칭아후(通稱雅候)〇칠품이하(七品以下)〇칭재후(稱裁候)〇다복(多福)〇모지자모(某之子某)〇약모친모지자모(若某親某之子某)〇년이장성(年已長成)〇미유항려(未有伉儷)〇근행납채지례(謹行納采之禮)〇복유조감(伏惟照鑑)〇부선(不宣)〇년월일(年月日)〇숙흥(夙興)〇**고우사당여의(告于祠堂如儀)**〇견길례(見吉禮)〇축사운(祝詞云)〇복이모지자모(伏以某之子某)〇약모친모지자모(若某親某之子某)〇년이장성(年已長成)〇미유항려(未有伉儷)〇이의취모관모군성명지녀(已議娶某官某郡姓名之女)〇금일납채(今日納采)〇부승감창(不勝感愴)〇**내사자제(乃使子弟)**〇위사자(爲使者)〇성복(盛服)〇여녀가(如女家)〇주인(主人)〇역성복(亦盛服)〇출영(出迎)〇범빈주행례(凡賓主行禮)〇개찬자(皆贊者)〇상도지(相導之)〇**사자(使者)**〇승정청(陞正廳)〇사자(使者)〇치사왈(致辭曰)〇오자유혜황실모야(吾子有惠貺室某也)〇모지모친모관(某之某親某官)〇유선인지례(有先人之禮)〇사모청납채(使某請納采)〇종자(從者)〇이서진(以書進)〇사자(使者)〇이서수주인(以書授主人)〇주인(主人)〇대왈(對曰)〇모지자(某之子)〇약매(若妹)〇질(姪)〇손준우(孫惷愚)〇우부능교(又不能教)〇약허가자(若許嫁者)〇어주인위고자(於主人爲姑姊)〇칙부운(則不云)〇준우우부능교(惷愚又不能教)〇**오자명지(吾子命之)**〇모부감사(某不敢辭)〇내수서(乃受書)〇북향재배(北向再拜)〇사자(使者)〇피부답배(避不答拜)〇사자(使者)〇청퇴사명(請退俟命)〇취차(就次)〇주인(主人)〇수고사당여서가지의(遂告祠堂如壻家之儀)〇축사운(祝詞云)〇모지제기녀(某之第幾女)〇약모친모지제기녀(若某親某之第幾女)〇년점장성(年漸長成)〇이허가모관모군성명지자(已許嫁某官某郡姓名之子)〇금일납채(今日納采)〇부승감창(不勝感愴)〇**출영사자(出迎使者)**〇승정청(陞正廳)〇**수이복서(授以復書)**〇구함성명(具銜姓名)〇봉서득심납채지례(奉書得審納采之禮)〇모지녀(某之女)〇약모친모지녀(若某親某之女)〇준우(惷愚)〇우부능교(又不能教)〇약허가자어주인(若許嫁者於主人)〇위고자(爲姑姊)〇칙운(則云)〇년점장성(年漸長成)〇금승존명(今承尊命)〇부감사(不敢辭)〇복유(伏惟)〇조감부선(照鑑不宣)〇년월일(年月日)〇**교배여상일빈객지례(交拜如常**

日賓客之禮)○내이주찬(乃以酒饌)○찬품(饌品)○부과삼과(不過三果)○례사자(禮使者)○사자복명(使者復命)

○납폐(納幣)

○폐용주혹포(幣用紬或布)○이품이상(二品以上)○현삼훈이(玄三纁二)○삼품이하지서인(三品以下至庶人)○현훈각일(玄纁各一)

주인(主人)○숙흥(夙興)○견사약로원(遣使若路遠)○혹유고(或有故)○칙납채(則納采)○납폐(納幣)○동일동사(同日同使)○여녀가(如女家)○주인(主人)○출영사자(出迎使者)○승정청(陞正廳)○사자(使者)○치사왈(致辭曰)○오자유혜황실모야(吾子有惠貺室某也)○모지모친모관(某之某親某官)○유선인지례(有先人之禮)○사모청납폐(使某請納幣)○종자(從者)○이폐진(以幣進)○사자(使者)○이폐수주인(以幣授主人)○주인(主人)○대왈(對曰)○오자순선전(吾子順先典)○황모중례(貺某重禮)○모감부승명(某敢不承命)○내수폐재배(乃受幣再拜)○사자피지(使者避之)○기례빈급사자복명(其禮賓及使者復命)○병동납채지의(竝同納采之儀)

○친영(親迎)

○약처가원요행례(若妻家遠要行禮)○령처가취근처(令妻家就近處)○설서지관(設壻之館)○서(壻)○왕지녀가(往之女家)○영귀소관(迎歸所館)○행례(行禮)

전기일일(前期一日)○녀가(女家)○사인장진기서지실(使人張陳其壻之室)○금욕(衾褥)○용면주(用綿紬)○목면(木綿)○기병(其屛)○석(席)○장만등물(帳幔等物)○서가비진(壻家備陳)

기일(其日)○서가(壻家)○어실내(於室內)○설석량위동서상향(設席兩位東西相向)○서석재동(壻席在東)○부석재서(婦席在西)○우설배석어좌지남(又設拜席於座之南)○주탁어실내초남(酒卓於室內稍南)○치량잔근어기상(置兩盞棜於其上)○녀가(女家)○설차우외(設次于外)○초혼(初昏)○서성복(壻盛服)○유직자(有職者)○부구시산(不拘時散)○공복(公服)○문무량반자손여급제생원(文武兩班子孫與及第生員)○사모각대(紗帽角帶)○서인(庶人)○립자조아(笠子條兒)○기불능비사모각대자(其不能備紗帽角帶者)○립자조아(笠子條兒)○역가(亦可)○의복(衣服)○개용면주(皆用綿紬)○목면(木綿)○주인(主人)○고우사당여납채의(告于祠堂如納采儀)○축사운(祝詞云)○모지자(某之子)○약약친모지자모(若親某之子某)○장이금일친영우모관모모군모씨(將以今日親迎于某官某某郡某氏)○부승감창(不勝感愴)○흘(訖)○이탁설주존잔어당상(以卓設酒尊盞於堂上)○부좌어당지동방서향(父坐於堂之東方西向)○설서석어기서북남향(設壻席於其西北南向)○서(壻)○승자서계(陞自西階)○립어석서남향(立於席西南向)○집사자(執事者)○취잔짐주(取盞斟酒)○예서석전(詣壻席前)○북향립(北向立)○서(壻)○사배(四拜)○승석남향궤(陞席南向跪)○수잔(受盞)○제주(祭酒)○흥취석말궤(興就席末跪)○쵀주(啐酒)○수집사자(授執事者)○우사배(又四拜)○진예부좌전(進詣父座前)○동향궤(東向跪)○부명지왈(父命之曰)○왕영이상(往迎爾相)○승아종사(承我宗事)○비종자지자(非宗子之子)○칙개종사위가사(則改宗事爲家事)○면솔이경(勉率以敬)○약칙유상(若則有常)○서왈(壻曰)○낙(諾)○유공부감(惟恐不堪)○부감망명(不敢忘命)○부복흥(俯伏興)○약종자(若宗子)○이고이자혼(已孤而自昏)○칙불용차례(則不用此禮)○출(出)○주인(主人)○사기속송지(使其屬送之)○서승마(壻乘馬)○이거전도(以炬前導)○이품이상(二品以上)○거십병(炬十柄)○삼품이하(三品以下)○거륙병(炬六柄)○비의물(備儀物)○교상안롱지류(交床鞍籠之類)○무의물자부용(無儀物者不用)○지녀가대문외(至女家大門外)○하마(下馬)○입사우차(入俟于次)○주인(主人)○고우사당여납채의(告于祠堂如納采儀)○축사운(祝詞云)○모지제기녀(某之第幾女)○약모친모지제기녀(若母親某之第幾女)○장이금일귀우모관모군성명(將以今日歸于某官某郡姓名)○부승감창(不勝感愴)○녀성식(女盛飾)○의복(衣服)○용면주(用綿紬)○목면(木綿)○모상지이출(姆相之以出)○부좌어당지동방서향(父坐於堂之東方西向)○모좌어서방동향(母坐於西方東向)○설녀석어모지동북남향(設女席於母之東北南向)○녀립어석서남향(女立於席西南向)○집사자(執事者)○초이주여서례(醮以酒如壻禮)○주인(主人)○출영서우문외(出迎壻于門外)○읍양이입(揖讓以入)○서(壻)○집안(執鴈)○생안(生鴈)○좌수(左首)○이색주교락지(以色紬交絡之)○무칙각목위지(無則刻木爲之)○이종(以從)○지우당(至于堂)○주인(主人)○승자동계(陞自東階)○서향립(西向立)○서(壻)○승자서계(陞自西階)○북향궤(北向跪)○치안어지(置鴈於地)○주인시자수지(主人侍者受之)○서(壻)○부복흥재배(俯伏興再拜)○주인부답배(主人不答拜)○서(壻)○강자서계(降自西階)○주인부강(主人不降)○모(姆)○도녀출어모좌(導女出於母左)○부(父)○진명지왈(進命之曰)○경지계지(敬之戒之)○숙야무위구고지명(夙夜無違舅姑之命)○모(母)○송지서계상(送之西階上)○위지정관렴피(爲之整冠斂帔)○명지왈(命之曰)○면지경지(勉之敬之)○숙야무위이규문지례(夙夜無違爾閨門之禮)○제모(諸母)○고(姑)○수(嫂)○자(姊)○송지우중문지내(送至于中門之內)○위지정군삼신(爲之整裙衫申)○이부모지명왈(以父母之命曰)○근청이부모지언(謹聽爾父母之言)○숙야무건(夙夜無愆)○모봉녀출(姆奉女出)○서수출중문(壻遂出中門)○녀종지(女從之)○서거교렴이사(壻擧轎簾以俟)○모사왈(姆辭曰)○미교부족여위례(未教不足與爲禮)○내승교(乃乘轎)○이거전도(以炬前導)○거수(炬數)○각준기부(各准其夫)○서승마선행(壻乘馬先行)○녀차지(女次之)○주인(主人)○사기속송지(使其屬送之)○서(壻)○지기가(至其家)○사부지(俟婦至)○도이입(導以入)○서읍(壻揖)○부취석(婦就席)○부재배(婦再拜)○서답배(壻答拜)○서읍(壻揖)○부취좌(婦就座)○종자(從者)○설찬과(設饌果)○찬품(饌品)○불과칠과(不過七果)○서인(庶人)○수의(隨宜)○혹오과(或五果)○짐주(斟酒)○서부(壻婦)○제주(祭酒)○거음거효(舉飮舉肴)○우짐주(又斟酒)○서부(壻婦)○거음거효(舉飮舉肴)○우취근짐주(又取卺斟酒)○서부(壻婦)○거음거효(舉飮舉肴)○철찬치실외(徹饌置室外)○서출취타실(壻出就他室)○모여부류실중(姆與婦留室中)○서복입탈복(壻復入脫服)○부종자수지(婦從者受之)○부탈복(婦脫服)○서종자수지(壻從者受之)○촉출(燭出)○서종자(壻從者)○준부지여(餕婦之餘)○부종자(婦從者)○준서지여(餕壻之餘)

○부견구고(婦見舅姑)

명일(明日)○부(婦)○숙흥성식(夙興盛飾)○사견(俟見)○구고(舅姑)○좌어당상동서상향(坐於堂上東西相向)○각치탁어전(各置卓於前)○부(婦)○진립어조계하(進立於阼階下)○북향사배(北向四拜)○승전조률반우탁상(陞奠棗栗盤于卓上)○구무지(舅撫之)○시자이입(侍者以入)○부(婦)○강우배(降又拜)○예서계하(詣西階下)○북향사배(北向四拜)○승전단수반(陞奠腶脩盤)○조률무(棗栗無)○칙용시과(則用時果)○단수무(腶脩無)○칙용건육(則用乾肉)○고거이수시자(姑舉以授侍者)○부(婦)○강우배(降又拜)○구고례지여초녀지의(舅姑禮之如醮女之儀)○약구고구망(若舅姑俱亡)○칙부견우주혼존장(則婦見于主昏尊長)○여견구고지례(如見舅姑之禮)○유재배(唯再拜)

○부견사당(婦見祠堂)

삼일(三日)○주인(主人)○예향탁지전(詣香卓之前)○궤고왈(跪告曰)○모지자모(某之子某)○약모친모지자모지부모씨(若某親某之子某之婦某氏)○감견(敢見)○고필(告畢)○립어향탁동남서향(立於香卓東南西向)○주부(主婦)○이부진립어량계지간(以婦進立於兩階之間)○부재배(婦再拜)○내퇴(乃退)○약비종자지자이사당재별처(若非宗子之子而祠堂在別處)○칙부견재삼일지후(則婦見在三日之後)

○하의(賀儀)

○친행대사급범유대경상서(親行大祀及凡有大慶祥瑞)○출사승서(出師勝捷)○개하(皆賀)○약인하반교(若因賀頒敎)○칙산호사배후반교사배례필(則山呼四拜後頒敎四拜禮畢)

전일일(前一日)○례조(禮曹)○선섭내외(宣攝內外)○각공기직(各供其職)○액정서(掖庭署)○설어좌어근정전북벽남향(設御座於勤政殿北壁南向)○설보안어좌전근동(設寶案於座前近東)○향안이어전외좌우(香案二於殿外左右)○장악원(掌樂院)○전헌현어전정근남비향(展軒懸於殿庭近南比向)[북향(北向)]○설협률랑거휘위어서계상근서동향(設協律郎舉麾位於西階上近西東向)○전설사(典設司)○설왕세자차어근정문외도동근북서향(設王世子次於勤政門外道東近北西向)

기일(其日)○전의(典儀)○설왕세자위어전정도동북향(設王世子位於殿庭道東北向)○문관일품이하위어왕세자지후근동(文官一品以下位於王世子之後近東)○종친급무관일품이하위어도서(宗親及武官一品以下位於道西)○구매등이위(俱每等異位)○중행북향(重行北向)○상대위수(相對爲首)○종친(宗親)○매품반두(每品班頭)○별설위(別設位)○대군(大君)○특설위어정일품지전(特設位於正一品之前)○제방객사래조(諸方客使來朝)○칙설차설위여정지조의(則設次設位如正至朝儀)○감찰위어문무매품반말동서상향(監察位於文武每品班末東西相向)○계상전의위어동계상근동서향(階上典儀位於東階上近東西向)○좌우통례(左右通禮)○계하전의(階下典儀)○대치사관위어동계하근동서향(代致詞官位於東階下近東西向)○찬의(贊儀)○인의(引儀)○재남차퇴(在南差退)○우찬의(又贊儀)○인의위어서계하근서동향(引儀位於西階下近西東向)○구북상(俱北上)○인의(引儀)○설문외위(設門外位)○문관이품이상어영제교북도동(文官二品以上於永濟橋北道東)○삼품이하어교남(三品以下於橋南)○종친급무관이품이상어교북도서(宗親及武官二品以上於橋北道西)○삼품이하어교남(三品以下於橋南)○구매등이위(俱每等異位)○중행상향북상(重行相向北上)○종친(宗親)○별설위어전정(別設位於殿庭)○세자익위사(世子翊衛司)○륵소부(勒所部)○진장위여상(陳仗衛如常)○궁관(宮官)○의시각(依時刻)○집도(集到)○각구기복(各具其服)○문관조복(文官朝服)○무관기복(武官器服)○응종입전정자조복(應從入殿庭者朝服)

고초엄(鼓初嚴)○병조(兵曹)○륵제위(勒諸衛)○진로부반장어정계급전정동서(陳鹵簿半仗於正階及殿庭東西)○근정문내외(勤政門內外)○열군사(列軍士)○병여식(竝如式)○견서례(見序例)○사복사정

(司僕寺正)○진여(陳輿)○련어전정중도(輦於殿庭中道)○소여재북(小輿在北)○대련차지(大輦次之)○어마어중도좌우(御馬於中道左右)○각일필(各一匹)○상향(相向)○장마어문무루남(仗馬於文武樓南)○륙필재륭문루남(六匹在隆文樓南)○륙필재륭무루남(六匹在隆武樓南)○상향(相向)○종친(宗親)○문무백관(文武百官)○구집조당(俱集朝堂)○각구조복(各具朝服)○약유객사(若有客使)○칙취차여정지조의(則就次如正至朝儀)○궁관(宮官)○취궁문외(就宮門外)○분좌우상향(分左右相向)○북상(北上)○익찬(翊贊)○부인여식(負印如式)○시종지관(侍從之官)○익위이인(翊衛二人)○패검(佩劍)○사어이인(司禦二人)○패궁시(佩弓矢)○구예합외(俱詣閤外)○봉영(奉迎)○필선(弼善)○예합외(詣閤外)○궤찬청내엄(跪贊請內嚴)

고이엄(鼓二嚴)○종친(宗親)○문무백관(文武百官)○구취문외위(俱就門外位)○약유객사(若有客使)○칙취홍례문외여정지조의(則就弘禮門外如正至朝儀)○필선(弼善)○궤백외비(跪白外備)○왕세자(王世子)○구복출(具服出)○익찬(翊贊)○부인전행(負印前行)○필선(弼善)○인취근정문외차(引就勤政門外次)○시위여상(侍衛如常)○제호위지관급사금(諸護衛之官及司禁)○각구기복(各具器服)○상서원관(尙瑞院官)○봉보(捧寶)○구예사정전합외(俱詣思政殿閤外)○사후(伺候)○좌통례(左通禮)○예합외(詣閤外)○부복궤(俯伏跪)○계청중엄(啓請中嚴)○전하(殿下)○구원유관(具遠遊冠)○강사포(絳紗袍)○어사정전(御思政殿)○산선(繖扇)○시위여상의(侍衛如常儀)○근시급집사관(近侍及執事官)○근시(近侍)○여승지(如承旨)○사관지류(史官之類)○집사관(執事官)○여좌우통례(如左右通禮)○전의(典儀)○대치사관(代致詞官)○찬의(贊儀)○인의(引儀)○감찰(監察)○협률랑지류(協律郎之類)○유서합입정(由西閤入庭)○중행북향동상(重行北向東上)○사배이출(四拜而出)○전악(典樂)○수공인(帥工人)○입취위(入就位)○협률랑(協律郎)○입취거휘위(入就擧麾位)고삼엄(鼓三嚴)○집사관(執事官)○선취위(先就位)○인의(引儀)○분인종친문무삼품이하(分引宗親文武三品以下)○유동서편문입(由東西偏門入)○취위(就位)○봉례(奉禮)○인왕세자출차(引王世子出次)○서향립(西向立)○종성지(鍾聲止)○벽내외문(闢內外門)○좌통례(左通禮)○부복궤계외판(俯伏跪啓外辦)○전하(殿下)○승여이출(乘輿以出)○산선(繖扇)○시위여상의(侍衛如常儀)○전하장출(殿下將出)○장동(仗動)○고취진작(鼓吹振作)○장입전문(將入殿門)○협률랑(協律郎)○궤부복거휘흥(跪俯伏擧麾興)○공고축(工鼓柷)○헌가악작(軒架樂作)○고취지(鼓吹止)○전하승좌(殿下陞座)○로연승(爐煙升)○상서원관(尙瑞院官)○봉보(捧寶)○치어안(置於案)○산선(繖扇)○시위여상의(侍衛如常儀)○협률랑(協律郎)○궤언휘부복흥(跪偃麾俯伏興)○공알어(工戛敔)○악지(樂止)○제호위지관(諸護衛之官)○입렬어어좌지후급전내동서(入列於御座之後及殿內東西)○차승지(次承旨)○분입전내동서부복(分入殿內東西俯伏)○사관(史官)○재기후(在其後)○차사금(次司禁)○분립어전계상(分立於殿階上)○봉례(奉禮)○인왕세자(引王世子)○유동문입(由東門入)○취위(就位)○보덕이하응종입자(輔德以下應從入者)○궤어배위동남서향(跪於拜位東南西向)○북상(北上)○전의왈(典儀曰)○사배(四拜)○찬의창(贊儀唱)○국궁사배흥평신(鞠躬四拜興平身)○범찬의찬창(凡贊儀贊唱)○개승전의지사(皆承典儀之辭)○왕세자(王世子)○국궁(鞠躬)○악작(樂作)○사배흥평신(四拜興平身)○악지(樂止)○대치사관(代致詞官)○승자서편계(陞自西偏階)○진당좌전(進當座前)○부복궤(俯伏跪)○찬의창(贊儀唱)○궤(跪)○왕세자궤(王世子跪)○대치사관(代致詞官)○치사운(致詞云)○왕세자신모운운(王世子臣某云云)○사(詞)○림시수사찬(臨時隨事撰)○유대사운(唯大祀云)○대사기성례(大祀旣成禮)○당경하(當慶賀)○하흘(賀訖)○부복흥강복위(俯伏興降復位)○찬의창(贊儀唱)○부복흥사배흥평신(俯伏興四拜興平身)○왕세자(王世子)○부복흥(俯伏興)○악작(樂作)○사배흥평신(四拜興平身)○악지(樂止)○봉례(奉禮)○인왕세자출(引王世子出)○인의(引儀)○분인종친문무이품이상(分引宗親文武二品以上)○유동서편문입(由東西偏門入)○취위(就位)○약유객사(若有客使)○칙통사(則通事)○인취위(引就位)○행례(行禮)○여정지조의(如正至朝儀)○찬의창(贊儀唱)○국궁사배흥평신(鞠躬四拜興平身)○종친(宗親)○문무백관(文武百官)○개국궁(皆鞠躬)○악작(樂作)○사배흥평신(四拜興平身)○악지(樂止)○대치사관(代致詞官)○승자서편계(陞自西偏階)○진당좌전(進當座前)○부복궤(俯伏跪)○찬의창(贊儀唱)○궤(跪)○종친(宗親)○문무백관(文武百官)○개궤(皆跪)○대치사관(代致詞官)○치사운(致詞云)○의정구관신모등운운(議政具官臣某等云云)○사(詞)○동왕세자(同王世子)○하흘(賀訖)○부복흥강복위(俯伏興降復位)○찬의창(贊儀唱)○부복흥사배흥평신(俯伏興四拜興平身)○종친(宗親)○문무백관(文武百官)○부복흥(俯伏興)○악작(樂作)○사배흥평신(四拜興平身)○악지(樂止)○찬의창(贊儀唱)○궤진홀삼고두(跪搢笏三叩頭)○종친(宗親)○문무백관(文武百官)○궤(跪)○진홀(搢笏)○삼고두(三叩頭)○찬의창(贊儀唱)○산호(山呼)○종친(宗親)○문무백관(文武百官)○공수가액(拱手加額)○왈천세(曰千歲)○찬의창(贊儀唱)○산호(山呼)○왈천세(曰千歲)○창재산호(唱再山呼)○왈천천세(曰千千歲)○범호천세(凡呼千歲)○악공(樂工)○군교(軍校)○제성응지(齊聲應之)○찬의창(贊儀唱)○출홀부복흥사배흥평신(出笏俯伏興四拜興平身)○종친(宗親)○문무백관(文武百官)○출홀부복흥(出笏俯伏興)○악작

(樂作)○사배흥평신(四拜興平身)○악지(樂止)○좌통례(左通禮)○승자서편계(陞自西偏階)○진당좌전(進當座前)○부복궤계례필(俯伏跪啓禮畢)○부복흥강복위(俯伏興降復位)○협률랑(協律郞)○궤부복거휘흥(跪俯伏擧麾興)○공고축(工鼓柷)○악작(樂作)○전하(殿下)○강좌승여(降座乘輿)○산선(繖扇)○시위여래의(侍衛如來儀)○장출전문(將出殿門)○고취진작(鼓吹振作)○협률랑(協律郞)○궤언휘부복흥(跪偃麾俯伏興)○공알어(工戛敔)○악지(樂止)○환사정전(還思政殿)○고취지(鼓吹止)○인의(引儀)○분인종친(分引宗親)○문무백관출(文武百官出)○약유객사(若有客使)○칙통사선인출(則通事先引出)○좌통례(左通禮)○궤계해엄(跪啓解嚴)○병조(兵曹)○승교방장(承敎放仗)

교서반강의(敎書頒降儀)

○비관경사(非關慶事)○칙무고두사배례(則無叩頭四拜禮)

전이일(前二日)○예조(禮曹)○선섭내외(宣攝內外)○각공기직(各供其職)

전일일(前一日)○액정서(掖庭署)○설어좌어근정전북벽남향(設御座於勤政殿北壁南向)○설보안어좌전근동(設寶案於座前近東)○설교서안어보안지남(設敎書案於寶案之南)○유함(有函)○향안이어전외좌우(香案二於殿外左右)○장악원(掌樂院)○전헌현어전정근남북향(展軒懸於殿庭近南北向)○설협률랑거휘위어서계상근서동향(設協律郞擧麾位於西階上近西東向)○전설사(典設司)○설왕세자차어근정문외도동근북서향(設王世子次於勤政門外道東近北西向)

기일(其日)○전의(典儀)○설왕세자위어전정도동북향(設王世子位於殿庭道東北向)○문관일품이하위어왕세자지후근동(文官一品以下位於王世子之後近東)○종친급무관일품이하위어도서당문관(宗親及武官一品以下位於道西當文官)○구매등이위(俱每等異位)○중행북향(重行北向)○상대위수(相對爲首)○종친(宗親)○매품반두(每品班頭)○별설위(別設位)○대군(大君)○특설위어정일품지전(特設位於正一品之前)○감찰위어문무매품반말동서상향(監察位於文武每品班末東西相向)○계상전의위어동계상근동서향(階上典儀位於東階上近東西向)○좌우통례(左右通禮)○계하전의(階下典儀)○선교관위어동계하근동서향(宣敎官位於東階下近東西向)○찬의(贊儀)○인의(引儀)○재남차퇴(在南差退)○우찬의(又贊儀)○인의위어서계하근서동향(引儀位於西階下近西東向)○구북상(俱北上)○인의(引儀)○설문외위(設門外位)○문관이품이상어영제교북도동(文官二品以上於永濟橋北道東)○삼품이하교남종친급무관이품이상어교북도서(三品以下於橋南宗親及武官二品以上於橋北道西)○삼품이하교남(三品以下於橋南)○구매등이위(俱每等異位)○중행상향북상(重行相向北上)○종친(宗親)○별설위어전정(別設位如殿庭)○고초엄(鼓初嚴)○병조(兵曹)○륵제위(勒諸衛)○진로부반장어정계급전정동서(陳鹵簿半仗於正階及殿庭東西)○근정문내외(勤政門內外)○렬군사(列軍士)○병여식(竝如式)○견서례(見序例)○사복사정(司僕寺正)○진여(陳輿)○련어전정중도(輦於殿庭中道)○소여재북(小輿在北)○대련차지(大輦次之)○어마어중도좌우(御馬於中道左右)○각일필(各一匹)○상향(相向)○장마어문무루남(仗馬於文武樓南)○육필재륭문루남(六匹在隆文樓南)○륙필재륭무루남(六匹在隆武樓南)○상향(相向)○전의(典儀)○설개독위어전계상근동서향(設開讀位於殿階上近東西向)○종친(宗親)○문무백관(文武百官)○구집조당(俱集朝堂)○각구조복(各具朝服)

고이엄(鼓二嚴)○종친(宗親)○문무백관(文武百官)○개취문외위(皆就門外位)○왕세자(王世子)○구복출(具服出)○기찬내엄(其贊內嚴)○백외비(白外備)○시위(侍衛)○병여상(竝如常)○익찬(翊贊)○부인전행(負印前行)○필선(弼善)○인취근정문외차(引就勤政門外次)○시위여상(侍衛如常)○제호위지관급사금(諸護衛之官及司禁)○각구기복(各具器服)○상서원관(尙瑞院官)○봉보(捧寶)○구예사정전합외(俱詣思政殿閤外)○사후(伺候)○좌통례(左通禮)○예합외(詣閤外)○부복궤(俯伏跪)○계청중엄(啓請中嚴)○전하(殿下)○구원유관(具遠遊冠)○강사포(絳紗袍)○어사정전(御思政殿)○산선(繖扇)○시위여상의(侍衛如常儀)○근시급집사관(近侍及執事官)○선행사배례여상(先行四拜禮如常)○전악(典樂)○수공인(帥工人)○입취위(入就位)○협률랑(協律郞)○입취거휘위(入就擧麾位)

고삼엄(鼓三嚴)○집사관(執事官)○선취위(先就位)○인의(引儀)○분인종친문무삼품이하(分引宗親文武三品以下)○유동서편문입(由東西偏門入)○취위(就位)○봉례(奉禮)○인왕세자출차(引王世子出次)○서향립(西向立)○종성지(鍾聲止)○벽내외문(闢內外門)○좌통례(左通禮)○부복궤계외판(俯伏跪啓外辦)○전하(殿下)○승여이출(乘輿以出)○산선(繖扇)○시위여상의(侍衛如常儀)○전하장출(殿下將出)○장동(仗動)○고취진작(鼓吹振作)○장입전문(將入殿門)○협률랑(協律郎)○궤부복거휘흥(跪俯伏擧麾興)○공고축(工鼓柷)○헌가악작(軒架樂作)○고취지(鼓吹止)○전하승좌(殿下陞座)○로연승(爐煙升)○상서원관(尙瑞院官)○봉보(捧寶)○치어안(置於案)○산선(繖扇)○시위여상의(侍衛如常儀)○협률랑(協律郎)○궤언휘부복흥(跪偃麾俯伏興)○공알어(工戛敔)○악지(樂止)○제호위지관(諸護衛之官)○입렬어좌지후급전내동서(入列於御座之後及殿內東西)○차승지(次承旨)○분입전내동서부복(分入殿內東西俯伏)○사관재기후(史官在其後)○차사금(次司禁)○분립어전계상(分立於殿階上)○인의(引儀)○분인종친문무이품이상(分引宗親文武二品以上)○유동서편문입(由東西偏門入)○취위(就位)○봉례(奉禮)○인왕세자(引王世子)○유동문입(由東門入)○취위(就位)○전의왈(典儀曰)○사배(四拜)○찬의창(贊儀唱)○국궁사배흥평신(鞠躬四拜興平身)○범찬의찬창(凡贊儀贊唱)○개승전의지사(皆承典儀之辭)○왕세자급종친(王世子及宗親)○문무백관(文武百官)○국궁(鞠躬)○악작(樂作)○사배흥평신(四拜興平身)○악지(樂止)○선교관(宣敎官)○승자동편계(陞自東偏階)○취위(就位)○전교관(傳敎官)○진당좌전(進當座前)○부복궤계전교(俯伏跪啓傳敎)○부복흥유동문출(俯伏興由東門出)○예선교관지북(詣宣敎官之北)○전교관이인(展敎官二人)○공복(公服)○대거교서안수지(對擧敎書案隨之)○전교관(傳敎官)○취교서(取敎書)○수선교관(授宣敎官)○선교관(宣敎官)○진홀궤수(搢笏跪受)○이수전교관(以授展敎官)○전교관(展敎官)○궤수(跪受)○립대전(立對展)○전교관(傳敎官)○림계서향립(臨階西向立)○칭유교(稱有敎)○찬의창(贊儀唱)○궤(跪)○왕세자이하(王世子以下)○개궤(皆跪)○전교관(傳敎官)○환시위(還侍位)○선교관(宣敎官)○선흘(宣訖)○부복흥퇴복위(俯伏興退復位)○전교관(展敎官)○이교서치어안(以敎書置於案)○부복흥퇴(俯伏興退)○찬의창(贊儀唱)○부복흥사배흥평신(俯伏興四拜興平身)○왕세자이하(王世子以下)○개부복흥(皆俯伏興)○악작(樂作)○사배흥평신(四拜興平身)○악지(樂止)○찬의창(贊儀唱)○궤진홀삼고두(跪搢笏三叩頭)○왕세자이하(王世子以下)○개궤(皆跪)○진홀(搢笏)○왕세자(王世子)○진규(搢圭)○삼고두(三叩頭)○찬의창(贊儀唱)○산호(山呼)○왕세자이하(王世子以下)○공수가액(拱手加額)○왈천세(曰千歲)○창산호(唱山呼)○왈천세(曰千歲)○창재산호(唱再山呼)○왈천천세(曰千千歲)○범호천세(凡呼千歲)○악공(樂工)○군교(軍校)○제성응지(齊聲應之)○찬의창(贊儀唱)○출홀부복흥사배흥평신(出笏俯伏興四拜興平身)○왕세자이하(王世子以下)○출홀(出笏)○왕세자(王世子)○출규(出圭)○부복흥(俯伏興)○악작(樂作)○사배흥평신(四拜興平身)○악지(樂止)○좌통례(左通禮)○승자서편계(陞自西偏階)○진당좌전(進當座前)○부복궤계례필(俯伏跪啓禮畢)○부복흥강복위(俯伏興降復位)○협률랑(協律郎)○궤부복거휘흥(跪俯伏擧麾興)○공고축(工鼓柷)○악작(樂作)○전하(殿下)○강좌승여(降座乘輿)○산선(繖扇)○시위여래의(侍衛如來儀)○장출전문(將出殿門)○고취진작(鼓吹振作)○협률랑(協律郎)○궤언휘부복흥(跪偃麾俯伏興)○공알어(工戛敔)○악지(樂止)○환사정전(還思政殿)○고취지(鼓吹止)○봉례(奉禮)○인왕세자출(引王世子出)○인의(引儀)○분인종친(分引宗親)○문무백관출(文武百官出)○좌통례(左通禮)○부복궤계해엄(俯伏跪啓解嚴)○병조(兵曹)○승교방장(承敎放仗)

문과전시의(文科殿試儀)

전이일(前二日)○예조(禮曹)○선섭내외(宣攝內外)○각공기직(各供其職)

전일일(前一日)○액정서(掖庭署)○설어좌어근정전북벽남향(設御座於勤政殿北壁南向)○설향안이어전외좌우(設香案二於殿外左右)○전악(典樂)○진고악어전정근남북향(陳鼓樂於殿庭近南北向)○설협률랑위어서계상근서동향(設協律郎位於西階上近西東向)○전의(典儀)○설독권관(設讀卷官)○대독관위어전내(對讀官位於殿內)○이품이상재서(二品以上在西)○동향북상(東向北上)○삼품이하재서남우(三品以下在西南隅)○북향동상(北向東上)○설거인위어전정동서(設擧人位於殿庭東西)○북향동상(北向東上)○매인상거륙척(每人相距六尺)○용포백척(用布帛尺)○예조정랑(禮曹正郎)○설시제판어전정동서근북(設試題板於殿庭東西近北)

기일(其日)○전의(典儀)○설시신위어전정동서(設侍臣位於殿庭東西)○구매등이위(俱每等異位)○중행북향동상(重行北向東上)○설독권관(設讀卷官)○대독관배위어전정도동(對讀官拜位於殿庭道

東)○이위중행(異位重行)○북향동상(北向東上)○거인배위어대독관지후분동서(擧人拜位於對讀官之後分東西)○북향동상(北向東上)○예조(禮曹)○림시분립거인어동서(臨時分立擧人於東西)○약중시(若重試)○칙부중시인재동(則赴重試人在東)○초시인재서(初試人在西)○계상전의위어동계상근동서향(階上典儀位於東階上近東西向)○좌우통례(左右通禮)○계하전의위어동계하근동서향(階下典儀位於東階下近東西向)○찬의(贊儀)○인의(引儀)○재남차퇴(在南差退)○우찬의(又贊儀)○인의위어서계하근서동향(引儀位於西階下近西東向)○구북상(俱北上)○인의(引儀)○설시신문외위어영제교남동서여상(設侍臣門外位於永濟橋南東西如常)○독권관(讀卷官)○대독관어근정문외도동(對讀官於勤政門外道東)○이위중행(異位重行)○거인어대독관지후(擧人於對讀官之後)○구서향북상(俱西向北上)

고초엄(鼓初嚴)○병조(兵曹)○륵제위(勒諸衛)○진로부반장어정계급전정동서(陳鹵簿半仗於正階及殿庭東西)○근정문내외(勤政門內外)○렬군사(列軍士)○병여식(竝如式)○견서례(見序例)○사복사정(司僕寺正)○진여(陳轝)○련어전정중도(輦於殿庭中道)○소여재북(小轝在北)○대련차지(大輦次之)○어마어중도좌우(御馬於中道左右)○각일필(各一匹)○상향(相向)○장마어문무루남(仗馬於文武樓南)○륙필재륭문루남(六匹在隆文樓南)○륙필재륭무루남(六匹在隆武樓南)○시신급독권관(侍臣及讀卷官)○대독관(對讀官)○이상복(以常服)○구집조당(俱集朝堂)○거인(擧人)○구청의(具靑衣)○연두건(軟頭巾)○유직자(有職者)○사모(紗帽)○품대(品帶)○집도광화문외(集到光化門外)

고이엄(鼓二嚴)○시신급독권관(侍臣及讀卷官)○대독관(對讀官)○취문외위(就門外位)○거인종입취위(擧人從入就位)○제호위지관급사금(諸護衛之官及司禁)○각구기복(各具器服)○구예사정전합외(俱詣思政殿閤外)○사후(伺候)○좌통례(左通禮)○예합외(詣閤外)○부복궤(俯伏跪)○계청중엄(啓請中嚴)○전하(殿下)○구익선관(具翼善冠)○곤룡포(袞龍袍)○어사정전(御思政殿)○산선(繖扇)○시위여상의(侍衛如常儀)○근시급집사관(近侍及執事官)○선행사배례여상(先行四拜禮如常)○전악(典樂)○사공인(師工人)○입취위(入就位)○협률랑(協律郎)○입취거휘위(入就擧麾位)

고삼엄(鼓三嚴)○집사관(執事官)○선취위(先就位)○인의(引儀)○분인시신(分引侍臣)○유동서편문입(由東西偏門入)○취위(就位)○종성지(鍾聲止)○벽내외문(闢內外門)○통좌례(通左禮)[좌통례(左通禮)]○부복궤계외판(俯伏跪啓外辦)○전하(殿下)○승여이출(乘輿以出)○산선(繖扇)○시위여상의(侍衛如常儀)○전하장출(殿下將出)○장동(仗動)○고취진작(鼓吹振作)○장입전문(將入殿門)○협률랑(協律郎)○궤부복거휘흥(跪俯伏擧麾興)○공고축(工鼓柷)○악작(樂作)○고취지(鼓吹止)○전하승좌(殿下陞座)○로연승(爐煙升)○산선(繖扇)○시위여상의(侍衛如常儀)○협률랑(協律郎)○궤언휘부복흥(跪偃麾俯伏興)○악지(樂止)○승지(承旨)○리관분입전내동서(吏官分入殿內東西)○급사금분립전계상(及司禁分立殿階上)○병여상(竝如常)○전의왈(典儀曰)○사배(四拜)○찬의창(贊儀唱)○국궁사배흥평신(鞠躬四拜興平身)○범찬의찬창(凡贊儀贊唱)○개승전의지사(皆承典儀之辭)○시신(侍臣)○국궁(鞠躬)○악작(樂作)○사배흥평신(四拜興平身)○악지(樂止)○인의(引儀)○인시신(引侍臣)○분동서(分東西)○회반상향립(回班相向立)○북상(北上)○인의(引儀)○인독권관이하(引讀卷官以下)○입취배위(入就拜位)○거인(擧人)○종입취배위(從入就拜位)○찬의창(贊儀唱)○국궁사배흥평신(鞠躬四拜興平身)○독권관이하급거인(讀卷官以下及擧人)○국궁(鞠躬)○악작(樂作)○사배흥평신(四拜興平身)○악지(樂止)○인의(引儀)○인독권관이하(引讀卷官以下)○유서편계(由西偏階)○인의(引儀)○지어계하(止於階下)○승취위(陞就位)○독권관(讀卷官)○승교사제(承教寫題)○전교관(傳教官)○진당좌전(進當座前)○부복궤계전교(俯伏跪啓傳教)○부복흥(俯伏興)○유동문출(由東門出)○대독관(對讀官)○봉시제수지(捧試題隨之)○전교관(傳教官)○림계서향립(臨階西向立)○칭유교(稱有教)○찬의창(贊儀唱)○궤(跪)○거인(擧人)○개궤(皆跪)○대독관(對讀官)○강자동계(降自東階)○이시제수인의(以試題授引儀)○분첩우판(分貼于板)○전교관(傳教官)○환시위(還侍位)○찬의창(贊儀唱)○부복흥평신(俯伏興平身)○거인(擧人)○부복흥평신(俯伏興平身)○좌통례(左通禮)○승자서편계(陞自西偏階)○진당좌전(進當座前)○부복궤계례필(俯伏跪啓禮畢)○부복흥강복위(俯伏興降復位)○독권관이하(讀卷官以下)○강립어정(降立於庭)○협률랑(協律郎)○궤부복거휘흥(跪俯伏擧麾興)○공고축(工鼓柷)○악작(樂作)○전하(殿下)○강좌승여이입(降座乘輿以入)○산선(繖扇)○시위여래의(侍衛如來儀)○장출전문(將出殿門)○고취진작(鼓吹振作)○협률랑(協律郎)○궤언휘부복흥(跪偃麾俯伏興)○공알어(工戛敔)○악지(樂止)○환사정전(還思政殿)○고취지(鼓吹止)○인의(引儀)○분인시신출(分引侍臣出)○해엄방장여상(解嚴放仗如常)○거인(擧人)○진사시제(進寫試題)○각취위(各就位)○전일일(前一日)○거인(擧人)○납시지우례조(納試紙于禮曹)○계문용보(啓聞用寶)○기일환급(其日還給)○일미혼(日未昏)○진시권이출(進試卷而出)

무과전시의(武科殿試儀)

전이일(前二日)○병조(兵曹)○선섭내외(宣攝內外)○각공기직(各供其職)

전일일(前一日)○전설사(典設司)○설장전어사단남향(設帳殿於射壇南向)○악차어장전지후(幄次於帳殿之後)○액정서(掖庭署)○설어좌어장전내남향(設御座於帳殿內南向)○훈련원(訓鍊院)○설기(設騎)○보격구지구(步擊毬之具)○설장사위어동서계전(設將射位於東西階前)○상향북상(相向北上)○사위어계하근서횡포남향(射位於階下近西橫布南向)

기일(其日)○훈련원(訓鍊院)○선계거인(先戒擧人)○집어단소(集於壇所)

고초엄(鼓初嚴)○병조(兵曹)○륵제위(勒諸衛)○진법가로부어홍례문외여상(陳法駕鹵簿於弘禮門外如常)○의정부(議政府)○륙조당상관급사헌부(六曹堂上官及司憲府)○사간원관(司諫院官)○이시복(以時服)○구집조방(俱集朝房)

고이엄(鼓二嚴)○제위(諸衛)○각독기대(各督其隊)○입진어전정(入陳於殿庭)○사복사정(司僕寺正)○진련어근정전문외(進輦於勤政殿門外)○진여어사정전합외(進輿於思政殿閤外)○구남향(俱南向)○제호위지관급사금(諸護衛之官及司禁)○각구기복(各具器服)○예사정전합외(詣思政殿閤外)○사후(伺候)○좌통례(左通禮)○예합외(詣閤外)○부복궤(俯伏跪)○계청중엄(啓請中嚴)

고삼엄(鼓三嚴)○종성지(鍾聲止)○벽내외문(闢內外門)○좌통례(左通禮)○궤계외판(跪啓外辦)○전하(殿下)○구익선관(具翼善冠)○곤룡포(衰龍袍)○승여이출(乘輿以出)○산선(繖扇)○시위여상의(侍衛如常儀)○지근정전문외(至勤政殿門外)○전하(殿下)○강여승련(降輿乘輦)○장위(仗衛)○도종여상(導從如常)○전하(殿下)○지단소(至壇所)○강련승좌(降輦陞座)○산선(繖扇)○시위여상의(侍衛如常儀)○시종군관(侍從群官)○개취차(皆就次)○병조(兵曹)○훈련원관급거인(訓鍊院官及擧人)○입취단하(入就壇下)○이위중행(異位重行)○북향사배흘(北向四拜訖)○이품이상(二品以上)○유서편계(由西偏階)○승단재서(陞壇在西)○동향북상(東向北上)○부복(俯伏)○삼품이하(三品以下)○재단하(在壇下)○약병조참의(若兵曹參議)○참지(參知)○훈련원도정(訓鍊院都正)○승단서남우(陞壇西南隅)○북향동상(北向東上)○각공기사(各供其事)○거인(擧人)○개출지궁(皆出持弓)○시시(矢矢)○용삼(用三)○량인위우이사(兩人爲耦以俟)○훈련원(訓鍊院)○추고삼성(搥鼓三聲)○거인(擧人)○입취장사위(入就將射位)○부복이차이흥(俯伏以次而興)○취사위(就射位)○북향부복흥(北向俯伏興)○남향선사원후필(南向先射遠侯畢)○북향부복흥(北向俯伏興)○환장사위(還將射位)○중우사필(衆耦射畢)○차사중후(次射中侯)○차사근후(次射近侯)○개여상의(皆如常儀)○차기사(次騎射)○차기창(次騎槍)○차격구흘(次擊毬訖)○개퇴(皆退)○병조(兵曹)○분등제이계(分等第以啓)○차가환궁여래의(車駕還宮如來儀)

문무과방방의(文武科放榜儀)

전이일(前二日)○예조(禮曹)○선섭내외(宣攝內外)○각공기직(各供其職)

전일일(前一日)○액정서(掖庭署)○설어좌어근정전북벽남향(設御座於勤政殿北壁南向)○설보안어좌전근동(設寶案於座前近東)○방안급홍패안어전중(榜案及紅牌案於殿中)○문좌무우(文左武右)○방안재북(榜案在北)○홍패안재남(紅牌案在南)○향안이어전외좌우(香案二於殿外左右)○장악원(掌樂院)○전헌현어전정근남북향(展軒懸於殿庭近南北向)○설협률랑거휘위어서계상근서동향(設協律郞擧麾位於西階上近西東向)

기일(其日)○전의(典儀)○설문관일품이하위어전정도동(設文官一品以下位於殿庭道東)○종친급무관일품이하위어도서(宗親及武官一品以下位於道西)○구매등이위(俱每等異位)○중행북향(重行北向)○상대위수(相對爲首)○종친(宗親)○매품반두(每品班頭)○별설위(別設位)○대군(大君)○특설위어정일품지전(特設位於正一品之前)○감찰위어문무매품반말동서상향(監察位於文武每品班末東西相向)○계상전의위어동계

상근동서향(階上典儀位於東階上近東西向)○좌우통례(左右通禮)○계하전의(階下典儀)○문과방
방관(文科放榜官)○대치사관(代致詞官)○리조정랑위어동계하근동서향(吏曹正郎位於東階下近東
西向)○찬의(贊儀)○인의(引儀)○재남차퇴(在南差退)○무과방방관(武科放榜官)○병조정랑위어
서계하근서동향(兵曹正郎位於西階下近西東向)○찬의(贊儀)○인의(引儀)○재남차퇴(在南差退)○
구북상(俱北上)○방방위어전계상동서(放榜位於殿階上東西)○문동(文東)○무서(武西)○근남상향(近南相
向)○거인위어전정(擧人位於殿庭)○문과재동(文科在東)○무과재서(武科在西)○구매등이위(俱每
等異位)○중행북향(重行北向)○상대위수(相對爲首)○인의(引儀)○설종친(設宗親)○문무백관문
외위여상(文武百官門外位如常)○거인위어근정문외동서상향북상(擧人位於勤政門外東西相向北上)

고초엄(鼓初嚴)○병조(兵曹)○륵제위(勒諸衛)○진로부반장어정계급전정동서(陳鹵簿半仗於正階
及殿庭東西)○근정문내외(勤政門內外)○렬군사(列軍士)○병여식(竝如式)○견서례(見序例)○사복사정
(司僕寺正)○진여(陳輿)○련어전정중도(輦於殿庭中道)○소여재북(小輿在北)○대련차지(大輦次之)○어마어중
도좌우(御馬於中道左右)○각일필(各一匹)○상향(相向)○장마어문무루남(仗馬於文武樓南)○륙필재륭문루남(六
匹在隆文樓南)○륙필재륭무루남(六匹在隆武樓南)○상향(相向)○종친(宗親)○문무백관(文武百官)○구집조당(俱集
朝堂)○각구조복(各具朝服)○거인(擧人)○집도광화문외(集到光化門外)○각구공복(各具公服)

고이엄(鼓二嚴)○종친(宗親)○문무백관(文武百官)○개취문위외(皆就門外位)○거인(擧人)○취홍
례문외(就弘禮門外)○리조정랑(吏曹正郎)○병조정랑(兵曹正郎)○이방급홍패함(以榜及紅牌函)○
각치어안(各置於案)○제호위지관급사금(諸護衛之官及司禁)○각구기복(各具器服)○상서원관(尙
瑞院官)○봉보(捧寶)○구예사정전합외(俱詣思政殿閤外)○사후(伺候)○좌통례(左通禮)○예합외
(詣閤外)○부복궤(俯伏跪)○계청중엄(啓請中嚴)○전하(殿下)○구원유관(具遠遊冠)○강사포(絳紗
袍)○어사정전(御思政殿)○산선(繖扇)○시위여상의(侍衛如常儀)○근시급집사관(近侍及執事官)○
근시(近侍)○여승지(如承旨)○사관지류(史官之類)○집사관(執事官)○여좌우통례(如左右通禮)○전의(典儀)○방방관(放榜官)○대치사관
(代致詞官)○리조정랑(吏曹正郎)○병조정랑(兵曹正郎)○찬의(贊儀)○인의(引儀)○감찰(監察)○협률랑지류(協律郎之類)○선행사배
례여상(先行四拜禮如常)○전악(典樂)○수공인(帥工人)○입취위(入就位)○협률랑(協律郎)○입취
거휘위(入就擧麾位)

고삼엄(鼓三嚴)○집사관(執事官)○선취위(先就位)○인의(引儀)○분인종친(分引宗親)○문무백관
(文武百官)○유동서편문입(由東西偏門入)○취위(就位)○거인(擧人)○취근정문외위(就勤政門外
位)○종성지(鍾聲止)○벽내외문(闢內外門)○좌통례(左通禮)○궤계외판(跪啓外辦)○전하(殿下)○
승여이출(乘輿以出)○산선(繖扇)○시위여상의(侍衛如常儀)○전하장출(殿下將出)○장동(仗動)○
고취진작(鼓吹振作)○장입전문(將入殿門)○협률랑(協律郎)○궤부복거휘흥(跪俯伏擧麾興)○공고
축(工鼓柷)○헌가악작(軒架樂作)○고취지(鼓吹止)○전하승좌(殿下陞座)○로연승(爐煙升)○상서
원관(尙瑞院官)○봉보(捧寶)○치어안(置於案)○산선(繖扇)○시위여상의(侍衛如常儀)○협률랑(協
律郎)○궤언휘부복흥(跪偃麾俯伏興)○공알어(工戛敔)○악지(樂止)○제호위지관(諸護衛之官)○
입렬어어좌지후급전내동서(入列於御座之後及殿內東西)○차승지(次承旨)○분입전내동서부복(分
入殿內東西俯伏)○사관(史官)○재기후(在其後)○차사금(次司禁)○분립어전계상(分立於殿階上)
○전의왈(典儀曰)○사배(四拜)○찬의창(贊儀唱)○국궁사배흥평신(鞠躬四拜興平身)○범찬의찬창(凡贊
儀贊唱)○개승전의지사(皆承典儀之辭)○종친(宗親)○문무백관(文武百官)○국궁(鞠躬)○악작(樂作)○사배
흥평신(四拜興平身)○악지(樂止)○인의(引儀)○분인종친(分引宗親)○문무백관(文武百官)○회반
상향립(回班相向立)○북상(北上)○문과방방관(文科放榜官)○승자동편계(陞自東偏階)○무과방방
관(武科放榜官)○승자서편계(陞自西偏階)○각취위(各就位)○승지이인(承旨二人)○진당좌전(進
當座前)○부복궤계방방(俯伏跪啓放榜)○부복흥(俯伏興)○분동서문출(分東西門出)○일예문과방
방관지북(一詣文科放榜官之北)○서향립(西向立)○집사자(執事者)○공복(公服)○이인(二人)○대거
문과방안수지(對擧文科榜案隨之)○일예무과방방관지북(一詣武科放榜官之北)○동향립(東向立)
○집사자이인(執事者二人)○대거무과방안수지(對擧武科榜案隨之)○승지(承旨)○각취방(各取榜)
○수방방관(授放榜官)○방방관(放榜官)○궤수이수집사자(跪受以授執事者)○집사자(執事者)○궤
수립대전(跪受立對展)○승지(承旨)○구환시위(俱還侍位)○문과방방관창(文科放榜官唱)○제일명
(第一名)○거인(擧人)○유동편문입(由東偏門入)○취위(就位)○무과방방관창(武科放榜官唱)○제
일명(第一名)○거인(擧人)○유서편문입(由西偏門入)○취위(就位)○이차상간창흘(以次相間唱訖)
○방방관(放榜官)○구강복위(俱降復位)○집사자(執事者)○치방어안(置榜於案)○찬의창(贊儀唱)
○국궁사배흥평신(鞠躬四拜興平身)○거인(擧人)○국궁(鞠躬)○악작(樂作)○사배흥평신(四拜興

平身)○악지(樂止)○리조정랑(吏曹正郎)○승자동편계(陞自東偏階)○병조정랑(兵曹正郎)○승자서편계(陞自西偏階)○각취방안지남(各就榜案之南)○상향립(相向立)○승지이인(承旨二人)○진당좌전(進當座前)○부복승교(俯伏承敎)○부복흥(俯伏興)○분동서문출(分東西門出)○일(一)○예리조정랑지북(詣吏曹正郎之北)○서향립(西向立)○집사자(執事者)○대거문과홍패안수지(對擧文科紅牌案隨之)○일(一)○예병조정랑지북(詣兵曹正郎之北)○동향립(東向立)○집사자(執事者)○대거무과홍패안수지(對擧武科紅牌案隨之)○승지(承旨)○각취홍패함(各取紅牌函)○수정랑(授正郎)○정랑(正郎)○궤수흥(跪受興)○강자동서계(降自東西階)○집사자이인(執事者二人)○전봉대거(傳捧對擧)○승지(承旨)○구환시위(俱還侍位)○찬의창(贊儀唱)○궤(跪)○거인개궤(擧人皆跪)○정랑(正郎)○각이홍패(各以紅牌)○분사거인흘(分賜擧人訖)○구환본위(俱還本位)○차사화급주과(次賜花及酒果)○사화(賜花)○충찬위장지(忠贊衛掌之)○주과(酒果)○사옹원장지(司饔院掌之)○주지(酒至)○거인리위초전(擧人離位稍前)○부복궤음흘(俯伏跪飮訖)○부복환위(俯伏還位)○지일작(止一爵)○차사개(次賜蓋)○액정서장지(掖庭署掌之)○지사갑과(只賜甲科)○찬의창(贊儀唱)○부복흥사배흥평신(俯伏興四拜興平身)○거인(擧人)○부복흥(俯伏興)○악작(樂作)○사배흥평신(四拜興平身)○악지(樂止)○인의(引儀)○분인거인출(分引擧人出)○차분인종친(次分引宗親)○문무백관(文武百官)○구복배위(俱復拜位)○대치사관(代致詞官)○승자서편계(陞自西偏階)○진당좌전(進當座前)○부복궤(俯伏跪)○찬의창(贊儀唱)○궤(跪)○종친(宗親)○문무백관(文武百官)○개궤(皆跪)○대치사관(代致詞官)○치사운(致詞云)○의정구관신모등(議政具官臣某等)○자우천개경운(玆遇天開景運)○현준등용(賢俊登庸)○례당경하(禮當慶賀)○하흘(賀訖)○부복흥강복위(俯伏興降復位)○찬의창(贊儀唱)○부복흥사배흥평신(俯伏興四拜興平身)○종친(宗親)○문무백관(文武百官)○부복흥(俯伏興)○악작(樂作)○사배흥평신(四拜興平身)○악지(樂止)○좌통례(左通禮)○승자서편계(陞自西偏階)○진당좌전(進當座前)○부복궤계례필(俯伏跪啓禮畢)○부복흥강복위(俯伏興降復位)○협률랑(協律郎)○궤부복거휘흥(跪俯伏擧麾興)○공고축(工鼓柷)○악작(樂作)○전하(殿下)○강좌승여이입(降座乘輿以入)○산선(繖扇)○시위여래의(侍衛如來儀)○장출전문(將出殿門)○고취진작(鼓吹振作)○협률랑(協律郎)○궤언휘부복흥(跪偃麾俯伏興)○공알어(工戛敔)○악지(樂止)○환사정전(還思政殿)○고취지(鼓吹止)○인의(引儀)○분인종친(分引宗親)○문무백관출(文武百官出)○좌통례(左通禮)○부복궤계해엄(俯伏跪啓解嚴)○병조(兵曹)○승교방장(承敎放仗)

생원진사방방의(生員進士放榜儀)

전이일(前二日)○예조(禮曹)○선섭내외(宣攝內外)○각공기직(各供其職)

전일일(前一日)○액정서(掖庭署)○설어좌어근정전북벽남향(設御座於勤政殿北壁南向)○설보안어좌전방안급백패안어전중(設寶案於座前榜案及白牌案於殿中)○생원좌(生員左)○진사우(進士右)○방안재북(榜案在北)○백패안재남(白牌案在南)○향안이어전외좌우(香案二於殿外左右)○전악(典樂)○진고악어전정근남북향(陳鼓樂於殿庭近南北向)○설협률랑거휘위어서계상근서동향(設協律郎擧麾位於西階上近西東向)

기일(其日)○전의(典儀)○설시신급사관참외위어전정동서(設侍臣及四館參外位於殿庭東西)○매등이위(每等異位)○중행북향(重行北向)○상대위수(相對爲首)○계상전의위어동계상근동서향(階上典儀位於東階上近東西向)○좌우통례(左右通禮)○계하전의(階下典儀)○생원방방관(生員放榜官)○례조정랑위어동계하근동서향(禮曹正郎位於東階下近東西向)○찬의(贊儀)○인의(引儀)○재남차퇴(在南差退)○진사방방관(進士放榜官)○례조정랑위어서계하근서동향(禮曹正郎位於西階下近西東向)○찬의(贊儀)○인의재남차퇴(引儀在南差退)○구북상(俱北上)○방방위어전계상동서상향근남(放榜位於殿階上東西相向近南)○생원동(生員東)○진사서(進士西)○제생위어전정(諸生位於殿庭)○생원재동(生員在東)○진사재서(進士在西)○매등이위(每等異位)○중행북향(重行北向)○상대위수(相對爲首)○인의(引儀)○설시신급사관문외위어영제교남동서여상(設侍臣及四館門外位於永濟橋南東西如常)○제생위어근정문외동서상향북상(諸生位於勤政門外東西相向北上)

고초엄(鼓初嚴)○병조(兵曹)○륵제위(勒諸衛)○진로부반장어정계급전정동서(陳鹵簿半仗於正階及殿庭東西)○근정문내외(勤政門內外)○렬군사(列軍士)○병여식(並如式)○견서례(見序例)○사복사정

(司僕寺正)○진여(陳輿)○련어전정중도(輦於殿庭中道)○소여재북(小輿在北)○대련차지(大輦次之)○어마어도좌우(御馬於中道左右)○각일필(各一匹)○상향(相向)○장마어문무루남(仗馬於文武樓南)○륙필재륭문루남(六匹在隆文樓南)○륙필재륭무루남(六匹在隆武樓南)○상향(相向)○시신급사관(侍臣及四館)○구집조당(俱集朝堂)○각구공복(各具公服)○제생(諸生)○집도광화문외(集到光化門外)○각구청의(各具靑衣)○연두건(軟頭巾)

고이엄(鼓二嚴)○시신급사관(侍臣及四館)○취문외위(就門外位)○제생(諸生)○취홍례문외(就弘禮門外)○례조정랑(禮曹正郎)○구공복(具公服)○이생원진사방급백패함(以生員進士榜及白牌函)○각치어안(各置於案)○제호위지관급사금(諸護衛之官及司禁)○각구기복(各具器服)○상서원관(尙瑞院官)○봉보(捧寶)○구예사정전합외(俱詣思政殿閤外)○사후(伺候)○좌통례(左通禮)○예합외(詣閤外)○부복궤(俯伏跪)○계청중엄(啓請中嚴)○전하(殿下)○구익선관(具翼善冠)○곤룡포(袞龍袍)○어사정전(御思政殿)○산선(繖扇)○시위여상의(侍衛如常儀)○근시급집사관(近侍及執事官)○근시여승지(近侍如承旨)○사관지류(史官之類)○집사관여좌우통례(執事官如左右通禮)○전의(典儀)○방방관(放榜官)○례조정랑(禮曹正郎)○찬의(贊儀)○인의지류(引儀之類)○선행사배례여상(先行四拜禮如常)○전악(典樂)○수공인(帥工人)○입취위(入就位)○협률랑(協律郎)○입취거휘위(入就擧麾位)

고삼엄(鼓三嚴)○집사관(執事官)○선취위(先就位)○인의(引儀)○분인시신급사관(分引侍臣及四館)○유동서편문입(由東西偏門入)○취위(就位)○제생(諸生)○취근정문외위(就勤政門外位)○종성지(鍾聲止)○벽내외문(闢內外門)○좌통례(左通禮)○부복궤계외판(俯伏跪啓外辦)○전하(殿下)○승여이출(乘輿以出)○산선(繖扇)○시위여상의(侍衛如常儀)○전하장출(殿下將出)○장동(仗動)○고취진작(鼓吹振作)○장입전문(將入殿門)○협률랑(協律郎)○궤부복거휘흥(跪俯伏擧麾興)○공고축(工鼓柷)○헌가악작(軒架樂作)○고취지(鼓吹止)○전하승좌(殿下陞座)○로연승(爐煙升)○상서원관(尙瑞院官)○봉보(捧寶)○치어안(置於案)○산선(繖扇)○시위여상의(侍衛如常儀)○협률랑(協律郎)○궤언휘부복흥(跪偃麾俯伏興)○공알어(工戛敔)○악지(樂止)○제호위지관(諸護衛之官)○입렬어어좌지후급전내동서(入列於御座之後及殿內東西)○차승지(次承旨)○분입전내동서부복(分入殿內東西俯伏)○사관(史官)○재기후(在其後)○차사금(次司禁)○분립어전계상(分立於殿階上)○전의왈(典儀曰)○사배(四拜)○찬의창(贊儀唱)○국궁사배흥평신(鞠躬四拜興平身)○범찬의찬창(凡贊儀贊唱)○개승전의지사(皆承典儀之辭)○시신급사관(侍臣及四館)○국궁(鞠躬)○악작(樂作)○사배흥평신(四拜興平身)○악지(樂止)○회반상향립(回班相向立)○생원방방관(生員放榜官)○승자동편계(陞自東偏階)○진사방방관(進士放榜官)○승자서편계(陞自西偏階)○각취위(各就位)○승지이인(承旨二人)○진당좌전(進當座前)○부복궤계방방(俯伏跪啓放榜)○부복흥(俯伏興)○유동서문출(由東西門出)○일(一)○예생원방방관지북(詣生員放榜官之北)○서향립(西向立)○집사자(執事者)○공복(公服)○이인(二人)○대거생원방안수지(對擧生員榜案隨之)○일(一)○예진사방방관지북(詣進士放榜官之北)○동향립(東向立)○집사자이인(執事者二人)○대거진사방안수지(對擧進士榜案隨之)○승지(承旨)○각취방(各取榜)○수방방관(授放榜官)○방방관(放榜官)○궤수이수집사자(跪受以授執事者)○집사자(執事者)○궤수립대전(跪受立對展)○승지(承旨)○구환시위(俱還侍位)○생원방방관창(生員放榜官唱)○제일명(第一名)○제생(諸生)○유동편문입(由東偏門入)○취위(就位)○진사방방관창(進士放榜官唱)○제일명(第一名)○제생(諸生)○유서편문입(由西偏門入)○취위(就位)○일인구중량시(一人俱中兩試)○칙입초창위(則入初唱位)○후창시(後唱時)○리위소전(離位少前)○부복환입(俯伏還入)○이차상간창흘(以次相間唱訖)○방방관(放榜官)○구강복위(俱降復位)○집사자(執事者)○치방어안퇴(置榜於案退)○찬의창(贊儀唱)○국궁사배흥평신(鞠躬四拜興平身)○제생(諸生)○국궁(鞠躬)○악작(樂作)○사배흥평신(四拜興平身)○악지(樂止)○례조정랑(禮曹正郎)○승자동서편계(陞自東西偏階)○각취방안지남(各就榜案之南)○상향립(相向立)○승지이인(承旨二人)○진당좌전(進當座前)○부복승교부복흥(俯伏承敎俯伏興)○유동서문출(由東西門出)○분예례조정랑지북(分詣禮曹正郎之北)○상향립(相向立)○집사자(執事者)○각거생원진사백패안수지(各擧生員進士白牌案隨之)○승지(承旨)○각취백패함(各取白牌函)○수정랑(授正郎)○정랑(正郎)○궤수흥(跪受興)○강자동서계(降自東西階)○집사자이인(執事者二人)○전봉대거(傳捧對擧)○승지(承旨)○구환시위(俱還侍位)○찬의창(贊儀唱)○궤(跪)○제생(諸生)○개궤(皆跪)○정랑(正郎)○각이백패(各以白牌)○분사제생흘(分賜諸生訖)○환본위(還本位)○차사주과(次賜酒果)○사옹원장지(司饔院掌之)○주지(酒至)○제생리위초전(諸生離位稍前)○부복궤음흘(俯伏跪飮訖)○부복환위(俯伏還位)○지일작(止一爵)○찬의창(贊儀唱)○부복흥사배흥평신(俯伏興四拜興平身)○제생(諸生)○부복흥(俯伏興)○악작(樂作)○사배흥평신(四拜興平身)○악지(樂止)○인의(引儀)○인제생출(引諸生出)○시신급사관(侍臣及四館)○구복배위(俱復拜位)○찬의창(贊儀唱)○국궁사배흥평신(鞠躬四拜興平身)○시신급사관(侍臣及四館)○국궁(鞠躬)○악작(樂作)○사배흥평신(四拜興平身)○악지(樂止)○좌통례(左通禮)○승자서편계(陞自西偏階)○진당좌전(進當座前)○부복궤계례필(俯伏跪啓禮畢)○부복흥강복위(俯伏興降復位)○협률랑(協律郎)○궤부복거휘흥(跪俯伏擧麾興)○공고축(工鼓柷)○악작(樂作)○전하(殿下)○강좌승여이입(降座乘輿以入)○산선(繖扇)○시위여래의(侍衛如來儀)○장출전문(將出殿門)○고취진작(鼓吹振作)○협률랑(協律郎)○궤언휘부복흥(跪偃麾俯伏興)○공알어(工戛敔)○악지(樂止)○환사정전(還思政殿)○고취지(鼓吹止)○인의(引儀)○인시신급사관출(引侍臣及四館出)○좌통례(左通禮)○부복궤계해엄(俯伏跪啓解嚴)○병조(兵曹)○승교방장(承敎放仗)

양로연의(養老宴儀)

중추지월(仲秋之月)○예조(禮曹)○택길(擇吉)○선섭내외(宣攝內外)○각공기직(各供其職)○선계군로(先戒群老)○년팔십이상(年八十以上)

전일일(前一日)○액정서(掖庭署)○설어좌어근정전북벽남향(設御座於勤政殿北壁南向)○설향안이어전외좌우(設香案二於殿外左右)○장악원(掌樂院)○전헌현어전정근남북향(展軒懸於殿庭近南北向)○협률랑거휘위어서계상근서동향(協律郎擧麾位於西階上近西東向)○전설사(典設司)○설군로차어홍례문내동서(設群老次於弘禮門內東西)

기일(其日)○전의(典儀)○설군로이품이상위어전내동서(設群老二品以上位於殿內東西)○구중행상향북상(俱重行相向北上)○사품이상위어전계상동서(四品以上位於殿階上東西)○륙품이상위어남중계동서(六品以上位於南中階東西)○칠품이하위어계하동서(七品以下位於階下東西)○구매등이위(俱每等異位)○중행상향북상(重行相向北上)○서인(庶人)○어전정동서(於殿庭東西)○중행상향북상군로일품이하배위어전정동서(重行相向北上群老一品以下拜位於殿庭東西)○구매등이위중행북향상대위수(俱每等異位重行北向相對爲首)○서인배위차후(庶人拜位差後)○계상전의위어동계상근동서향(階上典儀位於東階上近東西向)○좌우통례(左右通禮)○계하전의위어동계하근동서향(階下典儀位於東階下近東西向)○찬의(贊儀)○인의(引儀)○재남차퇴(在南差退)○우찬의(又贊儀)○인의위어서계하근서동향(引儀位於西階下近西東向)○구북상(俱北上)○사옹원제조(司饔院提調)○설주정어전내근남북향(設酒亭於殿內近南北向)○설점가작(設坫加爵)○사옹원관(司饔院官)○설승전자주탁어전외동서근북전계상급전정자주탁어매품지전(設陞殿者酒卓於殿外東西近北殿階上及殿庭者酒卓於每品之前)

고초엄(鼓初嚴)○병조(兵曹)○륵제위(勒諸衛)○진로부반장어정계급전정동서(陳鹵簿半仗於正階及殿庭東西)○근정문내외(勤政門內外)○렬군사(列軍士)○진여(陳輿)○련급마(輦及馬)○병여정지회의(竝如正至會儀)○군로(群老)○이상복(以常服)○유관자(有官者)○사모(紗帽)○품대(品帶)○서인(庶人)○상복(常服)○개취차(皆就次)

고이엄(鼓二嚴)○제호위지관급사금(諸護衛之官及司禁)○각구기복(各具器服)○예사정전합외(詣思政殿閤外)○사후(伺候)○좌통례(左通禮)○예합외(詣閤外)○부복궤(俯伏跪)○계청중엄(啓請中嚴)○전하(殿下)○구익선관(具翼善冠)○곤룡포(袞龍袍)○어사정전(御思政殿)○산선(繖扇)○시위여상의(侍衛如常儀)○근시급집사관(近侍及執事官)○선행사배례여상(先行四拜禮如常)○전악(典樂)○수공인(帥工人)○입취위(入就位)○협률랑(協律郎)○입취거휘위(入就擧麾位)

고삼엄(鼓三嚴)○집사관(執事官)○선취위(先就位)○인의(引儀)○분인군로삼품이하(分引群老三品以下)○혹장(或杖)○혹협부(或夾扶)○유동서편문입(由東西偏門入)○취위(就位)○종성지(鍾聲止)○벽내외문(闢內外門)○좌통례(左通禮)○부복궤계외판(俯伏跪啓外辦)○전하(殿下)○승여이출(乘輿以出)○산선(繖扇)○시위여상의(侍衛如常儀)○전하장출(殿下將出)○장동(仗動)○고취진작(鼓吹振作)○장입전문(將入殿門)○협률랑(協律郎)○궤부복거휘흥(跪俯伏擧麾興)○공고축(工鼓柷)○헌가악작(軒架樂作)○고취지(鼓吹止)○전하승좌(殿下陞座)○로연승(爐煙升)○산선(繖扇)○시위여상의(侍衛如常儀)○협률랑(協律郎)○궤언휘부복흥(跪偃麾俯伏興)○공알어(工戛敔)○악지(樂

止)○제호위지관(諸護衛之官)○입렬어어좌지후급전내동서(入列於御座之後及殿內東西)○승지(承旨)○입예어좌좌우부복(入詣御座左右俯伏)○사관(史官)○재기후(在其後)○사금(司禁)○분립어전계상(分立於殿階上)○인의(引儀)○분인군로이품이상(分引群老二品以上)○혹장(或杖)○혹협부(或夾扶)○유동서편문입(由東西偏門入)○취위(就位)○전의왈(典儀曰)○배(拜)○찬의창(贊儀唱)○국궁배재지흥평신(鞠躬拜再至興平身)○범찬의찬창(凡贊儀贊唱)○개승전의지사(皆承典儀之辭)○군로(群老)○거장국궁(去杖鞠躬)○악작(樂作)○배일좌재지(拜一坐再至)○흥평신(興平身)○약유교제례(若有敎除禮)○칙부배(則不拜)○후방차(後倣此)○악지(樂止)○인의(引儀)○분인군로응승전자(分引群老應陞殿者)○잉장협부여초(仍杖夾扶如初)○유동서편계승(由東西偏階陞)○장입전(將入殿)○좌통례(左通禮)○유동서편문(由東西偏門)○진당좌전(進當座前)○부복궤(俯伏跪)○계청위군로흥(啓請爲群老興)○전하흥(殿下興)○좌통례(左通禮)○부복흥강복위(俯伏興降復位)○전하(殿下)○명군로취위(命群老就位)○군로(群老)○궤부복(跪俯伏)○전하좌(殿下坐)○군로(群老)○흥취위(興就位)○불승전자(不陞殿者)○역인취위(亦引就位)○전악(典樂)○인가자급금슬(引歌者及琴瑟)○유동서편계승(由東西偏階陞)○취위(就位)○사옹원제조(司饔院提調)○진주기(進酒器)○악작(樂作)○진흘(進訖)○악지(樂止)○제조(提調)○진찬안(進饌案)○진안(進案)○유어좌남계(由御座南階)○철안(徹案)○유동계(由東階)○악작(樂作)○집사자(執事者)○설군로찬탁(設群老饌卓)○어부승전자(於不陞殿者)○집사자(執事者)○위지(爲之)○후동(後同)○악지(樂止)○근시(近侍)○진화(進花)○악작(樂作)○집사자(執事者)○산군로화(散群老花)○악지(樂止)○제조진선(提調進膳)○범진선(凡進膳)○유남계(由南階)○퇴선(退膳)○유동계(由東階)○악작(樂作)○집사자(執事者)○설군로선(設群老膳)○식필(食畢)○악지(樂止)○매제조진탕(每提調進湯)○집사설군로탕(執事設群老湯)○범진탕(凡進湯)○악작(樂作)○식필(食畢)○악지(樂止)○제조(提調)○작주제일작(酌酒第一爵)○악작(樂作)○제조(提調)○봉작궤진(捧爵跪進)○범진작(凡進爵)○퇴작(退爵)○개유남계(皆由南階)○내시(內侍)○전봉치어안(傳捧置於案)○집사자(執事者)○행군로주거흘(行群老酒擧訖)○제조(提調)○진수작(進受爵)○복어점(復於坫)○악지(樂止)○매제조진작(每提調進爵)○집사자(執事者)○행군로주(行群老酒)○차진탕진작(次進湯進爵)○병여상의(並如上儀)○주행오편(酒行五遍)○제조(提調)○진대선(進大膳)○악작(樂作)○집사자(執事者)○설군로선흘(設群老膳訖)○악지(樂止)○제조(提調)○진철안(進徹案)○집사자(執事者)○철군로탁(徹群老卓)○군자(群者)○각이청복(各以靑袱)○수과찬여(收裹饌餘)○자지이출(自持而出)○인의(引儀)○분인군로(分引群老)○구복배위(俱復拜位)○찬의창(贊儀唱)○국궁배재지흥평신(鞠躬拜再至興平身)○군로(群老)○국궁(鞠躬)○악작(樂作)○배일좌재지(拜一坐再至)○흥평신(興平身)○악지(樂止)○좌통례(左通禮)○유서문(由西門)○진당좌전(進當座前)○부복궤계례필(俯伏跪啓禮畢)○부복흥강복위(俯伏興降復位)○협률랑(協律郎)○궤부복거휘흥(跪俯伏擧麾興)○공고축(工鼓柷)○악작(樂作)○전하(殿下)○강좌승여(降座乘輿)○산선(繖扇)○시위여래의(侍衛如來儀)○장출전문(將出殿門)○고취진작(鼓吹振作)○협률랑(協律郎)○궤언휘부복흥(跪偃麾俯伏興)○공알어(工戛敔)○악지(樂止)○환사정전(還思政殿)○고취지(鼓吹止)○인의(引儀)○분인군로출(分引群老出)○좌통례(左通禮)○부복궤계해엄(俯伏跪啓解嚴)○병조(兵曹)○승교방장(承敎放仗)

중궁양로연의(中宮養老宴儀)

중추지월(仲秋之月)○예조(禮曹)○택길(擇吉)○선섭내외(宣攝內外)○각공기직(各供其職)○선계부인군로(先戒婦人群老)○년팔십이상(年八十以上)

전일일(前一日)○상침(尚寢)○수기속(帥其屬)○설왕비좌어정전북벽남향(設王妃座於正殿北壁南向)○설향안어전외(設香案於殿外)○녀령(女伶)○진악어전계상급정여상(陳樂於殿階上及庭如常)○전설사(典設司)○설군로차어궁문외(設群老次於宮門外)기일(其日)○전찬(典贊)○설군로이품이상위어전내동서(設群老二品以上位於殿內東西)○삼품이하위어동서랑(三品以下位於東西廊)○구중행상향북상(俱重行相向北上)○종부지작(從夫之爵)○무부(無夫)○종자지작(從子之爵)○서인위어전정동서(庶人位於殿庭東西)○중행북향(重行北向)○상대위수(相對爲首)○군로배위어전정동서(群老拜位於殿庭東西)○중행북향(重行北)向)○상대위수(相對爲首)○서인배위차후(庶人拜位差後)○사찬(司贊)○전빈위어동계하근동서향(典賓位於東階下近東西向)○전언(典言)○전찬(典贊)○재남차퇴(在南差退)○상식(尚食)○설주정어전내근남북향(設酒亭於殿內近南北向)○전선(典膳)○설승전자주탁어전외동서근북(設陞殿者酒卓於殿外東西近北)○부승전자주탁어매품지전(不陞殿者酒卓於每品之前)○내시부(內侍府)○진의장어전정동서여상(陳儀仗於殿庭東西如常)○군로(群老)○구례복(具

禮服)○서인(庶人)○상복(常服)○의시각(依時刻)○집도궁문외차(集到宮門外次)○상의(尙儀)○부복궤(俯伏跪)○계청중엄(啓請中嚴)○상궁이하(尙宮以下)○구예내합(俱詣內閤)○사후(伺候)○녀령(女伶)○입취위(入就位)○사찬(司贊)○전빈(典賓)○전언(典言)○전찬(典贊)○선취위(先就位)○군로(群老)○지합외(至閤外)○전빈(典賓)○분인군로삼품이하(分引群老三品以下)○혹장(或杖)○혹협부(或夾扶)○입취위(入就位)○상의(尙儀)○부복궤계외판(俯伏跪啓外辦)○왕비(王妃)○구복가수식(具服加首飾)○상궁(尙宮)○전도이출(前導以出)○악작(樂作)○왕비승좌(王妃陞座)○로연승(爐煙升)○산선(繖扇)○시위여상의(侍衛如常儀)○녀관(女官)○경집(擎執)○악지(樂止)○전빈(典賓)○분인군로이품이상(分引群老二品以上)○혹장(或杖)○혹협부(或夾扶)○입취배위(入就拜位)○사찬왈(司贊曰)○배(拜)○전찬창(典贊唱)○배재지흥(拜再至興)○범전찬찬창(凡典贊贊唱)○개승사찬지사(皆承司贊之辭)○군로거장배(群老去杖拜)○악작(樂作)○일좌(一坐)○재지(再至)○흥(興)○약유지제례(若有旨除禮)○즉부배(則不拜)○후방차(後倣此)○악지(樂止)○전빈(典賓)○분인군로응승전자(分引群老應陞殿者)○잉장협부여초(仍杖夾扶如初)○유동서계승(由東西階陞)○장입전(將入殿)○상의(尙儀)○진당좌전(進當座前)○부복궤(俯伏跪)○계청전하위군로흥(啓請殿下爲群老興)○왕비(王妃)○흥(興)○명군로취위(命群老就位)○군로(群老)○궤부복(跪俯伏)○왕비좌(王妃坐)○군로흥취위(群老興就位)○부승전자(不陞殿者)○역인취위(亦引就位)○상식(尙食)○진찬안(進饌案)○악행(樂行)○녀집사(女執事)○설군로찬탁(設群老饌卓)○악지(樂止)○상의(尙儀)○진화(進花)○악작(樂作)○녀집사(女執事)○산군로화(散群老花)○악지(樂止)○상식(尙食)○진선(進膳)○악작(樂作)○녀집사(女執事)○설군로선(設群老膳)○식필(食畢)○악지(樂止)○매상식진탕(每尙食進湯)○녀집사(女執事)○설군로탕(設群老湯)○범진탕(凡進湯)○악작(樂作)○식필(食畢)○악지(樂止)○상식(尙食)○작주제일잔(酌酒第一盞)○악작(樂作)○상식(尙食)○봉잔(捧盞)○예좌전(詣座前)○치어안(置於案)○녀집사(女執事)○행군로주거흘(行群老酒擧訖)○상식(尙食)○진수허잔(進受虛盞)○복어주정(復於酒亭)○악지(樂止)○매상식진잔(每尙食進盞)○여집사행군로주(女執事行群老酒)○범진잔(凡進盞)○악작(樂作)○거흘(擧訖)○악지(樂止)○차진탕진주(次進湯進酒)○병여상의(竝如上儀)○주행오편(酒行五遍)○상식(尙食)○진대선(進大膳)○악작(樂作)○녀집사(女執事)○설군로선필(設群老膳畢)○악지(樂止)○상식(尙食)○진철안(進徹案)○여집사(女執事)○철군로찬탁(徹群老饌卓)○군로(群老)○각이청복(各以靑袱)○수과찬여(收裹饌餘)○자지이출(自持而出)○전빈(典賓)○분인군로(分引群老)○구복배위(俱復拜位)○전찬창(典贊唱)○배재지흥(拜再至興)○군로배(群老拜)○악작(樂作)○일좌재지흥(一坐再至興)○악지(樂止)○상의(尙儀)○진당좌전(進當座前)○부복궤계례필(俯伏跪啓禮畢)○부복흥퇴(俯伏興退)○악작(樂作)○왕비(王妃)○강좌이입(降座以入)○악지(樂止)○전빈(典賓)○분인군로출(分引群老出)

음복연의(飮福宴儀)

하흘(賀訖)○전의(典儀)○설왕세자위어어좌동남서향(設王世子位於御座東南西向)○시연종친(侍宴宗親)○의빈이품이상위어왕세자지후소남(儀賓二品以上位於王世子之後少南)○문무이품이상위어어좌서남(文武二品以上位於御座西南)○당대군위소남(當大君位少南)○구중행상향북상(俱重行相向北上)○승지위어서남우북향동상(承旨位於西南隅北向東上)○제향관정삼품위어전계상동서(諸享官正三品位於殿階上東西)○종삼품이하위어전정동서(從三品以下位於殿庭東西)○구상향북상(俱相向北上)○약유제방객사(若有諸方客使)○칙설위설차어정지회의(則設位設次如正至會儀)○설왕세자이하배위급집사관위(設王世子以下拜位及執事官位)○병여조의(竝如朝儀)○사옹원제조(司饔院提調)○설주정어전내근남북향(設酒亭於殿內近南北向)○설점가작(設坫加爵)○사옹원관(司饔院官)○설승전자주탁어전외동서근북(設陞殿者酒卓於殿外東西近北)○전계상급전정자주탁어매품지전(殿階上及殿庭者酒卓於每品之前)

고초엄(鼓初嚴)○병조(兵曹)○륵제위(勒諸衛)○진로부반장어정계급전정동서(陳鹵簿半仗於正階及殿庭東西)○근정문내외(勤政門內外)○렬군사(列軍士)○병여식(竝如式)○견서례(見序例)

고이엄(鼓二嚴)○시연관급제향관(侍宴官及諸享官)○이상복(以常服)○구취문외위(俱就門外位)○객사(客使)○출차서립여상(出次序立如常)○왕세자(王世子)○구익선관(具翼善冠)○곤룡포출(袞龍袍出)○기찬내엄(其贊內嚴)○백외비(白外備)○시위(侍衛)○병여상(竝如常)○익찬(翊贊)○부인전행(負印前行)○필선(弼善)○인취근정문외차(引就勤政門外次)○시위여상(侍衛如常)○제호위지관급사금(諸護衛之官及司禁)○각구기복(各具器服)○상서원관(尙瑞院官)○봉보(捧寶)○구예사정전합외(俱詣思政殿閤外)○사후(伺候)○좌통례(左通禮)○예합외(詣閣外)○부복궤(俯伏跪)○계청중엄(啓請中嚴)○전하(殿下)○구익선관(具翼善冠)○곤룡포(袞龍袍)○어사정전(御思政殿)○산선(繖扇)○시위여상(侍衛如常)○근시급집사관(近侍及執事官)○유서합입정중행북향동상(由西閤入庭重行北向東上)○사배이출(四拜而出)○전악(典樂)○수공인(帥工人)○입취위(入就位)○협률랑(協律郎)○입취거휘위(入就擧麾位)

고삼엄(鼓三嚴)○집사관(執事官)○선취위(先就位)○봉례(奉禮)○인왕세자출차(引王世子出次)○서향립(西向立)○종성지(鍾聲止)○벽내외문(闢內外門)○좌통례(左通禮)○궤계외판(跪啓外辦)○전하(殿下)○승여이출(乘輿以出)○산선(繖扇)○시위여상의(侍衛如常儀)○전하장출(殿下將出)○장동(仗動)○고취진작(鼓吹振作)○장입전문(將入殿門)○협률랑(協律郎)○궤부복거휘흥(跪俯伏擧麾興)○공고축(工鼓柷)○헌가악작(軒架樂作)○고취지(鼓吹止)○전하승좌(殿下陞座)○로연승(爐煙升)○상서원관(尙瑞院官)○봉보(捧寶)○치어안(置於案)○산선(繖扇)○시위여상의(侍衛如常儀)○협률랑(協律郎)○궤언휘부복흥(跪偃麾俯伏興)○공알어(工戞敔)○악지(樂止)○제호위지관(諸護衛之官)○입렬어어좌지후급전내동서(入列於御座之後及殿內東西)○승지(承旨)○입취위부복(入就位俯伏)○사관이인(史官二人)○분예전외동서부복(分詣殿外東西俯伏)○사금(司禁)○분립어전계상(分立於殿階上)○봉례(奉禮)○인왕세자(引王世子)○유동문입(由東門入)○취배위(就拜位)○보덕이하응종입자(輔德以下應從入者)○궤어배위동남서향북상(跪於拜位東南西向北上)○인의(引儀)○분인시연관급제향관(分引侍宴官及諸享官)○유동서편문입(由東西偏門入)○취배위(就拜位)○통사(通事)○분인제방객사(分引諸方客使)○입취배위(入就拜位)○전의왈(典儀曰)○사배(四拜)○찬의창(贊儀唱)○국궁사배흥평신(鞠躬四拜興平身)○범찬의찬창(凡贊儀贊唱)○개승전의지사(皆承典儀之辭)○왕세자급시연관이하객사(王世子及侍宴官以下客使)○국궁(鞠躬)○악작(樂作)○사배흥평신(四拜興平身)○범객사배흥(凡客使拜興)○통사전창(通事傳唱)○악지(樂止)○사옹원제조(司饔院提調)○진주기(進酒器)○악작(樂作)○진흘(進訖)○악지(樂止)○찬의창(贊儀唱)○궤(跪)○왕세자이하(王世子以下)○개궤(皆跪)○제조(提調)○진안안(進饌案)○악작(樂作)○진흘(進訖)○악지(樂止)○근시(近侍)○진화(進花)○악작(樂作)○진흘(進訖)○악지(樂止)○찬의창(贊儀唱)○부복흥평신(俯伏興平身)○왕세자이하(王世子以下)○부복흥평신(俯伏興平身)○찬의창(贊儀唱)○궤(跪)○정세자이하(正世子以下)○개궤(皆跪)○제조(提調)○진선(進膳)○악작(樂作)○진흘(進訖)○악지(樂止)○찬의창(贊儀唱)○부복흥평신(俯伏興平身)○왕세자이하(王世子以下)○부복흥평신(俯伏興平身)○제조(提調)○섭사(攝事)○칙초헌관(則初獻官)○이작작복주(以爵酌福酒)○이진(以進)○전하(殿下)○강좌서향(降座西向)○부복궤(俯伏跪)○찬의창(贊儀唱)○궤(跪)○왕세자이하(王世子以下)○궤(跪)○전하수주(殿下受酒)○음흘(飲訖)○부복흥(俯伏興)○승좌(陞座)○찬의창(贊儀唱)○부복흥평신(俯伏興平身)○왕세자이하(王世子以下)○개부복흥평신(皆俯伏興平身)○제향관(諸享官)○이차승전(以次陞殿)○삼품이하(三品以下)○칙전계상(則殿階上)○부복궤(俯伏跪)○음복주흘(飲福酒訖)○부복흥(俯伏興)○구강복위(俱降復位)○봉례(奉禮)○인왕세자(引王世子)○승자동편계(陞自東偏階)○유동문입(由東門入)○봉례(奉禮)○지어문외(止於門外)○예주정동(詣酒亭東)○북향립(北向立)○악작(樂作)○제조(提調)○작주제일작(酌酒第一爵)○궤수왕세자(跪授王世子)○왕세자(王世子)○수작(受爵)○예좌전궤(詣座前跪)○찬의창(贊儀唱)○궤(跪)○시연관이하(侍宴官以下)○개궤(皆跪)○왕세자(王世子)○진작흘(進爵訖)○부복흥(俯伏興)○찬의창(贊儀唱)○부복흥평신(俯伏興平身)○시연관이하(侍宴官以下)○부복흥평신(俯伏興平身)○악지(樂止)○왕세자(王世子)○강복위(降復位)○인의(引儀)○인반수(引班首)○승자동편계(陞自東偏階)○인의(引儀)○지어계하(止於階下)○유동문입(由東門入)○예주정동(詣酒亭東)○북향립(北向立)○악작(樂作)○제조(提調)○작주제이작(酌酒第二爵)○수반수(授班首)○반수(班首)○수작(受爵)○예좌전궤(詣座前跪)○찬의창(贊儀唱)○궤(跪)○왕세자이하(王世子以下)○개궤(皆跪)○반수(班首)○진작흘(進爵訖)○부복흥(俯伏興)○찬의창(贊儀唱)○부복흥평신(俯伏興平身)○왕세자이하(王世子以下)○부복흥평신(俯伏興平身)○악지(樂止)○반수(班首)○강복위(降復位)○찬의창(贊儀唱)○국궁사배흥평신(鞠躬四拜興平身)○왕세자이하(王世子以下)○국궁(鞠躬)○악작(樂作)○사배흥평신(四拜興平身)○악지(樂止)○봉례(奉禮)○인왕세자(引王世子)○인의(引儀)○분인시연관(分引侍宴官)○제향관(諸享官)○각취위(各就位)○통사(通事)○인객사취위(引客使就位)○전악(典樂)○수가자급금슬(帥歌者及琴瑟)○유동서편계승(由東西偏階陞)○취위(就位)○부제조(副提調)○공왕세자찬탁(供王世子饌卓)○보덕(輔德)○공화(供花)○집사자(執事者)○설시연관(設侍宴官)○제향관(諸享官)○객사찬탁(客使饌卓)○산화(散花)○제조진탕(提調進湯)○악작(樂作)○범곡무(凡曲舞)○림시품지(臨時稟旨)○왕세자이하(王世子以下)○리위부복진흘(離位俯伏進訖)○환위(還位)○범진작진탕시동(凡進爵進湯時同)○부제조(副提調)○공왕세자탕(供王世子湯)○집사자(執事者)○설시연관이하탕(設侍宴官以下湯)○식필(食畢)○악지(樂止)○제조(提調)○진제삼작(進第三爵)○악작(樂作)○부제조(副提調)○

공왕세자주(供王世子酒)○집사자(執事者)○행시연관이하주흘(行侍宴官以下酒訖)○범사주초지(凡賜酒初至)○왕세자이하(王世子以下)○개리위(皆離位)○부복궤수음흘(俯伏跪受飮訖)○부복흥환위(俯伏興還位)○약유별사(若有別賜)○취어좌전영외(就御座前楹外)○고두(叩頭)○환위(還位)○악지(樂止)○차진탕진주(次進湯進酒)○병여상의(竝如上儀)○주행구편(酒行九遍)○제조(提調)○진대선(進大膳)○악작(樂作)○부제조(副提調)○공왕세자선(供王世子膳)○집사자(執事者)○설시연관이하선흘(設侍宴官以下膳訖)○악지(樂止)○제조(提調)○진철찬안(進徹饌案)○부제조(副提調)○철왕세자탁(徹王世子卓)○집사자(執事者)○철시연관이하탁(徹侍宴官以下卓)○왕세자이하(王世子以下)○구강복위(俱降復位)○초왕세자장강(初王世子將降)○재전내급계상자(在殿內及階上者)○종하선강(從下先降)○찬의창(贊儀唱)○국궁사배흥평신(鞠躬四拜興平身)○왕세자이하(王世子以下)○국궁(鞠躬)○악작(樂作)○사배흥평신(四拜興平身)○악지(樂止)○좌통례(左通禮)○승자서편계(陞自西偏階)○진당좌전(進當座前)○부복궤계례필(俯伏跪啓禮畢)○부복흥강복위(俯伏興降復位)○협률랑(協律郎)○궤부복거휘흥(跪俯伏擧麾興)○공고축(工鼓柷)○악작(樂作)○전하(殿下)○강좌승여(降座乘輿)○산선(繖扇)○시위여상(侍衛如常)○장출전문(將出殿門)○고취진작(鼓吹振作)○협률랑(協律郎)○궤언휘부복흥(跪偃麾俯伏興)○공알어(工戛敔)○악지(樂止)○환사정전(還思政殿)○고취지(鼓吹止)○통사(通事)○선인객사출(先引客使出)○봉례(奉禮)○인왕세자(引王世子)○인의(引儀)○분인시연관이하(分引侍宴官以下)○이차출(以次出)○좌통례(左通禮)○예합외부복궤계해엄(詣閤外俯伏跪啓解嚴)○병조(兵曹)○승교방장(承敎放仗)

왕세자여사부빈객상견의(王世子與師傅賓客相見儀)

기일(其日)○액정서(掖庭署)○설왕세자배위어동벽서향(設王世子拜位於東壁西向)○설석(設席)○설사(設師)○부(傅)○이사배위어서벽(貳師拜位於西壁)○빈객배위어사(賓客拜位於師)○부지남차퇴(傅之南差退)○구동향북상(俱東向北上)○설석(設席)○약이사종일품(若貳師從一品)○칙여빈객위동(則與賓客位同)○후방차(後倣此)○궁관(宮官)○각구기복(各具其服)○문관(文官)○공복(公服)○무관(武官)○기복(器服)○익위사(翊衛司)○륵소부(勒所部)○진장위여상(陳仗衛如常)○사(師)○부(傅)○이사급빈객(貳師及賓客)○구집서당(俱集書堂)○구공복(具公服)○필선(弼善)○궤찬청내엄(跪贊請內嚴)○보덕이하(輔德以下)○입립어정지동서(入立於庭之東西)○중행상향(重行相向)○익위이하(翊衛以下)○근남분동서(近南分東西)○구북상(俱北上)○시종지관(侍從之官)○익위이인(翊衛二人)○패검(佩劍)○사어이인(司禦二人)○패궁시(佩弓矢)○예합(詣閤)○봉영사(奉迎師)○부(傅)○이사(貳師)○립어문서(立於門西)○빈객차퇴(賓客差退)○구동향북상(俱東向北上)○필선(弼善)○궤백외비(跪白外備)○왕세자(王世子)○구복이출(具服以出)○시위여상(侍衛如常)○왕세자(王世子)○강자동계(降自東階)○서향립(西向立)○약빈객특견(若賓客特見)○칙왕세자(則王世子)○부강계(不降階)○립어위전이사(立於位前以俟)○사(師)○부(傅)○이사급빈객(貳師及賓客)○입예서계하(入詣西階下)○사(師)○부(傅)○이사(貳師)○선승(先陞)○빈객(賓客)○대왕세자승(待王世子陞)○내승(乃陞)○왕세자후승(王世子後陞)○사(師)○부(傅)○이사취위(貳師就位)○빈객(賓客)○대왕세자취위(待王世子就位)○내취위(乃就位)○왕세자취위(王世子就位)○돈수재배(頓首再拜)○사(師)○부(傅)○이사(貳師)○돈수답재배(頓首答再拜)○빈객종재배(賓客從再拜)○약빈객특견(若賓客特見)○칙빈객선배(則賓客先拜)○왕세자(王世子)○공수답배(控首答拜)○흘(訖)○사(師)○부(傅)○이사급빈객(貳師及賓客)○강계(降階)○왕세자(王世子)○강립동계하(降立東階下)○사(師)○부(傅)○이사급빈객출문(貳師及賓客出門)○필선(弼善)○전궤백례필(前跪白禮畢)○부복흥환시위(俯伏興還侍位)○왕세자입내(王世子入內)○시위여래의(侍衛如來儀)○보덕이하내출(輔德以下乃出)

서연회강의(書筵會講儀)

기일(其日)○액정서(掖庭署)○설왕세자좌어동벽서향(設王世子座於東壁西向)○교의(交倚)○사(師)○부(傅)○이사좌어서벽(貳師座於西壁)○빈객좌어사(賓客座於師)○부지남차퇴(傅之南差退)○병교의(竝交倚)○구동향북상(俱東向北上)○약이사종일품(若貳師從一品)○칙여빈객일행(則與賓客一行)○후방차(後倣此)○보덕이하좌어전영간북향동상(輔德以下座於前楹間北向東上)○사(師)○부이하(傅以下)○상복(常服)○

구집서당(俱集書堂)○필선(弼善)○예합외(詣閤外)○궤백외비(跪白外備)○왕세자(王世子)○구익선관(具翼善冠)○곤룡포(袞龍袍)○즉좌(卽座)○보덕이하(輔德以下)○입정(入庭)○이위중행(異位重行)○북향동상(北向東上)○재배흘(再拜訖)○분동서상향립(分東西相向立)○사(師)○부(傅)○이사(貳師)○립어궁문서(立於宮門西)○빈객차퇴(賓客差退)○구동향북상(俱東向北上)○왕세자(王世子)○강동계하(降東階下)○서향립(西向立)○약빈객특견(若賓客特見)○칙왕세자(則王世子)○부강계(不降階)○립어좌전이사(立於座前以俟)○사(師)○부(傅)○이사급빈객(貳師及賓客)○입예서계하(入詣西階下)○사(師)○부(傅)○이사(貳師)○선승(先陞)○빈객(賓客)○대왕세자승(待王世子陞)○내승(乃陞)○왕세자후승(王世子後陞)○사(師)○부(傅)○이사(貳師)○취좌전(就座前)○동향립(東向立)○빈객(賓客)○대왕세자취좌전(待王世子就座前)○서향립(西向立)○내취좌전립(乃就座前立)○병설석(竝設席)○왕세자(王世子)○취좌전(就座前)○서향립(西向立)○설석(設席)○돈수재배(頓首再拜)○사(師)○부(傅)○이사(貳師)○돈수답재배(頓首答再拜)○빈객종재배(賓客從再拜)○약빈객특견(若賓客特見)○칙빈객선배(則賓客先拜)○왕세자공수답배(王世子控首答拜)○사(師)○부(傅)○이사(貳師)○취좌(就座)○빈객(賓客)○대왕세자취좌(待王世子就座)○내취좌(乃就座)○왕세자(王世子)○취좌(就座)○치서안어왕세자좌전(置書案於王世子座前)○보덕이하(輔德以下)○승취좌(陞就座)○익위이하(翊衛以下)○승립월대동서(陞立月臺東西)○강필(講畢)○강복정하위(降復庭下位)○왕세자(王世子)○강전일소수(講前日所受)○사(師)○부(傅)○진강여식(進講如式)○강필(講畢)○보덕이하(輔德以下)○선강시립여초(先降侍立如初)○사(師)○부(傅)○이사급빈객(貳師及賓客)○강계(降階)○왕세자(王世子)○강립동계하(降立東階下)○사(師)○부(傅)○이사급빈객출문(貳師及賓客出門)○왕세자입내(王世子入內)○보덕이하내출(輔德以下乃出)

왕세자입학의(王世子入學儀)

○왕자급종친동(王子及宗親同)○유상자(唯相者)○인도사성(引導司成)○수례백일필(受禮帛一匹)○수삼정(脩三脡)

기일(其日)○왕세자작헌흘(王世子酌獻訖)○복학생복(服學生服)○보덕(輔德)○인립어명륜당대문동서향(引立於明倫堂大門東西向)○진백비(陳帛篚)○저포삼필(紵布三匹)○주호(酒壺)○이두(二斗)○수안(脩案)○오정(五脡)○어왕세자서(於王世子西)○북향중행서상(北向重行西上)○박사(博士)○구공복(具公服)○집사자(執事者)○인립어명륜당동계상서향(引立於明倫堂東階上西向)○장명자(將命者)○출립문서동향왈(出立門西東向曰)○감청사(敢請事)○왕세자소전왈(王世子少前曰)○모원수업어선생(某願受業於先生)○장명자입고(將命者入告)○박사왈(博士曰)○모야부덕(某也不德)○청왕세자무욕(請王世子無辱)○장명자출고(將命者出告)○왕세자고청(王世子固請)○장명자입고(將命者入告)○박사왈(博士曰)○모야부덕(某也不德)○청왕세자취위(請王世子就位)○모감견(某敢見)○장명자출고(將命者出告)○왕세자왈(王世子曰)○모부감이시빈객(某不敢以視賓客)○청종사견(請終賜見)○장명자입고(將命者入告)○박사왈(博士曰)○모야사부득명(某也辭不得命)○감부종명(敢不從命)○장명자출고(將命者出告)○집비자(執篚者)○이비동향수왕세자(以篚東向授王世子)○왕세자집비(王世子執篚)○박사(博士)○강사우동계하서향(降俟于東階下西向)○보덕(輔德)○인왕세자(引王世子)○입문이좌(入門而左)○집사자(執事者)○봉주호(捧酒壺)○수안수지(脩案隨之)○예서계지남동향(詣西階之南東向)○봉주수자(捧酒脩者)○립어왕세자서남(立於王世子西南)○동향북상(東向北上)○왕세자(王世子)○궤전비재배(跪奠篚再拜)○박사답배(博士答拜)○왕세자(王世子)○궤취비이진(跪取篚以進)○봉주수자종(捧酒脩者從)○전어박사전(奠於博士前)○박사(博士)○궤수비(跪受篚)○수집사자(授執事者)○우집사자(又執事者)○궤취주수이퇴(跪取酒脩以退)○보덕(輔德)○인왕세자(引王世子)○립어계간(立於階間)○북향재배(北向再拜)○인출취편차이사(引出就便次以俟)○박사(博士)○개구상복(改具常服)○승당취좌(陞堂就坐)○재명륜당동벽서향(在明倫堂東壁西向)○보덕(輔德)○인왕세자(引王世子)○입문승자서계(入門陞自西階)○예박사전(詣搏士前)○림시(臨時)○설석(設席)○집사자(執事者)○치강서어박사전(置講書於博士前)○유안(有案)○급왕세자전(及王世子前)○강서(講書)○석의흘(釋義訖)○집사(執事)○철안급서(徹案及書)○보덕(輔德)○인왕세자(引王世子)○강자서계(降自西階)○출취편차(出就便次)○환궁여래의(還宮如來儀)

사신급외관정지탄일요하의

(使臣及外官正至誕日遙賀儀)

기일(其日)○미명(未明)○설전패어정청당중남향(設殿牌於正廳當中南向)○설향탁어기전(設香卓於其前)○진의장어정지동서(陳儀仗於庭之東西)○중관(衆官)○구조복(具朝服)○입정(入庭)○사신재동(使臣在東)○무조복사신(無朝服使臣)○상복(常服)○외관재서(外官在西)○상대위수(相對爲首)○이위중행북향(異位重行北向)○악작(樂作)○중관(衆官)○국궁사배흥평신(鞠躬四拜興平身)○악지(樂止)○범배(凡拜)○흥(興)○개집사자창(皆執事者唱)○본무악처(本無樂處)○부필용악(不必用樂)○중관(衆官)○개궤(皆跪)○집사자(執事者)○삼상향(三上香)○중관(衆官)○부복흥(俯伏興)○악작(樂作)○사배흥평신(四拜興平身)○악지(樂止)○중관(衆官)○개궤진흘(皆跪搢笏)○집사자창(執事者唱)○삼고두(三叩頭)○중관(衆官)○삼고두(三叩頭)○창산호(唱山呼)○중관(衆官)○공수가액(拱手加額)○왈천세(曰千歲)○창산호(唱山呼)○왈천세(曰千歲)○창재산호(唱再山呼)○왈천천세(曰千千歲)○중관(衆官)○출홀부복흥(出笏俯伏興)○악작(樂作)○사배흥평신(四拜興平身)○악지(樂止)○례필이차출(禮畢以次出)

사신급외관삭망요하의 (使臣及外官朔望遙賀儀)

기일미명(其日未明)○설전패어정청당중남향(設殿牌於正廳當中南向)○설향탁어기전(設香卓於其前)○진의장어정지동서(陳儀仗於庭之東西)○중관(衆官)○구공복(具公服)○입정(入庭)○사신재동(使臣在東)○무공복사신(無公服使臣)○상복(常服)○외관재서(外官在西)○상대위수(相對爲首)○이위중행북향(異位重行北向)○악작(樂作)○중관(衆官)○국궁사배흥평신(鞠躬四拜興平身)○악지(樂止)○범배흥(凡拜興)○개집사자창(皆執事者唱)○본무악처(本無樂處)○부필용악(不必用樂)○중관(衆官)○개궤(皆跪)○집사자(執事者)○삼상향(三上香)○중관(衆官)○부복흥(俯伏興)○악작(樂作)○사배흥평신(四拜興平身)○악지(樂止)○례필이차출(禮畢以次出)

사신급외관배전의(使臣及外官拜箋儀)

기일미명(其日未明)○설전패어정청당중남향(設殿牌於正廳當中南向)○설전안어전패지전(設箋案於殿牌之前)○향탁어기남(香卓於其南)○진의장어정지동서(陳儀仗於庭之東西)○설청옥룡정어중문내(設靑屋龍亭於中門內)○집사자(執事者)○이전치우안(以箋置于案)○중관(衆官)○구조복(具朝服)○입정(入庭)○사신재동(使臣在東)○무조복사신(無朝服使臣)○상복(常服)○외관재서(外官在西)○상대위수(相對爲首)○이위중행북향(異位重行北向)○악작(樂作)○중관(衆官)○국궁사배흥평신(鞠躬四拜興平身)○악지(樂止)○범배(凡拜)○흥(興)○개집사자창(皆執事者唱)○본무악처(本無樂處)○부필용악(不必用樂)○중관궤(衆官跪)○집사자(執事者)○삼상향(三上香)○반수(班首)○유서계승(由西階陞)○예전안전궤(詣箋案前跪)○집사자(執事者)○취전(取箋)○궤수반수(跪授班首)○반수(班首)○수전이수진전관(受箋以授進箋官)○진전관(進箋官)○궤수(跪受)○복치어안(復置於案)○반수(班首)○부복흥강복위(俯伏興降復位)○중관(衆官)○부복흥(俯伏興)○악작(樂作)○사배흥평신(四拜興平身)○악지(樂止)○례필(禮畢)○진전관(進箋官)○봉전출(捧箋出)○중관(衆官)○회반(回班)○국궁(鞠躬)○과칙평신(過則平身)○진전관(進箋官)○지중문(至中門)○이전치어룡정중(以箋置於龍亭中)○출문(出門)○의장(儀仗)○고악전도(鼓樂前導)○진전관수지(進箋官隨之)○중관(衆官)○송지원정(送至遠亭)○약배진위전(若拜陳慰箋)○칙무의장급악(則無儀仗及樂)

사신급외관수선로의

(使臣及外官受宣勞儀)

기일(其日)○설선온안어정청근북남향(設宣醞案於正廳近北南向)○응수사자급외관(應受賜者及外官)○이상복비의장출우원정(以常服備儀仗出于遠亭)○거관문(距官門)○오리(五里)○선온장지(宣醞將至)○응수사자급외관(應受賜者及外官)○이위국궁(異位鞠躬)○영어도좌(迎於道左)○래사지하마(來使至下馬)○집사자(執事者)○이선온여담(以宣醞舁擔)○유사물(有賜物)○칙역령여담(則亦令舁擔)○응수사자이하(應受賜者以下)○평신(平身)○외관전도(外官前導)○차응수사자(次應受賜者)○대래사상마흘(待來使上馬訖)○개상마(皆上馬)○차김고(次金鼓)○의장(儀仗)○차여담(次舁擔)○차래사(次來使)○이차이행(以次而行)○지문외(至門外)○구하마(俱下馬)○중관(衆官)○유서문입정(由西門入庭)○사신재동(使臣在東)○외관재서(外官在西)○상대위수(相對爲首)○이위중행북향(異位重行北向)○장위입진여상(仗衛入陳如常)○여담(舁擔)○유정문입(由正門入)○응수사자급외관(應受賜者及外官)○상향국궁(相向鞠躬)○과칙평신(過則平身)○북향립(北向立)○래사(來使)○수여담(隨舁擔)○지정청(至正廳)○집사자(執事者)○이선온치우안(以宣醞置于案)○유사물(有賜物)○칙사물안재좌(則賜物案在左)○선온안재우(宣醞案在右)○소퇴근동(少退近東)○서향립(西向立)○수사자이하(受賜者以下)○국궁사배흥평신(鞠躬四拜興平身)○궤배(几拜)○흥(興)○개집사자창(皆執事者唱)○응수사자(應受賜者)○유서계승(由西階陞)○예안전(詣案前)○북향립(北向立)○래사(來使)○칭유교(稱有敎)○수사자궤(受賜者跪)○래사(來使)○서향전교운운(西向傳敎云云)○응수사자(應受賜者)○부복흥(俯伏興)○유사물(有賜物)○칙사신(則使臣)○이사물립수수사자(以賜物立授受賜者)○수사자(受賜者)○궤이수종자(跪受以授從者)○부복흥(俯伏興)○래사재동(來使在東)○수사자재서(受賜者在西)○구위후립(俱位後立)○공집금슬(工執琴瑟)○승좌어전영외(陞座於前楹外)○주악여상(奏樂如常)○본무악처(本無樂處)○부필용악(不必用樂)○집사자(執事者)○설찬탁(設饌卓)○래사(來使)○취잔수주(取盞受酒)○남향립(南向立)○수수사자(授受賜者)○수사자(受賜者)○진부복궤(進俯伏跪)○집잔음흘(執盞飮訖)○부복흥(俯伏興)○이잔수주(以盞受酒)○궤진우래사(跪進于來使)○래사음흘(來使飮訖)○각취위(各就位)○차진탕(次進湯)○주행칠편(酒行七遍)○집사자(執事者)○수잔철탁(收盞徹卓)○수사자(受賜者)○강립어정(降立於庭)○래사(來使)○복립어서향위(復立於西向位)○수사자(受賜者)○행사배례출(行四拜禮出)

사신급외관영내향의
(使臣及外官迎內香儀)

기일(其日)○설전패어정청당중남향(設殿牌於正廳當中南向)○설내향안어전패지전(設內香案於殿牌之前)○래사장지(來使將至)○제사신급외관(諸使臣及外官)○이상복(以常服)○출관문외(出官門外)○이위국궁(異位鞠躬)○영내향(迎內香)○과칙평신(過則平身)○래사지(來使至)○수내향(隨內香)○유중문입(由中門入)○지청(至廳)○이내향치우안(以內香置于案)○소퇴서향립(少退西向立)○제사신급외관(諸使臣及外官)○유서문입정(由西門入庭)○사신재동(使臣在東)○외관재서(外官在西)○상대위수(相對爲首)○이위중행북향(異位重行北向)○행사배례출(行四拜禮出)○범배(几拜)○흥(興)○개집사자창(皆執事者唱)○여래사행례여상(與來使行禮如常)○소과주군지송여영의(所過州郡祗送如迎儀)○약봉향사신(若奉香使臣)○과선도사신소관문외(過先到使臣所館門外)○선도사신(先到使臣)○출도좌(出道左)○국궁지송(鞠躬祗送)

사신급외관영교서의
(使臣及外官迎敎書儀)

○비관경(非關慶)○칙무고두사배례(則無叩頭四拜禮)
기일(其日)○설전패어정청당중남향(設殿牌於正廳當中南向)○설교서안어전패지전(設敎書案於殿

牌之前)○향탁어기전(香卓於其前)○물론래사직질고하(勿論來使職秩高下)○관찰사이하대소사신(觀察使以下大小使臣)○유교서사신(有敎書使臣)○이소봉교서안어소관(以所奉敎書安於所館)○급외관(及外官)○병조복(竝朝服)○무조복사신(無朝服使臣)○상복(常服)○비청옥룡정(備靑屋龍亭)○의장(儀仗)○출영우원정(出迎于遠亭)○거관문(距官門)○오리(五里)○교서장지(敎書將至)○제사신급외관(諸使臣及外官)○이위국궁(異位鞠躬)○영어도좌(迎於道左)○래사(來使)○지하마(至下馬)○이교서치룡정중(以敎書置龍亭中)○제사신급외관(諸使臣及外官)○평신(平身)○외관전도(外官前導)○차제사신(次諸使臣)○대래사상마흘(待來使上馬訖)○개상마(皆上馬)○차김고(次金鼓)○의장(儀仗)○차고취(次鼓吹)○차향정(次香亭)○차교서룡정(次敎書龍亭)○차래사(次來使)○이차이행(以次而行)○지관문외(至官門外)○구하마(俱下馬)○중관(衆官)○유서문입정(由西門入庭)○사신재동(使臣在東)○외관재서(外官在西)○이위중행북향(異位重行北向)○상대위수(相對爲首)○의장(儀仗)○고취입진여상(鼓吹入陳如常)○교서룡정(敎書龍亭)○유정문입(由正門入)○사신급외관(使臣及外官)○상향국궁(相向鞠躬)○과칙평신(過則平身)○북향립(北向立)○래사(來使)○수룡정(隨龍亭)○지정청(至正廳)○봉교서(捧敎書)○치우안(置于案)○소퇴근동(少退近東)○서향립(西向立)○악작(樂作)○중관사배(衆官四拜)○악지(樂止)○범배(凡拜)○흥(興)○개집사자창(皆執事者唱)○본무악처(本無樂處)○부필용악(不必用樂)○중관궤(衆官跪)○집사자(執事者)○삼상향(三上香)○중관(衆官)○부복흥평신(俯伏興平身)○래사(來使)○예안전(詣案前)○봉교서(捧敎書)○립수선교자(立授宣敎者)○선교자(宣敎者)○궤수(跪受)○출취동계상(出就東階上)○서향립(西向立)○이교서수집사자(以敎書授執事者)○집사자이인(執事者二人)○궤수립대전(跪受立對展)○래사(來使)○소전남향립(小前南向立)○칭유교(稱有敎)○중관(衆官)○개궤(皆跪)○선교자(宣敎者)○선흘(宣訖)○봉교서(捧敎書)○환입궤치우안(還入跪置于案)○중관(衆官)○부복흥(俯伏興)○악작(樂作)○사배(四拜)○악지(樂止)○중관(衆官)○궤진홀(跪搢笏)○집사자창(執事者唱)○삼고두(三叩頭)○중관(衆官)○삼고두(三叩頭)○창산호(唱山呼)○중관(衆官)○공수가액(拱手加額)○왈천세(曰千歲)○창산호(唱山呼)○왈천세(曰千歲)○창재산호(唱再山呼)○왈천천세(曰千千歲)○중관(衆官)○출홀부복흥(出笏俯伏興)○악작(樂作)○사배(四拜)○악지(樂止)○예필출(禮畢出)○석조복(釋朝服)○이차행상회례여상(以次行相會禮如常)○약교서지적일처(若敎書只適一處)○칙소과주현(則所過州縣)○이상복(以常服)○영어관문외(迎於官門外)○취정중(就庭中)○행사배례(行四拜禮)○지송여영의(祗送如迎儀)

외관영관찰사의(外官迎觀察使儀)

기일(其日)○설전패어정청당중남향(設殿牌於正廳當中南向)○설교서안어전패지전(設敎書案於殿牌之前)○향탁어기전(香卓於其前)○선도사신(先到使臣)○유교서사신(有敎書使臣)○이소봉교서안어소관(以所奉敎書安於所館)○급외관(及外官)○병조복(竝朝服)○무조복사신(無朝服使臣)○상복(常服)○비청옥룡정(備靑屋龍亭)○의장(儀仗)○출영우원정(出迎于遠亭)○거(距)○관문오리(官門五里)○교서장지(敎書將至)○사신급외관(使臣及外官)○이위국궁(異位鞠躬)○영어도좌(迎於道左)○관찰사주마(觀察使駐馬)○약선도사신유이품이상(若先到使臣有二品以上)○칙하마(則下馬)○집사자(執事者)○이교서치룡정중(以敎書置龍亭中)○사신급외관(使臣及外官)○평신(平身)○외관전도(外官前導)○선도사신수사후행(先到使臣隨使後行)○차김고(次金鼓)○의장(儀仗)○차고취(次鼓吹)○차향정(次香亭)○차교서룡정(次敎書龍亭)○차관찰사이하수행(次觀察使以下隨行)○지관문(至官門)○구하마(俱下馬)○외관(外官)○유서문입취정서이위중행북향동상(由西門入就庭西異位重行北向東上)○의장(儀仗)○고취(鼓吹)○입진여상(入陳如常)○교서룡정(敎書龍亭)○유정문입(由正門入)○관찰사종지(觀察使從之)○외관(外官)○동향국궁(東向鞠躬)○과칙평신(過則平身)○북향립(北向立)○룡정승(龍亭陞)○집사자(執事者)○봉교서치우안(捧敎書置于案)○관찰사(觀察使)○수지정청(隨至正廳)○재동서향립(在東西向立)○악작(樂作)○외관(外官)○개사배(皆四拜)○악지(樂止)○범배(凡拜)○흥(興)○개집사자창(皆執事者唱)○본무악처(本無樂處)○부필용악(不必用樂)○외관궤(外官跪)○집사자삼상향(執事者三上香)○외관(外官)○부복흥평신(俯伏興平身)○반수(班首)○승자서계예관찰사전동향(陞自西階詣觀察使前東向)○국궁(鞠躬)○문상체약하(問上體若何)○사답왈(使答曰)○천세(千歲)○반수(班首)○궤흥(跪興)○재위자동(在位者同)○강복위(降復位)○악작(樂作)○사배(四拜)○악지(樂止)○례필출(禮畢出)○차사신(次使臣)○입취정서배위(入就庭西拜位)○악작사배(樂作四拜)○악지출(樂止出)○사신급외관(使臣及外官)○석조복이차행상회례여상(釋朝服以次行相會禮如常)○약대소진장재본진(若大小鎭將在本鎭)○칙비군의영우원정(則備軍儀迎于遠亭)○관찰사중행(觀察使重行)○칙외관이상복영우원정수행(則外官以常服迎于遠亭隨行)○관찰사도후(觀察使到後)○부임외관(赴任外官)

○무문상례(無問上禮)○지행사배례(只行四拜禮)

사신급외관수유서의 (使臣及外官受諭書儀)

○수관교동(受官敎同)

기일(其日)○봉유서자(奉諭書者)○유중문입(由中門入)○치우안(置于案)○서향립(西向立)○수자(受者)○이시복(以時服)○취정중근서(就庭中近西)○북향사배(北向四拜)○유서계승(由西階陞)○예안전(詣案前)○북향궤(北向跪)○봉유서자(奉諭書者)○이유서수수자(以諭書授受者)○수자(受者)○람흘(覽訖)○수집사자(授執事者)○환치어안(還置於案)○관교(官敎)○칙수치회중(則受置懷中)○부복흥강복위(俯伏興降復位)○사배출(四拜出)

개성부급주현양로연의 (開城府及州縣養老宴儀)

중추(仲秋)○예조계문(禮曹啓聞)○행이소재관(行移所在官)○택길진(擇吉辰)○전기포고경내군로(前期布告境內群老)○년팔십이상(年八十以上)

기일(其日)○설주인위(設主人位)○주인(主人)○소재관사(所在官司)○어정청동벽서향(於正廳東壁西向)○군로이품이상위어서벽(群老二品以上位於西壁)○중행동향북상(重行東向北上)○삼품이하위어남행(三品以下位於南行)○약무이품이상(若無二品以上)○칙륙품이상서벽(則六品以上西壁)○참외남행(參外南行)○서인위어정동서(庶人位於庭東西)○우설주인배위어정재동(又設主人拜位於庭在東)○군로배위재서(群老拜位在西)○이위중행동상(異位重行東上)○구북향(俱北向)○서인위차후(庶人位差後)○설주탁어전영간근남(設酒卓於前楹間近南)○부승자주탁어기전(不陞者酒卓於其前)○군로(群老)○의시각(依時刻)○구집대문외(俱集大門外)○주인(主人)○출영읍양(出迎揖讓)○주인급군로행례(主人及群老行禮)○개상자지도(皆相者指導)○유동문입(由東門入)○군로(群老)○유서문입(由西門入)○혹장(或杖)○혹협부(或夾扶)○구취배위(俱就拜位)○주인사배(主人四拜)○군로(群老)○배일좌재지흥흘(拜一坐再至興訖)○주인유동계(主人由東階)○군로유서계(群老由西階)○개취위(皆就位)○공(工)○집금슬(執琴瑟)○승좌어주탁지남동상(陞坐於酒卓之南東上)○주악여상(奏樂如常)○본무악처(本無樂處)○부필용악(不必用樂)○집사자(執事者)○설탁급잔(設卓及盞)○짐주각어위전(斟酒各於位前)○부복궤(俯伏跪)○집잔음흘(執盞飮訖)○부복흥취위(俯伏興就位)○설식행주(設食行酒)○지오편후(至五遍後)○집사자(執事者)○수잔철탁(收盞徹卓)○주인여군로(主人與群老)○구복배위(俱復拜位)○주인사배(主人四拜)○군로(群老)○배일좌재지흥흘(拜一坐再至興訖)○군로내출(群老乃出)○주인(主人)○송우대문외(送于大門外)

향음주의(鄕飮酒儀)

매년맹동(每年孟冬)○개성부(開城府)○제도(諸道)○주(州)○부(府)○군현(郡縣)○택길진(擇吉辰)○행기례(行其禮)

전일일(前一日)○주인(主人)○소재관사(所在官司)○계빈(戒賓)○택년고유덕급유재행자(擇年高有德及有才行者)

기일(其日)○설주인위어학당동벽서향(設主人位於學堂東壁西向)○빈이품이상위어서벽(賓二品以上位於西壁)○동향북상(東向北上)○삼품이하위어남행동상(三品以下位於南行東上)○동품상치(同品尙齒)○약무이품이상(若無二品以上)○칙륙품이상서벽(則六品以上西壁)○참외남행(參外南行)○서인어정동서상향북상(庶人於庭東西相向北上)○설주탁어전영간근남(設酒卓於前楹間近南)○부승자주탁어기전(不陞者酒卓於其前)○빈이하(賓以下)○의시각(依時刻)○집도(集到)○주인출영우문외(主人出迎于門外)○범빈주행례(凡賓主行禮)○개상자지도(皆相者指導)○읍양선입(揖讓先入)○빈내입(賓乃入)○중빈종지(衆賓從之)○지우당(至于堂)○주인재동(主人在東)○빈재서(賓在西)○빈재배(賓再拜)○주인답재배(主人答再拜)○차중빈행례여상의(次衆賓行禮如上儀)○참외(參外)○취주인위전(就主人位前)○행례(行禮)○약서인재정행례(若庶人在庭行禮)○주인무답(主人無答)○주인여빈이하(主人與賓以下)○개취위(皆就位)○공(工)○집금슬(執琴瑟)○승좌어주탁지남동상(陞坐於酒卓之南東上)○주악여상(奏樂如常)○본무악처(本無樂處)○부필용악(不必用樂)○집사자(執事者)○설탁작주(設卓酌酒)○주인헌빈(主人獻賓)○빈초주인여상례(賓酢主人如常禮)○중빈동(衆賓同)○유재정자(唯在庭者)○집사자행주(執事者行酒)○상행오편흘(觴行五遍訖)○철탁(徹卓)○빈주(賓主)○개흥(皆興)○사정(司正)○출위(出位)○위재남행중빈지후(位在南行衆賓之後)○북향립(北向立)○내언왈(乃言曰)○앙유국가(仰惟國家)○솔유구장(率由舊章)○숭상례교(崇尙禮敎)○금자거행향음(今玆舉行鄕飮)○비전위음식이이(非專爲飮食而已)○범아장유(凡我長幼)○각상권면(各相勸勉)○충어국(忠於國)○효어친(孝於親)○내목어규문(內睦於閨門)○외비어향당(外比於鄕黨)○서훈고서교회(胥訓告胥敎誨)○무혹건타(無或愆墮)○이첨소생(以忝所生)○재위자(在位者)○개재배여초(皆再拜如初)○빈강출(賓降出)○중빈수출(衆賓隨出)○주인(主人)○송우문외여상례(送于門外如常禮)○일(一)○치응부음인자(置應赴飮人藉)○일(一)○부음인(赴飮人)○년칠십이상급관이품이상자(年七十以上及官二品以上者)○이례전청지(以禮專請之)○기여이렬위청지(其餘以列位請之)○질십이상면배(七十以上免拜)○일(一)○행례유기이유질고부능부자(行禮有期而有疾故不能赴者)○전기(前期)○구상면(具狀免)○일(一)○향음주지설(鄕飮酒之設)○소이존고년(所以尊高年)○상유덕(尙有德)○흥례양(興禮讓)○감유훤화자(敢有諠譁者)○허양치자(許揚觶者)○이례책지(以禮責之)○기혹인이실례자(其或因而失禮者)○제기자(除其藉)○일(一)○사정(司正)○이중소추복자위지(以衆所推服者爲之)○상자(相者)○이숙어례자위지(以熟於禮者爲之)○일(一)○주효(酒肴)○작량지판(酌量支辦)○무요풍검득의(務要豐儉得宜)

문무과영친의(文武科榮親儀)

신급제(新及第)○환향지일(還鄕之日)○본향인리(本鄕人吏)○구관대비의물(具冠帶備儀物)○출영우원정(出迎于遠亭)○거관문(距官門)○오리(五里)○신급제(新及第)○구공복(具公服)○유가행지향교알성(遊街行至鄕校謁聖)○차예수령청(次詣守令廳)○행재배례(行再拜禮)○수령답배(守令答拜)○차예부모가(次詣父母家)○수령수지(守令隨至)○여신급제부모(與新及第父母)○환도공관(還到公館)○설연(設宴)○연품(宴品)○수의비판(隨宜備辦)○남녀이청(男女異廳)○무부모자(無父母者)○략설주과이파(略設酒果而罷)○기인리출영급알성(其人吏出迎及謁聖)○알수령여의(謁守令如儀)○택길(擇吉)○이시복(以時服)○상분(上墳)○전물(奠物)○역공비(亦公備)

◆빈례(賓禮)

연조정사의(宴朝廷使儀)

기일(其日)○분례빈사(分禮賓寺)○설사자좌어대평관정청동벽서향(設使者座於大平館正廳東壁西向)○오칠교의(烏漆交倚)○액정서(掖庭署)○설전하좌어서벽동향(設殿下座於西壁東向)○주칠교의(朱漆交倚)○설향안어북벽(設香案於北壁)○사옹원(司饔院)○설주정어청내근남북향(設酒亭於廳內近南北向)○전하(殿下)○지관(至館)○입편전(入便殿)○전일일(前一日)○전설사(典設司)○설왕세자차어편전문외지서동향(設王世子次於便殿門外之西東向)

시지(時至)○좌통례(左通禮)○부복궤계외판(俯伏跪啓外辦)○전하(殿下)○승여이출(乘輿以出)○산선(繖扇)○시위여상의(侍衛如常儀)○좌우통례(左右通禮)○도전하(導殿下)○지중문외(至中門外)○강여(降輿)○사자출문(使者出門)○전하읍양(殿下揖讓)○사자(使者)○역읍양(亦揖讓)○사자입문이우(使者入門而右)○전하입문이좌(殿下入門而左)○지정청(至正廳)○사자재동(使者在東)○전하재서(殿下在西)○읍사자(揖使者)○사자답읍(使者答揖)○사자취좌(使者就座)○전하즉좌(殿下卽座)○진산선어청외근서(陳繖扇於廳外近西)○제호위지관(諸護衛之官)○렬립어좌후(列立於

座後)〇승지(承旨)〇어제호위관지전근남(於諸護衛官之前近南)〇부복(俯伏)〇사관(史官)〇재기후(在其後)〇진대장어정지동서(陳大仗於庭之東西)〇군사(軍士)〇렬립어계상급정지동서내외문(列立於階上及庭之東西內外門)〇병여식(竝如式)〇사옹원제조일인(司饔院提調一人)〇봉다병(捧茶瓶)〇일인(一人)〇봉다종반(捧茶鍾盤)〇구입립어주정동(俱入立於酒亭東)〇봉종자재서(捧鍾者在西)〇제거이인(提擧二人)〇봉과반(捧果盤)〇일인립어정사지우근북남향(一人立於正使之右近北南向)〇일인립어부사지좌근남북향(一人立於副使之左近南北向)〇사자(使者)〇수다(雖多)〇부사이하과(副使以下果)〇개재어좌(皆在於左)〇제조(提調)〇봉과반(捧果盤)〇립어전하지우근남북향(立於殿下之右近南北向)〇제조(提調)〇이종수다(以鍾受茶)〇제조(提調)〇작다(酌茶)〇궤진우전하(跪進于殿下)〇다종장진(茶鍾將進)〇전하(殿下)〇기좌(起座)〇초전립(稍前立)〇사자(使者)〇기좌(起座)〇역초전립(亦稍前立)〇주례동(酒禮同)〇전하(殿下)〇집종(執鍾)〇취정사전(就正使前)〇진다(進茶)〇정사(正使)〇수종(受鍾)〇권수통사(權授通事)〇제조(提調)〇우이종수다(又以鍾受茶)〇궤진우전하(跪進于殿下)〇전하(殿下)〇집종(執鍾)〇취부사전(就副使前)〇진다(進茶)〇부사수종(副使受鍾)〇전하소퇴(殿下少退)〇제조(提調)〇우이종수다(又以鍾受茶)〇립진우정사(立進于正使)〇정사(正使)〇집종(執鍾)〇취전하전(就殿下前)〇진다(進茶)〇제조(提調)〇퇴종주정후(退從酒亭後)〇예주정서북향궤(詣酒亭西北向跪)〇주례동(酒禮同)〇전하집종(殿下執鍾)〇통사(通事)〇이권수다종(以權授茶鍾)〇립진우정사(立進于正使)〇정사환집종(正使還執鍾)〇사자취좌(使者就座)〇전하즉좌거다흘(殿下卽座擧茶訖)〇제거(提擧)〇각진사자전(各進使者前)〇립수종(立受鍾)〇제조(提調)〇진전하전(進殿下前)〇궤수종(跪受種)〇구복어다반이출(俱復於茶盤以出)〇초거다흘(初擧茶訖)〇제거(提擧)〇각립진과우사자(各立進果于使者)〇제조(提調)〇궤진과우전하흘(跪進果于殿下訖)〇구이반출(俱以盤出)〇소경(小頃)〇제거이인(提擧二人)〇분립우주정동서(分立于酒亭東西)〇제조이하(提調以下)〇렬립어주정후(列立於酒亭後)〇전악(典樂)〇수가자급금슬입(帥歌者及琴瑟入)〇립어동서계하(立於東西階下)〇악작(樂作)〇사옹원관사인(司饔院官四人)〇각봉진어주기(各捧進御酒器)〇취계하(就階下)〇북향립(北向立)〇제조사인(提調四人)〇출취계상(出就階上)〇이차전봉(以次傳捧)〇입치어소정(入置於小亭)〇가자등(歌者等)〇승립어계상(陞立於階上)〇악지(樂止)〇구좌(俱坐)〇제조(提調)〇구퇴립어주정후(俱退立於酒亭後)〇제거이인(提擧二人)〇각봉과반(各捧果盤)〇진사자전(進使者前)〇제조(提調)〇봉과반(捧果盤)〇진전하전(進殿下前)〇병여다례(竝如茶禮)〇장진과반(將進果盤)〇악작(樂作)〇범곡무(凡曲舞)〇림시품지(臨時稟旨)〇제조(提調)〇이잔수주(以盞受酒)〇범작주(凡酌酒)〇개제거위지(皆提擧爲之)〇궤진우전하(跪進于殿下)〇전하(殿下)〇집잔(執盞)〇취정사전(就正使前)〇읍진제일잔주(揖進第一盞酒)〇정사(正使)〇답읍집잔(答揖執盞)〇여부사읍(與副使揖)〇부사답읍(副使答揖)〇우향전하읍(又向殿下揖)〇전하(殿下)〇답읍(答揖)〇환집잔대(還執盞臺)〇후방차(後倣此)〇정사음흘(正使飮訖)〇제조(提調)〇진궤수허잔(進跪受虛盞)〇정사읍(正使揖)〇전하답읍(殿下答揖)〇제거(提擧)〇이과반립진우정사전(以果盤立進于正使前)〇매당사자(每當使者)〇음흘진과(飮訖進果)〇제조(提調)〇우이잔수주(又以盞受酒)〇궤진우전하(跪進于殿下)〇전하(殿下)〇집잔(執盞)〇읍진주(揖進酒)〇정사(正使)〇답읍집잔(答揖執盞)〇환진우전하(還進于殿下)〇전하(殿下)〇집잔(執盞)〇여부사읍(與副使揖)〇부사답읍(副使答揖)〇우여정사읍(又與正使揖)〇정사(正使)〇답읍(答揖)〇환집잔대(還執盞臺)〇전하거주흘(殿下擧酒訖)〇매당전하거주(每當殿下擧酒)〇제조이하(提調以下)〇개궤(皆跪)〇제조(提調)〇진궤수허잔(進跪受虛盞)〇전하읍(殿下揖)〇정사답읍(正使答揖)〇제조(提調)〇이과반(以果盤)〇궤진우전하전(跪進于殿下前)〇매당전하거주흘(每當殿下擧酒訖)〇진과(進果)〇제조(提調)〇우이잔수주(又以盞受酒)〇궤진우전하(跪進于殿下)〇전하(殿下)〇집잔(執盞)〇읍진주(揖進酒)〇정사(正使)〇답읍집잔(答揖執盞)〇음흘(飮訖)〇제조(提調)〇진궤수허잔(進跪受虛盞)〇정사읍(正使揖)〇전하답읍(殿下答揖)〇제조(提調)〇이잔수주(以盞受酒)〇궤진우전하(跪進于殿下)〇전하(殿下)〇집잔(執盞)〇취부사전(就副使前)〇행례여상의흘(行禮如上儀訖)〇유전하부청주(唯殿下不請酒)〇소퇴립(少退立)〇제조(提調)〇이잔수주(以盞受酒)〇궤진우전하(跪進于殿下)〇전하(殿下)〇집잔(執盞)〇읍진주우정사(揖進酒于正使)〇혹림시(或臨時)〇정사행지(正使行之)〇정사(正使)〇답읍집잔(答揖執盞)〇음흘(飮訖)〇제조(提調)〇진궤수허잔(進跪受虛盞)〇정사읍(正使揖)〇전하답읍(殿下答揖)〇사자취좌(使者就座)〇전하즉좌(殿下卽座)〇악지(樂止)〇제조이인(提調二人)〇대거찬안(對擧饌案)〇장진(將進)〇악작(樂作)〇전하(殿下)〇취정사전(就正使前)〇진안(進案)〇제조궤조진(提調跪助進)〇정사읍(正使揖)〇전하(殿下)〇답읍(答揖)〇취부사전(就副使前)〇진안여상의흘(進案如上儀訖)〇전하(殿下)〇환취좌전립(還就座前立)〇제조(提調)〇우거찬안이진(又擧饌案以進)〇정사(正使)〇취전하전(就殿下前)〇진안(進案)〇부사종지(副使從之)〇제조(提調)〇궤조진(跪助進)〇전하읍(殿下揖)〇사자(使者)〇답읍취좌(答揖就座)〇전하즉좌(殿下卽座)〇악지(樂止)〇집사자삼인(執事者三人)〇각봉화반(各捧花盤)〇취청외(就廳

外)○사옹원관이인(司饔院官二人)○전봉화반(傳捧花盤)○악작(樂作)○분취사자전(分就使者前)○통사진화(通事進花)○근시(近侍)○전봉화반(傳捧花盤)○예전하전궤(詣殿下前跪)○내시(內侍)○궤진화흘(跪進花訖)○통사여내시(通事與內侍)○일시진(一時進)○악지(樂止)○왕세자(王世子)○입립우주정동(入立于酒亭東)○부제조(副提調)○이잔수주(以盞受酒)○악작(樂作)○부제조(副提調)○이잔궤수왕세자(以盞跪授王世子)○유지내행(有旨乃行)○왕세자(王世子)○집잔(執盞)○취정사전(就正使前)○사자기립(使者起立)○전하(殿下)○역기립(亦起立)○읍립진제이잔주(揖立進第二盞酒)○정사(正使)○답읍집잔(答揖執盞)○왕세자(王世子)○잉집잔대(仍執盞臺)○정사(正使)○음흘(飮訖)○왕세자(王世子)○수허잔(受虛盞)○소퇴(少退)○정사읍(正使揖)○왕세자(王世子)○답읍(答揖)○환립우주정지동북향(還立于酒亭之東北向)○이수부제조(以授副提調)○부제조(副提調)○우이잔수주(又以盞受酒)○궤수왕세자(跪授王世子)○왕세자(王世子)○집잔(執盞)○취정사전(就正使前)○읍립진주(揖立進酒)○정사(正使)○답읍집잔(答揖執盞)○환수왕세자(還授王世子)○잉집잔대(仍執盞臺)○왕세자(王世子)○수잔음흘(受盞飮訖)○집잔(執盞)○소퇴읍(少退揖)○정사답읍(正使答揖)○왕세자(王世子)○환립우주정지동(還立于酒亭之東)○이수부제조(以授副提調)○부제조(副提調)○이잔수주(以盞受酒)○궤수왕세자(跪授王世子)○왕세자(王世子)○집잔(執盞)○취정사전(就正使前)○읍립진주(揖立進酒)○정사(正使)○답읍집잔(答揖執盞)○음흘(飮訖)○왕세자(王世子)○수허잔(受虛盞)○소퇴(少退)○정사읍(正使揖)○왕세자(王世子)○답읍(答揖)○환립우주정지동(還立于酒亭之東)○이수부제조(以授副提調)○부제조(副提調)○이잔수주(以盞受酒)○궤수왕세자(跪授王世子)○왕세자(王世子)○집잔(執盞)○취부사전(就副使前)○행례여상의흘(行禮如上儀訖)○퇴립우주정동(退立于酒亭東)○부제조(副提調)○이잔수주(以盞受酒)○궤수왕세자(跪授王世子)○왕세자(王世子)○집잔(執盞)○예전하전(詣殿下前)○궤진주(跪進酒)○전하집잔(殿下執盞)○왕세자(王世子)○잉봉잔대(仍捧盞臺)○전하거주흘(殿下擧酒訖)○왕세자(王世子)○수허잔(受虛盞)○퇴립우주정지서(退立于酒亭之西)○이수부제조(以授副提調)○종주정후(從酒亭後)○환립기동(還立其東)○부제조(副提調)○우이잔수주(又以盞受酒)○궤수왕세자(跪授王世子)○왕세자(王世子)○집잔(執盞)○예전하전(詣殿下前)○궤진주(跪進酒)○전하(殿下)○집잔거주흘(執盞擧酒訖)○왕세자(王世子)○수허잔(受虛盞)○퇴립우주정지서(退立于酒亭之西)○이수부제조(以授副提調)○내출(乃出)○사자취좌(使者就座)○전하즉좌(殿下卽座)○악지(樂止)○사청내두목급시종관주과(賜廳內頭目及侍從官果)○기여두목(其餘頭目)○궤우별청(饋于別廳)○제거(提擧)○이공안(以空案)○치어정사찬안지우(置於正使饌案之右)○우치어부사찬안지좌(又置於副使饌案之左)○제조(提調)○이공안(以空案)○치어전하찬안지우(置於殿下饌案之右)○제조삼인(提調三人)○각봉소선(各奉小膳)○매위(每位)○삼반(三盤)○장진(將進)○악작(樂作)○전하(殿下)○취정사전(就正使前)○진선(進膳)○제조(提調)○궤조진(跪助進)○정사읍(正使揖)○전하답읍(殿下答揖)○취부사전(就副使前)○진선여상의흘(進膳如上儀訖)○전하(殿下)○환취좌전립(還就座前立)○제조삼인(提調三人)○각봉소선이진(各捧小膳以進)○정사(正使)○취전하전(就殿下前)○진선(進膳)○부사종지(副使從之)○제조(提調)○궤조진(跪助進)○전하읍(殿下揖)○사자(使者)○답읍취좌(答揖就座)○전하즉좌(殿下卽座)○제거(提擧)○분취사자전립(分就使者前立)○할육(割肉)○제조(提調)○예전하전(詣殿下前)○궤할육(跪割肉)○거저흘(擧筯訖)○악지(樂止)○종친(宗親)○입립우주정지동(入立于酒亭之東)○제거(提擧)○이잔수주(以盞受酒)○악작(樂作)○제거(提擧)○이잔수종친(以盞授宗親)○종친(宗親)○집잔(執盞)○취정사전(就正使前)○사자기립(使者起立)○전하(殿下)○역기립(亦起立)○읍립진제삼잔주(揖立進第三盞酒)○정사(正使)○답읍집잔(答揖執盞)○종친(宗親)○잉집잔대(仍執盞臺)○정사음흘(正使飮訖)○종친(宗親)○수허잔(受虛盞)○소퇴(少退)○정사읍(正使揖)○종친답읍(宗親答揖)○환립우주정지동북향(還立于酒亭之東北向)○이수제거(以授提擧)○제거(提擧)○우이잔수주(又以盞受酒)○수종친(授宗親)○종친(宗親)○집잔(執盞)○취정사전(就正使前)○읍립진주(揖立進酒)○정사(正使)○답읍집잔(答揖執盞)○환수종친(還授宗親)○잉집잔대(仍執盞臺)○종친(宗親)○수잔음흘(受盞飮訖)○집잔(執盞)○소퇴읍(少退揖)○정사답읍(正使答揖)○종친(宗親)○환립우주정지동(還立于酒亭之東)○이수제거(以授提擧)○제거(提擧)○우이잔수주(又以盞受酒)○수종친(授宗親)○종친(宗親)○집잔(執盞)○취정사전(就正使前)○읍립진주(揖立進酒)○정사(正使)○답읍집잔(答揖執盞)○음흘(飮訖)○종친(宗親)○수허잔(受虛盞)○소퇴(少退)○정사읍(正使揖)○종친(宗親)○답읍(答揖)○환립우주정지동(還立于酒亭之東)○이수제거(以授提擧)○제거(提擧)○우이잔수주(又以盞受酒)○수종친(授宗親)○종친(宗親)○집잔(執盞)○취부사전(就副使前)○행례여상의흘(行禮如上儀訖)○사자취좌(使者就座)○전하즉좌(殿下卽座)○제거(提擧)○이잔수주(以盞受酒)○수종친(授宗親)○종친(宗親)○집잔(執盞)○예전하전(詣殿下前)○궤진주(跪進酒)○전하집잔(殿下執盞)○종친(宗親)○잉봉잔대(仍捧盞臺)○전하거주흘(殿下擧酒訖)○종친(宗親)○수허잔(受虛盞)○퇴립우주정지서(退立于酒亭之西)○이수제거(以授提擧)○종주정후(從酒亭後)○환립기동(還立其東)○제거(提擧)○우이잔수주(又以盞受酒)○수종친(授宗親)○종친(宗親)○집잔(執盞)○예전하전(詣殿下前)○궤진주(跪進酒)○전하(殿下)○집잔(執盞)○거주흘(擧酒訖)○종친(宗親)○수허잔(受虛盞)○퇴립우주정지서(退立于酒亭之西)○이수제거내출(以授提擧乃出)○악지(樂止)○제거이인(提擧二人)○각봉탕장진(各捧湯將進)○악작(樂作)○제거(提擧)○분취사자전립진(分就使者前立進)○제조(提調)○봉탕(捧湯)○예전하전(詣殿下前)○궤진(跪進)○내시(內侍)○전봉이진거저흘(傳捧以進擧筯訖)○악지(樂止)_{사군사급가자등(賜軍士及歌者等)}○주과(酒果)○주행칠편(酒行七遍)_{매행후주(每行後酒)}○진탕(進湯)○병여전의(並如前儀)○진대선여진소선의(進大膳如進小膳儀)○유부할(唯不割)○제거이인(提擧二人)○각봉과반(各捧果盤)○진사자전(進使者前)○제조(提調)○봉과반(捧果盤)○진전하전(進殿下前)○장진과반(將進果盤)○악작(樂作)○전하(殿下)○행주여제일잔의(行酒如第一盞儀)○유부청주(唯不請酒)○행주필(行酒畢)○악지(樂止)○전하여사자(殿下與使者)○읍출(揖出)○사자(使者)○송지중문외(送至中門外)○환궁여래의(還宮如來儀)

왕세자연조정사의(王世子宴朝廷使儀)

기일(其日)○분례빈사(分禮賓寺)○설사자좌어대평관정청동벽서향(設使者座於大平館正廳東壁西向)○액정서(掖庭署)○설왕세자좌어서벽근남동향(設王世子座於西壁近南東向)_{구오칠교의(俱烏漆交倚)}○설향안어북벽(設香案於北壁)○사옹원(司饔院)○설주탁어청내근남북향(設酒卓於廳內近南北向)○왕세자(王世子)○지관입차(至館入次)_{전일일(前一日)}○전설사(典設司)○설차어대문외근서동향(設次於大門外近西東向)

시지(時至)○필선(弼善)○궤백외비(跪白外備)○왕세자(王世子)○출차(出次)○시위여상(侍衛如常)○필선(弼善)○인왕세자(引王世子)○취견사자(就見使者)○구지정청(俱至正廳)○사자(使者)○재동서향립(在東西向立)○왕세자(王世子)○취전읍(就前揖)○사자답읍(使者答揖)○사자취좌(使者就座)○왕세자취좌(王世子就座)○진산선어청외근서(陳繖扇於廳外近西)○시종관(侍從官)_{익위이인(翊衛二人)○패검(佩劍)○사어이인(司禦二人)○패궁실(佩弓矢)}○렬립어좌후(列立於座後)○보덕이하(輔德以下)○어시종관지전근남궤(於侍從官之前近南跪)○사피(司辟)○렬립어계상동서(列立於階上東西)○사옹원부제조일인(司饔院副提調一人)○봉다병(捧茶瓶)○일인(一人)○봉다종반(捧茶鍾盤)○구입립어주탁동(俱入立於酒卓東)_{봉종자(捧鍾者)○재서(在西)}○제검이인(提檢二人)○봉과반(捧果盤)○일인립어정사지우근북남향(一人立於正使之右近北南向)○일인립어부사지좌근남북향(一人立於副使之左近南北向)_{사자(使者)○수다(雖多)○부사이하과반(副使以下果盤)○개재어좌(皆在於左)}○사옹원부제조(司饔院副提調)○봉과반(捧果盤)○립어왕세자지우근남북향(立於王世子之右近南北向)○부제조(副提調)○이종수다(以鍾受茶)_{부제조(副提調)○작다(酌茶)}○궤진우왕세자(跪進于王世子)_{다종장진(茶鍾將進)○왕세자기좌(王世子起座)○사자(使者)○역기좌(亦起座)○주례동(酒禮同)}○왕세자(王世子)○집종(執鍾)○취정사전(就正使前)○진다(進茶)○정사(正使)○수종(受鍾)○권수통사(權授通事)○부제조(副提調)○우이종수다(又以鍾受茶)○궤진우왕세자(跪進于王世子)○왕세자(王世子)○집종(執鍾)○취부사전(就副使前)○진다(進茶)○부사수종(副使受鍾)○왕세자소퇴(王世子少退)○부제조(副提調)○우이종수다(又以鍾受茶)○립진우정사(立進于正使)○정사(正使)○집종(執鍾)○취왕세자전(就王世子前)○진다(進茶)_{부제조(副提調)○퇴종주탁후(退從酒卓後)}○예주정서(詣酒亭西)○북향궤(北向跪)_{주례동(酒禮同)}○왕세자집종(王世子執鍾)○통사(通事)○이권수다종(以權授茶鍾)○립진우정사(立進于正使)○정사환집종(正使還執鍾)○사자취좌(使者就座)○왕세자(王世子)○취좌거다흘(就座擧茶訖)○제검(提檢)○각진사자전(各進使者前)○립수종(立受鍾)○부제조(副提調)○진왕세자전(進王世子前)○궤수종(跪受鍾)○구복어다반이출(俱復於茶盤以出)○초거다흘(初擧茶訖)○제검(提檢)○립진과우사자(立進果于使者)○부제조(副提調)○궤진과우왕세자흘(跪進果于王世子訖)○구이반출(俱以盤出)○소경(少頃)○제검이인(提檢二人)○분립우주탁동서(分立于酒卓東西)○부제조이하(副提調以下)○렬립우주탁후(列立于酒卓後)○전악(典樂)○수가자급금슬(帥歌者及琴瑟)○분동서승(分東西陞)○좌계상(坐階上)○제검이인(提檢二人)○각봉과반(各捧果盤)○진사자전(進使者前)○부제조(副提調)○봉과반(捧果盤)○진왕세자전(進王世子前)○병여다례(並如茶禮)○장진과반(將進果盤)○악작(樂作)○부제조(副提調)○이잔수주(以盞受酒)_{범작주(凡酌酒)○개제검위지(皆提檢爲之)}○궤진우왕세자(跪進于王世子)○

왕세자(王世子)○집잔(執盞)○취정사전(就正使前)○읍진제일잔주(揖進第一盞酒)○정사(正使)○답읍집잔(答揖執盞)○여부사읍(與副使揖)○부사답읍(副使答揖)○우여왕세자읍(又與王世子揖)○왕세자(王世子)○답읍(答揖)○환집잔대(還執盞臺)○후방차(後倣此)○정사음흘(正使飲訖)○부제조(副提調)○진궤수허잔(進跪受虛盞)○정사읍(正使揖)○왕세자답읍(王世子答揖)○제검(提檢)○이과반(以果盤)○립진우정사전(立進于正使前)○매당사자음흘(每當使者飲訖)○진과(進果)○부제조(副提調)○우이잔수주(又以盞受酒)○궤진우왕세자(跪進于王世子)○왕세자(王世子)○집잔읍진주(執盞揖進酒)○정사(正使)○답읍집잔(答揖執盞)○환진우왕세자(還進于王世子)○왕세자(王世子)○집잔(執盞)○여부사읍(與副使揖)○부사답읍(副使答揖)○우여정사읍(又與正使揖)○정사답읍(正使答揖)○환집잔대(還執盞臺)○왕세자(王世子)○거주흘(擧酒訖)○매당왕세자거주(每當王世子擧酒)○부제조이하(副提調以下)○개궤(皆跪)○부제조(副提調)○진궤수허잔(進跪受虛盞)○왕세자읍(王世子揖)○정사답읍(正使答揖)○부제조(副提調)○이과반(以果盤)○궤진우왕세자전(跪進于王世子前)○매당왕세자거주흘(每當王世子擧酒訖)○진과(進果)○부제조(副提調)○우이잔수주(又以盞受酒)○궤진우왕세자(跪進于王世子)○왕세자(王世子)○집잔(執盞)○읍진주(揖進酒)○정사(正使)○답읍집잔(答揖執盞)○음흘(飲訖)○부제조(副提調)○진궤수허잔(進跪受虛盞)○정사읍(正使揖)○왕세자답읍(王世子答揖)○부제조(副提調)○이잔수주(以盞受酒)○궤진우왕세자(跪進于王世子)○왕세자(王世子)○집잔(執盞)○취부사전(就副使前)○행례여상의흘(行禮如上儀訖)○유왕세자(唯王世子)○부청주(不請酒)○소퇴립(少退立)○부제조(副提調)○이잔수주(以盞受酒)○궤진우왕세자(跪進于王世子)○왕세자집잔(王世子執盞)○읍진주우정사(揖進酒于正使)○흑림시(或臨時)○정사행지(正使行之)○정사(正使)○답읍집잔(答揖執盞)○거주흘(擧酒訖)○부제조(副提調)○진궤수허잔(進跪受虛盞)○정사읍(正使揖)○왕세자답읍(王世子答揖)○사자취좌(使者就座)○왕세자취좌(王世子就座)○악지(樂止)○부제조이인(副提調二人)○대거찬탁(對擧饌卓)○장진(將進)○악작(樂作)○왕세자(王世子)○취정사전진탁(就正使前進卓)○부제조(副提調)○궤조진(跪助進)○정사읍(正使揖)○왕세자답읍(王世子答揖)○취부사전진탁여상의흘(就副使前進卓如上儀訖)○왕세자(王世子)○환취좌전립(還就座前立)○부제조(副提調)○우거찬탁이진정사(又擧饌卓以進正使)○취왕세자전진탁(就王世子前進卓)○부사종지(副使從之)○부제조(副提調)○궤조진(跪助進)○왕세자읍(王世子揖)○사자(使者)○답읍취좌(答揖就座)○왕세자취좌(王世子就座)○악지(樂止)○집사자삼인(執事者三人)○각봉화반(各捧花盤)○취청외(就廳外)○사옹원관이인(司饔院官二人)○전봉화반(傳捧花盤)○악작(樂作)○분취사자전(分就使者前)○통사진화(通事進花)○필선(弼善)○전봉화반(傳捧花盤)○예왕세자전궤(詣王世子前跪)○내시(內侍)○궤진화흘(跪進花訖)○통사여내시(通事與內侍)○일시진(一時進)○악지(樂止)○재추(宰樞)○입립우주탁지동(入立于酒卓之東)○제검(提檢)○이잔수주(以盞受酒)○악작(樂作)○제검(提檢)○이잔수재추(以盞授宰樞)○재추(宰樞)○집잔(執盞)○취정사전(就正使前)○사자기립(使者起立)○왕세자(王世子)○역기립(亦起立)○읍(揖)○립진제이잔주(立進第二盞酒)○정사(正使)○답읍집잔(答揖執盞)○재추(宰樞)○잉집잔대(仍執盞臺)○정사음흘(正使飲訖)○재추(宰樞)○수허잔(受虛盞)○소퇴(少退)○정사읍(正使揖)○재추(宰樞)○답읍(答揖)○퇴립우주탁지동북향(退立于酒卓之東北向)○이수제검(以授提檢)○제검(提檢)○우이잔수주(又以盞受酒)○수재추(授宰樞)○재추(宰樞)○집잔(執盞)○취정사전읍(就正使前揖)○립진주(立進酒)○정사(正使)○답읍집잔(答揖執盞)○환수재추(還授宰樞)○잉집잔대(仍執盞臺)○재추(宰樞)○수잔음흘(受盞飲訖)○집잔(執盞)○소퇴읍(少退揖)○정사답읍(正使答揖)○재추(宰樞)○환립우주탁지동(還立于酒卓之東)○이수제검(以授提檢)○제검(提檢)○우이잔수주(又以盞受酒)○수재추(授宰樞)○재추(宰樞)○집잔(執盞)○취정사전읍(就正使前揖)○립진주(立進酒)○정사(正使)○답읍집잔(答揖執盞)○음흘(飲訖)○재추(宰樞)○수허잔(受虛盞)○소퇴(少退)○정사읍(正使揖)○재추(宰樞)○답읍(答揖)○환립우주탁지동(還立于酒卓之東)○이수제검(以授提檢)○제검(提檢)○이잔수주(以盞受酒)○수재추(授宰樞)○재추(宰樞)○집잔(執盞)○취부사전(就副使前)○행례여상의흘(行禮如上儀訖)○제검(提檢)○이잔수주(以盞受酒)○수재추(授宰樞)○재추(宰樞)○집잔(執盞)○예왕세자전(詣王世子前)○궤진주(跪進酒)○왕세자집잔(王世子執盞)○재추(宰樞)○잉봉잔대(仍捧盞臺)○왕세자(王世子)○거주흘(擧酒訖)○재추(宰樞)○수허잔(受虛盞)○퇴립우주탁지서(退立于酒卓之西)○이수제검(以授提檢)○종주탁후(從酒卓後)○환립기동(還立其東)○제검(提檢)○우이잔수주(又以盞受酒)○수재추(授宰樞)○재추(宰樞)○집잔(執盞)○예왕세자전(詣王世子前)○궤진주(跪進酒)○왕세자(王世子)○집잔거주흘(執盞擧酒訖)○재추(宰樞)○수허잔(受虛盞)○퇴립우주탁지서(退立于酒卓之西)○이수제검(以授提檢)○내출(乃出)○사자취좌(使者就座)○왕세자취좌(王世子就座)○악지(樂止)○궤청내두목급시종관주과(饋廳內頭目及侍從官酒果)○기여두목(其餘頭目)○궤우별청(饋于別廳)○제검(提撿)○이공탁(以空卓)○치어정사찬탁지우(置於正使饌卓之右)○우치어부사찬탁지좌(又置於副使饌卓之左)○부제조(副提調)○이공탁(以空卓)○치어왕세자찬탁지우(置於王世子饌卓之右)○부제조이인(副提調二人)○각봉소선(各捧小膳)○매위이반(每位二盤)○장진(將進)○악작(樂作)○왕세자(王世子)○취정사전(就正使前)○진선(進膳)○부제조(副提調)○궤조진(跪助進)○정사읍(正使揖)○왕세자(王世子)○답읍(答揖)○취부사전(就副使前)○진선여상의흘(進膳如上儀訖)○왕세자(王世子)○환취좌전립(還就座前立)○부제조이인(副提調二人)○각봉소선이진(各捧小膳以進)○정사(正使)○취왕세자전(就王世子前)○진선(進膳)○부사종지(副使從之)○부제조(副提調)○궤조진(跪助進)○왕세자읍(王世子揖)○사자(使者)○답읍취좌(答揖就座)○왕세자취좌(王世子就座)○제검(提檢)○분취사자전립(分就使者前立)○할육(割肉)○부제조(副提調)○예왕세자전궤(詣王世子前跪)○할육(割肉)○거저흘(擧筯訖)○악지(樂止)○진제삼잔주여진제이잔의(進第三盞酒如進第二盞儀)○재추(宰樞)○이차입진주(以次入進酒)○제검이인(提檢二人)○각봉탕장진(各捧湯將進)○악작(樂作)○제검(提檢)○분취사자전립진(分就使者前立進)○부제조(副提調)○봉탕(捧湯)○예왕세자전궤진(詣王世子前跪進)○내시(內侍)○전봉이진거저흘(傳捧以進擧筯訖)○악지(樂止)○궤사피급가자등(饋司辟及歌者等)○주행칠편(酒行七遍)○매행주후(每行酒後)○진탕(進湯)○병여전의(竝如前儀)○진대선여진소선의(進大膳如進小膳儀)○유부할(唯不割)○제검이인(提檢二人)○각봉과반(各捧果盤)○진사자전(進使者前)○부제조(副提調)○봉과반(捧果盤)○진왕세자전(進王世子前)○장진과반(將進果盤)○악작(樂作)○왕세자행주여제일잔의(王世子行酒如第一盞儀)○유부청주(唯不請酒)○행주필(行酒畢)○악지(樂止)○왕세자여사자(王世子與使者)○읍출(揖出)

종친연조정사의(宗親宴朝廷使儀)

○의정부(議政府)○륙조연동(六曹宴同)○유집사자(唯執事者)○이록사위지(以錄事爲之)

기일(其日)○분례빈사(分禮賓寺)○설정사좌어대평관정청북벽남향(設正使座於大平館正廳北壁南向)○부사좌어동벽서향(副使座於東壁西向)○종친좌어서벽동향(宗親座於西壁東向)○대군(大君)○초전(稍前)○제군(諸君)○차후(差後)○약정(若正)○부사(副使)○개북벽(皆北壁)○즉대군재동(則大君在東)○제군재서(諸君在西)○구오칠교의(俱烏漆交倚)○설주탁어청내근남북향(設酒卓於廳內近南北向)○종친(宗親)○지관입차(至館入次)○전일일(前一日)○전설사(典設司)○설차어대문외근남(設次於大門外近南)

시지(時至)○종친(宗親)○취견사자(就見使者)○지정청서계하(至正廳西階下)○사자(使者)○취정청(就正廳)○각취좌전립(各就座前立)○종친(宗親)○유서문입(由西門入)○취전읍(就前揖)○사자답읍(使者答揖)○사자취좌(使者就座)○종친취좌(宗親就座)○사옹원관이인(司饔院官二人)○분립우주탁동서(分立于酒卓東西)○우사인(又四人)○렬립우주탁후(列立于酒卓後)○전악(典樂)○수가자급금슬(帥歌者及琴瑟)○분동서승좌어계상(分東西陞坐於階上)○사옹원관급집사자(司饔院官及執事者)○각봉과반(各捧果盤)○분취사자급행주종친전립(分就使者及行酒宗親前立)○악작(樂作)○사옹원관(司饔院官)○이잔수주(以盞受酒)○범작주(凡酌酒)○개사옹원관위지(皆司饔院官爲之)○립진우위수종친(立進于爲首宗親)○위수종친(爲首宗親)○집잔(執盞)○취정사전읍(就正使前揖)○진제일잔주(進第一盞酒)○정사(正使)○답읍집잔(答揖執盞)○여부사읍(與副使揖)○부사(副使)○답읍(答揖)○여제종친읍(與諸宗親揖)○제종친(諸宗親)○답읍(答揖)○우여위수종친읍(又與爲首宗親揖)○위수종친(爲首宗親)○답읍(答揖)○환집잔대(還執盞臺)○후방차(後倣此)○정사음흘(正使飮訖)○사옹원관(司饔院官)○진립수허잔(進立受虛盞)○정사읍(正使揖)○위수종친답읍(爲首宗親答揖)○사옹원관(司饔院官)○이과반(以果盤)○립진우정사전(立進于正使前)○매당사자음흘(每當使者飮訖)○진과(進果)○사옹원관(司饔院官)○우이잔수주(又以盞受酒)○립진우위수종친(立進于爲首宗親)○위수종친(爲首宗親)○집잔읍진주(執盞揖進酒)○정사(正使)○답읍집잔(答揖執盞)○환진우위수종친(還進于爲首宗親)○위수종친(爲首宗親)○집잔(執盞)○여부사읍(與副使揖)○부사(副使)○답읍(答揖)○여제종친읍(與諸宗親揖)○제종친답읍(諸宗親答揖)○우여정사읍(又與正使揖)○정사(正使)○답읍(答揖)○환집잔대(還執盞臺)○위수종친음흘(爲首宗親飮訖)○사옹원관(司饔院官)○진립수허잔(進立受虛盞)○위수종친읍(爲首宗親揖)○정사답읍(正使答揖)○집사자(執事者)○이과반(以果盤)○립진우위수종친(立進于爲首宗親)○매당위수종친음흘(每當爲首宗親飮訖)○진과(進果)○사옹원관(司饔院官)○우이잔수주(又以盞受酒)○립진우위수종친(立進于爲首宗親)○위수종친(爲首宗親)○집잔읍진주(執盞揖進酒)○정사(正使)○답읍집잔(答揖執盞)○음흘(飮訖)○사옹원관(司饔院官)○진립수허잔(進立受虛盞)○정사읍(正使揖)○위수종친답읍(爲首宗親答揖)○사옹원관(司饔院官)○이잔수주(以盞受

酒)○립진우위수종친(立進于爲首宗親)○위수종친(爲首宗親)○취부사전(就副使前)○행례(行禮)
○우취제종친(又就諸宗親)○행례(行禮)○병여상의흘(竝如上儀訖)○사옹원관(司饔院官)○이잔수
주(以盞受酒)○립진우위수종친(立進于爲首宗親)○위수종친(爲首宗親)○집잔읍(執盞揖)○진주우
정사(進酒于正使)○혹림시(或臨時)○정사행지(正使行之)○정사(正使)○답읍집잔(答揖執盞)○음흘(飮訖)○
사옹원관(司饔院官)○진립수허잔(進立受虛盞)○정사읍(正使揖)○위수종친답읍(爲首宗親答揖)○
사자취좌(使者就座)○종친취좌(宗親就座)○악지(樂止)○사옹원관이인(司饔院官二人)○대거찬탁
(對擧饌卓)○장진(將進)○악작(樂作)○위수종친(爲首宗親)○취정사전(就正使前)○진탁(進卓)○제
종친종지(諸宗親從之)○사옹원관(司饔院官)○조진(助進)○정사읍(正使揖)○종친답읍(宗親答揖)○취부
사전(就副使前)○진탁여상의흘(進卓如上儀訖)○사자급종친과탁(使者及宗親果卓)○례빈사(禮賓寺)○선설어좌전(先
設於座前)○종친과탁(宗親果卓)○겸설찬(兼設饌)○사자취좌(使者就座)○종친취좌(宗親就座)○악지(樂止)○집
사자(執事者)○각봉화반취청외(各捧花盤就廳外)○악작(樂作)○분취사자전(分就使者前)○통사진
화(通事進花)○우집사자(又執事者)○봉화반(捧花盤)○분취종친전(分就宗親前)○진화흘(進花訖)
○통사집사자(通事執事者)○일시진(一時進)○악지(樂止)○차종친(次宗親)○진제이잔주여진제일잔의(進第二
盞酒如進第一盞儀)○궤청내두목주과(饋廳內頭目果床)○기여두목(其餘頭目)○궤우별청(饋于別廳)○제이잔후(第二盞後)○종친
(宗親)○이차행주(以次行酒)○사옹원관(司饔院官)○이공탁(以空卓)○각치어사자찬탁지우(各置於使者饌
卓之右)○집사자(執事者)○이공탁(以空卓)○각치어종친탁우(各置於宗親卓右)○사옹원관이인(司
饔院官二人)○각봉소선(各捧小膳)○매위(每位)○이인(二人)○장진(將進)○악작(樂作)○위수종친(爲首宗
親)○취정사전(就正使前)○진선(進膳)○제종친종지(諸宗親從之)○사옹원관(司饔院官)○조진(助進)○정
사읍(正使揖)○종친(宗親)○답읍(答揖)○취부사전(就副使前)○진선여상의흘(進膳如上儀訖)○종
친(宗親)○환취좌전립(還就座前立)○집사자(執事者)○각봉소선이진(各捧小膳以進)○정사(正使)
○취종친전(就宗親前)○진선(進膳)○부사종지(副使從之)○집사자(執事者)○조진(助進)○종친읍(宗親
揖)○사자(使者)○답읍취좌(答揖就座)○종친취좌(宗親就座)○사옹원관(司饔院官)○분취사자전
립(分就使者前立)○할육(割肉)○집사자(執事者)○분취종친전립(分就宗親前立)○할육(割肉)○거
저흘(擧筯訖)○악지(樂止)○진제삼잔주여상의(進第三盞酒如上儀)○사옹원관(司饔院官)○각봉탕
장진(各捧湯將進)○악작(樂作)○분취사자전립진(分就使者前立進)○집사자(執事者)○각봉탕(各
捧湯)○분취종친전립진(分就宗親前立進)○거저흘(擧筯訖)○악지(樂止)○궤가자등(饋歌者等)○주행칠
편(酒行七遍)○매행주후(每行酒後)○진탕(進湯)○병여전의(竝如前儀)○진대선여진소선의(進大膳如進小膳
儀)○유부할(唯不割)○사옹원관급집사자(司饔院官及執事者)○각봉과반(各捧果盤)○분취매위립(分就
每位立)○장진과반(將進果盤)○악작(樂作)○위수종친(爲首宗親)○행주여제일잔의(行酒如第一盞
儀)○유부청주(唯不請酒)○행주필(行酒畢)○악지(樂止)○종친여사자(宗親與使者)○읍출(揖出)

수린국서폐의(受隣國書幣儀)

○린국여일본(隣國如日本)○류구국지류(琉球國之類)
전이일(前二日)○예조(禮曹)○선섭내외(宣攝內外)○각공기직(各供其職)

전일일(前一日)○액정서(掖庭署)○설어좌어근정전북벽남향(設御座於勤政殿北壁南向)○설보안
어좌전근동(設寶案於座前近東)○향안이어전외좌우(香案二於殿外左右)○장악원(掌樂院)○전헌
현어전정근남북향(展軒懸於殿庭近南北向)○설협률랑거휘위어서계상근서동향(設協律郞擧麾位於
西階上近西東向)

기일(其日)○전의(典儀)○설시신위어전정동서(設侍臣位於殿庭東西)○구매등이위(俱每等異位)○
중행북향(重行北向)○상대위수(相對爲首)○사자위어도서중행북향동상(使者位於道西重行北向東
上)○계상전의위어동계상근동서향(階上典儀位於東階上近東西向)○좌우통례(左右通禮)○계하전
의위어동계하근동서향(階下典儀位於東階下近東西向)○찬의(贊儀)○인의(引儀)○재남차퇴(在南
差退)○우찬의(又贊儀)○인의위어서계하근서동향(引儀位於西階下近西東向)○구북상(俱北上)○
인의(引儀)○설시신문외위어영제교남동서여상(設侍臣門外位於永濟橋南東西如常)○사자위어근
정문외도서중행동향북상(使者位於勤政門外道西重行東向北上)○설사자차어조당근남(設使者次於
朝堂近南)

고초엄(鼓初嚴)○병조(兵曹)○륵제위(勒諸衛)○진로부반장어정계급전정동서(陳鹵簿半仗於正階及殿庭東西)○근정문내외(勤政門內外)○렬군사(列軍士)○병여식(竝如式)○견서례(見序例)○사복사정(司僕寺正)○진여(陳輿)○련어전정중도(輦於殿庭中道)○소여재북(小輿在北)○대련차지(大輦次之)○어마어전정중도좌우(御馬於殿庭中道左右)○각일필(各一匹)○상향(相向)○장마어문무루남(仗馬於文武樓南)○륙필재륭문루남(六匹在隆文樓南)○륙필재륭무루남(六匹在隆武樓南)○상향(相向)○시신(侍臣)○이상복(以常服)○구집조당(俱集朝堂)○사자이하(使者以下)○취차(就次)○예조정랑(禮曹正郎)○수서폐(受書幣)○입진어전계상(入陳於殿階上)○유안서재북(有案書在北)○폐재남(幣在南)

고이엄(鼓二嚴)○시신(侍臣)○취문외위(就門外位)○제호위지관급사금(諸護衛之官及司禁)○각구기복(各具器服)○상서원관(尙瑞院官)○봉보(捧寶)○구예사정전합외(俱詣思政殿閤外)○사후(伺候)○좌통례(左通禮)○예합외(詣閤外)○부복궤(俯伏跪)○계청중엄(啓請中嚴)○전하(殿下)○구익선관(具翼善冠)○곤룡포(衮龍袍)○어사정전(御思政殿)○산선(繖扇)○시위여상의(侍衛如常儀)○근시급집사관(近侍及執事官)○선행사배례여상(先行四拜禮如常)○전악(典樂)○수공인(帥工人)○입취위(入就位)○협률랑(協律郎)○입취거휘위(入就擧麾位)

고삼엄(鼓三嚴)○집사관(執事官)○선취위(先就位)○인의(引儀)○분인시신(分引侍臣)○유동서편문입(由東西偏門入)○취위(就位)○인의(引儀)○인사자이하(引使者以下)○취문외위(就門外位)○매사자행지(每使者行止)○개통사지도(皆通事指導)○종성지(鍾聲止)○벽내외문(闢內外門)○좌통례(左通禮)○부복궤계외판(俯伏跪啓外辦)○전하(殿下)○승여이출산선(乘輿以出繖扇)○시위여상의(侍衛如常儀)○전하장출(殿下將出)○장동(仗動)○고취진작(鼓吹振作)○장입전문(將入殿門)○협률랑(協律郎)○궤부복거휘흥(跪俯伏擧麾興)○공고축(工鼓柷)○헌가악작(軒架樂作)○고취지(鼓吹止)○전하승좌(殿下陞座)○로연승(爐煙升)○상서원관(尙瑞院官)○봉보(捧寶)○치어안(置於案)○산선(繖扇)○시위여상의(侍衛如常儀)○협률랑(協律郎)○궤언휘부복흥(跪偃麾俯伏興)○공알어(工戞敔)○악지(樂止)○제호위지관(諸護衛之官)○입렬어어좌지후급전내동서(入列於御座之後及殿內東西)○승지(承旨)○분입전내동서부복(分入殿內東西俯伏)○사관(史官)○재기후(在其後)○차사금(次司禁)○분립어전계상(分立於殿階上)○전의왈(典儀曰)○사배(四拜)○찬의창(贊儀唱)○국궁사배흥평신(鞠躬四拜興平身)○범찬의찬창(凡贊儀贊唱)○개승전의지사(皆承典儀之辭)○시신(侍臣)○국궁(鞠躬)○악작(樂作)○사배흥평신(四拜興平身)○악지(樂止)○회반상향립(回班相向立)○임시설위(臨時設位)○인의(引儀)○인사자이하(引使者以下)○유서편문입(由西偏門入)○취위(就位)○찬의창(贊儀唱)○국궁사배흥평신(鞠躬四拜興平身)○사자이하(使者以下)○국궁(鞠躬)○통사전창(通事傳唱)○악작(樂作)○사배흥평신(四拜興平身)○악지(樂止)○전교관(傳敎官)○출취서입계승교(出取書入啓承敎)○부복흥(俯伏興)○유동문출(由東門出)○림계서향립(臨階西向立)○선교왈(宣敎曰)○영객사승전(迎客使陞殿)○통사(通事)○궤부복(跪俯伏)○승전흥(承傳興)○인사자(引使者)○유서편계승(由西偏階陞)○입예전영간(入詣前楹間)○궤부복(跪俯伏)○재정반종(在庭伴從)○개궤(皆跪)○전하(殿下)○문국왕(問國王)○우로사자흘(又勞使者訖)○사부(使副)○부복흥출문(府伏興出門)○반종(伴從)○부복흥평신(俯伏興平身)○통사(通事)○인사부출(引使副出)○반종수출(伴從隨出)○시신(侍臣)○구복배위(俱復拜位)○찬의창(贊儀唱)○국궁사배흥평신(鞠躬四拜興平身)○시신(侍臣)○국궁(鞠躬)○악작(樂作)○사배흥평신(四拜興平身)○악지(樂止)○좌통례(左通禮)○승자서편계(陞自西偏階)○진당좌전(進當座前)○부복궤계례필(俯伏跪啓禮畢)○부복흥강복위(俯伏興降復位)○협률랑(協律郎)○궤부복거휘흥(跪俯伏擧麾興)○공고축(工鼓柷)○악작전하(樂作殿下)○강좌승여(降座乘輿)○산선(繖扇)○시위여래의(侍衛如來儀)○장출전문(將出殿門)○고취진작(鼓吹振作)○협률랑(協律郎)○궤언휘부복흥(跪偃麾俯伏興)○공알어(工戞敔)○악지(樂止)○환사정전(還思政殿)○고취지(鼓吹止)○인의(引儀)○분인시신출(分引侍臣出)○약제도왜급제위야인추장(若諸島倭及諸衛野人酋長)○친조헌폐(親朝獻幣)○여사인헌서폐(與使人獻書幣)○칙수백관조견여상(則隨百官朝見如常)

연린국사의(宴隣國使儀)

수서폐례필(受書幣禮畢)○전악(典樂)○수가자급금슬입(帥歌者及琴瑟入)○립어현남(立於懸南)○전의(典儀)○설사자위어어좌서남동향북상(設使者位於御座西南東向北上)○부승전자위어전정도서근남중행북향동상(不陞殿者位於殿庭道西近南重行北向東上)○설사자이하배위어도서중행북향동상(設使者以下拜位於道西重行北向東上)○사옹원(司饔院)○설주정어전내근남북향(設酒亭於殿內近南北向)○설사자주탁어전외근서(設使者酒卓於殿外近西)○집사자(執事者)○설부승전자주탁어기전(設不陞殿者酒卓於其前)○통사(通事)○인사자이하(引使者以下)○개취문외위(皆就門外位)○제호위지관(諸護衛之官)○각구기복(各具器服)○예사정전합외(詣思政殿閤外)○사후(伺候)○좌통례(左通禮)○예합외(詣閤外)○부복궤(俯伏跪)○계청중엄(啓請中嚴)○전의(典儀)○찬의(贊儀)○인의(引儀)○선입취위(先入就位)○좌통례(左通禮)○부복궤계외판(俯伏跪啓外辦)○전하(殿下)○구익선관(具翼善冠)○곤룡포(袞龍袍)○승여이출(乘輿以出)○산선(繖扇)○시위여상의(侍衛如常儀)○전하장출(殿下將出)○장동(仗動)○고취진작(鼓吹振作)○장입전문(將入殿門)○협률랑(協律郎)○궤부복거휘흥(跪俯伏擧麾興)○공고축(工鼓柷)○헌가악작(軒架樂作)○고취지(鼓吹止)○전하승좌(殿下陞座)○로연승(爐煙升)○산선(繖扇)○시위여상의(侍衛如常儀)○협률랑(協律郎)○궤언휘부복흥(跪偃麾俯伏興)○공알어(工戛敔)○악지(樂止)○승지(承旨)○입전내부복어어좌좌우(入殿內俯伏於御座左右)○사관(史官)○재기후(在其後)○인의(引儀)○인사자이하(引使者以下)○유서편문입(由西偏門入)○취위(就位)○전의왈(典儀曰)○사배(四拜)○찬의창(贊儀唱)○국궁사배흥평신(鞠躬四拜興平身)○사자이하(使者以下)○국궁(鞠躬)○악작(樂作)○사배흥평신(四拜興平身)○악지(樂止)○전교관(傳敎官)○진당좌전(進當座前)○부복궤계전교(俯伏跪啓傳敎)○부복흥(俯伏興)○유동문출(由東門出)○림계서향립(臨階西向立)○선교왈(宣敎曰)○영객사승전(迎客使陞殿)○선흘(宣訖)○환시위(還侍位)○통사(通事)○궤부복(跪俯伏)○승전흥(承傳興)○인사자(引使者)○유서편계승(由西偏階陞)○취좌(就座)○기부승전자(其不陞殿者)○역인취좌(亦引就座)○사옹원제조(司饔院提調)○진찬안(進饌案)○진안(進案)○유어좌남계(由御座南階)○철안(徹案)○유동계(由東階)○악작(樂作)○제거(提擧)○설사자찬탁(設使者饌卓)○어부승전자(於不陞殿者)○집사자위지(執事者爲之)○후동(後同)○악지(樂止)○근시(近侍)○진화(進花)○악작(樂作)○집사자(執事者)○산사자화(散使者花)○악지(樂止)○전악(典樂)○수가자급금슬(帥歌者及琴瑟)○분동서편계승(分東西偏階陞)○취위(就位)○제조(提調)○예주정동(詣酒亭東)○작주제일잔(酌酒第一盞)○악작(樂作)○범곡무(凡曲舞)○림시품지(臨時稟旨)○봉예어좌전(捧詣御座前)○궤진(跪進)○범진잔(凡進盞)○퇴잔(退盞)○개유남계(皆由南階)○내시(內侍)○전봉치우안(傳捧置于案)○제거(提擧)○행사자주(行使者酒)○거흘(擧訖)○악지(樂止)○범진잔(凡進盞)○악작(樂作)○거흘(擧訖)○악지(樂止)○제조(提調)○진탕(進湯)○범진탕(凡進湯)○유어좌남계(由御座南階)○퇴(退)○칙유동계(則由東階)○악작(樂作)○제거(提擧)○설사자탕(設使者湯)○식필(食畢)○악지(樂止)○범진탕(凡進湯)○악작(樂作)○식필(食畢)○악지(樂止)○주행오편(酒行五遍)○매행주후(每行酒後)○설탕(設湯)○제조(提調)○진대선(進大膳)○악작(樂作)○제거(提擧)○설사자선(設使者膳)○악지(樂止)○제조(提調)○진철안(進徹案)○제거(提擧)○철사자탁(徹使者卓)○통사(通事)○인사자이하(引使者以下)○구복배위(俱復拜位)○찬의창(贊儀唱)○국궁사배흥평신(鞠躬四拜興平身)○사자이하(使者以下)○국궁(鞠躬)○악작(樂作)○사배흥평신(四拜興平身)○악지(樂止)○인의(引儀)○인출좌통례(引出左通禮)○승자서편계(陞自西偏階)○진당좌전(進當座前)○부복궤계례필(府伏跪啓禮畢)○부복흥강복위(俯伏興降復位)○협률랑(協律郎)○궤부복거휘흥(跪俯伏擧麾興)○공고축(工鼓柷)○악작(樂作)○전하(殿下)○강좌승여(降座乘輿)○산선(繖扇)○시위여래의(侍衛如來儀)○장출전문(將出殿門)○고취진작(鼓吹振作)○협률랑(協律郎)○궤언휘부복흥(跪偃麾俯伏興)○공알어(工戛敔)○악지(樂止)○환사정전(還思政殿)○고취지(鼓吹止)○좌통례(左通禮)○부복궤계해엄(俯伏跪啓解嚴)○병조(兵曹)○승교방장(承敎放仗)○약부친연(若不親宴)○칙명내시연우서랑(則命內侍宴于西廊)○약제도왜급제위야인추장여사인(若諸島倭及諸衛野人酋長與使人)○칙명내시궤우남랑여상(則命內侍饋于南廊如常)

예조연린국사의(禮曹宴隣國使儀)

전이일(前二日)○예조(禮曹)○선섭내외(宣攝內外)○각공기직(各供其職)

기일(其日)○집사자(執事者)○설압연관급판서좌어정청동벽서향북상(設押宴官及判書座於正廳東壁西向北上)○유겸판서(有兼判書)○칙무압연관(則無押宴官)○참판차후(參判次後)○참판유고(參判差後參判有故)○칙참의(則參議)○병교의(竝交倚)○정사(正使)○부사좌어서벽동향북상(副使座於西壁東向北上)○교의(交倚)○종사관(從事官)○선주(船主)○압물지류(押物之類)○어사자지후중행(於使者之後重行)○반종어계상중행(伴從於階上重行)○병승상(竝繩床)○우설주탁어청내근남북향(又設酒卓於廳內近南北向)○반종주탁어기위지전(伴從酒卓於其位之前)○전악(典樂)○설악어전영외(設樂於前楹外)○사자장지(使者將至)○압연관이하(押

宴官以下)○각취좌전립(各就座前立)○사자(使者)○유서문입승청(由西門入陞廳)○취압연관급판서전(就押宴官及判書前)○공수재배(控首再拜)○범사자행례(凡使者行禮)○개통사지도(皆通事指導)○압연관급판서(押宴官及判書)○초전공수답재배(稍前控首答再拜)○차여참판행례여상흘(次與參判行禮如上訖)○취좌전립(就座前立)○차종사관(次從事官)○종정하승(從庭下陞)○취압연관급판서전(就押宴官及判書前)○돈수재배(頓首再拜)○무답배(無答拜)○차예참판전행례여상흘(次詣參判前行禮如上訖)○구취좌(俱就座)○반종(伴從)○종정하승(從庭下陞)○취전영외(就前楹外)○중행동향북상(重行東向北上)○돈수재배(頓首再拜)○초남(稍南)○우재배흘(又再拜訖)○퇴취좌전립(退就座前立)○집사자(執事者)○설찬탁여상(設饌卓如常)○범설탁급권화(凡設卓及勸花)○설탕(設湯)○행주(行酒)○개주악(皆奏樂)○집사자(執事者)○이잔작주(以盞酌酒)○진압연관전(進押宴官前)○압연관(押宴官)○출좌초전립(出座稍前立)○판서이하(判書以下)○역출좌(亦出座)○초전립(稍前立)○정사이하(正使以下)○개출좌(皆出座)○초전립(稍前立)○압연관(押宴官)○집잔(執盞)○읍수정사(揖授正使)○정사(正使)○답읍(答揖)○집잔청주(執盞請酒)○우여압연관읍(又與押宴官揖)○압연관답읍(押宴官答揖)○정사음흘(正使飮訖)○이잔수집사자(以盞授執事者)○내읍(乃揖)○압연관답읍(押宴官答揖)○집사자(執事者)○이과반(以果盤)○진정사전(進正使前)○범빈(凡賓)○주음흘(主飮訖)○집사자(執事者)○이과반립진(以果盤立進)○집사자(執事者)○우이잔작주(又以盞酌酒)○진정사전(進正使前)○정사(正使)○집잔읍(執盞揖)○수압연관(授押宴官)○압연관(押宴官)○답읍(答揖)○집잔청주(執盞請酒)○우여정사읍(又與正使揖)○정사답읍(正使答揖)○압연관(押宴官)○음흘(飮訖)○이잔수집서자(以盞授執書者)[수사자(授事者)]○내읍(乃揖)○정사답읍(正使答揖)○차여부사행주여상(次與副使行酒如上)○차종사관(次從事官)○취압연관전(就押宴官前)○궤수음흘(跪受飮訖)○차압연관여판서(次押宴官與判書)○참판행주여식(參判行酒如式)○각취좌(各就座)○집사자(執事者)○진화설탕(進花設湯)○주행오편(酒行五遍)○초잔후(初盞後)○설각정배행주(設各몿盃行酒)○개설탕(皆設湯)○삼행후(三行後)○허반종좌(許伴從坐)○잉설탁급권화행주설탕(仍設卓及勸花行酒設湯)○철탁(徹卓)○사자이하기(使者以下起)○압연관이하(押宴官以下)○개기이송(皆起而送)○연제도왜급제위야인추장여사인(宴諸島倭及諸衛野人酋長與使人)○칙판서북벽(則判書北壁)○참판동벽(參判東壁)○참의차후(參議差後)○병교의(竝交倚)○객인서벽(客人西壁)○승상(繩床)○객인(客人)○취판서(就判書)○참판전(參判前)○돈수재배(頓首再拜)○병무답배(竝無答拜)○추장(酋長)○약관고(若官高)○칙종우답일배(則從優答一拜)○설각정배이음여상(設各몿盃以飮如常)○무행주지례(無行酒之禮)

◆군례(軍禮)

사우사단의(射于射壇儀)

전삼일(前三日)○병조(兵曹)○선섭내외(宣攝內外)○각공기직(各供其職)

전일일(前一日)○전설사(典設司)○설장전어사단남향(設帳殿於射壇南向)○악차어장전지후(幄次於帳殿之後)○액정서(掖庭署)○설어좌어장전내(設御座於帳殿內)○어사위어장전전(御射位於帳殿前)○구남향(俱南向)○설석(設席)○장악원(掌樂院)○전헌현어단남(展軒懸於壇南)○광개중앙(廣開中央)○피시도야(避矢道也)○설협률랑거휘위어단상근서동향(設協律郞擧麾位於壇上近西東向)○훈련원(訓鍊院)○장웅후(張熊侯)○거단구십보(去壇九十步)○설핍어후동서각십보(設乏於侯東西各十步)○고일어단하소동(鼓一於壇下少東)○복오어단하소서(福五於壇下少西)○설시사자장사위어서계전동향북상(設侍射者將射位於西階前東向北上)○병조판서위어동계전서향(兵曹判書位於東階前西向)○시사자(侍射者)○성균관대사성이상사위어단상(成均館大司成以上射位於壇上)○삼품이하사위어단하(三品以下射位於壇下)○구근서횡포남향(俱近西橫布南向)○기일(其日)○시사자(侍射者)○궁시사어서문외(弓矢俟於西門外)○진상물어단하소동(陳賞物於壇下少東)○벌존탁어단하소서북향(罰尊卓於壇下少西北向)○설점가작(設坫加爵)○치풍어탁서(置豊於卓西)○획자위어동서핍상향(獲者位於東西乏相向)○전의(典儀)○설집사관급종친(設執事官及宗親)○문무백관위(文武百官位)○병여근정전정위(竝如勤政殿庭位)○전하(殿下)○구익선관(具翼善冠)○곤룡포(袞龍袍)○출궁(出宮)○지단소(至壇所)○입악차(入幄次)○장위(仗衛)○배렬어단지동서(排列於壇之東西)○병여시학의(竝如視學儀)○종친급문무백관(宗親及文武百官)○구이상복(俱以常服)○취동서문외(就東西門外)○전악(典樂)○수공인(帥工人)○입취위(入就位)○협률랑(協律郎)○입취거휘위(入就擧麾位)○집사관(執事官)○선취위(先就位)○인의(引儀)○분인삼품이하입취배위(分引三品以下入就拜位)○좌통례(左通禮)○부복궤계외판(俯伏跪啓外辦)○전하장출(殿下將出)○장동(仗動)○고취진작(鼓吹振作)○장승단(將陞壇)○협률랑(協律郎)○궤부복거휘흥(跪俯伏擧麾興)○공고축(工鼓柷)○헌가악작(軒架樂作)○고취지(鼓吹止)○전하승좌(殿下陞座)○산선(繖扇)○시위여상의(侍衛如常儀)○협률랑(協律郎)○궤언휘부복흥(跪偃麾俯伏興)○공알어(工戛敔)○악지(樂止)○제호위지관(諸護衛之官)○렬립어좌후(列立於座後)○승지(承旨)○유서편계승단(由西偏階陞壇)○재서남우(在西南隅)○북향동상부복(北向東上俯伏)○사관(史官)○재기후(在其後)○차사금(次司禁)○분립어단하동서여상(分立於壇下東西如常)○범군사(凡軍士)○개구기복(皆具器服)○인의(引儀)○분인이품이상(分引二品以上)○입취배위(入就拜位)○전의왈(典儀曰)○사배(四拜)○찬의창(贊儀唱)○국궁사배흥평신(鞠躬四拜興平身)○범찬의찬창(凡贊儀贊唱)○개승전의지사(皆承典儀之辭)○종친급문무백관(宗親及文武百官)○국궁(鞠躬)○악작(樂作)○사배흥평신(四拜興平身)○악지(樂止)○인의(引儀)○분인종친급문무백관취위(分引宗親及文武百官就位)○설회여정지회의(設會如正至會儀)○유무상수례(唯無上壽禮)○주삼편(酒三遍)○좌통례(左通禮)○승자서편계(陞自西偏階)○진당좌전(進當座前)○부복궤계유사기구사(俯伏跪啓有司旣具射)○부복흥강복위(俯伏興降復位)○인의(引儀)○분인종친이하(分引宗親以下)○개강(皆降)○초승단자장강(初陞壇者將降)○재단하자(在壇下者)○선취위(先就位)○승지(承旨)○재단상(在壇上)○동향북상부복(東向北上俯伏)○문관(文官)○립동계하근동서향(立東階下近東西向)○종친급무관(宗親及武官)○립서계하근서동향(立西階下近西東向)○구북상(俱北上)○상호군이인(上護軍二人)○횡봉어궁시(橫捧御弓矢)○승시(乘矢)○립어동계상서향(立於東階上西向)○집궁자재북(執弓者在北)○설안어집궁자지전(設案於執弓者之前)○치어결(置御決)○습함(拾函)○어기상(於其上)○획자일인(獲者一人)○지정부후(持旌負侯)○북향립(北向立)○시사자(侍射者)○출서문외(出西門外)○집궁진승시(執弓搢乘矢)○입취장사위(入就將射位)○시사우수(侍射耦數)○림시품지(臨時稟旨)○병조판서(兵曹判書)○승자서편계(陞自西偏階)○진당좌전(進當座前)○부복궤계명획자거후(俯伏跪啓命獲者去候)○부복흥강복위(俯伏興降復位)○집고자(執鼓者)○퇴고삼성(槌鼓三聲)○획자(獲者)○이고응지(以鼓應之)○부후자(負侯者)○환지핍(還至乏)○상호군일인(上護軍一人)○봉결(捧決)○습함(拾函)○일인봉궁(一人捧弓)○일인봉시(一人捧矢)○진립어어좌동소남서향북상(進立於御座東少南西向北上)○봉결(捧決)○습함자(拾函者)○북향궤진계청설결습홀(北向跪進啓請設決拾訖)○이함복어안(以函復於案)○퇴복위(退復位)○전하강좌(殿下降座)○악작(樂作)○승사위(陞射位)○악지(樂止)○봉궁자(捧弓者)○북향궤진어홀(北向跪進御訖)○퇴복위(退復位)○차봉시자(次捧矢者)○일일공진(一一供進)○어욕사(御欲射)○헌가주악삼절(軒架奏樂三節)○제일시여제사절상응(第一矢與第四節相應)○제이시여제오절상응(第二矢與第五節相應)○이지칠절(以至七節)○악지(樂止)○상호군(上護軍)○전궤이시행계(前跪以矢行啓)○중왈획(中曰獲)○하왈류(下曰留)○상왈양(上曰揚)○좌왈좌방(左曰左方)○우왈우방(右曰右方)○어사흘(御射訖)○상호군(上護軍)○진북향궤수궁(進北向跪受弓)○퇴복위(退復位)○○악작(樂作)○전하승좌(殿下陞座)○악지(樂止)○우상호군(又上護軍)○진좌전(進座前)○궤수결(跪受決)○습(拾)○치어안(置於案)○퇴복위(退復位)○취시관(取矢官)○횡봉어시(橫捧御矢)○추예중계하(趨詣中階下)○상호군(上護軍)○승봉여초(承捧如初)○시사자(侍射者)○이우승진사석북향(以耦陞進射席北向)○부복흥남향립(俯伏興南向立)○주악일절후(奏樂一節後)○발시(發矢)○제일발여제이절상응(第一發與第二節相應)○이지오절(以至五節)○중(中)○칙획자격고(則獲者擊鼓)○부중(不中)○칙격금(則擊金)○악지(樂止)○사자(射者)○북향부복흥강(北向俯伏興降)○복장사위(復將射位)○취시자(取矢者)○취중시가어복(取中矢加於福)○중우이차사필(衆耦以次射畢)○석궁어위(釋弓於位)○구진립단하(俱進立壇下)○분동서중행북향(分東西重行北向)○병조판서(兵曹判書)○서중자성명급중수(書中者姓名及中數)○승자서편계(陞自西偏階)○진당좌전(進當座前)○부복궤계홀(俯伏跪啓訖)○청상중자(請賞中者)○벌부중자(罰不中者)○부복흥강복위(俯伏興降復位)○령정랑(令正郎)○창중자성명(唱中者姓名)○립어동계하서향(立於東階下西向)○부중자(不中者)○립어서계하동향(立於西階下東向)○구북상(俱北上)○찬의창(贊儀唱)○국궁사배흥평신(鞠躬四拜興平身)○시사자(侍射者)○국궁(鞠躬)○악작(樂作)○사배흥평신(四拜興平身)○악지(樂止)○군기사관(軍器寺官)○취동계하(就東階下)○이차부상물(以次付賞物)○수상자(受賞者)○북향궤수홀(北向跪受訖)○부복흥(俯伏興)○환서향위(還西向位)○사옹원관(司饔院官)○취벌존서동향(就罰尊西東向)○이작작주(以爵酌酒)○북향궤(北向跪)○치어풍(置於豊)○퇴립어풍남소서(退立於豊南少西)○부중자(不中者)○진풍남(進豊南)○북향궤(北向跪)○취작립음(取爵立飮)○졸작궤(爵爵跪)○치풍하(置豊下)○환동향위(還東向位)○사옹원관(司饔院官)○북향궤(北向跪)○취허작작치(取虛爵酌置)○부중자(不中者)○이차계음(以次繼飮)○병여초흘(竝如初訖)○인의(引儀)○분인종친(分引宗親)○문무백관급시사자(文武百官及侍射者)○구복북향위(俱復北向位)○찬의창(贊儀唱)○국궁사배흥평신(鞠躬四拜興平身)○재위자(在位者)○국궁(鞠躬)○악작(樂作)○사배흥평신(四拜興平身)○악지(樂止)○좌통례(左通禮)○승자서편계(陞自西偏階)○진당좌전(進當座前)○부복흥궤계례필(俯伏興跪啓禮畢)○부복흥강복위(俯伏興降復位)○협률랑(協律郞)○궤부복거휘흥(跪俯伏擧麾興)○공고축(工鼓柷)○악작(樂作)○전하강좌장강단(殿下降座將降壇)○고취진작(鼓吹振作)○협률랑(協律郞)○궤언휘부복흥(跪偃麾俯伏興)○공알어(工戞敔)○악지(樂止)○환악차(還幄次)○고취지(鼓吹止)○인의(引儀)○분인종친급문무백관출(分引宗親及文武百官出)○환궁여래의(還宮如來儀)○약무시사지인(若無侍射之人)○칙부설복(則不設福)○부진상물(不陳賞物)○부설벌존(不設罰尊)○약어연유소사(若御燕遊小射)○칙부진악현(則不陳樂懸)○부행회례(不行會禮)○사흘(事訖)○무북향사배지의(無北向四拜之儀)

관사우사단의(觀射于射壇儀)

전삼일(前三日)○병조(兵曹)○선섭내외(宣攝內外)○각공기직(各供其職)

전일일(前一日)○전설사(典設司)○설장전어사단남향(設帳殿於射壇南向)○악차어장전지후(幄次於帳殿之後)○액정서(掖庭署)○설어좌어장전내남향(設御座於帳殿內南向)○장악원(掌樂院)○전헌현어단남(展軒懸於壇南)○등가어단상근남(登歌於壇上近南)○광개중앙(廣開中央)○피시도야(避矢道也)○설협률랑거휘위어단상근서동향(設協律郞擧麾位於壇上近西東向)○훈련원(訓鍊院)○장미후(張麋侯)○거단구십보(去壇九十步)○설핍어후동서각십보(設乏於侯東西各十步)○고일어단하소동(鼓一於壇下少東)○복오어단하소서(福五於壇下少西)○설장사위어동서계전(設將射位於東西階前)○중행상향북상(重行相向北上)○좌우사사위어장사위전동서상향(左右司射位於將射位前東西相向)○병조판서위어동계전서향(兵曹判書位於東階前西向)○성균관대사성이상사위어단상(成均館大司成以上射位於壇上)○삼품이하사위어단하(三品以下射位於壇下)○구근서횡포남향(俱近西橫布南向)

기일(其日)○사자(射者)○궁시사어서문외(弓矢俟於西門外)○진상물어단하소동(陳賞物於壇下少東)○벌존탁어단하소서북향(罰尊卓於壇下少西北向)○설점가작(設坫加爵)○치풍어탁서(置豊於卓西)○획자위어동서핍(獲者位於東西乏)○상향(相向)○전의(典儀)○설집사관급종친(設執事官及宗親)○문무백관배위(文武百官拜位)○병여사우사단위(竝如射于射壇位)○전하(殿下)○구익선관(具翼善冠)○곤룡포(袞龍袍)○출궁(出宮)

○지단소(至壇所)○입악차(入幄次)○장위(仗衛)○배렬어단지동서(排列於壇之東西)○병여사우사단의(竝如射于射壇儀)○종친급문무백관(宗親及文武百官)○구이상복(俱以常服)○취동서문외(就東西門外)○전악(典樂)○수공인(帥工人)○입취위(入就位)○협률랑(協律郞)○입취거휘위(入就擧麾位)○집사관(執事官)○선취위(先就位)○인의(引儀)○분인삼품이하(分引三品以下)○입취배위(入就拜位)○좌통례(左通禮)○부복궤계외판(俯伏跪啓外辦)○전하장출(殿下將出)○장동(仗動)○고취진작(鼓吹振作)○장승단(將陞壇)○협률랑(協律郞)○궤부복거휘흥(跪俯伏擧麾興)○공고축(工鼓柷)○헌가악작(軒架樂作)○고취지(鼓吹止)○전하승좌(殿下陞座)○산선(繖扇)○시위여상의(侍衛如常儀)○협률랑(協律郞)○궤언휘부복흥(跪偃麾俯伏興)○공알어(工戞敔)○악지(樂止)○제호위지관(諸護衛之官)○렬립어좌후(列立於座後)○승지(承旨)○유서편계승단(由西偏階陞壇)○재서남우(在西南隅)○북향동상부복(北向東上俯伏)○사관(史官)○재기후(在其後)○차사금(次司禁)○분립어단지동서여상(分立於壇之東西如常)○범군사(凡軍士)○개구기복(皆具器服)○인의(引儀)○분인이품이상(分引二品以上)○입취배위(入就拜位)○전의왈(典儀曰)○사배(四拜)○찬의창(贊儀唱)○국궁사배흥평신(鞠躬四拜興平身)○범찬의찬창(凡贊儀贊唱)○개승전의지사(皆承典儀之辭)○종친급문무백관(宗親及文武百官)○국궁(鞠躬)○악작(樂作)○사배흥평신(四拜興平身)○악지(樂止)○인의(引儀)○분인종친급문무백관취위(分引宗親及文武百官就位)○설회여정지회의(設會如正至會儀)○유무상수례(唯無上壽禮)○주삼편(酒三遍)○좌통례(左通禮)○승자서편계(陞自西偏階)○진당좌전(進當座前)○부복궤(俯伏跪)○계청사종친급백관사(啓請賜宗親及百官射)○부복흥강복위(俯伏興降復位)○인의(引儀)○분인종친이하(分引宗親以下)○개강(皆降)○초승단자장강(初陞壇者將降)○재단하자(在壇下者)○선취위(先就位)○

승지(承旨)○재단상(在壇上)○동향복상부복(東向北上俯伏)○복위(復位)○찬의창(贊儀唱)○국궁사배흥평신(鞠躬四拜興平身)○종친급문무백관(宗親及文武百官)○국궁(鞠躬)○악작(樂作)○사배흥평신(四拜興平身)○악지(樂止)○인의(引儀)○분인출중문외(分引出中門外)○획자일인(獲者一人)○지정부후(持旌負侯)○북향립(北向立)○종친급문무백관(宗親及文武百官)○집궁진승시(執弓搢乘矢)○입취장사위(入就將射位)○병조판서(兵曹判書)○승자서편계(陞自西偏階)○진당좌전(進當座前)○부복궤계명획자거후(俯伏跪啓命獲者去侯)○부복흥강복위(俯伏興降復位)○집고자(執鼓者)○퇴고삼성(槌鼓三聲)○획자(獲者)○이고응지(以鼓應之)○부후자(負侯者)○환지핍(還至乏)○좌우사사(左右司射)○분동서편계승(分東西偏階陞)○취사석(就射席)○북향부복흥(北向俯伏興)○남향립(南向立)○좌사사일발(左司射一發)○우사사일발(右司射一發)○경질사흘(更迭射訖)○구북향부복흥(俱北向俯伏興)○강복위(降復位)○종친이하(宗親以下)○이우분동서편계승(以耦分東西偏階陞)○취사석북향(就射席北向)○부복흥남향립(俯伏興南向立)○헌가주악일절후(軒架奏樂一節後)○발시(發矢)○제일발여제이절(第一發與第二節)○상응이지오절(相應以至五節)○_{중(中)}○_{칙획자격고(則獲者擊鼓)}○_{부중(不中)}○_{칙격김(則擊金)}○악지(樂止)○사자(射者)○북향부복흥(北向俯伏興)○강복장사위(降復將射位)○취시자(取矢者)○취중시가어복(取中矢加於福)○중우이차사필(衆耦以次射畢)○석궁어위(釋弓於位)○구진립단하(俱進立壇下)○분동서중행북향(分東西重行北向)○병조판서(兵曹判書)○서중자성명급중수(書中者姓名及中數)○승자서편계(陞自西偏階)○진당좌전(進當座前)○부복궤계흘(俯伏跪啓訖)○청상중자(請賞中者)○벌부중자(罰不中者)○부복흥강복위(俯伏興降復位)○령정랑(令正郎)○창중자성명(唱中者姓名)○립어동계하서향(立於東階下西向)○부중자(不中者)○립어서계하동향(立於西階下東向)○구북상(俱北上)○찬의창(贊儀唱)○국궁사배흥평신(鞠躬四拜興平身)○사자(射者)○국궁(鞠躬)○악작(樂作)○사배흥평신(四拜興平身)○악지(樂止)○군기사관(軍器寺官)○취동계하(就東階下)○이차부상물(以次付賞物)○수상자(受賞者)○북향궤수흘(北向跪受訖)○부복흥환서향위(俯伏興還西向位)○_{약사다차치어위(若賜多且置於位)}○_{어입지출중문외(御入持出中門外)}○_{부지(付之)}○사옹원관(司饔院官)○취벌존서동향(就罰尊西東向)○이작작주(以爵酌酒)○북향궤(北向跪)○치어풍(置於豐)○퇴립어풍남소서(退立於豐南少西)○부중자(不中者)○진풍남북향궤(進豐南北向跪)○취작립음(取爵立飮)○졸작궤(卒爵跪)○치풍하(置豐下)○환동향위(還東向位)○사옹원관(司饔院官)○북향궤(北向跪)○취허작작치(取虛爵酌置)○부중자(不中者)○이차계음(以次繼飮)○병여초흘(竝如初訖)○인의(引儀)○분인종친급문무백관(分引宗親及文武百官)○구복북향위(俱復北向位)○찬의창(贊儀唱)○국궁사배흥평신(鞠躬四拜興平身)○재위자(在位者)○국궁(鞠躬)○악작(樂作)○사배흥평신(四拜興平身)○악지(樂止)○좌통례(左通禮)○승자서편계(陞自西偏階)○진당좌전(進當座前)○부복궤계례필(俯伏跪啓禮畢)○부복흥강복위(俯伏興降復位)○협률랑(協律郎)○궤부복거휘흥(跪俯伏擧麾興)○공고축(工鼓祝)○악작(樂作)○전하강좌(殿下降座)○장강단(將降壇)○고취진작(鼓吹振作)○협률랑(協律郎)○언휘부복흥(偃麾俯伏興)○공알어(工戛敔)○악지(樂止)○환악차(還幄次)○고취지(鼓吹止)○인의(引儀)○분인종친급문무백관출(分引宗親及文武百官出)○환궁여래의(還宮如來儀)

대열의(大閱儀)

○견병전급진법(見兵典及陣法) 매년구월십월중대열어도외용강일(每年九月十月中大閱於都外用剛日)。

전기십일일(前期十一日), 병조계문청대열(兵曹啓聞請大閱), 승교수명장수(承敎遂命將帥), 간군사(簡軍士)。　유사선삼래제지위장(有司先芟萊除地爲場), 방일천이백보(方一千二百步), 사출위화문(四出爲和門)。　_{군문(軍門), 위지화문(謂之和門)。}　우어기내(又於其內), 위보기군영역처소(爲步騎軍營域處所), 분량진동서상향(分兩陣東西相向), 중간상거삼백보(中間相去三百步), 매오십보립표위일행(每五十步立表爲一行), 범오행(凡五行), 위군사진퇴지절(爲軍士進退之節)。　우별선지어장북(又別墠地於場北), 위차가정관지소(爲車駕停觀之所)。　전일일(前一日), 충호위설장전어선소(忠扈衛設帳殿於墠所), 남향(南向); 우설소차어장전지북(又設小次於帳殿之北), 수지지의(隨地之宜); 왕세자차어소차지남근동(王世子次於小次之南近東), 서향(西向)。　액정서설어좌어장전내(掖庭署設御座於帳殿內), 남향(南向)。　전의설왕세자급종친문무백관배위어장전지남(典儀設王世子及宗親文武百官拜位於帳殿之南); 설집사관위(設執事官位), 병여상(竝如常)。　장수급사졸집어선소(將帥及士卒集於墠所), 금지훤화(禁止喧譁), 의방색립기위화문(依方色立旗爲

和門), 기고갑장위의실비(旗鼓甲仗威儀悉備)。　대장이하(大將以下), 각유통수(各有統帥), 여상식(如常式)。　장수선교사중(將帥先敎士衆), 망청정기지휘지종(望聽旌旗指揮之蹤)、 기와즉궤(旗臥卽跪), 기거즉기(旗擧卽起)。 김고동지지절(金鼓動止之節)。 성고즉진(聲鼓卽進), 명김즉지(鳴金卽止)。 기일미명십각(其日未明十刻), 군사개엄비(軍士皆嚴備), 기도개구갑주(騎徒皆具甲冑), 각위직진이상후(各爲直陣以相候), 장군급대장(將軍及大將), 각의의립어기고지하(各依儀立於旗鼓之下)。　미명칠각고일엄(未明七刻鼓一嚴), 병조계개궁전문급성문(兵曹啓開宮殿門及城門), 륵제위진대가로부급군사(勒諸衛陳大駕鹵簿及軍士)。　판사복진여련어마장마병어홍례문외(判司僕陳輿輦御馬仗馬竝於弘禮門外), 분립여식(分立如式)。　전후기보대(前後騎步隊), 각구기복(各具器服), 범군사개동(凡軍士皆同)。 창대집창(槍隊執槍), 검대집장검(劍隊執長劍), 사대대궁시(射隊帶弓矢)。 이차둔렬(以次屯列), 정숙부오(整肅部伍), 부득훤화(不得喧譁)。　종친급백관구집조방(宗親及百官俱集朝房), 미명오각고이엄(未明五刻鼓二嚴), 종친급백관이상복취시립위(宗親及百官以常服就侍立位), 왕세자이상복출(王世子以常服出)。 기찬내엄백외비시위(其贊內嚴白外備侍衛), 병여상(竝如常)。 좌중호인취광화문외차좌(左中護引就光化門外次坐), 전일일(前一日), 충호위설차(忠扈衛設次)。 시위여상(侍衛如常)。　제위각독기속입(諸衛各督其屬入), 진어근정전정(陳於勤政殿庭)。　시신취계하분좌우립(侍臣就階下分左右立), 제호위지관(諸護衛之官), 도진무일(都鎭撫一)、 내금위절제사이(內禁衛節制使二)、 충의위충순위별시위절제사각일(忠義衛忠順衛別侍衛節制使各一)、 패운검중추사(佩雲劍中樞四)、 봉갑상호군봉주상호군각일(捧甲上護軍捧冑上護軍各一)、 봉궁시상호군봉운검대호군부책대호군각이(捧弓矢上護軍捧雲劍大護軍扶策大護軍各二)、 대궁시호군비신호군각팔(帶弓矢護軍備身護軍各八)、 사복관륙(司僕官六)。 급사금(及司禁), 각구기복(各具器服), 상서관봉보(尙瑞官捧寶), 구예사정전합외사후(俱詣思政殿閤外伺候)。　판통례예합외부복궤(判通禮詣閤外俯伏跪), 계청중엄(啓請中嚴), 판사복진어마어근정문외(判司僕進御馬於勤政門外)。　미명이각고삼엄(未明二刻鼓三嚴), 좌중호인왕세자출차(左中護引王世子出次), 취시립위(就侍立位), 종성지(鍾聲止)。　판통례부복궤계외판(判通禮俯伏跪啓外辦), 전하구익선관곤룡포(殿下具翼善冠袞龍袍), 승여이출(乘輿以出), 산선시위여상의(繖扇侍衛如常儀)。　상서관봉보전도(尙瑞官捧寶前導), 재보여상(載寶如常)。 지근정문외(至勤政門外), 판통례부복궤(判通禮俯伏跪), 계청강여승마(啓請降輿乘馬), 전하강여승마(殿下降輿乘馬), 좌우시신협시여상(左右侍臣夾侍如常)。　가지광화문외(駕至光化門外), 왕세자국궁(王世子鞠躬), 과칙평신(過則平身)。　지시신상마소(至侍臣上馬所), 가소주(駕小駐), 시신상마필(侍臣上馬畢), 가동(駕動), 고취진작(鼓吹振作), 종친급백관국궁(宗親及百官鞠躬), 과칙평신(過則平身)。　왕세자급종친백관이차시위여상(王世子及宗親百官以次侍衛如常)。　가지선소(駕至墠所), 병조판서승마봉인(兵曹判書乘馬奉引), 입자도선북화문(入自都墠北和門), 지소차전하마입차(至小次前下馬入次)。　좌중호인왕세자취차(左中護引王世子就次), 전의이하선입취위(典儀以下先入就位), 봉례랑분인종친급백관입취위(奉禮郞分引宗親及百官入就位), 부지통례인왕세자입취위(副知通禮引王世子入就位)。 인순부설욕석(仁順府設褥席)。　전하출차즉좌(殿下出次卽座), 산선시위여상의(繖扇侍衛如常儀)。　승지입취장전서남우(承旨入就帳殿西南隅), 북향동상부복(北向東上俯伏), 사관재기후(史官在其後), 차사금분립어장전동서여상(次司禁分立於帳殿東西如常)。　전의왈(典儀曰): "사배(四拜)。" 통찬창국궁사배흥평신(通贊唱鞠躬四拜興平身), 왕세자급종친백관국궁사배흥평신(王世子及宗親百官鞠躬四拜興平身)。　중군장언기(中軍將偃旗), 군사각어기진북향사배(軍士各於其陣北向四拜); 거기(擧旗), 기승마도기흘(騎乘馬徒起訖), 병조판서정립어동상서향(兵曹判書停立於東廂西向), 장위소퇴(仗衛小退), 이통관로(以通觀路)。　부지통례인왕세자취어좌지동근남(副知通禮引王世子就御座之東近南), 서향좌(西向坐)。　봉례랑분인시신(奉禮郞分引侍臣), 의좌우상립어대차지전(依左右廂立於大次之前), 동서북상(東西北上)。　인종친급백관립어시신지외십보(引宗親及百官立於侍臣之外十步), 문동무서(文東武西), 중행북상(重行北上)。　취대각삼통(吹大角三通), 중군장각이비령고(中軍將各以鞞令鼓), 이군구격고(二軍俱擊鼓), 유사언기(有司偃旗), 기하마립도궤(騎下馬立徒跪)。　이군제수상호군이상집어중군대장기고지하(二軍諸帥上護軍以上集於中軍大將旗鼓之下); 좌상중군대장립어기고지동(左廂中軍大將立於旗鼓之東), 서향(西向); 제군장립어기고지남(諸軍將立於旗鼓之南), 북향동상(北向東上); 우상중군대장립어기고지서(右廂中軍大將立於旗鼓之西), 동향(東向); 제군장립어기고지남(諸軍將立於旗鼓之南), 북향서상(北向西上), 이청서(以聽誓)。　대장서왈(大將誓曰): "금행대열(今行大閱), 이교인전(以敎人戰), 진퇴좌우(進退左右), 일여군법(一如軍法)。 용명유상상(用命有常賞), 부용명유상형(不用命有常刑), 가부면지(可不勉之)!" 서흘(誓訖), 좌우군사후(左右軍司候) [사후(伺候)] 각이인(各二人), 진탁분순이서중(振鐸分巡以誓衆)。　제상호군각이서사(諸上護軍各以誓辭), 편고기소부(遍告其所部), 수성고(遂聲鼓)。　유사거기(有司擧旗), 기상마도기개행(騎上馬徒起

皆行), 급표격정(及表擊鉦), 기도내지(騎徒乃止)。 우격삼고(又擊三鼓), 유사언기(有司偃旗), 기하마도궤(騎下馬徒跪)。 우격(又擊), 유사거기(有司擧旗), 기상마도기(騎上馬徒起), 기취도추(騎驟徒趨), 급표내지(及表乃止), 정렬위정(整列位定)。 동서군의오행상승지법(東西軍依五行相勝之法), 호위진이응지(互爲陣以應之), 매변진(每變陣), 각선도순지사오십인(各選刀楯之士五十人), 도전어량군지전(挑戰於兩軍之前), 제일제이도전(第一第二挑戰), 질위용겁지상(迭爲勇怯之狀)。 제삼도전(第三挑戰), 위적균지세(爲適均之勢); 제사제오도전(第四第五挑戰), 위승패지형(爲勝敗之形)。 오진필(五陣畢), 량군구위직진(兩軍俱爲直陣)。 우격삼고(又擊三鼓), 유사언기(有司偃旗), 기하마도궤(騎下馬徒跪)。 우성고거기(又聲鼓擧旗), 기상마도기(騎上馬徒起), 기종도주(騎從徒走)。 좌우군구지중표(左右軍俱至中表), 상의격이환(相擬擊而還), 매퇴지일행표여전(每退至一行表如前), 수복기초(遂復其初)。 범상의격(凡相擬擊), 개부득이인상급(皆不得以刃相及)。 범보사축퇴(凡步士逐退), 과중표이십보이지(過中表二十步而止), 기사부재차례(騎士不在此例)。 판통례진당좌전부복궤계대열례필(判通禮進當座前俯伏跪啓大閱禮畢), 부복흥강복위(俯伏興降復位), 전하강좌입소차(殿下降座入小次), 왕세자환차(王世子還次)。 전하환장전즉좌(殿下還帳殿卽座), 진다안여상의필(進茶案如常儀畢), 판통례부복궤계청환궁(判通禮俯伏跪啓請還宮), 계흘부복흥퇴(啓訖俯伏興退), 차가환궁여상의(車駕還宮如常儀)。

강무의(講武儀)

전기칠일(前期七日)○병조(兵曹)○징중서(徵衆庶)○순전법(循田法)○병조(兵曹)○표소전지야(表所田之野)

기일미명(其日未明)○건기어소전지후근교(建旗於所田之後近郊)○수지지의(隨地之宜)○제장(諸將)○각수사도(各帥士徒)○집기하(集旗下)○무득훤화(毋得喧譁)○질명(質明)○폐기(弊旗)○후지자(後至者)○벌지(罰之)○병조(兵曹)○분신전령(分申田令)○수위전(遂圍田)○기량익지장(其兩翼之將)○개건기위지(皆建旗圍之)○궐기전(闕其前)○가출차사여상(駕出次舍如常)○장지전소(將至田所)○가고행입위(駕鼓行入圍)○유사(有司)○진고어가전(陳鼓於駕前)○재동남자(在東南者)○서향(西向)○서남자(西南者)○동향(東向)○개승마(皆乘馬)○제장(諸將)○개고행부위(皆鼓行赴圍)○내설구역지기(乃設驅逆之騎)○기상승마향남(既上乘馬向南)○유사이종(有司以從)○대군이하(大君以下)○개승마(皆乘馬)○대궁시(帶弓矢)○진가전후(陳駕前後)○유사(有司)○내구수출상지전(乃驅獸出上之前)○초일구과(初一驅過)○유사정칙궁시이전(有司整飭弓矢以前)○재구과(再驅過)○병조(兵曹)○진궁시(進弓矢)○삼구과(三驅過)○상내종금좌이사지(上乃從禽左而射之)○매구(每驅)○필삼수이상(必三獸以上)○상발시(上發矢)○연후제군발시(然後諸君發矢)○제장사(諸將士)○이차사지흘(以次射之訖)○구역지기지(驅逆之騎止)○연후허백성렵(然後許百姓獵)○범사수(凡射獸)○자좌(自左)○표음표(臕音縹)○협후비전육(脅後脾前肉)○이사지(而射之)○달우우(達于右)○우우구절(腢牛口切)○박전육(脾前肉)○위상(爲上)○이위건두(以爲乾豆)○봉종묘(奉宗廟)○달우이본자(達右耳本者)○차지(次之)○이공빈객(以供賓客)○사좌비(射左髀)○포이절(捕爾切)○지골(肢骨)○달우우요(達于右䯚)○이연피(以沿皮)○견골(肩骨)○위하(爲下)○이충포주(以充庖廚)○군수상종(群獸相從)○부진살(不盡殺)○이피사자(已被射者)○부사(不射)○우부사기면(又不射其面)○부전기모(不翦其毛)○기출표자(其出表者)○부축(不逐)○장지(將止)○병조(兵曹)○건기어전내(建旗於田內)○내뢰격가고급제장지고(乃雷擊駕鼓及諸將之鼓)○사도조호(士徒譟呼)○제득금자(諸得禽者)○헌어기하(獻於旗下)○치기좌이(致其左耳)○대수공지소수사지(大獸公之小獸私之)○견사(遣使)○이소획수(以所獲獸)○치천종묘(馳薦宗廟)○차연악전(次宴幄殿)○사종관주삼행(賜從官酒三行)○일(一)○전수시(田狩時)○제장(諸將)○령사도(令士徒)○부득상잡(不得相雜)○일(一)○가전수번(駕前樹幡)○이별첨시(以別瞻視)○일(一)○근가전(近駕前)○내금위(內禁衛)○사금외(司禁外)○대소잡인(大小雜人)○일개금단(一皆禁斷)○일(一)○이차포렬(以次布列)○금수(禽獸)○개구입위중(皆驅入圍中)○부득어위전선행(不得於圍前先行)○위내발시방응견(圍內發矢放鷹犬)○일(一)○범위령자(凡違令者)○당상관(堂上官)○계문과죄(啓聞科罪)○삼품이하(三品以下)○병조직단(兵曹直斷)○도피자(逃避者)○가이등(加二等)○수위외(雖圍外)○쟁선발시(爭先發矢)○혹상인명(或傷人命)○혹상견마(或傷犬馬)○각의본률시행(各依本律施行)

구일식의(救日食儀)

기일(其日)○액정서(掖庭署)○설전하욕위어근정전계상근북남향(設殿下褥位於勤政殿階上近北南向)○설향안어기전(設香案於其前)○전악(典樂)○치고삼어전계상근남(置鼓三於殿階上近南)○청색고재동(青色鼓在東)○적색고재남(赤色鼓在南)○백색고재서(白色鼓在西)○병조정랑(兵曹正郎)○진휘삼어고내(陳麾三於鼓內)○병삼어고외(兵三於鼓外)○청(青)○적(赤)○백삼색휘(白三色麾)○각종방위진지(各從方位陳之)○모재동(矛在東)○극재남(戟在南)○월재서(鉞在西)○전의(典儀)○설시신위어전정동서(設侍臣位於殿庭東西)○구매등이위중행(俱每等異位重行)○상향북상(相向北上)○식도재남(食度在南)○시신(侍臣)○분동서상향(分東西相向)○식도재동(食度在東)○시신(侍臣)○구재서동향(俱在西東向)○식도재서(食度在西)○시신(侍臣)○구재동서향(俱在東西向)

미휴전오각(未麾前五刻)○병조(兵曹)○륵제위(勒諸衛)○렬군사여상(列軍士如常)○시신(侍臣)○각구소복(各具素服)○취근정문외(就勤政門外)○분동서서립여상(分東西序立如常)전삼각(前三刻)○제호위지관급사금(諸護衛之官及司禁)○각구기복(各具器服)○예사정전합외(詣思政殿閤外)○사후(伺候)○좌통례(左通禮)○예합외(詣閤外)○부복궤(俯伏跪)○계청중엄(啓請中嚴)○전하(殿下)○구소복(具素服)○어사정전(御思政殿)○산선(繖扇)○시위여상의(侍衛如常儀)

전일각(前一刻)○인의(引儀)○분인시신(分引侍臣)○유동서편문입(由東西偏門入)○취위(就位)○좌통례(左通禮)○부복궤계외판(俯伏跪啓外辦)○전하(殿下)○승여이출(乘輿以出)○산선(繖扇)○시위여상의(侍衛如常儀)○전하(殿下)○지욕위(至褥位)○향일좌(向日坐)○관상감(觀象監)○계유변(啓有變)○사향(司香)○소복(素服)○분향(焚香)○전악(典樂)○삼인(三人)○소복(素服)○벌고(伐鼓)○명복이지(明復而止)○좌통례(左通禮)○진당좌전(進當座前)○부복궤(俯伏跪)○계청환내(啓請還內)○전하(殿下)○승여환내(乘輿還內)○시위여래의(侍衛如來儀)○인의(引儀)○분인시신출(分引侍臣出)○기일(其日)○백관각어본사(百官各於本司)○치고우청사전(置鼓于廳事前)○개이소복(皆以素服)○립어고후중행(立於鼓後重行)○향일이립(向日而立)○시휴(始麾)○분향벌고(焚香伐鼓)○명복이지(明復而止)○야식무구(夜食無救)○외관구식동(外官救食同)

계동대나의(季冬大儺儀)

전일일(前一日)○관상감(觀象監)○선인년십이이상십륙이하(選人年十二以上十六以下)○위진자사십팔인(爲侲子四十八人)○분위이대(分爲二隊)○매대이십사인(每隊二十四人)○륙인작일행(六人作一行)○착가면(着假面)○적건(赤巾)○적의(赤衣)○집편(執鞭)○공인이십인(工人二十人)○착적건(着赤巾)○적의(赤衣)○방상씨사인(方相氏四人)○착가면황김사목(着假面黃金四目)○몽웅피현의(蒙熊皮玄衣)○주상(朱裳)○우집과(右執戈)○좌집순(左執楯)○창수사인(唱帥四人)○집봉(執棒)○착가면(着假面)○적건(赤巾)○적의(赤衣)○집고사인(執鼓四人)○집쟁사인(執錚四人)○취적사인(吹笛四人)○구착적건(俱着赤巾)○적의(赤衣)○관상감관사인(觀象監官四人)○착공복(着公服)○각감소부(各監所部)○봉상사(奉常寺)○선비웅계여주(先備雄雞與酒)○광화문급도성사문(光化門及都城四門)○흥인(興仁)○숭례(崇禮)○돈의(敦義)○숙청(肅淸)○위사문(爲四門)○위예감(爲瘞坎)○각어기문지우(各於其門之右)○방심취족용물(方深取足容物)전일일지석(前一日之夕)○나자(儺者)○각구기복(各具器服)○부집광화문내(赴集光化門內)○의차진포이사(依次陳布以俟)

기일효두(其日曉頭)○관상감관(觀象監官)○수나자진(帥儺者進)○립어근정문외(立於勤政門外)○승지계청축역명(承旨啓請逐疫命)○관상감관(觀象監官)○인나자(引儺者)○고조진입내정(鼓譟進入內庭)○방상씨(方相氏)○집과양순(執戈揚楯)○창수창지(唱帥唱之)○진자(侲子)○개화(皆和)○기사왈(其辭曰)○갑작식순(甲作食殉)○필위식호(胇胃食虎)○웅백식매(雄伯食魅)○등간식부상(騰簡食不祥)○람제식구(攬諸食咎)○백기식몽(伯奇食夢)○강량(强梁)○조명(祖明)○공식책사(共食磔死)○기생(寄生)○위수식(委隨食)○착단식신(錯斷食臣)○궁기(窮奇)○등근(騰根)○공식고(共食蠱)○범사십이신(凡使十二神)○추악흉(追惡凶)○혁여구(赫汝軀)○랍여간(拉汝幹)○절해여기육(節解汝肌肉)○추여폐장(抽汝肺腸)○여부급거(汝不急去)○후자위량(後者爲糧)○주호흘(周呼訖)○제대고조(諸隊鼓譟)○각취광화문이출(各趣光化門以出)○분위사대(分爲四隊)○대(隊)○각방상씨일인(各方相氏一人)○진자십이인(侲子十二人)○집편오인(執鞭五人)○창수(唱帥)○집봉(執棒)○집쟁(執錚)○고취(鼓吹)○적(笛)○각일인(各一人)○매대(每隊)○지거십인전행(持炬十人前行)○관상감관각일인(觀象監官各一人)○령지(領之)○축지사곽외이지(逐至四郭外而止)○나자장출(儺者將出)○축사(祝史)○당문중(當門中)○포신석남향(布神席南向)○제랑(齊郎)○벽(疈)○박핍절(拍逼切)○절야(折也)○생흉(牲胷)○책(磔)○척격절(陟格切)○척야(剔也)○피책기생(披磔其牲)○지신석지서(之神席之西)○적이석북수(籍以席北首)○제관이하

(祭官以下)○매문제관(每門祭官)○축사(祝史)○제랑각일인(齊郎各一人)○북향서상(北向西上)○재배(再拜)○제랑작주(齊郎酌酒)○제관(祭官)○궤수이전지(跪受而奠之)○축사(祝史)○동향궤(東向跪)○독축문흘(讀祝文訖)○제관이하(祭官以下)○우재배(又再拜)○축사(祝史)○취축급계육(取祝及雜肉)○예어감(瘞於坎)○내퇴(乃退)

향사의(鄕射儀)

매년삼월삼일(每年三月三日)○추(秋)○칙구월구일(則九月九日)○개성부급제도주(開城府及諸道州)○부(府)○군(郡)○현(縣)○행기례(行其禮)

전일일(前一日)○주인(主人)○소재관사(所在官司)○계빈(戒賓)○택효제(擇孝悌)○충신(忠信)○호례(好禮)○부사자(不辭者)

기일(其日)○설주인위어단동서향(設主人位於壇東西向)○학당근처(學堂近處)○제지위단(除地爲壇)○빈이품이상좌어단서동향북상(賓二品以上坐於壇西東向北上)○중빈삼품이하좌어남행동상(衆賓三品以下坐於南行東上)○약무이품이상(若無二品以上)○칙륙품이상재어서(則六品以上在西)○참외어남행분동서이좌(參外於南行分東西而坐)○광개중앙(廣開中央)○서인어단하동서상향북상(庶人於壇下東西相向北上)○설주탁어단남근동(設酒卓於壇南近東)○부승자주탁어기전(不陞者酒卓於其前)○내장후(乃張侯)○거단구십보(去壇九十步)○빈이하(賓以下)○의시각(依時刻)○집도(集到)○주인(主人)○출영우문외(出迎于門外)○빈주행례(賓主行禮)○개상자지도(皆相者指導)○읍양선입(揖讓先入)○빈내입(賓乃入)○중빈종지(衆賓從之)○지우단(至于壇)○주인재동(主人在東)○빈재서(賓在西)○빈재배(賓再拜)○주인답재배(主人答再拜)○차중빈행례여상의(次衆賓行禮如上儀)○참외(參外)○취주인좌전(就主人座前)○서인(庶人)○재정행례(在庭行禮)○주인무답(主人無答)○주인여빈이하(主人與賓以下)○개취좌(皆就座)○공(工)○집금슬(執琴瑟)○승좌어주탁지남동상(陞坐於酒卓之南東上)○주악여상(奏樂如常)○본무악처(本無樂處)○부필용악(不必用樂)○집사자(執事者)○설탁작주(設卓酌酒)○주인헌빈(主人獻賓)○빈초주인여상례(賓酢主人如常禮)○중빈동(衆賓同)○유재정자(唯在庭者)○집사자행주(執事者行酒)○주삼편(酒三遍)○내철탁(乃徹卓)○사사(司射)○청사우빈(請射于賓)○빈허(賓許)○사사(司射)○수고우주인흘(遂告于主人訖)○강자서계(降自西階)○명제자(命弟子)○납사기(納射器)○사사(司射)○집궁진승시(執弓搢乘矢)○환승단사흘(還陞壇射訖)○빈주(賓主)○림시(臨時)○차(此)(비)(比)우(耦)○진삼협일(搢三挾一)○이차이사(以次而射)○매발시(每發矢)○개악작(皆樂作)○사필중절(射必中節)○사필(射畢)○사사(司射)○명제자(命弟子)○설치어주탁(設觶於酒卓)○부중자(不中者)○취치실지(取觶實之)○소퇴립(少退立)○졸치(卒觶)○반치우탁(反置于卓)○중빈부중자(衆賓不中者)○이차계음(以次繼飮)○약주인급이품이상빈(若主人及二品以上賓)○부중(不中)○칙제자세치이진(則弟子洗觶以進)○수치립음(受觶立飮)○음편(飮遍)○내철치(乃徹觶)○빈주(賓主)○개흥행재배례여초(皆興行再拜禮如初)○빈강출(賓降出)○중빈수지(衆賓隨之)○주인송우문외여상례(主人送于門外如常禮)○일(一)○사사(司射)○이중소추복자(以衆所推服者)○위지(爲之)○일(一)○치례(置禮)○적청(籍請)○구상(具狀)○례책(禮責)○제적(除籍)○상자(相者)○지판등사(支辦等事)○병동향음주의(並同鄕飮酒儀)

《흉례일(凶禮)一》

위황제거애의(爲皇帝擧哀儀)

○거애후제복전(擧哀後除服前)○정대소사(停大小祀)·○항시(巷市)○단음악(斷音樂)○거형륙(去刑戮)○금도살(禁屠殺)○금혼가(禁昏嫁)문부즉일(聞訃卽日)○예조(禮曹)○선섭내외(宣攝內外)○각공기직(各供其職)○액정서(掖庭署)○설궐정어근정전당중남향(設闕庭於勤政殿當中南向)○설향안어궐정지전(設香案於闕庭之前)○전설사(典設司)○설왕세자차어근정문외도동근북서향(設王世子次於勤政門外道東近北西向)○액정서(掖庭署)○설전하배위어전계상당중북향(設殿下拜位於殿階上當中北向)○전의(典儀)○설왕세자위어전정도동북향(設王世子位於殿庭道東北向)○설문관일품이하위어왕세자지후근동(設文官一

品以下位於王世子之後近東)○종친급무관일품이하위어도서당문관(宗親及武官一品以下位於道西當文官)○매등이위(每等異位)○중행북향(重行北向)○상대위수(相對爲首)○종친(宗親)○매품반두(每品班頭)○별설위(別設位)○대군(大君)○특설위어정일품지전(特設位於正一品之前)○감찰위어문무매품반말동서상향(監察位於文武每品班末東西相向)○계상전의위어동계상근동서향(階上典儀位於東階上近東西向)○계하전의위어동계하근동서향(階下典儀位於東階下近東西向)○찬의(贊儀)○인의(引儀)○재남차퇴(在南差退)○우찬의又贊儀)○인의위어서계하근서동향(引儀位於西階下近西東向)○구북상(俱北上)○인의(引儀)○설문외위(設門外位)○문관이품이상어영제교북도동(文官二品以上於永濟橋北道東)○삼품이하어교남(三品以下於橋南)○종친급무관이품이상어교북도서(宗親及武官二品以上於橋北道西)○삼품이하어교남(三品以下於橋南)○구매등이위(俱每等異位)○중행상향북상(重行相向北上)○종친(宗親)○별설위여전정(別設位如殿庭)○고초엄(鼓初嚴)○병조(兵曹)○륵제위(勒諸衛)○렬장위여상(列仗衛如常)○종친(宗親)○문무백관(文武百官)○구집조당(俱集朝堂)○개착백의(皆着白衣)○오사모(烏紗帽)○흑각대(黑角帶)

고이엄(鼓二嚴)○종친(宗親)○문무백관(文武百官)○개취문외위(皆就門外位)○왕세자(王世子)○구소복(具素服)○익선관(翼善冠)○흑각대출(黑角帶出)○기찬내엄(其贊內嚴)○백외비(白外備)○시위(侍衛)○병여상(並如常)○필선(弼善)○인취근정문외차(引就勤政門外次)○시위여상(侍衛如常)○제호위지관급사금(諸護衛之官及司禁)○각구기복(各具器服)○예사정전합외(詣思政殿閤外)○사후(伺候)○좌통례(左通禮)○예합외(詣閤外)○부복궤(俯伏跪)○계청중엄(啓請中嚴)○전하(殿下)○구백포(具白袍)○익선관(翼善冠)○오서대(烏犀帶)○어사정전(御思政殿)○산선용청(繖扇用靑)○시위여상(侍衛如常)

고삼엄(鼓三嚴)○전의(典儀)○찬의(贊儀)○인의(引儀)○감찰(監察)○선입취위(先入就位)○인의(引儀)○분인종친(分引宗親)○문무백관(文武百官)○유동서편문입(由東西偏門入)○취위(就位)○봉례(奉禮)○인왕세자(引王世子)○유동문입(由東門入)○취위(就位)○보덕이하(輔德以下)○응종입자(應從入者)○궤어배위동남서향북상(跪於拜位東南西向北上)○종성지(鍾聲止)○벽내외문(闢內外門)○좌통례(左通禮)○부복궤계외판(俯伏跪啓外辦)○전하(殿下)○승여이출(乘輿以出)○지근정전서변(至勤政殿西邊)○강여(降輿)○좌우통례(左右通禮)○도전하(導殿下)○취배위(就拜位)○립정(立定)○좌우통례(左右通禮)○퇴부복어좌우(退俯伏於左右)○제호위지관(諸護衛之官)○렬립어배위지후(列立於拜位之後)○차승지(次承旨)○사관(史官)○부복어기후(俯伏於其後)○사금(司禁)○분립어전계상(分立於殿階上)○전의왈(典儀曰)○사배(四拜)○좌통례(左通禮)○궤계청국궁사배흥평신(跪啓請鞠躬四拜興平身)○전하(殿下)○국궁사배흥평신(鞠躬四拜興平身)○왕세자급종친(王世子及宗親)○문무백관동(文武百官同)○찬의역창(贊儀亦唱)○범찬의찬창(凡贊儀贊唱)○개승전의지사(皆承典儀之辭)○좌통례(左通禮)○계청궤(啓請跪)○전하궤(殿下跪)○왕세자급종친(王世子及宗親)○문무백관동(文武百官同)○찬의역창(贊儀亦唱)○사향이인(司香二人)○백의(白衣)○진향안전궤(進香案前跪)○삼상향(三上香)○부복흥퇴(俯伏興退)○좌통례(左通禮)○계청(啓請)○전하위대행황제거애(殿下爲大行皇帝擧哀)○전하부복곡(殿下俯伏哭)○십오거성(十五擧聲)○왕세자급종친(王世子及宗親)○문무백관동(文武百官同)○찬의역창(贊儀亦唱)○좌통례(左通禮)○계청지곡흥사배흥평신(啓請止哭興四拜興平身)○전하(殿下)○지곡흥사배흥평신(止哭興四拜興平身)○왕세자급종친(王世子及宗親)○문무백관동(文武百官同)○찬의역창(贊儀亦唱)○좌통례(左通禮)○궤계례필(跪啓禮畢)○찬의역창(贊儀亦唱)○좌우통례(左右通禮)○도전하(導殿下)○환내(還內)○산선(繖扇)○시위여래의(侍衛如來儀)○봉례(奉禮)○인왕세자출(引王世子出)○인의(引儀)○분인종친(分引宗親)○문무백관출(文武百官出)○좌통례(左通禮)○궤계해엄(跪啓解嚴)○병조(兵曹)○승교방장(承敎放仗)

○제도대소사신급외관(諸道大小使臣及外官)○문서도일(文書到日)○설향안어정청(設香案於正廳)○구소복(具素服)○행사배례곡(行四拜禮哭)○십오거성(十五擧聲)○우행사배례(又行四拜禮)○문부제사일성복(聞訃第四日成服)○삼일이제(三日而除)○연변장수급군관(沿邊將帥及軍官)○부용차례(不用此禮)

성복의(成服儀)

○제사일(第四日)
전기(前期)○액정서(掖庭署)○설궐정어근정전당중남향(設闕庭於勤政殿當中南向)○설 향안어궐정지전(設香案於闕庭之前)○전설사(典設司)○설왕세자차어근정문외도동근북서향(設王世子次於勤政門外道東近北西向)○액정서(掖庭署)○설전하배위어전계상당중북향(設殿下拜位於殿階上當中北向)○전의(典儀)○설정세자급종친(設正世子及宗親)○문무백관전정급문외위(文武百官殿庭及門外位)○병여상(並如常)

기일(其日)○고초엄(鼓初嚴)○병조(兵曹)○륵제위(勒諸衛)○렬장위여상(列仗衛如常)○종친(宗親)○문무백관(文武百官)○구집조당(俱集朝堂)○개복쇠복(皆服衰服)○오품이하(五品以下)○칙잉복(則仍服)

고이엄(鼓二嚴)○종친(宗親)○문무백관(文武百官)○개취문외위(皆就門外位)○왕세자(王世子)○구쇠복출(具衰服出)○기찬내엄(其贊內嚴)○백외비(白外備)○병여상(並如常)○필선(弼善)○인취근정문외차(引就勤政門外次)○시위여상(侍衛如常)○제호위지관급사금(諸護衛之官及司禁)○각구기복(各具器服)○예사정전합외(詣思政殿閤外)○사후(伺候)○좌통례(左通禮)○예합외(詣閤外)○부복궤(俯伏跪)○계청중엄(啓請中嚴)○전하(殿下)○출어사정전(出御思政殿)○좌통례(左通禮)○예합외(詣閤外)○부복궤(俯伏跪)○계청전하위대행황제성복(啓請殿下爲大行皇帝成服)○상의원(尙衣院)○진쇠복(進衰服)○전하(殿下)○석소포(釋素袍)○복쇠복(服衰服)○산선용소(繖扇用素)○시위여상(侍衛如常)

고삼엄(鼓三嚴)○전의(典儀)○찬의(贊儀)○인의(引儀)○감찰(監察)○선입취위(先入就位)○인의(引儀)○분인종친(分引宗親)○문무백관(文武百官)○유동서편문입(由東西偏門入)○취위(就位)○봉례(奉禮)○인왕세자(引王世子)○유동문입(由東門入)○취위(就位)○보덕이하(輔德以下)○응종입자(應從入者)○궤어배위동남서향북상(跪於拜位東南西向北上)○좌통례(左通禮)○궤계외판(跪啓外辦)○전하(殿下)○승여이출(乘輿以出)○지근정전서변(至勤政殿西邊)○강여(降輿)○좌우통례(左右通禮)○도전하(導殿下)○취배위(就拜位)○립정(立定)○좌우통례(左右通禮)○퇴부복어좌우(退俯伏於左右)○제호위지관(諸護衛之官)○렬립어배위지후(列立於拜位之後)○차승지(次承旨)○사관(史官)○부복어기후(俯伏於其後)○사금(司禁)○분립어전계상(分立於殿階上)○전의왈(典儀曰)○사배(四拜)○좌통례(左通禮)○궤계청국궁사배흥평신(跪啓請鞠躬四拜興平身)○전하(殿下)○국궁사배흥평신(鞠躬四拜興平身)○왕세자급종친(王世子及宗親)○문무백관동(文武百官同)○찬의역창(贊儀亦唱)○좌통례계청궤(左通禮啓請跪)○전하궤(殿下跪)○왕세자급종친(王世子及宗親)○문무백관동(文武百官同)○찬의역창(贊儀亦唱)○사향이인(司香二人)○진향안전궤(進香案前跪)○삼상향(三上香)○부복흥퇴(俯伏興退)○좌통례(左通禮)○계청부복곡(啓請俯伏哭)○전하부복곡(殿下俯伏哭)○십오거성(十五擧聲)○왕세자급종친(王世子及宗親)○문무백관동(文武百官同)○찬의역창(贊儀亦唱)○좌통례(左通禮)○계청지곡흥사배흥평신(啓請止哭興四拜興平身)○전하(殿下)○지곡흥사배흥평신(止哭興四拜興平身)○왕세자급종친(王世子及宗親)○문무백관동(文武百官同)○찬의역창(贊儀亦唱)○좌통례(左通禮)○궤계례필(跪啓禮畢)○찬의역창(贊儀亦唱)○좌우통례(左右通禮)○도전하(導殿下)○환내(還內)○산선(繖扇)○시위여래의(侍衛如來儀)○봉례(奉禮)○인왕세자출(引王世子出)○인의(引儀)○분인종친(分引宗親)○문무백관출(文武百官出)○좌통례(左通禮)○궤계해엄(跪啓解嚴)○병조(兵曹)○승교방장(承敎放仗)

거림의(擧臨儀)

○자성복지제복(自成服至除服)

매조(每朝)○액정서(掖庭署)○설궐정어근정전당중남향(設闕庭於勤政殿當中南向)○설향안어궐정지전(設香案於闕庭之前)○전설사(典設司)○설왕세자차어근정문외도동근북서향(設王世子次於勤政門外道東近北西向)○액정서(掖庭署)○설전하배위어전계상당중북향(設殿下拜位於殿階上當中北向)○전의(典儀)○설왕세자급종친(設王世子及宗親)○문무백관전정급문외위(文武百官殿庭及門外位)○병여상(並如常)

고초엄(鼓初嚴)○병조(兵曹)○륵제위(勒諸衛)○렬장위여상(列仗衛如常)○종친(宗親)○문무백관(文武百官)○구집조당(俱集朝堂)

고이엄(鼓二嚴)○종친(宗親)○문무백관(文武百官)○개취문외위(皆就門外位)○왕세자출(王世子出)○필선(弼善)○인취근정문외차(引就勤政門外次)○시위여상(侍衛如常)○제호위지관급사금(諸護衛之官及司禁)○각구기복(各具器服)○예사정전합외(詣思政殿閤外)○사후(伺候)○좌통례(左通

禮)○예합외(詣閤外)○부복궤(俯伏跪)○계청중엄(啓請中嚴)○전하(殿下)○출어사정전(出御思政殿)○산선(繖扇)○시위여상(侍衛如常)

고삼엄(鼓三嚴)○전의(典儀)○찬의(贊儀)○인의(引儀)○감찰(監察)○선입취위(先入就位)○인의(引儀)○분인종친(分引宗親)○문무백관(文武百官)○유동서편문입(由東西偏門入)○취위(就位)○봉례(奉禮)○인왕세자(引王世子)○유동문입(由東門入)○취위(就位)○보덕이하응종입자(輔德以下應從入者)○궤어배위동남서향북상(跪於拜位東南西向北上)○좌통례(左通禮)○궤계외판(跪啓外辦)○전하(殿下)○승여이출(乘輿以出)○지근정전서변(至勤政殿西邊)○강여(降輿)○좌우통례(左右通禮)○도전하(導殿下)○취배위(就拜位)○립정(立定)○좌우통례(左右通禮)○퇴부복어좌우(退俯伏於左右)○제호위지관(諸護衛之官)○열립어배위지후(列立於拜位之後)○차승지(次承旨)○사관(史官)○부복어기후(俯伏於其後)○사금(司禁)○분립어전계상(分立於殿階上)○전의왈(典儀曰)○사배(四拜)○좌통례(左通禮)○궤계청국궁사배흥평신(跪啓請鞠躬四拜興平身)○전하(殿下)○국궁사배흥평신(鞠躬四拜興平身)○왕세자급종친(王世子及宗親)○문무백관동(文武百官同)○찬의역창(贊儀亦唱)○좌통례(左通禮)○계청궤(啓請跪)○전하궤(殿下跪)○왕세자급종친(王世子及宗親)○문무백관동(文武百官同)○찬의역창(贊儀亦唱)○사향이인(司香二人)○진향안전궤(進香案前跪)○삼상향(三上香)○부복흥퇴(俯伏興退)○좌통례(左通禮)○계청부복곡(啓請俯伏哭)○전하(殿下)○부복곡(俯伏哭)○십오거성(十五擧聲)○왕세자급종친(王世子及宗親)○문무백관동(文武百官同)○찬의역창(贊儀亦唱)○좌통례(左通禮)○계청지곡흥사배흥평신(啓請止哭興四拜興平身)○전하(殿下)○지곡흥사배흥평신(止哭興四拜興平身)○왕세자급종친(王世子及宗親)○문무백관동(文武百官同)○찬의역창(贊儀亦唱)○좌통례(左通禮)○궤계례필(跪啓禮畢)○찬의역창(贊儀亦唱)○좌우통례(左右通禮)○도전하(導殿下)○환내(還內)○산선(繖扇)○시위여래의(侍衛如來儀)○봉례(奉禮)○인왕세자출(引王世子出)○인의(引儀)○분인종친(分引宗親)○문무백관출(文武百官出)○좌통례(左通禮)○궤계해엄(跪啓解嚴)○병조(兵曹)○승교방장(承敎放仗)

제복의(除服儀)

○삼일이제(三日而除)
전기(前期)○액정서(掖庭署)○설궐정어근정전당중남향(設闕庭於勤政殿當中南向)○설향안어궐정지전(設香案於闕庭之前)○전설사(典設司)○설왕세자차어근정문외도동근북서향(設王世子次於勤政門外道東近北西向)○액정서(掖庭署)○설전하배위어전계상당중북향(設殿下拜位於殿階上當中北向)○전의(典儀)○설왕세자급종친(設王世子及宗親)○문무백관전정급문외위(文武百官殿庭及門外位)○여상(如常)

기일(其日)○고초엄(鼓初嚴)○병조(兵曹)○륵제위렬장위여상(勒諸衛列仗衛如常)○종친(宗親)○문무백관(文武百官)○구집조당(俱集朝堂)

고이엄(鼓二嚴)○종친(宗親)○문무백관(文武百官)○개취문외위(皆就門外位)○왕세자출(王世子出)○필선(弼善)○인취근정문외차(引就勤政門外次)○시위여상(侍衛如常)○제호위지관급사금(諸護衛之官及司禁)○각구기복(各具器服)○예사정전합외(詣思政殿閤外)○사후(伺候)○좌통례(左通禮)○예합외(詣閤外)○부복궤(俯伏跪)○계청중엄(啓請中嚴)○전하(殿下)○출어사정전(出御思政殿)○산선(繖扇)○시위여상(侍衛如常)

고삼엄(鼓三嚴)○전의(典儀)○찬의(贊儀)○인의(引儀)○감찰(監察)○선입취위(先入就位)○인의(引儀)○분인종친(分引宗親)○문무백관(文武百官)○유동서편문입(由東西偏門入)○취위(就位)○봉례(奉禮)○인왕세자(引王世子)○유동문입(由東門入)○취위(就位)○보덕이하응종입자(輔德以下應從入者)○궤어배위동남서향북상(跪於拜位東南西向北上)○좌통례(左通禮)○궤계외판(跪啓外辦)○전하(殿下)○승여이출(乘輿以出)○지근정전서변(至勤政殿西邊)○강여(降輿)○좌우통례(左右通禮)○도전하(導殿下)○취배위(就拜位)○립정(立定)○좌우통례(左右通禮)○퇴부복어좌우(退俯伏於左右)○제호위지관(諸護衛之官)○렬립어배위지후(列立於拜位之後)○차승지(次承旨)○사관(史官)○부복어기후(俯伏於其後)○사금(司禁)○분렬어전계상(分列於殿階上)○전의왈(典儀曰)○사배(四拜)○좌통례(左通禮)○궤계청국궁사배흥평신(跪啓請鞠躬四拜興平身)○전하(殿下)○국궁사배흥평신(鞠躬四拜興平身)○왕세자급종친(王世子及宗親)○문무백관동(文武百官同)○찬의역창(贊儀亦唱)○좌통례(左通禮)○계청궤(啓請

跪)○전하궤(殿下跪)○왕세자급종친(王世子及宗親)○문무백관동(文武百官同)○찬의역창(贊儀亦唱)○사향이인(司香二人)○진향안전궤(進香案前跪)○삼상향(三上香)○부복흥퇴(俯伏興退)○좌통례(左通禮)○계청부복곡(啓請俯伏哭)○전하부복곡(殿下俯伏哭)○십오거성(十五擧聲)○왕세자급종친(王世子及宗親)○문무백관동(文武百官同)○찬의역창(贊儀亦唱)○좌통례(左通禮)○계청지곡흥사배흥평신(啓請止哭興四拜興平身)○전하(殿下)○지곡흥사배흥평신(止哭興四拜興平身)○왕세자급종친(王世子及宗親)○문무백관동(文武百官同)○찬의역창(贊儀亦唱)○좌통례(左通禮)○궤계례필(跪啓禮畢)○찬의역창(贊儀亦唱)○좌우통례(左右通禮)○도전하(導殿下)○환내(還內)○산선(繖扇)○시위여래의(侍衛如來儀)○지사정전(至思政殿)○석최복(釋衰服)○봉례(奉禮)○인왕세자출(引王世子出)○석쇠복(釋衰服)○인의(引儀)○분인종친(分引宗親)○문무백관출(文武百官出)○석쇠복(釋衰服)○좌통례(左通禮)○궤계해엄(跪啓解嚴)○병조(兵曹)○승교방장(承敎放仗)

국휼고명(國恤顧命)

상부역(上不懌)○액정서(掖庭署)○설악장(設幄帳)○보의어사정전(黼扆於思政殿)○즉시사지전(卽視事之殿)○내시(內侍)○부상(扶相)○승여출(升輿出)○어악내(御幄內)○빙궤(憑几)○왕세자(王世子)○시측(侍側)○상소재집대신급근시(上召宰執大臣及近侍)○면견발고명(面見發顧命)○왕세자(王世子)○대신등(大臣等)○동수고명흘(同受顧命訖)○대신등(大臣等)○퇴작전위유교(退作傳位遺敎)○약내상(若內喪)○칙무고명(則無顧命)

●초종(初終)

질병(疾病)○내시(內侍)○부상(扶相)○동수(東首)○사인(四人)○좌지체(坐持體)○체(體)○위수족(謂手足)○약내상(若內喪)○칙녀관위지(則女官爲之)○내외안정(內外安靜)○내시(內侍)○이신면(以新綿)○치구비지상(置口鼻之上)○위후(爲候)○면부동요(綿不動搖)○칙시기절(則是氣絶)○약내상(若內喪)○칙녀관위지(則女官爲之)○기절(旣絶)○내외개곡(內外皆哭)

●복(復)

내시(內侍)○이상어상복(以常御上服)○좌하지(左荷之)○승자전동류(陞自前東霤)○옥첨적우(屋簷滴雨)○위류(爲霤)○당옥리위(當屋履危)○위(危)○동상야(棟上也)○좌집령우집요(左執領右執腰)○북향삼호필(北向三呼畢)○호왈(呼曰)○상위복(上位復)○약내상(若內喪)○운중궁복(云中宮復)○이의투어전(以衣投於前)○내시(內侍)○승지(承之)○이함(以函)○약내상(若內喪)○칙상복승지(則尙服承之)○입복우대행상(入覆于大行上)○약내상(若內喪)○칙상복(則尙服)○전봉입복(傳捧入覆)○복자(復者)○강자후서류(降自後西霤)

●역복부식(易服不食)

왕세자급대군이하(王世子及大君以下)○친자(親子)○친손(親孫)○개거관급상복(皆去冠及上服)○피발(被髮)○착소복(着素服)○소혜(素鞋)○추포말(麤布襪)○왕비급내명부(王妃及內命婦)○빈이하(嬪以下)○왕세자빈이하급외명부(王世子嬪以下及外命婦)○공주급부부인이하(公主及府夫人以下)○친녀(親女)○친자처급손녀(親子妻及孫女)○손처(孫妻)○개거관급상복(皆去冠及上服)○피발(被髮)○착소복(着素服)○소혜(素鞋)○추포말(麤布襪)○내외개소복(內外皆素服)○거화식(去華飾)○화식(華飾)○위금수홍자(謂錦繡紅紫)○김옥주취지류(金玉珠翠之類)○왕세자급대군이하(王世子及大君以下)○삼일부식(三日不食)

●계령(戒令)

병조(兵曹)○칙제위(勅諸衛)○근수내외문급응숙위지소(謹守內外門及應宿衛之所)○례조(禮曹)○범간상사(凡干喪事)○보의정부(報議政府)○행이중외(行移中外)○각공기직(各供其職)○여목욕(如沐浴)○반함(飯含)○습렴(襲斂)○성빈(成殯)○성복(成服)○치비(治椑)○치장(治葬)○정제(停祭)○자초상지졸곡(自初喪至卒哭)○병정대(竝停大)○중(中)○소사(小祀)○빈후(殯後)○유제사직(唯祭社稷)○약내상재선(若內喪在先)○칙전하복진행제여상(則殿下服盡後行祭如常)○정악(停樂)○삼년(三年)○유대사(唯大祀)○졸곡후용악(卒哭後用樂)○약내상재선(若內喪在先)○칙졸곡후(則卒哭後)○범제(凡祭)○개용악(皆用樂)○항시(巷市)○오일(五日)○금가취(禁嫁娶)○졸곡후(卒哭後)○허가취(許嫁娶)○차길삼일(借吉三日)○금도재(禁屠宰)○졸곡전(卒哭前)○지류(之類)○리조(吏曹)○보의정부(報議政府)○약내상재선(若內喪在先)○칙계문(則啓聞)○설빈전(設殯殿)○국장(國葬)○산릉삼도감(山陵三

都監)○빈전도감(殯殿都監)○장습렴(掌襲斂)○성빈(成殯)○성복(成服)○혼전배비등사(魂殿排備等事)○제조삼내(提調三內)○일(一)○이례조판서위지(以禮曹判書爲之)○당하관륙내(堂下官六內)○일(一)○이례조당하관차충(以禮曹堂下官差充)○국장도감(國葬都監)○장재궁(掌梓宮)○차여(車輿)○책보(冊寶)○복완(服玩)○릉지(陵誌)○명기(明器)○길흉의장(吉凶儀仗)○상유(喪帷)○포연(鋪筵)○제기(祭器)○제전(祭奠)○반우등사(返虞等事)○제조삼(提調三)○이호조(以戶曹)○례조판서급선공감제조위지(禮曹判書及繕工監提調爲之)○당하관팔내(堂下官八內)○사(四)○이례조(以禮曹)○공조당하관급제용감(工曹堂下官及濟用監)○선공감관차충(繕工監官差充)○산릉도감(山陵都監)○장현궁급정자각(掌玄宮及丁字閣)○제방영조등사(齊房營造等事)○제조삼내(提調三內)○이공조판서급선공감제조위지(以工曹判書及繕工監提調爲之)○당하관십내(堂下官十內)○이(二)○이문신급선공감관차충(以文臣及繕工監官差充)○삼도감도제조(三都監都提調)○이좌의정위지(以左議政爲之)○칭총호사(稱總護使)○총치상장제사(總治喪葬諸事)○이종친(以宗親)○공신중이품이상위수릉관(功臣中二品以上爲守陵官)○내시삼품이상(內侍三品以上)○위시릉관(爲侍陵官)○우이한성부판윤(又以漢城府判尹)○위교도돈체사(爲橋道頓遞使)○장교량(掌橋梁)○도로수치사(道路修治事)

●목욕(沐浴)

내시(內侍)○이유장대행와내(以帷障大行臥內)○우설유어전중간(又設帷於殿中間)○설상어유내(設牀於帷內)○종치지(縱置之)○포욕(鋪褥)○석급침(席及枕)○욕(褥)○용백면포(用白綿布)○우어전내지서급전외(又於殿內之西及殿外)○설유장(設帷障)○격외내(隔外內)○외내유(外內帷)○개중위문(皆中爲門)○기내유(其內帷)○위왕비급명부곡위(爲王妃及命婦哭位)○내시(內侍)○관수(盥手)○천대행우상(遷大行于牀)○남수(南首)○복이금(覆以衾)○금용복(衾用複)○약내상(若內喪)○칙녀관위지(則女官爲之)○시병(施屛)○장목욕공조(將沐浴工曹)○공신분(供新盆)○반(槃)○선등기(鐥等器)○상의원(尙衣院)○공명의(供明衣)○백초단의(白綃單衣)○약내상(若內喪)○칙구의상(則具衣裳)○급건즐(及巾櫛)○방건일(方巾一)○용백초(用白綃)○방일척팔촌(方一尺八寸)○목건일(沐巾一)○욕건이(浴巾二)○개용백초(皆用白綃)○즐용죽(櫛用竹)○목소각일(木梳各一)○내시(內侍)○이량미반급탕(以粱米潘及湯)○번(潘)○석미즙(淅米汁)○탕(湯)○자단향수(煮檀香水)○각성우분(各盛于盆)○병반선장입(并槃鐥將入)○약내상(若內喪)○칙녀관위지(則女官爲之)○내시(內侍)○부인왕세자출유외(扶引王世子出帷外)○재동북향(在東北向)○대군이하(大君以下)○종출(從出)○북향서상(北向西上)○구이위중행립곡(俱異位重行立哭)○설유(設帷)○이격동서(以隔東西)○내시(內侍)○약내상(若內喪)○칙녀관위지(則女官爲之)○이반기목이즐(以潘旣沐而櫛)○식이건(拭以巾)○속발(束髮)○이자초영속지(以紫綃纓束之)○약내상(若內喪)○칙이조초조첩이렴발(則以皁綃疊而斂髮)○향명수파(鄕名首帊)○리수(理鬚)○전수조(翦手爪)○성어소낭(盛於小囊)○차사인(次四人)○항금실거홍시지의급복의(抗衾悉去薨時之衣及復衣)○이인(二人)○이탕내욕(以湯乃浴)○식이건상하체(拭以巾上下體)○각용일건(各用一巾)○전족조(翦足爪)○성어소낭(盛於小囊)○사대렴(俟大斂)○즉납어재궁내(卽納於梓宮內)○수착명의(遂着明衣)○이방건복면(以方巾覆面)○이금복지(以衾覆之)○금용복(衾用複)○기목욕여수급건(其沐浴餘水及巾)○즐(櫛)○매우감(埋于坎)○선시(先時)○굴감어병처결지(堀坎於屛處潔地)

●습(襲)

내시(內侍)○관수(盥手)○설습상어유내(設襲牀於帷內)○포욕석급침(鋪褥席及枕)○선치대대일(先置大帶一)○표리백라(表裏白羅)○홍록연(紅綠緣)○약내상(若內喪)○칙표리청라(則表裏靑羅)○곤룡포일(袞龍袍一)○즉흉배직룡원령(卽胸背織龍圓領)○약내상(若內喪)○칙장삼금의상한삼지류(則長衫及衣裳汗衫之類)○저사답(紵絲褡)複일(一)○즉반비의(卽半臂衣)○첩리일(帖裏一)○차라원령일(次羅圓領一)○답(褡)複일(一)○첩리일(帖裏一)○이상(已上)○포습(鋪襲)○차홍저사원령일(次紅紵絲圓領一)○답획일(褡複一)○첩리일(帖裏一)○백초리두일(白綃裏肚一)○백초한삼일(白綃汗衫一)○백초고이(白綃袴二)○백초말일(白綃襪一)○이상피체(已上被體)○어기상(於其上)○범구칭(凡九稱)○잡용답복(雜用褡複)○의금등물(衣衾等物)○개상의원공진(皆尙衣院供進)○후방차(後倣此)○우이함성망건(又以函盛網巾)○대용조라(代用皁羅)○수관(首冠)○용조라(用皁羅)○제여감두(製如匭頭)○즉폭건(卽幅巾)○충이이(充耳二)○용신면(用新綿)○여조핵대(如棗核大)○멱목일(幎目一)○용청라(用靑羅)○리훈초(裏纁綃)○방척이촌(方尺二寸)○사각(四角)○안자초(安紫綃)○대(帶)○어후결지(於後結之)○악수이(握手二)○용청라(用靑羅)○리훈초(裏纁綃)○장척이촌광오촌(長尺二寸廣五寸)○안자초(安紫綃)○대이(帶二)○결어장후(結於掌後)○리일쌍(履一雙)○적리(赤履)○약내상(若內喪)○칙청리(則靑履)○개용저사(皆用紵絲)○치우상지동북(置于牀之東北)○목욕장필(沐浴將畢)○내시(內侍)○대거상(對擧牀)○약내상(若內喪)○칙녀관위지(則女官爲之)○입치우욕상지서(入置于浴牀之西)○천대행우기상(遷大行于其上)○내습(乃襲)○단미착상복급수관등물(但未着上服及首冠等物)○복이금(覆以衾)○내시(內侍)○철욕상(撤浴牀)○천대행상우정중(遷大行牀于正中)○남수(南首)○내시병악(乃施屛幄)○개용소(皆用素)

●전(奠)

유사(攸司)○구례찬(具禮饌)○견서례(見序例)○예조(禮曹)○성시이진(省視以進)○후방차(後倣此)○내시(內侍)○전봉입설어대행상동(傳捧入設於大行牀東)○유안(有案)○설향(設香)○로향합병촉어기전(爐香合幷燭於其前)○수비전시(雖非奠時)○야칙종야설촉(夜則終夜設燭)○후방차(後倣此)○대전관(代奠官)○관수관세(盥手盥洗)○설어중문외(設於中門外)○후방차(後倣此)○승자동편계(陞自東偏階)○예향안전(詣香案前)○북향궤(北向跪)○삼상향(三上香)○작주전우안(酌酒奠于案)○련전삼잔(連奠三盞)○부복흥퇴(俯伏興退)○범봉향(凡捧香)○전로(奠爐)○작주(酌酒)○수잔(授盞)○전잔(奠盞)○개내시위지(皆內侍爲之)○약내상(若內喪)○칙설찬(則設饌)○상향(上香)○전주(奠酒)○개상식위지(皆尙食爲之)○후방차(後倣此)

●위위곡(爲位哭)

내시(內侍)○설왕세자위어전내지동서향(設王世子位於殿內之東西向)○대군이하위어전외지동서향(大君以下位於殿外之東西向)○상침(尙寢)○설왕비위어전내지서동향(設王妃位於殿內之西東向)○왕세자빈위어왕비지북차후(王世子嬪位於王妃之北差後)○내명부빈이하위어왕비지후(內命婦嬪以下位於王妃之後)○량제이하위어왕세자빈지후(良娣以下位於王世子嬪之後)○외명부공주급부부인이하위어내명부지후(外命婦公主及府夫人以下位於內命婦之後)○남상이위중행(南上異位重行)○자이석천(藉以席薦)○내시(內侍)○부인왕세자취위(扶引王世子就位)○궤부복곡(跪俯伏哭)○대군이하(大君以下)○종취위(從就位)○궤부복곡(跪俯伏哭)○상궁(尙宮)○부인왕비(扶引王妃)○취위좌곡(就位坐哭)○수규(守閨)○부인왕세자빈(扶引王世子嬪)○취위좌곡(就位坐哭)○내외명부이하(內外命婦以下)○개취위좌곡(皆就位坐哭)

●거림(擧臨)

시일(是日)○전의(典儀)○설종친급문무백관위어외정(設宗親及文武百官位於外庭)○문동무서(文東武西)○매등이위(每等異位)○중행북향(重行北向)○상대위수(相對爲首)○종친(宗親)○매품반두(每品班頭)○별설위(別設位)○대군(大君)○특설위어정일품지전(特設位於正一品之前)○감찰위이어문무반후북향(監察位二於文武班後北向)○서리(書吏)○각배기후(各陪其後)○전의위어문관동북서향(典儀位於文官東北西向)○찬의(贊儀)○인의(引儀)○재남차퇴(在南差退)○우찬의(又贊儀)○인의위어무관서북동향(引儀位於武官西北東向)○구북상(俱北上)○감찰(監察)○전의(典儀)○찬의(贊儀)○인의(引儀)○선입취위(先入就位)○인의(引儀)○분인종친급문무백관(分引宗親及文武百官)○이소복(以素服)○오사모(烏紗帽)○흑각대(黑角帶)○입취위(入就位)○찬의창(贊儀唱)○궤부복곡(跪俯伏哭)○종친이하(宗親以下)○궤부복곡진애(跪俯伏哭盡哀)○찬의창(贊儀唱)○지곡흥사배흥평신(止哭興四拜興平身)○종친이하(宗親以下)○지곡흥사배흥평신(止哭興四拜興平身)○인의(引儀)○분인종친급문무백관(分引宗親及文武百官)○이반근동(移班近東)○개궤(皆跪)○반수(班首)○진명봉위(進名奉慰)○유왕비(有王妃)○선위왕비(先慰王妃)○약내상(若內喪)○칙선위전하(則先慰殿下)○차위왕세자(次慰王世子)○후방차(後倣此)○흘(訖)○인의(引儀)○분인이출(分引而出)○자차지성빈(自此至成殯)○매조포곡림방차(每朝晡哭臨倣此)○자초상지졸곡(自初喪至卒哭)○병제복제(竝除服制)○식가(式暇)○사전등잡고(謝前等雜故)○졸곡후(卒哭後)○정지(正至)○삭망(朔望)○속절(俗節)○사시급랍(四時及臘)○련(練)○상(祥)○담제(禫祭)○제잡고동(除雜故同)제도대소사신급외관(諸道大小使臣及外官)○문서도일(文書到日)○어정청(於正廳)○설향탁(設香卓)○이소복(以素服)○오사모(烏紗帽)○흑각대(黑角帶)○입정(入庭)○사신재동(使臣在東)○외관재서(外官在西)○중행북향궤(重行北向跪)○집사자(執事者)○상향(上香)○사신급외관(使臣及外官)○부복곡진애(俯伏哭盡哀)○행사배례(行四拜禮)

문부제륙일(聞訃第六日)○성복(成服)○기일조신(其日早晨)○설향탁어정청(設香卓於正廳)○거소복(去素服)○착참쇠(着斬衰)○약내상(若內喪)○칙제쇠(則齊衰)○입정궤(入庭跪)○집사자(執事者)○상향(上香)○사신급외관(使臣及外官)○부복곡진애(俯伏哭盡哀)○행사배례(行四拜禮)○기졸곡후개복급련(其卒哭後改服及練)○상(祥)○담개복절차(禫改服節次)○여경관동(與京官同)○제도관찰사(諸道觀察使)○절도사급목사이상(節度使及牧使以上)○견인(遣人)○진전진위(進箋陳慰)○이품이상외관(二品以上外官)○수비목사(雖非牧使)○역진전(亦進箋)○연변관(沿邊官)○부용거애(不用擧哀)

●함(含)

사도사(司䆃寺)○공도미(供稻米)○신수석(新水淅)○상의원(尙衣院)○공진주(供眞珠)○의정(議政)○

예전호외(詣殿戶外)○이미완급주반(以米盌及珠盤)○궤진(跪進)○내시(內侍)○관수(盥手)○전봉입(傳捧入)○예대행상동(詣大行牀東)○서향궤(西向跪)○약내상(若內喪)○칙내명부최존자위지(則內命婦最尊者爲之)○철침발건(撤枕發巾)○이시초미(以匙抄米)○실우구지우(實于口之右)○병실일주(并實一珠)○우어좌어중(又於左於中)○역여지(亦如之)○함흘(含訖)○설침여초(設枕如初)○거건가수관(去巾加首冠)○충이(充耳)○설멱목(設幎目)○납리졸(納履卒)○습상복(襲上服)○결대대(結大帶)○설악수(設握手)○내복이금(乃覆以衾)○왕세자(王世子)○곡진애(哭盡哀)○대군이하(大君以下)○곡진애(哭盡哀)○왕비(王妃)○곡진애(哭盡哀)○왕세자빈급내외명부이하(王世子嬪及內外命婦以下)○곡진애(哭盡哀)

●설빙(設氷)

공조(工曹)○령선공감(令繕工監)○조빙반(造氷盤)○잔상(棧牀)○잔방(棧防)○제(制)○견서례(見序例)○선설상우반중(先設牀于盤中)○차납빙어상하(次納氷於牀下)○연후천대행우상상(然後遷大行于牀上)○사면설잔방(四面設棧防)○기잔방련접처(其棧防連接處)○이철구구지령고(以鐵鉤拘之令固)○즉이빙주회적지고(卽以氷周回積之高)○여잔방제(與棧防齊)○사빙부내향이침상야(使氷不內向而浸牀也)○범설빙지법(凡設氷之法)○자중춘지후(自仲春之後)○량기시후(量其時候)○기습(旣襲)○혹기렴(或旣斂)○용빙반(用氷盤)○약시부심열(若時不甚熱)○칙용전목반(則用全木盤)○성빙(盛氷)○수의치어상하급사면(隨宜置於牀下及四面)○역가(亦可)

●영좌(靈座)

상의원(尙衣院)○시악어대행상남(施幄於大行牀南)○설상욕석급병어악내(設牀褥席及屛於幄內)○이주칠교의(以朱漆交椅)○설어상상남향(設於牀上南向)○내시(內侍)○첩유의(疊遺衣)○성어소함(盛於小函)○속백초일필(束白絹一匹)○위혼백(爲魂帛)○가유의상(加遺衣上)○봉함안어교의(捧函安於交椅)○약비전헌시(若非奠獻時)○칙이백초건(則以白絹巾)○건지(巾之)○이어진(以禦塵)○설향안어기전(設香案於其前)○우이백초(又以白絹)○조선(造扇)○개각이(蓋各二)○설어좌우(設於左右)○유부(有跌)○백칠(白漆)○조석(朝夕)○설관즐지구여평시(設盥櫛之具如平時)○시설조석전급상식(始設朝夕奠及上食)

●명정(銘旌)

공조(工曹)○이강단자(以絳段子)○위명정(爲銘旌)○광종폭장구척(廣終幅長九尺)○상(上)○하유축(下有軸)○하축단(下軸端)○용오매목(用烏梅木)○용조례기척(用造禮器尺)○이니김(以泥金)○전자(篆字)○왈대행왕재관(曰大行王梓官)○내상(內喪)○칙운대행왕비재궁(則云大行王妃梓宮)○이죽위강여기장(以竹爲杠如其長)○각리두(刻螭頭)○도황김(塗黃金)○도어강수(韜於杠首)○설어령좌지우(設於靈座之右)○유부(有跌)

●고사묘(告社廟)

제삼일(第三日)○견대신고우사직(遣大臣告于社稷)○영녕전(永寧殿)○종묘여상(宗廟如常)○고의(告儀)○무전(無奠)○사단(社壇)○직단(稷壇)○각일고문(各一告文)○영녕전(永寧殿)○공일고문(共一告文)○종묘(宗廟)○공일고문(共一告文)

●소렴(小斂)○제삼일(第三日)

기일렴전이각(其日斂前二刻)○내시(內侍)○관수(盥手)○설소렴상어유외(設小斂牀於帷外)○포욕석급침(鋪褥席及枕)○선포교어기상(先布絞於其上)○횡자삼(橫者三)○재하(在下)○종자일(縱者一)○재상(在上)○개이백초일폭(皆以白絹一幅)○석기량단위삼(析其兩端爲三)○횡자(橫者)○취족이주신상결(取足以周身相結)○종자(縱者)○취족이엄수지족(取足以掩首至足)○이결어신중(而結於身中)○차포금(次鋪衾)○차포산의(次鋪散衣)○차포강사포일습(次鋪絳紗袍一襲)○범렴의(凡斂衣)○십구칭(十九稱)○개용복의(皆用複衣)○복금(複衾)

전일각(前一刻)○감찰(監察)○전의(典儀)○찬의(贊儀)○인의(引儀)○선입취위(先入就位)○인의(引儀)○분인종친급문무백관(分引宗親及文武百官)○입취위(入就位)○왕세자(王世子)○부복곡(俯伏哭)○대군이하(大君以下)○부복곡(俯伏哭)○왕비곡(王妃哭)○왕세자빈급내외명부이하(王世子嬪及內外命婦以下)○곡(哭)○찬의창(贊儀唱)○궤부복곡(跪俯伏哭)○종친급문무백관(宗親及

文武百官)○궤부복곡(跪俯伏哭)○장렴(將斂)○내시(內侍)○부인왕세자(扶引王世子)○출유외(出帷外)○대군이하종출(大君以下從出)○상궁(尙宮)○부인왕비(扶引王妃)○출유외(出帷外)○수규(守閨)○부인왕세자빈출(扶引王世子嬪出)○내외명부이하종출(內外命婦以下從出)○찬의창(贊儀唱)○지곡흥평신(止哭興平身)○종친급문무백관(宗親及文武百官)○지곡흥평신(止哭興平身)○내시(內侍)○대거상(對擧牀)○약내상(若內喪)○칙녀관위지(則女官爲之)○입치우대행상남(入置于大行牀南)○천전어령좌서남(遷奠於靈座西南)○사설신전(俟設新奠)○내거지(乃去之)○후범전방차(後凡奠倣此)○내천대행우소렴상(乃遷大行于小斂牀)○선거침(先去枕)○이서첩의(而舒疊衣)○이자기수(以藉其首)○잉권량단(仍捲兩端)○이보량견공처(以補兩肩空處)○우권의협기량경(又卷衣夾其兩脛)○취기방정(取其方正)○연후이여의엄지(然後以餘衣掩之)○좌임부뉴(左衽不紐)○렴지이금(斂之以衾)○이미결이교(而未結以絞)○별복이금(別覆以衾)○시병(施屛)○철습상(撤襲牀)○약내상(若內喪)○칙녀관위지(則女官爲之)○내시(內侍)○부인왕세자입(扶引王世子入)○예대행상동(詣大行牀東)○궤부복곡진애(跪俯伏哭盡哀)○대군이하(大君以下)○종취위(從就位)○궤부복곡진애(跪俯伏哭盡哀)○상궁(尙宮)○부인왕비(扶引王妃)○입취위(入就位)○좌곡진애(坐哭盡哀)○수규(守閨)○부인왕세자빈(扶引王世子嬪)○입취위(入就位)○좌곡진애(坐哭盡哀)○내외명부이하(內外命婦以下)○종취위(從就位)○좌곡진애(坐哭盡哀)○찬의창(贊儀唱)○궤부복곡(跪俯伏哭)○종친급문무백관(宗親及文武百官)○궤부복곡진애(跪俯伏哭盡哀)○찬의창(贊儀唱)○지곡흥평신(止哭興平身)○종친급문무백관(宗親及文武百官)○지곡흥평신(止哭興平身)○내시(內侍)○부인왕세자(扶引王世子)○취별실(就別室)○용마승찰계(用麻繩撮髻)○대군이하동(大君以下同)○상궁(尙宮)○부인왕비(扶引王妃)○취별실(就別室)○렴발(斂髮)○용마승이좌(用麻繩而髽)○왕세자빈급내외명부이하동(王世子嬪及內外命婦以下同)○인의(引儀)○분인종친급문무백관(分引宗親及文武百官)○권퇴(權退)

●전(奠)

유사(攸司)○진례찬(進禮饌)○견서례(見序例)○내시(內侍)○전봉입설어령좌전(傳捧入設於靈座前)○설향로(設香爐)○향합병촉어기전(香合幷燭於其前)○설찬흘(設饌訖)○인의(引儀)○분인종친급문무백관(分引宗親及文武百官)○환입취위(還入就位)○내시(內侍)○부인왕세자복위(扶引王世子復位)○궤부복(跪俯伏)○대군이하(大君以下)○종복위(從復位)○궤부복(跪俯伏)○상궁(尙宮)○부인왕비(扶引王妃)○복위좌(復位坐)○수규(守閨)○부인왕세자빈(扶引王世子嬪)○복위좌(復位坐)○내외명부이하(內外命婦以下)○종복위좌(從復位坐)○찬의창(贊儀唱)○궤(跪)○종친급문무백관(宗親及文武百官)○개궤(皆跪)○대전관(代奠官)○관수(盥手)○승자동편계(陞自東偏階)○예향안전(詣香案前)○북향궤(北向跪)○삼상향(三上香)○작주전우안(酌酒奠于案)○련(連)○전삼잔(奠三盞)○부복흥퇴(俯伏興退)○왕세자(王世子)○곡진애(哭盡哀)○대군이하(大君以下)○곡진애(哭盡哀)○왕비(王妃)○곡진애(哭盡哀)○왕세자빈급내외명부이하(王世子嬪及內外命婦以下)○곡진애(哭盡哀)○찬의창(贊儀唱)○부복곡(俯伏哭)○종친급문무백관(宗親及文武百官)○부복곡진애(俯伏哭盡哀)○찬의창(贊儀唱)○지곡흥사배흥평신(止哭興四拜興平身)○종친급문무백관(宗親及文武百官)○지곡흥사배흥평신(止哭興四拜興平身)○인의(引儀)○분인종친급문무백관출(分引宗親及文武百官出)○시림자(侍臨者)○대곡부절성(代哭不絶聲)

●치비(治椑)

공조(工曹)○수기속(帥其屬)○수비(修椑)○제견서례(制見序例)○내외(內外)○수어비내(邃於椑內)○이홍릉첩사방(以紅綾貼四方)○록릉첩사각(綠綾貼四角)○이련숙출미회(以煉熟秫米灰)○출(秫)○향명(鄕名)○당서(唐黍)○포기저(鋪其底)○후사촌허(厚四寸許)○가칠성판(加七星板)○후오분(厚五分)○칠지(漆之)○포홍릉욕급석우판상(鋪紅綾褥及席于板上)○대관(大棺)○제(制)○견서례(見序例)○첩릉(貼綾)○동치비(同治椑)

●대렴(大斂)○제오일(第五日)

기일렴전이각(其日斂前二刻)○내시(內侍)○관수(盥手)○설대렴상어유외(設大斂牀於帷外)○포욕석급침(鋪褥席及枕)○선포교어기상(先鋪絞於其上)○횡자오(橫者五)○재하(在下)○이백초이폭(以白綃二幅)○렬위륙편(裂爲六片)○이용오(而用五)○종자삼(縱者三)○재상(在上)○이백초일폭(以白綃一幅)○렬위삼편(裂爲三片)○차포금(次鋪衾)○차포면복일습(次鋪冕服一襲)○기패옥(其佩玉)○안어재궁내좌우(安於梓宮內左右)○옥규(玉圭)○역재좌(亦在左)○관체(冠體)○제죽망(除竹網)○호지작각리(糊紙作殼裏)○이조모라

(以皁毛羅)○안어재궁내북(安於梓宮內北)○약내상칙용본조명복(若內喪則用本朝命服)○차포산의(次鋪散衣)○범렴의(凡斂衣)○구십칭(九十稱)○개용겁의(皆用袷衣)○겁금(袷衾)○우이함성금모(又以函盛錦冒)○보살(黼殺)○치어상지동북(置於牀之東北)전일각(前一刻)○감찰(監察)○전의(典儀)○찬의(贊儀)○인의(引儀)선입취위(先入就位)○인의(引儀)○분인종친급문무백관(分引宗親及文武百官)○입취위(入就位)○왕세자(王世子)○부복곡(俯伏哭)○대군이하(大君以下)○부복곡(俯伏哭)○왕비곡(王妃哭)○왕세자빈급내외명부이하동(王世子嬪及內外命婦以下同)○찬의창(贊儀唱)○궤부복곡(跪俯伏哭)○종친급문무백관(宗親及文武百官)○궤부복곡(跪俯伏哭)○장렴(將斂)○내시(內侍)○부인왕세자(扶引王世子)○출유외(出帷外)○대군이하종출(大君以下從出)○상궁(尙宮)○부인왕비(扶引王妃)○출유외(出帷外)○수규(守閨)○부인왕세자빈출(扶引王世子嬪出)○내외명부이하종출(內外命婦以下從出)○찬의창(贊儀唱)○지곡흥평신(止哭興平身)○종친급문무백관(宗親及文武百官)○지곡흥평신(止哭興平身)○내시(內侍)○대거상(對擧牀)○약내상(若內喪)○칙녀관위지(則女官爲之)○입치우대행상남(入置于大行牀南)○천령좌급전어전내서남(遷靈座及奠於殿內西南)○결소렴교(結小斂絞)○내천대행우대렴상(乃遷大行于大斂牀)○렴여소렴(斂如小斂)○단금용이(但衾用二)○일이자지(一以藉之)○일이복지(一以覆之)○결교흘(結絞訖)○선이살도족이상(先以殺韜足而上)○후이모도수이하(後以冒韜首而下)○수결칠대(遂結七帶)○봉재궁(捧梓宮)○입진어대행상남남상(入陳於大行牀南南上)○봉대행(捧大行)○즉재궁(卽梓宮)○장평시소락치(將平時所落齒)○발급소전조(髮及所翦爪)○납우재궁내사우(納于梓宮內四隅)○췌모공궐처(揣摸空闕處)○권의새지(捲衣塞之)○무령평만(務令平滿)○약내상(若內喪)○칙녀관위지(則女官爲之)○연후(然後)○가개설임(加蓋設衽)○기합봉처(其合縫處)○주회이칠도세포(周回以漆塗細布)○복이수보관의(覆以繡黼棺衣)○용홍저사제지(用紅紵絲製之)○이분채화부형(以粉彩畵斧形)○내시병(乃施屛)

●전(奠)

유사(攸司)○진례찬(進禮饌)○견서례(見序例)○내시(內侍)○전봉입설어령좌전(傳捧入設於靈座前)○설향로(設香爐)○향합병촉어기전(香合幷燭於其前)○내시(內侍)○부인왕세자(扶引王世子)○입예대행상동궤(入詣大行牀東跪)○부복곡진애(俯伏哭盡哀)○대군이하(大君以下)○종복위궤(從復位跪)○부복곡진애(俯伏哭盡哀)○상궁(尙宮)○부인왕비(扶引王妃)○입취위(入就位)○좌곡진애(坐哭盡哀)○수규(守閨)○부인왕세자빈(扶引王世子嬪)○입취위(入就位)○좌곡진애(坐哭盡哀)○내외명부이하(內外命婦以下)○종복취위(從復就位)○좌곡진애(坐哭盡哀)○찬의창(贊儀唱)○궤부복곡(跪俯伏哭)○종친급문무백관(宗親及文武百官)○궤부복곡진애(跪俯伏哭盡哀)○찬의창(贊儀唱)○지곡(止哭)○종친급문무백관(宗親及文武百官)○지곡(止哭)○대전관(代奠官)○관수(盥手)○승자동편계(升自東偏階)○예향안전(詣香案前)○북향궤(北向跪)○삼상향(三上香)○작주(酌酒)○전우안(奠于案)○련전삼잔(連奠三盞)○부복흥퇴(俯伏興退)○왕세자(王世子)○곡진애(哭盡哀)○대군이하(大君以下)○곡진애(哭盡哀)○왕비(王妃)○곡진애(哭盡哀)○왕세자빈급내외명부이하(王世子嬪及內外命婦以下)○곡진애(哭盡哀)○찬의창(贊儀唱)○곡(哭)○종친(宗親)○문무백관(文武百官)○곡진애(哭盡哀)○찬의창(贊儀唱)○지곡흥사배흥평신(止哭興四拜興平身)○종친(宗親)○문무백관(文武百官)○지곡흥사배흥평신(止哭興四拜興平身)○내시(內侍)○부인왕세자(扶引王世子)○출유외(出帷外)○대군이하종출(大君以下從出)○상궁(尙宮)○부인왕비(扶引王妃)○출유외(出帷外)○수규(守閨)○부인왕세자빈출(扶引王世子嬪出)○내외명부이하종출(內外命婦以下從出)○인의(引儀)○분인종친급문무백관(分引宗親及文武百官)○권퇴(權退)

●성빈(成殯) ○대렴동일(大斂同日)

전기(前期)○선공감관(繕工監官)○수기속(帥其屬)○용전작찬궁기우정전중초서(用甎作欑宮基于正殿中稍西)○고오촌허(高五寸許)○기장광(其長廣)○종재궁사면(從梓宮四面)○각가이척(各加二尺)○이석회도기극(以石灰塗其隙)○선배지방목우기상사방(先排地防木于基上四方)○차립사주어기상(次立四柱於其上)○주고(柱高)○오척(五尺)○가량시연위옥(架樑施椽爲屋)○차이가승(次以椵繩)○세목작벽(細木作壁)○허기동(虛其東)○이로점급유둔(以蘆簟及油芚)○첩기내삼면급상(貼其內三面及上)○용편죽협지(用片竹夾之)○개이철정정지(皆以鐵釘釘之)○도후지어유둔상(塗厚紙於油芚上)○별이지화주작(別以紙畵朱雀)○백호(白虎)○현무(玄武)○수방첩우벽내(隨方貼于壁內)○기외삼면급옥상(其外三面及屋上)○선도니(先塗泥)○차도포(次塗布)○차도후지필(次塗厚紙畢)○내포유둔(乃鋪油芚)○차포지의우찬궁내(次鋪地衣于欑宮內)○설무족평상(設無足平牀)○포죽점급옥석우기상(鋪竹簟及褥席于其上)

시지(時至)○내시(內侍)○복이저사소관의(覆以紵絲小棺衣)○이련폭유지중습(以連幅油紙重襲)○용백초(用白綃)○종횡결지(縱橫結之)○수공거(遂共擧)○안어상상남수(安於牀上南首)○복이화보대관의(覆以畫黼大棺衣)○용홍저사제지(用紅紵絲製之)○이분채화부형(以粉彩畫斧形)○즉거동벽새지(卽擧東壁塞之)○기내도여삼벽(其內塗如三壁)○역이지화청룡첩우벽내(亦以紙畫靑龍貼于壁內)○가정무령뢰고(加釘務令牢固)○기외도역여상삼벽흘(其外塗亦如上三壁訖)○내설악(乃設幄)○용소(用素)○복설령좌어찬궁지남여초(復設靈座於欑宮之南如初)○차설악어찬궁지동(次設幄於欑宮之東)○제이홍저사(製以紅紵絲)○설령침어악내(設靈寢於幄內)○시상(施牀)○욕석급병침(褥席及屏枕)○의(衣)○피(被)○관즐지속(盥櫛之屬)○개여평시(皆如平時)○우치고명안우령침지남(又置誥命案于靈寢之南)

●전(奠)

설찬행례(設饌行禮)○병여대렴전의흘(竝如大斂奠儀訖)○내시(內侍)○시빈(侍殯)○약내상(若內喪)○칙궁인시빈(則宮人侍殯)○내시(內侍)○부인왕세자(扶引王世子)○취려차(就廬次)○대군이하(大君以下)○종취차(從就次)○상궁(尙宮)○부인왕비취차(扶引王妃就次)○수규(守閨)○부인왕세자빈취차(扶引王世子嬪就次)○내외명부이하취차(內外命婦以下就次)○종친급문무백관(宗親及文武百官)○이반근동(移班近東)○개궤(皆跪)○반수(班首)○진명봉위흘(進名奉慰訖)○인의(引儀)○분인이출(分引以出)○지대곡(止代哭)

●여차(廬次)

선공감(繕工監)○설의려어중문지외(設倚廬於中門之外)○대군이하차(大君以下次)○설어의려동남(設於倚廬東南)○내시(內侍)○설왕비(設王妃)○왕세자빈(王世子嬪)○내명부이하차어내별실(內命婦以下次於內別室)

●성복(成服)○제륙일(第六日)

기일(其日)○예조판서(禮曹判書)○예려차전(詣廬次前)○궤찬청성복(跪贊請成服)○상의원관(尙衣院官)○진쇠복(進衰服)○왕세자(王世子)○복최복(服衰服)○대군이하(大君以下)○복쇠복(服衰服)○상의(尙儀)○계청성복(啓請成服)○상복(尙服)○진최복(進衰服)○왕비(王妃)○복최복(服衰服)○수칙(守則)○찬청성복(贊請成服)○장봉(掌縫)○진최복(進衰服)○왕세자빈(王世子嬪)○복최복(服衰服)○내외명부이하(內外命婦以下)○복최복(服衰服)○종친급문무백관(宗親及文武百官)○개복쇠복(皆服衰服)○유사(攸司)○진례찬(進禮饌)○견서례(見序例)○내시(內侍)○전봉입설어령좌전(傳捧入設於靈座前)○설향로(設香爐)○향합병촉어기전(香合幷燭於其前)○설존어호외지좌(設尊於戶外之左)○치잔삼어존소(置盞三於尊所)전일각(前一刻)○감찰(監察)○전의(典儀)○찬의(贊儀)○인의(引儀)○선입취위(先入就位)○인의(引儀)○분인종친급문무백관(分引宗親及文武百官)○입취위(入就位)○내시(內侍)○부인왕세자(扶引王世子)○장입취위(杖入就位)○궤부복곡(跪俯伏哭)○궤시(跪時)○내시봉장(內侍捧杖)○대군이하(大君以下)○거장(去杖)○종입취위(從入就位)○궤부복곡(跪俯伏哭)○상궁(尙宮)○부인왕비(扶引王妃)○취위좌곡(就位坐哭)○수규(守閨)○부인왕세자빈(扶引王世子嬪)○취위좌곡(就位坐哭)○내외명부이하(內外命婦以下)○종취위좌곡(從就位坐哭)○찬의창(贊儀唱)○궤부복곡(跪俯伏哭)○종친급문무백관(宗親及文武百官)○궤부복곡(跪俯伏哭)○찬의창(贊儀唱)○지곡흥사배흥평신(止哭興四拜興平身)○종친급문무백관(宗親及文武百官)○지곡흥사배흥평신(止哭興四拜興平身)○찬의창(贊儀唱)○궤(跪)○종친급문무백관(宗親及文武百官)○궤(跪)○대전관(代奠官)○관수(盥手)○승자동편계(陞自東偏階)○예향안전(詣香案前)○북향궤(北向跪)○삼상향(三上香)○작주전우안(酌酒奠于案)○련전삼잔(連奠三盞)○부복흥퇴(俯伏興退)○왕세자(王世子)○곡진애(哭盡哀)○대군이하(大君以下)○곡진애(哭盡哀)○왕비(王妃)○곡진애(哭盡哀)○왕세자빈급내외명부이하(王世子嬪及內外命婦以下)○곡진애(哭盡哀)○찬의창(贊儀唱)○부복곡(俯伏哭)○종친급문무백관(宗親及文武百官)○부복곡진애(俯伏哭盡哀)○찬의창(贊儀唱)○지곡흥사배흥평신(止哭興四拜興平身)○종친급문무백관(宗親及文武百官)○지곡흥사배흥평신(止哭興四拜興平身)○내시(內侍)○부인왕세자(扶引王世子)○환려차(還廬次)○대군이하(大君以下)○환차(還次)○상궁(尙宮)○부인왕비(扶引王妃)○환차(還次)○수규(守閨)○부인왕세자빈(扶引王世子嬪)○환차(還次)○내외명부이하(內外命婦以下)○환차(還次)○인의(引儀)○분인종친급문무백관(分引宗親及文武百官)○이반근동(移班近東)○개궤(皆跪)○반수(班首)○진명봉위흘(進名奉慰訖)○인의(引儀)○분인이출(分引以出)

●복제(服制)

왕세자(王世子)○참최삼년(斬衰三年)○의(衣)○상(裳)○용극추생포(用極麤生布)○내상(內喪)○칙제쇠삼년(則齊衰三年)○용차등추생포(用次等麤生布)○관(冠)○용초세생포(用稍細生布)○이마승위무급영(以麻繩爲武及纓)○내상(內喪)○칙이포위무급영(則以布爲武及纓)○수질(首経)○요질(腰経)○교대(絞帶)○병생마(竝生麻)○내상(內喪)○칙교대이포위지(則絞帶以布爲之)○죽장(竹杖)○내상(內喪)○칙동장(則桐杖)○관리(菅履)○내상(內喪)○칙소리(則疏履)○개대용백면포(皆代用白綿布)○사위(嗣位)○복면복(服冕服)○졸곡후시사복(卒哭後視事服)○백포(白袍)○익선관(翼善冠)○립(笠)○칙용백(則用白)○오서대(烏犀帶)○백피화(白皮靴)○범간상사(凡干喪事)○복최복(服衰服)○십삼월(十三月)○련제(練祭)○련관(練冠)○거수질(去首経)○부판(負版)○피령최(辟領衰)○이십오월(二十五月)○상제(祥祭)○참포(黲袍)○익선관(翼善冠)○오서대(烏犀帶)○백피화(白皮靴)○이십칠월(二十七月)○담제(禫祭)○현포(玄袍)○익선관(翼善冠)○조서대(鳥犀帶)○백피화(白皮靴)○담후(禫後)○곤룡포(袞龍袍)○옥대(玉帶)○내상동(內喪同)○약내상재선(若內喪在先)○칙복기십일월이련(則服期十一月而練)○십삼월이상(十三月而祥)○십오월이담(十五月而禫)○졸곡전(卒哭前)○진견시(進見時)○백직령의(白直領衣)○흑립(黑笠)○흑조아(黑條兒)○백피화(白皮靴)○졸곡후(卒哭後)○백의(白衣)○익선관(翼善冠)○흑각대(黑角帶)○진견시동(進見時同)○범간상사(凡干喪事)○복쇠복(服衰服)○자상지담(自祥至禫)○심염옥색의(深染玉色衣)○익선관(翼善冠)○흑각대(黑角帶)○진견시동(進見時同)○자담지재기(自禫至再期)○무양적색흑의(無楊赤色黑衣)○익선관(翼善冠)○흑각대(黑角帶)○심상삼년(心喪三年)○진견시급조정사신접견시동(進見時及朝庭使臣接見時同)○재기후(再期後)○길복(吉服)

왕비(王妃)○참최삼년(斬衰三年)○대수(大袖)○장군(長裙)○용극추생포(用極麤生布)○대수(大袖)○본국장삼(本國長衫)○장군(長裙)○즉상(卽裳)○개두(蓋頭)○두수(頭𩬾)○용초세생포(用稍細生布)○개두(蓋頭)○대이본국녀립모(代以本國女笠帽)○두(頭)𩬾○대이본국수파(代以本國首帕)○죽채(竹釵)○전계(箭笄)○포대(布帶)○용추생포(用麤生布)○포리(布履)○조이백면포(造以白綿布)○졸곡후(卒哭後)○백포대수(白布大袖)○장군(長裙)○개두(蓋頭)○두수급대(頭𩬾及帶)○백피혜(白皮鞋)○이십오월상후(二十五月祥後)○심염옥색대수(深染玉色大袖)○장군(長裙)○흑개두(黑蓋頭)○두수급대(頭𩬾及帶)○피혜(皮鞋)○부용김주(不用金珠)○홍수(紅繡)○이십칠월담후(二十七月禫後)○복길복(服吉服)

내명부빈이하복(內命婦嬪以下服)○여왕비복동(與王妃服同)○내상(內喪)○칙제쇠기년(則齊衰期年)○용차등추생포(用次等麤生布)○약내상재선(若內喪在先)○칙전하복진전(則殿下服盡前)○재궐내급진견복(在闕內及進見服)○백의(白衣)○상(裳)○흑대(黑帶)○복진후(服盡後)○재궐내복(在闕內服)○천담복(淺淡服)○진견복(進見服)○길복(吉服)○출외복(出外服)○쇠복(衰服)○졸곡후(卒哭後)○궐내복(闕內服)○길복(吉服)　상궁이하(尙宮以下)○참최삼년(斬衰三年)○배자(背子)○본국몽두의(本國蒙頭衣)○용극추생포(用極麤生布)○내상(內喪)○칙제쇠기년(則齊衰期年)○용차등추생포(用次等麤生布)○개두(蓋頭)○두수(頭𩬾)○용초세생포(用稍細生布)○시비이하무개두(侍婢以下無蓋頭)○포대(布帶)○소혜(素鞋)○조이백피(造以白皮)○졸곡후(卒哭後)○백포배자(白布背子)○개두(蓋頭)○두수급대(頭𩬾及帶)○백피혜(白皮鞋)○약내상재선(若內喪在先)○칙시위궁인(則侍衛宮人)○성복후(成服後)○백배자(白背子)○흑대(黑帶)○전하복진후복길복(殿下服盡後服吉服)

왕세자(王世子)○참최삼년(斬衰三年)○대수(大袖)○장군(長裙)○용극추생포(用極麤生布)○내상(內喪)○칙제쇠삼년(則齊衰三年)○용차등추생포(用次等麤生布)○개두(蓋頭)○두수(頭𩬾)○용초세생포(用稍細生布)○죽채(竹釵)○포대(布帶)○용추생포(用麤生布)○내상(內喪)○칙용차등추생포(則用次等麤生布)○포리(布履)○조이백면포(造以白綿布)○졸곡후(卒哭後)○백포대수(白布大袖)○장군(長裙)○개두(蓋頭)○두수급대(頭𩬾及帶)○백피혜(白皮鞋)○약내상재선(若內喪在先)○칙제쇠기년(則齊衰期年)

량제이하복(良娣以下服)○여왕세자빈복동(與王世子嬪服同)

수규이하(守閨以下)○참최삼년(斬衰三年)○배자(背子)○용극추생포(用極麤生布)○내상(內喪)○칙제쇠기년(則齊衰期年)○용차등추생포(用次等麤生布)○개두(蓋頭)○두수(頭𩬾)○용초세생포(用稍細生布)○시비이하(侍婢以下)○무개두(無蓋頭)○포대(布帶)○소혜(素鞋)○조이백피(造以白皮)○졸곡후(卒哭後)○백포배자(白布背子)○개두(蓋頭)○두수급대(頭𩬾及帶)○백피혜(白皮鞋)

친자복(親子服)○여왕세자복동(與王世子服同)○졸곡후(卒哭後)○권착백의(權着白衣)○오사모(烏紗帽)○립(笠)○칙용백(則用白)○흑각대(黑角帶)○백피화(白皮靴)○범간상사(凡干喪事)○복최복(服衰服)○십삼월련제(十三月練祭)○련관(練冠)○거수질(去首経)○부반(負叛)○피령최(辟領衰)○이십오월상제(二十五月祥祭)○복심염옥색의(服深染玉色衣)○오사모(烏紗帽)○흑각대(黑角帶)○백피화(白皮靴)○이십칠월담제(二十七月禫祭)○복흑의(服黑衣)○오사모(烏紗帽)○흑각대(黑角帶)○백피화(白皮靴)○담후(禫後)○길복(吉服)○내상동(內喪同)○약내상재선(若內喪在先)○칙련(則練)○상(祥)○담변복(禫變服)○역여왕세자동(亦與王世子同)

●처복(妻服)○여왕세자빈복동(與王世子嬪服同)

●친녀복(親女服)○여왕세자빈복동(與王世子嬪服同)

●친손복(親孫服)○여친자복동(與親子服同)○내상(內喪)○칙제쇠기년(則齊衰期年)

●처복(妻服)○여친자처복동(與親子妻服同)○내상(內喪)○칙제쇠기년(則齊衰期年)

●친손녀복(親孫女服)○여친녀복동(與親女服同)○내상(內喪)○칙제쇠기년(則齊衰期年)

종친급문무백관(宗親及文武百官)○참최삼년(斬衰三年)○원령의(圓領衣)○용극추생포(用極麤生布)○내상(內喪)○칙제쇠기년(則齊衰期年)○용차등추생포(用次等麤生布)○포과모(布裹帽)○용추생포(用麤生布)○과사모(裹紗帽)○거철각(去鐵角)○이포작대(以布作帶)○전계후수(前繫後垂)○마대(麻帶)○백피화(白皮靴)○졸곡후(卒哭後)○백의(白衣)○오사모(烏紗帽)○립(笠)○칙용백(則用白)○흑각대(黑角帶)○범간상사(凡干喪事)○착최복(着衰服)○십삼월련제(十三月練祭)○련포과사모(練布裹紗帽)○이십오월상제(二十五月祥祭)○심염옥색의(深染玉色衣)○오사모(烏紗帽)○흑각대(黑角帶)○이십칠월담제(二十七月禫祭)○흑의(黑衣)○담후(禫後)○길복(吉服)○내상(內喪)○칙십삼월련제후(則十三月練祭後)○복길복(服吉服)○약내상재선(若內喪在先)○칙전하복진전(則殿下服盡前)○궐내급진견(闕內及進見)○백의(白衣)○오사모(烏紗帽)○흑각대(黑角帶)○복진후(服盡後)○근신(近臣)○궐내(闕內)○천담복(淺淡服)○진견(進見)○길복(吉服)○출외(出外)○쇠복(衰服)○졸곡후(卒哭後)○진견(進見)○길복(吉服)○출외(出外)○백의(白衣)

종친일품이하급무문당상관처(宗親一品以下及武文堂上官妻)○자최기년(齊衰期年)○대수(大袖)○장군(長裙)○용차등추생포(用次等麤生布)○개두(蓋頭)○두수(頭䙏)○용초세생포(用稍細生布)○죽채(竹釵)○포대(布帶)○용차등추생포(用次等麤生布)○포리(布履)○조이백면포(造以白綿布)○졸곡후(卒哭後)○백포대수(白布大袖)○장군(長裙)○개두(蓋頭)○두수급대(頭䙏及帶)○백피혜(白皮鞋)○내상(內喪)○칙백포대수(則白布大袖)○장군(長裙)○개두(蓋頭)○두(頭)䙏급대(及帶)○백피혜(白皮鞋)○졸곡이제(卒哭而除)

문무삼품이하처(文武三品以下妻)○백포대수(白布大袖)○장군(長裙)○개두(蓋頭)○두수급대(頭䙏及帶)○백피혜(白皮鞋)○졸곡이제(卒哭而除)○내상(內喪)○칙십삼일이제(則十三日而除)○졸곡전(卒哭前)○금용금수(禁用錦繡)○홍자(紅紫)○김옥(金玉)○주취지식(珠翠之飾)

●각도대소사신급외관복(各道大小使臣及外官服)○여백관복동(與百官服同)

●전함당상관복(前銜堂上官服)○여백관복동(與百官服同)

●처복(妻服)○여종친급문무당상관처복동(與宗親及文武堂上官妻服同)

동성(同姓)○이성시마이상친내(異姓緦麻以上親內)○전함삼품이하급무직인(前銜三品以下及無職人)○참최삼년(斬衰三年)○생포원령의(生布圓領衣)○생포리립(生布裏笠)○마대(麻帶)○백피화(白皮靴)○졸곡후(卒哭後)○백의(白衣)○대(帶)○립(笠)○내상(內喪)○칙제기년(則齊衰期年)

동성(同姓)○이성시마이상친내(異姓緦麻以上親內)○시산삼품이하처복(時散三品以下妻服)○여종친처복동(與宗親妻服同)

동성(同姓)○이성시마이상녀복(異姓緦麻以上女服)○여친손녀복동(與親孫女服同)

수릉관급시릉내시(守陵官及侍陵內侍)○참최이년(斬衰二年)○최복지제급련(衰服之制及練)○상(祥)○담복(禫服)○여친자복동(與親子服同)○내상(內喪)○칙제쇠(則齊衰)

내시(內侍)○사알(司謁)○사약(司鑰)○서방색(書房色)○반감복(飯監服)○여백관복동(與百官服同)○내상(內喪)○칙자초상지졸곡(則自初喪至卒哭)○여백관동(與百官同)○유십삼월련후(唯十三月練後)○잉착백의(仍着白衣)○오사모(烏紗帽)○흑각대(黑角帶)○이십오월상후(二十五月祥後)○심염옥색의(深染玉色衣)○이십칠월담후(二十七月禫後)○길복(吉服)○약내상재선(若內喪在先)○칙병제쇠기년(則並齊衰期年)○동궁내시이하졸곡후(東宮內侍以下卒哭後)○백의(白衣)○오사모(烏紗帽)○흑각대(黑角帶)○종기년(終期年)○상후(祥後)○옥색의(玉色衣)○담후(禫後)○흑의(黑衣)○범간상사(凡干喪事)○환착쇠복(還着衰服)○대전내시이하(大殿內侍以下)○전하복진전궐내(殿下服盡前闕內)○착백의(着白衣)○오사모(烏紗帽)○흑각대(黑角帶)○출외쇠복(出外衰服)○복진후(服盡後)○궐내(闕內)○천담복(淺淡服)○시위시(侍衛時)○길복(吉服)○출외(出外)○쇠복(衰服)○졸곡후(卒哭後)○궐내(闕內)○길복(吉服)○출외백의(出外白衣)○범간상사(凡干喪事)○환착쇠복(還着衰服)

별감(別監)○각차비인(各差備人)○극추생포직령의(極麤生布直領衣)○두건마(頭巾麻)○대(帶)○백승혜(白繩鞋)○졸곡후(卒哭後)○백의(白衣)○흑두건(黑頭巾)○흑대(黑帶)○종삼년(終三年)○내상동(內喪同)○약내상재선(若內喪在先)○칙동궁별감(則東宮別監)○생포의(生布衣)○두건(頭巾)○마대(麻帶)○졸곡후(卒哭後)○백의(白衣)○흑두건(黑頭巾)○흑대(黑帶)○상후(祥後)○옥색의(玉色衣)○담후(禫後)○흑의(黑衣)○각차비인(各差備人)○생포의(生布衣)○두건(頭巾)○마대(麻帶)○졸곡후(卒哭後)○백의(白衣)○흑두건(黑頭巾)○흑대(黑帶)○종기년(終期年)○대전별감(大殿別監)○전하복진전(殿下服盡前)○궐내(闕內)○백의(白衣)○흑두건(黑頭巾)○흑대(黑帶)○출외(出外)○쇠복(衰服)○복진후궐내(服盡後闕內)○천담복(淺淡服)○출외쇠복(出外衰服)○졸곡후궐내(卒哭後闕內)○길복(吉服)○출외백의(出外白衣)○범간상사(凡干喪事)○환착쇠복(還着衰服)○각차비인(各差備人)○백의(白衣)○마대(麻帶)○백두건(白頭巾)○졸곡후궐내(卒哭後闕內)○길복(吉服)○출외백의(出外白衣)○종기년

(終期年)

유직사전함각품급성중관(有職事前衝各品及成衆官)○내금위(內禁衛)○충의위(忠義衛)○충찬위(忠贊衛)○충순위(忠順衛)○별시위(別侍衛)○즉친위지류(族親衛之類)○백의(白衣)○백포과모(白布裹帽)○마대(麻帶)○백피화(白皮靴)○졸곡후(卒哭後)○백의(白衣)○오사모(烏紗帽)○립(笠)○칙용백(則用白)○흑각대(黑角帶)○종삼년(終三年)○내상(內喪)○칙기년(則期年)○약내상재선(若內喪在先)○칙졸곡전궐내입직(則卒哭前闕內入直)○오사모(烏紗帽)○흑각대(黑角帶)○출외(出外)○환착백포리모(還着白布裹帽)○마대(麻帶)

록사(錄事)○서리(書吏)○백의(白衣)○백평정두건(白平頂頭巾)○유각자(有角者)○거철각(去鐵角)○용포화대(用布華帶)○마대(麻帶)○백피화(白皮靴)○졸곡후(卒哭後)○흑평정두건(黑平頂頭巾)○립(笠)○즉용백(則用白)○흑대(黑帶)○종삼년(終三年)○내상(內喪)○즉기년(則期年)

전함삼품이하급생원(前衝三品以下及生員)○진사(進士)○생도(生徒)○백의(白衣)○백립(白笠)○백대(白帶)○백피화(白皮靴)○혜(鞋)○생원(生員)○진사(進士)○생도(生徒)○입학교(入學校)○백두건(白頭巾)○졸곡후(卒哭後)○흑두건(黑頭巾)○졸곡후(卒哭後)○백의(白衣)○백립(白笠)○흑대(黑帶)○종삼년(終三年)○내상(內喪)○칙기년(則期年)

사직서(社稷署)○종묘서관급문소전(宗廟署官及文昭殿)○제릉(諸陵)○제전(諸殿)○참봉등관(參奉等官)○입직(入直)○병복상복(竝服常服)○오사모(烏紗帽)○흑각대(黑角帶)○출외(出外)○여백관동(與百官同)○갑사(甲士)○정병(正兵)○백의(白衣)○백립(白笠)○마대(麻帶)○백피화(白皮靴)○졸곡이제(卒哭而除)○내상동(內喪同)○약내상재선(若內喪在先)○칙궐내입직(則闕內入直)○백의(白衣)○흑립(黑笠)○흑대(黑帶)○출외(出外)○착백립(着白笠)○마대(麻帶)○졸곡이제(卒哭而除)서인남녀급승도(庶人男女及僧徒)○백의(白衣)○백립(白笠)○백대(白帶)○졸곡이제(卒哭而除)○내상(內喪)○칙십삼일이제(則十三日而除)○범졸곡전(凡卒哭前)○금용홍자지식(禁用紅紫之飾)

초조례(抄皂隷)○라장(羅將)○백의(白衣)○백포두건(白布頭巾)○백대(白帶)○졸곡후(卒哭後)○백의(白衣)○흑두건(黑頭巾)○흑대(黑帶)○종삼년(終三年)○내상(內喪)○칙기년(則期年)

●사위(嗣位)

성복례흘(成服禮訖)○전설사(典設司)○설악차어빈전문외지동근북남향(設幄次於殯殿門外之東近北南向)○액정서(掖庭署)○설어좌어악차내남향(設御座於幄次內南向)○우설욕위어빈전정동북향(又設褥位於殯殿庭東北向)○병조(兵曹)○륵제위(勒諸衛)○진군사어내외정지동서급내외문(陳軍士於內外庭之東西及內外門)○범군사(凡軍士)○개구기복(皆具器服)○전의(典儀)○설문관일품이하위어근정전정도동(設文官一品以下位於勤政殿庭道東)○종친급무관일품이하위어도서(宗親及武官一品以下位於道西)○매등이위(每等異位)○중행북향(重行北向)○상대위수(相對爲首)○종친(宗親)○매품반두(每品班頭)○별설위(別設位)○대군(大君)○특설위어정일품지전(特設位於正一品之前)○감찰위어문무매품반말동서상향(監察位於文武每品班末東西相向)○좌우통례(左右通禮)○전의위어문관동북서향(典儀位於文官東北西向)○찬의(贊儀)○인의(引儀)○재남차퇴(在南差退)○우찬의(又贊儀)○인의위어무관서북동향(引儀位於武官西北東向)○구북상(俱北上)○인의(引儀)○설문외위어근정문외(設門外位於勤政門外)○문관재동(文官在東)○무관재서(武官在西)○구매등이위(俱每等異位)○중행상향북상(重行相向北上)○종친(宗親)○별설위여상(別設位如常)○도승지(都承旨)○진유교함우찬궁남근동(陳遺敎函于欑宮南近東)○상서원관(尙瑞院官)○진대보우기남(陳大寶于其南)○개유안(皆有案)○종친급문무백관(宗親及文武百官)○변복조복(變服朝服)○취문외위(就門外位)○감찰(監察)○전의(典儀)○찬의(贊儀)○인의(引儀)○선입취위(先入就位)○인의(引儀)○분인종친급문무백관(分引宗親及文武百官)○유동서편문입(由東西偏門入)○취위(就位)○인의(引儀)○인령의정(引領議政)○좌의정(左議政)○유동편계승(由東偏階陞)○예빈전동남우(詣殯殿東南隅)○서향부복(西向俯伏)○례조판서(禮曹判書)○진당려차전(進當廬次前)○부복궤(俯伏跪)○계청구면복(啓請具冕服)○상의원관(尙衣院官)○이면복봉진(以冕服捧進)○왕세자(王世子)○석쇠복(釋衰服)○구면복(具冕服)○좌통례(左通禮)○인사왕(引嗣王)○유동문입(由東門入)○취욕위(就褥位)○북향립(北向立)○좌통례(左通禮)○계청궤(啓請跪)○사왕궤(嗣王跪)○종친급문무백관동(宗親及文武百官同)○찬의역창(贊儀亦唱)○사향이인(司香二人)○공복(公服)○진향안전(進香案前)○북향궤(北向跪)○삼상향흘(三上香訖)○부복흥퇴(俯伏興退)○좌통례(左通禮)○계청부복흥사배흥평신(啓請俯伏興四拜興平身)○사왕(嗣王)○부복흥사배흥평신(俯伏興四拜興平身)○종친급문무백관동(宗親及文武百官同)○찬의역창(贊儀亦唱)○령의정(領議政)○좌의정(左議政)○예찬궁남안전(詣欑宮南案前)○부복궤(俯伏跪)○령의정(領議政)○봉유교(捧遺敎)

○좌의정(左議政)○봉대보(捧大寶)○흥소퇴(興少退)○구서향북상립(俱西向北上立)○좌통례(左通禮)○인사왕(引嗣王)○승자동계입(陞自東階入)○예향안전(詣香案前)○북향립(北向立)○계청궤(啓請跪)○사왕궤(嗣王跪)○액정서(掖庭署)○림시설욕석(臨時設褥席)○종친급문무백관동(宗親及文武百官同)○찬의역창(贊儀亦唱)○령의정(領議政)○이유교수사왕(以遺教授嗣王)○사왕(嗣王)○수유교람흘(受遺教覽訖)○이수근시(以授近侍)○근시(近侍)○전봉퇴궤어후(傳捧退跪於後)○령의정(領議政)○강취본반(降就本班)○좌의정(左議政)○이대보수사왕(以大寶授嗣王)○사왕(嗣王)○수이수근시(受以授近侍)○근시(近侍)○전봉퇴궤어후(傳捧退跪於後)○좌의정(左議政)○강취본반(降就本班)○좌통례(左通禮)○계청부복흥평신(啓請俯伏興平身)○전하(殿下)○부복흥평신(俯伏興平身)○종친급문무백관동(宗親及文武百官同)○찬의역창(贊儀亦唱)○근시(近侍)○각봉유교급대보(各捧遺教及大寶)○이차선강립어욕위지동(以次先降立於褥位之東)○좌통례(左通禮)○도전하(導殿下)○강취욕위(降就褥位)○전의왈(典儀曰)○사배(四拜)○좌통례(左通禮)○계청국궁사배흥평신(啓請鞠躬四拜興平身)○전하(殿下)○국궁사배흥평신(鞠躬四拜興平身)○종친급문무백관동(宗親及文武百官同)○찬의역창(贊儀亦唱)○좌통례(左通禮)○도전하(導殿下)○출동문(出東門)○근시(近侍)○각봉유교급대보전행(各捧遺教及大寶前行)○전하(殿下)○입악차즉좌(入幄次卽座)○근시(近侍)○이유교(以遺教)○대보수상서원관(大寶授尙瑞院官)○충의위일인(忠義衛一人)○봉홍양산(捧紅陽繖)○이인(二人)○봉청선(捧靑扇)○립어차전(立於次前)○제호위지관급사금(諸護衛之官及司禁)○십륙원(十六員)○승지(承旨)○륙인(六人)○사관(史官)○이인(二人)○구예차전(俱詣次前)○시위여식(侍衛如式)○인의(引儀)○분인종친급문무백관이차출(分引宗親及文武百官以次出)○액정서(掖庭署)○설어좌어근정문당중남향(設御座於勤政門當中南向)○설보안어좌전근동(設寶案於座前近東)○향안이어계상좌우(香案二於階上左右)○장악원(掌樂院)○전헌현어정근남북향(展軒縣於庭近南北向)○진이부작(陳而不作)○설협률랑거휘위어서계하근서동향(設協律郎擧麾位於西階下近西東向)○사복사(司僕寺)○진여(陳輿)○련어중도(輦於中道)○소(小)○여재북(輿在北)○소련차지(小輦次之)○대련우차지(大輦又次之)○진어마어중도좌우(陳御馬於中道左右)○각일필(各一匹)○상향(相向)○장마어정지동서(仗馬於庭之東西)○팔필재동(八匹在東)○팔필재서(八匹在西)○상향(相向)○병조(兵曹)○륵제위(勒諸衛)○진로부대장(陳鹵簿大仗)○렬군사어정여상(列軍士於庭如常)○전악(典樂)○수공인(帥工人)○입취위(入就位)○협률랑(協律郎)○입취거휘위(入就擧麾位)○감찰급전의(監察及典儀)○찬의(贊儀)○인의(引儀)○선입취위(先入就位)○인의(引儀)○분인종친급문무삼품이하(分引宗親及文武三品以下)○입취위(入就位)○좌통례(左通禮)○예차전(詣次前)○부복궤(俯伏跪)○계청승좌(啓請陞座)○전하(殿下)○출차(出次)○승여이출(乘輿以出)○산선(繖扇)○시위여상의(侍衛如常儀)○좌통례(左通禮)○도전하승좌(導殿下陞座)○로연승(爐煙陞)○상서원관(尙瑞院官)○봉보(捧寶)○치어안(置於案)○산선(繖扇)○시위여상의(侍衛如常儀)○제호위지관(諸護衛之官)○렬립어어좌지후급계하동서차(列立於御座之後及階下東西次)○승지(承旨)○분예계하동서(分詣階下東西)○부복(俯伏)○사관(史官)○재기후(在其後)○차사금(次司禁)○분립어동서(分立於東西)○인의(引儀)○분인종친급문무이품이상(分引宗親及文武二品以上)○유동서편문입(由東西偏門入)○취위(就位)○전의왈(典儀曰)○사배(四拜)○찬의창(贊儀唱)○국궁사배흥평신(鞠躬四拜興平身)○종친급문무백관(宗親及文武百官)○국궁사배흥평신(鞠躬四拜興平身)○찬의창(贊儀唱)○궤진홀삼고두(跪搢笏三叩頭)○종친급문무백관(宗親及文武百官)○궤(跪)○진홀(搢笏)○삼고두(三叩頭)○찬의창(贊儀唱)○산호(山呼)○종친급문무백관(宗親及文武百官)○공수가액(拱手加額)○왈천세(曰千歲)○창산호(唱山呼)○왈천세(曰千歲)○창재산호(唱再山呼)○왈천천세(曰千千歲)○범호천세(凡呼千歲)○악공(樂工)○군교(軍校)○제성응지(齊聲應之)○찬의창(贊儀唱)○출홀부복흥사배흥평신(出笏俯伏興四拜興平身)○종친급문무백관(宗親及文武百官)○출홀부복흥사배흥평신(出笏俯伏興四拜興平身)○좌통례(左通禮)○진당좌전(進當座前)○부복궤계례필(俯伏跪啓禮畢)○부복흥환본위(俯伏興還本位)○전하(殿下)○강좌승여(降座乘輿)○산선(繖扇)○시위여상(侍衛如常)○환려차(還廬次)○석면복(釋冕服)○반상복(反喪服)○인의(引儀)○분인종친급문무백관(分引宗親及文武百官)○석조복(釋朝服)○환착상복(還着喪服)

●반교서(頒教書)

전하수하흘(殿下受賀訖)○환차(還次)○액정서(掖庭署)○개설어좌어근정문당중남향(改設御座於勤政門當中南向)○용소(用素)○설교서안어어좌전(設教書案於御座前)○유함(有函)○전의(典儀)○설종친급문무백관위어정지동서여상(設宗親及文武百官位於庭之東西如常)○전의(典儀)○선교관위어동계하근동서향(宣教官位於東階下近東西向)○찬의(贊儀)○인의(引儀)○재남차퇴(在南差退)○우찬의(又贊儀)○인의위어서계하근서동향(引儀位於西階下近西東向)○구북상(俱北上)○병조(兵曹)○

륵제위(勒諸衛)○진로부대장(陳鹵簿大仗)○렬군사여상(列軍士如常)○전의(典儀)○설개독위어계하근동서향(設開讀位於階下近東西向)○종친급문무백관(宗親及文武百官)○이쇠복(以衰服)○개취문외위(皆就門外位)○집사관(執事官)○선취위(先就位)○인의(引儀)○분인종친급문무삼품이하(分引宗親及文武三品以下)○입취위(入就位)○제호위지관급사금(諸護衛之官及司禁)○각구기복(各具器服)○입렬어어좌지후급계하동서여상(入列於御座之後及階下東西如常)○진산선(陳繖扇)○용소(用素)○여상(如常)○인의(引儀)○분인종친급문무이품이상(分引宗親及文武二品以上)○입취위(入就位)○선교관(宣敎官)○취위(就位)○전교관(傳敎官)○입예차전(入詣次前)○승교부복흥(承敎俯伏興)○출예선교관지북(出詣宣敎官之北)○서향립(西向立)○전교관이인(展敎官二人)○백의(白衣)○예어좌전(詣御座前)○부복흥(俯伏興)○대거교서안(對擧敎書案)○수지(隨之)○전교관(傳敎官)○칭유교(稱有敎)○찬의창(贊儀唱)○궤(跪)○종친급문무백관(宗親及文武百官)○개궤(皆跪)○전교관(傳敎官)○취교서(取敎書)○수선교관(授宣敎官)○선교관(宣敎官)○궤수이수전교관(跪受以授展敎官)○대전(對展)○선교관(宣敎官)○선흘(宣訖)○부복흥퇴복위(俯伏興退復位)○전교관(展敎官)○이교서(以敎書)○치어안(置於案)○부복흥퇴(俯伏興退)○찬의창(贊儀唱)○부복흥사배흥평신(俯伏興四拜興平身)○종친급문무백관(宗親及文武百官)○부복흥사배흥평신(俯伏興四拜興平身)○인의(引儀)○분인종친급문무백관(分引宗親及文武百官)○이차출(以次出)○승정원(承政院)○봉교서(奉敎書)○분송제도(分送諸道)○개독여식(開讀如式)○제도관찰사급절도사(諸道觀察使及節度使)○목사이상(牧使以上)○봉전진하(奉箋陳賀)○이품이상외관(二品以上外官)○수비목사(雖非牧使)○역진하(亦陳賀)

●고부(告訃) 청시(請諡) 청승습(請承襲)

전기(前期)○고부(告訃)○청시표전급의정부청승습신정(請諡表箋及議政府請承襲申呈)○찬진(撰進)○의정부계품(議政府啓稟)○사왕(嗣王)○령예문관(令藝文館)○승문원(承文院)○제술서사(製述書寫)○사위례흘(嗣位禮訖)○종친급문무백관(宗親及文武百官)○이백의(以白衣)○오사모(烏紗帽)○흑각대(黑角帶)○입근정전정(入勤政殿庭)○배고부(拜告訃)○청시표(請諡表)○전여상의(箋如常儀)○악(樂)○진이부작(陳而不作)○사자(使者)○봉표(捧表)○전기출(箋旣出)○종친급문무백관송(宗親及文武百官送)○지국문외(至國門外)○환착최복(還着衰服)

조석곡전급상식의(朝夕哭奠及上食儀)

매일미명(每日未明)○액정서(掖庭署)○설전하위어빈전호외지동서향(設殿下位於殯殿戶外之東西向)○성빈전(成殯前)○내시(內侍)○설위어전내(設位於殿內)○약내상(若內喪)○칙성빈후(則成殯後)○역내시설위(亦內侍設位)○후방차(後倣此)○설대군이하위어동계하근동서향북상(設大君以下位於東階下近東西向北上)○성빈전(成殯前)○내시(內侍)○설위어전외(設位於殿外)

시지(時至)○일출조전(日出朝奠)○체일석전(逮日夕奠)○유사(攸司)○진례찬(進禮饌)○견서례(見序例)○내시(內侍)○전봉(傳捧)○내상(內喪)○칙상식(則尙食)○수기속전봉(帥其屬傳捧)○후방차(後倣此)○입설어령좌전(入設於靈座前)○설향로(設香爐)○향합병촉어기전(香合幷燭於其前)○설존어호외지좌(設尊於戶外之左)○치잔삼어존소(置盞三於尊所)○우내시(又內侍)○설관즐지구우령침측(設盥櫛之具于靈寢側)○약내상(若內喪)○칙상침위지(則尙寢爲之)○후방차(後倣此)○봉혼백함(捧魂帛函)○출취령좌(出就靈座)○내상(內喪)○칙상궁위지(則尙宮爲之)○후방차(後倣此)○전하(殿下)○장(杖)○성복전(成服前)○내시부인(內侍扶引)○입취위궤(入就位跪)○부복곡(俯伏哭)○궤시(跪時)○내시장봉(內侍杖捧)○후방차(後倣此)○대군이하(大君以下)○거장(去杖)○종입취위궤(從入就位跪)○부복곡(俯伏哭)○대전관(代奠官)○관수(盥手)○승자동편계(陞自東偏階)○예향안전(詣香案前)○북향궤(北向跪)○삼상향(三上香)○작주전우령좌전(酌酒奠于靈座前)○련전삼잔(連奠三盞)○내상(內喪)○칙상식위지(則尙食爲之)○후방차(後倣此)○부복흥퇴(俯伏興退)○전하(殿下)○곡진애(哭盡哀)○대군이하(大君以下)○곡진애(哭盡哀)○전하(殿下)○환려차(還廬次)○대군이하(大君以下)○환차(還次)

식시상식(食時上食)○찬품여평시(饌品如平時)○유부용육선(唯不用肉膳)○여조전의(如朝奠儀)○석전(夕奠)○여조전의(如朝奠儀)○석전장지(夕奠將至)○살조전(撤朝奠)○조전장지(朝奠將至)○철석전(撤夕奠)○필(畢)○내시(內侍)○봉혼백함(捧魂帛函)○입취령침(入就靈寢)○전하(殿下)○곡진애(哭盡哀)○대군이하(大君以下)

○곡진애(哭盡哀)○전하(殿下)○환려차(還廬次)○대군이하(大君以下)○환차(還次)○곡무시(哭無時)○조석지간(朝夕之間)○애지(哀至)○칙곡어차(則哭於次)○유신물(有新物)○즉천지여상식의(則薦之如上食儀)○약비특천지물(若非特薦之物)○즉어조(則於朝)○석전급상식(夕奠及上食)○겸천(兼薦)

●삭망전(朔望奠) ○속절별전동(俗節別奠同)

기일미명(其日未明)○액정서(掖庭署)○설전하위어빈전호외지동서향(設殿下位於殯殿戶外之東西向)○전의(典儀)○설대군이하위어동계하근동서향북상(設大君以下位於東階下近東西向北上)○설종친급문무백관(設宗親及文武百官)○감찰(監察)○전의(典儀)○찬의(贊儀)○인의위어외정(引儀位於外庭)○병여상(並如常)

전이각(前二刻)○유사(攸司)○진례찬(進禮饌)○견서례(見序例)○내시(內侍)○전봉입설어령좌전(傳捧入設於靈座前)○설향로(設香爐)○향합병촉어기전(香合并燭於其前)○설존어호외지좌(設尊於戶外之左)○치잔삼어존소(置盞三於尊所)

전일각(前一刻)○감찰(監察)○전의(典儀)○찬의(贊儀)○인의(引儀)○선입취위(先入就位)○인의(引儀)○분인종친급문무백관(分引宗親及文武百官)○입취위(入就位)○내시(內侍)○설관즐지구우령침측(設盥櫛之具于靈寢側)○봉혼백함(捧魂帛函)○출취령좌(出就靈座)○인의(引儀)○인대군이하(引大君以下)○거장(去杖)○입취위(入就位)○좌통례(左通禮)○도전하(導殿下)○장입취위(杖入就位)○좌통례(左通禮)○부복궤(俯伏跪)○계청궤부복곡(啓請跪俯伏哭)○전하(殿下)○궤부복곡(跪俯伏哭)○대군이하(大君以下)○궤부복곡(跪俯伏哭)○찬의창(贊儀唱)○궤부복곡(跪俯伏哭)○종친급문무백관(宗親及文武百官)○궤부복곡(跪俯伏哭)○좌통례(左通禮)○계청지곡(啓請止哭)○전하지곡(殿下止哭)○대군이하지곡(大君以下止哭)○찬의창(贊儀唱)○지곡흥사배흥평신(止哭興四拜興平身)○종친급문무백관(宗親及文武百官)○지곡흥사배흥평신(止哭興四拜興平身)○찬의창(贊儀唱)○궤(跪)○종친급문무백관(宗親及文武百官)○궤(跪)○대전관(代奠官)○관수(盥手)○승자동편계(陞自東偏階)○예향안전(詣香案前)○북향궤(北向跪)○삼상향(三上香)○작주전우령좌전(酌酒奠于靈座前)○련전삼잔(連奠三盞)○부복흥퇴(俯伏興退)○좌통례(左通禮)○계청곡(啓請哭)○전하(殿下)○곡진애(哭盡哀)○대군이하(大君以下)○곡진애(哭盡哀)○찬의창(贊儀唱)○부복곡(俯伏哭)○종친급문무백관(宗親及文武百官)○부복곡진애(俯伏哭盡哀)○좌통례(左通禮)○계청지곡(啓請止哭)○전하지곡(殿下止哭)○대군이하지곡(大君以下止哭)○찬의창(贊儀唱)○지곡흥사배흥평신(止哭興四拜興平身)○종친급문무백관(宗親及文武百官)○지곡흥사배흥평신(止哭興四拜興平身)○좌통례(左通禮)○도전하(導殿下)○환려차(還廬次)○인의(引儀)○인대군이하환차(引大君以下還次)○우인의(又引儀)○분인종친급문무백관(分引宗親及文武百官)○이반근동궤(移班近東跪)○반수(班首)○진명봉위흘(進名奉慰訖)○인의(引儀)○이차인출(以次引出)

의정부솔백관진향의
(議政府率百官進香儀)

○종친(宗親)○의빈(儀賓)○제도관찰사진향동(諸道觀察使進香同)○유무백관(唯無百官)
기일(其日)○인의(引儀)○설문무백관급감찰(設文武百官及監察)○전의(典儀)○찬의(贊儀)○인의위어외정(引儀位於外庭)○병여상(並如常)

시지(時至)○유사(攸司)○진례찬(進禮饌)○견서례(見序例)○내시(內侍)○전봉입설어령좌전(傳捧入設於靈座前)○설향로(設香爐)○향합병촉어기전(香合并燭於其前)○전축문어령좌지좌(奠祝文於靈座之左)○설존어호외지좌(設尊於戶外之左)○치잔삼어존소(置盞三於尊所)○감찰(監察)○전의(典儀)○찬의(贊儀)○인의(引儀)○선입취위(先入就位)○인의(引儀)○분인문무백관입취위(分引文武百官入就位)○찬의창(贊儀唱)○궤부복곡(跪俯伏哭)○백관(百官)○궤부복곡(跪俯伏哭)○찬의창(贊儀唱)○지곡흥사배흥평신(止哭興四拜興平身)○백관(百官)○지곡흥사배흥평신(止哭興四拜興平身)○인의(引儀)○인반수관수(引班首盥手)○제집사동(諸執事同)○승자동편계인(陞自東偏階引)○의(儀)○지어계하(止於階下)○예령좌전(詣靈座前)○북향궤(北向跪)○찬의창(贊儀唱)○궤(跪)○백관궤(百官跪)○집사자일인(執事者一人)○봉향합(捧香合)○일인(一人)○봉향로(捧香爐)○반수(班首)○삼상향(三上香)○집사자(執事者)○이잔작주(以盞酌酒)○수반수(授班首)○반수(班首)○집잔헌잔(執盞獻盞)○이잔수집사자(以盞授執事者)○전우령좌전(奠于靈座前)○련전삼잔(連奠三盞)○부복흥소퇴궤(俯伏興小退跪)○대축(大祝)○진령좌지좌(進靈座之左)○서향궤(西向跪)○독축문흘(讀祝文訖)○사(詞)○림시찬(臨時撰)○반수(班首)○부복흥평신(俯伏興平身)○찬의창(贊儀唱)○부복흥평신(俯伏興平身)○백관(百官)○부복흥평신(俯伏興平身)○반수(班首)○강계(降階)○인의(引儀)○인환본위(引還本位)○찬의창(贊儀唱)○궤부복곡(跪俯伏哭)○백관(百官)○궤부복곡(跪俯伏哭)○찬의창(贊儀唱)○지곡흥사배흥평신(止哭興四拜興平身)○인의(引儀)○분인문무백관출(分引文武百官出)○내상(內喪)○칙인의(則引儀)○인반수(引班首)○예중문외(詣中門外)○북향립(北向立)○찬의창(贊儀唱)○궤(跪)○반수급백관(班首及百官)○개궤(皆跪)○상식(尙食)○진향안전궤(進香案前跪)○삼상향(三上香)○우작주삼잔(又酌酒三盞)○전우령좌전(奠于靈座前)○전언(典言)○예령좌지좌궤(詣靈座之左跪)○독축문흘(讀祝文訖)○부복흥퇴(俯伏興退)○찬의창(贊儀唱)○부복흥평신(俯伏興平身)○반수급백관(班首及百官)○부복흥평신(俯伏興平身)○인의(引儀)○인반수(引班首)○환본위(還本位)○여여상의(餘如上儀)

●치장(治葬)

오월이장(五月而葬)○전기(前期)○례조당상관급관상감제조(禮曹堂上官及觀象監提調)○수지리학관(帥地理學官)○택지지가장자(擇地之可葬者)○의정부당상관(議政府堂上官)○경심계문이정(更審啓聞以定)○택일(擇日)○개영역(開塋域)○굴조사우(掘兆四隅)○외기양(外其壤)○굴중(掘中)○남기양(南其壤)○각립일표(各立一標)○당남문립량표(當南門立兩標)○관상감관(觀象監官)○사후토어중표지좌(祠后土於中表之左)○전제삼일(前祭三日)○제제관(諸祭官)○병산제이일(竝散齊二日)○치제일일(致齊一日)○기일(其日)○집사자(執事者)○설후토씨신위어중표지좌남향(設后土氏神位於中標之左南向)○석이완(席以莞)○설헌관위어신위동남서향(設獻官位於神位東南西向)○집사자위어기후서향북상(執事者位於其後西向北上)○알자(謁者)○찬자위어집사지남(贊者位於執事之南)○구서향북상(俱西向北上)○전축판어신위지우(奠祝版於神位之右)○설향로(設香爐)○향합병촉어신위전(香合幷燭於神位前)○차설제기어식(次設祭器如式)○견서례(見序例)○설관세이어주존동남북향(設盥洗二於酒尊東南北向)○헌궁세재동(獻宮洗在東)○집사세재서(執事洗在西)○제제관(諸祭官)○각구공복(各具公服)○시지(時至)○알자(謁者)○찬자(贊者)○선취배위(先就拜位)○북향사배흘(北向四拜訖)○취위(就位)○알자(謁者)○인축급집사자(引祝及執事者)○입취배위(入就拜位)○북향립(北向立)○찬자왈(贊者曰)○사배(四拜)○축이하(祝以下)○사배(四拜)○취위(就位)○알자(謁者)○인헌관(引獻官)○입취위(入就位)○찬자왈(贊者曰)○사배(四拜)○헌관(獻官)○사배(四拜)○알자(謁者)○인헌관(引獻官)○예관세위(詣盥洗位)○북향립(北向立)○찬진홀(贊搢笏)○헌관(獻官)○관수(盥手)○세수흘(帨手訖)○찬집홀(贊執笏)○인예존소(引詣尊所)○서향립(西向立)○집존자(執尊者)○거멱작주(擧羃酌酒)○집사자(執事者)○이작수주(以爵受酒)○알자(謁者)○인헌관(引獻官)○예신위전(詣神位前)○북향립(北向立)○찬궤(贊跪)○삼상향(三上香)○집사자(執事者)○이작수헌관(以爵授獻官)○헌관(獻官)○집작헌작(執爵獻爵)○이작수집사자(以爵授執事者)○전우신위전(奠于神位前)○찬집홀(贊執笏)○부복흥소퇴북향궤(俯伏興少退北向跪)○축(祝)○취신위지우(就神位之右)○동향궤(東向跪)○독축문흘(讀祝文訖)○알자(謁者)○찬부복흥퇴복위(贊俯伏興退復位)○찬자왈(贊者曰)○사배(四拜)○헌관사배(獻官四拜)○알자인출(謁者引出)○차인축이하(次引祝以下)○취배위(就拜位)○찬자왈(贊者曰)○사배(四拜)○축이하(祝以下)○사배(四拜)○알자(謁者)○인출알자(引出謁者)○찬자(贊者)○취배위(就拜位)○사배이출(四拜而出)○집사자(執事者)○살찬(撤饌)○축판(祝版)○예어감(瘞於坎)

시지(時至)○내천광(乃穿壙)○심십척용영조척(深十尺用營造尺)○후방차(後倣此)○광이십구척(廣二十九尺)○탄말(炭末)○축실후(築實厚)○동서각오촌(東西各五寸)○석회(石灰)○세사(細沙)○황토등삼물(黃土等三物)○교합축실후(交合築實厚)○동서각사척(東西各四尺)○석실동서방석후(石室東西旁石厚)○각이척오촌(各二尺五寸)○중격석후사척(中隔石厚四尺)○동(東)○서실내광(西室內廣)○각오척오촌(各五尺五寸)○총이십구척(摠二十九尺)○장이십오척오촌(長二十五尺五寸)○남(南)○북탄말급삼물(北炭末及三物)○축실후병동상(築實厚竝同上)○북우석후이척오촌(北隅石厚二尺五寸)○문배석(門排石)○문의석후(門倚石厚)○각이척(各二尺)○석실내장삼십척(石室內長十尺)○총이십오척오촌(摠二十五尺五寸)○개남면(開南面)○이위선도(以爲羨道)○기석실(其石室)○동릉이실(同陵異室)○이서위상(以西爲上)○제도(制度)○어격석(於隔石)○방석(旁石)○우석당처(隅石當處)○지석(支石)○박석입배지지(博石入排之地)○가굴심이척오촌(加掘深二尺五寸)○기남면박석(其南面博石)○호왈문역석(號曰門閾石)○지석고일척(支石高一尺)○박석고일척오촌(博石高一尺五寸)○총고이척오촌(摠高二尺五寸)○잉축기저지토(仍築其底之土)○선배지석(先排支石)○고일척(高一尺)○광일척오촌(廣一尺五寸)○장수의(長隨宜)○종치지(縱置之)○범이행여광저토제(凡二行與壙底土齊)○지기박석량두당처(支其博石兩頭當處)○고왈지석(故曰支石)○기지석간(其支石間)○용삼물축실(用三物築實)○석회삼분(石灰三分)○황토(黃土)○세사(細沙)○각일분(各一分)○화이유피전수(和以楡皮煎水)○재궁대석체당처(梓宮臺石砌當處)○역가굴심칠촌(亦加掘深七寸)○용추사여본토환전(用麤沙與本土還塡)○물축(勿築)○당협석처(當挾石處)○칙견축지(則堅築之)○포동망(鋪銅網)○량실(兩室)○량일망(兩一網)○장각십척이촌(長各十尺二寸)○광각오척칠촌(廣各五尺七寸)○어석실지내동망(於石室之內銅網)○여실내장(與室內長)○광차대(廣差大)○기망사변(其網四邊)○가어사면지석상(加於四面支石上)○각일촌(各一寸)○포유회어지석상(布油灰於支石上)○차가박석(次加博石)○고일척오촌(高一尺五寸)○장삼척구촌(長三尺九寸)○격석하박석(隔石下博石)○칙장사척사촌(則長四尺四寸)○광수의(廣隨宜)○급문역석(及門閾石)○량실(兩室)○각용일(各用一)○광각삼척(廣各三尺)○후각이척(厚各二尺)○장각칠척오촌(長各七尺五寸)○량단착입어방석하급격석하박석(兩端斲入於旁石下及隔石下博石)○각오촌(各五寸)○당문비석입처(當門扉石入處)○착제심사촌(斲除深四寸)○장륙척오촌(長六尺五寸)○광이척오촌(廣二尺五寸)○내변(內邊)○류고사촌(留高四寸)○광오촌(廣五寸)○이위문역(以爲門閾)○기고(其高)○여실내지면제(與室內地面齊)○범량석상접처(凡兩石相接處)○개이유회도지(皆以油灰塗之)○사무공극(使無空隙)○후(後)○설격석(設隔石)○고오척오촌(高五尺五寸)○후사척(厚四尺)○장십사척(長十四尺)○북단일척(北端一尺)○자량각량내사착(自兩角向內斜斲)○량각상거잉구사척(兩角相拒仍舊四尺)○기예단각오촌사착지처(其銳端各五寸斜斲之處)○좌우상거삼척(左右相拒三尺)○예일각오촌(銳入各五寸)○이접량우석상접처내변지요간(以接兩隅石相接處內邊之凹間)○남단삼척(南端三尺)○동서변각착제심오촌(東西邊各鑿除深五寸)○이이척(以二尺)○비문비석지입(備門扉石之入)○여일척(餘一

尺)○출어비외(出於扉外)○중유창혈(中有窓穴)○종석량면(從石兩面)○작혈각방일척륙촌(作穴各方一尺六寸)○심각일척(深各一尺)○중작소혈방일척(重作小穴方一尺)○자혈북거우석삼척칠촌(自穴北拒隅石三尺七寸)○자혈남거문비석사척칠촌(自穴南拒門扉石四尺七寸)

○**어량실간(於兩室間)**○**차설북우석(次設北隅石)**○량실(兩室)○각용일(各用一)○고오척오촌(高五尺五寸)○후이척오촌(厚二尺五寸)○장십척(長十尺)○서실북우서서단내변당방석철처착위요(西室北隅石西端內邊當旁石凸處鑿爲凹)○요심오촌(凹深五寸)○활일척(闊一尺)○이비우방석북단내철처지입(以備右旁石北端內凸處之入)○요서일척오촌(凹西一尺五寸)○부착(不斵)○이접방석북단서변소착직처(以接旁石北端西邊所斵直處)○동실북우석동단내변(東室北隅石東端內邊)○요서일척오촌(凹西一尺五寸)○역如이(亦如二)○서실우석동단(西室隅石之東端)○동실우석지서단상접처(東室隅石之西端相接處)○착기내변(鑿其內邊)○합위요(合爲凹)○이비우석북단지입(以備隅石北端之入)○요심일척(凹深一尺)○구협내활(口狹內闊)○구광삼척(口廣三尺)○내광사척(內廣四尺)○자구량방지내량방(自口兩旁至內兩旁)○좌우각사착(左右各斜鑿)○상여기(狀如箕)○이격석북단량각(以隔石北端之兩角)○납우요내활처(納于凹內闊處)○사부득전각(使不得前却)

○**급방석(及旁石)**○량실(兩室)○각용일(各用一)○고오척오촌(高五尺五寸)○후이척오촌(厚二尺五寸)○장십이척오촌(長十二尺五寸)○남단내변이척(南端內邊二尺)○착심오촌(鑿深五寸)○자상통저(自上通底)○이비문비석지입(以備門扉石之入)○북단외변착제(北端外邊斵除)○사내변철올오촌(使內邊凸兀五寸)○후일척(厚一尺)○이납북우석철처(以納北隅石凸處)○범방석(凡旁石)○격석상접착착처(隔石相接斵鑿處)○개자상통저(皆自上通底)○격석하급북우석하박석(隔石下及北隅石下博石)○입광내(入壙內)○각이촌(各二寸)○방석하박석(旁石下博石)○입광내삼촌(入壙內三寸)○문역석(門閾石)○입광내오촌(入壙內五寸)○**우석(隅石)**○**방석상접처(旁石相接處)相接處**○**개착(皆鑿)**○**입대인정(入大引釘)**○대인정(大引釘)○요장일척이촌일분(腰長一尺二寸一分)○광이촌칠분(廣二寸七分)○후이촌이분(厚二寸二分)○두장삼촌(頭長三寸)○광사촌구분(廣四寸九分)○중인정(中引釘)○요장일척사분(腰長一尺四分)○광이촌일분(廣二寸一分)○후이촌(厚二寸)○두장이촌이분(頭長二寸二分)○광사촌팔분(廣四寸八分)○범조인정(凡造引釘)○선이정철작정(先以正鐵作釘)○형여공자(形如工字)○차이수철용관(次以水鐵鎔灌)○**물령퇴출(勿令退出)**○서실북우서서단내변(西室北隅石西端內邊)○우방석북단외변급동실북우석동단내변(右旁石北端外邊及東室北隅石東端內邊)○좌방석북단외변상접처(左旁石北端外邊相接處)○공용이(共用二)○량북우석(兩北隅石)○용일(用一)○량개석상접처(兩蓋石相接處)○용삼(用三)○외배정지대석련접처(外排正地臺石連接處)○공용십이(共用十二)○면석(面石)○우석상접처(隅石相接處)○공용이십사(共用二十四)○개대인정(皆大引釘)○만석상접처급인석하(滿石相接處及引石下)○공용십사(共用十四),개중인정(皆中引釘)○**차설석체(次設石砌)**○량실각일(兩室各一)○용전석(用全石)○고일척팔촌(高一尺八寸)○장팔척칠촌(長八尺七寸)○광삼척구촌(廣三尺九寸)○통착기중(通鑿其中)○여사변(餘四邊)○후륙촌(厚六寸)○**기사방(其四旁)**○**개치협석(皆置挾石)**○고각일척오촌(高各一尺五寸)○광각오촌(廣各五寸)○장수의(長隨宜)○석체(石砌)○거격석급북우석(距隔石及北隅石)○각오촌(各五寸)○거방석(距旁石)○일척일촌(一尺一寸)○거문비석(距門扉石)○팔촌(八寸)○이협석협어상거지간(以挾石挾於相距之間)○남(南)○북각일(北各一)○동(東)○서각이(西各二)○여박석(與博石)○문역석제(門閾石齊)○기석체통착처(其石砌通鑿處)○용세사(用細沙)○황토견축(黃土堅築)○여석체제(與石砌齊)○협석간(挾石間)○용추사여본토전지(用麤沙與本土塡之)○여협석제(與挾石齊)○석체입지(石砌入地)○일척삼촌(一尺三寸)○출지오촌(出地五寸)○기외면(其外面)○사토경굴환포(沙土更掘還布)○물령견축(勿令堅築)○이비삼루수기(以備滲漏水氣)○**차가개석각일어량실지상(次加蓋石各一於兩室之上)**○후삼척(厚三尺)○광십척(廣十尺)○장십사척오촌(長十四尺五寸)○남단하변당문비석처(南端下邊當門扉石處)○착제이척(鑿除二尺)○심사척(深四尺)○광륙척오촌(廣六尺五寸)○이배문비석지입(以排門扉石之入)○이초천성토여사력(以草薦盛土與沙礫)○전량실내외(塡兩室內外)○가토어기상(加土於其上)○연후예치개석(然後曳置蓋石)○기량개석상접처(其兩蓋石相接處)○이유회미지(以油灰彌之)○범량석상접처(凡兩石相接處)○병동(並同)○**가가치개석일(加加置蓋石一)**○광오척(廣五尺)○중후일척오촌(中厚一尺五寸)○량변후삼촌(兩邊厚三寸)○장십사척오촌(長十四尺五寸)○중고량변사하(中高兩邊斜下)○**어량개석지간(於兩蓋石之間)**○차어격석창혈(次於隔石窓穴)○이송황장판새지(以松黃腸板塞之)○용사토급석회재등정물(用沙土及石灰滓等淨物)○전어수실내(塡於壽室內)○이가문비석(以假門扉石)○횡치새지(橫置塞之)○우용수회도극(又用水灰塗隙)○내어량실우석(乃於兩室隅石)○방석(旁石)○문비석지외(門扉石之外)○각거사척(各距四尺)○주회시판(周回施板)○이삼물견축(以三物堅築)○우승기판이점축지(又升其板而漸築之)○기삼물지외거광변오촌내(其三物之外距壙邊五寸內)○용탄말축지(用炭末築之)○축외배지대석하면상당처(築至外排地臺石下面相當處)○어판내사우(於板內四隅)○횡립소판(橫立小板)○사유공처(使有空處)○이비본토주회련축(以備本土周回連築)○약부횡립소판(若不橫立小板)○즉공사우속어지대석(則恐四隅屬於地臺石)○이본토지축(而本土之築)○부상련맥야(不相連脈也)○**의차주회축지(依此周回築之)**○**이지가치개석상(以至加置蓋石上)**○**중고사하(中高四下)**○**비무삼수지환(俾無滲水之患)**○기개석급가치개석상(其蓋石及加置蓋石上)○삼물(三物)○탄말지축(炭末之築)○부계석지고저(不計石之高低)○각종기석상(各從其石上)○의상항례축지(依上項例築之)○**기광외평지상동(其壙外平地上東)**○**서(西)**○**북삼면(北三面)**○**량기지대석배처(量其地臺石排處)**○**견축기저(堅築其底)**○기개석예입시(其蓋石曳入時)○동(東)○서면굴처(西面掘處)○용지석여토전축(用支石與土塡築)○**선배초지대석이십사(先排初地臺石二十四)**○고각이척(高各二尺)○장각륙척일촌오분(長各六尺一寸五分)○광각삼척삼촌(廣各三尺三寸)○십이면각용이석(十二面各用二石)○굴토이배지(掘土而排之)○상면여지면제(上面與地面齊)○기석상면외변(其石上面外邊)○착제오촌(鑿除五寸)○심역오촌(深亦五寸)○이비외박석상단지입(以備外博石上端之入)○약우석(若隅石)○즉형여경절(則形如磬折)○후동(後同)○기남면소설석(其南面所設石)○대폐현궁후내설(待閉玄宮後乃設)○면석(面石)○우석(隅石)○역동(亦同)○**이정지대석십이(以正地臺石十二)**○고각이척일촌(高各二尺一寸)○광각삼척(廣各三尺)○장각십이척삼촌(長各十二尺三寸)○각상면외변오촌위복련(刻上面外邊五寸爲覆蓮)○착제하면륙촌심(鑿除下面六寸深)○이비외박석상단지입(以備外博石上端之入)○제출박석상정고일척오촌(而出博石上正高一尺五寸)○기초지대상변소착오촌(其初地臺上邊所鑿五寸)○정지대하변소착륙촌(正地臺下邊所鑿六寸)○공일척일촌(共一尺一寸)○여외박석상단후일척일촌상준(與外博石上端厚一尺一寸相准)○매석상면외변(每石上面外邊)○착제심일촌오분(鑿除深一寸五分)○광사촌(廣四寸)○이승면석하면지치(以承面石下面之齒)○매지대석상접처근외변(每地臺石相接處近外邊)○각착오분(各斵五分)○합성일공(合成一孔)○활방일촌(闊方一寸)○전유회어공중(塡油灰於孔中)○기공(其孔)○자상통저(自上通底)○횡사향외(橫斜向外)○당어외박석상단입지대석지상(當於外博石上端入地臺石之上)○우어상면외변당면석(又於上面外邊當面石)○우석상접지극지하(隅石相接之隙之下)○착요(鑿凹)○요전후경사촌(凹前後徑四寸)○좌우경이촌(左右徑二寸)○내변심오분(內邊深五分)○외변심일촌오분(外邊深一寸五分)○사기세의경향외(使其勢攲傾向外)○수유삼수(雖有滲水)○역이주외(易以注外)○**치어초지대석지상(置於初地臺石之上)**○**차이우석십이(次以隅石十二)**○각운채(刻雲彩)○고각이척일촌(高各二尺一寸)○후각삼촌(厚各三寸)○장각륙척(長各六尺)○매석량단외면(每石兩端外面)○작치(作齒)○치장이촌(齒長二寸)○후사촌(厚四寸)○여면석착처상과합(與面石鑿處相跨合)○우어하면외변(又於下面外邊)○작치일촌오분(作齒一寸五分)○후사촌(厚四寸)○여지대석상면외변착제처상과합(與地臺石上面外邊鑿除處相

跨合)○상면외변(上面外邊)○착제심일촌오분(斲除深一寸五分)○광사촌(廣四寸)○이승만석하면외변지치(以承滿石下面外邊之齒)○면석(面石)○우석상접처(隅石相接處)○역각착오분(亦各鑿五分)○활일촌(闊一寸)○합성일공(合成一孔)○방일촌(方一寸)○자상통저(自上通底)○전유회수공중(塡油灰於孔中)○기공(其孔)○당지대석상면외변(當地臺石上面外邊)○소방착(小旁鑿)○**면석십이(面石十二)**○고각이척일촌(高各二尺一寸)○후각삼척(厚各三尺)○장각륙척사촌(長各六尺四寸)○매석외면정중(每石外面正中)○각기방위지신(刻其方位之神)○사방(四方)○자운채(刻雲彩)○기량단각이촌(其兩端各二寸)○착제심이촌(斲除深二寸)○여우석단치상합(與隅石端齒相合)○하면외변(下面外邊)○각운채(作雲彩)○치장일촌오분(齒長一寸五分)○후사촌(厚四寸)○치대석상면외변착제처상교합(置地臺石上面外邊斲除處相交合)○하면외변착제처상합(與地臺石上面外邊斲除處相合)○**치어정지대석지상(置於正地臺石之上)**○**차이만석십이(次以滿石十二)**○고각일척사촌(高各一尺四寸)○광각삼척삼촌(廣各三尺三寸)○장각십이척삼촌(長各十二尺三寸)○매석하면외변오촌(每石下面外邊五寸)○각위앙련(刻爲仰蓮)○우작치일촌오분(又作齒一寸五分)○후사촌(厚四寸)○여면석우석상면외변착제처상합(與面石隅石上面外邊斲除處相合)○매석단접처(每石端相接處)○상면등분(上面等分)○착착활일촌오촌(斲鑿闊一尺五寸)○심륙척(深六尺)○이입인석(以入引石)○기량석상접지단초고(其兩石相接之端稍高)○이좌우저심(而左右低深)○우내변초고(又內邊稍高)○외변점저(外邊漸低)○여유삼수(如有滲水)○부득침입(不得浸入)○**치어면석우석지상(置於面石隅石之上)**○**우이인석십이(又以引石十二)**○장각륙촌(長各六尺)○후각일척이촌(厚各一尺二寸)○매석외단(每石外端)○혹각목단(或刻牧丹)○혹각규화(或刻葵花)○상간배설(相間排設)○기각화단(其刻花端)○출어만석지외일척(出於滿石之外一尺)○어하면당만석처(於下面當滿石處)○종만석고저이착(從滿石高低而鑿)○상교문합(相交吻合)○**가어만석상착처(加於滿石上鑿處)**○**기사면배석지내(其四面排石之內)**○탄말지상(炭末之上)○용본토견축(用本土堅築)○미지만석상변오촌이지(未至滿石上邊五寸而止)○중고사하(中高四下)○내어개석내면(乃於蓋石內面)○이묵(以墨)○용유연묵(用油煙墨)○**화천형(畫天形)**○일월(日月)○성진(星辰)○은하(銀河)○개의전차(皆依躔次)○일용주(日用朱)○월여성진(月與星辰)○은하(銀河)○용분화지(用粉畫之)○**기천상지외급사방석(其天象之外及四旁石)**○개이분위질(皆以粉爲質)○동화청룡(東畫靑龍)○서화백호(西畫白虎)○두(頭)○개남향(皆南向)○**북화현무(北畫玄武)**○두향서(頭向西)○**남칙문비량석상합처(南則門扉兩石相合處)**○**화주작(畫朱雀)**○분화량비(分畫兩扉)○합성일형(合成一形)○두향서(頭向西)○**기사수행두(其四獸行頭)**○종격석창하화지(從隔石窓下畫之)○차치송황장판(次置松黃腸板)○장광여석체동(長廣與石砌同)○후사촌(厚四寸)○묵칠(墨漆)○**어석체(於石砌)**○**시지의(施地衣)**○**욕석어상(褥席於上)**○**우석체외지상주회(又石砌外地上周回)**○포점여석(鋪簟與席)○**안재궁어욕석상(安梓宮於褥席上)**○기입안재궁급장명기등절차(其入安梓宮及藏明器等節次)○여별의(如別儀)○**수수렴어문내(遂垂簾於門內)**○문내상변좌우(門內上邊左右)○설소구현(設小鉤懸)○**산릉도감제조(山陵都監提調)**○**수작공(帥作工)**○**쇄폐현궁문비석(鎖閉玄宮門扉石)**○량실애이(兩室崖二)○광삼척이촌오분(廣三尺二寸五分)○고륙척삼촌(高六尺三寸)○후이척(厚二尺)○기비(其扉)○입어방석급격석착처(入於旁石及隔石鑿處)○각오촌(各五寸)○입어개석급문역석착처(入於蓋石及門閾石鑿處)○각사촌(各四寸)○추(隹)○유(唯)○수실문비석(壽室門扉石)○문의석(門倚石)○척매어릉록경방(則埋於陵麓庚方)○각석립표(刻石立標)○**수가문의석(遂加門倚石)**○량실각용일(兩室各用一)○고오척(高五尺)○후이척(厚二尺)○광륙척오촌(廣六尺五寸)○기석당처(其石當處)○설지대석(設地臺石)○량의련배어문역석(量宜連排於門閾石)○차이유회만도(次以油灰滿塗)○차가의석(次加倚石)○우어설약처(又於設鑰處)○준륜형착(准錀形鑿)○사문합(使吻合)○**기의석지외(其倚石之外)**○**이석작편방(以石作便房)**○면석일(面石一)○장이척이촌(長二尺二寸)○고일척이촌(高一尺二寸)○후사촌(厚四寸)○우석이(隅石二)○장각일척륙촌(長各一尺六寸)○고각일척이촌(高各一尺二寸)○후각사촌(厚各四寸)○개석일(蓋石一)○장삼척(長三尺)○광일척륙촌(廣一尺六寸)○후사촌(厚四寸)○이면석(以面石)○우석(隅石)○설어문의석지외(設於門倚石之外)○작삼면(作三面)○가개석위편방(加蓋石爲便房)○방내(房內)○장이척이촌(長二尺二寸)○광일척이촌(廣一尺二寸)○**축삼물급탄말(築三物及炭末)**○**여축삼면지법(如築三面之法)**○**기사물지외(其四物之外)**○**이석배렬(以石排列)**○**간토전축후(間土塡築後)**○**배초지대석어석실전면(排初地臺石於石室前面)**○**차치정지대석(次置正地臺石)**○**차치우석(次置隅石)**○면석(面石)○**차치만석(次置滿石)**○**차치인석(次置引石)**○기배석(其排石)○축토(築土)○인정지법(引釘之法)○병동삼면(並同三面)○**차전삼물어만석지내(次塡三物於滿石之內)**○종만석상변미축오촌이시(從滿石上邊未築五寸而始)○주회축지(周回築之)○형여복부(形如覆釜)○후이척오촌이지(厚二尺五寸而止)○기만석상면외변일척(其滿石上面外邊一尺)○부축삼물(不築三物)○대축본토시(待築本土時)○병축지(并築之)○**우축본토어기상(又築本土於其上)**○**지섬원이지(至剡圓而止)**○**개이사토(蓋以莎土)**○**릉고종만석이상십이척오촌(陵高從滿石而上十二尺五寸)**○**우어십이면초지대석지외(又於十二面初地臺石之外)**○**선치란간하지대석십이(先置欄干下地臺石十二)**○후각일척오촌(厚各一尺五寸)○광각삼척(廣各三尺)○장각구척삼촌(長各九尺三寸)○**우석십이(隅石十二)**○후각일척오분(厚各一尺五分)○광각삼척(廣各三尺)○장각륙척(長各六尺)○지대석(地臺石)○우석광삼척내(隅石廣三尺內)○일척오촌(一尺五寸)○입외박석하단(入外博石下端)○일척오촌(一尺五寸)○출외수란간석주급동자주(出外豎欄干石柱及童子柱)○**상간련배(相間連排)**○**초지대석급란간하지대석(初地臺石及欄干下地臺石)**○**우석지간(隅石之間)**○량량박석상접처(量兩博石相接處)○**각치지석(各置支石)**○**기석간(其石間)**○**용삼물견축(用三物堅築)**○**상치외박석(上置外博石)**○상광각사척(上廣各四尺)○하광각오척(下廣各五尺)○상후각일척일촌(上厚各一尺一寸)○하후각칠촌(下厚各七寸)○장각사척륙촌(長各四尺六寸)○십이면매우(十二面每隅)○각용일(各用一)○매면(每面)○각용이(各用二)○총삼십륙(摠三十六)○**향외의경(向外敬傾)**○**사수부득정류(使水不得停留)**○박석상단(博石上端)○입어초지대석급정지대석지간착처(入於初地臺石及正地臺石之間鑿處)○오촌(五寸)○**이석주십이(以石柱十二)**○고각륙촌(高各六寸)○방광각일척일촌(方廣各一尺一寸)○이상단일척위원수(以上端一尺爲圓首)○차일척삼촌(次一尺三寸)○분작앙(分作仰)○복련(覆蓮)○차일구촌(次一九寸)○위납죽석단처(爲納竹石端處)○차이이척일촌(次以二尺一寸)○량방분작앙(兩旁分作仰)○복련엽(覆蓮葉)○간각원주앙련엽(間刻圓珠仰蓮葉)○경죽석단복련엽(擎竹石端覆蓮葉)○진우석(鎭隅石)○병고오척삼촌(並高五尺三寸)○기복련엽하칠촌(其覆蓮葉下七寸)○주회착제(周回斲除)○원경칠촌(圓徑七寸)○식어우석착중(植於隅石鑿中)○**립어우석지상(立於隅石之上)**○**차이동자석주십이(次以童子石柱十二)**○고각이척구촌(高各二尺九寸)〇방광각일척일촌(方廣各一尺一寸)〇이상단일척일촌(以上端一尺一寸)〇위앙련엽경죽석련접처(爲仰蓮葉擎竹石連接處)〇차이일척일촌위주(次以一尺一寸爲柱)〇이하단칠촌주회착제(以下端七寸周回斲除)〇원경칠촌(圓徑七寸)〇식어지대석착중(植於地臺石鑿中)〇**립어지대석지상(立於地臺石之上)**〇립어석주간(立於石柱之間)〇**횡치죽석이십사(橫置竹石二十四)**〇장각록척구촌(長各六尺九寸)〇팔면각삼촌(八面各三寸)〇경팔촌(徑八寸)〇**어석주지간(於石柱之間)**〇**동자석주지상(童子石柱之上)**〇일단(一端)〇접석주앙복련엽지간(接石柱仰覆蓮葉之間)〇일단(一端)〇접동자석주지상(接童子石柱之上)〇**이차주회련배(以次周回連排)**〇**기상접처(其相接處)**〇**개용유회미지(皆用油灰彌之)**〇**란간(欄干)**〇일면장십오척삼촌(一面長十五尺三寸)〇**범십이면주회(凡十二面周回)**〇**일백팔십삼척륙촌(一百八十三尺六寸)**〇**매우석외면굴토(每隅石外面掘土)**〇배외지석십이(排外支石十二)〇광각이척(廣各二尺)〇후각일척오촌(厚各一尺五寸)〇장각록척(長各六尺)〇매우석외면(每隅石外面)〇입지지탱(入地支撑)〇**사우석부득퇴출(使隅石不得退出)**〇기지대석(其地臺石)〇우석외공지(隅石外空地)〇주회굴취(周回掘取)〇광삼척(廣三尺)〇심이척허(深二尺許)〇견축삼물(堅築三物)〇동(東)〇서(西)〇북삼면(北三面)〇료이원장(繚以垣墻)〇고삼척사촌(高三尺四寸)〇북장하(北墻下)〇설이계(設二階)〇장내(墻內)〇설석양사(設石羊四)〇고각삼촌(高各三寸)〇광각이척(廣各二尺)〇장각오척(長各五尺)〇사각내부착(四脚內不鑿)〇이각초형(而刻草形)〇대석련족(臺石連足)〇고일척(高一尺)〇대석면여지제(臺石面與地齊)〇**서(西)**〇**동각이(東各二)**〇**석호사(石虎四)**〇고각삼척오촌(高各三尺五寸)〇광각이척(廣各二尺)〇장각이척(長各二尺)〇대석여석양동(臺石與石羊同)〇**북이(北二)**〇**동(東)**〇**서각일(西各一)**〇재석양지간(在石羊之間)〇**개외향(皆外向)**〇**남설삼계(南設三階)**〇**석대지남칠척허(石臺之南七尺許)**〇**굴지심오척(掘地深五尺)**〇**용삼물축저(用三物築底)**〇**후일척오촌(厚一尺五寸)**〇이유회잠도지석내면사변(以油灰暫塗誌石內面四邊)〇**물사침근자화(勿使侵近字畫)**〇**즉이개석상합(卽以蓋石相合)**〇우도유회어량석합봉지극(又塗油灰於兩石合縫之際)〇**이동철승속지(以銅鐵繩束之)**〇**횡축각일(橫縮各一)**〇**치어굴지지중(置於掘地之中)**〇**기사방급상면(其四方及上面)**〇**이삼물(以三物)**〇**서서견축(徐徐堅築)**〇**후일척오촌후(厚一尺五寸後)**〇**이본토전축매지(以本土塡築埋之)**〇**우어석실지남정중(又於石室之南正中)**〇**치석상일(置石床一)**〇장구척구촌(長九尺九寸)〇광륙척사촌(廣六尺四寸)〇후일척오촌(厚一尺五寸)〇족석사(足石四)〇상여고(狀如鼓)〇사면각라어두(四面刻羅魚頭)〇사우각일(四隅各一)〇고일척오촌(高一尺五寸)〇원경이척이촌오분(圓徑二尺二寸五分)〇하유지대석(下有地臺石)〇**기좌우(其左右)**〇**수석망주(豎石望柱)**〇장각칠척삼촌(長各七尺三寸)〇이상단일척(以上端一尺)〇위원수(爲圓首)〇차이일척삼촌(次以一尺三寸)〇상각운두(上刻雲頭)〇하각렴의(下刻簾衣)〇차이사척삼촌(次以四尺三寸)〇작팔면(作八面)〇렴의하내면(簾衣下內面)〇작이착공(作二鑿孔)〇하단칠촌(下端七寸)〇주회착제(周回斲除)〇식어대석착중(植於臺石鑿中)〇대석고각삼척륙촌(臺石高各三尺六寸)〇이상단이척륙촌(以上端二尺六寸)〇균분위상하층(均分爲上下層)〇기중작요(其中作腰)〇요장륙촌일분(腰長六寸一分)〇상층하변(上層下邊)〇각앙련엽(刻仰蓮葉)〇하층상변(下層上邊)〇각복련엽(刻覆蓮葉)〇하변(下邊)〇각운족(刻雲足)〇상하원경(上下圓徑)〇각이척일촌(各二尺一寸)〇상하여요(上下與腰)〇개입(皆入)[팔(八)]면(面)〇기하일척(其下一尺)〇입지중(入地中)〇**중계정중근북(中階正中近北)**〇**설장명등(設長明燈)**〇정자석(頂子石)〇고이척오촌(高二尺五寸)〇이상단일척오촌(以上端一尺五寸)〇작원수이층(作圓首二層)〇매층하(每層下)〇각련주(刻連珠)〇하단일척허(下端一尺許)〇주회원삭(周回圓削)〇납우개석정지착공중(納于蓋石頂之鑿孔中)〇기삭처사면요착(其削處四面凹鑿)〇자저지제이층련주간(自底至第二層連珠間)〇사방통착(四旁通鑿)〇이산연기(以散煙氣)〇개석팔면(蓋石八面)〇운각상단(雲角上端)〇각앙련엽(刻仰蓮葉)〇고이척오촌(高二尺五寸)〇상경사척오촌(上徑四尺五寸)〇하경사척오촌(下徑四尺五寸)〇정중통착공(正中通鑿孔)〇이비정자하단지입(以備頂子下端之入)〇격석(隔石)〇대석(臺石)〇병고륙척구촌(幷高六尺九寸)〇이기상일척팔촌(以其上一尺八寸)〇작격석(作隔石)〇위팔면(爲八面)〇통착기중(通鑿其中)〇사면유창(四面有窓)〇경이척오촌(徑二尺五寸)〇차이사척일촌(次以四尺一寸)〇작대석(作臺石)〇이기상일척이촌(以其上一尺二寸)〇각위앙련엽(刻爲仰蓮葉)〇차이일척일촌(次以一尺一寸)〇작요(作腰)〇매우(每隅)〇각련주(刻連珠)〇차이일척팔촌(次以一尺八寸)〇상각복련(上刻覆蓮)〇하각운족(下刻雲足)〇상하여요(上下與腰)〇개팔면(皆八面)〇상하경각삼척삼촌(上下徑各三尺三寸)〇차이하단일척(次以下端一尺)〇작지대(作地臺)〇입지중(入地中)〇**좌우(左右)**〇**립문석인각일(立文石人各一)**〇각착관대(刻着冠帶)〇집홀지상(執笏之象)〇장팔척삼촌(長八尺三寸)〇광삼척(廣三尺)〇후이척이촌(厚二尺二寸)〇대석련족(臺石連足)〇고삼척사촌(高三尺四寸)〇출지륙촌(出地六寸)〇각운족(刻雲足)〇입지이척삼촌(入地二尺三寸)〇**석마각일(石馬各一)**〇고삼척칠촌(高三尺七寸)〇광이척(廣二尺)〇장오척(長五尺)〇대석급사각내(臺石及四脚內)〇여석양동(與石羊同)〇재문석인지남차후(在文石人之南差後)〇**하계좌우(下階左右)**〇**립무석인각일(立武石人各一)**〇각착갑주(刻着甲冑)〇패검지상(佩劍之象)〇장구척(長九尺)〇광삼척(廣三尺)〇후이척오촌(厚二尺五寸)〇대석여문석인동(臺石與文石人同)〇**우립석마각일(又立石馬各一)**〇재무석인지남차후(在武石人之南差後)〇**구동서상대(俱東西相對)**〇**당석실정남산록(當石室正南山麓)**〇**영정자각(營丁字閣)**〇**개예감어기북임지(開瘞坎於其北壬地)**〇**기동건비각(其東建碑閣)**〇약내상재선(若內喪在先)〇척부립비(則不立碑)〇**남치고방(南置庫房)**〇**기제주급제방(其齊廚及齊坊)**〇**수지지의(隨地之宜)**〇**치참봉이인급수릉군호(置參奉二人及守陵軍戶)**〇**이주쇄소(以主灑掃)**〇**금초채(禁樵採)**

청시종묘의(請謚宗廟儀)

전기(前期)〇봉상사(奉常寺)〇집시(集謚)〇보례조(報禮曹)〇예조(禮曹)〇전보의정부(傳報議政府)〇의시(議謚)〇륙조(六曹)〇예문관(藝文館)〇춘추관이품이상동의(春秋館二品以上同議)〇**계문(啓聞)**〇**경의(敬依)**〇**령공조제책급보(令工曹製冊及寶)**〇책간(冊簡)〇용남양청옥(用南陽靑玉)〇장구촌칠분(長九寸七分)〇광일촌이분(廣一

寸二分)○후륙분(厚六分)○간수(簡數)○수문지다소(隨文之多少)○보(寶)○주이석(鑄以錫)○도황김(鍍黃金)○방삼촌오분(方三寸五分)○후팔분(厚八分)○구고일촌오분(龜高一寸五分)○병용조례기척(竝用造禮器尺)

전청시삼일(前請諡三日)○령의정이하행사집사관(領議政以下行事執事官)○산제이일(散齊二日)○숙어정침치제일일(宿於正寢致齊一日)○숙어본사(宿於本司)○종친급문무백관(宗親及文武百官)○전일일(前一日)○제숙본사(齊宿本司)

전이일(前二日)○공조판서(工曹判書)○이책(以冊)○보(寶)○각안어채여(各安於綵輿)○책(冊)○보(寶)○개유안(皆有案)○예궐(詣闕)○승지(承旨)○전봉이입(傳捧以入)○내상의시(內喪議諡)○제책(製冊)○보(寶)○병동(竝同)○유보후칠분(唯寶厚七分)

전일일(前一日)○전설사(典設司)○설권치책보악어려차문외남향(設權置冊寶幄於廬次門外南向)○유안(有案)○전의(典儀)○설령의정위어악남도동북향(設領議政位於幄南道東北向)○독책관(讀冊官)○독보관(讀寶官)○봉책관(捧冊官)○봉보관(捧寶官)○거책안자(舉冊案者)○거보안자위어령의정지후근남(舉寶案者位於領議政之後近南)○이위중행(異位重行)○북향동상(北向東上)○설전의위어령의정동북서향(設典儀位於領議政東北西向)○찬의(贊儀)○인의(引儀)○재남차퇴(在南差退)○우찬의(又贊儀)○인의위어령의정서북동향(引儀位於領議政西北東向)○구북상(俱北上)○인의(引儀)○설령의정이하문외위어중문외도동(設領議政以下門外位於中門外道東)○이위중행(異位重行)○서향북상(西向北上)○집례(執禮)○설권치책보안어종묘서계하동향(設權置冊寶案於宗廟西階下東向)○설령의정위어조계동남서향(設領議政位於阼階東南西向)○독책관(讀冊官)○독보관(讀寶官)○봉책관(捧冊官)○봉보관(捧寶官)○거책안자(舉冊案者)○거보안자위어령의정지후근남(舉寶案者位於領議政之後近南)○이위중행(異位重行)○서향북상(西向北上)○설집례(設執禮)○찬자(贊者)○알자(謁者)○찬인급감찰(贊引及監察)○전사관(典祀官)○대축(大祝)○축사(祝史)○제랑(齊郞)○묘사(廟司)○궁위령위(宮闈令位)○설종친급문무백관위(設宗親及文武百官位)○개예감(開瘞坎)○설망예위(設望瘞位)○병여상(竝如常)○집사자(執事者)○이상복(以常服)○봉향축(捧香祝)○친압(親押)○선예종묘(先詣宗廟)

기일(其日)○종친급문무백관(宗親及文武百官)○경예종묘(徑詣宗廟)○변복(變服)○상복(常服)○흑각대(黑角帶)○령의정급독책관(領議政及讀冊官)○독보관(讀寶官)○봉책관(捧冊官)○봉보관(捧寶官)○거안자(舉案者)○이상복(以常服)○흑각대(黑角帶)○구집조당(俱集朝堂)○례조정랑(禮曹正郞)○진채여이어중문외(陳綵輿二於中門外)○병조정랑(兵曹正郞)○진세장어채여지남(陳細仗於綵輿之南)○인의(引儀)○인령의정이하(引領議政以下)○개취문외위(皆就門外位)○전의(典儀)○수찬의(帥贊儀)○인의(引儀)○선입취위(先入就位)○근시(近侍)○승지(承旨)○급집사자(及執事者)○예합외이사(詣閤外以俟)○인의(引儀)○인령의정이하(引領議政以下)○입취위(入就位)○내시(內侍)○봉시(捧諡)○책보(冊寶)○출합궤(出閤跪)○수근시(授近侍)○근시(近侍)○진궤수(進跪受)○집사자(執事者)○거안(舉案)○매안(每案)○이인대거(二人對舉)○진근시전궤(進近侍前跪)○근시(近侍)○이책보(以冊寶)○각치어안(各置於案)○흥예악(興詣幄)○집사자(執事者)○각거안종지(各舉案從之)○근시(近侍)○권치책보어안(權置冊寶於案)○퇴립어동남서향(退立於東南西向)○집사자(執事者)○립어근시지후(立於近侍之後)○전의왈(典儀曰)○사배(四拜)○찬의창(贊儀唱)○국궁사배흥평신(鞠躬四拜興平身)○범찬의찬창(凡贊儀贊唱)○개승전의지사(皆承典儀之辭)○령의정이하(領議政以下)○국궁사배흥평신(鞠躬四拜興平身)○인의(引儀)○인령의정(引領議政)○예악전(詣幄前)○근시(近侍)○취시책함(取諡冊函)○남향궤(南向跪)○수령의정(授領議政)○령의정(領議政)○진궤수(進跪受)○거안자이인(舉案者二人)○대거안(對舉案)○진령의정지좌궤(進領議政之左跪)○령의정(領議政)○치시책함어안(置諡冊函於案)○거안자(舉案者)○대거(對舉)○퇴초남동향립(退稍南東向立)○근시(近侍)○취시보록(取諡寶盝)○수령의정여상의흘(授領議政如上儀訖)○령의정(領議政)○부복흥평신(俯伏興平身)○인의(引儀)○인령의정(引領議政)○유중도출(由中道出)○거책보안자(舉冊寶案者)○전행(前行)○출중문(出中門)○령의정이책보(領議政以冊寶)○각치어채(各置於綵)○여(輿)○세(細)○장(仗)○전도여상(前導如常)○예종묘봉책관(詣宗廟捧冊官)○봉시책함(捧諡冊函)○봉보관(捧寶官)○봉시보록거책(捧諡寶盝舉冊)○보안자(寶案者)○각거안종지(各舉案從之)○책(冊)○보안어권치안(寶安於權置案)○책재북(冊在北)○보재남(寶在南)○권퇴(權退)○궁위령(宮闈令)○수기속(帥其屬)○개실정불신악(開室整拂神幄)○포연설궤여상의(鋪筵設几如常儀)○묘사(廟司)○전사관(典祀官)○각수기속(各帥其屬)○실찬구(實饌具)○찬품(饌品)○여삭망제(如朔望祭)○유무생무폐(唯無牲有幣)○설향로(設香爐)○향합(香合)○전축판(奠祝版)○설존(設尊)○설세(設洗)○병여상(竝如常)

전이각(前二刻)○집례(執禮)○수찬자(帥贊者)○알자(謁者)○찬인(贊引)○입자동문(入自東門)○선취계간배위(先就階間拜位)○북향사배흘(北向四拜訖)○취위(就位)○인의(引儀)○분인종친급문무백관(分引宗親及文武百官)○입취위(入就位)○알자(謁者)○인령의정이하(引領議政以下)○구취동문외위(俱就東門外位)

전일각(前一刻)○찬인(贊引)○인감찰(引監察)○전사관(典祀官)○대축(大祝)○축사(祝史)○제랑(齊郞)○묘사(廟司)○궁위령(宮闈令)○입취계간배위(入就階間拜位)○중행북향서상(重行北向西上)○집례왈(執禮曰)○사배(四拜)○찬자(贊者)○전창(傳唱)○범집례유사(凡執禮有辭)○찬자개전창(贊者皆傳唱)○감찰이하(監察以下)○개사배흘(皆四拜訖)○찬인(贊引)○인감찰취위(引監察就位)○인제집사(引諸執事)○예관세위(詣盥洗位)○관세흘(盥帨訖)○각취위(各就位)○찬인(贊引)○인묘사(引廟司)○대축(大祝)○궁위령(宮闈令)○승자조계(陞自阼階)○예각실(詣各室)○봉출신주(捧出神主)○설어좌여상(設於座如常)○강복위(降復位)○제랑(齊郞)○예작세위(詣爵洗位)○세작식작흘(洗爵拭爵訖)○치어비(置於篚)○봉예태계(捧詣泰階)○축사(祝史)○영취어계상(迎取於階上)○치어존소점상(置於尊所坫上)○알자(謁者)○인령의정(引領議政)○찬인(贊引)○인독책관(引讀冊官)○독보관(讀寶官)○봉책관(捧冊官)○봉보관(捧寶官)○거책안자(舉冊案者)○거보안자(舉寶案者)○입취위(入就位)○알자(謁者)○진령의정지좌백(進領議政之左白)○유사근구청행사(有司謹具請行事)○퇴복위(退復位)○집례왈(執禮曰)○사배(四拜)○찬자전창(贊者傳唱)○령의정이하급종친(領議政以下及宗親)○문무백관(文武百官)○사배(四拜)○선배자(先拜者)○부배(不拜)○집례왈(執禮曰)○행전폐례(行奠幣禮)○알자(謁者)○인령의정(引領議政)○예관세위(詣盥洗位)○관세흘(盥帨訖)○승자조계(陞自阼階)○예제일실신위전(詣第一室神位前)○북향립(北向立)○찬궤(贊跪)○집사자일인(執事者一人)○봉향합(捧香合)○일인(一人)○봉향로(捧香爐)○알자(謁者)○찬삼상향(贊三上香)○집사자(執事者)○전로우안(奠爐于案)○대축(大祝)○이폐비수령의정(以幣篚授領議政)○령의정(領議政)○집폐헌폐(執幣獻幣)○이폐수대축(以幣授大祝)○전우안(奠于案)○범봉향(凡捧香)○수폐(授幣)○개재동서향(皆在東西向)○전로(奠爐)○전폐(奠幣)○개재서동향(皆在西東向)○수작(授爵)○전작준차(奠爵准此)○알자(謁者)○찬부복흥평신(贊俯伏興平身)○인령의정출호(引領議政出戶)○차예각실(次詣各室)○상향전폐(上香奠幣)○병여상의흘(竝如上儀訖)○알자(謁者)○인령의정출호(引領議政出戶)○강복위(降復位)○집례왈(執禮曰)○행작헌례(行酌獻禮)○알자(謁者)○인령의정(引領議政)○승예제일실존소(陞詣第一室尊所)○서향립(西向立)○집존자(執尊者)○거멱작주(舉冪酌酒)○집사자이인(執事者二人)○이작수주(以爵受酒)○알자(謁者)○인령의정(引領議政)○예신위전(詣神位前)○북향립(北向立)○찬궤(贊跪)○집사자(執事者)○이작수령의정(以爵授領議政)○령의정(領議政)○집작헌작(執爵獻爵)○이작수집사자(以爵授執事者)○전우신위전(奠于神位前)○집사자(執事者)○이부작수령의정(以副爵授領議政)○령의정(領議政)○집작헌작(執爵獻爵)○이작수집사자(以爵授執事者)○전우왕후신위전(奠于王后神位前)○알자(謁者)○찬부복흥소퇴북향궤(贊俯伏興小退北向跪)○대축(大祝)○진신위지우(進神位之右)○동향궤(東向跪)○독사문(讀祀文)○사(詞)○림시찬(臨時撰)○흘(訖)○알자(謁者)○찬부복흥평신(贊俯伏興平身)○인령의정출호(引領議政出戶)○차예각실(次詣各室)○작헌(酌獻)○병여상의흘(竝如上儀訖)○알자(謁者)○인령의정출호(引領議政出戶)○강복위(降復位)○알자(謁者)○인령의정(引領議政)○예권치책보안남(詣權置冊寶案南)○북향립(北向立)○찬인(贊引)○인봉책관(引捧冊官)○봉보관(捧寶官)○구예책보안전(俱詣冊寶案前)○서향궤(西向跪)○봉책(捧冊)○보흥(寶興)○유조계승(由阼階陞)○예전상당중욕위(詣殿上當中褥位)○림시(臨時)○설욕석어전영간북향(設褥席於前楹間北向)○궤치책재서(跪置冊在西)○보재동(寶在東)○흘(訖)○소퇴북향립(小退北向立)○알자(謁者)○인령의정(引領議政)○승예욕위전(陞詣褥位前)○북향궤(北向跪)○독책관(讀冊官)○독보관수지(讀寶官隨之)○봉책관(捧冊官)○진궤개함(進跪開函)○전책(展冊)○독책관(讀冊官)○진북향궤(進北向跪)○독책흘(讀冊訖)○부복흥강복위(俯伏興降復位)○봉책관(捧冊官)○이책환치어함(以冊還置於函)○봉함흥(捧函興)○소퇴동향립(小退東向立)○봉보관(捧寶官)○진궤개록(進跪開盝)○거보(舉寶)○독보관(讀寶官)○진북향궤(進北向跪)○독보흘(讀寶訖)○부복흥강복위(俯伏興降復位)○봉보관(捧寶官)○이보환치어록(以寶還置於盝)○봉록흥(捧盝興)○구강치어권치안(俱降置於權置案)○알자(謁者)○찬부복흥평신(贊俯伏興平身)○인령의정(引領議政)○강복위(降復位)○대축(大祝)○입철변두여식(入徹籩豆如式)○집례왈(執禮曰)○○사배(四拜)○찬자전창(贊者傳唱)○령의정이하급종친(領議政以下及宗親)○문무백관(文武百官)○사배흘(四拜訖)○알자(謁者)○인령의정(引領議政)○예망예위(詣望瘞位)○대축(大祝)○취서(取黍)○직반(稷飯)○축(祝)○폐강(幣降)○자서계치어감(自西階置於坎)○집례왈(執禮曰)○가예(可瘞)○치토반감(置土半坎)○

알자(謁者)○진령의정지좌백(進領議政之左白)○례필(禮畢)○수인영의정출(遂引領議政出)○봉책관(捧冊官)○봉책함(捧冊函)○봉보관(捧寶官)○봉보록(捧寶盝)○거책(擧冊)○보안자(寶案者)○각거안(各擧案)○이차전행(以次前行)○출동문(出東門)○안어채여이행(安於綵輿而行)○령의정이하수지(領議政以下隨之)○인의(引儀)○분인종친급문무백관(分引宗親及文武百官)○이차출(以次出)○찬인(贊引)○인감찰급제집사(引監察及諸執事)○취계간배위(就階間拜位)○집례왈(執禮曰)○사배(四拜)○찬자전창(贊者傳唱)○감찰급전사관이하(監察及典祀官以下)○개사배흘(皆四拜訖)○찬인(贊引)○이차인출(以次引出)○묘사(廟司)○대축(大祝)○궁위령(宮闈令)○납신주여상의(納神主如常儀)○집례(執禮)○수찬자(帥贊者)○알자(謁者)○찬인(贊引)○취계간사배이출(就階間四拜而出)○묘사(廟司)○전사관(典祀官)○각수기속(各帥其屬)○철찬합호이강(徹饌闔戶以降)○내퇴(乃退)○령의정이하(領議政以下)○예빈전(詣殯殿)○영의정(領議政)○봉책(捧冊)○보안어권치악(寶安於權置幄)○전일일(前一日)○전설사(典設司)○설악어빈전중문외지동남향(設幄於殯殿中門外之東南向)○류례조정랑수지(留禮曹正郞守之)○영의정이하(領議政以下)○퇴귀본사(退歸本司)○제숙(齊宿)

상시책보의(上諡冊寶儀)

전일일(前一日)○전설사(典設司)○설령의정차어책(設領議政次於冊)○보지남근동서향(寶之南近東西向)

기일(其日)○전의(典儀)○설권치책(設權置冊)○보욕위어빈전서계하동향(寶褥位於殯殿西階下東向)○설령의정위어동계하근남서향(設領議政位於東階下近南西向)○독책관(讀冊官)○독보관(讀寶官)○봉책관(捧冊官)○봉보관(捧寶官)○거책보안자위어령의정지후근남(擧冊寶案者位於領議政之後近南)○이위중행(異位重行)○서향북상(西向北上)○설전의(設典儀)○대치사관(代致詞官)○찬의(贊儀)○인의위어동계하(引儀位於東階下)○설종친급문무백관(設宗親及文武百官)○감찰위어외정(監察位於外庭)○병여당(竝如當)○령의정이하(領議政以下)○상복(常服)○흑각대(黑角帶)○예빈전문외(詣殯殿門外)○령의정(領議政)○입차(入次)○종친급문무백관(宗親及文武百官)○이쇠복(以衰服)○구집빈전문외(俱集殯殿門外)

전이각(前二刻)○유사(攸司)○진례찬(進禮饌)○견서례(見序例)○내시(內侍)○전봉입설어령좌전(傳捧入設於靈座前)○설향로(設香爐)○향합병촉어기전(香合幷燭於其前)○설존어호외지좌(設尊於戶外之左)○치잔삼어존소(置盞三於尊所)

전일각(前一刻)○감찰(監察)○전의(典儀)○찬의(贊儀)○인의(引儀)○선입취위(先入就位)○인의(引儀)○분인종친급문무백관(分引宗親及文武百官)○입취위(入就位)○인의(引儀)○인봉책관(引捧冊官)○봉보관(捧寶官)○거책보안자(擧冊寶案者)○각거안(各擧案)○유정문입(由正門入)○령의정이하수지(領議政以下隨之)○지권치욕위전(至權置褥位前)○거안자(擧案者)○각이안치어욕위(各以案置於褥位)○봉책관(捧冊官)○봉보관(捧寶官)○이책(以冊)○보각치어안(寶各置於案)○책재북(冊在北)○보재남(寶在南)○령의정이하(領議政以下)○취위(就位)○전의왈(典儀曰)○사배(四拜)○찬의창(贊儀唱)○국궁사배흥평신(鞠躬四拜興平身)○범찬의찬창(凡贊儀贊唱)○개승전의지사(皆承典儀之辭)○령의정이하급종친(領議政以下及宗親)○문무백관(文武百官)○국궁사배흥평신(鞠躬四拜興平身)○인의(引儀)○인령의정(引領議政)○유동계승(由東階陞)○예향안전(詣香案前)○북향궤(北向跪)○삼상향(三上香)○작주전우령좌전(酌酒奠于靈座前)○련(連)○전삼잔(奠三盞)○찬부복흥평신(贊俯伏興平身)○인의(引儀)○인령의정(引領議政)○강예정중(降詣庭中)○북향립(北向立)○대치사관(代致詞官)○승자동편계(陞自東偏階)○예령좌전(詣靈座前)○북향궤(北向跪)○찬의창(贊儀唱)○궤(跪)○령의정이하급종친(領議政以下及宗親)○문무백관(文武百官)○궤(跪)○대치사관(代致詞官)○치사운(致詞云)○령의정신모(領議政臣某)○봉교(奉敎)○근봉상시책시보(謹奉上諡冊諡寶)○계흘(啓訖)○부복흥강복위(俯伏興降復位)○찬의창(贊儀唱)○부복흥평신(俯伏興平身)○령의정이하급종친(領議政以下及宗親)○문무백관(文武百官)○부복흥평신(俯伏興平身)○인의(引儀)○인봉책관(引捧冊官)○봉보관(捧寶官)○구예책보안전(俱詣冊寶案前)○서향궤(西向跪)○봉책(捧冊)○보흥(寶興)○유중계(由中階)○인의(引儀)○지어계하(止於階下)○후방차(後倣此)○승(陞)○거책보안자종지(擧冊寶案者從之)○인의(引儀)○인령의정(引領議政)○유동계승(由東階陞)○독책관(讀冊官)○독보관(讀寶

官)○유동편계승(由東偏階陞)○영의정(領議政)○예령좌전(詣靈座前)○북향립(北向立)○찬궤(贊跪)○거안자(擧案者)○궤(跪)○선치안어향안전(先置案於香案前)○책안재서(冊案在西)○보안재동(寶案在東)○봉책관(捧冊官)○이책함궤수령의정(以冊函跪授領議政)○영의정(領議政)○수책함(受冊函)○치어안(置於案)○차봉보관(次捧寶官)○이보록궤수령의정(以寶盝跪授領議政)○령의정(領議政)○수보록(受寶盝)○치어안(置於案)○찬부복흥소퇴북향궤(贊俯伏興小退北向跪)○봉책관(捧冊官)○진궤개함전책(進跪開函展冊)○독책관(讀冊官)○진북향궤(進北向跪)○독책흘(讀冊訖)○부복흥(俯伏興)○봉책관(捧冊官)○이책환치어함(以冊還置於函)○봉함흥(捧函興)○거책안자(擧冊案者)○치안어령좌전초동(置案於靈座前稍東)○부복흥(俯伏興)○봉책관(捧冊官)○궤치책함어안(跪置冊函於案)○부복흥(俯伏興)○구강복위(俱降復位)○차봉보관(次捧寶官)○진궤개록거보(進跪開盝擧寶)○독보관(讀寶官)○진북향궤(進北向跪)○독보흘(讀寶訖)○부복흥(俯伏興)○봉보관(捧寶官)○이보환치어록(以寶還置於盝)○봉록흥(捧盝興)○거보안자(擧寶案者)○치안어책안지남(置案於冊案之南)○부복흥(俯伏興)○봉보관(捧寶官)○궤치록어안(跪置盝於案)○부복흥(俯伏興)○구강복위(俱降復位)○인의(引儀)○찬부복흥평신(贊俯伏興平身)○인령의정(引領議政)○강복위(降復位)○찬의창(贊儀唱)○국궁사배흥평신(鞠躬四拜興平身)○령의정이하급종친(領議政以下及宗親)○문무백관(文武百官)○국궁사배흥평신(鞠躬四拜興平身)○인의(引儀)○인령의정이하출(引領議政以下出)○우인의(又引儀)○인종친급문무백관출(引宗親及文武百官出)

내상청시여상청시종묘의 (內喪請諡如上請諡宗廟儀)

○약내상재선(若內喪在先)○칙전일일(則前一日)○견대신(遣大臣)○고종묘(告宗廟)○여상고의(如常告儀)○무청시(無請諡)○기일(其日)○전의(典儀)○설령의정위어근정전정도동북향(設領議政位於勤政殿庭道東北向)○거안자위어기후동상(擧案者位於其後東上)○설전의위어동계하근동서향(設典儀位於東階下近東西向)○찬의(贊儀)○인의(引儀)○재남차퇴(在南差退)○우찬의(又贊儀)○인의위어서계하근서동향(引儀位於西階下近西東向)○구북상(俱北上)○인의(引儀)○설령의정이하문외위어근정문외도동서향(設領議政以下門外位於勤政門外道東西向)○이위중행북상(異位重行北上)○령의정이하(領議政以下)○이상복(以常服)○흑각대(黑角帶)○구집조당(俱集朝堂)○례조정랑(禮曹正郎)○진채여이어근정문외(陳綵輿二於勤政門外)○병조정랑(兵曹正郎)○진세장어채여지남(陳細仗於綵輿之南)○인의(引儀)○인령의정이하(引領議政以下)○취문외위(就門外位)○전의(典儀)○수찬의(帥贊儀)○인의(引儀)○이상복(以常服)○흑각대(黑角帶)○선입취위(先入就位)○전교관급집사자(傳敎官及執事者)○예사정전합외이사(詣思政殿閤外以俟)○인의(引儀)○인령의정이하(引領議政以下)○유동편문입(由東偏門入)○취위(就位)○내시(內侍)○봉시책(捧諡冊)○시보출합(諡寶出閤)○이수부교궁(以授傳敎宮)○전교관(傳敎官)○진궤수(進跪受)○집사자(執事者)○거안(擧案)○매안(每案)○이인대거(二人對擧)○진전교관전궤(進傳敎官前跪)○전교관(傳敎官)○이책(以冊)○보각치어안흥(寶各置於案興)○유근정전동변(由勤政殿東邊)○강자동계(降自東階)○예령의정동북(詣領議政東北)○서향립(西向立)○집사자(執事者)○각거안종지(各擧案從之)○립어전교관지남소퇴서향(立於傳敎官之南小退西向)○전교관(傳敎官)○칭유교(稱有敎)○찬의창(贊儀唱)○궤(跪)○령의정이하(領議政以下)○궤(跪)○전교관(傳敎官)○선교왈(宣敎曰)○증대행왕비시책(贈大行王妃諡冊)○시보(諡寶)○명경전례(命卿展禮)○선흘(宣訖)○전의왈(典儀曰)○사배(四拜)○찬의창(贊儀唱)○부복흥사배흥평신(俯伏興四拜興平身)○령의정이하(領議政以下)○부복흥사배흥평신(俯伏興四拜興平身)○집사자(執事者)○거시책안(擧諡冊案)○진전교관전(進傳敎官前)○전교관(傳敎官)○취시책함(取諡冊函)○이안수거안자(以案授擧案者)○퇴(退)○수령의정(授領議政)○령의정(領議政)○진북향궤수(進北向跪受)○거책안자이인(擧冊案者二人)○대거안(對擧案)○진령의정지좌궤(進領議政之左跪)○령의정(領議政)○치시책함어안(置諡冊函於案)○거안자(擧案者)○대거(對擧)○퇴립어령의정지후(退立於領議政之後)○전교관(傳敎官)○취시보록(取諡寶盝)○수령의정(授領議政)○여상의흘(如上儀訖)○전의왈(典儀曰)○사배(四拜)○찬의창(贊儀唱)○부복흥사배흥평신(俯伏興四拜興平身)○령의정(領議政)○부복흥사배흥평신(俯伏興四拜興平身)○인의(引儀)○인령의정(引領議政)○유동문출(由東門出)○거책(擧冊)○보안자전행(寶案

者前行)○영의정(領議政)○이책보(以冊寶)○각치어채여(各置於綵輿)○세장(細仗)○전도여상(前導如常)

상시책보의(上諡冊寶儀)

○내상재선(內喪在先)○칙개상위증(則改上爲贈)

전일일(前一日)○전설사(典設司)○설권치책(設權置冊)○보악어빈전대문외지동서향(寶幄於殯殿大門外之東西向)○설영의정차어책(設領議政次於冊)○보악지남근동서향(寶幄之南近東西向)

기일(其日)○전의(典儀)○설령의정위어중문외지동서향(設領議政位於中門外之東西向)○거책(擧冊)○보안자(寶案者)○재남차퇴서향(在南差退西向)○설상전위어령의정지서동향(設常傳位於領議政之西東向)○내시(內侍)○알자(謁者)○재기남(在其南)○우설령의정배위어중문외북향(又設領議政拜位於中門外北向)○전의위어령의정배위동북서향(典儀位於領議政拜位東北西向)○찬의(贊儀)○인의(引儀)○재남차퇴(在南差退)○내시(內侍)○설권치책(設權置冊)○보안어빈전합외근한(寶案於殯殿閤外近限)○우설권치책보욕위어빈전서계하동향(又設權置冊寶褥位於殯殿西階下東向)○령의정(領議政)○지빈전문외(至殯殿門外)○이시책(以諡冊)○보(寶)○권치어악(權置於幄)○인의(引儀)○인령의정입차(引領議政入次)○소경(少頃)○인의(引儀)○인영의정(引領議政)○입취서향위(入就西向位)○거책(擧冊)○보안자(寶案者)○각대거안(各對擧案)○종입취위(從入就位)○내시(內侍)○알자(謁者)○인상전(引尙傳)○예영의정전(詣領議政前)○동향궤(東向跪)○령의정(領議政)○궤칭영의정신모(跪稱領議政臣某)○봉교(奉敎)○근봉상대행왕비시책(謹奉上大行王妃諡冊)○시보(諡寶)○칭흘(稱訖)○거책(擧冊)○보안자(寶案者)○이차진영의정전(以次進領議政前)○령의정(領議政)○취책함수상전(取冊函授尙傳)○상전(尙傳)○수이수내시(受以授內侍)○령의정(領議政)○우취보록(又取寶盝)○수상전여상의흘(授尙傳如上儀訖)○내시(內侍)○봉예합외(捧詣閤外)○제내시조거(諸內侍助擧)○궤(跪)○치어안(置於案)○부복흥퇴(俯伏興退)○거책(擧冊)○보안자(寶案者)○각이안수내시(各以案授內侍)○선치어빈전계하권치욕위(先置於殯殿階下權置褥位)○령의정이하(領議政以下)○권퇴(權退)○차상궁(次尙宮)○상복(尙服)○예합(詣閤)○상궁(尙宮)○궤취시책함(跪取諡冊函)○상복(尙服)○궤취시보록(跪取諡寶盝)○구입치어권치욕위안상(俱入置於權置褥位案上)

전이각(前二刻)○유사(攸司)○진례찬(進禮饌)○견서례(見序例)○상식(尙食)○수기속(帥其屬)○전봉입설어령좌전(傳捧入設於靈座前)○설향로(設香爐)○향합병촉어기전(香合幷燭於其前)○설존어호외지좌(設尊於戶外之左)○치잔삼어존소(置盞三於尊所)

전일각(前一刻)○전의(典儀)○수찬의(帥贊儀)○인의(引儀)○선입취위(先入就位)○인의(引儀)○인령의정(引領議政)○취배위(就拜位)○전의왈(典儀曰)○사배(四拜)○찬의창(贊儀唱)○국궁사배흥평신(鞠躬四拜興平身)○령의정(領議政)○국궁사배흥평신(鞠躬四拜興平身)○찬의창(贊儀唱)○궤(跪)○령의정궤(領議政跪)○상식(尙食)○진향안전궤(進香案前跪)○삼상향(三上香)○작주전우령좌전(酌酒奠于靈座前)○련전삼잔(連奠三盞)○부복흥환시위(俯伏興還侍位)○상전(尙傳)○예합외궤(詣閤外跪)○전고전언(傳告典言)○전언(典言)○입예령좌전(入詣靈座前)○북향궤(北向跪)○계운령의정신모(啓云領議政臣某)○봉교근봉상시책(奉敎謹奉上諡冊)○시보(諡寶)○계흘(啓訖)○부복흥환시위(俯伏興還侍位)○상궁(尙宮)○상복(尙服)○구예책보안전(俱詣冊寶案前)○서향궤(西向跪)○상궁(尙宮)○취책함(取冊函)○상복(尙服)○취보록(取寶盝)○유중계승(由中階陞)○전언(典言)○상기등(尙記等)○각거안종지(各擧案從之)○예향안전궤(詣香案前跪)○선치안(先置案)○차치책(次置冊)○보어안(寶於案)○소퇴북향궤동상(小退北向跪東上)○상궁(尙宮)○개책함독흘(開冊函讀訖)○이책환치어함(以冊還置於函)○거책함(擧冊函)○소퇴궤(小退跪)○전언(典言)○진궤거책안궤(進跪擧冊案跪)○치어령좌전초동(置於靈座前稍東)○부복흥(俯伏興)○상궁(尙宮)○이책함궤(以冊函跪)○치어안(置於案)○부복흥(俯伏興)○구환시위(俱還侍位)○차상복(次尙服)○진궤개록독보흘(進跪開盝讀寶訖)○이보환치어록(以寶還置於盝)○거보록(擧寶盝)○소퇴궤(小退跪)○상기(尙記)○진궤거보안궤(進跪擧寶案跪)○치어책안지남(置於冊案之南)○부복흥(俯伏興)○상복(尙服)○이보록궤(以寶盝跪)○치어안부복흥(置於案俯伏興)○구환시위(俱還侍位)○찬의창(贊儀唱)○부복흥사배흥평신(俯伏興四拜興平身)○영의정(領議政)○부복흥사배흥평(俯伏興四拜興平

平身)○인의(引儀)○인영의정출(引領議政出)○영의정(領議政)○예궐복명여상(詣闕復命如常)

계빈의(啓殯儀)

전삼일(前三日)○고사묘여상의(告社廟如常儀)○무전(無奠)

기일(其日)○액정서(掖庭署)○설전하위어빈전호외지동서향(設殿下位於殯殿戶外之東西向)○전의(典儀)○설대군이하위어동계하근동서향북상(設大君以下位於東階下近東西向北上)○설종친급문무백관(設宗親及文武百官)○감찰(監察)○전의(典儀)○찬의(贊儀)○인의위어외정(引儀位於外庭)○병여상(竝如常)

전이각(前二刻)○유사(攸司)○진례찬(進禮饌)견서례(見序例)○내시(內侍)○**전봉(傳捧)**내상(內喪)○칙상식(則尚食)수기속전봉(帥其屬傳捧)○후방차(後倣此)○입설어령좌전(入設於靈座前)○설향로(設香爐)○향합병촉어기전(香合并燭於其前)○전축문어령좌지좌(奠祝文於靈座之左)○설존어호외지좌(設尊於戶外之左)○치잔삼어존소(置盞三於尊所)

전일각(前一刻)○감찰(監察)○전의(典儀)○찬의(贊儀)○인의(引儀)○선입취위(先入就位)○인의(引儀)○분인종친급문무백관(分引宗親及文武百官)○입취위(入就位)○차인대군이하(次引大君以下)○거장(去杖)○입취위(入就位)○좌통례(左通禮)○도전하(導殿下)○장입취위(杖入就位)○좌통례(左通禮)○부복궤(俯伏跪)○계청궤부복곡(啓請跪俯伏哭)○전하(殿下)○궤부복곡(跪俯伏哭)궤시(跪時)○내시봉장(內侍捧杖)○후방비(後倣比)○대군이하(大君以下)○궤부복곡(跪俯伏哭)○찬의창(贊儀唱)○궤부복곡(跪俯伏哭)○종친급문무백관(宗親及文武百官)○궤부복곡(跪俯伏哭)○좌통례(左通禮)○계청지곡(啓請止哭)○전하지곡(殿下止哭)○대군이하(大君以下)○지곡(止哭)○찬의창(贊儀唱)○지곡흥사배흥평신(止哭興四拜興平身)○종친급문무백관(宗親及文武百官)○지곡흥사배흥평신(止哭興四拜興平身)○찬의창(贊儀唱)○궤(跪)○종친급문무백관(宗親及文武百官)○궤(跪)○대전관(代奠官)○관수(盥手)○승자동편계(陞自東偏階)○예향안전(詣香案前)○북향궤(北向跪)○삼상향(三上香)○작주전우령좌전(酌酒奠于靈座前)련전삼잔(連奠三盞)○부복흥퇴(俯伏興退)대축(大祝)○진령좌지좌(進靈座之左)○서향궤(西向跪)○독축문(讀祝文)사(詞)○림시찬(臨時撰)○후방차(後倣此)○내상(內喪)○칙상식(則尚食)상향전주(上香奠酒)○전언(典言)○독축(讀祝)○후방차(後倣此)○흘(訖)○부복흥퇴(俯伏興退)○좌통례(左通禮)○계청곡(啓請哭)○전하(殿下)○곡진애(哭盡哀)○대군이하(大君以下)○곡진애(哭盡哀)○찬의창(贊儀唱)○부복곡(俯伏哭)○종친급문무백관(宗親及文武百官)○부복곡진애(俯伏哭盡哀)○좌통례(左通禮)○계청지곡(啓請止哭)○전하지곡(殿下止哭)○대군이하(大君以下)○지곡(止哭)○찬의창(贊儀唱)○지곡흥사배흥평신(止哭興四拜興平身)○종친급문무백관(宗親及文武百官)○지곡흥사배흥평신(止哭興四拜興平身)○좌통례(左通禮)○도전하(導殿下)○권취려차(權就廬次)○인의(引儀)○인대군이하환차(引大君以下還次)○우인의(又引儀)○분인종친급문무백관(分引宗親及文武百官)○이차출(以次出)○내시(內侍)○봉축문(捧祝文)○분어로(焚於爐)치동로어로대지서(置銅爐於露臺之西)○내상재선(內喪在先)○칙전하명령의정위헌관(則殿下命領議政爲獻官)○령의정(領議政)○수반곡배후(隨班哭拜後)○인예중문외(引詣中門外)○북향궤(北向跪)○상식(尚食)○상향전주(上香奠酒)○전언(典言)○독축흘(讀祝訖)○령의정(領議政)○부복흥환본위(俯伏興還本位)○여여상의(餘如上儀)○자차지립주전(自此至立主奠)○개동(皆同)○유릉소(唯陵所)○인예유문외(引詣帷門外)○천령좌전어전내서남(遷靈座及奠於殿內西南)○인의(引儀)○인우의정(引右議政)○입자동편문(入自東偏門)○승동편계(陞東偏階)○집사자일인(執事者一人)○참외(參外)○봉불재궁지건(捧拂梓宮之巾)유함(有函)○종승(從陞)○우의정(右議政)○예찬궁남(詣欑宮南)○북향부복궤계왈(北向俯伏跪啓曰)○우의정신모(右議政臣某)○근이길진계찬도(謹以吉辰啓欑塗)○계흘(啓訖)○부복흥(俯伏興)○선공감관(繕工監官)○수기속(帥其屬)○승철찬도필(陞撤欑塗畢)○우의정(右議政)○이건불식재궁(以巾拂拭梓宮)내상(內喪)○칙우의정(則右議政)○입취중문외(入就中門外)○북향궤(北向跪)○사알(司謁)○인상전(引尚傳)○예우의정전(詣右議政前)○남향궤(南向跪)○우의정(右議政)○부복궤계왈(俯伏跪啓曰)○우의정신모(右議政臣某)○근이길진계찬도(謹以吉辰啓欑塗)○상전(尚傳)○부복흥(俯伏興)○예합외(詣閤外)○전고상식(傳告尚食)○상의(尚儀)○부복흥(俯伏興)○취찬궁남(就欑宮南)○북향부복궤계稱우의정신모(北向俯伏跪啓稱右議政臣某)○근이길진계찬도(謹以吉辰啓欑塗)○계흘(啓訖)○환시위(還侍位)○우의정(右議政)○부복흥평신(俯伏興平身)○상전(尚傳)○솔제내시(率諸內侍)○승철찬도(陞撤欑塗)○초제내시입(初諸內侍入)○궁인퇴피(宮人退避)○철흘(撤訖)○상전(尚傳)○이건불식재궁(以巾拂拭梓宮)○복이관의강출(覆以棺衣降出)○내시(內侍)○철찬(徹饌)○설악급령좌(設幄及靈座)○령침(靈寢)○병여초(竝如初)○유사(攸司)○진례찬(進禮饌)○내시(內侍)○전봉입설어령좌전여상의(傳捧入設於靈座前如上儀)○감찰(監察)○전의(典儀)○찬의(贊儀)○인의(引儀)○선입취위(先入就

位)○인의(引儀)○분인종친급문무백관(分引宗親及文武百官)○입취위(入就位)○차인대군이하(次引大君以下)○거장(去杖)○입취위(入就位)○좌통례(左通禮)○도전하(導殿下)○장입취위(杖入就位)○좌통례(左通禮)○계청궤부복곡(啓請跪俯伏哭)○전하(殿下)○궤부복곡(跪俯伏哭)○대군이하(大君以下)○궤부복곡(跪俯伏哭)○찬의창(贊儀唱)○궤부복곡(跪俯伏哭)○종친급문무백관(宗親及文武百官)○궤부복곡(跪俯伏哭)○좌통례(左通禮)○계청지곡(啓請止哭)○전하지곡(殿下止哭)○대군이하(大君以下)○지곡(止哭)○찬의창(贊儀唱)○지곡(止哭)○종친급문무백관(宗親及文武百官)○지곡(止哭)○대전관(代奠官)○예향안전궤(詣香案前跪)○상향전주여상흘(上香奠酒如上訖)○부복흥퇴(俯伏興退)○좌통례(左通禮)○계청곡(啓請哭)○전하(殿下)○곡진애(哭盡哀)○대군이하(大君以下)○곡진애(哭盡哀)○찬의창(贊儀唱)○곡(哭)○종친급문무백관(宗親及文武百官)○곡진애(哭盡哀)○좌통례(左通禮)○계청지곡(啓請止哭)○전하지곡(殿下止哭)○대군이하(大君以下)○지곡(止哭)○찬의창(贊儀唱)○지곡흥사배흥평신(止哭興四拜興平身)○종친급문무백관(宗親及文武百官)○지곡흥사배흥평신(止哭興四拜興平身)○좌통례(左通禮)○도전하(導殿下)○환려차(還廬次)○인의(引儀)○인대군이하환차(引大君以下還次)○우인의(又引儀)○분인종친급문무백관(分引宗親及文武百官)○이반근동궤(移班近東跪)○반수(班首)○진명봉위흘(進名奉慰訖)○인의(引儀)○이차인출(以次引出)○자후지발인(自後至發引)○대곡부절성(代哭不絶聲)

조전의(祖奠儀)

기일(其日)○액정서(掖庭署)○설전하위어빈전호외지동서향(設殿下位於殯殿戶外之東西向)○전의(典儀)○설대군이하위어동계하근동서향북상(設大君以下位於東階下近東西向北上)○설종친급문무백관(設宗親及文武百官)○감찰(監察)○전의(典儀)○찬의(贊儀)○인의위어외정(引儀位於外庭)○병여상(竝如常)

전이각(前二刻)○유사(攸司)○진례찬(進禮饌)○견서례(見序例)○내시(內侍)○전봉입설어령좌전(傳捧入設於靈座前)○설향로(設香爐)○향합병촉어기전(香合幷燭於其前)○전축문어령좌지좌(奠祝文於靈座之左)○설존어호외지좌(設尊於戶外之左)○치잔삼어존소(置盞三於尊所)

전일각(前一刻)○감찰(監察)○전의(典儀)○찬의(贊儀)○인의(引儀)○선입취위(先入就位)○인의(引儀)○분인종친급문무백관(分引宗親及文武百官)○입취위(入就位)○차인대군이하(次引大君以下)○거장(去杖)○입취위(入就位)○좌통례(左通禮)○도전하(導殿下)○장입취위(杖入就位)○좌통례(左通禮)○부복궤(俯伏跪)○계청궤부복곡(啓請跪俯伏哭)○전하(殿下)○궤부복곡(跪俯伏哭)○대군이하(大君以下)○궤부복곡(跪俯伏哭)○찬의창(贊儀唱)○궤부복곡(跪俯伏哭)○종친급문무백관(宗親及文武百官)○궤부복곡(跪俯伏哭)○좌통례(左通禮)○계청지곡(啓請止哭)○전하지곡(殿下止哭)○대군이하지곡(大君以下止哭)○찬의창(贊儀唱)○지곡흥사배흥평신(止哭興四拜興平身)○종친급문무백관(宗親及文武百官)○지곡흥사배흥평신(止哭興四拜興平身)○찬의창(贊儀唱)○궤(跪)○종친급문무백관(宗親及文武百官)○궤(跪)○대전관(代奠官)○관수(盥手)○승자동편계(陞自東偏階)○예향안전(詣香案前)○북향궤(北向跪)○삼상향(三上香)○작주전우령좌전(酌酒奠于靈座前)○련전삼잔(連奠三盞)○부복흥퇴(俯伏興退)○대축(大祝)○진령좌지좌(進靈座之左)○서향궤(西向跪)○독축문흘(讀祝文訖)○부복흥퇴(俯伏興退)○좌통례(左通禮)○계청곡(啓請哭)○전하(殿下)○곡진애(哭盡哀)○대군이하(大君以下)○곡진애(哭盡哀)○찬의창(贊儀唱)○부복곡(俯伏哭)○종친급문무백관(宗親及文武百官)○부복곡진애(俯伏哭盡哀)○좌통례(左通禮)○계청지곡(啓請止哭)○전하지곡(殿下止哭)○대군이하(大君以下)○지곡(止哭)○찬의창(贊儀唱)○지곡흥사배흥평신(止哭興四拜興平身)○종친급문무백관(宗親及文武百官)○지곡흥사배흥평신(止哭興四拜興平身)○좌통례(左通禮)○도전하(導殿下)○환려차(還廬次)○인의(引儀)○인대군이하환차(引大君以下還次)○내시(內侍)○봉축문(捧祝文)○분어로(焚於爐)○인의(引儀)○분인종친급문무백관(分引宗親及文武百官)○이반근동궤(移班近東跪)○반수(班首)○진명봉위흘(進名奉慰訖)○인의(引儀)○이차인출(以次引出)

견전의(遣奠儀)

전일일(前一日)○국장도감(國葬都監)○진순급혼백요여(進輴及魂帛腰轝)○향정등어중문외당중남향(香亭等於中門外當中南向)○순재북(輴在北)○여재남(轝在南)○진혼백차급대여어외문외당중남향(進魂帛車及大轝於外門外當中南向)○여재북(轝在北)○차재남(車在南)○진길장어혼백차전(陳吉仗於魂帛車前)○흉장급명기어대여전(凶仗及明器於大轝前)

기일(其日)○액정서(掖庭署)○설전하위어빈전호외지동서향(設殿下位於殯殿戶外之東西向)○전의(典儀)○설대군이하위어동계하근동서향북상(設大君以下位於東階下近東西向北上)○설종친급문무백관(設宗親及文武百官)○감찰(監察)○제도관찰사(諸道觀察使)○도사(都事)○각종본품지말(各從本品之末)○전의(典儀)○독애책관(讀哀冊官)○봉애책관(捧哀冊官)○거안자(擧案者)○찬의(贊儀)○인의위어외정(引儀位於外庭)○병여상(竝如常)○례조정랑(禮曹正郎)○내상(內喪)○칙내시위지(則內侍爲之)○권치애책어서계하동향(權置哀冊於西階下東向)○설석(設席)○유안(有案)

발인전오각(發引前五刻)○유사(攸司)○진례찬(進禮饌)○견서례(見序例)○내시(內侍)○전봉입설어령좌전(傳捧入設於靈座前)○설향로(設香爐)○향합병촉어기전(香合幷燭於其前)○전축문어령좌지좌(奠祝文於靈座之左)○설존어호외지좌(設尊於戶外之左)○치잔삼어존소(置盞三於尊所)

전사각(前四刻)○감찰(監察)○전의(典儀)○찬의(贊儀)○인의(引儀)○선입취위(先入就位)○인의(引儀)○분인종친급문무백관(分引宗親及文武百官)○입취위(入就位)○차인대군이하(次引大君以下)○거장(去杖)○입취위(入就位)○좌통례(左通禮)○도전하(導殿下)○장입취위(杖入就位)○좌통례(左通禮)○부복궤(俯伏跪)○계청궤부복곡(啓請跪俯伏哭)○전하(殿下)○궤부복곡(跪俯伏哭)○대군이하(大君以下)○궤부복곡(跪俯伏哭)○찬의창(贊儀唱)○궤부복곡(跪俯伏哭)○종친급문무백관(宗親及文武百官)○궤부복곡(跪俯伏哭)○좌통례(左通禮)○계청지곡(啓請止哭)○전하지곡(殿下止哭)○대군이하(大君以下)○지곡(止哭)○찬의창(贊儀唱)○지곡흥사배흥평신(止哭興四拜興平身)○종친급문무백관(宗親及文武百官)○지곡흥사배흥평신(止哭興四拜興平身)○찬의창(贊儀唱)○궤(跪)○종친급문무백관(宗親及文武百官)○궤(跪)○대전관(代奠官)○관수(盥手)○승자동편계(陞自東偏階)○예향안전(詣香案前)○북향궤(北向跪)○삼상향(三上香)○작주전우령좌전(酌酒奠于靈座前)○련전삼잔(連奠三盞)○부복흥퇴(俯伏興退)○대축(大祝)○진령좌지좌(進靈座之左)○서향궤(西向跪)○독축문흘(讀祝文訖)○부복흥퇴(俯伏興退)○인의(引儀)○인봉책관(引捧冊官)○인의(引儀)○지어문외(止於門外)○후방차(後倣此)○예애책안전(詣哀冊案前)○서향궤(西向跪)○봉책함흥(捧冊函興)○유중계승(由中階陞)○거안자종지(擧案者從之)○예향안전궤(詣香案前跪)○선치안(先置案)○차치책함(次置冊函)○부복흥소퇴북향궤(俯伏興小退北向跪)○인의(引儀)○인독책관(引讀冊官)○유동편계승(由東偏階陞)○예책안전(詣冊案前)○북향궤(北向跪)○봉책관(捧冊官)○진궤개함전책(進跪開函展冊)○독책관(讀冊官)○독책흘(讀冊訖)○부복흥(俯伏興)○봉책관(捧冊官)○이책환치어함(以冊還置於函)○봉함흥(捧函興)○거안자(擧案者)○치안어령좌전초동(置案於靈座前稍東)○부복흥(俯伏興)○봉책관(捧冊官)○궤치책함어안(跪置冊函於案)○부복흥(俯伏興)○구강복위(俱降復位)○내상(內喪)○칙상궁(則尙宮)○예책안전(詣冊案前)○서향궤(西向跪)○봉책함흥(捧冊函興)○유중계승(由中階陞)○전언(典言)○거안종지(擧案從之)○예향안전궤(詣香案前跪)○선치안(先置案)○차치책함(次置冊函)○상궁(尙宮)○개함전책(開函展冊)○독책흘(讀冊訖)○이책환치어함(以冊還置於函)○봉함흥(捧函興)○전언(典言)○치안어령좌전초동(置案於靈座前稍東)○부복흥(俯伏興)○상궁(尙宮)○치책함어안(置冊函於案)○부복흥(俯伏興)○구환시위(俱還侍位)○좌통례(左通禮)○계청곡(啓請哭)○전하(殿下)○곡진애(哭盡哀)○대군이하(大君以下)○곡진애(哭盡哀)○찬의창(贊儀唱)○부복곡(俯伏哭)○종친급문무백관(宗親及文武百官)○부복곡진애(俯伏哭盡哀)○좌통례(左通禮)○계청지곡(啓請止哭)○전하지곡(殿下止哭)○대군이하(大君以下)○지곡(止哭)○찬의창(贊儀唱)○지곡흥사배흥평신(止哭興四拜興平身)○종친급문무백관(宗親及文武白官)(문무백관(文武百官))○지곡흥사배흥평신(止哭興四拜興平身)○좌통례(左通禮)○도전하권(導殿下權)○취려차(就廬次)○인의(引儀)○인대군이하환차(引大君以下還次)○내시(內侍)○철찬(徹饌)○내시(內侍)○봉축문(捧祝文)○분어로(焚於爐)○인의(引儀)○분인종친급문무백관(分引宗親及文武百官)○이차출문외(以次出門外)○분동서서립이사(分東西序立以竢)

발인반차(發引班次)

도가(導駕)○선당부주부(先當部主簿)○차한성부판윤(次漢城府判尹)○차례조판서(次禮曹判書)○차호조판서(次戶曹判書)○차대사헌(次大司憲)○차병조판서(次兵曹判書)○장관유고(長官有故)○칙차관(則次官)○차의금부당하관이(次義禁府堂下官二)○분좌우(分左右)○차좌상군사(次左廂軍士)○차사대(次射隊)○사금십륙원(司禁十六員)○구기복(具器服)○집주장(執朱杖)○분좌우(分左右)○재의장지외(在儀仗之外)○차홍문대기이(次紅門大旗二)○분좌우(分左右)○범대기일인집(凡大旗一人執)○이인인(二人引)○이인협(二人夾)○중기일인집(中旗一人執)○이인인(二人引)○소기일인집(小旗一人執)○일인인(一人引)○개착청의(皆着靑衣)○피모자(皮帽子)○홍개이(紅蓋二)○거중분좌우(居中分左右)○각일인집(各一人執)○착청의(着靑衣)○자건(紫巾)○범집산(凡執繖)○개(蓋)○청선인동(靑扇人同)○차주작(次朱雀)○청룡기각일재좌(靑龍旗各一在左)○백호(白虎)○현무기각일재우(玄武旗各一在右)○황룡기(黃龍旗)○거중(居中)○김(金)○고거중(鼓居中)○고좌이인집(鼓左二人執)○김우일인집(金右一人執)○개착홍의(皆着紅衣)○피모자(皮帽子)○후동(後同)○차륙정기(次六丁旗)○분좌우(分左右)○주작기거중(朱雀旗居中)○차백택기이(次白澤旗二)○분좌우(分左右)○차삼각(次三角)○각단(角端)○룡마기각이(龍馬旗各二)○분좌우(分左右)○천하대평기거중(天下大平旗居中)○차현학기일재좌(次玄鶴旗一在左)○백학기일재우(白鶴旗一在右)○취각륙인(吹角六人)○거중분좌우(居中分左右)○이인집대각선행(二人執大角先行)○차중각이인(次中角二人)○차소각이인(次小角二人)○후방차(後倣此)○장마이필(仗馬二匹)○구안장(具鞍粧)○거중분좌우(居中分左右)○각이인견(各二人牽)○착청의(着靑衣)○종색립(椶色笠)○운혜(雲鞋)○후동(後同)○차표골타자륙(次豹骨朶子六)○분좌우(分左右)○각일인집(各一人執)○착홍의(着紅衣)○피모자(皮帽子)○범집과(凡執瓜)○부(斧)○필(畢)○한(罕)○등(鐙)○도(刀)○정(旌)○모(旄)○당(幢)○봉작자(棒斫子)○룡(龍)○봉(鳳)○작선인동(雀扇人同)○김(金)○고거중(鼓居中)○장마이필(仗馬二匹)○차웅골타자륙(次熊骨朶子六)○분좌우(分左右)○차령자기이(次令字旗二)○분좌우(分左右)○집인착홍의(執人着紅衣)○피모자(皮帽子)○집김(執金)○고자기인동(鼓字旗人同)○가구선인기이(駕龜仙人旗二)○거중분좌우(居中分左右)○차고자기일재좌(次鼓字旗一在左)○김자기일재우(金字旗一在右)○장마이필(仗馬二匹)○차가서봉십(次哥舒棒十)○분좌우(分左右)○벽봉기이(碧鳳旗二)○거중분좌우(居中分左右)○장마이필(仗馬二匹)○차김등십(次金鐙十)○분좌우(分左右)○군왕천세기거중(君王千歲旗居中)○장마이필(仗馬二匹)○차은장도이(次銀粧刀二)○분좌우(分左右)○은교의거중(銀交倚居中)○각답수지(脚踏隨之)○일인(一人)○봉교의(捧交倚)○일인(一人)○집각답(執脚踏)○착자의(着紫衣)○자건(紫巾)○집우(執盂)○관인동(灌人同)○차은장도이(次銀粧刀二)○분좌우(分左右)○차주작(次朱雀)○청룡당각일재좌(靑龍幢各一在左)○백호(白虎)○현무당각일재우(玄武幢各一在右)○은관자(銀灌子)○은우각일거중(銀盂各一居中)○장마이필(仗馬二匹)○차은립과사(次銀立瓜四)○김립과이(金立瓜二)○상간분좌우(相間分左右)○김고거중(金鼓居中)○장마이필(仗馬二匹)○차은횡과사(次銀橫瓜四)○김횡과이(金橫瓜二)○상간분좌우(相間分左右)○은교의거중(銀交倚居中)○각답수지(脚踏隨之)○장마이필(仗馬二匹)○차은작자(次銀斫子)○김작자각사(金斫子各四)○상간분좌우(相間分左右)○주칠교의거중(朱漆交倚居中)○각답(脚踏)○수지(隨之)○청양산이(靑陽繖二)○거중분좌우(居中分左右)○소여거중(小轝居中)○여사삼십(轝士三十)○착자의(着紫衣)○흑건(黑巾)○학창(鶴氅)○홍대(紅帶)○청행등(靑行縢)○운혜(雲鞋)○소련(小輦)○고명(誥命)○시책(諡冊)○보(寶)○혼(魂)○백요여봉담인동(帛腰轝捧擔人同)○차한일재좌(次罕一在左)○필일재우(畢一在右)○차모절사(次旄節四)○분좌우(分左右)○차정사(次旌四)○분좌우(分左右)○소련거중(小輦居中)○여사사십(轝士四十)○차은월부(次銀鉞斧)○김월부각사(金鉞斧各四)○상간분좌우(相間分左右)○김(金)○고거중(鼓居中)○어마이필(御馬二匹)○차봉선팔(次鳳扇八)○분좌우(分左右)○청개이(靑蓋二)○거중분좌우(居中分左右)○차작선십(次雀扇十)○분좌우(分左右)○홍개이(紅蓋二)○거중분좌우(居中分左右)○차룡선이(次龍扇二)○분좌우(分左右)○전부고취(前部鼓吹)○진이부작(陳而不作)○고명요여(誥命腰轝)○거중(居中)○상서원관일인수지(尙瑞院官一人隨之)○착상복(着常服)○흑각대(黑角帶)○시책(諡冊)○보요여이(寶腰轝二)○거중이차이행(居中以次而行)○매일요여여토(每一腰轝轝士)○병보수십오(幷補數十五)○국장도감관이인수지(國葬都監官二人隨之)○착상복(着常服)○흑각대(黑角帶)○수정장(水精杖)○김월부각일(金鉞斧各一)○거중분좌우(居中分左右)○장좌(杖左)○부우(斧右)○각일인집(各一人執)○착청의(着靑衣)○자건(紫巾)○홍촉롱이(紅燭籠二)○거중분좌우(居中分左右)○충찬위봉지(忠贊衛捧持)○착상복(着常服)○흑각대(黑角帶)○후방차(後倣此)○혼백요여거중(魂帛腰轝居中)○여사(轝士)○병보수삼십(幷補數三十)○청촉롱이(靑燭籠二)○거중분좌우(居中分左右)○홍양산거중(紅陽繖居中)○충의위격집(忠義衛擊執)○착상복(着常服)○흑각대(黑角帶)○백촉롱이(白燭籠二)○거중분좌우(居中分左右)○향정거중(香亭居中)○봉담인(捧擔人)○병보수십오(幷補數十五)○착자의(着紫衣)○흑건(黑巾)○마궤거중(馬机居中)○일인집(一人執)○착청의(着靑衣)○흑립(黑笠)○혼백차(魂帛車)○만토(挽土)○병보수일백이십(幷補數一百二十)○착자의(着紫衣)○흑건(黑巾)○내시수지(內侍隨之)○청선이(靑扇二)○거중분좌우(居中分左右)○현무기거중(玄武旗居中)○후부고취(後部鼓吹)○후전대기이(後殿大旗二)○분좌우(分左右)○차화철롱사십(次火鐵籠四十)○분좌우(分左右)○차방상씨차사(次方相氏車四)○분좌우(分左右)○견예인(牽曳人)○매차(每車)○병보수십오(幷補數十五)○착백의(着白衣)○백건(白巾)

차만사사십팔(次挽詞四十八)○분좌우(分左右)○차죽산마이(次竹散馬二)○분좌우(分左右)○견예인(牽曳人)○매마오(每馬五)○착백의(着白衣)○백건(白巾)○후동(後同)○차죽안마십(次竹鞍馬十)○분좌우(分左右)○차청수안마십재좌(次靑繡鞍馬十在左)○자수안마십재우(紫繡鞍馬十在右)○차명기요여오거중(次明器腰轝五居中)○여사매여(轝士每轝)○병보수십오(幷補數十五)○착백의(着白衣)○백건(白巾)○복완요여거중(服玩腰轝居中)○여사(轝士)○병보수이십(幷補數二十)○착백의(着白衣)○백건(白巾)○애책요여거중(哀冊腰轝居中)○봉담인(捧擔人)○병보수삼십(幷補數三十)○착백의백건(着白衣白巾)○국장도감관일인수지(國葬都監官一人隨之)○쇠복(衰服)○견여(肩轝)○즉순(卽輴)○거중(居中)○여토(轝土)○병보수일백사십(幷補數一百四十)○착백의(着白衣)○백건(白巾)○백학창(白鶴氅)○거오백(炬五百)○분좌우(分左右)○렬어의장지외(列於儀仗之外)○차망촉오백(次望燭五百)○분좌우(分左右)○렬어의장지내(列於儀仗之內)○사백팔십(四百八十)○충찬위집지(忠贊衛執之)○재선(在先)○이십(二十)○내시집지(內侍執之)○재후(在後)○범촉(凡燭)○거(炬)○개천명이지(皆天明而止)○시위여초(侍衛如初)○우보거중(羽葆居中)○선공감관(繕工監官)○경집(擎執)○향정거중(香亭居中)○봉담인(捧擔人)○병보수십오(幷補數十五),○착백의(着白衣)○백건(白巾)○명정거중(銘旌居中)○충의위(忠義衛)○경집(擎執)○차집탁자십륙인(次執鐸者十六人)○분좌우(分左右)○렬어집삽인외(列於執翣人外)○대여(大轝)○여사팔백(轝士八百)○착백의(着白衣)○백건(白巾)○백학창(白鶴氅)○백행등(白行滕)○백말(白襪)○승혜(繩鞋)○분위사번(分爲四番)○범차여(凡車轝)○의장(儀仗)○거화봉지자(炬火捧持者)○개함매(皆銜枚)○화삽(畫翣)○보삽(黼翣)○불삽각이(黻翣各二)○분립어대여좌우(分立於大轝左右)○충의위(忠義衛)○경집(擎執)○궁인이십(宮人二十)○장이행유(障以行帷)○차내시(次內侍)○차만사사십팔(次挽詞四十八)○분좌우(分左右)○차시릉내시(次侍陵內侍)○수릉관(守陵官)○차국장도감급빈전도감관(次國葬都監及殯殿都監官)○사금십륙원(司禁十六員)○구기복(具器服)○집백장(執白杖)○분좌우(分左右)○재군사지외(在軍士之外)○장마륙필(仗馬六匹)○구안장(具鞍粧)○거중분좌우(居中分左右)○소안장(素鞍粧)○후동(後同)○취각사인(吹角四人)○거중분좌우(居中分左右)○차대보급제보거중(次大寶及諸寶居中)○상서원관수지(尙瑞院官隨之)○소여거중(小轝居中)○봉담인삼십(捧擔人三十)○착백의(着白衣)○백건(白巾)○백학창(白鶴氅)○백행등(白行滕)○백말(白襪)○승혜(繩鞋)○어마이필(御馬二匹)○거중분좌우(居中分左右)○사복사관이인(司僕寺官二人)○패검수지(佩劍隨之)○차군사(次軍士)○각구기복(各具器服)○분좌우(分左右)○옹후여상(擁後如常)○대호군이인(大護軍二人)○봉운검(捧雲劍)○거중병행(居中竝行)○별감사십인(別監四十人)○분좌우(分左右)○재군사지내(在軍士之內)○소양산거중(素陽繖居中)○충의위(忠義衛)○경집(擎執)○어련(御輦)○봉담인륙십(捧擔人六十)○착백의(着白衣)○백건(白巾)○백학창(白鶴氅)○백행등(白行滕)○백말(白襪)○승혜(繩鞋)○소선이(素扇二)○거중분좌우(居中分左右)○각일인집(各一人執)○착백의(着白衣)○백건(白巾)○재보갑칠지외(在步甲七之外)○패운검중추사원(佩雲劍中樞四員)○봉갑상호군(捧甲上護軍)○봉주상호군각일원(捧冑上護軍各一員)○봉궁시상호군십이원(捧弓矢上護軍十二員)○개구기복(皆具器服),○횡행(橫行)○차봉어의호군륙원횡행(次捧御衣護軍六員橫行)○내시부(內侍府)○상의원(尙衣院)○내의원관수지(內醫院官隨之)○차대군이하(次大君以下)○차병조(次兵曹)○도총부당상관(都摠府堂上官)○구기복횡행(具器服橫行)○당하관수지(堂下官隨之)○차승지륙원(次承旨六員)○주서(注書)○사관각이원(史官各二員)○례조(禮曹)○병조정랑각일원수지(兵曹正郞各一員隨之)○차종친(次宗親)○문무백관(文武百官)○차감찰이원(次監察二員)○분좌우(分左右)○의금부당하관이원(義禁府堂下官二員)○분좌우(分左右)○차사대(次射隊)○차우상군사(次右廂軍士)○이차시위(以次侍衛)○약내상(若內喪)○칙내시십륙인(則內侍十六人)○집주장(執朱杖)○분좌우(分左右)○재의장지외(在儀仗之外)○백택기이(白澤旗二)○분좌우선행(分左右先行)○차은등사(次銀鐙四)○분좌우(分左右)○차김등사(次金鐙四)○분좌우(分左右)○차은장도이(次銀粧刀二)○분좌우(分左右)○차김장도이(次金粧刀二)○분좌우(分左右)○차은우관자식일거중(次銀盂銀灌子各一居中)○차은립과(次銀立瓜各二)○김립과각이(金立瓜各二)○분좌우(分左右)○차은횡과(次銀橫瓜)○김횡과각이(金橫瓜各二)○분좌우(分左右)○은교의거중(銀交倚居中)○각답수지(脚踏隨之)○차모절사(次旄節四)○분좌우(分左右)○차은월부(次銀鉞斧)○김월부각이(金鉞斧各二)○분좌우(分左右)○차작선륙(次雀扇六)○분좌우(分左右)○청개이(靑蓋二)○거중분좌우(居中分左右)○주화단선팔(朱畫團扇八)○분좌우(分左右)○홍개이(紅蓋二)○거중분좌우(居中分左右)○전부고취(前部鼓吹)○감대가지반(減大駕之半)○진이부작(陳而不作)○평시책요여일(平時冊腰轝一)○시책보요여이거중(諡冊寶腰轝二居中)○상서원관수지(尙瑞院官隨之)○홍촉롱이(紅燭籠二)○거중분좌우(居中分左右)○혼백요여거중(魂帛腰轝居中)○청촉롱이(靑燭籠二)○거중분좌우(居中分左右)○홍양산거중내시(紅陽繖居中內侍)○경집(擎執)○백촉롱이(白燭籠二)○거중분좌우(居中分左右)○향정거중(香亭居中)○마올일거중(馬扤一居中)○차행장사구(次行障四具)○분좌우(分左右)○차좌장이구(次坐障二具)○분좌우(分左右)○후부고취(後部鼓吹)○차화철롱사십(次火鐵籠四十)○분좌우(分左右)○차방상씨차사(次方相氏車四)○분좌우(分左右)○차만사사십팔(次挽詞四十八)○분좌우(分左右)○차죽산마이(次竹散馬二)○분좌우(分左右)○차죽안마십(次竹鞍馬十)○분좌우(分左右)○차청수안마십재좌(次靑繡鞍馬十在左)○자수안마십재우(紫繡鞍馬十在右)○명기요여오거중(明器腰轝五居中)○복완요여거중(服玩腰轝居中)○애책요여거중(哀冊腰轝居中)○견여거중(肩轝居中)○거오백(炬五百)○분좌우(分左右)○렬어의장지외(列於儀仗之外)○차망촉오백(次望燭五百)○분좌우(分左右)○렬어의장지내(列於儀仗之內)○사백팔십(四百八十)○충찬위집지(忠贊衛執之)○재선(在先)○이십(二十)○내시집지(內侍執之)○재후(在後)○범촉거(凡燭炬)○개천명이지(皆天明而止)○시위여초(侍衛如初)○우보거중(羽葆居中)○선공감관(繕工監官)○경집(擎執)○향정일거중(香亭一居中)○명정거중(銘旌居中)○내시(內侍)○경집(擎執)○차집탁자십륙인(次執鐸者十六人)○분좌우(分左右)○렬어집삽인외(列於執翣人外)○차행장사구(次行障四具)○분좌우(分左右)○차좌장이구(次坐障二具)○분좌우(分左右)○대여(大轝)○화삽(畫翣)○보삽(黼翣)○불삽각이(黻翣各二)○분립어대여좌우(分立於大轝左右)○기의장차여예집인수급의건(其儀仗車轝曳執人數及衣巾)○병여상의(竝如上儀)○궁인이십(宮人二十)○장이행유(障以行帷)○차내시(次內侍)○차만사사십팔(次挽詞四十八)○분좌우(分左右)○차시릉내시(次侍陵內侍)○수릉관(守陵官)○차국장도감급빈전도감관(次國葬都監及殯殿都監官)○전하(殿下)○솔종친(率宗親)○문무백관급군토(文武百官及軍土)○도종여의상의(導從如上儀)○약내상재선(若內喪在先)○이왕세자배행(而王世子陪行)○칙종친(則宗親)○

문무백관각일원급승지이원수지(文武百官各一員及承旨二員隨之)○전후군사각일사대(前後軍士各一射隊)○시위(侍衛)

발인의(發引儀)

○하산릉전부(下山陵奠附)○전일일(前一日)○기청우사직(祈晴于社稷)○기일(其日)○어궁문급성문(於宮門及城門)○제오십신위(祭五十神位)○우제소과교량(又祭所過橋梁)○명산(名山)○대천(大川)

전기(前期)○봉상사관(奉常寺官)○조우주(造虞主)○견서례(見序例)

전일일(前一日)○성이상(盛以箱)○복이말(覆以帕)○안어요여(安於腰轝)○예빈전문외(詣殯殿門外)○전관원(殿官員)○봉안우혼백지후(捧安于魂帛之後)

기일(其日)○사견전필(竢遣奠畢)○내상(內喪)○칙전필(則奠畢)○궁인(宮人)○개퇴피(皆退避)○여재궁관(舁梓宮官)○진순어빈전계하남향(進輴於殯殿階下南向)○혼백여(魂帛轝)○진어순남(陳於輴南)○섭좌통례(攝左通禮)○진당령좌전(進當靈座前)○북향부복궤(北向俯伏跪)○계청강좌승여(啓請降座陞轝)○부복흥(俯伏興)○내시(內侍)○이고명(以誥命)○시책(諡冊)○보(寶)○애책(哀冊)○내상(內喪)○칙유평시책(則有平時冊)○수집사자(授執事者)○각치어요여(各置於腰轝)○기안(其案)○수봉담인(授捧擔人)○집사자(執事者)○봉향로(捧香爐)○향합(香合)○치어향정협시(置於香亭俠侍)○기안수봉담인(其案授捧擔人)○대축(大祝)○내상(大祝內喪)○칙내시위지(則內侍爲之)○후방차(後倣此)○봉혼백함(捧魂帛函)○안어요여(安於腰轝)○우주궤(虞主匱)○치기후(置其後)○후방차(後倣此)○기교의(其交倚)○내시(內侍)○봉출문외(捧出門外)○수봉담인(授捧擔人)○내시(內侍)○봉요여(捧腰轝)○유중문출(由中門出)○섭좌통례(攝左通禮)○진당재궁전(進當梓宮前)○북향부복궤(北向俯伏跪)○계청승순(啓請陞輴)○부복흥(俯伏興)○내시(內侍)○봉명정강계(捧銘旌降階)○좌의정(左議政)○수여재궁관급내시(帥舁梓宮官及內侍)○봉재궁강계승순(捧梓宮降階陞輴)○복이소금저(覆以素錦褚)○내외(內外)○개곡(皆哭)○섭좌통례(攝左通禮)○전도(前導)○충의위(忠義衛)○이삽장재궁(以翣障梓宮)○내상(內喪)○칙내시(則內侍)○이삽급행장(以翣及行障)○좌장장지(坐障障之)○여사(舁士)○봉순(捧輴)○명정선행(銘旌先行)○출문(出門)○수충의위(授忠義衛)○부(趺)○수봉담인(授捧擔人)○지외문외(至外門外)○섭좌통례(攝左通禮)○진당혼백여전(進當魂帛轝前)○계청강여승차(啓請降轝陞車)○대축(大祝)○봉혼백함(捧魂帛函)○안어차(安於車)○섭좌통례(攝左通禮)○진당순전(進當輴前)○계청강순승대여(啓請降輴陞大轝)○부복흥(俯伏興)○좌의정(左議政)○수여재궁관등(帥舁梓宮官等)○봉재궁(捧梓宮)○승대여남수(陞大轝南首)○강순승대여시(降輴陞大轝時)○용륜여(用輪轝)○범승강동(凡陞降同)○혼백여(魂帛轝)○고명(誥命)○시책(諡冊)○보요여(寶腰轝)○애책요여(哀冊腰轝)○우보(羽葆)○명정급삽(銘旌及翣)○이차진렬(以次陳列)○섭좌통례(攝左通禮)○진당혼백차전(進當魂帛車前)○계청차가진발(啓請車駕進發)○부복흥퇴(俯伏興退)○우섭좌통례(又攝左通禮)○진당대여전(進當大轝前)○계청령가진발(啓請靈駕進發)○부복흥퇴(俯伏興退)○의위(儀衛)○도종여식(導從如式)○길흉의장(吉凶儀仗)○구재반차(具在班次)○집탁자(執鐸者)○진탁(振鐸)○령가진지(靈駕進止)○개진탁(皆振鐸)○령가동(靈駕動)○궁인(宮人)○승마곡종(乘馬哭從)○부절성(不絶聲)○장이행유(障以行帷)○내시(內侍)○곡보종(哭步從)○출성문(出城門)○개권철곡(皆權徹哭)○초재궁승대여(初梓宮陞大轝)○좌통례(左通禮)○진당려차전(進當廬次前)○부복궤계령가장발(俯伏跪啓靈駕將發)○내시(內侍)○부인전하(扶引殿下)○출차승여(出次陞轝)○산선(繖扇)○여급산선(轝及繖扇)○개용소(皆用素)○시위여상의(侍衛如常儀)○대군이하(大君以下)○종출(從出)○지중문외(至中門外)○좌통례(左通禮)○진당여전(進當轝前)○계청강여승련(啓請降轝乘輦)○도종여상(導從如常)○차대군이하(次大君以下)○차종친급문무백관(次宗親及文武百官)○제도관찰사(諸道觀察使)○도사(都事)○각종본품지말(各從本品之末)○이차보종(以次步從)○류도군관(留都群官)○경지성문외(徑至城門外)○령가(靈駕)○약도경종묘(若道經宗廟)○칙유사(則攸司)○선포욱석어종묘전로북향(先鋪褥席於宗廟前路北向)○섭좌통례(攝左通禮)○진당혼백차전(進當魂帛車前)○계청차가소주(啓請車駕少駐)○만사(挽士)○회차북향정어욕석남(回車北向停於褥席南)○소경(少頃)○섭좌통례(攝左通禮)○계청차가진발(啓請車駕進發)○계흘(啓訖)○부복흥퇴(俯伏興退)○만사(挽士)○회차진발(回車進發)○우대여지(又大轝至)○섭좌통례(攝左通禮)○진당대여전(進當大轝前)○계청령가소주(啓請靈駕少駐)○회대여북향(回大轝北向)○안어욕석(安於褥席)○소경(少頃)○섭좌통례(攝左通禮)○계청령가진발(啓請靈駕進發)○여사(舁士)○회대여진발(回大轝進發)○어련(御輦)○지종묘전로(至宗廟前路)○좌통례(左通禮)○진당련전(進當輦前)○계청강련(啓請降輦)○전하(殿下)○강련과종묘전(降輦過宗廟前)○좌통례(左通禮)○계청승련(啓請陞輦)○전하승련(殿下陞輦)○시종여초(侍從如初)○혹경선왕(或經先王)○혹경후릉전동(或經后陵前同)○령가(靈駕)○출성문외(出城門外)○지로제소(至路祭所)○령가소주(靈駕小駐)○류도군관(留都群官)○진향봉사여별의(進香奉辭如別儀)○초령가지로제소소주(初靈駕至路祭所小駐)○좌통례(左通禮)○진당련전(進當輦前)○계청강련(啓請降輦)○전하(殿下)○강련(降輦)○입악차(入幄次)○전일일(前一日)○전설사(典設司)○설악차어령장전근지남향(設幄次於靈帳殿近地南向)○수지지의(隨地之宜)○령가진발(靈駕進發)○전함재추급기로(前銜宰樞及耆老)○학생(學生)○승도(僧徒)○서립도방(序立

道旁)○대여장지(大舉將至)○개부복곡사배(皆俯伏哭四拜)○우곡진애(又哭盡哀)○사배봉사(四拜奉辭)○좌통례(左通禮)○진당악차전(進當幄次前)○계청승련(啓請陞輦)○전하(殿下)○출차승련(出次陞輦)○대군이하급종친(大君以下及宗親)○문무백관(文武百官)○개승마(皆乘馬)○시종여초(侍從如初)○혼백차(魂帛車)○지주정소유문외(至晝停所帷門外)○섭좌통례(攝左通禮)○진당차전(進當車前)○계청강차승여(啓請降車陞舉)○부복흥퇴(俯伏興退)○내시(內侍)○이요여진혼백차전(以腰舉進魂帛車前)○대축(大祝)○봉혼백함(捧魂帛函)○안어요여(安於腰舉)○지유문내(至帷門內)○섭좌통례(攝左通禮)○계청강여승좌(啓請降舉陞座)○부복흥(俯伏興)○대축(大祝)○봉혼백함입(捧魂帛函入)○안어장전중령좌(安於帳殿中靈座)○전일일(前一日)○전설사(典設司)○설장전남향(設帳殿南向)○의장(儀仗)○렬어유문외좌우(列於帷門外左右)○대여지(大舉至)○섭좌통례(攝左通禮)○진당대여전(進當大舉前)○계청령가소주(啓請靈駕小駐)○부복흥퇴(俯伏興退)○궁인(宮人)○하마입차(下馬入次)○설차어장전서남동향(設次於帳殿西南東向)○약내상(若內喪)○칙궁인(則宮人)○관수(盥手)○예장전시위(詣帳殿侍位)○좌통례(左通禮)○진당련전(進當輦前)○계청강련(啓請降輦)○전하(殿下)○강련(降輦)○입악차(入幄次)○설악차어장전동남서향(設幄次於帳殿東南西向)○산선(繖扇)○시위여상의(侍衛如常儀)○대군이하(大君以下)○하마입차(下馬入次)○설차어악차남북향(設次於幄次南北向)○종친급문무백관(宗親及文武百官)○하마(下馬)○각취차(各就次)○유사(攸司)○진찬행례(進饌行禮)○병여조석전필(竝如朝夕奠畢)○약내상(若內喪)○칙상식위지(則尙食爲之)○섭좌통례(攝左通禮)○진당령좌전(進當靈座前)○계청강좌승여(啓請降座陞舉)○부복흥(俯伏興)○내시(內侍)○이요여진유문내(以腰舉進帷門內)○대축(大祝)○봉혼백함(捧魂帛函)○안어요여(安於腰舉)○내시(內侍)○봉요여(捧腰舉)○진차전(進車前)○섭좌통례(攝左通禮)○계청강여승차(啓請降舉陞車)○부복흥(俯伏興)○대축(大祝)○봉혼백함(捧魂帛函)○안어차(安於車)○섭좌통례(攝左通禮)○계청차가진발(啓請車駕進發)○우섭좌통례(又攝左通禮)○진당대여전(進當大舉前)○계청령가진발(啓請靈駕進發)○부복흥퇴(俯伏興退)○령가동(靈駕動)○의위(儀衛)○도종여초(導從如初)○궁인(宮人)○승마이종(乘馬以從)○좌통례(左通禮)○진당악차전(進當幄次前)○계청승련(啓請陞輦)○전하(殿下)○출차승련(出次陞輦)○대군이하급종친(大君以下及宗親)○문무백관(文武百官)○시종여초(侍從如初)○지릉소(至陵所)○혼백차(魂帛車)○대여(大舉)○지령장전유문외(至靈帳殿帷門外)○전일일(前一日)○전설사(典設司)○설령장전어현궁지남남향(設靈帳殿於玄宮之南南向)○시병장남치유문(施屏帳南置帷門)○설악어장전중근북남향(設幄於帳殿中近北南向)○설궁인차어장전서남동향(設宮人次於帳殿西南東向)○섭좌통례(攝左通禮)○진당대여전(進當大舉前)○계청강여승순(啓請降舉陞輴)○부복흥(俯伏興)○좌의정(左議政)○수여재궁관등(帥舁梓宮官等)○봉재궁(捧梓宮)○강여승순(降舉陞輴)○섭좌통례(攝左通禮)○전도(前導)○충의위(忠義衛)○이삽장재궁(以翣障梓宮)○내상(內喪)○칙내시이삽급행장(則內侍以翣及行障)○좌장장지(坐障障之)○여사(舁士)○봉순(捧輴)○지유문내(至帷門內)○섭좌통례(攝左通禮)○계청강순(啓請降輴)○부복흥(俯伏興)○좌의정(左議政)○수여재궁관등(帥舁梓宮官等)○봉재궁(捧梓宮)○안어탑상남수(安於榻上南首)○내시(內侍)○설령좌어재궁지남남향(設靈座於梓宮之南南向)○설악여초(設幄如初)○섭좌통례(攝左通禮)○진당혼백차전(進當魂帛車前)○계청강차승여(啓請降車陞舉)○부복흥(俯伏興)○대축(大祝)○봉혼백함(捧魂帛函)○안어요여(安於腰舉)○내시(內侍)○봉요여(捧腰舉)○지유문내(至帷門內)○섭좌통례(攝左通禮)○계청강여승좌(啓請降舉陞座)○부복흥(俯伏興)○대축(大祝)○봉혼백함(捧魂帛函)○안어령좌(安於靈座)○우주궤(虞主匱)○치기후(置其後)○내시(內侍)○설향안어기전(設香案於其前)○설명정어령좌지우(設銘旌於靈座之右)○우설고명(又設誥命)○시책(諡冊)○보(寶)○애책어령좌지좌근남(哀冊於靈座之左近南)○우설령침어재궁지동여초(又設靈寢於梓宮之東如初)○차여(車舉)○의장(儀仗)○명기(明器)○분렬어장전유문외좌우(分列於帳殿帷門外左右)○약경숙(若經宿)○칙차여등물(則車舉等物)○지야내퇴(至夜乃退)○즉현궁시(卽夜宮時)○환진(還陳)○궁인(宮人)○입차곡여초(入次哭如初)○약내상(若內喪)○칙입취시위곡(則入就侍位哭)○초대여지령장전전(初大舉至靈帳殿前)○재궁장강(梓宮將降)○좌통례(左通禮)○진당련전(進當輦前)○계청강련(啓請降輦)○전하강련(殿下降輦)○지악차전(至幄次前)○좌통례(左通禮)○계청권취악차(啓請權就幄次)○좌통례(左通禮)○도전하(導殿下)○내시(內侍)○부인권취악차(扶引權就幄次)○전일일(前一日)○전설사(典設司)○설악차어장전동남서향(設幄次於帳殿東南西向)○대군이하(大君以下)○하마취차(下馬就次)○설차어악차동남북향(設次於幄次東南北向)○종친급문무백관(宗親及文武百官)○개하마권퇴차(皆下馬權退次)○액정서(掖庭署)○설전하위어유문내지동근북서향(設殿下位於帷門內之東近北西向)○전의(典儀)○설대군이하위어기후근남서향북상(設大君以下位於其後近南西向北上)○이위중행(異位重行)○종친급문무백관위어유문외근남(宗親及文武百官位於帷門外近南)○문동무서(文東武西)○구매등이위(俱每等異位)○중행북향(重行北向)○상대위수(相對爲首)○종친(宗親)○매품반두(每品班頭)○별설위(別設位)○대군(大君)○특설위어정일품지전(特設位於正一品之前)○감찰위이어문(監察位二於文)○무반후북향(武班後北向)

○서리(書吏)○각배기후(各陪其後)○전의(典儀)○찬의(贊儀)○인의위어문관지북서향(引儀位於文官之北西向)○우찬의(又贊儀)○인의위어무관지북동향(引儀位於武官之北東向)○구북상(俱北上)○유사(攸司)○설례찬여상(設禮饌如常)○감찰(監察)○전의(典儀)○찬의(贊儀)○인의(引儀)○선입취위(先入就位)○인의(引儀)○분인종친급문무백관(分引宗親及文武百官)○입취위(入就位)○차인대군이하(次引大君以下)○거장(去杖)○입취위(入就位) ○내상(內喪)○칙인의(則引儀)○지어유문외(止於帷門外) ○좌통례(左通禮)○도전하(導殿下)○장입취위(杖入就位) ○산선급호위관(繖扇及護衛官)○정어유문외(停於帷門外)○내상(內喪)○칙좌통례(則左通禮)○역지어유문외(亦止於帷門外) ○좌통례(左通禮)○계청궤부복곡(啓請跪俯伏哭)○전하(殿下)○궤부복곡(跪俯伏哭)○대군이하(大君以下)○궤부복곡(跪俯伏哭)○찬의창(贊儀唱)○궤부복곡(跪俯伏哭)○종친급문무백관(宗親及文武百官)○궤부복곡(跪俯伏哭)○좌통례(左通禮)○계청지곡(啓請止哭)○전하지곡(殿下止哭)○대군이하(大君以下)○지곡(止哭)○찬의창(贊儀唱)○지곡(止哭)○종친급문무백관(宗親及文武百官)○지곡(止哭)○대전관(代奠官)○관수(盥手)○입예향안전(入詣香案前)○북향궤(北向跪)○삼상향(三上香)○작주전우령좌전(酌酒奠于靈座前) ○련전삼잔(連奠三盞)○내상(內喪)○칙상식위지(則尙食爲之) ○부복흥퇴(俯伏興退)○좌통례(左通禮)○계청곡(啓請哭)○전하(殿下)○곡진애(哭盡哀)○대군이하(大君以下)○곡진애(哭盡哀)○찬의창(贊儀唱)○곡(哭)○종친급문무백관(宗親及文武百官)○곡진애(哭盡哀)○좌통례(左通禮)○계청지곡(啓請止哭)○전하지곡(殿下止哭)○대군이하지곡(大君以下止哭)○찬의창(贊儀唱)○지곡흥사배흥평신(止哭興四拜興平身)○종친급문무백관(宗親及文武百官)○지곡흥사배흥평신(止哭興四拜興平身)○좌통례(左通禮)○도전하(導殿下)○출취악차(出就幄次)○인의(引儀)○인대군이하(引大君以下)○출취차(出就次)○차인종친급문무백관(次引宗親及文武百官)○출예악차전(出詣幄次前)○서립궤(序立跪)○반수(班首)○진명봉위흘(進名奉慰訖)○인의(引儀)○이차인출(以次引出)○내시(內侍)○시위장전(侍衛帳殿) ○내상(內喪)○칙궁인시위(則宮人侍衛) ○설조석전급상식곡(設朝夕奠及上食哭)○병여초(竝如初)

노제의(路祭儀)

전일일(前一日)○전설사(典設司)○설령장전어성문외남향(設靈帳殿於城門外南向)○시병장남(施屛帳南)○치유문(置帷門)○설령좌어장전정중여상(設靈座於帳殿正中如常)○우련설유장어령장전지서(又連設帷帳於靈帳殿之西)○이위대여소주지차(以爲大轝小駐之次)

기일(其日)○유사(攸司)○설례찬(設禮饌) ○견서례(見序例) ○어령좌전(於靈座前)○설향로(設香爐)○향합병촉어기전(香合幷燭於其前)○전제문어령좌지좌(奠祭文於靈座之左)○설존어령좌동남북향(設尊於靈座東南北向)○치잔삼어존소(置盞三於尊所)○인의(引儀)○설류도문(設留都文)○무군관위어장전유문외동서북향(武群官位於帳殿帷門外東西北向)○설찬의(設贊儀)○인의위여상(引儀位如常)○령가장지(靈駕將至)○찬의(贊儀)○인의(引儀)○선입취위(先入就位)○인의(引儀)○분인군관(分引群官)○입취위(入就位) ○반수급집사자(班首及執事者)○개예관수(皆預盥手) ○혼백차(魂帛車)○지장전유문외(至帳殿帷門外)○섭좌통례(攝左通禮)○진당차전(進當車前)○부복궤(俯伏跪)○계청강차승여(啓請降車陞轝)○부복흥(俯伏興)○내시(內侍)○이요여진혼백차전(以腰轝進魂帛車前)○대축(大祝)○봉혼백함(捧魂帛函)○안어요여(安於腰轝)○지유문내(至帷門內)○섭좌통례(攝左通禮)○계청강여승좌(啓請降轝陞座)○부복흥(俯伏興)○대축(大祝)○봉혼백함(捧魂帛函)○안어장전중령좌(安於帳殿中靈座)○우주궤(虞主匱)○치기후(置其後)○대여지(大轝至)○섭좌통례(攝左通禮)○진당대여전(進當大轝前)○계청령가소주(啓請靈駕小駐)○부복흥퇴(俯伏興退)○찬의창(贊儀唱)○궤부복곡(跪俯伏哭)○군관(群官)○궤부복곡(跪俯伏哭)○찬의창(贊儀唱)○지곡흥사배흥평신(止哭興四拜興平身)○군관(群官)○지곡흥사배흥평신(止哭興四拜興平身)○인의(引儀)○인반수(引班首)○예령좌전(詣靈座前)○북향립(北向立)○찬궤(贊跪)○찬의창(贊儀唱)○궤(跪)○군관(群官)○개궤(皆跪)○인의(引儀)○찬삼상향(贊三上香)○집사자(執事者)○이잔작주수반수(以盞酌酒授班首)○반수(班首)○집잔헌잔(執盞獻盞)○이잔수집사자(以盞授執事者)○전우령좌전(奠于靈座前) ○련전삼잔(連奠三盞)○인의(引儀)○찬부복흥소퇴북향궤(贊俯伏興小退北向跪)○대축(大祝)○진령좌지좌서향궤(進靈座之左西向跪)○독제문흘(讀祭文訖)○인의(引儀)○찬부복흥평신(贊俯伏興平身)○반수(班首)○부복흥평신(俯伏興平身)○찬의창(贊儀唱)○부복흥평신(俯伏興平身)○군관(群官)○부복흥평신(俯伏興平身)○인의(引儀)○인반수(引班首)○퇴복위(退復位) ○내상(內喪)○칙인의(則引儀) ○인반수(引班首)○초전북향립(稍前北向立)○찬의창(贊儀唱)○궤(跪)○반수급군관(班首及群官)○개궤(皆跪)○상식(尙食)○진향안전궤(進香案前跪)

(進香案前跪)○삼상향(三上香)○우작주삼잔(又酌酒三盞)○전우령좌전(奠于靈座前)○전언(典言)○진령좌지좌궤(進靈座之左跪)○독제흘(讀祭文訖)○환시위(還侍位)○찬의창(贊儀唱)○부복흥평신(俯伏興平身)○반수급군관(班首及群官)○부복흥평신(俯伏興平身)○인의(引儀)○인반수(引班首)○환본위(還本位)○**찬의창(贊儀唱)**○궤부복곡(跪俯伏哭)○군관(群官)○궤부복곡(跪俯伏哭)○찬의창(贊儀唱)○지곡흥사배흥평신(止哭興四拜興平身)○군관(群官)○지곡흥사배흥평신(止哭興四拜興平身)○찬의(贊儀)○우창궤부복곡(又唱跪俯伏哭)○군관(群官)○궤부복곡진애(跪俯伏哭盡哀)○찬의창(贊儀唱)○지곡흥사배흥평신(止哭興四拜興平身)○군관(群官)○지곡흥사배흥평신(止哭興四拜興平身)○봉사흘(奉辭訖)○섭좌통례(攝左通禮)○진당령좌전(進當靈座前)○계청강좌승여(啓請降座陞轝)○부복흥(俯伏興)○내시(內侍)○이요여진유문내(以腰轝進帷門內)○대축(大祝)○봉혼백함(捧魂帛函)○안어요여(安於腰轝)○내시(內侍)○봉요여(捧腰轝)○진차전(進車前)○섭좌통례(攝左通禮)○계청강여승차(啓請降轝陞車)○부복흥(俯伏興)○대축(大祝)○봉혼백함(捧魂帛函)○안어차(安於車)○섭좌통례(攝左通禮)○계청차가진발(啓請車駕進發)○우섭좌통례(又攝左通禮)○진당대여전(進當大轝前)○계청령가진발(啓請靈駕進發)○부복흥퇴(俯伏興退)○령가동(靈駕動)○의위(儀衛)○도종여초(導從如初)

천전의(遷奠儀)

전일일(前一日)○전설사(典設司)○설길유궁어령장전지서남향(設吉帷宮於靈帳殿之西南向)○시병장남(施屛帳南)○치유문(置帷門)

기일(其日)○액정서(掖庭署)○설전하위어령장전유문내지동서향(設殿下位於靈帳殿帷門內之東西向)○전의(典儀)○설대군이하위어기후근남서향북상(設大君以下位於其後近南西向北上)○종친급문무백관위어유문외근남(宗親及文武百官位於帷門外近南)○문동무서(文東武西)○매등이위(每等異位)○중행북향(重行北向)○상대위수(相對爲首)○종친(宗親)○매품반두(每品班頭)○별설위(別設位)○대군(大君)○특설위어정일품지전(特設位於正一品之前)○감찰위이어문(監察位二於文)○무반후북향(武班後北向)○서리(書吏)○각배기후(各陪其後)○설전의(設典儀)○찬의(贊儀)○인의위어문관지북서향(引儀位於文官之北西向)○우찬의(又贊儀)○인의위어무관지북동향(引儀位於武官之北東向)○구북상(俱北上)○액정서(掖庭署)○우설전하봉사위(又設殿下奉辭位)○설욕석(設褥席)○어선도동남서향(於羨道東南西向)○전의(典儀)○설대군이하위어기후근남북상(設大君以下位於其後近南北上)○종친급문무백관위어기남근동(宗親及文武百官位於其南近東)○문반재북(文班在北)○무반재남(武班在南)○구매등이위(俱每等異位)○중행서향북상(重行西向北上)○종친(宗親)○별설위여상(別設位如常)○감찰위이어문(監察位二於文)○무반후서향(武班後西向)○서리(書吏)○각배기후(各陪其後)○설전의(設典儀)○찬의(贊儀)○인의위어백관지서근남북향동상(引儀位於百官之西近南北向東上)○전설사(典設司)○설안재궁악어현궁문외남향(設安梓宮幄於玄宮門外南向)○유사(攸司)○설욕석어악내(設褥席於幄內)○가대관어기상(加大棺於其上)○주회설유(周回設帷)○전의(典儀)○설령의정진옥백위어악동근북서향(設領議政進玉帛位於幄東近北西向)○봉애책급옥백관위어기남차퇴서향북상(捧哀冊及玉帛官位於其南差退西向北上)○우어령장전유문외(又於靈帳殿帷門外)○진길(陳吉)○흉차여급의장(凶車轝及儀仗)○명기여발인의(明器如發引儀)○유사(攸司)○진례찬(進禮饌)○견서례(見序例)○내시(內侍)○전봉입설어령좌전(傳捧入設於靈座前)○설향로(設香爐)○향합병촉어기전(香合幷燭於其前)○전축문어령좌지좌(奠祝文於靈座之左)○설존어령장전동남북향(設尊於靈帳殿東南北向)○치잔삼어존소(置盞三於尊所)○방상씨(方相氏)○선지(先至)○입현궁(入玄宮)○이과격사우(以戈擊四隅)○명기(明器)○복완(服玩)○증옥(贈玉)○증백등지(贈帛等至)○진어현궁문외동남북상(陳於玄宮門外東南北上)○감찰(監察)○전의(典儀)○찬의(贊儀)○인의(引儀)○선입취위(先入就位)○인의(引儀)○분인종친급문무백관(分引宗親及文武百官)○입취위(入就位)○차인대군이하(次引大君以下)○거장(去杖)○입취위(入就位)○좌통례(左通禮)○도전하(導殿下)○장입취위(杖入就位)○내시부인(內侍扶引)○후방차(後倣此)○산선급호위관(繖扇及護衛官)○정어문외(停於門外)○**좌통례(左通禮)**○부복궤(俯伏跪)○계청궤부복곡(啓請跪俯伏哭)○전하(殿下)○궤부복곡(跪俯伏哭)○궤시(跪時)○내시봉장(內侍捧杖)○후방차(後倣此)○대군이하(大君以下)○궤부복곡(跪俯伏哭)○찬의창(贊儀唱)○궤부복곡(跪俯伏哭)○종친급문무백관(宗親及文武百官)○궤부복곡(跪俯伏哭)○좌통례(左通禮)○계청지곡(啓請止哭)○전하지곡(殿下止哭)○대군이하지곡(大君以下止哭)○찬의창(贊儀唱)○지곡흥사배흥평신(止哭興四拜興平身)○종친급문무백관(宗親及文武百官)○지곡흥사배흥평신(止哭興四拜興平身)○찬의창(贊儀唱)○궤

(跪)○종친급문무백관(宗親及文武百官)○궤(跪)○대전관(代奠官)○관수(盥手)○관세(盥洗)○설어유문외(設於帷門外)○예향안전궤(詣香案前跪)○삼상향(三上香)○작주전우령좌전(酌酒奠于靈座前)○련전삼잔(連奠三盞)○부복흥퇴(俯伏興退)○대축(大祝)○진령좌지좌(進靈座之左)○서향궤(西向跪)○독축문흘(讀祝文訖)○좌통례(左通禮)○계청곡(啓請哭)○전하(殿下)○곡진애(哭盡哀)○대군이하(大君以下)○곡진애(哭盡哀)○찬의창(贊儀唱)○부복곡(俯伏哭)○종친급문무백관(宗親及文武百官)○부복곡진애(俯伏哭盡哀)○좌통례(左通禮)○계청지곡(啓請止哭)○전하지곡(殿下止哭)○대군이하지곡(大君以下止哭)○찬의창(贊儀唱)○지곡흥사배흥평신(止哭興四拜興平身)○종친급문무백관(宗親及文武百官)○지곡흥사배흥평신(止哭興四拜興平身)○좌통례(左通禮)○도전하(導殿下)○권취악차(權就幄次)○인의(引儀)○인대군이하(引大君以下)○출취차(出就次)○우인의(又引儀)○분인종친급문무백관출(分引宗親及文武百官出)○유사(攸司)○철례찬(徹禮饌)○사문(祀文)○예어감(瘞於坎)○정자각북예감(丁字閣北瘞坎)○섭좌통례(攝左通禮)○진당령좌전(進當靈座前)○부복궤(俯伏跪)○계청승여(啓請陞舉)○부복흥퇴(俯伏興退)○내상(內喪)○칙섭좌통례(則攝左通禮)○장진(將進)○궁인(宮人)○퇴차(退次)○곡부절성(哭不絶聲)○내시(內侍)○봉고명급시책(捧誥命及諡冊)○보(寶)○수집사자(授執事者)○각안어요여(各安於腰舉)○봉향로(捧香爐)○향합(香合)○수집사자(授執事者)○치어향정(置於香亭)○대축(大祝)○봉혼백함(捧魂帛函)○안어여(安於舉)○우주궤(虞主匱)○치기후(置其後)○봉예길유궁(捧詣吉帷宮)○섭좌통례(攝左通禮)○계청강여승좌(啓請降舉陞座)○부복흥(俯伏興)○대축(大祝)○봉혼백함(捧魂帛函)○안어령좌(安於靈座)○우주궤(虞主匱)○치기후(置其後)○고명급시책(誥命及諡冊)○보(寶)○향로(香爐)○향합(香合)○치어령좌전여의(置於靈座前如儀)○길장(吉仗)○진어길유궁문외좌우(陳於吉帷宮門外左右)○섭좌통례(攝左通禮)○진당재궁전(進當梓宮前)○부복궤(俯伏跪)○계청승순즉현궁(啓請陞輴卽玄宮)○부복흥(俯伏興)○내시(內侍)○봉애책함(捧哀冊函)○수집사자(授執事者)○안어요여(安於腰舉)○립어순전(立於輴前)○지선도남(至羨道南)○봉애책관전봉(捧哀冊官傳捧)○집건자(執巾者)○이건진(以巾進)○우의정(右議政)○봉건(捧巾)○진식재궁(進拭梓宮)○병불관의(幷拂棺衣)○충의위(忠義衛)○봉명정전도(捧銘旌前導)○좌의정(左議政)○수여재궁관등(帥舁梓宮官等)○봉재궁승순(捧梓宮陞輴)○섭좌통례(攝左通禮)○도재궁(導梓宮)○봉삽자(捧翣者)○이삽장재궁(以翣障梓宮)○여사(舁士)○봉순좌회북수(捧輴左回北首)○장즉현궁(將卽玄宮)○궁인(宮人)○개곡(皆哭)○재궁지선도(梓宮至羨道)○궁인선환(宮人先還)○좌통례(左通禮)○예악차전(詣幄次前)○부복궤(俯伏跪)○계청곡종(啓請哭從)○내시(內侍)○부인전하출차(扶引殿下出次)○장곡종(杖哭從)○산선(繖扇)○시위여상의(侍衛如常儀)○좌통례(左通禮)○전도(前導)○지봉사위(至奉辭位)○전기(前期)○전설사설소차어봉사위지동(典設司設小次於奉辭位之東)○좌통례(左通禮)○도전하(導殿下)○지봉사위사(至奉辭位竢)○순지현궁문외(輴至玄宮門外)○계청입소차(啓請入小次)○지재궁입현궁시(至梓宮入玄宮時)○계청취위(啓請就位)○대군이하급종친(大君以下及宗親)○문무백관(文武百官)○개곡종지봉사위(皆哭從至奉辭位)○순지현궁문외악전(輴至玄宮門外幄前)○봉재궁(捧梓宮)○안어대관(安於大棺)○좌의정(左議政)○찰기재궁상하(察其梓宮上下)○가개설임기합봉처주회(加蓋設衽其合縫處周回)○이칠도세포(以漆塗細布)○내시(內侍)○복이관의(覆以棺衣)○취명정거강(取銘旌去杠)○치어기상(置於其上)○인의(引儀)○인령의정(引領議政)○취진옥백위(就進玉帛位)○봉애책관(捧哀冊官)○봉옥백관수지(捧玉帛官隨之)○좌의정(左議政)○수여재궁관등(帥舁梓宮官等)○이륜여봉재궁입(以輪舉捧梓宮入)○자선도(自羨道)○안어현궁내탑상북수(安於玄宮內榻上北首)○우의정(右議政)○재정관의(再整棺衣)○명정령평정(銘旌令平正)○령의정(領議政)○이애책입궤(以哀冊入跪)○전어재궁지서(奠於梓宮之西)○차이증옥급증백함궤(次以贈玉及贈帛函跪)○전어애책지남(奠於哀冊之南)○국장도감제조(國葬都監提調)○수기속(帥其屬)○이보삽(以黼翣)○불삽(黻翣)○화삽(畫翣)○수어재궁량방(樹於梓宮兩旁)○차봉명기(次捧明器)○복완(服玩)○입현궁(入玄宮)○각이차축편진지(各以次逐便陳之)○사유행렬(使有行列)○기부진입자(其不盡入者)○어문비석외(於門扉石外)○별작편방장지(別作便房藏之)○초재궁입현궁(初梓宮入玄宮)○좌통례(左通禮)○부복궤(俯伏跪)○계청부복곡(啓請俯伏哭)○전하(殿下)○궤부복곡(跪俯伏哭)○대군이하(大君以下)○궤부복곡(跪俯伏哭)○찬의창(贊儀唱)○궤부복곡(跪俯伏哭)○종친급문무백관(宗親及文武百官)○궤부복곡(跪俯伏哭)○좌통례(左通禮)○계청지곡흥사배흥평신(啓請止哭興四拜興平身)○전하(殿下)○지곡흥사배흥평신(止哭興四拜興平身)○대군이하(大君以下)○지곡흥사배흥평신(止哭興四拜興平身)○찬의창(贊儀唱)○지곡흥사배흥평신(止哭興四拜興平身)○종친급문무백관(宗親及文武百官)○지곡흥사배흥평신(止哭興四拜興平身)○좌통례(左通禮)○계청궤부복곡(啓請跪俯伏哭)○전하(殿下)○궤부복곡(跪俯伏哭)○진애(盡哀)○대군이하(大君以下)○궤부복곡진애(跪俯伏哭盡哀)○찬의창(贊儀唱)○궤부복곡(跪俯伏哭)○종친급문무백관(宗親及文武百官)○궤부복곡진애(跪俯伏哭盡哀)○좌통례(左通禮)○계청지

곡흥사배흥평신(啓請止哭興四拜興平身)○전하(殿下)○지곡흥사배흥평신(止哭興四拜興平身)○대군이하(大君以下)○지곡흥사배흥평신(止哭興四拜興平身)○찬의창(贊儀唱)○지곡흥사배흥평신(止哭興四拜興平身)○종친급문무백관(宗親及文武百官)○지곡흥사배흥평신(止哭興四拜興平身)○봉사흘(奉辭訖)○좌통례(左通禮)○도전하(導殿下)○환악차(還幄次)○인의(引儀)○인대군이하환차(引大君以下還次)○우인의(又引儀)○분인종친급문무백관출(分引宗親及文武百官出)○종친급문무백관(宗親及文武百官)○예악차전(詣幄次前)○서립궤(序立跪)○반수(班首)○진명봉위흘(進名奉慰訖)○인의(引儀)○인출(引出)○산릉도감제조(山陵都監提調)○수기속(帥其屬)○쇄폐현궁(鎖閉玄宮)○령의정급사헌부집의(領議政及司憲府執義)○병감쇄폐(竝監鎖閉)○집의(執義)○칭신착명(稱臣着名)○우의정(右議政)○복토구삽(覆土九鍤)○산릉도감(山陵都監)○수작공(帥作工)○속이종사(續以終事)○하지석(下誌石)○매어릉남근(埋於陵南近)○지석상지북(地石床之北)○제지어현궁지좌(除地於玄宮之左)○관상감관(觀象監官)○사후토여초(祠后土如初)○대여급순지속(大轝及輴之屬)○어백성내경지(於柏城內庚地)○분지(焚之)○기통인신용자(其通人臣用者)○칙부분(則不焚)

사폐현궁장필(俟閉玄宮將畢)
액정서(掖庭署)

설전하위어길유궁문내지동서향(設殿下位於吉帷宮門內之東西向)○전의(典儀)○설대군이하위어기후근남서향북상(設大君以下位於其後近南西向北上)○설종친급문무백관위어유문외근남(設宗親及文武百官位於帷門外近南)○문동무서(文東武西)○매등이위(每等異位)○중행북향(重行北向)○상대위수(相對爲首)○종친(宗親)○별설위어상(別設位如常)○감찰위이어문(監察位二於文)○무반후북향(武班後北向)○서리(書吏)○각배기후(各陪其後)○전의(典儀)○제주관(題主官)○찬의(贊儀)○인의위어문관지북서향(引儀位於文官之北西向)○우찬의(又贊儀)○인의위어무관지북동향(引儀位於武官之北東向)○구북상(俱北上)○봉상사관(奉常寺官)○설탁삼어령좌동남서향(設卓三於靈座東南西向)○제주탁재북(題主卓在北)○차필연탁(次筆硯卓)○차반이탁(次槃匜卓)○구필(具筆)○연(硯)○묵(墨)○반이(槃匜)○구향탕(具香湯)○건(巾)○용백세저포(用白細紵布)○감찰(監察)○전의(典儀)○제주관(題主官)○찬의(贊儀)○인의(引儀)○선입취위(先入就位)○인의(引儀)○분인종친급문무백관(分引宗親及文武百官)○입취위(入就位)○차인대군이하(次引大君以下)○거장(去杖)○입취위(入就位)○좌통례(左通禮)○도전하출차(導殿下出次)○장입취위(杖入就位)○산선급호위관(繖扇及護衛官)○정어유문외(停於帷門外)○대축(大祝)○관수(盥手)○관세(盥洗)○설어유문외(設於帷門外)○승예령좌전궤(陞詣靈座前跪)○봉우주궤(捧虞主匱)○치어탁(置於卓)○개궤(開匱)○봉출상주(捧出桑主)○이향탕욕주(以香湯浴主)○식이건(拭以巾)○와치우탁(臥置于卓)○좌통례(左通禮)○도전하(導殿下)○승예탁전(陞詣卓前)○북향립(北向立)○설석(設席)○제주관(題主官)○관수(盥手)○승예탁전(陞詣卓前)○서향립(西向立)○제전면운(題前面云)○모호대왕(某號大王)○내상(內喪)○칙모호왕후(則某號王后)○묵서흘(墨書訖)○부복흥퇴(俯伏興退)○대축(大祝)○봉우주(捧虞主)○납우궤(納于匱)○가개안어령좌(加蓋安於靈座)○혼백함(魂帛函)○치기후(置其後)○좌통례(左通禮)○도전하(導殿下)○권취악차(權就幄次)○대군이하(大君以下)○출취차(出就次)○유사(攸司)○설례찬어령좌전(設禮饌於靈座前)○견서례(見序例)○설향로(設香爐)○향합병촉어기전(香合幷燭於其前)○전축문어령좌지좌(奠祝文於靈座之左)○설존어유궁동남북향(設尊於帷宮東南北向)○치잔삼어존소(置盞三於尊所)○대축(大祝)○개궤(開匱)○봉출우주(捧出虞主)○설어좌(設於座)○복이백저건(覆以白紵巾)○설궤어후(設几於後)○인의(引儀)○인대군이하(引大君以下)○입취위(入就位)○좌통례(左通禮)○도전하(導殿下)○환입취위(還入就位)○좌통례(左通禮)○계청궤(啓請跪)○전하궤(殿下跪)○내시(內侍)○봉장(捧杖)○대군이하(大君以下)○궤(跪)○찬의창(贊儀唱)○궤(跪)○종친급문무백관(宗親及文武百官)○궤(跪)○대전관(代奠官)○관수(盥手)○예향안전궤(詣香案前跪)○삼상향(三上香)○작주전우령좌전(酌酒奠于靈座前)○련전삼잔(連奠三盞)○부복흥퇴(俯伏興退)○대축(大祝)○진령좌지좌(進靈座之左)○서향궤(西向跪)○독축문흘(讀祝文訖)○좌통례(左通禮)○계청부복곡(啓請俯伏哭)○전하(殿下)○부복곡진애(俯伏哭盡哀)○대군이하(大君以下)○부복곡진애(俯伏哭盡哀)○찬의창(贊儀唱)○부복곡(俯伏哭)○종친급문무백관(宗親及文武百官)○부복곡진애(俯伏哭盡哀)○좌통례(左通禮)○계청지곡(啓請止哭)○전하지곡(殿下止哭)○대군이하지곡(大君以下止哭)○찬의창(贊儀唱)○지곡흥사배흥평신(止哭興四拜興平身)○종친급문무백관(宗親及文武百官)○지곡흥사배흥평신(止哭興四拜興平身)○대축(大祝)○봉우주(捧虞主)○납우궤(納于匱)○좌통례(左通禮)○도전하(導殿下)○환악차(還幄次)○인의(引儀)○인대군이하(引大君以下)○출취차(出就次)○차인종친급문무백관출(次引宗親及文武百官出)○유사(攸司)○철례찬(徹禮饌)○봉축문(捧祝文)○예어감(瘞於坎)○정자각북예감(丁字閣北瘞坎)

반우반차(返虞班次)

진길장(陳吉仗)○렬군사(列軍士)○전하(殿下)○솔종친급문무백관(率宗親及文武百官)○시종(侍從)○병여래의(並如來儀)○유혼백차(唯魂帛車)○칭반우차(稱返虞車)○혼백여(魂帛譽)○칭반우여(稱返虞譽)○궁인선환(宮人先還)○무망촉급거(無望燭及炬)○내상반우반차(內喪返虞班次)○동(同)○유내시십인(唯內侍十人)○착홍의(着紅衣)○십인(十人)○착자의(着紫衣)○개정감두(皆靑匿頭)○도은환(鍍銀環)○다회청행등(多繪青行縢)○운혜(雲鞋)○분좌우(分左右)○차별감십삼인(次別監十三人)○착자의(着紫衣)○자건(紫巾)○행어반우차전(行於返虞車前)

반우의(返虞儀)

유사(攸司)○진길장어유문외좌우(陳吉仗於帷門外左右)○섭사복사정(攝司僕寺正)○진반우차어문외남향(進返虞車於門外南向)○우진요여급향정어길유궁전여의(又進腰譽及香亭於吉帷宮前如儀)○사립주전필(俟立主奠畢)○섭좌통례(攝左通禮)○진당길유궁전(進當吉帷宮前)○부복궤(俯伏跪)○계청강좌승여(啓請降座陞譽)○부복흥(俯伏興)○집사자(執事者)○봉고명급시책(捧誥命及諡冊)○보(寶)○각치어요여(各置於腰譽)○집사자(執事者)○봉향로(捧香爐)○향합(香合)○치어향정(置於香亭)○협시(俠侍)○대축(大祝)○봉우주궤(捧虞主匱)○안어여(安於譽)○혼백함(魂帛函)○치기후(置其後)○후방차(後倣此)○제내시(諸內侍)○봉여(捧譽)○섭좌통례(攝左通禮)○전도(前導)○지유문외(至帷門外)○섭좌통례(攝左通禮)○진당여전(進當譽前)○부복궤(俯伏跪)○계청강여승차(啓請降譽陞車)○부복흥(俯伏興)○대축(大祝)○봉우주궤(捧虞主匱)○안어거(安於車)○혼백함(魂帛函)○치기후(置其後)○섭좌통례(攝左通禮)○진당차전(進當車前)○부복궤(俯伏跪)○계청차가진발(啓請車駕進發)○부복흥퇴(俯伏興退)○우주차동(虞主車動)○의장(儀仗)○이차전인(以次前引)○좌통례(左通禮)○진당악차전(進當幄次前)○부복궤(俯伏跪)○계청승여(啓請陞譽)○내시(內侍)○부인전하출차(扶引殿下出次)○승여(陞譽)○지릉문(至陵門)○좌통례(左通禮)○진당여전(進當譽前)○부복궤(俯伏跪)○계청강여승련(啓請降譽乘輦)○전하(殿下)○강여승련(降譽陞輦)○대군이하급종친(大君以下及宗親)○문무백관(文武百官)○수지릉문외(隨至陵門外)○개상마(皆上馬)○이차시종여초(以次侍從如初)○우주차(虞主車)○지주정소유문외(至晝停所帷門外)○섭좌통례(攝左通禮)○진당차전(進當車前)○부복궤(俯伏跪)○계청강차승여(啓請降車陞譽)○부복흥(俯伏興)○대축(大祝)○봉우주궤(捧虞主匱)○안어여(安於譽)○혼백함(魂帛函)○치기후(置其後)○제내시(諸內侍)○봉여(捧譽)○섭좌통례(攝左通禮)○전도지장전전(前導至帳殿前)○부복궤(俯伏跪)○계청강여승좌(啓請降譽陞座)○부복흥퇴(俯伏興退)○대축(大祝)○봉우주궤(捧虞主匱)○안어령좌(安於靈座)○혼백함(魂帛函)○치기후(置其後)○의장(儀仗)○분렬어유문외좌우(分列於帷門外左右)○좌통례(左通禮)○진당련전(進當輦前)○부복궤(俯伏跪)○계청강련(啓請降輦)○전하(殿下)○강련입악차(降輦入幄次)○산선(繖扇)○시위여래의(侍衛如來儀)○대군이하(大君以下)○하마입차(下馬入次)○종친급문무백관(宗親及文武百官)○하마(下馬)○각취차(各就次)○유사(攸司)○진례찬행례(進禮饌行禮)○병여조석전필(並如朝夕奠畢)○섭좌통례(攝左通禮)○계청차여승강진발(啓請車譽陞降進發)○좌통례계청여련승강급도종(左通禮啓請輿輦陞降及導從)○개여초(皆如初)○약도경(若道經)○선왕(先王)○선후릉급종묘전(先后陵及宗廟前)○칙섭좌통례계청소주(則攝左通禮啓請小駐)○좌통례계청승강(左通禮啓請陞降)○여발인의동(輿發引儀同)○**선시(先是)**○유사(攸司)○설령좌어혼전(設靈座于魂殿)○전호(殿號)○림시계정(臨時啓定)○**북벽남향(北壁南向)**○약왕후선훙이후배어대왕(若王后先薨而後配於大王)○칙왕후신좌(則王后神座)○설어대왕령좌지동(設於大王靈座之東)○류도문(留都文)○무군관(武群官)○출성문외(出城門外)○이사우주차장지(以俟虞主車將至)○분립도방(分立道旁)○우주차지(虞主車至)○찬의창(贊儀唱)○국궁사배흥평신(鞠躬四拜興平身)○군(群)○관국궁사배흥평신흘(官鞠躬四拜興平身訖)○구승마(俱乘馬)○문좌무우(文左武右)○전도우주차(前導虞主車)○장지혼전문외(將至魂殿門外)○전도군관(前導群官)○하마서립(下馬序立)○우주차지(虞主車至)○국궁(鞠躬)○과칙평신(過則平身)○우주차지전문외(虞主

車至殿門外)○섭좌통례(攝左通禮)○진당차전(進當車前)○부복궤(俯伏跪)○계청강차승여(啓請降車陞轝)○계흘(啓訖)○부복흥(俯伏興)○대축(大祝)○봉우주궤(捧虞主匱)○안어여(安於轝)○제내시(諸內侍)○봉여(捧轝)○섭좌통례(攝左通禮)○전도(前導)○지전계상(至殿階上)○섭좌통례(攝左通禮)○부복궤(俯伏跪)○계청강여승좌(啓請降轝陞座)○부복흥퇴(俯伏興退)○대축(大祝)○봉우주궤(捧虞主匱)○안어령좌(安於靈座)○혼백함(魂帛函)○치기후(置其後)○집사자(執事者)○봉고명(捧誥命)○책(冊)○보치어령좌전초동(寶置於靈座前稍東)○고명안재북(誥命案在北)○시책(諡冊)○보안차지(寶案次之)○전사(殿司)○설봉선(設鳳扇)○작선각일(雀扇各一)○청(靑)○홍개각일어좌우(紅蓋各一於左右)○유부(有跌)○선재북(扇在北)○개차지(蓋次之)○어련지전문외(御輦至殿門外)○좌통례(左通禮)○진당련전(進當輦前)○부복궤(俯伏跪)○계청강련(啓請降輦)○전하강련(殿下降輦)○좌진례(左進禮)○전도(前導)○취제전(就齊殿)○대군이하(大君以下)○취제실(就齊室)○종친급문무백관(宗親及文武百官)○각지차(各之次)

안릉전의(安陵奠儀)

○입주(立主)○반우후행(返虞後行)

사복토기필(俟覆土旣畢)○찬자(贊者)○설헌관위어정자각동남서향(設獻官位於丁字閣東南西向)○설집사자위어헌관지후초남서향북상(設執事者位於獻官之後稍南西向北上)○설관세어제집사위후동남(設盥洗於諸執事位後東南)○수지지의(隨地之宜)○림시헌관(臨時獻官)○제집사(諸執事)○관수(盥手)○입취배위(入就拜位)○찬자(贊者)○알자(謁者)○찬인위어집사지남서향북상(贊引位於執事之南西向北上)○감찰위어집사서남북향(監察位於執事西南北向)○서리(書吏)○배기후(陪其後)○릉사(陵司)○설령좌어정자각내근북남향(設靈座於丁字閣內近北南向)○전사관(典祀官)○릉사(陵司)○각수기속입(各帥其屬入)○전축문어령좌지좌(奠祝文於靈座之左)○유점(有坫)○설향로(設香爐)○향합병촉어령좌전(香合幷燭於靈座前)○차설례찬(次設禮饌)○견서례(見序例)○설존어호외지좌(設尊於戶外之左)○치잔삼어존소(置盞三於尊所)○찬자(贊者)○알자(謁者)○찬인(贊引)○선입정북향서상(先入庭北向西上)○사배흘(四拜訖)○취위(就位)○찬인(贊引)○인감찰급전사관(引監察及典祀官)○대축(大祝)○축사(祝史)○제랑(齊郎)○입정(入庭)○중행북향서상(重行北向西上)○찬자창(贊者唱)○국궁사배흥평신(鞠躬四拜興平身)○감찰급전사관이하(監察及典祀官以下)○국궁사배흥평신(鞠躬四拜興平身)○찬인(贊引)○인감찰급전사관이하(引監察及典祀官以下)○각취위(各就位)○알자(謁者)○인헌관(引獻官)○입취위(入就位)○찬자창(贊者唱)○궤부복곡(跪俯伏哭)○헌관(獻官)○궤부복곡(跪俯伏哭)○찬자창(贊者唱)○지곡흥사배흥평신(止哭興四拜興平身)○헌관(獻官)○지곡흥사배흥평신(止哭興四拜興平身)○알자(謁者)○인헌관(引獻官)○승자동계(陞自東階)○예존소(詣尊所)○서향립(西向立)○집존자(執尊者)○작주(酌酒)○집사자(執事者)○이잔수주(以盞受酒)○알자(謁者)○인헌관입(引獻官入)○예령좌전(詣靈座前)○북향립(北向立)○찬궤(贊跪)○집사자일인(執事者一人)○봉향합(捧香合)○일인(一人)○봉향로(捧香爐)○알자(謁者)○찬삼상향(贊三上香)○집사자(執事者)○전로우안(奠爐于案)○봉향(捧香)○재동서향(在東西向)○전로(奠爐)○재서동향(在西東向)○수작전작준차(授爵奠爵准此)○집사자(執事者)○이잔수헌관(以盞授獻官)○헌관(獻官)○집잔헌잔(執盞獻盞)○이잔수집사자(以盞授執事者)○전우령좌전(奠于靈座前)○련전삼잔(連奠三盞)○알자(謁者)○찬부복흥소퇴북향궤(贊俯伏興小退北向跪)○대축(大祝)○진령좌지좌(進靈座之左)○서향궤(西向跪)○독축문흘(讀祝文訖)○알자(謁者)○찬부복흥평신(贊俯伏興平身)○인헌관(引獻官)○출호(出戶)○강복위(降復位)○찬자창(贊者唱)○궤부복곡(跪俯伏哭)○헌관(獻官)○궤부복곡진애(跪俯伏哭盡哀)○찬자창(贊者唱)○지곡흥사배흥평신(止哭興四拜興平身)○헌관(獻官)○지곡흥사배흥평신(止哭興四拜興平身)○알자(謁者)○인헌관출(引獻官出)○찬인(贊引)○인감찰급전사관이하(引監察及典祀官以下)○구복배위(俱復拜位)○찬자창(贊者唱)○국궁사배흥평신(鞠躬四拜興平身)○감찰급전축관이하(監察及典祀官以下)○국궁사배흥평신(鞠躬四拜興平身)○찬인(贊引)○이차인출(以次引出)○알자(謁者)○찬자(贊者)○찬인(贊引)○취배위(就拜位)○사배이출(四拜而出)○전사관(典祀官)○릉사(陵司)○각수기속(各帥其屬)○철례찬(徹禮饌)○대축(大祝)○봉축문(捧祝文)○예어감(瘞於坎)○약왕후동영(若王后同塋)○칙설왕후신좌어령좌지동(則設王后神座於靈座之東)○가잔삼어존소(加盞三於尊所)○각설례찬(各設禮饌)

산릉조석상식의(山陵朝夕上食儀)

매일(每日)○시지(時至)○릉사(陵司)○설령좌어정자각내근북남향(設靈座於丁字閣內近北南向)○설향로(設香爐)○향합병촉어령좌전(香合幷燭於靈座前)○설존어호외근동(設奠於戶外近東)○치잔일(置盞一)○간일어존소(盂一於尊所)○내시(內侍)○고찬선조숙(告饌膳調熟)○수릉관(守陵官)○예주(詣廚)○성시실찬필(省視實饌畢)○취정자각동남(就丁字閣東南)○서향궤(西向跪)○부복곡(俯伏哭)○재배흥평신(再拜興平身)○련후(練後)○지조석곡(止朝夕哭)○후방차(後倣此)○내시급릉사(內侍及陵司)○구예호외(俱詣戶外)○북면서상궤(北面西上跪)○부복흥(俯伏興)○내시(內侍)○입호내(入戶內)○서향궤(西向跪)○릉사(陵司)○선거안(先擧案)○차봉찬반(次捧饌盤)○이차수내시(以次授內侍)○내시(內侍)○전봉진안(傳捧進案)○진찬여평시흘(進饌如平時訖)○수릉관(守陵官)○승자동계(陞自東階)○예존소(詣尊所)○서향립(西向立)○릉사일인(陵司一人)○작주(酌酒)○일인(一人)○이잔수주(以盞受酒)○수릉관(守陵官)○입예령좌전(入詣靈座前)○북향궤(北向跪)○삼상향(三上香)○릉사(陵司)○이잔수수릉관(以盞授守陵官)○수릉관(守陵官)○집잔헌잔(執盞獻盞)○이잔수내시(以盞授內侍)○전우령좌전(奠于靈座前)○수릉관(守陵官)○부복흥강복위(俯伏興降復位)○내시(內侍)○철차(徹饌)○(잔(盞))○환치어존소(還置於尊所)○수릉관(守陵官)○우승헌잔여초(又陞獻盞如初)○강복위(降復位)○종헌(終獻)○역여상의흘(亦如上儀訖)○궤부복곡(跪俯伏哭)○재배이출(再拜而出)○내시급릉사(內侍及陵司)○각수기속(各帥其屬)○철례찬필(徹禮饌畢)○궤부복흥(跪俯伏興)○합호내퇴(闔戶乃退)○약왕후동영(若王后同塋)○칙릉사(則陵司)○설왕후신좌어령좌지동(設王后神座於靈座之東)○가잔일어존소(加盞一於尊所)○내시(內侍)○진안(進案)○진찬(進饌)○수릉관(守陵官)○헌부잔(獻副盞)○병여상의(並如上儀)

혼전우제의(魂殿虞祭儀)

○초우(初虞)○장지일일중이행(葬之日日中而行)○혹로원(或路遠)○칙단부출시일가야(則但不出是日可也)○약경숙이상(若經宿以上)○칙어행궁행지(則於行宮行之)○자제이우지제륙우(自第二虞至第六虞)○용유일(用柔日)○제칠우(第七虞)○용강일(用剛日)○전하목욕(殿下沐浴)○대군이하급제향관(大君以下及諸享官)○종친(宗親)○문무백관(文武百官)○개목욕(皆沐浴)○약초우일(若初虞日)○혹이만(或已晩)○부가목욕(不暇沐浴)○즉략자조결(卽略自澡潔)

전일일(前一日)○전사(殿司)○수기속(帥其屬)○소제전지내외(掃除殿之內外)○집례(執禮)○설전하욕위어동계동남서향(設殿下褥位於東階東南西向)○설아헌관(設亞獻官)○종헌관위어욕위지후근남서향북상(終獻官位於褥位之後近南西向北上)○대군이하위어중문내지동북향서상(大君以下位於中門內之東北向西上)○집사자위어중문내지서북향동상(執事者位於中門內之西北向東上)○설집례위어동계하근서서향(設執禮位於東階下近西西向)○찬자(贊者)○알자(謁者)○찬인(贊引)○재남차퇴북상(在南差退北上)○설종친급문무백관위어외정(設宗親及文武百官位於外庭)○문동무서(文東武西)○매등이위(每等異位)○중행북향(重行北向)○상대위수(相對爲首)○종친(宗親)○매품반두별설위(每品班頭別設位)○대군(大君)○특설위어정일품지전(特設位於正一品之前)○감찰위어이문(監察位二於文)○무반후북향(武班後北向)○서리(書吏)○각배기후(各陪其後)○설문외위(設門外位)○대군이하급헌관(大君以下及獻官)○제집사어중문외도동(諸執事於中門外道東)○중행북향서상(重行北向西上)○개예감어전지북임지(開瘞坎於殿之北壬地)○방심(方深)○취족용물(取足容物)

기일축전오각(其日丑前五刻)○축전오각(丑前五刻)○즉삼경삼점(卽三更三點)○행사용축시일각(行事用丑時一刻)○초우(初虞)○칙림시행지(則臨時行之)○내시(內侍)○정불령악(整拂靈幄)○전사관(典祀官)○전사(殿司)○각수기속입(各帥其屬入)○전축판어령좌좌(奠祝版於靈座之左)○유점(有坫)○진폐비어존소(陳幣篚於尊所)○설향로(設香爐)○향합병촉어령좌전(香合幷燭於靈座前)○차설례찬(次設禮饌)○존뢰여식(尊罍如式)○견서례(見序例)○설찬(設瓚)○반일어존소(槃一於尊所)○설세어동계동남북향(設洗於東階東南北向)○관세재동(盥洗在東)○작세재서(爵洗在西)○유반이(有槃匜)○뢰재세동(罍在洗東)○가작(加勺)○비재세서남사(篚在洗西南肆)○실이건(實以巾)○약작세지비(若爵洗之篚)○칙우실이찬일작일(則又實以瓚一勺一)○유점(有坫)○아(亞)○종헌세(終獻洗)○우어동남북향(又於東南北向)○관세재동(盥洗在東)○작세재서(爵洗在西)○뢰재세동(罍在洗東)○가작(加勺)○비재세서남사(篚在洗西南肆)○실이건(實以巾)○약작세지비(若爵洗之篚)○칙우실이작이(則又實以爵二)○유점(有坫)○설제집사관세어아(設諸執事盥洗於亞)○종헌세동남북향(終獻洗東南北向)○집존뢰비멱자위어존뢰비멱지후(執尊罍篚冪者位於尊罍篚冪之後)

전삼각(前三刻)○종친급문무백관(宗親及文武百官)○개취외문외위(皆就外門外位)○대군이하급헌관(大君以下及獻官)○제집사(諸執事)○취문외위(就門外位)

전일각(前一刻)○집례(執禮)○수찬자(帥贊者)○알자(謁者)○찬인(贊引)○선입전정(先入殿庭)○중행북향서상(重行北向西上)○사배흘(四拜訖)○취위(就位)○찬인(贊引)○인감찰(引監察)○전사관(典祀官)○대축(大祝)○축사(祝史)○제랑(齊郎)○내상(內喪)○칙유궁위령(則有宮闈令)○후방차(後倣此)○입취전정(入就殿庭)○중행북향서상(重行北向西上)○집례왈(執禮曰)○사배(四拜)○찬자창(贊者唱)○국궁사배흥평신(鞠躬四拜興平身)○범집례유사(凡執禮有辭)○찬자개전창(贊者皆傳唱)○후방차(後倣此)○감찰급전사관이하(監察及典祀官以下)○국궁사배흥평신(鞠躬四拜興平身)○찬인(贊引)○인감찰급전사관취위(引監察及典祀官就位)○인제집사(引諸執事)○예관세위(詣盥洗位)○관세흘(盥帨訖)○각취위(各就位)○인의(引儀)○분인종친급문무백관(分引宗親及文武百官)○입취위(入就位)○차인대군이하(次引大君以下)○거장(去杖)○입취위(入就位)○알자(謁者)○인아헌관(引亞獻官)○종헌관(終獻官)○입취위(入就位)○대축(大祝)○승자동계(陞自東階)○예령좌전(詣靈座前)○개궤(開匱)○봉출우주(捧出虞主)○설어좌(設於座)○복이백저건(覆以白紵巾)○내상(內喪)○칙궁위령설주(則宮闈令設主)○복이청저건(覆以靑紵巾)○설궤어후(設几於後)○집사자(執事者)○예작세위(詣爵洗位)○세찬식찬(洗瓚拭瓚)○세작식작흘(洗爵拭爵訖)○치어비(置於篚)○봉예존소(捧詣尊所)○치어점상(置於坫上)○전사관(典祀官)○전사(殿司)○진선흘(進膳訖)○좌통례(左通禮)○진당제전전(進當齊殿前)○약혼전비궁내(若魂殿非宮內)○칙자재우전일일출궁(則自再虞前一日出宮)○산선(繖扇)○장위(仗衛)○도종여상의(導從如常儀)○부복궤(俯伏跪)○계청행제일우례(啓請行第一虞禮)○여우동(餘虞同)○전하장출(殿下杖出)○찬례(贊禮)○도전하(導殿下)○입취위(入就位)○근시종입(近侍從入)○산선급호위관(繖扇及護衛官)○정어문외(停於門外)○집례왈(執禮曰)○곡(哭)○찬례(贊禮)○부복궤(俯伏跪)○계청궤부복곡(啓請跪俯伏哭)○전하(殿下)○궤부복곡(跪俯伏哭)○궤배시(跪拜時)○내시봉장(內侍捧杖)○후방차(後倣此)○아헌관이하재위자동(亞獻官以下在位者同)○찬자역창(贊者亦唱)○집례왈(執禮曰)○지곡사배(止哭四拜)○찬례(贊禮)○계청지곡흥사배흥평신(啓請止哭興四拜興平身)○전하(殿下)○지곡흥사배흥평신(止哭興四拜興平身)○아헌관이하재위자동(亞獻官以下在位者同)○찬자역창(贊者亦唱)○선배자부배(先拜者不拜)

집례왈(執禮曰)○행전폐례(行奠幣禮)○찬례(贊禮)○도전하(導殿下)○예관세위(詣盥洗位)○북향립(北向立)○근시일인(近侍一人)○궤취이흥옥수(跪取匜興沃水)○일인(一人)○궤취반승수(跪取槃承水)○전하(殿下)○관수(盥手)○근시(近侍)○궤취건어비이진(跪取巾於篚以進)○전하(殿下)○세수흘(帨手訖)○근시(近侍)○수건(受巾)○전어비(奠於篚)○찬례(贊禮)○도전하(導殿下)○승자동계(陞自東階)○근시종승(近侍從陞)○예존소(詣尊所)○서향립(西向立)○집존자(執尊者)○거멱(擧冪)○근시일인(近侍一人)○작울창(酌鬱鬯)○일인(一人)○이찬수울창(以瓚受鬱鬯)○찬례(贊禮)○도전하(導殿下)○입예령좌전(入詣靈座前)○북향립(北向立)○찬례(贊禮)○부복궤(俯伏跪)○계청궤(啓請跪)○전하궤(殿下跪)○아헌관이하재위자동(亞獻官以下在位者同)○찬자역창(贊者亦唱)○근시일인(近侍一人)○봉향합(捧香合)○일인(一人)○봉향로(捧香爐)○궤진(跪進)○찬례(贊禮)○계청삼상향(啓請三上香)○근시(近侍)○전로우안(奠爐于案)○근시(近侍)○이찬궤진(以瓚跪進)○찬례계청(贊禮啓請)○집관관지흘(執瓚灌地訖)○이찬수근시(以瓚授近侍)○근시(近侍)○수이수대축(受以授大祝)○치어존소(置於尊所)○근시(近侍)○이폐비궤진(以幣篚跪進)○찬례계청(贊禮啓請)○집폐헌폐(執幣獻幣)○이폐수근시(以幣授近侍)○전우령좌전(奠于靈座前)○범진향(凡進香)○진찬(進瓚)○진폐(進幣)○개재동서향(皆在東西向)○전로(奠爐)○수찬(受瓚)○전폐(奠幣)○개재서동향(皆在西東向)○진작(進爵)○전작준차(奠爵准此)○찬례(贊禮)○계청부복흥평신(啓請俯伏興平身)○전하(殿下)○부복흥평신(俯伏興平身)○아헌관이하재위자동(亞獻官以下在位者同)○찬자역창(贊者亦唱)○찬례(贊禮)○도전하(導殿下)○출호(出戶)○강복위(降復位)

집례왈(執禮曰)○행초헌례(行初獻禮)○찬례(贊禮)○도전하(導殿下)○승자동계(陞自東階)○예존소(詣尊所)○서향립(西向立)○집존자(執尊者)○거멱(擧冪)○근시일인(近侍一人)○작례제(酌醴齊)○일인(一人)○이작수주(以爵受酒)○찬례(贊禮)○도전하(導殿下)○입예령좌전(入詣靈座前)○북향립(北向立)○찬례(贊禮)○부복궤(俯伏跪)○계청궤(啓請跪)○전하궤(殿下跪)○아헌관이하재위자동(亞獻官以下在位者同)○찬자역창(贊者亦唱)○근시(近侍)○이작궤진(以爵跪進)○찬례(贊禮)○계청집작헌작(啓請執爵獻爵)○이작수근시(以爵授近侍)○전우령좌전(奠于靈座前)○찬례(贊禮)○계청부복흥소퇴북향궤(啓請俯伏興小退北向跪)○대축(大祝)○진령좌지좌(進靈座之左)○서향궤(西向跪)○독축문흘(讀祝文訖)○찬례(贊禮)○계청부복흥평신(啓請俯伏興平身)○전하(殿下)○부복흥평신(俯伏興平身)○아헌관이하재위자동(亞獻官以下在位者同)○찬자역창(贊者亦唱)○찬례(贊禮)○도전하(導殿下)○출호(出戶)○강복위(降復位)

집례왈(執禮曰)○행아헌례(行亞獻禮)○알자(謁者)○인아헌관(引亞獻官)○예관세위(詣盥洗位)○북향립(北向立)○관수세수흘(盥手帨手訖)○알자(謁者)○인아헌관(引亞獻官)○승자동계(陞自東階)○예존소(詣尊所)○서향립(西向立)○집존자(執尊者)○거멱작앙제(擧冪酌盎齊)○집사자(執事者)○이작수주(以爵受酒)○알자(謁者)○인아헌관(引亞獻官)○입예령좌전(入詣靈座前)○북향립

(北向立)○찬궤(贊跪)○집사자(執事者)○이작수아헌관(以爵授亞獻官)○아헌관(亞獻官)○집작헌작(執爵獻爵)○이작수집사자(以爵授執事者)○전우령좌전(奠于靈座前)○알자(謁者)○찬부복흥평신(贊俯伏興平身)○인아헌관(引亞獻官)○출호(出戶)○강복위(降復位)

집례왈(執禮曰)○행종헌례(行終獻禮)○알자(謁者)○인종헌관(引終獻官)○행례여아헌의흘(行禮如亞獻儀訖)○인강복위(引降復位)○집례왈(執禮曰)○곡(哭)○찬례(贊禮)○부복궤(俯伏跪)○계청궤부복곡(啓請跪俯伏哭)○전하(殿下)○궤부복곡진애(跪俯伏哭盡哀)○아헌관이하재위자동(亞獻官以下在位者同)○찬자역창(贊者亦唱)○집례왈(執禮曰)○지곡사배(止哭四拜)○찬례(贊禮)○계청지곡흥사배흥평신(啓請止哭興四拜興平身)○전하(殿下)○지곡흥사배흥평신(止哭興四拜興平身)○아헌관이하재위자동(亞獻官以下在位者同)○찬자역창(贊者亦唱)○찬례(贊禮)○계례필(啓禮畢)○부복흥(俯伏興)○도전하(導殿下)○환제전(還齊殿)○약혼전비궁내(若魂殿非宮內)○칙환궁산선(則還宮繖扇)○장위(仗衛)○도종여래의(導從如來儀)○알자(謁者)○인아헌관(引亞獻官)○종헌관출(終獻官出)○인의(引儀)○인대군이하출(引大君以下出)○차인종친급문무백관출(次引宗親及文武百官出)○찬인(贊引)○인감찰급전사관이하(引監察及典祀官以下)○구복배위(俱復拜位)○집례왈(執禮曰)○사배(四拜)○찬자창(贊者唱)○국궁사배흥평신(鞠躬四拜興平身)○감찰급전사관이하(監察及典祀官以下)○국궁사배흥평신(鞠躬四拜興平身)○찬인(贊引)○이차인출(以次引出)○대축(大祝)○납우주여의(納虞主如儀)○내상(內喪)○칙궁위령납주(則宮闈令納主)○집례(執禮)○수찬자(帥贊者)○알자(謁者)○찬인(贊引)○취배위(就拜位)○사배이출(四拜而出)○전사관(典祀官)○전사(殿司)○각수기속(各帥其屬)○철례찬(徹禮饌)○대축(大祝)○봉혼백(捧魂帛)○성어토등상(盛於土藤箱)○과이홍초복(裹以紅綃袱)○매어병처걸지(埋於屛處潔地)○우이축(又以祝)○폐어어감(幣瘞於坎)○종친급문무백관(宗親及文武百官)○예제전전(詣齊殿前)○서립궤(序立跪)○반수(班首)○**진명봉위(進名奉慰)**○왕후상재선이후배어대왕(王后喪在先而後配於大王)○칙진설행례여상의(則陳設行禮如上儀)○유전사관어존소(唯典祀官於尊所)○각진폐비가작(各陳幣篚加爵)○점각삼(坫各三)○각설례찬(各設禮饌)○궁위령(宮闈令)○설왕후신좌어대왕령좌지동(設王后神座於大王靈座之東)○복이청저건(覆以靑紵巾)○전하(殿下)○어왕후전(於王后前)○헌폐헌부작(獻幣獻副爵)○아(亞)○종헌관(終獻官)○역헌부작(亦獻副爵)○궁위령(宮闈令)○납왕후신주(納王后神主)○약내상재전이왕세자행제(若內喪在前而王世子行祭)○칙집례(則執禮)○설왕세자위어전동계동남서향(設王世子位於殿東階東南西向)○궁위령(宮闈令)○설왕후령좌(設王后靈座)○봉례(奉禮)○찬청행례(贊請行禮)○인왕세자(引王世子)○예관세위(詣盥洗位)○궁관(宮官)○일인옥수(一人沃水)○일인승수(一人承水)○진건세위(進巾帨訖)○수건(受巾)○왕세자(王世子)○예령좌전(詣靈座前)○북향궤(北向跪)○아헌관이하재위자부궤(亞獻官以下在位者不跪)○종관(從官)○작울창진찬(爵鬱鬯進瓚)○봉향전로(捧香奠爐)○진폐전폐(進幣奠幣)○진작전작(進爵奠爵)○종친급문무백관(宗親及文武百官)○무진명봉위(無進名奉慰)○자우지졸곡(自虞至卒哭)○련(練)○상(祥)○담제방차(禫祭倣此)

졸곡제의(卒哭祭儀)

○칠우후(七虞後)○우강일이행(遇剛日而行)○전하목욕(殿下沐浴)○대군이하급제향관(大君以下及諸享官)○종친(宗親)○문무백관(文武百官)○개목욕(皆沐浴)

전일일(前一日)○전사(殿司)○수기속(帥其屬)○소제전지내외(掃除殿之內外)○집례(執禮)○설전하욕위어동계동남서향(設殿下褥位於東階東南西向)○설아헌관(設亞獻官)○종헌관위어욕위지후근남서향북상(終獻官位於褥位之後近南西向北上)○대군이하위어중문내지동북향서상(大君以下位於中門內之東北向西上)○집사자위어중문내지서북향동상(執事者位於中門內之西北向東上)○설집례위어동계하근서서향(設執禮位於東階下近西西向)○알자(謁者)○찬자(贊者)○찬인(贊引)○재남차퇴북상(在南差退北上)○설종친급문무백관위어외정(設宗親及文武百官位於外庭)○문동무서(文東武西)○매등이위(每等異位)○중행북향(重行北向)○상대위수(相對爲首)○종친(宗親)○매품반두(每品班頭)○별설위(別設位)○대군(大君)○특설위어정일품지전(特設位於正一品之前)○감찰위이어문(監察位二於文)○무반후북향(武班後北向)○서리(書吏)○각배기후(各陪其後)○설문외위(設門外位)○대군이하급헌관(大君以下及獻官)○제집사어중문외도동중행북향서상(諸執事於中門外道東重行北向西上)

기일축전오각(其日丑前五刻)○축전오각(丑前五刻)○즉삼경삼점(卽三更三點)○행사용축시일각(行事用丑時一刻)○내시(內侍)○정불령악(整拂靈幄)○전사관(典祀官)○전사(殿司)○각수기속입(各帥其屬入)○전축판어령좌지우(奠祝版於靈座之右)○유점(有坫)○진폐비어존소(陳幣篚於尊所)○설향로(設香爐)○향합병촉어령좌전(香合幷燭於靈座前)○차설례찬(次設禮饌)○존뢰여식(尊罍如式)○견서례(見序例)○설찬(設瓚)○반일어존소(槃一於尊所)○설세어동계동남북향(設洗於東階東南北向)○관세재동(盥洗在東)○작세재서(爵洗在西)○유반이(有槃匜)○**뢰재세동(罍在洗東)**○가작(加勺)○비재세서남사(篚在洗西南肆)○실이건(實以巾)○약작세지비(若爵洗之篚)○칙우실이찬일(則又實以瓚一)○작일(爵一)○유점(有坫)○아(亞)○종헌세(終獻洗)○우어동남북향(又於東南北向)○관세재동(盥洗在東)○작세재서(爵洗在西)○**뢰재세동(罍在洗東)**○가작(加勺)○

비재세서남사(篚在洗西南肆)○실이건(實以巾)○약작세지비(若爵洗之篚)○칙우실이작이(則又實以爵二)○유점(有坫)○설제집사관세어아(設諸執事盥洗於亞)○종헌세동남북향(終獻洗東南北向)○집존뢰비멱자위어존뢰비멱지후(執尊罍篚羃者位於尊罍篚羃之後)

전삼각(前三刻)○종친급문무백관(宗親及文武百官)○개취외문외위(皆就外門外位)○대군이하급헌관(大君以下及獻官)○제집사(諸執事)○취문외위(就門外位)

전일각(前一刻)○집례(執禮)○수찬자(帥贊者)○알자(謁者)○찬인(贊引)○선입전정(先入殿庭)○중행북향서상(重行北向西上)○사배흘(四拜訖)○취위(就位)○찬인(贊引)○인감찰급전사관(引監察及典祀官)○대축(大祝)○축사(祝史)○제랑(齊郎)○내상(內喪)○칙유궁위령(則有宮闈令)○입취전정(入就殿庭)○중행북향서상(重行北向西上)○집례왈(執禮曰)○사배(四拜)○찬자창(贊者唱)○국궁사배흥평신(鞠躬四拜興平身)○범집례유사(凡執禮有辭)○찬자개전창(贊者皆傳唱)○후방차(後倣此)○감찰급전사관이하(監察及典祀官以下)○국궁사배흥평신(鞠躬四拜興平身)○찬인(贊引)○인감찰급전사관취위(引監察及典祀官就位)○인제집사(引諸執事)○예관세위(詣盥洗位)○관세흘(盥帨訖)○각취위(各就位)○인의(引儀)○분인종친급문무백관(分引宗親及文武百官)○입취위(入就位)○차인대군이하(次引大君以下)○거장(去杖)○입취위(入就位)○알자(謁者)○인아헌관(引亞獻官)○종헌관(終獻官)○입취위(入就位)○대축(大祝)○승자동계(陞自東階)○예령좌전(詣靈座前)○개궤(開匱)○봉출우주(捧出虞主)○설어좌(設於座)○복이백저건(覆以白紵巾)○내상(內喪)○칙궁위령설주(則宮闈令設主)○복이청저건(覆以青紵巾)○설궤어후(設几於後)○집사자(執事者)○예작세위(詣爵洗位)○세찬식찬(洗瓚拭瓚)○세작식작(洗爵拭爵)○치어비(置於篚)○봉예존소(捧詣尊所)○치어점상(置於坫上)○전사관(典祀官)○전사(殿司)○진선흘(進膳訖)○좌통례(左通禮)○진당제전전(進當齊殿前)○약혼전비궁내(若魂殿非宮內)○칙전일일출궁(則前一日出宮)○산선(繖扇)○장위(仗衛)○도종여상의(導從如常儀)○부복궤(俯伏跪)○계청행례(啓請行禮)○전하장출(殿下杖出)○찬례(贊禮)○도전하(導殿下)○입취위(入就位)○근시종입(近侍從入)○산선급호위관(繖扇及護衛官)○정어문외(停於門外)○집례왈(執禮曰)○곡(哭)○찬례(贊禮)○부복궤(俯伏跪)○계청궤부복곡(啓請跪俯伏哭)○전하(殿下)○궤부복곡(跪俯伏哭)○궤배시(跪拜時)○내시봉장(內侍捧杖)○후방차(後倣此)○아헌관이하재위자동(亞獻官以下在位者同)○찬자역창(贊者亦唱)○집례왈(執禮曰)○지곡사배(止哭四拜)○찬례(贊禮)○계청지곡흥사배흥평신(啓請止哭興四拜興平身)○전하(殿下)○지곡흥사배흥평신(止哭興四拜興平身)○아헌관이하재위자동(亞獻官以下在位者同)○찬자역창(贊者亦唱)○선배자부배(先拜者不拜)

집례왈(執禮曰)○행전폐례(行奠幣禮)○찬례(贊禮)○도전하(導殿下)○예관세위(詣盥洗位)○북향립(北向立)○근시일인(近侍一人)○궤취이흥옥수(跪取匜興沃水)○일인(一人)○궤취반승수(跪取槃承水)○전하관수(殿下盥手)○근시(近侍)○궤취건어비이진(跪取巾於篚以進)○전하세수흘(殿下帨手訖)○근시(近侍)○수건전어비(受巾奠於篚)○찬례(贊禮)○도전하(導殿下)○승자동계(陞自東階)○근시종승(近侍從陞)○예존소(詣尊所)○서향립(西向立)○집존자(執尊者)○거멱(擧羃)○근시일인(近侍一人)○작울창(酌鬱鬯)○일인(一人)○이찬수울창(以瓚受鬱鬯)○찬례(贊禮)○도전하(導殿下)○입예령좌전(入詣靈座前)○북향립(北向立)○찬례(贊禮)○부복궤(俯伏跪)○계청궤(啓請跪)○전하궤(殿下跪)○아헌관이하재위자동(亞獻官以下在位者同)○찬자역창(贊者亦唱)○근시일인(近侍一人)○봉향합(捧香合)○일인(一人)○봉향로(捧香爐)○궤진(跪進)○찬례(贊禮)○계청삼상향(啓請三上香)○근시(近侍)○전로우안(奠爐于案)○근시(近侍)○이찬궤진(以瓚跪進)○찬례계청(贊禮啓請)○집찬관지흘(執瓚灌地訖)○이찬수근시(以瓚授近侍)○근시(近侍)○수이수대축(受以授大祝)○치어존소(置於尊所)○근시(近侍)○이폐비궤진(以幣篚跪進)○찬례계청(贊禮啓請)○집폐헌폐(執幣獻幣)○이폐수근시(以幣授近侍)○전우령좌전(奠于靈座前)○범진향(凡進香)○진찬(進瓚)○진폐(進幣)○개재동서향(皆在東西向)○전로(奠爐)○수찬(授瓚)○전폐(奠幣)○개재서동향(皆在西東向)○진작(進爵)○전작준차(奠爵准此)○찬례(贊禮)○계청부복흥평신(啓請俯伏興平身)○전하(殿下)○부복흥평신(俯伏興平身)○아헌관이하재위자동(亞獻官以下在位者同)○찬자역창(贊者亦唱)○찬례(贊禮)○도전하(導殿下)○출호(出戶)○강복위(降復位)

집례왈(執禮曰)○행초헌례(行初獻禮)○찬례(贊禮)○도전하(導殿下)○승자동계(陞自東階)○예준소(詣尊所)○서향립(西向立)○집준자(執尊者)○거멱(擧羃)○근시일인(近侍一人)○작례제(酌醴齊)○일인(一人)○이작수주(以爵受酒)○찬례(贊禮)○도전하(導殿下)○입예령좌전(入詣靈座前)○북향립(北向立)○찬례(贊禮)○부복궤(俯伏跪)○계청궤(啓請跪)○전하궤(殿下跪)○아헌관이하재위자동(亞獻官以下在位者同)○찬자역창(贊者亦唱)○근시(近侍)○이작궤진(以爵跪進)○찬례계청(贊禮啓請)○집작헌작(執爵獻爵)○이작수근시(以爵授近侍)○전우령좌전(奠于靈座前)○찬례(贊禮)○계청부복흥소퇴북향궤(啓請俯伏興少退北向跪)○대축(大祝)○진령좌지우(進靈座之右)○동향궤(東向跪)○독축문흘(讀祝文訖)○찬례(贊禮)○계청부복흥평신(啓請俯伏興平身)○전하(殿下)○부복흥평신(俯伏興平身)○아헌관이하재위자동(亞獻官以下在位者同)○찬자역창(贊者亦唱)○찬례(贊禮)○도전하(導殿下)○출호(出戶)○강복위(降復位)

집례왈(執禮曰)○행아헌례(行亞獻禮)○알자(謁者)○인아헌관(引亞獻官)○예관세위(詣盥洗位)○북향립(北向立)○관수세수흘(盥手帨手訖)○알자(謁者)○인아헌관(引亞獻官)○승자동계(陞自東階)○예존소(詣尊所)○서향립(西向立)○집존자(執尊者)○거멱작앙제(擧冪酌盎齊)○집사자(執事者)○이작수주(以爵受酒)○알자(謁者)○인아헌관(引亞獻官)○입예령좌전(入詣靈座前)○북향립(北向立)○찬궤(贊跪)○집사자(執事者)○이작수아헌관(以爵授亞獻官)○아헌관(亞獻官)○집작헌작(執爵獻爵)○이작수집사자(以爵授執事者)○전우령좌전(奠于靈座前)○알자(謁者)○찬부복흥평신(贊俯伏興平身)○인아헌관(引亞獻官)○출호(出戶)○강복위(降復位)

집례왈(執禮曰)○행종헌례(行終獻禮)○알자(謁者)○인종헌관행례여아헌의흘(引終獻官行禮如亞獻儀訖)○인강복위(引降復位)○집례왈(執禮曰)○곡(哭)○찬례(贊禮)○부복궤(俯伏跪)○계청궤부복곡(啓請跪俯伏哭)○전하(殿下)○궤부복곡진애(跪俯伏哭盡哀)○아헌관이하재위자동(亞獻官以下在位者同)○찬자역창(贊者亦唱)○집례왈(執禮曰)○지곡사배(止哭四拜)○찬례(贊禮)○계청지곡흥사배흥평신(啓請止哭興四拜興平身)○전하(殿下)○지곡흥사배흥평신(止哭興四拜興平身)○아헌관이하재위자동(亞獻官以下在位者同)○찬자역창(贊者亦唱)○찬례(贊禮)○계례필(啓禮畢)○부복흥(俯伏興)○도전하(導殿下)○환제전(還齊殿)○약혼전비궁내(若魂殿非宮內)○칙환궁산선(則還宮繖扇)○장위(仗衛)○도종여래의(導從如來儀)○알자(謁者)○인아헌관(引亞獻官)○종헌관출(終獻官出)○인의(引儀)○인대군이하출(引大君以下出)○차인종친급문무백관출(次引宗親及文武百官出)○찬인(贊引)○인감찰급전축관이하(引監察及典祝官以下)○구복배위(俱復拜位)○집례왈(執禮曰)○사배(四拜)○찬자창(贊者唱)○국궁사배흥평신(鞠躬四拜興平身)○감찰급전사관이하(監察及典祀官以下)○국궁사배흥평신(鞠躬四拜興平身)○찬인(贊引)○이차인출(以次引出)○대축(大祝)○납우주여의(納虞主如儀)○내상(內喪)○칙궁위령납주(則宮闈令納主)○집례(執禮)○수찬자(帥贊者)○알자(謁者)○찬인(贊引)○취배위(就拜位)○사배이출(四拜而出)○전사관(典祀官)○전사(殿司)○각수기속(各帥其屬)○철례찬(徹禮饌)○대축(大祝)○봉축(捧祝)○폐(幣)○예어감(瘞於坎)○종친급문무백관(宗親及文武百官)○예제전전(詣齊殿前)○서립궤(序立跪)○반수(班首)○진명봉위(進名奉慰)○자시조석지간(自是朝夕之間)○애지부곡(哀至不哭)

혼전조석상식의(魂殿朝夕上食儀)

매일시지(每日時至)○전사(殿司)○설향로(設香爐)○향합병촉어령좌전(香合幷燭於靈座前)○설존어호외근동(設尊於戶外近東)○치잔일(置盞一)○간일어준소(盞一於尊所)○내시일인(內侍一人)○예호외(詣戶外)○서향부복흥(西向俯伏興)○입예령좌전(入詣靈座前)○북향부복흥(北向俯伏興)○권장(捲帳)○철우주(徹虞主)○련후(練後)○칙운신주(則云神主)○궤상복건(匱上覆巾)○부복흥소퇴궤(俯伏興少退跪)○초내시장입권장(初內侍將入捲帳)○장선내시(掌膳內侍)○고찬선조숙(告饌膳調熟)○헌관(獻官)○예주(詣廚)○성시실찬필(省視實饌畢)○입취전동계동남(入就殿東階東南)○서향궤(西向跪)○부복곡(俯伏哭)○재배흥평신(再拜興平身)○련후(練後)○지조석곡(止朝夕哭)○후방차(後倣此)○전사급집사자(殿司及執事者)○예호외(詣戶外)○북향서상궤(北向西上跪)○부복흥(俯伏興)○선거안(先擧案)○차봉찬반(次捧饌槃)○이차수내시(以次授內侍)○내시(內侍)○전봉진안진찬여평시흘(傳捧進案進饌如平時訖)○헌관(獻官)○승자동계(陞自東階)○예준소(詣尊所)○서향립(西向立)○집사자(執事者)○작주(酌酒)○전사(殿司)○이잔수주(以盞受酒)○헌관(獻官)○입예령좌전(入詣靈座前)○북향궤(北向跪)○집사자(執事者)○봉향합(捧香合)○전사(殿司)○봉향로(捧香爐)○궤진(跪進)○헌관(獻官)○삼상향(三上香)○전사(殿司)○전로우안(奠爐于案)○전사(殿司)○이잔수헌관(以盞授獻官)○헌관(獻官)○집잔헌잔(執盞獻盞)○이잔수내시(以盞授內侍)○전우령좌전(奠于靈座前)○헌관(獻官)○부복흥강복위(俯伏興降復位)○내시(內侍)○진철잔환(進徹盞還)○치어존소(置於尊所)○헌관(獻官)○우승헌잔여초(又陞獻盞如初)○강복위(降復位)○종헌(終獻)○역여상의흘(亦如上儀訖)○강복위궤(降復位跪)○부복곡진애(俯伏哭盡哀)○재배이출(再拜而出)○내시(內侍)○이건환복궤상강장(以巾還覆匱上降帳)○내시급전사(內侍及殿司)○각솔기속(各帥其屬)○철례찬필(徹禮饌畢)○궤부복흥(跪俯伏興)○합호내퇴(闔戶乃退)○약왕후배(若王后配)○칙왕후신좌(則王后神座)○재령좌지동(在靈座之東)○전사(殿司)○가잔일어존소(加盞一於尊所)○내시(內侍)○철왕후신주궤상복건(徹王后神主匱上覆巾)○우진안진찬(又進案進饌)○헌관(獻官)○헌부잔(獻副盞)○병여상의(竝如上儀)

혼전사시급납친향의
(魂殿四時及臘親享儀)

○졸곡후담제전(卒哭後禫祭前)

재계(齊戒)○견서례(見序例)○전일일(前一日)○전사(殿司)○솔기속(帥其屬)○소제전지내외(掃除殿之內外)○집례(執禮)○설전하욕위어동계동남서향(設殿下褥位於東階東南西向)○설아헌관(設亞獻官)○종헌관위어욕위지후근남서향북상(終獻官位於褥位之後近南西向北上)○대군이하위어중문내지동북향서상(大君以下位於中門內之東北向西上)○집사자위어중문내지서북향동상(執事者位於中門內之西北向東上)○설집례위어동계하근서서향(設執禮位於東階下近西西向)○찬자(贊者)○알자(謁者)○찬인(贊引)○재남차퇴북상(在南差退北上)○설종친급문무백관위어외정(設宗親及文武百官位於外庭)○문동무서(文東武西)○매등이위(每等異位)○중행북향(重行北向)○상대위수(相對爲首)○종친(宗親)○매품반두(每品班頭)○별설위(別設位)○대군(大君)○특설위어정일품지전(特設位於正一品之前)○감찰위이어문(監察位二於文)○무반후북향(武班後北向)○서리(書吏)○각배기후(各陪其後)○설문외위(設門外位)○대군이하(大君以下)○헌관(獻官)○제집사어중문외도동중행북향서상(諸執事於中門外道東重行北向西上)

기일축전오각(其日丑前五刻)○축전오각(丑前五刻)○즉삼경삼점(即三更三點)○행사용축시일각(行事用丑時一刻)○내시(內侍)○정불령악(整拂靈幄)○전사관(典祀官)○전사(殿司)○각수기속입(各帥其屬入)○전축판어령좌지우(奠祝版於靈座之右)○유점(有坫)○진폐비어준소(陳幣篚於尊所)○설향로(設香爐)○향합병촉어령좌전(香合幷燭於靈座前)○차설례찬(次設禮饌)○준뢰여식(尊罍如式)○견서례(見序例)○설찬(設瓚)○반일어준소(槃一於尊所)○설세어동계동남북향(設洗於東階東南北向)○관세재동(盥洗在東)○작세재서(爵洗在西)○유반이일(有槃匜一)○뢰재세동(罍在洗東)○가작(加勺)○비재세서남사(篚在洗西南肆)○실이건(實以巾)○약작세지비(若爵洗之篚)○칙우실이찬일(則又實以瓚)○작일(爵一)○유점(有坫)○아(亞)○종헌세(終獻洗)○우어동남북향(又於東南北向)○관세재동(盥洗在東)○작세재서(爵洗在西)○뢰재세동(罍在洗東)○가작(加勺)○비재세서남사(篚在洗西南肆)○실이건(實以巾)○약작세지비(若爵洗之篚)○칙우실이작이(則又實以爵二)○유점(有坫)○설제집사관세어아(設諸執事盥洗於亞)○종헌세동남북향(終獻洗東南北向)○집준뢰비멱자위어준뢰비멱지후(執尊罍篚羃者位於尊罍篚羃之後)

전삼각(前三刻)○종친급문무백관(宗親及文武百官)○구최복(具衰服)○련후(練後)○구련복(具練服)○상후(祥後)○구담복(具禫服)○내상(內喪)○칙자련후지담전(則自練後至禫前)○복천담복(服淺淡服)○헌관(獻官)○제집사동(諸執事同)○개취외문외위(皆就外門外位)○대군이하급헌관(大君以下及獻官)○제집사(諸執事)○구최복(具衰服)○취문외위(就門外位)

전일각(前一刻)○집례(執禮)○솔찬자(帥贊者)○알자(謁者)○찬인(贊引)○선입전정(先入殿庭)○중행북향서상(重行北向西上)○사배흘(四拜訖)○취위(就位)○찬인(贊引)○인감찰급전사관(引監察及典祀官)○대축(大祝)○축사(祝史)○제랑(齊郎)○내상(內喪)○칙유궁위령(則有宮闈令)○입취전정(入就殿庭)○중행북향서상(重行北向西上)○집례왈(執禮曰)○사배(四拜)○찬자창(贊者唱)○국궁사배흥평신(鞠躬四拜興平身)○범집례유사(凡執禮有辭)○찬자개전창(贊者皆傳唱)○후방차(後倣此)○감찰급전사관이하(監察及典祀官以下)○궁국사배흥평신(躬鞠四拜興平身)○찬인(贊引)○인감찰급전사관취위(引監察及典祀官就位)○인제집사(引諸執事)○예관세위(詣盥洗位)○관세흘(盥帨訖)○각취위(各就位)○인의(引儀)○분인종친급문무백관(分引宗親及文武百官)○입취위(入就位)○차인대군이하(次引大君以下)○거장(去杖)○입취위(入就位)○알자(謁者)○인아헌관(引亞獻官)○종헌관(終獻官)○입취위(入就位)○대축(大祝)○승자동계(陞自東階)○예령좌전(詣靈座前)○개궤(開匱)○봉출우주(捧出虞主)○련후(練後)○칙운신주(則云神主)○설어좌(設於座)○복이백저건(覆以白紵巾)○내상(內喪)○칙궁위령설주(則宮闈令設主)○복이청저건(覆以靑紵巾)○설궤어후(設几於後)○집사자(執事者)○예작세위(詣爵洗位)○세찬식찬(洗瓚拭瓚)○세작식작흘(洗爵拭爵訖)○치어비(置於篚)○봉예준소(捧詣尊所)○치어점상(置於坫上)○전사관(典祀官)○전사(殿司)○진선흘(進膳訖)○좌통례(左通禮)○진당제전전(進當齊殿前)○약혼전비궁내(若魂殿非宮內)○칙전일일출궁(則前一日出宮)○산선(繖扇)○장위(仗衛)○도종여상의(導從如常儀)○부복궤(俯伏跪)○계청행례(啓請行禮)○전하(殿下)○구최복(具衰服)○련후(練後)○구련복(具練服)○상후(祥後)○구담복(具禫服)○장출(杖出)○찬례(贊禮)○도전하(導殿下)○입취위(入就位)○근시종입(近侍從入)○산선급호위관(繖扇及護衛官)○정어문외(停於門外)○집례왈(執禮曰)○곡(哭)○련후무곡(練後無哭)○후방차(後倣此)○찬례(贊禮)○부복궤(俯伏跪)○계청궤부복곡(啓請跪俯伏哭)○전하(殿下)○궤부복곡(跪俯伏哭)○궤배시(跪拜時)○내시봉장(內侍捧杖)○후방차(後倣此)○아헌관이하재위자동(亞獻官以下在位者同)○찬자역창(贊者亦唱)○집례왈(執禮曰)○지곡사배(止哭四拜)○찬례(贊禮)○계청지곡흥사배흥평신(啓請止哭興四拜興平身)○전하(殿下)○지곡흥사배흥평신(止哭興四拜興平身)○아헌관이하재위자동(亞獻官以下在位者同)○찬자역창(贊者亦唱)○선배자부배(先拜者不拜)

집례왈(執禮曰)○행전폐례(行奠幣禮)○찬례(贊禮)○도전하(導殿下)○예관세위(詣盥洗位)○북향립(北向立)○근시일인(近侍一人)○궤취이흥옥수(跪取匜興沃水)○일인(一人)○궤취반승수(跪取槃承水)○전하(殿下)○관수(盥手)○근시(近侍)○궤취건어비이진(跪取巾於篚以進)○전하(殿下)○세수흘(帨手訖)○근시(近侍)○수건전어비(受巾奠於篚)○찬례(贊禮)○도전하(導殿下)○승자동계(陞自東階)○근시종승(近侍從陞)○예준소(詣尊所)○서향립(西向立)○집준자(執尊者)○거멱(擧冪)○근시일인(近侍一人)○작울창(酌鬱鬯)○일인(一人)○이찬수울창(以瓚受鬱鬯)○찬례(贊禮)○도전하(導殿下)○입예령좌전(入詣靈座前)○북향립(北向立)○찬례(贊禮)○부복궤(俯伏跪)○계청궤(啓請跪)○전하궤(殿下跪)○아헌관이하재위자동(亞獻官以下在位者同)○찬자역창(贊者亦唱)○근시일인(近侍一人)○봉향합(捧香合)○일인(一人)○봉향로(捧香爐)○궤진(跪進)○찬례계청(贊禮啓請)○삼상향(三上香)○근시(近侍)○전로우안(奠爐于案)○근시(近侍)○이찬궤진(以瓚跪進)○찬례계청(贊禮啓請)○집찬관지흘(執瓚灌地訖)○이찬수근시(以瓚授近侍)○근시(近侍)○수이수대축(受以授大祝)○치어준소(置於尊所)○근시(近侍)○이폐비궤진(以幣篚跪進)○찬례계청(贊禮啓請)○집폐헌폐(執幣獻幣)○이폐수근시(以幣授近侍)○전우령좌전(奠于靈座前)○범진향(凡進香)○진찬(進瓚)○진폐(進幣)○개재동서향(皆在東西向)○전로(奠爐)○수찬(授瓚)○전폐(奠幣)○개재서동향(皆在西東向)○진작(進爵)○전작준차(奠爵准此)○찬례(贊禮)○계청부복흥평신(啓請俯伏興平身)○전하(殿下)○부복흥평신(俯伏興平身)○아헌관이하재위자동(亞獻官以下在位者同)○찬자역창(贊者亦唱)○찬례(贊禮)○도전하(導殿下)○출호(出戶)○강복위(降復位)

집례왈(執禮曰)○행초헌례(行初獻禮)○찬례(贊禮)○도전하(導殿下)○승자동계(陞自東階)○예준소(詣尊所)○서향립(西向立)○집준자(執尊者)○거멱(擧冪)○근시일인(近侍一人)○작례제(酌醴齊)○일인(一人)○이작수주(以爵受酒)○찬례(贊禮)○도전하(導殿下)○입예령좌전(入詣靈座前)○북향립(北向立)○찬례(贊禮)○부복궤(俯伏跪)○계청궤(啓請跪)○전하궤(殿下跪)○아헌관이하재위자동(亞獻官以下在位者同)○찬자역창(贊者亦唱)○근시(近侍)○이작궤진(以爵跪進)○찬례계청(贊禮啓請)○집작헌작(執爵獻爵)○이작수근시(以爵授近侍)○전우령좌전(奠于靈座前)○찬례(贊禮)○계청부복흥소퇴북향궤(啓請俯伏興少退北向跪)○대축(大祝)○진령좌지우(進靈座之右)○동향궤(東向跪)○독축문흘(讀祝文訖)○찬례(贊禮)○계청부복흥평신(啓請俯伏興平身)○전하(殿下)○부복흥평신(俯伏興平身)○아헌관이하재위자동(亞獻官以下在位者同)○찬자역창(贊者亦唱)○찬례(贊禮)○도전하(導殿下)○출호(出戶)○강복위(降復位)

집례왈(執禮曰)○행아헌례(行亞獻禮)○알자(謁者)○인아헌관(引亞獻官)○예관세위(詣盥洗位)○북향립(北向立)○관수세수흘(盥手帨手訖)○알자(謁者)○인아헌관(引亞獻官)○승자동계(陞自東階)○예준소(詣尊所)○서향립(西向立)○집준자(執尊者)○거멱작앙제(擧冪酌盎齊)○집사자(執事者)○이작수주(以爵受酒)○알자(謁者)○인아헌관(引亞獻官)○입예령좌전(入詣靈座前)○북향립(北向立)○찬궤(贊跪)○집사자(執事者)○이작수아헌관(以爵授亞獻官)○아헌관(亞獻官)○집작헌작(執爵獻爵)○이작수집사자(以爵授執事者)○전우령좌전(奠于靈座前)○알자(謁者)○찬부복흥평신(贊俯伏興平身)○인아헌관(引亞獻官)○출호(出戶)○강복위(降復位)

집례왈(執禮曰)○행종헌례(行終獻禮)○알자(謁者)○인종헌관(引終獻官)○행례여아헌의흘(行禮如亞獻儀訖)○인강복위(引降復位)○집례왈(執禮曰)○곡(哭)○찬례(贊禮)○부복궤(俯伏跪)○계청궤부복곡(啓請跪俯伏哭)○전하(殿下)○궤부복곡진애(跪俯伏哭盡哀)○아헌관이하재위자동(亞獻官以下在位者同)○찬자역창(贊者亦唱)○집례왈(執禮曰)○지곡사배(止哭四拜)○찬례(贊禮)○계청지곡흥사배흥평신(啓請止哭興四拜興平身)○전하(殿下)○지곡흥사배흥평신(止哭興四拜興平身)○아헌관이하재위자동(亞獻官以下在位者同)○찬자역창(贊者亦唱)○찬례(贊禮)○계례필(啓禮畢)○부복흥(俯伏興)○도전하(導殿下)○환제전(還齊殿)○약혼전비궁내(若魂殿非宮內)○칙환궁산선(則還宮繖扇)○장위(仗衛)○도종여래의(導從如來儀)○알자(謁者)○인아헌관(引亞獻官)○종헌관출(終獻官出)○인의(引儀)○인대군이하출(引大君以下出)○차인종친급문무백관출(次引宗親及文武百官出)○찬인(贊引)○인감찰급전사관이하(引監察及典祀官以下)○구복배위(俱復拜位)○집례왈(執禮曰)○사배(四拜)○찬자창(贊者唱)○국궁사배흥평신(鞠躬四拜興平身)○감찰급전사관이하(監察及典祀官以下)○국궁사배흥평신(鞠躬四拜興平身)○찬인(贊引)○이차인출(以次引出)○대축(大祝)○납우주여의(納虞主如儀)○내상(內喪)○칙궁위령납주(則宮闈令納主)○집례(執禮)○솔찬자(帥贊者)○알자(謁者)○찬인(贊引)○취배위(就拜位)○사배이출(四拜而出)○전사관(典祀官)○전사(殿司)○각솔기속철례찬(各帥其屬徹禮饌)○대축(大祝)○봉축폐예어감(捧祝幣瘞於坎)○왕후상재선이후배어대왕(王后喪在先而後配於大王)○칙진설행례여상의(則陳設行禮如上儀)○유전사관(唯典祀官)○어존소(於尊所)○각진폐비(各陳幣篚)○가작점각삼(加爵坫各三)○각설례찬(各設禮饌)○궁위령(宮闈令)○설왕후신좌어대왕령좌지동(設王后神座於大王靈座之東)○복이청저건(覆以靑紵巾)○전하어왕후전헌폐헌부작(殿下於王后前獻幣獻副爵)○아(亞)○종헌관(終獻官)○역헌부작(亦獻副爵)○궁위령(宮闈令)○납왕후신주(納王后神主)○약내상재선이왕세자행제(若內喪在先而王世子行祭)○칙제계여의(則齊戒如儀)○견서례(見序例)○집례설(執禮設)○왕세자위어전동계동남서향(王世子位於殿東階東南西向)○궁위령(宮闈令)○설왕후령좌(設王后靈座)○왕세자십일월련후(王世子十一月練後)○복련복(服練服)○십삼월상후(十三月祥後)○복담복(服禫服)○십오월담후지재기(十五月禫後至再期)○복무양적색흑원령(服無揚赤色黑圓領)○오사모(烏紗帽)○흑각대(黑角帶)○대군이하동(大君以下同)○봉례(奉禮)○찬청행례(贊請行禮)○인왕세자(引王世子)○예관세위(詣盥洗位)○종관궁관일인(從官宮官一人)○옥수(沃水)○일인(一人)○승수(承水)○왕세자(王世子)○관수(盥手)○종관(從官)○진건세흘(進巾帨訖)○수건(受巾)○왕세자(王世子)○예령좌전북향궤(詣靈座前北向跪)○아헌관이하재위자(亞獻官以下在位者)○부궤(不跪)○종관(從官)○작울창(酌鬱鬯)○진찬봉향전로진폐전폐진작전작(進瓚捧香奠爐進幣奠幣進爵奠爵)○기담후(其禫後)○제용악(祭用樂)○유음복(有飮福)○종친급문무(宗親及文武)○백관대상전(百官大祥前)○복쇠복(服衰服)○배제(陪祭)○약전하어사시급랍솔종친급문무백관(若殿下於四時及臘率宗親及文武百官)○친향종묘혹문소전(親享宗廟或文昭殿)○칙각사일원배(則各司一員陪)○왕세자행제(王世子行祭)○상후무배제(祥後無陪祭)○아헌관이하제집사(亞獻官以下諸執事)○상후복천담복(祥後服淺淡服)○담후지재기복길복(禫後至再期服吉服)

섭사의(攝事儀)

재계(齊戒)○견서례(見序例)○전일일(前一日)○전사(殿司)○솔기속(帥其屬)○소제전지내외(掃除殿之內外)○집례(執禮)○설초헌관(設初獻官)○아헌관(亞獻官)○종헌관위어동계동남서향북상(終獻官位於東階東南西向北上)○설대군이하위어중문내지동북향서상(設大君以下位於中門內之東北向西上)○집사자위어중문내지서북향동상(執事者位於中門內之西北向東上)○감찰위어기서(監察位於其西)○서리(書吏)○배기후(陪其後)○설집례위어동계하근서서향(設執禮位於東階下近西西向)○찬자(贊者)○알자(謁者)○찬인(贊引)○재남차퇴북상(在南差退北上)○설종친급문무백관위어외정(設宗親及文武百官位於外庭)○문동무서(文東武西)○매등이위(每等異位)○중행북향(重行北向)○상대위수(相對爲首)○종친(宗親)○매품반두(每品班頭)○별설위(別設位)○대군(大君)○특설위어정일품지전(特設位於正一品之前)○감찰위이어문(監察位二於文)○무반후북향(武班後北向)○서리(書吏)○각배기후(各陪其後)○설문외위(設門外位)○대군이하급헌관(大君以下及獻官)○제집사어중문외도동중행북향서상(諸執事於中門外道東重行北向西上)

기일축전오각(其日丑前五刻)○축전오각(丑前五刻)○즉삼경삼점(卽三更三點)○행사용축시일각(行事用丑時一刻)○내시(內侍)○정불령악(整拂靈幄)○전사관(典祀官)○전사(殿司)○각솔기속입(各帥其屬入)○전축판어령좌지우(奠祝版於靈座之右)○유점(有坫)○진폐비어존소(陳幣篚於尊所)○설향로(設香爐)○향합병촉어령좌전(香合幷燭於靈座前)○차설례찬(次設禮饌)○존뢰여식(尊罍如式)○견서례(見序例)○설찬(設瓚)○반일어존소(槃一於尊所)○설세어동계동남북향(設洗於東階東南北向)○관세재동작세재서(盥洗在東爵洗在西)○뢰재세동(罍在洗東)○가작(加勺)○비재세서남사(篚在洗西南肆)○실이건(實以巾)○약작세지비(若爵洗之篚)○칙우실이찬일(則又實以瓚一)○작삼(爵三)○유점(有坫)○설제집사관세어헌관세동남북향(設諸執事盥洗於獻官洗東南北向)○집존뢰비멱자위어존뢰비멱지후(執尊罍篚冪者位於尊罍篚冪之後)

전삼각(前三刻)○종친급문무백관(宗親及文武百官)○구최복(具衰服)○련후(練後)○구련복(具練服)○상후(祥後)○구담복(具禫服)○내상(內喪)○칙련후부참제(則練後不參祭)○개취외문외위(皆就外門外位)○대군이하급헌관(大君以下及獻官)○제집사(諸執事)○구최복(具衰服)○내상(內喪)○칙자련후지상전(則自練後至祥前)○헌관(獻官)○제집사(諸執事)○복천담복(服淺淡服)○개취문외위(皆就門外位)

전일각(前一刻)○집례(執禮)○수찬자(帥贊者)○알자(謁者)○찬인(贊引)○선입전정중행북향서상(先入殿庭重行北向西上)○사배 흘(四拜訖)○취위(就位)○찬인(贊引)○인감찰급전사관(引監察及典祀官)○대축(大祝)○축사(祝史)○재랑(齊郎)○내상(內喪)○칙유궁위령(則有宮闈令)○입취전정중행북향서상(入就殿庭重行北向西上)○집례왈(執禮曰)○사배(四拜)○찬자창국궁사배흥평신(贊者唱鞠躬四拜興平身)○범집례유사(凡執禮有辭)○찬자개전창(贊者皆傳唱)○후방차(後倣此)○감찰급전사관이하(監察及典祀官以下)○국궁사배흥평신(鞠躬四拜興平身)○찬인(贊引)○인감찰급전사관취위(引監察及典祀官就位)○인제집사예관세위(引諸執事詣盥洗位)○관세흘(盥帨訖)○각취위(各就位)○인의(引儀)○분인종친급문무백관입취위(分引宗親及文武百官入就位)○차인대군이하(次引大君以下)○거장(去杖)○입취위(入就位)○대축(大祝)○승자동계예령좌전(陞自東階詣靈座前)○개궤봉출우주(開匱捧出虞主)○련후(練後)○칙운신주(則云神主)○설어좌(設於座)○복이백저건(覆以白紵巾)○내상(內喪)○칙궁위령설주(則宮闈令設主)○복이청저건(覆以靑紵巾)○설궤어후(設几於後)○집사자(執事者)○예작세위(詣爵洗位)○세찬식찬(洗瓚拭瓚)○세작식작흘(洗爵拭爵訖)○치어비(置於篚)○봉예존소치어점상(捧詣尊所置於坫上)○알자(謁者)○인초헌관(引初獻官)○아헌관(亞獻官)○종헌관입취위(終獻官入就位)○집례왈(執禮曰)○곡(哭)○련후무곡(練後無哭)○후방차(後倣此)○찬자창(贊者唱)○궤부복곡(跪俯伏哭)○헌관급재위자(獻官及在位者)○궤부복곡(跪俯伏哭)○집례왈(執禮曰)○지곡사배(止哭四拜)○찬자창(贊者唱)○지곡흥사배흥평신(止哭興四拜興平身)○헌관급재위자(獻官及在位者)○지곡흥사배흥평신(止哭興四拜興平身)○선배자(先拜者)○부배(不拜)○전사관(典祀官)○전사(殿司)○진선흘(進膳訖)

집례왈(執禮曰)○행전폐례(行奠幣禮)○알자(謁者)○인초헌관예관세위북향립(引初獻官詣盥洗位北向立)○관수세수흘(盥手帨手訖)○알자(謁者)○인초헌관(引初獻官)○승자동계(陞自東階)○예준소(詣尊所)○서향립(西向立)○집준자(執尊者)○거멱작울창(擧冪酌鬱鬯)○집사자(執事者)○이찬수울창(以瓚受鬱鬯)○알자(謁者)○인초헌관(引初獻官)○입예령좌전(入詣靈座前)○북향립(北向立)○찬궤(贊跪)○집사자일인(執事者一人)○봉향합(捧香合)○일인(一人)○봉향로(捧香爐)○궤진(跪進)○알자(謁者)○찬삼상향(贊三上香)○집사자(執事者)○전로우안(奠爐于案)○집사자(執事者)○이찬수초헌관(以瓚授初獻官)○초헌관(初獻官)○집찬관지흘(執瓚灌地訖)○이찬수집사자(以瓚授執事者)○치어준소(置於尊所)○대축(大祝)○이폐비수초헌관(以幣篚授初獻官)○초헌관(初獻官)○집폐헌폐(執幣獻幣)○이폐수대축(以幣授大祝)○전우령좌전(奠于靈座前)○범봉향(凡捧香)○수찬(授瓚)○수폐(授幣)○개재동서향(皆在東西向)○전로(奠爐)○수찬(授瓚)○전폐(奠幣)○개재서동향(皆在西東向)○수작(授爵)○전작준차(奠爵准此)○알자(謁者)○찬부복흥평신(贊俯伏興平身)○인초헌관(引初獻官)○출호(出戶)○강복위(降復位)

집례왈(執禮曰)○행초헌례(行初獻禮)○알자(謁者)○인초헌관(引初獻官)○승자동계(陞自東階)○예준소(詣尊所)○서향립(西向立)○집준자(執尊者)○거멱작례제(擧冪酌醴齊)○집사자(執事者)○이작수주(以爵受酒)○알자(謁者)○인초헌관(引初獻官)○입예령좌전(入詣靈座前)○북향립(北向立)○찬궤(贊跪)○집사자(執事者)○이작수초헌관(以爵授初獻官)○초헌관(初獻官)○집작헌작(執爵獻爵)○이작수집사자(以爵授執事者)○전우령좌전(奠于靈座前)○알자(謁者)○찬부복흥소퇴북향궤(贊俯伏興少退北向跪)○대축(大祝)○진령좌지우(進靈座之右)○동향궤(東向跪)○독축문흘(讀祝文訖)○알자(謁者)○찬부복흥평신(贊俯伏興平身)○인초헌관(引初獻官)○출호(出戶)○강복위(降復位)

집례왈(執禮曰)○행아헌례(行亞獻禮)○알자(謁者)○인아헌관(引亞獻官)○예관세위(詣盥洗位)○북향립(北向立)○관수세수흘(盥手帨手訖)○알자(謁者)○인아헌관(引亞獻官)○승자동계(陞自東階)○예준소(詣尊所)○서향립(西向立)○집준자(執尊者)○거멱작앙제(擧冪酌盎齊)○집사자(執事者)○이작수주(以爵受酒)○알자(謁者)○인아헌관(引亞獻官)○입예령좌전북향립(入詣靈座前北向立)○찬궤(贊跪)○집사자(執事者)○이작수아헌관(以爵授亞獻官)○아헌관(亞獻官)○집작헌작(執爵獻爵)○이작수집사자(以爵授執事者)○전우령좌전(奠于靈座前)○알자(謁者)○찬부복흥평신(贊俯伏興平身)○인아헌관출호강복위(引亞獻官出戶降復位)

집례왈(執禮曰)○행종헌례(行終獻禮)○알자(謁者)○인종헌관행례여아헌의흘(引終獻官行禮如亞獻儀訖)○인강복위(引降復位)○집례왈(執禮曰)○곡(哭)○찬자창(贊者唱)○궤부복곡(跪俯伏哭)○헌관급재위자(獻官及在位者)○궤부복곡진애(跪俯伏哭盡哀)○집례왈(執禮曰)○지곡사배(止哭四拜)○찬자창(贊者唱)○지곡흥사배흥평신(止哭興四拜興平身)○헌관급재위자(獻官及在位者)○지곡흥사배흥평신(止哭興四拜興平身)○알자(謁者)○인초헌관이하출(引初獻官以下出)○인의(引儀)○인대군이하출(引大君以下出)○차인종친급문무백관출(次引宗親及文武百官出)○찬인(贊引)○인감찰급전사관이하(引監察及典祀官以下)○구복배위(俱復拜位)○집례왈(執禮曰)○사배(四拜)○찬자창(贊者唱)○국궁사배흥평신(鞠躬四拜興平身)○감찰급전축관이하(監察及典祝官以下)○국궁사배흥평신(鞠躬四拜興平身)○찬인(贊引)○이차인출(以次引出)○대축(大祝)○납우주여의(納虞主如儀)○내상(內喪)○칙궁위령납주(則宮闈令納主)○집례(執禮)○수찬자(帥贊者)○알자(謁者)○찬인(贊引)○취배위(就拜位)○사배이출(四拜而出)○전사관(典祀官)○전사(殿司)○각솔기속(各帥其屬)○철례찬(徹禮饌)○대축(大祝)○봉축폐예어감(捧祝幣瘞於坎)○약내상재선(若內喪在先)○칙헌관(則獻官)○제집사십일월련후(諸執事十一月練後)○제잉쇄복(祭仍衰服)○십삼월상후(十三月祥後)○제복천담복(祭服淺淡服)○십오월담후(十五月禫後)○제복제복(祭服祭服)○용악(用樂)○유음복(有飮福)

◆혼전속절(魂殿俗節) ○정조(正朝)○동지(冬至)○한식(寒食)○단오(端午)○중추(中秋)

급삭망친향의(及朔望親享儀)

○삭망(朔望)○약치별제(若値別祭)○칙지행별제(則只行別祭)재계(齊戒)○견서례(見序例)○전일일(前一日)○전사(殿司)○솔기속(帥其屬)○소제전지내외(掃除殿之內外)○집례(執禮)○설전하욕위어동계동남서향(設殿下褥位於東階東南西向)○설아헌관(設亞獻官)○종헌관위어욕위지후근남서향북상(終獻官位於褥位之後近南西向北上)○대군이하위어중문내지동북향서상(大君以下位於中門內之東北向西上)○집사자위어중문내지서북향동상(執事者位於中門內之西北向東上)○설집례위어동계하근서서향(設執禮位於東階下近西西向)○찬자(贊者)○알자(謁者)○찬인(贊引)○재남차퇴북상(在南差退北上)○설종친급문무백관위어외정(設宗親及文武百官位於外庭)○문동무서(文東武西)○매등이위(每等異位)○중행북향(重行北向)○상대위수(相對爲首)○종친(宗親)○매품반두(每品班頭)○별설위(別設位)○대군(大君)○특설위어정일품지전(特設位於正一品之前)○감찰위어이문(監察位二於文)○무반후북향(武班後北向)○서리(書吏)○각배기후(各陪其後)○설문외위(設門外位)○대군이하급헌관(大君以下及獻官)○제집사어중문외도동중행북향서상(諸執事於中門外道東重行北向西上)

기일축전오각(其日丑前五刻)○축전오각(丑前五刻)○즉삼경삼점(卽三更三點)○행사용축시일각(行事用丑時一刻)○내시(內侍)○정불령악전사관(整拂靈幄典祀官)○전사(殿司)○각솔기속입(各帥其屬入)○전축판어령좌지우(奠祝版於靈座之右)○유점(有坫)○졸곡전(卒哭前)○전어좌(奠於左)○설향로(設香爐)○향합병촉어령좌전(香合幷燭於靈座前)○차설례찬(次設禮饌)○견서례(見序例)○설준어호외지좌(設尊於戶外之左)○치잔삼어준소(置盞三於尊所)

전삼각(前三刻)○종친급문무백관(宗親及文武百官)○구최복(具衰服)○련후(練後)○구련복(具練服)○상후(祥後)○구담복(具禫服)○내상(內喪)○칙자련후지담전(則自練後至禫前)○복천담복(服淺淡服)○헌관(獻官)○제집사동(諸執事同)○개취외문외위(皆就外門外位)○대군이하급헌관(大君以下及獻官)○제집사(諸執事)○구최복취문외위(具衰服就門外位)○관세설어중문외(盥洗設於中門外)○헌관(獻官)○제집사(諸執事)○관수이입(盥手而入)

전일각(前一刻)○집례(執禮)○솔찬자(帥贊者)○알자(謁者)○찬인(贊引)○선입전정중행북향서상(先入殿庭重行北向西上)○사배흘(四拜訖)○취위(就位)○찬인(贊引)○인감찰급전사관(引監察及典祀官)○대축(大祝)○축사(祝史)○재랑(齊郞)○내상(內喪)○즉유궁위령(則有宮闈令)○입취전정중행북향서상(入就殿庭重行北向西上)○집례왈(執禮曰)○사배(四拜)○찬자창(贊者唱)○국궁사배흥평신(鞠躬四拜興平身)○범집례유사(凡執禮有辭)○찬자개전창(贊者皆傳唱)○후방차(後倣此)○감찰급전사관이하(監察及典祀官以下)○국궁사배흥평신(鞠躬四拜興平身)○찬인(贊引)○인감찰급전사관이하(引監察及典祀官以下)○각취위(各就位)○인의(引儀)○분인종친급문무백관입취위(分引宗親及文武百官入就位)○차인대군이하(次引大君以下)○거장(去杖)○입취위(入就位)○알자(謁者)○인아헌관(引亞獻官)○종헌관입취위(終獻官入就位)○대축(大祝)○승자동계예령좌전(陞自東階詣靈座前)○개궤봉출우주(開匱捧出虞主)○련후(練後)○칙운신주(則云神主)○설어좌(設於座)○복이백저건(覆以白紵巾)○내상(內喪)○칙궁위령설주(則宮闈令設主)○복이청저건(覆以靑紵巾)○설궤어후(設几於後)○전사관(典祀官)○전사(殿司)○진선흘(進膳訖)○좌통례(左通禮)○진당재전전(進當齊殿前)○약혼전비궁내(若魂殿非宮內)○즉전일일출궁(則前一日出宮)○산선(繖扇)○장위(仗衛)○도종여상의(導從如常儀)○부복궤(俯伏跪)○계청행례(啓請行禮)○전하(殿下)○구최복(具衰服)<small>련후(練後)○구련복(具練服)○상후(祥後)○구담복(具禫服)</small>○관수(盥手)○장출(杖出)○찬례(贊禮)○도전하입취위(導殿下入就位)<small>근시종입(近侍從入)○산선급호위관(繖扇及護衛官)</small>정어문외(停於門外)○집례왈(執禮曰)○곡(哭)<small>련후(練後)○무곡(無哭)○후방차(後倣此)</small>찬례(贊禮)○부복궤(俯伏跪)○계청궤부복곡(啓請跪俯伏哭)○전하(殿下)○궤부복곡(跪俯伏哭)<small>궤배시(跪拜時)○내시봉장(內侍捧杖)○후방차(後倣此)</small>○아헌관이하재위자동(亞獻官以下在位者同)○찬자역창(贊者亦唱)○집례왈(執禮曰)○지곡사배(止哭四拜)○찬례(贊禮)○계청지곡흥사배흥평신(啓請止哭興四拜興平身)○전(殿)○하지곡흥사배흥평신(下止哭興四拜興平身)○아헌관이하재위자동(亞獻官以下在位者同)○찬자역창(贊者亦唱)○선배자부배(先拜者不拜)

집례왈(執禮曰)○행초헌례(行初獻禮)○찬례(贊禮)○도전하(導殿下)○승자동계(陞自東階)○예준소(詣尊所)○서향립(西向立)○근시일인(近侍一人)○작주(酌酒)○일인(一人)○이잔수주(以盞受酒)○찬례(贊禮)○도전하(導殿下)○입예령좌전(入詣靈座前)○북향립(北向立)○찬례(贊禮)○부복궤(俯伏跪)○계청궤(啓請跪)○전하궤(殿下跪)○아헌관이하재위자동(亞獻官以下在位者同)○찬자역창(贊者亦唱)○근시일인(近侍一人)○봉향합(捧香合)○일인(一人)○봉향로(捧香爐)○궤진(跪進)○찬례(贊禮)○계청삼상향(啓請三上香)○근시(近侍)○전로우안(奠爐于案)<small>진향(進香)○재동서향(在東西向)</small>○전로(奠爐)○재서동향(在西東向)○진잔(進盞)○전잔준차(奠盞准此)<small>근시(近侍)○이잔궤진(以盞跪進)</small>찬례(贊禮)○계청집잔헌잔(啓請執盞獻盞)○이잔수근시(以盞授近侍)○전우령좌전(奠于靈座前)○찬례(贊禮)○계청부복흥소퇴북향궤(啓請俯伏興少退北向跪)○대축(大祝)○진령좌지우동향궤(進靈座之右東向跪)○독축문흘(讀祝文訖)<small>졸곡전(卒哭前)○대축(大祝)○진령좌지좌서향(進靈座之左西向)</small>독축(讀祝)○찬례(贊禮)○계청부복흥평신(啓請俯伏興平身)○전하(殿下)○부복흥평신(俯伏興平身)○아헌관이하재위자동(亞獻官以下在位者同)○찬자역창(贊者亦唱)○찬례(贊禮)○도전하출호강복위(導殿下出戶降復位)

집례왈(執禮曰)○행아헌례(行亞獻禮)○알자(謁者)○인아헌관(引亞獻官)○승자동계(陞自東階)○예준소(詣尊所)○서향립(西向立)○집준자(執尊者)○작주(酌酒)○집사자(執事者)○이잔수주(以盞受酒)○알자(謁者)○인아헌관(引亞獻官)○입예령좌전(入詣靈座前)○북향립(北向立)○찬궤(贊跪)○집사자(執事者)○이잔수아헌관(以盞授亞獻官)○아헌관(亞獻官)○집잔헌잔(執盞獻盞)○이잔수집사자(以盞授執事者)○전우령좌전(奠于靈座前)○알자(謁者)○찬부복흥평신(贊俯伏興平身)○인아헌관(引亞獻官)○출호(出戶)○강복위(降復位)

집례왈(執禮曰)○행종헌례(行終獻禮)○알자(謁者)○인종헌관(引終獻官)○행례여아헌의흘(行禮如亞獻儀訖)○인강복위(引降復位)○집례왈(執禮曰)○곡(哭)○찬례(贊禮)○부복궤(俯伏跪)○계청궤부복곡(啓請跪俯伏哭)○전하(殿下)○궤부복곡진애(跪俯伏哭盡哀)○아헌관이하재위자동(亞獻官以下在位者同)○찬자역창(贊者亦唱)○집례왈(執禮曰)○지곡사배(止哭四拜)○찬례(贊禮)○계청지곡흥사배흥평신(啓請止哭興四拜興平身)○전하(殿下)○지곡흥사배흥평신(止哭興四拜興平身)○아헌관이하재위자동(亞獻官以下在位者同)○찬자역창(贊者亦唱)○찬례(贊禮)○계례필(啓禮畢)○부복흥(俯伏興)○도전하(導殿下)○환제전(還齊殿)<small>약혼전비궁내(若魂殿非宮內)</small>칙환궁산선(則還宮繖扇)○장위(仗衛)○도종여래의(導從如來儀)○알자(謁者)○인아헌관(引亞獻官)○종헌관출(終獻官出)○인의(引儀)○인대군이하출(引大君以下出)○차인종친급문무백관출(次引宗親及文武百官出)○찬인(贊引)○인감찰급전사관이하(引監察及典祀官以下)○구복배위(俱復拜位)○집례왈(執禮曰)○사배(四拜)○찬자창(贊者唱)○국궁사배흥평신(鞠躬四拜興平身)○감찰급전사관이하(監察及典祀官以下)○국궁사배흥평신(鞠躬四拜興平身)○찬인(贊引)○이차인출(以次引出)○대축(大祝)○납우주여의(納虞主如儀)<small>내상(內喪)○칙궁위령납주(則宮闈令納主)</small>집례(執禮)○솔찬자(帥贊者)○알자(謁者)○찬인(贊引)○취배위(就拜位)○사배이출(四拜而出)○전사관(典祀官)○전사(殿司)○각솔기속(各帥其屬)○철례찬(徹禮饌)○대축(大祝)○봉축판(捧祝版)○예어감(瘞於坎)<small>졸곡전(卒哭前)○종친급백관(宗親及百官)○예제전전(詣齊殿前)○서립궤(序立跪)○반수(班首)○진명봉위(進名奉慰)○왕후상재선이후배어대왕(王后喪在先而後配於大王)○칙진설행례여상의(則陳設行禮如上儀)○유(惟)○유(唯)전사관(典祀官)○어존소(於尊所)○가잔삼(加盞三)○각설례찬(各設禮饌)○궁위령(宮闈令)○설왕후신좌어대왕령좌지동(設王后神座於大王靈座之東)○복이청저건(覆以靑紵巾)○전하(殿下)○어왕후전(於王后前)○헌부잔(獻副盞)○아(亞)○종헌관(終獻官)○역헌부잔(亦獻副盞)○궁위령(宮闈令)○납왕후신주(納王后神主)○약내상재선이왕세자행제(若內喪在先而王世子行祭)○칙제계(則齊戒)○시의(始儀)○견서례(見序例)○집례(執禮)○설왕세자위어어동계동남서위(設王世子位於殿東階東南西向)○궁위령(宮闈令)○설왕후령좌(設王后靈座)○왕세자(王世子)○십삼월상후(十三月祥後)○복련복(服練服)○십사월(十四月)○담후지재기(十五月禫後至再期)○복무양적색흑원령의(服無揚赤色黑圓領衣)○오사모(烏紗帽)○흑각대(黑角帶)○대군이하동(大君以下同)○봉례(奉禮)○찬청행례(贊請行禮)○왕세자(王世子)○예령좌전(詣靈座前)○북향궤(北向跪)○아헌관이하재위자(亞獻官以下在位者)○개궤(皆跪)○종관(從官)○작주(酌酒)○봉향전로(捧香奠爐)○진잔전잔(進盞奠盞)○기담후(其禫後)○제용악(祭用樂)○삭망(朔望)○칙무악(則無樂)○유음복(有飮福)○종친급문무백관(宗親及文武百官)○대상전(大祥前)○복쇠복(服衰服)○배제(陪祭)○유정지(唯正至)○삭</small>

망(朔望)○조어전하(朝於殿下)○고삭망(故朔望)○칙각사일원(則各司一員)○배왕세자행제(陪王世子行祭)○정지(正至)○칙선기별택길일(則先期別擇吉日)○왕세자행제(王世子行祭)○종친급문무백관(宗親及文武百官)○배제(陪祭)○당정지일(當正至日)○헌관(獻官)○제집사행제(諸執事行祭)○상후(祥後)○무배제(無陪祭)○아헌관이하제집사(亞獻官以下諸執事)○상후(祥後)○복천담복(服淺淡服)○담후지재기(禫後至再期)○복길복(服吉服)

◆흉례이(凶禮二)

◆사시급납속절(四時及臘俗節)○정조(正朝)○동지(冬至)○한식(寒食)○단오(端午)○추석(秋夕)

삭망향산릉의(朔望享山陵儀)

○담제전(禫祭前)

재계(齊戒) ○견서례(見序例)

전일일(前一日)○릉사(陵司)○수기속(帥其屬)○소제릉실내외(掃除陵室內外)○찬자(贊者)○설헌관위어동계동남서향(設獻官位於東階東南西向)○제집사위어헌관지후초남서향북상(諸執事位於獻官之後稍南西向北上)○설관세어집사위후동남(設盥洗於執事位後東南)○수지지의(隨地之宜)○헌관(獻官)○제집사(諸執事)○림시관수(臨時盥手)○입취위(入就位)○찬자(贊者)○알자(謁者)○찬인위어집사지남서향북상(贊引位於執事之南西向北上)○감찰위어집사동남서향(監察位於執事東南西向)○서리(書吏)○배기후(陪其後)

기일(其日)○릉사(陵司)○설령좌어릉실북호내남향(設靈座於陵室北戶內南向)○전사관(典祀官)○릉사(陵司)○각솔기속입(各帥其屬入)○전축판어령좌지우(奠祝版於靈座之右)○유점(有坫)○졸곡전(卒哭前)○전어좌(奠於左)○설향로(設香爐)○향합병촉어령좌전(香合幷燭於靈座前)○차설례찬(次設禮饌)○견서례(見序例)○설존어호외지좌(設尊於戶外之左)○치잔삼어존소(置盞三於尊所)

시지(時至)○헌관이하(獻官以下)○구최복(具衰服)○련후(練後)○구련복(具練服)○상후(祥後)○구담복(具禫服)○내상(內喪)○칙련후(則練後)○복천담복(服淺淡服)○찬자(贊者)○알자(謁者)○찬인(贊引)○선입정북향서상(先入庭北向西上)○사배흘취위(四拜訖就位)○찬인(贊引)○인감찰급전사관(引監察及典祀官)○대축(大祝)○축사(祝史)○재랑(齊郎)○입정(入庭)○중행북향서상(重行北向西上)○찬자창(贊者唱)○국궁사배흥평신(鞠躬四拜興平身)○감찰급전사관이하(監察及典祀官以下)○국궁사배흥평신(鞠躬四拜興平身)○찬인(贊引)○인감찰급전사관이하(引監察及典祀官以下)○각취위(各就位)○알자(謁者)○인헌관(引獻官)○입취위(入就位)○찬자창(贊者唱)○궤부복곡(跪俯伏哭)○헌관(獻官)○궤부복곡(跪俯伏哭)○련후(練後)○무곡(無哭)○후방비(後倣比)○찬자창(贊者唱)○지곡흥사배흥평신(止哭興四拜興平身)○헌관(獻官)○지곡흥사배흥평신(止哭興四拜興平身)○전사관(典祀官)○릉사(陵司)○진선흘(進膳訖)○찬자창(贊者唱)○행초헌례(行初獻禮)○알자(謁者)○인헌관(引獻官)○승자동계(陞自東階)○예존소(詣尊所)○서향립(西向立)○집존자(執尊者)○작주(酌酒)○집사자(執事者)○이잔수주(以盞受酒)○알자(謁者)○인헌관(引獻官)○입예령좌전(入詣靈座前)○북향립(北向立)○찬궤(贊跪)○집사자일인(執事者一人)○봉향합(捧香合)○일인(一人)○봉향로(捧香爐)○알자(謁者)○찬삼상향(贊三上香)○집사자(執事者)○전로우안(奠爐于案)○봉향(捧香)○재동서향(在東西向)○전로(奠爐)○재서동향(在西東向)○수잔(授盞)○전잔준차(奠盞准此)○집사자(執事者)○이잔수헌관(以盞授獻官)○헌관(獻官)○집잔헌잔(執盞獻盞)○이잔수집사자(以盞授執事者)○전우령좌전(奠于靈座前)○알자(謁者)○찬부복흥소퇴북향궤(贊俯伏興少退北向跪)○대축(大祝)○진령좌지우동향(進靈座之右東向)○졸곡전(卒哭前)○대축(大祝)○진령좌지좌서향(進靈座之左西向)○궤(跪)○독축문흘(讀祝文訖)○알자(謁者)○찬부복흥평신(贊俯伏興平身)○인헌관(引獻官)○출호(出戶)○강복위(降復位)○찬자창(贊者唱)○행아헌례(行亞獻禮)○알자(謁者)○인헌관(引獻官)○승자동계(陞自東階)○예준소(詣尊所)○서향립(西向立)○집준자(執尊者)○작주(酌酒)○집사자(執事者)○이잔수주(以盞受酒)○알자(謁者)○인헌관(引獻官)○입예령좌전(入詣靈座前)○북향립(北向立)○찬궤(贊跪)○집사자(執事者)○이잔수헌관(以盞授獻官)○헌관(獻官)○집잔헌잔(執盞獻盞)○이잔수집사자(以盞授執事者)○전우령좌전(奠于靈座前)○알자(謁者)○찬부복흥평신(贊俯伏興平身)○인헌관(引獻官)○출호(出戶)○강복위(降復位)○찬자창(贊者唱)○행종헌례(行終獻禮)○알자(謁者)○인헌관(引獻官)○행례여아헌의흘(行禮如亞獻儀訖)○인강복위(引降復位)○찬자창(贊者唱)○궤부복곡(跪俯伏哭)○헌관(獻官)○궤부복곡진애(跪俯伏哭盡哀)○찬자창(贊者唱)○지곡흥사배흥평신(止哭興四拜興平身)○헌관(獻官)○지곡흥사배흥평신(止哭興四拜興平身)○알자(謁者)○인헌관출(引獻官出)○찬인(贊引)○인감찰급전사관이하(引監察及典祀官以下)○구복배위(俱復拜位)○찬자창(贊者唱)○국궁사배흥평신(鞠躬四拜興平身)○감찰급전사관이하(監察及典祀官以下)○국궁사배흥평신(鞠躬四拜興平身)○찬인(贊引)○이차인출(以次引出)○찬자(贊者)○알자(謁者)○찬인(贊引)○취배위(就拜位)○사배이출(四拜而出)○전사관(典祀官)○릉사(陵司)○각솔기속(各帥其屬)○철례찬(徹禮饌)○대축(大祝)○봉축판(捧祝版)○예어감(瘞於坎)○약왕후동릉(若王后同陵)○칙설왕후신좌어대왕령좌지동(則設王后神座於大王靈座之東)○가잔삼어존소(加盞三於尊所)○각설례찬(各設禮饌)○헌관(獻官)○삼헌부잔(三獻副盞)○내상재선(內喪在先)○칙헌관(則獻官)○제집사(諸執事)○십일련월후(十一練月後)○제잉쇠복(祭仍衰服)○십삼월상후(十三月祥後)○제복천담복(祭服淺淡服)○십오월담후(十五月禫後)○제복제복(祭服祭服)

친향산릉의(親享山陵儀)

재계(齊戒)○견서례(見序例)○전발일일(前發一日)○전교서관(典校署官)○이축문봉진(以祝文捧進)○근시(近侍)○전봉이진전하서흘(傳捧以進殿下署訖)○근시봉출(近侍捧出)○부전교서관(付典校署官)○충찬위(忠贊衛)○괘축문급향합(卦祝文及香合)○가전봉행(駕前捧行)○약릉소요격(若陵所遙隔)○경숙이상(經宿以上)○칙전발이일(則前發二日)○견대신고종묘(遣大臣告宗廟)○여상의(如常儀)○전설사(典設司)○설대차어릉소근지남향(設大次於陵所近地南向)○소차어릉실지측동남서향(小次於陵室之側東南西向)○릉사(陵司)○수기속(帥其屬)○소제릉실내외(掃除陵室內外)○집례(執禮)○설전하욕위어동계동남서향(設殿下褥位於東階東南西向)○설아헌관(設亞獻官)○종헌관위어욕위지후근남서향북상(終獻官位於褥位之後近南西向北上)○설제집사위어헌관지후초남서향북상(設諸執事位於獻官之後稍南西向北上)○설관세어집사위후동남(設盥洗於執事位後東南)○수지지의(隨地之宜)○헌관(獻官)○제집사(諸執事)○림시관수(臨時盥手)○입취위(入就位)○집례위어집사지남서향(執禮位於執事之南西向)○찬자(贊者)○알자(謁者)○찬인(贊引)○재남차퇴북상(在南差退北上)○감찰위어집례동남서향(監察位於執禮東南西向)○배제군관위어신도동서근남(陪祭群官位於神道東西近南)○문관재동(文官在東)○종친급무관재서(宗親及武官在西)○구매등이위(俱每等異位)○중행북향(重行北向)○상대위수(相對爲首)○종친(宗親)○별설위어여상(別設位如常)

기일(其日)○릉사(陵司)○설령좌어릉실북호내남향(設靈座於陵室北戶內南向)○전사관(典祀官)○릉사(陵司)○각솔기속입(各帥其屬入)○전축판어령좌지우(奠祝版於靈座之右)○유점(有坫)○설향로(設香爐)○향합병촉어령좌전(香合幷燭於靈座前)○차설례찬(次設禮饌)○견서례(見序例)○설존어호외지좌(設尊於戶外之左)○치잔삼어준소(置盞三於尊所)○병조(兵曹)○륵제위(勒諸衛)○진장위어홍례문외(陳仗衛於弘禮門外)○종친(宗親)○문(文)○무응배종관(武應陪從官)○이백의(以白衣)○상후(祥後)○담복(禫服)○구집광화문외(俱集光化門外)○제호위지관급사금(諸護衛之官及司禁)○각구기복(各具器服)○예합외(詣閤外)○사후(伺候)○좌통례(左通禮)○예합외(詣閤外)○부복궤계외판(俯伏跪啓外辦)○전하(殿下)○구백포(具白袍)○상후(祥後)○담복(禫服)○출궁(出宮)○산선(繖扇)○장위(仗衛)○도종여상의(導從如常儀)○전하(殿下)○지릉소(至陵所)○입대차(入大次)○산선(繖扇)○시위여상의(侍衛如常儀)○약릉소요격(若陵所遙隔)○칙전일일(則前一日)○지행궁제숙(至行宮齊宿)

전일각(前一刻)○아헌관이하급배제군관(亞獻官以下及陪祭群官)○개복최복(改服衰服)○련후(練後)○구련복(具練服)○상후(祥後)○구담복(具禫服)○내상(內喪)○칙련후(則練後)○복천담복(服淺淡服)○집례(執禮)○수찬자(帥贊者)○알자(謁者)○찬인(贊引)○선입정(先入庭)○중행북향서상(重行北向西上)○사배흘취위(四拜訖就位)○찬인(贊引)○인감찰급전사관(引監察及典祀官)○대축(大祝)○축사(祝史)○재랑(齊郎)○입정(入庭)○중행북향서상(重行北向西上)○집례왈(執禮曰)○사배(四拜)○찬자창(贊者唱)○국궁사배흥평신(鞠躬四拜興平身)○범집례유辭(凡執禮有辭)○찬자개전창(贊者皆傳唱)○감찰급전사관이하(監察及典祀官以下)○국궁사배흥평신(鞠躬四拜興平身)○찬인(贊引)○인감찰급전사관이하(引監察及典祀官以下)○각취위(各就位)○인의(引儀)○분인종친급문무군관(分引宗親及文武群官)○입취위(入就位)○알자(謁者)○인아헌관(引亞獻官)○종헌관(終獻官)○입취위(入就位)○좌통례(左通禮)○진당대차전(進當大次前)○부복궤(俯伏跪)○계청출차(啓請出次)○전하(殿下)○구최복(具衰服)○련후(練後)○구련복(具練服)○상후(祥後)○구담복(具禫服)○승여이출(乘輿以出)○산선(繖扇)○장위(仗衛)○정어대차전(停於大次前)

○좌(左)○우통례(右通禮)○전도(前導)○지신문외(至神門外)○강여(降輿)○시위부응입자(侍衛不應入者)○지어문외(止於門外)○전하(殿下)○입소차(入小次)○전사관(典祀官)○릉사(陵司)○진선흘(進膳訖)○좌통례(左通禮)○궤계청행례(跪啓請行禮)○전하(殿下)○관수(盥手)○장출(杖出)○찬례(贊禮)○도전하(導殿下)○입취위(入就位)○근시종입(近侍從入)○집례왈(執禮曰)○곡(哭)○련후무곡(練後無哭)○후방차(後倣此)○찬례(贊禮)○부복궤(俯伏跪)○계청궤부복곡(啓請跪俯伏哭)○전하(殿下)○궤부복곡(跪俯伏哭)○궤배시(跪拜時)○내시봉장(內侍捧杖)○후방차(後倣此)○아헌관이하재위자동(亞獻官以下在位者同)○찬자역창(贊者亦唱)○집례왈(執禮曰)○지곡사배(止哭四拜)○찬례(贊禮)○계청지곡흥사배흥평신(啓請止哭興四拜興平身)○전하(殿下)○지곡흥사배흥평신(止哭興四拜興平身)○아헌관이하재위자동(亞獻官以下在位者同)○찬자역창(贊者亦唱)○선배자부배(先拜者不拜)

집례왈(執禮曰)○찬례도전하행초헌례(贊禮導殿下行初獻禮)○찬례(贊禮)○도전하(導殿下)○승자동계(陞自東階)○예준소(詣尊所)○서향립(西向立)○근시일인(近侍一人)○작주(酌酒)○일인(一人)○이잔수주(以盞受酒)○찬례(贊禮)○도전하(導殿下)○입예령좌전(入詣靈座前)○북향립(北向立)○찬례(贊禮)○부복궤(俯伏跪)○계청궤(啓請跪)○전하궤(殿下跪)○아헌관이하재위자동(亞獻官以下在位者同)○찬자역창(贊者亦唱)○근시일인(近侍一人)○봉향합(捧香合)○일인(一人)○봉향로(捧香爐)○궤진(跪進)○찬례(贊禮)○계청삼상향(啓請三上香)○근시(近侍)○전로우안(奠爐于案)○진향(進香)○재동서향(在東西向)○전로(奠爐)○재서동향(在西東向)○진잔(進盞)○전잔준차(奠盞准此)○근시(近侍)○이잔궤진(以盞跪進)○찬례(贊禮)○계청집잔헌잔(啓請執盞獻盞)○이잔수근시(以盞授近侍)○전우령좌전(奠于靈座前)○찬례(贊禮)○계청부복흥소퇴북향궤(啓請俯伏興少退北向跪)○대축(大祝)○진령좌지우(進靈座之右)○동향궤(東向跪)○독축문흘(讀祝文訖)○찬례(贊禮)○계청부복흥평신(啓請俯伏興平身)○전하(殿下)○부복흥평신(俯伏興平身)○아헌관이하재위자동(亞獻官以下在位者同)○찬자역창(贊者亦唱)○찬례(贊禮)○도전하(導殿下)○출호(出戶)○강복위(降復位)

집례왈(執禮曰)○행아헌례(行亞獻禮)○알자(謁者)○인아헌관(引亞獻官)○승자동계(陞自東階)○예준소(詣尊所)○서향립(西向立)○집준자(執尊者)○작주(酌酒)○집사자(執事者)○이잔수주(以盞受酒)○알자(謁者)○인아헌관(引亞獻官)○입예령좌전(入詣靈座前)○북향립(北向立)○찬궤(贊跪)○집사자(執事者)○이잔수아헌관(以盞授亞獻官)○아헌관(亞獻官)○집잔헌잔(執盞獻盞)○이잔수집사자(以盞授執事者)○전우령좌전(奠于靈座前)○알자(謁者)○찬부복흥평신(贊俯伏興平身)○인아헌관(引亞獻官)○출호(出戶)○강복위(降復位)집례왈(執禮曰)○행종헌례(行終獻禮)○알자(謁者)○인종헌관(引終獻官)○행례(行禮)○병여아헌의흘(竝如亞獻儀訖)○인강복위(引降復位)○집례왈(執禮曰)○곡(哭)○찬례(贊禮)○부복궤(俯伏跪)○계청궤부복곡(啓請跪俯伏哭)○전하(殿下)○궤부복곡진애(跪俯伏哭盡哀)○아헌관이하재위자동(亞獻官以下在位者同)○찬자역창(贊者亦唱)○집례왈(執禮曰)○지곡사배(止哭四拜)○찬례(贊禮)○계청지곡흥사배흥평신(啓請止哭興四拜興平身)○전하(殿下)○지곡흥사배흥평신(止哭興四拜興平身)○아헌관이하재위자동(亞獻官以下在位者同)○찬자역창(贊者亦唱)○찬례(贊禮)○도전하(導殿下)○환소차(還小次)○알자(謁者)○인아헌관(引亞獻官)○종헌관출(終獻官出)○인의(引儀)○인종친급문무군관출(引宗親及文武群官出)○찬인(贊引)○인감찰급전사관이하(引監察及典祀官以下)○구복배위(俱復拜位)○집례왈(執禮曰)○사배(四拜)○감찰급전사관이하(監察及典祀官以下)○국궁사배흥평신(鞠躬四拜興平身)○찬인(贊引)○이차인출(以次引出)○집례(執禮)○솔찬자(帥贊者)○알자(謁者)○찬인(贊引)○취배위(就拜位)○사배이출(四拜而出)○좌통례(左通禮)○궤계청출차(跪啓請出次)○좌(左)○우통례(右通禮)○도전하(導殿下)○환대차(還大次)○개복백포(改服白袍)○산선(繖扇)○시위여상의(侍衛如常儀)○전사관(典祀官)○릉사(陵司)○각솔기속(各帥其屬)○철례찬(徹禮饌)○대축(大祝)○봉축판(捧祝版)○예어감(瘞於坎)○전하환궁(殿下還宮)○장위(仗衛)○도종여래의(導從如來儀)○왕후동릉(王后同陵)○칙릉사(則陵司)○설왕후신좌어령좌지동(設王后神座於靈座之東)○전사관(典祀官)○가잔삼어존소(加盞三於尊所)○각설례찬(各設禮饌)○전하(殿下)○어왕후전(於王后前)○헌부잔(獻副盞)○아(亞)○종헌관(從獻官)○역헌부잔(亦獻副盞)○약내상재선이왕세자행제(若內喪在先而王世子行祭)○칙제계여의(則齊戒如儀)○견서례(見序例)○집례(執禮)○설왕세자위어릉실동남서향(設王世子位於陵室東南西向)○왕세자(王世子)○십일월련후(十一月練後)○구련복(具練服)○십삼월상후(十三月祥後)○구담복(具禫服)○십오월담후지재기(十五月禫後至再期)○구무양적색흑원령의(具無揚赤色黑圓領衣)○오사모(烏紗帽)○흑각대(黑角帶)○봉례(奉禮)○찬청행례(贊請行禮)○왕세자(王世子)○예령좌전(詣靈座前)○북향궤(北向跪)○아헌관이하재위자(亞獻官以下在位者)○부궤(不跪)○종관(從官)○작주(酌酒)○봉향전로(捧香奠爐)○진잔전잔(進盞奠盞)○아헌관이하제집사(亞獻官以下諸執事)○련후(練後)○잉쇠복(仍衰服)○상후(祥後)○복천담복(服淺淡服)○군관(群官)○무배제(無陪祭)

영사시제급조부의(迎賜諡祭及弔賻儀)

전삼일(前三日)○예조(禮曹)○선섭내외(宣攝內外)○각공기직(各供其職)

전일일(前一日)○전설사(典設司)○설장전어모화관서북남향(設帳殿於慕華館西北南向)○결채(結綵)○유사(攸司)○립홍문어장전지북(立紅門於帳殿之北)○결채(結綵)○우어숭례문급대평관문(又於崇禮門及大平館門)○결채(結綵)○액정서(掖庭署)○설궐정어대평관청정중남향(設闕庭於大平館廳正中南向)○설고명(設誥命)○제문급부물안어궐정지전(祭文及賻物案於闕庭之前)○고명안재동(誥命案在東)○차제문안(次祭文案)○부물안재서(賻物案在西)○설향안어기남(設香案於其南)○설사자위어향안지동서향(設使者位於香案之東西向)○설전하립위어서계하근북북향(設殿下立位於西階下近北北向)○대고명(待誥命)○제문(祭文)○부물승청(賻物陞廳)○설배위어정중북향(設拜位於庭中北向)○전설사(典設司)○설소차어립위지서(設小次於立位之西)○우설악차어정지서(又設幄次於庭之西)○구남향(俱南向)○장악원(掌樂院)○전헌현어정지남북향(展軒懸於庭之南北向)○진이부작(陳而不作)○설협률랑거휘위어서계상근서동향(設協律郎擧麾位於西階上近西東向)○전의(典儀)○설종친(設宗親)○문무백관급감찰(文武百官及監察)○집사관위어정(執事官位於庭)○병여상(並如常)○전설사(典設司)○설전하악차어모화관남향(設殿下幄次於慕華館南向)○병조정랑(兵曹正郎)○설황옥룡정이어장전정중남향(設黃屋龍亭二於帳殿正中南向)○고명룡정재동(誥命龍亭在東)○차제문룡정(次祭文龍亭)○부물여담재서(賻物昇擔在西)○향정재기남(香亭在其南)○액정서(掖庭署)○설전하지영위어장전지서근북동향(設殿下祗迎位於帳殿之西近北東向)○인의(引儀)○설종친급문무백관위어장전지남동서상향북상(設宗親及文武百官位於帳殿之南東西相向北上)○문관재동(文官在東)○종친급무관재서(宗親及武官在西)

기일(其日)○병조정랑(兵曹正郎)○비김고(備金鼓)○황의장(黃儀仗)○전악(典樂)○비고악(備鼓樂)○개진렬어장전전(皆陳列於帳殿前)○사후영인(伺候迎引)

고초엄(鼓初嚴)○병조(兵曹)○륵제위(勒諸衛)○열군사(列軍士)○기대가로부(其大駕鹵簿)○선진어모화관전(先陳於慕華館前)○사복사정(司僕寺正)○진여(陳輿)○련(輦)○어마(御馬)○병어홍례문외분립여식(並於弘禮門外分立如式)○종친급문무백관(宗親及文武百官)○구집조방(俱集朝房)

고이엄(鼓二嚴)○제위(諸衛)○각독기대입진어근정전정(各督其隊入陳於勤政殿庭)○사복사정(司僕寺正)○진련(進輦)○소련(素輦)○어근정문외(於勤政門外)○진여어사정전합외(進輿於思政殿閤外)○구남향(俱南向)○종친급문무백관(宗親及文武百官)○이백의(以白衣)○오사모(烏紗帽)○흑각대(黑角帶)○백피화(白皮靴)○졸곡전(卒哭前)○칙쇠복(則衰服)○취광화문외시립위동서상향북상(就光化門外侍立位東西相向北上)○문관재동(文官在東)○종친급무관재서(宗親及武官在西)○시신(侍臣)○취계하(就階下)○분좌우립(分左右立)○봉영(奉迎)○제호위지관급사금(諸護衛之官及司禁)○각구기복(各具器服)○상서원관(尙瑞院官)○봉보(捧寶)○구예사정전합외(俱詣思政殿閤外)○사후(伺候)○좌통례(左通禮)○예합외(詣閤外)○부복궤(俯伏跪)○계청중엄(啓請中嚴)

고삼엄(鼓三嚴)○종성지(鍾聲止)○벽내외문(闢內外門)○좌통례(左通禮)○부복궤계외판(俯伏跪啓外辦)○전하(殿下)○구익선관(具翼善冠)○백포(白袍)○오서대(烏犀帶)○백피화(白皮靴)○졸곡전(卒哭前)○칙쇠복(則衰服)○승여이출(乘輿以出)○산선(繖扇)○과이백면포(裹以白綿布)○시위여상의(侍衛如常儀)○좌(左)○우통례(右通禮)○전도(前導)○시신(侍臣)○협시련전여상(夾侍輦前如常)○상서원관(尙瑞院官)○봉보전행(捧寶前行)○대승련이보재마(待乘輦以寶載馬)○지근정문외(至勤政門外)○좌통례(左通禮)○진당여전(進當輿前)○부복궤(俯伏跪)○계청강여승련(啓請降輿乘輦)○부복흥퇴복위(俯伏興退復位)○범여(凡輿)○련승강(輦陞降)○좌통례(左通禮)○개진전부복궤(皆進前俯伏跪)○계청(啓請)○전하(殿下)○강여승련(降輿乘輦)○좌통례(左通禮)○계청가진발(啓請駕進發)○부복흥(俯伏興)○가동(駕動)○좌(左)○우통례(右通禮)○협인이출(夾引以出)○찬의이인(贊儀二人)○재통례지전(在通禮之前)○장위(仗衛)○도종여상의(導從如常儀)○가지광화문외시신상마소(駕至光化門外侍臣上馬所)○좌통례(左通禮)○부복궤(俯伏跪)○계청가소주교시신상마(啓請駕小駐教侍臣上馬)○퇴(退)○칭시신상마(稱侍臣上馬)○찬의(贊儀)○전창(傳唱)○제시위지관(諸侍衛之官)○각독기속(各督其屬)○좌우익가(左右翊駕)○시신상마필(侍臣上馬畢)○좌통례(左通禮)○계청가진발(啓請駕進發)○부복흥퇴(俯伏興退)○가동(駕動)○종친급문무백관(宗親及文武百官)○국궁(鞠躬)○과즉평신(過則平身)○이차시위(以次侍衛)○가장지모화관시신하마소(駕將至慕華館侍臣下馬所)○좌통례(左通禮)○계청가소주(啓請駕小駐)○시신(侍臣)○하마분립(下馬分立)○좌통례(左通禮)○계청가진발(啓請駕進發)○가동(駕動)○시신(侍臣)○국궁(鞠躬)○과즉평신(過則平身)○가지남문외(駕至南門外)○좌통례(左通禮)○진당련전(進當輦前)○계청강련승여(啓請降輦乘輿)○전하(殿下)○강련승여이입(降輦乘輿以入)○산선(繖扇)○시위여상의(侍衛如常儀)○좌(左)○우통례(右通禮)○전도(前導)○지악차(至幄次)○시신(侍臣)○종지남문외(從至南門外)○내퇴(乃退)○종친(宗親)○문무백관(文武百官)○개취차(皆就次)○설차수지지의(設次隨地之宜)○사자장지(使者將至)○좌통례(左通禮)○계청중엄(啓請中嚴)○전하(殿下)○구면복(具冕服)○미수고명(未受誥命)○칙아청원령포(則鵶青圓領袍)○익선관(翼善冠)○청정소왕대(青鞓素王帶)○종친급문무백관(宗親及文武百官)○구조복(具朝服)○인의(引儀)○분인종친급문무백관(分引宗親及文武百官)○구취지영위(俱就祗迎位)○좌통례(左通禮)○부복궤(俯伏跪)○계청출차(啓請出次)○좌(左)○우통례(右通禮)○도전하출(導殿下出)○취지영위(就祗迎位)○좌(左)○우통례(右通禮)○부복어좌(俯伏於左)○우(右)○홍산(紅繖)○청선(青扇)○진어후(陳於後)○고명(誥命)○제문지(祭文至)○좌통례(左通禮)○부복궤(俯伏跪)○계청국궁(啓請鞠躬)○전하(殿下)○국궁영(鞠躬迎)○종친급문무백관동(宗親及文武百官同)○사자(使者)○봉고명급제문(捧誥命及祭文)○각치룡정중(各置龍亭中)○부물여담자(賻物舁擔者)○립어장전전(立於帳殿前)○좌통례(左通禮)○계청평신(啓請平身)○전하평신(殿下平身)○종친급문무백관동(宗親及文武百官同)○용정(龍亭)○출상로(出上路)○사향이인(司香二人)○공복(公服)○협시(夾侍)○향정속상향(香亭續上香)○룡정(龍亭)○남향소주(南向小駐)○김고재전(金鼓在前)○차기대(次騎隊)○차종친급문무백관(次宗親及文武百官)○승마행(乘馬行)○차대가로부(次大駕鹵簿)○차전하승련행(次殿下乘輦行)○용대련과이흑면포(用大輦裹以黑綿布)○차황의장(次黃儀仗)○고악(鼓樂)○차향정(次香亭)○차고명(次誥命)○제문룡정(祭文龍亭)○차부물여담(次賻物舁擔)○차사자승마행영(次使者乘馬行迎)○지대평관(至大平館)○구하마(俱下馬)○인의(引儀)○분인종친급문무백관(分引宗親及文武百官)○유서문입(由西門入)○취위(就位)○군사(軍士)○입진여상(入陳如常)○좌통례(左通禮)○도전하(導殿下)○유동문입(由東門入)○취서계하위(就西階下位)○여(輿)○련급마(輦及馬)○로부(鹵簿)○정어문외(停於門外)○산선(繖扇)○입진어소차지전(入陳於小次之前)○황의장(黃儀仗)○고악지어문외(鼓樂止於門外)○입진어궐정전(入陳於闕庭前)○산거중선분좌우(繖居中扇分左右)○여개(餘皆)○렬어계상동서(列於階上東西)○고명(誥命)○제문룡정급(祭文龍亭及)○부물여담(賻物舁擔)○유정문입(由正門入)○사자종입(使者從入)○좌통례(左通禮)○부복궤(俯伏跪)○계청국궁(啓請鞠躬)○전하(殿下)○동향국궁(東向鞠躬)○과즉계청평신(過則啓請平身)○전하(殿下)○평신북향립(平身北向立)○종친급문무백관동(宗親及文武百官同)○유문관(唯文官)○서향국궁(西向鞠躬)○룡정(龍亭)○기승(旣陞)○좌통례(左通禮)○도전하(導殿下)○입소차(入小次)○사자(使者)○봉고명(捧誥命)○제문(祭文)○부물(賻物)○각치어안(各置於案)○인례(引禮)○인사자취위(引使者就位)○좌통례(左通禮)○부복궤(俯伏跪)○계청출차(啓請出次)○도전하(導殿下)○취배위(就拜位)○사향이인(司香二人)○진향안전궤(進香案前跪)○삼상향(三上香)○부복흥퇴(俯伏興退)○전의왈(典儀曰)○사배(四拜)○좌통례(左通禮)○부복궤(俯伏跪)○계청국궁사배흥평신(啓請鞠躬四拜興平身)○전하(殿下)○국궁사배흥평신(鞠躬四拜興平身)○종친급문무백관동(宗親及文武百官同)○찬의역창(贊儀亦唱)○범찬의창창(凡贊儀贊唱)○개승전의지사(皆承典儀之辭)○좌통례(左通禮)○계례필(啓禮畢)○찬의역창(贊儀亦唱)○좌통례(左通禮)○도전하(導殿下)○취악차(就幄次)○석면복(釋冕服)○구백포(具白袍)○졸곡전(卒哭前)○칙쇠복(則衰服)○인례(引禮)○인사자출(引使者出)○취이방(就耳房)○인의(引儀)○인종친급문무백관출(引宗親及文武百官出)○석조복(釋朝服)○착백의(着白衣)○졸곡전(卒哭前)○칙최복(則衰服)○액정서(掖庭署)○철궐정급안(徹闕庭及案)○설사자좌재동(設使者座在東)○오칠교의(烏漆交倚)○설전하좌재서(設殿下座在西)○교의(交倚)○과이백면포(裹以白綿布)○인의(引儀)○인사자(引使者)○승청(陞廳)○취배위(就拜位)○액정서(掖庭署)○림시설욕석(臨時設褥席)○전하배위동(殿下拜位同)○서향립(西向立)○좌(左)○우통례(右通禮)○도전하(導殿下)○승취배위(陞就拜位)○동향립(東向立)○좌통례(左通禮)○부복궤(俯伏跪)○계청국궁재배흥평신(啓請鞠躬再拜興平身)○전하여사자(殿下與使者)○국궁재배흥평신(鞠躬再拜興平身)○취좌(就座)○철욕석(徹褥席)○행다례필(行茶禮畢)○졸곡전(卒哭前)○칙이쇠복(則以衰服)○행상회례(行相會禮)○제다례(除茶禮)○좌(左)○우통례(右通禮)○도전하(導殿下)○유서문출(由西門出)○인례(引禮)○인사자(引使者)○유동문출(由東門出)○송우문외(送于門外)○전하환궁(殿下還宮)○시위여상의(侍衛如常儀)○종친(宗親)○문무백관(文武百官)○분사시위(分司侍衛)○종친급문무백관(宗親及文武百官)○이차취사자전(以次就使者前)○행례여상(行禮如常)

사부의(賜賻儀)

전일일(前一日)○전설사(典設司)○설장전어경복궁홍례문외지동남향(設帳殿於景福宮弘禮門外之

東南向)○설사자차어장전지남근동서향(設使者次於帳殿之南近東西向)○액정서(掖庭署)○설궐정어근정전정중남향(設闕庭於勤政殿正中南向)○부물안어궐정지전(賻物案於闕庭之前)○유칙서(有勅書)○칙안재부물안지동(則案在賻物案之東)○향안어부물안지남(香案於賻物案之南)○사자위어부물안지동서향(使者位於賻物案之東西向)○설전하수조위어향안지전북향(設殿下受弔位於香案之前北向)○림시(臨時)○설욕석(設褥席)○우설전하곡위어서계하동향(又設殿下哭位於西階下東向)○대부물승전(待賻物陛殿)○내설배위어중도북향(乃設拜位於中道北向)○상침(尙寢)○설왕비곡위어전북만하(設王妃哭位於殿北幔下)○전의(典儀)○설종친(設宗親)○문무백관급집사관위어전정여상(文武百官及執事官位於殿庭如常)

기일(其日)○종친급문무백관(宗親及文武百官)○구집조당(俱集朝堂)○복최복(服衰服)○문무백관(文武百官)○분사(分司)○예대평관(詣大平館)○사자(使者)○이부물치어채여(以賻物置於綵輿)○유칙서(有勅書)○칙치어룡정(則置於龍亭)○문무백관(文武百官)○구조복(具朝服)○승마전도(乘馬前導)○지궁문외(至宮門外)○역복쇠복(易服衰服)○입반(入班)○차황의장(次黃儀仗)○차부물여(次賻物輿)○차사자승마행(次使者乘馬行)○사자장지(使者將至)○전의이하(典儀以下)○선입취위(先入就位)○인의(引儀)○분인종친급문무백관(分引宗親及文武百官)○입취위(入就位)○사자(使者)○지홍례문외(至弘禮門外)○부물여(賻物輿)○안어장전(安於帳殿)○인례(引禮)○인사자입차(引使者入次)○사자(使者)○착백의(着白衣)○인례(引禮)○역백의(亦白衣)○전하(殿下)○복최복이출(服衰服以出)○좌(左)○우통례(右通禮)○도전하(導殿下)○장입취곡위립(杖入就哭位立)○좌통례(左通禮)○부복궤(俯伏跪)○계청곡(啓請哭)○전하곡(殿下哭)○종친급백관동(宗親及百官同)○찬의역창(贊儀亦唱)○궁인(宮人)○대곡어만하(代哭於幔下)○범찬의찬창(凡贊依贊唱)○개승전의지사(皆承典儀之辭)○좌통례(左通禮)○계청거장면질(啓請去杖免絰)○전하(殿下)○거장면질(去杖免絰)○내시승봉(內侍承捧)○좌통례(左通禮)○도전하(導殿下)○출근정문(出勤政門)○좌통례(左通禮)○부복궤(俯伏跪)○계청지곡(啓請止哭)○전하지곡(殿下止哭)○종친급문무백관지곡(宗親及文武百官止哭)○찬의역창(贊儀亦唱)○궁인(宮人)○역지곡(亦止哭)○전하(殿下)○영어홍례문외지서(迎於弘禮門外之西)○동향립(東向立)○인례(引禮)○인사자(引使者)○출차서향립(出次西向立)○좌(左)○우통례(右通禮)○도전하(導殿下)○유서문선입(由西門先入)○취서계하위(就西階下位)○부물여(賻物輿)○유정문입(由正門入)○사자종입(使者從入)○좌통례(左通禮)○부복궤(俯伏跪)○계청국궁(啓請鞠躬)○전하(殿下)○동향국궁(東向鞠躬)○과즉계청평신(過則啓請平身)○전하(殿下)○평신북향립(平身北向立)○종친급문무백관동(宗親及文武百官同)○유문관(唯文官)○서향국궁(西向鞠躬)○부물여승전(賻物輿陛殿)○사자(使者)○봉부물(捧賻物)○치어안(置於案)○유칙서(有勅書)○칙치어별안(則置於別案)○인례(引禮)○인사자취위(引使者就位)○좌(左)○우통례(右通禮)○도전하(導殿下)○취배위(就拜位)○산선(繖扇)○정어립위지후(停於立位之後)○전의왈(典儀曰)○사배(四拜)○좌통례(左通禮)○부복궤(俯伏跪)○계청국궁사배흥평신(啓請鞠躬四拜興平身)○전하(殿下)○국궁사배흥평신(鞠躬四拜興平身)○종친급문무백관동(宗親及文武百官同)○찬의역창(贊儀亦唱)○좌통례(左通禮)○궤계청궤(跪啓請跪)○전하궤(殿下跪)○종친급문무백관동(宗親及文武百官同)○찬의역창(贊儀亦唱)○사향이인(司香二人)○쇠복(衰服)○진향안전궤(進香案前跪)○삼상향(三上香)○부복흥퇴(俯伏興退)○좌통례(左通禮)○계청부복흥평신(啓請俯伏興平身)○전하(殿下)○부복흥평신(俯伏興平身)○종친급문무백관동(宗親及文武百官同)○찬의역창(贊儀亦唱)○좌(左)○우통례(右通禮)○도전하(導殿下)○유서계승(由西階陛)○예수조위(詣受弔位)○사자(使者)○칭유제(稱有制)○좌통례(左通禮)○부복궤(俯伏跪)○계청궤(啓請跪)○전하궤(殿下跪)○종친급문무백관동(宗親及文武百官同)○찬의역창(贊儀亦唱)○사자(使者)○선제왈(宣制曰)○조부(弔賻)○약유칙서(若有勅書)○즉사자(則使者)○부칭사부(不稱賜賻)○이이칙서서향수전하(以以勅書西向授殿下)○전하(殿下)○수즉서람흘(受卽書覽訖)○수근시(授近侍)○환치어안(還置於案)○선흘(宣訖)○좌통례(左通禮)○계청부복고두곡(啓請俯伏叩頭哭)○전하(殿下)○부복고두곡진애(俯伏叩頭哭盡哀)○종친급문무백관동(宗親及文武百官同)○찬의역창(贊儀亦唱)○궁인역곡(宮人亦哭)○좌통례(左通禮)○계청지곡흥평신(啓請止哭興平身)○전하(殿下)○지곡흥평신(止哭興平身)○종친급문무백관동(宗親及文武百官同)○찬의역창(贊儀亦唱)○궁인역지곡(宮人亦止哭)○좌통례(左通禮)○도전하(導殿下)○강복위(降復位)○약무조급칙서(若無弔及勅書)○칙무승전급고두곡례(則無陛殿及叩頭哭禮)○좌통례(左通禮)○부복궤(俯伏跪)○계청국궁사배흥평신(啓請鞠躬四拜興平身)○전하(殿下)○국궁사배흥평신(鞠躬四拜興平身)○종친급문무백관동(宗親及文武百官同)○찬의역창(贊儀亦唱)○좌통례(左通禮)○계례필(啓禮畢)○찬의역창(贊儀亦唱)○좌통례(左通禮)○계청곡(啓請哭)○전하곡(殿下哭)○종친급문무백관동(宗親及文武百官同)○찬의역창(贊儀亦唱)○궁인역곡(宮人亦哭)○집사자(執事者)○취부물(取賻物)○성어함이입(盛於函以入)○좌통례(左通禮)○도전하(導殿下)○권취서계하(權就西階下)○좌통례(左通禮)○부복궤(俯伏跪)○계청지곡(啓請止哭)○전하지곡(殿下止哭)○액정서(掖庭署)○철배위욕석(徹拜位褥席)○종친급문무백관동(宗親及文武百

武百官同)○찬의역창(贊儀亦唱)○궁인역지곡(宮人亦止哭)○인례(引禮)○인사자(引使者)○유동문출(由東門出)○좌통례(左通禮)○도전하(導殿下)○유서문출(由西門出)○배송우홍례문외(拜送于弘禮門外)○전하(殿下)○질장곡이입(絰杖哭而入)○종친급문무백관(宗親及文武百官)○개곡(皆哭)○찬의역창(贊儀亦唱)○궁인역곡(宮人亦哭)○전하(殿下)○환내지곡(還內止哭)○종친급문무백관(宗親及文武百官)○지곡(止哭)○찬의역창(贊儀亦唱)○궁인역지곡(宮人亦止哭)○인의(引儀)○분인종친급문무백관(分引宗親及文武百官)○이차출(以次出)

사시의(賜諡儀)

○사부후(賜賻後)○택길행(擇吉行)

전일일(前一日)○전설사(典設司)○설장전어혼전대문외지동남향(設帳殿於魂殿大門外之東南向)○설사자차어장전지남근동서향(設使者次於帳殿之南近東西向)○액정서(掖庭署)○설고명안어령좌지동북남향(設誥命案於靈座之東北南向)○설사자위어고명안지동서향(設使者位於誥命案之東西向)○설전하대수위어고명안지전북향(設殿下代受位於誥命案之前北向)○우설립위어서계하북향(又設立位於西階下北向)○대고명승전(待誥命陞殿)○내설배위어중도북향(乃設拜位於中道北向)○전의(典儀)○설집사관위어동계하근서서향북상(設執事官位於東階下近西西向北上)○설종친급문무백관(設宗親及文武百官)○감찰위어외정(監察位於外庭)병여상(並如常)

기일(其日)○전하(殿下)○이익선관(以翼善冠)○백포(白袍)○오서대(烏犀帶)○백피화(白皮靴)○졸곡전(卒哭前)○칙쇠복(則衰服)○수종친급문무백관(帥宗親及文武百官)○백의(白衣)○오사모(烏紗帽)○흑각대(黑角帶)○선예혼전(先詣魂殿)○전하(殿下)○입제전(入齊殿)○개복최복(改服衰服)○종친급문무백관(宗親及文武百官)○각지차(各之次)○개복최복(改服衰服)○대축급전의(大祝及典儀)○찬의(贊儀)○인의(引儀)○선입전정(先入殿庭)○중행북향서상(重行北向西上)○사배흘(四拜訖)○각취위(各就位)○인의(引儀)○분인종친급문무백관(分引宗親及文武百官)○입취위(入就位)○찬례(贊禮)○도전하(導殿下)○장입취동계동남(杖入就東階東南)○서향립(西向立)○액정서(掖庭署)○설욕위(設褥位)○전의왈(典儀曰)○곡(哭)○찬례(贊禮)○부복궤(俯伏跪)○계청궤부복곡(啓請跪俯伏哭)○전하(殿下)○궤부복곡(跪俯伏哭)○궤배시(跪拜時)○내시봉장(內侍捧杖)○후방차(後倣此)○종친급문무백관동(宗親及文武百官同)○찬의역창(贊儀亦唱)○범찬의찬창(凡贊儀贊唱)○개승전의지사(皆承典儀之辭)○전의왈(典儀曰)○지곡사배(止哭四拜)○찬례(贊禮)○계청지곡흥사배흥평신(啓請止哭興四拜興平身)○전하(殿下)○지곡흥사배흥평신(止哭興四拜興平身)○종친급문무백관동(宗親及文武百官同)○찬의역창(贊儀亦唱)○찬례(贊禮)○도전하(導殿下)○권취제전(權就齊殿)○초전하장예혼전(初殿下將詣魂殿)○백관(百官)○분사(分司)○예대평관(詣大平館)○사자(使者)○이고명치룡정중(以誥命置龍亭中)○문(文)○무백관(武百官)○구조복(具朝服)○승마전도(乘馬前導)○지혼전문외(至魂殿門外)○역복쇠복(易服衰服)○입반(入班)○차황의장(次黃儀仗)○고악(鼓樂)○차고명룡정(次誥命龍亭)○차사자승마행(次使者乘馬行)○지혼전문외(至魂殿門外)○고악지문부작(鼓樂至門不作)○룡정(龍亭)○안어장전(安於帳殿)○인례(引禮)○인사자입차(引使者入次)○사자(使者)○착길복(着吉服)○인례(引禮)○역길복(亦吉服)○찬례(贊禮)○도전하(導殿下)○장입취서계하위(杖入就西階下位)○산선(繖扇)○정어문외(停於門外)○대축(大祝)○개궤(開匭)○봉출우주(捧出虞主)○설어좌복이백저건(設於座覆以白紵巾)○설궤어후(設几於後)○찬례(贊禮)○부복궤(俯伏跪)○계청곡(啓請哭)○전하곡(殿下哭)○종친급문무백관동(宗親及文武百官同)○찬의역창(贊儀亦唱)○찬례(贊禮)○계청거장면질(啓請去杖免絰)○전하(殿下)○거장면질(去杖免絰)○내시승봉(內侍承捧)○찬례(贊禮)○도전하(導殿下)○출중문(出中門)○찬례(贊禮)○부복궤(俯伏跪)○계청지곡(啓請止哭)○전하지곡(殿下止哭)○종친급문무백관지곡(宗親及文武百官止哭)○찬의역창(贊儀亦唱)○찬례(贊禮)○도전하(導殿下)○영어대문외지서(迎於大門外之西)○동향립(東向立)○인례(引禮)○인사자(引使者)○출차(出次)○서향립(西向立)○찬례(贊禮)○도전하(導殿下)○유서문선입(由西門先入)○취서계하위(就西階下位)○룡정(龍亭)○유정문입(由正門入)○사자종입(使者從入)○찬례(贊禮)○부복궤(俯伏跪)○계청국궁(啓請鞠躬)○전하(殿下)○동향국궁(東向鞠躬)○과칙계청평신(過則啓請平身)○전하(殿下)○평신북향립(平身北向立)○종친급문무백관동(宗親及文武百官同)○유문관(唯文官)○서향국궁(西向鞠躬)○룡정승전(龍亭陞殿)○사자(使者)○봉고명(捧誥命)○치우안(置于案)○인례(引禮)○인사자취위(引使者就位)○찬례(贊禮)○도전하(導殿下)○취배위(就拜位)○전의왈(典儀曰)○사배(四拜)○찬례

(贊禮)○부복궤(俯伏跪)○계청국궁사배흥평신(啓請鞠躬四拜興平身)○전하(殿下)○국궁사배흥평신(鞠躬四拜興平身)○종친급문무백관동(宗親及文武百官同)○찬의역창(贊儀亦唱)○찬례(贊禮)○도전하(導殿下)○유서계승(由西階陞)○예대수위(詣代受位)○사자(使者)○칭유제(稱有制)○찬례(贊禮)○부복궤(俯伏跪)○계청궤(啓請跪)○전하궤(殿下跪)○종친급문무백관동(宗親及文武百官同)○찬의역창(贊儀亦唱)○사자(使者)○봉고명(捧誥命)○서향수전하(西向授殿下)○전하(殿下)○수고명(受誥命)○이수근시(以授近侍)○치어령좌전(置於靈座前)○유안(有案)○부복흥퇴(俯伏興退)○찬례(贊禮)○계청부복고두흥평신(啓請俯伏叩頭興平身)○전하(殿下)○부복고두흥평신(俯伏叩頭興平身)○종친급문무백관동(宗親及文武百官同)○찬의역창(贊儀亦唱)○찬례(贊禮)○도전하(導殿下)○강복위(降復位)○찬례(贊禮)○부복궤(俯伏跪)○계청국궁사배흥평신(啓請鞠躬四拜興平身)○전하(殿下)○국궁사배흥평신(鞠躬四拜興平身)○종친급문무백관동(宗親及文武百官同)○찬의역창(贊儀亦唱)○찬례(贊禮)○계례필(啓禮畢)○찬의역창(贊儀亦唱)○부복흥(俯伏興)○도전하(導殿下)○권취서계하(權就西階下)○액정서(掖庭署)○철배위욕석(徹拜位褥席)○인례(引禮)○인사자(引使者)○유동문출(由東門出)○찬례(贊禮)○도전하(導殿下)○유서문출(由西門出)○배송우대문지외(拜送于大門之外)○찬례(贊禮)○부복궤(俯伏跪)○계청질장곡(啓請絰杖哭)○전하(殿下)○질장곡이입(絰杖哭而入)○종친급문무백관(宗親及文武百官)○개곡(皆哭)○찬의역창(贊儀亦唱)○전하(殿下)○환제전(還齊殿)○지곡(止哭)○종친급문무백관(宗親及文武百官)○지곡(止哭)○인의(引儀)○분인종친급문무백관(分引宗親及文武百官)○이차출(以次出)○초사자출문(初使者出門)○대축(大祝)○납우주여상(納虞主如常)○집사관(執事官)○구복배위(俱復拜位)○사배이출(四拜而出)

분황의(焚黃儀)

○제계(齊戒)○동졸곡제(同卒哭祭)○증시일(贈諡日)○대사자환관(待使者還館)○내행(乃行)

사사사례필(俟賜諡禮畢)○승문원관(承文院官)○이황지전사고명(以黃紙傳寫誥命)○치어고명함지후(置於誥命函之後)○집례(執禮)○설전하욕위어동계동남서향(設殿下褥位於東階東南西向)○설아헌관(設亞獻官)○종헌관위어전하욕위지후근남서향북상(終獻官位於殿下褥位之後近南西向北上)○대군이하위어중문내지동북향서상(大君以下位於中門內之東北向西上)○집사자위어중문내지서북향동상(執事者位於中門內之西北向東上)○설집례위어동계서남서향(設執禮位於東階西南西向)○찬자(贊者)○알자(謁者)○찬인(贊引)○재남차퇴북상(在南差退北上)○설종친급문무백관감찰위어외정(設宗親及文武百官監察位於外庭)○병여상(並如常)○전사관(典祀官)○전사(殿司)○각수기속입(各帥其屬入)○전축판어령좌지우(奠祝版於靈座之右)○유점(有坫)○진폐비어존소(陳幣篚於尊所)○설향로(設香爐)○향합병촉어령좌전(香合幷燭於靈座前)○차설례찬(次設禮饌)○존뢰(尊罍)○견서례(見序例)○설찬(設瓚)○반일어존소(槃一於尊所)○설세어동계동남북향(設洗於東階東南北向)○관세재동(盥洗在東)○작세재서(爵洗在西)○유반이(有槃匜)○뢰재세동(罍在洗東)○가작(加勺)○비재세서남사(篚在洗西南肆)○실이건(實以巾)○약작세지비(若爵洗之篚)○칙우실이찬일(則又實以瓚一)○작일(爵一)○유점(有坫)○아(亞)○종헌세(終獻洗)○우어동남북향(又於東南北向)○관세재동(盥洗在東)○작세재서(爵洗在西)○뢰재세동(罍在洗東)○가작(加勺)○비재세서남사(篚在洗西南肆)○실이건(實以巾)○약작세지비(若爵洗之篚)○칙우실이작이(則又實以爵二)○유점(有坫)○설제집사관세어아(設諸執事盥洗於亞)○종헌세동남북향(終獻洗東南北向)○집존뢰비멱자위어존뢰비멱지후(執尊罍篚冪者位於尊罍篚冪之後)○설료소어서계상근서(設燎所於西階上近西)○설탁(設卓)○치동로(置銅爐)○집례(執禮)○수찬자(帥贊者)○알자(謁者)○찬인(贊引)○선입취위(先入就位)○찬인(贊引)○인감찰(引監察)○전사관(典祀官)○입취위(入就位)○찬인(贊引)○인대축(引大祝)○축사(祝史)○제랑(齊郎)○입예관세위(入詣盥洗位)○관세흘(盥帨訖)○각취위(各就位)○인의(引儀)○분인종친급문무백관(分引宗親及文武百官)○입취위(入就位)○차인대군이하(次引大君以下)○거장(去杖)○입취위(入就位)○알자(謁者)○인아헌관(引亞獻官)○종헌관(終獻官)○입취위(入就位)○대축(大祝)○개궤(開匱)○봉출우주(捧出虞主)○설어좌(設於座)○복이백저건(覆以白紵巾)○설궤어후(設几於後)○약왕후배(若王后配)○칙궁위령(則宮闈令)○봉출왕후신주(捧出王后神主)○설어좌(設於座)○복이청저건(覆以靑紵巾)○설궤어후(設几於後)○제랑(齊郎)○예작세위(詣爵洗位)○세찬식찬(洗瓚拭瓚)○세작식작흘(洗爵拭爵訖)○치어비(置於篚)○봉예준소(捧詣尊所)○치어점상(置於坫上)○전사관(典祀官)○전사(殿司)○진선흘(進膳訖)○좌통례(左通禮)○진당제전전(進當齊殿前)○부복궤(俯伏跪)○계청행례(啓請行禮)○전하장출(殿下杖出)○찬례(贊禮)○도전하(導殿下)○입취위(入就位)○근시종입(近侍從入)○산선급호위관(繖扇及護衛官)○정어문외(停於門外)○집례왈(執禮曰)○곡(哭)○찬례

(贊禮)○부복궤(俯伏跪)○계청궤부복곡(啓請跪俯伏哭)○전하(殿下)○궤부복곡(跪俯伏哭)○궤배시
(跪拜時)○내시봉장(內侍捧杖)○후방차(後倣此)○아헌관이하재위자동(亞獻官以下在位者同)○찬자역창(贊者亦唱)○
집례왈(執禮曰)○지곡(止哭)○찬례(贊禮)○계청지곡흥평신(啓請止哭興平身)○전하(殿下)○지곡
흥평신(止哭興平身)○아헌관이하재위자동(亞獻官以下在位者同)○찬자역창(贊者亦唱)

집례왈(執禮曰)○행전폐례(行奠幣禮)○찬례(贊禮)○도전하(導殿下)○예관세위(詣盥洗位)○북향
립(北向立)○근시일인궤(近侍一人跪)○취이흥옥수(取匜興沃水)○일인궤(一人跪)○취반승수(取
槃承水)○전하(殿下)○관수(盥手)○근시(近侍)○궤취건어비이진(跪取巾於篚以進)○전하(殿下)○
세수흘(帨手訖)○근시(近侍)○수건전어비(受巾奠於篚)○찬례(贊禮)○도전하(導殿下)○승자동계
(陞自東階)○근시종승(近侍從陞)○예준소(詣尊所)○서향립(西向立)○집준자(執尊者)○거멱(擧冪)○근
시일인(近侍一人)○작울창(酌鬱鬯)○일인(一人)○이찬수울창(以瓚受鬱鬯)○찬례(贊禮)○도전하
(導殿下)○입예령좌전(入詣靈座前)○북향립(北向立)○찬례(贊禮)○부복궤(俯伏跪)○계청궤(啓請
跪)○전하궤(殿下跪)○아헌관이하재위자동(亞獻官以下在位者同)○찬자역창(贊者亦唱)○근시일인(近侍
一人)○봉향합(捧香合)○일인(一人)○봉향로(捧香爐)○궤진(跪進)○찬례(贊禮)○계청삼상향(啓
請三上香)○근시(近侍)○전로우안(奠爐于案)○근시(近侍)○이찬궤진(以瓚跪進)○찬례(贊禮)○계
청집찬관지흘(啓請執瓚灌地訖)○이찬수근시(以瓚授近侍)○근시(近侍)○수이수대축(受以授大祝)
○치어존소(置於尊所)○근시(近侍)○이폐비궤진(以幣篚跪進)○찬례계청(贊禮啓請)○집폐헌폐
(執幣獻幣)○이폐수근시(以幣授近侍)○전우령좌전(奠于靈座前)○진향(進香)○진찬(進瓚)○진폐(進幣)○개재
동서향(皆在東西向)○전로(奠爐)○수찬(受瓚)○전폐(奠幣)○개재서동향(皆在西東向)○진작(進爵)○전작준차(奠爵准此)○찬례(贊
禮)○계청부복흥평신(啓請俯伏興平身)○전하(殿下)○부복흥평신(俯伏興平身)○아헌관이하재위
자동(亞獻官以下在位者同)○찬자역창(贊者亦唱)○찬례(贊禮)○도전하(導殿下)○출호(出戶)○강복위(降
復位)○찬례(贊禮)○도전하(導殿下)○승자동계(陞自東階)○예령좌전(詣靈座前)○북향립(北向立)
○찬례(贊禮)○부복궤(俯伏跪)○계청궤(啓請跪)○전하궤(殿下跪)○아헌관이하재위자동(亞獻官
以下在位者同)○찬자역창(贊者亦唱)○대축(大祝)○취고명(取誥命)○동향궤(東向跪)○독흘(讀訖)○찬
례(贊禮)○계청부복흥평신(啓請俯伏興平身)○전하(殿下)○부복흥평신(俯伏興平身)○아헌관이하
재위자동(亞獻官以下在位者同)○찬자역창(贊者亦唱)○찬례(贊禮)○도전하(導殿下)○출호(出戶)○예존
소(詣尊所)○서향립(西向立)

집례왈(執禮曰)○행초헌례(行初獻禮)○집존자(執尊者)○거멱(擧冪)○근시일인(近侍一人)○작례
제(酌醴齊)○일인(一人)○이작수주(以爵受酒)○찬례(贊禮)○도전하(導殿下)○입예령좌전(入詣靈
座前)○북향립(北向立)○찬례(贊禮)○부복궤(俯伏跪)○계청궤(啓請跪)○전하궤(殿下跪)○아헌관
이하재위자동(亞獻官以下在位者同)○찬자역창(贊者亦唱)○근시(近侍)○이작궤진(以爵跪進)○찬례계청
(贊禮啓請)○집작헌작(執爵獻爵)○이작수근시(以爵授近侍)○전우령좌전(奠于靈座前)○찬례(贊
禮)○계청부복흥소퇴북향궤(啓請俯伏興少退北向跪)○대축(大祝)○진령좌지우(進靈座之右)○동
향궤(東向跪)○독축문흘(讀祝文訖)○찬례(贊禮)○계청부복흥평신(啓請俯伏興平身)○전하(殿下)
○부복흥평신(俯伏興平身)○아헌관이하재위자동(亞獻官以下在位者同)○찬자역창(贊者亦唱)○찬례(贊
禮)○도전하(導殿下)○출호(出戶)○강복위(降復位)

집례왈(執禮曰)○행아헌례(行亞獻禮)○알자(謁者)○인아헌관(引亞獻官)○예관세위(詣盥洗位)○
북향립(北向立)○관세흘(盥帨訖)○알자(謁者)○인아헌관(引亞獻官)○승자동계(陞自東階)○예준
소(詣尊所)○서향립(西向立)○집존자(執尊者)○거멱작앙제(擧冪酌盎齊)○집사자(執事者)○이작
수주(以爵受酒)○알자(謁者)○인아헌관(引亞獻官)○입예령좌전(入詣靈座前)○북향립(北向立)○
찬궤(贊跪)○집사자(執事者)○이작수아헌관(以爵授亞獻官)○아헌관(亞獻官)○집작헌작(執爵獻
爵)○이작수집사자(以爵授執事者)○전우령좌전(奠于靈座前)○알자(謁者)○찬부복흥평신(贊俯伏
興平身)○인강복위(引降復位)

집례왈(執禮曰)○행종헌례(行終獻禮)○알자(謁者)○인종헌관(引終獻官)○행례여아헌의흘(行禮
如亞獻儀訖)○인강복위(引降復位)

집례왈(執禮曰)○분황(焚黃)○대축(大祝)○봉고명(捧誥命)○사본(寫本)○취료소(就燎所)○분흘(焚
訖)○집례왈(執禮曰)○곡(哭)○찬례(贊禮)○부복궤(俯伏跪)○계청궤부복곡(啓請跪俯伏哭)○전하
(殿下)○궤부복곡진애(跪俯伏哭盡哀)○종친급문무백관동(宗親及文武百官同)○찬자역창(贊者亦唱)○집

례왈(執禮曰)○지곡사배(止哭四拜)○찬례(贊禮)○계청지곡흥사배흥평신(啓請止哭興四拜興平身)○전하(殿下)○지곡흥사배흥평신(止哭興四拜興平身)○아헌관이하재위자동(亞獻官以下在位者同)○찬자역창(贊者亦唱)○찬례(贊禮)○계례필(啓禮畢)○부복흥(俯伏興)○도전하(導殿下)○환제전(還齊殿)○약혼전비궁내(若魂殿非宮內)○칙환궁장위(則還宮仗衛)○도종여래의(導從如來儀)○알자(謁者)○인아헌관(引亞獻官)○종헌관출(終獻官出)○인의(引儀)○인대군이하출(引大君以下出)○차분인종친급문무백관출(次分引宗親及文武百官出)○찬인(贊引)○인감찰급전사관이하(引監察及典祀官以下)○구복배위(俱復拜位)○집례왈(執禮曰)○사배(四拜)○찬자창(贊者唱)○국궁사배흥평신(鞠躬四拜興平身)○감찰급전사관이하(監察及典祀官以下)○국궁사배흥평신(鞠躬四拜興平身)○찬인(贊引)○이차인출(以次引出)○대축(大祝)○납우주여상(納虞主如常)○집례(執禮)○솔찬자(帥贊者)○알자(謁者)○찬인(贊引)○취배위(就拜位)○사배이출(四拜而出)○전사관(典祀官)○전사(殿司)○각솔기속(各帥其屬)○철례찬(徹禮饌)○대축(大祝)○봉축폐(捧祝幣)○예어감(瘞於坎)○이고명납우함(以誥命納于函)○장지(藏之)○종친급문무백관(宗親及文武百官)○진제전전(進齊殿前)○서립궤(序立跪)○반수(班首)○진명봉위(進名奉慰)

사제의(賜祭儀)

○사시후(賜諡後)○택길행(擇吉行)

전일일(前一日)○전설사(典設司)○설장전어혼전대문외지동남향(設帳殿於魂殿大門外之東南向)○설사자차어장전지남근동서향(設使者次於帳殿之南近東西向)○액정서(掖庭署)○설사자위어령좌지동서향(設使者位於靈座之東西向)○설전하립위어령좌지서초남동향(設殿下立位於靈座之西稍南東向)○우설립위어서계하북향(又設立位於西階下北向)○전의(典儀)○설집사관위어동계하근서서향북상(設執事官位於東階下近西西向北上)○설종친급문무백관(設宗親及文武百官)○감찰위어외정(監察位於外庭)○병여상(竝如常)

기일(其日)○전하(殿下)○이익선관(以翼善冠)○백포(白袍)○오서대(烏犀帶)○백피화(白皮靴)○졸곡전(卒哭前)○칙쇠복(則衰服)○수종친급문무백관(帥宗親及文武百官)○백의(白衣)○오사모(烏紗帽)○흑각대(黑角帶)○백피화(白皮靴)○선예혼전(先詣魂殿)○전하(殿下)○입재전(入齊殿)○개복최복(改服衰服)○종친급문무백관(宗親及文武百官)○각지차(各之次)○개복최복(改服衰服)○대축급전의(大祝及典儀)○찬의(贊儀)○인의(引儀)○선입전정(先入殿庭)○중행북향서상(重行北向西上)○사배흘(四拜訖)○각취위(各就位)○인의(引儀)○분인종친급문무백관(分引宗親及文武百官)○입취위(入就位)○찬례(贊禮)○도전하(導殿下)○장입취동계동남(杖入就東階東南)○서향립(西向立)○액정서(掖庭署)○설욕위(設褥位)○전의왈(典儀曰)○곡(哭)○찬례(贊禮)○부복궤(俯伏跪)○계청부복곡(啓請俯伏哭)○전하(殿下)○궤부복곡(跪俯伏哭)○궤배시(跪拜時)○내시봉장(內侍捧杖)○후방차(後倣此)○종친급문무백관동(宗親及文武百官同)○찬의역창(贊儀亦唱)○범찬의찬창(凡贊儀贊唱)○개승전의지사(皆承典儀之辭)○전의왈(典儀曰)○지곡사배(止哭四拜)○찬례(贊禮)○계청지곡흥사배흥평신(啓請止哭興四拜興平身)○전하(殿下)○지곡흥사배흥평신(止哭興四拜興平身)○종친급문무백관동(宗親及文武百官同)○찬의역창(贊儀亦唱)○찬례(贊禮)○도전하(導殿下)○권취제전(權就齊殿)○초전하장예혼전(初殿下將詣魂殿)○문무백관(文武百官)○분사(分司)○예대평관(詣大平館)○사자(使者)○이제문치룡정중(以祭文置龍亭中)○백관(百官)○구조복(具朝服)○승마전도(乘馬前導)○지혼전문외(至魂殿門外)○역복최복(易服衰服)○입반(入班)○차황의장(次黃儀仗)○고악(鼓樂)○차제문룡정(次祭文龍亭)○뢰찬채여(牢饌綵輿)○차사자승마행(次使者乘馬行)○지혼전문외(至魂殿門外)○고악(鼓樂)○지문부작(止門不作)○룡정(龍亭)○안어장전(安於帳殿)○뢰찬여(牢饌輿)○입혼전(入魂殿)○뢰찬담지인(牢饌擔持人)○백의(白衣)○현관(玄冠)○인례(引禮)○인사자입차(引使者入次)○사자(使者)○착소복(着素服)○인례(引禮)○역소복(亦素服)○전사관(典祀官)○전사(殿司)○각수기속입(各帥其屬入)○설제문안어령좌지좌남향(設祭文案於靈座之左南向)○설향로(設香爐)○향합병촉어령좌전(香合幷燭於靈座前)○차설뢰찬필(次設牢饌畢)○설존어호외지좌북향(設尊於戶外之左北向)○치작삼어준소(置爵三於尊所)○찬례(贊禮)○도전하(導殿下)○입취서계하위(入就西階下位)○산선(繖扇)○정어문외(停於門外)○대축(大祝)○개궤(開匱)○봉출우주(捧出虞主)○설어좌(設於座)○복이백저건(覆以白紵巾)○설궤어후(設几於後)○전의왈(典儀曰)○곡(哭)○찬례(贊禮)○부복궤(俯伏跪)○계청곡(啓請哭)○전하곡(殿下哭)○종친급문무백관동(宗親及文武百官同)○찬의역창(贊儀亦唱)○찬례(贊禮)○계청거장면질(啓請去杖免絰)○전하(殿下)○거장면질(去杖免絰)○내시승봉(內侍承捧)○찬례

(贊禮)○도전하(導殿下)○출중문(出中門)○찬례(贊禮)○부복궤(俯伏跪)○계청지곡(啓請止哭)○전하지곡(殿下止哭)○종친급문무백관(宗親及文武百官)○지곡(止哭)○찬의역창(贊儀亦唱)○찬례(贊禮)○도전하(導殿下)○영어대문외지서(迎於大門外之西)○동향립(東向立)○인례(引禮)○인사자출차(引使者出次)○서향립(西向立)○찬례(贊禮)○도전하(導殿下)○유서문선입(由西門先入)○취서계하위(就西階下位)○룡정(龍亭)○유정문입(由正門入)○사자종입(使者從入)○찬례(贊禮)○부복궤(俯伏跪)○계청국궁(啓請鞠躬)○전하(殿下)○동향국궁(東向鞠躬)○과칙계청평신(過則啓請平身)○전하(殿下)○평신북향립(平身北向立)○종친급문무백관동(宗親及文武百官同)○유문관(唯文官)○서향국궁(西向鞠躬)○룡정승전(龍亭陞殿)○사자(使者)○봉제문(捧祭文)○치우안(置于案)○인례(引禮)○인사자취위(引使者就位)○찬례(贊禮)○도전하(導殿下)○유서계승(由西階陞)○예동향위(詣東向位)○인례(引禮)○인사자(引使者)○취향안전(就香案前)○북향립(北向立)○찬삼상향(贊三上香)○제주(祭酒)○사자(使者)○립상향(立上香)○립제주(立祭酒)○련전삼작(連奠三爵)○기전로(其奠爐)○전작(奠爵)○집사자위지(執事者爲之)○독제문관(讀祭文官)○봉제문(捧祭文)○서향립(西向立)○독흘(讀訖)○봉제문(捧祭文)○취료소(就燎所)○설탁어로대지남근서(設卓於露臺之南近西)○치동로어탁(置銅爐於卓)○분흘(焚訖)○인례(引禮)○인사자(引使者)○유동문출(由東門出)○찬례(贊禮)○도전하(導殿下)○유서문출(由西門出)○배송우대문지외(拜送于大門之外)○찬례(贊禮)○부복궤(俯伏跪)○계청질장곡(啓請絰杖哭)○전하(殿下)○질장곡이입(絰杖哭而入)○종친급문무백관(宗親及文武百官)○개곡(皆哭)○찬의역창(贊儀亦唱)○찬례(贊禮)○도전하(導殿下)○지중문(至中門)○찬례(贊禮)○부복궤(俯伏跪)○계청지곡(啓請止哭)○전하지곡(殿下止哭)○종친급문무백관지곡(宗親及文武百官止哭)○찬의역창(贊儀亦唱)○찬례(贊禮)○도전하(導殿下)○환취배위(還就拜位)○전의왈(典儀曰)○사배(四拜)○찬례(贊禮)○부복궤(俯伏跪)○계청국궁사배흥평신(啓請鞠躬四拜興平身)○전하(殿下)○국궁사배흥평신(鞠躬四拜興平身)○종친급문무백관동(宗親及文武百官同)○찬의역창(贊儀亦唱)○찬례(贊禮)○도전하(導殿下)○환제전(還齊殿)○인의(引儀)○분인종친급문무백관(分引宗親及文武百官)○이차출(以次出)○대축(大祝)○납우주여상(納虞主如常)○집사관(執事官)○구복배위(俱復拜位)○사배이출(四拜而出)○전사관(典祀官)○전사(殿司)○각수기속(各帥其屬)○철뢰찬(徹牢饌)○전하환궁(殿下還宮)○시위(侍衛)○여래의(如來儀)

연제의(練祭儀)

○기이련(期而練)○자초상지차(自初喪至此)○부계윤(不計閏)○범십삼월용초기일(凡十三月用初忌日)

재계(齊戒) ○견서례(見序例)

전일일(前一日)○전사(殿司)○솔기속(帥其屬)○소제전지내외(掃除殿之內外)○전설사(典設司)○설악어전서계상동향(設幄於殿西階上東向)○봉상사관(奉常寺官)○설상급욕석어악내(設牀及褥席於幄內)○선조련주(先造練主)○견서례(見序例)○성이상(盛以箱)○복이말안어요여(覆以帕安於腰輿)○예악전(詣幄前)○대축(大祝)○봉안어욕위(捧安於褥位)○우봉상사관(又奉常寺官)○설탁삼어령좌동남서향(設卓三於靈座東南西向)○제주탁재북(題主卓在北)○차필(次筆)○연탁(硯卓)○차관반탁(次盥槃卓)○구필(具筆)○연(硯)○묵(墨)○광칠관반(光漆盥槃)○관이(盥匜)○구향탕(具香湯)○건(巾)○용백세저포(用白細紵布)○설집사자관세어동계지동근남북향(設執事者盥洗於東階之東近南北向)○집례(執禮)○설전하욕위어동계동남서향(設殿下褥位於東階東南西向)○설대군이하위어중문내지동북향서상(設大君以下位於中門內之東北向西上)○제주관대축위어중문내지서북향동상(題主官大祝位於中門內之西北向東上)○설집례위어동계하근서서향(設執禮位於東階下近西西向)○찬자(贊者)○알자(謁者)○찬인(贊引)○재남차퇴북상(在南差退北上)○설종친급문무백관위어외정(設宗親及文武百官位於外庭)○문동무서(文東武西)○구매등이위(俱每等異位)○중행북향(重行北向)○상대위수(相對爲首)○종친(宗親)○매품반두(每品班頭)○별설위(別設位)○대군(大君)○특설위어정일품지전(特設位於正一品之前)○감찰위이어문(監察位二於文)○무반후북향(武班後北向)○서리(書吏)○각배기후(各陪其後)○설문외위(設門外位)○대군이하위어중문외도동중행북향서상(大君以下位於中門外道東重行北向西上)

기일축전오각(其日丑前五刻)○축전오각(丑前五刻)○즉삼경삼점(卽三更三點)○행사용축시일각(行事用丑時一刻)○내시(內侍)○정불령악(整拂靈幄)○종친급문무백관(宗親及文武百官)○구최복(具衰服)○개취외문외위

(皆就外門外位)○대군이하(大君以下)○구최복(具衰服)○취문외위(就門外位)○집례(執禮)○제주관(題主官)○대축(大祝)○찬자(贊者)○알자(謁者)○찬인(贊引)○선입전정(先入殿庭)○중행북향서상(重行北向西上)○사배흘(四拜訖)○집례(執禮)○찬자(贊者)○알자(謁者)○찬인(贊引)○취위(就位)○찬인(贊引)○인제주관(引題主官)○대축(大祝)○예관세위(詣盥洗位)○관세흘(盥帨訖)○각취위(各就位)○인의(引儀)○분인종친급문무백관(分引宗親及文武百官)○입취위(入就位)○차인대군이하(次引大君以下)○거장(去杖)○입취위(入就位)○좌통례(左通禮)○진당제전전(進當齊殿前)○약혼전비궁내(若魂殿非宮內)○칙전일일출궁(則前一日出宮)○산선(繖扇)○장위(仗衛)○도종여상의(導從如常儀)○부복궤계외판(俯伏跪啓外辦)○전하(殿下)○구최복(具衰服)○장출(杖出)○찬례(贊禮)○도전하(導殿下)○입취위(入就位)○근시종입(近侍從入)○산선급호위관(繖扇及護衛官)○정어문외(停於門外)○집례왈(執禮曰)○곡(哭)○찬례(贊禮)○부복궤(俯伏跪)○계청궤부복곡(啓請跪俯伏哭)○전하(殿下)○궤부복곡(跪俯伏哭)○궤배시(跪拜時)○내시봉장(內侍捧杖)○후방차(後倣此)○대군이하재위자동(大君以下在位者同)○찬자역창(贊者亦唱)○범집례유사(凡執禮有辭)○찬자개전창(贊者皆傳唱)○집례왈(執禮曰)○지곡사배(止哭四拜)○찬례(贊禮)○계청지곡흥사배흥평신(啓請止哭興四拜興平身)○전하(殿下)○지곡흥사배흥평신(止哭興四拜興平身)○대군이하재위자동(大君以下在位者同)○찬자역창(贊者亦唱)○찬례(贊禮)○도전하(導殿下)○승자동계(陞自東階)○예탁전(詣卓前)○북향립(北向立)○대축(大祝)○승자동계(陞自東階)○예악(詣幄)○봉련주궤(捧練主匱)○입치우탁(入置于卓)○개궤(開匱)○봉련주(捧練主)○욕이향탕(浴以香湯)○식이건(拭以巾)○와치우탁(臥置于卓)○제주관(題主官)○승자동계(陞自東階)○예탁전(詣卓前)○서향립(西向立)○제운(題云)○모호대왕(某號大王)○내상(內喪)○칙운모호왕후(則云某號王后)○묵서흘(墨書訖)○이광칠중모지(以光漆重模之)○대묵서건(待墨書乾)○내중모지(乃重模之)○궤(跪)○부복흥강복위(俯伏興降復位)○초제주장필(初題主將畢)○대축(大祝)○봉우주궤(捧虞主匱)○이안어좌후(移安於座後)○봉련주(捧練主)○납우궤(納于匱)○안어령좌(安於靈座)○찬례(贊禮)○도전하(導殿下)○출호(出戶)○강복위(降復位)○권취제전(權就齊殿)○인의(引儀)○인대군이하(引大君以下)○출취차(出就次)○차인종친급문무백관출(次引宗親及文武百官出)○봉상사관(奉常寺官)○철제주탁급필(徹題主卓及筆)○연(硯)○관반탁(盥槃卓)○상의원관(尙衣院官)○진련복(進練服)○이련포위관(以練布爲冠)○례조판서(禮曹判書)○진당제전전(進當齊殿前)○부복궤계청역복(府伏跪啓請易服)○전하역복(殿下易服)○개착련복(改着練服)○거수질(去首絰)○부판(負版)○피령(辟領)○쇠(衰)○대군이하급종친(大君以下及宗親)○문무백관(文武百官)○구역복(俱易服)○대군이하(大君以下)○이련포위관(以練布爲冠)○거수질(去首絰)○부판(負版)○피령(辟領)○쇠(衰)○종친급문무백관(宗親及文武百官)○이련포과사모(以練布裹紗帽)○잉수대(仍垂帶)○내상(內喪)○칙종친급문무백관(則宗親及文武百官)○이쇠복입곡출(以衰服入哭出)○복천담복(服淺淡服)○배제(陪祭)○제후(祭後)○복길복(服吉服)○헌관(獻官)○제집사동(諸執事同)○집례(執禮)○설아헌관(設亞獻官)○종헌관위어전하욕위지후근남서향북상(終獻官位於殿下褥位之後近南西向北上)○집사자위어중문내지서북향동상(執事者位於中門內之西北向東上)○설헌관(設獻官)○제집사문외위어중문외도동근남(諸執事門外位於中門外道東近南)○중행북향서상(重行北向西上)○전사관(典祀官)○전사(殿司)○각수기속입(各帥其屬入)○전축판어령좌지우(奠祝版於靈座之右)○유점(有坫)○진폐비어준소(陳幣篚於尊所)○설향로(設香爐)○향합병촉어령좌전(香合并燭於靈座前)○차설례찬(次設禮饌)○준뢰(尊罍)○견서례(見序例)○설찬(設瓚)○반일어준소(槃一於尊所)○설세어동계동남북향(設洗於東階東南北向)○관세재동(盥洗在東)○작세재서(爵洗在西)○유반이(有槃匜)○뢰재세동(罍在洗東)○가작(加勺)○비재세서남사(篚在洗西南肆)○실이건(實以巾)○약작세지비(若爵洗之篚)○칙우실이찬일(則又實以瓚一)○작일(爵一)○유점(有坫)○아(亞)○종헌세(終獻洗)○우어동남북향(又於東南北向)○관세재동(盥洗在東)○작세재서(爵洗在西)○뢰재세동(罍在洗東)○가작(加勺)○비재세서남사(篚在洗西南肆)○실이건(實以巾)○약작세지비(若爵洗之篚)○칙우실이작이(則又實以爵二)○유점(有坫)○설제집사관세어아(設諸執事盥洗於亞)○종헌세동남북향(終獻洗東南北向)○집준뢰비멱자위어준뢰비멱지후(執尊罍篚羃者位於尊罍篚羃之後)

전삼각(前三刻)○종친급문무백관(宗親及文武百官)○개취외문외위(皆就外門外位)○대군이하급헌관(大君以下及獻官)○제집사(諸執事)○취문외위(就門外位)

전일각(前一刻)○집례(執禮)○솔찬자(帥贊者)○알자(謁者)○찬인(贊引)○선입취위(先入就位)○찬인(贊引)○인감찰급전사관(引監察及典祀官)○입취위(入就位)○찬인(贊引)○인대축(引大祝)○축사(祝史)○제랑(齊郞)○내상(內喪)○칙유궁위령(則有宮闈令)○예관세위(詣盥洗位)○관세흘(盥帨訖)○각취위(各就位)○인의(引儀)○분인종친급문무백관(分引宗親及文武百官)○입취위(入就位)○차인대군이하(次引大君以下)○거장(去杖)○입취위(入就位)○알자(謁者)○인아헌관(引亞獻官)○종헌관(終獻官)○입취위(入就位)○대축(大祝)○승자동계(陞自東階)○예령좌전(詣靈座前)○개궤(開匱)

○봉출련주(捧出練主)○설어좌(設於座)○복이백저건(覆以白紵巾)○내상(內喪)○칙궁위령설주(則宮闈令設主)○복이청저건(覆以靑紵巾)○설궤어후(設几於後)○집사자(執事者)○예작세위(詣爵洗位)○세찬식찬(洗瓚拭瓚)○세작식작흘(洗爵拭爵訖)○치어비(置於篚)○봉예준소(捧詣尊所)○치어점상(置於坫上)○전사관(典祀官)○전사(殿司)○진선흘(進膳訖)○좌통례(左通禮)○진당제전전(進當齊殿前)○부복궤(俯伏跪)○계청행례(啓請行禮)○전하장출(殿下杖出)○찬례(贊禮)○도전하(導殿下)○입취위(入就位)○근시종입(近侍從入)○집례왈(執禮曰)○곡(哭)○찬례(贊禮)○부복궤(俯伏跪)○계청궤부복곡(啓請跪俯伏哭)○전하(殿下)○궤부복곡(跪俯伏哭)○궤배시(跪拜時)○내시봉장(內侍捧杖)○후방차(後倣此)○아헌관이하재위자동(亞獻官以下在位者同)○찬자역창(贊者亦唱)○집례왈(執禮曰)○지곡(止哭)○찬례(贊禮)○계청지곡흥평신(啓請止哭興平身)○전하(殿下)○지곡흥평신(止哭興平身)○아헌관이하재위자동(亞獻官以下在位者同)○찬자역창(贊者亦唱)

집례왈(執禮曰)○행전폐례(行奠幣禮)○찬례(贊禮)○도전하(導殿下)○예관세위(詣盥洗位)○북향립(北向立)○근시일인(近侍一人)○궤취이흥옥수(跪取匜興沃水)○일인(一人)○궤취반승수(跪取槃承水)○전하관수(殿下盥手)○근시(近侍)○궤취건어비이진(跪取巾於篚以進)○전하세수흘(殿下帨手訖)○근시(近侍)○수건전어비(受巾奠於篚)○찬례(贊禮)○도전하(導殿下)○승자동계(陞自東階)○근시종승(近侍從陞)○예준소(詣尊所)○서향립(西向立)○집준자(執尊者)○거멱(擧羃)○근시일인(近侍一人)○작울창(酌鬱鬯)○일인(一人)○이찬수울창(以瓚受鬱鬯)○찬례(贊禮)○도전하(導殿下)○입예령좌전(入詣靈座前)○북향립(北向立)○찬례(贊禮)○부복궤(俯伏跪)○계청궤(啓請跪)○전하궤(殿下跪)○아헌관이하재위자동(亞獻官以下在位者同)○찬자역창(贊者亦唱)○근시일인(近侍一人)○봉향합(捧香合)○일인(一人)○봉향로(捧香爐)○궤진(跪進)○찬례(贊禮)○계청삼상향(啓請三上香)○근시(近侍)○전로우안(奠爐于案)○근시(近侍)○이찬궤진(以瓚跪進)○찬례계청(贊禮啓請)○집찬관지흘(執瓚灌地訖)○이찬수근시(以瓚授近侍)○근시(近侍)○수이수대축(受以授大祝)○치어준소(置於尊所)○근시(近侍)○이폐비궤진(以幣篚跪進)○찬례계청(贊禮啓請)○집폐헌폐(執幣獻幣)○이폐수근시(以幣授近侍)○전우령좌전(奠于靈座前)○범진향(凡進香)○진찬(進瓚)○진폐(進幣)○개재동서향(皆在東西向)○전로(奠爐)○수찬(受瓚)○전폐(奠幣)○개재서동향(皆在西東向)○진작(進爵)○전작준차(奠爵准此)○찬례(贊禮)○계청부복흥평신(啓請俯伏興平身)○전하(殿下)○부복흥평신(俯伏興平身)○아헌관이하재위자동(亞獻官以下在位者同)○찬자역창(贊者亦唱)○찬례(贊禮)○도전하(導殿下)○출호(出戶)○강복위(降復位)

집례왈(執禮曰)○행초헌례(行初獻禮)○찬례(贊禮)○도전하(導殿下)○승자동계(陞自東階)○예준소(詣尊所)○서향립(西向立)○집준자(執尊者)○거멱(擧羃)○근시일인(近侍一人)○작례제(酌醴齊)○일인(一人)○이작수주(以爵受酒)○찬례(贊禮)○도전하(導殿下)○입예령좌전(入詣靈座前)○북향립(北向立)○찬례(贊禮)○부복궤(俯伏跪)○계청궤(啓請跪)○전하궤(殿下跪)○아헌관이하재위자동(亞獻官以下在位者同)○찬자역창(贊者亦唱)○근시(近侍)○이작궤진(以爵跪進)○찬례계청(贊禮啓請)○집작헌작(執爵獻爵)○이작수근시(以爵授近侍)○전우령좌전(奠于靈座前)○찬례(贊禮)○계청부복흥소퇴북향궤(啓請俯伏興少退北向跪)○대축(大祝)○진령좌지우(進靈座之右)○동향궤(東向跪)○독축문흘(讀祝文訖)○찬례(贊禮)○계청부복흥평신(啓請俯伏興平身)○전하(殿下)○부복흥평신(俯伏興平身)○아헌관이하재위자동(亞獻官以下在位者同)○찬자역창(贊者亦唱)○찬례(贊禮)○도전하(導殿下)○출호(出戶)○강복위(降復位)

집례왈(執禮曰)○행아헌례(行亞獻禮)○알자(謁者)○인아헌관(引亞獻官)○예관세위(詣盥洗位)○북향립(北向立)○관수세수흘(盥手帨手訖)○알자(謁者)○인아헌관(引亞獻官)○승자동계(陞自東階)○예준소(詣尊所)○서향립(西向立)○집준자(執尊者)○거멱(擧羃)○작앙제(酌盎齊)○집사자(執事者)○이작수주(以爵受酒)○알자(謁者)○인아헌관(引亞獻官)○입예령좌전(入詣靈座前)○북향립(北向立)○찬궤(贊跪)○집사자(執事者)○이작수아헌관(以爵授亞獻官)○아헌관(亞獻官)○집작헌작(執爵獻爵)○이작수집사자(以爵授執事者)○전우령좌전(奠于靈座前)○알자(謁者)○찬부복흥평신(贊俯伏興平身)○인아헌관(引亞獻官)○출호(出戶)○강복위(降復位)

집례왈(執禮曰)○행종헌례(行終獻禮)○알자(謁者)○인종헌관(引終獻官)○행례여아헌의흘(行禮如亞獻儀訖)○인강복위(引降復位)○집례왈(執禮曰)○곡(哭)○찬례(贊禮)○부복궤(俯伏跪)○계청궤부복곡(啓請跪俯伏哭)○전하(殿下)○궤부복곡진애(跪俯伏哭盡哀)○아헌관이하재위자동(亞獻官以下在位者同)○찬자역창(贊者亦唱)○집례왈(執禮曰)○지곡사배(止哭四拜)○찬례(贊禮)○계청지곡흥사배흥평신(啓請止哭興四拜興平身)○전하(殿下)○지곡흥사배흥평신(止哭興四拜興平身)○아헌관이하재위자동(亞獻官以下在位者同)○찬자역창(贊者亦唱)○찬례(贊禮)○계례필(啓禮畢)○부복흥(俯伏興)○도전하(導殿下)○환제전(還齊殿)○약혼전비궁내(若魂殿非宮內)○칙환궁산선(則還宮繖扇)○장위(仗衛)○도종여래의(導從如來儀)○알자(謁者)○인아헌관(引亞獻官)○종헌관출(終獻官出)○인의(引儀)○인대군이하출(引大君以下出)○차인종친급문무백관출(次引宗親及文武百官出)○찬인(贊引)○인감찰급전사관이하(引監察及典祀官以下)○구복배위(俱復拜位)○집례왈(執禮曰)○사배(四拜)○찬자창(贊者唱)○국궁사배흥평신(鞠躬四拜興平身)○감찰급전사관이하(監察及典祀官以下)○국궁사배흥평신(鞠躬四拜興平身)○찬인(贊引)○이차인출(以次引出)○대축(大祝)○납신주여의(納神主如儀)○내상(內喪)○칙궁위령납주(則宮闈令納主)○집례(執禮)○솔찬자(帥贊者)○알자(謁者)○찬인(贊引)○취배위(就拜位)○사배이출(四拜而出)○전사관(典祀官)○전사(殿司)○각솔기속(各帥其屬)○철례찬(徹禮饌)○대축(大祝)○봉축폐(捧祝幣)○예어감(瘞於坎)○종친급문무백관(宗親及文武百官)○예제전전(詣齊殿前)○서립궤(序立跪)○반수(班首)○진명봉위(進名奉慰)○본전관(本殿官)○이요여(以腰輿)○봉우주궤(捧虞主匱)○예종묘(詣宗廟)○매어묘북계간(埋於廟北階間)○전기(前期)○행고종묘제여상의(行告宗廟祭如常儀)○약내상재선(若內喪在先)○칙십일월이련(則十一月而練)○선원일택길행지(先遠日擇吉行之)○왕세자(王世子)○제계여의(齊戒如儀)○견서례(見序例)○이쇠복입곡출(以衰服入哭出)○복련복(服練服)○행제(行祭)○대군이하동(大君以下同)○종친(宗親)○문무백관(文武百官)○이쇠복입곡(以衰服入哭)○배제(陪祭)○아헌관이하제집사동(亞獻官以下諸執事同)

상제의(祥祭儀)

○재기이상(再期而祥)○자초상지차(自初喪至此)○부계윤(不計閏)○범이십오월용제이기일(凡二十五月用第二忌日)

●재계(齊戒) ○견서례(見序例)

전일일(前一日)○전사(殿司)○솔기속(帥其屬)○소제전지내외(掃除殿之內外)○집례(執禮)○설전하욕위어동계동남서향(設殿下褥位於東階東南西向)○설대군이하위어중문내지동북향서상(設大君以下位於中門內之東北向西上)○집례위어동계하근서서향(執禮位於東階下近西西向)○찬자(贊者)○알자(謁者)○찬인(贊引)○재남차퇴북상(在南差退北上)○설종친급문무백관위어외정(設宗親及文武百官位於外庭)○문동무서(文東武西)○구매등이위(俱每等異位)○중행북향(重行北向)○상대위수(相對爲首)○종친(宗親)○매품반두(每品班頭)○별설위(別設位)○대군(大君)○특설위어정일품지전(特設位於正一品之前)○감찰위이어문(監察位二於文)○무반후북향(武班後北向)○서리(書吏)○각배기후(各陪其後)○설문외위(設門外位)○대군이하어중문외도동(大君以下於中門外道東)○중행북향서상(重行北向西上)

기일축전오각(其日丑前五刻)○축전오각(丑前五刻)○즉삼경삼점(卽三更三點)○행사용축시일각(行事用丑時一刻)○내시(內侍)○정불령악(整拂靈幄)○종친급문무백관(宗親及文武百官)○구련복(具練服)○내상(內喪)○칙이천담복입곡(則以淺淡服入哭)○배제헌관이하제집사동(陪祭獻官以下諸執事同)○개취외문외위(皆就外門外位)○대군이하(大君以下)○구련복(具練服)○취문외위(就門外位)○집례(執禮)○수찬자(帥贊者)○알자(謁者)○찬인(贊引)○선입전정(先入殿庭)○중행북향서상(重行北向西上)○사배흘(四拜訖)○취위(就位)○인의(引儀)○분인종친급문무백관(分引宗親及文武百官)○입취위(入就位)○차인대군이하(次引大君以下)○거장(去杖)○입취위(入就位)○좌통례(左通禮)○진당제전전(進當齊殿前)○약혼전비궁내(若魂殿非宮內)○칙전일일(則前一日)○출궁(出宮)○산선(繖扇)○장위(仗衛)○도종여상의(導從如常儀)○부복궤계외판(俯伏跪啓外辦)○전하(殿下)○구련복(具練服)○장출(杖出)○찬례(贊禮)○도전하(導殿下)○입취위(入就位)○근시종입(近侍從入)○산선급호위관(繖扇及護衛官)○정어문외(停於門外)○집례왈(執禮曰)○곡(哭)○찬례(贊禮)○부복궤(俯伏跪)○계청궤부복곡(啓請跪俯伏哭)○전하(殿下)○궤부복곡(跪俯伏哭)○궤배시(跪拜時)○내시봉장(內侍捧杖)○후방차(後倣此)○대군이하재위자동(大君以下在位者同)○찬자역창(贊者亦唱)○범집례유사(凡執禮有辭)○찬자개전창(贊者皆傳唱)○집례왈(執禮曰)○지곡사배(止哭四拜)○찬례(贊禮)○계청지곡흥사배흥평신(啓請止哭興四拜興平身)○전하(殿下)○지곡흥사배흥평신(止哭興四拜興平身)○대군이하재위자동(大君以下在位者同)○찬자역창(贊者亦唱)○찬례(贊禮)○도전하(導殿下)○권취제전(權就齊殿)○인의(引儀)○인대군이하(引大君以下)○출취차(出就次)○차인종친급문무백관출(次引宗親及文武百官出)○상의원관(尙衣院官)○진담복(進禫服)○참포(黲袍)○익선관(翼善冠)○오서대(烏犀帶)○백피화(白皮靴)○예조판서(禮曹判書)○진당제전전(進當齊殿前)○부복궤(俯伏跪)○계청역복(啓請易服)○전하역복(殿下易服)○대군이하급종친(大君以下及宗親)○문무백관(文武百官)○구역복(俱易服)○심염회색원령(深染灰色圓領)○오사모(烏紗帽)○흑각대(黑角帶)○백피화(白皮靴)○집례(執禮)○설아헌관(設亞獻官)○

종헌관위어전하욕위지후근남서향북상(終獻官位於殿下褥位之後近南西向北上)○집사자위어중문내지서북향동상(執事者位於中門內之西北向東上)○설헌관(設獻官)○제집사문외위어중문외도동근남(諸執事門外位於中門外道東近南)○중행북향서상(重行北向西上)○전사관(典祀官)○전사(殿司)○각수기속입(各帥其屬入)○전축판어령좌지우(奠祝版於靈座之右)○유점(有坫)○진폐비어존소(陳幣篚於尊所)○설향로(設香爐)○향합병촉어령좌전(香合幷燭於靈座前)○차설례찬(次設禮饌)○존뢰(尊罍)○견례례(見例冊)서(序)○설찬(設饌)○반일어존소(槃一於尊所)○설세어동계동남북향(設洗於東階東南北向)○관세재동(盥洗在東)○작세재서(爵洗在西)○유반이(有槃匜)○뢰재세동(罍在洗東)○가작(加勺)○비재세서남사(篚在洗西南肆)○실이건(實以巾)○약작세지비(若爵洗之篚)○칙우실이찬일(則又實以瓚一)○작일(爵一)○유점(有坫)○아종헌세(亞終獻洗)○우어동남북향(又於東南北向)○관세재동(盥洗在東)○작세재서(爵洗在西)○뢰재세동(罍在洗東)○가작(加勺)○비재세서남사(篚在洗西南肆)○실이건(實以巾)○약작세지비(若爵洗之篚)○칙우실이작이(則又實以爵二)○유점(有坫)○설제집사관세어아(設諸執事盥洗於亞)○종헌세동남북향(終獻洗東南北向)○집존뢰비멱자위어존뢰비멱지후(執尊罍篚冪者位於尊罍篚冪之後)

전삼각(前三刻)○종친급문무백관(宗親及文武百官)○개취외문외위(皆就外門外位)○대군이하급헌관(大君以下及獻官)○제집사취문외위(諸執事就門外位)

전일각(前一刻)○집례(執禮)○수찬자(帥贊者)○알자(謁者)○찬인(贊引)○선입취위(先入就位)○찬인(贊引)○인감찰급전사관(引監察及典祀官)○입취위(入就位)○찬인(贊引)○인대축(引大祝)○축사(祝史)○제랑(齊郞)○내상(內喪)○칙유궁위령(則有宮闈令)○예관세위(詣盥洗位)○관세흘(盥帨訖)○각취위(各就位)○인의(引儀)○분인종친급문무백관(分引宗親及文武百官)○입취위(入就位)○차인대군이하(次引大君以下)○입취위(入就位)○알자(謁者)○인아헌관(引亞獻官)○종헌관(終獻官)○입취위(入就位)○대축(大祝)○승자동계(陞自東階)○예령좌전(詣靈座前)○개궤(開匱)○봉출신주(捧出神主)○설어좌(設於座)○복이백저건(覆以白紵巾)○내상(內喪)○칙궁위령설주(則宮闈令設主)○복이청저건(覆以青紵巾)○설궤어후(設几於後)○집사자(執事者)○예작세위(詣爵洗位)○세찬식찬(洗瓚拭瓚)○세작식작흘(洗爵拭爵訖)○치어비(置於篚)○봉예존소(捧詣尊所)○치어점상(置於坫上)○전사관(典祀官)○전사(殿司)○진선흘(進膳訖)○좌통례(左通禮)○진당제전전(進當齊殿前)○부복궤(俯伏跪)○계청행례(啓請行禮)○전하출(殿下出)○찬례(贊禮)○도전하(導殿下)○입취위(入就位)○근시종입(近侍從入)○집례왈(執禮曰)○곡(哭)○찬례(贊禮)○부복궤(俯伏跪)○계청궤부복곡(啓請跪俯伏哭)○전하(殿下)○궤부복곡(跪俯伏哭)○아헌관이하재위자동(亞獻官以下在位者同)○찬자역창(贊者亦唱)○집례왈(執禮曰)○지곡(止哭)○찬례(贊禮)○계청지곡흥평신(啓請止哭興平身)○전하(殿下)○지곡흥평신(止哭興平身)○아헌관이하재위자동(亞獻官以下在位者同)○찬자역창(贊者亦唱)

집례왈(執禮曰)○행전폐례(行奠幣禮)○찬례(贊禮)○도전하(導殿下)○예관세위(詣盥洗位)○북향립(北向立)○근시일인(近侍一人)○궤취이흥옥수(跪取匜興沃水)○일인(一人)○궤취반승수(跪取槃承水)○전하(殿下)○관수(盥手)○근시(近侍)○궤취건어비이진(跪取巾於篚以進)○전하(殿下)○세수흘(帨手訖)○근시(近侍)○수건(受巾)○전어비(奠於篚)○찬례(贊禮)○도전하(導殿下)○승자동계(陞自東階)○근시종승(近侍從陞)○예준소(詣尊所)○서향립(西向立)○집준자(執尊者)○거멱(擧冪)○근시일인(近侍一人)○작울창(酌鬱鬯)○일인(一人)○이찬수울창(以瓚受鬱鬯)○찬례(贊禮)○도전하(導殿下)○입예령좌전(入詣靈座前)○북향립(北向立)○찬례(贊禮)○부복궤(俯伏跪)○계청궤(啓請跪)○전하궤(殿下跪)○아헌관이하재위자동(亞獻官以下在位者同)○찬자역창(贊者亦唱)○근시일인(近侍一人)○봉향합(捧香合)○일인(一人)○봉향로(捧香爐)○궤진(跪進)○찬례(贊禮)○계청삼상향(啓請三上香)○근시(近侍)○전로우안(奠爐于案)○근시(近侍)○이찬궤진(以瓚跪進)○찬례(贊禮)○계청집찬관지흘(啓請執瓚灌地訖)○이찬수근시(以瓚授近侍)○근시(近侍)○수이수대축(受以授大祝)○치어존소(置於尊所)○근시(近侍)○이폐비궤진(以幣篚跪進)○찬례(贊禮)○계청집폐헌폐(啓請執幣獻幣)○이폐수근시(以幣授近侍)○전우령좌전(奠于靈座前)○범진향(凡進香)○진찬(進瓚)○진폐(進幣)○개재동서향(皆在東西向)○전로(奠爐)○수찬(受瓚)○전폐(奠幣)○개재서동향(皆在西東向)○진작(進爵)○전작준차(奠爵准此)○찬례(贊禮)○계청부복흥평신(啓請俯伏興平身)○전하(殿下)○부복흥평신(俯伏興平身)○아헌관이하재위자동(亞獻官以下在位者同)○찬자역창(贊者亦唱)○찬례(贊禮)○도전하(導殿下)○출호(出戶)○강복위(降復位)

집례왈(執禮曰)○행초헌례(行初獻禮)○찬례(贊禮)○도전하(導殿下)○승자동계(陞自東階)○예준소(詣尊所)○서향립(西向立)○집준자(執尊者)○거멱(擧冪)○근시일인(近侍一人)○작례제(酌醴

齊)○일인(一人)○이작수주(以爵受酒)○찬례(贊禮)○도전하(導殿下)○입예령좌전(入詣靈座前)○북향립(北向立)○찬례(贊禮)○부복궤(俯伏跪)○계청궤(啓請跪)○전하(殿下)○궤(跪)○아헌관이하재위자동(亞獻官以下在位者同)○찬자역창(贊者亦唱)○근시(近侍)○이작궤진(以爵跪進)○찬례계청(贊禮啓請)○집작헌작(執爵獻爵)○이작수근시(以爵授近侍)○전우령좌전(奠于靈座前)○찬례(贊禮)○계청부복흥소퇴북향궤(啓請俯伏興少退北向跪)○대축(大祝)○진령좌지우(進靈座之右)○동향궤(東向跪)○독축문흘(讀祝文訖)○찬례(贊禮)○계청부복흥평신(啓請俯伏興平身)○전하(殿下)○부복흥평신(俯伏興平身)○아헌관이하재위자동(亞獻官以下在位者同)○찬자역창(贊者亦唱)○찬례(贊禮)○도전하(導殿下)○출호(出戶)○강복위(降復位)

집례왈(執禮曰)○행아헌례(行亞獻禮)○알자(謁者)○인아헌관(引亞獻官)○예관세위(詣盥洗位)○북향립(北向立)○관수세수흘(盥手帨手訖)○알자(謁者)○인아헌관(引亞獻官)○승자동계(陞自東階)○예준소(詣尊所)○서향립(西向立)○집준자(執尊者)○거멱(擧冪)○작앙제(酌盎齊)○집사자(執事者)○이작수주(以爵受酒)○알자(謁者)○인아헌관(引亞獻官)○입예령좌전(入詣靈座前)○북향립(北向立)○찬궤(贊跪)○집사자(執事者)○이작수아헌관(以爵授亞獻官)○아헌관(亞獻官)○집작헌작(執爵獻爵)○이작수집사자(以爵授執事者)○전우령좌전(奠于靈座前)○알자(謁者)○찬부복흥평신(贊俯伏興平身)○인아헌관(引亞獻官)○출호(出戶)○강복위(降復位)

집례왈(執禮曰)○행종헌례(行終獻禮)○알자(謁者)○인종헌관(引終獻官)○행례여아헌의흘(行禮如亞獻儀訖)○인강복위(引降復位)○집례왈(執禮曰)○곡(哭)○찬례(贊禮)○부복궤(俯伏跪)○계청궤부복곡(啓請跪俯伏哭)○전하(殿下)○궤부복곡진애(跪俯伏哭盡哀)○아헌관이하재위자동(亞獻官以下在位者同)○찬자역창(贊者亦唱)○집례왈(執禮曰)○지곡사배(止哭四拜)○찬례(贊禮)○계청지곡흥사배흥평신(啓請止哭興四拜興平身)○전하(殿下)○지곡흥사배흥평신(止哭興四拜興平身)○아헌관이하재위자동(亞獻官以下在位者同)○찬자역창(贊者亦唱)○찬례(贊禮)○계례필(啓禮畢)○부복흥(俯伏興)○도전하(導殿下)○환제전(還齊殿)○약혼전비궁내(若魂殿非宮內)○칙환궁산선(則還宮繖扇)○장위(仗衛)○도종여래의(導從如來儀)○알자(謁者)○인아헌관(引亞獻官)○종헌관출(終獻官出)○인의(引儀)○인대군이하출(引大君以下出)○차인종친급문무백관출(次引宗親及文武百官出)○찬인(贊引)○인감찰급전사관이하(引監察及典祀官以下)○구복배위(俱復拜位)○집례왈(執禮曰)○사배(四拜)○찬자창(贊者唱)○국궁사배흥평신(鞠躬四拜興平身)○감찰급전사관이하(監察及典祀官以下)○국궁사배흥평신(鞠躬四拜興平身)○찬인(贊引)○이차인출(以次引出)○대축(大祝)○납신주여의(納神主如儀)○내상(內喪)○칙궁위령납주(則宮闈令納主)○집례(執禮)○솔찬자(帥贊者)○알자(謁者)○찬인(贊引)○취배위(就拜位)○사배이출(四拜而出)○전사관(典祀官)○전사(殿司)○각솔기속(各帥其屬)○철례찬(徹禮饌)○대축(大祝)○봉축폐(捧祝幣)○예어감(瘞於坎)○종친급문무백관(宗親及文武百官)○예제전전(詣齊殿前)○서립궤(序立跪)○반수(班首)○진명봉위(進名奉慰)○약내상재선(若內喪在先)○칙십삼월이상(則十三月而祥)○용초기일(用初忌日)○왕세자(王世子)○제계여의(齊戒如儀)○견서례(見序例)○이련복입곡출(以練服入哭出)○복담복행제(服禫服行祭)○대군이하동(大君以下同)○종친(宗親)○문무백관(文武百官)○이쇠복입곡(以衰服入哭)○배제(陪祭)○제후(祭後)○복길복(服吉服)○아헌관이하제집사동(亞獻官以下諸執事同)

담제의(禫祭儀)

○상후(祥後)○간일월이담(間一月而禫)○자초상지차(自初喪至此)○부계윤(不計閏)○범이십칠월(凡二十七月)○선근일택길(先近日擇吉)

●재계(齊戒) ○견서례(見序例)

전일일(前一日)○전사(殿司)○솔기속(帥其屬)○소제전지내외(掃除殿之內外)○집례(執禮)○설전하욕위어동계동남서향(設殿下褥位於東階東南西向)○설대군이하위어중문내지동북향서상(設大君以下位於中門內之東北向西上)○집례위어동계하근서서향(執禮位於東階下近西西向)○찬자(贊者)○알자(謁者)○찬인(贊引)○재남차퇴북상(在南差退北上)○설종친급문무백관위어외정(設宗親及文武百官位於外庭)○문동무서(文東武西)○구매등이위(俱每等異位)○중행북향(重行北向)○상대위수(相對爲首)○종친(宗親)○매품반두(每品班頭)○별설위(別設位)○대군(大君)○특설위어정일품지전(特設位於正一品之前)○감찰위이어문(監察位二於文)○무반후북향(武班後北向)○서리(書吏)○각배기후(各陪其後)○설문외위(設門外位)○대군이하어중문외도동(大君以下於中門外道東)○중행북향서상(重行北向西上)

기일축전오각(其日丑前五刻)○축전오각(丑前五刻)○즉삼경삼점(卽三更三點)○행사용축시일각(行事用丑時一刻)○내시(內侍)○정불령악(整拂靈幄)○종친급문무백관(宗親及文武百官)○구담복(具禫服)○심염회색원령(深染灰色圓領)○오사모(烏紗帽)○흑각대(黑角帶)○백피화(白皮靴)○내상(內喪)○칙복길복(則服吉服)○아헌관이하제집사동(亞獻官以下諸執事同)○개취외문외위(皆就外門外位)○집례(執禮)○솔찬자(帥贊者)○알자(謁者)○찬인(贊引)○선입전정(先入殿庭)○중행북향서상(重行北向西上)○사배흘(四拜訖)○취위(就位)○인의(引儀)○분인종친급문무백관(分引宗親及文武百官)○입취위(入就位)○차인대군이하(次引大君以下)○입취위(入就位)○좌통례(左通禮)○진당제전전(進當齊殿前)○약혼전비궁내(若魂殿非宮內)○칙전일일(則前一日)○출궁(出宮)○산선(繖扇)○장위(仗衛)○도종여상의(導從如常儀)○부복궤계외판(俯伏跪啓外辦)○전하(殿下)○구담복(具禫服)○참포(黲袍)○익선관(翼善冠)○오서대(烏犀帶)○백피화(白皮靴)○출(出)○찬례(贊禮)○도전하(導殿下)○입취위(入就位)○근시종입(近侍從入)○산선급호위관(繖扇及護衛官)○정어문외(停於門外)○집례왈(執禮曰)○곡(哭)○찬례(贊禮)○부복궤(俯伏跪)○계청궤부복곡(啓請跪俯伏哭)○전하(殿下)○궤부복곡(跪俯伏哭)○대군이하재위자동(大君以下在位者同)○찬자역창(贊者亦唱)○범집례유사(凡執禮有辭)○찬자개전창(贊者皆傳唱)○집례왈(執禮曰)○지곡사배(止哭四拜)○찬례(贊禮)○계청지곡흥사배흥평신(啓請止哭興四拜興平身)○전하(殿下)○지곡흥사배흥평신(止哭興四拜興平身)○대군이하재위자동(大君以下在位者同)○찬자역창(贊者亦唱)○찬례(贊禮)○도전하(導殿下)○권취제전(權就齊殿)○인의(引儀)○인대군이하(引大君以下)○출취차(出就次)○차인종친급문무백관출(次引宗親及文武百官出)○상의원관(尙衣院官)○진길복(進吉服)○현포(玄袍)○익선관(翼善冠)○오서대(烏犀帶)○백피화(白皮靴)○예조판서(禮曹判書)○진당제전전(進當齊殿前)○부복궤(俯伏跪)○계청역복(啓請易服)○전하역복(殿下易服)○대군이하급종친(大君以下及宗親)○문무백관(文武百官)○구역복(俱易服)○흑색원령(黑色圓領)○집례(執禮)○설아헌관(設亞獻官)○종헌관위어전하욕위지후근남서향북상(終獻官位於殿下褥位之後近南西向北上)○집사자위어중문내지서북향동상(執事者位於中門內之西北向東上)○설헌관(設獻官)○제집사문외위어중문외도동근남(諸執事門外位於中門外道東近南)○중행북향서상(重行北向西上)○전사관(典祀官)○전사(殿司)○각수기속입(各帥其屬入)○전축판어령좌지우(奠祝版於靈座之右)○유점(有坫)○진폐비어존소(陳幣篚於尊所)○설향로(設香爐)○향합병촉어신좌전(香合幷燭於神座前)○차설례찬(次設禮饌)○준뢰(尊罍)○견서례(見序例)○설찬(設瓚)○반일어준소(槃一於尊所)○설세어동계동남북향(設洗於東階東南北向)○관세재동(盥洗在東)○작세재서(爵洗在西)○유반(有槃)○이(匜)○뢰재세동(罍在洗東)○가작(加勺)○비재세서남사(篚在洗西南肆)○실이건(實以巾)○약작세지비(若爵洗之篚)○칙우실이찬일(則又實以瓚一)○작일(爵一)○유점(有坫)○아(亞)○종헌세(終獻洗)○우어동남북향(又於東南北向)○관세재동(盥洗在東)○작세재서(爵洗在西)○뢰재세동(罍在洗東)○가작(加勺)○비재세서남사(篚在洗西南肆)○실이건(實以巾)○약작세지비(若爵洗之篚)○칙우실이작이(則又實以爵二)○유점(有坫)○설제집사관세어아(設諸執事盥洗於亞)○종헌세동남북향(終獻洗東南北向)○집준뢰비멱자위어준뢰비멱지후(執尊罍篚冪者位於尊罍篚冪之後)

전삼각(前三刻)○종친급문무백관(宗親及文武百官)○개취외문외위(皆就外門外位)○대군이하급헌관(大君以下及獻官)○제집사(諸執事)○취문외위(就門外位)전일각(前一刻)○집례(執禮)○솔찬자(帥贊者)○알자(謁者)○찬인(贊引)○선입취위(先入就位)○찬인(贊引)○인감찰급전사관(引監察及典祀官)○입취위(入就位)○찬인(贊引)○인대축(引大祝)○축사(祝史)○재랑(齊郞)○내상(內喪)○칙유궁위령(則有宮闈令)○예관세위(詣盥洗位)○관세흘(盥帨訖)○각취위(各就位)○인의(引儀)○분인종친급문무백관(分引宗親及文武百官)○입취위(入就位)○차인대군이하(次引大君以下)○입취위(入就位)○알자(謁者)○인아헌관(引亞獻官)○종헌관(終獻官)○입취위(入就位)○대축(大祝)○승자동계(陞自東階)○예신위전(詣神位前)○개궤(開匱)○봉출신주(捧出神主)○설어좌(設於座)○복이백저건(覆以白紵巾)○내상(內喪)○칙궁위령설주(則宮闈令設主)○복이청저건(覆以靑紵巾)○설궤어후(設几於後)○집사자(執事者)○예작세위(詣爵洗位)○세찬식찬(洗瓚拭瓚)○세작식작흘(洗爵拭爵訖)○치어비(置於篚)○봉예존소(捧詣尊所)○치어점상(置於坫上)○전사관(典祀官)○전사(殿司)○진선흘(進膳訖)○좌통례(左通禮)○진당제전전(進當齊殿前)○부복궤(俯伏跪)○계청행례(啓請行禮)○전하출(殿下出)○찬례(贊禮)○도전하(導殿下)○입취위(入就位)○근시종입(近侍從入)○집례왈(執禮曰)○곡(哭)○찬례(贊禮)○부복궤(俯伏跪)○계청궤부복곡(啓請跪俯伏哭)○전하(殿下)○궤부복곡(跪俯伏哭)○아헌관이하재위자동(亞獻官以下在位者同)○찬자역창(贊者亦唱)○집례왈(執禮曰)○지곡(止哭)○찬례(贊禮)○계청지곡흥평신(啓請止哭興平身)○전하(殿下)○지곡흥평신(止哭興平身)○아헌관이하재위자동(亞獻官以下在位者同)○찬자역창(贊者亦唱)○집례왈(執禮曰)○행전폐례(行奠幣禮)○찬례(贊禮)○도전하(導殿下)○예관세위(詣盥洗位)○북향립(北向立)○근시일인(近侍一人)○궤취이흥옥수(跪取匜興沃水)○일인(一人)○궤취반승수(跪取槃承水)○전하(殿下)○관수(盥手)○근시(近侍)○궤취건어비이진(跪取巾於篚以進)○전하(殿下)○세수흘(帨手訖)○근시(近侍)○수건(受巾)○전어비(奠於篚)○찬례(贊禮)○도전하(導殿下)○승자동계(陞自東階)○근시종승(近侍從陞)○예준소(詣尊所)○서향립(西向立)○집준자(執尊者)○거멱(擧冪)○근시일인(近侍一人)○작울창(酌鬱鬯)○일인(一人)○이찬수울창(以瓚受鬱鬯)○찬례(贊禮)○도전하(導殿下)○입예신좌전(入詣神座前)○북향립(北向立)○찬례(贊禮)○부복궤(俯伏跪)○계청궤(啓請跪)○전하궤(殿下跪)○아헌관이하재위자동(亞獻官以下在位者同)○찬자역창(贊者亦唱)○근시일인(近侍一人)○봉향합(捧香合)○일인(一人)○봉향로(捧香爐)○궤진(跪進)○찬례(贊禮)○계청삼상향(啓請三上香)○근시(近侍)○전로우안(奠爐于案)○근시(近侍)○이찬궤진(以瓚跪進)○찬례계청(贊禮啓請)○집찬관지흘(執瓚灌地訖)○이찬수근시(以瓚授近侍)○근시(近侍)○수이수대축(受以授大祝)○치어존소(置於尊所)○근시(近侍)○이폐비궤진(以幣篚跪進)○찬례계청(贊禮啓請)○집폐헌폐(執幣獻幣)○이폐수근시(以幣授近侍)○전우신좌전(奠于神座前)○범진향(凡進香)○진찬(進瓚)○진폐(進幣)○개재동서향(皆在東西向)○전로(奠爐)○수찬(受瓚)○전폐(奠幣)○개재서동향(皆在西東向)○진작(進爵)○전작준차(奠爵准此)○찬례(贊禮)○계청부복흥평신(啓請俯伏興平身)○전하(殿下)○부복흥평신(俯伏興平身)○아헌관이하재위자동(亞獻官以下在位者同)○찬자역창(贊者亦唱)○찬례(贊禮)○도전하(導殿下)○출호(出戶)○강복위(降復位)

집례왈(執禮曰)○행초헌례(行初獻禮)○찬례(贊禮)○도전하(導殿下)○승자동계(陞自東階)○예준소(詣尊所)○서향립(西向立)○집준자(執尊者)○거멱(擧冪)○근시일인(近侍一人)○작례제(酌醴齊)○일인(一人)○이작수주(以爵受酒)○찬례(贊禮)○도전하(導殿下)○입예신좌전(入詣神座前)○북향립(北向立)○찬례(贊禮)○부복궤(俯伏跪)○계청궤(啓請跪)○전하궤(殿下跪)○아헌관이하재위자동(亞獻官以下在位者同)○찬자역창(贊者亦唱)○근시(近侍)○이작궤진(以爵跪進)○찬례계청(贊禮啓請)○집작헌작(執爵獻爵)○이작수근시(以爵授近侍)○전우신좌전(奠于神座前)○찬례(贊禮)○계청부복흥소퇴북향궤(啓請俯伏興少退北向跪)○대축(大祝)○진신좌지우(進神座之右)○동향궤(東向跪)○독축문흘(讀祝文訖)○찬례(贊禮)○계청부복흥평신(啓請俯伏興平身)○전하(殿下)○부복흥평신(俯伏興平身)○아헌관이하재위자동(亞獻官以下在位者同)○찬자역창(贊者亦唱)○찬례(贊禮)○도전하(導殿下)○출호(出戶)○강복위(降復位)

집례왈(執禮曰)○행아헌례(行亞獻禮)○알자(謁者)○인아헌관(引亞獻官)○예관세위(詣盥洗位)○북향립(北向立)○관수세수흘(盥手帨手訖)○알자(謁者)○인아헌관(引亞獻官)○승자동계(陞自東階)○예준소(詣尊所)○서향립(西向立)○집준자(執尊者)○거멱(擧冪)○작앙제(酌盎齊)○집사자(執事者)○이작수주(以爵受酒)○알자(謁者)○인아헌관(引亞獻官)○입예신좌전(入詣神座前)○북향립(北向立)○찬궤(贊跪)○집사자(執事者)○이작수아헌관(以爵授亞獻官)○아헌관(亞獻官)○집작헌작(執爵獻爵)○이작수집사자(以爵授執事者)○전우신좌전(奠于神座前)○알자(謁者)○찬부복흥평신(贊俯伏興平身)○인아헌관(引亞獻官)○출호(出戶)○강복위(降復位)

집례왈(執禮曰)○행종헌례(行終獻禮)○알자(謁者)○인종헌관(引終獻官)○행례여아헌의흘(行禮如亞獻儀訖)○인강복위(引降復位)○집례왈(執禮曰)○곡(哭)○찬례(贊禮)○부복궤(俯伏跪)○계청궤부복곡(啓請跪俯伏哭)○전하(殿下)○궤부복곡진애(跪俯伏哭盡哀)○아헌관이하재위자동(亞獻官以下在位者同)○찬자역창(贊者亦唱)○집례왈(執禮曰)○지곡사배(止哭四拜)○찬례(贊禮)○계청지곡흥사배흥평신(啓請止哭興四拜興平身)○전하(殿下)○지곡흥사배흥평신(止哭興四拜興平身)○아헌관이하재위자동(亞獻官以下在位者同)○찬자역창(贊者亦唱)○찬례(贊禮)○계례필(啓禮畢)○부복흥(俯伏興)○도전하(導殿下)○환제전(還齊殿)○상의원관(尙衣院官)○진곤룡포(進袞龍袍)○옥대(玉帶)○약혼전비궁내(若魂殿非宮內)○칙환궁산선(則還宮繖扇)○장위(仗衛)○도종여상의(導從如常儀)○알자(謁者)○인아헌관(引亞獻官)○종헌관출(終獻官出)○인의(引儀)○인대군이하출(引大君以下出)○차인종친급문무백관출(次引宗親及文武百官出)○찬인(贊引)○인감찰급전사관이하(引監察及典祀官以下)○구복배위(俱復拜位)○집례왈(執禮曰)○사배(四拜)○찬자창(贊者唱)○국궁사배흥평신(鞠躬四拜興平身)○감찰급전사관이하(監察及典祀官以下)○국궁사배흥평신(鞠躬四拜興平身)○찬인(贊引)○이차인출(以次引出)○대축(大祝)○납신주여의(納神主如儀)○내상(內喪)○칙궁위령납주(則宮闈令納主)○집례(執禮)○수찬자(帥贊者)○알자(謁者)○찬인(贊引)○취배위(就拜位)○사배이출(四拜而出)○전사관(典祀官)○전사(殿司)○각솔기속(各帥其屬)○철례찬(徹禮饌)○대축(大祝)○봉축폐(捧祝幣)○예어감(瘞於坎)○종친급문무백관(宗親及文武百官)○예제전전(詣齊殿前)○서립궤(序立跪)○반수(班首)○진명봉위(進名奉慰)○약내상재선(若內喪在先)○칙십오월이담(則十五月而禫)○선근일택길행지(先近日擇吉行之)○종친(宗親)○문무백관(文武百官)○무배제(無陪祭)○왕세자(王世子)○제계여의(齊戒如儀)○견서례(見序例)○이담복입곡출(以禫服入哭

出)○복무양적색흑의(服無揚赤色黑衣)○행제(行祭)○대군이하동(大君以下同)○아헌관이하제집사(亞獻官以下諸執事)○복길복(服吉服)

부묘의(祔廟儀)

○시일(時日)
○담후(禫後)○우길제이부(遇吉祭而祔)○길제(吉祭)○즉시향종묘(即時享宗廟)○견길례(見吉禮)

●고종묘(告宗廟)

전일일(前一日)○고종묘(告宗廟)○찬품(饌品)○행례여상고의필(行禮如常告儀畢)○재랑등(齊郎等)○이요여진어당천실호외(以腰轝陳於當遷室戶外)○대왕여재서(大王轝在西)○왕후여재동(王后轝在東)○후방차(後倣此)○대축(大祝)○궁위령(宮闈令)○각봉신주궤(各捧神主匱)○출(出)○칙대왕신주선출(則大王神主先出)○입(入)○칙왕후신주선입(則王后神主先入)○후방차(後倣此)○안어여(安於轝)○봉천어서협실감중(奉遷於西夾室堛中)○기악장등물(其幄帳等物)○병이설(幷移設)○우이요여(又以腰轝)○봉차실이하신주궤(捧次室以下神主匱)○의차이안어감실(依次移安於堛室)○이악장등물(移幄帳等物)○각천입본실(各遷入本室)○기신주실응연악장등물(其新主室應緣幄帳等物)○유사(攸司)○선조(先造)○지부일(至祔日)○진설어실중(陳設於室中)

●고혼전(告魂殿)

전일일(前一日)○고혼전(告魂殿)○찬품(饌品)○행례여삭망제의(行禮如朔望祭儀)

●거가출궁(車駕出宮)

○견길례서례(見吉禮序例)○유가장지혼전외문외(唯駕將至魂殿外門外)○시신(侍臣)○하마(下馬)○분립국궁(分立鞠躬)○과칙평신(過則平身)○가지(駕至)○좌통례(左通禮)○진당련전(進當輦前)○궤계청강련승여(跪啓請降輦陞輿)○전하(殿下)○강련승여(降輦乘輿)○입제전(入齊殿)○석원유관(釋遠遊冠)○강사포(絳紗袍)○산선(繖扇)○시위여상의(侍衛如常儀)○종친급문무백관(宗親及文武百官)○취차(就次)○석조복(釋朝服)○숙위여상(宿衛如常)

●고동가(告動駕)

전일일(前一日)○전설사(典設司)○설전하악차어혼전중문외근동서향(設殿下幄次於魂殿中門外近東西向)○우어종묘(又於宗廟)○설차여상(設次如常)○설신주악좌어묘남문외도서동향(設神主幄座於廟南門外道西東向)○설상급욕석어악내(設牀及褥席於幄內)○왕후병부(王后幷祔)○칙각설상석(則各設牀席)○섭사복사정(攝司僕寺正)○진여(進輿)○련(輦)○병조정랑(兵曹正郞)○진산선(陳繖扇)○장위(仗衛)○향정등어혼전외문외(香亭等於魂殿外門外)○집례(執禮)○설전하욕위어혼전동계동남서향(設殿下褥位於魂殿東階東南西向)○설집사자위어중문내지서북향동상(設執事者位於中門內之西北向東上)○집례위어동계하근서서향(執禮位於東階下近西西向)○찬자(贊者)○찬인(贊引)○재남차퇴북상(在南差退北上)○설종친급문무백관(設宗親及文武百官)○감찰위어외정여상(監察位於外庭如常)○설문외위(設門外位)○제집사어중문외도동(諸執事於中門外道東)○중행북향서상(重行北向西上)

기일(其日)○미행사전(未行事前)○내시(內侍)○정불신악(整拂神幄)○전사관(典祀官)○전사(殿司)○각수기속입(各帥其屬入)○전축판어신위지우(奠祝版於神位之右)○유점(有坫)○설향로(設香爐)○향합병촉어신위전(香合幷燭於神位前)○차설례찬(次設禮饌)○견서례(見序例)○설존어호외지좌(設尊於戶外之左)○치잔일어존소(置盞一於尊所)

전삼각(前三刻)○종친급문무백관(宗親及文武百官)○구조복(具朝服)○개취외문외위(皆就外門外位)

전일각(前一刻)○제집사(諸執事)○구제복취문외위(具祭服就門外位)○관수이입(盥手而入)○집례(執禮)○솔찬자(帥贊者)○찬인(贊引)○입전정(入殿庭)○중행북향서상(重行北向西上)○사배흘(四拜訖)○취위(就位)○찬인(贊引)○인감찰급전사관이하(引監察及典祀官以下)○입취전정(入就殿庭)○중행북향서상(重行北向西上)○집례왈(執禮曰)○사배(四拜)○찬자창(贊者唱)○국궁사배흥평신(鞠躬四拜興平身)○감찰급전사관이하(監察及典祀官以下)○국궁사배흥평신(鞠躬四拜興平身)○찬인(贊引)○인감찰급전사관이하(引監察及典祀官以下)○각취위(各就位)○인의(引儀)○분인종친급문무백관(分引宗親及文武百官)○입취위(入就位)○대축(大祝)○승자동계(陞自東階)○예신위전(詣神位前)○개궤(開匱)○봉출신주(捧出神主)○설어좌(設於座)○복이백저건(覆以白紵巾)○왕후병부(王后并祔)○칙궁위령설주(則宮闈令設主)○복이청저건(覆以靑紵巾)○설궤어후(設几於後)○좌통례(左通禮)○진당제전전(進當齊殿前)○약혼전비궁내(若魂殿非宮內)○칙전일일(則前一日)○출궁(出宮)○여시향종묘출궁의(如時享宗廟出宮儀)○부복궤(俯伏跪)○계청중엄(啓請中嚴)○전사관(典祀官)○전사(殿司)○진선흘(進膳訖)○좌통례(左通禮)○궤계외판(跪啓外辦)○전하(殿下)○구면복출(具冕服出)○관세이출(盥帨而出)○찬례(贊禮)○도전하(導殿下)○입취위(入就位)○근시종입(近侍從入)○산선급호위관(繖扇及護衛官)○정어문외(停於門外)○집례왈(執禮曰)○사배(四拜)○찬례(贊禮)○부복궤(俯伏跪)○계청국궁사배흥평신(啓請鞠躬四拜興平身)○전하(殿下)○국궁사배흥평신(鞠躬四拜興平身)○종친급문무백관동(宗親及文武百官同)○찬자역창(贊者亦唱)○범집례유사(凡執禮有辭)○찬자개전창(贊者皆傳唱)○후방차(後倣此)○찬례(贊禮)○도전하(導殿下)○승자동계(陞自東階)○예준소(詣尊所)○서향립(西向立)○근시일인(近侍一人)○작주(酌酒)○일인(一人)○이잔수주(以盞受酒)○찬례(贊禮)○도전하(導殿下)○입예신주전(入詣神主前)○북향립(北向立)○찬례(贊禮)○부복궤(俯伏跪)○계청궤진규(啓請跪搢圭)○전하(殿下)○궤진규(跪搢圭)○여진부편(如搢不便)○근시승봉(近侍承捧)○종친급문무백관궤(宗親及文武百官跪)○찬자역창(贊者亦唱)○근시일인(近侍一人)○봉향합(捧香合)○일인(一人)○봉향로(捧香爐)○궤진(跪進)○찬례(贊禮)○계청삼상향(啓請三上香)○근시(近侍)○전로우안(奠爐于案)○진향재동서향(進香在東西向)○전로재서동향(奠爐在西東向)○진잔(進盞)○전잔준차(奠盞准此)○근시(近侍)○이잔궤진(以盞跪進)○찬례계청(贊禮啓請)○집잔헌잔(執盞獻盞)○이잔수근시(以盞授近侍)○전우신위전(奠于神位前)○왕후병부(王后并祔)○칙유부잔(則有副盞)○찬례(贊禮)○계청출규부복흥소퇴북향궤(啓請出圭俯伏興少退北向跪)○대축(大祝)○진신위지우(進神位之右)○동향궤(東向跪)○독축문흘(讀祝文訖)○찬례(贊禮)○계청부복흥평신(啓請俯伏興平身)○전하(殿下)○부복흥평신(俯伏興平身)○종친급문무백관동(宗親及文武百官同)○찬자역창(贊者亦唱)○찬례(贊禮)○도전하(導殿下)○출호(出戶)○강복위(降復位)○집례왈(執禮曰)○사배(四拜)○찬례(贊禮)○부복궤(俯伏跪)○계청국궁사배흥평신(啓請鞠躬四拜興平身)○전하(殿下)○국궁사배흥평신(鞠躬四拜興平身)○종친급문무백관동(宗親及文武百官同)○찬자역창(贊者亦唱)○찬례(贊禮)○계례필(啓禮畢)○부복흥(俯伏興)○도전하출(導殿下出)○취중문외악차(就中門外幄次)○즉좌(卽座)○산선(繖扇)○시위여상의(侍衛如常儀)○인의(引儀)○분인종친급문무백관(分引宗親及文武百官)○출외문외(出外門外)○분좌우서립(分左右序立)○찬인(贊引)○인감찰급전사관이하(引監察及典祀官以下)○구복배위(俱復拜位)○집례왈(執禮曰)○사배(四拜)○찬자창(贊者唱)○국궁사배흥평신(鞠躬四拜興平身)○감찰급전사관이하(監察及典祀官以下)○국궁사배흥평신(鞠躬四拜興平身)○찬인(贊引)○인출(引出)○집례(執禮)○수찬자(帥贊者)○찬인(贊引)○취배위(就拜位)○사배이출(四拜而出)○대축(大祝)○납신주여의(納神主如儀)○전사관(典祀官)○솔기속(帥其屬)○철례찬(徹禮饌)○대축(大祝)○봉축판(捧祝版)○예어감(瘞於坎)

●신주예종묘(神主詣宗廟)

고동가제필(告動駕祭畢)○섭사복사정(攝司僕寺正)○진요여어호외(進腰轝於戶外)○림시(臨時)○설욕석(設褥席)○산선급요여(繖扇及腰轝)○진어정(陳於庭)○우진련어중문외남향(又進輦於中門外南向)○대가로부(大駕鹵簿)○배립어기전여식(排立於其前如式)○약왕후병부(若王后并祔)○칙여(則轝)○련(輦)○의장(儀仗)○각진(各陳)○종친급문무백관(宗親及文武百官)○취시립위(就侍立位)○섭좌통례(攝左通禮)○입예신좌전(入詣神座前)○북향부복궤(北向俯伏跪)○계청강좌승여부묘(啓請降座乘轝祔廟)○부복흥퇴(俯伏興退)○약왕후병부(若王后并祔)○칙예왕후신좌계청동(則詣王后神座前啓請同)○내시(內侍)○봉책(捧冊)○보수집사자(寶授執事者)○치어요여(置於腰轝)○책어재동(冊轝在東)○보여재서(寶轝在西)○차내시(次內侍)○봉궤(捧几)○치어여(置於轝)○대축(大祝)○봉신주궤(捧神主匱)○안어궤전(安於几前)○약왕후병부(若王后并祔)○칙궁위령봉안(則宮闈令捧安)○후방차(後倣此)○부시(扶侍)○강자중계(降自中階)○산선(繖扇)○시위여상의(侍衛如常儀)○섭좌통례(攝左通禮)○전도(前導)○지련전욕위(至輦前褥位)○림시설(臨時設)○섭좌통례(攝左通禮)○부복궤(俯伏跪)○계청강여승련(啓請降轝乘輦)○범여(凡轝)○련승강(輦乘降)○섭좌통례(攝左通禮)○개진전부복궤(皆進前俯伏跪)○계청(啓請)○대축(大祝)○봉신주궤(捧神主匱)○안어련(安於輦)○섭좌통례(攝左通禮)○계청가진발(啓請駕進發)○부복흥(俯伏興)○신련동(神輦動)○섭좌통례(攝左通禮)○협인이출(夾引以出)○약유공신(若有功臣)○칙기위판요여(則其位版腰轝)○주가동(住駕東)○지시내출(至是乃出)○행우신련후(行于神輦後)○장위(仗衛)○도종여상(導從如常)○고취진작(鼓吹振作)○신련지(神輦至)○종친급문무백관(宗親及文武百官)○국궁(鞠躬)○과즉평신(過則平身)○좌통례(左通禮)○진당악차전(進當幄次前)○부복궤(俯伏跪)○계청출차승련(啓請出次乘輦)○전하(殿下)○출차승련(出次乘輦)

○산선(繖扇)○시위여상의(侍衛如常儀)○가지(駕至)○종친급문무백관(宗親及文武百官)○국궁(鞠躬)○과칙평신(過則平身)○이차시위(以次侍衛)○지종묘외문외(至宗廟外門外)○제향관(諸享官)○각구조복(各具朝服)○알자(謁者)○인립어외문외도좌남상(引立於外門外道左南上)○국궁영(鞠躬迎)○과칙평신(過則平身)○고취지(鼓吹止)○분좌우사향흘퇴(分左右俟享訖退)○섭사복사정(攝司僕寺正)○진요여어신련전(進腰轝於神輦前)임시설욕석(臨時設褥席)○섭좌통례(攝左通禮)○진당신련전(進當神輦前)○부복궤(俯伏跪)○계청강련승여(啓請降輦乘轝)○부복흥(俯伏興)○대축(大祝)○봉신주궤(捧神主匱)○안어여(安於轝)○신여지묘남문외악전(神轝至廟南門外幄前)○섭좌통례(攝左通禮)○부복궤(俯伏跪)○계청강여입악(啓請降轝入幄)○부복흥(俯伏興)○대축(大祝)○봉신주궤(捧神主匱)○안어악좌(安於幄座)왕후병부(王后幷祔)칙왕후신주재좌(則王后神主在左)○산선급의장(繖扇及儀仗)○병어악전(竝於幄前)○분좌우진렬(分左右陳列)공신요여(功臣腰轝)○지어묘남문외근남북향(止於廟南門外近南北向)○사신주승부후(俟神主陞祔後)○집사자(執事者)○봉위판(捧位版)○종서문입(從西門入)○안어위(安於位)○사향필퇴(俟享畢退)○초가지외문외(初駕至外門外)○좌통례(左通禮)○진당련전(進當輦前)○부복궤(俯伏跪)○계청강련승여(啓請降輦乘輿)○전하(殿下)○강련승여(降輦乘輿)○좌(左)○우통례(右通禮)○도전하(導殿下)○입제궁(入齊宮)○산선(繖扇)○시위여상의(侍衛如常儀)○기부향응연제계(其祔享應緣齊戒)○소제(掃除)○진설준(陳設尊)○이(彛)○주(酒)○예(醴)○점(坫)○작(爵)○성생고결(省牲告潔)○진서축판(進署祝版)겸술부향의(兼述祔享意)○진악기(陳樂器)○병여시향상의(竝如時享常儀)○유신련장지묘(唯神輦將至廟)○유사(攸司)○설부알욕위어묘정근북당중북향(設祔謁褥位於廟庭近北當中北向)○약왕후병부(若王后幷祔)○칙대왕욕위재서(則大王褥位在西)

●신과(晨課)

향일축전오각(享日丑前五刻)○축전오각(丑前五刻)○즉삼경삼점(卽三更三點)○행사용축시일각(行事用丑時一刻)○궁위령(宮闈令)○솔기속(帥其屬)○개실(開室)○정불신악(整拂神幄)○포연(鋪筵)○설궤(設几)○전사관(典祀官)○묘사(廟司)○각수기속입(各帥其屬入)○실찬구필(實饌具畢)○찬인(贊引)○인감찰승자조계(引監察陞自阼階)제향관승강(諸享官陞降)○개자조계(皆自阼階)○안시당지상하규찰부여의자(按視堂之上下糾察不如儀者)○환출(還出)전삼각(前三刻)○제향관급배향관(諸享官及陪享官)○각복기복(各服其服)향관제복(享官祭服)○배향관조복(陪享官朝服)○집례(執禮)○솔찬자(帥贊者)○알자(謁者)○찬인(贊引)○입자동문(入自東門)○선취계간현북배위(先就階間懸北拜位)○중행북향서상(重行北向西上)○사배흘(四拜訖)○각취위(各就位)○전악(典樂)○수공인이무(帥工人二舞)○입취위(入就位)○인의(引儀)○분인배향종친급문무백관(分引陪享宗親及文武百官)○입취위(入就位)○알자(謁者)○찬인(贊引)○각인제향관(各引諸享官)○구취동문외위(俱就東門外位)○좌통례(左通禮)○취제궁전(就齊宮前)○부복궤(俯伏跪)○계청중엄(啓請中嚴)○찬인(贊引)○인감찰(引監察)○전사관(典祀官)○대축(大祝)○축사(祝史)○제랑(齊郎)○묘사(廟司)○궁위령(宮闈令)○협률랑(協律郎)○봉조관(奉俎官)○집존뢰비멱자(執尊罍篚冪者)○칠사공신축사(七祀功臣祝史)○제랑(齊郎)○집존뢰비멱자(執尊罍篚冪者)○입취현북배위중행북향서상립정(入就懸北拜位重行北向西上立定)○집례왈(執禮曰)○사배(四拜)○찬자전창(贊者傳唱)범집례유사(凡執禮有辭)○찬자개전창(贊者皆傳唱)○감찰급전사관이하(監察及典祀官以下)○개사배흘(皆四拜訖)○찬인(贊引)○인감찰급전사관취위(引監察及典祀官就位)○찬인(贊引)○인제집사(引諸執事)○예관세위(詣盥洗位)○관세흘(盥洗訖)○각취위(各就位)

전일각(前一刻)○알자(謁者)○인아헌관(引亞獻官)○찬인(贊引)○인종헌관(引終獻官)○진폐찬작관(進幣瓚爵官)○천조관(薦俎官)○전폐찬작관(奠幣瓚爵官)○칠사공신헌관입취위(七祀功臣獻官入就位)○찬인(贊引)○인묘사(引廟司)○대축(大祝)○궁위령(宮闈令)○승자조계(陞自阼階)○예제일실입(詣第一室入)○개감실(開堪室)○대축(大祝)○궁위령(宮闈令)○봉출신주(捧出神主)○설어좌(設於座)예신악내어궤후(詣神幄內於几後)○개궤(開匱)○설어좌(設於座)○선왕신주(先王神主)○대축(大祝)○봉출(捧出)○복이백저건(覆以白紵巾)○선후신주(先后神主)○궁위령(宮闈令)○봉출(捧出)○복이청저건(覆以青紵巾)○이서위상(以西爲上)○차예각실(次詣各室)○봉출(捧出)○병여상의흘(竝如上儀訖)○인강복위(引降復位)○찬인(贊引)○인제랑(引齊郎)○예작세위(詣爵洗位)○세찬식찬(洗瓚拭瓚)○세작식작(洗爵拭爵)○치어비(置於篚)○봉예태계(捧詣泰階)○제축사(諸祝史)○각영취어계상(各迎取於階上)○치어존소점상(置於尊所坫上)○전상제집사(殿上諸執事)○각수편강계상향서립(各遂便降階相向序立)○사신여승전(俟神輦陞殿)○각복계상위(各復階上位)○좌통례(左通禮)○예제궁전(詣齊宮前)○부복궤계외판(俯伏跪啓外辦)○전하(殿下)○구면복이출(具冕服以出)○산선(繖扇)○시위여상의(侍衛如常儀)○예의사(禮儀使)○도전하(導殿下)○지동문외(至東

門外)○근시(近侍)○궤진규(跪進圭)○예의사(禮儀使)○부복궤(俯伏跪)○계청집규(啓請執圭)○전하집규(殿下執圭)○산선(繖扇)○장위(仗衛)○정어문외(停於門外)○상서원관(尙瑞院官)○봉보(捧寶)○진어소차지측(陳於小次之側)○예의사(禮儀使)○도전하(導殿下)○입자정문(入自正門)○시위부응입자(侍衛不應入者)○지어문외(止於門外)○예판위(詣版位)○서향립(西向立)○매립정(每立定)○례의사퇴부복어좌(禮儀使退俯伏於左)○초전하장입문(初殿下將入門)○섭좌통례(攝左通禮)○진당악좌전(進當幄座前)○부복궤(俯伏跪)○계청강좌승여부알(啓請降座陞輿祔謁)○부복흥(俯伏興)○내시(內侍)○봉궤(捧几)○치어여(置於輿)○대축(大祝)○봉신주궤(捧神主匱)○안어궤후흘(安於几後訖)○집례(執禮)○당하집례(堂下執禮)○출인신여지문(出引神輿至門)○산선급의장(繖扇及儀仗)○정렬어문외좌우(停列於門外左右)○시위자(侍衛者)○개퇴(皆退)○집사자(執事者)○배신여(陪神輿)○입자정문(入自正門)○치어부알위후욕석상(置於祔謁位後褥席上)○임시설(臨時設)○대축(大祝)○봉궤안어부알위근남(捧匱安於祔謁位近南)○개궤(開匱)○봉출신주(捧出神主)○안어욕위흘(安於褥位訖)○섭좌통례(攝左通禮)○진욕위지서(進褥位之西)○북향부복궤계칭(北向俯伏跪啓稱)○이금길진모호대왕부알(以今吉辰某號大王祔謁)○약왕후병부(若王后幷祔)○칙운모호대왕(則云某號大王)○모호왕후부알(某號王后祔謁)○부복흥퇴(俯伏興退)○소경(少頃)○섭좌통례(攝左通禮)○진욕위지서(進褥位之西)○동향부복궤계청승여부향(東向俯伏跪啓請陞輿祔享)○부복흥퇴강(俯伏興退降)○취본반(就本班)○대축(大祝)○진부복궤(進俯伏跪)○봉신주(捧神主)○안어여(安於輿)○기궤개(其匱蓋)○역치여상근후(亦置輿上近後)○신여(神輿)○기승(旣陞)○승자태계(陞自泰階)○대축(大祝)○인지신실(引至新室)○내시(內侍)○봉궤(捧几)○치어좌(置於座)○대축(大祝)○봉신주(捧神主)○안어좌(安於座)○복이백저건(覆以白紵巾)○왕후병부(王后幷祔)○칙복이청저건(則覆以靑紵巾)○묘사(廟司)○솔기속(帥其屬)○각봉고명급책(各捧誥命及冊)○보입(寶入)○치어안(置於案)○차봉선(次捧扇)○개(蓋)○분설어좌우(分設於左右)○기요여(其腰輿)○강자동계(降自東階)○유동문출(由東門出)○집례왈(執禮曰)○예의사계청행사(禮儀使啓請行事)○예의사(禮儀使)○궤계유사근구청행사(跪啓有司謹具請行事)○자여강신(自餘降神)○궤식(饋食)○아종헌(亞終獻)○제칠사(祭七祀)○향공신(享功臣)○음복(飮福)○망예(望瘞)○병동시향상의(並同時享常儀)○유신입공신위(唯新入功臣位)○독교서(讀敎書)

●거가환궁(車駕還宮)

○견길례서례(見吉禮序例)○유의금부(唯義禁府)○군기사(軍器寺)○진나례(進儺禮)○기로(耆老)○유생급교방(儒生及敎坊)○각진가요(各進謌謠)○우어가요청급가항(又於謌謠廳及街巷)○결채(結綵)○궐문외좌우(闕門外左右)○결채붕(結綵棚)

●환궁후수하반교(還宮後受賀頒敎)

○견가례(見嘉禮)○유제도진전(唯諸道進箋)

●음복연(飮福宴)

○견가례(見嘉禮)○정친연(停親宴)○칙명유사(則命攸司)○사제향관연(賜諸享官宴)

제위판의(題位版儀)

전일일(前一日)○전설사(典設司)○설악차어혼전서계상동향(設幄次於魂殿西階上東向)○봉상사관(奉常寺官)○설상급욕석어악내(設牀及褥席於幄內)○왕후병부(王后幷祔)○칙각설상석(則各設牀席)○선조위판(先造位版)○견서례(見序例)○성이상(盛以箱)○복이말(覆以帕)○안어요여(安於腰輿)○예악전(詣幄前)○대축(大祝)○봉안어욕위(捧安於褥位)○설탁삼어신위동남서향(設卓三於神位東南西向)○제위판탁재북(題位版卓在北)○차필연탁(次筆硯卓)○차관반탁(次盥槃卓)○구필연묵(具筆硯墨)○광칠(光漆)○관반(盥槃)○관이(盥匜)○구향탕(具香湯)○건(巾)○용백세저포(用白細紵布)○집례(執禮)○설전하욕위(設殿下褥位)○설집사자(設執事者)○집례(執禮)○찬자(贊者)○찬인위어정(贊引位於庭)○종친급문무백관(宗親及文武百官)○감찰위어외정(監察位於外庭)○병구고동가의(並具告動駕儀)○설제위판관위어중문내지서북향(設題位版官位於中門內之西北向)○여고동가제집사(與告動駕祭執事)○위일행(爲一行)

기일(其日)○유사(攸司)○설찬(設饌)○종친급문무백관(宗親及文武百官)○구조복(具朝服)○제집사(諸執事)○구제복(具祭服)○취문외위(就門外位)○집례(執禮)○솔찬자(帥贊者)○찬인(贊引)○입전정(入殿庭)○중행북향(重行北向)○사배흘(四拜訖)○취위(就位)○찬인(贊引)○인제위판관(引題位版官)○감찰(監察)○전사관이하(典祀官以下)○입정북향(入庭北向)○사배흘(四拜訖)○취위

(就位)○관수이입(盥手而入)○인의(引儀)○분인종친급문무백관(分引宗親及文武百官)○입취위(入就位)○대축(大祝)○봉출신주(捧出神主)○설어좌(設於座)○좌통례(左通禮)○진당제전전(進當齊殿前)○부복궤(俯伏跪)○계청중엄(啓請中嚴)○소경(小頃)○궤계외판(跪啓外辦)○전하(殿下)○구면복출(具冕服出)○관세이출(盥帨而出)○찬례(贊禮)○도전하(導殿下)○입취위(入就位)○집례왈(執禮曰)○사배(四拜)○찬례(贊禮)○부복궤(俯伏跪)○계청국궁사배흥평신(啓請鞠躬四拜興平身)○전하(殿下)○국궁사배흥평신(鞠躬四拜興平身)○종친급문무백관동(宗親及文武百官同)○찬자역창(贊者亦唱)○찬례(贊禮)○도전하(導殿下)○승자동계(陞自東階)○예탁전(詣卓前)○북향립(北向立)○대축(大祝)○승자동계(陞自東階)○예악(詣幄)○봉위판궤(捧位版匱)○입치우탁(入置于卓)○개궤(開匱)○봉위판(捧位版)○욕이향탕(浴以香湯)○식이건(拭以巾)○와치우탁(臥置于卓)○제위판관(題位版官)○승자동계(陞自東階)○예탁전(詣卓前)○서향립(西向立)○제운(題云)○모호대왕(某號大王)○왕후병부(王后幷祔)○칙제운(則題云)○모호왕후(某號王后)○묵서흘(墨書訖)○광칠중모지(光漆重模之)○대묵서건(待墨書乾)○내중모지(乃重模之)○궤(跪)○부복흥강복위(俯伏興降復位)○대축(大祝)○봉위판(捧位版)○납우궤(納于匱)○안어신주후(安於神主後)○찬례(贊禮)○도전하(導殿下)○출호(出戶)○강복위(降復位)○권취제전(權就齊殿)○봉상사관(奉常寺官)○철탁(徹卓)○인의(引儀)○분인종친(分引宗親)○문무백관출(文武百官出)○찬례(贊禮)○도전하(導殿下)○작헌(酌獻)○구고동가의(具告動駕儀)

부문소전의(祔文昭殿儀)

전일일(前一日)○고문소전(告文昭殿)○찬품(饌品)○행례여상고의(行禮如常告儀)○전설사(典設司)○설악어문소전중문외지서동향(設幄於文昭殿中門外之西東向)○봉상사관(奉常寺官)○설상급욕석어악내(設牀及褥席於幄內)○기신실응연악장등물(其新室應緣幄帳等物)○유사선조(攸司先造)○지부일진설(至祔日陳設)

기일(其日)○신주(神主)○기예종묘(旣詣宗廟)○섭사복사정(攝司僕寺正)○진요여어혼전호외(進腰轝於魂殿戶外)○림시(臨時)○설욕석(設褥席)○우진련어중문외남향(又進輦於中門外南向)○병조정랑(兵曹正郞)○진법가로부(陳法駕鹵簿)○향정등어기전(香亭等於其前)○왕후병부(王后幷祔)○칙여(則轝)○련(輦)○의장(儀仗)○각진(各陳)○종친급문무백관각일원(宗親及文武百官各一員)○잉조복(仍朝服)○취외문외(就外門外)○문동무서(文東武西)○시립(侍立)○섭좌통례(攝左通禮)○입예위판전(入詣位版前)○북향부복궤계청강좌승여부문소전(北向俯伏跪啓請降座乘轝祔文昭殿)○부복흥(俯伏興)○왕후병부(王后幷祔)○칙예왕후위판전(則詣王后位版前)○계청동(啓請同)○후방차(後倣此)○대축(大祝)○봉위판궤(捧位版匱)○안어요여(安於腰轝)○왕후병부(王后幷祔)○칙궁위령봉안(則宮闈令捧安)○후방차(後倣此)○부시강자중계(扶侍降自中階)○왕후병부(王后幷祔)○칙내시봉여(則內侍捧轝)○산선(繖扇)○시위여상의(侍衛如常儀)○섭좌통례(攝左通禮)○전도(前導)○지련전욕위(至輦前褥位)○림시설(臨時設)○섭좌통례(攝左通禮)○부복궤(俯伏跪)○계청강여승련(啓請降轝乘輦)○범여(凡轝)○련승강(輦乘降)○섭좌통례(攝左通禮)○개진전부복궤계청(皆進前俯伏跪啓請)○대축(大祝)○봉위판궤(捧位版匱)○안어련(安於輦)○섭좌통례(攝左通禮)○계청가진발(啓請駕進發)○부복흥(俯伏興)○신련동(神輦動)○섭좌통례(攝左通禮)○협인이출(夾引以出)○장위(仗衛)○도종여상(導從如常)○고취진작(鼓吹振作)○신련지(神輦至)○종친급문무백관(宗親及文武百官)○국궁(鞠躬)○과칙평신(過則平身)○이차시위(以次侍衛)○지문소전외문외(至文昭殿外門外)○제향관(諸享官)○각구조복(各具朝服)○립어도좌남상(立於道左南上)○국궁영(鞠躬迎)○과칙평신(過則平身)○고취지(鼓吹止)○분좌우사향흘(分左右俟享訖)○퇴(退)○섭사복사정(攝司僕寺正)○진요여어신련전(進腰轝於神輦前)○림시(臨時)○설욕석(設褥席)○섭좌통례(攝左通禮)○진당신련전(進當神輦前)○부복궤(俯伏跪)○계청강련승여(啓請降輦陞轝)○부복흥(俯伏興)○대축(大祝)○봉위판궤(捧位版匱)○안어여신(安於轝神)○여지중문외악전(轝至中門外幄前)○섭좌통례(攝左通禮)○부복궤(俯伏跪)○계청강여입악(啓請降轝入幄)○부복흥(俯伏興)○대축(大祝)○봉위판궤(捧位版匱)○안어악좌(安於幄座)○왕후병부(王后幷祔)○칙왕후위판재좌(則王后位版在左)○산선급의장(繖扇及儀仗)○병어악전분좌우진렬(竝於幄前分左右陳列)○사향필(俟享畢)○퇴(退)○종친급문무백관내퇴(宗親及文武百官乃退)○기부향응연제계(其祔享應緣齊戒)○소제(掃除)○진설존(陳設尊)○주(酒)○축판(祝版)○진악(陳樂)○병여시향상의(竝如時享常儀)○유신련장지문소전(唯神輦將至文昭殿)○유사(攸司)○설부알욕위어전정근북당중북향(設祔謁褥位於殿庭近北當中北向)○왕후병부(王后幷祔)○칙대왕욕위재서(則大

王褥位在西)

●행례(行禮)

향일 축전오각(享日丑前五刻)○축전오각(丑前五刻)○즉삼경삼점(卽三更三點)○행사용축시일각(行事用丑時一刻)○전사(殿司)○개전전감실(開前殿龕室)○정불신악(整拂神幄)○포연(鋪筵)○전사관(典祀官)○전사(殿司)○각솔기속입(各帥其屬入)○실례찬필(實禮饌畢)○찬인(贊引)○인감찰(引監察)○승자동계(陞自東階)○제집사승강(諸執事陞降)○개자동계(皆自東階)○점시진설(點視陳設)전삼각(前三刻)○헌관이하제집사(獻官以下諸執事)○각복기복(各服其服)○관세흘(盥帨訖)○구취문외위(俱就門外位)○집사자(執事者)○각봉요여(各捧腰轝)대왕여(大王轝)○충찬위(忠贊衛)○왕후여(王后轝)○내시(內侍)○진어후전각실호외(陳於後殿各室戶外)○개남향서상(皆南向西上)○대축(大祝)○궁위령(宮闈令)○각봉신위판궤(各捧神位版匱)○안어여(安於轝)○집사자(執事者)○이차봉여(以次捧轝)○예전전각실호외(詣前殿各室戶外)○대축(大祝)○봉태조신위판궤(捧太祖神位版匱)○궁위령(宮闈令)○봉왕후신위판궤(捧王后神位版匱)○유중호입(由中戶入)○안어감실남향서상(安於龕室南向西上)○전사(殿司)○수기속(帥其屬)○봉선개(捧扇蓋)○설어신좌전좌우(設於神座前左右)○차봉각실신위판궤(次捧各室神位版匱)○이차입안어감실(以次入安於龕室)○선소일실(先昭一室)○차목일실(次穆一室)○차소이실(次昭二室)○차목이실(次穆二室)○소위(昭位)○유동호입서향(由東戶入西向)○목위(穆位)○유서호입동향(由西戶入東向)○구북상(俱北上)○태조급목위여(太祖及穆位轝)○치어전지서(置於殿之西)○소위여(昭位轝)○치어전지동(置於殿之東)○부복흥내출(俯伏興乃出)

전일각(前一刻)○찬자(贊者)○알자(謁者)○찬인(贊引)○선취계간배위(先就階間拜位)○사배흘(四拜訖)○취위(就位)○전악(典樂)○수공인(帥工人)○입취위(入就位)○찬인(贊引)○인감찰급전사관(引監察及典祀官)○제집사(諸執事)○입취배위(入就拜位)○중행북향서상(重行北向西上)○입정(立定)○찬자창(贊者唱)○국궁사배흥평신(鞠躬四拜興平身)○감찰이하(監察以下)○국궁사배흥평신(鞠躬四拜興平身)○찬인(贊引)○인감찰급전사관이하(引監察及典祀官以下)○각취위(各就位)○대축(大祝)○궁위령(宮闈令)○각이차개궤(各以次開匱)○봉출신위판(捧出神位版)○설어좌(設於座)○전상제집사(殿上諸執事)○각축편강계상향서립(各逐便降階相向序立)○사신여승전(俟神轝陞殿)○각복계상(各復階上)○알자(謁者)○인헌관(引獻官)○입취위(入就位)○서향립(西向立)○섭좌통례(攝左通禮)○진당악좌전(進當幄座前)○부복궤(俯伏跪)○계청강좌승여부알(啓請降座陞轝祔謁)○부복흥(俯伏興)○대축(大祝)○봉신위판궤(捧神位版匱)○안어여(安於轝)○찬자출(贊者出)○인신여지문(引神轝至門)○산선급의장(繖扇及儀仗)○정렬어문외좌우(停列於門外左右)○집사자(執事者)○봉신여(捧神轝)○입자정문(入自正門)○치어부알위후욕석상(置於祔謁位後褥席上)○임시설(臨時設)○대축(大祝)○봉궤(捧匱)○안어부알위근남(安於祔謁位近南)○개궤(開匱)○봉출신위판(捧出神位版)○안어욕위흘(安於褥位訖)○섭좌통례(攝左通禮)○진욕위지서(進褥位之西)○북향부복궤계칭(北向俯伏跪啓稱)○이금길진모호대왕부알(以今吉辰某號大王祔謁)왕후병부(王后并祔)○칙운모호대왕(則云某號大王)○모호왕후부알(某號王后祔謁)○부복흥퇴(俯伏興退)○소경(少頃)○섭좌통례(攝左通禮)○진욕위지서(進褥位之西)○동향부복궤계청승여부향(東向俯伏跪啓請乘轝祔享)○부복흥퇴(俯伏興退)○대축(大祝)○진부복궤(進俯伏跪)○봉신위판(捧神位版)○안어여(安於轝)○기궤개(其匱蓋)○역치여상근후(亦置轝上近後)○신여기승승자중계(神轝旣陞陛自中階)○대축(大祝)○인지신실호외욕위(引至新室戶外褥位)○임시설(臨時設)○봉신위판(捧神位版)○안어좌(安於座)○유동호(由東戶)○혹유서호(或由西戶)○급기요여치처(及其腰轝置處)○림시(臨時)○종소목지서(從昭穆之序)○자여참신(自餘參神)○진선(進膳)○작헌(酌獻)○음복(飮福)○사신(辭神)○납신위판(納神位版)○축판예감(祝版瘞坎)○병동시향상의(竝同時享常儀)○유신실악장(唯神室樂章)○신제(新製)

위외조부모거애(爲外祖父母擧哀)

문부즉일(聞訃卽日)○예조(禮曹)○선섭내외(宣攝內外)○각공기직(各供其職)○액정서(掖庭署)○설거애위(設擧哀位)○용소(用素)○어별전당중남향(於別殿當中南向)○전의(典儀)○설왕세자차어외정근동서향(設王世子次於外庭近東西向)○전의(典儀)○설왕세자곡위어전정도동(設王世子哭位於殿庭道東)○문관일품이하위어왕세자지후(文官一品以下位於王世子之後)○종친급무관일품이하어도서(宗親及武官一品以下位於道西)○구매등이위(俱每等異位)○중행북향(重行北向)○상대위수(相對爲首)○종친(宗親)○매품반두(每品班頭)○별설위(別設位)○대군(大君)○특설위어정일품지전(特設位於正一品之前)○약전정착협(若殿庭窄狹)○칙설삼품이하위어외정(則設三品以下位於外庭)○여전정(如殿庭)○설반수봉위위어계하북향(設班首

奉慰位於階下北向)○감찰위어문(監察位於文)○무매품반말동서상향(武每品班末東西相向)○전의위어문관동북서향(典儀位於文官東北西向)○찬의(贊儀)○인의재남차퇴(引儀在南差退)○우찬의(又贊儀)○인의위어무관서북동향(引儀位於武官西北東向)○구북상(俱北上)○설문외위여상(設門外位如常)

고초엄(鼓初嚴)○병조(兵曹)○늑제위(勒諸衛)○열장위여상(列仗衛如常)○종친(宗親)○문무백관(文武百官)○구집조당(俱集朝堂)○개착백의(皆着白衣)○오사모(烏紗帽)○흑각대(黑角帶)

고이엄(鼓二嚴)○종친(宗親)○문무백관(文武百官)○개취문외위(皆就門外位)○왕세자(王世子)○구소복(具素服)○오사모(烏紗帽)○흑각대출(黑角帶出)○기찬내엄(其贊內嚴)○백외비(白外備)○병여상(並如常)○필선(弼善)○인취외차(引就外次)○시위여상(侍衛如常)○제호위지관급사금(諸護衛之官及司禁)○각구기복(各具器服)○예사정전합외(詣思政殿閤外)○사후(伺候)○좌통례(左通禮)○예합외궤(詣閤外跪)○부복계청중엄(俯伏啓請中嚴)○전하(殿下)○구소포(具素袍)○오사모(烏紗帽)○오서대(烏犀帶)○즉좌(卽座)○산선(繖扇)○용청(用靑)○시위여상(侍衛如常)

고삼엄(鼓三嚴)○전의(典儀)○찬의(贊儀)○인의(引儀)○감찰(監察)○선입취위(先入就位)○인의(引儀)○분인종친(分引宗親)○문무백관(文武百官)○입취위(入就位)○봉례(奉禮)○인왕세자(引王世子)○입취위(入就位)○보덕이하응종입자(輔德以下應從入者)○궤어배위동남서향북상(跪於拜位東南西向北上)○좌통례(左通禮)○궤계외판(跪啓外辦)○전하(殿下)○승여이출(乘輿以出)○좌(左)○우통례(右通禮)○도전하(導殿下)○승별전(陞別殿)○강여(降輿)○즉곡위(卽哭位)○남향좌(南向坐)○좌정(坐定)○좌(左)○우통례퇴(右通禮退)○부복어좌우(俯伏於左右)○산선(繖扇)○시위여상(侍衛如常)○상의원(尙衣院)○진쇠복(進衰服)○종속(從俗)○용추포대(用麤布帶)○오일이제(五日而除)○흘(訖)○전의왈(典儀曰)○사배(四拜)○찬의창(贊儀唱)○국궁사배흥평신(鞠躬四拜興平身)○범찬의찬창(凡贊儀贊唱)○개승전의지사(皆承典儀之辭)○왕세자이하재위자(王世子以下在位者)○국궁사배흥평신(鞠躬四拜興平身)○좌통례(左通禮)○궤계청위고모관(跪啓請爲故某官)○약모부인(若某夫人)○거애(擧哀)○전하곡(殿下哭)○찬의창(贊儀唱)○궤부복곡(跪俯伏哭)○왕세자이하재위자(王世子以下在位者)○궤부복곡(跪俯伏哭)○십오거성(十五擧聲)○좌통례(左通禮)○계청지곡(啓請止哭)○전하지곡(殿下止哭)○찬의창(贊儀唱)○지곡흥평신(止哭興平身)○왕세자이하재립자(王世子以下在立者)○지곡흥평신(止哭興平身)○봉례(奉禮)○인왕세자출(引王世子出)○인의(引儀)○인반수(引班首)○예봉위위궤(詣奉慰位跪)○찬의창(贊儀唱)○궤(跪)○종친(宗親)○문무백관(文武百官)○궤(跪)○반수(班首)○진명봉위흘(進名奉慰訖)○부복흥평신(俯伏興平身)○찬의창(贊儀唱)○부복흥평신(俯伏興平身)○종친(宗親)○문무백관(文武百官)○부복흥평신(俯伏興平身)○인의(引儀)○인반수(引班首)○환본위(還本位)○좌(左)○우통례(右通禮)○도전하(導殿下)○승여환내(乘輿還內)○산선(繖扇)○시위여래의(侍衛如來儀)○인의(引儀)○분인종친(分引宗親)○문무백관출(文武百官出)

◆위왕비부모거애(爲王妃父母擧哀) ○여외조부모거애례동(與外祖父母擧哀禮同)○유쇠복(唯衰服)○삼일이제(三日而除)

◆위왕자급부인(爲王子及夫人)

◆공주(公主)

◆옹주거애(翁主擧哀) ○여외조부모거애례동(與外祖父母擧哀禮同)○유설악차어문외도동(唯設幄次於門外道東)○행례(行禮)○무복(無服)

◆위내명부급종척거애(爲內命婦及宗戚擧哀) ○여위왕자거애례동(與爲王子擧哀禮同)○기거애여부(其擧哀與否)○수은사지천심(隨恩賜之淺深)

◆위귀신거애(爲貴臣擧哀) ○귀신(貴臣)○위직사정이품이상(謂職事正二品以上)○산관종일품이상(散官從一品以上)○여위왕자거애례동(與爲王子擧哀禮同)○기증경의정외거애여부(其曾經議政外擧哀與否)○수은사지천심(隨恩賜之淺深)

옹주상(翁主喪)

◆림왕자급부인(臨王子及夫人)

◆공주(公主)

림외조부모(臨外祖父母)○왕비부모(王妃父母)○종척(宗戚)○귀신상동(貴臣喪同)○유증경의정외(唯曾經議政外)○종척(宗戚)○귀신림상여부(貴臣臨喪與否)○수은사지천심(隨恩賜之淺深)

전기(前期)○예조(禮曹)○선섭내외(宣攝內外)○각공기직(各供其職)○전설사(典設司)○설행궁대차어주인제대문외지서남향(設行宮大次於主人第大門外之西南向)○설왕세자차어대차동남서향(設王世子次於大次東南西向)○우설왕세자차어소출궁문외근동서향(又設王世子次於所出宮門外近東西向)○수지지의(隨地之宜)○통례원(通禮院)○설왕세자이하배종지관시립위어궁문외여상(設王世子以下陪從之官侍立位於宮門外如常)

기일(其日)○액정서(掖庭署)○설전하편좌어대차지내남향(設殿下便座於大次之內南向)○설전하곡위(設殿下哭位)○용소(用素)○어주인당상당중남향(於主人堂上當中南向)○전의(典儀)○설왕세자이하배종관위어주인정중(設王世子以下陪從官位於主人庭中)○문동무서(文東武西)○구매등이위(俱每等異位)○중행북향(重行北向)○상대위수(相對爲首)○설반수봉위위북향(設班首奉慰位北向)○전의위어문관동북서향(典儀位於文官東北西向)○찬의(贊儀)○인의재남차퇴(引儀在南差退)○설주인곡위어정동북향(設主人哭位於庭東北向)○오속지친위어동계지동서향북상(五屬之親位於東階之東西向北上)○이복정추위서(以服精麤爲序)○이존자차전(而尊者差前)

고초엄(鼓初嚴)○병조(兵曹)○늑제위(勒諸衛)○진로부(陳鹵簿)○소가어궁문외여상(小駕於宮門外如常)○기소림행자(其所臨幸者)○약제린궁궐솔이왕환(若第隣宮闕率爾往還)○칙용부비로부여엄고(則容不備鹵簿與嚴鼓)○개품(皆稟)○당시별의(當時別儀)○기내외문무배종관(其內外文武陪從官)○준가비략(准駕備略)○배종지관(陪從之官)○각복상복(各服常服)○구집궁문외(俱集宮門外)○기소림행자오속지친(其所臨幸者五屬之親)○선집렬어주인지제(先集列於主人之第)

고이엄(鼓二嚴)○배종지관(陪從之官)○구취시립위(俱就侍立位)○왕세자(王世子)○복상복출(服常服出)○기찬내엄(其贊內嚴)○백외비(白外備)○병여상(竝如常)○필선(弼善)○인취외차(引就外次)○제호위지관급사금(諸護衛之官及司禁)○각구기복(各具器服)○예합외(詣閤外)○사후(伺候)○좌통례(左通禮)○예합외(詣閤外)○부복궤(俯伏跪)○계청중엄(啓請中嚴)고삼엄(鼓三嚴)○인왕세자출차(引王世子出次)○취시립위(就侍立位)○종성지(鍾聲止)○벽내외문(闢內外門)○좌통례(左通禮)○궤계외판(跪啓外辦)○전하(殿下)○구상복(具常服)○출궁(出宮)○산선(繖扇)○시위여상의(侍衛如常儀)○부명고취(不鳴鼓吹)○배종지관(陪從之官)○도종여상(導從如常)○가지행궁대차(駕至行宮大次)○장위지속(仗衛之屬)○진렬어대차지전좌우(陳列於大次之前左右)○산선(繖扇)○용청(用青)○시위여상의(侍衛如常儀)○좌통례(左通禮)○궤계청중엄(跪啓請中嚴)○전하(殿下)○변복소복(變服素服)○왕세자이하배종지관(王世子以下陪從之官)○개변복소복(皆變服素服)○무관(武官)○부변복(不變服)○주인상자(主人相者)○인주인내외(引主人內外)○오속지친(五屬之親)○각복최복(各服衰服)○취위곡(就位哭)○전의(典儀)○찬의(贊儀)○인의(引儀)○선입취위(先入就位)○인의(引儀)○분인배종지관(分引陪從之官)○입취위(入就位)○봉례(奉禮)○인왕세자(引王世子)○입취위(入就位)○좌통례(左通禮)○궤계외판(跪啓外辦)○전하(殿下)○승여이출(乘輿以出)○산선(繖扇)○시위여상(侍衛如常)○주인(主人)○거장면질(去杖免絰)○사의(司儀)○인출대문외(引出大門外)○망견차가(望見車駕)○지곡(止哭)○제친(諸親)○개지곡(皆止哭)○사배영(四拜迎)○잉인주인(仍引主人)○선입문우서향(先入門右西向)○부복사(俯伏俟)○전하과필(殿下過畢)○방기(方起)○좌통례(左通禮)○도전하(導殿下)○지당강여(至堂降輿)○소림상자비존질(所臨喪者非尊秩)○칙승여승당(則乘輿陞堂)○승자동계(陞自東階)○즉곡위(卽哭位)○기림왕자급부인(其臨王子及夫人)○공주(公主)○옹주지상급범내상(翁主之喪及凡內喪)○칙병행기전침차(則竝幸其前寢次)○기존응취상빈차자(其尊應就喪殯寢者)○칙림빈침소(則臨殯寢所)○무(巫)○축각일인(祝各一人)○선승(先陞)○무집도립어동남(巫執桃立於東南)○축집렬립어서남(祝執茢立於西南)○상향(相向)○대호군사인(大護軍四人)○집과수승(執戈隨陞)○이인선(二人先)○이인후(二人後)○제호위지관(諸護衛之官)○협승렬어호내외급계하좌우(夾陞列於戶內外及階下左右)○기장위로부(其仗衛鹵簿)○지렬어문내외여상(止列於門內外如常)○사의(司儀)○인주인(引主人)○입정중북향(入庭中北向)○전의왈(典儀曰)○사배(四拜)○찬의창(贊儀唱)○사배(四拜)○주인이하(主人以下)○개사배(皆四拜)○교인주인승(敎引主人陞)○사의(司儀)○인주인(引主人)○승취호내지동(陞就戶內之東)○서향부복(西向俯伏)○사의(司儀)지어호외(止於戶外)○찬의창(贊儀唱)○사배(四拜)○왕세자이하배종관(王世子以下陪從官)○개사배(皆四拜)○찬의창(贊儀唱)○궤(跪)○왕세자이하(王世子以下)○개궤(皆跪)○좌통례(左通禮)○궤계청곡(跪啓請哭)○전하곡(殿下哭)○찬의창(贊儀唱)○부복곡(俯伏哭)。왕세자이하(王世子以下)○개부복곡(皆俯伏哭)○주인역곡(主人亦哭)○십오거성(十五擧聲)○좌통례(左通禮)○궤계청지곡(跪啓請止哭)○전하지곡(殿下止哭)○찬의창(贊儀唱)○지곡부복흥평신(止哭俯伏興平身)○왕자이하(王子以下)○개지곡부복흥평신(皆止哭俯伏興平身)○봉례(奉禮)○인왕세자출(引王世子出)○인의(引儀)○인반수(引班首)○예봉위위궤(詣奉慰位跪)○찬의창(贊儀唱)○궤(跪)○배종관(陪從官)○개궤(皆跪)○반수(班首)○진명봉위흘(進名奉慰訖)○부복흥평신(俯伏興平身)○찬의창(贊儀唱)○부복흥평신(俯伏興平身)○배종관(陪從官)○개부복흥평신(皆俯伏興平身)○인의(引儀)○인반수(引班首)○환본위(還本位)○인의(引儀)○인배종관(引陪從官)○이차출(以次出)○사의(司儀)○인주인(引主人)○강립어정동북향(降立於庭東北向)○찬의창(贊儀唱)○사배(四拜)○주인이하(主人以下)○개사배(皆四拜)○전하(殿下)○강승여출(降乘輿出)○사의(司儀)○인주인선출(引主人先出)○사어대문외(俟於大門外)○배송(拜送)○좌(左)○우통례(右通禮)○도전하(導殿下)○지대차(至大次)○강여즉좌(降輿卽座)○변복상복(變服常服)○사의(司儀)○인주인곡(引主人哭)○환려차(還廬次)○왕세자이하배종지관(王世子以下陪從之官)○각어편차(各於便次)○변복상복(變服常服)○전하(殿下)○정대차(停大次)○일각경(一刻頃)○퇴고위초엄(槌鼓爲初嚴)○전장위로부어환도여래의(轉仗衛鹵簿於還途如來儀)○이각경(二刻頃)○퇴고위이엄(槌鼓爲二嚴)○사복사정(司僕寺正)○진련어대차전남향(進輦於大次前南向)○인의(引儀)○인배종지관(引陪從之官)○취시립위(就侍立位)○좌통례(左通禮)○예대차전(詣大次前)○궤계청중엄(跪啓請中嚴)○삼각경(三刻頃)○퇴고위삼엄(槌鼓爲三嚴)○봉례(奉禮)○인왕세자출(引王世子出)○취시립위(就侍立位)○좌통례(左通禮)○궤계외판(跪啓外辦)○전하(殿下)○출환궁여래의(出還宮如來儀)

옹주상(翁主喪)

◆견사조왕자급부인(遣使弔王子及夫人)

◆공주(公主)

조외조부모(弔外祖父母)○왕비부모(王妃父母)○종척(宗戚)○단면이상(祖免以上)○귀신(貴臣)○이품이상급공신(二品以上及功臣)○상동(喪同)

전기(前期)○예조(禮曹)○선섭내외(宣攝內外)○각공기직(各供其職)○전설사(典設司)○설사자차어주인제대문외지서남향(設使者次於主人第大門外之西南向)

기일(其日)○사자(使者)○지주인제(至主人第)○장차자(掌次者)○인지차(引之次)○복소복(服素服)○사의(司儀)○인주인이하(引主人以下)○취동계하(就東階下)○서향립곡(西向立哭)○사의(司儀)○인사자출차(引使者出次)○립어대문외지서동향(立於大門外之西東向)○사의입고(司儀入告)○주인(主人)○거장면질(去杖免絰)○사의(司儀)○인주인(引主人)○출내문(出內門)○지곡(止哭)○영어대문외(迎於大門外)○견빈(見賓)○선입립어문우북향(先入立於門右北向)○제친(諸親)○지곡(止哭)○사의(司儀)○인사자입(引使者入)○립어계간남향(立於階間南向)○사의(司儀)○인주인(引主人)○진당사자전(進當使者前)○북면부복(北面俯伏)○사자(使者)○칭유지조(稱有旨弔)○주인(主人)○곡(哭)○지곡(止哭)○사배퇴(四拜退)○립어동계하(立於東階下)○서면곡(西面哭)○제친개곡(諸親皆哭)○사의(司儀)○인사자출(引使者出)○복문외위(復門外位)○주인(主人)○출내문(出內門)○지곡(止哭)○배송어대문외(拜送於大門外)○사자환(使者還)○주인(主人)○질장곡이입(絰杖哭而入)

견사영증왕자(遣使榮贈王子)

○증외조부(贈外祖父)○왕비부(王妃父)○귀신(貴臣)○직사정이품이상(職事正二品以上)○동(同)
전기(前期)○전설사(典設司)○설사자차어주인제대문외지서남향(設使者次於主人第大門外之西南向)○사자(使者)○상복(常服)○이루자봉시호(以樓子捧諡號)○선시(先是)○봉상사(奉常寺)○이기실적의시(以其實迹議諡)○보례조(報禮曹)○례조이문리조(禮曹移文吏曹)○리조품지(吏曹稟旨)○정시(定諡)○지주인제(至主人第)○장차자(掌次者)○인지차(引之次)○사의(司儀)○인주인이하(引主人以下)○취동계하(就東階下)○서향립곡(西向立哭)○사자(使者)○출차(出次)○립어대문외지서동향(立於大門外之西東向)○서리이인(書吏二人)○대거시호안(對擧諡號案)○립어사자지후(立於使者之後)○사의입고(司儀入告)○주인(主人)○거장면질(去杖免絰)○사의(司儀)○인주인(引主人)○출내문(出內門)○지곡(止哭)○영어대문외(迎於大門外)○견빈(見賓)○선입립어문우북향(先入立於門右北向)○제친지곡(諸親止哭)○사의(司儀)○인사자입(引使者入)○승자동계(陞自東階)○지안자(持案者)○선행승립어구동북남향(先行陞立於柩東北南向)○사자(使者)○립어구동북서향(立於柩東北西向)○사의(司儀)○인주인(引主人)○립어계간북향(立於階間北向)○사의창(司儀唱)○사배(四拜)○주인(主人)○사배(四拜)○사자(使者)○취시호(取諡號)○지안자퇴(持案者退)○사자(使者)○칭유지(稱有旨)○주인궤(主人跪)○사자(使者)○선시호운운흘(宣諡號云云訖)○사의창(司儀唱)○부복흥사배(俯伏興四拜)○주인(主人)○부복흥사배(俯伏興四拜)○사의(司儀)○인주인(引主人)○승예사자전(陞詣使者前)○궤수시호퇴(跪受諡號退)○전어구동(奠於柩東)○강립어동계하곡(降立於東階下哭)○제친곡(諸親哭)○사의(司儀)○인사자출(引使者出)○복문외위(復門外位)○주인(主人)○출내문(出內門)○지곡(止哭)○배송어대문외(拜送於大門外)○사자환(使者還)○주인(主人)○질장곡이입(絰杖哭而入)○행분황례(行焚黃禮)○용홍지서지(用紅紙書之)

옹주상(翁主喪)

◆견사치전왕자급부인(遣使致奠王子及夫人)

◆공주(公主)

○치전외조부모(致奠外祖父母)○왕비부모(王妃父母)○종척단면이상(宗戚袒免以上)○귀신이품이상급공신(貴臣二品以上及功臣)○상동(喪同)
전기(前期)○전설사(典設司)○설사자차어주인제대문외지서남향(設使者次於主人第大門外之西南向)○사자(使者)○지주인제(至主人第)○장차자(掌次者)○인지차(引之次)○사의(司儀)○인주인(引主人)○취동계하(就東階下)○서향립곡(西向立哭)○사자(使者)○상복출차(常服出次)○립어대문외지서동향(立於大門外之西東向)○집사자(執事者)○진찬어사자동남당문북향서상(陳饌於使者東南當門北向西上)○사의입고(司儀入告)○주인(主人)○거장면질(去杖免絰)○사의(司儀)○인주인(引主人)○출내문(出內門)○지곡(止哭)○영어대문외견빈(迎於大門外見賓)○선입립어문우북향(先入立於門右北向)○제친지곡(諸親止哭)○사의(司儀)○인사자입(引使者入)○승자동계(陞自東階)○립어구동남향(立於柩東南向)○집사자(執事者)○이찬승설어구전(以饌陞設於柩前)○사의(司儀)○인주인(引主人)○승자서계(陞自西階)○부복어구전(俯伏於柩前)○사의(司儀)○인사자(引使者)○예향안전(詣香案前)○찬상향(贊上香)○제주(祭酒)○사자(使者)○립상향(立上香)○립제주(立祭酒)○련전삼작(連奠三爵)○흘(訖)○복위(復位)○축(祝)○취교서(取敎書)○립어구좌서향(立於柩左西向)○독흘(讀訖)○봉교서(捧敎書)○취료소(就燎所)○분흘(焚訖)○주인(主人)○강립어동계하곡(降立於東階下哭)○제친곡(諸親哭)○사의(司儀)○인사자출(引使者出)○복문외위(復門外位)○주인(主人)○출내문(出內門)○지곡(止哭)○배송어대문외(拜送於大門外)○사자환(使者還)○주인(主人)○질장곡이입(絰杖哭而入)

왕비위부모거애(王妃爲父母擧哀)

○조부모(祖父母)○외조부모거애례동(外祖父母擧哀禮同)○유쇠복(唯衰服)○종속(從俗)○용추포대(用麤布帶)○조부모삼십일이제(祖父母三十日而除)○외조부모십오일이제(外祖父母十五日而除)

문부즉일(聞訃卽日)○례조(禮曹)○선섭내외(宣攝內外)○각공기직(各供其職)전삼각(前三刻)○상침(尙寢)○설거애위(設擧哀位)○용소(用素)○어별전동벽서향(於別殿東壁西向)○조부모(祖父母)○외조부모(外祖父母)○북벽남향(北壁南向)○전찬(典贊)○설내명부곡위어별전전(設內命婦哭位於別殿前)○중행북향서상(重行北向西上)○설봉위위어왕비위전(設奉慰位於王妃位前)

전이각(前二刻)○상의(尙儀)○궤계청중엄(跪啓請中嚴)○내명부(內命婦)○변복소복(變服素服)○집렬어합외차(集列於閤外次)

전일각(前一刻)○사찬(司贊)○승립어전동계상(陞立於殿東階上)○전찬(典贊)○전빈(典賓)○립어동계하(立於東階下)○구근동서향(俱近東西向)○전빈(典賓)○인내명부(引內命婦)○입취위(入就位)○상의(尙儀)○궤계외판(跪啓外辦)○왕비(王妃)○복소복출(服素服出)○취좌(就座)○산선(繖扇)○용청(用靑)○시위여상(侍衛如常)○사찬왈(司贊曰)○사배(四拜)○전찬창(典贊唱)○사배(四拜)○범전찬찬창(凡典贊贊唱)○개승사찬지사(皆承司贊之辭)○내명부(內命婦)○개사배(皆四拜)○상의(尙儀)○궤계청위모관(跪啓請爲某官)○약모부인(若某夫人)○거애(擧哀)○왕비곡(王妃哭)○시녀개곡(侍女皆哭)○전찬창(典贊唱)○궤부복곡(跪俯伏哭)○내명부(內命婦)○개궤부복곡(皆跪俯伏哭)○십오거성(十五擧聲)○상의(尙儀)○궤계청지곡(跪啓請止哭)○왕비지곡(王妃止哭)○전찬창(典贊唱)○지곡흥사배흥평신(止哭興四拜興平身)○내명부(內命婦)○개지곡흥사배흥평신(皆止哭興四拜興平身)○전빈(典賓)○인반수(引班首)○예봉위위궤(詣奉慰位跪)○전찬창(典贊唱)○궤(跪)○내명부(內命婦)○개궤(皆跪)○반수(班首)○진명봉위흘(進名奉慰訖)○부복흥평신(俯伏興平身)○전찬창(典贊唱)○부복흥평신(俯伏興平身)○내명부(內命婦)○개부복흥평신(皆俯伏興平身)○반수(班首)○강복위(降復位)○상궁(尙宮)○도왕비(導王妃)○환내(還內)○시위여래의(侍衛如來儀)○전빈(典賓)○인내명부출(引內命婦出)

◆성복(成服)○제사일(第四日)

전기(前期)○예조(禮曹)○선섭내외(宣攝內外)○각공기직(各供其職)

기일전삼각(其日前三刻)○상침(尙寢)○설왕비성복위어별전동벽서향(設王妃成服位於別殿東壁西向)○전찬(典贊)○설내명부곡위급봉위위여초(設內命婦哭位及奉慰位如初)

전이각(前二刻)○내명부(內命婦)○이소복(以素服)○집렬어합외차(集列於閤外次)○상의(尙儀)○궤계청중엄(跪啓請中嚴)

전일각(前一刻)○사찬(司贊)○승립어동계상(陞立於東階上)○전찬(典贊)○전빈립어동계하(典賓立於東階下)○구근동서향(俱近東西向)○상복(尙服)○이협봉쇠복(以篋捧衰服)○승자동계(陞自東階)○북향립(北向立)○전빈(典賓)○인내명부(引內命婦)○입취위(入就位)○상의(尙儀)○궤계외판(跪啓外辦)○왕비(王妃)○이소복출(以素服出)○취좌(就坐)○시위여상(侍衛如常)○사찬왈(司贊曰)○사배(四拜)○전찬창(典贊唱)○사배(四拜)○범전찬찬창(凡典贊贊唱)○개승사찬지사(皆承司贊之辭)○내명부(內命婦)○사배(四拜)○상의(尙儀)○궤계청곡(跪啓請哭)○왕비곡(王妃哭)○시녀개곡(侍女皆哭)○전찬창(典贊唱)○궤부복곡(跪俯伏哭)○내명부(內命婦)○궤부복곡(跪俯伏哭)○십오거성(十五擧聲)○상의(尙儀)○궤계청지곡성복(跪啓請止哭成服)○왕비지곡(王妃止哭)○전찬창(典贊唱)○지곡흥평신(止哭興平身)○내명부(內命婦)○지곡흥평신(止哭興平身)○상복(尙服)○봉쇠복(捧衰服)○궤진(跪進)○상의(尙儀)○궤계청변복(跪啓請變服)○변복시(變服時)○권설보장(權設步障)○이이거지(已而去之)○시녀(侍女)○역종변복(亦從變服)○전찬(典贊)○인내명부권퇴(引內命婦權退)○변복쇠복흘(變服衰服訖)○환입취위(還入就位)○상의(尙儀)○궤계청곡(跪啓請哭)○왕비곡(王妃哭)○시녀개곡(侍女皆哭)○전찬창(典贊唱)○궤부복곡(跪俯伏哭)○내명부(內命婦)○개궤부복곡(皆跪俯伏哭)○십오거성(十五擧聲)○상의(尙儀)○궤계청지곡(跪啓請止哭)○왕비지곡(王妃止哭)○전찬창(典贊唱)○지곡흥사배흥평신(止哭興四拜興平身)○내명부(內命婦)○지곡흥사배흥평신(止哭興四拜興平身)○전빈(典賓)○인반수(引班首)○예봉위위궤(詣奉慰位跪)○전찬창(典贊唱)○궤(跪)○내명부(內命婦)○개궤(皆跪)○반수(班首)○진명봉위흘(進名奉慰訖)○부복흥평신(俯伏興平身)○전찬창(典贊唱)○부복흥평신(俯伏興平身)○내명부(內命婦)○개부복흥평신(皆俯伏興平身)○반수(班首)○강복위(降復位)○상궁(尙宮)○도

왕비(導王妃)○환내(還內)○시위여상(侍衛如常)○전빈(典賓)○인내명부출(引內命婦出)

◆제복(除服) ○십삼월이제(十三月而除)○기품지행공제지례(其稟旨行公除之禮)○칙십삼일이제(則十三日而除)

전기(前期)○예조(禮曹)○선섭내외(宣攝內外)○각공기직(各供其職)

기일전삼각(其日前三刻)○상침(尙寢)○설왕비제복위어별전동벽서향(設王妃除服位於別殿東壁西向)○전찬(典贊)○설내명부곡위급봉위위여초(設內命婦哭位及奉慰位如初)

전이각(前二刻)○내명부(內命婦)○이쇠복(以衰服)○집렬어합외차(集列於閤外次)○상의(尙儀)○궤계청중엄(跪啓請中嚴)

전일각(前一刻)○사찬(司贊)○승립어동계상(陞立於東階上)○전찬(典贊)○전빈(典賓)○립어동계하(立於東階下)○구근동서향(俱近東西向)○상복(尙服)○이협봉소복(以篋捧素服)○승자동계(陞自東階)○북향립(北向立)○전빈(典賓)○인내명부(引內命婦)○입취위(入就位)○상기(尙記)○궤계외판(跪啓外辦)○왕비(王妃)○이쇠복출(以衰服出)○취좌(就座)○시위여상(侍衛如常)○사찬왈(司贊曰)○사배(四拜)○전찬창(典贊唱)○사배(四拜)○범전찬찬창(凡典贊贊唱)○개승사찬지사(皆承司贊之辭)○내명부(內命婦)○개사배(皆四拜)○상의(尙儀)○궤계청곡(跪啓請哭)○왕비곡(王妃哭)○시녀개곡(侍女皆哭)○전찬창(典贊唱)○궤부복곡(跪俯伏哭)○내명부(內命婦)○개궤부복곡(皆跪俯伏哭)○십오거성(十五擧聲)○상의(尙儀)○궤계청지곡제복(跪啓請止哭除服)○왕비지곡(王妃止哭)○전찬창(典贊唱)○지곡흥평신(止哭興平身)○내명부(內命婦)○지곡흥평신(止哭興平身)○상복(尙服)○봉소복(捧素服)○궤진(跪進)○상의(尙儀)○궤계청변복(跪啓請變服)○변복시(變服時)○권설보장(權設步障)○이이거지(已而去之)○시녀(侍女)○역종변복(亦從變服)○전찬(典贊)○인내명부권퇴(引內命婦權退)○변복소복흘(變服素服訖)○환입취위(還入就位)○상의(尙儀)○궤계청곡(跪啓請哭)○왕비곡(王妃哭)○시녀개곡(侍女皆哭)○전찬창(典贊唱)○궤부복곡(跪俯伏哭)○내명부(內命婦)○개궤부복곡(皆跪俯伏哭)○십오거성(十五擧聲)○상의(尙儀)○궤계청지곡(跪啓請止哭)○왕비지곡(王妃止哭)○전찬창(典贊唱)○지곡흥사배흥평신(止哭興四拜興平身)○내명부(內命婦)○개지곡흥사배흥평신(皆止哭興四拜興平身)○전빈(典賓)○인반수(引班首)○예봉위위궤(詣奉慰位跪)○전찬창(典贊唱)○궤(跪)○내명부(內命婦)○개궤(皆跪)○반수(班首)○진명봉위흘(進名奉慰訖)○부복흥평신(俯伏興平身)○전찬창(典贊唱)○부복흥평신(俯伏興平身)○내명부(內命婦)○개부복흥평신(皆俯伏興平身)○반수(班首)○강복위(降復位)○상궁(尙宮)○도왕비(導王妃)○환내(還內)○시위여상(侍衛如常)○전빈(典賓)○인내명부출(引內命婦出)

왕세자위외조부모거애 (王世子爲外祖父母擧哀)

○위빈부모(爲嬪父母)○사(師)○부(傅)○이사거애례동(貳師擧哀禮同)○유어사(唯於師)○부(傅)○이사(貳師)○설차어문외(設次於門外)○이행례(而行禮)○무복(無服)

문부즉일(聞訃卽日)○예조(禮曹)○선섭내외(宣攝內外)○각공기직(各供其職)○액정서(掖庭署)○설거애위(設擧哀位)○용소(用素)○어별당남향(於別堂南向)○장의(掌儀)○설궁관곡위어별당지전(設宮官哭位於別堂之前)○중행북향(重行北向)○설봉위위어계하북향(設奉慰位於階下北向)○설찬의(設贊儀)○인의위어궁관동북서향(引儀位於宮官東北西向)

전삼각(前三刻)○세자익위사(世子翊衛司)○특소부(勒所部)○진장위여상(陳仗衛如常)○궁관응배림자(宮官應陪臨者)○의시각(依時刻)○집도(集到)○각복소복(各服素服)

전이각(前二刻)○궁관(宮官)○취궁문외(就宮門外)○시종지관(侍從之官)○익위이인(翊衛二人)○패검(佩劍)○사어이인(司禦二人)○패궁시(佩弓矢)○예합외봉영(詣閤外奉迎)○필선(弼善)○찬청내엄(贊請內嚴)

전일각(前一刻)○찬의(贊儀)○인의(引儀)○선입취위(先入就位)○인의(引儀)○인궁관(引宮官)○입취위(入就位)○필선(弼善)○궤백외비(跪白外備)○왕세자(王世子)○소복출(素服出)○승별당(陞

別堂)○즉곡위(卽哭位)○남향좌(南向坐)○시자(侍者)○진쇠복(進衰服)○종속(從俗)○용추포대(用麤布帶)○오일이제(五日而除)○빈부모(嬪父母)○칙삼일이제(則三日而除)○찬의창(贊儀唱)○재배(再拜)○재위자(在位者)○개재배(皆再拜)○필선(弼善)○진당좌전(進當座前)○궤찬청위고모관(跪贊請爲故某官)○약모부인(若某夫人)○거애(擧哀)○왕세자곡(王世子哭)○찬의창(贊儀唱)○궤부복곡(跪俯伏哭)○재위자(在位者)○개궤부복곡(皆跪俯伏哭)○십오거성(十五擧聲)○필선(弼善)○찬청지곡(贊請止哭)○왕세자(王世子)○지곡(止哭)○찬의창(贊儀唱)○지곡부복흥평신(止哭俯伏興平身)○재위자(在位者)○개지곡부복흥평신(皆止哭俯伏興平身)○인의(引儀)○인궁관행수(引宮官行首)○예봉위위궤(詣奉慰位跪)○찬의창(贊儀唱)○궤(跪)○재위자(在位者)○개궤(皆跪)○행수(行首)○진명봉위흘(進名奉慰訖)○부복흥평신(俯伏興平身)○찬의창(贊儀唱)○부복흥평신(俯伏興平身)○재위자(在位者)○개부복흥평신(皆俯伏興平身)○인의(引儀)○인행수(引行首)○환본위(還本位)○왕세자(王世子)○환내(還內)○인의(引儀)○인궁관출(引宮官出)

이사상(貳師喪)

◆임사(臨師)

◆부(傳)

전기(前期)○예조(禮曹)○선섭내외(宣攝內外)○각공기직(各供其職)○전설사(典設司)○설왕세자편차어주인제대문외지우남향(設王世子便次於主人第大門外之右南向)

기일(其日)○액정서(掖庭署)○설왕세자좌어편차내남향(設王世子座於便次內南向)○설곡위(設哭位)○용소(用素)○어주인당상당중남향(於主人堂上當中南向)○인의(引儀)○설배종관위어정중북향(設陪從官位於庭中北向)○설봉위위어계하북향(設奉慰位於階下北向)○찬의(贊儀)○인의위어배종관동북서향(引儀位於陪從官東北西向)○설주인곡위어정동북향(設主人哭位於庭東北向)○오속지친위어동계지동서향북상(五屬之親位於東階之東西向北上)○이복정추위서(以服精麤爲序)○이존자차전(而尊者差前)

출궁전삼각(出宮前三刻)○세자익위사(世子翊衛司)○늑소부(勒所部)○진장위여상(陳仗衛如常)○궁관(宮官)○의시각(依時刻)○집도(集到)○각구기복(各具其服)○문관상복(文官常服)○무관기복(武官器服)○주인오속지친(主人五屬之親)○선집렬어주인지제(先集列於主人之第)

전이각(前二刻)○궁관(宮官)○취궁문외(就宮門外)○분좌우상향(分左右相向)○북상(北上)○시종지관(侍從之官)○익위이인(翊衛二人)○패검(佩劍)○사어이인(司禦二人)○패궁시(佩弓矢)○예합외봉영(詣閤外奉迎)○필선(弼善)○궤찬청내엄(跪贊請內嚴)

전일각(前一刻)○필선(弼善)○궤백외비(跪白外備)○왕세자(王世子)○복상복(服常服)○출궁(出宮)○시위여상(侍衛如常)○지주인제대문외편차(至主人第大門外便次)○장위지속(仗衛之屬)○진렬어편차지전좌우(陳列於便次之前左右)○필선(弼善)○궤찬청내엄(跪贊請內嚴)○왕세자(王世子)○변복소복(變服素服)○배종지관(陪從之官)○각변복소복(各變服素服)○무관부변복(武官不變服)○주인상자(主人相者)○인주인내외(引主人內外)○오속지친(五屬之親)○각복기복(各服其服)○취당하위곡(就堂下位哭)○찬의(贊儀)○인의(引儀)○선입취위(先入就位)○인의(引儀)○인배종관(引倍從官)○입취위(入就位)○필선(弼善)○궤백외비(跪白外備)○왕세자(王世子)○승여이출(乘輿以出)○시위여상(侍衛如常)○주인(主人)○거장면질(去杖免絰)○사의(司儀)○인출대문외(引出大門外)○망견여(望見輿)○지곡(止哭)○제친(諸親)○개지곡(皆止哭)○재배영(再拜迎)○잉인주인(仍引主人)○선입문우(先入門右)○서향부복사(西向俯伏俟)○왕세자과필(王世子過畢)○방기(方起)○필선(弼善)○인왕세자(引王世子)○지당강여(至堂降輿)○승자동계(陞自東階)○즉곡위(卽哭位)○선배령(先拜靈)○내즉위(乃卽位)○시종지관(侍從之官)○협승렬어호내외계하좌우(俠陞列於戶內外階下左右)○장위(仗衛)○지어문내외여상(止於門內外如常)○사의(司儀)○인주인입(引主人入)○취정중북향(就庭中北向)○찬의창(贊儀唱)○재배(再拜)○주인이하(主人以下)○개재배(皆再拜)○령인주인승(令引主人陞

陛)○사의(司儀)○인주인승(引主人陛)○취호내지동(就戶內之東)○서향부복(西向俯伏)○사의(司儀)○강립어계하(降立於階下)○찬의창(贊儀唱)○재배(再拜)○종관(從官)○재위자(在位者)○개재배(皆再拜)○찬의창(贊儀唱)○궤(跪)○종관(從官)○재위자(在位者)○개궤(皆跪)○필선(弼善)○궤찬청곡(跪贊請哭)○왕세자곡(王世子哭)○찬의창(贊儀唱)○궤부복곡(跪俯伏哭)○종관(從官)○재위자(在位者)○개부복곡(皆俯伏哭)○십오거성(十五擧聲)○주인역곡(主人亦哭)○필선(弼善)○찬청지곡(贊請止哭)○왕세자(王世子)○지곡(止哭)○찬의창(贊儀唱)○지곡부복흥평신(止哭俯伏興平身)○재위자(在位者)○개지곡부복흥평신(皆止哭俯伏興平身)○인의(引儀)○인행수(引行首)○예봉위위궤(詣奉慰位跪)○찬의창(贊儀唱)○궤(跪)○재위자(在位者)○개궤(皆跪)○행수(行首)○진명봉위흘(進名奉慰訖)○부복흥평신(俯伏興平身)○찬의창(贊儀唱)○부복흥평신(俯伏興平身)○재위자(在位者)○개부복여평신(皆俯伏與平身)○인의(引儀)○인행수(引行首)○환본위(還本位)○이차인출(以次引出)○필선(弼善)○궤찬청무위주인(跪贊請撫慰主人)○왕세자(王世子)○취주인전(就主人前)○집수흘(執手訖)○주인재배(主人再拜)○왕세자복위(王世子復位)○사의(司儀)○인주인(引主人)○강어정동북향(降於庭東北向)○주인이하(主人以下)○개부복곡재배(皆俯伏哭再拜)○왕세자(王世子)○강승여출(降乘輿出)○사의(司儀)○인주인선출(引主人先出)○사어대문외(俟於大門外)○배송(拜送)○필선(弼善)○인왕세자(引王世子)○지편차(至便次)○강여즉좌(降輿卽座)○개복상복(改服常服)○사의(司儀)○인주인곡(引主人哭)○환려차(還廬次)○배종지관(陪從之官)○역개복상복(亦改服常服)○왕세자(王世子)○출차환궁여래의(出次還宮如來儀)

견사치전외조부모(遣使致奠外祖父母)

◆빈부모(嬪父母)

◆사(師)

◆부(傅)

◆이사상(貳師喪) ○여전하치전례동(與殿下致奠禮同)○유상향(唯上香)○제주시(祭酒時)○궤(跪)

◆왕세자빈위부모거애(王世子嬪爲父母擧哀) ○조부모(祖父母)○외조부모거애례동(外祖父母擧哀禮同)○유쇠복(唯衰服)○종속(從俗)○용추포대(用麤布帶)○조부모삼십일이제(祖父母三十日而除)○외조부모십오일이제(外祖父母十五日而除)

문부즉일(聞訃卽日)○예조(禮曹)○선섭내외(宣攝內外)○각공기직(各供其職)

전삼각(前三刻)○장정(掌正)○설거애위(設擧哀位)○용소(用素)○어별당동벽서향(於別堂東壁西向)○조부모(祖父母)○외조부모(外祖父母)○북벽남향(北壁南向)○설량제이하곡위어별당전(設良娣以下哭位於別堂前)○중행북향서상(重行北向西上)○설봉위위어빈위전(設奉慰位於嬪位前)

전이각(前二刻)○량제이하(良娣以下)○집렬어합외차(集列於閤外次)○변복소복(變服素服)○수칙(守則)○궤찬청내엄(跪贊請內嚴)

전일각(前一刻)○수칙일인(守則一人)○승립어동계상(陞立於東階上)○장서일인(掌書一人)○립어동계하(立於東階下)○구근동서향(俱近東西向)○녀시자(女侍者)○인량제이하(引良娣以下)○입취위(入就位)○수칙(守則)○궤백외비(跪白外備)○빈(嬪)○복소복출(服素服出)○취좌(就座)○시위여상(侍衛如常)○장서창(掌書唱)○재배(再拜)○량제이하(良娣以下)○재배(再拜)○수칙(守則)○궤찬청위모관(跪贊請爲某官)○약모부인(若某夫人)○거애(擧哀)○빈곡(嬪哭)○시녀개곡(侍女皆哭)○장서창(掌書唱)○궤부복곡(跪俯伏哭)○량제이하(良娣以下)○궤부복곡(跪俯伏哭)○십오거성(十五擧聲)○수칙(守則)○찬청지곡(贊請止哭)○빈지곡(嬪止哭)○장서창(掌書唱)○지곡흥재배흥평신(止哭興再拜興平身)○량제이하(良娣以下)○지곡흥재배흥평신(止哭興再拜興平身)○녀시자(女侍者)○인반수

(引班首)○예봉위위궤(詣奉慰位跪)○장서창(掌書唱)○궤(跪)○량제이하(良娣以下)○궤(跪)○반수(班首)○진명봉위흘(進名奉慰訖)○부복흥평신(俯伏興平身)○장서창(掌書唱)○부복흥평신(俯伏興平身)○량제이하(良娣以下)○부복흥평신(俯伏興平身)○녀시자(女侍者)○인반수(引班首)○환본위(還本位)○수규(守閨)○도빈환내(導嬪還內)○시위여상(侍衛如常)○녀시자(女侍者)○인량제이하출(引良娣以下出)

◆성복(成服)○제사일(第四日)

전기(前期)○예조(禮曹)○선섭내외(宣攝內外)○각공기직(各供其職)

기일전삼각(其日前三刻)○장정(掌正)○설빈성복위어별당동벽서향(設嬪成服位於別堂東壁西向)○설량제이하곡위급봉위위여초(設良娣以下哭位及奉慰位如初)

전이각(前二刻)○양제이하(良娣以下)○이소복(以素服)○집렬어합외차(集列於閤外次)○수칙(守則)○궤찬청내엄(跪贊請內嚴)

전일각(前一刻)○수칙일인(守則一人)○승립어동계상(陞立於東階上)○장서일인(掌書一人)○립어동계하(立於東階下)○구근동서향(俱近東西向)○장봉(掌縫)○이협봉쇠복(以篋捧衰服)○승자동계(陞自東階)○북향립(北向立)○여시자(女侍者)○인량제이하(引良娣以下)○입취위(入就位)○수칙(守則)○궤백외비(跪白外備)○빈(嬪)○이소복출(以素服出)○취좌(就座)○시위여상(侍衛如常)○장서창(掌書唱)○재배(再拜)○양제이하(良娣以下)○재배(再拜)○수칙(守則)○궤찬청곡(跪贊請哭)○빈곡(嬪哭)○시녀개곡(侍女皆哭)○장서창(掌書唱)○궤부복곡(跪俯伏哭)○량제이하(良娣以下)○궤부복곡(跪俯伏哭)○십오거성(十五擧聲)○수칙(守則)○궤찬청지곡성복(跪贊請止哭成服)○빈지곡(嬪止哭)○장서창(掌書唱)○지곡흥평신(止哭興平身)○양제이하(良娣以下)○지곡흥평신(止哭興平身)○장봉(掌縫)○봉최복(捧衰服)○궤진(跪進)○수칙(守則)○궤찬청변복(跪贊請變服)○변복시(變服時)○권설보장(權設步障)○이이거지(已而去之)○시녀(侍女)○역종변복(亦從變服)○녀시자(女侍者)○인량제이하권퇴(引良娣以下權退)○변복최복흘(變服衰服訖)○환입취위(還入就位)○수칙(守則)○궤찬청곡(跪贊請哭)○빈곡(嬪哭)○시녀개곡(侍女皆哭)○장서창(掌書唱)○궤부복곡(跪俯伏哭)○양제이하(良娣以下)○궤부복곡(跪俯伏哭)○십오거성(十五擧聲)○수칙(守則)○궤찬청지곡(跪贊請止哭)○빈지곡(嬪止哭)○장서창(掌書唱)○지곡흥재배흥평신(止哭興再拜興平身)○량제이하(良娣以下)○지곡흥재배흥평신(止哭興再拜興平身)○녀시자(女侍者)○인반수(引班首)○예봉위위궤(詣奉慰位跪)○장서창(掌書唱)○궤(跪)○량제이하(良娣以下)○개궤(皆跪)○반수(班首)○진명봉위흘(進名奉慰訖)○부복흥평신(俯伏興平身)○장서창(掌書唱)○부복흥평신(俯伏興平身)○량제이하(良娣以下)○부복흥평신(俯伏興平身)○반수(班首)○환본위(還本位)○수규(守閨)○도빈환내(導嬪還內)○시위여상(侍衛如常)○녀시자(女侍者)○인량제이하출(引良娣以下出)

◆제복(除服)○십삼월이제(十三月而除)○기품지행공제지례(其稟旨行公除之禮)○칙십삼일이제(則十三日而除)

전기(前期)○예조(禮曹)○선섭내외(宣攝內外)○각공기직(各供其職)

기일전삼각(其日前三刻)○장정(掌正)○설빈제복위어별당동벽서향(設嬪除服位於別堂東壁西向)○설량제이하곡위급봉위위여초(設良娣以下哭位及奉慰位如初)

전이각(前二刻)○량제이하(良娣以下)○이최복(以衰服)○집렬어합외차(集列於閤外次)○수칙(守則)○궤찬청내엄(跪贊請內嚴)

전일각(前一刻)○수칙일인(守則一人)○승립어동계상(陞立於東階上)○장서일인(掌書一人)○립어동계하(立於東階下)○구근동서향(俱近東西向)○장봉(掌縫)○이협봉소복(以篋捧素服)○승자동계북향립(陞自東階北向立)○녀시자(女侍者)○인량제이하(引良娣以下)○입취위(入就位)○수칙(守則)○궤백외비(跪白外備)○빈(嬪)○이최복출(以衰服出)○취좌(就座)○시위여상(侍衛如常)○장서창(掌書唱)○재배(再拜)○량제이하(良娣以下)○재배(再拜)○수칙(守則)○찬청곡(贊請哭)○빈곡(嬪哭)○시녀개곡(侍女皆哭)○장서창(掌書唱)○궤부복곡(跪俯伏哭)○량제이하(良娣以下)○궤부복곡

(跪俯伏哭)○십오거성(十五擧聲)○수칙(守則)○궤찬청지곡제복(跪贊請止哭除服)○빈지곡(嬪止哭)○장서창(掌書唱)○지곡흥평신(止哭興平身)○량제이하(良娣以下)○지곡흥평신(止哭興平身)○장봉(掌縫)○봉소복(捧素服)○궤진(跪進)○수칙(守則)○궤찬청변복(跪贊請變服)○변복시(變服時)○권설보장(權設步障)○이이거지(已而去之)○시녀역종변복(侍女亦從變服)○녀시자(女侍者)○인량제이하권퇴(引良娣以下權退)○변복흘(變服訖)○환입취위(還入就位)○수칙(守則)○궤찬청곡(跪贊請哭)○빈곡(嬪哭)○시녀개곡(侍女皆哭)○장서창(掌書唱)○궤부복곡(跪俯伏哭)○량제이하(良娣以下)○궤부복곡(跪俯伏哭)○십오거성(十五擧聲)○수칙(守則)○궤찬청지곡(跪贊請止哭)○빈지곡(嬪止哭)○장서창(掌書唱)○지곡흥재배흥평신(止哭興再拜興平身)○량제이하(良娣以下)○지곡흥재배흥평신(止哭興再拜興平身)○녀시자(女侍者)○인반수(引班首)○예봉위위궤(詣奉慰位跪)○장서창(掌書唱)○궤(跪)○량제이하(良娣以下)○궤(跪)○반수(班首)○진명봉위흘(進名奉慰訖)○부복흥평신(俯伏興平身)○장서창(掌書唱)○부복흥평신(俯伏興平身)○량제이하(良娣以下)○부복흥평신(俯伏興平身)○반수(班首)○환본위(還本位)○수규(守闈)○도빈환내(導嬪還內)○시위여상(侍衛如常)○녀시자(女侍者)○인량빈이하출(引良嬪以下出)

※흉례(凶禮)이(二)
◆천릉의(遷陵儀)
◆제지방의(題紙牓儀)

천릉의(遷陵儀)

범십구의(凡十九儀)○금상(今上), 신해(辛亥), 천장릉우교하(遷長陵于交河), 준용현종갑인천녕릉의절(遵用顯宗甲寅遷寧陵儀節), 이초비마(而稍備馬)。

제지방의(題紙牓儀)

유사(攸司), 설지방서사길유궁어장전지서사지지의(設紙牓書寫吉帷宮於帳殿之西隨地之宜)。, 우설상(又設床)욕(褥)·병(屛)·장어악차(帳於幄次)。봉상사관(奉常寺官), 설탁이어길유궁내제지방탁재북(設卓二於吉帷宮內題紙牓卓在北), 필연탁차지(筆硯卓次之)。, 구필(具筆)·연(硯)·묵(墨)·건(巾)。건(巾), 용백세저포(用白細紵布)。대축(大祝), 관수관세설어유문외(盥手盥洗設於帷門外)。, 봉지방궤(捧紙牓匱), 치어탁(置於卓), 개궤봉출지방(開匱奉出紙牓), 와치어탁(臥置於卓)。제주관(題主官), 구상복(具常服), 관수승예탁면전서향립(盥手陞詣卓面前西向立)。제전면운모호대왕묵서왕후지방(題前面云某號大王墨書王后紙牓), 칙궁위령봉출(則宮闈令奉出), 와치어탁(臥置於卓), 제주관(題主官), 제전면운모호왕후묵서(題前面云某號王后墨書)。흘(訖), 부복흥퇴(俯伏興退), 대축(大祝), 봉지방(奉紙牓), 납우궤(納于匱), 권안어길유궁(權安於吉帷宮), 복이백저건(覆以白紵巾), 설궤어후(設几於後)。왕후지방(王后紙牓), 칙궁위령(則宮闈令), 봉안어길유궁(奉安於吉帷宮), 복이청저건(覆以靑紵巾)

계릉의(啓陵儀)

전기사일(前期四日), 견관(遣官), 행고유제(行告由祭)。전일일(前一日), 전의(典儀), 설종친(設宗親)·문무백관위어선(文武百官位於羨)〔묘(墓)〕도장전지남문동(道帳殿之南文東),무서(武西)。, 구매등이위(俱每等異位),중행북향(重行北向)。감찰위이어문무반후북향(監察位二於文武班後北向)。

계릉시지(啓陵時至), 인의(引儀), 인종친(引宗親)·문무백관(文武百官), 구시복(具緦服), 입취위(入就位). 찬의창궤부복곡(贊儀唱跪俯伏哭). 종친(宗親)·문무백관(文武百官), 궤부복곡(跪俯伏哭),진애(盡哀). 찬의창지곡흥사배흥평신(贊儀唱止哭興四拜興平身). 종친(宗親)·문무백관지곡흥(文武百官止哭興), 사배흥평신(四拜興平身). 찬의창궤(贊儀唱跪). 종친(宗親)·문무백관궤(文武百官跪), 대축궤어선(大祝跪於羨)〔묘(墓)〕도지남북향(道之南北向), 삼성희희계릉지유흘(三聲噫嘻啓啓陵之由訖), 부복곡(俯伏哭), 진애퇴(盡哀退). 찬의창부복곡(贊儀唱俯伏哭). 종친(宗親)·문무백관부복곡(文武百官俯伏哭), 진애(盡哀). 찬의창지곡(贊儀唱止哭). 종친(宗親)·문무백관지곡(文武百官止哭). 제조(提調), 수역부굴(帥役夫掘), 퇴광(退壙)·천광(穿壙)·계릉(啓陵), 광중애책(壙中哀冊)·복완제구(服玩諸具), 각이차봉출(各以次捧出), 이수집사(以授執事). 집사(執事), 봉지(捧持), 진어장전지방(陳於帳殿之傍). 수지지의(隨地之宜) 천파회석보판령의정급사헌부집의(穿破灰石補板領議政及司憲府執義), 병감개봉(竝監開封). , 개외재궁(開外梓宮), 하우판차차도거후(下隅板次次挑去後), 봉출재궁여의(奉出梓宮如儀). 상견하봉출재궁의(詳見下奉出梓宮儀). ○시시(是時), 계릉후(啓陵後), 출재궁시(出梓宮時), 상친림(上親臨), 고출재궁의(故出梓宮儀), 별견우하(別見于下).

계릉시성복망곡의(啓陵時成服望哭儀)

발인하현궁우제시망곡의병동(發引下玄宮虞祭時望哭儀竝同).

기일(其日), 액정서(掖庭署), 설전하망곡위어내정북향(設殿下望哭位於內庭北向). 전의(典儀), 설종친(設宗親)·문무백관위어명정전정(文武百官位於明政殿庭), 이위중행북향(異位重行北向). 설찬의(設贊儀)·인의위역여상(引儀位亦如常). 제호위지관(諸護衛之官), 각복기복(各服其服), 구예합외(俱詣閤外), 사후(伺候). 전일각계릉시(前一刻啓陵時), 칙상의원관(則尙衣院官), 진시복(進緦服), 례방승지(禮房承旨), 예합외(詣閤外), 궤계청성복(跪啓請成服). , 종친(宗親)·문무백관(文武百官), 구시복(具緦服), 구취명정문외위(俱就明政門外位). 승지(承旨)·사관(史官), 구시복(具緦服), 예내정문외(詣內庭門外), 사후(伺候). 좌통례(左通禮), 부복궤계청중엄(俯伏跪啓請中嚴). 인의(引儀), 분인종친(分引宗親)·문무백관(文武百官), 입취위(入就位). 계릉시지(啓陵時至), 좌통례계외판(左通禮啓外辦). 전하(殿下), 구시복이출(具緦服以出). 좌(左)·우통례(右通禮), 전도(前導), 취곡위(就哭位). 승지(承旨)·사관(史官), 입시여상(入侍如常). 산선급호위관(繖扇及護衛官), 정어문외(停於門外). 좌통례계청궤부복곡(左通禮啓請跪俯伏哭). 전하궤부복곡(殿下跪俯伏哭), 진애(盡哀). 찬의창궤부복곡(贊儀唱跪俯伏哭). 종친(宗親)·문무백관궤부복곡(文武百官跪俯伏哭), 진애(盡哀). 좌통례계청지곡흥사배흥평신(左通禮啓請止哭興四拜興平身). 전하지곡흥사배흥평신(殿下止哭興四拜興平身). 찬의창지곡흥사배흥평신(贊儀唱止哭興四拜興平身). 종친(宗親)·문무백관지곡흥사배흥평신(文武百官止哭興四拜興平身). 우제시(虞祭時), 즉선행대왕우제망곡(則先行大王虞祭望哭), 차행왕후우제망곡(次行王后虞祭望哭). 좌통례(左通禮), 도전하(導殿下), 입내(入內). 인의(引儀), 인백관(引百官), 반수진북향궤(班首進北向跪). 찬의창궤(贊儀唱跪). 백관궤(百官跪), 반수진명봉위흘(班首進名奉慰訖), 부복흥평신(俯伏興平身),환본위(還本位). 찬의창부복흥평신(贊儀唱俯伏興平身). 종친(宗親)·문무백관(文武百官), 부복흥평신(俯伏興平身). 인의(引儀), 분인이차출(分引以次出).

대왕대비성복망곡의
(大王大妃成服望哭儀)

왕비세자빈동(王妃世子嬪同).

기일(其日), 상침(尙寢), 설대왕대비망곡위어별당북향(設大王大妃望哭位於別堂北向), 왕비위어대왕대비지후(王妃位於大王大妃之後), 거세자빈위어왕비지후(據世子嬪位於王妃之後), 내명부이하위어왕세자빈지후(內命婦以下位於王世子嬪之後). 병설석(竝設席). 전일각(前一刻), 수칙부복궤찬청내엄(守則俯伏跪贊請內嚴). 상의부복궤계청중엄(尙儀俯伏跪啓請中嚴). 내명부이하(內命婦以下), 구극세숙포대수(具極細熟布大袖)·장군(長裙)·개두(蓋頭)·두(頭)須급대(及帶)·백피혜(白皮

鞋), 출취위(出就位)。 계릉시지(啓陵時至), 수칙궤백외비(守則跪白外備)。 수규(守閨), 인왕세자빈(引王世子嬪), 구극세숙포대수(具極細熟布大袖)·장군(長裙)·개두(蓋頭)·두(頭)須급대(及帶)·백피혜(白皮鞋), 출취위(出就位)。 상의계외판(尙儀啓外辦), 상궁(尙宮), 도왕비(導王妃), 진극세숙포대수(眞極細熟布大袖)·장군(長裙)·개두(蓋頭)·두(頭)須급대(及帶)·백피혜(白皮鞋), 출취위(出就位)。 상궁(尙宮), 도대왕대비(導大王大妃), 구극세숙포대수(具極細熟布大袖)·장군(長裙)·개두(蓋頭)·두(頭)須급대(及帶)·백피혜(白皮鞋), 출취위(出就位)。 상의계청곡(尙儀啓請哭)。 대왕대비(大王大妃)·왕비(王妃)·왕세자빈곡(王世子嬪哭), 내명부이하개곡(內命婦以下皆哭)。 상의계청지곡흥사배흥평신(尙儀啓請止哭興四拜興平身)。 대왕대비(大王大妃)·왕비(王妃)·왕세자빈지곡흥사배흥평신(王世子嬪止哭興四拜興平身), 내명부이하(內命婦以下), 개지곡흥사배흥평신(皆止哭興四拜興平身)。 상궁(尙宮), 도대왕대비(導大王大妃)·왕비(王妃), 입내(入內), 수규(守閨), 인왕세자빈(引王世子嬪), 입내(入內), 내명부이하(內命婦以下), 종입(從入)。

봉출재궁의(奉出梓宮儀)

전일일(前一日), 유사(攸司), 설재궁권안장전어선도지남(設梓宮權安帳殿於羨道之南), 우설왕후재궁권안장전(又設王后梓宮權安帳殿), 우설식건(又設拭巾)·상석(牀席)·욕(褥)·병(屛)·장등어장전내帳等於帳殿內並隨地之宜。, 우설막차어장전근지(又設幕次於帳殿近地), 이위재궁출안지차(以爲梓宮出安之次)。 액정서(掖庭署), 설전하배위어선도장전지남근북북향(設殿下拜位於羨道帳殿之南近北北向)。 인의(引儀), 설종친(設宗親)·문무백관위어선도장전지남文武百官位於羨道帳殿之南文東, 무서(武西)。, 구매등이위(俱每等異位), 중행북향(重行北向)。 감찰위이어문무반후북향(監察位二於文武班後北向)。 기일(其日), 재궁봉출전일각(梓宮奉出前一刻), 좌통례부복궤계청출차(左通禮俯伏跪啓請出次)。 전하(殿下), 구시복(具緦服), 출차(出次)。 좌(左)·우통례(右通禮), 전도(前導), 지선도장전남배위(至羨道帳殿南拜位), 북향립(北向立)。 개외재궁(開外梓宮), 진록로어퇴광지내(進轆轤於退壙之內), 진륜여(進輪轝)。 전하(殿下), 약유봉심지거(若有奉審之擧), 칙좌(則左)·우통례(右通禮), 전도(前導), 지릉상(至陵上), 봉심여의(奉審如儀), 후방차(後倣此)。 섭좌통례(攝左通禮), 부복궤고봉출재궁(俯伏跪告奉出梓宮)。 좌의정(左議政), 솔여재궁관등(帥舁梓宮官等), 봉출재궁(奉出梓宮), 안어륜여지상(安於輪轝之上), 봉안장전내상상(奉安帳殿內牀上)。 좌통례계청궤부복곡전하궤부복곡(左通禮啓請跪俯伏哭殿下跪俯伏哭), 종친(宗親)·문무백관궤부복곡(文武百官跪俯伏哭)。 찬의(贊儀), 역창(亦唱)。 좌통례계청지곡흥사배흥평신(左通禮啓請止哭興四拜興平身)。 전하지곡흥사배흥평신(殿下止哭興四拜興平身)。 종친(宗親)·문무백관지곡흥사배흥평신(文武百官止哭興四拜興平身)。 찬의(贊儀), 역창(亦唱)。 섭좌통례(攝左通禮), 예재궁전(詣梓宮前), 계청출취막차(啓請出就幕次), 부복흥(俯伏興)。 좌의정(左議政), 수여재궁관등(帥舁梓宮官等), 이륜여(以輪轝), 봉재궁(奉梓宮), 안어막차(安於幕次)。 집사자(執事者), 이건진우의정(以巾進右議政), 봉건진식재궁捧巾進拭梓宮尙傳, 식왕후재궁(拭王后梓宮)。, 가관의(加棺衣), 설령좌(設靈座), 잉가소금저(仍加素錦楮), 설상어재궁전(設牀於梓宮前), 내시(內侍), 봉지방궤(捧紙牓匱), 수대축(授大祝), 봉안지방어령좌(奉安紙牓於靈座)。 왕후지방(王后紙牓), 칙궁위령봉안(則宮闈令奉安)。 출(出), 칙대왕재궁선(則大王梓宮先)。 입(入), 칙왕후재궁선(則王后梓宮先)。 후방차(後倣此)。 좌(左)·우통례(右通禮), 도전하(導殿下), 입소차(入小次)。 액정서(掖庭署), 선설소차(先設小次), 수지지의(隨地之宜)。

재궁출안후설전의(梓宮出安後設奠儀)

액정서(掖庭署), 설전하위어대왕(設殿下位於大王)·왕후재궁봉안막차유문내지동(王后梓宮奉安幕次帷門內之東), 구서향(俱西向)。 유사(攸司), 진례찬(進禮饌), 내시(內侍), 전봉왕후전(傳捧王后奠), 칙상식전봉(則尙食傳捧), 매방차(每倣此)。 입설어령좌전(入設於靈座前)。 견원서서례(見原書序例)。 설향로(設香爐)·향합병촉어기전(香合幷燭於其前), 전축문어령좌지좌(奠祝文於靈座之左), 설존어령좌동남북향(設尊於靈座東南北向), 치잔삼어존소(置盞三於尊所)。 인의(引儀), 인백관(引百官), 입취위(入就位)。 좌통례부복궤계청출차(左通禮俯伏跪啓請出次)。 전하출차(殿下出次)。 좌(左)·우통례(右通

禮), 전도(前導), 지배위(至拜位), 서향립(西向立)。 좌통례계청궤부복곡(左通禮啓請跪俯伏哭)。 전하궤부복곡(殿下跪俯伏哭)。 종친(宗親)·문무백관궤부복곡(文武百官跪俯伏哭)。 찬의(贊儀), 역창(亦唱)。 좌통례계청지곡흥사배흥평신(左通禮啓請止哭興四拜興平身)。 전하지곡흥사배흥평신(殿下止哭興四拜興平身)。 종친(宗親)·문무백관지곡흥사배흥평신(文武百官止哭興四拜興平身)。 찬의(贊儀), 역창(亦唱)。 좌통례계청궤(左通禮啓請跪)。 전하궤(殿下跪), 종친(宗親)·문무백관궤(文武百官跪)。 찬의(贊儀), 역창(亦唱)。 대전관관수(代奠官盥手), 예향안전(詣香案前), 북향궤삼상향(北向跪三上香), 작주전우령좌전련전삼잔(酌酒奠于靈座前連奠三盞)。 부복흥퇴(俯伏興退)。 대축왕후(大祝王后), 칙전언(則典言)。, 진령좌지좌(進靈座之左), 서향궤독축문흘(西向跪讀祝文訖), 부복흥퇴(俯伏興退)。 좌통례계청부복곡(左通禮啓請俯伏哭)。 전하부복곡(殿下俯伏哭), 진애(盡哀)。 종친(宗親)·문무백관부복곡(文武百官俯伏哭)。 찬의(贊儀), 역창(亦唱)。 좌통례계청지곡흥사배흥평신(左通禮啓請止哭興四拜興平身)。 전하지곡흥사배흥평신(殿下止哭興四拜興平身)。 종친(宗親)·문무백관지곡흥사배흥평신(文武百官止哭興四拜興平身)。 찬의(贊儀), 역창(亦唱)。 좌(左)·우통례(右通禮), 도전하(導殿下), 예왕후재궁봉안막차유문내지동서향(詣王后梓宮奉安幕次帷門內之東西向), 행례병여상의흘(行禮竝如上儀訖), 좌(左)·우통례(右通禮), 도전하(導殿下), 입소차(入小次)。 찬의창궤(贊儀唱跪)。 종친(宗親)·문무백관궤(文武百官跪), 반수(班首), 진명봉위흘(進名奉慰訖)。 인의(引儀), 인백관(引百官), 분동서(分東西), 서립어홍문내(序立於紅門內), 내시(內侍), 봉축문(捧祝文), 분어로(焚於爐)。 왕후축문(王后祝文), 칙상식(則尙食), 분어로(焚於爐)。

재궁예정자각성빈의 (梓宮詣丁字閣成殯儀)

액정서(掖庭署), 설전하지영위어정자각급령악전동계상서향(設殿下祗迎位於丁字閣及靈幄殿東階上西向)。 섭좌통례(攝左通禮), 진당령좌전(進當靈座前), 부복궤계청승여(俯伏跪啓請陞轝), 부복흥(俯伏興)。 대축(大祝), 봉지방궤(捧紙牓匱), 안어요여(安於腰轝)。 왕후지방(王后紙牓), 칙궁위령(則宮闈令), 봉안(捧安)。 좌의정(左議政), 수여재궁관등(帥舁梓宮官等), 이견여(以肩轝), 봉재궁이출(奉梓宮以出), 봉삽자(捧翣者), 이삽(以翣), 장재궁(障梓宮), 충의위(忠義衛), 봉명정(捧銘旌), 전도(前導), 예정자각(詣丁字閣)。 좌통례계청출차(左通禮啓請出次)。 전하출차(殿下出次)。 좌(左)·우통례(右通禮), 전도(前導), 지정자각동계상(至丁字閣東階上), 서향립(西向立)。 재궁지(梓宮至), 좌통례계청국궁(左通禮啓請鞠躬)。 전하국궁(殿下鞠躬), 과(過), 즉계청평신(則啓請平身)。 전하평신(殿下平身), 종친(宗親)·문무백관동(文武百官同)。 찬의(贊儀), 역창(亦唱)。 왕후재궁장지(王后梓宮將至), 좌(左)·우통례(右通禮), 도전하(導殿下), 지령악전유문내(至靈幄殿帷門內), 서향립(西向立)。 왕후재궁지(王后梓宮至), 좌통례계청국궁(左通禮啓請鞠躬)。 전하국궁(殿下鞠躬), 과(過), 칙계청평신(則啓請平身)。 전하평신(殿下平身), 종친(宗親)·문무백관동(文武百官同)。 찬의(贊儀), 역창(亦唱)。 약유봉심(若有奉審), 칙좌(則左)·우통례(右通禮), 전도(前導), 봉심여상(奉審如常)。 좌(左)·우통례(右通禮), 전도(前導), 입소차(入小次), 백관(百官), 권퇴(權退)。 섭좌통례(攝左通禮), 진당여전(進當轝前), 부복궤계청강여(俯伏跪啓請降轝), 부복흥(俯伏興)。 좌의정(左議政), 수여재궁관등(帥舁梓宮官等), 봉재궁(捧梓宮), 안어탑상(安於榻上), 남수(南首)。 내시(內侍), 설령좌어재궁지남남향(設靈座於梓宮之南南向)。 대축(大祝), 봉지방궤(捧紙牓匱), 안어령좌(安於靈座)。 왕후지방(王后紙牓), 칙궁위령(則宮闈令), 봉안(捧安)。 내시(內侍), 설향안어기전(設香案於其前), 립명정어령좌지우근남(立銘旌於靈座之右近南), 우설애책어령좌지좌근남(又設哀冊於靈座之左近南), 우설령침어재궁지동(又設靈寢於梓宮之東), 차여(車轝)·의장(儀仗)·명기(明器), 분렬어유문외좌(分列於帷門外左)·우(右)。 궁인(宮人), 입차(入次), 곡여초(哭如初)。 성빈지절(成殯之節), 견원서성빈의(見原書成殯儀)。

정자각성빈전의(丁字閣成殯奠儀)

방원서삭망전의(倣原書朔望奠儀)。

액정서설전하위어빈전호외지동서향전의설종친문무백관위어(掖庭署設殿下位於殯殿戶外之東西向典儀設宗親文武百官位於) 유문외근남(帷門外近南) [주(註):문동무서(文東武西)] 구매등이위중행북향전의찬의인의위어문관지(俱每等異位重行北向典儀贊儀引儀位於文官之) 북서향우찬의인의위어무관지북동향감찰위이어문무반후북향(北西向又贊儀引儀位於武官之北東向監察位二於文武班後北向) [주(註):서리각배기후(書吏各陪其後)] 전이각유사진례찬육시전봉입설어령좌전설향로향합(前二刻攸司進禮饌肉侍傳捧入設於靈座前設香爐香合) 병촉어기전전축문어령좌지좌설존어호외지좌치잔삼어존(竝燭於其前奠祝文於靈座之左設尊於戶外之左置盞三於尊) 소전일각감찰전의찬의인의선입취위인의분인종친문무백관(所前一刻監察典儀贊儀引儀先入就位引儀分引宗親文武百官) 입취위좌통례궤계청출차전하출차좌우통례전도입취위좌통례궤계(入就位左通禮跪啓請出次殿下出次左右通禮前導入就位左通禮跪啓) 청궤부복곡전하궤부복곡종친문무백관동(請跪俯伏哭殿下跪俯伏哭宗親文武百官同) [주(註):찬의역창(贊儀亦唱)] 좌통례궤계청지곡(左通禮跪啓請止哭) 흥사배흥평신전하지곡흥사배흥평신종친문무백관동(興四拜興平身殿下止哭興四拜興平身宗親文武百官同) [주(註):찬의역창(贊儀亦唱)] 좌통(左通) 례궤계청궤전하궤종친문무백관동(禮跪啓請跪殿下跪宗親文武百官同) [주(註):찬의역창(贊儀亦唱)] 대전관관수승자동편계(代奠官盥手陞自東偏階) 예향안전북향궤삼상향작주전우령좌전(詣香案前北向跪三上香酌酒奠于靈座前) [주(住):련전삼잔(連奠三盞)] 부복흥퇴대축진(俯伏興退大祝進) 령좌지좌서향궤독축문흘부복흥퇴좌통례궤계청부복곡전부(靈座之左西向跪讀祝文訖俯伏興退左通禮跪啓請俯伏哭殿俯) 복곡진애종친문무백관동(伏哭盡哀宗親文武百官同) [주(註):찬의역창(贊儀亦唱)] 좌통례궤계청지곡흥사배흥평신(左通禮跪啓請止哭興四拜興平身) (전하지곡흥사배흥평신(殿下止哭興四拜興平身)) 종친문무백관동(宗親文武百官同) [주(註):찬의역창(贊儀亦唱)] 좌우통례도전하환대차인의분인종친문(左右通禮導殿下還大次引儀分引宗親文) 무백관예대차전서립궤반수진명봉위흘인의이차인출유사철(武百官詣大次前序立跪班首進名奉慰訖引儀以次引出攸司撤) 례찬내시봉축문료어감(禮饌內侍捧祝文燎於坎) [주(註):정자각북예감(丁字閣北瘞坎)] 내시시위장전설조석곡전급상식여의(內侍侍衛帳殿設朝夕哭奠及上食如儀)

조석곡전급상식의(朝夕哭奠及上食儀)

견원서흉례(見原書凶禮)。

매일미명(每日未明), 액정서설전하위어빈전호외지동(掖庭署設殿下位於殯殿戶外之東), 서향(西向); 성빈전(成殯前), 내시설위어전내(內侍設位於殿內), 약내상칙성빈후(若內喪則成殯後), 역내시설위(亦內侍設位), 후방차(後倣此)。 설대군이하위어동계하근동(設大君以下位於東階下近東), 서향남상(西向南上)。 성빈전(成殯前), 내시설위어전외(內侍設位於殿外)。 시지(時至), 일출조전(日出朝奠), 체일석전(逮日夕奠)。 유사진례찬(攸司進禮饌), 유밀과실과교배구기(油蜜果實果交排九器), 범삼행(凡三行), 면찬탕삼기(麪饌湯三器)。 내시전봉(內侍傳捧), 내상칙상식수기속전봉(內喪則尙食帥其屬傳捧), 후방차(後倣此)。 입설어령좌전(入設於靈座前); 설향로향합병촉어기전(設香爐香合竝燭於其前); 설준어호외지좌(設尊於戶外之左), 치잔삼어준소(置盞三於尊所)。 우내시설관즐지구우령침측(又內侍設盥櫛之具于靈寢側), 내상칙상침위지(內喪則尙寢爲之), 후방차(後倣此)。 봉혼백함출취령좌(捧魂帛函出就靈座)。 내상칙상궁위지(內喪則尙宮爲之), 후방차(後倣此)。 전하장(殿下杖) 성복전(成服前), 내시부인(內侍扶引)。 입취위궤부복곡(入就位跪俯伏哭), 궤시(跪時), 내시봉장(內侍捧杖), 후방차(後倣此)。 대군이하거장(大君以下去杖), 종입취위궤(從入就位跪), 부복곡(俯伏哭)。 대전관(代奠官) 종친이품이상(宗親二品以上)。 관수(盥手), 관세설어중문외(盥洗設於中門外), 후방차(後倣此)。 승자동편계(升自東偏階), 예향안전북향궤(詣香案前北向跪), 삼상향(三上香), 작주전우령좌전(酌酒奠于靈座前), 련전삼잔(連奠三盞)。 내상칙상식위지(內喪則尙食爲之), 후방차(後倣此)。 부복흥퇴(俯伏興退)。 전하진애(殿下哭盡哀), 대군이하곡진애(大君以下哭盡哀)。 전하환려차(殿下還廬次), 대군이하환차(大君以下還次)。 식시상식(食時上食), 찬품여평시(饌品如平時), 유부용육선(唯不用肉膳)。 여조전의(如朝奠儀), 석전여조전의(夕奠如朝奠儀)。 석전장지(夕奠將至), 철조전(撤朝奠); 조전장지(朝奠將至), 철석전(撤夕奠)。 필(畢), 내시봉혼백함(內侍捧魂帛函), 입취령침(入就靈寢), 전하곡진애(殿下哭盡哀), 대군이하곡진애(大君以下哭盡哀)。 전하환려차(殿下還廬次), 대군이하환차(大君以下還次), 곡무시(哭無時)。 조석지간(朝夕之間), 애지칙곡어차(哀至則哭於次)。 유신물칙천지(有新物則薦之), 여상식의(如上食儀)。 약비특천지물(若非特薦之物), 칙어조석전급상식병천(則於朝夕奠及上食竝薦)。

의정부솔백관진향의

(議政府率百官進香儀)

견원서흉례(見原書凶禮)。

기일(其日), 봉례랑설문무백관급감찰전의통찬봉례랑위어외정(奉禮郞設文武百官及監察典儀通贊奉禮郞位於外庭), 개여상(皆如常)。　시지(時至), 유사진례찬(攸司進禮饌), 유밀과십사기(油蜜果十四器), 실과륙기(實果六器), 범사행(凡四行)。　유화초면병탕등십이미(有花草麪餠湯等十二味)。　내시전봉(內侍傳捧), 입설어령좌전(入設於靈座前), 설향로향합병촉어기전(設香爐香合並燭於其前), 전축문어령좌지좌(奠祝文於靈座之左), 설준어호외지좌(設尊於戶外之左), 치잔삼어존소(置盞三於尊所)。　감찰전의통찬봉례랑선입취위(監察典儀通贊奉禮郞先入就位), 봉례랑분인문무백관입취위(奉禮郞分引文武百官入就位)。　통찬창궤부복곡(通贊唱跪俯伏哭), 백관궤부복곡(百官跪俯伏哭)。　통찬창지곡흥사배흥평신(通贊唱止哭興四拜興平身), 백관지곡흥사배흥평신(百官止哭興四拜興平身)。　봉례랑인반수(奉禮郞引班首) 관세설어중문외(盥洗設於中門外), 반수급제집사관수이입(班首及諸執事盥手而入)。　승자동편계(升自東偏階), 봉례랑지어계하(奉禮郞止於階下)。　예령좌전북향궤(詣靈座前北向跪)。　통찬창궤(通贊唱跪), 백관궤(百官跪)。　집사자일인봉향합(執事者一人捧香合), 일인봉향로(一人捧香爐), 반수삼상향(班首三上香)。　집사자이잔작주(執事者以盞酌酒), 수반수(授班首), 반수집잔헌잔(班首執盞獻盞), 이잔수집사자(以盞授執事者), 전우령좌전(奠于靈座前), 련전삼잔(連奠三盞)。　부복흥소퇴궤(俯伏興小退跪)。　대축진령좌지좌(大祝進靈座之左), 서향궤독축문흘(西向跪讀祝文訖), 반수부복흥평신(班首俯伏興平身)。　통찬창부복흥평신(通贊唱俯伏興平身), 백관부복흥평신(百官俯伏興平身), 반수강계(班首降階), 봉례랑인환본위(奉禮郞引還本位)。　통찬창궤부복곡(通贊唱跪俯伏哭), 백관궤부복곡(百官跪俯伏哭)。　통찬창지곡흥사배흥평신(通贊唱止哭興四拜興平身), 백관지곡흥사배흥평신(百官止哭興四拜興平身), 봉례랑분인문무백관출(奉禮郞分引文武百官出)。　내상칙봉례랑인반수예중문외북향립(內喪則奉禮郞引班首詣中門外北向立), 통찬창궤(通贊唱跪), 반수급백관개궤(班首及百官皆跪)。　상식진향안전궤삼상향(尙食進香案前跪三上香), 우작주삼잔(又酌酒三盞), 전우령좌전(奠于靈座前)。　전언예령좌지좌궤독축문흘(典言詣靈座之左跪讀祝文訖), 부복흥퇴(俯伏興退)。　통찬창부복흥평신(通贊唱俯伏興平身), 반수급백관부복흥평신(班首及百官俯伏興平身), 봉례랑인반수환본위(奉禮郞引班首還本位)。　여여상의(餘如上儀)。　종친부마제도관찰사진향찬품행례(宗親駙馬諸道觀察使進香饌品行禮), 병여백관진향동(並如百官進香同)。

재궁가칠의(梓宮加漆儀)

상자서사(上字書寫)·결과의동(結裹儀同), 병견상(並見上)。　주(註):자초도지준도동(自初度至準度同)

기일(其日) 인조전(因朝奠) 대전원진령좌지좌(代奠員進靈座之左) 서향궤(西向跪) 독고(讀告)문(文) 주(註):루도가칠지의(累度加漆之意) 초도겸고(初度兼告) 사임시찬(詞臨時撰)　흘(訖) 부복흥퇴(俯伏興退) 집사봉고문(執事捧告文) 분(焚)어로(於爐) 주(註):치동노어로대지서(置銅爐於露臺之西) 시지(時至) 총호원빈전주감제거수(摠護員殯殿主監提擧帥) 칠공(漆工) 입취빈전계하(入就殯殿階下) 궤부복곡(跪俯伏哭) 종척급삼반원(宗戚及三班員) 입취외정(入就外庭) 주(註):수장자장(受杖者杖) 이위중행(異位重行) 북향립(北向立) 찬시도왕전(贊侍導王殿) 하장입취위이강공전하장입취위(下杖入就位李堈公殿下杖入就位) 수능향원(守陵享員) 장입취위(杖入就位) 가칠흘왕전하궤부복곡리강공전(加漆訖王殿下跪俯伏哭李堈公殿) 하궤부복곡리강공전(下跪俯伏哭李堈公殿)공전(公殿) 하궤부복곡(下跪俯伏哭) 수릉향원궤부복곡(守陵享員跪俯伏哭) 총호원이하(摠護員以下) 곡(哭) 종척급참반원궤부복곡왕전하지곡이강(宗戚及參班員跪俯伏哭王殿下止哭李) 강(堈)공전하지곡(公殿下止哭) 수릉향원지곡(守陵享員止哭) 총호원이하지곡(摠護員以下止哭) 종척급삼반원지곡(宗戚及參班員止哭) 찬시도왕전하환려차(贊侍導王殿下還廬次) 이(李) 강공전하환차(堈公殿下還次) 수릉향원출(守陵享員出) 총호원이하출(摠護員以下出) 종(宗)척급참반원출(戚及參班員出)

계빈의(啓殯儀)

견원서흉례(見原書凶禮)。

其日典儀設宗親文武百官位於外庭竝如常監察典儀贊儀引儀位於外庭亦如常前二刻攸司進禮饌[註: 見序例]尙食傳捧入設於靈座前設香爐香合并燭於其前奠祝文於靈座之左設尊於戶外之左置盞三於尊所前一刻監察典儀贊儀引儀先入就位引儀分引宗親文武百官入就位贊儀唱跪俯伏哭宗親文武百官跪俯伏哭贊儀唱止哭興四拜興平身宗親文武百官止哭興四拜興平身[註:五禮中中啓殯儀小註云內喪在先則命領議政爲獻官領議政隨班哭拜後詣中門外北向跪尙食上香奠酒云言讀訖領議政俯伏興還本位餘如上儀自此至立主奠皆同]引儀引領議政詣中門外贊儀唱跪領議政北向跪宗親文武百官跪尙食盥手陞自東偏階詣香案前北向跪三上香酌酒奠于靈座前[주:連奠三盞]俯伏興退典言進靈座之左西向跪讀祝文訖俯伏興退贊儀唱俯伏興領議政俯伏興宗親文武百官俯伏興引儀引領議政還本位贊儀唱跪俯伏哭宗親文武百官跪俯伏哭盡哀贊儀唱止哭興四拜興平身宗親文武百官止哭興四拜興平身引儀分引宗親文武百官以次出尙食捧祝文焚於爐[註:置銅爐於靈臺之西後倣此]遷靈座及奠於殿內西南引儀引右議政入就中門外引儀贊跪右議政北向跪司謁引尙傳詣右議政前南向跪右議政啓曰右議政臣某謹以吉展啓欑塗尙傳詣詣閤外傳告尙儀尙儀就欑宮南北向跪啓稱云右議政臣某謹以吉辰啓欑塗啓訖還侍位引儀贊俯伏興平身引右議政出尙傳率諸內侍陞撤欑塗[註:初諸內侍入宮人退避撤訖尙傳捧巾拂拭梓宮覆以棺衣降出內侍設幄及靈座尙寢設靈寢竝如初攸司進禮饌尙食傳捧入設於靈座前如上儀監察典儀贊儀引儀先入就位引儀分引宗親文武百官入就位贊儀唱跪俯伏哭宗親文武百官跪俯伏哭贊儀唱止哭宗親文武百官止哭尙食詣香案前跪上香奠酒竝如上儀訖俯伏興退贊儀唱俯伏哭宗親文武百官俯伏哭盡哀贊儀唱止哭興四拜興平身宗親文武百官止哭興四拜興平身引儀分引宗親文武百官以次出 주:自後至發靷代哭不絶

전삼일(前三日), 고사(告祀)소내상(告社小內喪), 칙부고사(則不告社)。 묘(廟)어종묘(廟於宗廟), 칙겸고조조지의(則兼告朝祖之意), 영녕전동(永寧殿同)。 내상(內喪)·소상(小喪), 동(同)。 여상의(如常儀), 무전(無奠)。 기일(其日), 액정서(掖庭署), 설전하위어빈전호외지동서향(設殿下位於殯殿戶外之東西向)。 전의(典儀), 설대군이하위어동계하(設大君以下位於東階下), 근동서향북상(近東西向北上), 설수릉관(設守陵官)·시릉내시위어빈전중문외(侍陵內侍位於殯殿中門外), 북향서상(北向西上)。 설종친급문무백관(設宗親及文武百官)·감찰(監察)·전의(典儀)·찬의(贊儀)·인의위어외정(引儀位於外庭), 병여상(竝如常)。 전이각(前二刻), 유사(攸司), 진례찬(進禮饌)。 견서례(見序例)。 견도설(見圖說)。 내시(內侍), 전봉내상(傳捧內喪), 칙상식(則尙食), 수기속전봉(帥其屬傳捧)。 후방차(後倣此)。 입설어령좌전(入設於靈座前), 설향로(設香爐)·향합병촉어기전(香合竝燭於其前), 전축문어령좌지좌(奠祝文於靈座之左), 설존어호외지좌(設尊於戶外之左), 치잔삼어존소(置盞三於尊所)。 전일각(前一刻), 감찰(監察)·전의(典儀)·찬의(贊儀)·인의(引儀), 선입취위(先入就位)。 인의(引儀), 분인종친급문무백관(分引宗親及文武百官), 입취위(入就位), 수장자(受杖者), 장(杖)。○수릉관(守陵官)·시릉내시(侍陵內侍), 장입취위(杖入就位)。 차인대군이하(次引大君以下), 거장입취위(去杖入就位)。 좌통례(左通禮), 내상(內喪), 칙내시(則內侍)。 하동(下同)。 도전하(導殿下), 장입취위(杖入就位)。 좌통례(左通禮), 부복궤계청(俯伏跪啓請), 궤부복곡(跪俯伏哭)。 전하궤부복곡(殿下跪俯伏哭), 궤시(跪時), 내시봉장(內侍捧杖)。 후방차(後倣此)。 대군이하궤부복곡(大君以下跪俯伏哭)。 수릉관(守陵官)·시릉내시(侍陵內侍), 궤부복곡(跪俯伏哭)。 찬의(贊儀), 창궤부복곡(唱跪俯伏哭)。 종친급문무백관(宗親及文武百官), 궤부복곡(跪俯伏哭)。 좌통례(左通禮), 계청지곡(啓請止哭)。 전하지곡(殿下止哭), 대군이하지곡(大君以下止哭)。 수릉관(守陵官)·시릉내시(侍陵內侍), 지곡(止哭)。 찬의(贊儀), 창지곡흥사배흥평신(唱止哭興四拜興平身)。 종친급문무백관(宗親及文武百官), 지곡흥사배흥평신(止哭興四拜興平身)。 찬의창궤(贊儀唱跪)。 종친급문무백관(宗親及文武百官), 궤(跪)。 대전관(代奠官), 관수(盥手), 승자동편계(陞自東偏階), 예향안전(詣香案前), 북향궤(北向跪), 삼상향(三上香), 작주(酌酒), 전우령좌전(奠于靈座前), 련전삼잔(連奠三盞)。 부복흥퇴(俯伏興退)。 대축(大祝), 지제교사품이상진령좌지좌(知製敎四品以上進靈座之左), 서향궤(西向跪), 독축문사(讀祝文詞), 림시찬(臨時撰)。 후방차(後倣此)。 겸고조조지의(兼告朝祖之意)。○내상(內喪), 칙식(則食), 상향전주(上香奠酒), 전언(典言), 독축(讀祝)。 후방차(後倣此)。 흘(訖), 부복흥퇴(俯伏興退)。 좌통례(左通禮), 계청곡(啓請哭)。 전하곡진애(殿下哭盡哀), 대군이하곡진애(大君以下哭盡哀)。 수릉관(守陵官)·시릉내시(侍陵內侍), 곡진애(哭盡哀)。 찬의(贊儀), 창부복곡(唱俯伏哭)。 종친급문무백관(宗親及文武百官), 부복곡진애(俯伏哭盡哀)。 좌통례(左通禮), 계청지곡(啓請止哭)。 전하지곡(殿下止哭), 대군이하지곡(大君以下止哭)。 수릉관(守陵官)·시릉내시(侍陵內侍), 지곡(止哭)。 찬의(贊儀), 창지곡흥사배흥평신(唱止哭興四拜興平身)。 종친급문무백관(宗親及文武百官), 지곡흥사배흥평신(止哭興四拜興平身)。 좌통례(左通禮), 도전하(導殿下), 권취려차(權就廬次)。 인의(引儀), 인대군이하(引大君以下), 환차(還次)。 수릉관(守陵官)·시릉내시(侍陵內侍), 출(出)。 우인의(又引儀), 분인종친급문무백관(分引宗親及文武百官), 이차출(以次出)。 내시(內侍), 봉축문(捧祝文), 분어로(焚於爐), 치동로어로대지서(置銅爐於露臺之西)。 내상재선(內喪在先), 칙전하(則殿下), 명령의정위헌관(命領議政爲

獻官)。 령의정(領議政), 수반곡배후(隨班哭拜後), 인예우문외(引詣于門外), 북향궤(北向跪)。 상식(尙食), 상향전주(上香奠酒), 전언(典言), 독축흘(讀祝訖), 령의정(領議政), 부복흥환본위(俯伏興還本位)。 여여상의(餘如上儀)。 자차지립주전(自此至立主奠), 개동(皆同)。 유릉소(惟陵所), 인예유문외(引詣帷門外)。 **천령좌급전어전내서남(遷靈座及奠於殿內西南)。 인의(引 儀), 인우의정(引右議政)**, 외상(外喪), 칙찬성(則贊成)。 후방차(後倣此)。 **입자동편문(入自東偏門), 승동편계(陞東偏階)。 집사자일인(執事者一人)**, 참외(參外) **봉불재궁지건(捧拂梓宮之巾)**, 유함(有函)。 **종승(從 陞)。 우의정(右議政), 예찬궁남(詣欑宮南), 북향부복궤(北向俯伏跪), 계**소상(啓小喪), 칙달(則達)。 후 방차(後倣此)。 **왈(曰), 우의정신모(右議政臣某), 근이길진계찬(謹以吉辰啓欑){도(塗)}**궁(宮)。 하동(下 同)。 **계흘(啓訖), 부복흥(俯伏興)。 선공감관(繕工監官), 수기속승(帥其屬陞), 철찬(撤欑){도(塗)} 필(畢), 우의정(右議政), 이건불식재궁(以巾拂拭梓宮)。** 내상(內喪), 칙우의정(則右議政), 입취중문외(入就中門外), 북향궤(北向跪)。 사알(司謁), 소내상(小內喪), 칙사약(則司鑰)。 인상전(引尙傳), 소내상(小內喪), 칙내시(則內侍)。 예우의정전(詣右議政前), 남향궤(南向跪)。 우의정(右議政), 부복궤전왈(俯伏跪傳曰), 우의정신소내상(右議政臣小內喪), 칙찬성(則贊成), 계칭신(啓稱臣)。 후방차(後倣此)。 모(某), 근이길진계찬(謹以吉辰啓欑)。 상전(尙傳), 예합외(詣閤外), 전고상의(傳告尙儀)。 소내상(小 內喪), 칙수측(則守側)。 상의(尙儀), 취찬궁남(就欑宮南), 북향부복궤(北向俯伏跪), 계칭(啓稱), 우의정신모(右議政臣某), 근이길진계찬(謹以吉辰啓欑)。 계흘(啓訖), 환시위(還侍位)。 우의정(右議政), 부복흥평신(俯伏興平身)。 상전(尙傳), 솔제내시승(率諸內侍陞), 철찬(撤欑)。 초제내시입(初諸內侍入), 궁인퇴피(宮人退避)。 철흘(撤訖), 상전(尙傳), 이건불식재궁(以巾拂拭梓宮)。 **복이 관의(覆以棺衣), 강출(降出)。 내시(內侍), 철찬설악급령좌(撤饌設幄及靈座)·령침(靈寢), 병여초(並如初)。 유사(攸司), 진례찬(進禮饌)。 내시(內侍), 전봉입설어령좌전여상의(傳捧入設於靈座前如上儀)。 감찰(監察)·전의(典儀)·찬의(贊儀)·인의(引儀), 선입취위(先入就位)。 인의(引儀), 분 인종친급문무백관(分引宗親及文武百官), 입취위(入就位)。** 수릉관(守陵官)·시릉내시(侍陵內侍), 입취위(入就位)。 **차인대군이하(次引大君以下), 거장입취위(去杖入就位)。 좌통례(左通禮), 도전하(導殿下), 장입취위(杖入就位)。 좌통례(左通禮), 계청궤부복곡(啓請跪俯伏哭)。 전하궤부복곡(殿下跪俯伏哭), 대군이하궤부복곡(大君以下跪俯伏哭)。** 수릉관(守陵官)·시릉내시(侍陵內侍), 궤부복곡(跪俯伏哭)。 **찬의(贊 儀), 창궤부복곡(唱跪俯伏哭)。 종친급문무백관(宗親及文武百官), 궤부복곡(跪俯伏哭)。 좌통례(左通禮), 계청지곡(啓請止哭)。 전하지곡(殿下止哭), 대군이하지곡(大君以下止哭)。** 수릉관(守陵官)·시릉내시(侍陵內侍), 지곡(止哭)。 **찬의(贊儀), 창지곡(唱止哭)。 종친급문무백관(宗親及文武百官), 지곡(止哭)。 대전관(代奠官), 예향안전(詣香案前), 궤상향전주여상흘(跪上香奠酒如上訖), 부복흥퇴(俯伏興退)。 좌통례(左通禮), 계청곡(啓請哭)。 전하곡진애(殿下哭盡哀), 대군이하곡진애(大君以下哭盡哀)。** 수릉관(守陵官)·시릉내시(侍陵內侍), 곡진애(哭盡哀)。 **찬의창곡(贊儀唱哭)。 종친급문무백관(宗親及文武百官), 곡진애(哭盡哀)。 좌통례(左通禮), 계청지곡(啓請止哭)。 전하지곡(殿下止哭), 대군이하지곡(大君以下止哭)。** 수릉관(守陵官)·시릉내시(侍陵內侍), 지곡(止哭)。 **찬의(贊儀), 창지곡흥사배 흥평신(唱止哭興四拜興平身)。 종친급문무백관(宗親及文武百官), 지곡흥사배흥평신(止哭興四拜興平身)。 좌통례(左通禮), 도전하(導殿下), 환려차(還廬次)。 인의(引儀), 인대군이하(引 大君以下), 환차(還次)。** 수릉관(守陵官)·시릉내시(侍陵內侍), **출(出)。 우인의(又引儀), 분인종친급문무 백관(分引宗親及文武百官), 이반근동궤(移班近東跪)。 반수(班首), 진명봉위흘(進名奉慰訖), 인의(引儀), 이차인출(以次引出)。 자후지발인(自後至發引), 대곡(代哭), 부절성(不絶聲)。 보제 구고문(補諸具告文)**, 소이고사묘자(所以告社廟者)。 소내상(小內喪), 지고종묘(只告宗廟)。 {향실(香室)。}**찬(饌)**, 병동습 전(並同襲奠)。 **향축(香祝)**, {향실(香室)。}**관기(盥器)**, 공조(工曹)。 **세(帨)**, 제용감**건(濟用監巾)**, 용백주(用白紬)。 소불식재궁자(所以拂拭梓宮者)。 제용감(濟用監)。 함(函), 주칠(朱漆), 소이성건자(所以盛巾者)。 공조(工曹)。 **관의일(棺衣一)。** 잉(仍)。

견전의(遣奠儀)

무조전(無祖奠), 견원서흉례(見原書凶禮)。

전일일(前一日), 국장도감진순급혼백요여책보요여향정등어중문외당중(國葬都監進輴及魂帛腰輿冊寶腰輿香亭等於中門外當中), 남향(南向); 재북(在北), 여재남(輿在南)。 진혼백차급대여어외문외당중(進魂帛車及大轝於外門外當中), 남향(南向); 여재북(轝在北), 차재남(車在南)。 진길장어혼백차전(陳吉仗於魂帛車前); 흉장급명기어대여전(凶仗及明器於大轝前)。 기일(其日), 액정서설전하위어빈전호외지동(掖庭署設殿下位於殯殿戶外之東), 서향(西向)。 전의설대군이하위어동계하근동(典儀設大君以下位於東階下近東), 서향남상(西向南上); 설종친급문무백관감찰(設宗親及文武百官監察) 제도관찰사수령관(諸道觀察使首領官), 각종본품지말(各從本品之末)。 전의독애책관봉애책관거안자통찬봉례랑 위어외정(典儀讀哀冊官奉哀冊官擧案者通贊奉禮郎位於外庭), 병여상(並如常)。 례조정랑(禮曹 正郎) 내상칙내시위지(內喪則內侍爲之)。 권치애책어서계하북향(權置哀冊於西階下北向)。 설석유안(設席有

案)。 발인전오각(發引前五刻), 유사진례찬(攸司進禮饌), 찬품여조전동(饌品與祖奠同)。 내시전봉(內侍傳捧), 입설어령좌전(入設於靈座前), 설향로향합병촉어기전(設香爐香合幷燭於其前), 전축문어령좌지좌(奠祝文於靈座之左), 설존어호외지좌(設尊於戶外之左), 치잔삼어존소(置盞三於尊所)。 전사각(前四刻), 감찰전의통찬봉례랑선입취위(監察典儀通贊奉禮郎先入就位), 봉례랑분인종친급문무백관입취위(奉禮郎分引宗親及文武百官入就位), 차인대군이하거장입취위(次引大君以下去杖入就位), 판통례도전하장입취위(判通禮導殿下杖入就位)。 판통례부복궤(判通禮俯伏跪), 후방차(後倣此)。 계청궤부복곡(啓請跪俯伏哭), 전하궤부복곡(殿下跪俯伏哭), 궤시(跪時), 내시봉장(內侍捧杖)。 대군이하궤부복곡(大君以下跪俯伏哭)。 통찬창궤부복곡(通贊唱跪俯伏哭), 종친급백관궤부복곡(宗親及百官跪俯伏哭)。 판통례계청지곡(判通禮啓請止哭), 전하지곡(殿下止哭), 대군이하지곡(大君以下止哭)。 통찬창지곡흥사배흥평신(通贊唱止哭興四拜興平身), 종친급백관지곡흥사배흥평신(宗親及百官止哭興四拜興平身)。 통찬창궤(通贊唱跪), 종친급백관궤(宗親及百官跪), 대전관관수(代奠官盥手), 승자동편계(升自東偏階), 예향안전북향궤삼상향(詣香案前北向跪三上香), 작주전우령좌전(酌酒奠于靈座前), 련전삼잔(連奠三盞)。 부복흥퇴(俯伏興退)。 대축(大祝) 내외제(內外製)。 진령좌지좌(進靈座之左), 서향궤독축문흘(西向跪讀祝文訖), 부복흥퇴(俯伏興退)。 봉례랑인봉책관(奉禮郎引奉冊官), 봉례랑지어문외후방차(奉禮郎止於門外後倣此)。 예애책안전서향궤(詣哀冊案前西向跪), 봉책함흥(奉冊函興), 유중계승(由中階升), 거안자종지(擧案者從之), 예향안전궤(詣香案前跪), 선치안(先置案), 차치책함(次置冊函), 부복흥소퇴북향궤(俯伏興少退北向跪)。 봉례랑인독책관유동편계(奉禮郎引讀冊官由東偏階), 승예책안전북향궤(升詣冊案前北向跪)。 봉책관진궤개함전책(奉冊官進跪開函展冊), 독책관독책흘(讀冊官讀冊訖), 부복흥(俯伏興), 봉책관이책환치어함(奉冊官以冊還置於函), 봉함흥(奉函興), 거안자치안어령좌전초동(擧案者置案於靈座前稍東), 부복흥(俯伏興)。 봉책관궤치책함어안(奉冊官跪置冊函於案), 부복흥(俯伏興), 구강복위(俱降復位)。 내상칙상궁예책안전서향궤(內喪則尙宮詣冊案前西向跪), 봉책함흥(奉冊函興), 유중계승(由中階升), 전언거안종지(典言擧案從之), 예향안전궤(詣香案前跪), 선치안(先置案), 차치책함(次置冊函)。 상궁개함전책(尙宮開函展冊), 독책흘(讀冊訖), 이책환치어함(以冊還置於函), 봉함흥(奉函興), 전언치안어령좌전초동(典言置案於靈座前稍東), 부복흥(俯伏興)。 상궁치책함어안(尙宮置冊函於案), 부복흥(俯伏興), 구환시위(俱還侍位)。 판통례계청곡(判通禮啓請哭), 전하곡진애(殿下哭盡哀), 대군이하곡진애(大君以下哭盡哀)。 통찬창부복곡(通贊唱俯伏哭), 종친급백관부복곡진애(宗親及百官俯伏哭盡哀)。 판통례계청지곡(判通禮啓請止哭), 전하지곡(殿下止哭), 대군이하지곡(大君以下止哭)。 통찬창지곡흥사배흥평신(通贊唱止哭興四拜興平身), 종친급백관지곡흥사배흥평신(宗親及百官止哭興四拜興平身)。 판통례도전하권취려차(判通禮導殿下權就廬次), 봉례랑인대군이하환차(奉禮郎引大君以下還次)。 내시철찬(內侍撤饌), 내시봉축문분어로(內侍捧祝文焚於爐)。 봉례랑분인종친급문무백관이차출외문외(奉禮郎分引宗親及文武百官以次出外門外), 분동서서립이사(分東西序立以竢)。

발인의(發引儀)

견원서흉례(見原書凶禮)。

전일일(前一日), 기청우사직(祈晴于社稷)。 기일(其日), 어궁문급성문(於宮門及城門), 제오십신위(祭五十神位), 우제소과교량명산대천(又祭所過橋梁名山大川)。

사견전필(俟遣奠畢), 내상칙전필(內喪則奠畢), 궁인개퇴피(宮人皆退避)。 여재궁관(舁梓宮官) 무관사품(武官四品)。 진순어빈전계하(進輴於殯殿階下), 남향(南向); 혼백여진어순남(魂帛輿陳於輴南)。 섭판통례진당령좌전북향부복궤(攝判通禮進當靈座前北向俯伏跪), 후방차(後倣此)。 계청강좌승여(啓請降座乘輿), 부복흥(俯伏興)。 내시이고명시책보애책(內侍以誥命諡冊寶哀冊) 내상칙유평시책(內喪則有平時冊)。 수집사자(授執事者), 각치어요여(各置於腰輿)。 기안자봉담인(其安者捧擔人)。 내직별감봉향로향합(內直別監捧香爐香合), 치어향정협시(置於香亭俠侍)。 기안수봉담인(其案授捧擔人)。 대축(大祝) 내상칙내시위지(內喪則內侍爲之), 후방차(後倣此)。 봉혼백함(捧魂帛函), 안어요여(安於腰輿), 우주궤치기후(虞主匱置其後)。 후방차(後倣此)。 기교의(其交倚), 내시봉출문외(內侍捧出門外), 수봉담인(授捧擔人)。 내시봉요여(內侍捧腰輿), 유중문출(由中門出)。 섭판통례진당재궁전(攝判通禮進當梓宮前), 북향계청승순(北向啓請升輴), 부복흥(俯伏興)。 내시봉명정강계(內侍捧銘旌降階), 좌의정수여재궁관급내시(左議政帥舁梓宮官及內侍), 봉재궁강계승순(捧梓宮降階升輴), 복이소금저(覆以素錦褚), 내외개곡(內外皆哭)。 섭판통례전도(攝判通禮前導), 충의위이삽장재궁(忠義衛以翣障梓宮), 내상칙내시이삽급행장생장장지(內喪則內侍以轝及行障生障障之)。 여사봉순명정선행(輿士捧輴銘旌先行), 출문수충의위(出門授忠義衛), 궤수봉담인(跪授捧擔人)。 지외문외(至外門外), 섭판통례진당혼백여전(攝判通禮進當魂帛輿前), 계청강여승차(啓請降輿升車), 대축봉혼백함안어차(大祝捧魂帛函安於車)。 섭판통례진당순전(攝判通禮進當輴前), 계청강순승대여(啓請降輴升大轝), 부복흥(俯伏興)。 좌의정수재궁관등(左議政帥昇梓宮官等), 봉재궁승대여남수(捧梓宮升大轝南首)。 강승대여시용륜여(降升大轝時用輪轝), 범승강동(凡升降同)。 혼백여고명시책보여애책여우보명정급삽(魂帛輿誥命諡冊寶輿哀冊輿羽葆銘旌及翣), 이차진렬(以次陳列)。 섭판통례진당혼백차전(攝判通禮進當魂帛車前), 계청차가진발(啓請車駕進發), 부복흥퇴(俯伏興退)。 우섭판통례진당대여전(又攝判通禮進當大轝前), 계청령가진발(啓請靈駕進發), 부복흥퇴(俯伏興退), 의위도종여식(儀衛導從如式)。 길흉의장(吉凶儀仗), 구재반차(具在班次)。 집탁자진탁(執鐸者振鐸), 령가진지(靈駕進止), 개호군진탁(皆護軍振鐸)。 령가동(靈駕動), 궁인승마곡종(宮人乘馬哭從), 부절성(不絶聲), 장이행유(障以行帷)。 내시곡보종(內侍哭步從)。 출성문(出城門), 개권철곡(皆權徹哭)。 초(初), 재궁승대여(梓宮升大轝), 판통례진당려차전부복궤(判通禮進當廬次前俯伏跪), 후방차(後倣此)。 계령가장발(啓靈駕將發), 내시부인전하출차승여(內侍扶引殿下出次乘輿), 산선(繖扇) 어급산선여(輿及繖扇), 개용봉(皆用奉)。 시위여상의(侍衛如常儀)。 대군이하종출(大君以下從出), 지중문외(至中門外), 판통례진당여전계청강여승련(判通禮進當輿前啓請降輿升輦), 소련(素輦)。 부복흥퇴(俯伏興退)。 전하강여승련(殿下降轝升輦), 도종여상(導從如常)。 차대군이하(次大君以下), 차종친급문무백관(次宗親及文武百官) 제도관찰사수령관(諸道觀察使各領官), 종본품지말(從本品之末)。 이차보종(以次步從)。 류도군관경지성문외(留都群官徑至城門外)。 령가약도경종묘(靈駕若道經宗廟), 칙유사선포욕석어종묘전로북향(則攸司先鋪褥席於宗廟前路北向), 섭판통례진당혼백차전(攝判通禮進當魂帛車前), 계청차가소주(啓請車駕少駐), 만사회차북향(挽士回車北向), 정어욕석남(停於褥席南)。 소경(少頃), 섭판통례계청차가진발(攝判通禮啓請車駕進發), 계울부복흥퇴(啓訖俯伏興退), 만사회차진발(挽士回車進發)。 우대여지(又大轝至), 섭판통례진당대여전(攝判通禮進當大轝前), 계청령가소주(啓請靈駕少駐), 거사회대여북향(擧士回大轝北向), 안어욕석(安於褥席)。 소경(少頃), 섭판통례계청령가진발(攝判通禮啓請靈駕進發), 여사회대여진발(擧士回大轝進發)。 어련지종묘전로(御輦至宗廟前路), 판통례진당려전(判通禮進當輦前), 계청강련(啓請降輦), 전하강련(殿下降輦)。 과종묘전(過宗廟前), 판통례계청승련(判通禮啓請升輦), 전하승련(殿下升輦), 시종여초(侍從如初)。 혹경선왕선후릉전동(或經先王先后陵前同)。 령가출성문외(靈駕出城門外), 지로제소(至路祭所), 영가소주(靈駕少駐)。 류도군관진향봉사(留都群官進香奉辭), 여별의(如別儀)。 초(初), 영가지로제소소주(靈駕至路祭所小駐), 판통례진당련전(判通禮進當輦前), 계청강련(啓請降輦), 전하강련입악차(殿下降輦入幄次)。 전일일(前一日), 충호위설악차어령장전근지남향(忠扈衛設幄次於靈帳殿近地南向), 수지지의(隨地之宜)。 영가진발(靈駕進發), 전함재추급기로학생승도(前銜宰樞及耆老學生僧徒), 서립도방(序立道旁)。 대여장지(大轝將至), 개부복곡사배(皆俯伏哭四拜), 우곡진애사배봉사(又哭盡哀四拜奉辭)。 판통례진당악차전(判通禮進當幄次前), 계청승련(啓請升輦), 전하출차승련(殿下出次升輦), 대군이하급종친백관(大君以下及宗親百官), 개승마시종여초(皆乘馬侍從如初)。 혼백차지주정소유문외(魂帛車至晝停所帷門外), 섭판통례진당차전(攝判通禮進當車前), 계청강차승여(啓請降車乘輿), 부복흥퇴(俯伏興退), 내시이요여진혼백차전(內侍以腰輿進魂帛車前), 대축봉혼백함(大祝捧魂帛函), 안어요여(安於腰輿), 지유문내(至帷門內), 섭판통례계청강여승좌(攝判通禮啓請降輿升座), 부복흥(俯伏興)。 대축봉혼백함(大祝捧魂帛函), 입안어장전중령좌(入安於帳殿中靈座), 전일일(前一日), 충호위설장전남향(忠扈衛設帳殿南向)。 의장렬어유문외좌우(儀仗列於帷門外左右)。 대여지(大轝至), 섭판통례진당대여전(攝判通禮進當大轝前), 계청령가소주(啓請靈駕小駐), 부복흥퇴(俯伏興退)。 궁인하마입차(宮人下馬入次), 설차어장전서남동향(設次於帳殿西南東向)。 약내상(若內喪), 칙궁인관수(則宮人盥水), 예장전시위(詣帳殿侍位)。 판통례진당련전(判通禮進當輦前), 계청강련(啓請降輦), 전하강련입악차(殿下降輦入幄次), 설악차어장전동남서향(設幄次於帳殿東南西向)。 산선시위여상의(繖扇侍衛如常儀)。 대군이하하마입차(大君以下下馬入次), 설차어악차동남(設次於幄次東南), 북향(北向)。 종친급백관하마각취차(宗親及百官下馬各就次)。 유사진찬행례(攸司進饌行禮), 병여조석전필(並如朝夕奠畢)。 약내상(若內喪), 칙상식위지(則尚食爲之)。 섭판통례진당령좌전(攝判通禮進當靈座前), 계청강좌승여(啓請降座乘輿), 부복흥(俯伏興)。 내시이요여진유문내(內侍以腰輿進帷門內), 대축봉혼백함안어요여(大祝捧魂帛函安於腰輿), 내시봉요여진차전(內侍捧腰輿進車前), 섭판통례계청강여승차(攝判通禮啓請降輿升車), 부복흥(俯伏興)。 대축봉혼백함안어차(大祝捧魂帛函安於車), 섭판통례계청차가진발(攝判通禮啓請車駕進發), 우섭판통례진당대여전(又攝判通禮進當大轝前), 계청령가진발(啓請靈駕進發), 부복흥퇴(俯伏興退)。 령가동(靈駕動), 의위도종여초(儀衛導從如初), 궁인승마이종(宮人乘馬以從)。 판통례진당악차전(判通禮進當幄次前), 계청승련(啓請升輦), 전하출차승련(殿下出次升輦), 대군이하급종친백관시종여초(大君以下及宗親百官侍從如初)。 지릉소(至陵所), 혼백차대여지령악전장문외(魂帛車大轝至靈幄殿帳門外), 전일일(前一日), 충호위설령장전어현궁지남남향(忠扈衛設靈帳殿於玄宮之南南向), 시병장(施屏帳), 남치유문

(南置帷門)。 설악어장전중근북남향(設幄於帳殿中近北南向), 설궁인차어장전서남동향(設宮人次於帳殿西南東向)。 **섭판통례진당대여전(攝判通禮進當大轝前), 계청강여승순(啓請降轝升輴), 부복흥(俯伏興)。 좌의정수여재궁관등(左議政帥昇梓宮官等), 봉재궁강여승순(捧梓宮降轝升輴), 섭판통례전도(攝判通禮前導), 충의위이삽장재궁(忠義衛以翣障梓宮)。** 내상칙내시이삽급행장좌장장지(內喪則內侍以翣及行障坐障障之)。 **여사봉순지유문내(轝士捧輴至帷門內), 섭판통례계청강순(攝判通禮啓請降輴), 부복흥(俯伏興)。 좌의정수여재궁관등(左議政帥昇梓宮官等), 봉재궁안어탑상(捧梓宮安於榻上), 남수(南首)。 내시설령좌어재궁지남남향(內侍設靈座於梓宮之南南向)。** 설악여초(設幄如初)。 **섭판통례진당혼백차전(攝判通禮進當魂帛車前), 계청강차승여(啓請降車乘輿), 부복흥(俯伏興)。 대축봉혼백안어요여(大祝捧魂帛安於腰轝), 내시봉요여지유문내(內侍捧腰輿至帷門內), 섭판통례계청강차승여(攝判通禮啓請降車乘輿), 부복흥(俯伏興)。 대축봉혼백함안어령좌(大祝捧魂帛函安於靈座), 우주궤치기후(虞主匭置其後)。 내시설향안어기전(內侍設香案於其前), 설명정어령좌지우(設銘旌於靈座之右), 우설고명시책보애책어령좌지좌근남(又設誥命諡冊寶哀冊於靈座之左近南), 우설령침어재궁지동여초(又設靈寢於梓宮之東如初)。 차여의장명기(車輿儀仗明器), 분렬어장전유문외좌우(分列於帳殿帷門外左右),** 약경숙칙차여등물(若經宿則車輿等物), 지야내퇴(至夜乃退)。 즉현궁시(卽玄宮時), 환진(還陳)。 **궁인입차곡여초(宮人入次哭如初)。** 약내상칙입취시위곡(若內喪則入就侍位哭)。 **초(初), 대여지령장전전(大轝至靈帳殿前), 재궁장강(梓宮將降), 판통례진당련전(判通禮進當輦前), 계청강련(啓請降輦), 전하강련(殿下降輦)。 지악차전(至幄次前), 판통례계청권취악차(判通禮啓請權就幄次), 판통례도전하(判通禮導殿下), 내시부인(內侍扶引), 권취악차(權就幄次),** 전일일(前一日), 충호위설악차어장전동남서향(忠扈衛設幄次於帳殿東南西向)。 **대군이하하마취차(大君以下下馬就次),** 설차어악차동남(設次於幄次東南), 북향(北向)。 **종친급백관개하마(宗親及百官皆下馬), 권퇴차(權退次)。 액정서설전하위어유문내지동근북(掖庭署設殿下位於帷門內之東近北), 서향(西向)。 전의설대군이하위어기후근남(典儀設大君以下位於其後近南), 서향북상(西向北上), 이위중행(異位重行); 종(宗)(종(宗))[친(親)]급문무백관위어유문외근남(及文武百官位於帷門外近南), 문동무서(文東武西), 구매등이위중행(俱每等異位重行), 북향상대위수(北向相對爲首);** 종친(宗親), 매품반두별설위(每品班頭別設位); 대군(大君), 특설어정일품지전(特設位於正一品之前)。 **감찰위이어문무반후(監察位二於文武班後), 북향(北向);** 서리각배기후(書吏各陪其後)。 **전의통찬봉례랑위어문관지북(典儀通贊奉禮郞位於文官之北), 서향(西向); 우통찬봉례랑위어무관지북(又通贊奉禮郞位於武官之北), 동향(東向), 구북상(俱北上)。 유사설례찬여상(攸司設禮饌如常)。 감찰전의통찬봉례랑선입취위(監察典儀通贊奉禮郞先入就位), 봉례랑분인종친급백관입취위(奉禮郞分引宗親及百官入就位), 차인대군이하거장입취위(次引大君以下去杖入就位),** 내상칙봉례랑지어유문외(內喪則奉禮郞止於帷門外)。 **판통례도전하장입취위(判通禮導殿下杖入就位)。** 산선급호위관정어유문외(繖扇及護衛官停於帷門外), 내상칙판통례역지어유문외(內喪則判通禮亦止於帷門外)。 **판통례계청궤부복곡(判通禮啓請跪俯伏哭), 전하궤부복곡(殿下跪俯伏哭), 대군이하궤부복곡(大君以下跪俯伏哭)。 통찬창궤부복곡(通贊唱跪俯伏哭), 종친급백관궤부복곡(宗親及百官跪俯伏哭)。 판통례계청지곡(判通禮啓請止哭), 전하지곡(殿下止哭), 대군이하지곡(大君以下止哭)。 통찬창지곡(通贊唱止哭), 종친급백관지곡(宗親及百官止哭)。 대전관관수(代奠官盥手),** 관세설어유문외(盥洗設於帷門外)。 **입예향안전(入詣香案前), 북향궤삼상향(北向跪三上香), 작주전우령좌전(酌酒奠于靈座前),** 련전삼잔(連奠三盞), 내상칙상식위지(內喪則尙食爲之) **부복흥퇴(俯伏興退)。 판통례계청곡(判通禮啓請哭), 전하곡진애(殿下哭盡哀), 대군이하곡진애(大君以下哭盡哀)。 통찬창곡(通贊唱哭), 종친급백관곡진애(宗親及百官哭盡哀)。 판통례계청지곡(判通禮啓請止哭), 전하지곡(殿下止哭), 대군이하지곡(大君以下止哭)。 통찬창지곡흥사배흥평신(通贊唱止哭興四拜興平身), 종친급백관지곡흥사배흥평신(宗親及百官止哭興四拜興平身)。 판통례도전하출취악차(判通禮導殿下出就幄次), 봉례랑인대군이하출취차(奉禮郞引大君以下出就次), 차인종친급문무백관출예악차전서립궤(次引宗親及文武百官出詣幄次前序立跪), 반수진명봉위흘(班首進名奉慰訖), 봉례랑이차인출(奉禮郞以次引出)。 내시시위장전(內侍侍衛帳殿),** 내상칙궁인시위(內喪則宮人侍衛)。 **설조석전급상식곡(設朝夕奠及上食哭), 병여초(竝如初)。**

노제의(路祭儀)

견원서흉례(見原書凶禮)。
전일일(前一日), 충호위설령장전어성문외(忠扈衛設靈帳殿於城門外), 남향(南向); 시병장(施屛

帳), 남치유문(南置帷門); 설령좌어장전정중여상(設靈座於帳殿正中如常).   우련설유장어령장전지서(又連設帷帳於靈帳殿之西), 이위혼백차대여소주지차(以爲魂帛車大轝小駐之次).   기일(其日), 유사설례찬(攸司設禮饌) 유밀과십사기(油蜜果十四器)、실과륙기(實果六器), 범사행(凡四行), 유화초면병탕등십이미(有花草麪餠湯等十二味).   어령좌전(於靈座前), 설향로향합병촉어기전(設香爐香合竝燭於其前), 전제문어령좌지좌(奠祭文於靈座之左), 설존어령좌동남북향(設尊於靈座東南北向), 치잔삼어존소(置盞三於尊所).   봉례랑설류도문무군관위어장전유문외동서(奉禮郎設留都文武群官位於帳殿帷門外東西), 북향(北向); 설통찬봉례랑위여상(設通贊奉禮郎位如常).   령가장지(靈駕將至), 통찬봉례랑선입취위(通贊奉禮郎先入就位), 봉례랑분인군관입취위(奉禮郎分引群官入就位).   반수급집사자(班首及執事者), 개예관수(皆預盥手).   혼백차지장전서(魂帛車至帳殿西), 섭판통례진당차전부복궤(攝判通禮進當車前俯伏跪), 계청차가소주(啓請車駕小駐), 부복흥퇴(俯伏興退).   대여지혼백차후(大轝至魂帛車後), 섭판통례진당대여전부복궤(攝判通禮進當大轝前俯伏跪), 계청령가소주(啓請靈駕小駐), 부복흥퇴(俯伏興退).   대여지유내북남향(大轝至帷內北南向), 혼백차재대여남남향(魂帛車在大轝南南向), 통찬창궤부복곡(通贊唱跪俯伏哭), 군관궤부복곡(群官跪俯伏哭).   통찬창지곡흥사배흥평신(通贊唱止哭興四拜興平身), 군관지곡흥사배흥평신(群官止哭興四拜興平身).   봉례랑인반수예령좌전북향립찬궤(奉禮郎引班首詣靈座前北向立贊跪), 통찬창궤(通贊唱跪), 군관개궤(群官皆跪).   봉례랑찬삼상향(奉禮郎贊三上香), 집사자이잔작주수반수(執事者以盞酌酒授班首), 반수집잔헌잔(班首執盞獻盞), 이잔수집사자(以盞授執事者), 전우령좌전(奠于靈座前).   련전삼잔(連奠三盞).   봉례랑찬부복흥소퇴북향궤(奉禮郎贊俯伏興小退北向跪), 대축진령좌지좌(大祝進靈座之左), 서향궤독제문흘(西向跪讀祭文訖), 봉례랑찬부복흥평신(奉禮郎贊俯伏興平身), 반수부복흥평신(班首俯伏興平身).   통찬창부복흥평신(通贊唱俯伏興平身), 군관부복흥평신(群官俯伏興平身), 봉례랑인반수퇴복위(奉禮郎引班首退復位).   통찬창궤부복곡(通贊唱跪俯伏哭), 군관궤부복곡(群官跪俯伏哭).   통찬창지곡흥사배흥평신(通贊唱止哭興四拜興平身), 군관지곡흥사배흥평신(群官止哭興四拜興平身).   통찬우창궤부복곡(通贊又唱跪俯伏哭), 군관궤부복곡진애(群官跪俯伏哭盡哀).   통찬창지곡흥사배흥평신(通贊唱止哭興四拜興平身), 군관지곡흥사배흥평신(群官止哭興四拜興平身).   봉사흘(奉辭訖), 섭판통례진당혼백차전부복궤(攝判通禮進當魂帛車前俯伏跪), 계청차가진발(啓請車駕進發), 부복흥퇴(俯伏興退).   혼백차동(魂帛車動), 령가진발동상(靈駕進發同上).   군관퇴(群官退), 집사자철찬(執事者徹饌)〔철찬(撤饌)〕, 대축봉제문분어로(大祝捧祭文焚於爐).   ○내상칙봉례랑인반수초전북향립(內喪則奉禮郎引班首稍前北向立), 통찬창궤(通贊唱跪), 반수급군관개궤(班首及群官皆跪).   상식진향안전궤삼상향(尙食進香案前跪三上香), 우작주삼잔(又酌酒三盞), 전우령좌전(奠于靈座前).   전언진령좌지좌(典言進靈座之左), 궤독제문흘(跪讀祭文訖), 환시위(還侍位).   통찬창부복흥평신(通贊唱俯伏興平身), 반수급군관부복흥평신(班首及群官俯伏興平身).   봉(奉)(렬(列))〔례(禮)〕랑인반수환본위(郎引班首還本位), 여여상의(餘如上儀).

전일일(前一日), 전설사(典設司), 설령장전어성문외남향(設靈帳殿於城門外南向), 시병장(施屛帳), 남치유문(南置帷門), 설령좌어장전정중여상(設靈座於帳殿正中如常).   우련설유장어령장전지서(又連設帷帳於靈帳殿之西), 이위대여소주지차(以爲大轝少駐之次).   기일(其日), 유사(攸司), 설례찬(設禮饌) 견서례(見序例). 견도설습(見圖說襲).   어령좌전(於靈座前), 설향로(設香爐)·향합병촉어기전(香合竝燭於其前), 전제문어령좌지좌(奠祭文於靈座之左), 설존어령좌동남북향(設尊於靈座東南北向), 치잔삼어존소(置盞三於尊所).   인의(引儀), 설류도문무군관위어장전유문외동서북향(設留都文武群官位於帳殿帷門外東西北向), 설찬의(設贊儀)·인의위여상(引儀位如常).   령가장지(靈駕將至), 찬의(贊儀)·인의(引儀), 선입취위(先入就位).   인의(引儀), 분인군관(分引群官), 입취위(入就位).   반수급집사자(班首及執事者), 개예관수(皆預盥手).   {혼백차(魂帛車)}신백련(神帛輦). 하동(下同).   지장전유문외(至帳殿帷門外), 섭좌통례(攝左通禮), 진당(進當){차(車)}전(前), 부복궤계청강(俯伏跪啓請降){차(車)}승여(陞轝), 부복흥(俯伏興).   내시(內侍), 이요여진(以腰轝進){혼백차(魂帛車)}전(前).   대축(大祝), 봉(捧){혼백(魂帛)}함(函), 안어요여(安於腰轝), 지유문내(至帷門內).   섭좌통례(攝左通禮), 계청강여승좌(啓請降轝陞座), 부복흥(俯伏興).   대축(大祝), 봉(捧){혼백(魂帛)}함(函), 안어장전중령좌(安於帳殿中靈座), 우주궤(虞主匱), 치기후(置其後).   대여지(大轝至), 섭좌통례(攝左通禮), 진당대여전(進當大轝前), 계청령가소주(啓請靈駕小駐), 부복흥퇴(俯伏興退).   찬의(贊儀), 창궤부복곡(唱跪俯伏哭).   군관(群官), 궤부복곡(跪俯伏哭).   찬

의(贊儀), 창지곡흥사배흥평신(唱止哭興四拜興平身)。군관(群官), 지곡흥사배흥평신(止哭興四拜興平身)。인의(引儀), 인반수(引班首), 예령좌전(詣靈座前), 북향립(北向立), 찬궤(贊跪)。찬의창궤(贊儀唱跪)。군관개궤(群官皆跪)。인의(引儀), 찬삼상향(贊三上香)。집사자(執事者), 참외이잔(參外以盞) 작주(酌酒)。수반수(授班首)。반수(班首), 집잔헌잔(執盞獻盞), 이잔수집사자(以盞授執事者), 전우령좌전(奠于靈座前)。연전삼잔(連奠三盞)。인의(引儀), 찬부복흥소퇴북향궤(贊俯伏興少退北向跪)。대축(大祝), 문관오품(文官五品) 진령좌지좌(進靈座之左), 서향궤(西向跪), 독제문흘(讀祭文訖), 인의(引儀), 찬부복흥평신(贊俯伏興平身)。반수(班首), 부복흥평신(俯伏興平身)。찬의(贊儀), 창부복흥평신(唱俯伏興平身)。군관(群官), 부복흥평신(俯伏興平身)。인의(引儀), 인반수(引班首), 퇴복위(退復位)。내상(內喪)。내상급소내상(內喪及小內喪), 칙인의(則引儀), 인반수(引班首), 초전북향립(稍前北向立)。찬의창궤(贊儀唱跪)。반수급군관(班首及群官), 개궤(皆跪)。상식(尙食), 진향안전궤(進香案前跪), 삼상향(三上香), 우작주삼잔(又酌酒三盞), 전우령좌전(奠于靈座前)。전언(典言), 진령좌지좌궤(進靈座之左跪), 독제문흘(讀祭文訖), 환시위(還侍位)。찬의(贊儀), 창부복흥평신(唱俯伏興平身)。반수급군관(班首及群官), 부복흥평신(俯伏興平身)。인의(引儀), 인반수(引班首), 환본위(還本位)。찬의(贊儀), 창궤부복곡(唱跪俯伏哭)。군관(群官), 궤부복곡(跪俯伏哭)。찬의(贊儀), 창지곡흥사배흥평신(唱止哭興四拜興平身)。군관(群官), 지곡흥사배흥평신(止哭興四拜興平身)。찬의(贊儀), 우창궤부복곡(又唱跪俯伏哭)。군관(群官), 궤부복곡진애(跪俯伏哭盡哀)。찬의(贊儀), 창지곡흥사배흥평신(唱止哭興四拜興平身)。군관(群官), 지곡흥사배흥평신(止哭興四拜興平身)。봉사흘(奉辭訖), 섭좌통례(攝左通禮), 진당령좌전(進當靈座前), 계청강좌승여(啓請降座陞轝), 부복흥(俯伏興)。내시(內侍), 이요여진유문내(以腰轝進帷門內)。대축(大祝), 봉(捧){혼백(魂帛)}함(函), 안어요여(安於腰轝)。내시(內侍), 봉요여진(捧腰轝進){차(車)}전(前)。섭좌통례(攝左通禮), 계청강여승(啓請降轝陞){차(車)}, 부복흥(俯伏興)。대축(大祝), 봉(捧){혼백(魂帛)}함(函), 안어(安於){차(車)}。섭좌통례(攝左通禮), 계청차가진발(啓請車駕進發)。우섭좌통례(又攝左通禮), 진당대여전(進當大轝前), 계청령가진발(啓請靈駕進發), 부복흥퇴(俯伏興退)。령가동(靈駕動)。의위(儀衛)·도종여초(導從如初)。보제구(補諸具) 령장전(靈帳殿), 설어성문외(設於城門外)。유장(帷帳), 용백포(用白布)。소이설어령장전지서자(所以設於靈帳殿之西者)。이상(以上){전설사(典設司)}령좌(靈座), 상탁(牀卓)·포진(鋪陳), 병이빈전소설(並以殯殿所設), 이용(移用)。주정소(晝停所), 동(同)。주렴이(朱簾二), 편죽위지(編竹爲之)。주칠(朱漆)。소이설어로제소(所以設於路祭所)·주정소령좌전자(晝停所靈座前者)。기구(機具)。{국장도감(國葬都監)}찬(饌), 병동습전(並同襲奠)。향축(香祝), {향실(香室)}관기(盥器), {공조(工曹)}세(帨)。{제용감(濟用監)}

주정설전의(晝停設奠儀)

지방거(紙牓車), 지주정유문내(至晝停帷門內), 섭좌통례(攝左通禮), 진당차전(進當車前), 부복궤계청강차승여(俯伏跪啓請降車陞轝), 부복흥(俯伏興)。내시(內侍), 이요여(以腰轝), 진차전(進車前)。대축(大祝), 봉지방궤(捧紙牓跪), 안어요여(安於腰轝)。왕후지방(王后紙牓), 칙궁위령봉출(則宮闈令奉出), 여상의(如上儀)。후방차(後倣此)。지장전문외(至帳殿門外), 섭좌통례(攝左通禮), 진당여전(進當轝前), 계청강여승좌(啓請降轝陞座), 부복흥(俯伏興)。대축(大祝), 봉지방궤(捧紙牓跪), 안어장전중령좌(安於帳殿中靈座)。전설사(典設司), 선설장전(先設帳殿), 남향(南向)。의장(儀仗), 렬어유문외좌우(列於帷門外左右), 대여지(大轝至), 섭좌통례(攝左通禮), 진당대여전(進當大轝前), 계청령가소주(啓請靈駕少駐), 부복흥(俯伏興)。궁인(宮人), 하마입(下馬入)。차설차어장전서남동향(車設次於帳殿西南東向)。백관(百官), 하마(下馬), 각취차(各就次)。유사(攸司), 진례찬(進禮饌), 행례(行禮), 병여조석전의필(並如朝夕奠儀畢)。섭좌통례(攝左通禮), 진당령좌전(進當靈座前), 계청강좌승여(啓請降座陞轝), 부복흥(俯伏興)。내시(內侍), 봉요여(捧腰轝), 진차전(進車前)。섭좌통례계청강여승차(攝左通禮啓請降轝陞車), 부복흥(俯伏興)。대축(大祝), 봉지방궤(捧紙牓跪), 안어차(安於車)。섭좌통례계청차가진발(攝左通禮啓請車駕進發), 우섭좌통례(又攝左通禮), 진당대여전(進當大轝前), 계청령가진발(啓請靈駕進發), 부복흥(俯伏興)。령가동(靈駕動), 의(儀)·위(衛)·도(導)·종(從), 여초(如初)。궁인승마이종(宮人乘馬以從), 백관승마이차시종(百官乘馬以次侍從)。

신릉정자각성빈의(新陵丁字閣成殯儀)

영가(靈駕), 지신릉정자각유문외전설사(至新陵丁字閣帷門外典設司), 설령장전어정자각남향(設靈帳殿於丁字閣南向), 시병장남(施屏帳南), 치유문(置帷門), 설악어장전중근북남향(設幄於帳殿中近北南向), 설궁인차어장전서남동향(設宮人次於帳殿西南東向)。 섭좌통례(攝左通禮), 진당대여전(進當大轝前), 부복궤계청강여승순(俯伏跪啓請降轝陛輴), 부복흥(俯伏興)。 좌의정(左議政), 수여재궁관등(帥昇梓宮官等), 봉재궁(奉梓宮), 강여승순(降轝陛輴)。 섭좌통례(攝左通禮), 전도(前導), 충의위(忠義衛), 이삽장재궁(以翣障梓宮), 여사(轝士), 봉순(捧輴), 지유문내(至帷門內), 섭좌통례계청강순승좌(攝左通禮啓請降輴陛座), 부복흥(俯伏興)。 좌의정(左議政), 수여재궁관등(帥昇梓宮官等), 봉재궁(奉梓宮), 안어탑상남수(安於榻上南首), 설악여초(設幄如初)。 섭좌통례(攝左通禮), 진당지방차전(進當紙㡓車前), 계청강차승여(啓請降車乘轝), 부복흥(俯伏興)。 대축(大祝), 봉지방궤(捧紙㡓匱), 안어요여(安於腰轝), 지유문내(至帷門內), 섭좌통례계청강여승좌(攝左通禮啓請降轝陛座), 부복흥(俯伏興)。 대축(大祝), 봉지방궤(捧紙㡓匱), 안어령좌(安於靈座), 내시(內侍), 설향안어기전(設香案於其前), 설명정어령좌지우근남(設銘旌於靈座之右近南), 우설애책어령좌지좌(又設哀冊於靈座之左), 우설령침어재궁지동(又設靈寢於梓宮之東), 여초(如初), 차여(車轝)·의장(儀仗)·명기(明器), 분렬어유문외좌(分列於帷門外左)·우(右)。 차여등물(車轝等物), 지야내퇴(至夜乃退), 즉현궁시(卽玄宮時), 환진(還陳)。 궁인(宮人), 입차곡(入次哭), 여초(如初), 백관(百官), 권퇴차(權退次)。 행성빈전(行成殯奠), 어의(如儀), 견상(見上)。

천전의(遷奠儀)

의견원서(儀見原書)。 천전의(遷奠儀)。 예흘(禮訖), 인의(引儀), 인우의정(引右議政), 입승자동편계(入陛自東偏階)。 집사자일인참외(執事者一人參外)。, 봉불재궁지건유함(捧拂梓宮之巾有函)。, 종승(從陛)。 우의정(右議政), 예찬궁지남북향(詣欑宮之南北向), 부복궤계왈우의정신모근이길진계찬도계흘(俯伏跪啓曰右議政臣某謹以吉辰啓欑塗啓訖), 부복흥(俯伏興)。 선공감관(繕工監官), 수기속승(帥其屬陛), 철찬도필(撤欑塗畢)。 내상(內喪), 역여의(亦如儀), 견원서(見原書)。 내시천령좌어정자각전내서향(內侍遷靈座於丁字閣殿內西向), 봉지방궤(捧紙㡓匱), 이안어령좌(移安於靈座)。 섭좌통례(攝左通禮), 진당재궁전(進當梓宮前), 부복궤계청승여즉현궁(俯伏跪啓請陛轝卽玄宮), 부복흥(俯伏興)。 내시(內侍), 봉애책함(捧哀冊函), 수집사자(授執事者), 안어요여(安於腰轝), 립어유문외(立於帷門外)。 지선도남(至羨道南), 봉애책관전봉(捧哀冊官傳捧)。 집건자(執巾者), 이건진우의정(以巾進右議政), 진식재궁(進拭梓宮), 병불관의(幷拂棺衣)。 충의위(忠義衛), 봉명정(捧銘旌), 전도(前導), 좌의정(左議政), 수여재궁관등(帥昇梓宮官等), 봉재궁(奉梓宮), 안어견여(安於肩轝)。 섭좌통례(攝左通禮), 전도(前導), 봉삽자(捧翣者), 이삽장재궁(以翣障梓宮)。 백관(百官), 곡보종취선도남봉사위(哭步從就羨道南奉辭位)。 궁인(宮人), 개곡(皆哭), 재궁(梓宮), 지선도(至羨道), 궁인선환(宮人先還)。 여사(轝士), 이견여(以肩轝), 봉재궁(奉梓宮), 지선도방목상(至羨道方木上), 용록로(用轆轤), 봉하재궁(奉下梓宮)。 출(出), 칙대왕재궁선출(則大王梓宮先出), 입(入), 칙왕후재궁선입(則王后梓宮先入)。 대신급근시(大臣及近侍), 진예릉상봉심(進詣陵上奉審), 내시(內侍), 복이관의(覆以棺衣), 취명정거강치어기상(取銘旌去杠置於其上)。 인의(引儀), 인령의정(引領議政), 취진옥백위(就進玉帛位), 봉애책관(捧哀冊官)·봉옥백관(捧玉帛官), 수지(隨之)。 좌의정(左議政), 솔여재궁관등(帥昇梓宮官等), 이륜여(以輪轝), 봉재궁(奉梓宮), 입자선도(入自羨道), 안어현궁내(安於玄宮內), 대관북수(大棺北首)。 우의정(右議政), 재정관의명정령평정(再整棺衣銘旌令平正)。 천릉도감제조(遷陵都監提調), 수기속(帥其屬), 이보삽(以黼翣)·불삽(黻翣)·화삽수어재궁량방(畫翣樹於梓宮兩傍), 유의복(遺衣服)·복완등봉지관(服玩等捧持官), 각이차진(各以次進)。 산릉도감제조(山陵都監提調), 수기속(帥其屬), 쇄폐현궁(鎖閉玄宮)。 영의정급사헌부집의(領議政及司憲府執義), 병감쇄폐(竝監鎖閉)。 집의(執義), 칭신착명(稱臣着名)。 우의정(右議政), 복토구삽(覆土九鍤), 잉축회이새(仍築灰以塞)。 령의정(領議政), 이애책입궤전어퇴광지서(以哀冊入跪奠於退壙之西), 차이증옥급증백함궤전어애책지남(次以贈玉及贈帛函跪奠於哀冊之南)。 천릉도감제조(遷陵都監提調), 수기속(帥其屬), 봉명기(捧明器)·복완등응입제구(服玩等應入諸具), 각이차축편진지(各以次逐便陳之), 사유행렬(使有行列)。 산릉도감(山陵都監), 수작공(帥作工), 속이종사(續以終事), 하지석(下誌石)。 매어릉남근지(埋於陵南近地), 석상지북(石床之北)。 초재궁입현궁(初梓宮入玄宮), 찬의창궤부복곡(贊儀唱跪俯伏哭)。 종친(宗親)·문무백관(文武百官), 궤부복곡(跪俯伏哭)。 찬의창지곡흥사배흥평신(贊儀唱止哭興四拜興平身)。 종친문무백관지곡흥사배흥평신(宗親文武百官止哭興四拜興平

身)。찬의우창궤부복곡(贊儀又唱跪俯伏哭)。종친(宗親)·문무백관궤부복곡(文武百官跪俯伏哭),
진애(盡哀)。찬의창지곡흥사배흥평신(贊儀唱止哭興四拜興平身)。종친(宗親)·문무백관지곡흥사
배흥평신(文武百官止哭興四拜興平身)。봉사흘(奉辭訖),인의(引儀),분인종친(分引宗親)·문무백
관이출(文武百官以出)。제지어현궁지좌(除地於玄宮之左),관상감사후토여초(觀象監祠后土如初),
대여급순지속어백성내경지분지(大轝及輴之屬於柏城內庚地焚之),기통인신용자(其通人臣用者),
칙부분(則不焚)。

우제의(虞祭儀)

의(儀),견원서흉례(見原書凶禮)。우제의(虞祭儀)。○행어정자각(行於丁字閣)。례필(禮畢),대축(大祝),
봉대왕지방궤(捧大王紙牓匱),안어요여(安於腰轝),궁위령(宮闈令),봉왕후지방궤안어요여(捧
王后紙牓匱安於腰轝)。도감당상급본릉관(都監堂上及本陵官),배진매안어곡장내동서이서위상
(陪進埋安於曲墻內東西以西爲上)。

※ 장릉복위의(莊陵復位儀)

범칠의(凡七儀)。○숙종(肅宗),기묘(己卯),추복단종대왕위호시(追復端宗大王位號時),

신주이봉시민당의(神主移奉時敏堂儀)

기일(其日),전의(典儀),설도감당상급례조당상이하지영위어사묘대문외(設都監堂上及禮曹堂上
以下祗迎位於私廟大門外)。도감랑청(都監郞廳),진여어호외(進轝於戶外),세장급차비인진렬
어기전(細仗及差備人陳列於其前)。고유제필(告由祭畢),인의(引儀),인승지(引承旨)·사관급
도감당상(史官及都監堂上)·례조당상각일원(禮曹堂上各一員),구상복입참(具常服入參)。대축
급내시(大祝及內侍),봉출신주(奉出神主),삭거방제(削去旁題)。간심흘(看審訖),인의(引儀),
인도감당상급례조당상출(引都監堂上及禮曹堂上出)。대축급내시(大祝及內侍),봉신주(奉神主),
납우궤(納于匱)。전일각(前一刻),인의(引儀),인도감당상급례조당상이하(引都監堂上及禮曹
堂上以下),취지영위(就祗迎位)。시지(時至),대축급내시(大祝及內侍),봉신주궤(奉神主匱),
안어여(安於轝),강자중계(降自中階)。승지(承旨)·사관(史官),잉이상복수지(仍以常服隨之)。신
여지(神轝至),도감당상급례조당상이하(都監堂上及禮曹堂上以下),국궁지영(鞠躬祗迎),이차배
위(以次陪衛),장위도종여상(仗衛導從如常)。신여(神轝),지창경궁시민당유흥화문(至昌慶宮時敏堂由
弘化門)。호외(戶外),대축급내시(大祝及內侍),봉신주궤입안어좌(奉神主匱入安於座)。승지(承旨)·
사관급도감당상(史官及都監堂上)·례조당상이하(禮曹堂上以下),내퇴(乃退)。봉안제(奉安祭),섭행(攝
行)。

시책보내입의(諡冊寶內入儀)

전일일(前一日),전설사(典設司),설권치책보악어궐내숭정전동계상근동서향(設權置冊寶幄於闕
內崇政殿東階上近東西向)。기일(其日),도감당상(都監堂上)·낭청급봉책관(郞廳及捧冊官)·봉보관
(捧寶官),각복조복(各服朝服),봉대왕(捧大王)·왕후책보(王后冊寶),치어채여(置於彩轝)。세장
고취(細仗鼓吹),전도(前導),도감당상이하(都監堂上以下),수지예궐(隨至詣闕)。책보여(冊寶
轝),유정문입지악전(由正門入至幄前),봉책관(捧冊官)·봉보관(捧寶官),각봉책보(各捧冊寶),
거안자(擧案者),치안어악내(置案於幄內)。봉책관(捧冊官)·봉보관(捧寶官),각이책보입치어안
(各以冊寶入置於案)。인의(引儀),인령의정(引領議政),취악전(就幄前),근시구조복(近侍具朝服)。
역취악전(亦就幄前),봉책관(捧冊官)·봉보관(捧寶官),예책보안전(詣冊寶案前),각봉책함(各捧
冊函)·보록(寶盝)。영의정궤(領議政跪),근시궤(近侍跪)。봉책관(捧冊官),이책함(以冊函),궤수

령의정(跪授領議政)。영의정(領議政), 진홀(搢笏), 수지이수근시(受之以授近侍)。근시수지이수내시(近侍受之以授內侍), 내시(內侍), 진궤수지(進跪受之)。봉보관(捧寶官), 이보록(以寶盝), 궤수영의정(跪授領議政)。영의정(領議政), 수지이수근시(受之以授近侍)。근시(近侍), 수지이수내시(受之以授內侍), 내시(內侍), 진궤수지이입(進跪受之以入)。영의정급근시(領議政及近侍), 내퇴(乃退)。

청시종묘의(請諡宗廟儀)

의견원서(儀見原書)。 청시종묘의(請諡宗廟儀)。단설책보악어숭정전동계(但設冊寶幄於崇政殿東階)。기일(其日), 진채여어숭정문외(陳彩轝於崇政門外), 병조(兵曹), 진세장어채여지남(陳細仗於彩轝之南)。○문(文)·무백관사품이상(武百官四品以上), 조복(朝服), 오품이하(五品以下), 상복(常服)。영의정급독책(領議政及讀冊)·보관(寶官), 봉책(捧冊)·보관(寶官), 거안자(擧案者), 각구조복(各具朝服)。○예필(禮畢), 영의정이하(領議政以下), 예시민당대문외(詣時敏堂大門外)。영의정봉책(領議政捧冊)·보(寶), 안어시민당대문외동남향(安於時敏堂大門外東南向), 권치악차(權置幄次)。

상시책보의(上諡冊寶儀)

의견원서(儀見原書)。 상시책보의(上諡冊寶儀)。단설권치책(但設權置冊)·보욕위어시민당서계하(寶褥位於時敏堂西階下)。○거설로(去設爐)·합(合)·준(尊)·잔(盞), 작헌일절(酌獻一節)。○책(冊)·보치안(寶置案), 인의(引儀), 인영의정이하(引領議政以下), 취위후(就位後), 인의(引儀), 인대축(引大祝)·궁위령(宮闈令), 취정중(就庭中), 북향사배후(北向四拜後), 취관세위관세흘(就盥洗位盥帨訖)。승자동계(陞自東階), 예신좌전개독(詣神座前開櫝)。○영의정(領議政), 예신좌전북향립후(詣神座前北向立後), 인의찬궤진홀(引儀贊跪搢笏)。영의정궤진홀(領議政跪搢笏), 찬의창궤(贊儀唱跪), 종친(宗親)·문무백관이하(文武百官以下), 개궤(皆跪), 거안자궤(擧案者跪)。

입주전의(立主奠儀)

전일일(前一日), 전사(殿司), 솔기속(帥其屬), 소제전지내외(掃除殿之內外)。액정서(掖庭署), 설전하판위어동계동남서향(設殿下版位於東階東南西向)。봉상사(奉常寺), 설상급욕석어전내(設牀及褥席於殿內)。선조신주(先造神主), 성이상(盛以箱), 복이말(覆以帕), 안어신여(安於神轝)。예전내(詣殿內), 대축(大祝), 봉안어좌(捧安於座), 우봉상사(又奉常寺), 설탁삼어신위동남서향제주탁재북(設卓三於神位東南西向題主卓在北), 차필연탁(次筆硯卓), 차반이탁(次槃匜卓)。, 구필(具筆)·연(硯)·묵(墨)·광칠(光漆)·관반(盥槃)·관이(盥匜)。구향탕(具香湯)。건용백세저포(巾用白細紵布)。전의(典儀), 설헌관위어동계동남서향북상(設獻官位於東階東南西向北上)。제주관(題主官)·대축위어문관지북서향(大祝位於文官之北西向)。설집례위어동계하근서서향(設執禮位於東階下近西西向), 찬자(贊者)·찬인재남차퇴(贊引在南差退), 설종친(設宗親)·문무백관급감찰위어정중(文武百官及監察位於庭中), 문동(文東), 무서(武西), 이위중행북향(異位重行北向)。설외위어외정(設外位於外庭)。수지지의(隨地之宜)。기일(其日), 인의(引儀), 인제주관(引題主官)·대축(大祝)·궁위령(宮闈令)·제집사(諸執事), 구취외위(俱就外位), 우인종친(又引宗親)·문무백관(文武百官), 구조복(具朝服), 취외위(就外位)。집례(執禮)·찬자(贊者)·찬인입취배위사배흘(贊引入就拜位四拜訖), 취위(就位)。찬인(贊引), 인제주관(引題主官)·대축(大祝)·궁위령(宮闈令)·감찰(監察)·전사관이하(典祀官以下), 입취배위사배흘(入就拜位四拜訖), 각취위(各就位)。인의(引儀), 인종친(引宗親)·문무백관(文武百官), 입취위(入就位)。좌통례(左通禮), 진당악차전(進當幄次前), 부복궤(俯伏跪), 계청중엄(啓請中嚴), 소경(少頃), 우계외판(又啓外辦)。전하(殿下), 구면복(具冕服), 이출(以出)。좌(左)·우통례(右通禮), 전도(前導), 지문외시위(至門外侍衛), 부응입자(不應入者), 지어문외(止於門外)。, 좌통례(左通禮), 계청집규(啓請執圭), 근시궤진규(近侍跪進圭), 전하집규(殿下執圭)。좌(左)·우통례(右通禮), 도전하(導殿下), 입취위(入就位)。집례왈사배(執禮曰四拜)。좌통례(左通禮), 궤계청국궁사배흥평신(跪啓請鞠躬四拜興平身), 전하(殿下), 국궁사배흥평신(鞠躬四拜興平身)。종친(宗親)·문무백관(文武百官), 개국궁사배흥평신(皆鞠躬四拜興平身)。찬자(贊者), 역창(亦唱)。좌(左)·우통례(右通禮), 도전하(導殿下), 승자동계(陞自東階), 예탁전(詣卓前), 북향립(北向立)。설욕석(設褥席)。대축(大祝)·궁위령(宮闈令), 관수승자동계(盥手陞自東階), 예신좌전(詣神座前)。대축이원(大祝二員), 각봉대왕(各捧大王)·왕후신주궤(王后神主匱), 치어탁(置於卓), 개궤봉출신주(開匱捧出神主)。욕이향탕(浴以香湯), 식이건(拭以巾), 와치우탁(臥置于卓)。제주관(題主官), 관수(盥手), 승자동계(陞自東階), 분예탁전(分詣卓前), 서향립(西向立)。제전면운모호대왕모호왕후묵서흘(題前面云某號大王某號王后墨書訖), 이광칠(以光漆), 중모지(重模之)。대묵서건(待墨書乾), 내중모지(乃重模之)。궤부복흥강복위(跪俯伏興降復位)。제주장필(題主將畢), 궁위령(宮闈令), 봉구주(捧舊主), 이안어좌후(移安於座後)。대축(大祝)·궁위령(宮闈令), 각봉신주(各奉神主), 납우궤안어좌(納于匱安於座)。좌통례(左通禮), 도전하(導殿下), 출호강복위(出戶降復位)。좌통례(左通禮), 계청석규(啓請釋圭), 전하석규(殿下釋圭), 근시궤수규(近侍跪受圭)。좌통례(左通禮), 계청승여(啓請乘輿), 전하승여(殿下乘輿), 환내여상(還內如常)。인의(引儀), 분인종친(分引宗親)·문무백관(文武百官), 환취외위(還就外位)。헌관(獻官)·제집사(諸執事), 취외위(就外位)。전사관(典祀官), 설례찬어신좌전(設禮饌於神座前), 설향로(設香爐)·향합(香合), 병촉어기전(幷燭於其前), 전축문어신주지우(奠祝文於神主之右)。설존어호외지동(設尊於戶外之東), 치잔륙어존소(置盞六於尊所)。대축(大祝)·궁위령(宮闈令), 개궤봉출신주(開匱奉出神主), 설어좌대왕신주(設於座大王神主), 대축봉출(大祝奉出), 복이백저건(覆以白紵巾), 왕후신주(王后神主), 궁위령봉출(宮闈令奉出), 복이청저건(覆以靑紵巾), 이서위상(以西爲上)。, 설궤어후(設几於後)。제집사사배흘(諸執事四拜訖), 취위(就位)。인의(引儀), 인종친(引宗親)·문무백관(文武百官), 입취위(入就位)。헌관(獻官), 관수입취위(盥手入就位)。찬자창사배(贊者唱四拜)。헌관급종친(獻官及宗親)·문무백관사배흘(文武百官四拜訖)。찬인(贊引), 인헌관(引獻官), 예존소(詣尊所), 서향립(西向立)。집사자일인(執事者一人), 작주(酌酒), 이인(二人), 이잔수주(以盞受酒)。찬인(贊引), 인헌관(引獻官), 예향안전(詣香案前), 찬궤상향(贊跪上香)。헌관궤(獻官跪)。찬자창궤(贊者唱跪)。종친(宗親)·문무백관(文武百官), 개궤(皆跪)。헌관삼상향(獻官三上香)。집사자(執事者), 전로우안(奠爐于案)。집사자(執事者), 이잔궤진(以盞跪進), 찬집잔(贊執盞)·헌잔(獻盞)。헌관(獻官), 집잔(執盞)·헌잔(獻盞), 이잔수집사자(以盞授執事者), 전우신위전(奠于神位前)。련전삼잔(連奠三盞)。우전우왕후신위전(又奠于王后神位前), 여상의(如上儀)。련전삼잔(連奠三盞)。부복흥소퇴북향궤(俯伏興少退北向跪)。대축(大祝), 진신위지우동향궤독축문흘(進神位之右東向跪讀祝文訖), 부복흥퇴(俯伏興退)。헌관(獻官), 부복흥강복위(俯伏興降復位)。찬자창사배(贊者唱四拜)。헌관급종친(獻官及宗親)·문무백관(文武百官), 개사배흘(皆四拜訖), 대축(大祝)·궁위령(宮闈令), 봉신주(奉神主), 납우궤(納于匱), 안어좌(安於座), 선개입렬어좌우(扇蓋入列於左右)。찬인(贊引), 인헌관출(引獻官出), 인의(引儀), 인종친(引宗親)·문무백관출(文武百官出), 전사관(典祀官), 철례찬(徹禮饌), 대축(大祝), 봉축판(捧祝版), 분어료소(焚於燎所)。　어료소(焚於燎所)。

신주봉안명정전의(新主奉安明政殿儀)

기일(其日), 제주제필(題主祭畢), 섭사복사정(攝司僕寺正), 진대왕신련어시민당문외(進大王神輦於時敏堂門外), 진여어호외(進舁於戶外), 진왕후신련어시민당계상(進王后神輦於時敏堂階上), 진장위어련전(陳仗衛於輦前)。인의(引儀), 인종친(引宗親)·문무백관(文武百官), 구취동룡문외시립위(俱就銅龍門外侍立位), 분동(分東)·서서립(西序立)。섭좌통례(攝左通禮), 입예신좌전(入詣神座前), 북향부복궤(北向俯伏跪), 계청강좌승여(啓請降座乘舁), 부복흥(俯伏興)。내시(內侍), 봉책(捧冊)·보(寶), 수집사자(授執事者), 치어요여(置於腰輿), 차내시(次內侍), 봉궤(捧几), 치어여(置於輿)。대축(大祝), 봉대왕신주궤(奉大王神主匱), 안우궤전승련시(安于几前乘輦時), 동(同)。, 내시(內侍), 부시(扶侍), 강자중계(降自中階), 산선(繖扇)·시위여상의(侍衛如常儀)。책보여(冊寶輿), 전행(前行), 섭좌통례(攝左通禮), 전도(前導), 지시민당문외강여소(至時敏堂門外降輿所)。설욕석(設褥席, 至時敏堂門外降舁所設褥席)。, 섭좌통례(攝左通禮), 계청강여승련(啓請降舁乘輦)。대축(大祝), 봉신주궤

(奉神主匱), 안우련(安于輦)。섭좌통례(攝左通禮), 계청가진발(啓請駕進發), 부복흥(俯伏興)。련동(輦動), 섭좌통례(攝左通禮), 협시이출(夾侍以出), 장(仗)·위(衛)·도(導)·종(從), 여상의(如常儀), 고취진작(鼓吹振作)。우섭좌통례(又攝左通禮), 입예호외(入詣戶外), 북향부복궤(北向俯伏跪), 계청강좌승련(啓請降座乘輦), 부복흥(俯伏興)。내시(內侍), 봉책(捧冊)·보(寶), 수집사자(授執事者), 치어요여(置於腰轝), 전행(前行), 내시(內侍), 봉궤(捧几), 치어련(置於輦), 궁위령(宮闈令), 봉왕후신주궤(奉王后神主匱), 안우궤전(安于几前)。내시(內侍), 부시강자중계(扶侍降自中階), 산선(繖扇)·시위(侍衛), 여상의(如常儀)。섭좌통례(攝左通禮), 계청가진발(啓請駕進發), 부복흥(俯伏興)。련동(輦動), 섭좌통례(攝左通禮), 협시이출(夾侍以出), 장(仗)·위(衛)·도(導)·종여상(從如常), 고취진작(鼓吹振作)。대왕(大王)·왕후신련(王后神輦), 지동룡문외(至銅龍門外), 종친(宗親)·문무백관(文武百官), 국궁과칙평신이차시위(鞠躬過則平身以次侍衛)。지명정전문외(至明政殿門外), 섭사복사정(攝司僕寺正), 진여어신련전설욕석(進轝於神輦前設褥席)。섭좌통례(攝左通禮), 진당신련전(進當神輦前), 계청강련승여(啓請降輦乘轝), 부복흥(俯伏興)。대축(大祝), 봉신주궤(捧神主匱), 안우여(安于轝), 지명정전호외(至明政殿戶外), 섭좌통례(攝左通禮), 계청강여승좌(啓請降轝陞座), 대축(大祝), 봉신주궤(捧神主匱), 안우좌(安于座)。왕후신련(王后神輦), 지명정전계상(至明政殿階上), 섭좌통례(攝左通禮), 계청강련승좌(啓請降輦陞座), 궁위령(宮闈令), 봉신주궤(捧神主匱), 입안우좌(入安于座)。전사(殿司), 수기속(帥其屬), 봉책보(捧冊寶), 입치어안(入置於案)。책재동(冊在東), 보재서(寶在西)。차봉선(次捧扇)·개분설어좌(蓋分設於左)·우흘(右訖), 행봉안제례(行奉安祭禮), 섭행여상(攝行如常)。종친(宗親)·문무백관(文武百官), 입참행례(入參行禮), 역여상(亦如常)。

부묘의(祔廟儀)

의견원서(儀見原書)。부묘의(祔廟儀)。○고동가제(告動駕祭), 여의(如儀)。단(但), 설위(設位), 개종명정전(皆從明政殿)·명정문(明政門)。○행례시(行禮時), 유전하집규(有殿下執圭)·진규(搢圭)·석규일절(釋圭一節), 하동(下同)。신주(神主), 예대묘(詣大廟), 여의(如儀)。 단(但), 전하(殿下), 입대묘(入大廟), 선행망묘례(先行望廟禮)·망전례(望殿禮)。○대왕(大王)·왕비신주(王妃神主), 행묘알시(行廟謁時), 신주(神主), 안어욕위(安於褥位), 자제일실(自第一室), 지제삼실(至第三室), 개감실여상(開龕室如常), 사실이하(四室以下), 부개감실(不開龕室), 부계문(不啓門), 묘알여의흘(廟謁如儀訖)。대축(大祝)·궁위령(宮闈令), 각봉신주궤(各捧神主匱), 안어여(安於轝)。섭좌통례(攝左通禮), 전도(前導), 책보여전행(冊寶轝前行), 지영녕전남문외악전(至永寧殿南門外幄前), 좌통례청강여입악(左通禮請降轝入幄)。대축(大祝)·궁위령(宮闈令), 각봉신주(各奉神主), 안어좌(安於座), 여의(如儀)。부영녕전친향여의(祔永寧殿親享如儀)。단(但), 향시(享時), 자제일실(自第一室), 지제륙실(至第六室), 개감실(開龕室), 여상(如常), 칠실이하(七室以下), 부개감실(不開龕室), 부계문(不啓門), 대왕(大王)·왕비신주(王妃神主), 행부알시(行祔謁時), 역개륙실이상(亦開六室以上)

※온릉복위의(溫陵復位儀)

금상기미(今上己未), 추복단경왕후위호시(追復端敬王后位號時), 유차의(有此儀)。

신주이봉위선당의(神主移奉爲善堂儀)

방장릉복위의(倣莊陵復位儀)。

자정전친행봉안제의

(資政殿親行奉安祭儀)

기일(其日), 액정서(掖庭署), 설전하지영위어위선당중문외(設殿下祗迎位於爲善堂中門外), 전의(典儀), 설종친(設宗親)·문무백관지영위어김상문외(文武百官祗迎位於金商門外). 액정서(掖庭署), 우설전하악차어자정전문외도동(又設殿下幄次於資政殿門外道東), 설망전례위어악차전(設望殿禮位於幄次前), 구근동서향(俱近東西向). 설판위어자정전동계서향(設版位於資政殿東階西向), 소차어기후(小次於其後). 병수지지의(竝隨地之宜). 전의(典儀), 설종친(設宗親)·문무백관위어숭정전정문동(文武百官位於崇政殿庭文東), 무서(武西). , 이위중행북향(異位重行北向). 우설제집사위어전정(又設諸執事位於殿庭), 여상(如常). 설망료위어전정(設望燎位於殿庭), 설집례위어동계하근서서향(設執禮位於東階下近西西向). 제주전필(題主奠畢), 섭사복사정(攝司僕寺正), 진여어위선당계상(進轝於爲善堂階上), 진련어중문외(進輦於中門外). 설만위(設幔圍), 진장위어기전(陳仗衛於其前). 인의(引儀), 인종친(引宗親)·문무백관(文武百官), 구조복(具朝服), 출취김상문외(出就金商門外), 분동(分東)·서서립(西序立). 섭좌통례(攝左通禮), 입예호외(入詣戶外), 북향부복궤(北向俯伏跪), 계청강좌승여(啓請降座乘轝), 부복흥(俯伏興). 내시(內侍), 봉책보(捧冊寶), 수집사자(授執事者), 치어요여(置於腰轝), 전행(前行). 내시(內侍), 봉궤(捧几), 치어여(置於轝), 궁위령(宮闈令), 봉신주(捧神主), 궤안어궤전(匱安於几前). 내시(內侍), 부시강자중계(扶侍降自中階), 산선(繖扇)·시위(侍衛), 여상의(如常儀). 섭좌통례(攝左通禮), 전도(前導), 지중문외강여소 설욕석(至中門外降轝所設褥席). , 섭좌통례(攝左通禮), 계청강여승련(啓請降轝乘輦). 궁위령(宮闈令), 봉신주(捧神主), 궤안어련(匱安於輦), 섭좌통례(攝左通禮), 계청진발(啓請進發), 부복흥(俯伏興). 련동(輦動), 섭좌통례(攝左通禮), 협시이출(夾侍以出), 장(仗)·위(衛)·도(導)·종여상(從如常). 고취(鼓吹), 진작(振作). 신련장지중문외(神輦將至中門外), 좌통례(左通禮), 예악차전(詣幄次前), 계청출차(啓請出次). 좌(左)·우통례(右通禮), 도전하(導殿下), 이출(以出). 좌통례(左通禮), 계청집규(啓請執圭), 근시궤진규(近侍跪進圭), 전하집규(殿下執圭). 좌(左)·우통례(右通禮), 전도(前導), 취지영위(就祗迎位), 서향립(西向立). 신련장지(神輦將至), 좌통례(左通禮), 계청국궁(啓請鞠躬), 전하국궁(殿下鞠躬). 과칙계청평신(過則啓請平身), 전하평신(殿下平身). 좌(左)·우통례(右通禮), 전도(前導), 지승여소(至乘輿所), 좌통례(左通禮), 계청석규(啓請釋圭), 전하석규(殿下釋圭), 근시궤수규(近侍跪受圭). 좌통례(左通禮), 계청승여(啓請乘輿), 전하(殿下), 승여수후(乘輿隨後). 좌(左)·우통례(右通禮), 전도(前導), 산선(繖扇)·시위여상의(侍衛如常儀). 신련지김상문외(神輦至金商門外), 종친(宗親)·문무백관국궁과칙평신(文武百官鞠躬過則平身), 잉위서립(仍爲序立), 가장지백관국궁과칙평신(駕將至百官鞠躬過則平身), 이차시위(以次侍衛). 신련(神輦), 지자정전강련소(至資政殿降輦所), 섭좌통례(攝左通禮), 계청강련승여(啓請降輦乘轝). 궁위령(宮闈令), 봉신주궤(捧神主匱), 안어여(安於轝), 지전호외(至殿戶外), 섭좌통례(攝左通禮), 계청강여승좌(啓請降轝陞座). 궁위령(宮闈令), 봉신주궤(捧神主匱), 안어좌(安於座). 전사(殿司), 솔기속(帥其屬), 봉책(捧冊)·보(寶), 입치어안(入置於案). 책재서(冊在西), 보재동(寶在東). 차봉선(次捧扇)·개(蓋), 분설어좌(分設於左)·우(右). 가(駕), 지강여소(至降輿所), 좌통례(左通禮), 계청강여(啓請降輿), 전하강여(殿下降輿). 좌(左)·우통례(右通禮), 전도(前導), 입악차(入幄次), 산선(繖扇)·시위(侍衛), 여상의(如常儀). 인의(引儀), 분인종친(分引宗親)·문무백관(文武百官), 입취위(入就位). 좌통례(左通禮), 예악차전(詣幄次前), 계청출차(啓請出次), 전하출차(殿下出次). 좌통례(左通禮), 계청집규(啓請執圭), 근시궤진규(近侍跪進圭), 전하집규(殿下執圭). 좌(左)·우통례(右通禮), 전도(前導), 예망전위(詣望殿位). 좌통례(左通禮), 계청국궁사배흥평신(啓請鞠躬四拜興平身), 전하국궁사배흥평신(殿下鞠躬四拜興平身), 재위자(在位者), 개국궁사배흥평신(皆鞠躬四拜興平身). 찬의(贊儀), 역창(亦唱). 좌(左)·우통례(右通禮), 도전하(導殿下), 입자중문(入自中門), 유동계승(由東階陞), 예전내(詣殿內). 근시급내시(近侍及內侍), 각일원(各一員), 시입 통례(侍入通禮), 지어호외(止於戶外). 봉심흘(奉審訖). 좌(左)·우통례(右通禮), 도전하(導殿下), 강자동계(降自東階), 권취소차(權就小次). 장지소차전(將至小次前), 석규(釋圭)·수규여상(受圭如常). 종친(宗親)·문무백관(文武百官), 잉위서립(仍爲序立). 전사관(典祀官)·전사(殿司), 각수기속(各帥其屬), 설향로(設香爐)·향합(香合), 병촉어신위전(并燭於神位前), 입전축판어신위지우(入奠祝版於神位之右), 차설제기여식(次設祭器如式). 견원서서례(見原書序例). 설존어호외지동(設尊於戶外之東). 궁위령(宮闈令), 개궤봉출신주(開匱奉出神主), 설어좌(設於座),

복이청저건(覆以靑紵巾), 설궤어후(設几於後)。 전사관(典祀官), 입실찬구필(入實饌具畢)。 집례(執禮), 수찬자(帥贊者)·찬인(贊引), 입취전정(入就殿庭), 사배흘(四拜訖), 취위(就位)。 찬인(贊引), 인감찰(引監察)·전사관(典祀官)·대축(大祝)·제집사(諸執事), 입취전정배위(入就殿庭拜位)。 집례왈사배(執禮曰四拜)。 찬자전창(贊者傳唱), 감찰이하(監察以下), 개사배흘(皆四拜訖), 취위(就位)。 제집사예관세위관세흘각취위집사자(諸執事詣盥洗位盥帨訖各就位執事者), 예잔세위(詣盞洗位), 세잔(洗盞)·식잔(拭盞), 치어비봉(置於篚捧), 예존소치어점상(詣尊所置於坫上)。 좌통례(左通禮), 예소차전(詣小次前), 계청출차(啓請出次)。 전하(殿下), 구면복(具冕服), 관세이출(盥帨以出)。 찬례(贊禮), 계청집규(啓請執圭)。 근시궤진규(近侍跪進圭), 전하집규(殿下執圭)。 찬례(贊禮), 도전하(導殿下), 입예판위서향립(入詣版位西向立)。 집례왈사배(執禮曰四拜)。 찬의전창국궁사배흥평신(贊儀傳唱鞠躬四拜興平身), 전하국궁사배흥평신(殿下鞠躬四拜興平身), 재위자(在位者), 개국궁사배흥평신(皆鞠躬四拜興平身)。 찬자역창(贊者亦唱), 선배자(先拜者), 부배(不拜)。 집례왈찬례도전하행작헌례(執禮曰贊禮導殿下行酌獻禮)。 찬례(贊禮), 도전하(導殿下), 승자동계근시(陞自東階近侍), 종승(從陞)。, 예준소서향립(詣尊所西向立)。 집준자거멱(執尊者擧冪), 근시일인작주(近侍一人酌酒), 일인이잔수주(一人以盞受酒)。 찬례(贊禮), 도전하(導殿下), 입예신위전(入詣神位前), 북향립(北向立)。 집례왈궤(執禮曰跪)。 찬례(贊禮), 계청궤진규(啓請跪搢圭)。 전하궤진규(殿下跪搢圭)。 여진부편(如搢不便), 근시승봉(近侍承捧)。 재위자개궤(在位者皆跪)。 찬자(贊者), 역창(亦唱)。 근시일인봉향합(近侍一人捧香合), 일인봉향로(一人捧香爐), 궤진(跪進)。 찬례(贊禮), 궤계청삼상향(跪啓請三上香)。 전하삼상향(殿下三上香), 근시전로우안(近侍奠爐于案)。 근시(近侍), 봉잔궤진(捧盞跪進)。 찬례(贊禮), 궤계청집잔(跪啓請執盞)·헌잔(獻盞)。 전하(殿下), 집잔(執盞)·헌잔(獻盞), 이잔수근시(以盞授近侍), 전우신위전(奠于神位前)。 진잔재동서향(進盞在東西向), 전로(奠爐)·전잔재서동향(奠盞在西東向)。 찬례(贊禮), 계청집규부복흥(啓請執圭俯伏興), 소퇴북향궤(小退北向跪)。 전하집규부복흥(殿下執圭俯伏興), 소퇴북향궤(小退北向跪)。 대축(大祝), 진신위지우동향궤독축문흘(進神位之右東向跪讀祝文訖), 찬례(贊禮), 계청부복흥평신(啓請俯伏興平身)。 전하부복흥평신(殿下俯伏興平身), 재위자개부복흥평신(在位者皆俯伏興平身)。 찬자(贊者), 역창(亦唱)。 찬례(贊禮), 도전하(導殿下), 강복위(降復位)。 집례왈사배(執禮曰四拜)。 찬례계청국궁사배흥평신(贊禮啓請鞠躬四拜興平身)。 전하국궁사배흥평신(殿下鞠躬四拜興平身), 재위자개국궁사배흥평신(在位者皆鞠躬四拜興平身)。 찬자(贊者), 역창(亦唱)。 찬례(贊禮), 계례필찬자(啓禮畢贊者), 역창(亦唱)。, 도전하(導殿下), 환중문외(還中門外)。 찬례(贊禮), 계청석규(啓請釋圭), 전하석규(殿下釋圭), 근시궤수규(近侍跪受圭)。 좌(左)·우통례(右通禮), 도전하(導殿下), 환제전(還齊殿)。 집례왈망료(執禮曰望燎)。 대축봉축판(大祝捧祝版), 예료소(詣燎所), 분지(焚之)。 인의(引儀), 분인종친(分引宗親)·문무백관출(文武百官出)。 제집사(諸執事), 구취배위(俱就拜位), 사배이출(四拜而出)。 궁위령(宮闈令), 납신주(納神主), 여상의(如常儀)。 전사관(典祀官)·전사(殿司), 철례찬(徹禮饌), 궁위령(宮闈令), 합호이강내퇴(闔戶以降乃退)。

시책보내입의(諡冊寶內入儀)

방장릉복위의(倣莊陵復位儀), 하개동(下皆同)。

전일일(前一日), 전설사(典設司), 설권치책보악어궐내숭정전동계상근동서향(設權置冊寶幄於闕內崇政殿東階上近東西向)。 기일(其日), 도감당상(都監堂上)·랑청급봉책관(郞廳及捧冊官)·봉보관(捧寶官), 각복조복(各服朝服), 봉대왕(捧大王)·왕후책보(王后冊寶), 치어채여(置於彩轝)。 세장고취(細仗鼓吹), 전도(前導), 도감당상이하(都監堂上以下), 수지예궐(隨至詣闕)。 책보여(冊寶轝), 유정문입지악전(由正門入至幄前), 봉책관(捧冊官)·봉보관(捧寶官), 각봉책보(各捧冊寶), 거안자(擧案者), 치안어악내(置案於幄內)。 봉책관(捧冊官)·봉보관(捧寶官), 각이책보입치어안(各以冊寶入置於案)。 인의(引儀), 인영의정(引領議政), 취악전(就幄前), 근시구조복(近侍具朝服)。, 역취악전(亦就幄前), 봉책관(捧冊官)·봉보관(捧寶官), 예책보안전(詣冊寶案前), 각봉책함(各捧冊函)·보록(寶盝)。 영의정궤(領議政跪), 근시궤(近侍跪)。 봉책관(捧冊官), 이책함(以冊函), 궤수영의정(跪授領議政)。 령의정(領議政), 진홀(搢笏), 수지이수근시(受之以授近侍)。 근시수지이수내시(近侍受之以授內侍), 내시(內侍), 진궤수지(進跪受之)。 봉보관(捧寶官), 이보록(以寶盝), 궤수영의정(跪授領議政)。 영의정(領議政), 수지이수근시(受之以授近侍)。 근시(近侍),

수지이수내시(受之以授內侍), 내시(內侍), 진궤수지이입(進跪受之以入). 영의정급근시(領議政及近侍), 내퇴(乃退)

청시종묘의(請諡宗廟儀)

전기(前期), 봉상사집시보례조(奉常寺集諡報禮曹), 예조전보의정부(禮曹傳報議政府), 의시(議諡) 륙조집현전전춘추관이품이상동의(六曹集賢殿春秋館二品以上同議). 계문(啓聞), 경의령(敬依令), 공조제책급보(工曹製冊及寶). 책간용남양청옥(冊簡用南陽靑玉), 장구촌칠분(長九寸七分), 광일촌이분(廣一寸二分), 후륙분(厚六分). 간수(簡數), 수문지다소(隨文之多少). 책보주이석(冊寶鑄以錫), 도황김(鍍黃金), 방삼촌오분(方三寸五分), 후팔분(厚八分). 구고일촌오분(龜高一寸五分), 병용조례기척(並用造禮器尺). 전청시삼일(前請諡三日), 영의정이하행사집사관(領議政以下行事執事官), 산제이일(散齊二日), 숙어정침(宿於正寢); 치제일일(致齊一日), 숙어본사(宿於本司). 종친급문무백관(宗親及文武百官), 전일일(前一日), 제숙본사(齊宿本司). 전이일(前二日), 공조판서이책보각안어채여(工曹判書以冊寶各安於綵輿) 책보개유안(冊寶皆有案). 예궐(詣闕), 승지전봉이입(承旨傳捧以入). 내상의시제책급보병동(內喪議諡製冊及寶並同), 유보후칠분위이(唯寶厚七分爲異). 전일일(前一日), 충호위설권치책보악어려차문외(忠扈衛設權置冊寶幄於廬次門外), 남향(南向). 설안(設案). 전의설영의정위어악남도동(典儀設領議政位於幄南道東), 북향(北向); 독책관독보관봉책관봉보관거책안자거보안자위어령의정지후근남(讀冊官讀寶官奉冊官奉寶官擧冊案者擧寶案者位於領議政之後近南), 이위중행(異位重行), 북향동상(北向東上); 설전의위어령의정동북(設典儀位於領議政東北), 서향(西向); 통찬봉례랑재남차퇴(通贊奉禮郎在南差退); 우통찬봉례랑위어영의정서북동향(又通贊奉禮郎位於領議政西北東向), 구북상(俱北上). 봉례랑설령의정이하문외위어중문외도동(奉禮郎設領議政以下門外位於中門外道東), 이위중행(異位重行), 서향북상(西向北上). 집례설권치책보안어종묘서계하(執禮設權置冊寶案於宗廟西階下), 동향(東向); 설영의정위어조계동남(設領議政位於阼階東南), 서향(西向); 독책관독보관봉책관봉보관거책안자거보안자위어령의정지후근남(讀冊官讀寶官奉冊官奉寶官擧冊案者擧寶案者位於領議政之後近南), 이위중행(異位重行), 서향북상(西向北上); 설집례알자찬자찬인급감찰전사관대축축사(設執禮謁者贊者贊引及監察典祀官大祝祝史)(제랑(齊郎))[재랑(齋郎)] 종묘령궁위령위(宗廟令宮闈令位), 설종친급문무백관위(設宗親及文武百官位), 개좌감(開坐坎), 설망예위(設望瘞位), 병여상(並如常). 내직별감이상복(內直別監以常服), 봉향축(捧香祝) 친압(親押). 선예종묘(先詣宗廟). 기일(其日), 종친급문무백관경예종묘변복(宗親及文武百官徑詣宗廟變服), 상복흑각대(常服黑角帶). 영의정급독책관독보관봉책관봉보관거안자이상복흑각대(領議政及讀冊官讀寶官奉冊官奉寶官擧案者以常服黑角帶), 구집조당(俱集朝堂). 예조정랑진채여이어중문외(禮曹正郎陳綵輿二於中門外), 병조정랑진세장어채여지남(兵曹正郎陳細仗於綵輿之南). 봉례랑인영의정이하(奉禮郎引領議政以下), 개취문외위(皆就門外位). 전의수통찬봉례랑선입취위(典儀帥通贊奉禮郎先入就位), 근시(近侍) 승지(承旨). 급내직별감예합외이사(及內直別監詣閤外以俟), 봉례랑인영의정이하입취위(奉禮郎引領議政以下入就位). 내시봉시책보출합궤수근시(內侍奉諡冊寶出閤跪授近侍), 근시진궤수별감(近侍進跪受別監). 거안(擧案) 매안(每案), 이인대거(二人對擧). 진근시전궤(進近侍前跪), 근시이책보각치어안(近侍以冊寶各置於案), 흥예악(興詣幄), 별감각거안종지(別監各擧案從之). 근시권치책보어안(近侍權置冊寶於案), 퇴립어동남서향(退立於東南西向), 별감립어근시지후(別監立於近侍之後). 전의왈(典儀曰): "사배(四拜)." 통찬창국궁사배흥평신(通贊唱鞠躬四拜興平身), 범통찬찬창(凡通贊贊唱), 개승전의지사(皆承典儀之辭). 영의정이하국궁사배흥평신(領議政以下鞠躬四拜興平身). 봉례랑인영의정예악전(奉禮郎引領議政詣幄前), 근시취시책함(近侍取諡冊函), 남향궤수영의정(南向跪授領議政), 영의정진궤수(領議政進跪受), 거책안자이인대거안(擧冊案者二人對擧案), 진령의정지좌궤(進領議政之左跪), 영의정치시책함어안(領議政置諡冊函於案), 거안자대거퇴초남동향립(擧案者對擧退稍南東向立). 근시취시보록수영의정여상의흘(近侍取諡寶盝授領議政如上儀訖), 영의정부복흥평신(領議政俯伏興平身). 봉례랑인영의정유중도출(奉禮郎引領議政由中道出), 거책보안자전행출중문(擧冊寶案者前行出中門). 영의정이책보각치어채여(領議政以冊寶各置於綵輿), 세장전도여상(細仗前導如常), 예종묘(詣宗廟). 봉책관봉시책함(奉冊官奉諡冊函), 봉보관봉시보록(奉寶官奉諡寶盝), 거책보안자각거안종입(擧冊寶案者各擧案從入), 책보안어권치안(冊寶案於權置案) 책재북(冊在北), 보재남(寶在南). 권퇴(權退). 궁위령수기속(宮

聞令帥其屬), 개실정불신악(開室整拂神幄), 포연설궤여상의(鋪筵設几如常議). 종묘령전사관각수기속(宗廟令典祀官各帥其屬), 실찬구(實饌具); 찬품여삭망제(饌品如朔望祭), 유무생유폐위이(唯無牲有幣爲異). 설향로향합전축판(設香爐香合奠祝版); 설존설세병여상(設尊設洗竝如常). 전이각(前二刻), 집례수알자찬자찬인(執禮帥謁者贊者贊引), 입자동문(入自東門), 선취계간배위(先就階間拜位), 북향사배흘취위(北向四拜訖就位). 봉례랑분인종친급백관입취위(奉禮郎分引宗親及百官入就位); 알자인령의정이하(謁者引領政以下), 구취동문외위(俱就東門外位). 전일각(前一刻), 찬인인감찰전사관대축축사(贊引引監察典祀官大祝祝史)(제랑(齊郎)) [재랑(齋郎)] 종묘령궁위령(宗廟令宮聞令), 입취계간배위(入就階間拜位), 중행북향서상(重行北向西上), 집례왈(執禮曰): "사배(四拜)." 찬자전창(贊者傳唱), 범집례유사(凡執禮有辭), 찬자개전창(贊者皆傳唱). 감찰이하개사배흘(監察以下皆四拜訖), 찬인인감찰취위(贊引引監察就位). 인제집사관세위관세흘(引諸執事盥洗位盥帨訖), 각취위(各就位). 찬인인종묘령대축궁위령(贊引引宗廟令大祝宮聞令), 승자조계(升自阼階), 예각실봉출신주(詣各室捧出神主), 설어좌여상(設於座如常), 강복위(降復位). 제랑(齊郎) 재랑(齋郎) 예작세위(詣爵洗位), 세작식작(洗爵拭爵), 치어비(置於篚), 봉예태계(捧詣泰階), 축사영취어계상(祝史迎取於階上), 치어존소점상(置於尊所坫上). 알자인령의정(謁者引領議政), 찬인인독책관독보관봉책관봉보관거책안자거보안자입취위(贊引引讀冊官讀寶官奉冊官奉寶官舉冊案者舉寶案者入就位), 집례왈(執禮曰): "사배(四拜)." 찬자전창(贊者傳唱), 령의정이하급종친백관사배(領議政以下及宗親百官四拜). 선배자부배(先拜者不拜). 알자진령의정지좌백(謁者進領議政之左白): "유사근구(有司謹具), 청행사(請行事)." 집례왈(執禮曰): "행전폐례(行奠幣禮)." 알자인령의정예관세위관세흘(謁者引領議政詣盥洗位盥帨訖), 승자조계(升自阼階), 예제일실신위전북향립찬궤(詣第一室神位前北向立贊跪), 집사자일인봉향합(執事者一人捧香合), 일인봉향로(一人捧香爐), 알자찬삼상향(謁者贊三上香), 집사자전로우안(執事者奠爐于案). 대축이폐비수령의정(大祝以幣篚授領議政), 영의정집폐(領議政執幣), 헌폐(獻幣), 이폐수대축(以幣授大祝), 전우안(奠于案), 범봉향수폐(凡奉香授幣), 개재동서향(皆在東西向); 전로전폐(奠爐奠幣), 개재서동향(皆在西東向). 수작전작(授爵奠爵), 준차(準此). 알자찬부복흥평신(謁者贊俯伏興平身), 인영의정출호(引領議政出戶). 차예각실상향전폐(次詣各室上香奠幣), 병여상의흘(竝如上儀訖), 알자인령의정출호강복위(謁者引領議政出戶降復位). 집례왈(執禮曰): "행작헌례(行酌獻禮)." 알자인영의정(謁者引領議政), 승예제일실존소서향립(升詣第一室尊所西向立), 집존자거멱작주(執尊者舉冪酌酒), 집사자이인이작수주(執事者二人以爵受酒). 알자인영의정예신위전북향립찬궤(謁者引領議政詣神位前北向立贊跪), 집사자이작수영의정(執事者以爵授領議政), 영의정집작헌작(領議政執爵獻爵), 이작수집사자(以爵授執事者), 전우신위전(奠于神位前). 집사자이부작수영의정(執事者以副爵授領議政), 령의정집작헌작(領議政執爵獻爵), 이작수집사자(以爵授執事者), 전우왕후신위전(奠于王后神位前), 알자찬부복흥소퇴북향궤(謁者贊俯伏興少退北向跪). 대축진신위지우(大祝進神位之右), 동향궤독축문흘(東向跪讀祝文訖), 알자찬부복흥평신(謁者贊俯伏興平身). 령의정출호(領議政出戶), 차예각실작헌(次詣各室酌獻), 병여상의흘(竝如上儀訖), 알자인령의정출호강복위(謁者引領議政出戶降復位). 알자인영의정예권치책보안남북향립(謁者引領議政詣權置冊寶案南北向立), 찬인인봉책관봉보관(贊引引奉冊官奉寶官), 구예책보안전서향궤(俱詣冊寶案前西向跪), 봉책보흥(奉冊寶興), 유조계승(由阼階升), 예전하당중욕위(詣殿下當中褥位), 림시설욕석어전영간(臨時設褥席於前楹間), 북향(北向). 궤치(跪置) 책재서(冊在西), 보재동(寶在東). 흘(訖), 소퇴북향립(小退北向立). 알자인영의정승예욕위전북향궤(謁者引領議政升詣褥位前北向跪), 독책관독보관수지(讀冊官讀寶官隨之). 봉책관진궤개함(奉冊官進跪開函), 전책(展冊), 독책관진북향궤독책흘(讀冊官進北向跪讀冊訖), 부복흥강복위(俯伏興降復位), 봉책관이책환치어함(奉冊官以冊還置於函), 봉함흥소퇴동향립(奉函興小退東向立). 봉보관진궤개록거보(奉寶官進跪開盝舉寶), 독보관진북향궤독보흘(讀寶官進北向跪讀寶訖), 부복흥강복위(俯伏興降復位), 봉보관이보환치어록(奉寶官以寶還置於盝), 봉록흥(奉盝興), 구강치어권치안(俱降置於權置案). 알자찬부복흥평신(謁者贊俯伏興平身), 인영의정강복위(引領議政降復位). 대축입철변두어식(大祝入徹籩豆如式). 집례왈(執禮曰): "사배(四拜)." 찬자전창(贊者傳唱), 영의정이하급종친백관사배흘(領議政以下及宗親百官四拜訖), 알자인영의정예망예위(謁者引領議政詣望瘞位), 대축취서직반축폐(大祝取黍稷飯祝幣), 강자서계(降自西階), 치어감(寘於坎), 집례왈(執禮曰): "가예(可瘞)." 치토반감(寘土半坎), 알자진영의정지좌백례필(謁者進領議政之左白禮畢), 수인영의정장출(遂引領議政將出). 봉책관봉책함(奉冊官奉冊函), 봉보관봉보록(奉寶官奉寶盝), 거책보안자각거안(舉冊寶案者各舉案), 이차전행출동문(以次前行出東門), 안어채여이행(安於綵輿而行), 영의정이하수지(領議政以下隨之)。　봉례랑분인종친급문무백관이차출(奉禮郎分引宗親及文武百官以次出)。 찬인인감찰급제집사(贊引引監察及諸執事), 취계간배위(就階間拜位), 집례왈(執禮曰): "사배(四拜)。" 찬자전창(贊者傳唱), 감찰급전사관이하개사배흘(監察及典祀官以下皆四拜訖), 찬인이차인출(贊引以次引出)。　종묘령대축궁위령납신주여상의(宗廟令大祝宮闈令納神主如常儀)。　집례수알자찬자찬인(執禮帥謁者贊者贊引), 취계간사배이출(就階間四拜而出)。　종묘령전사관각수기속(宗廟令典祀官各帥其屬), 철찬합호내퇴(徹饌闔戶乃退)。　영의정이하예빈전(領議政以下詣殯殿), 영의정봉책보안어권치악(領議政奉冊寶安於權置幄), 【전일일(前一日), 충호위설악어빈중문외지동남향(忠扈衛設幄於殯中門外之東南向)。】 유례조정랑수지(留禮曹正郎守之), 영의정이하퇴귀본사제숙(領議政以下退歸本司齊宿)。

상시책보의(上諡冊寶儀)

전일일(前一日), 충호위설영의정차어책보악지남근동(忠扈衛設領議政次於冊寶幄之南近東), 서향(西向)。　기일(其日), 전의설권치책보욕위어빈전서계하(典儀設權置冊寶褥位於殯殿西階下), 동향(東向); 설영의정위어동계하근남(設領議政位於東階下近南), 서향(西向); 독책관독보관봉책관봉보관거책보안자위어영의정지후근남(讀冊官讀寶官奉冊官奉寶官擧冊寶案者位於領議政之後近南), 이위중행(異位重行), 서향북상(西向北上); 설전의대치사관통찬봉례랑위어동계하(設典儀代致詞官通贊奉禮郎位於東階下); 설종친급문무백관감찰위어외정(設宗親及文武百官監察位於外庭), 병여상(並如常)。　영의정이하이상복흑각대(領議政以下以常服黑角帶), 예빈전문외(詣殯殿門外)。　영의정입차(領議政入次), 종친급문무백관이최복(宗親及文武百官以衰服), 구집빈전문외(俱集殯殿門外)。　전이각(前二刻), 유사진례찬(攸司進禮饌), 찬품(饌品), 여삭망전동(與朔望奠同)。　내시전봉(內侍傳捧), 입설어령좌전(入設於靈座前); 설향로향합병촉어기전(設香爐香合并燭於其前); 설존어호외지좌(設尊於戶外之左); 치잔삼어존소(置盞三於尊所)。　전일각(前一刻), 감찰전의통찬봉례랑선입취위(監察典儀通贊奉禮郎先入就位), 봉례랑분인종친급백관입취위(奉禮郎分引宗親及百官入就位)。　봉례랑인봉책관봉보관(奉禮郎引奉冊官奉寶官), 봉책보거책보안자(奉冊寶擧冊寶案者), 각거안유정문입(各擧案由正門入), 영의정이하수지(領議政以下隨之)。　지권치욕위전(至權置褥位前), 거안자각이안치어욕위(擧案者各以案置於褥位), 봉책관봉보관이책보(奉冊官奉寶官以冊寶), 각치어안(各置於案)。　책재북(冊在北), 보재남(寶在南)。　영의정이하취위(領議政以下就位), 전의왈(典儀曰): "사배(四拜)。" 통찬창국궁궁사배흥평신(通贊唱鞠躬四拜興平身), 범통찬찬창(凡通贊贊唱), 개승전의지사(皆承典儀之辭)。　영의정이하급종친백관국궁사배흥평신(領議政以下及宗親百官鞠躬四拜興平身)。　봉례랑인영의정(奉禮郎引領議政), 유동계승예향안전북향궤(由東階升詣香案前北向跪), 삼상향(三上香), 작주전우령좌전(酌酒奠于靈座前), 련전삼잔(連奠三盞)。　찬부복흥평신(贊俯伏興平身)。　봉례랑인령의정(奉禮郎引領議政), 강예정중북향립(降詣庭中北向立), 대치사관승자동편계(代致詞官升自東偏階), 예령좌전북향궤(詣靈座前北向跪)。　통찬창궤(通贊唱跪), 영의정이하급종친백관궤(領議政以下及宗親百官跪), 대치사관치사운(代致詞官致詞云): "영의정신모(領議政臣某), 봉교근봉상시책시보(奉敎謹奉上諡冊諡寶)。" 계흘(啓訖), 부복흥강복위(俯伏興降復位)。　통찬창부복흥평신(通贊唱俯伏興平身), 령의정이하급종친백관부복흥평신(領議政以下及宗親百官俯伏興平身)。　봉례랑인봉책관봉보관(奉禮郎引奉冊官奉寶官), 봉례랑지어문외(奉禮郎止於門外), 후방차(後倣此)。 구예책보안전서향궤(俱詣冊寶案前西向跪), 봉책보흥(奉冊寶興), 유중계승(由中階升), 거책보안자종지(擧冊寶案者從之)。　봉례랑인영의정유동계승(奉禮郎引領議政由東階升), 독책관독보관유동편계승(讀冊官讀寶官由東偏階升)。　령의정예령좌전북향립찬궤(領議政詣靈座前北向立贊跪), 거안자궤(擧案者跪), 선치안우향안전(先置案于香案前)。　책안재서(冊案在西), 보안재동(寶案在東)。　봉책관이책함궤수령의정(奉冊官以冊函跪授領議政), 영의정수책함치어안(領議政受冊函置於案)。　차봉보관이보록궤수영의정(次奉寶官以寶盝跪授領議政), 영의정(領議政), 수보록치어안(受寶盝置於案), 찬부복흥소퇴북향궤(贊俯伏興少退北向跪)。　봉책관진궤개함전책(奉冊官進跪開函展冊), 독책관진북향궤독책흘(讀冊官進北向跪讀冊訖), 부복흥(俯伏興)。　봉책관이책환치어함(奉冊官以冊還置於函), 봉함흥(奉函興), 거책안자치안어령좌전초동(擧冊案者置案於靈座前稍東), 부복흥(俯伏興)。　봉책관궤치책함어안(奉冊官跪置冊函於案), 부복흥(俯伏興), 구강복위(俱降復位)。　차봉보관진궤개록거보(次奉寶官進跪開盝擧寶

官進跪開盝擧寶), 독보관진북향궤독보흘(讀寶官進北向跪讀寶訖), 부복흥(俯伏興)。 봉보관이보환치어록(奉寶官以寶還置於盝), 봉록흥(奉盝興), 거보안자치안어책안지남(擧寶案者置案於冊案之南), 부복흥(俯伏興); 봉보관궤치록어안(奉寶官跪置盝於案), 부복흥(俯伏興), 구강복위(俱降復位)。 봉례랑찬부복흥평신(奉禮郎贊俯伏興平身), 인영의정강복위(引領議政降復位)。 통찬창국궁사배흥평신(通贊唱鞠躬四拜興平身), 영의정이하급종친백관국궁사배흥평신(領議政以下及宗親百官鞠躬四拜興平身), 봉례랑인영의정이하출(奉禮郎引領議政以下出), 우봉례랑분인종친급문무백관출(又奉禮郎分引宗親及文武百官出)。 내상청시종묘례(內喪請諡宗廟禮), 여상의(如上儀)。 약내상재선(若內喪在先), 칙전일일(則前一日), 견대신고종묘여상고의(遣大臣告宗廟如常告儀), 무청시(無請諡)。 기일(其日), 전의설영의정위어근정전정도동(典儀設領議政位於勤政殿庭道東), 북향(北向); 거안자위어기후(擧案者位於其後), 동상(東上); 설전의위어동계하근동(設典儀位於東階下近東), 서향(西向); 통찬봉례랑재남차퇴(通贊奉禮郎在南差退); 우통찬봉례랑위어서계하근서(又通贊奉禮郎位於西階下近西), 동향(東向), 구북상(俱北上)。 봉례랑설영의정이하문외위어근정문외도동(奉禮郎設領議政以下門外位於勤政門外道東), 서향이위(西向異位), 중행북상(重行北上)。 령의정이하이상복흑각대(領議政以下以常服黑角帶), 구집조당(俱集朝堂)。 예조정랑진채여이어근정문외(禮曹正郎陳綵輿二於勤政門外), 병조정랑진세장어채여지남(兵曹正郎陳細仗於綵輿之南)。 봉례랑인영의정이하취문외위(奉禮郎引領議政以下就門外位); 전의수통찬봉례랑(典儀帥通贊奉禮郎), 이상복흑각대선입취위(以常服黑角帶先入就位); 전교관(傳敎官) 승지(承旨)。 급내직별감예사정전합외이사(及內直別監詣思政殿閤外以竢)。 봉례랑인(奉禮郎引)(영의정(領議政))〔영의정(領議政)〕 이하(以下), 유동편문입취위(由東偏門入就位)。 내시봉시책시보출합(內侍奉諡冊諡寶出閤), 이수전교관(以授傳敎官), 전교관진궤수별감(傳敎官進跪受別監), 거안(擧案) 매안이인대거(每案二人對擧)。 진전교관전궤(進傳敎官前跪), 전교관이책보(傳敎官以冊寶), 각치어안흥(各置於案興), 유근정전동변(由勤政殿東邊), 강자동계(降自東階), 예령의정동북서향립(詣領議政東北西向立), 별감각거안종지(別監各擧案從之), 입어전교관지남소퇴서향(立於傳敎官之南少退西向)。 전교관칭유교(傳敎官稱有敎), 통찬창궤(通贊唱跪), 영의정이하궤(領議政以下跪)。 전교관선교왈(傳敎官宣敎曰): "증대행왕비시책시보(贈大行王妃諡冊諡寶), 명경전례(命卿展禮)。" 선흘(宣訖), 전의왈(典儀曰): "사배(四拜)。" 통찬창부복흥사배흥평신(通贊唱俯伏興四拜興平身), 영의정이하부복흥사배흥평신(領議政以下俯伏興四拜興平身)。 별감거시책안진전교관전(別監擧諡冊案進傳敎官前), 전교관취시책함(傳敎官取諡冊函), 이안수거안자퇴(以案授擧案者退)。 수영의정(授領議政), 령의정진북향궤수(領議政進北向跪受)。 거책안자이인대거안(擧冊案者二人對擧案), 진영의정지좌궤(進領議政之左跪), 영의정치시책함어안(領議政置諡冊函於案), 거안자대거(擧案者對擧), 퇴립어영의정지후(退立於領議政之後)。 전교관취시보록수영의정여상의흘(傳敎官取諡寶盝授領議政如上儀訖), 전의왈(典儀曰): "사배(四拜)。" 통찬창부복흥사배흥평신(通贊唱俯伏興四拜興平身), 령의정부복흥사배흥평신(領議政俯伏興四拜興平身), 봉례랑인령의정유동문출(奉禮郎引領議政由東門出), 거책보안자전행(擧冊寶案者前行)。 영의정이책보각치어채여(領議政以冊寶各置於綵輿), 세장전도여상(細仗前導如常如常)

자정전신주봉안의(資政殿新主奉安儀)

기일(其日), 액정서(掖庭署), 설전하지영위어위선당중문외(設殿下祗迎位於爲善堂中門外), 전의(典儀), 설종친(設宗親)·문무백관지영위어김상문외(文武百官祗迎位於金商門外)。 액정서(掖庭署), 우설전하악차어자정전문외도동(又設殿下幄次於資政殿門外道東), 설망전례위어악차전(設望殿禮位於幄次前), 구근동서향(俱近東西向)。 설판위어자정전동계서향(設版位於資政殿東階西向), 소차어기후(小次於其後)。 병수지의(竝隨地之宜)。 전의(典儀), 설종친(設宗親)·문무백관위어숭정전정(文武百官位於崇政殿庭) 문동(文東), 무서(武西)。, 이위중행북향(異位重行北向)。 우설제집사위어전정(又設諸執事位於殿庭), 여상(如常)。 설망료위어전정(設望燎位於殿庭), 설집례위어동계하근서서향(設執禮位於東階下近西西向)。 제주전필(題主奠畢), 섭사복사정(攝司僕寺正), 진여어위선당계상(進擧於爲善堂階上), 진련어중문외(進輦於中門外)。 설만위(設幔圍), 진장위어기전(陳

仗衛於其前)。인의(引儀), 인종친(引宗親)·문무백관(文武百官), 구조복(具朝服), 출취김상문외(出就金商門外), 분동(分東)·서서립(西序立)。섭좌통례(攝左通禮), 입예호외(入詣戶外), 북향부복궤(北向俯伏跪), 계청강좌승여(啓請降座乘轝), 부복흥(俯伏興)。내시(內侍), 봉책보(捧冊寶), 수집사자(授執事者), 치어요여(置於腰轝), 전행(前行)。내시(內侍), 봉궤(捧几), 치어여(置於轝), 궁위령(宮闈令), 봉신주(捧神主), 궤안어궤전(匱安於几前)。내시(內侍), 부시강자중계(扶侍降自中階), 산선(繖扇)·시위(侍衛), 여상의(如常儀)。섭좌통례(攝左通禮), 전도(前導), 지중문외강여소(至中門外降轝所) 설욕석(設褥席)。, 섭좌통례(攝左通禮), 계청강여승련(啓請降轝乘輦)。궁위령(宮闈令), 봉신주(捧神主), 궤안어련(匱安於輦), 섭좌통례(攝左通禮), 계청진발(啓請進發), 부복흥(俯伏興)。련동(輦動), 섭좌통례(攝左通禮), 협시이출(夾侍以出), 장(仗)·위(衛)·도(導)·종여상(從如常)。고취(鼓吹), 진작(振作)。신련장지중문외(神輦將至中門外), 좌통례(左通禮), 예악차전(詣幄次前), 계청출차(啓請出次)。좌(左)·우통례(右通禮), 도전하(導殿下), 이출(以出)。좌통례(左通禮), 계청집규(啓請執圭), 근시궤진규(近侍跪進圭), 전하집규(殿下執圭)。좌(左)·우통례(右通禮), 전도(前導), 취지영위(就祗迎位), 서향립(西向立)。신련장지(神輦將至), 좌통례(左通禮), 계청국궁(啓請鞠躬), 전하국궁(殿下鞠躬)。과칙계청평신(過則啓請平身), 전하평신(殿下平身)。좌(左)·우통례(右通禮), 전도(前導), 지승여소(至乘轝所), 좌통례(左通禮), 계청석규(啓請釋圭), 전하석규(殿下釋圭), 근시궤수규(近侍跪受圭)。좌통례(左通禮), 계청승여(啓請乘轝), 전하(殿下), 승여수후(乘轝隨後)。좌(左)·우통례(右通禮), 전도(前導), 산선(繖扇)·시위여상의(侍衛如常儀)。신련지김상문외(神輦至金商門外), 종친(宗親)·문무백관국궁과칙평신(文武百官鞠躬過則平身), 잉위서립(仍爲序立), 가장지백관국궁과칙평신(駕將至百官鞠躬過則平身), 이차시위(以次侍衛)。신련(神輦), 지자정전강련소(至資政殿降輦所), 섭좌통례(攝左通禮), 계청강련승여(啓請降輦乘轝)。궁위령(宮闈令), 봉신주궤(捧神主匱), 안어여(安於轝), 지전호외(至殿戶外), 섭좌통례(攝左通禮), 계청강여승좌(啓請降轝陞座)。궁위령(宮闈令), 봉신주궤(捧神主匱), 안어좌(安於座)。전사(殿司), 수기속(帥其屬), 봉책(捧冊)·보(寶), 입치어안(入置於案)。책재서(冊在西), 보재동(寶在東)。차봉선(次捧扇)·개(蓋), 분설어좌(分設於左)·우(右)。가(駕), 지강여소(至降輿所), 좌통례(左通禮), 계청강여(啓請降輿), 전하강여(殿下降輿)。좌(左)·우통례(右通禮), 전도(前導), 입악차(入幄次), 산선(繖扇)·시위(侍衛), 여상의(如常儀)。인의(引儀), 분인종친(分引宗親)·문무백관(文武百官), 입취위(入就位)。좌통례(左通禮), 예악차전(詣幄次前), 계청출차(啓請出次), 전하출차(殿下出次)。좌통례(左通禮), 계청집규(啓請執圭), 근시궤진규(近侍跪進圭), 전하집규(殿下執圭)。좌(左)·우통례(右通禮), 전도(前導), 예망전위(詣望殿位)。좌통례(左通禮), 계청국궁사배흥평신(啓請鞠躬四拜興平身), 전하국궁사배흥평신(殿下鞠躬四拜興平身), 재위자(在位者), 개국궁사배흥평신(皆鞠躬四拜興平身)。찬의(贊儀), 역창(亦唱)。좌(左)·우통례(右通禮), 도전하(導殿下), 입자중문(入自中門), 유동계승(由東階陞), 예전내(詣殿內)。근시급내시(近侍及內侍), 각일원(各一員), 시입(侍入) 통례(通禮), 지어호외(止於戶外)。봉심흘(奉審訖)。좌(左)·우통례(右通禮), 도전하(導殿下), 강자동계(降自東階), 권취소차(權就小次)。장지소차전(將至小次前), 석규(釋圭)·수규여상(受圭如常)。종친(宗親)·문무백관(文武百官), 잉위서립(仍爲序立)。전사관(典祀官)·전사(殿司), 각수기속(各帥其屬), 설향로(設香爐)·향합(香合), 병촉어신위전(幷燭於神位前), 입전축판어신위지우(入奠祝版於神位之右), 차설제기여식(次設祭器如式)。견원서서례(見原書序例)。설존어호외지동(設尊於戶外之東)。궁위령(宮闈令), 개궤봉출신주(開匱奉出神主), 설어좌(設於座), 복이청저건(覆以靑紵巾), 설궤어후(設几於後)。전사관(典祀官), 입실찬구필(入實饌具畢)。집례(執禮), 수찬자(帥贊者)·찬인(贊引), 입취전정(入就殿庭), 사배흘(四拜訖), 취위(就位)。찬인(贊引), 인감찰(引監察)·전사관(典祀官)·대축(大祝)·제집사(諸執事), 입취전정배위(入就殿庭拜位)。집례왈사배(執禮曰四拜)。찬자전창(贊者傳唱), 감찰이하(監察以下), 개사배흘(皆四拜訖), 취위(就位)。제집사예관세위관세흘각취위집사자(諸執事詣盥洗位盥帨訖各就位執事者), 예관세위(詣盥洗位), 세잔(洗盞)·식잔(拭盞), 치어비봉(置於篚捧), 예존소치어점상(詣尊所置於坫上)。좌통례(左通禮), 예소차전(詣小次前), 계청출차(啓請出次)。전하(殿下), 구면복(具冕服), 관세이출(盥帨以出)。찬례(贊禮), 계청집규(啓請執圭)。근시궤진규(近侍跪進圭), 전하집규(殿下執圭)。찬례(贊禮), 도전하(導殿下), 입예판위서향립(入詣版位西向立)。집례왈사배(執禮曰四拜)。찬의전창국궁사배흥평신(贊儀傳唱鞠躬四拜興平身), 전하국궁사배흥평신(殿下鞠躬四拜興平身), 재위자(在位者), 개국궁사배흥평신(皆鞠躬四拜興平身)。찬자역창(贊者亦唱), 선배자(先拜者), 부배(不拜)。집례왈찬례도전하행작헌례(執禮曰贊禮導殿下行酌獻禮)。찬례(贊禮), 도전하(導殿下), 승자동계(陞自東階) 근시(近侍), 종승(從陞)。, 예존소서향립(詣尊所西向立)。집

존자거멱(執尊者擧冪), 근시일인작주(近侍一人酌酒), 일인이잔수주(一人以盞受酒)。찬례(贊禮), 도전하(導殿下), 입예신위전(入詣神位前), 북향립(北向立)。집례왈궤(執禮曰跪)。찬례(贊禮), 계청궤진규(啓請跪搢圭)。전하궤진규(殿下跪搢圭)。여진부편(如搢不便), 근시승봉(近侍承捧)。재위자개궤(在位者皆跪)。찬자(贊者), 역창(亦唱)。근시일인봉향합(近侍一人捧香合), 일인봉향로(一人捧香爐), 궤진(跪進)。찬례(贊禮), 궤계청삼상향(跪啓請三上香)。전하삼상향(殿下三上香), 근시전로우안(近侍奠爐于案)。근시(近侍), 봉잔궤진(捧盞跪進)。찬례(贊禮), 궤계청집잔(跪啓請執盞)·헌잔(獻盞)。전하(殿下), 집잔(執盞)·헌잔(獻盞), 이잔수근시(以盞授近侍), 전우신위전(奠于神位前)。진잔재동서향(進盞在東西向), 전로(奠爐)·전잔재서동향(奠盞在西東向)。찬례(贊禮), 계청집규부복흥(啓請執圭俯伏興), 소퇴북향궤(小退北向跪)。전하집규부복흥(殿下執圭俯伏興), 소퇴북향궤(小退北向跪)。대축(大祝), 진신위지우동향궤독축문흘(進神位之右東向跪讀祝文訖), 찬례(贊禮), 계청부복흥평신(啓請俯伏興平身)。전하부복흥평신(殿下俯伏興平身), 재위자개부복흥평신(在位者皆俯伏興平身)。찬자(贊者), 역창(亦唱)。찬례(贊禮), 도전하(導殿下), 강복위(降復位)。집례왈사배(執禮曰四拜)。찬례계청국궁사배흥평신(贊禮啓請鞠躬四拜興平身)。전하국궁사배흥평신(殿下鞠躬四拜興平身), 재위자개국궁사배흥평신(在位者皆鞠躬四拜興平身)。찬자(贊者), 역창(亦唱)。찬례(贊禮), 계례필(啓禮畢)。찬자(贊者), 역창(亦唱)。, 도전하(導殿下), 환중문외(還中門外)。찬례(贊禮), 계청석규(啓請釋圭), 전하석규(殿下釋圭), 근시궤수규(近侍跪受圭)。좌(左)·우통례(右通禮), 도전하(導殿下), 환제전(還齊殿)。집례왈망료(執禮曰望燎)。대축봉축판(大祝捧祝版), 예료소(詣燎所), 분지(焚之)。인의(引儀), 분인종친(分引宗親)·문무백관출(文武百官出)。제집사(諸執事), 구취배위(俱就拜位), 사배이출(四拜而出)。궁위령(宮闈令), 납신주(納神主), 여상의(如常儀)。전사관(典祀官)·전사(殿司), 철례찬(徹禮饌), 궁위령(宮闈令), 합호이강내퇴(闔戶以降乃退)。

부묘의(祔廟儀)

郎廳通善郎行弘文館修撰知製敎兼經筵檢討官春秋館記事官臣尹光紹正憲大夫禮曹判書兼知經筵事同知成均館事藝文館提學世子左副賓客臣李宗城奉敎增修堂上資憲大夫吏曹判書兼知經筵事弘文館大提學藝文館大提學知春秋館成均館事世子左賓客臣李德壽

담후우길제이부(禫後遇吉祭而祔), 길제(吉祭), 즉시향종묘(即時享宗廟)。

◆시일(時日)

서운관예어격계(書雲觀預於隔季), 이일기보례조(以日期報禮曹), 예조계문(禮曹啓聞), 산고유사(散告攸司), 수직공판(隨職供辦)。

◆고종묘(告宗廟)

전일일(前一日), 고종묘찬품행례여상(告宗廟饌品行禮如常)。고의필(告儀畢), 재랑등이요여진어당천실호외(齋郎等以腰擧陳於當遷室戶外), 대왕여재서(大王輿在西), 왕후여재동(王后輿在東), 후방차(後倣此)。대축(大祝)、궁위령각봉신주궤(宮闈令各奉神主匱) 출칙대왕신주선출(出則大王神主先出), 입칙왕후신주선입(入則王后神主先入), 후방차(後倣此)。안어여(安於輿), 봉천어서협실감중(奉遷於西夾室堪中)。기악장등물(其幄帳等物), 병이설(並移設), 우이요여봉차실이하신주궤(又以腰輿奉次室以下神主匱), 이안어감실(移安於堪室), 이악장등물(移幄帳等物), 각천입본실(各遷入本室)。기신주실응연악장등물(其神主室應緣幄帳等物), 유사선조(攸司先造), 지부일진설어실중(至祔日陳設於室中)。

◆고혼전(告魂殿)

전일일(前一日), 고혼전찬품행례여삭망제의(告魂殿饌品行禮如朔望祭儀)。

◆고동가(告動駕)

전일일(前一日), 충호위설전하악차어혼전중문외근동(忠扈衛設殿下幄次於魂殿中門外近東), 서향(西向); 우어종묘(又於宗廟), 설차여상(設次如常); 설신주악좌어묘남문외도서(設神主幄座於廟南門外道西), 동향(東向)。설상급욕석어악내(設牀及褥席於幄內), 후병부칙각설상석(后並祔則各設床席)。섭판사복진여련(攝判司僕進輿輦), 병조정랑진산선장위향정어혼전외문외(兵曹正郎陳繖扇仗衛香亭於

魂殿外門外)。　집례설전하옥위어혼전동계동남(執禮設殿下褥位於魂殿東階東南), 서향(西向); 설집사자위어중문내지서(設執事者位於中門內之西), 북향동상(北向東上); 감찰위어기서(監察位於其西), 서리배기후(書吏陪其後)。　집례위어동계하근서(執禮位於東階下近西), 서향(西向); 찬자(贊者)、찬인재남차퇴북상(贊引在南差退北上); 설종친급문무백관감찰위어외정여상(設宗親及文武百官監察位於外庭如常); 설문외위제집사어중문외도동(設門外位諸執事於中門外道東), 중행북향서상(重行北向西上); 개예감어전지북임지(開瘞坎於殿之北壬地), 방심취족용물(方深取足容物)。　기일미행사전(其日未行事前), 궁위령정불신악(宮闈令整拂神幄)。　전사관전사각수기속입(典祀官殿司各帥其屬入), 전축판어신위지우(奠祝版於神位之右), 유점(有坫)。　설향로향합병촉어신위전(設香爐香合並燭於神位前), 차설례찬(次設禮饌), 찬품여삭망제동(饌品與朔望祭同)。　설존어호외지좌(設尊於戶外之左), 치잔일어존소(置盞一於尊所)。　전삼각(前三刻), 종친급백관구조복(宗親及百官具朝服), 개취외문외(皆就外門外)。　전일각(前一刻), 제집사구제복취문외위(諸執事具祭服就門外位), 관수이입(盥手而入)。　집례수찬자(執禮帥贊者)、찬인입전정(贊引入殿庭), 중행북향서상사배흘취위(重行北向西上四拜訖就位)。　찬인인감찰급전사관이하(贊引引監察及典祀官以下), 입취전정(入就殿庭), 중행북향서상(重行北向西上), 집례왈(執禮曰): "사배(四拜)。" 찬자찬국궁사배흥평신(贊者贊鞠躬四拜興平身), 감찰급전사관이하국궁사배흥평신(監察及典祀官以下鞠躬四拜興平身)。　찬인인감찰급전사관이하각취위(贊引引監察及典祀官以下各就位), 봉례랑분인종친급백관입취위(奉禮郎分引宗親及百官入就位)。　대축승자동계(大祝升自東階), 예신위전개궤(詣神位前開匱), 봉출신주(捧出神主), 설어좌(設於座), 복이백저건(覆以白紵巾), 왕후병부칙궁위령설주(王后並祔則宮闈令設主), 복이청저포(覆以靑紵布)。　설궤어후(設几於後)。　판통례진당재전전(判通禮進當齋殿前), 약혼전비궁내(若魂殿非宮內), 칙전일일출궁(則前一日出宮), 여시향종묘출궁의(如時享宗廟出宮儀)。　부복궤(俯伏跪), 계청중엄(啓請中嚴)。　소경(少頃), 계외판(啓外辦), 전하구면복출(殿下具冕服出), 관세이출(盥洗而出)。　찬례도전하입취위(贊禮導殿下入就位), 근시종입(近侍從入), 산선급호위관정어문외(繖扇及護衛官停於門外)。　집례왈(執禮曰): "사배(四拜)。" 찬례부복궤(贊禮俯伏跪), 계청국궁사배흥평신(啓請鞠躬四拜興平身), 전하국궁사배흥평신(殿下鞠躬四拜興平身)。　종친급백관동(宗親及百官同)。　찬자역창(贊者亦唱)。　범집례유사(凡執禮有辭), 찬자개전창(贊者皆傳唱)。　후방차(後倣此)。　찬례도전하승자동계(贊禮導殿下升自東階), 예존소서향립(詣尊所西向立), 근시(近侍) 승지(承旨)。　일인작주(一人酌酒), 일인이잔수주(一人以盞受酒)。　찬례도전하입예신주전북향립(贊禮導殿下入詣神主前北向立), 찬례부복궤계청궤진규(贊禮俯伏跪啓請跪搢圭), 전하궤진규(殿下跪搢圭), 여진부편(如搢不便), 근시승봉(近侍承奉)。　종친급백관궤(宗親及百官跪), 찬자역창(贊者亦唱)。　근시일인봉향합궤진(近侍一人捧香合跪進), 일인봉향로궤진(一人捧香爐跪進), 찬례계청삼상향(贊禮啓請三上香), 근시전로우안(近侍奠爐于案)。　진향재동서향(進香在東西向), 전로재서동향(奠爐在西東向)。　진잔전잔(進盞奠盞), 준차(准此)。　근시이잔궤진(近侍以盞跪進), 찬례계청집잔헌잔(贊禮啓請執盞獻盞), 이잔수근시(以盞授近侍), 전우신위전(奠于神位前), 왕후병부(王后並祔), 칙유부잔(則有副盞)。　찬례계청집규부복흥소퇴북향궤(贊禮啓請執圭俯伏興少退北向跪)。　대축진신위지우(大祝進神位之右), 동향궤독축문흘(東向跪讀祝文訖), 찬례계청부복흥평신(贊禮啓請俯伏興平身), 전하부복흥평신(殿下俯伏興平身)。　종친급백관동(宗親及百官同)。　찬자역창(贊者亦唱)。　찬례도전하출호강복위(贊禮導殿下出戶降復位)。　집례왈(執禮曰): "사배(四拜)。" 찬례부복궤계청국궁사배흥평신(贊禮俯伏跪啓請鞠躬四拜興平身), 전하국궁사배흥평신(殿下鞠躬四拜興平身)。　종친급백관동(宗親及百官同)。　찬자역창(贊者亦唱)。　찬례계례필(贊禮啓禮畢), 부복흥(俯伏興), 도전하출취중문외악차즉좌(導殿下出就中門外幄次卽座), 산선시위여상의(繖扇侍衛如常儀)。　봉례랑분인종친급백관(奉禮郎分引宗親及百官), 출외문외(出外門外), 분좌우서립(分左右序立)。　찬인인감찰급전사관이하(贊引引監察及典祀官以下), 구복배위(俱復拜位), 집례왈(執禮曰): "사배(四拜)。" 찬자찬국궁사배흥평신(贊者贊鞠躬四拜興平身), 감찰급전사관이하국궁사배흥평신(監察及典祀官以下鞠躬四拜興平身), 찬인인출(贊引引出)。　집례수찬자(執禮帥贊者)、찬인(贊引), 취배위사배이출대축납신주여의(就拜位四拜而出大祝納神主如儀), 전사관수기속철례찬(典祀官帥其屬徹禮饌), 대축봉축판예어감(大祝捧祝版瘞於坎)。

◆신주예종묘(神主詣宗廟)

고동가제필(告動駕祭畢), 섭판사복진요여어호외(攝判司僕進腰輿於戶外), 임시설욕석(臨時設褥席)。　산선급요여진어정(繖扇及腰輿陳於庭), 우진련어중문외남향(又進輦於中門外南向), 대가로부배립어기전여식(大駕鹵簿排立於其前如式)。　약왕후병부(若王后並祔), 칙여련의장각진(則輿輦儀仗各陳)。　종친급문무백관취시립위(宗親及文武百官就侍立位), 섭판통례입예신좌전북향부복궤(攝判通禮入詣神座前北向俯伏跪

向俯伏跪), 계청강좌승여부묘(啓請降座乘輿祔廟), 부복흥퇴(俯伏興退)。 약왕후병부(若王后竝祔), 칙예왕후신좌전계청동(則詣王后神座前啓請同)。 내시봉책보수집사자(內侍捧冊寶授執事者), 치어요여(置於腰輿), 책여재동(冊輿在東), 보여재서(寶輿在西)。 차내시봉궤치어여(次內侍奉匱置於輿), 대축봉신주궤안어궤전(大祝捧神主匱安於几前), 약왕후병부(若王后竝祔), 칙궁위령봉안(則宮闈令捧安), 후방차(後倣此)。 부시강자중계(扶侍降自中階), 산선시위여상의(繖扇侍衛如常儀)。 섭판통례전도지련전욕위(攝判通禮前導至輦前褥位), 림시설(臨時設)。 섭판통례부복궤(攝判通禮俯伏跪), 계청강여승련(啓請降輿乘輦)。 범여련승강(凡輿輦乘降), 섭판통례개진전부복궤계청(攝判通禮皆進前俯伏跪啓請)。 대축봉신주궤안어련(大祝捧神主匱安於輦), 섭판통례계청가진발(攝判通禮啓請駕進發), 부복흥(俯伏興)。 신련동(神輦動), 섭판통례협인이출(攝判通禮夾引以出), 약유공신(若有功臣), 칙기위판요여주가동(則其位版腰輿駐街東), 지시내행행우신련후(至是乃出行于神輦後)。 장위도종여상(仗衛導從如常), 고취진작(鼓吹振作)。 신련지(神輦至), 종친급백관국궁(宗親及百官鞠躬), 과칙평신(過則平身)。 판통례진당악차전부복궤(判通禮進當幄次前俯伏跪), 계청출차승련(啓請出次乘輦), 전하출차승련(殿下出次乘輦)。 산선시위여상의(繖扇侍衛如常儀)。 가지(駕至), 종친급백관국궁(宗親及百官鞠躬), 과칙평신(過則平身), 이차시위지종묘외문외(以次侍衛至宗廟外門外)。 제향관각구조복(諸享官各具朝服), 알자인립어외문외도좌(謁者引立於外門外道左), 남상국궁영(南上鞠躬迎), 과칙평신(過則平身)。 고취지(鼓吹止), 분좌우사향흘퇴(分左右俟享訖退)。 섭판사복진요여어신련전(攝判司僕進腰輿於神輦前), 림시설욕석(臨時設褥席)。 섭판통례진당신련전부복궤(攝判通禮進當神輦前俯伏跪), 계청강련승여부복흥(啓請降輦乘輿俯伏興), 대축봉신주궤안어여(大祝捧神主匱安於輿)。 신여지묘남문외악전(神輿至廟南門外幄前), 섭판통례부복궤(攝判通禮俯伏跪), 계청강여입악(啓請降輿入幄), 부복흥(俯伏興)。 대축봉신주궤안어악좌(大祝捧神主匱安於幄座), 왕후병부(王后幷祔), 칙왕후신주재좌(則王后神主在左)。 산선급의장(繖扇及儀仗), 병어악전분좌우진렬(竝於幄前分左右陳列), 공신요여지어묘남문외근남(功臣腰輿止於廟南門外近南), 북향(北向), 사신주승부후(俟神主升祔後), 집사자봉위판종서문입(執事者奉位版從西門入), 안어위(安於位)。 사향필퇴(俟享畢退)。 초(初), 가지외문외(駕至外門外), 판통례진당련전부복궤(判通禮進當輦前俯伏跪), 계청강련승여(啓請降輦乘輿), 전하강련승여(殿下降輦乘輿), 판통례도전하입재궁(判通禮導殿下入齋宮), 산선시위여상의(繖扇侍衛如常儀)。 기부향응연재계소제(其祔享應緣齋戒掃除)、진설존이주례점작(陳設尊彝酒醴坫爵)、성생고결(省牲告潔)、진서축판(進署祝版)、 겸술부향의(兼述祔享意)。 진악기(陳樂器), 병여시향상의(竝如時享常儀)。 유신련장지묘(唯神輦將至廟), 유사설부알욕위어묘정근북당중(攸司設祔謁褥位於廟庭近北當中), 북향(北向)。 약왕후병부(若王后竝祔),칙대왕욕위재서(則大王褥位在西)。

◆신과(晨課)

전오각(前五刻), 궁위령수기속(宮闈令帥其屬), 개실정불신악(開室整拂神幄), 포연설궤(鋪筵設几)。 종묘령전사관각수기속입(宗廟令典祀官各帥其屬入), 실찬구필(實饌具畢)。 전삼각(前三刻), 제향관각구제복(諸享官各具祭服), 배제관(陪祭官), 잉조복(仍朝服)。 집례수알자(執禮帥謁者)、찬자(贊者)、찬인(贊引), 입자동문(入自東門), 선취계간배위(先就階間拜位), 중행북향서상사배흘(重行北向西上四拜訖), 각취위(各就位)。 아악령수공인이무입취위(雅樂令帥工人二舞入就位), 문무입진어현북(文舞入陳於懸北), 무무립어현남도서(武舞立於懸南道西)。 봉례랑분인배제종친급문무백관입취위(奉禮郞分引陪祭宗親及文武百官入就位), 알자찬인각인제향관(謁者贊引各引諸享官), 구취동문외위(具就東門外位)。 찬인인감찰(贊引引監察)、전사관(典祀官)、대축(大祝)、축사(祝史)、재랑(齋郞)、종묘령(宗廟令)、궁위령(宮闈令)、협률랑(協律郞)、봉조관(奉俎官)、집존뢰비멱자(執尊罍篚冪者)、칠사공신축사(七祀功臣祝史)、재랑집존뢰비멱자(齋郞執尊罍篚冪者), 입취현북배위(入就縣北拜位), 중행북향서상(重行北向西上), 집례왈(執禮曰): "사배(四拜)。" 찬자국궁사배흥평신(贊者鞠躬四拜興平身), 범집례유사(凡執禮有辭), 찬자개전찬(贊者皆傳贊), 후방차(後倣此)。 감찰급전사관이하국궁사배흥평신(監察及典祀官以下鞠躬四拜興平身)。 찬인인감찰급전사관취위(贊引引監察及典祀官就位), 찬인인제집사예관세위관세흘(贊引引諸執事詣盥洗位盥帨訖), 각취위(各就位)。 전일각(前一刻), 알자인아헌관(謁者引亞獻官), 찬인인종헌관(贊引引終獻官)、진폐찬작관(進幣瓚爵官)、천조관(薦俎官)、전폐찬작관(奠幣瓚爵官)、칠사공신헌관입취위(七祀功臣獻官入就位)。 찬인인대축(贊引引大祝)、종묘령(宗廟令)、궁위령승자조계(宮闈令升自阼階), 예제일실(詣第一室), 입개감실(入開坎室), 봉출신주설어좌(捧出神主設於座)。 예신막내(詣神幄內), 어궤후개궤설어좌(於几後開匱設於座)。 선왕신주(先王神主), 대축봉출(大祝捧出), 복이백저건(覆以白紵巾); 선후신주(先后神主), 궁위령봉출(宮闈令捧出), 복이청저건(覆以靑紵巾), 이서위상(以西爲上)。 이차봉출제이실이하신주여제일실의(以次捧出第二室以下神主如第一室儀), 인강복위(引降復位).　찬인인재랑예작세위(贊引引齋郎詣爵洗位), 세찬식찬(洗瓚拭瓚), 세작식작(洗爵拭爵), 치어비(置於篚), 봉예태계(捧詣泰階), 제축사각영취어계상(諸祝史各迎取於階上), 치어준소점상흘(置於尊所坫上訖).　전상제집사각축편강계(殿上諸執事各逐便降階), 상향서립(相向序立), 사신여승전(竢神輿升殿), 각복계상위(各復階上位).　판통례예재궁전(判通禮詣齋宮前), 부복계계외판(俯伏跪啓外辦), 전하출(殿下出), 산선시위여상의(繖扇侍衛如常儀).　예의사도전하지동문외(禮儀使導殿下至東門外), 근시궤진규(近侍跪進圭), 예의사부복궤(禮儀使俯伏跪), 계청집규(啓請執圭), 전하집규(殿下執圭), 산선장위정어문외(繖扇仗衛停於門外).　상서관봉보진어소차지측(尙瑞官捧寶陳於小次之側). 예의사도전하입자정문(禮儀使導殿下入自正門), 시위부응입자(侍衛不應入者), 지어문외(止於門外).　협률랑궤부복거휘흥(協律郎跪俯伏擧麾興), 범취물자(凡取物者), 개궤부복이취이흥(皆跪俯伏而取以興), 전흘칙궤(奠訖則跪), 전흘부복이후흥(奠訖俯伏而後興).　공고축(工鼓柷), 헌가작(軒架作)《룡안지악(隆安之樂)》.　전하예판위서향립(殿下詣版位西向立), 매립정(每立定), 례의사퇴립어좌(禮儀使退立於左).　협률랑언휘(協律郎偃麾), 알어악지(戞敔樂止).　범악개협률랑궤부복거휘흥(凡樂皆協律郎跪俯伏擧麾興), 공고축이후작(工鼓柷而後作), 언휘알어후지(偃麾戞敔後止).　초(初), 전하장입문(殿下將入門), 섭판통례진당악좌전부복궤(攝判通禮進當幄座前俯伏跪), 계청강좌승여부알(啓請降座乘輿祔謁), 부복흥(俯伏興).　내시봉궤치어여(內侍捧几置於輿), 대축봉신주궤안어궤후흘(大祝捧神主匱安於几後訖), 집례(執禮) 당하집례(堂下執禮).　출(出), 인신여지문(引神輿至門), 산선급의장(繖扇及儀仗), 정렬어문외좌우(停列於門外左右). 시위자개퇴(侍衛者皆退).　재랑등배신여입자정문(齋郎等陪神輿入自正門), 지부알위(至祔謁位), 대축봉궤안어욕위(大祝捧匱安於褥位), 개궤봉출신주(開匱捧出神主), 안어부상흘(安於趺上訖), 섭판통례진욕위지서(攝判通禮進褥位之西), 북향부복계칭(北向俯伏啓稱): "이금길진(以今吉辰), 모호대왕부알(某號大王祔謁)." 약왕후병부(若王后竝祔), 칙운모호대왕모호왕후부알(則云某號大王某號王后祔謁).　부복흥퇴(俯伏興退).　소경(少頃), 섭판통례진욕위지서(攝判通禮進褥位之西), 동향부복궤(東向俯伏跪), 계청승여부향(啓請乘輿祔享), 부복흥퇴(俯伏興退), 강취본반(降就本班).　대축진궤어욕위(大祝進跪於褥位), 봉신주안어여(捧神主安於輿), 기궤개(其匱蓋), 역치여상근후(亦置輿上近後).　신여기승(神輿旣升), 승자태계(升自泰階).　대축인지신실(大祝引至新室), 내시봉궤치어좌(內侍捧几置於座), 대축봉신주안어좌(大祝捧神主安於座), 복이백저건(覆以白紵巾).　왕후병부(王后竝祔), 칙복이청저건(則覆以靑紵巾).　집사자봉책보입(執事者捧冊寶入), 치어안(置於案).　기요여강자동계(其腰輿降自東階), 유동문출(由東門出).　집례왈(執禮曰): "사배(四拜)." 례의사진부복궤(禮儀使進俯伏跪), 계청국궁사배흥평신(啓請鞠躬四拜興平身), 전하국궁사배흥평신(殿下鞠躬四拜興平身).　재위자동(在位者同), 찬자역찬(贊者亦贊), 선배자부배(先拜者不拜).　자여강신(自餘降神)、궤식(匱食)、아종헌(亞終獻)、제칠사(祭七祀)、향공신(享功臣)、음복망예(飮福望瘞), 병동시향상의(竝同時享常儀).　유제오실악장신제(唯第五室樂章新製)、신입공신위독교서위이(新入功臣位讀教書爲異).

◆거가환궁(車駕還宮)

전하환재궁(殿下還齋宮), 판통례부복궤(判通禮俯伏跪), 계청해엄(啓請解嚴).　일각경(一刻頃), 추고위일엄(搥鼓爲一嚴), 진대가로부어환도여상(陳大駕鹵簿於還途如常).　삼각경(三刻頃), 추고위이엄(搥鼓爲二嚴).　종친급문무백관(宗親及文武百官), 각구조복(各具朝服), 판통례부복궤(判通禮俯伏跪), 계청중엄(啓請中嚴), 전하복원유관강사포(殿下服遠遊冠絳紗袍).　오각경(五刻頃), 추고위삼엄(搥鼓爲三嚴).　종친급문무백관서립어재궁대문외(宗親及文武百官序立於齋宮大門外), 문동무서(文東武西).　시신예재궁전분좌우립(侍臣詣齋宮前分左右立), 판사복진련어대문외남향(判司僕進輦於大門外南向).　판통례부복궤계외판(判通禮俯伏跪啓外辦), 전하승여출차(殿下乘輿出次), 산선시위여상의(繖扇侍衛如常儀).　전하지문외(殿下至門外), 판통례부복궤(判通禮俯伏跪), 계청강여승련(啓請降輿乘輦), 전하강여승련(殿下降輿乘輦).　판통례계청가진발(判通禮啓請駕進發), 부복흥(俯伏興).　가동지시신상마소(駕動至侍臣上馬所), 판통례부복궤계(判通禮俯伏跪啓): "청가소주(請駕小駐), 교시신상마(教侍臣上馬)." 퇴칭(退稱): "시신상마(侍臣上馬)." 통찬전창(通贊傳唱), 시신개상마필(侍臣皆上馬畢), 판통례부복궤(判通禮俯伏跪), 계청가진발(啓請駕進發), 부복흥(俯伏興), 협인여상(夾引如常).　가동(駕動), 고취진작(鼓吹振作), 종친급백관국궁(宗親及百官鞠躬), 과칙평신(過則平身), 이차시위도종여상의(以次侍衛導從如常儀).　의금부군기감진나례어종묘동구(義禁府軍器監進儺禮於宗廟洞口), 성균관학생진가요어종루서가(成均館學生進歌謠於鍾樓西街), 교방진가요어혜정교동(教坊進歌謠於惠政橋東), 잉정재(仍呈才).　우어광화문외좌우(又於光化門外左右), 결채붕(結綵棚).　가지광화문외시신하마소소주(駕至光化門外侍臣下馬所小駐), 시신개하마(侍臣皆下馬), 분립국궁(分立鞠躬), 과칙평신(過則平身)。　가지근정문(駕至勤政門), 악지(樂止)。　판통례진당련전부복궤(判通禮進當輦前俯伏跪), 계청강련승여(啓請降輦乘輿), 부복흥환시립(俯伏興還侍立), 전하강련승여이입(殿下降輦乘輿以入), 산선시위여상의(繖扇侍衛如常儀), 시신종지전정(侍臣從至殿庭)。 액정서설어좌(掖庭署設御座), 전의설종친급백관위(典儀設宗親及百官位), 병조륵제위(兵曹勒諸衛), 진대장(陳大仗), 렬군사(列軍士)。　판통례계외판(判通禮啓外辦), 전하승여이출(殿下乘輿以出), 승좌수하(陞座受賀), 잉반유서여상의(仍頒宥書如常儀)。　유수하(唯受賀)、제도진전위이(諸道進箋爲異)。　우명유사(又命攸司), 사향관제집사연(賜享官諸執事宴)。

※ 대부(大夫)사(士)

서인상(庶人喪)

●초종(初終)

질병(疾病)○천거정침(遷居正寢)○동수(東首)○시자사인(侍者四人)○좌지수족(坐持手足)○부인(婦人)○칙녀시자(則女侍者)○내외안정(內外安靜)○시자(侍者)○이신면(以新綿)○치구비지상(置口鼻之上)○이위후(以爲候)○면부요동(綿不搖動)○칙시기절(則是氣絶)○남자(男子)○부절어부인지수(不絶於婦人之手)○부인(婦人)○부절어남자지수(不絶於男子之手)○기절내곡(旣絶乃哭)

●복(復)

시자(侍者)○이사자지상복(以死者之上服)○상경의자(嘗經衣者)○좌하지(左荷之)○승자전영(陞自前榮)○옥익야(屋翼也)○당옥리위(當屋履危)○좌집령우집요(左執領右執腰)○북면초이의(北面招以衣)○삼호왈(三呼曰)○모인복(某人復)○남자칭명(男子稱名)○부인칭자(婦人稱字)○필(畢)○권의강(卷衣降)○복시상(覆尸上)○남녀곡벽무수(男女哭擗無數)

●입상주(立喪主)

범주인(凡主人)○위장자(謂長子)○무(無)○칙장손승중(則長孫承重)○이봉궤전(以奉饋奠)○기여빈객위례(其與賓客爲禮)○칙동거지친차존자주지(則同居之親且尊者主之)○주부(主婦)○위망자지처(謂亡者之妻)○무(無)○칙주상자지처(則主喪者之妻)○호상이자제지례능간자위지(護喪以子弟知禮能幹者爲之)○범상사(凡喪事)○개품지(皆稟之)○사서(司書)○사화(司貨)○이자제(以子弟)○혹리복위지(或吏僕爲之)

●역복불식(易服不食)

처(妻)○자부(子婦)○첩(妾)○개거관급상복(皆去冠及上服)○피발(被髮)○남자(男子)○급상임(扱上衽)○도선(徒跣)○여유복자(餘有服者)○개거화식(皆去華飾)○위인후자(爲人後者)○위본생부모(爲本生父母)○급녀자이가자(及女子已嫁者)○개부피발(皆不被髮)○도선(徒跣)○화식(華飾)○위금수(謂錦繡)○홍자(紅紫)○김(金)○옥(玉)○주(珠)○취지류(翠之類)○제자(諸子)○삼일부식(三日不食)○기(期)○구월지상(九月之喪)○삼부식(三不食)○오월(五月)○삼월지상(三月之喪)○재부식(再不食)○친척(親戚)○린리(隣里)○위미죽이식지(爲糜粥以食之)○존자강지(尊者强之)○소식가야(少食可也)

●치관(治棺)

호상(護喪)○명장(命匠)○택용송판위관(擇用松板爲棺)○후이촌(厚二寸)○두대족소(頭大足小)○근취용신(僅取容身)○고광급장(高廣及長)○림시재정(臨時裁定)○관지합봉처(棺之合縫處)○용전칠(用全漆)○혹송지도지(或松脂塗之)○정이철정(釘以鐵釘)○내외(內外)○개칠(皆漆)○무령견실(務令堅實)○곽(槨)○역용송판위지(亦用松板爲之)○후삼촌(厚三寸)○근취용관(僅取容棺)○칠정동치관(漆釘同治棺)○초상지일(初喪之日)○택목위관(擇木爲棺)○공창졸미득기목(恐倉卒未得其木)○칠역미능견완(漆亦未能堅完)○혹치서월(或値暑月)○시난구류(屍難久留)○고인역유생시(古人亦有生時)○자위수기자(自爲壽器者)○황송사지도(況送死之道)○유관여곽위친신지물(唯棺與槨爲親身之物)○효자소의진지(孝子所宜盡之)○비예흉사야(非預凶事也)

●부고우친척(訃告于親戚)료우(僚友)

○호상(護喪)○사서(司書)○위지발서(爲之發書)○약무(若無)○칙주인(則主人)○자부우친척(自訃于親戚)○부부료우(不訃僚友)○자여서문실정(自餘書問悉停)○이서래조자(以書來弔者)○병수졸곡후답지(竝須卒哭後答之)

●목욕(沐浴)

집사자(執事者)○이유장와내(以帷障臥內)○시자(侍者)○설상어시상전(設牀於屍牀前)○종치지(縱置之)○포욕석급침(布褥席及枕)○천시기상(遷屍其上)○남수(南首)○복이금(覆以衾)○금용복면자(衾用複綿者)○시병(施屛)○집사자(執事者)○진건(陳巾)○즐(櫛)○목건일(沐巾一)○욕건이(浴巾二)○상하체(上下體)○각용기일야(各用其一也)○시자(侍者)○이반(以潘)○절미즙야(浙米汁也)○급탕(及湯)○각성우분입(各盛于盆入)○주인이하(主人以下)○개출유외(皆出帷外)○북향곡(北向哭)○시자(侍者)○이반목발(以潘沐髮)○즐지희(櫛之晞)○이건속발(以巾束髮)○이자주영(以紫紬纓)○속지(束之)○녀상(女喪)○칙이조초첩이렴발(則以皂綃帖而斂髮)○향명(鄕名)○수파(首帊)○우이탕항금이욕(又以湯抗衾而浴)○실거병시의급복의(悉去病時衣及復衣)○식이건(拭以巾)○전수(翦手)○족조(足爪)○성우소낭(盛于小囊)○사대렴(俟大斂)○납어관내(納於棺內)○수착명의(遂着明衣)○이방건복면(以方巾覆面)○이금복지(以衾覆之)○기목욕여수병건(其沐浴餘水幷巾)○즐(櫛)○기우감이매지(棄于坎而埋之)○선시(先是)○굴감우병처결지(堀坎于屛處潔地)

●습(襲)

집사자(執事者)○진습의우당전동벽하탁상(陳襲衣于堂前東壁下卓上)○서령남상(西領南上)○설상어유외(設牀於帷外)○포욕석급침(布褥席及枕)○선포대대(先布大帶)○표리백주(表裏白紬)○홍(紅)○록연(綠緣)○녀(女)○칙표리청주(則表裏靑紬)○흑원령일(黑圓領一)○답복일(褡複一)○즉반비의(卽半臂衣)○첩리일(帖裏一)○과두(裹肚)○한삼(汗衫)○고말지류어기상(袴襪之類於其上)○범오칭(凡五稱)○오품이하(五品以下)○삼칭(三稱)○잡용(雜用)○답복(褡複)○수소용지다소(隨所用之多小)○우이상성망건(又以箱盛網巾)○대용조저(代用皂紵)○폭건(幅巾)○용조주(用皂紬)○제여감두(制如 匾頭)○충이이(充耳二)○용신면(用新綿)○여조핵대(如棗核大)○소이새이자야(所以塞耳者也)○명목일(暝目一)○용치백리훈(用緇帛裏纁)○방척이촌(方尺二寸)○충지이서(充之以絮)○소이복면자야(所以覆面者也)○사각유계(四角有繫)○어후결지(於後結之)○악수이(握手二)○용현백(用玄帛)○리훈(裏纁)○장척이촌(長尺二寸)○광오촌(廣五寸)○소이과수자야(所以裹手者也)○량단유계(兩端有繫)○결어장후(結於掌後)○리일쌍(履一雙)○용흑주(用黑紬)○치우습상지동북(置于襲牀之東北)○목욕장필(沐浴將畢)○시자(侍者)○수거상(遂擧牀)○입치우욕상지서(入置于浴牀之西)○천시어기상(遷屍於其上)○내습(乃襲)○단미착원령급폭건등물(但未着圓領及幅巾等物)○복이금(覆以衾)○시자(侍者)○철욕상(撤浴牀)○사시상(徙尸牀)○치당중간(置堂中間)○남수(南首)○내시병(乃施屛)

●전(奠)

집사자(執事者)○설찬탁우시상지전(設饌卓于尸牀之前)○찬품수의(饌品隨宜)○설향로(設香爐)○향합병촉어기전(香合幷燭於其前)○축(祝)○이친척위지(以親戚爲之)○하동(下同)○관수(盥手)○관세설어중문외(盥洗設於中門外)○후방차(後倣此)○승자조계(陞自阼階)○예향안전(詣香案前)○북향궤(北向跪)○삼상향(三上香)○짐주전우안(斟酒奠于案)○련전삼잔(連奠三盞)○부복흥퇴(俯伏興退)○시자건지(侍者巾之)○피진(避塵)○승야(蠅也)

●위위곡(爲位哭)

시자(侍者)○설주인이하응복삼년자위어상동남서향(設主人以下應服三年者位於牀東南西向)○자이호(藉以蒿)○동성기(同姓期)○공이하위어기후서향남상(功以下位於其後西向南上)○자이석천(藉以席薦)○주부(主婦)○중부녀위어상서남동향(衆婦女位於牀西南東向)○자이호(藉以蒿)○동성부녀위어기후동향남상(同姓婦女位於其後東向南上)○자이석천(藉以席薦)○별설유이장내외(別設帷以障內外)○이성지친장부위어유외지동북향서상(異姓之親丈夫位於帷外之東北向西上)○부인위어유외지서북향동상(婦人位於帷外之西北向東上)○개자이석(皆藉以席)○병이복차위서(並以服次爲序)○무복자재후(無服者在後)○약녀상(若女喪)○칙동성장부위어유외지동북향서상(則同姓丈夫位於帷外之東北向西上)○이성장부위어유외지서북향동상(異姓丈夫位於帷外之西北向東上)○주인이하(主人以下)○구취위(俱就位)○부복곡(俯伏哭)○주부이하(主婦以下)○구취위(俱就位)○좌곡(坐哭)

●함(含)

집사자(執事者)○용진주삼매(用眞珠三枚)○실우소상(實于小箱)○미이승(米二升)○이신수절령정(以新水浙令精)○실우완(實于盌)○주인(主人)○곡진애(哭盡哀)○좌단자전급어요지우(左祖自前扱於腰之右)○관수(盥手)○집상이입(執箱以入)○시자일인(侍者一人)○삽시우미완(揷匙于米盌)○집이종치우시우(執以從置于尸右)○철침(徹枕)○주인(主人)○취시동(就尸東)○서향궤(西向跪)

○거건(舉巾)○이시초미(以匙抄米)○실우시구지우(實于尸口之右)○병실진주일매(幷實眞珠一枚)○우어좌어중(又於左於中)○역여지흘(亦如之訖)○주인(主人)○습소단의복위(襲所袒衣復位)○시자(侍者)○설침여초(設枕如初)○거건가폭건(去巾加幅巾)○충이(充耳)○설명목(設瞑目)○납리(納履)○졸습원령(卒襲圓領)○결대대(結大帶)○설악수(設握手)○내복이금(乃覆以衾)○주인이하(主人以下)○곡진애(哭盡哀)

●영좌(靈座)

집사자(執事者)○설의(設倚)○탁어시남(卓於屍南)○결백견위혼백(結白絹爲魂帛)○치의상(置倚上)○설향로(設香爐)○향합(香合)○잔주어탁상(盞注於卓上)○시자(侍者)○설즐(設櫛)○관(盥)○봉양지구(奉養之具)○개여평생(皆如平生)○시설조석전급상식(始設朝夕奠及上食)

●명정(銘旌)

이강백위명정(以絳帛爲銘旌)○광종폭(廣終幅)○장팔척(長八尺)○오품이하칠척(五品以下七尺)○서왈(書曰)○모관모공지구(某官某公之柩)○무관(無官)○즉수기생시소칭(卽隨其生時所稱)○이죽위강(以竹爲杠)○여기장(如其長)○유부(有趺)○립어령좌지우(立於靈座之右)○집우친후지인(執友親厚之人)○지시입곡(至是入哭)○상향재배(上香再拜)○수조주인(遂弔主人)○상향곡진애(相向哭盡哀)○주인(主人)○이곡대무사(以哭對無辭)

●소렴(小斂)

궐명(厥明)○사지명일(死之明日)○집사자(執事者)○진소렴의(陳小斂衣)○금우당동벽하탁상(衾于堂東壁下卓上)○거자소유지의(據死者所有之衣)○수의용지(隨宜用之)○금용복(衾用複)○설소렴상어유외(設小斂牀於帷外)○포욕(鋪褥)○석급침(席及枕)○선포교어기상(先布絞於其上)○횡자삼재하(橫者三在下)○종자일재상(縱者一在上)○개이세포(皆以細布)○혹채일폭(或綵一幅)○이석기량단위삼(而析其兩端爲三)○횡자(橫者)○취족이주신상결(取足以周身相結)○종자(縱者)○취족이엄수지족이결어신중(取足以掩首至足而結於身中)○차포금어교지상(次鋪衾於絞之上)○차포산의(次鋪散衣)○차포원령(次鋪圓領)○산의(散衣)○혹전혹도(或顚或倒)○단취방정(但取方正)○유상의부도(唯上衣不倒)○범렴의십구칭(凡斂衣十九稱)○무(無)○칙각수소판(則各隨所辦)○교금(絞衾)○부재칭수(不在稱數)

시지(時至)○집사자(執事者)○대거상(對舉牀)○입치우시상서(入置于尸牀西)○천습전어령좌서남(遷襲奠於靈座西南)○사설신전(俟設新奠)○내거지(乃去之)○범전방차(凡奠倣此)○시자(侍者)○관수(盥手)○천시우소렴상상(遷尸于小斂牀上)○선거침(先去枕)○이서초첩의이자기수(而舒綃疊衣以藉其首)○잉권량단(仍捲兩端)○이보량견공처(以補兩肩空處)○우권의(又捲衣)○협기량경(夾其兩脛)○취기방정연후(取其方正然後)○이여의엄시(以餘衣掩尸)○좌임부뉴(左衽不紐)○과지이금이미결(裹之以衾而未結)○이교미엄기면(以絞未掩其面)○별복이금(別覆以衾)○시자(侍者)○철습상(撤襲牀)○사시상당중고처(徙尸牀堂中故處)○내시병(乃施屛)○주인(主人)○주부(主婦)○빙시곡진애(憑尸哭盡哀)○주인서향(主人西向)○주부동향(主婦東向)○남자참쇠자(男子斬衰者)○단괄발(袒括髮)○용마승촬계(用麻繩撮髻)○자최이하지동오세조자(齊衰以下至同五世祖者)○단면우별실(袒免于別室)○부인(婦人)○발우별실(髮于別室)○용마승이좌(用麻繩而髽)

●전(奠)

집사자(執事者)○설찬탁(設饌卓)○찬품(饌品)○여습전(如襲奠)○향로(香爐)○향합병촉어기전(香合幷燭於其前)○축(祝)○관수(盥手)○승자조계(陞自阼階)○예향안전(詣香案前)○북향궤(北向跪)○삼상향(三上香)○짐주전우안(斟酒奠于案)○련전삼잔(連奠三盞)○부복퇴(俯伏退)○비유자(卑幼者)○개재배(皆再拜)○시자(侍者)○건지(巾之)○주인이하(主人以下)○곡진애(哭盡哀)○대곡부절성(代哭不絶聲)

●대렴(大斂)

궐명(厥明)○소렴지명일(小斂之明日)○사지제삼일야(死之第三日也)○장대렴(將大斂)○역자(役者)○승관어유외(陞棺於帷外)○집사자(執事者)○이련숙출회(以煉熟秫灰)○포기저(鋪其底)○후사촌허(厚四寸許)○가칠성판(加七星板)○후오분(厚五分)○포욕석우기상(布褥席于其上)○진대렴의금우당동벽하탁상(陳大斂衣衾于堂東壁下卓上)○의무상수(衣無常數)○금용복(衾用複)○선천령좌급소렴전어방측(先遷靈座及小斂奠

於旁側)○역자(役者)○거관이입(擧棺以入)○치우상서(置于牀西)○승이량등(承以兩凳)○역자출(役者出)○시자(侍者)○선포교지(先布絞之)○횡자오어관중(橫者五於棺中)○용포이폭(用布二幅)○렬위륙편이용오야(裂爲六片而用五也)○차포교지(次布絞之)○종자삼어기상(縱者三於其上)○용포일폭(用布一幅)○렬위삼편(裂爲三片)○차포금(次鋪衾)○차포원령(次鋪圓領)○차포산의(次鋪散衣)○범삼십칭(凡三十稱)○수시지의(隨時之宜)○부필진용(不必盡用)○각수기예어사외연후(各垂其裔於四外然後)○거소렴복금(去小斂覆衾)○이엄면결교(而掩面結絞)○선결종자(先結縱者)○차결횡자(次結橫者)○공거시(共擧尸)○납우관중(納于棺中)○실생시소락치(實生時所落齒)○발급소전조우관각(髮及所翦爪于棺角)○우췌기공궐처(又揣其空闕處)○권의새지(卷衣塞之)○무령충실(務令充實)○수금(收衾)○선엄족(先掩足)○차엄수(次掩首)○차엄좌(次掩左)○차엄우결교(次掩右結絞)○선결종자(先結縱者)○차결횡자(次結橫者)○주인(主人)○주부(主婦)○빙시곡진애(憑尸哭盡哀)○부인(婦人)○퇴입막중(退入幕中)○내소장(乃召匠)○가개하정(加蓋下釘)○철상(徹牀)○복구이의(覆柩以衣)○이목복관상(以木覆棺上)○내도지(乃塗之)○설역(設帟)○구상승진(柩上承塵)○어빈남(於殯南)○복설령좌(復設靈座)○입명정여초(立銘旌如初)○설령상어구동(設靈牀於柩東)○기상(其牀)○장(帳)○천석(薦席)○병(屛)○침(枕)○의(衣)○피(被)○관(盥)○즐지속(櫛之屬)○개여평생(皆如平生)

●전(奠) ○여소렴지의(如小斂之儀)

주인이하(主人以下)○각귀상차(各歸喪次)○중문지외(中門之外)○택박루지실(擇朴陋之室)○위장부상차(爲丈夫喪次)○참쇠(斬衰)○침점(寢苫)○침괴(枕塊)○부탈질(不脫絰)○대(帶)○부여인좌언(不與人坐焉)○비시견호모야(非時見乎母也)○부급중문(不及中門)○제쇠(齊衰)○침석(寢席)○부인차우중문지내별실(婦人次于中門之內別室)○혹거빈측(或居殯側)○거유장(去帷帳)○금욕지화려자(衾褥之華麗者)○부득첩지남자상차(不得輒至男子喪次)○지대상자(止代喪者)

●성복(成服)

궐명(厥明)○대렴지명일(大斂之明日)○사지제사일야(死之第四日也)○오복지친(五服之親)○각복기복(各服其服)○견서례급례전(見序例及禮典)○입취위(入就位)○곡진애(哭盡哀)○상조여의(相弔如儀)○내전(乃奠)○여대렴전의(如大斂奠儀)○주인급형제(主人及兄弟)○시식죽(始食粥)○처첩급기(妻妾及期)○구월자(九月者)○궤식(跪食)○수음부식채과(水飮不食菜果)○오월(五月)○삼월자(三月者)○음주식육(飮酒食肉)○부여연악(不與宴樂)○자시무고부출(自是無故不出)○약이상사급부득이이출입(若以喪事及不得已而出入)○칙승박마포안(則乘樸馬布鞍)○소교포렴(素轎布簾)

●조석곡전(朝夕哭奠) ○일출(日出)○조전(朝奠)○체일(逮日)○석전(夕奠)○석전장지(夕奠將至)○철조전(撤朝奠)○조전장지(朝奠將至)○철석전(撤夕奠)○삭망(朔望)○칙어조전설찬(則於朝奠設饌)

●상식(上食) 조전(朝奠)

매일신기(每日晨起)○주인이하(主人以下)○개복기복(皆服其服)○입취위곡(入就位哭)○시자(侍者)○설관즐지구우령상측(設盥櫛之具于靈牀側)○봉혼백(捧魂帛)○출취령좌(出就靈座)○집사자(執事者)○설찬(設饌)○소과삼기(蔬果三器)○축(祝)○관수(盥手)○분향(焚香)○짐주(斟酒)○주인이하(主人以下)○재배(再拜)○곡진애(哭盡哀)○식시상식여조전의(食時上食如朝奠儀)○석전여조전의필(夕奠如朝奠儀畢)○시자(侍者)○봉혼백(捧魂帛)○입취령상(入就靈牀)○주인이하(主人以下)○곡무시(哭無時)○조석지간(朝夕之間)○애지(哀至)○칙곡어상차(則哭於喪次)○유신물(有新物)○칙천지여상식의(則薦之如上食儀)

●삭망전(朔望奠) ○속절별전(俗節別奠)○동삭망(同朔望)○약치별전(若值別奠)○칙지행별전(則只行別奠)

집사자(執事者)○설찬탁(設饌卓)○향로(香爐)○향합병촉어기전(香合幷燭於其前)○축(祝)○관수(盥手)○승자조계(陞自阼階)○예향안전(詣香案前)○북향궤(北向跪)○삼상향(三上香)○짐주전우안(斟酒奠于案)○련전삼잔(連奠三盞)○부복퇴(俯伏退)○주인이하(主人以下)○개재배(皆再拜)○곡진애(哭盡哀)

●분상(奔喪)

시문부모지상(始聞父母之喪)○이곡답사자(以哭答使者)○우곡진애(又哭盡哀)○문고(問故)○우곡진애(又哭盡哀)○역복(易服)○백포의(白布衣)○승대(繩帶)○마구(麻屨)○축행(逐行)○일행백리(日行百里)○

부이야행(不以夜行)○도중애지(道中哀至)○칙곡(則哭)○망기주경(望其州境)○기현경(其縣境)○기성(其城)○기가(其家)○개곡(皆哭)○가부재성(家不在城)○망기향(望其鄉)○곡(哭)○입문(入門)○예구전곡(詣柩前哭)○재배(再拜)○재변복(再變服)○취위곡(就位哭)○초변복여초상(初變服如初喪)○구동서향좌(柩東西向坐)○곡진애(哭盡哀)○우변복여대(又變服如大)○소렴(小斂)○역여지(亦如之)○후사일(後四日)○성복(成服)○여가인(與家人)○상조(相弔)○빈지(賓至)○배지여초(拜之如初)○약미득행(若未得行)○칙위위부전(則爲位不奠)○약상측무자손(若喪側無子孫)○칙차중설전여의(則此中設奠如儀)○성복(成服)○역이문후지제사일(亦以聞後之第四日)○재도(在道)○지가(至家)○개여상의(皆如上儀)○약상측무자손(若喪側無子孫)○칙재도조석위타설전(則在道朝夕爲他設奠)○지가단부변복(至家但不變服)○기상조(其相弔)○배빈여의(拜賓如儀)○약기장(若旣葬)○칙망묘곡(則望墓哭)○지묘곡(至墓哭)○배여재가지의(拜如在家之儀)○미성복자(未成服者)○변복어묘(變服於墓)○귀가예령좌전곡배(歸家詣靈座前哭拜)○사일성복여의(四日成服如儀)○이성복자(已成服者)○역연(亦然)○단부변복(但不變服)

●조(弔)

범조(凡弔)○개소복(皆素服)○친빈전(親賓奠)○용향(用香)○촉(燭)○주(酒)○과(果)○부(賻)○용전(用錢)○백(帛)○구자통명(具刺通名)○입곡(入哭)○전흘(奠訖)○내조이퇴(乃弔而退)○기통명(旣通名)○상가(喪家)○주화연촉(炷火燃燭)○포석(布席)○개곡이사호상출영빈(皆哭以俟護喪出迎賓)○빈(賓)○입지청사(入至廳事)○진읍왈(進揖曰)○절문(竊聞)○모인경배(某人傾背)○부승경달(不勝驚怛)○감청입뢰(敢請入酹)○병신위례(幷伸慰禮)○호상(護喪)○인빈(引賓)○입립(入立)○령좌전(靈座前)○곡진애(哭盡哀)○재배(再拜)○분향(焚香)○궤뢰주(跪酹酒)○부복흥(俯伏興)○호상(護喪)○지곡자(止哭者)○축(祝)○궤독제문흘(跪讀祭文訖)○전부상어빈지우필(奠賻狀於賓之右畢)○여빈(與賓)○주(主)○개곡진애(皆哭盡哀)○빈재배(賓再拜)○출서향재배(出西向再拜)○빈역곡(賓亦哭)○동향답배(東向答拜)○진왈(進曰)○부의흥변(不意凶變)○모친모관엄홀경배(某親某官奄忽傾背)○생자관존(生者官尊)○칙운엄기영양(則云奄棄榮養)○존망구무관(存亡俱無官)○운색양(云色養)○복유애모(伏惟哀慕)○하이감처(何以堪處)○주인(主人)○대왈(對曰)○모죄역심중(某罪逆深重)○화연모친(禍延某親)○복몽전뢰(伏蒙奠賻)○병사림위(幷賜臨慰)○부승애감(不勝哀感)○우재배(又再拜)○빈답배(賓答拜)○우상향곡진애(又相向哭盡哀)○빈(賓)○선지(先止)○관비주인왈(寬譬主人曰)○수단유수(脩短有數)○통독내하(痛毒奈何)○원억효사(願抑孝思)○부종례제(俯從禮制)○내읍이출(乃揖而出)○주인(主人)○곡이입(哭而入)○호상(護喪)○송지청사(送至廳事)○다탕이퇴(茶湯而退)○주인이하(主人以下)○지곡(止哭)

●치장(治葬)

대부삼월(大夫三月)○사유월(士踰月)

전기(前期)○택지지가장자(擇地之可葬者)○택토후수심지지(擇土厚水深之地)○이장지(而葬之)○우오환자(又五患者)○부가부근(不可不謹)○수사타일부위도로(須使他日不爲道路)○부위성곽(不爲城郭)○부위구지(不爲溝池)○부위귀세소탈(不爲貴勢所奪)○부위경리소급야(不爲耕犁所及也)○택일(擇日)○개영역(開塋域)○주인(主人)○기조곡(旣朝哭)○수집사자(帥執事者)○어소득지(於所得地)○굴혈사우(掘穴四隅)○외기양(外其壤)○굴중(掘中)○남기양(南其壤)○각립일표(各立一標)○당남문립량표(當南門立兩標)○택원친(擇遠親)○혹빈객일인(或賓客一人)○고후토(告后土)○전제일일(前祭一日)○고자이하(告者以下)○제숙(齊宿)○기일(其日)○축(祝)○설후토씨위어중표지좌남향(設后土氏位於中標之左南向)○석이완(席以莞)○설잔(設盞)○주(注)○주(酒)○과(果)○포(脯)○해(醢)○향촉어기전(香燭於其前)○우설관세어동남(又說盥洗於東南)○시지(時至)○고자(告者)○길복(吉服)○입립어신위지전북향(立立於神位之前北向)○집사자(執事者)○재기후동상(在其後東上)○개재배(皆再拜)○고자이하(告者以下)○관세흘(盥洗訖)○고자(告者)○예신위전(詣神位前)○북향궤(北向跪)○상향(上香)○집사자(執事者)○이잔짐주(以盞斟酒)○궤진(跪進)○고자(告者)○취잔전우신위전(取盞奠于神位前)○부복흥소퇴궤(俯伏興少退跪)○축(祝)○취고자지좌(就告者之左)○동향궤(東向跪)○독축문왈(讀祝文曰)○유모년세월삭일자(維某年歲月朔日子)○모관성명(某官姓名)○감고우후사씨지신(敢告于后土氏之神)○금위모관성명(今爲某官姓名)○영건댁조(營建宅兆)○신기보우(神其保佑)○비무후간(俾無後艱)○근이청작포해(謹以淸酌脯醢)○지천우신(祗薦于神)○상향(尚饗)○흘(訖)○복립(復立)○고자(告者)○재배(再拜)○축급집사자(祝及執事者)○개재배(皆再拜)○철출(徹出)○수천광(遂穿壙)○기천지(其穿地)○의협이심(宜狹而深)○협칙부붕손(狹則不崩損)○심칙도난근야(深則盜難近也)○기필(旣畢)○선포탄말어광저(先布炭末於壙底)○축실후이(築實厚二)○삼촌(三寸)○차포석회(次鋪石灰)○세사(細沙)○황토반균자어기상(黃土拌勻者於其上)○회삼분(灰三分)○세사(細沙)○황사각일분(黃士各一分)○축실후이(築實厚二)○삼촌(三寸)○치곽어기상당중(置槨於其上當中)○내어사방(乃於四旁)○선하사물(旋下四物)○용박판격지(用薄板隔之)○탄말거외(炭末居外)○삼물거내(三物居內)○여저지후축지(如底之厚築之)○기실(旣實)○칙선추기판근상(則旋抽其板近上)○복하탄(復下炭)○회등물이축지(灰等物而築之)○급곽지평이지(及槨之平而止)○탄(炭)○어목근(禦木根)○피수의(辟水蟻)○석회(石灰)○득사이실(得沙而實)○득토이점(得土而黏)○세구결이위김석(歲久結而爲金石)○루(螻)○의(蟻)○도적(盜賊)○개부득진야(皆不得進也)

●각지석(刻誌石)

용석이편(用石二片)○기일위개(其一爲蓋)○각운모관모공지묘((刻云某官某公之墓)○무관無官)○칙서기자왈모군모보(則書其字曰某君某甫)○기일위저(其一爲底)○각운모관모공휘모자모모주모현인(刻云某官某公諱某字某某州某縣人)○고휘모모관모씨모봉(考諱某某官母氏某封)○모년월일생(某年月日生)○서력관천차(敍歷官遷次)○모년월일종(某年月日終)○모년월일(某年月日)○장우모향모리모처(葬于某鄉某里某處)○취모씨모인지녀(娶某氏某人之女)○자남모모관(子男某某官)○녀적모관모인(女適某官某人)○부인부재(婦人夫在)○칙개운모관성명모봉모씨지묘(則蓋云某官姓名某封某氏之墓)○무봉(無封)○칙운처(則云妻)○부무관(夫無官)○칙서부지성명(則書夫之姓名)○부망(夫亡)○칙운모관모공모봉모씨(則云某官某公某封某氏)○부무관(夫無官)○칙운모군모보처모씨(則云某君某甫妻某氏)○기저서년약간적모씨(其底敍年若干適某氏)○인부자치봉호(因夫子致封號)○무칙부(無則否)○장지일(葬之日)○이이석자면상향(以二石字面相向)○이이철속지(而以鐵束之)○매지광전근지면삼(埋之壙前近地面三)○사척간(四尺間)○개려이시릉곡변천(蓋慮異時陵谷變遷)○혹오위인소동(或誤爲人所動)○이차석선견(而此石先見)○칙인유지기성명자(則人有知其姓名者)○서능위엄지야(庶能爲掩之也)

●조명기(造明器)

각목위차마(刻木爲車馬)○복종(僕從)○시녀(侍女)○각집봉양지물(各執奉養之物)○상평생이소(象平生而小)○사품이상(四品以上)○삼십사(三十事)○오품이하(五品以下)○이십사(二十事)○서인(庶人)○십오사(十五事)○포일(笣一)○죽엄(竹掩)○이성견전여포(以盛遣奠餘脯)○소오죽기(筲五竹器)○이성오곡(以盛五穀)○앵삼(甖三)○자기(瓷器)○이성주혜해(以盛酒醯醢)

●복완(服玩)

상(牀)○장(帳)○인(茵)○석(席)○의(椅)○탁급공복(卓及公服)○화(靴)○홀(笏)○복두무관(幞頭無官)○란삼혜리(欄衫鞋履)○지류(之類)○역상평생이소(亦象平生而小)

●대여(大轝)

륜원경륙척(輪圓徑六尺)○곡장일척륙촌(轂長一尺六寸)○원경일척이촌(圓徑一尺二寸)○외지폭(外持幅)○내수축복용이십일(內受軸輻用二十一)○정장이척삼촌(正長二尺三寸)○축장칠척오촌(軸長七尺五寸)○중방(中方)○방륙촌(方六寸)○장삼척륙촌(長三尺六寸)○량두원(兩頭圓)○장각일척구촌오분(長各一尺九寸五分)○원경오촌(圓徑五寸)○설할(設轄)○원장십칠척(轅長十七尺)○전원(前圓)○장칠척사촌(長七尺四寸)○말단점살(末端漸殺)○경오촌(徑五寸)○후방(後方)○방삼촌(方三寸)○장구척륙촌(長九尺六寸)○관축어량륜곡중(貫軸於兩輪轂中)○단출곡외(端出轂外)○각삼촌(各三寸)○설원어축상방처(設轅於軸上方處)○오척이촌오분재후(五尺二寸五分在後)○십일척칠촌오분재전(十一尺七寸五分在前)○좌우상거삼척(左右相距三尺)○방처량단내면착공(方處兩端內面鑿孔)○설횡목광이촌(設橫木廣二寸)○후일촌오분(厚一寸五分)○후단여삼촌(後端餘三寸)○우어전후이촌지내착공(又於前後二寸之內鑿孔)○설횡목(設橫木)○광후각삼촌(廣厚各三寸)○기횡목내면(其橫木內面)○각착오공(各鑿五孔)○설답목(設踏木)○장팔척오촌(長八尺五寸)○우설횡목사어답목지하(又設橫木四於踏木之下)○원전단(轅前端)○설가목(設駕木)○장삼척사촌(長三尺四寸)○원경륙촌(圓徑六寸)○차설지대목어원상좌우각일(次設地臺木於轅上左右各一)○장팔척구촌(長八尺九寸)○광사촌(廣四寸)○후삼촌(厚三寸)○기량단(其兩端)○각쌍착(各雙斲)○장사촌(長四寸)○작철(作凸)○이비납어전후지대목요처(以備納於前後地臺木凹處)○종지대목중앙향전삼촌허(從地臺木中央向前三寸許)○착공(鑿孔)○심이촌(深二寸)○장륙촌(長六寸)○광이촌(廣二寸)○이비수주(以備豎柱)○지대목하량단향내각일척허(地臺木下兩端向內各一尺許)○당원처(當轅處)○착소규(鑿小竅)○심일촌허(深一寸許)○소규당처륜상(小竅當處輪上)○역립소주(亦立小柱)○장일촌허(長一寸許)○사지교접(使之交接)○우어교접외면(又於交接外面)○설배항철(設排項鐵)○채정(釵釘)○사부요동(使不搖動)○혹이대색고결(或以大索固結)○역가(亦可)○전후각일(前後各一)○장사척륙촌(長四尺六寸)○광후여좌우동(廣厚與左右同)○종중간이척팔촌지외(從中間二尺八寸之外)○종내면(從內面)○각쌍착사촌위요(各雙鑿四寸爲凹)○이수좌우대목철처(以受左右臺木凸處)○우기외량단(又其外兩端)○각여오촌(各餘五寸)○종상면일촌지외착공(從上面一寸之外鑿孔)○이비수주(以備豎柱)○우어량단착상면(又於兩端斲上面)○장이촌(長二寸)○심일촌오분(深一寸五分)○이비정접좌우란간기목(以備釘接左右欄干機木)○사면설란간(四面設欄干)○선설기목(先設機木)○좌우각일(左右各一)○장구척삼촌(長九尺三寸)○광이촌(廣二寸)○후일촌오분(厚一寸五分)○기량단착작철이촌(其兩端斲作凸二寸)○이비납어전후기목요처(以備納於前後機木凹處)○량단설배항철(兩端設排項鐵)○이구기목곡철(以鉤機木曲鐵)○전후각일(前後各一)○장사척륙촌(長四尺六寸)○광후여좌우동(廣厚與左右同)○량단착요각이촌(兩端鑿凹各二寸)○이수좌우기목철처(以受左右機木凸處)○차치지대목어기목상(次置地臺木於機木上)○좌우각일(左右各一)○장구척삼촌(長九尺三寸)○광이촌(廣二寸)○후일촌오분(厚一寸五分)○전후각일(前後各一)○장사척이촌(長四尺二寸)○광후여좌우동(廣厚與左右同)○기량단시곡철하접기목(其兩端施曲鐵下接機木)○차수우목어지대목상(次豎隅木於地臺木上)○좌우각이(左右各二)○각장일척삼촌오분(各長一尺三寸五分)○방이촌(方二寸)○상단위원두(上端爲圓頭)○우착항목죽목소입지공(又鑿項木竹木所入之孔)○차수동자주어지대목상(次豎童子柱於地臺木上)○좌우각사(左右各四)○장칠촌방일촌오분(長七寸方一寸五分)○기상단착작철일촌(其上端斲作凸一寸)○이비납우항목요처(以備納于項木凹處)○정장오촌(正長五寸)○용정판(用精板)○설어동자주지간(設於童子柱之間)○상접항목(上接項木)○하접대목(下接臺木)○장일척칠촌륙분(長一尺七寸六分)○광오촌후륙분(廣五寸厚六寸)○개중착허허야아(皆中鑿虛也兒)○록칠(綠漆)○차가항목(次加項木)○좌우각일(左右各一)○장구척삼촌(長九尺三寸)○광이촌(廣二寸)○후일촌오분(厚一寸五分)○기량단(其兩端)○각착장이촌(各斲長二寸)○납우우목(納于隅木)○이상(已上)○병담주칠(竝淡朱漆)○차설앙련엽어항목상(次設仰蓮葉於項木上)○좌우각사(左右各四)○장삼촌(長三寸)○광오촌(廣五寸)○후이촌(厚二寸)○매당동자주지상면설지(每當童子柱之上面設之)○록칠(綠漆)○차설죽목어련엽지상(次設竹木於蓮葉之上)○좌우각일(左右各一)○장구척삼촌(長九尺三寸)○원경일촌오분(圓徑一寸五分)○량단(兩端)○각착장이촌(各斲長二寸)○납간우목(納干隅木)○기전후란우별조(其前後欄于別造)○여좌우지제(如左右之制)○유우목후일촌오분(唯隅木厚一寸五分)○동자주(童子柱)○앙련엽각이(仰蓮葉各二)○정판각삼(精板各三)○장일척삼촌(長一尺三寸)○용곡철(用曲鐵)○련배좌우란간(連排左右欄干)○구승강시(柩陞降時)○철거(撤去)○기란간내좌우설답판(其欄干內左右設踏板)○장팔척오촌(長八尺五寸)○광삼촌후일촌(廣三寸厚一寸)○기판여기목상면제(其板與機木上面齊)○내설소방상(內設小方牀)○이재구(以載柩)○기제(其制)○선설기목(先設機木)○좌우각일(左右各一)○장칠척삼촌(長七尺三寸)○광사촌(廣四寸)○후삼촌(厚三寸)○종중앙향전당지대목수주처(從中央向前當地臺木豎柱處)○착공장륙촌(鑿孔長六寸)○광일촌오분(廣一寸五分)○이납현두(以納懸枓)○기량단착전후기목소입지공(其兩端鑿前後機木所入之孔)○우어중균분사처(又於中均分四處)○착횡목소입지공(鑿橫木所入之孔)○전후각일(前後各一)○장이척륙촌(長二尺六寸)○광(廣)○후여좌우동(厚與左右同)○기내면횡착답판소입지처(其內面橫鑿踏板所入之處)○잉이량단각사촌착작철(仍以兩端各四寸斷作凸)○납좌우기목요처(納左右機木凹處)○정장일척팔촌(正長一尺八寸)○정포철어사우(釘抱鐵於四隅)○시횡목사어좌우기목지간(施橫木四於左右機木之間)○장이척(長二尺)○광이촌(廣二寸)○후일촌(厚一寸)○기량단(其兩端)○개입좌우기목착처(皆入左右機木鑿處)○시답판어횡목상(施踏板於橫木上)○장륙척칠촌(長六尺七寸)○광일척팔촌(廣一尺八寸)○후일촌(厚一寸)○기량단(其兩端)○개착장일촌(皆斷長一寸)○납우전후기목(納于前後機木)○수현주어좌우기목상(豎懸柱於左右機木上)○장사척(長四尺)○광륙촌(廣六寸)○후일촌오분(厚一寸五分)○하단이촌(下端二寸)○광(廣)○후각가일촌(厚各加一寸)○이기상단종기목하공상관(以其上端從機木下孔上貫)○상단유원공경삼촌(上端有圓孔徑三寸)○이납횡량(以納橫樑)○공상사촌(孔上四寸)○공하징장이척팔촌(孔下正長二尺八寸)○가광(加廣)○후이촌재공하(厚二寸在孔下)○우이모철(又以冒鐵)○장이척삼촌(長二尺三寸)○광일촌오분(廣一寸五分)○중굴지(中屈之)○모어현주상단지(冒於懸柱上端至)○횡량공하철단상대(橫樑孔下鐵端相對)○정이철정(釘以鐵釘)○원공상하(圓孔上下)○각이대철속지(各以帶鐵束之)○정이철정(釘以鐵釘)○립주공상하급량량단(立柱孔上下及樑兩端)○방공좌(方孔左)○우동(右同)○우이포철(又以抱鐵)○장이척이촌(長二尺二寸)○광이촌(廣二寸)○중굴지(中屈之)○자현주하단철처(自懸柱下端凸處)○포기목지현주철단(抱機木至懸柱鐵端)○상대정이철정(相對釘以鐵釘)○현주좌우설지목(懸柱左右設支木)○장일척(長一尺)○후일촌(厚一寸)○하광오촌(下廣五寸)○상단(上端)○부어현주(附於懸柱)○정이철정(釘以鐵釘)○하단(下端)○착입기목(鑿入機木)○기목외사면(機木外四面)○정원환(釘圓環)○좌우각사(左右各四)○전후중앙각일(前後中央各一)○우정장일척허(又釘長一尺許)○유원환정어전후기목량단(有圓環釘於前後機木兩端)○구승후(柩陞後)○용박판(用薄板)○협어구여대정지간(俠於柩與大釘之間)○용련포(用練布)○선결어대정(先結於大釘)○원환전후좌우(圓環前後左右)○종횡결지(縱橫結之)○사지뢰고(使之牢固)○칙상하험로(則上下險路)○자부요동(自不搖動)○방상지외좌우지대목상(方牀之外左右地臺木上)○립주(立柱)○장사척사촌오분(長四尺四寸五分)○광륙촌(廣六寸)○후이촌(厚二寸)○이상단이촌착작철(以上端二寸斷作凸)○이비납량(以備納樑)○우기하오촌지하(又其下五寸之下)○착원공(鑿圓孔)○경삼촌(徑三寸)○이비횡량지입(以備橫樑之入)○하단이촌착작철(下端二寸斷作凸)○이납지대목요처(以納地臺木凹處)○이상(已上)○병담주칠(竝淡朱漆)○립주좌우(立柱左右)○설지목(設支木)○장일척오촌(長一尺五寸)○하광팔촌(下廣八寸)○후(厚)○촌(寸)○상단(上端)○부어립주(附於立柱)○정이철정(釘以鐵釘)○하단(下端)○착입지대목(鑿入地臺木)○록칠(綠漆)○우기방(又其旁)○립사주(立斜柱)○장이척(長二尺)○광일촌오분(廣一寸五分)○후일촌(厚一寸)○기상단접립주(其上端接立柱)○정지(釘之)○하단착(下端鑿)○입지대목(入地臺木)○설량립주지상(設樑立柱之上)○장삼척팔촌(長三尺八寸)○광륙촌(廣六寸)○후이촌(厚二寸)○량단(兩端)○각착방공(各鑿方孔)○이납립주상단철처(以納立柱上端凸處)○차설횡량(次設橫樑)○장삼척팔촌(長三尺八寸)○원경삼촌(圓徑三寸)○통관립주(通貫立柱)○현주(懸柱)○이단출립주지외(而端出立柱之外)○단유공(端有孔)○이삭목납지(以削木納之)○현주상공(懸柱上孔)○혹용방(或用方)○칙횡량당현주방공(則橫樑當懸柱方孔)○역삼촌(亦三寸)○선통관현주(先通貫懸柱)○이후관립주(而後貫立柱)○내설량(乃設樑)○우어전후지대목사단(又於前後地臺木四端)○수사주(豎四柱)○장사척오촌(長四尺五寸)○방일촌오분(方一寸五分)○상단이촌착작철(上端二寸斷作凸)○이납현벽여별갑(以納懸壁與鼈甲)○하단이촌착작철(下端二寸斷作凸)○이수지대목(以豎地臺木)○정장사척일촌(正長四尺一寸)○이상(已上)○담주칠(淡朱漆)○주상(柱上)○시현벽목(施懸壁木)○좌우각일(左右各一)○장구척삼촌(長九尺三寸)○광이촌(廣二寸)○후일촌(厚一寸)○록칠(綠漆)○전후각일(前後各一)○장사척륙촌(長四尺六寸)○광(廣)○후여좌우동(厚與左右同)○좌우현벽량단상거(左右懸壁兩端相距)○팔척삼촌오분(八尺三寸五分)○상면착활벽이촌(上面鑿闊壁二寸)○심오분(深五分)○전후현벽량단상거(前後懸壁兩端相距)○삼척칠촌(三尺七寸)○하면착활이촌(下面鑿闊二寸)○심오분(深五分)○상교접(相交接)○기상접처착공방칠분(其相接處鑿孔方七分)○이납주상삭처(以納柱上削處)○우작별갑가어현벽상(又作鼈甲加於懸壁上)○선설배방목(先設排方木)○좌우각일(左右各一)○장구척삼촌(長九尺三寸)○광이촌(廣二寸)○후일촌(厚一寸)○전후각일(前後各一)○장사척칠촌(長四尺七寸)○광이촌(廣二寸)○후일촌(厚一寸)○기좌우전후목상접처(其左右前後木相接處)○심활방공여현벽동(深闊方孔與懸壁同)○설만충연사(設彎衝椽四)○기형궁륭여옥(其形窮窿如屋)○장오척(長五尺)○광일촌오분(廣一寸五分)○후일촌(厚一寸)○기하단접어배방목(其下端接於排方木)○기상당중유접연통(其上當中有接椽桶)○장사촌(長四寸)○원경삼촌(圓徑三寸)○주회착공(周回鑿孔)○이접만충연(以接彎衝椽)○죽목(竹木)○선연(扇椽)○우기상(又其上)○이목작복련엽(以木作覆蓮葉)○위대(爲臺)○설정자어대상(設頂子於臺上)○차설죽목선연(次設竹木扇椽)○포죽망(鋪竹網)○모이청포(冒以靑布)○가량목사(加樑木四)○제여만충연(制如彎衝椽)○개아상당만충연처(蓋兒上當彎衝椽處)○정지(釘之)○이상(已上)○병주칠(竝朱漆)○우어사면(又於四面)○설상하판첨(設上下板簷)○상향외의사(上向外欹斜)○록칠(綠漆)○하첨(下簷)○련상첨직수(連上簷直垂)○주칠(朱漆)○용청홍포피적(用靑紅布辟積)○위쌍첨수어하첨지내충연(爲雙簷垂於下簷之內衝椽)○사각작봉두(四角作鳳頭)○착채(着彩)○설환어봉구이수류소(設環於鳳口以垂流蘇)○용홍포위지(用紅布爲之)○장십척(長十尺)○사면주회수진용(四面周回垂帳容)○용류청주이십륙폭(用柳靑紬二十六幅)○매폭화치삼행(每幅畫雉三行)

●삽(翣)

이목위광(以木爲筐)○여선이방(如扇而方)○량각고(兩角高)○광이척사촌(廣二尺四寸)○의이백포(衣以白布)○병장오척(柄長五尺)○보삽화보(黼翣畫黼)○불삽화불(黻翣畫黻)○화삽화운기(畫翣畫雲氣)○기연(其緣)○개위운기(皆爲雲氣)○개화이자(皆畫以紫)

●작주(作主)

용률(用栗)○부방사촌(趺方四寸)○후일촌일분(厚一寸一分)○착지동저(鑿之洞底)○이수주신(以受主身)○신고척이촌(身高尺二寸)○박삼촌(博三寸)○후일촌이분(厚一寸二分)○섬상오분(剡上五分)○위원수(爲圓首)○촌지하(寸之下)○륵전위암이판지(勒前爲頷而判之)○사분거전(四分居前)○팔분거후(八分居後)○암하함중장륙촌(頷下陷中長六寸)○광일촌(廣一寸)○심사분(深四分)○합지식어부하(合之植於趺下)○제규기방(齊竅其旁)○이통중(以通中)○원경사촌(圓徑四寸)○거삼촌륙분지하(居三寸六分之下)○하거질면칠촌이분(下距趺面七寸二分)○이분도기전면(以粉塗其前面)

●계빈(啓殯)

발인전일일(發引前一日)○인조전설찬(因朝奠設饌)○찬품여소렴전(饌品如小斂奠)○흘(訖)○축(祝)○관수(盥手)○승예향안전(陞詣香案前)○북향궤(北向跪)○삼상향(三上香)○짐주전우안(斟酒奠于案)○연전삼잔(連奠三盞)○부복소퇴궤(俯伏少退跪)○고왈(告曰)○금이길진계빈도(今以吉辰啓殯塗)○감고(敢告)○부복흥(俯伏興)○주인이하(主人以下)○곡진애(哭盡哀)○재배(再拜)○시자(侍者)○철찬(徹饌)○부인(婦人)○퇴피(退避)○역자(役者)○입철빈도필(入徹殯塗畢)○시자(侍者)○이건불식관(以巾拂拭棺)○복이관의(覆以棺衣)○집사자(執事者)○설유악(設帷幄)○상석우청사(床席于廳事)○○(祝)○이상봉혼백전행(以箱捧魂帛前行)○집사자(執事者)○봉의탁차지(捧倚卓次之)○명정차지(銘旌次之)○역자(役者)○거구차지(擧柩次之)○주인이하남녀곡종(主人以下男女哭從)○남자유우(男子由右)○부인유좌(婦人由左)○이복중경위서(以服重輕爲序)○부인개두(婦人蓋頭)○예청사(詣廳事)○역자(役者)○치구우석상(置柩于席上)○축(祝)○설령좌급전여초(設靈座及奠如初)○주인이하(主人以下)○취위곡(就位哭)○자후지발인(自後至發引)○내대곡부절성(乃代哭不絶聲)○친빈치전(親賓致奠)○부여초상의(賻如初喪儀)

●진기(陳器)

방상이재전(方相二在前)○사품이상(四品以上)○사목위방상(四目爲方相)○오품이하(五品以下)○량목위기두(兩目爲魌頭)○차명기(次明器)○복완(服玩)○이상여지(以牀舁之)○차명정(次銘旌)○거부집지(去趺執之)○차공포(次功布)○비포삼척(備布三尺)○이관탁회치지포위지(以盥濯灰治之布爲之)○축(祝)○어구(御柩)○집차이지휘역자(執此以指麾役者)○차령차(次靈車)○이봉혼백(以奉魂帛)○향화(香火)○차대여(次大擧)○여방유삽(擧旁有翣)○사인집지(使人執之)

●조전(祖奠)

일포시(日晡時)○설조전(設祖奠)○찬품(饌品)○여소렴전(如小斂奠)○축(祝)○관수(盥手)○예향안전(詣香案前)○북향궤(北向跪)○삼상향(三上香)○짐주전우안(斟酒奠于案)○련전삼잔(連奠三盞)○부복소퇴궤(俯伏少退跪)○고왈(告曰)○영천지례(永遷之禮)○영진부류(靈辰不留)○금봉구차(今奉柩車)○식준조도(式遵祖道)○부복흥(俯伏興)○주인이하(主人以下)○곡진애(哭盡哀)○재배(再拜)

●견전(遣奠)

궐명(厥明)○여부(擧夫)○납대여어중정(納大擧於中庭)○집사자(執事者)○철조전(徹祖奠)○축(祝)○북향궤(北向跪)○고왈(告曰)○금천구취여(今遷柩就擧)○감고(敢告)○수천령좌(遂遷靈座)○치방측(置傍側)○부인퇴피(婦人退避)○소역부(召役夫)○천구취여(遷柩就擧)○내재(乃載)○이색유지(以索維之)○령극뢰실(令極牢實)○주인(主人)○종구곡(從柩哭)○시재(視載)○부인(婦人)○곡어유중(哭於帷中)○재필(載畢)○축(祝)○수집사자(帥執事者)○천령좌우구전남향(遷靈座于柩前南向)○내설견전(乃設遣奠)○찬품여조전(饌品如祖奠)○유포(有脯)○유부인부재(唯婦人不在)○축(祝)○관수(盥

手)○예향안전(詣香案前)○북향궤(北向跪)○삼상향(三上香)○짐주전우안(斟酒奠于案)○련전삼잔(連奠三盞)○부복흥(俯伏興)○소퇴궤고왈(少退跪告曰)○령이기가(靈輀旣駕)○왕즉유댁(往卽幽宅)○재진견례(載陳遣禮)○영결종천(永訣終天)○부복흥(俯伏興)○주인이하(主人以下)○곡진애(哭盡哀)○재배흘(再拜訖)○집사자(執事者)○철포납포중(徹脯納苞中)○치여상상(置轝林上)○수철전(遂徹奠)○축(祝)○봉혼백승차(捧魂帛陞車)○분향(焚香)○별이상성주(別以箱盛主)○치백후(置帛後)○지시(至是)○부인(婦人)○내개두(乃蓋頭)○출유립곡(出帷立哭)○수사자(守舍者)○곡사진애(哭辭盡哀)○재배이귀(再拜而歸)

●발인(發引)

구행(柩行)○방상등전도(方相等前導)○여진기지서(如陳器之序)○주인이하남녀(主人以下男女)○곡보종(哭步從)○여예청사지서(如詣廳事之序)○출문(出門)○칙이백막협장지(則以白幕俠障之)○존장차지(尊長次之)○무복지친(無服之親)○우차지(又次之)○빈객우차지(賓客又次之)○개승마(皆乘馬)○친빈(親賓)○혹선대어묘소(或先待於墓所)○혹출곽(或出郭)○곡배사귀(哭拜辭歸)○친빈(親賓)○설악어곽외도방(設幄於郭外道傍)○주구이전(駐柩而奠)○즉로제(卽路祭)○여재가지의(如在家之儀)○도중우애(途中遇哀)○칙곡(則哭)○약묘원(若墓遠)○칙매사설령좌어구전(則每舍設靈座於柩前)○조석곡전(朝夕哭奠)○식시상식(食時上食)○야칙주인형제(夜則主人兄弟)○개숙구방(皆宿柩旁)○친척공수위지(親戚共守衛之)○혹지묘경숙시동(或至墓經宿時同)

●임광전(臨壙奠)

전기(前期)○집사자(執事者)○설령악어묘도서남향(設靈幄於墓道西南向)○유의탁(有倚卓)○친빈차어령악전십수보남향(親賓次於靈幄前十數步南向)○부인악어령악후광지서(婦人幄於靈幄後壙之西)○기일(其日)○방상지(方相至)○이과격광사우(以戈擊壙四隅)○명기(明器)○복완(服玩)○증백등지(贈帛等至)○진어광동남북상(陳於壙東南北上)○령차지(靈車至)○축(祝)○봉혼백(捧魂帛)○취악좌(就幄座)○주상(主箱)○치백후(置帛後)○수설전(遂設奠)○여견전의(如遣奠儀)○구지(柩至)○집사자(執事者)○탈재치석상북수(脫載置席上北首)○선포석어광남(先布席於壙南)○집사자(執事者)○취명정(取銘旌)○거강(去杠)○치구상(置柩上)○주인남녀(主人男女)○각취위곡(各就位哭)○주인(主人)○제장부(諸丈夫)○립어광동서향(立於壙東西向)○주부(主婦)○제부녀(諸婦女)○립어광서악내동향(立於壙西幄內東向)○개북상(皆北上)○빈객(賓客)○배사이귀(拜辭而歸)○주인배지(主人拜之)○빈답배(賓答拜)○내현폄(乃縣窆)○선용목장강이(先用木長杠二)○종치어광구좌우(縱置於壙口左右)○당회격상(當灰隔上)○부령요동(不令搖動)○우용목강사(又用木杠四)○횡치장강지상(橫置長杠之上)○우용목강사(又用木杠四)○횡치어광내곽상(橫置於壙內槨上)○역부(役夫)○거구(擧柩)○안어장강횡목상북수(安於長杠橫木上北首)○내용색사조(乃用索四條)○두구저(兜柩底)○이색량두(以索兩頭)○요어장강(繞於長杠)○매일두(每一頭)○이인집인(二人執引)○일인(一人)○근장강(近長杠)○일인(一人)○재색단(在索端)○거횡목(去橫木)○일시제성응수(一時齊聲應手)○점점방하(漸漸放下)○지곽상횡강(至槨上橫杠)○칙추색거지(則抽索去之)○별접세포(別摺細布)○혹생초(或生綃)○두구저(兜柩底)○거강(去杠)○균력하지(均力下之)○경부추출(更不抽出)○내절기여(乃截其餘)○기지(棄之)○재정구의(再整柩衣)○명정(銘旌)○영평정(令平正)○범하구(凡下柩)○최수상심용력(最須詳審用力)○부가오유경타동요(不可誤有傾墮動搖)○주인형제(主人兄弟)○의철곡(宜徹哭)○친림시지(親臨視之)○주인(主人)○봉현륙(捧玄六)○훈사(纁四)○각장장팔척(各長丈八尺)○가빈혹부능구차수(家貧或不能具此數)○현(玄)○훈각일(纁各一)○가야(可也)○기여금옥(其餘金玉)○보완(寶玩)○병부득입광(並不得入壙)○이위망자지루(以爲亡者之累)○치구방(置柩傍)○재배계상(再拜稽顙)○재위자(在位者)○개곡진애(皆哭盡哀)○내개곽(乃蓋槨)○실이회삼물반균자거하(實以灰三物拌勻者居下)○탄말거상(炭末居上)○각배어저급사방지후(各倍於底及四旁之厚)○이주쇄이섭실지(以酒灑而躡實之)○공진구중(恐震柩中)○고미감축(故未敢築)○단다용지(但多用之)○이사기실이(以俟其實耳)○급실토이점축지(及實土而漸築之)○하토매척허(下土每尺許)○즉경수축지(卽輕手築之)○물령진동구중(勿令震動柩中)○사후토어묘좌여초(祀后土於墓左如初)○유축사운(唯祝詞云)○금위모관봉시(今爲某官封諡)○폄자유댁(窆玆幽宅)○신기후동(神其後同)○실토급반(實土及半)○내장명기(乃藏明器)○복완어편방(服玩於便房)○이판새기문(以板塞其門)○하지석(下誌石)○묘재평지(墓在平地)○칙어광내근남(則於壙內近南)○선포전일중(先布甎一重)○치석기상(置石其上)○우이전사위지(又以甎四圍之)○이복기상(而覆其上)○약묘재산측준처(若墓在山側峻處)○칙어광남수척간(則於壙南數尺間)○굴지심사오척(掘地深四五尺)○의차법(依此法)○매지(埋之)○복실이토이견축지(復實以土而堅築之)○하토(下土)○역이척허위준(亦以尺許爲準)○단수밀저견축(但須密杵堅築)

●제주(題主)

사실토장필(俟實土將畢)○집사자(執事者)○설탁자어령좌동남서향(設卓子於靈座東南西向)○치연(置硯)○필(筆)○묵(墨)○대탁치관분(對卓置盥盆)○세건(帨巾)○주인(主人)○립어기전북향(立

於其前北向)○축(祝)○관수(盥手)○출주(出主)○와치탁상(臥置卓上)○사선서자(使善書者)○관수(盥手)○서향립(西向立)○선제함중왈(先題陷中曰)○고모관모공휘모자모(故某官某公諱某字某)○제기신주(第幾神主)○분면왈(粉面曰)○현고모관봉시부군신주(懸考某官封諡府君神主)○기하좌방왈(其下左傍曰)○효자모봉사(孝子某奉祀)○모칙왈(母則曰)○고모봉모씨휘모자모제기신주(故某封某氏諱某字某第幾神主)○분면왈(粉面曰)○현비모봉모씨신주(顯妣某封某氏神主)○방역여지(傍亦如之)○무관봉(無官封)○칙이생시소칭위호(則以生時所稱爲號)○제필(題畢)○축(祝)○봉치령좌(捧置靈座)○장혼백어상중(藏魂帛於箱中)○이치기후(以置其後)○설전(設奠)○찬품(饌品)○여림광전(如臨壙奠)○치축판어령좌지좌(置祝版於靈座之左)○축(祝)○관수(盥手)○예향안전(詣香案前)○북향궤(北向跪)○삼상향(三上香)○짐주전우안(斟酒奠于案)○련전삼잔(連奠三盞)○부복흥(俯伏興)○소퇴(少退)○궤어주인지우(跪於主人之右)○독축문왈(讀祝文曰)○유모년세월삭일자(維某年歲月朔日子)○고자(孤子)○모상칭애자(母喪稱哀子)○모(某)○감소고우고모관봉시부군(敢昭告于考某官封諡府君)○형귀둔석(形歸窀穸)○신반당실(神返堂室)○신주기성(神主既成)○복유존령(伏惟尊靈)○사구종신(舍舊從新)○시빙시의(是憑是依)○필(畢)○회지(懷之)○흥복위(興復位)○주인(主人)○재배(再拜)○곡진애(哭盡哀)○지(止)○축(祝)○봉신주승차(捧神主陞車)○혼백상재기후(魂帛箱在其後)○집사자(執事者)○철령좌(徹靈座)○수행(遂行)○주인이하(主人以下)○곡종여래의(哭從如來儀)○출묘문(出墓門)○존장승마(尊長乘馬)○거묘백보허(去墓百步許)○비유역승마(卑幼亦乘馬)○류자제일인(留子弟一人)○감시실토이지성분(監視實土以至成墳)○분고사척(墳高四尺)○립소석비어기전(立小石碑於其前)○역고사척(亦高四尺)○석수활척이상(石須闊尺以上)○기후거삼분지이(其厚居三分之二)○규수이각기면여지지개(圭首而刻其面如誌之蓋)○략술기세계(略述其世系)○명자(名字)○행실(行實)○이각어기좌(而刻於其左)○전급후우이주언(轉及後右而周焉)○부인(婦人)○칙사부장(則俟夫葬)○내립(乃立)○면여부망지개지각운(面如夫亡誌蓋之刻云)

●반곡(返哭)

주인이하(主人以下)○봉령차(捧靈車)○재도서행곡(在途徐行哭)○기반여의위친재피(其返如疑爲親在彼)○애지칙곡(哀至則哭)○망문즉곡(望門卽哭)○지가곡(至家哭)○축(祝)○봉신주입(捧神主入)○치우령좌독지(置于靈座櫝之)○집사자(執事者)○선설령좌어고처(先設靈座於故處)○혼백상(魂帛箱)○치주후(置主後)○주인이하(主人以下)○곡우청사(哭于廳事)○수예령좌전(遂詣靈座前)○곡진애지(哭盡哀止)○유조자(有弔者)○배지여초(拜之如初)○기(期)○구월지상(九月之喪)○음주식육(飲酒食肉)○부여연악(不與宴樂)○소공이하대공이거자(小功以下大功異居者)○가이귀(可以歸)

●엄광전(掩壙奠)

립주반우후행(立主返虞後行)

사성분기필(俟成墳既畢)○집사자(執事者)○설령좌어묘전(設靈座於墓前)○설향로(設香爐)○향합병촉어령좌전(香合并燭於靈座前)○주가(酒架)○잔반어령좌지좌(盞盤於靈座之左)○설찬(設饌)○찬품(饌品)○여림광전(如臨壙奠)○흘(訖)○축(祝)○관수(盥手)○예향안전(詣香案前)○북향궤(北向跪)○삼상향(三上香)○짐주전우안(斟酒奠于案)○련전삼잔(連奠三盞)○부복퇴(俯伏退)○재위자(在位者)○곡(哭)○재배(再拜)

●우제(虞祭)

장지일(葬之日)○일중이우(日中而虞)○혹묘원(或墓遠)○칙단부출시일(則但不出是日)○가야(可也)○약거가경숙이상(若去家經宿以上)○칙초우(則初虞)○어소관행지(於所館行之)

주인이하(主人以下)○개목욕(皆沐浴)○혹이만부가(或已晩不暇)○즉략(卽略)○자조결(自澡潔)○가야(可也)○집사자(執事者)○설주(設酒)○존탁어령좌지좌(尊卓於靈座之左)○치잔삼어기상(置盞三於其上)○설향로(設香爐)○향합병촉어령좌전(香合并燭於靈座前)○모사재기남(茅沙在其南)○치축판어령좌지좌(置祝版於靈座之左)○진기구찬(陳器具饌)○찬품수의(饌品隨宜)○주인이하(主人以下)○관세흘(盥洗訖)○축(祝)○출신주우좌(出神主于座)○주인이하(主人以下)○개입곡(皆入哭)○재배(再拜)○주인(主人)○승예향안전궤(陞詣香案前跪)○삼상향(三上香)○소퇴궤(少退跪)○집사자(執事者)○이잔작주(以盞酌酒)○궤수주인(跪授主人)○주인(主人)○수주(受酒)○뇌지모상(酹之茅上)○이잔수집사자(以盞授執事者)○복어존점(復於尊坫)○주인(主人)○부복흥강복위(俯伏興降復位)○축(祝)○진찬(進饌)○집사자좌지(執事者佐之)○초헌(初獻)○주인(主人)○승예령좌전궤(陞詣靈座前跪)○집사자(執事者)○이잔작주(以盞酌酒)○궤수주인(跪授主人)○주인(主人)○수잔(受盞)○헌잔전잔(獻盞奠盞)○부복흥소퇴궤(俯伏興少退跪)○축(祝)○궤어주인지우서향(跪於主人之右西向)○독축(讀祝)○일자동전(日子同前)○단운(但云)○일월부거(日月不居)○엄급초우(奄及初虞)○숙흥야처(夙興夜處)○애모부녕(哀慕不寧)○근이청작서수(謹以淸酌庶羞)○애천협사(哀薦祫事)○상향(尚饗)○필(畢)○

축흥(祝興)○주인(主人)○곡(哭)○복위곡지(復位哭止)○아(亞)○종헌(終獻)○병여초헌의(並如初獻儀)○유무축(唯無祝)○아헌(亞獻)○주부위지(主婦爲之)○종헌(終獻)○형제지장(兄弟之長)○혹장남(或長男)○혹친빈위지(或親賓爲之)○주인이하(主人以下)○재배(再拜)○곡진애(哭盡哀)○지(止)○축(祝)○납신주(納神主)○주인이하(主人以下)○출취차(出就次)○집사자(執事者)○철찬(徹饌)○축(祝)○매혼백(埋魂帛)○매어병처결지(埋於屏處潔地)○파조석전(罷朝夕奠)○조석곡(朝夕哭)○애지(哀至)○곡여초(哭如初)

우유일(遇柔日)○재우(再虞)○을(乙)○정(丁)○기(己)○신(辛)○계유유일(癸爲柔日)○기례여초우(其禮如初虞)○유전기일일(唯前期一日)○진기구찬(陳器具饌)○궐명(厥明)○숙흥설찬(夙興設饌)○질명행사(質明行事)○축사(祝詞)○개초우위재우(改初虞爲再虞)○협사위우사(祫事爲虞事)○약묘원(若墓遠)○도중우유일(途中遇柔日)○칙역어소관행지(則亦於所館行之)○**우강일(遇剛日)**○**삼우(三虞)**○갑(甲)○병(丙)○무(戊)○경(庚)○임위강일(壬爲剛日)○기례여재우(其禮如再虞)○유개재우위삼우(唯改再虞爲三虞)○우사위성사(虞事爲成事)○약묘원(若墓遠)○역도중우강일(亦途中遇剛日)○차궐지(且闕之)○수지가내행차제(須至家乃行此祭)

●졸곡(卒哭)

삼우후강일(三虞後剛日)○졸곡(卒哭)○전기일일(前期一日)○진기구찬(陳器具饌)○병동우제(並同虞祭)○궐명숙흥(厥明夙興)○설찬구(設饌具)○질명(質明)○축(祝)○출주(出主)○주인이하(主人以下)○개입곡(皆入哭)○강신(降神)○병동우제(並同虞祭)○주인(主人)○주부(主婦)○진찬(進饌)○초헌(初獻)○병동우제(並同虞祭)○유축(唯祝)○궤어주인지좌동향(跪於主人之左東向)○독축(讀祝)○개삼우위졸곡(改三虞爲卒哭)○아헌(亞獻)○종헌(終獻)○사신(辭神)○병동우제(並同虞祭)○자시조석지간(自是朝夕之間)○애지부곡(哀至不哭)○유조석곡(猶朝夕哭)○주인형제(主人兄弟)○소식수음(疏食水飮)○부식채과(不食菜果)○침석침목(寢席枕木)

●소상(小祥)

기이소상(期而小祥)○자상지차(自喪至此)○부계윤(不計閏)○범십삼월(凡十三月)○용초기일(用初朞日)○전기일일(前期一日)○주인이하(主人以下)○목욕(沐浴)○진기구찬(陳器具饌)○병동우제(並同虞祭)○설차(設次)○남녀별소(男女別所)○진련복(陳練服)○남자(男子)○이련포위관(以練布爲冠)○거수질(去首絰)○부판(負版)○피령(辟領)○쇠(衰)○부인(婦人)○절장군(截長裙)○부령예지(不令曳地)○궐명(厥明)○숙흥(夙興)○설찬구(設饌具)○질명(質明)○축(祝)○출주(出主)○주인이하(主人以下)○입곡(入哭)○내출취차(乃出就次)○역복(易服)○복입곡(復入哭)○축지지(祝止之)○강신(降神)○삼헌(三獻)○개여졸곡(皆如卒哭)○축판동전(祝版同前)○단운(但云)○일월부거(日月不居)○엄급소상(奄及小祥)○숙흥야처(夙興夜處)○소심외기(小心畏忌)○부타기신(不惰其身)○애모부녕(哀慕不寧)○근이청작서수(謹以淸酌庶羞)○천차상사(薦此常事)○상향(尙饗)○사신(辭神)○여졸곡(如卒哭)○지조석곡(止朝夕哭)○유삭망곡(唯朔望哭)○기조상이래(其遭喪以來)○친척지미상상견자(親戚之未嘗相見者)○상견(相見)○수이제복(雖已除服)○유곡진애(猶哭盡哀)○연후서배(然後敍拜)○시식채과(始食菜果)

●대상(大祥)

재기이대상(再期而大祥)○자상지차(自喪至此)○부계윤(不計閏)○범이십오월(凡二十五月)○용제이기일(用第二朞日)○전기일일(前期一日)○목욕(沐浴)○진기구찬(陳器具饌)○병동우제(並同虞祭)○설차(設次)○남녀별소(男女別所)○진담복(陳禫服)○남자(男子)○백의(白衣)○백립(白笠)○백화(白靴)○부인(婦人)○관소가계(冠梳假髻)○이아황청벽조백위의(以鵝黃靑碧皂白爲衣)○리(履)○기금(其金)○은(銀)○홍(紅)○수(繡)○개부가용(皆不可用)○고천우사당(告遷于祠堂)○여상고의(如常告儀)○견길례(見吉禮)○유축사운(唯祝詞云)○효증손모(孝曾孫某)○죄적부멸(罪積不滅)○세급면상(歲及免喪)○세차질천(世次迭遷)○소목계서(昭穆繼序)○선왕제례(先王制禮)○부가부지(不可不至)○고필(告畢)○개제신주(改題神主)○집사자(執事者)○선치탁어당내지동(先置卓於堂內之東)○치정수(置淨水)○분(粉)○잔(盞)○쇄자(刷子)○연(硯)○필(筆)○묵어기상(墨於其上)○고필(告畢)○진봉주(進捧主)○치탁상(置卓上)○집사자(執事者)○세거구자(洗去舊字)○별도이분(別塗以粉)○사건(俟乾)○명선서자(命善書者)○개제(改題)○모친운운(某親云云)○함중부개(陷中不改)○세수이쇄사당지사벽(洗水以灑祠堂之四壁)○체천이서(遞遷而西)○허동일감(虛東一龕)○이사신주(以俟新主)○봉천주(捧遷主)○매우묘측(埋于墓側)○약유친진지조(若有親盡之祖)○시위공신이백세부천자(始爲功臣而百世不遷者)○칙대수외(則代數外)○별립일감(別立一龕)○제지(祭之)○우응천이지자유친미진자(又應遷而支子有親未盡者)○칙천우최장지방(則遷于最長之房)○사주기제(使主其祭)○궐명행사여소상지의(厥明行事如小祥之儀)○유축사(唯祝詞)○개소상왈대상(改小祥曰大祥)○상사왈상사(常事曰祥事)○필(畢)○축(祝)○봉신주(捧神主)○부우사당여의(祔于祠堂如儀)○철령좌(徹靈座)○단장(斷杖)○기지병처(棄之屏處)

●부(祔)

전기일일(前期一日)○취사당(就祠堂)○진기구찬여시향의(陳器具饌如時享儀)○궐명(厥明)○숙흥(夙興)○설소(設蔬)○과(果)○주(酒)○찬(饌)○사대상제필(俟大祥祭畢)○주인이하(主人以下)○예사당(詣祠堂)○축(祝)○봉신주출(捧神主出)○치우좌(置于座)○환예령좌소곡(還詣靈座所哭)○

축(祝)○봉주독(捧主櫝)○예사당서계(詣祠堂西階)○상탁자상(上卓子上)○주인(主人)○곡종(哭從)○지문지곡(至門止哭)○축(祝)○계독출주(啓櫝出主)○봉치우좌(捧置于座)○주인이하재배(主人以下再拜)○주인(主人)○승예향안전궤(陞詣香案前跪)○삼상향(三上香)○소퇴궤(少退跪)○집사자(執事者)○이잔작주(以盞酌酒)○궤수주인(跪授主人)○주인(主人)○수주(受酒)○뢰지모상(酹之茅上)○이잔수집사자(以盞授執事者)○복어존점(復於尊坫)○주인(主人)○부복흥강복위(俯伏興降復位)○진찬(進饌)○집사자좌지(執事者佐之)○초헌(初獻)○주인(主人)○승예증조고비좌전궤(陞詣曾祖考妣座前跪)○집사자(執事者)○이잔작주(以盞酌酒)○궤수주인(跪授主人)○주인(主人)○수잔(受盞)○헌잔전잔(獻盞奠盞)○부복흥퇴(俯伏興退)○차예조고비좌전(次詣祖考妣座前)○헌잔여상의흘(獻盞如上儀訖)○퇴우향안전궤(退于香案前跪)○축(祝)○궤어주인지좌(跪於主人之左)○독축(讀祝)○사운(詞云)○모년월일(某年月日)○효증손모관모(孝曾孫某官某)○고이대(告二代)○칙칭효손(則稱孝孫)○각위공일판(各位共一版)○기자칭이최존자위주(其自稱以最尊者爲主)○감소고우모친모관부군(敢昭告于某親某官府君)○모친모봉모씨(某親某封某氏)○복이(伏以)○상제유기(喪制有期)○추원무급(追遠無及)○이금모월모일(以今某月某日)○제부선고모관모우묘(躋祔先考某官某于廟)○근이청작서수(謹以淸酌庶羞)○식진명천(式陳明薦)○상향(尙饗)○부복흥(俯伏興)○차예신주좌전(次詣新主座前)○헌작여상의(獻酌如上儀)○유축사운(唯祝詞云)○모년월일(某年月日)○효자모관모(孝子某官某)○감소고우현고모관부군(敢昭告于顯考某官府君)○복이(伏以)○일월부거(日月不居)○엄급면상(奄及免喪)○식준전례(式遵典禮)○제부우묘(躋祔于廟)○근이청작서수(謹以淸酌庶羞)○지천상사(祇薦常事)○상향(尙饗)○아헌(亞獻)○종헌(終獻)○병여초헌의(並如初獻儀)○유무축(唯無祝)○아헌(亞獻)○주부위지(主婦爲之)○종헌(終獻)○형제지장(兄弟之長)○혹친빈위지(或親賓爲之)○주인이하(主人以下)○재배(再拜)○축(祝)○납신주(納神主)○집사자(執事者)○철찬(徹饌)○주인이하출(主人以下出)○시음주식육(始飮酒食肉)○이복침(而復寢)

●담(禫)

대상지후(大祥之後)○중월이담(中月而禫)○간일월야(間一月也)○상지차(喪至此)○부계윤(不計閏)○범이십칠월(凡二十七月)○전일월하순지수(前一月下旬之首)○택래월삼순(擇來月三旬)○혹정(或丁)○혹해(或亥)○전기일일(前期一日)○주인이하(主人以下)○목욕(沐浴)○집사자(執事者)○설신위어령좌고처(設神位於靈座故處)○진기구찬(陳器具饌)○궐명(厥明)○행사(行事)○개여대상지의(皆如大祥之儀)○유주인이하(唯主人以下)○예사당(詣祠堂)○축(祝)○봉주독(捧主櫝)○치우서계탁자상(置于西階卓子上)○출주우좌(出主置于座)○주인이하(主人以下)○곡진애(哭盡哀)○삼헌부곡(三獻不哭)○개축사(改祝詞)○대상위담제(大祥爲禫祭)○상사위담사(祥事爲禫事)○지사신(至辭神)○내곡진애(乃哭盡哀)○송신주(送神主)○지사당(至祠堂)○불곡(不哭)

(以下他禮)

친제의(親祭儀)

◆시일(時日) 견식례(見式例).

◆재계(齊戒) 오례의(五禮儀)

전제팔일(前祭八日), 예조계문청제계(禮曹啓聞請齊戒). 전하산제사일어별전(殿下散齊四日於別殿), 치제삼일(致齊三日), 이일어정전(二日於正殿), 일일어제궁(一日於齊宮). 세자시강원(世子侍講院), 전기청산제어별당(前期請散齊於別堂), 치제어정당급제소(致齊於正堂及齊所).

범산제(凡散齊), 부조상문질(不弔喪問疾), 부청악(不聽樂), 유사부계형살문서(有司不啓刑殺文書). 치제(致齊), 유계제사(惟啓祭事). 전제칠일(前祭七日), 응행사집사관급배제종친(應行事執事官及陪祭宗親)、문무백관(文武百官), 섭사무전하제의급배제관(攝事無殿下齊儀及陪祭官). 구이공복수서계어의정부(俱以公服受誓戒於議政府). 기일미명칠각(其日未明七刻), 통례원설위(通禮院設位). 종헌관재북남향(終獻官在北南向), 섭사칙초헌관(攝事則初獻官). 진폐작주관(進幣爵酒官)、천조관(薦俎官)、전폐작주관재남북향서상(奠幣爵酒官在南北向西上), 전폐작주관초각(奠幣爵酒官稍却). 약령의정위아헌관(若領議政爲亞獻官), 칙종헌관이하재남(則終獻官以下在南). 섭사칙아헌관이하재남(攝事則亞獻官以下在南).

감찰재서동향북상(監察在西東向北上). 예의사이하제제관재동서향(禮儀使以下諸祭官在東西向), 구매등이위(俱每等異位), 중행북상(重行北上). 배제관재남북향(陪祭官在南北向), 문동(文

東)、무서(武西), 매등이위(每等異位), 중행상대위수(重行相對爲首)。오각(五刻), 인의분인배제관급제제관취위(引儀分引陪祭官及諸祭官就位), 인종헌관취위(引終獻官就位)。찬의취종헌관지좌(贊儀就終獻官之左), 서향립(西向立), 대독서문왈(代讀誓文曰):"금년모월모일(今年某月某日), 전하(殿下)섭사(攝事), 부칭전하(不稱殿下)。제우사직(祭于社稷)。범행사집사관급배제종친(凡行事執事官及陪祭宗親)、문무백관(文武百官), 부종(不縱)영종병인(英宗丙寅), 명개종위음(命改縱爲飮)。주(酒), 부여훈(不茹葷), 총(葱)、구(韭)、산(蒜)、해(薤)부조상문질(不弔喪問疾), 부청악(不聽樂), 부행형(不行刑), 부판서형살문서(不判署刑殺文書), 부예예악사(不預穢惡事), 각양기직(各揚其職)。기혹유위(其或有違), 국유상형(國有常刑)。"독흘(讀訖), 찬의창(贊儀唱):"재배(再拜)。"

재위자개재배내퇴(在位者皆再拜乃退)。범제향관급근시지관응종승자(凡諸享官及近侍之官應從升者), 병산제사일(竝散齊四日), 숙어정침(宿於正寢)。치제삼일(致齊三日):이일어본사(二日於本司), 일일어제소(一日於祭所)。배제관급제위지속수위유문자(陪祭官及諸衛之屬守衛壝門者), 매문호군이인(每門護軍二人), 매우대장일인(每隅隊長一人)。섭사칙병대장(攝事則竝隊長)。

각어본사(各於本司), 청제일숙(淸齊一宿)。공인(工人)、이무(二舞), 청제일숙어례조(淸齊一宿於禮曹)。전치제일일(前致齊一日), 종헌관이하(終獻官以下), 병집의정부이의(竝集議政府肄儀), 전제일일질명(前祭一日質明), 병집제소(竝集祭所)。

◆친임서계(親臨誓戒) 《속오례의(續五禮儀)》。참금의(參今儀)。

전이일(前二日), 예조선섭내외(禮曹宣攝內外), 각공기직(各供其職)。전일일(前一日), 액정서설전하판위어인정전계상당중근북남향(掖庭署設殿下版位於仁政殿階上當中近北南向), 설향안어기전(設香案於其前)。전의설독서문위어전계상근동서향(典儀設讀誓文位於殿階上近東西向), 형판(刑判)○금의작(今儀作)"형조판서(刑曹判書)"。위어독서문위지남서향(位於讀誓文位之南西向), 설아헌관(設亞獻官)、종헌관(終獻官)、제집사배위어전정도동(諸執事拜位於殿庭道東), 매등이위(每等異位), 중행북향서상(重行北向西上)。배향문관일품이하위어향관지후(陪享文官一品以下位於享官之後), 구매등이위(俱每等異位), 중행북향(重行北向)。종친급무관일품이하위어전정도서(宗親及武官一品以下位於殿庭道西), 당문관(當文官), 구매등이위(俱每等異位), 중행북향(重行北向), 상대위수(相對爲首)。감찰위어문무반말(監察位於文武班末), 동서상향(東西相向)。설문외위여상(設門外位如常)。계상전의위어동계상근동서향(階上典儀位於東階上近東西向), 좌(左)、우통례급계하전의위어동계하근동서향(右通禮及階下典儀位於東階下近東西向), 찬의(贊儀)、인의재남차퇴(引儀在南差退)。우설찬의(又設贊儀)、인의위어서계하근서동향(引儀位於西階下近西東向), 구북상(俱北上)。고초엄(鼓初嚴)。병조륵제위진로부의장어정계급전정동서(兵曹勒諸衛陳鹵簿儀仗於正階及殿庭東西), 렬군사병여식(列軍士竝如式)。사복사정(司僕寺正)○금의(今儀), 차하유(此下有)"진여어합외(進輿於閤外)"오자(五字)。진여련어전정중도(陳輿輦於殿庭中道), 소여재북(小輿在北), 대련차지(大輦次之)。어마어중도좌우(御馬於中道左右)。제향관급종친(諸享官及宗親)、문무백관(文武百官), 구집조당(俱集朝堂), 각복기복(各服其服)。사품이상조복(四品以上朝服), 오품이하상복(五品以下常服)。고이엄(鼓二嚴)。제향관급종친(諸享官及宗親)、문무백관(文武百官), 개취문외위(皆就門外位)。제호위지관급사금(諸護衛之官及司禁), 각구기복(各具器服), 구예합외사후(俱詣閤外伺候)。좌통례예합외부복궤계청중엄(左通禮詣閤外俯伏跪啓請中嚴), 전하구원유관(殿下具遠遊冠)、강사포(絳紗袍), 어내전(御內殿)。산선(繖扇)、시위여상의(侍衛如常儀)。○금의(今儀), 차하유(此下有)"근시급집사관선행사배례여상의(近侍及執事官先行四拜禮如常儀)"십사자(十四字)。

고삼엄(鼓三嚴)。고성지(鼓聲止), 벽내외문(闢內外門)。인의분인제향관급종친(引儀分引諸享官及宗親)、문무백관(文武百官), 입취배위(入就拜位)。좌통례부복궤계외판(左通禮俯伏跪啓外辦), 전하승여이출(殿下乘輿以出)。산선(繖扇)、시위여상의(侍衛如常儀)。좌(左)、우통례도전하지강여소(右通禮導殿下至降輿所)。좌통례진당여전부복궤계청강여(左通禮進當輿前俯伏跪啓請降輿), 부복흥(俯伏興), 퇴복위(退復位)。전하강여(殿下降輿)。좌통례부복궤계청집규(左通禮俯伏跪啓請執圭), 근시궤진규(近侍跪進圭), 전하집규(殿下執圭)。좌(左)、우통례전도지판위(右通禮前導至版位), 남향립(南向立)。근시분입좌우부복(近侍分入左右俯伏), 사관재기후(史官在其後)。전의왈(典儀曰):"사배(四拜)。"

찬의창(贊儀唱):"국궁(鞠躬)、사배(四拜)、흥(興)、평신(平身)。"제향관급종친(諸享官及宗

親), 문무백관(文武百官), 국궁(鞠躬)、사배(四拜)、흥(興)、평신(平身)。독서문관(讀誓文官) 총재(冢宰)급형판(及刑判)○금의작(今儀作)"형조판서(刑曹判書)"。승자동계(陞自東階), 취독서문위(就讀誓文位), 서향립(西向立)。독서문(讀誓文)서문견상(誓文見上)。흘(訖), 독서문관급형판(讀誓文官及刑判), ○금의작(今儀作)"형조판서(刑曹判書)"。개강복위(皆降復位)。전의왈(典儀曰):"사배(四拜)。"

찬의창(贊儀唱):"국궁(鞠躬)、사배(四拜)、흥(興)、평신(平身)。"제향관급종친(諸享官及宗親)、문무백관(文武百官), 국궁(鞠躬)、사배(四拜)、흥(興)、평신(平身)。좌통례진당판위전부복궤계청환내(左通禮進當版位前俯伏跪啓請還內)。우계청석규(又啓請釋圭), 전하석규(殿下釋圭), 근시궤수규(近侍跪受圭)。좌통례계청승여(左通禮啓請乘輿), 전하승여환내(殿下乘輿還內)。산선(繖扇)、시위여래의(侍衛如來儀)。인의분인제향관급종친(引儀分引諸享官及宗親)、문무백관(文武百官), 이차출(以次出)。영종기미(英宗己未), 시행차의어사직급종묘친제시(始行此儀於社稷及宗廟親祭時)。

◆진설(陳設) 《오례의(五禮儀)》。참금의(參今儀)。

전제삼일(前祭三日), 전설사설대차어단서문지외도북남향(典設司設大次於壇西門之外道北南向), 시신차어대차지후남향(侍臣次於大次之後南向), 설왕세자차어대차서남동향(設王世子次於大次西南東向), 설제제관차어제방지내(設諸祭官次於齊坊之內), 배제관차어기전(陪祭官次於其前), ○금의(今儀), 차하유(此下有)"구북향(俱北向)"삼자(三字)。

수지지의(隨地之宜)。전이일(前二日), 단사수기속(壇司帥其屬), 소제단지내외(掃除壇之內外)。전설사설찬만어서문지외(典設司設饌幔於西門之外)。전악수기속(典樂帥其屬), 설등가지악어단북(設登歌之樂於壇北), 헌가어북문내(軒架於北門內), 구남향(俱南向)。전일일(前一日), 전사관(典祀官)、단사각수기속(壇司各帥其屬), 설국사(設國社)、국직신좌각어단상남방북향(國稷神座各於壇上南方北向), 설후토씨신좌어국사신좌지좌(設后土氏神座於國社神座之左), 후직씨신좌어국직신좌지좌(后稷氏神座於國稷神座之左), 구동향(俱東向), 석개이완(席皆以莞)。집례설전하판위어북문내당단남향(執禮設殿下版位於北門內當壇南向), ○금의(今儀), 차하유(此下有)"설소차어배위지측(設小次於拜位之側), 수지지의(隨地之宜)"십이자(十二字)。

음복위어국직단상신좌지동북남향(飮福位於國稷壇上神座之東北南向)。찬자설아헌관(贊者設亞獻官)、종헌관(終獻官)、진폐작주관(進幣爵酒官)、천조관(薦俎官)、전폐작주관위어서문내도북(奠幣爵酒官位於西門內道北), 집사자위어기후(執事者位於其後), 매등이위(每等異位), 구중행동향남상(俱重行東向南上)。감찰위이어북문내(監察位二於北門內):일어동북우서향(一於東北隅西向), 일어서북우동향(一於西北隅東向)。집례위이(執禮位二):일어북유문내(一於北壝門內), 일어북유문외(一於北壝門外), 구근서동향(俱近西東向)。찬자(贊者)、알자(謁者)、찬인위어(贊引位於)○금의(今儀), 차하유(此下有)"북(北)"자(字)。

유문외집례지후초북동향남상(壝門外執禮之後稍北東向南上)。협률랑위어국사단하근동서향(協律郎位於國社壇下近東西向)。전악위어헌현지남남향(典樂位於軒懸之南南向)。설배제관위(設陪祭官位), 문관일품이하어서문내제관지후초북(文官一品以下於西門內祭官之後稍北), 매등이위(每等異位), 구중행동향남상(俱重行東向南上)。종친급무관일품이하동문내초북(宗親及武官一品以下東門內稍北), 당문관(當文官), 매등이위(每等異位), 구중행서향남상(俱重行西向南上)。설문외위(設門外位), 제제관어서문외도남(諸祭官於西門外道南), 문관일품이하어제관지서소남(文官一品以下於祭官之西少南), 매등이위(每等異位), 구중행북향동상(俱重行北向東上)。종친급무관일품이하어동문외도북(宗親及武官一品以下於東門外道北), 매등이위(每等異位), 구중행남향서상(俱重行南向西上)。설망예위어예감지남(設望瘞位於瘞坎之南), 아헌관재남북향(亞獻官在南北向), ○금의(今儀), 자(自)"망예(望瘞)"지(止)"북향(北向)", 작(作)"전하망료위어예감지남(殿下望燎位於瘞坎之南), 전하재남북향(殿下在南北向)"。

집례(執禮)、찬자(贊者)、대축재서(大祝在西), 중행동향북상(重行東向北上)。제일미행사전(祭日未行事前), 전사관(典祀官)、단사각수기속(壇司各帥其屬), 입전축판각일어신위지우(入奠祝版各一於神位之右), 각유점(各有坫)。

진폐비각일어존소(陳幣篚各一於尊所), 설향로(設香爐)、향합(香合)、병촉어신위지전(并燭於神位之前), 차설제기여식(次設祭器如式)。설복주작(設福酒爵)、유점(有坫)。조육조각일어국사(胙肉俎

俎各一於國社)、국직존소(國稷尊所), 우설국사조일어찬만내(又設國社俎一於饌幔內)。설어세어북유문외서북남향(設御洗於北壝門外西北南向), 아(亞)、종헌세(終獻洗), 우어서북(又於西北), 구남향(俱南向)。 관세재서(盥洗在西), 작세재동(爵洗在東)。어세급아헌세유반이(御洗及亞獻洗有槃匜), 약령의정위아헌(若領議政爲亞獻), 칙여종헌동세(則與終獻同洗), 무반이(無槃匜)。구뢰재(俱罍在)세(洗)서가작(西加勺), 비재세동(篚在洗東), 북사(北肆), 실이건(實以巾)。 약작세지비(若爵洗之篚), 칙우실이작(則又實以爵)。유점(有坫)。

제집사관세어아(諸執事盥洗於亞)、종헌세어북남향(終獻洗西北南向)。집존(執尊)、뢰(罍)、비(篚)、멱자위어존(冪者位於尊)、뢰(罍)、비(篚)、멱지후(冪之後)。

친전향축(親傳香祝)《오례의(五禮儀)》。 참금의(參今儀)。

전제일일미명오각(前祭一日未明五刻), 액정서설전하욕위어사정전월랑남계하당중남향(掖庭署設殿下褥位於思政殿月廊南階下當中南向), ○금의(今儀), 자(自)"사정전(思政殿)"지(止)"남향(南向)", 작(作)"인정전월대남향(仁政殿月臺南向)"。설향축안어기전근서동향(設香祝案於其前近西東向)。○금의(今儀), 차하유(此下有)"우설향축지송위어전동계하근동서향(又設香祝祗送位於殿東階下近東西向)"십륙자(十六字)。병조진로부세장급향정어근정문외(兵曹陳鹵簿細仗及香亭於勤政門外)。○금의(今儀), 자(自)"병조(兵曹)"지(止)"문외(門外)", 작(作)"병조륵소부진장위어상(兵曹勒所部陳仗衛如常)"。

삼각(三刻), 제재관이시복구집조당(諸齋官以時服俱集朝堂)。○금의(今儀), 자(自)"삼각(三刻)"지(止)"조당(朝堂)", 작(作)"승지(承旨)、사관의시각집도(史官依時刻集到), 각복흑단령(各服黑團領), 구예궐(俱詣闕)외사후(外伺候)。전삼각(前三刻), 제재관각복흑단령(諸齋官各服黑團領), 구집조당(俱集朝堂)。전일각(前一刻), 좌통례예합외궤계청중엄(左通禮詣閤外跪啓請中嚴)。소경(少頃), 우계외판(又啓外辦)"。

전하구익선관(殿下具翼善冠)、곤룡포(袞龍袍), ○금의(今儀), 차하유(此下有)"승여이출(乘輿以出)。산선(繖扇)、시위여상의(侍衛如常儀)。좌(左)、우통례전도지강여소(右通禮前導至降輿所), 좌통례궤계청강여(左通禮跪啓請降輿), 전하강여(殿下降輿)"삼십삼자(三十三字)。○주운(註云):"약어편전행지(若於便殿行之), 칙무승강여의(則無乘降輿儀)。"

즉좌(卽座)。 ○금의(今儀), 차하유(此下有)"산선(繖扇)、시위여상의(侍衛如常儀)"칠자(七字)。

전교서관이축판봉진(典校署官以祝版捧進), 근시전봉이진(近侍傳捧以進)。 약병전칙이차봉진(若並傳則以次捧進)。○금의(今儀), 자(自)"전교서(典校署)"지(止)"전봉이진(傳捧以進)", 작(作)"향실관흑단령(香室官黑團領), 봉향축궤진(捧香祝跪進), 근시전봉궤진(近侍傳捧跪進)"。○주운(註云):"근시(近侍), 례방승지(禮房承旨)。"

전하서흘(殿下署訖), ○금의작(今儀作)"친압흘(親押訖)"。

근시봉축판급향(近侍捧祝版及香), 권치어안(權置於案)。일각(一刻), 인의인초헌관(引儀引初獻官), 예사정전합외(詣思政殿閤外)。○금의(今儀), 자(自)"인의(引儀)"지(止)"합외(閤外)", 작(作)"인의인헌관(引儀引獻官), 승취월대(陞就月臺)"。시지(時至), 좌통례입어욕위지좌부복(左通禮入於褥位之左俯伏), 전하출취욕위(殿下出就褥位), 남향립(南向立)。○금의(今儀), 자(自)"전하(殿下)"지(止)"남향립(南向立)", 작(作)"전하어욕위전(殿下於褥位), 남향립(南向立)"。

초헌관(初獻官)○금의무(今儀無)"초(初)"자(字)。하동(下同)。입(入)。 병전칙제초헌관이차입(並傳則諸初獻官以次入)。 좌통례궤계청궤(左通禮跪啓請跪), 전하궤(殿下跪)。근시이(近侍以)○금의(今儀), "이(以)"작(作)"봉(捧)"。향축동향궤진(香祝東向跪進), 전하수향축(殿下受香祝), 이수초헌관(以授初獻官), 초헌관서향궤수흥(初獻官西向跪受興)。 병전칙선수자(並傳則先受者), 립어문내서향(立於門內西向), 이차이북(以次而北)。

좌통례계청흥(左通禮啓請興)、국궁(鞠躬), 전하흥(殿下興)、국궁(鞠躬), 향축유중문출(香祝由中門出)。좌통례계청평신(左通禮啓請平身), 전하평신(殿下平身)。○금의(今儀), 자(自)"좌통례계청흥(左通禮啓請興)"지(止)"전하평신(殿下平身)", 작(作)"좌통례궤계청흥(左通禮跪啓請興), 전하흥(殿下興)。좌(左)、우통례도전하강비계하지송위(右通禮導殿下降陛階下祗送位), 서향립(西向立)。산선(繖扇)、시위여상의(侍衛如常儀)。헌관봉향축(獻官捧香祝), 유정계출(由正階出)。좌통례궤계청국궁(左通禮跪啓請鞠躬), 전하국궁(殿下鞠躬)。과칙계청평신(過則啓請平身), 전하평신(殿下平身)"。

환내(還內)。초헌관출근정문외(初獻官出勤政門外), 치향축어향정중(置香祝於香亭中)。세장전도(細仗前導), 향정차지(香亭次之), 아헌관이하(亞獻官以下), 수초헌관(隨初獻官), 출궐문외상마(出闕門外上馬)。지제방문외(至齊坊門外), 하마입취제소(下馬入就齊所), 향축안어탁상(香祝安於卓上)。○금의(今儀), 자(自)"환내(還內)"지(止)"탁상(卓上)", 작(作)"헌관출인정문(獻官出仁政門), 봉향축어향정중(奉香祝於香亭中)。세장전도(細仗前導), 좌(左)、우통례도전하환내(右通禮導殿下還內)"。○약부친전(若不親傳), 칙전교서관구향축이진(則典校署官具香祝以進), 승지어외정대전(承旨於外庭代傳)。

◆거가출궁(車駕出宮)《오례의(五禮儀)》。 참금의(參今儀)。

전출궁(前出宮) ○금의무(今儀無)"출궁(出宮)"이자(二字)。

삼일(三日), 유사선섭내외(攸司宣攝內外), 각공기직(各供其職)。전제이일(前祭二日), 장악원전헌현지악어근정전(掌樂院展軒懸之樂於勤政殿)○금의작(今儀作)"인정전(仁政殿)"。정근남북향(庭近南北向)。가출(駕出), 현이부작(懸而不作)。○금의작(今儀作)"출궁(出宮), 진이부작(陳而不作)"。

전설사설왕세자차어광화문(典設司設王世子次於光化門)○금의작(今儀作)"돈화문(敦化門)"。외도동(外道東), 근북서향(近北西向)。전제일일(前祭一日), 통례원설왕세자시립위어광화문외(通禮院設王世子侍立位於光化門外)○금의무(今儀無)"광화문외(光化門外)"사자(四字)。차전서향(次前西向), 배제종친(陪祭宗親)、문무백관시립위어왕세자지남(文武百官侍立位於王世子之南)○금의(今儀), "왕세자지남(王世子之南)"작(作)"돈화문외(敦化門外)"。상향북상(相向北上)。문관재동(文官在東), 무관재서(武官在西)。세자익위사륵소부진장위여상(世子翊衛司勒所部陳仗衛如常)。궁관의시각집도(宮官依時刻集到), ○금의무(今儀無)"집도(集到)"이자(二字)。

◆각구기복(各具其服)。문관조복(文官朝服), 무관기복(武官器服)。

고초엄(鼓初嚴)。삼엄절차(三嚴節次), 전일일(前一日), 관상감계품(觀象監啓稟)。후방차(後做此)。○금의무차주(今儀無此註)。병조륵제위진대가로부어홍례문(兵曹勒諸衛陳大駕鹵簿於弘禮門)○금의작(今儀作)"인정문(仁政門)"。외여상(外如常)。배제관구집조방(陪祭官俱集朝房), 각구조복(各具朝服)。제제관선예제소(諸祭官先詣祭所)。궁관취궁문외(宮官就宮門外), 분좌우상향북상(分左右相向北上)。익찬부인여식(翊贊負印如式), 시종(侍從)○금의작(今儀作)"배종(陪從)"。지관(之官), 익위이인패검(翊衛二人佩劍), 사어이인패궁시(司禦二人佩弓矢)。예합외봉영(詣閤外奉迎)。필선예합외(弼善詣閤外), ○금의무(今儀無)"예합외(詣閤外)"삼자(三字)。궤찬청내엄(跪贊請內嚴)。고이엄(鼓二嚴)。제위각독기대(諸衛各督其隊), 입진어전정(入陳於殿庭)。사복사정진련어근정문(司僕寺正進輦於勤政門)○금의작(今儀作)"인정문(仁政門)"。외(外), 진여어사정전(進輿於思政殿)○금의작(今儀作)"선정전(宣政殿)"。합외(閤外), 구남향(俱南向)。

배제관출취시립위(陪祭官出就侍立位)。필선궤백외비(弼善跪白外備), 왕세자구복출(王世子具服出)。○금의(今儀), "구복출(具服出)"작(作)"구원유관(具遠遊冠)、강사포이출(絳紗袍以出)"。필선(弼善)○금의작(今儀作)"상례(相禮)"。인취광화문(引就光化門)○금의작(今儀作)"돈화문(敦化門)"。외차(外次)。시위(侍衛)○금의작(今儀作)"배위(陪衛)"。여상(如常)。시신(侍臣)당하관직대경연(堂下官職帶經筵)、춘추관(春秋館)、지제교급사헌부(知製敎及司憲府)、사간원(司諫院)、통례원자(通禮院者)。후방차(後做此)。○금의무차주(今儀無此註)。예근정전(詣勤政殿)○금의작(今儀作)"인정전(仁政殿)"。서계하(西階下), 분좌우립봉영(分左右立奉迎)。제호위지관(諸護衛之官)병조(兵曹)、도총부당상관(都摠府堂上官)、오위장(五衛將)、내금위장(內禁衛將)、겸사복장(兼司僕將)、패운검중추사(佩雲劍中樞四)、봉갑상호군(捧甲上護軍)、봉주상호군각일(捧冑上護軍各一)、봉궁시상호군십이(捧弓矢上護軍十二)、겸사복지류(兼司僕之類)。후방차(後做此)。○금의무차주(今儀無此註)。급사금각구기복(及司禁各具器服), 상서원관봉보(尙瑞院官捧寶), 구예사정전(俱詣思政殿)○금의작(今儀作)"선정전(宣政殿)"。합외사후(閤外伺候)。좌통례예합외부복궤계청중엄(左通禮詣閤外俯伏跪啓請中嚴)。고삼엄(鼓三嚴)。필선(弼善)○금의작(今儀作)"상례(相禮)"。

인왕세자출차(引王世子出次), 취시립위(就侍立位)。종성지(鍾聲止), ○금의작(今儀作)"고성지(鼓聲止)"。벽내외문(闢內外門)。좌통례부복(左通禮俯伏)○금의무(今儀無)"부복(俯伏)"이자(二字)。궤계외판(跪啓外辦), 전하구원유관(殿下具遠遊冠)、강사포(絳紗袍), 승여이출(乘輿以出)。산선(繖扇)、시위여상의(侍衛如常儀)。좌(左)、우통례전도(右通禮前導), 강자서계(降自西階), 시신협시가전여상(侍臣夾侍駕前如常)。○금의무(今儀無)"강자서계(降自西階)"이하십이자(以下十二字)。

상서원관봉보전행(尙瑞院官捧寶前行), 대승련(待乘輦), 이보재마(以寶載馬)。가지근정문(駕至勤政門)○금의작(今儀作)"인정문(仁政門)"。외(外), 좌통례진당여전부복(左通禮進當輿前俯伏)○금의무(今儀無)"진당여전부복(進當輿前俯伏)"륙자(六字)。궤계청강여승련(跪啓請降輿乘輦), 부복흥(俯伏興), 퇴복위(退復位)。범좌통례계청(凡左通禮啓請), 개진당가전부복궤계청흘(皆進當駕前俯伏跪啓請訖), 부복흥(俯伏興), 퇴복위(退復位)。○금의무(今儀無)"부복흥(俯伏興), 퇴복위(退復位)"륙자(六字)。○역무주(亦無註)。

전하강여승련(殿下降輿乘輦), ○금의(今儀), 차하유(此下有)"좌통례궤계청집규(左通禮跪啓請執圭), 근시궤진규(近侍跪進圭), 전하집규(殿下執圭)"십칠자(十七字)。좌통례(左通禮)○금의(今儀), 차하유(此下有)"궤(跪)"자(字)。계청가(啓請駕)○금의무(今儀無)"가(駕)"자(字)。진발(進發)。가동(駕動), 좌(左)、우통례협인이출(右通禮夾引以出)。○금의무(今儀無)"좌(左)、우통례협인이출(右通禮夾引以出)"팔자(八字)。찬의이인재통례지전(贊儀二人在通禮之前), 장위도종여상(仗衛導從如常)。가출(駕出)○금의작(今儀作)"가지(駕至)"。광화문(光化門)○금의작(今儀作)"돈화문(敦化門)"。외(外), 왕세자국궁(王世子鞠躬), 과칙평신(過則平身)。지시신상마소(至侍臣上馬所),

좌통례계청가소주(左通禮啓請駕小駐), 교시신상마(敎侍臣上馬), 퇴칭시신상마(退稱侍臣上馬)。 ○금의무(今儀無)"퇴칭시신상마(退稱侍臣上馬)"륙자(六字)。

찬의전창(贊儀傳唱), 제시위지관각독기속(諸侍衛之官各督其屬), 좌우익가(左右翊駕)。시신상마필(侍臣上馬畢), ○금의(今儀), 자(自)"제시위(諸侍衛)"지(止)"상마필(上馬畢)", 작(作)"시위지관급시신상마필(侍衛之官及侍臣上馬畢)"。 좌통례계청가(左通禮啓請駕)○금의무(今儀無)"가(駕)"자(字)。

진발(進發)。가동(駕動), 부명고취(不鳴鼓吹), 부득훤화(不得喧譁)。○금의무(今儀無)"부명고취(不鳴鼓吹), 부득훤화(不得喧譁)"팔자(八字)。○주운(註云): "고취부작(鼓吹不作)。"종친(宗親)、배제관(陪祭官)○금의작(今儀作)"종친(宗親)、문무백관(文武百官)"。국궁(鞠躬), 과칙평신(過則平身)。○금의(今儀), 차하유(此下有)"왕세자지(王世子至), 국궁(鞠躬), 과칙평신(過則平身)"십자(十字)。

왕세자급배제지관(王世子及陪祭之官)○금의무(今儀無)"왕세자급배제지관(王世子及陪祭之官)"팔자(八字)。이차시위(以次侍衛), 재현무대지후여상의(在玄武隊之後如常儀)。○금의무(今儀無)"재현무대지후여상의(在玄武隊之後如常儀)"구자(九字)。가장지제궁(駕將至齊宮)○금의작(今儀作)"사직(社稷)"。대문외시신하마소(大門外侍臣下馬所), 좌통례계청가소주(左通禮啓請駕小駐), 시신개하마분립(侍臣皆下馬分立)。○금의(今儀), "시신개하마분립(侍臣皆下馬分立)"작(作)"시신하마필(侍臣下馬畢)"。좌통례계청가(左通禮啓請駕)○금의무(今儀無)"가(駕)"자(字)。진발(進發)。가동(駕動), 시신국궁(侍臣鞠躬), 과칙평신(過則平身)。가지대문외(駕至大門外), ○금의(今儀), 차하유(此下有)"좌통례궤계청석규(左通禮跪啓請釋圭), 전하석규(殿下釋圭), 근시궤수규(近侍跪受圭)"십칠자(十七字)。좌통례(左通禮)○금의(今儀), 차하유(此下有)"궤(跪)"자(字)。계청강련승여(啓請降輦乘輿), 전하강련승여(殿下降輦乘輿)○금의(今儀), 차하유(此下有)"좌(左)、우통례전도유동문(右通禮前導由東門)"구자(九字)。이입(以入)。산선(繖扇)、시위여상의(侍衛如常儀)。초가장지(初駕將至), 알자인제제관(謁者引諸祭官), 구조복(具朝服)립어제궁문외도좌서향남상(立於齊宮門外道左西向南上), 망가국궁봉영(望駕鞠躬奉迎)。좌(左)、우통례전도지제궁(右通禮前導至齊宮), 시신종지제궁전내퇴(侍臣從至齊宮前乃退), 기대가로부정어대문외(其大駕鹵簿停於大門外)。봉례인왕세자(奉禮引王世子), 인의분인제제관급배제관(引儀分引諸祭官及陪祭官), 집제궁지남(集齊宮之南)。문동(文東)、무서(武西)。찬의품지(贊儀稟旨), 교군관각취차(敎群官各就次)。숙위여상(宿衛如常)。○금의(今儀), 자(自)"초가장지(初駕將至)"지(止)"숙위여상(宿衛如常)", 작(作)"가지북신문외(駕至北神門外), 좌통례궤계청강여(左通禮跪啓請降輿), 전하강여보과전로(殿下降輿步過前路)。좌통례궤계청승여(左通禮跪啓請乘輿), 전하승여(殿下乘輿)。좌(左)、우통례전도지대차전(右通禮前導至大次前), 좌통례궤계청강여(左通禮跪啓請降輿), 전하강여(殿下降輿)。좌(左)、우통례전도입대차(右通禮前導入大次)"。

◆친성생기(親省牲器)○금의(今儀)

전제일일(前祭一日), 집례설생방어단서문외당문동향북상(執禮設牲榜於壇西門外當門東向北上)。장생령위어동북남향(掌牲令位於東北南向), 대축위어생서(大祝位於牲西), 각당생후(各當牲後)。축사각재기후(祝史各在其後), 구동향(俱東向)。액정서설전하성생위어단서문외근남북향(掖庭署設殿下省牲位於壇西門外近南北向), 설왕세자위어성생위지후근서동향(設王世子位於省牲位之後近西東向)。집례설종헌관이하제제관급례조판서위어왕세자지후근남동향(執禮設終獻官以下諸祭官及禮曹判書位於王世子之後近南東向), 설제집사(設諸執事)、감찰위어기후(監察位於其後), 구남상(俱南上)。전사관설제기위어단상(典祀官設祭器位於壇上)。자이석(藉以席)。

기일미후이각(其日未後二刻), 단사수기속(壇司帥其屬), 소제단지내외(掃除壇之內外)。집사자이제기입설어위(執事者以祭器入設於位), 가이건개(加以巾蓋)。집존(執尊)、축사(祝史)、재랑(齋郎), 구이흑단령예단내(俱以黑團領詣壇內), 각립존소(各立尊所)。알자(謁者)、찬인(贊引), 각인종헌관이하제집사(各引終獻官以下諸執事), 사품이상조복(四品以上朝服), 오품이하흑단령(五品以下黑團領)。각취위(各就位)。장생령(掌牲令)흑단령(黑團領)수기속(帥其屬), 견생취위(牽牲就位)。찬인인감찰예단(贊引引監察詣壇), 승자서계(升自西階), 행소제어상(行掃除於上), 강행악현어하(降行樂懸於下)。삼각(三刻), 좌통례예대차전부복궤계청중엄(左通禮詣大次前俯伏跪啓請中嚴)。상례예제실전궤찬청(相禮詣齊室前跪贊請)범찬청(凡贊請), 개부복(皆俯伏)。내엄(內嚴), 소경찬청출차(少頃贊請出次), 왕세자구원유관(王世子具遠遊冠)、강(絳)사포(紗袍), 출차취위(出次就位)。좌통례부복궤계외판(左通禮俯伏跪啓外辦), 전하구원유관(殿下具遠遊冠)、강(絳)사포이출(紗袍以出)。좌(左)、우통례전도(右通禮前導), 지서문외(至西門外)。산선(繖扇)、시위부응입자(侍衛不應入者), 지어문외(止於門外)。

좌통례계청집규(左通禮啓請執圭), 근시궤진규(近侍跪進圭), 전하집규(殿下執圭)。좌(左)、우통례전도이입(右通禮前導以入), 승자북폐(升自北陛), 예성기위(詣省器位), 시척탁(視滌濯)。집사자거멱고결(執事者擧冪告潔)。 기흘(旣訖), 권철(權徹)。

왕세자수참여상(王世子隨參如常)。 성기흘(省器訖), 좌(左)、우통례도전하환출서문외(右通禮導殿下還出西門外), 상례인왕세자환출(相禮引王世子還出)。 례조판서도전하예성생위(禮曹判書導殿下詣省牲位), 북향립(北向立)。 산선(繖扇)、시위여상의(侍衛如常儀)。 상례인왕세자수예(相禮引王世子隨詣), 례조판서진전부복궤계청성생(禮曹判書進前俯伏跪啓請省牲), 부복흥(俯伏興), 퇴립어위(退立於位)。 장생령수기속(掌牲令帥其屬), 견생자서행과소진(牽牲自西行過少進), 남향궤거수왈(南向跪擧手曰) : “돌(腯)。”환복위(還復位)。 대축순생일잡(大祝巡牲一匝), 동향거수왈(東向擧手曰) : “충(充)。”구환복위(俱還復位)。 전하성생흘(殿下省牲訖), 제대축여장생령(諸大祝與掌牲令), 이차견생예주(以次牽牲詣廚), 수전사관(授典祀官)。 례조판서도전하환지대차전(禮曹判書導殿下還至大次前)。 례조판서궤계청석규(禮曹判書跪啓請釋圭), 전하석규(殿下釋圭), 근시궤수규(近侍跪受圭)。 전하입대차(殿下入大次)。 상례인왕세자(相禮引王世子), 환입재실(還入齋室)。 찬인인례조판서예주(贊引引禮曹判書詣廚), 성정(省鼎)、확(鑊), 신시척개(申視滌漑)。 알자인종헌관(謁者引終獻官), 감취명수(監取明水)、화(火)。 찬인인감찰예주(贊引引監察詣廚), 성찬구흘(省饌具訖), 각환제소(各還齊所)。 포후일각(晡後一刻), 전사관수재인(典祀官帥宰人), 이란도할생(以鸞刀割牲)。 축사각이반취모혈(祝史各以槃取毛血), 치어찬소(置於饌所), 수팽생(遂烹牲)。

◆성생기(省牲器) 《오례의(五禮儀)》

전제일일(前祭一日), 집례설생방어서문외당문동향북상(執禮設牲榜於西門外當門東向北上)。 장생령위어생동북남향(掌牲令位於牲東北南向), 대축위어생서(大祝位於牲西), 각당생후(各當牲後), 축사각재기후(祝史各在其後), 구동향(俱東向)。 종헌관위어생전근남북향(終獻官位於牲前近南北向)。 영의정위아헌관(領議政爲亞獻官), 칙아헌관성생(則亞獻官省牲)。 섭사동(攝事同)。 감찰위어종헌관지동북향차후(監察位於終獻官之東北向差後)。 전사관설제기위어단상(典祀官設祭器位於壇上)。 개자이석(皆藉以席)。

미후이각(未後二刻), 단사솔기속(壇司帥其屬), 소제단지내외(掃除壇之內外)。 집사자이제기입설어위(執事者以祭器入設於位), 가이건개(加以巾蓋)。 삼각(三刻), 종헌관이하응성생기자(終獻官以下應省牲器者), 구이상복취서문외(俱以常服就西門外)。 집례수찬자(執禮帥贊者)、알자(謁者)、찬인(贊引), 선입단하(先入壇下)。 장생령견생취위(掌牲令牽牲就位)。 찬인인감찰(贊引引監察), 예국사단(詣國社壇), 승자서폐(升自西陛), 행소제어상(行掃除於上)。 예국직단(詣國稷壇), 역여지(亦如之)。 강행악현어하흘(降行樂懸於下訖), 복위(復位)。 알자인종헌관(謁者引終獻官), 찬인인감찰(贊引引監察), 예국사(詣國社)단(壇), 승자서폐(升自西陛), 시척탁(視滌濯)。 집사자거멱고결(執事者擧冪告潔)。 기흘(旣訖), 권철(權徹)。 예국직단(詣國稷壇), 역여지(亦如之)。 인강취성생위(引降就省牲位)。 장생령소전왈(掌牲令少前曰) : “청성생(請省牲)。”퇴복위(退復位)。 종헌관성생(終獻官省牲)。 장생령우전(掌牲令又前), 거수왈(擧手曰) : “돌(腯)。”복위(復位)。 제대축각순생일잡(諸大祝各巡牲一匝), 동향거수왈(東向擧手曰) : “충(充)。”구복위(俱復位)。 제대축여장생령(諸大祝與掌牲令), 이차견생예주(以次牽牲詣廚), 수전사관(授典祀官)。 알자인종헌관예주(謁者引終獻官詣廚), 성정(省鼎)、확(鑊), 신시척개(申視滌漑), 감취명수(監取明水)、화(火)。 취수어음감(取水於陰鑑), 취화어양수(取火於陽燧)。 음감미능졸판(陰鑑未能猝辦), 이정수대지(以井水代之)。 화이공찬(火以供爨), 수이실존(水以實尊)。

찬인인감찰예주(贊引引監察詣廚), 성찬구흘(省饌具訖), 각환제소(各還齊所)。 포후일각(晡後一刻), 전사관수재인(典祀官帥宰人), 이란도할생(以鸞刀割牲)。 축사각이반취모혈(祝史各以槃取毛血), 치어찬소(置於饌所), 수팽생(遂烹牲)。 련피자숙(連皮煮熟), 기여모혈(其餘毛血), 성이정기(盛以淨器), 제필매지(祭畢埋之)。 단사수기속(壇司帥其屬), 소제단지내외(掃除壇之內外)。

◆전폐(奠幣) 《오례의(五禮儀)》。 참금의(參今儀)。

제일축전오각(祭日丑前五刻), 축전오각(丑前五刻), 즉삼경삼점(卽三更三點), 행사용축시일각(行事用丑時一刻)。 전사관(典祀官)、단사입(壇司入), 실찬구필(實饌具畢), 퇴취차(退就次), 복기복(服其服)。 승설국사(升設國社)、후토씨(后土氏)、국직(國稷)、후직씨신위판어좌(后稷氏神位版於座)。 찬인인감찰예국사단(贊引引監察詣國社壇), 승자서폐(升自西陛)。 제집사승강(諸執事升降), 개자서폐(皆自西陛)。 안시단지상하(按視壇之上下), 규찰부여의자(糾察不如儀者)。 예국직단(詣國稷壇), 역여지(亦如之), 환출

(還出)。 전삼각(前三刻), 제제관급배제관(諸祭官及陪祭官), 각복기복(各服其服)。 제관제복(祭官祭服), 배제관조복(陪祭官朝服)。○금의주운(今儀註云): "배제관사품이상조복(陪祭官四品以上朝服), 오품이하상복(五品以下常服)。" 인의분인배제관(引儀分引陪祭官), 구취문외위(俱就門外位)。 집례수찬자(執禮帥贊者)、알자(謁者)、찬인(贊引), 입자서문(入自西門), 선취단북현남배위(先就壇北懸南拜位), 중행남향동상(重行南向東上)。 ○금의(今儀), 차하유(此下有)"립정(立定)"이자(二字)。 사배흘(四拜訖), 각취위(各就位)。 전악수공인(典樂帥工人)、이무입취위(二舞入就位)。 문무입진어현남(文舞入陳於懸南), 무무립어현북도동(武舞立於懸北道東)。 인의분인배제관입취위(引儀分引陪祭官入就位)。

봉례(奉禮)○금의작(今儀作)"상례(相禮)"。 인아헌관(引亞獻官), 약령의정위아헌관(若領議政爲亞獻官), 칙알자인(則謁者引)。 알자(謁者)、○금의(今儀), 차하유(此下有)"인종헌관알자(引終獻官謁者)"륙자(六字)。 찬인각인제제관(贊引各引諸祭官), 구취서문외위(俱就西門外位)。 좌통례취대차전궤계청중엄(左通禮就大次前跪啓請中嚴)。 찬인인감찰(贊引引監察)、전사관(典祀官)、대축(大祝)、축사(祝史)、재랑(齋郎)、단사(壇司)、협률랑(協律郎)、봉조관(捧俎官)、집준(執尊)・뢰(罍)・비(篚)・멱자(冪者), 입취현남배위(入就懸南拜位), 중행남향동상립정(重行南向東上立定)。 집례왈(執禮曰):"사배(四拜)。"찬자전창(贊者傳唱)。 범집례유사(凡執禮有辭), 친자개전창(贊者皆傳唱)。 감찰이하개사배흘(監察以下皆四拜訖)。

찬인인감찰취위(贊引引監察就位), 찬인인제집사예관세위(贊引引諸執事詣盥洗位), 관세흘(盥帨訖), 각취위(各就位)。 전일각(前一刻), 봉례인아헌관(奉禮引亞獻官)。 알자(謁者)、찬인각인종헌관(贊引各引終獻官)、진폐작주관(進幣爵酒官)、천조관(薦俎官)、전폐작주관(奠幣爵酒官), 입취위(入就位)。 찬인인재랑(贊引引齋郎), 예작세위(詣爵洗位), 세작식작흘(洗爵拭爵訖), 치어비(置於篚), 봉예준소(捧詣尊所), 치어점상(置於坫上)。 ○금의(今儀), 차하유(此下有)"삼경오점(三更五點)"사자(四字)。

좌통례궤계외판(左通禮跪啓外辦), 전하구면복이출(殿下具冕服以出)。 산선(繖扇)、시위여상의(侍衛如常儀)。 례의사도전하지서문외(禮儀使導殿下至西門外), 근시궤진규(近侍跪進圭), 례의사궤계청집규(禮儀使跪啓請執圭)。 산선장위정어문외(繖扇仗衛停於門外)。○금의(今儀), 자(自)"근시(近侍)"지(止)"집규(執圭)", 작(作)"례의사궤계청집규(禮儀使跪啓請執圭), 근시궤진규(近侍跪進圭), 전하집규(殿下執圭)"。

례의사도전하입자정문(禮儀使導殿下入自正門), 시위부응입자(侍衛不應入者), 지어문외(止於門外)。○금의주운(今儀註云):"근시종입(近侍從入)。"예판위(詣版位), 남향립(南向立)。 매립정(每立定), 례의사퇴부복어좌(禮儀使退俯伏於左)。 집례(執禮)○금의(今儀), "집례(執禮)"상유(上有)"시지(時至)"이자(二字)。 왈(曰):"예의사계청행사(禮儀使啓請行事)。"예의사궤계(禮儀使跪啓):"유사근구(有司謹具), 청행사(請行事)。"집례왈(執禮曰):"예모혈(瘞毛血)。"대축각예모혈어감(大祝各瘞毛血於坎)。 협률랑궤부복거휘흥(協律郎跪俯伏舉麾興), 범취물자(凡取物者), 개궤부복(皆跪俯伏), 이취이흥(而取以興), 전물칙궤전흘(奠物則跪奠訖), 부복이후흥(俯伏而後興)。

공고축(工鼓柷), 헌가작(軒架作)《순안지악(順安之樂)》, 《영문지무(烈文之舞)》작(作), 악칠성(樂七成)。 집례왈(執禮曰):"사배(四拜)。"례의사계청사배(禮儀使啓請四拜), 전하사배(殿下四拜), ○금의(今儀), 자(自)"계청(啓請)"지(止)"전하사배(殿下四拜)", 작(作)"계청국궁사배흥평신(啓請鞠躬四拜興平身), 전하국궁사배흥평신(殿下鞠躬四拜興平身)"。 재위자개사배(在位者皆四拜), 선배자부배(先拜者不拜)。○금의(今儀), "선배(先拜)"상주운(上註云):"찬자역창(贊者亦唱)。"

악팔성(樂八成)。 협률랑언휘(協律郎偃麾), 공알어(工戛敔), 악지(樂止)。 범악개협률랑궤부복거휘흥(凡樂皆協律郎跪俯伏舉麾興), 공고축이후작(工鼓柷而後作), 언휘알어이후지(偃麾戛敔而後止)。 근시예관세위(近侍詣盥洗位), 관세흘(盥帨訖), 환시위(還侍位)。 알자인진폐작주관(謁者引進幣爵酒官)、전폐작주관(奠幣爵酒官), 예관세위(詣盥洗位), 관세흘(盥帨訖), 예국사준소(詣國社尊所), 남향립(南向立)。 집례왈(執禮曰):"행전폐례(行奠幣禮)。

"예의사도전하예관세위(禮儀使導殿下詣盥洗位), 남향립(南向立)。 계청진규(啓請搢圭)。 여진부편(如搢不便), 근시승봉(近侍承奉)。○금의(今儀), "계청진규(啓請搢圭)"작(作)"례의사계청진규(禮儀使啓請搢圭), 전하진규(殿下搢圭)"。○주(註):"'승봉(承奉)'하유(下有)'매방차(每倣此)'삼자(三字)。"근시궤취이흥옥수(近侍跪取匜興沃水), 우근시궤취반승수(又近侍跪取槃承水)。 전하관수(殿下盥手), 근시궤취건어비이진(近侍跪取巾於篚以進)。 전하세수흘(殿下帨手訖), 근시수건전어비(近侍受巾奠於篚)。 예의사계청집규(禮儀使啓請執圭)。○금의(今儀), 차하유(此下有)"근시궤진(近侍跪進), 전하집규(殿下執圭)"구자(九字)。 도(導)○금의(今儀), "도(導)"상유(上有)"례의사(禮儀使)"삼자(三字)。 전하예국사단(殿下詣國社壇), 승자북폐(升自北陛)。 근시종승(近侍從升)。 등가작(登歌作)《숙안지악(肅安之樂)》, 《렬문지무(烈文之舞)》작(作)。 ○금의(今儀), 차하유(此下有)

"예의사도전하(禮儀使導殿下)"륙자(六字)。 **예국사신위전(詣國社神位前)**,　**남향립(南向立)**。○금의(今儀)，차하유(此下有)"집례왈궤(執禮曰跪)"사자(四字)。 **예의사계청궤진규(禮儀使啓請跪搢圭)**,　**전하궤진규(殿下跪搢圭)**,　**재위자개궤(在位者皆跪)**。 찬자역창(贊者亦唱)。 **근시일인봉향합(近侍一人捧香合)**,　**일인봉향로(一人捧香爐)**,　**궤진(跪進)**。 **예의사계청삼상향(禮儀使啓請三上香)**。○금의(今儀)，차하유(此下有)"전하삼상향(殿下三上香)"오자(五字)。 **근시전로우신위전(近侍奠爐于神位前)**。 **근시이폐비수진폐작주관(近侍以幣篚授進幣爵酒官)**,　**진폐작주관봉폐궤진(進幣爵酒官捧幣跪進)**。 **예의사계청집폐헌폐(禮儀使啓請執幣獻幣)**,　○금의(今儀)，차하유(此下有)"전하집폐헌폐(殿下執幣獻幣)"륙자(六字)**이폐수전폐작주관(以幣授奠幣爵酒官)**,　**전우신위전(奠于神位前)**。 진향진폐재서동향(進香進幣在西東向)，전로전폐재동서향(奠爐奠幣在東西向)。진작전작준차(進爵奠爵準此)。

레의사계청집규(禮儀使啓請執圭)、**부복흥평신(俯伏興平身)**,　**전하집규(殿下執圭)**,　**부복흥평신(俯伏興平身)**,　**재위자개부복흥평신(在位者皆俯伏興平身)**。 찬자역창(贊者亦唱)。 **도(導)**○금의(今儀)，"도(導)"상유(上有)"레의사(禮儀使)"삼자(三字)。 **전하예후토씨신위전(殿下詣后土氏神位前)**,　**서향립(西向立)**。○금의(今儀)，차하유(此下有)"집례왈궤(執禮曰跪)。례의사(禮儀使)"칠자(七字)。 **계청궤진규(啓請跪搢圭)**,　**전하궤진규(殿下跪搢圭)**,　**재위자개궤(在位者皆跪)**。 찬자역창(贊者亦唱)。 **근시일인봉향합(近侍一人捧香合)**,　**일인봉향로(一人捧香爐)**,　**궤진(跪進)**。 **예의사계청삼상향(禮儀使啓請三上香)**。○금의(今儀)，차하유(此下有)"전하삼상향(殿下三上香)"오자(五字)。 **근시전로우신위전(近侍奠爐于神位前)**。 **근시이폐비수진폐작주관(近侍以幣篚授進幣爵酒官)**,　**진폐작주관봉폐궤진(進幣爵酒官捧幣跪進)**。 **예의사계청집폐헌폐(禮儀使啓請執幣獻幣)**,　○금의(今儀)，차하유(此下有)"전하집폐헌폐(殿下執幣獻幣)"륙자(六字)。 **이폐수전폐작주관(以幣授奠幣爵酒官)**,　**전우신위전(奠于神位前)**。 진향진폐재북남향(進香進幣在北南向)；전로전폐재남북향(奠爐奠幣在南北向)。진작전작준차(進爵奠爵準此)。 **예의사계청집규(禮儀使啓請執圭)**、**부복흥평신(俯伏興平身)**,　**전하집규(殿下執圭)**,　**부복흥평신(俯伏興平身)**,　**재위자개부복흥평신(在位者皆俯伏興平身)**。 찬자역창(贊者亦唱)。 **등가지(登歌止)**。 **예의사도전하강자북폐(禮儀使導殿下降自北陛)**,　**예국직단(詣國稷壇)**,　○금의(今儀)，차하유(此下有)"진규(搢圭)"이자(二字)。 **상향전폐(上香奠幣)**,　**병여상의흘(竝如上儀訖)**。 **진폐작주관(進幣爵酒官)**、**전폐작주관개강복위(奠幣爵酒官皆降復位)**。 **예의사도전하강자북폐(禮儀使導殿下降自北陛)**,　**복위(復位)**。

◆진숙(進熟) 《오례의(五禮儀)》。 참금의(參今儀)。

전하기승전폐(殿下旣升奠幣),　**찬인인전사관출(贊引引典祀官出)**,　**수진찬자예주(帥進饌者詣廚)**。 **이비승우우확(以匕升牛于鑊)**,　**실우일정(實于一鼎)**,　**차승양실우일정(次升羊實于一鼎)**,　**차승시실우일정(次升豕實于一鼎)**。 매위(每位)，우(牛)、양(羊)、시각일정(豕各一鼎)。 **개설경(皆設扃)**、**멱(冪)**,　**축사대거(祝史對擧)**,　**입설어찬만내(入設於饌幔內)**。 **알자인천조관출예찬소(謁者引薦俎官出詣饌所)**,　**봉조관수지(捧俎官隨之)**。 **사전하전폐흘(俟殿下奠幣訖)**,　**복위(復位)**,　집례왈(執禮曰)："**진찬(進饌)**。

"**축사추경(祝史抽扃)**,　**위우정우(委于鼎右)**,　**제멱(除冪)**,　**가비(加匕)**、**필우정(畢于鼎)**。 **전사관이비승우(典祀官以匕升牛)**,　**실우생갑(實于牲匣)**。 **차승양(次升羊)**、**시(豕)**,　**각실우생갑(各實于牲匣)**。 매위(每位)，우(牛)、양(羊)、시각일갑(豕各一匣)。 **차인천조관봉국사지조(次引薦俎官捧國社之俎)**,　**봉조관각봉생갑(捧俎官各捧牲匣)**。 **전사관인찬입(典祀官引饌入)**,　**국사(國社)**、**국직지찬(國稷之饌)**,　**입자정문(入自正門)**；**배위지찬(配位之饌)**,　**입자좌달(入自左闥)**。 **조초입문(俎初入門)**,　**헌가작(軒架作)《옹안지악(雍安之樂)》**。 **국사(國社)**、**국직지찬(國稷之饌)**,　**승자북폐(升自北陛)**；**배위지찬(配位之饌)**,　**승자서폐(升自西陛)**。 **제대축영인어단상(諸大祝迎引於壇上)**。 **천조관예국사신위전(薦俎官詣國社神位前)**,　**남향궤전(南向跪奠)**,　**선천우(先薦牛)**,　**차천양(次薦羊)**,　**차천시(次薦豕)**。 제대축조전(諸大祝助奠)。 **전흘(奠訖)**,　**계생갑개(啓牲匣蓋)**。 **차예후토씨신위전(次詣后土氏神位前)**,　**서향궤전(西向跪奠)**,　**선천우(先薦牛)**,　**차천양(次薦羊)**,　**차천시(次薦豕)**。 제대축조전(諸大祝助奠)。 **전흘(奠訖)**,　**계생갑개(啓牲匣蓋)**。 **천조관강자서폐(薦俎官降自西陛)**。 **예국직단승전(詣國稷壇升奠)**,　**병여상의흘(竝如上儀訖)**,　**악지(樂止)**。 **알자인천조관이하(謁者引薦俎官以下)**,　**강자서폐복위(降自西陛復位)**。 **제대축환존소(諸大祝還尊所)**。 **알자인진폐작주관(謁者引進幣爵酒官)**、**전폐작주관(奠幣爵酒官)**,　**예국사준소(詣國社尊所)**,　**남향립(南向立)**。 집례왈(執禮曰)："**예의사도전하행초헌례(禮儀使導殿下行初獻禮)**。

"**예의사도전하예국사준소(禮儀使導殿下詣國社尊所)**,　**동향립(東向立)**。 **등가작(登歌作)《수안지악(壽安之樂)》**,　**《영문지무(烈文之舞)》작(作)**。 **집준자거멱(執尊者擧冪)**,　**진폐작주관작례제(進幣爵酒官酌醴齊)**

(進幣爵酒官酌醴齊), 근시이작수주(近侍以爵受酒)。예의사도전하승자북폐(禮儀使導殿下升自北陛), 예신위전(詣神位前), 남향립(南向立)。○금의(今儀), 차하유(此下有)"집례왈궤(執禮曰跪)。례의사(禮儀使)"칠자(七字)。계청궤진규(啓請跪搢圭), 전하궤진규(殿下跪搢圭), 재위자개궤(在位者皆跪)。찬자역창(贊者亦唱)。근시이작수진폐작주관(近侍以爵授進幣爵酒官), 진폐작주관봉작궤진(進幣爵酒官捧爵跪進)。예의사계청집작헌작(禮儀使啓請執爵獻爵), ○금의(今儀), 차하유(此下有)"전하집작헌작(殿下執爵獻爵)"륙자(六字)。이작수전폐작주관(以爵授奠幣爵酒官), 전우신위전(奠于神位前)。예의사계청집규(禮儀使啓請執圭)、부복흥(俯伏興)、소퇴남향궤(少退南向跪), ○금의(今儀), 차하유(此下有)"전하집(殿下執圭), 부복흥(俯伏興), 소퇴남향궤(少退南向跪)"십이자(十二字)。악지(樂止)。대축진신위지우(大祝進神位之右), 서향궤독축문흘(西向跪讀祝文訖), 악작(樂作)。예의사계청부복흥평신(禮儀使啓請俯伏興平身), 전하부복흥평신(殿下俯伏興平身), 재위자개부복흥평신(在位者皆俯伏興平身), 찬자역창(贊者亦唱)。악지(樂止)。예의사도전하강자북폐(禮儀使導殿下降自北陛), 예후토씨존소(詣后土氏尊所), 동향립(東向立), 악작(樂作)。집준자거멱(執尊者擧冪), 진폐작주관작례제(進幣爵酒官酌醴齊), 근시이작수주(近侍以爵受酒)。예의사도전하승자북폐(禮儀使導殿下升自北陛), 예신위전(詣神位前), 서향립(西向立)。○금의(今儀), 차하유(此下有)"집례왈궤(執禮曰跪)。례의사(禮儀使)"칠자(七字)。계청궤진규(啓請跪搢圭), 전하궤진규(殿下跪搢圭), 재위자개궤(在位者皆跪)。찬자역창(贊者亦唱)。근시이작수진폐작주관(近侍以爵授進幣爵酒官), 진폐작주관봉작궤진(進幣爵酒官捧爵跪進)。예의사계청집작헌작(禮儀使啓請執爵獻爵), ○금의(今儀), 차하유(此下有)"전하집작헌작(殿下執爵獻爵)"륙자(六字)。이작수전폐작주관(以爵授奠幣爵酒官), 전우신위전(奠于神位前)。예의사계청집규(禮儀使啓請執圭)、부복흥(俯伏興)、소퇴서향궤(少退西向跪), ○금의(今儀), 차하유(此下有)"전하집규(殿下執圭), 부복흥(俯伏興), 소퇴서향궤(少退西向跪)"십이자(十二字)。악지(樂止)。대축진신위지우(大祝進神位之右), 북향궤독축문흘(北向跪讀祝文訖), 악작(樂作)。예의사계청부복흥평신(禮儀使啓請俯伏興平身), 전하부복흥평신(殿下俯伏興平身), 재위자개부복흥평신(在位者皆俯伏興平身), 찬자역창(贊者亦唱)。악지(樂止)。예의사도전하강자북폐(禮儀使導殿下降自北陛), 예국직단승헌(詣國稷壇升獻), 병여상의흘(竝如上儀訖)。진폐작주관(進幣爵酒官)、전폐작주관개강복위(奠幣爵酒官皆降復位)。예의사도전하강자북폐복위(禮儀使導殿下降自北陛復位)。○금의(今儀), 차하유(此下有)"집례왈례의사도전하입소차(執禮曰禮儀使導殿下入小次)。례의사계청입소차(禮儀使啓請入小次)。도전하장지소차전(導殿下將至小次前), 례의사계청석규(禮儀使啓請釋圭), 전하석규(殿下釋圭), 근시궤수규(近侍跪受圭)。전하입소차(殿下入小次)"사십구자(四十九字)。

문무퇴(文舞退), 무무진(武舞進)。헌가작(軒架作)《서안지악(舒安之樂)》。무자립정(舞者立定), 악지(樂止)。초전하장복위(初殿下將復位), 집례왈(執禮曰):"행아헌례(行亞獻禮)。

"봉례(奉禮)○금의작(今儀作)"상례(相禮)"。하동(下同)。인아헌관(引亞獻官), 예관세위(詣盥洗位), 남향립(南向立), 찬진규(贊搢圭)。○금의(今儀), 차하유(此下有)"약령의정위아헌관(若領議政爲亞獻官), 칙찬진홀(則贊搢笏)。하동(下同)"십사자(十四字)。아헌관관수세수흘(亞獻官盥手帨手訖), 찬집규(贊執圭), ○금의(今儀), 차하유(此下有)"알자인아헌관(謁者引亞獻官)"륙자(六字)。인예국사준소(引詣國社尊所), 동향립(東向立)。헌가작(軒架作)《수안지악(壽安之樂)》, 《소무지무(昭武之舞)》작(作)。집준자거멱작앙제(執尊者擧冪酌盎齊), 집사자이작수주(執事者以爵受酒)。봉례인아헌관(奉禮引亞獻官), 승자서폐(升自西陛), ○금의작(今儀作)"북폐(北陛)"。하동(下同)。예신위전(詣神位前), 남향립(南向立), 찬궤진규(贊跪搢圭)。집사자이작수아헌관(執事者以爵授亞獻官), 아헌관집작헌작(亞獻官執爵獻爵), 이작수집사자(以爵授執事者), 전우신위전(奠于神位前)。봉례찬집규(奉禮贊執圭)、부복흥평신(俯伏興平身), 인아헌관(引亞獻官), 강자서폐(降自西陛), 예후토씨존소(詣后土氏尊所), 동향립(東向立)。집준자거멱작앙제(執尊者擧冪酌盎齊), 집사자이작수주(執事者以爵受酒)。봉례인아헌관(奉禮引亞獻官), 승자서폐(升自西陛), 예신위전(詣神位前), 서향립(西向立), 찬궤진규(贊跪搢圭)。집사자이작수아헌관(執事者以爵授亞獻官), 아헌관집작헌작(亞獻官執爵獻爵), 이작수집사자(以爵授執事者), 전우신위전(奠于神位前)。봉례찬집규(奉禮贊執圭)、부복흥평신(俯伏興平身), 인아헌관(引亞獻官), 강자서폐(降自西陛), 예국직단승헌(詣國稷壇升獻), 병여상의흘(竝如上儀訖), 악지(樂止)。인강복위(引降復位)。아헌관헌장필(亞獻官獻將畢), 집례왈(執禮曰):"행종헌례(行終獻禮)。"알자인종헌관행례(謁者引終獻官行禮), 병여아헌의흘(竝如亞獻儀訖), 인강복위(引降復位)。○금의(今儀), 차하유(此下有)"초종헌관기복위(初終獻官旣復位)"칠자(七字)。

알자인진폐작주관(謁者引進幣爵酒官)、천조관(薦俎官), 승자서폐(升自西陛), 예음복위(詣飲福位), 동향립(東向立)。대축각예국사(大祝各詣國社)、국직준소(國稷尊所), 이작작상준복주(以爵酌上尊福酒), 합치일작(合置一爵)。우대축지조진(又大祝持俎進), 감국사(減國社)、국직신위전(國稷神位前)

조육(國稷神位前胙肉), 합치일조(合置一俎)。 집례왈(執禮曰) : "례의사도전하예음복위(禮儀使導殿下詣飮福位)。"○금의(今儀), 차하유(此下有)"례의사계청예음복위(禮儀使啓請詣飮福位), 전하출차(殿下出次)。 례의사계청집규(禮儀使啓請執圭), 근시궤진규(近侍跪進圭), 전하집규(殿下執圭)"이십구자(二十九字)。

예의사도전하승자북폐(禮儀使導殿下升自北陛), 예음복위(詣飮福位), 남향립(南向立)。 대축이작수진폐작주관(大祝以爵授進幣爵酒官), 진폐작주관봉작동향궤진(進幣爵酒官捧爵東向跪進)。 ○금의(今儀), 차하유(此下有)"집례왈궤(執禮曰跪)"사자(四字)。 예의사계청궤진규(禮儀使啓請跪搢圭), 전하궤진규(殿下跪搢圭), 재위자개궤(在位者皆跪)。 찬자역창(贊者亦唱)。 ○금의(今儀), 차하유(此下有)"례의사계청수작(禮儀使啓請受爵)"칠자(七字)。 전하수작음흘(殿下受爵飮訖)。 진폐작주관수허작(進幣爵酒官受虛爵), 이수대축(以授大祝), 대축수복어점(大祝受復於坫)。 대축이조수천조관(大祝以俎授薦俎官), 천조관봉조동향궤진(薦俎官捧俎東向跪進)。 예의사계청수조(禮儀使啓請受俎), 전하수조(殿下受俎), 이수근시(以授近侍)。 근시봉조(近侍捧俎), 강자북폐출문(降自北陛出門), 수사옹(授司饔)원관(院官)。 진폐작주관(進幣爵酒官)、천조관강복위(薦俎官降復位)。 예의사계청집규(禮儀使啓請執圭)、부복흥평신(俯伏興平身), 전하집규(殿下執圭), 부복흥평신(俯伏興平身), 재위자개부복흥평신(在位者皆俯伏興平身)。 찬자역창(贊者亦唱)。 도(導)○금의(今儀), 도상유(導上有)"례의사(禮儀使)"삼자(三字)。 전하강복위(殿下降復位)。 집례왈(執禮曰) : "사배(四拜)。

"예의사계청사배(禮儀使啓請四拜), 전하사배(殿下四拜)。 ○금의(今儀), 자(自)"계청(啓請)"지(止)"전하사배(殿下四拜)", 작(作)"계청국궁사배흥평신(啓請鞠躬四拜興平身), 전하국궁사배흥평신(殿下鞠躬四拜興平身)"。 재위자개사배(在位者皆四拜)。 ○금의(今儀), 차하주운(此下註云) : "찬자역창(贊者亦唱)。" 집례왈(執禮曰) : "철변두(徹籩豆)。

"제대축진철변두(諸大祝進徹籩豆)。 철자(徹者), 변(籩)、두각일(豆各一), 소이어고처(少移於故處)。 등가작(登歌作)《옹안지악(雍安之樂)》, 철흘(徹訖), 악지(樂止)。 헌가작(軒架作)《순안지악(順安之樂)》。 집례왈(執禮曰) : "사배(四拜)。

"예의사계청사배(禮儀使啓請四拜), 전하사배(殿下四拜)。 ○금의(今儀), 자(自)"계청(啓請)"지(止)"전하사배(殿下四拜)", 작(作)"계청국궁사배흥평신(啓請鞠躬四拜興平身), 전하국궁사배흥평신(殿下鞠躬四拜興平身)"。 재위자개사배(在位者皆四拜), ○금의(今儀), 차하주운(此下註云) : "찬자역창(贊者亦唱)。"

악일성지(樂一成止)。 예의사궤계례필(禮儀使跪啓禮畢), 도전하환대차출문(導殿下還大次出門)。 예의사계청석규(禮儀使啓請釋圭), 근시궤수규(近侍跪受圭)。 산선(繖扇)、시위여상의(侍衛如常儀)。 전하입대차석면복(殿下入大次釋冕服)。 ○금의무(今儀無)"례의사궤계(禮儀使跪啓)"이하사십이자(以下四十二字)。 집례왈(執禮曰) : "망예(望瘞)。"

봉례인아헌관예망예위(奉禮引亞獻官詣望瘞位), 북향립(北向立)。 집례수찬자예망예위(執禮帥贊者詣望瘞位), 동향립(東向立)。 제대축취서직반(諸大祝取黍稷飯), 자용백모속지(藉用白茅束之), 이비취축판급폐(以籠取祝版及幣), 각유기폐강단(各由其陛降壇), 치어감(置於坎)。 집례왈(執禮曰) : "가예(可瘞)。"

치토반감(置土半坎), 단사감시(壇司監視)。 봉례인아헌관(奉禮引亞獻官), 알자(謁者)、찬인각인제제관출(贊引各引諸祭官出)。 ○금의(今儀), 자(自)"집례왈망예(執禮曰望瘞)"지(止)"제제관출(諸祭官出)", 작(作)"집례왈망료(執禮曰望燎)。 집례왈례의사도전하예망료위(執禮曰禮儀使導殿下詣望燎位)。 례의사도전하예국사단망료위(禮儀使導殿下詣國社壇望燎位), 북향립(北向立)。 집례수찬자예망료위(執禮帥贊者詣望燎位), 동향립(東向立)。 대축취축폐(大祝取祝幣), 예망료위(詣望燎位)。 집례왈가료(執禮曰可燎)。 대축이폐분어로(大祝以幣焚於爐)。 대축우취서직반(大祝又取黍稷飯), 자용백모속지(藉用白茅束之), 이비취축판(以籠取祝版), 예망료위(詣望燎位), 이례의사도전하(仍禮儀使導殿下), 잉예국직단망료위(仍詣國稷壇望燎位), 여상의(如上儀)。 집례왈계례필(執禮曰啓禮畢)。 례의사궤계례필(禮儀使跪啓禮畢)。 례의사도전하출서문(禮儀使導殿下出西門), 례의사계청석규(禮儀使啓請釋圭), 전하석규(殿下釋圭), 근시궤수규(近侍跪受圭)。 산선(繖扇)、시위여상의(侍衛如常儀)。 례의사도전하환대차석면복(禮儀使導殿下還大次釋冕服)。 알자인아헌관(謁者引亞獻官)、종헌관(終獻官), 찬인각인제제관출(贊引各引諸祭官出)"。

집례수찬자환본위(執禮帥贊者還本位), 인의분인배제관(引儀分引陪祭官), 이차출(以次出)。 찬인인감찰급제집사(贊引引監察及諸執事), 구복현남배위립정(俱復懸南拜位立定)。 집례왈(執禮曰) : "사배(四拜)。"

감찰이하개사배흘(監察以下皆四拜訖)。 찬인이차인출(贊引以次引出)。 ○금의(今儀), 차하유(此下有)"대축잉취관세위관세(大祝仍就盥洗位盥帨)"구자(九字)。 전악수공인(典樂帥工人)、이무출(二舞出)。 집례수찬자(執禮帥贊者)、알자(謁者)、찬인취현남배위(贊引就懸南拜位), 사배이출(四拜而出)。 ○금의(今儀), 차하유(此下有)"대축(大祝)"이자(二字)。 **전사관(典祀官)、 단사각솔기속(壇司各帥其屬)， 장신위판(藏神位版)， 철례찬(徹禮饌)， 이강내퇴(以降乃退)。**

◆거가환궁(車駕還宮) 《오례의(五禮儀)》。 참금의(參今儀)。

전하기환제궁(殿下旣還齊宮)， ○금의작(今儀作)"제전(齊殿)"。 **좌통례궤계청해엄(左通禮跪啓請解嚴)。** 장사부득첩리부오(將士不得輒離部伍)。○금의무차주(今儀無此註)。 **전하정제궁(殿下停齊宮)， 일각경(一刻頃)， 퇴고위초엄(槌鼓爲初嚴)。 전장위(轉仗衛)、 로부어환도(鹵簿於還途)， 여래의(如來儀)。** ○금의(今儀)， 자(自)"전하정제궁(殿下停齊宮)"지(止)"여래의(如來儀)"， 작(作)"고초엄(鼓初嚴)。 병조전장위어환도(兵曹轉仗衛於還途)"。 **삼각경(三刻頃)， 퇴고위이엄(槌鼓爲二嚴)。** ○금의(今儀)， 자(自)"삼각경(三刻頃)"지(止)"이엄(二嚴)"， 작(作)"고이엄(鼓二嚴)"。 **사복사정진련어대문외(司僕寺正進輦於大門外)， 진여어제궁(進輿於齊宮)** ○금의작(今儀作)"제전(齊殿)"。 **전(前)， 구남향(俱南向)。 인의분인종친급문무백관(引儀分引宗親及文武百官)** 구조복(具朝服)。○금의(今儀)， 자(自)"인의(引儀)"지(止)"백관구조복(百官具朝服)"， 작(作)"종친(宗親)、 문무백관잉조복(文武百官仍朝服)"。 ○주운(註云) : "사품이상조복(四品以上朝服)， 오품이하흑단령(五品以下黑團領)。 **출취(出就)** ○금의(今儀)， 차하유(此下有)"야주개전로(夜晝介前路)"오자(五字)。 **시립위(侍立位)。**

왕세자구복출(王世子具服出)， 기찬내엄백외비(其贊內嚴白外備)， 시위병여상(侍衛竝如常)。 ○금의(今儀)， "구복출(具服出)"작(作)"구원유관(具遠遊冠)、 강사포(絳紗袍)。"○주(註) : "시위(侍衛)"작(作)"배위(陪衛)"。 **필선(弼善)** ○금의작(今儀作)"상례(相禮)"。 **인취외차(引就外次)， 시위여상(侍衛如常)。** ○금의무(今儀無)"시위여상(侍衛如常)"사자(四字)。 **시신예제궁(侍臣詣齊宮)** ○금의작(今儀作)"제전(齊殿)"。 **전(前)， 분좌우립봉영(分左右立奉迎)。 제호위지관급사금(諸護衛之官及司禁)， 각구기복(各具器服)， 상서원관봉보(尙瑞院官捧寶)， 구예재궁(俱詣齊宮)** ○금의작(今儀作)"재전(齊殿)"。 **전사후(前伺侯)。 좌통례궤계청중엄(左通禮跪啓請中嚴)。 오각경(五刻頃)， 퇴고위삼엄(槌鼓爲三嚴)。** ○금의(今儀)， 자(自)"오각경(五刻頃)"지(止)"삼엄(三嚴)"， 작(作)"고삼엄(鼓三嚴)"。 **필선(弼善)** ○금의작(今儀作)"상례(相禮)"。

인왕세자출차(引王世子出次)， 취시립위(就侍立位)。 좌통례궤계외판(左通禮跪啓外辦)， 전하구원유관(殿下具遠遊冠)、 강사포(絳紗袍)， 승여(乘輿) ○금의무(今儀無)"승여(乘輿)"이자(二字)。 **이출(以出)。** 금의(今儀)， 차하유(此下有)"좌통례궤계청승여(左通禮跪啓請乘輿)， 전하승여(殿下乘輿)"십이자(十二字)。 **산선(繖扇)、 시위여상의(侍衛如常儀)。 좌통례전도(左通禮前導)， 시신협시여상(侍臣夾侍如常)，** ○금의무(今儀無)"좌통례(左通禮)"이하십일자(以下十一字)。 **상서원관봉보전행(尙瑞院官捧寶前行)。 가지대문외(駕至大門外)，** ○금의(今儀)， "가지대문외(駕至大門外)"작(作)"좌통례전도지신문외(左通禮前導至神門外)， 좌통례궤계청강여(左通禮跪啓請降輿)， 전하강여보과전로(殿下降輿步過前路)。 좌통례궤계청승여(左通禮跪啓請乘輿)， 전하승여(殿下乘輿)。 좌(左)、 우통례전도지대문외(右通禮前導至大門外)"。 **좌통례진당여전부복(左通禮進當輿前俯伏)** ○금의무(今儀無)"진당여전부복(進當輿前俯伏)"륙자(六字)。 **궤계청강여승련(跪啓請降輿乘輦)， 부복흥(俯伏興)， 퇴복위(退復位)。** ○금의무(今儀無)"부복흥(俯伏興)， 퇴복위(退復位)"륙자(六字)。

전하강여승련(殿下降輿乘輦)， ○금의(今儀)， 차하유(此下有)"좌통례궤계청집규(左通禮跪啓請執圭)， 근시궤진규(近侍跪進圭)， 전하집규(殿下執圭)"십칠자(十七字)。 **좌통례(左通禮)** ○금의(今儀)， 차하유(此下有)"궤(跪)"자(字)。 **계청가(啓請駕)** ○금의무(今儀無)"가(駕)"자(字)。 **진발(進發)。 가동(駕動)， 좌(左)、 우통례협인이출(右通禮夾引以出)。 찬의이인재통례지전(贊儀二人在通禮之前)， 장위도종여상의(仗衛導從如常儀)。 왕세자국궁(王世子鞠躬)， 과칙평신(過則平身)。 가지시신상마소(駕至侍臣上馬所)， 좌통례(左通禮)** ○금의(今儀)， 차하유(此下有)"궤(跪)"자(字)。 **계청가소주(啓請駕小駐)， 교시신상마퇴(教侍臣上馬退)， 칭시신상마(稱侍臣上馬)。 찬의전창(贊儀傳唱)，** ○금의(今儀)， 차하유(此下有)"시신상마(侍臣上馬)"사자(四字)。】 **제시위지관각독기속(諸侍衛之官各督其屬)， 좌우익가(左右翊駕)，** ○금의무(今儀無)"각독기속(各督其屬)， 좌우익가(左右翊駕)"팔자(八字)， 유(有)"급(及)"자(字)。

시신상마필(侍臣上馬畢)。 좌통례계청가(左通禮啓請駕) ○금의무(今儀無)"가(駕)"자(字)。 **진발(進發)。 가동(駕動)， 고취진작(鼓吹振作)。 종친(宗親)、 문무백관국궁(文武百官鞠躬)， 과칙평신(過則平身)。** ○금의(今儀)， 차하유(此下有)"왕세자지(王世子至)， 국궁(鞠躬)， 과칙평신(過則平身)"십자(十字)。

왕세자급종친(王世子及宗親)、 문무백관(文武百官)， 이차시위(以次侍衛)， 여래의(如來儀)。 가지경복궁문외시신하마소(駕至景福宮門外侍臣下馬所)， 좌통례계청가소주(左通禮啓請駕小駐)， 시신개하마분립(侍臣皆下馬分立)。 좌통례계청가진발(左通禮啓請駕進發)。 가동(駕動)， 시신국궁(侍臣鞠躬)， 과칙평신(過則平身)。 ○금의무(今儀無)"가지경복궁(駕至景福宮)"이하사십오자(以下四十五字)。 **가지근정문외(駕至勤政門外)，** ○금의(今儀)， "가지근정문외(駕至勤政門外)"작(作)"가지인정문(駕至仁政門)"。 **고취지(鼓吹止)，**

분립(分立)。○금의무(今儀無)"분립(分立)"이자(二字)。

좌통례(左通禮)○금의(今儀), 차하유(此下有)"궤(跪)"자(字)。계청강련승여(啓請降輦乘輿), 전하강련승여이입(殿下降輦乘輿以入)。공고축(工鼓柷), ○금의(今儀), "공고축(工鼓柷)"작(作)"헌가(軒架)"。악작(樂作)。산선(繖扇)、시위여상의(侍衛如常儀)。좌(左)、우통례전도지합(右通禮前導至閤), 공알어(工戛敔), 악지(樂止)。시신종지전정내퇴(侍臣從至殿庭乃退)。○금의(今儀), 자(自)"지합(至閤)"지(止)"내퇴(乃退)", 작(作)"환내(還內), 악지(樂止)。좌통례궤계계해엄(左通禮跪啓解嚴)。병조승교방장(兵曹承敎放仗)"。

섭사의(攝事儀)

◆**시일(時日)** 견식례(見式例)。
◆**재계(齊戒)** 【견상(見上)。】

◆**진설(陳設)**

전제이일(前祭二日), 단사솔기속(壇司帥其屬), 소제단지내외(掃除壇之內外)。전설사설찬만어서문지외(典設司設饌幔於西門之外)。전일일(前一日), 전악수기속(典樂帥其屬), 설등가지악어단북(設登歌之樂於壇北), 헌가어북문내(軒架於北門內), 구남향(俱南向)。전사관(典祀官)、단사각수기속(壇司各帥其屬), 설국사(設國社)、국직신좌각어단상남방북향(國稷神座各於壇上南方北向), 후토씨신좌어국사신좌지좌(后土氏神座於國社神座之左), 후직씨신좌어국직신좌지좌(后稷氏神座於國稷神座之左), 구동향(俱東向), 석개이완(席皆以莞)。집례설초헌관위어북문내도서남향(執禮設初獻官位於北門內道西南向), 음복위어국직단상신좌지동북남향(飮福位於國稷壇上神座之東北南向)。설아헌관(設亞獻官)、종헌관(終獻官)、천조관위어서문내도북(薦俎官位於西門內道北), 집사자위어기후(執事者位於其後), 매등이위(每等異位), 구중행동향남상(俱重行東向南上)。감찰위어북문내서북우동향(監察位於北門內西北隅東向), 서리배기후(書吏陪其後)。집례위이(執禮位二) : 일어북유문내(一於北壝門內), 일어북유문외(一於北壝門外), 구근서동향(俱近西東向)。찬자(贊者)、알자(謁者)、찬인위어유문외집례지후초북동향남상(贊引位於壝門外執禮之後稍北東向南上)。협률랑위어국사단하(協律郎位於國社壇下), 근동서향(近東西向)。전악위어헌현지남남향(典樂位於軒懸之南南向)。설제제관문외위어서문외도북(設諸祭官門外位於西門外道北), 매등이위(每等異位), 중행남향동상(重行南向東上)。설망예위(設望瘞位)○금의(今儀), "예(瘞)"작(作)"료(燎)"。하동(下同)。어예감지남(於瘞坎之南), 초헌관재남북향(初獻官在南北向), 집례(執禮)、찬자(贊者)、대축재서(大祝在西), 중행동향북상(重行東向北上)。제일미행사전(祭日未行事前), 전사관(典祀官)、단사각수기속(壇司各帥其屬), 입전축판각일어신위지우(入奠祝版各一於神位之右), 각유점(各有坫)。진폐비각일어준소(陳幣篚各一於尊所), 설향로(設香爐)、향합(香合)、병촉어신위전(並燭於神位前), 차설제기여식(次設祭器如式)。설복주작(設福酒爵), 유점(有坫)。조육조각일어국사(胙肉俎各一於國社)、국직준소(國稷尊所), 우설국사조일어찬만내(又設國社俎一於饌幔內), 설세어북유문외서북남향(設洗於北壝門外西北南向)。관세재서(盥洗在西), 작세재동(爵洗在東)。뢰재세서가작(罍在洗西加勺), 비재세동(篚在洗東), 북사(北肆), 실이건(實以巾)。약작세지비(若爵洗之篚), 칙우실이작(則又實以爵)。유점(有坫)。제집사관세어헌관세서북남향(諸執事盥洗於獻官洗西北南向), 집존(執尊)、뢰(罍)、비(篚)、멱자위어준(冪者位於尊)、뢰(罍)、비(篚)、멱지후(冪之後)。

◆**전향축(傳香祝)** 견상(見上)。
◆**성생기(省牲器)** 견상(見上)。

◆**전폐(奠幣)**

제일축전오각(祭日丑前五刻), 축전오각(丑前五刻), 즉삼경삼점(卽三更三點), 행사용축시일각(行事用丑時一刻)。전사관(典祀官)、단사입(壇司入), 실찬구필(實饌具畢), 퇴취차(退就次), 복기복(服其服)。승설국사(升設國社)、후토씨(后土氏)、국직(國稷)、후직씨신위판어좌(后稷氏神位版於座)。찬인인감찰예국사단(贊引引監察詣國社壇), 승자서폐(升自西陛), 제집사승강(諸執事升降), 개자서폐(皆自西陛)。안시단지상하(按視壇之上下), 규찰부여의자(糾察不如儀者)。예국직단(詣國稷壇), 역여지(亦如之), 환출(還出)。전삼각(前三刻), 제제관각복기복(諸祭官各服其服)。집례수찬자(執禮帥贊者)、알자(謁者)、찬인(贊引), 입자서문(入自西門), 선취현남배위(先就懸南拜位), 중행남향동상(重行南向東

上), 사배흘(四拜訖), 각취위(各就位)。전악수공인(典樂帥工人)、이무입취위(二舞入就位)。문무
입(文舞入) 1) 진어현남(陳於懸南), 무무립어현북도동(武舞立於懸北道東)。

알자(謁者)、찬인각인제제관(贊引各引諸祭官), 구취문외위(俱就門外位)。전일각(前一刻), 찬인
인감찰(贊引引監察)、전사관(典祀官)、대축(大祝)、축사(祝史)、제랑(齊郎)、단사(壇司)、협률
랑(協律郎)、봉조관(捧俎官), 입취현남배위(入就懸南拜位), 중행남향동상립정(重行南向東上立
定)。집례왈(執禮曰) : "사배(四拜)。"

찬자전창(贊者傳唱)。범집례유사(凡執禮有辭), 찬자개전창(贊者皆傳唱)。감찰이하개사배흘(監察以下皆四拜
訖)。찬인인감찰취위(贊引引監察就位), 인제집사예관세위관세흘(引諸執事詣盥洗位盥帨訖), 각
취위(各就位)。제랑예작세위세작식작흘(齊郎詣爵洗位洗爵拭爵訖), 치어비(置於篚), 봉예존소
(捧詣尊所), 치어점상(置於坫上)。알자인초헌관(謁者引初獻官), 찬인인아헌관(贊引引亞獻官)、
종헌관(終獻官)、천조관(薦俎官), 입취위(入就位)。알자진초헌관지좌백(謁者進初獻官之左白) :
"유사근구(有司謹具), 청행사(請行事)。"퇴복위(退復位)。집례왈(執禮曰) : "예모혈(瘞毛血)。"
대축각예모혈어감(大祝各瘞毛血於坎)。협률랑궤부복거휘흥(協律郎跪俯伏擧麾興), 공고축(工鼓
柷), 헌가작(軒架作)《순안지악(順安之樂)》, 《렬문지무(烈文之舞)》작(作), 악칠성(樂七成)。
집례왈(執禮曰) : "사배(四拜)。"재위자개사배(在位者皆四拜), 선배자부배(先拜者不拜)。악팔성(樂八
成)。협률랑언(協律郎偃)휘(麾), 공알어(工戛敔), 악지(樂止)。집례왈(執禮曰) : "행전폐례(行奠
幣禮)。"

알자인초헌관예관세위(謁者引初獻官詣盥洗位), 남향립(南向立)。찬진홀(贊搢笏)。초헌관관수
세수흘(初獻官盥手帨手訖)。찬집홀(贊執笏), 인예국사단(引詣國社壇), 승자북폐(升自北陛)。등
가작(登歌作)《숙안지악(肅安之樂)》, 《열문지무(烈文之舞)》작(作)。예국사신위전남면립(詣
國社神位前南面立), 찬궤진홀(贊跪搢笏)。집사자(執事者), 일인봉향합(一人捧香合), 일인봉향
로(一人捧香爐), 궤진(跪進)。알자찬삼상향(謁者贊三上香)。집사자전로우신위전(執事者奠爐于
神位前)。대축이폐비수초헌관(大祝以幣篚授初獻官)。초헌관집폐헌폐(初獻官執幣獻幣), 이폐수
대축(以幣授大祝), 전우신위전(奠于神位前)。범봉향수폐개재헌관지우(凡捧香授幣皆在獻官之右), 전로전폐개재헌관
지좌(奠爐奠幣皆在獻官之左)。수작전작준차(授爵奠爵準此)。

알자찬집홀(謁者贊執笏)、부복흥평신(俯伏興平身), 인예후토씨신위전(引詣后土氏神位前), 서
향립(西向立), 찬궤진홀(贊跪搢笏)。집사자(執事者), 일인봉향합(一人捧香合), 일인봉향로(一
人捧香爐), 궤진(跪進)。알자찬삼상향(謁者贊三上香)。집사자전로우신위전(執事者奠爐于神位
前)。대축이폐수초헌관(大祝以幣授初獻官), 초헌관집폐헌폐(初獻官執幣獻幣), 이폐수대축(以
幣授大祝), 전우신위전(奠于神位前)。알자찬집홀(謁者贊執笏)、부복흥평신(俯伏興平身)。등가
지(登歌止)。알자인초헌관(謁者引初獻官), 강자북폐(降自北陛), 예국직단(詣國稷壇), 상향전폐
(上香奠幣), 병여상의흘(並如上儀訖), 인강복위(引降復位)。

◆진숙(進熟)
초헌관기승전폐(初獻官旣升奠幣), 찬인인전사관출(贊引引典祀官出), 수진찬자예주(帥進饌者詣
廚)。이비승우우확(以匕升牛于鑊), 실우생갑(實于牲匣), 차승양(次升羊)、시(豕), 각실우생갑
(各實于牲匣), 매위(每位), 우(牛)、양(羊)、시각일갑(豕各一匣)。

입설어찬만내(入設於饌幔內)。알자인천조관출예찬소(謁者引薦俎官出詣饌所), 봉조관수지(捧俎
官隨之)。사초헌관전폐흘(俟初獻官奠幣訖), 복위(復位), 집례왈(執禮曰) : "진찬(進饌)。"
알자인천조관(謁者引薦俎官), 봉국사지조(捧國社之俎), 봉조관각봉생갑(捧俎官各捧牲匣)。전
사관인찬입(典祀官引饌入), 국사(國社)、국직지찬(國稷之饌), 입자정문(入自正門) ; 배위지찬
(配位之饌), 입자좌달(入自左闥)。조초입문(俎初入門), 헌가작(軒架作)《옹안지악(雍安之
樂)》。국사(國社)、국직지찬(國稷之饌), 승자북폐(升自北陛) ; 배위지찬(配位之饌), 승자서폐
(升自西陛)。제대축영인어단상(諸大祝迎引於壇上)。천조관예국사신위전(薦俎官詣國社神位
前), 남향궤전(南向跪奠), 선천우(先薦牛), 차천양(次薦羊), 차천시(次薦豕)。제대축조전(諸大祝助
奠)。

전흘(奠訖), 계생갑개(啓牲匣蓋)。차예후토씨신위전(次詣后土氏神位前), 서향궤전(西向跪奠),

선천우(先薦牛), 차천양(次薦羊), 차천시(次薦豕)。 _{제대축조전(諸大祝助奠)} 전흘(奠訖), 계생갑개(啓牲匣蓋)。 천조관강자서폐(薦俎官降自西陛), 예국직단봉전(詣國稷壇捧奠), 병여상의흘(並如上儀訖), 악지(樂止)。 알자인천조관이하(謁者引薦俎官以下), 강자서폐(降自西陛), 복위(復位)。 제대축환존소(諸大祝還尊所)。 집례왈(執禮曰): "행초헌례(行初獻禮)。"

알자인초헌관(謁者引初獻官), 예국사준소(詣國社尊所), 동향립(東向立)。 등가작(登歌作)《수안지악(壽安之樂)》, 《렬문지무(烈文之舞)》작(作)。 집준자거멱작례제(執尊者擧冪酌醴齊), 집사자이작수주(執事者以爵受酒)。 알자인초헌관(謁者引初獻官), 승자북폐(升自北陛), 예신위전(詣神位前), 남향립(南向立), 찬궤진홀(贊跪搢笏)。 집사자이작수초헌관(執事者以爵授初獻官), 초헌관집작헌작(初獻官執爵獻爵), 이작수집사자(以爵授執事者), 전우신위전(奠于神位前)。 알자찬집홀(謁者贊執笏)、부복흥(俯伏興)、소퇴남향궤(少退南向跪), 악지(樂止)。 대축진신위지우(大祝進神位之右), 서향궤독축문흘(西向跪讀祝文訖), 악작(樂作)。 알자찬부복흥평신(謁者贊俯伏興平身), 악지(樂止)。 인초헌관(引初獻官), 강자북폐(降自北陛), 예후토씨존소(詣后土氏尊所), 동향립(東向立), 악작(樂作)。 집준자거멱작례제(執尊者擧冪酌醴齊), 집사자이작수주(執事者以爵受酒)。 알자인초헌관(謁者引初獻官), 승자북폐(升自北陛), 예신위전(詣神位前), 서향립(西向立), 찬궤진홀(贊跪搢笏)。 집사자이작수초헌관(執事者以爵授初獻官), 초헌관집작헌작(初獻官執爵獻爵), 이작수집사자(以爵授執事者), 전우신위전(奠于神位前)。 알자찬집홀(謁者贊執笏)、부복흥(俯伏興)、소퇴서향궤(少退西向跪), 악지(樂止)。 대축진신위지우(大祝進神位之右), 북향궤독축문흘(北向跪讀祝文訖), 악작(樂作)。 알자찬부복흥평신(謁者贊俯伏興平身), 악지(樂止)。 알자인초헌관(謁者引初獻官), 강자북폐(降自北陛), 예국직단승헌(詣國稷壇升獻), 병여상의흘(並如上儀訖), 복위(復位)。 문무퇴(文舞退), 무무진(武舞進)。 헌가작(軒架作)《서안지악(舒安之樂)》。 무자립정(舞者立定), 악지(樂止)。 초초헌관기복위(初初獻官旣復位), 집례왈(執禮曰): "행아헌례(行亞獻禮)。"

알자인아헌관예관세위(謁者引亞獻官詣盥洗位), 남향립(南向立), 찬진홀(贊搢笏)。 아헌관관수세수흘(亞獻官盥手帨手訖), 찬집홀(贊執笏), 인예국사준소(引詣國社尊所), 동향립(東向立)。 헌가작(軒架作)《수안지악(壽安之樂)》, 《소무지무(昭武之舞)》작(作)。 집준자거멱작앙제(執尊者擧冪酌盎齊), 집사자이작수주(執事者以爵受酒)。 알자인아헌관(謁者引亞獻官), 승자서폐(升自西陛), _{○금의작(今儀作)"북폐(北陛)"。하동(下同)。} 예신위전(詣神位前), 남향립(南向立), 찬궤진홀(贊跪搢笏)。 집사자이작수아헌관(執事者以爵授亞獻官), 아헌관집작헌작(亞獻官執爵獻爵), 이작수집사자(以爵授執事者), 전우신위전(奠于神位前)。 알자찬집홀(謁者贊執笏)、부복흥평신(俯伏興平身), 인아헌관(引亞獻官), 강자서폐(降自西陛), 예후토씨준소(詣后土氏尊所), 동향립(東向立)。 집준자거멱작앙제(執尊者擧冪酌盎齊), 집사자이작수주(執事者以爵受酒)。 알자인아헌관(謁者引亞獻官), 승자서폐(升自西陛), 예신위전(詣神位前), 서향립(西向立), 찬궤진홀(贊跪搢笏)。 집사자이작수아헌관(執事者以爵授亞獻官), 아헌관집작헌작(亞獻官執爵獻爵), 이작수집사자(以爵授執事者), 전우신위전(奠于神位前)。 알자찬집홀(謁者贊執笏)、부복흥평신(俯伏興平身), 인아헌관(引亞獻官), 강자서폐(降自西陛), 예국직단승헌(詣國稷壇升獻), 병여상의흘(並如上儀訖), 악지(樂止)。 인강복위(引降復位), 집례왈(執禮曰): "행종헌례(行終獻禮)。"

알자인종헌관(謁者引終獻官), 행례병여아헌의흘(行禮並如亞獻儀訖), 인강복위(引降復位), 집례왈(執禮曰): "음복수조(飮福受胙)。"

대축각예국사(大祝各詣國社)、국직존소(國稷尊所), 이작작뢰복주(以爵酌罍福酒), 합치일작(合置一爵)。 우대축지조진(又大祝持俎進), 감국사(減國社)、국직신위전조육(國稷神位前胙肉), 합치일조(合置一俎)。 알자인초헌관(謁者引初獻官), 승자북폐(升自北陛), 예음복위(詣飮福位), 남향립(南向立), 찬궤진홀(贊跪搢笏)。 대축진초헌관지우(大祝進初獻官之右), 동향이작수초헌관(東向以爵授初獻官), 초헌관수작음졸작(初獻官受爵飮卒爵), 대축진수허작복어점(大祝進受虛爵復於坫)。 대축동향이조수초헌관(大祝東向以俎授初獻官), 초헌관수조이수집사자(初獻官受俎以授執事者), 집사자수조(執事者受俎), 강자북폐출문(降自北陛出門)。 알자찬집홀(謁者贊執笏)、부복흥평신(俯伏興平身), 인강복위(引降復位), 집례왈(執禮曰): "사배(四拜)。"

재위자개사배(在位者皆四拜)。 집례왈(執禮曰): "철변두(徹籩豆)。"

제대축진철변두(諸大祝進徹籩豆)。 철자(徹者), 변(籩)、두각일(豆各一), 소이어고처(少移於故處)。 등가작(登歌作) 《옹안지악(雍安之樂)》, 철흘(徹訖), 악지(樂止)。 헌가작(軒架作) 《순안지악(順安之樂)》。 집례왈(執禮曰): "사배(四拜)。"

재위자개사배(在位者皆四拜)。 악일성지(樂一成止)。 집례왈(執禮曰): "망예(望瘞)。"

알자인초헌관예망예위(謁者引初獻官詣望瘞位), 북향립(北向立); 집례수찬자예망예위(執禮帥贊者詣望瘞位), 동향립(東向立)。 제대축취서직반(諸大祝取黍稷飯), 자용백모속지(藉用白茅束之), 이비취축판급폐(以篚取祝版及幣), 각유기폐강단(各由其陛降壇), 치어감(置於坎)。 집례왈(執禮曰): "가예(可瘞)。"

치토반감(置土半坎), ○금의(今儀), 자(自)"집례왈망예(執禮曰望瘞)"지(止)"치토반감(置土半坎)", 작(作)"집례왈망료(執禮曰望燎)"。 알자인초헌관예망료위(謁者引初獻官詣望燎位), 북향립(北向立); 집례수찬자예망료위(執禮帥贊者詣望燎位), 동향립(東向立), 대축취축(大祝取祝)、폐예망료위(幣詣望燎位)。 집례왈가료(執禮曰可燎)。 대축이폐분어로(大祝以幣焚於爐), 대축취서직반(大祝取黍稷飯), 자용백모속지(藉用白茅束之), 이비취축판(以篚取祝板), 치어감(置於坎), 치토반감(置土半坎)"。 단사감시(壇司監視)。 알자진초헌관지좌(謁者進初獻官之左), 백례필(白禮畢)。 알자(謁者)、찬인각인초헌관이하(贊引各引初獻官以下), 이차출(以次出)。 집례수찬자환본위(執禮帥贊者還本位), 찬인인감찰급제집사(贊引引監察及諸執事), 구복현남배위립정(俱復懸南拜位立定)。 집례왈(執禮曰): "사배(四拜)。" 감찰이하개사배흘(監察以下皆四拜訖), 찬인이차인출(贊引以次引出)。 ○금의(今儀), 차하유(此下有)"대축잉취관세위관세(大祝仍就盥洗位盥帨)"구자(九字)。

전악수공인(典樂帥工人)、이무출(二舞出), 집례솔찬자(執禮帥贊者)、알자(謁者)、찬인취현남배위(贊引就懸南拜位), 사배이출(四拜而出)。 ○금의(今儀), 차하유(此下有)"대축(大祝)"이자(二字)。 전사관(典祀官)、단사각수기속(壇司各帥其屬), 장신위판(藏神位版), 철례찬(徹禮饌), 이강내퇴(以降乃退)。

기고의(祈告儀) 보사동(報祀同), 유음복수조(惟飮福受胙)

◆ 재계(齊戒)

전사삼일(前祀三日), 제사관병산제이일(諸祀官並散齊二日), 숙어정침(宿於正寢), 치제일일어사소(致齊一日於祀所)。 보사선고사유(報祀先告事由), 이(移)、환안제동(還安祭同)。 약기고박절(若祈告迫切), 즉지청재일숙(則只清齋一宿)。

◆ 진설(陳設)

전일일(前一日), 단사수기속(壇司帥其屬), 소제단지내외(掃除壇之內外)。 전사관(典祀官)、단사각솔기속(壇司各帥其屬), 설국사(設國社)、국직신좌각어단상남방북향(國稷神座各於壇上南方北向), 후토씨신좌어국사신좌지좌(后土氏神座於國社神座之左), 후직씨신좌어국직신좌지좌(后稷氏神座於國稷神座之左), 구동향(俱東向), 석개이완(席皆以莞)。 찬자설헌관위어북문내도서남향(贊者設獻官位於北門內道西南向), 집사자위어서문내도북(執事者位於西門內道北), 매등이위(每等異位), 중행동향남상(重行東向南上)。 감찰위어북문내서북우동향(監察位於北門內西北隅東向), 서리배기후(書吏陪其後)。 찬자(贊者)、알자위어북유문외근서동향(謁者位於北壝門外近西東向), 설제기관문외위어서문외도북(設諸祈官門外位於西門外道北), 매등이위(每等異位), 중행남향동상(重行南向東上)。 설망예위(設望瘞位)○금의(今儀), "예(瘞)"작(作)"료(燎)"。하동(下同)。 어예감지남(於瘞坎之南), 헌관재남북향(獻官在南北向), 대축(大祝)、찬자재서동향북상(贊者在西東向北上)。 기일미행사전(祈日未行事前), 전사관(典祀官)、단사각수기속(壇司各帥其屬), 입전축판각일어신위지우(入奠祝版各一於神位之右), 각유점(各有坫)。 진폐비각일어존소(陳幣篚各一於尊所), 설향로(設香爐)、향합(香合)、병촉어신위전(幷燭於神位前), 차설제기여식(次設祭器如式)。 설세어북유문외서북남향(設洗於北壝門外西北南向), 관세재서(盥洗在西), 작세재동(爵洗在東)。 뢰재세서가작(罍在洗西加勺), 비재세동(篚在洗東), 북사(北肆), 실이건(實以巾)。 약작세지비(若爵洗之篚), 칙우실이작(則又實以爵)。 유점(有坫)。 제집사관세어헌관세서북남향(諸執事盥洗於獻官洗西北南向)。 집존(執尊)、뢰(罍)、비(篚)、멱자위어존(冪者位於尊)、뢰(罍)、비(篚)、멱지후(冪之後)。

◆ 행례(行禮)

기일축전오각(祈日丑前五刻), 축전오각(丑前五刻), 즉삼경삼점(卽三更三點), 행사용축시일각(行事用丑時一刻)。**전사관(典祀官)**、단사입(壇司入), 실찬구필(實饌具畢), 퇴취차(退就次), 복기복(服其服)。승설국사(升設國社)、후토씨(后土氏)、국직(國稷)、후직씨신위판어좌(后稷氏神位版於座)。전삼각(前三刻), 제기관각복기복(諸祈官各服其服)。찬자(贊者)、알자(謁者), 입자서문(入自西門), 선취단북배위남향동상(先就壇北拜位南向東上), 사배흘(四拜訖), 취위(就位)。알자인제기관(謁者引諸祈官), 취서문외위(就西門外位)。전일각(前一刻), 알자인감찰(謁者引監察)、전사관(典祀官)、대축(大祝)、축사(祝史)、재랑(齋郞)、단사입(壇司入), 취단북배위(就壇北拜位), 중행남향동상립정(重行南向東上立定)。찬자왈(贊者曰):"사배(四拜)。"

감찰이하개사배흘(監察以下皆四拜訖)。알자인감찰취위(謁者引監察就位), 인제집사(引諸執事), 예관세위관세흘(詣盥洗位盥帨訖), 각취위(各就位)。제집사승강(諸執事升降), 개자서폐(皆自西陛)。

재랑예작세위세작식작흘(齋郞詣爵洗位洗爵拭爵訖), 치어비(置於篚), 봉예준소(捧詣尊所), 치어점상(置於坫上)。알자인헌관입취위(謁者引獻官入就位)。알자진헌관지좌백(謁者進獻官之左白):"유사근구(有司謹具), 청행사(請行事)。"퇴복위(退復位)。찬자왈(贊者曰):"사배(四拜)。"헌관사배(獻官四拜)。찬자왈(贊者曰):"행전폐례(行奠幣禮)。"

알자인헌관예관세위(謁者引獻官詣盥洗位), 남향립(南向立), 찬진홀(贊搢笏)。헌관관수세수흘(獻官盥手帨手訖), 찬집홀(贊執笏), 인예국사단(引詣國社壇), 승자북폐(升自北陛)。예국사신위전(詣國社神位前), 남향립(南向立), 찬궤진홀(贊跪搢笏)。집사자(執事者), 일인봉향합(一人捧香合), 일인봉향로(一人捧香爐), 궤진(跪進)。알자찬삼상향(謁者贊三上香)。집사자전로우신위전(執事者奠爐于神位前)。대축이폐비수헌관(大祝以幣篚授獻官), 헌관집폐헌폐(獻官執幣獻幣), 이폐수대축(以幣授大祝), 전우신위전(奠于神位前)。범봉향수폐개재헌관지우(凡捧香授幣皆在獻官之右), 전로전폐개재헌관지좌(奠爐奠幣皆在獻官之左)。수작전작준차(受爵奠爵準此)。

알자찬집홀(謁者贊執笏)、부복흥평신(俯伏興平身), 인예후토씨신위전(引詣后土氏神位前), 서향립(西向立), 찬궤진홀(贊跪搢笏)。집사자(執事者), 일인봉향합(一人捧香合), 일인봉향로(一人捧香爐), 궤진(跪進)。알자찬삼상향(謁者贊三上香)。집사자전로우신위전(執事者奠爐于神位前)。대축이폐비수헌관(大祝以幣篚授獻官), 헌관집폐헌폐(獻官執幣獻幣), 이폐수대축(以幣授大祝), 전우신위전(奠于神位前)。알자찬집홀(謁者贊執笏)、부복흥평신(俯伏興平身), 인헌관강자북폐(引獻官降自北陛), 예국직단(詣國稷壇), 상향전폐(上香奠幣), 병여상의흘(竝如上儀訖), 인강복위(引降復位)。찬자왈(贊者曰):"행작헌례(行酌獻禮)。"
알자인헌관예국사준소(謁者引獻官詣國社尊所), 동향립(東向立)。집준자거멱작주(執尊者擧冪酌酒), 집사자이작수주(執事者以爵受酒)。알자인헌관(謁者引獻官), 승자북폐(升自北陛), 예신위전(詣神位前), 남향립(南向立), 찬궤진홀(贊跪搢笏)。집사자이작수헌관(執事者以爵授獻官), 헌관집작헌작(獻官執爵獻爵), 이작수집사자(以爵授執事者), 전우신위전(奠于神位前)。알자찬집홀(謁者贊執笏)、부복흥(俯伏興), 소퇴남향궤(少退南向跪)。대축진신위지우(大祝進神位之右), 서향궤독축문흘(西向跪讀祝文訖)。알자찬부복흥평신(謁者贊俯伏興平身), 인헌관강자북폐(引獻官降自北陛), 예후토씨존소(詣后土氏尊所), 동향립(東向立)。집존자거멱작주(執尊者擧冪酌酒), 집사자이작수주(執事者以爵受酒)。알자인헌관(謁者引獻官), 승자북폐(升自北陛), 예신위전(詣神位前), 서향립(西向立), 찬궤진홀(贊跪搢笏)。집사자이작수헌관(執事者以爵授獻官), 헌관집작헌작(獻官執爵獻爵), 이작수집사자(以爵授執事者), 전우신위전(奠于神位前)。알자찬집홀(謁者贊執笏)、부복흥(俯伏興)、소퇴서향궤(少退西向跪)。대축진신위지우(大祝進神位之右), 북향궤독축문흘(北向跪讀祝文訖)。알자찬부복흥평신(謁者贊俯伏興平身), 인헌관강자북폐(引獻官降自北陛), 예국직단승헌(詣國稷壇升獻), 병여상의흘(竝如上儀訖), 인강복위(引降復位)。대축진철변두(大祝進徹籩豆)。철자(徹者), 변(籩)、두각일(豆各一), 소이어고처(少移於故處)。찬자왈(贊者曰):"사배(四拜)。"헌관사배(獻官四拜)。알자인헌관예망예위(謁者引獻官詣望瘞位), 북향립(北向立);찬자예망예위(贊者詣望瘞位), 동향립(東向立)。대축이비취축판급폐(大祝以篚取祝版及幣), 각유기폐강단(各由其陛降壇), 치어감(置於坎)。찬자왈(贊者曰):"가예(可瘞)。"

치토반감(置土半坎)。○금의(今儀), 자(自)"알자인헌관(謁者引獻官)"지(止)"치토반감(置土半坎)", 작(作)"알자인헌관(謁者引獻官), 예망료위(詣望燎位), 북향립(北向立);집례수찬자(執禮帥贊者), 예망료위(詣望燎位), 동향립(東向立)。대축취축폐(大祝取祝幣), 예망료위(詣望燎位)。집례왈가료(執禮曰可燎)。대축이폐분어로(大祝以幣焚於爐)。대축취서직반(大祝取黍稷飯), 자용백모속지(藉用白茅束之), 이비취축판(以篚取祝版), 치어감(置於坎), 치토반감(置土半坎)"。

알자진헌관지좌(謁者進獻官之左), 백례필(白禮畢)。 수인헌관출(遂引獻官出), 찬자환본위(贊者還本位)。 알자인감찰급제집사(謁者引監察及諸執事), 구복단북배위립정(俱復壇北拜位立定)。 찬자왈(贊者曰) : "사배(四拜)。"

감찰이하개사배흘(監察以下皆四拜訖)。 알자이차인출(謁者以次引出)。 ○금의(今儀), 차하유(此下有) "대축잉취관세위관세(大祝仍就盥洗位盥帨)" 구자(九字)。 찬자(贊者)、 알자취단북배위(謁者就壇北拜位), 사배이출(四拜而出)。 ○금의(今儀), 차하유(此下有) "대축(大祝)" 이자(二字)。

전사관(典祀官)、 단사각솔기속(壇司各帥其屬), 장신위판(藏神位版), 철례찬(徹禮饌), 이강내퇴(以降乃退)。

친제단상홀기(親祭壇上笏記)

○찬인인감찰점시(贊引引監察點視)。 【○전악솔공인(典樂帥工人)、 이무입취위(二舞入就位)。】 ○인의분인배제관입취위(引儀分引陪祭官入就位)。 ○찬인인감찰급제집사(贊引引監察及諸執事), 입취배위(入就拜位)。 ○사배(四拜)。 감찰이하개사배(監察以下皆四拜)。 ○찬인인감찰취위(贊引引監察就位)。 ○제집사예관세위(諸執事詣盥洗位)。 【각취위(各就位)】。 ○알자인아헌관(謁者引亞獻官)、 종헌관(終獻官), 찬인인진폐작주관(贊引引進幣爵酒官)、 천조관(薦俎官)、 전폐작주관입취위(奠幣爵酒官入就位)。 ○찬인인축사(贊引引祝史)、 재랑(齋郎), 예작세위(詣爵洗位)。 ○좌통례궤계외판(左通禮跪啓外辦)。 ○예의사도전하(禮儀使導殿下), 입자정문(入自正門), 예판위(詣版位)。 【지서문(至西門), 계청집규(啓請執圭)。】 ○례의사계청행사(禮儀使啓請行事)。 【고유사근구(告有司謹具), 청행사(請行事)。】 ○예모혈(瘞毛血)。 【대축각예모혈어감(大祝各瘞毛血於坎)。】 ○헌가작(軒架作)《순안지악(順安之樂)》, 《렬문지무(烈文之舞)》 작(作)。 【악칠성(樂七成)】。 ○예의사계청사배흥평신(禮儀使啓請四拜興平身)。 전하사배흥평신(殿下四拜興平身)。 재위자개사배흥평신(在位者皆四拜興平身)。 ○악지(樂止)。 ○알자인진폐작주관(謁者引進幣爵酒官)、 전폐작주관(奠幣爵酒官), 예관세위(詣盥洗位)。 ○인예국사존소(引詣國社尊所)。 ○행전폐례(行奠幣禮)。 ○예의사도전하예관세위(禮儀使導殿下詣盥洗位), 남향립(南向立)。 【계청진규(啓請搢圭)。 세(帨)[수(手)]1)흘(訖)。 계청집규(啓請執圭)。】 ○례의사도전하(禮儀使導殿下), 승자북폐(陞自北陛), 예국사신위전(詣國社神位前), 남향립(南向立)。 ○등가작(登歌作)《숙안지악(肅安之樂)》, 《열문지무(烈文之舞)》 작(作)。 ○계청궤(啓請跪)。 【전하궤(殿下跪), 재위자개궤(在位者皆跪)。 계청진규(啓請搢圭)、 삼상향(三上香)、 집폐헌폐(執幣獻幣)。 계청집규(啓請執圭)。】 ○계청부복흥평신(啓請俯伏興平身)。 【전하부복흥평신(殿下俯伏興平身), 재위자개부복흥평신(在位者皆俯伏興平身)。】 ○예의사도전하예후토씨신위전(禮儀使導殿下詣后土氏神位前), 서향립(西向立)。 ○계청궤(啓請跪)。 ○계청부복흥평신(啓請俯伏興平身)。 ○악지(樂止)。 ○예의사도전하강자북폐(禮儀使導殿下降自北陛), 예국직신위전(詣國稷神位前), 남향립(南向立)。 ○악작(樂作)。 ○계청궤(啓請跪)。 ○계청부복흥평신(啓請俯伏興平身)。 ○예의사도전하예후직씨신위전(禮儀使導殿下詣后稷氏神位前), 서향립(西向立)。 ○계청궤(啓請跪)。 ○계청부복흥평신(啓請俯伏興平身)。 ○악지(樂止)。 【진폐작주관(進幣爵酒官)、 전폐작주관강복위(奠幣爵酒官降復位)。】 ○예의사도전하강복위(禮儀使導殿下降復位)。 【찬인인전사관출예주소(贊引引典祀官出詣廚所), 거정자수지(擧鼎者隨之)。 알자인천조관(謁者引薦俎官), 출예찬소(出詣饌所), 봉(捧)2)조관수지(俎官隨之)。】 ○진찬(進饌)。 ○헌가작(軒架作)《옹안지악(雍安之樂)》。 【알자인천조관(謁者引薦俎官), 입자정문(入自正門)。】 ○제대축영인어단상(諸大祝迎引於壇上)。 【알자인천조관(謁者引薦俎官), 승예국사신위전(陞詣國社神位前), 인예후토씨신위전(引詣后土氏神位前)。 인예국직신위전(引詣國稷神位前), 인예후직씨신위전(引詣后稷氏神位前)。】 ○악지(樂止)。 ○알자인천조관강복위(謁者引薦俎官降復位)。 【봉조관수강(捧俎官隨降)。】 ○알자인진폐작주관(謁者引進幣爵酒官)、 전폐작주관(奠幣爵酒官), 예국사존소(詣國社尊所)。 ○행초헌례(行初獻禮)。 ○예의사도전하예국사존소(禮儀使導殿下詣國社尊所), 동향립(東向立)。 ○등가작(登歌作)《수안지악(壽安之樂)》, 《열문지무(烈文之舞)》 작(作)。 ○ 【작례제(酌醴齊)。】 ○예의사도전하예신위전(禮儀使導殿下詣神位前), 남향립(南向

立)。○계청궤(啓請跪)。【전하궤(殿下跪), 재위자개궤(在位者皆跪)。계청진규(啓請搢圭)、집작헌작(執爵獻爵)。계청집규(啓請執圭)、부복흥(俯伏興)、소퇴궤(少退跪)。】○악지(樂止)。【독축흘(讀祝訖)。】○악작(樂作)。○계청부복흥평신(啓請俯伏興平身)。【전하부복흥평신(殿下俯伏興平身), 재위자개부복흥평신(在位者皆俯伏興平身)。】○악지(樂止)。○례의사도전하(禮儀使導殿下), 강자북폐(降自北陛), 예후토씨준소(詣后土氏尊所), 동향립(東向立)。○악작(樂作)。○례의사도전하예신위전(禮儀使導殿下詣神位前), 서향립(西向立)。○계청궤(啓請跪)。○악지(樂止)。○악작(樂作)。○계청부복흥평신(啓請俯伏興平身)。○악지(樂止)。○예의사도전하(禮儀使導殿下), 강자북폐(降自北陛), 예국직준소(詣國稷尊所), 동향립(東向立)。○악작(樂作)。○예의사도전하예신위전(禮儀使導殿下詣神位前), 남향립(南向立)。○계청궤(啓請跪)。○악지(樂止)。○악작(樂作)。○계청부복흥평신(啓請俯伏興平身)。○악지(樂止)。○예의사도전하(禮儀使導殿下), 강자북폐(降自北陛), 예후직씨준소(詣后稷氏尊所), 동향립(東向立)。○악작(樂作)。○예의사도전하예신위전(禮儀使導殿下詣神位前), 서향립(西向立)。○계청궤(啓請跪)。○악지(樂止)。○악작(樂作)。○계청부복흥평신(啓請俯伏興平身)。○악지(樂止)。【진폐작주관(進幣爵酒官)、전폐작주관강복위(奠幣爵酒官降復位)。】○예의사도전하강복위(禮儀使導殿下降復位)。○문무퇴(文舞退), 무무진(武舞進)。○헌가작(軒架作)《서안지악(舒安之樂)》。○악지(樂止)。○예의사계청입소차(禮儀使啓請入小次)。【예의사도전하입소차(禮儀使導殿下入小次), 계청석규(啓請釋圭)。】○행아헌례(行亞獻禮)。【축사(祝史)、재랑각취존소(齋郎各就尊所)。】○알자인아헌관(謁者引亞獻官), 예관세위(詣盥洗位)。○알자인아헌관(謁者引亞獻官), 예국사준소(詣國社尊所)。○헌가작(軒架作)《수안지악(壽安之樂)》, 《소무지무(昭武之舞)》작(作)。○【작앙제(酌盎齊)。】○인예신위전(引詣神位前)。【인예후토씨존소(引詣后土氏尊所), 인예신위전(引詣神位前)。인예국직존소(引詣國稷尊所), 인예신위전(引詣神位前)。인예후직씨준소(引詣后稷氏尊所), 인예신위전(引詣神位前)。】○악지(樂止)。○알자인아헌관강복위(謁者引亞獻官降復位)。○행종헌례(行終獻禮)。○알자인종헌관(謁者引終獻官), 예관세위(詣盥洗位)。○알자인종헌관(謁者引終獻官), 예국사준소(詣國社尊所)。○헌가작(軒架作)《수안지악(壽安之樂)》, 《소무지무(昭武之舞)》작(作)。○【작청주(酌清酒)。】○인예신위전(引詣神位前)。【인예후토씨준소(引詣后土氏尊所), 인예신위전(引詣神位前)。인예국직준소(引詣國稷尊所), 인예신위전(引詣神位前)。인예후직씨준소(引詣后稷氏尊所), 인예신위전(引詣神位前)。】○악지(樂止)。○알자인종헌관강복위(謁者引終獻官降復位)。○알자인진폐작주관(謁者引進幣爵酒官)、천조관(薦俎官), 예음복위(詣飲福位)。○행음복례(行飲福禮)。○예의사계청출차(禮儀使啓請出次)。【계청집규(啓請執圭)。】○예의사도전하예음복위(禮儀使導殿下詣飲福位), 남향립(南向立)。○계청궤(啓請跪)。전하궤(殿下跪)。재위자개궤(在位者皆跪)。【계청진규(啓請搢圭)、수작수조(受爵受胙)。계청집규(啓請執圭)。진폐작주관(進幣爵酒官)、천조관강복위(薦俎官降復位)。】○계청부복흥평신(啓請俯伏興平身)。전하부복흥평신(殿下俯伏興平身)。재위자개부복흥평신(在位者皆俯伏興平身)。○예의사도전하강복위(禮儀使導殿下降復位)。○예의사계청사배흥평신(禮儀使啓請四拜興平身)。전하사배흥평신(殿下四拜興平身)。재위자개사배흥평신(在位者皆四拜興平身)。○철변두(徹籩豆)。【제대축구진철(諸大祝俱進徹)。】○등가작(登歌作)《옹안지악(雍安之樂)》。【일성(一成)。】○악지(樂止)。○헌가작(軒架作)《순안지악(順安之樂)》。【일성(一成)。】○예의사계청사배흥평신(禮儀使啓請四拜興平身)。전하사배흥평신(殿下四拜興平身)。재위자개사배흥평신(在位者皆四拜興平身)。○악지(樂止)。○망료(望燎)。【제대축각봉축폐예감(諸大祝各捧祝幣詣坎)。】○예의사도전하예망료위(禮儀使導殿下詣望燎位), 북향립(北向立)。○가료(可燎)。【대축료(大祝燎)。】○예의사궤계례필(禮儀使跪啓禮畢)。○예의사도전하환대차(禮儀使導殿下還大次)。○인의분인배제관출(引儀分引陪祭官出)。○찬인인감찰급제집사(贊引引監察及諸執事), 구복배위(俱復拜位)。○사배(四拜)。감찰이하개사배(監察以下皆四拜)。○찬인인감찰이하출(贊引引監察以下出)。【집례(執禮)、찬자(贊者)、알자(謁者)、찬인(贊引), 사배이출(四拜以出)。전악솔공인(典樂帥工人)、이무출(二舞出)。단사솔기속철찬(壇司帥其屬徹饌)。】

친제단하홀기(親祭壇下笏記)

찬인인감찰점시(贊引引監察點視)。【○전악솔공인(典樂帥工人)、이무입취위(二舞入就位)。】

○인의분인배제관입취위(引儀分引陪祭官入就位)。○찬인인감찰급제집사(贊引引監察及諸執事), 입취배위(入就拜位)。○사배(四拜)。감찰이하개사배(監察以下皆四拜)。○찬인인감찰취위(贊引引監察就位)。○제집사예관세위(諸執事詣盥洗位)。○알자인아헌관(謁者引亞獻官)、종헌관(終獻官), 찬인인진폐작주관(贊引引進幣爵酒官)、천조관(薦俎官)、전폐작주관입취위(奠幣爵酒官入就位)。○좌통례궤계외판(左通禮跪啓外辦)。○예의사도전하입자정문(禮儀使導殿下入自正門), 예판위(詣版位)。○예의사계청행사(禮儀使啓請行事)。【고유사근구(告有司謹具), 청행사(請行事)。】○예모혈(瘞毛血)。○헌가작(軒架作)《순안지악(順安之樂)》, 《열문지무(烈文之舞)》작(作)。○예의사계청사배흥평신(禮儀使啓請四拜興平身)。전하사배흥평신(殿下四拜興平身)。재위자개사배흥평신(在位者皆四拜興平身)。○악지(樂止)。○행전폐례(行奠幣禮)。○진찬(進饌)。○헌가작(軒架作)《옹안지악(雍安之樂)》。○악지(樂止)。○행초헌례(行初獻禮)。○문무퇴(文舞退), 무무진(武舞進)。○헌가작(軒架作)《서안지악(舒安之樂)》○악지(樂止)。○예의사계청입소차(禮儀使啓請入小次)。○행아헌례(行亞獻禮)。○헌가작(軒架作)《수안지악(壽安之樂)》, 《소무지무(昭武之舞)》작(作)。○악지(樂止)。○행종헌례(行終獻禮)。○헌가작(軒架作)《수안지악(壽安之樂)》, 《소무지무(昭武之舞)》작(作)。○악지(樂止)。○행음복례(行飮福禮)。○예의사계청출차(禮儀使啓請出次)。○예의사계청사배흥평신(禮儀使啓請四拜興平身)。전하사배흥평신(殿下四拜興平身)。재위자개사배흥평신(在位者皆四拜興平身)。○헌가작(軒架作)《순안지악(順安之樂)》。○예의사계청사배흥평신(禮儀使啓請四拜興平身)。전하사배흥평신(殿下四拜興平身)。재위자개사배흥평신(在位者皆四拜興平身)。○악지(樂止)。○망료(望燎)。○알자인아헌관(謁者引亞獻官)、종헌관(終獻官), 찬인인진폐작주관(贊引引進幣爵酒官)、천조관(薦俎官)、전폐작주관출(奠幣爵酒官出)。○인의분인배제관출(引儀分引陪祭官出)。○찬인인감찰급제집사(贊引引監察及諸執事), 구복배위(俱復拜位)。○사배(四拜)。감찰이하개사배(監察以下皆四拜)。○찬인인감찰이하출(贊引引監察以下出)。【전악솔공인(典樂帥工人)、이무출(二舞出)。】

섭사단상홀기(攝事壇上笏記)

○찬인인감찰점시(贊引引監察點視)。【○전악솔공인(典樂帥工人)、이무입취위(二舞入就位)。】○찬인인감찰급제집사(贊引引監察及諸執事), 입취배위(入就拜位)。○사배(四拜)。감찰이하개사배(監察以下皆四拜)。○찬인인감찰취위(贊引引監察就位)。○제집사예관세위(諸執事詣盥洗位)。【각취위(各就位)。찬인인축사(贊引引祝史)、재랑(齋郎), 예작세위(詣爵洗位)。】○알자인초헌관(謁者引初獻官), 찬인인아헌관(贊引引亞獻官)、종헌관(終獻官)、천조관입취위(薦俎官入就位)。○알자진청행사(謁者進請行事)。【초헌관지좌(初獻官之左), 백유사근구(白有司謹具), 청행사(請行事)。】○예모혈(瘞毛血)。【대축각예모혈어감(大祝各瘞毛血於坎)。】○헌가작(軒架作)《순안지악(順安之樂)》, 《열문지무(烈文之舞)》작(作)。【악칠성(樂七成)。】○사배(四拜)。초헌관이하재위자개사배(初獻官以下在位者皆四拜)。○악지(樂止)。○행전폐례(行奠幣禮)。○알자인초헌관(謁者引初獻官), 예관세위(詣盥洗位)。○알자인초헌관(謁者引初獻官), 예국사신위전(詣國社神位前)。○등가작(登歌作)《숙안지악(肅安之樂)》, 《열문지무(烈文之舞)》작(作)。【삼상향(三上香)、집폐헌폐(執幣獻幣)。인예후토씨신위전(引詣后土氏神位前)。】○악지(樂止)。【인예국직신위전(引詣國稷神位前)。】○악작(樂作)。【인예후직씨신위전(引詣后稷氏神位前)。】○악지(樂止)。○알자인초헌관강복위(謁者引初獻官降復位)。○진찬(進饌)。○헌가작(軒架作)《옹안지악(雍安之樂)》。【알자인천조관(謁者引薦俎官), 입자정문(入自正門)。】○제대축영인어단상(諸大祝迎引於壇上)。【천조관승예국사신위전(薦俎官陞詣國社神位前), 차예각위(次詣各位), 병여상의(竝如上儀)。】○악지(樂止)。○알자인천조관강복위(謁者引薦俎官降復位)。【봉조관수강(捧俎官隨降)。】○행초헌례(行初獻禮)。○알자인초헌관예국사존소(謁者引初獻官詣國社尊所)。○등가작(登歌作)《수안지악(壽安之樂)》, 《열문지무(烈文之舞)》작(作)。○【작례제(酌醴齊)。】○인예신위전(引詣神位前)。【헌작(獻爵), 부복흥(俯伏興), 소퇴궤(小退跪)。】○악지(樂止)。【독축흘(讀祝訖)。】○악작(樂作)。○악지(樂止)。○인예후토씨준소(引詣后土氏尊所)。○악작(樂作)。○인예신위전(引詣神位前)。○악지(樂止)。○악작(樂作)。○악지(樂止)。○인예국직준소(引詣國稷尊所)。○악작(樂作)。○인예신위전(引詣神位前)。○악지(樂止)。○악작(樂作)。○악지(樂止)。○인예후직씨준소(引詣后稷氏尊

所)。○악작(樂作)。○인예신위전(引詣神位前)。○악지(樂止)。○악작(樂作)。○악지(樂止)。○알자인초헌관강복위(謁者引初獻官降復位)。○문무퇴(文舞退), 무무진(武舞進)。○헌가작(軒架作)《서안지악(舒安之樂)》。○악지(樂止)。○행아헌례(行亞獻禮)。○알자인아헌관(謁者引亞獻官), 예관세위(詣盥洗位)。○인예국사준소(引詣國社尊所)。○헌가작(軒架作)《수안지악(壽安之樂)》, 《소무지무(昭武之舞)》작(作)。○【작앙제(酌盎齊)。】○인예신위전(引詣神位前)。【헌작(獻爵), 차예각위헌작(次詣各位獻爵), 병여상의(並如上儀)。】○악지(樂止)。○알자인아헌관강복위(謁者引亞獻官降復位)。○행종헌례(行終獻禮)。○알자인종헌관(謁者引終獻官), 예관세위(詣盥洗位)。○인예국사준소(引詣國社尊所)。○헌가작(軒架作)《수안지악(壽安之樂)》, 《소무지무(昭武之舞)》작(作)。○【작청주(酌淸酒)。】○인예신위전(引詣神位前)。【헌작(獻爵), 차예각위헌작(次詣各位獻爵), 병여상의(並如上儀)。】○악지(樂止)。○알자인종헌관강복위(謁者引終獻官降復位)。○행음복례(行飮福禮)。○알자인초헌관(謁者引初獻官), 예음복위(詣飮福位)。○알자인초헌관강복위(謁者引初獻官降復位)。○사배(四拜)。초헌관이하재위자개사배(初獻官以下在位者皆四拜)。○철변두(徹籩豆)。【대축입철변두(大祝入徹籩豆)。】○등가작(登歌作)《옹안지악(雍安之樂)》。○악지(樂止)。○헌가작(軒架作)《순안지악(順安之樂)》。○사배(四拜)。초헌관이하재위자개사배(初獻官以下在位者皆四拜)。○악지(樂止)。○망료(望燎)。○알자인초헌관(謁者引初獻官), 예망료위(詣望燎位)。○가료(可燎)。○례필(禮畢)。【알자진초헌관지좌(謁者進初獻官之左), 백례필(白禮畢)。】○알자인초헌관출(謁者引初獻官出)。○찬인인감찰급제집사(贊引引監察及諸執事), 구복배위(俱復拜位)。○사배(四拜)。감찰이하개사배(監察以下皆四拜)。○찬인인감찰이하출(贊引引監察以下出)。【집례(執禮)、찬자(贊者)、알자(謁者)、찬인(贊引), 사배이출(四拜以出)。전악솔공인(典樂帥工人)、이무출(二舞出)。단사수기속철찬(壇司帥其屬徹饌)。】

고유제홀기(告由祭笏記)

○알자인감찰급제집사(謁者引監察及諸執事), 입취배위(入就拜位)。○사배(四拜)。감찰이하개사배(監察以下皆四拜)。○알자인감찰(謁者引監察)、전사관취위(典祀官就位)。○제집사예관세위(諸執事詣盥洗位)。○각취위(各就位)。○알자인헌관입취위(謁者引獻官入就位)。○알자진헌관지좌백(謁者進獻官之左白): "유사근구(有司謹具), 청행사(請行事)。"○사배(四拜)。헌관사배(獻官四拜)。○행전폐례(行奠幣禮)。○알자인헌관(謁者引獻官), 예관세위(詣盥洗位)。○인예국사신위전(引詣國社神位前)。○인예후토씨신위전(引詣后土氏神位前)。○인예국직신위전(引詣國稷神位前)。○인예후직씨신위전(引詣后稷氏神位前)。○인강복위(引降復位)。○행작헌례(行酌獻禮)。○알자인헌관(謁者引獻官), 예국사준소(詣國社尊所)。○인예신위전(引詣神位前)。○인예후토씨준소(引詣后土氏尊所)。○인예신위전(引詣神位前)。○인예국직준소(引詣國稷尊所)。○인예신위전(引詣神位前)。○인예후직씨준소(引詣后稷氏尊所)。○인예신위전(引詣神位前)。○인강복위(引降復位)。○철변두(徹籩豆)。○사배(四拜)。헌관사배(獻官四拜)。○망료(望燎)。○알자인헌관(謁者引獻官), 예망료위(詣望燎位)。○가료(可燎)。○알자진헌관지좌(謁者進獻官之左), 백례필(白禮畢)。○알자인헌관출(謁者引獻官出)。○알자인감찰급예집사(謁者引監察及詣執事), 구복배위(俱復拜位)。○사배(四拜)。감찰이하개사배(監察以下皆四拜)。○알자인감찰이하(謁者引監察以下), 이차출(以次出)。

종묘성기성생(宗廟省器省牲)

◆성기성생(省器省牲)

원의(原儀) 대사(大祀) 전제일일(前祭一日),집례(執禮), 설생방어동문외당문서향남상(設牲榜於東門外當門西向南上)。영녕전동(永寧殿同)。장생령위어생서남북향(掌牲令位於牲西南北向)。대축위어생동(大祝位於牲東), 각당생후(各當牲後), 축사각재기후(祝史各在其後), 구서향(俱西向)。종헌관위어생전근북남향(終獻官位於牲前近北南向)。영의정(領議政), 위아헌관(爲亞獻官),

즉아헌관(則亞獻官), 성생(省牲). 섭사동(攝事同). 감찰위어종헌관지서남향차후(監察位於終獻官之西南向差後). 전사관(典祀官), 설제기위어당상동측계북(設祭器位於堂上東側階北). 자이석(藉以席). 미후이각(未後二刻), 묘사영녕전(廟司永寧殿), 즉전사(則殿司)., 솔기속(帥其屬), 소제묘지내외(掃除廟之內外). 집사자(執事者), 이제기(以祭器), 입설위어(入設位於)〔어위(於位)〕, 가이건개(加以巾蓋). 삼각(三刻), 종헌관이하응성생성기자(終獻官以下應省牲省器者), 구이상복(俱以常服), 취동문외(就東門外). 보례(報禮), 수찬자(帥贊者)·알자(謁者)·찬인(贊引), 선입묘정(先入廟庭). 장생령(掌牲令), 견생취위(牽牲就位). 찬인(贊引), 인감찰(引監察), 예조계(詣阼階), 승자서계(升自西階), 행소제어상(行掃除於上), 강행악현어하흘(降行樂懸於下訖), 복위(復位). 알자(謁者), 인종헌관(引終獻官), 찬인(贊引), 인감찰(引監察), 예조계(詣阼階), 승자서계(升自西階), 시척탁(視滌濯). 집사자(執事者), 거멱고결(舉冪告潔). 기흘(既訖), 권철(權徹). 인강취성생위(引降就省牲位). 장생령(掌牲令), 소전왈(少前曰), 청성생(請省牲), 퇴복위(退復位). 종헌관(終獻官), 성생(省牲). 장생령(掌牲令), 우전거수왈(又前舉手曰), 돌(腯), 복위(復位). 제대축(諸大祝), 각순생일잡(各巡牲一匝), 서향거수왈(西向舉手曰), 충(充), 공복위(供復位). 제대축여장생령(諸大祝與掌牲令), 이차견생(以次牽牲), 예주(詣廚), 수전사관(授典祀官). 알자(謁者), 인종헌관(引終獻官), 예주성정확(詣廚省鼎鑊), 신시척개(申視滌漑), 감취명수화(監取明水火). 취수어음감(取水於陰鑑), 취화어양수(取火於陽燧). 음감미능졸변(陰鑑未能猝辨), 이정수대지(以井水代之). 화이공찬(火以供爨), 수이실준(水以實尊). 찬인(贊引), 인감찰(引監察), 예주성찬구흘(詣廚省饌具訖), 각환제소(各還祭所). 포후일각(晡後一刻), 전사관(典祀官), 수재인(帥宰人), 이란도할생(以鸞刀割牲). 축사(祝史), 각이반(各以槃), 취모혈우취간(取毛血又取肝)·률료(膟膋), 소주(小註), 장간지야(腸間脂也). 매실공실일등(每室共室一甄), 간세어울창(肝洗於鬱鬯)., 치어찬소(置於饌所). 수팽생(遂烹牲). 연피자숙(連皮煑熟), 기여모혈성이정기(其餘毛血盛以淨器), 제필매지(祭畢埋之). 묘사(廟司), 솔기속(率其屬), 소제묘지내외(掃除廟之內外).

금의(今儀) 대사영녕전동(大祀永寧殿同).   전향일일(前享一日), 묘사전사(廟司殿司)., 각솔기속(各帥其屬), 소제묘전지내외(掃除廟殿之內外). 전사관(典祀官), 설제기위어종묘(設祭器位於宗廟)·영녕전당상동측계북(永寧殿堂上東側階北). 개자이석(皆藉以席). 집례(執禮), 설생방어종묘동문외서향중행(設牲榜於宗廟東門外西向重行). 선우(先牛), 차양(次羊), 차시(次豕). 장생령위어생서남북향(掌牲令位於牲西南北向). 대축위어생동(大祝位於牲東), 각당생후(各當牲後). 축사(祝史), 각재기후(各在其後), 구서북상(俱西北上). 액정서(掖庭署)〔액정서(掖庭署)〕, 설전하성생위어묘동문외근북남향(設殿下省牲位於廟東門外近北南向). 설왕세자위어자생위지동남서향(設王世子位於者牲位之東南西向). 집례(執禮), 설종헌관이하제향관급례조판서위어왕세자지후초남(設終獻官以下諸享官及禮曹判書位於王世子之後稍南). 제집사(諸執事)·감찰위어기후(監察位於其後), 구서향북상(俱西向北上). 기일(其日), 묘사전사(廟司殿司). 급제집사자(及諸執事者), 이제기(以祭器), 입설어위(入設於位), 가이건개(加以巾蓋). 집존(執尊)·축사(祝史)·제랑(齊郎), 구이흑단령(俱以黑團領), 예묘전내(詣廟殿內), 각립준소(各立尊所). 찬인(贊引), 인감찰(引監察), 예묘전내(詣廟殿內), 승자조계(陞自阼階), 행소제어상(行掃除於上). 강행악현어하흘(降行樂懸於下訖), 복위(復位). 전하(殿下), 구면복출차(具冕服出次), 행망묘례망전례(行望廟禮望殿禮)·망위례동(望位禮同)., 봉심흘(奉審訖). 좌우통례(左右通禮), 도전하(導殿下), 예제기위(詣祭器位), 시척탁(視滌濯). 집사자(執事者), 거멱고결(舉冪告潔). 기흘(既訖), 권철(權徹). 왕세자(王世子), 수참여상(隨參如常), 성기흘(省器訖). 좌우통례(左右通禮), 도전하(導殿下), 환제전(還齊殿). 상례(相禮), 인왕세자(引王世子), 환제실(還齊室). 미후일각(未後一刻), 알자(謁者)·찬인(贊引), 각인종헌관이하제집사급례조판서사품이상조복(各引終獻官以下諸執事及禮曹判書四品以上朝服), 오품이하흑단령(五品以下黑團領)., 각취위(各就位). 장생령흑단령(掌牲令黑團領)., 수기속(帥其屬), 견생취위(牽牲就位). 이각(二刻), 좌통례(左通禮), 예제전전(詣齊殿前), 부복궤(俯伏跪), 계청중엄(啓請中嚴). 상례(相禮), 예제실전(詣齊室前), 궤찬청범찬청(跪贊請凡贊請), 개부복(皆俯伏). 내엄(內嚴), 소경(少頃), 찬청출차(贊請出次). 왕세자(王世子), 구원유관(具遠遊冠)·강사포(絳紗袍), 출차취위(出次就位). 삼각(三刻), 좌통례(左通禮), 궤계청출차(跪啓請出次). 전하(殿下), 구원유관(具遠遊冠)·강사포(絳紗袍), 이출(以出). 례조판서(禮曹判書), 부복궤(俯伏跪), 계청집주(啓請執圭), 근시(近侍), 궤진규(跪進圭), 전하집규(殿下執圭). 례조판서(禮曹判書), 도전하(導殿下), 예성생위(詣省牲位), 남향립(南向

立). 산선(繖扇)·시위여상의(侍衛如常儀). 상례(相禮), 인왕세자(引王世子), 수예(隨詣). 례조판서(禮曹判書), 진전부복궤(進前俯伏跪), 계청성생(啓請省牲), 부복흥퇴립어좌(俯伏興退立於左). 장생령(掌牲令), 수기속(帥其屬), 견생자동행과소진(牽牲自東行過少進), 북향궤거수왈(北向跪舉手曰), 돌(腯), 환복위(還復位). 제대축(諸大祝), 순생일잡(巡牲一匝), 서향거수왈(西向舉手曰), 충(充), 구환복위(俱還復位). 성생흘(省牲訖). 제대축여장생령(諸大祝與掌牲令), 이차견생(以次牽牲), 예주(詣廚), 수전사관(授典祀官). 례조판서(禮曹判書), 도전하(導殿下), 환지제전문외(還至齊殿門外), 산선(繖扇)·시위여상의(侍衛如常儀). 례조판서(禮曹判書), 부복궤(俯伏跪), 계청석규(啓請釋圭), 전하석규(殿下釋圭), 근시(近侍), 궤수규(跪受圭), 전하입제전(殿下入齊殿). 상례(相禮), 인왕세자(引王世子), 환입제실(還入齊室). 례조판서(禮曹判書), 퇴출(退出). 알자(謁者)·찬인(贊引), 각인종헌관이하(各引終獻官以下), 이차출(以次出). 초(初), 전사관(典祀官), 기수생(旣受牲), 알자(謁者), 인례조판서(引禮曹判書), 예주성정확(詣廚省鼎鑊), 신시척개(申視滌漑), 감취명수화(監取明水火). 견상(見上). 찬인(贊引), 인감찰(引監察), 예주성찬구흘(詣廚省饌具訖), 각환제소(各還齊所). 포후일각(晡後一刻), 전사관(典祀官), 수재인(帥宰人), 이란도할생(以鑾刀割牲). 축사(祝史), 각이반(各以槃), 취모혈간료(取毛血肝膋), 치어찬소(置於饌所), 수팽생(遂烹牲). 수친향(雖親享), 이성생기(而省牲器), 칙혹섭행(則或攝行). 수부친향(雖不親享), 이성생기(而省牲器), 칙혹친행(則或親行).

영조십오년기미삼월(英祖十五年己未三月), 시행친성생친서계지례(始行親省牲親誓戒之禮). 초(初), 상람황조교사의(上覽皇朝郊祀儀), 교왈(教曰), 성생지례(省牲之禮), 비특황조행지(非特皇朝行之), 고례역유성생지문(古禮亦有省牲之文). 이지어친서계(而至於親誓戒), 향자대신소진지(向者臺臣疏陳之), 황조전례우여차(皇朝典禮又如此), 승지이황조묘향시친성생(承旨以皇朝廟享時親省牲)·친서계의절고품(親誓戒儀節考稟). 호견서계(互見誓戒).

이십일년을축삼월(二十一年乙丑三月), 시정성기성생지제(始定省器省牲之制). 상친행하약(上親行夏禴), 소례관유신(召禮官儒臣), 교왈(教曰), 금번태묘전알후(今番太廟展謁後), 잉이면복성기(仍以冕服省器), 이원유관(以遠遊冠)·강사포성생(絳紗袍省牲), 기의차찬구의주(其依此撰具儀註).

사월(四月), 태묘친성생(太廟親省牲). 승지조명리계(承旨趙明履啓), 란도제도(鑾刀制度), 견어오례의(見於五禮儀), 이폐부용(而廢不用), 지유일도(只有一刀), 이유일령(而有一鈴), 무사령의(無四鈴矣). 명여례(命如禮), 신조이용(新造以用). 이십이년병인윤삼월(二十二年丙寅閏三月), 예조판서정우량계(禮曹判書鄭羽良啓), 자작년(自昨年), 친행성생지례(親行省牲之禮), 즉황조(則皇朝), 기유대종백시정확(旣有大宗伯視鼎鑊), 소종백시생지문(小宗伯視牲之文), 사당의차거행(似當依此舉行). 종지(從之).

이십오년기사정월(二十五年己巳正月), 교왈(教曰), 친시생후(親視牲後), 사체중대(事體重大), 수섭행시(雖攝行時), 대축견생사(大祝牽牲事), 엄칙(嚴飭).

사십년갑신칠월(四十年甲申七月), 전왈(傳曰), 이일당여세손전배(伊日當與世孫展拜), 세손칙선회(世孫則先回), 이여칙당성생(而予則當省牲)·성기류숙행사(省器留宿行事), 이차분부의조(以此分付儀曹).

사십일년을서사월(四十一年乙酉四月), 교왈(教曰), 범대제(凡大祭), 초헌관성생후(初獻官省牲後), 예신주성명수(詣神廚省明水), 예야(例也). 견구준대학연의보(見丘濬大學衍義補), 이친성생(而親省牲), 재견황조집례(才見皇朝集禮), 즉황조이행지례(即皇朝已行之禮), 이비도성생(而非徒省牲), 역유시명수성확지례(亦有視明水省鑊之禮). 희(噫), 망팔친향(望八親享), 기기유료(其豈牧料)? 금번당무유례(今番當無遺禮), 시명수성확(視明水省鑊), 일체거행(一體舉行).

제사례의(祭祀禮儀)

제사(祭祀), 내위입신상접지구체표시(乃爲入神相接之具體表示), 용의고재경신(用意固在敬神). 이역중재구신(而亦重在求神). 소위경신(所謂敬神), 즉상천존조(即上天尊祖), 숭덕보공시야(崇德報功是也). 구신(求神), 부회호기도(不會乎祈禱), 개인방면(個人方面). 소기도자(所祈禱者), 재소재강복(在消災降福), 부귀장명집체방면(富貴長命集體方面), 소기도자(所祈禱者), 즉재풍조우순(則在風調雨順), 합경평안(合境平安). 유가문화적제사전통재금천가이유제천(儒家文化的祭祀傳統在今天可以有祭天)(신(神))여제조(與祭祖)(귀(鬼))량류(兩類),역즉소위(亦即所謂) "별사천신여인귀야(別事天神與人鬼也)"(《예기(禮記)·교특생(郊特牲)》). 제사진정적신성상천(祭祀真正的神性上天), 여제사서거적인부동(與祭祀逝去的人不同). 전자시진정적종교의식(前者是真正的宗教儀式)("제신여신재(祭神如神在)"), 후자시정감적면회화기념(後者是情感的緬懷和紀念), 이급인륜관계재정감상적연속(以及人倫關係在情感上的延續)("신종추원(慎終追遠), 민덕후망(民德厚望)").

제사(祭祀), 내위입신상접지구체표시(乃為入神相接之具體表示), 용의고재경신(用意固在敬神). 이역중재구신(而亦重在求神). 소위경신(所謂敬神), 즉상천존조(即上天尊祖), 숭덕보공시야(崇德報功是也). 구신(求神), 부회호기도(不會乎祈禱), 개인방면(個人方面). 소기도자(所祈禱者), 재소재강복(在消災降福), 부귀장명집체방면(富貴長命集體方面), 소기도자(所祈禱者), 칙재풍조우순(則在風調雨順), 합경평안(合境平安). 유가문화적제사전통재금천가이유제천(儒家文化的祭祀傳統在今天可以有祭天)(신(神))여제조(與祭祖)(귀(鬼))량류(兩類),역즉소위(亦即所謂) "별사천신여인귀야(別事天神與人鬼也)"(《례기(禮記)·교특생(郊特牲)》). 제사진정적신성상천(祭祀真正的神性上天), 여제사서거적인부동(與祭祀逝去的人不同). 전자시진정적종교의식(前者是真正的宗教儀式)("제신여신재(祭神如神在)"), 후자시정감적면회화기념(後者是情感的緬懷和紀念), 이급인륜관계재정감상적연속(以及人倫關係在情感上的延續)("신종추원(慎終追遠), 민덕후망(民德厚望)").

제사공분구개의정(祭祀共分九個儀程), 즉영신(即迎神)、전옥백(奠玉帛)、진조(進組)、초헌(初獻)、아헌(亞獻)、종헌(終獻)、철찬(撤撰)、송신(送神)、망예등(望瘞等). 각의정연주부동적악장(各儀程演奏不同的樂章)(부록(附錄)). 도문(跳文)、무(武)"팔일(八佾)"무(舞)[유(由)인조성적고대천자전용적무도(人組成的古代天子專用的舞蹈)]. 청건륭칠년액정지단설문(清乾隆七年額定地壇設文)、무(武)、악무생(樂舞生)480인(人), 집사생(執事生)90인(人). 가견당시악무대오지방대(可見當時樂舞隊伍之龐大).

매진행일항의정(每進行一項儀程), 황제도요분별향정위(皇帝都要分別向正位)、각배위(各配位)、각종위행삼궤구고례(各從位行三跪九叩禮), 종영신지송신요하궤(從迎神至送神要下跪)70다차(多次)、고두(叩頭)200다하(多下), 력시량소시지구(歷時兩小時之久). 여차대적활동량대제왕래설시개흔대적부담(如此大的活動量對帝王來說是個很大的負擔), 소이황제도년매체쇠시(所以皇帝到年邁體衰時), 일반부친예치제(一般不親詣致祭), 이파견친왕혹황자대위행례(而派遣親王或皇子代為行禮). 여청대강희황제재위(如清代康熙皇帝在位)61년(年), 전(前)40년중친예지단치제(年中親詣地壇致祭)26차(次), 이후(而後)21년칙전부유친왕(年則全部由親王)、황자대제(皇子代祭).

제지현장적기률요구극엄(祭地現場的紀律要求極嚴). 황제경상지투(皇帝經常旨諭): 배파관원(陪把官員), 필수건성정숙(必須虔誠整肅), 부허지도조퇴(不許遲到早退), 부허해수토담(不許咳嗽吐痰), 부허주동훤화(不許走動喧譁), 부허한인투처(不許閒人偷覷), 부허문란차서(不許紊亂次序). 부칙(否則), 무론하인(無論何人), 일률엄징(一律嚴懲). 거사료기재(據史料記載): 청가경이십사년오월감사일(清嘉慶二十四年五月廿四日), 인공수황지실내건륭황제지신좌(因恭修皇祗室內乾隆皇帝之神座), 이파견성친왕대행제고례(而派遣成親王代行祭告禮). 유어성친왕향렬성배위행(由於成親王向列聖配位行)"종헌(終獻)"예시(禮時), 친(親). 난료선동후서지차서(亂了先東後西之次序), 사후피혁직퇴거댁구폐문사과(事後被革職退居宅邸閉門思過), 병벌구반봉(並罰扣半俸)10년(年), 조군왕식봉(照郡王食俸). 차례가견군왕대제지례의지엄숙인진(此例可見君王對祭地禮儀之嚴肅認真).

제사결속후(祭祀結束後), 안제도규정요향유관관원분사식육(按制度規定要向有關官員分賜食肉), 규(叫)"반조(頒胙)". 제전(祭前), 유태상사부책등기조책(由太常寺負責登記造冊), 병발급조단(並發給胙單), (취육증(取肉證))지각아문(至各衙門)。, 제필(祭畢), 각아문지작단각자도제소령취(各衙門持昨單各自到祭所領取). 거기재(據記載): 종인부(宗人府)、내각각(內閣各)10근

(斤)、륙부(六部)、리번원(理藩院)、도찰원(都察院)、통정사사(通政使司)、대리사(大理寺)、악부(樂部)、경(京)[ ]도각(道各)7근(斤)、 태상사만의위(太常寺鑾儀衛)、첨사부(詹事府)、순천부(順天府)、태복사(太僕寺)、광록사(光祿寺)、홍려사(鴻臚寺)、륙과오성각(六科五城各)5근(斤)、한림원(翰林院)、기거주(起居注)、국자감(國子監)、태의원(太醫院)、흠천감(欽天監)、중서과각(中書科各)4근(斤)。

제지대평민백성병무호처(祭地對平民百姓並無好處)、 특별시대흥(特別是大興)、완평량현기요파주단호수단(宛平兩縣既要派駐壇戶守壇)、 우요부담(又要負擔)200다명주차역부(多名廚差役夫)、환요탄파제사소수적잡비은량(還要攤派祭祀所需的雜費銀兩)。 당연(當然)、 대저량현적관원래설(對這兩縣的官員來說)、 도시건유명유리적대호사(倒是件有名有利的大好事)。

●유래(由來)

분향점촉격고명종(焚香點燭擊鼓鳴鐘)、 재생헌주(宰牲獻酒)、 정례막배저사의식일반종제사의식이식이래적(頂禮膜拜這些儀式一般從祭社儀式移植而來的)、 재저도의식중재선진지시이존재적격고(在這道儀式中在先秦之時已存在的擊鼓)、 유초위권의지계이후성정속적(有初為權宜之計而後成定俗的)、 여점향(如點香)。점향거전래적자후진시불학대사구마라십(點香據傳來的自後秦時佛學大師鳩摩羅什)、 타증파제자왕서역구취불경제자(他曾派弟子往西域求取佛經弟子)、 구이부감거(懼而不敢去)、 내나룡탄향일지급제자위유난시분소(乃拿龍誕香一支給弟子謂有難時焚燒)、 자유구조(自有救助)、 불문중분향유차이(佛門中焚香由此怡)。후유불문전도민간(後由佛門傳到民間)、 점촉칙원어송이전(點燭則原於宋以前)。고시제사다재백성(古時祭祀多在百姓)、 위조구이점촉(為照舊而點燭)、 후도성부이지규료(後都成不移之規了)。

●나신출동(儺神出洞)

출동(出洞)：“벽력박랍팽(噼嚦拍拉硼)、 소년나야요출동(小年儺爺要出洞)”。매년적농력십이월입사일(每年的農曆十二月廿四日)（속칭소년(俗稱小年)） 일조편장대궤적봉조서거(一早便將大櫃的封條撕去)、 타개궤문파소유적신면구도나출래(打開櫃門把所有的神面具都拿出來)、 방재신안상(放在神案上)、 공인관간완사(供人觀看玩耍)。

●출행(出行)

“동동장장(咚咚鏘鏘)、 동동장장(咚咚鏘鏘)、 신년초일나야출행(新年初一儺爺出行)。”매년춘절제일천(每年春節第一天)、 나야출행(儺爺出行)、 주편전촌(走遍全村)（사(社)） 가가도준비향촉편포(家家都準備香燭鞭炮)、 삼생주례재로방진행영송(三牲酒禮在路旁進行迎送)、 기의장대흔시장엄(其儀仗隊很是壯嚴)、 전유패편토호각종채기(前有牌匾土號各種彩旗)、 만민산(萬民傘)、 대라대고개로(大鑼大鼓開路)、 접저시사인태적대교(接著是四人抬的大轎)（나왕야교(儺王爺轎)）、 태저소유적신면구(抬著所有的神面具)、 거저각종신면상(舉著各種神面像)、 진행유행(進行遊行)、 후면환유악대취주(後面還有樂隊吹奏)、 확실열료비범(確實熱鬧非凡)。

●사나신(耍儺神)

“정월료신춘(正月鬧新春)、 가가사나신(家家耍儺神)、 경요유미도(更要有味道)、 취요사전도(就要耍全道)。”정월초일출행지후(正月初一出行之後)、 초이일편재각가각호사나신(初二日便在各家各戶耍儺神)、 일반지유구양(一般只有歐陽)、백마량장군적면구솔령사대천장(白馬兩將軍的面具率領四大天將)、 고라타고각검롱부지완일장(敲鑼打鼓攔劍弄斧地玩一場)、 매가지용향촉편포진행영송(每家只用香燭鞭炮進行迎送)、 지요일지이천적시간편가사완전촌각호(只要一至二天的時間便可耍完全村各戶)。수후편유린촌(隨後便有鄰村)（남갱(南坑)、 단풍(團豊)、 대령(大嶺)、 쌍봉(雙鳳)、 횡강(橫江)、 상풍(上豊)、 로계(蘆溪)） 급각기업단위요청거사(及各企業單位邀請去耍)、 야유적인가만상청거사전투적(也有的人家晚上請去耍全套的)（구체내용상후(具體內容詳後)）、 수비시량소시좌우(需費時兩小時左右)。

●봉동(封洞)

“남녀로소요개공(男女老少要開工)、 원소나야요귀동(元宵儺爺要歸洞)。”유어과료십오원소절(由於過了十五元宵節)、 아동요입학(兒童要入學)、 대인요개공(大人要開工)、 인문야무한재사나신료(人們也無閒再耍儺神了)、 위료피면유실화손괴(為了避免遺失和損壞)、 편장소유면구안방재신감(便將所有面具安放在神龕)

내(便將所有面具安放在神龕內), 첩상봉조(貼上封條), 위지봉동(謂之封洞), 평시련습나무부용면구(平時練習儺舞不用面具).

●종류(種類)

1.사선대제왕(祀先代帝王)

《예기(禮記)·곡례(曲禮)》설(說) : "법시어민칙사지(法施於民則祀之), 이사근사칙사지(以死勤事則祀之), 이로정국칙사지(以勞定國則祀之), 능어대재칙사지(能御大災則祀之), 능한대환칙사(能捍大患則祀)지(之)."대어(對於)"유공렬어민(有功烈於民)"적선대제왕(的先代帝王), 여제곡(如帝嚳)、요(堯)、순(舜)、우(禹)、황제(黃帝)、전욱(顓頊)、계(契)、명(冥)、탕(湯)、문왕(文王)、무왕등(武王等), 도요거행숭사(都要舉行崇祀). 후래(後來), 수제향적선대제왕인수월래월다(受祭享的先代帝王人數越來越多).

진시황재순유천하(秦始皇在巡遊天下)、경과명산대천시(經過名山大川時), 증경제사선대제왕(曾經祭祀先代帝王). 타도운몽(他到雲夢), 망사우순어구의산(望祀虞舜於九嶷山), 인위상전우순사후장어구의(因為相傳虞舜死後葬於九嶷). 타도회계(他到會稽), 회계유대우릉묘(會稽有大禹陵墓), 어시제사대우(於是祭祀大禹). 후래력대제왕출순(後來歷代帝王出巡), 다방효진황(多仿效秦皇), 제사선왕(祭祀先王). 자한대기(自漢代起), 개시위선대제왕유수혹건설릉원(開始為先代帝王維修或建設陵園), 분별립사제사(分別立祠祭祀). 광무제시(光武帝時), 황궁중유고대성현제(皇宮中有古代聖賢帝)、후화상(後畫像), 부과나대개환부시용어제전행례적(不過那大概還不是用於祭奠行禮的).

수대이제사선대제왕위상사(隋代以祭祀先代帝王為常祀). 재경성립유삼황오제묘(在京城立有三皇五帝廟), 령립묘제사삼황이전제제(另立廟祭祀三皇以前諸帝), 병차재선대제왕시창기업적조적지지분별건치묘우(並且在先代帝王始創基業的肇跡之地分別建置廟宇), 이시제사(以時祭祀). 명홍무륙년(明洪武六年)(1373년(年)), 태조시창재경도총립력대제왕묘(太祖始創在京都總立歷代帝王廟). 가정시(嘉靖時), 재북경부성문내건력대제왕묘(在北京阜成門內建歷代帝王廟), 제사선왕삼십륙제(祭祀先王三十六帝), 택력조명신능시종보수절의자종사(擇歷朝名臣能始終保守節義者從祀). 청대연용차묘(清代沿用此廟), 초사삼황(初祀三皇)、오제등(五帝等). 후우개변원칙(後又改變原則), "범위천하주(凡為天下主), 제망국기무도피시(除亡國暨無道被弒), 실당묘사(悉當廟祀)". (3)대어선대제왕적릉침(對於先代帝王的陵寢), 청대사전규정제사삼황(清代祀典規定祭祀三皇)、오제이하수십처(五帝以下數十處), 춘(春)、추이계중월치제(秋二季仲月致祭), 혹재릉침축단이제(或在陵寢築壇而祭), 혹재당지향전행례(或在當地享殿行禮). 범황제순유(凡皇帝巡遊), 도경선대제왕릉묘(途經先代帝王陵廟), 개유제향지례(皆有祭享之禮). 청통치자특별대명대제제릉묘(清統治者特別對明代諸帝陵墓), 경시우례유가(更是優禮有加). 저현연시출어완화만한민족모순(這顯然是出於緩和滿漢民族矛盾)、공고기통치지위적정치수요(鞏固其統治地位的政治需要).

2.사선성선사(祀先聖先師)

제사선성선사시립학지례(祭祀先聖先師是立學之禮), 예경병미실거기인(禮經並未實舉其人). 한위이후(漢魏以後), 축점이주공위선성(逐漸以周公為先聖), 공자위선사(孔子為先師) ; 혹자이공자위선성(或者以孔子為先聖), 안회위선사(顏回為先師). 당대확정공자위선성(唐代確定孔子為先聖), 안회위선사(顏回為先師), 종차이후부재변경(從此以後不再變更). 대어공(對於孔)、안(顏)、력대제왕익봉작(歷代帝王益封爵), 증시호(贈諡號), 직지용천자지례악우가존숭(直至用天子之禮樂優加尊崇), 제사전례극위륭중(祭祀典禮極為隆重).

《예기(禮記)》소재립학사전(所載立學祀典), 부과(不過)"석전(釋奠)"、"석폐(釋幣)"、"석채(釋菜)"삼항(三項). "석폐(釋幣)", 즉유사지전적고제(即有事之前的告祭), 이폐(以幣)(백(帛)) 전향(奠享), 저부시상행지례(這不是常行之禮). "석전(釋奠)", 시설천조찬작이제(是設薦俎饌酌而祭), 유음악이몰유시(有音樂而沒有屍). "석채(釋菜)", 시이채소설제(是以菜蔬設祭), 위시립학당혹학자입학적례의(為始立學堂或學子入學的禮儀). 당(唐)、송이후일반지용(宋以後一般只用)"석전(釋奠)"례(禮), 기작위학례(既作為學禮), 야시제공례(也是祭孔禮), 의식칙일추번쇄(儀式則日趨繁瑣).

제공시어한고조십이년(祭孔始於漢高祖十二年)（전(前)195년(年)）, 당시공자적지위병부고(當時孔子的地位並不高)；한평제재추익공자위포성선니공(漢平帝才追諡孔子為褒成宣尼公)。학교사선성선사주공(學校祀先聖先師周公)、공자(孔子), 시어동한명제영평이년(始於東漢明帝永平二年)（59년(年)）。남북조시(南北朝時), 태학내이립유선니묘(太學內已立有宣尼廟), 제사시설헌현지악(祭祀時設軒懸之樂), 용륙일지무(用六佾之舞), 생뢰기구(牲牢器具), 의상공지례(依上公之例)。매년춘(每年春)、추이중월(秋二仲月), 행석전지례(行釋奠之禮)；매월초일(每月初一), 국자제주솔박사이하급학생배공읍안(國子祭酒率博士以下及學生拜孔揖顏)。각지군학야도립유공(各地郡學也都立有孔)、안지묘(顏之廟)。당송이후공자봉작가지(唐宋以後孔子封爵加至)"대성지성문선왕(大成至聖文宣王)", 종사제자(從祀弟子)、현인봉위공(賢人封為公)、후(侯)。원대세조시수유일시폄출공자급유가적거동(元代世祖時雖有一時貶黜孔子及儒家的舉動), 단성종즉위후립각회복존공(但成宗即位後立刻恢復尊孔)。직도명조가정시(直到明朝嘉靖時), 세종재폐제소봉공자왕호(世宗才廢除所封孔子王號), 취소료소상(取消了塑像), 강저료원용천자지례적사전규격(降低了原用天子之禮的祀典規格), 칭위(稱為)"지성선사(至聖先師)"。청대(清代), 성경즉건유공묘(盛京即建有孔廟)。정도북경후(定都北京後), 이경사국자감위태학(以京師國子監為太學), 립문묘(立文廟), 공자칭(孔子稱)"대성지성문선선사(大成至聖文宣先師)"。사례규격우승위상사(祀禮規格又升為上祀), 전백(奠帛)、독축문(讀祝文)、삼헌전작(三獻奠爵), 행삼궤구배지례(行三跪九拜之禮)。옹정사년(雍正四年)（1726년(年)）, 우정팔월이십칠일위공자탄진(又定八月二十七日為孔子誕辰), 전체관민군사재계일일(全體官民軍士齋戒一日)。재공자고리(在孔子故里)（곡부궐리(曲阜闕里)）, 춘(春)、추제사여태학상동(秋祭祀與太學相同), 기묘제(其廟制)、제기(祭器)、악기급례의야도이북경태학위준식(樂器及禮儀也都以北京太學為準式)。

제공례의재문묘거행(祭孔禮儀在文廟舉行)。당현종우위강태공사상부립무묘(唐玄宗又為姜太公師尚父立武廟), 숙종우추봉강태공위무성왕(肅宗又追封姜太公為武成王)。기제사례의여제공류사(其祭祀禮儀與祭孔類似)。지명초(至明初), 유어명태조적반대(由於明太祖的反對), 무성묘재피폐지(武成廟才被廢止)。

송대우유산학선사지제(宋代又有算學先師之祭)。송휘종대관삼년(宋徽宗大觀三年)[1109년(年)], 입황제위산학선사(立黃帝為算學先師), 단전의규격교저(但典儀規格較低)。

3.자전여향사선농지례(藉田與享祀先農之禮)
《예기(禮記)》유(有)"천자위적천무(天子為籍千畝)", "천자친경어남교(天子親耕於南郊), 이공재성(以供齋盛)"적기재(的記載)。(4)자혹작(藉或作)"적(籍)"、"자(藉)"。자례(藉禮), 취시제사농신(就是祭祀農神), 기구풍수적례의(祈求豐收的禮儀)。농신(農神), 야칭(也稱)"전조(田祖)", 우칭위(又稱為)"선색(先嗇)", 한이후통칭(漢以後通稱)"선농(先農)", 인위취시교민경작적신농씨(認為就是教民耕作的神農氏)。자전재춘천거행(藉田在春天舉行)。

자전례위력대제왕소준순(藉田禮為歷代帝王所遵循), 이차의식일추번복(而且儀式日趨繁複)。남북조시(南北朝時), 재선농단북건어경단(在先農壇北建御耕壇), 위이청막(圍以青幕), 공황제관간농부경종자전정형지용(供皇帝觀看農夫耕種藉田情形之用)。송이후취직칭(宋以後就直稱)"관경태(觀耕台)"。

명(明)、청시적선농단도재정양문외(清時的先農壇都在正陽門外), 위일성방단(為一成方壇), 동남방유관경태(東南方有觀耕台), 자전시재가이진설(藉田時才加以陳設), 부근우유신창등건축(附近又有神倉等建築)。금잉유약간고건축보존(今仍有若干古建築保存)。

자전(藉田)、사선농시고례지혈유(祀先農是古禮之孑遺), 본유중농(本有重農)、권경적량호의원(勸耕的良好意願), 단력대제왕적친경자전(但歷代帝王的親耕藉田), 표현여선전개인적의미태중(表現與宣傳個人的意味太重), 난괴취련유적황제자기야설(難怪就連有的皇帝自己也說), 자전시(藉田是)"공유모고지명(空有慕古之名), 증무공사훈농지실(曾無供祀訓農之實), 이유백관차도지비(而有百官車徒之費)"。（《진서(晉書)·예지(禮志)》）

4.친상여향사선잠지례(親桑與享祀先蠶之禮)
천자자전(天子藉田), 왕후취거채상양잠(王后就去採桑養蠶)。예경유중춘(禮經有仲春)"후솔외내명부시잠어북교(後率外內命婦始蠶於北郊)"적기재(的記載), 친상(親桑)、향선잠지례취시거저항활동이제정적(享先蠶之禮就是據這項活動而制定的)。

사서기재(史書記載), 한대이유차례의(漢代已有此禮儀), 황후솔령공(皇后率領公)、경(卿)、열후부인도동교원중채상(列侯夫人到東郊苑中採桑), 병이중뢰양(並以中牢羊)、시제사잠신(豕祭祀蠶神)——

원와(苑宛) (wā) 부인화우씨공주(婦人和寓氏公主)。당시(當時), 궁중잠실양잠재천박이상(宮中蠶室養蠶在千薄以上)[박시양잠적죽렴(薄是養蠶的竹簾)], 잠사유직실방직(蠶絲由織室紡織), 용작제복(用作祭服)。위진이후(魏晉以後), 친상례여자전친경례비부(親桑禮與藉田親耕禮比附), 수상응지건조료선잠단(遂相應地建造了先蠶壇), 우유황후(又有皇后)"채상단(採桑壇)"。

명가정십년(明嘉靖十年) (1531년(年)) 재서원(在西苑) (금북해공원(今北海公園)) 신건선잠단(新建先蠶壇), 폐거북교안정문외적구단(廢去北郊安定門外的舊壇)。실제상(實際上), 당시친잠례지거행과기차(當時親蠶禮只舉行過幾次), 가정십륙년기건취명령작파(嘉靖十六年起乾脆明令作罷)。청대적선잠단재서원동북각(清代的先蠶壇在西苑東北角) (금북해공원후문일대(今北海公園後門一帶)), 병유관상태(並有觀桑台)、친잠전(親蠶殿)、선잠신전등건축(先蠶神殿等建築), 단황후흔소친자리림(但皇后很少親自涖臨), 상파빈비혹관원대사(常派嬪妃或官員代祀)。

역대소사잠신각유부동(歷代所祀蠶神各有不同)。후제증사황제헌원씨위선잠(後齊曾祀黃帝軒轅氏為先蠶), 후주우이황제지비서릉씨위선잠(後周又以黃帝之妃西陵氏爲先蠶)。서릉씨명루조(西陵氏名嫘祖), 후대민간양잠(後代民間養蠶), 다제루조위잠신(多祭嫘祖爲蠶神)。령유일설(另有一說), 방성천사위선잠(房星天駟爲先蠶)。인차(因此), 사선잠야유제천사성적(祀先蠶也有祭天駟星的)。

5. 향선의(享先醫)
원성종원정원년(元成宗元貞元年) (1295년(年)), 장삼황정위선의(將三皇定爲先醫), 령천하군현가이제사(令天下郡縣加以祭祀)。명(明)、청연용기제(清沿用其制), 개재황궁내태의원설전향사(皆在皇宮內太醫院設殿享祀)。매년중춘상갑일유황제견관혹태의원정관주제(每年仲春上甲日由皇帝遣官或太醫院正官主祭), 전체의관배사(全體醫官陪祀)。

6. 오사(五祀)
오사지제사문(五祀指祭祀門)、호(戶)、정(井)、조(灶)、중류(中溜), 야유작호(也有作戶)、조(灶)、중류(中溜)、문(門)、행적(行的)。오사여오행(五祀與五行)、사계(四季)、오장등탑배(五臟等搭配), 춘사호(春祀戶);하사조(夏祀灶);계하지월(季夏之月) (륙월(六月)) 사중류(祀中溜), 중류즉중실(中溜即中室);추사문(秋祀門);제정야재동계(祭井也在冬季)。한위시(漢魏時), 도안계절행오사(都按季節行五祀), 맹동지월(孟冬之月)"랍오사(臘五祀)", 총제일차(總祭一次)。당(唐)、송(宋)、원시우채용(元時又採用)"천자칠사(天子七祀)"지설(之說), 사사명(祀司命)、중류(中溜)、국문(國門)、국행(國行)、태려(泰厲)、호(戶)、조(灶)。저리적(這裡的)"사명(司命)", 부시성진(不是星辰), 이시궁중소신(而是宮中小神), 상전주독찰인적년수(相傳主督察人的年壽)、행위(行爲)、선악(善惡)。태려시무인제전적야귀(泰厲是無人祭奠的野鬼), 주살해(主殺害)。명(明)、청량대잉제오사(清兩代仍祭五祀), 세종재태묘서무하합제(歲終在太廟西廡下合祭)。청강희이후(清康熙以後), 파거문(罷去門)、호(戶)、중류(中溜)、정적전사(井的專祀), 지재십이월이십삼일제조(只在十二月二十三日祭灶)。저취동민간장기류전적조왕야(這就同民間長期流傳的灶王爺) (조신(灶神)) 랍월이십사조천언사적고사상합료(臘月二十四朝天言事的故事相合了)。국가사전채용료민간적습속(國家祀典採用了民間的習俗)。

7. 고매(高禖)
고매시걸자지사(高禖是乞子之祀)。《예기(禮記)·월령(月令)》설(說), 중춘지월(仲春之月)"현조지(玄鳥至), 지지일(至之日), 이태뢰사어고매(以太牢祀於高禖), 천자친왕(天子親往)。"현조취시연자(玄鳥就是燕子)。《시경(詩經)·상송(商頌)·현조(玄鳥)》:"천명현조(天命玄鳥), 강이생상(降而生商)。"고대상전(古代相傳), 간적탄조란(簡狄吞鳥卵), 이생계(而生契)。계시상민족적시조(契是商民族的始祖)。고매시구자지제(高禖是求子之祭), 재현조유남방북귀지일거행(在玄鳥由南方北歸之日舉行), 가능여차고사유관(可能與此故事有關)。일설고매지신시녀왜(一說高禖之神

是女媧）。청대학자왕인지인위(清代學者王引之認爲)，"고(高)"시(是)"교(郊)"적가차자(的假借字)，소이제어교외(所以祭於郊外)。간래(看來)，고매시원고부녀걸구생육지제적연속화발전(高禖是遠古婦女乞求生育之祭的延續和發展)。

고매지제(高禖之祭)，설단어남교(設壇於南郊)，후비솔구빈등참가(后妃率九嬪等參加)。고매지제시견어(高禖之祭始見於)《한서(漢書)·무오자전(武五子傳)》。한무제년이십구시득태자(漢武帝年二十九始得太子)（려태자(戾太子)），내(乃)"위립매(爲立禖)"。위진남북조(魏晉南北朝)，각국개유고매지제(各國皆有高禖之祭)，단직지당(但直至唐)、송시재의조례경제정료례의(宋時才依照禮經制定了禮儀)。송대고매단(宋代高禖壇)，이청제위고매(以青帝爲高禖)，어춘분지일행례(於春分之日行禮)。김대고매사청제(金代高禖祀青帝)，재황성지동영안문북건목제방태(在皇城之東永安門北建木製方台)，정위제적시호천상제(正位祭的是昊天上帝)，태하재설고매신위(台下才設高禖神位)。

청대무(清代無)"고매(高禖)"지사(之祀)，이유(而有)"불립불다악모석마마(佛立佛多鄂謨錫瑪瑪)"지제(之祭)，우칭(又稱)"환색(換索)"，거설주요목적시보영(據說主要目的是保嬰)。사축가도사운(司祝歌禱辭云)："취구가지채선(聚九家之彩線)，수류지이견승(樹柳枝以牽繩)，거양신전(舉揚神箭)，이기복우(以祈福佑)，이치경성(以致敬誠)。모년생소자(某年生小子)，수이다복(綏以多福)……。"（《청사고(清史稿)·례사(禮四)》）저시만족적전통습속(這是滿族的傳統習俗)。

8. 나(儺)

나(儺)（nuó）시구제질역지례(是驅除疾疫之禮)，《주례(周禮)·하관(夏官)》유(有)"방상씨(方相氏)"，몽웅피(蒙熊皮)，이황김위사목(以黃金爲四目)，저현의주상(著玄衣朱裳)，집과양순(執戈揚盾)，솔백례이어계춘(率百隸而於季春)、중추(仲秋)、계동삼시위나례(季冬三時爲儺禮)，색실구역(索室驅疫)。동한시(東漢時)，나례재랍일전일천거행(儺禮在臘日前一天舉行)，야칭위축역(也稱爲逐疫)。

9. 랍랍(蠟臘)

랍(蠟)（Zhà）、납본시량종제사(臘本是兩種祭祀)，사제백신(蠟祭百神)，위보답일년래은우지공(爲報答一年來恩佑之功)；랍(臘)，원사작(原寫作)"랍(臘)"，제선조(祭先祖)、오사(五祀)。유인인위저시동일이제(有人認爲這是同日異祭)（수두태경(隋杜台卿)《옥촉보전(玉燭寶典)》）；유인칙인위시동제이명(有人則認爲是同祭異名)（한채옹(漢蔡邕)《독단(獨斷)》）。안(按)《예기(禮記)·교특생(郊特牲)》"천자대사팔(天子大蠟八)"，사제팔신도시여가색년성유관적신(蠟祭八神都是與稼穡年成有關的神)。랍제칙시용수렵획취적금수제향조선(臘祭則是用狩獵獲取的禽獸祭享祖先)。수연량종제사기초병비일사(雖然兩種祭祀起初並非一事)，대개인위타문도시세말적합제(大概因爲它們都是歲末的合祭)，후래편혼위일담료(後來便混爲一談了)。

사서기랍제(史書記臘祭)，시견어(始見於)《좌전(左傳)》。우군부청궁지기권간(虞君不聽宮之奇勸諫)，가도진군벌괵(假道晉軍伐虢)，궁지기탄왈(宮之奇嘆曰)："우부랍의(虞不臘矣)！"시재로희공오년(時在魯僖公五年)（전(前)655년(年)）。《사기(史記)》기진혜문왕십이년(記秦惠文王十二年)（전(前)326년(年)）초행랍제(初行臘祭)。진시황신종가요지언(秦始皇信從歌謠之言)，랍제경명위(臘祭更名爲)"가평(嘉平)"。한대잉개위랍(漢代仍改爲臘)，제사종묘(祭祀宗廟)、오사(五祀)、백신(百神)，위로농부(慰勞農夫)，대향연음(大饗燕飲)。후채옹우유(後蔡邕又有)"오제(五帝)，납조지별명(臘祖之別名)"적설법(的說法)，인이각조도의오행상대리론선택랍제지일(因而各朝都依五行相代理論選擇臘祭之日)。

북주시(北周時)，랍제우칭사제(臘祭又稱蠟祭)，어십일월제신농씨(於十一月祭神農氏)、이기씨등(伊耆氏等)。

수초연용주제(隋初沿用周制)，정맹동하해일랍백신(定孟冬下亥日蠟百神)，랍종묘(臘宗廟)，제사직(祭社稷)。개황사년(開皇四年)（584년(年)），수문제하조(隋文帝下詔)，정지원행사제(停止原行蠟祭)，개위십이월거행랍제(改爲十二月舉行臘祭)。당정관십일년(唐貞觀十一年)（637년(年)），정랍랍지례(定蠟臘之禮)，어계동인일사제백신어남교(於季冬寅日蠟祭百神於南郊)；묘일제사직어사궁(卯日祭社稷於社宮)，진일랍향어태묘(辰日臘享於太廟)。제례동원구제사(祭禮同圜丘祭祀)。

송대이십이월술일위랍일(宋代以十二月戌日為臘日), 건랍백신단(建蠟百神壇), 동일제사직(同日祭社稷), 향종묘(享宗廟)。신종원풍시우개위랍제전일천사제백신(神宗元豊時又改爲臘祭前一天蠟祭百神), 사교건사단(四郊建四壇), 각제기방지신(各祭其方之神)。남송소흥시정랍동방(南宋紹興時定蠟東方)、서방위대사(西方爲大祀), 랍남방(蠟南方)、북방위중례(北方為中禮)。원(元)、명후(明後), 국가사전이무랍랍지제(國家祀典已無蠟臘之祭), 단지방주부혹유(但地方州府或有)"팔사묘(八蜡廟)", 랍랍지제잉재민간거행(蠟臘之祭仍在民間舉行)。

역대례서(歷代禮書)"길례(吉禮)"사항최번(事項最繁)。중국전통문화중유일개주밀이방대적신귀체계(中國傳統文化中有一個周密而龐大的神鬼體系), 기호가이설무처부유신귀(幾乎可以說無處不有神鬼), 무물부유신귀(無物不有神鬼), 저리소개소적(這裡所介紹的), 근시납입국가사전적(僅是納入國家祀典的)、비교중요적신귀제사(比較重要的神鬼祭祀)。

●상관사조(相關詞條)
누관태제사로자례의(樓觀台祭祀老子禮儀)

누관태피예위(樓觀台被譽為)"도교조정성지(道教祖庭聖地)"、"도문화발상지(道文化發祥地)"。아국대사상가리담(我國大思想家李聃)(로자재저리류하료음예해내외적철학거저(老子在這裡留下了飲譽海內外的哲學巨著)《도덕경(道德經)》。저부피예위(這部被譽為)"만경지왕(萬經之王)"적신황지서(的神黃之書), 상보(像寶)。

기본간개(基本簡介) 기본내용(基本內容) 기본특징(基本特徵) 주요가치(主要價值) 문화가치(文化價值)。

●제사문화(祭祀文化)
임택제사습속주요유제천지(臨澤祭祀習俗主要有祭天地)、제신(祭神)、제조선(祭祖先)、제염황(祭炎黃)、제공자등기종(祭孔子等幾種)。제신(祭神) 제조선(祭祖先) 제공자(祭孔子) 제사적대상(祭祀的對象) 제품적종류(祭品的種類)

●진로요신묘춘추제사례의(陳爐窯神廟春秋祭祀禮儀)
1、진로요화천년부식(陳爐窯火千年不熄), 생산도자품종번다(生產陶瓷品種繁多), 소유(素有)"자도(瓷都)"、"북방청자지도(北方青瓷之都)"지칭(之稱)。
2、진로민간자적전통제자공예(陳爐民間瓷的傳統制瓷工藝);
3、진로요신묘춘추제사례의(陳爐窯神廟春秋祭祀禮儀)。

●망상제사(網上祭祀)
망상제사시근년래재흥기적일종전신적제사방식(網上祭祀是近年來才興起的一種全新的祭祀方式), 타시자조망제망로과월시공적특성(它是藉助網際網路跨越時空的特性), 장현실적기념관여공묘(將現實的紀念館與公墓)"반(搬)"도전뇌상(到電腦上), 방편인문수시수지제전이서친인(方便人們隨時隨地祭奠已逝親人)。타부패어전통(它不悖於傳統)…형식(形式) 우점(優點) 행업개황(行業概況) 접납정황(接納情況)

●황석공제사(黃石公祭祀)
"황석공제사(黃石公祭祀)"시류전어산동성평음현동아진적일항민속활동(是流傳於山東省平陰縣東阿鎮的一項民俗活動), 해활동(該活動), 위산동성제남시시급비물질문화유산보호항목(爲山東省濟南市市級非物質文化遺產保護項目)。기본내용(基本內容) 주요특징(主要特徵) 력사연원(歷史淵源) 주요가치(主要價值) 보호조시(保護措施)

●중국고대제사무도(中國古代祭祀舞蹈)
주요형식시유관수렵(主要形式是有關狩獵)、로동적무도(勞動的舞蹈)。재내몽고음산지구신석기시대적암화상(在內蒙古陰山地區新石器時代的岩畫上), 각화저수렵무적형상(刻畫著狩獵舞的形象)。인분성비조(人扮成飛鳥)、산양(山羊)、호리등동물(狐狸等動物)。유적두식록각(有的頭飾鹿角)、우모(羽毛), 유적대미식(有的帶尾飾)。저(這)…내용(內容) 배도(配圖) 소속분류(所屬分類)

●제사(祭祀)[민속표연(民俗表演)]

《제사(祭祀)》시대괴수제조습속적축영(是大槐樹祭祖習俗的縮影), 홍동대괴수심근제조원려유경구민속표연(洪洞大槐樹尋根祭祖園旅遊景區民俗表演), 체현료괴향후예면회선조공덕적적자정회(體現了槐鄉後裔緬懷先祖功德的赤子情懷)。 동시(同時), 대괴수제조습속작위지역문화적중요내용(大槐樹祭祖習俗作爲地域文化的重要內容), …

●예의지쟁(禮儀之爭)

"예의지쟁(禮儀之爭)"시중국천주교사상적대사(是中國天主教史上的大事), 재문화상야시유대표성적사건(在文化上也是有代表性的事件)。 저일사건기호위기도료천주교재중국적존재(這一事件幾乎危機到了天主教在中國的存在)。 소위례의지쟁(所謂禮儀之爭), 취시재천주교향중국전파시(就是在天主教向中國傳播時), 위요일계(圍繞一系)…개술(概述)　　전교배경(傳教背景)　　쟁론서막(爭論序幕)　　정치풍파(政治風波)　　쟁의결속(爭議結束)

혼전속절급삭망친향의 (魂殿俗節及朔望親享儀)

혼전속절정조(魂殿俗節正朝)·동지(冬至)·한식(寒食)·단오(端午)·중추(中秋)。 급삭망친향의삭망(及朔望親享儀朔望), 약치별제(若値別祭), 칙지행별제(則只行別祭)。

재계(齊戒)。 견서례(見序例)。 전일일(前一日), 전사(殿司), 솔기속(帥其屬), 소제전지내외(掃除殿之內外)。 집례(執禮), 설전하욕위어동계동남서향(設殿下褥位於東階東南西向), 설아헌관(設亞獻官)·종헌관위어욕위지후근남서향북상(終獻官位於褥位之後近南西向北上)。 대군이하위어중문내지동북향서상(大君以下位於中門內之東北向西上), 집사자위어중문내지서북향동상(執事者位於中門內之西北向東上)。 설집례위어동계하근서서향(設執禮位於東階下近西西向), 찬자(贊者)·알자(謁者)·찬인(贊引), 재남차퇴북상(在南差退北上)。 설종친급문무백관위어외정(設宗親及文武百官位於外庭), 문동무서(文東武西), 매등이위(每等異位), 중행북향(重行北向), 상대위수(相對爲首)。 종친(宗親), 매품반두(每品班頭), 별설위(別設位), 대군(大君), 특설위어정일품지전(特設位於正一品之前)。 감찰위이어문(監察位二於文)·무반후북향(武班後北向)。 서리(書吏), 각배기후(各陪其後)。 설문외위(設門外位), 대군이하급헌관(大君以下及獻官)·제집사어중문외도동중행북향서상(諸執事於中門外道東重行北向西上)。

기일축전오각축전오각(其日丑前五刻丑前五刻), 즉삼경삼점(卽三更三點)。 행사용축시일각(行事用丑時一刻)。, 내시(內侍), 정불령악전사관(整拂靈幄典祀官)·전사(殿司), 각솔기속입(各帥其屬入), 전축판어령좌지우유점(奠祝版於靈座之右有坫)。 졸곡전(卒哭前), 전어좌(奠於左)。, 설향로(設香爐)·향합병촉어령좌전(香合并燭於靈座前), 차설례찬견서례(次設禮饌見序例)。, 설준어호외지좌(設尊於戶外之左), 치잔삼어존소(置盞三於尊所)。

전삼각(前三刻), 종친급문무백관(宗親及文武百官), 구쇠복련후(具衰服練後), 구련복(具練服), 상후(祥後), 구담복(具禫服)。 내상(內喪), 즉자련후지담전(則自練後至禫前), 복천담복(服淺淡服)。 헌관(獻官)·제집사동(諸執事同)。, 개취외문외위(皆就外門外位)。 대군이하급헌관(大君以下及獻官)·제집사(諸執事), 구쇠복취문외위(具衰服就門外位)。 관세설어중문외(盥洗設於中門外), 헌관(獻官)·제집사(諸執事), 관수이입(盥手而入)。

전일각(前一刻), 집례(執禮), 수찬자(帥贊者)·알자(謁者)·찬인(贊引), 선입전정중행북향서상(先入殿庭重行北向西上), 사배흘(四拜訖), 취위(就位)。 찬인(贊引), 인감찰급전사관(引監察及典祀官)·대축(大祝)·축사(祝史)·제랑내상(齊郎內喪), 즉유궁위령(則有宮闈令)。 입취전정중행북향서상(入就殿庭重行北向西上)。 집례왈(執禮曰), 사배(四拜)。 찬자창(贊者唱), 국궁사배흥평신(鞠躬四拜興平身)。 범집례유사(凡執禮有辭), 찬자개전창(贊者皆傳唱)。 후방차(後倣此)。 감찰급전사관이하(監察及典祀官以下), 국궁사배흥평신(鞠躬四拜興平身)。 찬인(贊引), 인감찰급전사관이하(引監察及典祀官以下), 각취위(各就位)。 인의(引儀), 분인종친급문무백관입취위(分引宗

親及文武百官入就位), 차인대군이하(次引大君以下), 거장(去杖), 입취위(入就位)。 알자(謁者), 인아헌관(引亞獻官)·종헌관입취위(終獻官入就位)。 대축(大祝), 승자동계예령좌전(陞自東階詣靈座前), 개궤봉출우주련후(開匱捧出虞主練後), 칙운신주(則云神主)。, 설어좌(設於座), 복이백저건(覆以白紵巾)。 내상(內喪), 칙궁위령설주(則宮闈令設主), 복이청저건(覆以靑紵巾)。 설궤어후(設几於後)。 전사관(典祀官)·전사(殿司), 진선흘(進膳訖)。 좌통례(左通禮), 진당제전전약혼전비궁내(進當齊殿前若魂殿非宮內), 칙전일일출궁(則前一日出宮)。 산선(繖扇)·장위(仗衛)·도종여상의(導從如常儀)。 부복궤(俯伏跪), 계청행례(啓請行禮)。 전하(殿下), 구쇠복련후(具衰服練後), 구련복(具練服), 상후(祥後), 구담복(具禫服)。, 관수(盥手), 장출(杖出), 찬례(贊禮), 도전하입취위(導殿下入就位)。 근시종입(近侍從入), 산선급호위관(繖扇及護衛官), 정어문외(停於門外)。 집례왈(執禮曰), 곡(哭)。 련후(練後), 무곡(無哭)。 후방차(後倣此)。 찬례(贊禮), 부복궤(俯伏跪), 계청궤부복곡(啓請跪俯伏哭)。 전하(殿下), 궤부복곡(跪俯伏哭)。 궤배시(跪拜時), 내시봉장(內侍捧杖)。 후방차(後倣此)。 아헌관이하재위자동(亞獻官以下在位者同)。 찬자역창(贊者亦唱)。 집례왈(執禮曰), 지곡사배(止哭四拜)。 찬례(贊禮), 계청지곡흥사배흥평신(啓請止哭興四拜興平身)。 전(殿), 하지곡흥사배흥평신(下止哭興四拜興平身)。 아헌관이하재위자동(亞獻官以下在位者同)。 찬자역창(贊者亦唱), 선배자부배(先拜者不拜)。

집례왈(執禮曰), 행초헌례(行初獻禮)。 찬례(贊禮), 도전하(導殿下), 승자동계(陞自東階), 예준소(詣尊所), 서향립(西向立)。 근시일인(近侍一人), 작주(酌酒), 일인(一人), 이잔수주(以盞受酒)。 찬례(贊禮), 도전하(導殿下), 입예령좌전(入詣靈座前), 북향립(北向立)。 찬례(贊禮), 부복궤(俯伏跪), 계청궤(啓請跪)。 전하궤(殿下跪)。 아헌관이하재위자동(亞獻官以下在位者同)。 찬자역창(贊者亦唱)。 근시일인(近侍一人), 봉향합(捧香合), 일인(一人), 봉향로(捧香爐), 궤진(跪進)。 찬례(贊禮), 계청삼상향(啓請三上香)。 근시(近侍), 전로우안(奠爐于案)。 진향(進香), 재동서향(在東西向), 전로(奠爐), 재서동향(在西東向)。 진잔(進盞)·전잔준차(奠盞准此)。 근시(近侍), 이잔궤진(以盞跪進)。 찬례(贊禮), 계청집잔헌잔(啓請執盞獻盞), 이잔수근시(以盞授近侍), 전우령좌전(奠于靈座前)。 찬례(贊禮), 계청부복흥소퇴북향궤(啓請俯伏興少退北向跪)。 대축(大祝), 진령좌지우동향궤(進靈座之右東向跪), 독축문흘(讀祝文訖)。 졸곡전(卒哭前), 대축(大祝), 진령좌지좌서향(進靈座之左西向), 독축(讀祝)。 찬례(贊禮), 계청부복흥평신(啓請俯伏興平身)。 전하(殿下), 부복흥평신(俯伏興平身)。 아헌관이하재위자동(亞獻官以下在位者同)。 찬자역창(贊者亦唱)。 찬례(贊禮), 도전하출호강복위(導殿下出戶降復位)。

집례왈(執禮曰), 행아헌례(行亞獻禮)。 알자(謁者), 인아헌관(引亞獻官), 승자동계(陞自東階), 예준소(詣尊所), 서향립(西向立)。 집준자(執尊者), 작주(酌酒)。 집사자(執事者), 이잔수주(以盞受酒), 알자(謁者), 인아헌관(引亞獻官), 입예령좌전(入詣靈座前), 북향립(北向立), 찬궤(贊跪)。 집사자(執事者), 이잔수아헌관(以盞授亞獻官), 아헌관(亞獻官), 집잔헌잔(執盞獻盞), 이잔수집사자(以盞授執事者), 전우령좌전(奠于靈座前)。 알자(謁者), 찬부복흥평신(贊俯伏興平身), 인아헌관(引亞獻官), 출호(出戶), 강복위(降復位)。

집례왈(執禮曰), 행종헌례(行終獻禮)。 알자(謁者), 인종헌관(引終獻官), 행례여아헌의흘(行禮如亞獻儀訖), 인강복위(引降復位)。 집례왈(執禮曰), 곡(哭)。 찬례(贊禮), 부복궤(俯伏跪), 계청궤부복곡(啓請跪俯伏哭)。 전하(殿下), 궤부복곡진애(跪俯伏哭盡哀)。 아헌관이하재위자동(亞獻官以下在位者同)。 찬자역창(贊者亦唱)。 집례왈(執禮曰), 지곡사배(止哭四拜)。 찬례(贊禮), 계청지곡흥사배흥평신(啓請止哭興四拜興平身)。 전하(殿下), 지곡흥사배흥평신(止哭興四拜興平身)。 아헌관이하재위자동(亞獻官以下在位者同)。 찬자역창(贊者亦唱)。 찬례(贊禮), 계례필(啓禮畢), 부복흥(俯伏興), 도전하(導殿下), 환제전(還齊殿)。 약혼전비궁내(若魂殿非宮內), 즉환궁산선(則還宮繖扇)·장위(仗衛)·도종여래의(導從如來儀)。 알자(謁者), 인아헌관(引亞獻官)·종헌관출(終獻官出)。 인의(引儀), 인대군이하출(引大君以下出), 차인종친급문무백관출(次引宗親及文武百官出)。 찬인(贊引), 인감찰급전사관이하(引監察及典祀官以下), 구복배위(俱復拜位)。 집례왈(執禮曰), 사배(四拜)。 찬자창(贊者唱), 국궁사배흥평신(鞠躬四拜興平身)。 감찰급전사관이하(監察及典祀官以下), 국궁사배흥평신(鞠躬四拜興平身)。 찬인(贊引), 이차인출(以次引出)。 대축(大祝), 납우주여의(納虞主如儀)。 내상(內喪), 칙궁위령납주(則宮闈令納主)。 집례(執禮), 솔찬자(帥贊者)·알자(謁者)·찬인(贊引), 취배위(就拜位), 사배이출(四拜而出)。 전사관(典祀官)·전사(殿司), 각수기속(各帥其屬), 철례찬(徹禮饌)。 대축(大祝), 봉축판(捧祝版), 예어감

(瘞於坎)。졸곡전(卒哭前), 종친급백관(宗親及百官), 예제전전(詣齊殿前), 서립궤(序立跪)。반수(班首), 진명봉위(進名奉慰)。왕후상재선이후배어대왕(王后喪在先而後配於大王), 칙진설행례여상의(則陳設行禮如上儀)。유(惟)〔유(唯)〕전사관(典祀官), 어존소(於尊所), 가잔삼(加盞三), 각설례찬(各設禮饌)。궁위령(宮闈令), 설왕후신좌어대왕령좌지동(設王后神座於大王靈座之東), 복이청저건(覆以靑紵巾)。전하(殿下), 어왕후전(於王后前), 헌부잔(獻副盞), 아(亞)·종헌관(終獻官), 역헌부잔(亦獻副盞), 궁위령(宮闈令), 납왕후신주(納王后神主)。약내상재선이왕세자행제(若內喪在先而王世子行祭), 즉제계(則齊戒), 시의(始儀)。견서례(見序例)。집례(執禮), 설왕세자위어전동계동남서향(設王世子位於殿東階東南西向)。궁위령(宮闈令), 설왕후령좌(設王后靈座)。왕세자(王世子), 십일월련후(十一月練後), 복련복(服練服), 십삼월상후(十三月祥後), 복담복(服禫服), 십오월담후지재기(十五月禫後至再期), 복무양적색흑원령의(服無揚赤色黑圓領衣)·오사모(烏紗帽)·흑각대(黑角帶)。대군이하동(大君以下同)。봉례(奉禮), 찬청행례(贊請行禮)。왕세자(王世子), 예령좌전(詣靈座前), 북향궤(北向跪)。아헌관이하재위자(亞獻官以下在位者), 개궤(皆跪)。종관(從官), 작주(酌酒), 봉향전로(捧香奠爐), 진잔전잔(進盞奠盞)。기담후(其禫後), 제용악(祭用樂), 삭망(朔望), 칙무악(則無樂)。유음복(有飮福)。종친급문무백관(宗親及文武百官), 대상전(大祥前), 복쇠복(服衰服), 배제(陪祭)。유정지(唯正至)·삭망(朔望), 조어전하(朝於殿下), 고삭망(故朔望), 칙각사일원(則各司一員), 배왕세자행제(陪王世子行祭), 정지(正至), 칙선기별택길일(則先期別擇吉日), 왕세자행제(王世子行祭), 종친급문무백관(宗親及文武百官), 배제(陪祭)。당정지일(當正至日), 헌관(獻官)·제집사행제(諸執事行祭)。상후(祥後), 무배제(無陪祭)。아헌관이하제집사(亞獻官以下諸執事), 상후(祥後), 복천담복(服淺淡服), 담후지재기(禫後至再期), 복길복(服吉服)。

제사(祭祀)

제사범대(祭祀凡大)·중(中)·소사급속제(小祀及俗祭), 기복일급유상일자(其卜日及有常日者), 관상감(觀象監), 전삼삭(前三朔), 보본조계문후(報本曹啓聞後), 산고중(散告中)·외유사(外攸司)。○ 매월삭일(每月朔日), 당삭응행각제향일자(當朔應行各祭享日子), 이소단자수계(以小單子修啓)。○ 대사(大祀), 사직맹춘상신(社稷孟春上辛), 기곡(祈穀), 춘(春)·추중월상무급랍(秋仲月上戊及臘)。, 종묘사맹월상순복일급랍(宗廟四孟月上旬卜日及臘)。○ 삭망급기고(朔望及祈告)·속절(俗節)·정조(正朝)·한식(寒食)·단오(端午)·추석(秋夕)·동지(冬至), 개소사(皆小祀)。, 영녕전춘추맹월상순복일(永寧殿春秋孟月上旬卜日)。○ 종묘친제(宗廟親祭), 칙견대신(則遣大臣), 섭행제(攝行祭)。○ 고유(告由), 소사(小祀)。。친제(親祭), 전삼삭품지(前三朔稟旨), 섭행(攝行), 칙향축친전품지(則香祝親傳稟旨), 친행(親行), 칙성생(則省牲)·성기품지(省器稟旨)。○ 대사(大祀), 전칠일서계(前七日誓戒), 전사일이의(前四日肄儀), 산재사일(散齋四日), 치재삼일(致齋三日)。○ 중사(中祀), 경모궁사중월상순복일급랍(景慕宮四仲月上旬卜日及臘)。○ 상순약구기(上旬若拘忌), 칙중순퇴복(則中旬退卜)。○ 삭망(朔望)·속절급고유(俗節及告由), 개소사(皆小祀)。○ 친제(親祭), 전삼삭품지(前三朔稟旨), 약섭행(若攝行), 칙향축친전품지(則香祝親傳稟旨), 약친제(若親祭), 칙산재사일(則散齋四日), 치재삼일(致齋三日), 여대사동(與大祀同)。, 풍운뢰우(風雲雷雨)·산천(山川)·성황춘추중월(城隍春秋仲月)。○ 기고(祈告)·보사(報謝), 소사(小祀)。○ 전삼삭(前三朔), 향축친전품지(香祝親傳稟旨)。, 미(尾)·기성정월상인일(箕星正月上寅日), 전삼삭(前三朔), 향축친전품지(香祝親傳稟旨)。, 선농경칩후해일(先農驚蟄後亥日)。○ 매세원조(每歲元朝), 친제(親祭)·친경(親耕), 동위품지(同爲稟旨)。약섭행(若攝行), 칙향축친전품지(則香祝親傳稟旨)。, 선잠계춘상사(先蠶季春上巳)。, 우사맹하삭일(雩祀孟夏朔日)。, 문선왕석전춘(文宣王釋奠春)·추중월상정(秋仲月上丁)。○ 전삼삭(前三朔), 향축친전품지(香祝親傳稟旨)。, 동(東)·남관왕묘경칩(南關王廟驚蟄), 상강(霜降)。○ 중사(中祀), 무서계(無誓戒), 전일일이의(前一日肄儀), 산재삼일(散齋三日), 치재이일(致齋二日)。○ 소사(小祀), 삼각산(三角山)·목멱산(木覓山)·한강정(漢江正)·이(二)·팔월(八月)。, 사한장빙십이월(司寒藏氷十二月), 개빙춘분(開氷春分)。, 중류계하토왕일(中霤季夏土旺日)。○ 토왕(土旺), 약재오월(若在五月)·윤오월(閏五月), 칙이기일행(則以其日行)。, 계성사춘(啓聖祠春)·추중월상정(秋仲月上丁)。, 숭절사춘(崇節祠春)·추중월중정(秋仲月中丁)。○ 유구(有拘), 칙이하정행(則以下丁行)。, 선무사춘(宣武祠春)·추계월중정(秋季月中丁)。, 독신경칩(纛神驚蟄), 상강(霜降)。, 려청명일(厲淸明日), 칠월십오일(七月十五日), 십월삭일(十月朔日)。, 성황발고려제전삼일(城隍發告厲祭前三日)。, 마조하지후강일(馬祖夏至後剛日)。。 ○ 소사(小祀), 산재이일(散齋二日), 치재일일(致齋一日)。 ○ 속제(俗祭), 영희전속절급랍(永禧殿俗節及臘)。, 선원전탄일(璿源殿誕日)·정조(正朝)·동지(冬至)·랍(臘), 행다례(行茶禮)。 ○ 친행작헌례(親行酌獻禮), 칙본조판서(則本曹判書), 위찬례(爲贊禮)。, 각릉(各陵)·원(園)·묘기진급속절(墓忌辰及俗節)。 ○ 조위(祧位), 지행한식(只行寒食)。 ○ 원(園)·묘(墓), 무동지제(無冬至祭), 유현륭원행제(惟顯隆園行祭)。, 저경궁춘(儲慶宮春)·추분(秋分)。, 육상궁속절급춘(毓祥宮俗節及春)·추분(秋分), 동(冬)·하지(夏至)。, 연호궁춘(延祜宮春)·추분(秋分)。, 경우궁속절급춘(景祐宮俗節及春)·추분(秋分), 동(冬)·하지(夏至)。, 의소묘속절급춘(懿昭廟俗節及春)·추분(秋分), 동(冬)·하지(夏至)。, 문희묘속절급춘(文禧廟俗節及春)·추분(秋分), 동(冬)·하지(夏至)。。 ○ 묘(廟)·사(社)·전(殿)·궁(宮)·릉(陵)·원(園)·묘친제급작헌례(墓親祭及酌獻禮), 산(散)·치재품지(致齋稟旨)。 선원전작헌례(璿源殿酌獻禮), 무재품(無齋稟)。 범사림박명하(凡祀臨迫命下), 칙산(則散)·치재(致齋), 부득여례분일(不得如禮分日), 지이치재품지(只以致齋稟旨)。 ○ 친림서계(親臨誓戒), 치국기(値國忌), 칙정시진정(則正時進定)。 이의일(肄儀日), 치동가(値動駕)·전좌(殿座), 칙익일퇴행(則翌日退行), 치진하(値陳賀), 칙하의파후(則賀儀罷後), 행례(行禮)。 ○ 랍일(臘日), 치국기(値國忌), 칙종묘(則宗廟)·경모궁친제(景慕宮親祭), 부득품지(不得稟旨), 사직친제(社稷親祭), 부구품지(不拘稟旨)。 ○ 릉(陵)·원(園)·묘기진제(墓忌辰祭), 치속절(値俗節), 지행기진제(只行忌辰祭)。 종묘(宗廟)·경모궁삭망제(景慕宮朔望祭), 치기고제(値祈告祭), 지행기고제(只行祈告祭)。 각궁(各宮)·묘중월제(廟仲月祭), 치속절(値俗節), 겸행(兼行)。 ○ 릉(陵)·원(園)·묘재관(墓齋官), 림제유고(臨祭有故), 부득진참(不得進參), 칙보본조(則報本曹), 계품개차(啓稟改差)。 수향시동(受香時同)。 ○ 덕릉(德陵)·안릉(安陵)·의릉(義陵)·순릉(純陵)·정릉(定陵)·화릉함흥(和陵咸興)。·지릉안변(智陵安邊)。·숙릉문천(淑陵文川)。·제릉(齊陵)·후릉개성(厚陵開城)。·영릉(英陵)·녕릉려주(寧陵驪州)。·장릉녕월(莊陵寧越)。·건릉(健陵)·현륭원수원(顯隆園水原)。, 각설분봉상사우해읍(各設分奉常寺于該邑), 봉진제물(封進祭物)。 ○ 경기숭렬전광주부(京畿崇烈殿廣州府)。 춘(春)·추중월(秋仲月)。, 숭의전마전군(崇義殿麻田郡)。 춘(春)·추중월(秋仲月)。, 고려태조현릉개성부(高麗太祖顯陵開城府)。 춘(春)·추중월(秋仲月)。, 궐리사수원부(闕里祠水原府)。 춘(春)·추계월(秋季月), 송악산개성부(松嶽山開城府)。·오관산개성부(五冠山開城府)。·마니산강화부(摩尼山江華府)。·감악산적성현(紺嶽山積城縣)。·덕진장단부(德津長湍府)。·양진양주목(楊津楊州牧)。 병정(竝正)·이(二)·팔월(八月)。, 충렬사강화부(忠烈祠江華府)。 춘(春)·추중월중정(秋仲月中丁)。, 성신사수원부(城神祠水原府)。 춘(春)·추맹월(秋孟月)。, 충청도계룡산공주목(忠淸道鷄龍山公州牧)。·죽령산단양군(竹嶺山丹陽郡)。·웅진공주목(熊津公州牧)。·양진명소충주목(楊津溟所忠州牧)。 병정(竝正)·이(二)·팔월(八月)。, 김라도조경묘전주부(金羅道肇慶廟全州府)。 춘(春)·추중월상순(秋仲月上旬)。, 경기전전주부(慶基殿全州府)。 속절급랍(俗節及臘)。, 지이산남원부(智異山南原府)。·금성산라주목(錦城山羅州牧)。·한나산제주목(漢拏山濟州牧)。·남해라주목(南海羅州牧)。 병정(竝正)·이(二)·팔월(八月)。, 풍운뢰우제주목(風雲雷雨濟州牧)。 춘(春)·추사일(秋社日)。, 관왕묘남원부(關王廟南原府), 우고금도(又古今島)。 경칩(驚蟄), 상강(霜降)。, 충민사순천부(忠愍祠順天府)。 춘(春)·추계월(秋季月)。, 경상도숭덕전경주부(慶尙道崇德殿慶州府)。·수로왕릉김해부(首露王陵金海府)。 병춘(竝春)·추중월(秋仲月)。, 가야진량산군(伽倻津梁山郡)。·주흘산문경현(主屹山聞慶縣)。·울불산울산부(亐佛山蔚山府)。 병정(竝正)·이(二)·팔월(八月)。, 관왕묘안동(關王廟安東), 성주(星州)。 경칩(驚蟄), 상강(霜降)。, 정충단진주목(旌忠壇晉州牧)。 계춘(季春)。, 황해도우이산해주부(黃海道牛耳山海州府)。·장산곶장연현(長山串長淵縣)。·서해풍천부(西海豊川府)。·아사진송곶장연현(阿斯津松串長淵縣)。 병정(竝正)·이(二)·팔월(八月)。, 삼성사문화현(三聖祠文化縣)。 춘(春)·추중월(秋仲月)。, 평안도종인전평양부(平安道宗仁殿平壤府)。·숭령전평양부(崇靈殿平壤府)。·고구려시조묘평양부(高句麗始祖廟平壤府)。 병춘(幷春)·추중월(秋仲月)。, 평양강평양부(平壤江平壤府)。·압록강의주부(鴨綠江義州府)。·청천강안주목(淸川江安州牧)。·구진닉수평양부(九津溺水平壤府)。 병춘(幷春)·추중월(秋仲月)。, 무렬사평양부(武烈祠平壤府)。 삼(三)·팔월중정(八月中丁), 유구(有拘), 칙이하정행(則以下丁行)。, 충의단정주목(忠義壇定州牧)。 사월십구일(四月十九日)。, 강원도치악산원주목(江原道雉嶽山原州牧)。·의관령회양부(義館嶺淮陽府)。·동해양양부(東海襄陽府)。·덕진명소회양부(德津溟所淮陽府)。 병정(竝正)·이(二)·

팔월(八月)。, 함경도준원전영흥부(咸鏡道濬源殿永興府)。 속절급랍(俗節及臘)。, 비백산정평부(鼻白山定平府)。·백두산갑산부(白頭山甲山府)。·두만강경원부(豆滿江慶源府)。·비류수영흥부(沸流水永興府)。 병정(幷正)·이(二)·팔월(八月)。, 각도(各道), 거행사전(擧行祀典), 자지방관(自地方官), 봉진제물(封進祭物)。 ○ 팔도통행사전(八道通行祀典), 사직이(社稷二)·팔월상무(八月上戊), 향교이(鄕校二)·팔월상정(八月上丁)。, 사액원사이(賜額院祠二)·팔월중정(八月中丁)。, 독신경칩(纛神驚蟄), 상강(霜降)。, 려청명일(厲淸明日), 칠월십오일(七月十五日), 십월삭일(十月朔日)。, 성황발고려제전삼일(城隍發告厲祭前三日)。。 ○ 기우제(祈雨祭), 초차삼각산(初次三角山)·목멱산(木覓山)·한강(漢江), 견당하삼품관(遣堂下三品官)。, 재차룡산강(再次龍山江)·저자도(楮子島), 견종이품관(遣從二品官)。, 삼차풍운뢰우(三次風雲雷雨)·산천(山川)·우사(雩祀), 견종이품관(遣從二品官)。, 사차북교(四次北郊), 견종이품관(遣從二品官), 사직(社稷), 견정이품관(遣正二品官)。, 오차종묘(五次宗廟), 견정이품관(遣正二品官)。, 륙차삼각산(六次三角山)·목멱산(木覓山)·한강(漢江), 침호두(沈虎頭), 견근시관(遣近侍官)。, 칠차룡산강(七次龍山江)·저자도(楮子島), 견정이품관(遣正二品官)。, 팔차풍운뢰우(八次風雲雷雨)·산천(山川)·우사(雩祀), 견정이품관(遣正二品官)。, 구차북교(九次北郊), 견정이품(遣正二品), 모화관지변(慕華館池邊), 견무종이품(遣武從二品), 석척동자(蜥蜴童子), 기우련삼일(祈雨連三日)。, 십차사직(十次社稷), 견의정(遣議政)。, 십일차종묘(十一次宗廟), 견의정(遣議政)。, 십이차오방토룡제(十二次五方土龍祭), 견당하삼품관(遣堂下三品官)。。 ○ 하지후(夏至後), 품지(稟旨), 간삼일(間三日), 설행(設行)。 특지혹묘계(特旨或廟啓), 수하지전(雖夏至前), 설행(設行)。 ○ 특지별기우(特旨別祈雨), 부입차수(不入次數)。 ○ 친행기우(親行祈雨), 수미득우(雖未得雨), 래차기우(來次祈雨), 부득순례품지(不得循例稟旨)。 기우제수향후(祈雨祭受香後), 득우(得雨), 칙청제문중조어(則請祭文中措語), 혹정지(或停止), 병자정원계품(並自政院啓稟)。 ○ 사문영제립추후부제(四門禜祭立秋後不霽), 삼차간십일(三次間十日), 매차련삼일(每次連三日), 폐성문설행(閉城門設行)。, 립추재륙월내(立秋在六月內), 비특지급묘계(非特旨及廟啓), 부득품청(不得稟請)。 ○ 기설제(祈雪祭), 초차종묘(初次宗廟)·사직(社稷)·북교(北郊), 견정이품관(遣正二品官)。, 재차풍운뢰우(再次風雲雷雨)·산천(山川)·우사(雩祀), 견정이품관(遣正二品官), 삼각산(三角山)·목멱산(木覓山)·한강(漢江), 견근시관(遣近侍官)。。 ○ 랍전무설(臘前無雪), 특지혹묘계(特旨或廟啓), 설행(設行), 역자본조품청(亦自本曹稟請)。 ○ 보사제(報謝祭), 기우립추후택일(祈雨立秋後擇日), 령응처설행(靈應處設行)。 ○ 친행기우후보사(親行祈雨後報謝), 수시택일(隨時擇日), 부대립추(不待立秋)。 ○ 련차기우시(連次祈雨時), 간득과촌지우(間得過寸之雨), 칙역행보사사(則亦行報謝事), 품지(稟旨)。, 영제립추후택일(禜祭立秋後擇日), 행어사문(行於四門), 이물폐성문사(而勿閉城門事), 품지(稟旨)。, 기설수즉택일(祈雪隨卽擇日), 행어령응처(行於靈應處)。。 ○ 위안제(慰安祭), 묘(廟)·전(殿)·궁정전급대석급내장(宮正殿及臺石及內墻), 유퇴비처(有頹圮處), 정신문전퇴(正神門全頹), 칙계품설행(則啓稟設行)。, 능(陵)·원(園)·묘릉상사초준축급실화급곡장향내퇴비(墓陵上莎草蹲縮及失火及曲墻向內頹圮), 칙계품설행(則啓稟設行)。 ○ 대왕(大王)·왕비(王妃), 동릉이강(同陵異岡), 즉위안제(則慰安祭), 지행어당위(只行於當位), 수개고유제(修改告由祭), 칙동행(則同行), 이고안제(而告安祭), 지행어당위(只行於當位)。 ○ 범정전급릉상지근지지(凡正殿及陵上至近之地), 유변(有變), 칙수기경중설행(則隨其輕重設行)。 소소결락급곡장향외퇴비(小小缺落及曲墻向外頹圮), 즉부설(則不設)。 ○ 위안제후(慰安祭後), 유긴중퇴비(有緊重頹圮), 재부다일내(在不多日內), 즉경부설행(則更不設行)。 ○ 위안제(慰安祭), 부복일설행(不卜日設行), 치제향일(値祭享日), 칙겸행(則兼行)。 ○ 고유제(告由祭), 대경(大慶)·대례종묘(大禮宗廟), 영녕전(永寧殿), 사직(社稷), 경모궁(景慕宮)。 이어(移御)·행행(幸行)·경숙종묘(經宿宗廟), 경모궁(景慕宮)。·국휼급천릉종묘(國恤及遷陵宗廟)·영녕전(永寧殿)·사직(社稷)·경모궁(景慕宮), 지고문(只告文)。·천원묘종묘(遷園墓宗廟)·영녕전(永寧殿)·경모궁급본묘(景慕宮及本廟), 지고문(只告文)。·수개묘(修改廟)·사(社)·전(殿)·궁(宮)·각릉원(各陵園), 범유긴중수개(凡有緊重修改), 복일(卜日), 선행고유(先行告由)。 ○ 신위이안연후수개자(神位移安然後修改者), 사필후(事畢後), 설환안제(設還安祭)。 ○ 능상사초수개(陵上莎草修改), 필후(畢後), 즉행고안제(卽行告安祭)。 ○ 렬읍사직이단(列邑社稷移壇), 혹위판개조(或位版改造), 도신상청(道臣狀請), 향축계품(香祝啓稟), 하송(下送)。 ○ 수개처(修改處), 부심긴중(不甚緊重), 차비공역호대자(且非工役浩大者), 부행고유(不行告由), 종편수개(從便修改)。 ○ 수개일자(修改日子), 치동가(値動駕), 칙퇴행(則退行)。·준천백악산(濬川白岳山)·목멱산(木覓山)·천거지신(川渠之神), 시역일행(始役日行)。 ○

천거지신(川渠之神), 오간수문(五間水門), 지방행제(紙牓行祭)。 ○ 고유제(告由祭), 치삭망급제향(値朔望及祭享), 격일(隔日), 칙겸행(則兼行)。 ○ 기도제(祈禱祭), 약원이직후(藥院移直後), 유특지(有特旨), 즉사직(則社稷)·종묘(宗廟)·영녕전(永寧殿)·경모궁(景慕宮)·삼각산(三角山)·목멱산(木覓山)·한강(漢江), 부복일설행(不卜日設行)。 ○ 별려제(別厲祭), 유대질역(有大疾疫)·대재환(大災患), 특지혹묘계(特旨或廟啓), 설행(設行)。 기양제(祈禳祭)·별위제동(別慰祭同)。 ○ 각도수기완급상청(各道隨其緩急狀請), 향축하송(香祝下送)。 ○ 치제유명(致祭有命), 칙지수일자(則祗受日子), 자본가택정(自本家擇定), 제문(祭文), 령예문관찬출(令藝文館撰出), 견본조랑관(遣本曹郎官), 행사(行事)。 ○ 치제재외읍(致祭在外邑), 칙제물급집사관(則祭物及執事官), 병령본도(并令本道), 진배차정(進排差定)。 조제동(弔祭同)。 ○ 범사전(凡祀典), 전일일(前一日), 헌관수향축(獻官受香祝), 진예재소(進詣齋所)。 ○ 능침(陵寢), 량기정도원근(量其程途遠近), 전기수향축(前期受香祝)。 ○ 북도제릉향축(北道諸陵香祝), 전기일삭(前期一朔), 충의위배왕(忠義衛陪往)。·준원전향축배왕(濬源殿香祝陪往), 동상(同上), 랍향(臘享)·정조(正朝), 겸수향축(兼受香祝)。·조경묘향축(肇慶廟香祝), 전기십오일(前期十五日), 본재관배왕(本齋官陪往)。·경기전향축배왕(慶基殿香祝陪往), 동상(同上), 랍향(臘享)·정조(正朝), 겸수향축(兼受香祝)。·영릉(英陵)·녕릉기진여한식(寧陵忌辰與寒食), 박근(迫近), 칙품지(則稟旨), 겸수향축(兼受香祝)。·장릉향축(莊陵香祝), 전기십오일(前期十五日), 본릉관배왕(本陵官陪往)。·각릉원묘삭망향(各陵園墓朔望香), 분상하반년(分上下半年), 매륙월(每六月)·랍월(臘月), 도수륙삭향(都受六朔香), 본재관배왕(本齋官陪往), 조천칙부(祧遷則否)。, 약치행행(若值幸行), 출궁후수향처(出宮後受香處), 칙개진배왕지의(則開陣陪往之意), 예위품지(預爲稟旨)。 ○ 국휼시승하고유(國恤時昇遐告由), 사직(社稷)·종묘(宗廟)·영녕전(永寧殿)·경모궁(景慕宮), 제삼일행(第三日行)。 ○ 습전(襲奠)·소렴전(小斂奠)·대렴전(大斂奠)·성빈전(成殯奠), 봉상(奉常)·내섬(內贍)·내자삼사(內資三寺), 륜체거행(輪遞擧行)。 ○ 졸곡전(卒哭前), 정대(停大)·중(中)·소사내(小祀內)·소상(小喪), 칙공제전정(則公除前停)。, 성빈후(成殯後), 사직행제(社稷行祭), 종묘(宗廟)·경모궁삭망(景慕宮朔望), 릉(陵)·원(園)·묘기진(墓忌辰), 지분향(只焚香)。 ○ 혼전삼년내공상급경기물선(魂殿三年內供上及京畿物膳), 탄일(誕日)·각절일물선(各節日物膳), 의상시봉진(依常時封進), 외도삭선(外道朔膳), 즉인산전봉진사(則因山前封進事), 지위경외(知委京外)。 ○ 자초상각제전(自初喪各祭奠), 지혼전산릉삭망(至魂殿山陵朔望)·속절(俗節)·사시대제(四時大祭)·랍향(臘享), 각제향시일(各祭享時日), 관상감(觀象監), 보본조(報本曹), 점련계문(粘連啓聞)。 ○ 성복전(成服奠)·조석전(朝夕奠)·주다례(晝茶禮), 매삼일(每三日), 삼사(三寺), 륜체거행(輪遞擧行)。 ○ 재궁가칠(梓宮加漆), 초차고유문중(初次告由文中), 조사(措辭), 겸고루차가칠(兼告屢次加漆)。 ○ 재궁서상자급결과시(梓宮書上字及結裹時), 지고문(只告文)。 ○ 천신물종조곽(薦新物種早藿)·수근(水芹)·반건치(半乾雉)·생합(生蛤)·생락제(生絡蹄)·작설(雀舌)·생눌어(生訥魚)·오적어(烏賊魚)·부어(鮒魚)·생안(生鴈)·산포도(山葡萄)·선후도(獼猴桃)·생과어(生瓜魚)·천아(天鵝)·수어(秀魚)·생토십륙종(生兎十六種), 수교제감(受敎除減)。 ○ 이월자해(二月紫蟹)·륙월아치(六月兒雉)·팔월소천어(八月小川魚)·십이월암순사종(十二月鵪鶉四種), 지혼전별천신(只魂殿別薦新)。 ○ 의종묘례(依宗廟例), 빈전봉진(殯殿封進), 인산후(因山後), 즉혼전(則魂殿)·산릉(山陵), 동위봉진(同爲封進), 대상후(大祥後), 지혼전봉진(只魂殿封進), 부묘후(祔廟後), 종묘천신(宗廟薦新), 가정봉진사(加定封進事), 지위경외(知委京外)。 ○ 청시시(請諡時), 행고종묘제(行告宗廟祭), 영녕전고유제(永寧殿告由祭), 상시전일일행(上諡前一日行), 경모궁고유제(景慕宮告由祭), 상시일행(上諡日行)。 ○ 상시(上諡), 빈전(殯殿), 당일선행고유전(當日先行告由奠), 상시후(上諡後), 행개명정(行改銘旌)·고유전혹주다례(告由奠或晝茶禮), 겸행(兼行)。, 개명정후(改銘旌後), 행별전(行別奠)。 ○ 발인전(發引前), 종친부(宗親府)·의정부솔백관(議政府率百官)。·의빈부(儀賓府)·돈녕부(敦寧府)·충훈부(忠勳府)·팔도관찰사(八道觀察使)·사도류수(四都留守), 진향(進香)。 경기감사(京畿監司)·사도류수(四都留守), 상래진향(上來進香), 제도감사(諸道監司), 질고수령대행(秩高守令代行)。 ○ 종친부(宗親府)·의정부진향문(議政府進香文), 예문관찬진(藝文館撰進), 제상사급팔도(諸上司及八道)·사도진향문(四都進香文), 각본부급도(各本府及道)·수신찬진(守臣撰進)。 ○ 찬품(饌品), 봉상(奉常)·내섬(內贍)·내자(內資)·례빈사(禮賓寺), 륜회거행(輪回擧行)。 ○ 진향일시(進香日時), 관상감추택(觀象監推擇), 보본조계하(報本曹啓下), 지위경외(知委京外)。 ○ 규장각진향(奎章閣進香), 자본조택일(自本曹擇日)。 진향문(進香文), 본각제진(本閣製進)。 ○ 찬품(饌品), 사사(四寺), 당차거행(當次擧行)。 ○ 산릉봉표(山陵封標), 재선릉국내(在先陵局內), 칙행선릉고유제(則行先陵告由祭)。 ○ 산릉

참초파토(山陵斬草破土), 행사후토제(行祀后土祭)。 ○ 자발인지반우후(自發引至返虞後), 혼전(魂殿)·산릉각제전(山陵各祭奠), 참고계문(參攷啓聞), 반시유사(頒示攸司)。 ○ 계빈전삼일(啓殯前三日), 고유우사직(告由于社稷)·종묘(宗廟)·영녕전(永寧殿)·경모궁(景慕宮)。 ○ 사직기청제발인전일일행(社稷祈晴祭發引前一日行)。·계빈전(啓殯前)·계빈후별전(啓殯後別奠)·조전(祖奠)·견전(遣奠)·빈전해사제(殯殿解謝祭)·로제(路祭)·발인일주정전겸주다례(發引日晝停奠兼晝茶禮)。·산릉정자각성빈전(山陵丁字閣成殯奠)·천전(遷奠)·립주전(立主奠)·사후토제(謝后土祭)·안릉전(安陵奠)·반우일주정전겸주다례(返虞日晝停奠兼晝茶禮)。, 봉상(奉常)·내자(內資)·내섬사(內贍寺), 륜체거행(輪遞擧行), 로제(路祭), 례빈사거행(禮賓寺擧行)。 ○ 자초우지졸곡삼년내(自初虞至卒哭三年內), 혼전(魂殿)·산릉(山陵), 삭망(朔望)·절일(節日)·사시(四時)·랍향(臘享)·별제(別祭), 급발인시각처교량(及發引時各處橋梁)·명산(名山)·대천제(大川祭), 십리내(十里內), 봉상사(奉常寺), 십리외(十里外), 경기거행(京畿擧行)。 ○ 산릉재선릉동원(山陵在先陵同原), 칙발인일(則發引日), 고유(告由)。 ○ 봉릉사필후(封陵事畢後), 행고안전(行告安奠)。 ○ 자초우제(自初虞祭), 진용육선(進用肉膳)。 ○ 우(虞)·졸곡(卒哭)·련(練)·상(祥)·담(禫)·사시대제(四時大祭)·랍향(臘享), 용존뢰(用尊罍)·찬작(瓚爵)。 ○ 삼년내삭망(三年內朔望)·속절(俗節)·사시(四時)·랍향대제(臘享大祭)·우(虞)·졸곡(卒哭)·련(練)·상(祥)·담제(禫祭), 백관입참(百官入參)。 수섭행시(雖攝行時), 역입참(亦入參)。 ○ 삼년내혼전(三年內魂殿)·산릉각제향축문(山陵各祭享祝文), 령예문관찬출(令藝文館撰出)。 ○ 행련제후(行練祭後), 우주매안시(虞主埋安時), 전삼일(前三日), 종묘(宗廟), 행고유제(行告由祭)。 ○ 행상제후(行祥祭後), 조석상식(朝夕上食)·주다례(晝茶禮), 병정지혼전향관입번(并停止魂殿享官入番), 감하(減下)。, 삭망급대제(朔望及大祭), 여례설행(如禮設行)。 상제후(祥祭後), 대제(大祭)·삭망친행(朔望親行), 칙림곡(則臨哭), 백관입참(百官入參)。 ○ 산릉삭망(山陵朔望), 지분향(只焚香)。 ○ 담제(禫祭), 전삼삭(前三朔), 관상감(觀象監), 택길일(擇吉日), 보본조계문(報本曹啓聞), 이여삭제상치(而與朔祭相値), 지행담제(只行禫祭)。 ○ 부묘(祔廟)·담월(禫月), 치사맹삭급랍월(値四孟朔及臘月), 즉겸행어오향(則兼行於五享), 계삭(季朔), 칙수유월(則雖踰月), 대대향겸행(待大享兼行), 치중삭(値仲朔), 칙담월부묘사(則禫月祔廟事), 품지(稟旨)。 ○ 전삼삭(前三朔), 관상감(觀象監), 택길일(擇吉日), 보본조계문(報本曹啓聞)。 ○ 종묘(宗廟)·영녕전(永寧殿)·혼전(魂殿), 행예고제향전삼일(行預告祭享前三日)。, 혼전(魂殿), 행고동가제(行告動駕祭)。 ○ 부묘시(祔廟時), 유조천지위(有祧遷之位), 즉선부후(則先祔後), 조(祧)·협향(祫享), 천봉후(遷奉後), 당부위급당승봉위(當祔位及當陞奉位), 병행안신제(並行安神祭)。

제사(祭祀) 二

교사하(郊祀下) 의주지절(儀註之節), 기목유십(其目有十)

일왈재계(一曰齋戒)。 사전칠일(祀前七日), 황제산재사일어별전(皇帝散齋四日於別殿), 치재삼일(致齋三日), 기이일어대명전(其二日於大明殿), 일일어대차(一日於大次), 유사정주형벌문자(有司停奏刑罰文字)。 치재전일일(致齋前一日), 상사감설어악대명전서서(尙舍監設御幄於大明殿西序), 동향(東向)。 치재지일질명(致齋之日質明), 제위륵소부둔문렬장(諸衛勒所部屯門列仗)。 주루상수일각(晝漏上水一刻), 통사사인인시향집사문무사품이상관(通事舍人引侍享執事文武四品以上官), 구공복예별전봉영(俱公服詣別殿奉迎)。 주루상수이각(晝漏上水二刻), 시중판주청중엄(侍中版奏請中嚴), 황제복통천관(皇帝服通天冠)、강사포(絳紗袍)。 주루상수삼각(晝漏上水三刻), 시중판주외판(侍中版奏外辦), 황제결패출별전(皇帝結佩出別殿), 승여화개산선시위여상의(乘輿華蓋傘扇侍衛如常儀), 봉인지대명전어악(奉引至大明殿御幄), 동향좌(東向坐), 시신협시여상(侍臣夾侍如常)。 일각경(一刻頃), 시중전궤주(侍中前跪奏)「신모언(臣某言), 청강취재(請降就齋)」, 부복흥(俯伏興)。 황제강좌입실(皇帝降座入室), 해엄(解嚴)。 시향집사관각환본사(侍享執事官各還本司), 숙위자여상(宿衛者如常)。 범시사관수서계어중서성(凡侍祠官受誓戒於中書省), 산재사일(散齋四日), 치재삼일(致齋三日)。 수유문병위여대악공인(守壝門兵衛與大樂工人), 구청재일숙(俱清齋一宿)。 광록경이양수취명화공찬(光祿卿以陽燧取明火供爨), 이방제취명수실존(以方諸取明水實尊)。

이왈고배(二曰告配)。 사전이일(祀前二日), 섭태위여태상례의원관공예태묘(攝太尉與太常禮儀院官詣太廟

관공예태묘(官恭詣太廟), 이일헌례주고태조법천계운성무황제지실(以一獻禮奏告太祖法天啟運聖武皇帝之室)。인각(寅刻), 태위이하공복자남신문동편문입(太尉以下公服自南神門東偏門入), 지횡가남(至橫街南), 북향립정(北向立定)。봉례랑찬왈(奉禮郎贊曰)「배(拜)」, 례직관승전전왈(禮直官承傳曰)「국궁(鞠躬)」, 왈(曰)「배(拜)」, 왈(曰)「흥(興)」, 왈(曰)「배(拜)」, 왈(曰)「흥(興)」, 왈(曰)「평립(平立)」。우찬왈(又贊曰)「각취위(各就位)」。예직관예태위전왈(禮直官詣太尉前曰)「청예관세위(請詣盥洗位)」, 인태위지관세위(引太尉至盥洗位), 왈(曰)「관수(盥手)」, 왈(曰)「세수(帨手)」, 왈(曰)「예작세위(詣爵洗位)」, 왈(曰)「척작(滌爵)」, 왈(曰)「식작(拭爵)」, 왈(曰)「청예주존소(請詣酒尊所)」, 왈(曰)「작주(酌酒)」, 왈(曰)「청예신좌전(請詣神座前)」, 왈(曰)「북향립(北向立)」, 왈(曰)「초전(稍前)」, 왈(曰)「진홀(搢笏)」, 왈(曰)「궤(跪)」, 왈(曰)「상향(上香)」, 왈(曰)「재상향(再上香)」, 왈(曰)「삼상향(三上香)」, 왈(曰)「수폐(授幣)」, 왈(曰)「전폐(奠幣)」, 왈(曰)「집작(執爵)」, 왈(曰)「제주(祭酒)」, 왈(曰)「제주(祭酒)」, 왈(曰)「삼제주(三祭酒)」。제주어사지흘(祭酒於沙池訖), 왈(曰)「독축(讀祝)」。거축관진홀(舉祝官搢笏), 궤대거축판(跪對舉祝版)。독축관궤독축문필(讀祝官跪讀祝文畢), 거축관전축판어안(舉祝官奠祝版於案), 집홀흥(執笏興), 독축관부복흥(讀祝官俯伏興)。례직관찬왈(禮直官贊曰)「출홀(出笏)」, 왈(曰)「부복흥(俯伏興)」, 왈(曰)「배(拜)」, 왈(曰)「흥(興)」, 왈(曰)「배(拜)」, 왈(曰)「흥(興)」, 왈(曰)「평립(平立)」, 왈(曰)「복위(復位)」。사존이(司尊彝)、량온령종강복위(良醞令從降復位), 북향립(北向立)。봉례랑찬왈(奉禮郎贊曰)「배(拜)」, 례직관승전재배필(禮直官承傳再拜畢), 태축봉축폐강자태계(太祝捧祝幣降自太階), 예망예위(詣望瘞位)。태위이하구예감위분예흘(太尉以下俱詣坎位焚瘞訖), 자남신문동편문이차출(自南神門東偏門以次出)。

삼왈차가출궁(三曰車駕出宮)。사전일일(祀前一日), 소사비의종내외장(所司備儀從內外仗), 시사관량행서립어숭천문외(侍祠官兩行序立於崇天門外), 태부경공어마립어대명문외(太仆卿控御馬立於大明門外), 제시신급도가관이십유사인(諸侍臣及導駕官二十有四人), 구어재전전좌우분반립사(俱於齋殿前左右分班立俟)。통사사인인시중(通事舍人引侍中), 주청중엄(奏請中嚴), 부복흥(俯伏興)。황제복통천관(皇帝服通天冠)、강사포(絳紗袍)。소경(少頃), 시중판주외판(侍中版奏外辦), 황제출재실(皇帝出齋室), 즉어좌(卽禦座)。군신기거흘(群臣起居訖), 상련진여(尚輦進輿), 시중주청황제승여(侍中奏請皇帝升輿), 화개산선시위여상의(華蓋傘扇侍衛如常儀)。도가관도지대명문외(導駕官導至大明門外), 시중진당여전(侍中進當輿前), 궤주청강여승마(跪奏請降輿乘馬), 도가관분좌우보도(導駕官分左右步導)。문하시랑궤주청진발(門下侍郎跪奏請進發), 부복흥(俯伏興), 전칭경필(前稱警蹕)。지숭천문외(至崇天門外), 문하시랑주청권정(門下侍郎奏請權停), 칙중관상마(敕眾官上馬), 시중승지칭(侍中承旨稱)「제가(制可)」, 문하시랑전제칭(門下侍郎傳制稱)「중관상마(眾官上馬)」, 찬자승전(贊者承傳)「중관출령성문외상마(眾官出欞星門外上馬)」。문하시랑주청진발(門下侍郎奏請進發), 전칭경필(前稱警蹕)。화개산선의장여중관분좌우전인(華蓋傘扇儀仗與眾官分左右前引), 교방악고취부작(教坊樂鼓吹不作)。지교단남령성문외(至郊壇南欞星門外), 시중전제(侍中傳制)「중관하마(眾官下馬)」, 찬자승전(贊者承傳)「중관하마(眾官下馬)」。하마흘(下馬訖), 자비이존(自卑而尊), 여의장도권이북(輿儀仗倒卷而北), 량행주립(兩行駐立)。가지령성문(駕至欞星門), 시중주청황제강마(侍中奏請皇帝降馬), 보입령성문(步入欞星門), 유서편문초서(由西偏門稍西)。시중주청승여(侍中奏請升輿)。상련봉여(尚輦奉輿), 화개산선여상의(華蓋傘扇如常儀)。도가관전도황제승여지대차전(導駕官前導皇帝乘輿至大次前), 시중주청강여(侍中奏請降輿)。황제강여입취차(皇帝降輿入就次), 렴강(簾降), 시위여식(侍衛如式)。통사사인승지(通事舍人承旨), 즉중관각환재차(敕眾官各還齋次)。상식진선흘(尚食進膳訖), 례의사이축책주청어서흘(禮儀使以祝冊奏請禦署訖), 봉출(奉出), 교사령수지(郊祀令受之), 각전어점(各奠於坫)。

사왈진설(四曰陳設)。사전삼일(祀前三日), 상사감진대차어외유서문지도북(尚舍監陳大次於外壝西門之道北), 남향(南向)。설소차어내유서문지외도남(設小次於內壝西門之外道南), 동향(東向)。설황도인욕(設黃道裀褥), 자대차지어소차(自大次至於小次), 판위급단상개설지(版位及壇上皆設之)。소사설병위(所司設兵衛), 각구기복(各具器服), 수위유문(守衛壝門), 매문병관이원(每門兵官二員)。외원동서남령성문외(外垣東西南欞星門外), 설필가청로제군(設蹕街清路諸軍), 제군기복각수기방지색(諸軍旗服各隨其方之色)。거단이백보(去壇二百步), 금지행인(禁止

行人)。 사전일일(祀前一日), 교사령솔기속소제단지상하(郊祀令率其屬掃除壇之上下)。 태악령솔기속설등가악어단상(太樂令率其屬設登歌樂於壇上), 초남(稍南), 북향(北向)；설궁현이무(設宮縣二舞), 위어단남내유남문지외(位於壇南內壝南門之外), 여식(如式)。 봉례랑설어판위어소차지전(奉禮郎設奠版位於小次之前), 동향(東向)；설어음복위어단상(設奠飲福位於壇上), 오폐지서(午陛之西), 아종헌음복위어오폐지동(亞終獻飲福位於午陛之東), 개북향(皆北向)。 우설아종헌(又設亞終獻)、 조전(助奠)、 문하시랑이하판위단하어판위지후(門下侍郎以下版位壇下奠版位之後), 초남동향(稍南東向), 이위중행(異位重行), 이북위상(以北爲上)。 우설사도태상경이하위어기동(又設司徒太常卿以下位於其東), 상대북상(相對北上), 개여상의(皆如常儀)。 우분설규의어사위어기동서이유문지외(又分設糾儀奠史位於其東西二壝門之外), 상향이립(相向而立)。 우설어관세(又設奠盥洗)、 작세위어내유남문지내도서(爵洗位於內壝南門之內道西), 북향(北向)。 우설아종헌(又設亞終獻)、 관세(盥洗)、 작세위어내유남문지외도서(爵洗位於內壝南門之外道西), 북향(北向)。 우설성생찬등위(又設省牲饌等位), 여상의(如常儀)。 미후이각(未後二刻), 교사령동태사령구공복(郊祀令同太史令俱公服), 승설호천상제위어단상북방(升設昊天上帝位於壇上北方), 남향(南向), 석이고개(席以槁稭), 가신석욕좌(加神席褥座)。 우설배위어단상서방(又設配位於壇上西方), 동향(東向), 석이포월(席以蒲越), 가신석욕좌(加神席褥座)。 례신창벽치어소자(禮神蒼璧置於繅藉), 청폐설어비(青幣設於篚), 정위지폐가료옥(正位之幣加燎玉), 치존소(置尊所)。 사고결필(俟告潔畢), 권철필(權徹畢)。 사일추전중설(祀日醜前重設)。 집사자실시어료단(執事者實柴於燎壇), 급설변두(及設籩豆)、 보궤(簠簋)、 존뢰포작(尊罍匏爵)、 조점등사(俎坫等事), 여상의(如常儀)。

오왈성생기(五曰省牲器)。 사전일일미후이각(祀前一日未後二刻), 교사령솔기속우소제단지상하(郊祀令率其屬又掃除壇之上下), 사존뢰(司尊罍)、 봉례랑솔사제국이제기입설어위(奉禮郎率祠祭局以祭器入設於位)。 교사령솔집사자이례신지옥(郊祀令率執事者以禮神之玉), 치어신위전(置於神位前)。 미후삼각(未後三刻), 름희령여제태축(廩犧令與諸太祝), 축사이생취위(祝史以牲就位), 예직관분인태상경(禮直官分引太常卿)、 광록경승(光祿卿丞)、 감제(監祭)、 감례관(監禮官)、 태관령승등예성생위(太官令丞等詣省牲位), 입정(立定)。 예직관인태상경(禮直官引太常卿)、 감제(監祭)、 감례유동유북편문입(監禮由東壝北偏門入), 자묘폐승단(自卯陛升壇), 시척탁(視滌濯)。 사준뢰궤거멱왈(司尊罍跪舉冪曰)「결(潔)」。 고결필(告潔畢), 구복위(俱復位)。 례직관초전왈(禮直官稍前曰)「청성생(請省牲)」。 태상경초전(太常卿稍前), 성생필(省牲畢), 퇴복위(退復位)。 차인름희령순생일잡(次引廩犧令巡牲一匝), 서향절신왈(西向折身曰)「충(充)」。 고충필(告充畢), 복위(復位)。 제태축구순생일잡(諸太祝俱巡牲一匝), 복위(復位)。 상일원출반(上一員出班), 서향절신왈(西向折身曰)「돌(腯)」。 고돌필(告腯畢), 복위(復位)。 례직관인태상경(禮直官引太常卿)、 광록경승(光祿卿丞)、 태관령승(太官令丞)、 감제(監祭)、 감례예성찬위(監禮詣省饌位), 동서상향립(東西相向立)。 예직관청태상경성찬필(禮直官請太常卿省饌畢), 퇴환재소(退還齋所)。 름생령여제태축(廩牲令與諸太祝)、 축사이차견생예주(祝史以次牽牲詣廚), 수태관령(授太官令)。 차인광록경(次引光祿卿)、 감제(監祭)、 감례등예주(監禮等詣廚), 성정확(省鼎鑊), 시척개필(視滌溉畢), 환재소(還齋所)。 포후일각(晡後一刻), 태관령솔재인이란도할생(太官令率宰人以鸞刀割牲), 축사각취혈급좌이모실어두(祝史各取血及左耳毛實於豆), 잉취생수저어반(仍取牲首貯於盤), （용마수(用馬首)。） 구치어찬전(俱置於饌殿), 수팽생(遂烹牲)。 형부상서리지(刑部尙書涖之), 감실수납팽지사(監實水納烹之事)。

육왈습의(六曰習儀)。 사전일일미후삼각(祀前一日未後三刻), 헌관제집사각복기복(獻官諸執事各服其服), 습의어외유서남극지(習儀於外壝西南隙地)。 기진설(其陳設)、 악가(樂架)、 례기등물(禮器等物), 병여행사지의(並如行事之儀)。

칠왈전옥폐(七曰奠玉幣)。 사일추전오각(祀日醜前五刻), 태상경설촉어신좌(太常卿設燭於神座), 태사령(太史令)、 교사령각복기복(郊祀令各服其服), 승설호천상제급배위신좌(升設昊天上帝及配位神座), 집사자진옥폐어비(執事者陳玉幣於篚), 치준소(置尊所)。 예부상서설축책어안(禮部尙書設祝冊於案)。 광록경솔기속(光祿卿率其屬), 입실변두(入實籩豆)、 보궤(簠簋)、 존뢰여식(尊罍如式)。 축사이생수반설어단(祝史以牲首盤設於壇), 대악령솔공인이무입취위(大樂令率工人二舞入就位)。 예직관분인감제례(禮直官分引監祭禮)、 교사령급제집사관(郊祀令及諸執事官)、 재랑입취위(齋郎入就位)。 예직관인감제례안시단지상하(禮直官引監祭禮按視壇之上下), 퇴복위

(退復位)。봉례찬재배(奉禮贊再拜)。예직관승전(禮直官承傳), 감제례이하개재배흘(監祭禮以下皆再拜訖), 우찬각취위(又贊各就位)。태관령솔재랑출예찬전(太官令率齋郎出詣饌殿), 사어문외(俟於門外);예직관분인섭태위급사도등관입취위(禮直官分引攝太尉及司徒等官入就位);부보랑봉보진어궁현지측(符寶郎奉寶陳於宮縣之側), 수지지의(隨地之宜)。태위지장입야(太尉之將入也), 예직관인박사(禮直官引博士), 박사인례의사(博士引禮儀使), 대립어대차전(對立於大次前)。시중판주청중엄(侍中板奏請中嚴), 황제복대구곤면(皇帝服大裘袞冕)。시중주외판(侍中奏外辦), 예의사궤주례의사신모청황제행례(禮儀使跪奏禮儀使臣某請皇帝行禮), 부복흥(俯伏興)。(범주이인개궤(凡奏二人皆跪), 일인찬지(一人贊之)。) 렴권출차(簾卷出次), 예의사전도(禮儀使前導), 화개산선여상의(華蓋傘扇如常儀)。지서유문외(至西壝門外), 전중감진대규(殿中監進大圭), 예의사주청집대규(禮儀使奏請執大圭), 황제집규(皇帝執圭)。화개산선정어문외(華蓋傘扇停於門外)。근시관여대례사개후종황제입문(近侍官與大禮使皆後從皇帝入門), 궁현악작(宮縣樂作)。청취소차(請就小次), 석규(釋圭), 악지(樂止)。례의사이하분립좌우(禮儀使以下分立左右)。소경(少頃), 예의사주유사근구(禮儀使奏有司謹具), 청행사(請行事)。강신악작(降神樂作), 《천성지곡(天成之曲)》륙성(六成)。태상경솔축사봉마수(太常卿率祝史捧馬首), 예료단승연흘(詣燎壇升煙訖), 복위(復位)。예의사궤주청취판위(禮儀使跪奏請就板位), 부복흥(俯伏興)。황제출차(皇帝出次), 청집대규(請執大圭), 지위동향립(至位東向立), 재배(再拜)。황제재배(皇帝再拜), 봉례찬중관개재배흘(奉禮贊衆官皆再拜訖), 봉옥폐관궤취옥폐어비(奉玉幣官跪取玉幣於篚), 립어존소(立於尊所)。예의사주청행사(禮儀使奏請行事)。수전도(遂前導), 궁현악작(宮縣樂作), 유남유서편문입(由南壝西偏門入), 예관세위(詣盥洗位), 북향립(北向立), 악지(樂止)。진대규(搢大圭), 관수(盥手)。봉이관봉이옥수(奉匜官奉匜沃水), 봉반관봉반승수(奉盤官奉盤承水), 집건관봉건이진(執巾官奉巾以進)。관세수흘(盥帨手訖), 집대규(執大圭), 악작(樂作), 지오폐(至午陛), 악지(樂止)。승계(升階), 등가악작(登歌樂作), 지단상(至壇上), 악지(樂止)。궁현(宮縣)《흠성지악(欽成之樂)》작(作), 전중감진진규(殿中監進鎭圭), (전중감이원(殿中監二員), 일원집대규(一員執大圭), 일원집진규(一員執鎭圭)。) 예의사주청진대규(禮儀使奏請搢大圭), 집진규(執鎭圭), 청예호천상제신위전(請詣昊天上帝神位前), 북향립(北向立)。내시선설소석어지(內侍先設繅席於地), 예의사주청궤전진규어소석(禮儀使奏請跪奠鎭圭於繅席)。봉옥폐관가옥어폐이수시중(奉玉幣官加玉於幣以授侍中), 시중서향궤진(侍中西向跪進), 례의사주청전옥폐(禮儀使奏請奠玉幣)。황제수전흘(皇帝受奠訖), 예의사주청집대규(禮儀使奏請執大圭), 부복흥(俯伏興), 소퇴재배(少退再拜)。황제재배흥(皇帝再拜興), 평립(平立)。내시취진규수전중감(內侍取鎭圭授殿中監), 우취소자치배위전(又取繅藉置配位前)。례의사전도(禮儀使前導), 청예태조황제신위전(請詣太祖皇帝神位前), 서향립(西向立), 전진규급폐(奠鎭圭及幣), 병여상의(並如上儀), 악지(樂止)。례의사전도(禮儀使前導), 청환판위(請還版位)。등가악작(登歌樂作), 강계(降階), 악지(樂止)。궁현악작(宮縣樂作), 전중감취진규(殿中監取鎭圭)、소자이수유사(繅藉以授有司)。황제지판위(皇帝至版位), 동향립(東向立), 악지(樂止)。청환소차(請還小次), 석대규(釋大圭)。축사봉모혈두(祝史奉毛血豆)。승자오폐(升自午陛), 이진정위(以進正位), 승자묘폐(升自卯陛), 이진배위(以進配位)。태축각영전어신좌전(太祝各迎奠於神座前), 구퇴립준소(俱退立尊所)。

팔왈진찬(八曰進饌)。황제전옥폐환위(皇帝奠玉幣還位), 축사취모혈두이강(祝史取毛血豆以降), 예직관인사도(禮直官引司徒)、태관령솔재랑봉찬입자정문(太官令率齋郎奉饌入自正門), 승전여상의(升殿如常儀)。례의사궤주청행례(禮儀使跪奏請行禮), 부복흥(俯伏興)。황제출차(皇帝出次), 궁현악작(宮縣樂作)。청집대규(請執大圭), 전도유정문서편문입(前導由正門西偏門入), 예관세위(詣盥洗位), 북향립(北向立), 악지(樂止)。진규관수여전의(搢圭盥手如前儀)。집규(執圭), 예작세위(詣爵洗位), 북향립(北向立), 진규(搢圭)。봉작관궤취포작어비(奉爵官跪取匏爵於篚), 이수시중(以授侍中), 시중이진황제(侍中以進皇帝), 수작(受爵)。집뢰관작수세작(執罍官酌水洗爵), 집건관수건식작흘(執巾官授巾拭爵訖), 시중수지(侍中受之), 이수봉작관(以授捧爵官)。집규(執圭), 악작(樂作), 지오폐(至午陛), 악지(樂止);승계(升階), 등가악작(登歌樂作), 지단상(至壇上), 악지(樂止)。예정위주존소(詣正位酒尊所), 동향립(東向立), 진규(搢圭)。봉작관진작(捧爵官進爵), 황제수작(皇帝受爵)。사존자거멱(司尊者擧冪), 시중찬작태존지범제(侍中贊酌太尊之泛齊)。이작수봉작관(以爵授捧爵官), 집규(執圭)。궁현악작(宮縣樂作), 주(奏)《명성지곡(明成之曲)》。청예호천상제신좌전북향립(請詣昊天上帝神座前北向立), 진규궤(搢圭

跪), 삼상향(三上香), 시중이작궤진황제(侍中以爵跪進皇帝). 집작(執爵), 삼제주(三祭酒), 이작수시중(以爵授侍中). 태관승주마동어작(太官丞註馬湩於爵), 이수시중(以授侍中), 시중궤진황제(侍中跪進皇帝). 집작(執爵), 역삼제지(亦三祭之), (금유포도주여상온마동각제일작(今有蒲萄酒與尙醞馬湩各祭一爵), 위삼작(爲三爵).) 이작수시중(以爵授侍中), 집규(執圭), 부복흥(俯伏興), 소퇴립(少退立). 독축(讀祝), 거축관진흘궤거축책(舉祝官搢笏跪舉祝冊), 독축관서향궤독축문(讀祝官西向跪讀祝文), 독흘(讀訖), 부복흥(俯伏興). 거축관전축어안(舉祝官奠祝於案), 주청재배(奏請再拜). 황제재배흥(皇帝再拜興), 평립(平立). 청예배위주존소(請詣配位酒尊所), 서향립(西向立). 사존자거멱(司尊者舉羃), 시중찬작저존지범제(侍中贊酌著尊之泛齊). 이작수봉작관(以爵授捧爵官), 집규(執圭). 청예태조황제신위전서향립(請詣太祖皇帝神位前西向立). 궁현악작(宮縣樂作). 시중찬진규궤(侍中贊搢圭跪)、삼상향(三上香)、삼제주급마동흘(三祭酒及馬湩訖), 찬집규(贊執圭), 부복흥(俯伏興), 소퇴립(少退立). 거축관거축(舉祝官舉祝), 독축관북향궤독축문(讀祝官北向跪讀祝文), 독흘(讀訖), 부복흥(俯伏興). 전축판흘(奠祝版訖), 주청재배(奏請再拜). 황제재배흥(皇帝再拜興), 평립(平立). 악지(樂止). 청예음복위북향립(請詣飮福位北向立), 등가악작(登歌樂作). 태축각이작작상존복주(太祝各以爵酌上尊福酒), 합치일작이수시중(合置一爵以授侍中), 시중서향이진(侍中西向以進). 예의사주청재배(禮儀使奏請再拜), 황제재배흥(皇帝再拜興). 주청진규(奏請搢圭)、궤수작(跪受爵). 제주쵀주이작수시중(祭酒啐酒以爵授侍中), 시중재이온주궤진(侍中再以溫酒跪進). 례의사주청수작(禮儀使奏請受爵). 황제음복주흘(皇帝飮福酒訖), 시중수허작흥(侍中受虛爵興), 이수태축(以授太祝). 태축우감신전조육가어조(太祝又減神前胙肉加於俎), 이수사도(以授司徒). 사도이조서향궤진황제(司徒以俎西向跪進皇帝), 수이수좌우(受以授左右). 주청집규(奏請執圭), 부복흥(俯伏興), 평립(平立), 소퇴(少退). 주청재배(奏請再拜), 황제재배흘(皇帝再拜訖), 악지(樂止). 례의사전도(禮儀使前導), 환판위(還版位). 등가악작(登歌樂作), 강자오폐(降自午陛), 악지(樂止). 궁현악작(宮縣樂作), 지위(至位), 동향립(東向立), 악지(樂止). 청환소차(請還小次), 지차석규(至次釋圭). 문무퇴(文舞退), 무무진(武舞進), 궁현악작(宮縣樂作), 주(奏)《화성지곡(和成之曲)》, 악지(樂止). 예직관인아종헌관승자묘폐(禮直官引亞終獻官升自卯陛), 행례여상의(行禮如常儀), 유부독축(惟不讀祝), 개음복이무조조(皆飮福而無胙俎). 강자묘폐(降自卯陛), 복위(復位). 예직관찬태축철변두(禮直官贊太祝徹籩豆). 등가악작(登歌樂作), 주(奏)《녕성지곡(寧成之曲)》, 졸철(卒徹), 악지(樂止). 봉례찬사조(奉禮贊賜胙), 중관재배(衆官再拜), 재위자개재배(在位者皆再拜). 예의사주청예판위(禮儀使奏請詣版位), 출차집규(出次執圭), 지위동향립(至位東向立), 재배(再拜). 황제재배(皇帝再拜). 봉례찬왈(奉禮贊曰)「재배(再拜)」, 찬자승전(贊者承傳)「재위자개재배(在位者皆再拜)」. 송신악작(送神樂作), 《천성지곡(天成之曲)》일성(一成), 지(止). 예의사주례필(禮儀使奏禮畢), 수전도황제환대차(遂前導皇帝還大次). 궁현악작(宮縣樂作), 출문악지(出門樂止), 지대차석규(至大次釋圭).

구왈망료(九曰望燎). 황제기환대차(皇帝旣還大次), 예직관인섭태위이하감제례예망료위(禮直官引攝太尉以下監祭禮詣望燎位), 태축각봉비예신위전(太祝各捧篚詣神位前), 진취번옥(進取燔玉)、축폐(祝幣)、생조병서직(牲俎並黍稷)、반변(飯籩)、작주(爵酒), 각유기폐강예료단(各由其陛降詣燎壇), 이축폐(以祝幣)、찬물치시상(饌物置柴上), 예직관찬(禮直官贊)「가료반시(可燎半柴)」, 우찬(又贊)「예필(禮畢)」, 섭태위이하개출(攝太尉以下皆出). 례직관인감제례(禮直官引監祭禮)、축사(祝史)、태축이하종단남(太祝以下從壇南), 북향립정(北向立定), 봉례찬왈(奉禮贊曰)「재배(再拜)」, 감제례이하개재배흘(監祭禮以下皆再拜訖), 수출(遂出).

십왈차가환궁(十曰車駕還宮). 황제기환대차(皇帝旣還大次), 시중주청해엄(侍中奏請解嚴). 황제석곤면(皇帝釋袞冕), 정대차(停大次). 오각경(五刻頃), 소사비법가(所司備法駕), 서립어령성문외(序立於欞星門外), 이북위상(以北爲上). 시중판주청중엄(侍中版奏請中嚴), 황제개복통천관(皇帝改服通天冠)、강사포(絳紗袍). 소경(少頃), 시중판주외판(侍中版奏外辦), 황제출차승여(皇帝出次升輿), 도가관전도(導駕官前導), 화개산선여상의(華蓋傘扇如常儀). 지령성문외(至欞星門外), 태부경진어마여식(太仆卿進禦馬如式). 시중전주청황제강여승마흘(侍中前奏請皇帝降輿乘馬訖), 태부경집어(太仆卿執禦), 문하시랑주청차가진발(門下侍郞奏請車駕進發), 부복흥퇴(俯伏興退). 차가동(車駕動), 칭경필(稱警蹕). 지령성문외(至欞星門外), 문하시랑궤주왈(門下侍郞跪奏曰):「청권정(請權停), 칙중관상마(敕衆官上馬).」시중승지왈(侍中承旨曰)「제가(制可)」, 문하시랑전제(門下侍郞傳制), 찬자승전(贊者承傳). 중관상마필(衆官上馬畢), 도가관급화개산선분좌우전도(導駕官及華蓋傘扇分左右前導), 문하시랑궤청차가진발(門下侍郎跪請車駕進發), 부복흥(俯伏興), 차가동(車駕動), 칭경필(稱警蹕), 교방악고취진작(敎坊樂鼓吹振作), 가지숭천문령성문외(駕至崇天門欞星門外), 문하시랑궤주왈(門下侍郎跪奏曰)「청권정(請權停), 칙중관하마(敕衆官下馬)」, 시중승지왈(侍中承旨曰)「제가(制可)」, 문하시랑부장흥(門下侍郎俯仗興), 퇴전제(退傳制), 찬자승전(贊者承傳), 중관하마필(衆官下馬畢), 좌우전인입내(左右前引入內), 여의장도권이북주립(與儀仗倒卷而北駐立), 가입숭천문지대명문외(駕入崇天門至大明門外), 강마승여이입(降馬升輿以入), 가기입(駕旣入), 통사사인승지칙중관개퇴(通事舍人承旨敕衆官皆退), 숙위관솔위사숙위여식(宿衛官率衛士宿衛如式)。

섭사지의(攝祀之儀) 기목유구(其目有九)

일왈재계(一曰齋戒)。사전오일질명(祀前五日質明), 봉례랑솔의란국(奉禮郎率儀鸞局), 설헌관제집사판위어중서성(設獻官諸執事版位於中書省)。헌관제집사위구자이석(獻官諸執事位俱藉以席), 잉가자릉욕(仍加紫綾褥)。초헌섭태위설위어전당계상(初獻攝太尉設位於前堂階上), 초서(稍西), 동남향(東南向)。감찰어사이위(監察禦史二位), 일위재용도상(一位在甬道上), 서초북(西稍北), 동향(東向); 일위재용도상(一位在甬道上), 동초북(東稍北), 서향(西向)。감례박사이위(監禮博士二位), 각차어사(各次禦史), 이북위상(以北爲上)。차아헌관(次亞獻官)、종헌관(終獻官)、섭사도위어기남(攝司徒位於其南)。차조전관(次助奠官), 차태상태경(次太常太卿)、태상경(太常卿)、광록경(光祿卿), 차태사령(次太史令)、례부상서(禮部尙書)、형부상서(刑部尙書), 차봉벽관(次奉璧官)、봉폐관(奉幣官)、독축관(讀祝官)、태상소경(太常少卿)、공위직도지휘사(拱衛直都指揮使), 차태상승(次太常丞)、광록승(光祿丞)、태관령(太官令)、량온령(良醞令)、사준뢰(司尊罍), 차름희령(次廩犧令)、거축관(擧祝官)、봉작관(奉爵官)、차태관승(次太官丞)、관세관(盥洗官)、작세관(爵洗官)、건비관(巾篚官), 차전촉관(次翦燭官), 차여제관(次與祭官)。기례직관분직어좌우(其禮直官分直於左右), 동서상향(東西相向)。서설판위사렬(西設版位四列), 개북향(皆北向), 이동위상(以東爲上) : 교사령(郊祀令)、태악령(太樂令)、태축(太祝)、축사(祝史), 차재랑(次齋郎)。동설판위사렬(東設版位四列), 개북향(皆北向), 이서위상(以西爲上) : 교사승(郊祀丞)、태악승(太樂丞)、협률랑(協律郎)、봉례랑(奉禮郎), 차재랑(次齋郎)、사천생(司天生)。례직관인헌관제집사각취위(禮直官引獻官諸執事各就位)。헌관제집사구공복(獻官諸執事俱公服), 오품이상취복기복(五品以上就服其服), 륙품이하개차자복(六品以下皆借紫服)。례직국관구진립어태위지우(禮直局管勾進立於太尉之右), 선독서문왈(宣讀誓文曰) : 「모년모월모일(某年某月某日), 사호천상제어원구(祀昊天上帝於圜丘), 각양기직(各揚其職), 기혹부경(其或不敬), 국유상형(國有常刑)。」산재삼일숙어정침(散齋三日宿於正寢), 치재이일어사소(致齋二日於祀所)。산재일치사여고(散齋日治事如故), 부적상문질(不吊喪問疾), 부작악(不作樂), 부판서형살문자(不判署刑殺文字), 부결벌죄인(不決罰罪人), 부여예악사(不與穢惡事)。치재일유사사득행(致齋日惟祀事得行), 기여실금(其余悉禁)。범여사지관이재이궐자(凡與祀之官已齋而闕者), 통섭행사(通攝行事)。독필(讀畢), 초전창왈(稍前唱曰)「칠품이하관선퇴(七品以下官先退)」, 복찬왈(復贊曰)「대배(對拜)」, 태위여여관개재배내퇴(太尉與余官皆再拜乃退)。범여제자(凡與祭者), 치재지숙(致齋之宿), 관급주찬(官給酒饌)。수유문병위급태악공인(守壝門兵衛及太樂工人), 개청재일숙(皆淸齋一宿)。

이왈고배(二曰告配)。사전이일(祀前二日), 초헌관여태상례의원관공예태묘(初獻官與太常禮儀院官恭詣太廟), 주고태조황제본실(奏告太祖皇帝本室), 즉환재차(卽還齋次)。

삼왈영향(三曰迎香)。축사전이일(祝祀前二日), 한림학사부례부서사축문(翰林學士赴禮部書寫祝文), 태상례의원관역회언(太常禮儀院官亦會焉)。서필어공해엄결안치(書畢於公廨嚴潔安置)。사전일일질명(祀前一日質明), 헌관이하제집사개공복(獻官以下諸執事皆公服), 예부상서솔기속봉축판(禮部尙書率其屬捧祝版), 동태상례의원관구예궐정(同太常禮儀院官俱詣闕廷), 이축판수태위(以祝版授太尉), 진청어서홀(進請禦署訖), 동향주영출숭천문외(同香酒迎出崇天門外)。향치어여(香置於輿), 축치향안(祝置香案), 어주치련루(禦酒置輦樓), 구용김복복지(俱用金復覆之)。태위이하관비상마(太尉以下官比上馬), 청도관솔경관행어의위지선(淸道官率京官行於儀衛之先), 병마사순병집모치협도차지(兵馬司巡兵執矛幟夾道次之), 김고우차지(金鼓又次之), 경윤의종좌우성렬전도(京尹儀從左右成列前導), 제집사관동서이반행어의장지외(諸執事官東西二班行於儀仗之

儀仗之外), 차의봉사주악(次儀鳳司奏樂), 례부관점시성렬(禮部官點視成列), 태상례의원관도어향여지전(太常禮儀院官導於香輿之前), 연후공학여안행(然後控鶴昇輿案行), 태위등관종행지사소(太尉等官從行至祀所)。여안유남령성문입(輿案由南欞星門入), 제집사관유좌우편문입(諸執事官由左右偏門入), 봉안어향(奉安禦香)、축판어향전(祝版於香殿)。

사왈진설(四曰陳設)。사전삼일(祀前三日), 추밀원설병위각구기복수위유문(樞密院設兵衛各具器服守衛壝門), 매문병관이원(每門兵官二員), 급외원동서남령성문외(及外垣東西南欞星門外), 설필가청로제군(設蹕街淸路諸軍), 제군기복(諸軍旗服), 각수기방색(各隨其方色)。거단이백보(去壇二百步), 금지행인(禁止行人)。사전일일(祀前一日), 교사령솔기속소제단상하(郊祀令率其屬掃除壇上下)。대악령솔기속설등가악어단상(大樂令率其屬設登歌樂於壇上), 초남(稍南), 북향(北向)。편경일거재서(編磬一虡在西), 편종일거재동(編鐘一虡在東), 격종경자(擊鐘磬者), 개유좌올(皆有坐机)。대악령위재종거동(大樂令位在鐘虡東), 서향(西向)。협률랑위재경거서(協律郎位在磬虡西), 동향(東向)。집휘자립어후(執麾者立於後)。일(一), 재종거북(在鐘虡北), 초동(稍東)。일(一), 재경거북(在磬虡北), 초서(稍西)。박부이(搏拊二), 일재북(一在北), 일재북(一在北)。가공팔인(歌工八人), 분렬어오폐좌우(分列於午陛左右), 동서상향좌(東西相向坐), 이북위상(以北爲上), 범좌자개자이석가전(凡坐者皆藉以席加氈)。금일현(琴一弦)、삼현(三弦)、오현(五弦)、칠현(七弦)、구현자각이(九弦者各二), 슬사(瑟四), 약이(籥二), 지이(篪二), 적이(笛二), 소이(簫二), 소생사(巢笙四), 화생사(和笙四), 윤여포일(閏余匏一), 구요포일(九曜匏一), 칠성포일(七星匏一), 훈이(塤二), 각분립어오폐동서악탑상(各分立於午陛東西樂榻上)。금슬자분렬어북(琴瑟者分列於北), 개북향좌(皆北向坐);포죽자분립어금슬지후(匏竹者分立於琴瑟之後), 위이렬중행(爲二列重行), 개북향상대위수(皆北向相對爲首)。우설원궁현악어단남(又設圜宮懸樂於壇南), 내유남문지외(內壝南門之外)。동방서방(東方西方), 편경기북(編磬起北), 편종차지(編鐘次之)。남방북방(南方北方), 편경기서(編磬起西), 편종차지(編鐘次之)。우설십이박종어편현지간(又設十二鎛鐘於編懸之間), 각의진위(各依辰位)。매진편경재좌(每辰編磬在左), 편종재우(編鐘在右), 위지일사(謂之一肆)。매면삼진(每面三辰), 공구가(共九架), 사면삼십륙가(四面三十六架)。설진고어현내통가지동(設晉鼓於懸內通街之東), 초남(稍南), 북향(北向)。치뢰고(置雷鼓)、단도(單鞀)、쌍도각이병어북현지내(雙鞀各二柄於北懸之內), 통가지좌우(通街之左右), 식사영뢰고어사우(植四楹雷鼓於四隅), 개좌비우응(皆左鼙右應)。북현지내(北懸之內), 가공사렬(歌工四列)。내이렬재통가지동(內二列在通街之東), 이렬어통가지서(二列於通街之西)。매렬팔인(每列八人), 공삼십이인(共三十二人), 동서상향립(東西相向立), 이북위상(以北爲上)。일재동(一在東), 일재서(一在西), 개재가공지남(皆在歌工之南)。대악승위재북현지외(大樂丞位在北懸之外), 통가지동(通街之東), 서향(西向)。협률랑위어통가지서(協律郎位於通街之西), 동향(東向)。집휘자립어후(執麾者立於後), 거절악정립어동(擧節樂正立於東), 부정립어서(副正立於西), 병재가공지북(並在歌工之北)。악사이원(樂師二員), 대립어가공지남(對立於歌工之南)。운보이인(運譜二人), 대립어악사지남(對立於樂師之南)。조촉이인(照燭二人), 대립어운보지남(對立於運譜之南), 사일분립어단지상하(祀日分立於壇之上下), 장악작악지지표준(掌樂作樂止之標準)。금이십칠(琴二十七), 설어동서현내(設於東西懸內):일현자삼(一弦者三), 동일(東一), 서이(西二), 구위제일렬(俱爲第一列);삼현(三弦)、오현(五弦)、칠현(七弦)、구현자각륙(九弦者各六), 동서각사렬(東西各四列), 매렬삼인(每列三人), 개북향좌(皆北向坐)。슬십이(瑟十二), 동서각륙(東西各六), 공위렬(共爲列), 재금지후좌(在琴之後坐)。소생십(巢笙十)、소십(簫十)、윤여포일재동(閏余匏一在東), 칠성포일(七星匏一)、구요포일(九曜匏一), 개재우생지측(皆在竽笙之側)。우생십(竽笙十)、약십(籥十)、지십(篪十)、훈팔(塤八)、적십(笛十), 매색위일렬(每色爲一列), 각분립어통가지동서(各分立於通街之東西), 개북향(皆北向), 우설문무위어북현지전(又設文舞位於北懸之前), 식사표어통가지동(植四表於通街之東), 무위행철지간(舞位行綴之間)。도문무집아장무사이원(導文舞執牙仗舞師二員), 집정이인(執旌二人), 분립어무자행철지외(分立於舞者行綴之外)。무자팔일(舞者八佾), 매일팔인(每佾八人), 공륙십사인(共六十四人), 좌수집약(左手執籥), 우수병적(右手秉翟), 각분사일(各分四佾), 립어통가지동서(立於通街之東西), 개북향(皆北向)。우설무무(又設武舞), 사립위어동서현외(俟立位於東西懸外)。도무무집아장무사이원(導武舞執牙仗舞師二員), 집독이인(執纛二人), 집기이십인(執器二十人), 내단도이(內單鞀二)、단탁이(單鐸二)、쌍탁이(雙鐸二)、김뇨이(金鐃二)、정이(鉦二)、김순이(金錞二), 집경자사인(執局者四人), 부순이(扶錞二)、상고이(相鼓二)、아고이(雅鼓二), 분립어동서현외

(分立於東西縣外). 무자여문무지수(舞者如文舞之數), 좌수집간(左手執幹), 우수집척(右手執戚), 각분사일(各分四佾), 립어집기지외(立於執器之外). 사문무자외퇴(俟文舞自外退), 칙무무자내진(則武舞自內進), 취립문무지위(就立文舞之位), 유집기자분립어무인지외(惟執器者分立於舞人之外). 문무역퇴어무무사립지위(文舞亦退於武舞俟立之位). 태사령(太史令)、교사령각공복(郊祀令各公服), 솔기속승설호천상제신좌어단상(率其屬升設昊天上帝神座於壇上), 북방(北方), 남향(南向) ; 석이고개(席以槁稭), 가옥좌(加褥座), 치벽어소자(置璧於繅藉), 설폐어비(設幣於篚), 치작준소(置酌尊所). 황지기신좌(皇地祇神座), 단상초동(壇上稍東), 북방(北方), 남향(南向) ; 석이고개(席以槁稭), 가옥좌(加褥座), 치옥어소자(置玉於繅藉), 설폐어비(設幣於篚), 치작존소(置酌尊所). 배위신좌(配位神座), 단상동방(壇上東方), 서향(西向) ; 석이포월(席以蒲越), 가옥좌(加褥座), 치벽어소자(置璧於繅藉), 설폐어비(設幣於篚), 치작존소(置酌尊所). 설오방오제(設五方五帝)、일(日)、월(月)、천황대제(天皇大帝)、북극등구위(北極等九位), 재단지제일등(在壇之第一等) ; 석이완(席以莞), 각설옥폐어신좌전(各設玉幣於神座前). 설내관오십사위어원단제이등(設內官五十四位於圓壇第二等), 설중관일백오십구위어원단제삼등(設中官一百五十九位於圓壇第三等), 설외관일백륙위어내유내(設外官一百六位於內壝內), 설중성삼백륙십위어내유외(設衆星三百六十位於內壝外), 석개이완(席皆以莞), 각설청폐어신좌지수(各設靑幣於神座之首), 개내향(皆內向). 후고결필(候告潔畢), 권철제일등옥폐(權徹第一等玉幣), 지사일추전중설(至祀日醜前重設). 집사자실시어료단(執事者實柴於燎壇), 잉설위거어동서(仍設葦炬於東西). 집거자동서각이인(執炬者東西各二人), 개자복(皆紫服). 봉례랑솔의란국(奉禮郞率儀鸞局), 설헌관이하급제집사관판위(設獻官以下及諸執事官版位), 설삼헌관판위어내유서문지외도남(設三獻官版位於內壝西門之外道南), 동향(東向), 이북위상(以北爲上). 차조전위초각(次助奠位稍卻), 차제일등지제삼등분헌관(次第一等至第三等分獻官), 제사등(第四等)、제오등분전관(第五等分奠官), 차교사령(次郊祀令)、태관령(太官令)、량온령(良醞令)、름희령(廩犧令)、사존뢰(司尊罍), 차교사승(次郊祀丞)、독축관(讀祝官)、거축관(擧祝官)、봉벽관(奉璧官)、봉폐관(奉幣官)、봉작관(奉爵官)、태축(太祝)、관세관(盥洗官)、작세관(爵洗官)、건비관(巾篚官)、축사(祝史)、차재랑(次齋郞), 위어기후(位於其後). 매등이위중행(每等異位重行), 구동향(俱東向), 북상(北上). 섭사도위어내유동문지외도남(攝司徒位於內壝東門之外道南), 여아헌상대(與亞獻相對). 차태상례의사(次太常禮儀使)、광록경(光祿卿)、동지태상례의원사(同知太常禮儀院事)、태사령(太史令)、분헌분전관(分獻分奠官)、첨태상례의원사(僉太常禮儀院事)、공위직도지휘사(拱衛直都指揮使)、태상례의원동첨원판(太常禮儀院同僉院判)、광록승(光祿丞), 위어기남(位於其南), 개서향(皆西向), 북상(北上). 감찰어사이위(監察禦史二位), 일위재내유서문지외도북(一位在內壝西門之外道北), 동향(東向) ; 일위재내유동문지외도북(一位在內壝東門之外道北), 서향(西向). 박사이위(博士二位), 각차어사(各次禦史), 이북위상(以北爲上). 설봉례랑위어단상초남(設奉禮郞位於壇上稍南), 오폐지동(午陛之東), 서향(西向) ; 사존뢰위어존소(司尊罍位於尊所), 북향(北向). 우설망료위어료단지북(又設望燎位於燎壇之北), 남향(南向). 설생방어외유동문지외(設牲榜於外壝東門之外), 초남(稍南), 서향(西向) ; 태축(太祝)、축사위어생후(祝史位於牲後), 구서향(俱西向). 설성생위어생북(設省牲位於牲北), 태상례의사(太常禮儀使)、광록경(光祿卿)、태관령(太官令)、광록승(光祿丞)、태관승위어기북(太官丞位於其北), 태관령이하위개소각(太官令以下位皆少卻). 감제(監祭)、감례위재태상례의사지서(監禮位在太常禮儀使之西), 초각(稍卻), 남향(南向). 름희령위어생서남(廩犧令位於牲西南), 북향(北向). 우설성찬위어생위지북(又設省饌位於牲位之北), 찬전지남(饌殿之南). 태상례의사(太常禮儀使)、광록경승(光祿卿丞)、태관령승위재동(太官令丞位在東), 서향(西向) ; 감제(監祭)、감례위재서(監禮位在西), 동향(東向) ; 구북상(俱北上). 사제국설정배삼위(祠祭局設正配三位), 각좌십유이변(各左十有二籩), 우십유이두(右十有二豆), 구위사행(俱爲四行). 등삼(登三), 형삼(鉶三), 보(簠)、궤각이(簋各二), 재변두간(在籩豆間). 등거신전(登居神前), 형우거전(鉶又居前), 보좌(簠左)、궤우(簋右), 거형전(居鉶前), 개자이석(皆藉以席). 설생수조일(設牲首俎一), 거중(居中) ; 우양시조칠(牛羊豕俎七), 차지(次之). 향안일(香案一), 사지(沙池)、작점각일(爵坫各一), 거조전(居俎前). 축안일(祝案一), 설어신좌지우(設於神座之右). 우설천지이위각태존이(又設天地二位各太尊二)、저존이(著尊二)、희존이(犧尊二)、산뢰이어단상동남(山罍二於壇上東南), 구북향(俱北向), 서상(西上). 우설배위저존이(又設配位著尊二)、희존이(犧尊二)、상존이(象尊二)、산뢰이(山罍二), 재이존소지동(在二尊所之東), 개유점(皆有坫), 가작멱(加勺冪), 유현주유멱무작(惟玄酒有冪無勺), 이북위상(以北爲上). 마동삼기(馬湩三器), 각설어존소지수(各設於尊所之首), 가멱작(加冪

勺)。 우설옥폐비이어존소서(又設玉幣篚二於尊所西), 이북위상(以北爲上)。 우설정위상존이(又設正位象尊二)、 호존이(壺尊二)、 산뢰사어단하오폐지서(山罍四於壇下午陛之西)。 우설지기존뢰(又設地祇尊罍), 여정위동(與正位同), 어오폐지동(於午陛之東), 개북향(皆北向), 서상(西上)。 우설배위희존이(又設配位犧尊二)、 호존이(壺尊二)、 산뢰사재유폐지북(山罍四在酉陛之北), 동향(東向), 북상(北上), 개유점(皆有坫)、 멱(幂), 부가작(不加勺), 설이부작(設而不酌)。 우설제일등구위각좌팔변(又設第一等九位各左八籩), 우팔두(右八豆), 등일(登一), 재변두간(在籩豆間), 보(簠)、 궤각일(簋各一), 재등전(在登前), 조일(俎一), 작(爵)、 점각일(坫各一), 재보(在簠)、 궤전(簋前)。 매위태존이(每位太尊二)、 저존이(著尊二), 어신지좌(於神之左), 개유점(皆有坫), 가작(加勺)、 멱(幂), 사지(沙池)、 옥폐비각일(玉幣篚各一)。 우설제이등제신매위변이(又設第二等諸神每位籩二), 두이(豆二), 보(簠)、 궤각일(簋各一), 등일(登一), 조일(俎一), 어신좌전(於神座前)。 매폐간상존이(每陛間象尊二), 작(爵)、 점(坫)、 사지(沙池)、 폐비각일(幣篚各一), 어신중앙지좌수(於神中央之座首)。 우설제삼등제신(又設第三等諸神), 매위변(每位籩)、 두(豆)、 보(簠)、 궤각일(簋各一), 조일(俎一), 어신좌전(於神座前)。 매폐간설호존일(每陛間設壺尊一), 작존이(爵尊二), 작(爵)、 점(坫)、 사지(沙池)、 폐비각일(幣篚各一), 어신중앙지좌수(於神中央之座首)。 우설내유내제신(又設內壝內諸神), 매위변(每位籩)、 두각일(豆各一), 보(簠)、 궤각일(簋各一), 어신좌전(於神座前)。 매도간개존이(每道間槩尊二), 작(爵)、 점(坫)、 사지(沙池)、 폐비각일(幣篚各一), 어신중앙지좌수(於神中央之座首)。 우설내유외중성삼백륙십위(又設內壝外眾星三百六十位), 매위변(每位籩)、 두(豆)、 보(簠)、 궤(簋)、 조각일(俎各一), 어신좌전(於神座前)。 매도간산존이(每道間散尊二), 작(爵)、 점(坫)、 사지(沙池)、 폐비각일(幣篚各一), 어신중앙지좌전(於神中央之座前)。 자제일등이하(自第一等以下), 개용포작세척흘(皆用匏爵洗滌訖), 치어점상(置於坫上)。 우설정배위각변일(又設正配位各籩一), 두일(豆一), 보일(簠一), 궤일(簋一), 조사(俎四), 급모혈두각일(及毛血豆各一), 생수반일(牲首盤一)。 병제일등신위(並第一等神位), 매위조이(每位俎二), 어찬전내(於饌殿內)。 우설관세(又設盥洗)、 작세어단하(爵洗於壇下), 묘계지동(卯階之東), 북향(北向), 뢰재세동가작(罍在洗東加勺), 비재세서남사(篚在洗西南肆), 실이건(實以巾), 작세지비실이포(爵洗之篚實以匏), 작가점(爵加坫)。 우설제일등분헌관관세(又設第一等分獻官盥洗)、 작세위(爵洗位), 제이등이하분헌관관세위(第二等以下分獻官盥洗位), 각어폐도지좌(各於陛道之左), 뢰재세좌(罍在洗左), 비재세우(篚在洗右), 구내향(俱內向)。 범사존뢰비위(凡司尊罍篚位), 각어기후(各於其後)。

오왈성생기(五曰省牲器), 견친사의(見親祀儀)。 륙왈습의(六曰習儀), 견친사의(見親祀儀)。

칠왈전옥폐(七曰奠玉幣)。 사일추전오각(祀日醜前五刻), 태상경솔기속(太常卿率其屬), 설연촉어신좌사우(設椽燭於神座四隅), 잉명단상하촉(仍明壇上下燭)、 내외신료(內外爎)。 태사령(太史令)、 교사령각복기복승(郊祀令各服其服升), 설호천상제신좌(設昊天上帝神座), 고개(槁稭)、 석욕여전(席褥如前)。 집사자진옥폐어비(執事者陳玉幣於篚), 치어준소(置於尊所)。 예부상서설축판어안(禮部尚書設祝版於案)。 광록경솔기속(光祿卿率其屬), 입실변(入實籩)、 두(豆)、 보(簠)、 궤(簋)。 변사행(籩四行), 이우위상(以右爲上)。 제일행어숙재전(第一行魚鱐在前), 구이(糗餌)、 분자차지(粉餈次之) ; 제이행간조재전(第二行幹棗在前), 간료형염차지(幹橑形鹽次之) ; 제삼행록포재전(第三行鹿脯在前), 진실(榛實)、 간도차지(幹桃次之) ; 제사행릉재전(第四行菱在前), 검(芡)、 률차지(栗次之)。 두사행(豆四行), 이좌위상(以左爲上)。 제일행근저재전(第一行芹菹在前), 순저(筍菹)、 규저차지(葵菹次之)。 제이행청저재전(第二行菁菹在前), 구저(韭菹)、 애식차지(厓食次之)。 제삼행어해재전(第三行魚醢在前), 토해(兔醢)、 돈박차지(豚拍次之)。 제사행록니재전(第四行鹿臡在前), 탐해(醓醢)、 삼식차지(糝食次之)。 보실이도(簠實以稻)、 량(粱), 궤실이서(簋實以黍)、 직(稷), 등실이태갱(登實以太羹)。 량온령솔기속입실존(良醞令率其屬入實尊)、 뢰(罍)。 태존실이범제(太尊實以泛齊), 저준례제(著尊醴齊), 희존앙제(犧尊盎齊), 상존제제(象尊醍齊), 호존침제(壺尊沈齊) ; 산뢰위하존(山罍爲下尊), 실이현주(實以玄酒) ; 기주(其酒), 제개이상례주대지(齊皆以尚醴酒代之)。 태관승설혁낭마동어존소(太官丞設革囊馬湩於尊所)。 사제국이은합저향(祠祭局以銀盒貯香), 동와정설어안(同瓦鼎設於案)。 사향관일원립어단상(司香官一員立於壇上)。 축사이생수반(祝史以牲首盤), 설어단상(設於壇上)。 헌관이하집사관(獻官以下執事官), 각복기복(各服其服), 취차소(就次所), 회어제반막(會於齊班幕)。 공위직도지휘사솔공학(拱衛直都指揮使率控鶴), 각복기복(各服其服), 경집의장(擎執儀仗), 분립어외유내동서(分立於外壝內東西), 제집사위지후(諸執事位之後) ; 공위사역취위(拱衛使亦就位)。 대악령솔공인이무(大樂令率工人二舞), 자남유동편문이차입(自南壝東偏門以次入), 취단상하위(就壇上下位)。봉례랑선입취위(奉禮郎先入就位)。례직관분인감제어사(禮直官分引監祭禦史)、감례박사(監禮博士)、교사령(郊祀令)、태관령(太官令)、량온령(良醞令)、름희령(廩犧令)、사존뢰(司尊罍)、태관승(太官丞)、독축관(讀祝官)、거축관(擧祝官)、봉옥폐관(奉玉幣官)、태축(太祝)、축사(祝史)、봉작관(奉爵官)、관작세관(盥爵洗官)、건비관(巾篚官)、재랑(齋郎), 자남유동편문입(自南壝東偏門入), 취위(就位)。례직관인감제(禮直官引監祭)、감례(監禮), 안시단지상하제기(按視壇之上下祭器), 규찰부여의자(糾察不如儀者)。급기안시야(及其按視也), 태축선철거개멱(太祝先徹去蓋羃), 안시흘(按視訖), 예직관인감제(禮直官引監祭)、감례퇴복위(監禮退復位)。봉례랑찬(奉禮郎贊)「재배(再拜)」, 례직관승전왈(禮直官承傳曰)「배(拜)」, 감제례이하개재배(監祭禮以下皆再拜)。봉례랑찬왈(奉禮郎贊曰)「각취위(各就位)」, 태관령솔재랑이차출예찬전(太官令率齋郎以次出詣饌殿), 사립어남유문외(俟立於南壝門外)。례직관분인삼헌관(禮直官分引三獻官)、사도(司徒)、조전관(助奠官)、태상례의원사(太常禮儀院使)、광록경(光祿卿)、태사령(太史令)、태상례의원동지첨원(太常禮儀院同知僉院)、동첨원판(同僉院判)、광록승(光祿丞), 자남유동편문(自南壝東偏門), 경악현내입취위(經樂縣內入就位)。례직관진태위지좌(禮直官進太尉之左), 찬왈(贊曰)「유사근구(有司謹具), 청행사(請行事)」, 퇴복위(退復位)。궁현악작강신(宮縣樂作降神)《천성지곡(天成之曲)》륙성(六成), 내원종궁삼성(內圜鐘宮三成), 황종각(黃鐘角)、태족징(太簇徵)、고세우각일성(姑洗羽各一成)。문무(文舞)《숭덕지무(崇德之舞)》。초악작(初樂作), 협률랑궤(協律郎跪), 부복거휘흥(俯伏擧麾興), 공고(工鼓), 언휘(偃麾), 알이악지(戛而樂止)。범악작(凡樂作)、악지(樂止), 개방차(皆仿此)。예직관인태상례의원사솔축사(禮直官引太常禮儀院使率祝史), 자묘폐승단(自卯陛升壇), 봉생수강자오폐(奉牲首降自午陛), 유남유정문경궁현내(由南壝正門經宮縣內), 예료단북(詣燎壇北), 남향립(南向立)。축사봉생수승자남폐(祝史奉牲首升自南陛), 치어호내시상(置於戶內柴上)。동서집거자이화료시(東西執炬者以火燎柴), 승연번생수흘(升煙燔牲首訖), 예직관인태상례의원사축사봉반혈(禮直官引太常禮儀院使祝史捧盤血), 예감위예지(詣坎位瘞之)。예직관인태상례의원사(禮直官引太常禮儀院使)、축사(祝史), 각복위(各復位)。봉례랑찬(奉禮郎贊)「재배(再拜)」, 예직관승전왈(禮直官承傳曰)「배(拜)」, 태위이하개재배흘(太尉以下皆再拜訖), 기선배자부배(其先拜者不拜)。집사자취옥폐어비(執事者取玉幣於篚), 립어존소(立於尊所)。예직관인태위예관세위(禮直官引太尉詣盥洗位), 궁현악주황종궁(宮縣樂奏黃鐘宮)《륭성지곡(隆成之曲)》, 지위북향립(至位北向立), 악지(樂止)。진홀(搢笏)、관수(盥手)、세수흘(帨手訖), 집홀예단(執笏詣壇), 승자오폐(升自午陛), 등가악작대려궁(登歌樂作大呂宮)《륭성지곡(隆成之曲)》, 지단상(至壇上), 악지(樂止)。예정위신좌전(詣正位神座前), 북향립(北向立), 궁현악주황종궁(宮縣樂奏黃鐘宮)《흠성지곡(欽成之曲)》, 진홀궤(搢笏跪), 삼상향(三上香)。집사자가벽어폐(執事者加璧於幣), 서향궤(西向跪), 이수태위(以授太尉), 태위수옥폐전어정위신좌전(太尉受玉幣奠於正位神座前), 집홀(執笏), 부복흥(俯伏興), 소퇴립(少退立), 재배흘(再拜訖), 악지(樂止)。차예황지기위(次詣皇地祇位), 전헌여상의(奠獻如上儀)。차예배위신주전(次詣配位神主前), 전폐여상의(奠幣如上儀)。강자오폐(降自午陛), 등가악작여승단지곡(登歌樂作如升壇之曲), 지위악지(至位樂止)。축사봉모혈두(祝史奉毛血豆), 입자남유문예단(入自南壝門詣壇), 승자오폐(升自午陛)。제태축영취어단상(諸太祝迎取於壇上), 구궤전어신좌전(俱跪奠於神座前), 집홀(執笏), 부복흥(俯伏興), 퇴립어존소(退立於尊所)。

지대삼년대사(至大三年大祀), 전옥폐의여전소이(奠玉幣儀與前少異), 금존지(今存之), 이비호고(以備互考)。사일추전오각(祀日醜前五刻), 설단상급제일등신위(設壇上及第一等神位), 진기옥폐급명촉(陳其玉幣及明燭), 실변(實籩)、두(豆)、준(尊)、뢰(罍)。악공각입취위필(樂工各入就位畢), 봉례랑선입취위(奉禮郎先入就位)。례직관분인분헌관(禮直官分引分獻官)、감제어사(監祭禦史)、감례박사(監禮博士)、제집사(諸執事)、태축(太祝)、축사(祝史)、재랑(齋郎), 입자중유동편문(入自中壝東偏門), 당단남중행서상(當壇南重行西上), 북향립정(北向立定)。봉례랑찬왈(奉禮郎贊曰)「재배(再拜)」, 분헌관이하개재배흘(分獻官以下皆再拜訖), 봉례찬왈(奉禮贊曰)「각취위(各就位)」。예직관인자추인묘진사폐도분헌관(禮直官引子醜寅卯辰巳陛道分獻官), 예판위(詣版位), 서향립(西向立), 북상(北上);오미신유술해폐도분헌관(午未申酉戌亥陛道分獻官), 예판위(詣版位), 동향립(東向立), 북상(北上)。예직관분인감제례점시진설(禮直官分引監祭禮點視陳設), 안시단지상하(按視壇之上下), 규찰부여의자(糾察不如儀者), 퇴복위(退復位)。태사령솔재랑출사(太史令率齋郎出俟)。례직관인삼헌관병조전등관입취위(禮直官引三獻官並助奠等

官入就位), 동향립(東向立), 사도서향립(司徒西向立)。 례직관찬왈(禮直官贊曰)「유사근구(有司謹具), 청행사(請行事)」, 강신륙성악지(降神六成樂止)。 태상례의사솔축사이원(太常禮儀使率祝史二員), 봉마수예료단(捧馬首詣燎壇), 승연흘(升煙訖), 복위(復位)。 봉례랑찬왈(奉禮郎贊曰)「재배(再拜), 삼헌(三獻)」, 사도등개재배흘(司徒等皆再拜訖), 봉례랑찬왈(奉禮郎贊曰)「제집사자각취위(諸執事者各就位)」, 립정(立定)。 례직관청초헌관예관세위(禮直官請初獻官詣盥洗位), 악작(樂作), 지위(至位), 악지(樂止)。 관필예단(盥畢詣壇), 악작(樂作), 승자묘폐(升自卯陛), 지단(至壇), 악지(樂止)。 예정위신좌전(詣正位神座前), 북향립(北向立), 악작(樂作), 진홀궤(搢笏跪), 태축가옥어폐(太祝加玉於幣), 서향궤이수초헌(西向跪以授初獻), 초헌수옥폐전흘(初獻受玉幣奠訖), 집홀부복흥(執笏俯伏興), 재배흘(再拜訖), 악지(樂止)。 차예배위신좌전립(次詣配位神座前立), 악작(樂作), 전옥폐여상의(奠玉幣如上儀), 악지(樂止)。 강자묘폐(降自卯陛), 악작(樂作), 복위(復位), 악지(樂止)。 초헌장전정위지폐(初獻將奠正位之幣), 례직관분인제일등분헌관예관세위(禮直官分引第一等分獻官詣盥洗位), 관필(盥畢), 집홀각유기폐승(執笏各由其陛升), 예각신위전(詣各神位前), 진홀궤(搢笏跪), 태축이옥폐수분헌관(太祝以玉幣授分獻官), 전흘(奠訖), 부복흥(俯伏興), 재배흘(再拜訖), 환위(還位)。 초제일등분헌관장승(初第一等分獻官將升), 례직관분인제이등내유내(禮直官分引第二等內壝內)、 내유외분헌관관필(內壝外分獻官盥畢), 관세관구종지작존소립정(盥洗官俱從至酌尊所立定), 각유기폐도예각신수위전전(各由其陛道詣各神首位前奠), 병여상의(並如上儀)。 퇴립작존소(退立酌尊所), 사후종헌작전(伺候終獻作奠), 예각신수위전작전(詣各神首位前酌奠)。 축사봉정위모혈두유오폐승(祝史奉正位毛血豆由午陛升), 배위모혈두유묘폐승(配位毛血豆由卯陛升), 태축영어단상(太祝迎於壇上), 진전어정배위신좌전(進奠於正配位神座前), 태축여축사구퇴어존소(太祝與祝史俱退於尊所)。

팔왈진숙(八曰進熟)。 태위기승전옥폐(太尉旣升奠玉幣), 태관령승솔진찬재랑예주(太官令丞率進饌齋郎詣廚), 이생체설어반(以牲體設於盤), 마우양시록각오반(馬牛羊豕鹿各五盤), 재할체단(宰割體段), 병용국례(並用國禮)。 각대거이행지찬전(各對舉以行至饌殿), 사광록경출실변(俟光祿卿出實籩)、 두(豆)、 보(簠)、 궤(簋)。 변이분자(籩以粉餈), 두이삼식(豆以糝食), 보이량(簠以粱), 궤이직(簋以稷)。 재랑상사원(齋郎上四員), 봉변(奉籩)、 두(豆)、 보(簠)、 궤자전행(簋者前行), 거반자차지(舉盤者次之)。 각봉정배위지찬(各奉正配位之饌), 이서립어남유문지외(以序立於南壝門之外), 사례직관인사도출예찬전(俟禮直官引司徒出詣饌殿), 재랑각봉이서종사도입자남유정문(齋郎各奉以序從司徒入自南壝正門)。 배위지찬(配位之饌), 입자편문(入自偏門)。 궁현악주황종궁(宮縣樂奏黃鍾宮)《녕성지곡(寧成之曲)》, 지단하(至壇下), 사축사진철모혈두흘(俟祝史進徹毛血豆訖), 강자묘폐이출(降自卯陛以出)。 사도인재랑봉정위찬예단(司徒引齋郎奉正位饌詣壇), 승자오폐(升自午陛), 태사령승솔재랑봉배위급제일등지찬(太史令丞率齋郎奉配位及第一等之饌), 승자묘폐(升自卯陛), 립정(立定)。 봉례찬제태축영찬(奉禮贊諸太祝迎饌), 제태축영어단폐지간(諸太祝迎於壇陛之間), 재랑각궤전어신좌전(齋郎各跪奠於神座前)。 설변어구이지전(設籩於糗餌之前), 두어혜해지전(豆於醯醢之前), 보어도전(簠於稻前), 궤어서전(簋於黍前)。 우전생체반어조상(又奠牲體盤於俎上), 재랑출홀(齋郎出笏), 부복흥(俯伏興), 퇴립정(退立定), 악지(樂止)。 례직관인사도강자묘폐(禮直官引司徒降自卯陛), 태관령솔재랑종사도역강자묘폐(太官令率齋郎從司徒亦降自卯陛), 각복위(各復位)。 기제이등지내유외지찬(其第二等至內壝外之饌), 유사진설(有司陳設)。 예직관찬(禮直官贊), 태축진홀(太祝搢笏), 립모저어사지(立茅苴於沙池), 출홀(出笏), 부복흥(俯伏興), 퇴립어본위(退立於本位)。 례직관인태위예관세위(禮直官引太尉詣盥洗位), 궁현악작(宮縣樂作), 주황종궁(奏黃鍾宮)《륭성지곡(隆成之曲)》, 지위북향립(至位北向立), 악지(樂止)。 진홀(搢笏)、 관수(盥手)、 세수흘(帨手訖), 출홀예작세위(出笏詣爵洗位), 북향립(北向立)。 진홀(搢笏), 집사자봉포작이수태위(執事者奉匏爵以授太尉), 태위세작(太尉洗爵)、 식작흘(拭爵訖), 이작수집사자(以爵授執事者)。 태위출홀(太尉出笏), 예단(詣壇), 승자오폐(升自午陛), (일작묘폐(一作卯陛)。) 등가악작(登歌樂作), 주황종궁(奏黃鍾宮)《명성지곡(明成之曲)》, 지단상(至壇上), 악지(樂止)。 예작준소(詣酌尊所), 서향립(西向立), 진홀(搢笏), 집사자이작수태위(執事者以爵授太尉), 태위집작(太尉執爵), 사존뢰거멱(司尊罍舉冪), 랑온령작태존지범제(良醞令酌太尊之泛齊), 범거멱(凡舉冪)、 작주(酌酒), 개궤(皆跪)。 이작수집사자(以爵授執事者)。 태위출홀(太尉出笏), 예정위신좌전(詣正位神座前), 북향립(北向立), 궁현악작(宮縣樂作), 주황종궁(奏黃鍾宮)《명성지곡(明成之曲)》, 문무(文舞)《숭덕지무(崇德之舞)》。 태위진홀궤(太尉搢笏跪), 삼상향(三上香)。 집사자이작수태위(執事者以爵授太尉), 태위집작삼제주어(太尉執爵三祭酒於

모저(太尉執爵三祭酒於茅苴), 이작수집사자(以爵授執事者), 집사자봉작퇴(執事者奉爵退), 예존소(詣尊所)。태관승경마동어작(太官丞傾馬湩於爵), 궤수태위(跪授太尉), 역삼제어모저(亦三祭於茅苴), 복이작수집사자(復以爵授執事者), 집사자수허작이흥(執事者受虛爵以興)。태위출홀(太尉出笏), 부복흥(俯伏興), 소퇴(少退), 북향립(北向立), 악지(樂止)。거축관진홀궤(舉祝官搢笏跪), 대거축판(對舉祝版), 독축관진홀궤(讀祝官搢笏跪), 독축문(讀祝文)。독홀(讀訖), 거축관전판어안(舉祝官奠版於案), 출홀흥(出笏興), 독축관출홀(讀祝官出笏), 부복흥(俯伏興), 궁현악주여전곡(宮縣樂奏如前曲)。거축(舉祝)、독축관구선예황지기위전(讀祝官俱先詣皇地祇位前), 북향립(北向立)。태위재배흘(太尉再拜訖), 악지(樂止)。차예황지기위(次詣皇地祇位), 병여상의(並如上儀), 유악주대려궁(惟樂奏大呂宮)。차예배위(次詣配位), 병여상의(並如上儀), 유악주황종궁(惟樂奏黃鐘宮)。강자오폐(降自午陛), （일작묘폐(一作卯陛)。）등가악작여전강신지곡(登歌樂作如前降神之曲), 지위(至位), 악지(樂止)。독축(讀祝)、거축관강자묘폐(舉祝官降自卯陛), 복위(復位)。문무퇴(文舞退), 무무진(武舞進), 궁현악작(宮縣樂作), 주황종궁(奏黃鐘宮)《화성지곡(和成之曲)》, 립정(立定), 악지(樂止)。례직관인아헌관예관세위(禮直官引亞獻官詣盥洗位), 북향립(北向立)。진홀(搢笏)、관수(盥手)、세수흘(帨手訖), 출홀예작세위(出笏詣爵洗位), 북향립(北向立)。진홀(搢笏)、집작(執爵)、세작(洗爵)、식작(拭爵), 이작수집사자(以爵授執事者)。출홀예단(出笏詣壇), 승자묘폐(升自卯陛), 지단상작존소(至壇上酌尊所), 동향(東向)（일작서향(一作西向)。）립(立)。진홀수작집작(搢笏授爵執爵), 사존뢰거멱(司尊罍舉羃), 량온령작저존지례제(良醞令酌著尊之醴齊), 이작수집사자(以爵授執事者)。출홀(出笏), 예정위신좌전(詣正位神座前), 북향립(北向立)。궁현악주황종궁(宮縣樂奏黃鐘宮)《희성지곡(熙成之曲)》, 무무(武舞)《정공지무(定功之舞)》。진홀궤(搢笏跪), 삼상향(三上香), 수작집작(授爵執爵), 삼제주어모저(三祭酒於茅苴), 복제마동여전의(復祭馬湩如前儀), 이작수집사자(以爵授執事者)。출홀(出笏), 부복흥(俯伏興), 소퇴립(少退立), 재배흘(再拜訖), 차예황지기위(次詣皇地祇位)、배위(配位), 병여상의흘(並如上儀訖), 악지(樂止), 강자묘폐(降自卯陛), 복위(復位)。예직관인종헌관예관세위(禮直官引終獻官詣盥洗位), 관수(盥手)、세수흘(帨手訖), 예작세위(詣爵洗位), 수작집작(授爵執爵), 세작식작(洗爵拭爵), 이작수집사자(以爵授執事者)。출홀(出笏), 승자묘폐(升自卯陛), 지작준소(至酌尊所), 진홀수작집작(搢笏授爵執爵), 양온령작희존지앙제(良醞令酌犧尊之盎齊), 이작수집사자(以爵授執事者)。출홀(出笏), 예정위신좌전(詣正位神座前), 북향립(北向立)。궁현악작(宮縣樂作), 주황종궁(奏黃鐘宮)《희성지곡(熙成之曲)》, 무무(武舞)《정공지무(定功之舞)》。상향(上香)、제주(祭酒)、마동(馬湩), 병여아헌지의(並如亞獻之儀), 강자묘폐(降自卯陛)。초종헌장승단시(初終獻將升壇時), 례직관분인제일등분헌관예관세위(禮直官分引第一等分獻官詣盥洗位), 진홀(搢笏)、관수(盥手)、세수(帨手)、척작(滌爵)、식작흘(拭爵訖), 이작수집사자(以爵授執事者)。출홀(出笏), 각유기폐예작존소(各由其陛詣酌尊所), 진홀(搢笏), 집사자이작수분헌관(執事者以爵授分獻官), 집작(執爵), 작태존지범제(酌太尊之泛齊), 이작수집사자(以爵授執事者)。각예제신위전(各詣諸神位前), 진홀궤(搢笏跪), 삼상향(三上香)、삼제주흘(三祭酒訖), 출홀(出笏), 부복흥(俯伏興), 소퇴(少退), 재배흥(再拜興), 강복위(降復位)。제일등분헌관장승단시(第一等分獻官將升壇時), 례직관인제이등(禮直官引第二等)、제삼등(第三等)、내유내(內壝內)、내유외중성위분헌관(內壝外衆星位分獻官), 각예관세위(各詣盥洗位), 진홀(搢笏)、관수(盥手)、세수(帨手), 작전여상의흘(酌奠如上儀訖), 례직관각인헌관복위(禮直官各引獻官復位), 제집사자개퇴복위(諸執事者皆退復位)。례직관찬태축철변두(禮直官贊太祝徹籩豆)。등가악작대려궁(登歌樂作大呂宮)《녕성지곡(寧成之曲)》, 태축궤이변두각일소이고처(太祝跪以籩豆各一少移故處), 졸철(卒徹), 출홀(出笏), 부복흥(俯伏興), 악지(樂止)。봉례랑찬왈(奉禮郞贊曰)「사조(賜胙)」, 중관재배(衆官再拜), 예직관승전왈(禮直官承傳曰)「배(拜)」, 재위자개재배(在位者皆再拜), 평(平), 립정(立定)。송신궁현악작(送神宮縣樂作), 주원종궁(奏圜鐘宮)《천성지곡(天成之曲)》일성지(一成止)。

구왈망료(九曰望燎)。예직관인태위(禮直官引太尉), 아헌조전일원(亞獻助奠一員), 태상례의원사(太常禮儀院使), 감제(監祭)、감례각일원등(監禮各一員等), 예망료위(詣望燎位)。우인사도(又引司徒), 종헌조전(終獻助奠)、감제(監祭)、감례각일원(監禮各一員), 급태상례의원사등관(及太常禮儀院使等官), 예망예위(詣望瘞位)。악작(樂作), 주황종궁(奏黃鐘宮)《륭성지곡(隆成之曲)》, 지위(至位), 남향립(南向立), 악지(樂止)。상하제집사각집비진신좌전(上下諸執事各執篚進神座前), 취번옥급폐축판(取燔玉及幣祝版)。일월이상(日月已上), 재랑이조재생체서직(齋

郎以俎載牲體黍稷), 각유기폐강(各由其陛降), 남행(南行), 경궁현악(經宮縣樂), 출동(出東), 예료단(詣燎壇). 승자남폐(升自南陛), 이옥폐(以玉幣)、축판(祝版)、찬식치어시상호내(饌食致於柴上戶內). 제집사우이내관이하지례폐(諸執事又以內官以下之禮幣), 개종료(皆從燎). 례직관찬왈(禮直官贊曰)「가료(可燎)」, 동서집거자이거료화반시(東西執炬者以炬燎火半柴). 집사자역이지기지옥폐(執事者亦以地祇之玉幣)、축판(祝版)、생체(牲體)、서직예예감(黍稷詣瘞坎). 분예필(焚瘞畢), 예직관인태위이하관이차유남유동편문출(禮直官引太尉以下官以次由南壝東偏門出), 례직관인감제(禮直官引監祭)、감례(監禮)、봉옥폐관(奉玉幣官)、태축(太祝)、축사(祝史)、재랑구복단남(齋郎俱復壇南), 북향립(北向立). 봉례랑찬왈(奉禮郎贊曰)「재배(再拜)」, 예직관승전왈(禮直官承傳曰)「배(拜)」, 감제(監祭)、감례이하개재배흘(監禮以下皆再拜訖), 각퇴출(各退出). 태악령솔공인이무이차출(太樂令率工人二舞以次出). 례직관인태위이하제집사관지제반막전립(禮直官引太尉以下諸執事官至齊班幕前立), 례직관찬왈(禮直官贊曰)「례필(禮畢)」, 중관원읍필(眾官員揖畢), 각퇴어차(各退於次). 태위등관(太尉等官)、태상례의원사(太常禮儀院使)、감제(監祭)、감례전시조육주례(監禮展視胙肉酒醴), 봉진궐정(奉進闕庭), 여관각퇴(余官各退).

제고삼헌의(祭告三獻儀), 대덕십일년소정(大德十一年所定). 고전삼일(告前三日), 삼헌관(三獻官)、제집사관구공복부중서성수서계(諸執事官具公服赴中書省受誓戒). 전일일미정이각(前一日未正二刻), 성생기(省牲器). 고일질명(告日質明), 삼헌관이하제집사관각구법복(三獻官以下諸執事官各具法服). 예직관인감제례이하제집사관(禮直官引監祭禮以下諸執事官), 선입취위(先入就位), 입정(立定). 감제례점시진설필(監祭禮點視陳設畢), 복위(復位), 립정(立定). 태관령솔재랑출(太官令率齋郎出), 예직관인삼헌사도(禮直官引三獻司徒)、태상례의원사(太常禮儀院使)、광록경입취위(光祿卿入就位), 립정(立定). 예직관찬왈(禮直官贊曰)「유사근구(有司謹具), 청행사(請行事)」, 강신악작륙성지(降神樂作六成止). 태상례의원사번생수(太常禮儀院使燔牲首), 복위(復位), 입정(立定). 봉례찬삼헌이하개재배(奉禮贊三獻以下皆再拜), 취위(就位). 예직관인초헌예관세위(禮直官引初獻詣盥洗位), 관수흘(盥手訖), 승단예호천상제위전(升壇詣昊天上帝位前), 북향립(北向立). 진홀궤(搢笏跪), 삼상향(三上香), 전옥폐(奠玉幣), 출홀(出笏), 부복흥(俯伏興), 재배흘(再拜訖), 강복위(降復位). 예직관인초헌예관세위(禮直官引初獻詣盥洗位), 관수흘(盥手訖), 예작세위(詣爵洗位), 세식작흘(洗拭爵訖), 예주준소(詣酒尊所), 작주흘(酌酒訖), 청예호천상제신위전(請詣昊天上帝神位前), 북향(北向), 진홀궤(搢笏跪), 삼상향(三上香), 집작삼제주어모저(執爵三祭酒於茅苴), 출홀(出笏), 부복흥(俯伏興), 사독축흘(俟讀祝訖), 재배(再拜), 평립(平立). 청예황지기주존소(請詣皇地祇酒尊所), 작헌병여상의(酌獻並如上儀), 구필(俱畢), 복위(復位). 예직관인아헌(禮直官引亞獻), 병여초헌지의(並如初獻之儀), 유부독축(惟不讀祝), 강복위(降復位). 례직관인종헌(禮直官引終獻), 병여아헌지의(並如亞獻之儀), 강복위(降復位). 봉례찬(奉禮贊)「사조(賜胙)」, 중관재배(眾官再拜), 재위자개재배(在位者皆再拜). 례직관인삼헌사도(禮直官引三獻司徒)、태상경(太常卿)、광록경(光祿卿)、감제(監祭)、감례등관청예망료위(監禮等官請詣望燎位), 남향립정(南向立定), 사료옥폐축판(俟燎玉幣祝版). 예직관찬(禮直官贊)「가료(可燎)」, 례필(禮畢).

제고일헌의(祭告一獻儀), 지원십이년소정(至元十二年所定). 고전이일(告前二日), 교사령소제단유내외(郊祀令掃除壇壝內外), 한림국사원학사찬사축문(翰林國史院學士撰寫祝文). 전일일(前一日), 고관등각공복봉축판(告官等各公服捧祝版), 진청어서흘(進請禦署訖), 동어향상존주여상의(同禦香上尊酒如常儀), 영지사소재숙(迎至祠所齋宿). 고일질명전삼각(告日質明前三刻), 례직관인교사령솔기속예단(禮直官引郊祀令率其屬詣壇), 포연진설여의(鋪筵陳設如儀). 례직관이원인고관등각구자복(禮直官二員引告官等各具紫服), 이차취위(以次就位), 동향립정(東向立定). 례직관초전왈(禮直官稍前曰)「유사근구(有司謹具), 청행사(請行事)」, 찬자왈(贊者曰)「국궁(鞠躬)」, 왈(曰)「배(拜)」, 왈(曰)「흥(興)」, 왈(曰)「배(拜)」, 왈(曰)「흥(興)」, 왈(曰)「평신(平身)」. 례직관선인집사관각취위(禮直官先引執事官各就位), 차예고관전왈(次詣告官前曰)「청예관작세위(請詣盥爵洗位)」. 지위(至位), 북향립(北向立), 왈(曰)「진홀(搢笏)」, 왈(曰)「관수(盥手)」, 왈(曰)「세수(帨手)」, 왈(曰)「세작(洗爵)」, 왈(曰)「식작(拭爵)」, 왈(曰)「출홀(出笏)」, 왈(曰)「예주준소(詣酒尊所)」, 왈(曰)「진홀(搢笏)」, 왈(曰)「집작(執爵)」, 왈(曰)「사준자거멱(司尊者舉冪)」, 왈(曰)「작주(酌酒)」. 양온령작주(良醞令酌酒), 왈(曰)「이작수집사자(以爵授執事者)」, 고관이작수집사자(告官以爵授執事者). 왈(曰)「출홀(出

笏)」, 왈(曰)「예호천상제(詣昊天上帝)、황지기신위전(皇地祇神位前), 북향립(北向立)」, 왈(曰)「초전(稍前)」, 왈(曰)「진홀(搢笏)」, 왈(曰)「궤(跪)」, 왈(曰)「상향(上香)」, 왈(曰)「상향(上香)」, 왈(曰)「삼상향(三上香)」, 왈(曰)「제주(祭酒)」, 왈(曰)「제주(祭酒)」, 왈(曰)「삼제주(三祭酒)」, 왈(曰)「이작수봉작관(以爵授捧爵官)」, 왈(曰)「출홀(出笏)」, 왈(曰)「부복흥(俯伏興)」, 왈(曰)「거축관궤(擧祝官跪)」, 왈(曰)「거축(擧祝)」, 왈(曰)「독축관궤(讀祝官跪)」, 왈(曰)「독축(讀祝)」. 독흘(讀訖), 왈(曰)「거축관전축판어안(擧祝官奠祝版於案)」, 왈(曰)「부복흥(俯伏興)」. 고관재배(告官再拜), 왈(曰)「국궁(鞠躬)」, 왈(曰)「배(拜)」, 왈(曰)「흥(興)」, 왈(曰)「배(拜)」, 왈(曰)「흥(興)」, 왈(曰)「평신(平身)」, 인고관이하강복위(引告官以下降復位). 례직관찬왈(禮直官贊曰)「재배(再拜)」, 왈(曰)「국궁(鞠躬)」, 왈(曰)「배(拜)」, 왈(曰)「흥(興)」, 왈(曰)「배(拜)」, 왈(曰)「흥(興)」, 왈(曰)「평신(平身)」, 왈(曰)「예망료위(詣望燎位)」, 번축판반료(燔祝版半燎), 고관이하개퇴(告官以下皆退). 기예지감어제소임지(其瘞之坎於祭所壬地), 방심족이용물(方深足以容物).

부 록(附錄) 자작(自作)

◆유학(儒學)

⊙**儒學(유학)**; 유가(儒家)의 학문(學問)을 유학(儒學)이라 하는데 공부자(孔夫子)를 종사(宗師)로 삼고 그 학문(學文)을 배우는 학파지학(學派之學)으로 서경(書經), 시경(詩經), 주역(周易), 춘추(春秋), 예(禮), 악(樂), 시서(詩書)·육예(六藝; 禮, 樂, 射, 御, 書, 數) 등과 이를 근거한 후학(後學)들이 남긴 학문의 총체(總體).

●史記五宗世家;孝景帝前二年用皇子爲河間王好儒學被服造次必於儒者山東諸儒多從之游二十六年卒(辭註)儒學儒家之學
●漢書藝文志諸子略稱;儒家者流(云云)游文於六經之中留意於仁義之際祖述堯舜憲章文武宗師仲尼以重其言於道最爲高(註)儒家謂孔子爲宗師的學波
●續文獻通考學校四;凡儒師之命於朝廷者曰敎授路府上州置之;命於禮部及行省與宣慰司者曰學正山長學錄敎諭州縣及書院置之
●春秋左傳哀公;傳曰二十一年秋八月魯人之臯數年不覺使我高蹈唯其儒書以爲二國憂是行也(註)儒書爲儒經籍
●墨子非儒下; 今孔丘之行如此儒士則可以疑矣
●論衡超奇; 故能說一經者爲儒生博覽古今者爲通人(云云)故儒生過俗人通人勝儒生
●史記九十七酈生陸賈列傳; 沛公敬謝先生方以天下爲事未暇見儒人也(註)孺人儒士

○儒家란; 孔夫子의 學說을 신봉하는 學派의 이름이요.
○儒學이란; 儒家의 學問의 이름이요.
○儒者란; 儒士 또는 儒生과 같은 의미로서 儒道(儒學)를 닦는 사람의 이름이요.
○儒林이란; 儒家의 學者들의 이름이다
●漢書藝文志儒家(諸子略稱)者流(云云)游文於六經之中留意於仁義之際祖述堯舜憲章文武宗師仲尼以重其言於道最爲高
●辭源人部十四畫[儒家]秦漢以孔子爲宗師的學波
●史記五宗世家河間獻王德條以孝景帝前二年用皇子爲河間王好儒學被服造次必於儒者
●辭源辭源人部十四畫[儒學]儒家之學
●荀子全書儒效篇孫卿子曰儒者法先王隆禮義謹乎臣子而致貴其上者也○又儒者在本朝則美政在下位則美俗儒之爲人下如是矣王曰然則其爲人上何如孫卿曰其爲人上也
●史記儒林列傳正義曰姚承云儒謂博士爲儒雅之林
●辭源人部十四畫[儒林]儒者之群

儒學은 한글 깨우치듯 단순한 글이 아니다. 漢文의 글자를 어지간히 깨우쳤다 하여도 한글의 ㄱ ㄴ ㄷ ㄹ…, ㅏ ㅑ ㅓ ㅕ… 등 자모음 깨우친 정도에 불과하고 이 자모음을 완전히 이해한 뒤라야 이를 조합 글자를 형성 그 의미를 이해되고 글자가 이해된 후라야 단어를 읽게 되고 단어의 뜻을 辭典에서 찾아 이해되어야 비로소 문장이 이해되어 각종 서적을 읽고 그 의미를 파악하게 되는데 이와 같이 表音文字인 한글도 이러할진대, 表意文字인 漢文에 이르러서야 더 무슨 설명이 필요하겠는가?

儒學이라는 학문이 國語學의 수준이라면 무엇 때문에 지난날 학교교육에서 漢文科目을 배제 문맹을 다수로 양산시켜 놓았을 뿐이잔은가.

그 결과로 내나라 말인 漢字單語를 비롯 역사는 물론 자기 家門의 族譜까지 이해하지 못하는 등등 漢字로 이뤄진 글은 제도교육의 최고 학부를 마쳤다 하여도 일부 학과를 제외하고는 유능한 儒者의 번역이 아니고는 한 행도 완벽하게 이해될 수 없는 지경에 이른 것 아니겠는가?.

儒學의 익힘은 經傳 즉 六經(詩 書 禮 樂 易 春秋)과 그에 따른 傳(註疏書)으로 완벽히 익힘이 학문을 하는 법도로서 먼저 원서(原書)를 독파 후 註疏書로 마무리 되어야 欠缺 없는 학문이 되어 오류(誤謬)를 최소화하여 학문을 논하게 되는데 더러 傳(註疏)이 무엇인지도 미처 깨우치지도 못한 이들이 유학(儒學)을 논하다 보니 오류(誤謬)인지도 알지 못하고 마구 운운하고 있어 안타까운 노릇이다.

●晉書宣帝紀;少有奇節聰朗多大略博學洽聞伏膺儒敎
●梁書儒林傳序;魏晉浮蕩儒敎淪歇風節罔樹抑此之由
●文心雕龍奏启;必使理有典刑辭有風軌總法家之式秉儒家之文
●荀子道若夫志以禮安言以類使則儒道畢矣雖舜不能加毫末于是矣
●三國志魏志鍾會傳;弼好論儒道辭才逸辯注易及老子爲尙書郞年二十餘卒
●黃石公三略上略;故主察異言乃覩其萌主聘儒賢姦雄乃遜
●史記老子韓非列傳;世之學老子者絀儒學儒學亦絀老子
●旌儒廟碑;昔秦滅義軒之制廢唐虞之則大搜學徒竭索儒黨
●公羊傳定公元年正月主人習其讀而問其傳註讀謂經謂訓詁主人謂定公言疏曰解云傳者謂問其夫子口授之傳解詁之義矣
●史記太史公自序篇夫儒者以六藝爲法六藝經傳以千萬數累世不能通其學當年不能究其禮
●淪文章源流;於一一音有一一說不達註釋可以達用
●辭源八部二畫[六][六藝]漢以後指儒家的六經
●莊子天運篇丘治詩書禮樂易春秋六經
●居家雜儀十歲男子出就外傳居宿於外讀詩禮傳爲之講解使知仁義禮智信
●文藝論集王陽明禮贊;儒家的精神孔子的精神透過后代注疏的凸凹鏡后是已經歪變了的
●古文尙書林同郡賈逵爲之作訓馬融作傳鄭玄注解由是古文尙書逐顯於世
●晉書禮志摯虞表;喪服一卷多不盈握……喪服本文省略必待注解事義乃彰
●後漢書卷之七十九楊倫傳; 扶風杜林傳古文尙書林同郡賈逵爲之作訓馬融作傳鄭玄注解由是古文尙書遂顯于世
●宋史列傳八十六王安石傳先儒傳註一切廢不用黜春秋之書
●世說新語文學中初注莊子者數十家莫能究其旨要向秀
●後漢書律曆下班示文章重黎記註
●鏡花綠第九十三回; 不是博雅方言的別名就是山海經拾遺記的冷名先要註解豈能雅俗共賞
●後山談叢卷一蓋擧子專誦王氏章句而不解義正如學究誦註疏爾
●辭源氵部五畫[注]解釋性文辭稱注古之作注者曰注傳章句述箋略解解詁集解注後通稱爲注如儀禮首題稱鄭氏注
●嘯亭雜錄純廟博雅;每一詩出令儒臣註釋不得原委者許歸家涉獵
●明史顧鼎臣傳;進講范浚心箴敷陳剴切帝說乃自爲註釋而鼎臣特受眷
●字彙疋部七畫[疏]音梳記注也
●柳冕(字敬叔 唐 河東人)曰不能誦疏與注一切棄之
●朱四子抄釋卷一讀書須是將本文熟讀且咀嚼有味若有理會不得處然後將註解看方是有益

◆의례문답(疑禮問答)과 유학과의 상대성 약론.

아무리 살펴보아도 성균관 疑禮問答 창의 기능은 標題대로 삶에서 의심 나는 예법(儒學) 중 질문의 글을 남겨놓으면 그 질문의 바탕이 유학에서 빚어진 질의이니 유학에서 가장 합당한 답을 찾아 제시하여 줌으로서 問答의 기능을 마칠 뿐이지 질문자에게 세속에서 이미 변질된 예법을 답으로 일러줘 변질을 가속화시키는데 기여하자 개설하였다고 볼 수 없다. 그렇게 보는 이유는 標題를 지을 때 이미 疑禮에 대하여 묻고 답한다는 의제설정이 되어 있다.

따라서 이 창의 기능은 단지 의문을 해소시켜 줄뿐이다. 까닭에 이 창(疑禮問答)의 생명은 어찌하면 질문에 최대로 적중한 답을 제시할 것인가가 답변자가 고민하여야 할 과제일 따름이다.고로 성균관 임직원들을 비롯 관련인들은 상하 모두는 본의든 타의든 "유학을 주관하여 가르치고 타이를 책임을 맡고 있다"는 사실을 한시도 잊어서는 아니 된다.

굼벵이는 환경이 썩어야만 생명이 유지되고 儒者는 儒學이 번창하여야만 생명이 유지된다. 그러하건대 儒者가 儒學을 論하지 않고 무엇을 논하겠는가.

교회를 가보시라. 마태복음 제 1 장인 2015 년 전 알지도 못하는 이스라엘 민족 중 한 사람인 예수

그리스도의 시조 아브라함으로 부더 다윗까지 14 대 다윗으로부터 바벨론으로 사로 잡혀갈 때까지 14 대 바벨론으로 사로잡혀간 뒤로부터 요셉이 마리아에게 잉태시켜 낳은 그리스도까지 14 대 합 52 대를 제 친 조상 대수는 알지 못하면거도 줄줄 외우고 있지 않은가.

성균관을 비롯 향교들의 문묘에 누가 봉안 되었길래 매년 춘추상정일에 머리를 조아리며 제향을 올리고 있는가. 선성 성현 등 공부자를 비롯하여 배향된 성현들의 가르침을 잊지않고 따르겠노라 다짐하는 자리가 아니겠는가. 성균관이란 교회와 마찬가지로 교주를 하늘과 같이 떠받들고 그 가르침대로 살겠노라 다짐하는 교당이다.

유자는 감히 교리에 역행하는 삶을 살지 않기 위하여 어제를 뒤돌아보고 내일을 약속하는 오늘이 되기를 다짐하는 자라야 한다.

선성과 성현들께서 정하여준 법도대로 살며 내 부모와 이미 가신 제 조상을 섬기겠다는 유교가 기독교보다 쌔일 것이 무엇이 있겠는가.

●漢書藝文志儒家者流(中略)游文於六經之中留意於仁義之際祖述堯舜憲章文武宗師仲尼
●史記游俠傳魯朱家條魯朱家者與高祖同時魯人皆以儒敎而朱家用俠聞
●晉書宣帝紀伏膺儒敎漢末大亂常慨然有憂天下心
●梁書儒林傳序魏晉浮蕩儒敎淪歇風節罔樹抑此之由
●文心雕龍秦启必使理有典刑辭有風軌總法家之式秉儒家之文
●辭源儒敎後稱孔孟之道爲儒敎也叫孔敎註指以儒家學說敎人
●氣測體義推師道測君道條凡天下之敎有四自中南東三印度而緬甸暹羅而西藏而靑海漠南北蒙古皆佛敎自西印度之包社阿丹而西之利未亞洲而東之蔥嶺左右哈薩克布魯特諸游牧而天山南路諸城郭皆天方敎自大西洋之歐邏巴各國外大西洋之彌利堅各國皆天主敎與中國安南朝鮮日本之儒敎
●朝鮮儒敎淵源吾東與齊魯來往頻繁則孔氏之徒爲傳道而來至新羅高句麗百濟之代始尙神敎自佛敎傳人釋敎盛行孔子之敎(下略)註按薛聰乃高僧元曉之子也元曉以佛敎之祖師稱其所著金剛論等書皆傳之至今薛聰以儒敎爲世前宗(云云)
●高麗史節要成宗文懿大王壬午元年六月條行釋敎者修身之本行儒敎者理國之源修身是來生之資理國乃今日之務今日至近來生至遠舍近求遠不亦謬乎
●甌北詩(趙翼五言古三書孔敎所到處無不有佛敎佛敎所到處孔敎或不到
●史記五宗世家河間獻王德好儒學被服造次必於儒者
●後漢書方術傳上李郃父頡以儒學稱官至博士註儒學爲儒家之學
●論衡超奇篇故夫能說一經者爲儒生博覽古今者爲通人
●列子周穆王魯有儒生自媒能治之
●墨子非儒下今孔某之行如此儒士則可以疑矣
●尙書序漢室能興開設學校旁求儒雅以闡大猷(註)儒雅博學的儒士
●續文獻通考學校四凡儒師之命於朝廷者曰敎授路府上州置之命於禮部及行省與宣慰司者曰學正山長學錄敎諭州縣及書院置之
●坊記夫禮者所以章疑別微(孔穎達疏)疑謂是非不決
●周易繫辭上;以定天下之業以斷天下之疑
●論語爲政道之以德齊之以禮有恥且格(註)禮謂制度品節也格至也
●左傳襄公十二年齊侯問對於晏桓子桓子對曰先王之禮辭有之(辭源注)問對謂一問一答
●莊子知北游; 若何思何慮則知道何處何服則安道何從何道則得道三問而無爲謂不答也非不答不知答也
●經國大典正三品衙門成均館條掌儒學敎誨之任

◆성균관.

현재의 成均館은 孔夫子를 섬기고, 儒學을 가르치는 곳이다.

●經國大典成均館掌儒學敎誨之任
●公羊傳定公元年正月主人習其讀而問其傳註讀謂經傳謂訓詁主人謂定公言疏曰解云傳者謂問其夫子口授之傳解詁之義矣
●史記太史公自序篇夫儒者以六藝爲法六藝經傳以千萬數累世不能通其學當年不能究其禮
●莊子天運篇丘治詩書禮樂易春秋六經
●居家雜儀十歲男子出就外傳居宿於外讀詩禮傳爲之講解使知仁義禮智信
●世說新語文學中初注莊子者數十家莫能究其旨要向秀
●嘯亭雜錄李恭勤公告日元日俗例上司屬員雖不接見亦必肩輿到門道有遠近必日昃始歸徒苦傔從無盆也
●浮生六記坎坷記愁邗江俗例設酒肴于死者之室一家盡出謂之避眚以故有因避被竊者
●默觚下治篇一工騷墨之士以農桑爲俗務而不知俗學之病人更甚于俗吏

●莊子繕性繕性於俗學以求復其初滑欲於俗思以求致其明謂之蔽蒙之民

●李蘇軾送人序士之不能自成其患在於俗學俗學之患枉人之材窒人之耳目

●漢書元帝紀且俗儒不達時宜好是古非今使人眩於名實不知所守何足委任

●荀子儒效隨其長子事其便辟舉其上客億然若終身之虜而不敢有他志是俗儒者也

●兒女英雄傳第二十八回親家太太可恕我不能拘那俗禮兒等擺果子了

●墨子非儒下今孔某之行如此儒士則可以疑矣

●抱朴子審舉兵興之世武貴文寢俗人視儒士如僕虜見經誥如芥壤

●後漢書文苑傳下劉梁乃更大作講舍延聚生徒數百人朝夕自往勸誠自執經卷試策殿最儒化大行

●梁劉峻辨命論璡則關西孔子通涉六經循循善誘服膺儒行

●陳書儒林傳沈不害至是國學未立不害上書曰宜其弘振禮樂建立庠序式稽古典紆迹儒宮選公卿門子皆入于學

●漢書藝文志儒家者流(中畧)游文於六經之中留意於仁義之際祖述堯舜憲章文武宗師仲尼

●文心雕龍奏启必使理有典刑辭有風軌總法家之式秉儒家之文

●後漢書章帝紀朕咨訪儒雅稽之典籍以爲王者生殺宜順時氣

●荀子道若夫志以禮安言以類使則儒道畢矣雖舜不能加毫末于是矣

●南史儒林傳論當天監之際時主方崇儒業如崔嚴何伏之徒前後互見升寵

●黃石公三略上略故主察異言乃覩其萌主聘儒賢姦雄乃遯

●史記老子韓非列傳世之學老子者紬儒學儒學亦紬老子

●賈至旌儒廟碑昔秦滅羲軒之制廢唐虞之則大搜學徒竭索儒黨

●双珠記軍門优恤幼忝爲儒黨苦寒窗靑藜汗簡未嘗斯放

●國語周上;宣王欲得國子之能導訓諸侯者

●漢書禮樂志上;國子者卿大夫之子弟也

●周禮地官師氏;以三德敎國子鄭玄注國子公卿大夫之子弟

●周禮春官樂師;掌國學之政以敎國子小舞

●晉書職官志;及咸寧四年武帝初立國子學定置國子祭酒博士各一人助敎十五人以敎生徒

●周禮春官宗伯;大司樂掌成均之法以治建國之學政而合國之子弟焉注鄭玄謂薰仲舒云成均五帝之學

●禮記文王世子;三而一有焉乃進其等以其序謂之郊人遠之於成均以及取爵於上尊也鄭玄注薰仲舒曰五帝名大學曰成均

●新唐書百官志三;垂拱元年改國子監曰成均監○[國子監]掌儒學訓導之政總國子太學廣文四門律書算凡七學

●東典考官職成均館;新羅國學大學監(備考)高麗國子監改國學成均館尋改監爲館(上仝)太祖仍置成均館掌儒生敎誨之任用文官其屬正錄廳附焉(上仝)

●春官通考吉禮成均館;太祖六年丁丑建成均館于文廟傍○世祖二年丁丑敎曰成均館養育人才予承大亂之後庶務紛糾未暇興學育才今後每月季錄書生所讀書以聞予將親講焉又以諸生難得書籍命梁誠之錄藝文館所藏書籍以次刊行

●太學志建置古者有國未嘗不建學(云云)周禮大司樂掌成均之法以治建國之學(云云)諸侯王卿相至郡先廟謁而後從政所以垂統致治而基宏大之業也(云云)建都之初先相學址以立先聖之廟(云云)國初建學始作建置第一

●論衡問孔論者皆云孔門之徒七十子之才勝今之儒

●揚雄太玄羡孔道夷如蹊路微如大輿之憂范望注大道平易舍而不從而從蹊徑故爲憂也

●大學衍義補釋奠先師之禮條隋制國子學每歲四仲月上丁釋奠于先聖先師州縣學則以春秋仲月釋奠

●文王世子三而一有焉乃進其等以其序謂之郊人遠之於成均以及取爵於上尊也(鄭玄注)董仲舒曰五帝名大學曰成均(辭典註)后泛稱官設的最高學府

●周禮春官宗伯大司樂掌成均之法以治建國之學政而合國之子弟焉(鄭玄注)謂董仲舒云成均五帝之學(辭源注)古之大學後爲官設學校的泛稱

●國語周上;宣王欲得國子之能導訓諸侯者

●漢書禮樂志上;國子者卿大夫之子弟也

●晉書職官志;及咸寧四年武帝初立國子學定置國子祭酒博士各一人助敎十五人以敎生徒

●新唐書百官志三;垂拱元年改國子監曰成均監○[國子監]掌儒學訓導之政總國子太學廣文四門律書算凡七學

●春官通考吉禮成均館;太祖六年丁丑建成均館于文廟傍○世祖二年丁丑敎曰成均館養育人才予承大亂之後庶務紛糾未暇興學育才今後每月季錄書生所讀書以聞予將親講焉又以諸生難得書籍命梁誠之錄藝文館所藏書籍以次刊行

●東典考官職成均館;新羅國學大學監(備考)高麗國子監改國學成均館尋改監爲館(上仝)太祖仍置成均館掌儒生敎誨之任用文官其屬正錄廳附焉(上仝)

●法規類編學制門成均館經學科規則(開國五百五年七月日學部令第四號)(隆熙 2 년 1908 년)

第二條 成均館經學科學生의課割學科目은三經四書(并諺解)史書(左傳史記綱目續綱目明史等)本國史本國地誌萬國地理歷史作文算術로홈.

但時宜를 因하야他經傳及史文을肄習함도可홈

第二十三條 休業日은左갓치定홈
但事故에依하야난臨時休業은得함
一開國紀元節 七月十六日
一大君主陛下誕辰 七月二十五日
一夏期 自六月十六日至七月二十日
一冬期 自十二月二十六日至正月十五日
一日曜日

주(周)나라의 통치제도는 육관(六官)으로 이뤄져 있는데 대사악(大司樂)은 육관(六官) 중 춘관(春官)에 소속(所屬)되어 제사(祭祀)나 조빙(朝聘) 등의 예(禮)에 풍악(風樂)을 울려주는 그룹인데 풍악(風樂)을 울리려면 먼저 악기(樂器)의 현(玄) 등을 조율(調律)하여 음률(音律)의 불협화음(不協和音) 없이 울려야 하는 까닭에 사전 조율(調律)이 필수인데 그 조율과정(調律課程)과(均調也) 조율(調律)하여 오류(誤謬) 없이 풍악(風樂)을 울리는 그 과정이(成事) 미숙자(未熟者)들을 교육(教育)시켜 나라를 다스리는 인재(人材)로 키워 놓는다는 의미와 상통(相通)되어 성균(成均)은 나라에서 설치한 최고학부(最高學府)의 명(名)으로 사용하게 되었다 합니다.

우리나라가 그 제도를 도입하면서 고려(高麗)에서 감(監)을 관(館)으로 고쳐 성균관(成均館)이 되어, 조선(朝鮮)으로 들어와 한양(漢陽)에 도읍(都邑)하면서 명륜당(明倫堂) 곁에 세워져 유생(儒生)을 교육(教育) 인재(人才) 양성을 하였던 국립(國立) 최고학부(最高學部)였습니다.

성균관(成均館)이란 이상과 같이 유학(儒學)의 전문(專門) 인재(人才)를 양성(養成)하였던 지금은 폐관(閉館)된 국립대학(國立大學)이었습니다.

●周禮春官宗伯禮官之職春官宗伯下大司樂; 掌成均之瀍以治建國之學政而合國之子弟焉(注)鄭司農云均調也樂師主調其音大司樂主受此成事已調之樂玄謂董仲舒云成均五帝之學成均之瀍者其遺禮可瀍者國之子弟公卿大夫之子弟當學者謂之國子文王世子曰於成均以及取爵於上尊焉則周人立此學之宮
●國語周上;宣王欲得國子之能導訓諸侯者
●漢書禮樂志上;國子者卿大夫之子弟也
●周禮地官師氏;以三德教國子鄭玄注國子公卿大夫之子弟
●周禮春官樂師;掌國學之政以教國子小舞
●晉書職官志;及咸寧四年武帝初立國子學定置國子祭酒博士各一人助教十五人以教生徒
●禮記文王世子;三而一有焉乃進其等以其序謂之郊人遠之於成均以及取爵於上尊也鄭玄注薰仲舒曰五帝名大學曰成均
●新唐書百官志三;垂拱元年改國子監曰成均監○[國子監]掌儒學訓導之政總國子太學廣文四門律書算凡七學
●東典考官職成均館;新羅國學大學監(備考)高麗國子監改國學成均館尋改監爲館(上仝)太祖仍置成均館掌儒生教誨之任用文官其屬正錄廳附焉(上仝)
●春官通考吉禮成均館;太祖六年丁丑建成均館于文廟傍○世祖二年丁丑教曰成均館養育人才予承大亂之後庶務紛斜未暇興學育才今後每月季錄書生所讀書以聞予將親講焉又以諸生難得書籍命梁誠之錄藝文館所藏書籍以次刊行

◆유자(儒者)

儒者란 儒生과 儒士와 동의로 유학을 신봉하는 자. 곧 유학을 연구하는 자. 引伸하여 학자. 유학자 곧 유학을 연구하는 자를 이른다.

●史記五宗世家篇河間獻王德以孝景帝前二年用皇子爲河間王好儒學被服造次必於儒者山東諸儒多從之游
●荀子儒效篇儒者在本朝則美政在下位則美俗儒之爲人下如是矣
●墨子非儒下儒者曰君子必服古言然後仁今孔某之行如此儒士則可以疑矣
●水東日記沈孟端沈孟端先生方學雖本世醫而通知古今有儒者風
●漢書薛宣朱博傳恐負舉者恥辱儒士也稱儒生
●辭源[儒士]信奉孔子學說的人

●論衡超奇篇故夫能說一經者爲儒生博覽古今者爲通人(云云)故儒生過俗人通人勝儒生
●荀子儒效篇儒者在本朝則美政在下位則美俗儒之爲人下如是矣
●墨子非儒下儒者曰君子必服古言然後仁今孔某之行如此儒士則可以疑矣
●漢書薛宣朱愽傳恐負學者恥辱儒士也稱儒生
●辭源[儒士]信奉孔子學說的人
●論衡超奇篇故夫能說一經者爲儒生博覽古今者爲通人(云云)故儒生過俗人通人勝儒生
●史記五宗世家篇河間獻王德以孝景帝前二年用皇子爲河間王好儒學被服造次必於儒者山東諸儒多從之游
○儒家란; 孔夫子의 學說을 신봉하는 學派의 이름이요.
○儒學이란; 儒家의 學問의 이름이요.
○儒者란; 儒士 또는 儒生과 같은 의미로서 儒道(儒學)를 닦는 사람의 이름이요.
○儒林이란; 儒家의 學者들의 이름이다
●漢書藝文志儒家(諸子略稱)者流(云云)游文於六經之中留意於仁義之際祖述堯舜憲章文武宗師仲尼以重其言於道最爲高
●辭源人部十四畫[儒家]秦漢以孔子爲宗師的學波
●史記五宗世家河間獻王德條以孝景帝前二年用皇子爲河間王好儒學被服造次必於儒者
●辭源辭源人部十四畫[儒學]儒家之學
●荀子全書儒效篇孫卿子曰儒者法先王隆禮義謹乎臣子而致貴其上者也○又儒者在本朝則美政在下位則美俗儒之爲人下如是矣王曰然則其爲人上何如孫卿曰其爲人上也
●史記儒林列傳正義曰姚承云儒謂博士爲儒雅之林
●辭源人部十四畫[儒林]儒者之群

개인이나 집단이나 그들이 지켜야 할 정도(正道)가 강제로 부여되어 있다. 그 正道의 훼손 없는 보존은 개인이나 집단이나 모두 정의로운 생존을 위한 필수(必修) 조건이다. 유자(儒者)가 정도(正道)를 잃으면 시정잡배(市井雜輩)와 다르지 않다.

●管子立政;正道捐弃而邪事日長
●文選漢班孟堅東都賦;旣聞正道請終身而誦之
●李晉卿結交篇;上交執正道下交守奇節
●燕義;禮無不答言上之虛取於下也上必明正道以道民民道之而有功是以上下和親而不相怨也和寧禮之用也此君臣上下之大義也

◆유학이란 무슨 학문인가?

儒學(유학)이란 儒家(유가)의 經學(경학)으로. 經學(경학)이란 儒學(유학)의 經書(경서)인 四書五經(사서오경)을 硏究(연구)하는 學問(학문)인데 五經(오경)은 儒敎(유교)의 經典(경전)인 論語(논어), 孟子(맹자), 中庸(중용), 大學(대학)을 四書(사서)라 하고 다섯 가지 經書(경서)는 詩經(시경), 書經(서경), 周易(주역), 禮記(예기), 春秋(춘추)임.

●辭源口部二畫【四】[四書]論語 大學 中庸 孟子
●白虎通五經; 五經何謂謂易尚書詩禮春秋也(漢典)五部儒家經典卽詩書易禮春秋
◆유학자가 갖춰야 할 태도와 덕목은 무엇인가?
卽五倫(즉오륜) 사람이 지켜야 할 다섯 가지의 떳떳한 道理(도리). 곧 父子(부자) 사이의 親愛(친애). 君臣(군신) 사이의 義理(의리), 夫婦(부부) 사이의 分別(분별), 長幼(장유) 사이의 次序(차서), 朋友(붕우) 사이의 信義(신의)를 지킴.
●輟耕泉御史五常; 人之所以讀書爲士君子者正欲爲五常主張也使我今日謝絶故舊是爲御史而無一常
◇仁愛相親(인애상친) 親族(친족)이나 가까운 이들끼리는 서로 어진 마음으로 사랑함.
●禮記中庸; 取人以身修身以道修道以仁(鄭玄注; 在於得賢人也)仁者人也親親爲大義者宜也
◇行惠施利以恩德濟助(행혜시리이은덕제조) 恩惠(은혜)를 施行(시행)하며 利益(이익)을 베풀고 恩惠(은혜)와 德(덕)으로서 도와 줌.
●新書道德說; 六者德之美也道者德之本也仁者德之出也義者德之理也忠者德之厚也信者德之固也密者德之高也○安利物者仁行也仁行出於德故曰仁者德之出也

◇适應順應(괄응순응) 부드럽게 對應(대응)함.

●墨子節葬下; 此所謂便其習而義其俗者也昔者越之東有輆沐之國者其長子生則解而食之謂之宜弟其大父死負其大母而棄之曰鬼妻不可與居處

◇善良善良的行爲(선량선량적행위) 착하고 어질게 사람의 道德的(도덕적) 性質(성질)을 띤 意識的(의식적)인 행동을 함.

●書經皐陶謨; 彊而義彰厥有常吉哉(蔡沈集傳; 彊而義者彊勇而好義也而轉語辭也正言而反應者所以明其德之不偏皆指其成德之自然非以彼濟此之謂也彰著也成德著之於身而又始終有常其吉士矣哉

◇儀制法度(의제법도) 儀式(의식)과 制度(제도)와 生活(생활) 上(상)의 禮法(예법)과 制度(제도)대로 행함.

●左傳莊公二十三年夏; 朝以正班爵之義帥長幼之序(孔穎達疏; 朝以正班爵之等義也)

●周官大司徒; 以儀辨等則民不越鄭注曰儀謂君南面臣北面父坐子伏之屬故曰不敢亂者畏禮儀也古書仁義字本作誼禮儀字本作義

◇行爲準則道德規範禮節(행위준칙도덕규범예절) 사람이 行(행)하는 짓에서 標準(표준)으로 삼아 따라야 할 規則(규칙)과 사람으로서 지켜야 할 道理(도리)에 본보기가 될 만한 制度(제도), 規模(규모), 禮儀(예의)에 關(관)한 모든 秩序(질서)나 節次(절차)를 따름.

●論語子罕; 博我以文約我以禮(朱熹註);博我以文致知格物也約我以禮克己復禮也

◇禮遇厚待(예우후대) 禮待(예대). 禮(예)를 갖추어 鄭重(정중)하게 待遇(대우)함.

●禮記月令; 季春之月聘名士禮賢者(漢鄭注; 名士不仕者)(孔穎達疏; 正義曰蔡氏云賢者名士之次亦隱者也)

◇莊嚴有威儀(장엄유위의) 規模(규모)가 크고 嚴肅(엄숙)함. 무게가 있어 畏敬(외경)할 만한 擧動(거동)에는 禮法(예법)에 合當(합당)한 몸가짐을 가져야 함.

●禮記內則; 禮帥初無辭(漢鄭氏注; 無辭辭謂欽有帥記有威也)(孔穎達疏; 禮帥初無辭者禮謂威儀也)

◇表明明确(표명명학) 있는 대로 드러내 보여 明確(명확)하게 함.

●左傳定公八年; 王孫賈趨進曰盟以信禮也(杜預注; 信猶明也)有如衛君其敢不唯禮是事而受此盟也

◇信從相信(신종상신) 믿고 따라 좇음은 서로 믿음에서다.

●書經湯誓; 爾尚輔予一人致天之罰爾無不信朕不食言爾不從誓言予則孥戮汝罔有攸赦

◇知道料到(지도료도) 잘 알고 미리 내다봄.

●淮南子汎論訓; 及其爲天子三公而立爲諸侯賢相及始信於

◆德目(덕목); 오상(五常)인 인(仁),의(義),예(禮),지(智),신(信)은 儒者(유자)가 갖춰야 할 다섯 가지 基本(기본) 德目(덕목)임.

○인(仁); 측은지심(惻隱之心)으로, 불쌍한 것을 보면 가엾게 여겨 情(정)을 나누고자 하는 마음.

○의(義); 수오지심 (羞惡之心)으로 不義(불의)를 부끄러워 하고 惡(악)한 것은 미워하는 마음.

○예(禮); 사양지심 (辭讓之心)으로 自身(자신)을 낮추고 謙遜(겸손)해야 하며 남을 위해 辭讓(사양)하고 配慮(배려)할 줄 아는 마음.

○지(智); 시비지심 (是非之心)으로 옳고 그름을 가릴 줄 아는 마음.

○신(信); 광명지심 (光名之心)으로 중심을 잡고 恒常(항상) 가운데 바르게 位置(위치)해 밝은 빛을 냄으로써 믿음을 주는 마음.

●論語(朱熹集註)爲政篇; 子張問十世可知也子曰殷因於夏禮所損益可知也(朱註)馬氏曰所因謂三綱五常所損益謂文質三統愚按三綱謂君爲臣綱父爲子綱夫爲妻綱五常謂仁義禮智信

●白虎通情性; 五常者何謂仁義禮智信也仁者不忍也施生愛人也義者宜也斷決得中也禮者履也履道成文也智者知也獨見前聞不惑於事見微者也信者誠也專一不移也故人生而應八卦之體得五氣以爲常仁義禮智信是也

●孟子集註大全告子章句上; 惻隱之心人皆有之羞惡之心人皆有之恭敬之心人皆有之是非之心人皆有之惻隱之心仁也羞惡之心義也恭敬之心禮也是非之心智也

●孟子集註大全公孫丑上章句上凡九章；無惻隱之心非人也無羞惡之心非人也無辭讓之心非人也無是非之心非人也.惻隱之心仁之端也羞惡之心義之端也辭讓之心禮之端也是非之心智之端也人之有是四端也猶其有四體也有是四端而自謂不能者自賊者也
●賢良策一；夫仁義禮智信五常之道王者所當修飭也五者修
◆여기는 유교(儒敎)의 전당(殿堂) 성균관(成均館)이다.
○유교도(儒敎徒)는 유사(儒師)와 유도(儒徒)로 구분된다.
○유사(儒師)는 스승으로 가르침을 감당할 수 있는 학자(學者)요.
○유도(儒徒)는 가르침을 받아야 하는 일반 유교인(儒敎人; 平信徒)을 말한다.
○불교(佛敎)는 불경(佛經)을 벗어나 염불(念佛)이나 불자(佛者) 지도에 세속(世俗)으로 가르칠 수 없고,
○기독교(基督敎)는 신구약(新舊約) 성서(聖書)를 벗어나 설교(說敎)할 수 없듯이,
○유교(儒敎) 역시 경서(經書)등 유서(儒書)를 벗어나 가르칠 수 없는 것. 상식 중 상식이며 학문하는 진리다.

●北朝魏楊衒之洛陽伽藍記三城南景明寺名僧德衆負錫爲輩信徒法侶持花成藪註信仰宗敎的人
●後漢書三十五鄭玄傳家貧客耕東萊學徒相隨已數百千人○又靈帝紀(光和元年)始置鴻都門學生注鴻都門名也於內置學時其中諸生(中略)至千人焉
●顏之推顏氏家訓勉學元帝在江荊間復所愛習召置學生親爲敎授
●莊子刻意語仁義忠信恭儉推讓爲修而已矣此平世之士敎誨之人遊居學者之所好也
●舊五代史史匡翰傳尤好春秋左氏傳每視政之暇延學者講說躬自執卷受業焉
●史記九七朱建傳沛公曰爲我謝之言我方以天下爲事未暇見儒人也
●續文獻通考學校四凡儒師之命於朝廷者曰敎授路府上州置之命於禮部及行省與宣慰司者曰學正山長學錄敎諭州縣及書院置之
●儒家主張階級制度之害是少正卯之誅儒敎徒亦不敢意以爲是註信奉儒家學說的人
●韓非子詭使私學成群謂之師徒
●百喩經蛇頭尾共爭在前喩師徒弟子亦復如是言師耆老每恒在前我諸年少應爲導首
●漢書藝文志左丘明恐弟子各安其意以失其眞故論本事而作傳明夫子不以空言說經也

◆국기의 게양위치.

가정이나 각종 기관 자동차 등의 국기 게양할 때 게양하는 정확한 위치는 다음과 같다.

태극기는 나라의 상징으로서 곧 나의 상징이다.

대한민국국기법 시행령
제 18 조(국기의 게양위치)
①기는 다음 각 호의 위치에 게양한다. 다만, 건물 또는 차량의 구조 등으로 인하여 부득이한 경우에는 국기의 게양위치를 달리 할 수 있다.
1. 단독주택의 대문과 공동주택 각 세대의 난간에는 중앙이나 앞에서 바라보아 왼쪽에 국기를 게양한다.
2. 제 1 호의 주택을 제외한 건물에는 앞에서 바라보아 지면의 중앙이나 왼쪽, 옥상의 중앙, 현관의 차양시설 위 중앙 또는 주된 출입구의 위 벽면 중앙에 국기를 게양한다.
3. 건물 안의 회의장·강당 등에서는 그 내부의 전면을 앞에서 바라보아 그 전면의 왼쪽 또는 중앙에 국기가 위치하도록 한다.
4. 차량에는 그 전면을 앞에서 바라보아 왼쪽에 국기를 게양한다.
이상과 같이 앞에서 바라보아 왼쪽이라 함은 그 건물이나 차량 자체의 우측이 된다. 이와 같이 우측에 게양하는 까닭은 지도상우(地道尙右)인 까닭이다.
지도상우(地道尙右)인 까닭은 하늘(天)은 양(陽)인 까닭에 상좌(尙左)가 되고 땅(地)은 음(陰)인 까닭에 **상우(尙右)가 된다.**

●內則道路男子由右女子由左(集說細註)道路之法其右以行男子其左以行女子古之道也(鄭注)地道尊右
●南溪曰世之葬法有以男左女右傳曰神道尙右地道尙右
●記言續集左右陰陽說；天道尙左地道尙右陰陽之義也

◆祠堂(사당)이란.

◇宗廟(종묘); 帝王(제왕)의 死後(사후) 神主(신주)를 모시고 祭祀(제사) 지내는 祠堂(사당).

●國語第四魯語上; 夫宗廟之有昭穆也以次世之長幼而等冑之親疏也(韋昭解)長幼先後也等齊也冑裔也(辭源注)宗廟天子諸侯祭祀祖先的處所
●史記卷七十七信陵君列傳; 魏公子(中略)今秦攻魏魏急而公子不恤使秦破大梁而夷先王之宗廟公子當何面目立天下乎(漢辭注)宗廟古代帝王諸侯祭祀宗廟的廟宇

◇文廟(문묘); 孔夫子(공부자) 神主(신주)를 모시고 祭祀(제사) 지내는 祠堂(사당)
●明史禮志四; 天下文廟惟論傳道以列位次闕里家廟宜正父子以叙彝倫(辭源注)文廟孔子廟唐開元二十七年對孔子爲文宣王稱孔廟爲文宣王廟見舊唐書玄宗紀下元明以後通稱文廟
●桃花扇哄丁; 今値文廟丁期禮當釋奠(漢辭注)文廟 孔子廟唐朝封孔子爲文宣王稱其廟爲文宣王廟元明以后省稱爲文廟

◇家廟(가묘); 百姓(백성)들의 先代(선대) 神主(신주)를 모시고 祭祀(제사)지내는 祠堂(사당)
●宋史禮志十二; 慶曆元年南郊赦書應中外文武官並許依舊式立家廟(辭源注)家廟古代有官爵者得建立家廟祭祀祖先後代泛指一個家族建立的家祠
●隨園隨筆風水客; 先生發憤集房族百餘人祭家廟畢持香禱於天(漢辭注)家廟祖廟宗祠古時有官爵者才能建家廟作爲祭祀祖先的場所上古叫宗廟唐朝始創私廟宋改爲家廟

◆祠堂(사당) 祠宇(사우); 先祖(선조)나 先賢(선현)이나 有功者(유공자)의 神主(신주)를 모시고 祭祀(제사) 지내는 祠堂(사당)
●漢書循吏傳文翁; 文翁終於蜀吏民爲立祠堂歲時祭祀不絶(辭源注)舊時祭祀祖宗或賢能有功德者的廟堂
●杜甫蜀相詩; 丞相祠堂何處尋錦官城外柏森森(漢辭注)祠堂舊時祭祀祖宗或先賢的廟堂

◇几筵(궤연); 死者(사자)의 靈位(영위)를 두는 靈几(영궤)와 그에 소용품을 차려 놓은 방으로 영실(靈室) 또는 상청(喪廳)이라 함.
●國語周語上; 設桑主布几筵(辭源注)几筵几席乃祭祀的席位后亦因以稱靈座

◆성묘는 선존후비 순으로.

성묘(省墓) 예법(禮法)은 아래와 같이 살펴보건대 일산(一山) 내(內) 선영(先塋)이 다수(多數)일 때 선존후비(先尊後卑) 순으로 첫 재배(再拜) 후 묘(墓)를 서너 바퀴 돌며 둘러보고 청소(淸掃) 후 또 재배(再拜)하고 물러나는데 눈물은 흘려도 곡성을 내지 않으며 주과(酒果)가 있으면 축(祝)이 있어야 합니다.

개원례(開元禮) 예법을 따르면 산 아래에 배위(拜位)를 설(設)하고 주인 이하 재배(再拜)하고 올라가 위와 같이 묘(墓)를 살피고 내려와 또 재배(再拜)하고 물러난다는 것입니다.

●尤庵曰省墓時初度再拜復再拜而退
●遂庵曰曾見兩先生謁墓展墓只行一再拜據此行之未見違於禮也
●近齋曰同入一麓省拜時累代則先尊後卑
●問祖父同入麓拜祖時父墓在後心似未安栗谷曰勢然也視之以異室可也
●問此行踰省先墓當在端午後當別具酒果設薦然則當有祝文耶若値端午依禮參拜似不當自主同春曰別具酒果則告辭去孝字而爲之恐不可已墓事似亦與家廟有異如値節祀則祝文以孝子某在遠使介子某敢昭告云云例也
●朱子省新安墓文一去鄕井二十七年喬木興懷實勞夢想玆焉奠掃悲悼增深所願宗盟共加嚴護神靈安止餘慶下流凡在雲仍畢霑玆薦酒肴之奠維告其衷精爽如存尙祈監享
●開元禮王公以下拜掃先期卜日如常前一日設次於塋南百步道東西向北上設主人以下位塋門外之東西面以北爲上其日主人到次改服公服無者常服主人以下俱再拜奉行墳塋(精靈感慕有泣無哭)至於封樹內外環繞哀省三周其荊棘慮與荒草連接者皆隨卽芟剪不令火由得及掃除訖主人以下復門外
位皆再拜遂還若遠行辭墓哭而後行

⊙冬至省墓祝文式
維歲次干支幾月干支朔幾日干支孝子某敢昭告于
顯考某官府君一陽襲管五物書雲日南至兮霜露旣降草木盡落山獨歸兮感時濺淚觸緖痛心耿耿不寐展省松楸追慕音容嗟永悶兮謹以淸酌庶羞恭伸奠儀尙饗

⊙朱子省新安墓文
一去鄕井二十七年喬木興懷實勞夢想玆焉奠掃悲悼增深所願宗盟共加嚴護神靈安止餘慶下流凡在雲仍畢霑玆薦酒肴之奠維告其衷精爽如存尙祈監享

⊙翰墨全書熊用元冬至省墓文
一陽襲管五物書雲日南至兮霜露旣降草木盡落山獨歸兮感時濺淚觸緖痛心耿不寐兮展省松楸追慕音容嗟永悶兮

●近齋曰同入一麓省拜時累代則先尊後卑
●尤庵曰省墓時初度再拜復再拜而退
●問此行歸省先墓當在端午後當別具酒果設薦然則當有祝文耶若值端午依禮參拜似不當自主同春曰別具酒果則告辭去孝字而爲之恐不可已墓事似亦與家廟有異如値節祀則祝文以孝子某在遠使介子某敢昭告云云例也
●朱子省新安墓文一去鄕井二十七年喬木興懷實勞夢想玆焉奠掃悲悼增深所願宗盟共加嚴護神靈安止餘慶下流凡在雲仍畢罱玆蔭酒肴之奠維告其衷精爽如存尙祈監享
●翰墨全書熊用元冬至省墓文一陽襲管五物書雲日南至兮霜露旣降草木盡落山獨歸兮感時濺淚觸緖痛心耿不寐兮展省松楸追慕音容嗟永闋兮
●開元禮王公以下拜掃先期卜日如常前一日設次於塋南百步道東西向北上設主人以下位塋門外之東西面以北爲上其日主人到次改服公服無者常服主人以下俱再拜奉行墳塋(精靈感慕有泣無哭)至於封樹內外環繞哀省三周其荊棘慮與荒草連接者皆隨卽芟剪不令火由得及掃除訖主人以下復門外位皆再拜遂還若遠行辭墓哭而後行

◆유교도(儒敎徒).

유학(儒學)이 곧 유교(儒敎)로서 유교도(儒敎徒)의 구성은 일반적으로 평신도(平信徒)가 대종을 이루고 있으며 이 그룹은 유교의 제도를 신봉하는 계층이 되고 유생(儒生)은 유학(儒學)을 공부하는 계층이고 지도계층에는 유사(儒師)가 있다.

유교(儒敎)의 현대화란 평신도 계층에 해당되리라 생각되는데 그 그룹에서 소용되는 각종 경서를비롯 각종 예서의 번역본이 서점가에 부족함 없도록 꽂혀 있으니 소용 되는대로 구입하면 해결되고 유생(儒生) 그룹군은 교리를 열심히 터득하는 방편으로 제도교육이나 사교육에서 충족시키면 후일에 스승의 자리에 오를 것이오 스승의 위치에 도달하였으면 후배양성에 성을 다하면 족한 것이다.

유가(儒家)의 문자는 한자이다. 석전대제의 대축으로 분정 받은 축관이 축을 읽을 수 없다면 분정 과정이 잘못된 것이지 개혁을 안 해서가 아니다.

●漢書藝文志儒家者流(中略)游文於六經之中留意於仁義之際祖述堯舜憲章文武宗師仲尼
●史記游俠傳魯朱家條魯朱家者與高祖同時魯人皆以儒敎而朱家用俠聞
●晉書宣帝紀伏膺儒敎漢末大亂常慨然有憂天下心
●梁書儒林傳序魏晉浮蕩儒敎淪歇風節罔樹抑此之由
●文心雕龍秦启必使理有典刑辭有風軌總法家之式秉儒家之文
●辭源儒敎後稱孔孟之道爲儒敎也叫孔敎註指以儒家學說敎人
●氣測體義推師道測君道條凡天下之敎有四自中南東三印度而緬甸暹羅而西藏而靑海漠南北蒙古皆佛敎自西印度之包社阿丹而西之利未亞洲而東之蔥嶺左右哈薩克布魯特諸游牧而天山南路諸城郭皆天方敎自大西洋之歐邏巴各國外大西洋之彌利堅各國皆天主敎與中國安南朝鮮日本之儒敎
●朝鮮儒敎淵源吾東與齊魯來往頻繁則孔氏之徒爲傳道而來至新羅高句麗百濟之代始尙神敎自佛敎傳人釋敎盛行孔子之敎(下略)註按薛聰乃高僧元曉之子也元曉以佛敎之祖師稱其所著金剛論等書皆傳之至今薛聰以儒敎爲世師宗(云云)
●高麗史節要成宗文懿大王壬午元年六月條行釋敎者修身之本行儒敎者理國之源修身是來生之資理國乃今日之務今日至近來生至遠舍近求遠不亦謬乎
●甌北詩(趙翼五言古三書孔敎所到處無不有佛敎佛敎所到處孔敎或不到
●史記五宗世家河間獻王德好儒學被服造次必於儒者
●後漢書方術傳上李郃父頡以儒學稱官至博士註儒學爲儒家之學
●論衡超奇篇故夫能說一經者爲儒生博覽古今者爲通人
●列子周穆王魯有儒生自媒能治之
●墨子非儒下今孔某之行如此儒士則可以疑矣
●尙書序漢室能興開設學校旁求儒雅以闡大猷(註)儒雅博學的儒士
●續文獻通考學校四凡儒師之命於朝廷者曰敎授路府上州置之命於禮部及行省與宣慰司者曰學正山長學錄敎諭州縣及書院置之

儒敎의 經典에는 그 실천 사상이 이미 포함되어 있으니 유교와 유교사상을 불리하여 거론될 까닭은 없겠으나 굳이 이른다면 유교 사상은 몇 단어의 나열로 모두 전달 되도록 간단하지 않습니다. 다만 그 핵심 사상을 함축하여 이르자면 仁義禮智信 등 五倫과 五常 등으로 修身하여 齊家와 治國平天下를 이룸을 궁극 목표라 할 수 있습니다.

시중에는 유교나 유교 사상에 관하여 많은 논문이 나와 있습니다. 세세한 지식을 그에서 채우시기 바랍니다.

어떤 論者는 儒敎는 儒學 또는 유학사상과 대차 없는 것으로 종교가 아니라 하고, 또 어떤 논자는 來생 없으니 진정한 종교가 아니라 하나 이미 여러 문헌에서 진작에 종교로 정의되어 있을 뿐만 아니라 종

世觀이 교란 敎主의 말씀을 맹종하여 적극적으로 생전 실현코자 함이라면 기독교나 불교 등은 來世를 중히 여기고 유교는 來世(天堂 地獄 等)를 부인 現世를 중히 여기는 차이일 뿐입니다.

●史記一二四朱家傳魯人皆以儒敎而朱家用俠聞後稱孔孟之道爲儒敎也叫孔敎
●晉書宣帝紀博學洽聞伏膺儒敎
●漢語大詞典[儒敎]又稱孔敎中國歷史上把孔子創立的儒家學波視同宗敎與佛敎道敎幷稱三敎○又[儒敎徒]信奉儒家學說的人
●漢書藝文志諸子略稱儒家者流(中略)游文於六經之中留意於仁義之際祖述堯舜憲章文武宗師仲尼以重其言於道最爲高

◆유교(儒敎)의 현실(現實).

儒敎는 孔夫子를 始祖로 政敎一致의 학문을 崇尙하는 敎로서 孔敎 또는 孔子敎로 일러지고 있다. 儒敎는 儒學 또는 儒學思想이라 함과 다를 바 없는 敎로서 불교나 기독교, 도교 등과는 목표하는 바가 달라 그 성격이 완전히 다르다.

儒敎의 목표는 仁으로서 모든 道德을 일관 이를 최고 이념으로 삼아 修身하여 治家하고 治國하여 平天下를 이룩함을 목표로 삼은 일종의 倫理學, 政治學이라 할 수 있다.이 儒敎가 지난 수 천년 동안 동양의 民族思想을 지배하여 왔다. 우리나라에 儒敎가 전래된 시기는 분명치 않으나 高句麗는 小獸林王2(372)년에 太學이 세워졌고 百濟는 古爾王5(285)년에 이미 王仁이 일본에 千字文과 論語를 전한 기록이 있으며 新羅는 神文王2(682)년에 國學을 세웠다. 이를 미루어 보건대 三國時代에 이미 儒敎가 일반화되었음을 알 수 있다.

타교의 유입은 살펴보면 道敎는 高句麗 榮留王7(624)년에 당나라에 사신을 보내어 道敎 전래하여 줄 것 청하니 이에 응하여 道士가 天尊像과 道法을 가지고 와 老子를 講하여 그 계기가 되었고, 佛敎는 高句麗 小獸林王2(372)년에 秦의 順道와 阿道가 佛像과 佛經을 가지고 와 省門寺와 伊不蘭寺를 창건하고 목탁을 울림이 그 시초인데 道敎나 佛敎가 우리의 儒敎에 미친 영향은 그리 대단치 않았다.

그와 같이 三敎가 공존하다가 천주교(Catholic)는 임진왜란(선조27=1594) 때 왜군을 따라 종군신부로 세스페데스(G. Cespedes)의 입국이 처음이었으나 영향을 주지 못하였으며 그러나 宣祖와 光海君 때 학자들이 燕京仕臣을 통하여 天主敎思想이 소개되기 시작 芝峯(李晬光. 字 潤卿)이라는 학자가 宣祖朝 때 奏請使로 燕京을 왕래하면서 당시 明나라에 와 있던 이탈리아 중국 선교사 마테오릿치(Matteo Ricci)의 저서 天主實義 2권과 敎友論 1권과 明人 劉汴과 沈遴奇 등의 저서인 續耳譚 6권을 취하여 돌아 옴으로서 우리나라 최초로 西學을 도입 芝峯類說이란 책을 짓고 天主實義를 요약 서양 시정과 천주교를 소개하였다.

그 후 蛟山(許筠 字 端甫)은 유교와 불교에 能하였는데 光海君 2년에 사신을 따라 북경에 같다 천주교 12단을 얻어가지고 돌아와 천주교를 신봉하게 되고 병자호란 때 인질이 되었던 昭顯世子는 북경에서 아담 샬(Adam Schall)과 친교를 맺고 귀국(인조23.1641)할 때 서양 학문과 함께 천주교 서적 天主像 등을 얻어 가지고 돌아 왔으나 귀국 석 달 만에 세상을 떴음.

초기에는 宗敎보다는 일종의 학문으로 연구되다 점차 신앙으로 옮겨지게 되었는데 우리나라에서는 최초 영세 교인인 李承薰(교명 베드로)은 冬至使兼謝恩正使 黃仁點의 書狀官의 자격으로 北京에 가는 그의 아버지를 따라 가게 되는데 이는 열렬한 천주교 신자였던 李蘗, 丁若鍾, 丁若鏞 등의 주선에 의한 것으로 떠나기 전에 李蘗이 李承薰을 찾아와 간곡히 부탁하기를 "북경에 가거든 곧 천주당에 가서 구라파 敎師 만나 모든 것을 그들에게 물어서 敎義를 깊고 참된 뜻을 밝히며 천주교리의 실천방법을 자세히 살피고 또 필요하고 중요한 교리에 관한 책을 모두 가지고 돌아오게. 인간이 죽느냐 사느냐, 그리고 영원토록 행복하느냐 불행하느냐가 달린 큰 문제가 자네에게 매어있네. 라 당부하였고 이해 10월 14일 자진 귀의의 특사로서 떠나 12월 21일 북경 도착 이로부터 40여일 동안 主敎座이던 南天主堂에서 筆答形式으로 교리를 익힌 후 다음 해 1월에 그라몽(Louis de Grammont) 신부로부터 영세를 받고 조선 교회의 주춧돌이 되라는 의미에서 베드로(Peter;盤石)라는 세례명을 받고 정조8년 3월 24일 수십 종의 교리서와 十字苦像, 默珠 그 외 여러 가지 물건을 가지고 돌아와 정조9년에 明禮洞(明洞)에 金範禹의 집에 우리나라 최초의 교회를 세웠다.

이 교회에서 李蘗 李家煥 및 丁若鍾, 丁若銓, 丁若鏞 3형제와 더불어 주일 미사와 설법하며 교리서를 번역하여 널리 알리었다. 李承薰은 관직에 나가기도 하였으나 정조15년 천주교의 전파를 막으려는 조정의 시책으로 辛亥邪獄이 일어나 관직을 박탈 당하고 20년 신부 입국 사건으로 禮山으로 귀양 갔다 辛酉大邪獄 때 서대문 네거리에서 참수를 당하였다. 이와 같이 우리나라에서는 선교사의 전도 없이 학자들의 자발적인 연구와 포교로 세가 커져 갔다.

이는 그 당시 당쟁으로 남인들이 세가 꺾이어 젊은 유생들은 염세적 관념에 깊이 빠져들게 되고 침체상태인 朱子學에 싫증을 느끼게 되어 이로 천주교 부흥의 온상이 되었으며 서구 사상에 빠진 이들은 봉건사회의 폐단을 통감하고 혁신을 외치자 中人 계층도 이에 적극 호응 세가 점점 커가게 되었다. 이렇게 되자 신하들이 천주교는 충효의 사상에 반하고 군신의 도를 어지럽게 하여 사회윤리를 문란케 한다고 주장 辛亥邪獄과 辛酉邪獄을 일으키게 되고 천주교인 색출 방법으로 五家作統法이 시행되고 이때 李承薰 李家煥 權哲身 신자와 周文謨신부 丁若鍾 회장 등이 죽임을 당하였다. 이와 같이 곤경에 빠지자 黃嗣永이 북경 주재 주교에게 구원을 요청하는 帛書를 전하려다 軍門梟首를 당하였다.

이와 같은 탄압에도 불구하고 순조31년 우리나라가 종래 북경교구에서 조선교구로 독립 현종2(1836)년 불란서 모방(P. Maubant) 신부가 입국하게 되고 다음해는 앙베르(Imbert) 신부기 입국 다시 세가 승하게 되자 현종5(1839)년에 己亥邪獄을 일으켜 세 명의 선교사와 많은 신도들이 죽임을 당하였다. 이와 같이 억제를 받으며 지나면서 丙寅, 辛未 양요를 겪게 되며 斥和碑까지 세우게 되다 고종19 (1882)년에 미국과 修好條約을 맺음을 계기로 斥和碑를 없애게 되고 천주교 활동이 자유롭게 되었다.

또 基督敎는 순조16(1816)년 영국 함장 홀(Basil Hall)이 白翎島와 靑島에 漢文聖經이 전하여 졌고 고종3(1866)년 토마스(Robert Jemain)가 미국 상선을 타고 평양에 들어와 성경을 전하고 순교하였으며 고종22(1885)년 언더우드(H. G. Underwood)와 아펜젤러(H. D. Appenzeller) 목사에 의하여 선교 활동이 정식으로 시작되었다.

고종24(1887)년 만주에 있던 스코틀랜드 선교사 로스(John Ross) 목사와 매킨타이어(John Macint-yre)목사가 권하여 白鴻俊, 李應贊, 李成夏, 金鎭基가 성경을 한글로 번역 출판하여 국내로 들여 왔고 일본 유학생 李樹廷의 한역본도 국내로 유입되었다.

선교 활동이 이와 같이 정식으로 행하게 되자 언더우드(장로교) 목사는 서울에 새문안교회를, 아펜젤러(감리교) 목사는 정동교회를 처음으로 세우게 되면서 이어 전국에 교회가 차차로 들어서기 시작하였다.이러다 일제를 지나 해방이 되자 서구파가 대체로 정치를 장악하게 되었고 6/25사변을 통하여 온 백성들이 서구의 개방과 자유(일면으로는 퇴폐)스러운 문명을 직접 체험하게 되었으니 유교의 도덕을 중히 여기는 꽉 짜여진 틀을 벗어 나려는 욕구에 기름을 부은 격이 되어 급작스럽게 많은 부분에서 충돌하게 된 것이다.

유교란 그 근본이 한자의 해독 능력을 갖춤이 필수이다. 그러나 이는 소수만이 갖춰져 있을 뿐 많은 이들은 하늘천 따지 수준도 갖춰지지 않았으니 유학의 깊은 의미는 이해할 수가 없고 또 유교란 인간으로 더불어 평온하게 살아가기 위하여는 많은 부분에서 통제를 받을 수 밖에 없는데 동물적 본능에서는 대단히 불쾌하고 이를 벗어나고자 하는 욕구가 은연중에 생기게 마련이다.더욱이 유교는 불교나 기독교처럼 미래에 유학이나 현대 과학적으로는 황당하나 그 교를 믿으면 복을 받는다거나 죽어 천당이나 하늘 나라로 선택되어 간다는 비전(vision) 제시가 없다는 것이다.

과거 유교가 성하였던 시절에도 정치 그 자체가 유교였으니 유교국가로서 운용되었을 뿐 양반과 특수한 계층을 제외한 많은 백성이 그 제도하에서 그가 전부이니 선택의 여지가 없어 그를 따랐을 따름이지 그에 심취되었다고 볼 수는 없는 것이다.

따라서 우리나라도 세계화가 되어 다원화되었으니 신앙의 선택도 자유가 되어 많은 이들이 유교 틀속에서 벗어나 흩어져감도 어쩌면 자연스러운 현상이다.다만 지금도 부모의 제사를 지방을 써 붙이고 재배하고 있다면 그도 유교인의 일원으로서 함께 하기에 부족함이 없으리라. 혹자들은 유교가 지금 쇠퇴한 원인을 내부에서 찾으려 하는 경향이 있는 듯하나 이는 내무 영향보다는 외부 영향에서 비롯됨이 이상에서 대강 논한 바와 같이 더 크다는 사실이다.

◆장유학교회지임(掌儒學敎誨之任)

儒學(유학)이란 儒家(유가)의 經學(경학)으로. 經學(경학)이란 儒學(유학)의 經書(경서)인 四書五經(사서오경)을 硏究(연구)하는 學問(학문)인데 五經(오경)은 儒敎(유교)의 經典(경전)인 論語(논어), 孟子(맹자), 中庸(중용), 大學(대학)을 四書(사서)라 하고 다섯 가지 經書(경서)는 詩經(시경), 書經(서경), 周易(주역), 禮記(예기), 春秋(춘추)임.
●辭源口部二畫【四】 [四書] 論語 大學 中庸 孟子
●白虎通五經; 五經何謂謂易尙書詩禮春秋也(漢典)五部儒家經典卽詩書易禮春秋

◆卽五倫(즉오륜) 사람이 지켜야 할 다섯 가지의 떳떳한 道理(도리). 곧 父子(부자) 사이의 親愛(친애). 君臣(군신) 사이의 義理(의리), 夫婦(부부) 사이의 分別(분별), 長幼(장유) 사이의 次序(차서), 朋友(붕우) 사이의 信義(신의)를 지킴.
●輟耕彔御史五常; 人之所以讀書爲士君子者正欲爲五常主張也使我今日謝絶故舊是爲御史而無一常

◇仁愛相親(인애상친) 親族(친족)이나 가까운 이들끼리는 서로 어진 마음으로 사랑함.

●禮記中庸; 取人以身修身以道修道以仁(鄭玄注; 在於得賢人也)仁者人也親親爲大義者宜也

◇行惠施利以恩德濟助(행혜시리이은덕제조) 恩惠(은혜)를 施行(시행)하며 利益(이익)을 베풀고 恩惠(은혜)와 德(덕)으로서 도와 줌.
●新書道德說; 六者德之美也道者德之本也仁者德之出也義者德之理也忠者德之厚也信者德之固也密者德之高也○安利物者仁行也仁行出於德故曰仁者德之出也

◇适應順應(괄응순응) 부드럽게 對應(대응)함.
●墨子節葬下; 此所謂便其習而義其俗者也昔者越之東有輆沐之國者其長子生則解而食之則解而食之謂之宜弟其大父死負其大母而棄之曰鬼妻不可與居處

◇善良善良的行爲(선량선량적행위) 착하고 어질게 사람의 道德的(도덕적) 性質(성질)을 띤 意識的(의식적)인 행동을 함.
●書經皐陶謨; 彊而義彰厥有常吉哉(蔡沈集傳; 彊而義者彊勇而好義也而轉語辭也正言而反應者所以明其德之不偏皆指其成德之自然非以彼濟此之謂也彰著也成德著於身而又始終有常其吉士矣哉

◇儀制法度(의제법도) 儀式(의식)과 制度(제도)와 生活(생활) 上(상)의 禮法(예법)과 制度(제도)대로 行함.
●左傳莊公二十三年夏; 朝以正班爵之義帥長幼之序(孔穎達疏; 朝以正班爵之等義也)
●周官大司徒; 以儀辨等則民不越鄭注曰儀謂君南面臣北面父坐子伏之屬故曰不敢亂者畏禮儀也古書仁義字本作誼禮儀字本作義

◇行爲準則道德規範禮節(행위준칙도덕규범예절) 사람이 行(행)하는 짓에서 標準(표준)으로 삼아 따라야 할 規則(규칙)과 사람으로서 지켜야 할 道理(도리)에 본보기가 될 만한 制度(제도), 規模(규모), 禮儀(예의)에 關(관)한 모든 秩序(질서)나 節次(절차)를 따름.
●論語子罕; 博我以文約我以禮(朱熹註;博我以文致知格物也約我以禮克己復禮也

◇禮遇厚待(예우후대) 禮待(예대). 禮(예)를 갖추어 鄭重(정중)하게 待遇(대우)함.
●禮記月令; 季春之月聘名士禮賢者(漢鄭注; 名士不仕者)(孔穎達疏; 正義曰蔡氏云賢者名士之次亦隱者也)

◇莊嚴有威儀(장엄유위의) 規模(규모)가 크고 嚴肅(엄숙)함. 무게가 있어 畏敬(외경)할 만한 擧動(거동)에는 禮法(예법)에 合當(합당)한 몸가짐을 가져야 함.
●禮記內則; 禮帥初無辭(漢鄭氏注; 無辭辭謂欽有帥記有威也)(孔穎達疏; 禮帥初無辭者禮謂威儀也)

◇表明明确(표명명학) 있는 대로 드러내 보여 明確(명확)하게 함.
●左傳定公八年; 王孫賈趨進曰盟以信禮也(杜預注; 信猶明也)有如衛君其敢不唯禮是事而受此盟也

◇信從相信(신종상신) 믿고 따라 좇음은 서로 믿음에서다.
●書經湯誓; 爾尚輔予一人致天之罰爾無不信朕不食言爾不從誓言予則孥戮汝罔有攸赦

◇知道料到(지도료도) 잘 알고 미리 내다봄.
●淮南子汜論訓; 及其爲天子三公而立爲諸侯賢相與始信於

2.德目(덕목); 오상(五常)인 인(仁),의(義),예(禮),지(智),신(信)은 儒者(유자)가 갖춰야 할 다섯 가지 基本(기본) 德目(덕목)임.

○인(仁); 측은지심(惻隱之心)으로, 불쌍한 것을 보면 가엾게 여겨 情(정)을 나누고자 하는 마음.
○의(義); 수오지심 (羞惡之心)으로 不義(불의)를 부끄러워 하고 惡(악)한 것은 미워하는 마음.
○예(禮); 사양지심 (辭讓之心)으로 自身(자신)을 낮추고 謙遜(겸손)해야 하며 남을 위해 辭讓(사양)하고 配慮(배려)할 줄 아는 마음.
○지(智); 시비지심 (是非之心)으로 옳고 그름을 가릴 줄 아는 마음.
○신(信); 광명지심 (光名之心)으로 중심을 잡고 恒常(항상) 가운데 바르게 位置(위치)해 밝은 빛을 냄으로써 믿음을 주는 마음.

●論語(朱熹集註)爲政篇; 子張問十世可知也子曰殷因於夏禮所損益可知也(朱註)馬氏曰所因謂三綱五常所損益謂文質三統愚按三綱謂君爲臣綱父爲子綱夫爲妻綱五常謂仁義禮智信
●白虎通情性; 五常者何謂仁義禮智信也仁者不忍也施生愛人也義者宜也斷決得中也禮者履也履道成文也智者知也獨見前聞不惑於事見微者也信者誠也專一不移也故人生而應八卦之體得五氣以爲常仁義禮智信是也
●孟子集註大全告子章句上; 惻隱之心人皆有之羞惡之心人皆有之恭敬之心人皆有之是非之心人皆有之惻隱之心仁也羞惡之心義也恭敬之心禮也是非之心智也
●孟子集註大全公孫丑上章句上凡九章; 無惻隱之心非人也無羞惡之心非人也無辭讓之心非人也無是非之心

非人也.惻隱之心仁之端也羞惡之心義之端也辭讓之心禮之端是非之心智之端也人之有是四端也猶其有四體也有是四端而自謂不能者自賊者也
●賢良策一; 夫仁義禮智信五常之道王者所當修飭也五者修

삼강오륜(三綱五倫).
삼강오상설(三綱五常說)은 학자 동중서(董仲舒. 前漢人 BC170~120) 선유께서 공맹학(孔孟學)에 입각 이를 논함에서 시작 지금까지 동양사회 윤리로 받침 되어 왔다

◎삼강이란 아래와 같다.
◆군위신강(君爲臣綱); 임금과 신하는 기강(紀綱)이 서 있어야 하고.
◆부위자강(父爲子綱); 부자 사이에도 기강(紀綱)이 서 있어야 하고,
◆부위처강(夫爲妻綱); 부부간에도 기강(紀綱)이 서 있어야 한다. 함이다.

◎오상(五常)이란.
오륜(五倫)과 동의어로 인(仁) 의(義) 례(禮) 지(智) 신(信)을 이르는데 이를 함축하여 풀어 놓으면 아래와 같다.

◆인(仁); 차마 하지 못함. 곧 인자(仁慈)함이고, 삶을 베풀고 다른 사람을 사랑함.
◆의(義); 마땅함. 곧 의로움으로, 지나치거나 모자람이 없이 꼭 알맞게 결단함.
◆례(禮); 몸가짐, 성문의 법도대로 삶.
◆지(智); 슬기. 시비(是非)를 가릴 줄 아는 지혜. (저 혼자의 견해나 면전에서 듣거나 매사를 보면 미숙한 사람은 현혹하지 않음)
◆신(信); 참되고 거짓 없는 행실. 한치의 차이도 없는 믿음.

●禮記註疏樂記;　子夏對曰夫古者天地順而四時當民有德(中略)聖人作爲父子君臣以爲紀綱(孔穎達疏)正義曰父子君臣以爲紀綱者按禮緯含文嘉云三綱謂君爲臣綱父爲子綱夫爲妻綱矣
●漢書列傳董仲舒傳; 爲政而宜於民者固當受祿于天夫仁義禮知信五常之道王者所當修飭也
●論語(朱熹集註)爲政篇;　子張問十世可知也子曰殷因於夏禮所損益可知也(朱註)馬氏曰所因謂三綱五常所損益謂文質三統愚按三綱謂君爲臣綱父爲子綱夫爲妻綱五常謂仁義禮智信
●白虎通情性;　五常者何謂仁義禮智信也仁者不忍也施生愛人也義者宜也斷決得中也禮者履也履道成文也智者知也獨見前聞不惑於事見微者也信者誠也專一不移也故人生而應八卦之體得五氣以爲常仁義禮智信是也

◆제사(祭祀)를 지내는 이유(理由)

제사(祭祀)를 지내는 이유(理由)는 예기(禮記) 제통편(祭統篇)에서 간단명료(簡單明瞭)하게 제시(提示)되어 있다. 왈(曰) 제사(祭祀)를 지내는 것은 작고(作故)하신 조상(祖上)에게 제사를 지내어 효양(孝養)의 도(道)를 다하고 생전(生前)과 같이 효도(孝道)를 계속(繼續)하려 행(行)하는 것. 이를 일러 제사(祭祀)라 한다.

●祭統; 祭者所以追養繼孝也(細註)嚴陵方氏曰追養繼孝養爲事親之事孝爲事親之道追言追其往繼言繼其絶孝子之事其親也上則順於天道下則不逆於人倫是之謂畜孔子曰父子之道天性也則孝之順於天道可知孟子曰內則父子人之大倫也則孝之不逆於人倫可知
●尙書大傳祭之言察也察者至也言人事至於神也
●孝經士章疏祭者際也人神相接故曰際也
●韓詩外傳上不知順孝則民不知返本君不知敬長則民不知貴親禘祭不敬山川失時則民無畏矣
●論語八佾第三祭如在祭神如神在註程子曰祭祭先祖也祭神祭外神也祭先主於孝祭神主於敬愚謂此門人記孔子祭祀之誠意
●康熙字典享條祭也歆也
●書經盤庚上篇兹予大享于先王爾祖其從與享之註兹我大享于先王爾祖亦以功而配食於廟先王與爾祖父臨之在上
●國語魯上篇嘗禘烝享註秋祭曰嘗夏祭曰禘冬祭曰烝春祭曰享享獻物也
●書經說命中篇黷于祭祀時謂弗欽註祭不欲黷黷則不敬禮不欲煩煩則擾亂皆非所以交鬼神之道也
●漢魏叢書逸周書周月篇至於敬授民時巡狩祭享猶自夏焉
●晉書載記前燕慕容儁條祭饗朝慶宜正服袞衣九文冠冕九旒

◆4대 봉사는 언제 누가 처음 시작하였나.

○祭祀; 고대 포희(庖犧)씨가 백신에게 제사 지냈던 것이 시초(百神則祭祀之始也)라 하고,
○神主; 곡례(曲禮)에서는 제(帝)라 하였고 단궁(檀弓)에서는 상(尙)나라에서 처음 시작되었다 하며.
○祖上祭; 제요(帝堯)시대 조부(祖父)의 사당(祠堂; 祖禰廟)을 섬겼으며,

○宗廟; 요순시대(堯舜時代) 오묘(五廟)를 섬겼으며
○配享; 배향지례(配享之禮)는 상(尙)나라 때 처음 시작(商人始)이 되었고.
○四代奉祀; 東漢 光武帝(BC5~57)가 洛陽에 四親廟를 세우고 四時祭를 지냄이 四代奉祀함의 始初라 함.

●事物紀原集類祭祀;王子年拾遺記曰庖犧使鬼物以致群祠以犧牲登薦百神則祭祀之始也
●事物紀原集類宗廟;禮緯元命包曰唐虞五廟夏后因之至商而七書咸有一德曰七世之廟可以觀德是也周廉文武三祧故九廟由唐虞推而上之明其前有至堯舜乃祭五廟爾
●事物紀原集類配饗;尙書盤康之告其臣曰兹予大亨于先王爾祖其從與享之則功臣配享之禮由商人始也
●事物紀原集類木主; 曲禮曰措之廟立之主曰帝檀弓曰商主綴重盖廟所以藏主宜始爲廟即立主也
●史記五帝本紀第一;黃帝者萬國和而鬼神山川封禪索隱曰言萬國和同而鬼神山川封禪祭祀之事自古以來黃帝之中推許黃帝以爲多多猶大也○高辛氏明鬼神而敬事之
●古今帝王創制原始伊耆氏;禋祭此祭祀之始
●史記五帝本紀帝堯者;祖禰廟(何休云生曰父死曰考廟曰禰)用特牛禮
●古今帝王創制原始東漢光武帝(BC5~57); 立四親廟洛陽(細註)祀南頓君春陵侯以上又起高廟於洛陽四時合祭高祖太宗世宗
●拾遺記總目;[庖犧] [神農] [黃帝] [少昊] [高陽] [高辛] [唐堯(伊耆氏)] [虞舜] [夏] [殷] [周]
●史記本紀;[黃帝] [帝頊] [帝嚳] [帝堯] [帝舜](以上五帝) [夏本紀] [殷本紀] [周本紀]

◆종손을 누구.

종손(宗孫)이라 함은 일문지가(一門之家) 또는 동족(同族)의 최고(最高) 윗대 조상(祖上)의 직계손(直系孫)을 이름인데 그에는 대종의 적장자손(嫡長子孫)이나 소종의 적장자손(嫡長子孫)을 일컫습니다. 적자(嫡子)란 본처(本妻)(正室)에게서 낳은 맏아들을 의미하고, 종자(宗子)란 종가(宗家)의 적장자(嫡長子)를 말합니다.이와 같으니 종손(宗孫)은 누가 되는가는 쉽게 지목될 것입니다.적장자손(嫡長子孫)은 효(孝)(孤哀)자손(子孫)으로서 제사(祭祀)나 상사(喪事)에서 주인이 되어 초헌(初獻)을 하게 되지요.

親盡祖가 되면 宗毁가 되어 그 後孫 中 未親盡 子孫이 있으면 最長房으로 옮겨 그 代에 맞게 改題 그가 봉사하다 그도 죽으면 次長房으로 옮겨 봉사하다 그도 죽어 완전 親盡이 되면 그 때 神主를 墓所에 묻고 그 後孫들이 歲一祭로 墓祭를 지내되 모인 後孫 中 最長者가 主人이 되어 初獻을 하게 됩니다. 까닭에 親盡(五代祖)이 되면 始祖나 不遷之位의 祖上이 아니면 宗孫이라는 개념이 없어지게 되는 것 같습니다. 특히 儒家의 예법으로는 宗法에 絶孫이 되지 않도록 立後의 예법이 있어 代가 끊어지지 않도록 하고 있음.

●左傳文公十二年六月歸生佐寡君之嫡夷杜註歸生子家名夷太子名
●詩經大雅懷德維寧宗子維城無俾城懷註大宗强族也宗子同姓也惟宗子合族以聯親則分猷共念而有夾輔之功斯維城矣
●世說新語文學林道人往就語將夕乃退有人道上見者問云公何處來答云今日與謝孝劇談一出來
●間喪孝子喪親哭泣無數○雜記祭稱孝子孝孫
●家禮本註始祖親盡則大宗奉其墓祭歲率宗人一祭之第二世以下親盡則諸位迭掌而歲率其子孫一祭之
●尤庵曰神主祧遷則宗毁而族人不復相宗矣
●葛庵曰若非百世不遷大宗之家則當以會中長幼爲主辦祭者不可越尊長爲主初獻之後使之一獻亦合人情
●東巖曰除大宗墓外皆當以昭穆最尊者爲主獻
●沙溪曰有親盡之主遷而族人有親未盡者則遷于其中最長者之房以祭之也
●愼齋曰遞遷之主應奉於最長房遞遷之主且改題之
●陶庵曰最長房死則其所奉神主遷于次長不待三年之畢近世士大夫家多行之愚意亦以爲長房事体非與宗家等不必待其喪畢吉祭之後次長之當奉者告由遷後始行改題似得之
⊙釋親考宗圖
●繼禰小宗註祖之次子○嫡子身事三宗統親兄弟有大宗則事四宗○嫡子之玄孫至此則遷
●繼祖小宗註曾祖之次子○嫡孫身事二宗統從兄弟有大宗則事三宗○嫡孫之曾孫至此則遷
●繼曾祖小宗註高祖之次子○嫡曾孫身事一宗統再從兄弟有大宗則事二宗○曾孫之孫至此則遷
●繼高祖小宗註別子之次子○嫡玄孫統三從兄弟○玄孫之子至此則遷
●大宗註統族人○六世孫主始祖廟祭○百世不遷
●士儀節要禮有大宗小宗大以率小小統於大故人紀修而骨肉親也夫立適以長適適相承禮之正也適子死而無子則立第二適子禮之變而亦得其正也無家適而但有妾子則承重繼序乃人倫之常也適庶俱無子則取族人之子立以爲嗣是先聖王後賢王之制也其有攝主者即一時權宜之道而亦禮之所許也

(笏記叢集 終)

笏記叢集(홀기총집)
〔副題 儀式叢書(의식총서)〕

初版 印刷 : 2023년 5월 15일
初版 發行 : 2023년 5월 22일

編 著 者 : 田 桂 賢
發 行 者 : 金 東 求

發 行 處 : 明 文 堂(1923. 10. 1 창립)
　　　　　 서울시 종로구 윤보선길 61(안국동)
　　　　　 우체국 010579-01-000682
　　　　　 Tel （영)733-3039, 734-4798, 733-4748
　　　　　 Fax 734-9209
　　　　　 Homepage : www.myungmundang.net
　　　　　 E-mail : mmdbook1@hanmail.net
　　　　　 등록 1977. 11. 19. 제1~148호

ISBN 979−11−91757−59−0 (03380)
값 70,000원